Himmelreich/Halm/Staab
Handbuch der Kfz-Schadensregulierung
2. Auflage

Himmelreich/Halm/Staab

Handbuch der Kfz-Schadensregulierung

Herausgegeben von

Dr. Himmelreich Klaus
Rechtsanwalt Köln

Wolfgang E. Halm
Rechtsanwalt und Fachanwalt für Verkehrsrecht Köln

Dr. Ulrich Staab
Rechtsanwalt Bad Vilbel

2. Auflage

 Luchterhand 2012

Bibliografische Information der Deutschen Nationalbibliothek

Die Deutsche Nationalbibliothek verzeichnet diese Publikation in der Deutschen Nationalbibliografie; detaillierte bibliografische Daten sind im Internet über http://dnb.d-nb.de abrufbar.

ISBN 978-3-472-07949-1

www.wolterskluwer.de
www.luchterhand-fachverlag.de

Alle Rechte vorbehalten.

Luchterhand – eine Marke von Wolters Kluwer Deutschland GmbH.
© 2012 by Wolters Kluwer Deutschland GmbH, Luxemburger Str. 449, 50939 Köln

Das Werk einschließlich aller seiner Teile ist urheberrechtlich geschützt. Jede Verwertung außerhalb der engen Grenzen des Urheberrechtsgesetzes ist ohne Zustimmung des Verlages unzulässig und strafbar. Das gilt insbesondere für Vervielfältigungen, Übersetzungen, Mikroverfilmungen und die Einspeicherung und Verarbeitung in elektronischen Systemen.

Umschlaggestaltung: futurweiss kommunikationen, Wiesbaden
Satz: Satz-Offizin Hümmer GmbH
Druck und Verarbeitung: L.E.G.O. S.p.A. – Lavis Italy

Gedruckt auf säurefreiem, alterungsbeständigem und chlorfreiem Papier.

Vorwort zur zweiten Auflage

Mehr als zwei Jahre sind seit dem Erscheinen der ersten Auflage vergangen. Die erste Auflage war schnell vergriffen. Dies und die umfangreiche neue Rechtsprechung machten eine aktualisierte zweite Auflage notwendig.

Die Herausgeber und Autoren freuen sich, dass sie mit dem Handbuch der Kfz-Schadensregulierung einen Bedarf der Praxis, die wichtigen Themen rund um die Bearbeitung von Kfz-Schäden zusammenzufassen, getroffen haben. Die positive Aufnahme, die das »schwarze Buch« gefunden hat, war Ansporn, die zweite Auflage noch mehr auf die Themen und Erfordernisse der täglichen Praxis der Kfz-Schadensregulierung auszurichten.

Zu einem wurden die Struktur, die Gliederung des Handbuches überarbeitet und die bisherigen Kapitel thematisch in acht Teile geordnet: Grundsätzliches, Haftung, Sachschäden, Personenschäden, Umweltschäden, Versicherungsvertrag, Versicherungsbetrug und Auslandsschäden.

Zum anderen wurden zusätzliche praxisrelevante Themen aufgenommen: Eine Darstellung des »Schadenmanagement« der Versicherer erweitert den Teil »Grundsätzliches« und gibt für alle an der Kfz-Schadensregulierung Beteiligten Einblicke in die Vorgehensweise der Versicherer. Der Teil »Haftung« wurde ergänzt um das Kapitel »Massenunfälle«, in dem auch die Arbeit der »Regulierungskommission« des GDV und die damit zusammenhängenden Besonderheiten der Schadensregulierung erläutert werden. Der durch einen Sandsturm auf der A 19 bei Rostock im April 2011 ausgelöste Massenunfall ist nur ein Beispiel für die hohe praktische Relevanz. Im Teil Personenschaden finden sich jetzt zusätzliche Kapitel zu den wichtigen Themen »Schätzgrundlagen für den Haushaltsführungsschaden« und »Posttraumatische Belastungsstörungen«. Auch diese Themen entfalten in der Tagespraxis zunehmend Bedeutung, so dass uns eine gesonderte Darstellung gerechtfertigt erschien.

Schließlich wurde das Herausgeber- und Autoren-Team erweitert: Dr. Ulrich Staab, Rechtsanwalt aus Bad Vilbel, ist jetzt als Mitherausgeber und Autor tätig. Vera Nickel (Schätzgrundlagen des Haushaltsführungsschadens) und Roland Richter (Schadenmanagement) – beide aus der Versicherungswirtschaft – sowie Rechtsanwalt Stefan Bergmann aus der juristischen Zentrale des ADAC, der die Kapitel »Gutachtenkosten« und »Sonstige Nebenkosten« von Rechtsanwalt Jost Henning Kärger übernommen hat, der leider seine Autorentätigkeit in diesem Handbuch beendet hat, ergänzen das Autorenteam.

Wir hoffen, dass es mit dieser zweiten Auflage gelingt, das Handbuch praxisgerecht und auf hohem juristischem Niveau weiterzuentwickeln, so dass es zu »dem« Handbuch der Kfz-Schadenregulierung für Rechtsanwälte, Versicherungsmitarbeiter und Richter werden kann und durch schnell aufzufindende und präzise Antworten auf komplexe Fragen der Praxis die Leser in die Lage versetzt, den Bearbeitungsaufwand einer Schadenregulierung zu reduzieren.

Wichtig für die Entwicklung des Handbuches sind Anregungen und kritischen Hinweise aus der Leserschaft, und wir sind denen dankbar, die sich damit an uns wenden. Der besondere Dank gilt schließlich wieder allen, die uns – Herausgeber und Autoren – bei unserer Arbeit unterstützen, vor allem unseren Familien.

Literatur und Rechtsprechung sind bis Herbst 2011 berücksichtigt.

Köln, im November 2011

Wolfgang Halm
Dr. Klaus Himmelreich
Dr. Ulrich Staab

Geleitwort zur 1. Auflage

Die Kraftfahrtversicherung ist mit rund 20 Milliarden Euro Beitragsvolumen der größte Schadenversicherungszweig in Deutschland. Im Jahr 2008 hat die deutsche Versicherungswirtschaft wieder circa neun Millionen Schadenfälle im Bereich der Kraftfahrtversicherung reguliert. Hinter jedem einzelnen dieser Fälle verbergen sich Menschen und deren persönliche Schicksale. Ob es um einen Sachschaden an des Deutschen liebstem Kind, dem Auto, oder um Umwelt- und Personenschäden ging – jeder Fall bedurfte sorgsamer Prüfung und Hilfestellung für Versicherungsnehmer und für Geschädigte. Dabei steigen die Ansprüche der Kunden an Service und Qualität auf der einen und an das Preisniveau auf der anderen Seite. Vor allem in der Kraftfahrtversicherung herrscht seit Jahren ein harter Wettbewerb, der zu sinkenden Erträgen in der Branche führt. Auch das modifizierte VVG wird sich auf die Schadenfälle und damit die Kosten der Branche auswirken.

Trotz dieser komplexen Rahmenbedingungen ist es uns Versicherern wichtig, aktiv die berechtigten Ansprüche der Betroffenen möglichst unkompliziert und in wenigen Prozessschritten zu befriedigen. Die Versicherungswirtschaft hat vor dem Hintergrund dieser Veränderungen das Qualitäts- und Serviceniveau deutlich gesteigert. So erfüllen wir Versicherer die Erwartungen unserer Kunden und können unsere interne Kostensituation weiter optimieren. Jeder Schadenfall bietet dabei dem einzelnen Versicherer die Möglichkeit sich seinen Bestandskunden oder potenziellen Neukunden zu empfehlen.

Solch qualitativ hochwertige und schnelle Schadenbearbeitungsprozesse stellen natürlich hohe Anforderungen an alle Beteiligten, besonders an die Fähigkeiten der Mitarbeiter der Versicherungsbranche und den beteiligten Anwälten. Der schnelle und direkte Zugriff auf alle für die Beurteilung wesentlichen Informationen kommt unseren Kunden zugute und natürlich spart dies Zeit und Ressourcen bei allen Beteiligten.

Das vorliegende Buch leistet einen wichtigen Beitrag für die tägliche Arbeit. Es ist klar und praxisnah gegliedert und bietet so dem Nutzer die Möglichkeit, die für den aktuellen Fall relevanten Informationen schnell zu erlangen. Der Fokus des Buches auf der Auswertung und Darstellung der aktuellen Rechtsprechung schafft Klarheit und Rechtssicherheit für den Leser.

Das Buch ist dabei keine theoretische Abhandlung, sondern von Praktikern für Praktiker geschrieben und bietet so eine breite, anwenderorientierte Wissenssammlung. Es wird auch in der praxisorientierten Lehre viele Nutzer finden. Hierfür spricht allein schon die hohe Reputation der Herausgeber.

Ich bin überzeugt davon, dass das Handbuch schnell zum täglichen Arbeitsmittel in den Büros von Juristen und Versicherern wird. Denn einmal in die Hand genommen werden die Nutzer in die Lage versetzt, erforderliche Informationen unter höchster Rechtssicherheit schnell in der Praxis anzuwenden. Und dies nützt Kunden, Geschädigten, Rechtsanwälten, Richtern und Versicherern gleichermaßen.

Dr. Friedrich Caspers
Vorstandsvorsitzender der R+V Versicherung AG

Die Bearbeiter

Herausgeber:

Dr. Klaus Himmelreich

Rechtsanwalt, Tel.: 0172–2641362; Kanzlei: kanzlei@rae-mettlach-himmelreich.de – Autor zahlreicher Fachbeiträge in jur. Fach-Zeitschriften (z. B. DAR, NZV, NStZ, SVR); Herausgeber und Mitautor vieler Fachbücher, u. a.: Himmelreich/Bücken/Krumm (ab Jan. 2013: Himmelreich/Staab/Krumm), Verkehrsunfallflucht; Himmelreich/Halm, Kfz-Schadensregulierung, Loseblatt-Kommentar; Himmelreich/Halm/Staab, Handbuch der Kfz-Schadensregulierung (Festband-Kommentar); Himmelreich/Andreae/Teigelack, Autokaufrecht. – Mitglied für Verkehrsrecht im Beirat »Online-Fortbildung« für Rechtsanwälte der Bundesrechtsanwaltskammer in Zusammenarbeit mit dem Wolters Kluwer Verlag; Mitglied der Hamburger Akademie für Verkehrswissenschaften (Ausrichter des Verkehrsgerichtstags in Goslar); Mitglied in der Rechtsanwaltskammer Köln und im Kölner Anwaltverein.

Rechtsanwalt@himmelreich-dr.de; www.himmelreich-dr.de

Wolfgang E. Halm

Rechtsanwalt und Fachanwalt für Verkehrsrecht, geb. 1956; Rechtsanwalt in Köln seit 1985; schwerpunktmäßig im Versicherungs-, Haftungs- und Schadensersatzrecht tätig mit den Themen Haftpflicht-, Kfz- und Kasko-, Unfall- und Sachversicherungsrecht. Mitglied der ARGE Versicherungs- und Verkehrsrecht im DAV; Vertragsanwalt ADAC seit 1995 und Clubsyndikus des ADAC NRH, berufenes Mitglied des Ausschusses Verkehr u. Technik im Gesamtvorstand ADAC-Nordrhein bis März 2009.

Herausgeber und Autor verschiedener Fachbücher, z. B. Handbuch des Fachanwalts Verkehrsrecht von Himmelreich/Halm, Handbuch des Fachanwalts Versicherungsrecht von Halm/Engelbrecht/Krahe und div. Fachbeiträge, z. B. in DAR, SVR, PVR.

w.halm@halmcollegen.de; www.anwalthalm.de

Kapitel 4 *Ersatzpflichtige*
Kapitel 10 *Reparaturschaden*
Kapitel 11 *Totalschaden*
Kapitel 12 *Fahrzeugausfallschaden*
Kapitel 20 *Posttraumatische Belastungsstörungen als juristisches Problem*

Dr. Ulrich Staab

Rechtsanwalt, geb. 1960; Rechtsanwalt zunächst bei Bach, Langheid & Dallmayr in Köln von 1988 bis 1991; seit 1991 in der Versicherungswirtschaft in verschiedenen Funktionen (Vertrieb/Betrieb/Schaden); seit 2009 Bereichsleiter Schaden Komposit der R+V in Wiesbaden; Veröffentlichungen in juristischen Fachzeitschriften/Fachbüchern; Mitglied des Autorenrates von EurotaxSCHWACKE (Nutzungsausfall).

Dr.Ulrich.Staab@gmx.de

Kapitel 7 *Massenunfälle*
Kapitel 20 *Posttraumatische Belastungsstörungen als juristisches Problem*

Die Bearbeiter

Autoren:

Werner Bachmeier

Richter am Amtsgericht München. Nach Studium und Referendarzeit Staatsanwalt und Strafrichter und seit 1988 Zivilrichter beim AG München; Autor eines Lehrbuchs zum Verkehrszivilrecht (Das Mandat in Verkehrszivilsachen) und zum Kaufrecht (Rechtshandbuch Autokauf), Mitautor bei zahlreichen Werken zum Verkehrszivilrecht. Weitere Veröffentlichungen erfolgten in den Zeitschriften PVR, SVR, DAR, NZV sowie VA.

w.bachmeier@kfz-schadenregulierung.de

Kapitel 6 *Bildung von Haftungsquoten und Einzelfälle*
Kapitel 8 *Verjährung/Verwirkung*

Stefan Bergmann

Rechtsanwalt und Fachanwalt für Verkehrsrecht. Geboren 1971 in München. Nach dem Abitur Ausbildung zum Versicherungskaufmann in der Münchener Rückversicherung. Anschließend Studium der Rechtswissenschaften in Augsburg und München. Zulassung als Rechtsanwalt im Jahre 2002 und als Fachanwalt für Verkehrsrecht im Jahre 2006. Seit 2010 in der Juristischen Zentrale des ADAC, Abteilung Verkehrsrecht, tätig.

stefan.bergmann@adac.de

Kapitel 13 *Gutachterkosten*
Kapitel 16 *Sonstige Nebenkosten*

Andreas Engelbrecht

Rechtsanwalt und Fachanwalt für Verkehrsrecht, geb. 1964; Vertragsanwalt des ADAC in Düsseldorf; Partner der Kanzlei Buse, Heberer, Fromm in Düsseldorf; Autor verschiedener Fachbücher, z. B. Handbuch des Fachanwalts Verkehrsrecht von Himmelreich/Halm, Handbuch Kfz-Schadenregulierung von Himmelreich/Halm und Fachbeiträgen, z. B. DAR, SVR, PVR, sowie Mitherausgeber von Halm/Engelbrecht/Krahe Handbuch des Fachanwalts Versicherungsrecht.

engelbrecht@buse.de

Kapitel 9 *Gesamtschuldnerausgleich und Haftungsprivilegien*
Kapitel 14 *Rechtsanwaltskosten*

Die Bearbeiter

Michael Fitz

geb. 1976, Rechtsanwalt seit 2003, Partner der Sozietät Rechtsanwälte Halm & Collegen in Köln, www.halmcollegen.de, Autor in DAR, SVR; Tätigkeitsschwerpunkte: Haftungsrecht, Verkehrsrecht, Versicherungsrecht, allg. Zivilrecht; Mitglied der Arbeitsgemeinschaft Versicherungsrecht im DAV.

m.fitz@halmcollegen.de

Kapitel 10 *Reparaturschaden*
Kapitel 11 *Totalschaden*
Kapitel 12 *Fahrzeugausfallschaden*

Markus Heberlein

Rechtsanwalt, geb. 1973 in Horgen/Schweiz, Studium der Rechtswissenschaften an der LMU in München. Referendarsausbildung im OLG-Bezirk München, 2. Staatsexamen 2005. Seit 2007 Mitarbeiter der Juristischen Zentrale des ADAC. Seit 2006 zugelassen als Rechtsanwalt.

markus.heberlein@adac.de

Kapitel 12 *Fahrzeugausfallschaden*

Boris Hörle

Rechtsanwalt und Fachanwalt für Verkehrsrecht, geb. 1971. Partner der Rechtsanwaltssozietät Halm & Collegen in Köln (www.halmcollegen.de). Autor im Handbuch des Fachanwalts Verkehrsrecht. Tätigkeitsschwerpunkte: Verkehrsrecht, Versicherungsrecht und Arbeitsrecht. Abgeschlossener Fachanwaltslehrgang im Arbeitsrecht.

b.hoerle@halmcollegen.de

Kapitel 4 *Ersatzpflichtige*

Die Bearbeiter

Thorsten Homp

Rechtsanwalt und Fachanwalt für Verkehrsrecht sowie Fachanwalt für Versicherungsrecht, geb. 1970; Partner der Sozietät Andreä, Pfeiffer, Rosa, Westenberger, Scholz in Wiesbaden; Mitglied in den Arbeitsgemeinschaften Verkehrsrecht und Versicherungsrecht des Deutschen Anwaltvereins; Mitautor in Himmelreich/Halm, Kfz-Schadensregulierung. Lehrbeauftragter an der Wiesbadener Business School der Hochschule RheinMain.

kanzlei@rechtsanwalt-wiesbaden.de

Kapitel 24 *Betrug in der Kraftfahrtversicherung*

Lothar Jaeger

Vorsitzender Richter am OLG Köln a. D., ist stellvertretender Vorsitzender der Gutachterkommission für ärztliche Behandlungsfehler bei der Ärztekammer Nordrhein; Mitautor der Werke »Schmerzensgeld« (4. Aufl. 2007) und »Das neue Schadensersatzrecht« (ZAP-Verlag 2002); Mitherausgeber der Zeitschriften ZGS, Verkehrsrechtsreport und Transportrecht; Schriftleiter der Zeitschrift VersR und ständiger Mitarbeiter bei der MDR und der CR; Verfasser zahlreicher Aufsätze zum Verkehrsrecht, Personenschadensrecht, Computerrecht, Handelsvertreterrecht sowie zum Schmerzensgeld und Medizinrecht.

jaeger-luckey@gmx.de

Kapitel 5 *Unfälle mit Kindern und Minderjährigen im Straßenverkehr*
Kapitel 19 *HWS-Schleudertrauma/Schmerzensgeld*

Dr. Frank Krahe

Rechtsanwalt und Fachanwalt für Versicherungsrecht, geb. 1960. Nach mehrjähriger Tätigkeit bei der Colonia Versicherung AG seit 1995 Partner der Kanzlei Halm & Collegen in Köln. Lehrbeauftragter der FH Köln, Institut für Versicherungswesen; Referent bei MWV; Mitherausgeber und Autor im Handbuch des Fachanwalts Versicherungsrecht Halm/Engelbrecht/Krahe, Autor im Handbuch Kfz-Schadensregulierung von Himmelreich/Halm/Staab, im Handbuch Straßenverkehrsrecht von Ferner sowie verschiedener Fachbeiträge in VersR, PVR und SVR.

dr.krahe@halmcollegen.de; web:www.halmcollegen.de

Kapitel 23 *Kaskoversicherung*

Die Bearbeiter

Andrea Kreuter-Lange

Assessorin, geb. 1961. Referentin für KH-Großschaden mit Schwerpunkt Personenschadenersatzrecht der R+V Allg. Versicherung AG und der KRAVAG Logistic Versicherung AG sowie Fachschulungsbeauftragte; Mitarbeit in den Büchern Handbuch des Fachanwalts Verkehrsrecht, Handbuch des Fachanwalts Versicherungsrecht- und Kfz-Schadensregulierung, diverse Vorträge u. a. bei DAI und Rechtsanwaltskammern.

andrea.kreuter@gmx.net

Kapitel 17 *Schadensersatzansprüche beim Personenschaden*
Kapitel 22 *Kfz-Haftpflichtversicherung/Deckungssummen*

Paul Kuhn

Jahrgang 1951, Rechtsanwalt. Seit 1981 Mitarbeiter in der Juristischen Zentrale des ADAC in München. Seit 2003 Referent Schaden- und Versicherungsrecht. Referent bei Kongressen, RechtsForen und Fortbildungsveranstaltungen für Fachanwälte für Verkehrsrecht mit Themen aus dem Schadensersatz- und Versicherungsrecht. Autor des Buchs »Schadensverteilung bei Verkehrsunfällen«, Co-Autor in Ludovisy/Eggert/Burhoff »Praxis des Straßenverkehrsrechts«, Vorstandsmitglied von PEOPIL (Pan European Organisation of Personal Injury Lawyers), Mitglied der Schiedsstelle der Verkehrsopferhilfe, Mitglied des Autorenrats von EurotaxSCHWACKE.

rapaulkuhn@gmx.de

Kapitel 1 *Allgemeine Rechtsbegriffe im Verkehrsunfallzivilrecht*
Kapitel 3 *Haftungstatbestände*
Kapitel 15 *Finanzierungskosten*

Dr. Jan Luckey, LL.M, LL.M

Richter am LG, Köln, geb. 1972, Mitautor der Werke »Schmerzensgeld« (3. Auflage 2006) und »Das neue Schadensrecht« (2002). Ständiger Mitarbeiter des »Verkehrsrechtsreports« hat diverse Aufsätze zu verkehrs- und schadensrechtlichen Themen veröffentlicht; für Fachanwaltslehrgänge als Dozent mit Schwerpunkt im Haftungs- und Personenschadensrecht tätig. Lehrbeauftragter an der Universität Nürtingen/Geislingen für den Bereich Haftungs- und Personenschadensrecht.

Jaeger-luckey@gmx.de

Kapitel 19 *HWS-Schleudertrauma/Schmerzensgeld*

Die Bearbeiter

Mareike Mertens

Rechtsanwältin, geb. 1972 in Kiel; Mitautorin in Himmelreich/Halm, Kfz-Schadensregulierung. Studium der Rechtswissenschaften an der Justus-Liebig-Universität in Gießen, Referendariatsausbildung beim OLG Oldenburg (Oldenburg), 2. Staatsexamen 2002. Tätigkeit als Rechtsanwältin in Oldenburg, seit 2005 Mitarbeiterin der ADAC-Schutzbrief Versicherungs-AG tätig. Tätigkeitsschwerpunkt ist dort die Regulierung von Haftpflicht- und Transportschäden.

mareikemertens@web.de

Kapitel 24 *Betrug in der Kraftfahrtversicherung*

Vera Nickel

Ass. jur., geb. 1963, Darmstadt, Gruppenleiterin in der Kraftfahrtschadenabteilung einer großen deutschen Versicherung in Wiesbaden mit Sonderaufgabe Personenschadenmanagement (u. a. Reha-Management), langjährige Erfahrungen in der Regulierung von Großschäden; Mitglied der Deutschen Akademie für Verkehrswissenschaft e. V.

venick@gmx.de

Kapitel 18 *Schätzungsgrundlagen für den Haushaltsführungsschaden*

Michael Nissen

Rechtsanwalt, geb. 1970. Seit 1998 in der Juristischen Zentrale des ADAC (Bereich Auslandsrecht) tätig, seit 2007 Leiter des Fachbereichs Internationales Recht. Referent u. a. beim VGT, den Europäischen Verkehrsrechtstagen, PEOPIL (Pan European Organisation of Personal Injury Lawyers) und dem ZVR-Verkehrsrechtstag Wien. Diverse Fachveröffentlichungen, u. a. in DAR und ZVR zu den Themenbereichen Unfall im Ausland, Bußgeld im Ausland und ausländischer Führerschein. Mitglied des Ausschusses Verkehrsrecht im DAV.

michael.nissen@adac.de

Kapitel 25 *Unfälle mit Auslandsbezug*

Die Bearbeiter

F. Roland A. Richter

Assessor iuris, geb. 1969. Referent Recht und Grundsatz Kfz-Schaden bei der R+V Allgemeinen Versicherung AG. Lehrbeauftragter für Versicherungs- und Versicherungsaufsichtsrecht an der Hochschule RheinMain (Wiesbaden). Mitveranstalter des »Wiesbadener Kolloquiums«. Verschiedene Veröffentlichungen in Fachbüchern (u. a. in Himmelreich/Halm, Handbuch des Fachanwalts Verkehrsrecht; Ferner/Bachmaier/Müller, Fachanwaltskommentar Verkehrsrecht; Meschkat/Nauert, VVG-Quoten) und Fachzeitschriften (u. a. SVR, VersR, DAR).

roland.richter@frar.com; www.roland-richter.de

Kapitel 2 *Schadensmanagement/Schadensregulierungsmanagement*

Dr. Markus Schäpe

Jahrgang 1968, Leiter Verkehrsrecht; seit 1996 Mitarbeiter der Juristischen Zentrale des ADAC e. V. in München; seit 1999 als Rechtsanwalt auf dem Gebiet des Verkehrsrechts tätig; seit 2007 auch Fachanwalt für Verkehrsrecht; Referent u. a. der Richterakademie Trier und Wustrow, des VGT 2001 und 2005 sowie seit 1998 in der Rechtsanwalts- und Fachanwaltsfortbildung für verschiedene Institute. Veröffentlichungen in: Münchener Anwaltshandbuch Straßenverkehrsrecht (Hrsg. Buschbell), ADAC-Ratgeber, Bußgeldkatalog (Beck/Schäpe), Das Recht des ruhenden Verkehrs (Berr/Hauser/Schäpe) sowie zahlreiche Beiträge in verkehrsrechtlichen Fachzeitschriften.

markus.schaepe@adac.de

Kapitel 12 *Fahrzeugausfallschaden*

Hans-Josef Schwab

Geb. 1961; Frachtführer im Güternahverkehr 1981, danach jur. Studium und 2. Staatsexamen. Bearbeitet seit 1990 R+V/KRAVAG Umwelt-, Personen- und Spezialschäden im KH-Bereich, früher langjährig auch als Notfallentscheider bei schweren Umweltschäden. Mitglied im Versicherungsausschuss der Bundesfachgruppe Schwertransport und Kranarbeiten (BSK). Nebenberufliche Vortragstätigkeiten, Autor in Fachzeitschriften und Büchern, u. a. Mitarbeit in Himmelreich/Halm, Handbuch des FA Verkehrsrecht, Halm/Engelbrecht/Krahe, Handbuch des FA Versicherungsrecht – Thema: Umwelthaftpflicht. Mitglied und Dozent des gemeinnützigen Vereins, Deutscher Verkehrgerichtstag – Deutsche Akademie für Verkehrswissenschaft e. V.

Hans-Josef-Schwab@irmscher-schwab.de

Kapitel 18 *Schätzungsgrundlagen für den Haushaltsführungsschaden*
Kapitel 21 *Sonderprobleme bei Umweltschäden*

Inhaltsübersicht

Teil 1	**Grundsächliches**	1
Kapitel 1	Allgemeine Rechtsbegriffe im Verkehrsunfallzivilrecht	1
Kapitel 2	Schadenmanagement bei durch Kfz verursachten Schäden	101
Teil 2	**Haftung**	117
Kapitel 3	Haftungstatbestände	117
Kapitel 4	Ersatzpflichtige	190
Kapitel 5	Unfälle mit Kindern und Minderjährigen im Straßenverkehr	300
Kapitel 6	Bildung von Haftungsquoten und Einzelfälle	324
Kapitel 7	Massenunfälle	441
Kapitel 8	Verjährung/Verwirkung	451
Kapitel 9	Gesamtschuldnerausgleich und Haftungsprivilegien	493
Teil 3	**Sachschäden**	527
Kapitel 10	Reparaturschaden	527
Kapitel 11	Totalschaden	592
Kapitel 12	Fahrzeugausfallschaden	644
Kapitel 13	Gutachtenkosten	762
Kapitel 14	Rechtsanwaltskosten	778
Kapitel 15	Finanzierungskosten	813
Kapitel 16	Sonstige Nebenkosten	855
Teil 4	**Personenschäden**	879
Kapitel 17	Schadensersatzansprüche beim Personenschaden	879
Kapitel 18	Schätzgrundlagen für den Haushaltsführungsschaden	978
Kapitel 19	Schmerzensgeld	989
Kapitel 20	Posttraumatische Belastungsstörung als juristisches Problem	1144
Teil 5	**Öl- und Umweltschäden**	1163
Kapitel 21	Sonderprobleme bei Öl- und Umweltschäden	1163
Teil 6	**Versicherungsvertrag**	1311
Kapitel 22	Kfz-Haftpflichtversicherung/Deckungssummen	1311
Kapitel 23	Kaskoversicherung	1444
Teil 7	**Versicherungsbetrug**	1591
Kapitel 24	Betrug in der Kraftfahrtversicherung	1591
Teil 8	**Auslandsschäden**	1629
Kapitel 25	Kfz-Schadenregulierung Unfälle mit Auslandsbezug	1629
Stichwortverzeichnis		1713

Inhaltsverzeichnis

Vorwort zur zweiten Auflage	V
Geleitwort zur 1. Auflage	VII
Die Bearbeiter	IX
Literaturverzeichnis	XXXV
Abkürzungsverzeichnis	XXXVII

Teil 1		**Grundsächliches**	1
Kapitel 1		**Allgemeine Rechtsbegriffe im Verkehrsunfallzivilrecht**	1
Einleitung			2
A. Schadenbegriff			2
	I.	Differenztheorie	6
	II.	Herstellungsanspruch	8
	III.	Geldersatzanspruch	10
	IV.	Folgeschäden	10
	V.	Verursachung	11
	VI.	Art der Fremdeinwirkung	26
B. Geschütztes Rechtsgut			27
	I.	Eigentum	28
	II.	Besitz	29
	III.	Vermögen	29
C. Beweislast			32
	I.	Gläubiger	33
	II.	Schuldner	33
	III.	Umkehrung der Beweislast	34
	IV.	Beweis des ersten Anscheins	36
	V.	Beweiswürdigung	53
D. Mitverursachung und Mitverschulden			60
	I.	Grund des Anspruchs	62
	II.	Schadenhöhe	71
E. Erfüllung			72
	I.	Leistung	72
	II.	Aufrechnung	78
	III.	Hinterlegung	79
	IV.	Bestimmungsrecht	79
	V.	Erlassvertrag	81
	VI.	Feststellungsanspruch	86
F. Verzug			91
	I.	Voraussetzungen	91
	II.	Folgen	93
	III.	Zinspflicht	94
Kapitel 2		**Schadenmanagement bei durch Kfz verursachten Schäden**	101
Einleitung			102
A. Aspekte modernen Schadenmanagements			102
	I.	Grundlegende Herausforderung	102
	II.	Wer betreibt Schadenmanagement?	103
	III.	Keine Naturalrestitution	104
	IV.	Gründe für ein Schadenmanagement	104
	V.	Bedeutung für die Kfz-Versicherer	105

Inhaltsverzeichnis

B.	Verbraucherschutz	105
C.	Haftung für Schäden	106
D.	Prozessschritte bei der Schadenabwicklung	106
E.	Die Beziehungen der am Schaden beteiligten Parteien	107
F.	Schadenmanagement durch Kfz-Versicherer	109
	I. Kfz-Sachschaden	109
	II. Personenschaden	113
	III. Bau- und Umweltschäden	115
G.	Die Rolle des Anwalts im Schadenmanagement	115

Teil 2   Haftung 117

Kapitel 3   Haftungstatbestände 117

Einleitung 118

A.	Einführung in die rechtliche Problematik	118
	I. Anspruchsberechtigung (Aktivlegitimation)	118
	II. Rechtsfähigkeit (Parteifähigkeit)	118
	III. Geschäftsfähigkeit (Prozessfähigkeit)	119
	IV. Stellvertretung	119
B.	Rechtsgrundlagen	125
	I. Gesetz	125
	II. Vertrag	128
	III. Unerlaubte Handlungen	140
C.	Erwerb von Ansprüchen	161
	I. Geschädigter	161
	II. Dritter	164
	III. Erbe	164
	IV. Forderungsübergang	165
	V. Schadenliquidation im/aus Drittinteresse	171
D.	Quotenvorrecht	173
	I. Das Quotenvorrecht in der Kaskoversicherung	174
	II. Das Quotenvorrecht im Bereich der Sozialversicherung	179
E.	Geschäftsführung ohne Auftrag	182
F.	Ungerechtfertigte Bereicherung	185
	I. Allgemeine Rechtsgrundsätze	185
	II. Vorschüsse	186
	III. Leistungen zur Klaglosstellung	187
G.	Aufopferung	188
H.	Notstandshaftung	188

Kapitel 4   Ersatzpflichtige 190

A.	Fahrzeughalter	192
	I. Zweites Schadensrechtsänderungsgesetz	192
	II. Voraussetzungen der Halterhaftung	193
	III. Abweichungen	206
B.	Fahrer	218
	I. Kraftfahrzeug	218
	II. Sonstiges Fahrzeug	226
C.	Betriebsunternehmer	227
	I. Schienen- und Schwebebahnen	227
	II. Anlagenhaftung	242
D.	Amtshaftung	249
	I. Grundsätze	249

	II.	Anspruchsbegründende Voraussetzungen	251
E.	Geschäftsherr	257
	I.	Haftungsgrundlagen	257
	II.	Entlastungsmöglichkeiten	259
F.	Aufsichtspflichtiger	261
	I.	Haftungsgrundlagen	261
	II.	Entlastungsmöglichkeiten	264
G.	Vertragshaftung	265
	I.	Arbeitsvertrag	265
	II.	Werkvertrag	283
	III.	Beförderungsvertrag	286
	IV.	Kfz-Mietvertrag	288
	V.	Waschanlagen	290
H.	Rückgriff auf die Gesamtschuldhaftung des Haftpflichtversicherers	292
	I.	Gesamtschuldverhältnis	292
	II.	»Krankes Deckungsverhältnis«	295
	III.	Nachhaftung	298
	IV.	Haftung der Zulassungsstelle	298

Kapitel 5   Unfälle mit Kindern und Minderjährigen im Straßenverkehr 300

A.	Haftung von Kindern und Minderjährigen	301
B.	Ansprüche von Kindern und Minderjährigen	302
	I. Materielle Ansprüche	302
	II. Immaterielle Ansprüche – Schmerzensgeld	310
C.	Sozialversicherungsrecht – §§ 104 ff. SGB VII	319
D.	Prozessrecht	320
	I. Klagezustellung	320
	II. Beweismaß für die haftungsbegründende und haftungsausfüllende Kausalität	320
	III. Klageanträge	320
	IV. Abänderungsklage	321

Kapitel 6   Bildung von Haftungsquoten und Einzelfälle 324

Einleitung			326
A.	Allgemeine Grundlagen		326
B.	Haftungsquoten und Schadensrechtsänderungsgesetz		329
	I.	Anwendungsbereich	329
	II.	Relevante Änderungen	329
	III.	Sonderfall Kinderunfall	329
	IV.	Höhere Gewalt	332
	V.	Anhänger	334
C.	Einzelfälle		334
	I.	Abschleppen	336
	II.	Abstand zum Vordermann	339
	III.	Alkoholisierung	339
	IV.	Anfahren	341
	V.	Autobahn und Kraftfahrstraßen	342
	VI.	Auffahren	348
	VII.	Bahnübergang	357
	VIII.	Beleuchtung	359
	IX.	Ein- und Aussteigen	361
	X.	Fahrerlaubnis	362
	XI.	Fahrstreifenbenutzung	363
	XII.	Fußgänger	366

Inhaltsverzeichnis

XIII.	Geschwindigkeit	372
XIV.	Grundstücksausfahrten	375
XV.	Grundstückseinfahrt	377
XVI.	Haltestelle	378
XVII.	Landwirtschaftliche Fahrzeuge	380
XVIII.	Mäharbeiten	381
XIX.	Linksabbiegen	381
XX.	Minderjährige und ältere Menschen	387
XXI.	Parkvorgänge	390
XXII.	Personenbeförderung (Insassen)	393
XXIII.	Radfahrer	394
XXIV.	Rechtsabbiegen	405
XXV.	Rückwärtsfahren	405
XXVI.	Sicherheitsgurte	406
XXVII.	Sonderrechte	407
XXVIII.	Straßenbahn	409
XXIX.	Türöffnen	410
XXX.	Überholen	411
XXXI.	Verkehrsampel	416
XXXII.	Verkehrssicherungspflicht	418
XXXIII.	Vorbeifahren	427
XXXIV.	Vorfahrt	428
XXXV.	Wenden	435
D. Quotentabelle		437

Kapitel 7 Massenunfälle ... 441
A. Geschehensabläufe bei Massenunfällen ... 441
B. Beweisrechtliche Probleme bei Massenunfällen ... 443
    I. Anwendung des § 287 ZPO? ... 443
    II. Anwendung des Anscheinsbeweises? ... 443
    III. Anwendung von § 830 Abs. 1 S. 2 BGB? ... 445
    IV. Anwendung des § 12 PflVG (Entschädigungsfond)? ... 447
C. Gemeinsame Regulierungsaktion der deutschen Kfz-Versicherer ... 448

Kapitel 8 Verjährung/Verwirkung ... 451
A. Anwendbares Recht ... 451
    I. Gegenstand der Verjährung ... 452
    II. Verjährungszeit ... 453
    III. Unterhaltsansprüche ... 454
    IV. Auftrag ... 456
    V. Ausgleichsansprüche ... 456
    VI. Gefährdungshaftung ... 456
B. Rechtswirkung ... 456
    I. Regelwirkung ... 457
    II. Beginn ... 458
    III. Zurechnung der Kenntnis nach neuem Recht ... 462
C. Neubeginn (Unterbrechung) ... 463
D. Hemmung ... 465
    I. Vorgerichtliche Maßnahmen ... 466
    II. Prozessuale Maßnahmen ... 469
    III. Wirkung ... 473
    IV. Novierung des Schuldverhältnisses ... 474
    V. Forderungsübergang ... 474

VI.	Verzicht	477
VII.	Ansprüche nach § 15 VVG n. F.	479
VIII.	Vergleich	479
IX.	Ausgleichsansprüche	481
X.	Ungerechtfertigte Bereicherung	481

E. Prozessuale Besonderheiten ... 481
- I. Verjährung und richterlicher Hinweis ... 482
- II. Zustellung »demnächst« und Verjährungsrecht ... 482
- III. Wiederholte Feststellungsklage ... 485
- IV. Hauptsacheerledigung ... 485
- V. Prozessurteil und Hemmungswirkung ... 486
- VI. Selbstständiges Beweisverfahren ... 486
- VII. Zugangsproblematik ... 487
- VII. Vorgreiflichkeit sozialrechtlicher Entscheidungen ... 487

F. Übersicht altes und neues Verjährungsrecht ... 488
G. Verwirkung ... 490

Kapitel 9 Gesamtschuldnerausgleich und Haftungsprivilegien ... 493

A. Allgemeine Erwägungen ... 493
- I. Voraussetzungen des Gesamtschuldnerausgleichs ... 494
- II. Selbstständiger Charakter des Ausgleichsanspruchs nach § 426 Abs. 1 BGB ... 495

B. Der Freistellungsanspruch ... 496
C. Der Leistungsanspruch ... 496
- I. Grundsatz – Teilschuld im Innenverhältnis ... 497
- II. Ausnahme – Gesamtschuld im Innenverhältnis ... 497

D. Der Forderungsübergang nach § 426 Abs. 2 BGB ... 497
E. Prozesskosten ... 498
F. Voraussetzungen der Gesamtschuldnerschaft ... 499
G. Haftungsprivilegien und Gesamtschuldnerschaft ... 500
- I. Einleitung ... 500
- II. Einzelne Haftungsprivilegien ... 500
- III. Haftungsprivilegien und gestörte Gesamtschuld ... 521

H. Der Ausgleich nach § 17 StVG im Innenverhältnis ... 524

Teil 3 Sachschäden ... 527

Kapitel 10 Reparaturschaden ... 527

A. Reparaturkosten ... 529
- I. Neuteile ... 529
- II. Tauschteile ... 529
- III. Ganzlackierung ... 530
- IV. Beipolierung ... 531
- V. Erneuerung von Sicherheitsgurten ... 532

B. Fiktive Abrechnung der Reparaturkosten ... 532
- I. Bemessungsgrundlagen ... 532
- II. Einwendungen ... 534
- III. Eigenreparatur ... 541
- IV. Überholende Kausalität ... 546

C. Minderwert ... 547
- I. Einführung ... 547
- II. Kriterien ... 548
- III. Arten des Minderwertes ... 553
- IV. Verhältnis zu Wertverbesserungen ... 556

Inhaltsverzeichnis

	V.	Fälligkeit und Verzinsung	557
	VI.	Nutzfahrzeuge	558
D.	Beweislast	563
	I.	Geschädigter (Anspruchsteller)	563
	II.	Ersatzpflichtiger	565
	III.	Garantenstellung des Schädigers	568
E.	Schadenminderungspflicht	570
	I.	Grundsätze	570
	II.	Auswahl einer geeigneten Werkstatt	571
	III.	Einschaltung eines Sachverständigen	572
	IV.	Auswechseln unbeschädigter Teile	573
	V.	Dispositionspflicht des Geschädigten	573
	VI.	Veräußerung des beschädigten Fahrzeugs	574
	VII.	Zurechnungszusammenhang	574
F.	Vorteilsausgleich	575
	I.	Allgemeine Überlegungen	575
	II.	Typische Verschleißteile	579
	III.	Höhe	580
	IV.	Preisnachlässe	581
G.	Umsatzsteuer	585
	I.	Anfall	585
	II.	Eigenleistungen	588
	III.	Vorsteuerabzugsberechtigung	588
	IV.	Abzug »neu für alt«	590
	V.	Schäden von Ausländern	590
	VI.	Pauschalierter Vorsteuerabzug	591
	VII.	Restwert	591

Kapitel 11 Totalschaden ... 592
Einleitung ... 593

A.	Begriffsbestimmungen		593
	I.	Technischer Totalschaden	593
	II.	Wirtschaftlicher Totalschaden	594
	III.	»Unechter« Totalschaden	595
B.	Abgrenzung Totalschaden- bzw. Reparaturschadenabrechnung		601
	I.	Eindeutiger Reparaturschaden	602
	II.	Abgrenzung unter dem Wiederbeschaffungswert	602
	III.	Abgrenzung über dem Wiederbeschaffungswert (Integritätszuschlag)	603
	IV.	Eindeutiger Totalschaden	606
	V.	Zusätzliche Gesichtspunkte	607
C.	Schadenminderungspflicht		608
	I.	Grundzüge	608
	II.	Abgrenzung zur Schadenberechnung	610
D.	Höhe der Ersatzleistung		610
	I.	Wiederbeschaffungswert	610
	II.	Gebrauchswert	612
	III.	Vergleichswert	613
	IV.	Restwert	614
	V.	Zuschläge	619
	VI.	Umsatzsteuer	622
E.	Besondere Formen der Bewertung		626
	I.	Neufahrzeug als Handelsware	626
	II.	Vorführwagen	627

III.	Oldtimer	628
IV.	Subjektbezogene Formen der Wertbildung	628
F. Ersatzbeschaffung		632
I.	Grundsätze	632
II.	Vorgezogene Ersatzbeschaffung	633
G. Nebenkosten		634
I.	Abmeldekosten	634
II.	Neuzulassung des Ersatzwagens	635
III.	Amtliche Kennzeichen	635
IV.	Stempel und Prüfplaketten	636
V.	TÜV-Untersuchung	636
VI.	Brief- und Überführungskosten	636
VII.	Kfz-Steuer	637
VIII.	Versicherungsprämie	637
IX.	Werkstattgarantie und technische Überprüfung	637
X.	Unterstellkosten (Standgeld)	638
XI.	Demontagekosten	638
XII.	Zeitungsinserate	639
XIII.	Fahrtkosten	639
XIV.	Verdienstausfall	639
XV.	Vermittlungsprovision	639
XVI.	Umrüstungskosten	640
XVII.	Reklamebeschriftung	640
XVIII.	Sonderlackierung	641
XIX.	Kreditkosten	642
XX.	Lichtbildkosten	642
XXI.	Rückgewinnungskosten	643
XXII.	Verlust eines öffentlichen Zuschusses	643
XXIII.	Zollkosten	643

Kapitel 12 Fahrzeugausfallschaden ... 644
Einleitung ... 647
A. Besitzstörung ... 647
    I. Anspruchsgrundlage ... 647
    II. Geschütztes Rechtsgut ... 649
    III. Verhältnis zwischen Besitzer und Eigentümer ... 653
    IV. Vertragliche Gebrauchsüberlassung an Dritte ... 654
B. Reservehaltungskosten ... 655
    I. Gründe für die Vorhaltung ... 655
    II. Betriebliche Interessen ... 656
    III. Anspruchsbegründende Voraussetzungen ... 657
    IV. Höhe ... 659
    V. Einwendungen des Ersatzpflichtigen ... 663
    VI. Verhältnis zur Nutzungsausfallentschädigung ... 665
C. Mietwagenkosten ... 667
    I. Anspruchsvoraussetzungen ... 667
    II. Dauer der Ersatzanmietung ... 673
    III. Gegenstand der Ersatzanmietung ... 679
    IV. Höhe des Anspruchs – Tarifwahl (Normaltarif – Unfallersatztarif) ... 682
    V. Schadenminderungspflicht ... 701
    VI. Abzüge unter dem Gesichtspunkt des Vorteilsausgleichs ... 715
    VII. Beweislast ... 720
D. Nutzungsausfallentschädigung (Entgangene Gebrauchsvorteile) ... 722

I.	Anspruchsbegründende Voraussetzungen	722
II.	Dauer des Nutzungsausfalls	734
III.	Höhe der Nutzungsausfallentschädigung	738
IV.	Schadenminderungspflicht	741
V.	Beweislast	742
E. Verdienstausfall wegen Fahrzeugschaden	742
I.	Grundsätze	743
II.	»Frustrierte« Aufwendungen	750
III.	Sonderfahrzeuge	752
IV.	Schadenminderungspflicht	758

Kapitel 13 Gutachtenkosten ... 762
Einleitung ... 763
A. Bagatellschadengrenze ... 763
   I. Schadenhöhe des Bagatellschadens ... 763
   II. Erkennbarkeit des Bagatellschadens ... 765
   III. Wertminderung ... 767
B. Unbrauchbare Gutachten ... 768
   I. Verschulden des Geschädigten an dem fehlerhaften Gutachten ... 768
   II. Gefälligkeitsgutachten ... 771
   III. Rechtsfolgen ... 771
C. Höhe der Kosten der Begutachtung selbst ... 771
   I. Ausdrückliche Gebührenvereinbarung ... 771
   II. Taxe ... 772
   III. Übliche Vergütung ... 772
   IV. Billiges Ermessen ... 773
   V. Angewandte Abrechnungsverfahren ... 774
D. Nebenkosten des Gutachtens ... 774
E. Ausgestaltung der Kostennote ... 775
F. Freistellung/Beweislast ... 775
   I. Unbrauchbares Gutachten ... 775
   II. Überhöhte/nicht nachprüfbare Rechnung ... 776
   III. Beweislast ... 776
G. Rechtliche Einordnung ... 776
H. Prozessuales ... 777

Kapitel 14 Rechtsanwaltskosten ... 778
Einleitung ... 779
A. Anspruchsvoraussetzungen ... 779
   I. Adäquate Folge eines Sach- oder Personenschadens ... 779
   II. Verzug ... 783
   III. Eigene Angelegenheiten des Anwalts ... 784
   IV. Kosten für die Abwehr von Ansprüchen ... 784
   V. Mehrere Anwälte ... 785
   VI. Vertreter des Anwalts ... 790
B. Der Mehrvertretungszuschlag nach VV 1008 ... 790
   I. Die Entstehungsvoraussetzungen ... 790
   II. Die Erstattung des Mehrvertretungszuschlags und dessen Berücksichtigung im Kostenfestsetzungsverfahren ... 792
C. Der Gegenstandswert ... 793
   I. Begriff ... 793
   II. Der »erstattungsfähige« Gegenstandswert ... 793
   III. Der unbezifferte Klageantrag ... 794

IV.	Rentenansprüche	795
V.	Feststellungsansprüche	795
VI.	Verhandlungen mit dem Kaskoversicherer	795

D. Einzelne Gebühren 796
    I.   Die Geschäftsgebühr 796
    II.   Die Termingebühr nach Teil 3 Vorbemerkung 3 III 800
    III. Einigungsgebühr 801
    IV. Rat, Erstberatung, Gutachten und Mediation 803
    V.   Zwangsvollstreckung 804

E. Nebenkosten 806
    I.   Auslagen für Porto und Telefon 806
    II.   Fotokopiekosten 807
    III. Reisekosten 807
    IV. Hebegebühr 809

F. Umsatzsteuer 810
    I.   Grundsätze 810
    II.   Die Umsatzsteuer in der Kostenfestsetzung 811
    III. Eigene Angelegenheiten des Anwalts 811

Kapitel 15 Finanzierungskosten 813

Einleitung 814

A. Grundsätzliches 815
    I.   Bedeutung für die Versicherungswirtschaft 815
    II.   Abwägung der Interessenlage 816

B. Rechtsnatur des Anspruchs 818
    I.   Verzugsfolge 818
    II.   Adäquater Sachfolgeschaden 819
    III. Verzinsung nach § 249 BGB 821
    IV. Verzinsung nach § 849 BGB 822
    V.   Verzinsung nach § 812 BGB 822

C. Anspruchsbegründende Voraussetzungen 823
    I.   Erforderlichkeit der Aufwendungen 823
    II.   Einsatz eigener Mittel 826
    III. Hinweispflicht 829
    IV. Belege 831
    V.   Vorschüsse 832

D. Schadenminderung 834
    I.   Vorbemerkungen 834
    II.   Möglichkeiten des Ersatzpflichtigen 835
    III. Möglichkeiten des Geschädigten 837
    IV. Günstige Vertragsbedingungen 842
    V.   Tilgungszeiträume 843
    VI. Dauer der Ersatzanmietung/Nutzungsausfallentschädigung 845
    VII. Annahme von Teilleistungen 845

E. Höhe des Anspruchs 846
    I.   Nach der Rechtsnatur 846
    II.   Zusammensetzung der Kosten 847
    III. Wirtschaftliche Vertretbarkeit 850
    IV. Schadenadäquanz 850

F. Pflicht zur Kreditaufnahme 852
    I.   Voraussetzungen 852
    II.   Zumutbarkeit der Verschuldung 853
    III. Mangelnde Kreditwürdigkeit 853

Inhaltsverzeichnis

Kapitel 16 Sonstige Nebenkosten 855
A. Allgemeine Nebenkosten 856
    I. Auslagen für Porto und Telefon 856
    II. Fahrtkosten 859
    III. Zeitverlust 860
    IV. Schadenbearbeitungskosten von Betrieben und Behörden 861
    V. Dolmetscherkosten 861
    VI. Ermittlungskosten 862
B. Schutzgebühr für Kostenvoranschläge 865
    I. Reparatur wird in Werkstatt durchgeführt 865
    II. Reparatur wird nicht oder eigenständig durchgeführt 865
    III. Kostenvoranschlag anstelle eines Gutachtens 866
C. Verbringungskosten 866
    I. Bergungskosten 866
    II. Abschleppkosten 867
    III. Überführungskosten 869
    IV. Auswechselungskosten 871
D. Rückstufungsschaden 872
    I. Haftpflichtversicherung 872
    II. Kaskoversicherung 872

Teil 4 Personenschäden 879

Kapitel 17 Schadensersatzansprüche beim Personenschaden 879
Einleitung 883
A. Mithaftung im Rahmen des Personenschadenersatzes 884
    I. (Mit-)Verursachung des Verkehrsunfalls 884
    II. Haftung aus der Betriebsgefahr 884
    III. Mithaftung des Versicherungsnehmers als Insasse in seinem KFZ . 884
    IV. Gurtanlegepflicht 884
    V. Sorgfaltspflichten gegen sich selbst 885
    VI. Alkoholisierter oder führerscheinloser Fahrer 886
B. Erwerbsschaden 886
    I. Grundlagen 886
    II. Erwerbsschaden als Angestellter/Arbeiter 900
    III. Erwerbsschaden als Beamter oder Soldat 901
    IV. Erwerbsschaden als Angestellter im öffentlichen Dienst 903
    V. Erwerbsschaden als Auszubildender, Schüler oder Student 903
    VI. Erwerbsschaden als Selbstständiger 905
    VII. Erwerbsschaden als Arbeitsloser 910
    VIII. Verdienstschaden während der Altersteilzeit 912
    IX. Anspruchsübergänge/Kongruente Leistungen 912
C. Haushaltsführungsschaden 915
    I. Grundlagen 915
    II. Schadenminderungspflicht 918
    III. Fiktive oder konkrete Abrechnung 918
    IV. Berechnung 919
D. Vermehrte Bedürfnisse 922
    I. Fahrtkosten 922
    II. Zuzahlungen zu Heilbehandlungen und Arzneimitteln 922
    III. Zuzahlungen zum stationären Aufenthalt 923
    IV. Mehrkosten beim stationären Aufenthalt 923
    V. Besuchskosten naher Angehöriger 923

VI.	Hilfsmittel	924
VII.	Kleidermehrverschleiß	924
VIII.	Rasenmähen, Gartenarbeit	924
IX.	Eigenleistungen beim Hausbau, Hausumbau, Renovierungsarbeiten	924
X.	Beitragsrückerstattung in der privaten Krankenversicherung	925
XI.	Haushaltsführungsschaden als Teil der persönlichen verm. Bedürfnisse	925
XII.	Behindertengerechter Mehrbedarf	925
XIII.	Umbaukosten	926
XIV.	Häusliche Pflegekosten	926
XV.	Kosten des Pflegeheims	927
XVI.	Kosten Fitnessstudio	927
XVII.	Nutzlose Aufwendungen als Schadenposition	927

E. Ersatzansprüche im Fall der Tötung eines Menschen ... 928
    I. Unfall und Tod ereignen sich zeitgleich ... 928
    II. Unfall und Tod fallen auseinander ... 928
    III. Kosten für die versuchte Heilung ... 929
    IV. Bestattungskosten ... 929

F. Unterhaltsschaden ... 932
    I. Grundlagen ... 932
    II. Anspruchsberechtigte ... 934
    III. Unterhaltsformen: ... 935
    IV. Fixe Kosten ... 938
    V. Anrechnung von Einkünften ... 940
    VI. Unterhaltsschaden ausländischer Hinterbliebener ... 941
    VII. Tod des unterhaltspflichtigen Kindes ... 942
    VIII. Verteilung der Einkünfte auf die Familienangehörigen ... 942
    IX. Berechnungsbeispiele ... 942
    X. Auswirkungen des neuen Unterhaltsrechts seit 1.1.2008 ... 950
    XI. Arbeitspflicht des Hinterbliebenen ... 950
    XII. Steuerschaden der Hinterbliebenen ... 951
    XIII. Arbeitslose Kinder im elterlichen Haushalt ... 951
    XIV. Zusammentreffen von eigenen Ansprüchen und Unterhaltsansprüchen ... 952

G. System der Sozialversicherungen ... 952

H. Heilbehandlungskosten, Leistungsumfang ... 953
    I. Gesetzliche Krankenkassen ... 953
    II. Gesetzliche Unfallversicherung/Berufsgenossenschaften, SGB VII ... 956
    III. Private Krankenversicherung ... 957
    IV. Sonderfälle ... 957
    V. Schadenminderungspflicht im Rahmen der Heilbehandlung ... 959

I. Pflegekosten ... 959
    I. Pflege in stationärer Unterbringung ... 959
    II. Pflegebedarf ... 959
    III. Pflegekosten ... 960
    IV. Leistungen der gesetzlichen Pflegekasse ... 961
    V. Pflegeleistungen der Berufsgenossenschaft ... 962
    VI. Pflegeleistungen der privaten Pflegekassen ... 962
    VII. Kongruenz zum Haushaltsführungsschaden ... 962
    VIII. Besuchskosten naher Angehöriger ... 962
    IX. Schadenminderungspflicht des Pflegebedürftigen ... 963

J. Leistungsumfang der Rentenversicherungsträger ... 963
    I. Gesetzliche Rentenversicherung, DRV und Bundesknappschaft ... 963
    II. Berufsständische Rentenversicherer ... 965

K. Gesetzlicher Forderungsübergang ... 965

Inhaltsverzeichnis

I.	Anspruchsübergang auf den Arbeitgeber	965
II.	Anspruchsübergang auf den ö-r Dienstherren, § 76 BBG	969
III.	Anspruchsübergang nach §§ 86 VVG, 5 AAG	969
IV.	Anspruchsübergang auf die Träger der gesetzlichen Sozialversicherungen gem. §§ 116 SGB X, 119 SGB X	970
V.	Anspruchsübergang auf den Sozialhilfe-Träger	973
VI.	Anspruchsübergang auf die Bundesagentur für Arbeit	973
VII.	Verjährung der Ansprüche aus übergegangenem Recht	974
VIII.	Ausschluss des Anspruchsübergangs	975
IX.	Sachschadenersatz im Rahmen des Personenschadenersatz	977

Kapitel 18 Schätzgrundlagen für den Haushaltsführungsschaden ... 978
A. Einleitung ... 978
    I. Tatsächliche Einstellung einer Ersatzkraft (Ausnahmefall) ... 979
    II. Fiktive Abrechnung (Regelfall) ... 980
B. Tarifverträge ... 981
    I. BAT bzw. TVöD ... 981
    II. Entgelttarifverträge der DHB-Landesverbände mit der Gewerkschaft NGG ... 982
C. Tabellenbewertung und Ausblick ... 987
    I. Grundlagen für eine Kapitalisierung ... 987
    II. Besonderheiten bei der Kapitalisierung ... 987
D. Prüfschema ... 988

Kapitel 19 Schmerzensgeld ... 989
A. Schmerzensgeld – Allgemeines ... 993
    I. Haftungstatbestände ... 993
    II. Schmerzensgeld bei Vertragsverletzungen ... 993
    III. Schmerzensgeld bei Gefährdungshaftung ... 994
    IV. Verjährung ... 995
    V. Schutzumfang ... 1010
    VI. Bemessungsumstände/»Tabellen« ... 1010
    VII. Umgang mit Präjudizien im Schmerzensgeldrecht ... 1018
B. Schmerzensgeld – Sonderfälle ... 1022
    I. Das HWS-Schleudertrauma als Körperverletzung ... 1024
    II. Schock ... 1052
    III. Leben und Tod ... 1063
    IV. Schwerste Verletzungen ... 1076
    V. Alter des Verletzten ... 1083
    VI. Kapital und Rente ... 1084
C. Prozessrecht ... 1095
    I. Verfahrensrechtliche Besonderheiten ... 1096
    II. Die Schmerzensgeldklage ... 1101
D. Abfindungsvergleich ... 1116
    I. Vorbemerkung – Umfang eines Abfindungsvergleichs ... 1116
    II. Die Rechtsnatur des Abfindungsvergleichs ... 1116
E. Schmerzensgeld – Tabelle ... 1127

Kapitel 20 Posttraumatische Belastungsstörung als juristisches Problem ... 1144
Einleitung ... 1144
A. Problemdarstellung ... 1145
B. Lösungsansätze der Rechtsprechung ... 1146
    I. PTBS als Folgeschaden ... 1146
    II. PTBS als Primärschaden ... 1150

C. Würdigung der Rechtsprechung 1154
    I. Zu weiter Kausalitätsbegriff 1154
    II. Unzureichende Zurechnungskorrekturen 1155
    III. Richtige Richtung bei der Zurechnung psychischer Primärschäden 1156
D. Lösungsmöglichkeiten 1157
    I. Beweislastumkehr und Ausweitung des Bagatellbegriffs 1157
    II. Stärkere Berücksichtigung des Verschuldens 1158
    III. Einschränkungen im Rahmen der Schadensbemessung 1158
    IV. Anspruchskürzung über § 254 BGB 1159
E. Fazit 1161

Teil 5   Öl- und Umweltschäden 1163

Kapitel 21   Sonderprobleme bei Öl- und Umweltschäden 1163

A. Begriff 1167
    I. Umweltschaden in der Kraftfahrthaftpflichtversicherung 1167
    II. Kfz-Haftpflichtschäden mit Umweltbezug 1169
    III. Versicherungsfall 1173
B. Versicherungsverhältnis 1174
    I. Deckung von Öl- und Umweltschäden durch die Kraftfahrthaftpflichtversicherung 1174
    II. Direktanspruch gegen den Kfz-Haftpflichtversicherer in Öl- und Umweltschäden 1185
C. Anspruchsgrundlagen 1189
    I. Anspruchsgrundlagen zivilrechtlicher Art 1189
    II. Anspruchsgrundlagen öffentlich-rechtlicher Art 1233
D. Beweissicherung in Umweltschäden 1241
    I. Selbstständiges Beweissicherungsverfahren? 1241
    II. Ergänzende Mittel zur Sachverhaltsaufklärung 1242
E. Sorgfaltspflichten 1248
    I. Sorgfaltspflichten des Tankwagenfahrers 1248
    II. Techniküberblick: Grenzwertgeber 1274
    III. Rechtsprechungsübersicht zu Einzelfallgruppen: 1277
    IV. Die Auswirkung von Anlagenmängeln auf die Haftungsbeurteilung 1279
F. Besondere Schadenspositionen bei Öl- und Umweltschäden 1282
    I. Wert von Grundstücken nach Umweltschadensfällen 1282
    II. Besondere Einzelpositionen 1290
G. Dispositionsfreiheit, Behörden, Verwaltungsverfahren und Verwaltungsvertrag ... 1291
    I. Eingeschränkte Dispositionsfreiheit des Geschädigten 1291
    II. Behörden, Verwaltungsverfahren und Verwaltungsvertrag 1293
H. Anzeige-, Melde- und Unterrichtungspflichten 1295
    I. Einleitung 1295
    II. Anzeigepflichten gegenüber dem Versicherer 1295
    III. Meldepflichten gegenüber Umweltbehörden 1296

Teil 6   Versicherungsvertrag 1311

Kapitel 22   Kfz-Haftpflichtversicherung/Deckungssummen 1311

Einleitung 1315
A. Vorbemerkung 1316
    I. VVG 2007 bzw. VVG 2008 1316
    II. AKB n. F. 1316
    III. PflVG 1316
B. Zulassungspflicht/Versicherungspflicht 1317

Inhaltsverzeichnis

- I. Zulassungspflicht 1317
- II. Versicherungspflicht 1317
- C. Rechtsgrundlagen 1319
  - I. Versicherungsvertragsgesetz (VVG) 1319
  - II. PflVG 1319
  - III. BGB 1324
  - IV. Sonstige Bestimmungen 1324
- D. Vertragliche Grundlagen 1324
  - I. Allgemeine Bedingungen für die Kraftfahrtversicherung 1324
  - II. Die Tarifbedingungen 1327
- E. Der Versicherungsvertrag 1331
  - I. Beginn/Ende des Vertrages 1331
  - II. Vertragspflichten des Versicherers 1336
  - III. Vertragspflichten des Versicherungsnehmers 1336
  - IV. Die versicherungsrechtlichen Folgen des Verkehrsunfalls .. 1337
- F. Die Deckung 1341
  - I. Deckungsumfang 1342
  - II. Deckungsausschluss 1343
  - III. Vorläufige Deckung §§ 49 ff. VVG 1343
- G. Versicherungsschutz 1344
  - I. Begriff 1344
  - II. Voraussetzungen 1344
- H. Risikoumfang 1345
  - I. Die versicherten Risiken 1345
  - II. Versichertes Fahrzeug: 1346
  - III. Versicherte Personen 1351
  - IV. Die versicherten Handlungen 1354
  - V. Benzinklauseln zur Abgrenzung AH/KH 1369
- I. Risikoausschlüsse 1370
  - I. Europaklausel 1370
  - II. Vorsatz 1371
  - III. Beteiligung an behördlich genehmigten Fahrveranstaltungen 1372
  - IV. Ausschluss von Schäden am versicherten Kfz 1372
  - V. Schäden an abgeschleppten Fahrzeugen oder Anhängern 1373
  - VI. Ausschluss von Ladungsschäden 1373
  - VII. Haftpflichtansprüche des VN 1374
  - VIII. Ausschluss von Vermögensschäden 1374
  - IX. Ausschluss vertraglicher Ansprüche 1375
  - X. Schäden durch Kernenergie 1375
- J. Verkehrsopferhilfe (VOH), § 12 PflVG 1375
- K. Systematik der Leistungspflicht und der Obliegenheiten 1376
  - I. Prämienzahlungspflicht des Versicherungsnehmers (Leistungspflicht) .. 1376
  - II. Obliegenheiten 1380
  - III. Die Obliegenheiten im Einzelnen 1385
  - IV. Die Verweisung 1421
- L. Versicherungssummenüberschreitung oder Überschreitung der Haftungshöchstgrenzen des § 12 StVG 1427
  - I. Überschreitung der Versicherungssumme 1428
  - II. Überschreitung der Haftungshöchstbeträge des § 12 StVG ... 1437

Kapitel 23 Kaskoversicherung 1444
- A. Grundlagen 1490
  - I. AKB 2008 1490

	II.	VVG 2008	1491
B.	Der Kasko-Versicherungsvertrag		1492
	I.	Zustandekommen des Versicherungsvertrages	1492
	II.	Inhaltliche und förmliche Anforderungen an den Abschluss des Versicherungsvertrages	1492
	III.	Das Widerrufsrecht nach § 8 VVG 2008	1493
	IV.	Versicherungsbeginn	1493
	V.	Geltungsbereich des Versicherungsschutzes	1494
	VI.	Vertragsdauer und Kündigung	1495
	VII.	Prämienrecht	1496
	VIII.	Vorläufiger Versicherungsschutz	1500
C.	Umfang der Kaskoversicherung		1504
	I.	Allgemeines	1504
	II.	Teilkaskoversicherung	1504
	III.	Vollkaskoversicherung	1521
	IV.	Risikoausschlüsse	1527
D.	Leistungsbefreiungstatbestände		1529
	I.	Subjektiver Risikoausschluß nach § 81 VVG 2008	1529
	II.	Leistungsfreiheit wegen gesetzlicher Obliegenheitsverletzungen	1549
	III.	Leistungsfreiheit wegen vertraglicher Obliegenheitsverletzungen	1558
	IV.	Kürzung bei mehreren Obliegenheitsverletzungen	1575
E.	Umfang der Ersatzleistung		1575
	I.	Totalschaden, Zerstörung oder Verlust	1576
	II.	Beschädigung	1579
	III.	Sachverständigenkosten	1580
	IV.	Mehrwertsteuer	1580
	V.	Sonderregelung bei Wiederauffinden des Fahrzeugs	1580
	VI.	Selbstbeteiligung	1581
	VII.	Nicht ersatzfähige Teile/Kosten	1582
	VIII.	Sachverständigenverfahren	1582
	IX.	Entschädigung	1585
	X.	Prozessuales	1587
	XI.	Forderungsübergang	1588

Teil 7	Versicherungsbetrug	1591

Kapitel 24 Betrug in der Kraftfahrtversicherung			1591
A. Einführung			1592
B. Betrug in der Kraftfahrzeug-Haftpflichtversicherung			1593
	I.	Betrugsvarianten	1593
	II.	Aufklärungsansätze	1599
	III.	Haftung und Rechtsfolgen	1603
	IV.	Beweislast	1605
	V.	Prozessführung	1609
C. Betrug in der Kaskoversicherung			1613
	I.	Voraussetzungen der Leistungsfreiheit bei Obliegenheitsverletzungen nach Eintritt des Versicherungsfalls	1614
	II.	Arten der Obliegenheitsverletzungen nach dem Versicherungsfall	1616
	III.	Fallgruppen	1621

Teil 8	Auslandsschäden	1629

Kapitel 25 Kfz-Schadenregulierung Unfälle mit Auslandsbezug	1629
A. Einführung	1631

Inhaltsverzeichnis

B.	Verhalten bei einem Unfall im Ausland	1632
	I. Polizeiliche Unfallaufnahme	1633
	II. Festhalten wichtiger Daten des Unfallgegners	1633
	III. Europäischer Unfallbericht	1634
	IV. Eigene Beweissicherung	1634
	V. Personenschäden	1634
	VI. Fahrzeug-Totalschaden	1634
C.	Regulierung eines Verkehrsunfalls in der EU	1634
	I. 4. Kraftfahrzeug-Haftpflicht-Richtlinie (4. KH-Richtlinie)	1634
	II. Folgen aus der 4. KH-Richtlinie für die anwaltliche Tätigkeit	1639
	III. 5. Kraftfahrzeug-Haftpflicht-Richtlinie (5. KH-Richtlinie)	1641
	IV. Gerichtsstand (Entscheidung des *EuGH*)	1644
	V. Kodifizierung der KH-Richtlinien	1647
D.	Regulierung eines Verkehrsunfalls in Nicht-EU-Ländern	1647
	I. Verfahren	1647
	II. Gerichtsstand	1647
	III. Anwendungsbereich des Lugano-Übereinkommens	1648
E.	Anwendbares Recht bei Regulierung eines Auslandsunfalls	1648
	I. Anzuwendendes Recht	1648
	II. Haager Übereinkommen für Straßenverkehrsunfälle	1651
	III. Rom II-Verordnung	1651
	IV. Verhältnis Rom II-Verordnung – Haager Übereinkommen	1654
F.	Europäisches Bagatellverfahren	1654
G.	Adhäsionsverfahren	1655
H.	Grüne Karte-System	1655
	I. Grundlagen des Grüne Karte-Systems	1655
	II. Regulierung eines Unfalls in Deutschland mit ausländischem Unfall beteiligtem	1656
	III. Grüne Karte-Fälle im Ausland	1657
	IV. Besucherschutzabkommen	1658
	V. Grenzversicherung	1659
	VI. Unfälle mit Fahrzeugen von in Deutschland stationierten ausländischen Streitkräften	1659
I.	Anschriften von Rechtsanwälten im Ausland	1660
J.	Anhang	1660
	I. 1. KH-Richtlinie	1660
	II. 2. KH-Richtlinie	1664
	III. 3. KH-Richtlinie	1667
	IV. 4. KH-Richtlinie	1670
	V. 5. KH-Richtlinie	1680
	VI. 6. Richtlinie 2009/103/EG (Kodifizierung der 1. bis 5. KH-Richtlinie)	1690
Stichwortverzeichnis		1713

Literaturverzeichnis

Basedow/Fock/Jantzen	Europäisches Versicherungsvertragsrecht, Tübingen 2002
Bauer	Die Kraftfahrtversicherung, 5. Aufl., 2002
Baumgärtel/Prölss	Handbuch der Beweislast im Privatrecht, Bd. 5: Versicherungsrecht, 1999
Baumann	Das neue Versicherungsvertragsrecht in der Praxis, 2008
ders.	Das neue Versicherungsvertragsrecht, 2007
Beckmann/Matusche-Beckmann	Versicherungsrechtshandbuch, 2. Aufl., 2008
Berliner Kommentar	zum Versicherungsvertragsgesetz, Kommentar zum deutschen und österreichischen VVG, 1999
Böhme/Biela	Kraftverkehrshaftpflichtschäden, 23. Aufl., 2006
Bruck/Möller/Johannsen	Kommentar zum Versicherungsvertragsgesetz und zu den Allgemeinen Versicherungsbedingungen unter Einschluss des Versicherungsvermittlerrechtes, Band IV, 8. Aufl., 1970
Budewig/Gehrlein	Haftpflichtrecht nach der Reform, 2003
Burmann/Heß/Jahnke/Janker	Straßenverkehrsrecht 21. Aufl., 2010
Buschbell (Hrsg.)	Münchener AnwaltsHandbuch Straßenverkehrsrecht 3. Aufl., 2009
Erman	Bürgerliches Gesetzbuch 12. Aufl. 2008
Feyock/Jacobsen/Lemor	Kommentar zur Kraftfahrtversicherung, 3. Aufl., 2009
Fürstenwerth, von/Weiß	VersicherungsAlphabet – Begriffserläuterungen der Versicherung aus Theorie und Praxis, 10. Aufl., Karlsruhe 2001.
Geigel	Der Haftpflichtprozess, 26. Aufl., 2011
Giemulla/Schmid	Frankfurter Kommentar zum Luftverkehrsrecht, Loseblattwerk Stand Dez. 2008
Grüneberg	Haftungsquoten bei Verkehrsunfällen 11. Aufl., 2008
Hacks/Ring/Böhm	ADAC-Schmerzensgeldbeträge, 26. Aufl., 2008
Hentschel	Straßenverkehrsrecht, 39. Aufl., 2007
Hentschel/König/Dauer	Straßenverkehrsrecht, 41. Aufl., 2011
Halm/Engelbrecht/Krahe	Handbuch des Fachanwalts Versicherungsrecht, 4. Aufl., 2011
Halm/Kreuter/Schwab	AKB-Kommentar, 2010
Hering	Rechtsschutzversicherung, München, 2006
Heß/Jahnke	Das neue Schadensrecht, München 2002
Himmelreich/Halm	Handbuch des Fachanwalts Verkehrsrecht, 3. Aufl., 2010
dies.	Kfz-Schadensregulierung, Handbuch, Loseblattwerk Stand 2011
Himmelreich/Klatt/Lang/Schirmer/Neusinger/van Bühren	Aktuelle Probleme bei der Rechtsschutzversicherung, 1991
Hoeren/Spindler	Versicherungen im Internet – Rechtliche Rahmenbedingungen, 2002
Jaeger/Luckey	Schmerzensgeld 5. Aufl., 2010
Jauernig	BGB, Kommentar, 12. Aufl., 2007
Küppersbusch	Ersatzansprüche bei Personenschaden, 10. Aufl., 2010
Lemor	Auslandsunfälle im Lichte der 4. KH- Richtlinie – Probleme, Lösungen und offene Fragen der Schadenregulierung, VW Heft 1/2001, S. 28
ders.	Gleicher Schadenersatz für Verkehrsopfer in Europa?, VersR 1992, S. 648
ders.	Verbesserung des Verkehrsopferschutzes bei Auslandsunfällen, DAR 7/98, S. 253.

Literaturverzeichnis

ders.	Europäische Union: 4. Motorfahrzeughaftpflicht-Richtlinie (Besucherschutz), SVZ 66 (1998) 11/12, S. 336
ders./Becker	5. KH-Richtlinie: Ein weiterer Schritt nach Europa, VW Heft 1/2006, 18
Looschelders	Der Vorschlag der Europäischen Kommission für eine 4. Kfz-Haftpflicht-Richtlinie – Ein überzeugendes Konzept zum Schutz des Geschädigten bei Verkehrsunfällen?, NVZ 1999, 57
ders.	Die Beurteilung von Straßenverkehrsunfällen mit Auslandsberührung nach dem neuen internationalen Deliktsrecht, VersR 1999, 1361
Luckhaupt	Regulierung internationaler Kraftfahrt-Haftpflichtschäden gemäß der 4. EU-KH-Richtlinie, PVR 2001, 126.
Maier/Stadler	AKB 2008 und VVG Reform 2008, München 2008
Matzen	Die Rechtsgrundlagen der Rechtsschutzversicherung, AnwBl 1979, 358
Mergner	Auswirkungen der VVG Reform auf die Kraftfahrversicherung NZV 2007, 385
ders.	Motorfahrzeug-Haftpflichtversicherung: Eine Übersicht zur internationalen Schadenregulierung, Sonderdruck aus: Alfred Koller (Hrsg.) Haftpflicht- und Versicherungstagung 2003
Mollowitz	Der Unfallmann, 12. Aufl., 1998
Niederleithinger	Auf dem Weg zu einer VVG-Reform, VersR 2006, 437
ders.	Das neue VVG, 2007
Palandt	BGB, 70. Aufl., 2011
Plagemann/Radtke-Schwenzer	Gesetzliche Unfallversicherung 2. Aufl., 2007
Präve	Versicherungsbedingungen und AGB-Gesetz, 1998
ders.	Das außerordentliche Kündigungsrecht in der Rechtsschutzversicherung, ZfV 1991, 611
ders.	Das neue VVG, VersR 2007, 1046
Prölss/Martin	Versicherungsvertragsgesetz, 28. Aufl., 2010
Prölss/Schmidt	Versicherungsaufsichtsgesetz, 12. Aufl., 2005
Prölss	Risikoausschlüsse in der Rechtsschutzversicherung, r+s 2005, 225 (Teil I); r+s 2005, 269 (Teil II)
Prütting/Wegen/Weinreich	BGB-Kommentar, 3. Aufl., 2008
Römer/Langheid	Versicherungsvertragsgesetz 3. Aufl., 2009
Rüffer/Halbach/Schimikowski	Versicherungsvertragsgesetz 1. Aufl., 2009
Schulze/Dörner/Ebert/Eckert/Hoeren/Kemper/Saenger/Schulte-Noelke/Staudinger	BGB, 5. Aufl., 2007
Schneider/Schlund/Haas	Kapitalisierungs- und Verrentungstabellen
Soergel	Kommentar zum BGB, 13. Aufl., 2000
ders.	BGB, Kommentar, 13. Aufl., 1999
Splitter/Kuhn	Schadensverteilung bei Verkehrsunfällen, 7. Aufl., 2010
Staudinger	Kommentar zum BGB, 2007
Stiefel/Hofmann	Kraftfahrtversicherung 17. Aufl., 2000
Stegmann	Formularbuch Verkehrsunfall, 3. Aufl., 2007
Ulmer/Brandner/Jensen	AGBG 10. Aufl., 2006
van Bühren	Handbuch Versicherungsrecht, 4. Aufl., 2009
Zöller	Kommentar zur ZPO, 28. Aufl., 2010

Abkürzungsverzeichnis

a. e. c.	argumentum e contrario
a. F.	alte Fassung
AGB	Allgemeine Geschäftsbedingungen
AGBG	Gesetz zur Regelung des Rechts der Allg. Geschäftsbedingungen
AHB	Allgemeine Haftpflichtbedingungen
AKB	Allgemeine Bedingungen für die Kraftfahrtversicherung
AVB	Allgemeine Versicherungsbedingungen
BayObLG	Bayrisches Oberstes Landesgericht
BeckOK-BGB	Beck'scher Onlinekommentar zum BGB
BeckOK-ZPO	Beck'scher Onlinekommentar zur ZPO
BeckRS	Beck-Rechtsprechung
Beschl.	Beschluss
BGB	Bürgerliches Gesetzbuch
BGBl	Bundesgesetzblatt
BGH	Bundesgerichtshof
BORA	Berufsordnung für Rechtsanwälte
BRAK-Mitt.	Mitteilungen der Bundesrechtsanwaltskammer, Zeitschrift
BRAO	Bundesrechtsanwaltsordnung
BR-Drucks.	Bundesrats-Drucksache
BT	Besonderer Teil
BT-Drucks.	Bundestag-Drucksache
BVerfG	Bundesverfassungsgericht
BVerfGE	Entscheidungen des Bundesverfassungsgerichts, amtl. Sammlung
BVerwG	Bundesverwaltungsgericht
DAR	Deutsches Autorecht, Zeitschrift
DAV	Deutscher Anwaltverein
EG	Einführungsgesetz
EuGH	Europäischer Gerichtshof
EWR	Europäischer Wirtschaftsraum
f.	für/folgende Seiten
FD-Mietrecht	Fachdienst Mietrecht, Zeitschrift
FD-StrV	Fachdienst Straßenverkehrsrecht, Zeitschrift
ff.	folgende Seiten
Fn	Fußnote/n
Fortsg.	Fortsetzung
FS	Festschrift
GBl	Gesetzblatt
gem.	gemäß
GDV	Gesamtverband der Deutschen Versicherungswirtschaft
GKG	Gerichtskostengesetz
GS	Großer Senat
GVG	Gerichtsverfassungsgesetz
H.	Heft
h. A.	herrschende Ansicht
HG	Haftpflichtgesetz
HGB	Handelsgesetzbuch
Hinw.	Hinweis/e
h. L.	herrschende Lehre
h. M.	herrschende Meinung

Abkürzungsverzeichnis

hrsgg.	herausgegeben
Hs	Halbsatz
i.	in/im
i. d. F.	in der Fassung
i. d. Fn.	in der Fußnote
i. d. R.	in der Regel
i. d. S.	in diesem Sinne
i. e. S.	im engeren Sinne
insbes.	insbesondere
InsO	Insolvenzordnung
insow.	insoweit
i. S.	im Sinne
i. S. d.	im Sinne des
i. S. v.	im Sinne von
i. V. m.	in Verbindung mit
i. w. S.	im weiteren Sinne
jew.	jeweils
k + v	Kraftfahrt- und Verkehrsrecht, Zeitschrift
Kfz	Kraftfahrzeug
KfzPfVV	Verordnung über den Versicherungsschutz in der Kraftfahrzeug-Haftpflichtversicherung (Kraftfahrzeug-Pflichtversicherungsverordnung)
KG	Kammergericht
KGR	KG-Report Berlin, zeitschrift
KH	Kraftfahrthaftpflicht
KH-Versicherer	Kraftfahrthaftpflichtversicherer
Kom.	Kommentar
KOM	Kraftomnibus
krit./Krit.	kritisch/Kritik
KVO	Kraftverkehrsordnung für den Güterverkehr mit Kraftfahrzeugen
L./(L)/Leits.	Leitsatz
LAG	Landesarbeitsgericht
LG	Landgericht
lit.	Buchstabe
Lkw	Lastkraftwagen
LMK	Kommentierte BGH-Rechtsprechung Lindenmaier-Möhring
m.	mit
m. abl. Anm. v.	mit ablehnender Anmerkung von
m. a. W./M. a. W.	mit anderen Worten
MB	Musterbedingungen
m. d. Fn	mit der/den Fußnote/n
MDR	Monatsschrift für Deutsches Recht, Zeitschrift
m. krit. Anm. v.	mit kritischer Anmerkung von
m. Krit. v.	mit Kritik von
m. w. Beisp.	mit weiteren Beispielen
m. w. Hinw.	mit weiteren Hinweisen
m. w. Nw.	mit weiteren Nachweisen
NdsRpfl.	Niedersächsische Rechtspflege, Zeitschrift
n. F.	neue Folge/neue Fassung
n. f. a.	neu für alt
NJOZ	Neue Juristische Online-Zeitschrift
NJW	Neue Juristische Wochenschrift, Zeitschrift

NJW-RR	NJW Rechtsprechungsreport Zivilrecht, Zeitschrift
Nr.	Nummer
NRW	Nordrhein-Westfalen
NStZ-RR	Neue Zeitschrift für Strafrecht – Rechtsprechungs-Report, Zeitschrift
n. v.	nicht veröffentlicht
NVersZ	Neue Zeitschrift für Versicherungsrecht, Zeitschrift
NVwZ-RR	Neue Zeitschrift für Verwaltungsrecht – Rechtsprechungs-Report, Zeitschrift
Nw. (Nachw.)	Nachweis/e
NZV	Neue Zeitschrift für Verkehrsrecht, Zeitschrift
o.	oben
o. Ä.	oder Ähnlich/e
OLG	Oberlandesgericht
OLG-NL	OLG-Rechtsprechung Neue Länder
OLGZ	Entscheidungen der Oberlandesgerichte in Zivilsachen
OVG	Oberverwaltungsgericht
OWiG	Gesetz über Ordnungswidrigkeiten
PBefG	Personenbeförderungsgesetz
PersVerk	Der Personenverkehr, Zeitschrift
PflVG	Gesetz über die Pflichtversicherung für Kraftfahrzeughalter (Pflichtversicherungsgesetz)
PVR	Praxis Verkehrsrecht (jetzt SVR), Zeitschrift
R	Rückseite
RAG	Reichsarbeitsgericht
RBerG	Rechtsberatungsgesetz
RdK	Das Recht des Kraftfahrers, Zeitschrift
Rn	Randnummer
RS	Rechtsschutz
r+s	Recht und Schaden, Zeitschrift
r.Sp.	rechte Spalte
Rspr	Rechtsprechung
RVG	Rechtsanwaltsvergütungsgesetz
RVO	Reichsversicherungsordnung
Rz	Randziffer
S.	Satz/Seite
s.	siehe
s. a.	siehe auch
SchadÄndG	Schadensrechtsänderungsgesetz
sog.	So genannte/r
SP	Schaden-Praxis, Zeitschrift
StGB	Strafgesetzbuch
Stichw.	Stichwort
str.	streitig
st.Rspr	ständige Rechtsprechung
StVG	Straßenverkehrsgesetz
StVO	Straßenverkehrs-Ordnung
StVZO	Straßenverkehrs-Zulassungs-Ordnung
SV	Sachverständiger
SVR	Straßenverkehrsrecht, Zeitschrift
SVT	Sozialversicherungsträger
teilw.	teilweise
TK	Teilkasko(versicherung)
TÜV	Technischer Überwachungsverein

Abkürzungsverzeichnis

u.	und/unten
u. a.	und andere/unter anderem
u. d. Fn.	unter der/den Fußnote/n
u. E.	unseres Erachtens
unveröffentl.	unveröffentlicht/e
umstr.	umstritten
Urt.	Urteil
u. U.	unter Umständen
u. v. a.	und viele andere
VerBAV	Veröffentlichungen des Bundesaufsichtsamtes für das Versicherungswesen, Zeitschrift
Verf.	Verfasser
VERKMITT	Verkehrsrechtliche Mitteilungen, Zeitschrift
VersPrax	s. VP
VersR	Versicherungsrecht, Zeitschrift
vgl.	vergleiche
VGT	Deutscher Verkehrsgerichtstag, Veröffentlichung der Referate
VK	Vollkasko(versicherung)
VkBl	Verkehrsblatt, Amtsblatt des Bundesministeriums für Verkehr, Zeitschrift
VN	Versicherungsnehmer
VO	Verordnung
VP	Versicherungspraxis, Zeitschrift
VR	Versicherer
VRS	Verkehrsrechtssammlung, Zeitschrift
V+T	Verkehr und Technik, Zeitschrift
VVG	Gesetz über den Versicherungsvertrag, Versicherungs-Vertragsgesetz
VVG-KE	VVG-Kommissionsentwurf
VW	Versicherungswirtschaft, Zeitschrift
w.	weitere
WM	Zeitschrift für Wirtschaft- und Bankrecht
w.Nw.	weitere Nachweise
Z	Zeitschrift
z. B.	zum Beispiel
zfs	Zeitschrift für Schadensrecht
ZfV	Zeitschrift für Versicherungswesen
Ziff.	Ziffer
zit.	zitiert
ZK	Zivilkammer
ZPO	Zivilprozessordnung
ZS	Zivilsenat
z. T.	zum Teil
zust.	zustimmend/e/er
zutr.	zutreffend
zzt.	zurzeit

Teil 1 Grundsächliches

Kapitel 1 Allgemeine Rechtsbegriffe im Verkehrsunfallzivilrecht

Übersicht

		Rdn.
	Einleitung	1
A.	**Schadenbegriff**	3
I.	Differenztheorie	12
II.	Herstellungsanspruch	17
	1. Naturalrestitution	19
	2. Wertersatzforderung	22
III.	Geldersatzanspruch	24
IV.	Folgeschäden	28
V.	Verursachung	30
	1. Äquivalenztheorie	30
	2. Entfernt (liegende) Ursache (causa remota)	36
	3. Adäquanztheorie	41
	a) Schutzzweck der Norm	45
	b) Voraussehbarkeit	52
	c) Ergänzungserfolg	60
	4. Beweislast	67
VI.	Art der Fremdeinwirkung	68
	1. Unmittelbarer Schaden	69
	2. Mittelbarer Schaden	73
B.	**Geschütztes Rechtsgut**	78
I.	Eigentum	79
II.	Besitz	85
III.	Vermögen	86
C.	**Beweislast**	92
I.	Gläubiger	96
II.	Schuldner	98
III.	Umkehrung der Beweislast	100
	1. Treu und Glauben	100
	2. Beweisvermutungen	104
	3. Beweisvereitelung	105
IV.	Beweis des ersten Anscheins	108
V.	Beweiswürdigung	125
D.	**Mitverursachung und Mitverschulden**	140
I.	Grund des Anspruchs	152
II.	Schadenhöhe	165
E.	**Erfüllung**	167
I.	Leistung	168
	1. Allgemeine Vorschriften	168
	2. Vollleistung	171
	3. Teilleistung	183
II.	Aufrechnung	188
	1. Allgemeine Vorbemerkungen	188
	2. Prinzipalaufrechnung	189
	3. Eventualaufrechnung	192
III.	Hinterlegung	194
IV.	Bestimmungsrecht	196
	1. des Schuldners	197
	2. Gesetzliche Folge	199
V.	Erlassvertrag	204
	1. Rechtliche Bedeutung	207

	Rdn.
2. Rechtswirkung	213
3. Anfechtung	224
4. Schadenfeststellungsvertrag	232
VI. Feststellungsanspruch	233
F. Verzug	**254**
I. Voraussetzungen	255
1. Ablauf der Leistungszeit	255
2. Mahnung	257
3. Ablehnung	258
II. Folgen	261
1. Anwaltskosten	262
2. Prozesskosten	263
3. Kreditkosten	265
4. Mietwagenkosten/Nutzungsausfallentschädigung	266
III. Zinspflicht	267
1. Verzinsung aus § 249 BGB	272
2. Verzinsung aus § 849 BGB	275
3. Verzinsung aus § 286 BGB	290
4. Verzinsung aus § 291 BGB	296
5. Im Fall begründeter Aufrechnung	298
6. Anrechnung von Zinsen	300
7. Prozessuale Besonderheiten	301

Einleitung

1 Die Ausführungen werden begonnen mit der Definition einiger allgemeiner Rechtsbegriffe, die für das gesamte Schadensersatzrecht von Bedeutung sind. Es handelt sich dabei um wesentliche Grundlagen, die für die richtige Beurteilung und zutreffende Einordnung des Haftpflichtrechts von Bedeutung sind.

2 Aus der Vielzahl von Spezialvorschriften, die sich mit haftpflicht- und versicherungsrechtlichen Fragen befassen, sollen hier in erster Linie die Grundlagen für die Forderung von Schadenersatz behandelt werden soweit sie im Zusammenhang mit dem inzwischen zur Spezialmaterie gewordenen Haftpflichtrecht aufgrund von Kfz-Schäden von Bedeutung sind.

A. Schadenbegriff

3 Der Schaden im Rechtssinne (§ 249 BGB)[1] besteht in dem Unterschied zwischen der Vermögenslage des Betroffenen, wie sie sich nach dem Schadenereignis gestaltet hat, im Vergleich zu der Vermögenslage, wie sie sich ohne dieses Ereignis darstellen würde, wenn dabei der wirtschaftliche Wert des durch den Schaden entstandenen Schadenersatzanspruchs selbst unberücksichtigt bleibt.[2] Der in dieser Weise verstandene Schaden ist als Rechtsbegriff demnach nicht identisch mit allgemeinen, vermögensrechtlichen Nachteilen des Betroffenen auf wirtschaftlichem Gebiet, mögen sie ihm auch erst aus Anlass eines bestimmten Schadenfalles erwachsen sein.

4 Obwohl die meisten der einschlägigen Haftpflichtgesetze den Schädiger u. a. dann für ersatzpflichtig halten, wenn eine »Sache beschädigt« wird,[3] muss man bei sachbezogener Auslegung wohl davon ausgehen, dass in diesem Zusammenhang ein Schaden im Rechtssinne auch dann vorliegen kann, wenn

---

[1] Zum Begriff des *Vermögensschadens grundsätzlich*: *BGH* BGHZ 75, 366 = NJW 1980, 777 = VersR 1980, 378.
[2] Vgl. dazu inbes.: *BGH* VersR 1981, 432.
[3] Vgl. z. B. § 7 Abs. 1 StVG, § 1 HG, § 33 Abs. 1 LuftVG; – demgegenüber umreißt das BGB in § 823 Abs. 1 den Tatbestand bereits etwas umfassender, wenn es bezüglich der Ersatzpflicht u. a. an die *Verletzung des Ei-*

die Sache zwar unbeschädigt erhalten bleibt, jedoch die durch Eigentum und/oder Besitz vermittelten Rechte ohne eigenes Verschulden auf Dauer entzogen werden.[4]

Dabei ist beispielsweise an den Fall zu denken, dass bei einem Unfall bewusstlosen Geschädigten die goldene Uhr oder die Brieftasche gestohlen wird.[5] Das Gleiche gilt für den Fall, dass ein Lkw durch einen Zusammenstoß so schwer beschädigt wird, dass die aus zahlreichen Einzelstücken bestehende Ladung auf die Straße fällt und damit dem Zugriff Dritter preisgegeben wird. Auch diesen Schaden hat der Ersatzpflichtige als fortwirkende Folge seines haftbaren Verhaltens in der Erscheinungsform des schädlichen Ergänzungserfolges zu erstatten.[6] 5

Zum Ergänzungserfolg kann auch der Tatbestand gehören, dass ein nach dem Unfall zwangsläufig unverschlossen abgestelltes Fahrzeug oder einzelne Gegenstände daraus entwendet werden.[7] 5a

Der unfallbedingte Verlust einer Sache gehört zu den Schäden, für die der Ersatzpflichtige einzustehen hat. Kommen nach einem Verkehrsunfall aus einem beschädigten Fahrzeug wertvolle Gegenstände abhanden, so ist der Zurechnungszusammenhang zwischen der Beschädigung des Fahrzeugs und dem Verlust der Gegenstände im Grundsatz zu bejahen. Etwas anderes kann gelten, wenn die Gegenstände abhanden kommen, nachdem sie in polizeilichen Gewahrsam genommen worden sind. Werden Geldkoffer eines Geldtransporters noch am Unfallort gestohlen, wirkt das Schadenrisiko aus dem Unfall fort.[8] 5b

Allerdings sind aus nahe liegenden Gründen an die Beweispflicht des Geschädigten besonders strenge Anforderungen zu stellen. Der Anscheinsbeweis greift nur in seltenen Fällen. Wird der Verlust eines Bargeldbetrages, der in einem Pkw während einer Unfallfahrt mitgeführt worden war, erst mehrere Tage nach dem Unfall durch den Fahrer nach zwischenzeitlichem Krankenhausaufenthalt entdeckt, so spricht kein Anscheinsbeweis dafür, dass der Geldbetrag bei dem Unfallgeschehen abhanden gekommen ist.[9] Greift der Anscheinsbeweis allerdings, ist er nur dann entkräftet, wenn der Gegner Tatsachen vorträgt und im Bestreitensfalle auch beweist, aus denen sich die ernsthafte Möglichkeit des anderen Geschehensablaufs ergibt. Kann der Schaden auf mehrere typische Geschehensabläufe zurückzuführen sein, von denen nur einer zur Haftung des in Anspruch genommenen Schädigers führt, muss der Geschädigte diesen Ablauf beweisen. Erschüttert ist der Anscheinsbeweis, wenn unstreitig ist oder vom Schädiger bewiesen wird, dass ein schädigendes Ereignis durch verschiedene Ursachen mit typischen Geschehensabläufen herbeigeführt worden sein kann. 5c

---

gentums anknüpft; – wegen des Verhältnisses der Haftungsbestimmungen des § 823 BGB und des § 7 Abs. 1 StVG.

4 Vgl. dazu *BGH* BGHZ 58, 162; VersR 1978, 1161; VRS 55, 4; BGH, DAR 1997, 157; VRS 93, 4; R+S 1997, 117; *OLG München* VRS 59, 87: es stellt eine *Unfallfolge* dar, wenn einem Beteiligten durch den Unfall ein Gegenstand *abhanden* kommt. Jedoch spricht der Beweis des ersten Anscheins nur dann für diese Schadenursache, wenn feststeht, dass der Beteiligte den Gegenstand vor Antritt der Fahrt noch in seinem Besitz hatte (Anmerkung: der *BGH* hat die Annahme der Revision durch Beschluss vom 10.7.1979 – VI ZR 228/78 – abgelehnt); vgl. dazu auch beispielsweise Rn. 30–67; *OLG Frankfurt/M.* VersR 1980, 196 = zfs 1980, 113; – für den Bereich der AHB vgl. analog: *OLG München* VersR 1980, 1139; siehe auch *Terbillem* Münchner Anwaltshandbuch, Versicherungsrecht, 2. Auflage 2008, Rn. 175 ff. zur Reisegepäckversicherung.

5 Vgl. dazu auch: *OLG München* VRS 59, 87.

6 Vgl. dazu: *BGH* VRS 55, 4; *OLG München* zfs 1980, 282 = VRS 59, 87; *Weber* DAR 1979, 113; – a. A. *Rüth/Berr/Berz* Straßenverkehrsrecht, § 1 HG, Rn. 9; *Finger* Eisenbahngesetze, § 1 RGH Anm. 3e.

7 Vgl. BGHZ 58, 162 = NJW 1972, 904 = VersR 1972, 560 = JuS 1972, 473 (m. Anm. v. *Lange* JuS 1973, 280); NJW 1972, 712 = VRS 55, 4; *OLG München* VersR 1980, 828 = zfs 1980, 292 = VRS 59, 87; *LG Augsburg* zfs 1985, 161; *LG Karlsruhe* zfs 1987, 98.

8 *BGH* Urt. v. 10.12.1996, Az. VI ZR 14/96, DAR 1997, 157.

9 *OLG Köln* Urt. v. 25.2.2005, Az. 6 U 139/04, DAR 2005, 404.

5d Kommen Gegenstände bei einem Krankenhausaufenthalt nach einem Unfall abhanden, kann der Schaden dem ursprünglichen Schädiger nicht mehr angelastet werden. Es fehlt an der zeitlichen Nähe zum Unfallgeschehen.[10]

6 Im Allgemeinen wird eine aus mehreren Sachen zusammengesetzte Sache keine Sache i. S. d. §§ 90 ff. BGB darstellen. Dennoch ist dieser Begriff – ebenso wie der Sachenbegriff i. S. d. §§ 92 Abs. 2 und 1035 BGB – dem Gesetz an sich nicht fremd, wenn auch nur die einzelnen Sachen der Sachgesamtheit Gegenstand von dinglichen Rechten sein können.[11]

6a Gleichwohl wird auch im Zusammenhang mit der Sachbeschädigung erwogen, dass diese ausnahmsweise bei Zerstörung bzw. Auflösung einer funktionellen Einheit begangen werden kann.

7 Im Schadensersatzrecht wird bei der Zerstörung einer funktionellen Einheit die Sacheneigenschaft und ein darauf zu stützender Schadenersatzanspruch zu bejahen sein. In diesem Bereich geht es nicht selten um Sachgesamtheiten, die, ohne dass es sich etwa um in ihre Bestandteile zerlegbare Gesamtsachen handelt, gerade durch ihre Vollständigkeit und Ordnung einen Wert repräsentieren. Dieser entspricht nicht nur der Summe der Einzelwerte der darin zusammengefassten Sachen, sondern übersteigt diese sehr oft sogar. Dies gilt beispielsweise für Briefmarkensammlungen, Bibliotheken, Fachmuseen etc. Wird eine derartige organisatorische Sacheinheit durch eine unerlaubte Handlung gestört oder gar zerstört, dann handelt es sich gleichfalls um einen Angriff auf das Eigentum, bei dem der deliktische Eigentumsschutz des § 823 Abs. 1 BGB eingreifen muss.[12] Von einer Eigentumsverletzung i. S. d. § 823 Abs. 1 BGB ist z. B. dann auszugehen, wenn in einem Archiv Urkunden von ihren registrierten Plätzen entfernt werden, um sie an anderer Stelle des Archivs wieder einzuordnen.[13]

7a Anders liegen die Dinge, wenn die Sachgesamtheit aus verschiedenen Einzelgegenständen besteht, die sich ohne Weiteres voneinander trennen lassen. Gegenstand des Schadenersatzes nach § 249 BGB ist dann nicht die Sachgesamtheit, sondern die einzelne beschädigte Sache, sofern sie sich in technischer Hinsicht von der Gesamtsache trennen lässt und technisch einer isolierten Wiederherstellung zugänglich ist. In derartigen Fällen kann auch eine Ersatzbeschaffung als Naturalrestitution – die sich aber wohl nicht erzwingen lässt – in Betracht kommen.[14]

8 Wird beim Betriebe eines Kraftfahrzeugs eine Sache beschädigt, dann hat der Halter nach der Auffassung des *BGH*[15] auch den Schaden des rechtmäßigen Besitzers, beispielsweise den »Haftungsschaden« des Mieters eines Kfz, zu ersetzen. Beeinträchtigt der Schädiger den Mieter eines Fahrzeugs in seinem Gebrauchs- und Nutzungsrecht, so tritt auch eine Ersatzpflicht bezüglich des zwischen Mieter und Vermieter gegebenen Haftungsschadens ein.[16] Der Mieter ist für die Geltendmachung der Ansprüche aktiv legitimiert, da sein Gebrauchs- und Nutzungsrecht beeinträchtigt ist. Dies stellt eine Verletzung des unmittelbaren Besitzes und damit eines Schutzgutes i. S. d. § 823 Abs. 1 BGB, § 7 StVG dar. Mit der Klage kann auch der Haftungsschaden des Mieters gegenüber dem Vermieter geltend gemacht werden.

8a Der *BGH* vertritt in ähnlichem Zusammenhang die – mehr allgemein ausgerichtete – Auffassung, insoweit liege nicht lediglich eine Beschädigung des Vermögens (reiner Vermögensschaden) vor,

---

10 *Schwab* SVR 2006, 32.
11 Vgl. BGHZ 28, 16 = NJW 1958, 1133; WM 1960, 1223; 1963, 504; 1977, 218; NJW 1984, 803; RGRK, § 90, Rn. 15; *Erman/Sirp* § 90, Rn. 10; *Wolff/Raiser* Sachenrecht, 10. Aufl., § 5 Anm. II; § 51 Anm. IV 2.
12 Vgl. *BGH* BGHZ 76, 215 = NJW 1980, 1518 (dazu – in anderem Zusammenhang – kritisch: *Klimke* VersR 1981, 115); *Larenz*, Schuldrecht I, S. 402.
13 *BGH* Urt. v. 26.2.1980, Az. VI ZR 53/79, NJW 1980, 1518.
14 Vgl. BGHZ 92, 85 = DB 1985, 486; *BGH* DB 1985, 2680; Palandt/*Heinrichs* § 251; *Jordan* VersR 1978, 688 (690).
15 Vgl. dazu insbes.: *BGH* DAR 1981, 85 = VRS 60, 164 (Kfz-Mieter); – vgl. ergänzend dazu auch *Weber* DAR 1981, 161 (172, r.Sp.).
16 *LG Bautzen* Urt. v. 19.7.2000, Az. 1 S 200/99, SP 2000, 410, ADAJUR-Dok.Nr. 43701.

A. Schadenbegriff

die nicht zu ersetzen wäre, sondern es handele sich um die Beschädigung einer Sache, »wobei allerdings der Schaden nur in einer Vermögensbelastung besteht«. Diese Auffassung unterliegt gewissen Bedenken, obwohl sie an sich der Billigkeit entspricht. Es wäre in der Tat recht unbefriedigend, wenn der Schädiger sich auf die gesetzlichen Haftungsgrundlagen zurückzieht, obwohl auf der anderen Seite feststeht, dass der Mieter trotz aller Sorgfalt beim Vertragsabschluss, die er schon in seinem eigenen Interesse aufgewendet hatte, letztlich doch – über die im Wesentlichen gleichlautenden AGB – die Vertragsbedingungen des Vermieters akzeptieren musste, die über den Bereich der gesetzlichen Haftung hinaus eine ganze Reihe von Verschärfungen – und sei es auch nur bei der Beweislastverteilung – vorsehen. Die – auf der vertraglichen Absprache beruhende – Differenz zur Schadenpauschale müsse im Verhältnis zwischen Eigentümer und Besitzer – sofern die Pauschalierungsabrede rechtswirksam ist – vom Besitzer getragen werden. Die besondere Problematik dieser Erwägungen zeigt sich insbesondere für den Fall, dass den berechtigten Besitzer auch an der Herbeiführung des Unfalls kein Verschulden trifft.

Ein Schaden mit vermögensrechtlichem Einschlag kann auch in der Belastung mit einer Verbindlichkeit bestehen,[17] sofern der Verpflichtete dadurch tatsächlich beschwert ist.[18] Kreditkosten für die Finanzierung der Wiederherstellung eines Fahrzeuges sind allerdings nur dann erstattungsfähig, wenn der Geschädigte rechtzeitig den Schädiger davon in Kenntnis setzt, dass die Aufnahme eines Darlehens zur Durchführung der Reparatur erforderlich ist.[19]

Darüber hinaus kann ein Schaden vermögensrechtlicher Art auch darin bestehen, dass im Zusammenhang mit einem Totalschaden eine Sache zwar in ihrer substanziellen Integrität erhalten bleibt und auch weiterhin der Zugriffsmöglichkeit des Berechtigten unterliegt, diese jedoch als unverwendbares Einzelstück für den Eigentümer und Nutzungsberechtigten keinen Wert mehr hat. Dabei muss es sich nicht einmal um wesentliche Bestandteile der durch Totalschaden zerstörten Sache handeln, sondern mit Rücksicht auf die ursprünglich vorhanden gewesene Zweckbindung genügt die Eigenschaft als spezielles Zubehör.

Wurden z. B. in einem Spezial-Transporter Schränke, Regale und Schubladen eingebaut, die genau zu dem Fahrzeug passten und funktionsgerecht für die Aufnahme des Liefergutes bestimmt waren und entsteht bei einem Unfall am Transporter Totalschaden, während die speziell für ihn gefertigte Inneneinrichtung unbeschädigt erhalten bleibt, muss Schädiger in diesem Fall den Wiederbeschaffungswert der Innenausstattung gegen Übereignung der betreffenden Teile ersetzen. Sie kann nicht in ein anderes Fahrzeug eingebaut werden.

Ähnliche Überlegungen gelten für den Fall, dass – durch den Unfall nicht beeinträchtigte – Gegenstände zunächst unversehrt erhalten geblieben sind, später aber infolge des unfallbedingten Zeitablaufs durch Alterungsbedingten Verlust ihrer Eigenschaften Schaden nehmen, wie beispielsweise der Röstkaffee durch den Frischeverlust bzw. durch die Verflüchtigung seines Aromas.[20] Diese Überlegungen gelten auch für alle anderen leichtverderblichen Lebensmittel. Da es sich insoweit um einen Folgeschaden des eigentlichen Schadens handelt, kann auf den sonst notwendigen Begriff der Plötzlichkeit hier verzichtet werden.

---

17 Vgl. *BGH* BGHZ 61, 346 = NJW 1974, 34 (m. Zust. v. *Himmelreich* NJW 1974, 1897) = VersR 1974, 90 (m. teilw. krit. Anm. *v. Hartung* VersR 1974, 147) = DAR 1974, 17; MüKo/*Grunsky* Vorbem. vor § 249 Rn. 12 (Belastung mit Unterhalt für ungewolltes Kind); *Diederichsen* VersR 1981, 693 (Unterhaltsbedarf als Vermögensschaden).

18 Vgl. *BGH* BGHZ 61, 346 = NJW 1974, 34 (m. Zust. v. *Himmelreich* NJW 1974, 1897) = DAR 1974, 17; – vgl. dazu ergänzend auch: BGHZ 57, 78 (81, 83) = NJW 1971, 2218.

19 *LG Konstanz* Urt. v. 21.7.2004, Az. 11 S 50/04 N, SP 2005, 18.

20 Vgl. *OLG Bremen* VersR 1981, 974 (im Hinblick auf § 29 KVO; – dieser Grundsatz gilt jedoch *allgemein* auch für das *Schadensersatzrecht*).

I. Differenztheorie

12 Die herrschende Differenztheorie[21] sieht den Schaden im Rechtssinne als Differenz zwischen zwei Güterlagen, und zwar einmal der tatsächlichen – durch das konkrete Schadenereignis geschaffenen – und zum anderen der hypothetischen – also der Vermögenslage, wie sie sich ohne das zum Ersatz verpflichtende Ereignis darstellen würde.[22] So ist der unfallbedingte merkantile Minderwert eines Kraftfahrzeugs (ein Interessent zahlt weniger, selbst wenn das Fahrzeug repariert ist, weil er nicht erkennbare Mängel fürchtet) dem Bereich der unmittelbaren Sachschäden zuzurechnen.[23] Eine andere Auffassung würde laut *BGH* die Differenztheorie in ihrer Auswirkung schmälern und das Quotenvorrecht beeinträchtigen.

12a Das bedeutet zugleich auch, dass der Geschädigte Anspruch auf Zahlung des Betrages hat, der zur Herstellung an dem Ort, an dem die beschädigte Sache sich ohne das zum Ersatz verpflichtende Ereignis befinden würde, objektiv erforderlich ist.[24] So ist ein Ausländer beispielsweise berechtigt, den in der Bundesrepublik Deutschland erlittenen Reparaturschaden auch dann im Gastland beseitigen zu lassen, wenn dadurch – mit Rücksicht auf das hohe deutsche Lohnniveau – höhere Reparaturkosten entstehen als im Herkunftsland.

12b Normative Wertungen sind erforderlich, wenn die Beschränkung auf die reine Kausalbetrachtung scheinbar keine Differenz zwischen den zu vergleichenden Güterlagen erkennbar macht.[25] Dies wird i. d. R. bei mittelbaren Schäden der Fall sein, bei denen der Schaden sich als Bedarf zur Aufwendung von Vermögensleistungen darstellt.

12c Relevant wird diese Forderung nach der Abrechnung der Reparaturkosten am Ort des Schadens unter anderem bei der fiktiven Abrechnung von Reparaturkosten. So sind nach einem Urteil des *AG Düsseldorf* die regionalen Stundenverrechnungssätze einer Markengebundenen Fachwerkstatt auch bei fiktiver Reparaturkostenabrechnung vom Schädiger zu ersetzen.[26]

13 Am überzeugendsten lässt sich der Schaden nach der reinen Differenztheorie dann darstellen, wenn man auf den Minderwert abstellt, d. h. auf den Betrag, der durch das Schadenereignis vernichtet worden ist.[27] Dies ist der Betrag, den die beschädigte Sache nach dem Unfall weniger Wert war als vorher ist.[28] Diese Aussage mag ein anschauliches Beispiel aus der Praxis verdeutlichen:

13a Müller befährt mit seinem zwei Jahre alten Kraftfahrzeug eine Vorfahrtsstraße. Krause verletzt die Vorfahrt und prallt mit seinem Lkw gegen den Pkw von Müller. Die Reparaturkosten betragen 3 000 €. Der erstattungsfähige Sachschaden (Kfz-Schaden) im engeren Sinne – also der unmittelbare Schaden – beläuft sich demgemäß auf 3 000,– €.[29] Müller lässt den Schaden in einer renommierten Vertragswerkstatt ordnungsgemäß beseitigen. Veräußert er später das Fahrzeug, muss er den Unfall-

---

21 Vgl. *BGH* NJW 1983, 444; Bamberger/Roth/*Grothe* Beck'scher Online-Kommentar, BGB Stand 1.2.2007, Rn. 5.
22 Vgl. BGHZ 27, 181 (183); BGHZ 75, 366 (371); NJW 1983, 444; BGHZ 98, 212 = DB 1986, 2480; DB 1987, 1418; DB 1987, 2630; *KG* NJW 1971, 142; *Larenz* VersR 1963, 1 ff.; *Wussow* UHR, Rn. 962; Palandt/*Heinrichs* Vorbem. vor § 249; Erman/*Sirp* § 249 Rn. 6.
23 *BGH* Az. VI ZR 153/80, DAR 2005, 309 bei *Diederichsen*.
24 Vgl. *AG Aachen* DAR 1980, 120.
25 Vgl. dazu: BGHZ 54, 45.
26 *AG Düsseldorf* Urt. v. 28.10.2005, Az. 58 C 6144/05, ADAJUR-Dok.Nr. 68133; so auch *BGH* Urt. v. 29.4.2003, Az. VI ZR 398/02, DAR 2003, 373 m.Anm.; das *AG Aachen* lässt diesen Grundsatz selbst bei der Abrechnung eines Kaskoschadens zur Anwendung kommen, Urt. v. 17.8.2005, Az. 8 C 195/05, SP 2006, 106; LG Duisburg, ADAJUR-Dok.Nr. 39709;SP 2000, 52.
27 Man spricht in diesem Zusammenhang von einem durch Eigentumsverletzung entstandenen *Substanzverlust*.
28 Vgl. *Klimke* VersR 1968, 537; 1969, 981; 1970, 902; – a. A. wohl: *OLG Celle* VersR 1981, 934 – zfs 1981, 365.
29 Vgl. dazu auch *AG Marsberg* zfs 1982, 299 (im Zusammenhang mit der Ermittlung des Gegenstandswertes der erstattungsfähigen Anwaltskosten).

schaden trotz ordnungsgemäßer Reparatur bekannt geben. Ein Kaufinteressent wird trotz der erfolgten Reparatur nicht den Preis zahlen wollen wie für ein unfallfreies Fahrzeug. Die Differenz (»merkantile Wertminderung«) stellt eine Schadenposition dar, die vom Schädiger auszugleichen ist.[30] Dießser Grundsatz gilt laut *BGH* selbst dann, wenn der Geschädigte sein Fahrzeug weiter benutzt und nicht aufgrund des Unfalls verkauft.

Bei diesem gerade »klassischen« Beispiel lässt sich der Schaden relativ einfach in der durch den Unfall die Substanzeinbuße (Wertverzehr) ausdrücken.[31] **14**

In dieser eindeutigen und überzeugenden Form lässt sich der Schaden leider nicht immer darstellen. Deswegen ist die Rechtsprechung unter Einbeziehung normativer Wertungen zu einem dualistischen Schadenbegriff gelangt. Allgemein neigt die Rechtsprechung – vornehmlich wohl aus Gründen der Praktikabilität – in zunehmendem Maße zu einer Objektivierung des Schadenbegriffs.[32] Nach der Rechtsprechung des *BGH* stehen dem Geschädigten im Allgemeinen zwei Wege der Naturalrestitution zur Verfügung: Die Reparatur des Unfallfahrzeugs oder die Anschaffung eines »gleichwertigen« Ersatzfahrzeugs.[33] Unter den zum Schadensausgleich führenden Möglichkeiten des Ersatzes durch eine gleichwertige Sache (»Naturalrestitution«) hat der Geschädigte dabei jedoch grundsätzlich diejenige zu wählen, die den geringsten Aufwand erfordert. Dieses sog. Wirtschaftlichkeitspostulat findet gemäß § 249 Abs. 2 S. 1 BGB seinen gesetzlichen Niederschlag in dem Tatbestandsmerkmal der Erforderlichkeit, ergibt sich aber letztlich schon aus dem Begriff des Schadens selbst. Darüber hinaus findet das Wahlrecht des Geschädigten seine Schranke in dem Verbot, sich durch Schadensersatz zu bereichern. Denn auch wenn er vollen Ersatz verlangen kann, soll der Geschädigte an dem Schadensfall nicht »verdienen«. Eine gewisse Subjektivierung des Schadenbegriffs ist auch dadurch eingetreten, dass, soweit es sich um die Umsatzsteuer (Mehrwertsteuer) handelt, die Schadenhöhe unterschiedlich ausfallen kann, je nachdem, ob es sich um einen Privatmann oder um einen zum Vorsteuerabzug berechtigten Unternehmer i. S. v. § 15 UStG handelt.[34] **14a**

Besondere Schwierigkeiten bereitet die Anwendung der auf die reine Fallbetrachtung bezogenen Differenztheorie dann, wenn es sich nicht um den Substanzwert unter dem Gesichtspunkt der Eigentumsverletzung, sondern um Sachfolgeschäden in der Erscheinungsform der Besitzstörung handelt. Lediglich der auf Eigentumsverletzung beruhende Sachschaden im engeren Sinne (unmittelbarer Schaden) kann »abstrakt« als Wertersatzforderung i. S. v. § 249 Abs. 2 BGB geltend gemacht werden. Die Höhe des mittelbaren Schadens (Sachfolgeschadens) hängt entscheidend davon ab, welche Dispositionen der Geschädigte ohne Verletzung der durch § 254 Abs. 2 BGB normierten Schadenminderungspflicht in vertretbarer Form getroffen hat. **15**

Schon diese Hinweise machen deutlich, wie schwierig mitunter in der Praxis die Darstellung des Schadenbegriffs bei konsequenter Beschränkung auf die Differenztheorie sein kann. Nach jetzt gefestigter Rechtsprechung des *BGH* darf demgemäß bei der Beurteilung der Frage, ob ein Schaden im Rechtssinne vorliegt, nicht allein auf die Differenztheorie abgestellt werden. Es ist vielmehr eine wertende Betrachtungsweise geboten, bei der die Wertmaßstäbe allein den in Betracht kommenden Vorschriften zu entnehmen sind.[35] Ob ein vermögenswertes Gut beeinträchtigt ist, hängt sehr wesentlich von der Wertung nach wirtschaftlichen Gesichtspunkten ab. Den ausschlaggebenden Maßstab dafür bildet die herrschende Verkehrsauffassung.[36] Soweit ein Lebensgut »kommerzialisiert« ist, d. h. **16**

---

30 *BGH* Urt. v. 3.10.1961, Az. VI ZR 238/60, BGHZ 35, 396.
31 Vgl. *Klimke* VersR 1968, 537 ff.; 1969, 981; 1970, 902.
32 Vgl. *BGH* NJW 1966, 1454 (Kraftfahrzeug); *BGH* VersR 1967, 176 = DB 1967, 157 (Haushaltshilfe); *BGH* NJW 1968, 491; – m. Einschränkungen hingegen: *BGH* VersR 1970, 832 (m.krit.Anm.v. *Klimke* VersR 1970, 902); *BGH* VersR 1971, 720 (Gebrauchsvorteile).
33 *BGH* Urt. v. 17.10.2006, Az. VI ZR 249/05, DAR 2007, 138; vgl. BGHZ 154, 395, 397 und 163, 180, 184, jeweils m. w. N.
34 Vgl. *Schmalzl* VersR 2002, 816.
35 Vgl. BGHZ 51, 109 = NJW 1969, 321; BGH NJW 1972, 1494.
36 Vgl. BGHZ 63, 98 = NJW 1975, 40; BGHZ 63, 393 = NJW 1975, 733.

durch Geldaufwendungen »erkauft« werden kann, stellt seine teilweise oder vollständige Einbuße einen materiellen Schaden mit vermögensrechtlichem Einschlag dar. Dies gilt auch in den Fällen, in denen dem Verletzten lediglich ein Vorteil in Form einer ansonsten realisierbaren Chance entgeht.

II. Herstellungsanspruch

17 Nach § 249 BGB hat der Schuldner eines Schadenersatzanspruches (Schädiger) den »Zustand herzustellen, der bestehen würde, wenn der zum Ersatz verpflichtende Umstand nicht eingetreten wäre«. Herzustellen ist demgegenüber nicht der tatsächliche, sondern der wirtschaftliche Zustand.[37] Wie bereits dargestellt, wird beim Kfz-Schaden im Regelfalle neben den Reparaturkosten die Wertminderung zu erstatten sein, also der Betrag, den ein potenzieller Käufer aufgrund des Unfalls weniger zahlen will.[38]

18 Es steht im freien Belieben des Geschädigten, ob er die Herstellung des früheren Zustandes im Wege der Naturalrestitution (§ 249 Abs. 1 BGB) geltend machen oder aber – statt dessen – den dazu erforderlichen Geldbetrag (§ 249 Abs. 2 BGB)[39] (Wertersatz) verlangen will. Der Geschädigte hat die Entscheidungsfreiheit. Im Fall der Beschädigung seines Fahrzeugs entscheidet er, ob und in welchem Umfang er sein Fahrzeug repariert oder reparieren lässt, ob er es unrepariert weiterfährt oder ob er eine Ersatzbeschaffung vornimmt. Der Gesetzgeber nimmt eine Beschränkung dieser Dispositionsfreiheit allenfalls insofern vor als die Umsatzsteuer nur dann von der Zahlungsverpflichtung des Schädigers mit umfasst ist, wenn sie tatsächlich anfällt (§ 249 Abs. 2 S. 2 BGB). Die Rechtsprechung nimmt eine Beschränkung zum Beispiel vor, indem der Ersatz von Reparaturkosten nur dann zugelassen wird, wenn die Reparaturkosten den Wiederbeschaffungswert um nicht mehr als 30 % überschreiten[40] und die Reparatur im Umfang des Sachverständigengutachtens vorgenommen wird.

1. Naturalrestitution

19 In der Praxis der Schadenregulierung bildet die »echte« Naturalrestitution[41] die absolute Ausnahme. Sie wurde früher häufig dann verlangt, wenn infolge der Verknappung und damit verbundenen Bewirtschaftung von Rohstoffen – beispielsweise während eines Krieges oder in anderen Notzeiten – Material für die Schadenbeseitigung auf dem legalen Markt nicht zu beschaffen war. Die Praxis hat jedoch gezeigt, dass in derartigen Fällen der Herstellungsanspruch im wirtschaftlichen Bereich ohnehin nicht durchzusetzen war, weil der Schuldner sich mit dem Erfolg darauf berufen konnte, dass auch er zur Beschaffung von Material ohne Verstoß gegen die der Bewirtschaftung dienenden gesetzlichen Bestimmungen nicht in der Lage war.[42]

20 Abgesehen davon lässt sich der Anspruch auf körperliche Herstellung gegen den Willen des Verpflichteten ohnehin nicht zwangsweise durchsetzen. Unabhängig von dieser Betrachtungsweise verleiht § 249 Abs. 1 BGB keinen Anspruch auf Herstellung im körperlich-gegenständlichen Sinne. Herzustellen ist also nicht der tatsächliche, sondern der wirtschaftliche Zustand.

21 Dies bedeutet, dass dem Geschädigten, sofern der Ersatzpflichtige die von ihm geforderte Herstellung ablehnt oder in sonstiger Weise schuldig bleibt, ohnehin nichts anderes übrig bleibt, als Wert-

---

37 Vgl. BGHZ 40, 345 = NJW 1964, 542 = VersR 1964, 225; NJW 1965, 1756 = VersR 1965, 902; NJW 1974, 34; *KG* OLGZ 69, 17; *OLG Karlsruhe/ZS Freiburg* NJW 1975, 1285; *Geigel/Schlegelmilch* Haftpflichtprozess, 4. Kap., Rn. 1–3.
38 Die Wertminderung sollte von einem Sachverständigen errechnet werden. Hierzu gibt es unterschiedliche angewendete Methoden: z. B. *Ruhkopf-Sahm* oder *Halbgewachs* vgl. AG Bergisch Gladbach Urt. v. 22.8.2006, Az. 66 C 11/06, SP 2007, 18; AG Calw Urt. v. 7.4.2006, Az. 7 C 9/05, SP 2006, 391.
39 Zu den Grenzen des § 249 S. 2 BGB vgl. *Schiemann* DAR 1982, 309; *Medicus* DAR 1982, 325; *Grunsky* AcP 182, 4 B; *Lenonhard* VersR 1983, 415; *Köhler* FS für Karl Larenz (1983), S. 349 (abstrakte oder konkrete Berechnung des Wertersatzes nach § 249 S. 2 BGB).
40 Vgl. *BGH* Urt. v. 5.12.2006, Az. VI ZR 77/06, DAR 2007, 201.
41 Wegen des Verhältnisses zwischen *Naturalrestitution* und *Geldersatz* vgl. *Medicus* JuS 1969, 449.
42 Vgl. dazu *Klimke* RWP, Eigentumsverletzung, 6 Forts.-Bl.

ersatz – eine Unterart des Herstellungsanspruchs – zu verlangen. Häufig wird die Durchsetzung des Herstellungsanspruchs auch bereits daran scheitern, dass die Parteien über die Haftungsfrage zunächst keine Einigung erzielen können.

2. Wertersatzforderung

Die Rechtsprechung betrachtet die Gestaltungsmöglichkeit aus § 249 Abs. 2 BGB, statt der Herstellung den dazu erforderlichen Geldbetrag zu verlangen, nicht als Alternative, sondern als einen Unterfall des Herstellungsanspruchs.[43] Das Problem liegt in erster Linie darin, einen Ausgleich in dem Widerstreit zwischen dem Interesse des Geschädigten an der Erhaltung der Substanz seines Eigentums in einer ganz bestimmten Zusammensetzung (Integritätsinteresse) einerseits und an dem Interesse des Ersatzpflichtigen andererseits, vor unverhältnismäßigen Aufwendungen und Sonderopfern geschützt zu werden (Wert- oder Summeninteresse), zu finden.

Der Wertersatzanspruch bezieht sich der Höhe nach auf den objektivierten Verkehrswert der Leistung,[44] d. h. auf den Betrag, der unter Berücksichtigung ortsüblicher Handelsbräuche und aller sonstigen Wertbildenden Faktoren im Rechtsverkehr allgemein gefordert und bewilligt wird.[45] Unter dem zur Herstellung »erforderlichen« Betrag[46] sind grundsätzlich die Aufwendungen zu verstehen, die ein verständiger und wirtschaftlich denkender Eigentümer in der besonderen Lage des für eine zumutbare Instandsetzung zu machen hätte.[47] Relevant werden diese Grundsätze laut *BGH* bei der Abrechnung von Mietwagenkosten im Schadensfall. Ein »Unfallersatztarif« ist danach nur insoweit ein »erforderlicher« Aufwand zur Schadensbeseitigung gemäß § 249 S. 2 BGB a. F., als die Besonderheiten dieses Tarifs mit Rücksicht auf die Unfallsituation – etwa die Vorfinanzierung, das Risiko eines Ausfalls mit der Ersatzforderung wegen falscher Bewertung der Anteile am Unfallgeschehen durch den Kunden oder den Kfz-Vermieter u. ä. – einen gegenüber dem »Normaltarif« höheren Preis aus betriebswirtschaftlicher Sicht rechtfertigen, weil sie auf Leistungen des Vermieters beruhen, die durch die besondere Unfallsituation veranlasst und infolgedessen zur Schadensbehebung erforderlich sind.[48]

Der Wertersatzanspruch gibt dem Geschädigten auch einen Anspruch auf Zahlung des Betrages, der zur Herstellung an dem Ort, an dem die beschädigte Sache sich ohne das zum Ersatz verpflichtende Ereignis befinden würde, objektiv erforderlich ist.[49] Eine derartige Betrachtung ist freilich vor der Vornahme irgendwelcher Handlungen des Geschädigten (»ex ante«) anzustellen.[50] Der Ersatzpflichtige trägt das Prognoserisiko.[51] Über den Wertersatzanspruch »vor Ort« hinaus hat der Geschädigte jedoch keinen Anspruch, dass sein Fahrzeug auf Kosten des Schädigers zu dem Ort befördert wird,

---

43 Vgl. BGHZ 81, 385 = NJW 1982, 98; *Jordan* VGT 75, 201; VersR 1978, 688; *Sanders* r+s 1975, 101; *Köhnken* VersR 1979, 788 ff. (789) = VGT 1979, 74 ff.; RGRK, § 249 Rn. 11.
44 Vgl. dazu insbes. *Groh* BB 1962, 620 ff.
45 Zum Geldersatz bei *vollzogener Herstellung* bzw. bei der *Möglichkeit* zur Herstellung vgl. *Köhler* FS für Larenz (1983), S. 349; – vgl. ergänzend auch *Grunsky* NJW 1983, 2465; JZ 1983, 372.
46 Zur Auslegung des Rechtsbegriffs der »Erforderlichkeit« vgl. *Kohnken* VersR 1979, 788 ff. = VGT 1979, 74 ff.
47 Vgl. BGHZ 61, 346 = NJW 1974, 34 (m. Zust. v. *Himmelreich* NJW 1974, 1897) = DAR 1974, 17; BGHZ 63, 182; *OLG* Schleswig VersR 1976, 1183; LG Aachen, ADAJUR-Dok.Nr. 58637 für Neufahrzeug- Ersatzvoraussetzungen; *AG Hameln* ADAJUR-Dok.Nr. 65818;VRundSch 2004, 34 zur Abrechnung bei wirtschaftlichem Totalschaden.
48 Vgl. *BGH*, Urt. v. 12.10.2004, Az. VI ZR 151/03, DAR 2005, 21.
49 Vgl. *AG Aachen* VersR 1980, 658; OLG Frankfurt a. M., ADAJUR-Dok.Nr. 45508; NZV 2001, 348; LG München I, ADAJUR-Dok.Nr. 66402; NZV 2005, 587 zur 130 %- Grenze und erforderlicher weiterer Reparatur.
50 Vgl. *BGH* BGHZ 61, 346 = NJW 1974, 34 (m. Zust. v. *Himmelreich* NJW 1974, 1897) = DAR 1974, 17.
51 Vgl. *BGH* NJW 1985, 793 = DAR 1985, 121; *Weber* = DAR 1985, 161.

an dem er es repariert habe will. Er kann nur die Kosten für die Verbringung in die nächste – geeignete – Werkstatt verlangen.[52]

III. Geldersatzanspruch

24 Nach § 250 BGB lässt sich jede Schadenersatzforderung in eine Geldforderung umwandeln, wenn der Gläubiger dem Ersatzpflichtigen zur Herstellung eine angemessene Frist mit der Erklärung bestimmt hat, dass er die Herstellung nach Ablauf dieser Frist ablehnt. Fordert der Geschädigte nach fruchtlosem Ablauf dieser Frist Schadenersatz in Geld, geht der Herstellungsanspruch nach § 249 BGB endgültig unter. Der dann allein noch verbleibende Geldersatzanspruch ist mit der Wertersatzforderung i. S. v. § 249 Abs. 2 BGB nicht identisch. Dieser Unterscheidung kommt – anders als beim vertraglichen Schadenersatz – für den Bereich der auf Gesetz oder unerlaubter Handlung beruhenden Ersatzverpflichtung keine große Bedeutung zu, da bei Personen- und Sachschäden der Schädiger ohnehin ausnahmslos verpflichtet ist, den Geschädigten auf sein Verlangen hin in Geld zu befriedigen.

25 Die Geldersatzforderung gewinnt besondere Bedeutung im Zusammenhang mit der Bestimmung des § 251 Abs. 1 BGB. Die Anspruchsbegründenden Voraussetzungen sind nach der Definition des Gesetzes gegeben, wenn »die Herstellung nicht möglich oder zur Entschädigung des Gläubigers nicht genügend ist«. Mit diesem Recht des Gläubigers korrespondiert die Pflicht des Schuldners, Schadenersatz in Geld zu leisten.[53] Dabei handelt es sich um ein Wahlrecht des Gläubigers, von dem in der Praxis allerdings außerordentlich selten Gebrauch gemacht wird.

26 Für das Haftpflichtrecht von sehr viel größerer Bedeutung ist demgegenüber die Bestimmung des § 251 Abs. 2 BGB, die als gesetzliche Grundlage für die Ersetzungsbefugnis des Schuldners dient. Nach dieser Bestimmung ist der Ersatzpflichtige (Schädiger) berechtigt, den Gläubiger auch gegen seinen Willen in Geld zu entschädigen, wenn die Herstellung nur mit unverhältnismäßigen Aufwendungen möglich ist. Das bedeutet für den Bereich des Kfz-Haftpflichtrechtes, dass von einem Totalschaden dann auszugehen ist, wenn die Reparaturkosten über eine dem Schädiger zuzumutende Opfergrenze hinaus den Wiederbeschaffungswert des beschädigten Fahrzeugs wesentlich – i. d. R. bis etwa 30 % – übersteigen. Der ausgleichsfähige Schaden besteht dann nicht in der Summe aus Reparaturkosten und Minderwert, sondern in der Differenz zwischen Wiederbeschaffungs- und Restwert.

27 Geht man von der Unzumutbarkeit der Wiederherstellung aus, weil die Reparaturkosten für ein Fahrzeug den Wiederbeschaffungswert um mehr als 30 % übersteigen, ist eine Wiederherstellung nicht mehr möglich, weil ein technischer Totalschaden vorliegt, oder wird ein Unikat total beschädigt, kann der Geschädigte auf alle Fälle die Umsatzsteuer mit ersetzt verlangen. § 249 Abs. 2 S. 2 BGB ist in diesen Fällen nicht anwendbar.[54]

IV. Folgeschäden

28 Folgeschäden – auch mittelbare Schäden genannt – sind nur dann erstattungsfähig, wenn sie in der Person des Geschädigten selbst entstanden sind oder sich von ihm ableiten und sich auf eines seiner geschützten Rechtsgüter beziehen. Als Folgeschäden kommen insbesondere die allgemeinen Nebenkosten in Betracht. Mittelbare Schäden fallen nicht unter § 249 Abs. 2 BGB und sind daher i. d. R. erst dann erstattungsfähig, wenn sie tatsächlich entstanden sind und insoweit bestimmte Aufwendungen konkret nachgewiesen werden.[55] So verweigern die Versicherungsgesellschaften, aber

---

52 Vgl. *AG Herborn* Urt. v. 23.2.1999, Az. 5 C 423/98, SP 1999, 166.
53 Vgl. dazu auch Palandt/*Heinrichs* § 249.
54 Vgl. *Kuhn* DAR 2005, 68; *Koch* zfs 2005, 275; a. A. *Steffen* DAR 2004, 381.
55 Vgl. dazu im Einzelnen: *LG Stuttgart* VersR 1977, 656; *AG Stuttgart* VersR 1977, 630; *Klimke* VersR 1974, 832, r+s 1975, 99 (100); – wegen der Anwendung des Vorteilsausgleichs aus Sachfolgeschäden vgl. ergänzend die Studie von *Klimke* ZfV 1977, 320.

auch vermehrt die Rechtsprechung, bei fiktiver Abrechnung der Reparaturkosten in den meisten Fällen die Zahlung von Verbringungskosten zu einer Lackiererei[56] sowie der Aufschläge auf die unverbindliche Preisempfehlung des Teileherstellers.[57]

Auch bei Mietwagenkosten hat dieser Grundsatz Bedeutung. Ein »Unfallersatztarif« ist nur insoweit ein »erforderlicher« Aufwand zur Schadensbeseitigung gemäß § 249 S. 2 BGB a. F., als die Besonderheiten dieses Tarifs mit Rücksicht auf die Unfallsituation – etwa die Vorfinanzierung, das Risiko eines Ausfalls mit der Ersatzforderung wegen falscher Bewertung der Anteile am Unfallgeschehen durch den Kunden oder den Kfz-Vermieter u. Ä. – einen gegenüber dem »Normaltarif« höheren Preis aus betriebswirtschaftlicher Sicht rechtfertigen, weil sie auf Leistungen des Vermieters beruhen, die durch die besondere Unfallsituation veranlasst und infolgedessen zur Schadensbehebung erforderlich sind.

Eine Ausnahme von diesem Grundsatz gilt nur für die »geborenen« Drittschäden, also für Ansprüche, die im § 844 (Beerdigungskosten und Entziehung des Unterhalts) sowie § 845 BGB (entgangene Dienste) geregelt sind. Ein Drittschaden liegt demgegenüber jedoch nicht vor, wenn es sich um Rechtsverletzungen handelt, die nicht durch direkte Einwirkung auf den Geschädigten selbst entstanden sind, sondern ihn erst auf dem Umweg über die sog. »Fernwirkung« erreicht haben. Erleidet eine Person einen Schock, weil ihr die Nachricht vom Tod eines nahen Angehörigen überbracht wird, entsteht hieraus nicht zwingend ein »Drittschaden«, der in Form von Schmerzensgeld geltend gemacht werden kann.[58]

V. Verursachung

1. Äquivalenztheorie

Eine Verpflichtung zum Schadenersatz besteht nur dann, wenn das schädigende Ereignis den schädlichen Erfolg (Schaden) tatsächlich verursacht hat. Der Nachweis des schadenursächlichen Sachzusammenhangs (Kausalzusammenhangs) nach der Äquivalenztheorie reicht jedoch für die Begründung einer Schadensersatzpflicht im zivilrechtlichen Bereich nicht aus. Ursache i. S. d. Äquivalenztheorie ist jede Bedingung, die nicht hinweggedacht werden kann, ohne dass damit zugleich auch der schädliche Erfolg entfiele (conditio sine qua non).[59]

Der Grundsatz, dass der Geschädigte beweisen muss, dass sein Handeln oder Unterlassen nicht hinweggedacht werden kann, ohne dass damit gleichzeitig auch der schädliche Erfolg entfiele, darf, wenn das haftungsbegründende Ereignis feststeht, nicht auf hypothetische Schadenursachen ausgedehnt werden.[60]

Ein gedachter (hypothetischer) Ursachenverlauf darf jedenfalls dann nicht zugunsten des Schädigers berücksichtigt werden, wenn der Verlauf, hätte er sich in Wirklichkeit ereignet, einen Schadenersatz-

---

56 Vgl. *AG Dortmund* Urt. v. 17.6.2005, Az. 107 C 3032/05, SP 2006, 285; *AG Köln* Urt. v. 11.5.2005, Az. 261 C 536/04, SP 2006, 13; AG Wismar, ADAJUR-Dok.Nr. 64703;SP 2005, 238; a. A. z. B. *AG Aachen* Urt. v. 29.6.2005, Az. 11 C 176/05, SP 2006, 12; LG Lüneburg, ADAJUR-Dok.Nr. 89293;SP 2010, 190; AG Bremerhaven, ADAJUR-Dok.Nr. 81766;VRundSch 12/09 45, die auch bei fiktiver Abrechnung Verbringungskosten zugesteht; AG Solingen, BeckRS 2009, 25823 bei fehlender Lackiermöglichkeit in der vom Sachverständigen ausgewählten Vertragswerkstatt (so auch AG Kiel, DAR 1997, 159).
57 *LG Essen* Urt. v. 18.10.2002, Az. 11 O 64/02, SP 2003, 102; a. A. z. B. *AG Eschweiler* Urt. v. 1.6.2006, Az. 26 C 31/06, ADAJUR-Dok.Nr. 70662; *AG Saarbrücken* Urt. v. 23.2.2005, Az. 3 C 291/04, SP 2005, 238; *AG Hamburg-Harburg* Urt. v. 9.6.2005, Az. 648 C 88/05, SP 2006, 293.
58 Vgl. *OLG Nürnberg* Urt. v. 24.5.2005, Az. 1 U 558/05, DA 2006, 635; vgl. *Burmann* NJW-SPEZIAL 2006, 303.
59 Vgl. *OLG Saarbrücken* Urt. v. 25.1.2005, Az. 4 U 72/04–15/05, ADAJUR-Dok.Nr. 67974 (Bandscheibenvorfall nach Unfall); *BGH* Urt. v. 7.5.2004, Az. V ZR 77/03, ZVR 2004, 334.
60 Vgl. dazu: *BGH* NJW 1967, 551 = VersR 1967, 130 (m. Anm. v. *Lemhöfer* VersR 1967, 552) = VRS 32, 81.

anspruch des Geschädigten gegen einen Dritten ausgelöst hätte.[61] Nach dieser Bedingungs- oder Äquivalenztheorie besteht die Ursächlichkeit in der Gesamtheit aller auf das Lebensverhältnis einwirkenden Bedingungen, die den schädlichen Erfolg schließlich – und sei es auch im kumulativen Zusammenwirken über mehrere »Querverbindungen« hinweg – herbeigeführt haben.

32 Diese Bedingungstheorie, die von der Gleichwertigkeit aller Ursachen ausgeht, ist jedoch in dieser Form – für sich betrachtet – nur für das Strafrecht bzw. für das Recht der unerlaubten Handlungen[62] brauchbar, weil insoweit als wertendes Korrektiv das unter Berücksichtigung subjektiver Aspekte zu bemessende Verschulden hinzutreten muss. Im zivilrechtlichen Bereich hingegen dominiert als haftungsbegründendes Element der Grundsatz der abstrakten Verursachung. Dieser gilt insbesondere für das weite Feld der vom Verschulden losgelösten Gefährdungshaftung (Zufallshaftung). Es genügt aber nicht, dass der schädliche Erfolg auf einer Ursache oder Ursachenreihe im naturwissenschaftlich-philosophischen Sinne beruht. Auf diese Weise würde der Kreis der denkbaren Ursachenquellen und Gestaltungsmöglichkeiten ins Uferlose ausgeweitet werden. Insoweit gilt daher die später näher behandelte Adäquanztheorie.

33 Die Ursächlichkeit eines rechts- und pflichtwidrigen Verhaltens für den schließlich eingetretenen schädlichen Erfolg wird nicht dadurch infrage gestellt, dass derselbe Erfolg auch bei pflichtgemäßem Handeln des Täters durch das Verhalten eines Dritten herbeigeführt worden wäre.[63]

33a Die herrschende Auffassung geht davon aus, dass die Erfolgszurechnung nicht wegen des Bereitstehens eines Ersatztäters ausgeschlossen werden kann.[64] Dabei handelt es sich um einen unverzichtbaren Grundsatz unserer Rechtsordnung: Das Normgebot tritt nicht deshalb für das einzelne Rechtsgut außer Kraft, weil dieses Gut bereits (anderweitig) gefährdet ist.[65] Unter diesem Gesichtspunkt ist freilich auch die Berücksichtigung anderer hypothetischer Erfolgsbedingungen außerhalb des Kreises der Ersatztäterschaft fragwürdig.[66] Die gegenteilige Betrachtungsweise würde insbesondere dann zu einem unbilligen Ergebnis führen, wenn das zweite Ereignis, das sich durch den Eintritt des ersten Ereignisses nicht mehr verwirklichen konnte, im Fall seines Eintritts Schadenersatzansprüche gegen einen Dritten ausgelöst hätte.[67]

34 Von dieser Betrachtungsweise streng zu trennen sind die Fälle, in denen der schädliche Erfolg mit Sicherheit nicht durch das Verhalten eines Dritten, sondern des Opfers selbst herbeigeführt worden wäre. Der *BGH* hat in ständiger Rechtsprechung – strafrechtlich – entschieden, dass der ursächliche Sachzusammenhang zwischen dem verkehrswidrigen Verhalten des Täters und dem schädlichen Erfolg (nur) dann entfällt, wenn derselbe Erfolg auch bei verkehrsgerechtem Verhalten des Angeklagten durch das Opfer selbst verwirklicht worden wäre.[68]

35 Unter gewissen Voraussetzungen genügt bereits eine psychisch vermittelte Verursachung. Danach ist ein Schaden auch dann zu ersetzen, wenn der Zusammenhang zwischen Handlung und Erfolg den Weg über eine Person nimmt, die durch den bisherigen Kausalverlauf zum Handeln veranlasst wird.

---

61 Vgl. *BGH* NJW 1967, 551 = VersR 1967, 130.
62 Vgl. *Weber* DAR 1982, 169.
63 Vgl. *BGH* VRS 23, 369; VRS 24, 124; VRS 26, 203; VRS 32, 37; VRS 54, 436; – wegen der Berücksichtigung hypothetischer Bedingungen beim fahrlässigen Erfolgsdelikt und der Formel vom »rechtmäßigen Alternativverhalten« vgl. krit. *Ranft* NJW 1984, 1425.
64 Vgl. *Otto* FS für Maurach, S. 103.
65 Vgl. *Otto* FS für Maurach, S. 103.
66 Grundsätzlich ablehnend: *Otto* JuS 1974, 707; Grundkurs, AT, 2. Aufl. (1982), S. 152; für die Erfolgszurechnung *Spendel* JuS 1964, 17; FS für Bruns, S. 249; a. A. *Arthur Kaufmann* FS für Eberhard Schmidt, S. 200 (226, 227).
67 Vgl. *BGH* VersR 1967, 130 (131); vgl. ferner *Backhaus* VersR 1982, 210.
68 Vgl. *BGH* VRS 13, 220; 21, 431 (432); *BGH* NJW 1975, 1526; a. A. Schönke/Schröder/*Lenckner* StGB Vorbem. vor §§ 13 ff. Rn. 82, 100; Maurach/Gönsel/*Zipf* Strafrecht II, 5. Aufl. § 33 III C 2a u. b; *Rudolphi* SK-StGB, 3. Aufl. Vorbem. vor § 1 Rn. 57, S. 60 ff.; – bezüglich der Kausalität und Vorherrschaft *tödlicher Folgen* vgl. *OLG Stuttgart* NJW 1982, 295.

Mit anderen Worten: Von psychisch vermittelter Kausalität spricht man dann, wenn der notwendige Kausalzusammenhang zwischen der Handlung und dem Erfolg erst durch das Dazwischentreten einer dritten Person begründet wird.⁶⁹ Dabei ist es unerheblich, ob das Eingreifen des Dritten rechtmäßig oder rechtswidrig war.⁷⁰ Überdies spielt es grundsätzlich keine Rolle, dass das Eingreifen des Dritten auf einem von ihm freiwillig gefassten Entschluss beruht.⁷¹

2. Entfernt (liegende) Ursache (causa remota)

Die entfernt (liegende) Ursache bezieht sich zwar auf einen relativ häufigen, rechtlich indes irrelevanten Einwand, weil eine Verursachung im schadenersatzrechtlichen Sinne – insbesondere i. S. d. Adäquanztheorie – nicht vorliegt. Dieser Gedankengang soll an einem typischen Beispiel erläutert werden: 36

Ein Fußgänger überquert bei »Rot« die Fahrstraße und wird von einem Pkw angefahren, dessen Fahrtrichtung durch das für ihn geltende Farbzeichen »Grün« freigegeben ist. Der Fußgänger bestreitet nicht, den Überweg verbotswidrig bei »Rot« benutzt zu haben, wendet indes zu seiner (vermeintlichen) Rechtfertigung ein, dass – wie er inzwischen durch Zeugen erfahren hat – der Pkw-Fahrer seinerseits eine in seiner Fahrtrichtung etwa 500 m weit zurückliegende Kreuzung ebenfalls bei »Rot« passiert habe. In diesem Zusammenhang ergibt sich aus der Sicht des Fußgängers die Schlussfolgerung, dass auch der Kraftfahrer damit zumindest eine mitwirkende Ursache zu dem Unfallgeschehen gesetzt habe. Wäre der Kraftfahrer nämlich an jener Kreuzung nicht bei »Rot« durchgefahren, sondern hätte er – seiner rechtlichen Verpflichtung entsprechend – ordnungsgemäß vor »seiner« Ampel angehalten, dann hätte er nach der Auffassung des Fußgängers, folgerichtig zu dem Zeitpunkt, in dem der Fußgänger den für ihn gesperrten Überweg betrat, jene Kreuzung noch nicht erreicht haben können.⁷² 36a

Es liegt auf der Hand, dass ein – folgenlos gebliebener – Verkehrsverstoß eines Kraftfahrers gegen die amtliche Lichtzeichenanlage für den Unfall eines Fußgängers zwar ursächlich im naturwissenschaftlich-philosophischen Sinne war, ihm auf der anderen Seite jedoch für die Frage, wer die Personenverletzung zu verantworten hat, jede rechtliche Relevanz fehlt.⁷³ 37

Bei dem soeben dargestellten Ursachenzusammenhang handelt es sich um eine sog. causa remota, der weder im zivilrechtlichen noch im strafrechtlichen Bereich Bedeutung zukommt.⁷⁴ 38

Diese Grundsätze gelten jedoch nicht für den Fall der »halben Vorfahrt«. Es handelt sich also nicht um eine causa remota, wenn die Rechtsprechung davon ausgeht, dass an einer gleichrangigen Kreuzung, in deren Bereich für die Vorfahrt die Grundregel des § 8 Abs. 1 StVO »rechts vor links« gilt. Daran ändert auch die Tatsache nichts, dass auch ein von links kommender – also wartepflichtiger – Verkehrsteilnehmer grundsätzlich darauf vertrauen darf, ein im Verhältnis zu ihm von rechts kommender – also »an sich« bevorrechtigter – Kraftfahrer werde seine Geschwindigkeit so weit herab- 38a

---

69 Vgl. *OLG Celle* VersR 1981, 1058 (m. Anm. v. Schulze VersR 1981, 1059); MüKo/*Grunsky*, vor § 249, Rn. 57 (m. w. N.).
70 Vgl. dazu BGHZ 58, 162 (166) = NJW 1972, 904; *BGH* JZ 79, 33; Esser/*Schmidt* Schuldrecht I 2, § 33 II 2.
71 Vgl. dazu BGHZ 12, 206 = NJW 54, 715, BGHZ 17, 153 =NJW 1955, 288; BGHZ 54, 263; BGHZ 58, 162 = NJW 1972, 904.
72 Vgl. wegen des ähnlichen Sachverhalts: *BGH* VersR 1977, 524 (mit abgrenzendem Hinweis auf BGHZ 14, 232 = VersR 54, 494); VersR 1966, 338; VersR 1975, 37; OLG Rostock, ADAJUR-Dok.Nr. 67659; DAR 2006, 278; *v. Caemmerer* DAR 70, 289; *Stoll* AcP 1976, 176; *Burgstetter* Das Fahrlässigkeitsdelikt (1974), S. 96; *Ranft* NJW 1984, 1425.
73 Vgl. *BGH* VersR 1977, 524 (mit abgrenzendem Hinweis auf BGHZ 14, 232 = VersR 1954, 494).
74 Vgl. dazu *OLG* Oldenburg VRS 6, 470; *OLG Hamm* VRS 10, 459; BGH, DAR 2003, 308; NJW 2003, 1929, der den rechtlichen Ursachenzusammenhang zwischen einer Überschreitung der zulässigen Höchstgeschwindigkeit und einem Verkehrsunfall bejaht, wenn bei Einhaltung der zulässigen Geschwindigkeit zum Zeitpunkt der kritischen Verkehrssituation der Unfall vermeidbar gewesen wäre.

setzt, dass er in der Lage ist, seiner Wartepflicht gegenüber einem für ihn von rechts kommenden Kfz zu genügen.[75]

38b Die gleichen Überlegungen gelten für den Fall, dass der betreffende Verkehrsteilnehmer ganz allgemein darauf vertrauen darf, dass der Schädiger ein bestimmtes Verhalten beachtet, das im konkreten Fall auch dem Geschädigten zugute gekommen wäre. Es kommt also im Rahmen von § 7 Abs. 1 StVG (Gesichtspunkt der Haftung ohne Verschulden aus der so genannten Betriebsgefahr eines Kfz oder Anhängers heraus) darauf an, ob der Unfall zu den Gefahren gehört, derentwegen die Verkehrsvorschrift, gegen die der andere Kraftfahrer verstoßen hat, erlassen worden ist.[76] Eine Mithaftung ist deshalb ausgeschlossen, wenn ein Vorfahrtberechtigter Fahrer unter Beachtung der zulässigen Höchstgeschwindigkeit auf eine Kreuzung zufährt und der Wartepflichtige die Vorfahrt nicht beachtet.[77] Ein Kraftfahrer braucht aufgrund des Vertrauensgrundsatzes bei erwachsenen Fußgängern nicht mit einem verkehrswidrigen Verhalten rechnen. Er kann i. d. R. annehmen, der Fußgänger, der beim Herannahen des Fahrzeuges neben der Fahrbahn stehen bleibt, habe das Fahrzeug bemerkt und werde es vorbeilassen.[78] Dieser Vertrauensgrundsatz gilt jedoch nicht, wenn konkrete Anhaltspunkte dafür vorliegen, dass sich der Fußgänger nicht zuverlässig verkehrsgerecht verhält. In diesem Fall muss der Kraftfahrer seine Geschwindigkeit im Hinblick auf § 3 Abs. 1 StVO deutlich herabsetzen und darf auf einer Bundesstraße nicht mit 80 km/h am Fußgänger vorbeifahren. Derartige Anhaltspunkte sind gegeben, wenn ein Fußgänger außerorts auf der Bundesstraße auf der Mitte der linken Fahrbahn stehen bleibt, obwohl er mehr als ausreichend Zeit hatte, über die Straße zu gehen.

38c Grundsätzlich können andere Verkehrsteilnehmer darauf vertrauen, dass der Fahrer eines anderen Fahrzeugs sich entsprechend seiner Fahrtrichtungsanzeige verhält. Setzt ein vorfahrtsberechtigter Pkw-Führer verwirrende Blinkzeichen, sodass der Wartepflichtige auf diese vertraut und daraufhin links abbiegt, so haftet der Vorfahrtsberechtigte zu 65 % für den durch eine Kollision entstandenen Unfallschaden, wenn er trotz des Rechtsblinkens geradeaus weiterfährt.[79]

39 Ebenfalls nicht um eine causa remota soll es sich nach der Auffassung des *BGH*[80] bei dem Fall handeln, dass ein Kraftfahrer vor einem durch eine Bedarfsampel geregelten Fußgängerüberweg nach links abbiegt, obwohl er ein anderes Kfz, das im Verhältnis zu ihm gem. § 9 Abs. 3 StVO an sich bevorrechtigt wäre, entgegenkommen sieht. Der Linksabbieger kennt die örtlichen Verhältnisse und weiß gleichzeitig, dass der Fußgängerüberweg durch das Farbzeichen »Grün« freigegeben ist, sodass das entgegenkommende Kfz mit Rücksicht auf das für dieses geltende Farbzeichen »Rot« vor dem Fußgängerüberweg halten muss und demgemäß für den Linksabbieger keine Gefahr darstellt.

40 Im konkreten Fall hatte der Geradeausfahrer das für ihn geltende Haltegebot »Rot« missachtet und ist dann etwa 15 m hinter dem Fußgängerüberweg mit dem seine Fahrbahn kreuzenden Linksabbieger zusammengestoßen. Der *BGH* hat die vom Geradeausfahrer zur Diskussion gestellte Frage, ob die Ampel am Fußgängerüberweg primär dem Schutz von entgegenkommenden Linksabbiegern dienen sollte, als rechtlich irrelevant bezeichnet und in diesem Zusammenhang darauf hingewiesen, dass dieser Frage lediglich dann Bedeutung zugekommen wäre, wenn der hier vorlie-

---

75 *LG Erfurt* Urt. v. 7.10.2002, Az. 6 O 746/01, zfs 2003, 71; *Geigel* Haftpflichtprozess, 27. Kap. Rn. 284; *Hentschel* § 8 StVO, Rn. 36.
76 Vgl. *BGH* DAR 1986, 17 (19) = VRS 69, 85 (90); vgl. *LG Karlsruhe* BeckRS 2011, 10181 zur Haftung bei Unfall mit aus der Haltestelle ausfahrendem Linienbus.
77 *LG Potsdam* Urt. v. 20.2.2006, Az. 2 O 418/05, SVR 2006, 307 m. Anm. *Balke*; KG ADAJUR-Dok.Nr. 76799; DAR 2008, 87 (LS); VRS 113, 413.
78 *OLG Rostock* Urt. v. 23.9.2005, Az. 8 U 88/04, DAR 2006, 278.
79 *LG Duisburg* Urt. v. 21.1.2005, Az. 1 O 55/04, SP 2005, 167 (LS); *OLG Saarbrücken* ADAJUR-Dok.Nr. 79107; NZV 2009, 38; VRR 2008, 242; *OLG Saarbrücken* ADAJUR-Dok.Nr. 79107; NZV 2009, 38.
80 Vgl. *BGH* DAR 1982, 226 (vgl. dazu auch: *Weber* DAR 1983, 169 [177, r.Sp.]); ebenso: *BayObLG* VRS 64, 385; *OLG Celle* VersR 1986, 919 (L); vgl. *OLG Rostock* ADAJUR-Dok.Nr. 89252; MDR 2010, 862 zum Lückenunfall.

gende Sachverhalt sich als Verletzung eines Schutzgesetzes nach § 823 Abs. 2 BGB i. V. m. § 37 StVO darstellt.

3. Adäquanztheorie

Für die Begründung der Ersatzpflicht muss also darauf abgestellt werden, ob eine dem Schädiger zuzurechnende,[81] d. h. in seinen Verantwortungsbereich fallende und von ihm bei rechtlich wertender Betrachtung zu vertretende Ursache vorliegt. Es kommt für den zivilrechtlichen Bereich also ausschließlich auf die adäquate Verursachung an.[82] Literatur und Rechtsprechung haben, um den Kreis der denkbaren Ursachen auf ihre schadenadäquate Relevanz hin einzuengen, von Anfang an nach praktikablen Formen und überzeugend abgrenzbaren Kriterien gesucht. So kommt es beispielsweise auch auf den Schutzzweck der verletzten Rechtsnorm an. Weiterhin wird abgestellt auf die Grundsätze der Voraussehbarkeit im objektiven Sinne[83] und die Billigkeit[84] der Zurechenbarkeit.[85] Schließlich wird ergänzend der Sinn und Zweck des Schadenersatzes in die Betrachtung mit einbezogen.[86] 41

Nach Auffassung von *Weber*[87] ist die Lehre von der Adäquanz überholt[88] und durch die Lehre vom Normzweck, dem Rechtswidrigkeitszusammenhang und dem Zurechnungszusammenhang[89] ersetzt worden. 41a

Bei der Anwendung der Adäquanztheorie ist zu unterscheiden, ob eine Haftung aus unerlaubter Handlung oder im Rahmen der vom Verschulden losgelösten Gefährdungshaftung in Betracht kommt. Soweit im Bereich der Haftung für Fahrlässigkeit[90] ganz gewöhnliche oder unerwartete Geschehensabläufe aus dem Haftungszusammenhang abzugrenzen sind, ist dies untrennbar mit dem Inhalt der konkreten Sorgfaltspflicht – allgemeiner ausgedrückt – der der Haftung jeweils zugrunde liegenden Verhaltensnorm[91] verbunden.[92] Diese Sorgfaltspflicht geht nicht auch dahin, solchen Folgen vorzubeugen, die entweder auch für einen optimalen Betrachter nicht voraussehbar waren oder aber zwar abstrakt vorausgesehen werden konnten, jedoch immerhin so fern lagen, dass der Aufwand für eine Vorbeugung nicht mehr zumutbar erscheint. Dies gilt beispielsweise dann, wenn dem Ge- 42

---

81 Vgl. *BGH* BGHZ 85, 110 = NJW 1983, 232 = VersR 1983, 79 (vgl. dazu auch *Weber* DAR 1983, 169); *OLG Saarbrücken* ADAJUR-Dok.Nr. 84945; NJW-Spezial 2009, 761 (LS) m. Anm.
82 Vgl. *Huber* JZ 1969, 677; FS für Wahl (1973), S. 301; *Stoll* Kausalität und Normenzweck (1968); *H. Lange* JZ 1976, 198; *E. Kramer* JZ 1976, 338; *Schünemann* JuS 1978, 377 (Fn. 21); 1979, 19; 1980, 31; Palandt/ *Heinrichs* Vorbem. vor § 249; *AG* und *LG Regensburg* VersR 1977, 459.
83 Recht weitgehend wohl: *BGH* VersR 1958, 266; – die dort aufgestellten Grundsätze gelten indes nicht im Rahmen der vom Verschulden losgelösten Gefährdungshaftung.
84 Soweit es sich um die Grenzen der Legitimität von Billigkeitsargumenten handelt, vgl. *Medicus* VersR 1981, 593; – bezüglich des »richterlichen Moderationsrechtes« vgl. *Zimmermann* JZ 1981, 86.
85 Vgl. *Weber* DAR 1979, 113 (unt. A. II. 1); 82, 169; *OLG* Celle Urt. v. 27.9.2001, Az. 14 U 23/01, ADAJUR-Dok.Nr. 50206; *OLG Saarbrücken*, Urt. v. 25.1.2005, Az. 4 U 72/04–15/05, ADAJUR-Dok.Nr. 67974; *BGH* Urt. v. 25.4.2006, Az. VI ZR 109/05, SP 2006, 240 zum Unterschied zwischen Zivilrecht und Sozialrecht.
86 Vgl. dazu BGHZ 8, 325 – NJW 1953, 618; BGHZ 20, 142 = NJW 1956, 1108.
87 Vgl. dazu: *Weber* VersR 1988, 986.
88 Vgl. dazu: BGHZ 79, 259 – VersR 1981, 676; 1982, 296; *Dunz* VersR 1984, 600; *Bernert* AcP 69, 421 (»Leerformel«).
89 Vgl. dazu: BGHZ 93, 351 = VersR 1985, 499; VersR 1985, 240.
90 *Vorsätzlich* herbeigeführte Tatfolgen sind ohne Ausnahme stets »adäquat« im Rechtssinne (vgl. dazu *BGH* BGHZ 79, 259 = NJW 1981, 983 [m.Krit.v. *Schünemann* NJW 1981, 2796] = VersR 1981, 676 = zfs 1981, 268; *Lange* JZ 1976, 200; *Dunz* VersR 1984, 600.
91 Nicht zu verwechseln mit der *konkreten Fahrlässigkeit* im Rahmen der Haftung der diligentia quam in suis (Rdn. 278 ff.).
92 Vgl. *BGH* BGHZ 79, 259 – NJW 1981, 983 (m.Krit.v. *Schünemann* NJW 1981, 2796) = VersR 1981, 676 = zfs 1981, 268; NJW 1982, 1046 = VersR 1982, 243; NJW 1982, 2669; *Lange* JZ 1976, 200.

fährdeten – späteren Verletzten – eine Vorbeugung eher möglich und zuzumuten war als dem potenziellen Schädiger.[93]

43 Anders verhalten sich die Dinge, wenn die Ersatzpflicht sich allein aus der Anwendung der vom Verschulden losgelösten Gefährdungshaftung ergibt. Der Gefährdungshaftung liegen keine Verhaltenspflichten zugrunde, sondern sie dient vielmehr dazu, die Auswirkungen einer konkreten – im Regelfall Erlaubtermassen gesetzten – Gefahr durch Haftungsnormen auszugleichen. In diesem Zusammenhang kommt es also nicht darauf an, ob der festgestellte Schadenfall aufgrund bisheriger Erfahrungen vorausgesehen werden konnte, sondern entscheidend ist ausschließlich der Gesichtspunkt, ob es sich um spezifische Auswirkungen derjenigen Gefahren handelt, derentwillen die Vorschriften über die Gefährdungshaftung – ihrem Zweck und ihrer Bedeutung nach – erlassen worden sind.[94]

44 Als Korrektiv für etwaige Mängel der später beschädigten Sache kommen die Grundsätze der Bemessung des zu leistenden Schadenersatzes – der Höhe nach – in Betracht. Dies bedeutet, dass etwaige Sachmängel, die mitursächlich zur Entstehung des Schadens beigetragen haben, bei der Berechnung der Höhe des ausgleichsfähigen Schadens zu berücksichtigen sind.[95] Kommt es zu einem Unfall zwischen einem Kfz und einem Fußgänger oder Radfahrer, haftet der Halter des Kfz i. d. R. für den Schaden des »schwachen Verkehrsteilnehmers«. Diese Haftung kann jedoch gegen Null gehen, wenn den »schwachen Verkehrsteilnehmer« ein erhebliches Verschulden trifft, weil er eklatant gegen bestehende Straßenverkehrsrechtliche Vorschriften verstoßen hat.

a) Schutzzweck der Norm

45 In Literatur und Judikatur ist allgemein bekannt, dass die im Zivilrecht geltende Adäquanztheorie, die nur ganz unwahrscheinliche Folgen von der Schadensersatzpflicht ausnimmt, i. d. R. – für sich allein betrachtet – nicht geeignet ist, die zurechenbaren Sachfolgen sachgerecht zu begrenzen, sodass eine Ergänzung durch eine rechtlich wertende Betrachtung erforderlich ist.[96] Die Adäquanztheorie bestimmt lediglich die äußere Grenze der Zurechnung. Als weitere Voraussetzung für eine Schadensersatzpflicht muss hinzutreten, dass zwischen dem haftungsbegründenden Ereignis und dem Schaden ein Rechtswidrigkeitszusammenhang besteht. Läuft eine Mutter hinter ihrem Kind auf die Straße und muss ein Fahrradfahrer so stark abbremsen, dass es zu einem Sturz kommt, haftet die Fußgängerin für die materiellen und immateriellen Schäden.[97] Außerhalb von Fußgängerüberwegen hat der Fahrzeugverkehr auf der Fahrbahn grundsätzlich Vorrang vor Fußgängern. Diese müssen die Gehwege benutzen und haben sich vor Überschreiten der Fahrbahn nach links zu vergewissern, dass kein Fahrzeug sich nähert. Sie dürfen die Fahrbahn nicht kurz vor einem Fahrzeug betreten. Das Bremsmanöver eines Radfahrers ist eine nach allgemeiner Lebenserfahrung erwartbare, nicht unwahrscheinliche Reaktion auf den Sprung der Fußgängerin. Der nachfolgende Sturz und die Verletzungen des Radfahrers waren nach gewöhnlichem Verlauf erwartbare Folgen hieraus.

---

93 Vgl. dazu mit ausführlicher Begründung *Esser/Wevers* Schuldrecht II, § 55, II. 3. d; – Dieser Gedanke führt auch zum *Haftungsausschluss* bei einer Probefahrt, auch mit einem zum Verkauf bestimmten *Gebrauchtwagen* bis zur Grenze der groben Fahrlässigkeit, weil die Rechtsprechung zutreffend davon ausgeht, dass sich gegen derartige Risiken eher der *Verkäufer* (durch Abschluss einer Vollkaskoversicherung) *versichern* kann, dem das Fahrzeug gehört und in dessen Interesse zudem die Probefahrt liegt.

94 So bereits: BGHZ 37, 311 = NJW 62, 1676 = VersR 62, 829 (831: Haftung aus der Betriebsgefahr eines Kfz); v. 17.1.1981 BGHZ 79, 259 = NJW 1981, 983 = VersR 1981, 676 = zfs 1981, 268 (Haftung für den Betrieb eines Hubschraubers nach § 33 LuftVG); NJW 1982, 1046 = VersR 1982, 243 = DAR 1982, 125 = zfs 1982, 132 = VRS 62, 183; NJW 1982, 2669 = VersR 1982, 977; *Krumme/Steffen* § 7 StVG, Rn. 11; *Dunz* VersR 1984, 600; *Stoll* VersR 1984, 1133 (Erwiderung auf *Dunz*); – *zur Gefährdungshaftung* allgemein vgl. auch *Weber* DAR 1982, 161.

95 Vgl. BGHZ VersR 60, 115; BGHZ 79, 259 = NJW 1981, 983 (m.Krit.v. *Schünemann* NJW 1981, 2796) = VersR 1981, 676 = zfs 1981, 268 (Betrieb eines Hubschraubers nach § 33 LuftVG).

96 Vgl. *OLG Hamm* VersR 1984, 1051.

97 *KG* Urt. v. 11.7.2002, Az. 12 U 10154/00, NZV 2003, 483.

A. Schadenbegriff

Der Rechtswidrigkeitszusammenhang ist lediglich dann gegeben, wenn der geltend gemachte Schaden nach Art und Entstehungsweise unter den Schutzzweck der verletzten Rechtsnorm fällt. Es muss sich also um Nachteile handeln, die aus dem Bereich der Gefahren stammen, zu deren Abwendung die verletzte Rechtsnorm gerade erlassen worden ist. Die Lehre vom Schutzzweck der Norm, die zunächst nur für Ansprüche aus Verletzung von Schutzgesetzen (§ 823 Abs. 2 BGB) entwickelt worden ist, wird inzwischen allgemein für Schadenersatzansprüche aller Art anerkannt.[98] Ob eine schädigende Folge nach Art und Entstehungsweise in den Bereich der Gefahren fällt, zu deren Verhinderung die verletzte Norm bestimmt ist, ist aufgrund einer an Norm und Zweck und an den Umständen des Einzelfalles ausgerichtete wertenden Beurteilung zu entscheiden.[99]

Der Schaden kann dem Verursacher dann verantwortlich zugerechnet werden, wenn dieser durch sein zumindest rechtswidriges Verhalten eine wirksame Bedingung für den Eintritt des schädlichen Erfolges gesetzt hat.[100] Der Rechtswidrigkeitszusammenhang wird also stets dann gegeben sein, wenn der Schaden innerhalb des Schutzbereiches der verletzten Norm liegt.[101]

Es muss also genau der Schaden entstanden sein, dessen Eintritt die verletzte Rechtsnorm gerade verhindern wollte, d. h. der Taterfolg muss sich auf Folgen beziehen, die in den Bereich der Gefahren fallen, um derentwillen die verletzte Rechtsnorm erlassen worden ist.[102]

Die Straßenverkehrsordnung (StVO) erstreckt den Schutzbereich der in ihr zusammengefassten verkehrsrechtlichen Normen nicht auf allgemeine Vermögensinteressen und Verkehrsbelange.[103] So dient beispielsweise das Rechtsfahrgebot des § 2 StVO – im Gegensatz zum Gebot in § 37 Abs. 2 Nr. 1 S. 6 StVO, bei »Rot« vor der Kreuzung zu halten[104] – nicht dem Schutz entgegenkommender Verkehrsteilnehmer, die ihrerseits nach links abbiegen wollen.[105] Bei einer Kollision auf einer Kreuzung zwischen zwei Pkw, von denen der Wartepflichtige die Vorfahrt des anderen durch zu weites Vorrücken verletzt, der Vorfahrtberechtigte jedoch beim Abbiegen in die untergeordnete Straße gegen das Rechtsfahrgebot verstoßen und die Kurve geschnitten hat, kommt deshalb eine Schadenteilung je zur Hälfte in Betracht.[106] Das Vorfahrtsrecht erstreckt sich auf die gesamte Breite der Vorfahrtsstraße.

---

98 Vgl. *BGH* NJW 1968, 2287 = VersR 1968, 800.
99 Vgl. *OLG Hamm* VersR 1984, 1051.
100 Vgl. *BGH* NJW 1970, 421 = MDR 1970, 313 = JZ 1970, 186.
101 Vgl. *BGH* VersR 1968, 808; *LG Berlin* VersR 1978, 239; v. *Caemmerer* Das Problem des Kausalzusammenhangs im Privatrecht, Freiburger Universitätsreden, n. F., H. 23/1956; *Hermann Lange* Empfiehlt es sich, die Haftung für schuldhaft verursachte Schäden zu begrenzen? Gutachten zum 43. Deutschen Juristentag (1960), S. 38 ff.; *Stoll* Das Handeln auf eigene Gefahr (1961), S. 290; Joseph G. *Wolf* Der Normenzweck im Deliktsrecht (1962), S. 5; kritisch bis ablehnend: *Heinrich Lange* Herrschaft und Verfall der Lehre vom adäquaten Kausalzusammenhang, AcP 156, 114 (127 ff., der im Gegensatz zum *BGH* [vgl. dazu BGHZ 27, 137 = NJW 1958, 104; ebenso: *Rother* NJW 1965, 177, m. w. N.] die Auffassung vertritt, die Theorie vorn Schutzzweck der Norm mache die Adäquanztheorie überflüssig [vgl. dazu insbes. *Hermann Lange* Gutachten zum 43. Deutschen Juristentag 1960, S. 58]); – ebenso auch wohl: v. *Hippel* NJW 1965, 1890.
102 Vgl. BGHZ 56, 163; BGHZ 57, 137 (142) = BB 1973, 14; BGHZ 59, 175; VersR 1978, 740; *OLG Berlin* VersR 1978, 239.
103 Vgl. BGHZ 17, 137; *LG Dortmund* VersR 1963, 246; *LG Köln* VersR 1971, 354; *AG Berlin-Charlottenburg* zfs 1981, 1 (Versperrung des Zuganges zu einer Baustelle durch Falschparker); *Schmalzl* VersR 1971, 355.
104 Vgl. speziell zu diesem Punkt: *BGH* NJW 1982, 1756 = VersR 1982, 701 = DAR 1982, 226 (vgl. dazu auch: *Weber* DAR 1983, 169 = r+s 1982, 183); VRS 63, 87.
105 Vgl. *BGH* DAR 1981, 321; VRS 6, 200; VersR 1963, 163; 1964, 1069; 1977, 524; *OLG Hamm* VRS 31, 301; 51, 29; *OLG Düsseldorf* VersR 1974, 37; *OLG Koblenz* VRS 50, 112; *OLG Saarbrücken* VerkMitt 77, 16; VersR 1981, 580; *OLG Karlsruhe* VersR 1979, 478; *OLG Nürnberg* VersR 1980, 338; *BayObLG* VRS 59, 222; *OLG Köln* VRS 60, 469 = VerkMitt 81, 48.
106 *KG* Urt. v. 6.10.2005, Az. 12 U 104/04, DAR 2006, 151.

47a Ein Halteverbot im Bereich einer Baustelle bezweckt nicht den Schutz der Vermögensinteressen des Bauunternehmers, sodass dieser nicht gem. § 823 Abs. 2 BGB von einem Falschparker Schadenersatz verlangen kann. Laut *BGH* ist die Straßenverkehrsordnung nicht im Ganzen ein Gesetz zum Schutz des Vermögens. Sie ist Teil des Straßenverkehrsrechts, durch welches die Teilnahme am Straßenverkehr geregelt und insbesondere dessen Sicherheit und Leichtigkeit gewährleistet werden soll. Zu den hier als Schutznormen in Betracht kommenden §§ 12 Abs. 1 Nr. 6a, 45 StVO ist in der Rechtsprechung und Literatur umstritten, ob bei Halteverboten im Rahmen von Baustellen das Vermögen eines Bauunternehmers geschützt ist. Nach Abwägung der maßgeblichen Gesichtspunkte ist diese Frage zu verneinen. Weder aus dem allgemein gehaltenen Wortlaut des § 12 Abs. 1 Nr. 6a StVO noch aus den Gesetzgebungsmaterialien lässt sich ein über die Sicherheit und Leichtigkeit des Verkehrs hinausgehender Schutzzweck dieser Norm entnehmen.[107]

48 Dabei ist zu berücksichtigen, dass durch den Begriff der Adäquanz keine Ausweitung der Anspruchsmöglichkeiten, sondern – im Gegenteil – lediglich eine einengende Abgrenzung der sonst zu weit gehenden »conditio sine qua non« herbeigeführt werden kann, indem bestimmte Verursachungsabläufe als rechtlich nicht mehr zurechenbar außer Betracht zu bleiben haben.[108] Mit *Wussow*[109] ist davon auszugehen, dass das für die Abgrenzung wesentliche Merkmal der Adäquanz sowohl hinsichtlich der haftungsausfüllenden wie auch der haftungsbegründenden[110] Kausalität[111] jeweils gesondert geprüft werden muss.[112]

48a Hätte ein Rechtsbehelf den Schaden aus einer Amtspflichtverletzung nur teilweise abwenden können, so lässt die schuldhafte Nichteinlegung den Ersatzanspruch nur zum entsprechenden Teil entfallen.

49 Eine ähnliche Problemstellung ergibt sich auch bei der Beurteilung der Frage, inwieweit ein schadenursächlicher Sachzusammenhang zwischen einer in der Versäumung einer Rechtsmittel- oder Rechtsbehelfsfrist bestehenden Pflichtverletzung und der dadurch eintretenden endgültigen »Verfestigung« einer Rechtsposition durch Rechtskraft einer Entscheidung entsteht, die sonst einer erneuten Überprüfung unterzogen worden wäre. Nach ständiger Rechtsprechung des *BGH* ist in diesen Fällen, die in erster Linie wohl den Kausalzusammenhang bei Amtspflichtverletzung betreffen, nicht darauf abzustellen, wie die infolge der Pflichtverletzung nicht angerufenen Gerichte oder Behörden tatsächlich entschieden hätten, sondern es kommt allein darauf an, wie sie nach der Auffassung des über den Schadenersatzanspruch erkennenden Gerichts richtigerweise hätten entscheiden müssen.[113]

50 Von Interesse ist insoweit noch die Frage des Mitverschuldens an einer Amtspflichtverletzung, die zu einer dem Geschädigten nachteiligen gerichtlichen Entscheidung geführt hat. Insoweit lässt die

---

107 *BGH* Urt. v. 18.11.2003, Az. VI ZR 385/02, DAR 2004, 77.
108 Vgl. dazu *BGH* VersR 70, 926.
109 *Wussow* UHR Rn. 76.
110 Soweit es sich um Grenzfälle zwischen diesen beiden Begriffen handelt, vgl. *Weitnauer* Jubiläumsbeilage zu H. 41/83 VersR 1983, 189.
111 Zur Beweisführung insoweit vgl. *Weber* DAR 1984, 161.
112 Vgl. *BGH* NJW 1971, 1980 = *Wussow* WI 1971, 157 (der diese Frage allerdings offen lässt); *BGH* VersR 1983, 985 = zfs 1983, 354; *Esser/Schmidt* Schuldrecht 12, § 33 II 1; *Erman/Sirp* § 249 Rn. 22 u. 26.
113 Vgl. *BGH NJW 1956*, 140; NJW 1959, 1125 = VersR 1959, 453; NJW 1959, 1316 = VersR 1959, 618; VersR 1961, 467; BGHZ 36, 144 = NJW 1962, 583; VersR 1964, 161: NJW 1964, 405; VersR 1965, 763; WM 1966, 1248; BGHZ 46, 221 – VersR 1967, 13; BGHZ 51, 30, (34) = NJW 1969, 509; VersR 1974, 488; VersR 1974, 782; NJW 1974, 1865; VersR 1976, 468 = BGHZ 72, 328 – NJW 1972, 819 = VersR 1979, 183; VersR 1981, 920; VersR 1982, 275 = zfs 1982, 132; NJW 1988, 3013; KG VersR 1985, 190; – ähnlich *BGH* NJW 1983, 2241 (wegen einer aufgrund Voreingenommenheit eines Mitglieds der Prüfungskommission aufgehobenen Prüfungsentscheidung).

Nichteinlegung eines an sich zulässigen Rechtsmittels dem Geschädigten regelmäßig nur dann Verschulden annehmen, wenn besondere Umstände den Erfolg einer Anfechtung nahe legen.[114]

Behauptet der Beklagte, der auf Schadenersatz wegen Versäumung einer Rechtsmittelfrist in Anspruch genommen worden ist, der Gläubiger hätte den Anspruch auch bei ordnungsgemäßer Sachbehandlung wegen Zahlungsunfähigkeit des Verpflichteten auf Dauer nicht realisieren können, handelt es sich dabei nicht um den Einwand rechtmäßigen Alternativverhaltens, sondern um das Bestreiten eines in Geld zu ersetzenden Schadens. Für die Entstehung und Höhe dieses Schadens trägt – nach allgemeinem Recht – der Anspruchsteller grundsätzlich die volle Darlegungs- und Beweislast. Nicht der Beklagte muss daher beweisen, dass ein Anspruch des Klägers auf Dauer uneinbringlich gewesen wäre, sondern dem Kläger obliegt die volle Beweislast dafür, dass der Nichterwerb des Anspruchs eine in Geld messbare Vermögenseinbuße darstellt.[115] Deshalb handelt es sich insoweit nicht um einen – prozessual unzulässigen – Ausforschungsbeweis.[116] 51

b) Voraussehbarkeit

Zu prüfen ist überdies die im zivilrechtlichen Bereich nach objektiven und im strafrechtlichen Bereich nach subjektiven Kriterien[117] zu beurteilende Voraussehbarkeit des später eingetretenen Erfolgs. Die Voraussehbarkeit des tatbestandsmäßigen Erfolges muss spätestens im Zeitpunkt des Eintritts der zum Ersatz verpflichtenden Umstände vorhanden sein. 52

Es kommt entscheidend darauf an, die Voraussehbarkeit i. S. e. adäquaten Zurechnungszusammenhanges in der Form zu überprüfen, dass die Erkennbarkeit der Summe der als bekannt vorauszusetzenden Begleitumstände der Tat nach der Adäquanztheorie zu werten ist. Die Ursächlichkeit eines pflichtwidrigen Verhaltens für den letztlich eingetretenen schädlichen Erfolg wird nicht dadurch infrage gestellt, dass derselbe Erfolg auch durch das Verhalten eines Dritten (Rdn. 29a) herbeigeführt worden wäre. Wird ein Fahrzeug beschädigt, weil Kinder Kinderspielsachen aus dem Fenster einer Wohnung in der dritten Etage werfen, verletzt die Mutter dann nicht ihre Aufsichtspflicht, wenn die zwei- und vierjährigen Kinder diese Handlung sonntags gegen 6.00 Uhr morgens vornehmen.[118] Laut *LG Potsdam* bestand an diesem Sonntagmorgen gegen 6.00 Uhr keine rechtliche Verpflichtung der Beklagten, zum Zwecke der Beaufsichtigung der beiden Kinder in deren Zimmer anwesend zu sein oder durch andere Maßnahmen eine Überwachung des Kinderzimmers sicherzustellen. Das Maß der gebotenen Aufsicht durch die aufsichtspflichtige Person wird durch das Alter, den Charakter und die Eigenart der Kinder sowie die Voraussehbarkeit des schädigenden Verhaltens bestimmt. Entscheidend ist daher, was verständige Aufsichtspflichtige nach vernünftigen Anforderungen im konkreten Fall unternehmen müssen, um eine Schädigung fremder Rechtsgüter durch das Kind zu verhindern. 52a

Wer sich über Unfallverhütungsvorschriften hinwegsetzt, die das Ergebnis einer auf langer Erfahrung und Überlegung beruhenden Voraussicht möglicher Gefahren sind und die gerade der Verhinderung des eingetretenen Erfolges dienen, kann sich, abgesehen von außergewöhnlichen Kausalverläufen, i. d. R. nicht darauf berufen, ein durch die Verletzung dieser Vorschriften verursachter Unfall sei für ihn nicht voraussehbar gewesen. Das Zuwiderhandeln gegen derartige gesetzliche oder behördliche Vorschriften stellt mithin ein Beweisanzeichen für die Voraussehbarkeit des Erfolges dar.[119] 52b

---

114 Vgl. dazu BGHZ 90, 17; NJW 1958, 1532 = VersR 1958, 706; VersR 1985, 358; *Erman/Drees* § 839 Rz 91.
115 Vgl. *BGH* VersR 1986, 160.
116 Vgl. *BGH* VersR 1965, 151; VersR 1986, 160.
117 Vgl. *Schröder* Leipziger Kommentar, 10. Aufl. § 16 StGB Rn. 139, 144, 149–155; – einschränkend jedoch: *BGH* BGHSt 12, 75 = VRS 15, 424; VRS 45, 181; *BayObLG Ruth* DAR 1967, 285; *BayObLG* 4 St 189/81 (unveröffentl.); *OLG Stuttgart* JZ 1980, 618; *Rudolphi* JuS 1969, 549; *Wolter* GA 1977, 257.
118 *LG Potsdam* Urt. v. 12.8.2002, Az. 13 S 20/02, NJW-RR 2002, 1543.
119 *OLG Karlsruhe* Urt. v. 16.12.1999, Az. 3 SS 43/99, DAR 2000, 178 (LS).

53 Die Prüfung der Voraussehbarkeit hat unter Auswertung des gesamten im Zeitpunkt der Beurteilung zur Verfügung stehenden Erfahrungswissens zu erfolgen.[120] Die Adäquanz zwischen Bedingung und Erfolg kann nicht rein logisch und abstrakt nach dem Zahlenverhältnis der Häufigkeit des Eintritts eines derartigen Erfolgs beurteilt werden, sondern es müssen aus der Vielzahl der Bedingungen im naturwissenschaftlich-philosophischen Sinn wertend diejenigen ausgeschieden werden, die bei vernünftiger Beurteilung der Dinge nicht mehr als haftungsbegründende Umstände betrachtet werden können. Dies bedeutet, dass eine Grenze gefunden wurden muss, bis zu der dem Urheber einer Bedingung die Haftung für ihre Folgen billigerweise zugemutet werden kann.[121] Es kommt demgegenüber nur auf solche Fälle an, die vom Standpunkt des objektiven Betrachters generell geeignet[122] sind, die Herbeiführung des rechtlich bedeutsamen Erfolges zu begünstigen.[123]

54 Die Voraussehbarkeit in zivilrechtlicher Hinsicht liegt dann vor, wenn der Schädiger mit dem Eintritt des Erfolges vernünftigerweise rechnen musste. Es kommt also nicht darauf an, ob der Schädiger speziell und gerade den von ihm schließlich herbeigeführten Erfolg in sein Vorstellungsbewusstsein aufgenommen hat, sondern es genügt, dass die Tat objektiv geeignet war, einen derartigen Schaden auszulösen.[124] Dabei braucht die Folge nicht in allen Einzelheiten vorauszusehen zu sein. Es genügt vielmehr, dass der Täter bei gehöriger Anspannung der ihm zuzumutenden Sorgfalt vorauszusehen vermochte, dass es bei seinem Verhalten irgendwie zu einem schädlichen Erfolg kommen kann.

55 Greift ein Dritter vorsätzlich und eigenmächtig in den Geschehensablauf ein, kann die Vorhersehbarkeit nur dann entfallen, wenn mit dessen Eingreifen vernünftigerweise nicht zu rechnen war und der rechtswidrige Erfolg ohne das Hinzutreten des Dritten nicht eingetreten wäre.[125] Eine völlig vernunftwidrige Handlung des Geschädigten selbst kann die Voraussehbarkeit des schädlichen Erfolgs ebenfalls entfallen lassen.[126] Allgemein kann man davon ausgehen, dass im Straßenverkehr i. d. R. jeder Verkehrsteilnehmer auf ein ordnungsgemäßes, verkehrsrichtiges Verhalten des anderen Partners vorwurfsfrei vertrauen darf und sich nicht ohne Weiteres – d. h. solange keine dieser Annahme entgegenstehenden Gesichtspunkte erkennbar sind – darauf einzustellen braucht, dass der andere Verkehrsteilnehmer sich verkehrswidrig verhält.[127]

---

120 Vgl. BGHZ 3, 261 = VersR 1952, 128.
121 Vgl. BGHZ 3, 261 = VersR 1952, 128; BGHZ 18, 286 = NJW 1955, 1886 = VersR 1955, 713; *BAG* NJW 1976, 644 = DB 1976, 538 = BB 1976, 229 = WM 1976, 776 = RdA 76, 145 (L: Insertionskosten); NJW 1980, 2375 (Anreisekosten bei Nichtantritt eines Schulungsvertrages); BAGE 35, 179 = NJW 1981, 2430 = MDR 1981, 964 = DB 1981, 1832 (besprochen von *Berkowsky* DB 1982, 1772) = BB 1981, 1898 (vgl. dazu die Ausführungen von *Semerjabashian/Gilbeau* BB 1982, 1891 zur Frage der Erstattungsfähigkeit von Insertionskosten: begeht ein Arbeitnehmer Vertragsbruch, so kann der Arbeitgeber nur dann Ersatz für die Kosten von Stellenanzeigen verlangen, wenn diese Kosten bei ordnungsgemäßer Einhaltung der arbeitsvertraglichen Kündigungsfrist vermeidbar gewesen wären [entgegen: *BAG* NJW 1970, 1469; DB 1976, 538 = AP Nr. 3 zu § 267 BGB: Vertragsbruch]. Der Arbeitgeber kann sich nicht darauf berufen, er hätte den Arbeitnehmer möglicherweise umstimmen können, wenn dieser die Arbeit wenigstens angetreten hätte. Eine derartige Möglichkeit entspricht nicht dem Schutzzweck der arbeitsvertraglichen Kündigungsfrist [entgegen: *BAG* v. NJW 1976, 644 = WM 1976, 776 = RdA 1976, 145 = AP Nr. 5 zu § 276 BGB: Vertragsbruch]): Insoweit Probleme des *rechtmäßigen Alternativverhaltens;* – bestätigt: *BAG* NJW 1984, 2846 (2847) = VersR 1985, 351 (LS) = NZA 1984, 122; – vgl. ferner: *Kirchberger* NJW 1952, 100 (vgl. insbes. das von ihm behandelte markante Beispiel).
122 Vgl. *OLG Köln* VersR 1982, 1174; *Erman/Sirp* § 249 Rn. 24.
123 Vgl. *Venzmer* Mitverursachung und Mitverschulden im Schadenersatzrecht, S. 9 ff.; Marlow in Veith/Gräfe Versicherungsprozess, 2. Auflage 2010, Rn. 83 ff.
124 Vgl. *OLG Düsseldorf* DAR 1977, 186; *OLG Köln* VersR 1982, 1174; *LG Regensburg* VersR 1977, 459; *AG Regensburg* VersR 1977, 459; *Erman/Sirp* § 249 Rn. 24 (m. w. N.).
125 Vgl. *BGH* VRS 15, 424; GA 1960, 111; GA 1969, 246; bei: *Dallinger* MDR 1976, 16.
126 Vgl. *BGH* VRS 6, 200; VRS 15, 424; VRS 9, 7, 195; *KG* VRS 7, 195; *OLG Hamm* VRS 12, 56.
127 Vgl. *BGH* VRS 4, 370; *Sanders* DAR 1969, 8; *Möhl* DAR 1972, 57; *Full/Möhl/Rüth* Haftung, § 7 StVG Rn. 296; § 1 StVO Rn. 12–14; *Krumme/Steffen* § 7 StVG Rn. 25; *Hentschel* § 1 StVO Rn. 20 ff.

Dies gilt insbesondere dann, wenn ihm die Vorfahrt zusteht.[128] 55a

So darf ein Kraftfahrer beispielsweise darauf vertrauen, dass im Großstadtverkehr ein in einem benachbarten Fahrstreifen fahrendes Kfz nicht unmittelbar vor ihm in grob verkehrswidriger Weise in seinen Fahrstreifen gelenkt wird.[129] Überdies vertritt der *BGH* in seiner Grundsatzentscheidung vom 29.6.1965[130] die Auffassung, solange kein erkennbarer Anlass zur gegenteiligen Befürchtung bestehe,[131] dürfe der geradeaus fahrende Verkehrsteilnehmer vorwurfsfrei darauf vertrauen, dass ein ihm entgegenkommender Linksabbieger seiner Wartepflicht aus § 8 Abs. 3 S. 3 StVO (jetzt: § 9 Abs. 3 StVO) ordnungsgemäß genügt. Der auf diese Weise umschriebene Vertrauensgrundsatz gilt insbesondere in zivilrechtlicher Hinsicht. 55b

Auf der anderen Seite darf ein Wartepflichtiger darauf vertrauen, dass ein Fahrzeugführer, der den Blinker gesetzt hat und langsamer fährt, auch tatsächlich abbiegt.[132] Durch die Betätigung des Blinkers wird ein Vertrauenstatbestand gesetzt, der nur dann erschüttert wird, wenn zusätzlich Anhaltspunkte für ein Nichtabbiegen hinzukommen. Durch das verkehrswidrige Verhalten des Vorfahrtsberechtigten hat dieser zwar sein Vorrecht nicht verloren. Das verkehrswidrige Verhalten eines Vorfahrtsberechtigten kann jedoch bei der nach den §§ 7, 17 StVG vorzunehmenden Abwägung von erheblicher Bedeutung sein. Es kann im Einzelfall zur vollen Haftung des Vorfahrtsberechtigten führen. 55c

Damit wird deutlich, dass im Vertrauensgrundsatz, ohne den ein funktionierender, also sich ordnungsgemäß abwickelnder Verkehr – vor allem in der Großstadt – gar nicht möglich ist, Elemente sowohl der Güterabwägung als auch der Sozialadäquanz enthalten sind. Der Vertrauensgrundsatz schränkt somit die Verantwortlichkeit im Rahmen der Voraussehbarkeit ein.[133] Dies gilt jedenfalls für die Fälle, in denen der betreffende Verkehrsteilnehmer, der den Vertrauensgrundsatz für sich in Anspruch nimmt, sich in der konkreten Situation selbst verkehrswidrig verhalten hat.[134] Wer sich durch die Verletzung der ihm obliegenden Sorgfalt seinerseits selbst verkehrswidrig verhalten hat, kann den Vertrauensgrundsatz nicht für sich in Anspruch nehmen.[135] 56

Verkehrswidriges Verhalten räumt den Vertrauensgrundsatz nur insoweit aus, als entweder aus dem Verhalten des anderen eine allgemeine Verkehrsuntüchtigkeit erkennbar wird oder dieser gar im Hinblick auf den bereits begangenen Fehler eine damit zusammenhängende weitere Verkehrswidrigkeit erwarten lässt.[136] Wer beispielsweise bemerkt, dass ein anderer Verkehrsteilnehmer ungeachtet des für ihn geltenden Farbzeichens »Rot« in die auf diese Weise gesperrte Kreuzung einfährt, der muss 57

---

128 Vgl. *BGH* BGHZ 14, 232 = DAR 1954, 261; DAR 1964, 110; VRS 45, 168; NJW 1985, 2757; *KG* VRS 23, 225; VersR 1972, 466.
129 Vgl. *OLG Köln* MDR 1965, 43 (zu § 8 Abs. 2 S. 1 StVO alt) Die an ihre Stelle getretene Vorschrift des § 7 Abs. 5 StVO verstärkt den Vertrauensgrundsatz noch ganz erheblich. Dies zeigt das Gebot, in allen Fällen dürfe ein Fahrstreifen nur dann gewechselt werden, »wenn eine Gefährdung anderer Verkehrsteilnehmer *ausgeschlossen* ist«; *Geigel/Ziereers* Haftpflichtprozess, 26. Aufl. 2011, Rn 50.
130 Vgl. *BGH* VersR 1965, 899.
131 Dies war beispielsweise bei dem Sachverhalt der Fall, über den der *BGH* (DAR 1982, 226) zu entscheiden hatte.
132 *BGH* ADAJUR-Dok.Nr. 54341; DAR 2003, 308; *AG Homburg* (Saar) Urt. v. 2.5.2006, Az. 16 C 65/06, zfs 2006, 496 m. Anm. *Diehl*; KG, ADAJUR-Dok.Nr. 59795; DAR 2004, 524.
133 Vgl. dazu: *BGH* BGHSt 4, 47 = VRS 5, 213; BGHSt 7, 118 = VRS 7, 312; BGHSt 12, 81 = VRS 15, 450; VRS 21, 277; v. 10.11.1961 VRS 22, 128; *BayObLG* VRS 13, 61; *OLG Hamm* VRS 29, 142; JMBl NRW 1968, 152; *Wimmer* DAR 1963, 369; *Böhmer* MDR 1964, 100; OLG Koblenz, ADAJUR-Dok.Nr. 72791 zu Abwägungen im Zusammenhang mit dem Begriff »Idealfahrer«.
134 *BGH* VRS 6, 87; VRS 11, 1; VersR 1956, 692; VersR 1958, 611; *KG* VRS 58, 348; KG, ADAJUR-Dok.Nr. 47651; DAR 2002, 66 zu Unfall bei »halber Vorfahrt«.
135 Vgl. *BGH* VRS 13, 225; VRS 14, 30; VRS 33, 368; DAR 1982, 226 = r+s 1982, 183; *Martin* VersR 1958, 139; DAR 1964, 299.
136 Vgl. *BGH* VersR 1959, 789 (für den Fall unvorsichtigen Linksabbiegens); VRS 19, 344; VersR 1964, 486 = VRS 26, 331; VRS 34, 356; *OLG Stuttgart* VRS 37, 197; *Sanders* DAR 1969, 8.

nach der Lebenserfahrung auch damit rechnen, dass der betreffende Verkehrsteilnehmer im Kreuzungsbereich selbst noch weitere Fahrfehler oder Verkehrsverstöße begeht.

58 Der Vertrauensgrundsatz gilt nur so lange, wie keine davon abweichenden Handlungen oder Maßnahmen ersichtlich sind, die geeignet sind, den guten Glauben infrage zu stellen.[137] Das bedeutet, dass das Vertrauen dort endet, wo die Sichtmöglichkeit und Erkennbarkeit beginnt. So wäre es beispielsweise geradezu töricht, darauf zu vertrauen, dass ein anderer Verkehrsteilnehmer eine Einbahnstraße ausschließlich in der erlaubten Richtung befährt, wenn gleichzeitig erkennbar wird, dass er die Entgegengesetzte (gesperrte) Richtung benutzt. Auch gegenüber häufig vorkommenden Verstößen und Nachlässigkeiten im Verkehr gilt der Vertrauensgrundsatz nicht.[138]

59 Der Vertrauensgrundsatz versagt auch gegenüber dem durch § 3 Abs. 2a StVO geschützten Personenkreis. So darf beispielsweise ein Kraftfahrer bei einem unbeaufsichtigten Kind unter 7 Jahren, das bei Rotlicht auf den Fußgängerüberweg gelaufen und dort stehen geblieben ist, nicht darauf vertrauen, dass es sich von da an »vernünftig« verhalten und ihn durchfahren lassen werde.[139]

59a Durch das 2. Schadensersatzrechtsänderungsgesetz wird über eine Änderung des § 828 BGB ein weiterer Schutz der Kinder im fließenden Straßenverkehr erreicht. Sie sind nunmehr bis zur Vollendung des 10. Lebensjahres nicht für Schäden verantwortlich, welche sie im fließenden Verkehr verursachen (§ 828 Abs. 2 BGB), es sei denn, sie handeln vorsätzlich. Auf der anderen Seite haftet der Halter eines Kfz ohne Entlastungsmöglichkeiten bei einem Unfall mit einem Kind (§ 7 StVG). § 254 BGB ist nach dem Willen des Gesetzgebers nicht anwendbar.[140]

59b Das Gleiche gilt im Verhältnis zu älteren und gebrechlichen Personen.[141] Der Vertrauensgrundsatz gilt auch dann nicht, wenn besondere Umstände erkennbar werden, die zu der Befürchtung Anlass geben, dass ein Verkehrsteilnehmer überfordert bzw. unachtsam ist oder dass seine Aufmerksamkeit durch andere Vorgänge voll in Anspruch genommen wird.[142] Auch Hilfsbedürftigkeit zum Beispiel aufgrund übermäßigen Alkoholgenusses führt dazu, dass sich ein Kraftfahrer unter Umständen nicht auf den Vertrauensgrundsatz berufen kann. Ein Fußgänger, der schwankend und winkend auf die Fahrbahn läuft und erkennbar alkoholisiert ist, ist als hilfsbedürftig i. S. v. § 3 Abs. 2a StVO anzusehen.[143] Von der Zielsetzung des § 3 Abs. 2a StVO, der gesteigerte Rücksichtnahme auf erkennbar objektiv hilfsbedürftige Personen verlangt, kann es nämlich keinen Unterschied bedeuten, ob die mangelnde Verkehrstüchtigkeit auf Jugend, Alter oder einem besonderen körperlichen bzw. geistigen Zustand beruht, ob dieser dauerhaft oder nur vorübergehend ist und ob der Betroffene verschuldet oder unverschuldet in diesen Zustand geraten ist. Es wäre auch wenig praktikabel, darauf abzustel-

---

137 Vgl. *OLG Köln* VRS 66, 255.
138 Vgl. *BGH* VRS 25, 52; VRS 27, 70; VRS 31, 37 (verspätetes Anzeigen der Fahrtrichtungsänderung); VRS 34, 356; *OLG Hamm* DAR 1958, 143; *OLG Köln* VRS 31, 271; *OLG Nürnberg* VersR 1968, 976 (Vertrauensgrundsatz bejaht bei *Vorfahrtsverletzungen*, insbes. im großstädtischen Verkehr); *OLG Koblenz* VRS 44, 192.
139 Vgl. *OLG Frankfurt/M.* VersR 1985, 71.
140 *BGH* ADAJUR-Dok.Nr. 73453; DAR 2007, 454 zu Unfall mit Kind auf Fahrrad und KFZ im fließenden Verkehr; *BGH* ADAJUR-Dok.Nr. 76407; DAR 2008, 77 m. Anm. *Bernau* zu Haftungsprivilegierung des 8-jährigen Kindes bei Kollision des führerlosen Fahrrades des Kindes mit einem PKW; *BGH* SVR 2010, 140 zur Beweislast im Fall der typischen Überforderungssituation eines Kindes im Straßenverkehr; *BGH* ADAJUR-Dok.Nr. 62216; DAR 2005, 150: Bejahung des Haftungsprivilegs nur bei Fällen typischer Überforderung eines Kindes durch den Straßenverkehr; *BGH* ADAJUR-Dok.Nr. 77619; DAR 2008, 336: Haftungsprivileg des Kindes bei Kollision mit nicht ordnungsgemäß geparktem PKW; *BGH* ADAJUR-Dok.Nr. 83817; DAR 2009, 690: Geschädigter trägt Beweislast für das Nichtvorliegen der typischen Überforderung eines Kindes bei Unfall im ruhenden Verkehr.
141 Vgl. *BGH* VRS 17, 204; VRS 20, 336 (mit Einschränkungen); *Mittelbach* DAR 1958, 315.
142 Vgl. dazu: *BGH* VRS 24, 200; VRS 46, 114; *BayObLG Rüth* DAR 1978, 201; VRS 59, 217; *OLG Hamm* VRS 45, 428; VRS 51, 101; *Full/Möhl/Rüth* § 1 StVO Rn. 73 ff.; *Jagow/Janiszewski* § 1 StVO Anm. 4d; *Cramer* § 1 StVO Rn. 38 ff.; – vgl. dazu ergänzend auch: *KG* VRS 58, 348.
143 *BGH* Urt. v. 26.10.1999, Az. VI ZR 20/99, DAR 2000, 114.

len, ob die hilfsbedürftige Person verschuldet oder unverschuldet in diesen Zustand geraten ist, weil dies für den beteiligten Kraftfahrer häufig nicht erkennbar sein wird. Nach dem Schutzzweck der Norm ist laut *BGH* die Verpflichtung des § 3 Abs. 2a StVO zu erfüllen, wenn die Voraussetzungen nicht ausgeschlossen werden können. Der Vertrauensgrundsatz greift allerdings, wenn ein erwachsener Fußgänger die Fahrbahn überquert und keine konkreten Anhaltspunkte dafür vorliegen, dass er sich nicht zuverlässig verkehrsgerecht verhält.[144]

c) Ergänzungserfolg

Die Haftung des Schädigers entfällt dann, wenn der schädliche »Ergänzungserfolg« ohne weiteres Zutun des Schädigers ausschließlich von Dritten, für die er nicht einzustehen hat, in völlig ungewöhnlicher und unsachgemäßer Weise herbeigeführt worden ist.[145] 60

Die Ursächlichkeit eines Verkehrsunfalls für den Tod eines Menschen wird beispielsweise nicht schon dadurch ausgeschlossen, dass dem Arzt bei der Behandlung des Verletzten ein Kunstfehler unterläuft und der Tod darauf beruht.[146] 60a

Ferner haftet beispielsweise derjenige, der einen Weidezaun durch sein ersatzpflichtiges Verhalten beschädigt, nicht nur für den Verlust des durch den schadhaften Zaun entwichenen Weideviehs, sondern auch für den Folgeschaden, der dadurch eingetreten ist und darauf beruht, dass ein Dritter sich das zuvor entlaufene Vieh widerrechtlich – in Diebstahlsabsicht – angeeignet hat.[147] 61

Wird in geparktes Kfz innerhalb weniger Stunden mehrmals an derselben Stelle angefahren, ohne dass sich feststellen lässt, ob der durch den ersten Anstoß verursachte Schaden durch die weiteren Vorfälle vergrößert worden ist, so haftet nur der erste Schädiger für den Schaden. Eine gesamtschuldnerische Mithaftung der weiteren Schädiger gemäß § 830 BGB kommt nicht in Betracht.[148] 61a

Auch das *OLG Düsseldorf*[149] vertritt die Auffassung, dass bei mehreren Vorschäden, die sich nicht eindeutig abgrenzen lassen, kein Anspruch auf Reparaturkosten besteht, da eine sichere Berechnung des Unfallschadens nicht möglich ist. So begründet der Unfall mit einem Polizeifahrzeug keinen Schadensersatzanspruch des Flüchtenden, sofern die Verfolgung und die zwangsweise Durchsetzung der Anhalteanordnung durch die Polizei herausgefordert werden.[150] 62

Wird ein Schaden durch das auf freier Entschließung beruhende Verhalten des Verletzten herbeigeführt, so wird der Zurechnungszusammenhang dann nicht unterbrochen, wenn die Handlung des Verletzten durch das haftungsbegründende Ereignis herausgefordert wurde und eine nicht ungewöhnliche Reaktion auf dieses darstellt.[151] Dies gilt, wenn der Versuch eines Polizisten, dem Kläger den Weg abzuschneiden rechtmäßig war. Wenn bei einer Verfolgung ein Festnahmegrund oder ein rechtlich anerkanntes Interesse an der Verfolgung bestand, muss der Flüchtende seinen Schaden selbst tragen. Das gilt selbst dann, wenn die Verfolgung als unverhältnismäßig anzusehen wäre. 63

---

144 *OLG Rostock* ADAJUR-Dok.Nr. 67659; DAR 2006, 278; vgl. auch *OLG Düsseldorf* BeckRS 2005, 13459.
145 BGHZ 3, 261.
146 Vgl. *BGH* NJW 1989, 767 (m. Anm. *Deutsch*) = r+s 1989, 81; *OLG Stuttgart* NJW 1982, 295; *OLG Karlsruhe* zfs 1982, 65.
147 Vgl. *BGH* VRS 56, 4; *Weber* DAR 1979, 113.
148 Vgl. *KG* NZV 1989, 232 = zfs 1989, 259; *OLG Düsseldorf* Urt. v. 6.2.2006, Az. 1 U 148/05, DAR 2006, 324 für den Fall eines unreparierten Vorschadens.
149 Vgl. *OLG Düsseldorf* VersR 1988, 1191 = zfs 1989, 14; *OLG Köln* NZV 1996, 241.
150 *OLG Celle* Urt. v. 2.11.2000, Az. 14 U 281/99, VRS 100, 248.
151 Vgl. *BGH* DAR 1964, 213 = VRS 27, 10; VRS 32, 321; *BGH* NJW 1978, 421; *BGH* VRS 56, 4; BGHZ 70, 734 = NJW 1978, 1005 =VersR 1978, 540; *BGH* NJW 1981, 570 = VersR 1981, 192 = zfs 1981, 98 = r+s 1981, 16; NJW 1981, 750 = DAR 1981, 85 = VRS 60, 164; *OLG Oldenburg* DAR 1965, 240; *OLG Nürnberg* VersR 1980, 60; *Weingart* VersR 1971, 193; *Weber* DAR 1979, 113; a. A.: *OLG Düsseldorf* VersR 1970, 713 (für den Fall, dass ein Haftbefehl vorliegt, dessen Vollstreckung sich der betreffende Kraftfahrer durch die Flucht zu entziehen versucht).

Der Fliehende hat danach keinen Anspruch auf Erstattung der ihm durch den Zusammenstoß mit dem Polizeifahrzeug entstandenen Schäden, da er sie selbst durch sein Verhalten zurechenbar verursacht hat. Auch die Anwendung des unmittelbaren Zwangs war rechtmäßig. Die Polizeibeamten waren nach §§ 49 Abs. 3 Nr. 1 StVO, 53 OWiG, 163b StPO zur Verfolgung und zum Anhalten des Klägers berechtigt.

63a Unterbrochen wird der Zurechnungszusammenhang, wenn die Handlung des Verletzten nicht durch das Verhalten desjenigen, der die erste Ursache gesetzt hat, herausgefordert worden ist. Diesem Erfordernis ist nicht bereits dann Genüge getan, wenn sich der Verletzte tatsächlich zum Eingreifen hat bewegen lassen; sondern notwendig ist, dass der Verletzte sich zum Eingreifen herausgefordert fühlen durfte, wobei es von den Umständen des Einzelfalls abhängt, ob ein Eingreifen als Herausforderung zu bewerten ist.[152]

63b Begründet der Verletzte durch das Hinzutreten seiner Handlung ein zusätzliches bis dahin nicht gegebenes Risiko, ohne dass dazu ein zwingendes Bedürfnis bestand, so kann die Verwirklichung dieses zusätzlichen Risikos nicht demjenigen zugerechnet werden, der die ursprüngliche Ursache gesetzt hat.[153]

63c Anders liegen die Dinge, wenn für den schädlichen Erfolg die freie Willensentscheidung eines Dritten ursächlich und maßgeblich war. In diesem Zusammenhang kommt es auf die Rechtfertigung des freien Willensentschlusses nicht an.[154]

64 Dies gilt jedenfalls für den Fall, dass das rechtswidrige Tun des Dritten durch das Verhalten des Geschädigten weder ermöglicht noch begünstigt worden ist und der schädliche Erfolg durch zumutbare Maßnahmen von seiner Seite nicht verhindert werden konnte. Inwieweit derartige Folgeschäden dem Ersatzpflichtigen in billiger Weise im haftpflichtrechtlichen Bereich zugerechnet werden können, ist Tatfrage und muss unter Berücksichtigung der dem geschädigten Rechtsgut zufallenden Schutzfunktion im Einzelfall individuell geprüft werden.[155]

65 Der nach einer Straftat flüchtende Täter haftet für das durch die Flucht zurechenbar gesteigerte Verfolgungsrisiko, also auch für die Verletzungen und sonstigen Schäden, die sich der Verfolger bei dem berechtigten Versuch der Festnahme zuzieht.[156] Dies gilt jedenfalls – im Anschluss an *Larenz*[157] – dann, wenn der Verfolger sich durch das Verhalten des Flüchtenden »herausgefordert« fühlen durfte.[158] An sich ist der in diesem Zusammenhang relevante Begriff der »Herausforderung« dahin zu

---

152 Vgl. *BGH* BGHZ 57, 25 = NJW 1971, 1980; *LG Baden-Baden* zfs 1982, 289 (entwendetes Werkzeug); *AG Überlingen* VersR 1974, 1012 (nachträgliche Beschädigung des Pkw-Dachs).
153 Vgl. *BGH* BGHZ 57, 25 = NJW 1971, 1980 = VersR 1971, 964; BGHZ 63, 189 = NJW 1975, 168 = VersR 1975, 154; NJW 1978, 1005 = VersR 1978, 540; *OLG Saarbrücken* VersR 1988, 853.
154 *BGH* BGHZ 58, 162 = NJW 1972, 904 = VersR 1972, 560 = JuS 1972, 473 (m. Anm. *Lange* JuS 1973, 280); BGHZ 59, 139 (144) = NJW 1972, 1943; *Weber* DAR 1979, 113; – unzutreffend demgegenüber: *Rother* NJW 1965, 177; vgl. ferner *allgemein* zur *Adäquanztheorie* auch: *Schünemann* JuS 1979, 19 ff.
155 *BGH* BGHZ 57, 25 = NJW 1971, 1980 = VersR 1971, 964; BGHZ 58, 16 = NJW 1972, 904 = VersR 1972, 560; 1963, 189 = NJW 1975, 168 = VersR 1975, 154; *BGH* BGHZ 70, 374 = NJW 1978, 1005 =VersR 1978, 540; *BGH* NJW 1972, 712 =VersR 1978, 1161 = VRS 56, 4 (5).
156 Vgl. *BGH* DAR 1964, 213 = VRS 27, 10; VersR 1967, 580 = VRS 32, 321; BGHZ 57, 25 = NJW 1971, 1980 = VersR 1971, 964; BGHZ 58, 162 = NJW 1972, 904 = VersR 1972, 560; BGHZ 63, 189 = NJW 1975, 168 = VersR 1975, 154; NJW 1976, 568 = VersR 1976, 540; NJW 1978, 421 =VersR 1978, 183; NJW 1978, 1005 = VersR 1978, 540; BGH, ADAJUR- Dok.Nr. 11364; DAR 1997, 231 bei *v. Gerlach*; NJW 1996, 1533; *AG Landstuhl* BeckRS 2011, 06032; *AG Kempten* ADAJUR-Dok.Nr. 82517; DAR 2009, 276 m. Anm. *Nettesheim*.
157 Vgl. dazu *Larenz*, Schuldrecht 1, § 17 111b 5; – vgl. ferner auch v. *Caemmerer* DAR 1970, 183 (291).
158 Vgl. dazu ergänzend auch: *BGH* = NJW 1964, 1363 = VersR 1964, 684 = DAR 1964, 213 = VRS 27, 10; VersR 1967, 580; BGHZ 57, 25 = NJW 1971, 1980 = VersR 1971, 964 = VersR 1971, 962; BGHZ 63, 189 = NJW 1975, 168 = VersR 1975, 154; NJW 1981, 750 = VersR 1981, 161 = DAR 1981, 85 = zfs 1981, 100 = VRS 60, 164; *OLG Düsseldorf* NJW 1973, 1229 (vgl. jedoch: *OLG Düsseldorf* VersR 1970, 713); *LG*

A. Schadenbegriff

verstehen, dass eine vernünftige Abwägung nach der Verhältnismäßigkeit der Mittel und Möglichkeiten stattfindet. Dabei gilt der Grundsatz, dass bei der Abwägung der Verhältnismäßigkeit der Mittel das Verfolgungsrisiko desto höher gehalten werden darf, je schwerwiegender der gegen den Flüchtenden gerichtete Vorwurf und je stärker die vom Unrechtsgehalt der Tat her zu beurteilende »Herausforderungssituation« ist.[159] Insoweit kommt es ausschließlich auf das für den Verfolger erkennbare Ausmaß des eigenen Risikos in der Erscheinungsform, in der es sich ihm darbietet, an.[160] Dabei darf an das – im Wesentlichen durch das Maß der Herausforderung bestimmte – Verhalten des Verfolgers kein allzu strenger Maßstab angelegt werden.[161]

Für die Vertretbarkeit des Risikos spielt in gleicher Weise auch der Gesamteindruck des zu verfolgenden Rechtsverstoßes eine Rolle, so wie er sich dem Verfolger darstellt.[162] Dabei kann sich der Verfolgte jedenfalls dann nicht auf das scheinbar nur begrenzte Gewicht des eigenen Rechtsverstoßes berufen, wenn nicht erkennbare Umstände die Verfolgung – und sei es auch nur im öffentlichen Interesse[163] – dringend erwünscht erscheinen lassen.[164]

4. Beweislast

Grundsätzlich hat der Geschädigte, der Ansprüche geltend macht, die Beweislast für den adäquaten Kausalzusammenhang zwischen dem Schadenereignis und dem schädlichen Ergänzungserfolg. Insoweit gelten die bereits an anderer Stelle erörterten allgemeinen Beweislastregeln.[165] Auch insoweit gelten die Grundsätze der freien Beweiswürdigung (§§ 286, 287 ZPO) im Prozess,[166] und zwar nicht nur bezüglich der Schadenhöhe, sondern auch soweit es sich um die Frage nach dem schadenursächlichen Sachzusammenhang[167] handelt. Erleidet eine Person bei einem Verkehrsunfall eine Verletzung, so muss sie bei der Geltendmachung von Schadenersatzansprüchen den Vollbeweis dafür antreten, dass die aufgetretenen und noch vorhandenen Verletzungen Unfall bedingt sind. Gerade bei Bagatellunfällen reicht es für den vom Geschädigten zu führenden Vollbeweis des Eintritts der Primärverletzung gem. § 286 ZPO nicht aus, Arztberichte vorzulegen, die sich auf nicht objektivierbaren, allein auf der Schilderung des Verletzten beruhenden Angaben stützen, wenn die übrigen Umstände des Falls und der Unfallablauf – geringe Biomechanische Einwirkungen – gegen den Eintritt der körperlichen Verletzung sprechen.[168]

Hatte der Versicherer die Unfallbedingtheit von Verletzungen bereits anerkannt, muss der Geschädigte nicht mehr den Strengbeweis des § 286 ZPO erbringen. Es genügt, wenn der Richter gem. § 287 ZPO zu der Überzeugung kommt, dass die Verletzung auf den Unfall zurückgehen kann.

Trotz eines Vorschadens der Wirbelsäule kann es im Einzelfall für die Frage des Ursachenzusammenhangs zwischen Unfallgeschehen und Eintritt eines Bandscheibenvorfalls ohne Bedeutung sein, ob

---

Freiburg VersR 1978, 1048 = r+s 1979, 12; *AG Darmstadt* r+s 1978, 233; *Heinrich Lange* JZ 1976, 198 (206); *Palandt/Heinrichs* Vorbem. vor § 249; *MüKo/Grunsky* Vorbem. vor § 149 Rn. 62; – vgl. ferner: *Weber* DAR 1981, 161 = a. A. OLG *Düsseldorf* VersR 1970, 713 (für den Fall, dass ein Haftbefehl vorliegt, dessen Vollstreckung sich der betreffende Kraftfahrer durch die Flucht zu entziehen versucht); *Deutsch* JZ 1975, 375 (abl. Anm. zu BGHZ 63, 189 = NJW 1975, 168 = VersR 1975, 154); *Händel* NJW 1976, 1204 (abl. Anm. zu *BGH* NJW 1976, 568); *Niebaum* NJW 1976, 1673 (*Deutsch, Händel* und *Niebaum* stoßen sich insgesamt ersichtlich wohl mehr an dem – von ihnen missverstandenen – Begriff der »Herausforderung« als an der Sache selbst); – Zweifel an der Haftung äußern demgegenüber: *Esser/Schmidt* Schuldrecht 1, § 33 II 3.

159 Vgl. dazu: *MüKo/Grunsky,* Vorbem. vor § 249 Rn. 62.
160 Vgl. *BGH* BGHZ 57, 25 = NJW 1971, 1980 = VersR 1971, 964 (965).
161 Vgl. *BGH* NJW 1964, 1363 = VersR 1964, 684 = DAR 1964, 213 = VRS 27, 10.
162 Vgl. *BGH* BGHZ 57, 25 = NJW 1971, 1980 = VersR 1971, 964 (965).
163 Vgl. hierzu: *Dreher* StGB, 34. Aufl. § 142 Rn. 5.
164 Vgl. *BGH* NJW 1981, 750 = VersR 1981, 161 = DAR 1981, 85 = zfs 1981, 100 = VRS 60, 164.
165 Vgl. *BGH* VersR 1957, 445.
166 Vgl. *BGH* VersR 1957, 665.
167 Vgl. *BGH* BGHZ 4, 192; VersR 1983, 985 = zfs 1983, 354; *LG Kiel* BeckRS 2007, 19410.
168 *LG Darmstadt* Urt. v. 12.8.2005, Az. 2 O 94/03, zfs 2005, 542; *AG Nordhorn* ADAJUR-Dok.Nr. 90617.

ein solcher auch bei einem gesunden Menschen eingetreten wäre. Zu entscheiden ist in solchen Fällen vielmehr danach, ob die Möglichkeit bestand, dass die bestehende Wirbelsäulenvorschädigung sich durch das konkrete Unfallgeschehen in der vorgebrachten Art und Weise verstärken konnte. Bei der Schadenermittlung des Gerichts anhand § 287 ZPO ist, anders als beim Vollbeweis nach § 286 ZPO, dieses nicht allzu strengen Anforderungen unterworfen. Ist es nicht ausgeschlossen, dass die Vorschädigung auch ohne das schädigende Ereignis alsbald eingetreten wäre, sind an die Beweiswürdigung allerdings strengere Anforderungen zu stellen.[169]

VI. Art der Fremdeinwirkung

68 Von ganz besonderer Bedeutung ist aus rechtsdogmatischer Sicht die Art der Fremdeinwirkung auf das jeweils geschützte Rechtsgut. Die Rechtslehre unterscheidet insoweit einerseits den unmittelbaren Schaden[170] und andererseits den mittelbaren Schaden.[171] Die Differenzierung zwischen diesen beiden Begriffen ist insbesondere für die Berechnung des Folgeschadens aus Anlass eines Sach- oder Personenschadens von ausschlaggebender Bedeutung.

1. Unmittelbarer Schaden

69 Unter unmittelbarem Schaden versteht man die durch Eigentumsverletzung bewirkte Substanzeinbuße (Wertverzehr) an der beschädigten Sache selbst in Form einer Minderung ihres Verkehrswertes. Der Schaden besteht in dem Betrage, den die beschädigte Sache nach Eintritt des zum Ersatz verpflichtenden Ereignisses weniger wert war als vorher.[172] Diese Grundsätze gelten selbstverständlich nicht für die Bemessung eines Personenschadens.

70 Der Sachschaden besteht also in der ursächlich auf dem Unfall beruhenden Minderung des Substanzwertes.[173] Er hat sich bereits bei Eintritt des zum Ersatz verpflichtenden Ereignisses – also im Zeitpunkt der widerrechtlichen Einwirkung[174] auf das geschützte Rechtsgut – so weit »verfestigt«, dass er nicht nur sofort messbar, sondern der darauf beruhende Schadenersatzanspruch im selben Augenblick fällig ist.[175] Auf das weitere (spätere) – gleichgültig ob rechtliche oder tatsächliche – Schicksal der beschädigten Sache kommt es für die Höhe des einmal eingetretenen unmittelbaren Sachschadens – ebenfalls im Gegensatz zum Personenschaden – nicht an, weil insoweit auch die inzwischen eingetretene Entwicklung zu berücksichtigen ist.

71 Dies bedeutet, dass der unmittelbare Schaden weder durch den weiteren Gang der Dinge noch durch spätere Willensbetätigungen des Geschädigten oder Dritter beeinflusst wird. Das ohnehin bereits in vielen Farben bunt schillernde Rechtsinstitut der überholenden Kausalität kommt für den unmittelbaren Schaden – mit Ausnahme der Verletzung von Tieren – nicht in Betracht.

72 Selbst wenn die beschädigte Sache später durch haftbares Verhalten Dritter untergeht, wird der einmal begründete Schadenersatzanspruch gegenüber dem Schädiger weder dem Grunde noch der Höhe nach berührt. So kommt es beispielsweise aus rechtlicher Sicht nicht darauf an, ob die beschädigte Sache instand gesetzt bzw. in unrepariertem Zustand weiterbenutzt oder veräußert wird.

---

169 *OLG Saarbrücken* Urt. v. 25.1.2005, Az. 4 U 72/04, SP 2005, 268.
170 *Schiemann* DAR 1982, 309 auch als »reiner Substanzschaden« bezeichnet.
171 *Schiemann* DAR 1982, 309 auch als »Begleitschaden« bezeichnet.
172 Vgl. *AG Münster* VersR 1974, 1135; *Geigel/Schlegelmilch* (Haftpflichtprozess, 8. Kap. Rn. 1; 9. Kap. Rn. 29) bezieht im Gegensatz zur ausgeprägten Meinung den Begriff des *»mittelbaren«* Schadens auf das *Subjekt* der Ersatzpflicht, also den *Geschädigten* selbst und meint damit in Wahrheit den nur mittelbar *Geschädigten*.
173 Soweit es sich um die *Wertminderung* als *ursprüngliche* Schadenform handelt.
174 Soweit es sich um das Merkmal der *Widerrechtlichkeit* (Rechtswidrigkeit) handelt.
175 Vgl. dazu analog die Bestimmung des § 271 BGB.

2. Mittelbarer Schaden

Unter mittelbarem Schaden versteht man den durch widerrechtliche Fremdeinwirkung auf den fehlerfrei erworbenen und rechtmäßig ausgeübten Besitz als einem »sonstigen Recht« i. S. v. § 823 Abs. 1 BGB ausgelösten schädlichen Erfolg. Der mittelbare Schaden, der auch als Beeinträchtigung des Besitzrechtes (Besitzstörung) bezeichnet wird und sich – rechtlich gesehen – als Sachfolgeschaden darstellt, der auch den Eigentümer als Eigenbesitzer treffen kann, besteht in einer Einschränkung, Aufhebung oder zeitweiligen Entziehung der durch die Sachnutzung gewährten Gebrauchsvorteile. **73**

Im Gegensatz zum unmittelbaren Schaden ist der mittelbare Schaden – sowohl dem Grunde als auch der Höhe nach – von vertretbaren Willensbetätigungen des Geschädigten abhängig, von Entscheidungen also, die dieser ohne Verstoß gegen die durch § 254 Abs. 2 BGB normierte Schadenminderungspflicht trifft. Von einem Schaden im Rechtssinne kann erst dann gesprochen werden, wenn die widerrechtliche Besitzstörung – also die Beeinträchtigung des Rechts auf ungehinderten Gebrauch – mit einem allein aus diesem Grunde unbefriedigt gebliebenen Bedarf zusammentrifft.[176] **74**

So kann beispielsweise der Geschädigte, der nach einem wirtschaftlichen Totalschaden auf die Ersatzbeschaffung freiwillig verzichtet, weder den Nutzungsausfall noch die Kosten der Anmeldung des Ersatzfahrzeugs geltend machen.[177] Etwas anderes gilt nur, wenn er sein Fahrzeug repariert/reparieren lässt, um es weiter benutzen zu können. In diesem Fall kann er zumindest Nutzungsausfallentschädigung oder auch angefallene Mietwagenkosten fordern, maximal für die Zeit, welche der Sachverständige für die Anschaffung eines anderen Fahrzeugs angesetzt hat (i. d. R. 14 Tage). **74a**

Die reine Differenztheorie führt deshalb nicht zu brauchbaren Ergebnissen, weil eine Vermögenseinbuße bei dieser Betrachtungsweise nicht ohne weiteres erkennbar ist. Der Anspruch lässt sich rechtsdogmatisch unter dem Aspekt rechtfertigen, dass man der Sachnutzung einen eigenen objektiven Vermögenswert beimisst und die Entziehung der Gebrauchsvorteile in Höhe des dadurch bewirkten Bedarfs oder der adäquat darauf beruhenden Vermögenseinbuße als Schaden versteht. **75**

Die besondere Bedeutung dieser Unterscheidung liegt darin, dass der Geschädigte seinen unmittelbaren Schaden (beispielsweise Reparaturkosten und Minderwert) sofort und in der durch den Eintritt des Schadens endgültig feststehenden Höhe, die durch weitere Dispositionen nicht beeinträchtigt wird, ersetzt verlangen kann, während der mittelbare Schaden durch entsprechende Aufwendungen im Einzelnen konkret nachzuweisen ist. **76**

Bei Personenschäden kommt es darauf an, wer sie erleidet. Von einem unmittelbaren Schaden ist dabei davon auszugehen, wenn der unmittelbar am Unfall Beteiligte verletzt wird. Im Gegensatz hierzu liegt ein mittelbarer Schaden vor, wenn ein naher Angehöriger bei der Nachricht vom Tod einer ihm nahe stehenden Person einen Schockschaden erleidet. Auch in diesem Fall wird ein Schadenersatzanspruch nach deutschem Recht nur unter ganz bestimmten Umständen zugesprochen. Stirbt eine Person infolge eines Unfalles, kann ein Schmerzensgeld für die Angehörigen nur dann gewährt werden, wenn diese durch den Verlust schwere psychische und physische Schäden erlitten haben wie z. B. Alkoholerkrankung, Nervenzusammenbruch, psychotraumatische Schäden, die tief greifender sind als die normalen Beeinträchtigungen, die durch den Tod eines nahe stehenden Menschen hervorgerufen werden.[178] **77**

B. Geschütztes Rechtsgut

Um einer »Ausuferung« des Schadenbegriffs im sachlichen Bereich entgegenzuwirken, gilt der Grundsatz, dass ein Schaden nur dann zu ersetzen ist, wenn er an einem der vom Gesetz geschützten **78**

---

176 Vgl. *OLG Karlsruhe* VersR 1979, 384.
177 Vgl. *AG Hersbruck* VersR 1980, 780.
178 *OLG Frankfurt/M.* Urt. v. 11.3.2004, Az. 26 U 28/98, zfs 2004, 452; *LG Magdeburg* ADAJUR-Dok.Nr. 77550; SP 2008, 46; *BGH* ADAJUR-Dok.Nr. 73824; NJW 2007, 510.

Rechtsgüter entstanden ist. Das Vermögen an sich ist nur in ganz seltenen Ausnahmefällen als Rechtsgut geschützt.

I. Eigentum

79 Als bevorzugtes Schutzobjekt innerhalb des hier angesprochenen Problemkreises kommt das Eigentum in Betracht. Unter Eigentum versteht man das umfassende Herrschaftsrecht an einer Sache, nämlich die Befugnis, mit ihr im Rahmen der gesetzlichen Möglichkeiten nach eigenem Ermessen und freiem Belieben zu verfahren und andere (Dritte) von jeder Einwirkung auszuschließen (§ 903 BGB). Dieser Grundsatz wird nur durch schutzwürdige Rechte Dritter und durch die gebotene Rücksichtnahme auf die Sozialpflichtigkeit (Sozialbindung) des Eigentums i. S. v. Art. 14 GG eingeschränkt.[179] Das Eigentum verleiht also die (fast) uneingeschränkte rechtliche Verfügungsgewalt über eine Sache.

80 Ist das Eigentum nur rechtswirksam übertragen, macht es keinen rechtlich bedeutsamen Unterschied aus, ob es sich dabei um das sog. Volleigentum oder das fiduziarische (treuhänderische) Sicherungseigentum (Funktionseigentum) handelt.

81 Der Rechtsschutz des Eigentums ist in seiner Ausdehnung und seinem Wirkungsbereich unabhängig davon, auf welche Weise der Geschädigte Eigentümer der später geschädigten Sache geworden ist.

82 Ansprüche aus Eigentumsverletzungen und – selbstverständlich, auch für das weite Feld des mittelbaren Schadens besonders wichtig – aus Besitzstörung setzen keine unmittelbare körperliche Einwirkung auf die betreffende Sache voraus. Es genügt vielmehr bereits die amtspflichtwidrige Vorenthaltung der Kfz-Papiere, in erster Linie also der Zulassungsbescheinigung Teil I, aber auch der Zulassungsbescheinigung Teil II, da ohne sie eine Zulassung nicht erfolgt.[180] Diese Betrachtungsweise ergibt sich daraus, dass die Vorenthaltung der Kfz-Papiere aus sich selbst heraus auch die Nichtbenutzbarkeit des Fahrzeugs bewirkt und zur Folge hat.[181] Die Amtspflichten der Zulassungsstelle, die bei der ordnungsgemäßen Ausstellung der Zulassungsbescheinigung Teil I zu beachten sind, dienen jedoch nicht dem Schutz potenzieller Käufer und deren Vermögensinteressen.[182] Laut *OLG Düsseldorf* ist die Auffassung des Berufungsklägers, gerade der Gebrauchtwagenkäufer lege größten Wert auf die ordnungsgemäße Ausstellung des Kfz-Briefs, vom *BGH* als nicht hinreichend angesehen worden, um den Käufer eines gebrauchten Kfz mit seinen Vermögensinteressen in den Kreis derjenigen Dritten einzubeziehen, deren Schutz die Amtspflichten zu dienen bestimmt sind, die von der Zulassungsstelle bei der Ausstellung eines Kraftfahrzeugbriefes zu beachten sind. Für die Annahme eines Amtsmissbrauchs des TÜV-Sachverständigen fehlt hinreichender Anhalt im tatsächlichen Vorbringen des Klägers. Die Pflicht, sich eines Amtsmissbrauchs zu enthalten, besteht gegenüber jedermann.

83 Der Grundsatz der Besitzstörung gilt auch für den Fall, dass die Benutzbarkeit eines in einer Garage abgestellten Kfz durch widerrechtlich vor der Garagenausfahrt ausgeführte Bauarbeiten für eine gewisse Zeit unmöglich gemacht wird.[183] Eine durch mittelbare Einwirkung eintretende Behinderung des objektiven Gebrauchswertes kann auch dann vorliegen, wenn der Inhaber einer Kfz-Reparaturwerkstatt mit Rücksicht auf Streitigkeiten über die Höhe der von ihm ausgestellten Rechnung zu Un-

---

179 Vgl. *Darmstaedter* AcP 151, 311.
180 Vgl. *BGH* BGHZ 86, 11 = DAR 1982, 325 (Entschädigung für entgangene Gebrauchsvorteile als Teil des *Vorzugsschadens* bei geschuldeter Herausgabe eines Kfz); vgl. auch *Schirmer* JuS 1983, 265 ([krit.]); *Grunsky* JZ 1983, 383; *BGH* BGHZ 88, 11 = NJW 1983, 2139.
181 Vgl. *BGH* BGHZ 40, 345 = VersR 1964, 225; BGHZ 63, 203 = VersR 1975, 239 = BB 1975, 1224; DAR 1983, 288 (der Anspruch auf Ersatz vom Verzugsschaden wegen entgangener Gebrauchsmöglichkeit eines Kfz kommt auch dann in Betracht, wenn der Schuldner lediglich aufgrund eines Kaufvertrages zur Übergabe des Fahrzeugs und des Fahrzeugbriefes verpflichtet war und hiermit in Verzug geraten ist [Fortführung von BGHZ 85, 11]).
182 *OLG Düsseldorf* Urt. v. 18.11.1999, Az. 18 U 63/99, DAR 2000, 261; vgl. *BGH* Urt. v. 26.11.1981, Az. III ZR 123/80, DAR 1982, 98.
183 *BGH* BGHZ 63, 203 = VersR 1975, 239 = BB 1975, 1224.

recht sein Unternehmerpfandrecht (§ 647 BGB) ausübt und dem berechtigten Benutzer damit den Besitz seines Fahrzeugs entzieht und in gleicher Weise auch sein Eigentumsrecht beeinträchtigt.[184] Bei der Reparatur eines Leasingfahrzeuges erwirbt der Unternehmer zur Sicherung seiner Werklohnforderung i. d. R. kein Werkunternehmerpfandrecht.[185] Bis zur Bezahlung seiner Werklohnforderung kann er aber dem werkvertraglich begründeten Herausgabeanspruch des Auftraggebers (und Leasingnehmers) ein Zurückbehaltungsrecht entgegenhalten. Vereinbaren die Parteien bei der Erteilung eines Reparaturauftrages, dass der Auftraggeber diesen nur dann zu bezahlen hat, wenn kein auf Kosten des Fahrzeugherstellers zu beseitigender Garantiefall vorliegt, ist die Zahlungspflicht des Auftraggebers durch die Ablehnung der Kostenübernahme seitens des Herstellers aufschiebend bedingt, § 158 Abs. 1 BGB. Den Auftraggeber trifft auch bei der Ablehnung der Kostenübernahme durch den Hersteller keine Zahlungspflicht, wenn der Unternehmer durch sein vertragswidriges Verhalten die Ablehnung wider Treu und Glauben herbeigeführt hat, § 162 Abs. 2 BGB.

Für die Begründung und Durchsetzung der auf diesen Sachverhalt gestützten Schadenersatzansprüche kommt es jedoch entscheidend darauf an, dass das Objekt der Nutzung selbst entweder durch Beschädigung der Sache oder widerrechtliche Vorenthaltung des Besitzes beeinträchtigt wird. Es reicht also nicht aus, wenn der Berechtigte aus subjektiven – d. h. in seiner Person liegenden – Gründen gehindert ist, die ihm im objektiven Bereich nach wie vor ohne Einschränkung zur Verfügung stehenden Gebrauchsmöglichkeiten wahrzunehmen.[186]   84

II. Besitz

Als weiteres geschütztes Rechtsgut kommt der rechtsfehlerfrei erworbene und ausgeübte Besitz an einer Sache in Betracht. Unter Besitz versteht man in einschränkender Abgrenzung zum Eigentum die lediglich tatsächliche, also körperlich-gegenständliche Verfügungsgewalt über eine Sache (Sachherrschaft), d. h. das Recht, über die Sache im rein faktischen Bereich nach Belieben zu verfügen und aus ihr den durch ihren bestimmungsgemäßen Gebrauch vermittelten Vorteil (Sachnutzen) zu ziehen. Der Besitz wird von unserer Rechtsordnung einem »sonstigen Recht« i. S. v. § 823 Abs. 1 BGB gleichgestellt.[187] Der Anspruch auf Abwehr einer widerrechtlichen Besitzstörung oder auf Schadenersatz aus diesem Anlass lässt sich aus § 823 Abs. 2 BGB (Verstoß gegen ein Schutzgesetz) i. V. m. § 858 BGB ableiten und über § 249 BGB begründen. Dem Besitz als geschütztes Rechtsgut kommt insbesondere dann Bedeutung zu, wenn es sich um mittelbare Sachschäden in Form der Sachfolgeschäden handelt, die auf einer Beeinträchtigung der Sachnutzung beruhen.[188]   85

III. Vermögen

Unter Vermögen[189] versteht man die Gesamtheit der einer Person zustehenden Güter und Rechte von wirtschaftlichem Wert einschließlich der realisierbaren Erwerbschancen.[190] Das Vermögen als solches ist nach unserer Rechtsordnung nur in ganz seltenen Ausnahmefällen geschützt. Zu diesen   86

---

184 Vgl. *BGH* BGHZ 85, 11 = DAR 1982, 325; *OLG Frankfurt/M.* DAR 1982, 71; *OLG Düsseldorf* VersR 1985, 91; *Palandt/Bassenge* Vorbem. vor § 987.
185 *OLG Hamm* Urt. v. 12.2.2004, Az. 21 U 165/03, ADAJUR-Dok.Nr. 61839.
186 Dabei kann man beispielsweise an eine Verletzung des berechtigten Benutzers oder an eine andere Drittverursachte Erkrankung denken, die den Berechtigten ans Bett fesselt.
187 BGHZ 62, 243 = VersR 1974, 860; BGH VersR 1981, 160; *OLG Celle* VersR 1963, 281; *LG Wiesbaden* ZMR 1957, 53.
188 Vgl. dazu *Medicus* AcP 165, 115–149.
189 Zur Abgrenzung zwischen Eigentums- und Vermögensschaden vgl. *Plum* AcP 181, 68; vgl. *Müller* VersR 2006, 1289.
190 Dabei ist jedoch zu berücksichtigen, dass es sich bei den Erwerbschancen, ähnlich wie bei den rein tatsächlichen Erwerbsaussichten (wegen dieses Begriffs vgl. *BGH* VersR 1980, 378; BGHZ 75, 366 = NJW 1980, 775 = VersR 1980, 378), um die Folge eines Sach- oder Personenschadens handeln kann und sie in dieser Erscheinungsform bereits nach allgemeinen Grundsätzen, d. h. unabhängig davon, dass ihnen auch Vermögenscharakter zufällt, schon deswegen auszugleichen sind.

Ausnahmefällen gehört abgesehen einmal von dem weiten Feld des Vertragsrechtes – beispielsweise die Bestimmung des § 823 Abs. 2 BGB. Diese Vorschrift kommt jeweils dann zum Zuge, wenn der Schädiger durch sein haftbares Verhalten gegen ein Schutzgesetz[191] verstoßen hat. Nach § 823 Abs. 2 BGB wird also jeder Schaden ersetzt, wenn er im Schutzbereich der verletzten Norm[192] liegt, soweit das betreffende Gesetz auch den Schutz des Vermögens bezweckt.[193]

87 Schutzgesetz i. S. v. § 823 Abs. 2 BGB ist eine Norm, die nach Zweck und Inhalt zumindest auch auf den Schutz von Individualinteressen vor einer näher bestimmten Art ihrer Verletzung ausgerichtet ist.[194] Es genügt nicht, dass der Individualschutz durch Befolgen der Norm als ihr Reflex objektiv erreicht werden kann; er muss vielmehr im Aufgabenbereich der Norm liegen.[195]

87a Andererseits muss sich das Schutzgesetz auch nicht in der Gewährleistung von Individualschutz erschöpfen; es reicht aus, dass dieser eines der gesetzgeberischen Anlagen der Norm ist, selbst wenn auf die Allgemeinheit gerichtete Schutzzwecke ganz im Vordergrund stehen.[196]

88 Die Verhaltensnormen der StVO dienen grundsätzlich dem allgemeinen Interesse an einem sicheren und geordneten Verkehrsablauf. Allgemeine Vermögensinteressen schützen sie demgegenüber jedoch nicht.[197] Dies ist bei der Prüfung des § 823 Abs. 2 BGB zu berücksichtigen.[198] Einzelne Vorschriften der StVO können laut *BGH* zugleich dem Schutz von Individualinteressen dienen, namentlich der Gesundheit, der körperlichen Unversehrtheit und des Eigentums. Maßgeblich ist, ob sich bei dem Schaden eine Gefahr verwirklicht hat, vor der die betreffende Norm schützen soll. Die Gesamtabwägung führt dazu, dass es sich bei dem Verkehrsverbot des § 41 II Nr. 6 Z 265 StVO (Hinweis auf die Durchfahrtshöhe) um ein Schutzgesetz i. S. d. § 823 Abs. 2 BGB handelt, das auch dem Schutz des Eigentums der wegen einer Missachtung der Höchstdurchfahrtshöhe geschädigten Verkehrsteilnehmer dient. Das für den Bereich einer Baustelle erlassene Halteverbot dient nicht dem Schutz der Vermögensinteressen[199] des Straßenbauunternehmers mit der Folge, dass dieser gem. § 823 Abs. 2 BGB von einem Falschparker Schadensersatz für verspäteten Arbeitsbeginn verlangen kann.[200]

89 Dabei ist ergänzend zu berücksichtigen, dass die Bezeichnung »Vermögensschaden«[201] mehrdeutig ist und daher etwas genauer umschrieben werden sollte. Es sollte daher stets sorgfältig in dem Sinne differenziert werden, ob damit die Beschädigung des Vermögens an sich – also ein reiner Vermögens-

---

191 Beispielsweise im Zusammenhang mit einem Vermögensdelikt gegen § 263 StGB (Strafnorm gegen Betrug); – zur *Gesetzestechnik* des § 823 Abs. 2 BGB vgl. *Peters* JZ 1983, 913.
192 Vgl. *BGH* DAR 1980, 215; *Kullmann* BB 1976, 1085; *Weber* DAR 1981, 161.
193 Soweit es sich um den Schutzzweck der verletzten Norm handelt, vgl. im Einzelnen: *BGH* BGHZ 56, 163; VersR 1970, 159; BGHZ 57, 137 (142); BGHZ 59, 175; BGHZ 66, 388 = NJW 1976, 1740; BGHZ 69, 1 (16) = NJW 1977, 1770; VersR 1978, 740 (recht weitgehend); BGHZ 84, 312 = NJW 1982, 2780; NJW 1987, 1818; *LG Berlin* VersR 1978, 239; *Hermann Lange* Empfiehlt es sich, die Haftung für durch unerlaubte Handlungen verursachte Schäden zu begrenzen?, Gutachten zum 43. Deutschen Juristentag (1960), S. 38 ff.; *Stoll* Das Handeln auf eigene Gefahr, S. 290; *Joseph G. Wolf* Der Normzweck im Deliktsrecht, S. 5; *Blomeyer* Allg. Schuldrecht (3. Aufl., 1964), S. 169 (171 ff.).
194 Vgl. *BGH* BGHZ 64, 232 = VersR 1975, 635.
195 Vgl. BGHZ 66, 388 (389) = VersR 1976, 1043 (1044).
196 Vgl. *BGH* BGHZ 84, 312 (314) = VersR 1982, 974; NJW 1987, 1818 = VersR 1987, 683.
197 Vgl. *BGH* zfs 1983, 130 = VRS 64, 168; *OLG Düsseldorf* NJW 1957, 1153; *LG Dortmund* VersR 1963, 246; *LG Berlin* NJW 1983, 288 (289, I. Sp.); *Caemmerer* DAR 1970, 288; – a. A. *LG Berlin* VersR 1972, 548; *LG München* I NJW 1983, 288 = VersR 1983, 593 (L); *AG Berlin-Charlottenburg* VersR 1971, 92.
198 *BGH* Urt. v. 14.6.2005, Az. VI ZR 185/04, DAR 2005, 504.
199 Wegen der Abgrenzung aus *grundsätzlicher* Sicht bzw. die einzelnen Anwendungsbereiche vgl. *Stürner* DAR 1986, 7.
200 Vgl. *LG Stuttgart* NJW 1985, 3028; *OLG München* NJW 1985, 98 zum Schutzbereich des eingeschränkten Halteverbots; a. A. *AG Waiblingen* Urt. v. 14.12.2001, Az. 13 C 1266/01, DAR 2002, 273.
201 Vgl. dazu, soweit es sich um die Abgrenzung zwischen Vermögens- und Nichtvermögensschaden und um die Zurechnungskriterien sowie Inhalt und Umfang des Anspruchs handelt, *Grunsky* JZ 1983, 372.

schaden – oder ein Schaden mit vermögensrechtlichem Einschlag[202] gemeint ist. Eine derartige Differenzierung ist gerade für das Schadensersatzrecht im Hinblick auf die Sperrklausel des § 253 BGB außerordentlich wichtig. Nach dieser Bestimmung werden immaterielle Schäden lediglich in den vom Gesetz besonders vorgeschriebenen und geregelten Fällen ersetzt.[203] Die Frage, ob ein Sach- oder Personenfolgeschaden dem materiellen oder immateriellen Recht zuzuordnen ist, lässt sich nicht immer ohne Weiteres auf Anhieb eindeutig beantworten. So war beispielsweise lange Zeit streitig, ob »vertane Urlaubstage« als Sach- oder Personenfolgeschaden zu honorieren oder als immaterieller Schaden zu betrachten sind. Die jetzt vorherrschende Auffassung geht dahin, dass »vertane Urlaubstage« ebenso wenig wie verlorene Freizeit zum vermögensrechtlichen Schaden im Rechtssinne gehören[204] und daher in diesem Bereich Schadenersatzansprüche nicht auszulösen vermögen.[205]

Wird der Geschädigte durch eine körperliche Verletzung daran gehindert, einen geplanten Urlaub zu genießen, dann führt dies nicht zu einem Vermögensschaden aufgrund einer »Kommerzialisierung« des Urlaubsgenusses. Dieser Gesichtspunkt kann nur bei der Bemessung des Schmerzensgeldes berücksichtigt werden.[206] 89a

Als geradezu »klassisches« Beispiel für einen reinen Vermögensschaden gelten der Zeitverlust oder die Kosten, die – beispielsweise in Form von Verdienstausfall – durch polizeiliche Tatbestandsaufnahme bzw. durch die Vernehmung des Geschädigten vor der Polizei entstanden sind. Auch insoweit handelt es sich nicht um einen dem Unfallereignis adäquaten Schaden, sondern um die durch die Erfüllung 90

---

202 Also materieller Schaden im Gegensatz zum immateriellen Schaden, beispielsweise zum Schmerzensgeld nach § 847 BGB.
203 Im Rahmen des BGB kommt für den Bereich des ausgleichsfähigen immateriellen Schadens nur die Bestimmung des § 249 Abs. 2 BGB, die die Zahlung eines Schmerzensgeldes regelt, in Betracht.
204 Vgl. *BAG* NJW 1968, 221; *OLG Köln* MDR 1971, 215; *Stoll* JZ 1977, 93; – a. A.: *OLG Frankfurt/M.* NJW 1976, 130.
205 Vgl. dazu *BGH* BGHZ 86, 212 = NJW 1983, 1107 = VersR 1983, 392 = DAR 1983, 163 (m. Krit. *Müller* DAR 1983, 317) = VRS 64, 241; KG NJW 1972, 769 = VersR 1972, 355 = MDR 1972, 514; NJW 1972, 1204; MDR 1982, 317; *OLG Düsseldorf* NJW 1974, 150 = VersR 1974, 439; VersR 1981, 934; *OLG Köln* NJW 1974, 561 = VersR 1974, 812; *OLG München* VersR 1975, 62; NJW 1984, 132; *OLG Celle* VersR 1975, 62; *OLG Karlsruhe* VersR 1981, 756; *LG Freiburg* NJW 1972, 1719 = VersR 1973, 68; *LG Bochum* VersR 1973, 287; *LG Stade* VersR 1974, 349; *LG Wiesbaden* VersR 1982, 862; *Landwehrmann* NJW 1970, 1867; *Weber* DAR 1984, 161; – zurückhaltend demgegenüber: *OLG Celle* VersR 1977, 104; – a. A. *OLG Frankfurt/M.* NJW 1967, 1372 = VersR 1967, 958; NJW 1976, 1320; *OLG Bremen* VersR 1969, 929; KG NJW 1970, 474; *OLG Hamburg* VersR 1972, 1083; *OLG München* OLGZ 75, 186; *LG Hamburg* VersR 1968, 1197; *Mammey* NJW 1969, 1150; – Bedenken ebenfalls gegen die frühere Rechtsprechung des BGH bei: *Stoll* JZ 1975, 252; *Grunsky* NJW 1975, 609; *Honsell* JuS 1976, 222; *Hagen* Zur Normativität des Schadenbegriffs in der Rechtsprechung des Bundesgerichtshofes, FS für Hauß (1978), S. 83 (98); – ferner: *Hagen* LM Nr. 23 zu § 251 BGB (Anm. zu BGHZ 66, 267a; VersR 1976, 956); – ferner: BGHZ 71, 234 = LM Nr. 25 zu § 251 BGB; – vgl. dazu auch: *Bedref* Die Berechnung der Entschädigung wegen vertaner Urlaubszeit, NJW 1986, 1721 (m. w. N.); *Stürner* DAR 1986, 7 – Die hier vertretene Auffassung gilt demgemäß auch für die *Beeinträchtigung* des *Urlaubserfolges* durch einen nachfolgenden *Unfall*: *OLG Celle* VersR 1974, 760; *Palandt/Heinrichs* Vorbem. vor § 249, – zu beachten ist weiter, dass derartige Ansprüche durch § 651 f. Abs. 2 – BGB geregelt werden. *Löwe* DAR 1979, 264 (268); BB 1979, 1357 (1363); MüKo/*Löwe* § 651 f., Rn. 24; *Teichmann* JZ 1979, 373 (342); *Eberle* DB 1979, 341 (344); *Bartl* NJW 1972, 1384 (1388); DAR 1982, 41 (43); Reiserecht, 2. Aufl. (1981); *Burger* NJW 1980, 1249; *Roesch* VW 80, 982 (983); *Tonner* NJW 1981, 1921; – Für die Lösung auf der Grundlage positiver *Vertragsverletzung* BGHZ 63, 98 = NJW 1975, 40 = VersR 1975, 82; NJW 1980, 1847 (Hausfrau); NJW 1983, 35 NJW 1983, 218; *Schüler OLG Frankfurt/M.* NJW 1967, 1373; *OLG Köln* NJW 1974, 561; *LG Frankfurt/M.* NJW 1982, 2452 (Hausfrau); *AG Berlin-Schöneberg* NJW 1982, 2452 (Student); *Bendref* JR 1980, 359.
206 Vgl. *BGH* BGHZ 86, 212 = NJW 1983, 1107 = VersR 1983, 392 = DAR 1983, 163 = zfs 1983, 169 = r+s 1983, 82 = VRS 64, 241 (Abgrenzung zum Recht des Reisevertrages; BGHZ 82, 219 = DAR 1982, 228; NJW 1983, 33 (35); NJW 1983, 218; – a. A. *LG Frankfurt/M.* NJW 1983, 1127 = VersR 1983, 763 (741, L).

allgemeiner staatsbürgerlicher Pflichten eingetretene Beschädigung des Vermögens.[207] Das Gleiche gilt übrigens auch für Bearbeitungskosten.

91 Diese dargelegten Grundsätze gelten auch für den Fall, dass der Zeitverlust[208] in der Person eines Geschädigten entstanden sein sollte, der durch den betreffenden Unfall zugleich auch einen Sach- oder Personenschaden erlitten hat.[209] Auch unter dieser Voraussetzung liegt ein ausgleichsfähiger Folgeschaden[210] nicht vor, weil dieser Schaden nach der Art seiner Entstehung nicht unter den Schutzzweck der verletzten Norm[211] fällt. An dem insoweit notwendigen Rechtswidrigkeitszusammenhang fehlt es schon deswegen, weil der Aufwand für Fahrten zur polizeilichen Vernehmung und der mit ihr zwangsläufig verbundene Zeitverlust nicht der Ausgleich von Unfall bedingt entstandenen Nachteilen an Gesundheit oder Eigentum, sondern vielmehr Zwecken der Strafverfolgung dient, nämlich der Aufklärung, ob und ggf. gegen welchen Unfallbeteiligten ein Straf- oder Ordnungswidrigkeitsverfahren einzuleiten oder fortzusetzen ist. Zeitverluste im Zusammenhang mit polizeilicher Unfallaufnahme, Fahrzeugverbringung in die Werkstatt, ... werden i. d. R. mit 25 bis 30 Euro pauschal abgegolten.

C. Beweislast

92 Wer Schadenersatz verlangt, ist grundsätzlich verpflichtet, die dafür notwendigen Voraussetzungen bezüglich des Rechtsgrundsatzes des Anspruchs, aber auch hinsichtlich der behaupteten Höhe des Schadens. Es müssen alle Behauptungen bewiesen werden, soweit sie nicht
– unstreitig
– anerkannt
– offenkundig
– gesetzlich zu vermuten oder zu
– unterstellen (fingieren)
sind.

93 Der Umstand, dass ein Geschädigter seine Schadenersatzansprüche an einen Dritten abtritt, um im Haftpflichtprozess als Zeuge – in eigener Sache – vernommen zu werden, reicht für sich allein betrachtet noch nicht aus, um die Sittenwidrigkeit der Abtretung zu begründen.[212] Dieses Verhalten ist durchaus üblich. Sache des entscheidenden Richters ist es allerdings, sich Gedanken darüber zu machen, inwieweit die Aussagen des »Zeugen« glaubhaft und der Zeuge selbst glaubwürdig ist. Oftmals ist dieser Weg jedoch die einzige Möglichkeit, um seitens des Geschädigten den Sachverhalt unter Beweis zu stellen, wenn er seinerseits über keine Zeugen verfügt.

94 Die Abtretung einer Forderung kann jedoch im Einzelfall gegen die guten Sitten verstoßen und daher gem. § 138 BGB nichtig sein. Dies wird z. B. dann der Fall sein, wenn der alleinige Zweck der Abtretung darin besteht, dem neuen Gläubiger (Zessionar) eine Klage unter Gewährung von Prozesskostenhilfe zu ermöglichen oder wenn die Abtretung sich als Kredittäuschung darstellt.[213] Prozesskostenhilfe ist bei der Geltendmachung von Ansprüchen aus abgetretenem Recht nur dann zu gewähren, wenn die Voraussetzungen des § 114 Abs. 1 S. 1 ZPO sowohl beim Abtretenden (Zedent) als auch

---

207 Vgl. *OLG München* VersR 1964, 932; *LG Dortmund* VersR 1962, 246; *AG Hersbruck* r+s 1979, 215; *AG Frankfurt/M.* zfs 1980, 163; *AG Fürth* zfs 1983, 4.
208 Beispielsweise: Einsatz von Freizeit zur Ermittlung des Unfallgegners (*LG Düsseldorf* r+s 1989, 118).
209 Vgl. *Klimke* ZfV 1980, 392 (394).
210 Also ein Schaden im Zusammenhang mit der Beschädigung einer Sache oder der Verletzung bzw. Tötung einer Person.
211 Vgl. *BGH* VersR 1978, 710; *OLG Karlsruhe* VersR 1969, 808; *LG Berlin* VersR 1978, 239.
212 Vgl. *BGH* WM 1976, 424; *OLG Nürnberg* VersR 1969, 46; VersR 1969, 46; *OLG Frankfurt/M.* v. 15.10.1976 VersR 1978, 259; VersR 1982, 1079; VersR 1985, 560; *AG Frankfurt/M.* VersR 1978, 878 (mit Bedenken); r+s 1982, 81; zfs 1982, 162.
213 Vgl. dazu *Palandt/Heinrichs* § 398.

C. Beweislast

bei der Person, an die der Anspruch abgetreten wird (Zessionar)erfüllt sind.[214] Die Abtretung kann auch dann unzulässig und daher unwirksam (nichtig)[215] sein, wenn sie im Zusammenhang mit einem Akt der »Unfallhilfe« steht.

Wenn ein hohes Maß an Wahrscheinlichkeit sich zur annähernden Gewissheit verdichtet, kann bereits die Glaubhaftmachung des Anspruchs – als eine mindere Form der Beweisführung – genügen. Zulässige Beweismittel sind in analoger Anwendung der für den Bereich des Zivilprozesses (§§ 286 ff. ZPO) geltenden Grundsätze: **95**
- Augenscheineinnahme
- Zeugenaussagen
- Gutachten von Sachverständigen
- Vorlegung von Urkunden und
- Parteivernehmung.[216]

Art. 103 Abs. 1 GG verpflichtet allerdings ein Gericht nur dahin gehend, das Vorbringen der Parteien zur Kenntnis zu nehmen und in seine Überlegungen mit einzubeziehen. Es ist nicht gehalten sich mit jedem Punkt in den Urteilsgründen auseinanderzusetzen.[217] Art. 103 Abs. 1 GG gewährt laut *BGH* keinen Schutz gegen Entscheidungen, die den Sachvortrag eines Beteiligten aus Gründen des formellen oder materiellen Rechts teilweise oder ganz unberücksichtigt lassen. Nach § 544 Abs. 4 S. 2 ZPO kann das Revisionsgericht von einer Begründung des Beschlusses, mit dem es über die Nichtzulassungsbeschwerde entscheidet, absehen, wenn diese nicht geeignet wäre, zur Klärung der Voraussetzungen beizutragen, unter denen eine Revision zuzulassen ist. **95a**

I. Gläubiger

Die Beweislast obliegt regelmäßig dem Anspruchsteller, also dem Geschädigten. Er muss daher alle Gesichtspunkte darlegen, die für die Berechtigung seines Anspruchs sowohl dem Grunde als auch der Höhe nach sprechen. Der Geschädigte ist in diesem Zusammenhang insbesondere verpflichtet, Originalbelege vorzulegen. Dies gilt allerdings nur bei konkreter Abrechnung eines Reparaturschadens. Insoweit kann analog auf den in § 119 VVG enthaltenen Rechtsgedanken zurückgegriffen werden, nach dem der Versicherer von dem dort als »Dritten« bezeichneten Anspruchsteller die notwendigen Auskünfte verlangen kann, »soweit sie zur Feststellung des Schadenereignisses und der Höhe des Schadens erforderlich« sind. **96**

Die Beschaffung von Belegen ist dem Geschädigten – im Rahmen der ihm obliegenden Veranlassungspflicht – auch durchaus zuzumuten. Dies gilt insbesondere für Reparatur- und Mietwagenkostenrechnungen, da ihm diese Unterlagen von den in Anspruch genommenen Dienstleistungsbetrieben ohne Mehrkosten in jeder vertretbaren Anzahl zur Verfügung gestellt werden.[218] Bei fiktiver Abrechnung ist der Geschädigte allerdings nicht zur Vorlage der Rechnung verpflichtet, selbst wenn ihm diese vorliegen.[219] Über § 249 Abs. 2 BGB unterbleibt in diesem Fall lediglich die Auszahlung der Umsatzsteuer, weil diese nicht nachgewiesen wird. **97**

II. Schuldner

Der Schädiger (Schuldner) kann sich in aller Regel darauf beschränken, die an ihn herangetretenen Tatsachenbehauptungen zu bestreiten. Allerdings verlangen Gerichte zuweilen, dass dies in substantiierter Form geschieht, wenn der Gläubiger in allen Einzelheiten einen in sich schlüssig und über- **98**

---

214 *OLG Stuttgart* VersR 1987, 1048 (L).
215 Insbes. durch Verstoß gegen § 134 BGB.
216 *BGH* DAR 1983, 227 = zfs 1983, 260.
217 *BGH* Urt. v. 26.3.2007, Az. VI ZR 125/06, ADAJUR-Dok.Nr. 73581.
218 Vgl. dazu *Klimke* VersR 1973, 1153.
219 Vgl. *LG Potsdam* Urt. v. 26.8.2002, Az. 13 S 51/02, DAR 2003, 76.

zeugend erscheinenden Sachverhalt vorgetragen hat. Selbstverständlich steht es dem Schuldner, ohne dass dadurch eine Umkehrung der Beweislast eintritt, frei, seinerseits Gegenbeweis anzubieten.

99 Der Schädiger ist insbesondere beweispflichtig für alle Behauptungen, die sich gegen die vom Gläubiger bewiesene Schadenhöhe richten. Hat der Gläubiger beispielsweise für die Höhe der Forderung entsprechende Belege (beispielsweise Sachverständigengutachten oder Reparaturkostenrechnung) beigebracht, dann obliegt die Beweislast dafür, dass die darin ausgewiesenen Werte nicht zutreffen, dem Schädiger. Er ist auch beweispflichtig für den von ihm erhobenen Einwand des Vorteilsausgleichs. So muss er beispielsweise darlegen, dass Abzüge von den Aufwendungen für ein Mietfahrzeug in Höhe der eingesparten Leistungsbezogenen Betriebskosten des eigenen Fahrzeugs angemessen sind bzw. die ordnungsgemäß nachgewiesenen Reparaturkosten sich im Wege des Vorteilsausgleichs um entsprechende Abzüge »neu für alt« verkürzen. Soweit es sich allerdings um Abzüge von Mietwagenkosten handelt, dürfte bereits der Beweis des ersten Anscheins dafür sprechen, dass tatsächlich die Leistungsbezogenen Betriebskosten des während der Reparaturzeit oder Wiederbeschaffungsfrist stillgelegten eigenen Kfz eingespart worden sind. Diese Überlegungen beruhen darauf, dass die entsprechenden Einsparungen für jeden einzelnen Betriebskilometer zumindest in Durchschnittswerten aus technischer Sicht nachweisbar sind und demgemäß mit überzeugender Begründung zu entsprechenden Abzügen führen. Der Prozentsatz des Abzugs bei Anmietung des gleichen Fahrzeugtyps wie der Unfallwagen wird unterschiedlich festgesetzt. So sind Werte zwischen 3 % und 15 % in der Rechtsprechung zu finden.[220]

III. Umkehrung der Beweislast

1. Treu und Glauben

100 Eine Umkehrung der Beweislast nach den das gesamte Schadensersatzrecht beherrschenden Grundsätzen von Treu und Glauben (§ 242 BGB) kann insbesondere dann eintreten, wenn ein beweisbedürftiger Vorgang sich außerhalb der Einfluss- und Kenntnissphäre der bei streng formaljuristischer Betrachtungsweise an sich beweispflichtigen Partei vollzogen hat.[221]

101 Eine Umkehrung der Beweislast kann auch dann eintreten, wenn die Reparatur eines Kraftfahrzeugs einen im Verhältnis zum objektivierten Schadenumfang ungewöhnlich langen Zeitraum in Anspruch genommen hat und der Ersatzpflichtige darzulegen versucht, dass der Geschädigte durch die Beauftragung einer ungeeigneten oder von vornherein überlasteten Werkstatt gegen seine Schadenminderungspflicht verstoßen hat.

102 Grundsätzlich muss der Geschädigte alle Tatsachen behaupten und beweisen, aus denen sich sein Anspruch ergibt. Stützt er sich auf eine Delikthaftung des angeblichen Schädigers wegen Verletzung von Schutzgesetzen, so hat er die Umstände zu beweisen, aus denen sich objektiv der Verstoß gegen das Schutzgesetz ergibt, ferner die Ursächlichkeit des Verstoßes für den eingetretenen Schaden und das Verschulden des Anspruchsgegners an diesem Umstand.[222]

102a Steht die Verletzung eines Schutzgesetzes objektiv fest, so muss derjenige, der das Schutzgesetz übertreten hat, in aller Regel alle Umstände darlegen und beweisen, die geeignet sind, die daraus folgende

---

220 Vgl. *Wussow* WJ 2001, 47; *LG Berlin* ADAJUR-Dok.Nr. 60541; NZV 2004, 635: 15 %; *OLG Hamm* ADAJUR-Dok.Nr. 41827; SP 2000, 369: 10 %; *LG Aachen* ADAJUR-Dok.Nr. 60368; DAR 2004, 655: 3 %; so auch *AG Hohenstein-Ernstthal* DAR 2000, 316.
221 Vgl. *BGH* Urt. v. 9.1.2002, Az. VIII ZR 304/00, MDR 2002, 569; *OLG Köln* Urt. v. 9.1.2002, Az. 13 U 54/01, MDR 2002, 834; *AG Wiesbaden* Urt. v. 14.12.2001, Az. 92 C 3278/01–34, ADAJUR-Dok.Nr. 67113; *Rebler* Die Beweislast bei Steinschlagschäden, NZV 2011, 115; Geigel/*Knerr* Haftpflichtprozess, 26. Aufl. 2011, Rn 71.
222 Vgl. *BGH* VersR 1966, 90; VersR 1985, 452; MüKo/*Grunsky* vor § 249, Rn. 132; MüKo/*Mertens*, § 823 Rn. 164; Soergel/*Zeuner* § 358.

Annahme eines ihn treffenden Verschuldens auszuräumen.[223] Dies bedeutet, dass derjenige, der gegen das Schutzgesetz verstoßen hat, den ihm obliegenden Nachweis führen muss, er habe gleichwohl schuldlos gehandelt.[224] Insoweit liegt also eine echte Umkehrung der Beweislast vor.

Beweiserleichterungen können je nach Lage des Einzelfalles[225] auch die Ursächlichkeit der festgestellten Verletzung eines Schutzgesetzes für den schließlich eingetretenen Schaden betreffen. Hier kann Beweisschwierigkeiten des Geschädigten durch die Annahme eines Anscheinsbeweises entgegengetreten werden.[226] Dies kann in engen Grenzen – auch durch eine Umkehrung der Beweislast geschehen, wenn Wesen und Inhalt der materiellen Schutznorm und der in ihr enthaltenen Verhaltensanweisung es gebieten, dem Schädiger aufgrund einer von ihm geschaffenen unklaren Beweislage die Aufklärung des Sachverhalts und die damit verbundenen Risiken aufzuerlegen.[227]

2. Beweisvermutungen

Eine Umkehrung der Beweislast kann auch dadurch eintreten, dass der Anspruchsteller sich zulässigerweise auf gesetzliche Beweisvermutungen beruft, die – in Ergänzung eines ansonsten schlüssigen Sachvortrages – zu seinen Gunsten wirken. Darunter versteht man in erster Linie gesetzliche Schuldvermutungen, die indes nicht immer zu einer »echten« Verschuldenshaftung führen müssen. Als Beispiel sei auf die Bestimmung des § 18 StVG verwiesen, die ihrer Konstruktion nach zwar auf gesetzlich vermutetem Verschulden aufbaut, andererseits aber in ihren Auswirkungen einer Art Gefährdungshaftung unter erleichterten Entlastungsmöglichkeiten ähnelt.

3. Beweisvereitelung

Eine Umkehrung der Beweislast kann auch dadurch eintreten, dass die beweispflichtige Partei vorhandene Beweismittel schuldhaft beiseiteschafft.[228] Dies gilt auch für das Wegfahren eines an einem Unfall beteiligten Kfz und sein Abstellen in einer (anderen) Position, die eine objektive Feststellung der für den Unfallhergang maßgeblichen Fahrstreifen oder sonstigen Indizien erschwert bzw. unmöglich macht.[229]

Die Beweisvereitelung, die nach der insoweit einheitlichen höchstrichterlichen Rechtsprechung früher ausnahmslos zu einer Umkehr der Beweislast geführt hat, wird nach heutiger Auffassung entweder rechtlich in der Weise behandelt, dass das erkennende Gericht nach § 286 ZPO unter Berücksichtigung des gesamten Inhalts der Verhandlung nach freier Überzeugung entscheidet. Auch die Erklärungen, Unterlassungen und Handlungen einer Partei, insbesondere auch die für eine Beweisvereitelung angeführten Gründe, sind frei zu würdigen.[230] Mitunter wird jedoch die Beweisvereite-

---

223 Vgl. *BGH* VersR 1959, 277 = LM Nr. 11 zu § 823 BGB; VersR 1967, 685; BGHZ 51, 91 (103 ff.) = LM Nr. 22 zu § 823 BGB (m. Anm. v. *Weber*) = VersR 1969, 155 (159); VersR 1985, 452.
224 Vgl. *BGH* NJW 1981, 113 = DAR 1981, 50 (vgl. dazu auch: *Weber* DAR 1981, 161).
225 *BGH* VersR 1959, 277 = LM Nr. 11 zu § 823 BGB.
226 Vgl. *BGH* NJW 1984, 432 (433) = VersR 1984, 40 (41); VersR 1985, 452.
227 Vgl. *BGH* BGHZ 85, 212 (215) = VersR 1982, 1193 (1194); NJW 1983, 2935 (2936) = VersR 1984, 441 = LM Nr. 83 zu § 823 BGB; VersR 1985, 452.
228 Vgl. *BGH* VRS 7, 412 (für die Frage nach dem Verschulden bei der Vernichtung eines Beweismittels kann Fahrlässigkeit genügen); VersR 1975, 952 (schuldhafte Nichterhaltung eines Beweismittels führt grundsätzlich nur dann zur Umkehrung der Beweislast, wenn das Verschulden sich nicht allein auf die Vernichtung des Beweisgegenstandes, sondern auch auf die Beseitigung seiner *Beweisfunktion* bezieht); *OLG Oldenburg* MDR 1982, 847 = zfs 1982, 357 (Schadenersatzanspruch gegen einen Dritten, der das Beweismittel vernichtet hat); *LG Stade* VersR 1980, 100 = zfs 1980, 81 (schuldhaftes Beiseiteschaffen von Beweismitteln kann zur *Umkehrung* der Beweislast führen); *BGH* Urt. v. 13.4.2005, Az. IV ZR 62/04, NJW-RR 2005, 1051 zu den Voraussetzungen des Nachweises des Versicherungsbetrugs; *BGH* Urt. v. 27.4.2004, Az. VI ZR 34/03, NJW 2004, 2011 zur Beweislastumkehr in Arzthaftungsfällen; *Filthaupt* Haftpflichtgesetz, 8. Aufl. 2010, Rn. 307.
229 Vgl. *LG Stade* VersR 1980, 100 = zfs 1980, 81.
230 Vgl. *BGH* NJW 1960, 821 = VersR 1960, 323; NJW 1967, 2012; *OLG Frankfurt/M.* und der dazugehörige

lung nach wie vor – in Übereinstimmung mit der früheren Rechtsprechung – als ein Fall angesehen, der zu einer Umkehrung der Beweislast führt.[231] Weigert sich beispielsweise eine Prozesspartei aus taktischen Gründen 7 Jahre lang, einen von ihr selbst benannten Arzt von seiner gesetzlichen Schweigepflicht zu entbinden, so kann ihr dies, wenn keine besonderen Rechtfertigungsgründe vorliegen, beweisrechtlich durchaus zum Nachteil gereichen.[232]

107 Die Erledigung des Rechtsstreits wird auch dann verzögert, wenn der vom Berufungskläger verspätet erst in der mündlichen Verhandlung benannte Zeuge zwar präsent ist und deshalb vernommen werden könnte, seine Vernehmung aber bei einer dem Berufungskläger günstigen Aussage die Vernehmung von Gegenzeugen erforderlich machen würde, die ihrerseits nicht präsent sind.[233]

IV. Beweis des ersten Anscheins

108 Der Beweis des ersten Anscheins,[234] auch »Prima-facie-Beweis« genannt,[235] setzt einen typischen Geschehensablauf[236] voraus, der nach der Lebenserfahrung und der gesicherten Erkenntnis in Literatur und Judikatur regelmäßig auf eine bestimmte, zumindest aber bestimmbare Ursache schließen lässt und in einer ganz bestimmten Richtung zu verlaufen pflegt.[237] Dies gilt stets dann, wenn der Geschehensablauf im Einzelfall so sehr das Gepräge des Gewöhnlichen und Üblichen trägt, dass die besonderen individuellen Umstände in ihrer Bedeutung zurücktreten.[238]

108a Die Gestaltung des konkreten Falles muss aus der Gesamtschau derart beschaffen sein, dass sich nach der Erfahrung des Lebens der nach den Denkgesetzen zu ziehende Schluss gerade aufdrängt. Es muss also nach der gesamten Sachlage für einen bestimmten Geschehensablauf ein so hohes Maß an Wahrscheinlichkeit bestehen, dass sie nach tatrichterlicher Überzeugung[239] einer Gewissheit gleichkommt.[240] Es bleibt sich in diesem Zusammenhang gleich, ob von einer feststehenden Ursache[241] auf einen bestimmten Erfolg oder – umgekehrt – von einem feststehenden Erfolg[242] auf eine bestimmte Ursache geschlossen wird[243] und die daraus abgeleiteten Behauptungen rechtlich als erwiesen betrachtet werden. Die Anwendung des Anscheinsbeweises setzt allerdings einen schlüssigen und glaubwürdigen Sachvortrag voraus, der in sich keine Widersprüche enthalten und auch von dem vorangegangenen Verhalten der beweispflichtigen Partei nicht abweichen darf.[244]

108b Der 45. VGT 1987 in Goslar hat dazu folgende Empfehlungen gegeben:

Beschluss des *BGH* NJW 1980, 2758 = VersR 1981, 42; *Baumbach/Lauterbach/Albers/Hartmann* § 286 Anm. 2 A.
231 *BGH* NJW 1972, 1131 = VersR 1972, 743; NJW 1976, 1315; r+s 84/11; *OLG Hamburg* MDR 1968, 332, *LG Hamburg* r+s 1984, 10; *Stein/Jonas/Schönke* § 282 Anm. IVb.
232 Vgl. *OLG Frankfurt/M.* und den dazugehörigen Beschluss des *BGH* NJW 1980, 2758 = VersR 1981, 42.
233 Vgl. *BGH* NJW 1982, 1535 = r+s 1982, 156.
234 Wegen eines umfassenden Überblicks vgl. *Greger* VersR 1980, 1091.
235 Der indes *keine Umkehrung* der Beweislast (Rn. 456) bedeutet: *BGH* BGHZ 2, 1; v. 25.10.1951 NJW 1952, 217 = DAR 1952, 56 = VRS 4, 91.
236 Zur *Rechtsnatur* des Anscheinsbeweises: *Diederichsen* VersR 1966, 211; – zur Praxis und Dogmatik des Anscheinsbeweises *Greger* VersR 1980, 1091; *Sanden* VersR 1966, 201 (für Haftpflichtansprüche); Geigel/Zieres Haftpflichtprozess, 26. Aufl. 2011, Rn 462.
237 Vgl. *BGH* NJW 1951, 70 = LM Nr. 1 zu § 286 ZPO; VersR 1956, 84; VersR 1957, 248; VersR 1957, 234; VersR 1962, 43 = VRS 22, 8; VersR 1982, 1145; *KG* v. 29.10.1984 VersR 1985, 369; *Thomas/Putzo* § 286 Anm. 4a.
238 *BGH* VersR 1978, 74 (75, m. w. N.); r+s 1988, 239.
239 Vgl. dazu §§ 286, 287 ZPO.
240 Vgl. dazu: *BGH* BGHZ 18, 311 = VersR 1955, 732; 1964, 263; 1971, 842; – vgl. ergänzend auch: *Gelhaar* DAR 1953, 121.
241 Vgl. *OLG Karlsruhe* VersR 1978, 771 (L).
242 *BGH* VersR 1982, 1145.
243 Vgl. *OLG* Hamburg VersR 1983, 1128.
244 *LG Duisburg* VersR 1983, 549.

1. Der Anscheinsbeweis darf nur angewendet werden, wenn der zugrunde gelegte Erfahrungssatz die Kraft hat, die Überzeugung zum Hergang des Unfalls zu vermitteln.
2. Mit Rücksicht auf den gestiegenen Kenntnisstand bei der Rekonstruktion der Verkehrsunfälle sollte vom Anscheinsbeweis nur vorsichtig Gebrauch gemacht werden. Aus den Erkenntnissen der Unfallanalyse können sich aber auch neue Erfahrungssätze für die Anwendung des Anscheinsbeweises ergeben, freilich auch neue Möglichkeiten für dessen Entkräftung.
3. Vor Anwendung des Anscheinsbeweises sollte beachtet werden, dass ein Verkehrsunfall auf einem dynamischen Verkehrsgeschehen beruht, also aus der Endstellung der Fahrzeuge nicht immer auf Verursachung und Verschulden geschlossen werden kann.
4. Der Kurvenunfall ist aus der Sicht der Unfallanalyse zu komplex, als dass aus dem Abkommen eines Fahrzeugs zur kurvenäußeren Seite im Wege des Anscheinsbeweises auf ein Verschulden des Fahrers dieses Fahrzeugs geschlossen werden kann.[245]
5. Der Anscheinsbeweis kann nicht für den Nachweis grober Fahrlässigkeit verwendet werden.[246]

Noch weniger lässt sich mit dem Anscheinsbeweis »Höhere Gewalt« i. S. d. § 7 Abs. 2 StVG nachweisen. **108c**

Kommt der Anscheinsbeweis zur Anwendung, dann ist es Sache des Anspruchsgegners, den gegen **109** seine Rechtsposition sprechenden Beweis zu entkräften,[247] insbesondere Tatsachen zu behaupten und zu beweisen, die auf eine ernsthafte Möglichkeit eines anderen – davon abweichenden – Geschehensablaufs hindeuten.[248] Der Anscheinsbeweis ist entkräftet, wenn die Gegenpartei Tatsachen bewiesen hat, aus denen sich die Möglichkeit eines atypischen Geschehensablaufs ergibt.[249] Das lediglich vermutete Verschulden[250] reicht – ebenso wenig wie bei der Schadensausgleichung – nicht aus, da nur nachgewiesene Verschuldenskomponenten zu berücksichtigen sind.[251] Fährt ein Verkehrsteilnehmer auf der linken Spur einer Autobahn auf den Vordermann auf, der kurz davor die Spur gewechselt hat, um einen anderen Pkw zu überholen, haften beide Unfallparteien zu gleichen Teilen, wenn die ernsthafte Möglichkeit besteht, dass der Überholende die Sorgfaltsanforderungen des § 5 Abs. 4 StVO nicht eingehalten hat.[252] Zwar spricht der Anscheinsbeweis gegen den auffahrenden Hintermann. Jedoch ist der Anscheinsbeweis nicht erst dann erschüttert, wenn ein atypischer Unfallverlauf in einer den Anforderungen des § 286 ZPO entsprechenden Weise feststeht. Vielmehr reicht es zur Widerlegung des dem Anscheinsbeweis zugrunde liegenden Erfahrungssatzes aus, wenn aufgrund erwiesener Tatsachen die Möglichkeit besteht, dass sich der Unfall durch einen atypischen Verlauf ereignet haben mag. Gemäß § 5 Abs. 4 StVO muss sich derjenige, der zum Überholen ausscheren will, so verhalten, dass eine Gefährdung des nachfolgenden Verkehrs ausgeschlossen ist.

---

245 *LG Gießen* Urt. v. 8.10.2003, Az. 1 S 213/03, DAR 2004, 152.
246 Vgl. *BGH* DAR 1970, 244 = VRS 39, 19; VersR 1972, 171; VersR 1972, 197; *Weingart* VersR 1968, 427; *Lohe* VersR 1968, 323; *OLG Nürnberg* Urt. v. 25.4.2005, Az. 8 U 4033/04, ADAJUR-Dok.Nr. 64532; a. A. *OLG Zweibrücken* zfs 1987, 215 (bei Trunkenheit bei mehr als 1,3 ‰).
247 Vgl. *BGH* DAR 1982, 327; VersR 1982, 972; *OLG München* VersR 1959, 255.
248 Vgl. *BGH* DAR 1954, 256 = VRS 6, 341; DAR 1958, 13 = VRS 13, 401; VersR 1955, 189 = VRS 8, 238; 58, 228; VRS 21, 164; VersR 1962, 158; 1962, 642 = VRS 23, 88; VersR 1966, 693 (bei Blendung durch entgegenkommendes Kfz); *BAG* NJW 1967, 269 = VersR 1967, 169 = DAR 1967, 583 (bei Behinderung durch auf die Überholbahn ausscherendes Fahrzeug); *BGH* VersR 1967, 794 (bei Aufprall gegen Baum mit 1 ‰ BAK); VersR 1969, 636 (Begegnungszusammenstoß auf der rechten Fahrbahnseite des anderen Verkehrsteilnehmers); *OLG Hamburg* VersR 1956, 718; 1963, 1037; *OLG Karlsruhe* VersR 1957, 47; *OLG Nürnberg* VersR 1964, 1184; *OLG München* VersR 1970, 630 (bei Anstoß gegen einen Begrenzungspfosten auf übersichtlicher Fahrbahn).
249 *BGH* VersR 1969, 636 (637); VersR 1969, 895 (897); VersR 1978, 945; DAR 1984, 85.
250 Beispielsweise nach § 18 Abs. 1 StVG.
251 Vgl. *BGH* NJW 1962, 796 = DAR 1962, 152; *LG Bochum* ADAJUR-Dok.Nr. 63302; Geigel/*Knerr* Haftpflichtprozess, 26. Aufl. 2011, Rn. 43 ff.
252 *OLG Saarbrücken* Urt. v. 19.7.2005, Az. 4 U 290/04-31/05, ADAJUR-Dok.Nr. 66996; so auch *LG Bochum* Urt. v. 20.4.2005, Az. 9 S 269/04, ADAJUR-Dok.Nr. 63302.

109a Unter Heranziehung der Grundsätze über den Anscheinsbeweis kann nach einem Urteil des *LG Gera* davon ausgegangen werden, dass der auf eine Vorfahrtsstraße einbiegende Kfz-Fahrer im Fall eines Zusammenstoßes mit einem auf dieser Straße fahrenden Motorrad wegen einer Vorfahrtsverletzung den Unfall überwiegend allein verursacht hat. Der auf die Vorfahrtsstraße Einbiegende muss den Anscheinsbeweis entkräften.[253]

109b Wenn von mehreren typischen Geschehensabläufen jeder für sich allein den Schaden verursacht haben kann, sind die Regeln des Anscheinsbeweises nicht anwendbar. Dabei ist es unerheblich, welcher der unterschiedlichen Ursachen der größere Wahrscheinlichkeitsgehalt zufällt.[254] Beruht der Unfall auf zwei verschiedenen Ursachen, die beide typische Geschehensabläufe darstellen und hat der Verursacher nur für eine der Ursachen einzutreten, ist die Ursächlichkeit gerade der behaupteten Schadenursache konkret zu beweisen.[255] Fährt ein Verkehrsteilnehmer auf der linken Spur einer Autobahn auf den Vordermann auf, der kurz davor die Spur gewechselt hat, um einen anderen Pkw zu überholen, haften beide Unfallparteien zu gleichen Teilen, wenn die ernsthafte Möglichkeit besteht, dass der Überholende die Sorgfaltsanforderungen des § 5 Abs. 4 StVO nicht eingehalten hat. Der Anscheinsbeweis ist nicht erst dann erschüttert, wenn ein atypischer Unfallverlauf in einer den Anforderungen des § 286 ZPO entsprechenden Weise feststeht. Zur Widerlegung des dem Anscheinsbeweis zugrunde liegenden Erfahrungssatzes genügt es, wenn aufgrund erwiesener Tatsachen die Möglichkeit besteht, dass sich der Unfall durch einen atypischen Verlauf ereignet haben mag.[256]

110 Hat der Kläger (Anspruchsteller) für einen bestimmten Geschehensablauf, aus dem er Schadenersatzansprüche ableitet, den vollen Beweis geführt, dann ist es nicht mehr seine Sache, einen davon abweichenden Geschehensablauf, für den der andere Beteiligte (Beklagte) lediglich Beweisanzeichen (Indizien) anführt, im Rahmen des Hauptbeweises auszuschließen. Vielmehr hat insoweit der Beklagte die der Beweisführung des Klägers entgegenstehenden Tatsachen darzulegen und (voll) zu beweisen.[257] Gegen den Versuch des Anspruchstellers, mit dem Beweis des ersten Anscheins zu operieren, genügt indes bereits der bloße Hinweis auf die ernsthafte Möglichkeit eines von der Schilderung des Anspruchstellers abweichenden – also gegen den Anscheinsbeweis sprechenden – Geschehensablaufs.[258] Dazu bedarf es, eben mit Rücksicht darauf, dass die Bemühungen des beweispflichtigen Anspruchstellers, den Prima-facie-Beweis zu führen, sich erst im Versuchsstadium befinden, keines vollgültigen Gegenbeweises, sondern es genügt bereits der Hinweis darauf, dass der (angestrebte) Beweis des ersten Anscheins mangels Vorliegens der tatbestandsmäßigen Grundvoraussetzungen auf den konkreten Sachverhalt keine Anwendung findet.[259]

110a Ist der Beweis des ersten Anscheins demgegenüber jedoch gelungen, dann kann er vom anderen Teil nur durch den Vollbeweis entkräftet werden[260] oder durch den Nachweis, dass ein atypischer Geschehensablauf doch nicht vorlag.[261]

110b Wird beispielsweise ein Fußgänger auf der Fahrstraße angefahren, dann deutet der objektive Geschehensablauf im Zweifel auf ein Verschulden des Fußgängers, weil die Fahrbahn in erster Linie für den Fahrzeugverkehr bestimmt ist, dem im Verhältnis zu Fußgängern dort grundsätzlich der Vorrang zu-

---

253 *LG Gera* Urt. v. 29.9.2004, Az. 1 S 218/04, ADAJUR-Dok.Nr. 60989.
254 Vgl. *BGH* NJW 1951, 70; JZ 1953, 47; BGHZ 24, 308 (312) = VersR 1957, 442; v. 23.4.1964 VersR 1964, 1063; VersR 1985, 81 (83, l.Sp.); *OLG Celle* VersR 1968, 153; *KG* 12 U 562/75 v. 29.9.1975 (unveröffentl.); *Wieczorek* 2. Aufl., § 282 ZPO Anm. D 11c 1; *Baumbach/Lauterbach/Albers/Hartmann* § 286 Anm. 3 B b.
255 Vgl. *OLG Karlsruhe* VersR 1969, 607.
256 *OLG Saarbrücken* Urt. v. 19.7.2005, Az. 4 U 290/04–31/05, ADAJUR-Dok.Nr. 66996.
257 Vgl. *BGH* VersR 1962, 43 = VRS 22, 8; *Sanden* VersR 1966, 201.
258 Vgl. *OLG Hamburg* VersR 1982, 873; *OLG Hamm* VersR 1978, 47 (L); *LG Hildesheim* NJW-RR 1986, 253.
259 *BGH* VersR 1978, 945 = LM Nr. 70 zu § 286 ZPO, *BGH* VersR 1981, 546 (548, l.Sp.).
260 *BGH* VersR 1969, 136; NJW 1978, 2032 = BB 1978, 1233.
261 Vgl. *BGH* VersR 1969, 636; VersR 1969, 895; VersR 1978, 945; DAR 1984, 85.

steht.²⁶² Dies gilt insbesondere dann, wenn der Fußgänger nicht unerheblich unter Alkoholeinfluss stand.²⁶³

Wird ein Fußgänger von einem für ihn von rechts kommenden Kfz angefahren, zu einem Zeitpunkt also, in dem der Fußgänger bereits mehr als die Hälfte einer breiten Straße überquert hat, so können die Grundsätze des Anscheinsbeweises nicht (mehr) zum Beweis für ein Verschulden des Fußgängers herangezogen werden.²⁶⁴ 110c

Fährt ein Kfz bei Dunkelheit einen Fußgänger an, der möglicherweise so spät auf die Fahrbahn und in den Gesichtskreis des Fahrers getreten ist, dass auch bei angemessener Geschwindigkeit ein Zusammenstoß nicht mehr hätte vermieden werden können, spricht der Beweis des ersten Anscheins nicht für ein Verschulden des Kraftfahrers.²⁶⁵ Das Gleiche gilt für den Fall, dass ein Fußgänger in der Morgendämmerung von der Seite her auf die Straße tritt.²⁶⁶ 110d

Eine geradezu typische Form der Anwendung des Anscheinsbeweises kommt beispielsweise bei Auffahrunfällen in Betracht, in erster Linie also dann, wenn ein Kraftfahrzeug auf ein anderes – zu diesem Zeitpunkt möglicherweise bereits haltendes – Kfz von hinten auffährt.²⁶⁷ In diesem Fall kann zumindest unbedenklich davon ausgegangen werden, dass der Unfall darauf beruht, dass der Fahrer des nachfolgenden (aufgefahrenen) Kfz entweder zu seinem »Vordermann« keinen den Erfordernissen der Verkehrslage entsprechenden Sicherheitsabstand eingehalten oder aber das von diesem eingeleitete Bremsmanöver zu spät bemerkt hat.²⁶⁸ Dies bedeutet, dass dem auffahrenden Kraftfahrer bei beiden vorstellbaren Verhaltensmustern im Rahmen der insoweit zulässigen Wahlfeststellung nach dem Beweis des ersten Anscheins ein schadenursächliches Verschulden zur Last fällt.²⁶⁹ Kommt es zu einem Zusammenstoß zwischen einem Linienbus, der auf der bevorrechtigten Straße den Bussonderstreifen befährt, mit einem von rechts eingebogenen PKW, der verkehrbedingt mit seinem Heck auf dem Sonderstreifen zum Stehen gekommen war, und trifft den Busfahrer kein Verschulden, kommt es wegen der erhöhten Betriebsgefahr des Busses dennoch zu einer Mithaftung des Hal- 111

---

262 Vgl. *BGH* VersR 1965, 958; VersR 1967, 457; VersR 1974, 196; *OLG München* VersR 1970, 477; *OLG Düsseldorf* VersR 1972, 377; DAR 1977, 268; *KG* Urt. v. 6.6.2006, Az. 12 U 138/05, VRS 111, 166; *OLG Rostock* Urt. v. 23.9.2005, Az. 8 U 88/04, DAR 2006, 278.

263 Vgl. *OLG München* NJW-RR 1986, 253 = VersR 1987, 317 = zfs 1987, 131 (L); – a. A. *OLG Zweibrücken* VersR 1977, 1135; *BGH* VersR 1962, 251 (kein Anscheinsbeweis bei einem Unfall, den ein Motorradfahrer mit einem in gleicher Richtung und einer BAK von 1,4 ‰ sich bewegenden Fußgänger erleidet); VersR 1963, 285 (kein Anscheinsbeweis bei ungeklärter Gehweise eines am Fahrbahnrand von einem entgegenkommenden Kfz bei Dunkelheit mit einer BAK von 2,09 ‰ angefahrenen Fußgängers); NJW 1976, 897 = VersR 1976, 729 – DAR 1976, 159 = VRS 50, 324; *OLG Oldenburg* Urt. v. 19.4.2004, Az. 15 U 5/04, r+s 2004, 476 für auf der Fahrbahn liegenden alkoholisierten Fußgänger; *LG Essen* Urt. v. 31.7.2003, Az. 10 S 110/03, ADAJUR-Dok.Nr. 63105.

264 *BGH* DAR 1961, 13 = VRS 19, 401 (Rev.-Entsch. zu *OLG München* VersR 1959, 928); VersR 1966, 873 (Fußgänger wird beim Überschreiten einer 22 m breiten Fahrstraße etwa in Fahrbahnmitte, nachdem er einige Sekunden stehen geblieben ist, angefahren); *OLG Düsseldorf* DAR 1977, 268 (ist ein Fußgänger beim Überschreiten der Fahrbahn mit einem von links gekommenen Kfz auf dessen rechter Fahrbahnseite zusammengestoßen, so spricht der Beweis des *ersten Anscheins* lediglich für eine Unachtsamkeit des *Fußgängers*, nicht aber für ein Verschulden des Kfz-Führers); *LG München I* VersR 1970, 1063 (ein Fußgänger, der die Fahrbahn bis zur Mitte überquert hat, darf sich grundsätzlich darauf verlassen, dass er nicht mehr von links angefahren wird); *AG Wittenberg* Urt. v. 16.12.2002, Az. C 1095/02 IV, ADAJUR-Dok.Nr. 52538 für Unfall auf gut ausgeleuchteter Straße.

265 Vgl. *BGH* DAR 1968, 239 2 = VRS 35, 86; *OLG München* VersR 1970, 628; *LG Köln* SP 1995, 254.

266 *BGH* VersR 1968, 804.

267 Vgl. *BGH* VersR 1969, 859; *OLG Hamburg* DAR 1965, 301; *OLG Köln* VersR 1970, 91; 1971, 945 = DAR 1971, 241; r+s 1982, 32; *Hentschel* § 4 StVO Rn. 18.

268 *LG Hanau* Urt. v. 16.12.2005, Az. 2 S 236/05, DAR 2006, 330.

269 Dieser Anscheinsbeweis bezieht sich jedoch nur auf den beim »Vordermann« entstandenen Heckschaden. Soweit zusätzlich noch ein Frontschaden eingetreten sein sollte, ist dafür der Geschädigte nach *allgemeinen Grundsätzen beweispflichtig* (vgl. dazu: *OLG Zweibrücken* r+s 1982, 32).

ters des Linienbusses. Ein »typischer« Auffahrunfall liegt nur vor, wenn ein nachfolgendes Kfz auf das Heck eines in demselben Fahrstreifen befindlichen Kfz auffährt. Eine bloße Teilüberdeckung der Stoßflächenreicht zwar aus, beide Kfz müssen aber etwa parallele Längsachsen haben.[270]

111a Will der Kraftfahrer diesen Schuldbeweis entkräften, muss er seinerseits den vollen Gegenbeweis für einen davon abweichenden Geschehensablauf führen. So muss er beispielsweise seine Behauptung, er sei rechtzeitig hinter seinem »Vordermann« zum Halten gekommen, und der Schaden beruhe lediglich darauf, dass das vor ihm befindliche Kfz zurückgerollt sei, voll beweisen.[271]

111b Das Gleiche gilt für den Fall, dass der Aufgefahrene behauptet, er sei zunächst noch rechtzeitig zum Halten gekommen, dann jedoch dadurch auf seinen »Vordermann« gedrückt worden, dass ein anderes Kfz von hinten auf den bereits haltenden Wagen aufgefahren ist. Sollte das erste Kfz auf den »Vordermann« bereits vorher aufgefahren sein, dann lässt sich daraus die Vermutung ableiten, dass mit Rücksicht auf die durch das Auffahren vernichtete kinetische Energie und im Zusammenhang mit der verspäteten Reaktion der Bremsweg für den nachfolgenden Pkw verkürzt worden ist. Unter dieser Voraussetzung müsste auch die Betriebsgefahr des ersten Pkw, für den ja ebenfalls ein Unfall »bei dem Betriebe« seines Kfz i. S. v. § 7 Abs. 1 StVG vorliegt, ergänzend in die Betrachtung einbezogen werden, sodass letztlich eine Schadenausgleichung nach dem Grade der beiderseits mitwirkenden Verursachung im Rahmen von § 17 Abs. 1 S. 2 StVG zu erfolgen hat.[272]

111c Ähnliche Überlegungen kommen auch für den Fall in Betracht, dass der aufgefahrene Verkehrsteilnehmer zur Entlastung seiner eigenen Rechtsposition vorträgt, der »Vordermann« habe ohne zwingende oder auch nur gerechtfertigte Veranlassung aus der Verkehrssituation heraus – also unmotiviert – gebremst, sodass diesem zumindest ein Mitverschulden zur Last fällt.[273] Der Anscheinsbeweis für ein Verschulden des Auffahrenden beruht auf dem Erfahrungssatz, dass das Auffahren im gleichgerichteten Verkehr regelmäßig auf mangelnde Aufmerksamkeit, überhöhte Geschwindigkeit oder einen ungenügenden Sicherheitsabstand des Auffahrenden zurückzuführen ist. Die für die Anwendung des für ein Verschulden des Auffahrenden sprechenden Anscheinsbeweises erforderliche Typizität der Unfallkonstellation fehlt, wenn ein Umstand vorliegt, der als Ursache aus dem Verantwortungsbereich des »Vordermanns« in Betracht kommt, etwa ein dem Auffahren vorangegangenes grundloses Abbremsen des »Vordermanns«.[274]

112 Ein Auffahrunfall, bei dem kein Anhaltspunkt für ein Fehlverhalten des »Vordermanns« besteht, begründet den Beweis des ersten Anscheins dafür, dass der Unfall allein auf der Unachtsamkeit des nachfolgenden Verkehrsteilnehmers beruht. Dies gilt auch in den Fällen, in denen ein Anhalten des »Vordermanns« für das Auffahren ursächlich geworden ist, wenn dieses Anhalten einer auch dem nachfolgenden Verkehr erkennbaren Verkehrspflicht des Vorausfahrenden entsprach.[275]

---

270 KG, ADAJUR-Dok.Nr. 92544; SVR 2011, 222 (LS) m. Anm.; so schon *KG* ADAJUR-Dok.NR. 81719; NZV 2009, 346.
271 Vgl. *LG Itzehoe* DAR 1997, 114.
272 *OLG Stuttgart* VersR 1980, 39; *OLG Nürnberg* DAR 1982, 329 = VRS 82, 355.
273 *KG* VRS 34, 108 (ein Kraftfahrer muss sich von vornherein darauf einstellen, dass er auf ein für ihn und sein Fahrzeug keine Gefahr bildendes kleines Tier auf der Fahrbahn nicht unter allen Umständen, sondern nur dann Rücksicht nehmen darf, wenn dies ohne Beeinträchtigung der Verkehrssicherheit durch Bremsen oder Ausweichen möglich ist); *OLG München* DAR 1974, 19 (wer ohne zwingenden Grund wegen eines Igels abbremst, haftet selbst mit einem Drittel); *LG Augsburg* zfs 1983, 289 (25 % mitwirkende Verursachung, wenn der Kfz-Führer wegen einer die Fahrbahn überquerenden Katze scharf gebremst hat und der nachfolgende Verkehrsteilnehmer aufgefahren ist); – vgl. demgegenüber: *BGH* VersR 1966, 143 (*volle Haftung des Auffahrenden, obwohl der »Vordermann« wegen eines Hundes scharf abgebremst hatte*); *OLG Nürnberg* VersR 60, 956 (volle Haftung des Auffahrenden, obwohl der »Vordermann« wegen einer die Fahrbahn kreuzenden Katze scharf gebremst hatte); *LG Bonn* r+s 1985, 32.
274 *OLG Frankfurt/M.* Urt. v. 2.3.2006, Az. 3 U 220/05, VersR 2006, 372.
275 Vgl. *BGH* VersR 1969, 859; VersR 1969, 900 (Auffahren im Zusammenhang mit der Überschreitung der Geschwindigkeitsbegrenzung); *OLG Celle* VersR 1974, 496; *OLG Zweibrücken* VersR 1975, 1158; *OLG*

Der Beweis des ersten Anscheins beim Auffahrunfall kann erschüttert oder ausgeräumt werden, wenn der Auffahrende die ernsthafte Möglichkeit eines anderen nämlich atypischen – Geschehensablaufs darlegt und beweist.[276] Die Entkräftung des Anscheinsbeweises hat zur Folge, dass der Fahrer oder Halter des voraus fahrenden Kfz den von ihm behaupteten Sachverhalt vollgültig beweisen muss.[277]

112a

Fährt ein Kraftfahrer auf der Autobahn bei Dunkelheit auf ein langsam voraus fahrendes beleuchtetes Kfz auf, so spricht ebenfalls der Beweis des ersten Anscheins für sein Verschulden.[278]

112b

Bei Massenunfällen[279] (Kettenunfällen) gilt der Beweis des ersten Anscheins nicht ohne weiteres,[280] sondern uneingeschränkt nur für den letzten Fahrer der Kette.[281]

112c

Dieser Anscheinsbeweis bezieht sich jedoch nur auf den beim »Vordermann« entstandenen Heckschaden. Soweit zusätzlich noch ein Frontschaden eingetreten sein sollte, ist dafür der Geschädigte nach allgemeinen Grundsätzen beweispflichtig.[282]

112d

Auch bei einer sog. Massenkarambolage ist nach dem Prinzip des Anscheinsbeweises davon auszugehen, dass der von hinten kommende Fahrzeugführer wegen eines zu geringen Abstandes zum Vordermann bzw. wegen überhöhter Geschwindigkeit oder weil er nicht die notwendige Aufmerksamkeit beim Fahren beachtet hat, für den Unfall verantwortlich ist.[283] Nichts anderes gilt mit der Folge, dass der Aufgefahrene sowohl für seinen eigenen Frontschaden als auch für den Heckschaden des Vordermannes einzustehen hat. Die Betriebsgefahr des aufgefahrenen Fahrzeugs kann auch für den Fall zurücktreten, dass das voraus fahrende Fahrzeug gewissermaßen dadurch »auf der Stelle« zum Halten kommt, weil es auf ein mit erheblicher Geschwindigkeit entgegen kommendes Kfz geprallt ist[284] oder der normale Bremsweg sich aus einem anderen Grund außergewöhnlich verkürzt hat.[285] Die Rechtsprechung billigt dem Kraftfahrer überwiegend zu, dass er regelmäßig nicht mit einem »ruckartigen« Anhalten seines »Vordermanns« infolge Auffahrens auf ein Hindernis rechnen

112e

Köln VersR 1976, 670 (L) = DAR 1976, 134; *OLG Karlsruhe* VersR 1976, 1140; *LG Düsseldorf* VersR 1963, 761 (Kettenzusammenstoß).

276 Vgl. *BGH* VersR 1969, 636; VersR 1969, 859; VersR 1978, 945; DAR 1984, 85; – Dies kann beispielsweise dann der Fall sein, wenn nach dem Ergebnis der Beweisaufnahme das erste Fahrzeug rückwärts gefahren sein kann, um in eine Parklücke einzufahren (*KG* DAR 1977, 20).

277 *BGH* VersR 1960, 1118; VersR 1963, 95; *KG* 12 U 209/73 v. 24.5.1973 (n. v.: kein Anhaltspunkt für ein Fehlverhalten des Vorauffahrenden); DAR 1978, 155 = VRS 77, 20; *OLG Celle* VersR 1974, 438; *OLG Köln* VersR 1974, 761; *LG Stuttgart* VersR 1975, 165; *LG Amberg* VersR 1979, 1130.

278 *BGH* VersR 1964, 262 = DAR 1964, 133 = VRS 26, 251; *BGH* DAR 2001, 163; *OLG München* VersR 1967, 691; *OLG Schleswig* NZV 1988, 228.

279 Bezüglich der Möglichkeiten zur Rekonstruktion von Massenunfällen vgl. *Schimmelpfennig* DAR 1984, 139; *Fichtner* VersR 1986, 320; 1986, 525.

280 Vgl. *BGH* BGHZ 72, 335 = VersR 1979, 226; *OLG Köln* v. 23.1.1962 VersR 1962, 947; VersR 1970, 91; VersR 1973, 322; *OLG Hamburg* DAR 1965, 301; VersR 1967, 478 (bei Dunkelheit); *LG Stuttgart* 5 S 92/65 v. 21.7.1965 (n. v.: im Fall des Auffahrens auf einen plötzlich innerhalb einer Fahrzeugkolonne abbremsenden »Vordermann«); – soweit es sich um die Möglichkeiten und Grenzen des zivilen Haftpflichtrechtes bei Massenauffahrunfällen handelt, vgl. ergänzend auch *H. Hartung* VersR 1981, 696; *OLG Karlsruhe* VersR 1981, 739 (das die Auffassung vertritt, bei Kettenunfällen habe jeder Beteiligte denjenigen Teil des Gesamtschadens zu tragen, der dem Umfange der von ihm mit Sicherheit verursachten Schäden im Verhältnis i. Ü. – ihm nicht zurechenbaren – Schäden entspricht); *KG* DAR 1995, 482 – bezüglich des *doppelten* Auffahrunfalls vgl. *Klimke* ZfV 1974, 75.

281 *OLG Karlsruhe* VersR 1982, 1150 = r+s 1983, 15.

282 *OLG Zweibrücken* r+s 1982, 32.

283 *LG Berlin* Urt. v. 28.4.2005, Az. 17 O 240/04, SP 2005, 297.

284 *BGH* VersR 1964, 1102; VRS 27, 248.

285 Vgl. *BGH* NJW 1968, 450 = VersR 1968, 51 (für eine Bundesstraße); VersR 1975, 373 (374: jeweils für Begegnungsunfälle).

muss.²⁸⁶ In diesem Fall kann für den Auffahrenden ein unabwendbares Ereignis i. S. v. § 7 Abs. 2 StVG a. F. vorliegen, weil bei der Bemessung des von seiner eigenen Geschwindigkeit abhängigen Bremsweges den Umstand mit in Betracht ziehen durfte, dass auch der Vorausfahrende seinerseits unter normalen Umständen einen angemessenen Anhalteweg benötigt,²⁸⁷ um zum Stillstand zu kommen.²⁸⁸ Dies gilt insbesondere für den Fall, dass der nachfolgende Verkehrsteilnehmer erkannt hat, dass die Fahrbahn des Vorausfahrenden frei von Hindernissen war und dass die unfallträchtige Verkehrslage sich in zunächst nicht vorhersehbarer Form ganz plötzlich entwickelt hat.²⁸⁹ Dabei wird es sich jedoch nach den Erfahrungen der Praxis um absolute Ausnahmefälle handeln, die nicht geeignet sind, den grundsätzlich gegen den Auffahrenden sprechenden Anscheinsbeweis ernsthaft infrage zu stellen.²⁹⁰

112f Der Anscheinsbeweis wird, wenn der Vorausfahrende wegen einer Radaranlage abbremst, jedenfalls dann nicht erschüttert, wenn das Bremsen nicht abrupt erfolgt.²⁹¹

113 Der Anscheinsbeweis für ein Verschulden des Auffahrenden gilt im Prinzip – jedenfalls nach Eintritt der Dunkelheit²⁹² – auch dann, wenn ein Kraftfahrer gegen ein unbeleuchtetes Hindernis stößt.²⁹³ Er ist nach der Lebenserfahrung entweder zu schnell gefahren oder er hat die gebotene Aufmerksamkeit nicht beachtet und daher zu spät reagiert.²⁹⁴ Dies gilt auch für Fahrzeuge, die auf der BAB ohne ausreichende Sicherung zum Halten gekommen sind.²⁹⁵

113a Anders verhalten sich die Dinge, wenn der Kfz-Führer bei Tageslicht ein etwa 1,4 m langes Reifenstück, das auf der Fahrbahn liegt, nicht rechtzeitig bemerkt. Hier spricht der Beweis des ersten Anscheins für seine Unachtsamkeit.²⁹⁶

113b Auf der anderen Seite spricht ein Beweis des ersten Anscheins gleichzeitig aber auch dafür, dass den unbeleuchteten »Vordermann« und den Verkehrsteilnehmer, dessen Beleuchtungseinrichtungen Mängel aufweisen, ein Mitverschulden an dem Unfall trifft,²⁹⁷ insbesondere bezüglich der insoweit maßgeblichen Haftung, falls der Verstoß gegen die Beleuchtungsvorschriften mitursächlich zum Schaden geführt hat.²⁹⁸

113c Diese Grundsätze gelten jedoch nicht ohne weiteres bei Hindernissen, die frei in den Luftraum über der Verkehrsfläche hineinragen, wie etwa eine verkehrswidrig abgelegte Sperrstange eines Weidezau-

---

286 Vgl. *OLG Frankfurt/M.* VRS 49, 452; *OLG Hamm* VRS 17, 468; *OLG Karlsruhe* VRS 33, 219; *OLG Köln* VerkMitt 79 Nr. 113; a. A. für Autobahnen zur Nachtzeit: *OLG Hamburg* VRS 33, 59.
287 *BGH* r+s 1987, 65 = VersR 1987, 358; *OLG Hamm* VRS 71, 212.
288 *AG Köln* r+s 1981, 257; seit 1.8.2002: Entlastung nur noch bei Höherer Gewalt.
289 Vgl. *BGH* NJW 1974, 1378 = VersR 1974, 997; VersR 1982, 854.
290 Bei Nichtaufleuchten der Bremsleuchte des »Vordermannes« ist bei einem Auffahrunfall dessen Betriebsgefahr *doppelt* so hoch zu bewerten wie die des aufgefahrenen Kfz (*OLG Karlsruhe* VersR 1982, 1205 = VRS 62, 408).
291 *LG Stuttgart* SP 93, 234.
292 *BGH* VersR 1967, 178.
293 Vgl. *BGH* VersR 1959, 46 – VRS 16, 96; VersR 1959, 805 (Treiben von Vieh auf unbeleuchteter Landstraße ohne Mitführung von Leuchten); VersR 1959, 613; VersR 1962, 633 = VRS 23, 18 (ungenügend beleuchtetes Fahrrad, dessen Rückleuchte durch einen Anhänger verdeckt ist); VersR 1963, 1026; VersR 1967, 178; VersR 1972, 1067; *OLG Karlsruhe* VersR 1968, 1196 (L: Anscheinsbeweis zulasten des Auffahrenden gilt auch dann, wenn das unbeleuchtete Hindernis sich kurz hinter einer Kurve befindet); VersR 1975, 865; *OLG Düsseldorf* VersR 1975, 956; *AG Köln* Urt. v. 5.8.2003, Az. 268 C 58/02, SP 2004, 42 für Kollision eines Motorradfahrers mit einem unbeleuchteten Hindernis.
294 Vgl. *BGH* NJW 1960, 99 = VersR 1959, 1034 = VRS 17, 406; VersR 1963, 1026; *OLG Karlsruhe* VersR 1968, 1196 (L); VersR 1975, 865; *OLG Düsseldorf* VersR 1975, 956.
295 Vgl. *BGH* VersR 1960, 710; *OLG Celle* VersR 1986, 450.
296 *OLG Koblenz* VRS 68, 32.
297 Vgl. *BGH* DAR 2001, 163.
298 Vgl. *BGH* DAR 1960, 16 = VRS 17, 406; *OLG Karlsruhe* VersR 1968, 1196; VersR 1975, 865; *OLG Düsseldorf* DAR 1976, 215; *OLG Hamm* VersR 1976, 299 (L).

nes, der einen Teil der Fahrbahn versperrt.[299] Ebenfalls gilt der Anscheinsbeweis nicht für den Fall, dass den Halter oder Fahrer eines – nicht zu ermittelnden – Kfz ein Verschulden bei der Verursachung einer Ölspur trifft.[300] Ein Haftungsausschluss nach § 7 Abs. 2 StVG kommt bei verlorenem Öl als ausschließlicher Unfallursache nicht in Betracht.[301] Im zu entscheidenden Fall hatten keine zusätzliche Verschmutzungen durch Laub oder Dung vorgelegen. Die Straße verläuft in einer Biegung, sodass der Kläger nicht in der Lage war, auf einen größeren Abstand den liegen gebliebenen Pkw der Beklagten zu erkennen. Zwar haben sich die Zeugen bemüht, die von der Ölspur ausgehenden Gefahren zu minimieren, indem sie das erforderliche Warndreieck aufstellten und zusätzlich ein Zeuge die ankommenden Fahrzeuge auf die linke Fahrspur einwies. Es lässt sich aber nicht feststellen, dass diese Vorkehrungen für den Kl. selbst rechtzeitig zu erkennen waren. Hier ist auch zu berücksichtigen, dass ein Motorradfahrer hinter voran fahrenden Pkw eine schlechtere Sichtmöglichkeit hat als ein Pkw-Fahrer.

Nicht bei jedem Unfall, dessen Hergang ungeklärt ist, kann aus der Tatsache, dass einer der beteiligten Fahrzeugführer unter Alkoholeinfluss gestanden hat, nach dem Beweis des ersten Anscheins zwingend gefolgert werden, dass dieser Fahrer sich falsch verhalten haben müsse.[302] Eine auf die Lebenserfahrung gegründete Annahme für das Fehlverhalten eines unter Alkoholeinfluss stehenden Verkehrsteilnehmers ist nicht allgemein, sondern nur dann zu bejahen, wenn sich der Unfall bei einer Verkehrslage ereignet hat, die ein nüchterner Kraftfahrer hätte meistern können,[303] es sei denn, dass eine BAK von mehr als 1,1 ‰ festgestellt worden ist. Nimmt ein Versicherungsnehmer seine Vollkaskoversicherung nach einem Unfall in Anspruch, an welchem er in absolut fahruntüchtigem Zustand aufgrund Alkoholgenusses beteiligt war, so obliegt ihm die Entkräftung des Anscheins, dass der Unfall einem Nüchternen nicht geschehen wäre. Nicht ausreichend hierfür ist die Behauptung der allgemeinen Möglichkeit, dass der unfallsächliche Fahrfehler auch einem Nüchternen unterlaufen kann. Vielmehr muss der Versicherungsnehmer Umstände nachweisen, aus denen sich auf die ernsthafte, nicht nur theoretische Möglichkeit einer alternativen Kausalkette folgern lässt.[304] Unter Berücksichtigung der allgemeinen Verkehrslage braucht ein Kraftfahrer sich in seinem Verhalten nicht darauf einzustellen, dass Fußgänger unter Missachtung aller nahe liegenden und gebotenen Vorsichtsmaßnahmen plötzlich und unachtsam in seine Fahrbahn treten.[305]

114

Ein Anscheinsbeweis zulasten des unter Alkoholeinfluss stehenden Verkehrsteilnehmers kommt auch dann nicht in Betracht, wenn zur Alkoholbeeinflussung eine körperliche Behinderung des Fahrers hinzutritt.[306] Wenn jedoch ein unter starkem Alkoholeinfluss stehender Kfz-Führer bei Glatteis von der Fahrbahn abkommt und in die Gegenfahrbahn gerät, spricht der Beweis des ersten Anscheins dafür, dass dieser Fahrer bei der Bedienung seines Kfz die Pflichten zur Wahrnehmung der im Verkehr erforderlichen Sorgfalt verletzt hat und fahruntüchtig war.[307] Diese Auffassung ist einleuchtend,

114a

---

299 Vgl. *BGH* VersR 1972, 1067.
300 *LG Hamburg* VersR 1977, 582.
301 *AG Hannover* Urt. v. 28.5.2002, Az. 531 C 19272/01, ADAJUR-Dok.Nr. 53850.
302 Vgl. *BGH* VersR 62, 132 = VRS 22, 87.
303 Vgl. *BGH* BGHZ 18, 311; *KG* DAR 75, 41.
304 *OLG Naumburg* Urt. v. 16.9.2004, Az. 4 U 38/04, r+s 2005, 54.
305 *OLG Stuttgart* VersR 1980, 243; – a. A. *OLG Frankfurt/M.* VersR 1981, 51 (Beweis des ersten Anscheins bei einer BAK von 1,8 ‰ und damit für grobe Fahrlässigkeit, gilt auch bei einem Wildschaden; der Anscheinsbeweis wird durch einen lediglich behaupteten *Nachtrunk* nicht ausgeräumt).
306 *BGH* VersR 1962, 132 = VRS 22, 87.
307 Vgl. *OLG Schleswig* VersR 1975, 1132 (L: mit einer BAK von 1,6 ‰); – ähnlich auch: *OLG Nürnberg* VersR 1964, 1184 (für den Fall, dass ein Kraftfahrer in einer nur leicht gekrümmten Rechtskurve auf ansonsten freier Strecke von der normal beschaffenen Fahrbahn abkommt); *OLG Karlsruhe* VersR 1964, 1093 (Abkommen von der Fahrbahn ohne erkennbaren Anlass); *OLG München* VersR 1974, 73 (Verfehlen einer Straßenfortsetzung nach dem Befahren einer Kurve); *OLG Celle* VersR 1974, 1209 (L: Kfz.-Führer mit einer BAK von 1,66 ‰ gerät auf trockener Autobahn ins Schleudern, ohne dass technische Mängel am Fahrzeug festgestellt werden konnten).

weil unter den hier dargestellten Voraussetzungen auch ohne Alkoholbeeinflussung üblicherweise der Beweis des ersten Anscheins herangezogen wird.

115 Wenn eine Straßenbahn auf einen innerhalb der Gleiszone befindlichen Teilnehmer am Individualverkehr auffährt, ist für die Anwendung des Anscheinsbeweises selbst für den Fall, dass feststehen sollte, dass der andere Verkehrsteilnehmer im Zeitpunkt des Zusammenstoßes bereits gehalten hat, grundsätzlich schon deswegen kein Raum, weil es insoweit an einem typischen Geschehensablauf mangelt, der zwangsläufig auf eine ganz unbestimmte Ursache schließen lässt.[308] Die Lebenserfahrung spricht gerade nicht von vornherein für ein Verschulden des Straßenbahnfahrers, der mit Rücksicht auf die Bindung der Straßenbahn an Gleise und im Hinblick auf ihren langen Bremsweg nicht einem Teilnehmer am Individualverkehr – insbesondere einem Pkw-Fahrer – gleichgestellt werden kann.[309]

115a Im Gegenteil: wenn es zwischen einem Kfz und einem Schienengebundenen Fahrzeug zu einem Unfall innerhalb der Gleiszone kommt, dann spricht der Beweis des ersten Anscheins dafür, dass der Kraftfahrer seiner Verpflichtung, der Straßenbahn – einem an Schienen und Fahrplan gebundenen, im öffentlichen Interesse eingesetzten sozialen Massenbeförderungsmittel – so weit wie möglich freie Durchfahrt zu gewähren (§ 2 Abs. 3 StVO), nicht genügt hat. Es ist dann Sache des Kfz-Führers, diesen gegen ihn sprechenden Anscheinsbeweis seinerseits auszuräumen.[310]

115b Falls auch unmittelbar vor der Straßenbahn, wie dies häufiger geschieht, ein Kfz-Fahrer den Fahrstreifen gewechselt[311] haben sollte, dann liegt zusätzlich noch ein Verstoß des Kraftfahrers gegen die besonders strenge Bestimmung des § 7 Abs. 5 StVO vor, nach der ein Fahrstreifen lediglich dann gewechselt werden darf, wenn eine Gefährdung anderer Verkehrsteilnehmer ausgeschlossen ist.

---

308 *OLG München* VersR 1967, 167 (das von einer vollen Haftung des Kfz-Führers ausgeht und den Anscheinsbeweis bereits dann für ausgeräumt hält, »wenn das Kfz so nahe vor dem Straßenbahnzug auf das Gleis gefahren wurde, dass die Notwendigkeit der Schnellbremsung ernsthaft in Erwägung gezogen werden musste«); *OLG Düsseldorf* VersR 1969, 334; 1976, 499; VRS 68, 38; VersR 1988, 90 = VRS 71, 264; *OLG Hamburg* VersR 1975, 474 (Haftungsverteilung im Verhältnis 3 : 2 zulasten der Straßenbahn); VersR 1975, 474; *OLG Dresden* VersR 1997, 332; *Schneider* VersR 1977, 687 (689); *Full* Haftung, § 16 StVG, Rn. 151; – a. A. wohl: *BGH* VersR 1958, 626 (für den Fall, dass die Straßenbahn auf einen »weithin sichtbaren Kraftomnibus aufgefahren« ist. Dabei scheint der *BGH* indes übersehen zu haben, dass bei einem derartigen Sachverhalt, sollte er tatsächlich feststehen, der Anscheinsbeweis ohnehin entbehrlich ist).

309 Soweit es sich um den *allgemeinen* Vorrang des Schienenverkehrs vor dem Individualverkehr handelt, vgl. *BGH* VersR 1964, 1241 (beim Auffahren eines Straßenbahnzuges auf einen zum Zwecke des Linksabbiegens auf die Schienen eingeordnet haltenden Pkw hat der Halter 50 % des Schadens selbst zu tragen); VersR 1970, 1049; VersR 1976, 932 (933) = DAR 1976, 271 = r+s 1976, 255 = VRS 51, 337; *OLG München* VersR 1966, 167; VersR 1967, 236 – DAR 1967, 244 = VRS 32, 249 (Fußgänger); *OLG Hamburg* VersR 1966, 741; VersR 1965, 1182 (beim Anhalten eines Kfz unmittelbar vor einem zum hinten gekommenen Straßenbahnzug im Schienenbereich und Auffahren der Straßenbahn auf den bereits haltenden Pkw); VersR 1968, 975; VersR 1976, 1139 (keiner Seite ein Verschulden nachweisbar); *OLG Düsseldorf* VersR 1965, 1158 = VRS 29, 332; VersR 1969, 334; VersR 1969, 429; VersR 1976, 499; *OLG Bremen* VersR 1967, 1161 (Mitverschulden des Straßenbahnfahrers, wenn dieser auf der von ihm als gefährlich erkannten Kreuzung in der Lage gewesen wäre, rechtzeitig vor dem in den Schienenbereich eingefahrenen Lastzug anzuhalten); 3 U 127/61 v. 28.1.1969 (unveröffentl.); *OLG Köln* VersR 1971, 1069; *OLG Braunschweig* VersR 1972, 493; *OLG Hamm* VersR 1972, 962 (beim Auffahren eines Straßenbahnzuges auf einen im Schienenbereich zum Halten gebrachten Pkw); VersR 73, 282; VersR 1973, 864; VersR 1974, 1228 (bei der Kollision eines im Schienenbereich haltenden Linksabbiegers mit einem entgegenkommenden Straßenbahnzug); *OLG Celle* VersR 1974, 980; VersR 1981, 783; *LG Hannover* VersR 1966, 861; *LG Düsseldorf* VersR 1976, 101 (L: wenn ein Kraftfahrer sein Kfz in gefährlicher Nähe der in Straßenmitte verlegten Straßenbahnschienen abstellt); *OLG Brandenburg*, ADAJUR-Dok.Nr. 84921; NZV 2009, 497 zur Kollision eines auf den Schienen wartenden PKW- mit einer heranfahrenden Straßenbahn; *Full* Haftung, § 4 HG Rn. 7; *Filthaut* Haftung, B II 3a (S. 25); HG § 1 Rn. 224; DAR 1973, 309.

310 *LG Wuppertal* VersR 1981, 91; *OLG Hamm* Urt. v. 22.11.2004, Az. 13 U 131/04, NZV 2005, 414.

311 *OLG München* VersR 1967, 177; *OLG Hamburg* VersR 1975, 474; *OLG Düsseldorf* VersR 1976, 499.

115c In der Regel gilt also der Anscheinsbeweis im Verhältnis zur Straßenbahn nicht, falls diese auf ein Fahrzeug des Individualverkehrs aufgefahren sein sollte.[312]

116 Kommt es im Kreuzungsbereich zu einem Zusammenstoß zwischen einem Vorfahrtsberechtigten und einem Wartepflichtigen, dann spricht nach den Grundsätzen des Anscheinsbeweises die Vermutung dafür, dass der Unfall auf einer Verletzung der Vorfahrt beruht und vom Wartepflichtigen schuldhaft verursacht worden ist.[313] Bei extrem überhöhter Geschwindigkeit des Vorfahrtsberechtigten jedoch (104 km/h statt erlaubter 50 km/h) ist der Anscheinsbeweis für ein schuldhaftes Verhalten des Wartepflichtigen als erschüttert anzusehen.[314]

116a Damit ist freilich noch nichts darüber gesagt, dass der betreffende Vorfall sich für den Vorfahrtsberechtigten als ein unabwendbares Ereignis darstellt und er demgemäß vollen Schadenersatz zu beanspruchen hat.[315]

116b Voraussetzung für die Anwendung des Anscheinsbeweises zugunsten des Bevorrechtigten ist auch hier, dass es sich bei der Beweisfrage um einen typischen Geschehensablauf handelt, der unter Auswertung allgemeiner Erfahrungssätze auf ein schuldhaftes Verhalten des Wartepflichtigen hindeutet.[316]

116c Der Anscheinsbeweis gilt insbesondere für den Fall, dass der wartepflichtige Verkehrsteilnehmer unmittelbar vor dem Unfall aus einer Nebenstraße in die bevorrechtigte Straße eingebogen ist.[317] Er wird nicht bereits dadurch ausgeräumt, dass der Vorfahrtsberechtigte bei sorgfältigerer Fahrweise in der Lage gewesen wäre, den Unfall noch durch rechtzeitiges Anhalten oder Ausweichen zu vermeiden.[318] Erforderlich ist vielmehr der Nachweis der ernsthaften Möglichkeit, dass der Wartepflichtige das Herannahen des Vorfahrtsberechtigten auch unter Ausschöpfung aller Sorgfaltspflichten nicht rechtzeitig bemerken konnte.[319] Der Anscheinsbeweis kann jedoch dadurch entkräftet werden, dass der Wartepflichtige beweist, dass er sich an einer unübersichtlichen Straßenstelle vorsichtig in die Kreuzung hineingetastet hat, bis ihm eine Übersicht möglich war[320] bzw. dass der Vorfahrtsberechtigte sich dem Schnittpunkt der sich kreuzenden Fahrlinien mit überhöhter Geschwindigkeit genähert hat.[321]

116d Wird ein Kfz von einem vorfahrtsberechtigten Kraftfahrer ohne Beleuchtung[322] geführt, obwohl dies nach den Umständen, insbes. den Lichtverhältnissen, an sich erforderlich gewesen wäre, spricht bei dem Zusammenstoß mit einem von einem wartepflichtigen Kraftfahrer geführten Kfz der Beweis des ersten Anscheins dafür, dass der Unfall vom Vorfahrtsberechtigten schuldhaft verursacht worden ist.

---

312 *LG Kassel* Urt. v. 6.10.2003, Az. 1 S 137/03, VRS 106, 445.
313 Vgl. *BGH* VersR 63, 1075 = VRS 25, 416; VersR 1964, 48; VRS 26, 48 = NJW VersR 1964, 1371 = VersR 1964, 639 = VRS 26, 420; VersR 1976, 365; VRS 50, 164; VersR 1976, 365; NJW 1976, 1317; NJW 1982, 2668 = VersR 1982, 903 = DAR 1982, 326; *OLG Oldenburg* VersR 1953, 263; *OLG Hamm* VersR 1978, 64; *OLG Celle* VersR 1973, 1147; *OLG Düsseldorf* VRS 47, 87; DAR 1975, 330; KG 12 U 125/75 v. 14.7.1975 (Vorfahrt »rechts vor links«); *OLG München* DAR 1976, 104; *OLG Köln* DAR 1975, 214; VersR 1978, 830; VersR 1981, 340; *OLG Saarbrücken* VersR 1981, 580; KG DAR 1977, 159; *OLG Hamm* VersR 1978, 64; *OLG Stuttgart* VersR 1982, 782; *LG Hamburg* VersR 73, 1172; *LG Krefeld* VersR 1979, 634; *LG Trier* VersR 1980, 1128; *LG Kassel* r+s 1987, 191; *AG Hamburg* DAR 1999, 368.
314 Vgl. dazu: *BGH* r+s 1986, 173; KG ADAJUR-Dok.Nr. 81784; NZV 2009, 344; zu Haftungsquoten vgl. *Kuhn* Schadensverteilung bei Verkehrsunfällen, 7. Aufl., S. 375 ff.
315 *BGH* VersR 1964, 48; v. 17.5.1966 VersR 1966, 829; KG ADAJUR-Dok.Nr. 81784; NZV 2009, 344.
316 Vgl. *BGH* DAR 1982, 326.
317 *BGH* DAR 1982, 326; *OLG Düsseldorf* VersR 1983, 40.
318 *BGH* VersR 1963, 1075 = VRS 25, 416.
319 Vgl. dazu: *OLG Hamm* VersR 1978, 64 (LS); *OLG Düsseldorf* VRS 47, 87.
320 Vgl. dazu: *OLG Düsseldorf* VRS 46, 47.
321 Vgl. dazu: *OLG Celle* VersR 1973, 147; *OLG Köln* VersR 1978, 830.
322 Soweit es sich um den Ausfall der *Bremsleuchten* handelt, vgl. *BGH* NJW 1982, 1595 = VersR 1982, 672 = VRS 63, 10.

Lässt sich in derartigen Fällen ein für den Unfall mitursächlich gewordenes Verschulden des Wartepflichtigen nicht feststellen, so kommt die volle zivilrechtliche Haftung des Vorfahrtsberechtigten in Betracht.[323]

117 Die mit der Benutzung eines Motorrades verbundenen eigentümlichen Gefahren schließen die Anwendung des Anscheinsbeweises jedenfalls dann nicht aus, wenn die äußeren Anzeichen für ein Fehlverhalten des Motorradfahrers sprechen.[324]

117a Sofern es sich um einen Glatteisunfall handelt, spricht für den Geschädigten ein Anscheinsbeweis lediglich dann, wenn zuvor die objektive Verletzung der Streupflicht (Verkehrssicherungspflicht) von ihm nachgewiesen oder in anderer Weise festgestellt worden ist.[325]

118 In Fällen eines möglichen Verstoßes gegen die Anschnallpflicht und die Verpflichtung zum Tragen von Schutzhelmen[326] kann sich der Schädiger auf einen durch die Erfahrung nahe gebrachten Anschein berufen und eine Mithaftung hinsichtlich des Körperschadens einwenden, der durch die Nichtanlegung der Sicherheitsgurte oder durch das Nichttragen von Schutzhelmen (Sturzhelmen) offenkundig schadenursächlich entstanden ist[327] und durch die Schutzvorrichtungen vermieden worden wäre.[328]

118a Ein Anscheinsbeweis für den Kausalzusammenhang zwischen der Verletzung eines Schutzgesetzes und einem Unfall besteht nur dann, wenn das Schutzgesetz typischen Gefährdungsmöglichkeiten entgegenwirken soll und sich die vom Schutzgesetz bekämpfte Gefahr beim Unfall auch tatsächlich verwirklicht hat.[329] Schwere Gesichtsverletzungen aus Anlass eines Aufprallunfalls können einen Anscheinsbeweis dafür begründen, dass der Verletzte den Sicherheitsgurt nicht angelegt hat.[330]

118b Demjenigen, der einen Kraftfahrzeugunfall verursacht hat, kann für seine Behauptung, der verletzte Fahrzeuginsasse sei nicht angeschnallt gewesen, dann einen Anscheinsbeweis zugutekommen, wenn sich aufgrund allgemeiner Erfahrungssätze der Schluss aufdrängt, dass die erlittenen Verletzungen bei der Art und Weise des Zusammenstoßes nur darauf zurückgeführt werden können, dass der Pkw-Insasse nicht angeschnallt war.[331]

118c Die absolute Fahruntüchtigkeit eines Unfallbeteiligten kann im Rahmen der Verursachungsbeiträge nur berücksichtigt werden, wenn sie sich nachweislich unfallursächlich ausgewirkt hat. Dies muss unstreitig und bewiesen feststehen.[332]

119 Der Beweis des ersten Anscheins kann auch für die Beurteilung von Schadensfällen in Betracht kommen, bei denen der Verdacht des Versicherungsbetrugs nahe liegt. Dass auch insoweit ein »Unfall« vorliegt, wird vereinzelt verneint.[333]

---

323 *KG* DAR 1983, 82 = zfs 1983, 130 = VRS 64, 172; *OLG Düsseldorf* VRS 5, 317; VersR 1975, 143; *OLG Hamm* VRS 28, 303; *LG Potsdam* ADAJUR-Dok.Nr. 58479; SP 2004, 114; *LG Münster* ADAJUR-Dok.Nr. 79573; VRundSch 41/08, 44; *Mühlhaus* DAR 1969, 1; *Jagow/Janiszewski* StVO § 17 Anm. 2a; *Hentschel* § 17 StVO Rn. 38.
324 Vgl. *BGH* VersR 1962, 1028 = VersR 24, 11; *OLG* Düsseldorf VersR 1981, 35; *OLG Hamm* FD-StrVR 2010, 298547 (Anmerkung *Kääb*); BeckRS 1010, 02057.
325 *BGH* VersR 1964, 334; *LG Mannheim* VersR 1980, 1152 = zfs 1981, 35.
326 Vgl. *BGH* VersR 1983, 440 = zfs 1983, 194 = VRS 64, 340; Zur Auswirkung des Unterlassens des Anschnallens und des fehlenden Tragens eines Schutzhelms vgl. *Splitter/Kuhn* Schadensverteilung bei Verkehrsunfällen, 6. Aufl., C 111.
327 *OLG Bamberg* v. 12.7.1982 VersR 1982, 1075.
328 *BGH* VersR 1980, 824.
329 *BGH* r+s 1986, 254; – ebenfalls: *BGH* VersR 1975, 1007 (1008).
330 Vgl. *OLG Bamberg* VersR 1985, 786 = zfs 1985, 292; *OLG Zweibrücken* VersR 1993, 154 = zfs 1993, 152.
331 *BGH* DAR 1990, 380; *OLG Bamberg* VersR 1985, 786 = zfs 1985, 292; OLG Naumburg, ADAJUR-Dok.Nr. 78613; DAR 2008, 388 (LS); SVR 2010, 60 m. Anm. Walter.
332 *OLG Hamm* Urt. v. 28.1.2010, Az 6 U 159/09, ADAJUR-Dok.Nr. 87926.
333 Vgl. *OLG Frankfurt/M.* VersR 1980, 978 (m. Anm. *Weber* VersR 1981, 163); VersR 1978, 260 = VRS 55,

Der Beweis des ersten Anscheins kann insbesondere dann – zum Nachteil des VN als Anspruchsteller – zum Zuge kommen, wenn bereits nach den objektiven Tatumständen i. S. e. Häufung der für eine Manipulation sprechenden Beweiszeichen ein hohes Maß von Wahrscheinlichkeit dafür spricht, dass es sich um einen »gestellten« – d. h. also manipulierten oder fingierten – Unfall handelt,[334] der zwischen den Beteiligten in Kollusionsabsicht abgesprochen worden ist, obwohl der Anscheinsbeweis normalerweise für den VN streitet, da häufig Zeugen für die tatbestandsmäßigen Voraussetzungen des Eintritts des Versicherungsfalls nicht vorhanden sein werden. Die Einwilligung des Verletzten in die Rechtsgutbeeinträchtigung beim Unfall ist als Rechtfertigungsgrund vom Schädiger darzutun und zu beweisen. Der Beweis der Einwilligung in die Fahrzeugbeschädigung kann dann als geführt angesehen werden, wenn sich eine Häufung von Umständen findet, die darauf hindeuten. Unerheblich ist dabei, ob diese Indizien bei isolierter Betrachtung jeweils auch als unverdächtig erklärt werden könnten. Ausschlaggebend ist vielmehr eine Gesamtwürdigung aller Tatsachen und Beweise, bei der aus einer Indizienkette auf eine planmäßige Vorbereitung und Herbeiführung des vermeintlichen Unfalls geschlossen werden kann.[335]   119a

Für den Versicherer besteht also die Möglichkeit, den Missbrauch der dem VN grundsätzlich eingeräumten Beweiserleichterungen in ebenfalls erleichterter Form nachzuweisen, ohne dass dadurch eine Umkehrung der Beweislast eintritt. In diesem Fall hat der VN für seine Anspruchsbegründenden Behauptungen den Vollbeweis zu führen.[336] Entsteht der Schaden durch einen Anstoß des zurücksetzenden Lkw gegen den stehenden Pkw, lässt sich der Schadenumfang leicht steuern. Dabei   119b

---

110 (von *Weber* DAR 1979, 113 als »unrichtig« bezeichnet); – zweifelnd: BGHZ 37, 311 (317); – vgl. dazu ergänzend auch *Weber* DAR 1980, 129, 149.

334 Vgl. BGHZ 24, 21; BGHZ 65, 118; *BGH* VersR 1972, 244; VersR 1977, 368; 1978, 732; BGHZ 71, 339 = NJW 1978, 2154 = VersR 1978, 862 (864) = DAR 1979, 42 = VRS 55, 332; VersR 1978, 865 = DAR 1978, 338 = MDR 1979, 48 = VRS 55, 329; VersR 1979, 281; 1980, 229 = VS 1980, 151 = VRS 58, 173 (Kaskoversicherung); DAR 1980, 113; BGHZ 79, 54 = NJW 1981, 684 = VersR 1981, 435 = VRS 60, 284 (Kaskoversicherung); NJW 1981, 1313 = VersR 1981, 450 = MDR 1981, 827 (Rev: Entsch. zu *OLG Koblenz* VersR 1979, 807); VersR 1981, 452; NJW 1983, 943 = r+s 1983, 49 = VRS 64, 185; VersR 1984, 29; NJW 1984, 2579; VersR 1985, 330 = DAR 1985, 156; *OLG Nürnberg* VersR 1974, 1169; 1978, 334; *OLG Köln* VersR 1977, 938 (bestätigt durch *BGH* VersR 79, 281); VersR 1983, 921; VersR 1983, 1046; 1982 VersR 1984, 126; VersR 1983, 1121; v. 11.7.1983 zfs 1984, 215; VersR 1985, 536; r+s 1985, 255; VersR 1985, 77 = zfs 1985, 90; r+s 1985, 186; r+s 1985, 254; r+s 1986, 72; zfs 1986, 53; r+s 1986, 71 (72); *OLG Frankfurt/M.* NJW 1978, 1634 = VersR 1978, 260 = VRS 55, 110; VersR 1982, 1046; VersR 1983, 642 = zfs 1983, 259; DAR 1984, 24; VersR 1987, 176; VersR 1987, 756; *OLG Bamberg* zfs 1981, 151; *OLG Koblenz* zfs 1984, 241; *OLG Hamm* VersR 1981, 923 = zfs 1981, 378; VersR 1981, 969; r+s 1985, 255 (256); VersR 1982, 867 = zfs 1982, 342; VersR 1982, 868 = zfs 1982, 342; VersR 1983, 383 = zfs 1983, 186; VersR 1984, 727 = zfs 1984, 311; VersR 1985, 382 = zfs 1985, 183; VersR 1986, 280; VersR 1986, 280; *OLG Karlsruhe* VersR 1982, 541 = zfs 1982, 248; VersR 1982, 259; VersR 1984, 856 = zfs 1984, 339; zfs 1986, 53; zfs 1988, 303; *OLG Celle* zfs 1982, 22; *OLG Stuttgart* VersR 1983, 29 = zfs 1983, 90; *OLG München* VersR 1985, 277; *OLG Braunschweig* zfs 1984, 215; *KG* r+s 1985, 256; *OLG Düsseldorf* zfs 1986, 54; *OLG Saarbrücken* NJW 1989, 1679; *LG Köln* VersR 1980, 250 = zfs 1980, 151; VersR 1984, 728 = zfs 1984, 311; *LG München* VersR 1981, 545 (m. krit. Anm. *Bauer* VersR 1981, 1124) = zfs 1981, 256; VersR 1983, 300 = zfs 1983, 130; *LG Mainz* VersR 1981, 1147; *LG Münster* zfs 1981, 377; *LG Wiesbaden* zfs 1984, 215; *LG Darmstadt* zfs 1988, 304; *LG Nürnberg-Fürth* r+s 1982, 50; *Wahl* Kriminalistik (1973), S. 451 ff.; *Weber* DAR 1979, 113; DAR 1980, 129 (138, r.Sp.); VersR 1981, 163 (Anm.); DAR 1981, 161; *Bruck/Möller* § 61 Rn. 33; *Prölss/Martin* § 61 Anm. 6; a. A. *OLG Köln* VersR 1975, 1128 (aufgehoben durch BGHZ 71, 339 = NJW 1978, 2154 = VersR 1978, 862 = DAR 1979, 42 = VRS 55, 332); VersR 1980, 1051 (volle Beweislast obliegt Anspruchsteller); *OLG Celle* VersR 1980, 483 (das allgemein davon ausgeht, dass die volle Beweislast beim Anspruchsteller liegt); *OLG Frankfurt/M.* VersR 1980, 978 = zfs 1980, 358; VersR 1981, 26 = r+s 1981, 25; *OLG Koblenz* VersR 1980, 1019 = r+s 1980, 250 (volle Beweislast für den Fall, dass Spuren eines gewaltsamen Erbrechens und Überwindens der Schlösser nicht vorhanden sind); *LG Köln* VersR 1980, 250 = zfs 1980, 151; *LG Nürnberg-Fürth* r+s 1982, 50; *Theda* DAR 1980, 292.

335 *OLG Koblenz* Urt. v. 4.10.2005, Az. 12 U 1114/04, NJW-RR 2006, 95.

336 Vgl. *BGH* DAR 1985, 56 = r+s 1985, 1; BGHZ 65, 118.

entstehen für den Führer des Lkw keine nennenswerten gesundheitlichen Risiken. Zugleich aber kann ein hoher Schaden verursacht werden. Sind Umstände ersichtlich, welche zu der Annahme führen, es liegt ein verabredeter Unfall vor, entfällt die Haftung des Schädigers auch dann, wenn dem Geschädigten der Beweis gelungen ist, dass der Schaden durch das gegnerische Fahrzeug verursacht wurde.[337] In einem solchen Fall scheitert der Ersatzanspruch an der Einwilligung des Geschädigten, ohne dass besonders auf § 103 VVG abzustellen wäre. Die ungewöhnliche Häufigkeit von Beweisanzeichen, die für eine Manipulation spricht, gestattet die Feststellung unredlichen Verhaltens.

119c Ist in der Kaskoversicherung streitig, ob der VN sein Fahrzeug durch Auffahren auf ein Hindernis vorsätzlich[338] beschädigt hat, so trifft den Kaskoversicherer die Beweislast für den von ihm behaupteten Vorsatz.

119d Von einem fingierten Kfz-Diebstahl kann ausgegangen werden, wenn vermeintlich reparierte Schäden aus verschiedenen Unfällen behauptet werden, der Versicherungsnehmer (VN) wichtige Zeugen nicht nennt, die Zeugen sich in ihren Aussagen widersprechen, das entsprechende Kfz den finanziellen Verhältnissen des VN nicht angemessen erscheint sowie die Originalschlüssel nicht vollständig vorliegen und Kopierspuren festgestellt wurden.[339]

119e Die dem VN bei der Darlegung eines auf Kfz-Diebstahl deutenden Sachverhalts zugestandenen Beweiserleichterungen[340] gelten nicht, wenn der Versicherer den ihm obliegenden Nachweis führt, dass der VN unglaubwürdig ist.[341]

119f Der BGH[342] verneint mit durchaus beachtlichen Gründen die Frage, ob der Unfallbegriff das Merkmal der Unfreiwilligkeit einschließt. Wäre dies der Fall, dann würde eine Umkehrung der Beweislast mit dem Ergebnis eintreten, dass der VN im Hinblick auf den Risikoausschluss des Vorsatzes nach § 103 VVG seinerseits den Nachweis führen müsste, dass er den Schaden nicht vorsätzlich herbeigeführt hat.

119g In der Unfallversicherung trägt der Versicherer nicht nur die Unfall-, sondern auch die Betrugsgefahr.[343] Beweiserleichterungen kommen hierbei nicht in Betracht. Dies ist deshalb von ganz besonderer Bedeutung, weil nach § 178 VVG für die Unfreiwilligkeit der eingetretenen Verletzung des VN eine Vermutung streitet, die der Versicherer widerlegen muss.[344] Aus diesem Grund kann ohne Kenntnis des Unfallhergangs auch beim Vorliegen eines Blutalkoholwertes von mehr als 2 ‰ nicht vom Beruhen des Unfalls auf einer Bewusstseinsstörung ausgegangen werden.[345] Der Anspruchsteller muss nur beweisen, dass ein Unfallereignis stattgefunden hat, d. h. ein Ereignis, das plötzlich von außen auf den menschlichen Körper eingewirkt hat. Demgegenüber ist der Versicherer nach § 178 VVG für die Freiwilligkeit beweispflichtig. Dieser Beweis ist insbesondere nicht durch Anscheinsbeweis zu erbringen, denn es gibt keinen typischen Geschehensablauf für menschlich gesteuertes Verhalten. Welche Anforderungen an eine Bewusstseinsstörung zu stellen sind, hängt laut *OLG Oldenburg* von der Lebenssituation ab, in der sich der Versicherte befunden hat.

---

337 *KG* Urt. v. 16.1.2003, Az. 12 U 207/01, VRS 105, 327.
338 Vgl. *OLG Bamberg* VersR 1981, 73; *LG Offenburg* VersR 1982, 946 (über die Anforderungen an den – vom Versicherer zu erbringenden – Nachweis der Freiwilligkeit einer Gesundheitsbeschädigung).
339 *OLG Jena* Urt. v. 20.3.2002, Az. 4 U 1233/00, SP 2003, 23.
340 Vgl. *BGH* VersR 1977, 610; 1978, 732.
341 *OLG Frankfurt/M.* VersR 1982, 1046; r+s 1985, 55.
342 Vgl. *BGH* NJW 1981, 1315 = VersR 1981, 450 = zfs 1981, 216.
343 Vgl. dazu: *Prölss/Martin* §§ 16, 17 VVG Anm. 1b.
344 Vgl. *BGH* NJW 1985, 1563 = VersR 1985, 578; *OLG Hamm* VersR 1973, 416; 81, 953; v. 16.2.1979 VersR 1982, 64 = zfs 1982, 89; *OLG Karlsruhe* VersR 1976, 183; *OLG Oldenburg* VersR 1976, 657; *LG Lüneburg* VersR 1973, 180; *LG Flensburg* VersR 1977, 323; *LG Köln* r+s 1978, 4; *LG Dortmund* r+s 1978, 248; *LG Paderborn* r+s 1979, 116; *LG Offenburg* VersR 1982, 946; *Bruck/Möller/Sieg* § 16 VVG Anm. 17; *Bruck/Möller/Wagner* VVG, Bd. 6, Anm. A 17, B 20, F 16.
345 *OLG Oldenburg* Urt. v. 14.7.1999, Az. 2 U 121/99, NJW 2001, 119.

Es gibt keinen Anscheinsbeweis für den Freitod eines Menschen,[346] wie überhaupt für individuelle Verhaltensweisen von Menschen in bestimmten Lebenslagen.[347] Die durch die Lebenserfahrung gesicherte Typizität menschlichen Verhaltens und seiner Begleitumstände lässt sich nicht ausmachen, wenn es darum geht, ob der VN den Versicherungsfall in der Absicht, den Versicherer in Anspruch zu nehmen, vorsätzlich herbeigeführt hat. Eine Beweisführung mittels Anscheinsbeweises kann deshalb in diesem Bereich nicht in Betracht kommen.[348]   119h

Ein Anscheinsbeweis für das schuldhafte Verhalten eines Kfz-Führers kommt nicht in Betracht, wenn bei einem Unfallereignis verschiedene Umstände ungewöhnlicher Art zusammentreffen, die dem gesamten Geschehen eine so eigentümliche Gestaltung geben, dass sich der Schluss auf das Vorliegen eines Verschuldens nach der Lebenserfahrung nicht ohne Weiteres aufdrängt.[349] Liegt ein Tatbestand vor, der nach der Lebenserfahrung auf eine bestimmte Ursache oder einen bestimmten Ablauf hindeutet, braucht der Beweispflichtige in derartigen Fällen den vollen Beweis nur für den Tatbestand zu erbringen, der die Anwendung des Anscheinsbeweises nicht rechtfertigt.[350]   120

Soll der Anscheinsbeweis entkräftet werden, muss der Beweispflichtige nicht nur schlüssig darlegen, sondern auch vollgültig beweisen,[351] dass eine andere als die bisher angenommene Schadenursache ernsthaft in Betracht zu ziehen ist.[352] Dabei ist zu berücksichtigen, dass der strengen Beweisführung nach § 286 ZPO – also im prozessualen Bereich – die sog. haftungsbegründende Kausalität unterliegt, während für die sog. haftungsausfüllende Kausalität die Beweiserleichterung des § 287 ZPO in Betracht kommt.[353] Dabei genügt es für die Bejahung des Haftungsgrundes, dass der Schädiger auf das Rechtsgut des Verletzten in einer Weise eingewirkt hat, die nachteilige Folgen auslösen kann.[354]   121

Wenn der Kraftfahrer ohne erkennbaren Anlass auf gerader Strecke von der Fahrbahn abkommt – also beispielsweise gegen einen Baum fährt oder auf den Bürgersteig gerät bzw. mit einem anderen Kfz auf dessen Fahrbahnseite zusammenstößt –, so spricht zunächst der Beweis des ersten Anscheins[355] dafür, dass er bei der Bedienung seines Fahrzeuges die Pflicht zur Wahrung der im Verkehr   122

---

346 *BGH* VersR 1987, 503; *LG Hannover* BeckRS 2011, 06211; R+S 2011, 130.
347 Vgl. *BGH* VersR 1981, 1153; NJW 1983, 1548 (1551).
348 Vgl. *BGH* VersR 1978, 74 = VersR 1988, 683; *Manthey* NVZ 2000, 161.
349 Vgl. *BGH* VersR 1962, 1158 = VRS 24, 1; *OLG Celle* VersR 1968, 153 (auch für den Fall, dass verschiedene Möglichkeiten des Unfallablaufs als Ursachen in Betracht kommen); *LG München* I VersR 1981, 545 = zfs 1981, 256.
350 Vgl. *BGH* NJW 1951, 360; *OLG Karlsruhe* VersR 1978, 771; – insoweit gelten ähnliche Grundsätze wie bei der Beweislage nach § 286 ZPO. Der Gegenbeweis ist bereits dann erbracht, wenn die Überzeugung des Gerichts von der zu beweisenden Tatsache erschüttert wird. dass sie als unwahr erwiesen wird oder sich auch nur eine zwingende Schlussfolgerung gegen sie ergibt, ist nicht erforderlich (*BGH* VersR 1979, 225 [L]; VersR 1983, 560); OLG Saarbrücken, ADAJUR-Dok.Nr. 88958; R+S 2010, 129; OLG Köln, ADA-JUR-Dok.Nr. 43579; VersR 2002, 1424.
351 Vgl. BGHZ 6, 169 = NJW 1952, 1137 = VersR 1953, 341; – ähnlich: *BGH* VersR 1953, 117; 1957, 252; VersR 1958, 228; NJW 1969, 277 = VersR 1969, 136; NJW 1969, 2136 = VersR 1969, 1123; *OLG Hamburg* VersR 1956, 718; *OLG Frankfurt/M.* VersR 1981, 51 = r+s 1981, 26.
352 Vgl. *BGH* NJW 1951, 195; DAR 1954, 256 = VRS 6, 341; VRS 21, 164; VersR 1962, 158; VersR 1962, 642 = VRS 23, 88; VersR 1966, 693 (bei Blendung durch ein entgegenkommendes Fahrzeug); *BAG* NJW 1967, 269 = VersR 1967, 169 = DAR 1967, 168 = VRS 32, 293; VersR 1967, 475 (bei voraufgegangener unvorhersehbarer Glatteisbildung); VersR 1967, 583 (Behinderung auf der Überholfahrbahn durch ausscherendes Kfz); VersR 1967, 974 (bei Anprall gegen einen in Fahrtrichtung stehenden Baum mit 1,1 ‰ BAK); VersR 1969, 636 (Zusammenstoß mit entgegenkommendem Kfz auf dessen Fahrbahnseite); *BGH* NJW 1978, 2032; *OLG Hamburg* 63, 1037; *OLG Nürnberg* VersR 1964, 1184; *OLG München* VersR 1970, 630 (bei Anprall gegen einen Begrenzungspfosten auf übersichtlicher Straße).
353 Vgl. BGHZ 4, BGHZ 58, 48 = VersR 27, 372; NJW 73, 1413 = VersR 1973, 619; VersR 1975, 540; VersR 1983, 985; *Weber* DAR 1984, 161.
354 Vgl. *BGH* VersR 1983, 985.
355 BGHZ 8, 239; VRS 22, 161 (Fahren gegen einen Straßenbaum); VersR 1958, 94 (Abkommen von einer Brücke, auf der Geschwindigkeitsbeschränkung angeordnet war); 1958, 566 (Fahren auf dem Bürgersteig);

erforderlichen Sorgfalt verletzt hat.³⁵⁶ Demgegenüber tritt die Annahme, dass derartige Kursabweichungen auch einmal durch technische Mängel des Fahrzeugs oder nicht zu vertretende Störungen der Reaktionsfähigkeit älterer Kraftfahrer oder durch Witterungseinflüsse eintreten können, an Wahrscheinlichkeit so zurück, dass sie zunächst nicht zu berücksichtigen sind. Es ist daher Sache desjenigen, der von der Fahrbahn abkommt, den zu seinen Lasten sprechenden Beweis des ersten Anscheins zu entkräften, wozu es nicht genügt, dass er nur bloße Möglichkeiten eines atypischen Geschehensablauf aufweist.³⁵⁷

122a Der beim Abkommen von der Fahrbahn für ein schuldhaftes Verhalten des Kfz-Führers sprechende Anscheinsbeweis kann jedoch entfallen, wenn Tatsachen bewiesen werden, aus denen sich die ernsthafte Möglichkeit einer plötzlichen Behinderung des Fahrers durch einen mitfahrenden Schäferhund ergibt.³⁵⁸ Der Beweis des ersten Anscheins findet auch dann zulasten des Kfz-Führers i. S. e. auf seiner Seite vermuteten Verschuldens Anwendung, wenn der Kraftfahrer aus der Kurve getragen wird³⁵⁹ oder auf sonstige Weise die Gewalt über das von ihm gelenkte Kfz verliert und dadurch – insbesondere auf glatter oder vereister Fahrbahn³⁶⁰ – ins Schleudern gerät.³⁶¹

1969, 895 (Abkommen von der Fahrbahn infolge Eisglätte); VersR 1971, 842 = DAR 1971, 240; *OLG Karlsruhe* NJW 1951, 195 (beim Abdriften auf den Bürgersteig); *OLG Düsseldorf* DAR 1954, 87 (Fahren gegen einen Baum); *OLG Hamburg* VersR 1956, 718; *KG* VersR 1976, 290 = DAR 1975, 331; *OLG Karlsruhe* VersR 1975, 865 (Aufprall gegen eine Leitplanke auf vereister Brücke); *OLG Celle* VersR 1985, 787 = VRS 69, 250 (leichte Unebenheiten auf der Autobahn beim Abkommen auf gerader Strecke); – vgl. jedoch: *BGH* VRS 24, 1 (3: kein Anscheinsbeweis bei fehlender Typizität).

356 *BGH* VersR 1971, 842 = VRS 41, 249; *KG* bei: *Darkow* DAR 1972, 141; VersR 1985, 369 = VRS 85, 29; *OLG Karlsruhe* VersR 1975, 865; *OLG Frankfurt/M.* VersR 1978, 828; *OLG Hamm* VersR 1978, 950; VRS 76, 112; *OLG Oldenburg* VersR 1978, 1149; *OLG Saarbrücken* DAR 1984, 149; *OLG Celle* VersR 1985, 787 = r+s 1985, 135 = VRS 69, 250 (der *BGH* hat die Revision nicht angenommen); *OLG Köln* VersR 1988, 1078; *LG Stuttgart* VersR 1984, 592; *LG Köln* r+s 1986, 203; *AG Osnabrück* r+s 1984, 259; *Hentschel* § 2 StVO Rn. 73.

357 *BGH* VersR 1959, 445 = DAR 59, 125; VersR 1966, 16, 250 (Müdigkeit); VersR 1966, 693 (Blendung durch entgegenkommendes Kfz); *BAG* NJW 1967, 269 = VersR 1967, 169 = DAR 1967, 18 = VRS 32, 293 (Abkommen von der Fahrbahn trotz einwandfreier Straße und guter Sichtverhältnisse); *BGH* DAR 71, 101 (Abkommen ohne erkennbare äußere Ursachen); VersR 1969, 636; VersR 1969, 895; VersR 1970, 284; VersR 1971, 842 = DAR 1971, 240 = VRS 41, 249; VersR 1984, 44; *OLG München* VersR 1967, 89 = DAR 1966, 298 = VRS 32, 93 (Föhneinwirkung); VersR 1970, 630 (übersichtliche Straße und normale Verkehrslage); *OLG Hamburg* VersR 1970, 188 (witterungsbedingte Straßenglätte); *OLG Schleswig* DAR 1971; 101 (ohne erkennbare äußere Umstände); VersR 1978, 353 (infolge Notbremsung von der Fahrbahn abgekommen); *OLG Stuttgart* VersR 1974, 502 (jähe Lenkradbewegung, verursacht durch ein Tier); *KG* VersR 1976, 290 = DAR 1975, 331; VRS 59, 162 (leichte Kurve); *OLG Frankfurt/M.* VersR 1978, 828 (Abkommen von der Fahrbahn ohne ersichtlichen Grund); *OLG Oldenburg* VersR 1978, 1148 (normale Straßenverkehrsverhältnisse); *OLG Hamm* VersR 1981, 788; *LG Stuttgart* VersR 1984, 592.

358 Vgl. *BGH* VersR 1984, 44 = zfs 1984, 67.

359 Vgl. *BGH* NJW 1963, 300 = VersR 1962, 1208 = VRS 24, 11 (Motorradfahrer mit Beifahrer stürzt in einer *Kurve*, die er mit einer Geschwindigkeit durchfahren hat, die hart an der Grenze der fahrtechnischen Möglichkeit liegt); VersR 1963, 955 (Kfz-Führer fährt zur *Nachtzeit* bei beginnendem Tropfregen mit 70 km/h durch eine Kurve und prallt anschließend gegen einen Baum); *OLG Celle* VersR 1974, 1226 (L: Doppelkurve); *OLG Düsseldorf* VersR 1975, 615; *KG* bei: *Darkow* DAR 1970, 141; VersR 1976, 291.

360 *BGH* VersR 1963, 585 (Lastzug gerät auf vereister Straße ins Schleudern); VersR 1967, 882 (Schleuderbewegung beim starken Bremsen auf vereister Fahrbahn); VersR 1969, 985 (Eisglätte); VersR 1971, 842 = DAR 1971, 240 (Eisregen und Schneematsch); *OLG Düsseldorf* VersR 1975, 150; VersR 1982, 777; *OLG Schleswig* VersR 1975, 1132; *OLG Hamm* VersR 1978, 950 (vgl. jedoch: *OLG Hamm* v. 5.11.1970 VRS 40, 354; zweifelnd bei Aquaplaning; *KG* VersR 1982, 777 (schneeglatte Straße); OLG Celle, ADAJUR-Dok.Nr. 54006; PVR 2002, 335 (LS) m. Anm.

361 Vgl. *BGH* VersR 1960, 523; VersR 1963, 955; VersR 1970, 284; VersR 1971, 439; LG Mainz, ADAJUR-Dok.Nr. 68278; VRundSch 25/06, 59.

Fährt ein Verkehrsteilnehmer auf der linken Spur einer Autobahn auf den »Vordermann« auf, der 122b
kurz davor die Spur gewechselt hat, um einen anderen Pkw zu überholen, haften beide Unfallparteien
zu gleichen Teilen, wenn die ernsthafte Möglichkeit besteht, dass der Überholende die Sorgfaltsanforderungen des § 5 Abs. 4 StVO nicht eingehalten hat.[362] Zwar spricht der Anscheinsbeweis gegen
den auffahrenden Hintermann. Jedoch ist der Anscheinsbeweis nicht erst dann erschüttert, wenn ein
atypischer Unfallverlauf in einer den Anforderungen des § 286 ZPO entsprechenden Weise feststeht.
Vielmehr reicht es zur Widerlegung des dem Anscheinsbeweis zugrunde liegenden Erfahrungssatzes
aus, wenn aufgrund erwiesener Tatsachen die Möglichkeit besteht, dass sich der Unfall durch einen
atypischen Verlauf ereignet haben mag. Gemäß § 5 Abs. 4 StVO muss sich derjenige, der zum Überholen ausscheren will, so verhalten, dass eine Gefährdung des nachfolgenden Verkehrs ausgeschlossen ist. Die Haftung ist deshalb zu gleichen Teilen gegeben.

Ereignet sich ein Unfall beim Überholen, so richtet sich die Frage, ob im Verhältnis zwischen eingeholtem und überholendem Fahrzeug der Anscheinsbeweis für ein Verschulden des überholenden 123
Fahrers spricht, nach den Umständen, die dem konkreten Einzelfall sein ganz spezielles Gepräge gegeben haben.[363]

Wer ein anderes Fahrzeug in einem Zeitpunkt überholen will, in dem dieses selbst ein drittes Kfz 123a
überholt,[364] ist zu besonderer Aufmerksamkeit und Vorsicht verpflichtet. Die bloße Einleitung
und Durchführung einer Doppelüberholung begründet keinen Beweis des ersten Anscheins für
ein Verschulden des Doppelüberholers.[365]

Gerät ein Kleinwagen bei dem Versuch, auf nasser Straße ein Motorrad zu überholen, in den Schie- 123b
nenbereich der Straßenbahn so liegt kein typischer Geschehensablauf vor, der auf eine fehlerhafte
Fahrweise des Motorradfahrers hindeutet.[366]

Wenn feststeht, dass ein einem anderen Fahrzeug nachfolgender Kfz-Führer trotz Annäherung ent- 123c
gegenkommender Pkw auf die für ihn linke Straßenseite hinübergefahren ist, so spricht die Lebenserfahrung dafür, dass er in dieser Verkehrssituation zur Unzeit überholt und daher nicht die erforderliche Sorgfalt beachtet hat.[367] Dasselbe gilt, wenn ein Pkw während oder kurz nach Durchführung
eines Überholungsvorganges auf vereister Straße ins Schleudern gerät. Bei diesen Fällen muss man
berücksichtigen, dass der überholende Verkehrsteilnehmer sich regelmäßig in eine Ausnahmesituation begibt und daher schon deshalb zu ganz besonderer Umsicht und Sorgfalt verpflichtet ist. Aus
der Tatsache, dass ein Kfz-Führer bei Glatteis keine Kontrolle mehr über sein Kfz hat, kann darauf
geschlossen werden, dass er für die zu diesem Zeitpunkt herrschenden Straßenbedingungen zu
schnell gefahren ist oder bei einer Lenkbewegung den Glatteisbedingten schlechten Straßenzustand
nicht berücksichtigt hat.[368] Bei winterlichen Straßenbedingungen hat ein Kfz-Führer, vor allem bei

---

362 *OLG Saarbrücken* Urt. v. 19.7.2005, Az. 4 U 290/04–31/05, ADAJUR-Dok.Nr. 66996; OLG Saarbrücken, ADAJUR-Dok.Nr. 84235; NJW-RR 2010, 323.
363 Vgl. *OLG Stuttgart* VersR 1970, 427 (Auffahren des Überholenden auf ein voraufgefahrenes Kfz); *OLG Koblenz* r+s 1985, 56; *OLG Düsseldorf* r+s 1986, 41 (L); *OLG Karlsruhe* r+s 1988, 7.
364 Oder an einem haltenden bzw. fast haltenden Fahrzeug vorbeifährt.
365 Vgl. *OLG Nürnberg* VersR 1962, 1115; *OLG Karlsruhe* ADAJUR-Dok.Nr. 4998; *OLG Saarbrücken* ADAJUR-Dok.Nr. 84235; *LG Leipzig* ADAJUR-Dok.Nr. 80421.
366 Vgl. *BGH* VersR 1965, 813 (Anm.: dieser Aussage ist sicherlich zuzustimmen, da nicht erkennbar ist, in welcher Weise der Motorradfahrer als eingeholter Verkehrsteilnehmer diesen Unfall hätte vermeiden können. Andererseits dürfte jedoch dem überholenden Kleinwagenfahrer nach den Grundsätzen des Anscheinsbeweises ein schuldhaftes Fehlverhalten zur Last fallen, weil allgemein bekannt ist, dass das Einfahren in den Schienenbereich insbesondere dann Gefahren mit sich bringt, wenn dafür ein zu spitzer Winkel gewählt oder der recht unterschiedliche Reibungskoeffizient zwischen Schiene und Straße nicht beachtet wird).
367 Vgl. *LG München* II SP 2006, 305 = ADAJUR-Dok.Nr. 72168; *OLG Celle* DAR 2007, 152; *LG Potsdam* SP 2006, 415 = ADAJUR-Dok.Nr. 72740; *AG Euskirchen* SP 2005, 225 = ADAJUR-Dok.Nr. 64400.
368 *OLG Frankfurt/M.* Urt. v. 18.11.2004, Az. 26 U 53/04, zfs 2005, 180; *AG Karlsruhe* Urt. v. 23.2.2001, Az 1 C 358/00, ADAJUR-Dok.Nr. 67116.

bergab führenden Straßen, immer im Auge zu behalten, dass die anderen auf dieser Strecke befindlichen Kfz-Führer ebenfalls der Gefahr des Kontrollverlustes ausgesetzt sind. Er muss daher immer damit rechnen, dass ein Vorausfahrender aufgrund der winterlichen Straßenbedingungen auch bei kleinsten Fahrungenauigkeiten die Beherrschung über sein Kfz verliert. Der Nachfahrende ist daher im Zweifel angehalten, mit Schrittgeschwindigkeit zu fahren.

123d Ein Überholungsvorgang darf nur eingeleitet und fortgesetzt werden, wenn der Überholende überzeugt sein darf, ihn gefahrlos beenden zu können.[369] Wer überholen will, muss sich umfassende Gewissheit darüber verschaffen, dass er allen während der Durchführung seines Vorhabens etwa auftretenden Gefahren sicher begegnen kann.

123e Der Anscheinsbeweis findet insbesondere dann zulasten des Überholenden Anwendung, wenn dieser sich in zu knappem Abstand vor den eingeholten Verkehrsteilnehmer setzt und dieser infolgedessen auffährt.[370]

124 Stößt ein nach links abbiegender Verkehrsteilnehmer auf der Fahrbahnhälfte des Gegenverkehrs mit einem entgegenkommenden Kfz zusammen, spricht der Beweis des ersten Anscheins dafür, dass der abbiegende Kraftfahrer es an der erforderlichen Sorgfalt hat fehlen lassen und daher diesen Unfall verschuldet hat.[371] Insoweit handelt es sich bei rechtlich wertender Betrachtung um einen an anderer Stelle ausführlich dargestellten Vorfahrtsfall, weil – zumindest auf erste Sicht (prima facie) – davon auszugehen ist, dass der Linksabbieger seiner im Verhältnis zum Gegenverkehr nach § 9 Abs. 3 StVO begründeten Wartepflicht nicht genügt hat.[372] Die Betriebsgefahr eines Kraftfahrzeugs, das nach links abbiegt, ist gegenüber derjenigen eines unter normalen Umständen geradeaus fahrenden Fahrzeugs erhöht.[373] Bestehen für den Linksabbieger erschwerte Sichtverhältnisse auf den Gegenverkehr, führt dies zu einer weiteren Erhöhung der Betriebsgefahr. Das Vertrauen des Verkehrs darauf, bei Dunkelheit nur beleuchteten Fahrzeugen zu begegnen, besteht laut *BGH* nur in Grenzen. Insbesondere kommt auch dieser Vertrauensgrundsatz demjenigen nicht zugute, der sich selbst über die Verkehrsregeln hinwegsetzt und zu schnell ist.

124a Von einem Vorfahrtsverzicht darf nur dann ausgegangen werden, wenn der Vorfahrtsberechtigte sich nachweisbar gegenüber dem Wartepflichtigen in der Weise verständlich gemacht hat – z. B. durch Betätigen der Lichthupe – dass er auf sein Vorfahrtsrecht verzichten werde.[374] Ein bloßes Stehen bleiben des Vorfahrtsberechtigten kann nicht als solcher Verzicht gedeutet werden, sofern keine wahrnehmbare Verständigung stattgefunden hat. Kommt es zu einem Unfall, da der Wartepflichtige vor den anhaltenden Vorfahrtsberechtigten einfährt und ihn dieser nicht bemerkt hat, so liegt kein Mitverschulden des Vorfahrtsberechtigten vor, soweit der Wartepflichtige seine Absicht abzubiegen in keiner Weise zuvor verständlich gemacht hat.

124b Ein Linksabbieger, der vom Fahrer eines in Gegenrichtung zum Stehen gekommenen Kfz ein Zeichen zum Durchfahren erhält, hat sich langsam und mit der Möglichkeit eines jederzeit sofortigen Anhaltens vorzutasten. Nach dem Beweis des ersten Anscheins hat der Linksabbieger dieser Sorgfalts-

---

369 Vgl. *OLG Celle* DAR 2007, 152 = ADAJUR-Dok.Nr. 70753; *Richter* SVR 2006, 307.
370 Vgl. *BGH* VersR 1965, 88; *OLG Bamberg* VersR 1971, 769; *OLG Frankfurt/M.* VersR 1973, 719; *OLG Celle* VersR 1975, 265; *OLG Hamburg* VersR 1975, 911; *OLG Düsseldorf* VersR 1976, 298 (L); *OLG Bremen* VersR 1976, 571; *OLG Köln* VersR 1978, 143; *LG Leipzig* ADAJUR-Dok.Nr. 80421; NZV 2008, 514 m. Anm. *Metz*; *Wussow* Anscheinsbeweis für Verschulden des Auffahrenden bei Auffahrunfall, WI 2005, 194.
371 Vgl. *OLG Düsseldorf* DAR 1970, 271; VersR 1976, 1135; *OLG Celle* VersR 1978, 94 (LS); *LG Darmstadt* 1 O 345/76 v. 17.10.1977 (n. v.: beim Zusammenstoß eines Linksabbiegers mit einem Teilnehmer am Geradeausverkehr spricht der Anscheinsbeweis für eine schuldhafte Verletzung der Vorfahrt des Geradeausverkehrs); *OLG Düsseldorf* NZV 2006, 415.
372 Wegen näherer Einzelheiten dazu vgl. *Hentschel* § 9 StVO Rn. 39.
373 *BGH* Urt. v. 11.1.2005, Az. VI ZR 352/03, DAR 2005, 260.
374 *KG* Urt. v. 9.2.2004, Az. 12 U 233/02, NZV 2004, 576.

pflicht nicht genügt, wenn er mit einem Fahrzeug des Gegenverkehrs zusammenstößt, nachdem er zwei bis drei Meter in dessen Fahrbahn eingefahren ist.[375]

V. Beweiswürdigung

Gem. § 286 ZPO i. V. m. § 287 ZPO hat das Prozessgericht die Befugnis der freien Beweiswürdigung. Das Gericht kann unter Berücksichtigung des gesamten Inhalts der Verhandlungen und des Ergebnisses einer Beweisaufnahme nach freier Überzeugung darüber entscheiden, ob die Anspruchsbegründenden Behauptungen als bewiesen gelten sollen und in welcher Höhe ein zu ersetzender Schaden entstanden ist. Dabei ist zu berücksichtigen, dass der strengen Beweisführung nach § 286 ZPO die sog. haftungsbegründende Kausalität unterliegt, während für die sog. haftungsausfüllende Kausalität die Beweiserleichterung des § 287 ZPO (Freibeweis) in Betracht kommt.[376] Insoweit genügt es für die Bejahung des Haftungsgrundes, dass der Schädiger auf das Rechtsgut des Verletzten in einer Weise eingewirkt hat, die nachteilige Folgen auslösen kann.[377] Im Zusammenhang mit der Frage, ob ein Verkehrsunfall eine HWS-Verletzung auslösen kann, gelten laut *BGH* die strengen Anforderungen des Vollbeweises gem. § 286 ZPO. Die Frage, ob sich die Person, die Schadenersatz geltend macht, tatsächlich eine Verletzung zugezogen hat bei dem Unfall, betrifft den nach dieser Vorschrift zu führenden Nachweis der haftungsbegründenden Kausalität.[378] Die nach § 286 ZPO erforderliche Überzeugung des Richters erfordert laut *BGH* allerdings keine absolute oder unumstößliche Gewissheit und auch keine »an Sicherheit grenzende Wahrscheinlichkeit«. Erforderlich ist »ein für das praktische Leben brauchbarer Grad von Gewissheit, der Zweifeln Schweigen gebietet«.[379] 125

An die Feststellungen des Tatrichters zur haftungsausfüllenden Kausalität sind laut *BGH* bei der Würdigung des Beweises nicht so hohe Anforderungen zu stellen wie bei der haftungsbegründenden Kausalität. So genügt es, je nach Lage des Einzelfalles, eine höhere oder deutlich höhere Wahrscheinlichkeit für die Überzeugungsbildung.[380] 125a

Es müssen also stets genügend tatsächliche Gesichts- und Anhaltspunkte vorgetragen werden, die unter Einbeziehung der Lebenserfahrung und der Denkgesetze eine umfassende, sachgerechte Meinungsbildung ermöglichen. Dabei sollte man stets bedenken, dass der Gegenbeweis im Rahmen des Freibeweises nach §§ 286 ff. ZPO bereits dann geführt ist, wenn die Überzeugung des Gerichts von den zu beweisenden Tatsachen erschüttert wird; dass sie als unwahr erwiesen wird oder sich auch nur eine zwingende Schlussfolgerung gegen sie ergibt, ist jedoch insoweit nicht erforderlich.[381] 125b

Man sollte daher bereits bei außergerichtlichen Verhandlungen im Hinblick auf die Beweisfrage keinen allzu formalistischen Standpunkt einnehmen und insoweit stets berücksichtigen, dass im Fall eines (nachfolgenden) Prozesses das erkennende Gericht unabhängig von bestimmten Beweislastregeln weitestgehend frei entscheiden[382] kann. Der Vortrag des Geschädigten, der möglicherweise den endgültigen Beweis nicht zu führen und letzte Zweifel nicht mit absoluter Sicherheit zu zerstreuen vermag, wird dem Gericht oftmals hinreichend glaubhaft erscheinen. So verpufft oft der – in dieser Weise angelegte – »Überraschungseffekt«, der darin besteht, im Fall einer als nahe liegend 126

---

375 Vgl. dazu *AG Schweinfurt* VersR 1980, 880.
376 Vgl. dazu *BGH* NJW 1968, 985 = VersR 1968, 646; BGHZ 4, 192; BGHZ 58, 48 = VersR 1972, 372; VersR 1973, 619; VersR 1975, 540; VersR 1983, 985; NJW 1986, 2945 (2946) = DAR 1986, 356; VersR 1987, 310; MüKo/*Grunsky* § 254 Rn. 67; *Arens* ZZP 1988, 1 (44 ff.).
377 Vgl. dazu *BGH* VersR 1983, 985.
378 BGHZ 4, 192; VersR 1968, 850; VersR 1975, 540; VersR 1987, 310, jeweils m. w. N.).
379 Vgl. BGHZ 53, 245; VersR 1977, 721; NJW 1989, 2948.
380 *BGH* Urt. v. 21.10.1986, Az. VI ZR 15/85, DAR 2004, 301 bei *Diederichsen*; BGH, ADAJUR-Dok.Nr. 63831; DAR 2005, 441; so auch *AG Berlin-Mitte* Urt. v. 16.8.2004, Az. 13 C 3366/02, ADAJUR-Dok. Nr. 64155; OLG Celle, ADAJUR-Dok.Nr. 42973; ZFS 2001, 308 zu HWS- Distorsion.
381 Vgl. dazu *BGH* VersR 1979, 225; VersR 1983, 560.
382 Vgl. dazu: *BGH* DAR 1983, 277 = zfs 1983, 260.

angenommenen Schadenausgleichung nach § 17 StVG dem anderen Teil durch frühzeitige Klagerhebung zuvorzukommen, um den eigenen Kraftfahrer als Zeugen einzusetzen und den auf der Gegenseite beteiligten Kraftfahrer durch Rückgriff auf dessen Gesamtschuldhaftung in eine Parteirolle zu drängen.

127 Das Gleiche gilt für den Fall, dass während des Prozesses statt der an sich möglichen und im Wesentlichen risikoloseren Aufrechnung Widerklage[383] mit dem alleinigen Ziel erhoben wird, den Kraftfahrer der Gegenseite aus dem Zeugenstand zu drängen. Erfahrene Richter pflegen in diesen Fällen – unabhängig von der mehr oder minder zufälligen Parteistellung[384] oder Zeugenrolle – die Darstellung der beteiligten Fahrzeugführer nur mit der gebotenen Zurückhaltung[385] zu verwerten[386] und ihnen den Rang einer bestrittenen Parteibehauptung zuzuweisen. Dies gilt insbesondere dann, wenn es sich bei dem »Zeugen« um den beteiligten Fahrzeugführer[387] oder um seinen Ehegatten[388] handelt. Der Fahrzeugführer, der zugleich auch -halter ist, wird im Allgemeinen seine eigenen persönlichen Belange im Auge behalten. Dies gilt sowohl in zivilrechtlicher als auch in strafrechtlicher (bußgeldrechtlicher) Hinsicht. Ehegatten bilden eine wirtschaftliche Einheit, wobei es auf das Eigentum am beschädigten Kfz nicht einmal entscheidend ankommt. Die Lebenserfahrung zeigt, dass mit Rücksicht auf die Verflechtung der eigenen Interessenlage von derartigen »Zeugen« vernünftigerweise eine völlig unbefangene und objektive Darstellung kaum zu erwarten ist.

127a Es gibt andererseits jedoch auch keinen allgemeingültigen Erfahrungssatz des Inhalts, dass der Aussage eines Ehegatten allein deswegen kein Beweiswert beigemessen werden kann, weil er am gemeinsamen Lebensstandard partizipiert und u. U. als Verletzter am Ausgang des Rechtsstreits selbst interessiert ist.[389]

127b Es verstößt gegen den Grundsatz der freien Beweiswürdigung, den Aussagen von Insassen Unfallbeteiligter Kraftfahrzeuge (sog. »Beifahrerrechtsprechung«) oder von Verwandten oder Freunden

---

383 Ein Streitgenosse des Klägers kann innerhalb der Widerklage ohnehin dann nicht als Zeuge vernommen werden, wenn er Wahrnehmungen bekunden soll, die auch für die Klage von wesentlicher Bedeutung sind (*KG* OLGZ 1977, 244). Demgegenüber vertritt das *KG* (12 U 2382/80 v. 4.12.1980, n. v.) die Auffassung, sobald die gegen einen gewöhnlichen Streitgenossen gerichtete Klage abgewiesen und die dagegen vom Kläger eingelegte unselbstständige Anschlussberufung zurückgenommen sei, könne dieser Streitgenosse unbeschadet der im Urt. des Berufungsgerichts noch festzustellenden Kostenfolge des § 515 Abs. 3 ZPO im weiteren Berufungsverfahren als Zeuge vernommen werden.
384 Soweit es sich um den *Streitgenossen* als *Zeugen* handelt, vgl. ergänzend *Schneider* MDR 1982, 372.
385 Vgl. *OLG München* zfs 1984, 130.
386 Vgl. *OLG München* VersR 1982, 678 = zfs 1982, 225; *LG Darmstadt* zfs 1983, 193; *AG St. Ingbert* zfs 1982, 225; *AG Hamburg* zfs 1983, 129.
387 Wegen näherer Einzelheiten dazu vgl. *OLG* Hamburg VersR 1975, 911 (in jenem Fall handelt es sich um einen Geschäftspartner und Freund des Fahrzeugführers, der diesem aus Gefälligkeit sein Kfz mehrere Tage zum Gebrauch überlassen hat); *OLG Frankfurt/M.* VersR 1978, 573 (L: auf die Aussagen des Kraftfahrers können keine eindeutigen Feststellungen gegründet werden, da dieser Zeuge selbst als Fahrer an dem Unfall beteiligt war und daher von ihm seine gänzlich unbefangene Unfallschilderung nicht verlangt werden kann); VersR 1979, 265 (die Glaubwürdigkeit eines Fahrzeugführers steht nicht schon im Hinblick auf das Regressrecht seines Dienstherrrn/Arbeitgebers infrage, wenn Vorsatz oder grobe Fahrlässigkeit nicht erwiesen sind); VersR 1979, 725 (LS: keine Bedenken gegen die Glaubwürdigkeit der Aussagen eines unfallbeteiligten Fahrzeugführers, wenn für seine mögliche Inanspruchnahme des Zeugen durch den Dienstherrn keine konkreten Anhaltspunkte vorhanden sind). Vgl. dazu ergänzend auch *KG* bei: *Darkow* DAR 1971, 141.
388 *KG* VRS 53, 253 (an die Aussage des Ehegatten sind im Rahmen der freien Beweiswürdigung strenge Maßstäbe anzulegen); so auch VRS 77, 771 (es gibt keinen allgemeinen Erfahrungssatz des Inhalts, dass der Zeugenaussage deswegen kein Beweiswert beigemessen werden kann, weil die Zeugin als *Ehefrau* und zugleich auch *Verletzte* am Ausgang des Rechtsstreits wirtschaftlich selbst interessiert ist); *LG Frankfurt/M.* zfs 1983, 193; *AG Köln* VersR 1980, 272 = zfs 1980, 147; zfs 1982, 106; *AG St. Ingbert* zfs 1982, 225.
389 *BGH* NJW 1974, 2283; NJW 1988, 566 m. Anm. *Walter; KG* VRS 53, 253; vgl. *Diehl* zfs 2002, 335.

der Unfallbeteiligten nur für den Fall Beweiswert zuzuerkennen, dass sonstige objektive Gesichtspunkte für die Richtigkeit der Aussagen sprechen. Es gibt keinen Erfahrungssatz des Inhalts, dass die Aussagen von Insassen Unfallbeteiligter Kraftfahrzeuge stets von einem »Solidarisierungseffekt« beeinflusst und deshalb grundsätzlich unbrauchbar sind.[390]

Das *LG Köln*[391] meint dazu, es entspreche der Erfahrung, dass Zeugen, die selbst in das Unfallgeschehen verwickelt sind und darin möglicherweise ursächlich beteiligt waren, dieses Geschehen so gut wie nie objektiv richtig wiedergeben. Das *LG Köln* legt Wert auf die Feststellung, dass seine Aussage nicht im Gegensatz zur Auffassung des *BGH*[392] steht.[393] 127c

Dies gilt insbesondere für den Fall, dass es sich bei dem Zeugen um einen nahen Verwandten einer der Prozessparteien handelt. Dazu führt das *AG Augsburg*[394] aus, die Aussage der Zeugin K. stelle »im Wesentlichen eine verdoppelte Parteibehauptung dar, wie auch nicht anders zu erwarten. Sie ist die Tochter des Klägers und hat deswegen ein Interesse daran, den durch ihre Mitwirkung veranlassten Eigenschaden zu vermeiden.« 127d

Andere Grundsätze können dann gelten, wenn die Darstellung des Unfallbeteiligten oder des in den Interessenbereich eines Beteiligten einbezogenen Zeugen nicht für sich allein steht, sondern durch weitere Beweismittel, zumindest aber -anzeichen, gestützt wird und damit entscheidend an Gewicht gewinnt.[395] 128

Wenn man sich dieser Grundsätze bewusst ist und die Darstellung der unmittelbar oder auch nur wirtschaftlich Beteiligten mit der gebotenen Zurückhaltung wertet, dann bedarf es im Einzelfall nicht der Untersuchung, ob eine aus beweistaktischen Gründen etwa erhobene Widerklage unter Berücksichtigung der auch im Prozess geltenden Grundsätze von Treu und Glauben (§ 242 BGB) zulässig ist. Der Aussage einer Zeugin, die Zedentin und gleichzeitig auch Ehefrau des Klägers sowie Unfallbeteiligte ist und damit ein erhebliches wirtschaftliches Interesse am Ausgang des Rechtsstreits hat, kann kein größerer Beweiswert zugemessen werden als der anderslautenden – diametral Entgegengesetzten – Aussage des anderen Unfallbeteiligten. 129

Ebenfalls mit der gebotenen Zurückhaltung ist die Darstellung von Zeugen zu werten, die sich im Unfallzeitpunkt als Insassen[396] in einem der beteiligten Kraftfahrzeuge – insbesondere Pkw – befunden haben. Hier ist die Möglichkeit einer »Gruppensolidarisierung« nicht auszuschließen. Dabei handelt es sich um eine unbewusste Identifikation mit der Sache des Betroffenen, mithin um das Parteiergreifen aus subjektiv lauterer Überzeugung, das sich nach der Erfahrung von Verkehrsrichtern bei Beifahrern häufig findet.[397] Kann der Beweis für das Verschulden eines Beteiligten an einem Unfall nicht erbracht werden, beträgt die Haftungsquote laut *AG Berlin-Mitte* für beide Parteien je 50 %.[398] Die Zeugenaussagen von Mitfahrern sind nicht als neutrale Beobachtungen zu werten. Als Beifahrer hat ein Zeuge keine neutrale Stellung und hat – möglicherweise unbewusst – die für den 130

---

390 BGH NJW 1974, 2283; NJW 1988, 566 (m. Anm. v. *Walter* NJW 1988, 566; *Greger* NZV 1988, 13 und *Reinicke* MDR 1989, 114) = DAR 1988, 54; KG, ADAJUR-Dok.Nr. 83330; MDR 2009, 680; *Widemann* Würdigung der Aussagen von Fahrern und Insassen von Unfallbeteiligten Kraftfahrzeugen, DAR 2006, 355.
391 Vgl. dazu: *LG Köln* NZV 1988, 28 (29).
392 Vgl. dazu: *BGH* NJW 1988, 566 = VersR 1988, 416 = DAR 1988, 54.
393 Vgl. dazu soweit es sich um den Beweiswert der Aussage des Beifahrers handelt, *Greger* NZV 1988, 13; s. a. *Widemann* DAR 2006, 355.
394 *AG Augsburg* zfs 1983, 26.
395 *LG Frankfurt/M.* VersR 1970, 1037; *LG Rottweil* VersR 73, 872.
396 Vgl. dazu: *OLG Hamburg* VersR 1970, 452 (LS); *OLG München* zfs 1983, 258 (Neffe); *LG Darmstadt* zfs 1983, 193; *LG Frankfurt/M.* zfs 1983, 193; *AG Augsburg* zfs 1983, 226; *AG München* VersR 1986, 793.
397 *OLG Hamburg* MDR 1970, 337; *LG Hamburg* zfs 1987, 322; *E. Schneider* MDR 1975, 297 (der in diesem Zusammenhang vom »Phänomen der Gruppensolidarität« spricht).
398 *AG Berlin-Mitte* Urt. v. 16.6.2005, ADAJUR-Dok.Nr. 66842.

Fahrzeugführer günstige Unfallversion wiedergegeben, auch wenn sie nicht mit den Tatsachen übereinstimmt.

130a Aus ebenso nahe liegenden wie menschlich verständlichen Gründen kann man auch von diesem Personenkreis nicht immer eine völlig unbefangene und objektive Sachdarstellung erwarten. Insassen sagen erfahrungsgemäß zugunsten des betreffenden Fahrers »ihres« Pkw aus. Dies bestätigt eindeutig die gerichtliche Praxis. Der Beifahrer erlebt den Unfall in etwa aus derselben Sicht wie der Kraftfahrer, in dessen Fahrzeug er sitzt. Schon deshalb gleichen seine Eindrücke oft denen des Fahrzeugführers.[399] Ist der Insasse auch noch mit dem Lenker des Fahrzeugs verbunden, sei es familiär oder beruflich, so erzeugt dies ein gewisses Zusammengehörigkeitsgefühl, das ebenfalls geeignet ist, auf den Inhalt der Aussage Einfluss zu nehmen. Alle diese Gesichtspunkte erschweren den im Innern eines Fahrzeugs sitzenden Personen die richtige Beurteilung der zum Unfall führenden Ereignisse noch stärker als bei Menschen, die außerhalb des Fahrzeugs einen Unfall miterlebt haben. Diese Fehlerquellen brauchen nicht einmal zu bewusst falschen Aussagen zu führen.[400] Allgemein wird daher die Auffassung vertreten, dass mit Rücksicht auf die enge Interessenbindung zum Fahrer oder Halter des Kfz und die hinzukommenden ungünstigen Wahrnehmungsmöglichkeiten der Beweiswert der Aussagen von Zeugen, die sich als Insassen in einem Kfz befunden haben, i. d. R. nur gering[401] ist. Im Rahmen der freien tatrichterlichen Beweiswürdigung ist unter diesen Umständen an die Prüfung der Glaubwürdigkeit einer derartigen Aussage ein ganz besonders strenger Maßstab anzulegen.[402] Kann weder aufgrund objektiver Kriterien, noch aufgrund der unterschiedlichen Schilderung der Zeugen zum Randgeschehen, ermittelt werden, welcher der beiden sich widersprechenden Zeugen glaubwürdig ist, so kann dem Zeugen gefolgt werden, der am Ausgang des Rechtsstreits das geringere wirtschaftliche Interesse hat.[403] Dies gilt insbesondere bei zwei Zeugen, deren Schilderung der Geschehnisse in vollem Umfang konträr sind. War ein Zeuge nicht nur Fahrer des klägerischen Pkw, sondern ist er auch der Sohn der Halterin des klägerischen Pkw und ist der andere Zeuge mit der anderen Unfallbeteiligten befreundet, hat aber keinerlei wirtschaftlichen Interessen am Ausgang des Verfahren, muss diesem gefolgt werden, da er weniger am Ausgang des Rechtsstreits interessiert ist, als der andere Zeuge. Es gibt im Übrigen keinen Rechtsgrundsatz, dass Zeugen, die Mitfahrer waren, unglaubwürdig sind.

131 Die Schnelligkeit des Geschehensablaufs, die Schwierigkeiten der Beobachtung und die mögliche Angst- und Abwehrreaktion Unfallbeteiligter – kurz: die Gesichtspunkte, die zu affektiv bedingten Verschiebungen der Wahrnehmungsfähigkeit und Erinnerungsmöglichkeit führen können – sowie die Möglichkeit bewusster oder unbewusster Solidarisierung von Fahrzeuginsassen mit dem Fahrer oder dem Verdrängen eigenen Fehlverhaltens durch den Unfallbeteiligten Fahrer sind zwar wichtige Gesichtspunkte, die bei der Würdigung von Zeugenaussagen über Verkehrsunfälle zu berücksichtigen sind. Sie führen jedoch nicht zu einer allgemeinen Regel, dass Fahrer und Beifahrer als Zeugen grundsätzlich nicht den vollen Beweis für einen bestimmten Unfallhergang erbringen können; maßgeblich sind und bleiben stets die konkreten Umstände, die dem Einzelfall sein ganz spezielles Gepräge gegeben haben.[404]

132 Zurückhaltung bei der Beweiswürdigung ist auch dann geboten, wenn es sich bei den Zeugen um Insassen von Nutzfahrzeugen, insbesondere um Arbeitskollegen[405] handelt. Gerade dieser Personen-

---

399 Dies gilt insbesondere für den Fall, dass die auf diese Weise verbundenen Personen, wie nach der Lebenserfahrung zu erwarten ist, sich später ausführlich über das betreffende Schadensereignis unterhalten haben; a. A. *KG* ADAJUR-Dok.Nr. 83330.
400 *OLG Hamburg* MDR 1970, 337; VersR 1975, 911; *OLG München* NJW 1982, 708 = VersR 1982, 678; *LG Rottweil* VersR 1973, 82 (vom Kraftfahrer einer öffentlich-rechtlichen Köperschaft).
401 *OLG Hamburg* MDR 1970, 337; *KG* VRS 53, 253; *LG Weiden* VersR 1972, 1036 (LS); *E. Schneider* VersR 1977, 687 ff. (692).
402 *KG* VersR 1977, 771 = VRS 53, 253.
403 *AG München* Urt. v. 28.6.2001, Az. 315 C 8098/01, ADAJUR-Dok.Nr. 45629.
404 *BGH* DAR 1988, 54; *OLG München* NJW 1982, 708.
405 Also Fahrer und Beifahrer; vgl. *Foerste* Parteiische Zeugen im Zivilprozess, NJW 2001. 321.

kreis entwickelt nach der Lebenserfahrung bei der späteren Beurteilung von Sachverhalten unter dem Gesichtspunkt einer – falsch verstandenen – Kameraderie einen ganz erheblichen Solidarisierungseffekt.

Diese Einschränkungen gelten jedoch regelmäßig dann nicht, wenn es sich bei den Insassen um Fahrgäste eines öffentlichen Massenverkehrsmittels[406] handelt. Diesem Personenkreis kann man grundsätzlich nicht unterstellen, dass er enge Bindungen zum Fahrer oder Halter des betreffenden Fahrzeuges hat und deswegen befangen ist. Diese Fahrgäste stehen – insbesondere soweit es sich um Teilnehmer am Linienverkehr handelt – im Unfallzeitpunkt zum Fahrer oder Betriebsunternehmer des Beförderungsmittels lediglich in einem durch den Zufall lose gefügten Vertragsverhältnis, das auf den beweiserheblichen Sachverhalt im Allgemeinen ohne Bezug und Bedeutung ist und nach Erreichen des Beförderungszieles endet. Derartige Zeugen, denen man auch nicht ohne Weiteres einen »Solidarisierungseffekt« unterstellen kann, werden i. d. R. am Ausgang der Regulierungsverhandlungen oder eines etwaigen Prozesses kein eigenes Interesse haben. **132a**

Polizeibeamte werden i. d. R. mit berufsmäßig geschultem Blick für das Wesentliche ihre Beobachtungen treffen. Es kann infolgedessen davon ausgegangen werden, dass gerade Polizeibeamte aufgrund ihrer Ausbildung im Allgemeinen besser als ein ungeschulter Beteiligter in der Lage sind, einen Unfallhergang objektiv zu erfassen und zu schildern. Dies gilt umso mehr, als Polizeibeamte im Allgemeinen dem insoweit relevanten Tatbestand nicht nur aufgeschlossen, sondern überdies auch unbefangen gegenüberstehen. Andere Grundsätze werden nur dann zu gelten haben, wenn ihre eigene Sachkompetenz oder Beobachtungsfähigkeit zur Debatte steht. Sehr wahrscheinlich hat diese Erwägung dem *OLG Koblenz*[407] Veranlassung zu der Auffassung gegeben, bei der Feststellung des zulässigen Gesamtgewichts eines Lkw stellten Polizeibeamte, die das betreffende Fahrzeug zuvor angehalten und kontrolliert haben, kein geeignetes Beweismittel dar. Das *OLG Karlsruhe*[408] weist ebenfalls darauf hin, dass ein Polizeibeamter kraft seines Berufes zu einer sorgfältigen Unfallaufnahme verpflichtet ist. Dass er sich im Zeitpunkt seiner Vernehmung in Untersuchungshaft befunden habe, spreche für sich allein noch nicht gegen die Glaubwürdigkeit seiner Angaben. **133**

Wird dem als Zeugen in der Hauptverhandlung aussagenden Polizeibeamten sein Einsatzbericht vorgehalten, so ist laut *OLG Jena* nur die darauf erfolgte Erklärung als Beweis zu verwerten.[409] Der Einsatzbericht in seinem vollen Wortlaut muss durch Verlesen als Urkunde in die Hauptverhandlung eingeführt worden sein, damit das Urteil darauf gestützt werden kann. Die Verlesung einer Urkunde ist eine wesentliche Förmlichkeit, deren Beurkundung durch § 273 Abs. 1 StPO vorgeschrieben ist. Schweigt das Protokoll, so gilt die Verlesung wegen dessen Beweiskraft nach § 274 StPO als nicht erfolgt. **133a**

Der Zeugenbeweis ist der mit Abstand schlechteste Beweis,[410] weil auch unbeteiligte Augenzeugen trotz redlicher Bemühungen sehr oft nicht in der Lage sein werden, die entscheidungserheblichen Ereignisse kurz vor dem Zusammenstoß objektiv und völlig zutreffend wiederzugeben. Keine Bedenken gegen die Glaubwürdigkeit bestehen dann, wenn eine unbeteiligte Augenzeugin, die zum Unfallzeitpunkt an einem Fenster ihrer Wohnung stand, von dem aus sie den Unfallort gut beobachten konnte, den Unfallhergang detailliert und plausibel schildert. Das Gleiche gilt für den Fall, dass ein am Unfall nicht beteiligter Zeuge erkennbar seine Aussage auf diejenigen Wahrnehmungen beschränkt, die ihm als Unfallhergang noch in Erinnerung verblieben sind. Bagatellisiert demgegenüber ein als Zeuge auftretender Kfz-Dienststellenleiter sowohl an der Unfallstelle als auch bei der gerichtlichen Vernehmung den Unfallschaden an beiden Fahrzeugen, um eine Schadenersatzver- **134**

---

406 Insbesondere also eines Linienomnibusses oder einer Straßenbahn; vgl. *OLG Karlsruhe* ADAJUR-Dok.Nr. 92781; NZV 2011, 141.
407 Vgl. dazu *OLG Koblenz* VRS 59, 63.
408 Vgl. dazu *OLG Karlsruhe* VersR 1977, 937 (LS).
409 *OLG Jena* Urt. v. 25.4.2006, Az. 1 SS 48/06, NZV 2006, 493.
410 Vgl. dazu *LG Köln* NZV 1988, 28 = zfs 1988, 272.

pflichtung trotz der klaren Vorfahrtsverletzung abzuwenden, so mindern seine »Verharmlosungen« den Wert seiner Aussage ganz erheblich.

135 Will das Berufungsgericht hinsichtlich der objektiven Glaubwürdigkeit eines Unfallzeugen von der Würdigung des erstinstanzlichen Gerichts abweichen, so ist es i. d. R. verpflichtet, den Zeugen noch einmal selbst zu vernehmen, um den Beweiswert seiner Aussage richtig beurteilen zu können.[411] Der Tatrichter ist indes nicht gehalten, das Gewicht von sich widersprechenden Zeugenaussagen im Einzelnen in seiner Urteilsbegründung darzulegen, wenn er bei sich widersprechenden Angaben zu der Überzeugung gelangt ist, dass er keinem der Zeugen den Vorzug bezüglich der Glaubwürdigkeit vor den anderen Zeugen geben kann.[412]

135a Im Revisionsverfahren ist nicht zu überprüfen, ob das Berufungsgericht im Fall einer erneuten Tatsachenfeststellung die Voraussetzungen des § 529 Abs. 1 Nr. 1 ZPO beachtet hat.[413] Die Prüfungskompetenz des Berufungsgerichts hinsichtlich der erstinstanzlichen Tatsachenfeststellung ist nicht auf Verfahrensfehler und damit auf den Umfang beschränkt, in dem eine zweitinstanzliche Tatsachenfeststellung der Kontrolle durch das Revisionsgericht unterliegt. Die Revision kann zwar darauf gestützt werden, dass das Berufungsgericht die Voraussetzungen für eine erneute Tatsachenfeststellung zu Unrecht verneint hat. Für den umgekehrten Fall gilt dies dagegen nicht.

135b Bei der Verwertung von Zeugenaussagen ist davon auszugehen, dass bei widersprüchlichen Angaben die Aussage der Wahrheit am nächsten kommt, die im geringsten zeitlichen Abstand zur Wahrnehmung gemacht worden ist.

135c Verwertet das Berufungsgericht zulässigerweise Aussagen von Zeugen aus einem Strafverfahren (nur) im Wege des Urkundenbeweises, so darf es die Richtigkeit dieser Aussagen nicht aus Gründen anzweifeln, die sich nicht aus der Urkunde ergeben und für die sich auch sonst keine belegbaren Umstände finden lassen.[414]

135d Schriftliche Äußerungen einer Unfallzeugin im Bußgeldverfahren dürfen im Zivilprozess auf Antrag einer Partei im Wege des Urkundenbeweises auch gegen den Widerspruch der anderen Partei verwertet werden. Dieses Verfahren schließt das Recht des Gegners nicht aus, die Vernehmung des Zeugen zu verlangen, was aber nur auf ausdrücklichen Antrag geschieht.[415]

136 Eine Pflicht zur erneuten Vernehmung von Zeugen oder der Parteien besteht nur bei Vorliegen besonderer Umstände, etwa dann, wenn das Berufungsgericht eine Zeugenaussage abweichend vom Erstgericht würdigt und für die abweichende Bewertung Faktoren im Vordergrund stehen, deren Beurteilung – wie die Urteilsfähigkeit des Zeugen, sein Erinnerungsvermögen, seine Wahrheitsliebe – wesentlich vom persönlichen Eindruck des Zeugen auf den Richter abhängen[416] oder wenn die Entscheidung von der Glaubwürdigkeit eines Zeugen abhängt, dessen Aussage der Erstrichter nicht ge-

---

411 Vgl. *BGH* MDR 1977, 47; VIII ZR 259/77 v. 4.10.1978 (n. v.); GRUR 1981, 533; DAR 1982, 18; VersR 1983, 668; a. A. *KG* Urt. v. 15.8.2005, Az. 12 U 41/05, VRS 110, 8.
412 Vgl. dazu: *BGH* VersR 1968, 604.
413 *BGH* Urt. v. 9.3.2005, Az. VIII ZR 266/03, JZ 2005 Heft 17, 415 (LS).
414 *BGH* VersR 1967, 475; VersR 1970, 322; *OLG Köln* VersR 1972, 1176; *KG* VersR 1976, 474 (LS: im Zivilprozess können Angaben, die von einer Partei benannte Beweispersonen in einem anderen Verfahren gemacht haben, auch gegen den Widerspruch der anderen Partei im Wege des Urkundenbeweises gewürdigt werden, sofern die andere Partei nicht beantragt, diese Personen im vorliegenden Rechtsstreit als Zeugen zu vernehmen).
415 Vgl. *KG* VersR 1976, 474 (LS); – zur Frage, wann das Berufungsgericht einen Zeugen *nochmals* vernehmen muss, zu dessen Glaubwürdigkeit sich das erstinstanzliche Gericht nicht geäußert hat, vgl. ergänzend auch noch *BGH* v. 7.7.1981 DAR 1982, 18.
416 Vgl. dazu: *BGH* WM 1967, 900; NJW 1968, 1138; NJW 1972, 584; MDR 1979, 481; GRUR 1981, 533; NJW 1982, 108 = VersR 1981, 1079 = DAR 1982, 18 = VRS 62, 4; VersR 1981, 1175; NJW 1982, 1052; NJW 1982, 2874; NJW 1983, 2033; VersR 1983, 668; r+s 1984, 228 (LS); VersR 1984, 537; NJW 1984, 2629 = VersR 1984, 582; NJW 1985, 3078 = VersR 1985, 183 = zfs 1985, 100, (I); VersR 1985, 268 = zfs 1985, 134 (LS); VersR 1985, 341 = DAR 1985, 157 = zfs 1985, 165 = r+s 1975 = VRS 68, 421; NJW 1986,

würdigt hat.[417] Die erneute Vernehmung von Zeugen ist ferner geboten, wenn das Berufungsgericht die Glaubwürdigkeit eines Zeugen abweichend vom erstinstanzlichen Gericht würdigt[418] oder wenn es die Aussage eines Zeugen für zu vage und präzisionsbedürftig hält,[419] wenn es die protokollierte Aussage eines Zeugen anders verstehen will als der Richter der Vorinstanz[420] oder wenn das Berufungsgericht der Aussage eines Zeugen bei der Würdigung der Bekundungen eines anderen Zeugen ein ihr vom erstinstanzlichen Gericht nicht beigemessenen Gewicht geben will.[421]

Das Gleiche gilt für den Fall, dass Zweifel darüber bestehen, ob die Aussage des Zeugen vollständig und präzise genug protokolliert worden ist.[422]   136a

Eine Form der Beweiserleichterung stellt – neben dem Anscheinsbeweis auch die im Gesetz vorgesehene Möglichkeit dar, den Sachverhalt im Wege der Parteivernehmung aufzuklären. An sich bedeutet Parteivernehmung im Allgemeinen die Vernehmung der Gegenpartei (§ 445 Abs. 1 ZPO). Indes kann das Gericht über eine streitige Tatsache auch die beweispflichtige Partei selbst vernehmen (§ 447 ZPO). Dies kann sogar von Amts wegen[423] und ohne Antrag einer Partei – ja selbst gegen den erklärten Willen der nicht beweispflichtigen Partei – und ohne Rücksicht auf die Beweislast geschehen, wenn das Gericht der Auffassung ist, dass das Ergebnis der Verhandlungen und der Beweisaufnahme zur Wahrheitsfindung nicht ausreicht (§ 448 ZPO).   137

Der Nachweis eines Wildschadens kann laut AG Coburg durch Parteivernehmung erbracht werden, wenn die Partei den Unfallhergang lebensnah und widerspruchsfrei schildert, es in dem betreffenden Straßenabschnitt nachweisbar häufiger zu Wildwechsel kam und keine weiteren Anhaltspunkte für das Unfallgeschehen ersichtlich sind.[424] Gemäß § 448 ZPO war der Kl. als Partei zu vernehmen, da aufgrund der sonstigen Umstände ein ausreichender Anfangsverdacht vorlag. Die Voraussetzungen des Anfangsverdachts i. d. R. § 448 ZPO dürfen jedoch nicht über Gebühr belastet werden, da der Zufall, dass der Versicherungsnehmer Partei ist, nicht dazu führen darf, dass die formalprozessuale Rolle des Kl. über seine Beweismöglichkeit zu seinem Nachteil entscheidet.   137a

Bereits oben wurde ausgeführt, dass zahlreiche Gerichte die Bekundungen der beteiligten Fahrzeugführer nur mit gebotener Zurückhaltung verwerten. Kann sich eine der Parteien zum Beweis seines Vortrags ausschließlich auf das Zeugnis des Fahrzeugführers berufen und steht der anderen Partei (da sie selbst das Fahrzeug geführt hat) kein Zeuge zur Verfügung, kann es aus Gründen der »Waffengleichheit« geboten sein, die Partei, der kein Zeuge zur Verfügung steht, gemäß § 448 ZPO zu vernehmen.[425] Die Anhörung der Partei, die sich in der oben geschilderten Beweisnot befindet, dürfte nach neuester Rechtsprechung zwingend sein. In der Entscheidung des *BGH* vom 16.7.1998[426] hatte der Senat zwar nicht über einen Verkehrsunfall, sondern über eine Fallkonstellation zu entscheiden, in dem über den Inhalt eines »Vier-Augen-Gesprächs« Beweis erhoben wurde. Die vom Senat aufgestellten Grundsätze lassen sich aber auf solche Fallkonstellationen übertragen. Die benachteiligte Partei ist in jedem Fall gemäß § 141 ZPO anzuhören. Diese Anhörung hat, obwohl ihr »formal« nicht die Bedeutung einer Zeugenvernehmung zukommt, den gleichen Beweiswert wie die Aussage eines Zeugen. Dieser Umstand folgt – obwohl vom *BGH* explizit nicht ausgesprochen – daraus, dass der Senat in der Entscheidung nochmals ausdrücklich betont hat, ein Gericht sei nicht gehindert,   138

2885 = VersR 1986, 970 = zfs 1986, 358; r+s 1985, 75; NJW 1986, 1044 = VersR 1986, 169 = VRS 70, 184; BGH, ADAJUR-Dok.Nr. 23361; NJW 1994, 2960; *Weber* DAR 1985, 161; 1986, 161.
417 Vgl. *BGH* NJW-RR 1986, 285.
418 Vgl. *BGH* NJW 1982, 108; NJW 1982, 1052.
419 *BGH* NJW 1984, 1052.
420 *BGH* NJW 1984, 2629.
421 Vgl. *BGH* NJW 1985, 3078; DAR 1988, 93; NJW-RR 1988, 1371; *Pantle* NJW 1987, 3160.
422 *BGH* DAR 1982, 18; NJW 1982, 1052; DAR 1985, 157.
423 *BGH* DAR 1983, 227.
424 *AG Coburg* Urt. v. 23.11.2005, Az. 12 C 706/05, SP 2005, 432.
425 *BGH* NJW 1990, 1721.
426 *BGH* NJW 1999, 363.

den Erklärungen einer Partei den Vorzug vor den Bekundungen eines Zeugen zu geben. Im Übrigen dürfte zu berücksichtigen sein, dass der Senat nur bei diesem Verständnis seiner Ausführungen den Grundsätzen, die der *Europäische Gerichtshof* für Menschenrechte in seiner Entscheidung vom 27.10.1993[427] aufgestellt hat, gerecht werden konnte.

139 Grundsätzlich obliegt im Fall eines Personenschadens die volle Beweislast für die Behauptung, der Unfallverletzte habe es schuldhaft unterlassen, den Schaden durch anderweitige Verwendung seiner ihm noch verbliebenen Arbeitskraft im Rahmen der zumutbaren Möglichkeiten zu mindern, dem Ersatzpflichtigen.

139a Die Frage nach der Beweislast stellt sich allerdings erst nach Ausschöpfung aller angebotenen Beweismittel und der sonstigen in der ZPO für Gericht und Parteien zur Förderung des Prozesses und zur Aufklärung des Sachverhaltes vorgesehenen Möglichkeiten.

139b Ein Beamter, der wegen eines Fremdverschuldeten Unfalls in den Ruhestand versetzt worden ist, setzt sich dem Schädiger gegenüber dem Einwand der unterlassenen Schadenminderung aus, soweit er es unterlässt, seine verbliebene Arbeitskraft durch Übernahme einer zumutbaren anderweitigen Tätigkeit zu verwerten.[428]

D. Mitverursachung und Mitverschulden[429]

140 Wenn es keine gesetzlichen Vorschriften über die Regelung des Schadenersatzes gäbe, müsste den Schaden stets derjenige tragen, der ihn zufälligerweise erlitten hat.[430] Dies wäre sicherlich, wenn man einmal die Verursachungsseite betrachtet, ein außerordentlich unbefriedigendes Ergebnis. Gäbe es andererseits die insoweit einschlägige Bestimmung des § 254 BGB nicht, dann könnte jeder Geschädigte ohne Rücksicht auf seinen eigenen Mitverursachungsbeitrag[431] vom Schädiger jeweils vollen Schadenersatz verlangen.

141 Um diese rechtspolitisch gleichermaßen unbefriedigende wie unerwünschte Rechtsfolge zu vermeiden, hat der Gesetzgeber sich für die Lösung entschieden, dass die Ersatzpflicht des Schädigers – auch soweit sie auf der Gefährdungshaftung beruht – durch das dem Verletzten verantwortlich zuzurechnende Mitverschulden entsprechend der Abwägung der Verursachungskomponenten beeinträchtigt wird oder im Extremfall sogar ganz entfällt. Daran ändert auch § 7 StVG nichts. Der Halter eines Kfz kann nach wie vor ein Mitverschulden des anderen Unfallbeteiligten einwenden. Dieser Einwand kann bei grob fahrlässigen Verstößen gegen die StVO sogar dazu führen, dass die Allgemeine Betriebsgefahr unberücksichtigt bleibt.[432]

142 Die Bestimmung des § 254 BGB stellt sogar – abgesehen einmal von den Haftungshöchstsummen bei Beteiligung allein der Gefährdungshaftung – die einzige Ausnahme von dem unser Schadensersatzrecht beherrschenden Grundsatz der Totalreparation dar, nach dem der Schaden entweder ganz oder gar nicht zu ersetzen ist.[433]

142a Dabei gilt der Grundsatz, dass § 254 nicht die Verletzung allgemeiner Rechtspflichten voraussetzt, sondern sein Anwendungsbereich darin besteht, dass der Geschädigte »diejenige Aufmerksamkeit und Sorgfalt nicht beachtet hat, die ein ordentlicher und gewissenhaft handelnder Mensch anzuwen-

---

427 NJW 1995, 1413.
428 *BGH* VRS 65, 91; a. A. *OLG Karlsruhe* Urt. v. 5.9.1997, Az. 19 U 131/95, VersR 1998, 1115 (Hinweis: Der *BGH* hat die Revision der Beklagten mit Beschluss v. 6.5.1997 nicht angenommen (VI ZR 333/96)).
429 Vgl. *Theda* »Mitverschulden – Mitverursachung« DAR 1986, 273.
430 Vgl. *Stark* VersR 1981, 1.
431 Vgl. bezüglich der Einschränkung des Einwandes des Mitverschuldens aus *sozialen Gründen Deutsch* ZRP 1983, 137.
432 Vgl. *AG Wismar* Urt. v. 9.11.2005, Az. 12 C 298/05, SVR 2006 Heft 3, VIII (LS); *LG Passau* Urt. v. 30.9.2005, Az. 4 O 286/05, SP 2006, 127; *AG Rahden* ADAJUR-Dok.Nr. 82231; *AG Steinfurt* BeckRS 2011, 19906.
433 Vgl. MüKo/*Grunsky* § 254 Rn. 1.

D. Mitverursachung und Mitverschulden

den pflegt, um eigenen Schaden zu vermeiden«.[434] Dies bedeutet, dass § 254 BGB (auch) ein »Verschulden gegen sich selbst« statuiert, wenn der Verletzte (Geschädigte) gegen sein wohlverstandenes eigenes Interesse[435] verstößt.[436]

Ein Verstoß gegen § 254 BGB führt zu einer Kürzung des Schadenersatzanspruchs bis zu seinem völligen Wegfall. Dies bedeutet, dass § 254 BGB als Anspruchsgrundlage nicht in Betracht kommt, sondern lediglich das Gegenteil, nämlich eine Minderung der Ersatzpflicht des Schädigers, bewirkt. **142b**

Soweit sich der Geschädigte eine mitwirkende Betriebsgefahr zurechnen lassen muss, rechtfertigt sich die Kürzung des ihm zustehenden Schadenersatzanspruchs im Rahmen des ihm selbst zur Last fallenden Verantwortungsbeitrags allein dadurch, dass kein Anlass besteht, die Betriebsgefahr nur bei Fremdschädigung, nicht jedoch auch bei Selbstschädigung zu berücksichtigen.[437] **143**

Die Vorschrift des § 254 BGB gilt für sämtliche Fälle der Schadensersatzpflicht, also nicht nur bei vertraglichen Ansprüchen, sondern auch für das weite Feld der unerlaubten Handlungen.[438] Im Allgemeinen wird die Lehre vom Mitverschulden und von der Mitverursachung nach § 254 BGB als gesetzlich festgelegter Unterfall des in § 242 BGB enthaltenen Grundgedankens von Treu und Glauben (§ 242 BGB) verstanden.[439] **144**

In diesem Zusammenhang verdient festgehalten zu werden, dass § 254 BGB über die Betriebsgefahr im Rahmen der Gefährdungshaftung hinaus auch dann Anwendung findet, wenn es an dem Tatbestandsmerkmal der Zurechnungsfähigkeit und damit der Mitverantwortlichkeit mangelt, d. h. in den Fällen, in denen dem ausgleichspflichtigen Gläubiger persönliche Schuldausschließungsgründe zur Seite stehen. Hiervon ist z. B. auszugehen in den Fällen, in welchen Kinder bis zum vollendeten 10. Lebensjahr nicht haftbar für von ihnen verursachte Schäden im fließenden Verkehr sind (§ 828 Abs. 2 BGB). Andererseits gibt es auch Fälle, in denen ein so privilegiertes Kind auch ohne eigenes Verschulden haftet (z. B. aus Billigkeit). **145**

Der in § 254 BGB enthaltene Rechtsgedanke ist nicht nur gegenüber Schadenersatzansprüchen von Bedeutung, sondern auch im Hinblick auf andere Sachverhalte und Rechtslagen, in denen das Verschulden mehrerer Beteiligter gegeneinander abzuwägen ist. Allgemein anerkannt ist die Anwendung des § 254 BGB auf die Ausgleichspflicht unter Gesamtschuldnern (§ 426 BGB), und zwar selbst dann, wenn die auszugleichende Schuld nicht auf einer gesetzlichen Schadensersatzpflicht beruht. **146**

Der Begriff des Mitverschuldens entspricht der Ausdeutung durch das bürgerliche Recht. Der Geschädigte hat also dasjenige Maß an Sorgfalt aufzuwenden, das vom Verletzten zu erwarten wäre, um den Schaden, wäre er nicht ihm, sondern einem Dritten entstanden, zu vermeiden. Der Begriff des Verschuldens ist derselbe wie in § 276 BGB. Der Geschädigte schuldet also die im Verkehr erforderliche Sorgfalt.[440] **147**

Häufig werden in diesem Zusammenhang Einwendungen erhoben, die beispielsweise auf das hohe Alter, die Gebrechlichkeit bzw. die in sonstiger Form beeinflusste Konstitution[441] des Verletzten abzielen. Insoweit ist jedoch zu bedenken, dass der Geschädigte nicht die ihm aufgrund vorgegebener **147a**

---

434 Vgl. *BGH* VersR 1972, 1016.
435 Vgl. dazu: *Enneccerus/Lehmann* Schuldrecht, § 16 I 3; *Larenz* Schuldrecht I, § 311a; *Wieling* AcP 176, 347.
436 Wegen näherer Einzelheiten dazu vgl. *Greger* NJW 1985, 1130.
437 Vgl. dazu MüKo/*Grunsky*.
438 Vgl. RG RGZ 62, 346; MüKo/*Grunsky* vor § 254 Rn. 5 ff.
439 Wegen näherer Einzelheiten dazu vgl. RGRK/*Alff* § 254 Rn. 1; *Palandt/Heinrichs* § 254; *Soergel/Siebert/Reimer/Schmidt* § 254 Rn. 13; *Staudinger/Medicus* § 254 Rn. 2, 3; *Erman/Sirp* § 254 Rn. 1; *Fikentscher* § 55 Abs. 7 S. 2b; *Deutsch* Haftungsrecht I § 20 Abs. 1 S. 1; – differenzierend kritisch: *Greger* NJW 1985, 1130 (1132, l. Sp.).
440 Bereits *BGH* VersR 1958.
441 Soweit es sich um den Einwand eines *konstitutionsbedingten* Mitverschuldens handelt, vgl. *BGH* VersR 1984, 286.

Anlagen (noch) mögliche, sondern gem. § 276 Abs. 1 BGB ebenfalls die im Verkehr allgemein und objektiv erforderliche Sorgfalt schuldet.[442] Sollte er dazu aus Gründen, die in seiner Veranlagung liegen, nicht (mehr) in der Lage sein, dann müsste er die Erfüllung der ihm nach wie vor obliegenden Sorgfaltspflichten auf eine andere dazu bereite und fähige Begleitperson delegieren, der im Verhältnis zum Schädiger dann die Funktion eines Erfüllungsgehilfen i. S. v. § 278 BGB zufällt.

148 Der Anspruch des Geschädigten kann sich also dadurch ändern, dass er verantwortlich und zurechenbar zur Entstehung des Schadens mitursächlich beigetragen[443] hat. Für den Fall, dass auch er ein Kraftfahrzeug gehalten haben sollte und den ihm daher obliegenden Entlastungsbeweis aus § 7 StVG (»Höhere Gewalt als Unfallursache) nicht mit Erfolg zu führen vermag, spricht man – wie übrigens auch bei allen anderen Erscheinungsformen der Gefährdungshaftung – von einer mitwirkenden Verursachung.

148a Fällt ihm demgegenüber ein in Abgrenzung zum Tatbeitrag des Schädigers mitwirkendes Fehlverhalten zur Last, dann liegt ein Mitverschulden vor. Dies kann sich entweder als Mitverschulden zum Grund des Anspruchs auf § 254 Abs. 1 BGB (Rdn. 54 ff.) oder als Mitverschulden zur Höhe des insgesamt entstandenen Schadens auf § 254 Abs. 2 BGB gründen.

149 Die Beweislast für Mitverursachung und Mitverschulden obliegt dem Ersatzpflichtigen (Schädiger), der sich auf eine Minderung seiner Schuld beruft, und zwar sowohl dem Grunde (§ 254 Abs. 1 BGB) als auch der Höhe (§ 254 Abs. 2 BGB) nach.[444] Sollten beide Beteiligte der Gefährdungshaftung unterliegen, dann ist jeder von ihnen im Verhältnis zum anderen für den Einwand einer mitwirkenden Verursachung beweispflichtig, weil im Zweifel die Betriebsgefahr des jeweils »anderen« bis zum Beweise des Gegenteils für ihre Mitursächlichkeit bei der Entstehung des Schadens spricht.

149a Im Rahmen der Abwägung nach § 254 BGB findet die Beweislastregel des § 282 BGB keine Anwendung.[445]

150 Als Modell für den Tatbestand des Wegfalls oder der Minderung der dem Unfallgegner zur Last fallenden Haftung durch eigenes Verschulden des Geschädigten – ggf. in der Erscheinungsform des »Verschuldens gegen sich selbst« durch Außerachtlassen der eigenen Interessen – hat § 254 Abs. 1 BGB Pate gestanden. Auf diese Vorschrift nimmt eine ganz Reihe anderer Bestimmungen – mittelbar oder unmittelbar – Bezug. Dies gilt insbesondere bezüglich der Ansprüche aus dem Straßenverkehrsgesetz (§ 9 StVG), aus dem Haftpflichtgesetz (§ 4 HG), ferner für Ansprüche aus dem Luftverkehrsgesetz (§ 34 LuftVG) und nach dem Atomgesetz (§ 28 AtomG). Die Anwendung des § 254 BGB ist in den angegebenen Bestimmungen insofern noch erweitert, als der Geschädigte bei Beschädigung einer Sache – in seiner Eigenschaft als Gewahrsamsinhaber – auch für das Verschulden desjenigen einzustehen hat, der die tatsächliche Gewalt über die Sache – also die Sachherrschaft – ausübt.[446]

151 Die gesetzlichen Bestimmungen unterscheiden zum Teil nicht zwischen Mitverschulden und Mitverursachung. So ist beispielsweise anerkannt, dass § 254 Abs. 1 BGB, obwohl in dieser Bestimmung nur vom eigenen Verschulden gesprochen wird, auch für Fälle des Zusammentreffens mit der Gefährdungshaftung gilt.

I. Grund des Anspruchs

152 Die Mithaftung aufgrund mitwirkender Verursachung kann sich zunächst einmal bezüglich des Anspruchsgrundes auswirken.[447] Hat das Verhalten des Geschädigten zur Entstehung des Schadens bei-

---

442 Vgl. dazu *BGH* VersR 1984, 286.
443 Wegen Mitverursachung und Mitverschulden im Haftpflichtrecht vgl. *Weimar* VW 1980, 1237 ff.
444 Soweit es sich um den Einwand einer Verletzung der Schadenminderungspflicht i. S. v. § 254 Abs. 2 BGB handelt.
445 Vgl. *BGH* BGHZ 46, 260 = NJW 1967, 622.
446 Vgl. ergänzend dazu *Lange* Schadenersatz.
447 Vgl. dazu beispielsweise § 254 Abs. 1 BGB.

D. Mitverursachung und Mitverschulden

getragen, so hängt die Verpflichtung zum Ersatz sowie der Umfang des zu leistenden Ersatzes von den Umständen, insbesondere davon ab, inwieweit der Schaden vorwiegend von dem einen oder dem anderen Teil verursacht worden ist.

Sofern der Schädiger ebenfalls der vom Verschulden losgelösten Gefährdungshaftung unterliegt, regelt sich die Ausgleichspflicht nach § 17 Abs. 1 StVG. Dabei handelt es sich von der Methodik her nicht um einen Ausgleichsanspruch im eigentlichen Sinne, der an sich nur aufgrund einer gesamtschuldnerischen Haftung denkbar ist,[448] sondern um einen sich auf das Innenverhältnis mehrerer Ersatzpflichtiger beziehenden »Kürzungsanspruch«.[449] Laut *BGH* ist die Entscheidung über eine Haftungsverteilung im Rahmen des § 254 BGB oder des § 17 StVG grundsätzlich Sache des Tatrichters und im Revisionsverfahren nur darauf zu überprüfen, ob alle in Betracht kommenden Umstände vollständig und richtig berücksichtigt und der Abwägung rechtlich zulässige Erwägungen zugrunde gelegt worden Die Abwägung ist aufgrund aller festgestellten Umstände des Einzelfalles vorzunehmen. In erster Linie ist hierbei nach ständiger höchstrichterlicher Rechtsprechung das Maß der Verursachung von Belang, in dem die Beteiligten zur Schadensentstehung beigetragen haben; das beiderseitige Verschulden ist nur ein Faktor der Abwägung.[450]

153

Wird nur ein Teil des Anspruchs eingeklagt, so ist ein Mitverschulden des Geschädigten jedenfalls dann nicht zu berücksichtigen, wenn der Schädiger den eingeklagten Teil zu ersetzen hat.[451] Dies gilt auch dann, wenn der nicht eingeklagte Teil des Anspruchs inzwischen verjährt sein sollte.[452]

153a

Die Bestimmung des § 254 Abs. 1 BGB und die ihr nachgebildeten Vorschriften beziehen sich auf den Fall, dass der Geschädigte entweder durch (aktives) Handeln oder (passives) Unterlassen mitursächlich zur Entstehung des Schadens[453] beigetragen hat. Sein Verantwortungsbeitrag ist nach § 17 StVG oder nach § 254 Abs. 1 BGB bzw. § 426 BGB gegen den Verantwortungsanteil des Schädigers abzugrenzen.

154

So trifft beispielsweise einen Fußgänger i. d. R. ein Mitverschulden, wenn er die Fahrstraße unachtsam überquert und mit einem Kfz zusammenprallt.[454] Dabei ist grundsätzlich zu berücksichtigen, dass der Fußgänger auf der Fahrstraße lediglich Gast ist und sich dementsprechend vorsichtig gegenüber den rechtmäßigen Benutzern der Fahrstraße zu verhalten hat.[455] So kommt auch eine alleinige Haftung des Fußgängers in Betracht.[456]

154a

Den Einwand der mitwirkenden Verursachung oder eines Mitverschuldens müssen sich bei konsequenter Anwendung des im § 404 BGB enthaltenen Rechtsgedankens auch diejenigen Personen entgegenhalten lassen, die den Anspruch vom Gläubiger im Wege rechtsgeschäftlichen Forderungsübergangs oder kraft Gesetzes ableiten. Das Gleiche gilt für die Personen, die die Gesamtrechtsnachfolge des ursprünglichen Gläubigers – z. B. als seine Erben i. S. v. § 1922 BGB oder im Fall

154b

---

448 § 17 Abs. 1 S. 1 StVG.
449 Vgl. dazu *Klimke* VersR 1972, 414 (417); 1974, 20; Burmann/*Heß*/Jahnke/Janker StVR/StVG, 21. Aufl. 2010, § 17 Rn 1–28a.
450 *BGH* Urt. v. 16.1.2007, Az. VI ZR 248/05, DAR 2008, 337.
451 Vgl. *OLG München* NJW 1970, 1924; *OLG Schleswig* VersR 1983, 932 = zfs 1983, 356; MüKo/*Grunsky* § 254 Rn. 89.
452 Vgl. *OLG Schleswig* VersR 1983, 932 = zfs 1983, 356.
453 Genauer gesagt: das Schadensereignis, im Wesentlichen also wohl des Unfalles insoweit muss jedoch berücksichtigt werden, dass die Haftung des Inhabers (»Betreibers«) einer *Anlage* i. S. v. § 2 HG nicht davon abhängt, dass ein Unfall eingetreten ist.
454 Vgl. *OLG Rostock* Urt. v. 23.9.2005, Az. 8 U 88/04, DAR 2006, 278.
455 Vgl. dazu: *OLG München* r+s 1986, 6; Urteilssammlung *Splitter/Kuhn* Schadensverteilung bei Verkehrsunfällen, 6. Aufl., C 51.
456 *KG* Urt. v. 6.6.2006, Az. 12 U 138/05, ADAJUR-Dok.Nr. 69168; *LG Hagen* Urt. v. 14.1.2005, Az. 90 224/03, ADAJUR-Dok.Nr. 63548; vgl. *Kuhn* Schadensverteilung bei Verkehrsunfällen, 7. Aufl. 2010, C, X. Fußgänger, S. 185 ff.

der Vermögensübernahme nach § 419 BGB – angetreten haben. Das gilt sogar für Ansprüche aus »geborenen« Drittschäden i. S. v. § 10 StVG[457] bzw. §§ 844, 845 BGB.[458]

154c Damit wird einem tragenden Grundsatz unserer Rechtsordnung Rechnung getragen, dass im Allgemeinen der Forderungsübergang keine inhaltliche Leistungsänderung des Anspruchs (§ 404 BGB), insbesondere nicht eine qualitative Verbesserung, bewirkt.[459]

155 Nicht selten trifft auch Insassen eines Kfz (z. B. Beifahrer) ein auf den Grund des Anspruchs bezogenes Mitverschulden, obwohl sie am Verkehrsgeschehen selbst i. d. R. nicht aktiv teilnehmen.[460] Dies gilt insbesondere für Insassen in öffentlichen Verkehrsmitteln, die sich nicht ordnungsgemäß festhalten.

155a Das Gleiche gilt für Insassen eines Kfz, die sich einem erkennbar unter Alkoholeinfluss stehenden Kfz-Führer zur Beförderung anvertrauen.[461] Ähnliche Überlegungen gelten für den Fall, dass der Unfall des Insassen auf einer Übermüdung beruht.

155b Ein ganz erhebliches Mitverschulden trifft den Beifahrer, der vorhandene Sicherheitsgurte nicht anlegt, weil er damit gegen seine eigenen wohlverstandenen Interessen i. S. e. »Verschuldens gegen sich selbst« verstößt.[462]

155c Es besteht allerdings keine Verpflichtung zum Anlegen der vorgeschriebenen Sicherheitsgurte in der Zeit, in der das Kfz im Straßenverkehr Verkehrsbedingt anhalten muss.[463] Die Anschnallpflicht des § 21a Abs. 1 StVO, die auch im Strafverfahren i. S. e. das Verschulden des Fahrers mindernden Mitverschuldens Berücksichtigung finden soll, sofern ein ursächlicher Zusammenhang besteht,[464] gilt uneingeschränkt auch für Frauen.[465] Auch einem Taxifahrer, der auf einer längeren Leerfahrt[466] den Sicherheitsgurt nicht angelegt hat und deswegen bei einem Unfall Verletzungen erleidet, kann der Schädiger den Einwand des Mitverschuldens entgegenhalten.[467] Die Freistellung für Taxi-

---

457 Vgl. dazu *Full* Haftung, § 10 StVG, Rn. 9.
458 Vgl. dazu ergänzend als lex spezialis auch § 846 BGB; *OLG Hamm* Urt. v. 24.10.2005, Az. 13 U 127/05, SP 2006, 307; *BGH* Urt. v. 23.6.2004, Az. VI ZR 112/03 MDR 2004, 1355 zu entgangenen Eigenleistungen bei Renovierung.
459 Um Missverständnissen vorzubeugen, sei in diesem Zusammenhang angemerkt, dass es sich bei den Ansprüchen aus »geborenen« Drittschäden der soeben bezeichneten Art, nicht um Forderungen aus übergegangenem Recht, sondern um originäre Schadenersatzansprüche handelt, was Full (Haftung) bei seiner Kommentierung zu § 10 StVG übersehen zu haben scheint, wenn er in diesem Zusammenhang von den Anspruchsberechtigten, die in der Gesetzessprache als »Dritte« bezeichnet werden, immer wieder als von den »Erben« spricht.
460 S. Urteile in *Kuhn* Haftungsverteilung bei Verkehrsunfällen, 7. Aufl., C 80, S. 273 ff.; vgl. jedoch den »Griff in das Lenkrad«, der lediglich dann nicht mehr zum Vorwurf eines Mitverschuldens führt, wenn er sich als »instinktive« Schreckreaktion darstellt, *OLG Nürnberg* VersR 1980, 97 = zfs 1980, 81; – vgl. dazu auch: *OLG Hamm* NJW 1969, 1975; *OLG Köln* NJW 1971, 670; DAR 1982, 86 = zfs 1982, 86.
461 *AG Bermervörde* Urt. v. 12.7.2006, Az. 5 C 465/05, SP 2006, 342: $1/3$ Mitverschulden; *KG* Urt. v. 12.1.2006, Az. 12 U 261/04, DAR 2006, 506 (LS): BAK Fahrer 1,54 Promille; vgl. *Kuhn* Haftungsverteilung bei Verkehrsunfällen, 7. Aufl. 2010, C IV, S. 86 ff.
462 *OLG Karlsruhe* DAR 1999, 455 = VersR 2000, 609 (LS); s. Rechtsprechungsübersicht in *Kuhn* Schadensverteilung bei Verkehrsunfällen, 7. Aufl. 2010, XXIII, C 111, S. 360 ff.
463 § 21a Abs. 1 StVO: Vorgeschriebene Sicherheitsgurte müssen während der Fahrt angelegt sein; vgl. dazu: *OLG Celle* DAR 1986, 28 (nach Ordnungswidrigkeitenrecht).
464 Vgl. *OLG Hamm* VRS 60, 32.
465 *BGH* VersR 1981, 548 = DAR 1981, 261 = VRS 61, 81 (m. Erläut. v. *Hentschel* NJW 1982, 1073; – Ausnahmen – außer den im Gesetz selbst genannten –: VkBl. 1976, 437).
466 Vgl. dazu insbes.: *OLG Hamm* DAR 1988, 174 – zfs 1988, 201 – VRS 74, 387; *OLG Celle* zfs 1988, 158.
467 Vgl. *BGH* DAR 1982, 155 (vgl. dazu auch: *Weber* DAR 1983, 169); VRS 64, 168.

D. Mitverursachung und Mitverschulden

und Mietwagenfahrer nach § 21a Abs. 1 S. 2 Nr. 1 StVO gilt nur für Fahrten, auf denen der Taxi- oder Mietwagenfahrer auch tatsächlich Fahrgäste befördert.[468]

Auch Fahrlehrer sind verpflichtet, die vorgeschriebenen Sicherheitsgurte während der Fahrt anzulegen.[469] **155d**

Neben der als »Leiturteil« bezeichneten Grundsatzentscheidung des *BGH* v. 20.3.1979[470] hat der *BGH* auch im Jahr 1980 zwei grundlegende Urteile verkündet, die sich mit der Kürzung[471] von Schadenersatzansprüchen befassen, die einem im Unfallzeitpunkt nicht angeschnallten Verletzten drohen.[472] Macht der im Rahmen eines Verkehrsunfalls Verletzte einen Schadensersatzanspruch geltend, so muss er sich dann ein Mitverschulden anrechnen lassen, wenn er zum Unfall beigetragen hat oder wenn er die Folgen des Unfalls vergrößert hat. Bei der Geltendmachung eines Schmerzensgeldanspruchs ist aber zu berücksichtigen, dass ein Mitverschulden nicht automatisch zu einer quotenmäßigen Verkürzung des Anspruchs führt. Bei einem Verstoß des Verletzten gegen die Gurtpflicht liegt grundsätzlich ein Mitverschulden vor. Ausnahmsweise kann das Mitverschulden dann unberücksichtigt bleiben, wenn dem Unfallverursacher ein überragendes Versagen vorgeworfen werden kann.[473] Nach jetzt vorherrschender Auffassung sind Kürzungen der Schadenersatzansprüche ohne Berücksichtigung des Mitverschuldens des nicht angeschnallten Insassen nicht zulässig. Vielmehr hat eine Abwägung im Verhältnis zum Verschulden des Fahrers oder des anderen Unfallbeteiligten – im Fall eines Fremdschadens – zu erfolgen.[474] **156**

Es kommt also für die Bemessung des Mitverschuldens, für das ebenfalls der Beweis des ersten Anscheins gilt,[475] sehr wesentlich darauf an, in welcher Weise das Nichtanschnallen sich im individuellen Einzelfall konkret (ursächlich) ausgewirkt und inwieweit es zu abgrenzbaren Personenschäden – nur in diesem Bereich kann eine Ursächlichkeit bejaht werden – geführt hat.[476] Dies bedeutet, dass der Schadenersatzanspruch des Verletzten nur insoweit gemindert werden darf, als das Nichtanschnallen für die Entstehung des Schadens ursächlich im adäquaten Sinne war.[477] **156a**

Der Richter darf jedoch bezüglich der einzelnen Verletzungen eine einheitliche Quote bilden.[478] Der angemessene Schmerzensgeldbetrag ist nach einem Urteil des *OLG München* durch eine Gesamtabwägung zu ermitteln und kann nicht schematisch nach Verursachungsquoten gekürzt werden, **156b**

---

468 Einschränkend nur für Fahrten im Mietwagenverkehr; – vgl. *Cramer* Straßenverkehrsrecht, 2. Aufl., § 21a StVO, Rn. 11; – vgl. *Händel* NJW 1972, 2290.
469 Vgl. *OLG Köln* VRS 69, 307.
470 *BGH* DAR 1979, 162.
471 *BGH* VRS 64, 30; *OLG Bremen* VersR 1978, 469; *OLG München* VersR 1981, 560 (Beifahrer, dessen Mitverschulden ungewöhnlicherweise mit nur 10 % bewertet wurde); *AG Tübingen* VersR 1982, 155.
472 *BGH* DAR 1980, 274; VRS 60, 94.
473 *OLG Karlsruhe* Az. 10 U 219/89, ADAJUR-Dok.Nr. 3706; *OLG München* Az. 7 U 4576/98, ADAJUR-Dok.Nr. 33926; *BGH* Az. VI ZR 59/97, ADAJUR-Dok. Nr. 30271.
474 Vgl. *KG* VersR 1982, 1199; *KG* VersR 1979, 1031; *BGH* ADAJUR-Dok.Nr. 42828; DAR 2001, 117; *LG Meiningen* ADAJUR-Dok.Nr. 76383; DAR 2007, 708.
475 Vgl. *BGH* DAR 1980, 224; VRS 64, 340 (Brillenträger); *OLG Bamberg* VersR 1982, 1075. Der Anscheinsbeweis kann auch dafür bejaht werden, dass ein Pkw-Insasse den Sicherheitsgurt nicht angelegt hat.
476 Vgl. *BGH* DAR 1980, 274; *KG* VersR 1981, 64; DAR 1982, 232; *OLG Hamm* VRS 76, 112; *LG Mönchengladbach* VersR 1983, 191 = zfs 1983, 99.
477 Soweit es sich um den Kausalzusammenhang zwischen dem Nichtanlegen eines Sicherheitsgurtes und einem nachfolgenden Unfall handelt, vgl. *OLG Koblenz* VRS 64, 247; vgl. dazu auch: *Weber* NJW 1986, 2667.
478 Vgl. *BGH* DAR 1979, 16; DAR 1980, 274; *OLG Braunschweig* VersR 1978, 627 (10 % Mitverschulden bei grobfahrlässigem Verhalten des Schädigers); *OLG München* DAR 1979, 306 (25 %); *OLG Celle* DAR 1979, 305 (20 %); *LG Mainz* VersR 1979, 133 (30 %); *LG Darmstadt* VersR 1980, 342 (50 %); *LG Osnabrück* VersR 1982, 255 (40 %); *LG Kassel* VersR 1982, 562 (30 %); *AG Balingen* VersR 1978, 454; *AG Hamburg* VersR 1978, 164; *AG Tübingen* VersR 1981, 155 = zfs 1982, 101 (50 %); *LG Frankfurt/M.* ADAJUR-Dok.Nr. 65709 (33 %).

weil das Schmerzensgeld auch eine Genugtuungsfunktion gegenüber einem besonders verantwortungslosen Kraftfahrer hat.[479]

156c Hat die Verletzung der Anschnallpflicht für den Grad der Verletzung prägende Wirkung und verursacht einen Körperschaden von solcher Schwere, die den Bereich gewöhnlicher Unfallfolgen bei angeschnallten Beifahrern weit übersteigt, dann kann der Verursacherbeitrag auch gegenüber ganz schwerem Verschulden nicht zurücktreten, da bei der Abwägung in erster Linie das Maß der Verursachung maßgeblich ist.

157 Das Mitverschulden durch Nichtanlegen eines Sicherheitsgurtes kann auch darin bestehen, dass die Unfallfolgen dem Grade nach erheblicher[480] ausgefallen sind, als dies bei Benutzung eines Gurtes der Fall gewesen wäre.[481] Im Rahmen des den nicht angeschnallten Fahrzeuginsassen treffenden Mitverschuldens nach § 254 Abs. 1 BGB ist einerseits zwischen dem Unfallhergang und andererseits zwischen dem Grad der versäumten Pflicht des Verletzten sowie der Art und dem Ausmaß der Verletzungen abzuwägen.[482] Je stärker der Schaden durch das Versäumnis des Verletzten entstanden ist, desto schwerer wiegt die Verletzung der Anschnallpflicht.

157a Einen nicht angeschnallten Kfz-Insassen kann also aus dem Gesichtspunkt des Mitverschuldens eine Mithaftungsquote von 50 % treffen, wenn der ersatzpflichtige Halter lediglich aus der Betriebsgefahr haftet – also nur der vom Verschulden losgelösten Gefährdungshaftung unterliegt – und wenn überdies die schweren Körperverletzungen des Geschädigten, insbesondere erhebliche Augenverletzungen, durch den Anprall gegen die Windschutzscheibe entstanden sind. Voraussetzung hierfür ist, dass diese Verletzungen durch das Anlegen des Sicherheitsgurtes hätten vermieden werden können.[483] Bei einem überragenden Versagen des Unfallgegners kann der Mitverursachungsbeitrag des Verletzten zurücktreten.

157b Dafür ist kein Raum, wenn gerade die Verletzung der Anschnallpflicht prägend für die schwerwiegenden Unfallfolgen war.[484]

157c Im Gegensatz zur h. M. in Literatur und Rechtsprechung vertritt das *OLG* Frankfurt/M.[485] die Ansicht, dass der gesamte Anspruch des Verletzten abzuweisen ist, weil die Verletzung überwiegend durch das unterlassene Angurten verursacht worden ist. Diese pauschale und einseitige Betrachtung stößt indes auf erhebliche Bedenken.

158 Der besseren Übersicht wegen sollen nachfolgend die wichtigsten Entscheidungen – geordnet nach Mithaftungsquoten[486] – gegenübergestellt werden:

158a Kein Mitverschulden

BGH ADAJUR-Dok.Nr. 11384;NJW 1993, 53 (Ausnahmegenehmigung); *OLG Hamm* Urt. v. 3.12.1996, Az. 27 U 127/96, NZV 1997, 401 bei auf der Rückbank nicht angeschnalltem Mitfahrer und Unfall durch absolut fahruntüchtigem Fahrzeugführer, der mit seinem Fahrzeug auf die Gegenfahrbahn kommt und dort mit dem entgegen kommenden Fahrzeug zusammenstößt.

---

479 *OLG München* Urt. v. 13.1.1999, Az. 7 U 4567/98, DAR 1999, 264.
480 Dieser Umstand dürfte sich regelmäßig in der Weise auswirken, dass der Heilungsverlauf sich zeitlich verlängert.
481 Vgl. dazu: *BGH* BGHZ 74, 25 = NJW 1972, 1363 = VersR 1979, 528 = DAR 1979, 162 = VRS 56, 416 = VersR 1981, 548 = DAR 1981, 261 = zfs 1981, 233 = VRS 61, 81; *OLG Celle* ADAJUR-Dok.Nr. 84946: Beweispflicht beim Schädiger.
482 *OLG Düsseldorf* Urt. v. 15.9.2000, Az. 14 U 7/00, SP 2001, 47.
483 Vgl. dazu: *BGH* NJW 1981, 287 = VersR 1981, 57 = VRS 60, 94; *KG* VersR 1981, 176 = DAR 1982, 232 = zfs 1982, 163 = r+s 1982, 186 = VRS 82, 247; *Weber* DAR 1981, 161.
484 *OLG München* Urt. v. 13.1.1999, Az. 7 U 4567/98, DAR 1999, 264.
485 Vgl. dazu *OLG Frankfurt/M.* r+s 1980, 124.
486 Also abweichend von dem sonst gängigen System.

D. Mitverursachung und Mitverschulden Kapitel 1

10 % 158b

OLG Braunschweig v. 11.5.1978 VersR 1978, 627 (bei grobfahrlässigem Verhalten des Schädigers); *OLG München* v. 11.12.1979 VersR 1981, 560 (Beifahrer); *LG Braunschweig* Urt. v. 13.4.2000, Az. 4 O 2919/99 417, VersR 2002, 774 für Beifahrer, der keinen Gurt beim Einsteigen vorfand, aber auch nicht länger danach gesucht hatte.

20 % 158c

OLG Köln VersR 1977, 1133; *OLG Braunschweig* NJW 1977, 299; *OLG Celle* v. 10.10.1978 DAR 1979, 305; DAR 1979, 305; *KG* zfs 1980, 19; *OLG Karlsruhe* VRS 65, 96; *LG Hanau* VersR 1978, 453; *LG Kaiserslautern* VersR 1979, 633; *LG Augsburg* DAR 1979, 54; *AG Hamburg* VersR 1978, 164; *Jagusch* NJW 1977, 940; *OLG Karlsruhe* Urteil v. 9.7.1999, Az 10 U 55/99, DAR 1999, 455 für Mitfahrer im Sportwagen auf dem Mittelplatz, der nicht mit Gurt ausgerüstet ist.

25 % 158d

BGH v. 1.4.1980 DAR 1980; *OLG Köln* v. 14.7.1977 VersR 1977, 1133; *OLG München* DAR 1979, 306 (vgl. dazu auch: *Weiland* JurBüro 1981, 505); *OLG München* DAR 1979, 306; *LG Augsburg* VersR 1979, 480; *LG Frankfurt/M.* VersR 1979, 332; *LG Saarbrücken* zfs 1980, 196; *LG Mönchengladbach* VersR 1983, 191; *LG Essen* zfs 1984, 1; *LG Koblenz* zfs 1985, 22; *AG Bruchsal* r+s 1981, 85; *LG Mönchengladbach* VersR 1983, 191 = zfs 1983, 99; *LG Essen* zfs 1984, 1 (2); *LG Koblenz* zfs 1985, 322; *LG Berlin* zfs 1988, 305 (Gurtpflicht gilt auch für Polizeibeamte); *AG Ibbenbüren* Urt. v. 11.9.1997, Az 3 C 57/97, zfs 1998, 130.

30 % 158e

OLG Düsseldorf v. 7.2.1983 DAR 1985, 59 (60, l.Sp.); *OLG Frankfurt/M.* v. 2.11.1985 zfs 1986, 130; v. 2.11.1985 VersR 1987, 670; *LG Mainz* VersR 1979, 1133 = r+s 1979, 122; *LG Hamburg* zfs 1981, 358; *LG Kassel* VersR 1982, 562.

$^1/_3$ 158f

OLG Celle v. 28.1.1982 VersR 1983, 463 (LS) = zfs 1983, 195 (bei einem 15jährigen Kfz-Insassen mit der Begründung, dass das Anschnallen sich im Schadenfall besonders günstig ausgewirkt hätte); vom 16.12.1987, zfs 1988, 97; *OLG Frankfurt/M.* v. 23.2.1984 zfs 1984, 312; zfs 1980, 196; *LG Köln* zfs 1982, 130; *LG Heilbronn* zfs 1982, 130; *AG Schwetzingen* zfs 1989, 75; *AG Halle-Saalekreis* Urt. v. 15.7.2005, Az. 105 C 4127/02, SVR 2006, 308 m. Anm. *Balke*; *LG Frankfurt/M.* Urt. v. 30.12.2004, Az. 2–19 O 135/03, NZV 2005, 524; *LG Limburg* Urt. v. 5.3.1999, Az. 8 S 16/99, SP 1999, 191.

40 % 158g

OLG Nürnberg VersR 1980, 97 = zfs 1980, 81; *LG Osnabrück* VersR 1982, 255 = zfs 1982, 131; *LG Saarbrücken* DAR 1984, 323 = zfs 1984, 355; *LG Bielefeld* VersR 1986, 98 = zfs 1986, 68.

50 % 158h

KG v. 7.12.1981 DAR 1982, 232; VersR 1983, 175; *OLG München* v. 30.11.1984 zfs 1985, 2 (bei einer aus beruflichen Gründen auf »Schönheit« angewiesenen Kosmetikerin; – vgl. dazu die Anm. v. *Dunz* VersR 1985, 1197); *OLG Frankfurt/M.* v. 4.6.1986 r+s 1987, 222 (L); v. 14.5.1989 zfs 1989, 257; *OLG Saarbrücken* v. 16.5.1986 r+s 1987, 132; *LG Essen* VersR 1978, 677; *LG Darmstadt* VersR 1980, 342; *LG Osnabrück* zfs 1985, 33; *LG Oldenburg* zfs 1989, 75; *AG Tübingen* zfs 1982, 101; *LG Augsburg* zfs 1986, 193; *AG Schwabach* zfs 1987, 195; *LG Meiningen*, ADAJUR-Dok.Nr. 76383; DAR 2007, 708; *LG Flensburg*, ADAJUR-Dok.Nr. 5011, VersR 1996, 905.

60 % 158i

LG Düsseldorf zfs 1984, 195.

158j $66^2/_3$ %

OLG Bamberg VersR 1985, 786; LG Ravensburg DAR 1988, 166.

158k 100 %

OLG Frankfurt/M. v. 20.3.1980 r+s 1980, 124 (Unfallgegner haftete lediglich aus der Betriebsgefahr).

159 Diese Grundsätze gelten auch für das Nichttragen eines Schutzhelms (Sturzhelms) für Kraftradfahrer.[487] Erleidet ein Kraftradfahrer, der ohne Schutzhelm fährt, bei einem Unfall Kopfverletzungen, vor denen der Schutzhelm allgemein schützen soll und im konkreten Fall aller Voraussicht nach auch geschützt hätte, spricht bereits der Beweis des ersten Anscheins für den ursächlichen Zusammenhang zwischen der Nichtbenutzung des Helms und den eingetretenen Kopfverletzungen.[488]

159a Im Gegensatz dazu nimmt die herrschende Meinung in Literatur und Rechtsprechung bei Radfahrern, die ohne Schutzhelm einen Verkehrsunfall erleiden, kein Mitverschulden an. Fährt zum Beispiel ein 10-jähriges Kind mit seinem BMX-Fahrrad auf einem privaten Gelände ohne Schutzhelm, trifft es diesbezüglich kein Mitverschulden an seinen Verletzungen. Nach den Informationen der Bundesanstalt für Straßenwesen trugen in der Altersgruppe bis zehn Jahre in 2002 33 %, in 2003 38 % und in 2004 41 % der Kinder innerorts einen Fahrradhelm, wobei über alle Altersgruppen hinweg der Anteil der Helmtragenden Fahrradfahrer in 2002 5 %, in 2003 6 % und in 2004 ebenfalls 6 % betrug. Unabhängig davon, ob insoweit bereits von einer Verkehrsanschauung überhaupt gesprochen werden kann, stehen im vorliegenden Fall Umstände in Gestalt des Alters des Beklagten sowie der besonderen Örtlichkeit der Annahme eines Mitverschuldens entgegen. Die Frage eines Mitverschuldens ist von der Warte des zum Unfallzeitpunkt zehn Jahre und zehn Monate alten Bekl. zu beantworten. Kinder dieses Alters sind nicht ohne weiteres in der Lage, Gefahren in vollem Umfang zu erkennen.[489] Etwas anderes gilt allerdings für Fahrradfahrer, die mit einem Rennrad unterwegs sind. Bei Rennradfahrern steht die Erzielung hoher Geschwindigkeiten im Vordergrund, wodurch ein gesteigertes Unfallrisiko und damit auch eine beträchtliche Steigerung der Eigengefährdung einhergehen. Die grds. für ihren Sport betreibende Rennradfahrer bestehende Obliegenheit zum Tragen eines Schutzhelmes trifft auch den Kläger. Die Notwendigkeit eines Selbstschutzes durch das Tragen eines Fahrradhelms war für ihn nicht nur erkennbar. Nach seinen eigenen Angaben war sich der Kl. vielmehr sogar bewusst, dass das Tragen eines Schutzhelms beim Rennradfahren Teil des verkehrsgerechten Verhaltens ist.[490]

160 Die Beweislast obliegt – wie stets beim Einwand des Mitverschuldens – dem für den Unfall verantwortlichen Schädiger, der sich auf ein Mitverschulden des Verletzten beruft.[491] Er hat darzulegen, dass die Verletzungen – ganz oder teilweise – durch das Nichtanschnallen verursacht worden sind.[492]

---

[487] Vgl. *BGH* VRS 64, 340 (Brillenträger); *OLG München* NJW 1978, 324; VersR 1980, 560 = zfs 1981, 233 (10 %); VersR 1981, 560 (10 %); *OLG Bremen* VersR 1978, 469; *OLG Saarbrücken* (30 %); *LG Hagen* VersR 1983, 764 (für den Unfall eines ohne Schutzhelm gefahrenen Mofa-Fahrers im Jahr 1979); *AG Tübingen* VersR 1982, 155 = zfs 1982, 101; *Schueler* DAR 1982, 312; – auch das *BVerfG* – mit allerdings wenig überzeugender Begründung – in seinem Beschluss (NJW 1982, 1276 = zfs 1982, 155 = VRS 62, 241) bestätigt, dass die Bußgeldbewehrung bei *Nichttragung von Schutzhelmen* und die Verfolgung als Ordnungswidrigkeit keinen Verstoß gegen das Grundgesetz darstellt (vgl. dazu auch: *BGH* BGHZ 74, 25 = NJW 1972, 1363 = VersR 1979, 528 = DAR 1979, 162 = VRS 56, 4161; *OLG Braunschweig* NJW 1977, 299; *OLG Köln* DAR 1978, 105; *OLG Hamm* NJW 1985, 1970).

[488] Vgl. dazu: *BGH* NJW 1983, 1380 = VersR 1983, 440 = zfs 1983, 194 = VRS 64, 340; s. auch Rechtsprechungsübersicht bei *Kuhn* Schadensverteilung bei Verkehrsunfällen, 7. Aufl. 2010, C XXIII, Rn. 111 ff., S. 360 ff.

[489] *OLG Düsseldorf* Urt. v. 14.8.2006, Az. 1 U 9/06, ADAJUR-Dok.Nr. 70850.

[490] Vgl. *OLG Düsseldorf* Urt. v. 12.2.2007, Az. I-1 U 182/06, ADAJUR-Dok.Nr. 72572.

[491] Zu Beweislast und Beweiswert: *Ludolph* NJW 1982, 2595.

[492] Vgl. *BGH* DAR 1969, 162 = VRS 56, 416; DAR 1980, 274; VRS 60, 94.

D. Mitverursachung und Mitverschulden

Ein derartiger Beweis, der sich an den Grundsätzen des § 286 ZPO – nicht etwa an § 287 ZPO – zu orientieren hat, wird in aller Regel durch Sachverständige zu führen sein.

Behauptet der Verletzte, er würde auch dann, wenn er sich angeschnallt hätte, ähnliche oder gar schlimmere Verletzungen davon getragen haben, dann liegt darin nicht etwa das Bestreiten eines schadenursächlichen Sachzusammenhanges, das an der Beweislast des Schädigers nichts ändern würde, sondern dieser Einwand stellt eine Gegenbehauptung auf das vom Schädiger behauptete – und erwiesene! – Mitverschulden dar, sodass für diese Behauptung falls es auf sie bei rechtlich wertender Betrachtung ankommen sollte – der Verletzte voll beweispflichtig ist.[493]

In derartigen Fällen kann sich der für den Unfall Verantwortliche auf einen durch die Erfahrung nahe gebrachten Anschein der Ursächlichkeit (Anscheinsbeweis) berufen.[494] Dies setzt jedoch die Feststellung eines typischen Geschehensablaufs voraus, der, je nach der Lage des konkreten Falles, zu bejahen oder zu verneinen sein kann. Dafür können die von Verkehrssachverständigen in den letzten Jahren erarbeiteten typischen Gruppen von Unfallabläufen eine nützliche Hilfe sein, so beispielsweise die von Danner geprägten verschiedenen »Beschädigungskategorien«.[495]

Das Mitverschulden von Fahrzeuginsassen kann auch insoweit eine Rolle spielen, als diese sich als Fahrgäste in öffentlichen Verkehrsmitteln befinden und im Zusammenhang mit einer von einem Kraftfahrer veranlassten Notbremsung Schaden nehmen. Häufig wird dann der Betriebsunternehmer einer Schienenbahn die Ansprüche des Fahrgastes bzw. seines Sozialversicherungsträgers mit dem Hinweis abwehren, das erhebliche Mitverschulden überwiege die Haftung aus der Betriebsgefahr, sodass diese gegen Null geht.

Das Gleiche gilt für den Fall, dass der Unfall sich in einem Omnibus ereignet hat. In diesem Fall wird der Halter des Omnibusses sich auf das die Betriebsgefahr aus § 7 StVG in vollem Umfang ausschaltende erhebliche Mitverschulden des Fahrgasts berufen.

Die wichtigsten Grundsätze für das Verhalten eines Fahrgastes in öffentlichen Verkehrsmitteln sollen daher nachfolgend kurz dargestellt werden.[496]

Zunächst einmal ist jeder Fahrgast eines öffentlichen Verkehrsmittels grundsätzlich aus Rechtsgründen verpflichtet, sich unter Ausnutzung der ihm gewährten Möglichkeiten während des gesamten Fahrtverlaufs einen so ausreichend abgesicherten Halt zu verschaffen, dass er auf diese Weise in der Lage ist, den unvermeidlich eintretenden Schwankungen und Erschütterungen, wie sie beispielsweise durch das Beharrungsvermögen, die Trägheitskraft und die Fliehkraft (Zentrifugalkraft) zwangsläufig ausgelöst werden,[497] mit Erfolg entgegenzuwirken.[498]

Der Omnibusfahrer darf sich grundsätzlich darauf verlassen, dass Fahrgäste vor der Weiterfahrt sich unaufgefordert einen sicheren Halt verschaffen.[499] Nur in Ausnahmefällen, beispielsweise gegenüber

---

493 Vgl. *OLG Düsseldorf* DAR 1985, 59; a. A. *OLG Celle* ADAJUR-Dok.Nr. 84946.
494 *BGH* DAR 1980, 274; *OLG Bamberg* VersR 1982, 1075.
495 Vgl. dazu *Danner* 16. VGT 1978, S. 47 ff.
496 Soweit es sich um den Einwand des *konstitutionsbedingten* Mitverschuldens handelt, vgl. *BGH* VersR 1984, 286; vgl. Urteilssammlung in *Kuhn* Schadensverteilung bei Verkehrsunfällen, 7. Aufl. 2010, C C XVI, Rn. 80 ff., S. 273 ff.
497 *OLG Braunschweig* VRS 65, 328 (eine durchschnittliche Beschleunigung von 0,5 m/sec2 beim Anfahren einer Straßenbahn ist nicht unangemessen; die subjektive Empfindung eines Straßenbahnfahrgastes, die Straßenbahn sei mit besonders starkem Ruck angefahren, reicht für einen objektiven, zuverlässigen Schluss nicht aus).
498 Vgl. *BGH* MDR 1972, 226; *OLG Stuttgart* VersR 1971, 674; *OLG Köln* (9 U 213/82) VÖV-Nachrichten 8/83; *OLG Hamm* VersR 1986, 43 = zfs 1985, 354 = VRS 69, 265 (der *BGH* hat die Revision nicht angenommen); *OLG Düsseldorf* VersR 1983, 760 = zfs 1983, 196 = VRS 64, 161 = VÖV-Nachrichten 83, 40; VersR 1986, 64 = VRS 86, 67; *LG Berlin* VRS 65, 405 (406).
499 *OLG Hamm* Urt. v. 27.5.1998, Az. 13 U 29/98, NZV 1998, 463.

älteren oder schwer behinderten Fahrgästen, hat der Fahrer sich davon zu überzeugen, dass sie vor der Weiterfahrt einen festen Platz[500] eingenommen haben.

162e Bei Regenwetter oder Schneematsch lässt es sich nicht vermeiden, dass Feuchtigkeit durch einsteigende Fahrgäste in das Fahrzeug hineingetragen wird. Eine Haftung des Fahrzeughalters aus Betriebsgefahr gem. § 7 StVG bleibt dennoch bestehen. Ein Entlastungsgrund aus dem Gesichtspunkt »höhere Gewalt« i. S. d. § 7 Abs. 2 StVG ist nicht gegeben. Allenfalls kann ein Mitverschuldenseinwand greifen, wenn der Fahrgast erkennen konnte, dass die Feuchtigkeit den Boden rutschig macht. Ein Anspruch aus dem Gesichtspunkt der Verletzung der Verkehrssicherungspflicht heraus ist hingegen nicht gegeben, weil die Feuchtigkeit im Wageninneren sich mit wirtschaftlich vertretbaren Mitteln nicht vermeiden lässt.[501]

163 Dass beispielsweise eine Straßenbahn nicht mit gleich bleibendem Tempo fährt, sondern ihre Geschwindigkeit je nach den wechselnden Verkehrsbedingungen und -bedürfnissen erhöht bzw. herabsetzt, muss von jedem Fahrgast in Rechnung gestellt werden.[502] Damit, dass auch beim normalen Anfahren einer Straßenbahn zwangsläufig ruckartige Bewegungen auftreten können,[503] muss ebenfalls jeder Fahrgast rechnen. Jedermann weiß, dass der Übergang von der Statik in die Bewegungsdynamik sich nicht ohne Überwindung des Beharrungsvermögens vollziehen lässt, sodass der menschliche Körper, der auf diese Weise – im Grunde gegen seine eigentliche Natur – gezwungen wird, alle Bewegungsabläufe mit- bzw. nachzuvollziehen und sich der Geschwindigkeit des Transportmittels anzupassen, zwangsläufig jede Änderung im Bewegungsablauf als einen – mehr oder minder starken – »Ruck« empfinden muss.

163a Ähnliche Überlegungen gelten auch für die Standsicherheit des Fahrgastes beim Durchfahren von Kurven. In diesem Fall wird die Statik durch die in Richtung zum Kurvenäußeren drängende Fliehkraft (Zentrifugalkraft) beeinträchtigt. Derartige Erscheinungen liegen im Wesen des Straßenbahnbetriebes und lassen sich daher kaum beeinflussen.

163b Von Straßenbahnfahrern kann auch keineswegs verlangt werden, dass sie ohne Rücksicht auf den Fahrplan besonders vorsichtig und langsam fahren und beschleunigen. Wollte man dies von ihnen erwarten, so würde die Straßenbahn sich gerade im konzentrierten Großstadtverkehr dem Verkehrsfluss nicht mehr kontinuierlich anzupassen vermögen und daher im Verhältnis zu den übrigen Verkehrsteilnehmern stetig zurückfallen, sodass sie dann kein geeignetes Beförderungsmittel mehr sein könnte.[504]

163c Kommt ein Fahrgast jedoch dadurch zu Fall, dass der Führer eines öffentlichen Verkehrsmittels – gleichgültig aus welchen Gründen auch immer – eine Notbremsung (Schnell- oder Gefahrenbremsung) ausführt, kann man gegen den Fahrgast regelmäßig den Einwand eines mitwirkenden Verschuldens nicht erheben,[505] weil die dabei freiwerdenden Trägheitskräfte so erheblich sind, dass auch ordentliches Festhalten häufig nichts hilft.[506]

164 Auch der häufig vertretene Standpunkt, einen Fahrgast treffe dann kein Mitverschulden, wenn er im Augenblick des Unfalles gerade damit beschäftigt war, seinen Fahrausweis im automatischen Entwerter abfertigen zu lassen, bedarf einer gewissen Differenzierung. Es ist sicherlich richtig, dass der Betriebsunternehmer durch die Einrichtung ortsfester Abfertigungs- und Entwertungsstellen, zu denen

---

500 BGH Urt. v. 1.12.1992, Az. VI ZR 27/92, DAR 1993, 103; vgl. *Filthaut* HG, § 12 Rn. 218; § 4 Rn. 33.
501 Vgl. dazu *LG Saarbrücken* zfs 1987, 68 = VRS 71, 411.
502 *BGH* VersR 1957, 372.
503 Dies gilt übrigens auch für *Omnibusse*, vgl. dazu insbes. *LG Düsseldorf* VersR 1983, 1044 (kommt ein Fahrgast in einem normal anfahrenden Omnibus zu Fall, so spricht der Beweis des ersten Anscheins dafür, dass der Sturz auf mangelnde Vorsicht des Fahrgastes zurückzuführen ist).
504 Vgl. *BGH* VersR 1972, 152 (153, l.Sp.).
505 *BGH* VersR 1976, 932; *OLG Nürnberg* VersR 1977, 674 (LS) = MDR 1977, 139; *Filthaut* HG, § 4 Rn. 33.
506 So – jedenfalls in Anklängen – *LG Bonn* VersR 1982, 1206; *Filthaut* HG, § 12 Rn. 218; § 4 Rn. 33 (kein Anscheinsbeweis für Verschulden des Fahrgastes).

D. Mitverursachung und Mitverschulden

der Fahrgast hingehen muss, einen Teil der Risiken, die sonst der Verkehrsbetrieb zu tragen hatte, auf seine Fahrgäste verlagert.

Auch während der Entwertung des Fahrausweises muss der Fahrgast sich ordnungsgemäß festhalten. Dies gilt ebenfalls für den Fall, dass er Gepäck mit sich führt.[507] **164a**

Ein Fahrgast, der ordnungsgemäß einen Sitzplatz[508] eingenommen hat, ist im Allgemeinen nicht verpflichtet, sich zusätzlich festzuhalten. Probleme entstehen indes in dem Zeitpunkt, in dem er seinen Sitzplatz verlässt. Kritisch ist zunächst einmal der Vorgang des Aufstehens selbst, wenn der Fahrgast den schützenden Sitzplatz bereits aufgegeben, aber einen anderweitig abgesicherten Halt noch nicht eingenommen hat. Während dieser Phase muss der Fahrgast äußerste Sorgfalt walten lassen. Er muss dabei auch – zumindest in groben Zügen – auf die äußere Verkehrslage achten – was vom Sitzplatz aus meist keine besonderen Schwierigkeiten bereitet –, um festzustellen, ob der Straßenbahnzug oder Kraftomnibus sich gerade in einer Kurve befindet bzw. mit den Bremsbewegungen zum Anhalten im Haltestellenbereich begonnen hat. Liegen diese Voraussetzungen vor, dann muss der Fahrgast das Aufstehen bis zu dem Zeitpunkt zurückstellen, in dem mit Gefahren nicht zu rechnen ist. Freilich geht die Sorgfaltspflicht nicht so weit, dass der Fahrgast zusätzlich auch noch die vor dem öffentlichen Verkehrsmittel liegende Fahrstrecke daraufhin beobachten müsste, ob sie frei von erkennbaren Hindernissen ist. **164b**

Häufig erhebt sich die Frage, wann – unter Berücksichtigung der dargestellten Sorgfaltspflichten – der aussteigewillige Fahrgast seinen Sitzplatz aufgeben darf. Auf der einen Seite ist der Fahrgast verpflichtet, rechtzeitig die zum Aussteigen erforderlichen Vorkehrungen zu treffen. Dies gilt vor allem dann, wenn der Fahrgast weiß, dass er mit einem nur kurzen Aufenthalt im Haltestellenbereich rechnen kann.[509] Im Fern- und Langstreckenverkehr wird man i. d. R. mit ausreichenden Haltezeiten rechnen können. Auf der anderen Seite sollte ein Fahrgast – insbesondere dann, wenn er alt oder gebrechlich ist – den ihn schützenden Sitzplatz in seinem eigenen Interesse möglichst lange beibehalten. **164c**

Besondere Sorgfalt schuldet der Fahrgast – schon in seinem eigenen wohlverstandenen Interesse – beim Ein- und Aussteigen. Wenn ein Straßenbahnzug oder Kraftomnibus ordnungsgemäß mit weit geöffneten Türen im Haltestellenbereich hält und ein Fahrgast beim Versuch, in das öffentliche Verkehrsmittel einzusteigen oder es zu verlassen, zu Fall kommt, dann spricht bereits der Anscheinsbeweis dafür, dass der Unfall auf dem eigenen Fehlverhalten (Eigenverschulden) des betreffenden Fahrgastes beruht.[510] Auch wenn man davon ausgeht, dass grundsätzlich das Aus- und Einsteigen einen Betriebsvorgang mit der Rechtsfolge darstellt, dass jeder Unfall, der sich in diesem Zusammenhang ereignet, rechtlich als Betriebsunfall i. S. v. § 7 Abs. 1 StVG (Kraftomnibus) bzw. von § 1 HPflG (Schienenbahn) zu werten ist, dürfte die Betriebsgefahr des öffentlichen Verkehrsmittels unter den soeben dargestellten Voraussetzungen mit dem Wert Null anzusetzen sein. **164d**

II. Schadenhöhe

Der Mitverursachungsbeitrag des Geschädigten (Gläubigers) kann indes auch darin bestehen, dass er es i. S. v. § 254 Abs. 2 BGB unterlassen hat, im Rahmen der ihm zumutbaren Möglichkeiten zur Minderung des Schadenumfangs (Höhe) beizutragen.[511] Nach h. M. hat der Verletzte den Schaden auch dann schuldhaft mit verursacht oder vergrößert, weil er die Sorgfalt missachtet hat, die ein ordentlicher, verständiger Mensch anwendet, um eigenen Schaden zu vermeiden. Dies gilt selbst dann, **165**

---

507 *BGH* VersR 1976, 932; *OLG Düsseldorf* VersR 1972, 1171; *OLG Hamm* VersR 1975, 58; *Filthaut* HG, § 4 Rn. 32.
508 A. A. wohl *LG Kiel* VersR 1981, 663.
509 Vgl. *BGH* VRS 10, 21; *OLG Karlsruhe* VersR 1978, 768.
510 *OLG Celle* VersR 1981, 1059; *LG Aachen* zfs 1986, 166; *LG Düsseldorf* VersR 1979, 166; a. A. *OLG Frankfurt/M.* VersR 1986, 922.
511 Vgl. *BGH* NJW 1970, 756; *OLG Frankfurt/M.* NJW 1968, 426; *OLG Stuttgart* VersR 1977, 44.

wenn er sich gesetzeskonform verhalten hatte.[512] Der Schuldner muss beweisen, dass den Verletzten ein Mitverschulden traf.

166 In diesem Zusammenhang bleibt aus allgemeiner Sicht ergänzend festzuhalten, dass der Verletzte im Rahmen von § 254 BGB auch für das Verhalten seines Verrichtungsgehilfen ohne eigenes Verschulden einzustehen hat. Das Gleiche gilt für den Erfüllungsgehilfen, sofern im Zeitraum der Schädigung bereits Rechtsbeziehungen oder rechtlich relevante Sonderverbindungen zwischen den Beteiligten bestanden haben. Auch für das Verschulden seiner gesetzlichen Vertreter muss der Verletzte in gleicher Weise wie für eigenes Fehlverhalten im Rahmen bestehender Schuldverhältnisse oder rechtlich relevanter Sonderverbindungen einstehen.[513] Dies gilt jedenfalls in den Fällen, in denen das Verhalten des gesetzlichen Vertreters gerade in der Ausübung der gesetzlichen Vertretung wurzelt.[514] Liegen die Voraussetzungen für das Einstehen müssen des Verletzten für das Fehlverhalten seiner gesetzlichen Vertreter vor, dann kann der Verletzte der für ihn ungünstigen Anwendung des § 278 BGB auch nicht dadurch entgehen, dass er seine Schadenersatzansprüche lediglich auf § 7 StVG, § 1 HPflG oder § 823 BGB stützt.[515]

E. Erfüllung

167 Die nachfolgenden Betrachtungen sollen sich mit der für die Schadenregulierung wichtigen Frage befassen, unter welchen Voraussetzungen ein Schuldverhältnis zum Erlöschen kommt. Dies kann durch die Erfüllung oder die ihr gleichzusetzenden Tatbestände (Erfüllungssurrogate) erfolgen. Das Bestreben des Schuldners (Schädigers) geht verständlicherweise dahin, die geschuldete Leistung exakt – also nicht mehr und nicht weniger – an den richtigen Gläubiger mit Schuldbefreiender Wirkung zu erbringen.

I. Leistung

1. Allgemeine Vorschriften

168 Die natürlichste Form, ein Schuldverhältnis zum Erlöschen zu bringen, besteht nach § 362 BGB in dem Bewirken der geschuldeten Leistung. Unter Leistung versteht man die bewusste, Zweckgerichtete Mehrung fremden Vermögens.[516] Erfüllung ist nicht die auf die Leistung gerichtete Handlung, sondern der Eintritt des mit der Leistung bezweckten Erfolgs, also die Schuld befreiende Wirkung. »Erlöschen« ist unmittelbare Beendigung des betreffenden Schuldverhältnisses, also nicht nur das Erlangen einer rechtshemmenden oder rechtsvernichtenden Einrede, beispielsweise der Verjährung (§§ 222 ff. BGB) oder aus einem »pactum de non petendo«.[517] In Literatur und Judikatur ist noch immer streitig, ob die Entgegennahme der geschuldeten Leistung (Annahme) aufseiten des Gläubigers eine rechtsgeschäftliche Willenserklärung mit Verpflichtungscharakter oder lediglich einen »Realakt« darstellt. Das Gleiche gilt für die umgekehrte Frage, ob aufseiten des Schuldners für die Leistung ein Erfüllungswille mit Tilgungscharakter erforderlich ist. Die h. M. vertritt die »Theorie der realen Leistungsbewirkung«, nach der die Leistung kein Rechtsgeschäft, sondern ein realer Tilgungsakt ist.[518]

169 Neben dem Schuldner selbst kann die Leistung mit Schuldbefreiender Wirkung auch durch einen Dritten (§ 362 Abs. 2 BGB) veranlasst werden. Dies gilt nach § 267 BGB dann, wenn der Schuldner »nicht in Person zu leisten« hat, d. h., wenn die Leistung in einer Übergabe von Geld oder anderen

---

512 *BGH* DAR 1975, 109; *KG* DAR 1976, 156.
513 Vgl. *BGH* VersR 1979, 421 (m. w. N.); NJW 1980, 2080; *OLG Celle* DAR 1962, 206.
514 *BGH* VRS 8, 406 (409); *Full* Haftung, § 9 StVG Rn. 18.
515 Vgl. *BGH* VRS 5, 323; VersR 1957, 455.
516 Vgl. *BGH* NJW 1964, 399; NJW 1967, 1905; NJW 1968, 1822; NJW 1972, 864, 865; *Weitnauer* NJW 1972, 2008; *Sonnenschein* NJW 1980, 257.
517 Vgl. dazu *Palandt/Heinrichs* Überbl. v. § 362.
518 Vgl. dazu *Palandt/Heinrichs* § 362.

vertretbaren Sachen besteht. Der Anspruch erlischt allerdings nur dann, wenn der beauftragte Dritte mit dem Willen leistet, damit die Verpflichtung des Schuldners zu tilgen.[519] Ein Gesamtschuldner ist demgegenüber nicht »Dritter« i. S. dieser Interpretation. Im Zweifel will er die Leistung für sich selbst erbringen, damit das eigene Schuldverhältnis erlischt.

Wegen der Frage nach der Form der Leistung und ihrem Inhalt sei auf § 242 BGB (Treu und Glauben), auf § 271 BGB (Fälligkeit), § 269 BGB (Erfüllungsort) und § 266 BGB (Teilleistungen) verwiesen. **170**

2. Vollleistung

Grundsätzlich hat der Gläubiger Anspruch auf die volle, d. h. weder dem Grunde noch der Höhe nach geschmälerte Leistung des Schuldners (§ 266 BGB). Da es sich im Rahmen von Schadenersatzansprüchen regelmäßig um Geldschulden, also um teilbare Leistungen handeln wird, hängt es von den konkreten Umständen des Einzelfalles ab, welcher Betrag geschuldet wird. Es liegt in der Natur der Sache, dass gerade bei Schadenersatzansprüchen der Leistungsinhalt (Leistungsumfang) häufig streitig sein wird. Nicht selten kommt es vor, dass Einwendungen sowohl zum Grund des Anspruchs als auch zur Höhe des nach den Grundsätzen der kausalen Adäquanz erstattungsfähigen Schadens erhoben werden. Jede Teilleistung kann durch Verzicht des Gläubigers auf ursprünglich geltend gemachte Mehrforderungen zur Vollleistung werden. Dies gilt in ganz besonderem Maße natürlich dann, wenn es sich um einen im Wege des Vergleichs (§ 779 BGB) vereinbarten Erlassvertrag i. S. v. § 397 BGB als gesetzliches Erfüllungssurrogat handelt. **171**

Mit Rücksicht darauf, dass sich gerade im Schadensersatzrecht – anders also als bei gegenseitigen Verträgen – der Leistungsumfang sehr häufig nicht auf Anhieb zweifelsfrei feststellen lässt, räumt die Rechtsprechung dem Schädiger und seinem Haftpflichtversicherer eine angemessene Bearbeitungs- und Regulierungsfrist ein.[520] Eine Kfz-Haftpflichtversicherung hat bei durchschnittlichen Verkehrsunfällen im Regelfall 4 bis 6 Wochen Zeit, um den Schadensfall und damit ihre Einstandspflicht zu überprüfen. Die Frist beginnt mit der Vorlage sämtlicher notwendiger Unterlagen an die Versicherung und verlängert sich um 2 Wochen, wenn die Prüfung einen erneuten Kontakt zum Versicherten erforderlich macht.[521] Nach Auffassung des Gerichts kann die notwendige Prüfungsfrist erst durch Überlassung des Gutachtens und des Arztberichtes und damit aller notwendigen Unterlagen zur Prüfung an die Beklagte in Lauf gesetzt werden. **172**

Der Haftpflichtversicherer des Ersatzpflichtigen gibt bezüglich eines noch zurückbehaltenen Restbetrages der insgesamt geltend gemachten Schadenersatzansprüche jedenfalls so lange keinen Anlass zur Klagerhebung, als die ihm nach Sach- und Rechtslage zuzubilligende Prüfungsfrist[522] noch nicht **173**

---

519 Vgl. *BGH* NJW 1964, 399.
520 Vgl. *OLG Karlsruhe* VersR 1965, 722; *OLG München* VersR 1965, 1058; 1979, 479 = r+s 1979, 136 (5 Arbeitstage sind zu kurz); *OLG Hamm* VersR 1969, 741; *OLG Frankfurt/M.* VersR 1980, 682; *LG Freiburg* r+s 1977, 246 (m. w. N.); *LG Bonn* r+s 1978, 114; r+s 1979, 3; *LG Hamburg* r+s 1979, 26; *LG München I* zfs 1984, 367; *LG München II* VersR 1979, 459; *LG Ellwangen* VersR 1981, 564; *LG Düsseldorf* VersR 1981, 562 (Frist: ca. 3–4 Wochen); *LG Aachen* zfs 1983, 303; *LG Ansbach* VersR 1984, 1099 = zfs 1985, 16; *LG Zweibrücken* VersR 1987, 291 (L: mindestens 2–3 Wochen); *LG Bielefeld* zfs 1988, 282 (i. d. R. 3–4 Wochen; diese Frist kann sich noch durch Feiertage verlängern); *LG Köln* VersR 1989, 303 (mindestens einen Monat); *AG Aachen* VersR 1978, 953 = r+s 1978, 245; *AG Buchholz* VersR 1982, 52 = zfs 1982, 79 = r+s 1982, 42; *Klimke* VersR 1974, 498.
521 *AG Landstuhl* Urt. v. 9.7.2002, Az. 2 C 111/02, zfs 2003, 145; *OLG München* ADAJUR-Dok.Nr. 89779; DAR 2010, 644.
522 Vgl. *OLG Hamm* VersR 1961, 118 (5 Tage zu kurz); *OLG Nürnberg* VersR 1971, 1154; *OLG Düsseldorf* VersR 1971, 1126; *OLG Köln* VersR 1974, 268 (angemessene Prüfungsfrist erforderlich); VersR 1983, 451 – zfs 1983, 206 (zu kurz: 8 Tage zwischen Scheitern der Regulierungsverhandlungen und Zahlung der unstreitigen Beträge); *OLG München* VersR 1979, 479 (5 Tage zu kurz); *LG München I* VersR 1970, 1039; 73, 871 (angemessene Frist: 3–4 Wochen); 1974, 69; *LG Nürnberg-Fürth* VersR 1971, 1180 (»effektiv« 4 Tage völlig unzureichend); *LG Düsseldorf* VersR 1972, 262 (Überprüfungsfrist 2 Wochen, eine weitere Woche

abgelaufen ist.[523] Sofern der Geschädigte bereits vor Ablauf einer angemessenen Prüfungs- und Regulierungsfrist seinen Anspruch gerichtlich geltend macht, fallen ihm in analoger Anwendung des im § 93 ZPO enthaltenen Rechtsgedankens die Kosten der voreilig erhobenen Klage zur Last, wenn der Schuldner innerhalb der ihm zur Verfügung stehenden angemessenen Frist den Klaganspruch sofort anerkennt – und vor allem – bezahlt.[524]

173a Nach der Auffassung des *OLG Bremen* v. 22.11.1982[525] liegt im schriftlichen Vorverfahren nach den §§ 272 Abs. 2 und 276 ZPO nur dann ein sofortiges Anerkenntnis des Beklagten vor, wenn es spätestens bis zur Abgabe der Erklärung der Verteidigungsbereitschaft nach § 276 Abs. 1 S. 1 ZPO erfolgt. Die Anerkennung zu einem späteren Zeitpunkt – insbesondere in der Klagerwiderung gem. §§ 276 Abs. 1 S. 2 und 277 ZPO – hingegen ist nicht mehr »sofortig« i. S. v. § 93 ZPO.[526] Anlass zur Klageerhebung ist i. d. R. erst dann gegeben, wenn Tatsachen vorliegen, die in dem Kläger vernünftigerweise die Überzeugung hervorrufen mussten, er werde ohne Klage nicht zu seinem Recht kommen.[527] Der Ersatzpflichtige gibt keinen Anlass zur Erhebung der Klage, wenn er die Auszahlung der Ersatzleistung davon abhängig macht, dass der Geschädigte zunächst einmal den Anspruch ordnungsgemäß spezifiziert und belegt.[528] Dem Geschädigten ist es in analoger Anwendung des im § 119 VVG enthaltenen Rechtsgedankens billigerweise zuzumuten, dem Haftpflichtversicherer des Schädigers die in seinem Besitz befindlichen Rechnungsbelege im Original, in Abschrift oder in Fotokopie zu übersenden. Das Anerbieten, die Belege im Büro des bevollmächtigten Anwalts einzusehen, genügt den Erfordernissen des § 119 VVG nach heutigem Rechtsverständnis nicht.[529]

174 Damit trägt die Rechtsprechung dem außerordentlich wichtigen Umstand Rechnung, dass sehr oft bereits der Grund des Anspruchs streitig ist und auch die Höhe der Forderung einer sorgfältigen Überprüfung bedarf. Dies gilt insbesondere dann, wenn die Schadenhöhe sich nicht aus objektiven Zahlen – beispielsweise aus Reparatur- oder Mietwagenkostenrechnungen – ableiten lässt, sondern von Schätzungen und damit von Ermessensentscheidungen mit eigenen (subjektiven) Wertvorstellungen abhängt. Als typisches Beispiel sei in diesem Zusammenhang auf die Ermittlung eines dem Schadenumfang angemessenen Schmerzensgeldes oder merkantilen bzw. technischen Minderwertes verwiesen. Noch schwieriger liegen die Dinge, wenn es sich darum handelt, den aus zahlreichen Einzelpositionen bestehenden Anspruch eines Selbstständigen auf Ersatz eines Unfallbedingten Verdienstausfalles zu berechnen.

175 Im Allgemeinen steht es[530] nicht im freien Ermessen des Ersatzpflichtigen, ob er die gegen ihn gerichteten Schadenersatzansprüche erfüllen oder aber den Ausgang eines Strafverfahrens (Ermittlungsverfahrens) abwarten möchte. Ein derartiger Anspruch steht ihm lediglich dann zu, wenn dieses Procedere zwischen den Parteien vereinbart worden ist.

175a Ein derartiges Recht lässt sich entgegen weitverbreiteter Auffassung insbesondere auch nicht aus § 149 ZPO ableiten. Nach dieser Bestimmung kann das Gericht, wenn sich im Laufe eines Rechtsstreits der Verdacht einer Straftat ergibt, deren Ermittlung auf die Entscheidung von Einfluss ist, die

---

für die technische Durchführung der Zahlung); *LG Köln* VersR 1972, 1181, 1184; *LG Freiburg* VersR 1977, 1017 (Frist: 2–4 Wochen); *LG Hamburg* VersR 1978, 1124 (Frist von 3 Wochen zu kurz); *AG Köln* VersR 1980, 731.
523 LG *München* I VersR 1974, 69; *LG Düsseldorf* VersR 1981, 582; *AG Mayen* VersR 1973, 653.
524 Vgl. *OLG Hamm* VersR 1986, 44 (L).
525 Vgl. *OLG Bremen* JurBüro 1983, 625.
526 *OLG Köln* VersR 1974, 286.
527 Vgl. *OLG Karlsruhe* VersR 1965, 722; *OLG München* VersR 1965; 1058; *OLG Düsseldorf* VersR 1971, 1126; *LG Berlin* NJW 1963, 498 = VersR 1963, 275; *LG Nürnberg-Fürth* VersR 1969, 577; *LG München* I VersR 1970, 1039; 1973, 133.
528 *OLG Karlsruhe* VersR 1965, 722; *OLG Hamm* VersR 1969, 741; *LG Trier* VersR 1973, 189.
529 Vgl. *LG Berlin* VersR 1963, 275.
530 Im Gegensatz zur Entscheidung des *OLG Frankfurt/M.* VersR 1980, 862; VersR 1982, 656 = zfs 1982, 272; – ähnlich *Baumbach/Lauterbach/Albers/Hartmann* § 149 ZPO, Anm. 1–2.

E. Erfüllung Kapitel 1

Aussetzung der Verhandlung bis zur Erledigung des Strafverfahrens anordnen. Bereits dieser Wortlaut macht deutlich, dass jene Bestimmung lediglich im Prozess gilt und der Verdacht, dass irgendeiner der Prozessbeteiligten eine Straftat begangen haben könnte,[531] sich erst im Prozessverlauf ergibt.[532]

Selbst wenn das Gericht eine derartige Verfahrensaussetzung verfügt, ist damit für die Sache selbst im Prinzip für den Eintritt des Verzuges und seiner Folgen kaum etwas gewonnen. Das Zivilgericht wird im Normalfall im Anschluss an das in der Strafsache ergangene Urteil seine eigene Entscheidung fällen und die Kostenlast an den Maßstäben der §§ 91 ff. ZPO ausrichten. Besteht die Entscheidung in einer Klageabweisung, so bleibt der Anspruchsgegner (Beklagte) zwar von der Kostenlast verschont, jedoch nicht deswegen, weil er sich nicht im Verzuge befunden hat, sondern weil der Anspruch des Klägers – von Anfang an – unbegründet war. Erfolgt hingegen eine Verurteilung in der Hauptsache, dann hat der Beklagte auch die Kosten des Rechtsstreits zu tragen, ohne dass er sich damit rechtfertigen könnte, ob er aus rückschauender Sicht seinen ursprünglich eingenommenen Standpunkt nach damaliger Beweislage und den seinerzeitigen Erkenntnisstand für vertretbar halten durfte oder nicht. 176

Die von der Rechtsprechung gewährte Bearbeitungsfrist schränkt an sich die Bestimmung des § 271 BGB ein, nach der (auch) Schadenersatzleistungen regelmäßig sofort, d. h. bereits im Zeitpunkt der Entstehung des Schadens, fällig werden.[533] 177

Allerdings sei einschränkend darauf hingewiesen, dass die Praxis der Schadenregulierung im Allgemeinen nicht von starren Bearbeitungsfristen ausgeht.[534] Es hängt vielmehr von der individuellen Gestaltung des Einzelfalles ab, welche Regulierungsfrist angemessen ist. Aus grundsätzlicher Sicht ist überdies anzumerken, dass für den Fall, dass Schadenersatzansprüche gegen eine Behörde oder auch gegen eine Körperschaft des privaten Rechts gerichtet werden, nach der Lebenserfahrung von vornherein davon auszugehen ist, dass bereits die Aufklärung des Sachverhalts einen längeren Bearbeitungszeitraum als gewöhnlich erfordert, weil dem Ersatzpflichtigen der Sachverhalt selbst nicht bekannt sein wird, sondern erst auf Umwegen über Dritte ermittelt werden muss. Auch im Fall eines Personenschadens dauert die Regulierung erfahrungsgemäß länger als bei einfach gelagerten Sachschadenfällen. Die Einholung von Gutachten zu den Verletzungen kann gerade bei der Anforderung von Krankenhäusern und der dortigen Gutachtenstelle mehrere Monate, manchmal sogar Jahre in Anspruch nehmen. 177a

Im Fall der Erledigung des Rechtsstreits durch Anerkenntnis trifft den Beklagten keine Pflicht, Kosten zu tragen, wenn er selbst niemals zur Zahlung aufgefordert worden ist und in seiner Person daher keinen Anlass zur Klage gegeben hat. Dies gilt auch dann, wenn alle Zahlungsaufforderungen des Gläubigers (Geschädigten) an den – letztlich doch nicht mitverklagten – Haftpflichtversicherer des Beklagten ergangen sind bzw. soweit es sich um den in die Korrespondenz nicht einbezogenen Kraftfahrer handelt.[535] Unter diesen Voraussetzungen hat in analoger Anwendung des im § 93 ZPO enthaltenen Rechtsgedankens der Kläger die Kosten des von ihm vorzeitig eingeleiteten Rechtsstreits zu tragen.[536] 178

---

531 Vgl. dazu *Thomas/Putzo* § 140 ZPO Anm. 2b.
532 Vgl. dazu *Thomas/Putzo* § 149 ZPO Anm. 1.
533 Vgl. *BGH* VersR 1961, 237; 1964, 749.
534 *OLG Nürnberg* VersR 1976, 1052; *OLG München* ADAJUR-Dok.Nr. 89779; DAR 2010, 644.
535 A. A. wohl *OLG Bremen* VersR 1972, 1170, das den Standpunkt vertritt, der Ersatzpflichtige müsse den Verzug seines Haftpflichtversicherers gegen sich gelten lassen. Diese Auffassung erscheint rechtlich bedenklich, wenn man berücksichtigt, dass der VN weder Repräsentant noch Erfüllungsgehilfe seines Haftpflichtversicherers ist. *Umgekehrt* bestehen indes keine Bedenken, dass der Haftpflichtversicherer sich den Verzug seines VN im Außenverhältnis zurechnen lassen muss.
536 Vgl. *AG Mainz* zfs 1980, 305; *AG Köln* VersR 1980, 731; zum sofortigen Anerkenntnis eines Minderjährigen vgl. *LG Freiburg* VersR 1980, 728.

179 Dem Haftpflichtversicherer des Ersatzpflichtigen ist regelmäßig – d. h. selbst bei einfachen Sachverhalten[537] – eine Bearbeitungsfrist von einigen Wochen einzuräumen.[538] Dies gilt insbesondere in den Fällen, in denen der Geschädigte nach Kostenvoranschlag oder Gutachten abzurechnen wünscht, ohne dass ihm bislang konkrete Kosten entstanden sind.

180 Der Geschädigte hat im Rahmen der ihm obliegenden Beweislast den Schadenumfang ordnungsgemäß zu spezifizieren[539] und durch beweiskräftige Unterlagen nachzuweisen. Der Geschädigte hat insbesondere den Schaden, der sich in einer Geldsumme ausdrücken lässt, der Höhe nach so genau und umfassend wie nur irgend möglich zu spezifizieren. Auch soweit der Schaden sich nicht auf Anhieb der Höhe nach rechnerisch ausdrücken lässt, sondern von der Ausübung eines Ermessens abhängt, wie beispielsweise Schmerzensgeld und Minderwert von einer Schätzung, muss der geschädigte Anspruchsteller zumindest seine eigenen Vorstellungen mitteilen – wie er dies im Prozessfall in Form eines »uneigentlichen« Ermessensantrags mit Rücksicht auf die sonst auf ihn zukommende Kostenlast und im Hinblick auf eine möglicherweise sonst fehlende Beschwer ohnehin tun muss – und überdies alle tatsächlichen Gesichtspunkte vortragen, die erforderlich sind, um zu einer sachgerechten Schätzung der Schadenhöhe zu gelangen.

181 Ob dem Haftpflichtversicherer des Schädigers allerdings nach Ablehnung eines von der Gegenseite unterbreiteten Vergleichsvorschlags noch eine weitere Überlegungsfrist[540] zusteht, erscheint zumindest außerordentlich zweifelhaft.[541]

181a Lehnt der Ersatzpflichtige oder sein Haftpflichtversicherer einen Vergleichsvorschlag ab, ohne seinerseits eine Zahlung zu leisten, dann setzt er sich damit gewissermaßen selbst in Verzug.

182 Die Regulierungsfrist beginnt i. d. R. erst dann, wenn dem Ersatzpflichtigen oder seinem Haftpflichtversicherer die zum Nachweis der Schadenhöhe erforderlichen Belege übermittelt worden sind.[542] Erst dann kann der Schädiger bzw. sein Haftpflichtversicherer in eine eigenverantwortliche Sachprüfung eintreten.

182a Es obliegt dabei insbesondere dem Geschädigten, von sich aus die zur Beweissicherung notwendigen Maßnahmen zu treffen. Ihn trifft also insoweit die volle Veranlassungspflicht.

---

537 *LG Ellwangen* VersR 1981, 564.
538 Vgl. *LG München* I VersR 1973, 288 (Anlass zur Klagerhebung bejaht, wenn innerhalb von 6 Wochen nach dem Unfall weder ein angemessener Vorschuss gezahlt noch angekündigt worden ist); *LG München* I VersR 1973, 871 (Bearbeitungsfrist regelmäßig 3–4 Wochen); *LG Freiburg* VersR 1977, 1017 (im Normalfall: Prüfungs- und Regulierungsfrist von 2–4 Wochen ab Zugang der Schadenunterlagen); *LG Hamburg* VersR 1978, 1124 (Regulierungsfrist von 3 Wochen zu knapp); *AG Mülheim* VersR 1977, 71 (3 Wochen zu knapp, vornehmlich dann, wenn keine besonderen Gründe vorgetragen werden, die eine schnellere Bearbeitung erfordern); *OLG Stuttgart* ADAJUR-Dok.Nr. 87840; DAR 2010, 387 (4–6 Wochen Bearbeitungsfrist); *OLG München* ADAJUR-Dok.Nr. 89779; DAR 2010, 644 ((Bearbeitungsfrist maximal 4 Wochen); *LG Halle* ADAJUR-Dok.Nr. 85934; SVR 2009, 463 (LS) m. Anm. *Siegl* (4–6 Wochen Bearbeitungszeit zuzüglich weiterer 3 Wochen nach Eingang der Akte, wenn dem Geschädigten mitgeteilt wurde, dass Akteneinsicht beantragt ist); vgl. *Balke* Die Prüfungs- und Bearbeitungsfrist des KFZ- Haftpflichtversicherers, SVR 2009 Heft 12, 457.
539 Vgl. dazu: *OLG Celle* VersR 1961, 1144; *LG Trier* VersR 1973, 189; *LG München* II VersR 1979, 1459; *AG Aachen* VersR 1978, 953; *AG Mainz* VersR 1976, 452.
540 *OLG Nürnberg* VersR 1973, 1126.
541 Allerdings dürfte der Geschädigte nach den Grundsätzen von Treu und Glauben (§ 242 BGB) verpflichtet sein, dem Ersatzpflichtigen noch einmal eine kurze Frist zu gewähren, damit dieser Gelegenheit hat, im Interesse der Klaglosstellung den Betrag zu übernehmen, den er glaubt, schuldig zu sein. Das Gleiche gilt für den Fall, dass der Geschädigte die Unterzeichnung der ihm übersandten Abfindungserklärung ablehnt. Auch er wird nach Treu und Glauben dem Ersatzpflichtigen Gelegenheit geben müssen, den von ihm angebotenen Betrag unter Aufgabe der bisher gesetzten Bedingung ohne jeden Vorbehalt zu überweisen.
542 Vgl. *OLG München* VersR 1979, 480; *AG Aachen* VersR 1978, 953; *AG Nürnberg* r+s 1970, 214.

3. Teilleistung

Nach § 266 BGB ist der Gläubiger (Geschädigte) zur Annahme von Teilleistungen nicht verpflichtet. **183** Daraus lässt sich der Umkehrschluss ziehen, dass demgemäß der Schuldner (Schädiger) nicht berechtigt ist, den Geschädigten in Teilbeträgen zu befriedigen. Die Bestimmung des § 266 BGB bezieht ihre Rechtfertigung vornehmlich aus der Überlegung, dass es dem Gläubiger nicht zuzumuten ist, im Rahmen eines bestehenden – meist vertraglich begründeten – Schuldverhältnisses Teilzahlungen auf eine der Höhe nach bestimmte, zumindest aber ohne besondere Schwierigkeiten bestimmbare Leistung entgegenzunehmen.[543] In der Tat kann es nicht hingenommen werden, dass der Schuldner entgegen § 271 BGB einseitig und nach seinem willkürlichen Ermessen Form und Zeitpunkt der Vertragserfüllung bestimmt und damit den Gläubiger zumindest belästigt.

Da es sich beim Schadenersatz i. d. R. jedoch nicht um eine bestimmte, ja oft nicht einmal um eine **184** auf Anhieb bestimmbare Leistung handelt, wird in der einschlägigen Literatur und Rechtsprechung die auf § 242 BGB – also auf die Grundsätze von Treu und Glauben – gestützte Auffassung vertreten, dass der Gläubiger jedenfalls dann Teilzahlungen entgegennehmen muss, wenn diese den überwiegenden Anteil der Schuld ausmachen und sonstige entgegenstehende rechtserhebliche Interessen des Gläubigers nicht ersichtlich sind.[544] Der Geschädigte ist zur Zurückweisung eines ihm vom Haftpflichtversicherer des Schädigers angebotenen Teilbetrages jedenfalls dann nicht berechtigt, wenn der betreffende Haftpflichtversicherer seine Bereitschaft erklärt hat, über den geleisteten Betrag hinaus auch die weiter gehenden Ersatzansprüche zu befriedigen, soweit sie sich als begründet erweisen.[545]

Der Geschädigte ist also trotz der Bestimmung des § 266 BGB im Rahmen der Grundsätze von Treu **185** und Glauben (§ 242 BGB) grundsätzlich verpflichtet, Teilleistungen des Haftpflichtversicherers des Schädigers anzunehmen, wenn er nicht in Annahmeverzug geraten will.[546]

Dies gilt jedenfalls für den Fall, dass die Teilleistung ohne Bedingung angeboten worden ist und von **185a** der Gegenseite ein Präjudiz für die Sach- und Rechtslage nicht verlangt wird.[547]

Wenn ein Angebot auf Teilleistung der Sache nach jedoch einen Antrag auf Abschluss eines Ver- **185b** gleichs darstellt, der den vertraglichen Verzicht auf alle weiteren Schadenersatzansprüche bedeuten würde, braucht der Geschädigte das Angebot des Ersatzpflichtigen nicht anzunehmen, der dann durch sein Verhalten Anlass zur Klage gegeben hat.[548]

Im Allgemeinen wird die Zahlung von Teilbeträgen im Schadensersatzrecht keine besonderen **186** Schwierigkeiten bereiten, weil sehr häufig der Geschädigte selbst einen Vorschuss erbittet, um eine sonst notwendig werdende Finanzierung zu vermeiden. Auch wenn der Haftpflichtversicherer des Schädigers nach dem Scheitern von Vergleichsverhandlungen zum Wege der »schlichten Abrech-

---

543 Vgl. *Heßler* in Münchner Kommentar ZPO, 3. Aufl. 2007, § 757 Rn. 29.
544 *OLG Hamm* VersR 1957, 824; VersR 1971, 966; *OLG Nürnberg* VersR 1964, 834; VersR 1965, 1184 (für den Fall, dass der Haftpflichtversicherer des Schädigers weitere Zahlungen in Aussicht gestellt hat); *OLG Stuttgart* VersR 1972, 488; *LG Köln* VersR 1966, 966 (Abwicklung nach Treu und Glauben); *LG Augsburg* VersR 1968, 1152; *LG München* I VersR 1969, 744; *AG Hamm* r+s 1979, 68; *Schmidt* DAR 1968, 143; *Boetzinger* VersR 1968, 1124; *Baumgärtel* VersR 1970, 969; *Leonhard* VersR 1967, 534; *Erman/Sirp* § 266 Rn. 2; *Palandt/Heinrichs* § 266; *Soergel/Siebert/Reimer/Schmidt* § 266 Rn. 1 u. 2; *Staudinger/Werner* § 266 Anm. 5; – a. A. *OLG München* VersR 1962, 673.
545 Vgl. *OLG Nürnberg* VersR 1965, 1184.
546 *OLG Nürnberg* VersR 1965, 1184 (für den Fall, dass weitere Zahlungen in Aussicht gestellt werden); *OLG Düsseldorf* NJW 1965, 176; *OLG Stuttgart* VersR 1971, 448; *LG Köln* VersR 1966, 966 (Abwägung nach Treu und Glauben); *AG Tuttlingen* VersR 1963, 492.
547 *LG Bad Kreuznach* VersR 1961, 863 (Annahmeverzug nur dann, wenn bei einem Angebot bestimmt ist, auf welche Schadenpositionen der Betrag zu verrechnen ist); *Schmidt* DAR 1968, 143; *Baumgärtel* VersR 1970, 969.
548 *OLG München* VersR 1959, 550; vgl. *OLG München* ADAJUR-Dok.Nr. 67161; VRundSch 31/05, 39.

nung« übergeht, wird der Geschädigte in aller Regel die Annahme eines ihm ohne Vorbehalt überwiesenen Betrages nicht zurückweisen dürfen. Die Annahme wird ihm regelmäßig auch zuzumuten sein, wenn man bedenkt, dass sich eine voreilig verschmähte Teilzahlung später bei rechtlich orientierter Betrachtungsweise im Prozess durchaus auch als Vollleistung erweisen kann.

187 Die Ablehnung einer hinter den Vorstellungen des Gläubigers zurückbleibenden Leistung geschieht nach den Erfahrungen der Praxis im Allgemeinen nicht aus sachlich gerechtfertigten Befürchtungen, sondern sehr häufig in dem Bestreben, einen Prozess mit einem möglichst hohen Streitwert zu führen oder die Erreichung des Beschwerdewerts zu gewährleisten (§ 511a Abs. 1 ZPO). Dabei wird häufig übersehen, dass der Beklagte in jeder Lage des Prozesses – auch gegen den Willen des Klägers – den Klaganspruch in beliebiger Höhe anerkennen kann.

II. Aufrechnung

1. Allgemeine Vorbemerkungen

188 Als eine besondere Form der Erfüllung gilt die Aufrechnung (§ 387 BGB). Sie ist jeweils dann zulässig, wenn zwei Personen einander gleichartige Leistungen (insbesondere Geld) schulden. Die Rechtswirksamkeit der Aufrechnung ist an zwei Bedingungen geknüpft, die beide gleichzeitig erfüllt sein müssen: Die eigene Forderung muss voll wirksam, einredefrei und fällig sein, die eigene Leistung (Gegenforderung) muss erfüllbar sein. Die Besonderheit der Aufrechnung besteht in der durch § 389 BGB festgelegten Rückwirkung. Nach dieser Bestimmung gelten die beiderseitigen Forderungen, soweit sie sich decken, als in dem Zeitpunkt erloschen, in dem sie aufrechenbar – d. h. zur Aufrechnung fähig und geeignet zur Verfügung stehen.[549]

2. Prinzipalaufrechnung

189 Die Prinzipal- oder Primäraufrechnung kommt insbesondere in Betracht, wenn der in Anspruch genommene Schädiger bereits außergerichtlich eine ihm zur Last fallende mitwirkende Verursachung (§ 17 StVG) anerkannt hat und auf dieser Grundlage die Abrechnung der von ihm geschuldeten Leistung vollzieht. Gerade nach Verkehrsunfällen erheben recht häufig beide Parteien wechselseitige Ersatzansprüche.[550]

190 In der Praxis der Schadenregulierung kommt es hin und wieder vor, dass der Gläubiger sich aus den verschiedensten Gründen mit der Aufrechnung des Schuldners »nicht einverstanden« erklärt und selbst bei zugestandener Mithaftung versucht, den Unfallgegner an den eigenen Haftpflichtversicherer zu verweisen. Dieser Standpunkt erweist sich indes bei rechtlich orientierter Betrachtungsweise unter mehreren Aspekten als falsch. Bei der Aufrechnung handelt es sich zwar um eine empfangsbedürftige Willenserklärung, die jedoch vom Schuldner als eine Art »Ersetzungsbefugnis« einseitig vollzogen werden kann. Auf das Einverständnis des anderen Teils kommt es daher nicht an.

191 Ebenso wenig lässt sich eine bereits vollzogene Primäraufrechnung dadurch unterlaufen, dass der Haftpflichtversicherer nachträglich – wie dies in der Praxis häufiger geschieht – den bereits zur Aufrechnung gestellten Betrag kurzerhand überweist. Bereits durch die Aufrechnung hat der Gläubiger Befriedigung gefunden, soweit die Ansprüche sich decken. Derjenige, der die Aufrechnung vollzogen hat, ist daher nicht nur berechtigt, sondern sogar verpflichtet, die Zahlung des Haftpflichtversicherers zurückzuweisen,[551] weil er sonst die (doppelte) Leistung ohne Rechtsgrund (§ 812 BGB) erlangt. Ein Wiederaufleben des ursprünglichen Schuldverhältnisses tritt also durch die nachträglich geleistete Zahlung nicht ein.[552]

---

549 Vgl. *Rimmelspacher* Münchner Kommentar ZPO, 3. Aufl. 2008, § 533 ZPO, Rn. 19–32.
550 Vgl. *Wagner* Münchner Kommentar ZPO, 3. Auflage 2008, § 145 ZPO, Rn. 20–23.
551 Vgl. dazu *Schmalzl* VersR 1965, 220 ff.
552 Vgl. dazu *Klimke* DB 1974, Bed. Nr. 4 zu H 7, S. 6.

3. Eventualaufrechnung

Der Schuldner kann mit seinen eigenen Ersatz- oder Ausgleichsansprüche hilfsweise und vorsorglich aufrechnen, wenn die Forderungen des Gläubigers ganz oder teilweise berechtigt sein sollten. Dieser Form der Aufrechnung ist für den Schuldner interessant, wenn der Geschädigte seine Ansprüche gerichtlich geltend macht. Der Beklagte steht dann vor der Wahl, entweder Widerklage zu erheben oder die Eventualaufrechnung im Prozess zu erklären. Der vorsichtige Beklagte wird sich für den Weg des geringsten Widerstandes entscheiden und mit seinen eigenen Ansprüchen lediglich hilfsweise aufrechnen. Die Klage muss wegen der Aufrechnungslage[553] mit der Kostenfolge aus § 91 ZPO abgewiesen werden, wenn der »an sich« begründete Klaganspruch, durch die nunmehr zum Zuge kommende Eventualaufrechnung erledigt wurde.

192

Allein der Kläger hat es zu vertreten, wenn er einen Prozess führt, obwohl ihm nach der Differenz- oder Saldentheorie »unter dem Strich« kein Anspruch gegen den Beklagten mehr zusteht. Dies gilt, wenn bereits in dem von ihm selbst bestimmten Zeitpunkt der Rechtshängigkeit erkennbar war, zumindest aber bei vernünftiger Betrachtungsweise mit der Möglichkeit gerechnet werden musste, dass auch der Ausgleichsberechtigte Beklagten einen Schaden und damit ein Gegenanspruch hat. Schließlich hätte auch der Kläger aufrechnen können, wenn er die Dinge richtig beurteilt hätte.

193

III. Hinterlegung

Nach § 372 BGB kann der Schuldner Geld, Wertpapiere und sonstige Urkunden sowie Kostbarkeiten bei einer dazu bestimmten öffentlichen Stelle für Rechnung des Gläubigers hinterlegen, wenn dieser sich im Annahmeverzug befindet. Das Gleiche gilt dann, wenn der Schuldner aus einem anderen in der Person des Gläubigers liegenden Grunde oder infolge einer nicht auf eigener Fahrlässigkeit beruhenden Ungewissheit über die Person des Gläubigers seine Verbindlichkeit nicht oder nicht mit Sicherheit zu erfüllen vermag.[554]

194

Im Haftpflichtrecht kommt eine Hinterlegung vornehmlich dann in Betracht, wenn der leistungspflichtige Schädiger bzw. dessen Haftpflichtversicherer trotz Ausschöpfung aller ihm zugänglichen Erkenntnisquellen nicht mit letzter Sicherheit beurteilen kann, wem der Anspruch zusteht. Dieser Fall kann beispielsweise eintreten, wenn der Gläubiger nach Eintritt des Schadenfalles verstorben ist und keine Gewissheit darüber besteht, ob testamentarische oder gesetzliche Erbfolge eingetreten ist.

194a

In solchen Fällen empfiehlt es sich, die Geldleistung unter ausdrücklichem Verzicht auf das Recht auf Rücknahme (§ 378 BGB i. V. m. § 376 BGB) mit Schuldbefreiender Wirkung bei der Annahmestelle des zuständigen Amtsgerichts zu hinterlegen. Es ist dann Sache der möglichen Gläubiger, die einen Anspruch geltend machen wollen, eine interne Einigung herbeizuführen bzw. die Frage nach der Sachbefugnis (Aktivlegitimation) in einem besonderen Prozess klären zu lassen.

195

IV. Bestimmungsrecht

Leistet der Haftpflichtversicherer nicht in der geforderten Höhe, sollte er von der ihm gesetzlich eingeräumten Möglichkeit zu bestimmen, für welche Forderungsteile gezahlt wird, Gebrauch machen, damit nicht die gesetzliche Tilgungsfolge eintritt. Es ist anerkanntes Recht, dass keinesfalls der Gläubiger bestimmen darf, wie er die Zahlung verrechnet, selbst wenn der Schuldner hierzu keine Angaben macht. Bestimmt der Gläubiger dennoch, wie die Zahlung verwendet werden soll, kann der Schuldner diese Entscheidung wegen Irrtums anfechten.[555]

196

---

553 Vgl. *OLG Bremen* NJW 1971, 712 (713, l.Sp.).
554 *BGH* zfs 1981, 65; *BGH* NJW 1997, 1501.
555 *BGH* NJW 1989, 1792.

1. des Schuldners

197 Nach § 366 Abs. 1 BGB kann der Schuldner für den Fall, dass seine Leistung zur Tilgung sämtlicher Verbindlichkeiten nicht ausreicht, berechtigt, bestimmen, welche Schuld getilgt werden soll. Es kommt in der Praxis der Schadenregulierung häufig vor, dass die verschiedensten Ansprüche in Form von Rechnungsposten aus Anlass desselben Schadenereignisses, beispielsweise Reparaturkosten, Minderwert, Mietwagenkosten, Schmerzensgeld, Verdienstausfall usw., geltend gemacht werden. Der Haftpflichtversicherer, der nicht alle Ansprüche in der geforderten Höhe befriedigen will, muss deshalb zunächst prüfen, ob er dem Grunde nach voll haftet, und sich dann auf der anderen Seite überlegen, ob die Ansprüche auch der Höhe nach begründet sind.

198 In derartigen Fällen empfiehlt es sich, dem Geschädigten genau mitzuteilen, wofür die Zahlungen geleistet werden. Nach dem Gesetz muss das Bestimmungsrecht an sich »bei« der Leistung ausgeübt werden, also bereits zum Zeitpunkt der Zahlung. Diese Forderung lässt sich jedoch in der Praxis bei Überweisungen nicht immer erfüllen. Es genügt daher nach Treu und Glauben (§ 242 BGB), wenn der Geschädigte unmittelbar nach erfolgter Überweisung erfährt, worauf die Zahlungen verrechnet werden.

2. Gesetzliche Folge

199 Legt der Schuldner nicht fest, worauf die Zahlungen verrechnet werden sollen, tritt die gesetzliche Tilgungsfolge nach § 366 Abs. 2 BGB ein. Nach dieser Bestimmung wird die zur Tilgung der gesamten Schuld nicht ausreichende Leistung nach folgender Reihenfolge angerechnet:
– fällige Schuld
– diejenige Schuld, die dem Gläubiger die geringere Sicherheit bietet
– die dem Schuldner lästigere Verpflichtung
– die ältere Schuld
– verhältnismäßige (wertanteilige) Verrechnung auf alle Verbindlichkeiten.

200 Im Haftpflichtrecht wird insbesondere dann, wenn der Schuldner keine Bestimmung getroffen hat, die zuletzt genannte Alternative der verhältnismäßigen Tilgung Anwendung finden. Es besteht dann die Gefahr, dass eine Verrechnung auf diejenigen Forderungen erfolgt, die der Ersatzpflichtige überhaupt nicht berücksichtigen wollte.

201 Für die Beweislast gilt folgende Regelung: Der Geschädigte, der die nach der Bestimmung durch den Schuldner (anteilige) erfolgte Tilgung nicht akzeptiert und sich auf die gesetzliche Tilgungsfolge nach § 366 Abs. 2 BGB beruft, muss nachweisen, dass er weitere Forderungen geltend gemacht hat und dem Schuldner dies bekannt war. Der Schädiger andererseits muss beweisen, dass er eine rechtswirksame Bestimmung getroffen oder dass im Prozess eine Anrechnung auf die Klagforderung nach § 366 Abs. 2 BGB zu erfolgen hat.[556]

202 Einen Unterfall der gesetzlichen Tilgungsfolge sieht die Bestimmung des § 367 BGB vor. Er ergänzt insoweit den bereits besprochenen § 366 BGB bezüglich des Verhältnisses von Haupt- und Nebenforderungen. Hat der Schuldner außer der Hauptforderung auch Zinsen und Kosten zu entrichten, so wird eine zur Tilgung der gesamten Schuld nicht ausreichende Leistung zunächst auf die Kosten, dann auf die Zinsen und erst zuletzt auf die Hauptforderung angerechnet.

203 Die praktische Bedeutung dieser Vorschrift besteht darin, dass der Geschädigte, der längere Zeit auf die Erfüllung seiner Forderung warten musste und dem deswegen ein Zinsanspruch zusteht, selbst gegen den erklärten Willen des Schädigers berechtigt ist, eine ihm zugewendete Teilleistung zunächst auf die bis dahin fällig gewordenen Zinsen zu verrechnen. Die Hauptforderung wird nicht getilgt und kann im Prozess geltend gemacht werden. Um den Eindruck zu vermeiden, dass Unzulässigerweise Zinseszinsen berechnet werden, empfiehlt es sich, eine gestaffelte Abrechnung vorzunehmen.

---

556 *BGH* DB 1974, 2005; vgl. *AG Tecklenburg* Urt. v. 13.11.2002, Az. 13 C 65/02, ADAJUR-Dok.Nr. 52289.

E. Erfüllung

Aus dieser muss deutlich werden, dass Teilleistungen vorrangig auf Zinsen verrechnet worden sind und auf den Bestand der verzinslichen Hauptforderung insoweit keinen Einfluss genommen haben.

V. Erlassvertrag

Der Erlassvertrag i. S. v. § 397 Abs. 1 BGB bringt das Schuldverhältnis ebenfalls zum Erlöschen. Dieselbe Rechtsfolge tritt ein durch ein sog. »negatives Schuldanerkenntnis« gem. § 397 Abs. 2 BGB, d. h. durch das vertragsgemäße Anerkenntnis des Gläubigers, dass das betreffende Schuldverhältnis nicht (mehr) besteht. Auch die im Zuge der Schadenregulierung häufig geforderte und erteilte Abfindungserklärung stellt von der Rechtsqualität her ein sog. Negativ-Attest i. S. e. Ausgleichsquittung dar. 204

Unter Erlass in diesem Sinne versteht man einen rechtsgeschäftlichen (vertraglichen) Verzicht auf eine Forderung,[557] da für das Gebiet des Schuldrechts ein einseitiger Verzicht auf schuldrechtliche Ansprüche (Forderungen) nicht vorgesehen ist. 205

Ein Erlassvertrag kann auch in der Weise geschlossen werden, dass beide Beteiligte sich an der Unfallstelle dahin verständigen, dass jeder Teil seinen eigenen Schaden selbst trägt. Auch darin liegt ein rechtsgültiger Haftungsverzichtsvertrag.[558] 205a

Im Allgemeinen bezieht der Erlass sich lediglich auf einzelne Forderungen. Für den Fall, dass das gesamte Schuldverhältnis aufgehoben werden soll, bedarf es an sich eines Aufhebungsvertrages, der in der Praxis der Schadenregulierung allerdings so gut wie nie vorkommt. 205b

Im Schadensersatzrecht wird der Erlass häufig mit einem Vergleich i. S. v. § 779 BGB verbunden. Von einem Vergleich[559] als gegenseitigem Vertrag spricht man nach der Legaldefinition des bürgerlichen Rechts dann, wenn der »Streit oder die Ungewissheit der Parteien über ein Rechtsverhältnis im Wege gegenseitigen Nachgebens beseitigt wird.« 206

1. Rechtliche Bedeutung

Der mit Abstand häufigste Anwendungsfall des Erlassvertrages ist die Abfindungserklärung. Der Haftpflichtversicherer des Schädigers sendet dem Geschädigten eine vorbereitete Abfindungserklärung und dieser gibt sie unterzeichnet zurück (z. B. im Kfz-Bereich beim Schmerzensgeld). Der Schädiger kann nach Unterzeichnung der Abfindungserklärung die Erfüllung weiterer – durch den Vergleich bzw. Erlassvertrag umfasster – Ansprüche i. d. R. nicht mehr verlangen. 207

Der Vergleich schafft einen neuen, selbstständigen Anspruchsgrund. Ein Rücktritt (§ 326 BGB) vom Abfindungsvergleich ist rechtlich nur zulässig, wenn diese Gestaltungsform ausdrücklich vereinbart worden ist.[560] Selbstverständlich kann der Abfindungsvergleich im beiderseitigen Einvernehmen der Parteien wieder aufgehoben werden. 208

Der in Vergleichen häufig anzutreffende Zusatz »ohne Anerkennung einer Rechtspflicht« bzw. »ohne Präjudiz für die Sach- und Rechtslage« ist auf den Umfang der Leistungspflicht und für den Rechtscharakter der Verpflichtung ohne Bedeutung[561] und schließt auf der anderen Seite die Möglichkeit für eine spätere Kondiktion unter Umständen sogar aus (§ 814 BGB). 209

Sinnvoll erscheinen Abfindungserklärungen im Hinblick auf die sich für beide Vertragsparteien daraus ergebenden Rechtsfolgen i. d. R. nur bei Personenschäden, und zwar in diesem Bereich vor- 210

---

557 Staudinger/*Olzen* BGB – Eckpfeiler des Zivilrechts – G. Das Erlöschen von Schuldverhältnissen, Rn. 62, Neubearbeitung 2011.
558 Vgl. *OLG München* zfs 1985, 33.
559 Wegen näherer Einzelheiten dazu vgl. *Klimke* VersR 1975, 686 (m. w. N.).
560 A. A.: *BGH* VersR 1957, 798 (selbst für den Fall eines Prozessvergleichs); *BGH* NJW 1955, 705; *LAG Stuttgart* DRiZ 1950, 300.
561 Vgl. *OLG Nürnberg* BB 1959, 971.

nehmlich dann, wenn in die Zukunft reichende Dauerschäden zu befürchten sind und diese sich bereits absehbar sind. Lässt sich nicht ausschließen, dass weitere noch nicht erkennbare Verletzungsfolgen entstehen können, muss ein »immaterieller Vorbehalt« aufgenommen werden.

211 Der Haftpflichtversicherer des Schädigers kann gegen den Willen des Geschädigten keine Abfindungserklärung verlangen. Selbst wenn er den geforderten Betrag in voller Höhe anbietet, die Zahlung jedoch von der vorherigen Unterzeichnung einer Abfindungserklärung abhängig macht, kann Schuldnerverzug mit allen seinen Rechtsfolgen[562] eintreten.[563]

212 In diesem Fall muss allerdings nach den auch insoweit geltenden Grundsätzen von Treu und Glauben (§ 242 BGB) davon ausgegangen werden, dass der Haftpflichtversicherer durch sein Verlangen nicht ohne weiteres Anlass zur Klagerhebung gegeben hat.[564] In einem derartigen Fall muss der Geschädigte dem Ersatzpflichtigen zunächst noch einmal Gelegenheit zu geben, die von ihm angebotene Leistung unter Verzicht auf die zunächst angestrebte Abfindungserklärung – also ohne jeden Vorbehalt – zu erbringen. Macht der Gläubiger dennoch den Anspruch rechtshängig, kann der Ersatzpflichtige durch ein sofortiges Anerkenntnis im Prozess (§ 307 ZPO) erreichen, dass dem Kläger in entsprechender Anwendung des im § 93 ZPO enthaltenen Rechtsgedankens die Kosten des Rechtsstreits auferlegt werden.

2. Rechtswirkung

213 Grundsätzlich ist davon auszugehen, dass ein rechtswirksam geschlossener Vergleich gleichermaßen beide Parteien bindet. Weder Gläubiger noch Schuldner können später damit gehört werden, dass sie andere Vorstellungen hatten, als sie den Vergleich schlossen. – Sei es im tatsächlichen oder im rechtlichen Bereich.

214 Wer einen Vergleich abschließt, nimmt das Risiko in Kauf, dass die für die Berechnung maßgeblichen Faktoren auf Schätzungen und unsicheren Prognosen beruhen.[565]

215 Durch den Vergleich werden die Ersatzansprüche des Gläubigers, auch soweit sie sich auf nicht voraussehbare Spätfolgen beziehen, im Regelfall ein für alle Mal abgegolten. Die Rechtswirkung des Vergleichs[566] umfasst auch einen Verzicht auf alle Ansprüche gegen die im betreffenden Rechtsverhältnis beteiligten Dritten,[567] sofern sie – die Ansprüche – sonst auf Umwegen erneut auf den Ersatzpflichtigen zukommen könnten und geeignet sind, seine Rechtsposition nachteilig zu beeinflussen. Dies gilt auch für den Fall, dass Ansprüche gegen Dritte in der Abfindungserklärung nicht ausdrücklich erwähnt sind.[568]

216 Zu einem ähnlichen Ergebnis gelangt man dann, wenn es sich um einen anderweitigen Dritten handelt, der aufgrund seines Mitverantwortungsbeitrages zum Schadenausgleich – etwa nach § 17 StVG – verpflichtet ist und dieser gemäß § 426 BGB seine Aufwendungen fordert. Derartige Ergebnisse sollen durch die Sondervorschrift des § 422 BGB gerade vermieden werden. Nach dieser Bestimmung wirkt die Erfüllung durch einen Gesamtschuldner auch für die übrigen Schuldner. Nach § 423 BGB wirkt der zwischen dem Gläubiger und einem Gesamtschuldner vereinbarte Erlass auch für die übrigen Schuldner, wenn die Parteien das Schuldverhältnis insgesamt aufheben wollten.[569]

---

562 Vgl. dazu §§ 284 ff. BGB.
563 Vgl. dazu wegen der »Grundregeln für die zweckmäßige Abwicklung von Ersatzansprüchen aus Anlass eines Kfz-Haftpflichtschadens« – unter diesem Teil – *Klimke* ZfV 1974, 174 ff. (179).
564 Vgl. dazu *OLG München* VersR 1965, 1058.
565 Vgl. dazu: *BGH* DAR 1981, 46; *Weber* DAR 1984, 161.
566 Vgl. dazu, dargestellt am Denkmodell des Teilungsabkommens, *Klimke* VersR 1972, 414.
567 *BGH* NJW 1985, 970; VersR 1986, 467 (468).
568 Vgl. *LG Kiel* VersR 1979, 850; *LG München* I VersR 1983, 27; *AG Aschaffenburg* zfs 1984, 161.
569 Zweifelnd offenbar *Wussow* UHR, Rn. 1363.

E. Erfüllung

Der Vergleich bindet in seiner rechtlichen Wirkung grundsätzlich auch Dritte, soweit sie ihre Ansprüche vom ursprünglichen Gläubiger ableiten. Darunter fallen insbesondere die Rechtsnachfolger des Gläubigers, vornehmlich also seine Erben, aber auch diejenigen Personen, denen der Anspruch im Wege rechtsgeschäftlichen Forderungsüberganges (Abtretung) bzw. kraft gesetzlicher Überleitung (bspw. im Fall des § 4 LFG) zufällt.

217

Eine Ausnahme gilt lediglich für den gesetzlichen Forderungsübergang nach § 116 SGB X, weil die Forderung hier nicht erst mit der Leistung, sondern bereits innerhalb der »logischen Sekunde« – gewissermaßen durch den Verletzten hindurch – auf den Sozialversicherungsträger übergeht. Die Rechte des Sozialversicherungsträgers werden also durch einen ohne seine Zustimmung geschlossenen Abfindungsvergleich nicht beeinträchtigt. Im Rahmen eines Vergleichsschlusses sollte deshalb vermerkt werden, dass der Vergleich nicht die Ansprüche von Renten- Kranken- und Sozialversicherungsträgern umfasst.

217a

Wie der Gläubiger nicht unter dem Hinweis darauf, dass eine von seinen damaligen Vorstellungen abweichende Situation eingetreten ist, Nachforderungen stellen kann, darf auch der Schuldner im Fall einer unerwartet günstigen Entwicklung die im Rahmen des Vergleichs erbrachte Leistung später nicht zurückfordern. Sind die Parteien beispielsweise übereinstimmend von einem gesundheitlichen Dauerschaden ausgegangen, bessert sich jedoch nach relativ kurzer Zeit der Zustand des Verletzten so weit, dass er wieder einer Erwerbstätigkeit nachgehen kann, dann besteht für den Ersatzpflichtigen – es sei denn, dass ein Fall von arglistiger Täuschung vorliegt – nicht die Möglichkeit, einen Teil der vertragsgemäßen Leistung unter dem Gesichtspunkt der ungerechtfertigten Bereicherung (§§ 812 ff. BGB) zurückzufordern. Entwicklungen im positiven wie im negativen Sinn stellen das Risiko eines Vergleichs für beide Seiten dar.[570]

218

Diese Grundsätze gelten im Wesentlichen auch für Spätfolgen. Den Parteien ist im Regelfall bekannt, dass die Möglichkeit besteht. Wenn nach dem Wortlaut des im konkreten Fall geschlossenen Abfindungsvergleichs – wie dies in aller Regel geschieht – alle Ansprüche aus Anlass sämtlicher Schäden abgegolten sein sollen, und zwar auch diejenigen, die im Zeitpunkt des Vergleichsabschlusses noch nicht voraussehbar oder nicht vorstellbar waren, ist der Anspruchsteller an den seinerzeit geschlossenen Vergleich gebunden. Der Geschädigte muss deshalb immer überlegen, ob er nicht einen »immateriellen Vorbehalt« vereinbart. Dieser gibt ihm die Möglichkeit, Nachforderungen zu stellen, wenn sich seine Situation unerwartet erheblich verschlechtert.

219

Eine andere Betrachtung wird also nur dann Raum greifen, wenn nach Abschluss des Vergleichs Umstände eintreten, die außerhalb der menschlichen Erkenntnismöglichkeiten und Vorstellungen liegen, sodass beide Parteien an sie nicht gedacht und mit ihrem Eintritt vernünftigerweise nicht gerechnet haben. In diesem Fall sind die nicht vorhersehbaren Folgeerscheinungen nicht Gegenstand des Vergleichs.[571]

220

An den Nachweis, dass der Vergleich – entgegen seinem Wortlaut – nur beschränkt gelten sollte, sind besonders strenge Anforderungen zu stellen.[572]

221

Der Abschluss eines Vergleichs ist auch in der Weise möglich, dass durch ihn nur bestimmte Teilbereiche erfasst werden sollen oder dass seine Rechtswirkung sich nur auf einen begrenzten Zeitraum erstreckt (Begrenzung des Schadenkreises). Ist eine derartige – zeitliche oder sachliche – Beschränkung von den Parteien gewollt, dann muss dieser Vorbehalt in der Abfindungserklärung unmissverständlich zum Ausdruck gebracht werden, da der Vergleich sonst sämtliche Ansprüche umfasst. Der wirkliche Parteiwille ist im Zweifel im Wege der Auslegung zu erforschen.[573]

222

---

570 Vgl. dazu BGHZ 79, 187 = NJW 1981, 818 = VersR 1981, 283 = DAR 1981, 46; NJW 1984, 115 = VersR 1983, 1034 = DAR 1981, 390 = VRS 65, 321; *Weber* DAR 1984, 161.
571 *BGH* VersR 1966, 243; *OLG Düsseldorf* VersR 1954, 598; *OLG Celle* VersR 1963, 536.
572 Vgl. *BGH* VersR 1958, 562; *OLG Nürnberg* VersR 1965, 626.
573 *BGH* VersR 1961, 1015.

223 Es kommt in der Regulierungspraxis mitunter vor, dass bestimmte Schadenarten, die sich im Augenblick noch nicht abschließend übersehen lassen, nach dem übereinstimmenden Parteiwillen vom Vergleich nicht erfasst werden sollen. So kann beispielsweise – dies ist die in der Praxis wohl häufigste Differenzierung – zwischen vermögensrechtlichen und materiellen Schäden unterschieden werden.

223a Sehr viel häufiger werden aber auch Absprachen getroffen, die die zeitliche Wirkung des Erlassvertrages (Vergleichs) einschränken. Von dieser Möglichkeit wird insbesondere in der Form Gebrauch gemacht, dass der noch nicht voll zu übersehende Zukunftsschaden ausgeklammert wird.

223b Anders als bei der sachlichen Abgrenzung kann bei zeitlichen Einschränkungen aus Gründen die in der Natur der Sache liegen, der Grund des Anspruchs nicht unter einem Vorbehalt gestellt werden. Ein Vergleich, der lediglich einen zeitlichen Vorbehalt enthält, wird auch ein Anerkenntnis zum Grund darstellen, soweit nicht erkennbar der vergleichsweisen Ermittlung des Abfindungsbetrages eine bestimmte Quote zugrunde gelegt worden ist.

3. Anfechtung

224 Ein rechtswirksam geschlossener Vergleich kann später angefochten werden, wenn er unwirksam ist. Davon ist auszugehen, wenn beide Parteien übereinstimmend einen Sachverhalt als Grundlage für den Vergleich angenommen hatten, der tatsächlich nicht vorlag und der ihnen nach Kenntnis der Sachlage Veranlassung gegeben hätte, den Vergleich nicht oder jedenfalls nicht in der vorgegebenen Form zu schließen. Es ist dabei gleichgültig, ob sich die Parteien über Tatsachen oder über Rechtsgrundlagen geirrt hatten.[574]

224a Unbeachtlich ist insbesondere ein Irrtum im Motiv, beispielsweise über den Rechtsgrund des Anspruchs[575] oder über den Verlauf der künftigen Entwicklung.[576]

225 Eine Anfechtung des Vergleichs wegen Irrtums über den Erklärungsinhalt (nicht über das Motiv) kann nur ausnahmsweise in Betracht kommen. An den Nachweis der zur Anfechtung berechtigenden Umstände stellt die Rechtsprechung strenge Anforderungen.[577]

226 Zuweilen wird versucht, einen Vergleich mit dem Hinweis anzufechten, dass der Gläubiger beim Abschluss des Vertrages vom Ersatzpflichtigen über wesentliche Gesichtspunkte i. S. v. § 123 BGB arglistig getäuscht worden ist. Eine Anfechtung des Abfindungsvergleichs wegen arglistiger Täuschung ist grundsätzlich zulässig. Eine arglistige Täuschung in diesem Sinne liegt jedoch nicht vor, wenn der Haftpflichtversicherer – und sei es auch gegen die herrschende Auffassung in Literatur und Rechtsprechung – einen für ihn einseitig günstigen Rechtsstandpunkt vertreten hat. Üblicherweise wird davon auszugehen sein, dass im Verlaufe von Vergleichsverhandlungen jede Partei allein die ihr günstigen Tatsachen und Rechtsauffassungen in die Verhandlungen einführt. Deswegen muss die Toleranzschwelle, die zu einer Anfechtung berechtigen könnte, sehr hoch angesetzt werden.[578]

227 Für den Nachweis der arglistigen Täuschung ist ergänzend der bereits erwähnte Gesichtspunkt zu berücksichtigen, dass der Haftpflichtversicherer des Schädigers nur in sehr begrenztem Umfang verpflichtet ist, sich gewissermaßen als Anwalt des Verletzten zu betätigen und dessen eigene – anders strukturierte – Interessenlage wahrzunehmen. Diese Verpflichtung entfällt ganz nach den Grundsätzen der »Waffengleichheit«, wenn der Geschädigte anwaltlich vertreten war.

228 Eine Aufklärungs- und Belehrungspflicht wird indes unter Einbeziehung der auch insoweit geltenden Grundsätze von Treu und Glauben (§ 242 BGB) dann anzunehmen sein, wenn der Haftpflichtversicherer es mit einem offensichtlich ungewandten, rechtsunkundigen und Geschäftsunerfahrenen

---

574 Vgl. *BGH* NJW 1958, 297; NJW 1961, 1460; VersR 1963, 1219.
575 *BGH* VersR 1961, 806.
576 *BGH* VersR 1961, 808.
577 Vgl. *OLG Celle* VersR 1955, 646; *Wussow* UHR, Rn. 1355.
578 Vgl. *AG Hannover* r+s 1984, 68.

Anspruchsteller zu tun hat. Ein Vergleich kann wegen arglistiger Täuschung beispielsweise dann erfolgreich angefochten werden, wenn der Regulierungsbevollmächtigte nachweislich wider besseres Wissen unwahre Angaben macht und damit den Geschädigten bewusst über entscheidungserhebliche Kriterien täuscht.[579] Umgekehrt wird der Haftpflichtversicherer dann einen Abfindungsvergleich mit Erfolg anfechten können, wenn der Geschädigte eine ihm von einem Sozialversicherungsträger aus Anlass des Unfalls gewährte Rente verschwiegen hat und die Schadenersatzansprüche des Verletzten nach den Grundsätzen der sachlichen und zeitlichen Kongruenz auf den Träger der Sozialversicherung übergegangen sind.

Von einem sittenwidrigen Vergleich wird auszugehen sein, wenn ein ungewöhnliches Missverhältnis[580] zwischen den gegenseitigen rechtlichen Gestaltungsmöglichkeiten vor Abschluss des Vergleichs im Verhältnis zu der durch den Vergleich selbst zustande gekommenen Rechtslage vorliegt.[581] Diese Voraussetzung kann beispielsweise dann gegeben sein, wenn ein krasses Missverhältnis zwischen Leistung und Gegenleistung besteht und dem Geschädigten unter Ausnutzung seiner Unerfahrenheit, seines Leichtsinns oder seiner Notlage eine Erklärung abgenötigt worden ist, durch die er ohne ausreichende Gegenleistung auf die Geltendmachung bereits erkennbarer Spät- und Folgeschäden verzichtet. 229

Nach den Grundsätzen von Treu und Glauben kann der Schädiger sich gegenüber (berechtigten) Nachforderungen des Verletzten ebenfalls dann nicht auf den formalen Abfindungsvergleich berufen, wenn sich nach Eintritt von zunächst nicht vorhersehbaren Spätfolgen ein überaus krasses und unzumutbares Missverhältnis zwischen Leistung und Gegenleistung ergibt.[582] 229a

Die allen Versorgungsverträgen zugrunde liegende Regelung, dass einmal festgestellte Verhältnisse Bestand haben, führt nur dann zu einer Anpassung von Unterhalts- und Entschädigungsleistungen an veränderte Umstände gem. §§ 157, 242 BGB i. V. m. § 323 ZPO, wenn die Veränderung als so wesentlich erscheint, dass ein Festhalten an der getroffenen Regelung den von einer Partei mit dem Vertrag verfolgten Zweck vereiteln würde.[583] 230

Daraus wird deutlich, dass die Bindungswirkung einer Abfindungserklärung auch durch den Wegfall der Geschäftsgrundlage beseitigt werden kann, wenn nach Abschluss eines Vergleichs eine wesentliche Änderung in den tatsächlichen Verhältnissen eingetreten ist.[584] 230a

Dem gerichtlichen Vergleich fällt eine Doppelfunktion zu: Er ist einerseits privatrechtlicher Natur, andererseits zugleich aber auch Prozesshandlung.[585] Dabei ist zu berücksichtigen, dass unter dem Gesichtspunkt der Bestandsfunktion und unter dem Eindruck der geänderten Verhältnisse auch die Anpassung eines gerichtlichen Vergleichs im Wege einer Abänderungsklage (§ 323 Abs. 4 ZPO und § 794 BGB) verlangt werden kann.[586] 231

4. Schadenfeststellungsvertrag

Eine ähnliche Rechtswirkung wie dem Erlassvertrag fällt dem Schadenfeststellungsvertrag zu, der nach herrschender Auffassung weder einen Vergleich i. S. v. § 779 BGB noch ein abstraktes Schuldanerkenntnis darstellt, sondern einen Vertrag eigener Art. Ein Feststellungsvertrag kann daher nicht 232

---

579 Soweit es sich um die Haftung des Versicherers für seine Agenten handelt, vgl. *BGH* NJW 1963; NJW 1964, 244; VersR 1963, 376; *BGH* NJW 1969, 925; *Wussow* UHR, Rn. 1357.
580 *OLG Hamm* VRS 71, 252; OLG Celle, ADAJUR-Dok.Nr. 38238; DAR 2000, 402.
581 *BGH* NJW 1951, 397.
582 *OLG Hamm* VRS 71, 252; OLG Oldenburg, ADAJUR-Dok.Nr. 62210; VersR 2004, 64.
583 *BGH* VersR 1966, 37; 1968, 451; *OLG Schleswig* r+s 1978, 81; *OLG Köln* r+s 1978, 173.
584 Vgl. *BGH* NJW 1961, 1460; VRS 34, 161; *Wussow* WI, 21; 1968, 47; 1968, 101; UHR Rn. 1355; *OLG Karlsruhe* ADAJUR-Dok.Nr. 50857; R+S 2002, 329.
585 *BGH* NJW 1955, 705; NJW 1958, 1970.
586 Vgl. *BGH* VersR 1960, 130; *Wussow* WI 1960, 22; VersR 1966, 37.

VI. Feststellungsanspruch

233 Das Rechtsschutzbedürfnis[589] des Geschädigten kann sich (ausnahmsweise) auch einmal auf die Feststellung eines bestimmten Sachverhaltes und der sich daraus ableitenden Rechtsfolgen richten. Auch der Geschädigte, der den Ersatzpflichtigen oder dessen Haftpflichtversicherer ganz allgemein um ein »Haftungsanerkenntnis dem Grunde nach« bittet, ohne den Schaden zu beziffern bzw. zu belegen, macht einen Feststellungsanspruch geltend. Es ist daher in diesem Zusammenhang zunächst zu prüfen, unter welchen Voraussetzungen ein Feststellungsanspruch, der sich nach den öffentlich-rechtlichen Vorschriften der Zivilprozessordnung (§§ 256 ff. ZPO) richtet, zulässig ist.

234 Der Feststellungsanspruch ist – ebenso wie seine prozessuale Form, die Feststellungsklage – nach herrschender Auffassung jeweils dann mangels eines vertretbaren Rechtsschutzbedürfnisses unzulässig, wenn der Gläubiger eines bezifferten, zumindest aber ohne besondere Schwierigkeiten bezifferbaren, Anspruchs Leistung verlangen kann. Dies ist bei Sachschäden – auch größeren Umfangs – die Regel.[590] Der Schädiger ist deshalb nicht verpflichtet, die Haftung dem Grunde nach anzuerkennen. Dies bedeutet, dass er nicht in Verzug kommt, wenn er, ohne sich zunächst zum Grund des Anspruchs zu äußern, den Gläubiger auffordert, seinen Schaden ordnungsgemäß zu spezifizieren und zu belegen. Der Gläubiger eines überschaubaren Sachschadens kann von »seinem« Schädiger im Allgemeinen lediglich Geld verlangen.[591] Zuvor ist er verpflichtet, seinen Schaden ordnungsgemäß zu spezifizieren[592] und in nachprüfbarer Form zu belegen[593] sowie dem Schädiger eine angemessene Bearbeitungsfrist zu gewähren.

234a Der Anspruchsteller kann sich also nicht darauf berufen, dass der Schädiger bereits deswegen Anlass zur Klage gegeben hat, weil er es versäumt hat, das geforderte Anerkenntnis zum Grund des Anspruchs abzugeben.[594]

235 Anders verhält es sich bei Personenschäden. Eine Klage auf Feststellung kann in diesem Bereich ihren wohlerwogenen Grund haben und bereits dann gerechtfertigt sein, wenn aus der Sicht des Geschädigten bei verständiger Würdigung seiner Rechtsposition Grund zu der Annahme besteht, dass mit Spätfolgen zu rechnen und der drohenden Verjährung vorzubeugen ist. Ein schutzwürdiges Interesse i. S. v. § 256 ZPO an der begehrten Feststellung liegt also bereits dann vor, wenn das vom Geschädigten behauptete Recht durch das Verhalten des Ersatzpflichtigen oder aus anderen Gründen gefährdet und ein Feststellungsurteil geeignet erscheint, die bestehende Gefährdung zu beseitigen.[595]

236 Für die Annahme eines Rechtsschutzinteresses an einer alsbaldigen Feststellung des Rechtsverhältnisses i. S. v. §§ 256 ff. ZPO genügt also bereits eine gewisse Wahrscheinlichkeit für die Entstehung weiterer – in die Zukunft reichender – Ersatzansprüche. Die später gewonnene Erkenntnis, dass Fol-

---

587 *BGH* VersR 1956, 365.
588 Vgl. *BGH* VersR 1961, 723; *LG Kaiserslautern* r+s 1975, 234; *LG Karlsruhe* VersR 1977, 269; *LG Kiel* VersR 1981, 770; zfs 1981, 307; OLG Koblenz, R+S 1988, 349.
589 Soweit es sich um den materiellen Gehalt des *rechtlichen* Interesses bei der Feststellungsklage und bei der gewillkürten Prozessstandschaft handelt, vgl. *Michaelis* FS für Larenz (1983), S. 443.
590 Dass es davon auch Ausnahmen geben kann, macht die Grundsatzentscheidung des *BGH* VersR 1983, 758 deutlich.
591 *BGH* VersR 1962, 136 = VRS 22, 4; *Wussow* UHR, Rn. 1232 ff.
592 Vgl. *OLG Hamm* VersR 1961, 118.
593 Vgl. *OLG Celle* VersR 1961, 1141; *LG Berlin* VersR 1963, 275; *LG Köln* VersR 1963, 763; *LG Bielefeld* VersR 1964, 916; *LG München II* VersR 1979, 459.
594 Vgl. *OLG Köln* VersR 1974, 268.
595 *OLG Oldenburg* VersR 1980, 42; *OLG Schleswig* zfs 1981, 294; *OLG Frankfurt/M.* zfs 1982, 257.

geschäden entgegen ursprünglichen Befürchtungen – nicht mehr zu erwarten sind, kann die einmal rechtswirksam erhobene Feststellungsklage rückwirkend nicht unzulässig machen.[596]

236a Selbst dann, wenn die Leistungsklage sich im Ergebnis als unbegründet erweist, kann das Gericht dem in dem Leistungsbegehren enthaltenen Antrag auf Feststellung des Rechtsverhältnisses auch dann stattgeben, wenn dieser Antrag nicht ausdrücklich gestellt worden ist, ein Feststellungsurteil aber dem Interesse des Klägers entspricht.[597] Ein derartiges Verfahren ist nach § 308 ZPO, dessen Voraussetzungen von Amts wegen zu prüfen sind, zulässig, da das begehrte Leistungsurteil die Feststellung der Ansprüche zur Voraussetzung hat, sodass es sich bei der Feststellungsklage um die mindere Gestaltungsform gegenüber dem Leistungsbegehren handelt.[598]

237 Soweit es sich um die Beweislast[599] handelt, gelten für die Feststellungsklage keine Besonderheiten. Die allgemeinen Beweislastregeln sind anwendbar. Auch bei der negativen Feststellungsklage ist die Parteirolle für die Beweislast ohne Bedeutung. Diese folgt auch insoweit den allgemeinen Regeln. Daraus ergibt sich, dass der Entstehungstatbestand des Anspruchs, dessen Nichtbestehen festgestellt werden soll, grundsätzlich vom Beklagten zu beweisen ist.[600]

238 Ein Feststellungsinteresse i. S. v. § 256 ZPO besteht selbst dann, wenn die Haftung des Schädigers unstreitig, jedoch eine Verjährung der Ansprüche im Hinblick auf mögliche Spätschäden (Folgeschäden) zu befürchten ist.[601] Insoweit sind jedoch zwei wesentliche Einschränkungen zu machen, die in der Praxis der Schadenregulierung weitestgehend nicht bekannt sind. Zum einen verjähren künftig fällig werdende Unterhaltsansprüche[602] trotz eines gegen den Schuldner auf Feststellung künftiger Schadenersatzleistungen lautenden positiven Feststellungsurteils gem. § 281 Abs. 2 BGB innerhalb der kurzen (4jährigen) Verjährungsfrist des § 197 BGB.[603] Durch das Feststellungsurteil – oder ein entsprechendes Leistungsurteil – wird nur die Verjährung des Stammrechts auf die Regelzeit von 30 Jahren verlängert, während die einzelnen Raten nach § 197 BGB verjähren. Zum anderen unterbricht die Verteidigung gegen die negative Feststellungsklage nicht die Verjährung des mit dieser Klage geleugneten Anspruchs.[604]

239 Mit der Klage auf Feststellung, dass der Beklagte verpflichtet sei, dem Kläger sämtlichen Schaden zu ersetzen, der ihm aus Anlass eines bestimmten Unfalls entstanden ist bzw. künftig noch entstehen wird, ist der gesamte Schaden[605] des Klägers,[606] also auch ein etwaiger Verdienstausfall, zur richterlichen Entscheidung gestellt worden. Auch wenn der Anspruch auf Erstattung von Verdienstaus-

---

596 Vgl. *BGH* VersR 1976, 291; VersR 1963, 166 (... nicht eben entfernt liegende Möglichkeit ...); *BGH* VersR 1964, 925 (... gewisse Wahrscheinlichkeit genügt ...); *BGH* VersR 1966, 294 (Möglichkeit weiterer Folgeschäden nach schweren Verletzungen); *OLG Stuttgart* VersR 53, 324; *OLG München* VersR 1959, 570.
597 *BGH* DAR 1984, 256 = zfs 1984, 231; vgl. *BGH* Urt. v. 4.5.2006, Az. IX ZR 189/03, ADAJUR-Dok.Nr. 70216.
598 Vgl. dazu: *Baumbach/Lauterbach/Albers/Hartmann* § 308 ZPO, Anm. 1 B; *Zöller* § 308 ZPO, Anh. II 2b; a. A. *Stein/Jonas* § 256 ZPO, Anm. IV 2b; *Wieczorek* § 308 ZPO, Anm. B II a 1.
599 Anders als bei der Beweislast nach einem Anerkenntnis.
600 Vgl. *BGH* NJW 1977, 1637; *OLG Schleswig* NJW 1976, 970; *OLG Karlsruhe* VersR 1982, 263; *Baumbach/Lauterbach/Albers/Hartmann* § 256 ZPO, Anm. 4 D; *Rosenberg* Beweislast, S. 174; *Stein/Jonas* § 256 ZPO, Anm. IV 5.
601 Vgl. *KG* NJW 1975, 1326; *OLG Celle* DAR 1976, 269; *OLG Schleswig* zfs 1981, 294; *OLG Frankfurt/M.* zfs 1982, 257; zfs 1983, 322; *LG Hagen* r+s 1975, 182; *LG Regensburg* zfs 1982, 66; *OLG Jena* Urt. v. 22.11.2010, Az 1 U 489/10, ADAJUR-Dok.Nr. 93665; *LG Meiningen* ADAJUR-Dok.Nr. 79187, SVR 2008, 260 (LS) m. Anm. *Lang*.
602 aber schadenersatzrechtliche Unterhaltsgrenzen gem. §§ 842, 843 BGB.
603 *BGH* VersR 1980, 88; VersR 1980, 927.
604 Vgl. *BGH* NJW 1972, 157; 1972, 1043; 1978, 1800.
605 *BGH* VersR 1985, 663 (664).
606 Vgl. dazu, soweit es sich um die Reichweite der materiellen Rechtskraft eines Feststellungsanspruchs handelt, *BGH* r+s 1985, 151 (152).

fall erst im Laufe des Rechtsstreits ausdrücklich erwähnt wird, erstreckt sich die mit der Klagerhebung eingetretene Unterbrechung der Verjährung gleichermaßen auch auf diesen Teil des Anspruchs.[607]

240 Im Allgemeinen wird die (positive) Feststellungsklage im Haftpflichtprozess bezüglich erst künftig entstehender Ansprüche (oder Schäden) erhoben, um die drohende Verjährung zu unterbrechen.[608]

241 Feststellungsfähig ist jedes Rechtsverhältnis, also auch ein bedingtes, betagtes oder mit Klauseln und Einschränkungen behaftetes Rechtsverhältnis.[609] Zweckmäßigerweise sollte der Geschädigte als Kläger seinen Feststellungsantrag im Regelfall wie folgt formulieren:

241 »Es wird festgestellt, dass der Beklagte verpflichtet ist, dem Kläger sämtliche Schäden aus Anlass des Vorfalles vom ... zu ersetzen, soweit nicht ein gesetzlicher Forderungsübergang auf Sozialversicherungsträger oder private Krankenversicherer stattgefunden hat.«

242 Bei der Geltendmachung von Schadenersatzansprüchen aus einem Unfall ist der Geschädigte nicht verpflichtet, seine Klage in eine Leistungs- und eine Feststellungsklage aufzuspalten, wenn nur ein Teil seines Schadens schon entstanden, die Entstehung weiterer Schäden aber noch zu erwarten ist. Vielmehr ist auch dann – ausschließlich oder neben einer Teilleistungsklage – die Feststellungsklage zulässig.[610]

243 Auch wenn die Möglichkeit einer Leistungsklage besteht, kann auf Feststellung geklagt werden, wenn zu erwarten ist, dass der Beklagte allein aufgrund des Feststellungsurteils zur Leistung fähig und bereit sein wird. Diese Voraussetzung kann man ohne weiteres als gegeben unterstellen, wenn auf der Gegenseite ein Versicherungsunternehmen beteiligt ist.

243a Ein Feststellungsinteresse ist zu verneinen, wenn eine Leistungsklage möglich und dem Gläubiger zumutbar ist. Der Streit der Parteien nur über den Grund des Anspruchs reicht nicht aus, um ein Feststellungsinteresse zu bejahen.

244 In diesem Zusammenhang ist fraglich, ob ein Rechtsschutzbedürfnis für eine Feststellungsklage auch dann noch fortbesteht, wenn der Grund des Anspruchs unstreitig ist und der Ersatzpflichtige sogar ein Schuldanerkenntnis abgegeben hat. Dabei muss es sich nach herrschender Auffassung um ein schuldbegründendes bzw. das betreffende Rechtsverhältnis auf eine neue Basis stellendes Anerkenntnis handeln, das insbesondere geeignet ist, die kurze (dreijährige) Verjährungsfrist auf dreißig Jahre zu verlängern.[611]

244a Auch in derartigen Fällen bejaht die Rechtsprechung i. d. R. das Feststellungsinteresse, um die Ansprüche des Verletzten (Geschädigten) vorrangig zu sichern.

245 Einige Gerichte[612] bejahen die Zulässigkeit einer Feststellungsklage, wenn im Text einer Urkunde auch der Schuldgrund (die causa) erwähnt wird. Sie begründen dies damit, dass der Feststellungsanspruch sich daraus rechtfertigt, dass der betreffende Haftpflichtversicherer den Verzicht auf die

---

607 Vgl. *BGH* VersR 1958, 887; *KG* DAR 1959, 237; *OLG Oldenburg* Urt. v. 5.7.2006, Az 5 O 447/05, ADA-JUR-Dok.Nr. 69569.
608 Vgl. dazu *Geigel/Schlegelmilch* Haftpflichtprozess, 8. Kap., Rn. 36 ff.: – zur Verjährung von Rentenansprüchen aus einem Unfall bei inzwischen erfolgter Erhöhung des Haftungsrahmens vgl. *BGH* VersR 1966, 1047; – Feststellung auf Ersatz der aus künftigen gesetzlichen Erhöhungen der Hinterbliebenenversorgung zu erbringenden Leistungen kann ebenfalls im Wege der *Feststellungsklage* begehrt werden: *BGH* VersR 1956, 572.
609 Vgl. *BGH* VersR 1958, 487.
610 Vgl. dazu: *BGH* NJW 1984, 1552; DAR 1986, 22; *OLG Köln* VersR 1970, 759; *OLG Hamm* VersR 1980, 1061 = zfs 1981, 29; *Wussow* UHR, Rn. 1234.
611 Zur Wirkung eines *konstitutiven* Schuldenanerkenntnis vgl. *BGH* NJW 1982, 996 = VersR 1981, 1158 = DAR 1981, 382 = VRS 62, 101; *Weber* DAR 1985, 161.
612 Vgl. dazu *OLG Frankfurt/M.* zfs 1983, 321; *LG Regensburg* zfs 1982, 86.

E. Erfüllung

Einrede der Verjährung zeitlich befristet hat und auf diese Einrede nur insoweit verzichten wollte, als »nicht bereits Verjährung eingetreten« war. Diese Begründung ist nicht überzeugend.

Unter der Voraussetzung, dass ein »echtes« konstitutives Schuldanerkenntnis mit rechtsbeständiger Wirkung vorliegt, wie es bei Haftpflichtschäden in dieser »lupenreinen« Form allerdings wohl außerordentlich selten vorkommt, wird das Rechtsschutzinteresse an einer gerichtlichen Feststellung zu verneinen sein, wenn dann ein vertraglicher Anspruch des Geschädigten vorliegt, der nach § 218 BGB – ebenso wie der rechtskräftig festgestellte Anspruch – der 30jährigen Regelverjährung des § 195 BGB unterliegt.[613]   **245a**

Schwieriger gestalten sich die Rechtsverhältnisse bei einem schuldbestätigenden (deklaratorischen) Anerkenntnis[614] oder gar bei der Bestätigung eines reinen Sachverhaltes.[615] Zwar stellt auch das deklaratorische Anerkenntnis einen Vertrag dar; es ist jedoch formlos[616] gültig und hat – sofern es nicht unter der Einwirkung des Unfallschocks abgegeben worden und daher nichtig[617] sein sollte – die Rechtswirkung, dass durch ein derartiges Anerkenntnis das Schuldverhältnis dem Grunde nach dem Streit der Parteien entrückt wird. Es schließt alle Einwendungen des Beklagten aus, die der Schuldner zur Zeit der Abgabe seines Schuldanerkenntnisses bereits kannte.[618] Ein derartiges Schuldanerkenntnis,[619] durch das gewissermaßen eine Umkehrung der Beweislast[620] eintritt, beseitigt – anders als ein ausdrückliches Haftungsanerkenntnis[621] – nicht den Einwand eines der Gegenseite zur Last fallenden Mitverschuldens bzw. einer von ihr zu vertretenden mitwirkenden Verursachung.[622] Abgesehen davon, dass ein Schuld- oder Haftungsanerkenntnis des berechtigten Fahrers gegenüber dem Fahrzeugeigentümer und -halter keinerlei Rechtswirkung entfaltet[623] und ein unter Ausnutzung des Unfallschocks[624] an der Unfallstelle herbeigeführtes Schuldanerkenntnis wegen Verstoßes gegen die guten Sitten (§ 138 Abs. 1 BGB) nicht verbindlich ist. Seit 1. Januar 2008 ist eine Vereinbarung, nach welcher der Versicherer nicht zur Leistung verpflichtet ist, wenn ohne seine Einwilligung der Versicherungsnehmer den Dritten befriedigt oder dessen Anspruch anerkennt, unwirksam.[625]   **246**

---

613 Vgl. *LG Wuppertal* VersR 1966, 151; *LG Verden* DAR 1980, 346; *Geigel* Haftpflichtprozess, 38. Kap., Rn. 1 ff. (2); – soweit es sich jedoch um das Recht auf wiederkehrende Leistungen – insbes. um Renten i. S. v. §§ 842–844 BGB – handelt, sind die Einschränkungen aus § 118 Abs. 2 BGB zu bedenken.

614 So liegt beispielsweise ein Schuldanerkenntnis, das jeden Streit über den Haftungsgrund ausschließt, nicht vor, wenn der Unfallbeteiligte gegenüber der *Polizei* sein Fehlverhalten einräumt bzw. die »Schuld auf sich nimmt« (*LG Nürnberg-Fürth* r+s 1984, 206).

615 Vgl. die Auslegung des *BGH* in seinem Urt. v. 14.1.1981 r+s 1981, 249 in einem ausgesprochenen Sonderfall; vgl. auch *OLG Zweibrücken* zfs 1987, 2; *AG Augsburg* VRS 87, 3.

616 Dies bedeutet, dass es – anders als das abstrakte Schuldanerkenntnis i. S. d. §§ 780, 781 BGB – nicht der Schriftform bedarf.

617 *LG Freiburg* zfs 1982, 133; *AG Köln* VRS 62, 242.

618 Vgl. *OLG* Koblenz = zfs 83, 357.

619 Zur Rechtsnatur des Schuldanerkenntnisses und seiner Auswirkungen vgl. *Künell* VersR 1984, 706.

620 Vgl. *BGH* DAR 1984, 145; Weber DAR 1985, 161; *BGH* BGHZ 66, 250 = VersR 1977, 471; VersR 1981, 1158; *OLG Celle* r+s 1981, 14; *LG Wiesbaden* r+s 1982, 5.

621 Vgl. *OLG Celle* NZV 1988, 183; *AG Hadamar* VersR 1983, 844 = zfs 1983, 324.

622 BGHZ 66, 250; *BGH* DAR 1981, 382; VersR 1984, 383; *OLG Nürnberg* zfs 1980, 67; *OLG Köln* zfs 1980, 67; *OLG Celle* zfs 1980, 197; zfs 1981, 38; zfs 1984, 323; *OLG Stuttgart* zfs 1983, 172; *OLG Koblenz* zfs 1983, 357; *OLG Frankfurt/M.* zfs 1984, 195; *LG Darmstadt* VS 80, 68; *LG München* I zfs 1980, 197; zfs 1983, 70; *LG Rottweil* zfs 1981, 5; *LG Verden* DAR 1980, 346; *LG Freiburg* zfs 1982, 133; NJW 1982, 1162; *LG Karlsruhe* zfs 1982, 302; *LG Hamburg-Harburg* VS 80, 68; *AG Köln* zfs 1982, 165; *AG Kandel* zfs 1983, 3; *AG Hadamar* VersR 1983, 844 = zfs 1983, 124; Weber DAR 1985, 161 (162, r. Sp.).

623 Vgl. dazu *LG Freiburg* NJW 1982, 1162 = zfs 1982, 228; *AG Köln* zfs 1982, 165 = VRS 62, 242; *AG Diez/Lahn* zfs 1987.

624 Vgl. dazu *LG Freiburg* MDR 1982, 232 = zfs 1982, 133; *AG Köln* zfs 1982, 165 = VRS 62, 242.

625 § 105 VVG.

246a Ein an der Unfallstelle abgegebenes Schuldanerkenntnis kann deshalb allenfalls die Beweissituation des Geschädigten verbessern. Der Tatrichter kann jedoch trotzdem ein eventuelles Mitverschulden des Geschädigten berücksichtigen.

247 Der geradezu »klassische« Fall des konstitutiven Schuldanerkenntnisses besteht darin, dass der Ersatzpflichtige erklärt, einen bestimmten Geldbetrag oder eine sonstige bestimmte Leistung zu schulden, ohne auf den Schuldgrund einzugehen. Eine derartige Erklärung könnte substanziell etwa folgenden Wortlaut haben: »X bekennt, dem Y 10 000,– € zu schulden.«

248 Der *BGH* gibt zu erkennen, dass ein Anerkenntnis durchaus »konstruktive« Wirkung entfalten und ein gerichtliches Feststellungsurteil ersetzen kann.[626] In derartigen Fällen richtet sich die Verjährung nach § 218 BGB.[627]

249 Bereits das Reichsgericht[628] hat den Grundsatz anerkannt, dass ein zum Grund des Anspruchs abgegebenes Anerkenntnis ein neues (selbstständiges) Schuldverhältnis i. S. v. § 781 BGB begründet und die daraus abgeleiteten Ersatzansprüche der (30jährigen) Regelverjährung des § 195 BGB unterliegen. Erfreulicherweise wird bereits vereinzelt die Auffassung vertreten, dass »die nur allgemeine Erwähnung des Schuldgrundes der Annahme eines hiervon losgelösten selbstständigen Schuldanerkenntnisses nicht entgegensteht«.[629] Auch der *BGH* hat in seinem Urteil v. 8.6.1962[630] die Auffassung vertreten, dass die Angabe eines nur allgemein bezeichneten Schuldgrundes in einer Urkunde – im konkreten Fall wurde die Schuld als »Darlehen« deklariert – die Annahme eines selbstständigen (abstrakten) Schuldanerkenntnisses nicht ausschließt. In diesem Sinne äußert sich auch das *OLG München* in einem anderen Urteil v. 14.1.1966.[631]

250 Demgegenüber hat der *BGH* in einem anderen Urteil v. 28.9.1965,[632] ohne sich mit der seinem Rechtsstandpunkt entgegenstehenden Auffassung des Reichsgerichts auseinanderzusetzen, die nicht näher begründete Meinung vertreten, dass »eine Erklärung des Haftpflichtversicherers, er erkenne die Ansprüche des Geschädigten namens des Schädigers an..., beim Fehlen besonderer Umstände nicht als Schuld begründend, sondern lediglich als -bestätigend anzusehen« sei. Man muss davon ausgehen können, dass der Gläubiger durch ein Anerkenntnis hinreichend abgesichert ist, wenn es ihm in etwa dieselbe Sicherheit bietet wie ein Feststellungsurteil. Das bedeutet einmal, dass die kurzen Verjährungsfristen der allgemeinen Haftpflichttatbestände in eine dreißigjährige Verjährung, wie § 195 BGB sie grundsätzlich vorsieht, umgewandelt werden, und zum anderen, dass der Gläubiger nicht eine einseitige Anfechtung zu befürchten braucht.[633]

251 Welche Sicherheit ein deklaratorisches Schuldanerkenntnis bieten kann, lässt sich aus einer Entscheidung des *BGH* vom 19.9.1963 entnehmen:[634] Es gilt der Grundsatz, dass der Anerkennende an seine Beurteilung der ihm bekannten Vorgänge im Zeitpunkt der Abgabe des Schuldanerkenntnisses gebunden ist, »so dass es unbeachtlich ist, ob er hierbei von rechtlich zutreffenden Voraussetzungen ausgegangen ist oder nicht bzw. ob er die ihm von vornherein bekannten Vorgänge später rechtlich anders würdigt oder würdigen lassen will«. In aller Regel haben nach Ansicht des *BGH* selbst Schuld

---

626 Vgl. *BGH* NJW 1976, 1259; VersR 1979, 646; DAR 1981, 382; VRS 62; 101 VersR 1985, 62; *Weber* DAR 1985, 161.
627 *BGH* VersR 1985, 62; *OLG Celle* zfs 1988, 346; *OLG Frankfurt/M.* zfs 1988, 203; *LG Frankfurt/M.* zfs 1985, 289; *LG Heidelberg* zfs 1989, 298.
628 Vgl. *RGZ* 75, 4; *RG* SeuffA Bd. 87, 90.
629 Vgl. *OLG München* VersR 1970, 261.
630 *BGH* BB 1962, 1222.
631 *OLG München* VersR 1968, 34.
632 *BGH* VersR 1965, 1153; – a. A.: *BGH* VersR 1986, 684.
633 *OLG Stuttgart* VersR 1967, 888; *KG* NJW 1975, 1326; *OLG Schleswig* VersR 1977, 233; zfs 1981, 294; *LG Hagen* r+s 1975, 182; *LG Regensburg* zfs 1981, 66.
634 *BGH* NJW 1963, 2136; r+s 1986, 167; *LG Freiburg* NJW 1982, 116.

bestätigende Verträge i. S. v. § 782 BGB den Charakter eines Vergleichs (§ 779 BGB),[635] zumindest aber eine vergleichsähnliche Natur, sodass bereits aus diesem Anlass – im Zusammenhang mit der Abänderung des Schuldverhältnisses – die Verjährungsfrist sich ändert.

Ein vorprozessuales Haftungsanerkenntnisses, das den gesetzlichen Anforderungen im Hinblick auf das schutzwürdige Interesse des Verletzten genügt und sein Feststellungsbedürfnis beseitigt, könnte etwa folgendermaßen formuliert werden:

» Wir erkennen hiermit unter Verzicht auf alle Einwendungen – insbesondere auf die Einrede der Verjährung und das Kondiktionsrecht – an, dem ... aus Anlass des Unfalles vom ... in vollem Umfange dem Grunde nach schadensersatzpflichtig zu sein. Dies gilt nicht für gesetzlich übergegangene Forderungen (§ 116 SGB X) auf einen Sozialversicherungsträger, Rentenversicherungsträger oder einen privaten Krankenversicherer (§ 86 VVG).

Diese im Einverständnis mit dem Verletzten abgegebene Willenserklärung stellt ein vertragliches Schuldanerkenntnis mit konstitutiver Wirkung i. S. v. § 781 BGB dar, das – losgelöst vom ursprünglichen Schuldgrund – ein neues Rechtsverhältnis schafft.«

Sollte ein Haftpflichtversicherer eine derartige Erklärung abgeben, muss folgender Satz hinzugefügt werden:

»Diese Erklärung geben wir für uns, zugleich aber auch aufgrund gesetzlicher Vollmacht in unserer Eigenschaft als Haftpflichtversicherer für den Kfz-Halter ... und den bei dem Unfall berechtigten Kraftfahrer ... ab.« Nachdem die Allgemeinen Bedingungen für die Kraftfahrtversicherung (AKB) von den Versicherern frei gestaltet werden können, kann zumindest nach dem Inkrafttreten des neuen VVG[636] nicht mehr davon ausgegangen werden, dass die Vollmacht des Versicherers in § 10 AKB geregelt ist, wie dies bisher meistens der Fall war.

F. Verzug

Die Vorschriften über den Verzug in §§ 286 ff. BGB sind durch das Schuldrechtsmodernisierungsgesetz erheblich verändert worden. Das Verzugsrecht ist nunmehr in das Recht der allgemeinen Leistungsstörungen einbezogen worden. Grundlage für die Änderung ist das Gesetz zur Beschleunigung fälliger Zahlungen.[637] Ziel der Änderung ist eine Förderung der Zahlungsmoral.

I. Voraussetzungen

1. Ablauf der Leistungszeit

§ 286 BGB enthält in Abs. 1 die Voraussetzungen für den Schuldnerverzug. Der Verzug tritt nur ein, wenn der Schuldner vorher gemahnt wurde. Die Mahnung muss nach dem Eintritt der Fälligkeit erfolgen. Zum Verzug führen auch die Erhebung der Klage auf Leistung sowie die Zustellung des Mahnbescheides im Mahnverfahren. Die Mahnung muss nicht unbedingt als solche bezeichnet werden, um den Verzug mit seinen Rechtsfolgen auszulösen. Aus dem betreffenden Schriftstück muss sich unzweideutig ergeben, dass das weitere Ausbleiben der geschuldeten Leistung Rechtsfolgen haben werde.[638] Einer Mahnung bedarf es allerdings nicht, wenn

– für die Leistung eine Zeit von den Parteien nach dem Kalender bestimmt ist (§ 286 Abs. 2 Nr. 1 BGB),
– der Leistung ein Ereignis (z. B. eine Kündigung) vorausgeht und eine angemessene Zeit festgesetzt ist, die sich von dem Ereignis an nach dem Kalender berechnen lässt (§ 286 Abs. 2 Nr. 2 BGB),
– der Schuldner die Leistung ernsthaft und endgültig verweigert (§ 286 Abs. 2 Nr. 3 BGB),

---

635 A. A. *OLG Zweibrücken* MDR 1966, 925; *OLG Stuttgart* VersR 1967, 888; *KG* NJW 1975, 1236; *LG Hagen* r+s 1975, 182; *LG Regensburg* zfs 1981, 66.
636 Ab 1.1.2008.
637 BT-Drs. 14/6040, 146 f.
638 Vgl. dazu *OLG Bamberg* FamRZ 1988, 1083; *AG Gütersloh* NJW 1983, 1621.

– aus besonderen Gründen unter Abwägung der beiderseitigen Interessen der sofortige Eintritt des Verzugs gerechtfertigt ist (§ 286 Abs. 2 Nr. 4 BGB).

255a Eine Mahnung mit Fristsetzung ist außerdem nicht erforderlich, wenn eine Sache nicht hergestellt werden kann oder zur Entschädigung des Gläubigers nicht genügend ist. Der Gläubiger kann Entschädigung in Geld fordern (§ 251 Abs. 1 BGB).

255b Nach dem Werkvertragsrecht ist die Vergütung bei der Abnahme des Werkes zu entrichten (§ 641 Abs. 1 S. 1 BGB). Eine in Geld festgesetzte Vergütung muss der Besteller von der Abnahme des Werkes an verzinsen. Etwas anderes gilt, wenn die Vergütung gestundet ist (§ 641 Abs. 4 BGB). Diese Bestimmung soll es dem Handwerker ermöglichen, Zinsen ab der Abnahme des Werkes zu fordern, ohne vorher über Mahnschreiben den Besteller in Verzug zu setzen.

256 Als Beispiel für die Variante des § 286 Abs. 2 Nr. 1 BGB kommt der Fall in Betracht, dass im beiderseitigen Einvernehmen eine Stundung ausgesprochen oder ein Zahlungsziel gewährt worden ist. Das Gleiche gilt für den geradezu »klassischen« Fall, dass periodisch wiederkehrende Leistungen (bspw. Mietforderungen oder Unterhaltsansprüche) jeweils an einem bestimmten Kalendertag fällig werden. Nur dann tritt mit Ablauf der Leistungsfrist von selbst der Verzug ein, ohne dass weitere Willensbetätigungen des Gläubigers erforderlich sind.

2. Mahnung

257 Für den hier interessierenden Bereich der Haftpflichtschäden tritt der Verzug mit seinen Folgen erst dann ein, wenn der Gläubiger nach Eintritt der Fälligkeit und nach ordnungsgemäßer Bezifferung des Schadens sowie nach Ablauf einer angemessenen Bearbeitungs- und Regulierungsfrist eine rechtswirksame Mahnung ausgesprochen hat.

257a In diesem Zusammenhang bestimmt § 286 Abs. 4 BGB, dass der Schuldner nicht in Verzug kommt, solange die Leistung unterbleibt, weil ein Umstand eingetreten ist, den er den er nicht zu vertreten hat. Der Schädiger oder sein Haftpflichtversicherer kommen also mit der fälligen Leistung nicht in Verzug, solange in tatsächlicher Hinsicht gewichtige Bedenken gegen die Leistungspflicht bestehen. Dies bedeutet, dass dem Ersatzpflichtigen i. d. R. eine ausreichende Frist eingeräumt werden muss, um die anspruchsbegründenden Voraussetzungen in vornehmlich tatsächlicher Hinsicht ordnungsgemäß zu prüfen. Diese Frist ist bei der Regulierung einfacher Sachschadenfälle mit zwei bis drei Wochen sicher ausreichend. Bei komplizierten Fällen, insbesondere bei solchen, wo die Schuldfrage erst durch Einsichtnahme in polizeiliche Protokolle etc. erfolgen muss oder in denen ärztliche Gutachten angefordert werden müssen, steht dem Versicherer eine weitaus längere Frist zu. Eine unzutreffende Beurteilung von Rechtsfragen indes verhindert im Allgemeinen nicht den Eintritt des Verzuges.

257b Vertreten wird allerdings auch die Meinung, dass Schadenzinsen über § 849 BGB von dem Zeitpunkt an verlangt werden können, welcher der Bestimmung des Wertes zu Grunde gelegt wird. Geht man hiervon aus, so bedarf es keiner Mahnung, um die Zinsfolge auszulösen.[639]

3. Ablehnung

258 Ohne Mahnung kann der Verzug auch dann eintreten, wenn der Schuldner die Ersatzansprüche des Geschädigten ganz oder teilweise ablehnt. Dies gilt insbesondere dann, wenn die Ablehnung sich auf den Grund des Anspruchs bezieht.[640] Es gilt der Grundsatz, dass eine Fristsetzung nach Treu und Glauben nicht erforderlich ist, wenn ihre Erfolglosigkeit und Sinnlosigkeit von vornherein feststeht.[641] In diesem Fall kann der Ersatzpflichtige nicht erwarten, dass der Geschädigte ihn unter

---

639 *OLG Düsseldorf* Urt. v. 14.10.2003, Az. 9 O 63/02, JurBüro 2004, 636; vgl. *BGH* Urt. v. 11.2.2004, Az. VI ZR 91/03, ADAJUR-Dok.Nr. 58499.
640 Begründung zu § 281 BGB, BT-Drs. 14/6040, 140.
641 *Palandt/Heinrichs* § 326 Rn. 20 ff.

Übersendung der Schadenbelege noch einmal zur Zahlung auffordert. Der Schuldner hat sich durch dieses Verhalten gewissermaßen selbst in Verzug gesetzt. Ebenso wenig ist der Geschädigte verpflichtet, mit Gegenargumenten aufzuwarten und auf diese Weise zu versuchen, den Schädiger oder seinen Haftpflichtversicherer von der Berechtigung der Ansprüche doch noch zu überzeugen. Er darf daher in dieser Situation ohne weiteres seine Ansprüche ohne Ankündigung sofort gerichtlich geltend machen. Die Kostenfolge richtet sich dann nach dem Prozessergebnis also nach den §§ 91 ff. ZPO.

Die Ablehnung braucht dabei nicht ausdrücklich erklärt zu werden, sondern sie kann beispielsweise auch in der Überweisung eines Teilbetrages zum Ausdruck kommen, wenn gleichzeitig erkennbar wird, dass weitere Ansprüche nicht anerkannt werden. Das Gleiche gilt, wenn die Leistung nur unter einer Bedingung angeboten wird, wenn also z. B. die Leistung erst nach Unterzeichnung einer Abfindungserklärung erfolgen soll. 259

Entgegen einer weitverbreiteten Auffassung hat der Ersatzpflichtige keinen Anspruch darauf, dass der Geschädigte eine Abfindungserklärung unterzeichnet. Dies gilt nach herrschender Auffassung selbst für den Fall, dass die angebotene Leistung voll mit den geltend gemachten Ansprüchen übereinstimmt. Allerdings wird man in einem derartigen Fall nach den Grundsätzen von Treu und Glauben (§ 242 BGB) den Gläubiger für verpflichtet halten müssen, den Schädiger noch einmal zur vorbehaltlosen Zahlung aufzufordern, ehe er Klage erhebt. 260

II. Folgen

Neben der Zinspflicht zieht der Eintritt des Schuldnerverzuges eine Reihe weiterer Konsequenzen nach sich, die anschließend untersucht werden sollen. 261

1. Anwaltskosten

Der Anspruch auf Ersatz von Anwaltskosten nach einem Verkehrsunfall setzt keinen Verzug voraus. Sie sind im Rahmen von § 249 BGB als adäquate Folge eines Sach- oder Personenschadens zu ersetzen, sodass der Geschädigte bereits vor Eintritt des Verzugs einen Anwalt seines Vertrauens mit seiner Vertretung beauftragen darf. 262

In anderen Fällen ist die Forderung der Anwaltskosten vom Verzug abhängig (§§ 280 Abs. 1, 2, 286 BGB).[642] 262a

2. Prozesskosten

Falls der Schädiger sich mit der Schadenregulierung in Verzug ist, muss er die Kosten eines vom Geschädigten angestrengten und erfolgreich geführten Rechtsstreits tragen (§ 91 ZPO). Dies gilt selbst dann, wenn er darauf hinweist, dass er sich in nicht vorwerfbarer Form trotz gewissenhafter Ausschöpfung aller ihm zugänglichen Erkenntnisquellen bei der Beurteilung der Sach- und Rechtslage geirrt hat. 263

Das Gleiche gilt, wenn unerwartet neue Zeugen auftreten oder im Zuge einer eingehenden Beweisaufnahme ein ursprünglich für den Schädiger günstiger Zeuge plötzlich »umfällt«. Für den prozessualen Erfolg eines Rechtsstreits und damit letztlich für die Verteilung der Kostenlast ist allein das schließlich erzielte Ergebnis von Bedeutung. Es kommt nicht darauf an, auf welchem Wege es herbeigeführt worden ist.[643] 264

Unter besonderen Umständen kann der Beklagte den geltend gemachten Anspruch auch dann noch i. S. d. § 93 ZPO sofort anerkennen, wenn in einem früheren Termin bereits streitig verhandelt und eine Beweisaufnahme durchgeführt wurde.[644] Ein sofortiges Anerkenntnis wird ausnahmsweise be- 264a

---

642 Vgl. *BGH* Urt. v. 14.3.2007, Az. VII ZR 184/06, NJW 2007, 2050.
643 Vgl. dazu *Weber* NJW 1973, 1260.
644 *OLG Koblenz* Urt. v. 9.4.1999, Az. 10 U 968/97, r+s 2000, 43.

jaht, wenn dem Beklagten erst ein Anerkenntnis zugemutet werden konnte, nachdem der Sachverständige aufgrund eigener Untersuchung des Klägers die veränderte medizinische Tatsachengrundlage bestätigt hatte.

3. Kreditkosten

265 Eine verzögerte Schadenregulierung kann auch dazu führen, dass der Geschädigte zur Deckung des durch den Unfall ausgelösten besonderen Kapitalbedarfs einen Kredit aufnehmen muss. Finanzierungskosten muss die gegnerische Versicherung übernehmen, falls der Geschädigte nicht über eigene flüssige Mittel verfügt und der Ersatzpflichtige ihm trotz rechtzeitigen und ordnungsgemäßen Hinweises und trotz Vorlegung beweiskräftiger Unterlagen keinen angemessenen Vorschuss zur Verfügung stellt. Nach jetzt vorherrschender Auffassung ist die Erstattung von Kreditkosten allerdings nicht davon abhängig, dass Verzug eingetreten ist.[645]

4. Mietwagenkosten/Nutzungsausfallentschädigung

266 Im Allgemeinen wird eine säumige Schadenregulierung nicht zu einer Erhöhung von Mietwagenkosten führen. Dies gilt jedenfalls in den Fällen, in denen der Gläubiger in der Lage ist, mit Kreditkarte zu zahlen oder notfalls durch Kreditaufnahme die erforderlichen Mittel für die Auslösung des reparierten Fahrzeugs zu beschaffen. Dazu ist er gem. § 254 Abs. 2 BGB verpflichtet. Gleichwohl kann ausnahmsweise der Fall eintreten, dass der Gläubiger wegen anderweitiger Überschuldung keinen weiteren Kredit erhält, andererseits aber den Mietwagen zur Ausübung seines Berufs benötigt, um den Eintritt eines sonst sehr viel höheren Verdienstausfalls zu vermeiden. In derartigen Fällen können die Mietwagenkosten leicht vierstellige Summen erreichen, die sogar den Wiederbeschaffungswert des eigenen Fahrzeugs bei Weitem übersteigen. Weist der Haftpflichtversicherer des Unfallverursachers keinen Vorschuss an, obwohl ihm die finanzielle Situation des Geschädigten bekannt ist, muss er die Mietwagenkosten oder die Nutzungsausfallentschädigung so lange zahlen, bis er den Geschädigten in die Lage versetzt, die Reparatur zu bezahlen oder sich ein gleichwertiges Fahrzeug zu beschaffen.

266a Hat die Haftpflichtversicherung durch ihr Verhalten dazu beigetragen, dass sich die Wiederbeschaffungsdauer verlängert, kann der Geschädigte eine weiter gehende Nutzungsentschädigung verlangen.[646] Die Höhe des zu zahlenden Nutzungsausfalls wird nicht automatisch durch den (geringeren) Wert eines älteren Kfz begrenzt.[647] Insbesondere gilt dies, wenn der Ersatzpflichtige selbst beeinflussen kann, ob er den Geschädigten durch schnelle Zahlung des Schadensersatzes oder Erbringung eines Vorschusses so stellt, dass dieser die Reparatur veranlassen bzw. ein Ersatzfahrzeug beschaffen kann.

III. Zinspflicht

267 Nachfolgend soll untersucht werden, unter welchen rechtlichen Voraussetzungen die nach einem Verkehrsunfall als Schadensersatz zur Erfüllung geschuldete Leistung zu verzinsen ist. Die nachfolgenden Ausführungen und Überlegungen beziehen sich auf die rechtliche Seite dieser Problematik. Wenn auch i. d. R. seitens des Geschädigten keine Zinsen gefordert werden, läuft der Anwalt Gefahr, sich Schadenersatzansprüchen seines Mandanten auszusetzen, weil er seiner Verpflichtung zur Durchsetzung sämtlicher Ansprüche im Zusammenhang mit der Abwicklung eines Verkehrsunfalls nicht nachgekommen ist.

268 Zinsen sind im Regelfall die nach der Laufzeit bemessene, gewinn- und umsatzabhängige Vergütung für den Gebrauch eines auf Zeit überlassenen Kapitals.[648]

---

645 Vgl. *Himmelreich* NJW 1973, 976; *Klimke* VersR 1973, 881; *Diehl* zfs 2001, 262; *OLG Nürnberg* Urt. v. 17.9.1999, Az. 6 U 428/99, zfs 2000, 12.
646 *LG Mühlhausen* Urt. v. 30.11.2000, Az. 1 S 230/2000, zfs 2001, 362 m. Anm. *Diehl*.
647 *BGH* Urt. v. 25.1.2005, Az. VI ZR 112/04, DAR 2005, 265.
648 *BGH* NJW 1972, 541.

Verlangt der Gläubiger eines Schadenersatzanspruchs Zinsen, hat er die Beweislast dafür, dass eine Verzinsung aus Rechtsgründen in Betracht kommt und vom Ersatzpflichtigen tatsächlich geschuldet wird.[649] Das Gleiche gilt für die Höhe des Zinssatzes und etwaiger Nebenkosten. Keine besonderen Schwierigkeiten bestehen für den Fall, dass der Gläubiger zur Finanzierung seines Unfallschadens einen Kredit aufgenommen hat. Er kann den Nachweis für die Schadenhöhe führen, indem er den Darlehensvertrag vorlegt.

269

Kommt der Schuldner mit der Zahlung in Verzug, beträgt der Zinssatz 5 % über dem Basiszinssatz (§ 288 Abs. 1 BGB). Ist der Gläubiger kein Verbraucher, sondern Unternehmer, kommt in diesem Fall ein Zinssatz von 8 % über dem Basiszinssatz in Betracht (§ 288 Abs. 2 BGB). Der Gläubiger kann höhere Zinsen fordern (§ 288 Abs. 3 BGB), wenn z. B. der ursprüngliche Darlehensvertrag einen niederen Zinssatz enthielt, die Zinssätze jedoch allgemein gestiegen sind.[650]

269a

Arbeitet der Gläubiger grundsätzlich mit Kredit, kann er den Zinssatz gemäß § 288 BGB über dem jeweiligen Basiszinssatz der Europäischen Zentralbank fordern, sofern er keinen konkreten Kredit in Anspruch genommen hat.

269b

Bezugsgröße für den Basiszinssatz ist der Zinssatz für die jüngste Hauptrefinanzierungsoperation der Europäischen Zentralbank vor dem ersten Kalendertag des betreffenden Halbjahrs (§ 247 Abs. 1 BGB). Die Deutsche Bundesbank gibt den geltenden Basiszinssatz unverzüglich nach den in Abs. 1 S. 2 genannten Zeitpunkten im Bundesanzeiger bekannt. (§ 247 Abs. 2 BGB). Vom 1.7.2011 bis zum 31.12.2011 beträgt der Basiszinssatz 0,37 %.[651]

269c

Auch der Geschädigte, der aus unfallbedingten Gründen auf ein verzinslich angelegtes (eigenes) Kapital zurückgreifen musste, hat bereits vor Eintritt des Verzuges einen Anspruch auf Verzinsung aus § 249 BGB. Es ist durchaus zulässig, den Zinsanspruch auch alternativ in dem Sinne zu begründen, dass der Gläubiger mit Rücksicht auf das zum Ersatz verpflichtende Ereignis entweder seinerseits Zinsen an Dritte zahlen oder auf eine angemessene Verzinsung seines eigenen Anlagevermögens zeitweilig verzichten musste. So muss der Versicherer Finanzierungskosten übernehmen, die beim Geschädigten angefallen sind, um zum Beispiel sein Fahrzeug nach der Reparatur zu bekommen. Voraussetzung ist jedoch i. d. R. der Hinweis an den Versicherer, dass Finanzierungskosten anfallen, wenn nicht innerhalb einer angemessenen Frist ein Vorschuss in Höhe der zu erwartenden Reparaturkosten bezahlt oder aber eine Reparaturkostenübernahmeerklärung abgegeben wird.

270

Bei Großbetrieben, die ständig mit Fremdmitteln arbeiten – dazu gehören insbesondere Verkehrsbetriebe – fordern die örtlich zuständigen Prozessgerichte in den meisten Fällen für die Zinsforderung nicht in jedem Rechtsstreit neu den Nachweis der Anspruchsbegründenden Voraussetzungen.[652] Auch für den Fall, dass die Gegenseite den Zinsanspruch substanziiert bestreiten sollte, wird die Auffassung vertreten, der Kapitalbedarf des Gläubigers sei Gerichtsbekannt und daher nicht beweisbedürftig. Es stehe zur Überzeugung des erkennenden Gerichts fest, dass das betreffende Unternehmen ständig mit Fremdkapital arbeitet und daher die marktüblichen Zinsen entrichten musste.[653]

271

1. Verzinsung aus § 249 BGB

Zunehmend wird die Auffassung vertreten, dass der Zinsanspruch als eine Schadenposition unter mehreren unmittelbar aus § 249 BGB mit der Rechtsfolge abzuleiten ist, dass der Ersatzpflichtige

272

---

649 Die Verpflichtung, Zinsen zu zahlen, kann sich entweder aus *Vertrag* (Vereinbarung) oder unmittelbar aus dem Gesetz ergeben.
650 Vgl. *Ermann-Hager* 2008, § 288 BGB, Rn. 13.
651 http:/basiszinssatz.info/
652 Etwa: Der Kläger hat in Höhe der Klageforderung einen Kredit aufgenommen oder einen Betrag in entsprechender Höhe nicht zurückgezahlt.
653 Vgl. *BGH* NJW 1972, 730; *KG* DAR 1971, 141 (147); DAR 1973, 270; *OLG Celle* VersR 1975, 1099; VersR 1978, 94 (L); *OLG Bremen* VersR 1976, 665; *OLG Zweibrücken* VersR 1977, 45; VersR 1979, 171 = r+s 1979, 86.

als fortwirkende Folge seines haftbaren Verhaltens Zinsen von dem Zeitpunkt an zu zahlen hat, in dem der Gläubiger im Interesse der Schadenbeseitigung mit eigenen Lieferungen und Leistungen in Vorlage getreten ist.[654]

273 Dieser Standpunkt erscheint durchaus praxisnah und überzeugend. Es ist bekannt, dass mitunter ein ganz erheblicher Zeitraum verstreichen kann, bis der Schuldnerverzug mit seinen Folgen eintritt. Wenn der Geschädigte gerade in Erfüllung der ihm obliegenden Schadenminderungspflicht auf die an sich notwendige und gerechtfertigte Aufnahme eines Kredits verzichtet und eigene verfügbare Mittel verauslagt, kann mit formal-juristischen Erwägungen eine angemessene Verzinsung nicht verweigert werden. Dieser Standpunkt leuchtet insbesondere dann ein, wenn der Geschädigte beispielsweise die Reparatur- und Mietwagenkosten über Entnahmen aus seinem eigenen Sparbuch finanziert. In diesem Fall steht fest, dass diese Maßnahme für ihn nachteilige Folgen gehabt hat, weil der abgehobene Betrag künftig nicht mehr für die für das Sparguthaben vereinbarten Zinsen verfügbar ist.

274 Bei einer Geschäftsbank – dies gilt in gleicher Weise auch für eine Unfallversicherung – kann davon ausgegangen werden, dass sie einen ihr vorenthaltenen Geldbetrag im Rahmen ihres Geschäftsbetriebs gewinnbringend genutzt hätte.[655]

274a Ein Zinsanspruch wegen Verzugs mit einer Abschlagszahlung besteht nur dann, wenn der Versicherungsnehmer diese Abschlagszahlung gefordert hat und der Versicherer dieser Verpflichtung nicht nachgekommen ist.[656]

2. Verzinsung aus § 849 BGB

275 Der Zinsanspruch kann mit § 849 BGB begründet werden. Nach dieser Vorschrift kann, sofern »wegen der Entziehung einer Sache der Wert oder wegen der Beschädigung einer Sache die Wertminderung zu ersetzen ist«, der Geschädigte »Zinsen des zu ersetzenden Betrages von dem Zeitpunkt an verlangen, welcher der Bestimmung des Wertes zugrunde gelegt wird«.

275a Laut *BGH* gilt § 849 BGB nicht nur für den Bereich der Verschuldenshaftung, sondern für alle im 25. Titel des BGB geregelten Haftungstatbestände.[657] § 849 BGB will – so der *BGH* – dem Geschädigten die Beweislast dafür abnehmen, welchen Schaden er durch die Einbuße an Nutzbarkeit der Sache erlitten hat,[658] indem er ihm ohne Nachweis eines konkreten Schadens – als pauschalierten Mindestbetrag des Nutzungsentgangs – Schadenersatz in Form von Zinszahlungen zuerkennt.

276 Nach § 849 BGB sind Zinsen als Schadenersatz für die endgültig verbleibende Einbuße an Substanz und Nutzbarkeit der Sache zu leisten, nicht jedoch für andere Beträge, die wegen Entziehung oder Beschädigung der Sache geschuldet werden.[659]

277 Auf den ersten Blick könnte man meinen – und der Standort der Bestimmung des § 849 BGB deutet ebenfalls in diese Richtung –, dass eine Verzinsung aus § 849 BGB lediglich dann in Betracht kommt, wenn der Schadenersatzanspruch sich auf das Recht der unerlaubten Handlungen stützen lässt und diese für das weite Feld des Vertragsrechts und den Bereich der Gefährdungshaftung unter Einschluss der daraus abgeleiteten Billigkeitshaftung nicht gilt.

278 Der *BGH* hat jedoch durch seine weitere Grundsatzentscheidung klargestellt, dass § 849 BGB »nicht nur für den Bereich der Verschuldenshaftung, sondern für alle im 25. Titel des BGB geregelten Haftungstatbestände gilt«. Aber auch die »Gefährdungshaftung i. S. d. § 7 StVG und die ver-

---

654 Vgl. *BGH* DAR 1974, 17; im Prinzip ebenso: *BGH* NJW 1970, 1454; NJW 1972, 1800; NJW 1964, 1467 (LS) NJW 1969, 2281; VersR 1970, 129; *OLG Bremen* VersR 1976, 665; *KG* DAR 1976, 241; *OLG Karlsruhe* VersR 1974, 761; VersR 1975, 526; *OLG Zweibrücken* VersR 1981, 343).
655 *BGH* NJW 1974, 895; *OLG Hamm* MDR 1982, 416.
656 *LG Erfurt* Urt. v. 10.7.1996, Az. 4 O 914/96, VersR 1997, 607.
657 *BGH* Urt. v. 24.2.1983, Az. VI ZR 191/81, NJW 1983, 1614.
658 *BGH* Urt. v. 15.3.1962, Az. III ZR 17/61, VersR 1962, 548.
659 *BGH* VersR 1962, 548; *AG Köln* VersR 1980, 76 (gilt nicht für Reparatur- und Mietwagenkosten).

mutete Verschuldenshaftung i. S. v. § 18 StVG sind, soweit Art und Umfang der Ersatzleistung infrage stehen, nicht derart aus dem BGB ausgegliedert, dass sie auch in dieser Beziehung den von den allgemeinen Vorschriften des Schadenausgleichs losgelösten, eigentümlichen und abschließenden Regeln folgten.[660]

§ 849 BGB kommt seinem Wortlaut nach nicht für den Wiederherstellungsaufwand i. S. v. Reparaturkosten,[661] sondern lediglich für die als Schadenersatz zu leistende Summe in Betracht, die im Fall der Entziehung oder Zerstörung bzw. für deren nach Wiederherstellung verbleibende Wertminderung zu zahlen ist.[662] 279

Dies bedeutet, dass § 849 BGB in der Praxis der Schadenregulierung zunächst einmal bei Totalschaden, aber auch für den – merkantilen oder technischen – Minderwert[663] einer beschädigten oder entzogenen Sache in Betracht kommt. Mit Rücksicht auf den Ausnahmecharakter dieser Bestimmung kommt eine erweiterte Auslegung im Wege der Analogie nicht in Betracht.[664] 280

Weiterhin ist zu berücksichtigen, dass § 849 BGB sich grundsätzlich auf den gesetzlichen Zinsfuß (§ 246 BGB) bezieht. Ein weiter gehender Schaden, den der Geschädigte nachzuweisen hat, kann jedoch auch geltend gemacht werden. 281

Wortlaut und Zweck der Bestimmung stellen übereinstimmend darauf ab, dass durch die Zinsen der endgültig verbleibende Verlust an Nutzbarkeit ausgeglichen werden soll, der durch den späteren Gebrauch dieser Sache oder einer anderen Sache nicht nachgeholt werden kann.[665] 282

Dem Gesetzgeber kam es entscheidend darauf an, aus Billigkeitsgründen den Geschädigten von dem – an sich ihm obliegenden – Nachweis dafür zu befreien, welchen Schaden er im Einzelnen durch den – zeitweiligen oder vollständigen – Entzug der Nutzungen des betreffenden Gegenstandes erlitten hat. Er hat daher dem Geschädigten das Recht eingeräumt, anstelle des konkreten Schadens, wie er sich aus den entzogenen Nutzungen ergibt, Zinsen aus der ihm nach Sach- und Rechtslage zustehenden Ersatzsumme zu verlangen (»Schadenzinsen«). Damit knüpft der Zinsanspruch zwar seinem Sachgrund nach an die Nutzbarkeit der Sache an, für die Schadenabwicklung wird der Anspruch indes von dem Vorhandensein eines konkreten Nutzungsausfalls der Sache losgelöst und führt daher zu einem »abstrakten« Mindestbetrag. 283

Dies kann allerdings nicht bedeuten, dass der Geschädigte insoweit etwa doppelten Schadenersatz erhält. Eine Verzinsung aus § 849 BGB als Mindestschaden kann er daher für den Zeitraum nicht verlangen. Lässt sich sein Schaden als Sachfolgeschaden konkretisieren, in dem seinerseits – mittelbar oder unmittelbar – Zinsen enthalten sind, kann kein weiterer Zinsschaden aus § 849 BGB gefordert werden. Dies bedeutet, dass der Schädiger zunächst einmal neben dem Anspruch aus § 849 BGB nicht gleichzeitig auch Verzugszinsen verlangen darf. Dies gilt selbstverständlich auch für die dem Geschädigten aus anderen Rechtsgründen zustehenden Zinsen, beispielsweise für die Zinspflicht aus § 249 BGB. Dadurch würde eine Überschneidung eintreten, die zu einer Bereicherung des Geschädigten führen müsste. 284

Das Gleiche gilt für den Fall, dass der Geschädigte unter den an anderer Stelle dargestellten anspruchsbegründenden Voraussetzungen unmittelbar im Anschluss an den Unfall einen Kredit beantragt hat und dafür Finanzierungskosten aufwenden muss. 285

---

660 Vgl. *BGH* BGHZ 87, 38 = NJW 1983, 1614 = VersR 1983, 555 = DAR 1983, 223; *OLG Celle* VersR 1977, 110.
661 Vgl. *AG Köln* VersR 1980, 176.
662 Wegen näherer Einzelkosten dazu vgl. *BGH* DAR 1983, 223; *OLG Celle* VersR 1977, 1104 – ansonsten für das Schadensersatzrecht ebenfalls *LG Bremen* r+s 1978, 15; *LG Hanau* r+s 1978, 15; *LG Hanau* r+s 1978, 49; *AG Düsseldorf* r+s 1979, 193; *AG Köln* VersR 1980, 176; *Wussow* UHR, Rn. 1000 u. 1225.
663 Vgl. *AG Köln* VersR 1980, 176.
664 *BGH* DAR 1983, 223.
665 Vgl. *BGH* VRS 1965, 103.

286 Diese Auffassung gilt auch für diejenigen Schadenpositionen, die nur mittelbar Zinsen enthalten bzw. in anderer Weise an die Konkretisierung der Nutzungen anknüpfen. Dabei ist insbesondere an die Kosten für die Ersatzanmietung und Inanspruchnahme von Taxis zu denken,[666] aber auch an den Fall, dass der Geschädigte den Ausfallschaden in anderer Weise konkretisiert, beispielsweise dadurch, dass er für die angemessene Dauer der Wiederbeschaffung nach einem Totalschaden Nutzungsausfallentschädigung[667] verlangt.[668]

287 Für die gleichzeitige Geltendmachung sich zeitlich überschneidender Ansprüche nebeneinander ist also kein Raum.[669] Von dem nach § 849 BGB gerechtfertigten Zeitraum der Verzinsung hat also der Zeitraum außer Betracht zu bleiben, für den der Geschädigte nicht auf die Pauschalierung seines Ersatzanspruchs nach § 849 BGB zurückgreift, sondern den Schaden stattdessen konkret ausdrückt.

288 Die Zinspflicht aus § 849 BGB beginnt in dem Zeitpunkt der Wertbestimmung. Dies ist regelmäßig der unerlaubte Eingriff in die fremde Rechtsposition bzw. das der Ersatzpflicht zugrunde liegende Schadenereignis.[670] Dies bedeutet, dass die Zinspflicht regelmäßig im Zeitpunkt des Eingriffs oder des betreffenden Schadenereignisses beginnt.

289 Der in diesem Augenblick vorhandene Zustand der entzogenen oder beschädigten Sache, ihre Qualität und die in diesem Augenblick im Objekt vorhandenen Bewertungsumstände bleiben unverändert maßgeblich für die Schadenberechnung, und zwar auch dann, wenn das Preisgefüge sich ändert und die Preise im Zeitpunkt der letzten mündlichen Verhandlung in der Tatsacheninstanz zugrunde zu legen sind.[671]

3. Verzinsung aus § 286 BGB

290 Der wohl häufigste und zugleich auch – trotz der Möglichkeit, die Zinsen nach § 249 BGB bzw. nach § 849 BGB zu berechnen – »klassische« Fall der Zinsberechnung ist dann gegeben, wenn die bereits an anderer Stelle im Einzelnen dargelegten Voraussetzungen des Verzuges vorliegen. Dieser Ersatz des Verzugsschadens wird üblicherweise, soweit er Zinsen betrifft, in der Form gefordert, dass der Gläubiger konkret eine über den gesetzlichen Zinsfuß hinausgehenden – also weiteren – Schaden nachweist, indem er schlüssig darlegt, dass er mit Rücksicht auf den Leistungsverzug des Schuldners – zur Abwendung eines sonst eintretenden höheren Schadens oder größeren Nachteils – einen Kredit aufnehmen und dafür abgrenzbare Mehrkosten aufwenden musste.

291 Erforderlich ist der Nachweis in dieser Form jedoch keinesfalls. Der Gläubiger kann seinen Verzugsschaden auch abstrakt berechnen.[672] Insoweit ist die Bestimmung des § 287 ZPO ergänzend zu berücksichtigen, nach der das Gericht im Wege der freien Beweiswürdigung[673] den im Einzelnen nicht lückenlos nachgewiesenen Schaden seiner Höhe nach schätzen kann.[674]

292 Dies gilt insbesondere dann, wenn der Kläger berechtigterweise auch die Hauptforderung bereits »abstrakt« berechnet hat und Zinsen in der banküblichen Höhe fordert.[675] Selbst für den Fall, dass der Gläubiger seinen Zinsanspruch auf die Zinsbelastung aus Anlass eines bestimmten – von ihm aufgenommenen – Kredits stützt, braucht er nicht nachzuweisen, dass gerade der Verzug des Schuldners

---

666 Vgl. *BGH* VersR 1962, 548.
667 *LG Kiel* zfs 1986, 202.
668 *BGH* DAR 1983, 223.
669 *BGH* BGHZ 87, 38.
670 Vgl. *BGH* VersR 1962, 548; NJW 1965, 392; NJW 1983, [663].
671 Vgl. *BGH* NJW 1960, 574, BGHZ 39, 198; *BGH* VersR 1965, 242.
672 Vgl. *BGH* BGHZ 43, 337; VersR 1984, 327; *BGH* Urt. v. 19.10.2005, Az. VIII ZR 392/03, MDR 2006, 501.
673 Vgl. dazu die §§ 286, 287 ZPO.
674 *BGH* VersR 1984, 73.
675 Vgl. *OLG Düsseldorf* VersR 1979, 477 (LS); *LG Bielefeld* NJW 1972, 1995; *LG Düsseldorf* 2 O 390/74 (n. v.); *LG Duisburg* 2 O 100/74 v. 28.10.1976 (n.v).

für die Aufnahme dieses Kredits ursächlich gewesen ist. Ein über den gesetzlichen Zinssatz von 5 %
bzw. 8 % hinausgehender Anspruch auf Verzugszinsen setzt nämlich einen derartigen Sachzusammenhang nicht voraus.[676]

Entgegen einer recht weitverbreiteten Auffassung lässt sich der Zinsanspruch aus §§ 281, 288 BGB – **293**
also unter dem Gesichtspunkt des Verzuges – unter gewissen Voraussetzungen in prozessual zulässiger Weise durchaus auch alternativ (kumulativ) mit der Hilfserwägung begründen, dass dem Gläubiger Zinserträge entgangen sind, die er sonst – wenn das zum Ersatz verpflichtete Ereignis nicht eingetreten wäre oder der Schuldner seine Zahlungsverpflichtung ordnungsgemäß erfüllt hätte – in rechtlich zulässiger Weise gezogen hätte.[677] Dies gilt insbesondere für größere Betriebe, die ständig mit Fremdmitteln arbeiten.

Wenn der Gläubiger vorträgt, dass er einerseits langfristig begründete Darlehensverbindlichkeiten – **294**
die durchaus das Ergebnis mehrerer unterschiedlicher Zinsphasen sein können – zu erfüllen hat, andererseits aber bei ihm eingehende Gelder zur Erhaltung einer eigenen ausreichenden Liquiditätsreserve – etwa in Höhe des betriebsnotwendigen Umlaufkapitals – bei seiner Hausbank nach freier Vereinbarung in Form von Termingeldern (Tage- oder Monatsgeldern) festgelegt hätte, um gleichwohl auch für dieses Geld noch eine angemessene Rendite zu erzielen, ist dies nur ein scheinbarer Widerspruch.

Die Höhe der Zinsen kann unterschiedlich ausfallen, je nachdem, ob es sich um – i. d. R. meist hö- **295**
here – Zinsbeträge handelt, die der Geschädigte für einen Kredit selbst aufbringen muss, oder um Zinserträge, die ihm entgehen, weil er frei verfügbare Mittel nicht als Termingelder festlegen kann, sondern sie der Finanzierung des Unfallschadens zuführen muss.

4. Verzinsung aus § 291 BGB

Sofern die Voraussetzungen des Verzuges nicht vorliegen, können zumindest Prozesszinsen nach **296**
§ 291 BGB vom Zeitpunkt der Rechtshängigkeit an – im Regelfalle also vom Zeitpunkt der Zustellung einer Leistungsklage oder eines Mahnbescheides verlangt werden, wenn die Schuld fällig ist. Bei bedingten[678] oder betagten[679] Forderungen tritt auch im Rahmen von § 291 BGB die Zinspflicht nicht bereits im Zeitpunkt der Rechtshängigkeit, sondern erst mit der Fälligkeit ein.

Die Rechtsprechung folgert aus diesem weiten Anwendungsbereich zuweilen, dass Prozesszinsen aus **297**
§ 291 BGB auch dann zu zahlen sind, wenn der Gläubiger seinen Anspruch erst nach Eintritt der Rechtshängigkeit spezifiziert, begründet und belegt. Dieser Auffassung, die sich allein an den Grundsätzen der formalen Fälligkeit orientiert, kann nicht generell gefolgt werden. Für die Entstehung der Zinspflicht aus § 291 BGB ist mindestens der Umstand Voraussetzung, dass einem gutwilligen Schuldner Gelegenheit gegeben wird, die ihm obliegende Leistung aus freien Stücken zu bewirken. Sobald die Ansprüche beziffert sind, muss der Schuldner allerdings überlegen, ob er nunmehr anerkennt oder ob die Ansprüche weiterhin streitig verhandelt werden sollen. Im letzten Fall trägt er das Risiko, dass bei positivem Ausgang des Rechtsstreits für den Kläger diesem auch die Zinsen aus der Forderung – ggf. ab dem Zeitpunkt der Bezifferung – zugesprochen werden.

5. Im Fall begründeter Aufrechnung

Es kommt in der Praxis der Schadenregulierung häufig vor, dass beiden Parteien gegenseitige Ansprü- **298**
che zustehen. An sich müsste unter diesen Umständen für jede Partei gesondert geprüft werden, in-

---

676 Vgl. dazu *BGH* BGHZ 43, 337 = VersR 1965, 479 (481; insoweit in BGHZ 43, 337 nicht abgedruckt); NJW 1984, 371 = VersR 1984, 73.
677 Vgl. *BGH* VersR 1980, 194; *OLG Frankfurt/M.* zfs 1981, 41; *OLG Bremen* AnwBl. 1982, 197 (Zinsen und Anwaltshonorar); *AG Offenbach* zfs 1982, 136.
678 Unter einer Bedingung im Rechtssinne versteht man den künftigen Eintritt eines ungewissen Ereignisses.
679 Darunter versteht man erst künftig fällig werdende Ansprüche.

wieweit die für die Entstehung der Zinspflicht erforderlichen anspruchsbegründenden Voraussetzungen vorliegen (Grund) und in welchem Umfange Zinsen zu gewähren sind (Höhe).

299 Eine derartige Differenzierung ist rechtlich verfehlt, sofern den Beteiligten gegenseitige Ersatzansprüche zustehen, die auf demselben Rechtsgrund beruhen. Insoweit hilft die Fiktion des § 389 BGB. Nach dieser Bestimmung bewirkt die Aufrechnung, »dass die Forderungen, soweit sie sich decken, als im Zeitpunkt erloschen gelten, in welchem sie zur Aufrechnung geeignet einander gegenüber getreten sind«. Das bedeutet, dass bezüglich der Beträge (Forderungen und Gegenforderungen), die durch die Aufrechnung als erloschen gelten, Zinsen bzw. Kreditkosten (Finanzierungskosten) gegenseitig nicht zu zahlen sind.

6. Anrechnung von Zinsen

300 Muss der Schädiger im Zeitpunkt der Leistung außer der Hauptforderung auch die bis dahin bereits angefallenen Zinsen zu entrichten, so wird nach § 367 BGB eine zur Tilgung der gesamten Schuld nicht ausreichende Leistung, die sich als Teilleistung darstellt, vorrangig zunächst auf rückständige Zinsen verrechnet.[680] Hierzu folgendes Beispiel:

300a Der Schädiger schuldet als Hauptforderung insgesamt 10 000 €. Er zahlt einen Betrag von 9 000 €. Im Zeitpunkt der Leistung sind bereits 500 € Zinsen angefallen. Der Gläubiger hat die Wahl, ob er den Differenzbetrag von 1 000 € zzgl. gestaffelter Zinsen (auf 10 000 € vom Eintritt des Verzuges an bis zur Leistung, danach für restliche 1 000 €) einklagt oder ob er sich für den einfacheren Weg entscheidet und wie folgt abrechnet:

300.1 Tab. 1

Gesamtschuld	10 000 €
Zinsen bis zum Zahlungstage	500 €
zusammen	10 500 €
darauf gezahlt	9 000 €
restliche Hauptforderung	1 500 €

zuzüglich Zinsen auf diesen Betrag bis zum Tage der Zahlung von 1 500 €.

7. Prozessuale Besonderheiten

301 Im Rechtstreit werden die Zinsen üblicherweise als Nebenforderung geltend gemacht und bei der Berechnung des Streitwerts außer Betracht gelassen. Andere Maßstäbe gelten indes, wenn die Hauptforderung bereits voll ausgeglichen ist. Insoweit können die bis zum Tage der Zahlung aufgelaufenen Zinsen im Rechtstreit mit allen kostenrechtlichen Konsequenzen nur noch als eigene Hauptforderung rechtshängig gemacht werden. Ansonsten steht es dem Kläger frei, für welchen Weg der Anrechnung er sich entscheidet.[681]

302 Ein im Zeitpunkt der Rechtshängigkeit mangels Leistung noch nicht abgedeckter Kredit kann i. d. R. nur als Nebenforderung anstelle von Zinsen geltend gemacht werden. Selbstverständlich steht es dem Geschädigten frei, Zinsen auf weitere Beträge, auf die die Finanzierungskosten sich nicht erstrecken, für die der Schuldner gleichwohl aber Zinsen zu entrichten hat, als Nebenforderung geltend zu machen. Sofern nach Ablösung des Kredits die Finanzierungskosten der Höhe nach feststehen, werden sie als Hauptforderung geltend gemacht. Sofern der Schuldner sich mit dieser Leistung im Verzuge befindet, hat er auch diesen Anspruch angemessen zu verzinsen. Im Prozessfalle sind die Zinsen als Nebenforderung geltend zu machen, ohne dass ein Verstoß gegen das Verbot des § 248 Abs. 1 BGB vorliegt.

---

680 S. VI 1) a.
681 Vgl. *Schneider* AGS 2003, 551.

Kapitel 2 Schadenmanagement bei durch Kfz verursachten Schäden

Übersicht

		Rdn.
	Einleitung	1
A.	Aspekte modernen Schadenmanagements	5
I.	Grundlegende Herausforderung	6
II.	Wer betreibt Schadenmanagement?	9
III.	Keine Naturalrestitution	19
IV.	Gründe für ein Schadenmanagement	23
V.	Bedeutung für die Kfz-Versicherer	29
B.	Verbraucherschutz	31
C.	Haftung für Schäden	36
D.	Prozessschritte bei der Schadenabwicklung	39
E.	Die Beziehungen der am Schaden beteiligten Parteien	45
F.	Schadenmanagement durch Kfz-Versicherer	50
I.	Kfz-Sachschaden	52
	1. Fahrzeugreparatur	53
	2. Mietwagen	57
	3. Sachverständige	58
	4. Abschleppunternehmen	60
	5. Fair-Play-Konzept	61
	6. Bedenken in Rechtsprechung und Literatur	64
	7. Eigene Überlegungen	70
II.	Personenschaden	79
III.	Bau- und Umweltschäden	84
G.	Die Rolle des Anwalts im Schadenmanagement	89

Literatur

Büchting/Heussen, Beck'sches Rechtsanwalts-Handbuch, 10. Aufl., München 2011; *Buschbell*, Die außergerichtliche Geltendmachung von Schadenersatzansprüchen, in: Münchener Anwaltshandbuch Straßenverkehrsrecht, 3. Aufl., München 2009; *Deutsch*, Das neue Versicherungsvertragsrecht, 6. Aufl., Karlsruhe 2008; *Deutsch/Ahrens*, Deliktsrecht, 5. Aufl., Köln 2009; *Engelke*, Schadenmanagement durch Versicherer – Mehr als nur ein Mittel zur Kostendämpfung?, NZV 1999, 255 ff.; *Ferner/Bachmeier/Müller*, Fachanwaltskommentar Verkehrsrecht, Köln 2009; *Graf von Westphalen*, Schadenmanagement durch Versicherer – Rechtliche Grenzen, DAR 1999, 295 ff.; *Himmelreich*, Jahrbuch Verkehrsrecht 1999, Düsseldorf 1999; *Himmelreich*, Jahrbuch Verkehrsrecht 2000, Düsseldorf 2000; *Himmelreich/Halm*, Handbuch des Fachanwalts Verkehrsrecht, 4. Aufl. 2012; *Höfle*, Schadenmanagement beim Personenschaden, zfs 2001, 197 ff.; *Hörl*, Der Kraftfahrzeug-Sachverständige in der Unfallschadenregulierung, zfs 2000, 422 ff.; *Koch*, Heute gibt es in Frankreich keinen Verkehrsrechtsanwalt mehr – in Deutschland wird das immer anders sein, zfs 1999, 225 ff.; *Kuhn*, Schadenmanagement durch Versicherer – Gefahr für den Geschädigten?, NZV 1999, 229 ff.; *Leidinger*, Schadenmanagement; Berlin 1998; *Lünzer*, Aktives Schadenmanagement in der Kfz-Versicherung, Saarbrücken 2006; *Macke*, Aktuelle Tendenzen bei der Regulierung von Unfallschäden, DAR 2000, 506 ff. *Mielchen*, Umdenken in Richtung Dienstleistung, zfs 2011, 481 *Mikulla-Liegert*, Schadenmanagement von und für Versicherer im Interesse des Geschädigten?, DAR 1999, 289 ff. *Pamer*, Unfallmanagement. DAR 1999, 299 ff.; *Postai/Wannke/Weixelbaumer/Höglinger*, Schadenmanagement – Status und Trends, Karlsruhe 2005; *Schröder*, Personenschadenmanagement der Haftpflichtversicherer, SVR 2008, 89; *Staehlin*, Regulierungsverhalten der Kfz-Versicherer in Sachen Unfallersatz – zulässige Steuerung der Verbraucher oder wettbewerbswidriges Verhalten?, NZV 2007, 396 ff. *Walter*, Die zeitwertgerechte Kfz-Reparatur mit geprüften Gebrauchtteilen, NZV 1999, 19 ff.; *Witte*, Chancen für Autofahrer und Versicherer in der Krise – Verwendung von Identteilen bei der Unfallreparatur, SP 2003, 95 ff.; *Zinn/Richter*, Schadenmanagement und Schadenregulierungsmanagement in Praxis und Theorie, Tagungsband zum Wiesbadner Kolloquium 2009, Norderstedt 2010.

Kapitel 2 — Schadenmanagement bei durch Kfz verursachten Schäden

Einleitung

1   Kommt man heute mit Managern großer Versicherungsunternehmen, Beratern oder Schadendienstleistern ins Gespräch, fällt über kurz oder lang das Stichwort »Schadenmanagement«. Das Thema ist keineswegs neu, der Arbeitskreis IV des 37. Verkehrsgerichtstages 1999 war ihm gewidmet. Es ist aber nach wie vor sehr aktuell.

2   Dieser Begriff wird gerne mit Attributen wie »innovativ«, »wertorientiert« oder »aktiv« versehen. Als – selbstverständlich zu meisternde – Quadratur des Kreises werden Anforderungen unter den Aspekten Kundenorientierung, Service- und Produktqualität sowie Kostensenkung beschrieben.

3   Das Schlagwort »Versicherungsfabrik« deutet darauf hin, dass es für Unternehmen – diese Herausforderung besteht aber nicht nur für Versicherungen – darum geht, dass die Folgen von Schadenfällen meist von mehreren Mitarbeitern bearbeitet werden. Die hier notwendige Arbeitsteilung weist auf arbeitsorganisatorische Aspekte hin, die mit jedem Schadenmanagement zwingend einher gehen.

4   Im Bereich der Kfz-Versicherung fallen auch alsbald Stichworte wie »Schadensteuerung« und »Werkstattbindung.« Gemeint sind Verträge, in denen Kunden von vorherein ein Prämiennachlass gewährt wird, wenn sie sich verpflichten, im Schadenfall von der Versicherung vermittelte oder beauftragte Partner die Schadenbeseitigung vornehmen zu lassen.

Was aber verbirgt sich hinter all diesen Modewörtern?

A. Aspekte modernen Schadenmanagements

5   Schadenmanagement geht davon aus, dass Schäden eintreten. Es befasst sich damit, Schadenausweitungen zu vermeiden, Schadenfolgen effizient zu beseitigen und die finanziellen Folgen eines Schadens im Rahmen zu halten.

I. Grundlegende Herausforderung

6   Überlegungen zum Schadenmanagement haben essentiell mit Themen zu tun, die überhaupt erst zum Entstehen der modernen Versicherungswirtschaft geführt haben. Der wirtschaftliche Hintergrund des Versicherungsgeschäfts besteht ja in der finanziellen Vorsorge für den Einzelnen durch Umlegung des Schadens und vorher schon durch Überwälzung des Risikos auf eine Gemeinschaft. Die Gefahren der menschlichen Existenz – etwa krank zu werden, jemandem zu Schadenersatz verpflichtet zu sein oder dass eine Sache beschädigt wird – veranlassen dazu, diese Lebensrisiken breit zu streuen.[1]

7   Der Grund für die Existenz der Versicherungswirtschaft liegt also darin, wirtschaftliche Risiken für den Einzelnen bezahlbar zu machen, indem die damit verbundenen Kosten auf eine große Risikogemeinschaft verteilt werden. Auch beim Schadenmanagement geht es darum, die wirtschaftlichen Folgen eines Schadens in vernünftigen Grenzen zu halten. *Leidinger*[2] benennt folgende Themenbereiche, um die es geht:

- Identifikation, Analyse und Bewertung von Risiken
- Vorbereitung auf den Schadeneintritt
  (actiones prae accidentio)
- Sofortmaßnahmen, die direkt nach Schadeneintritt ausgelöst werden und das Schadenereignis bis zu Stabilisierung begleiten
  (actiones ad tempus accidentii)
- Aufräum- und Entsorgungsarbeiten sowie Sanierungs- und Reparaturmaßnahmen
  (actiones post accidentium)

---

[1] *Deutsch* Rn. 3.
[2] *Leidinger* in: Leidinger, S. 12.

A. Aspekte modernen Schadenmanagements

Unter Schadenmanagement verstanden werden kann somit die organisierte Bewältigung von Schäden sowohl durch Versicherer, Dienstleister wie auch Betreiber größerer Fahrzeugflotten.

II. Wer betreibt Schadenmanagement?

Damit ist Schadenmanagement keine originäre Aufgabe von regulierungspflichtigen Kfz-Versicherern. Tatsächlich wird es viel länger schon wahrgenommen durch im Zusammenhang mit Kfz-Unfällen tätigen Werkstätten oder Dienstleistern.

In jüngerer Zeit treten Rechtsdienstleister und mit Werkstätten fest zusammenarbeitende Anwälte vermehrt in Erscheinung. Auch Betreiber großer Fahrzeugflotten (z. B. Leasingunternehmen, große Autovermietungen) haben ein effizientes Schadenmanagement schon frühzeitig als notwendigen Bestandteil ihres Geschäftsbetriebs erkannt.

Leasinggesellschaften oder Autovermietungen haben oft ein erhebliches Interesse daran, von den Fahrern von Schäden betroffener Fahrzeuge zunächst direkt informiert zu werden und erst nach einer vorläufigen Beurteilung des Sachverhalts darüber zu entscheiden, ob der Versicherer eingeschaltet wird oder nicht.

Auch die Fahrzeughersteller betreiben Schadenmanagement. So stellt Mercedes z. B. Transparenz bei Kosten und Arbeitsschritten neben dem Service für den Kunden in den Vordergrund des eigenen Schadenmanagements.[3]

Pamer weist auf die hohe Bedeutung des Themas hin, indem er ausführt, dass es primär um die Bemühungen des Unfallgeschädigten gehe, seine Schadenersatzansprüche durchzusetzen oder diese Durchsetzung Reparaturbetrieben, Versicherern, Rechtsanwälten oder sonstigen Personen oder Einrichtungen zu überlassen.[4]

Schadenmanagement ist wertneutral eine Dienstleistung, die auf ein Bedürfnis vieler geschädigter KFZ-Eigentümer reagiert: sie benötigen Hilfe wenn es darum geht, die Folgen eines Verkehrsunfalls möglichst gut und kostengünstig zu beseitigen.

So bieten Automobilclubs wie z. B. der ADAC[5] oder der ACE[6] ihren Mitgliedern entsprechende Hilfe an. Die Kunden sind durchweg dankbar für die ihnen angebotene Hilfe. Und zwar sowohl solche, die unverschuldet in einen Unfall verwickelt wurden, als auch Kunden, die einen Unfall selbst verursacht haben.

Dickmann weist darauf hin, dass ein effizientes Schadenmanagement im Bereich der Sachschäden den schnellen Zugang zu gezielt zusammengestellten, auf den individuellen Schadenfall bezogenen Informationen erfordert.[7]

Der nach Verkehrsunfällen gelegentlich zu beobachtende »Run auf den Geschädigten« stößt auf deutliche Kritik.[8] In diesem Zusammenhang begegnet auch der Betrieb des Autobahn-Notrufsystems durch die Dienstleistungs-GmbH des GDV gewissen Bedenken. Befürchtet wird, dass durch den ersten Zugriff auf den Geschädigten dieser in seinen Rechten beschnitten werde.[9] *Kuhn* nennt in diesem Zusammenhang auch den Zentralruf der Autoversicherer sowie die von Versicherern an ihre Kunden ausgegebenen Servicekarten.[10]

---

3 http://tinyurl.com/6jmalpx (Stand: 3.10.2011).
4 *Pamer* DAR 1999, 299 (300).
5 http://tinyurl.com/6xpq2zq (Stand: 3.10.2011).
6 http://tinyurl.com/6k79ot8 (Stand: 3.10.2011).
7 *Dickmann* in Zinn/Richter, Wiesbadener Kolloquium 2009, 63 ff. (74).
8 *Mikulla-Liegert* DAR 1999, 289 ff. (291 f.).
9 *Kuhn* NZV 1999, 229.
10 *Kuhn* in: Himmelreich, Handbuch Verkehrsrecht 2000, S. 100 ff. (105).

18 Nach Beobachtung des Verfassers sind es keineswegs nur Versicherer, die den »ersten Zugriff« auf den Geschädigten versuchen. Auch an Aufträgen interessierte Werkstätten, Sachverständige oder Autovermietungen suchen die Vernetzung, um sich wechselseitig zu empfehlen.

III. Keine Naturalrestitution

19 Gelegentlich wird behauptet, dass für Versicherer beim Schadenmanagement der Grundsatz der Naturalrestitution ein wesentliches Argument sei.[11] Das begegnet Bedenken. Naturalrestitution meint, dass der Schädiger selbst den früheren Zustand wieder herstellt.[12]

20 Beim Schadenmanagement – egal, ob es durch einen Versicherer oder jemand anderen betrieben wird – geht es aber niemals darum, einen Schädiger dazu zu bringen, den verursachten Schaden selbst zu reparieren.

21 Für den Direktanspruch des Geschädigten gegen den Kfz-Haftpflichtversicherer bestimmt § 115 Abs. 1 Satz 3 VVG, dass der Geschädigte den Schadenersatz in Geld zu leisten hat. Nach Meinung des Verfassers ist Naturalrestitution damit ausgeschlossen, wenn ein Kfz-Haftpflichtversicherer für die Folgen eines Unfallschadens in Anspruch genommen wird. Auch wenn der Haftpflichtversicherer den Geschädigten zu einer bestimmten Werkstatt oder einer Autovermietung vermittelt, wird er letzten Endes doch Geld bezahlen.

22 Von Naturalrestitution sollte daher grundsätzlich nicht gesprochen werden, wenn es um Schadenmanagement geht. In der Sache ist das schlicht falsch.

IV. Gründe für ein Schadenmanagement

23 Es geht darum den Geschädigten dazu zu bewegen, den Schaden durch bestimmte Werkstätten beseitigen zu lassen oder andere mit der Schadenbeseitigung befasste Dienstleister in Anspruch zu nehmen oder eben nicht.

24 Motiv kann sein, dass eine bestimmte Qualität sichergestellt werden soll, z. B. wenn Leasinggesellschaften ihren Kunden aufgeben eine markengebundene Fachwerkstatt aufzusuchen.

25 Ein anderes Motiv ist, dass bestimmte Werkstätten und Dienstleister vorrangig mit Aufträgen versorgt werden sollen. Das ist z. B. beim durch Fahrzeughersteller betriebenen Schadenmanagement klar erkennbar.

26 Die Versicherungswirtschaft betreibt Schadenmanagement unter dem Aspekt, dass die Kosten für Reparaturen oder andere Dienstleistungen niedriger ausfallen sollen.[13]

27 Als wesentliche Gründe für ein Schadenmanagement können somit gelten die Sicherstellung eines hohen Qualitätsniveaus bei der Unfallschadenreparatur, die Steuerung von Aufträgen in bestimmte Werkstattnetze sowie die Kostenersparnis. Betont werden muss, dass all diese Punkte für sich betrachtet legitim sind.

28 Diese Motivationen werden bei allen Verkehrskreisen zu finden sein, die ein Schadenmanagement betreiben. Allerdings darf davon ausgegangen werden, dass dabei auch unterschiedliche Prioritäten gelten werden. Derjenige, der für Reparaturkosten selbst aufzukommen hat, wird eher auf diesen Punkt schauen. Geht es darum ein angeschlossenes Werkstattnetz auszulasten und Unfallschäden entsprechend zu steuern, wird die Preissensibilität nicht die oberste Priorität haben.

---

11 *Postai/Wannke/Weixelbaumer/Höglinger* S. 20.
12 *Deutsch/Ahrens* Rn. 627.
13 *Kuhn* in: Himmelreich, Handbuch Verkehrsrecht 2000, S. 100 ff. (104).

V. Bedeutung für die Kfz-Versicherer

Zur Wichtigkeit des Themas für die Kfz-Versicherer sei auf die Schaden-Kosten-Quote hingewiesen, die regelmäßig jenseits der 100 %-Marke liegt, was ökonomisch einen Verlust bedeutet. In 2010 lag die Combined Ratio nach Angaben des GDV bei 107,0 %.[14] In der Gewinn- und Verlustverrechnung der Kfz-Versicherer ist erkennbar, dass die Schadenaufwendungen der größte Aufwandsposten sind. Hier gibt es die meisten Einsparpotenziale.[15]

Staab macht deutlich, dass die Ausgaben der Versicherer für Schadenfälle aus den Prämieneinnahmen erwirtschaftet werden müssen. Die Rolle des Versicherers wandelt sich dabei vom reinen Schadenzahler zum Organisator der Schadenbeseitigung. Moderne Versicherer sehen sich nicht als bloße Zahlstelle, sie sehen sich als Partner bei der Schadenbeseitigung.[16] Für sie besteht die Herausforderung, interne und externe Vorgänge zur Bewältigung von Schadensfolgen so zu organisieren, dass nicht nur die eigenen Kosten, sondern auch die externen Aufwendungen bei der Schadenbeseitigung möglichst gering bleiben. Aufgrund des am Markt bestehenden Prämiendrucks können höhere Aufwendungen heute nicht mehr ohne weiteres über die Prämien an die Kunden weitergegeben werden. Meldungen über den Wunsch, höhere Prämien am Markt durchzusetzen, muss vor dem Hintergrund der hohen Wechselbereitschaft der Kunden gerade in der Kfz-Versicherung mit einer gewissen Skepsis begegnet werden. Insofern ist ein effizientes Schadenmanagement mittelfristig entscheidend für den wirtschaftlichen Erfolg eines Versicherungsunternehmens. Der wirtschaftliche Betrieb einer Kfz-Versicherung ist ohne Schadenmanagement heute schlicht nicht möglich.

B. Verbraucherschutz

Ursprünglicher Kerngedanke des Verbraucherschutzes war der Schutz vor schlechten Waren. Inzwischen wird er auch auf das Gebiet der Dienstleistungen übertragen. In einem modernen Schadenmanagement ist der Verbraucherschutz essentiell.

Es darf keine Abstriche bei der Qualität vermittelter Werk- oder Dienstleistungen geben. Zudem sollte bezüglich Arbeitsschritten und den Kosten Transparenz für den Kunden bestehen.

In Kasko- und Schutzbriefschäden sind die Versicherer gem. § 6 Abs. 1, 4 VVG verpflichtet, ihre Kunden im Schadenfall zu beraten. Eine faire und umfassende Beratung ist für ihren Kunden verpflichtete Versicherer von daher selbstverständlich.

Buschbell/Stoll weisen darauf hin, dass die Situation für Geschädigte in Haftpflichtfällen eine andere sei. Ihnen stehe keine Versicherung oder andere Organisation zur Seite, die gesetzlich oder vertraglich verpflichtet sei, ihnen bei der Durchsetzung berechtigter Ansprüche zu helfen. Kompetente Beratung können Geschädigte allein von einem Anwalt ihres Vertrauens erwarten.[17] Sie meinen, dass eine neutrale Beratung von regulierungspflichtigen Versicherern nicht erwartet werden könne, da hier ein Interessenkonflikt bestehe. Denn sie seien nun einmal Anspruchsgegner und Schuldner des Geschädigten.[18]

Ein seriöses Schadenmanagement muss beachten, dass Herr des Restitutionsgeschehens in Haftpflichtfällen der Geschädigte ist. Es wird ihn daher immer zum gleichberechtigten Partner machen, und in ihm nicht lediglich den beratungsbedürftigen Anspruchsteller sehen.

---

14 Quelle: http://tinyurl.com/6cxw7om (Folie 13, Stand: 3.10.2011).
15 *Lünzer* S. 2.
16 *Staab* in: Zinn/Richter, Wiesbadener Kolloquium 2009, S. 5.
17 *Buschbell/Stoll* in: Himmelreich, Jahrbuch Verkehrsrecht 1999, 81 ff. (82).
18 *Buschbell/Stoll* a. a. O., 84.

C. Haftung für Schäden

36 Wer auch immer Schadenmanagement betreibt, gibt dem Kunden damit konkludent das Versprechen, dass sein Schaden vollständig, qualitativ hochwertig und zu angemessenen Kosten beseitigt wird. Das gilt nicht nur für Versicherer, sondern auch andere wie z. B. Leasinggesellschaften, Fahrzeughersteller oder ein Schadenmanagement anbietende Rechtsanwälte.

37 Vertraut der Kunde und entsteht ihm aus diesem Vertrauen ein Schaden, haftet derjenige, der das Schadenmanagement betrieben hat, dem Kunden unter dem Gesichtspunkt der *culpa in contrahendo* (§§ 311 Abs. 2, 280 Abs. 1, 241 Abs. 2 BGB).

38 Sofern z. B. auch der Werkunternehmer oder Dienstleister haftet, tritt die eigene Haftung desjenigen der das Schadenmanagement betrieben hat, gesamtschuldnerisch immer daneben.

D. Prozessschritte bei der Schadenabwicklung

39 Prozessschritte bei der Schadenabwicklung werden klassisch aus Sicht des lediglich regulierenden Versicherers beschrieben:[19]

Abbildung 1: Prozessschritte der Schadenabwicklung

40 Parteien, die keine Versicherer sind, bleiben in dieser Prozessbeschreibung unberücksichtigt. Zudem reduziert sie die Rolle des Versicherers auf die einer Zahlstelle. Die notwendigen Schritte zur Beseitigung der Folgen eines Schadeneintritts werden aber deutlich.

41 Voraussetzung für ein aktives und kosteneffizientes Schadenmanagement ist eine ganzheitliche Betrachtungsweise der Geschäftsprozesse. Entscheidende Faktoren sind schlanke Strukturen, eine Optimierung unternehmensinterner Prozesse sowie die Koordinierung und ein einwandfreies Zusammenspiel von Dienstleistungspartnern.[20]

42 Im europäischen Vergleich ist das deutsche Sachschadenrecht sehr großzügig.[21] Faktisch kommen Entschädigungszahlungen für Sachschäden meist nicht direkt den Kunden oder Geschädigten zugute. Es profitieren in erster Linie Werkstätten, Autovermietungen, Sachverständige und sonstige Dienstleister. Hier sind die klassischen Marktmechanismen jedoch oftmals ausgeschaltet,[22] denn die Schadenkunden als Auftraggeber von Schadenbeseitigungsmaßnahmen haben oftmals nur eine geringe oder keine Preissensibilität. Auch werden sie über die entstehenden Kosten in der Regel im Unklaren gelassen. Hintergrund ist ja, dass es der einstandspflichtige Versicherer ist, der letzten Endes die Rechnung bezahlen soll.

43 Tendenziell sind Rechnungen für »Versicherungsschäden« oftmals teurer als vergleichbare Rechnungen ausfallen würden, wenn der Kunde selbst zahlt. An dieser Entwicklung sind die Versicherer nicht ganz unschuldig. Denn vor 1994 war der Markt der Kfz-Versicherungen noch reguliert. Erhöhte Aufwendungen für die Schadenregulierung konnten unproblematisch über höhere Prämien an die Kunden weitergegeben werden. Diese hatten kaum die Chance sich nach günstigeren Prämien umzusehen, da alle Versicherer vom oben beschriebenen Mechanismus betroffen waren. Hintergrund war, dass die Versicherer den Dienstleistern oft signalisierten, dass Rechnungen möglichst einfach zu prü-

---

19 *Reiners* in: Leidinger, S. 236 (238).
20 *Lünzer* S. 22.
21 Ausführlich zum Recht in anderen Ländern vgl. *Lemor* in: Himmelreich/Halm, Kapitel 3.
22 *Engelke* NZV 1999, 225 (226).

fen sein sollten, dafür dürfe es »etwas mehr« sein. Seit die Versicherer ihre Prämien jedoch in einem von Angebot und Nachfrage geprägten Markt erwirtschaften müssen, funktioniert das nicht mehr. Sie sind inzwischen gezwungen, aktiv steuernd in das Regulierungsgeschehen einzugreifen, um so eine möglichst wirtschaftliche Schadenbeseitigung erreichen zu können. In der Versicherungsbranche hat hier inzwischen ein massives Umdenken eingesetzt. Auf diese Weise werden die finanziellen Folgen immer weiter sinkender Versicherungsprämien letzten Endes auch für bei der Schadenregulierung tätige Werkstätten und Dienstleister immer stärker spürbar.

Die Vorstellung, dass man im Innendienst einer Versicherung beschäftigte Schadenregulierer zu »Schadenmanagern« ausbilden könne,[23] ist allerdings sehr optimistisch. Dieser Mitarbeiter-Typus hat andere Stärken und Schwächen als der im Vertrieb tätige Mitarbeiter-Typus. Zudem fehlen im Innendienst für tariflich bezahlte Mitarbeiter, die sich hier überwiegend in den mittleren Tarifgruppen finden, in der Regel Anreize, um vertriebstypische Verhaltensweisen zu entwickeln. Tatsächlich haben große Versicherungsunternehmen inzwischen auch durch Spezialisierungen, den verstärkten Aufbau von Callcentern und die Einbindung spezialisierter Unternehmen strukturell reagiert. 44

E. Die Beziehungen der am Schaden beteiligten Parteien

Sollen die Rechtsbeziehungen in Haftpflicht-Schadenfällen verdeutlicht werden, wird klassisch ein Dreiecksverhältnis skizziert. Rechtliche Beziehungen bestehen zwischen Schädiger und Geschädigtem (deliktisches Rechtsverhältnis), Schädiger und seinem Versicherer (Versicherungsvertrag) und in Kfz-Haftpflichtfällen zwischen Geschädigtem und dem Versicherer des Schädigers (Direktanspruch). 45

Eine moderne Sichtweise berücksichtigt aber auch die wirtschaftlichen Interessen der beteiligten Verkehrskreise. Sie bezieht Dienstleister, welche dem Geschädigten bei der Schadenbeseitigung behilflich sind, mit ein. So muss sie die wirtschaftlichen Interessen der Beteiligten berücksichtigen. Oft haben Versicherer und Dienstleister eine besondere Nähe, die bei allen denkbaren Interessenunterschieden vor allem dem Umstand geschuldet ist, dass Zahlungen für Werk- und Dienstleistungen im Ergebnis von den Versicherern geleistet werden. Diese Nähe muss jedoch nicht eine Interessengleichheit oder einen Zwang zu Kooperationen und Zusammenwirken bedeuten. 46

Hat die Versicherung ein gewisses Interesse daran, dass Schadenersatzzahlungen sich der Höhe nach in Grenzen halten, haben Werk- und Dienstleister dagegen regelmäßig ein Interesse an möglichst hohen Zahlungen. Diese bedeuten für sie hohe Einnahmen. Diese Feststellung kann dabei mit einer Wertung nicht verbunden werden, liegt den Interessen beider Seiten doch jeweils ein ökonomisch sinnvolles Verhalten zugrunde. 47

---

23 *Engelke* NZV 1999, 225 (227).

48

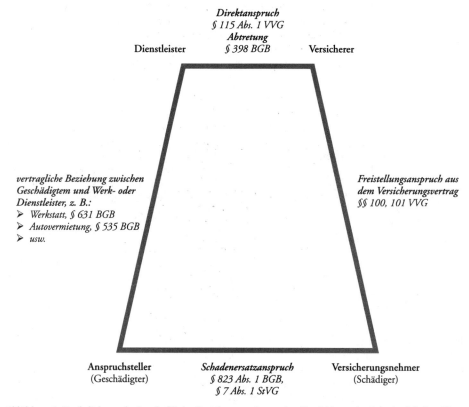

Abbildung 2: Rechtliche und wirtschaftliche Beziehungen der an der Abwicklung des Schadenfalls beteiligten Parteien.

49 Für die Analyse der Beziehungen im Schadenmanagement können Mängel im Versicherungsverhältnis i. d. R. unberücksichtigt bleiben, da der Versicherer dem Geschädigten gegenüber gem. § 117 VVG leistungsverpflichtet ist. Eine Ausnahme gilt nur bei vorsätzlicher Schadensherbeiführung. Dann ist der Versicherer gem. § 103 VVG von der Leistung frei. Er kann Ersatz seines Schadens vom Verein Verkehrsopferhilfe e. V. erlangen.[24]

---

24 Ausführlich dazu *Schwarz* in Himmelreich/Halm, Kapitel 29.

F. Schadenmanagement durch Kfz-Versicherer

Soll Schadenmanagement der Kfz-Versicherer beschrieben werden, geht es vornehmlich um drei Themenfelder: 50

Kfz-Sachschaden	Personenschaden	Bau- und Umweltschaden
• Versicherungen • Betreiber großer Fahrzeugflotten • Rechtsanwälte • Werkstätten, Sachverständige, Autovermietungen etc. • Rechtsdienstleister	• Versicherungen • Rehabilitationsdienste	• Versicherungen • Umweltbehörden • Träger öffentlicher Baulasten • Spediteure • Bau- und Umweltsachverständige

Abbildung 3: Themenfelder beim Schadenmanagement

An dieser Stelle sei bereits darauf hingewiesen, dass die Akzeptanz des Schadenmanagements durch die Versicherungswirtschaft bei den übrigen beteiligten Verkehrskreisen unterschiedlich ist. Während es beim Kfz-Sachschaden auf große Vorbehalte stößt, findet es beim Personenschaden überwiegend Zustimmung. In Umweltschäden wird die Tätigkeit spezialisierter Unternehmen[25] im Auftrag einzelner Versicherungen zumeist sehr begrüßt. Bei Bauschäden dagegen lässt sich keine Richtung ausmachen, es gibt sowohl Zustimmung als auch deutliche Ablehnung bei den beteiligten Verkehrskreisen. 51

I. Kfz-Sachschaden

Der Kfz-Sachschaden ist das bekannteste Feld für aktives Schadenmanagement durch Versicherer. *Lünzer* beschreibt hier folgende Themen: Mietwagenkosten,[26] Reparaturdienstleistungen[27] und Sachverständigenkosten.[28] 52

1. Fahrzeugreparatur

Bei den Reparaturkosten diskutiert wird gelegentlich, dass Fahrzeuge mit Gebraucht- oder Identteilen zu reparieren seien.[29] Gebrauchtteile sind Fahrzeugteile, die von einem spezialisierten Verwerter aus Altfahrzeugen ausgebaut, aufbereitet und nach einer Prüfung als Gebrauchtteile in den Handel gebracht werden. Identteile sind den Originalteilen eines Herstellers qualitativ gleichwertige Ersatzteile i. S. d. Kfz-GVO EG 1400/2002. 53

Eine Verpflichtung von Geschädigten, mit Gebraucht- oder Identteilen reparieren zu lassen, gibt es nicht.[30] Auch in Werkstattbindungstarifen der Kasko-Versicherung stoßen solche Angebote auf wenig Akzeptanz bei den Kunden. In der Praxis findet ein Schadenmanagement unter Verwendung von Gebraucht- und Identteilen kaum statt. 54

Otting ist skeptisch. Für die Verwendung von Gebrauchtteilen spreche zwar das Argument der zeitwertgerechten Instandsetzung. Voraussetzung für eine Akzeptanz sei allerdings, dass es eine flächendeckende und ausreichende Versorgung mit gebrauchten Ersatzteilen in Deutschland geben müsse. 55

---

25 Z. B. die KRAVAG Umweltschutz- und Schadentechnik GmbH, http://www.kussgmbh.de (Stand: 3.10.2011).
26 *Lünzer* S. 35 ff.
27 *Lünzer* S. 63 ff.
28 *Lünzer* S. 85 ff.
29 *Voll* in: Zinn/Richter, Wiesbadener Kolloquium 2009, 11 ff.; *Walter* NZV 1999, 19 ff.; *Witte* SP 2003, 95 ff.
30 *Richter* in: Himmelreich/Halm, Kapitel 4, Rn. 231.

Frage der Qualitätssicherung und Gewährleistung seien nur durch Einbindung qualifizierter Sachverständiger zu lösen.[31]

56 Zunehmend Akzeptanz findet jedoch die Reparaturvermittlung durch Versicherer an Kfz-Werkstätten. Allerdings erst, seit die Versicherer Wert auf eine Zertifizierung durch eine Prüforganisation legen und darauf, dass Original-Ersatzteile verwendet und die Reparatur nach Herstellervorgaben durchgeführt wird. Entscheidendes Kriterium für die Bereitschaft von Versicherungskunden und Geschädigten, sich auf eine Werkstattvermittlung durch einen Versicherer einzulassen ist die Gewissheit, dass die Reparatur in einer Qualität durchgeführt wird, die der einer Markenwerkstatt entspricht.

2. Mietwagen

57 Ein Geschädigter hat das Recht, zur Überbrückung des Fahrzeugausfalls einen Mietwagen zu nehmen, sofern er nicht eine abstrakte Nutzungsausfallentschädigung beansprucht.[32] Der Anteil an durch einen Versicherer vermittelten Mietwagen liegt nach persönlicher Einschätzung des Verfassers deutlich unter 10 %. Der Vorteil für den Geschädigten und auch die Versicherer ist, dass hier Konflikte um die Höhe zu erstattender Mietkosten ausfallen. Eine Verpflichtung des Geschädigten, auf das Angebot des Versicherers zur Vermittlung eines Mietwagens einzugehen, gibt es nicht.[33]

3. Sachverständige

58 *Hörl* weist auf die zentrale Position des Sachverständigen bei der Regulierung von Verkehrsunfällen hin.[34] Geschädigte haben oft ein hohes Interesse, ihr Fahrzeug nach einem unverschuldeten Unfall durch einen Sachverständigen besichtigen zu lassen. Nur so erlangen sie Gewissheit bezüglich des Schadenumfangs und der notwendigen Arbeiten, um den Schaden beseitigen zu lassen.

59 Kfz-Versicherer arbeiten meist mit großen Sachverständigenorganisationen (z. B. DEKRA oder Carexpert) zusammen, oder sie beschäftigen selbst Kfz-Sachverständige. In Kasko-Schäden wird die Besichtigung durch einen vom Versicherer beauftragten Sachverständigen meist problemlos akzeptiert. In Kfz-Haftpflichtschäden ist das kaum der Fall. Die Geschädigten beauftragen lieber selbst einen Sachverständigen, der ihnen zuvor meist von ihrer Werkstatt empfohlen wurde.

4. Abschleppunternehmen

60 Darüber hinaus vermitteln Versicherer auch Abschleppunternehmen. Das findet zumeist im Rahmen von Schutzbrief-Schäden große Akzeptanz.

5. Fair-Play-Konzept

61 Teilweise arbeiten Versicherer und Werkstätten mit einem so genannten Fair-Play-Konzept zusammen. Wenn die Werkstätten Rechnungen elektronisch aufbereitet an die Versicherungen senden, können diese automatisch verarbeitet und bezahlt werden. Die Werkstätten bekommen ihr Geld also innerhalb kürzester Zeit. Bedingung ist meist aber, dass Sachverständige bei der Schadenfeststellung nicht involviert sind. Haben Geschädigte einen Anwalt mit der Durchsetzung ihrer Ansprüche beauftragt, findet die Abwicklung über die Fair-Play-Vereinbarung ebenfalls nicht statt.

62 Zum Fair-Play-Konzept gibt es sehr kritische Stimmen. Der BVSK schreibt auf seiner Homepage, dass ein Kfz-Betrieb, der daran teilnehme, letztlich Verrat am Kunden begehe und das unverzicht-

---

31 *Otting* in: Himmelreich, Jahrbuch Verkehrsrecht 1999, 182 (194).
32 Ausführlich hierzu *Grabenhorst* in: Himmelreich/Halm, Kapitel 5.
33 A. A. *LG Nürnberg-Fürth* Urt. v. 20.7.2011 (8 S 8758/10), unveröffentlicht. Die Revision wurde zugelassen und ist beim *BGH* unter dem Aktenzeichen VI ZR 220/11 anhängig.
34 *Hörl* zfs 2000, 422 ff.

bare Vertrauensverhältnis zwischen Kunden und Kfz-Betrieb zerstöre.[35] Die Arbeitsgemeinschaft Verkehrsrecht im Deutschen Anwaltsverein hat die Allianz wegen der Anwendung des Fair-Play-Konzepts verklagt.[36] Insbesondere wendet sie sich gegen den diesem Konzept immanenten Boykott von Rechtsanwälten bei der Schadensabwicklung. Die Werkstatt bringe sich in einen unauflöslichen Interessenkonflikt, wenn das Recht des Geschädigten auf freie Anwaltswahl beeinträchtigt werde. Der Verfasser ist skeptisch, ob die ARGE Verkehrsrecht sich mit ihrer Klage wird durchsetzen können. Ein wettbewerbsrechtliches Verhältnis mag noch angenommen werden können, denn mit Schadenfix[37] bieten die Verkehrsanwälte ein eigenes Konzept zum Schadenmanagement an. Die Skepsis begründet sich aus zwei anderen Gesichtspunkten. Einmal sind Werkstätten im Gegensatz zu Anwälten keine Organe der Rechtspflege, bei denen mögliche wirtschaftliche Interessenkonflikte notwendig rechtliche Relevanz haben. Und zum anderen haben Anwälte auch keinen Rechtsanspruch darauf, dass Werkstattkunden an sie als Mandanten vermittelt werden.

Dennoch wird der Ausgang dieser wettbewerbsrechtlichen Auseinandersetzung für die Versicherungswirtschaft wie die Anwaltschaft von hoher Bedeutung sein. Denn das Gericht wird bei seiner Entscheidung nicht umhinkommen, die Grenzen des für Anwaltschaft und Versicherungswirtschaft jeweils Erlaubten zu benennen. Unabhängig vom Ausgang des Verfahrens darf davon ausgegangen werden, dass es ein größeres Maß an Rechtssicherheit für die Zukunft mit sich bringen wird. Das ist zu begrüßen. 63

6. Bedenken in Rechtsprechung und Literatur

Gegen Schadenmanagement der Versicherer in Kasko-Fällen sind – soweit ersichtlich – rechtliche Bedenken bislang nicht formuliert worden. In der Regel beruht das Schadenmanagement auf vorabgetroffenen vertraglichen Vereinbarungen, oder die Kunden haben sich im Schadenfall auf ein entsprechendes Angebot ihres Versicherers eingelassen. 64

In Kfz-Haftpflichtfällen wurden in der Rechtsprechung deutliche Bedenken am Schadenmanagement durch Versicherer formuliert. Das *LG Nürnberg-Fürth* meinte, dass ein Kfz-Haftpflichtversicherer nach dem RBerG unzulässige geschäftsmäßige Besorgung fremder Rechtsangelegenheiten vornehme, wenn er im Wege aktiven Schadenmanagements Geschädigten Angebote zur Vermittlung eines Mietfahrzeugs unterbreite.[38] Dieser Sicht schloss sich das *LG Weiden i. d. OPf.* an, das ergänzend darauf hinwies, dass aktives Schadenmanagement ein wettbewerbswidriges Verhalten i. S. d. § 1 UWG darstelle.[39] Das *AG Bonn* führte aus, dass ein Versicherer nicht zur Vermittlung eines Mietwagens verpflichtet sei, sondern zur Leistung von Schadenersatzentgelt. Der Rahmen eines zulässigen, notwendigen Hilfsgeschäfts eines Versicherers werde verlassen, wenn er eine Leistung erbringe, zu welcher weder er noch sein Versicherungsnehmer verpflichtet sei.[40] *Staehlin* meint gar, Versicherer hätten aus wettbewerbsrechtlichen Gründen gegenüber Verbrauchern Äußerungen zu Art und Maß der Schadenregulierung im Allgemeinen sowie konkrete Empfehlungen eines Mietwagenunternehmens im Besonderen zu unterlassen.[41] Diese Stimmen sind jedoch, soweit ersichtlich, vereinzelt geblieben. Unter der Geltung des RDG wird sich diese Argumentation wohl auch nicht mehr aufrechterhalten lassen. 65

Buschbell geht davon aus, dass Versicherer von dem Angebot eines Schadenmanagements nicht abzuhalten seien.[42] Diese Annahme ist vor dem Hintergrund des für die Kfz-Versicherer bestehenden Kostendrucks bei tendenziell sinkenden Prämien wohl richtig. *Macke* schlug bereits 2000 ein auf- 66

---

35 http://tinyurl.com/6g64auv (Stand: 3.10.2011).
36 Newsletter 17/2011 der ARGE Verkehrsrecht.
37 http://www.schadenfix.de (Stand: 3.10.2011).
38 *LG Nürnberg-Fürth* VersR 2007, 81.
39 *LG Weiden i. d. OPf.* NZV 2008, 206 f.
40 *AG Bonn* FD-StrVR 2008, 259318.
41 *Staehlin* NZV 2007, 396 ff.
42 *Buschbell* in: Buschbell, § 22, Rn. 150.

lösend bedingtes Schadenmanagement vor: Der Versicherer vereinbart mit dem Geschädigten das Schadenmanagement. Meldet der Geschädigte sich nicht, kommt es zustande. Meldet er sich, hat der Versicherer es mit einem vom Geschädigten benannten Anwalt zu tun.[43] Festzuhalten ist, dass es eine rechtliche Verpflichtung eines Geschädigten, das Schadenmanagement eines Haftpflichtversicherers zu nutzen, nicht geben kann.

67 *Koch* weist auf ganz grundlegende Bedenken zum einen für die Anwaltschaft, zum anderen aber auch für Geschädigte hin. Er meint, dass es der Versicherungswirtschaft weniger um die Anwaltshonorare gehe, da diese nur einen geringen Teil der Schadenaufwendungen ausmachten. Sie wolle vermeiden, dass kompetente, unabhängige, verschwiegene, auf die Interessen ihrer Auftraggeber konzentrierte Rechtsanwälte das Höchstmaß an Schadenersatz außergerichtlich und notfalls auch gerichtlich durchsetzen.[44] Ergänzend führt *Kuhn* aus, dass Versicherungsgesellschaften nur geltend gemachte Schadenspositionen ausgleichen würden. In vielen Fällen würden Geschädigte z. B. keine Wertminderung erhalten, obwohl sie ihnen zustehen würde.[45] Auch *Mikulla-Liegert* bezweifelt, dass Schadenmanagement im Interesse des Geschädigten betrieben wird.[46] Nach *Graf von Westphalen* sei zweifelhaft, ob Vereinbarungen, die zwischen einem Haftpflichtversicherer und einem Geschädigten im Rahmen eines Schadenmanagements getroffen werden, einer AGB-Kontrolle standhalten. Dies sei dann nicht der Fall, wenn der Geschädigte durch den Versicherer nicht umfassend über die ihm zustehenden Rechte aufgeklärt werde. Denn der Geschädigte werde dann durch das Schadenmanagement in seiner Dispositionsfreiheit eingeschränkt.[47]

68 *Engelke* hat diese Bedenken aufgegriffen, indem er aus Sicht der Versicherungswirtschaft klarstellte, was es nicht geben darf:[48]

➢ Aktives Schadenmanagement darf eine Beschneidung von Ansprüchen nicht zum Ziel haben.
➢ Abstriche bei der Qualität kommen nicht in Betracht, eine Schadenbeseitigung minderer Güte dürfe es nicht geben.
➢ Die freiwillige Teilnahme des Schadenkunden sei unabdingbar.

69 Damit ist die Glaubwürdigkeit desjenigen, der Schadenmanagement betreibt, als das ganz entscheidende Kriterium des Erfolges herausgearbeitet. Er muss glaubwürdig darin sein, die optimale Schadenbeseitigung zu vertretbaren Kosten erreichen zu wollen.

7. Eigene Überlegungen

70 Nach Meinung des Verfassers ist die eigene Glaubwürdigkeit das entscheidende Kriterium für den langfristigen Erfolg von Maßnahmen des Schadenmanagements. Ein Geschädigter, der sich auf das Schadenmanagement eines Kfz-Haftpflichtversicherers einlässt, weiß oftmals nicht, dass ihm eine allgemeine Auslagenpausche für seine unfallbedingten Nebenkosten zusteht. Ein Versicherer, der diese Pauschale auszahlt auch wenn der Geschädigte sie gar nicht verlangt hat, handelt glaubwürdig.

71 Nicht extra betont werden muss, dass die eigene Glaubwürdigkeit für einen Versicherer ohnehin das wichtigste Kapital ist. Er sichert seinen Kunden zu, im (ja ungewissen) Schadenfall die versprochene Leistung auch zu erbringen. Nur für dieses Leistungsversprechen sind Kunden bereit, eine Prämie zu zahlen.

72 Beim Schadenmanagement von Kfz-Versicherern ist zu unterscheiden, ob Geschädigte oder eigene Kunden per Telefon an eine Werkstatt oder Autovermietung, einen Sachverständigen oder Ab-

---

[43] *Macke* DAR 2000, 506 (515).
[44] *Koch* zfs 1999, 225 (228).
[45] *Kuhn* NZV 1999, 229 (231).
[46] *Mikulla-Liegert* DAR 1999, 289 ff.
[47] *Graf von Westphalen* DAR 1999, 295 (297 ff.)
[48] *Engelke* NZV 1999, 225 (227).

schleppunternehmer vermittelt werden, oder ob ihnen lediglich empfohlen wird, einen bestimmten ortsansässigen Betrieb aufzusuchen und dessen Leistungen in Anspruch zu nehmen.

Wird lediglich eine unverbindliche Empfehlung abgegeben einen bestimmten Betrieb aufzusuchen, hat der Verbraucher immer noch ausreichend Zeit sich zu überlegen, ob er diese Möglichkeit in Anspruch nehmen möchte oder nicht. Sucht er den Betrieb dann auf und schließt er dort einen Werk- oder anderen Vertrag, hat er keine Möglichkeit sich danach ohne weiteres per Widerruf wieder davon zu lösen. 73

In der Regel wird Versicherern jedoch daran gelegen sein, Verbindlichkeit in das Schadenmanagement zu bringen. Entweder schließen sie mit dem Geschädigten oder Kunden eine eigene vertragliche Vereinbarung, oder sie vermitteln ihn direkt an den Dienstleister weiter. Dieser trifft dann – in der Regel telefonisch – mit dem Kunden die Vereinbarung. 74

In beiden Fällen liegt die Situation des Vertragsschlusses im Fernabsatzgeschäft vor. Gegenstand von Fernabsatzverträgen sind die Lieferung von Waren und die Erbringung von Dienstleistungen. Angesichts des Schutzzwecks der Vorschriften ist der Begriff der Dienstleistungen weit auszulegen. Unter dem Dienstleistungsbegriff des § 312b Abs. 1 BGB können grundsätzlich sowohl Dienst-, Werk-, Miet- als auch Geschäftsbesorgungs- und Vermittlerverträge aller Art subsumiert werden.[49] Schutzbedürftig sind insbesondere Verbraucher i. S. d. § 13 BGB. 75

Der Versicherer hat nach Maßgabe von § 312c BGB, Art. 246 § 1 EGBGB vom Recht zum Widerruf nach §§ 312d, 355 BGB zu informieren. § 355 Absatz 2 BGB sieht für den Widerruf eine Frist von 14 Tagen vor. Sie beginnt mit der Belehrung über die Möglichkeit zum Widerruf. Erfolgte die Belehrung nicht, besteht die Möglichkeit zum Widerruf länger. 76

Sofern eine Dienstleistung vermittelt wird (z. B. Mietwagen), endet die Möglichkeit des Widerrufs gem. § 312d Abs. 3 BGB mit der vollständigen Erfüllung. Bei Werkverträgen (z. B. Reparatur in einer Werkstatt) gibt es dieses Erlöschen nicht, so dass im Prinzip auch nach erfolgter Reparatur noch widerrufen werden kann. Dann stellt sich nicht die Frage nach Bezahlung der Rechnung an die vom Versicherer vermittelte Werkstatt, sondern die Frage nach Wertersatz gem. § 346 Abs. 2 BGB. 77

Die auch von *Buschbell*[50] befürwortete Möglichkeit, dass der Geschädigte sich anders entscheiden kann, wenn er es sich nach einem Schadenmanagement durch den Versicherer anders überlegt und lieber selbst eine Werkstatt beauftragen möchte, gibt es jedenfalls infolge der Möglichkeit zum Widerruf bei Fernabsatzverträgen heute bereits. Der von *Macke* vorgeschlagenen speziellen gesetzlichen Regelung dieses Themas bedarf es nicht. 78

II. Personenschaden

Die Vorstellung, dass der Schadenregulierer sich zum Schadenmanager wandeln solle, ist für das Personenschadenmanagement heute bereits Wirklichkeit. Hierbei geht es um die medizinische, soziale und berufliche Rehabilitation und Reintegration nach schweren Unfallverletzungen, die im Straßenverkehr vorkommen.[51] 79

Nickel beschreibt das Reha-Management als Teil des Personenschadenmanagements in der Kraftfahrt-Haftpflichtversicherung.[52] Sie unterscheidet dabei folgende Arten des Reha-Managements:[53] 80

➢ Medizinische Reha in Form der stationären oder ambulanten Behandlung.
➢ Berufliche Reha von Arbeitsplatzanpassung bis Umschulung in neuen Beruf.

---
49 *Lischke* in: Büchting/Heussen, § 17, Rn. 45 f.
50 *Buschbell* in: Buschbell, § 22, Rn. 150.
51 *Buschbell* in: Buschbell, § 22, Rn. 151.
52 *Nickel* in: Zinn/Richter, Wiesbadener Kolloquium 2009, 75 ff.
53 *Nickel* a. a. O., 75 (81).

➤ Pflegemanagement vom Wohnungsumbau bis zur Unterbringung in einem geeigneten Pflegeheim.
➤ Soziale Reha als Klammer der vorgenannten Arten und als Ziel des SGB IX, der Teilhabe am Leben in der Gesellschaft.

81 Einen Anspruch auf ein Personenschadenmanagement durch Haftpflichtversicherer haben Unfallopfer nicht. Versicherer haben jedoch gute Gründe, eine solche Dienstleistung anzubieten und zu finanzieren. *Nickel*[54] zählt hierbei auf:

➤ Intransparenz für Verletzte hinsichtlich von Zuständigkeiten der Sozialversicherungsträger,
➤ lange Warte- und Bearbeitungszeiten,
➤ durch Budgetierung und enge Leistungskataloge teilweise nicht ausreichende Genesungserfolge und damit einhergehende geringere Effizienz der Rehabilitation,
➤ zu geringe Flexibilität bei der Einzelfalllösung durch die öffentlich-rechtlichen Sozialversicherungsträger,
➤ Fehlbehandlungen, falsche Therapien mit verlängertem Heilverlauf belasten den Schadenverursacher und seinen Haftpflichtversicherer, eine gezielte Steuerung entlastet von teuren Fehlschlägen,
➤ ungenügende Koordination und Kooperation bei einzelnen Maßnahmen oder Teilschritten,
➤ unzureichende Ausrichtung auf die Belange der Berufswelt,
➤ damit einhergehend eine lange Regulierungsdauer mit entsprechendem internen Aufwand an Aktenverwaltung sowie hohen Schadenaufwendungen,
➤ Schaffung eines Mehrwerts für die Unfallopfer (und/oder Kunden), der über die reine Versicherungsleistung hinausgeht und
➤ zukünftig die demographische Entwicklung mit einem weiter steigenden Anteil an Altersrehabilitation vordringlich im medizinisch-pflegerischen Bereich, mit Heraufsetzung des Renteneintrittsalters auf 67 aber auch im beruflichen Bereich.

82 Damit Personenschadenmanagement nicht nur auf Akzeptanz stößt, sondern zum Vorteil aller an der Schadenregulierung Beteiligten (Geschädigter, Anwalt, Versicherer) durchgeführt werden kann, ist es unabdingbar, im Vorfeld Einvernehmen über die wesentlichen Punkte zu schaffen.[55] Im Nachgang zum Verkehrsgerichtstag 2000[56] sind durch die Arbeitsgemeinschaft Verkehrsrecht im Deutschen Anwaltsverein im so genannten »Code of Conduct des Rehamanagements« festgehalten worden:[57]

➤ Der eingeschaltete Reha-Dienst macht keine Schadenregulierung.
➤ Die Schadenregulierung bleibt dem Anwalt und dem Versicherer überlassen.
➤ Bei direkten Gesprächen zwischen Versicherer und Geschädigten darf der Anwalt nicht übergangen werden. Allerdings ist es nicht praktikabel, jegliche Kommunikation immer über den Anwalt laufen zu lassen. Die einzuhaltenden Regeln hierzu sind vorab verbindlich zu klären.
➤ Korrespondenz läuft grundsätzlich aber über den Anwalt, schon damit dieser informiert ist. Anwälte sollten nicht auf Rehabilitationskorrespondenz verzichten. Unterschiedliche Wissensstände können zu Misstrauen führen und sind daher zu vermeiden.
➤ Mit der Einschaltung eines Reha-Dienstes muss der Geschädigte einverstanden sein. Insbesondere muss die Weitergabe von Schadeninformationen an den Reha-Dienst autorisiert werden.

83 Wenn Sozialversicherer als gesetzlich verpflichteter Rehabilitationsträger sowie ein Haftpflichtversicherer als privater Kostenverpflichteter getrennt voneinander Maßnahmen durchführen lassen, kann dies kontraproduktiv sein.[58] Hier ist eine Koordinierung unabdingbar.

---

54 *Nickel* in: Himmelreich/Halm, Kapitel 27, Rn. 3 m. w. N.
55 *Schröder* SVR 2008, 89 (93).
56 Übersicht zu Entschließungen des 38. und des 46. Verkehrsgerichtstages bei *Nickel* in: Himmelreich/Halm, Kapitel 27, Rn. 6a.
57 Grundsätze zum Personenschadenmanagement, MittBl. der ARGE VerkR 4/2002, S. 86.
58 *Höfle* zfs 2001, 197 (201).

III. Bau- und Umweltschäden

Von Bauschäden spricht man, wenn mit dem Boden fest verbundene Gewerke beschädigt wurden. 84
Darunter sind also nicht nur Schäden an Gebäuden zu verstehen, sondern z. B. auch an Leitplanken oder anderen fest mit dem Boden verbundenen Sachen wie Zäunen oder Schildern. Soweit es um die Feststellung des eingetretenen Schadens angeht, können Versicherer hier i. d. R. auf ein Netz von erfahrenen Bausachverständigen zurückgreifen. Deren Expertise ist für die Festlegung der notwendigen Maßnahmen hilfreich.

Die Vermittlung von Handwerkern durch Versicherer stößt, ähnlich die die Werkstattvermittlung 85
bei Schäden an Kfz, auf unterschiedliche Akzeptanz. Während in der Sachversicherung eine Pflicht des Kunden, den vermittelten Handwerker zu beauftragen, vorab vertraglich vereinbart worden sein kann, gibt es eine entsprechende Pflicht des Geschädigten in der Haftpflichtversicherung nicht.

Die vermutlich größte Akzeptanz findet ein durch Versicherer eingeleitetes Schadenmanagement 86
wohl bei Umweltschäden.[59] Das hat wohl auch damit zu tun, dass der Umweltschutzgedanke nicht nur im Bewusstsein der Bevölkerung, sondern auch in den rechtlichen Regelungen zum Straßenverkehr[60] fest verankert ist. Zudem ist die Dispositionsfreiheit des Geschädigten durch das Umweltschadensgesetz eingeschränkt.[61]

Wesentliche Anhaltspunkte für die Vorgehensweise liefert das handlungsorientierte Management- 87
konzept. Es versteht Management als die Gesamtheit aller Handlungen, die auf eine bestmögliche Zielerreichung ausgerichtet sind.[62] Der zeitliche Aspekt spielt hier die entscheidende Rolle. Rechtlich zu beurteilende Verursachungsfragestellungen stehen hier zunächst nicht im Vordergrund, sondern die Eindämmung und Beseitigung eines aufgetretenen Umweltschadens. Gerade für Versicherer von Gefahrguttransporten ist es heute unabdingbar eine aktive Rolle wahrzunehmen. Wartet man mit eindämmenden Maßnahmen ab bis die rechtlichen Verantwortlichkeiten geklärt sind, hat ein Umweltschaden sich in der Regel ausgeweitet. Abgesehen von den Beeinträchtigungen der Umwelt und den damit verbundenen Gefahren werden die Kosten der Schadenbeseitigung sehr viel teurer werden. Es ist insofern geboten zeitnah Maßnahmen einzuleiten. Stellt sich die alleinige oder teilweise Verantwortlichkeit eines Dritten heraus, kann dieser immer noch im Regresswege in Anspruch genommen werden.

Ein erfolgreiches Umweltmanagement setzt voraus, dass sowohl die erforderlichen organisatorischen 88
als auch inhaltlichen Voraussetzungen geschaffen werden. Intern muss ein Versicherer – ob selbst oder in einem spezialisierten Serviceunternehmen – Spezialisten vorhalten. In der Regel werden dies Ingenieure mit entsprechender Spezialausbildung sein. Eine Erreichbarkeit rund um die Uhr auch an Sonn- und Feiertagen muss gewährleistet sein. Korrespondierend dazu muss Fahrern von Gefahrguttransporten eine Notfallrufnummer bekannt sein, die im Schadenfall vordringlich kontaktiert werden muss. Nur so kann gewährleistet werden, dass zeitnah Eindämmungsmaßnahmen getroffen werden können. Entsprechend muss der Versicherer über ein Netz spezialisierter Dienstleister verfügen, die vom Umweltsachverständigen direkt beauftragt werden.

G. Die Rolle des Anwalts im Schadenmanagement

Auch von vielen Rechtsanwälten wird Schadenmanagement für ihre Mandanten angeboten. Ein An- 89
walt ist Organ der Rechtspflege, wie § 1 BRAO es formuliert. Er steht auf der Seite seines Mandanten und achtet darauf, dessen rechtliche (und wirtschaftliche) Interessen möglichst optimal gewahrt zu sehen. *Buschbell* beschreibt ihn als eigentlichen »Unfallschadenmanager« seines Mandanten.[63]

---

59 Ausführlich dazu vgl. *Schwab* Kapitel 21, Umweltschaden, in diesem Band.
60 Z. B. § 30 StVO, hierzu vgl. *Bachmeier* in: Ferner/Bachmeier/Müller, VerwR § 30 StVO, Rn. 1.
61 *Schwab* a. a. O., Nr. 412 ff.
62 Ausführlich siehe *Henge* in: Zinn/Richter, Wiesbadener Kolloquium 2009, 37 ff. (43 f.).
63 *Buschbell* in: Buschbell, § 21, Rn. 133

90 Sofern er den Geschädigten vertritt, hat er sich, um bei der Raute in Abbildung 3 zu bleiben, konsequent auf seiner Seite zu positionieren. Interessenkonflikte sind sonst vorprogrammiert. Beispiele sind zu hohe Mietwagenkosten bei diesbezüglichem Beratungsverschulden der Autovermietung, Schäden die vom Abschleppunternehmer verursacht wurden oder Ansprüche bei einer missglückten Reparatur in der Werkstatt.

91 Wenn seitens der Versicherungswirtschaft in reinen Kfz-Blechschäden Schadenmanagement betrieben wird, ist das primäre Ziel das der Kostenreduktion. Auch Anwaltskosten sollen vermieden werden.

92 Für Anwälte birgt das Schadenmanagement der Kfz-Versicherer also das Risiko, dass sie ihre Verkehrsmandate nur noch in geringerem Umfang oder gar nicht mehr bekommen. Ob die Versicherer dieses Ziel jedoch in nennenswertem Umfang erreichen, darf nach Einschätzung des Verfassers bezweifelt werden. Beobachtet werden kann, dass die Quote der Kfz-Haftpflichtschäden mit Beteiligung eines Anwalts auf Seiten des Geschädigten seit Jahren unter 20 % liegt. Maßnahmen des Schadenmanagements haben vermutlich kaum eine Auswirkung auf Entscheidungen von Geschädigten, anwaltliche Hilfe in Anspruch zu nehmen.

93 Auf der anderen Seite bietet das Angebot des Schadenmanagements für den Anwalt aber auch Chancen. Beispielsweise sind Versicherungsgesellschaften i. d. R. bereit, einem Geschädigten einen Mietwagen zu vermitteln, um dessen Kosten es im Nachgang keine Streitigkeiten gibt. Dem Geschädigten nützt es nichts, wenn der den Mietwagen vor Ort zu wesentlich teureren Konditionen anmietet und nach Mietende für die Durchsetzung der entsprechenden Schadenersatzforderung erst noch eine gerichtliche Auseinandersetzung führen muss. Diese Situation kann vermieden werden, in dem das Schadenmanagement der Versicherer hier als Angebot verstanden und in diesem Sinne genutzt wird.

94 Teils wird eine Chance für Anwälte auch in einer Kooperation mit Autohäusern gesehen. *Mielchen* zeigt auf, dass Autohäuser mit Unfallreparaturen durchschnittlich 15–20 % des Umsatzes, jedoch ca. 60 % der Umsatzrendite (d. h. des Gewinns) hieraus generieren. Ein Anwalt, der sich nicht nur auf den Mandanten einstelle, sondern sich auch auf ein hohes Dienstleistungsniveau für das Autohaus begebe, könne für alle Beteiligten viel erreichen.[64]

95 *Buschbell* weist darauf hin, dass Versicherungen kaufmännische Unternehmen sind. Sie sind ausgerichtet auf Kostenminimierung und Gewinnmaximierung. Eine Änderung von Aktivitäten im Schadenmanagement sei nur zu erreichen, wenn dem seitens der Anwaltschaft wirksame Strategien entgegen gesetzt werden. Er schlägt eine entsprechende Information der Öffentlichkeit vor, z. B. durch Informationsbroschüren.[65] Bereits heute informiert die Arbeitsgemeinschaft der Verkehrsanwälte im DAV auf seiner Homepage über Rechte, die einem Geschädigten zustehen.[66]

96 In diesem Zusammenhang darf aber schon die Frage gestellt werden, wem ein Anwalt hier verpflichtet ist: seinem Mandanten oder dem Autohaus, um dessen wirtschaftliche Interessen es letzten Endes geht. Formell sind die Geschädigten Mandanten des Anwalts, inhaltlich vertritt er die wirtschaftlichen Interessen des Autohauses oder anderer an der Schadenbeseitigung beteiligter Dienstleister. Die damit zusammenhängenden Fragen sind noch weitgehend ungeklärt. Dieses Phänomen ist auch relativ neu.

97 Wird die Anwaltsvollmacht auf Betreiben der Werkstatt oder Autovermietung bei Auftragserteilung in deren Geschäftsräumen unterzeichnet, kann sie zudem nichtig sein.[67]

---

64 *Mielchen*, zfs 2011, 481
65 *Buschbell* in: Buschbell, § 22, Rn. 143 ff.
66 http://tinyurl.com/5su4t5z (Stand: 03.10.2011)
67 *Müller* in Himmelreich/Halm, Kapitel 5, Rn. 92.

Teil 2 Haftung

Kapitel 3 Haftungstatbestände

Übersicht

		Rdn.
	Einleitung	1
A.	**Einführung in die rechtliche Problematik**	2
I.	Anspruchsberechtigung (Aktivlegitimation)	2
II.	Rechtsfähigkeit (Parteifähigkeit)	3
III.	Geschäftsfähigkeit (Prozessfähigkeit)	4
IV.	Stellvertretung	6
	1. Einführung in die rechtliche Problematik	6
	2. Allgemeine Grundsätze	8
	3. Handlungen Dritter	16
	a) Hilfspersonen und Erfüllungsgehilfen	17
	b) Repräsentanten und Willenserklärungsvertreter	18
	c) Mitversicherte Personen im Sinne der Allgemeinen Bedingungen für die Kraftfahrzeugversicherung (AKB)	20
	4. Gesetzliche Vertretung	21
	5. Mittelbare Stellvertretung	31
	6. Parteien kraft Amtes	33
	7. Vollmacht	35
B.	**Rechtsgrundlagen**	40
I.	Gesetz	41
	1. Gefährdungshaftung	41
	2. Billigkeitshaftung	48
II.	Vertrag	54
	1. Rechtsnatur	55
	a) Allgemeine Überlegungen	55
	b) Beweislast	65
	c) Besondere Vertragsformen	67
	2. Positive Vertragsverletzung	68
	3. Culpa in contrahendo	74
	4. Haftung für Dritte	80
	5. Haftungsausschlüsse	86
III.	Unerlaubte Handlungen	105
	1. Allgemeine Erwägungen	108
	2. Abgrenzung der einzelnen Tatbestandsmerkmale	117
	a) Pflichtwidrigkeit	117
	b) Rechtswidrigkeit	118
	c) Verschulden	121
	d) Strafbare Handlungen	126
	3. Formen des Verschuldens	134
	a) Vorsatz	134
	b) Bedingter Vorsatz	139
	c) Fahrlässigkeit, allgemein	141
	d) Grobe Fahrlässigkeit	155
	e) Bewusste Fahrlässigkeit	163
	f) Konkrete Fahrlässigkeit	164
	4. Haftung mehrerer Beteiligter	179
C.	**Erwerb von Ansprüchen**	209
I.	Geschädigter	210
II.	Dritter	221
III.	Erbe	224
IV.	Forderungsübergang	228

Kapitel 3   Haftungstatbestände

		Rdn.
	1. Rechtsgeschäftlicher Forderungsübergang	229
	2. Gesetzliche Überleitung (cessio legis)	241
V.	Schadenliquidation im/aus Drittinteresse	264
D.	**Quotenvorrecht**	277
I.	Das Quotenvorrecht in der Kaskoversicherung	280
	1. Abrechnung im Fall der Reparatur	295
	2. Abrechnung auf Totalschadenbasis	299
II.	Das Quotenvorrecht im Bereich der Sozialversicherung	302
	1. Das Quotenvorrecht des § 116 Abs. 2 SGB X	303
	2. Die Regelungen des § 116 Abs. 3 SGB X	307
	3. Das Befriedigungsvorrecht des § 116 Abs. 4 SGB X	313
	4. Die Vorschrift des § 116 Abs. 5 SGB X	314
E.	**Geschäftsführung ohne Auftrag**	315
F.	**Ungerechtfertigte Bereicherung**	326
I.	Allgemeine Rechtsgrundsätze	326
II.	Vorschüsse	331
III.	Leistungen zur Klaglosstellung	338
G.	**Aufopferung**	339
H.	**Notstandshaftung**	341

Einleitung

1 Gerade bei der Erfüllung von Schadenersatzansprüchen kommt es für den Schädiger unter mehreren Aspekten darauf an, dass der richtige Gläubiger aus dem jeweils relevanten Haftungstatbestand in Höhe der ihm zustehenden Forderung befriedigt wird. Der Schädiger muss sich also Gewissheit über folgende Fragen verschaffen:
1. Aus welchem Rechtsgrund hafte ich?
2. Wer ist Anspruchsberechtigter Gläubiger?
3. Nur ihm gegenüber kann er mit Schuldbefreiender Wirkung leisten.
4. Welcher Betrag wird aus dem in Betracht kommenden Rechtsverhältnis geschuldet?

1a Die Leistung wird dann mit Schuldbefreiender Wirkung erbracht, wenn sie entweder gegenüber dem Inhaber der Forderung oder dem in anderer Weise über sie Verfügungsberechtigten bewirkt worden ist.

A. Einführung in die rechtliche Problematik

I. Anspruchsberechtigung (Aktivlegitimation)

2 Der Anspruchsberechtigung (Sachbefugnis) entspricht im Rechtsstreit die Aktivlegitimation (Klagbefugnis). Ersatzberechtigt ist nur, wer an den durch eine Rechtsnorm geschützten Gütern geschädigt wurde (z. B. durch Sachbeschädigung) oder wer selbst Begünstigter eines gestörten Schuldverhältnisses ist.

II. Rechtsfähigkeit (Parteifähigkeit)

3 Die Anspruchsberechtigung setzt im materiellen Bereich die Rechtsfähigkeit voraus. Darunter versteht man nach § 1 BGB die Fähigkeit, Träger von Rechten und Inhaber rechtlicher Pflichten zu sein. Wer Ansprüche geltend machen will, muss uneingeschränkt parteifähig sein. Darunter versteht man nach § 50 ZPO die Fähigkeit, im eigenen Namen, wenn auch evtl. in Wahrung fremder Rechte, die Rechtsverfolgung als Prozesspartei zu betreiben. Dabei genügt bereits die passive Parteifähigkeit (§ 50 Abs. 2 ZPO), etwa des nicht eingetragenen Vereins.

III. Geschäftsfähigkeit (Prozessfähigkeit)

Auf der anderen Seite hängt die Anspruchsberechtigung jedoch nicht von der Geschäftsfähigkeit (Umkehrwirkung aus § 104 BGB) ab. Unter Geschäftsfähigkeit versteht man die Fähigkeit, rechtsgeschäftliche Willenserklärungen mit verbindlicher Wirkung abzugeben und entgegenzunehmen. Der nicht voll geschäftsfähige Geschädigte muss jedoch bei den Regulierungsverhandlungen – ebenso wie der Nichtprozessfähige in einem Rechtsstreit – ordnungsgemäß vertreten sein. Im Prozess kommt es entscheidend auf die Prozessfähigkeit an. Darunter versteht man nach § 51 ZPO die Fähigkeit, einen Prozess selbst oder durch einen Bevollmächtigten zu führen.

Der Anspruchsteller muss nicht identisch mit demjenigen sein, dem der Wert der Leistung zufließt.

IV. Stellvertretung

1. Einführung in die rechtliche Problematik

Für die ordnungsgemäße Regulierung eines Schadenfalls kommt es in der Praxis entscheidend darauf an, dass die Leistung gegenüber dem berechtigten Gläubiger erbracht wird, weil sie nur unter dieser Bedingung Schuld befreiend bewirkt werden kann. Dabei gilt der Grundsatz, dass Ansprüche – von wenigen Ausnahmen abgesehen – nur in der Person des unmittelbar Geschädigten entstehen. Es ist infolgedessen zunächst festzustellen, wer durch das zum Ersatz verpflichtende Ereignis an einem seiner geschützten Rechtsgüter Schaden genommen hat und wer als Inhaber eines begründeten Ersatzanspruchs auftritt. Diese Person muss nicht mit derjenigen identisch sein, mit der letztlich die Regulierungsverhandlungen zu führen sind und der gegenüber die Leistung mit Schuld befreiender Wirkung erbracht wird.

Häufig wird es der Schädiger insoweit mit Stellvertretern zu tun haben; mitunter ist eine Vertretung des Anspruchstellers (Geschädigten) sogar zwingend erforderlich (etwa beim Minderjährigen). Nachfolgend soll daher, begrenzt auf natürliche Einzelpersonen, untersucht werden, inwieweit im Verlaufe von Regulierungsverhandlungen Vertreter in Erscheinung treten und inwieweit eine Stellvertretung zulässig bzw. geboten ist.

Bei der hier in diesem Zusammenhang allein interessierenden Frage, unter welchen Voraussetzungen geschuldete Schadenersatzleistungen mit befreiender Wirkung gegenüber Dritten erbracht werden können, handelt es sich um ein Pendant zu dem an anderer Stelle erörterten Problem, wann sich der Geschädigte Handlungen Dritter – insbesondere gesetzlicher Vertreter – über § 278 BGB i. V. m. § 254 BGB als eigenes Verschulden anrechnen lassen muss.

2. Allgemeine Grundsätze

Unter Vertretung – im weiteren Sinne – versteht man jedes Tätigwerden für einen anderen an seiner statt, wobei es gleichgültig ist, ob die Handlung im Namen des Vertretenen oder lediglich in seinem Interesse vorgenommen wird. Unter Stellvertretung i. S. d. bürgerlichen Rechts – als Oberbegriff – versteht man indes lediglich das rechtsgeschäftliche Handeln im Namen und für Rechnung des Vertretenen, also die sog. unmittelbare Stellvertretung. Nicht unter diesen Begriff fallen daher reine Tathandlungen (sog. Realakte), d. h. Handlungen, die einen tatsächlichen Erfolg herbeiführen, an den die Rechtsordnung bestimmte Rechtsfolgen knüpft.

Man unterscheidet im Rechtssinne zwischen der Stellvertretung bei der Abgabe einer Rechtsgeschäftlichen Willenserklärung (aktive Stellvertretung) und bei der Entgegennahme (Empfang) einer Willenserklärung (passive Stellvertretung). Voraussetzung in beiden Fällen ist ein eigenverantwortliches unmittelbares Handeln im fremden Namen und eine entsprechende Vertretungsmacht. Die im Namen des Vertretenen abgegebene oder entgegengenommene Willenserklärung wirkt – im Rahmen der gesetzlich zulässigen Möglichkeiten – unmittelbar für und gegen den Vertretenen (§ 164 Abs. 1 und Abs. 3 BGB).

10 Die Wirksamkeit einer von oder gegenüber einem Vertreter abgegebenen Willenserklärung wird nicht dadurch beeinträchtigt, dass der Vertreter selbst in der Geschäftsfähigkeit beschränkt ist (§ 165 BGB). Das bedeutet im Klartext, dass der beschränkt geschäftsfähige Vertreter – § 165 BGB gilt allerdings nicht für den Geschäftsunfähigen – Rechtshandlungen wohl für einen Dritten, nicht aber im eigenen Namen rechtswirksam vornehmen kann.

11 Dies ergibt sich aus der Systematik des BGB. Dabei wird berücksichtigt, dass es dort vorrangig auf einen sehr weitgehenden Minderjährigenschutz ankommt. Da der Vertreter aus dem Geschäftsabschluss selbst nicht haftet, bedarf es nach den Vorstellungen des BGB beim Handeln für den Dritten nicht der eigenen Geschäftsfähigkeit. Im Rechtsstreit ist eine Vertretung durch einen nur beschränkt Geschäftsfähigen nicht zulässig (§ 79 ZPO).

12 Es ist streng zu unterscheiden zwischen der Vertretungsmacht und der Geschäftsführungsbefugnis. Unter Vertretungsmacht versteht man die Berechtigung zum Handeln nach außen, also Dritten gegenüber. Die Geschäftsführungsbefugnis hingegen betrifft lediglich das Innenverhältnis zwischen Vertreter und Vertretenem. Die Geschäftsführungsbefugnis kann sich aus einem Geschäftsbesorgungsvertrag oder einem Auftrag ableiten bzw. auch auf einem Dienstvertrag beruhen.

13 Der rechtlich relevante Unterschied wird an folgendem **Beispiel** deutlich:

13a Müller erklärt, im Namen und für Rechnung von Krause zu handeln. Er legt Schmidt eine von Krause unterzeichnete Vollmacht vor. Er überschreitet dabei jedoch den Umfang der mit Krause intern abgesprochenen Begrenzung der Geschäftsführungsbefugnis. Sofern Schmidt den Mangel der Vollmacht nicht kennt oder hätte kennen müssen, ist die Rechtshandlung nach außen (gegenüber Schmidt) voll *wirksam*. Krause muss es sich zurechnen lassen, dass er den Umfang der Müller erteilten Vollmacht nach außen nicht deutlich sichtbar abgegrenzt hat, sodass Schmidt auf den Inhalt der ihm vorgelegten Urkunde vorwurfsfrei vertrauen durfte. Im Innenverhältnis ist Müller jedoch zum Ersatz des Schadens verpflichtet, der sich daraus ergibt, dass er den ihm erteilten Auftrag überschritten hat.

14 Fehlt die Vertretungsmacht oder wird sie überschritten, so liegt Vertretung ohne Vertretungsmacht vor. Handelt der Vertreter dagegen im Rahmen der ihm erteilten Befugnisse, so treten die Rechtswirkungen *direkt* zwischen Vertretenem und Dritten ein (sog. Repräsentationstheorie). Es macht dabei keinen rechtsbedeutsamen Unterschied, ob die Erklärung ausdrücklich im Namen des Vertretenen abgegeben wird oder ob die Umstände ergeben, dass sie in seinem Namen abgegeben werden soll (§ 164 Abs. 1 S. 2 BGB).

15 Tritt der Wille, im fremden Namen zu handeln, nicht erkennbar hervor, so kommt der Mangel des Willens, im eigenen Namen zu handeln, nicht in Betracht (§ 164 Abs. 2 BGB). Wer als Vertreter ohne Vertretungsmacht einen Vertrag mit einem Dritten abschließt, ist, sofern er seine Vertretungsmacht nicht ordnungsgemäß nachweist, dem Dritten gegenüber nach dessen Wahl zur Erfüllung oder zum Schadenersatz verpflichtet, wenn der Vertretene die Genehmigung des Vertrages i. S. v. § 177 BGB verweigert (§ 179 Abs. 1 BGB).

3. Handlungen Dritter

16 Im Rahmen eines Versicherungsvertrages erhebt sich häufig die Frage, inwieweit der Versicherungsnehmer (VN) sich Handlungen Dritter zurechnen lassen muss, die den Versicherer berechtigen, eine Leistung zu verweigern bzw. zu kürzen. Dabei wird es sich vornehmlich um den Fall der Verletzung vertraglicher Obliegenheiten, ihrer Zuordnung und ihrer Rechtsfolgen handeln.

a) Hilfspersonen und Erfüllungsgehilfen

17 Der VN hat im Rahmen einer abgeschlossenen Kaskoversicherung für die schuldhafte Herbeiführung des Versicherungsfalls durch von ihm bestellte Hilfspersonen nicht im Rahmen von § 278 BGB, sondern nur insoweit einzustehen, als sie seine Repräsentanten sind. Hat der Versicherungsnehmer die eigenverantwortliche Wahrnehmung der Rechte und Pflichten aus dem Versicherungs-

A. Einführung in die rechtliche Problematik Kapitel 3

vertrag einem Dritten übertragen, also zum Beispiel die Pflicht zur rechtzeitigen Beitragszahlung, ist dieser insoweit sein Repräsentant.[1] Überträgt der Versicherungsnehmer dem Dritten die selbstständige Wahrnehmung seiner Befugnisse nur in einem bestimmten, abgrenzbaren Geschäftsbereich, ist die Zurechnung des Repräsentantenverhaltens laut *BGH* darauf beschränkt und kann nicht auf andere Tätigkeitsbereiche ausgedehnt werden. Aus dem tragenden Grund dafür, dass der Versicherungsnehmer für das Verhalten seines Repräsentanten wie für eigenes Verhalten einzustehen hat, ergibt sich zugleich die Grenze der Zurechnung. Der Versicherungsnehmer muss sich Repräsentantenverhalten nur insoweit zurechnen lassen, als er den Dritten an seine Stelle hat treten lassen.

b) Repräsentanten und Willenserklärungsvertreter

Repräsentant ist, »wer in dem Geschäftsbereich, zu dem das versicherte Risiko gehört, aufgrund eines Versicherungs oder ähnlichen Verhältnisses an die Stelle des Versicherungsnehmers getreten ist«.[2] Die Rechtsfigur des Repräsentanten ist im Gesetz nicht vorgesehen. Sie hat sich gewohnheitsrechtlich eingebürgert.[3]   **18**

Der Versicherungsschutz des Versicherten ist allerdings nicht betroffen, selbst wenn eine mitversicherte Person gegen eine Obliegenheit verstößt.   **18a**

Eine ähnliche Stellung übt der Wissenserklärungsvertreter aus. Unter diesem Begriff versteht man eine Person, die der VN damit betraut hat, an seiner Stelle tatsächliche Feststellungen zu treffen, auf die es maßgeblich ankommt und die von rechtserheblicher Bedeutung sind. Der VN muss den Vertreter weiterhin damit beauftragt haben, das so erworbene Wissen an den Versicherer weiterzuleiten, etwa durch verantwortliches Ausfüllen einer Schadenanzeige.[4] Die Pflicht des Versicherers, einer Angabe des Versicherungsnehmers im Schadensanzeigeformular nachzugehen, gilt nur für den Fall, dass der Versicherungsnehmer mehrdeutige und nicht nachvollziehbare Angaben gemacht hat.[5] Der Versicherungsnehmer haftet für die Angaben derjenigen Person, die er mit der Erstattung von Auskünften betraut hat. Wissenserklärungsvertreter ist, wer vom VN mit der Erfüllung von dessen Obliegenheiten und zur Abgabe von Erklärung an Stelle des VN betraut worden ist. Der Versicherungsnehmer kann sich nicht mit Erfolg darauf berufen, die Erklärung in der Schadensanzeige bzw. dem ergänzenden Fragebogen seien ihm nicht zuzurechnen, weil er die Formulare nicht selbst sondern seine Ehefrau ausgefüllt und mit ihrem Namen unterschrieben hat. Die Ehefrau handelt als Wissenserklärungsvertreterin. Das *OLG Köln* sieht auch die Lebensgefährtin als Wissenserklärungsvertreterin an.[67]   **19**

c) Mitversicherte Personen im Sinne der Allgemeinen Bedingungen für die Kraftfahrzeugversicherung (AKB)

Eine Verletzung vertraglicher Obliegenheiten durch den berechtigten Fahrer muss zugleich auch nachteilige Rückwirkungen auf den Deckungsschutz des VN haben. Dabei ist zunächst zu berücksichtigen, dass – losgelöst von einer bestimmten Person – sich der Versicherungsschutz nach den AKB auf Rechnung dessen erstreckt, »den es angeht«. Versicherungsschutz genießen in erster Linie der jeweilige VN, zugleich aber auch der Fahrer und die »betriebstätigen« Personen (Mitversicherte). Grundsätzlich wird also ein schuldhafter Verstoß des berechtigten Fahrers gegen Vertragspflichten   **20**

---

1 *BGH* Urt. v. 14.3.2007 – Az. IV ZR 102/03, JZ 2007, 272.
2 *BGH* BGHZ 107, 230; BGHZ 122, 250; vgl. *Prölss/Martin* Versicherungsvertragsgesetz – VVG, § 28 Rn. 64–72, 28. Aufl. 2010.
3 Vgl. bereits *OLG Oldenburg* VersR 1951, 272.
4 *BGH* VersR 1969, 695; vgl. *LG Aachen* Urt. v. 13.5.2005 – Az. 9 O 644/04, ADAJUR-Dok.Nr. 70794.
5 *LG Aachen* Urt. v. 13.5.2005 – Az. 9 O 644/04, SP 2006, 214.
6 *OLG Köln* Urt. v. 26.4.2005 – Az. 9 U 113/04, r+s 2005, 240.
7 *OLG Köln* Urt. v. 26.4.2005 – Az. 9 U 113/04, r+s 2005, 240.

(Obliegenheiten) den Deckungsschutz des Halters (VN) nicht berühren, sofern der Fahrer nicht Repräsentant des VN ist.[8]

4. Gesetzliche Vertretung

21 Die gesetzliche Vertretung ist der Hauptfall der Stellvertretung. Unter dieser Bezeichnung versteht man die kraft Gesetzes vorgeschriebene Stellvertretung unmündiger (minderjähriger oder entmündigter) Personen, wobei zu berücksichtigen ist, dass der Inhalt (Umfang) der Vertretungsmacht gesetzlich genau abgegrenzt ist. Zahlungen gegenüber Minderjährigen oder sonst in der Geschäftsfähigkeit beschränkten Personen sind zu Händen ihres gesetzlichen Vertreters zu leisten, um sicherzustellen, dass ein Erlöschen des Schuldverhältnisses erfolgt. Unter gewissen Voraussetzungen ist zusätzlich auch die *Genehmigung* des Vormundschaftsgerichts nach den Bestimmungen der §§ 1643 Abs. 1, 1686, 1822 Nr. 5 und 1902 Abs. 2 BGB erforderlich. Dies gilt insbesondere, wenn die Erziehungsberechtigten ihrerseits leistungspflichtig sind, z. B. nach einem Verkehrsunfall.

22 Für den versicherungsvertraglichen Bereich gelten nach dem VVG folgende Sonderbestimmungen: Der Mitwirkung des Vormundschaftsgerichts bedarf es im Hinblick auf § 165 BGB nicht in der Lebensversicherung. Weiterhin entbehrlich ist für die Rechtswirksamkeit eines Versicherungsvertrages die vormundschaftsgerichtliche Genehmigung für den gesamten Bereich der Versicherung bei *einmaliger* Prämienzahlung. Bei laufender Prämienzahlung gilt dies auch dann, wenn im Fall des § 1822 Nr. 2 BGB das Vertragsverhältnis nicht länger als ein Jahr nach Erreichung der Volljährigkeit fortdauern soll.

23 Eine rechtswirksame Vereinbarung setzt die unbeschränkte Handlungsfähigkeit der Parteien nach bürgerlichem Recht bezüglich der von ihnen gleichermaßen abzugebenden wie entgegenzunehmenden Willenserklärungen voraus. Eine natürliche Person (Mensch) ist handlungsfähig, wenn sie durch eigenverantwortliches Handeln am Rechtsverkehr teilnehmen, d. h. sich durch rechtsgeschäftliche und rechtserhebliche Willenserklärungen mit verbindlicher Wirkung verpflichten kann. Geschäftsfähig ist der Volljährige (Umkehrschluss aus §§ 104 und 106 BGB).

24 Ist der Geschädigte geschäftsunfähig,[9] sind die von ihm abgegebenen Willenserklärungen *nichtig*. Für ihn kann lediglich sein gesetzlicher Vertreter rechtswirksam handeln. Unter der Einwirkung des Prinzips der Gleichberechtigung wird das eheliche Kind von seinen Eltern gemeinsam vertreten (»gesetzliche Gesamtvertreter«). Das bedeutet in der Praxis: Zur aktiven Stellvertretung müssen beide Gesamtvertreter mitwirken, während zur passiven Stellvertretung regelmäßig bereits die Abgabe der Willenserklärung gegenüber einem der gesetzlichen Gesamtvertreter genügt. Eine Ausnahme besteht allerdings im Rahmen des so genannten »Taschengeldparagraphen« (§ 110 BGB). Danach dürfen auch nicht Geschäftsfähige Personen im Rahmen des ihnen zur Verfügung gestellten Geldbetrages Geschäfte tätigen, ohne dass die Genehmigung der Erziehungsberechtigten erforderlich ist.

25 In einer Reihe von Fällen sind die Eltern kraft Gesetzes von der Ausübung der elterlichen Sorge und damit auch von der Vertretung ausgeschlossen. Dies gilt z. B. in den Fällen, in denen auch ein Vormund von der Vertretung ausgeschlossen wäre (§§ 1629 Abs. 2, 1795 BGB), insbesondere natürlich bei Rechtsgeschäften zwischen dem Kind einerseits und den Eltern oder deren Verwandten andererseits, sowie in den Fällen, in denen ein besonderer Pfleger bestellt ist (§ 1630 BGB) oder kraft Gesetzes bestellt werden müsste.

26 Sofern der Geschädigte durch Minderjährigkeit in seiner Geschäftsfähigkeit beschränkt ist, sind die von ihm abgegebenen rechtsgeschäftlichen Willenserklärungen schwebend unwirksam, bis der gesetzliche Vertreter sie genehmigt (§ 108 Abs. 1 BGB).

---

8 *BGH* VersR 1988, 3.
9 Vgl. dazu §§ 104 u. 105 BGB.

A. Einführung in die rechtliche Problematik Kapitel 3

Unter gewissen Voraussetzungen kommt als gesetzlicher Vertreter des Geschädigten auch ein Vormund in Betracht. Dieser wird vom Vormundschaftsgericht bestellt. In aller Regel wird es sich dabei um einen Einzelvormund handeln. Dies schließt jedoch nicht aus, dass auch rechtsfähige Vereine (§ 1791a BGB) sowie das Jugendamt (§ 1791b u. c BGB) zum Vormund bestellt werden können. Das Vertretungsrecht des Vormunds ist ausgeschlossen,
- sofern das Mündel unbeschränkt geschäftsfähig ist (§§ 112, 113 BGB)
- soweit für ihn zur Besorgung einer bestimmten Angelegenheit ein Pfleger bestellt ist (§ 1794 BGB)
- soweit dem Vormund das Vertretungsrecht entzogen ist (§ 1796 BGB)
- oder sofern dieses wegen Interessenkollision nicht ausgeübt werden kann (§ 1795 i. V. m. § 181 BGB).

27

Die Betreuung durch das Betreuungsgesetz vom 12.9.1990 (BGBl. I S. 2002) ist mit Wirkung vom 1.1.1992 an die Stelle der Vormundschaft über Volljährige (§§ 1896–1908 a. F. BGB) sowie der Gebrechlichkeitspflegschaft (§§ 1910–1920 a. F. BGB) getreten.

28

Die gesetzliche Vollmacht des Kfz-Haftpflichtversicherers nach den Allgemeinen Bedingungen für die Kraftfahrzeugversicherung (AKB) stellt eine Unterart der gesetzlichen Vertretung speziell für den Bereich des Versicherungsvertragsrechtes dar. Nach dieser Vorschrift darf der Versicherer kraft gesetzlicher Vollmacht für seinen Versicherungsnehmer und die mitversicherten Personen alle Willenserklärungen abgeben und entgegennehmen, die das versicherte Rechtsverhältnis betreffen. Dazu gehört insbesondere die gesetzliche Prozessführungsbefugnis des Versicherers im Rahmen seines Direktionsrechts. Unter die gesetzliche Vollmacht nach den AKB fällt vor allem das Recht und die Pflicht des Kfz-Haftpflichtversicherers (Auto-Versicherers), begründete Ansprüche zu erfüllen und unbegründete Ansprüche abzulehnen. An Weisungen seines Versicherungsnehmers ist der Auto-Versicherer dabei nicht gebunden. Demgegenüber können die häufig und gern ausgesprochenen »Regulierungsverbote« lediglich als Anregung betrachtet werden, denen im Verhältnis zum Auto-Versicherer rechtliche Relevanz nicht zukommt. Der Versicherer hat einen Ermessensspielraum. Dabei darf er neben der Würdigung des Unfallhergangs auch wirtschaftliche Erwägungen treffen. Er ist nicht gezwungen, es auf einen Zivilprozess ankommen zu lassen. Dieser Ermessensspielraum unterliegt der gerichtlichen Überprüfung nur insoweit, als lediglich grobe Fehler bei der Ausübung des Ermessens durch das Gericht korrigiert werden können.[10] Reguliert der Versicherer den Schaden offensichtlich fehlerhaft, hat der Versicherungsnehmer einen Anspruch darauf, so gestellt zu werden wie ohne die Schadenmeldung. Er kann eine Feststellungsklage erheben mit dem Antrag, dass die Zahlungen seines Versicherers nicht zu einer Rückstufung im Schadenfreiheitsrabatt führen. Die Aussichten, Erfolg mit einer solchen Klage zu haben, sind jedoch gering. Alleine die Tatsache, dass der Versicherer die Ermittlungsakte eingesehen hat, genügt in der Regel, um die Behauptung offensichtlichen Fehlgebrauchs der Vollmacht zu Fall zu bringen. Laut *AG Duisburg* liegt eine Ermessensüberschreitung nur dann vor, wenn der Schadensfall völlig unsachgemäß bearbeitet wird, insbesondere durch die Begleichung einer offensichtlich unbegründeten Schadensersatzforderung.[11] Ein Versicherer handelt weder unsachgemäß noch pflichtwidrig, wenn er in Zweifelsfällen Ersatz leistet, um zeitraubende und aufwändige Ermittlungen zu ersparen und das Risiko eines Prozesses zu vermeiden. Dies gilt selbst dann, wenn er dabei Ansprüche befriedigt, die eventuell ungerechtfertigt sind. Der Versicherer muss vor der Regulierung nach Ansicht des *AG Duisburg* den Versicherungsnehmer zum Unfallhergang befragen. Unterlässt er dies, kann eine offensichtliche Fehlregulierung angenommen werden.

29

Ebenfalls um eine Unterform der gesetzlichen Vollmacht handelt es sich bei der Schlüsselgewalt. Nach § 1357 BGB ist jeder Ehegatte berechtigt, Geschäfte zur angemessenen Deckung des gemeinsamen Lebensbedarfs der Familie mit Wirkung für und gegen den anderen Ehegatten zu erledigen und den anderen Ehegatten innerhalb des häuslichen Wirkungskreises zu vertreten. Aus Rechts-

30

---

10 *AG Berlin-Mitte* ADAJUR-Dok.Nr. 57038, SP 2003, 434.
11 *AG Duisburg* Urt. v. 19.12.2003 – Az. 74 C 3946/03, SP 2005, 24; *LG München I* ADAJUR-Dok.Nr. 54889; NZV 2003, 333.

geschäften, die ein Ehegatte innerhalb seines Wirkungskreises vornimmt, werden grundsätzlich beide Ehegatten berechtigt und verpflichtet. Bei dem Kauf eines Kraftfahrzeuges handelt es sich laut *AG Lebach* nicht um ein Geschäft zur angemessenen Deckung des Lebensbedarfs. Eine Verpflichtung nach § 1357 BGB ergibt sich demnach nicht, es sei denn, der andere Ehepartner genehmigt das Geschäft.[12]

5. Mittelbare Stellvertretung

31 Handelt der »Vertreter« im eigenen Namen, wenn auch im Interesse des Vertretenen, liegt mittelbare Stellvertretung vor. Dies gilt z. B. für den Treuhänder, den Strohmann oder den Kommissionär. Insoweit liegt eine Stellvertretung im eigentlichen Sinne nicht vor, weil der Mittelsmann sich durch seine Erklärungen im Außenverhältnis ausschließlich selbst verpflichtet.

32 Ebenfalls nicht als Stellvertreter im engeren Sinne fungiert der Bote, der eine bereits vorformulierte Willenserklärung lediglich übermittelt. Das Gleiche gilt für den Wissensvermittler. Diese Personen handeln weder im eigenen noch im fremden Namen, sondern überbringen lediglich Nachrichten. Kommt auf diesem Wege ein Rechtsgeschäft zustande, dann erwirbt der Bote oder Wissensmittler daraus weder Rechte noch Pflichten.

6. Parteien kraft Amtes

33 Als eine besondere Form der Stellvertretung gelten die mit gesetzlicher Vollmacht ausgestatteten *Parteien* kraft Amtes. Die Berechtigung, im eigenen Namen aufzutreten, ergibt sich aus einem gesetzlichen Treuhandverhältnis. Diese rechtliche Gestaltungsmöglichkeit wird jeweils dann erforderlich, wenn mehrere Personen zu vertreten sind, deren Rechte mitunter kollidieren. Es ist dann notwendig, einen Treuhänder zu bestimmen, der im behördlichen Auftrage, jedoch nach eigenem pflichtgemäßen Ermessen, ohne Rücksicht auf die widerstreitenden Belange der Beteiligten Rechtshandlungen vornimmt.[13]

34 Zu den Parteien kraft Amtes gehören insbesondere die gesetzlichen Verwalter, z. B. der *Nachlassverwalter*, der auf der einen Seite die Belange der Erben, zum anderen auch die ihnen sehr wahrscheinlich widerstreitenden Interessen der Nachlassgläubiger (§ 1985 BGB) zu vertreten hat. Der Nachlassverwalter macht als Partei kraft Amtes einen fremden Anspruch im eigenen Namen geltend. Partei kraft Amtes ist ferner ein Testamentsvollstrecker, der im Rahmen seiner Vertretungsbefugnis ausschließlich die Rechte der Erben geltend macht und sogar Prozesse im eigenen Namen führt. Das Gleiche gilt für den Insolvenzverwalter und den Pfleger für Sammelvermögen (§ 1914 BGB).

7. Vollmacht

35 Als besondere Form der Stellvertretung gilt die rechtsgeschäftliche oder gewillkürte Vertretung, die das Gesetz mit der Bezeichnung »Vollmacht« umreißt. Darunter versteht man nach der Legaldefinition die durch Rechtsgeschäft erteilte Vertretungsmacht (§ 166 Abs. 2 BGB). Wird der Bevollmächtigte im Rahmen der ihm erteilten Vertretungsbefugnis tätig, so berechtigen und verpflichten diese Rechtshandlungen der Vollmachtgeber unmittelbar.

36 Die Vollmacht kann für die Ausfüllung eines bestimmten Wirkungskreises oder für ein bestimmtes Rechtsgeschäft erteilt werden. In diesem Fall spricht man von Spezialvollmacht. Sie erlischt kraft Gesetzes nicht durch den Tod des Vollmachtgebers, wohl aber durch den Tod des Bevollmächtigten.

37 Soll die Vertretungsbefugnis sich auf alle Bereiche und Rechtshandlungen erstrecken, dann spricht man von Generalvollmacht. Auch insoweit ist jedoch eine Beschränkung auf bestimmte Vermögensgegenstände (z. B. Grundstücke, einzelne Vermögensmassen usw.) zulässig.

---

12 *AG Lebach* Urt. v. 15.5.2001 – Az. 3A C 19/01, ADAJUR-Dok.Nr. 44988.
13 Vgl. *Motzer* Münchner Kommentar ZPO, 3. Aufl. 2008, § 116 ZPO, Rn. 6–19.

B. Rechtsgrundlagen

Weiterhin zu differenzieren ist zwischen Haupt- und Untervollmacht. Eine Übertragung der Vollmacht auf einen Unterbevollmächtigten ist grundsätzlich nur im Einverständnis des Vollmachtgebers und im Rahmen einer etwa erteilten Substitutionsbefugnis zulässig.

Im Interesse der Rechtssicherheit sind Inhalt und Umfang bestimmter Vollmachten, vor allem, soweit sie das Handelsrecht betreffen, genau geregelt. Dies gilt beispielsweise für die Handlungsvollmacht i. S. v. § 54 HGB und für die Prokura. Ähnliche Überlegungen gelten für die Prozessvollmacht.

Wichtig ist die Anscheins- oder Duldungsvollmacht. Insoweit liegt – anders als bei stillschweigend erteilten Vollmachten – eine eigentliche Vertretungsbefugnis nicht vor. Wer Ansprüche aus einem über E-Bay abgeschlossenen Vertrag geltend macht, muss schlüssig vortragen und nachweisen können, dass hinter dem auf dieser Internetplattform gebrauchten Namen der Vertragspartner steht, den er in Anspruch nimmt. Da ein E-Mail-Konto und das dazugehörige Kennwort nicht ausreichend gegen Missbrauch durch Dritte gesichert sind, liegt in der Nutzung des Passworts kein Vertrauenstatbestand, der eine Anscheins- oder Duldungsvollmacht begründen könnte.[14] Das Handeln des »Vertreters« im Einzelfall dem Namensträger aufgrund konkreter Umstände zugerechnet werden können. Dies gilt selbst dann, wenn eine Person unter dem Namen einer anderen als Bieterin aufgetreten wäre.

B. Rechtsgrundlagen

Am Anfang jeder Schadenregulierung steht – neben dem Problem der Aktivlegitimation – die Frage nach dem Rechtsgrund der Forderung. Der Anspruch kann entweder auf Gesetz, auf Vertrag oder auf unerlaubter Handlung beruhen.

I. Gesetz

1. Gefährdungshaftung

Durch die Gefährdungshaftung wird erreicht, dass derjenige, der eine mit Gefahren für andere verbundene Tätigkeit ausübt oder eine gefährliche Anlage betreibt, ohne Rücksicht auf sein Verschulden für Schäden einzustehen hat, wenn die Gefahr sich verwirklicht und Außenstehende Schaden erleiden.

Auf ein schadenursächliches Verschulden kommt es nicht an. In diesem Bereich genügt bereits der Nachweis des schadenursächlichen Sachzusammenhangs, d. h. die schlüssig vorgetragene Behauptung, der Schaden habe sich »bei dem Betrieb« einer der Gefährdungshaftung unterliegenden Betätigung, Einrichtung oder Anlage verwirklicht.

In den Schutzzweck der Norm fällt in erster Linie das Eigentum. Dies bedeutet, dass i. d. R. der *Eigentümer* einer Sache berechtigt ist, von demjenigen, der der Gefährdungshaftung unterliegt, Ersatz des auf Eigentumsverletzung beruhenden Schadens zu verlangen. § 7 Abs. 1 StVG stellt den Personenschaden als ersatzfähig voran: »Wird bei dem Betrieb eines Kraftfahrzeugs oder eines Anhängers, der dazu bestimmt ist, von einem Kraftfahrzeug mitgeführt zu werden, ein Mensch getötet, der Körper oder die Gesundheit eines Menschen verletzt oder eine Sache beschädigt, so ist der Halter verpflichtet, dem Verletzten den daraus entstehenden Schaden zu ersetzen.« Der gleiche Anspruch wird über § 1 HaftPflG gewährt. Wird ein Fluggast durch einen Unfall an Bord eines Luftfahrzeugs oder beim Ein- oder Aussteigen getötet, körperlich verletzt oder gesundheitlich geschädigt, ist der Luftfrachtführer verpflichtet, den daraus entstehenden Schaden zu ersetzen (§ 45 Abs. 1 LuftVG).

Etwas schwieriger gestalten sich die Rechtsverhältnisse, soweit es sich um die Aktivlegitimation unter dem Gesichtspunkt der Besitzstörung handelt (es ist anerkannt, dass der unmittelbare Besitz zu den nach § 823 Abs. 1 BGB geschützten sonstigen Rechten gehört).[15] Als unproblematisch gelten inso-

---

14 *OLG Köln* Urt. v. 13.1.2006 – Az. 19 U 120/05, ADAJUR-Dok.Nr. 69942.
15 Vgl. *BGH* VersR 1976, 943 f. (Leasing Kfz.); DAR 1981, 85 = VRS 60, 164 (Kfz-Mieter).

weit die Fälle der »klassischen« Besitzstörung, d. h. die Denkmodelle, in denen der Schaden darauf beruht, dass derjenige, der bereits vor dem Unfall rechtsfehlerfreien Besitz an einer Sache – beispielsweise einem Kfz – erlangt hat, einen fremd verursachten Schaden erleidet, der in einer Aufhebung oder Minderung der ihm als Besitzer berechtigterweise zustehenden Gebrauchsvorteile besteht.

44a Dieser Schaden kann in dem Bedarf zur Ersatzanmietung, in einer Entschädigung für entgangene Gebrauchsvorteile, aber auch in einem Verdienstausfall bestehen. Gerade im Zusammenhang mit Parkverstößen geht es um den Schaden aus der Besitzstörung. Wird ein Fahrzeug vor einem Ladengeschäft auf Privatgrund abgestellt und ist dies nach einer vorliegenden Beschilderung untersagt, kann sich der Besitzer vom Störer die Kosten für die Beseitigung der Besitzstörung ersetzen lassen. Insbesondere gilt dies, wenn das Fahrzeug behindernd und im Bereich von Halteeinschränkungen geparkt war.[16] Wenn die Situation durch entsprechende Beschilderung klar und deutlich geregelt ist, hat man sich laut AG Frankfurt/M. daran zu halten und es kann jetzt nicht mehr darauf ankommen, ob man nur wenig oder viel die erforderlichen Gebote überschritten hat, sodass es unerheblich ist, ob es eine Stunde war oder mehr oder weniger.

45 Die Gefährdungshaftung bezieht sich auf den sog. Haftungsschaden, d. h. auf den Schutz des berechtigten Besitzers – insbesondere des Mieters – einer Sache.[17]

46 Der Haftungsschaden umfasst nach der Auffassung des *BGH*[18] neben dem Eigentum und anderen dinglichen Rechten auch den (berechtigten) unmittelbaren Besitz an einer Sache.[19]

47 Auch das BGB sieht in zwei Fällen eine vom Verschulden losgelöste Gefährdungshaftung vor, und zwar einmal für den Halter eines Luxustiers nach § 833 S. 1 BGB und zum anderen im Zusammenhang mit der Haftung des Gastwirts im Rahmen seines Gewerbebetriebes für eingebrachtes Gut i. S. d. § 701 BGB.

2. Billigkeitshaftung

48 Eine weitere – wenngleich in der Praxis recht seltene – Form der gesetzlichen Anspruchsgrundlagen besteht in der durch § 829 BGB normierten Billigkeitshaftung, die sich als Unterfall der Deliktshaftung versteht. Voraussetzung für die Anwendung des § 829 BGB ist, dass die Verletzung eines Lebens- oder Rechtsguts und der dadurch eingetretene Schaden auf einer Handlung beruht, die einen der Tatbestände der §§ 823–826 BGB verwirklicht. Anspruchsbegründende Voraussetzung für den Anwendungs- und Geltungsbereich der Billigkeitshaftung ist daher zunächst einmal das Kriterium der Widerrechtlichkeit (Rechtswidrigkeit) einer unerlaubten Handlung. Dies bedeutet, dass das Verhalten des nicht zurechnungsfähigen Täters, wenn man sich unter faktisch gleich gelagerten Voraussetzungen an seiner Stelle eine verantwortliche Person vorstellt, nicht nur rechtswidrig, sondern überdies auch schuldhaft im Sinne der §§ 823–826 BGB gewesen sein muss. § 829 BGB erwähnt zwar nur die in den §§ 823–826 BGB geregelten Tatbestände. Diese Bestimmung findet jedoch ebenfalls Anwendung, sofern es sich um rechtlich gleich gelagerte Tatbestände – wie beispielsweise in den Fällen der §§ 830 Abs. 1 S. 2, 831, 833 S. 2, 836 BGB – handelt.[20] Gleichwohl durchbricht die Bestimmung des § 829 BGB[21] das Verschuldensprinzip, indem diese Bestimmung lediglich dann zum Zuge

---

16 *AG Frankfurt/M.* Urt. v. 9.11.2006 – Az. 32 C 2046/06–41, ADAJUR-Dok.Nr. 72619; so auch *AG Hamburg* Urt. v. 27.6.2006 – Az. 4 C 562/905, ADAJUR-Dok.Nr. 71441.
17 Vgl. dazu bspw.: *BGH* DAR 1981, 85 (Kfz-Mieter).
18 *BGH* anerkannt VRS 60, 164.
19 Vgl. *Geigel/Kaufmann* Haftpflichtprozess, 26. Aufl. 2011, 25. Kapitel, Haftung des Kfz-Halters und -führers, Rn. 1–5.
20 Vgl. dazu auch *Weimar* VP 1981, 234 Rn. 565, 582 (Geschäftsführer im Rahmen von § 831 BGB).
21 Vgl. *BGH* DAR 1962, 204; DAR 1962, 293; DAR 1969, 241; DAR 1973, 269; NJW 1979, 2096; NJW 1980, 1623 = VersR 1980, 625; *OLG Celle* NJW 1969, 1632 (m.abl.Anm.v. *Klippel* NJW 1969, 2012; *KG* 12 U 1439/72 v. 22.3.1973 n. v.; *OLG Düsseldorf* VersR 1977, 160; *OLG Köln* VersR1981, 266 = r+s 1981, 1; *Lorenz* VersR 1980, 697 (m. w. N.).

B. Rechtsgrundlagen

kommt, wenn ein Schadenverursacher wegen fehlender Schuldfähigkeit (Deliktsfähigkeit)[22] nicht haftet.[23]

Voraussetzungen für die Anwendung der Billigkeitshaftung sind[24] **48a**
- die Verwirklichung des objektiven Tatbestandes einer unerlaubten Handlung[25] gem. §§ 823–826 BGB oder eines diesen Vorschriften gleichzusetzenden Tatbestandes
- die mangelnde Deliktsfähigkeit des Täters (§§ 827–828 BGB)[26]
- von einem Aufsichtspflichtigen darf kein Schadenersatz zu erlangen sein, wobei es gleichgültig ist, ob insoweit die Anspruchsbegründenden Voraussetzungen im rechtlichen Bereich fehlen oder der Anspruch wegen Mittellosigkeit des Ersatzpflichtigen im wirtschaftlichen Bereich nicht durchgesetzt werden kann[27]
- die Billigkeit muss die Schadloshaltung erfordern und nicht nur erlauben
- grundsätzlich ist ein dringender Bedarf notwendig
- der Täter darf durch die Ersatzleistung nicht selbst in Not geraten.

Der *BGH* hat – auch in anderem Zusammenhang – in ständiger Rechtsprechung die Auffassung vertreten, dass das Bestehen einer Haftpflichtversicherung nicht zu einer Anspruchsbegründenden Voraussetzung werden dürfe. Aus diesem Grunde hat der *BGH* dem Umstand, dass der Schädiger Versicherungsschutz genießt, bislang allenfalls die Funktion eines Korrektivs hinsichtlich der Höhe des zu zahlenden Betrages zugewiesen.[28] Eine andere Richtung geht dahin, den Deckungsschutz des Schädigers gegen seinen Haftpflichtversicherer immerhin als eine Anspruchsbegründende Tatsache unter mehreren zu berücksichtigen. **49**

Die Frage der Billigkeitshaftung spielt gerade im Hinblick auf die Schuldunfähigkeit von Kindern im fließenden Verkehr gem. § 828 Abs. 2 BGB eine große Rolle. Die Rechtsprechung und die Literatur gehen größtenteils auch in diesen Fällen davon aus, dass eine bestehende Haftpflichtversicherung nicht für die Annahme einer Billigkeitshaftung spricht. Hätte der Gesetzgeber in Abweichung von der langjährigen Rechtsprechung des BGH allein das Bestehen einer freiwilligen Haftpflichtversicherung für eine Billigkeitshaftung nach § 829 BGB ausreichen lassen wollen, hätte ihm eine entsprechende Änderung des § 829 BGB nach Ansicht des *LG Heilbronn* frei gestanden.[29] Angesichts der weiten Verbreitung freiwilliger Haftpflichtversicherungen führte § 828 Abs. 2 BGB entgegen seinem aus dem Wortlaut erkennbaren Zweck, geistigen Unzulänglichkeiten von Kindern im Straßenverkehr Rechnung zu tragen, sogar zu einer Ausweitung ihrer Haftung. Das Ergebnis wäre widersinnig. **49a**

Nach unserer Rechtsordnung ergibt sich die Ersatzpflicht aus der – anderweitig begründeten – materiell-rechtlichen Haftung und nicht etwa aus dem Bestehen einer – gleichgültig auf welchem Wege auch immer abgeschlossenen – Haftpflichtversicherung. Zutreffend hat daher das *LAG Berlin* in sei- **49b**

---

22 Vgl. dazu die §§ 827, 828 BGB.
23 Vgl. *BGH* BGHZ 29, 281; bei Kindern: *AG Frankfurt a. M.*, Urt. v. 22.8.2001, Az 301 C 1307/01 43, ADAJUR-Dok.Nr. 47398; *AG Ahaus* ADAJUR-Dok.Nr. 57690, NZV 2004, 145; *LG Heilbronn* ADAJUR-Dok.Nr. 61387; NJW-Spezial 2004, 163 (LS).
24 Nach *Weimar* VP 1981, 234 f.
25 I. S. e. »natürlichen« Verschuldens.
26 Oder – etwas allgemeiner ausgedrückt – die mangelnde Verantwortlichkeit des Täters aus Rechtsgründen.
27 Mit Rücksicht auf das Verweisungsprivileg gehört der Nachweis, dass es nicht möglich ist, aus Rechtsgründen anderweitig Schadenersatz zu erlangen bzw. aus wirtschaftlichen Gründen Ersatz zu erlangen, zu den anspruchsbegründenden Voraussetzungen und im Prozessfalle zu den Klagevoraussetzungen (BGHZ 18, 317).
28 Vgl. dazu: *BGH* DAR 1962, 293; DAR 1969, 241; NJW 1973; NJW 1979, 296; r+s 1980, 181; *OLG Hamm* VersR 1980, 236; *OLG Köln* r+s 1981, 1; *LG Kiel* VersR 1968, 80; *LG Mosbach* NJW-RR 1986, 24; *AG Berlin Charlottenburg* VersR 1975, 1037; *AG Ansbach* r+s 1983, 185; *LG Hanau* VersR 1969, 291; *Honsell* VersR 1974, 205; *Lorenz* VerR 1980, 697 (m. w. N.); *LG Heidelberg* ADAJUR-Dok.Nr. 59381.
29 *LG Heilbronn* Urt. v. 5.5.2004 - Az. 7 S 1/04WA, NJW 2004, 2391.

nem Urteil v. 30.5.1983 die Auffassung vertreten: sofern der Arbeitnehmer auf eigene Kosten eine private Haftpflichtversicherung abgeschlossen habe, kommen ihm gleichwohl die Haftungsbeschränkungen zugute, die ihm bei der Ausübung einer Schadengeneigten Tätigkeit gewährt werden.

50 Auch die Tatsache, dass die schädigende Handlung besonders schwere Verletzungen ausgelöst hat, reicht – für sich allein betrachtet – für die Begründung des Anspruchs aus § 829 BGB nicht aus. Dies gilt auch für den Fall, dass gleichzeitig Deckungsschutz bei einem Privathaftpflichtversicherer bestehen sollte, also beide Tatbestandsmerkmale gleichzeitig zutreffen. Beide Umstände zusammengenommen könnten die Anwendung des § 829 BGB allenfalls dann rechtfertigen, wenn zudem noch eine besondere Intensität des Angriffs und des Eingriffs vorliegt, also eine Ausnahmesituation, die die Anwendung der Bestimmung des § 829 BGB nicht nur rechtfertigt, sondern geradezu »erfordert«.[30]

51 Die Billigkeit muss den Schadenersatz zur Verwirklichung des Gerechtigkeitsprinzips also nicht nur erlauben, sondern geradezu erfordern.[31] Bei der Abwägung des »natürlichen« Verschuldensgrades müssen sich erhebliche Unterschiede in Form eines deutlichen wirtschaftlichen Gefälles[32] ergeben, die es unbillig erscheinen lassen, dass der Schuldunfähige im ungestörten Genuss seiner Mittel bleibt, während der Verletzte die Folgen eines – insbesondere von ihm nicht verschuldeten – Schadens allein zu tragen hat.[33]

52 Die Billigkeitshaftung hängt von zwei wesentlichen Kriterien ab: einmal von der Bedürftigkeit und Würdigkeit des Berechtigten (Verletzten) und zum anderen von der Leistungsfähigkeit des Verpflichteten (Schädigers), dem nicht die Mittel zum angemessenen eigenen Unterhalt entzogen werden dürfen. Nach neuerer Erkenntnis kommt es nicht allein auf die wirtschaftliche Situation des Schädigers, sondern insbesondere auch auf die Abwägung des objektiven Unrechtsgehaltes der Verletzungshandlung an. Dabei muss das »natürliche« Fehlverhalten des Schädigers deutlich überwiegen.[34]

53 Die Vorschrift des § 829 BGB dient ausschließlich dem Zweck, eine sonst vom System her bestehende Ungerechtigkeit gegenüber dem Geschädigten zu beseitigen.

53a Im Zusammenhang mit Unfällen mit Kindern im fließenden Straßenverkehr, die noch nicht das 10. Lebensjahr vollendet haben, hat der Anwalt immer die Pflicht, die Grundsätze der Billigkeitshaftung zu überprüfen Wegen der Privilegierung nach § 828 Abs. 2 BGB geht der Geschädigte in solchen Fällen meistens leer aus.

II. Vertrag

54 Ansprüche der Beteiligten können nicht nur nach dem Gesetz entstehen, sondern auch aus vertraglichen Bindungen,[35] und zwar jeweils dann, wenn Leistungsstörungen eintreten, die der Gläubiger, meist aber der Schuldner, verursacht hat. Auch hier gilt zunächst der Grundsatz, dass Verträge zu erfüllen sind. Es muss daher nach der Zielrichtung des jeweiligen Begehrens unterschieden werden zwischen Ansprüchen auf
– Erfüllung
– Schadenersatz bzw.
– Rückgewährung der erhaltenen Leistungen im Fall eines rechtswirksam erklärten Rücktritts.

---

30 Vgl. dazu *BGH* NJW 1973, 1795.
31 *BGH* VersR 1979, 645; BGHZ 127, 186; *BGH* ADAJUR-Dok.NR 24318; NJW 1995, 452; *OLG Hamm* VersR 1975, 667.
32 Vgl. *BGH* NJW 1979, 2096; *OLG Köln* zfs 1981, 130; *Deutsch* Bd. 1 S. 313, 315; *Weyers* Unfallschäden S. 91; *AG Frankfurt a. M.* ADAJUR-Dok.Nr. 47398.
33 Vgl. *LG Ansbach* r+s 1983, 136.
34 *BGH* NJW 1969, 1762; *BGH* NJW 1979, 2096; a. A. *OLG Köln* VersR 1981, 266 = r+s 1981, 1.
35 Vgl. dazu die Übersicht bei *Marburger* VP 1987, 69.

B. Rechtsgrundlagen Kapitel 3

1. Rechtsnatur

a) Allgemeine Überlegungen

Die Begründung eines Schuldverhältnisses durch Rechtsgeschäft geschieht nach § 311 BGB regelmäßig durch Vertrag. Ein Vertrag ist ein i. d. R. zweiseitiges Rechtsgeschäft, bei dem durch mindestens zwei übereinstimmende Willenserklärungen ein rechtlich bedeutsamer Erfolg erzielt werden soll (Vertragswille). dasselbe Ziel gerichteter Willenserklärungen verschiedener Rechtssubjekte. 55

Ein Vertrag kommt grundsätzlich durch das Angebot der einen Seite (Vertragsantrag oder Offerte) und durch die vorbehaltlose Annahme der anderen Seite zustande. Unter Antrag versteht man dabei die einseitige mit rechtsgeschäftlichem Verpflichtungswillen abgegebene empfangsbedürftige Willenserklärung, die erst mit dem Zugang an den anderen Teil die Rechtsbindung des Antragstellers auslöst (§ 145 BGB). Das bedeutet, dass das Vertragsangebot einseitig widerrufen werden kann, solange es dem anderen Teil nicht zugegangen, ist (vgl. dazu § 130 Abs. 1 BGB). Der Widerruf kann auch noch gleichzeitig mit dem Zugang des Angebots zum Vertragsschluss erklärt werden. 56

Ein Versicherungsvertrag kommt erst dann zustande, wenn der Versicherungsnehmer sämtliche mit dem Versicherungsverhältnis zusammenhängenden Informationen (Produktinformationsblatt, Informationsheft, Versicherungsbedingungen) sowie die Versicherungspolice erhalten hat und wenn kein Widerspruch seinerseits gegen den Vertragsabschluss erfolgt. (§§ 1–4 Informationspflichten VO-VVG, § 11 VVG). 56a

Wird der Antrag an einen anwesenden Partner gerichtet – dies kann auch auf fernmündlichem Wege geschehen –, so muss er vom anderen Teil sofort angenommen werden (vgl. dazu § 147 Abs. 1 BGB). Eine verspätete Annahme gilt ebenso wie die Annahme unter Vorbehalten oder – aufschiebenden bzw. auflösenden – Bedingungen als ein neuer Antrag, den nun wiederum der andere Teil unter Beachtung der sich aus § 147 Abs. 2 BGB ergebenden Frist anzunehmen hat (vgl. dazu § 150 BGB). Besteht die Antwort des anderen Teils nicht in einem schlichten und vorbehaltlosen »Ja«, sondern lautet sie stattdessen »ja, aber ...«, so liegt darin eine Ablehnung, verbunden mit einem neuen Vertragsantrag. 57

Der einem Abwesenden gemachte Antrag kann nur bis zu dem Zeitpunkt angenommen werden, in welchem der Antragende den Eingang der Antwort unter regelmäßigen Umständen erwarten darf (§ 147 Abs. 2 BGB).[36] 57a

Für den Kauf von Neu- oder Gebrauchtwagen werden von den Händlern in der Praxis die Neuwagenverkaufsbedingungen bzw. die Gebrauchtwagen-Verkaufsbedingungen verwendet, die i. d. R. Bestandteile des Vertrages werden sollen.[37] Nach diesen Bedingungen kommt der Vertrag über das Kfz nicht sofort durch Angebot des Händlers und Annahme des Kunden in den Räumen des Händlers zustande. Vielmehr macht der Kunde selbst ein Angebot zum Abschluss eines Kaufvertrages, indem er ein Bestellformular unterschreibt. Dabei ist nach der Rechtsprechung des *BGH* dieses Vertragsangebot nicht als Angebot unter Anwesenden gem. § 147 Abs. 1 BGB, sondern als Angebot unter Abwesenden gem. § 147 Abs. 2 BGB zu werten.[38] Nach den derzeit üblichen Neuwagenverkaufsbedingungen, Abschn. I Nr. 1 bestehen für den Kunden erhebliche Bindungsfristen an sein Vertragsangebot nach folgender Staffel: 57b
vorhandene Fahrzeuge: 10 Tage
nicht vorhandene Fahrzeuge: 4 Wochen.

Die Rechtsprechung akzeptiert diese Fristen. Sie sind durch die Sachumstände gerechtfertigt.[39] Aufgrund der besseren Möglichkeiten zur Feststellung der Lieferbarkeit eines Fahrzeugs erscheint eine 57.1a

---

36 Vgl. *BGH* Urt. v. 15.10.2003 – Az. VIII ZR 329/02, SVR 2004, 300.
37 Vgl. *Remigius Eberle*: Recht des Autokaufs für Neu- und Gebrauchtfahrzeuge – Teil 1 – VRR 2007, 288.
38 Vgl. *BGH* WM 1968, 1103, 1105.
39 *BGH* Urt. v. 13.12.1989 – Az. VIII ZR 94/89, DAR 1990, 95; *Walchshöfer* WM 1986, 1041, 1044 m. w. N.

Bindungswirkung von 10 Tagen als angemessen.[40] Instanzgerichte haben in ihren Entscheidungen teilweise 10 Tage bis 2 Wochen als interessengerecht erachtet.[41]

58 Im rein technischen Sinne ist bei einem Vertrage zu unterscheiden zwischen seinem formellen Inhalt (Erklärungsinhalt) und seinem materiellen Inhalt (Leistungsinhalt). Nach dem BGB gilt der Grundsatz der Vertragsfreiheit. Das bedeutet, dass im Regelfalle – innerhalb der durch § 134 BGB abgesteckten Grenzen – sowohl der Abschluss als auch der Inhalt eines Vertrages grundsätzlich der freien Disposition (Bestimmbarkeit) der Parteien unterliegen.

59 Weiterhin wird unterschieden zwischen dem obligatorischen Verpflichtungsgeschäft (Konsensualkontrakt = Versprechungsgeschäft) und dem dinglichen Erfüllungsgeschäft. Typisches Beispiel: Der Kaufvertrag als obligatorisches Rechtsgeschäft verpflichtet gem. § 433 BGB den Verkäufer rechtsgeschäftlich, dem Käufer die Sache zu übergeben und das Eigentum an der Sache zu verschaffen. Der Käufer andererseits ist verpflichtet (§ 433 Abs. 2 BGB), dem Verkäufer den vereinbarten Kaufpreis zu zahlen und die gekaufte Sache abzunehmen. Dabei handelt es sich zunächst um das Verpflichtungsgeschäft. Zur ordnungsgemäßen Durchführung des Vertrages muss aber das mit dinglichem Charakter ausgestattete Verfügungsgeschäft hinzutreten, d. h. der Käufer muss durch rechtsgültige Übergabe Eigentum an der dann ihm gehörenden Sache erwerben.

60 In besonderen Fällen muss zum Vertragsabschluss noch eine weitere tatsächliche Handlung hinzukommen (sog. Realvertrag oder Handgeschäft). Dies gilt beispielsweise beim Darlehen. Das Rechtsgeschäft entsteht erst durch die Hingabe der vereinbarten Darlehensvaluta. Bis dahin besteht lediglich eine obligatorische (schuldrechtliche) Verpflichtung zur Gewährung des Darlehens.

61 Die Hauptleistung aus gegenseitigen Verträgen hat das Gesetz im Einzelnen umrissen. In diesem Zusammenhang sei beispielhaft auf § 433 BGB für den Kaufvertrag, auf § 535 BGB für die Miete, auf § 611 BGB für den Dienstvertrag und auf § 631 BGB für den Werkvertrag sowie auf § 651a BGB für den Reisevertrag verwiesen. Die Hauptpflicht der Vertragsparteien ist vornehmlich auf Erfüllung gerichtet. Lediglich im Fall einer Leistungsstörung tritt eine Änderung in den Rechtsfolgen ein.

62 Der Unterschied zwischen Schadenersatz und Erfüllung wird beispielsweise deutlich im Mietrecht. Wenn der Mieter die Wohnung vertragswidrig nicht oder nicht rechtzeitig bezieht, schuldet er gleichwohl die vereinbarte Miete als Gegenleistung. Dabei handelt es sich um einen Erfüllungsanspruch des Vermieters, auf den er sich freilich in analoger Anwendung schadenersatzrechtlicher Vorschriften unter dem Gesichtspunkt des Vorteilsausgleichs ersparte Aufwendungen anrechnen lassen muss.

63 Die Unterscheidung zwischen Erfüllungs- und Schadenersatzansprüchen ist auch deswegen besonders wichtig, weil Erfüllung stets gefordert werden kann, während Schadenersatzansprüche im Allgemeinen[42] eine vom Schuldner zu vertretende (§ 286 Abs. 4 BGB, § 285 BGB a. F.) und ihm daher zuzurechnende Leistungsstörung voraussetzen.

63a Der *BGH* sieht die Möglichkeit der Nacherfüllung vorrangig vor der Erklärung der Minderung des Kaufpreises.[43] Dass der Käufer eines Gebrauchtwagens nicht weiß, ob ein binnen sechs Monaten nach der Übergabe durch den Verkäufer aufgetretener Defekt des Fahrzeugs auf einen Sachmangel i. S. d. § 434 Abs. 1 S. 1 BGB zurückzuführen ist, entlastet ihn laut *BGH* nicht von der Obliegenheit, dem Verkäufer Gelegenheit zur Nacherfüllung zu geben. Vorher darf er das Fahrzeug nicht selbst reparieren lassen und wegen des Mangels den Kaufpreis mindern oder einen Anspruch auf Schadensersatz statt der Leistung geltend machen kann. § 439 Abs. 3 BGB gewährt dem Verkäufer eine Ein-

---

40 *LG Lüneburg* Urt. v. 5.7.2001 – Az. 1 S 3/01, NJW-RR 2002, 564.
41 Rechtsprechungsübersicht s. bei *Eberle* VRR 2007, 289; *BGH* NJW 1990, 1784.
42 Mit Ausnahme des Gläubigers oder Annahmeverzuges (§§ 293 ff. BGB).
43 *BGH* Urt. v. 21.12.2005 – Az. VIII ZR 49/05, MDR 2006, 677.

rede gegenüber der vom Käufer beanspruchten Art der Nacherfüllung, die der Verkäufer ausüben kann, aber nicht muss. Der Käufer kann deshalb nicht wegen unverhältnismäßiger Kosten der Nacherfüllung sogleich die Minderung erklären, ohne dem Verkäufer Gelegenheit zur Nacherfüllung gegeben zu haben.

Wird ein Schadenersatzanspruch im Zuge von Verhandlungen vom Leistungspflichtigen anerkannt, so entsteht dadurch – unter Abänderung des bisherigen Schuldverhältnisses – ein völlig neuer Rechtsgrund, sodass es auf die Beschaffenheit der Sach- und Rechtslage und auf den ursprünglichen Schuldgrund künftig nicht mehr ankommt. Dies bedeutet, dass der begünstigte Teil sich darauf beschränken kann, Schadenersatz aus vertraglichem Anerkenntnis zu verlangen. 64

b) Beweislast

Die positive Vertragsverletzung, die eine besondere Form der schuldhaften Leistungsstörung darstellt, und die nunmehr gesetzlich erfasst ist in § 280 BGB, stellt eine weitere Form vertraglicher Leistungsstörungen dar. Aus diesem Grund wird die Beweislast demjenigen Vertragspartner auferlegt, aus dessen Gefahrenkreis die Leistungsstörung hervorgegangen ist und der den betreffenden Sachverhalt aufgrund seiner größeren Nähe zum Ursachenkreis in zumutbarer Weise am ehesten aufklären kann. 65

In der Praxis der Kfz-Schadenregulierung kommt der auf § 280 Abs. 1 S. 2 BGB beruhenden Umkehrung der Beweislast keine besondere Bedeutung zu, weil in jenem Bereich überwiegend Vorschriften – insbesondere im Rahmen der vom Verschulden losgelösten Gefährdungshaftung – gelten, die ohnehin eine Umkehrung der Beweislast vorsehen. Das Gleiche gilt für die Fälle, in denen die Haftung auf gesetzlich vermutetem Verschulden beruht. 66

Sofern der Schädiger sich auf ein Haftungsprivileg beruft, obliegt ihm ebenfalls für diese Behauptung die volle Beweislast. 66a

Im Versicherungsvertragsrecht wird die Beweissituation des Versicherungsnehmers dadurch verbessert, dass der Versicherer ein Beratungsprotokoll erstellen muss. Ergibt sich hieraus zum Beispiel, dass der Versicherungsnehmer geäußert hatte, er fahre öfter in den asiatischen Teil der Türkei und lässt sich aus dem Protokoll nicht entnehmen, dass der Versicherer darauf hingewiesen hatte, dass hierfür kein Kaskoversicherungsschutz gegeben ist und nur der Haftpflichtversicherungsschutz mit den weitaus niedereren türkischen Mindestdeckungssummen, kann der Versicherungsnehmer bei einem Unfall im asiatischen Teil der Türkei Schadenersatz fordern. 66b

c) Besondere Vertragsformen

Die einzelnen Formen der Vertragshaftung sind in einem besonderen Abschnitt dargestellt. 67

2. Positive Vertragsverletzung

Bei der positiven Vertragsverletzung handelt es sich um eine besondere Form der schuldhaften Leistungsstörung, die seit 1.1.2002 über die Vorschriften zum neuen Leistungsstörungsrecht im BGB definiert wird. Bis zum 31.12.2001 handelte es sich um eine im bürgerlichen Recht nicht vorgesehene Denkfigur, die erst in Anpassung an die Bedürfnisse der Praxis durch Literatur und Rechtsprechung entwickelt wurde. 68

Ein Beispiel für die positive Vertragsverletzung: Der Inhaber einer Reparaturwerkstatt, der bei einem Kraftfahrzeug eine Inspektion durchführen sollte, hat die Bremsen falsch eingestellt. In einer kritischen Situation gerät der Pkw ins Schleudern und prallt gegen ein ihm ordnungsgemäß entgegenkommendes Kraftfahrzeug. In diesem Beispiel sind drei verschiedene Schadenbereiche erfasst: Zunächst einmal besteht im Rahmen des Werkvertrages Anspruch auf Beseitigung der Mängel an der Bremsanlage (Nachbesserung). Außerdem ist durch den Zusammenstoß erheblicher Schaden an dem Kfz des Kunden entstanden. Diesen (mittelbaren) Mangelfolgeschaden hat der Inhaber der Reparaturwerkstatt ebenfalls, und zwar unter dem Gesichtspunkt der positiven Vertragsverletzung, zu 69 ersetzen.⁴⁴ Schließlich muss er seinen Kunden, der gegenüber dem Eigentümer des entgegenkommenden Fahrzeugs aus § 7 Abs. 1 StVG (Gefährdungshaftung) zum Schadenersatz verpflichtet ist, von den Ansprüchen frei stellen, die auf dem Schaden am anderen Fahrzeug beruhen. Auch diese Verpflichtung ist eine Folge der positiven Vertragsverletzung.

70 Dieses Beispiel macht deutlich, dass im Einzelfall differenziert werden muss, ob es sich um Ansprüche handelt, die das schadhafte Werk selbst betreffen oder um die Erstattung von Nachteilen im weiteren Sinne (Folgeschäden). Nur Ansprüche auf Ersatz derjenigen Schäden, die zwar auf ein mangelhaftes Werk zurückgehen, aber weder in einem dem Werk unmittelbar anhaftenden Mangel bestehen noch sonst eng und unmittelbar mit dem Mangel zusammenhängen, sind nach den Regeln der positiven Vertragsverletzung und nach § 280 Abs. 1 BGB zu ersetzen.

71 Die verletzte Pflicht ist die Pflicht zur Rücksichtnahme (§ 241 Abs. 2 BGB).

72 Grundsätzlich erstreckt sich der aus positiver Vertragsverletzung (§ 280 Abs. 1 BGB) abgeleitete Schadenersatzanspruch auf sämtliche durch das schädigende Verhalten adäquat verursachten unmittelbaren und mittelbaren Vermögensnachteile.

73 Nach § 282 BGB ist ein »großer« Schadenersatzanspruch (Schadenersatz statt Leistung) nur möglich, wenn dem Gläubiger die Leistung nicht mehr zuzumuten ist.

3. Culpa in contrahendo

74 Um einen Unterfall der positiven Vertragsverletzung handelt es sich bei dem Rechtsinstitut der culpa in contrahendo (Verschulden bei Vertragsanbahnung). Der culpa in contrahendo lag der Gedanke zugrunde, dass bereits durch vorvertragliche Verhandlungen nach Treu und Glauben (§ 242 BGB) unter den Beteiligten ein vertragsähnliches Vertrauensverhältnis geschaffen wird, aus dem sich gewisse Sorgfalts-, Fürsorge- und gegenseitige Treuepflichten ergeben. Werden im Rahmen derartiger Vertragsanbahnungsverhandlungen geschützte Rechtspositionen, auf deren Wahrung der andere Teil im guten Glauben vertrauen darf, durch das Verhalten eines Partners beeinträchtigt, so ist der Verletzer des Rechtsgutes (Störer) dem anderen Teile zum Ersatz des daraus erwachsenen Schadens verpflichtet.) Der Störer muss den Schaden verschuldet haben. Dies gilt insbesondere dann, wenn Vertrauen auf das Zustandekommen eines bestimmten Vertrages erweckt worden ist. Es handelt sich also um eine vorvertragliche Haftung für eine Risikolage, die bereits im Vorfeld eines beabsichtigten Vertragsabschlusses entsteht.⁴⁵ Nach ständiger Rechtsprechung des *BGH* ist zum Beispiel eine Kreditgebende Bank bei steuersparenden Bauherren-, Bauträger- und Erwerbermodellen zur Risikoaufklärung über das finanzierte Geschäft nur unter ganz besonderen Voraussetzungen verpflichtet. Sie darf regelmäßig davon ausgehen, dass die Kunden entweder über die notwendigen Kenntnisse oder Erfahrungen verfügen oder sich jedenfalls der Hilfe von Fachleuten bedient haben. Aufklärungs- und Hinweispflichten bezüglich des finanzierten Geschäfts können sich daher nur aus den besonderen Umständen des konkreten Einzelfalls ergeben. Dies kann unter anderem der Fall sein, wenn die Bank in Bezug auf spezielle Risiken des Vorhabens einen konkreten Wissensvorsprung vor dem Darlehensnehmer hat und dies auch erkennen kann.⁴⁶

75 »Culpa in Contrahendo« ist in § 311 Abs. 2 BGB geregelt. Danach entsteht ein Schuldverhältnis bereits durch die Aufnahme von Vertragsverhandlungen oder die Anbahnung eines Vertrages. Anspruchsgrundlage für einen Schadensersatz nach c. i. c. ist somit ebenfalls der § 280 Abs. 1 BGB.

---

44 Vgl. *BGH* NJW 1961, 1256; NJW 1962, 1764; NJW 1967, 340; NJW 1971, 99; NJW 1971, 625; NJW 1972, 901; NJW 1973, 1752; NJW 1976, 1502; NJW 1979, 214; NJW 1969, 1710; NJW 1970, 411; NJW 1971, 654; NJW 1982, 2244; NJW 1983, 2078; NJW 1983, 2440.
45 Vgl. *OLG Köln* VersR 1983, 1045.
46 *BGH* Urt. v. 26.6.2007 – Az. XI ZR 277/05, WM 2007, 1651; vgl. *OLG Dresden* ADAJUR-Dok.Nr. 49525; MDR 2002, 508.

Ein Verschulden bei Vertragsanbahnungsverhandlungen löst im Allgemeinen nur einen Anspruch auf Ersatz des Vertrauensschadens[47] – also nicht das Erfüllungsinteresse – aus. Der Vertrauensschaden[48] ergibt sich, wenn man einen Vergleich der Vermögenslage bei der Fortführung des durch das Verschulden unbeeinflussten Vorhabens des Geschädigten und die wirkliche Vermögenslage, wie sie sich durch das schuldhafte Verhalten des anderen Teils gestaltet und entwickelt hat.[49] 76

Wäre ohne das zum Ersatz verpflichtende Verhalten eine gültige Verbindlichkeit auf vertraglicher Grundlage entstanden, so kann der Ersatzberechtigte verlangen, wirtschaftlich so gestellt zu werden, als ob eine derartige Verbindlichkeit tatsächlich bestehen würde.[50] Nach einer Verletzung von Aufklärungspflichten bei Vertragsverhandlungen steht dem Geschädigten laut *BGH* kein Anspruch auf Anpassung des Vertrags zu.[51] Er hat nur das Recht, an dem für ihn ungünstigen Vertrag festzuhalten und den Vertrauensschaden zu liquidieren. Zur Berechnung des Vertrauensschadens ist der Geschädigte so zu behandeln, als wäre es ihm bei Kenntnis der wahren Sachlage gelungen, den Vertrag zu einem niedrigeren Preis abzuschließen. Ihm ist dann der Betrag zu ersetzen, um den er den Kaufgegenstand zu teuer erworben hat. Auf den Nachweis, dass die andere Vertragspartei sich darauf eingelassen hätte, kommt es dabei nicht an. Als Folge einer Verletzung von Aufklärungspflichten bei Vertragsschluss kann der Geschädigte auch so zu stellen sein, als habe er mit dem anderen Teil einen für ihn besseren Vertrag geschlossen. 77

Das setzt aber voraus, dass ein solcher Vertrag bei erfolgter Aufklärung zustande gekommen wäre. Dies muss der Geschädigte beweisen. 77a

Diese Gesichtspunkte gelten auch dann, wenn jemand durch eine unerlaubte Handlung zum Abschluss eines Vertrages veranlasst worden ist und wenn gleichzeitig feststeht, dass ohne die unerlaubte Handlung – die i. d. R. eine Täuschung sein wird – ein Vertrag mit einem ganz bestimmten Inhalt zustande gekommen wäre.[52] 78

Das Vermögen als solches ist nur in ganz seltenen Ausnahmefällen als Rechtsgut durch ausdrückliche gesetzliche Bestimmungen geschützt. Dazu gehören insbesondere Ansprüche aus Verstoß gegen ein Schutzgesetz (§ 823 Abs. 2 BGB), aus Kreditgefährdung (§ 824 BGB), aus Angriffen gegen die Geschlechtsehre (§ 825 BGB), aus vorsätzlichen sittenwidrigen Handlungen (§ 826 BGB), aus Amtspflichtverletzung (§ 839 BGB) sowie aus positiver Vertragsverletzung (§ 280 Abs. 1 BGB). 79

4. Haftung für Dritte

Nach § 278 BGB hat der Schuldner ein Verschulden seines gesetzlichen Vertreters oder der Personen, deren er sich zur Erfüllung seiner Verbindlichkeiten bedient, im Rahmen bestehender Schuldverhältnisse oder anderer rechtlich bedeutsamer Sonderverbindungen[53] in gleichem Umfange zu vertreten wie eigenes Verschulden. Als Dritter (»Erfüllungsgehilfe«) ist derjenige zu betrachten, der im Auftrag des Schuldners, zumindest mit seinem Willen, bei der Erfüllung einer bereits zu diesem Zeitpunkt bestehenden Verbindlichkeit tätig geworden ist. Dritter ist also jeder, der nach den tatsächlichen Ge- 80

---

47 Vgl. *OLG Köln* VersR 1983, 1045; *BGH* ADAJUR-Dok.Nr. 47693; DB 2001 Heft 24 VIII (LS).
48 Der als Vermittler auftretende Kfz-Händler kann als Sachwalter des Verkäufers selbst unter dem Gesichtspunkt der culpa in contrahendo gegenüber dem Käufer Ersatz des Vertrauensschadens schulden (vgl. dazu *BGH* NJW 1975, 642; *BGH* WM 1976. 614; NJW 1977, 1914; NJW 1979, 1707; *BGH* NJW 1981, 922. Dies gilt insbesondere dann, wenn der Gebrauchtwagenhändler ein eigenes wirtschaftliches *Interesse* am Abschluss des Kaufvertrages hatte (*BGH* NJW 1971, 1309). Zur Haftung des Kfz-Händlers beim sog. Agenturgeschäft vgl. *Eggert* DAR 1981, 1 (zugleich Anm. zum Urteil des *LG Bochum* NJW 1980, 789 = DAR 1981, 15).
49 Vgl. dazu *BGH* VersR 1962, 562.
50 Vgl. *BGH* NJW 1965, 812; zur Haftung aus wegen *Formmangels* nichtigen Verträgen, wenn der Ersatzpflichtige die Wahrung der Form seinerseits schuldhaft verhindert hat; *BGH* VersR 1962, 562.
51 *BGH* Urt. v. 19.5.2006 – Az. V ZR 264/05, ADAJUR-Dok.Nr. 71131.
52 Vgl. *BGH* WM 1976, 1307.
53 *BGH* VRS 56, 333 (m. w. N.); *BGH* VRS 59, 241; *BGH* NJW 1980, 2000; *Weber* DAR 1981, 161.

gebenheiten des Falls und mit dem Willen des Schuldners bei der Erfüllung einer diesem obliegenden Verbindlichkeit als seine Hilfsperson tätig wird.[54]

81 Eine Entlastungsmöglichkeit ist nicht vorgesehen. Das bedeutet, dass die Haftung unter den im Gesetz gegebenen Voraussetzungen auch dann eintritt, wenn der Vertragsschuldner darzulegen vermag, dass er seine Erfüllungsgehilfen ordnungsgemäß ausgewählt, gut ausgebildet und ständig überwacht hat, sodass er auf vertragsgetreues Verhalten vorwurfsfrei vertrauen durfte.[55] Insoweit unterscheidet sich die Haftung für den Erfüllungsgehilfen aus § 278 BGB von der Haftung des Geschäftsherrn für seinen Verrichtungsgehilfen aus § 831 BGB. Sofern sich der Reiseveranstalter zur Erfüllung seiner Verpflichtungen des Reisebüros bedient, haftet er für dessen Verschulden (§ 278 BGB).[56] Hat sich der Kunde für ein Reisebüro entschieden, wird dieses bei den Informationen über die Durchführung der konkreten gewählten Reise jedenfalls nur noch als Erfüllungsgehilfe des Reiseveranstalters tätig.

82 Durch die gesetzlichen Tatbestandsmerkmale ist klargestellt, dass eine Haftung im Rahmen von § 278 BGB nur im Rahmen bestehender Schuldverhältnisse in Betracht kommt. Weiterhin muss der Erfüllungsgehilfe im Rahmen der Vertragspflichten, also gerade in Erfüllung des Vertragsverhältnisses tätig geworden sein. Gem. § 278 BGB wird die Zurechnung davon abhängig gemacht, dass jemand mit Wissen und Wollen des Geschäftsherrn zur Erfüllung von Pflichten tätig wird, die dem Geschäftsherrn obliegen. Beschränkt sich die Tätigkeit eines Grundstücksmaklers auf das Anbieten reiner Maklerdienste ohne Einbindung in die Erfüllung von Haupt- oder Nebenpflichten einer Vertragspartei, kommt laut BGH eine Zurechnung nach § 278 BGB nicht in Betracht.[57] Ist einem Grundstücksmakler von einer der späteren Kaufvertragsparteien allerdings die Führung der wesentlichen Vertragsverhandlungen überlassen worden, so ist er von ihr im Regelfall zur Erfüllung der vorvertraglichen Sorgfaltspflichten herangezogen worden, und zwar auch dann, wenn ihm ein eigener Verhandlungsspielraum nicht eingeräumt worden ist. Dies rechtfertigt die Anwendung von § 278 BGB.

82a Dies bedeutet, dass eine Haftung des Schuldners dann entfällt, wenn die schädigende Handlung nicht in Erfüllung der Verbindlichkeit, sondern nur gelegentlich[58] dieser vorgenommen wird.

83 ▶ **Beispiel:**

Der mit der Durchführung von Wartungs- und Inspektionsarbeiten an einem Kfz beauftragte Handwerker stiehlt eine im Wagen zurückgelassene Kamera. Für die Folgen dieses Diebstahls[59] ist der Vertragsschuldner (Unternehmer) nicht verantwortlich, weil der Schaden nicht aus Anlass, sondern nur bei Gelegenheit der Erfüllung der vertraglich geschuldeten Verbindlichkeit eingetreten ist. Es ist dann allerdings erforderlich, dass der Schuldner im Hinblick auf seinen Mitarbeiter – den Erfüllungsgehilfen, der zugleich auch Verrichtungsgehilfe i. S. d. § 831 BGB ist – den Entlastungsbeweis ordnungsgemäß führt oder zumindest nachweist, dass der Schaden auch bei gehöriger Beaufsichtigung entstanden wäre.

Ein Geschädigter ist grundsätzlich nicht verpflichtet sich nach dem »günstigsten« Sachverständigen zu erkundigen. Die vom Geschädigten mit der Schadensbeseitigung beauftragten Personen sind nicht seine Erfüllungsgehilfen.[60] Selbst wenn man die Reparaturwerkstatt als Vertreter des Kl. sehen würde, fehlt es jedenfalls an hinreichenden Anhaltspunkten für ein Auswahlverschulden. Den Geschädigten trifft grundsätzlich keine Erkundigungs- und Prüfungspflicht zu den Gutachterkosten eines Sachverständigen, außer bei auf der Hand liegenden Abrechnungsfehlern oder wenn der Sachverständige offenkundig »über die Stränge schlägt«.

---

54 Vgl. *BGH* VersR 1974, 574; NJW 1978, 2294; NJW 1984, 1748.
55 Vgl. BGHZ 6, 330; *BGH* NJW 1962, 1196; BGHZ 61, 7; *BGH* NJW 1974, 849; a. A. *OLG Hamm* ADAJUR-Dok.Nr. 63029; DAR 2005, 609 bei *Bernau*.
56 *BGH* Urt. v. 25.4.2006 – Az. X ZR 198/04, DAR 2006, 689 (L).
57 *BGH* Urt. v. 24.11.1995 – Az. V ZR 40/94, VersR 1996, 324.
58 Zur Haftung für Gelegenheitsdelikte von Erfüllungsgehilfen vgl. *Rathjen* JR 1979, 232 ff.
59 *OLG Hamburg* MDR 1977, 752.
60 *AG Cham* Urt. v. 12.7.2006 – Az. 6 C 66/06, NZV 2006, 655.

Eine Haftung aus § 278 BGB kommt auch dann in Betracht, wenn ein Mitarbeiter entgegen dem 84
ihm ausdrücklich erteilten Auftrage seine Kompetenzen überschreitet oder sich nicht an die Weisungen seines Arbeitgebers hält. Die Haftung entfällt nur dann, wenn ein Verhalten, das den Vorwurf der Pflichtwidrigkeit begründet, aus dem allgemeinen Umkreis jenes Aufgabenbereiches herausfällt, den der Dritte (Erfüllungsgehilfe) für den Geschäftsherrn wahrzunehmen hat.

Erfüllungsgehilfe im Rahmen des § 254 BGB – also bezüglich der dem Geschädigten obliegenden 85
Schadenminderungspflicht – kann nur eine Person sein, die üblicherweise anstelle des Geschädigten selbst oder in Erfüllung der ihm obliegenden Rechtspflichten tätig wird. Sofern zur Erfüllung dieser Pflichten üblicherweise die Hinzuziehung eines Sachverständigen erforderlich ist, kommt eine Haftung über § 278 BGB nicht in Betracht. So ist der Arzt nicht Erfüllungsgehilfe des Verletzten, die Werkstatt nicht Erfüllungsgehilfe des Geschädigten[61] und ein Gutachter (Sachverständiger) nicht Erfüllungsgehilfe seines Auftraggebers.[62]

5. Haftungsausschlüsse

Das bürgerliche Recht wird beherrscht vom Grundsatz der Dispositionsfreiheit (Vertragsfreiheit). 86
Das bedeutet, dass es weitestgehend im freien Ermessen der Parteien steht, wie sie ihre Rechtsverhältnisse regeln wollen. Sie können daher auch – im Voraus oder nachträglich – die gesetzlichen Haftungsfolgen aus bestimmten gefahrenträchtigen Sachverhalten rechtswirksam ausschließen. Zum Teil ergeben sich Haftungsbeschränkungen jedoch bereits unmittelbar aus dem Gesetz.

In Einzelfällen stehen der vertraglichen Vereinbarung von Haftungsausschlüssen indes zwingende 87
gesetzliche Vorschriften entgegen. Gleichwohl vereinbarte Haftungsausschlüsse sind in derartigen Fällen wegen Verstoßes gegen ein gesetzliches Verbot – also gem. § 134 BGB – nichtig. Hauptanwendungsfall ist die Bestimmung des § 276 Abs. 2 BGB, nach der »die Haftung wegen Vorsatzes dem Schuldner nicht im Voraus erlassen werden« kann. Daraus lässt sich zunächst einmal der Umkehrschluss ableiten, dass Haftungsausschlüsse außerhalb des Bereichs des Vorsatzes, also bis zur Grenze der groben Fahrlässigkeit, vom Gesetz gebilligt werden und daher wirksam sind. Im Wege eines weiteren Umkehrschlusses ergibt sich, dass auch ein Haftungsausschluss wegen Vorsatzes nicht schlechthin rechtswidrig, sondern dann zulässig ist, wenn er nach Eintritt des Schadenfalls und nach Kenntnis von seinen Folgen ausgesprochen wird. Im Bereich des Personenschadens kann die Haftung für grob fahrlässiges Verhalten nicht formularmäßig ausgeschlossen werden (§ 309 Nr. 7 BGB). Will der Verwender eines Formulars die Beschränkung auch auf die Fälle grob fahrlässigen Verhaltens ausdehnen, muss er dies jeweils einzelvertraglich vereinbaren.

Ein Haftungsverzicht der Teilnehmer in einem Anmeldeformular eines Veranstalters von Sicherheits- 87a
trainings kann allerdings auch Wirkung zwischen den Teilnehmern entfalten.[63] Vereinbaren die Teilnehmer an einem Sicherheitstraining in einem Formular die Haftung für Personenschäden für die Fälle vorsätzlich oder grob fahrlässigen Verhaltens, bedeutet dies laut *OLG Bamberg* im Umkehrschluss einen Haftungsverzicht für leicht fahrlässig herbeigeführte Schäden.

Von einem stillschweigenden Haftungsverzicht kann im Zusammenhang mit einem Motorrad-Si- 87b
cherheitstraining nicht ausgegangen werden.[64]

Ein Haftungsverzicht hat die Wirkung eines einen Erlassvertrages. Voraussetzung für eine rechts- 88
wirksame Vereinbarung des Haftungsverzichts ist auch insoweit eine durch Angebot und Annahme zustande gekommene Willenseinigung der Beteiligten, die volle Geschäftsfähigkeit des Verzichtenden erfordert. Dies bedeutet, dass bei einem Minderjährigen ein Haftungsausschluss aus Anlass einer

---

61 Vgl. *BGH* DAR 1971, 942; NJW 1974, 91; NJW 1974, 34 = VersR 1974, 90; DAR 1975, 109.
62 *OLG Karlsruhe* VersR 1975, 335; *OLG Celle* NJW 1962, 398; *LG Köln* NJW 1975, 57; *Wussow* UHR Rn. 1284.
63 *OLG Bamberg* Urt. v. 14.6.2005 – Az. 5 U 88/05, VersR 2006, 661; vgl. www.adac.de>Recht& Schaden; vgl. aber *BGH* ADAJUR-Dok.Nr. 82575, DAR 2009, 326, der für Motocross- Training Haftungsausschluss verneint.
64 *OLG Stuttgart* ADAJUR-Dok.Nr. 80677; VRS 115, 335.

Gefälligkeitsfahrt nur mit Zustimmung seines gesetzlichen Vertreters in Betracht kommt.[65] Der Haftungsverzicht kann aber auch durch konkludente (schlüssige) Handlung, also durch eine Art »stillschweigende Erklärung«, zustande kommen.[66] Bei dieser Betrachtungsweise ist jedoch eine gewisse Zurückhaltung geboten.[67]

88a Ein stillschweigender Haftungsverzicht[68] des später verletzten Beifahrers kann nicht bereits daraus abgeleitet werden, dass dieser den Wunsch geäußert hat, aus Gefälligkeit mitgenommen zu werden.[69]

89 In diesem Zusammenhang vertritt das *OLG Koblenz*[70] die Auffassung, dass jemand, der weiß, dass der andere, mit dem er befreundet ist, nur über eine geringe Fahrpraxis verfügt, diesen aber trotzdem ans Steuer lässt, zugleich zum Ausdruck bringt, dass er zumindest im Fall leichter Fahrlässigkeit des Fahrers diesen allenfalls dann auf Schadenersatz in Anspruch zu nehmen wird, wenn anderweitiger Ersatz von einem Dritten – insbesondere von einem dafür eintrittspflichtigen Haftpflichtversicherer nicht oder doch jedenfalls nicht auf zumutbare Weise erlangt werden kann. Ein derartiges »pactum de non petendo«[71] entspricht in bestimmten Fällen den natürlichen Anschauungen und selbstverständlichen Erwartungen aller gerecht und billig Denkenden in vergleichbaren Situationen. Es ist als stillschweigendes Einverständnis zu werten, wenn der andere Teil derartigen Erwartungen nicht ausdrücklich entgegentritt. Entscheidend ist immer die Betrachtung im Einzelfall. Übernimmt eine mit dem Fahrer freundschaftlich verbundene Person auf einer gemeinsamen Fahrt das Steuer für diesen, so ist laut *AG München* von einem stillschweigend ausgesprochenen Haftungsausschluss für einfache Fahrlässigkeit zugunsten des übernehmenden Fahrers auszugehen.[72] Anderenfalls hätte sich die Bekl. vernünftigerweise auf das Führen des Pkw nicht eingelassen.

90 Die überwiegende Meinung geht indes davon aus, dass ein stillschweigender Haftungsverzicht insbesondere dann nicht angenommen werden kann, wenn zugunsten des Verletzten Deckungsschutz bei einem Haftpflichtversicherer besteht.[73] Geht man hiervon aus, bedeutet dies, dass der Halter/Eigentümer/Versicherungsnehmer seinen Personenschaden gegenüber der Kfz-Haftpflichtversicherung des Unfallfahrzeugs geltend machen kann. Auch in diesem Fall stellt sich jedoch die Frage, ob der Fahrer, der gemeinschaftlich, also auch im eigenen Interesse das Fahrzeug gefahren hatte, nicht zumindest für den Rückstufungsschaden haftet. Anders hingegen kann es sich dann verhalten, wenn kein Haftpflichtdeckungsschutz (mehr) besteht.[74] Dies gilt insbesondere für sog. Gefälligkeitsfahrten, also für Vorgänge des täglichen Lebens, deren Bedeutung für die Beteiligten einer Klarstellung durch Worte nicht bedarf.

91 Einen stillschweigenden Haftungsausschluss für leichte Fahrlässigkeit ist nicht schon deshalb anzunehmen weil der Fahrer aus Gefälligkeit gegenüber dem Kfz-Halter das Steuer übernommen hat.[75]

---

65 *OLG München* VersR 1963, 51.
66 Vgl. *OLG Bamberg* VersR 1985, 786; *OLG Frankfurt* NJW 1998, 1232; *BGH* ADAJUR-Dok.Nr. 82456; DAR 2009, 327.
67 *OLG Bamberg* NJW-RR 1986, 252; *AG Plettenberg* Urt. v. 3.11.2006 – Az. 1 C 345/05, ADAJUR-Dok.Nr. 71968; *Bohne* VRK 2005, 201.
68 Vgl. *BGH* VersR 1979, 136; *OLG Düsseldorf* VersR 1975, 57; *OLG Karlsruhe* zfs 1981, 233; *LG Göttingen* zfs 1981, 327; *AG Köln* zfs 1984, 364.
69 *BGH* VersR 1967, 157 (bei Mitnahme eines Freundes auf einem Moped); VersR 1967, 882 (aus freundschaftlichen Beziehungen zwischen Fahrer und Beifahrer kann nicht ohne Weiteres eine Entscheidung der Verschuldenshaftung begleitet werden).
70 Vgl. *OLG Koblenz* VersR 1983, 947 = zfs 1983, 356.
71 Vgl. dazu auch mit näheren Ausführungen zum Rechtscharakter des Haftungsausschlusses *AG Köln* (256 C) zfs 1984, 364.
72 *AG München* Urt. v. 13.12.2000 – Az. 282 C 28947/00, ADAJUR-Dok.Nr. 53914.
73 *BGH* VRS 21, 164 f.; VersR 1962, 252; DAR 1963, 241; VersR 1963, 1080; VRS 26, 81; VersR 1964, 735; vgl. dazu: *Berg* VRS 27, 1; vgl. *OLG München* Urt. v. 9.10.2009, Az 10 U 2309/09, ADAJUR-Dok.Nr. 85285.
74 Vgl. *BGH* DAR 1978, 249; VRS 56, 163; VRS 58, 241; VRS 58, 333; *OLG Hamm* VersR 1976, 547.
75 Vgl. BGHZ 41, 79; VersR 1980, 384; VRS 65, 178; *OLG Karlsruhe* OLGZ 1980, 386; *Weber* DAR 1984, 161; *OLG Koblenz* ADAJUR-Dok.Nr. 64423.

B. Rechtsgrundlagen

Nach einem Urteil des *OLG Karlsruhe*, hat derjenige, dem das Fahrzeug überlassen wurde und der wegen der Verletzung des allgemeinen Rücksichtnahmegebots (§§ 1 Abs. 2, 8 StVO) einen Unfall verursacht, lediglich Schäden nach § 823 Abs. 1 BGB und nicht nach § 823 Abs. 2 BGB zu ersetzen. Ein Anspruch auf Erstattung des Rückstufungsschadens scheidet aus, da § 823 Abs. 1 BGB nur Schäden am überlassenen Fahrzeug betrifft.[76] Der Rückstufungsschaden ist nicht auf die Beschädigung des benutzen Pkw, sondern auf Schäden zurückzuführen, die an dem weiteren am Unfall beteiligten Fahrzeug entstanden sind.

91a

Da ein rechtswirksamer Haftungsverzicht volle Geschäftsfähigkeit zumindest des Verzichtenden voraussetzt, kann ein Haftungsausschluss insbesondere dann zweifelhaft sein, wenn es sich für die Beteiligten beispielsweise um eine Trunkenheitsfahrt gehandelt hat.[77] Bei einer Blutalkoholkonzentration des Insassen von 2,8 ‰ bis 3 ‰ können erhebliche Zweifel bestehen, ob dieser zu rechtsgeschäftlichen Erklärungen über einen Haftungsverzicht überhaupt in der Lage war.[78]

92

Die Rechtsprechung entscheidet derartige Fälle i. d. R. durch Bezugnahme auf § 254 BGB,[79] d. h. sie geht davon aus, dass der Fahrgast, der sich einem erkennbar[80] betrunkenen Kraftfahrer zur Beförderung anvertraut, ein nicht unerhebliches Mitverschulden an der Herbeiführung der Schäden zur

92a

---

76 *OLG Karlsruhe* Urt. v. 26.2.2003 – Az. 17 U 121/02, ADAJUR-Dok.Nr. 57732.
77 Vgl. *BGH* VersR 1965, 386; 1966, 40; *OLG München* VersR 1963, 51; *Wussow* UHR Rn. 1305.
78 Vgl. dazu: *OLG Bamberg* NJW-RR 1986, 252.
79 *BGH* VRS 57, 161 (beim Fehlen konkreter Anhaltspunkte für eine die Fahrtüchtigkeit beeinträchtigende – alkoholbedingte – Übermüdung des Fahrers ist der Fahrgast nicht verpflichtet, sich selbst wach zu halten, um den Fahrer in geeigneter Weise am *Einschlafen zu* hindern); VRS 57, 241 (Schädiger muss beweisen, dass Insasse die Trunkenheit des Fahrers – dessen BAK 1,3 ‰ betrug – erkannt hat); *OLG Düsseldorf* VS 1995, 256; *OLG Schleswig* NZV 1995, 357; *OLG Hamm* DAR 1997, 52; r+s 1997, 497; *OLG Oldenburg* DAR 1998, 277; *OLG Saarbrücken* MDR 2002, 392; *OLG Nürnberg* VersR 1969, 836 (Insasse hätte bei einem BAK von 2,04 ‰ Bedenken bezüglich der Fahrtüchtigkeit haben müssen); VS 1980, 81 (50 % Mithaftung bei 1,65 ‰ BAK und Nichtanschnallen des Insassen); *OLG Schleswig* VersR 1975, 290 (auch eine erhebliche Alkoholbeeinflussung – im konkreten Fall: 1,65 ‰ – bleibt außer Betracht, wenn sie sich nicht nachweisbar auf das Unfallgeschehen ausgewirkt hat); *KG* VersR 1975, 52; VS 1976, 100; r+s 1976, 99 ($^1/_3$ Mitverschulden bei begründeten Zweifeln an der Fahrtüchtigkeit); *OLG Hamburg* VersR 1977, 380; *OLG Celle* VersR 1978, 330 ($^1/_3$ Mitverschulden); VersR 1981, 736 (keine Mithaftung trotz 2 ‰ BAK des Fahrers); VersR 1982, 960 = zfs 1982, 356 (75 % Mitverschulden des Beifahrers, der im konkreten Fall zugleich auch als Halter und Eigentümer des Kfz dem angetrunkenen Zechgenossen die Führung des Kfz überlassen hatte); VRS 85, 161 (kein Mitverschulden bei 0,92 ‰); *OLG Zweibrücken* VersR 1978, 1030 (keine Haftung des Insassen bei 1,74 ‰ BAK des Fahrers); *OLG Frankfurt/M.* 1979 r+s 1979, 206 ($^1/_3$ Mitverschulden bei 2,02 ‰ BAK des Fahrers); VersR 1980, 287 = zfs 1980, 141 ($^1/_3$ Mitverschulden); NJW-RR 1987, 91 (es kommt entscheidend darauf an, ob sich aus den erkennbaren Gesamtumständen Zweifel an der Fahrtüchtigkeit aufdrängen mussten); NZV 1989, 111; *OLG Koblenz* VersR 1980, 238 = VS 1980, 141 (50 % Mithaftung des Insassen); VersR 1981, 756 = VS 1981, 297 ($^1/_3$ Mithaftung des Insassen); zfs 1989, 119 (L) = VS 1976, 90 ($^1/_3$ Mitverschulden des Insassen bei 2,07 ‰); *OLG München* zfs 1985, 161 (kein Mitverschulden bei 1,8 ‰); zfs 1986, 1; zfs 1986, 323 (50 % Mitverschulden); *OLG Hamm* zfs 1987, 290 (25 % Mitverschulden des Insassen bei 2,03 ‰); *OLG Hamm* VersR 1987, 205 (Mitverschulden des Beifahrers, wenn dieser trotz Vorliegens von Verdachtsmomenten nicht nachgefragt hat, ob der Fahrer im Besitz einer Fahrerlaubnis ist); *LG Köln* VersR 1974, 1187 (25 % Mitverschulden bei 2,2 ‰ BAK); *LG Hannover* VersR 1976, 101 (keine Haftung bei erkennbarer Trunkenheit des Fahrers); *LG Frankfurt/M.* VersR 1979, 332 (50 % Mitverschulden bei 2,7 ‰); *LG Düsseldorf* VS 1984, 195 (1,75 ‰); *LG Frankenthal* VS 1984, 353 (50 % Mitverschulden bei 1,6 ‰); *LG Braunschweig* zfs 1986, 2; *LG Marburg* VS 1986, 353 (Mithaftung zu 66 $^2/_3$ %, wenn sich der verletzte 16jährige Insasse einem führerscheinlosen minderjährigen Schwarzfahrer zur Beförderung anvertraut hat); *AG Bremervörde* Urt. v. 12.7.2006 – Az. 5 C 465/05, ADAJUR-Dok.Nr. 71995 ($^1/_3$ Mitverschulden).
80 *BGH* VersR 1972, 398 (0,9 oder 1,0 ‰); *OLG Düsseldorf* VersR 1975, 57 (1,33 ‰); *OLG Oldenburg* VersR 1958, 730 (1,01 ‰); *OLG Celle* VersR 1981, 736 (1,4 ‰); zfs 1985, 161 (0,32 ‰ nicht ohne Weiteres erkennbar); *OLG München* VS 1985, 161 (1,8 ‰ nicht stets erkennbar); VersR 1986, 925 (50 % Mitverschulden).

Last fällt.[81] Bei dieser Betrachtung bleibt die Betriebsgefahr des Kfz unberücksichtigt, da sie ohne rechtliche Relevanz ist.

92b Ein Mitverschulden des Beifahrers (Fahrgastes) kann auch dann in Betracht kommen, wenn er eine Übermüdung des Fahrers erkennt oder nach der Lage der Dinge hätte erkennen müssen.[82]

92c Von einem stillschweigenden Haftungsausschluss ist laut *LG Saarbrücken* dann auszugehen, wenn jemand eine Trunkenheitsfahrt dadurch verhindert, dass er eine alkoholisierte Person vom Fahren abhält, indem er selbst das Steuer übernimmt. Verursacht er auf dieser Strecke fahrlässig einen Unfall, haftet er nicht für die Schäden.[83] Es liegt eine Gefälligkeitsfahrt mit einem stillschweigenden Haftungsausschluss vor.

92d Das Führen des Fahrzeuges durch den Beklagten lag ausschließlich im Interesse des alkoholisierten Klägers. Etwas anderes würde allenfalls bei grob fahrlässig herbeigeführtem Unfall gelten.

93 Ist jedoch ein Haftungsverzicht rechtswirksam vereinbart, so werden dadurch nicht allein die eigenen (originären) Ersatzansprüche des Verletzten ausgeschlossen, sondern in gleicher Weise auch etwaige Ansprüche seiner Hinterbliebenen aus § 844 Abs. 1 u. Abs. 2 BGB.

94 Unter einer Gefälligkeitsfahrt[84] versteht man die unentgeltliche, vertragslose, auf reinem Entgegenkommen beruhende Mitnahme eines Fahrgastes in einem Kraftfahrzeug. Grundsätzlich haften auch in diesem Fall Fahrer und Halter eines Kfz nach den allgemeinen gesetzlichen Bestimmungen,[85] also aus Verschulden.

---

81 Vgl. *BGH* DAR 1971, 130; VersR 1971, 1161; VersR 1970, 624 (m. Anm. v. *Baumgärtel* VersR 1970, 810); *OLG München* VersR 1962, 772; *OLG Hamburg* VersR 1977, 380; *OLG Koblenz* VersR 1980, 238; zfs 1981, 297 ($1/3$ Mitverschulden des Beifahrers, der sich einem erkennbar betrunkenen Kraftfahrer, mit dem er zuvor selbst gezecht hatte, zur Heimfahrt anvertraut hat); *OLG Frankfurt/M.* VersR 1980, 287; r+s 1984, 203 (30 % Mitverschulden bei gemeinsamer Zechtour und einer BAK des Kraftfahrers von 1,9 ‰); *KG* r+s 1983, 53; *OLG Bamberg* zfs 1985, 292 (minderjähriger Kraftfahrer, der noch keine Fahrerlaubnis besitzt; überdies hatte der Fahrgast den Sicherheitsgurt nicht angelegt: $1/3$ Mitverschulden); *LG Nürnberg* VS 1981, 194 (25 %); *LG Stuttgart* r+s 1985, 29; *LG Frankenthal* zfs 1984, 353 (1,6 ‰ auf Rallyefahrt); *Siebenhaar* DAR 1963, 405; *Schmidt* NJW 1965, 2189; – a. A. *Haberkorn* DAR 1966, 150; *OLG Hamm* DAR 1997, 52; *OLG Düsseldorf* VRS 95, 256; *OLG Hamm* r+s 1997, 497; *OLG Oldenburg* DAR 1998, 277; *OLG Saarbrücken* MDR 2002, 392.

82 *BGH* VersR 1961, 918 (im Allgemeinen kann der Fahrgast darauf vertrauen, dass der Fahrer seine Pflichten ordnungsgemäß erfüllt; er braucht sich nicht ohne begründeten Anlass darum zu kümmern, ob der Fahrer den jeweiligen Anforderungen der Verkehrslage ausreichend Rechnung trägt); VersR 1971, 473 (Mitverschulden des Fahrgastes ist erst dann anzunehmen, wenn er nach den gesamten Umständen des konkreten Einzelfalles ernsthafte Zweifel haben musste, ob der Fahrer den Anforderungen der Fahrt noch gewachsen ist; dabei dürfen an die Prüfungspflicht des Fahrgastes, zumal bei einer spontanen Verabredung, an der mehrere Personen beteiligt sind, keine überhöhten Anforderungen gestellt werden); *OLG Düsseldorf* VersR 1975, 57 (ein auf dem Vordersitz befindlicher Beifahrer, der während einer langen Nachtfahrt nicht auf mögliche Übermüdung des Fahrers achtet, sondern selbst einschläft, hat ein Mitverschulden von 25 %); *OLG Koblenz* zfs 1981, 358 (Mitverschulden nur bei konkreten Anhaltspunkten, die begründete Zweifel an einer erheblichen Beeinträchtigung der Fahrtüchtigkeit aufkommen lassen); *OLG München* zfs 1986, 1 (25 % Mitverschulden, wenn der Beifahrer die Lenkungszeit des Fahrers kennt); *LG Detmold* r+s 1978, 188 (wenn der Insasse weiß, dass der Fahrer nur wenig geschlafen hat und während der Fahrt selbst noch einschläft, muss er sich ein Mitverschulden von $1/3$ anrechnen lassen) *OLG Düsseldorf* VRS 95, 256.

83 *LG Saarbrücken* Urt. v. 23.10.2003 – Az. 11 S 2097/02, ADAJUR-Dok.Nr. 60348.

84 Vgl. dazu: *Heuss* VersR 1971, 780; *Weimar* DAR 1975, 34 (Fahrgemeinschaft); *Bernd von Hoffmann* in Staudinger, BGB, Neubearbeitung 2001, Art. 51 EGBGB, Rn. 25.

85 *BGH* DAR 1965, 125; NJW 1966, 41; *OLG Hamburg* VersR 1970, 188; *KG* bei: *Darkow* DAR 1970, 29; DAR 1975, 281; *OLG Düsseldorf* DAR 1974, 157; VersR 1975, 57; *Hauß* VersR 1964, 470; *Heuss* VersR 1971, 789; *Weber* DAR 1979, 113; DAR 1980, 129.

Mangelnde Fahrpraxis des Fahrers begründet nur dann ein nach § 254 Abs. 1 BGB zu berücksichtigendes Mitverschulden desjenigen, der sich ihm zur Beförderung anvertraut, wenn von vornherein erkennbar mit besonderen Schwierigkeiten zu erwarten waren.[86]

95

Streng zu trennen von den Gefälligkeitsfahrten und Gefälligkeitsverträgen sind die sog. Gefälligkeitshandlungen.[87] Diese kennzeichnen sich in aller Regel dadurch, dass sie von einem Verhalten tatsächlicher Art ohne rechtliche Relevanz und ohne Rechtsbindungswillen (animus obligandi) geprägt werden.[88] Gefälligkeitshandlungen stellen also regelmäßig Realakte dar.

96

Ob ein Rechtsbindungswille vorhanden ist, richtet sich entscheidend danach, wie sich dem objektiven Betrachter das Handeln des Leistenden darstellt. Zu beurteilen ist, ob der Leistungsempfänger aus dem Handeln des Leistenden unter den gegebenen Umständen nach Treu und Glauben (§ 242 BGB) mit Rücksicht auf die Verkehrssitte (§ 157 BGB) auf einen Verpflichtungswillen schließen musste. Gefälligkeiten des täglichen Lebens werden sich regelmäßig außerhalb des rechtsgeschäftlichen Bereichs vollziehen. Dies gilt insbesondere für Gefälligkeiten, die im rein gesellschaftlichen Verkehr wurzeln bzw. denen lediglich kameradschaftliche oder freundschaftliche Bedeutung zukommt.

97

Auch insoweit kommt ein stillschweigender Haftungsverzicht nicht ohne weiteres in Betracht. Ein Teil der Rechtsprechung geht jedoch davon aus, dass bei Gefälligkeitshandlungen jedenfalls für leichte Fahrlässigkeit ein stillschweigender Haftungsverzicht besteht.[89] So hat die Privathaftpflichtversicherung nach einem Urteil des *AG Plettenberg* keine Rückgriffsmöglichkeit gegen die Umzugshelfer seines Versicherungsnehmers, wenn diese unentgeltlich und aus reiner Gefälligkeit dem VN beim Umzug hilft und hierdurch leicht fahrlässig ein Schaden verursacht.[90] In diesen Fällen ist anzunehmen, dass eine stillschweigende Haftungsbeschränkung auf die Fälle des vorsätzlichen oder grob fahrlässigen Verhaltens zwischen den Beteiligten vereinbart worden ist. Keiner der Helfer hat eine rechtsgeschäftliche Verpflichtung bzgl. der Umzugsleistung übernommen.

97a

Eine Reihe von gesetzlichen Sondertatbeständen verbietet oder beschränkt die Vereinbarung eines rechtsgeschäftlichen Haftungsausschlusses. Eine derartige Bestimmung findet sich beispielsweise in § 7 HaftPflG. Nach dieser Vorschrift darf der Ersatzpflichtige seine Haftung aus §§ 1–3 HaftPflG, soweit es sich um Personenschäden handelt, im Voraus weder ausschließen noch beschränken. Das Gleiche gilt für die Ersatzpflicht nach § 2 HaftPflG (Anlagenhaftung) wegen Sachschäden, es sei denn, dass der Haftungsausschluss oder die Haftungsbeschränkung zwischen dem Inhaber der Anlage und einer juristischen Person des öffentlichen Rechts, einem öffentlich-rechtlichen Sondervermögen oder einem Kaufmann im Rahmen eines zum Betriebe seines Handelsgewerbes gehörenden Vertrages vereinbart worden ist. Das BGB sieht einen Ausschluss oder eine Begrenzung der Haftung im Rahmen von Allgemeinen Geschäftsbedingungen für Schäden aus der Verletzung des Lebens, des Körpers oder der Gesundheit, die auf einer fahrlässigen Pflichtverletzung des Verwenders oder einer vorsätzlichen oder fahrlässigen Pflichtverletzung eines gesetzlichen Vertreters oder Erfüllungsgehilfen des Verwenders beruhen, als unzulässig an (§ 309 Nr. 7 BGB).

98

Für die entgeltliche, geschäftsmäßige Beförderung mit Kraftfahrzeugen – insbesondere also für Omnibus- und Taxiunternehmer – bestimmt § 8a Abs. 2 StVG das die Ersatzpflicht des Halters aus Anlass von Personenschäden weder ausgeschlossen noch beschränkt werden darf. Daraus lässt sich der

99

---

86 Vgl. *OLG Celle* NZV 1988, 141.
87 Zum Begriff der Gefälligkeitshandlungen vgl. *BGH* VersR 1980, 328; BGHZ 21, 102; VRS 20, 251; NJW 1968, 1874; BGHZ 56, 204.
88 *OLG Frankfurt/M.* zfs 1982, 1.
89 *LG Aachen* NJW-RR 1987, 800 (bestätigt durch: *OLG Köln* zfs 1988, 35); *LG Würzburg* zfs 1988, 304; *AG Wiesbaden* zfs 1989, 154; *AG Dortmund* zfs 1989, 74; *OLG Stuttgart* ADAJUR-Dok.Nr. 78116.
90 *AG Plettenberg* Urt. v. 3.11.2006 – Az. 1 C 345/05, ADAJUR-Dok.Nr. 71968; so auch *AG Lindau* Urt. v. 27.10.1997 – Az. C 1029/97, r+s 1999, 151.

Umkehrschluss ableiten, dass eine vertragliche Haftungsbeschränkung insoweit zulässig ist, als es sich um Sachschäden handelt.

100 Nicht selten stellt sich die Frage nach der Drittwirkung von Freizeichnungsklauseln, so beispielsweise für das weite Feld des Arbeitsvertrages. Diese Problemstellung tritt insbesondere dann auf, wenn zwischen dem Unternehmer und seinem Kunden ein rechtswirksamer Haftungsverzicht vereinbart worden ist und der Schaden durch einen Arbeitnehmer (Mitarbeiter) des Unternehmens verursacht wurde. Es erhebt sich nun die Frage, ob der Geschädigte berechtigt ist, unbeschadet des von ihm ausgesprochenen Haftungsverzichts den schuldhaft handelnden Arbeitnehmer nach den Bestimmungen der §§ 823 ff. BGB in Anspruch zu nehmen, wobei die Gefahr besteht, dass ein derartiger Anspruch – wenn auch auf Umwegen – auf den Unternehmer für den Fall durchschlagen würde, dass dem Arbeitnehmer ein Freistellungsanspruch nach den von der Rechtsprechung entwickelten Grundsätzen zur gefahrgeneigten Arbeit zusteht.[91]

101 Es ist davon auszugehen, dass die zugunsten eines Unternehmers erklärte Freizeichnung nach den Grundsätzen von Treu und Glauben als eine Form des pactum de non petendo sich zugleich auf den als Erfüllungsgehilfen tätig gewordenen Mitarbeiter im Rahmen schadengeneigter Tätigkeit erstreckt. Es handelt sich um Verträge mit Schutzwirkung zugunsten Dritter i. S. v. § 328 Abs. 2 BGB.

102 Der rechtswirksam zustande gekommene Haftungsausschluss gilt auch gegenüber öffentlich-rechtlichen Sozialversicherungsträgern im Hinblick auf den Forderungsübergang aus § 116 SGB X mit der Folge, dass unter dieser Voraussetzung von vornherein ein übergangsfähiger Ersatzanspruch gar nicht erst entsteht. Der Sozialversicherungsträger kann keine Regressansprüche geltend machen. Er ist hierzu nicht aktiv legitimiert.

103 Lediglich gegenüber Ausgleichsansprüchen wirkt der Haftungsverzicht nicht, weil es sich insoweit um einen Eingriff in die Rechtsposition Dritter handeln würde, der nach unserer Rechtsordnung nicht zulässig ist.[92] Auch ein rechtswirksam vereinbarter Haftungsverzicht kann dadurch »unterlaufen« werden, dass der Verzichtende seine Ansprüche zwar nicht gegenüber seinem Partner, wohl aber gegenüber einem als Gesamtschuldner mithaftenden Dritten geltend macht. Dieser mithaftende Schuldner kann diese Ansprüche dann, soweit sie seinen eigenen Verantwortungsbeitrag übersteigen, ausgleichen lassen. Damit kommen derartige Ansprüche, wenn auch durch die »Hintertür«, doch wieder auf den durch Individualabsprache begünstigten Partner des Erlassvertrages (Verzichtsvertrages) zu.[93]

104 Dieser Nachteil lässt sich – wenn auch nur im Innenverhältnis – dadurch vermeiden, dass der Geschädigte sich verpflichtet, auch auf etwa begründete Schadenersatzansprüche gegen Dritte zu verzichten, die diese ihrerseits zum Ausgleich – beispielsweise nach § 17 StVG – stellen könnten. Wichtig ist dies im Zusammenhang mit dem Ausgleich von Schadenersatzansprüchen. Beabsichtigt der Schädiger den Schaden selbst zu begleichen, sollte er mit dem Unfallgegner vereinbaren, dass mit der Zahlung sämtliche gegenseitigen Ansprüche erloschen sind, auch sofern Dritte, z. B. die Kfz-Haftpflichtversicherung, eintreten müssten.

III. Unerlaubte Handlungen

105 Für unerlaubte Handlungen genügt der Tatbestand der objektiven Widerrechtlichkeit. Der Begriff steht von seiner Systematik her im Zusammenhang mit der gesetzlichen Haftung. Er findet jeweils dann Anwendung, wenn zwischen den Parteien keine Vertragsverhältnisse oder andere rechtliche Sonderverbindungen bestehen. Von »Verschulden« spricht das BGB demgegenüber im Rahmen ver-

---

91 Vgl. *OLG Hamm* ADAJUR-Dok.Nr. 32359; DB 2001, 2295 bei *Rolfs*; *AG Nürnberg* ADAJUR-Dok.Nr. 66281; NJW-RR 2005, 1612.
92 *BGH* VersR 1954, 189; VersR 1957, 55; 1961, 918.
93 Soweit es sich um die Auswirkungen von Haftprivilegien auf den »hinkenden« Schadenausgleich im Rahmen eines geänderten Gesamtschuldverhältnisses handelt, vgl. *Klimke* ZfV 1980, 467.

tragicher und vertragsähnlicher Rechtsbeziehungen. Unter »Verschulden«, das es natürlich auch im Bereich der unerlaubten Handlungen gibt, versteht man daher die Verantwortlichkeit für eigenes Verschulden und für die Zurechnung fremden Fehlverhaltens.

Die Anwendbarkeit der Vorschriften über unerlaubte Handlungen beschränkt sich in ihrer rechtlichen Auswirkung weder auf bestimmte Personen noch auf abgrenzbare Personenkreise. Es werden keine bereits bestehenden Rechtsbeziehungen vertraglicher Art oder anderweitige rechtliche Sonderverbindungen zwischen dem Schädiger und dem Geschädigten vorausgesetzt. 106

Soweit es sich um die Verteilung der Beweislast handelt, ist Ausgangspunkt der Betrachtung im Rahmen des § 823 Abs. 1 BGB die sog. Rosenbergsche Formel. Nach ihr hat derjenige, der einen Anspruch aus unerlaubter Handlung – also einen deliktischen Schadenersatzanspruch – geltend macht, alle anspruchsbegründenden Voraussetzungen des § 823 Abs. 1 BGB zu beweisen. Auch insoweit gelten die Beweiserleichterungen, wie beispielsweise der Beweis des ersten Anscheins und die für das öffentlich-rechtliche Prozessverhältnis geschaffenen Regeln der richterlichen freien Beweiswürdigung nach §§ 286, 287 ZPO. 107

1. Allgemeine Erwägungen

Die Vorschriften des bürgerlichen Rechts über unerlaubte Handlungen bezwecken den Schutz des Einzelnen gegen widerrechtliche Eingriffe in seinen geschützten Rechtskreis. Dabei handelt es sich aber nur um die Verletzung der allgemeinen, d. h. zwischen allen Personen bestehenden – gewissermaßen nachbarrechtlichen – Rechtsbeziehungen, die jedermann beachten muss.[94] 108

Ein Schadenersatzanspruch aus unerlaubter Handlung setzt im Allgemeinen voraus: 109
– Rechtswidrigkeit (objektive Widerrechtlichkeit)
– Verletzung eines der geschützten Rechtsgüter
– kausaler Sachzusammenhang
– Schadensadäquanz
– Prüfung, ob der Schaden nach den Grundsätzen der Voraussehbarkeit in den Schutzbereich der verletzten Norm fällt
– Entstehung des Schadens in der Person des unmittelbar Verletzten bzw. des neuen Gläubigers im Rahmen eines Forderungsüberganges, eines Erben und ausnahmsweise auch eines Dritten.

Die Haftung nach dem 25. Titel des BGB setzt uneingeschränkte Deliktsfähigkeit voraus. Darunter versteht man die Fähigkeit, sich durch unerlaubte Handlungen in rechtswirksamer Weise zum Schadenersatz zu verpflichten. Das bedeutet, dass der Täter wegen fehlenden Verschuldens nicht haftet, wenn er nicht deliktsfähig (§ 828 BGB) oder nicht zurechnungsfähig (§ 827 BGB) ist.[95] Zurechnungsunfähig ist nach § 827 BGB eine Person, die in einem die freie Willensbestimmung ausschließenden Zustande krankhafter Störung der Geistestätigkeit einem anderen Schaden zufügt. Das Gleiche gilt für einen Täter, der das 7. Lebensjahr noch nicht vollendet hat (§ 828 Abs. 1 BGB). Im fließenden Straßenverkehr besteht die Privilegierung von Kindern bis zum Alter von 10 Jahren (§ 828 Abs. 2 BGB). Stößt ein achtjähriges Kind mit seinem Fahrrad aufgrund überhöhter Geschwindigkeit und Unaufmerksamkeit im fließenden Verkehr gegen ein verkehrsbedingt haltendes Kraftfahrzeug, so handelt es sich um eine typische Fallkonstellation der Überforderung des Kindes durch die Schnelligkeit, die Komplexität und die Unübersichtlichkeit der Abläufe im motorisierten Straßenverkehr.[96] Das gilt für den Fall, dass der Fahrer das Kind nicht herankommen sehen konnte und mit dem es deshalb möglicherweise nicht rechnete. Darauf, ob sich diese Überforderungssituation konkret ausgewirkt hat oder ob das Kind aus anderen Gründen nicht in der Lage war, sich verkehrsgerecht zu verhalten, kommt es im Hinblick auf die generelle Heraussetzung der Deliktsfähig- 110

---

94 Vgl. dazu Palandt/*Thomas* Einf. vor § 823.
95 Vgl. *BGH* VersR 1969, 860; *OLG München* r+s 1978, 254.
96 *BGH* Urt. v. 17.4.2007 – Az. VI ZR 109/06, DAR 2007, 454.

keit von Kindern durch § 828 Abs. 2 S. 1 BGB in der Fassung des Zweiten Gesetzes zur Änderung schadensrechtlicher Vorschriften vom 19.7.2002 nicht an.

110a Verursacht ein Kind ab 7 Jahren vorsätzlich einen Schaden im fließenden Verkehr, haftet es. Die Ausnahmeregelung des § 828 Abs. 2 BGB greift nicht. Wer sich auf einen dieser haftungsausschließenden Tatbestände beruft, hat grundsätzlich den Beweis für diese Behauptung zu führen.[97]

111 Bedingt deliktsfähig ist nach § 828 Abs. 3 BGB ein Täter zwischen dem vollendeten 7. und dem 18. Lebensjahr.[98] Diese Personen sind nur dann verantwortlich und zum Schadenersatz verpflichtet, wenn sie im Zeitpunkt der unerlaubten Handlung die »zur Erkenntnis der Verantwortlichkeit erforderliche Einsicht«[99] hatten. Darunter versteht man die geistige Entwicklung, die den Täter in die Lage versetzt das Unrecht seines Verhaltens gegenüber seinen Mitmenschen einzusehen,[100] ohne dass es insoweit auf seine individuelle Steuerungsfähigkeit ankommt.[101] Etwas anderes gilt nur für die Verursachung von Schäden im fließenden Straßenverkehr. Dort haften Kinder für grobe Fahrlässigkeit und leichte Fahrlässigkeit erst ab 10 Jahren (§ 828 Abs. 2 BGB).

111a Der *BGH* hat in ständiger Rechtsprechung daran festgehalten, dass ein Minderjähriger, der imstande ist, die Verantwortlichkeit für sein Tun einzusehen, ohne Rücksicht auf seine *Steuerungsfähigkeit deliktsfähig i. S. v.* § 828 Abs. 2 BGB ist.[102] Fehlt es einem Jugendlichen, der seine Verantwortlichkeit einzusehen vermag, noch an der Reife, sich dieser Einsicht entsprechend zu verhalten, so ist er für den von ihm angerichteten Schaden verantwortlich.[103] Verstößt ein 13 Jahre alter Radfahrer beim Linksabbiegen gegen §§ 2 Abs. 2, 9 Abs. 1, 2 StVO (Rückschau, Handzeichen, Einordnen) und stößt er mit einem Fahrzeug zusammen, das aufgrund eines Überholvorgangs auf der linken Fahrbahnseite an ihm vorbeifährt, so trifft ihn deshalb die volle Haftung.[104] Das Verschulden des Fahrrad fahrenden Kindes wiegt so schwer, dass bei einer Haftungsabwägung die einfache Betriebsgefahr des in den Unfall verwickelten Kfz gänzlich zurücktritt.

111b Das Haftungsprivileg des § 828 Abs. 2 S. 1 BGB in der Fassung des Zweiten Gesetzes zur Änderung schadensersatzrechtlicher Vorschriften vom 19.7.2002 führt laut *BGH* allerdings nicht zu einer Änderung der Darlegungs- und Beweislast für Schadensfälle, die sich vor dem 1.8.2002 ereignet haben.[105]

112 In diesem Zusammenhang ist es nicht erforderlich, dass sich der Minderjährige die Gefahr in der breit gefächerten Palette aller ihrer denkbaren Besonderheiten und Erscheinungsformen im Einzelnen vorgestellt hat, sondern es genügt das auf Erfahrung oder Vorstellungskraft beruhende Bewusstsein, dass ein bestimmtes Verhalten Gefahren mit sich bringen kann.

113 Im Zweifel gilt jedes Kind, das älter als 10 Jahre ist, als deliktsfähig. Dies bedeutet, dass die Einsicht im Regelfalle vermutet wird, auch wenn es sich um Fahrlässigkeitsdelikte handelt.

114 Der Begriff der Fahrlässigkeit bestimmt sich nach allgemeinen Kriterien, also nach § 276 Abs. 2 BGB. So, wie aber auch bei Erwachsenen die Zugehörigkeit zu bestimmten Personengruppen eine Rolle spielt, ist auch bei Minderjährigen hinsichtlich der Anforderungen an die im Verkehr erforderliche Sorgfalt zwar nicht auf die Individualität des Einzelnen, wohl aber darauf abzustellen, welche

---

97 *BGH* VersR 1982, 849; *BGH* ADAJUR-Dok.Nr. 83817.
98 Soweit es sich um Schadensersatzansprüche bei Beteiligung von Kindern und Jugendlichen an Volkshochschulen handelt, vgl. *Scheffen* VersR 1987, 116.
99 Vgl. *OLG Koblenz* VersR 1980, 951; *OLG Nürnberg* ADAJUR-Dok.Nr. 70746; NZV 2006, 580.
100 *BGH* NJW 1970, 1038; *OLG München* VersR 1978, 973; VersR 1966, 297; *OLG Köln* VersR 1978, 853; *OLG Karlsruhe* VersR 1979, 478; *OLG Koblenz* VersR 1980, 951.
101 *BGH* NJW 1970, 1038; NJW 1984, 1958 = VersR 1984, 641.
102 *BGH* VersR 1984, 641.
103 *BGH* VersR 1970, 467.
104 *LG Koblenz* Urt. v. 26.9.2005 – Az. 5 O 611/04, SP 2006, 53.
105 *BGH* Urt. v. 14.6.2005 – Az. VI ZR 181/04, DAR 2005, 510.

B. Rechtsgrundlagen

Anforderungen an Sorgfalt von Kindern gleichen Alters und gleicher Lebensbedingungen zu stellen sind. Das Verschulden von Kindern und Jugendlichen ist ganz allgemein weniger schwer zu werten als das Verschulden Erwachsener unter gleich gelagerten Umständen.[106]

Von einem erwachsenen, voll verantwortlicher Verkehrsteilnehmer kann eher erwartet werden, dass er sich auf eine ungewöhnliche Verkehrsregelung am Unfallort einstellte, als von dem zur Unfallzeit zwar zivilrechtlich verantwortlichen Jugendlichen, dessen Verschulden im Hinblick auf sein jugendliches Alter und die damit regelmäßig verbundene Unerfahrenheit aber in einem milderen Licht zu beurteilen ist.[107]

114a

Trotz Deliktsunfähigkeit kann eine Ersatzpflicht aus Billigkeitsgründen[108] nach § 829 BGB oder eine Haftung des Aufsichtspflichtigen aus § 832 BGB bzw. des Geschäftsherrn für seinen Verrichtungsgehilfen nach § 831 BGB in Betracht kommen. Der Minderjährige muss sich im Rahmen bestehender Schuldverhältnisse und sonstiger rechtlich relevanter Sonderverbindungen das Fehlverhalten seines gesetzlichen Vertreters als eigenes Verschulden zurechnen lassen.

115

Die unerlaubte Handlung wird i. d. R. in einem schuldhaft rechtswidrigen Tun bestehen. Besteht eine Rechtspflicht zum Handeln, kann auch ein Unterlassen eine unerlaubte Handlung sein.

116

2. Abgrenzung der einzelnen Tatbestandsmerkmale

a) Pflichtwidrigkeit

Der Begriff der Pflichtwidrigkeit entstammt dem Vertragsrecht. Die Begründung eines Pflichtwidrigkeitszusammenhanges vermag zwar vertragliche Erfüllungs- oder Schadenersatzansprüche auszulösen, reicht indes für die Begründung einer Haftung nach den Bestimmungen der unerlaubten Handlung nicht aus.

117

b) Rechtswidrigkeit

Unabdingbare Voraussetzung für die Haftung aus unerlaubter Handlung ist die Rechtswidrigkeit (Widerrechtlichkeit) des Verhaltens, die nach objektiven Gesichtspunkten zu beurteilen ist. Nach einer Grundsatzentscheidung des *BGH* vom 4.3.1975[109] wird bei Verletzung eines nach § 823 Abs. 1 BGB geschützten Rechtsguts die Widerrechtlichkeit der Handlung vermutet. Insoweit ist jedoch der Entlastungsbeweis möglich.

118

Die Widerrechtlichkeit entfällt, sofern Notwehr (§ 227 BGB) oder Notstand (§ 228 BGB) vorliegt, im Übrigen unter denselben Voraussetzungen, unter denen eine Deliktsfähigkeit (§§ 827, 828 BGB) zu verneinen ist.

119

Willigt der Betroffene in eine Körperverletzung ein (z. B. beim Arzt), liegt ebenfalls keine Widerrechtlichkeit vor. Voraussetzung ist allerdings, dass die Einwilligung – darunter versteht das BGB (§ 183 BGB) die vorherige Zustimmung – freiwillig erteilt worden ist, d. h. sie darf nicht unter Einwirkung von Gewalt, Zwang, Drohung oder arglistiger Täuschung herbeigeführt worden sein.[110]

120

Ist ein Sachverständiger beauftragt, an einer Person eine körperliche Untersuchung vorzunehmen, dann kann er diese Untersuchung so lange verweigern, wie die Person nicht schriftlich bestätigt hat, dass er sie über die Risiken aufgeklärt hat.[111] Bei sportlichen Wettbewerben mit nicht unerheb-

120a

---

106 *BGH* NJW 1970, 1038; NJW 1984, 1958.
107 *OLG Düsseldorf* Urt. v. 26.4.1995 – Az. 15 U 53/95, VRS 91, 421; vgl. *BGH* NJW-RR 1993, 480 f.; *OLG Düsseldorf* 1. Zivilsenat VersR 1976, 595; *OLG Düsseldorf* VersR 1978, 768; *KG* DAR 1993, 257.
108 *BGH* DAR 1973, 269; *OLG Hamm* VersR 1975, 667; *OLG München* VersR 1978, 975; *AG Stuttgart* VersR 1973, 94 (Erben müssen sich das Fehlverhalten des Kindes analog § 829 BGB zurechnen lassen).
109 *BGH* DAR 1975, 181.
110 *BGH* NJW 1964, 1177; *Hager* in Staudinger, BGB, Neubearbeitung 2009, § 823 Rn. I 76.
111 *OLG Hamm* Urt. v. 5.6.2003 – Az. 27 U 7/03, MDR 2003, 1373.

lichem Gefahrenpotenzial, bei denen typischerweise auch bei Einhaltung der Wettbewerbsregeln oder geringfügiger Regelverletzung die Gefahr gegenseitiger Schadenszufügung besteht (hier: Autorennen), ist die Inanspruchnahme des schädigenden Wettbewerbers für solche – nicht versicherte – Schäden eines Mitbewerbers ausgeschlossen, die er ohne gewichtige Regelverletzung verursacht.[112] Ein Schadenersatzanspruch gegen einen anderen Teilnehmer am Wettbewerb setzt daher den Nachweis voraus, dass dieser sich nicht regelgerecht verhalten hat. Ein Geschädigter verstößt deshalb laut BGH gegen das Verbot des treuwidrigen Selbstwiderspruchs, wenn er den Schädiger in Anspruch nimmt. Wer sich als Fahrgast einem als fahruntüchtig erkannten Fahrer eines Kfz anvertraut, erklärt damit laut *BGH* noch nicht eine rechtfertigende Einwilligung in Körperverletzungen, die der Fahrer verursacht.[113] I. d. R. ist nach § 254 BGB darüber zu entscheiden, welchen Einfluss es auf die Schadenhaftung hat, dass sich der Geschädigte ohne triftigen Grund einer erkannten Gefahrenlage aussetze. Haben sich Minderjährige bewusst einer Gefahr ausgesetzt, so ist – wie sonst im Rahmen des § 254 BGB – § 823 BGB entsprechend anwendbar. Bei der Entscheidung, ob es angemessen ist, den Schadenersatz voll zu versagen, ist auch die Eigenart jugendlichen Verhaltens zu berücksichtigen.

c) Verschulden

121 Unter Verschulden versteht man eine auf Fahrlässigkeit oder Vorsatz beruhende, von der Rechtsordnung nicht gebilligte Handlung, die dem voll zurechnungsfähigen Täter verantwortlich anzulasten ist und sich als rechtswidriger Eingriff in ein von der Rechtsordnung geschütztes Rechtsgut eines anderen darstellt. Für den dadurch eingetretenen schädlichen Erfolg muss der Täter (Schädiger) nach den Grundsätzen des allgemeinen Schadensersatzrechts (§§ 249 ff. BGB) einstehen. Er ist verpflichtet, den Zustand herzustellen, der ohne das zum Ersatz verpflichtende Ereignis bestanden hätte.

122 Erforderlich für die Haftung aus Verschulden ist demgemäß eine im Zustand einer *verantwortlichen Zurechenbarkeit* begangene unerlaubte Handlung.[114]

123 Vornehmlich wird das eigene Fehlverhalten als Verschulden im Sinne der unerlaubten Handlung in Betracht kommen. Dazu gehört auch die Haftung aus gesetzlich vermutetem Verschulden, etwa nach den §§ 831, 832 BGB, 18 Abs. 1 StVG.

124 *Fremdes* Verschulden, d. h. das Fehlverhalten Dritter, ist dem Verantwortlichen unter bestimmten Umständen zuzurechnen. In diesen Fällen spricht das Gesetz meistens von »Vertretenmüssen«. Dazu gehört die Haftung für Dritte (»Erfüllungsgehilfen«) und gesetzliche Vertreter (§ 278 BGB). Dagegen handelt es sich bei der Haftung aus § 831 BGB nicht um ein Vertretenmüssen fremden Verschuldens. Der Verantwortliche muss aus gesetzlich vermutetem eigenen Verschulden für das Verhalten des Dritten einstehen.

125 In einer Reihe von Fällen tritt eine Haftung auch ohne Verschulden ein. Dabei handelt es sich insbesondere um den weiten Bereich der Gefährdungshaftung (z. B. § 7 StVG).

d) Strafbare Handlungen

126 Der Begriff der strafbaren Handlungen deckt sich nicht mit den unerlaubten Handlungen. Man wird unbedenklich davon ausgehen können, dass eine strafbare Handlung jedenfalls dann stets auch zugleich eine unerlaubte Handlung (in zivilrechtlichem Sinne) bedeutet, wenn sie mit Nachteilen für den Betroffenen verbunden sind, die bei rechtlich wertender Betrachtung Schadenersatzansprüche zu seinen Gunsten auslösen. Umgekehrt steht jedoch nicht fest, dass unerlaubte Handlungen zugleich auch die Verwirklichung eines Straftatbestands voraussetzen.

---

112 *BGH* Urt. v. 1.4.2003 – Az. VI ZR 321/02, DAR 2003, 410; *OLG Zweibrücken* Urt. v. 14.7.1993 – Az. 1 U 153/92, NZV 1994, 480.
113 *BGH* Urt. v. 14.3.1961 – Az. VI ZR 189/59, VersR 2006, 296 bei *Diederichsen*.
114 Vgl. dazu *Wussow* UHR Rn. 25; *Weitnauer* VersR 1970, 565; *BGH* BeckRS 2009, 88470.

B. Rechtsgrundlagen Kapitel 3

▶ **Beispiel:** 127

Eine fahrlässig verursachte Sachbeschädigung löst zwar Schadenersatzansprüche nach § 823 Abs. 1 BGB i. V. m. § 276 BGB aus, ist indes nicht strafbar. § 303 StGB fordert Vorsatz, um den Täter bestrafen zu können. Hingegen führt die fahrlässige Körperverletzung sowohl zu Schadenersatzansprüchen (z. B. aus § 823 Abs. 1 BGB) als auch zur strafrechtlichen Verfolgung (§ 223 StGB).

Auf der anderen Seite lösen diejenigen strafbaren Handlungen keine Schadenersatzansprüche aus, 128
die nicht zu einer Vermögenseinbuße des Betroffenen auf eines seiner geschützten Rechtsgüter i. S. e. Schadens im zivilrechtlichen Sinne führen.

Ein weiterer Unterschied liegt in der Beweislast. Im Strafverfahren gilt der Angeklagte, Beschuldigte 129
oder Betroffene nach den Grundsätzen unserer Rechtsordnung so lange als unschuldig, bis ihm die Staatsanwaltschaft seine Schuld nachgewiesen und ihn ein ordentliches Gericht daraufhin rechtskräftig verurteilt hat.

Anders liegt die Beweislast im zivilrechtlichen Bereich, beispielsweise bei 129a
– gesetzlichen Schuldvermutungen
– Anwendung des Anscheinsbeweises.

Ein weiterer Unterschied zwischen Zivil- und Strafrecht ergibt sich aus der differenzierten Bewer- 130
tung des Schuldbegriffs. Im Zivilrecht kommt es auf objektive, im Strafrecht dagegen auf individuelle Kriterien an.

Der einzige Berührungspunkt zwischen Straf- und Zivilprozess ergibt sich in der Gestaltungsmög- 131
lichkeit des § 403 StPO, und zwar in Form des dort vorgesehenen Adhäsionsverfahrens. Die Praxis zeigt, dass von dieser Möglichkeit anders als im Europäischen Ausland so gut wie niemals Gebrauch gemacht wird.[115] Ist der Angeklagte lediglich wegen nicht auszuschließender Schuldunfähigkeit (§ 20 StGB) vom Vorwurf der Körperverletzung »in dubio pro reo« freizusprechen, so steht dies seiner Verurteilung zur Zahlung eines angemessenen Schmerzensgeldes (§§ 823 Abs. 1, 253 Abs. 2 BGB) sowie der Feststellung seiner Schadensersatzverpflichtung für Zukunftsschäden auf entsprechenden Adhäsionsantrag des Verletzen nicht entgegen.[116] Der Täter kann im Adhäsionsverfahren nicht besser stehen als im Zivilprozess, wo er zur Abwehr eines Schadenersatzanspruchs seine Unzurechnungsfähigkeit (§ 827 BGB) positiv zu beweisen hat. Eine Übertragung des Grundsatzes in dubio pro reo auf das Adhäsionsverfahren kommt nicht in Betracht.

Laut *BGH* ist die Frage der Höhe des Schmerzensgeldes in einem Adhäsionsverfahren für jeden Ne- 131a
bentäter einzeln zu bestimmen, wenn derselbe Schaden durch einen der Täter vorsätzlich verursacht wurde, die anderen jedoch fahrlässig gehandelt haben.[117] Eine solche Verteilung führt grundsätzlich zu einer unterschiedlichen Bemessung des von dem jeweiligen Täter zu zahlenden Schmerzensgeldes, weil der Genugtuungsfunktion des Schmerzensgeldes bei Vorsatztaten besonderes Gewicht zukommt.

Die nachfolgend im Einzelnen noch zu behandelnden Schuldausschließungsgründe, denen zum Teil 132
auch zivilrechtliche Bedeutung zukommt, stellen ein Pendant zu den Unrechtausschließungsgründen dar. Eine Tat, welche die gesetzlich – beispielsweise im Strafgesetzbuch – festgelegten Tatbestandsmerkmale verwirklicht, erfüllt gleichzeitig auch das Merkmal der Rechtswidrigkeit.

Schuldausschließungsgründe sind beispielsweise: 133
– Schuldunfähigkeit (§ 20 StGB),
– Notwehrexzess (§ 33 StGB) bzw. Putativnotwehr,

---

115 Vgl. *Neidhart* DAR 2006, 415.
116 *LG Berlin* Urt. v. 1.12.2005 – Az. 515 93 Js 3567/04 KLS 13/05, NZV 2006, 389.
117 *BGH* Urt. v. 8.11.2005 – Az. 4 STR 321/05, DAR 2006 bei *Tepperwien*.

- der rechtswidrig bindende oder entschuldbar für verbindlich gehaltene Befehl eines Vorgesetzten (Befehlsnotstand),
- die Schuld ausschließende Pflichtkollision (übergesetzlicher Schuld ausschließender Notstand),
- Tatbestandsirrtum (§ 16 StGB),
- Entschuldigter, unvermeidlicher Verbotsirrtum.

3. Formen des Verschuldens

a) Vorsatz

134 **Vorsätzlich handelt derjenige**, der von Anfang an die Absicht hatte, das schädigende Ereignis herbeigeführt hat. Die vom Täter ins Auge gefasste Absicht, der Erfolg möge als gewolltes Ziel der Handlung eintreten, ist in Ausnahmefällen Voraussetzung für den Begriff des Vorsatzes.

135 Beim Zusammentreffen einer vorsätzlichen Schädigung und eines fahrlässigen Verhaltens des Geschädigten bleibt dessen Beitrag an der Entstehung des Schadens grundsätzlich unberücksichtigt.[118]

136 Dieses Prinzip gilt im Allgemeinen jedoch nur, soweit die auf Schadenersatz in Anspruch genommene Person vorsätzlich gehandelt hatte. Doch wird dieser Grundsatz auch dann angewendet, wenn der gesetzliche Vertreter einer juristischen Person vorsätzlich gehandelt hat und diese für ihren Vertreter gemäß § 31 BGB eintreten muss,[119] nicht jedoch, wenn sie nur gemäß § 278 oder nach § 831 BGB für das vorsätzliche Handeln des Erfüllungs- oder Verrichtungsgehilfen einzustehen hat.[120]

137 Der Täter muss den schädlichen Erfolg verwirklichen wollen. Der Vorsatz muss sich nicht nur auf die haftungsbegründende, sondern auch auf die haftungsausfüllende Kausalität erstrecken, d. h. er muss auch die Verletzungsfolgen – zumindest bedingt – umfassen.[121]

138 Der Täter muss sich also die den Tatbestand erfüllenden Folgen und andere Umstände seiner Tat nicht nur vorstellen, sondern überdies auch den Willen haben, unter diesen Umständen den zum Tatbestand gehörenden Erfolg herbeizuführen.

b) Bedingter Vorsatz

139 Dem Vorsatz steht der sog. bedingte Vorsatz (dolus eventualis) gleich. Er liegt jeweils dann vor, wenn der Täter die Verwirklichung des schädlichen Erfolges zwar nicht gewollt, seinen vorhersehbaren Eintritt jedoch in seinen Willen aufgenommen und billigend in Kauf genommen hat.[122]

140 Bedingter Vorsatz liegt demnach laut *BGH* vor, wenn der Schädiger sich bewusst ist, dass durch sein Tun oder Unterlassen der andere einen Schaden erleiden kann. Er muss außerdem diesen möglichen Schaden für den Fall des Eintritts billigend in Kauf nehmen, mag er ihn auch nicht wünschen.[123] Der »dolus eventualis« braucht sich weder auf die Einzelheiten des Erfolgs noch auf dessen Art und Umfang zu beziehen.[124]

---

118 *BGH* VersR 1979, 132; *BAG* VersR 1970, 554 (L); *BGH* VersR 1972, 64; VersR 1980, 675; VersR 1984, 191.
119 *BGH* VersR 1966, 684.
120 *BGH* VersR 1984, 191.
121 Vgl. *LAG Nürnberg* zfs 1988, 314.
122 *BGH* VRS 8, 12; VersR 1952, 387; vgl. *BGH* Urt. v. 7.11.2002 – Az. 3 Str 216/02, NStZ 2004, 51.
123 *BGH* Urt. v. 11.11.2003 – Az. VI ZR 371/02, DAR 2004, 312 bei *Diederichsen*.
124 Vgl. *LG Mönchengladbach* r+s 1986, 274.

B. Rechtsgrundlagen — Kapitel 3

c) Fahrlässigkeit, allgemein

141 Das BGB unterscheidet mehrere Formen von Fahrlässigkeit,[125] Es handelt sich dabei um verschiedene Formen (Grade) des Verschuldens, einen Begriff, den das bürgerliche Recht nicht näher erläutert. In § 276 BGB ist lediglich der Hinweis enthalten, dass der Schuldner sowohl Vorsatz als auch Fahrlässigkeit zu vertreten hat.

142 Nach der Legaldefinition (§ 276 Abs. 2 BGB) handelt fahrlässig, »wer die im Verkehr erforderliche Sorgfalt außer acht lässt«. Die Rechtslehre unterscheidet zwischen unbewusster und bewusster Fahrlässigkeit. Von unbewusster Fahrlässigkeit (»negligentia«) spricht man dann, wenn der Schädiger die Möglichkeit des Schadeneintritts nicht in sein Bewusstsein aufgenommen hat, sie aber bei Aufwendung der verkehrsüblichen Sorgfalt hätte voraussehen können. Bewusste Fahrlässigkeit (»luxuria«) – die auch als qualifizierte Fahrlässigkeit bezeichnet wird – liegt demgegenüber vor, wenn der Täter den rechtswidrigen Erfolg (Schaden) zwar voraussieht, aber hofft, er werde nicht eintreten.

143 Im Gegensatz zum Strafrecht kommt es für die Ausfüllung des Begriffs der Fahrlässigkeit nach bürgerlichem Recht allein auf objektive Kriterien an.

144 Nach bürgerlichem Recht muss der Schädiger jenes Maß von Sorgfalt aufwenden, das die Rechtsordnung nach objektiv gültigen Grundsätzen von jedermann erwartet. Lediglich bei bedingter Deliktsfähigkeit wird auf die Reife, Erkenntnis- und Einsichtsfähigkeit des Täters abgestellt.

145 Im Rahmen des § 276 BGB ist weiterhin von Bedeutung, dass das Gesetz nicht von der verkehrsüblichen, sondern von der im Verkehr erforderlichen Sorgfalt spricht. Das bedeutet, dass bei allen Objektivierungstendenzen nicht schlechthin auf die Verkehrssitte abgestellt werden soll, die durch den Leistungsverfall der Norm auch leicht zur »Verkehrsunsitte« werden kann.

146 Ebenso wenig kann der Schädiger sich im zivilrechtlichen Bereich damit entschuldigen, er sei infolge seines Alters, mangelnder körperlicher Beweglichkeit oder Reaktionsfähigkeit nicht in der Lage gewesen, den Eintritt des schädlichen Erfolgs zu vermeiden. Im Rahmen dieses Systems verhält sich die Rechtsprechung zuweilen an sich etwas inkonsequent, wenn sie im umgekehrten Fall besondere Berufserfahrung, Ortskenntnisse und technische Fertigkeit bei der Feststellung des Grades der Fahrlässigkeit zulasten des Schädigers (Schuldners) verwertet.[126] Das Gleiche gilt für den Fall, dass Gerichte mitunter aus dem Beruf des Schädigers – beispielsweise als Fahrlehrer, Polizeibeamter oder Geistlicher – Rückschlüsse daraus ziehen, dass speziell dieser Schädiger ein ganz besonderes Maß an Sorgfalt schuldet.

147 Anders verhält es sich demgegenüber, wenn mit der Ausübung eines bestimmten Berufs ein besonderes Maß an Gefahren verbunden ist und daher vom Schuldner eine erhöhte Sorgfalt erwartet werden kann und muss. Sofern es sich um gewerbliche oder handwerkliche Arbeiten handelt, soll es nach der Rechtsprechung auf den Sorgfaltsmaßstab einer ordnungsgemäßen gewerblichen Leistung ankommen.[127] Wohl ist auf die Verhältnisse der betroffenen Berufsgruppe oder des jeweiligen Verkehrskreises (»Gruppenfahrlässigkeit«) abzustellen, mithin auf jenes Maß von Umsicht und Sorgfalt, das von einem Menschen der betreffenden Gruppe erwartet werden kann und muss, in welcher der Betreffende im Rechtsverkehr auftritt.[128]

147a Andererseits kann aus der Zufälligkeit, als Arzt an einem Unfallort zu sein, kein Schadenersatzanspruch hergeleitet werden, wenn der Arzt bei der Erstbehandlung Fehler begeht. Mit seiner Anwesenheit entsteht laut *OLG München* noch kein Angebot zum Abschluss eines Behandlungsvertrages.[129] Durch seine ärztliche Tätigkeit geht er vielmehr ein Auftragsverhältnis ohne Entgelt ein.

---

125 Zur Abgrenzung der Tatbestandsmerkmale und sonstiger Kriterien der Fahrlässigkeit bei Jugendlichen vgl. *OLG Celle* r+s 1979, 170.
126 Vgl. *BGH* VersR 1958, 94.
127 Vgl. *BGH* VersR 1967, 187.
128 Vgl. dazu: *BGH* NJW 1988, 909 = VersR 1988, 188 = VRS 74, 83; – *Weber* DAR 1988, 181.
129 *OLG München* Urt. v. 6.4.2006 – Az. 1 U 4142/05, NJW 2006, 1883.

Gibt er auf Nachfrage zu erkennen, dass er als ärztlicher Helfer zur Verfügung steht, muss er zwar nach den Regeln der Kunst arbeiten, worauf das Unfallopfer auch vertrauen darf. Eine Haftung für seine Tätigkeit über dieses Maß hinaus ist jedoch in Anbetracht der Zufälligkeit nicht gerechtfertigt. Die Grenze der Haftung ist nicht höher, als bei einer Hilfeleistung durch einen Laien. Die Anwendung der Beweislastregeln aus dem Arzthaftungsrecht ist unangemessen, da nicht sämtliche in der Arztausbildung vermittelten Kenntnisse als Basiswissen zu werten sind, dessen Nichtbeachtung aus fachlicher Sicht als grober Fehler zu qualifizieren ist.

148 Die Vorschrift des § 276 Abs. 2 BGB stellt bei der Bestimmung dessen, was fahrlässig und damit nach § 823 BGB haftungsbegründend ist, auf die »im Verkehr erforderliche Sorgfalt« ab. Für die Prüfung der Frage, ob ein Tun oder Unterlassen als fahrlässig zu qualifizieren ist, gilt ein objektiver Beurteilungsmaßstab. Es handelt sich dabei um einen Maßstab, der sich danach bestimmt, was *tüchtige* und gewissenhafte Menschen für erforderlich, aber auch für ausreichend erachten.[130] Der Maßstab des § 276 BGB ist abstrakt. Auf die persönliche Eigenart des Betreffenden kommt es grundsätzlich nicht an. Vor allem ist darauf abzustellen, was der Verkehr zu erwarten berechtigt ist.

148a Die – nicht ausreichenden – Fähigkeiten, Kenntnisse und Erfahrungen[131] sind unbeachtlich.

149 Häufig steht der Schädiger in einer sich plötzlich und ohne sein Zutun entwickelnden Verkehrssituation vor einem echten Dilemma. Er hat dann beispielsweise nur noch die Wahl, ob er auf ein vorausfahrendes Fahrzeug auffahren oder beim Versuch, nach links auszuweichen, einen dort befindlichen anderen Verkehrsteilnehmer erfassen will. Er wird in dieser Zwangslage häufig nicht fähig sein, eine nach den Grundsätzen der Interessen- oder Güterabwägung sachgerechte Entscheidung zu treffen, sondern vielmehr aus der Bedrängnis der Situation heraus eine Instinkt- und Reflexaktion vollziehen. In einer ähnlichen Situation befindet sich der Fahrer eines Omnibusses, wenn er mit Rücksicht auf die Sicherheit der ihm anvertrauten Fahrgäste – insbesondere, soweit sie nur einen Stehplatz gefunden haben – eine an sich erforderliche Notbremsung unterlässt und sich für ein Auffahren auf ein vor ihm plötzlich anhaltendes Fahrzeug entschließt.

150 Auch diese Entscheidung, mit der man über den Bereich der eigenen Fähigkeiten und Möglichkeiten hinaus in unzulässiger Weise »Schicksal zu spielen« versucht, lässt sich nachträglich nicht mit der etwas vordergründigen und vereinfachenden Überlegung rechtfertigen, dass es sinnvoller gewesen wäre, einen Blechschaden in Kauf zu nehmen, um einen Personenschaden zu vermeiden. Eine derartige Beurteilung geht in doppelter Hinsicht von unzutreffenden Voraussetzungen aus.

151 Einmal weiß der betreffende Omnibusfahrer tatsächlich nicht, ob es im Fall seines Auffahrens auf den Pkw tatsächlich nur bei einem Blechschaden geblieben wäre, und zum anderen steht ebenso wenig fest, dass eine Notbremsung tatsächlich – gewissermaßen zwangsläufig – Personenschäden zur Folge gehabt hätte, die – und dabei handelt es sich um eine Mischlösung – auch dadurch (zusätzlich) eintreten können, dass der Omnibus auf seinen »Vordermann« aufprallt.

152 Andererseits lässt eine Verletzung der Verkehrsvorschriften nicht ausnahmslos ohne Weiteres auf schuldhafte Fahrlässigkeit schließen. Dieses Tatbestandsmerkmal ist zwar ein *Indiz* für ein schuldhaftes Verhalten, vermag aber nicht den Nachweis für das Vorliegen eines Verschuldens zu ersetzen.[132]

153 Zu beachten ist daher der Grundsatz, dass die Fehlreaktion eines Verkehrsteilnehmers in einer ihm ohne eigenes Zutun aufgezwungenen und plötzlich eingetretenen Zwangslage nicht ohne weiteres den Vorwurf fahrlässigen Handelns rechtfertigt.[133]

---

130 So bereits BGHZ 5, 318.
131 Vgl. *BGH* VersR 1976, 775.
132 *BGH* VRS 4, 118.
133 *OLG Frankfurt/M.* VersR 1981, 737; *OLG Karlsruhe* VersR 1987, 693; *LG Magdeburg* ADAJUR-Dok.Nr. 43406.

B. Rechtsgrundlagen   Kapitel 3

Ein Kraftfahrer, der auf das unvorhergesehene Schleudern eines ihn überholenden Kfz in der durch die 154
Situation bedingten Eile falsch reagiert, haftet nicht für den Schaden, der durch seine fehlerhafte Reaktion entsteht. Gegenüber dem erheblichen Verschulden des Kraftfahrers, der durch seine Fahrweise eine Fehlreaktion des anderen Fahrers verursacht, tritt die Betriebsgefahr von dessen Kfz zurück.[134]

d) Grobe Fahrlässigkeit

Für den Begriff der groben Fahrlässigkeit, an den sich bestimmte Rechtsfolgen – vor allem im ver- 155
sicherungsvertragsrechtlichen Bereich[135] – knüpfen, kommt es neben objektiven Kriterien auch auf die subjektive Vorwerfbarkeit des menschlichen Handelns und der ihm voraus gegangenen Willensbetätigung an. Nach herrschender Meinung in Literatur und Rechtsprechung muss bei grober Fahrlässigkeit neben die objektiv schwere Verletzung der Sorgfaltspflicht im subjektiven (Personenbezogenen) Bereich ein unentschuldbares Fehlverhalten treten, das ganz erheblich über das normale Maß hinausgeht.[136]

Grobe Fahrlässigkeit liegt nach der Definition der Rechtsprechung jeweils dann vor, wenn die ver- 156
kehrserforderliche Sorgfalt in besonders schwerem Maße verletzt wird,[137] indem schon einfachste und nahe liegende Überlegungen, die sich jedem durchschnittlich verständigen Menschen gewissermaßen von selbst aufdrängen, nicht angestellt worden sind.[138] Als Faustformel kann die Frage anderer Personen gelten: »Wie kann man in dieser Situation nur so handeln?«.

Der Schädiger muss eine Pflicht verletzt haben. Dies muss unentschuldbar sein. Das übliche und 157
tolerierbare Maß muss bei Weitem überschritten sein.[139] Entsprechendes gilt, wenn der Handelnde unbekümmert und leichtfertig mit der ihm obliegenden Sorgfalt umgegangen ist.[140] Der Rechtsbegriff der groben Fahrlässigkeit grenzt nach Ansicht des *BGH* nicht einheitlich und für alle Fälle ab, wann der Schädiger haftet. Es kann nur von Fall zu Fall definiert werden, wobei auch subjektive, in der Individualität des Handelnden begründete Umstände zu berücksichtigen sind.[141]

Unter diesem Aspekt ist das Vergessen eines von verschiedenen Handgriffen in einem zur Routine 157a
gewordenen Handlungsablauf, das auch einem üblicherweise mit seinem versicherten Eigentum sorgfältig umgehenden Versicherungsnehmer unterlaufen kann, ein Augenblicksversagen, Grobe Fahrlässigkeit liegt nicht vor.[142]

Eine sorgfältige Abwägung ist beispielsweise für den Fall erforderlich, dass es sich um das Überfahren 158
von Rotlicht handelt. Im Allgemeinen geht die Rechtsprechung ganz überwiegend davon aus, dass dadurch der Tatbestand der groben Fahrlässigkeit erfüllt wird.[143] Andere Gerichte sehen darin nur

---

134 *OLG Hamm* NZV 1998, 115 = MDR 1998, 42; *OLG Frankfurt/M.* VersR 1981, 737.
135 Vgl. dazu bspw. die Bestimmung des § 61 VVG alt, die besonders häufig herangezogen wird.
136 *BGH* VersR 1976, 649; 1977 465 (jeweils zu § 61 VVG); NJW 1985, 2648; *OLG Nürnberg* VersR 1982, 796; *Stiefel/Hofmann* § 12 AKB Rn. 89 (m.w.N.); *Deutsch* VersR 2004, 1485 (zum Versicherungsvertragsrecht).
137 *BGH* VersR 1969, 77; *OLG Hamburg* VersR 1970, 148; *Full* § 9 StVG Rn. 55; § 16 StVG Rn. 275 ff.
138 Vgl. *BGH* NJW 1972, 1760; wegen der Abgrenzung zwischen leichter und grober Fahrlässigkeit vgl. auch *BGH* VersR 1963, 652.
139 *BGH* r+s 1980, 72; *OLG Bremen* DAR 1980, 177; *OLG Stuttgart* zfs 1981, 54.
140 Vgl. *BGH* VersR 1966, 745.
141 Wegen näherer Einzelheiten dazu vgl. *BGH* VersR 1963, 711; VersR 1966, 1150; VersR 1967, 127; VersR 1967, 909; VersR 1972, 498 = VRS 43; 69; DAR 1974, 20; VRS 68, 924; *OLG Köln* OLGZ 1966, 30 = VersR 1965, 1066; VersR 1966, 918; *OLG Bremen* VersR 1969, 524; *OLG Nürnberg* VersR 1971, 311; *OLG Hamburg* VersR 1970, 362; VersR 1974, 325; *OLG Hamm* VersR 1971, 165; VersR 1973, 121; *KG* DAR 1974, 270; *Weingart* VersR 1968, 427; *Weyer* VersR 1971, 94; *Hagel* VersR 1971, 796; *Riedmaier* DAR 1978, 263; VersR 1980, 10; *Müller* DAR 1981, 5.
142 *BGH* NJW 1989, 1354; *BGH* VersR 1986, 962.
143 Vgl. *BGH* DAR 1982, 226; *BGH* ADAJUR-Dok.Nr. 8641; DAR 1992, 369; *OLG Köln* NJW 1967, 785; *OLG Frankfurt/M.* VersR 1978, 222; *OLG Stuttgart* VersR 1980, 1140 = zfs 1981, 54; *OLG Hamm* VersR

leichte bis mittlere Fahrlässigkeit.[144] Insoweit kommt es auf die konkreten Umstände des Einzelfalls an.[145]

158a In Einzelfällen kann es schon an den objektiven oder an den subjektiven Voraussetzungen der groben Fahrlässigkeit fehlen.

158b Das Einhalten einer überhöhten Geschwindigkeit kann als grob fahrlässig bewertet werden.[146]

159 Der Begriff der groben Fahrlässigkeit ist im Allgemeinen nach objektiven Maßstäben zu bewerten, wobei in besonders gelagerten Ausnahmefällen auch ein subjektiver Umstand von Bedeutung sein kann.[147]

159a Nach der Rechtsprechung kann trotz Vorliegens objektiv schwerer Verkehrsverstöße dennoch das Merkmal der groben Fahrlässigkeit zu verneinen sein, wenn der Schädiger in der Lage, in der er handeln musste, überfordert war.[148] Hiervon ist alleine bei fehlender Ortskenntnis nicht auszugehen.[149] Die fehlende Fahrpraxis im Großstadtverkehr ist wie die Ortsunkundigkeit ein Umstand, der den Fahrzeugführer zu erhöhter Sorgfalt und Aufmerksamkeit veranlassen muss. Auch die übrigen Ursachen einer augenblicklichen Überforderung bei Erreichen der Ampel entlasten nicht. Der Fahrzeugführer muss sich entsprechend orientieren.

160 Die Bedeutung des Begriffs der groben Fahrlässigkeit ergibt sich aus folgenden Differenzierungen:
 – bei konkreter Fahrlässigkeit treten Haftungserleichterungen ein
 – für den Bereich des Arbeitsrechts ergeben sich bestimmte Abstufungen je nach dem Grade der Fahrlässigkeit
 – im Versicherungsvertragsrecht ist die grobe Fahrlässigkeit nach § 81 VVG ebenfalls von Bedeutung. Das bis zum 31.12.2007 geltende »Alles-oder-Nichts«-Prinzip weicht einer Entscheidung nach dem Grad der groben Fahrlässigkeit. Der Versicherer kann entscheiden, nach welcher Quote das grob fahrlässige Verhalten des Versicherungsnehmers zu beurteilen ist. Dabei hat er die Möglichkeit, auch einmal voll zu leisten. Bei Alkohol- oder Drogen bedingten Unfällen wird der die Leistung in der Kaskoversicherung i. d. R. weiter zu 100 % verweigert.[150]

161 Man wird als Auslegungsregel von der – bewusst etwas vereinfachten – Faustformel ausgehen können, dass ein Fehlverhalten bei rechtlich oder tatsächlich schwierigen Sachverhalten sich im Zweifel als einfache Fahrlässigkeit, ein Verschulden bei einfacher Sachlage hingegen sich als grobe Fahrlässigkeit darstellt.

1982, 1046 = r+s 1982, 246 (grobe Fahrlässigkeit wird im konkreten Fall deswegen bejaht, weil die Taxifahrer die Örtlichkeit genau kennen; nach der Auffassung des *OLG Hamm* kommt es auf die konkreten Umstände des Einzelfalles an); *OLG Hamm* ADAJUR-Dok.Nr. 46686.

144 *LG Itzehoe* Urt. v. 28.10.2005 – Az. 9 S 51/05, ADAJUR-Dok.Nr. 72274 (Rotlichtverstoß an unübersichtlicher Kreuzung ist leicht fahrlässig); *OLG Köln* Urt. v. 27.2.2007 – Az. 9 U 1/06, ADAJUR-Dok.Nr. 72846.

145 *BGH* VersR 1970, 568 (grobe Fahrlässigkeit im Zuge der Abwägung nach § 17 StVG); *OLG Hamm* VersR 1982, 1046, 246; *LG Nürnberg-Fürth* r+s 1979, 49; *OLG Hamm* ADAJUR-Dok.Nr. 40402; ZFS 2000, 346; *Kuntz* ZfV 1982, 228.

146 Vgl. *Engelbrecht* DAR 2007, 12; a.A. *OLG Köln* Urt. v. 9.5.2006 – Az. 9 U 64/05, ADAJUR-Dok.Nr. 72375 (Fahren mit 200 km/h auf Autobahn in freigegebenem Abschnitt ist nicht grob fahrlässig, selbst wenn der Fahrer ins Schleudern kommt); siehe aber *OLG Nürnberg* ADAJUR-Dok.Nr. 72375; R+S 2006, 415.

147 *OLG Frankfurt/M.* zfs 1983, 245 (kein Anscheinsbeweis).

148 Vgl. *BAG* AP Nr. 50 zu § 611 (Haftung des Arbeitnehmers); *BGH* NJW 1972, 475; *OLG Köln* VersR 1966, 530; *Riedmaier* VersR 1981, 1011.

149 *OLG Rostock* Urt. v. 30.4.2003 Az. 6 U 249/01, VersR 2003, 1528.

150 Vgl. *Michael Nugel* MDR 2007, 23 ff.; *Ulrich Weidner und Hartmut Schuster* r+s 2007, 363.

Grobe Fahrlässigkeit wird im Regelfall dann zu verneinen sein, wenn das Fehlverhalten sich nur als Folge eines vorausgegangenen falschen Verhaltens eines anderen Verkehrsteilnehmers darstellt.[151]

e) Bewusste Fahrlässigkeit

Ein weiteres Unterscheidungsmerkmal, das allerdings eine ganze Gruppe umfasst, liegt in der Klassifizierung der bewussten Fahrlässigkeit (luxuria), die zuweilen auch als qualifizierte Fahrlässigkeit bezeichnet wird. Bewusste Fahrlässigkeit liegt dann vor, wenn der Schädiger den rechtswidrigen Erfolg seines Handelns – also den Eintritt des schädlichen Erfolgs – zwar voraussieht, aber gleichwohl hofft, er werde dennoch nicht eintreten. Diese Begriffsbestimmung grenzt die bewusste Fahrlässigkeit vom bedingten Vorsatz ab.[152] Auch beim bedingten Vorsatz (dolus eventualis) hofft der Täter zwar, dass der schädliche Erfolg nicht eintreten möge. Er nimmt ihn jedoch als »kalkulierbare« Folge seines rechtswidrigen Handelns notfalls billigend in Kauf.[153]

f) Konkrete Fahrlässigkeit

In besonderen Fällen hat der Schuldner nur für dasjenige Maß an Sorgfalt einzustehen, das er unter Berücksichtigung subjektiver Maßstäbe üblicherweise auch bei der Besorgung eigener Angelegenheiten (bspw. gem. § 277 BGB) aufzuwenden pflegt. Unabhängig vom Haftungsmaßstab des § 1359 BGB kann der verletzte Ehegatte im Hinblick auf seine Verpflichtung zur ehelichen Lebensgemeinschaft (§ 1353 BGB) verpflichtet sein, Schadenersatzansprüche gegen seinen Ehepartner nicht geltend zu machen.[154] Derartige Stillhalteverpflichtungen berühren jedoch ein etwaiges Gesamtschuldverhältnis und einen Innenausgleich nach § 426 BGB grundsätzlich nicht.[155] Der Anspruch des Ehegatten lebt nach der Scheidung wieder auf.[156]

Die Bedeutung der konkreten Fahrlässigkeit besteht darin, dass der haftungsprivilegierte Schuldner kraft Gesetzes in der Regel nur für grobe Fahrlässigkeit haftet. Die Bestimmung des § 277 BGB und ihre rechtsähnliche Anwendung gilt, soweit sie das Haftpflichtrecht betrifft, vornehmlich im Rahmen des § 1359 BGB. Nach dieser Vorschrift haben die Ehegatten »bei der Erfüllung der sich aus dem ehelichen[157] Verhältnis ergebenden Verpflichtungen einander nur für diejenige Sorgfalt einzustehen, welche sie in eigenen Angelegenheiten anzuwenden pflegen«. Ein ähnlicher Sorgfaltsmaßstab gilt auch zum Beispiel für die Nutzung eines Kfz. Erst wenn der Käufer seinen Anspruch auf Rückgabe des Fahrzeugs geltend macht, muss er eine höhere Sorgfaltsverpflichtung als für eigene Angelegenheiten wahren.

Der mildere Haftungsmaßstab des § 1359 BGB gilt nicht, wenn ein Ehegatte dem anderen durch Verstoß gegen die Vorschriften des Straßenverkehrs Schaden an seiner Gesundheit oder an seinem Eigentum zufügt.[158] Der geschädigte Ehegatte kann auch ein Schmerzensgeld verlangen.[159]

Weil Ehegatten einander zur ehelichen Lebensgemeinschaft verpflichtet sind (§ 1353 Abs. 2 S. 2 BGB) und sich gegenseitig Schutz und Fürsorge schulden, kann der Geschädigte im Einzelfall aufgrund besonderer Umstände verpflichtet sein, einen Ersatzanspruch nur teilweise oder gar nicht geltend zu machen. Laut *BGH* ist der Ehegatte hierzu verpflichtet, solange die wirtschaftlichen Mög-

---

151 *BGH* VersR 1955, 149.
152 Dolus eventualis.
153 Auch den in § 277 BGB enthaltenen Grundgedanken.
154 BGHZ 53, 352; 61, 101, 63, 51; 75, 134; *BGH* NJW 1983, 624.
155 *BGH* DAR 1983, 50 = r+s 1983, 8.
156 § 204 S. 1 BGB; vgl. *Bern* NZV 1991, 449.
157 Diese Grundsätze gelten für schuldähnliche Verhältnisse: *BGH* DAR 1988, 130; *OLG Düsseldorf* NJW 1979, und zwar auch nicht in der »modifizierten« Erscheinungsform über die Rechtskonstruktion des Gesellschaftsvertrags und der Gesellschaft bürgerlichen Rechts nach §§ 705 ff. BGB (Rn. 280a); *Schirmer* DAR 1988, 289.
158 *BGH* Urt. v. 11.3.1970 – Az. IV ZR 772/68, MDR 1970, 666.
159 *BGH* DAR 1973, 297; DAR 1973, 297; *Wussow* WI 1973, 141; UHR Rn. 1382.

lichkeiten Schadenersatz nicht zulassen.[160] Dennoch kann der Ehegatte in vollem Umfang seine Schadenersatzansprüche geltend machen, wenn z. B. eine Kfz-Haftpflichtversicherung für die Schädigung einzustehen hat. Die Grenze bildet hier die vom Schädiger mit der Versicherung vereinbarte Deckungssumme. Selbst der Halter und Versicherungsnehmer kann unter diesen Umständen als geschädigter Beifahrer die eigene Kfz- Haftpflichtversicherung in Anspruch nehmen.

168 Endet die eheliche Lebensgemeinschaft oder wird die Ehe geschieden, kann der Schadenersatzanspruch gegen den schuldigen Teil der aufgelösten Gemeinschaft wieder durchgesetzt werden.

168a Nach § 204 S. 1 BGB ist die Verjährung von Ansprüchen zwischen Ehegatten gehemmt, solange die Ehe besteht. Die Vorschrift dient laut *BGH* der Wahrung des Familienfriedens und gilt für alle Ansprüche. Nach Auffassung des Senats gilt der Hemmungsgrund des § 204 S. 1 BGB auch für Ansprüche gegen den Schädiger aus Straßenverkehrsunfällen, für die ein Haftpflichtversicherer nach § 3 Nr. 1 PflVG einzutreten hat, mit der Folge, dass er auch den Direktanspruch gegen den Haftpflichtversicherer ergreift (§ 3 Nr. 3 S. 4 PflVG).[161]

169 Die dargelegten Grundsätze gelten sinngemäß[162] auch für das Haftungsprivileg aus § 1664 BGB. Nach dieser Vorschrift haben die Eltern »bei der Ausübung der elterlichen Sorge dem Kinde gegenüber nur für die Sorgfalt einzustehen, die sie in eigenen Angelegenheiten anzuwenden pflegen«.

169a In einer Grundsatzentscheidung vom 1.3.1988 hat der *BGH*[163] die Auffassung vertreten, die Ersatzpflicht des Schädigers für Verletzung eines Kindes werde nicht dadurch berührt, dass an der Schädigung die Eltern des Kindes mit beteiligt gewesen seien, diese aber wegen des milderen Haftungsmaßstabes des § 1664 Abs. 1 BGB gegenüber dem Kind nicht haften. Dem Schädiger stehe in diesem Fall auch kein – fingierter – Ausgleichsanspruch gegen die Eltern zu.[164] Laut BGH entsteht mit Rücksicht auf das Haftungsprivileg aus § 1644 BGB kein Gesamtschuldverhältnis. Die Frage nach dem Schadenausgleich im Innenverhältnis stellt sich deshalb nicht.

170 An sich gilt innerhalb der Rechtsnorm der Gesellschaft bürgerlichen Rechts (§§ 705 ff. BGB) im Verhältnis der Gesellschafter zueinander nach § 708 BGB ebenfalls die mildere Form der Haftung für Sorgfalt wie in eigenen Angelegenheiten. Dies gilt nicht nur für die vertragliche Haftung aus dem Gesellschaftsverhältnis, sondern auch insoweit, als die Haftung sich auf Verschulden i. S. v. §§ 823 ff. BGB in der Erscheinungsform der unerlaubten Handlung stützt.[165]

171 Im Zusammenhang mit § 708 BGB[166] ist der durch diese Bestimmung normierte Haftungsmaßstab[167] für das Straßenverkehrsrecht allgemein ungeeignet und daher auf diesen Problemkreis nicht anzuwenden ist.

172 Der *BGH* hält es aus rechtspolitischer Sicht für verfehlt, im allgemeinen Straßenverkehr persönlichen Eigenarten (und Unarten) des Fahrers Rechnung zu tragen. Soweit sie von den Mitfahrenden als gefährlich erkannt und gleichwohl in Kauf genommen werden, genügt es, wenn der Schaden geteilt werden kann.[168]

173 Dies bedeutet, dass die betreffenden Personen Haftungsprivilegien weder aus einer analogen Anwendung des im § 1359 BGB enthaltenen Rechtsgedankens noch unter dem Gesichtspunkt der Vorschrift des § 708 BGB ableiten können. Abgesehen davon würden derartige Haftungsprivilegien

---

160 *BGH* DAR 1970, 207; DAR 1975, 21; DAR 1980, 84; DAR 1983, 50.
161 *BGH* Urt. v. 25.11.1986 – Az. VI ZR 148/86, DAR 1987, 80.
162 *BGH* DAR 1980, 48; DAR 1983, 50.
163 Vgl. *BGH* DAR 1988, 306; *BGH* VersR 1973, 836; BGHZ 94, 173.
164 Aufgabe der Rechtsprechung *BGH* BGHZ 35, 317.
165 *BGH* BGHZ 46, 140; BGHZ 55, 392.
166 *BGH* VersR 1967, 832; DAR 1970, 207; *Klingmüller* DAR 1972, 299; *Weber* DAR 1981, 169; DAR 1973, 297; DAR 1975, 21; NJW 1979, 414; DAR 1980, 48 DAR 1980, 84; DAR 1985, 50.
167 Des § 277 BGB = »diligentia quam in suis«.
168 § 254 Abs. 1 BGB.

nach neuerer Auffassung, die sich inzwischen allgemein durchgesetzt hat, ohnehin nicht für die Erfüllung der sich aus dem öffentlichen Straßenverkehr ergebenden Sorgfaltspflichten gelten.

Auch derjenige, der bei einem Unfall Erste Hilfe leistet, muss schon in seinem eigenen wohlverstandenen Interesse die erforderliche Sorgfalt wahren, um Gefahren für sich und andere nach Möglichkeit auszuschalten.[169] Die Anforderungen an die eigene Vorsicht sind durch die besondere Art der Aufgabenstellung begrenzt, weil dabei die dem Helfer obliegende Sorge um den Verunglückten im Vordergrund der Betrachtung steht. Zu berücksichtigen sind jeweils die besonderen Umstände des Falls: Der Helfer muss die Aufgabe in einer Ausnahmesituation bestmöglich erfüllen. Wenn von ihm auch erwartet werden kann, dass er keine unvernünftigen und vermeidbaren Risiken eingeht, so kann doch der für den Unfall verantwortliche Schädiger vom Helfer nicht verlangen, dass der Helfer seine ungeteilte Aufmerksamkeit dem Schutz der eigenen Person widmet.[170]

174

Besondere Haftungsprivilegien gelten auch für Schulunfälle.[171] Es kommt im Einzelfalle entscheidend darauf an, ob der Unfall sich bei der Teilnahme am allgemeinen öffentlichen Verkehr ereignet hat oder ob er »schulbezogen«[172] war, weil er auf die Vor- und Nachwirkungen des Schulbetriebs zurückzuführen ist.

175

Diese Rechtsprechung gilt sinngemäß auch für Wegeunfälle.[173] Schulbusunfälle ereignen sich nicht bei der Teilnahme am allgemeinen öffentlichen Verkehr, die nach allgemeinrechtlichen Grundsätzen zu bewerten wäre, weil derartige Tätigkeiten »schulbezogen« sind.[174] Das Gleiche gilt für das Warten auf einen Schulbus.[175]

176

Ein weiteres Haftungsprivileg ergibt sich nach § 91a StVG i. V. m. § 1 ErwG[176] bei dienstlichen Unfällen unter Soldaten.[177] Die mit einem Marschbefehl dienstlich angeordnete Mitnahme eines Sol-

177

---

169 Vgl. *BGH* VersR 1977, 36; *OLG München* ADAJUR-Dok.Nr. 70506 (selbst bei zufällig an der Unfallstelle eintreffendem und helfendem Arzt).
170 *BGH* DAR 1981, 53; *Weber* DAR 1981, 161.
171 Wegen näherer Einzelheiten vgl. *BSG* NJW 1977, 2134; BSGZ 43, 113; VersR 1979, 368; *OLG Stuttgart* VersR 1975, 1043; *OLG Frankfurt/M.* VersR 1979, 131; *OLG Hamm* VersR 1981, 339; *OLG Oldenburg* zfs 1985, 263; *LG Fulda* NJW 1977, 720; *LG Hanau* zfs 1980, 167; *LG Kleve* zfs 1981, 172; *LG Freiburg* zfs 1982, 365; *AG Simmern* zfs 1981, 172; *LG Köln* zfs 1981, 172; *LG Detmold* VersR 1991, 204.
172 Vgl. *BGH* LM Nr. 9 6 zu § 617 RVO (m. Anm. v. *Weber*).
173 *LG Kleve* VS 1981, 172 (Warten auf Schulbus); *LG Köln* zfs 1981, 172; *AG Simmern* zfs 1981, 172; *OLG Frankfurt/M.* VersR 1979, 131 (verneint Haftungsausschluss unzutreffenderweise generell bei Eintritt eines Schadens auf dem Schulweg); *LG Hildesheim* zfs 1985, 268; *LG Kassel* Urt. v. 17.1.2006 – Az. 5 O 2198/05, ADAJUR-Dok.Nr. 70877 (Klassenfahrt mit Privat-PKW); *BGH* Urt. v. 30.3.2004 – Az. VI ZR 163/03, ADAJUR-Dok.Nr. 59911 (Verletzung von Mitschüler durch Feuerwerkskörper haftungsprivilegiert); *Lang* SVR 2006, 425.
174 Vgl. *BGH* DAR 1981, 318; ähnlich *BGH* r+s 1977, 79; bei: *Schnitzerling* DAR 1981, 132; *OLG Oldenburg* NdsRpfl 1979, 16 (auch zit. bei: *Schnitzerling* DAR 1981, 132 f.); *OLG Bremen* VersR 1980, 1048 (L); *OLG Stuttgart* VersR 1980, 147; *OLG Karlsruhe* VersR 1981, 579 = r+s 1981, 170; *LG Traunstein* VersR 1977, 674; *LG Kleve* r+s 1980, 253.
175 *BGH* VersR 1983, 636; *OLG Koblenz* VersR 1986, 595 = zfs 1986, 238; *LG Köln* r+s 1980, 253, *LG Kleve* zfs 1981, 172.
176 *BGH* VersR 1973, 736; *OLG Celle* VersR 1977, 1101; *OLG München* VersR 1977, 1014; *OLG Frankfurt/M.* VS 1982, 33 (Versagung von Schmerzensgeld).
177 Vgl. *BGH* VersR 1977, 649 (Insassenunfall auf der Rückfahrt vom Wochenendurlaub, kein Haftungsprivileg, da Teilnahme am *allgemeinen öffentlichen* Verkehr); *BGH* VersR 1979, 32 (Haftungsbeschränkung aus § 91a StVG kommt auch einem Soldaten zugute, der bei der Rückkehr aus dem Urlaub mit seinem Kfz auf dem Kasernengelände einen anderen Soldaten anfährt und dabei verletzt); *OLG München* VersR 1977, 1014 (Weg von und zur Dienststelle mit dem eigenen PKW ist grundsätzlich keine dienstbezogene Tätigkeit, sondern Teilnahme am allgemeinen öffentlichen Verkehr); *OLG Celle* VersR 1977, 1105 (Dienstunfall zwischen einem Zivilkraftfahrer einer Truppenplatzkommandantur und einem Soldaten); VersR 1980, 482 (Auffahrunfall eines Bundeswehr-Lkw auf einen Tanklastzug auf dem Gelände eines Truppenübungsplatzes: Dienstunfall und daher Haftungsprivileg); *OLG Frankfurt/M.* NJW 1982, 524 (Dienst-

daten durch einen Kameraden in dessen Privat-Pkw stellt keine Teilnahme am allgemeinen öffentlichen Verkehr dar. Es handelt sich um eine privilegierte Fahrt im Sonderverkehr der Bundeswehr.[178]

178 Die Beweislast für die Anwendung des milderen Haftungsmaßstabes trifft grundsätzlich denjenigen, der sich in seinem Interesse auf ein Haftungsprivileg beruft. Er beansprucht einen Ausnahmetatbestand.

4. Haftung mehrerer Beteiligter

179 Haben mehrere Personen durch eine gemeinschaftlich begangene unerlaubte Handlung einen Schaden verursacht, ist jeder von ihnen im Verhältnis zum Geschädigten (Verletzten) für den vollen Schaden verantwortlich.[179] Das Gleiche gilt auch, wenn sich nicht feststellen lässt, wer von mehreren Beteiligten den Schaden durch eine unerlaubte Handlung verursacht hat (§ 830 Abs. 1 BGB). Die Haftung aller an der schädigenden Handlung Beteiligten setzt voraus, dass jeder der mehreren Beteiligten, hätte er nachweislich den Schaden durch seine Handlung verursacht, schuldhaft rechtswidrig gehandelt haben würde.[180] Das hier nur beispielhaft genannte Merkmal der unerlaubten Handlung ist kein besonderes Kriterium für das Entstehen einer Gesamtschuldhaftung. Diese kann auch dadurch entstehen, dass einer der Beteiligten der vom Verschulden losgelösten Gefährdungshaftung unterliegt bzw. lediglich aus Vertrag haftet.[181] Die Gesamtschuldhaftung besteht bezüglich der Positionen, die sich nach den Grundsätzen der Kongruenz decken. Im Übrigen haftet jeder entsprechend seinem Verschulden. Nimmt der Geschädigte mehrere Nebentäter in Anspruch, so ist seine Mitverantwortung gegenüber jedem der Schädiger laut *BGH* gesondert nach § 254 BGB (§ 17 StVG) abzuwägen (Einzelabwägung).[182] Zusammen haben die Schädiger jedoch nicht mehr als den Betrag aufzubringen, der bei einer Gesamtschau des Unfallgeschehens dem Anteil der Verantwortung entspricht, die sie im Verhältnis zur Mitverantwortung des Geschädigten insgesamt tragen (Gesamtabwägung). Im Urteil ist zum Ausdruck zu bringen, welchen Beitrag oder Anteil die einzelnen Schädiger – entsprechend ihrer Einzelquote – zu leisten haben. Diese Verpflichtungen sind auf einen der Gesamthaftungsquote entsprechenden Beitrag oder Anteil zu begrenzen.

180 Dies bedeutet, dass nach außen im Verhältnis zum Verletzten jeder der Mittäter unabhängig von seinem eigenen individuellen Verantwortungsbeitrag auf Ersatz des vollen Schadens in Anspruch genommen werden kann. Der Gläubiger darf insgesamt seinen Schaden nur einmal fordern (§ 421 BGB). Soweit ein Gesamtschuldner Leistungen erbringt, werden im Verhältnis zum Verletzten dadurch auch die übrigen Gesamtschuldner von ihrer sich mit der Leistung deckenden eigenen Verpflichtung frei (§ 422 BGB). Der vorleistende Gesamtschuldner kann den Teil seiner Zahlung, der seinen eigenen Tat- und Verantwortungsbeitrag übersteigt, im Innenverhältnis der Gesamtschuldner zueinander – also im Verhältnis der übrigen Beteiligten – gem. § 426 Abs. 1 BGB von den anderen Beteiligten fordern.

181 Ergibt sich die Haftungsgrundlage für einen der Täter ausschließlich aus den §§ 831, 832 BGB, ist ein weiterer Mittäter, der nach anderen Bestimmungen aus »echtem« Verschulden haftet, im Innenverhältnis für den Schaden allein verantwortlich. Im Fall der Billigkeitshaftung aus § 829 BGB ist im Innenverhältnis der Aufsichtspflichtige allein schadenersatzpflichtig. Darüber hinaus wird in § 840 Abs. 3

---

fahrt auch dann, wenn der Verletzte sich innerhalb einer Kolonne auf einem Marsch zum Gottesdienst befand; Schmerzensgeld daher versagt); *LG Karlsruhe* VersR 1980, 1151 (Dienstunfall, wenn ein Soldat im Pkw eines Kameraden auf der Rückfahrt von einem Lehrgang zur gemeinsamen Einheit verletzt wird).
178 *BGH* zfs 1981, 297; – vgl. dazu ergänzend die Grundsätze und Belege für den ähnlich gestalteten Bereich des *Arbeitsrechts*, soweit es sich um einen Wegeunfall i. S. v. §§ 104 ff. SGB VII in der Abgrenzung zu einer Dienstfahrt handelt; vgl. *Ricke* VersR 2003, 540.
179 Vgl. *Figgener* NJW-SPEZIAL 2006, 543.
180 Vgl. *OLG Schleswig* VersR 1983, 396.
181 Vgl. dazu *BGH* NJW 1981, 750 = VersR 1981, 161 = DAR 1981, 85.
182 *BGH* Urt. v. 13.12.2005 – Az. VI ZR 68/04, DAR 2006, 383; *OLG Celle* Urt. v. 19.12.2007 – Az. 14 U 78/07, ADAJUR-Dok.Nr. 79136.

B. Rechtsgrundlagen Kapitel 3

BGB bestimmt, dass ein Mittäter (Dritter) im Innenverhältnis allein für den Schaden verantwortlich ist, wenn die Haftung des anderen sich lediglich aus den Bestimmungen der §§ 832–838 BGB ergibt. Über die Tatbestände des § 830 BGB hinaus bestimmt § 840 BGB eine gesamtschuldnerische Haftung auch für die Fälle, in denen derselbe Schaden durch mehrere nicht miteinander in Verbindung stehende Personen verursacht worden ist. Für das Verhältnis der einzelnen Mittäter und der Beteiligten untereinander gelten die Bestimmungen der §§ 426, 840 Abs. 2 u. 3 sowie 841 BGB.[183]

Muss derjenige, der einen Schadenersatzanspruch geltend macht, unter normalen Umständen beweisen, dass der Antragsgegner den Schaden rechtswidrig und zugleich auch schuldhaft verursacht hat – wobei alle Zweifel zu seinen Lasten gehen –, erspart ihm die Vorschrift des § 830 Abs. 1 S. 2 BGB in bestimmten Grenzen und unter bestimmten Voraussetzungen den Nachweis dafür, dass tatsächlich gerade der betreffende Anspruchsgegner den Schaden verursacht hat. Vielmehr muss der Anspruchsgegner sich in dem Sinne entlasten, dass das den Schaden verursachende und auslösende Verhalten nicht von ihm stammt und dass die Schadenursache nach den Grundsätzen der kausalen Adäquanz nicht ihm verantwortlich zugerechnet werden kann. 182

§ 830 Abs. 1 S. 2 BGB enthält demnach eine Beweiserleichterung nicht nur für den Fall, dass der Schadenverursacher nicht zu ermitteln ist, sondern auch für den Fall, dass bei mehreren feststehenden Schadenverursachern der Anteil ihrer jeweiligen Verursachungs- und Verantwortungsbeiträge nicht geklärt werden kann.[184] Sie müssen beweisen, wer von ihnen welchen bestimmten Anteil an der gesamten Schadenverursachung verantwortlich zu vertreten hat. Ohne diesen Nachweis haftet jeder für den gesamten Schaden als Gesamtschuldner. Trifft den Gläubiger (Geschädigten) im Verhältnis zu einem der nach § 830 Abs. 1 S. 2 BGB alternativ haftenden »Beteiligten« ein Mitverschulden, so kommt nach der Auffassung des BGH[185] eine Haftung auch des anderen Beteiligten, wenn sein Verursachungsbeitrag nicht positiv festgestellt ist, nur bezüglich der geringsten hypothetischen Haftungsquote – also in Höhe des kleinsten gemeinsamen »Nenners« – in Betracht.[186] 183

Die Bestimmung des § 830 Abs. 1 S. 2 BGB enthält also im Ergebnis zugunsten des Geschädigten eine Umkehrung der Beweislast. Jede der einzelnen Handlungen muss jedoch nach den Grundsätzen der kausalen Adäquanz zumindest geeignet gewesen sein, den schädlichen Erfolg in gleicher Weise ebenso herbeizuführen. Weitere Voraussetzung ist, dass jeder der Beteiligten nachweisbar den schadenursächlichen Erfolg nicht nur rechtswidrig, sondern überdies auch schuldhaft herbeigeführt hat. 184

Zur gemeinschaftlichen Begehung einer unerlaubten Handlung i. S. d. § 830 Abs. 1 S. 1 BGB gehört nach feststehender Rechtsprechung bewusstes und gewolltes Zusammenwirken. Auch das nur tatsächliche Zusammenwirken soll unter der Voraussetzung genügen, dass der Schaden selbst sich als das Ergebnis der Gesamtwirkung der Handlungen der Einzelnen darstellt, jeder also tatsächlich gerade durch sein Verhalten zur Erzielung der Gesamtwirkung beigetragen hat.[187] Dies bedeutet, dass auch das bloße tatsächliche Zusammenwirken gleichgültig, ob der einzelne Erfolg der Handlung nachgewiesen werden kann jedenfalls dann als rechtlich relevanter Tatbeitrag genügt,[188] wenn der eingetretene Schaden sich als das Ergebnis der Gesamtwirkung der Handlungen einzelner darstellt. 185

Der BGH[189] geht davon aus, dass § 830 Abs. 1 S. 1 BGB ein vorsätzliches, d. h. bewusstes und gewolltes Zusammenwirken mehrerer Schädiger als Mittäter voraussetzt. 186

Benutzen mehrere gemeinschaftlich unbefugt ein Fahrzeug und kommt es zum Schaden, haften die Beteiligten laut *OLG Koblenz* gemeinsam, wenn der tatsächliche Verursacher nicht mehr festgestellt 186a

---

183 Vgl. *Figgener* NJW-SPEZIAL 2006, 543.
184 Vgl. *BGH* VersR 1960, 1147; *Schantl* VersR 1981, 105 ff.
185 *BGH* NJW 1982, 2307.
186 Vgl. dazu ergänzend auch *BGH* NJW 1979, 544 (m.abl.Anm.v. *Frankel* NJW 1979, 1202).
187 Nach RGZ 58, 357.
188 *BGH* BB 1960, 424; *LG Köln* ADAJUR-Dok.Nr. 34419; NJW-RR 1999, 463; *OLG Koblenz* ADAJUR-Dok.Nr. 5757021; R+S 2005, 39.
189 *BGH* NJW 1953, 499.

werden kann.¹⁹⁰ Für eine gemeinschaftliche Begehung ist ein vorsätzliches Zusammenwirken erforderlich. Der Vorsatz muss sich auf den Verletzungserfolg beziehen, nicht hingegen auf die Schadensverursachung.¹⁹¹ Für den Schadensbeitrag reicht ein fahrlässiges Verhalten der Beteiligten aus. Grundlage für die Zurechnung der Tatbeiträge Dritter ist die gemeinschaftliche Tatbegehung, mit der der Mittäter zum Ausdruck bringt, dass er sich Tathandlungen anderer zu eigen macht, und die den Verletzten durch das Zusammenwirken mehrerer Ursachen gleichzeitig in Beweisnot bringt. Die Tatbeiträge der anderen Mittäter sind jedem einzelnen Beteiligten zuzurechnen, unabhängig davon, ob und wie viel der Tatbeitrag des jeweiligen Täters zur Schadensentstehung beigetragen hat.

186b Reine Fahrlässigkeit aufseiten eines der beteiligten Täter reicht nicht aus, weil unter diesen Umständen ein bewusstes gemeinsames Vorgehen nicht möglich ist.¹⁹² Danach kommt allenfalls dann, wenn einer der Beteiligten rechtmäßig – also nicht schuldhaft rechtswidrig – gehandelt hat, auch die Haftung des anderen aus § 830 Abs. 1 S. 2 BGB nicht in Betracht.¹⁹³

187 Eine gemeinsame Verantwortlichkeit wird auch dann nicht vorliegen, wenn die einzelnen Täter ohne innere Verbindung gehandelt haben, d. h. wenn jeder von ihnen einen selbstständigen Tatbeitrag geleistet hat und die Tat sich als das zufällige Ergebnis zeitlich zusammentreffender Einzelhandlungen darstellt.¹⁹⁴ Der Tatbeitrag des Einzelnen kann auch in einer Art »moralischen« Unterstützung liegen. Wissen die Täter nichts voneinander, so stellt sich der schließlich eintretende Gesamterfolg lediglich als rein zufälliges Ergebnis dar, sodass § 830 BGB nicht anwendbar ist. Es ist jedoch nicht erforderlich, dass die Mittäter die Handlungen der übrigen Beteiligten in allen Einzelheiten genau kennen und billigen. Es genügt, wenn der betreffende Mittäter ohne eigene Überlegungen alles in Kauf nimmt, was die Übrigen tun oder vorhaben.¹⁹⁵

188 Nach § 830 Abs. 1 S. 2 BGB soll ein Ersatzanspruch des Geschädigten¹⁹⁶ nicht daran scheitern, dass sich die Verursachung gerade durch einen bestimmten »Beteiligten« nicht mit letzter Gewissheit feststellen lässt. Diese besondere und außergewöhnliche Regelung setzt voraus, dass bei jedem Beteiligten¹⁹⁷ ein Anspruchsbegründendes Verhalten gegeben war, wenn man vom Nachweis der Ursächlichkeit¹⁹⁸ einmal absieht,
– eine der unter dem Begriff der »Beteiligten« zusammengefassten Personen den Schaden zumindest rechtswidrig,¹⁹⁹ nach neuerer Auffassung sogar schuldhaft im Sinne der Erfüllung des vollständigen Tatbestandes einer unerlaubten Handlung²⁰⁰ verursacht haben muss,

---

190 *OLG Koblenz* Urt. v. 27.6.2003 – Az. 10 U 998/02, r+s 2005, 39.
191 MüKo/*Wagner*, 5. Aufl. 2009, § 830 BGB Rn. 21; *OLG Koblenz* ADAJUR-Dok.Nr. 57021; ZfS 2003, 585.
192 Vgl. bereits dazu *BGH* DAR 1959, 239.
193 Vgl. *BGH* VersR 1953, 146.
194 Vgl. *BGH* VersR 1960, 326; *BGH* ADAJUR-Dok.Nr. 9670; NJW 1972, 40.
195 *BGH* VersR 1960, 540.
196 Dies gilt auch für den Fall, dass als Anspruchsgrundlage die Haftung des Geschäftsherrn für seinen Verrichtungsgehilfen i. S. d. § 831 BGB in Betracht kommt (vgl. *OLG Düsseldorf* VersR 1980, 1171).
197 Die Beteiligung in dem hier gemeinten Sinne muss vom Anspruchsteller voll bewiesen werden (*OLG Schleswig* VersR 1980, 341). Der Begriff der »Beteiligung« i. S. v. § 830 Abs. 1 S. 2 BGB setzt weder eine *innere Beziehung* zwischen mehreren *rechtswidrig und* schuldhaft handelnden Tätern noch die Gleichzeitigkeit der ihnen zuzurechnenden Gefährdungshandlungen voraus (BGHZ 33, 286).
198 Für die durch § 830 Abs. 1 S. 2 BGB vermittelte Haftung ist nicht erforderlich, dass der Tatbeitrag des Anspruchsgegners *tatsächlich* für den Schaden ursächlich geworden ist (wegen näherer Einzelheiten dazu Palandt/*Sprau* § 830 Rn. 6 ff. Es genügt vielmehr, dass die (Mit-) Ursächlichkeit seines *rechtswidrigen* und *schuldhaften* Verhaltens, das zur Herbeiführung des Schadens *generell geeignet* war, *nicht auszuschließen* ist (*BGH* VersR 1975, 714). Umgekehrt bleibt für die Anwendung des § 830 Abs. 1 S. 2 BGB jedenfalls dann kein *Raum*, wenn feststeht, dass einer der Beteiligten aus erwiesener Verursachung haftet (*BGH* VersR 1976, 992; *BGH* DAR 1979, 246; *Backhaus* VersR 1972, 210).
199 *BGH* VersR 1968, 493; BGHZ 55, 86.
200 Vgl. dazu z. B. MüKo/*Mertens* § 830 Rn. 26 (insbes. Fn. 59 m. w. N.); *Backhaus* VersR 1982, 210.

B. Rechtsgrundlagen   Kapitel 3

– nicht feststellbar ist, wer von ihnen den Schaden tatsächlich – ganz oder teilweise – verursacht hat[201]
und
– die Handlungen nach den praktischen Anschauungen des täglichen Lebens einen tatsächlich zusammenhängenden einheitlichen Vorgang bilden.[202]

Dabei beschränkt sich die Bedeutung der zuvor genannten Bedingung, der im Hinblick auf das Gewicht der durch § 830 Abs. 1 S. 2 BGB angestrebten Regelung wohl die Bedeutung eines Hauptmerkmals zufällt, nicht etwa auf eine bloße Beweislastregel, sondern ihr fällt ausnahmsweise auch die Funktion eines sachlichen Tatbestandsmerkmales zu.[203]   189

Diese Überlegungen machen deutlich, dass die Vorschrift des § 830 Abs. 1 S. 2 BGB ausschließlich dazu bestimmt ist, demjenigen Geschädigten mit einer besonderen Anspruchsvariante zu helfen, der sonst durch die bei »alternativer Kausalität« gegebenen ungünstigen Beweislage seinen ihm gegen irgendeinen der Beteiligten mit Sicherheit zustehenden Anspruch mit Rücksicht auf die hypothetisch bleibende Kausalität nicht durchsetzen könnte.   190

Anders ist jedoch der Fall zu beurteilen, dass eine reine Verschuldenshaftung – aus unerlaubter Handlung – besteht und der Geschädigte nicht nachzuweisen vermag, welcher der beiden beteiligten »Täter« speziell durch sein Verhalten den Unfall schuldhaft im adäquaten Sinne verursacht hat. In diesem Fall genügt nicht die Feststellung, dass einer der Beteiligten durch sein Verhalten die Anspruchsbegründende Voraussetzung erfüllt hat, sodass im Rahmen dieser alternativ zu treffenden Wahlfeststellung weitere Beweise nicht erforderlich seien. Die Bestimmung des § 830 Abs. 1 S. 2 BGB kann und darf diese Beweislast dem Verletzten nicht abnehmen. Sie ist auch nicht dazu bestimmt, dem Geschädigten weitere – evtl. solventere – Schuldner zu verschaffen.[204]   190a

Das Rechtsinstitut der alternativen Kausalität findet grundsätzlich keine Anwendung, wenn einer der »Beteiligten« aus erwiesener Verursachung haftet.[205]   190b

Die bloße Ungewissheit, ob zusätzlich auch noch ein anderer den Schaden ebenfalls verantwortlich herbeigeführt hat, reicht für die Anwendung des § 830 Abs. 1 S. 2 BGB im Prinzip nicht aus.[206] Damit könnte in derartigen Fällen die Vorschrift des § 830 Abs. 1 S. 2 BGB nur dann zugunsten des Verletzten angewendet werden, wenn es gewichtige Sachgründe dafür gibt, ihm ausnahmsweise neben dem bereits feststehenden noch einen weiteren Schuldner zuzuführen, obwohl dieser nicht haften würde, wenn es möglich wäre, den Sachverhalt nach allen Richtungen umfassend aufzuklären.   191

Auch wenn ungewiss bleibt, worauf die tödliche Verletzung eines Verkehrsteilnehmers beruht, der – nachdem er von einem Kraftfahrzeug angefahren wurde – auf der Fahrbahn liegend von einem zweiten Kfz erfasst worden ist, ist für die Anwendung des § 830 Abs. 1 S. 2 BGB jedenfalls dann kein Raum, wenn feststeht, dass die Auswirkungen des zweiten Unfalles dem Verursacher des ersten Unfalles haftungsrechtlich (ebenfalls) zuzurechnen sind.[207] Diese Fallgestaltung kann beispielsweise dann in Betracht kommen, wenn A mit seinem Kfz den Fußgänger B anfährt und einige Sekunden später der auf der Fahrbahn zurückgebliebene Fußgänger B auch von C angefahren und mitgeschleift wird.   192

---
201 *BGH* VersR 1975, 714; *BGH* VRS 56, 260; *BGH* VersR 1979, 822; *AG Wesel* VRS 68, 244.
202 *BGH* VersR 1960, 1147; *BGH* NJW 1971, 506; *OLG Düsseldorf* zfs 1981, 36.
203 *BGH* VersR 1976, 992 – in etwas anderem Sinne, wenn auch in Form einer obiter dictum, vgl. *BGH* VersR 1971, 321.
204 *BGH* DAR 1972, 18; NJW 1969, 2136; NJW 1980, 2348; vgl. zur alternativen Kausalität: Deutscher Juristentag 1999, Beschlüsse zum Schadenersatzrecht, NZV 1999, 156; vgl. *OLG Köln* ADAJUR-Dok.Nr. 36133; VP 2000, 228; *OLG Köln* ADAJUR-Dok.Nr. 75834; SP 2007, 275.
205 Vgl. *BGH* VRS 51, 327; *BGH* NJW 1979, 544 (m.abl.Anm.v. *Frankel* NJW 1979, 1202); VersR 1985, 268; *Weber* DAR 1985, 161.
206 Vgl. dazu wegen näherer Einzelheiten: *BGH* DAR 1977, 18; DAR 1979, 246; VRS 68, 244.
207 Vgl. *BGH* DAR 1979, 246.

193 Bei dieser Fallgestaltung kann der später festgestellte Tod von B entweder bereits durch A oder erst durch C, aber auch durch das Zusammenwirken von A und C ausgelöst worden sein. Die Beweiserleichterung des § 830 Abs. 1 S. 2 BGB kommt bei diesem Sachverhalt trotz erheblicher Zweifel daran, wer den Tod von B tatsächlich ausgelöst hat,[208] deswegen nicht zum Zuge, weil bereits von vornherein feststeht, dass A durch sein Verhalten entscheidend dazu beigetragen hat, dass auch C den – inzwischen auf der Fahrbahn liegenden – B ebenfalls überfahren konnte und weil A deswegen durch sein Verhalten verantwortlich am Zustandekommen auch des zweiten (nachfolgenden) Unfalls unter der Beteiligung von C beigetragen hat.

194 Eine Beteiligung i. S. v. § 830 Abs. 1 S. 2 BGB liegt jeweils dann vor, wenn
 – eine von mehreren an und für sich selbstständigen Handlungen den schädlichen Erfolg herbeigeführt hat,
 – außerdem jede einzelne Handlung nach den Grundsätzen der Kausalität diesen Erfolg ebenfalls hätte herbeiführen können,
 – letztlich nicht ermittelt werden kann, wer von den mehreren Beteiligten den schädlichen Erfolg tatsächlich ausgelöst hat.

195 Die Verpflichtung der einzelnen Mittäter zum Schadenausgleich dauert so lange fort, bis die gesamte Leistung erbracht ist.

196 Die Kopfteilhaftung des § 426 BGB, die das bürgerliche Recht als Grundsatz aufgestellt hat, findet in der Praxis der Schadenregulierung kaum Anwendung. In aller Regel wird nämlich durch das Gesetz »ein anderes« bestimmt. Die einzelnen Vorschriften sehen, ähnlich wie § 254 Abs. 1 BGB (Mitverschulden des Geschädigten), vor, dass die »Verpflichtung zum Schadenersatz sowie der Umfang des zu leistenden Ersatzes von den Umständen, insbesondere davon abhängt, inwieweit der Schaden vorwiegend von dem einen oder dem anderen Teil verursacht worden ist«. Derartige Bestimmungen enthalten auch beispielsweise § 4 HG i. V. m. § 13 HG und § 9 StVG i. V. m. § 17 StVG.

197 Kernstück des Schadenausgleichs in dem hier interessierenden Bereich ist vornehmlich § 17 StVG. Wird ein Schaden durch mehrere Kraftfahrzeuge verursacht und sind die beteiligten Fahrzeughalter einem Dritten kraft Gesetzes zum Schadenersatz verpflichtet, so hängt im Innenverhältnis die Verpflichtung zum Schadenersatz sowie der Umfang des zu leistenden Ersatzes ebenfalls von den Umständen, insbesondere davon ab, inwieweit der Schaden vorwiegend von dem einen oder dem anderen Teil verursacht worden ist (§ 17 Abs. 1 S. 1 StVG).

198 Wenn das Gesetz dann weiter bestimmt (§ 17 Abs. 2 StVG), das Gleiche gelte, »wenn der Schaden einem der beteiligten Fahrzeughalter entstanden ist«, so handelt es sich dabei bei rechtlich wertender Betrachtung – mangels eines Gesamtschuldverhältnisses – nur um »unechte« Ausgleichsansprüche. Genau genommen liegt insoweit eine Ausgleichspflicht nicht vor, sondern § 17 Abs. 2 StVG verleiht den beteiligten Fahrzeughaltern lediglich einen den Haftungsanteil des anderen umfassenden »Kürzungsanspruch«, der sich bereits aus der Grundregel des § 254 Abs. 1 BGB – bei der Abwägung nach dem Maß der Verursachung – ableiten lässt. Voraussetzt für die Entstehung von »echten« Ausgleichsansprüchen ist stets eine gesamtschuldnerische Haftung.[209]

198a Hat die Nichteinhaltung des gebotenen Sicherheitsabstands den Unfall mit verursacht, ist der Verstoß gegen § 4 Abs. 1 StVO im Rahmen der Abwägung der beiderseitigen Verursachungsanteile grundsätzlich gegenüber jedem Mitverursacher zu berücksichtigen.[210]

199 Ein Ausgleichsverhältnis besteht beispielsweise dann nicht, wenn einer der Beteiligten lediglich subsidiär – etwa nach § 839 BGB oder nach § 829 BGB – haftet. Treffen zwei Ansprüche mit Subsidiärhaftung aufeinander, so ist im Wege der Auslegung zu entscheiden, welcher Anspruch zum Zuge

---

208 Wegen eines ähnlichen Sachverhalts vgl. *BGH* NJW 1981, 628; NJW 1982, 2307; vgl. auch *Weber* DAR 1983, 169.
209 Vgl. *BGH* NJW 1965, 1175; VRS 29, 423.
210 *BGH* Urt. v. 16.1.2007 – Az. VI ZR 248/05, MDR 2007, 717.

B. Rechtsgrundlagen Kapitel 3

kommt. Auf keinen Fall darf das Merkmal der Subsidiärhaftung dazu führen, dass der Geschädigte von einem Schuldner zum anderen verwiesen wird und im Ergebnis schließlich leer ausgeht.

Bei der Durchführung der Schadenausgleichungen gelten beide Ansprüche – der Ausgleichsanspruch und der Schadenersatzanspruch – jeweils als selbstständige Forderungen. Das rechtliche Schicksal des Ausgleichsanspruchs ist also unabhängig vom (übergangsfähigen) Schadenersatzanspruch des Gläubigers (Dritten) und führt als ein Anspruch eigener Art (sui generis) ein rechtliches Eigenleben. Dies bedeutet, dass der Ausgleichsanspruch grundsätzlich auch bei einem »gestörten« Innenverhältnis, wie beispielsweise im Rahmen von Haftungsprivilegien, bestehen bleibt. Seiner Realisierung stehen allerdings unter gewissen Voraussetzungen rechtliche Schwierigkeiten, insbesondere insoweit entgegen, als es sich um Ausgleichsansprüche von Unfall- und Schadenversicherern handelt. 200

So kann ein Sozialversicherungsträger wegen der von ihm erbrachten Aufwendungen beim Rückgriff nach § 110 SGB VII grds. auch auf den fiktiven Schmerzensgeldanspruch des Geschädigten gegen den nach §§ 104 ff. SGB VII Haftungsprivilegierten Schädiger zurückgreifen.[211] Der Einbeziehung des Anspruchs auf Zahlung eines Schmerzensgeldes steht laut *BGH* auch nicht entgegen, dass es in den Fällen der Entsperrung des Haftungsprivilegs wegen der Möglichkeit sowohl eines Regresses durch den Sozialversicherungsträger als auch eines Schadensersatzverlangens des Geschädigten zu einer Doppelbelastung des Schädigers kommen könnte. Derartige Fälle einer Anspruchskonkurrenz, die zudem nicht häufig sein dürften, könnten ggf. durch einen Verzicht des Sozialversicherungsträgers auf seinen Anspruch gelöst werden, zu dem er in pflichtgemäßer Ausübung seines Ermessens nach §§ 110 Abs. 2 SGB VII, 39 SGB I sogar verpflichtet sein kann. Ein Verzicht des Sozialversicherungsträgers erfolgt jedoch nur in den seltensten Fällen. Frühere geschäftsplanmäßige Erklärungen der Versicherer, wonach sie den Regress gegen den Versicherungsnehmer auf 5 000 bzw. 10 000 Euro beschränkten, wenn dieser eine unfallursächliche Gefahrerhöhung vorgenommen hatte, waren und sind für den Sozialversicherungsträger nicht verbindlich. Der Schädiger unterliegt i. d. R. dem vollen Regress in Höhe des Betrages, den sein Versicherer nicht übernimmt. 200a

Der schon vor einer Leistung an den Gläubiger bestehende Anspruch eines jeden Gesamtschuldners gegen die übrigen Gesamtschuldner, ihren Anteilen entsprechend an der Befriedigung des Gläubigers mitzuwirken, kann in der Form des Befreiungsanspruchs sogar im Klagewege verfolgt und notfalls vollstreckt werden. 201

Die neuere Auffassung sieht zunehmend den Maßstab für die Bewertung der verantwortlichen – zurechenbaren – Verursachung in subjektiven Kriterien, wie etwa in dem Grade der Gefährlichkeit (Schadenneigung) und der Wahrscheinlichkeit des Eintritts des schädlichen Erfolges, d. h. der Verwirklichung der Gefahr.[212] 202

Die für die Ursachenabwägung maßgeblichen Gesichtspunkte gelten im Prinzip sinngemäß auch dann, wenn es sich um den Grund der Verantwortlichkeit handelt. Beide Probleme stehen in einem unmittelbaren Sachzusammenhang. Deshalb wird § 254 Abs. 1 BGB – als Ausdruck des in § 242 BGB enthaltenen Grundsatzes von Treu und Glauben[213] und konsequenterweise auch den auf den Tatbestand der (ausschließlichen) Eigenschädigung des Täters in der Erscheinungsform des »Verschuldens gegen sich selbst« ausgedehnt. Insoweit lässt sich – etwas vereinfacht und unter bewusster Vernachlässigung der Haftungsverhältnisse bei der Beteiligung weiterer Schädiger – der Grundsatz aufstellen, dass ein Unfallbeteiligter unter denselben Voraussetzungen und im selben Verhältnis, in dem er seinem Unfallgegner verantwortlich zum Schadenersatz verpflichtet ist, auch seinen eigenen Schaden selbst zu tragen hat. Es kommt in diesem Zusammenhang nicht darauf an, aus welchem Rechtsgrund zufälligerweise gerade der jeweils andere haftet.[214] 203

---

211 *BGH* Urt. v. 27.6.2006 – Az. VI ZR 143/05, DAR 2006, 631.
212 Vgl. dazu Staudinger/*Werner* § 254 Rn. 71.
213 *BGH* NJW 1972, 334; NJW 1978, 2502; NJW 1980, 1518; NJW 1982, 168.
214 Wegen näherer Einzelheiten dazu vgl. *Klimke* DAR 1974, 265 (m. w. N.).

204 Bei der Beteiligung von Kraftfahrzeugen steht die Betriebsgefahr als dominierendes Verursachungselement im Vordergrund der Betrachtung. Es kommt in erster Linie auf die Verursachung im adäquaten Sinne an. Bei der Berücksichtigung der Betriebsgefahr als Faktor der nach Verursachungskomponenten vorzunehmenden Schadenabwägung sind lediglich die nachgewiesenen[215] Umstände in Betracht zu ziehen. Die Betriebsgefahr kann gegenüber dem Verschulden eines anderen Unfallbeteiligten vollständig zurückweichen. So können gegenüber dem groben Verschulden eines Fahrzeugführers im Rahmen eines waghalsigen Überholmanövers vor einer nicht einsehbaren Rechtskurve im Einzelfall die Betriebsgefahr des überholten Lkw sowie ein zusätzliches Verschulden des Führers des Lkw wegen nicht unerheblicher 20 %-iger Überschreitung (72 km/h statt erlaubter 60 km/h) der zulässigen Höchstgeschwindigkeit zurücktreten.[216] Der rechtliche Ursachenzusammenhang zwischen einer Überschreitung der zulässigen Höchstgeschwindigkeit und einem Verkehrsunfall ist laut *OLG Celle* zu bejahen, wenn bei Einhaltung der zulässigen Geschwindigkeit zum Zeitpunkt des Eintritts der kritischen Verkehrssituation der Unfall vermeidbar gewesen wäre. Die kritische Verkehrssituation beginnt für einen Verkehrsteilnehmer dann, wenn die ihm erkennbare Verkehrssituation konkreten Anhalt dafür bietet, dass eine Gefahrensituation unmittelbar entstehen kann.

205 Durch besondere Umstände kann sich die Betriebsgefahr allerdings auch über das vom Gesetzgeber vorgestellte Maß hinaus erhöhen. Dies gilt beispielsweise dann, wenn gleichzeitig überhöhte Geschwindigkeit und technische Mängel vorliegen und der Unfall auf dem Zusammenwirken beider Ursachen beruht.

205a Kommt es zwischen einem Linksabbieger, der nicht rechtzeitig geblinkt hat und seine Rückschaupflicht gem. § 9 Abs. 1 StVO verletzt und einem nachfolgenden mit in nicht angemessener Geschwindigkeit fahrenden Pkw-Fahrer, der den Linksabbieger überholt, zu einer Kollision, haftet der Überholer zu 3/4. Von dem Fahrzeug des Überholenden ging laut *LG Magdeburg* aufgrund des grob verkehrswidrigen Verhaltens eine höhere Betriebsgefahr aus.[217]

205b Das Gleiche gilt für den Fall, dass der Fahrzeugführer im relevanten Zeitpunkt unter Alkoholeinfluss stand und dieser Gesichtspunkt – zumindest mitursächlich – den Schaden ausgelöst hat.

206 In jedem Fall muss der Halter eines Kraftfahrzeugs sich im Rahmen der vom Verschulden losgelösten Gefährdungshaftung das schadenursächliche Fehlverhalten des Fahrzeugführers als eigenen Verursachungsbeitrag zurechnen lassen, ohne dass es insoweit auf den Entlastungsbeweis aus § 831 BGB ankommt. Halter und Fahrer eines Kfz gelten im Rahmen einer nach § 17 StVG gebotenen Schadenausgleichung innerhalb des auf diese Weise begründeten Gesamtschuldverhältnisses nach außen als Haftungseinheit.[218]

207 Ausgangspunkt des Begriffs der Haftungseinheit sind die Fälle, in denen dem Verletzten als Träger des Schadenersatzanspruchs zwei oder mehr Schädiger gegenüberstehen.[219] In diesen Fällen ergibt sich die »Haftungseinheit« aus der besonderen rechtlichen Verbindung der mehreren Schädiger und ihrer Haftung als Gesamtschuldner mit der Rechtsfolge, dass jeder von ihnen auch für die vom anderen Beteiligten gesetzten Ursachen kraft Gesetzes einstehen muss. Ein bei einem Verkehrs-

---

215 Vgl. *BGH* NJW 1982, 1155; *OLG Bamberg* VersR 1954, 63; *KG* VersR 1973, 1049 = DAR 1973, 216; *OLG Frankfurt/M.* VersR 1974, 472; *OLG Bremen* VersR 1978, 469; OLG Hamm, ADAJUR- Dok.Nr. 268; BGH, ADAJUR- Dok.Nr. 86154; VersR 2010, 268 m. Anm.
216 *OLG Celle* Urt. v. 2.11.2006 – Az. 14 U 90/06, DAR 2007, 152.
217 *LG Magdeburg* SP 1996, 409.
218 Vgl. *BGH* NJW 1971, 33; VersR 1974, 34; DAR 1978, 251; (vgl. dazu auch: *Weber* DAR 1983, 169); VersR 1979, 1107; DAR 1983, 57 (spielende Kinder); *OLG Hamm* NZV 1999, 128; *OLG Celle* VersR 1973, 1031; VersR 1974, 106); *OLG Düsseldorf* r+s 1980, 36; *OLG Frankfurt/M.* VersR 1988, 750; *Weber* DAR 1983, 169; *Hartung* VersR 1979, 97; 1980, 797.
219 Vgl. *Jahnke* in Burmann/Heß/Jahnke/Janker, StVR, 21. Aufl. 2010, § 254, Rn. 44–46; *BGH* ADAJUR-Dok.Nr. 9828; VRS 51, 327.

unfall durch ein Kfz Geschädigter kann deshalb seine Ansprüche sowohl gegen den Unfall verursachenden Fahrzeugführer als auch gegen den Kfz-Halter und dessen Kfz-Haftpflichtversicherung (§ 3 Nr. 1 PflVG) als Gesamtschuldner geltend machen kann. Statt »Haftungseinheit« spricht der *BGH*[220] von einer Zurechnungseinheit.[221]

Zugleich bedeutet der Begriff der Haftungseinheit bzw. Zurechnungseinheit aber auch, dass beispielsweise für den beteiligten Kraftfahrer keine besondere Haftungsquote in Betracht kommen kann.[222] Diese Grundsätze gelten, nicht für den Schadenausgleich der Gesamtschuldner im Innenverhältnis.[223] Das Wesen des Schadenausgleichs besteht darin, für das Innenverhältnis die Haftungseinheit aufzulösen und jeden der einzelnen Gesamtschuldner im wirtschaftlichen Ergebnis mit einer Quote zu belasten, die seinem eigenen Verursachungsbeitrag und dem individuellen Verantwortungsgrad entspricht. Dies gilt insbesondere auch für den Schadenausgleich bei gefahrgeneigter Tätigkeit im Rahmen eines Arbeitsverhältnisses. 207a

Die rechtlich begründete Zurechnungseinheit hat eine – für das Kfz-Haftpflichtrecht außerordentlich wichtige – Ausweitung erfahren, als der *BGH*[224] auch eine lediglich aus tatsächlichen Gründen entstandene Zurechnungseinheit anerkannt hat.[225] Dies bedeutet, dass die bei einem Mitverschulden des Verletzten nach der Auffassung des *BGH* an sich anzustellende Gesamtabwägung nicht in Betracht kommt, wenn sich die Verhaltensweisen der mehreren als Nebentäter auftretenden Ersatzpflichtigen nur in einem – nämlich demselben – Unfallbedingten Ursachenbeitrag ausgewirkt haben, ehe der dem Verletzten verantwortlich zuzurechnende Kausalablauf hinzugetreten war und zum Schadeneintritt geführt hatte. Unter dieser Voraussetzung geht es nicht erst um den Innenausgleich zwischen den einzelnen Nebentätern, sondern primär bereits – gewissermaßen im »ersten Anlauf« – um das Außenverhältnis, nämlich den Ersatzanspruch des Geschädigten gegenüber dem Schädiger. Freilich handelte es sich auch hier nicht darum, die Haftung auf diese Weise zu begründen, sondern die zutreffende *Quote* der bereits feststehenden Haftung zu ermitteln, die dem Verletzten, der den Unfall ebenfalls schuldhaft verursacht hatte, selbst zur Last fiel. 208

C. Erwerb von Ansprüchen

Zur Prüfung der Aktivlegitimation, die am Beginn jeder Regulierungsverhandlung stehen sollte, ist vorab die Feststellung erforderlich, auf welchem Wege der Anspruchsteller oder derjenige, der behauptet, von ihm Forderungen abzuleiten, den Anspruch erworben hat. Nach der Legaldefinition (§ 194 Abs. 1 BGB) versteht man unter einem Anspruch das »Recht, von einem anderen ein Tun oder ein Unterlassen zu verlangen«. 209

I. Geschädigter

Unsere Rechtsordnung geht im Grundsatz davon aus, dass Ersatzansprüche regelmäßig nur von dem unmittelbar Geschädigten erworben werden können, den das Gesetz häufig auch dann, wenn nur Sachschäden entstanden sind, als »Verletzter« bezeichnet. Damit ist derjenige gemeint, der in einem seiner geschützten Rechtsgüter durch haftbares Verhalten eines anderen verletzt worden ist. Die Beschränkung des Schadenbegriffs und damit der Ersatzberechtigung auf die Person des unmittelbar Geschädigten war erforderlich, um eine praktikable Abgrenzung zu finden und einer sonst eintretenden »Ausuferung« von Ersatzansprüchen wirksam zu begegnen. 210

Dieser Gedankengang soll anhand eines Beispiels aus der Praxis verdeutlicht werden: 211

---

220 BGHZ 61, 213 = NJW 1973, 2022.
221 So bspw. *BGH* DAR 1978, 251; VersR 1983, 131 (m. Anm. v. *Hartung* VersR 1983, 634).
222 Vgl. dazu mit ausführl. zu begründetem Beispiel: *Klimke* ZfV 1975, 74; *Figgener* NJW-SPEZIAL 2006, 543.
223 Vgl. *OLG Frankfurt/M.* r+s 1983, 74 (L).
224 *BGH* NJW 1971, 33.
225 Dies ist im Anschluss an *Dunz* NJW 1964, 2136; 1968, 680 geschehen.

211a Ein im Werkverkehr eingesetzter Kraftomnibus erleidet durch einen Zusammenstoß mit einem seine Vorfahrt verletzenden Lkw erheblichen Schaden. Durch die Wucht des Aufpralls werden einige Insassen (Fahrgäste) körperlich verletzt. Keiner der Fahrgäste kann den Omnibus verlassen, weil die Türen beschädigt sind. Die Insassen können erst einige Stunden später aus ihrer Lage befreit werden. Die unverletzt gebliebenen Fahrgäste werden dann mit einem Ersatzomnibus zu ihrer Arbeitsstelle befördert. Der Arbeitgeber behält für die versäumten Arbeitsstunden den Lohn ein. Der Kraftomnibus, der am Nachmittag desselben Tages für eine größere – bereits ausgebuchte – Auslandsreise eingesetzt werden sollte, fällt für die Dauer der Reparatur einige Wochen aus. Da ein anderer Kraftomnibus nicht so schnell verfügbar ist, muss die geplante Ferienreise um einige Tage verschoben werden.

212 Bei diesem Sachverhalt erhebt sich die Frage, welchen Personen aus Anlass des soeben dargestellten Schadens Ersatzansprüche gegen Fahrer und Halter des die Vorfahrt verletzten Lkw zustehen. Geltend gemacht werden die mannigfaltigsten Ansprüche, nämlich im Einzelnen:
  a) Der Eigentümer des Reisebusses verlangt Schadenersatz in Höhe der Sachschäden, seines Verdienstausfalles bis zum Zeitpunkt der Anmietung, später in Höhe der Mietwagenkosten und ferner einen Ausgleich für Minderwert.
  b) Die verletzten Fahrgäste verlangen den Ersatz von Heilungskosten und Verdienstausfall sowie die Zahlung eines angemessenen Schmerzensgeldes.
  c) Die Werksangehörigen, die zwar unverletzt geblieben sind, wegen des unfallbedingten Zwangsaufenthaltes jedoch ihre Arbeitsstelle erst einige Stunden später erreichen konnten, verlangen Ersatz für die vom Arbeitgeber nicht bezahlten Lohnstunden.
  d) Der Fahrgast Hans Müller wollte von seiner Arbeitsstelle aus telefonisch ein ihm einige Tage zuvor von einem Bekannten preisgünstig angebotenes Kraftfahrzeug kaufen, das er bereits besichtigt und mit zufrieden stellendem Ergebnis Probe gefahren hat. Als er Stunden später anrief, war der Wagen bereits anderweitig verkauft. Müller musste sich ein zwar gleichwertiges, aber sehr viel teureres Fahrzeug von anderer Seite beschaffen. Er verlangt die Differenz zwischen den beiden Kaufpreisförderungen.
  e) Die Fahrgäste, die erst einige Tage später zu ihrem Urlaubsziel gelangen können, machen ebenfalls Schadenersatzansprüche geltend. Sie wählen den Weg des geringsten Widerstandes und verlangen auf vertraglicher Grundlage vom Eigentümer des Kraftomnibusses, der zugleich Reiseveranstalter ist, Schadenersatz für die im Zusammenhang mit dem verspäteten Urlaubsantritt stehenden »frustrierten« Aufwendungen. Da derartige Ansprüche vertraglich nicht ausgeschlossen worden sind, muss der Unternehmer insoweit Schadenersatz leisten. Er verlangt vom haftpflichtigen Schadenverursacher die verauslagten Beträge zurück.

213 Es ist daher zu prüfen, wem nach den konkreten Haftpflichttatbeständen berechtigte Ersatzansprüche zustehen. Um das Ergebnis vorwegzunehmen: Lediglich die Ansprüche zu a) und b) sind begründet. Der Omnibusfahrer kann unter dem Gesichtspunkt der ihm zugefügten Eigentumsverletzung Ersatz für den unmittelbaren Schaden (Sachschaden am Kraftomnibus = Reparaturkosten und Minderwert) sowie für mittelbare Schäden (Sachfolgeschäden = Verdienstausfall und Mietwagenkosten) verlangen. Er ist jedoch nicht berechtigt, die im Wege *vertraglichen* Schadenersatzes an die Fahrgäste gezahlten Beträge zurückzuverlangen, da es sich insoweit um einen reinen Vermögensschaden, nämlich die Beschädigung des Vermögens – eines im konkreten Fall nicht geschützten Rechtsgutes –, handelt.

214 Soweit Fahrgäste verletzt worden sind, stehen ihnen ebenfalls Ersatzansprüche gegen den haftpflichtigen Schadenverursacher zu. Sie können daher Ersatz für Heilungskosten und Verdienstausfall verlangen. Beide Ansprüche sind nach den gesetzlichen Bestimmungen übergegangen. Soweit es sich um die Heilungskosten handelt, ist der gesetzliche Forderungsübergang auf den Sozialversicherungsträger nach § 116 SGB X zu beachten, bezüglich des Verdienstausfalles der gesetzliche Forderungsübergang auf den Arbeitgeber nach § 6 Entgeltfortzahlungsgesetz (EZFG). Diese Rechtskonstruktion ändert indes nichts an der Tatsache, dass Sozialversicherungsträger und Arbeitgeber keine originären Schadenersatzansprüche erworben haben, sondern ihre Anspruchsberechtigung aus dem Recht des Verletzten selbst ableiten. Die Schmerzensgeldansprüche stehen demgegenüber

C. Erwerb von Ansprüchen

den verletzten Personen aus eigenem Recht unmittelbar gegenüber dem haftpflichtigen Schadenverursacher zu.

Auch soweit der Fahrgast Müller eine Vermögenseinbuße dadurch erlitten hat, dass das in Aussicht genommene Kfz-Geschäft sich zerschlug, liegt ebenfalls kein erstattungsfähiger Schaden vor. Das Bestreben des Gesetzgebers geht dahin, Ersatzansprüche in der Person des unmittelbar Geschädigten zu »lokalisieren« und übersichtlich zu halten. Man kann sich leicht vorstellen, dass sonst gewisse Schäden nach dem »Schneeballsystem« lawinenartig auswachsen und eine nicht mehr übersehbare Anzahl von Personen erfassen. 215

Soweit die Fahrgäste, ohne verletzt worden zu sein, ihre Arbeitsstelle verspätet erreicht haben und deswegen Lohneinbußen hinnehmen mussten, ist der Schädiger ebenfalls nicht ersatzpflichtig, weil es sich auch dabei um einen reinen Vermögensschaden handelt. 216

Die Abgrenzung kann im Einzelfall recht schwierig sein, beispielsweise dann, wenn es sich um einen Schaden aus Anlass eines durchtrennten Stromkabels der Elektrizitätsversorgung oder um einen anderen Eingriff in den eingerichteten und ausgeübten Gewerbebetrieb in der Erscheinungsform des Verstoßes gegen ein »sonstiges Recht« (§ 823 Abs. 1 BGB) handelt. Maßgebliches Kriterium ist die Unmittelbarkeit und damit die Betriebsbezogenheit des Eingriffs.[226] 217

Diese Grundsätze unserer Rechtsordnung haben sich außerordentlich gut bewährt. Man kann sich mit etwas Fantasie leicht vorstellen, dass ohne diese Abgrenzung Schäden und Nachteile lawinenartig anwachsen können und die Ersatzpflicht des Schädigers unübersehbare Formen annehmen würde. Auch in diesem Zusammenhang ein anschauliches Beispiel, das die soeben Aussage in eindringlicher Form deutlich macht: 218

Ein bekannter Sänger hat sich für einen Liederabend in einer größeren Stadt verpflichtet. Die Konzertagentur hat aus diesem Anlass einen großen Saal angemietet, der dem erwarteten gesellschaftlichen Ereignis Rechnung trägt. Da der Gastronom mit zahlreichen Gästen rechnet, hat er vorsorglich drei Schweine schlachten lassen und sein Personal durch weitere 20 Aushilfen verstärkt. Wegen des zu erwartenden großen Andrangs haben die städtischen Verkehrsbetriebe Sonderfahrzeuge eingesetzt; zugleich halten sich sämtliche Taxifahrer – unter Verschiebung ihrer freien Tage – für die Beförderung von Fahrgästen bereit. Auf dem Wege zum Konzerthaus wird der Sänger von einem Pkw schuldhaft angefahren und so erheblich verletzt, dass er nicht auftreten kann. Er erhält von der Konzertdirektion aus diesem Grunde nicht die in erfolgsabhängiger Form vereinbarte Gage. Die Eintrittsgelder für die bereits gelösten Karten – die Vorstellung war ausverkauft – müssen zurückgezahlt werden. 218a

Ersatzansprüche gegen den Pkw-Fahrer bzw. dessen Haftpflichtversicherer stehen – um das Ergebnis vorwegzunehmen – allein dem Sänger zu, weil nur er durch das zum Ersatz verpflichtende Ereignis unmittelbaren Schaden genommen hat. Die übrigen – nur mittelbar – Beteiligten gehen demgemäß leer aus, obwohl die Konzertagentur und der Gastronom erhebliche Vermögenseinbußen erlitten haben. Das Gleiche gilt für die städtischen Verkehrsbetriebe und die Taxiunternehmen, die eigens zu diesem Zweck unter Aufwendung abgrenzbarer Mehrkosten besonderes Personal und zusätzliche Fahrzeuge bereitgehalten haben. Ein Vermögensnachteil ist – last but not least – auch in der Person der potenziellen Konzertbesucher entstanden, die mit Rücksicht auf das erhoffte gesellschaftliche Ereignis Fahrtkosten aufwenden und zum Teil auch Gewinnchancen ungenutzt lassen mussten. Gerade dieses Beispiel macht in überzeugender Form deutlich, mit welcher unübersehbaren Flut von Ansprüchen zu rechnen wäre, wenn das Gesetz die Aktivlegitimation nicht auf die unmittelbar verletzten Personen beschränkt hätte. 219

Aus diesem Grunde hat der Gesetzgeber bewusst gewisse Unbilligkeiten in Kauf genommen, die ohne Frage darin bestehen, dass schadenursächliche Nachteile eines Dritten im Allgemeinen – 220

---

226 Vgl. *BGH* zfs 1999, 10; *BGH* VersR 1970, 159; VersR 1983, 553; *LG Dortmund* VersR 1963, 246; *LG Köln* VersR 1971, 354; *AG Berlin-Charlottenburg* zfs 1981, 1; *Schmalzl* VersR 1971, 355.

mit Ausnahme der »geborenen« Drittschäden, auf die anschließend noch einzugehen sein wird – nicht ersetzt werden.

220a Die Rechtsprechung hat im sachlichen Bereich eine weitere Abgrenzung in Form der Adäquanztheorie des Rechtswidrigkeitszusammenhanges und der zuweilen gebotenen Frage nach dem Schutzzweck der Rechtsnorm gefunden.

II. Dritter

221 Wie bereits dargelegt, sind Schäden grundsätzlich nur dann zu erstatten, wenn sie unmittelbar in der Person des Verletzten entstehen. Von diesem Grundsatz gibt es indes einige gesetzliche Ausnahmen in Form der »geborenen« Drittschäden.

222 Die Bestimmung des § 844 BGB befasst sich mit den Ansprüchen Dritter im Fall der Tötung. Danach kann der Dritte die Erstattung von verauslagten Beerdigungskosten (§ 844 Abs. 1 BGB) verlangen bzw. einen Anspruch auf Ausgleichung des ihm durch das haftbare Verhalten des Schädigers entzogene Recht auf gesetzlichen Unterhalt (§ 844 Abs. 2 BGB) geltend machen. Die Folgen der Bestimmung sind wegen ihres Ausnahmecharakters eng zu begrenzen und einer extensiven Auslegung auch dann nicht fähig, wenn dies im Einzelfall zu Unbilligkeiten führen sollte.[227]

223 Daneben regelt § 845 BGB den Anspruch auf Ersatz wegen entgangener Dienste. Diese Vorschrift hat durch die Rechtsprechung im Wesentlichen ihre Bedeutung verloren, sodass der Schaden nach jetzt vorherrschender Auffassung in der Entziehung des dem Berechtigten als Einzelgläubiger[228] zustehenden Anspruchs auf gesetzlichen Unterhalt i. S. v. § 844 Abs. 2 BGB bzw. der entsprechenden Vorschriften der Sondergesetze besteht.[229] Dabei handelt es sich um einen Wertersatzanspruch, der heute durchweg als »normativer Schaden« verstanden wird.[230]

III. Erbe

224 Soweit es sich um den Bereich der hier vornehmlich interessierenden Sachschäden handelt, wird der Schaden in aller Regel, auch, wenn es sich um die Gesamtrechtsnachfolge i. S. v. § 1922 BGB handelt, ebenfalls in der Person des unmittelbar Geschädigten (Erblassers) eintreten.

225 I. d. R. wird der Sachschaden zunächst in der Person des Geschädigten entstehen und der Schadenersatzanspruch später mit dem übrigen Vermögen im Zeitpunkt des Todes auf den Erben übergehen. In diesem Zusammenhang ist es gleichgültig, ob der Tod auf Unfallbedingten Gründen beruht oder aus unfallunabhängigem Anlass eintritt. Der auf Schadenersatz in Anspruch genommene Schädiger bzw. sein Haftpflichtversicherer werden in einem derartigen Fall die Frage der Aktivlegitimation (Ersatzberechtigung) sorgfältig prüfen. sie Mit Schuldbefreiender Wirkung können sie die Leistung nur gegenüber dem wirklichen Gläubiger erbringen.

226 Wenn der Schädiger sich mit den einseitigen Angaben des Anspruchstellers begnügt, er sei Alleinerbe geworden und aus diesem Anlass Anspruchsberechtigt, setzt er sich der Gefahr von Doppelzahlungen aus, wenn später die tatsächlichen Erben auftreten. Es ist auch nicht mit der Überlegung getan, dass es sich bei dem Anspruchsteller schließlich um die Ehefrau oder den einzigen Sohn des Erblassers handelt. Es besteht die Möglichkeit, dass der Erblasser über sein Vermögen im Wege der gewillkürten Erbfolge (z. B. durch Testament oder Erbvertrag) anderweitig verfügt hat und die gesetzliche Erbfolge nicht greift. Zum Nachweis der Aktivlegitimation sollte deshalb immer gefordert werden, dass der Anspruchsteller einen Erbschein vorlegt.

---

227 Vgl. *BGH* DAR 1986, 116.
228 *BGH* VersR 1972, 176; NJW 1972, 1130.
229 Vgl. *BGH* VersR 1971, 623; *Wussow* NJW 1970, 1393; *Eickelmann* NJW 1971, 355.
230 Vgl. *BGH* NJW 1966, 1260; *BGH* NJW 1969, 1477; *Klimke* VersR 1973, 492.

C. Erwerb von Ansprüchen

In Sonderfällen genügt die zu notariellem oder gerichtlichem Protokoll erklärte letztwillige Verfügung des Erblassers i. V. m. dem Eröffnungsvermerk des zuständigen Nachlassgerichts. **227**

IV. Forderungsübergang

Es besteht überdies die Möglichkeit, den Ersatzanspruch durch Rechtsakte unter Lebenden vom ursprünglichen Gläubiger in die Rechtssphäre eines anderen überzuleiten. Dies kann entweder durch rechtsgeschäftlichen Forderungsübergang (Abtretung) oder durch gesetzlichen Forderungsübergang (cessio legis) geschehen. **228**

1. Rechtsgeschäftlicher Forderungsübergang

Die wohl mit Abstand häufigste Form des Rechtsüberganges innerhalb des hier interessierenden Bereichs stellt die Abtretung dar. Der ursprüngliche Gläubiger kann durch Vertrag mit einem anderen seine Forderung gegen einen Dritten auf diesen übertragen. Dadurch tritt der neue Gläubiger (Zessionar) an die Stelle des bisherigen Gläubigers (Zedent, § 398 BGB). Eine Sicherungsabtretung gilt – ähnlich wie eine fiduziarische Abtretung – nach der Systematik des BGB als Vollabtretung. Sie greift i. d. R. nur, wenn der Abtretende (Zessionars = Treugebers) das übertragene Recht nicht geltend macht bzw. sich weigert, es geltend zu machen. Erst dann kann der neue Gläubiger aus der Abtretung heraus Ansprüche seinerseits geltend machen. Dies gilt auch für Schadenersatzansprüche, die an die Stelle jenes Rechts treten. Die einzige Einschränkung besteht darin, dass der Treugeber Zahlung nicht mehr an sich selbst, sondern nur noch an den Zedenten (neuen Gläubiger) verlangen kann.[231] Bei geleasten oder finanzierten Kfz ist i. d. R. eine Sicherungsabtretung vereinbart. Das Gleiche gilt bei Anmietung eines Ersatzwagens nach einem Unfall, die Begleichung der Reparaturkosten oder der Sachverständigenkosten. Mit Urteil vom 7. Juni 2011 hat der *BGH* entschieden, dass eine Abtretung mangels hinreichender Bestimmbarkeit unwirksam ist, wenn der Geschädigte nach einem Fahrzeugschaden seine Ansprüche aus dem Verkehrsunfall in Höhe der Gutachterkosten abtritt. Danach ist eine Abtretung nur wirksam, wenn die Forderung, die Gegenstand der Abtretung ist, bestimmt oder wenigstens bestimmbar ist. Dieses Erfordernis ergibt sich aus der Rechtsnatur der Abtretung, die ein dingliches Rechtsge4schäft ist. An dem Erfordernis der Bestimmtheit fehlt es, wenn von mehreren selbständigen Forderungen ein Teil abgetreten wird, ohne dass erkennbar ist, von welcher oder welchen Forderungen ein Teil abgetreten werden soll. Hat ein Geschädigter nach einem Verkehrsunfall mehrere Forderungen, kann von der Gesamtsumme dieser Forderungen nicht ein nur summenmäßig bestimmter Teil abgetreten werden. Eine Verschiedenheit von Forderungen liegt nur dann nicht vor, wenn es sich bei einzelnen Beträgen um lediglich unselbständige Rechnungsposten aus einer klar abzugrenzenden Sachgesamtheit handelt. Dies kann bei Einzelelementen der Reparaturkosten der Fall sein.[232] **229**

Eine Abtretung ist dann nicht zulässig, wenn die Leistung an einen anderen als den ursprünglichen Gläubiger nicht ohne Änderung des Leistungsinhalts erfolgen kann (§ 399 BGB). Dies bedeutet, dass die abgetretene Forderung durch die Zession ihrem Inhalt nach nicht verändert, d. h. von der Rechtsqualität her weder besser noch schlechter werden kann. Demgemäß kann der Schuldner nach § 404 BGB dem neuen Gläubiger dieselben Einwendungen entgegensetzen, die zur Zeit der Abtretung der Forderung auch bereits gegen den bisherigen Gläubiger (Zessionar) begründet waren. **230**

Eine auf Befreiung von einer Verbindlichkeit gerichtete Forderung ist im Allgemeinen nicht abtretbar. Eine Ausnahme gilt lediglich dann, wenn die Forderung gerade an den Gläubiger jener Verbindlichkeit abgetreten wird. Die Forderung verwandelt sich dabei in eine solche auf die diesem geschuldete Leistung, ggf. also auf Zahlung.[233] Der Schuldner kann eine ihm gegen den bisherigen Gläubiger zustehende Forderung auch dem neuen Gläubiger gegenüber aufrechnen, es sei denn, dass er bei dem **231**

---

231 Vgl. BGHZ 32, 67.
232 *BGH* Urt. v. 7.6.2011, Az VI ZR 2260/10, ADAJUR-Dok.Nr. 93715; DAR 2011, 463.
233 Vgl. BGHZ 12, 136.

Erwerb der Forderung von der Abtretung Kenntnis hatte oder dass die Forderung erst nach der Erlangung der Kenntnis und später als die abgetretene Forderung fällig geworden ist (§ 406 BGB). Dem Schuldner bleibt nicht nur die Rechtslage erhalten, wie sie im Zeitpunkt der Abtretung bereits entstanden war. Er kann sich auch auf solche Umstände berufen, die später als im Zeitpunkt der Abtretung eingetreten sind und die ihm ohne die Abtretung das Recht zur Aufrechnung gegenüber dem früheren Gläubiger gegeben hätten.[234] Bei Abtretung einer aufschiebend bedingten Forderung kann der Schuldner unter den sonstigen Voraussetzungen des § 406 BGB gegen die abgetretene Forderung auch mit einer Gegenforderung aufrechnen, die zwar später als die abgetretene Forderung, aber noch während des bestehenden Zurückbehaltungsrechts fällig geworden ist.[235]

232 Die Abtretung kann durch Vertrag ausgeschlossen sein. Ein vertragliches Abtretungsverbot mit Zustimmungsvorbehalt macht die vorgenommene Abtretung nicht nur unter den Vertragsparteien, sondern auch gegenüber jedem Dritten unwirksam.[236]

233 Eine weitere Einschränkung ergibt sich daraus, dass Forderungen nur insoweit abgetreten werden können, als sie der Pfändung unterworfen sind.[237]

234 Bei einer durch den Unfall eines Angehörigen seelisch vermittelten Gesundheitsschädigung ist, wenn den unmittelbar Verletzten ein Mitverschulden trifft, § 846 BGB auch nicht entsprechend anwendbar. Nach § 254 Abs. 1 i. V. m. § 242 BGB kann fremdes Mitverschulden angerechnet werden, weil die psychisch vermittelte Schädigung nur auf eine besondere persönliche Bindung an den unmittelbar Verletzten zurückgeht. Wer einen Drittschaden geltend machen darf, muss sich eine schuldhafte Mitverursachung des Schadens durch Hilfspersonen des Dritten gem. §§ 254, 278 BGB anrechnen lassen.[238]

235 Nahe Angehörige können im Zusammenhang mit dem Unfalltod eines Familienmitglieds in Deutschland kaum Schmerzensgeldansprüche durchsetzen. Die Voraussetzungen für den Schmerzensgeldanspruch werden von den Gerichten sehr hoch angesetzt. Erforderlich für die Geltendmachung eines eigenen Schadenersatzanspruch ist eine nachhaltige traumatische Schädigung, die über das normale Lebensrisiko der menschlichen Teilnahme an den Ereignissen der Umwelt hinausgeht.[239] Der *BGH* lehnt ein Schmerzensgeld wegen Schockschadens ab in dem Fall, in welchem ein Ehegatte nach dem Tod des anderen zum Alkoholiker wird.[240] Das *OLG Hamm* gesteht einer Ehefrau, die nach der Nachricht vom Tod des Ehemanns einen psychischen Folgeschaden erlitt, kein Schmerzensgeld zu.[241]

236 Abtretbar ist – im Gegensatz zur Rechtsfigur des Inkassomandats – lediglich eine einzelne, bestimmte, auf jeden Fall aber hinreichend bestimmbare[242] Forderung.[243] Eine rechtswirksame Abtretung liegt auch dann nicht vor, wenn der ihr zugrunde liegende Vertrag gegen ein gesetzliches Verbot (§ 134 BGB) verstößt und daher nichtig ist. Dies gilt z. B. für eine Abtretung, wenn sie eine Umgehung des Rechtsberatungsgesetzes bezwecken soll.[244]

237 Rechtlich zulässig ist demgegenüber eine Abtretung, die den alleinigen Zweck verfolgt, zur Beseitigung von Beweisschwierigkeiten dem bisherigen Gläubiger die Möglichkeit zu verschaffen, in einem

---

234 Vgl. BGHZ 19, 153.
235 Vgl. BGHZ 58, 327.
236 Vgl. BGHZ 56, 173.
237 Vgl. dazu § 400 BGB i. V. m. § 851 Abs. 1 ZPO.
238 Vgl. *BGH* NJW 1972, 289; *LG Essen* ADAJUR-Dok.Nr. 83866; SP 2009, 249.
239 Vgl. *OLG Nürnberg* Urt. v. 1.8.1995 – Az. 3 U 468/95, zfs 1995, 370.
240 *BGH* Urt. v. 31.1.1984 – Az. BVI ZR 56/82, NJW 1984, 1405.
241 *OLG Hamm* Urt. v. 22.2.2001 – Az. 6 U 29/00, NZV 2002, 234.
242 Vgl. dazu für den Wirkungsbereich der Vorausabtretung BGHZ 7, 365.
243 Vgl. BGHZ 7, 365.
244 Vgl. *BGH* VersR 1970 422, NJW 1974, 70; Stellungen der Bundes Rechtsanwaltskammer AnwBl. 1971, 133.

C. Erwerb von Ansprüchen

Rechtsstreit als Zeuge vernommen und entgegen einer früheren Regelung – auch vereidigt zu werden. Ein erfahrener Richter wird indes einer derartigen Abtretungserklärung mit der gebotenen Zurückhaltung begegnen und an die Wahrheitspflicht des zum »Zeugen in eigener Sache« avancierten bisherigen Gläubigers strenge Anforderungen stellen.

Von der zu Sicherungszwecken vorgenommenen (fiduziarischen) Voll-Abtretung ist indes die sog. Einziehungsermächtigung – also das Inkassomandat – als Übertragung eines bloßen Forderungsausschnitts zu unterscheiden. Auch die Anweisung (§§ 783 ff. BGB) unterscheidet sich in ihrer rechtlichen Bedeutung und Auswirkung vom Rechtsinstitut der Abtretung. Das Wesen der Anweisung besteht in einer doppelten Ermächtigung: – Der Angewiesene wird ermächtigt, für Rechnung des Anweisenden zu zahlen, und der Anweisungsempfänger wird ermächtigt, die Leistung beim Angewiesenen zu erheben. Der rechtliche Unterschied zur Abtretung besteht insbesondere darin, dass der Anweisungsempfänger zwar ermächtigt, aber nicht verpflichtet ist, an den Anweisungsberechtigten zu zahlen. Hinzu kommt, dass die Forderung im Vermögen des ursprünglichen Gläubigers (Anweisenden) verbleibt und damit beispielsweise sogar gepfändet werden kann. **238**

Am häufigsten begegnen wir der Abtretung innerhalb des Schadensersatzrechts in der Form, dass die Ansprüche auf Ersatz von Reparatur- und Mietwagenkosten an den in Anspruch genommenen Dienstleistungsbetrieb abgetreten werden. Dieser Weg bietet sich mitunter an, um eine sonst notwendige Finanzierung der Reparatur- oder Mietwagenkosten zu vermeiden. Solche Abtretungen bedürfen jedoch besonderer Voraussetzungen, um wirksam zu sein. Rechtsdienstleistungen, die unmittelbaren Einfluss auf die Erfüllung einer anderen Leistungspflicht haben können, dürfen nicht erbracht werden, wenn hierdurch die ordnungsgemäße Erbringung der Rechtsdienstleistung gefährdet wird.[245] Nach ständiger Rechtsprechung des *BGH*, die zur Frage der Abtretung von unfallbedingten Schadensersatzansprüchen an Mietwagenunternehmer ergangen ist, bedarf es zur geschäftsmäßigen Übernahme der Schadensregulierung der Erlaubnis nach Art. 1 § 1 Abs. 1 RBerG, und zwar auch dann, wenn die Schadensersatzforderungen nur erfüllungshalber abgetreten werden und die eingezogenen Beträge auf die Forderungen gegen die Kunden verrechnet werden. Die Ausnahmevorschrift des Art. 1 § 5 Nr. 1 RBerG kommt dem Unternehmer nicht zugute.[246] Dies gilt auch nach den Vorschriften des Rechtsdienstleistungsgesetzes (RDG). **239**

Ebenfalls recht häufig werden Schadensersatzansprüche dann abgetreten, wenn ein *Angestellter* verletzt wird und sein Arbeitgeber ihm während der ersten 6 Wochen der unfallbedingten Arbeitsunfähigkeit im Rahmen des § 616 BGB die Arbeitsvergütung (Dienstbezüge) fortzahlt. **240**

2. Gesetzliche Überleitung (cessio legis)

Die Rechtsfigur des gesetzlichen Forderungsübergangs hat die Bedeutung, dass der Ersatzanspruch des Verletzten nicht abgetreten zu werden braucht, sondern unter bestimmten – gesetzlich im Einzelnen geregelten – Voraussetzungen auf den neuen Gläubiger *übergeht*. Der wesentliche Unterschied zwischen Abtretung und gesetzlichem Forderungsübergang besteht darin, dass niemand gezwungen ist, einem rechtsgeschäftlichen Forderungsübergang besondere Aufmerksamkeit zu widmen oder ihm gewissermaßen »von Amts wegen« nachzuspüren. Sofern eine Abtretung nicht bekannt ist, d. h. dem Schuldner nicht rechtzeitig angezeigt wurde, darf er ohne Gefahr für seine Rechtsposition auch weiterhin an den alten Gläubiger mit Schuld befreiender Wirkung leisten (§ 407 BGB). **241**

Anders verhält es sich hingegen beim gesetzlichen Forderungsübergang auf einen Sozialversicherungsträger nach § 116 SGB X. Da ca. 94 % aller Einwohner der Bundesrepublik Deutschland in irgendeiner Form sozialversichert sind, besteht hier gewissermaßen eine – widerlegbare – Vermutung, dass der Schadensersatzanspruch nach § 116 SGB X auf einen – mitunter sogar in Abschnitten auf mehrere – Sozialversicherungsträger übergegangen ist. **242**

---

245 § 4 RDG.
246 *LG Saarbrücken* Urt. v. 16.6.2008 – Az. 13 S 41/08, ADAJUR-Dok.Nr. 79161.

243 Wiederum anders verhält es sich demgegenüber bei den übrigen gesetzlichen Forderungsüberleitungen. Deren besondere Eigenart besteht darin, dass sie fast alle mit dem Hinweis verbunden sind, der Forderungsübergang dürfe nicht zum Nachteil des ursprünglichen Gläubigers geltend gemacht werden. Diese Formulierung bedeutet nach der Rechtssprache, dass damit ein negatives Quotenvorrecht zugunsten des Verletzten und zulasten des betreffenden Versicherungsträgers begründet worden ist.[247]

244 Zunächst einmal kommt der gesetzliche Forderungsübergang nach § 6 EFZG in Betracht. Ein Forderungsübergang nach § 6 EFZG findet lediglich bei Schadenersatzansprüchen statt.

244a Im Gegensatz zu Angestellten, die ihren Anspruch auf Weiterzahlung der Dienstbezüge gegenüber ihrem Arbeitgeber nach arbeitsrechtlichen Grundsätzen auf § 616 BGB, § 63 HGB, § 133c GewO oder § 48 SeemG stützen können, gilt für Arbeiter ausschließlich das Entgeltfortzahlungsgesetz (EFZG).

245 Nach § 6 EFZG geht der Anspruch des verletzten Arbeitnehmers auf Ersatz eines – sonst eingetretenen – Verdienstausfalls im Zeitpunkt der Leistung auf den Arbeitgeber über.

246 Ein besonderes Ausgleichsverfahren für Aufwendungen des Arbeitgebers im Rahmen kleinerer Betriebe[248] ist in § 1 Abs. 1 zwingend vorgeschrieben. In einem derartigen Fall geht der Ersatzanspruch des Verletzten kraft Gesetzes auf die Ausgleichskassen als Träger des Ausgleichsverfahrens über.

247 Das im EFZG vorgesehene negative Quotenvorrecht erstreckt sich daher rein theoretisch auf den Fall, dass bestimmte Ansprüche des Arbeitnehmers – etwa aus Anlass außerplanmäßiger Überstunden, die in die Berechnung des Entgelts nicht eingehen – mangels Kongruenz ausnahmsweise einmal beim verletzten Arbeitnehmer verbleiben.

248 Daneben gibt es noch einen gesetzlichen Forderungsübergang nach § 86 VVG, dem besondere Bedeutung bezüglich der Kaskoversicherung zukommt. Es kommt allein auf den in der Person des Verletzten (Geschädigten) selbst (originär) entstandenen Schadens, soweit Übergangsfähigkeit vorliegt.

249 Nur nach haftpflichtrechtlichen Grundsätzen begründete Schadenersatzansprüche können im Rahmen von § 86 VVG auf den Versicherer übergehen.

250 Der Rechtsübergang erfasst alle Schadenersatzansprüche haftpflichtrechtlicher Art im weitesten Sinne, soweit sie mit dem versicherten Risiko korrespondieren, und zwar gleichgültig, ob es sich um Ansprüche aus der Gefährdungshaftung, aus unerlaubter Handlung oder aus Vertrag handelt. § 280 Abs. 1 BGB regelt als Grundtatbestand für Leistungsstörungen (hierzu zählen auch diejenigen aus positiver Vertragsverletzung), dass der Schuldner, der eine Pflicht aus dem Schuldverhältnis verletzt, dem Gläubiger den hieraus entstehenden Schaden ersetzen muss. Dies gilt nur dann nicht, wenn der Schuldner beweisen kann, dass er die Pflichtverletzung nicht zu vertreten hat. Diese Regelung gilt auch bei Verletzung einer vertraglichen Nebenleistungspflicht (§ 241 Abs. 1 BGB). Entsprechen können auch solche Ansprüche übergehen.

251 Nicht übergangsfähig sind deshalb Ansprüche aus ungerechtfertigter Bereicherung (§ 812 BGB). Gewährleistungsansprüche fallen unter die cessio legis des § 86 VVG nur insoweit, als es sich dabei um Schadenersatzansprüche handelt.[249]

252 Dritte i. S. d. § 86 VVG sind nur solche Personen, die außerhalb des Versicherungsverhältnisses stehen, aus ihm also keine Rechte ableiten können.[250] Das bedeutet, dass beispielsweise die mitversicherten Personen im Sinne der Allgemeinen Bedingungen für die Kraftfahrtversicherung (AKB) nicht als Dritte gelten.

---

247 Vgl. *Boon* zfs 2003, 481 zur Rechtsschutzversicherung.
248 Bis zu 30 Arbeitnehmern.
249 Vgl. in diesem Zusammenhang die Bestimmungen der §§ 463, 635 HGB.
250 Vgl. dazu *Fruck/Müller* § 67 VVG Rn. 37.

C. Erwerb von Ansprüchen

Der Forderungsübergang nach § 86 VVG vollzieht sich – anders als im Rahmen von § 116 SGB X, wo die cessio legis in der »logischen Sekunde« gewissermaßen durch den Verletzten hindurch erfolgt – nach Grund und Höhe in dem Augenblick, in dem der Kaskoversicherer die ihm obliegende Leistung an den VN erbringt.[251] Auswirkungen hat dies auch im Zusammenhang mit dem Quotenvorrecht. Ist die Haftpflichtversicherung des Beklagten zugleich die von ihm in Anspruch genommene Kaskoversicherung, so kann sie mit einem nach § 86 VVG unter Berücksichtigung des Quotenvorrechts des Beklagten übergegangenen Schadenersatzanspruch im Haftpflichtprozess gegenüber der Klägerseite aufrechnen. Diese Aufrechnung wirkt gemäß § 422 BGB auch gegenüber dem beklagten Halter.[252]

253

Bis zum Eintritt des Forderungsüberganges bleibt der VN Gläubiger des Anspruchs. Er kann ihn im eigenen Namen geltend machen, z. B. dann, wenn er bei einem ausschließlich fremdverschuldeten Unfall den Kaskoversicherer nicht in Anspruch nehmen will und muss, weil der Unfall ausschließlich durch den anderen Unfallbeteiligten verursacht worden war. Der VN ist in der Verfügung über seine Forderung vor Eintritt des Rechtsüberganges in keiner Weise gehindert. Bezahlt eine Vollkaskoversicherung vorschussweise die Reparaturkosten ihres Versicherungsnehmers, behält sie sich dabei aber die Rückforderung des gezahlten Betrages für den Fall vor, dass der Schädiger den Schaden ausgleicht, geht die Schadensersatzforderung und damit auch die Aktivlegitimation nicht vom Geschädigten auf die Versicherung über.[253] Ein Forderungsübergang gemäß § 86 Abs. 1 VVG tritt in diesem Fall nicht ein.

254

Verfügt der Versicherungsnehmer allerdings in einem für den Kaskoversicherer nachteiligen Sinne, so wird nach § 86 Abs. 2 VVG der Kaskoversicherer »von seiner Ersatzpflicht insoweit frei, als er aus dem Anspruch oder dem Rechte hätte Ersatz erlangen können«.

255

Der Schädiger, der von dem Bestehen einer Kaskoversicherung keine Kenntnis hat, darf im guten Glauben mit dem VN Vereinbarungen über den Anspruch treffen. Er ist insbesondere nicht verpflichtet, Erkundigungen über das Bestehen einer Kaskoversicherung einzuziehen.[254] In den Schadenmeldeformularen der Versicherungsgesellschaften fragen diese nach dem Bestehen einer Kaskoversicherung. Diese Frage dient auch der Klärung der Frage, inwieweit z. B. auf der Basis von Teilungsabkommen der Haftpflichtversicherer des Geschädigten zu Zahlungen veranlasst werden kann. Solche unabhängig von einem Verschulden zu leistenden Zahlungen haben keine Auswirkungen auf den Schadenfreiheitsrabatt des Geschädigten. Der Rechtsübergang wirkt gegenüber dem Dritten nur dann, wenn dieser sichere Kenntnis von seinem Eintritt, insbesondere von der Leistung des Kaskoversicherers hat. Diese Erwägung stützt sich auf den allgemeinen Grundsatz des Schuldnerschutzes aus § 407 BGB.

255a

Nachfolgend sollen der besseren Übersicht wegen die zum Forderungsübergang und zur Durchsetzbarkeit des übergegangenen Rechts notwendigen anspruchsbegründenden Voraussetzungen am Beispiel des Kaskoversicherers wie folgt zusammengefasst werden:
– Der Schaden muss zunächst einmal i. d. R. auf einem Unfall beruhen, an dem der Geschädigte (VN) beteiligt war.
– Durch den Unfall muss eines der geschützten Rechtsgüter des Geschädigten Schaden genommen haben.
– Gleichzeitig muss der Schaden aber auch an einer Sache eingetreten sein, die unter das versicherte Risiko fällt.
– Dem Geschädigten muss aus Anlass dieses Unfalls ein nach materiell rechtlichen Gesichtspunkten begründeter Schadenersatzanspruch gegen einen Dritten zustehen.
– Der Geschädigte muss aus diesem Anlass die Leistungen seines Schadenversicherers (Kaskoversicherers) in Anspruch genommen haben.

256

---

251 Vgl. *OLG Koblenz* VersR 1982, 692; *Prölss/Martin* § 67 VVG Anm. 4.
252 *AG Darmstadt* Urt. v. 16.6.2004, Az. 309 C 500/03, DAR 2005, 39.
253 *LG Mühlhausen* Urt. v. 14.3.2002 – Az. 1 S 364/01, zfs 2002, 384.
254 Vgl. *OLG Koblenz* VersR 1981, 692.

- Zwischen dem Schaden und den Leistungen muss eine zeitliche und sachliche Kongruenz bestehen.
- Der Kaskoversicherer muss die ihm nach Vertrag obliegende Leistung tatsächlich erbracht haben.
- Dies muss er dem Ersatzpflichtigen mitgeteilt haben, der seinerseits nicht verpflichtet ist, Erkundigungen in dieser Richtung anzustellen.
- Der Ersatzpflichtige muss vom Forderungsübergang positive Kenntnis erhalten haben, da bloße Zweifel nicht genügen.

257 Der Anspruch gegen den Dritten geht über in Höhe der sich auf den Schaden des VN beziehenden Leistungen des Kaskoversicherers, und zwar mit allen Nebenrechten (§ 401 BGB).[255]

258 Der Forderungsübergang erfasst nur diejenigen Ansprüche, bei denen eine Kongruenz (Deckungsübereinstimmung) zwischen den Leistungen des Kaskoversicherers und dem Schaden des VN besteht. In diesem Zusammenhang kommt es nicht darauf an, ob der Kaskoversicherer für den betreffenden Schaden im Einzelfall Ersatz zu leisten hat, ja nicht einmal, ob er unter das versicherte Risiko fällt, sondern entscheidend ist ausschließlich der Gesichtspunkt, ob der Schaden seiner Natur nach zum unmittelbaren Sachschaden gehört.[256]

259 Kongruenz muss zunächst einmal im sachlichen Bereich bestehen. Das bedeutet, dass die Leistung des Kaskoversicherers sich auf den unmittelbaren Schaden des VN beziehen muss, der Gegenstand der Kaskoversicherung ist. Der Forderungsübergang betrifft also Reparatur- und Transportkosten, außerdem Gutachten- und Abschleppkosten,[257] ferner auch den technischen und merkantilen Minderwert – ebenfalls unter Einbeziehung unter das negative Quotenvorrecht –, obwohl diese Schadenposition an sich nicht Gegenstand der Kaskoversicherung ist und nicht unter das versicherte Risiko fällt. Der Forderungsübergang bezieht sich demgegenüber – in negativer Abgrenzung – nicht auf Sachfolgeschäden im weiteren Sinne, wie etwa Mietwagenkosten, Entschädigung für entgangene Gebrauchsvorteile, Verdienstausfall usw.[258]

260 Der Forderungsübergang erfolgt im Rahmen sachlicher Kongruenz nur in Höhe des tatsächlich entstandenen Schadens, also nicht in Höhe der Versicherungsleistung, die beispielsweise auch aus Kulanzzahlungen bestehen kann.[259] Ähnliche Überlegungen gelten für den Fall, dass der Kaskoversicherer statt des Wiederbeschaffungswerts entsprechend einer vertraglichen Vereinbarung eine Neuwertentschädigung zahlt.[260]

261 Regulierungskosten und Schadenbearbeitungskosten wie beispielsweise Kosten für vom Versicherer in Auftrag gegebene technische Gutachten und Aufwendungen für Auszüge aus den amtlichen Ermittlungsakten, gehören demgegenüber nicht zum übergangsfähigen Schaden und sind – als Bearbeitungsaufwand des Kaskoversicherers – vom ersatzpflichtigen Schädiger nicht zu erstatten. Insofern fehlt es von vornherein an einer Aktivlegitimation des Kaskoversicherers, weil lediglich begründete Ansprüche auf Ersatz des Schadens übergehen und dem Kaskoversicherer originäre Ansprüche – aus eigenem Recht – nicht zustehen.

262 Die Schäden müssen dasselbe Fahrzeug betreffen, für das Ersatz geleistet wird. Ist beispielsweise ein Lkw versichert, dann erstreckt sich der Forderungsübergang nicht auf Ersatzansprüche, die sich auf Schäden an dem im Zeitpunkt des Unfalls mitgeführten oder an diesem beteiligten Anhänger beziehen.

---

255 Z. B. Sicherungsabtretungen zugunsten des bisherigen Gläubigers (VN).
256 Wegen näherer Einzelheiten dazu vgl. *BGH* VersR 1982, 283; VersR 1982, 383 (m. Anm. v. *Dannert* VersR 1982, 667), DAR 1982 160; *Pagendarm* DAR 1960, 189; *Prölss/Martin* § 67 VVG Anm. 2 und 4 B; *Wussow* WI 161, 57; 219, 58, 67.
257 *BGH* VersR 1982, 343 (m. Anm. v. *Damen* VersR 1982, 667).
258 Vgl. dazu bereits *BGH* VersR 1958, 15 = VRS 14, 103, 105; zum Quotenvorrecht s. a. *AG Zwickau* Urt. v. 12.8.2005 – Az. 2 C 0086/05, ADAJUR-Dok.Nr. 66562; *Lemcke/Heß* NJW-Spezial 2007, 63.
259 Vgl. *BGH* VersR 1963, 1192; *LG Mannheim* VersR 1962, 311; *LG Köln* VersR 1962, 1077.
260 Vgl. ADAC AutoVersicherung *Komfort*: 18 Monate Neuwertentschädigung bei Unfall und Tierkollision.

C. Erwerb von Ansprüchen | Kapitel 3

Die Leistungen des Kaskoversicherers müssen außerdem im Hinblick auf die Übergangsfähigkeit 263
auch in einem unmittelbaren zeitlichen Zusammenhang zum versicherten Risiko einerseits und
zum Schaden andererseits stehen.[261]

V. Schadenliquidation im/aus Drittinteresse

Bereits an anderer Stelle wurde betont, dass Schadenersatzansprüche nur demjenigen Gläubiger aus 264
eigenem (originärem) Recht zustehen, der einen Schaden in seiner Person, an einer ihm gehörenden
Sache oder als rechtmäßiger Inhaber eines sonstigen geschützten Rechtsgutes erlitten hat. Es kann
jedoch der Fall eintreten, dass sich der Schaden durch besondere Umstände entgegen den Erwartungen in die Rechtssphäre eines Dritten verlagert hat.

Zur Abgrenzung zwischen mittelbaren und unmittelbaren Schäden das folgende Beispiel: 265

Bei einem Kfz-Schaden gelten Reparaturkosten und Minderwert als unmittelbarer Schaden, da sie 265a
unter dem Gesichtspunkt des Eigentumsverlustes den Substanzwert des Fahrzeugs selbst betreffen.
Mietwagenkosten, Entschädigung für entgangene Gebrauchsvorteile und Verdienstausfall sind demgegenüber unter dem Gesichtspunkt der Besitzstörung dem mittelbaren Schaden zuzuordnen. Sie
sind dem Sachfolgeschaden[262] zuzurechnen.

Unter einem mittelbaren Schaden versteht man aber auch die auf Umwegen eingetretene Einwirkung 266
auf den Betroffenen, die nach den Grundsätzen unserer Rechtsordnung dem Verursacher nur in den
Ausnahmefällen der »geborenen« Drittschäden im Sinne der §§ 844, 845 BGB zuzurechnen ist. Dies
gilt in gewisser Weise auch für den »Schockschaden«.

Mittelbar Geschädigte sind in Abgrenzung zum mittelbaren Schaden Personen, die von einem bestimmten Schadenereignis selbst nicht betroffen, sondern erst auf Umwegen – in der Mehrzahl 267
der Fälle über ihr Vermögen – von den nachteiligen Auswirkungen des Schadens erreicht worden
sind. Dies bedeutet, dass diese Personen keinen Schaden im Rechtssinne, sondern lediglich einen
Nachteil mit vermögensrechtlichem Einschlag erlitten haben. Dessen Erstattung ist unserer Rechtsordnung im Allgemeinen fremd.

Der Arbeitgeber kann als nur mittelbar Geschädigter vom Ersatzpflichtigen nicht den Ausgleich seines eigenen Verdienstausfalls verlangen.[263] Er kann lediglich nach Eintritt des Forderungsübergangs 268
einen Betrag in Höhe der an den Verletzten selbst weiter gezahlten Bezüge (Lohn oder Gehalt) ersetzt
verlangen.

Allgemeine Geschäftskosten des Arbeitgebers oder sein Umsatzausfall aufgrund der Unfallverletzungen des Arbeitnehmers fallen jedoch nicht unter den Schutzbereich der Haftungsnorm. Das Gleiche 268a
gilt für Krankenhausbesuche von Mitarbeitern des Verletzten.[264]

Ähnlich liegen die Dinge, wenn ein Unfallbeteiligter zeitliche Verzögerungen und Behinderungen 268b
seiner »Bewegungsfreiheit« zwecks Unfallaufnahme hinnehmen muss. Sofern der Arbeitgeber des Unfallbeteiligten dadurch einen Nachteil erleidet, hat er als nur mittelbar Geschädigter keinen Ersatzanspruch.[265]

Betroffen sind vor allem Sachverhalte, in denen der Schaden, der typischerweise beim Ersatzberechtigten hätte entstehen müssen, aufgrund der besonderen Ausgestaltung des Rechtsverhältnisses zwi- 269
schen dem Ersatzberechtigten (Gläubiger) und einem Dritten auf diesen verlagert wird. Um diese
offensichtliche Gesetzeslücke zu schließen, haben Literatur und Rechtsprechung in den Fällen, in

---

261 Vgl. *BGH* VersR 1962, 1103; *OLG Frankfurt/M.* VersR 1958, 709; *OLG München* VersR 1960, 894;
    Prölss/Martin § 67 VVG Anm. 4; *Klimke* ZfV 1972, 159 und 281.
262 Vgl. *LG Duisburg* Urt. v. 4.1.2001 – Az. 4 O 379/00, VersR 2001, 1151 zu § 12 PflVG.
263 *LG Verden* Urt. v. 29.10.2003 – Az. 2 S 222/03, zfs 2004, 207; *Finke* FS 5/06, 40.
264 Vgl. dazu *LG Duisburg* r+s 1975, 95; *Finke* FS 5/06, 40.
265 Vgl. dazu *AG Frankfurt/M.* zfs 1980, 163; *AG Bad Schwalbach* zfs 1982, 322.

denen das geschützte Interesse mit der Gläubigerstellung nicht übereinstimmt, das Rechtsinstitut der Schadenliquidation im Drittinteresse entwickelt.[266] Der Anspruch auf Schadenersatz unter dem Gesichtspunkt der Drittschadensliquidation ist grundsätzlich auch abtretbar.[267]

270 Zu dem Rechtsinstitut der Schadenliquidation im Drittinteresse gehört im prozessualen Bereich zunächst einmal die gewillkürte Prozessstandschaft.[268] Für eine gewillkürte Prozessstandschaft ist ein schutzwürdiges eigenes Interesse des Zedenten an der Prozessführung unerlässlich.[269] Nach ständiger Rechtsprechung darf jemand ein fremdes Recht aufgrund einer vom Berechtigten erteilten Ermächtigung im eigenen Namen und auf eigene Rechnung im Prozess dann verfolgen, wenn er hieran ein eigenes schutzwürdiges Interesse hat.[270]

270a Zur Schadenliquidation im Drittinteresse gehört als weiteres Denkmodell auch die mittelbare Stellvertretung.[271] Insoweit ist davon auszugehen, dass der mittelbare Stellvertreter – beispielsweise der Kommissionär – den Schaden des Vertretenen, für dessen Rechnung er das Geschäft abgeschlossen hat, in eigener Person geltend machen kann.[272] Wer als mittelbarer Stellvertreter für fremde Rechnung – insbesondere auf vertraglicher Grundlage – handelt, kann den Schaden des Geschäftsherrn, also gegenüber dem Schädiger, auch im eigenen Namen geltend machen.[273] Dazu gehören auch der Spediteur und der Beauftragte eines Treuhänders. Die Geltendmachung des Drittinteresses ist jedoch ausgeschlossen, wenn der Geschäftsherr selbst in rechtswirksamer Form bereits auf Schadenersatzansprüche verzichtet hat. An diesen Verzicht ist auch der Dritte gebunden, weil sonst die Zulassung von Ersatzansprüchen zu einer ungerechtfertigten Bereicherung führen würde.

271 Häufig ähneln auch Treuhandverhältnisse den Fällen mittelbarer Stellvertretung. Sie bilden jedoch eine eigene Gruppe. Mittelbare Stellvertretung geht auf ein Tun zurück, Treuhand hingegen ist ein Zustand und setzt die Existenz von Treugut voraus.[274]

272 Ein weiterer Anwendungsfall der Schadenliquidation im Drittinteresse ist die obligatorische Gefahrentlastung bei Übereignungspflichten. Auch diese Fallgruppe ist dadurch gekennzeichnet, dass der Schaden nicht in der Person des Verletzten, sondern eines Dritten eintritt.

273 Ein weiterer Anwendungsfall der Schadenliquidation im Drittinteresse ist die Obhut für fremde Sachen.[275] Die Gruppe der Obhutspositionen umfasst die Fälle, in denen der Obhutspflichtige die in seinem Besitz stehende, aber nicht ihm selbst gehörende Sache kraft vertraglicher Vereinbarung in die Rechtssphäre seines Vertragspartners bringt und dieser die Sache zerstört oder beschädigt. Der typische Schaden tritt dann im Allgemeinen nicht beim vertragsschließenden Sachbesitzer, sondern beim Eigentümer ein.

---

266 Vgl. dazu: *v. Cammerer* Das Problem des Drittschadenersatzes ZHR 1965, 127 ff., 241, 273; – wegen der Abgrenzung von vertraglicher Drittschutzwirkung und Drittschutzliquidation vgl. *Berg* NJW 1978, 2018 (zugleich auch krit. Stellungnahme zu *BGH* NJW 1978, 883); – wegen der Voraussetzungen der Drittschadenliquidation bei Beschädigung von Transportgütern vgl. *OLG Köln* VersR 1978, 971; *Eckebrecht* MDR 2002, 425.
267 Vgl. *OLG Celle* VersR 1975, 838; *OLG Düsseldorf* ADAJUR-Dok.Nr. 48389; MDR 2002, 635.
268 *BGH* NJW 1974, 1614; 1979, 924; *BGH* NJW 1981, 1640; NJW 1982, 98; vgl. *BGH* LNR 2008, 18052.
269 Vgl. *BGH* DB 1986, 215.
270 Vgl. BGHZ 30, 162, 166; BGHZ 32, 67, 71; BGHZ 70, 389; BGHZ 92, 347, m. w. N.; Stein/Jonas/*Leipold* vor § 50 Rn. 41; – krit. dagegen: *Frank* ZZP 92 (1979), 321 f.
271 Mit der Unterteilung: Bewusstseinslage, gutgläubiger Erwerb, Missbrauch der Legitimation und Verhältnis zwischen § 392 Abs. 1 HGB und Durchgriff, vgl. dazu *Schwark* JuS 1980, 777; Staudinger/*Schilken* BGB, Neubearbeitung 2009, § 164 Vorbemerkung, Rn. 42–50.
272 Vgl. dazu Palandt/*Heinrichs* vor § 249 Rn. 6b.
273 Vgl. BGHZ 25, 258.
274 Vgl. dazu Staudinger/*Coing* Vorbem. vor § 167 Rn. 59.
275 BGHZ 40, 91 = DB 1963, 1147; *BGH* DB 1964, 1774; 1967, 160; OLG Stuttgart, ADAJUR-Dok.Nr. 86521; Transportrecht 2010, 37; Palandt/*Heinrichs* Vorbem. vor § 249 Rn. 6; Erman/*Sirp* § 249 Rn. 52 ff.

Sofern durch Vertrag Obhutspflichten des Lagerhalters hinsichtlich des Lagerguts begründet sind, ist der Besitzer nach ständiger Rechtsprechung als Vertragspartner des Geschädigten zur Schadenliquidation im Drittinteresse berechtigt.[276] 274

Nach der Auffassung des *BGH*[277] setzt die Liquidation des Drittschadens eine Sachlage voraus, die bewirkt, dass das schädigende Verhalten des Verpflichteten einen Schaden nicht in der Person des Anspruchsberechtigten, sondern in der eines Dritten hervorgerufen hat. Das Recht der Drittschadensliquidation darf nicht zu einer Vermehrung der vom Verletzer eines Rechtsgutes geschuldeten Leistung und damit zu einer Erweiterung der nach Gesetz oder Vertrag begründeten Schadensersatzpflicht führen. 275

Auch wer als berechtigter Besitzer die beschädigte Sache aufgrund seiner Obhutspflicht in Gewahrsam hat, kann den Schaden des Eigentümers im eigenen Namen geltend machen.[278] Als Beispiel dafür mag der Fall gelten, dass jemand ein unter Eigentumsvorbehalt stehendes Kfz benutzt und durch Verschulden eines Dritten einen Schaden erleidet.[279] 276

D. Quotenvorrecht

Das Quotenvorrecht begründet ein Befriedigungsvorrecht des Geschädigten zulasten eines Dritten (z. B. Kaskoversicherung oder Sozialversicherungsträger). Dieser Dritte kann aufgrund des dem Geschädigten zustehenden Quotenvorrechts Regressansprüche gegen den Schädiger erst dann realisieren, wenn die Ansprüche des Geschädigten in voller Höhe reguliert sind. Erst dann findet der Forderungsübergang zu seinen Gunsten statt. Als Beispiel sei hier der Verkehrsunfall des vollkaskoversicherten Geschädigten angeführt. Trifft den Geschädigten an der Entstehung des Unfalls ein Mitverschulden, so kann es ihm unter Anwendung des Quotenvorrechts gleichwohl gelingen, bei kombinierter Inanspruchnahme der eigenen Vollkaskoversicherung und des gegnerischen Haftpflichtversicherers vollständigen Ersatz z. B. des Fahrzeugschadens zu erhalten. Erst wenn seine Ansprüche befriedigt sind, kann wegen des Quotenvorrechts der Vollkaskoversicherer regressieren und muss sich dann die an den Geschädigten geleisteten Zahlungen von seinem Regressanspruch abziehen lassen. Für den Schädiger folgt daraus, dass er in der Summe zwar nicht mehr zahlt, jedoch darauf achten muss, an wen er zahlt. Relevant wird das Quotenvorrecht also immer dann, wenn die Haftungssumme, die der Schädiger zur Verfügung stellen muss, nicht ausreichend ist, um alle Ansprüche des Geschädigten und anderer regressberechtigter Dritter zu befriedigen. Eine solche Reduzierung kann sich einmal daraus ergeben, dass den Geschädigten an der Entstehung des Schadens ein Mitverschulden trifft und deshalb der Schaden höher ist, als der Geschädigte ihn ersetzen muss oder auch daraus, dass gesetzliche Haftungshöchstsummen ausgeschöpft sind und die verteilbare Masse nicht für den Geschädigten und den regressberechtigten Dritten reicht. Letztlich ist auch eine nicht ausreichende Vermögensmasse des Schuldners ein Anwendungsfall des Quotenvorrechts. Hergeleitet wird das Quotenvorrecht im Privatversicherungsrecht aus § 86 Abs. 1 S. 2 VVG, da nach dieser Vorschrift der Forderungsübergang nicht zum Nachteil des Versicherten geltend gemacht werden kann.[280] 277

Das Quotenvorrecht, also das Befriedigungsvorrecht des Geschädigten, wird im Rahmen des Forderungsübergangs nach § 86 VVG im Sinne der sog. Differenztheorie vertreten. Nach dieser Theorie findet ein Forderungsübergang erst statt, wenn der Geschädigte seine Ansprüche in voller Höhe befriedigt hat.[281] Im Sozialversicherungsrecht findet sich demgegenüber gesetzlich verankert auch die 278

---

276 *BGH* VersR 1963, 1172; NJW 1974, 1614; VersR 1984, 932.
277 Vgl. BGHZ 40, 106.
278 So bereits: BGHZ 15, 228.
279 Zum Leasing vgl. *Reinking* VuFT 1999, 193; zfs 2000, 281.
280 BGHZ 47, 196, 200 noch zu § 61 VVG a. F.
281 Vgl. dazu *Ebert/Segger* VersR 2001, 144.

sog. relative Theorie, nach der die Deckungslücke zwischen Geschädigtem und Sozialversicherungsträger geteilt wird (vgl. § 116 Abs. 3 SGB X).[282]

279 Damit das Quotenvorrecht eingreifen kann, müssen die Versicherungsleistung und die Schadenersatzforderung eine Gleichartigkeit aufweisen. Wesentliches Merkmal für die Anwendung des Quotenvorrechts ist mithin die Kongruenz zwischen dem ggf. noch unbefriedigten Schadensersatzanspruch des geschädigten Versicherungsnehmers und der Versicherungsleistung. Das Quotenvorrecht kann daher nur dann zum Zuge kommen, wenn der Schadensersatzanspruch der Befriedigung des selben Interesses dient, wie die Versicherungsleistung (sachliche Kongruenz) und sich – vor allem bezüglich der Entstehung des Anspruchs – auf dieselben Zeiträume bezieht (zeitliche Kongruenz). Für den Bereich der privaten Versicherung gilt dieser Grundsatz unbeschränkt und entspricht ständiger Rspr. Für den Bereich der Sozialversicherung sind im Rahmen des § 116 Abs. 2 SGB X und des § 116 Abs. 4 SGB X wichtige Ausnahmen zu beachten. Im Rahmen des § 116 Abs. 2 SGB X ist nach der Rspr. davon auszugehen, dass der Geschädigte sich hinsichtlich seines gesamten Schadens auf das Quotenvorrecht berufen darf, auch wenn der Schaden zu den Leistungen des Sozialleistungsträgers inkongruent ist.[283] Gleiches gilt im Rahmen des § 116 Abs. 4 SGB X, auch hier gilt, dass alle Ansprüche des Geschädigten, gleichgültig ob kongruent oder inkongruent den Ansprüchen des Sozialleistungsträgers vorgehen.[284]

I. Das Quotenvorrecht in der Kaskoversicherung

280 Das Quotenvorrecht in der Kaskoversicherung ist die in der anwaltlichen Praxis am häufigsten übersehene oder gar nicht bekannte Abrechnungsmöglichkeit eines Unfallschadens. Dem kaskoversicherten Mandanten räumt es aber die Chance ein, den finanziellen Verlust so gering wie möglich zu halten, den er bei einem Unfall erleidet. Die Erfahrung zeigt auch, dass bei der Abrechnung eines Unfallschadens unter Inanspruchnahme des Quotenvorrechts eine Einigung über die Haftungsquote des Unfallgegners viel einfacher zu erzielen ist, als wenn sämtliche Schadenersatzansprüche quotal gegenüber dem Haftpflichtversicherer des Unfallgegners durchgesetzt werden sollen, da es nicht zwingend auf die genaue Festlegung der Haftungsquote ankommt. Im Rahmen der Unfallabwicklung darf daher die Möglichkeit der Abrechnung zunächst über die eigene Kaskoversicherung und der dann noch verbleibenden teilweisen quotenbevorrechtigten Schäden gegenüber dem gegnerischen Haftpflichtversicherer nie aus den Augen verloren werden.[285] Unter Umständen kann nämlich durch die Inanspruchnahme des Quotenvorrechts der Geschädigte trotz der Annahme eines Mitverschuldens den vollen Ausgleich des ihm entstandenen Schadens erhalten.[286]

281 ▶ **Praxistipp**

Im Rahmen des Mandantengesprächs nach einem Verkehrsunfall ist daher immer nach dem Vorliegen einer Vollkaskoversicherung und der Höhe der Selbstbeteiligung zu fragen, um ggf. das Quotenvorrecht zugunsten des Mandanten in Anspruch nehmen zu können. Auch der KH-Versicherer muss klären, ob die Inanspruchnahme einer Vollkaskoversicherung erfolgte, um Zahlungen an den falschen Gläubiger zu vermeiden.

282 Das Quotenvorrecht des geschädigten Versicherungsnehmers begründet ein Befriedigungsvorrecht gegenüber seinem Kaskoversicherer im Sinne der sog. Differenztheorie, d. h., der Forderungsübergang findet erst statt, wenn der Schaden des Versicherungsnehmers vollständig ausgeglichen ist.[287] Dahinter steht der Gedanke, dass der kaskoversicherte Geschädigte wegen seiner eigenen Vorsorge

---

282 *Ebert/Segger* a. a. O., 143 f.
283 Vgl. *BGH* DAR 1997, 310 f.; kritisch *Greger/Otto* NZV 1997, 292 ff.
284 *Elsner* zfs 1999, 276, 278.
285 *Lachner* zfs 1999, 184.
286 Himmelreich/Halm/*Halm/Hörle* Kap. 26 Rn. 11a.
287 *Ebert/Segger* VersR 2001, 144; Halm/Engelbrecht/Krahe/*Wandt* Handbuch Kap. 1 Rn. 326.

den vollen Ausgleich seines Fahrzeugschadens erhalten soll, ehe der Versicherer den Regressanspruch erhält.[288] Für den Schädiger bedeutet dies, dass dessen Zahlungsverpflichtung der Summe nach identisch bleibt, er aber dem Kaskoversicherer zur Vermeidung von Doppelzahlungen das Befriedigungsvorrecht des geschädigten Versicherungsnehmers entgegenhalten und damit Zahlungen an den regressierenden Kaskoversicherer verweigern kann.

Nachfolgend soll die Abrechnung unter Inanspruchnahme des Quotenvorrechts in Form der Differenztheorie aus der Sicht des Geschädigten erläutert werden. Daraus ergibt sich sodann als Kehrseite der Betrag, den der Kaskoversicherer noch regressieren kann. Der Kaskoversicherer bleibt mit seinem Regress allerdings solange ausgeschlossen, wie bei dem Geschädigten noch ein ungedeckter kongruenter Schaden vorliegt.[289] 283

Für den Geschädigten ist zunächst wichtig festzustellen, welche Schäden überhaupt unter das Quotenvorrecht fallen, da der Grundsatz der sachlichen und zeitlichen Kongruenz gilt.[290] 284

Kongruenter Schaden ist der **Fahrzeugschaden**, also entweder die Reparaturkosten des beschädigten Fahrzeugs oder die Ersatzbeschaffung im Rahmen eines Totalschadens.[291] 285

Weitere kongruente Schadenposition ist die **Wertminderung** des reparierten Fahrzeugs. Die Wertminderung stellt einen unmittelbaren Schaden an der von der Kaskoversicherung erfassten Substanz des versicherten Objekts dar. Durch den Unfall ist das Fahrzeug zum Unfallwagen geworden und hat damit eine nicht mehr zu beseitigenden Eigenschaft erlangt, die die Wertbemessung dauernd negativ beeinflusst und somit im Sinne einer Vermögensminderung einen objektivierbaren Schaden an einem Sachwert darstellt, der unter dem Schutz der Kaskoversicherung stand.[292] 286

An dem Quotenvorrecht des Geschädigten nehmen weiter die für die Begutachtung des Fahrzeugs aufgewandten **Sachverständigenkosten** teil.[293] Die Gutachterkosten werden aufgewandt, um das Ausmaß der Beschädigung des Fahrzeugs zu ermitteln und deren Beseitigung in der Werkstatt vorzubereiten. Sie dienen daher der Wiederinstandsetzung des Fahrzeugs und damit der Wiederherstellung des früheren Zustands. Aus diesem Grunde handelt es sich um einen die Substanz des betroffenen Fahrzeugs berührenden und damit mit der Leistung des Kaskoversicherers kongruenten Schaden.[294] 287

▶ Praxistipp 288

Gerade die Realisierung der Sachverständigenkosten im Rahmen des Quotenvorrechts ist von besonderer Wichtigkeit, da diese von der Vollkaskoversicherung nicht erstattet werden. Wenn allerdings von vornherein klar ist, dass die Vollkaskoversicherung in Anspruch genommen werden soll, wird die Kaskoversicherung die Bewertung des Schadens ohnehin durch einen von ihr beauftragten Sachverständigen vornehmen. Entsprechend kann dann diese Gutachten auch für die Realisierung der noch beim Geschädigten verbliebenen Ansprüche genutzt werden.

Quotenbevorrechtigt sind auch die **Abschleppkosten**.[295] Auch diese Kosten werden aufgewandt, um das Fahrzeug einer Instandsetzung zuzuführen und damit den früheren Zustand wieder herzustellen. Gleiches gilt, wenn ein Fahrzeug abgeschleppt wird, das einen Totalschaden erlitten hat, um den Restwert zu erzielen. Aus diesem Grunde handelt es sich auch hier um einen die Substanz des betrof- 289

---

288 Halm/Engelbrecht/Krahe/*Oberpriller* Kap. 15 Rn. 223 a. E.
289 Himmelreich/Halm/*Kreuter-Lange* Kap. 30 Rn. 35.
290 Himmelreich/Halm/*Oberpriller* Kap. 20 Rn. 222.
291 *BGH* VersR 1967, 674; *LG Karlsruhe* ADAJUR-Dok.Nr. 79258.
292 *BGH* DAR 1982, 159; *AG Köln* ADAJUR-Dok.Nr. 61800.
293 *BGH* DAR 1985, 154; *AG Friedberg* ADAJUR-Dok.Nr. 79258.
294 *BGH* a. a. O., 155.
295 *BGH* DAR 1982, 16; OLG Dresden, ADAJUR-Dok.Nr. 82642; VersR 2009, 824; aber: *OLG Brandenburg* ADAJUR-Dok.Nr. 75845; SP 2008, 100: Höherstufungsschaden unterfällt dem Quotenvorrecht.

fenen Fahrzeugs berührenden und damit mit der Leistung des Kaskoversicherers kongruenten Schaden.

290 Sofern bei der Abrechnung des Kaskoschadens Abzüge »neu für alt« vorgenommen worden sind, ist zunächst zu prüfen, ob sie unter dem Gesichtspunkt des Vorteilsausgleichs in gleicher Weise auch nach haftpflichtrechtlichen Gesichtspunkten begründet sind. Sollte dies der Fall sein, so wirkt sich deren Abzug im Rahmen des Quotenvorrechts nicht aus. Es gibt jedoch eine ganze Reihe Abzüge »neu für alt«, die nicht auf einer echten Wertverbesserung des Kfz im Ganzen beruhen, sondern lediglich nach den außerordentlich strengen Maßstäben des Kaskorechts vorgenommen werden, wo nach bereits Wertverbesserungen an einzelnen Teilen des Fahrzeugs nach der insoweit geltenden Bestimmung des § 13 AKB zu Abzügen führen kann. Quotenbevorrechtigt sind daher diejenigen **Neu-für-Alt Abzüge**, die der Kaskoversicherer zwar wegen der Leistungsbeschränkung des § 13 AKB vornehmen darf, die aber nach haftpflichtrechtlichen Gesichtspunkten ungerechtfertigt wären.[296] Diese sind dem geschädigten Versicherungsnehmer im Rahmen des Quotenvorrechts zusätzlich zu erstatten.

291 Nicht zu den quotenbevorrechtigten Positionen zählen die übrigen Schadenspositionen des Geschädigten wie z. B. Nutzungsausfall, Kostenpauschale, Verschrottungskosten[297] und der in der Vollkaskoversicherung eingetretene Höherstufungsschaden.[298] Nicht quotenbevorrechtigt sind mithin all die Schadenspositionen, die nicht zum unmittelbaren Fahrzeugschaden selbst gehören bzw. – wie die Sachverständigenkosten – dessen Feststellung dienen und daher nicht sachlich kongruent mit dem Versicherungsumfang der Kaskoversicherung sind. Dies sind alle Folgeschäden, die nicht dazu dienen, die unmittelbare Substanz des betroffenen Fahrzeugs wieder herzustellen und einen Ausgleich der Wertminderung zu schaffen.[299]

292 ▶ Praxistipp

Der durch die Inanspruchnahme der Vollkaskoversicherung entstehenden Prämienschaden ist grds. kein kongruenter Schaden, er kann daher nur im Rahmen der Haftungsquote geltend gemacht werden. Der *BGH* (Az. VI ZR 36/05) hat aber die bisher streitige Frage geklärt, dass der Prämienschaden immer geltend gemacht werden und dessen Ersatz nicht mit dem Argument verweigert werden kann, man hätte aufgrund des Mitverschuldens die Vollkaskoversicherung ohnehin in Anspruch genommen.[300] Auch ist der Geschädigte vor der Inanspruchnahme der eigenen Vollkaskoversicherung nicht verpflichtet, die Regulierungsbereitschaft der gegnerischen Haftpflichtversicherung abzuwarten.[301]

293 Zu beachten ist allerdings, dass der Höherstufungsschaden für die Zukunft nur im Rahmen eines Feststellungsantrags verfolgt werden kann, da diese Schadenposition für die Zukunft noch nicht fällig ist.

294 Am besten lassen sich die Auswirkungen des Quotenvorrechts in Form der Differenztheorie anhand von Beispielsrechnungen darstellen. Diese sollen anhand der Abrechnung im Fall der Reparatur des Fahrzeugs bzw. im Fall des Totalschadens nachfolgend dargestellt werden. Anknüpfungspunkt für das Quotenvorrecht ist ein Mitverschulden des vollkaskoversicherten Geschädigten.

---

296 *Lachner* zfs 1999, 184.
297 *OLG Hamm* DAR 2000, 218; *AG Köln* ADAJUR-Dok.Nr. 61800.
298 *AG Lingen* zfs 1991, 45 f.
299 *Lachner* a. a. O.
300 *BGH* DAR 2006, 574 = NJW 2006, 2397.
301 *BGH* DAR 2007, 21 = VersR 2007, 81.

D. Quotenvorrecht

1. Abrechnung im Fall der Reparatur

Tab. 2   295

Die Instandsetzungskosten belaufen sich auf	10 000 Euro
Der Minderwert beträgt	600 Euro
Die Abschleppkosten betragen	200 Euro
Die Sachverständigenkosten sind in Höhe von angefallen.	800 Euro
Der gesamte kongruente Fahrzeugschaden beläuft sich damit auf	11 600 Euro.

Das Mitverschulden des Geschädigten beläuft sich auf 70 %, sodass der Geschädigte vom Schädiger einen Betrag in Höhe von 3 480 Euro beanspruchen könnte. Nach Einschaltung des Vollkaskoversicherers und Ausnutzung des Quotenvorrechts ergibt sich hingegen folgendes Bild:

Der Vollkaskoversicherer hat den Schaden am Fahrzeug nach Abzug der Selbstbeteiligung von 1 000 Euro in Höhe von 9 000 Euro an den Geschädigten beglichen. Weitere Zahlungen hat er nicht erbracht.

Der Geschädigte kann nun den Restschaden in der durch sein Mitverschulden gezogenen Grenze des Betrages von 3 480 Euro wie folgt abrechnen:

Tab. 3   295.1

– PKW (Rest-)Schaden in Höhe der Selbstbeteiligung	1 000 Euro
– Minderwert	600 Euro
– Abschleppkosten	200 Euro
– Sachverständigenkosten	800 Euro
Er erhält vom gegnerischen Haftpflichtversicherer also	2 600 Euro

und damit die Positionen Minderwert, Abschleppkosten und Sachverständigenkosten trotz Mitverschuldens ungekürzt. Für den Vollkaskoversicherer verbleibt damit ein Regressanspruch in Höhe von 880 Euro.

Hätte der Vollkaskoversicherer wegen eines nur im Rahmen des Kaskorechts zulässigen Abzugs »neu 296 für alt« den Fahrzeugschaden um einen Betrag von 500 Euro gekürzt ausgezahlt, also auf den Fahrzeugschaden von 10 000 Euro nach Abzug der Selbstbeteiligung von 1 000 Euro nur 8 500 Euro erstattet, so könnte der Geschädigte den Betrag von 500 Euro zusätzlich vom Schädiger verlangen, er erhielte also 1 500 Euro für den PKW Restschaden und damit insgesamt 3 100 Euro auf den kongruenten Fahrzeugschaden vom gegnerischen Haftpflichtversicherer. Für den Kaskoversicherer verbleiben dann nur noch 380 Euro, die er regressieren kann.

Sonstige Schadenspositionen wie z. B. Nutzungsausfall, Standgeld und Kostenpauschale erhält der 297 Geschädigte hingegen nur in Höhe der Quote also in Höhe von 30 %. Würde man folgende Werte annehmen

Tab. 4   297a

Nutzungsausfall	1 000 Euro, davon 30 %	300 Euro
Standgeld	500 Euro, davon 30 %	150 Euro
Kostenpauschale	50 Euro, davon 30 %	15 Euro
Gesamt	1 550 Euro, davon 30 %	465 Euro

so ergibt sich folgende Betrachtung: 297b

Der Gesamtschaden beläuft sich auf 13 150 Euro, bei einem Anspruch in Höhe von nur 30 % würde 298 der Geschädigte darauf vom Schädiger unmittelbar nur 3 945 Euro erhalten. Bei Inanspruchnahme des Quotenvorrechts nach Einschaltung der Vollkaskoversicherung erhält er hingegen 9 000 Euro von der Vollkaskoversicherung, 2 600 Euro vom gegnerischen Haftpflichtversicherer auf den kongruenten Schaden und 465 Euro auf den Restschaden, also insgesamt 12 065 Euro und damit nahezu vollständigen Ausgleich seines Schadens. Als Nachteil verbleibt der Höherstufungsschaden,

den der Geschädigte aber in Höhe von 30 % beim gegnerischen Haftpflichtversicherer einfordern kann.[302]

2. Abrechnung auf Totalschadenbasis

299 Bei der Abrechnung auf Totalschadenbasis ergibt sich folgende Berechnung:

Tab. 5

Wiederbeschaffungswert des PKW	Euro	20 000,
Restwert	Euro	1 000,
Fahrzeugschaden	Euro	19 000,
Sachverständigenkosten	Euro	1 000,
Abschleppkosten	Euro	250,
Gesamt	Euro	1 250,
Kongruenter Fahrzeugschaden	Euro	20 250,
Mietwagenkosten	Euro	3 000,
Kostenpauschale	Euro	50,
Sonstiger Schaden	Euro	3 050,
Gesamtschaden	Euro	23 300.

299a Bei einem Mitverschulden von 50 % könnte der Geschädigte vom Schädiger auf den kongruenten Fahrzeugschaden 10 125 Euro verlangen. In dieser Grenze kann er nach Inanspruchnahme des Vollkaskoversicherers sein Quotenvorrecht in Anspruch nehmen.

299b Der Vollkaskoversicherer leistet auf den kongruenten Fahrzeugschaden nach Abzug der Selbstbeteiligung von 1 000 Euro einen Betrag von 18 000 Euro, da er lediglich den reinen Fahrzeugschaden ersetzt. Der Geschädigte kann daher beim gegnerischen Haftpflichtversicherer abrechnen:

Tab. 6

	Fahrzeugschaden (Rest)		
	in Höhe der Selbstbeteiligung	Euro	1 000,
	Sachverständigenkosten	Euro	1 000,
	Abschleppkosten	Euro	250,
Gesamt		Euro	2 250.

299c Der Vollkaskoversicherer kann den Restbetrag zum hälftigen ersatzpflichtigen kongruenten Fahrzeugschaden in Höhe von 7 875 Euro geltend machen.

299d Die übrigen Positionen kann der Geschädigte in Höhe der Quote von 50 %, also in Höhe von 1 525 Euro, beanspruchen. Insoweit greift ein Quotenvorrecht mangels Kongruenz nicht mehr ein. Er erhält also auf den Gesamtschaden vom Kaskoversicherer 18 000 Euro, vom gegnerischen Haftpflichtversicherer auf den kongruenten Schaden 2 250 Euro und auf die verbleibenden Positionen 1 525 Euro. Er hat damit trotz Mitverschuldens in Höhe von 50 % auf seinen Gesamtschaden von 25 550 Euro einen Betrag von 21 775 Euro erhalten. Er kann ferner bei Fälligkeit den jährlich eintretenden Höherstufungsschaden nach einer Quote von 50 % geltend machen. Hätte der Geschädigte seine Kaskoversicherung nicht eingeschaltet, so hätte er nur einen Betrag in Höhe von 50 % des Gesamtschadens unmittelbar vom Schädiger, also nur 12 775 Euro, erhalten.

300 Das Quotenvorrecht greift auch dann ein, wenn der Kaskoschaden höher ist, als der Haftpflichtschaden, also der Geschädigte im Fall der Abrechnung auf Totalschadenbasis vom Schädiger nur den Wiederbeschaffungswert, vom Kaskoversicherer aber aufgrund entsprechender Vereinbarung den Neupreis verlangen kann.[303] Dies gilt auch im umgekehrten Fall, wenn also der Haftpflichtschaden höher ist, als die zu erwartende Leistung des Vollkaskoversicherers, also dann, wenn z. B. die Haft-

---

302 Vgl. dazu Rdn. 292.
303 Vgl. *Freyberger* DAR 2001, 385.

pflichtversicherung trotz Totalschadens wegen des Integritätszuschlages noch die Reparaturkosten zahlen muss, da diese den Wiederbeschaffungswert um nicht mehr als 30 % übersteigen, der Kaskoversicherer aber nur den Wiederbeschaffungswert ersetzen muss.[304]

Nimmt der Geschädigte zunächst nur den Schädiger in Anspruch und erhält dort nur eine Quote, so kann er nachfolgend den Kaskoversicherer auf den Restschaden in Anspruch nehmen. Auch hier greift dann das Quotenvorrecht ein. Dabei gilt: 301
— Ist der Restschaden höher als die Kaskoleistung, kann der Geschädigte die Kaskoleistung voller Höhe verlangen. Dabei ist die Selbstbeteiligung von der Leistung des Kaskoversicherers abzuziehen.
— Ist der Restschaden niedriger als die Kaskoleistung, ist der Anspruch des Geschädigten gegen die Kaskoversicherung auf den Restschaden begrenzt.[305]

▶ **Beispiel:** 301a

Restschaden niedriger als Leistung des Kaskoversicherers, Begrenzung der Leistungspflicht der Kaskoversicherung durch den Restschaden

Tab. 7

PKW Schaden	*Euro*	*10 000,*
Haftungsquote 25 %, vom Schädiger zu zahlen	*Euro*	*2 500,*
Restschaden	*Euro*	*7 500,*
Kasko Schaden	*Euro*	*10 000,*
Selbstbeteiligung	*Euro*	*1 000,*
Kaskoleistung	*Euro*	*9 000.*

Der Geschädigte kann von der Kaskoversicherung die noch offenen 7 500 Euro in voller Höhe verlangen.

Restschaden höher, als Leistung des Kaskoversicherers. Auszahlung der vollen Leistung des Kaskoversicherers.

Tab. 8

PKW Schaden	*Euro*	*10 000,*
Wertminderung	*Euro*	*2 000,*
Sachverständigenkosten	*Euro*	*1 000,*
Gesamtschaden	*Euro*	*13 000,*
Quote des Schädigers 25 %	*Euro*	*3 250,*
Restschaden	*Euro*	*9 750,*
Kaskoleistung	*Euro*	*10 000,*
PKW Schaden	*Euro*	*10 000,*
Selbstbeteiligung	*Euro*	*1 000,*
Kaskoleistung	*Euro*	*9 000.*

Der Geschädigte kann die Kaskoleistung in voller Höhe von 9 000 Euro verlangen, mit dem Restschaden fällt er aus.

II. Das Quotenvorrecht im Bereich der Sozialversicherung

§ 116 SGB X enthält an mehreren Stellen Regelungen, über das Verhältnis des vom Sozialleistungsträger aus übergegangenem Recht geltend zu machenden Schadensersatzanspruchs und der Möglichkeit des Geschädigten den bei ihm verbliebenen Schaden geltend zu machen. Teilweise wird dieser Konflikt durch die Einräumung eines umfassenden Befriedigungsvorrechts, teilweise durch die Möglichkeit einer gleichrangigen Befriedigung gelöst. 302

---

304 Vgl. *Freyberger* a. a. O., 386.
305 Vgl. *Freyberger* a. a. O.

1. Das Quotenvorrecht des § 116 Abs. 2 SGB X

303 Ist der Anspruch auf Ersatz eines Schadens durch Gesetz der Höhe nach begrenzt, geht er gem. § 116 Abs. 2 SGB X nur in der Höhe auf den Sozialleistungsträger über, soweit er nicht zum Ausgleich der Schäden des Geschädigten oder seiner Hinterbliebenen erforderlich ist. Es ist die Besonderheit zu beachten, dass sich dieses Quotenvorrecht auf den gesamten Schaden des Geschädigten also den kongruenten, wie den inkongruenten Schaden, erstreckt.[306] Dies bedeutet, dass der Sozialleistungsträger erst regressieren kann, wenn der gesamte Schaden seines Versicherten inklusive der Schmerzensgeldforderung ausgeglichen ist.[307] Solange die nahe liegende Möglichkeit besteht, dass der gesetzliche Haftungshöchstbetrag zur Deckung des persönlichen Schadens nicht ausreicht, ist der Sozialleistungsträger für eine Zahlungsklage nicht aktiv legitimiert.[308] Dies gilt nur dann nicht, wenn sich die gesetzliche Haftungsbeschränkung auf bestimmte Schadengruppen erstreckt, dann kommt das Befriedigungsvorrecht auch nur hier zum Tragen, im Übrigen haftet der Schädiger ohnehin unbeschränkt.[309]

304 ▶ **Praxistipp**

Der Vertreter des Geschädigten muss substantiiert zur Schadenhöhe vortragen, wenn er sich nicht dem Einwand der fehlenden Aktivlegitimation aussetzen will. Der Schädiger muss die Umstände des Einzelfalls ebenfalls sorgfältig prüfen, um nicht an den falschen Gläubiger und damit u. U. doppelt zu zahlen.

305 § 116 Abs. 2 SGB X ist nur einschlägig, wenn die Haftung durch ein Gesetz der Höhe nach beschränkt ist, wie dies z. B. bei § 12 StVG der Fall ist. Schuldet der Schädiger daneben hingegen noch unbegrenzten Ersatz, z. B. nach §§ 823 ff. BGB oder aus Vertrag, so ist § 116 Abs. 2 SGB X nicht einschlägig.[310] Ferner greift § 116 Abs. 2 SGB X im Fall des Mitverschuldens nicht ein, hier gilt § 116 Abs. 3 S. 2 SGB X.[311]

306 § 116 Abs. 2 SGB X gilt analog in den Fällen, in denen eine vertragliche Haftungshöchstsumme vereinbart wurde, sofern diese Vereinbarung nicht den alleinigen Zweck verfolgt, dem Sozialleistungsträger die Regressmöglichkeit abzuschneiden.[312]

2. Die Regelungen des § 116 Abs. 3 SGB X

307 § 116 Abs. 3 S. 1 SGB X regelt den Fall, dass der Schadenersatzanspruch des Geschädigten durch ein Mitverschulden oder eine Mitverantwortlichkeit seinerseits beschränkt ist. Für diesen Fall bestimmt § 116 Abs. 3 S. 1 SGB X, dass auf den Sozialleistungsträger der Anspruch nur in Höhe der Verschuldensquote des Schädigers übergeht. Nach § 116 Abs. 3 S. 3 SGB X tritt dieser Anspruchsübergang aber nicht ein, wenn der Geschädigte oder seine Hinterbliebenen durch den Anspruchsübergang sozialhilfebedürftig werden würden.

308 Damit enthält § 116 Abs. 3 S. 1 i. V. m. § 3 SGB X zunächst ein Befriedigungsvorrecht des Geschädigten. Würde er aufgrund des Anspruchsübergangs auf den Sozialhilfeträger sozialhilfebedürftig, so scheidet ein Anspruchsübergang aus. Im Übrigen aber gilt die sogenannte relative Theorie, die eine gleichrangige und anteilige Befriedigung zwischen dem Geschädigten und dem SVT begründet. Dies sei an folgendem Beispiel verdeutlicht:[313]

---

306 *BGH* DAR 1997, 310 f.
307 *Elsner* zfs 1999, 276 f.
308 *OLG Düsseldorf* NZV 1996, 238.
309 Geigel/*Plagemann* Kap. 30 Rn. 61.
310 Geigel/*Plagemann* Kap. 30 Rn. 60.
311 *Geigel* a. a. O.
312 *Geigel* a. a. O.; Himmelreich/Halm/*Engelbrecht* Kap. 31 Rn. 36.
313 *Elsner* zfs 1999, 276 f.

D. Quotenvorrecht　　　　　　　　　　　　　　　　　　　　　　　Kapitel 3

Dem Geschädigten ist in Höhe von 4 000 Euro ein Erwerbsschaden entstanden, sein Mitverschulden beträgt 50 %, er kann also nur 2 000 Euro vom Schädiger beanspruchen. Der Sozialversicherungsträger zahlt aber eine Berufsunfähigkeitsrente von 2 400 Euro. Es fragt sich also, wer auf die vom Schädiger zu leistenden 2 000 Euro Rückgriff nehmen darf, der SVT, der der Höhe nach einen voll übergangsfähigen Schaden geltend machen könnte, oder der Geschädigte, der im Verhältnis zu seinem tatsächlichen Schaden eine Differenz von 1 600 Euro zu überbrücken hat. **309**

Es käme in Betracht, den SVT ganz vorgehen zu lassen (absolute Theorie), der Geschädigte erhielte nichts, der SVT die Haftungsmasse von 2 000 Euro. Umgekehrt könnte man dem Geschädigten auf seinen Differenzschaden nach Leistung des SVT vorrangig 1 600 Euro zubilligen und dem SVT die verbleibenden 400 Euro zu der Haftungsmasse von 2 000 Euro (Differenztheorie). Der Gesetzgeber hat sich aber in § 116 Abs. 3 S. 1 SGB X für die sogenannte relative Theorie entschieden, diese bewirkt eine gleichrangige, anteilige Befriedigung von SVT und Geschädigten. Danach erhalten jeweils in Höhe der Haftungsquote des Schädigers der Geschädigte seinen Anteil von dem nicht gedeckten Restschaden und der SVT dieselbe Quote aus der von ihm erbrachten Leistung.[314] Dies bedeutet: **310**

Der Geschädigte erhält von seinem Restschaden (1 600 Euro) 50 % also 800 Euro. Der SVT erhält von seinen Leistungen (2 400 Euro) 50 % also 1 200 Euro. Damit ist der zur Verfügung stehende Betrag von 2 000 Euro auf den SVT und den Schädiger verteilt. **310a**

§ 116 Abs. 3 S. 2 SGB X regelt den Sachverhalt, dass eine gesetzliche Haftungshöchstgrenze mit einem Mitverschulden des Geschädigten zusammenfällt und daher aus beiden Gründen nur eine begrenzte Haftungsmassen zur Verfügung steht. Auch für diesen Fall gilt zunächst, dass ein Anspruchsübergang komplett ausscheidet, wenn der Geschädigte durch den Anspruchsübergang sozialhilfebedürftig werden würde (§ 116 Abs. 3 S. 3 SGB X). Im Übrigen aber gilt nach der Rspr. des *BGH* Folgendes: Trifft eine Anspruchsbegrenzung wegen Mitverschuldens des Geschädigten mit einer gesetzlichen Beschränkung der Haftung auf Höchstbeträge zusammen, so steht dem Geschädigten bei teilweisem Forderungsübergang auf Sozialversicherungsträger ein Quotenvorrecht nicht zu.[315] Auch hier gilt dann die relative Theorie,[316] also eine gleichrangige Befriedigung von Geschädigtem und SVT.[317] **311**

Der *BGH* begründet seine Auffassung, dass sich der Geschädigte in diesem Fall auf das umfassende Quotenvorrecht des § 116 Abs. 2 SGB X nicht berufen könne, u. a. damit, dass § 116 Abs. 3 S. 2 SGB X den Fall des Zusammentreffens von Mitverschulden und gesetzlichen Haftungshöchstgrenzen abschließend regele. Die Versagung des Quotenvorrechts für den Geschädigten im Fall des Mitverschuldens sei deshalb gerechtfertigt, weil der Geschädigte, der durch ein Mitverschulden zur Entstehung seines Schadens beigetragen habe, weniger schützenswert sei, als derjenige, der sich einer gesetzlichen Haftungsbegrenzung gegenübersehe, die er nicht beeinflussen könne. Die Berechnung und Aufteilung der auf die Sozialleistungsträger übergehenden und der dem Geschädigten verbleibenden Ansprüche sei bei dem Zusammentreffen von Mitverschulden und gesetzlichen Haftungshöchstbeträgen damit auf der Grundlage der in § 116 Abs. 3 S. 1 SGB X verankerten relativen Theorie vorzunehmen.[318] Der *BGH* weist aber darauf hin, dass eine buchstäbliche Anwendung dieser Vorschrift nicht in Betracht komme, weil dies zu dem inakzeptablen Ergebnis führen würde, dass der dem Geschädigten verbleibende Anspruch betragsmäßig umso höher wäre, je höher sein Mitverschuldensanteil sei.[319] Dieser Erkenntnis folgend wird daher die relative Theorie in modifizierter Form angewendet. Danach sei zunächst eine Aufteilung der auf die Sozialleistungsträger übergehenden und der dem Geschädigten verbleibenden Ansprüche nach der relativen Theorie gemäß § 116 **312**

---

314 *Elsner* a. a. O.
315 *BGH* DAR 2001, 157.
316 Halm/Engelbrecht/Krahe/*Euler/Kreuter-Lange/Leyer-Weber* Kap. 25 Rn. 153.
317 Himmelreich/Halm/*Kreuter-Lange* Kap. 19 Rn. 87.
318 *BGH* a. a. O., 158.
319 *BGH* a. a. O.; s. a. Geigel/*Plagemann* Kap. 30 Rn. 65.

Abs. 3 S. 1 SGB X ohne Berücksichtigung der Haftungshöchstgrenze vorzunehmen. Überschreite der um den Mitverschuldensanteil des Geschädigten gekürzte Gesamtschadensanspruch die gesetzliche Haftungshöchstsumme, so sei anschließend das Ergebnis der Aufteilung zwischen Sozialleistungsträgern und Geschädigtem der Haftungshöchstgrenze anteilig anzupassen, um die Unterdeckung proportional auf Sozialleistungsträger und Geschädigten zu verteilen. Auf diese Weise komme es zwischen ihnen zu einer gleichmäßigen Verteilung des gekürzten Ersatzanspruchs. Dies heißt aber auch, dass Schädiger und Sozialleistungsträger um den Schadenersatzanspruch konkurrieren, also eine Anrechnung der Leistungen an den jeweils anderen erfolgt.[320]

3. Das Befriedigungsvorrecht des § 116 Abs. 4 SGB X

313 Stehen der Durchsetzung der Ansprüche auf Ersatz eines Schadens tatsächliche Hindernisse entgegen, hat die Durchsetzung der Ansprüche des Geschädigten und seiner Hinterbliebenen Vorrang vor der Befriedigung der gem. § 116 Abs. 1 SGB X auf den Sozialleistungsträger übergegangenen Ansprüche (§ 116 Abs. 4 SGB X). Hauptanwendungsfall ist der Sachverhalt, dass die Mittel des Schädigers nicht ausreichen, den Anspruch in voller Höhe zu befriedigen. Das Befriedigungsvorrecht des § 116 Abs. 4 SGB X erstreckt sich nicht nur auf die kongruenten Schadensersatzansprüche, sondern auf sämtliche Schadensersatzansprüche einschließlich des Schmerzensgeldes.[321]

4. Die Vorschrift des § 116 Abs. 5 SGB X

314 Nach § 116 Abs. 5 SGB X steht dem Geschädigten der Ersatzanspruch dann vorrangig zu, wenn einerseits der Sozialleistungsträger den Schaden nicht voll abdeckt, dieser aber andererseits trotz des Schadenfalls keine höhere Aufwendungen hat. Auch in dieser Situation hat der Sozialleistungsträger einen Regressanspruch, obwohl er zuvor schon unfallunabhängig Leistungen erbracht hat,[322] der Geschädigte soll sich aber vorab befriedigen können, da der Sozialleistungsträger ja schon schadenunabhängig leisten musste und ihm keine höheren Aufwendungen entstanden sind.[323] Jede andere Auffassung würde zudem auch zu Rechtsunsicherheit führen, da die Frage, in welchem Umfang ein Anspruchsübergang stattgefunden hat, nicht mehr ausschließlich vom ungedeckten Schaden abhängt.[324]

E. Geschäftsführung ohne Auftrag

315 Der Rechtsgrund des Anspruchs lässt sich auch aus dem Rechtsinstitut der »Geschäftsführung ohne Auftrag«[325] (GoA) ableiten. GoA liegt dann vor, wenn
– jemand ein Geschäft für einen anderen besorgt,
– ohne dass er hierzu einen Auftrag hat oder sonst – beispielsweise aus Vertrag, Einwilligung oder Amtsstellung – berechtigt ist (§ 677 BGB).

315a Voraussetzung ist also nicht nur, dass jemand tatsächlich ein fremdes Geschäft führt, sondern er muss darüber hinaus noch das Bewusstsein und den Willen gehabt haben, es – zumindest neben eigenen Interessen – im Interesse des mutmaßlichen Geschäftsherrn zu führen.

316 Nach der Rechtsprechung finden zugunsten desjenigen, der dem anderen in einer Gefahr für Leib und Seele unaufgefordert Hilfe leistet, die Vorschrift über die GoA Anwendung. Aufwendungen i. S. d. §§ 677, 683 BGB sind in diesem Fall alle Vermögenseinbußen, die der Helfer zum Zwecke der Hilfeleistung erbracht hat, und zwar auch diejenigen an Leben und Gesundheit.[326]

---

[320] Siehe dazu auch *Engelbrecht* PVR 2001, 156 ff.
[321] Vgl. ausführlich zu dieser Vorschrift Geigel/*Plagemann* Kap. 30 Rn. 72 m. w. N.
[322] BGHZ 9, 179, 187 ff.
[323] Vgl. auch hier weiterführend Geigel/*Plagemann* Kap. 30 Rn. 74 ff.
[324] *KG* NZV 1999, 208.
[325] Wegen der Grundsätze dieses Rechtsinstituts vgl. *Rödder* JUS 1983, 930; bezüglich der einzelnen Tatbestandsmerkmale vgl. *Gursky* AcP 185, 13.
[326] Vgl. BGHZ 33, 251; BGHZ 38, 302; *Gehrlein* VersR 1998, 1330; *Dornwald* VGT 1993, 287.

E. Geschäftsführung ohne Auftrag Kapitel 3

Wird das Technische Hilfswerk auf Anforderung der zuständigen (rheinland-pfälzischen) Ordnungsbehörde zur Gefahrenabwehr eingesetzt, so sind die dadurch entstehenden Kosten allerdings durch die Ordnungsbehörde per Bescheid gegen den Gefahrenverursacher geltend zu machen. Ein Direktanspruch des THW gegen den Verursacher aus Geschäftsführung ohne Auftrag besteht in diesem Fall laut *BGH* nicht.[327] 316a

Die h. M. geht davon aus, dass der Eigentümer eines Kfz bei Selbstaufopferung in kritischer Lage Ersatz für seinen Unfallschaden unter dem Gesichtspunkt der GoA nur dann verlangen kann, wenn er selbst den Entlastungsbeweis aus § 7 Abs. 2 StVG a. F. mit Erfolg zu führen vermag.[328] Diese Ansicht hat auch unter Berücksichtigung der neuen Fassung des § 7 Abs. 2 StVG (Entlastung nur noch bei »höherer Gewalt«) Bestand. Ein Abstellen auf die Voraussetzung des § 7 Abs. 2 StVG in der nunmehr gültigen Form würde in den meisten Fällen dem ausweichenden und sich selbst schädigenden Autofahrer die Möglichkeit des Ersatzes aus GoA nehmen. Der Verschuldensgrad des anderen (»schwachen«) Verkehrsteilnehmers muss berücksichtigt werden, ggf. bis zum vollständigen Wegfall der Haftung des Kfz-Halters aus der Betriebsgefahr. Die Erwägungen zu § 254 BGB und § 17 StVG müssen auch in diesem Fall greifen. 317

Etwas anderes gilt bei Unfällen, für die Kinder bis zu 10 Jahren im fließenden Straßenverkehr nicht für entstehende Schäden haften (§ 828 Abs. 2 BGB). In diesen Fällen käme allenfalls aus dem Gesichtspunkt der Aufsichtspflichtverletzung gegen die erziehungsberechtigten Personen oder aus Billigkeitserwägungen ein Anspruch in Betracht.[329] Dieser Versuch wird jedoch oftmals ins Leere gehen, nachdem die Rechtsprechung an die Aufsicht der Erziehungsberechtigten im Zusammenhang mit dem fließenden Straßenverkehr sehr niedrige Voraussetzungen stellt.[330] 317a

Es ist keinesfalls erforderlich, dass der Geschäftsherr dem Geschäftsführer im Zeitpunkt der Geschäftsführung bereits bekannt ist. Unter das Rechtsinstitut der *Geschäftsführung ohne Auftrag* fallen auch rein faktische Handlungen (sog. Realakte). 318

▶ **Beispiel:** 318a

Ein zufällig hinzukommender Arzt behandelt einen bewusstlosen Unfallverletzten. Er darf annehmen, dass die Behandlung im wirklichen oder zumindest mutmaßlichen Interesse (§ 677 BGB) des Verletzten liegt und darf demgemäß Ersatz für seine Aufwendungen fordern (§ 683 BGB).[331]

Entstehen Aufwendungen in der Absicht, die Leistung für den Ersatzpflichtigen zu bewirken und ihm in Rechnung zu stellen, handelt die Person, der die Aufwendungen entstehen, nach vorherrschender Meinung als Geschäftsführer ohne Auftrag i. S. v. § 677 BGB. Auch diese Person kann über § 683 BGB Ersatz für ihre notwendigen Aufwendungen verlangen. 319

Umgekehrt kann sich aber auch der Geschäftsführer ohne Auftrag durch eine derartige Geschäftsführung selbst zum Schadenersatz verpflichten. Falls die Übernahme der Geschäftsführung mit dem wirklichen oder mutmaßlichen Willen des Geschäftsherrn in Widerspruch steht und der Geschädigte dies erkennen musste, ist er zum Schadenersatz auch dann verpflichtet, wenn ihm ein sonstiges Verschulden nicht zur Last fällt (§ 678 BGB). Ruft ein Dritter eine private, in Österreich ansässige Helikopterfirma zur Rettung eines Bergsportlers aus Deutschland in den Alpen, so ist der Bergsportler nur dann zur Zahlung der Mehrkosten verpflichtet, wenn das Unternehmen den Nachweis erbringt, dass weder ein Helikopter des österreichischen Innenministeriums noch eine andere 320

---

327 *BGH* Urt. v. 19.7.2007, JZ Information 2007, 480 (amtl. Leitsatz).
328 Vgl. *BGH* BGHZ 38, 270.
329 Vgl. *Friedrich* VersR 2000, 697; VersR 2005, 1660.
330 Vgl. *OLG Oldenburg* Urt. v. 4.11.2004, Az. 1 U 73/04, DAR 2005, 343; *LG Osnabrück* ADAJUR-Dok.Nr. 79966; SVR 2008, 347 (LS) m. Anm. Siegel; LG Oldenburg, ADAJUR- Dok.Nr. 91839; NZV 2011, 33.
331 Vgl. *OLG München*, Urt. v. 6.4.2006, Az. 1 U 4142/05, NJW 2006, 1883.

preiswertere Firma die Rettung übernehmen konnten.³³² Ob ein Aufwand notwendig oder zweckmäßig ist, ist nach den Verhältnissen zu beurteilen, wie sie sich dem Geschäftsführer zur Zeit der Geschäftsführung darstellten. Den wahrscheinlichen Intentionen des Geschäftsherrn, auch im Hinblick auf die Kosten der Geschäftsführung, ist Rechnung zu tragen.

320a Allerdings kann der entgegenstehende Wille des Geschäftsherrn unbeachtlich sein und daher außer Betracht bleiben, wenn sonst – also ohne die Geschäftsführung – eine dem Geschäftsherrn obliegende Pflicht, die im öffentlichen Interesse liegt, nicht oder nicht rechtzeitig erfüllt würde (§ 679 BGB).

321 Ist die Geschäftsführung notwendig, um eine drohende Gefahr abzuwenden, so haftet der Geschäftsführer bei Abwägung der Interessenlage in diesem Fall lediglich unter erheblich eingeschränkten Voraussetzungen, nämlich nur für Vorsatz oder grobe Fahrlässigkeit i. S. v. § 680 BGB. Dabei genügt bereits die subjektive Überzeugung des Geschäftsherrn vom Bestehen der Gefahr, sofern ihn bei der Beurteilung dieses Tatbestandes keine grobe Fahrlässigkeit trifft.³³³ Ebenso unerheblich ist es, ob den beabsichtigten oder durchgeführten Maßnahmen letztlich auch erfolgreich war. Geltung hat dieser Grundsatz vor allem bei Hilfsaktionen nach einem Verkehrsunfall. Dem Ersthelfer kann ein Fehler bei der ersten Hilfe nur angelastet werden, wenn er grob fahrlässig oder sogar vorsätzlich gehandelt hatte.

321a Erleidet der Ersthelfer bei der Hilfeleistung, die nach § 2 Abs. 1 Nr. 13 SGB VII versichert ist, einen Personenschaden, kann derjenige, dem die Hilfeleistung erbracht worden ist, sich grundsätzlich nicht auf das Haftungsprivileg aus § 105 Abs. 1 SGB VII berufen.³³⁴

322 Gerade im Schadensersatzrecht muss stets in dem Sinne differenziert werden, ob der Geschäftsherr eigene oder fremde Interessen wahrnimmt. Besorgt jemand ein fremdes Geschäft in der unzutreffenden Vorstellung, es sei sein eigenes, so fehlt das Bewusstsein, im Interesse eines anderen zu handeln. Das Rechtsinstitut der Geschäftsführung ohne Auftrag kommt schon im Bereich des Tatbestandes nicht in Betracht (§ 678 BGB). In diesem Fall spricht man von irrtümlicher Eigengeschäftsführung oder »unechter« Geschäftsführung ohne Auftrag.

323 Um jedoch dem von einer derartigen Geschäftsführung Betroffenen die Vorteile des unberechtigt abgeschlossenen Geschäfts zukommen zu lassen, erklärt § 681 S. 2 BGB die Vorschriften über die Geschäftsführung ohne Auftrag für entsprechend anwendbar. Dies bedeutet, dass der Betroffene die Herausgabe des durch unerlaubte Eigengeschäftsführung erlangten Vorteils,³³⁵ insbesondere eines etwa erzielten Gewinns, verlangen kann.

324 Nach den Grundsätzen der Geschäftsführung ohne Auftrag ist der Inhaber (Nutzungsberechtigte) einer Garage berechtigt, ein die Garagenausfahrt versperrendes Kfz auf Kosten desjenigen, der es dort abgestellt hat, abschleppen zu lassen.

324a Dies setzt allerdings voraus, dass ein akutes öffentliches Interesse am Entfernen des Pkw besteht. Das abstrakte Interesse der Gemeinschaft an der Einhaltung der Verkehrsvorschriften reicht dafür nicht aus.³³⁶

324b Nach der vorherrschenden Meinung dürfen falsch geparkte Fahrzeuge auf Kosten des Besitzstörers vom Berechtigten abgeschleppt werden.³³⁷ Vermehrt gehen Supermärkte dazu über, auf ihrem Parkplatz geparkte Fahrzeuge abschleppen zu lassen, wenn der Fahrzeugführer nachweislich nicht dort

---

332 *LG Karlsruhe* Urt. v. 6.6.2002, Az. 5 S 99/01, NJW 2003, 443.
333 Vgl. dazu *Palandt/Thomas* § 680 Anm. 1 – sonst. Haftung gem. §§ 680, 677 BGB.
334 *BGH* Urt. v. 2.12.1980, Az. VI ZR 265/78, VersR 1981, 260 zu RVO-Regelung.
335 Vgl. dazu wegen näherer Einzelheiten die §§ 681 S. 2 u. 687 BGB.
336 *AG Berlin-Schöneberg* NJW 1984, 2954; vgl. AG Essen, ADAJUR-Dok.Nr. 47990; DAR 2002, 131; *AG Heidelberg* Urt. v. 8.5.2008, Az 21 C 93/08, ADAJUR-Dok.Nr. 78514.
337 *LG München I* NJW 1974, 2188; *LG Frankfurt/M.* DAR 1985, 25; *AG Schöneberg* MDR 1978, 493; *AG Berlin-Charlottenburg* zfs 1983, 1; *AG Bremen* DAR 1984, 227; *AG Tübingen* DAR 1984, 231; *AG Deggendorf* DAR 1984, 227; *AG Fürstenfeldbruck* DAR 1985, 257; a. A. *LG Köln* VersR 1971, 354; *LG Berlin*

einkauft.³³⁸ Die Forderung der »Verwaltungskosten« wird Inkassobüros übertragen. Am Interesse des Betreibers des Supermarktes dürfte es fehlen, wenn das Fahrzeug zur Nachtzeit bzw. außerhalb der Geschäftszeit abgeschleppt wird. § 859 Abs. 2 BGB, wonach das Selbsthilferecht besteht, wenn der Täter »auf frischer Tat« ertappt wird, dürfte zumindest in diesen Fällen nicht gegeben sein.

Die Schadenminderungspflicht gebietet auf alle Fälle, jeweils konkret und sorgfältig zu überprüfen, ob es bei Abwägung der Verhältnismäßigkeit der Mittel und Maßnahmen im Einzelfall nicht wirtschaftlicher sein kann, für eine kurze Fahrt statt des – blockierten – eigenen Pkw auf Kosten des Falschparkers ein Taxi zu nehmen oder in zumutbarer Weise öffentliche Verkehrsmittel zu benutzen. 325

F. Ungerechtfertigte Bereicherung

I. Allgemeine Rechtsgrundsätze

Als weitere Anspruchsgrundlage kommt das Rechtsinstitut der ungerechtfertigte Bereicherung i. S. d. §§ 812 ff. BGB in Betracht. Von ungerechtfertigter Bereicherung spricht man dann, wenn zwar rechtswirksame Vermögensverschiebungen vollzogen worden sind, dies aber ohne rechtfertigenden Grund passiert. Dabei ist es gleichgültig, ob dieser Rechtsgrund nachträglich weggefallen ist oder von Anfang an nicht vorgelegen hat. 326

Die Bereicherung kann »in sonstiger Weise« (§ 812 Abs. 1 BGB) eintreten, beispielsweise durch Handlungen des Bereicherten oder eines Dritten entstehen. In diesem Fall spricht man von einer. sog. Eingriffskondiktion. So kann der nicht so berechtigte Besitzer zur Heraugabe von Nutzungen, die er unter Überschreitung eines ihm gesetzlich zugewiesenen Besitzrechts gezogen hat, nach § 812 Abs. 1 S. 1 BGB verpflichtet sein.³³⁹ 327

Wenn jemand anstelle des an sich Ersatzpflichtigen in dessen Interesse Kosten verauslagt oder deswegen, weil er sich selbst irrtümlich für verpflichtet hält, wird in der Person des »eigentlichen« Schuldners in aller Regel dadurch eine ungerechtfertigte Bereicherung eintreten, die durch Erstattung der verauslagten Beträge auszugleichen ist. 328

Der Bereicherungsausgleich erfolgt üblicherweise im direkten Zugriff und in der Form, dass der Bereicherte das zu Unrecht Erlangte herauszugeben (§ 812 BGB) und damit den früheren Rechtsstand wiederherzustellen hat. Die Herausgabepflicht erstreckt sich auch auf etwa gezogene Nutzungen sowie auf nichtrechtsgeschäftliche Surrogate. Ist eine Herausgabe – etwa bei geleisteten Diensten – nicht möglich, dann ist der objektive Verkehrswert der Leistung zu ersetzen (§ 818 Abs. 2 BGB). Das Gleiche gilt für den Fall, dass der Bereicherte den Gegenstand der Bereicherung inzwischen weiter veräußert hat, sodass dieser sich nicht mehr in seinem Vermögen befindet. An die Stelle der Sache tritt dann ihr Wert. 329

Ein Anspruch auf Herausgabe oder Wertersatz ist jedoch – und darin besteht die besondere Schwäche der Rechtsposition dessen, der sich lediglich auf § 812 BGB berufen kann – dann ausgeschlossen, wenn der Empfänger nicht mehr bereichert ist. Dies ist beispielsweise dann der Fall, wenn er die ihm zu Unrecht zugeflossene Leistung für Luxusausgaben ohne realen Vermögenswert verbraucht hat (§ 818 Abs. 3 BGB). Falls dem Bereicherten jedoch durch die Veräußerung des Gegenstands ander- 330

NJW 1983, 288, 1018 = zfs 1983, 35; *AG Berlin-Charlottenburg* zfs 1981, 2; *AG Essen* DAR 2002, 131; *AG Rastatt* DAR 1999, 321.
338 Vgl. *AG Hamburg* Urt. v. 13.2.2006, Az. 5 C 139/05, ADAJUR-Dok.Nr. 71532: Für die Frage der Besitzstörung ist nicht erforderlich, dass die Berechtigte tatsächlich in ihrer konkreten Besitzausübung derart behindert ist, dass sie dort nicht mehr parken könnte. Es genügt zur Begründung einer Störung vielmehr die unberechtigte Nutzung fremden Besitzes. Die ersichtliche Beschilderung des Parkplatzes war ausreichend für eine Kennzeichnung dahin gehend, dass der Parkplatz der Firma zusteht. Die Verhältnismäßigkeit ist nicht schon deshalb zu verneinen, weil die Störung auf andere Art und Weise hätte beseitigt werden können.
339 *BGH* Urt. v. 21.9.2000, Az. V ZR 228/00, MDR 2002, 83.

weitige Geldwerte Vorteile zugeflossen sind, tritt ein Fortfall der Bereicherung insoweit nicht ein, sodass der Wert jener Vorteile auszugleichen ist.[340]

330a Ein in Allgemeinen Rechtsschutzversicherungsbedingungen (ARB) verankerter vertragliche Rückerstattungsanspruch des Versicherers kann nicht aus ungerechtfertigter Bereicherung gemäß §§ 812, 816 BGB geltend gemacht werden. Die Verjährungsfrist des Anspruchs beträgt drei Jahre.[341] Dadurch, dass der Rückerstattungsanspruch als vertraglicher Anspruch ausgestaltet ist, ist seine Geltendmachung aus anderweitigen rechtlichen Gesichtspunkten laut LG Mönchengladbach ausgeschlossen.

II. Vorschüsse

331 Oftmals werden im Zusammenhang mit der Schadenregulierung Vorschüsse verlangt und geleistet. Dieser Fall tritt insbesondere dann ein, wenn sonst anfallende Finanzierungskosten vermieden werden sollen. Mit Rücksicht darauf, dass in der Mehrzahl aller Fälle im Zeitpunkt der Leistung des Vorschusses die Sach- und Rechtslage noch nicht endgültig geprüft ist, knüpfen Versicherungen daran häufig folgenden Vorbehalt:

331a »Vorschuss zur späteren Verrechnung im Rahmen einer dem Leistenden vorbehaltenen Zweckbestimmung unter dem ausdrücklichen Vorbehalt der Rückforderung für den Fall, dass nach Beurteilung des Leistenden eine Ersatzpflicht nicht oder nicht in Höhe des Vorschusses bestehen sollte.«

331b Zahlungen unter Rückforderungsvorbehalt können, wenn der angenommene Rechtsgrund nicht vorliegt oder später wegfällt, unter dem Gesichtspunkt der ungerechtfertigten Bereicherung zurückgefordert werden.[342]

331c Wird mit der Leistung die Einschränkung verbunden, die Zahlung solle »lediglich für den außergerichtlichen Vergleichsfall ohne Rechtsanerkenntnis und Präjudiz« erfolgen, wird dadurch ein Rückforderungsanspruch der Leistungen begründet, wenn später ein Vergleich nicht zustande kommt und sich herausstellt, dass eine Haftung des Anspruchsgegners ausscheidet.

331d Die *Beweislast* dafür, ob in dem für den Bereicherungsausgleich maßgeblichen Zeitpunkt noch eine Bereicherung vorgelegen hat, trägt der Bereicherungsgläubiger.[343]

332 Diese Einschränkung bedeutet, dass derjenige, der den Vorschuss leistet, das Bestimmungsrecht aus § 366 Abs. 1 BGB, von dem an sich bereits »bei der Leistung« Gebrauch zu machen ist, nach Treu und Glauben noch zu einem späteren Zeitpunkt ausüben kann. Außerdem steht § 814 BGB entgegen, sodass das Kondiktionsrecht später ohne Einschränkung geltend gemacht werden kann.[344]

333 Gegen einen derartigen Vorbehalt wird sich der Geschädigte nach den Erfahrungen der Praxis schon deswegen nicht zur Wehr setzen, weil er in aller Regel im Hinblick auf den auf seiner Seite bestehenden Kapitalbedarf selbst um den Vorschuss gebeten hat. Er wird insbesondere von seinem Recht auf Zurückweisung einer derartigen Leistung, die keine Erfüllung bedeutet und nach dem Willen beider Beteiligten auch nicht bedeuten soll, keinen Gebrauch machen.

---

340 Vgl. dazu *BGH* zfs 1986, 324; (der so seinem Eigentum beeinträchtigte Grundstückseigentümer, der anstelle des Störers der Beeinträchtigungen seiner Abwasserleitung beseitigt, kann gem. §§ 812, 818 BGB vom Störer neben dem Ersatz für die Freilegung der verstopften Leitung und für die Neuverlegung der zerstörten Leitung i. d. R. nach Erstattung der Aufwendungen für seinen fehlgeschlagenen Reinigungsversuch und für die Untersuchung der Verstopfungsursache verlangen; VersR 1986, 990; Hinweis: Seit 1.1.2008 gelten im Versicherungsvertragsrecht die allgemeinen Verjährungsfristen des BGB.
341 Vgl. *LG Mönchengladbach* Urt. v. 23.5.1997, Az. 2 S 44/97, r+s 1997, 423.
342 *OLG Köln* zfs 1982, 290; *OLG Koblenz* DAR 1984, 21; *OLG Saarbrücken* DAR 1984, 149; *LG Bamberg* zfs 1988, 348; *AG Lahr* zfs 1980, 132; *OLG Saarbrücken* Urt. v. 19.8.2003, Az. 3 U 109/03–10, MDR 2004, 329.
343 BGH, NJW 1991, 574; *LG Baden-Baden* r+s 1985, 25.
344 *OLG Saarbrücken* Urt. v. 19.8.2003, Az. 3 U 109/03–10, MDR 2004, 329.

F. Ungerechtfertigte Bereicherung

Nach dem bereits näher umschriebenen Rückforderungsvorbehalt kann derjenige, der einen Vorschuss – und sei es auch in der Form einer »unpräjudiziellen« Akontozahlung zur späteren beliebigen Verrechnung[345] – leistet, einen Rückforderungsanspruch unter dem Gesichtspunkt der ungerechtfertigten Bereicherung geltend machen.[346]

334

Ein derartiger Rückforderungsvorbehalt soll der Bestimmung des § 814 BGB entgegenwirken. Nach dieser Vorschrift, die auch für ein abstraktes Schuldversprechen[347] gilt, kann das zum Zwecke der Erfüllung einer Verbindlichkeit Geleistete nicht zurückgefordert werden, »wenn der Leistende gewusst hat, dass er zur Leistung nicht verpflichtet war oder wenn die Leistung einer sittlichen Pflicht oder einer auf den Anstand zu nehmenden Rücksicht entsprach«. Allerdings wird nach dieser Vorschrift lediglich die positive Kenntnis der Nichtschuld den Bereicherungsanspruch ausschließen. Es genügt also nicht, dass der Leistende die wahre Sach- und Rechtslage kennen musste, und zwar auch dann nicht, wenn die Unkenntnis auf grober Fahrlässigkeit beruht.[348] Dabei ist jeder Irrtum des Leistenden, auch ein reiner Rechtsirrtum, zu berücksichtigen.[349] Auch ein etwaiger Zweifel an der Leistungspflicht schließt den Rückforderungsanspruch nicht aus.[350] Bei einer Leistung, die ein Vertreter bewirkt, ist im Rahmen des § 814 BGB dessen Kenntnis von Bedeutung.[351]

335

Wenn auch an den Anwendungsbereich des § 814 BGB von der Rechtsprechung außerordentlich strenge Anforderungen gestellt werden, sollte der Leistende nach außen hin nicht den Eindruck erwecken, als ob ihm der Rechtsgrund der Zahlung gleichgültig sei. Ein derartiger Eindruck kann durch in der Praxis der Schadenregulierung beispielsweise häufig anzutreffende Hinweise entstehen, man zahle »ohne jedes Präjudiz für die Sach- und Rechtslage«[352] oder »ohne Anerkennung einer Rechtspflicht«.

336

Das *OLG Hamm*[353] vertritt in diesem Zusammenhang die Auffassung, dass Leistungen, die »ohne Anerkennung einer Rechtspflicht« erbracht werden, später nicht zurückgefordert werden können. Diese Formulierung bedeute eine Sicherung lediglich etwaiger weiterer Ansprüche des Geschädigten aus dem betreffenden Sachverhalt. Daraus lässt sich sogar der Schluss ziehen, der Ersatzpflichtige habe die Leistung unabhängig davon erbringen wollen, wie immer die Sach- und Rechtslage auch beschaffen sein mag (§ 814 BGB).

337

III. Leistungen zur Klaglosstellung

Nach herrschender Auffassung können Leistungen insbesondere dann nicht zurückgefordert werden, wenn sie zum Zwecke der Klaglosstellung erfolgen. Der Leistende will die Zahlung im Interesse der Vermeidung eines eigenen Kostenrisikos unabhängig von der Rechtsqualität der angedrohten Klageforderung erbringen. Dabei nimmt er ganz bewusst in Kauf, dass die Klageforderung sich letztlich als unbegründet erweisen könnte.

338

---

345 *OLG Celle* DAR 1969, 72.
346 Vgl. *BGH* VersR 1964, 156 (Rechtsschutzversicherung); VersR 1966, 1174 (Rückforderungsanspruch nach Schuldanerkenntnis versagt); VersR 1977, 471 (Unfallversicherung); *OLG Celle* DAR 1969, 72 (Rückforderungsrecht mit Umkehr der Beweislast); *OLG Schleswig* VersR 1968, 487 (Kaskoversicherer); *OLG Hamburg* VersR 1974, 463 (kein Rückforderungsrecht bei Anerkenntnis im Zusammenhang mit Obliegenheitsverletzungen); *OLG Hamm* zfs 1982, 6 (Haftpflichtversicherer im Verhältnis zum Geschädigten); *LG München II* r+s 1978, 45 (vorbehaltlose Vorschusszahlung des Kaskoversicherers stellt kein Anerkenntnis dar, sodass grundsätzlich eine Rückforderung); *OLG Hamm* ADAJUR-Dok.Nr. 14231; ZfS 1994, 93.
347 Vgl. dazu BGHZ 1, 181 (186); *OLG Hamm* BeckRS 2007, 14588.
348 *BGH* WM 1972, 283.
349 Vgl. *BGH* DB 1968, 612.
350 Vgl. *BGH* WM 1973, 294.
351 *BGH* WM 1964, 87.
352 Nach der Auffassung des *OLG Saarbrücken* DAR 1984, 149 soll der Vorbehalt »ohne Präjudiz« – allerdings wohl nur im Zusammenhang damit, dass es sich um eine »einstweilige Abrechnung« handelt – genügen.
353 Vgl. *OLG Hamm* r+s 1986, 324.

G. Aufopferung

339 Bei diesem Rechtsinstitut handelt es sich ebenfalls um einen Unterfall der Geschäftsführung ohne Auftrag. Ansprüche aus Selbstaufopferung in kritischer Lage[354] werden beispielsweise dann entstehen, wenn einem Kraftfahrer ein Kind in die Fahrbahn läuft und er, da eine rechtzeitige Bremsung nicht mehr möglich ist, um das Kind zu retten, eine Ausweichbewegung vollzieht und dabei – etwa durch Kollision mit einem anderen Verkehrsteilnehmer oder einem Baum – selbst Schaden erleidet. Wenn das Kind für sein Tun nicht verantwortlich ist und auch eine Verletzung der Aufsichtspflicht nicht vorliegt, verbleibt dem Kraftfahrer gegenüber dem Geretteten lediglich ein Anspruch aus Selbstaufopferung in kritischer Lage.[355] Dieser Anspruch geht unter diesen Umständen bei Kindern bis 10 Jahre ins Leere. § 828 Abs. 2 BGB privilegiert Kinder bis zu diesem Alter bei Unfällen im fließenden Straßenverkehr. Ein Anspruch könnte allenfalls auf die Verletzung der Aufsichtspflicht oder auf die Billigkeitshaftung gestützt werden. Beide Rechtsinstitute werden von der Rechtsprechung jedoch äußerst restriktiv gehandhabt. Sie begründet dies damit, dass über diese Rechtsinstitute die Privilegierung des § 828 Abs. 2 BGB nicht ausgehebelt werden darf.[356]

340 Ist das Ausweichmanöver des Kraftfahrers wesentlich von der Absicht bestimmt, eine andere Person aus erheblicher gegenwärtiger Gefahr für Körper oder Gesundheit zu retten und erleidet er dabei einen Personenschaden, so besteht unabhängig von den Ansprüchen aus Aufopferung nach den Grundsätzen der Nothilfe Versicherungsschutz.[357] Auch hier gilt jedoch die Einschränkung aus § 828 Abs. 2 BGB für Kinder bis zum vollendeten 10. Lebensjahr im fließenden Straßenverkehr.

H. Notstandshaftung

341 In besonderen Ausnahmefällen kann die Haftung auch auf § 904 S. 2 BGB in der Erscheinungsform der Notstandshaftung gestützt werden. Diese liegt jedoch nur dann vor, wenn unter den Voraussetzungen des § 904 S. 1 BGB bewusst und gewollt auf eine Sache eingewirkt worden ist. Dabei muss sich der Handelnde die Schädigung der Sache zumindest als mögliche Folge seines Eingriffs in den fremden Rechtskreis vorgestellt und als Ergebnis seines Handelns billigend in Kauf genommen haben.

341a Der Anspruch auf Schadenersatz wegen Beschädigung einer Sache aufgrund einer zivilrechtlichen Notstandshandlung nach § 904 S. 2 BGB erfordert eine zumindest bedingt vorsätzliche Inanspruchnahme des fremden Gegenstandes. Eine solche liegt aber nicht vor, wenn ein Fahrzeug auf die parallel verlaufende Fahrspur gelenkt wird, um einem plötzlich auf die Fahrbahn laufenden Kind auszuweichen, und es dabei zur Kollision mit einem vom Fahrer zuvor nicht bemerkten Kfz kommt.[358]

---

354 Wegen näherer Einzelheiten dazu vgl.: *Filthaut* VersR 1997, 525; *BGH* DAR 1985, 52; *BGH* VRS 24, 85; MDR 1963, 209; VRS 24, 85; NJW 1965, 1271; MDR 1965, 566; VersR 1965, 588; VRS 29, 3; *OLG Stuttgart* NJW 1965, 112; *KG* DAR 1971, 242; *OLG Oldenburg* VersR 1972, 1178 = VRS 43, 321 (wenn die Rettungstat ein Kind betrifft, das noch der elterlichen Obhut bedarf, richtet sich der Anspruch gegen die aufsichtspflichtigen Eltern); *OLG Hamm* VersR 1976, 392; *LG Mönchengladbach* VersR 1960, 983; – vgl. ergänzend *Pfleiderer* Ansprüche des Kraftfahrers bei Selbstaufopferung, VersR 1961, 675; *Körner* DAR 1962, 11; *Imlau* NJW 1963, 1039; *Böhmer* VersR 1963, 323; *Deutsch* Geschäftsführung ohne Auftrag, Selbstaufopferung des Kraftfahrers, AcP 1965, 193; *Regina Rogalski* Der Selbstaufopferungsanspruch des Kraftfahrers, Schriftenreihe der Akademie für Verkehrswissenschaft, Hamburg, Bd. 1, Hamburg 1965; *Hagen* NJW 1966, 1893; *Helm* VersR 1968, 209; 68, 318; *Neumann/Duesberg* VersR 1971, 494; *Hentschel* § 7 StVG, Rn. 38 (m. w. N.); *Friedrich* VersR 2000, 697.
355 Vgl. dazu *Frank* JZ 1982, 737 (Die Selbstaufopferung des Kraftfahrers im Straßenverkehr: Kritik an der Rspr. des *BGH*/Fremdes oder eigenes Rechtsgeschäft/Der Geschäftsführungswille/Umfang des Anspruchs auf Aufwendungsersatz/Eltern als »Geschäftsherren«/öffentl.–rechtl. Ersatzansprüche des Retters); *OLG Hamm* ADAJUR-Dok.Nr. 42255; R+S 2001, 320.
356 Vgl. *AG Bünde* Urt. v. 6.4.2006, Az. 5 C 61/05, SP 2006, 378; *OLG Oldenburg* Urt. v. 4.11.2004, Az. 1 U 73/04, DAR 2005, 343.
357 *BSG* VersR 1983, 368.
358 Vgl. dazu bereits RGZ 88, 211 (213); 113, 301; VersR 1985, 66; DAR 1985, 52; *OLG Stuttgart* OLGZ 20, 404; *LG Erfurt* Urt. v. 31.5.2001, Az. 1 SS 22/01, VersR 2002, 454; *Staudinger/Seuffert* § 904 Rn. 14, 27;

H. Notstandshaftung Kapitel 3

Bereits der Begriff der »Einwirkung« i. S. v. § 904 S. 1 BGB deutet auf das Erfordernis einer abschließenden Handlung hin. Dass der Eingriff in den fremden Rechtskreis »zur Abwendung einer gegenwärtigen Gefahr« vorgenommen wird, ist ebenfalls nur bei einer Zielgerichteten und vom Willen getragenen Handlungsweise denkbar, nicht jedoch bereits bei der ungewollten Beschädigung einer Sache. **341b**

Auch die angreifende Notstandshandlung nach § 904 BGB begrifflich einen entsprechenden Einwirkungswillen ebenso wie die Verteidigungshandlung bei der Notwehr gem. § 227 BGB einen Verteidigungswillen und die Abwehr beim Verteidigungsnotstand gem. § 228 BGB einen Abwehrwillen voraussetzen. Nur gegenüber einer derart gezielten Inanspruchnahme zum Schutz höherwertiger Interessen versagt die Vorschrift den Eigentumsschutz und die mit ihm verbundenen Ansprüche und verweist den Eigentümer statt dessen auf eine Geldentschädigung dafür, dass er den höherwertigen Interessen weichen musste. **342**

Dagegen werden Einwirkungen auf fremdes Eigentum ohne diese Zielrichtung von der Bestimmung des § 904 BGB nicht erfasst, und zwar selbst dann nicht, wenn sie aus einer Irrtumsaktion des Einwirkenden aufgrund von falschen Vorstellungen über eine ihm selbst oder anderen drohende Gefahr entspringen. Ob die Eigentumsverletzung aus eigener Gefahrenlage hervorgegangen ist, aufgrund deren sie als unvermeidbar beurteilt werden muss oder ob etwa aus diesem Grund dem schädigenden Verhalten die Rechtswidrigkeit abzusprechen wäre, ist gleichgültig. Diese Güter- und Interessenkollision regelt § 904 BGB nicht. **343**

Sie ist keine Opferlage, für die § 904 BGB dem betroffenen Eigentümer die Abwehrrechte nimmt und ihm stattdessen einen Schadenersatzanspruch gibt. Eine andere Auffassung wäre insbesondere auch mit dem geltenden Haftungssystem unvereinbar, weil sie sonst zu einer dem Schadensersatzrecht fremden reinen Kausalitätshaftung führen und damit insbesondere die Grenzen zur *Gefährdungshaftung* verwischen würde. **344**

§ 904 BGB will unter den in ihr normierten Voraussetzungen die – Schadenverursachende – Einwirkungshandlung rechtfertigen. Der Sinn des § 904 BGB besteht nicht darin, einen Rechtfertigungsgrund für die *Rettungshandlung zu* schaffen. Deswegen muss sich auch der Wille des im Angriffsnotstand Handelnden auf den Eingriff in den fremden Rechtskreis selbst und nicht nur auf die Vornahme einer Rettungshandlung beziehen. **345**

▶ **Beispiel:** **345.1**

Muss ein Motorradfahrer vor einem plötzlich unerwartet seine Fahrbahn verkehrswidrig kreuzenden Pkw nach links auf die Gegenfahrbahn ausweichen und streift er dort – für ihn unabwendbar – ein entgegenkommendes Fahrzeug, an dem er vorbeizukommen gehofft hatte, kann der Eigentümer dieses Fahrzeugs für den Sachschaden, den ihm der Motorradfahrer bei seiner Rettungshandlung ungewollt zugefügt hat, aus den soeben dargelegten Gründen keinen Ersatz nach § 904 S. 2 BGB verlangen. Er kann entweder gegen den Halter des Motorrads aus § 7 Abs. 1 StVG oder gegen den sich fehlerhaft verhaltenden PKW-Fahrer oder den Halter dieses Fahrzeugs aus §§ 823 Abs. 1, 2 BGB, 7 Abs. 1 StVG, Ansprüche geltend machen.

Schadenersatzansprüche nach § 904 S. 2 BGB werden nicht schon dadurch ausgeschlossen, dass der Eigentümer der beschädigten Sache mit demjenigen identisch ist, aus dessen Sphäre die Gefahr stammt. Ein Ausschluss kommt nur in Betracht, wenn den Urheber der Gefahr ein Verschulden an der Gefahrenlage trifft.

RGRK/*Augustin* § 904 Rz. 5; *Soergel/Baur* § 904; MüKo/*Säcker* § 904 Rz. 7; Palandt/*Bassenge* § 904 Rn. 2; a. A. *Schnorr v. Carolsfeld* FS für Molitor (1962), S. 365, 368 (Fn. 5, 370); *Konzen* Aufopferung im Zivilrecht, S. 114; zweifelnd: *Horn* JZ 1960, 350 (354, Fn. 52).

Kapitel 4 Ersatzpflichtige

Übersicht

		Rdn.
A.	**Fahrzeughalter**	1
I.	Zweites Schadensrechtsänderungsgesetz	2
II.	Voraussetzungen der Halterhaftung	3
	1. Haltereigenschaft	3
	2. Betrieb eines Kfz	8
III.	Abweichungen	35
	1. Ausdehnung	36
	2. Einschränkungen	39
	a) Ausnahmen gem. § 8 StVG	39
	b) Haftungsobergrenzen	43
	c) Höhere Gewalt	52
	d) Unabwendbares Ereignis	58
	e) Schwarzfahrt	63
	f) Verwirkung/Verjährung	71
B.	**Fahrer**	81
I.	Kraftfahrzeug	82
	1. Haftung gegenüber Dritten	82
	a) Grundsatz	82
	b) Haftungsumfang	90
	c) Besonderheiten für Fahrschüler	91
	2. Haftung gegenüber Insassen	97
	3. Haftung im vertraglichen Innenverhältnis	99
	a) Probefahrt	99
	b) Gefälligkeitsfahrt	104
	c) Arbeitsvertrag	110
	d) Nichtberechtigter Fahrer	116
II.	Sonstiges Fahrzeug	127
C.	**Betriebsunternehmer**	128
I.	Schienen- und Schwebebahnen	132
	1. Begriffsabgrenzung	132
	a) Eisenbahn	132
	b) Weitere Schienenbahnen	134
	2. Schaden	137
	3. Haftungsausschlüsse	138
	a) Höhere Gewalt	138
	b) Unabwendbares Ereignis	140
	c) Mitwirkendes Verschulden	177
	d) Vertragliche Haftungsausschlüsse	180
	4. Haftungshöchstgrenzen	181
	a) Personenschäden	181
	b) Sachschäden	182
	5. Verjährung	183
	a) Frist	183
	b) Hemmung	184
	c) Besonderheiten des Versicherungsrechts	185
	d) Vereinbarungen über die Verjährung	186
	6. Ausgleichsansprüche	188
II.	Anlagenhaftung	192
	1. Versorgungsbetriebe	192
	a) Anwendungsbereich	192
	b) Begriffsbestimmungen	196
	c) Leitungsdrähte und -masten	201
	d) Haftungsausschlüsse	202

			Rdn.
	e) Mitverschulden		206
	f) Beweislast		207
	g) Ausgleichsansprüche		210
	2. Sonstige Betriebe		211
	a) Allgemeine Grundsätze		211
	b) Besonderheiten		215
	3. Bahnanlagen		218
D.	**Amtshaftung**		228
I.	Grundsätze		228
II.	Anspruchsbegründende Voraussetzungen		234
	1. Beamtenbegriff		234
	2. Amtspflicht		236
	3. Subsidiärhaftung/Verweisungsprivileg		243
E.	**Geschäftsherr**		248
I.	Haftungsgrundlagen		248
II.	Entlastungsmöglichkeiten		258
	1. Verkehrsrichtiges Verhalten		261
	2. Sorgfältige Auswahl und Überwachung		263
	3. Mangelnde Schadenursächlichkeit		268
F.	**Aufsichtspflichtiger**		269
I.	Haftungsgrundlagen		269
II.	Entlastungsmöglichkeiten		278
	1. Mangelndes Verschulden		278
	2. Mangelnde Schadenursächlichkeit		279
G.	**Vertragshaftung**		280
I.	Arbeitsvertrag		281
	1. Arbeitnehmerhaftung		282
	a) Haftung für Sachschäden		283
	b) Regress beim Arbeitnehmer		289
	aa) Regress des Arbeitgebers		290
	bb) Regress des Kaskoversicherers		291
	cc) Regress des Kfz-Haftpflichtversicherers		294
	dd) Regress des Leasinggebers		297
	c) Haftung des Arbeitnehmers für Personenschäden		298
	2. Arbeitgeberhaftung		299
	a) Haftung des Arbeitgebers für Personenschäden		300
	b) Haftung des Arbeitgebers für Sachschäden		313
	3. Haftung der Arbeitnehmer untereinander		316
	a) Haftung für Personenschäden		316
	b) Haftung für Sachschäden		319
II.	Werkvertrag		320
	1. Grundsätze		321
	2. Beweislast		327
	3. Einzelfälle		328
III.	Beförderungsvertrag		333
	1. Begriff		333
	2. Vertragsbeginn		335
	3. Anwendungsbereich des Beförderungsvertrages		338
	4. Beweislast		341
	5. Verkehrssicherungspflicht		342
IV.	Kfz-Mietvertrag		343
	1. Allgemeine Geschäftsbedingungen		344
	2. Inhalt der Mietverträge		345
V.	Waschanlagen		349
H.	**Rückgriff auf die Gesamtschuldhaftung des Haftpflichtversicherers**		355
I.	Gesamtschuldverhältnis		355

Kapitel 4

	Rdn.
II. »Krankes Deckungsverhältnis«	362
III. Nachhaftung	366
IV. Haftung der Zulassungsstelle	367

Schrifttum
Bergmann/Schumacher, Die Kommunalhaftung, 4. Aufl. 2007; *Filthaut*, Haftpflichtgesetz, 8. Aufl. 2010; *Geigel*, Der Haftpflichtprozess, 26. Aufl. 2011; *Hentschel/König/Dauer*, Straßenverkehrsrecht, 41. Auflage, 2011; *Halm/Engelbrecht/Krahe*, Handbuch des Fachanwalts Versicherungsrecht, 3. Aufl. 2008; *Himmelreich/Halm*, Handbuch des Fachanwalts Verkehrsrecht, 3. Aufl. 2010; *Palandt*, Bürgerliches Gesetzbuch, 70. Aufl. 2011; *Plagemann/Radtke-Schwenzer*, Gesetzliche Unfallversicherung 2. Aufl. 2007; *Prölss/Martin*, VVG, 28. Aufl. 2010; *Rüffer/Halbach/Schimikowski*, Versicherungsvertragsgesetz – Handkommentar, 1. Aufl. 2009; *Schaub*, Arbeitsrechts-Handbuch, 13. Aufl. 2009; *Schwintowski/Brömmelmeyer*, Praxiskommentar zum Versicherungsvertragsrecht, 2. Aufl. 2010; *Staab* in Meschkat/Nauert Betrug in der Kraftfahrzeug-Versicherung, 1. Aufl. 2008; *Terbille*, Münchener Anwaltshandbuch Versicherungsrecht, 2. Auflage, 2008; *van Bühren*, Handbuch Versicherungsrecht, 4. Aufl. 2009; *Wussow*, Unfallhaftpflichtrecht, 15. Aufl. 2002; *Zöller*, ZPO, 28. Aufl. 2010.

A. Fahrzeughalter

1 Gemäß § 7 Abs. 1 des Straßenverkehrsgesetzes (StVG) ist der Fahrzeughalter zum Ersatz des Schadens verpflichtet, wenn bei dem Betrieb eines Kraftfahrzeuges oder eines Anhängers, der dazu bestimmt ist, von einem Kfz mitgeführt zu werden, ein Mensch getötet, der Körper oder die Gesundheit eines Menschen verletzt oder eine Sache beschädigt wird. Hierbei handelt es sich um eine Gefährdungshaftung,[1] die also kein Verschulden voraussetzt. Diese verschuldensunabhängige Haftung für die Betriebsgefahr eines Kfz dient dazu, die Auswirkungen eines grds. erlaubten Risikos (Nutzung eines Kfz) auszugleichen und ist gleichsam die Kehrseite des Umstandes, dass der Halter sich diese Betriebsgefahr bzw. dieses Risiko zunutze machen darf.

I. Zweites Schadensrechtsänderungsgesetz

2 Am 1.8.2002 trat das zweite Gesetz zur Änderung schadensersatzrechtlicher Vorschriften vom 19.7.2002 in Kraft,[2] durch das die haftungsrechtlichen Bestimmungen des BGB und des StVG wesentliche Änderungen erfahren haben. Die Neuregelungen, soweit sie die Schadensregulierung betreffen, stellten sich kurz zusammengefasst wie folgt dar:
- Die Haftung des Kraftfahrzeughalters zum Schadensersatz gem. § 7 Abs. 1 StVG wurde erweitert auf den Halter eines Anhängers,[3] der dazu bestimmt ist, von einem Kraftfahrzeug mitgeführt zu werden.
- Der bisher in § 7 Abs. 2 StVG geregelte Unabwendbarkeitsbeweis wurde für Unfälle zwischen einem Kfz-Führer und nicht motorisierten Verkehrsteilnehmern abgeschafft. Nunmehr entfällt in diesen Fallkonstellationen die Gefährdungshaftung nur noch bei »höherer Gewalt«.
- Nach der Neufassung des § 17 StVG wird für den Schadensausgleich zwischen den Haltern mehrerer unfallbeteiligter Fahrzeuge das Haftungskriterium des »unabwendbaren Ereignisses« allerdings beibehalten. Mit anderen Worten: Im Innenverhältnis ist der Halter nach wie vor nicht zum Schadensausgleich verpflichtet, wenn der Unfall für ihn ein unabwendbares Ereignis war.
- Ersatzlos gestrichen wurde der in § 8a Abs. 1 S. 1 StVG a. F. geregelte Haftungsausschluss für Fahrzeuginsassen im Fall unentgeltlicher, nicht geschäftsmäßiger Beförderung.
- Die Neuregelung des § 253 Abs. 2 BGB führt einen allgemeinen Schmerzensgeldanspruch u. a. bei Verletzung des Körpers und der Gesundheit ein. In Verbindung mit § 11 S. 2 StVG n. F. wurde damit ein Anspruch auf Schmerzensgeld auch bei Gefährdungshaftung, das heißt verschuldensunabhängig begründet.

---
1 Vgl. Geigel/*Kaufmann* 25. Kap. Rn. 1.
2 *Steiger* DAR 2002, 377; *Müller* VersR 2003, 1; *Lemcke* r+s 2002, 265; *Wagner* NJW 2002, 2049, 2057.
3 Dazu *Wilms* DAR 2011, 71.

- Die Haftungshöchstgrenzen nach § 12 StVG wurden den sich ändernden wirtschaftlichen Verhältnissen angepasst. Spezielle Haftungshöchstgrenzen wurden gem. § 12a StVG für Gefahrguttransporte neu eingefügt.
- § 828 Abs. 2 BGB wurde dahin gehend geändert, dass Kinder, die das 7., aber nicht das 10. Lebensjahr vollendet haben, für den Schaden, den sie bei einem Unfall mit einem Kfz, einer Schienenbahn oder einer Schwebebahn einem anderen zufügen, nicht verantwortlich sind.
- Im Fall der Geltendmachung so genannter fiktiver Reparaturkosten wurde durch eine Änderung des § 249 Abs. 2 BGB bestimmt, dass die Umsatzsteuer nur dann erstattet wird, wenn und soweit sie tatsächlich angefallen ist.
- Durch die Einführung des § 839a BGB wird die Haftung des gerichtlichen Sachverständigen für die Erstellung eines unrichtigen Gutachtens geregelt. Der Verschuldensmaßstab ist auf Vorsatz oder grobe Fahrlässigkeit beschränkt.

Für die oben genannten Regelungen im BGB und im StVG gilt die Übergangsvorschrift des in Art. 229 EGBGB eingefügten § 8 Abs. 1 StVG. Danach gelten die Regelungen für Unfälle, die nach dem 31.7.2002 eingetreten sind.

II. Voraussetzungen der Halterhaftung

1. Haltereigenschaft

Die Haltereigenschaft richtet sich nicht nach dem zivilrechtlichen Eigentumsbegriff oder nach den Eintragungen in den Fahrzeugpapieren bzw. der Zulassungsbescheinigung.[4] Die Haltereigenschaft beurteilt sich vielmehr nach den tatsächlichen und wirtschaftlichen Gegebenheiten. Nach ganz herrschender Auffassung ist Halter eines Kfz derjenige, »der es für eigene Rechnung in Gebrauch hat und die tatsächliche Verfügungsgewalt[5] darüber besitzt, die ein derartiger Gebrauch voraussetzt«.[6] Das Kfz hat in Gebrauch, wer den Nutzen aus seinem Betrieb zieht und die Kosten des Betriebes trägt. Indessen endet die Halterhaftung, wenn dem Halter die Verfügungsgewalt nicht nur vorübergehend (nach 2 1/2 Jahren) entzogen wurde.[7]

Für die Begründung der Haltereigenschaft ist das Eigentum an einem Kfz zwar weder erforderlich noch entscheidend; es kann jedoch ein wesentliches Indiz dafür sein. Denn eine tatsächliche Vermutung spricht dafür, dass ein Eigentümer, der sein Fahrzeug selbst fährt oder der den Fahrer des Kfz bestellt hat, gleichzeitig auch Halter ist. Dies gilt jedoch nicht, wenn er das Fahrzeug z. B. lediglich zum Käufer überführen lässt. Auch ist nicht immer derjenige Halter, auf dessen Namen das Kfz zugelassen ist oder der die fixen Betriebskosten, namentlich Steuer und Versicherung, bestreitet.[8] Aus dem Umstand, auf wen das betreffende Kfz zugelassen bzw. wer Versicherungsnehmer des KH-Versicherers ist, lässt sich aber ebenfalls ein Indiz für die Haltereigenschaft ableiten.[9]

Über die Verfügungsgewalt bzw. das Direktionsrecht verfügt derjenige, der die einzelnen Ablaufphasen einer Fahrt – also insbesondere Ausgangspunkt, Fahrroute und -ziel – selbst bestimmen kann. So nimmt beispielsweise das *OLG Hamm*[10] an, dass der Entleiher zum Kfz-Halter wird, wenn ihm das Kraftfahrzeug für 3 Monate zur Benutzung nach eigenem Belieben vom Fahrzeugeigentümer (Halter) überlassen worden ist.

---

4 Vgl. auch *KG Berlin* VRS 113 [2007], 209; *Halm/Kreuter/Schwab-Schwab* AKB-Kommentar, PflVG § 1, 19 ff.
5 Vgl. *BGH* NJW 1983, 1492; 1992, 900; *OLG Koblenz* VersR 2005, 705.
6 Vgl. *BGH* a. a. O.; *Halm/Kreuter/Schwab-Schwab* AKB-Kommentar, PflVG § 1, 19 ff. u. AKB,285.
7 *BGH* VersR 1997, 204 = NZV 1997, 116 = DAR 1997, 108.
8 *OLG Hamm* NJW 1990, 2636 = NZV 1990, 363.
9 Vgl. dazu *BGH* VersR 1969, 907.
10 *OLG Hamm* DAR 1978, 111.

5a Im Prinzip beseitigt längeres Vermieten oder sonstiges Überlassen des Kfz an eine andere Person die Haltereigenschaft des Vermieters grds. nicht.[11] Dieser verliert seine Haltereigenschaft erst dann an den Mieter bzw. Entleiher, wenn das Fahrzeug völlig seinem Einflussbereich entzogen ist.[12]

6 Auch bei Leasing-Verträgen kann der Leasinggeber in Ausnahmefällen Halter des Kfz bleiben.[13] Es kommt dabei immer entscheidend auf die Verfügungsgewalt über das betreffende Kfz an. Wird ein Kfz durch einen Leasing-Vertrag einem anderen auf längere Zeit überlassen, so wird der Leasing-Nehmer für die Vertragszeit in der Regel aber alleiniger Kfz-Halter.[14] Eine Mithaltereigenschaft des Leasing-Gebers ist nur dann anzunehmen, wenn ihm irgendwelche Weisungsbefugnisse hinsichtlich des Einsatzes des Kfz und der einzelnen Fahrten während der Leasingzeit vertraglich zustehen[15] und er in der Lage war, diese auch praktisch auszuüben. Nach Ansicht des *BGH* muss sich ein Leasinggeber, der zwar Eigentümer, jedoch nicht Halter des Leasing-Kraftfahrzeugs ist, im Rahmen der deliktischen Haftung bei einem Verkehrsunfall weder das Mitverschulden der Unfallbeteiligten, noch die Betriebsgefahr nach § 9 StVG anspruchsmindernd zurechnen lassen.[16]

7 Wenn mehrere Personen ein Kfz gemeinsam nutzen und ihnen in dieser Eigenschaft ein gemeinschaftliches Direktionsrecht zusteht (z. B. im Fall von Ehegatten),[17] ist jeder von ihnen Mithalter und im Fall eines Schadens als Gesamtschuldner nach den Grundsätzen der Gefährdungshaftung zum Schadensersatz verpflichtet.

2. Betrieb eines Kfz

8 Nach der Legaldefinition des § 1 Abs. 2 StVG gelten als Kraftfahrzeuge »Landfahrzeuge, die durch Maschinenkraft bewegt werden, ohne an Bahngleise gebunden zu sein.«[18] Wie die Fortbewegung erfolgt ist ebenso unerheblich wie die Antriebsart. Entscheidend ist, dass sich das Fahrzeug durch eine maschinelle Einrichtung selbsttätig fortbewegen kann.

8a Kraftfahrzeuge sind daher nicht nur Pkw und Lkw sondern auch Raupenfahrzeuge, Traktoren,[19] Mähdrescher,[20] Bagger,[21] Kräne, Panzer, Straßenwalzen, Gabelstapler,[22] Kleinkrafträder,[23] Fahrräder mit Hilfsmotor[24] oder Go-Karts.[25] Auch Oberleitungs-Omnibusse (O-Busse)[26] gelten als Kraftfahrzeuge i. S. d. § 1 Abs. 2 StVG mit der Rechtsfolge, dass auch deren Halter der außerordentlich strengen Gefährdungshaftung nach § 7 Abs. 1 StVG unterliegen.[27]

---

11 Vgl. dazu *OLG Köln* VersR 1969, 357; *OLG Hamm* VRS 43, 100; *OLG Frankfurt/M.* VRS 52, 220.
12 Vgl. dazu *OLG Zweibrücken* VRS 57, 375.
13 Vgl. dazu *OLG Hamburg* VRS 60, 55 = VerkMitt 1981, 14.
14 Vgl. dazu *BGHZ* 87, 133 = NJW 1983, 1492 = VersR 1983, 656 = DAR 1983, 244; Geigel/*Kaufmann* Der Haftpflichtprozess, 25. Kap., Rn. 38; Hentschel/*König*/Dauer, Straßenverkehrsrecht, § 7 StVG, Rn. 16a; *Geyer* NZV 2005, 565.
15 Vgl. dazu: *BGHZ* 87, 133 = NJW 1983, 1492 = VersR 1983, 656 = DAR 1983, 224.
16 *BGH* NJW 2007, 3120 = VersR 2007, 1387 = NZV 2007, 610 = DAR 2007, 636 (m. Anm. *Krahe*); ebenso *Galke* zfs 2011, 6; a. A. *OLG Hamm* r+s 1996, 339 ff.; *Klimke* VersR 1988, 329; Geigel/*Kaufmann* 25. Kap. Rn. 38.
17 Vgl. Hentschel/*König*/Dauer § 7 StVG, Rn. 19; *BGH* VersR 1998, 646.
18 Vgl. *BGH* NJW 1969, 1898 = VersR 1969, 805; *OLG Karlsruhe* VRS 10, 81; Hentschel/*König*/Dauer § 1 StVG, Rn. 2 ff.
19 Vgl. *OLG Rostock* DAR 1998, 474.
20 Vgl. *OLG Brandenburg* NZV 2011, 193.
21 Vgl. *OLG Düsseldorf* DAR 1983, 232.
22 Vgl. dazu *OLG Düsseldorf* VersR 1982, 390; *OLG Köln* VersR 1988, 194.
23 Vgl. dazu *BGH* NJW 1969, 1898 = VersR 1969, 805.
24 Vgl. dazu Hentschel/König/*Dauer* § 1 StVG, Rn. 2.
25 Vgl. *OLG Koblenz* VersR 2005, 705.
26 Dabei handelt es sich um durch elektrischen Fahrstrom angetriebene Kraftfahrzeuge, die ihre Betriebsenergie einer Oberleitung entnehmen.
27 Vgl. dazu *OLG Karlsruhe* VRS 10, 81.

A. Fahrzeughalter

Keine Kraftfahrzeuge sind dagegen Anhänger und Wohnwagen. Der Halter eines Anhängers, der dazu bestimmt ist, von einem Kraftfahrzeug mitgeführt zu werden, haftet gem. § 7 Abs. 1 StVG allerdings auch, selbst wenn der Anhänger zum Unfallzeitpunkt nicht mit einem Kfz verbunden war (z. B. abgestellte oder sich lösende Anhänger). **8b**

Die Gefährdungshaftung aus § 7 Abs. 1 StVG entfällt jedoch gem. § 8 Nr. 1 StVG, wenn der Unfall durch ein Fahrzeug verursacht worden ist, das auf ebener Bahn mit keiner höheren Geschwindigkeit als 20 km/h fahren kann. Darunter versteht man Kraftfahrzeuge, bei denen entweder die Bauart eine höhere Geschwindigkeit schon von vornherein ausschließt oder an denen Vorrichtungen angebracht sind, die eine Überschreitung dieser Grenze verhindern.[28] Das Gleiche gilt für Anhänger, die im Unfallzeitpunkt mit einem derartigen Kraftfahrzeug verbunden sind. **8c**

Ferner muss der Schaden sich »bei dem Betrieb« des Kfz oder Anhängers ereignet haben, also dem Betriebsvorgang zuzurechnen sein. Dies ist bereits dann anzunehmen, wenn sich die von einem Kfz ausgehenden Gefahren ausgewirkt haben[29] und das Unfallgeschehen in dieser Weise durch das Kfz zumindest mitgeprägt worden ist.[30] Denn der Betriebsbegriff ist weit zu fassen.[31] So ist der Ein- und Aussteigevorgang bei einem Kfz[32] – insbesondere bei einem Taxi oder Kraftomnibus – beispielsweise noch dem »Betrieb« des betreffenden Fahrzeugs zuzurechnen. Zum Betrieb rechnet auch das Hinauswerfen eines Gegenstands aus einem fahrenden Kfz.[33] **9**

Schiebt ein Kraftfahrer oder sein Beifahrer ein verkehrsbehindernd abgestelltes Kfz mit einfacher körperlicher Gewalt (Muskelkraft) beiseite, um dem eigenen Fahrzeug die Weiterfahrt zu ermöglichen, so sind die darauf zurückzuführenden Schäden an dem anderen Kfz aber nicht mehr dem Betrieb des eigenen Kfz zuzurechnen.[34] **9a**

Der Unfall kann auch dann »bei dem Betrieb« des betreffenden Kfz entstanden sein, wenn die beiden beteiligten Fahrzeuge sich körperlich nicht berührt haben.[35] Der Unfall muss dann jedoch in einem nahen örtlichen und zeitlichen Zusammenhang mit einem bestimmten Betriebsvorgang oder einer bestimmten Betriebseinrichtung gestanden haben, die nach objektiver Betrachtung geeignet war, auf die Fahrweise des anderen Verkehrsteilnehmers einzuwirken und die schließlich eingetretenen Schäden herbeizuführen.[36] **10**

Es genügt also bereits das Merkmal der mittelbaren Beteiligung.[37] Dies gilt sogar dann, wenn sich der Unfall infolge einer voreiligen, nicht erforderlichen Ausweichreaktion ereignet hat; insoweit ist jedoch erforderlich, dass die Reaktion des Geschädigten subjektiv vertretbar erschien.[38] Allerdings leitet das KG[39] aus der Tatsache, dass es im örtlichen und zeitlichen Zusammenhang mit dem Einfahren eines Verkehrsteilnehmers in die BAB zu einem Unfall zwischen einem vorfahrtberechtigten Autobahnbenutzer und einem Dritten gekommen ist, nicht einen Anscheinsbeweis dafür her, dass dieser Unfall durch den Betrieb des Fahrzeuges des auf die BAB Einfahrenden verursacht worden ist. Die Beweislast für den ursächlichen Zusammenhang des Unfalls mit dem Betriebe eines anderen **10a**

---

28 Vgl. hierzu auch Rdn. 39.
29 Vgl. *BGH* VersR 1971, 1060; BGHZ 79, 259 (262) = VersR 1981, 676 (677); VersR 1983, 985; VersR 1988, 640.
30 Vgl. *BGH* VersR 1988, 641.
31 Vgl. *BGH* VersR 2005, 566 = DAR 2005, 263; *OLG München* DAR 2010, 93 = NZV 2010, 619.
32 Vgl. *OLG Hamm* DAR 2000, 64; AG Düsseldorf SP 2002, 52.
33 Vgl. *LG Bayreuth* DAR 1988, 384; Hentschel/*König*/Dauer § 7 StVG, Rn. 6; *Filthaut* NZV 1993, 304.
34 Vgl. *LG Freiburg* VersR 1981, 644 (L) = DAR 1981, 14.
35 Vgl. *KG* VerkMitt 1983, 31; *OLG Koblenz* r+s 1986, 149 (L).
36 *BGH* VersR 1983, 985; VersR 1982, 756.
37 Vgl. *BGH* VersR 1983, 985 = VRS 1965, 344; *Weber* DAR 1984, 161 (170, 1. Sp.); Hentschel/*König*/Dauer § 7 StVG, Rn. 11.
38 *OLG Schleswig* VersR 1998, 473; *KG* VersR 1998, 778.
39 *KG* NZV 2000, 43.

Verkehrsteilnehmers obliegt, wenn die Fahrzeuge sich nicht berührt haben, auch im Rahmen von § 7 Abs. 1 StVG dem Geschädigten.[40]

11 Nach gefestigter Auffassung reicht es für die Anwendung des Begriffs »beim Betriebe« aber aus, dass ein bestimmter Betriebsvorgang nach allgemeiner Lebenserfahrung geeignet war, den anderen Verkehrsteilnehmer zu verunsichern bzw. zu irritieren und so mittelbar auf sein Fahrverhalten einzuwirken.

11a So ist der *BGH* z. B. davon ausgegangen, dass der Unfall eines Motorradfahrers, der beim Überholtwerden durch einen langen Sattelschlepper unsicher geworden und deshalb gestürzt ist, dem Betrieb des überholenden Fahrzeugs zuzurechnen ist.[41] Ohnehin ist derjenige, der mit zu knappem seitlichem Abstand überholt, in der Regel für den daraus entstandenen Schaden auch dann verantwortlich, wenn die Fahrzeuge sich dabei nicht berührt haben.[42]

11b In einem anderen Fall hat der *BGH*[43] bei einem Überholungsunfall auf der Autobahn betont, dass schon das Setzen des Blinklichtes und das leichte Hinüberziehen eines Lastzuges nach links ausreichen, um eine Verunsicherung eines nachfolgenden Verkehrsteilnehmers herbeizuführen und damit über § 7 Abs. 1 StVG den Kausalzusammenhang zu einem nachfolgenden Unfall zu vermitteln.[44]

12 Ein Unfall »bei dem Betriebe« eines Kfz in Form einer Vorfahrtverletzung durch Irritation kann auch ohne Einfahren in eine Straßeneinmündung oder -kreuzung bereits dann vorliegen, wenn der Wartepflichtige sich der bevorrechtigten Straße so schnell nähert, dass der Vorfahrtsberechtigte nach allgemeiner Erfahrung annehmen muss, sein Vorfahrtsrecht werde missachtet. Wenn er dann aus der Befürchtung heraus, ihm stehe kein ausreichender Anhalteweg mehr zur Verfügung, zu gefährlichen Abwehrmaßnahmen greift, sind diese regelmäßig der Betriebsgefahr des Wartepflichtigen zuzurechnen. Denn dieser muss alles unterlassen, was geeignet ist, den Vorfahrtsberechtigten in Verwirrung oder Furcht vor einem Zusammenstoß zu versetzen und den Kontrahenten dadurch zu einer Notbremsung oder einem anderen unsachgemäßen Verhalten zu veranlassen.[45]

12a Der *BGH*[46] geht schon lange davon aus, dass eine Beeinträchtigung des Vorfahrtsrechts und damit ein Unfall »bei dem Betriebe« des wartepflichtigen Kfz bereits dann vorliegt, wenn der Wartepflichtige durch sein Verhalten in dem Vorfahrtsberechtigten die – nach Sachlage zunächst subjektiv begründete – Besorgnis erweckt habe, seine Vorfahrt werde nicht beachtet, und ihn dadurch unsicher macht.

12b Auch zahlreiche Oberlandesgerichte vertreten die Auffassung, dass die Verletzung des Vorfahrtsrechts nicht immer die objektive Gefahr eines Zusammenstoßes voraussetzt,[47] sondern es vielmehr genügt, »dass bei dem Vorfahrtsberechtigten die begründete Befürchtung der Gefahr eines Zusammenstoßes erweckt wird, falls Geschwindigkeit und Fahrtrichtung beider Fahrzeuge beibehalten würden«. Ob eine spätere mathematische Berechnung ergibt, dass Vermeidungsmaßnahmen tatsächlich nicht erforderlich waren, ist dagegen unerheblich.[48] Nach einer aktuellen Entscheidung des *BGH* ist es noch nicht einmal zwangsläufig erforderlich, dass die vom Geschädigten vorgenommene Ausweichreaktion aus seiner Sicht, also subjektiv erforderlich war. Vielmehr kann ein Unfall bereits dann dem Betrieb eines anderen Kfz zugerechnet werden, wenn er durch eine objektiv nicht erforder-

---

40 Vgl. *OLG Nürnberg* r+s 1983, 124; *OLG Düsseldorf* VersR 1987, 568.
41 Vgl. *BGH* NJW 1972, 1808 = VersR 1972, 1074; ähnlich: *BGH* NJW 1973, 44 = VersR 1973, 83; Geigel/ *Kaufmann* Kap. 25 Rn. 66.
42 Vgl. *OLG Hamm* r+s 1987, 188.
43 *BGH* VersR 1971, 1060.
44 Vgl. auch *BGH* VersR 1983, 985; 1988, 1588; NJW 1988, 2802; bezüglich eines durch ein Kfz verunsicherten Radfahrers *BGH* DAR 1988, 269 = zfs 1988, 308 = r+s 1988, 223; VersR 1976, 927; VersR 1983, 985.
45 Vgl. *BGH* VRS 6, 157.
46 *BGH* VersR 1965, 811.
47 Vgl. *OLG Düsseldorf* DAR 1988, 389; ebenso *BayObLG* VRS 24, 238; *OLG Bremen* VRS 30, 72; *OLG Hamm* VRS 53, 294; *OLG Köln* VRS 65, 68; *OLG Karlsruhe* NZV 2011, 196.
48 Vgl. *BayObLG* VRS 24, 238.

liche Ausweichreaktion im Zusammenhang mit einem Überholvorgang des anderen Fahrzeugs ausgelöst worden ist.[49]

Zum Betrieb eines Kraftfahrzeugs gehört daher auch der mittelbar ausgelöste Unfall, sofern ein ursächlicher Sachzusammenhang fortbesteht.

Als geradezu »klassisches« Beispiel mag der Fall dienen, dass ein aus einer Nebenstraße unter Verletzung der Vorfahrt kommender Pkw einen die Hauptstraße benutzenden Lkw zu einer scharfen Bremsung und gleichzeitigem Ausweichen nach links veranlasst. Wenn der Lkw dabei mit einem Fahrzeug des Gegenverkehrs zusammenstößt oder gegen einen Baum prallt, liegt ohne Frage ein Betriebsunfall vor, der dem Halter des die Vorfahrt verletzenden Pkw über § 7 Abs. 1 StVG – abgesehen von dem daneben vorliegenden Verschulden des Fahrzeugführers – verantwortlich zuzurechnen ist.

Ein Betriebsunfall ist aber auch anzunehmen, wenn ein Fußgänger aus Schreck über ein neben ihm auftauchendes Kfz zu Fall kommt oder vor eine Straßenbahn läuft. Das Gleiche gilt dann, wenn ein Passant dadurch, dass er einen Unfall mit Personenschaden, an dem er selbst nicht beteiligt ist, mit ansehen muss, durch den Anblick eines Opfers ohnmächtig wird und sich durch das Hinfallen Verletzungen zuzieht. Ebenfalls um einen Betriebsunfall handelt es sich, wenn der Reifen eines Lastkraftwagens platzt und durch den Druck der stark komprimierten Luft ein Fußgänger zu Boden geschleudert wird bzw. die Schaufensterscheibe eines Geschäftes zerspringt. In gleicher Weise liegt ein Betriebsunfall vor, wenn aufgestaute Auspuffgase in das Innere eines im Linienverkehr eingesetzten Kraftomnibusses eindringen und Fahrgäste dadurch gesundheitlichen Schaden nehmen.

Ein »Betriebsunfall« im Sinne von § 7 Abs. 1 StVG kann auch bei einem sog. Schockschaden oder auch Fernwirkungsschaden vorliegen (psychisch vermittelte Kausalität). Hierunter versteht man die seelische Erschütterung, die ein bei einem Unfall selbst nicht Verletzter erleidet durch das Miterleben eines Unfalls, den Anblick von Unfallfolgen oder die Nachricht von einem Unfall und seinen Folgen.

Die Rechtsprechung macht die Ersatzfähigkeit von Schockschäden jedoch von mehreren Voraussetzungen abhängig:[50]
1. Eine die Haftung auslösende Gesundheitsverletzung soll nicht schon immer dann vorliegen, wenn medizinisch fassbare Auswirkungen gegeben sind; es müssen vielmehr Gesundheitsschäden vorliegen, die nach Art und Schwere den Rahmen dessen überschreiten, was an Beschwerden bei einem solchen Erlebnis aufzutreten pflegt.
2. Der Anlass für den Schock muss verständlich erscheinen, d. h. der Anlass muss geeignet sein, bei einem durchschnittlich Empfindenden eine entsprechende Reaktion auszulösen.
3. Der Ersatzanspruch für Schockschäden beschränkt sich grundsätzlich auf nahe Angehörige des Opfers.
4. Den Täter muss ein Verschulden treffen.

Denn nach ständiger Rechtsprechung ist ein Schockschaden, den ein Dritter durch den Tod oder die Verletzung eines anderen erleidet, grundsätzlich dem allgemeinen Lebensrisiko zuzuordnen. In seiner Entscheidung vom 22.5.2007[51] hat der *BGH* noch einmal ausdrücklich klargestellt, das völlig fremde, mit den eigentlichen Unfallbeteiligten nicht in einer näheren Beziehung stehende Personen auch bei besonders schweren Unfällen keinen Schadenersatz für eine psychische Gesundheitsbeschädigung beanspruchen können. Die bloße Anwesenheit und das Miterleben auch eines schrecklichen Unfallereignisses als Zeuge ist dem allgemeinen Lebensrisiko zuzurechnen und muss entschädigungslos hingenommen werden.

Es muss also eine hinreichende Nähe zum Unfallopfer vorliegen, anderenfalls fehlt es an einem haftungsrechtlichen Zusammenhang. Das bloße Miterleben als Unfallzeuge reicht nicht aus. Nach der einengenden Rechtsprechung des *BGH*, die eine »Ausuferung« derartiger Schadenersatzansprüche

---

49 *BGH* NJW 2010, 3713 = VersR 2010, 1614 = DAR 2011, 20.
50 Vgl. nur Palandt/*Grüneberg* Vorb. v. § 249 Rn. 40 m. w. N.
51 *BGH* NJW 2007, 2764 = VersR 2007, 1093 = DAR 2007, 515 = NZV 2007, 510.

vermeiden möchte, werden die Voraussetzungen für einen »Schockschaden« daher nur außerordentlich selten vorliegen.

15 Beim »Betriebe« des Kfz im Sinne von § 7 Abs. 1 StVG ereignet sich ein Unfall auch dann, wenn er auf das Ein- und Aussteigen – insbesondere das zu diesem Zwecke erfolgte Öffnen der Tür – zurückzuführen ist, und zwar auch für den Fall, dass nicht der Fahrer (oder Halter) des betreffenden Kfz den Schaden verursacht, sondern ein Insasse (Beifahrer). Dies gilt insbesondere bei einem Taxi oder Kraftomnibus.[52] Ein Unfall ereignet sich jedoch nicht deswegen »bei dem Betrieb« eines Omnibusses, weil einem nach dem Aussteigen zu Fall gekommenen Fahrgast durch das Anfahren des Omnibusses die Möglichkeit genommen wird, sich an diesem festzuhalten.[53]

15a Da das Ein- und Aussteigen einschließlich des Öffnens und Schließens der Tür demnach zum Betrieb des Kfz gehört, kommt insoweit jeder Insasse – mit Ausnahme des Fahrers und Halters – als beim Betriebe des betreffenden Kfz beschäftigter Dritter in Betracht. Denn beim Öffnen und Schließen der Tür handelt es sich um einen notwendigen Betriebsvorgang. Für dabei verursachte Schäden hat also grds. auch der Halter des Kfz einzustehen. Der Beweis des ersten Anscheins spricht für eine fahrlässige Sorgfaltspflichtverletzung des Ein- bzw. Aussteigenden.[54] Das Öffnen der zur linken Straßenseite hin gelegenen Tür eines Kraftfahrzeugs[55] ist zwar durch § 14 Abs. 1 StVO nicht grundsätzlich verboten. Der Aussteigende darf diese Tür aber erst öffnen, wenn er sicher sein kann, dass er andere Verkehrsteilnehmer dadurch nicht gefährdet.

16 Ein Betriebsunfall im Sinne von § 7 Abs. 1 StVG liegt im Ergebnis auch dann vor, wenn aus Anlass einer durch Dritteinwirkung verursachten Notbremsung die nicht ordnungsgemäß gesicherte bzw. verstaute Ladung eines Lkw auf der Ladefläche verrutscht und dadurch ein Schaden eintritt. In derartigen Fällen dürfte der Schaden in der Regel aber allein in den Einfluss- und Zurechnungsbereich des Kfz-Halters fallen, da dieser grundsätzlich dafür Sorge zu tragen hat, dass Ladungsgüter so verstaut und abgesichert werden, dass auch im Fall einer Notbremsung oder einer anderen betriebsbedingten Beanspruchung des Kfz das Ladungsgut weder verrutschen, noch umfallen oder das Kfz einseitig belasten kann.[56]

16a Anders verhält es sich demgegenüber bei Zusammenstößen, und zwar im Hinblick auf die dabei in ganz erheblichem Umfange freigewordene Trägheitskraft, die eine Verlagerung der Ladung durchaus bewirken kann. Denkbar ist allerdings auch in diesen Fällen der Einwand eines Mitverschuldens, falls festgestellt werden sollte, dass eine ordnungsgemäß verstaute und abgesicherte Ladung nicht verrutscht wäre.

16b Wird ein Radfahrer durch einen herabfallenden Ast eines Baumes verletzt, unter dem kurz vorher ein Lkw durchgefahren ist, kann der Schaden ebenfalls dem Betrieb des Lkw zugerechnet werden.[57]

17 Die Frage, ob sich ein abgeschlepptes Kfz noch »im Betrieb« befindet, ist differenziert zu beantworten. Wenn das abgeschleppte Fahrzeug nicht mehr selbstständig gelenkt und gebremst werden kann, weil es z. B. zum Abschleppen »auf den Haken« genommen wurde, geht seine Betriebsgefahr in der des abschleppenden Fahrzeugs auf. Es entsteht zwar aus beiden Fahrzeugen eine neue Betriebseinheit, für von dieser Einheit verursachte Schäden haften Halter und Fahrer des ziehenden Kfz aber allein.[58] Wird dagegen das abzuschleppende Kfz lediglich an einem Seil oder an einer Stange gezogen

---

52 Vgl. hierzu *LG Aachen* NJW-RR 2011, 752.
53 Vgl. *OLG Köln* NJW 1989, 1865 (L) = NZV 1989, 237.
54 Vgl. *OLG Hamm* DAR 2000, 64.
55 Vgl. hierzu auch: *BGH* NJW 1971, 1095 (Pflichten des Fahrers); VerkMitt 1981, 49 (Abgrenzung der Pflichten zwischen demjenigen, der die Tür öffnet, um dem fließenden Verkehr); *OLG Düsseldorf* DAR 1976, 215 (ein auch nur geringfügiges Öffnen der Wagentür, um sich über den rückwärtigen Verkehr zu vergewissern, ist unzulässig).
56 Vgl. *OLG Düsseldorf* VersR 1985, 478 (L) = zfs 1985, 5; Hentschel/*König*/Dauer § 22 StVO Rn. 13.
57 *OLG Hamm* NZV 2009, 31.
58 Vgl. *BGH* NJW 1978, 2502; Geigel/*Kaufmann* 25. Kap. Rn. 62.

A. Fahrzeughalter

und muss daher selbstständig gelenkt und gebremst werden, dann geht auch von dem abgeschleppten Kfz eine eigenständige Betriebsgefahr aus und zwar nicht nur im Hinblick auf das ziehende Fahrzeug. In diesem Fall kann das abgeschleppte Kfz auch nicht als Kfz-Anhänger i. S. d. § 7 StVG angesehen werden.[59] Die Regelung des § 10a Abs. 3 AKB, wonach abgeschleppte oder geschleppte Kfz als mitversicherte Anhänger gelten, wenn für diese kein Haftpflichtversicherungsschutz besteht, spielt insoweit keine Rolle, da die Versicherungsbedingungen nur die Eintrittspflicht des Haftpflichtversicherers anstelle oder neben der des Schädigers regeln. Sie stellen aber keine eigenständige Anspruchsgrundlage dar, sondern setzen zivilrechtliche Schadenersatzansprüche gegen den Versicherungsnehmer voraus.

Wegen der Gefährlichkeit des Abschleppvorgangs schreibt § 15a StVO vor, dass beim Abschleppen eines auf der Bundesautobahn (BAB) liegen gebliebenen Fahrzeugs die BAB bei der nächsten Ausfahrt zu verlassen ist und beim Abschleppen eines außerhalb der BAB fahrunfähig gewordenen und liegen gebliebenen Fahrzeugs in die BAB gar nicht erst eingefahren werden darf. Während der Durchführung des Abschleppvorganges haben beide Kfz – also sowohl das ziehende wie auch das abgeschleppte Kfz – Warnblinklicht einzuschalten. **17a**

In jedem Fall unterliegt das angeschleppte Kfz der Gefährdungshaftung. Unter »Anschleppen« im verkehrstechnischen Sinne versteht man den Versuch, ein mit eigener Kraft derzeit nicht fahrbereites Kfz mit der Motorkraft eines anderen Fahrzeugs zu dem Zwecke in Bewegung zu setzen, dass die bestimmungsgemäßen Antriebskräfte des angeschleppten Fahrzeugs dadurch – auf Zeit oder auf Dauer – wieder in Funktion gesetzt werden und die weitere Fortbewegung selbsttätig übernehmen. Gerade im Hinblick auf das verfolgte Ziel, das angeschleppte Fahrzeug durch den Schleppvorgang (wieder) zu einem vollwertigen Kraftfahrzeug – also einem Kfz mit eigener Motorkraft – zu machen, befindet sich dieses Kfz daher bereits während des Anschleppvorganges »im Betrieb«, sodass der Fahrer eine vollgültige Fahrerlaubnis benötigt und der Halter der Gefährdungshaftung aus § 7 Abs. 1 StVG unterliegt. Kommt es beim Abschleppen eines Pkw durch einen anderen auf abschüssiger Straße zu einer Kollision zwischen beiden Fahrzeugen, haftet der abgeschleppte Führer und Halter dem geschädigten »Schlepper« aus § 7 Abs. 1 StVG, da sich der Unfall beim Betrieb des abgeschleppten Pkw ereignet hat.[60] **18**

Ein Unfall ereignet sich auch dann (noch) »bei dem Betriebe« des betreffenden Kraftfahrzeugs, wenn die gefährdende Situation, die später ursächlich zum Schaden geführt hat, bereits zu einem Zeitpunkt begründet worden ist, als sich das Fahrzeug noch in Bewegung befunden hat. **19**

Auch Fahrzeuge, die in einer öffentlichen Straße abgestellt sind, befinden sich daher noch im »Betrieb«; dies gilt insbesondere dann, wenn das Kfz – beispielsweise nach einem vorausgegangenen Unfall – verkehrs- oder verbotswidrig abgestellt ist.[61] Keine Haftung aus Betriebsgefahr soll indessen für ein auf einer öffentlichen Parkfläche ausreichend stabil abgestelltes Motorrad bestehen, wenn dieses nach mehr als 2 Tagen aus nicht mehr feststellbaren Gründen auf ein neben ihm parkendes Kfz fällt.[62] **19a**

Umstritten ist, ob § 7 StVG auch auf solche Gefahren anzuwenden ist, die von einem in der privaten Garage abgestellten Kfz ausgehen, oder ob der Betrieb des Kfz damit gleichsam beendet ist.[63] **19b**

Ein Unfall, der darauf beruht, dass ein anderer Verkehrsteilnehmer ein abgestelltes Fahrzeug erfasst, ist in der Regel auch »bei dem Betriebe« des haltenden Kfz im Sinne von § 7 Abs. 1 StVG entstanden **20**

---

59 Vgl. Geigel/*Kaufmann* a. a. O. m. w. N.
60 *OLG Hamm* NZV 2009, 456 = NJW-RR 2009, 1031.
61 Vgl. *BGH* VersR 1995, 90 = NZV 1995, 19; *OLG Nürnberg* zfs 1998, 45; *OLG Frankfurt/M.* VersR 1974, 440; *OLG Karlsruhe* VersR 1978, 647; VersR 1986, 155 (156); Hentschel/*König*/Dauer § 7 StVG Rn. 8; Geigel/*Kaufmann* Kap. 25 Rn. 60.
62 *LG Tübingen* NJW 2010, 2290 = NZV 2010, 524.
63 Beendigung bejaht z. B. durch *OLG München* NZV 1996, 199; a. A. *OLG Düsseldorf* NZV 2011, 190 = MDR 2011, 157 und *OLG München* DAR 2010, 93.

und daher zumindest im Rahmen der Gefährdungshaftung dem Halter im Sinne einer – nach § 17 StVG zu berücksichtigenden – Mitverursachung zuzurechnen.

20a War das in dieser Weise beteiligte Kfz nicht nur verkehrbehindernd abgestellt, sondern darüber hinaus auch unter Verstoß gegen ein ausdrückliches – gleichgültig ob durch amtliche Verkehrszeichen oder gesetzliche Regelung ausgesprochenes – Verbot geparkt worden, dann trifft den Fahrer in der Regel über den Wirkungsbereich der gesetzlichen Gefährdungshaftung aus § 7 Abs. 1 StVG bzw. der Haftung aus gesetzlich vermutetem Verschulden nach § 18 Abs. 1 StVG hinaus auch ein »echtes« Verschulden an der Herbeiführung eines darauf beruhenden Verkehrsunfalls.

20b Für die Mithaftung des parkenden Verkehrsteilnehmers reicht es aus, wenn das Fahrzeug zwar auf dem Bordstein, d. h. außerhalb der Fahrstraße, aber so dicht am Fahrbahnrand abgestellt war, dass ein anderer Verkehrsteilnehmer, der ordnungsgemäß die Fahrstraße befährt und diese zu keinem Zeitpunkt verlassen hat, mit dem Überhang seines Kfz das abgestellte Fahrzeug erfasst.

20c Überdies ist davon auszugehen, dass § 12 Abs. 3 Nr. 8 StVO dem Sicherheitsbedürfnis des fließenden Verkehrs in beiden Richtungen dient[64] und dass die entsprechenden Vorschriften nach ihrem Schutzzweck die gesamte Straßenbreite umfassen und damit dem Verkehrsfluss in beiden Richtungen, soweit die Benutzung der Gegenfahrbahn zulässig ist, dient.

21 Voraussetzung für eine Mithaftung in dem Fall, dass das Kfz im eingeschränkten Halteverbot abgestellt worden ist, dürfte jedoch der Umstand sein, dass das falsche Abstellen nicht nur kausal im Sinne einer conditio sine qua non, sondern zugleich auch nach den Grundsätzen der Adäquanz zur Entstehung des Schadens beigetragen hat. Diese Voraussetzung wird stets dann erfüllt sein, wenn das betreffende Fahrzeug verkehrbehindernd abgestellt war, nicht jedoch, wenn das betreffende Kfz auf einem Randstreifen abgestellt war, der ausdrücklich zum Abstellen von Fahrzeugen vorgesehen ist oder wenn ein Verstoß gegen das Halteverbot lediglich deswegen vorliegt, weil der über das Kfz Verfügungsberechtigte die Parkuhr nicht betätigt hat. Daraus lässt sich eine Mithaftung im Fall eines Schadens sicherlich nicht ableiten.

22 Bleibt ein Kfz auf einer dem Schnellverkehr dienenden Straße wegen Motorschadens liegen, handelt es sich dabei – rechtlich gesehen – um eine die Haftung nach § 7 Abs. 1 StVG begründende Auswirkung der (fortdauernden) Betriebsgefahr des Kfz. Auf die zeitliche Dauer dieses Zustandes kommt es insoweit bei rechtlich orientierter Betrachtungsweise nicht an. Dies gilt insbesondere dann, wenn das Fahrzeug durch einen Unfall oder eine Betriebsstörung im Verkehrsraum einer öffentlichen Straße zum Halten kommt und dadurch den übrigen Verkehr behindert oder gar gefährdet.[65] Insoweit kann der Haftungsanteil sich noch erhöhen, wenn an dem beschädigt zurückgebliebenen Kfz die Warnblinkanlage nicht betätigt worden ist, obwohl dies in der Zwischenzeit hätte geschehen können.

23 Wenn durch den Brand eines abgestellten Pkw Rußschäden an anderen Fahrzeugen auftreten oder der Brand auf andere Fahrzeuge übergreift, liegt kein Unfall »bei dem Betrieb« im Sinne von § 7 Abs. 1 StVG vor.[66] Eine Haftung aus unerlaubter Handlung (§§ 823 ff. BGB) kommt lediglich dann in Betracht, wenn der Anspruchsteller ein Verschulden des Verursachers an der Entstehung des Brandes nachweist.[67]

24 Ein Betriebsunfall im Sinne von § 7 Abs. 1 StVG kann auch dann vorliegen, wenn Kraftfahrzeuge die Fahrbahn verschmutzen und dadurch ein Unfall eintritt.[68] Als Sachbeschädigung und damit als Be-

---

64 Vgl. *BGH* VersR 1983, 438 (439); VersR 1987, 259 = zfs 1987, 132 (L).
65 Vgl. dazu: *BGH* NJW 1971, 431; VersR 1967, 475.
66 *BGH* VersR 2008, 656 = zfs 2008, 374 = NZV 2008, 285 = DAR 2008, 336, vgl. auch *OLG Düsseldorf* NZV 2011, 190 = MDR 2011, 157.
67 Vgl. *AG Hamburg* zfs 1985, 353; *AG München* zfs 1984, 33 (Kabelbrand).
68 Vgl. *BGH* NJW 1982, 2669 = VersR 1982, 977 = DAR 1982, 328; Hentschel/*König*/Dauer § 7 StVG Rn. 13.

triebsunfall im Sinne von § 7 Abs. 1 StVG sind auch verkehrsgefährdende Verunreinigungen der Fahrbahnoberfläche durch ausgelaufene Kfz-Betriebsstoffe oder andere Chemikalien anzusehen.

Wenn ein Kfz auf einer Ölspur ins Schleudern gerät und dadurch Schaden erleidet bzw. einen Drittschaden verursacht, ist daher regelmäßig von einem Betriebsunfall auszugehen.[69] Unfälle dieser Art werden im Regelfall entweder auf »einem Fehler in der Beschaffenheit des Fahrzeugs« – also auf konstruktiven Mängeln – oder auf einem »Versagen seiner Vorrichtungen« im Sinne von § 17 Abs. 3 StVG beruhen. 24a

Allerdings kommt es auf diese Gesichtspunkte für die Annahme eines Betriebsunfalls nicht entscheidend an. Die Erfahrungen der Praxis zeigen, dass der Verlust von Öl oder Bremsflüssigkeit bzw. Kraftstoff in aller Regel auf einem plötzlich eingetretenen Bruch der im Fahrzeuginneren befindlichen Transportleitungen oder – allgemein gesagt – einem Leck in einem zur Aufbewahrung derartiger Flüssigkeiten bestimmten Behälter beruhen. Die damit verbundenen Rechtsfolgen treten im Übrigen auch dann ein, wenn die Ölspur durch die Ladung des betreffenden Fahrzeugs verursacht worden ist, sofern der Verlust des Öls auf Umständen beruht, die mit dem Betriebe des betreffenden Kfz ursächlich zusammenhängen. Solange der Kraftfahrer bzw. Halter des Kfz den Ölverlust nicht kennt und mit ihm vorwurfsfrei nicht zu rechnen braucht, liegt ein Verschulden nicht vor, sodass Ansprüche allein auf die Gefährdungshaftung gestützt werden können. 24b

Im Regelfall wird sich die Einlassung des Kfz-Halters bzw. – Führers, er habe den Ölverlust nicht bemerkt und mit ihm nach Lage der Dinge auch nicht zu rechnen brauchen, nicht widerlegen lassen. Der Kfz-Führer ist ohne besondere Anhaltspunkte nicht verpflichtet, die hinter ihm liegende Fahrstrecke auf Ölspuren abzusuchen. Der Fahrer muss auch nicht ständig die Ölkontroll-Lampe beachten, wenn dazu kein besonderer Anlass besteht. Er muss sein Augenmerk in erster Linie auf die Fahrbahn und den sich darauf abwickelnden Verkehr richten.[70] Hat der Kfz-Führer demgegenüber jedoch den Ölverlust bemerkt und setzt er gleichwohl seine Fahrt fort, so hat er neben der Gefährdungshaftung auch ein schadenursächliches Verschulden zu vertreten. Denn der Kfz-Führer hat nach dem Bemerken des Ölverlustes sofort alle erforderlichen Maßnahmen zur Schadenabwendung bzw. -minderung zu treffen. Hierzu gehört beispielsweise das unverzügliche Aufstellen von Warnzeichen und die sofortige Benachrichtigung der Polizei, die ihrerseits dann die Verkehrssicherung übernimmt und dafür sorgt, dass die Ölspur unverzüglich mit abstumpfenden Stoffen bestreut wird. 24c

In solchen Fällen ist aber stets zu prüfen, ob auch dem Geschädigten, der in der Regel die Betriebsgefahr seines eigenen Kfz zu vertreten hat, eine mitwirkende Verursachung bzw. ein schadenursächliches Mitverschulden zur Last fällt, sodass aus diesem Grunde eine Schadenausgleichung über § 17 StVG zu erfolgen hat. 25

Ein schadenursächliches Mitverschulden wird häufig darin bestehen, dass der betreffende Kfz-Führer die objektiv erkennbare Ölspur aus Gedankenlosigkeit nicht rechtzeitig bemerkt oder gar trotz Kenntnis dieser Gefährdungsursache seine Fahrt aus der leichtfertigen Erwägung heraus, es werde »schon alles gut gehen«, fortsetzt. Es ist daher in jedem Fall zu prüfen, ob der Unfall sich bei Tageslicht ereignet hat bzw. inwieweit zur Nachtzeit die Unfallstelle durch anderweitige (künstliche) Lichtquellen hinreichend ausgeleuchtet war. Auch die Witterungslage ist von entscheidender Bedeutung. Die Erfahrung zeigt, dass eine Ölspur auf trockener Asphaltstraße eher und leichter zu erkennen ist als auf feuchtem Kleinpflaster.[71] 25a

Hat aufseiten des Geschädigten lediglich die Betriebsgefahr seines Kfz im Rahmen der Gefährdungshaftung mitgewirkt, weil er den haftungsausschließenden Ausnahmetatbestand eines unabwendbaren Ereignisses im Sinne von § 17 Abs. 3 StVG nicht nachzuweisen vermag, dann fällt ihm im Regelfalle bei der nach § 17 StVG vorzunehmenden Schadenausgleichung ein eigener Mitverursa- 25b

---

69 Vgl. *OLG Köln* VersR 1983, 287 = zfs 1983, 130; *Klimke* ZfV 1990, 417.
70 Vgl. dazu: *OLG Bamberg* VersR 1987, 465 = zfs 1987, 132 (133); r+s 1987, 11 = VRS 72, 88.
71 Vgl. *BGH* VersR 1964, 925.

chungsbeitrag in Höhe eines Drittels zur Last.[72] Ein unabwendbares Ereignis wird regelmäßig dann vorliegen, wenn der Geschädigte auf einer nur schwer erkennbaren Ölspur trotz Anwendung größtmöglicher Sorgfalt ins Schleudern gerät. Liegt überdies jedoch noch ein Mitverschulden des Geschädigten vor, dann ergibt sich daraus im Regelfall eine Schadenhalbierung.

26 Auch kommt es in der Praxis nicht selten vor, dass ein Kraftfahrzeug einen auf der Fahrbahn liegenden Stein oder anderen Gegenstand[73] erfasst und ihn in der Weise hochwirbelt, dass z. B. die Windschutzscheibe eines nachfolgenden Kfz beschädigt oder zerstört wird. Dieser Fall kann insbesondere dann eintreten, wenn ein Lkw den Stein mit einem seiner Zwillingsreifen[74] aufnimmt und hochschleudert. Es kommt zuweilen auch vor, dass Fahrzeugteile – dies gilt insbesondere für Reifen, die sich von einem Kfz gelöst haben – auf der Fahrbahn zurückbleiben und von einem nachfolgenden Kfz erfasst werden.

26a Die sich dabei ergebenden Rechtsprobleme beurteilen sich nach den allgemeinen Grundsätzen der einschlägigen Haftungsvorschriften. Zunächst einmal muss daher der Nachweis des schadenursächlichen Sachzusammenhangs vom Geschädigten geführt werden, es muss also nachgewiesen werden, dass »bei dem Betriebe« eines bestimmten Kfz ein auf der Fahrbahn liegender Stein erfasst worden ist und dass der schließlich eingetretene Schaden hierdurch verursacht wurde.

26b Dabei stellt sich bereits die Frage, ob der Kfz-Fahrer mit dem Vorhandensein von Steinen auf der Fahrbahn rechnen musste. Diese Voraussetzung liegt insbesondere dann vor, wenn es sich um eine Baustelle[75] oder um eine mit zahlreichen Steinen verschiedener Größe bedeckte – möglicherweise sogar übersäte – Fahrbahn handelt. Der Fahrer muss sich den gegebenen Straßenverhältnissen anpassen und die Straße so hinnehmen, wie sie sich ihm erkennbar darbietet.[76]

26c Es ist also stets unter Berücksichtigung der besonderen Umstände, die dem konkreten Einzelfall sein ganz individuelles Gepräge gegeben haben, zu prüfen, ob der Kfz-Fahrer die Gefahrenquelle erkennen konnte bzw. mit ihr rechnen musste und ob ihm ein Ausweichen aus tatsächlichen Gründen zuzumuten war bzw. ob er seine Geschwindigkeit möglicherweise vorher noch herabsetzen konnte oder musste.

26d Dies gilt insbesondere, wenn es sich bei den Ablagerungen um ganz besonders große Steine[77] handelt oder wenn im Bereich einer Baustelle mit Schotter oder abgelagertem Splitt gerechnet werden musste.[78]

27 Besondere Sorgfaltspflichten bestehen für den Kraftfahrer auf schlechter Straße mit zahlreichen Steinen verschiedener Größe und beim Durchfahren von Baustellen, wie überhaupt bei Fahrzeugen, die bestimmungsgemäß im Baustellenbereich eingesetzt werden.

27a Unzutreffend ist – zumindest in dieser Verallgemeinerung – der Standpunkt, der Unabwendbarkeitsnachweis lasse sich grundsätzlich schon dann nicht mehr führen, wenn auch nur die Möglichkeit bestanden hat, dass der hochgewirbelte Stein bereits vor Antritt der Fahrt im Profil der Zwillingsreifen festgeklemmt gewesen sein könnte. Denn auch der sorgfältigste Kfz-Fahrer, der vor Fahrtantritt sein Kfz auf Schäden und sonstige Abweichungen vom Regelverhalten untersucht, wird kaum in der

---

72 Vgl. *OLG Hamm* VersR 1962, 434; wegen der *Abwägung* der Verursachungskomponenten und der *Haftungsverteilung* vgl. auch *BGH* VersR 1964, 925.
73 Vgl. *BGH* NJW 1974, 1510; *LG Hildesheim* zfs 1983, 353 (Reifenstück).
74 Vgl. *OLG Stuttgart* VersR 1971, 631.
75 Vgl. *BGH* NJW 1974, 1510 = VersR 1974, 1030 = VRS 47, 241; *AG Freising* zfs 1981, 97 (unmittelbar hinter einer Baustelle).
76 *BGH* NJW 1979, 1055; *OLG Brandenburg* DAR 1998, 315.
77 Vgl. *OLG Stuttgart* VersR 1971, 651 (Umfang der Steine: 16 cm lang, 10 cm breit und 7 cm hoch); *LG Aschaffenburg* VersR 1975, 92 (Umfang des Steins: 6 × 6 × 6 cm); anders verhält es sich jedoch, wenn der Kraftfahrer den Stein wegen *Dunkelheit* nicht sehen konnte, z. B. weil er sich farblich von der Fahrbahnoberfläche nicht abhob.
78 Vgl. *BGH* NJW 1974, 1510 = VersR 1974, 1030 = VRS 47, 241.

A. Fahrzeughalter

Lage sein, das Nichtvorhandensein eingeklemmter Steine im Zeitpunkt seiner Durchsicht zu beweisen.[79]

Unmögliches darf man selbstverständlich auch von dem sog. Idealfahrer nicht verlangen. Aus diesem Grund wird nach richtiger Auffassung vertreten, dass ein unabwendbares Ereignis vorliegt, wenn ein auf der Fahrbahn liegender Stein, den der Kraftfahrer nicht ohne Weiteres erkennen kann und mit dem er nach Lage der Dinge auch nicht zu rechnen braucht, von den Rädern eines Kfz erfasst und weggeschleudert wird.[80] **27b**

Dies gilt auch, wenn von einem Streufahrzeug, das dem neuesten Stand der Technik entspricht, durch einen weggeschleuderten kleineren Stein die Windschutzscheibe eines entgegenkommenden Kfz zertrümmert wird. Für Schäden, die sich nach dem Schadenbild auch bei vorsichtigem Streuen nicht vermeiden lassen, ist die Haftung gemäß § 17 Abs. 3 StVG ausgeschlossen.[81] Der Geschädigte kann in diesen Fällen seine Kaskoversicherung in Anspruch nehmen, die das Risiko »Glasbruch« mit einschließt. Eine Haftung ist aber anzunehmen, wenn das Streugut mit zu hoher Geschwindigkeit oder zu starkem Druck herausgeschleudert wird.[82] **28**

Fallen Gegenstände von der Ladefläche eines vorausgefahrenen Kfz und verursachen diese am nachfolgenden Kfz einen Schaden, kommt ein unabwendbares Ereignis unter keinem denkbaren Aspekt in Betracht. Der schädliche Erfolg ist entweder darauf zurückzuführen, dass durch Verschulden des Kfz-Fahrers oder seines Beifahrers die Ladung nicht ordnungsgemäß verstaut worden ist oder ein technischer Mangel am Kfz vorliegt. Für beide Ursachen hat der Kfz-Halter zumindest im Rahmen der Gefährdungshaftung einzustehen. **29**

Das Gleiche gilt für den Fall, dass der Schaden nicht durch einen betriebsfremden Gegenstand ausgelöst worden ist, sondern durch Teile, die sich vom verursachenden Fahrzeug gelöst haben. **29a**

Wird der Kfz-Motor nicht nur zur Beförderung, sondern auch für Arbeitsvorgänge, also als Arbeitsmaschine benutzt, ist im Einzelfall zu prüfen, ob dies noch dem »Betrieb« i. S. d. § 7 StVG zuzurechnen ist. Grundsätzlich wird man sagen können, dass sich Betriebsvorgänge, die sich nur auf das Beladen, Befördern und Entladen von Gütern beziehen, dem Schutzbereich des § 7 StVG unterfallen.[83] Bläst allerdings ein Silofahrzeug das von ihm angelieferte Futter durch einen von seinem Motor angetriebenen Kompressor in ein Futtersilo und beschädigt dabei das Silo, soll es sich nach einer Entscheidung des BGH[84] nicht mehr um einen Entladevorgang handeln, der § 7 StVG unterfällt. **30**

Besonderheiten gelten auch für Tankwagen.[85] Insoweit sind mehrere denkbare Varianten zu unterscheiden: Sofern es sich um einen »normalen« Lkw handelt, der zum Transport von Öl in der Weise benutzt wird, dass sich Fässer auf seiner Ladefläche befinden, kommt die Gefährdungshaftung dann nicht in Betracht, wenn eines der Fässer leck wird und auf der Fahrbahn Ölflecke hinterlässt. Da das Ölfass nicht als Betriebseinrichtung gilt, hat der Unfall eines nachfolgenden Kraftfahrzeugs, das auf **30a**

---

79 Vgl. hierzu *AG Regensburg* NZV 2009, 289.
80 Vgl. *OLG Köln* zfs 1987, 195; zfs 1983, 353.
81 Vgl. *BGH* NJW 1988, 3019 = VersR 1988, 1053 = DAR 1988, 379 = zfs 1989, 8.
82 Vgl. *BGH* NJW 1988, 3019 = VersR 1988, 1053; *OLG Braunschweig* VersR 1989, 95 = zfs 1989, 76 (L); *OLG Köln* DAR 1988, 94 = zfs 1988, 239; *KG* zfs 1988, 3 = r+s 1988, 8; *OLG Hamm* NJW-RR 1988, 863 = zfs 1988, 308.
83 Vgl. Geigel/*Kaufmann* 25. Kap. Rn. 86.
84 *BGH* NJW 1975, 1886.
85 Zur Haftung für Schäden anlässlich des *Befüllens* von Öltanks, insbes. bezüglich der Anforderungen an die dabei erforderliche Sorgfalt, vgl. *BGH* VersR 1998, 332 = NJW-RR 1998, 404; VersR 1995, 427 = zfs 1995, 124 = NZV 1995, 185; NJW 1983, 1108 = VersR 1983, 394 (395); VersR 1984, 65 = zfs 1984, 68; zfs 1985, 226; *OLG Köln* VersR 1995, 1105; zfs 1993, 232; *OLG Frankfurt/M.* VersR 1981, 1084 = zfs 1982, 2 (3); *OLG Saarbrücken* NJW-RR 1986, 1416 (zu den Sorgfaltspflichten des Tankwagenfahrers beim Einfüllen von Heizöl); *Fell* VersR 1988, 1222 (1226).; Himmelreich/Halm/*Schwab* 3. Aufl., Kap. 7, Rn. 150 ff. umfassend zur Heizöllieferung.

der Ölspur ins Schleudern gerät, sich nicht »bei dem Betriebe« jenes Lkw im Sinne von § 7 Abs. 1 StVG ereignet.

30b Handelt es sich indessen um einen Tankwagen üblicher Prägung (Kesselwagen), aus dem Öl ausläuft und auf die Fahrbahn gerät, liegt eindeutig ein Betriebsunfall im Sinne von § 7 Abs. 1 StVG vor, weil der Schaden nicht durch die Ladung, sondern durch das Kraftfahrzeug selbst verursacht worden ist. Besonders wichtig ist dabei der Gesichtspunkt, dass Tankwagen nicht nur als Kraftfahrzeuge der Gefährdungshaftung unterliegen, sondern zugleich auch als Anlagen im Sinne von § 22 des Wasserhaushaltsgesetzes (WHG) gelten.[86]

30c Ob das Überfließen von Heizöl beim Be- oder Entladen durch die Motorkraft des Tankwagens dem Betrieb des Tanklastwagens zuzurechnen ist, wird von der Rechtsprechung uneinheitlich beurteilt.[87] Vielfach wird der Vorgang nicht als Entladen des Kfz, sondern als Beladen der Behälter des Abnehmers angesehen, mit der Folge, dass § 7 StVG keine Anwendung finden soll, also z. B. auch beim Auslaufen von Öl auf die Straße wegen eines undichten Abfüllschlauchs oder wenn das Öl im Tankraum des Hauseigentümers überläuft. Gerade im letztgenannten Fall kann der Geschädigte nicht mehr als »Verkehrsopfer« angesehen werden.[88]

30d Nach Auffassung des *BGH*[89] gehört der Umladevorgang aber in jedem Fall zum »Gebrauch« im Sinne von § 10 AKB 2007, solange das Kfz oder seine an oder auf ihm befindliche Vorrichtungen dabei beteiligt sind. Der Schaden, der beim Hantieren mit Ladegut eintritt, ist durch den »Gebrauch« des betreffenden Kfz entstanden, wobei es gleichgültig ist, ob die Hilfspumpe, die den Entladevorgang durchführt, vom Motor des Kfz angetrieben wird.

31 Soweit ein Unfall sich nicht »bei dem Betrieb« eines Kfz im engeren Sinne ereignet hat, ist ergänzend stets zu prüfen, ob der daraus abgeleitete Schaden nicht durch den Gebrauch des (versicherten) Kfz verursacht worden ist, wobei es auf den Verwendungszweck nicht ankommt. Denn für die Begründung des Deckungsschutzes in der KH-Versicherung genügt es gem. A 1.1 AKB 2008 bzw. früher: § 10 AKB 2007 bereits, dass der Unfall sich durch den Gebrauch des versicherten Fahrzeugs ereignet hat. Der Begriff des Gebrauchs schließt den »Betrieb« im Sinne von § 7 Abs. 1 StVG nicht nur ein, sondern er geht darüber hinaus.[90] Ausgangspunkt für eine Abgrenzung des Haftpflicht-Deckungsschutzes in derartigen Fällen muss die Erwägung sein, ob die typische vom Gebrauch des Kfz selbst und unmittelbar ausgehende Gefahr durch den Versicherungsschutz gedeckt sein soll.[91] Unter »Gebrauch« im Sinne der AKB sind Handlungen zu verstehen, die – zumindest mittelbar – in einem Zusammenhang mit der Benutzung des Kfz zu den Zwecken stehen, für die das Fahrzeug bestimmt ist, etwa als Beförderungsmittel oder bei einem Wohnmobil als Wohnung.[92]

31a Nach ausgetragener Rechtsprechung gehört das Ladegeschäft nicht nur zum Gebrauch des Kfz im Sinne der AKB, sondern grundsätzlich auch zum Betrieb desselben, sodass ein Anspruch nach § 7

---

86 Vgl. dazu *BGH* VersR 1967, 374 (375).
87 Vgl. BGHZ 71, 212 = NJW 1978, 1582 = VersR 1978, 827: Kein Betriebsunfall, wenn das Umfüllen des Öls außerhalb des Verkehrsraums einer öffentlichen Straße durchgeführt wird (vgl. hierzu auch *Tschernitschek* VersR 1978, 996 [1001]; NJW 1980, 205 ff.); *OLG Nürnberg* VersR 1971, 915 (917); *KG* OLGZ 1974, 10 (12) = VersR 1973, 665 = DAR 1973, 240.
88 Vgl. dazu: BGHZ 71, 212 = NJW 1978, 1582 = VersR 1978, 827; BGHZ 75, 45 = NJW 1979, 2408 = VersR 1979, 956 (958) = VRS 57, 278; *Tschernitschek* NJW 1980, 205 (208); *Weber* DAR 1980, 129 (138); a. A. *OLG Saarbrücken* VersR 1988, 355.
89 Vgl. dazu: BGHZ 75, 45 = NJW 1979, 2408 = VersR 1979, 956.
90 Vgl. *BGH* NJW-RR 1987, 87 = VersR 1986, 1231 = VRS 72, 51, *Halm/Kreuter/Schwab-Schwab*, a. a. O., AKB 2008, 68 ff.
91 Vgl. *BGH* VersR 1977, 418 (419); BGHZ 1978, 52 = NJW 1980, 2525 = VersR 1980, 1039 = DAR 1980, 365; *BGH* VersR 1980, 177.
92 Vgl. hierzu insgesamt auch die Rechtsprechungsübersichten von *Staab* DAR 2011, 181 und *Richter* SVR 2011, 13.

Abs. 1 StVG zu bejahen ist.[93] Es kommt aber auf den Einzelfall an. Das *OLG Hamm* hat den Betriebsbegriff sehr weit ausgelegt und entschieden, dass ein Schaden auch dann beim Betrieb eines Lkws entstanden ist, wenn beim Beladen des Lkw mit Fässern zum Zweck des Abtransports ein Fass herunterfällt und deshalb durch austretende Substanzen an anderen Fahrzeugen der Schaden entstanden ist.[94] Die Entscheidung ist insbesondere deshalb von Bedeutung, da in der Neuregelung des § 12a StVG die Haftungshöchstsummen deutlich angehoben wurden. Des Weiteren ist zu berücksichtigen, dass in § 12a Abs. 4 StVG eine Ausnahme normiert wurde, wenn der Schaden in einem Gefahrgutbetrieb auf einem abgeschlossenen Gelände entstanden ist.

Ob beim Ein- oder Aussteigen der Schaden beim Betrieb, Gebrauch oder anlässlich eines von der Eintrittspflicht des KH-Versicherers nicht umfassten gelegentlichen Gebrauchs des Kfz eingetreten ist, hängt ebenfalls von den Umständen des Einzelfalles ab.[95] **32**

Das Verlassen eines Fahrzeugs zwecks Prüfung der Frage, ob sich ein Gelände zum Abstellen des Kfz – also als Parkplatz für das Kfz – eignet, ist rechtlich unter gewissen Voraussetzungen noch als »Gebrauch« des Fahrzeugs anzusehen, wenn es sich dabei um die Tätigkeit eines Kraftfahrers handelt, die zu seinem Aufgabenkreis gehört und mit dem Verwendungszweck des Fahrzeugs sowohl zeitlich als auch örtlich in einem unmittelbaren Zusammenhang steht.[96] **32a**

Der BGH hat den Gebrauch des Fahrzeugs und mithin die Haftung des KH-Versicherers verneint, wenn ein Schulbusfahrer, nachdem er den Bus an einer Haltestelle durch die Fahrertür verlassen hatte, um kurz sein auf der gegenüberliegenden Straßenseite stehendes Haus aufzusuchen, ca. 1 m nach Verlassen des Busses einen Schaden verursacht hat.[97] **32b**

Kommt das Fahrzeug von der Fahrbahn ab und bleibt für andere Verkehrsteilnehmer nicht sichtbar in einer Wiese liegen, so haftet der Fahrzeugführer nicht schon aufgrund des Betriebes seines Fahrzeuges für solche Schäden, die er nach dem Aussteigen bei dem Versuch verursacht, durch Winken ein anderes Fahrzeug anzuhalten. Allerdings können bei zeitlicher und örtlicher Nähe zu dem ersten Unfall diese Schäden aber noch dem Gebrauch des Fahrzeuges i. S. d. AKB zuzurechnen sein, wenn der Fahrzeugführer mit dem Anhalteversuch den Zweck verfolgt, alsbald die Polizei über den ersten Unfall und die dabei möglicherweise entstandenen Fremdschäden zu informieren.[98] **32c**

Durch das zweite Schadensrechtsänderungsgesetz wurde die Halterhaftung des § 7 StVG dahingehend ergänzt, dass die Gefährdungshaftung auch den Halter eines Anhängers trifft, der dazu bestimmt ist, von einem Kraftfahrzeug mitgeführt zu werden. Die Neuregelung soll den Schwierigkeiten entgegenwirken, die sich für den Geschädigten häufig dann ergaben, wenn es unterlassen wurde, an der Unfallstelle das Kennzeichen des Zugfahrzeuges festzuhalten. Durch die Neuregelung wird dem Geschädigten die Durchsetzung seiner Schadenersatzansprüche auch dann ermöglicht, wenn ihm nur die Identifizierung des Kennzeichens des Anhängers möglich war.[99] **33**

Zu berücksichtigen ist, dass sich die Gefährdungshaftung ausweislich des Wortlautes des § 7 Abs. 1 StVG ausschließlich auf Kraftfahrzeuganhänger bezieht. Aufgrund des verminderten Risikos unterfallen von anderen Fahrzeugen oder Personen gezogene Anhänger der Gefährdungshaftung nicht. Vielmehr muss es sich um einen Anhänger handeln, der dazu bestimmt ist, von einem Kraftfahrzeug **33a**

---

93 BGHZ 105, 65 = NZV 1989, 18; VersR 1978, 827; *OLG Köln* VersR 1994, 108; vgl. auch Hentschel/*König*/Dauer § 7 StVG Rn. 6.
94 *OLG Hamm* NZV 2001, 84.
95 Vgl. *OLG Hamm* DAR 2000, 64.
96 Vgl. *LG Itzehoe* zfs 1982, 210; vgl. hierzu auch *OLG Hamm* r+s 2009, 124: Verlassen eines Lkw zum Aufsammeln verlorener Ladepapiere.
97 *BGH* NJW 1980, 2525 = VersR 1980, 1039; vgl. auch *OLG Frankfurt* VersR 1995, 599 = zfs 1995, 85 = r+s 1995, 254.
98 *OLG Hamm* DAR 1999, 546 = r+s 1999, 494.
99 Vgl. hierzu insgesamt auch *Wilms* DAR 2011, 71.

mitgeführt zu werden. Dass das Kraftfahrzeug zum Unfallzeitpunkt mit dem Anhänger verbunden war, ist indessen nicht erforderlich.

33b Aus dem Gesichtspunkt der Gesamtschuldnerhaftung können Ansprüche sowohl gegen den Fahrzeughalter als auch gegen den Anhängerhalter bzw. die dahinterstehenden Versicherungen geltend gemacht werden. Dabei gilt im Innenverhältnis die Vorschrift des § 17 StVG, worauf § 17 Abs. 4 StVG ausdrücklich hinweist. Danach bleibt der Unabwendbarkeitsbeweis im internen Schadensausgleich des § 17 StVG als Entlastungsgrund bestehen, mit der Folge, dass im Innenverhältnis durchaus die Alleinhaftung des Fahrzeug- oder Anhängerhalters in Betracht kommen kann. Nach einer aktuellen Entscheidung des *BGH* haben aber bei einer Doppelversicherung eines Gespanns aus einem Kfz und einem versicherungspflichtigen Anhänger bei einem durch das Gespann verursachten Schaden im Regelfall der Haftpflichtversicherer des Kfz und des Anhängers den Schaden im Innenverhältnis je zur Hälfte zu tragen.[100]

34 Die Haftung nach dem StVG ist schließlich nicht auf Unfälle im öffentlichen Straßenverkehr beschränkt, sondern kommt auch bei Inbetriebnahme eines Kfz auf privatem Gelände zum Zuge. Der Betrieb eines Kraftfahrzeugs im Sinne des § 7 Abs. 1 StVG erfordert nicht seinen Einsatz auf öffentlicher Verkehrsfläche.[101] Dies gilt wegen des umfassenderen Anwendungsbereichs erst recht für den Gebrauch des Fahrzeugs im Sinne des § 10 Abs. 1 AKB.[102]

III. Abweichungen

35 Von den hier dargelegten Grundsätzen, die eine Gefährdungshaftung begründen, gibt es eine ganze Reihe von Abweichungen, wonach die Gefährdungshaftung ausgedehnt, eingeschränkt oder auch ganz ausgeschlossen wird. Diese Abweichungen von der Regel sollen nachfolgend behandelt werden.

1. Ausdehnung

36 Nach § 8a StVG gilt die Gefährdungshaftung des § 7 StVG auch für beförderte Personen. Durch Inkrafttreten des zweiten Schadensrechtsänderungsgesetzes wurde der in § 8a Abs. 1 S. 1 StVG a. F. bestimmte Haftungsausschluss für Fahrzeuginsassen im Fall unentgeltlicher, nicht geschäftsmäßiger Beförderung des Mitfahrers ersatzlos gestrichen. Für Unfälle ab dem 1.8.2002 gilt die Gefährdungshaftung nunmehr sowohl bei geschäftsmäßiger als auch bei unentgeltlicher Beförderung, Fahrzeuginsassen wird also grds. Ersatz für die von ihnen erlittenen Körperschäden gewährt.

37 Erhebliche Auswirkungen dieser Neuregelung ergeben sich insbesondere im Zusammenspiel mit zwei weiteren Neuerungen:

37a Durch die Einführung eines allgemeinen Schmerzensgeldanspruches gem. § 253 BGB n. F. steht den Fahrzeuginsassen gegenüber dem Halter nunmehr auch ein Schmerzensgeldanspruch zu. Da der Fahrzeughalter sich zudem nur noch in absoluten Ausnahmefällen auf »höhere Gewalt« im Sinne des § 7 Abs. 2 StVG n. F. wird berufen können, stehen den Fahrzeuginsassen damit regelmäßig Ansprüche gegen den Fahrzeughalter zu.

37b Allerdings kann der Fahrzeughalter, der keine entgeltliche Beförderung vornimmt, seine Haftung auch für Personenschäden nach wie vor privatrechtlich einschränken. Aufgrund der oben dargestellten erheblichen Ausweitung der Gefährdungshaftung für Insassen wird der unentgeltlich befördernde Halter vermehrt von der Möglichkeit des vertraglichen Haftungsausschlusses gegenüber den Insassen Gebrauch machen. Die Annahme eines konkludent vereinbarten Haftungsausschlusses dürfte aber regelmäßig nicht in Betracht kommen, da es fernliegend erscheint, dass der Insasse zugunsten der hinter dem Halter stehenden Versicherung einen derartigen Verzicht erklärt.

---

100 *BGH* NJW 2011, 447 = VersR 2011, 105 = DAR 2011, 80.
101 Vgl. *BGH* NZV 1995, 19 = VersR 1995, 90; VersR 1981, 252; Hentschel/*König*/Dauer § 7 StVG Rn. 1.
102 Vgl. *BGH* VersR 1977, 468.

Im Bereich entgeltlicher, geschäftsmäßiger Personenbeförderung verbleibt es gem. § 8a StVG n. F. 37c
dabei, dass ein Haftungsausschluss für Personenschäden und daraus folgender Vermögensschäden
grds. unzulässig ist. Eine vertragliche Haftungsbeschränkung bei Sachschäden bleibt dagegen in bestimmten Grenzen zulässig.

Geschäftsmäßig ist die Beförderung dann, wenn der Kfz-Halter beabsichtigt, sie in gleicher Weise zu 38
wiederholen und dadurch zu einem dauernden oder wenigstens wiederkehrenden Bestandteil seiner
Betätigung zu machen.[103] Dies ist in der Regel bei öffentlichen Verkehrsmitteln, insbesondere also
bei Omnibussen und Taxis, anzunehmen.

Eine geschäftsmäßige Beförderung liegt dagegen nicht vor, wenn mehrere Personen – beispielsweise 38a
Arbeitskollegen – sich zu einer sog. Fahrgemeinschaft[104] zusammenschließen, um die leistungsbezogenen Betriebskosten in Höhe der Selbstkosten unter sich aufzuteilen.[105]

2. Einschränkungen

a) Ausnahmen gem. § 8 StVG

Die Gefährdungshaftung gilt nach § 8 Nr. 1 StVG wie bereits oben ausgeführt dann nicht, wenn der 39
Unfall durch ein Fahrzeug verursacht wurde, das auf ebener Bahn keine höhere Geschwindigkeit als
20 km/h erzielen kann. Nach der Rechtsprechung des BGH ist für die Haftungsfreistellung nach § 8
StVG die konstruktionsbedingte Beschaffenheit des Fahrzeugs und nicht die Möglichkeit ihrer Veränderung maßgeblich.[106] Darlegungs- und beweisbelastet für die Voraussetzungen dieser Ausnahmevorschrift ist der Fahrzeugeigentümer bzw. -halter.[107] Die Berechtigung dieser Ausnahmevorschrift
ist allerdings umstritten.[108]

Die Gefährdungshaftung gilt gem. § 8 Nr. 2 StVG ferner nicht gegenüber sog. betriebstätigen Per- 40
sonen, wenn also der Verletzte bei dem Betrieb des Kraftfahrzeugs oder des Anhängers tätig war.[109]

Ggf. ist in solchen Fällen die Haftung für Personenschäden, die durch einen Versicherungsfall ver- 40a
ursacht wurden, bereits gem. §§ 104 bis 106 SGB VII ausgeschlossen.

Der Grund für die eng auszulegende Ausnahmevorschrift des § 8 Nr. 2 StVG besteht darin, dass be- 41
triebstätige Personen eines besonderen Schutzes, wie ihn die Gefährdungshaftung vermittelt, deshalb
nicht bedürfen, weil sie sich freiwillig den besonderen Gefahren des Kfz ausgesetzt haben. Beim Fahrer kommt hinzu, dass er die beim Betrieb eines Kfz auftretenden Gefahren nicht nur freiwillig auf
sich nimmt, sondern sie zum Teil sogar selbst herbeiführt und verwirklicht. Würde der Halter auch
dem Fahrer gegenüber haften, so würde dies zu dem unbilligen Ergebnis führen, dass dieser als haftungsbegründende oder -verschärfende Elemente gerade diejenigen Gesichtspunkte heranziehen
könnte, die er durch sein eigenes Fehlverhalten selbst geschaffen hat und die demnach gerade in seine
eigene Verantwortungssphäre fallen. Weiter ist zu berücksichtigen, dass die Benutzung eines Kfz in
den meisten Fällen dem Fahrer einen wirtschaftlichen Vorteil vermittelt und für ihn daher von eigenwirtschaftlichem Interesse ist.

---

103 Vgl. *BGH* VersR 1969, 161; BGHZ 80, 303 = NJW 1981, 1842 = VersR 1981, 780 = DAR 1981, 354 =
VRS 81, 85; Hentschel/*König*/Dauer § 8a StVG Rn. 5; *BGH* NJW 1991, 2143.
104 Vgl. dazu *BSG* MDR 1983, 172 (Unfallversicherung i. S. v. § 550 Abs. 2 Nr. 2 RVO).
105 Vgl. BGHZ 80, 303 = NJW 1981, 1842 = VersR 1981, 780 = DAR 1981, 354 = zfs 1981, 296 = r+s 1981,
144 = VRS 81, 85; ähnlich: *BGH* VersR 1969, 161 (gelegentliche Mitnahme ohne Wiederholungsabsicht);
OLG Frankfurt/M. VersR 1978, 745 (747) = r+s 1978, 210 (Beteiligung an Treibstoffkosten); *OLG Karlsruhe* r+s 1984, 186; Geigel/*Kaufmann* Kap. 25 Rn. 306.
106 Vgl. *BGH* VersR 1977, 228; 1959, 238; NZV 1997, 390; 1997, 511 (selbstfahrende Arbeitsmaschine);
OLG Saarbrücken NZV 2006, 418.
107 Vgl. *OLG Brandenburg* NZV 2011, 193.
108 Vgl. nur *Schwab* DAR 2011, 129.
109 Vgl. *BGH* VersR 1972, 959 = VRS 43, 161 (162).

42 Gem § 8 Nr. 3 StVO wird die Haftung für beförderte Sachen ausgeschlossen, es sei denn, dass eine beförderte Person die Sache an sich trägt oder mit sich führt. Nicht vom Ausschluss erfasst werden danach z. B. Kleidungsstücke, Koffer, Reisetaschen etc., aber auch Hunde.

b) Haftungsobergrenzen[110]

43 Aufgrund der sich ändernden wirtschaftlichen Verhältnisse müssen die gesetzlich bestimmten Haftungshöchstbeträge für die Gefährdungshaftung gem. § 12 StVG entsprechend angepasst werden. Die letzte Anpassung erfolgte im Jahr 2007 durch das zweite Gesetz zur Änderung des Pflichtversicherungsgesetzes und anderer versicherungsrechtlicher Vorschriften. Dabei wurden die zuletzt im Jahre 2002 angepassten Haftungshöchstbeträge noch einmal angehoben.

43a Nach § 12 StVG wird der Umfang der Ersatzpflicht der Höhe nach begrenzt, und zwar im Fall der Tötung oder Verletzung eines oder mehrerer Menschen durch dasselbe Ereignis auf insgesamt 5 Mio. EUR. Im Fall einer entgeltlichen, geschäftsmäßigen Personenbeförderung erhöht sich für den ersatzpflichtigen Halter des befördernden Kraftfahrzeugs oder Anhängers bei der Tötung oder Verletzung von mehr als acht beförderten Personen dieser Betrag um 600.000 Euro für jede weitere getötete oder verletzte beförderte Person. Diese Höchstbeträge gelten nach § 12 Abs. 1 S. 2 StVG nunmehr auch für den Kapitalwert einer als Schadensersatz zu leistenden Rente. Im Fall der Sachbeschädigung beträgt die Haftungsobergrenze insgesamt 1 Mio. EUR, auch wenn durch dasselbe Ereignis mehrere Sachen beschädigt werden

43b Die erhebliche Anhebung der individuellen Haftungshöchstgrenze für Personenschäden im Jahre 2002 auf mehr als das Doppelte der bisherigen Beträge resultierte zum einen aus den seit der letzten Anhebung im Jahr 1977 sprunghaft gestiegenen Kosten insbesondere im Heilbehandlungsbereich, zum anderen aus der durch das zweite Schadenrechtsänderungsgesetz ebenfalls eingeführten Erweiterung der Gefährdungshaftung, insbesondere durch Einführung des allgemeinen Schmerzensgeldanspruches. Die weitere Änderung im Jahre 2007 wiederum trägt der Rspr. des *EuGH*[111] Rechnung, wonach auch im Rahmen der Gefährdungshaftung die nach dem Gemeinschaftsrecht geltenden Haftungsgrenzen anzuwenden sind.

44 Da die Haftungshöchstbeträge unabhängig von einem mitwirkenden Verschulden des Verletzten im Sinne von § 9 StVG bzw. § 254 Abs. 1 BGB gelten,[112] können sie auch für den Fall voll ausgeschöpft und zugebilligt werden, dass der Schädiger – beispielsweise aufgrund eines Schadenausgleichs – nur eine Quote des Gesamtschadens zu erstatten hat.

45 Der Höchstbetrag für den Ersatz von Sachschäden tritt neben den Höchstbetrag für Personenschäden. Der für den Ersatz von Personenschäden zur Verfügung stehende Betrag mindert sich daher nicht, wenn durch den Unfall sowohl ein Personenschaden als auch ein Sachschaden entstanden ist.[113]

46–49 *(unbesetzt)*

50 Die Regelung des § 12a StVG sieht darüber hinaus besondere Haftungshöchstbeträge für die Halterhaftung bei Gefahrguttransporten vor. Danach wird die Haftungshöchstgrenze gem. § 12a Abs. 1 Nr. 1 StVG für Personenschäden auf einen Betrag von insgesamt 10 Mio. EUR festgesetzt. Der Haftungshöchstbetrag nach § 12 Abs. 1 Nr. 2 StVG im Fall der Sachbeschädigung an unbeweglichen Sachen, auch wenn durch dasselbe Ereignis mehrere Sachen beschädigt werden, beläuft sich ebenfalls auf 10 Mio. EUR.

---

110 Vgl. *Halm/Kreuter/Schwab-Kreuter-Lange* VVG § 118, Rn 2 ff.; *Hentschel/König/Dauer-König* StVG § 12, Rn. 1 ff. m. w. H.
111 *EuGH* NZV 2011, 122.
112 Vgl. Hentschel/*König*/Dauer § 12 StVG Rn. 2.
113 Vgl. *Hentschel*/König/*Dauer* § 12 StVG Rn. 1.

Voraussetzung der erhöhten Haftungshöchstbeträge des § 12a StVG ist, dass der Schaden durch die 50a die Gefährlichkeit der Güter begründenden Eigenschaften verursacht wird. Im Übrigen gilt § 12 Abs. 1 StVG.

Die Einführung des § 12a StVG trägt dem Umstand Rechnung, dass sich beim Transport von gefähr- 50b lichen Gütern neben der normalen Betriebsgefahr häufig das zusätzliche Risiko aus der typischen Gefahr des Gefahrguttransportes realisiert, sodass die Haftungshöchstgrenzen des § 12 StVG unzureichend erscheinen.

Eine spezielle Regelung sieht die neue Vorschrift des § 12b StVG für gepanzerte Gleiskettenfahr- 51 zeuge (z. B. Panzer) vor. Für Schäden, die bei dem Betrieb eines gepanzerten Gleiskettenfahrzeuges verursacht werden, gelten keine Haftungshöchstsummen. Grund ist die im Verhältnis zu anderen Fahrzeugen erheblich erhöhte Betriebsgefahr mit dem daraus resultierenden Risiko wesentlich höherer Personen- und Sachschäden.

c) Höhere Gewalt

Eine der wichtigsten Änderungen des StVG durch das zweite Schadensrechtsänderungsgesetzes ist 52 die Ersetzung des Begriffes »unabwendbares Ereignis« durch den Begriff der »höheren Gewalt« bei Unfällen zwischen Kraftfahrzeugen und nicht motorisierten Verkehrsteilnehmern als Befreiungsgrund des § 7 Abs. 2 StVG. Der Begriff der »höheren Gewalt« als Entlastungsmöglichkeit bei Tatbeständen der Gefährdungshaftung[114] ist dem deutschen Schadensersatzrecht durchaus bekannt. Nach gefestigter Rechtsprechung ist »höhere Gewalt« ein betriebsfremdes, von außen durch elementare Naturkräfte oder durch Handlungen dritter Personen herbeigeführtes Ereignis, das nach menschlicher Einsicht und Erfahrung unvorhersehbar ist, mit wirtschaftlich erträglichen Mitteln auch durch äußerste, nach der Sachlage vernünftigerweise zu erwartende Sorgfalt nicht verhütet oder unschädlich gemacht werden kann und auch nicht wegen seiner Häufigkeit in Kauf zu nehmen ist.[115] Der Begriff der »höheren Gewalt« ist ein wertender Rechtsbegriff, der die Risiken ausschließen will, die mit dem Fahrzeugbetrieb nichts zu tun haben und bei rechtlicher Bewertung nicht mehr dem Fahrzeugbetrieb, sondern allein dem Drittereignis zugerechnet werden können. Ein derartiger Nachweis der »höheren Gewalt« als Ursache für den Unfall dürfte nur in absoluten Ausnahmefällen zu führen sein. Zweifel gehen zulasten des allein darlegungs- und beweisbelasteten Fahrzeughalters.[116] Dem sog. »Idealfahrer« kommt beim Ausschlussgrund der höheren Gewalt keine entscheidende Bedeutung zu, er spielt nur noch beim internen Schadensausgleich nach § 17 StVG eine Rolle.

Der Gesetzgeber hatte bei der Änderung der Entlastungsmöglichkeit sowohl rechtsdogmatische als 52a auch rechtspolitische Gründe im Auge. Da die Gefährdungshaftung an die Verwirklichung der Betriebsgefahr anknüpft, stellte der Entlastungsgrund des unabwendbaren Ereignisses im System der Gefährdungshaftung stets einen Fremdkörper dar. Denn es erscheint nicht sachgerecht, die Haftung von Sorgfalts-, mithin von Verschuldensgesichtspunkten abhängig zu machen. Für den Geschädigten ist es gleichgültig, ob sein Schaden auf einem technischen Versagen (z. B. der Bremsen) beruht oder darauf, dass das den Unfall verursachende Fahrzeug auf einer Ölspur ins Schleudern kam, die auch für einen Idealfahrer nicht zu erkennen war. In beiden Fällen verwirklicht sich eine Betriebsgefahr des Kraftfahrzeuges, für die dessen Halter aufkommen sollte. Darüber hinaus waren es aber auch die praktischen Auswirkungen, die den Gesetzgeber zu der Neuregelung veranlasst haben. Von entscheidender Bedeutung ist die gestärkte Position von Kindern sowie Hilfsbedürftigen und älteren Menschen im Straßenverkehr. Über die bereits in § 3 Abs. 2a StVO getroffene Regelung hinaus führt die Ersetzung des unabwendbaren Ereignisses als Haftungsausschlussgrund gem. § 7 Abs. 2 StVG durch das Kriterium der »höheren Gewalt« zu einer Ausdehnung der Gefährdungshaftung, die insbesondere dem schützenswerten Interesse unfallgeschädigter Kinder in hinreichendem Maße Rech-

---

114 Z. B. § 701 Abs. 3 BGB, § 1 Abs. 2 S. 1 und § 2 Abs. 3 HPflG, § 22 Abs. 2 WHG.
115 Vgl. *BGH* NJW 1990, 1167; *OLG Karlsruhe* OLGR 2001, 40, 42; *OLG Celle* DAR 2005, 677.
116 Vgl. *BGH* NJW 1992, 39, 40; *OLG Karlsruhe* OLGR 2001, 40, 42; *Steiger* DAR 2002, 377, 380.

nung trägt. So mag das auf einem Fehlverhalten anderer Verkehrsteilnehmer beruhende Unfallereignis zwar unvermeidbar sein; es ist aber regelmäßig nicht so außergewöhnlich, dass »höhere Gewalt« anzunehmen wäre. Dies dürfte wegen ihrer bedauerlichen Häufigkeit selbst bei groben Verkehrsverstößen gelten. Insbesondere bei Kindern dürfte »höhere Gewalt« nahezu auszuschließen sein. Wenn etwa ein Kind plötzlich zwischen parkenden Fahrzeugen auf die Fahrbahn läuft, liegt »höhere Gewalt« nicht vor.

52b Gleiches gilt für das langjährige Paradebeispiel für Unabwendbarkeit im bisherigen Sinn: Das Hochschleudern von Steinen, für deren Vorhandensein auf der Straße keine Anhaltspunkte vorliegen, stellt ebenfalls keine »höhere Gewalt« dar.[117] Selbst elementare Naturereignisse sind keinesfalls zwingend als »höhere Gewalt« zu qualifizieren. Dies mag man annehmen bei außergewöhnlichen Naturkatastrophen wie Erdbeben, Lawinen oder Orkanen. Bei weniger seltenen Naturereignissen wie z. B. einer Überflutung wird genau zu prüfen sein, ob diese sich in der konkreten Situation als unvorhersehbares Ereignis darstellt. Regelmäßig wird »höhere Gewalt« zu verneinen sein bei Eis- und Schneeglätte oder auch schlagartigen Regenfällen, da derartige Witterungsbedingungen in den hiesigen Breitengraden keinen Ausnahmecharakter aufweisen.

52c Kommt demnach aufgrund des Ausnahmecharakters der »höheren Gewalt« eine Entlastungsmöglichkeit des Halters kaum noch in Betracht, ist umso sorgfältiger zu prüfen, ob dem Geschädigten ein Mitverschulden gem. der §§ 9 StVG, 254 BGB zur Last gelegt werden muss. Nur ausnahmsweise aber dürfte in Einzelfällen ein weit überwiegendes und die Betriebsgefahr ausschließendes Mitverschulden anzunehmen sein. Wenn beispielsweise nicht ein Kind, sondern ein Betrunkener plötzlich auf die Fahrbahn tritt, dürfte diesen ein überwiegendes Mitverschulden treffen. Entscheidend kommt es hier darauf an, ob nicht nur der Fußgänger, sondern auch dessen Alkoholisierung für den Fahrer erkennbar war. Denn nach § 3 Abs. 2a StVO muss sich der Fahrzeugführer nicht nur gegenüber Kindern und älteren Menschen, sondern auch gegenüber Hilfsbedürftigen insbesondere durch Verminderung der Fahrgeschwindigkeit und Bremsbereitschaft so verhalten, dass eine Gefährdung dieser Verkehrsteilnehmer ausgeschlossen ist. Dabei entspricht es der ganz überwiegenden Auffassung, dass erkennbar alkoholisierte Fußgänger als hilfsbedürftig im Sinne des § 3 Abs. 2a StVO anzusehen sind.[118]

53 Unter »höherer Gewalt« versteht man wie bereits ausgeführt ein betriebsfremdes, von außen her durch elementare Naturkräfte herbeigeführtes Ereignis, das nach menschlicher Einsicht und Erfahrung unvorhersehbar ist, mit wirtschaftlich erträglichen Mitteln auch durch äußerste nach der Sachlage vernünftigerweise zu erwartende Sorgfalt nicht verhütet oder unschädlich gemacht werden kann und auch nicht wegen seiner Häufigkeit hinzunehmen ist. Folgende Tatbestandsmerkmale müssen also gleichzeitig erfüllt sein:
- Einwirkung von außen
- außergewöhnliches Ereignis
- Unabwendbarkeit.

53a Es handelt sich hierbei demnach um eine Kombination von elementarer äußerer Gewalt – die nicht notwendig immer Naturgewalt zu sein braucht – auf Verursacherseite und dem Merkmal der Unabwendbarkeit auf Haftungsseite.

54 Zunächst muss das schädigende Ereignis von außen her, also von außerhalb des Kfz-Betriebes, auf den Betrieb des Fahrzeuges eingewirkt haben. Hierzu zählen Ereignisse, deren Eintritt mit dem Betrieb des Fahrzeuges nicht in ursächlichem Zusammenhang stehen. Zu nennen sind hier insbesondere Naturereignisse wie Überschwemmung, Feuersbrunst, Bergrutsch, Orkan, Erdbeben, Blitzschlag oder vergleichbare Naturkräfte. Auf den geringen Seltenheitswert des Naturereignisses kommt es an dieser Stelle nicht an. Auch besonders starker Schneesturm, wolkenbruchartige Regenfälle oder

---

117 Vgl. hierzu *OLG Saarbrücken* NZV 2006, 418 = NJW-RR 2006, 748.
118 Vgl. *BGH* VersR 2000, 199; *OLG Köln* VRS 67, 140, 141; Hentschel/*König*/Dauer § 3 StVO Rn. 29d; *Greger* NZV 1990, 409, 412; a. A. *Hempfing* BA 1983, 363, 364.

nahezu undurchdringlicher Nebel können »höhere Gewalt« darstellen. Es ist aber immer sorgfältig zu prüfen, ob auch die übrigen Voraussetzungen erfüllt sind, ob also Sturm, Wolkenbruch oder Nebel nicht vorhersehbar waren und der Fahrzeugführer alle zumutbaren Vorsichtsmaßnahmen getroffen hat.

Auch Handlungen dritter Personen können, soweit sie von außen her auf den Kfz-Betrieb einwirken, »höhere Gewalt« darstellen. Kinder, die gerade durch die erweiterte Gefährdungshaftung geschützt werden sollen, werden insoweit aber regelmäßig nicht in Betracht kommen. Denn es ist leider ganz und gar nicht außergewöhnlich und daher auch vorhersehbar, dass gerade Kinder mit den stetig wachsenden Anforderungen des Straßenverkehrs überfordert sind und sich infolgedessen zwar kindgerecht aber eben nicht verkehrsgerecht verhalten. Angesichts der bekannten Zahlen zu Unfällen von Kindern im Straßenverkehr und der Häufigkeit nicht verkehrsgerechten Verhaltens von Kindern liegt »höhere Gewalt« regelmäßig nicht vor, da kindliches Fehlverhalten im Straßenverkehr nicht so außergewöhnlich ist, dass es nicht vorhersehbar wäre und der Kfz-Fahrer nicht damit zu rechnen braucht. 54a

Handlungen anderer dritter Personen kommen dagegen durchaus als »höhere Gewalt« in Betracht. So können beispielsweise gefährliche Eingriffe in den Straßenverkehr im Sinne des § 315b StGB, also insbesondere Sabotageakte »höhere Gewalt« darstellen. »Höhere Gewalt« liegt vor, wenn unbefugte Dritte einen Gullideckel herausheben[119] oder Steine von Autobahnbrücken auf Fahrzeuge herabgeworfen werden. 54b

Ein schädigendes Ereignis ist dann außergewöhnlich, wenn es der Kfz-Fahrer nicht wegen seiner Häufigkeit in Kauf nehmen muss. Es muss sich um einen seltenen, ungewöhnlichen Schicksalsschlag handeln, dem der Ausnahmecharakter innewohnt.[120] Hierfür ist nicht erforderlich, dass das Ereignis absolut einmalig ist. Wie bereits oben dargestellt, ist es aber nicht außergewöhnlich, dass ein Kind plötzlich die Fahrbahn überquert, ohne auf den Fahrzeugverkehr zu achten. Auch das plötzliche Hervortreten hinter Sichthindernissen ist ebenso wenig außergewöhnlich wie fehlerhaftes Verhalten Rad fahrender Kinder. Auch sind keineswegs alle schädigenden Naturereignisse als außergewöhnlich zu qualifizieren. Insoweit dürften Ereignisse ausscheiden, die sich, bezogen auf Jahreszeit und Entstehungsort, nicht selten ereignen und auf die sich der Kfz-Fahrer dementsprechend einstellen kann. Der Ausnahmecharakter fehlt daher, wenn es in bestimmten Gegenden nahezu jährlich zu Überschwemmungen kommt. Auch mit Naturerscheinungen wie Eis- und Schneeglätte, Schnee- und Hagelstürmen oder auch plötzlich eintretendem dichten Nebel muss zu bestimmten Jahreszeiten gerechnet werden. Auch dem sturmbedingten Umstürzen von Bäumen dürfte regelmäßig der Ausnahmecharakter fehlen. Es ist auch nicht außergewöhnlich, dass Haus- oder Wildtiere plötzlich aus dem Wald oder einer Böschung hervorspringen und die Fahrbahn queren. Gleiches gilt für Vieh, das aus einer Koppel ausbricht und auf die Fahrbahn gerät. 55

Unabwendbar ist das Ereignis, wenn es nach menschlicher Einsicht und Erfahrung unvorhersehbar war und mit wirtschaftlich erträglichen Mitteln auch durch die äußerste nach der Sachlage vernünftigerweise zu erwartende Sorgfalt nicht verhütbar oder unschädlich zu machen war; es muss mit höchstmöglicher Sorgfalt nicht vermeidbar gewesen sein.[121] Von einem Kfz-Fahrer kann erwartet werden, dass er sich über die aktuellen Witterungsverhältnisse unterrichtet hält und den Wettervorhersagen durch besonders vorsichtige Fahrweise Rechnung trägt.[122] In Ausnahmesituationen ist es auch durchaus zumutbar, aufgrund der erkennbaren Gefahren auf die Nutzung des Fahrzeuges ganz zu verzichten und sich sicherer öffentlicher Verkehrsmittel zu bedienen. Ebenso ist dem Kraftfahrer im Winter zuzumuten, während der Fahrt regional zuständige Verkehrsfunksender auf Glatt- 56

---

119 Vgl. *OLG Celle* VersR 1991, 1382.
120 Vgl. *BGH* VRS 51, 259; *OLG Hamburg* VersR 1979, 549.
121 Vgl. *BGH* VersR 1986, 92.
122 Vgl. *OLG Düsseldorf* VersR 1995, 311.

eiswarnungen abzuhören. Den Kraftfahrer trifft allerdings kein Verschulden, wenn er ohne vorherige Anzeichen erst im unmittelbaren Unfallbereich auf Eisglätte stößt.[123]

57 Die eingeschränkte Entlastungsmöglichkeit im Rahmen des § 7 Abs. 2 StVG n. F., die wie bereits ausgeführt einen verbesserten Schutz insbesondere von Kindern im Straßenverkehr beabsichtigt, korrespondiert mit der Neuregelung des § 828 Abs. 2 S. 1 BGB. Danach sind Kinder, die das 7., aber nicht das 10. Lebensjahr vollendet haben, für den Schaden, den sie bei einem Unfall mit einem Kraftfahrzeug, einer Schienenbahn oder einer Schwebebahn einem anderen zufügen, nicht verantwortlich. Dies gilt nach § 828 Abs. 2 S. 2 BGB n. F. nur dann nicht, wenn das Kind die Verletzung vorsätzlich herbeigeführt hat. In § 828 Abs. 3 BGB n. F. wird bei Personen, die das 18. Lebensjahr noch nicht vollendet haben, auf die zur Erkenntnis der Verantwortlichkeit erforderliche Einsicht abgestellt. Aufgrund kinderpsychologischer Erkenntnisse gilt es als gesichert, dass Kinder aufgrund ihrer physischen und psychischen Fähigkeiten regelmäßig frühestens ab Vollendung des 10. Lebensjahres imstande sind, die besonderen Gefahren des motorisierten Straßenverkehrs zu erkennen und sich den erkannten Gefahren entsprechend zu verhalten.

57a Die Änderung des § 828 BGB führt dazu, dass Kinder bis zum vollendeten 10. Lebensjahr zum einen von einer Haftung für von ihnen verursachte Unfallschäden befreit werden. Zum anderen müssen sie ihren eigenen Ansprüchen ein Mitverschulden bei der Schadenverursachung nicht entgegenhalten lassen. Dieses gilt für alle Formen der Fahrlässigkeit im Straßenverkehr und sowohl für Ansprüche aus dem allgemeinen Deliktsrecht als auch für solche aus den Gefährdungshaftungstatbeständen des StVG und des HPflG.

57b Nach Rechtsprechung des *BGH*[124] soll das Haftungsprivileg des § 828 Abs. 2 S. 1 BGB nach dem Sinn und Zweck der Vorschrift allerdings nur eingreifen, wenn sich bei der gegebenen Fallkonstellation eine typische Überforderungssituation des Kindes durch die spezifischen Gefahren des motorisierten Verkehrs realisiert hat. Dies dürfte im ruhenden Verkehr in der Regel aber nicht der Fall sein. Einem Rad fahrenden Kind, das fahrlässig gegen ein ordnungsgemäß innerhalb des öffentlichen Verkehrsraumes abgestelltes Fahrzeug fährt, wird das Haftungsprivileg daher im Regelfall nicht zugute kommen. Allerdings hat der Geschädigte darzulegen und ggf. zu beweisen, dass die typische Überforderungssituation des Kindes nicht vorlag.[125]

d) Unabwendbares Ereignis

58 Durch das zweite Schadensrechtsänderungsgesetz wurde mit Wirkung zum 1.8.2002 die Ausgleichspflicht mehrerer Haftpflichtiger gem. § 17 StVG neu strukturiert und insbesondere um den Ausschlussgrund des unabwendbaren Ereignisses ergänzt. § 17 Abs. 1 StVG n. F. regelt den Ausgleich zwischen mehreren beteiligten Kfz-Haltern bei Schädigung eines Dritten und entspricht bei unverändertem Wortlaut dem Inhalt des bisherigen § 17 Abs. 1 S. 1 StVG. Der bisherige § 17 Abs. 1 S. 2 StVG über die Ausgleichspflicht zwischen mehreren unfallbeteiligten Kfz-Haltern für selbst erlittene Schäden entspricht gleichfalls ohne inhaltliche Änderung dem § 17 Abs. 2 StVG n. F. Dabei dient die Schaffung eines besonderen Absatzes dem besseren Verständnis.

58a Der bisherige § 17 Abs. 2 wurde unter Einbeziehung der Haftung des Anhängerhalters als § 17 Abs. 4 aufgenommen und regelt den Ausgleich zwischen Kfz-Haltern und anderen Haftpflichtigen (Eisenbahn, Tier und nunmehr Anhänger). § 17 Abs. 4 StVG n. F. regelt also den Ausgleich im Innenverhältnis zwischen dem Kfz-Halter einerseits und dem Anhängerhalter, Tierhalter oder Eisenbahnunternehmer andererseits, indem er entsprechend § 17 Abs. 2 StVG a. F. in diesen Fällen die Absätze 1 bis 3 für entsprechend anwendbar erklärt. Dies gilt auch für den Fall, dass mehrere Kraft-

---

123 Sog. Blitzeis, vgl. hierzu *BGH* VersR 1969, 895; NJW 1989, 3273; *OLG Schleswig* VersR 1999, 375.
124 *BGH* NJW 2005, 354 = VersR 2005, 376; NJW 2007, 2113 = VersR 2007, 855; vgl. auch *BGH* NJW 2008, 147 = VersR 2007, 1669.
125 *BGH* NJW 2009, 3231 = VersR 2009, 1136 = DAR 2009, 690.

fahrzeuge mit Anhängern, Kraftfahrzeug, Anhänger und Tier oder Kraftfahrzeug, Anhänger und Eisenbahn am Unfall beteiligt sind.[126]

Der Befreiungsgrund des unabwendbaren Ereignisses, der bisher in § 7 Abs. 2 StVG normiert war, ist also nicht vollständig entfallen, sondern gilt nach wie vor für den Schadensausgleich zwischen den Haltern mehrerer unfallbeteiligter Fahrzeuge, § 17 Abs. 3 StVG n. F. Danach gilt also weiterhin, dass die Verpflichtung zum Schadensersatz zwischen den Haltern mehrerer unfallbeteiligter Fahrzeuge ausgeschlossen ist, wenn der Unfall durch ein unabwendbares Ereignis verursacht wird, das weder auf einem Fehler in der Beschaffenheit des Fahrzeuges noch auf einem Versagen seiner Vorrichtungen beruht. Die Regelung entspricht inhaltlich dem bisher in § 7 Abs. 2 S. 1 StVG a. F. vorgesehenen Haftungsausschlussgrund, sodass die Praxis weiterhin auf die Rechtsprechung zum Idealfahrer zurückgreifen kann. Gleichzeitig wurde bei der Neustrukturierung ein Redaktionsversehen berichtigt, sodass es nunmehr in § 17 Abs. 3 StVG n. F. »Vorrichtungen« und nicht mehr wie im bisherigen § 7 Abs. 2 StVG a. F. irritierend »Verrichtungen« heißt. 59

Das Gesetz selbst umreißt in Form einer Legaldefinition den klassischen Fall des unabwendbaren Ereignisses, das nach seinen Vorstellungen insbesondere dann vorliegt, wenn es auf das Verhalten des Verletzten oder eines nicht bei dem Betriebe des beteiligten Kfz beschäftigten Dritten oder eines Tieres zurückzuführen ist und sowohl der Halter als auch der Führer des Fahrzeuges jede nach den Umständen des Falles gebotene Sorgfalt beobachtet haben. Der Terminus »insbesondere« lässt aber erkennen, dass es sich dabei nicht um eine abschließende Regelung mit enumerativem Charakter, sondern nur um eine beispielhafte Aufzählung handeln soll. 60

Beim sog. Unabwendbarkeitsnachweis ist also weiterhin auf den »idealen« Verkehrsteilnehmer oder Idealfahrer abzustellen, der sich über das Maß der verkehrsüblichen Sorgfalt hinaus konzentriert aufmerksam, gesteigert umsichtig und gebündelt geistesgegenwärtig verhält.[127] Dieser muss die Verkehrslage noch sorgfältiger und kritischer als der Durchschnittsfahrer beobachten und seine Fahrweise darauf einstellen.[128] Dabei darf sich die Prüfung aber nicht auf die Frage beschränken, ob der Fahrer in der konkreten Gefahrensituation wie ein Idealfahrer reagiert hat, vielmehr ist sie auf die weitere Frage zu erstrecken, ob ein Idealfahrer überhaupt in eine solche Gefahrenlage geraten wäre; der sich aus einer abwendbaren Gefahrenlage entwickelnde Unfall wird nicht dadurch unabwendbar, dass sich der Fahrer in der Gefahr nunmehr (zu spät) »ideal« verhält.[129] Damit verlangt § 7 Abs. 2 StVG, dass der Idealfahrer in seiner Fahrweise auch die Erkenntnisse berücksichtigt, die nach allgemeiner Erfahrung geeignet sind, Gefahrensituationen nach Möglichkeit zu vermeiden. Allerdings muss auch der an den Idealfahrer anzulegende Maßstab menschlichem Vermögen und den Erfordernissen des Straßenverkehrs noch angepasst sein. So gilt auch für ihn in der Regel der Vertrauensgrundsatz, nach dem sich der Kraftfahrer in gewissem Umfang darauf verlassen darf, dass andere Verkehrsteilnehmer sich sachgerecht verhalten, solange keine besonderen Umstände vorliegen, die geeignet sind, dieses Vertrauen zu erschüttern.[130] Erhöhte Sorgfalt – wie sie auch bereits vom Durchschnittsfahrer verlangt wird – ist gegenüber ersichtlich gebrechlichen oder körperbehinderten Personen und kleinen Kindern sowie auch bei jugendlichen Verkehrsteilnehmern überhaupt aufzuwenden (vgl. § 3 Abs. 2a StVO).[131] 60a

Sofern Halter und Fahrer des schadenstiftenden Kfz nicht personengleich sind, muss der Halter ggf. nachweisen, dass er bei der Auswahl und Beaufsichtigung des Fahrers die im Verkehr erforderliche 61

---

126 *Hentschel* NZV 2002, 439.
127 Vgl. *BGH* NJW 1985, 183 = VersR 1985, 864 = DAR 1985, 314 = VRS 1969, 353; VersR 1987, 158; Hentschel/*König*/Dauer § 17 StVG, Rn. 22; Geigel/*Kaufmann* 25. Kap. Rn. 114 ff. jeweils m. w. N.
128 Vgl. *BGH* NJW 1986, 183 = VersR 1985, 864; Geigel/*Kaufmann* a. a. O.
129 *BGH* NJW 1992, 1684 = VersR 1992, 714 = DAR 1992, 257 m. w. N.
130 Vgl. *BGH* NJW 1986, 183 = VersR 1985, 864; Geigel/*Kaufmann* 25. Kap. Rn. 119.
131 Vgl. *BGH* VersR 1970, 820; NJW 1982, 1149 = VersR 1982, 441; Hentschel/*König*/Dauer § 3 StVO, Rn. 29a ff.; Geigel/*Kaufmann* 25. Kap. Rn. 186.

Sorgfalt beobachtet hat, um sich auf eine Unabwendbarkeit zu berufen.[132] Der Halter muss sich als Erhöhung der Betriebsgefahr ein Fehlverhalten seines Fahrers aber auch dann verantwortlich zurechnen lassen, wenn er sich selbst verkehrsrichtig verhalten hat, sich nach § 831 BGB exkulpieren kann und eine Vertragshaftung nach § 278 BGB nicht zum Zuge kommt.

62 Kein Ausschluss der Gefährdungshaftung tritt ein, wenn ein technischer Mangel am Fahrzeug ursächlich den Unfall ausgelöst oder beeinflusst hat. Dies gilt auch dann, wenn der Mangel auf einem nicht voraussehbaren Materialfehler oder auf anderen Umständen beruht, mit denen selbst der sorgfältigste Fahrzeughalter nach der Lebenserfahrung nicht zu rechnen brauchte.

e) Schwarzfahrt

63 Die Gefährdungshaftung des Kfz-Halters ist unter gewissen Voraussetzungen[133] auch bei sog. Schwarzfahrten (§ 7 Abs. 3 StVG) ausgeschlossen. Unter einer Schwarzfahrt versteht man die unbefugte Benutzung eines Kfz, wenn mit dem Kfz eine Fahrt gegen den ausdrücklichen oder stillschweigenden Willen des berechtigten Halters vorgenommen oder eine von ihm erlaubte Fahrt zu anderer Zeit, zu anderen Zwecken von einer anderen Person oder zu einem anderen Ziel ausgeführt wird.[134]

64 Ein Kfz-Halter, der einem anderen die Führung seines Fahrzeugs überlässt, muss sich stets, und zwar in der Regel durch Einblick in den Führerschein, vergewissern, dass der andere im Besitz der vorgeschriebenen Fahrerlaubnis ist.[135]

64a Der Versicherungsnehmer fährt nicht ohne die vorgeschriebene Fahrerlaubnis, wenn er die im Führerschein eingetragene Auflage, beim Fahren eine Brille zu tragen, nicht befolgt.[136]

64b Sofern der vorgeschriebene Sonderführerschein für gewerbliche Fahrgastbeförderung – beispielsweise Kraftomnibusse – nicht vorhanden ist, folgt aus dem Schutzzweck des § 15d StVZO a. F. (nunmehr gelten für Kraftomnibusse die Regelungen der Fahrerlaubnisklasse D der Fahrerlaubnis-Verordnung), dass dieser Tatbestand versicherungsrechtlich keine Bedeutung hat, wenn der betreffende Fahrer keine Fahrgäste, sondern andere Verkehrsteilnehmer geschädigt hat.[137]

64c Nach § 2 Abs. 2c AKB a. F. bestand für den Versicherungsnehmer keine Obliegenheit, Schwarzfahrten solcher Personen, die nicht im Besitz der vorgeschriebenen Fahrerlaubnis sind, zu verhindern. Eine Obliegenheitsverletzung wurde nur angenommen, wenn der Halter oder sein Repräsentant einem Fahrer, der nicht über die vorgeschriebene Fahrerlaubnis verfügt, die Berechtigung erteilt, das Fahrzeug zu führen. Nach dem § 2b Abs. 1 S. 2 AKB 2007 (bzw. D.1.2. AKB 2008) wird der Versicherer nunmehr auch gegenüber dem Versicherungsnehmer leistungsfrei gestellt, der die Schwarzfahrt schuldhaft ermöglicht hat.

65 Sofern der Halter eines Kfz seine Pflicht zur Sicherung des Fahrzeugs vor unbefugten Benutzern verletzt, unterliegt der Halter nicht allein der vom Verschulden losgelösten Gefährdungshaftung nach § 7 Abs. 3, S. 1, Halbsatz 2 StVG, sondern darüber hinaus auch aus einer Haftung aus unerlaubter Handlung im Sinne von § 823 BGB, und zwar wegen Verletzung der Verkehrssicherungspflicht, falls der Halter die widerrechtliche Benutzung des Kfz durch unzweckmäßige Maßnahmen oder durch Unterlassen der erforderlichen Vorkehrungen schuldhaft ermöglicht hat.[138] Insoweit hat der Halter dafür zu sorgen, dass die zum Schutz gegen unberechtigte Benutzer erforderlichen Sicherheitsein-

---

132 Vgl. *BGH* VersR 1964, 1241.
133 Vgl. hierzu auch Rdn. 116–126 sowie *BGH* VersR 1993, 1092; 1986, 693; 1984, 834; *OLG Oldenburg* VersR 1999, 482; *OLG Hamm* VersR 1996, 1358.
134 Vgl. *OLG Frankfurt/M.* VersR 1983, 464 = zfs 1983, 196; *OLG Hamm* VersR 1984, 1051.
135 Vgl. *BGH* VersR 1971, 808.
136 Vgl. *BGH* NJW 1969, 1213 = VersR 1969, 603 = VRS 36, 401; VersR 1969, 1011.
137 Vgl. *BGH* NJW 1973, 285 = VersR 1973, 172 = DAR 1973, 74 = VRS 44, 174; VersR 1976, 531 = DAR 1976, 160 = VRS 50, 404.
138 Vgl. *BGH* VersR 1965, 988; VersR 1966, 79; VRS 30, 166; VersR 1971, 239; NJW 1981, 113 = VersR

A. Fahrzeughalter

richtungen vorhanden sind¹³⁹ und dass das Kfz vor dem widerrechtlichen Zugriff ungeeigneter Personen geschützt wird.¹⁴⁰

Verfügungsberechtigt über das Kfz ist – neben dem Halter – auch derjenige, dem der Wagen zur ständigen Benutzung überlassen worden ist. Der angestellte Kraftfahrer hingegen ist nur Besitzdiener und wird regelmäßig nicht als ermächtigt gelten können, die Lenkung des Kfz und seinen Gebrauch anderen Personen – insbesondere solchen, die über keine Fahrerlaubnis verfügen – zu überlassen. 66

Besonderheiten gelten bezüglich des Mieters. Insoweit kommt es auf die vertragliche Ausgestaltung des Mietvertrages entscheidend an (vgl. hierzu auch nachfolgend unter Rdn. 343–348). Die jetzt üblichen Mietverträge schließen regelmäßig die Überlassung des Kfz an einen dazu nicht befugten Dritten aus. Ist mit dem betreffenden Kfz-Vermieter »Volldeckung« vereinbart worden, gilt der Grundsatz, dass der daraus abgeleitete Deckungsschutz dem »Leitbild einer Kaskoversicherung« entsprechen muss. 67

Der Einwand, es habe eine Schwarzfahrt vorgelegen, ist dem Halter stets dann versagt, wenn der Wagen – und sei es auch ohne seine Erlaubnis – von einem für den Betrieb des betreffenden Kfz angestellten Fahrer benutzt worden ist. Sofern ein Betrieb über mehrere Kraftfahrer verfügt, gelten alle gleichermaßen für sämtliche Fahrzeuge als angestellte und damit als »betriebstätige« Personen. 68

Die Beweislast für das Vorliegen einer Schwarzfahrt obliegt grds. dem Halter des Fahrzeugs, wenn er sich auf den Ausschluss der Gefährdungshaftung berufen will. Für einen Sachverhalt der auf die Schuld des Halters schließen lässt ist der Geschädigte (Verletzte) beweispflichtig.¹⁴¹ Gleiches gilt, wenn gegenüber dem Einwand der Schwarzfahrt der Geschädigte behauptet, dass aufgrund der Sonderbestimmung des § 7 Abs. 3 S. 2 StVG dennoch die Haftung des Halters bestehen bleibt. 69

Zusammenfassend lässt sich feststellen, dass die Haftungsfreistellung im Fall einer Schwarzfahrt jeweils dann eintritt, wenn das betreffende Kfz ohne Wissen und Willen des Halters von einem Dritten, der das Fahrzeug nicht unterschlagen haben darf, widerrechtlich benutzt worden ist. Hat der Halter aber die widerrechtliche Benutzung seines Kfz schuldhaft ermöglicht, so trifft ihn neben einer – allerdings auf den Haftungsrahmen des StVG begrenzten – Halterhaftung aus § 7 Abs. 3 S. 1, 2. Halbsatz StVG in aller Regel nach § 823 Abs. 1 u. § 823 Abs. 2 in Verbindung mit § 14 Abs. 2 S. 2 StVO auch die Deliktshaftung für die durch den Schwarzfahrer verursachten Schäden.¹⁴² Die Haftung nach § 7 Abs. 3 S. 2 StVG setzt immer voraus, dass der Überlassende weiterhin Halter ist. Die Bestimmung macht nämlich lediglich die Befreiung des Halters von seiner Haftung nach § 7 Abs. 3 S. 1 StVG für die Fälle rückgängig, in denen sich der Schwarzfahrer eigenmächtig in den Besitz des Fahrzeugs gesetzt und der Halter dies nicht verschuldet hat. 70

Der Schutzzweck der Vorschriften über die Sicherung von Kraftfahrzeugen gegen Schwarzfahrer (§ 14 Abs. 2 StVO u. § 38a StVZO) umfasst auch Schäden aus einem Unfall, den der Schwarzfahrer beim Versuch, sich der Festnahme durch die Polizei zu entziehen, mit dem gestohlenen Kfz herbeiführt.¹⁴³ Die herrschende Meinung tendiert dahin, dass derjenige, der den ersten Unfall verursacht hat, grundsätzlich unter dem Gesichtspunkt der »Herausforderung« auch für die Folgen verantwortlich ist, die beispielsweise in der Person eines Hilfeleistenden durch Selbstgefährdung eintreten.¹⁴⁴ Diese Grundsätze gelten auch dann, wenn es sich bei dem Dritten um einen für den Betrieb des be- 70a

---

1981, 40; *OLG Frankfurt/M.* VersR 1983, 464 = zfs 1983, 196; VersR 1983, 497 (Vorführwagen); *OLG Hamm* VersR 1984, 1051; Palandt/*Sprau* § 823 Rn. 245.
139 Vgl. *OLG Köln* DAR 1967, 16.
140 Vgl. *BGH* VersR 1968, 575; *OLG Köln* r+s 1996, 135.
141 Hentschel/*König*/Dauer § 7 StVG, Rn. 60.
142 Vgl. *BGH* VersR 1971, 239; VersR 1981, 40; *OLG Düsseldorf* VersR 1989, 638 (Schlüsseldiebstahl aus Kleidungsstück); Geigel/*Kaufmann* 25. Kap. Rn. 241, 242.
143 Vgl. *BGH* VersR 1971, 239; NJW 1981, 113 = VersR 1981, 40 = DAR 1981, 50 = zfs 1981, 68; NJW 1981, 760.
144 Vgl. insoweit *v. Caemmerer* DAR 1970, 291.

treffenden Kfz angestellten Kraftfahrer oder eine sonstige »betriebstätige« Person bzw. einen sonstigen Dritten handelt, dem der Halter das Kfz zum Gebrauch überlassen hat.

f) Verwirkung/Verjährung

71 Nach § 15 StVG tritt eine Verwirkung der Ansprüche aus der Gefährdungshaftung dann ein, wenn der Ersatzberechtigte nicht innerhalb einer Ausschlussfrist von zwei Monaten dem Kfz-Halter den Unfall anzeigt. Die Frist beginnt in dem Zeitpunkt zu laufen, in dem der Verletzte vom Schaden und von der Person des Ersatzberechtigten sichere Kenntnis erlangt hat. Eine Verwirkung kommt trotz Fristablaufs dann nicht in Betracht, wenn der Halter auf andere Weise vom Schaden Kenntnis erhalten oder der Geschädigte die verspätete Anzeige nicht zu vertreten hat.

72 Die Verwirkung gilt lediglich für originäre Ersatzansprüche des Geschädigten. Sie kommt nicht mehr in Betracht, wenn es sich um »echte« Ausgleichsansprüche im Sinne von § 17 Abs. 1 StVG handelt, also Ansprüche, die nach der Vorabbefriedigung eines geschädigten Dritten durch einen als Gesamtschuldner mithaftenden Fahrzeughalter gem. § 426 Abs. 1 BGB auf diesen übergegangen sind. Die Verwirkung tritt indessen bei den »unechten« Ausgleichsansprüchen nach § 17 Abs. 2 StVG n. F. (§ 18 Abs. 1 S. 2 StVG a. F.) innerhalb des hier abgesteckten Rahmens ein, da es sich bei diesen systemwidrig mit dem falschen Etikett »Ausgleichsansprüche« versehenen Forderungen bei rechtlich wertender Betrachtung tatsächlich um gegenseitige Kürzungsansprüche im Umfang des dem jeweils anderen Teil zur Last fallenden Verschuldens bzw. der von ihm zu vertretenden mitwirkenden Mitverursachung handelt.

73 Im Gegensatz zur Verjährung, die lediglich eine Einrede auf Leistungsverweigerung gemäß § 214 BGB begründet, bedeutet die von Amts wegen zu berücksichtigende Verwirkung einen echten Rechtsverlust in dem Sinne, dass der Anspruch untergeht.

74 Im Fall eines Stationierungsschadens muss der Anspruch binnen zwei Monaten bei der zuständigen Stelle (Amt für Verteidigungslasten) angemeldet werden, da sonst bereits nach Ablauf dieser Frist der Rechtsverlust eintritt.

75 Die Verjährung, auf die sich der Schuldner im Wege der Einrede ausdrücklich berufen muss, begründet dagegen ein dauerndes Leistungsverweigerungsrecht des Schuldners im Sinne des § 214 BGB ohne den Anspruch in seiner sachlichen Substanz zu vernichten. Die drohende Verjährung begründet regelmäßig ein Feststellungsinteresse im Sinne von § 256 ZPO.[145]

76 Bezüglich der Verjährung verweist § 14 StVG auf die für die unerlaubte Handlung geltenden Verjährungsvorschriften des BGB. Durch Inkrafttreten des Schuldrechtsmodernisierungsgesetzes hat der Gesetzgeber die dortigen Verjährungsvorschriften mit Wirkung vom 1.1.2002 neu geregelt. Die Abs. 1 und 2 des § 852 BGB wurden ersatzlos gestrichen.

76a Es gilt nunmehr sowohl für Ansprüche aus § 7 StVG als auch für Ansprüche aus § 823 BGB die regelmäßige Verjährungsfrist von drei Jahren gem. § 195 BGB n. F. Nach § 199 Abs. 1 BGB n. F. beginnt die Verjährungsfrist, wenn der Gläubiger von den den Anspruch begründenden Umständen und der Person des Schuldners Kenntnis erlangt oder ohne grobe Fahrlässigkeit hätte erlangen müssen. Im Gegensatz zur alten Regelung beginnt die Verjährung aber erst mit dem Schluss des Jahres, in dem der Schadensersatzanspruch entstanden ist (§ 199 Abs. 1 Nr. 1 BGB n. F.).

76b Nach § 199 Abs. 2 BGB n. F. verjähren Schadensersatzansprüche, die auf der Verletzung des Lebens, des Körpers, der Gesundheit oder der Freiheit beruhen, ohne Rücksicht auf ihre Entstehung und die Kenntnis oder grob fahrlässige Unkenntnis in dreißig Jahren von der Begehung der Handlung, der Pflichtverletzung oder dem sonstigen, den Schaden auslösenden Ereignis an (absolute Verjährung). Gemäß § 199 Abs. 3 BGB n. F. verjähren sonstige Schadensersatzansprüche – mithin solche wegen

---

145 Vgl. *BGHZ* 4, 133; 6, 195.

Sachschadens – in zehn Jahren von ihrer Entstehung an, spätestens aber in dreißig Jahren von dem Unfallereignis an.

Die Verjährung ist gem. § 203 BGB gehemmt, solange Regulierungsverhandlungen zwischen den Beteiligten schweben, die einige Aussicht auf Erfolg bieten. Lässt der Schuldner demgegenüber – dies kann auch durch Schweigen oder konkludente Handlung geschehen – erkennen, dass er ernsthaft und endgültig die Befriedigung des Anspruchs verweigert, dann wird die Verjährung nicht dadurch gehemmt, dass der Gläubiger weitere Briefe an den »schweigenden« Schuldner oder dessen Haftpflichtversicherer richtet. Wegen seiner Bedeutung für die Durchsetzbarkeit der geltend gemachten Ansprüche muss die Verweigerung der Fortsetzung von Verhandlungen durch ein klares und eindeutiges Verhalten zum Ausdruck gebracht werden.[146] Ist die Verjährung gehemmt, so wird die Zeit, die die Regulierungsverhandlungen in Anspruch genommen haben, für die Ermittlung der Verjährungsfrist nicht mitgerechnet. 77

In § 203 BGB wurde die alte Regelung des § 852 Abs. 2 BGB a. F. zwar nicht wortwörtlich aber doch inhaltlich übernommen, sodass die zu § 852 Abs. 2 BGB a. F. ergangene Rechtsprechung weiterhin Bestand hat. Neu eingefügt wurde allerdings § 203 S. 2 BGB, wonach die Verjährung frühestens drei Monate nach dem Ende der Hemmung eintritt. Diese Frist dient der Abwägung der Erfolgsaussichten einer Klage sowie deren Vorbereitung. 78

Von herausragender Bedeutung ist die Änderung der Verjährungsvorschriften für den Regress des Gesamtschuldners. Ansprüche aus dem Gesamtschuldnerausgleich verjährten nach altem Recht in 30 Jahren. Nach neuem Recht unterliegen sie der Regelverjährung von 3 Jahren gem. § 195 BGB n. F. Diese erhebliche Verkürzung der Verjährungsfrist sei insbesondere der Aufmerksamkeit der Versicherungswirtschaft empfohlen. 79

Bei der Geltendmachung von Schadenersatzansprüchen[147] gegenüber dem KH-Versicherer beginnt die Hemmung der Verjährung gemäß § 3 Nr. 3, S. 3 PflVG a. F. bzw. seit dem 1.1.2008 § 115 Abs. 2 S. 3 VVG n. F. mit der Anmeldung des Anspruchs beim Versicherer. Eine schriftliche Anzeige ist nicht erforderlich, aus Gründen der Beweiserleichterung aber durchaus anzuraten. Ohnehin sind an die Anmeldung keine allzu strengen Anforderungen zu stellen. Es genügt, wenn der Geschädigte das Schadenereignis schildert und erkennen lässt, dass er daraus Ansprüche geltend macht, die aber nicht im Einzelnen bezeichnet oder beziffert werden müssen. Die Hemmung der Verjährung endet erst mit der abschließenden schriftlichen Entscheidung des KH-Versicherers, aus der eindeutig erkennbar sein muss, dass damit die Regulierungsverhandlungen für ihn beendet sind. Eine positive Entscheidung des KH-Versicherers beendet die Verjährungshemmung daher nur dann, wenn sie zweifelsfrei erkennen lässt, dass auch künftige Forderungen aus dem Unfall nicht beanstandet werden, sofern der Geschädigte die entsprechenden Schadensposten ausreichend belegen kann. Abrechnungsschreiben, in denen bisher geltend gemachte Zahlungsanforderungen des Haftpflichtgläubigers ganz oder teilweise anerkannt werden, stellen keine positive Entscheidung des Versicherers im Sinne des § 3 Nr. 3 S. 3 PflVG a. F. bzw. § 115 Abs. 2 S. 3 VVG n. F. dar, da ihnen der Charakter einer erschöpfend, eindeutig und endgültig den Schadensersatzanspruch im Hinblick auf das Interesse des Gläubigers an Rechtssicherheit und Rechtsklarheit anspruchsbejahenden schriftlichen Erklärung fehlt.[148] 80

Nach der Auffassung des *BGH* sind bei der Prüfung der Frage, ob eine schriftliche Entscheidung vorliegt, strenge Maßstäbe anzulegen. Nach Ansicht des *BGH* kann ein Schreiben des Geschädigten der erforderlichen schriftlichen Entscheidung des Versicherers auch dann nicht gleichgesetzt werden, wenn es eine mündliche Ablehnung durch den Versicherer bestätigt.[149] Es muss aber immer nach 80a

---

146 Vgl. *BGH* VersR 1998, 1295 = zfs 1999, 9; *OLG Düsseldorf* VersR 1999, 68.
147 Vgl. *BGH* VersR 1982, 546.
148 Vgl. *BGH* VersR 1996, 369 = r+s 1996, 90 = zfs 1996, 126 = NZV 1996, 141; *OLG Frankfurt* r+s 1999, 12 (vorläufige Abrechnung).
149 *BGH* DAR 1997, 246 = NZV 1997, 227 = r+s 1997, 229 = VersR 1997, 637.

den konkreten Umständen entschieden werden, ob das Verhalten des Geschädigten, der sich auf das Fehlen einer schriftlichen Entscheidung des Versicherers beruft, trotz der formstrengen Regelung nach den Grundsätzen von Treu und Glauben akzeptiert werden kann.[150] Wenn der Geschädigte selbst durch sein Verhalten zum Ausdruck bringt, dass er eine weitere Stellungnahme nicht erwartet und ein schriftlicher Bescheid des Versicherers keinen vernünftigen Sinn gehabt hätte, sondern nur reine Förmelei gewesen wäre, kann die Verjährungshemmung nicht greifen. Unter diesen Voraussetzungen erscheint es untragbar, wenn die Verjährungshemmung unbegrenzt fortdauern könnte.

80b Die Verjährungshemmung endet mit der Unterzeichnung einer Abfindungserklärung[151] oder mit Abschluss eines Abfindungsvergleichs,[152] ohne dass es noch eine den Anforderungen des § 3 Nr. 3, S. 3 PflVG a. F. bzw. § 115 Abs. 2 S. 3 VVG n. F. genügenden Entscheidung des KH-Versicherers bedarf, da für alle Beteiligten ersichtlich ist, dass damit die Regulierung der infrage stehenden Ansprüche einvernehmlich beendet werden soll.

B. Fahrer

81 Auch der Fahrer eines Fahrzeugs – insbesondere eines Kfz – unterliegt unter bestimmten Voraussetzungen einer Haftung für die von ihm aus diesem Anlass verursachten Schäden. Dabei gilt der Grundsatz, dass Fahrer von Kraftfahrzeugen der Haftung aus gesetzlich vermutetem Verschulden unterliegen, während Fahrer von sonstigen Fahrzeugen nur dann haften, wenn ihnen der Anspruchsteller seinerseits ein schadenursächliches Verschulden nachweist. Aus dieser Abstufung ergeben sich vornehmlich unterschiedliche Beweislastregeln.

I. Kraftfahrzeug

1. Haftung gegenüber Dritten

a) Grundsatz

82 Nach § 18 Abs. 1 StVG ist grundsätzlich der Fahrer eines Kraftfahrzeugs im selben Umfange wie der Halter zum Ersatz des Schadens verpflichtet, der »bei dem Betrieb« des von ihm gelenkten Kfz entsteht.

82a Als Fahrer eines Kraftfahrzeugs gilt regelmäßig derjenige, der das Fahrzeug lenkt und dessen maschinelle Einrichtungen bedient, es sei denn, dass die Verfügung über die Maschine und die Herrschaftsgewalt über den, der das Fahrzeug bedient, ausschließlich einer anderen Person zusteht, wie dies beispielsweise beim Fahrlehrer während der Ausbildung eines Fahrschülers der Fall ist.

83 Ein Kraftfahrzeug »führt« auch der, der es mit abgeschaltetem Motor während eines Abrollens über eine Gefällstrecke lenkt. Dies gilt auch dann, wenn das Fahrzeug vorher nicht mit seiner motorischen Antriebskraft bewegt worden ist und der Fahrer nicht die Absicht oder die Möglichkeit hat, den Motor anzulassen. Dies kommt beispielsweise dann in Betracht, wenn man das Fahrzeug zum Zwecke des Standortwechsels abrollen lässt.[153]

84 Der Fahrer eines Kfz kann die Verantwortung für die Beachtung der Verkehrsregeln dann auf eine Hilfsperson delegieren, wenn er selbst keine eigene Beobachtungsmöglichkeit hat.[154] Soweit beim Einweisen eine Gefälligkeitshandlung vorliegt, haftet der Einweisende, wenn nicht von vornherein ein genereller Haftungsausschluss vereinbart worden sein sollte, allenfalls für Vorsatz und grobe Fahrlässigkeit.[155] Andererseits muss sich der verantwortliche Kfz-Fahrer in jedem Fall Fehlverhalten von Einweisern wie eigenes Verschulden zurechnen lassen.

---

150 Vgl. *Halm* in Himmelreich, Jahrbuch Verkehrsrecht 1998, S. 20.
151 Vgl. *OLG Hamm* zfs 1999, 93 = NZV 1999, 245 = r+s 1999, 105.
152 Vgl. *BGH* VersR 1999, 382 = DAR 1999, 166 = NZV 1999, 158 = r+s 1999, 109.
153 Vgl. *BGH* NJW 1960, 1211 = DAR 1960, 211 = VRS 18, 452; Geigel/*Kaufmann* 25. Kap. Rn. 315.
154 Vgl. *OLG Hamm* VRS 7, 383.
155 Vgl. *BGH* VersR 1960, 635; *OLG Köln* VRS 24, 398; wegen der *Erforderlichkeit* eines Einweisers: *Bay-*

Der Fahrer eines Motorrads trägt auch bei Mitnahme eines Beifahrers grundsätzlich die alleinige Verantwortung für das sichere Führen seines Kfz. 85

Beim sog. Begleiteten Fahren ab 17 Jahre (vgl. §§ 48a FeV, 6e StVG) ist nicht der Begleiter sondern der 17-jährige Führer des Kfz. 86

Bei der gesetzlichen Haftung des Fahrzeugfahrers aus § 18 StVG handelt es sich nicht um eine Gefährdungshaftung, sondern um eine Haftung aus gesetzlich vermutetem Verschulden mit umgekehrter Beweislast,[156] der allerdings gewisse Gefährdungsmomente innewohnen. Dies bedeutet, dass der Fahrer eines Kfz – im Gegensatz zum Halter – bereits dann von seiner Haftung befreit ist, wenn er seinerseits nachweist, dass ihn an der Herbeiführung des Unfalls – entgegen der gesetzlichen Vermutung – kein Verschulden trifft.[157] Der Kfz-Führer muss also nicht einen haftungsausschließenden Ausnahmetatbestand (»höhere Gewalt« oder Unabwendbarkeit) beweisen, sondern kann sich aus der ihn treffenden Haftung unter wesentlich erleichterten Voraussetzungen entlasten. Umgekehrt bedeutet dies, dass der Fahrer eines Kfz, der nicht zugleich Halter desselben ist, sich bei eigenen Ansprüchen die einfache Betriebsgefahr des Fahrzeugs auch nur dann zurechnen bzw. entgegenhalten lassen muss, wenn er seinerseits für Verschulden gem. § 823 BGB oder für vermutetes Verschulden gem. § 18 StVG haftet.[158] 87

Unter Verschulden im Sinne von § 18 StVG versteht man das im § 276 BGB umschriebene Maß an Fahrlässigkeit. Dabei handelt es sich um einen objektiven Verschuldensbegriff. Vom Fahrer des Kfz wird demnach dasjenige Maß an Sorgfalt erwartet, das im Allgemeinen einem ordentlichen Kraftfahrer obliegt. 88

Die Anforderungen an den Entlastungsbeweis sind beim Fahrer geringer als beim Kfz-Halter. Die Rechtsprechung neigt mehr und mehr zu der Auffassung, dass der Führer eines Kfz bereits dann als exkulpiert gilt, wenn die objektiven Umstände darauf hindeuten, dass er sich unter Aufwendung des ihm zumutbaren Maßes an verkehrsüblicher Sorgfalt verkehrsrichtig verhalten hat.[159] 89

b) Haftungsumfang

Die Haftung des Fahrzeugfahrers aus gesetzlich vermutetem Verschulden korrespondiert dem Umfang nach mit der Haftung des Fahrzeughalters, sodass nach außen – also dem oder den geschädigten Dritten gegenüber – beide als Gesamtschuldner zum Schadenersatz verpflichtet sind. Es gilt der Grundsatz der Haftungs- und Zurechnungseinheit. Durch Bezugnahme auf § 16 StVG ist allerdings klargestellt, dass die Ersatzpflicht des berechtigten Kraftfahrers im Fall eines ihm nachzuweisenden »echten« – d. h. wirklichen, also nicht nur vermuteten – Verschuldens im Sinne einer unerlaubten Handlung über den Anwendungsbereich der Haftung aus dem StVG hinausreicht. Unter Umständen haftet der Fahrzeugführer deliktisch daher über die nur für den Bereich der Gefährdungshaftung geltenden gesetzlichen Haftungshöchstgrenzen des § 12 StVG hinaus auch für weitere Schäden, und zwar ohne jede Summenbeschränkung. 90

c) Besonderheiten für Fahrschüler

Abweichende Grundsätze bezüglich der Haftung des Fahrers gelten dann, wenn es sich um einen Fahrschüler handelt, dem eine Fahrerlaubnis noch nicht erteilt ist, sondern der zu diesem Zweck – unter Anleitung seines Fahrlehrers – Übungsfahrten durchführt. Nach § 2 Abs. 15 S. 1 StVG muss derjenige, der zur Ausbildung, zur Ablegung der Prüfung oder zur Begutachtung der Eignung 91

ObLG VRS 43, 66; *OLG Karlsruhe* VRS 48, 194; *OLG Celle* VRS 51, 566; zur Haftung bei *Verletzung* des Einweisers: *OLG Koblenz* VersR 1975, 188.
156 Vgl. BGHZ 6, 319 = NJW 1962, 1015.
157 Vgl. *OLG Köln* r+s 1985, 270.
158 *BGH* NJW 2010, 930 = VersR 2010, 268 = DAR 2010, 80.
159 Vgl. Hentschel/*König*/Dauer § 18 StVG, Rn. 4 m. w. N.

oder Befähigung ein Kraftfahrzeug auf öffentlichen Straßen führt, von einem Fahrlehrer im Sinne des Fahrlehrergesetzes begleitet werden. Bei allen Übungs- und Prüfungsfahrten gilt gem. § 2 Abs. 15 S. 2 StVG dann nicht der Fahrschüler, sondern der Fahrlehrer als verantwortlicher Fahrer des betreffenden Kraftfahrzeugs.[160]

92 Ein Fahrlehrer muss beim Fahrunterricht zum Schutze anderer Verkehrsteilnehmer und auch seines Fahrschülers besondere Sorgfalt walten lassen und den Schüler und seine Fahrweise ständig überwachen. An die Erfüllung dieser Pflichten ist mit Rücksicht auf die Bedeutung dieser Aufgabe grds. ein besonders strenger Maßstab anzulegen.[161] Ein Fahrlehrer verstößt jedoch nicht schon dann gegen die Führerscheinklausel, wenn er den Fahrschüler während einer Unterrichtsfahrt mangelhaft oder unzweckmäßig beaufsichtigt, sondern erst dann, wenn er es allgemein an einer wirksamen Beaufsichtigung fehlen lässt.[162]

93 Eine Haftung des Fahrschülers kommt allenfalls nach § 823 BGB in Betracht.[163] Nur in Ausnahmefällen kann unter ganz bestimmten Umständen auch der Fahrschüler gem. § 18 StVG – also als Fahrzeugführer – haftbar gemacht werden,[164] sodass er dann neben dem Fahrlehrer – als Gesamtschuldner – haftet.[165] Beispielsweise dann, wenn der Fahrschüler aus Gründen, die er eigenverantwortlich zu vertreten hat, ohne Fahrlehrer ein Kfz führt oder wenn der Fahrschüler sich gegen den erklärten Willen des Fahrlehrers in schwierige Verkehrssituationen begibt, denen er nicht gewachsen ist. Sofern der Fahrlehrer ihn davon in zumutbarer Weise nicht abhält, haftet dieser aber auch.

94 Allgemein kann man davon ausgehen, dass der Grad der zivilrechtlichen Verantwortlichkeit des Fahrschülers sich nach dem jeweilgen Ausbildungsstand und seinem sonstigen Verhalten bemisst. Hier gilt die Faustregel, dass der Fahrschüler am Anfang seiner Ausbildung für die von ihm verursachten Schäden in der Regel nicht haftet.[166]

95 Andere Maßstäbe können indes gelten, wenn der Fahrschüler kurz vor der Beendigung seiner Ausbildung steht und ihm dann ein grober Bedienungsfehler unterläuft, mit dem der Fahrlehrer nicht ohne Weiteres zu rechnen brauchte. In diesem Fall hat der Fahrschüler entsprechend dem – mit dem Ausbildungsstand gewachsenen – Maß seiner Verantwortlichkeit teilweise Schadenersatz im Rahmen des vertraglichen Innenverhältnisses zu leisten. So hat das *OLG Stuttgart*[167] die Haftung des Fahrschülers gegenüber dem Fahrlehrer bejaht, wenn der bereits zur Prüfung angemeldete Fahrschüler die Geschwindigkeit des Fahrschulwagens vor der Kreuzung mit einer Vorfahrtstraße, auf der sich ein von ihm wahrgenommener Bus nähert, zunächst deutlich herabsetzt, dann aber doch mit plötzlicher Beschleunigung wieder so anfährt, dass der Fahrlehrer die Kollision auch durch sofortige Vollbremsung nicht mehr verhindern kann.

96 In allen anderen Fällen haftet der Fahrschüler nicht; insbesondere dann nicht, wenn ihm noch das erforderliche Können fehlt.[168] Insoweit obliegt dem Fahrlehrer eine Überwachungs- und Aufsichtspflicht aus § 6 FahrlG.

---

160 Vgl. *BGH* NJW 1969, 2197 = VersR 1969, 1037 = DAR 1969, 326; *OLG Koblenz* NZV 2004, 401 = VersR 2004, 1283; Geigel/*Kaufmann* 25. Kap. Rn. 317.
161 Vgl. *OLG Hamm* VersR 1992, 718; 1998, 910.
162 Vgl. *BGH* NJW 1972, 869 = VersR 1972, 455 = DAR 1972, 186.
163 Vgl. *OLG Koblenz* NZV 2004, 401 = VersR 2004, 1283.
164 Vgl. *OLG Düsseldorf* VersR 1979, 649; *OLG Hamm* NJW 1979, 993 = VRS 56, 347; *LG Stuttgart* VersR 1988, 1191.
165 Vgl. *BGH* NJW 1969, 2197 = VersR 1969, 1037 = DAR 1969, 326; *OLG Frankfurt/M.* NJW-RR 1988, 26.
166 Vgl. *BGH* NJW 1969, 2197 = VersR 1969, 1037 = VRS 37, 344.
167 *OLG Stuttgart* DAR 1999, 550 = r+s 2000, 15.
168 Vgl. *OLG Düsseldorf* VersR 1965, 1106; NJW 1966, 737; *OLG Koblenz* NJW-RR 2004, 891.

2. Haftung gegenüber Insassen

Bei Schadensfällen vor dem 1.8.2002 galt für die Haftung des Fahrers gegenüber Insassen § 18 StVG nicht, wie auch für die Haftung des Fahrzeughalters § 7 Abs. 1 StVG nicht in Betracht kam, es sei denn, dass es sich um eine geschäftsmäßige, entgeltliche Beförderung im Sinne von § 8a StVG a. F. handelte. Fahrzeuginsassen konnten demgemäß Ersatzansprüche gegen den Fahrer bzw. Halter des Fahrzeugs lediglich dann geltend machen, wenn einem von ihnen ein »echtes« Verschulden im Sinne der §§ 823 ff. BGB zur Last gelegt werden konnte. Die Beweislast dafür oblag nach allgemeinen Grundsätzen dem Anspruchsteller, mithin dem geschädigten Insassen. 97

Der in § 8a Abs. 1 S. 1 StVG a. F. bestimmte Haftungsausschluss für Fahrzeuginsassen im Fall unentgeltlicher, nicht geschäftsmäßiger Beförderung des Insassen wurde durch ersatzlose Streichung dieser Vorschrift abgeschafft. Seit Inkrafttreten des zweiten Schadensrechtsänderungsgesetzes zum 1.8.2002 haftet der Halter des den Mitfahrer befördernden Kfz aus § 7 StVG und dessen Fahrer aus vermutetem Verschulden nach § 18 StVG nunmehr unabhängig davon, ob eine geschäftsmäßige oder eine unentgeltliche Beförderung vorliegt. Damit soll insbesondere gewährleistet sein, dass grundsätzlich allen Fahrzeuginsassen ein Ersatz für die von ihnen erlittenen Körperschäden zusteht. Das Verbot, die Haftung für Personenschäden im Fall einer entgeltlichen geschäftsmäßigen Personenbeförderung auszuschließen oder zu beschränken, stellt nunmehr nach der Neufassung des § 8a StVG dessen ausschließlichen Regelungsgegenstand dar. Daraus ergibt sich zwingend im Umkehrschluss, dass außerhalb einer entgeltlichen, geschäftsmäßigen Personenbeförderung ein Haftungsausschluss durch Parteivereinbarung wie bisher zulässig ist. Entscheidend kommt es darauf an, dass sich auch bei der Verletzung eines unentgeltlich und nicht geschäftsmäßig beförderten Insassen die typische Betriebsgefahr eines Kfz verwirklicht, für die der Kfz-Halter haften soll, der diese Gefahr gesetzt hat. Die Erweiterung der Gefährdungshaftung für Insassen dürfte zu einem Anstieg von Vereinbarungen führen, die einen Haftungsausschluss herbeiführen sollen. Dabei ist aber regelmäßig für die Annahme eines konkludent vereinbarten Haftungsausschlusses kein Raum, da es lebensfremd erscheint, dass ein Mitfahrer zugunsten des hinter dem Kfz-Halter stehenden KH-Versicherers einen Haftungsverzicht erklärt. 98

3. Haftung im vertraglichen Innenverhältnis

a) Probefahrt

Andere Grundsätze gelten, wenn der Schaden bei Vertragsanbahnungsverhandlungen eingetreten ist, die im Interesse des Fahrzeughalters geführt werden. Als typisches Beispiel dafür gilt der Fall, dass ein Kaufinteressent mit einem ihm zu diesem Zwecke überlassenen Kraftfahrzeug eine Probefahrt unternimmt und den Wagen dabei beschädigt.[169] Der Verkäufer muss nach der allgemeinen Lebenserfahrung hier mit einem erhöhten Unfallrisiko rechnen. 99

Denn er muss wissen, dass der Kaufinteressent in aller Regel mit den Eigentümlichkeiten des Kraftfahrzeugs nicht hinreichend vertraut ist, zumal die Bedienungseinrichtungen, technischen Aggregate und Armaturen von Fahrzeug zu Fahrzeug sehr unterschiedlich sein können. 100

Etwas anderes kann dann gelten, wenn nicht eine Probefahrt im üblichen Sinne – unter Beteiligung des Kaufinteressenten im Beisein des Verkäufers oder eines seiner Beauftragten – durchgeführt wird, sondern wenn der Verkäufer dem Kaufinteressenten das Kfz für eine Überprüfung zur Verfügung stellt. Der Kaufinteressent kann das ihm überlassene Fahrzeug dann ohne besondere Eile und Hektik überprüfen, da er nicht unter ständiger Beobachtung des neben ihm sitzenden Verkäufers steht. 101

Die Haftungsprivilegien bei Probefahrten erklären sich daraus, dass lediglich der Verkäufer in der Lage ist, eine Vollkaskoversicherung abzuschließen und dass die Probefahrt in seinem Interesse liegt. 102

---

169 Vgl. *BGH* VersR 1997, 204; 1980, 246 = NJW 1980, 1681; *OLG Koblenz* VersR 2004, 342; *OLG Hamm* VersR 2001, 376; *OLG Köln* VersR 1996, 1420; *OLG Karlsruhe* NJW-RR 1988, 29 = DAR 1987, 300 = zfs 1988, 35.

Dies bedeutet, dass der Kaufinteressent im Regelfall lediglich Vorsatz und grobe Fahrlässigkeit, also Risiken zu vertreten hat, die auch durch die Vollkaskoversicherung nicht gedeckt sind.

102a Sicherlich etwas anderes hat zu gelten, wenn nach den Bedingungen einiger Versicherungsgesellschaften auch ausdrücklich die grobe Fahrlässigkeit im Rahmen der Vollkaskoversicherung mitversichert ist. Wäre in einem solchen Fall also der Verkäufer selbst im Rahmen der groben Fahrlässigkeit über seine Vollkaskoversicherung abgesichert, so wird dies auch für den Kaufinteressenten zu gelten haben. Soweit allerdings die Vollkaskoversicherung eintrittspflichtig ist, wird der Käufer aber in jedem Fall im Innenverhältnis dem Verkäufer die mit dem Vollkaskoversicherer vereinbarte Selbstbeteiligung und den Verlust im Schadenfreiheitsrabatt zu entschädigen haben.

103 Die dargestellten Grundsätze gelten auch beim Gebrauchtwagenhändler,[170] nicht aber beim Privatverkauf.[171] Aufgrund der andersartigen Interessenlage – insbesondere kann der Fahrer bei einer Probefahrt im Rahmen eines Privatkaufs nicht ohne Weiteres davon ausgehen, dass eine Vollkaskoversicherung besteht – hat der Fahrer im Hinblick auf mögliche Beschädigungen hier auch einfache Fahrlässigkeit zu vertreten.

b) Gefälligkeitsfahrt

104 Der Begriff der Gefälligkeitsfahrt ist mehrdeutig und bedarf einer gewissen Differenzierung. Es kommt im Einzelfall stets darauf an, wem die Gefälligkeit erwiesen wird. Insoweit sind insbesondere zwei Fallgestaltungen denkbar: Die Gefälligkeit kann darin bestehen, dass ein Kfz-Halter einen anderen (Dritten, beispielsweise Anhalter) in seinem Wagen als Fahrgast unentgeltlich mitnimmt. Andererseits ist aber auch der Fall denkbar, dass der Dritte das Fahrzeug des Kfz-Halters in dessen Interesse – beispielsweise, weil dieser selbst unter Alkoholeinfluss steht – lenkt.

105 So kann beispielsweise ein stillschweigender Haftungsausschluss im Verhältnis zum mitfahrenden Kfz-Halter dann angenommen werden, wenn der Halter ein besonderes eigenes Interesse daran hatte, dass der bisherige Beifahrer (Insasse) oder ein beliebiger Dritter, mit dem er durch nähere Beziehungen verbunden war, trotz nur geringer Fahrpraxis die Lenkung des Kfz übernahm.[172] Gleiches gilt bei einer Gefälligkeitsfahrt in einem Urlaubsland mit Linksverkehr, in dem Fahrer und Beifahrer abwechselnd ein Mietfahrzeug führen wollten, der Beifahrer jedoch den Linksverkehr nicht bewältigen konnte und deshalb vom Führen des Fahrzeugs Abstand nahm.[173]

106 Ein Haftungsverzicht für einfache Fahrlässigkeit kann aber dann nicht als stillschweigend vereinbart angenommen werden, wenn kein Versicherungsschutz besteht.[174]

107 Es liegt keine Leihe, sondern ein Gefälligkeitsverhältnis vor, wenn der Halter einem Arbeitskollegen sein Kfz zur Verfügung stellt, mit dem beide dann gemeinsam zur Arbeitsstelle fahren. Wenn Arbeitskollegen eine sog. »Fahrgemeinschaft« bilden[175] und sich abwechselnd in ihren Kfz zur (gemeinsamen) Arbeitsstelle mitnehmen, so liegt darin keine entgeltliche, geschäftsmäßige Personenbeförderung im Sinne von § 8a StVG a. F. vor,[176] und zwar selbst dann nicht, falls die einzelnen Mitfahrer sich angemessen an den Betriebskosten des jeweiligen Kfz beteiligen.

---

170 Vgl. *BGH* NJW 1986, 1813; NJW 1986, 1099 = VersR 1986, 492; VersR 1980, 426; VersR 1970, 1050 = DAR 1970, 325; NJW 1979, 643 = VersR 1979, 352 = VRS 56, 254.
171 Vgl. *OLG Köln* VersR 1996, 1420.
172 Vgl. *BGH* VersR 1980, 384 = VRS 58, 33 (Fahrer war der spätere Ehepartner des Kfz-Halters).
173 *OLG Koblenz* NZV 2005, 635 = NJW-RR 2005, 1048.
174 Vgl. *BGH* VersR 1978, 625 = DAR 1978, 249 = VRS 55, 7; ähnlich: *BGH* NJW 1979, 414 = VersR 1979, 136 = DAR 1979, 222 = VRS 56, 163 (für den Fall einer gemeinsamen Urlaubsfahrt); *BGH* VersR 1980, 384 = VRS 58, 33 (wenn ein unter Alkoholeinfluss stehender Halter ein besonderes Interesse daran hat, dass ein Mitfahrer das Steuer des Kfz übernimmt).
175 Vgl. dazu ergänzend: *Weimar* DAR 1975, 34; *Kuntz* zfs 1981, 659; *Mädrich* NJW 1982, 859.
176 Vgl. *BGHZ* 80, 303 = NJW 1981, 1842 = VersR 1981, 780 = DAR 1981, 354 = zfs 1981, 296.

Teilnehmer einer Fahrgemeinschaft stehen, sofern mit der Fahrt die Aufnahme einer betrieblichen Tätigkeit bezweckt wird,[177] selbst dann unter dem Schutz der gesetzlichen Unfallversicherung im Sinne von § 8 Abs. 1 und 2 SGB VII, wenn der infolge der gemeinsamen Fahrzeugbenutzung zurückgelegte Weg gegenüber dem direkten Weg zwischen Arbeitsstelle und Wohnung sich vervielfacht, es sei denn, der eingeschlagene Weg ist nach Sinn und Zweck des § 8 Abs. 2 Nr. 2b SGB VII nicht mehr zu vertreten.[178]

107a

In diesem Zusammenhang muss jedoch festgehalten werden, dass nach herrschender Auffassung nicht bereits aus dem Charakter der Gefälligkeitsfahrt per se ein stillschweigender Haftungsverzicht abgeleitet werden kann.[179] Dies gilt auch dann, wenn freundschaftliche Beziehungen zwischen Halter und Fahrer bestehen,[180] ja selbst für das Verhältnis zwischen Vater und Sohn.[181] Auch bei sog. Trunkenheitsfahrten kommt nicht ohne Weiteres ein stillschweigender Haftungsverzicht in Betracht. Zwar kann nach § 254 Abs. 1 BGB ein Schadenausgleich erfolgen, wenn ein unfallverletzter Kfz-Beifahrer sich einem infolge Alkoholgenusses oder Übermüdung nicht verkehrssicheren Kraftfahrer anvertraut hat.[182] Voraussetzung eines dahin gehenden Vorwurfs ist aber, dass die Beeinträchtigung der Fahrtüchtigkeit des Fahrers aus seiner Sicht erkennbar war.[183] Der geschädigte Beifahrer kann sich dabei nicht auf seine eigene hochgradige Trunkenheit berufen, wenn er sich selbst zumindest fahrlässig in den Rauschzustand versetzt hat.[184] Anlass zu Zweifeln an der Fahrtüchtigkeit des Fahrers begründen jedoch weder allein die Kenntnis des Umstandes, dass sich der Fahrer in den Stunden vor Fahrantritt in einem Lokal aufgehalten hat, noch Alkoholgeruch, noch das Wissen von Alkoholkonsum als solchem.[185] Wer die alkoholbedingte Fahruntüchtigkeit des Fahrers erst während der Fahrt bemerkt, muss den Fahrer zum Anhalten auffordern, um aussteigen zu können.[186] Nach Auffassung des *OLG Köln* trifft den verunfallten Beifahrer kein Mitverschulden, wenn er lediglich Kenntnis davon hatte, dass die Fahrerlaubnis des Fahrers wegen Trunkenheit am Steuer kurz zuvor eingezogen worden war.[187] Dieser Umstand belegt nicht zugleich begründete Bedenken bezüglich der Fahrtüchtigkeit des Fahrers auf der schadenverursachenden Unfallfahrt. Die Darlegungs- und Beweislast dafür, dass den bei einem Unfall verletzten Beifahrer ein Mitverschulden trifft, trägt der Schädiger bzw. sein KH-Versicherer.

108

Falls ein rechtswirksamer Haftungsausschluss nicht vorliegt, kommt es grundsätzlich auf den Grad des Verschuldens nicht an. Es ist also gleichgültig, ob dem Fahrer leichte, mittlere, schwere bzw. grobe, qualifizierte oder gar bewusste Fahrlässigkeit oder Vorsatz zur Last fällt. Bei einer Gebrauchsüberlassung aus Gefälligkeit kann eine verschuldensunabhängige Haftung des Begünstigten für die Beschädigung des überlassenen Gegenstandes durch einen Dritten, an den der Gegenstand vom Begünstigten ohne Wissen des Gefälligen weitergegeben worden ist, auch nicht durch eine entsprechende Anwendung des § 603 S. 2 BGB begründet werden.[188]

109

---

177 Vgl. *BSG* NJW 1984, 1652 = VersR 1985, 264 (L) = NZA 1984, 63; vgl. hierzu auch *BSG* DAR 2010, 484 = DB 2010, 1356.
178 Vgl. *BSG* NJW 1983, 2959.
179 Vgl. *OLG Hamm* VersR 2008, 1219; NZV 2006, 85; Hentschel/*König*/Dauer § 16 StVG Rn. 9 m. w. N.
180 Vgl. *BGH* VersR 1963, 1080; 1967, 882; *KG* NZV 2003, 91.
181 Vgl. *BGHZ* 43, 72 (76) = VersR 1965, 386 (387).
182 Vgl. *BGH* VersR 1970, 624 (m. Anm. v. *Baumgärtel* VersR 1970, 810); *OLG Hamburg* VersR 1977, 380 (L); *OLG Celle* VersR 1981, 736; *OLG Koblenz* VersR 1981, 756 (L).
183 Vgl. *OLG Zweibrücken* VersR 1993, 454; *OLG Köln* VersR 1997, 127.
184 Vgl. *OLG Hamm* VersR 1997, 126.
185 Vgl. *BGH* VersR 1970, 624; *OLG Hamm* r+s 1998, 236.
186 Vgl. *OLG Oldenburg* r+s 1998, 237 = DAR 1998, 277.
187 *OLG Köln* Report 1999, 104 = SP 1999, 190.
188 *BGH* NJW 2010, 3087 = VersR 2011, 675 = DAR 2010, 641.

c) Arbeitsvertrag

110 Haftungsprobleme besonderer Art ergeben sich dann, wenn dem Fahrer das Kraftfahrzeug von seinem Arbeitgeber zur Führung im Rahmen der arbeitsvertraglichen Obliegenheiten anvertraut worden ist (vgl. auch nachfolgend unter Vertragshaftung, Arbeitsvertrag Rdn. 281–319).

111 Für die von ihm verursachten Sach- und Vermögensschäden des Arbeitgebers haftet der Arbeitnehmer nach geltender Rechtsprechung nur begrenzt. Falls der Arbeitnehmer einem Arbeitskollegen oder einem Dritten bei betrieblich veranlasster Tätigkeit einen Schaden zufügt, kann ihm gegen den Arbeitgeber ein Ersatz- oder Freistellungsanspruch zur Seite stehen (sog. innerbetrieblicher Schadenausgleich). In beiden Fällen ist die Haftung abhängig vom Grad des Verschuldens des Arbeitnehmers. Dies galt nach überkommener Rechtsprechung zunächst nur für sog. gefahrgeneigte Arbeit. Seit der Entscheidung des großen Senats des *BAG* aus dem Jahr 1994 gelten die Grundsätze über die Beschränkung der Arbeitnehmerhaftung für alle Arbeiten, die durch den Betrieb veranlasst sind und aufgrund eines Arbeitsverhältnisses geleistet werden, auch wenn diese Arbeiten nicht gefahrgeneigt sind.[189] Betrieblich veranlasst sind Tätigkeiten, die dem Arbeitnehmer für den Betrieb übertragen sind und solche, die er im betrieblichen Interesse ausführt, wenn sie nahe mit dem Betrieb und seinem betrieblichen Wirkungskreis zusammenhängen. Keine betriebliche Tätigkeit ist die Fahrt von und zum Arbeitsplatz, auch wenn der Arbeitgeber hierfür das Fahrzeug stellt.[190]

111a Ob und ggf. in welchem Umfang der Arbeitnehmer an den Schadensfolgen zu beteiligen ist, richtet sich im Rahmen einer Abwägung der Gesamtumstände, insbesondere von Schadenanlass und Schadensfolgen, nach Billigkeit und Zumutbarkeitsgesichtspunkten.[191] Bei leichtester Fahrlässigkeit des Arbeitnehmers hat der Arbeitgeber die verursachten Schäden allein zu tragen. Bei normaler Fahrlässigkeit haften Arbeitnehmer und Arbeitgeber in der Regel anteilig. Bei der Bildung einer Haftungsquote wird neben dem Grad des arbeitnehmerseitigen Verschuldens unter Einbeziehung seiner individuellen Kenntnisse und Fähigkeiten insbesondere auch die Gefahrgeneigtheit der konkreten Tätigkeit zu berücksichtigen sein, ob also der Arbeitgeber das Risiko einkalkulieren und ggf. durch eine Versicherung abdecken konnte. Schließlich hat der Arbeitnehmer einen grob fahrlässig oder gar vorsätzlich verursachten Schaden in aller Regel voll zu tragen. Doch sind Haftungserleichterungen auch bei grober Fahrlässigkeit nicht ausgeschlossen, wenn der Verdienst des Arbeitnehmers in einem deutlichen Missverhältnis zum verwirklichten Schadensrisiko der Tätigkeit steht.[192] Daher kann es im Einzelfall geboten sein, die Schadensersatzpflicht des Arbeitnehmers auch bei grober Fahrlässigkeit nicht unerheblich herabzusetzen, wenn dieser teure Fahrzeuge des Arbeitgebers zu führen hat.

112 Eine summenmäßige Begrenzung der Haftung des Arbeitnehmers ist weder gesetzlich vorgesehen noch höchstrichterlich abschließend festgelegt worden.[193] In der Reformdiskussion zur Arbeitnehmerhaftung ist allerdings eine Haftungsobergrenze in Höhe von drei Bruttomonatsverdiensten vorgeschlagen worden.[194] Die instanzgerichtliche Rechtsprechung begrenzt die Haftung des Arbeitnehmers auch bei grober Fahrlässigkeit überwiegend auf drei bis maximal fünf Monatsgehälter,[195] insbesondere wenn der Verdienst des Arbeitnehmers in einem deutlichen Missverhältnis zum Schadenrisiko der Tätigkeit steht.[196] In einer aktuellen Entscheidung hat das *BAG* allerdings die Haftung einer geringfügig beschäftigten Reinigungskraft, die in einer Gemeinschaftspraxis für radiologische

---

189 *BAG* NJW 1995, 210 = VersR 1995, 607.
190 *LAG Köln* NZA 1995, 1163.
191 Vgl. *LAG Nürnberg* DAR 1996, 327 = VersR 1996, 1527.
192 Vgl. *BAG* NZV 1999, 164 = DAR 1999, 182; *LAG Nürnberg* DAR 1996, 327 = VersR 1995, 1527.
193 Vgl. *BAG* NZA 1998, 140.
194 Vgl. Schaub/*Linck* ArbR-Hdb., § 53 Rn. 52.
195 Vgl. *LAG Nürnberg* NZV 1991, 196; *LAG Köln* MDR 1990, 470; *LG Potsdam* zfs 2010, 97; *Hanau/Rolfs* NJW 1994, 1439.
196 Vgl. *BAG* NZA 1990, 97 = VersR 1989, 1321.

Diagnostik und Nuklearmedizin einen Magnetresonanztomographen (MRT) grob fahrlässig beschädigt hatte, in Höhe von sogar 12 Monatsgehältern für gerechtfertigt gehalten.[197]

Die Beweislast bei der Arbeitnehmerhaftung ist nunmehr gesetzlich geregelt. Gemäß § 619a BGB ist das Vertretenmüssen der Pflichtverletzung anspruchsbegründendes Tatbestandsmerkmal und daher vom Arbeitgeber zu beweisen. 113

Verursacht ein Berufskraftfahrer in Ausübung einer betrieblichen Tätigkeit unverschuldet einen schweren Verkehrsunfall und wird wegen dieses Unfalls gegen ihn ein staatsanwaltschaftliches Ermittlungsverfahren eingeleitet, hat ihm der Arbeitgeber auch die erforderlichen Kosten der Verteidigung zu ersetzen. Ohne besondere Vereinbarung und Vergütung ist ein Berufskraftfahrer nicht zum Abschluss einer entsprechenden Rechtsschutzversicherung verpflichtet.[198] 114

Der Arbeitgeber muss die ohne grobe Fahrlässigkeit bei einem Verkehrsunfall eingetretenen Sachschäden am Fahrzeug des Arbeitnehmers ersetzen, wenn das Fahrzeug mit Billigung des Arbeitgebers in dessen Betätigungsbereich eingesetzt wurde. Ein Einsatz im Betätigungsbereich des Arbeitgebers ist dann anzunehmen, wenn ohne Einsatz des Fahrzeugs des Arbeitnehmers der Arbeitgeber ein eigenes Fahrzeug einsetzen und damit dessen Unfallgefahr tragen müsste. Der zu leistende Schadensersatz umfasst auch den Nutzungsausfallschaden.[199] Ein Mitverschulden des Arbeitnehmers bei der Entstehung des Schadens ist gemäß § 254 BGB zu berücksichtigen. 115

d) Nichtberechtigter Fahrer

Dem Begriff des berechtigten Fahrers kommt nur noch im versicherungsvertraglichen Innenverhältnis Bedeutung zu. Nach § 10 Abs. 2c AKB 2007 bzw. D.1.2 AKB 2008 hat der KH-Versicherer nach außen – also gegenüber den Verkehrsopfern – auch für den unberechtigten Fahrer einzustehen. Im Innenverhältnis stellt eine solche Fahrt jedoch eine Obliegenheitsverletzung im Sinne der AKB dar. 116

Setzt sich jemand jedoch eigenmächtig in den Besitz eines Kfz – dies kann beispielsweise durch Diebstahl (§ 242 StGB) oder Entwendung zum unbefugten Gebrauch (§ 248b StGB) geschehen –, dann haftet er dem Halter des Kfz für den durch den Unfall tatsächlich entstandenen Schaden, wenn das Schadenereignis im adäquaten Zusammenhang mit der eigenmächtigen Besitzergreifung steht,[200] und zwar unabhängig davon, ob der unberechtigte Fahrer[201] den Unfall schuldhaft verursacht hat. 117

Bei der Inanspruchnahme im Rahmen der Gefährdungshaftung muss sich der Kfz-Halter das Mitverschulden des nicht berechtigten Fahrers seines Kfz gemäß der §§ 9 StVG, 254 BGB zurechnen lassen, und zwar ohne Rücksicht darauf, ob eine Entwendung oder eine Schwarzfahrt vorliegt.[202] 118

Verstößt ein Fahrer gegen eine Weisung des Verfügungsberechtigten, so hängt seine Eigenschaft als berechtigter Fahrer davon ab, ob die Weisung nach natürlicher und verkehrsgerechter Anschauung den Charakter der Fahrt selbst bestimmt oder ob sie nur die Art ihrer Ausführung betrifft. Ein zunächst berechtigter Fahrer kann, sofern der Charakter der Fahrt durch ihn verändert wird, zum unberechtigten Fahrer werden.[203] 119

---

197 *BAG* NZA 2011, 345 = NJW 2011, 1096.
198 Vgl. *BAG* NJW 1995, 836 = NZV 1995, 397 = VersR 1996, 219 = DAR 1996, 110.
199 Vgl. *BAG* NZV 1996, 144 = DAR 1996, 109; NJW 1996, 460.
200 Zum Begriff des unberechtigten Fahrens vgl. *BGH* VersR 1983, 234 = DAR 1983, 147; ferner: *OLG Hamm* VersR 1983, 234 = zfs 1983, 147; VersR 1983, 626 = zfs 1983, 245; Terbille/*Rümenapp* § 13 Rn. 101.
201 Vgl. dazu *KG* VersR 1978, 435.
202 Vgl. *OLG Hamm* r+s 1995, 295.
203 Vgl. *BGH* VersR 1963, 771; NJW 1964, 1372 = VersR 1964, 646; *OLG Hamm* VersR 1983, 234; VersR 1983, 235 (L).

120 Überlässt der an sich berechtigte Fahrer einem Dritten während der Fahrt eigenmächtig die Führung des Kfz, so hat er keinen Anspruch auf Versicherungsschutz, wenn er für einen Unfall zur Verantwortung gezogen wird, den der Dritte, der keinen Führerschein besaß, schuldhaft herbeigeführt hat.[204]

121 Zusammenfassend ist festzustellen, dass berechtigter Fahrer derjenige ist, der dem versicherten Halter gegenüber zum Führen des Kraftfahrzeugs befugt ist. Ein etwaiger weiterer Halter nach § 7 StVG kann einen Dritten nur dann zur Fahrt berechtigen, wenn er dazu vom VN selbst ermächtigt worden ist.

122 Es ist jedoch zu beachten, dass im Gegensatz zur früheren Regelung auch der unberechtigte Fahrer grundsätzlich Versicherungsschutz genießt. Der KH-Versicherer kann jedoch im Innenverhältnis Leistungsfreiheit geltend machen, falls er den ihm obliegenden Nachweis[205] führt, dass der betreffende Fahrer zum Führen des versicherten Kfz nicht berechtigt war.[206]

123 Für den Kfz-Haftpflichtversicherungsschutz ist es ohne rechtliche Bedeutung, wenn der berechtigte Fahrer eines Selbstfahrer-Mietwagens das Steuer einem anderen überlässt, sofern dieser sich im Besitz der vorgeschriebenen Fahrerlaubnis befindet.

124 Berechtigter Fahrer ist der für den Betrieb eines Kraftfahrzeugs angestellte Fahrer dann nicht mehr, wenn er gegen den Willen des Halters und Arbeitgebers – insbesondere zur Nachtzeit – auf eigene Faust eine Fahrt unternimmt. Das Gleiche gilt für den Fall, dass der angestellte Fahrer das Fahrzeug in zeitlicher oder örtlicher Beziehung ohne Wissen und Willen des Halters benutzt.

125 Nach § 7 Abs. 3 StVG haftet für den Fall widerrechtlicher Benutzung – also dann, wenn das Kfz ohne das Wissen bzw. gegen den Willen des Kfz-Halters benutzt worden ist – anstelle des Halters ausschließlich der unberechtigte Benutzer (vgl. hierzu auch oben unter Rdn. 63–70).

126 In der Praxis der Schadensregulierung wird nicht selten für den Fall, dass sich auf einer sog. »Schwarzfahrt« im Sinne von § 7 Abs. 3 StVG ein Unfall ereignet, lediglich der Halter des Kfz verklagt, weil oftmals der unberechtigte Benutzer (beispielsweise der Dieb) nicht festgestellt wurde und daher den Beteiligten nicht bekannt ist. Wenn die Klage in dieser Weise begrenzt wird, läuft der Geschädigte Gefahr, dass sie kostenpflichtig abgewiesen werden kann. Dieser Weg – die Klage allein gegen den Halter des Kfz zu richten – empfiehlt sich lediglich dann, wenn der Halter entweder durch sein Fehlverhalten die Schwarzfahrten schuldhaft ermöglicht hat oder wenn es sich bei dem widerrechtlichen Benutzer um den ansonsten angestellten Kraftfahrer oder eine Person handelt, der der Kfz-Halter den Wagen überlassen hat.

II. Sonstiges Fahrzeug

127 Die Fahrer von Fahrzeugen, die keine Kraftfahrzeuge sind, haften lediglich nach den allgemeinen Bestimmungen über unerlaubte Handlungen im Sinne von §§ 823 ff. BGB, d. h. sie brauchen für einen von ihnen verursachten Schaden nur dann einzustehen, wenn ihnen ein »echtes« Verschulden vom Anspruchsteller nachgewiesen wird und keiner der subjektiven Schuldausschließungsgründe vorliegt. Der betreffende Fahrer hat also für sein Fehlverhalten nach dem Maßstab des § 276 BGB einzustehen. Dieser Grundsatz gilt entgegen weitverbreiteter Meinung nicht nur für den Führer eines Pferdegespanns oder Elektrokarrens, sondern auch für den Straßenbahnfahrer und den Lokomotivführer. Diese Personen haften nach außen also lediglich dann, wenn ihnen ein schadenursächliches Verschulden zur Last fällt.

---

204 Vgl. *BGH* NJW 1963, 43 = DAR 1963, 167.
205 Wegen der Beweislastverteilung vgl. *OLG Hamm* VersR 1972, 732; *OLG Celle* VersR 1979, 175; *OLG Koblenz* VersR 1975, 78; *OLG Karlsruhe* VersR 1983, 236.
206 Vgl. *OLG Celle* VersR 1980, 178 = VS 80, 115; *OLG Karlsruhe* VersR 1983, 236.

C. Betriebsunternehmer

Unter den nachfolgend dargestellten Voraussetzungen unterliegen auch der Betriebsunternehmer einer Schienenbahn oder Schwebebahn und der Inhaber (Betreiber) einer gefährlichen Anlage der verschuldensunabhängigen Gefährdungshaftung. 128

Betriebsunternehmer im Sinne der einschlägigen gesetzlichen Bestimmungen können entweder natürliche oder juristische Personen sein. Zu den natürlichen Personen gehören auch Personenmehrheiten[207] und die Personengesellschaften des Handelsrechts.[208] Bei den juristischen Personen kann es sich um Personen des privaten[209] oder auch des öffentlichen Rechts handeln.[210] 129

Wer Betriebsunternehmer ist, richtet sich nach der tatsächlichen betrieblichen Gestaltung im Zeitpunkt des Unfalls.[211] Betriebsunternehmer ist, wer das Unternehmen im eigenen Namen und für seine Rechnung betreibt.[212] 130

Im Rahmen der Haftung für Schienenbahnen können nicht nur Eisenbahnverkehrsunternehmen, sondern auch Eisenbahninfrastrukturunternehmen Betriebsunternehmer i. S. d. § 1 Abs. 1 HG sein.[213] 130a

Die Haftung nach § 1 Haftpflichtgesetz (HG) setzt voraus, dass der betreffende Unfall sich beim Betriebe einer Schienenbahn oder Schwebebahn ereignet hat. Darunter ist der Fahrbetrieb bzw. die Beförderungstätigkeit zu verstehen, nicht also Nebenbetriebe (wie z. B. Verwaltung, Werkstätten und Gaststätten) oder Betriebsanlagen. Erforderlich ist ein unmittelbar (örtlicher und zeitlicher) äußerer Zusammenhang mit dem Bahnverkehr. Erfasst wird hiervon aber nicht nur die eigentliche Beförderung, sondern auch die sie unmittelbar vorbereitenden und abschließenden Vorgänge. Auch Unfälle beim Ein- und Aussteigen sind daher dem Betrieb der Bahn zuzurechnen.[214] 131

I. Schienen- und Schwebebahnen

1. Begriffsabgrenzung

a) Eisenbahn

Den Begriff der »Eisenbahn«, auf den es auch für die Anwendung des HG nach wie vor entscheidend ankommt, hat bereits das Reichsgericht in einer seiner ersten Entscheidungen[215] in einer schon historisch gewordenen Definition ebenso bombastisch wie perfektionistisch erläutert. Diese Begriffsabgrenzung, die heute nur noch Schmunzeln hervorruft, aber auch aus jetziger Sicht bereits alle wesentlichen Tatbestandsmerkmale in sich vereinigt, soll als kleines Kuriosum am Rande dem Leser nicht vorenthalten werden. Danach ist eine Eisenbahn »ein Unternehmen, gerichtet auf wiederholte Fortbewegung von Personen oder Sachen über nicht ganz unbedeutsame Raumstrecken auf metallener Grundlage, welche durch ihre Konsistenz, Konstruktion und Glätte den Transport großer Gewichtsmaßen bzw. die Erzielung einer verhältnismäßig bedeutenden Schnelligkeit der Transportbewegung zu ermöglichen bestimmt ist und durch diese Eigenart in Verbindung mit den außerdem zur Erzeugung der Transportbewegung benutzten Naturkräften (Dampf, Elektrizität, tierische oder menschliche Muskeltätigkeit, bei geneigter Ebene der Bahn auch schon der eigenen Schwere der Transportgefäße und deren Ladung usw.) bei dem Betriebe des Unternehmens auf derselben eine un- 132

---

207 Z. B. Gesellschaft des BGB (GbR), Erbengemeinschaft oder eheliche Gemeinschaft.
208 Z. B. OHG und KG.
209 Z. B. GmbH, AG, KGaA, Genossenschaften, Stiftungen usw.
210 Z. B. die Gebietskörperschaften.
211 Vgl. *OLG Frankfurt/M.* VRS 2, 222; *OLG Celle* VRS 5, 33.
212 Vgl. *BGH* NZV 2004, 245 = VersR 2004, 612 = zfs 2004, 308; *Wussow* Kap. 15 Rn. 18.
213 *BGH* a. a. O.
214 Vgl. *Filthaut* Haftpflichtgesetz, § 1 Rn. 2, 67, 69; *Wussow* Kap. 15 Rn. 12 ff.; *Geigel/Kaufmann* 26. Kap. Rn. 25.
215 Vgl. dazu *RGZ* 1, 247 (252); ferner *RGZ* 86, 94 = JW 1915, 239.

verhältnismäßig gewaltige (je nach den Umständen nur in bezweckter Weise nützliche oder Menschenleben vernichtende und die menschliche Gesundheit verletzende) Wirkung zu erzeugen fähig ist.«

133 *Heymann/Kötter*[216] hat den Begriff der Schienenbahn (Eisenbahn) kurz und prägnant wie folgt definiert: »Beförderung auf Schienen mittels irgendwelcher Kräfte, wobei in der Kombination von Schienen und Triebkraft die charakteristische Energiewirkung liegt.«

b) Weitere Schienenbahnen

134 Erforderlich ist zunächst einmal, dass die Schienenbahn an feste Gleise gebunden ist. Wo die Gleise verlegt sind, ist für den Begriff der Schienenbahn rechtlich ohne Belang. Diese können sich, wie im Allgemeinen bei der Eisenbahn üblich, auf einem eigenen Fahrweg (besonderer Bahnkörper) befinden oder, wie bei Straßenbahnen, innerhalb der Fahrbahn einer öffentlichen Straße verlegt sein.

135 Zu den Schienenbahnen gehören auch Hoch- und U-Bahnen, Einschienenbahnen, Fabrikbahnen, Zahnradbahnen, Seilstandbahnen, bei denen zwei ausbalancierte Wagen an einem Drahtseil auf Schienen über eine Trommel auf- und ablaufen, aber auch Schmalspurbahnen. Selbst Kraftfahrzeuge, die an Schienen gebunden sind, wie beispielsweise Schienenbusse und Draisinen, fallen unter den Begriff der Schienenbahnen, nicht dagegen Oberleitungsomnibusse (O-Busse). Sie entnehmen den Fahrstrom zwar einer festen Leitung, sind jedoch selbst in ihrem Fahrweg nicht an Gleise gebunden.[217] Auch ein in einem Hafengelände installierter Schienenkran ist nicht als Schienenbahn i. S. d. HG anzusehen.[218]

135a Auch Rolltreppen und bewegliche Gehsteige – auch »Fahrsteige« bzw. »Rollsteige« genannt – gelten nicht als Schienenbahnen, da sie den Beförderungsvorgang nicht über Gleise abwickeln. Sie sind auch dann kein Bestandteil des Bahnbetriebs, wenn sie zu oder von den Bahnsteigen führen.[219]

136 Schwebebahnen können an Schienen oder an Seilen befestigt sein. Zu den Schwebebahnen zählen z. B. auch Sesselbahnen, nicht aber Skischlepplifte.[220] Auf Magnetschwebebahnen findet das HG jedenfalls analoge Anwendung.[221]

2. Schaden

137 Das HG gilt sowohl für Personen- als auch für Sachschäden, die bei dem Betrieb einer Schienen- oder Schwebebahn eingetreten sind.

137a Damit umfasst das HG zum einen – wie das alte RHG – die Fälle, in denen Personen beim Betrieb von Schienen- oder Schwebebahnen körperliche Schäden durch Beeinträchtigung ihrer gesundheitlichen Unversehrtheit genommen haben, wobei unerheblich ist, ob es sich um beförderte Insassen oder außerhalb des Schienenfahrzeugs befindliche Dritte handelt. Zum anderen gilt das HG auch für die Fälle, in denen beim Betrieb einer Schienen- oder Schwebebahn eine Sache beschädigt wird. Dazu gehören ausnahmslos alle Sachen (beispielsweise Kraftfahrzeuge), die durch den Betrieb der Schienenbahn außerhalb eines Beförderungsprogramms beschädigt werden.

---

216 Vgl. dazu Heymann/*Kötter* Kommentar zum HPflG S. 392.
217 Vgl. *OLG Karlsruhe* VRS 10; 81.
218 Vgl. *OLG Koblenz* NJW-RR 2003, 243; *OLG Düsseldorf* NZV 1995, 149.
219 *Filthaut* § 1 Rn. 8.
220 *Filthaut* § 1 Rn. 19; *LG Freiburg* VersR 1980, 148.
221 MagnetschwebebahnG vom 19.7.1996; vgl. *Filthaut* § 1 Rn. 23; a. A.: *OLG Zweibrücken* VersR 1975, 1013.

3. Haftungsausschlüsse

a) Höhere Gewalt

Ein genereller Haftungsausschluss gilt zunächst einmal für den Fall, dass der Schaden durch höhere Gewalt verursacht worden ist.[222] Unter höherer Gewalt versteht man nach jetzt ausgeprägter Definition ein von außen her auf den Bahnbetrieb einwirkendes – also betriebsfremdes – Ereignis, dessen Ursachen außerhalb des Bahnbetriebs und seiner Einrichtungen liegen und von außergewöhnlicher – gewissermaßen elementarer – Art sind. Weiter gehört zum Begriff der höheren Gewalt, dass der Eintritt des Schadenereignisses auch bei Anwendung jeder nach den Umständen des Falles gebotenen Sorgfalt und aller dem Betriebsunternehmer bei Einsatz wirtschaftlich vertretbarer Mittel noch zumutbarer Vorkehrungen und Maßnahmen nicht verhindert werden konnte. Daraus ergibt sich, dass folgende Tatbestandsmerkmale gleichzeitig erfüllt sein müssen:
- Einwirkung von außen
- außergewöhnliches Ereignis
- Unabwendbarkeit.[223]

138

Der Begriff der höheren Gewalt ist auf die Gefährdungshaftung bezogen und insoweit mit ihrer spezifischen Entlastungsaufgabe verbunden. Es handelt sich um einen wertenden Begriff, der die Risiken ausschließen soll, die mit dem Bahnbetrieb nichts zu tun haben und bei einer rechtlich wertenden Betrachtung nicht dem Betrieb der Eisenbahn, sondern allein dem Drittereignis zugerechnet werden können. Wenn die Bahnstrecke an der Unfallstelle nur knapp 10 Meter von der Bundesstraße entfernt geführt wird, liegt ein Haftungsausschluss durch höhere Gewalt nicht vor, falls ein von der Bundesstraße abgekommenes Kfz von der zufällig vorbeifahrenden Eisenbahn erfasst und erheblich beschädigt wird. Dieses Ereignis kann nicht als so außergewöhnlich – gleichsam schicksalhaft – angesehen werden, dass der durch eine Verwirklichung dieses Risikos sich ereignende Unfall im Rechtssinne auf höherer Gewalt beruht.[224] Gleiches gilt im Ergebnis, wenn ein Triebwagen mit auf die Schienen gerollten größeren Felsbrocken kollidiert.[225] Demgegenüber hatte das *LG Münster* die Ungewöhnlichkeit des Orkantiefs »Kyrill«, welches 2007 deutschlandweit für erhebliche Beschädigungen verantwortlich war, bejaht und letztendlich eine Haftung des Bahnunternehmers verneint.[226]

139

Höhere Gewalt liegt nicht vor, wenn ein Fahrgast unbeabsichtigt aus dem fahrenden Zug stürzt. Dabei kann sich der Schienenbahnunternehmer nicht auf die Grundsätze des Anscheinsbeweises berufen, da es keinen Erfahrungssatz gibt, dass das Hinausstürzen eines Fahrgastes aus einem fahrenden Zuge im Allgemeinen auf eigenes Verschulden des Verunglückten zurückzuführen sei, insbesondere auf unerlaubtes Öffnen der Zugtüre während der Fahrt. Vielmehr besteht nach der Lebenserfahrung durchaus die Möglichkeit, dass ein eigenes Verschulden des Verunglückten an seinem Unfall ausscheidet.[227]

139a

Nach dem *OLG München* stellt es auch keine höhere Gewalt dar, wenn ein Fahrgast in krankhaftem Dämmerzustand aus der geöffneten Tür eines fahrenden Zuges stürzt.[228] Ein Haftungsausschluss durch höhere Gewalt kommt allerdings dann in Betracht, wenn der Betriebsunternehmer einen Suizidversuch darlegt und auch nachweisen kann.[229] Der bloße Verdacht einer Selbstmordabsicht ge-

139b

---

222 Vgl. *Filthaut* § 1, Rn. 157 ff.
223 Vgl. *BGH* VersR 1976, 963 = VRS 51, 332; DAR 1988, 238 (239, I Sp.); *Filthaut* § 1, Rn. 158; *Wussow* Kap. 15 Rn. 23.
224 Vgl. dazu: *BGH* VersR 1988, 910 = DAR 1988, 238 (239, I. Sp.) = zfs 1988, 347 = VRS 75, 187; Geigel/Kaufmann 26. Kap. Rn. 34.
225 Vgl. *BGH* NZV 2004, 245 = VersR 2004, 612 = zfs 2004, 308.
226 *LG Münster* v. 18.5.2009, AZ: 2 O 583/08.
227 Vgl. *OLG Hamm* VersR 1991, 336; *OLG München* NZV 1991, 472; *OLG Koblenz* NZV 1999, 296.
228 Vgl. *OLG München* NZV 1991, 272.
229 Vgl. *OLG Hamm* NZV 2005, 41 = NJW-RR 2005, 393.

nügt insoweit nicht.²³⁰ Kommt ein Fahrgast wegen nicht ausreichender Aufmerksamkeit zum Sturz, weil eine Klappstufe aufgrund örtlicher Gegebenheiten im Bahnhof am Eisenbahnwagen nicht ausgefahren werden konnte, so soll die Gefährdungshaftung der Bahn gegenüber einem überwiegenden Verschulden des Fahrgastes völlig zurücktreten.²³¹

139c Mangels fehlender Einwirkung von außen scheidet eine Berufung auf höhere Gewalt seitens des Bahnbetriebsunternehmers bei Folgen von Störungen oder Mängeln der sachlichen Betriebsmittel in der Regel aus. Etwas anderes kann jedoch gelten, wenn ein Dritter diese Störungen hervorgerufen hat, insbesondere bei Sabotageakten. Damit, dass Dritte ein 15 cm großes und 4 Kg schweres metallenes Schienenstück, welches neben den Schienen gelegen hatte, auf die Schienen legen, soll der Unternehmer nach einer Entscheidung des *LG Erfurt* jedoch rechnen müssen.²³²

b) Unabwendbares Ereignis

140 Der erleichterte Haftungsausschluss nach § 1 Abs. 2 S. 2 HG a. F. für den Fall, dass die Schienenbahn innerhalb des Verkehrsraumes einer öffentlichen Straße betrieben wird, gilt seit dem 01.08.2002 nicht mehr. Die Vorschrift wurde – entsprechend den Änderungen im StVG – aufgehoben, die Haftung des Betriebsunternehmers also ebenso verschärft wie die des Kfz-Halters.

140a Der Ausschlussgrund des unabwendbaren Ereignisses spielt aber noch eine Rolle beim Schadenausgleich mehrerer Ersatzpflichtiger untereinander im Rahmen des ebenfalls geänderten § 13 HG. Insoweit gilt grds. Folgendes: Sind neben dem Betriebsunternehmer einer Schienenbahn weitere Unfallbeteiligte gesetzlich zum Schadenersatz verpflichtet und wird die Bahn am Unfallort innerhalb des Verkehrsraumes einer öffentlichen Straße betrieben, so wird die Haftung und Ausgleichspflicht des Betriebsunternehmers gegenüber den anderen gesetzlich Haftpflichtigen nicht erst durch höhere Gewalt ausgeschlossen, sondern schon dann, wenn der Unfall durch ein für den Betriebsunternehmer unabwendbares Ereignis verursacht worden ist, das weder auf einem Fehler in der Beschaffenheit der Fahrzeuge oder der Anlagen der Schienenbahn noch auf einem Versagen ihrer Vorrichtungen beruht.²³³ Dies gilt also auch bei einem Unfall zwischen Schienenbahn und Kfz, vgl. § 13 Abs. 4 HG.

140b Entgegen dem – insoweit etwas ungenauen – Wortlaut des Gesetzes ist es für den Haftungsausschluss aus § 13 Abs. 3 HG jedoch keineswegs erforderlich, dass die Schienenbahn in ihrem ganzen Verlauf und auf ihrer gesamten Länge ununterbrochen innerhalb des Verkehrsraumes einer öffentlichen Straße betrieben wird. Es genügt vielmehr, dass der konkrete Unfall sich an einer Stelle des Streckennetzes ereignet hat, an der die Schienenbahn innerhalb des Verkehrsraums einer öffentlichen Straße betrieben wird.²³⁴ Diese Abgrenzung ist wichtig für den – recht häufigen – Fall, dass die Schienenbahn im Zuge ihrer Streckenführung teils außerhalb, teils innerhalb des Verkehrsraumes einer öffentlichen Straße verläuft.

141 Der Gesetzgeber hat sich bei dem Haftungsausschluss der höheren Gewalt von der Erwägung leiten lassen, dass von Schienenfahrzeugen, insbesondere solchen die auf besonderem Bahnkörper meist außerhalb des Verkehrsraums einer öffentlichen Straße betrieben werden, im Hinblick auf die dabei erzielten Geschwindigkeiten und die damit erzeugte Massewucht ganz besondere Gefahren ausgehen. Zudem können die Lokführer in der Regel nicht auf Sicht fahren, sodass von einem Schienenfahrzeug unter diesen Voraussetzungen im Verhältnis zu anderen Verkehrsteilnehmern eine ganz erhebliche Betriebsgefahr ausgeht. Umgekehrt sollen Schienenbahnen, die innerhalb einer vielbefahrenen Straße am allgemeinen Verkehr teilnehmen und sich diesem daher ständig anpassen müssen (dabei wird es sich in der Regel um Straßenbahnen handeln), haftungsrechtlich einem Kraftfahrzeug gleichgestellt werden.

---

230 *OLG Schleswig* VersR 2010, 258.
231 Vgl. *OLG Hamm* r+s 2000, 151.
232 *LG Erfurt* NZV 2010, 84; vgl. hierzu auch *OLG Oldenburg* NJW-RR 2007, 1031.
233 Vgl. Geigel/*Kaufmann* 26. Kap. Rn. 40.
234 Vgl. *Filthaut* § 13 Rn. 22; *Wussow* Kap. 15 Rn. 25.

C. Betriebsunternehmer

Unter welchen Voraussetzungen ein unabwendbares Ereignis vorliegt, ist Tatfrage und nach den jeweiligen Umständen zu entscheiden, die dem Einzelfall sein ganz konkretes Gepräge gegeben haben. Im Allgemeinen lässt sich – etwas vereinfacht – feststellen, dass die Gefährdungshaftung durch ein unabwendbares Ereignis in etwa unter denselben Voraussetzungen ausgeschlossen werden kann wie durch die für den Betrieb von Kraftfahrzeugen geltende – wörtlich in etwa übereinstimmende – Regelung des § 7 Abs. 2 StVG a. F. bzw. § 17 Abs. 3 StVG n. F.[235]

142

Unabdingbare Voraussetzung für den Haftungsausschluss nach § 13 Abs. 3 HG ist zunächst einmal, dass die Schienenbahn an der Stelle, an der sich der Unfall ereignet hat, innerhalb des Verkehrsraumes einer öffentlichen Straße verläuft. Dies wird für jeden Einzelfall unter besonderer Berücksichtigung der baulichen Gestaltung zu ermitteln sein. Grundsätzlich ist davon auszugehen, dass Straßenbahnen sich in aller Regel innerhalb und (sonstige) Eisenbahnen eher außerhalb des Verkehrsraumes einer öffentlichen Straße bewegen werden.

143

Ob ein Bahnkörper außerhalb des Verkehrsraumes der öffentlichen Straße verläuft oder das Schienenfahrzeug am allgemeinen Straßenverkehr teilnimmt, hängt sowohl von der baulichen Gestaltung des Gleiskörpers als auch – im gewissen Umfange – von der konkreten Verkehrssituation des Einzelfalles ab.[236]

144

Auch besondere Bahnkörper können innerhalb des Verkehrsraumes einer öffentlichen Straße verlegt sein. Dies ist beispielsweise dann der Fall, wenn ein geschotterter Bahnkörper beiderseits durch Bordsteinkanten abgesetzt ist und in Mittellage parallel zu einer öffentlichen Straße verläuft. Die Schienenbahn bewegt sich immer dann innerhalb des Verkehrsraumes einer öffentlichen Straße, wenn das Verkehrsmittel dem Zuge der Straße, in der es verlegt ist, in der Weise folgt, dass die Gleise in Längsrichtung der öffentlichen Straße verlaufen.[237] Daher ist der Ansicht des *OLG Naumburg*[238] nicht zu folgen, wonach auf einem unabhängigen Bahnkörper verlegte Gleise dem Verkehrsraum der öffentlichen Straße zuzuordnen sind, wenn sie die Straße nur kreuzen.

144a

Entscheidend kommt es stets darauf an, ob sich der Bahnkörper von der allgemeinen Fahrstraße deutlich abhebt und seiner baulichen Anlage und verkehrlichen Gestaltung nach einer Mitbenutzung durch andere Verkehrsteilnehmer wirksam entzogen ist.[239] Es genügt also nicht, dass der in Mittellage oder neben einer Straße in Seitenlage angelegte Bahnkörper durch Bordsteine abgegrenzt oder die Abgrenzung gar nur durch bloße Schotterung bzw. durch eine durchgezogene Trennlinie oder engbegrenzte Nagelreihe auf der Fahrbahn gekennzeichnet ist.[240]

145

Der Haftungsausschluss des § 13 Abs. 3 HG kommt aber nur immer dann in Betracht, wenn gleichzeitig folgende Voraussetzungen erfüllt sind:
a) Der Unfall muss für den Betriebsunternehmer auf einem unabwendbaren Ereignis beruhen.
b) Die Schienenbahn muss innerhalb des Verkehrsraumes einer öffentlichen Straße betrieben werden.
c) Der Unfall muss sich innerhalb des Verkehrsraumes jener öffentlichen Straße ereignet haben.

146

Nach der Legaldefinition des § 13 Abs. 3 HG, die dem § 17 Abs. 3 StVG entspricht, liegt ein unabwendbares Ereignis jeweils dann vor, wenn der Unfall »weder auf einem Fehler in der Beschaffenheit der Fahrzeuge oder Anlagen der Schienenbahn noch auf einem Versagen ihrer Vorrichtungen beruht«. Als unabwendbar gilt ein Ereignis nur dann, wenn sowohl der Betriebsunternehmer als auch die beim Betrieb tätigen Personen jede nach den Umständen des Falles gebotene Sorgfalt beobachtet haben, § 13 Abs. 3 S. 2 HG.

147

---

235 Vgl. dazu *OLG Hamm* r+s 2000, 151; NJW 1957, 674 = VersR 1957, 219 = VRS 12, 331; *Filthaut* § 13 Rn. 29.
236 Vgl. *Filthaut* § 13 Rn. 26.
237 Vgl. *BGH* VersR 1955, 346; Geigel/*Kaufmann* 26. Kap. Rn. 42.
238 Vgl. *OLG Naumburg* VersR 1996, 1293; *BGH* VRS 8, 438; *Weimar* VersR 1956, 79.
239 Vgl. dazu *BGH* VerkMitt 1960, 77 Nr. 118 sowie *OLG Köln* VRS 15, 49.
240 Vgl. *Filthaut* § 13 Rn. 26.

148 Gesetz und Rechtsprechung stellen auch insoweit auf den »idealen« Verkehrsteilnehmer ab, der sich über das Maß der verkehrsüblichen Sorgfalt (§ 276 BGB) hinaus konzentriert aufmerksam, gesteigert vorsichtig und gebündelt geistesgegenwärtig zeigt. Freilich reicht der Begriff der Unabwendbarkeit nicht bis zur absoluten Unvermeidbarkeit des schadenstiftenden Ereignisses,[241] insbesondere nicht bis zur Grenze der höheren Gewalt.

149 Der Betriebsunternehmer muss sich über § 1 Abs. 1 HG das Verhalten seines Fahrers und anderer »betriebstätiger« Mitarbeiter auch dann haftungsbegründend zurechnen lassen, wenn der Unternehmer sich selbst in jeder Beziehung verkehrsrichtig verhalten hat und überdies auch die Bestimmungen des § 831 BGB bzw. § 278 BGB nicht zum Zuge kommen. Es muss sich allerdings dabei um Betriebspersonal handeln, das den Weisungen des Unternehmers untersteht.

150 Ein Ausschluss der Gefährdungshaftung durch unabwendbares Ereignis kommt nicht in Betracht, wenn ein technischer Mangel am Fahrzeug den Unfall ursächlich ausgelöst oder auch nur mittelbar beeinflusst hat.[242] Dies gilt selbst für den Fall, dass der technische Mangel in einem nicht voraussehbaren Materialfehler besteht oder auf einem sonstigen Umstand beruht, mit dem auch der sorgfältigste Betriebsunternehmer nach der Lebenserfahrung nicht zu rechnen brauchte. Die Vorhersehbarkeit des Schadeneintritts spielt haftungsrechtlich keine Rolle. Für den Ausschluss eines unabwendbaren Ereignisses kommen allerdings nur solche Mängel in Betracht, die dem Bahnbetrieb oder seinen Anlagen eigen – also betriebsspezifisch – sind. Dies bedeutet umgekehrt, dass ein Haftungsausschluss durch unabwendbares Ereignis unter bestimmten Voraussetzungen dann in Betracht kommen kann, wenn betriebsfremde Einwirkungen, die außerhalb des Bahnbetriebes ihre Ursache haben, über einen technischen Mangel zu einem Unfall führen.

151 Soweit es sich dagegen um technische Mängel des Fahrzeuges oder der Betriebseinrichtung handelt, liegt geradezu der »klassische« Anwendungsfall der Gefährdungshaftung vor. Dem Verletzten, der die häufig komplizierten technischen Zusammenhänge eines Bahnbetriebes nicht zu übersehen vermag, soll die Beweislast dafür, dass ein zum Schaden führender technischer Mangel am Fahrzeug oder an den Betriebsanlagen auf einem Verschulden des für die Wartung verantwortlichen Betriebsunternehmers bzw. seiner Mitarbeiter beruht, gerade abgenommen werden. Denn mit diesem Nachweis wäre der Verletzte im Regelfalle überfordert.

152 Bei dem Haftungsausschluss nach § 13 Abs. 3 HG kann mitunter zweifelhaft sein, welche technischen Einrichtungen zum Betriebe einer Schienenbahn (Eisenbahn, Straßenbahn oder Schwebebahn) gehören. So stellt sich insbesondere die Frage, ob ein Versagen der dem Bahnbetrieb zuzurechnenden Vorrichtungen vorliegt, wenn eine Straßenbahn allein deswegen entgleist, weil z.B. ein Metallbolzen in der Schienenrille liegt.

153 Insoweit unterscheiden sich § 17 Abs. 3 StVG und § 13 Abs. 3 HG dadurch, dass dem Betriebsunternehmer einer Schienen- oder Schwebebahn nicht nur bei Fehlern in der Beschaffenheit oder einem Versagen der Vorrichtungen des Fahrzeugs selbst eine Berufung auf die Unabwendbarkeit versagt ist, sondern außerdem auch dann, wenn die zur Fortbewegung der Schienenbahn und damit zu ihrem Fahrbetrieb notwendigen Anlagen und sonstigen Betriebseinrichtungen fehlerhaft sind, ohne dass deswegen die nachfolgend noch zu behandelnde Anlagenhaftung, die sich auf andere Sachverhalte bezieht, in Betracht kommt.

154 Diese Abweichung trägt einem wesentlichen Unterschied zwischen Straßen- und Schienenfahrzeugen Rechnung. Die für jedes Beförderungsmittel erforderliche Eigenschaft, sich in einer beabsichtigten Richtung zu bewegen, wird bei beiden Fahrzeuggruppen mit grundlegend unterschiedlichen technischen Mitteln erreicht. Während das Kraftfahrzeug über eine Steuerungseinrichtung verfügt, die es nach dem Willen des Fahrers auf jedem Gelände frei beweglich macht, wird die Bewegungs-

---

[241] Vgl. dazu *BGH* VersR 1965, 81; 1966, 1076; *OLG München* VersR 1976, 1143; *OLG Schleswig* VersR 1980, 656.
[242] Vgl. *Filthaut* § 13 Rn. 39.

richtung von Eisen- und Straßenbahnen – also von spurgebundenen Schienenfahrzeugen – ausschließlich durch den Verlauf der Gleise bestimmt, in denen das Fahrzeug durch die Spurkränze seiner Räder geführt wird.

Entgleist eine Straßenbahn deswegen, weil ein Eisenbolzen sich in der Schienenrille befindet, dann hat nach der Auffassung des *BGH*[243] der Betriebsunternehmer den Schaden nach den Grundsätzen der vom Verschulden losgelösten Gefährdungshaftung zu ersetzen, da die Gleisanlage in ihrer Vorrichtung versagt hat. Es kommt in diesem Zusammenhang nach der Auffassung des *BGH* demgegenüber nicht darauf an, dass der Straßenbahnfahrer den Unfall selbst bei Aufwendung der äußersten, nach Lage der Dinge noch zumutbaren Sorgfalt nicht hätte vermeiden können. 155

Die Beweislast dafür, dass ein unabwendbares Ereignis im Sinne von § 13 Abs. 3 HG vorliegt, trägt in vollem Umfange der Betriebsunternehmer. Er hat nachzuweisen, dass sowohl er als auch seine Mitarbeiter mit dem äußerst möglichen Maß an Sorgfalt und Umsicht alle nach Lage des Einzelfalles erforderlichen Anstalten und Vorkehrungen getroffen und alle notwendigen Maßnahmen ergriffen habe, die technisch möglich und wirtschaftlich vernünftigerweise zumutbar waren, um den Unfall zu verhindern.[244] 156

Es kommt nicht selten vor, dass sich im Verhältnis zwischen einem Kraftfahrer und einem Schienenfahrzeug – dabei wird es sich insbesondere um Straßenbahnen handeln, die am allgemeinen, öffentlichen Verkehr teilnehmen – gefahrenträchtige Konfliktsituationen ergeben. In dieser Konstellation ist zu berücksichtigen, dass es eine Reihe von Vorschriften gibt, die den Schienenfahrzeugen im Verhältnis zum Individualverkehr besondere Vorrechte einräumen. 157

An Kreuzungen und Einmündungen jedoch steht Schienenbahnen – im Gegensatz zu der Rechtslage an den meisten Bahnübergängen – im Allgemeinen kein Vorrang, insbesondere nicht die Vorfahrt zu. Dies gilt vornehmlich für Straßenbahnen, die denselben Vorfahrtsregeln an Kreuzungen und Einmündungen unterworfen sind wie jeder andere Verkehrsteilnehmer auch.[245] Insoweit gelten daher grundsätzlich die allgemeinen Vorfahrtsregeln des § 8 StVO. So steht beispielsweise einem Straßenbahnzugfahrer, der am Ende eines eigenen Gleiskörpers parallel versetzt in den übrigen Straßenraum einfahren will, kein Vorrang aus § 2 Abs. 3 StVO zu, sondern er unterliegt – im Gegenteil – den besonders strengen Sorgfaltspflichten aus § 10 StVO.[246] 157a

Wenn der Fahrer eines Straßenwartungsfahrzeuges bei Grünlicht einen Kehrvorgang im Kreuzungsbereich begonnen hat, genießt er selbst dann nach § 35 Abs. 6 StVO Vorrang gegenüber einem Straßenbahnzugfahrer, wenn die Lichtzeichenanlage inzwischen erneut umgeschaltet hat und nunmehr dem Querverkehr freie Fahrt gewährt.[247] Das Sonderrecht des § 35 Abs. 6 StVO gewährt einem Straßenwartungsfahrzeug allerdings keine allgemeine Befreiung von den Verkehrsvorschriften. 157b

Aus § 1 Abs. 2 StVO kann sich jedoch im Einzelfall für den an sich Vorfahrtsberechtigten ausnahmsweise die Verpflichtung ergeben, einer abbiegenden Straßenbahn die Durchfahrt zu gewähren, wenn sie mit dem Abbiegen bereits begonnen hat und vor herannahenden Fahrzeugen nicht mehr rechtzeitig anhalten kann.[248] Auch Straßenbahnen kann unter den in § 19 StVO dargelegten Voraussetzungen der Vorrang gegenüber dem allgemeinen Fahrverkehr (Individualverkehr) eingeräumt werden, der Bahnübergänge kreuzt.[249] 158

---

243 Vgl. dazu *BGH* NJW 1963, 1831; *Filthaut* § 13 Rn. 43.
244 Vgl. *Filthaut* § 13 Rn. 33.
245 Vgl. dazu *BayObLG* DAR 1961, 23 = VRS 19, 366; NJW 1967, 407a = VRS 32, 154; *OLG Hamm* VRS 9, 477; *OLG Braunschweig* VersR 1969, 1048; *Filthaut* DAR 1973, 309 (311).
246 Vgl. dazu *LG Bochum* VersR 1985, 554 (L) = r+s 1984, 204; *Filthaut* § 4, Rn. 64.
247 Vgl. *Thüringer OLG* zfs 2000, 98 = DAR 2000, 65 = NZV 2000, 210.
248 Vgl. dazu *BayObLG* NJW 1967, 407 = VRS 32, 154.
249 Soweit es sich um die Rechtspflichten des Individualverkehrs im Verhältnis zu Straßenbahnen handelt, vgl. hierzu auch *OLG Hamm* NZV 1993, 70; VersR 1992, 510 (Gesicherter Bahnübergang); *OLG München* VersR 1993, 242 (Haftungsabwägung bei unbeschranktem Bahnübergang); *BGH* NZV 1994, 146 (Ein-

159 Soweit es sich um den häufigsten Anwendungsbereich des Vorrangs der Straßenbahn, nämlich ihr Verhältnis zu parallel verkehrenden Linksabbiegern handelt, die sich in der Gleiszone eingeordnet haben, gilt zunächst einmal § 2 Abs. 3 StVO.

159a Diese Vorschrift bestimmt: »Fahrzeuge, die in der Längsrichtung einer Schienenbahn verkehren, müssen diese, soweit möglich, durchfahren lassen.« Diese Vorschrift statuiert einen Vorrang der Schienenbahn gegenüber dem Individualverkehr (Fahrverkehr), der sich innerhalb derselben Straße wie die Schienenbahn bewegt und entweder in derselben Richtung wie diese verkehrt oder aus der Gegenrichtung kommt. Der Vorrang steht ausschließlich Schienenbahnen – in erster Linie also Eisenbahnen und Straßenbahnen – zu. Die Vorschrift gilt dagegen nicht für andere Fahrzeuge, auch nicht für Kraftomnibusse, selbst wenn diese dieselbe Funktion erfüllen wie ein Schienenfahrzeug.

160 Nach dem Willen des Gesetzgebers sind Schienenbahnen insbesondere wegen ihrer Bindung an Gleise – weil sie also im Gegensatz zu Kraftfahrzeugen einer Gefahrenlage nicht ausweichen können – und wegen ihrer schweren Bremsfähigkeit gegenüber dem allgemeinen Fahrverkehr privilegiert. Die Bestimmung des § 2 Abs. 3 StVO geht als lex specialis der durch § 9 Abs. 1 S. 2 StVO normierten allgemeinen Verpflichtung vor, sich bis zur Mitte oder auf Fahrbahnen für eine Richtung möglichst weit links einzuordnen. Dies bedeutet, dass ein Kraftfahrer auf das Linkseinordnen verzichten oder diese Maßnahme zeitlich zurückstellen muss, wenn er sonst – durch weiteren Aufenthalt im Schienenbereich – erkennbar eine Schienenbahn in ihrer freien Fortbewegung behindert oder gar gefährdet.[250] Der Fahrverkehr muss Behinderungen zugunsten von Schienenbahnen in Kauf nehmen, weil das Gesetz nun einmal die Schienenbahn begünstigt und nicht den allgemeinen Fahrverkehr.[251]

161 Es kann in diesem Zusammenhang dahingestellt bleiben, ob der Vorrang der Schienenbahn im Verhältnis zum Linksabbieger § 2 Abs. 3 StVO oder § 9 Abs. 1 S. 3 StVO[252] entnommen wird, da die Praxis zeigt, dass die eigentliche Konfliktsituation beim Einordnen[253] in den Schienenbereich entsteht. Der Fall, dass ein Teilnehmer am Individualverkehr sich neben dem Gleis einordnet und den Vorrang der Schienenbahn beim Abbiegen verletzt, kommt recht selten vor.[254] Der *BGH*[255] hat zum Vorrang des Schienenverkehrs die Auffassung vertreten, dass im Verhältnis zum Linksabbieger dem Schienenverkehr ein doppelter Vorrang zusteht: Einmal dürfe sich, wer nach links abbiegen will, auf längsverlegten Schienen nur dann einordnen, wenn er kein Schienenfahrzeug behindert (§ 9 Abs. 1 S. 3 StVO), und zum anderen müsse jeder Abbieger Schienenfahrzeuge durchfahren lassen, und zwar auch dann, wenn sie neben der Fahrbahn in der gleichen Richtung fahren (§ 9 Abs. 3 S. 1 StVO).[256] In diesem Zusammenhang diskutiert der *BGH* zwar auch die bereits erwähnte Bestimmung des § 2 Abs. 3 StVO. Er hat aber die Frage ausdrücklich offengelassen, welche dieser den Vorrang der Schienenbahn sichernden Vorschriften als »die speziellere« in Betracht kommt. Im konkreten Fall hat der *BGH* festgestellt, ein Kraftfahrer dürfe »beim Einordnen und Abbiegen nach links nicht so nahe an die Gleise der Straßenbahn heranfahren, dass für die Bahn nicht erkennbar genug Platz zur ungehinderten Durchfahrt bleibt«.

---

schränkung der Sichtbarkeit der Signalanlage); *OLG Saarbrücken* NZV 1993, 31 (Sichtbehinderung bei Feldwegübergang); *OLG Köln* NZV 1990, 152 (Haftungsverteilung bei gefahrträchtigem Bahnübergang); *OLG Hamm* NZV 1994, 437 (Unzureichend gesicherter Bahnübergang).
250 Vgl. *OLG Düsseldorf* VRS 71, 264 (266); Geigel/*Kaufmann* 27. Kap. Rn. 75.
251 Vgl. *BGH* VersR 1970, 1049; VersR 1976, 932 = DAR 1976, 271.
252 Vgl. *OLG Düsseldorf* VRS 71, 264 (266).
253 Vgl. *BGH* VersR 1976, 932 (933, 1. Sp.) = DAR 1976, 271 = VRS 51, 337 r+s 1976, 255 (volle Haftung des Kfz).
254 Vgl. *OLG Düsseldorf* VersR 1981, 785 (volle Haftung des Kfz-Halters bei »erloschener« Linksabbiegerampel).
255 Vgl. dazu: *BGH* VersR 1976, 932 (933, 1. Sp.) = DAR 1976, 271 = VRS 51, 337.
256 Vgl. *OLG Düsseldorf* VRS 71, 264 (266).

Der Vorrang der Schienenbahn bedeutet also, dass ein Teilnehmer am Individualverkehr (Fahrverkehr) von einem Linkseinordnen unter Benutzung der Gleiszone Abstand nehmen muss, wenn eine Straßenbahn sich erkennbar nähert.[257] Setzt sich ein Kfz-Fahrer zum Linksabbiegen unmittelbar vor eine Straßenbahn, sodass diese nicht mehr rechtzeitig anhalten kann, so tritt die Betriebsgefahr der Straßenbahn hinter dem Verschulden des Kraftfahrers vollständig zurück. Wegen des längeren Bremsweges einer Straßenbahn und ihrer mangelnden Ausweichmöglichkeit spricht insbesondere kein Anscheinsbeweis für ein Verschulden des Straßenbahnführers bei einem Auffahrunfall.[258]

162

Andererseits kann der Unfall für den Kraftfahrer trotz einer erkennbar nachfolgenden Straßenbahn unabwendbar sein, wenn der Verkehr – wie in den Zentren der Großstädte üblich – sich erlaubterweise auf mehreren Fahrstreifen bewegt und der Kraftfahrer von vornherein der Straßenbahn über eine längere Entfernung hinweg innerhalb der Gleiszone vorausfährt. Dies setzt allerdings voraus, dass der Kraftfahrer nicht erst unmittelbar vor dem Zusammenstoß in den Profilraum der Gleiszone eingeschert ist. In diesem Fall ist es ihm nicht ohne Weiteres möglich, der Straßenbahn freie Durchfahrt zu gewähren, falls er aus verkehrsbedingtem Anlass – und sei es auch vor dem beabsichtigten Linksabbiegen – anhalten muss. Das alleinige Verschulden an der Herbeiführung des Auffahrunfalls trifft dann den Straßenbahnfahrer,[259] sofern für den Teilnehmer am Individualverkehr eine zumutbare Möglichkeit bestanden hat, die zunächst erlaubterweise in Anspruch genommene Gleiszone dadurch zu räumen, dass er bei Annäherung der Straßenbahn rechts heranfährt bzw. seine Fahrt unter Verzicht auf die Linksabbiegeabsicht geradlinig fortsetzt.

162a

Nicht unbedenklich erscheint in diesem Zusammenhang eine Entscheidung des *OLG Düsseldorf*,[260] der Linksabbieger dürfe sich trotz erkennbarer Annäherung der Straßenbahn auch dann unter Benutzung der Gleiszone einordnen, wenn die Straßenbahn »auf übersichtlicher Strecke noch so weit entfernt ist, dass ihr Wagenführer ohne weiteres in der Lage ist, auf das haltende Kfz Rücksicht zu nehmen«.

163

Die überwiegende Rechtsprechung geht im Allgemeinen davon aus, dass ein Teilnehmer am Individualverkehr eine Inanspruchnahme der Gleiszone zum Zwecke des Linkseinbiegens auch dann vermeiden muss, wenn die Straßenbahn sich noch in größerer Entfernung befindet.[261] Weitere Voraussetzung für die vorwurfsfreie Inanspruchnahme der Gleiszone ist, dass der Kraftfahrer aufgrund der Verkehrslage, so wie sie sich unmittelbar vor dem Einordnen in den Schienenbereich darbietet, nicht nur die vage Hoffnung hegen darf, sondern sich dessen sicher sein muss, dass es ihm möglich sein wird beim späteren Eintreffen einer Straßenbahn den Schienenbereich so rechtzeitig geräumt zu haben, dass die Straßenbahn nicht behindert, geschweige denn gefährdet wird.[262]

164

Selbst wenn der Kraftfahrer nach Lage der Dinge mit dem späteren Eintreffen eines ihm nachfolgenden Straßenbahnzuges auch nur rechnen musste (z. B. weil er die Straßenbahn im letzten Haltestellenbereich vor dem Unfall noch überholt hat), hat er ein erhebliches Mitverschulden an einen späteren Zusammenstoß zu vertreten.[263]

165

---

257 Vgl. dazu: *BGH* NJW 1962, 860 (m. abl. Anm. v. *Hohnenester*) = VersR 1962, 380 = DAR 1962, 127 = VRS 22, 185; VRS 76, 932 (933, 1. Sp.) = DAR 1976, 271 = r+s 1976, 255 = VRS 51, 337.
258 Vgl. *OLG Hamm* NZV 2005, 414 = NJW-RR 2005, 817 = VRS 108, 193; NZV 1991, 313; a. A.: *OLG Düsseldorf* NZV 1994, 28.
259 Vgl. dazu insbes.: *BGH* VersR 1981, 784; VersR 1970, 1049.
260 Vgl. dazu *OLG Düsseldorf* VersR 1973, 639; VersR 1981, 784 (Mithaftung des Kfz-Führers, der ca. 50 m vor der Straßenbahn an einer den rechten Fahrbahnrand versperrenden Baustelle auf die Gleise gefahren war Halters von 1/3).
261 Vgl. dazu insbes.: *BGH* NJW 1962, 86 = VersR 1962, 380; *OLG Hamm* VersR 1980, 172 (30 Sekunden Aufenthalt im Schienenbereich: Mithaftung des Kraftfahrers 1/3).
262 Vgl. dazu: *OLG Köln* VersR 1971, 1069 (Haftungsquote für das Kfz 66,66 %).
263 Vgl. dazu *OLG Hamm* VersR 1980, 172.

166 Der Straßenbahnfahrer darf grundsätzlich und vorwurfsfrei darauf vertrauen,[264] dass der übrige Fahrverkehr den Vorrang der Schienenbahn beachtet.[265] Dies gilt auch dann, wenn die Schienenbahn vor der Kreuzung eine Bedarfshaltestelle[266] durchfährt. Ein Straßenbahnfahrer, der die im Stadtverkehr zulässige Höchstgeschwindigkeit einhält, braucht sich insbesondere nicht darauf einzustellen, dass ein Kraftfahrer, der die Straßenbahn gerade überholt hat, noch dicht vor ihr nach links abbiegen und die Weiterfahrt des Straßenbahnzuges behindern werde.[267]

167 Der Straßenbahnfahrer braucht gegenüber anderen Fahrzeugen, die (zunächst) neben dem Schienenbereich fahren, weder seinen Abstand noch seine Geschwindigkeit so zu bemessen, dass er jederzeit rechtzeitig anhalten kann, falls eines dieser Fahrzeuge plötzlich doch noch in den Gleisbereich einfährt. Dies gilt auch dann, wenn ein Kfz sich dicht neben dem Profilraum der Gleiszone bewegt; und zwar selbst für den Fall, dass dessen Fahrer durch Betätigung des linken Blinkers seine Absicht, in den Schienenbereich einzuscheren, bereits angezeigt hat. Auch unter diesen Voraussetzungen gilt zugunsten des Straßenbahnfahrers zunächst noch der Vertrauensgrundsatz, nach dem er sich darauf verlassen darf, dass der Kraftfahrer nicht unmittelbar vor der Straßenbahn in die Gleiszone einscheren werde. Der Straßenbahnfahrer darf infolgedessen zunächst davon ausgehen, dass ein Warnzeichen den Teilnehmer am Individualverkehr von dem Einscheren in die Gleiszone abhält.

168 Selbst für den Fall, dass der rechte Fahrbahnrand durch abgestellte Kfz oder andere Hindernisse[268] derart verengt sein sollte, dass ein vor der Straßenbahn zunächst rechts fahrendes Kfz das Hindernis nur unter Benutzung der Gleiszone umfahren kann, darf der Straßenbahnfahrer grundsätzlich darauf vertrauen, dass das Kfz vor dem Hindernis anhält und der Straßenbahn den ihr zustehenden Vorrang einräumt.

169 Der Straßenbahnfahrer muss jedoch sofort eine Bremsung einleiten, wenn er feststellt, dass ein im Schienenbereich fahrendes Fahrzeug plötzlich anhält oder auch nur abbremst.[269] Demgegenüber darf er nicht darauf vertrauen, dass das andere Fahrzeug bis zum Eintreffen der Straßenbahn im Konfliktbereich die Gleiszone wieder geräumt haben würde.

170 Fährt ein Straßenbahnzug auf ein innerhalb der Gleiszone links eingeordnetes, mit Rücksicht auf die Verkehrslage zum Halten gebrachtes Kfz auf, dann wird für den Kfz-Halter im Allgemeinen ein unabwendbares Ereignis im Sinne von § 17 Abs. 3 StVG lediglich dann vorliegen, wenn dieser den ihm obliegenden Nachweis führt, dass zum einen der Kraftfahrer im Zeitpunkt seines Einordnens mit einer ihm nachfolgenden Straßenbahn vorwurfsfrei nicht zu rechnen brauchte und er zum anderen entgegen dem durch das Ereignis indizierten Anschein in der sich ihm darbietenden Verkehrslage vorwurfsfrei darauf vertrauen durfte, dass es ihm möglich sein würde, bis zum Eintreffen der Straßenbahn deren Schienenbereich wieder rechtzeitig geräumt zu haben.[270]

170a Von der Rechtsprechung wird teilweise verlangt, dass ein Kraftfahrer, der sich zum Zwecke des Linksabbiegens erlaubterweise innerhalb der Gleiszone eingeordnet hat und dort mit Rücksicht auf den

---

264 In derartigen Fällen liegt daher i. d. R. eine Alleinhaftung des Teilnehmers am Individualverkehr vor, vgl. *BGH* VRS 25, 251; VersR 1969, 82 = DAR 1969, 70 = VRS 36, 6 (Motorradfahrer fährt leichtfertig und blindlings in den zu erwartenden Gegenverkehr ein); *OLG Düsseldorf* VersR 1976, 499 (Auffahren einer Straßenbahn auf ein im Schienenbereich eingeordnetes Kfz, dessen Fahrer nach links in eine Grundstückseinfahrt einbiegen wollte); *OLG Celle* VersR 1982, 1200 (Lastzug verlässt Grundstücksausfahrt).
265 Vgl. dazu: *BGH* VersR 1965, 884; Geigel/*Kaufmann* 27. Kap. Rn. 77.
266 Darunter versteht man – im Gegensatz zu besonders gekennzeichneten Zwangshaltestellen – die Mehrzahl der Haltestellen, die ohne Weiteres durchfahren werden dürfen, wenn dort ein Fahrgastwechsel erkennbar nicht stattfindet, wenn also kein Fahrgast des Zuges das Halt-Signal zum Aussteigen betätigt hat und sich auch kein wartender Fahrgast im Haltestellenbereich befindet.
267 Vgl. dazu: *BGH* VersR 1965, 884.
268 Vgl. *OLG Düsseldorf* DAR 1976, 191 (parkende Fahrzeuge); VersR 1981, 784 (Baustelle).
269 Vgl. *OLG Düsseldorf* VersR 1974, 1111 (50 %) VersR 1981, 784.
270 Vgl. *BGH* VersR 1976, 932 (933, 1. Sp.) = DAR 1976, 271; *OLG Hamm* VersR 1981, 961; VersR 1981, 783 (L); *Filthaut* DAR 1973, 309.

Gegenverkehr verweilen muss, bei Annäherung einer Straßenbahn verpflichtet sein soll, den Schienenbereich so rechtzeitig zu räumen, dass diese ihre Fahrt ohne Behinderung fortsetzen kann. Das Räumen der Gleiszone kann entweder dadurch geschehen, dass der Kraftfahrer auf die Durchführung seiner Abbiegeabsicht verzichtet und seine Fahrt auf dem Gleis zügig in Geradeausrichtung fortsetzt[271] oder aber, sofern der parallel laufende Individualverkehr dies gestattet, rechts heranfährt und dort anhält, um sich nach der Weiterfahrt der Straßenbahn – also hinter ihr – erneut einzuordnen.[272]

Stellt der Fahrer fest, dass sich bereits beim Einordnen in den Schienenbereich eine Straßenbahn nähert, muss er seine Abbiegeabsicht aufgeben und entweder weiterfahren oder rechts neben dem Gleis in Wartestellung die vorrangige Vorbeifahrt der Straßenbahn abwarten. Diese Verpflichtung besteht auch dann, wenn dadurch der nachfolgende Verkehr behindert wird[273] oder wenn Richtungspfeile ein anderes Einordnen vorsehen.[274] **170b**

Erkennt er rechtzeitig eine Straßenbahn, auch wenn diese sich gerade in einem Haltestellenbereich befindet, hat er die Weiterfahrt zurückzustellen und sich hinter der Straßenbahn einzuordnen.[275] **170c**

Fährt aber eine Straßenbahn, deren Gleise in Fahrbahnmitte verlaufen, an einer Haltestelle durch, an der sie während eines normalen Halts vom nachfolgenden Verkehr so lange durch eine Ampel abgeschirmt ist, bis sie nach dem Anfahren entsprechend der weiteren Gleisführung zum rechten Fahrbahnrand hinübergeschwenkt ist, und stößt sie dann während des Schwenks seitlich mit einem auf gleicher Höhe fahrenden PKW zusammen, so kann trotz des Vorranges der Straßenbahn die hohe Betriebsgefahr eine quotenmäßige Haftung begründen, selbst wenn dem Straßenbahnführer kein Verschulden vorzuwerfen ist.[276] **171**

Kommt allerdings ein PKW von der Fahrbahn ab und bleibt im Gleisbereich stecken, so spricht der Anscheinsbeweis dafür, dass dies auf einer vermeidbaren Unaufmerksamkeit des Fahrers beruht.[277] Kommt es zu einem Zusammenstoß mit einem Straßenwartungsfahrzeug und einer Straßenbahn im Kreuzungsbereich, so hat unter Wahrnehmung größtmöglicher Sorgfalt grundsätzlich die Kehrmaschine Vorrang auch vor der Straßenbahn.[278] **171a**

Mitunter ergibt sich eine Konfliktsituation auch daraus, dass ein Kfz in der Weise angehalten oder abgestellt wird, dass es teilweise in die Gleiszone hineinragt und die Durchfahrt für die nachfolgende Straßenbahn versperrt.[279] Die Gerichte gehen häufig davon aus, dass ein Kfz, das nur geringfügig in die Gleiszone hineinragt und damit u. U. dem Straßenbahnfahrer bei flüchtiger Betrachtung einen seitlichen Abstand vortäuscht, der in Wahrheit nicht vorhanden ist, eine größere Gefahrenlage schafft als ein Kfz, das mitten auf dem Gleis anhält. **172**

Diese Betrachtungsweise ist durchaus einleuchtend: Ragt ein Kfz nur geringfügig in die Gleiszone hinein, so wird der Straßenbahnfahrer häufig zu Fehlschätzungen und zu riskanten Fahrmanövern **172a**

---

271 Vgl. dazu *OLG Hamm* VersR 1981, 961 (50 %).
272 Vgl. *OLG Hamm* VersR 1981, 961; *OLG Düsseldorf* VersR 1981, 784.
273 Vgl. dazu *BGH* NJW 1962, 860 = VersR 1962, 380.
274 Vgl. dazu *OLG Braunschweig* VersR 1972, 493.
275 Vgl. dazu *BGH* VersR 1965, 884.
276 Vgl. *OLG Hamm* NZV 2000, 212 = DAR 2000, 34 (Haftung der Straßenbahn $^1/_3$).
277 Vgl. *OLG München* NZV 2000, 207.
278 Vgl. *OLG Jena* NZV 2000, 210 mit Anm. v. *Burmann*.
279 Vgl. dazu z. B. *LG Düsseldorf* Schaden-Praxis 2010, 210; *OLG Celle* VersR 1976, 1068 (das trotz groben Verschuldens des Straßenbahnfahrers, der sich bei der Vorbeifahrt verschätzt hatte, bei der Abwägung der Verursachungsbeiträge dem Kfz-Halter eine Mithaftungsquote von 40 % auferlegt); vgl. dazu auch *AG Köln* zfs 1982, 289 (keine Haftung der Deutschen Bundesbahn, wenn *Rangierlok* einen zu dicht am Gleis geparkten Pkw erfasst, wobei das erkennende Gericht insbesondere die Unterschiede zur Straßenbahn herausstellt); anders jedoch: *AG Euskirchen* zfs 1982, 289 (Haftungsquote 50:50 bei einem ähnlichen Sachverhalt: Pkw ragte ca. 7–8 cm in die Gleiszone einer Rangierlok hinein).

verleitet, während ihm für den Fall, dass das Kfz mitten auf dem Gleis steht, von vornherein klar ist, dass eine Vorbeifahrt unter keinen Umständen möglich ist.[280] Entscheidend dürfte letztlich immer sein, wie gut das Hindernis als solches für den Straßenbahnfahrer erkennbar war.

172b Wird ein Pkw neben den Gleisen mit einem Seitenabstand von etwa 40 cm abgestellt, ist eine beiderseitige Haftung in gleicher Höhe anzunehmen, wenn eine Rangierlok gegen das parkende Fahrzeug fährt. Eine Verschuldenshaftung ist demgegenüber abzulehnen.[281] Diese Entscheidung erklärt sich wohl aus den Besonderheiten des Eisenbahnverkehrs und dem ungünstigen Sichtfeld des Lokomotivführers. Dem Straßenbahnfahrer dürfte in einer vergleichbaren Situation mit Rücksicht auf seine Fehleinschätzung dagegen sehr wohl ein Verschulden zur Last fallen.

172c In ähnlichem Sinne äußert sich auch das *OLG Hamm*.[282] In dem Fall hatte der Inhaber eines Werksgeländes für die Benutzer der Werkstraßen eine von den einschlägigen Vorschriften der StVO abweichende Sonderregelung getroffen, wonach dem schienengebundenen Werkverkehr vor dem Kfz-Verkehr ein unbedingter Vorrang eingeräumt wird. Dann könne sich der Führer einer Rangierlok auf dieses Vorrecht jedenfalls dann verlassen, wenn durch ausreichende sonstige Hinweise und durch eine Begrenzung der Fahrgeschwindigkeit für Kfz auf 30 km/h eine ausreichende Sicherung getroffen würde. Kommt es unter diesen Umständen dennoch zu einem Zusammenstoß auf einem Schienenübergang im Werksgelände, könne das den Kraftfahrer treffende erhebliche Verschulden in Verbindung mit der Betriebsgefahr des Kfz zu seiner Alleinhaftung führen.[283]

173 Auch während der Fahrt muss jeder Teilnehmer am Individualverkehr darauf achten, dass die Gleiszone möglichst frei bleibt. Dies bedeutet, dass er so scharf rechts fahren muss, dass er die in Längsrichtung mit ihm verkehrende Straßenbahn auch dann nicht behindert, falls er – womit im dichten Großstadtverkehr jederzeit aus den verschiedensten Gründen zu rechnen ist – plötzlich aus der Verkehrslage heraus anhalten muss. Selbst wenn der Straßenbahnfahrer in dieser Situation noch rechtzeitig hätte anhalten können, fällt dem Teilnehmer am Individualverkehr bei der Abwägung der einzelnen Verursachungsbeiträge ein in seinem Unrechtsgehalt nicht gering zu veranschlagendes mitwirkendes Verschulden – neben der von ihm ebenfalls zu vertretenden Betriebsgefahr – zur Last.

174 Dies gilt selbstverständlich nicht für den Fall, dass der Kraftfahrer nicht schärfer rechts fahren konnte, weil er sonst mit seinen rechten Reifen die Bordsteinkante berührt hätte. Ein Verstoß gegen § 2 Abs. 3 StVO liegt auch dann nicht vor, wenn der Kraftfahrer sich erlaubterweise innerhalb der Gleiszone vor der Straßenbahn in einer Fahrzeugkolonne befindet, weil die Fahrstraße in jenem Bereich vom Individualverkehr in mehreren Streifen benutzt werden darf. In diesem Fall ist jedoch ergänzend zu prüfen, ob es dem betreffenden Kraftfahrer nicht möglich und zuzumuten war, bei Eintreffen der Straßenbahn seine Fahrt geradeaus bzw. nach rechts fortzusetzen und die Gleiszone pflichtgemäß zu räumen. Ein Kraftfahrer, der in vermeidbarer Weise die Gleiszone versperrt, wird stets mit dem Vorwurf eines ihn treffenden Mitverschuldens zu rechnen haben.[284]

175 Sofern ein Kraftfahrer mit einem Schienenfahrzeug zusammenstößt, hat ein Schadenausgleich nach § 17 StVG unter Abwägung der beiderseits beteiligten Verursachungskomponenten zu erfolgen. Hierbei geht es allerdings nicht nur um die rein abstrakte Verursachung, sondern um die einzelnen Gesichtspunkte, die dem konkreten Schadenfall sein ganz spezielles Gepräge gegeben und in ihrem Zusammenwirken den Schaden ursächlich ausgelöst haben.

175a Bei mehreren Teilnehmern, deren Haftung sich aus dem HG ableitet, erfolgt der Schadensausgleich nach § 13 HG.

---

280 Vgl. *OLG Hamm* VersR 1980, 172.
281 Vgl. *LG Hildesheim* zfs 1985, 35.
282 Vgl. *OLG Hamm* VersR 1973, 41.
283 Vgl. auch *OLG Oldenburg* VRS 72, 414.
284 Vgl. dazu *BGH* VersR 1976, 932 (933, 1. Sp.); *OLG Düsseldorf* VersR 1981, 784; *OLG Celle* VersR 1981, 783 (L); *OLG Koblenz* VersR 1979, 1035 ($^2/_3$ der Haftung beim Kfz-Halter).

Dem Nachteil, dass die Straßenbahn wegen ihrer Bindung an Schienen nicht ausweichen kann, steht auf der anderen Seite der Vorteil gegenüber, dass damit der Fahrweg der Schienenbahn für jeden Teilnehmer am Individualverkehr unverkennbar vorgezeichnet ist, sodass der Kraftfahrer sich entsprechend einrichten und dort, wo er die Gleiszone erreicht oder sie kreuzen will, die mit Rücksicht auf den Vorrang des Schienenverkehrs ohnehin gebotene erhöhte Sorgfalt walten lassen kann. 176

Der häufig als Erhöhung der Betriebsgefahr der Straßenbahn bewerteten größeren Massewucht steht die deutlich größere Wendigkeit und Geschwindigkeit von Fahrzeugen des Individualverkehrs gegenüber, sodass die Betriebsgefahr beider Verkehrsteilnehmer durchaus auch gleich hoch bewertet werden kann.[285] 176a

Verletzt ein beteiligter Kraftfahrer das Vorrecht des Straßenbahnfahrers aus §§ 2 und/oder 9 Abs. 1 S. 3, Abs. 3 S. 1 StVO, ist umstritten, ob das schuldhafte Verhalten des Kraftfahrers derart schwer wiegt, dass es die Haftung des Straßenbahnunternehmers aus der Betriebsgefahr vollständig verdrängt oder es bei einer Teilhaftung des Straßenbahnunternehmers aufgrund höherer allgemeiner Betriebsgefahr zu verbleiben hat.[286] 176b

c) Mitwirkendes Verschulden

Nach § 4 HG kann die Haftung des Betriebsunternehmers herabgesetzt werden (in Ausnahmefällen auch ganz entfallen), wenn dem Geschädigten ein mitwirkendes Verschulden zur Last fällt. Insoweit gilt § 254 BGB. Der Betriebsunternehmer muss aber darlegen und beweisen, dass den Verletzten ein Mitverschulden trifft. Bei grob fahrlässigem Verhalten des Verletzten kommt im Rahmen der Ursachenabwägung ggf. sogar ein völliges Zurücktreten der Betriebsgefahr des Bahnunternehmers in Betracht.[287] Grob fahrlässig dürfte es z. B. sein, wenn ein Radfahrer vor einer sich nähernden Straßenbahn ohne abzusteigen auf einem durch ein Drängelgitter gesicherten Überweg fährt.[288] 177

Eine schuldhafte Mitverursachung kann auch einem zum Unfallzeitpunkt noch Minderjährigem vorzuwerfen sein. So hat das *OLG Hamm* im Fall eines 14 Jahre alten Jungen, der das Dach eines auf einem frei zugänglichen Abstellgleis stehenden Eisenbahnwaggons erklettert hat und dabei durch einen Stromschlag aus der Oberleitung verletzt wurde, eine quotenmäßige Haftung des Bahnbetriebsunternehmers zu 1/3 angenommen.[289] 178

Halten sich bei der Annäherung eines Straßenbahnzuges mehrere Jugendliche auf den Straßenbahngleisen auf, so muss der Fahrer den relativ langen Anhalteweg eines Straßenbahnzuges bei der Reaktion auf das Fehlverhalten anderer Verkehrsteilnehmer berücksichtigen. Angesichts der für einen Fußgänger besonders großen Verletzungsgefahren bei einem Zusammenstoß mit einer Straßenbahn sind an den Fahrer hohe Sorgfaltsanforderungen zu stellen.[290] 178a

---

285 Vgl. dazu: *BGH* VersR 1964, 1241 (beim Auffahren eines Straßenbahnzuges auf einen zum Zwecke des Linksabbiegens auf den Straßenbahnschienen eingeordnet haltenden Pkw hat der Kfz-Halter 50 % des Schadens selbst zu tragen); VersR 1970, 1049; *OLG Hamm* VersR 1972, 962 (Auffahren eines Straßenbahnzuges auf einen im Schienenbereich zum Halten gekommenen Pkw); VersR 1974, 1228 (Kollision eines im Schienenbereich haltenden Linksabbiegers mit einem *entgegenkommenden* Straßenbahnzug); *OLG Celle* VersR 1981, 783 (Kraftfahrzeug war in gefährlicher Nähe der in Straßenmitte verlegten Straßenbahnschienen abgestellt).
286 Für eine Teilhaftung der Straßenbahn z. B. *OLG Brandenburg* NZV 2009, 497 und *OLG München* VersR 2009, 162; a. A. wohl *OLG Celle* NJW 2008, 2353 und *LG Berlin* v. 27.11.2008, AZ: 17 O 208/08; vgl. hierzu auch *Filthaut* NZV 2011, 221.
287 Vgl. *OLG Dresden* NZV 2010, 518; vgl. aber auch *OLG Schleswig* VersR 2010, 258.
288 Vgl. *OLG Celle* NJW 2008, 2353 ; vgl. auch *OLG Naumburg* v. 24.4.2009, A Z:12 U 17/09.
289 Vgl. *OLG Hamm* NZV 1996, 30.
290 Vgl. *OLG Naumburg* VersR 1996, 732.

178b In den Fällen des § 828 BGB kommt allerdings keine Verantwortung und damit kein Mitverschulden des Verletzten in Betracht. Die Haftung des Bahnbetriebsunternehmers im Rahmen des neuen § 828 Abs. 2 BGB unterscheidet sich nicht von der Kfz-Halters.[291]

179 Allerdings braucht sich der Straßenbahnfahrer beim Heranfahren an eine Haltestelle nicht auf jede mögliche Unvorsichtigkeit von Fußgängern einzustellen, die sich auffällig am Bahnsteig aufhalten. Ohne Anzeichen einer Gefahr braucht der Straßenbahnfahrer bei der bloßen Anwesenheit eines erwachsenen Fußgängers mit einem unvorsichtigen Betreten des gleisnahen Raums nicht zu rechnen; er darf vielmehr auf ein verkehrsgerechtes Verhalten des Fußgängers vertrauen.[292]

179a Ereignet sich ein Unfall beim Einsteigen in die Bahn durch nachdrängende Fahrgäste, ist dies zwar dem Fahrbetrieb zuzurechnen, gleichwohl wird eine Haftung in der Regel aufgrund eines überwiegenden Selbstverschuldens des Fahrgastes zu verneinen sein.[293]

179b Hat sich der Fahrgast keinen sicheren Halt verschafft und ist deshalb gestürzt, stellt dies im Regelfall ein derart großes Verschulden gegen sich selbst dar, dass eine Gefährdungshaftung des Unternehmers nach dem Haftpflichtgesetz vollständig entfallen wird.[294] Beim Abfahren von der Haltestelle muss der Straßenbahnfahrer nur dann sicherstellen, dass eingestiegene Fahrgäste sich sicheren Halt verschafft haben, wenn sich ihm erkennbare Anhaltspunkte dafür bieten, dass der Fahrgast z. B. aufgrund erheblicher Körperbehinderung dazu nicht ohne Weiteres in der Lage ist (z. B. beim Mitführen eins sog. Rollators).[295]

d) Vertragliche Haftungsausschlüsse

180 Nach § 7 S. 1 HG darf die Ersatzpflicht – soweit sie sich auf die §§ 1–3 HG stützt – für Personenschäden im Voraus weder ausgeschlossen noch beschränkt werden. Für Ansprüche aus §§ 1–3 HG sind daher auch generelle Haftungsausschlüsse in Allgemeinen Beförderungsbedingungen unwirksam, gleich ob die Bedingungen genehmigt wurden oder nicht.[296] Ein nachträglicher Haftungsverzicht ist aber durchaus möglich und zulässig und auch für Sachschäden können Haftungsausschlüsse im Rahmen der freien Dispositionsbefugnis vereinbart werden, für Ansprüche aus § 2 HG allerdings nur unter bestimmten Voraussetzungen, vgl. § 7 S. 2 HG. In diesem Zusammenhang ist auf § 23 des Personenbeförderungsgesetzes (PBFG) hinzuweisen, wonach ein Haftungsausschluss insoweit zulässig ist, als es sich um einen Schaden an einer Sache handelt, die ein beförderter Fahrgast bei sich trägt oder mit sich führt und der Schaden im Einzelfall einen Betrag von 1 000,– € übersteigt und weder auf Vorsatz noch auf grober Fahrlässigkeit beruht. Diese Vorschrift stimmt mit § 14 S. 2 der für den Linienverkehr geltenden »Verordnung über die Allgemeinen Beförderungsbedingungen für den Straßenbahn- und O-Bus-Verkehr sowie den Linienverkehr mit Kraftfahrzeugen«[297] überein.

4. Haftungshöchstgrenzen

a) Personenschäden

181 Nach § 9 HG haftet der Unternehmer oder der in § 2 bezeichnete Inhaber der Anlage im Fall der Tötung oder Verletzung eines Menschen für jede Person bis zu einem Kapitalbetrag von 600 000,– EUR oder bis zu einem Rentenbetrag von jährlich 36 000,– EUR. Der Anspruch besteht nach dem ausdrücklichen Wortlaut der Vorschrift bis zur Höhe des vollen Limits für jede getötete oder verletzte Person.

---

291 Geigel/*Kaufmann* Kap. 26 Rn. 45.
292 *OLG Koblenz* VersR 1993, 1545; *OLG Hamm* VersR 1992, 510 (Radfahrer).
293 Vgl. *OLG Karlsruhe* NZV 2011, 141.
294 Vgl. *KG Berlin* MDR 2010, 1111 sowie *Filthaut* NZV 2011, 220.
295 Vgl. *LG Duisburg* v. 23.4.2009, AZ: 5 S 1430/08 sowie hierzu insgesamt *Filthaut* NZV 2000, 13.
296 Geigel/*Kaufmann* Kap. 26 Rn. 88.
297 Vom 27.2.1970, BGBl. I, 230.

C. Betriebsunternehmer

b) Sachschäden

Nach § 10 HG beträgt die Haftungshöchstgrenze für Sachschäden nunmehr 300 000,– EUR. Für Sachschäden gilt die Haftungshöchstsumme jedoch – anders als bei Personenschäden – als einmaliger Pauschalbetrag auch für den Fall, dass durch dasselbe Schadensereignis mehrere Sachen betroffen sind. Das bedeutet, dass mehrere Geschädigte sich die Höchstsumme in dem Verhältnis teilen müssen, das der Relation zwischen den einzelnen begründeten Ersatzansprüchen und dem Haftungslimit entspricht, vgl. § 10 Abs. 2 HG.

5. Verjährung

a) Frist

Hinsichtlich der Frist für die Verjährung verweist § 11 HG auf die Verjährungsvorschriften des BGB. Danach gilt eine regelmäßige Verjährungsfrist von drei Jahren, § 195 BGB. Die Verjährungsfrist beginnt mit dem Schluss des Jahres, in dem der Anspruch entstanden ist und der Gläubiger von den anspruchsbegründenden Umständen und der Person des Schuldners Kenntnis erlangt hat oder ohne grobe Fahrlässigkeit hätte erlangen müssen, § 199 Abs. 1 BGB n. F.

b) Hemmung

Die Verjährung ist gehemmt, solange zwischen dem Ersatzberechtigten und dem Ersatzpflichtigen Verhandlungen über den zu leistenden Schadenersatz schweben, und zwar solange, bis der eine oder der andere Teil die Fortsetzung der Verhandlungen ernsthaft und endgültig verweigert (§ 203 S. 1 BGB). Das bedeutet, dass der Zeitraum, den die Verhandlungen selbst in Anspruch genommen haben, bei der Bemessung der Verjährungsfrist nicht mitgerechnet wird; die Frist verlängert sich also um die Zeit der Hemmung.[298]

c) Besonderheiten des Versicherungsrechts

Nach § 3 Nr. 3 S. 3 Pflichtversicherungsgesetz (Seit dem 1.1.2008 § 115 Abs. 2 S. 2 VVG) ist die Verjährung bis zum Eingang der schriftlichen Entscheidung des Versicherers gehemmt, wenn der Anspruch des Dritten bei dem Versicherer angemeldet worden ist. Das bedeutet, dass die Hemmung bereits mit der schriftlichen Anzeige des Geschädigten eintritt. Es ist also nicht erforderlich, dass anschließend auch Verhandlungen geführt werden. Diese Regelung ist vorrangig. Die allgemeinen Regelungen gelten nur, wenn § 3 Nr. 3 PflversG nicht eingreift.[299]

d) Vereinbarungen über die Verjährung

Während früher Vereinbarungen zur Erschwerung der Verjährung in der Regel verboten waren, steht die Verjährung nach neuem Recht unter Beachtung der Schranken des § 202 BGB grds. zur Disposition der Parteien. Insbesondere die Abkürzung der Verjährungsfrist ist also zulässig. Von dieser Möglichkeit wird häufig von Verkehrsbetrieben in dem Sinne Gebrauch gemacht, dass die Verjährungsfristen unter Einbeziehung auch der Ansprüche aus dem Beförderungsvertrag einheitlich auf zwei Jahre abgekürzt werden.

Derartige Global- bzw. Individualvereinbarungen sind wie gesagt zulässig. Das bedeutet, dass die gesetzliche Verjährungsfrist nur dann zum Zuge kommt, wenn keine kürzere Frist vereinbart worden ist. Eine derartige Vereinbarung kann auch durch Allgemeine Geschäftsbedingungen bzw. durch die vom Bundesminister für Verkehr-, Bau- und Wohnungswesen durch Rechtsverordnung normierten Allgemeinen Beförderungsbedingungen getroffen werden.

---

298 *Filthaut* § 11 Rn. 30.
299 Vgl. bereits *BGH* VersR 1977, 282; NZV 2003, 80 zu § 14 StVG; ebenso Hentschel/*König*/Dauer § 14 StVG Rn. 5 f.

6. Ausgleichsansprüche

188 Bei den Ausgleichsansprüchen nach § 13 HG wird die Kopfteilshaftung des § 426 BGB ersetzt durch das auch in § 254 BGB enthaltene Verursachungsprinzip. Die Ausgleichspflichtigen sind also nicht wie Gesamtschuldner »im Zweifel« zu gleichen Teilen verpflichtet; vielmehr richtet sich der Ausgleich nach dem Maß der Verursachung.[300]

188a Die Selbständigkeit des Ausgleichanspruchs hat weiter zur Folge, dass die Bestimmungen, die für den Haftpflichtanspruch gelten, auf ihn keine Anwendung finden. Der Ausgleichsanspruch bleibt also unberührt davon, dass der Haftpflichtanspruch beispielsweise verjährt ist oder wegen Nichtwahrung einer Frist nicht mehr geltend gemacht werden kann. Dies gilt allerdings nur für »echte« Ausgleichsansprüche.[301]

189 Echte Ausgleichsansprüche in des Wortes eigentlicher Bedeutung erfasst lediglich § 13 Abs. 1 S. 1 HG. Diese Bestimmung ist ihrem wesentlichen Inhalt nach dem § 17 Abs. 1 StVG nachgebildet. Von echten Ausgleichsansprüchen spricht man dann, wenn mehrere Ersatzpflichtige – als Gesamtschuldner – einem Dritten gegenüber haften und ein Schuldner aufgrund gesetzlicher Bestimmungen den Dritten vorab befriedigt. Der Anspruch des Betroffenen geht dann gem. § 426 BGB auf den vorleistenden Gesamtschuldner über, der ihn im Innenverhältnis – also gegenüber den anderen Gesamtschuldnern – zum Ausgleich stellen kann.

190 Die »Ausgleichsansprüche« nach § 13 Abs. 2 HG stellen sich bei näherer Betrachtung lediglich als eine Form der Verrechnung gegenseitiger Ersatzansprüche dar. Diese Bestimmung betont also nur den ohnehin selbstverständlichen Grundsatz, dass jeder Beteiligte im Verhältnis zu dem oder den übrigen Beteiligten letztlich nur in dem Verhältnis haftet, der dem anteiligen Wirkungsgrad seines eigenen Verantwortungsbeitrages entspricht. Er ist daher – und auch dies ist im Grunde selbstverständlich – berechtigt, den Einwand der mitwirkenden Verursachung zu erheben und die Aufrechnung mit eigenen Ersatzansprüchen zu erklären.

191 Nach § 13 Abs. 3 HG sind Ausgleichsansprüche nunmehr ausgeschlossen, soweit die Schienenbahn innerhalb des Verkehrsraumes einer öffentlichen Straße betrieben wird und wenn der Unfall durch ein unabwendbares Ereignis verursacht ist, das weder auf einem Fehler in der Beschaffenheit der Fahrzeuge oder Anlagen der Schienenbahn noch auf einem Versagen ihrer Vorrichtungen beruht. Auch diese Vorschrift ist inhaltlich dem neu formulierten § 17 Abs. 3 StVG nachgebildet.

II. Anlagenhaftung

1. Versorgungsbetriebe

a) Anwendungsbereich

192 Die Haftung nach § 2 HG erstreckt sich auf sämtliche Leitungsanlagen für Elektrizität, Gase, Dämpfe und Flüssigkeiten und trifft den Inhaber (»Betreiber«) der Anlage.

193 Außer den Leitungen zur Fortleitung von Gasen im weitesten Sinne zählen hierzu beispielsweise auch Leitungen zum Transport von Öl und Ölprodukten (Pipelines).[302]

194 Eine weitere Notwendigkeit zur Haftungsverschärfung hatte sich im Bereich der Wasserrohrleitungen ergeben. Die Rechtsprechung hatte sich verschiedentlich mit Fällen zu befassen, in denen nach Bruch oder Korrosion von Wasserleitungen Wasser in Häuser oder Lagerräume eingedrungen war und Schäden verursacht hatte. Ferner ist es durch Unterspülungen von Straßen zu Straßeneinbrüchen gekommen, die wiederum zu Verkehrsunfällen führten. Hierbei blieben Ansprüche aus

---

300 Vgl. *Filthaut* § 13 Rn. 1.
301 Vgl. *Filthaut* § 13 Rn. 5.
302 Vgl. *BGH* NJW 1993, 2740 = DAR 1993, 465; *OLG Köln* VersR 1995, 1105; *Wussow* Kap. 16 Rn. 4.

§ 836 BGB wegen des im Abs. 1 S. 2 zulässigen Entlastungsbeweises häufig ohne Erfolg. Die Rechtsprechung hatte sich deshalb z. T. bemüht, durch Analogien einen Ersatzanspruch zu begründen.[303]

Ausgenommen von der Gefährdungshaftung des § 2 HG sind jedoch auch weiterhin Schäden durch Rohrleitungsanlagen innerhalb des befriedeten Betriebsgeländes (§ 2 Abs. 3 Nr. 1 HG). Diese Regelung ist deshalb gerechtfertigt, weil die betreffenden Anlagen im Allgemeinen keine Gefahr für die Öffentlichkeit darstellen und jedenfalls die Schadenursache besser abgegrenzt werden kann. 195

b) Begriffsbestimmungen

Die Bezeichnung »Gase« in § 2 HG soll sicherstellen, dass nicht nur Erdgas als Energieträger, sondern dem allgemeinen Sprachgebrauch nach auch sonstige Arten von Gasen unter diese Vorschrift fallen. 196

Unter Flüssigkeiten sind beispielsweise Öle und alle Ölprodukte sowie Ölderivate, aber auch Wasser, zu verstehen. Als Anlagen zur Fortleitung und Abgabe von Dämpfen kommen beispielsweise Fernheizungen in Betracht. 197

Im Gegensatz zu der bis zum 31.12.1977 geltenden Regelung hat der Gesetzgeber im geänderten HG darauf verzichtet, dass der Schaden durch einen Unfall herbeigeführt sein muss. Man wollte damit den Fall vermeiden, dass Schäden, die durch längere Summierung (Kumulierung) von Einzelursachen entstanden sind, vom HG nicht erfasst werden. Unter die Gefährdungshaftung fällt jetzt also auch ein Schaden, der beispielsweise durch langsames Ausströmen von Gas entstanden ist. Der Verzicht auf den Unfallbegriff bewirkt aber auch, dass unter die Gefährdungshaftung Korrosionsschäden fallen, die durch vagabundierende Ströme ausgelöst worden sind.[304] Nach der bisherigen Rechtslage bestand insoweit eine reine Verschuldenshaftung. 198

Für Schäden – also nicht nur Unfälle –, die auf die Wirkung[305] der Elektrizität oder des Gases zurückzuführen sind, besteht der Grundsatz der uneingeschränkten Gefährdungshaftung. Auf ein Verschulden des Inhabers (Betreibers) der Anlage bzw. eines sonstigen Sicherungspflichtigen kommt es ebenso wenig an wie auf den Zustand der Anlage selbst. 199

Als Inhaber der Anlage gilt derjenige, der die tatsächliche Verfügungs- bzw. Herrschaftsgewalt über die Anlage ausübt, also derjenige, der sie unter Strom setzen und den Strom erforderlichenfalls wieder abschalten kann (mit anderen Worten:. Der »Herr der Gefahr«) und auch die eigenverantwortliche und wirtschaftliche Herrschaft hat. Ihn trifft die alleinige Verantwortlichkeit im Rahmen der Gefährdungshaftung, weil nur er in der Lage ist, dafür Sorge zu tragen, dass die Anlage sich in einem technisch einwandfreien Zustand befindet und ohne schädliche Nebeneinflüsse die gewünschte Wirkung erzielt. Dies wird in der Regel der Eigentümer sein. Auf die Eigentumsverhältnisse kommt es aber nicht an, sondern in erster Linie auf die tatsächlichen Einwirkungsmöglichkeiten.[306] 200

c) Leitungsdrähte und -masten

Die vom Gesetzgeber ins Auge gefasste Gefahrenlage besteht, soweit es sich um die aus dem gesicherten Stromkreis heraustretende elektrische Energie handelt, nicht nur darin, dass ein Leitungsdraht unter Herbeiführung eines sog. Erdschlusses zu Boden fällt, sondern auch darin, dass ein Draht sich vom Isolator gelöst hat und von dort aus schädliche Ströme aussendet. Wenn Drähte sich lösen und einen Masseschluss erzeugen, dann stellt sich dieser Vorgang als »Herabfallen von Leitungsdrähten« im Sinne von § 2 Abs. 3 Nr. 3 HG dar. Das Gleiche gilt für den Fall, dass die Drähte über den 201

---

303 Vgl. z. B. *OLG Frankfurt/M.* VersR 1983, 89 (L).
304 Vgl. dazu *Filthaut* § 2 Rn. 30.
305 Zur Wirkungshaftung nach § 2 Abs. 1 S. 1 HG vgl. *Filthaut* NJW 1983, 2687; Geigel/*Kaufmann* 26. Kap. Rn. 67, 68.
306 Vgl. *OLG Düsseldorf* VersR 1992, 326; *OLG Naumburg* VersR 1994, 1432; *Filthaut* § 2 Rn. 45; *BGH* BauR 2007, 767.

zum Spannungsausgleich erforderlichen Toleranzrahmen hinaus durchhängen und durch gegenseitige Berührung Kurzschlüsse bzw. Überspannungen erzeugen. Wenn dieser Vorgang zu einem Lichtbogenkurzschluss in einer ordnungsgemäß installierten Innenanlage führt, besteht nach Auffassung des *BGH*[307] eine Haftung des Erzeugers der elektrischen Energie aus § 2 HG.

d) Haftungsausschlüsse

202 Die Gefährdungshaftung kommt nicht in Betracht für Anlagen, die lediglich der Übertragung von Zeichen oder Lauten dienen (§ 2 Abs. 2 HG). Sie ist ferner ausgeschlossen, wenn der Schaden innerhalb eines Gebäudes entstanden oder auf eine darin befindliche Anlage zurückzuführen ist bzw., wenn er innerhalb eines im Besitz des Inhabers der Anlage stehenden befriedeten Grundstücks entsteht (§ 2 Abs. 3 Nr. 1 HG).[308] Dies gilt in gleicher Weise, wenn ein Energieverbrauchsgerät beschädigt oder durch eine sonstige Einrichtung zum Verbrauch oder zur Abnahme der in § 2 Abs. 1 HG bezeichneten Stoffe ein Schaden verursacht wird (§ 2 Abs. 3 Nr. 2 HG). Die Gefährdungshaftung bleibt jedoch bestehen, wenn die Ursache für das Versagen des Energiegerätes nicht in ihm selbst begründet liegt, sondern in der Leitung, die zu einem Verantwortungsbereich des Versorgungsbetriebes gehört.[309]

203 Die Gefährdungshaftung kommt ferner dann nicht zum Zuge, wenn der Schaden durch höhere Gewalt verursacht worden ist, es sei denn, dass er auf dem Herabfallen von Leitungsdrähten beruht (§ 2 Abs. 3 Nr. 3 HG). Unter höherer Gewalt versteht man auch in diesem Zusammenhang ein von außen her auf die Anlage einwirkendes – also betriebsfremdes – Ereignis, das so außergewöhnlich ist, dass der »Betreiber« der Anlage mit seinem Eintritt vernünftigerweise nicht zu rechnen braucht und gegen das er mit angemessenen und wirtschaftlich vertretbaren Mitteln, soweit sie nach dem neuesten Stand der Technik zumutbar sind, keine wirksamen Vorkehrungen treffen kann. Es handelt sich hierbei also um eine Kombination von elementarer äußerer Gewalt – die nicht notwendig immer Naturgewalt zu sein braucht – auf Verursacherseite und dem Merkmal der Unabwendbarkeit auf Haftungsseite.

204 Bei Gewittern und anderen Naturereignissen bleibt die Gefährdungshaftung des Energieversorgungsträgers dennoch bestehen, wenn der Schaden darauf beruht, dass Leitungsdrähte herabfallen. Der Ersatzpflicht in diesem Sinne unterliegen nicht nur Schäden, die durch das unmittelbare Herabfallen der Leitungsdrähte verursacht worden sind, sondern alle nachteiligen Einwirkungen, die bis zur ordnungsgemäßen Wiederherstellung der Anlage entstehen.[310]

205 Beruht der Schaden nicht auf der Einwirkung der Energie, sondern auf dem bloßen Vorhandensein der Anlage, also auf ihrem Zustand (§ 2 Abs. 1 S. 2 HG),[311] d. h. auf den von ihr ausgehenden mechanischen Einwirkungen, dann kann der Ersatzpflichtige sich von der Gefährdungshaftung durch den ihm obliegenden Entlastungsbeweis befreien, dass sich die Anlage bei Eintritt des Schadens in einem ordnungsgemäßen Zustand befunden hat.[312] Ordnungsgemäß ist die Anlage nach der Legaldefinition des § 2 Abs. 1 HG, »solange sie den anerkannten Regeln der Technik[313] entspricht und unversehrt ist«.

---

307 Vgl. dazu bereits *BGH* VersR 1966, 586.
308 Vgl. *OLG Hamm* VersR 1990, 913; Geigel/*Kaufmann* 26. Kap. Rn. 81.
309 Vgl. *Filthaut* § 2 Rn. 66.
310 Vgl. dazu *BGH* VersR 1961, 617.
311 Vgl. dazu *Filthaut* NJW 1983, 2687.
312 Vgl. hierzu *Filthaut* § 2, Rn. 34.
313 Wegen der sog. »technischen Regelwerke« vgl. *OLG München* BB 1984, 239; NJW 1983, 841; bezüglich der Bindungswirkung vgl. *Ossenbühl* BB 1984, 1901; soweit es sich um den richtigen Beurteilungszeitpunkt (vgl. dazu: *Filthaut* § 2, Rn. 35 f.) bei einem Verstoß gegen die anerkannten Regeln der Technik handelt, vgl. *Kaiser* BauR 1983, 203; bezüglich des Verhältnisses von DIN-Normen zu zugesicherten Eigenschaften unter Berücksichtigung der anerkannten Regeln der Technik vgl. *Weber* Zeitschrift für deutsches und internationales Baurecht 1983, 151.

e) Mitverschulden

Eine Einschränkung der Ersatzpflicht tritt dann ein, wenn ein mitwirkendes Verschulden des Geschädigten oder eine ihm – im Rahmen der Gefährdungshaftung – zuzurechnende mitwirkende Verursachung vorliegt. Insoweit gilt § 254 BGB. Überdies bestimmt § 4 HG, dass bei Beschädigung einer Sache das Verschulden desjenigen, der die tatsächliche Gewalt über die Sache ausübt, dem Verschulden des Geschädigten gleichsteht. Diese Vorschrift ist § 9 StVG und § 34 LuftVG nachgebildet.[314] 206

f) Beweislast

Bezüglich der Beweislast gelten folgende Grundsätze: 207

Soweit die Gefährdungshaftung nach den gesetzlichen Tatbestandsmerkmalen Anwendung findet, muss der Anspruchsteller den Eintritt des Schadens und den schadenursächlichen Sachzusammenhang mit der Anlage beweisen. Im Übrigen können Ansprüche nur auf vertragliche Grundlage bzw. auf ein dem Inhaber der Anlage zur Last fallendes schadenursächliches Verschulden gestützt werden. 207a

Der Verschuldensnachweis ist – generell gesagt – für alle Fälle erforderlich, in denen die Gefährdungshaftung nicht in Betracht kommt, insbesondere also für die Fälle, in denen der Schaden durch eine Anlage entstanden ist, die lediglich der Übertragung von Zeichen und Lauten diente, ferner wenn der Schaden innerhalb eines Gebäudes entstanden ist und auf eine darin befindliche Anlage zurückzuführen ist. 208

Der Inhaber der Anlage ist demgegenüber dafür beweispflichtig, dass die Gefährdungshaftung durch höhere Gewalt oder ein Verschulden des Verletzten ausgeschlossen ist. Beruht der Schaden auf dem bloßen Vorhandensein der Anlage, d. h. auf einer rein mechanischen Einwirkung, dann ist der Inhaber der Anlage dafür beweispflichtig, dass diese sich in einem ordnungsgemäßen Zustand befunden hat. 209

g) Ausgleichsansprüche

Soweit es sich um Ausgleichsansprüche im Sinne von § 13 HG handelt, kann zur Vermeidung von Wiederholungen auf die oben unter Rdn. 188–191 im Einzelnen dargestellten Grundsätze verwiesen werden, die gemeinsam für alle Haftungstatbestände des HG gelten. Es ergeben sich keine Unterschiede daraus, ob die Haftung des Betriebsunternehmers für eine Schienen- oder Schwebebahn bzw. für eine Anlage in Betracht kommt. 210

2. Sonstige Betriebe

a) Allgemeine Grundsätze

Im Gegensatz zu der auf Gefährdungshaftung beruhenden Verantwortlichkeit der Energieversorgungsbetriebe normiert § 3 HG eine auf Verschulden beruhende Haftung für denjenigen, der ein Bergwerk, einen Steinbruch, eine Gräberei (Grube) oder eine Fabrik betreibt. 211

Die Haftung besteht nur dann, wenn ein Bevollmächtigter oder Repräsentant bzw. eine Aufsichtsperson durch Verschulden bei der Ausführung der dienstlichen Obliegenheiten den Tod oder die Körperverletzung eines Menschen herbeigeführt hat. Eine Entlastungsmöglichkeit des Betreibers besteht insoweit nicht. 212

Unter Bergwerk im Sinne von § 3 HG versteht man eine Anlage, durch die unterirdische Mineralien nach bergbautechnischen Regeln gewonnen werden. Steinbrüche sind demgegenüber Anlagen, in denen Steinarten nach technischen Regeln entweder im Tagebau oder unterirdisch gewonnen werden. Unter Gruben versteht man die Anlagen zur Ausgrabung über Tage. 213

---

314 Vgl. *Filthaut* § 4, Rn. 1.

214 Etwas schwieriger ist die Definition des Begriffs »Fabrik«. Nach allgemeinem Sprachgebrauch handelt es sich um eine Anlage, in der unter Verwendung von Maschinen in einem über den Handwerksbetrieb hinausgehenden Umfange Industrieerzeugnisse hergestellt, be- oder verarbeitet werden. Zu den Fabrikationsbetrieben in dem hier gemeinten Sinne können auch Elektrizitätswerke gehören.

b) Besonderheiten

215 Die Haftung aus § 3 HG gilt nicht gegenüber »betriebstätigen« Personen, sofern nicht Vorsatz in Betracht kommt. Soweit es sich um die Haftungsprivilegien bei Arbeits- und Wegeunfällen handelt, sei auf die nachfolgenden Ausführungen zur Vertragshaftung (Arbeitsvertrag) verwiesen.

216 Auch der Anwendungsbereich des § 3 HG stellt auf einen »Betriebsunfall« ab, der begrifflich vom Arbeitsunfall streng zu trennen ist. Unter Betriebsunfall versteht man ein Schadensereignis, das in einem räumlichen und zeitlichen inneren Zusammenhang mit dem technischen Betrieb steht. Dies bedeutet, dass unter den Anwendungsbereich des § 3 HG Unfälle, die sich im Büro oder Verwaltungsgebäude ereignen, nicht fallen. Das Gleiche gilt für die Fabrikationsräume, solange der technische Betrieb ruht. Diese Voraussetzung liegt auch dann vor, wenn bestimmte Reparaturarbeiten in den Herstellungsräumen vorgenommen werden.

217 Auch im Rahmen der Haftung aus § 3 HG ist der Einwand zugelassen, dass ein eigenes Verschulden des Verletzten bzw. der Wirkungsgrad einer ihm verantwortlich zuzurechnenden Betriebsgefahr zur Entstehung der Ausweitung des Schadens beigetragen hat. Dieser Gesichtspunkt ist dann in entsprechender Anwendung des § 254 BGB Abs. 1 bei der Schadenabwägung zu berücksichtigen.

3. Bahnanlagen

218 Soweit es sich um die Anlagenhaftung für Schienenbahnen handelt,[315] ist zunächst einmal vorab eine Klarstellung erforderlich. Es bedarf keiner Frage, dass für den Betrieb von Schienenbahnen eine ganze Reihe von Anlagen benötigt werden, die nicht zum eigentlichen »Betrieb« gehören,[316] aber für dessen ordnungsgemäße Durchführung unerlässlich sind. Dabei ist insbesondere – neben der reinen Infrastruktur, von der hier nicht die Rede sein soll – beispielhaft an Bahnsteige, Wendeschleifen und Endstellen zu denken, aber auch an den Unterbau – das sog. Planum – sowie an Schienen und Schwellen[317], den Weichenkasten und an die Oberleitung, wie überhaupt an sämtliche Fahrleitungsanlagen. Die Abgrenzung bereitet in derartigen Fällen keine besonderen Schwierigkeiten.

219 Für die Betriebsanlagen gilt nicht die Gefährdungshaftung, sondern die Ersatzpflicht des Unternehmers besteht lediglich dann, wenn der Geschädigte ihm ein schadenursächliches Verschulden – und sei es auch in Form einer Verletzung der Verkehrssicherungspflicht – nachweist.

219a Der Unfall eines Reisenden auf der zum Bahnsteig führenden Treppe ereignet sich nicht »bei dem Betrieb« der Eisenbahn im Sinne von § 1 HG.[318] Dies gilt auch für Unfälle, die sich auf einer im Bahnhofsbereich befindlichen Rolltreppe (Fahrtreppe) ereignen, da sich für die Benutzer dieser Einrichtungen keine besonderen Gefahren ergeben, die typisch und eigentümlich für den Schienenverkehr sind.[319] Es fehlt hier an einem unmittelbaren äußeren, zeitlichen und örtlichen Zusammenhang mit einem Beförderungsvorgang.[320]

219b Andere Grundsätze können aber dann gelten, wenn der Unfall durch typische Gefahren des Bahnbetriebs ausgelöst oder zumindest doch entscheidend mitverursacht worden ist, wie beispielsweise

---

315 Bezüglich der Verkehrssicherungspflicht vgl. insbes.: *Bergmann/Schumacher* Die Kommunalhaftung, Rn. 1898 ff. (Nahverkehrsunternehmer).
316 Vgl. dazu: *OLG Frankfurt/M.* VersR 1987, 77 (L 2).
317 Vgl. dazu *OLG Hamm* VersR 1983, 275.
318 Vgl. *Filthaut* § 1, Rn. 106; *Geigel/Kaufmann* 26. Kap. Rn. 27.
319 *Filthaut* NZV 1990, 187 (179, 1. Sp.); *OLG Düsseldorf* VersR 1989, 274.
320 Vgl. *OLG Hamburg* VersR 1984, 544 = 227.

durch Eile, Gedränge und räumliche Enge auf den Bahnanlagen. Derartige Unfälle haben sich auch dann »bei dem Betriebe« der Schienenbahn ereignet, wenn sie bereits vor dem Einsteigen oder erst nach dem Aussteigen eintreten.[321]

Darüber hinaus haftet der Betriebsunternehmer auch für das unmittelbar von ihm zu vertretende Organverschulden. Dabei kann die Anlagenhaftung unter gewissen Voraussetzungen mit der Gefährdungshaftung zusammentreffen. Als Beispiel sei darauf verwiesen, dass der Betriebsunternehmer für den ordnungsgemäßen Zustand von Weichen nur dann verantwortlich ist, wenn er die ihm obliegende Verkehrssicherungspflicht schuldhaft verletzt hat. Wird eine Weiche jedoch – und sei es auch auf dem Wege der »induktiven« Fernsteuerung bzw. durch mechanische Betätigung vom Stellwerk aus – umgelegt und entsteht dadurch ein Schaden,[322] dann handelt es sich eindeutig um einen Unfall, der sich »bei dem Betriebe« der betreffenden Schienenbahn im Sinne von § 1 HG ereignet hat, für den der Betriebsunternehmer auch ohne eigenes Verschulden nach den Grundsätzen der Gefährdungshaftung einzustehen hat.[323]

220

Der sicherlich häufigste Fall der Verkehrssicherungspflichtverletzung des Betriebsunternehmers einer Schienenbahn liegt nach den Erfahrungen der Praxis dann vor, wenn durch Versackungen Niveauunterschiede im Zustand der Gleisanlage eintreten und Kraftfahrer oder Fußgänger dadurch zu Schaden kommen. Die Rechtsprechung geht davon aus, dass jede Gleisanlage – also auch diejenige, die völlig bündig im Verhältnis zu ihrer Umgebung verlegt ist – eine gewisse Gefährdung anderer Verkehrsteilnehmer mit sich bringt, beispielsweise durch die verschleißbedingte Abnutzung des Fahrkopfes. Auf derartige Unebenheiten hat sich der Verkehr im Allgemeinen einzustellen.

221

Der Träger der Straßenbaulast verstößt auch nicht gegen seine Verkehrssicherungspflicht, wenn er in einer Nebenstraße von geringer Verkehrsbedeutung eine ca. 7 cm hohe ringförmige Anhebung der Fahrbahndecke rund um einen Kanaldeckel zulässt. Wer ein tiefliegendes oder tief gesetztes Fahrzeug fährt, muss besonders auf Unebenheiten der Fahrstraße achten.[324]

221a

Wird nach einem starken Regen ein in der Straße verlegter Deckel des Kanalisationsnetzes durch den Druck des Wassers abgehoben und fährt wenig später ein Kfz gegen den außerhalb des Schachts liegenden Deckel, sind die Voraussetzungen des § 2 Abs. 1 S. 1 HG – hilfsweise des S. 2 – erfüllt.[325]

221b

Soweit es sich um Niveauunterschiede im Zusammenhang mit Versackungen im Gleisbereich handelt, ist überdies zu berücksichtigen, dass es in der Natur der Pflasterung mit Reihensteinen liegt, dass die gerade im Schienenbereich außerordentlich starke Belastung durch die verschiedensten Verkehrsströme alsbald zu Höhenunterschieden zwischen den einzelnen Steinen unter sich und im Verhältnis zu den in sie eingebetteten Schienen führt. Die danach ohnehin vorhandene Gefahr ist jedem Verkehrsteilnehmer hinreichend bekannt und muss von ihm mit dem Ergebnis in Kauf genommen werden, dass er schon in seinem eigenen wohlverstandenen Interesse derartige Niveauunterschiede durch sorgfältiges Verhalten – insbesondere im Hinblick auf eine Abstimmung seiner Fahrweise – angemessen berücksichtigt.

222

Es würde sicherlich eine Überspannung der an den Betriebsunternehmer einer Schienenbahn billigerweise zu stellenden Anforderungen bedeuten, wenn man von ihm verlangen oder auch nur erwarten

222a

---

321 Vgl. hierzu *Filthaut* § 1 Rn. 67, 109; *OLG Karlsruhe* NZV 2011, 141 sowie *Filthaut* NZV 2006, 634 (m. w. N.).
322 Z. B. durch Entgleisen einer Rangiereinheit oder durch den Zusammenprall mit einem anderen Fahrzeug; vgl. hierzu auch *Filthaut* § 1 Rn. 71 f.
323 Soweit es sich um die *Verkehrssicherungspflicht* auf Bahnsteigen handelt, vgl. *Filthaut* NZV 1994, 176; *Künell* DOK 1983, 906; bezüglich der Verkehrssicherungspflicht für Bäume an Bahnstrecken in der Abgrenzung zur Verkehrssicherungspflicht des Grund- und Waldeigentümers vgl. *Kunz* VersR 1982, 1032.
324 Vgl. dazu *OLG Düsseldorf* VersR 1985, 397 = zfs 1985, 165 (L); *BGH* VersR 1979, 1055 – vgl. auch: *OLG Karlsruhe* zfs 1984, 66; *OLG Celle* VersR 1989, 207 = NZV 1989, 72 = zfs 1989, 118 (L: keine Verletzung der Verkehrssicherungspflicht bei 40 cm breitem und 3 cm tiefem Loch).
325 Vgl. dazu *OLG Schleswig* VersR 1987, 365 (L).

wollte, dass er jeden noch so geringen Höhenunterschied im Zuge eines meist recht weitverzweigten Streckennetzes sofort beseitigt. Dem berechtigten Verlangen der Teilnehmer am Individualverkehr einerseits nach weitestgehender Sicherheit steht das ebenfalls der Verkehrssicherheit und der Zügigkeit des Verkehrsablaufes dienende Bedürfnis nach Offenhaltung der Verkehrswege entgegen, die wegen der Pflasterarbeiten zumindest teilweise und zeitweilig gesperrt werden müssten. Dadurch entstehen wiederum neue Gefahrenlagen.

223 Man muss infolgedessen bei der Bewertung von Höhenunterschieden von einem vernünftigen und noch vertretbaren Maß ausgehen, um eine brauchbare Kompromissformel zu finden. Die Rechtsprechung hat dabei vom Individualverkehr verlangt, dass er sich auf Niveauunterschiede, die bis zu etwa 3 cm betragen, sachdienlich einstellt und ihnen durch eine besonders sorgfältige Fahrweise Rechnung trägt. Die Erfahrungen der Praxis zeigen, dass der überwiegende Teil der durch Höhenunterschiede verursachten Unfälle auf Unachtsamkeit und mangelnde Fahrkunst der beteiligten Fahrzeugführer zurückzuführen ist, insbesondere darauf, dass Kraftfahrer den unterschiedlichen Reibungswert zwischen Schiene und Straße nicht berücksichtigen und häufig Gleise in einem zu spitzen Winkel anschneiden.[326]

224 Insbesondere müssen Fußgänger vorhandenen Höhenunterschieden durch die ihnen zumutbare Aufmerksamkeit Rechnung tragen.[327] Insoweit gilt die Besonderheit, dass Fußgänger im Hinblick auf ihre relativ langsame Gehgeschwindigkeit und mit Rücksicht auf den – nicht allein dadurch – engen Kontakt zur Fahrbahn Unebenheiten sehr viel leichter und eher bemerken können als Kraftfahrer. Hinzu kommt, dass gerade Fußgänger mit Unebenheiten am ehesten rechnen müssen und nirgendwo einen Untergrund erwarten können, der absolut bündig ist. Geringfügige Unebenheiten der Gehwege sind auch dann, wenn sie kantenförmig ausgebildet sind, von Fußgängern hinzunehmen. Auch eine Stolperkante von 20 mm wird daher nicht ohne Weiteres den Vorwurf einer Verletzung der Verkehrssicherungspflicht begründen können. Der *BGH*[328] hat in einem anderen Fall eine Höhendifferenz von 8 mm zwischen nebeneinanderliegenden Platten auf dem Bürgersteig einer Großstadt im Allgemeinen – von auch dort möglichen Ausnahmen abgesehen – noch als »unerheblich« bezeichnet und in diesem Zusammenhang hinzugefügt, dass sich ein Straßenbenutzer darauf ohne Weiteres einstellen kann.

224a Andererseits hat der *BGH* in derselben Entscheidung seiner Auffassung Ausdruck gegeben, dass die durch Höhenunterschiede hervorgerufene Gefährdung stets im Zusammenhang mit den Gesamtumständen der einzelnen Örtlichkeit gesehen werden müsse und dass andere Grundsätze für den Fall gelten, dass derartige Höhenunterschiede sich auf einem Bahnsteig der Deutschen Bahn[329] befinden, weil die Aufmerksamkeit der Fahrgäste in jenem Bereich durch die besondere Eile des Betriebsvorgangs geprägt ist und von einlaufenden Zügen voll in Anspruch genommen wird.

225 In einer anderen Entscheidung geht der *BGH*[330] davon aus, dass eine schuldhafte Verletzung der dem Betriebsunternehmer einer Schienenbahn obliegenden Verkehrssicherungspflicht vorliegt, wenn der Unternehmer es unterlässt, »die Gleisrillen der seit mehr als 3 Jahren stillgelegten Straßenbahn (...) zu verfüllen«.

226 Der Inhalt der Verkehrssicherungspflicht richtet sich nach dem Zweck, dem die Verkehrssicherungspflicht dient. Auf Straßen hat der Verkehrssicherungspflichtige dafür Sorge zu tragen, dass die Oberkante sich in einem dem regelmäßigen Verkehrsbedürfnis ausreichenden Zustand befindet, der eine möglichst gefahrlose Benutzung zulässt. Dies bedeutet allerdings nicht, dass der Verkehrssicherungspflichtige gehalten wäre, einen Zustand zu schaffen und aufrecht zu halten, der absolute Gefahren-

---

326 Vgl. *OLG Düsseldorf* VersR 1983, 250.
327 Vgl. dazu Bergmann/*Schumacher* Die Kommunalhaftung, Rn. 1898 ff. mit zahlreichen Nachweisen.
328 Vgl. dazu *BGH* VersR 1981, 482 = r+s 1981, 98; VersR 1967, 281; *Filthaut* § 12 Rn. 46 ff.
329 Vgl. dazu *BGH* VersR 1967, 281.
330 Vgl. dazu *BGH* VersR 1962, 636.

freiheit garantiert und damit vom Benutzer der Anlagen jegliches Risiko fernhält.[331] Es kann daher von dem Betreiber einer Bahn nicht erwartet werden, sämtliche Gleisanlagen zur Vermeidung von Fußgängerunfällen einzuzäunen.[332]

Für Bahnsteige (für die die Gefährdungshaftung des HG nicht gilt)[333] auf großen Bahnhöfen, auf denen zahlreiche Reisende ein- und aussteigen, sind besonders strenge Maßstäbe an eine ordnungsgemäße Erfüllung der Verkehrssicherungspflicht anzulegen. Sie sind sorgfältig zu überwachen; eine mehrmalige Generalreinigung der Bahnsteige eines größeren Bahnhofs innerhalb von 4 Stunden ist der Eisenbahnverwaltung jedoch nicht zuzumuten.[334] Eine in der Winterzeit bestehende Streupflicht für Bahnhaltestellen kann zwar auf andere Unternehmen übertragen werden, jedoch muss eine regelmäßige Kontrolle stattfinden. Deren Umfang hängt von den Umständen des Einzelfalls ab, muss aber jedenfalls stichprobenartig erfolgen, insbesondere an gefahrenträchtigen Stellen, wie Omnibusbahnhöfen und Bahnhofsvorplätzen.[335] An einer in der Innenstadt liegenden, jedoch »nicht über das übliche Maß hinaus frequentierten« Haltestelle ist die Streupflicht von 7.00 bis 20.00 Uhr zeitlich begrenzbar.[336]

227

D. Amtshaftung

I. Grundsätze

Verletzt ein Beamter seine Amtspflichten, so haftet er nicht gem. den §§ 823 ff. BGB, sondern ausschließlich nach § 839 BGB.

228

Verletzt der Beamte vorsätzlich[337] die ihm einem Dritten gegenüber obliegende Amtspflicht, so hat er dem Dritten den daraus entstandenen Schaden gem. § 839 Abs. 1 S. 1 BGB zu ersetzen. Von Vorsatz ist dann auszugehen, wenn der Beamte weiß, dass er pflichtwidrig handelt, wenn er sich also über die Bestimmungen hinwegsetzt, aus denen sich seine Amtspflicht ergibt oder wenn er auch nur mit der Möglichkeit eines Verstoßes gegen Amtspflichten rechnet und diese Pflichtverletzung in Kauf nimmt (dolus eventualis).

228a

Fällt dem Beamten indessen nur Fahrlässigkeit zur Last, kann er nach § 839 Abs. 1 S. 2 BGB lediglich dann persönlich in Anspruch genommen werden, wenn der Verletzte nicht auf andere Weise Ersatz für seinen Schaden zu erlangen vermag.

228b

Nach Art. 34 GG tritt an die Stelle des Beamten sein Dienstherr,[338] also grundsätzlich diejenige Körperschaft, die diesen Amtsträger angestellt und ihm damit die Möglichkeit zur Amtsausübung eröffnet hat.[339]

229

§ 839 BGB ist die anspruchsbegründende, Art. 34 GG die anspruchsverlagernde Norm. Die Körperschaft haftet nur, soweit der Beamte selbst gem. § 839 BGB haften würde.

229a

Hat der Beamte den Schaden vorsätzlich oder grob fahrlässig herbeigeführt, kann er von seinem Dienstherrn allerdings in Regress genommen werden. Dies ist indessen eine Frage, die lediglich das Innenverhältnis betrifft und für den Geschädigten keine Bedeutung hat.

229b

---

331 Vgl. dazu insbes. *BGH* VersR 1967, 281, VersR 1981, 482 = r+s 1981, 98.
332 Vgl. *OLG Schleswig* VersR 2010, 258; vgl. aber auch *OLG Koblenz* VersR 2003, 1449.
333 Vgl. *OLG Frankfurt/M.* VersR 1987, 77 (L) = zfs 1987, 69; ebenso *OLG Hamburg* VersR 1979, 922; VersR 1984, 544 = zfs 1984, 227.
334 Vgl. *OLG Frankfurt/M.* a. a. O.
335 Vgl. *OLG Brandenburg* VersR 2009, 221.
336 Vgl. *OLG Naumburg* v. 3.3.2008, AZ: 2 U 2/08.
337 Zu den subjektiven Voraussetzungen einer vorsätzlichen Amtspflichtverletzung vgl. *BGH* NVwZ 1984, 604.
338 Zur Anwendung der Anstellungs- oder Funktionsgarantie vgl. *BGH* VersR 1977, 522; VersR 1981, 353 = zfs 1981, 161.
339 Vgl. *BGH* VersR 1991, 1135; BGHZ 6, 215; VersR 1983, 856 = zfs 1983, 325; *BGH* VersR 2006, 638.

229c Hat ein Beamter in Ausübung des ihm anvertrauten öffentlichen Amts als Fahrer eines Dienstkraftwagens einen Verkehrsunfall grobfahrlässig verursacht, so kann der Dienstherr wegen der bundesrechtlichen Sonderregelung des § 2 Abs. 2 S. 4 PflVG gegen den Beamten nur insoweit Rückgriff nehmen, als die Schadenersatzleistungen die Mindestversicherungssumme des Pflichtversicherungsgesetzes übersteigen.[340] Diese Auffassung beruht auf der Erwägung, dass auch der »Quasi-Versicherer« (Eigenversicherer) grundsätzlich denselben Versicherungsschutz (Deckungsschutz) zu gewähren hat wie unter normalen Umständen ein anderer Haftpflichtversicherer.

230 Ob ein Geschädigter als Dritter im Sinne des § 839 BGB in Betracht kommt, richtet sich danach, ob die Amtspflicht – wenn auch nicht notwendigerweise allein, so doch zumindest auch – den Zweck hat, gerade sein Interesse wahrzunehmen.[341] Dabei braucht eine Person, der gegenüber eine Amtspflicht zu erfüllen ist, nicht in allen ihren Belangen als Dritter anzusehen sein.[342]

231 Die in § 839 BGB statuierte Beamtenhaftung (Amtshaftung) enthält gegenüber den allgemeinen Haftungsgrundsätzen aus §§ 823 ff. BGB wesentliche Besonderheiten:

231a Sie erweitert einmal die Haftung dahin, dass ein Beamter für jegliche schuldhafte Verletzungen der ihm Dritten gegenüber obliegenden Amtspflichten – also auch für reine Vermögensschäden – haftet, und zwar selbst dann, wenn die Tatbestandsmerkmale des § 823 Abs. 2 oder § 826 BGB nicht erfüllt sind.

231b Andererseits enthält § 839 BGB gegenüber der allgemeinen Haftung insoweit auch eine Einschränkung, als der Beamte im Fall einer Amtspflichtverletzung ausschließlich aus § 839 BGB haftet und diese Haftung nach Art. 34 GG grundsätzlich durch die Staatshaftung abgelöst wird.

231c Eine weitere Einschränkung gegenüber den Bestimmungen des allgemeinen Haftpflichtrechts ergibt sich daraus, dass § 839 BGB nicht von dem ansonsten geltenden Grundsatz der Naturalrestitution im Sinne von § 249 BGB ausgeht, sondern einen Schadenersatzanspruch begründet, der von vornherein auf die Zahlung von Geld gerichtet ist.

232 Die Sonderbestimmung des § 839 BGB verdrängt andere Haftungsgrundlagen, so beispielsweise auch eine Inanspruchnahme aus Anlass von vertraglichen Leistungsstörungen.

232a Dies gilt jedoch nicht, soweit es sich um verkehrsrechtliche Sondergesetze handelt. Die Gefährdungshaftung aus § 7 Abs. 1 StVG wird durch die Amtshaftung also nicht verdrängt.[343] Demgegenüber orientieren sich die Ersatzansprüche auch dann an den Grundsätzen der Amtshaftung, wenn und insoweit eine Haftung des Fahrzeugführers aus gesetzlich vermutetem Verschulden nach § 18 StVG in Betracht kommt.[344]

232b In einer Grundsatzentscheidung hat der *BGH*[345] festgestellt, dass der Beamte, der gleichzeitig aus § 839 BGB und als Fahrzeughalter im Sinne von § 7 Abs. 1 StVG haftet, lediglich bezüglich der Verschuldenshaftung auf die Eintrittspflicht des Staates aus Art. 34 GG verweisen kann.

232c Die hier dargestellten Grundsätze sind wichtig für den Fall, dass bezüglich der Ansprüche aus der Gefährdungshaftung nach § 7 Abs. 1 StVG eine Verwirkung nach § 15 StVG eingetreten ist, die

---

340 Vgl. *BGH* DAR 1986, 20.
341 Vgl. BGHZ 65, 182 (184); NJW 1976, 184; Palandt/*Sprau* § 839 Rn. 45.
342 Vgl. *BGH* VersR 1988, 963; NJW 1981, 2345; soweit es sich um die Einschränkung des Begriffs »Dritter« handelt, vgl. ergänzend BGHZ 39, 358 = NJW 1963, 1821 (Baugenehmigung); *BGH* NJW 1965, 200 (staatliche Aufsicht über den Bau und Betrieb von Seilbahnen); NJW 1973, 463 (464: Verkehrssicherheit von öffentlichen Straßen).
343 Vgl. *BGH* NJW 1968, 1962 = VersR 1968, 997 (L) = DAR 1968, 271; *KG* VersR 1979, 234 = VRS 56, 241; Geigel/*Kapsa* 20. Kap. Rn. 235.
344 Vgl. *KG* VersR 1976, 193; *LG Aachen* VersR 1983, 591.
345 Vgl. BGHZ 29, 38 = NJW 1959, 484 = VersR 1959, 147 = DAR 1959, 102 = VRS 16, 175.

einen Untergang des Rechtsanspruchs nach Ablauf der in dieser Bestimmung vorgeschriebenen zweimonatigen Ausschlussfrist bewirkt.

Für Ansprüche aus Amtshaftung ist der Rechtsweg vor den ordentlichen Gerichten eröffnet.[346] **233**

Dies gilt auch für Rückgriffsansprüche nach Art. 34 Abs. 3 GG, für die ebenfalls die ordentlichen Gerichte – nicht die Arbeitsgerichte – zuständig sind.[347] **233a**

II. Anspruchsbegründende Voraussetzungen

1. Beamtenbegriff

Nach der Rechtsprechung zu § 839 BGB gilt als Beamter jede Person, die öffentlich-rechtliche Hoheitsaufgaben wahrnimmt und für den Staat in Ausübung rechtmäßiger öffentlicher Gewalt handelt. Darauf, ob der Person staatsrechtlich Beamteneigenschaft zukommt oder ob die Ausübung öffentlicher Gewalt von Dauer ist, kommt es nicht an. Auch der Angestellte oder Arbeiter kann daher ggf. als Beamter im Sinne des § 839 BGB anzusehen sein, mit allen sich daraus im öffentlichen Bereich ergebenden Konsequenzen. Dabei ist es nicht einmal erforderlich, dass der betreffende Angestellte oder Arbeiter in einem Dienstverhältnis zu einer öffentlichen Körperschaft steht, sondern es genügt, wenn der Mitarbeiter für eine Privatfirma tätig wird, die ihrerseits von dazu befugten staatlichen Stellen mit der Durchführung von Hoheitsaufgaben betraut ist.[348] **234**

Die Ersatzpflicht für Schäden, die ein Zivildienstleistender bei einer Unfallfahrt im Rahmen des Rettungsdienstes Dritten zugefügt hat, ist regelmäßig auch dann nach Amtshaftungsgrundsätzen zu beurteilen, wenn die anerkannte Beschäftigungsstelle (z. B. Deutsches Rotes Kreuz), in deren Dienst der Zivildienstleistende tätig geworden ist, privatrechtlich organisiert ist und – von ihrer Rechtsstellung als hoheitlich beliehene Einrichtung abgesehen – privatrechtliche Aufgaben wahrnimmt. Haftende Körperschaft im Sinne des Art. 34 S. 1 GG ist in solchen Fällen nicht die anerkannte Beschäftigungsstelle, sondern die Bundesrepublik Deutschland.[349] **235**

2. Amtspflicht

Grundsätzlich ist bei der Frage, ob ein bestimmtes Verhalten einer Person als »Ausübung eines öffentlichen Amtes« zu werten ist, entscheidend darauf abzustellen, ob die eigentliche Zielsetzung, in deren Sinn die Person tätig wurde, dem Bereich hoheitlicher Betätigung zuzurechnen ist und ob bejahendenfalls zwischen dieser Zielsetzung und der schädigenden Handlung ein derartiger Sachzusammenhang besteht, dass diese ebenfalls noch dem Bereich der hoheitlichen Betätigung angehörend zuzurechnen ist.[350] **236**

Erforderlich ist zudem, dass die verletzte Amtspflicht auch drittschützenden Charakter hat. Dies wird beispielsweise bejaht bei der Pflicht zur sorgfältigen Kraftfahrzeug-Hauptuntersuchung. Demnach besteht die Amtspflicht des amtlich anerkannten Kraftfahrzeugprüfers zur sachgemäßen Durchführung einer Hauptuntersuchung auch gegenüber einem potenziellen Opfer des Straßenverkehrs. Dies ist jedenfalls dann der Fall, wenn ein Dritter im Verkehr einen Schaden an Körper und Gesundheit dadurch erleidet, dass der Prüfer pflichtwidrig und schuldhaft einen die Verkehrssicher- **237**

---

346 Vgl. *BGH* NJW 1981, 675 = VersR 1981, 321; BVerwGE 37, 321 = DöV 71, 386; *BVerwG* VersR 1975, 292 (L).
347 Vgl. *OLG Hamburg* VersR 1969, 562 (L) = MDR 1969, 228.
348 Z. B. also auch der Schachtmeister einer Baufirma, der von der dazu zuständigen Behörde die Befugnis erhalten hat, amtliche Verkehrszeichen nach pflichtgemäßem Ermessen aufzustellen.
349 Vgl. *BGH* VersR 1992, 1397 = DAR 1992, 337 = zfs 1992, 337.
350 Vgl. *BGH* NJW 1965, 1895 = VersR 1964, 735 (ständige Rechtsprechung); vgl. auch *Edenfeld* VersR 2002, 272; *Kärger* DAR 2003, 5; *von Gerlach* DAR 1994, 485 = NZV 1995, 177.

heit aufhebenden Mangel übersieht, den Weiterbetrieb des Fahrzeuges nicht unterbindet und deshalb der Mangel einen Verkehrsunfall verursacht.[351]

238 Amtspflichtverletzungen ergeben sich häufig auch daraus, dass Straßenverkehrsbehörden im Sinne der ihnen obliegenden verkehrslenkenden und verkehrsleitenden Maßnahmen falsche Entscheidungen treffen, die zu einer Schädigung des Verkehrsteilnehmers führen. Dabei handelt es sich um die sog. Verkehrssicherungspflichten, die als Amtspflichten einer Stadtgemeinde oder sonstigen Gebietskörperschaft als Trägerin der Straßenbaulast allen Verkehrsteilnehmern gegenüber obliegt, die die Straßen nach Art ihrer Widmung bzw. Verkehrseröffnung berechtigterweise benutzen. Der Straßenverkehrssicherungspflichtige hat dafür zu sorgen, den Verkehr auf der Straße möglichst gefahrlos zu gestalten, insbesondere Verkehrsteilnehmer vor unvermuteten, sich aus der Beschaffenheit der Straße ergebenden und bei zweckgerechter Benutzung des Verkehrsweges nicht ohne Weiteres erkennbaren Gefahrenstellen zu sichern oder zumindest zu warnen. Eine Verletzung dieser Verkehrssicherungspflicht begründet nach allgemeinen zivilrechtlichen Grundsätzen eine Haftung aus § 823 i. V. m. §§ 89, 31 BGB bzw. aus § 839 BGB, wenn die Verkehrssicherungspflicht öffentlich-rechtlich geregelt ist.

238a Allerdings ist der Träger der Straßenbaulast nicht gehalten, jeden Quadratmeter des Straßennetzes in regelmäßigen Abständen etwa auf zu geringe Körnung des Belages zu untersuchen, wenn kein besonderer Anlass besteht. Demnach hat das *OLG Hamm*[352] entschieden, dass keine Verletzung der Verkehrssicherungspflicht vorliegt, wenn ein Motorradfahrer im inneren Radius eines Kreisverkehrs aufgrund angeblicher fehlender Griffigkeit der Fahrbahndecke zu Fall kommt.

239 Dem Träger der Straßenbaulast obliegt die Verkehrssicherungspflicht für die an den Straßen stehenden Bäume.[353] Zur Abwehr der von Straßenbäumen ausgehenden Gefahren sind alle Maßnahmen zu treffen, die einerseits zum Schutz gegen Windbruch und Windwurf erforderlich, andererseits unter Berücksichtigung des umfangreichen Baumbestandes zumutbar sind. Hierzu gehört die Entfernung von nicht mehr standsicheren Bäumen und von Baumgeäst, bei dem damit zu rechnen ist, dass es auf die Straße stürzen kann. Zu den insoweit zumutbaren Maßnahmen gehört eine regelmäßige Beobachtung der Straßenbäume, die sich im Allgemeinen auf eine Sichtprüfung beschränken kann. Die Überprüfung von Straßenbäumen muss mindestens zweimal im Jahr, einmal im belaubten und einmal im unbelaubten Zustand, vorgenommen werden.[354] Einzelne eingehende Untersuchungsmaßnahmen am Baum sind nur dann vorzunehmen, wenn Umstände vorliegen, die der Erfahrung nach auf eine besondere Gefährdung durch den Baum hindeuten.[355] Solche verdächtigen Umstände können sich etwa aus trockenem Laub oder dürren Ästen, aus bereits eingetretenem Astbruch, aus äußeren Verletzungen, Pilzbefall, dem hohen Alter des Baumes und aus seiner Stellung ergeben.[356] Demgegenüber vertritt das *OLG Hamm* die Ansicht, dass der mäßige Gesundheitszustand eines Straßenbaumes, sein ungünstiger Standort oder sein Alter noch nicht ohne Weiteres zu eingehenden Kontrollmaßnahmen verpflichten sollen.[357] Der Senat weist darauf hin, dass der Sicherungspflichtige mit wirtschaftlich zumutbaren Mitteln nicht alle von Straßenbäumen ausgehende Gefahren beseitigen kann. Gelegentlicher natürlicher Astbruch, für den vorher keine besonderen Anzeichen bestehen, sei unvermeidbar und als naturgegebenes Lebensrisiko hinzunehmen. Die Entscheidung des *OLG Hamm* gibt insoweit zu Bedenken Anlass, als es mit den Grundsätzen der Verkehrssicherungspflicht nicht in Einklang zu bringen ist, bei erkennbaren Gefahren einen objektiv vorhersehbaren Schadensfall zunächst abzuwarten.

---

351 Vgl. *OLG Koblenz* DAR 2002, 510; *OLG Hamm* DAR 2010, 139 = VersR 2010, 535.
352 *OLG Hamm* NJW-RR 2009, 1324.
353 Vgl. *OLG Nürnberg* NZV 1996, 494, *OLG Dresden* NZV 1997, 308.
354 Vgl. *OLG Düsseldorf* VersR 1992, 467; *OLG Brandenburg* DAR 1999, 168; *OLG Koblenz* VersR 1998, 865.
355 Vgl. *OLG Köln* VersR 1994, 1489; VersR 1992, 1370; *OLG Hamm* VersR 1994, 357.
356 Vgl. *OLG Brandenburg* NZV 1998, 25.
357 Vgl. *OLG Hamm* NZV 1998, 282.

D. Amtshaftung

239a Auf Parkplätzen soll der Träger der Straßenbaulast nach Einschätzung des *OLG Saarbrücken*[358] z. B. dazu verpflichtet sein, hohe Pappeln zu entfernen, da diese auch im gesunden Zustand dazu neigen, Äste abzuwerfen. Demgegenüber sieht das *OLG Karlsruhe*[359] trotz des bestehenden Risikos eines natürlichen Bruchs gesunder Äste keine Verpflichtung, den Baum oder nur wesentliche Teile der Krone zu entfernen. Wenn dem Verkehrssicherungspflichtigen die Gefahrenbeseitigung aufgrund des Interesses der Öffentlichkeit an der Erhaltung alten Baumbestandes nicht zumutbar ist, dann muss er aber zumindest vor den von Bäumen ausgehenden Gefahren warnen.[360]

240 Die Gemeinden sind verpflichtet, die öffentlichen Straßen innerhalb der geschlossenen Ortschaft im Rahmen ihrer Leistungsfähigkeit vom Schnee zu räumen und bei Schnee- und Eisglätte zu streuen. Inhalt und Umfang dieser winterlichen Räum- und Streupflicht bestimmen sich unter dem Gesichtspunkt der Verkehrssicherung nach den Umständen des Einzelfalles.[361] Zu berücksichtigen sind insbesondere Art und Wichtigkeit der Straße, ihre Gefährlichkeit sowie das zu erwartende Verkehrsaufkommen. Die Räum- und Streupflicht steht unter dem Vorbehalt des Zumutbaren, wobei es auch auf die Leistungsfähigkeit des Sicherungspflichtigen ankommt. Grundsätzlich muss sich der Straßenverkehr auch im Winter den gegebenen Straßenverhältnissen anpassen.

240a Innerhalb geschlossener Ortschaften besteht Streupflicht nur an verkehrswichtigen und gefährlichen Stellen der Fahrbahn.[362] Bei gänzlich unbedeutenden Wegen kann die winterliche Streupflicht u. U. ganz entfallen.[363] Der *BGH* hat z. B. die Zumutbarkeit der Streupflicht bei einem kaum befahrenen Stichweg verneint. Insbesondere muss der Benutzer einer mit Schnee bedeckten Gefällstrecke regelmäßig mit Glatteis rechnen und selbst dafür Sorge tragen, dass er nicht die Beherrschung über sein Fahrzeug verliert.[364]

240b Die innerhalb geschlossener Ortschaften für verkehrswichtige und gefährliche Stellen bestehende Streupflicht beginnt an Werktagen mit dem Berufs- und Tagesverkehr und endet in der Regel um 20.00 Uhr.[365] An Sonn- und Feiertagen ist der Beginn der Streupflicht für den Regelfall um 09.00 Uhr anzusetzen.[366] Eine vorbeugende Streupflicht auch in den Nachtstunden dürfte dagegen nur ausnahmsweise dann anzunehmen sein, wenn dort mit entsprechendem Verkehr gerechnet werden muss.[367] Steht fest, dass ein Geschädigter auf einem Gehweg zu einem Zeitpunkt zu Fall gekommen war, während dessen die Unfallstelle hätte gestreut werden müssen, was der Geschädigte nachzuweisen hat, spricht der erste Anschein dafür, dass es bei der Beachtung der Streupflicht nicht zu dem Unfall gekommen wäre.[368]

240c Die Kommune kann die Winterwartung auf Gehwegen auf die Anlieger übertragen, muss aber die Durchführung der Winterwartung hinreichend kontrollieren. Der Geschädigte muss jedoch trotz feststehender fehlender Kontrolle darlegen und beweisen, dass die Einhaltung der Kontrollpflicht den Schadensfall verhindert hätte.[369] Führt die Gemeinde den Winterdienst selbst aus, steht ihr ein Ermessen dahingehend zu, welche Maßnahme sie letztlich ergreift. Der Straßenanlieger hat keinen Anspruch auf eine bestimmte Maßnahme.[370] Die Streubreite eines Weges hängt im Übrigen von

---

358 *OLG Saarbrücken* DAR 2011, 32 = VersR 2011, 926 = MDR 2010, 1260.
359 *OLG Karlsruhe* DAR 2011, 30 = VersR 2011, 925 = MDR 2011, 292.
360 Vgl. *OLG Naumburg* DAR 1998, 18; *OLG Brandenburg* zfs 2002, 171.
361 Vgl. *BGH* NZV 1998, 199 = zfs 1998, 125 = DAR 1998, 388 = VersR 1998, 1373; VersR 1993, 1106 = NZV 1993, 387.
362 Vgl. *OLG Hamm* NZV 2009, 453.
363 Vgl. *OLG Brandenburg* VRR 2008, 282; a. A. *LG München I* v. 12.6.2008, AZ: 26 O 2677/08.
364 Vgl. *BGH* NZV 1998, 199 = DAR 1998, 388 = VersR 1998, 1373.
365 Vgl. *OLG Schleswig* zfs 1999, 189.
366 Vgl. *OLG Köln* VersR 1997, 506; *OLG Koblenz* DAR 1999, 547.
367 Vgl. *BGH* WuM 2009, 677.
368 *BGH* NJW 2009, 3302 = DAR 2009, 693 = NZV 2009, 595.
369 Vgl. *OLG Hamm* NZV 2009, 453.
370 Vgl. *LG Magdeburg* NZV 2011, 205 = NVwZ-RR 2011, 183.

deren Verkehrsbedeutung und dem Benutzungsgrad des Weges bei Glätte ab.[371] In Fußgängerzonen und an belebten Fußgängerüberwegen sollte die Breite 1,20–1,30 m betragen.[372]

240d Die Streupflicht der Gemeinde für einen Parkplatz beschränkt sich auf die »verkehrswesentlichen« Flächen. Parkflächen, die von den Mietern einer Wohnanlage benutzt werden, um zu den Wohnungen zu gelangen, brauchen nicht über die notwendige Verbindung zu den Wohnungen hinaus abgestreut werden.[373]

241 Der Straßenverkehrssicherungspflichtige hat dafür zu sorgen, den Verkehr auf der Straße möglichst gefahrlos zu gestalten, insbesondere Verkehrsteilnehmer vor unvermuteten, aus der Beschaffenheit der Straße sich ergebenden und bei zweckgerechter Benutzung des Verkehrsweges nicht ohne Weiteres erkennbaren Gefahrenstellen (z. B. tiefe Schlaglöcher) zu sichern oder zumindest zu warnen. Ein vorsichtiger Kraftfahrer darf grundsätzlich davon ausgehen, dass sein Fahrzeug nicht auf der Fahrbahndecke einer zum Kraftfahrzeugverkehr freigegebenen Straße aufsetzt, sofern nicht besondere Umstände vorliegen.[374] Auch im Winter bei Frost darf ein Verkehrsteilnehmer beim Befahren einer Autobahn darauf vertrauen, dass es nicht zu solchen Unebenheiten auf der Fahrbahn kommt, die zu einer erheblichen Beschädigung des Fahrzeuges führen können.[375]

241a Die Straßenverkehrssicherungspflicht umfasst auch die Kontrolle an Straßenbaustellen. Bei einer neu errichteten Baustelle auf einer verhältnismäßig stark befahrenen BAB sind die angebrachten Sicherungseinrichtungen nach Ende der Hauptverkehrszeit auch zur Nachtzeit zu kontrollieren.[376]

241b Der verantwortliche Straßenbaulastträger hat auch die Pflicht, durch geeignete Kontrollmaßnahmen dafür Sorge zu tragen, dass ein mit der Durchführung von Straßenbaumaßnahmen beauftragter Privatunternehmer die Baustelle so absichert, dass die Verkehrsteilnehmer vor den durch die Baumaßnahmen geschaffenen Gefahren hinreichend deutlich gewarnt werden. Diese Warnung muss so beschaffen sein, dass ein Verkehrsteilnehmer bei Anwendung durchschnittlicher Eigensorgfalt den betreffenden Bereich tatsächlich als Baustelle erkennen kann. Indessen bedarf es auch bei einer ausgedehnten Baustelle keiner besonderen Warnung für jede einzelne Baumaßnahme.[377]

241c Werden im Verkehrsraum Hindernisse angebracht, um eine Verkehrsberuhigung zu erreichen, so muss bei Gestaltung der geschwindigkeitsbeschränkenden bzw. verkehrsberuhigenden Maßnahmen auf die Belange aller Verkehrsteilnehmer Rücksicht genommen werden.[378]

241d Werden zur Durchsetzung von Geschwindigkeitsbeschränkungen Verkehrshindernisse – z. B. in Form von Bodenschwellen und Fahrbahnaufpflasterungen – angebracht, so muss die Verkehrsbehörde auch mit Fahrzeugen mit niedrigerer Bodenfreiheit rechnen. Der Fahrer eines derartigen Fahrzeuges muss aber dessen Eigenart bedenken und kann deshalb nicht ohne Weiteres auf die zulässige Höchstgeschwindigkeit der Straße vertrauen, um schadenfrei die Aufpflasterung zu passieren.[379]

242 In diesem Zusammenhang ist darauf hinzuweisen, dass sich das zum 1.8.2002 in Kraft getretene zweite Schadensrechtsänderungsgesetz im Hinblick auf die Ersetzung des Entlastungsgrundes »unvermeidbares Ereignis« durch den Rechtsbegriff der »höheren Gewalt« im Fall einer Verkehrssicherungspflichtverletzung und eines daraus resultierenden Amtshaftungsanspruchs für den Verkehrsteilnehmer negativ auswirkt. So kann die Betriebsgefahr nach § 7 StVG regelmäßig zu einer

---

371 *OLG Brandenburg* VRR 2008, 82; vgl. hierzu auch *OLG Frankfurt* NJW-RR 2002, 23.
372 *OLG Brandenburg* a. a. O.
373 Vgl. *Thüringer OLG* NZV 2009, 34.
374 Vgl. *OLG Dresden* DAR 1999, 122; *Köhler-Trotzki* DAR 2000, 481.
375 Vgl. *OLG Koblenz* NZV 2008, 580 = NVwZ-RR 2008, 651.
376 Vgl. *OLG Brandenburg* DAR 1998, 315.
377 Vgl. *OLG Hamm* NZV 1999, 84.
378 Vgl. *OLG Saarbrücken* NZV 1998, 284.
379 Vgl. *BGH* VersR 1991, 1055 = NJW 1991, 2824; *OLG Düsseldorf* VersR 1996, 602.

Mithaftung des Geschädigten führen, da der Entlastungsnachweis nur noch bei »höherer Gewalt« möglich ist.[380] Die grundsätzlich begrüßenswerte Änderung des Gesetzgebers, die im Bereich der Gefährdungshaftung deplatzierte Entlastungsmöglichkeit des unvermeidbaren Ereignisses zugunsten der schwächeren Verkehrsteilnehmer, d. h. insbesondere Kinder und Senioren, durch den systemkonformen Begriff der »höheren Gewalt« zu ersetzen, birgt im Verhältnis zu den verkehrssicherungspflichtigen Städten und Gemeinden allerdings das Risiko unbilliger Härteentscheidungen. Denn es dürfte im Regelfall nicht gerechtfertigt sein, dass ein motorisierter Verkehrsteilnehmer, der allein aufgrund einer schuldhaften Verletzung der Verkehrssicherungspflichten durch Städte und Gemeinden einen Schaden am Kfz erleidet, eine Anspruchskürzung in Höhe der Betriebsgefahr hinnehmen muss.

3. Subsidiärhaftung/Verweisungsprivileg

Für den Fall, dass dem Beamten lediglich Fahrlässigkeit zur Last fällt – anders also als beim Vorsatz –, kommt die Amtshaftung nach § 839 Abs. 1 S. 2 BGB nur dann zum Zuge, »wenn der Verletzte nicht auf andere Weise Ersatz zu erlangen vermag«. Unter diesen Voraussetzungen spricht man von einer Subsidiärhaftung oder einem Verweisungsprivileg, das jedoch bei der Teilnahme am allgemeinen Straßenverkehr in der Regel nicht mehr gilt.[381]   243

Der Nachweis,[382] dass – gleichgültig, ob aus wirtschaftlichen oder rechtlichen Gründen – anderweitiger Schadenersatz nicht zu erlangen ist, gehört demgemäß zu den anspruchsbegründenden Voraussetzungen für eine auf § 839 BGB gestützte Klage.[383] Soweit das Verweisungsprivileg eingreift und dem Geschädigten ein anderweitig realisierbarer Ersatzanspruch zur Seite steht, schließt die Bestimmung des § 839 Abs. 1 S. 2 BGB bereits die Entstehung eines Anspruchs gegen den schuldhaft handelnden Beamten aus.[384]   243a

Dort, wo das Verweisungsprivileg gilt, ist zu berücksichtigen, dass nur solche Ersatzmöglichkeiten den Anspruch aus § 839 BGB ausschließen, die begründete Aussicht auf alsbaldige Verwirklichung haben, sodass ihre Ausnutzung dem Geschädigten auch zuzumuten ist.   243b

Der *BGH* hat die Anwendung der Subsidiaritätsklausel allerdings eingeschränkt.   244

So ist die Möglichkeit der Inanspruchnahme von Eigenversicherungen in der Regel nicht als »anderer Ersatz« anzusehen, jedenfalls insoweit, als die Haftung des Staates in Betracht kommt.   244a

Dies gilt für Leistungen einer gesetzlichen oder privaten Unfall- oder Krankenversicherung,[385] aber auch für Leistungen einer Kaskoversicherung.[386] Auch Leistungen des Arbeitgebers nach dem Entgeltfortzahlungsgesetz stellen nach Auffassung des *BGH*[387] keine anderweitige Ersatzmöglichkeit im Sinne von § 839 Abs. 1 S. 2 BGB dar. Dies gilt allgemein für die durch freiwillige Prämienzahlungen erworbenen Leistungen privater Versicherungsträger, weil dies anderenfalls einen zweckwidrigen Zugriff auf die vom Versicherten aufgewendeten Mittel und verdienten Leistungen bedeuten würde.   244b

---

380 Vgl. hierzu auch *Kärger* DAR 2003, 5.
381 Vgl. *KG Berlin* NZV 2007, 358 = zfs 2007, 260.
382 Allerdings obliegt die Beweislast dafür, dass der Geschädigte in der Lage ist, von einem nach § 2 Abs. 2 Nr. 1–5 PflVG von der Versicherungspflicht befreiten Fahrzeughalter Ersatz für seinen Schaden zu erlangen, dem »*Quasi-Versicherer*«, vgl. BGHZ 85, 222 (230) = NJW 1983, 1667.
383 Vgl. BGHZ 42, 176 = NJW 1964, 1895 = VersR 1964, 735; BGHZ 85, 225 (230) = NJW 1983, 1667 = VersR 1983, 84 = DAR 1983, 49 (51) = zfs 1983, 69; Palandt/*Sprau* § 839 Rn. 54.
384 Vgl. BGHZ 61, 351 (357) = VersR 1974, 288 (290); BGHZ 68, 217 (223) = VersR 1977, 541 (543); *BGH* VersR 1984, 759.
385 Vgl. BGHZ 70, 7 = VersR 1978, 231 (233); *BGH* VersR 1980, 282 = zfs 1980, 143; BGHZ 79, 26 = NJW 1981, 623 = VersR 1981, 252 = DAR 1981, 117 = VRS 60, 321 (gesetzliche Krankenvers.); BGHZ 79, 35 = NJW 1981, 626 = VersR 1981, 223 = DAR 1981, 149; *BGH* NJW 1983, 2191.
386 Vgl. dazu: *BGH* NJW 1983, 1668 = VersR 1983, 85; OLG Hamm VersR 1982, 795 = zfs 1982, 310.
387 Vgl. BGHZ 1962, 380 = NJW 1974, 1767 = VersR 1974, 1104.

245 In seinem Grundsatzurteil vom 27.1.1977 hat der *BGH*[388] unter ausdrücklicher Aufgabe seiner bisherigen Rechtsprechung darüber hinaus den Rechtsstandpunkt eingenommen, das Verweisungsprivileg des § 839 Abs. 1 S. 2 BGB sei nicht anwendbar, wenn ein Amtsträger bei dienstlicher Teilnahme am allgemeinen Straßenverkehr schuldhaft einen Verkehrsunfall verursacht. Dies gilt auch für die Haftung der Stationierungsstreitkräfte gem. Art. VIII Abs. 5 des NATO-Truppenstatuts in Verbindung mit § 839 BGB sowie Art. 34 GG.[389]

245a Denn das Verweisungsprivileg widerspricht nach jetzt herrschender Auffassung des *BGH* einem tragenden haftpflichtrechtlichen Grundsatz des Straßenverkehrsrechts, das sich zunehmend zu einem eigenständigen Haftungssystem entwickelt hat. In diesem Bereich gilt allgemein der Grundsatz der haftungsrechtlichen Gleichbehandlung aller Verkehrsteilnehmer im Verhältnis zueinander. Die Amtspflichten des Hoheitsträgers als Teilnehmer am allgemeinen öffentlichen Straßenverkehr stimmen daher im Grundsatz inhaltlich mit den Sorgfaltspflichten überein, die auch jeder andere Verkehrsteilnehmer in der gleichen Verkehrslage zu erfüllen hat.

246 Der *BGH* hat in einer Grundsatzentscheidung vom 12.7.1979[390] außerdem klargestellt, dass das Verweisungsprivileg des § 839 Abs. 1 S. 2 BGB auch für den Fall nicht mehr gilt, dass ein Amtsträger durch die Verletzung der ihm als hoheitliche Aufgabe obliegenden Verkehrssicherungspflicht einen Verkehrsunfall schuldhaft verursacht.[391]

246a Die Streupflicht als Teil der Verkehrssicherungspflicht besteht, wie bereits erwähnt, innerhalb geschlossener Ortschaften nur an verkehrswichtigen und besonders gefährlichen Stellen.[392] Von besonderer Bedeutung ist insoweit auch die Beweislast bei Unfällen, die auf einer Verletzung der Streupflicht beruhen. Bei Glatteisunfällen sind die Regeln über den Anscheinsbeweis lediglich dann anwendbar, wenn der Verletzte innerhalb der zeitlichen Grenzen der Streupflicht zu Schaden gekommen ist.[393] Bei Unfällen hingegen, die sich außerhalb der Zeit ereignet haben, in der eine Streupflicht bestand, gelten die allgemeinen Beweisgrundsätze, sodass der Geschädigte den Eintritt des Schadens und seine ursächliche Verknüpfung mit den Folgen der Verletzung der Streupflicht nachzuweisen hat.

247 Letztlich kommt das Verweisungsprivileg nach § 839 Abs. 1 S. 2 BGB im öffentlichen Straßenverkehr nur noch dann zum Zuge, wenn der Hoheitsträger (Amtsträger) für die Durchführung der Dienstfahrt berechtigterweise Sonderrechte im Sinne von § 35 StVO in Anspruch nimmt.[394] Denn § 35 StVO durchbricht den Grundsatz der Gleichbehandlung aller Verkehrsteilnehmer, weil hierdurch dem Amtsträger Befugnisse eingeräumt werden, die anderen Verkehrsteilnehmern gerade nicht zustehen.

---

388 BGHZ 1968, 217 = NJW 1977, 1238 = VersR 1977, 541; vgl. ergänzend auch: *BGH* VersR 1978, 231 = WM 78, 249; VersR 1979, 348 (349, 1. Sp.); BGHZ 75, 134 = NJW 1979, 2043 = VersR 1979, 109; VersR 1980, 282; NJW 1980, 2194 = VersR 1980, 946 NJW 1981, 682 = VersR 1981, 347 (Streupflicht); NJW 1981, 681 (682) = VersR 1981, 335; BGHZ 1979, 26 = NJW 1981, 623 = VersR 1981, 252; BGHZ 79, 35 (36) = NJW 1981, 626 = VersR 1981, 233; *KG Berlin* NZV 2007, 358 = zfs 2007, 260.
389 Vgl. *BGH* VersR 1979, 838.
390 BGHZ 75, 134 = NJW 1979, 2043 = VersR 1979, 1009 = DAR 1980, 84; vgl. ergänzend *BGH* VersR 1980, 242 = zfs 1980, 143; NJW 1980, 2194 = VersR 1980, 946; NJW 1981, 682 = VersR 1981, 347; VersR 1982, 292 = zfs 1982, 132 (L).
391 Soweit es sich um die Streupflicht handelt: vgl. *BGH* VersR 1982, 292 = zfs 1982, 131 (L); ferner: *OLG Hamm* VersR 1982, 171 = zfs 1982, 101; *KG* zfs 1982, 132 = VRS 62, 161; *OLG Köln* VersR 1983, 162 = zfs 1983, 102.
392 Vgl. *BGH* NJW 1991, 33; *OLG Frankfurt* NJW 1988, 2546 = VersR 1954, 104; *OLG Hamm* VersR 1981, 438.
393 Vgl. *BGH* NJW 2009, 3302 = DAR 2009, 693 = NZV 2009, 595; VersR 1984, 40; *OLG Koblenz* DAR 1999, 547.
394 Vgl. BGHZ 1985, 225 (230) = NJW 1983, 1667 = VersR 1983, 84 (85) = DAR 1983, 49 (51) = zfs 1983, 69; *BGH* NJW 1997, 2109.

Die Staatshaftung bei Amtspflichtverletzungen und die Gefährdungshaftung aus der Betriebsgefahr 247a
bestehen bei Einsatzfahrten im Rahmen eines hoheitlichen Tätigkeits- und Aufgabenbereichs nebeneinander.[395]

E. Geschäftsherr

I. Haftungsgrundlagen

Wer einen anderen zu einer Verrichtung bestellt (Geschäftsherr), ist zum Ersatz des Schadens ver- 248
pflichtet, den der Verrichtungsgehilfe[396] in Ausübung der ihm übertragenen Tätigkeit einem Dritten
widerrechtlich zufügt, § 831 BGB.

Nur auf den ersten Blick besteht eine scheinbare Übereinstimmung bezüglich der Haftung aus § 831 249
BGB und aus § 278 BGB. Zwischen diesen beiden Vorschriften bestehen jedoch sehr wesentliche
Unterschiede. Die Bestimmung des § 278 BGB befasst sich – im Rahmen bestehender Schuldverhältnisse und rechtlich relevanter Sonderverbindungen[397] – mit der Zurechenbarkeit fremden Verschuldens, also mit dem Einstehenmüssen für das dem Erfüllungsgehilfen selbst – und nur ihm –
zur Last fallende Fehlverhalten, während § 831 BGB eine Haftung des Geschäftsherrn aus eigenem
– gesetzlich vermutetem – Verschulden bei der Auswahl und Überwachung des Verrichtungsgehilfen
normiert. Dabei ist zu beachten, dass dieselbe Person aus Anlass desselben Schadens sowohl Erfüllungs- als auch Verrichtungsgehilfe sein kann. Als Beispiel mag der Fall dienen, dass der Fahrer eines
städtischen Linienomnibusses die Vorfahrt verletzt und mit einem Lkw zusammenstößt. In beiden
Fahrzeugen werden Personen verletzt. Die Fahrgäste des Omnibusses können – neben der Halterhaftung aus § 7 StVG – den Unternehmer sowohl aus § 831 BGB als auch über § 278 BGB in Anspruch
nehmen, weil der angestellte Omnibusfahrer im Verhältnis zu den Fahrgästen sowohl Verrichtungs-
als auch Erfüllungsgehilfe des Busunternehmens ist. Soweit es sich um die verletzten Insassen des
Lkw handelt, kommt – wiederum neben der Halterhaftung und der Haftung des Fahrers aus
§ 823 BGB bzw. § 18 Abs. 1 StVG – lediglich eine Haftung des Geschäftsherrn aus § 831 BGB
in Betracht, weil es in diesem Zusammenhang an einem vertraglich begründeten Schuldverhältnis
mangelt.

Von Bedeutung ist im Rahmen der Geschäftsherrenhaftung, dass § 831 BGB zwar von einem gesetz- 250
lich vermuteten Verschulden des Geschäftsherrn ausgeht, aufseiten des Verrichtungsgehilfen indessen für die Haftung bereits eine objektiv widerrechtliche Handlung genügen lässt. Die praktische
Bedeutung dieser Regelung liegt darin, dass die Haftung aus § 831 BGB selbst dann eingreift,
wenn der Verrichtungsgehilfe nicht deliktsfähig ist oder ihm im subjektiven Bereich andere Schuld
ausschließende Gründe zur Seite stehen.

Außerdem besteht bei § 831 BGB eine sehr wesentliche Beweiserleichterung für den Geschädigten. 251
Nach Rechtsprechung des *BGH*[398] wird die (objektive) Widerrechtlichkeit der Handlung des Verrichtungsgehilfen vermutet, es sei denn, dass der Geschäftsherr seinerseits diese Vermutung durch
den ihm obliegenden Nachweis verkehrsrichtigen Verhaltens entkräftet. Allgemeine Erwägungen reichen dafür allerdings nicht aus.

Der Geschädigte seinerseits hat den Vorfall, auf den er seine Ansprüche stützt, lediglich nach Art, 251a
Zeit und Umständen so zu bezeichnen, dass sich ein Tätigwerden einer Hilfsperson ergibt.

Die Haftung aus § 831 BGB setzt ferner voraus, dass die widerrechtliche Handlung des Gehilfen in 252
Ausübung einer ihm übertragenen Verrichtung vorgenommen wird. Das bedeutet, dass der schäd-

---

395 Vgl. *KG* VersR 1979, 234 = r+s 1979, 100.
396 Einen Überblick über die Haftung des Verrichtungsgehilfen gem. § 831 BGB gibt *Kupisch* in JuS 1984, 250.
397 Wegen des Begriffs vgl.: BGHZ 73, 190 (192) = NJW 1979, 973 (m. w. N.); *BGH* NJW 1980, 2080.
398 Vgl. BGHZ 14, 21 = NJW 1957, 785 = VersR 1957, 288.

liche Erfolg der widerrechtlichen Handlung nicht nur gelegentlich, sondern aus Anlass[399] der dem Gehilfen übertragenen Verrichtung herbeigeführt worden sein muss.

253 Die Bestellung zum Verrichtungsgehilfen setzt nach herrschender Meinung keine rechtsgeschäftliche Willenserklärung voraus. Erforderlich ist jedoch stets ein Abhängigkeitsverhältnis zwischen Verrichtungsgehilfen und Geschäftsherrn, das nicht durch eine bloße Aufsichtsbefugnis ersetzt werden kann. Das bedeutet, dass eine Haftung aus § 831 BGB nicht in Betracht kommen kann, wenn der Gehilfe nicht den Weisungen des Geschäftsherrn unterworfen ist, insbesondere in eigener Verantwortlichkeit eine selbstständige Tätigkeit ausübt.[400] Der Taxifahrer ist daher nicht Verrichtungsgehilfe des Fahrgastes, ebenso wenig wie der Montageinspektor Geschäftsherr des Fahrzeugführers ist. Andererseits kann bei der Anmietung eines Kraftfahrzeugs mit einem vom Vermieter gestellten Fahrer dieser gleichzeitig Verrichtungsgehilfe des Mieters wie auch des Vermieters sein.[401]

254 Nicht (mehr) in Ausübung der ihm aufgetragenen Verrichtung handelt der Gehilfe in der Regel aber, wenn er eine strafbare Handlung begeht.

254a Der innere Sachzusammenhang zwischen Auftrag und schädlichem Erfolg wird aber noch anzunehmen sein, wenn z. B. ein Taxifahrer gegenüber einem zahlungsunwilligen Fahrgast körperliche Gewalt anwendet und ihn dabei verletzt. Gleiches dürfte für den Fall gelten, dass ein Straßenbahnschaffner gegenüber einem betrunkenen Fahrgast tätlich wird.

255 Im Hinblick auf die Beweislast gelten folgende Grundsätze:

255a Der Geschädigte muss den Eintritt des Schadens und den inneren Sachzusammenhang zwischen der dem Gehilfen übertragenen Verrichtung und dem schädlichen Erfolg beweisen.

255b Der Geschäftsherr, der sich aus der dann eintretenden Haftung des § 831 BGB exculpieren will, muss seinerseits die ihm zur Seite stehenden Entlastungstatbestände (sorgfältige Auswahl, Überwachung etc.) nachweisen.

255c Mit anderen Worten: Der Geschädigte hat die Verletzungshandlung und ihre Folgen zu beweisen, während der Geschäftsherr den ihm obliegenden Entlastungsbeweis zu führen hat.[402]

256 Die Bedeutung des Entlastungsbeweises in der Praxis darf keineswegs unterschätzt werden. Es kann trotz offenkundigem Fehlverhalten des Verrichtungsgehilfen aus prozesstaktischen Gründen durchaus sinnvoll sein, dennoch den Entlastungsbeweis anzubieten, wenn Halter und Fahrzeugführer bezüglich aller Schadenpositionen als Gesamtschuldner verklagt werden. Diese Möglichkeit bietet sich beispielsweise in den Fällen an, in denen der Betriebsunternehmer eines Straßenbahnzuges ausschließlich der Gefährdungshaftung unterliegt und die Haftungshöchstgrenzen nach dem HG überschritten werden. Verzichtet in einem derartigen Fall der Betriebsunternehmer als Geschäftsherr auf den Entlastungsbeweis aus der Überlegung heraus, dass der Straßenbahnfahrer grobfahrlässig gehandelt habe, dann haftet damit auch der Unternehmer – als Gesamtschuldner neben dem Straßenbahnfahrer – nach § 831 BGB der Höhe nach unbegrenzt für den gesamten Schaden, auch soweit er den – allein für den Unternehmer im Rahmen der Gefährdungshaftung maßgeblichen – Haftungshöchstbetrag überschreitet.

257 Soweit es sich um Schäden handelt, an denen aufseiten des Geschäftsherrn ein Kraftfahrzeug[403] beteiligt war, bringt der Entlastungsbeweis aus § 831 BGB auch im Hinblick auf die Haftungshöchstgrenzen des § 12 StVG allerdings keinen rechtlichen Vorteil, weil der gemeinsame Haftpflichtversicherer nach dem Pflichtversicherungsgesetz als Gesamtschuldner auch für den der Höhe nach

---

399 Vgl. dazu Palandt/*Sprau* § 831, Rn. 9.
400 Vgl. *BGH* NJW 2009, 1740 = VersR 2009, 784; Palandt/*Sprau* § 831, Rn. 5.
401 Vgl. *BGH* VersR 1967, 999; VersR 1968, 769.
402 Vgl. BGHZ 24, 21 = NJW 1957, 785 = VersR 1957, 288.
403 Vgl. zur Haftung des Fuhrparkhalters nach § 831 BGB *Kiser* in VersR 1984, 213.

aus Verschulden unbegrenzt haftenden Kraftfahrer voll einzutreten hat. Das Gleiche gilt für den versicherungsfreien Kfz-Halter in seiner Eigenschaft als »Quasi-Versicherer«.

Aber auch in derartigen Fällen kann unter kostenrechtlichen Aspekten dem Geschäftsherrn, der trotz offenkundigen Verschuldens seines Verrichtungsgehilfen den Entlastungsbeweis mit Erfolg führt, ein prozesstaktischer Vorteil zufließen. Dies gilt insbesondere für den Fall, dass die Beklagten, die nach außen eine Haftungseinheit bilden, im Prozess von verschiedenen Anwälten vertreten werden. 257a

II. Entlastungsmöglichkeiten

Die Haftung für den Verrichtungsgehilfen, die auf einem eigenen, gesetzlich vermuteten Verschulden des Geschäftsherrn beruht, ist bei Weitem nicht so streng wie die Haftung für den Erfüllungsgehilfen aus § 278 BGB, weil im Rahmen von § 831 BGB dem Geschäftsherrn eine Reihe von Entlastungsmöglichkeiten[404] offenstehen. Die wichtigsten Entlastungsmöglichkeiten, für die der Geschäftsherr wie gesagt beweispflichtig ist, sollen nachfolgend dargestellt werden. 258

Der Entlastungsbeweis braucht im Übrigen nur für die Zeit bis zum Eintritt des betreffenden Schadenereignisses geführt zu werden. Das darauf folgende Verhalten des Verrichtungsgehilfen bzw. auch des Geschäftsherrn hat bei der Beurteilung außer Betracht zu bleiben, da es für den Eintritt des Schadens ohne Frage nicht ursächlich war. 258a

Nach dem klaren Wortlaut des Gesetzes hat der Geschäftsherr sich nicht allein im personellen Bereich bezüglich der Auswahl und Überwachung des Gehilfen zu entlasten, sondern auch bezüglich der von ihm etwa zu stellenden »Vorrichtungen oder Gerätschaften«, also der technischen Betriebsmittel. Der Entlastungsbeweis kann sich auch, falls der Geschäftsherr die »Ausführung der Verrichtungen zu leiten« hat, darauf erstrecken, dass die Leitungsbefugnisse mit der gebotenen Sorgfalt wahrgenommen worden sind, das heißt, dass der Geschäftsherr seiner Aufsichtspflicht genügt und sein Direktionsrecht in sachgemäßer Weise wahrgenommen hat. 259

Der Entlastungsbeweis eines Straßenbahnunternehmers nach § 831 Abs. 1 S. 2 BGB für einen Unfall, den ein Fahrgast beim Anfahren erlitten hat,[405] scheitert aber beispielsweise nicht schon daran, dass es an einer entsprechenden Dienstanweisung fehlt.[406] Generell lässt sich feststellen, dass das Maß der Sorgfalt in dem Verhältnis wächst, in dem ausgeführte Verrichtungen Gefahren für andere mit sich bringen.[407] Je verantwortungsvoller und schwieriger die Tätigkeit ist, umso größer ist das dem Geschäftsherrn obliegende Maß an Sorgfalt. Dies gilt in verstärktem Umfange natürlich dann, wenn mit der Tätigkeit Gefahren für die öffentliche Sicherheit, insbesondere im allgemeinen Straßenverkehr, verbunden sind. 259a

Der Entlastungsbeweis kann unter zwei Aspekten geführt werden: 260

Einmal unter dem Gesichtspunkt des mangelnden Verschuldens des Geschäftsherrn und zum anderen im Hinblick auf die fehlende Schadenursächlichkeit, also durch den Nachweis, dass der Schaden selbst bei Anwendung der erforderlichen Sorgfalt eingetreten wäre. 260a

1. Verkehrsrichtiges Verhalten

Der *BGH*[408] geht davon aus, dass die Widerrechtlichkeit des schädlichen Erfolgs zwar zu vermuten sei, dass eine objektiv widerrechtliche Handlung aber dann nicht vorliegt, wenn der Verrichtungsgehilfe sich verkehrsrichtig verhalten hat.[409] Unter dieser Voraussetzung, die der Geschäftsherr zu 261

---

404 Zu den Aufforderungen an den Entlastungsbeweis vgl. *BGH* VersR 1984, 67 = zfs 1984, 69.
405 Vgl. *BGH* DAR 1993, 103 = NZV 1993, 108; *OLG Hamm* NZV 1998, 463.
406 Vgl. *OLG Braunschweig* VRS 1965, 328.
407 Vgl. *BGH* NJW 1977, 1965 = VersR 1977, 817; NJW 1961, 34 = VersR 1961, 1121; *OLG Koblenz* VersR 1980, 1051; *BGH* NJW 2003, 288.
408 Vgl. *BGH* VersR 1975, 447.
409 *BGH* a. a. O.; vgl. auch *BGH* NJW 1996, 3205.

beweisen hat und die praktisch eine Entkräftung der vermuteten Widerrechtlichkeit bedeutet, braucht nach der Auffassung des *BGH* der eigentliche Entlastungsbeweis nach § 831 BGB (sorgfältige Auswahl und Überwachung, mangelnde Schadenursächlichkeit) nicht geführt zu werden.[410]

262 Beruft sich der Geschäftsherr im Zusammenhang mit § 831 BGB auf verkehrsrichtiges Verhalten seines Verrichtungsgehilfen, so handelt es sich streng genommen nicht um eine Form des Entlastungsbeweises, sondern um den Einwand, dass § 831 BGB von vornherein keine Anwendung findet, weil es an einem wesentlichen Tatbestandsmerkmal, nämlich dem Kriterium der Widerrechtlichkeit, mangelt. Fehlt es demnach schon an den objektiven Tatbestandsvoraussetzungen für die Anwendung des § 831 BGB, dann bedarf es konsequenterweise auch keines Entlastungsbeweises durch den Geschäftsherrn.

2. Sorgfältige Auswahl und Überwachung

263 Der Geschäftsherr kann sich natürlich in erster Linie durch den Nachweis entlasten, dass er den Verrichtungsgehilfen bei seiner Einstellung sorgfältig ausgewählt, ihn dann für seine Aufgaben hinreichend geschult und ihn bei der Ausübung der ihm übertragenen Verrichtungen in nicht zu lang bemessenen Zeitabständen regelmäßig überwacht hat. Mit Rücksicht auf die erheblichen Gefahren des modernen Straßen- und Schienenverkehrs sind an den Entlastungsbeweis in diesem Bereich aber ganz besonders strenge Anforderungen zu stellen.[411] Besonders strenge Maßstäbe für die Kontrollpflichten des Geschäftsherrn gegenüber dem Gefahrgutbeauftragten hat der *BGH* in seinem Grundsatzurteil vom 30.1.1996 aufgestellt.[412] Ob eine unauffällige Kontrolle erforderlich ist, hängt von den besonderen Umständen des Einzelfalls ab.[413] Ggf. kann es geboten sein, die Ausführungen der Fahrten zu überwachen, indem der Geschäftsführer die Fahrweise des Verrichtungsgehilfen aus einem anderen Fahrzeug beobachtet.[414] Auch ggf. gesetzlich vorgeschriebene körperliche Untersuchungen sind natürlich vom Geschäftsherrn zu veranlassen.

264 Bei der Auswahl eines Kraftfahrzeugführers genügt es nicht allein, dass der betreffende Fahrzeugführer über die technischen Fähigkeiten und Fertigkeiten zur Bedienung des ihm anvertrauten Fahrzeugs verfügt. Dass sich der Geschäftsherr jedenfalls den Führerschein zeigen lässt, ist eine Selbstverständlichkeit. Darüber hinaus ist aber auch die uneingeschränkte charakterliche Eignung des Kfz-Führers verbunden mit Besonnenheit und einem ausgeprägten Verantwortungsbewusstsein, erforderlich.[415] Vor der Einstellung eines Fahrers muss sich der Halter daher auch über dessen persönliche Eigenschaften erkundigen, insbesondere darüber, ob der Bewerber in straßenverkehrsrechtlich vorbelastet ist.[416] Insoweit ist aber zu berücksichtigen, dass es dem Dienstherrn in der Regel aus rechtlichen Gründen nicht möglich sein wird, sich Einblick in das Straf- oder Verkehrszentralregister zu verschaffen.

265 Selbst bei Kraftfahrern, die bereits einige Jahre bei dem betreffenden Unternehmer tätig sind, müssen Stichproben durchgeführt werden, an die durchaus strenge Anforderungen zu stellen sind.[417] Dies gilt insbesondere bei Anfängern, die bisher nur schwache Leistungen gezeigt haben, aber auch für Taxifahrer[418] und bei Fahrern von Müllwagen.[419] Auch die Auswahl und Überwachung von Straßenbahnfahrern unterliegt strengen Sorgfaltsanforderungen. Gleiches gilt für Beschäftigte der Deut-

---

410 Vgl. dazu auch *BGH* VersR 1975, 447 (449).
411 Vgl. *BGH* VersR 1970, 327; vgl. auch Palandt/*Sprau* § 831 Rn. 10 ff. sowie Geigel/*Haag* 17. Kap. Rn. 15.
412 *BGH* r+s 1996, 136 = VersR 1996, 469 = NZV 1996, 191.
413 *BGH* a. a. O.; vgl. insoweit auch *BGH* VersR 1984, 67; VRS 1966, 182.
414 Vgl. *BGH* r+s 1997, 364 = DAR 1997, 399; Palandt/*Sprau* § 831 Rn. 13.
415 Vgl. *BGH* VersR 1968, 490; VersR 1965, 37; VersR 1967, 53 (Autotransportunternehmen); *OLG Hamm* NJW 2685 = NZV 2009, 503.
416 Vgl. *BGH* VersR 1966, 1074; *OLG Köln* VersR 1966, 766; *OLG Hamm* a. a. O.
417 Vgl. *BGH* VersR 1963, 239; 1963, 955; Palandt/*Sprau* § 831 Rn. 13.
418 Vgl. *BGH* VersR 1965, 290; *LAG Frankfurt/M.* VRS 30, 79.
419 Vgl. *OLG Düsseldorf* VersR 1971, 573; *Rohde* VersR 1961, 297.

schen Bahn AG, und zwar sowohl bei Omnibusfahrern als auch bei Zug- und Lokomotivführern wie schließlich auch bei Schrankenwärtern und Sicherungsposten.[420]

Weniger strenge Maßstäbe können aber dann gelten, wenn ein Kraftfahrer sich in langjähriger Tätigkeit bewährt hat und wenn unauffällige Kontrollen zu dem Ergebnis geführt haben, dass er den an ihn gestellten Anforderungen hinreichend gewachsen ist.[421] 265a

Bei Großbetrieben genügt in der Regel der sog. dezentralisierte Entlastungsbeweis. Er besteht darin, dass der Geschäftsherr darlegt, dass er den mit der Auswahl und Überwachung betrauten Angestellten – also z. B. den Leiter des Personalbüros bzw. den Leiter des technischen Fahrdienstes – sorgfältig ausgewählt und überwacht hat.[422] 266

Die Kontrolle sowie die Auswahl müssen sich gerade auf die Tätigkeiten erstrecken, bei deren Ausführung sich der Unfall ereignet hat.[423] Die Haftung aus § 831 BGB hängt aber nicht davon ab, dass der Schaden gerade durch diejenigen (negativen) Eigenschaften des Gehilfen verursacht worden ist, die bei sorgfältiger Auswahl seine Einstellung hätten infrage stellen müssen.[424] Es genügt vielmehr die Feststellung, dass der Verrichtungsgehilfe zu den ihm aufgetragenen schadenträchtigen Arbeiten ungeeignet war und dass der Geschäftsherr dies bei Aufwendung der im Verkehr erforderlichen Sorgfalt rechtzeitig hätte erkennen müssen.[425] Das erkennende Gericht kann insoweit nach freiem Ermessen die Vorlegung von Personalakten verlangen, die erfahrungsgemäß alle größeren Betriebe zu führen pflegen. 267

3. Mangelnde Schadenursächlichkeit

Der Geschäftsherr kann sich schließlich auch dadurch entlasten, dass er nachweist, dass sein (gesetzlich vermutetes) Verschulden für den eingetretenen schädlichen Erfolg nicht ursächlich war, d. h. dass der Schaden auch bei Aufwendung der im Verkehr erforderlichen Sorgfalt entstanden wäre.[426] Es ist also entweder der Nachweis erforderlich, dass der Schaden auch bei Bestellung einer zuverlässigen Person entstanden wäre[427] oder dass auch ein sorgfältiger Geschäftsherr nicht anders hätte handeln können.[428] Wenn dieser Nachweis geführt ist, fehlt es an dem erforderlichen Kausalzusammenhang zwischen der Verletzung der verkehrsüblichen Sorgfalt und dem schädlichen Erfolg.[429] 268

F. Aufsichtspflichtiger

I. Haftungsgrundlagen

Wer kraft Gesetzes zur Führung der Aufsicht über eine Person verpflichtet ist, die wegen Minderjährigkeit oder wegen ihres geistigen oder körperlichen Zustandes der Beaufsichtigung bedarf, ist zum Ersatz des Schadens verpflichtet, den diese Person einem Dritten widerrechtlich zufügt, § 832 Abs. 1 BGB. 269

Auch bei § 832 BGB handelt es sich – ähnlich wie bei § 831 BGB – um eine Haftung aus gesetzlich vermutetem eigenen Verschulden (des Aufsichtspflichtigen). Gegenstand der Haftung ist der Schaden, den der Aufsichtsbedürftige (objektiv) widerrechtlich einem Dritten zugefügt hat.[430] Die Bestimmung des § 832 BGB begründet aber keine Haftung für reine Vermögensschäden. 269a

---

420 Vgl. *BGH* VersR 1960, 372 = VRS 18, 321.
421 Vgl. *BGH* VersR 1966, 490.
422 Vgl. BGHZ 4, 1; *BGH* VersR 1964, 297; Palandt/*Sprau* § 831 Rn. 11.
423 Vgl. *BGH* VersR 1965, 37.
424 Vgl. *BGH* VersR 1984, 67 = VRS 66, 182.
425 Vgl. *BGH* VRS 3, 401; VersR 1970, 327.
426 Vgl. BGHZ 12, 96.
427 *BGH* a. a. O.; *OLG Köln* VersR 1996, 1290.
428 Vgl. BGHZ 4, 1 (4); Geigel/*Haag* 17. Kap. Rn. 16.
429 Vgl. *BGH* VersR 1967, 583.
430 Vgl. Palandt/*Sprau* § 832 Rn. 7, 14.

270 Eine Ersatzpflicht trifft auch denjenigen, der die Führung der Aufsicht durch Vertrag übernimmt (§ 832 Abs. 2 BGB), was auch durch schlüssiges Verhalten erfolgen kann.[431]

270a Auch die gesetzliche Aufsichtspflicht kann durch Vertrag oder sonstige Vereinbarungen rechtswirksam auf einen Dritten mit der Folge übertragen werden, dass der ursprünglich Aufsichtspflichtige von seiner Verpflichtung befreit wird.[432]

270b Grundsätzlich muss sich der Aufsichtspflichtige im Rahmen und unter den Voraussetzungen des § 278 BGB ein Verschulden seines gesetzlichen Vertreters und der Personen, deren er sich zur Erfüllung seiner Verbindlichkeiten bedient, in gleichem Umfange zurechnen lassen wie eigenes Fehlverhalten.[433] Eine Anrechnung des einem Erfüllungsgehilfen zur Last fallenden Verschuldens kommt jedoch lediglich im Rahmen von Vertragsverhältnissen oder anderer rechtlich bedeutsamer Sonderverbindungen in Betracht.[434]

270c Eine eigene Haftung des Aufsichtsbedürftigen kann unabhängig von § 832 BGB auch nach anderen Gesichtspunkten in Betracht kommen, falls der Aufsichtsbedürftige für seine Tat verantwortlich ist und er den Schaden schuldhaft herbeigeführt hat. Das Gleiche gilt für den Fall, dass er als Halter eines Kfz der Gefährdungshaftung unterliegt.

271 Wie § 831 BGB setzt auch § 832 BGB ein Verschulden des unmittelbaren Täters nicht voraus, sondern knüpft an die nach objektiven Kriterien zu bemessende Widerrechtlichkeit an.[435] Es gelten auch insoweit die bereits oben dargelegten Grundsätze, wonach die Widerrechtlichkeit bis zum zulässigen Gegenbeweis des Aufsichtspflichtigen vermutet wird. Wie bei § 831 BGB entfällt die Widerrechtlichkeit aber bei – offensichtlichem oder nachgewiesenem – verkehrsrichtigem Verhalten des Aufsichtsbedürftigen.

272 Soweit es sich um eine Abstufung der einzelnen Aufsichtsmöglichkeiten handelt, lassen sich vier große Gruppen feststellen, und zwar
- Belehrung
- Überwachung
- Verbot
- Unmöglichmachen der zum Schaden neigenden Handlung.[436]

272a Diese verschiedenen Formen der Einwirkung auf den Aufsichtsbedürftigen können aus rechtlicher Sicht – je nach der Gefahrenlage – einzeln ausreichen; ggf. kann aber auch eine Kumulierung erforderlich sein.

273 Grundsätzlich ist stets unter Berücksichtigung der konkreten Umstände des Einzelfalles zu prüfen, welches Maß an Sorgfalt und Umsicht[437] unter den jeweils obwaltenden Umständen[438] im Hinblick auf die Eigenart des Aufsichtsbedürftigen ein verständiger Aufsichtspflichtiger unter Berücksichtigung seiner wirtschaftlichen Lage und seiner eigenen Kräfte vernünftigerweise hätte aufwenden

---

431 Vgl. Palandt/*Sprau* § 832 Rn. 6 m. w. N.
432 Vgl. *BGH* NJW 1996, 53.
433 Soweit es sich im Allgemeinen um die Anrechnung des *Mitverschuldens* des Aufsichtspflichtigen – meist der Eltern – auf den Schadenersatzanspruch des Kindes handelt, vgl. BGH NJW 1962, 1199 = VersR 1962, 635 (m. Anm. v. *Böhmer* VersR 1962, 823); BGHZ 73, 190 = NJW 1979, 973 = VersR 1979, 421 = DAR 1980, 48 (vgl. dazu auch: *Weber* DAR 1980, 133 [139]) = zfs 1980, 111 = VRS 56, 330; VersR 1980, 938; *OLG Köln* VersR 1975, 1034; r+s 1981, 214; *OLG Frankfurt/M.* VersR 1978, 157; *Weber* DAR 1980, 133 (139).
434 Vgl. dazu insbes.: *OLG Düsseldorf* VersR 1982, 300 = DAR 1982, 17 = zfs 1982, 65; – allgemein dazu: *BGH* VersR 1975, 133; NJW 1977, 1392 = VersR 1977, 668 = r+s 1977, 187; *BGH* BGHZ 73, 190 (193) = NJW 1979, 973 = VersR 1979, 421 = DAR 1980, 48 (49) = zfs 1980, 11; VersR 1980, 938.
435 Vgl. Palandt/*Sprau* § 832 Rn. 7.
436 Nach *Schmid* VersR 1982, 822; Geigel/*Haag* 16. Kap. Rn. 28.
437 Vgl. dazu *Boscher* VersR 1964, 888; *Schnitzerling* DAR 1977, 57 (60).
438 Vgl. auch *BGH* NJW 1984, 2574 (2575).

F. Aufsichtspflichtiger   Kapitel 4

müssen.[439] Neben dem Alter des Aufsichtsbedürftigen kommt es insbesondere auf dessen Charaktereigenschaften, geistige Entwicklung, seinen Bildungsgrad sowie auf dessen Veranlagung und Einsichtsfähigkeit an.[440] Entscheidend ist aber nicht, ob der Erziehungsberechtigte allgemein seiner Aufsichtspflicht genügt hat, sondern vielmehr, ob dies im konkreten Fall und in Bezug auf die zur widerrechtlichen Schadenszufügung führenden Umstände geschehen ist.[441]

Bei Kindern hängt es von den Eigenarten und dem jeweiligen Erziehungsstand ab, in welchem Umfang allgemeine Belehrungen und Verbote ausreichen bzw. deren Beachtung auch überwacht werden muss.[442] Dabei ist zu berücksichtigen, dass der Erziehungserfolg und das Maß der anzuwendenden Aufsicht in einer Wechselbeziehung stehen; je geringer der Erziehungserfolg, umso intensiver muss die Aufsicht und Überwachung sein.[443]   **273a**

Besonders strenge Anforderungen an die Aufsichtspflicht sind dann zu stellen, wenn die Gefahr einer Schädigung Dritter voraussehbar oder gar wahrscheinlich ist. Dies gilt dann, wenn der Aufsichtsbedürftige sich z. B. wegen körperlicher Gebrechen nicht mit der im Verkehr allgemein erforderlichen Sicherheit zu bewegen vermag, insbesondere aber bei der Teilnahme von Kindern am öffentlichen Straßenverkehr.[444] Die Neuregelung des § 828 Abs 2 BGB führt allerdings nicht zu einer Erweiterung und Verschärfung der Aufsichtspflicht der Eltern.[445]   **274**

Sehr strenge Anforderungen an die Aufsichtsführung sind auch zu stellen, wenn die Gefahr eines besonders schweren Schadens besteht, so beispielsweise dann, wenn Kinder mit Fahrzeugen am Straßenverkehr[446] teilnehmen[447] sowie bei der Benutzung von gefährlichem Spielzeug oder dem Betreiben eines gefährlichen Spiels,[448] wie etwa das Wettrennen mit einem Fahrrad und die Benutzung eines Rollers. Dazu gehört auch das Fahren mit Inline-Skates und Skateboards. In diesem Zusammenhang ist darauf hinzuweisen, dass sowohl Inline-Skatern als auch Skateboard-Fahrern die Benutzung der Fahrbahnen und der Radwege grundsätzlich untersagt ist. Beide müssen daher auf dem Gehweg unter Rücksichtnahme auf die Fußgänger und auf Spielstraßen fahren. Über ihre Rechte und Pflichten im Straßenverkehr sind Kinder von ihren Eltern gezielt aufzuklären.   **274a**

In einer grundlegenden Entscheidung vom 4.10.1962 hat der *BGH*[449] einer Mutter die grobfahrlässige Verletzung der ihr obliegenden Aufsichtspflicht zum Vorwurf gemacht, weil sie es geduldet hatte, dass ihr dreijähriges Kind zusammen mit anderen Kindern auf dem Gehweg einer in unmittelbarer Nähe ihrer Wohnung gelegenen »Nebenstraße mit geringem Anliegerverkehr« Ball gespielt hat. Das Kind war auf die Fahrbahn getreten und dort mit einer Radfahrerin zusammengeprallt.   **275**

Auch bei einem 2½-jährigen Kind müssen die Eltern stets damit rechnen, dass es unvermittelt und ohne Grund auf die Straße läuft.[450] Im allgemeinen werden Kinder im Alter bis zu etwa 6 Jahren, die   **275a**

---

439 Vgl. *BGH* VersR 1960, 335; Palandt/*Sprau* § 832, Rn. 10.
440 Palandt/*Sprau* a. a. O.; vgl. auch *OLG Oldenburg* VersR 1976, 199.
441 *BGH* NJW 2009, 1952 = VersR 2009, 788 = DAR 2009, 388; NJW 2009, 1954 = VersR 2009, 790 = DAR 2009, 387.
442 Vgl. *BGH* VersR 1984, 968 (969); Palandt/*Sprau* § 832 Rn. 10.
443 Vgl. *BGH* VersR 1984, 968; *Dahlgrün* Aufsichtspflicht der Eltern nach § 832 BGB, S. 56; Palandt/*Sprau* § 832, Rn. 10; Geigel/*Haag* 16. Kap. Rn. 30.
444 Vgl. *BGH* NJW 1968, 249 = VersR 1967, 1186; Palandt/*Sprau* § 832 Rn. 11.
445 Vgl. *OLG Oldenburg* VersR 2005, 807 = DAR 2005, 343; *Bernau* DAR 2005, 234.
446 Zur Verhinderung von Schwarzfahrten Minderjähriger im Straßenverkehr vgl. ergänzend: *OLG Nürnberg* VersR 1980, 96; *OLG Hamm* DAR 1984, 148; *OLG München* MDR 1984, 757.
447 Vgl. *BGH* NJW 1968, 249 = VersR 1967, 1186 = DAR 1968, 18.
448 Vgl. *BGH* VersR 1968, 301; *OLG München* VersR 1979, 749; *Boscher* VersR 1964, 888; *J. Schmid* VersR 1982, 822; Palandt/*Sprau* § 832 Rn. 11.
449 Vgl. *BGH* VersR 1962, 635.
450 Vgl. *OLG Düsseldorf* VersR 1992, 1233; *OLG Frankfurt* zfs 1993, 116.

noch nicht oder gerade erst die Schule besuchen, den Gefahren des Straßenverkehrs noch nicht gewachsen sein. Denn Kinder in diesem Alter neigen zu spontanem, unüberlegtem Verhalten.[451]

275b Nach wohl h. M. reicht bei Vorschulkindern aber eine »stichprobenhafte Beaufsichtigung« durch regelmäßige Kontrolle in Abständen von 15 bis maximal 30 Minuten zur Erfüllung der Aufsichtspflicht vollkommen aus.[452] Denn zum einen dürfen die Anforderungen an die elterliche Aufsichtspflicht generell nicht überspannt werden und zum anderen muss Kindern in diesem Alter die Möglichkeit zum Aufenthalt im Freien erhalten bleiben. Der *BGH* hat in zwei neueren Entscheidungen differenziert: Bei einem Kind im Alter von 5 1/2 Jahren muss der Aufsichtspflichtige auf einem Spielplatz dafür sorgen, dass das Kind in regelmäßigen Abständen von höchstens 30 Minuten kontrolliert wird.[453] Bei normal entwickelten Kindern im Alter von 7 1/2 Jahren soll dagegen im Allgemeinen das Spielen im Freien auch ohne Aufsicht gestattet sein, wenn die Eltern sich über das Tun und Treiben in großen Zügen einen Überblick verschaffen.[454]

276 Denn es kann nicht Sinn des § 832 BGB sein, den Aufsichtsbedürftigen von sämtlichen potenziellen Gefahren fernzuhalten. Insbesondere im Straßenverkehr muss der Aufsichtsbedürftige unter einfühlsamer Anleitung und sachkundiger Führung systematisch an die Gefahrenquellen herangeführt werden, die der Straßenverkehr mit sich bringt. Diese Überlegungen gelten auch bereits für Kinder im Vorschulalter, die – wiederum insbesondere in den Großstädten – zweckmäßigerweise unter Einbeziehung des täglichen Weges zum Kindergarten oder zur Schule mit den besonderen Gefahren des innerstädtischen Massenverkehrs und seinen »Spielregeln« vertraut gemacht werden sollten. Erforderlich ist in diesem Zusammenhang zunächst einmal die Begleitung des Kindes und die gleichzeitige Unterweisung in der Beachtung der Verkehrsregeln. Später müssen gelegentlich unauffällige Kontrollen durchgeführt werden, um festzustellen, ob das Kind seine Kenntnisse richtig anwendet und nicht zu Unbesonnenheiten neigt. Selbst bei einem Kind, das die Sonderschule besucht, ist eine ständige Beaufsichtigung nur dann notwendig, wenn die Eltern konkreten Anlass zu der Befürchtung haben, das Kind könne wegen seiner geistigen Verfassung anderen Menschen Schaden zufügen.[455]

276a Bei der Aufsichtspflicht sind letztlich auch pädagogische Erwägungen ergänzend zu berücksichtigen.[456] Je einsichtsfähiger und besonnener das Kind ist, umso geringer sind die Anforderungen an die Aufsichtspflicht und natürlich auch umgekehrt.

277 Die Verletzung der Aufsichtspflicht kann natürlich auch zu einer Haftung des Aufsichtspflichtigen gegenüber dem Aufsichtsbedürftigen führen. Ist der Verkehrsunfall eines spielenden Kindes sowohl auf das Verschulden des Kraftfahrers wie auf eine Verletzung der Aufsichtspflicht der Eltern zurückzuführen, kommt wegen des Haftungsprivilegs des § 1664 BGB (i. V. m. § 277 BGB) eine gesamtschuldnerische Haftung der Eltern und des Kraftfahrers aber nur dann in Betracht, wenn die Eltern ihre Aufsichtspflicht grob fahrlässig verletzt haben.[457]

II. Entlastungsmöglichkeiten

1. Mangelndes Verschulden

278 Wie bereits dargestellt normiert § 832 BGB eine Haftung aus gesetzlich vermutetem Verschulden. Der Aufsichtspflichtige kann sich aber aus der Haftung entlasten, wenn er den ihm obliegenden

---

451 Vgl. hierzu auch *Bernau* DAR 2007, 651.
452 Vgl. *BGH* NJW 2009, 1952 = VersR 2009, 788 = DAR 2009, 388; *OLG Düsseldorf* NJW-RR 1996, 671; 1999, 1620.
453 *BGH* NJW 2009, 1952 = VersR 2009, 788 = DAR 2009, 388; anders noch *LG Bochum* NZV 2008, 347.
454 *BGH* NJW 2009, 1954 = VersR 2009, 790 = DAR 2009, 387.
455 Vgl. *OLG Köln* VersR 1970, 1163.
456 Vgl. *BGH* VersR 1980, 278 (279); *OLG Karlsruhe* VersR 1979, 58; *Boscher* VersR 1964, 888 (889); *Schmid* VersR 1982, 822.
457 Vgl. *OLG Karlsruhe* NZV 2008, 511 m. w. N.

Nachweis führt, dass er seiner Aufsichtspflicht ordnungsgemäß genügt hat, er also die gegen ihn sprechende Schuldvermutung ausräumt.[458]

Bei der Prüfung, ob ein Verschulden im Sinne von § 832 BGB vorliegt, ist also nicht auf das Verhalten des Aufsichtsbedürftigen, sondern auf die Aufsichtsführung abzustellen. Der Aufsichtspflichtige hat umfassend und konkret darzulegen und zu beweisen, was er zur Erfüllung der Aufsichtspflicht unternommen hat bzw. weshalb bestimmte Maßnahmen nicht erforderlich waren.[459] 278a

2. Mangelnde Schadenursächlichkeit

Ebenso wie bei § 831 BGB kann der Entlastungsbeweis auch in der Weise geführt werden, dass der Schaden auch bei gehöriger Aufsichtsführung entstanden wäre. Ein derartiger Nachweis der fehlenden Ursächlichkeit zwischen der Aufsichtspflichtverletzung und Schaden setzt jedoch voraus, dass der Schaden mit an Gewissheit grenzender Wahrscheinlichkeit trotz gehöriger Aufsichtsführung in jedem Fall entstanden wäre. Die bloße Möglichkeit eines ähnlichen Verlaufs – etwa nach der Art eines Anscheinsbeweises – reicht dafür nicht aus.[460] 279

G. Vertragshaftung

Wegen der allgemeinen Grundsätze der Haftung aus Verträgen darf auf die Ausführungen in den vorhergehenden Kapiteln verwiesen werden. Nachfolgend sollen einige besondere Fälle der Vertragshaftung behandelt werden, soweit sie mit dem Problem des Kfz-Schadens in Verbindung stehen. 280

I. Arbeitsvertrag

Im Folgenden sollen Haftungsfragen der Parteien des Arbeitsvertrages untereinander und gegenüber Dritten sowie damit einhergehende Regressmöglichkeiten von Kfz-Versicherern gegenüber Arbeitnehmern erörtert werden. 281

1. Arbeitnehmerhaftung

Die Arbeitnehmerhaftung ist eines der zentralen Themen des Arbeitsrechts im Straßenverkehr, gerade wenn man die Vielzahl von Unfällen mit Sach- und Körperschäden bedenkt. Für den im Betrieb tätigen Arbeitnehmer (insbesondere den Berufskraftfahrer) gilt gegenüber dem Arbeitgeber grundsätzlich eine Haftungsprivilegierung, die sich bei Inanspruchnahme des Arbeitnehmers durch einen geschädigten Dritten in einen Freistellungsanspruch des Arbeitnehmers gegenüber dem Arbeitgeber wandelt. 282

a) Haftung für Sachschäden

Beschädigt der Arbeitnehmer Sachen des Arbeitgebers, so ist der Arbeitnehmer in seiner Haftung privilegiert. Gleiches gilt für den im Rahmen eines Ausbildungsverhältnisses Beschäftigten.[461] 283

---

458 Vgl. zum Umfang der Aufsichtspflicht allgemein *BGH* VersR 1968, 301; *OLG Oldenburg* VersR 1976, 199; *OLG Stuttgart* VersR 1977, 580; *KG* VersR 1977, 770.
459 Palandt/*Sprau* § 832 Rn. 8 m. w. N.
460 Vgl. Palandt/*Sprau* § 832 Rn. 8, § 831 Rn. 16 jeweils m. w. N.
461 Vgl. *BAG* VersR 2007, 1011 = DB 2007, 346 = MDR 2007, 472 = NZA 2007, 977: Das Vorliegen eines Ausbildungsverhältnisses führt allerdings nicht zu einer noch weiter reichenden Haftungsfreistellung. Das Haftungsprivileg des Arbeitnehmers und § 828 Abs. 3 BGB reichen aus, um den Besonderheiten des Ausbildungsverhältnisses Rechnung zu tragen und den Auszubildenden zu schützen. Allerdings kann die Unerfahrenheit eines Auszubildenden ein Mitverschulden des Ausbilders (§ 254 BGB) begründen, wenn sie bei der Zuweisung von Tätigkeiten nicht ausreichend berücksichtigt wird. Ein solches Mitverschulden ist unabhängig von den Grundsätzen der Einschränkung der Arbeitnehmerhaftung grds. zu berücksichtigen.

283a Die Rechtsprechung, wonach eine Haftungsprivilegierung des Arbeitnehmers nur bei sog. gefahrgeneigter Arbeit eintritt, ist seit der Entscheidung des *BAG* vom 27.9.1994 Vergangenheit.[462] Die »Gefahrgeneigtheit« der Arbeit ist bei der Abwägung zwischen dem Verschulden des Arbeitnehmers und dem Betriebsrisiko des Arbeitgebers nur noch ein Abwägungsfaktor unter vielen. Die Haftungsprivilegierung gilt nunmehr grundsätzlich für alle betrieblich veranlassten Tätigkeiten des Arbeitnehmers, also immer dann, wenn der Arbeitnehmer aufgrund des Arbeitsverhältnisses handelt.[463] Die Grundsätze der Arbeitnehmerhaftung finden daher keine Anwendung, wenn der Arbeitnehmer nicht in Ausübung der ihm übertragenen Tätigkeit, sondern nur gelegentlich einer ihm übertragenen Tätigkeit oder gar unter Anmaßung einer ihm sowohl gesetzlich als auch betrieblich untersagten Tätigkeit einen Schaden verursacht. So hat das *BAG* einem Arbeitnehmer, der ein Kfz des Arbeitgebers ohne Fahrerlaubnis und entgegen der Weisung des Arbeitgebers geführt und beschädigt hatte, die Haftungsprivilegierung versagt.[464] Keine Haftungsprivilegierung gilt auch für den Arbeitnehmer, der bei einer zulässigen privaten Nutzung eines Firmenwagens schuldhaft einen Unfall verursacht.[465] Andererseits finden die Grundsätze der beschränkten Arbeitnehmerhaftung aber Anwendung, wenn der Arbeitnehmer mit Billigung des Arbeitgebers und betrieblich veranlasst mit seinem privaten Pkw unterwegs ist und dabei schuldhaft einen Unfall verursacht.[466] Der Arbeitnehmer darf in diesem Fall aber keine besondere, zur Abdeckung des Unfallschadenrisikos bestimmte Vergütung erhalten.[467] Wenn er vollen Aufwendungsersatz gem. § 670 BGB verlangt, muss er auch darlegen und ggf. beweisen, dass er den Schaden nicht vorsätzlich oder normal fahrlässig sondern allenfalls leicht fahrlässig verursacht hat.[468]

284 Nach wie vor ist von einer abgestuften Haftung des Arbeitnehmers auszugehen.[469] Bei nur leichter Fahrlässigkeit haftet der Arbeitnehmer gegenüber dem Arbeitgeber nicht, bei mittlerer Fahrlässigkeit anteilig und bei grober Fahrlässigkeit und Vorsatz in der Regel ganz. Dabei ist zu berücksichtigen, dass der Arbeitgeber gem. § 619a BGB – abweichend von § 280 Abs. 1 BGB – nicht nur die Pflichtverletzung des Arbeitnehmers zu beweisen hat, sondern auch dessen Vertretenmüssen.[470]

284a Leichte Fahrlässigkeit liegt vor, wenn es sich um alltägliche Fehler handelt, die jedem noch so vorsichtigen Arbeitnehmer unterlaufen können, also um geringfügige, verständliche und leicht entschuldbare Pflichtwidrigkeiten.

284b Für mittlere (normale) Fahrlässigkeit ist kennzeichnend, dass der Arbeitnehmer sich bewusst ist, dass sein Verhalten zu einem Schaden führen kann, dieser aber nicht eintreten muss und er in diesem Moment darauf vertraut, es werde schon alles gut gehen. Bei der mittleren Fahrlässigkeit ist der Haftungsanteil des Arbeitnehmers unter Berücksichtigung aller Umstände zu bestimmen, insbesondere auch nach der Versicherbarkeit des Schadens durch den Arbeitgeber, nach der Höhe des Verdienstes, dem Vorverhalten des Arbeitnehmers und seinen sozialen Verhältnissen.[471] Die anteilige Haftung bedeutet also keineswegs automatisch eine hälftige Teilung des Schadens, vielmehr ist unter Berücksichtigung der Gesamtumstände eine Quote zu bilden.

284c Nach der Definition des *BGH* handelt grob fahrlässig, wer die im Verkehr erforderliche Sorgfalt nach den gesamten Umständen in ungewöhnlich hohem Maß verletzt und unbeachtet lässt, was im gege-

---

462 Vgl. *BAG* NJW 1995, 210 = NZA 1994, 1083 = DAR 1994, 503.
463 Vgl. *Schaub* § 53 Rn. 42 ff.
464 Vgl. *BAG* VersR 1968, 266 = NJW 1968, 717 = AP Nr. 1 zu § 67 VVG.
465 Vgl. *LAG Köln* BB 1999, 852 = NZA 1999, 991.
466 Vgl. *BAG* NJW 1998, 1170 = MDR 1999, 684 = AP Nr. 114 zu § 611 BGB – Haftung des Arbeitnehmers.
467 *BAG* NZA 2011, 406.
468 *BAG* a. a. O.
469 Vgl. *BAG* AP Nr. 101, 102, 103, 106 zu § 611 BGB – Haftung des Arbeitnehmers; *Schaub* § 53 Rn. 47 ff.; *Geigel/Hübinger* 12. Kap. Rn. 53.
470 Vgl. *LAG Mecklenburg-Vorpommern* Urteil vom 11.1.2006, 2 Sa 397/05 nv.
471 Vgl. *BAG* NJW 1988, 2618 = VersR 1988, 946 = DAR 1988, 352 = DB 1988, 1603; *BAG* NJW 1998, 1810.

benen Fall jedem hätte einleuchten müssen.[472] Im Gegensatz zum rein objektiven Maßstab bei der einfachen Fahrlässigkeit sind bei grober Fahrlässigkeit auch subjektive Umstände zu berücksichtigen. Es kommt nicht nur darauf an, was von einem durchschnittlichen Anforderungen entsprechenden Angehörigen des jeweiligen Verkehrskreises in der jeweiligen Situation erwartet werden kann, sondern auch darauf, ob der Schädiger nach seinen individuellen Fähigkeiten die objektiv gebotene Sorgfalt aufbringen konnte.[473] Subjektive Besonderheiten können im Einzelfall im Sinn einer Entlastung vom schweren Vorwurf der groben Fahrlässigkeit ins Gewicht fallen.[474]

284d Vorsatz schließlich setzt Wissen und Wollen des Schadens voraus. Nicht ausreichend ist allein der bewusste Verstoß gegen Weisungen, solange nicht zusätzlich Vorsatz hinsichtlich des Schädigungserfolgs gegeben ist.[475]

285 Gegenüber dem geschädigten Dritten haftet der Arbeitnehmer nach den allgemeinen Regeln voll. Arbeitgeber und Arbeitnehmer haften dem Dritten gegenüber als Gesamtschuldner (§§ 278, 421 BGB). Rechtswegzuständig für die Ansprüche Dritter sind die ordentlichen Gerichte.[476] Wird der Arbeitnehmer von dem Dritten in Anspruch genommen, hat er entsprechend den Regeln der Haftungsprivilegierung im Innenverhältnis einen Freistellungsanspruch gegen den Arbeitgeber (innerbetrieblicher Schadenausgleich). Der Dritte kann den Freistellungsanspruch gegen den Arbeitgeber pfänden und sich zur Einziehung überweisen lassen. Er kann dann unmittelbar gegen den Arbeitgeber vorgehen, der Freistellungsanspruch wandelt sich in einen Zahlungsanspruch.[477] Der Arbeitgeber haftet dann ohne die Beschränkung des § 831 BGB. Wird der Arbeitgeber von dem Dritten direkt in Anspruch genommen, kann er seinerseits den Arbeitnehmer nicht gem. der Regelung des § 840 Abs. 2 BGB auf den vollen Schaden in Anspruch nehmen. Vielmehr haben auch hier die Regeln der Haftungsprivilegierung Vorrang und bestimmen, ob und inwieweit der Arbeitgeber den Arbeitnehmer in Regress nehmen kann.

286 Die Grundsätze der beschränkten Arbeitnehmerhaftung sind zwingendes Arbeitnehmerschutzrecht. Von ihnen kann zulasten des Arbeitnehmers weder einzel- noch kollektivvertraglich abgewichen werden.[478] Demzufolge ist eine Vereinbarung der Arbeitsvertragsparteien, wonach der Arbeitnehmer für alle von ihm fahrlässig verschuldeten Unfallschäden an seinem Dienstfahrzeug bis zur Höhe einer mit der Kaskoversicherung vereinbarten Selbstbeteiligung haftet, unwirksam, weil dem Arbeitnehmer dadurch auch bei leichtester Fahrlässigkeit eine Haftung auferlegt wird. Auch die Möglichkeit des Arbeitnehmers, den Dienstwagen für private Fahrten zu benutzen, rechtfertigt keine Verschärfung der Haftung des Arbeitnehmers für Unfallschäden am betrieblich genutzten Dienstwagen. Sie ist eine zusätzliche Gegenleistung für die geschuldete Arbeitsleistung.[479]

287 Die Grundsätze zur Arbeitnehmerhaftung haben durch die Rechtsprechung zahlreiche Modifikationen erfahren, die den Arbeitnehmer im Ergebnis zusätzlich begünstigen.

287a So soll auch bei grob fahrlässiger Schadensverursachung eine Quotierung des Schadens dann in Betracht kommen, wenn ein auffälliges Missverhältnis zwischen Schadenhöhe und Arbeitsverdienst besteht.[480] Eine summenmäßige Begrenzung der Haftung des Arbeitnehmers hat das BAG bislang aber nicht festgelegt.[481] In der Reformdiskussion zur Arbeitnehmerhaftung ist jedoch der Vorschlag einer

---

472 Vgl. *BGH* NJW 1997, 1012.
473 Vgl. *BAG* NZA 1999, 263; NZA 2006, 1428.
474 Vgl. *BGH* VersR 1992, 1085.
475 Vgl. *Schaub* § 53 Rn. 24.
476 Vgl. *BAG* NZA 2009, 919.
477 Vgl. *BAG* DB 1983, 27.
478 Vgl. *BAG* NZA 2004, 649; dazu *Sasse* ArbRB 2004, 209.
479 Vgl. *BAG* NJW 2004, 2469 = NZV 2004, 457 = NZA 2004, 649.
480 Vgl. *BAG* NZA 1998, 140 = NZV 1997, 352; Palandt/*Weidenkaff* § 611 Rn. 157a.
481 Vgl. *BAG* a. a. O.

Haftungsobergrenze von drei Bruttomonatsgehältern erfolgt.[482] In einer aktuellen Entscheidung hat das *BAG* allerdings die Haftung einer geringfügig beschäftigten Reinigungskraft, die in einer Gemeinschaftspraxis für radiologische Diagnostik und Nuklearmedizin einen Magnetresonanztomographen (MRT) grob fahrlässig beschädigt hatte, in Höhe von sogar 12 Monatsgehältern für gerechtfertigt gehalten.[483]

287b Auch ein vorsätzlicher Pflichtverstoß führt nach der ständiger Rechtsprechung des *BAG* nur dann zur vollen Haftung des Arbeitnehmers, wenn sich der Vorsatz auch auf den Schaden in seiner konkreten Gestalt bezieht, der Arbeitnehmer also den Schaden in seiner konkreten Höhe zumindest als möglich vorausgesehen und ihn für den Fall des Eintritts billigend in Kauf genommen hat. Fällt dem Arbeitnehmer im Hinblick auf den Schaden lediglich (grobe) Fahrlässigkeit zur Last, kann eine Schadensquotierung erfolgen.[484] Auch für mittlere und grobe Fahrlässigkeit gilt, dass sich der Verschuldensvorwurf nicht nur auf die Pflichtverletzung, sondern auch auf den Eintritt des Schadens selbst beziehen muss. Bei nur leicht fahrlässiger Schadensverursachung kann demnach eine Haftung des Arbeitnehmers selbst dann ausscheiden, wenn er die Pflichtverletzung mit mittlerer/grober Fahrlässigkeit oder gar Vorsatz begangen hat.[485]

287c Das *BAG* begründet diese Abweichung von den allgemeinen zivilrechtlichen Grundsätzen mit der Notwendigkeit der Haftungsprivilegierung des Arbeitnehmers selbst. Das Schadensrisiko bestimmter Tätigkeiten gerade im Straßenverkehr sei so hoch sei, dass der Arbeitnehmer aufgrund der Höhe seines Arbeitsentgelts in der Regel nicht in der Lage sei, Risikovorsorge zu betreiben bzw. den eingetretenen Schaden zu ersetzen. Deshalb solle der Arbeitnehmer von der Risikozuweisung des Schadens gegenüber dem Arbeitgeber, der das Betriebsrisiko trägt, weitestgehend entlastet werden. Insbesondere aber, wenn abstrakte Gefährdungsnormen übertreten werden oder der Arbeitgeber anordnet, dass bereits abstrakte Gefahren zu vermeiden sind, wäre allein auf die Pflichtverletzung bezogen eine Haftung für alle Schäden fast unausweichlich, zumal es der Arbeitgeber durch Aufstellung eines umfassenden Pflichtenkatalogs dann selbst in der Hand hätte, eine grundsätzliche Haftung des Arbeitnehmers herbeizuführen.

287d Es darf allerdings nicht verkannt werden, dass diese Sichtweise Schutzbehauptungen des Arbeitnehmers dergestalt provoziert, dass der konkrete Schaden gerade nicht gewollt war bzw. nicht vorhergesehen wurde.

287e In der Praxis werden etwaige Unbilligkeiten in der Arbeitnehmerhaftung in der Regel auf der Rechtsfolgenseite, also bei der Bemessung der Quote, gelöst. Ob dabei allerdings eine grundsätzliche summenmäßige Begrenzung – etwa auf drei Bruttomonatsgehälter – Sinn macht, darf bezweifelt werden. Denn die Berechenbarkeit und Absehbarkeit der maximal möglichen Inregressnahme durch den Arbeitgeber dürfte den Arbeitnehmer in der Regel nicht dazu anhalten, mit dem Eigentum des Arbeitgebers, aber auch mit dem Eigentum Dritter, die von der betrieblichen Tätigkeit des Arbeitnehmers betroffen sind, besonders sorgfältig umzugehen. So könnte sich ein nebenberuflich auf 400 €-Basis als LKW-Fahrer beschäftigter Arbeitnehmer in Sicherheit wiegen, selbst bei einem grob fahrlässig verursachten Unfall mit erheblichem Schaden nie mehr als € 1 200 selbst zahlen zu müssen.

288 Besonders schwierig gestaltet sich regelmäßig die Abgrenzung zwischen mittlerer und grober Fahrlässigkeit. Die Kasuistik ist vielfältig, nachfolgend einige Beispiele aus der Rechtsprechung:

---

482 Vgl. *Pfeifer* AR-Blattei SD 870 Rn. 124 ff.
483 *BAG* NZA 2011, 345 = NJW 2011, 1096.
484 Vgl. *BAG* NJW 2003, 377 = VersR 2003, 736 = BB 2003, 528 = DB 2002, 2050 = EWiR 2002, 1073 (Ls.) = MDR 2002, 1439 = ZIP 2002, 1909; zustimmend: *Schimmel/Buhlmann* JA 2003, 441; *Deutsch* AP Nr. 122 zu § 611 BGB Haftung des Arbeitnehmers; kritisch: *Otto* EWiR § 276 BGB a. F. 8/02, 1073; vgl. auch *Hänsel* IBR 2002, 699; *Range-Ditz* ArbRB 2002, 327; *Boemke* JuS 2003, 510; *Sandmann* SAE 2003, 163; *LAG Niedersachsen* NZA-RR 2004, 142.
485 Vgl. *BAG* NJW 2003, 377.

Grob fahrlässig handelt ein Arbeitnehmer, der infolge einer BAK von 2,15 Promille einen Verkehrsunfall verursacht.[486] 288a

Grob fahrlässig handelt auch der Geschäftsführer einer GmbH, wenn er mit einer Geschwindigkeit zwischen 170 und 220 km/h fährt und dabei telefoniert.[487] In Angelegenheiten der Gesellschaft hat der Geschäftsführer allerdings die Sorgfalt eines ordentlichen Geschäftsmannes anzuwenden (§ 43 GmbHG). Ihm kommen daher die Haftungsprivilegien der Arbeitnehmer nicht zugute.[488] 288b

Ebenfalls grob fahrlässig handelt ein Berufskraftfahrer, wenn er einem anderen Fahrzeug folgend einen Überholvorgang durchführt, ohne sich zuvor selbst zu vergewissern, ob die Verkehrslage – insbesondere der Gegenverkehr – den Überholvorgang überhaupt zulässt.[489] 288c

Grobe Fahrlässigkeit liegt regelmäßig auch bei einem Alkoholkranken vor, der sich dazu entscheidet, trotz des Alkoholgenusses und der sich daraus ergebenden Gefahr ein Kfz im öffentlichen Straßenverkehr zu führen. Den Betroffenen entlastet nicht die Gefährdung seines Arbeitsplatzes für den Fall, dass er die Fahrt nicht angetreten hätte. Die Sicherheit des Straßenverkehrs geht vor.[490] 288d

Grobe Fahrlässigkeit ist bei einem Lkw-Fahrer gegeben, der eine schmale Strecke von 50 m rückwärts fahrend zurücklegen will, ohne sich eines Einweisers zu bedienen und dabei einen Unfall verursacht.[491] 288e

Nach der Rechtsprechung des *BAG* handelt ebenfalls grob fahrlässig, wer anlässlich seiner Bewerbung um die Stelle eines Möbelwagenfahrers eine Probefahrt mit einem Möbelwagen unternimmt, obwohl er fast zehn Jahre keinen Lkw mehr gefahren hat und seine fehlende Fahrpraxis verschweigt.[492] Wenn bei der Probefahrt infolge unsachgemäßer Fahrweise des Bewerbers am Möbelwagen Schaden entsteht, haftet der Bewerber dafür grundsätzlich voll. 288f

Fast immer grob fahrlässig handelt derjenige Arbeitnehmer, der einen Rotlichtverstoß begeht.[493] Zwar gibt es keinen allgemeinen Grundsatz, dass das Nichtbeachten einer roten Ampel in jedem Fall grob fahrlässig ist.[494] Denn je nach den Umständen des Einzelfalles kann es an den objektiven oder subjektiven Voraussetzungen fehlen, z. B. wenn die Ampel nur schwer zu erkennen ist oder bei besonders schwierigen oder überraschend eintretenden Verkehrssituationen. Beim Berufskraftfahrer, der wegen Nichtbeachtung einer roten Ampel einen Verkehrsunfall verursacht, wird im Regelfall aber schon grobe Fahrlässigkeit anzunehmen sein. Jedenfalls reicht allein das Berufen auf ein Augenblickversagen regelmäßig nicht aus, um den Vorwurf der groben Fahrlässigkeit zu entkräften, vielmehr müssen insoweit besondere Umstände vorliegen.[495] 288g

Nur mit mittlerer Fahrlässigkeit handelt ein Lkw-Fahrer, der beim Abstellen seines Fahrzeuges vergisst, die Handbremse anzuziehen und dadurch einen Unfall verursacht.[496] 288h

Ebenfalls nur mit mittlerer Fahrlässigkeit soll ein Kraftfahrer handeln, der ein Verkehrsschild zur Brückenhöhe übersieht und die Brücke wegen zu hoher Fahrzeughöhe rammt.[497] 288i

---

486 Vgl. *LAG Rheinland-Pfalz* BB 1996, 1941 = NZA-RR 1996, 443.
487 Vgl. *OLG Koblenz* VersR 1999, 503 = NJW-RR 1999, 911 = VRS 97, 19.
488 Vgl. *Schaub* § 53 Rn. 41.
489 Vgl. *ArbG Kaiserslautern* zfs 1989, 419.
490 Vgl. *LAG Schleswig-Holstein* BLUTALKOHOL Vol. 40/2003, 459.
491 Vgl. *OLG Karlsruhe* VersR 1989, 599 = NZV 1988, 185 = zfs 1989, 244.
492 Vgl. *BAG* VersR 1974, 1137 = DB 1974, 779 = AP Nr. 74 zu § 611 BGB Haftung des Arbeitnehmers.
493 Vgl. *BAG* VersR 1999, 518 = DAR 1999, 182 = NZA 1999, 263; dazu: *Wank* EWiR, § 276 BGB 2/99, 443; *Boemke* JuS 1999, 720; vgl. auch: *Oberpriller* in: Halm/Engelbrecht/Krahe 15. Kap. Rn. 110.
494 Vgl. *BGH* VersR 2003, 364; vgl. auch *Halm* PVR 2002, 54 zu *OLG Frankfurt* Urt. v. 11.5.2001 – 24 U 231/99; *Thiele* PVR 2003, 196; *Balke* PVR 2003, 331.
495 Vgl. *BGH* NJW 1992, 2418 = VersR 1992, 1085 = DAR 1992, 369 = NZV 1992, 402.
496 Vgl. *LAG Köln* BB 2003, 856.
497 Vgl. *OLG Frankfurt* VersR 1989, 485 = DAR 1989, 27 = zfs 1989, 96.

288j Betankt ein Arbeitnehmer den Dienstwagen statt mit Dieselkraftstoff mit Super Bleifrei, ist dieses Fehlverhalten als unterhalb der groben Fahrlässigkeit liegend einzuordnen, so dass der Arbeitnehmer – nach den Umständen des Einzelfalls – mit einer Schadensquote von 60 % zur Haftung verpflichtet sein kann.[498]

288k Auch das Einschlafen am Steuer rechtfertigt nicht ohne weiteres den Vorwurf der groben Fahrlässigkeit.[499]

288l Zusammenfassend kann gesagt werden, dass die Rechtsprechung bei der Haftung der Arbeitnehmer, zu denen natürlich auch die Berufskraftfahrer zählen, deutlich zu einer weitreichenden Haftungsprivilegierung tendiert. Der Verschuldensvorwurf muss sich auch auf den Schaden in seiner konkreten Form beziehen. Liegt hinsichtlich des konkreten Schadens – subjektiv vorwerfbar – nur leichte Fahrlässigkeit vor, scheidet eine Haftung des Arbeitnehmers wohl regelmäßig aus. Das Haftungsrisiko für den Arbeitnehmer beim Umgang mit den oft sehr wertvollen Sachen des Arbeitgebers (z. B. Lkw, Flugzeuge etc.) ist daher kalkulierbar, relativ gering und wird den Arbeitnehmer bei dem Umgang mit den Sachen des Arbeitgebers nicht zur besonderen Sorgfalt anhalten. Dem Arbeitgeber ist daher dringend zu empfehlen, drohende Risiken soweit möglich zu versichern.

b) Regress beim Arbeitnehmer

289 Beim Regress muss der Arbeitgeber, aber auch derjenige, der aus übergegangenem Recht des Arbeitgebers gegen den Arbeitnehmer vorgeht – im Bereich Straßenverkehr sind das vor allem die Kaskoversicherer[500] – die Grundsätze der Haftungsprivilegierung des Arbeitnehmers beachten. Danach regelt sich, ob und inwieweit der Arbeitnehmer in Anspruch genommen werden kann. Insoweit ist die erschwerte Beweisführung und die Unsicherheit, in welcher Höhe regressiert werden kann, zu beachten. Ggf. kann es daher angezeigt sein, den Regress von vornherein auf maximal drei Bruttomonatsgehälter zu beschränken.

289a Dies gilt nicht für Drittgeschädigte, zu denen auch der Leasinggeber gehört. Im Außenverhältnis haftet der Arbeitnehmer nach den allgemeinen Regeln voll. Bei einem Verkehrsunfall werden die Ansprüche natürlich in erster Linie gegen den zuständigen Kfz-Haftpflichtversicherer gerichtet, die Inanspruchnahme des Arbeitnehmers im Rahmen des Zivilprozesses geschieht in der Regel aus prozesstaktischen Gründen, um ihn als Zeugen auszuschalten.

289b Ebenfalls denkbar ist der Fall, dass der Kfz-Haftpflichtversicherer gegen den Arbeitnehmer seines Versicherungsnehmers vorgeht, weil er dem Arbeitnehmer gegenüber von seiner Leistungspflicht befreit ist. Hier ist der Kfz-Haftpflichtversicherer ebenfalls Dritter, gegenüber dem der Arbeitnehmer voll bzw. im Rahmen der AKB und den dem Versicherungsverhältnis zugrunde liegenden Bestimmungen haftet.

aa) Regress des Arbeitgebers

290 Der Arbeitgeber kann beim Arbeitnehmer regressieren, indem er seine berechtigten Ansprüche mit dem Lohnanspruch des Arbeitnehmers verrechnet. Dabei muss er selbstverständlich die §§ 850 ff. ZPO (Pfändungsschutz für Arbeitseinkommen) und insbesondere die Pfändungsfreigrenzen des § 850c ZPO beachten. Es ist dann Sache des Arbeitnehmers, den ausstehenden Lohn notfalls vor dem Arbeitsgericht einzuklagen. Zu beachten sind hierbei von beiden Seiten einzel- und tarifvertraglich vereinbarte Ausschlussfristen.

---

498 Vgl. *LAG Rheinland-Pfalz* v. 7.1.2008, AZ: 5 Sa 371/07.
499 Vgl. *LAG Rheinland-Pfalz* v. 5.1.1998, AZ: 1 Sa 1058/97.
500 Die den Schaden des Arbeitgebers regulieren und dann gegen den Arbeitnehmer aus § 86 VVG vorgehen wollen. Vgl. hierzu auch *Oberpriller* in: Halm/Engelbrecht/Krahe 15. Kap. Rn. 221 ff.; *Prölss/Martin* § 86 VVG, Rn. 10 ff., m. w. N.

290a Ausschlussfristen existieren in verschiedensten Ausführungen. Man unterscheidet zwischen einstufigen und zweistufigen Ausschlussfristen. Sie beginnen in der Regel mit der Fälligkeit des jeweiligen Anspruchs. Bei der Fälligkeit von Schadensersatzansprüchen aus dem Arbeitsverhältnis ist regelmäßig auf den Zeitpunkt der Kenntnis des Arbeitgebers von den maßgeblichen Umständen abzustellen. Nicht entscheidend ist die Kenntnis des Dritten, der aus übergegangenem Recht vorgeht. Fälligkeit setzt weiterhin voraus, dass der Gläubiger den Anspruch annähernd beziffern kann. Ausschlussfristen sind von den Gerichten von Amts wegen zu prüfen. Nach Ablauf der Verfallfrist, erlischt der Anspruch (sog. rechtsvernichtende Einwendung).[501]

290b Hat der Arbeitgeber allerdings die Möglichkeit, für Schäden, die ein Arbeitnehmer in Ausübung seiner arbeitsvertraglichen Tätigkeit verursacht hat, eine Versicherung in Anspruch zu nehmen, so gebietet es die arbeitsvertragliche Fürsorgepflicht, von dieser Möglichkeit auch vorrangig Gebrauch zu machen. Die Geltendmachung von Schadensersatzansprüchen gegen den Arbeitnehmer aus Arbeitnehmerhaftung kommt in solchen Fällen grundsätzlich nur für solche Schäden in Betracht, für die die vorhandene Versicherung nicht eintritt oder für die sie ihrerseits Regress beim Arbeitnehmer nehmen könnte.[502]

bb) Regress des Kaskoversicherers[503]

291 Auch der Kaskoversicherer hat einzel- und tarifvertraglich vereinbarte Ausschlussfristen zu beachten, wenn er aus übergegangenem Recht des Arbeitgebers/Versicherungsnehmers gegen den Arbeitnehmer vorgeht. Soweit die Kaskoentschädigung gezahlt wird, gehen die Ansprüche des Arbeitgebers/Versicherungsnehmers gegen den Arbeitnehmer auf den Versicherer über (§ 86 VVG). Der Rechtsweg zu den Gerichten für Arbeitssachen ist allerdings nicht gegeben, vielmehr sind die ordentlichen Gerichte zuständig.[504] Da es in der Kaskoversicherung keine mitversicherten Personen gibt, ist auch der Fahrer des versicherten Fahrzeugs – also der Arbeitnehmer – Dritter.

292 Das gilt nach wohl herrschender Meinung auch dann, wenn der Arbeitnehmer ausnahmsweise Repräsentant des Arbeitgebers ist.[505] Repräsentant ist, wer in dem Geschäftsbereich, zu dem das versicherte Risiko gehört, aufgrund eines Vertretungs- oder ähnlichen Verhältnisses an die Stelle des Versicherungsnehmers getreten ist. Die bloße Überlassung der Obhut über die versicherte Sache reicht hierbei nicht aus. Repräsentant kann nur sein, wer befugt ist, selbstständig in einem gewissen, nicht ganz unbedeutenden Umfang für den Versicherungsnehmer zu handeln (Risikoverwaltung). Es braucht nicht hinzuzutreten, dass der Dritte auch Rechte und Pflichten aus dem Versicherungsvertrag wahrzunehmen hat.[506]

292a Grundsätzlich kann gesagt werden, dass der Fahrer eines fremden Fahrzeugs nicht schon deswegen Repräsentant ist, weil ihm der Versicherungsnehmer das Fahrzeug zur alleinigen Obhut überlassen hat. Selbst die längerfristige Überlassung des Fahrzeugs mit der Möglichkeit einer privaten Nutzung reicht regelmäßig noch nicht aus. Vielmehr muss hinzutreten, dass der derjenige, dem das Fahrzeug überlassen wurde, auch für die Betriebs- und Verkehrssicherheit des Fahrzeugs zu sorgen hat (Durchführung der vorgeschriebenen Inspektionen, erforderliche Reparaturen, TÜV-Vorführungen etc.), unabhängig davon, wer dies letztendlich bezahlt. Dem Fahrer müssen also wesentliche Aufgaben und Befugnisse aus dem Pflichtenkreis des VN übertragen worden sein. Die Frage der Repräsentanteneigenschaft des Arbeitnehmers sollte ungeachtet der h. M.[507] vorsorglich immer geprüft werden,

---

501 Vgl. hierzu insgesamt *BAG* NZA 2006, 257 = BB 2006, 1003; NJW 2005, 3305; NZA 2005, 814.
502 Vgl. *BAG* DB 1988, 1606; *BAG* BB 2007, 1008; *LAG Köln* DB 1992, 2093.
503 Vgl. dazu allgemein *Oberpriller* in: Halm/Engelbrecht/Krahe 15. Kap. Rn. 221 ff.
504 Vgl *BAG* NZA 2009, 919 = VersR 2009, 1528 = DAR 2010, 105.
505 Vgl. *Prölss/Martin* § 86 Rn. 13; a. A. *Lorenz* VersR 2000, 6; vgl. auch *ArbG Brandenburg* VersR 2003, 365.
506 Vgl. *BGH* VersR 1993, 828; vgl. auch *Prölss/Martin* § 28 VVG, Rn. 64 ff., m. w. N.; *Wandt* in: Halm/Engelbrecht/Krahe 1. Kap. Rn. 616 ff.
507 Vgl. *Prölss/Martin* § 86 Rn. 13.

da zumindest nach teilweise vertretener Meinung die Repräsentanteneigenschaft dem Regress gegen den Arbeitnehmer entgegenstehen kann.[508]

293 § 15 Abs. 2 AKB 2007 bzw. A.2.15 AKB 2008 beschränken den Rückgriff gegen den berechtigten Fahrer/Arbeitnehmer auf vorsätzliches und grob fahrlässiges Herbeiführen des Versicherungsfalls, wobei der Versicherer die Beweislast hierfür trägt.[509] Eine Verpflichtung des Arbeitgebers gegenüber dem angestellten Berufskraftfahrer, eine Kaskoversicherung abzuschließen, besteht nach der Rechtsprechung des *BAG* aber nicht.[510] Im Rahmen des innerbetrieblichen Schadenausgleichs zwischen Arbeitnehmer und Arbeitgeber kann es jedoch bei der Abwägung aller für den Haftungsumfang maßgebenden Umstände zulasten des Arbeitgebers ins Gewicht fallen, wenn er für das Unfallfahrzeug keine Kaskoversicherung abgeschlossen hat.[511] Soweit der Versicherer in den Versicherungsbedingungen gegenüber dem Versicherungsnehmer auf den Einwand der grob fahrlässigen Herbeiführung des Versicherungsfalls verzichtet, ist auch der Regress nach § 15 Abs. 2 AKB 2007 bzw. A.2.15 AKB 2008 gegen den berechtigten Fahrer entsprechend beschränkt. Es bleibt dann der Regress bei Vorsatz, Trunkenheit, anderen berauschenden Mitteln und grob fahrlässiger Ermöglichung des Diebstahls des versicherten Fahrzeugs.

293a Übergangsfähig i. S. d. § 86 VVG sind nur kongruente Schadensersatzansprüche, also solche, die in den Schutzbereich des Kaskoversicherungsvertrages fallen (Reparaturkosten, Abschleppkosten, Sachverständigenkosten, technische und merkantile Wertminderung).[512] Für die Übergangsfähigkeit unerheblich ist, ob bestimmte Positionen nach den AKB nicht ersatzfähig sind (z. B. Wertminderung o. Sachverständigenkosten). Nicht übergangsfähig weil nicht kongruent sind Mietwagenkosten,[513] Prämiennachteile,[514] Auslagen[515] sowie Nutzungs- und Verdienstausfall.[516]

293b Bei dem Regress gegen den Arbeitnehmer des Versicherungsnehmers ist der Kaskoversicherer im Rahmen des § 15 Abs. 2 AKB 2007 bzw. A.2.15 AKB 2008 nicht nur für die objektiv grobe Fahrlässigkeit darlegungs- und beweisbelastet, sondern auch für die subjektive Vorwerfbarkeit. Der Anscheinsbeweis kommt dem Versicherer insoweit nicht zu gute.[517] Allerdings ist es Sache des Versicherungsnehmers, ihn entlastende Tatsachen vorzutragen.

293c Subjektiv vorwerfbar ist ein Verhalten in der Regel nicht, wenn ein »Augenblicksversagen« vorliegt. Der BGH[518] hat ausdrücklich klargestellt, dass sich der Versicherungsnehmer auch bei Rotlichtverstößen hierauf berufen kann. Von einem Augenblicksversagen spricht man, wenn der Schaden durch eine unbewusst fahrlässige Handlung eingetreten ist, wie sie auch einem ansonsten pflichtbewussten und sorgfältigen Versicherungsnehmer unterlaufen kann.[519] Eine solche momentane Unaufmerksamkeit bei zur Routine gewordenen Dauertätigkeiten und Verkehrssituationen kann als Ausrutscher oder einmaliges Versagen letztlich jedem Autofahrer passieren.[520] Die Feststellung, nur für einen Augenblick versagt zu haben, reicht für sich genommen allerdings nicht aus, um den Versiche-

---

508 Vgl. *ArbG Brandenburg* VersR 2003, 365.
509 Dies hat sich auch nach Einführung des VVG-2008 nicht geändert, vgl. hierzu auch *Rixecker* zfs 2007, 15.
510 Vgl. *BAG* NJW 1988, 2820 = VersR 1988, 1278 = DAR 1988, 354; Ausnahme: Es besteht eine arbeits- oder tarifvertragliche Regelung.
511 Vgl. *BAG* a. a. O.
512 Vgl. *BGH* VersR 1982, 283; 1982, 383; *Oberpriller* in: Halm/Engelbrecht/Krahe 15. Kap. Rn. 222; *Prölss/Martin* § 86 Rn. 9 ff. m. w. N.
513 Vgl. *BGH* VersR 1982, 283; *Prölss/Martin* § 86 Rn. 9 ff.; a. A. *Müller* VersR 1989, 317.
514 Vgl. BGHZ 44, 382; *LG Braunschweig* zfs 1991, 87; *Prölss/Martin* § 86 Rn. 9 ff.; Terbille/*Burmann* § 10 Rn. 324.
515 Vgl. *BGH* VersR 1982, 283, 383; *LG Braunschweig* zfs 1991, 87; *Prölss/Martin* § 86 Rn. 9 ff.
516 Vgl. BGHZ 25, 340; 50, 271; *BGH* VersR 1958, 161; 1982, 283; *Prölss/Martin* § 86 Rn. 9 ff.
517 Vgl. *BGH* NJW 2003, 3175, Rotlichtverstoß.
518 Vgl. *BGH* NJW 2003, 1118; BGHZ 119, 147.
519 Vgl. *BGH* VersR 1986, 962.
520 Vgl. *BGH* VersR 1992, 1095; 1989, 582.

rungsschutz zu erhalten. Vielmehr müssen zur Minderung des Schuldvorwurfs besondere individuelle Umstände hinzutreten, wie etwa eine Konzentrationsschwäche, Krankheit, Alterserscheinung oder eine nachvollziehbare Ablenkung,[521] die der Versicherungsnehmer darzulegen hat.

Aufgrund eines Augenblicksversagens hat das Arbeitsgericht Brandenburg[522] die Regressklage eines Kaskoversicherers abgewiesen. In dem genannten Fall hatte ein Berufskraftfahrer von seinem Arbeitgeber den Auftrag, mit einem Lkw mit Ladekran eine Baustelle zu beliefern. Nachdem der Arbeitnehmer die Materialien dort abgeliefert hatte, unterließ er es, den Ladekran vollständig wieder einzufahren, weshalb es zu einer Kollision des Ladekrans mit einer 4,5 m hohen Bahnunterführung kam. Das Verhalten des Arbeitnehmers war nach Ansicht des Gerichts subjektiv nicht als grob fahrlässig zu werten, weil das Vergessen eines von verschiedenen Handgriffen in einem zur Routine gewordenen Handlungsablauf bei einem Arbeitnehmer der typische Fall des Augenblicksversagens sei. 293d

cc) Regress des Kfz-Haftpflichtversicherers

Der Regress des Kfz-Haftpflichtversicherers gegenüber dem Arbeitnehmer des Versicherungsnehmers kommt nur in Betracht, wenn der Versicherer gegenüber dem mitversicherten Arbeitnehmer leistungsfrei geworden ist. Der Rechtsweg zu den Arbeitsgerichten ist aber auch insoweit nicht gegeben,[523] wobei ein in diesem Sinne rechtswidriger Verweisungsbeschluss aus der ordentlichen Gerichtsbarkeit in die Arbeitsgerichtsbarkeit gleichwohl bindend ist (§ 17a Abs. 2 GVG).[524] Die Leistungsfreiheit des Versicherers kann grundsätzlich aus verschiedenen Gründen eintreten. Im Fall des Arbeitnehmers sind es in erster Linie Obliegenheitsverletzungen, die zur Leistungsfreiheit des Versicherers gegenüber dem Arbeitnehmer führen. 294

Nach alter Rechtslage war der Kfz-Haftpflichtversicherer auch gegenüber dem mitversicherten Fahrer/Arbeitnehmer von der Verpflichtung zur Leistung frei und zum Rückgriff gegen diesen berechtigt, wenn der Versicherer sich wegen Nichtzahlung der Erstprämie zum Zeitpunkt des Versicherungsfalls gegenüber dem Versicherungsnehmer/Arbeitgeber auf Leistungsfreiheit berufen durfte.[525] Die geänderte Vorschrift des § 158i VVG a. F. (seit dem 1.1.2008 § 123 VVG n. F.) findet nunmehr aber auf alle Fälle der Leistungsfreiheit des Versicherers Anwendung.[526] Danach kann sich der Versicherer nur dann dem Versicherten gegenüber auf Leistungsfreiheit berufen, wenn die der Leistungsfreiheit zugrunde liegenden Umstände in der Person dieses Versicherten vorliegen oder wenn diese Umstände dem Versicherten bekannt oder grob fahrlässig nicht bekannt waren. Damit scheidet eine Inregressnahme des mitversicherten Arbeitnehmers bei einer zur Leistungsfreiheit führenden Verletzung der Prämienzahlungspflicht des Versicherungsnehmers/Arbeitgebers in aller Regel aus, weil der Arbeitnehmer regelmäßig nicht weiß und auch nicht wissen muss, dass die Voraussetzungen des § 38 Abs. 2 VVG a. F. (seit dem 1.1.2008 § 37 VVG n. F.) bei seinem Arbeitgeber vorliegen. Der Arbeitnehmer in seiner Person schuldet natürlich nicht die Zahlung der Versicherungsprämien. Bislang setzte § 158i VVG a. F. einen bestehenden Versicherungsvertrag voraus und war daher nicht anwendbar, wenn der Vesicherungsvertrag vor Eintritt des Versicherungsfalles durch Kündigung beendet war. Bei wirksamer Kündigung verlor der Mitversicherte daher selbst dann den Versicherungsschutz, wenn er von der Kündigung keine Kenntnis hatte und auch nicht haben musste.[527] 294a

---

521 Vgl. *BGH* r+s 1992, 292; NJW 2003, 3175.
522 Vgl. *ArbG Brandenburg* VersR 2003, 365; zum Augenblicksversagen vgl. *Halm* PVR 2002, 54; *Oberpriller* in: Halm/Engelbrecht/Krahe 15. Kap. Rn. 100.
523 Vgl. *LAG Düsseldorf* VersR 2004, 103; *LAG Mecklenburg-Vorpommern* Urt. v. 13.3.2008, AZ:1 Sa 149/07.
524 Vgl. *LAG Mecklenburg-Vorpommern* Urt. v. 13.3.2008, AZ:1 Sa 149/07.
525 Vgl. *BGH* NJW 1971, 937 = VersR 1971, 429 = DAR 1971, 157 = AP Nr. 65 zu § 611 BGB Haftung des Arbeitnehmers.
526 Vgl. Geigel/*Münkel* 13. Kapitel, Rn. 65.
527 Vgl. *BGH* NJW 2004, 1250 =VersR 2004, 369 = DAR 2004, 218 = NZV 2004, 185. Zu Folgendem vgl.: Rüffer/Halbach/Schimikowski § 123 VVG Rn. 4; van Bühren/*Therstappen* § 2 Rn. 224; Halm/Engelbrecht/Krahe Kap. 25 Rn. 24.

294b Durch den neuen § 123 Abs. 4 VVG wird jetzt nach der Reform klargestellt, dass der Mitversicherte bei einem gekündigten Vertrag auch in der Nachhaftungszeit Versicherungsschutz genießt, es sei denn, ihm war die Beendigung des Versicherungsverhältnisses bekannt oder grob fahrlässig nicht bekannt.

295 Ist der Kfz-Haftpflichtversicherer aufgrund einer Obliegenheitsverletzung des versicherten Arbeitnehmers diesem gegenüber leistungsfrei geworden und nimmt er den Arbeitnehmer in Regress, so kann der Arbeitnehmer vom Arbeitgeber nach den Regeln der Haftungsprivilegierung im Innenverhältnis Freistellung verlangen. Dies gilt insbesondere dann, wenn der Arbeitgeber den Arbeitnehmer trotz fehlender Fahrerlaubnis wissentlich als Kraftfahrer im öffentlichen Verkehr eingesetzt hat (insoweit liegt ein Verstoß gegen die Obliegenheit des § 2b Abs. 1c AKB vor), selbst wenn der Arbeitnehmer den Unfall/Versicherungsfall aufgrund Alkoholgenusses grob fahrlässig herbeigeführt hat.[528] Das BAG hat das damit begründet, dass die Rückgriffsansprüche der Haftpflichtversicherung ausschließlich auf den Wegfall des Versicherungsschutzes wegen Fahrens ohne Fahrerlaubnis zurückzuführen waren, was dem Arbeitnehmer jedoch im Innenverhältnis zum Arbeitgeber nicht vorzuwerfen sei. Die ebenfalls vorliegende Trunkenheit des Fahrers, wegen der der Unfall grob fahrlässig verursacht worden war, hätte für sich genommen einen Rückgriffsanspruch des Haftpflichtversicherers gegen den mitversicherten Arbeitnehmer nicht begründet. In der Kfz-Haftpflichtversicherung entfällt die Leistungspflicht des Versicherers bei grober Fahrlässigkeit des Versicherungsnehmers oder des nach § 10 Abs. 2c AKB mitversicherten Fahrers nicht. Dies folgt aus § 152 VVG (seit dem 1.1.2008 § 103 VVG n. F.), der § 61 VVG (seit dem 1.1.2008 § 81 VVG n. F.) dahin gehend einschränkt, dass der Haftpflichtversicherer von der Leistungspflicht erst frei wird, wenn der Versicherungsfall vorsätzlich widerrechtlich herbeigeführt worden ist.[529]

296 Die Grundsätze der Haftungsprivilegierung kommen dem angestellten Berufskraftfahrer aber bei vorsätzlicher Verletzung einer Aufklärungsobliegenheit gegenüber dem Kfz-Haftpflichtversicherer des Arbeitgebers – im vorliegenden Fall durch Unfallflucht (§ 142 StGB) – regelmäßig nicht zugute.[530] Dabei ist in der Unfallflucht auch bei eindeutiger Haftungslage eine Verletzung der Aufklärungsobliegenheit des Berufskraftfahrers zu sehen. Aufgrund der Obliegenheitsverletzung wird der Kfz-Haftpflichtversicherer gegenüber dem mitversicherten Berufskraftfahrer leistungsfrei (§ 158i VVG a. F. bzw. § 123 VVG n. F.). Gleichzeitig kann der Versicherer den Berufskraftfahrer wegen des regulierten Schadens nach §§ 426 BGB, 3 Nr. 9 PflVG in Regress nehmen. Für die Regressklage sind allerdings die ordentlichen Gerichte zuständig. Der Umstand, dass der Fahrer Arbeitnehmer des Versicherungsnehmers ist, eröffnet nicht den Rechtsweg zu den Arbeitsgerichten.

dd) Regress des Leasinggebers

297 Der Leasingunternehmer, bei dem der Arbeitgeber/Leasingnehmer sein Fahrzeug geleast hat, kann im Fall der Beschädigung des Fahrzeugs durch den Arbeitnehmer des Leasingnehmers, wie ein außerhalb des Arbeitsverhältnisses stehender Dritter den Arbeitnehmer in Regress nehmen. Auch insoweit sind natürlich die ordentlichen Gerichte zuständig.[531]

297a Die Grundsätze der Haftungsprivilegierung des Arbeitnehmers haben gegenüber Dritten keine Geltung, dies hat der *BGH* in einem Urteil aus dem Jahr 1989 noch einmal bestätigt.[532] Dies gilt auch für den Fall, dass der Arbeitgeber zahlungsunfähig ist, und der Arbeitnehmer damit faktisch keinen Freistellungsanspruch mehr gegen den Arbeitgeber hat.

---

528 Vgl. *BAG* NJW 1989, 854 = zfs 1989, 156 = AP Nr. 94 zu § 611 BGB Haftung des Arbeitnehmers = NZA 1989, 181–182.
529 Vgl. insoweit auch *Prölss/Martin* § 103 VVG, Rn. 1.
530 Vgl. *LAG Düsseldorf* VersR 2004, 103.
531 Vgl *BAG* NZA 2009, 919 = VersR 2009, 1528 = DAR 2010, 105.
532 Vgl. *BGH* NJW 1989, 3273 = VersR 1989, 1197 = DAR 1989, 416 = AP Nr. 99 zu § 611 BGB Haftung des Arbeitnehmers; Palandt/ *Weidenkaff* § 611 Rn. 159.

Ist der Arbeitgeber insolvent geworden und kann für den Schaden an dem Leasingfahrzeug nicht mehr aufkommen, bleibt dem Leasinggeber oft nichts anderes übrig, als den Arbeitnehmer in Regress zu nehmen. Dies kann er grds. auch in voller Höhe tun. Nur in besonderen Fällen – so der *BGH* – könne die ergänzende Vertragsauslegung des Leasingvertrages ergeben, dass dem Leasinggeber bei eingetretener Insolvenz des Arbeitgebers die Inanspruchnahme des Arbeitnehmers wegen eines Schadens an der Leasingsache verwehrt ist.[533] Ein derartiger Fall komme in Betracht, wenn der Leasinggeber es übernehme, für eine Vollkaskoversicherung des Fahrzeugs Sorge zu tragen und damit den Leasingnehmer von einer entsprechenden Vorsorge zugunsten des Arbeitnehmers abhält. Der Leasinggeber muss sich dann auf die Inanspruchnahme der Vollkaskoversicherung verweisen lassen, selbst dann, wenn er den von ihm übernommenen Abschluss einer Vollkaskoversicherung versäumt hat. 297b

c) Haftung des Arbeitnehmers für Personenschäden

Im Straßenverkehr kommt es in erster Linie zu Personenschäden bei außerhalb des Arbeitsverhältnisses stehenden Dritten, ggf. aber auch zu körperlichen Beeinträchtigungen von Arbeitskollegen. 298

Dem Dritten gegenüber haftet der Arbeitnehmer nach den allgemeinen Regeln des BGB und des StVG. Er kann jedoch im Innenverhältnis zum Arbeitgeber nach den Grundsätzen des innerbetrieblichen Schadenausgleichs Haftungsfreistellung verlangen. Insofern gelten die gleichen Grundsätze wie bei Sachschäden. 298a

Schädigt der Arbeitnehmer einen im selben Betrieb beschäftigten Kollegen körperlich, gilt der Haftungsausschluss des § 105 Abs. 1 SGB VII.[534] Danach ist die Haftung gegenüber einem im selben Betrieb beschäftigten Versicherten bis auf vorsätzliche Schädigungen und Wegeunfälle (§ 8 Abs. 2 Nr. 1 bis 4 SGB VII) ausgeschlossen. Dies gilt für sämtliche Schadensersatzansprüche und insbesondere auch für Schmerzensgeldansprüche des Kollegen. 298b

Schädigt der Arbeitnehmer – was im Straßenverkehr eher selten vorkommt – seinen Arbeitgeber körperlich, so haftete er früher nach den allgemeinen Regeln des BGB voll. Dies hat sich mittlerweile geändert. Gem. § 105 Abs. 1 SGB VII ist die Haftung des Arbeitnehmers gegenüber dem versicherten Arbeitgeber bis auf vorsätzliche Schädigungen und Wegeunfälle (§ 8 Abs. 2 Nr. 1 bis 4 SGB VII) ausgeschlossen. Dies gilt gem. § 105 Abs. 2 SGB VII auch gegenüber dem nicht versicherten Arbeitgeber, es sei denn, dass eine Ersatzpflicht des schädigenden Versicherten aus anderen Gründen zivilrechtlich ausgeschlossen ist.[535] 298c

2. Arbeitgeberhaftung[536]

Auch bei der Haftung des Arbeitgebers gegenüber dem Arbeitnehmer findet eine Privilegierung statt, diesmal zugunsten des Arbeitgebers. Dies gilt allerdings nur für Personenschäden, bei Sachschäden haftet der Arbeitgeber gegenüber dem Arbeitnehmer sogar strenger. 299

a) Haftung des Arbeitgebers für Personenschäden[537]

Bei Personenschäden, die durch einen Arbeitsunfall verursacht worden sind, hat der Arbeitnehmer grundsätzlich keinen Ersatzanspruch gegen den Arbeitgeber. Insoweit gelten die §§ 104 ff. SGB VII. 300

Danach ist der Unternehmer (§ 136 Abs. 3 SGB VII, Legaldefinition) den in seinem Unternehmen tätigen Versicherten, deren Angehörigen und Hinterbliebenen, auch wenn sie keinen Renten- 300a

---

533 Vgl. *BGH* AP Nr. 99 zu § 611 BGB Haftung des Arbeitnehmers = NJW 1989, 3273–3277.
534 Vgl. auch *Kornes* in: Halm/Engelbrecht/Krahe, Kap. 25a Rn. 25 ff. m.w.N.
535 Vgl. Geigel/*Hübinger* 12. Kap., Rn. 51.
536 Hierzu insgesamt *Schwab* NZA-RR 2006, 505.
537 Dazu besonders anschaulich *Nehls* SVR 2004, 409; vgl. auch: *Schaub* § 109, Rn. 54 ff.; *Wellner* in: Geigel 31. Kap.

anspruch haben, wegen eines durch Arbeitsunfall herbeigeführten Personenschadens nur dann schadensersatzpflichtig, wenn der Unternehmer den Arbeitsunfall vorsätzlich herbeigeführt hat oder wenn er auf einem nach § 8 Abs. 2 Nr. 1 bis 4 SGB VII versicherten Weg eingetreten ist. Dabei muss sich der Vorsatz sowohl auf die Verletzungshandlung als auch auf den Verletzungserfolg beziehen.[538] Allein der Verstoß des Arbeitgebers gegen Unfallverhütungsvorschriften indiziert allerdings nicht ohne weiteres ein vorsätzliches Verhalten.[539] Der Haftungsausschluss erfasst alle Ersatzansprüche wegen Personenschadens, gleich ob öffentlichrechtlicher oder privatrechtlicher Natur, also auch Ansprüche aus unerlaubter Handlung, Vertrag und Gefährdungshaftung (insbesondere nach StVG). Erfasst sind insbesondere Schmerzensgeldansprüche des Arbeitnehmers (§ 253 Abs. 2 BGB).[540] Ausgeschlossen sind daneben Ansprüche wegen Heilungs- und Therapiekosten, Verdienstausfall, Beerdigungskosten, entgangenen Unterhalts, entgangener Dienste und Aufwendungen für Pflege und Besuch des Verletzten.[541]

300b Nach einer Entscheidung des *BGH* vom 6.2.2007[542] sollen dagegen Schockschäden, die eine dritte, nicht versicherte Person aufgrund eines Arbeitsunfalls erleidet, etwa weil dabei ein naher Angehöriger ums Leben kommt, grundsätzlich erstattungsfähig sein. Die seelische Erschütterung, die eine Person durch den Verlust eines nahen Angehörigen erleidet, stellt aber nur dann eine Gesundheitsbeschädigung gem. § 823 BGB dar, wenn die medizinisch festgestellten Auswirkungen über die gesundheitlichen Beeinträchtigungen hinausgehen, welche der Tod naher Angehöriger erfahrungsgemäß mit sich bringt.[543] Der *BGH* kommt in seiner Entscheidung vom 6.2.2007 zu dem Ergebnis, dass der Haftungsauschluss in diesem Fall nicht eingreift, weil die Klägerin selbst nicht zum Kreis der Versicherten gehört (vgl. § 2 SGB VII). Sie habe auch keinen Arbeitsunfall erlitten, sondern allein ihr Sohn. Der Schockschaden sei nur mittelbar durch den Versicherungsfall hervorgerufen worden. Auch der Sinn und Zweck der Regelung des § 105 Abs. 1 SGB VII rechtfertige nicht einen Haftungsausschluss in einem solchen Fall. Insbesondere komme dem Schutz des Betriebsfriedens nach dem Tod des Versicherten keine Bedeutung mehr zu. Gegen die Erstreckung des Haftungsausschlusses auf Schockschäden spreche zudem, dass die gesetzliche Unfallversicherung insoweit keine Leistungen vorsieht und auch ansonsten keine Kompensation durch das Leistungssystem der gesetzlichen Unfallversicherung stattfindet.

301 Der Haftungsausschluss der §§ 104 ff. SGB VII hat seinen Rechtsgrund darin, dass die Unternehmer in Berufsgenossenschaften zusammengeschlossen sind und deren Beiträge allein aufzubringen haben.[544] Die Berufsgenossenschaften haben für den Arbeitsunfall einzustehen. Sie erfüllen quasi die Funktionen einer Haftpflichtversicherung. Durch das System der Berufsgenossenschaften wird zudem gewährleistet, dass der Arbeitnehmer ohne Rücksicht auf die Leistungsfähigkeit des Arbeitgebers oder ein etwaiges eigenes Mitverschulden an dem Arbeitsunfall eine Entschädigung erhält. Darüber hinaus dient dieses System der Vermeidung von Rechtsstreitigkeiten zwischen Arbeitnehmer und Arbeitgeber und damit dem Betriebsfrieden.[545]

302 Ein Arbeitsunfall gem. § 8 Abs. 1 S. 1 SGB VII setzt begrifflich das Vorliegen eines Unfalls voraus. Ein Unfall ist ein zeitlich begrenztes von außen auf den Körper einwirkendes Ereignis, das zu einem Gesundheitsschaden oder zum Tod führen kann.[546] Streitig ist, ob zum Begriff des Unfalls die Un-

---

538 Vgl. *BAG* NJW 2003, 1890 = VersR 2003, 740 = NZA 2003, 436 unter Fortsetzung der Rechtsprechung zum Haftungsausschluss bei Arbeitsunfällen nach §§ 636, 637 RVO; *Schaub* § 109 Rn. 64, m. w. N.
539 Vgl. *BAG* NZA-RR 2010, 123 m. w. N.
540 Vgl. *BAG* BB 1971, 351 = DB 1971, 774; *Geigel/Wellner* 31. Kap. Rn. 17.
541 Vgl. *Schaub* § 109 Rn. 62, m. w. N.
542 *BGH* VersR 2007, 803 = DAR 2007, 511 = NZV 2007, 453.
543 Vgl. *BGH* VersR 1971, 905; *OLG Düsseldorf* VersR 1977, 1011.
544 Vgl. *Schaub* § 109 Rn. 2.
545 Vgl. *Schaub* § 109 Rn. 2.
546 Vgl. *Nehls* SVR 2004, 410; *Plagemann/Radtke-Schwenzer* 2. Kap. Rn. 4.

freiwilligkeit des Ereignisses gehört.⁵⁴⁷ Jedenfalls wird es als Unfall angesehen, wenn ein unfreiwilliges Ereignis zu einer in Kauf genommenen Selbstschädigung führt. Ein solcher Fall liegt z. B. vor, wenn der Versicherte zur Vermeidung eines Verkehrsunfalls in den Straßengraben fährt.⁵⁴⁸

Es muss ein sachlicher, »innerer« Zusammenhang zwischen der zum Unfall führenden Verrichtung und der versicherten Tätigkeit bestehen. Unterbricht der Versicherte die versicherte Tätigkeit durch eine private Verrichtung, so besteht während der Unterbrechung kein Versicherungsschutz.⁵⁴⁹ Allerdings entfällt der Versicherungsschutz nicht, wenn eine private Besorgung bei natürlicher Betrachtungsweise nur zu einer geringfügigen Unterbrechung der versicherten Tätigkeit führt, etwa bei einem Zeitungseinkauf an einem Kiosk⁵⁵⁰ oder dem Bücken nach einer Zigarette im Auto.⁵⁵¹ 302a

Bei Volltrunkenheit, wenn also der Versicherte zu einer zweckgerichteten, ihm abverlangten Tätigkeit nicht mehr in der Lage ist, besteht grundsätzlich kein Versicherungsschutz.⁵⁵² Unfälle unterhalb des Grades des Vollrausches sind dann nicht versichert, wenn die Trunkenheit die rechtlich allein wesentliche Ursache war.⁵⁵³ Davon ist immer dann auszugehen, wenn der Versicherte den Unfall in normalem Zustand vermieden hätte.⁵⁵⁴ So verhielt es sich in einem vom BSG zu entscheidenden Fall, bei dem ein in Bereitschaft stehender Schiffsführer eines Lotsenversatzbootes nach einer durchfeierten Silvesternacht auf dem Hafengelände mit seinem Pkw bei einem BAK-Wert von 2,3 Promille in das Hafenbecken stürzte und ertrank. Hier stellte das *BSG* als rechtlich allein wesentliche Ursache für den Unfall die Trunkenheit des Versicherten fest.⁵⁵⁵ 303

Das *BSG* geht bei einem Blutalkoholgehalt von 1,1 Promille – unabhängig von sonstigen Beweisanzeichen – davon aus, dass ein Kraftfahrer absolut fahruntüchtig ist.⁵⁵⁶ Die auf Alkoholgenuss zurückzuführende Fahruntüchtigkeit eines Kraftfahrers schließt den Schutz der gesetzlichen Unfallversicherung aus, wenn sie die unternehmensbedingten Umstände derart in den Hintergrund drängt, dass sie als die rechtlich allein wesentliche Ursache des Unfalls anzusehen ist. Der Begriff der rechtlich wesentlichen Ursache ist ein Wertbegriff. Die Frage, ob eine Mitursache für den Erfolg rechtlich wesentlich gewesen ist, beurteilt sich nach dem Wert und der Bedeutung, die ihr die Auffassungen des täglichen Lebens für das Zustandekommen des Erfolgs geben.⁵⁵⁷ Danach ist eine alkoholbedingte Fahruntüchtigkeit, die bei der Entstehung des Unfalls mitgewirkt hat, gegenüber den betriebsbedingten Umständen als rechtlich allein wesentliche Ursache zu werten, wenn nach den Erfahrungen des täglichen Lebens davon auszugehen ist, dass der Versicherte, hätte er nicht unter Alkoholeinfluss gestanden, bei gleicher Sachlage wahrscheinlich nicht verunglückt wäre. Er ist dann nicht einer Betriebsgefahr erlegen, sondern nur »bei Gelegenheit« einer versicherten Tätigkeit verunglückt.⁵⁵⁸ Es muss vergleichend gewertet werden, welcher Umstand gegenüber der alkoholbedingten Fahruntüchtigkeit etwa gleichwertig und welcher demgegenüber derart unbedeutend ist, dass er außer Betracht bleiben muss. Zu den unternehmensbezogenen Umständen (Mitursachen) gehören auch die mit der Teilnahme am Verkehr verbundenen Gefahren.⁵⁵⁹ Lässt sich ein klares Beweisergebnis über die Ursache eines Un- 303a

---

547 Bejahend: BVerwGE 10, 258, 261; *Schaub* § 109 Rn. 16.
548 Vgl. *BSG* NJW 1989, 2077 = VersR 1989, 718.
549 Vgl. *BSG* SozR 2200 § 548 Nr. 68, 70, 84, 92.
550 Vgl. *BSG* SozR 2200 § 539 Nr. 21.
551 Vgl.: *BSG* NJW 1988, 2638 = NZA 1989, 198; was allerdings ein grob fahrlässiges Verhalten darstellt, vgl. *OLG Düsseldorf* VersR 1980, 1020; *OLG Karlsruhe* VersR 1979, 758; *OLG Karlsruhe* VersR 1993, 1096; *OLG Stuttgart* VersR 1986, 1119.
552 Vgl. *BSG* BB 1960, 1135; NZA 1992, 93; BB 1994, 2209; BB 1998, 2319; Geigel/*Wellner* 31. Kap. Rn. 29; *Plagemann/Radtke-Schwenzer* 2. Kap. Rn. 13.
553 Vgl. *BSG* NJW 1960, 1636; *BSG* VersR 1999, 1305.
554 Vgl. BSGE 43, 293 (295); Geigel/*Wellner* 31. Kapitel, Rn. 66.
555 Vgl. *BSG* VersR 1999, 1305.
556 Vgl. *BSG* VersR 1999, 1305.
557 Vgl. *BSG* VersR 1999, 1305.
558 Vgl. auch BSGE 48, 228.
559 Vgl. auch *BSG* NJW 1978, 1212 = BSGE 43, 110.

falls, den ein unter Alkoholeinfluss stehender Verkehrsteilnehmer erlitten hat, nicht erzielen, sind also sonstige Unfallursachen nicht erwiesen, so spricht die Lebenserfahrung dafür, dass die auf der Alkoholbeeinflussung beruhende Fahruntüchtigkeit den Unfall verursacht hat (Beweis des ersten Anscheins).[560]

304 Zu den Arbeitsunfällen gehören auch die sog. Wegeunfälle i. S. d. § 8 Abs. 2 Nr. 1 bis 4 SGB VII.[561] Versicherungsschutz besteht für das Zurücklegen des mit der versicherten Tätigkeit zusammenhängenden unmittelbaren Weges nach und von dem Ort der Tätigkeit.[562] Es ist mithin nur ein Grenzpunkt des Weges angegeben: der Ort der Tätigkeit. Regelmäßig wird der Weg zum Tätigkeitsort vom häuslichen Bereich aus angetreten. Ein Wegeunfall ist gegeben, wenn der Unfall auf dem Weg zwischen der Wohnung und Arbeitsstätte eingetreten ist. Der häusliche Bereich wird verlassen mit Durchschreiten der Außenhaustür.[563] Bei Mehrfamilienhäusern beginnt der Arbeitsweg hinter der Außentür und nicht hinter der Wohnungstür.[564] Der Sturz im Treppenhaus ist also nicht versichert. Anders verhält es sich, wenn der Sturz im Treppenhaus beginnt und auf dem Bürgersteig endet.[565]

305 Wird der Weg von einem dritten Ort aus angetreten, besteht Versicherungsschutz, wenn der Weg wesentlich von dem Vorhaben bestimmt war, die versicherte Tätigkeit am Ort der Tätigkeit aufzunehmen. Der nicht von der Wohnung angetretene Weg muss unter Berücksichtigung der Umstände in einem angemessenen Verhältnis zum üblichen Weg des Versicherten stehen. Ein angemessenes Verhältnis zwischen Wohnung und Arbeitsstätte und drittem Ort und Arbeitsstätte besteht nicht, wenn die Versicherte, die 50 Meter von ihrer Arbeitsstätte entfernt wohnt, den Weg zur Arbeit von dem Wohnort eines 45 Kilometer entfernt lebenden Arbeitskollegen aus antritt, bei dem sie nach einer Geburtstagsfeier übernachtet hatte. Der auf diesem Weg eingetretene Unfall ist kein Wegeunfall.[566]

306 Der auf dem Weg zur Arbeitsstelle erlittene Schaden ist nur versichert, wenn er mit der Tätigkeit in einem inneren Zusammenhang steht. Ein innerer Zusammenhang und damit Versicherungsschutz besteht nicht, wenn der Versicherte einer ausschließlich in seiner privaten Sphäre entstandenen Gefahr erliegt.[567] Etwa dann, wenn er in ein offenes Frühstücksmesser greift, welches ihm sein Kind in die Aktentasche gelegt hat.[568] Rührt die Gefahr nicht aus dem privaten Bereich, ist es für den Versicherungsschutz unerheblich, auf welche Ursachen der auf dem Weg erlittene Unfall zurückzuführen ist. Versicherungsschutz besteht nicht nur bei Verkehrsunfällen, sondern auch bei Verwirklichung allgemeiner Gefahren, wie etwa herabfallenden Dachziegel o. Ä.[569]

307 Unerheblich sind auch die Art der Zurücklegung des Arbeitsweges und die Wahl des Verkehrsmittels. Der Versicherte braucht auch nicht den kürzesten Weg zur Arbeit zu wählen, er ist in der Wahl des Arbeitsweges grundsätzlich frei. Der Versicherungsschutz endet jedoch, wenn andere Gründe als die Zurücklegung des Arbeitsweges für die Auswahl der Wegstrecke maßgeblich waren. Dies gilt auch für das irrtümliche Abkommen vom Weg. In einem vom *BSG* zu entscheidenden Fall waren aufgrund der vom Versicherten mit seinem Beifahrer geführten angeregten Unterhaltung gleich fünf Au-

---

560 Vgl. auch *BSG* NJW 1973, 1822 = BSGE 36, 35 (38).
561 Vgl. dazu: *Nehls* SVR 2004, 409; *Schaub* § 109 Rn. 36 ff.; *Plagemann/Radtke-Schwenzer* 2. Kap. Rn. 48.
562 Vgl. *BVerfG* DAR 2005, 323.
563 Vgl. *Nehls* SVR 2004, 415, m. w. N.
564 Vgl. *BSG* NZS 2001, 432; *Plagemann/Radtke-Schwenzer* 2. Kap. Rn. 48.
565 Vgl. *Nehls* SVR 2004, 416.
566 Zitiert bei *Nehls* SVR 2004, 416, dazu *Nehls* SVR 2004, 409: hält dieses Ergebnis – wofür sicherlich einiges spricht – deswegen für unsozial, weil der Arbeitskollege der Versicherten das ganze Jahr über Versicherungsschutz für die 45 Kilometer lange Strecke genießt, nicht jedoch die Versicherte, die die Strecke nur ein einziges Mal fährt.
567 Vgl. *Schaub* § 109 Rn. 37; *Kornes* in Halm/Engelbrecht/Krahe, Kap. 25a Rn. 21 m. w. N.
568 Vgl. *BSG* DB 1978, 1891.
569 Vgl. *Schaub* § 109 Rn. 37 m. w. N.

tobahnausfahrten verpasst worden. Das *BSG* hat klargestellt, dass nicht jeder irrtümliche Umweg zur Lösung des inneren Zusammenhangs zwischen der versicherten Tätigkeit und der Heimfahrt und damit zum Verlust des Versicherungsschutzes führt.[570] Liegen jedoch keine äußeren mit der Art des Heimwegs verbundenen Gefahren, wie z. B. Dunkelheit, Sichtbehinderung durch Nebel, schlecht beschilderte Wege oder Ähnliches vor, »die für ein Verirren ursächlich gewesen sein könnten und bei deren Vorliegen der innere Zusammenhang erhalten bleibt«, scheidet der Versicherungsschutz regelmäßig aus. In dem zu entscheidenden Fall war der erhebliche Umweg auf die völlige Unaufmerksamkeit hinsichtlich des Weges zurückzuführen. Der Versicherungsschutz war daher zu verneinen.

Durch eine eigenwirtschaftliche oder persönlichen Zwecken des Versicherten dienende Tätigkeit wird der Versicherungsschutz unterbrochen, so etwa durch Einkauf von Lebensmitteln zu privaten Zwecken,[571] aber auch durch das Auftanken eines zum Weg benutzten Kfz.[572] Eine Unterbrechung tritt nicht ein, wenn eine eigenwirtschaftliche Tätigkeit lediglich im Vorübergehen erledigt wird[573] oder der Tankstellenbesuch notwendig ist, um mit dem Auto den Weg von/zu der Arbeit fortsetzen zu können.[574] Ist die Unterbrechung so groß, dass ein innerer Zusammenhang mit der versicherten Tätigkeit nicht mehr anzunehmen ist, entfällt der Versicherungsschutz.[575] 308

Weicht ein Berufskraftfahrer von der vorgeschriebenen Route ab, um in der eigenen Wohnung eine Erholungspause einzulegen, liegt ein innerer Zusammenhang zwischen betrieblicher Tätigkeit und Schadenereignis vor, wenn der Arbeitnehmer einen Umweg deshalb für erlaubt halten durfte, weil die Höchstlenkdauer bereits überschritten war bzw. bei Hinzurechnung der noch ausstehenden Fahrstrecke in erheblichem Maße überschritten worden wäre.[576] 308a

Abzugrenzen von dem Wegeunfall i. S. d. § 8 Abs. 2 Nr. 1 bis 4 SGB VII ist der Unfall auf dem Betriebsweg (§ 8 Abs. 1, Abs. 2 Nr. 5 SGB VII).[577] Dies ist insbesondere von Bedeutung für die Haftungsprivilegierung nach §§ 104 ff. SGB VII, weil nur bei Wegeunfällen die Haftungsprivilegierung entfällt. Ein Betriebsweg ist ein Weg, der in Ausübung der versicherten Tätigkeit zurückgelegt wird, Teil der versicherten Tätigkeit ist und damit der Betriebsarbeit gleichsteht. Anders als der Weg nach dem Ort der Tätigkeit wird er im unmittelbaren Betriebsinteresse unternommen und geht nicht lediglich der Tätigkeit voraus.[578] 309

Zu den Abgrenzungsfragen liegt eine Entscheidung des *BAG* vor.[579] Erleidet danach ein Arbeitnehmer einen Unfall mit Personschaden auf einem vom Arbeitgeber mit einem Betriebsfahrzeug und einem vom Betrieb gestellten Fahrer durchgeführten Sammeltransport von der Wohnung des Arbeitnehmers zu einer Baustelle, ist die zivilrechtliche Haftung des Arbeitgebers und des Fahrers nach §§ 104 Abs. 1, 105 SGB VII ausgeschlossen, weil sich der Unfall auf einem Betriebsweg ereignet hat und damit ein Arbeitsunfall und kein Wegeunfall vorliegt.[580] Dies ergebe sich aus dem Sinn 309a

---

570 Vgl. *BSG* NJW 1998, 3294 = VersR 1999, 1438.
571 Vgl. *LSG Schleswig-Holstein* NZS 2001, 272; Geigel/*Wellner* 31. Kap. Rn. 62.
572 Vgl. *BSG* NZS 1999, 40; *LSG Schleswig-Holstein* NZS 1999, 198; *Nehls* SVR 2004, 416: anders dann, wenn das Nachtanken wegen der Inanspruchnahme des Reservetanks notwendig wird, um den Weg zur Arbeit fortzusetzen.
573 Vgl. *BSG* NZS 1997, 84.
574 Vgl. *BSG* BB 1995, 829.
575 Vgl. *Schaub* § 109 Rn. 37.
576 Vgl. *BGH* VersR 1984, 1180.
577 Vgl. dazu *BGH* VersR 2006, 221 = DAR 2006, 201 = zfs 2006, 203 = DB 2006, 168; vgl. auch *Nehls* SVR 2004, 417 sowie *Lang* SVR 2006, 263, 266.
578 Vgl. *BSG* NJW 2002, 84.
579 Vgl. *BAG* DB 2004, 656 = MDR 2004, 577 = VersR 2004, 1047; dazu: *Marquardt* ArbRB 2004, 111; ebenfalls zu diesem Thema: BGHZ 157, 159 (165); *BGH* VersR 2004, 788; 2007, 64.
580 Das *BAG* schließt sich insoweit den Grundsätzen an, die der *BGH* zum Sammelschülertransport aufgestellt hat; vgl. *BGH* NJW 2001, 442.

und Zweck der Haftungsbeschränkung. Dieser liegt unter anderem darin, betriebliche Konfliktsituationen zu vermeiden. An die Stelle der privatrechtlichen Haftpflicht des Unternehmers tritt die Haftung der Berufsgenossenschaft (Prinzip der Haftungsersetzung). Diesem Zweck entspreche es, wenn die Sperrwirkung nach § 104 Abs. 1 S. 1 SGB VII eingreift, sobald sich der Versicherte in die betriebliche Sphäre begibt, also in einen Bereich, der der Organisation des Unternehmers unterliegt.

309b Auch nach der Rechtsprechung des *BGH*[581] ist für die Abgrenzung eines Arbeitsunfalls auf einem Betriebsweg von einem Unfall auf einem versicherten Weg i. S. d. § 8 Abs. 2 Nr. 1 bis 4 SGB VII nicht allein maßgebend, wo sich der Unfall ereignet hat, sondern auch inwieweit er dem Betrieb und der Tätigkeit des Versicherten zuzuordnen ist und ob er Ausdruck der betrieblichen Verbindung zwischen ihm und dem Unternehmen ist, die Grund für das Haftungsprivileg nach § 105 SGB VII ist. Hingegen ist für die Einordnung als Betriebsweg letztlich nicht entscheidend, ob die Örtlichkeit der Organisation des Arbeitgebers unterliegt. Danach ist von einem Arbeitsunfall auf einem Betriebsweg auszugehen, wenn eine Reinigungskraft, die – wie ihre geschädigte Kollegin – seit mehreren Jahren in einem Hotel außerhalb des Firmensitzes tätig ist, nach der Arbeit auf dem zum Hotel gehörenden Personalparkplatz beim Rückwärtsfahren ihre Kollegin anfährt und verletzt. Der Unfall ereignete sich dann noch in der »betriebsüblichen Gefahrensphäre« und nicht lediglich auf dem Heimweg.[582]

310 Mit der Frage Haftungsbefreiung bei Arbeitsunfällen, an denen ein Arbeitnehmer beteiligt ist, der in einem anderen Mitgliedsstaat der Europäischen Union wohnt oder dessen Arbeitgeber in einem anderen Mitgliedsstaat seinen (Wohn-)Sitz hat, beschäftigt sich eine neuere Entscheidung des *BGH*.[583]

311 Auch gegenüber Versicherten anderer Unternehmen ist der Arbeitgeber unter Umständen in seiner Haftung privilegiert. Gem. § 106 Abs. 3, 3. Var. SGB VII etwa dann, wenn Versicherte mehrerer Unternehmen auf einer gemeinsamen Betriebsstätte tätig sind und es dort zu einem Arbeitsunfall kommt. Dann gelten die §§ 104, 105 SGB VII für die Ersatzpflicht der für die beteiligten Unternehmen Tätigen untereinander. Eine Haftungsprivilegierung nach den Grundsätzen des gestörten Gesamtschuldnerausgleichs[584] kommt dann infrage, wenn der Arbeitgeber zwar nicht nach den §§ 104 ff. SGB VII privilegiert ist, jedoch der schädigende Arbeitnehmer, für den er gem. § 831 BGB haftet, sich auf eine sozialversicherungsrechtliche Haftungsprivilegierung berufen kann.[585]

312 Nach der aktuellen Rechtsprechung des *BGH* kann ein Sozialversicherungsträger, der gem. § 110 Abs. 1 SGB VII[586] bei dem Schädiger regressiert, weil dieser den Versicherungsfall vorsätzlich oder grob fahrlässig herbeigeführt hat, wegen der von ihm erbrachten Aufwendungen auch auf den fiktiven Schmerzensgeldanspruch des Geschädigten gegen den Schädiger zurückgreifen.[587] Kommt es dazu, dass aufgrund der Entsperrung des Haftungsprivilegs, der Schädiger sowohl durch den Sozialversicherungsträger als auch durch den Geschädigten in Anspruch genommen wird, kann die diesbezügliche Anspruchskonkurrenz durch einen Verzicht des Sozialversicherungsträgers auf den Anspruch gelöst werden, zu dem der Sozialversicherungsträger bei Ausübung pflichtgemäßem

---

581 Vgl. *BGH* DB 2006, 168 = MDR 2006, 634.
582 Vgl. *BGH* a. a. O.
583 Vgl. *BGH* VersR 2007, 64 = zfs 2007, 206; dazu *Lang* SVR 2007, 21–22 (Anmerkung) sowie *Halm/Steinmeister* in Himmelreich/Halm 36. Kap. Rn. 39 ff.
584 Vgl. dazu *Kornes* in Halm/Engelbrecht/Krahe, Kap. 25a Rn. 52 ff. m. w. N. sowie *Schmieder* JZ 2009, 189.
585 Vgl. hierzu *BGH* VersR 2004, 202 = MDR 2004, 395; NJW 2005, 3144 = MDR 2006, 26.
586 § 110 SGB VII lautet: »(1) Haben Personen, deren Haftung nach den §§ 104 bis 107 beschränkt ist, den Versicherungsfall vorsätzlich oder grob fahrlässig herbeigeführt, haften sie den Sozialversicherungsträgern für die infolge des Versicherungsfalls entstandenen Aufwendungen, jedoch nur bis zur Höhe des zivilrechtlichen Schadenersatzanspruchs. (2) Statt der Rente kann der Kapitalwert gefordert werden. (3) Das Verschulden braucht sich nur auf das den Versicherungsfall verursachende Handeln oder Unterlassen zu beziehen. ...«
587 Vgl. *BGH* NJW 2006, 3563.

Ermessens sogar verpflichtet sein kann.⁵⁸⁸ Danach wird der Sozialversicherungsträger regelmäßig auf eine Anspruchsrealisierung zum Nachteil des Versicherten verzichten müssen.⁵⁸⁹

b) Haftung des Arbeitgebers für Sachschäden

Bei Sachschäden hat der Arbeitnehmer gegen den Arbeitgeber einen Schadensersatzanspruch, wenn dieser den Eintritt des Schadens zu vertreten hat. Nach Rechtsprechung des BAG haftet der Arbeitgeber insbesondere für Sachschäden, die im Vollzug einer gefährlichen Arbeit entstehen und mit denen der Arbeitnehmer nach der Art des Betriebs oder nach der Art der Arbeit nicht zu rechnen braucht.⁵⁹⁰ Insoweit hat der Arbeitgeber den Wertverlust zu ersetzen, der durch die Zerstörung oder Beschädigung der Sache entstanden ist.   313

Der Arbeitgeber muss dem Arbeitnehmer darüber hinaus auch die am Kfz des Arbeitnehmers ohne Verschulden des Arbeitgebers entstandenen Schäden ersetzen, wenn das Fahrzeug mit Billigung des Arbeitgebers und ohne besondere Vergütung im Betätigungsbereich des Arbeitgebers eingesetzt war. Ein Einsatz im Betätigungsbereich des Arbeitgebers ist dann anzunehmen, wenn ohne Einsatz des Fahrzeugs des Arbeitnehmers der Arbeitgeber ein eigenes Fahrzeug hätte einsetzen und damit dessen Unfallgefahr hätte tragen müssen.⁵⁹¹ Der Ersatzanspruch wird durch ein Mitverschulden des Arbeitnehmers nicht von vornherein ausgeschlossen. Das Mitverschulden ist jedoch in entsprechender Anwendung von § 254 BGB zu berücksichtigen.⁵⁹²   314

Beschädigt der Arbeitnehmer bei betrieblich veranlassten Arbeiten schuldhaft sein mit Billigung des Arbeitgebers eingesetztes Fahrzeug, so gelten im Rahmen des Aufwendungsersatzanspruchs des Arbeitnehmers nach § 670 BGB die Grundsätze der beschränkten Arbeitnehmerhaftung auch dann, wenn über das Fahrzeug des Arbeitnehmers mit dem Arbeitgeber ein Mietvertrag abgeschlossen war.⁵⁹³ Wird der Privat-Pkw des Arbeitnehmers nicht während einer Dienstfahrt, sondern in der Zeit zwischen zwei am selben Tag durchzuführenden Dienstfahrten während des Parkens in der Nähe des Betriebes beschädigt, gehört auch dieses Vorhalten des Kfz während der Innendienstzeit zum Einsatz im Betätigungsbereich des Arbeitgebers. Der anderweitig nicht ersatzfähige Sachschaden ist vom Arbeitgeber auszugleichen.⁵⁹⁴ Der Aufwendungsersatzanspruch erstreckt sich aber nicht auf den Verlust des Schadenfreiheitsrabattes in der Kfz-Haftpflichtversicherung, wenn der Arbeitnehmer bei Benutzung seines eigenen Kfz für dienstliche Zwecke einen Schaden erleidet.⁵⁹⁵   315

3. Haftung der Arbeitnehmer untereinander

*a) Haftung für Personenschäden*⁵⁹⁶

Entsprechend der Haftung des Unternehmers gilt nach § 105 Abs. 1 SGB VII, dass Personen, die durch eine betriebliche Tätigkeit einen Versicherungsfall von Versicherten desselben Betriebes verursachen, nur bei vorsätzlicher Herbeiführung oder bei Herbeiführung auf einem nach § 8 Abs. 2 Nr. 1 bis 4 SGB VII versicherten Weg haften. Gem. § 106 Abs. 3 3. Var. SGB VII kann das Gleiche gelten, wenn Arbeitnehmer mehrerer Unternehmen auf einer gemeinsamen Betriebsstätte tätig sind und es dort zu einem Arbeitsunfall kommt. Dann gelten die §§ 104, 105 SGB VII für die Ersatzpflicht der für die beteiligten Unternehmen Tätigen untereinander. Der Begriff der gemeinsamen Betriebsstätte erfasst betriebliche Aktivitäten von Versicherten mehrerer Unternehmen, die bewusst   316

---

588 Vgl. BGHZ 57, 96 (99); 69, 354 (360).
589 Vgl. *BGH* NJW 2006, 3563 m. w. N.
590 Vgl. *BAG* NJW 1962, 411; VersR 1979, 779.
591 Vgl. *BAG* NJW 1981, 702.
592 Vgl. *Schaub* § 54 Rn. 4.
593 Vgl. *BAG* NJW 1998, 1170 = NZA 1997, 1346.
594 Vgl. *BAG* NJW 1996, 1301 = NZV 1996, 278 = NZA 1996, 417.
595 Vgl. *BAG* NJW 1993, 1028 = NZV 1993, 148 = NZA 1993, 262; Palandt/*Weidenkaff* § 611 Rn. 125b.
596 Vgl. dazu *Schaub* § 109 Rn. 70 ff.

und gewollt bei einzelnen Maßnahmen ineinander greifen, miteinander verknüpft sind, sich ergänzen oder unterstützen, wobei es ausreicht, dass die gegenseitige Verständigung stillschweigend durch bloßes Tun erfolgt. Erforderlich ist ein bewusstes Miteinander im Betriebsablauf, das sich zumindest tatsächlich als ein aufeinander bezogenes betriebliches Zusammenwirken mehrerer Unternehmen darstellt. Die Tätigkeit der Mitwirkenden muss im faktischen Miteinander der Beteiligten aufeinander bezogen, miteinander verknüpft oder auf gegenseitige Ergänzung oder Unterstützung ausgerichtet sein.[597] § 106 Abs. 3. Var. 3 SGB VII ist nicht schon dann anwendbar, wenn zwei Unternehmen auf derselben Betriebsstätte aufeinander treffen. Eine »gemeinsame« Betriebsstätte ist nach allgemeinem Verständnis mehr als »dieselbe« Betriebsstätte; das bloße Zusammentreffen von Risikosphären mehrerer Unternehmen erfüllt den Tatbestand der Norm nicht. Parallele Tätigkeiten, die sich beziehungslos nebeneinander vollziehen, genügen ebenso wenig wie eine bloße Arbeitsberührung. Erforderlich ist vielmehr eine gewisse Verbindung zwischen den Tätigkeiten des Schädigers und des Geschädigten in der konkreten Unfallsituation, die eine Bewertung als »gemeinsame« Betriebsstätte rechtfertigt.[598]

317 Das BAG hat entschieden, dass das Verlassen des Arbeitsplatzes einschließlich des Weges auf dem Werksgelände bis zum Werkstor eine betriebliche Tätigkeit i. S. v. § 105 Abs. 1 SGB VII darstellt.[599] Der Weg von dem Ort der Tätigkeit (§ 8 Abs. 2 SGB VII) beginnt erst mit dem Durchschreiten des Werkstores. Im vorliegenden Fall griff zugunsten eines Arbeitnehmers, der einen in demselben Betrieb beschäftigen anderen Arbeitnehmer auf dem Werksgelände mit seinem Pkw verletzt hatte, der Haftungsausschluss des § 105 Abs. 1 SGB VII ein. Der Haftungsausschluss greift nach BAG auch zugunsten des Kfz-Haftpflichtversicherers des schädigenden Kfz ein.[600]

318 Das Haftungsprivileg des § 105 Abs. 1 SGB VII soll z. B. auch eingreifen, wenn ein Arbeitnehmer die Arbeitsleistung seines Kollegen beanstandet und ihm dabei einen Schubser mit der Hand vor die Brust gibt. Eine betriebliche Tätigkeit i. S. d. des § 105 Abs. 1 SGB VII – so das *BAG* – liege nämlich auch dann vor, wenn der Schädiger bei objektiver Betrachtungsweise aus seiner Sicht im Betriebsinteresse handeln durfte, sein Verhalten unter Berücksichtigung der Verkehrsüblichkeit nicht untypisch ist und keinen Exzess darstellt.[601] In dem vom *BAG* entschiedenen Fall ging es um einen Stoß, den ein LKW-Fahrer seinem Kollegen zufügte, weil dieser zu spät zum Be- und Entladen des Lkw erschien, woraufhin der Kollege einen Schritt rückwärts machte, über die Handgriffe einer Schubkarre fiel und sich beim Aufprall auf eine am Boden liegende Stahlschiene schwere Verletzungen zuzog. Das *BAG* hat festgestellt, dass es sich bei einem derartigen Verhalten durchaus um eine »betriebliche Tätigkeit« handeln kann. Die betriebliche Tätigkeit ist grundsätzlich mit der versicherten Tätigkeit nach § 8 Abs. 1 S. 1 SGB VII gleichzusetzen.[602] Neben der Zugehörigkeit des Schädigers zum Betrieb und dem Handeln im Betrieb, muss das Handeln zwingend betriebsbezogen sein. Die Verursachung des Schadenereignisses muss demnach durch eine Tätigkeit erfolgt sein, die dem Schädiger von dem Betrieb übertragen worden war oder von ihm im Betriebsinteresse ausgeführt wurde.[603] Der Begriff der betrieblichen Tätigkeit wird vom *BAG* weit ausgelegt. Er umfasst die Tätigkeiten, die im nahen Zusammenhang mit dem Betrieb und seinem betrieblichen Wirkungskreis stehen. Es kommt daher nicht darauf an, wie der Schädiger die Tätigkeit ausführt (ob sachgerecht oder fehlerhaft, vorsichtig oder leichtsinnig); auch grob fahrlässige oder gar vorsätzliche Verstöße gegen Verhaltenspflichten führen nicht dazu, dass der betriebliche Charakter der Tätigkeit automatisch verloren geht. Der Schaden muss jedoch in Ausübung und nicht nur bei Gelegenheit der Tätigkeit einge-

---

597 Vgl. BGHZ 145, 331, 336; 155, 205, 207 f.; 157, 213, 216 f.; 177, 97 m. w. N.; *BGH* NJW 2011, 449 = VersR 2010, 1190 = DAR 2011, 21.
598 Vgl. *BGH* VersR 2001, 372, 373; 2004, 1604; *BGH* NJW 2011, 449 = VersR 2010, 1190 = DAR 2011, 21.
599 Vgl. *BAG* NJW 2001, 2039 = NZA 2001, 549 = DB 2001, 595 = VersR 2001, 720; dazu *Drong-Wilmers* VersR 2001, 720.
600 *BAG* a. a. O.; zustimmend: *Drong-Wilmers* VersR 2001, 720; ablehnend: *Lemcke* r+s 2000, 488.
601 Vgl. *BAG* NJW 2004, 3360 = NZV 2004, 627 = VersR 2005, 366.
602 Vgl. *BAG* NJW 2001, 2039.
603 Vgl. *BAG* NJW 2003, 377.

treten sein. Die Betriebsbezogenheit der Tätigkeit fällt daher immer weg, wenn die schädigende Handlung nach ihrer Anlage und Intention erst gar nicht auf die Betriebsinteressen ausgerichtet ist oder ihnen sogar zuwiderläuft.[604] Vorliegend konnte daher (noch) von einer Betriebsbezogenheit des schädigenden Verhaltens ausgegangen werden, da der Geschädigte mit dem Schubser lediglich an die Erfüllung seiner arbeitsvertraglichen Verpflichtungen erinnert werden sollte. Das Verhalten war auch nicht als Exzess gewertet worden, weil es nach der Auffassung der Richter eine zwischen Lkw-Fahrern »nicht vollkommen untypische« Umgehensweise darstelle. Ein vorsätzliches Verhalten schied aus, weil sich der Vorsatz des Schädigers nicht auf den Verletzungserfolg bezog.[605]

b) Haftung für Sachschäden

Bei Sachbeschädigungen unter Arbeitnehmern desselben Betriebes wird der geschädigte Arbeitnehmer wie ein Dritter behandelt. Der schädigende Arbeitnehmer haftet daher voll (§§ 823 ff. BGB). Nach den Grundsätzen der Arbeitnehmerhaftung hat der schädigende Arbeitnehmer einen Anspruch auf Freistellung gegenüber seinem Arbeitgeber.[606]   319

II. Werkvertrag

Nachfolgend soll nur der für den Kraftfahrer wichtigste Teil des Werkvertrages behandelt werden, und zwar der Fall, dass ein Kfz sich zur Durchführung von Instandsetzungs-, Instandhaltungs- oder Wartungsarbeiten in der Reparaturwerkstatt befindet (Kfz-Reparaturvertrag) und diese Arbeiten nicht ordnungsgemäß ausgeführt werden bzw. anlässlich dieser Arbeiten Schäden am Kfz entstehen.   320

1. Grundsätze

Der Werkvertrag ist ein gegenseitiger Vertrag, durch den der Unternehmer zur Herstellung des versprochenen Werks und der Besteller zur Entrichtung der vereinbarten Vergütung verpflichtet wird (§ 631 BGB). Gegenstand des Werkvertrages kann sowohl die Herstellung oder Veränderung einer Sache als auch ein durch Arbeit oder Dienstleistung herbeizuführender Erfolg sein. Im Gegensatz zum Dienstvertrag kommt es beim Werkvertrag auf die Herbeiführung eines ganz bestimmten Erfolges (Arbeitsergebnis) an. Vom Auftrag unterscheidet sich der Werkvertrag durch die Vereinbarung einer Vergütung (Entgelt für die Leistung). Hat der Werkvertrag eine Geschäftsbesorgung zum Gegenstand, sind die Vorschriften über den Auftrag (§§ 662–676h BGB) entsprechend anwendbar.   321

Der Besteller (Kunde) ist grds. verpflichtet, das vertragsgemäß hergestellte Werk abzunehmen, sofern nicht die Abnahme unmöglich ist (§ 640 BGB). Er hat überdies die vereinbarte Gegenleistung zu entrichten. Die Vergütung ist regelmäßig mit Abnahme fällig (§ 641 BGB) und zahlbar. Bis zur Entrichtung der Gegenleistung steht dem Unternehmer ein gesetzliches Pfandrecht (Unternehmerpfandrecht, § 647 BGB) zu, das sich praktisch als Zurückbehaltungsrecht auswirkt.   322

Ist das erstellte Werk nicht frei von Mängeln, stehen dem Besteller (Kunden) im Rahmen der gesetzlichen Mängelhaftung folgende Rechte zu (vgl. § 634 BGB):   323
- Nacherfüllung (§ 635 BGB)
- Selbstvornahme und Ersatz der Aufwendungen (§ 637 BGB)
- Rücktritt vom Vertrag (§§ 636, 323, 326 Abs. 5 BGB)
- Minderung der Vergütung (§ 638 BGB)
- Schadensersatz (§§ 636, 280, 281, 283, 311a BGB)
- Aufwendungsersatz (§ 284 BGB).

---

604 Wie etwa bei einer Schlägerei im Betrieb, vgl.: *BAG* NJW 1967, 220; *BGH* NZA-RR 1998, 454.
605 Vgl. *BAG* NJW 2003, 1890.
606 Vgl. *BAG* NJW 2004, 3360.

323a Trotz des grundsätzlichen Wahlrechts des Bestellers stehen die genannten Rechte in einem Stufenverhältnis. Der Besteller hat zunächst (nur) einen Nachbesserungs- bzw. Nacherfüllungsanspruch. Weitergehende Rechte stehen ihm darüber hinaus nur zu, wenn er dem Unternehmer eine Frist zur Nachbesserung gesetzt, ihm also wenigstens eine »2. Chance« gegeben hat, und diese ergebnislos verstrichen ist oder der Unternehmer die Nacherfüllung verweigert oder die Nacherfüllung für den Besteller unzumutbar ist.[607] Eine Unzumutbarkeit kommt z. B. dann in Betracht, wenn dem Kfz-Fachbetrieb bei der Reparatur gravierende, elementare Ausführungs- und Beratungsfehler unterlaufen.[608]

324 Der Anspruch des Bestellers auf Beseitigung eines Werkmangels verjährt bei der Kfz-Reparatur regelmäßig in 2 Jahren, sofern der Werkunternehmer den Mangel nicht arglistig verschwiegen hat. In diesem Fall gelten die allgemeinen Verjährungsregelungen der §§ 195 ff. BGB.

324a Die zweijährige Verjährungsfrist beginnt mit der Abnahme des Werkes (vgl. § 640 BGB). Auf die Kenntnis oder das Kennenmüssen der den Anspruch begründenden Umstände und die Person des Schuldners kommt es nicht an.[609]

325 Für Schäden, die nicht mit einem Mangel zusammenhängen, besteht ein Schadensersatzanspruch aus § 280 BGB, sofern sie auf einer Pflichtverletzung des Unternehmers beruhen, die dieser – ggf. über § 278 BGB – zu vertreten hat. Für solche Ansprüche gilt die Regelverjährung, §§ 195, 199 BGB.

326 Neben der Hauptpflicht aus dem Werkvertrag (vertragsgemäße Reparatur) bestehen darüber hinaus aber auch Nebenpflichten des Unternehmers, insbesondere die Aufklärungs- und Beratungspflicht im Zusammenhang mit den technischen und wirtschaftlichen Aspekten der Reparatur sowie die Obhuts- und Verwahrungspflicht im Hinblick auf das überlassene Kfz (vgl. hierzu auch nachfolgend unter Einzelfälle).

2. Beweislast

327 Macht der Besteller Mängelansprüche geltend, muss er alle Voraussetzungen beweisen, insbesondere also den Mangel. Demgegenüber trifft den Unternehmer grds. die Beweislast für Einwendungen gegen Mängelrechte.[610]

327a Bei Ansprüchen gem. § 280 BGB trägt der Anspruchsteller die Beweislast für die Pflichtverletzung, den Schaden und den Ursachenzusammenhang zwischen Pflichtverletzung und Schaden. Dagegen ist der Unternehmer gem. § 280 Abs. 1 S. 2 BGB dafür beweispflichtig, dass er die Pflichtverletzung nicht zu vertreten hat.[611] Zum Nachweis eines schadenursächlichen Montagefehlers bei einer Kfz-Reparatur kann ggf. auch auf die Grundsätze des Anscheinsbeweises zurückgriffen werden.[612]

3. Einzelfälle

328 Zu den Aufgaben einer Kfz-Werkstatt, die vor oder während der Winterzeit mit der Wartung eines wassergekühlten Kfz beauftragt wurde, gehört es, das Kühlwasser auf seinen Frostschutzgehalt zu überprüfen und erforderlichenfalls ein geeignetes Frostschutzmittel auf- oder nachzufüllen. Für Frostschäden, die darauf beruhen, dass dem Kühlwasser bei den Wartungsarbeiten kein – oder ein ungeeignetes – Frostschutzmittel beigegeben wurde, haftet der Werkunternehmer auf Schadensersatz.[613]

---

607 Vgl. hierzu insgesamt *Lehnen* in Himmelreich/Halm, Handbuch des Fachanwalts für Verkehrsrecht Kap. 18 Rn. 82 ff.
608 Vgl. *OLG Koblenz* DAR 2010, 523 = NZV 2010, 573 = NJW-RR 2010, 1536.
609 Vgl. *OLG Koblenz* DAR 2008, 477.
610 Vgl. Palandt/*Sprau* § 634 Rn. 12.
611 Vgl. Palandt/*Grüneberg* § 280 Rn. 34 ff.
612 Vgl. hierzu *OLG Saarbrücken* zfs 2002, 231.
613 Vgl. *OLG Frankfurt* DAR 1973, 295 = VersR1974, 392.

G. Vertragshaftung

Wenn der Kunde bei der Erteilung eines bestimmten Reparaturauftrages die Werkstatt anweist, den Wagen auch auf sonstige Mängel hin durchzusehen, ist der Inhaber der Werkstatt, der einen leicht erkennbaren Mangel übersehen hat, für den Schaden verantwortlich, der dadurch entsteht, dass der Pkw infolge eines auf dem Mangel beruhenden Versagens der Bremsanlage auf ein anderes Fahrzeug auffährt oder gegen dieses prallt.[614] 329

Bei Fehlwarnungen des Herstellers trifft den Kfz-Vertragshändler ggf. unabhängig vom konkreten Auftrag eine Überprüfungspflicht, jedenfalls wenn es sich um eine größere Reparatur handelt.[615] Wenn eine Werkstatt es unterlässt, einem Kunden anlässlich der 100 000 km-Inspektion eine notwendige Überprüfung des Zahnriemens zu empfehlen und führt dies zu einem Motorschaden, so haftet die Werkstatt auf Schadensersatz wegen Verletzung der ihr obliegenden Hinweis- bzw. Aufklärungspflicht als Nebenpflicht aus dem Werkvertrag.[616] Demgegenüber soll nach einer Entscheidung des *OLG Düsseldorf* eine Kfz-Werkstatt, die bei einer Laufzeit eines Pkw von knapp 80 000 km mit der Reparatur des Motors beauftragt wird, die in keinem Zusammenhang mit dem später gerissenen Zahnriemen steht, nicht verpflichtet sein, über den erteilten Auftrag hinaus zu prüfen, ob die bei einer Laufzeit von 60 000 km vorgesehene Auswechslung des Zahnriemens erfolgt ist und den Kunden auf die Notwendigkeit des Austauschs hinzuweisen.[617] 330

Auch im Zusammenhang mit der Umrüstung eines Benzinmotors auf Gasbetrieb treffen den Kfz-Werkstattbetreiber umfassende Prüfungs- und Aufklärungspflichten.[618] Er muss insbesondere prüfen, ob der Pkw überhaupt für den Einbau einer Gasanlage geeignet ist.[619] 330a

Wer sein Kfz in eine Reparaturwerkstatt gibt, erklärt sich in der Regel auch stillschweigend damit einverstanden, dass der Wagen von Mitarbeitern der Werkstatt auch ohne besondere Genehmigung des Inhabers zu Probefahrten benutzt wird.[620] 331

Auf der anderen Seite haftet der Inhaber einer Reparaturwerkstatt aus dem Vertragsverhältnis natürlich für einen Unfall, den einer seiner Angestellten bei einer Probefahrt mit dem Kfz verursacht und verschuldet.[621] 331a

Ein Kraftfahrer, der sein Fahrzeug einem Tankstellen- oder Werkstattbetrieb unter Übergabe der Wagenschlüssel überlässt, muss sich darauf verlassen dürfen, dass die Schlüssel zuverlässig und gewissenhaft verwahrt werden. Sobald das Kfz einem derartigen Betrieb übergeben worden ist, geht die alleinige Verantwortung für dessen Sicherung, jedenfalls soweit diese in dem Schutz des Zündschlüssels vor missbräuchlichem Zugriff besteht, auf den Inhaber des Betriebes über. Denn nimmt jemand ein fremdes Kfz in seine Obhut, so übernimmt er damit auch die allgemeine Verkehrssicherungspflicht des Kfz-Halters. Zur Sicherung des Verkehrs vor Gefahren, die von einem Kfz ausgehen können, gehört auch, dass Unbefugten und insbesondere Fahruntüchtigen der Gebrauch des Kfz verwehrt wird. Dies hat durch eine umfassende Sicherung des Autoschlüssels zu geschehen.[622] 332

Bleibt ein Reparaturfahrzeug unverschlossen auf einem ebenfalls nicht gesicherten Werkstatthof stehen, dann muss mit seiner unbefugten Benutzung – auch durch Mitarbeiter der betreffenden Werkstatt – gerechnet werden.[623] 332a

---

614 Vgl. *OLG Celle* VersR 1974, 388.
615 *BGH* NJW-RR 2004, 1427 = Schaden-Praxis 2005, 320.
616 Vgl. *LG München* DAR 1999, 127.
617 Vgl. *OLG Düsseldorf* NZV 1999, 249 = NJW-RR 1999, 1210.
618 Vgl. hierzu *OLG Koblenz* SVR 2011, 142 = VRS 119, 4; *OLG Hamm* NJW-RR 2010, 1213.
619 *OLG Hamm* a. a. O.
620 Vgl. *BGH* VersR 1967, 659.
621 Vgl. *OLG München* VersR 1962, 142.
622 Vgl. *OLG Düsseldorf* VersR 1976, 151 = DAR 1975, 328; *OLG Düsseldorf* Schaden-Praxis 2005, 321–322; vgl hierzu auch *LG Bonn* Schaden-Praxis 2009, 124.
623 Vgl. dazu *BGH* VersR 1965, 988; *LG Bonn* VersR 1974, 396.

332b Besonderheiten ergeben sich schließlich auch, wenn der Werkstattauftrag aufgrund eines Versicherungsfalls erteilt wird. Erteilt ein Unfallgeschädigter der Werkstatt z. B. einen Reparaturauftrag nur für den Fall der Kostenübernahme durch die gegnerische Versicherung und nimmt die Werkstatt die Reparatur gleichwohl vor der endgültigen Kostenübernahmeerklärung vor, so kann der Unfallgeschädigte der Werklohnforderung einen Schadenersatzanspruch in gleicher Höhe entgegenhalten, wenn die Kostenübernahmeerklärung letztlich ausbleibt.[624] Andererseits darf der Werkstattbetreiber bei einem uneingeschränkten Reparaturauftrag eines Unfallgeschädigten nicht mit der Reparaturdurchführung bis zur Kostenübernahmeerklärung durch die Versicherung zuwarten. Wenn dadurch dem Kunden zusätzliche Kosten entstehen, z. B. Mietwagenkosten, haftet der Unternehmer hierfür.[625]

III. Beförderungsvertrag

1. Begriff

333 Der Beförderungsvertrag ist eine Unterart des Werkvertrages. Als Beförderungsvertrag[626] gilt ein Vertrag, dessen Hauptverpflichtung die entgeltliche Beförderung von Personen oder Sachen von einem Ort (Ausgangspunkt) zum anderen (Zielort) vorsieht. Demgegenüber liegt ein Mietvertrag vor, wenn die Hauptverpflichtung aus dem Vertrage die Gebrauchsüberlassung des Beförderungsmittels selbst ist, wenn es also nicht darum geht, eine bestimmte – zumindest aber doch bestimmbare – Wegstrecke zu überbrücken.

334 Eine Besonderheit gilt bei sog. Charterfahrzeugen: Zwischen dem Kfz-Eigentümer und seinem Vertragspartner liegt in der Regel ein auf Gebrauchsüberlassung gerichteter Mietvertrag vor, während zwischen den einzelnen Teilnehmern der Fahrt und demjenigen, der das Gefährt chartert bzw. als Veranstalter auftritt, ein Beförderungsvertrag besteht.[627]

2. Vertragsbeginn

335 Im Allgemeinen kommt bei der Inanspruchnahme öffentlicher Verkehrsmittel der Beförderungsvertrag mit dem Erwerb einer zur Beförderung berechtigenden Fahrkarte (Fahrausweis) zustande. Bereits zu diesem Zeitpunkt, also mitunter noch vor Antritt der eigentlichen Fahrt, ist der Fahrkunde in den Schutzbereich des Beförderungsvertrages eingeschlossen.

335a Soweit es sich um Straßenbahnen oder Linienomnibusse handelt, gilt der Vertrag regelmäßig als abgeschlossen, wenn der Fahrkunde den Wagen bestiegen hat. Bereits das Einsteigen selbst kann als sog. sozialtypisches Verhalten dahin ausgelegt werden, dass der Fahrkunde damit den Abschluss eines Beförderungsvertrages anstrebt.[628] Er steht damit bereits unter der Schutzwirkung des Rechtsinstituts der culpa in contrahendo.

336 Nachdem auch bei der Benutzung öffentlicher Verkehrsmittel weitestgehend das »Selbstbedienungs-Prinzip« gilt, kommt der Beförderungsvertrag regelmäßig mit dem Betreten des für die betreffende Fahrt ausgewählten Wagens zustande. Die zuweilen vertretene Auffassung, ein Beförderungsvertrag werde – durch konkludente Handlung – erst mit dem Entwerten des Fahrausweises geschlossen, erscheint bei rechtlich orientierter Betrachtungsweise zu eng.

336a Dies gilt im Übrigen grundsätzlich auch für einen Fahrgast, der sich zu einem bestimmten Zeitpunkt aus welchen Gründen auch immer nicht im Besitz eines gültigen Fahrausweises befindet. Die meisten Fahrgäste, die im Zeitpunkt einer Kontrolle ohne gültigen Fahrausweis angetroffen werden, las-

---

624 *LG Frankfurt* NZV 2011, 43; vgl. auch *AG Meiningen* SVR 2010, 223 bei Glas-Reparatur ohne vorherige Klärung mit dem Kasko-Versicherer.
625 *LG Dresden* MDR 2008, 261.
626 Vgl. hierzu Palandt/*Sprau* Einf v § 631 Rn. 17a; *Klimke* DB 1976, 2385 (2387).
627 Vgl. hierzu auch Palandt/*Sprau* Einf v § 631 Rn. 20.
628 Vgl. dazu *Weimar* DAR 1977, 66; Palandt/*Ellenberger* Einf v § 145 Rn. 25.

sen sich ohnehin unwiderlegt dahin ein, dass sie das Entwerten oder das Lösen eines Fahrscheins lediglich »vergessen« haben. Es liegt kein Grund dafür vor, diese Fahrgäste nicht – mit allen Rechten und Pflichten – in den Schutzbereich des Beförderungsvertrages einzubeziehen. Tatsächlich wird ja auch der Anspruch auf Zahlung des tariflichen Fahrpreises und auf Leistung eines erhöhten Beförderungsentgelts,[629] das rechtlich als Vertragsstrafe zu qualifizieren ist, gerade auf den Beförderungsvertrag gestützt.

Derartige Grundsätze gelten auch für den »echten« Schwarzfahrer, der ohne gültigen Fahrausweis 337 angetroffen wird und hierzu erklärt, dass er zu keinem Zeitpunkt die Absicht gehabt habe, einen Fahrschein zu lösen oder entwerten zu lassen. Die Erfahrungen der Praxis zeigen in Übereinstimmung mit der allgemeinen Lebenserfahrung, dass auch diese Fahrgäste – im Gegensatz zu ihrer verbalen Erklärung – durchaus den Abschluss eines Beförderungsvertrages, der ja für sie auch eine Reihe von Rechten mit sich bringt, anstreben. Dies wird spätestens in dem Augenblick deutlich, in dem sie einen Unfall erleiden und in den Schutzbereich des Beförderungsvertrages einbezogen werden wollen. Es besteht kein vernünftiger Zweifel, dass auch diese Fahrgäste unter Berücksichtigung ihrer eigenen Interessenlage grds. einen Beförderungsvertrag anstreben. Sie wollen lediglich nicht die ihnen vertraglich obliegende Gegenleistung erbringen.

3. Anwendungsbereich des Beförderungsvertrages

Der Schutzbereich des Beförderungsvertrages wird sich nicht immer mit dem Merkmal des Betriebs- 338 unfalls decken. In diesem Zusammenhang ist aber erneut darauf hinzuweisen, dass das ordnungsgemäße Ein- und Aussteigen – anders als das unerlaubte Aufspringen während der Fahrt – in jedem Fall noch zum Beförderungsvorgang gehört. Der Beförderungsvorgang reicht von den Vorbereitungshandlungen zum Einsteigen bis zu dem Zeitpunkt, in dem der Fahrgast sich nach dem Aussteigen wieder vollständig vom Wagen bzw. Fahrzeug gelöst hat.[630]

Man muss im Einzelfall unterscheiden, ob es sich um einen Unfall »bei dem Betriebe« des benutzten 339 Verkehrsmittels oder Kfz handelt oder ob der Schaden lediglich bei Gelegenheit des Beförderungsvorgangs im rein faktischen Sinne eingetreten ist. So stellt sich beispielsweise eine durch Wespenstich eingetretene Verletzung unter Berücksichtigung des adäquaten Kausalzusammenhangs lediglich als rein faktischer Vorgang dar, der sich nur zufällig in der Straßenbahn, einem Kraftomnibus oder sonstigen Verkehrsmittel ereignet hat, ohne dass eine notwendige oder auch nur typische Verknüpfung mit dem Beförderungsvorgang besteht.

Die Rechtsprechung steht einhellig auf dem Standpunkt, dass ein Kausalzusammenhang zwischen 340 dem Unfall und dem Bahnbetrieb in der Regel dann zu verneinen ist, wenn nicht die technischen Betriebseinrichtungen oder -vorgänge als Unfallursache in Betracht kommen, sondern wenn die Ursachen für den Unfall allgemeiner Art sind, sodass sie mit der Beförderungstätigkeit in keinem inneren Zusammenhang mehr stehen. Ein Unfall beruht nur dann auf dem Bahnbetrieb oder einer Fortwirkung des Betriebs, wenn er sich als adäquate Folge eines Betriebsvorganges darstellt.[631]

4. Beweislast

Besteht ein rechtswirksamer Beförderungsvertrag, tritt neben die Gefährdungshaftung des Verkehrs- 341 unternehmers nach dem StVG oder HG bei Leistungsstörungen die Vertragshaftung, insbesondere gem. §§ 280 ff. BGB. Insoweit ist auch der »reine« Vermögensschaden, der nicht durch eine Körperverletzung oder Sachbeschädigung bedingt ist, erstattungsfähig. Die Beweislast trifft den Unternehmer, wenn feststeht, dass dieser mangelhaft geleistet oder sonst objektiv pflichtwidrig gehandelt hat und dadurch aus seinem Gefahrenbereich heraus dem Vertragspartner ein Schaden zugefügt wur-

---

629 Vgl. hierzu *Bartl* BB 1978, 1446; *Hensen* BB 1979, 459; *Trittel* BB 1980, 497.
630 Vgl. hierzu Geigel/*Kaufmann* Kap. 25 Rn. 300 m.w.N.
631 Vgl. *Weimar* DAR 1977, 66.

de.⁶³² Grundsätzlich obliegt insbesondere dem Verkehrsunternehmer im Rahmen des Beförderungsvertrages die Pflicht, den Fahrgast nicht nur überhaupt, sondern vor allem auch wohlbehalten – d. h. unter Schonung seiner Gesundheit und seines Eigentums – an den Beförderungsort (Fahrtziel) zu bringen. Sofern sich auf dem Wege zum Ziel ein Unfall ereignet, wird der Unternehmer daher regelmäßig zu beweisen haben, dass er die schädigenden Umstände nicht zu vertreten hat, wobei er sich das Verschulden seines Erfüllungsgehilfen gem. § 278 BGB ohne Möglichkeit des Entlastungsbeweises zurechnen lassen muss.⁶³³

5. Verkehrssicherungspflicht

342   Ergänzend zu berücksichtigen ist die dem Beförderungs- bzw. Verkehrsunternehmer im Rahmen des Werkvertrags, aber auch allgemein, obliegende Verkehrssicherungspflicht. Diese Pflicht ergibt sich aus dem Grundsatz, dass jeder, der durch die Eröffnung eines allgemeinen Verkehrs Gefahrenquellen schafft, verpflichtet ist, alle Maßnahmen und Vorkehrungen zu treffen, die erforderlich sind, um den Schutz Dritter vor Schäden nach Möglichkeit zu gewährleisten.⁶³⁴ Der Umfang der Verkehrssicherungspflicht ergibt sich aus den besonderen Umständen des Einzelfalls mit der Folge, dass außergewöhnliche Verkehrsverhältnisse auch außergewöhnliche Maßnahmen erfordern. Verkehrssicherungspflichten des Verkehrsunternehmers gelten sowohl für die eingesetzten Fahrzeuge als auch für die Haltestellen. Dabei dürfen allerdings die Anforderungen an die Verkehrssicherungspflicht nicht überspannt werden.⁶³⁵

IV. Kfz-Mietvertrag

343   Auf das Rechtsverhältnis, das durch die Anmietung eines Kfz entsteht, finden, soweit es sich um die Haftung handelt, die §§ 535 ff. BGB Anwendung.⁶³⁶ Ist ein Mangel im Sinne von § 536 BGB vorhanden oder kommt der Vermieter mit der Beseitigung eines Mangels in Verzug, kann der Mieter die ihm nach § 536 BGB zustehenden Rechte geltend machen, also insbesondere die Miete herabsetzen, und darüber hinaus gem. § 536a BGB Schadens- und Aufwendungsersatz verlangen. Befindet sich der Vermieter im Verzuge, dann kann der Mieter selbst den Mangel beseitigen und Ersatz der dafür erforderlichen Aufwendungen verlangen. Der Mieter seinerseits haftet nicht für die Abnutzung der Mietsache durch vertragsgemäßen Verbrauch (§ 538 BGB).

1. Allgemeine Geschäftsbedingungen

344   Die Erfahrung der Praxis zeigt indes, dass auch bei Kfz-Mietverträgen sehr häufig die gesetzliche Haftung durch Allgemeinen Geschäftsbedingungen (AGB) ersetzt wird. Insoweit gelten die §§ 305 ff. BGB (früher AGBG).

344a Um wirksamer Vertragsbestandteil zu werden, muss auf die Allgemeinen Geschäftsbedingungen entweder ausdrücklich hingewiesen werden oder aber sie müssen offen und jedermann zugänglich ausgehängt werden, § 305 BGB. Verboten sind grundsätzlich sog. Überraschungsklauseln, also Regelungen, die sich so weit von den Gepflogenheiten des redlichen Geschäftsverkehrs entfernen, dass der Kunde nicht mit ihnen zu rechnen braucht, § 305c BGB. Ebenfalls nicht erlaubt sind Bedingungen, die den Vertragspartner unangemessen benachteiligen, § 307 BGB. Klauseln, die den Mieter benachteiligen, können allerdings dann zulässig sein, wenn sie durch höherrangige Interessen des Vermieters gerechtfertigt sind, durch Gewährung anderer rechtlicher Vorteile ausgeglichen werden

---

632 BGHZ 100, 185; Geigel/*Kaufmann* Kap. 25 Rn. 298.
633 Vgl. Geigel/*Kaufmann* Kap. 25 Rn. 298.
634 Vgl. *BGH* NJW 1992, 2476.
635 Vgl. *BGH* VersR 1979, 1055; *OLG Düsseldorf* VersR 1981, 358; *Landscheidt* in NZV 1995, 89 sowie *Rebler* MDR 2011, 457 und *Filthaut* NZV 2008, 226 und NZV 2011, 110 zur Haftung des Omnibusunternehmers und -fahrers.
636 Vgl. Palandt/*Weidenkaff* Einf. V. § 535 Rn. 104 ff.

G. Vertragshaftung

oder es sich um Risiken aus der Sphäre des Mieters handelt, die nur für den Mieter beherrschbar sind.[637]

2. Inhalt der Mietverträge

Die gesetzlichen Regelungen gelten jedenfalls insoweit, als der Mieter gemäß § 535 Abs. 1 BGB im Rahmen seiner Obhutspflicht für den ordnungsgemäßen Zustand der Mietsache (Kfz) auch ohne eigenes Verschulden einzustehen hat. Dabei handelt es sich um eine in sich ausgewogene Regelung, da auch dem Eigentümer/Halter eines Kfz eine Garantenstellung zur Last fällt und der Kfz-Halter überdies der vom Verschulden losgelösten Gefährdungshaftung unterliegt.[638] **345**

Nach §§ 305 ff. BGB ist es nicht mehr zulässig, die Schadensersatzpflicht des Mieters nach einem pauschalen System zu berechnen, das die Interessen des Vermieters eindeutig begünstigt. Der Schaden, der in Reparaturkosten, Minderwert, Mietausfall und Nebenkosten bestehen kann, muss jetzt ordnungsgemäß nachgewiesen werden. **346**

Die vertragliche Regelung darf auch nicht dazu führen, dass – unter Ausschluss der mietvertraglichen Bestimmungen des § 538 Abs. 1 BGB – die Haftung des Mieters zu einer Art Gefährdungshaftung wird.[639] Auch insoweit ist eine in sich ausgewogene Regelung, die die Interessen beider Beteiligten angemessen berücksichtigt, herbeizuführen. Eine Klausel im Mietübergabeprotokoll, wonach während der Mietzeit auftretende – insbesondere ungeklärte – Schäden zu Lasten eines Kfz-Mieters gehen sollen, dürfte daher unzulässig sein, da sie letztlich auf eine verschuldensunabhängige Haftung des Mieters hinauslaufen würde.[640] Auch die generelle Abwälzung der Haftung für Steinschlagschäden auf den Mieter dürfte unangemessen sein, da das Risiko eines Steinschlages für Mieter und Vermieter gleichermaßen nicht zu beherrschen ist.[641] **346a**

Wählt der Mieter unter Aufwendung abgrenzbarer Mehrkosten die ihm angebotene Möglichkeit einer Volldeckung, hat sich das dadurch geschaffene Rechtsverhältnis an dem Leitbild einer Kaskoversicherung zu orientieren. Dies bedeutet, dass der Mieter für Schäden, die er vorsätzlich verursacht hat, vollständig ersatzpflichtig ist und bei grob fahrlässiger Herbeiführung eine Quotelung nach der Schwere des Verschuldens des Mieters vorzunehmen ist, vgl. § 81 VVG. Eine Haftungsteilung kommt z. B. dann in Betracht, wenn der Mieter in grob fahrlässiger Art und Weise das gemietete Kfz mit dem falschen Kraftstoff befüllt und dadurch ein Schaden entsteht.[642] Die Beweislast für Vorsatz und grobe Fahrlässigkeit liegt beim Vermieter. **347**

Hat ein Vermieter mit einem Mieter eine Vereinbarung über eine Haftungsfreistellung bei selbstverschuldeten Unfällen abgeschlossen, kann er den Mieter bei einem grob fahrlässig verursachten Unfall aber nur dann auf Schadensersatz in Anspruch nehmen, wenn er ihn bei Vertragsschluss ausdrücklich darauf hingewiesen hat, dass für solche Fälle die Haftungsfreistellung nicht gilt.[643] Bei der Vereinbarung einer Haftungsbefreiung mit Selbstbeteiligung gegen Entgelt findet im Übrigen die Rechtsprechung zum Quotenvorrecht entsprechende Anwendung.[644] **347a**

Haben die Parteien eines gewerblichen Kraftfahrzeugmietvertrages gegen Entgelt eine Haftungsreduzierung für den Mieter nach Art einer Vollkaskoversicherung mit Selbstbeteiligung vereinbart, kann in den AGB nicht vereinbart werden, dass der Mieter diesen Versicherungsschutz verliert, wenn **347b**

---

637 Vgl. *AG Aschaffenburg* DAR 2009, 534.
638 Wegen näherer Einzelheiten dazu vgl. oben Rdn. 1–80.
639 Vgl. Palandt/*Grüneberg* § 307 Rn. 115 m. w. N.
640 Vgl. *LG Baden-Baden* DAR 2009, 529 = MDR 2007, 1014.
641 Vgl. *AG Aschaffenburg* DAR 2009, 534.
642 Vgl. *AG Freiburg* SVR 2010, 110.
643 Vgl. *OLG Celle* NZV 2002, 371.
644 Vgl. *BGH* NJW 2010, 677 = VersR 2010, 671 = DAR 2010, 85.

ein Dritter, dem er das Fahrzeug überlassen hat, dieses schuldhaft beschädigt. Denn der Untermieter eines Fahrzeuges hat keine Repräsentantenstellung inne.[645]

347c Den üblichen Versicherungsschutz einer Fahrzeugkaskoversicherung bei im Mietvertrag vereinbarter Haftungsbefreiung genießt auch der Fahrer des gemieteten Kfz, der zwar nicht selbst Mieter, aber berechtigter Fahrer im Sinne dieser Versicherung ist.[646]

348 Auch der Verjährungsbeginn kann wirksam in den AGB abweichend von der gesetzlichen Regelung vereinbart werden. So hat der Vermieter eines Kfz ein berechtigtes Interesse, die Fälligkeit seines Ersatzanspruches gegen den Mieter und damit den Beginn der Verjährung formularvertraglich in angemessenem zeitlichen Rahmen von der Gelegenheit zur Einsicht in die polizeiliche Ermittlungsakte abhängig zu machen.[647] Auch gegen die Wirksamkeit einer in Kfz-Mietverträgen vereinbarten Formularklausel, wonach der Mieter verpflichtet ist, bei Unfällen die Polizei hinzuzuziehen, und er bei schuldhafter Verletzung dieser Pflicht den Anspruch auf die vom Vermieter grundsätzlich gewährte Haftungsfreistellung verliert, bestehen nach ständiger Rechtsprechung keine Bedenken.[648] Für die Rechtsfolgen aus der Obliegenheitsverletzung sind die Grundsätze zu berücksichtigen, die in der Kaskoversicherung bei nachträglicher Obliegenheitsverletzung des Versicherungsnehmers gelten. Danach hängt die Leistungsfreiheit bei nachträglichen Obliegenheitsverletzungen sowohl von der Intensität des Verschuldens des Versicherungsnehmers als auch von der Relevanz für die Gefährdung der Interessen des Versicherers ab.

V. Waschanlagen

349 Es kommt zuweilen vor, dass Kraftfahrzeuge in Waschanlagen beschädigt werden. An sich gelten insoweit die allgemeinen Haftungsgrundsätze, nach denen der Unternehmer eine ordnungsgemäße Vertragserfüllung schuldet und für ihm zuzurechnende Leistungsstörungen Schadenersatz zu leisten hat. Als Anspruchsgrundlagen kommen insoweit die §§ 631, 634 Nr. 4, 280 Abs. 1 BGB in Betracht.

349a Grundsätzlich hat der Waschstraßenbetreiber aufgrund seiner vertraglichen Nebenpflichten auch dafür Sorge zu tragen, dass das Kfz beim Waschvorgang nicht beschädigt wird[649] und hat insoweit für jede Form von Fahrlässigkeit im Sinne von § 276 BGB und auch für die von ihm eingesetzten Erfüllungsgehilfen einzustehen.

349b Eine Gefährdungshaftung trifft den Betreiber einer Kfz-Waschanlage indessen nicht. Zwar gibt es in der Rechtsprechung immer wieder Tendenzen, die Verschuldenshaftung des Waschstraßenbetreibers aus Gründen des Verbraucherschutzes auszuweiten. Insoweit wäre aber der Gesetzgeber gefordert.

350 Die Sicherungsmaßnahmen des Betreibers einer Waschanlage zum Schutz des Eigentums des Waschanlagenbenutzers müssen so umfassend sein, dass auch bei einem fehlerhaften Verhalten des Benutzers der Anlage keine Schäden entstehen.[650] Nur gegen völlig ungewöhnliche und grob fahrlässige Verstöße des Benutzers der Waschanlage muss der Betreiber keine Sicherungsmaßnahmen treffen.[651] Auf Selbstverständlichkeiten muss nicht hingewiesen werden. Eines ausdrücklichen Hinweises des Waschstraßenbetreibers auf Einstellung der Schweibenwischer in Ruhestellung bedarf es daher ebenso wenig wie eines Hinweises, dass die Fenster des Fahrzeuges beim Waschvorgang zu schließen

---

645 Vgl. *BGH* NJW 2009, 2881 = DAR 2009, 586 = zfs 2009, 637.
646 Vgl. *OLG Düsseldorf* VersR 2009, 509 = r+s 2009, 323.
647 Vgl. *OLG Stuttgart* VersR 2002, 374.
648 Vgl. *BGH* NJW 2009, 3229 = zfs 2009, 683 = DAR 2009, 694; NJW 1982, 167; *OLG Stuttgart* VersR 1988, 97; *OLG Köln* zfs 2002, 74.
649 Vgl. *LG Duisburg* NZV 2010, 578 = NJW-RR 2010, 835.
650 Vgl. *AG Braunschweig* NZV 2009, 294.
651 Vgl. *LG Bonn* NZV 1995, 155 m.w.N.; *LG Krefeld* NZV 2011, 352 = NJW-RR 2011, 25 = MDR 2010, 1381.

sind.⁶⁵² Kann allerdings ein serienmäßig installierter Heckspoiler Schaden nehmen, so soll nach Ansicht des *LG Köln* eine deutliche Warnung erforderlich sein.⁶⁵³

Häufig schließen die Waschanlagenbetreiber ihre gesetzliche Haftung allerdings durch AGB bzw. durch »Allgemeine Waschbedingungen« aus bzw. schränken sie ein oder begrenzen sie auf den unmittelbaren Fahrzeugschaden. 351

Voraussetzung für die wirksame Einbeziehung der AGB ist grds. der deutlich sichtbare Aushang der »Allgemeinen Waschbedingungen« am Ort des Vertragsabschlusses, der dem Kunden vor Beginn des Waschvorgangs in zumutbarer Weise die Möglichkeit verschafft, vom Inhalt der Waschbedingungen Kenntnis zu nehmen. Zu unterscheiden sind hiervon die auf dem »Waschzettel« oder dem Kassenbeleg deutlich erkennbar abgedruckten Geschäftsbedingungen. Diese werden bei vorheriger Möglichkeit der Kenntnisnahme in jedem Fall Vertragsbestandteil. Befinden sich die Geschäftsbedingungen allerdings auf der Rückseite des »Waschzettels«, muss auf der Vorderseite zumindest deutlich auf sie hingewiesen worden sein. 351a

Im Hinblick auf die Verwendung von AGB hat der *BGH* aber in seiner Grundsatzentscheidung vom 30.11.2004⁶⁵⁴ neue Maßstäbe aufgestellt und die Möglichkeiten der Waschanlagenbetreiber deutlich eingeschränkt. 352

So hat der BGH entschieden, dass ein Haftungsausschluss in AGB für Lackschäden, Beschädigungen der außen an der Karosserie angebrachten Teile, wie z. B. Zierleisten, Spiegeln, Antennen, Scheibenwischer und dadurch entstandene Folgeschäden nach § 307 Abs. 1 BGB unwirksam ist, da nur der Betreiber Schadensprävention durch Wartung, Kontrolle und Überwachung der Anlage sowie durch sorgfältige Auswahl des Bedienpersonals betreiben könne. Der Kunde hingegen begebe sich mitsamt seinem Kfz in die Obhut des Betreibers und könne die weiteren Vorgänge nicht beeinflussen.⁶⁵⁵ 352a

Auch kann nach dieser Entscheidung des *BGH* die Haftung für typische Folgeschäden (Nutzungsausfall, Kostenpauschale etc.) nicht auf grobes Verschulden beschränkt werden.⁶⁵⁶ 352b

Weiterhin hat der *BGH* klargestellt, dass ein Vorsatz und grobe Fahrlässigkeit mitumfassender Haftungsausschluss gem. § 309 Nr. 7b BGB unwirksam und auch ein völliger Haftungsausschluss bei leichter Fahrlässigkeit wegen § 307 Abs. 2 Nr. 2 BGB unzulässig ist.⁶⁵⁷ 352c

Unwirksam soll nach Auffassung des *KG* im Übrigen auch eine Klausel sein, wonach Schäden nur unverzüglich, also vor Verlassen des Betriebsgeländes angezeigt werden können.⁶⁵⁸ Wenn allerdings Schäden nach Verlassen des Betriebsgeländes angezeigt werden, sind an die Beweisführung strenge Anforderungen zu stellen. 352d

Im Hinblick auf die Verteilung der Beweislast gilt Folgendes: Grundsätzlich hat der Geschädigte nach den Maßstäben des § 286 ZPO zu beweisen, dass der Schaden durch den Betreiber der Waschanlage verursacht wurde. Schäden, die durch Mitarbeiter verursacht werden, muss sich der Betreiber über § 278 BGB zurechnen lassen. 353

Bei Schäden, die innerhalb der automatisierten Waschstraße eintreten, muss der Geschädigte nach h. M. zunächst aber nur nachweisen, dass sein Fahrzeug unbeschädigt in die Waschstraße gefahren wurde und beschädigt wieder heraus kam.⁶⁵⁹ Gelingt dem Geschädigten dieser Nachweis, kehrt sich 353a

---

652 Vgl. *LG Essen* MDR 2001, 504.
653 Vgl. *LG Köln* NJW-RR 2005, 1720; 2006, 603; ebenso *AG Ludwigsburg* NZV 2008, 250.
654 *BGH* NJW 2005, 422 = VersR 2005, 804 = DAR 2005, 154 = NZV 2005, 141.
655 *BGH* a. a. O.
656 *BGH* a. a. O.
657 *BGH* a. a. O.
658 Vgl. *KG* NJW-RR 1991, 699; *Stroeck* DAR 2004, 578.
659 Vgl. *AG Hamburg* DAR 2002, 223; *Strittmatter/Riemer* DAR 2007, 437; *AG Darmstadt* NZV 2002, 329.

die Beweislast um. Es ist dann Sache des Betreibers, zu beweisen, dass er die Pflichtverletzung nicht zu vertreten hat.[660] Umstritten ist, ob es insoweit bereits ausreicht, dass die Anlage den allgemein anerkannten Regeln der Technik entspricht[661] oder ob den Betreiber noch weitere Kontrollpflichten treffen.[662] Nach *OLG Hamm* soll das Risiko der Unaufklärbarkeit der Schadensursache beim Fahrzeugeigentümer liegen, wenn dieser nicht nachweisen kann, dass die Schadensursache allein aus dem Verantwortungsbereich des Betreibers herrührt.[663]

353b Bei Schäden außerhalb des automatisierten Waschstraßenbetriebes (z. B. bei der Vorreinigung) kommen dem Geschädigten indessen keine Beweiserleichterungen zugute.[664]

354 Die Haftung des Betreibers kann gemäß § 254 Abs. 1 BGB dann gemindert werden, wenn Umstände vorliegen, die ein Mitverschulden des Kunden begründen. So kann ein Fehlverhalten bei der Bedienung des Kfz während der Durchführung des Waschvorgangs oder auch das Missachten besonderer Hinweistafeln an der Anlage mit konkreten Verhaltensvorschriften für den Fahrzeugführer ein Mitverschulden des Kunden darstellen. Gleiches soll bei risikoerhöhenden Veränderungen am Fahrzeug gelten.[665] Hat der Fahrzeugeigentümer den Schaden grob fahrlässig selbst verursacht, scheidet die Haftung des Waschanlagenbetreibers indessen ganz aus.[666] Der Beweis obliegt in diesen Fällen aber dem Unternehmer.

H. Rückgriff auf die Gesamtschuldhaftung des Haftpflichtversicherers

I. Gesamtschuldverhältnis

355 Unsere Rechtsordnung kennt eine ganze Reihe von Haftpflichtversicherungen, deren Abschluss gesetzlich oder durch Verordnung vorgeschrieben ist und die daher als Pflichtversicherungen bezeichnet werden (§§ 113 ff. VVG n. F. bzw. § 158b VVG a. F.). Dies gilt vornehmlich – um nur einmal die wichtigsten Pflichtversicherungen aufzuzählen – für folgende Versicherungszweige und Risikobereiche. Eine Pflichtversicherung haben danach insbesondere abzuschließen:
- Halter von Kraftfahrzeugen
- Luftverkehrsunternehmer
- Jäger
- Wirtschaftsprüfer und Wirtschaftsprüfungsgesellschaften
- Steuerberater, Steuerbevollmächtigte und Steuerberatungsgesellschaften
- Notare
- das Bewachungsgewerbe
- Träger von Krankenpflegeschulen
- Hebammen-Pflegeschulen
- Säuglings- und Kinderpflegeschulen
- Träger der Entwicklungshilfe
- Kfz-Sachverständige und -Prüfer
- der gewerbliche Güterfernverkehr
- Inhaber von Atomanlagen
- diejenigen, die Deckungsvorsorge nach § 94 Arzneimittelgesetz (AMG) betreiben.

---

660 Vgl. *OLG Düsseldorf* NZV 2004, 405 = NJW-RR 2004, 962; *Strittmatter/Riemer* DAR 2007, 437.
661 Vgl. *OLG Hamm* NZV 2003, 285 = NJW-RR 2002, 1459; *LG Dortmund* Schaden-Praxis 2011, 137.
662 So wohl *OLG Düsseldorf* NZV 2004, 405 = NJW-RR 2004, 962; ebenso *LG Duisburg* NZV 2010, 578 = NJW-RR 2010, 835.
663 *OLG Hamm* NZV 2003, 285 = NJW-RR 2002, 1459; ebenso *LG Dortmund* Schaden-Praxis 2011, 137 und *LG Paderborn* DAR 2010, 206.
664 Vgl. *LG Bochum* NJW-RR 2004, 963; *Strittmatter/Riemer* DAR 2007, 437.
665 Vgl. *AG Gifhorn* NZV 2007, 474.
666 Vgl. *AG Limburg* NZV 2005, 323.

H. Rückgriff auf die Gesamtschuldhaftung des Haftpflichtversicherers — Kapitel 4

Für das weite Feld des Betriebes von Kraftfahrzeugen und der daraus abgeleiteten außerordentlich strengen Gefährdungshaftung aus § 7 Abs. 1 StVG gilt das Pflichtversicherungsgesetz (PflVG) sowie § 115 VVG n. F., der dem Geschädigten einen Direktanspruch gegen den betreffenden Kfz-Haftpflichtversicherer (KH-Versicherer) seines Unfallgegners einräumt. Ein Direktanspruch besteht auch im Hinblick auf die nach § 2 Abs. 1 PflVG vom Deckungszwang freigestellten Institutionen, und zwar in ihrer Eigenschaft als »Quasi-Versicherer« im Sinne von § 2 Abs. 2 PflVG. 356

Nach § 2 Abs. 1 PflVG sind vom gesetzlichen Deckungszwang befreit: 356a
- die Bundesrepublik Deutschland
- die Länder
- die Gemeinden mit mehr als einhunderttausend Einwohnern
- die Gemeindeverbände sowie Zweckverbände, denen ausschließlich Körperschaften des öffentlichen Rechts angehören
- juristische Personen, die von einem von der Versicherungsaufsicht freigestellten Haftpflichtversicherungsausgleich Deckung erhalten.

Außerdem sind von der nach § 1 PflVG angeordneten allgemeinen Versicherungspflicht ausgenommen: 356b
- Kraftfahrzeuge, die baubedingt eine Höchstgeschwindigkeit von 6 km/h nicht überschreiten (§ 2 Abs. 1 Nr. 6a PflVG)
- selbstfahrende Arbeitsmaschinen und Stapler im Sinne von § 3 Abs. 2 S. 1 Nr. 1a) der Fahrzeug-Zulassungsverordnung (FZV), die eine Höchstgeschwindigkeit von 20 km/h nicht überschreiten, wenn sie den Vorschriften über das Zulassungsverfahren nicht unterliegen (§ 2 Abs. 1 Nr. 6b PflVG)
- nicht zulassungspflichtige Anhänger (§ 3 Abs. 2 S. 1 Nr. 2 FZV i. V. m. § 2 Abs. 1 Nr. 6a PflVG).

Der nunmehr in § 115 Abs. 1 VVG n. F. (bis 31.12.2007: § 3 Nr. 1 PflVG a. F.) geregelte Direktanspruch bezweckt in erster Linie einen umfassenden Schutz der Verkehrsopfer, also der geschädigten Dritten. Daraus folgt, dass derjenige, dem lediglich vertragliche Ansprüche gegen den Versicherungsnehmer aus Anlass eines Schadenfalles zustehen,[667] nicht Dritter im Sinne von § 115 VVG ist und ihm daher ein Direktanspruch gegen den Auto-Versicherer nicht zusteht.[668] 357

Dies gilt auch für den Haftpflichtversicherer des Erstschädigers, der aufgrund seiner gesamtschuldnerischen Haftung den Dritten (Geschädigten) vorab befriedigt hat und nunmehr Ausgleichsansprüche gegen den als Gesamtschuldner mithaftenden Zweitschädiger bzw. dessen Haftpflichtversicherer geltend macht. Durch den Direktanspruch des Geschädigten gegen den Kfz-Haftpflichtversicherer des Schädigers wird der Versicherer nicht in ein zwischen zwei verschiedenen Schädigern bestehendes Gesamtschuldverhältnis einbezogen.[669] Ein Direktanspruch gegen den betreffenden Haftpflichtversicherer nach § 115 VVG besteht schon deswegen nicht, weil Dritter im Sinne dieser Bestimmung lediglich der bei dem Verkehrsunfall unmittelbar Geschädigte – also das Opfer des Verkehrsunfalls – ist, nicht jedoch der Schädiger selbst bzw. sein Haftpflichtversicherer. Seinen Schutz bezweckt § 115 VVG nicht.[670] 357a

Der Kfz-Haftpflichtversicherer haftet gem. § 115 VVG neben dem eigentlichen Schädiger im Verhältnis zum Dritten (Verletzten) als Gesamtschuldner im Sinne von § 421 BGB. Dies bedeutet, dass der Geschädigte die ihm zustehende Leistung nach seiner Wahl entweder vom Unfallgegner (Halter oder Fahrer des unfallverursachenden Kfz) selbst oder von dessen Kfz-Haftpflichtversicherer verlangen kann, insgesamt jedoch selbstverständlich nur einmal. Sofern einer der Gesamtschuldner 358

---

667 Z. B. eine Werklohnforderung aus Anlass der Beseitigung des Unfallschadens.
668 Vgl. *OLG Frankfurt/M.* r+s 1981, 26; ferner *OLG Saarbrücken* VersR 1980, 524 = r+s 1980, 139.
669 Vgl. *BGH* NJW 1981, 681 = VersR 1981, 134; *OLG Karlsruhe* VersR 1986, 155 (156, m. w. N.); Schwintowski/Brömmelmeyer/*Huber* § 115 VVG Rn. 26; Terbille/*Kummer* § 12 Rn. 278.
670 Vgl. auch *OLG Hamm* VersR 1969, 508; *KG* VersR 1978, 435 (436); *OLG Karlsruhe* a. O.; *Prölss/Martin* § 115 VVG Rn. 4; a. A.: *OLG Köln* VersR 1972, 651.

leistet, werden die übrigen – im Außenverhältnis – von jeder Verpflichtung frei (§ 422 BGB), unbeschadet ihrer Pflicht im Innenverhältnis einen Schadensausgleich im Verhältnis ihrer eigenen Verantwortungsbeiträge (§ 426 BGB) durchzuführen.

358a Nach Inkrafttreten des Schuldrechtsreformgesetzes mit Wirkung vom 1.1.2002 ist insbesondere von der Versicherungswirtschaft die geänderte Verjährungsvorschrift des § 195 BGB n. F. zu berücksichtigen. Da hinsichtlich des herbeizuführenden Gesamtschuldnerausgleichs nach § 426 BGB keine gesetzlichen Spezialregelungen die Verjährung normieren, verbleibt es bei den allgemeinen Verjährungsvorschriften. Konnte demzufolge ein Gesamtschuldnerausgleich bisher in einem Zeitraum von 30 Jahren herbeigeführt werden, gilt auch in diesem Bereich nunmehr die verkürzte Verjährungsfrist von lediglich 3 Jahren.

358b Trotz des Gesamtschuldverhältnisses zwischen Schädiger und Versicherer nach §§ 421 ff. BGB sind beide aber nicht notwendige, sondern nur einfache Streitgenossen.[671]

359 Einen subjektiven Risikoausschluss enthält § 103 VVG n. F. (bis 31.12.2007: § 152 VVG), durch den der Wirkungsbereich des § 81 VVG n. F. (früher § 61 VVG) eingeschränkt wird.[672] Unter einem subjektiven Risikoausschluss versteht man den Fall, dass lediglich in der Person desjenigen der Ausschluss eintritt, der durch sein Verhalten die Voraussetzungen für den Risikoausschluss erfüllt hat, während der Versicherungsschutz mitversicherter Personen grds. unangetastet bleibt. Nach § 103 VVG n. F. ist der Versicherer »nicht zur Leistung verpflichtet, wenn der Versicherungsnehmer vorsätzlich und widerrechtlich den bei dem Dritten eingetretenen Schaden herbeigeführt hat.« Es muss sich dabei also um das Verhalten des Versicherungsnehmers selbst handeln. Bedenken bestehen unter diesem Aspekt gegen die Auffassung,[673] die Deckungspflicht des Kfz-Haftpflichtversicherers gegenüber einem geschädigten Dritten entfalle auch dann, wenn der Schaden durch einen Schwarzfahrer vorsätzlich herbeigeführt worden ist.

359a Die Leistungsfreiheit des Versicherers tritt aber auch dann ein, wenn ein Repräsentant des VN seinerseits den Versicherungsfall vorsätzlich herbeigeführt hat.[674] Fällt demgegenüber lediglich einem Gehilfen oder einer sonstigen mitversicherten Person[675] Vorsatz zur Last, dann wird der Deckungsschutz im Verhältnis zum VN nicht beeinträchtigt.[676] Der Versicherer genügt seiner Beweispflicht für das Vorliegen der Voraussetzungen des Risikoausschlusses, wenn er nachweist, dass der Versicherte den Schaden – die Folgen der Tat – mit Wissen und Wollen herbeigeführt hat.[677] Ein Anscheinsbeweis ist insoweit aber nicht möglich.[678] Unbeachtlich ist ein Irrtum über die Tragweite eines vom VN angenommenen Rechtfertigungsgrundes. Auch die für den Risikoausschluss des Vorsatzes erforderliche Widerrechtlichkeit (Rechtswidrigkeit) ist vom Versicherer zu beweisen.

360 Vorsatz schließt die Eintrittspflicht des Versicherers schlechthin aus.[679] Bei Vorsatz ist nach § 12 Abs. 1 Ziff. 3 PflVG der Entschädigungsfonds als Träger im Sinne von § 13 PflVG eintrittspflichtig.

---

671 Vgl. Zöller/*Vollkommer* ZPO, § 62 Rn. 8a m. w. N.; vgl. auch *OLG Düsseldorf* VersR 1974, 229; van Bühren/*Therstappen* § 2 Rn. 215.
672 Vgl. dazu u. a.: *BGH* VersR 1959, 691; 63, 742; *KG* VersR 1959, 510.
673 *LG Ulm* VersR 1981, 764 = zfs 1981, 313.
674 Vgl. *BGH* NJW 1969, 1387 (1388) = VersR 1969, 695 (696); VersR 1981, 822.
675 Wegen des Kreises der mitversicherten Personen vgl. die Aufzählung in § 10 AKB.
676 *BGH* VersR 1971, 806; r+s 1981, 69 (L); *OLG Köln* VersR 1982, 383; *OLG Frankfurt/M.* VersR 1997, 213; *OLG Oldenburg* VersR 1999, 482; *Rüffer/Halbach/Schimikowski* § 103 Rn. 3.
677 Vgl. *BGH* VersR 1981, 450 = zfs 1981, 216; *OLG Hamm* VersR 1981, 178.
678 *BGH* VersR 1988, 683; *OLG Hamm* VersR 2007, 1550; *Prölss/Martin* § 103 VVG Rn. 9.
679 Bezüglich der KH-Versicherung vgl. *OLG München* r+s 1977, 53; *OLG Frankfurt/M.* r+s 1977, 73; VersR 1978, 221 = r+s 1978, 98; *OLG Köln* VersR 1977, 938 (Beweislast); 1978, 265 = r+s 1978, 99; *OLG Hamm* VersR 1978, 913 = r+s 1978, 251; *OLG Saarbrücken* r+s 1980, 49.

H. Rückgriff auf die Gesamtschuldhaftung des Haftpflichtversicherers — Kapitel 4

Für den Risikoausschluss des Vorsatzes ist es aber erforderlich, dass der VN nicht nur zu dem Versicherungsfall führende Handlung, sondern auch deren Folgen[680] vorsätzlich herbeigeführt und gewollt hat.[681] Die tatbestandsmäßigen Voraussetzungen werden bereits durch den bedingten Vorsatz (dolus eventualis)[682] erfüllt.[683] Der VN muss den Erfolg also als möglich vorausgesehen und für den Fall seines Eintritts gebilligt haben. Hat der VN die tatsächlichen Voraussetzungen für das Vorliegen eines Rechtfertigungsgrundes irrtümlich angenommen, so entfällt der Vorsatz, und es kommt in diesem Zusammenhang auch nicht darauf an, ob objektiv Widerrechtlichkeit vorlag.[684] — 360a

Der Vorsatz des VN muss sich aber nicht auf alle tatsächlichen Umstände des späteren Eintritts des Versicherungsfalles im Einzelnen, insbesondere nicht auf die genaue Art und Weise des Unfallablaufs, erstrecken. Der Täter braucht weder Einzelheiten noch Art und Umfang des späteren Geschehens vorauszusehen. Er muss jedoch mindestens die zum haftungsbegründenden Tatbestand gehörenden Umstände in seinen die Tat begleitenden Willen aufnehmen. — 360b

Hat ein Schwarzfahrer (beispielsweise ein Dieb), der vor einem ihn verfolgenden Streifenwagen der Polizei flieht, dabei einen Unfall verursacht, so wird sich der Verletzte (Geschädigte) nicht mittels Direktklage an den Haftpflichtversicherer des (gestohlenen) Kfz halten können. Der Versicherer kann sich zwar nicht darauf berufen, dass er gegenüber dem Schwarzfahrer deshalb von seiner Leistungspflicht frei ist, weil dieser den Unfall als unberechtigter Fahrer herbeigeführt hat; denn gem. § 117 Abs. 1 VVG n. F. (früher § 3 Nr. 4 PflVG) gilt dieser Einwand nicht gegenüber dem Verkehrsopfer, also dem verletzten Dritten. Wohl aber kann der KH-Versicherer dem Dritten entgegenhalten, dass der Schwarzfahrer den Unfall (bedingt) vorsätzlich herbeigeführt hat, weil er auf seiner Flucht den schädlichen Erfolg zumindest billigend in Kauf genommen hatte. Der Risikoausschluss des § 103 VVG schließt auch Direktansprüche des Geschädigten aus §§ 115 VVG aus.[685] — 361

Ein Schaden, der darauf beruht, dass ein Streifenwagen der Polizei im Zuge einer Verfolgungsfahrt den Pkw des Verfolgten vorsätzlich rammt, um ihn auf diese Weise zum Halten zu bringen, wird im Übrigen von dem Schutzzweck des § 7 Abs. 1 StVG erfasst, sodass auch für diesen Schaden der Halter des Kfz bzw. dessen KH-Versicherer einzustehen hat.[686] — 361a

II. »Krankes Deckungsverhältnis«

Der Direktanspruch und damit das relative Gesamtschuldverhältnis bleibt auch dann erhalten, wenn der KH-Versicherer mit Rücksicht auf ein »krankes Deckungsverhältnis« gegenüber seinem VN im Innenverhältnis leistungsfrei wird (früher § 3 Nr. 4 und 5 PflVG, jetzt § 117 Abs. 1 und 2 VVG n. F.). Derartige Fälle von Leistungsfreiheit des Versicherers sind insbesondere — 362
- Prämienzahlungsverzug des Versicherungsnehmers
- Verletzung vertraglicher Obliegenheiten
- Nachhaftung des Versicherers.

---

680 Vgl. *Weber* DAR 1987, 343 m. w. N.
681 *BGH* NJW 1969, 1387 (1388) = VersR 1969, 695 (696); VersR 1971, 806; 1972, 1039; 1975, 557; VersR 1981, 882.
682 Vgl. *OLG Nürnberg* NJW-RR 2005, 466; *OLG Saarbrücken* VersR 1993, 1004.
683 Vgl. dazu insbes.: *BGH* NJW 1969, 1387 (1388) = VersR 1969, 695 (696); *OLG Köln* VersR 1966, 971 (Genuss von Alkohol kein bedingter Vorsatz); VersR 1978, 265 (waghalsige, rücksichtslose Flucht vor verfolgender Polizei ist bedingter Vorsatz); VersR 1994, 339; *OLG Hamm* VersR 1987, 88; *Rüffer/Halbach/Schimikowski* § 103 Rn. 3.
684 Vgl. *BGH* VersR 1958, 368; *OLG Hamburg* VersR 1962, 366.
685 Vgl. *BGH* NJW 1981, 113 = VersR 1981, 40 = DAR 1981, 50 = VRS 60, 85 (86); *OLG Köln* VersR 1978, 265; *OLG Frankfurt/M.* VersR 1978, 221; *Weber* DAR 1981, 161 (185).
686 Vgl. *BGH* NJW 1981, 1315 = zfs 1981, 216; a. A. *LG Köln* VersR 1981, 584 = zfs 1981, 234; *OLG Frankfurt/M.* VersR 1978, 260 = MDR 1978, 320.

362a In diesen Fällen muss der KH-Versicherer im Interesse einer umfassenden Sicherung der Verkehrsopfer auch seinerseits den Geschädigten befriedigen, soweit eine anderweitige Ersatzmöglichkeit[687] – insbesondere in Form eines möglichen Rückgriffs auf ein intaktes Deckungsverhältnis – nicht besteht.

362b Allerdings ist der Versicherungsnehmer im Innenverhältnis zum Versicherer wiederum allein verpflichtet (§ 116 Abs. 1 S. 2 VVG n. F., früher § 3 Nr. 9 S. 2 PflVG), der Versicherer kann also bei ihm Regress nehmen. Er kann dies in voller Höhe tun, wenn
- die Leistungsfreiheit auf einem Prämienzahlungsverzug des VN beruht;
- die Leistung an den Geschädigten aufgrund Nachhaftung erfolgt ist;
- der Schwarzfahrer das Fahrzeug durch strafbare Handlung erlangt hat.

362c In den Fällen summenmäßiger Beschränkung der Leistungsfreiheit gem. den AKB sowie den §§ 5, 6 KfzPflVV bei Gefahrerhöhung und Obliegenheitsverletzung vor dem Versicherungsfall (5 000,00 €) sowie bei Obliegenheitsverletzungen nach dem Versicherungsfall (2 500,00 €, im Ausnahmefall 5 000,00 €) beschränkt sich auch der Regress des Versicherers auf die entsprechende Höhe. Früher galt eine einheitliche Regressbeschränkung auf 5 000,00 DM (Ausnahme: Der Fahrer, der das Fahrzeug durch strafbare Handlung erlangt hat) durch geschäftsplanmäßigen Erklärung,[688] die auch im Zivilprozess zu berücksichtigen war.[689]

362d Die Regressbeschränkungen gelten sowohl gegenüber dem VN als auch gegenüber mitversicherten Personen.

363 Die Leistungspflicht des KH-Versicherers im Rahmen eines »kranken Versicherungsverhältnisses« entfällt jedoch, wenn und soweit der Geschädigte (Verletzte) auf andere Weise Ersatz seines Schadens erlangen kann, § 117 Abs. 3 S. 2 VVG. So kommt die Subsidiärklausel, die gleichzeitig auch ein Verweisungsprivileg beinhaltet, beispielsweise dann zum Zuge, wenn für den Geschädigten die Möglichkeit besteht, den eigenen Sozialversicherungsträger in Anspruch zu nehmen[690] oder auf ein intaktes Deckungsverhältnis im Rahmen einer etwa bestehenden Fahrzeugversicherung (Kaskoversicherung) zurückzugreifen. Das Verweisungsprivileg gilt aber nicht für die in § 3 S. 1 PflVG genannten Fälle.

363a Umstritten ist, ob der Geschädigte, der auf eine bestehende Vollkaskoversicherung nicht zurückzugreift, die im Rahmen eines »kranken Versicherungsverhältnisses« erhaltene Leistung des KH-Versicherers des Unfallgegners wegen ungerechtfertigter Bereicherung zurückzahlen muss.[691]

363b Ein Forderungsübergang nach § 116 SGB X auf den Sozialversicherungsträger oder nach § 86 VVG auf den Kaskoversicherer – zulasten des KH-Versicherers – findet indessen nicht statt. Das gesetzgeberische Anliegen besteht darin, das »kranke Versicherungsverhältnis« soweit wie nur irgend möglich von Sonderopfern freizuhalten, da dem intakten Rechtsverhältnis die entschädigungsfreie Leistungspflicht – insbesondere im Hinblick auf die Erhebung von Beiträgen – schon eher zuzumuten ist. Bei Leistungsfreiheit wegen Obliegenheitsverletzungen oder Gefahrerhöhung wirkt sich die Verweisung aufgrund der Vorgaben des §§ 5, 6 der Kfz-Pflichtversicherungsverordnung (KfzPflVV) indessen nur in den dort vorgegebenen Grenzen aus, also in der Regel bis maximal 5 000,00 €.[692]

363c Der Geschädigte kann aus dem »kranken Versicherungsverhältnis« vom Versicherer des Schädigers keine Leistungen beanspruchen, wenn er seinem eigenen Versicherer den Schaden nicht angezeigt

---

687 Vgl. § 117 Abs. 2 VVG n. F.
688 VerBAV 1973, 103; Neufassung VerBAV 1987, 169, 170 Nr. II 3.
689 Vgl. *BGH* VersR 1988, 1063 = NJW 1988, 2734.
690 Vgl. BGHZ 65, 1 = VersR 1975, 438; VersR 1981, 323 = DAR 1981, 216 = VS 1981, 180 = VRS 60, 279; zur »Leistungsfreiheit des KH-Versicherers und Regress des SVT bei Gefahrerhöhung und Obliegenheitsverletzungen vor dem Versicherungsfall«, vgl. – unter diesem Titel – *Hüffer* VersR 1980, 785.
691 Vgl. hierzu *Prölss/Martin* § 116 VVG Rn. 10 ff.; *OLG Hamm* NJW-RR 1994, 291.
692 Vgl. Schwintowski/Brömmelmeyer/*Huber* § 117 VVG Rn. 25.

hat.⁶⁹³ Die Nichtanzeige seines Schadens und damit die Nichtleistung seines Versicherers muss sich der Geschädigte zurechnen lassen. Er hat seinen »gesunden Versicherungsschutz« verwirkt, sodass sich der Versicherer des Schädigers erfolgreich auf § 117 Abs. 3 S. 2 VVG berufen kann.

Soweit ein Sozialversicherungsträger dem Versicherten in Höhe seines unfallbedingten Schadens Leistungen gewähren muss und ein sonst eintretender Forderungsübergang aus § 116 SGB X (§ 1542 RVO) innerhalb eines »kranken Deckungsverhältnisses« mit Rücksicht auf die Subsidiärklausel des § 117 Abs. 3 S. 2 VVG n. F. (früher § 158c Abs. 4 VVG i. V. m. § 3 Nr. 6 PflVG) nicht stattfindet, kann der Sozialversicherungsträger (SVT) mit Regressansprüchen unmittelbar an den Schädiger herantreten. **364**

In diesem Zusammenhang hatte der *BGH*⁶⁹⁴ zunächst die Auffassung vertreten, dass auch der Regressanspruch des Sozialversicherungsträgers gegen den (allein) verantwortlichen Kfz-Halter bzw. -Fahrer in gleicher Weise auf 5000,00 DM beschränkt wird wie Regressansprüche des KH-Versicherers gegen seinen VN aufgrund der geschäftsplanmäßigen Erklärung der KH-Versicherer. Diese Rechtsprechung hat der *BGH* im Jahr 1983 allerdings wieder aufgegeben.⁶⁹⁵ Dies hat der *BGH* insbesondere damit begründet, dass der Gesetzgeber, als er die – für Unfälle bis zum 30.6.1983 geltende – Bestimmung des § 1542 RVO durch die neue – für Unfälle ab 1.7.1983 geltende – Vorschrift des § 116 SGB X ersetzt hat, eine Beschränkung des Rückgriffsrechts des SVT in der vom *BGH* vorgesehenen Weise gerade nicht gesetzlich normiert hat. Daraus sei der Willen des Gesetzgebers zu entnehmen, dass in diesen Fällen eine Beschränkung des Rückgriffsrechts nicht in jedem Fall, sondern nur bei Vorliegen der Voraussetzungen des § 31 Abs. 2 HGrG oder des § 76 Abs. 2 SGB IV (zur Vermeidung unbilliger Härten) stattfinden soll. Nach den soeben genannten Bestimmungen ist der SVT im Übrigen nicht nur berechtigt, sondern überdies auch verpflichtet, den Regress entsprechend zu beschränken. **364a**

Auch für die Schadenversicherer, beispielsweise den Kaskoversicherer, besteht demnach die Möglichkeit, nach § 86 VVG Regress ohne begrenzendes Limit zu nehmen.⁶⁹⁶ Dem Regress steht auch nicht der Umstand entgegen, dass es sich beim unberechtigten Fahrer um den Sohn des VN handelt, der mit diesem in häuslicher Gemeinschaft lebt.⁶⁹⁷ **364b**

Wegen der Beschränkung der Leistungsfreiheit bei Obliegenheitsverletzungen oder Gefahrerhöhung gem. §§ 5, 6 KfzPflVV kann sich der Versicherer nunmehr aber auch im Rahmen der subsidiären Einstandspflicht gegenüber den SVT und anderen Schadenversicherern bei über 5 000,00 € hinausgehenden Schäden nicht mehr auf seine Leistungsfreiheit berufen.⁶⁹⁸ **364c**

Nach § 10 Abs. 2 AKB 2007 bzw. A.1.2 AKB 2008 ist in der Kfz-Haftpflichtversicherung der Fahrer mitversichert. Daher liegt bezüglich seiner Person versicherungsrechtlich eine Versicherung für fremde Rechnung nach §§ 43 ff. VVG n. F. (früher §§ 74 ff. VVG) vor, die einem Vertrag zugunsten Dritter ähnlich ist. Daraus ergibt sich, dass Einwendungen des Kfz-Haftpflichtversicherers gegenüber dem VN (Halter) auch dem Versicherten gegenüber geltend gemacht werden können. Denn der Mitversicherte hat grds. nur insoweit Versicherungsschutz, als ihn der VN für ihn vorhält (vgl. auch § 3 Abs. 3 AKB 2007 bzw. F.3 AKB 2008). **365**

Zum Schutz des Mitversicherten greift hier die Sonderregelung des § 158i VVG (seit dem 1.1.2008 § 123 VVG) ein, wonach der Versicherer die Leistungsfreiheit dem Mitversicherten nur entgegenhalten kann, wenn die relevanten, die Leistungsfreiheit begründenden Umstände in dessen Person vorliegen oder diesem bekannt oder aus grober Fahrlässigkeit unbekannt waren. Insoweit trägt der **365a**

---

693 Vgl. *BGH* VersR 1971, 238; *Prölss/Martin* § 117 VVG Rn. 29.
694 BGHZ 80, 332 = NJW 1981, 1843 = VersR 1981, 971 = DAR 1981, 258 = zfs 1981, 274.
695 BGHZ 88, 296 = NJW 1984, 240 =VersR 1983, 1132 = DAR 1984, 54 = zfs 1983, 363 (364).
696 Vgl. *BGH* VersR 1984, 327 = DAR 1984, 146.
697 Vgl. *BGH* a. a. O.
698 Vgl. *Prölss/Martin* § 5 KfzPflVV Rn. 15; Schwintowski/Brömmelmeyer/*Huber* § 117 VVG Rn. 25.

Versicherer die Beweislast. In diesem Zusammenhang setzt § 123 Abs. 4 VVG n. F. auch keinen bestehenden Versicherungsvertrag mehr voraus.

III. Nachhaftung

366 Von wesentlicher Bedeutung ist noch die Nachhaftung des KH-Versicherers aus § 117 Abs. 2 VVG n. F. (früher § 3 Abs. 5 PflVG). Sie endet erst einen Monat nach dem Zeitpunkt, in dem der KH-Versicherer der Zulassungsstelle die Beendigung oder das Nichtbestehen des Versicherungsverhältnisses nach § 25 Abs. 1 FZV (früher § 29c Abs. 1 StVZO) angezeigt hat. Auch diese Regelung dient dem Verkehrsopferschutz für den Fall, dass der VN das Fahrzeug nach Beendigung des Versicherungsverhältnisses weiter benutzt, ehe die Zulassungsstelle ihm dies untersagen konnte. Auch im Fall der Nachhaftung darf der KH-Versicherer – sogar in vollem Umfang – wegen seiner Aufwendungen Regress gegen seinen VN nehmen.

IV. Haftung der Zulassungsstelle

367 Hat der KH-Versicherer jedoch die ihm obliegende Pflicht, die Beendigung oder das Nichtbestehen des Versicherungsverhältnisses der Zulassungsstelle anzuzeigen, rechtzeitig erfüllt, dann wird dem Geschädigten in der Regel der Träger der Zulassungsstelle wegen Verletzung seiner Amtspflicht haften, wenn die Zulassungsstelle, obwohl sie durch diese Anzeige von der Beendigung der Haftpflichtversicherung rechtzeitig Kenntnis erlangt hat, entgegen § 25 Abs. 4 FZV (früher § 29d Abs. 2 StVZO) nicht unverzüglich den Kfz-Schein bzw. die Zulassungsbescheinigung eingezogen und das amtliche Kennzeichen entstempelt hat.[699]

368 Dass der Zulassungsstelle diese Amtspflicht nicht nur gegenüber der Allgemeinheit obliegt, sondern auch gegenüber den Verkehrsteilnehmern, die durch ein nichtversichertes Fahrzeug geschädigt werden können, entspricht ständiger Rechtsprechung.[700] Diese sind also »Dritte« im Sinne von § 839 BGB. Die Amtspflicht auf Außerbetriebsetzung eines nicht mehr versicherten Kfz besteht auch gegenüber dem Mitfahrer (Insassen) in dem nicht (mehr) versicherten Fahrzeug[701] wie überhaupt gegenüber allen potenziellen Opfern des Straßenverkehrs.[702]

368a Demgegenüber dient die Verpflichtung des Beamten einer Zulassungsstelle, das Datum der Erstzulassung eines Kfz sorgfältig zu ermitteln und richtig in den Kfz-Brief einzutragen, nicht dem Schutz der Vermögensinteressen des Erwerbers eines Kfz bezüglich seiner eigenen Dispositionen.[703] Die Einführung des Kfz-Briefes durch die Verordnung über den Kraftfahrzeugverkehr vom 11.4.1934 sollte in erster Linie dazu dienen, eine geeignete Handhabe zur Sicherung des Eigentums am Kfz zu schaffen. Demgemäß hat der *BGH* in ständiger Rechtsprechung die Auffassung vertreten, dass die Amtspflichten, die den Beamten der Zulassungsstelle hinsichtlich der Behandlung von Kfz-Briefen auferlegt sind, nur gegenüber dem Eigentümer, dem dinglich Berechtigten an dem Kfz und demjenigen, der aufschiebend Eigentum daran erworben hat, bestehen.[704]

---

699 Vgl. *BGH* VersR 1981, 1154 = DAR 1981, 386; *LG Kiel* VersR 1988, 806 = zfs 1988, 308 (bei fehlerhafter Entstempelung).

700 Vgl. BGHZ 20, 53 = NJW 1956, 867 = VersR 1956, 298 = VRS 10, 415; VersR 1959, 1025; VersR 1961, 131 = VRS 21, 94; NJW 1965, 1524 = VersR 1965, 591 = DAR 1965, 178 = VRS 29, 8; VersR 1966, 237; VersR 1976, 885; NJW 1980, 1792 = VersR 1980, 457 (458) = DAR 1980, 251; NJW 1982, 988 = VersR 1981, 1154 = DAR 1981, 336 = MDR 1982, 210 = zfs 1982, 36 = VRS 62, 17; NJW 1982, 2188 = VersR 1982, 242 = DAR 1982, 98 = MDR 1982, 463 = VRS 62, 168; NJW 1984, 228.

701 Vgl. *BGH* NJW 1982, 988 = VersR 1981, 1154 = DAR 1981, 386 = VRS 62, 17.

702 Vgl. *BGH* NJW 1960, 240 = VersR 1960, 75; NJW 1961, 1572 = VersR 1961, 631; NJW 1980, 1792 = VersR 1980, 457 = DAR 1980, 251; Geigel/*Kapsa* 20. Kap. Rn. 176.

703 Vgl. *BGH* NJW 1982, 2188 = VersR 1982, 242 = DAR 1982, 98 (99,1. Sp.) = MDR 1982, 463 = zfs 1982, 131 (132) = VP 82, 67 (L) = VRS 62, 168; *BGH* NJW 1973, 458 = VersR 1973, 317; a. A. *Schlechtriem* NJW 1970, 1993 (1995).

704 Vgl. BGHZ 10, 122 (125) = NJW 1953, 1743; NJW 1953, 1910 (1911) = VersR 1953, 483; NJW 1973,

H. Rückgriff auf die Gesamtschuldhaftung des Haftpflichtversicherers — Kapitel 4

Grundsätzlich haftet für den Schaden des Verletzten nach § 839 BGB in Verbindung mit Art. 34 GG die Körperschaft, bei der der schuldige Amtsträger angestellt war (Anstellungskörperschaft).[705] Demgegenüber kommt es nicht darauf an, ob auch die Aufgabe, bei deren Erfüllung die Amtspflicht verletzt wurde, nach der Funktionstheorie in den Aufgabenkreis dieser Körperschaft fällt.[706] Auch wenn ein Kommunalbeamter mit staatlichen Aufgaben beauftragt war, haftet für ihn nicht das Land, sondern der Kommunalverband.[707]

369

Die Haftung des Trägers der Zulassungsstelle ist dabei auf die gesetzlichen Mindestversicherungssummen beschränkt.[708]

369a

---

458 = VersR 1973, 317; BGHZ 30, 374 (377) = NJW 1960, 34 = VersR 1959, 1025 (1026); *BGH* NJW 1965, 911 (912) = VersR 1965, 441 (442); *BGH* NVwZ-RR 2003, 543.
705 Vgl. BGHZ 20, 53; *BGH* VersR 1981, 1154 = DAR 1981, 386.
706 Vgl. dazu: BGHZ 6, 215 (219: »Anstellungstheorie«).
707 Vgl. dazu: BGHZ 87, 202 = VersR 1983, 856 = VRS 65, 241; *Weber* DAR 1984, 161 (172).
708 Vgl. *BGH* NJW 1990, 2615 = VersR 1991, 73 = DAR 1990, 383 = NZV 1990, 427; Geigel/*Kapsa* 20. Kap. Rn. 154.

Kapitel 5 Unfälle mit Kindern und Minderjährigen im Straßenverkehr

Übersicht

		Rdn.
A.	Haftung von Kindern und Minderjährigen	1
B.	Ansprüche von Kindern und Minderjährigen	6
I.	Materielle Ansprüche	6
	1. Heilungskosten	8
	a) Besuchskosten	11
	b) Unterhaltung, Lektüre, Spiele	15
	c) Vorteilsausgleichung	16
	d) Mitverschulden	17
	aa) Radfahren ohne Helm	00
	bb) Verweigerung einer Operation zur Beseitigung von Gesundheitsschäden:	18
	2. Mehrbedarfsschaden (Kosten wegen vermehrter Bedürfnisse § 843 BGB)	19
	a) Entstehung des Anspruchs	24
	b) Begriff der Mehraufwendungen	25
	c) Pflege	27
	d) Ausbildungskosten	29
	3. Verdienstausfallschaden	31
	4. Haushaltsführungsschaden	41
	5. Beerdigungskosten	42
	6. Schadensersatz wegen entgangener Dienste	45
	7. Kapitalisierung von Renten	47
	8. Sicherung des Kapitals	53
II.	Immaterielle Ansprüche – Schmerzensgeld	62
	1. Vererblichkeit des Schmerzensgeldanspruchs	67
	2. Schmerzensgeldkriterien	70
	3. Das Alter des Verletzten	72
	a) Schmerzempfindlichkeit	73
	b) Krankenhausbehandlung von Kindern und Minderjährigen	75
	c) Lange Dauer der Leiden	81
	d) Minderung der Erwerbstätigkeit	85
	e) Dauerschäden	90
	f) Verminderung der Heiratschancen	102
	g) Entgangene Lebensfreuden	103
	4. Vorgehen zur richtigen Bemessung des Schmerzensgeldes	104
	5. Schmerzensgeldrente	105
	a) Anspruch des jungen Menschen	105
	b) Anspruch des alten Menschen	109
	c) Kapitalwert der Rente	110
	d) Dynamische Schmerzensgeldrente	113
C.	Sozialversicherungsrecht – §§ 104 ff. SGB VII	119
D.	Prozessrecht	123
I.	Klagezustellung	123
II.	Beweismaß für die haftungsbegründende und haftungsausfüllende Kausalität	124
III.	Klageanträge	127
	1. Antrag auf Zahlung einer Rente	127
	2. Antrag auf Zahlung eines Schmerzensgeldes	130
IV.	Abänderungsklage	133
	1. Abänderungsklage bei der Mehrbedarfsrente	134
	2. Abänderungsklage bei der Schmerzensgeldrente	136

Schrifttum

Bernau, Führt die Haftungsprivilegierung des Kindes in § 828 II BGB zu einer Verschärfung der elterlichen Aufsichtshaftung aus § 823 I BGB? NZV 2005, 234 ff.; *ders.*, Die Aufsichtshaftung der Eltern nach § 832 BGB – im Wandel! 2005; *Bloemertz*, Die Schmerzensgeldbegutachtung 4. Aufl. 1984; *Danzl/Gutiérrez-Lobos/Müller*, Das

Schmerzensgeld in medizinischer und juristischer Sicht 8. Aufl. 2004; *Dauner-Lieb*, Anwaltskommentar, 2. Aufl. 2011, Schuldrecht Bd. 2; *Diederichsen*, Die Rspr. des BGH zum Haftpflichtrecht DAR 2008, 301 ff.; *dies.*, Neues Schadensersatzrecht: Fragen der Bemessung des Schmerzensgeldes und seiner prozessualen Durchsetzung VersR 2005, 433; *Drees*, Schadensersatzansprüche wegen vermehrter Bedürfnisse VersR 1988, 784 ff.; *Eggert*, Praxis des Straßenverkehrsrechts 4. Aufl. 2007; *Emberger/Zerlauth/Sattler*, Das ärztlichen Gutachten 1998; *Halm/Scheffler*, Schmerzensgeldrente und Abänderungsklage nach § 323 ZPO DAR 2004, 71; *Haupfleisch*, Forderung aus der Praxis für menschengerechten Schadensersatz DAR 2003, 403 ff.; *Henke*, Die Schmerzensgeldtabelle 1969; *Hernig/Schwab*, Kinder als Unfallopfer – Schutz vor finanziellen Spätfolgen nach der Abfindung SP 2005, 8 f.; *Hoffmann/Schwab/Tolksdorf*, Abfindungsregelungen nach Unfällen von Kindern sowie angepasste Lösungen für ältere und andere besonders schutzbedürftige Menschen. Nachhaltige Sicherung der Geldsummen DAR 2006, 666; *Huber*, Antithesen zum Schmerzensgeld ohne Schmerzen – Bemerkungen zur objektiv-abstrakten und subjektiv-konkreten Schadensberechnung ZVR 2000, 218, 231; *ders.*, Schmerzensgeld ohne Schmerzen bei nur kurzzeitigem Überleben der Verletzung im Koma – eine sachlich gerechtfertigte Transferierung von Vermögenswerten an die Erben NZV 1998, 345 ff.; *Jaeger*, Höhe des Schmerzensgeldes bei tödlichen Verletzungen im Lichte der neueren Rspr. des BGH VersR 1996, 1177 ff.; *ders.*, Schmerzensgeld bei Zerstörung der Persönlichkeit und bei alsbaldigem Tod MDR 1998, 450 ff.; *Jaeger/Luckey*, Schmerzensgeld 5. Aufl. 2010; *Knöpfel*, Billigkeit und Schmerzensgeld AcP 155 (1956), 135, 147; *Koziol*, Die Bedeutung des Zeitfaktors bei der Bemessung ideeller Schäden in FS Hausheer 2002; *Küppersbusch*, Ersatzansprüche bei Personenschaden 10. Aufl. 2010; *Lang*, Der Abfindungsvergleich beim Personenschaden VersR 2005, 894; *Lieberwirth*, Das Schmerzensgeld 3. Aufl. 1965; *Lorenz*, Schmerzensgeld für die durch eine unerlaubte Handlung wahrnehmungs- und empfindungsunfähig gewordenen Verletzten? in FS für Wiese; *Ludovisy*, (Hrsg.) Praxis des Straßenverkehrsrechts 4. Aufl. 2007; *Münchner Kommentar*, BGB 2. Aufl. 1986; *Nehls*, Kapitalisierung und Verrentung von Schadensersatzforderungen zfs 2004, 193 ff.; *ders.*, Der Abfindungsvergleich beim Personenschaden SVR 2005, 161 ff.; *Notthoff*, Voraussetzungen der Schmerzensgeldzahlungen in Form einer Geldrente VersR 2003, 966; *Scheffen/Pardey*, Schadensersatz bei Unfällen mit Minderjährigen 2. Aufl. 2003; *Slizyk*, Beck'sche Schmerzensgeldtabelle – von Kopf bis Fuß 6. Aufl. 2010; *Steenbuck*, Haftungsrechtliche Konsequenzen des Missbrauchs elterlicher Vertretungsmacht FamRZ 2007, 1064; *Steiner/Bauer/Salamon/Robatsch*, Einführung einer Radhelmpflicht für Kinder bis zum vollendeten 12. Lebensjahr, ZVR 2011, 265 ff.; *Ternig*, Kinder im Straßenverkehr und das Schadensersatzrecht SVR 2008, 250; *Vorwerk/Freyberger*, Prozessformularbuch 7. Aufl. 2002; *Wagner*, Ersatz immaterieller Schäden: Bestandsaufnahme und europäische Perspektiven JZ 2004, 319.

A. Haftung von Kindern und Minderjährigen

Kinder und Minderjährige können sowohl Gläubiger als auch Schuldner von Schadensersatzansprüchen aus einem Verkehrsunfall sein. 1

Nach § 828 Abs. 2 BGB besteht eine nur »sektorale« Deliktsfähigkeit ab zehn Jahren im Straßenverkehr. Bei einem »Unfall mit einem Kraftfahrzeug« sind Kinder unterhalb dieser Altersgrenze mithin weder Anspruchsgegner, noch kann ihnen ein Mitverschulden entgegengehalten werden. Dahinter steht der Gedanke, dass Kinder bis zur Vollendung des zehnten Lebensjahres regelmäßig überfordert sind, die besonderen Gefahren des motorisierten Straßenverkehrs zu erkennen, insbesondere die Entfernungen und Geschwindigkeiten von anderen Verkehrsteilnehmern richtig einzuschätzen und sich diesen Gefahren entsprechend zu verhalten. Ein besonderes Problem stellen Zusammenstöße von Kindern mit parkenden Fahrzeugen dar. Bei verkehrsbedingt haltenden Fahrzeugen ist § 828 Abs. 2 BGB nach Auffassung des *BGH* einschlägig.[1] Allerdings wird eine einschränkende Auslegung, eine teleologische Reduktion, des Merkmals »Unfall mit einem Kraftfahrzeug« vorgenommen,[2] sodass ein Unfall eines Kindes mit einem parkenden Auto in der Regel nicht mehr von § 828 Abs. 2 BGB erfasst ist, da es hier an der typischen Überforderungssituation des fließenden Verkehrs fehlt. Anders hat 2

---

[1] *BGH* Urt. v. 17.4.2007 – Az. VI ZR 109/06, VersR 2007, 855 ff.
[2] *BGH* Urt. v. 30.9.2004 – Az. VI ZR 335/03, NJW 2005, 354 ff. = VersR 2005, 376 ff. = BGHR 2005, 357 ff.; Urt. v. 30.11.2004 – Az. VI ZR 365/03, NJW 2005, 356 ff. = VersR 2005, 380 f. = MDR 2005, 390; *Diederichsen* DAR 2008, 301 ff.; gegen eine teleologische Reduktion und für eine Einschränkung des Wortlauts plädierte der V. Arbeitskreis des 42. Verkehrsgerichtstags DAR 2004, 133 und SVR 2004, 78.

dies der *BGH*[3] gesehen, wenn ein 9 Jahre alter Junge mit dem Fahrrad gegen ein mit geöffneten hinteren Türen am Fahrbahnrand stehendes Fahrzeug fährt. In diesem Fall ist der *BGH* von einer typischen Überforderungssituation ausgegangen, weil der Fahrer des Fahrzeugs eine besondere Gefahrenlage geschaffen habe, der das Kind, das zudem erst ca. 20 m vor dem parkenden Fahrzeug aus einer anderen Straße eingebogen sei, nicht gewachsen gewesen sei. Das Kind sei überfordert gewesen, die Gefahr richtig einzuschätzen und sich entsprechend zu verhalten.[4] Dementsprechend ist eine Haftung ebenfalls ausgeschlossen, wenn das vom Kind losgelassene und weiter rollende Fahrrad auf die Straße rollt und dort ein vorbeifahrendes (!) Kfz beschädigt.[5]

3 Die gesetzliche Änderung sollte zudem verhindern, dass ein Unfall mit Kindern als »unabwendbar« eingestuft werden kann, sodass ein Anspruch des geschädigten Kindes entfallen wäre.[6]

4 Scheidet die Haftung eines Kindes wegen § 828 BGB aus, kann sich ein Schadensersatzanspruch und damit auch ein Schmerzensgeldanspruch aus § 832 BGB gegen den oder die Aufsichtspflichtigen ergeben. Allerdings lässt sich hier ein erhöhtes Maß an Aufsichtsbedürftigkeit nicht schon aus der Neuregelung des § 828 BGB unter Hinweis darauf begründen, die nach § 828 BGB im Straßenverkehr verschuldensunfähigen Kinder bedürften nun bereits kraft Gesetzes wegen »erwiesener« und gesetzlich festgeschriebener Unfähigkeit, sich im Straßenverkehr angemessen zu verhalten, verstärkter Aufsicht. Erste Urteile zum neuen Recht lehnen eine – solcherart dem § 828 Abs. 2 BGB korrespondierende – automatisch verstärkte Aufsichtspflicht der Eltern ab.[7] Auch die Literatur stimmt dem weitgehend zu.[8] Kann von diesen kein Ersatz erlangt werden, ist eine Billigkeitshaftung nach § 829 BGB möglich. Daran kann insbesondere gedacht werden, wenn das Kind haftpflichtversichert ist. Allerdings ist das Bestehen einer Haftpflichtversicherung alleine kein Grund, eine Billigkeitshaftung anzunehmen.[9]

5 Verfassungsrechtliche Bedenken gegen die volle und uneingeschränkte Haftung Minderjähriger werden unter dem Gesichtspunkt geltend gemacht, dass Kinder, die leicht fahrlässig einen für sie existenzvernichtend hohen Schaden verursacht haben, deswegen von dem eintrittspflichtigen Versicherer in Regress genommen werden können.[10] Es ist jedoch auch zu berücksichtigen, dass in Anspruch genommene Kinder und Minderjährige ein **Restschuldbefreiungsverfahren** einleiten können, sofern sie nicht vorsätzlich gehandelt haben.

B. Ansprüche von Kindern und Minderjährigen

I. Materielle Ansprüche

6 Materiell-rechtliche Ansprüche von Kindern und Minderjährigen bieten grundsätzlich keine Besonderheiten gegenüber den Ansprüchen Erwachsener. Ausgleichsfähig sind die unmittelbaren und die mittelbaren Folgen eines Unfalls, also die Schäden an Rechtsgütern (materieller Schaden) sowie Körper und Gesundheit (immaterieller Schaden). Als mittelbare Folgen können Vermögensschäden und Sachfolgeschäden zu ersetzen sein.

---

3 *BGH* Urt. v. 11.3.2008 – Az. VI ZR 75/07 – VersR 2008, 701 = VRR 2008, 263.
4 Vgl. zur Problematik auch *Ternig* SVR 2008, 250.
5 *BGH* Urt. v. 11.3.2008 – Az. VI ZR 75/07 – VersR 2007, 1669.
6 Plastisch hierzu *OLG Celle* Urt. v. 8.7.2004 – Az. 14 U 125/03 – SVR 2004, 384 = NZV 2005, 261 f. (zum alten Recht: Kinderunfall als unabwendbares Ereignis) und *OLG Oldenburg* Urt. v. 4.11.2004 – Az. 1 U 73/04 – ZGS 2005, 33 ff. (zum neuen Recht: keine höhere Gewalt bei Kinderunfall).
7 *OLG Oldenburg* Urt. v. 4.11.2004 – Az. 1 U 73/04, VersR 2005, 807 ff. = MDR 2005, 631 = ZGS 2005, 33 ff.
8 So *Bernau* NZV 2005, 234 ff.; *ders.* S. 305 ff.; vgl. schon *Jaeger/Luckey* Rn. 312; vgl. ferner *Eggert* Teil 4 Rn. 206.
9 So zu Recht auch *LG Heilbronn* Urt. v. 5.5.2004 – Az. 7 S 1/04, NZV 2004, 464 = NJW 2004, 2391.
10 *OLG Celle* »Vorlagebeschluss« v. 26.5.1989 – Az. 4 U 53/88, NJW-RR 1989, 791 ff.

Gegenstand dieses Kapitels sind vorwiegend die Ansprüche, die wegen der Jugend der Verletzten Be- 7
sonderheiten bieten, also
- Heilungskosten
- Mehrbedarfsschaden
- Verdienstausfallschaden und am Rande:
- Haushaltsführungsschaden
- Beerdigungskosten und
- Ansprüche wegen entgangener Dienste.

1. Heilungskosten

Zu ersetzen sind die Kosten zur Wiederherstellung der Gesundheit, die aus ärztlicher Sicht notwen- 8
dig und angemessen sind. Ist der Verletzte gesetzlich krankenversichert, soll er sich in der Regel mit
den Leistungen der gesetzlichen Krankenversicherung zufrieden geben müssen und darf keine privatärztliche Behandlung in Anspruch nehmen.

Soweit eine private oder gesetzliche Krankenversicherung eingreift, gehen die Ansprüche kraft Ge- 9
setzes auf den Versicherer über und dem Verletzten stehen keine Ersatzansprüche mehr zu. Übernehmen die Eltern die Heilbehandlungskosten für das Kind, haben sie aus Geschäftsführung ohne Auftrag als Gesamtgläubiger einen Erstattungsanspruch, weil sie auch ein fremdes Geschäft geführt
haben. Würde man diesen Anspruch verneinen, stünde dem verletzten Kind oder Minderjährigen
der Anspruch zu, weil auf den Schaden keine Leistungen Dritter anzurechnen sind, die nach ihrer
Natur dem Schädiger nicht zugutekommen sollen. Dieser allgemeine Rechtsgedanke hat in § 843
Abs. 4 BGB einen Ausdruck gefunden.

Gerade für Kinder und Minderjährige können aber weitere Kosten der Heilbehandlung anfallen: 10

a) Besuchskosten

Das sind bei Kindern und Minderjährigen zunächst die Besuchskosten. Als ersatzfähig angesehen 11
werden nur Kosten naher Angehöriger. Warum Kindern und Minderjährigen kein Ersatzanspruch
zustehen soll, wenn an Stelle der Eltern/Großeltern und gegebenenfalls der Geschwister eine enge
Bezugsperson zu Besuch ins Krankenhaus kommt, ist unerfindlich.

Anspruchsberechtigt ist in Bezug auf die Besuchskosten immer nur das Kind, nicht die Angehörigen. 12
Der Anspruch wird nur dann anerkannt, wenn die **Besuche die Heilung fördern**. Bei Kindern und
Minderjährigen wird dies in der Regel durch die behandelnden Ärzte bejaht werden. Ohne Zweifel
haben die Besuche bei kleinen Kindern eine die Heilung fördernde Wirkung. Dies wird schon dadurch belegt, dass die gesetzlichen Krankenversicherungen für die Mutter in geeigneten Fällen die
Kosten für das so genannte »rooming in« übernehmen.

Wie oft Kinder und Minderjährige im Krankenhaus auf Kosten des Schädigers besucht werden dür- 13
fen, ist nicht einheitlich zu beantworten. Sofern in Entscheidungen festgestellt wird, dass die Kosten
für drei, vier oder fünf Besuche in der Woche zu erstatten sind, bedeutet das nicht unbedingt, dass
nicht auch die Kosten für tägliche Besuche zuerkannt worden wären; denn diese Entscheidungen
lassen oft nicht erkennen, ob der Verletzte täglich oder nur mehrfach in der Woche besucht wurde.
Wurde er nicht täglich besucht, kann er natürlich auch nur die Kosten für die tatsächlich erfolgten
Besuche liquidieren und das Gericht wird entsprechend entscheiden.

Zu den Besuchskosten gehören unter anderem Fahrtkosten, Betreuungskosten für Geschwisterkin- 14
der und Verdienstausfall des Besuchers. Dieser soll allerdings verpflichtet sein, den Besuch zeitlich so
einzurichten, dass möglichst kein Verdienstausfall entsteht. Auf die näheren Einzelheiten wird in diesem Kapitel nicht eingegangen. Nicht ersetzt wird der reine Zeitaufwand, der einen nicht erstattungsfähigen Vermögensschaden darstellt.

b) Unterhaltung, Lektüre, Spiele

15 Aufwendungen des Patienten für Spiele, Bücher oder Fernsehen sollen dagegen nicht erstattungsfähig sein, weil für den Krankenhausaufenthalt ein Schmerzensgeld zuerkannt werden wird und diese Aufwendungen aus dem Schmerzensgeld bestritten werden sollen. Das ist unhaltbar. Für Kinder und Minderjährige sind solche Aufwendungen im Krankenhaus unverzichtbar, weil sie – wie die Besuche von Bezugspersonen – die Heilung fördern. Würde man sie nur über das Schmerzensgeld ausgleichen, müsste dieses höher ausfallen. Es gibt aber keine Entscheidung, in der die Langeweile eines Patienten oder Aufwendungen zu deren Vermeidung als Kriterium des Schmerzensgeldes besonders berücksichtigt worden wäre.

c) Vorteilsausgleichung

16 Gegebenenfalls ist eine Vorteilsausgleichung vorzunehmen. Bei stationärer Behandlung muss der Verletzte sich häusliche Ersparnisse anrechnen lassen, die schon mit bis zu 15 Euro täglich bewertet werden. Für Kinder und Minderjährige werden 5 bis 7,50 Euro genannt.

d) Mitverschulden

17 Auch bei Kindern und Minderjährigen ist zu prüfen, ob gegen die Pflicht zur Schadensminderung verstoßen wurde.

aa) Radfahren ohne Helm

Noch immer fehlt in der BRD eine gesetzliche Regelung, die für Kinder beim Fahrradfahren das Tragen eines Schutzhelms zur Pflicht macht. Dabei ist zu beobachten, dass die Akzeptanz einer Radhelmpflicht in der Bevölkerung hoch ist, es sprechen sich mehr als 90 % für eine Helmpflicht (mindestens) für Kinder aus. Eine Radhelmpflicht für Kinder besteht z. B. in Estland, Finnland, Island, Litauen, Österreich, Schweden, Slowakei, Spanien und Tschechien.[11]

Allerdings bleibt in Österreich ein Verstoß gegen die Radhelmpflicht folgenlos. Das Nichttragen eines Helms begründet auch kein Mitverschulden des Kindes an den Folgen des Unfalls. Dadurch soll sichergestellt werden, dass die Helmpflicht ausschließlich dem Schutz der Kinder vor Kopfverletzungen dient, nicht aber den Eltern die finanziellen Konsequenzen des Unfalls aufgebürdet werden.[12]

bb) Verweigerung einer Operation zur Beseitigung von Gesundheitsschäden:

Auch junge Menschen haben unter Umständen die Pflicht, sich weiteren Operationen zu unterziehen, um den Gesundheitsschaden gering zu halten. Das gilt aber nur, wenn eine Folgeoperation zumutbar ist, weil sie nicht mit besonderen Risiken oder erheblichen Schmerzen verbunden ist und wenn sie sichere Aussicht auf Handlung oder Linderung bietet.

18 Kommt es im Rahmen der Behebung von Unfallfolgen zu unverständigen Fehlentscheidungen der Eltern, kann sich dies auf die Höhe des Ersatzanspruchs auswirken. Das Verhältnis zwischen Schädiger und Verletztem ist ein besonderes Schuldverhältnis, in dem das Verschulden eines Erfüllungsgehilfen dem Verletzten zugerechnet wird.[13]

2. Mehrbedarfsschaden (Kosten wegen vermehrter Bedürfnisse § 843 BGB)

19 Der Begriff »Vermehrung der Bedürfnisse« umfasst nach der Rspr. des *VI. Zivilsenats des BGH* alle unfallbedingten Mehraufwendungen, die den Zweck haben, diejenigen Nachteile auszugleichen, die

---

11 Vgl. *Steiner/Bauer/Salamon/Robatsch* ZVR 2011, 265 (266).
12 *Stowasser* Kinderradhelmpflicht und Haftung im Zivil- und Strafrecht, ZVR 2011, 322 ff.
13 *Scheffen/Pardey* Rn. 144, 856.

dem Verletzten infolge dauernder Beeinträchtigung seines körperlichen Wohlbefindens entstehen.[14]

Das Gesetz knüpft daran an, dass der Körperschaden durch weitere Heilbehandlung nicht mehr behoben werden kann. Soweit die Wiederherstellung der Gesundheit nicht möglich ist und dem Geschädigten dadurch ein erhöhter Geldbedarf entsteht, ist dieser auszugleichen. Zu den eigentlichen Heilungskosten nach einer Körperverletzung zählen nur vorübergehend anfallende Aufwendungen, zu den vermehrten Bedürfnissen zählt hingegen der Aufwand, mit dessen Anfall längerfristig zu rechnen ist.[15] Damit ist der Rentenanspruch nach § 843 Abs. 1 Alt. 2 BGB das Gegenstück zu dem in § 253 Abs. 2 BGB geregelten Schmerzensgeldanspruch, der diejenigen immateriellen Beeinträchtigungen ausgleichen soll, die durch Heilbehandlung nicht weiter beseitigt werden können.

Die Grundlagen für den Mehrbedarfsschaden sind konkret und nachvollziehbar darzulegen. Die Schilderung punktueller Vorgänge genügt nicht; wer seine alltäglichen Dinge nicht mehr allein erledigen kann, hat die Verrichtungen zu schildern, bei denen er einer Hilfe bedarf.[16]

Der Mehrbedarf bemisst sich nach den Dispositionen, die ein verständiger Geschädigter bei der von ihm in zumutbarer Weise gewählten Lebensgestaltung getroffen hätte. Da es wie immer auf die individuelle Situation des Verletzten ankommt, ist seine etwaige Vorschädigung zu beachten.

Besonders wichtig ist hier die genaue Trennung zwischen den als vermehrte Bedürfnisse zu ersetzenden (materiellen) Vermögensschäden und den in den immateriellen Bereich fallenden Nachteilen. So können z. B. Aufwendungen zur Vertreibung der Langeweile während des stationären Aufenthalts oder häuslichen Krankenstandes, wie der Kauf von Spielen, Zeitschriften etc. nicht als vermehrte Bedürfnisse geltend gemacht werden.

a) Entstehung des Anspruchs

Der Anspruch entsteht mit dem Eintritt vermehrter Bedürfnisse. Deshalb besteht der Ersatzanspruch unabhängig davon, ob der Verletzte die Aufwendungen tatsächlich getätigt, sich das Hilfsmittel tatsächlich beschafft hat oder nicht. Dabei spielt es auch keine Rolle, ob die Anschaffung aus Geldmangel unterblieb oder ob der Verletzte an sich unzumutbare Anstrengungen unternommen hat, um ohne dass Hilfsmittel oder die Inanspruchnahme Dritter auszukommen.

b) Begriff der Mehraufwendungen

Es muss sich grundsätzlich um Mehraufwendungen handeln, die dauernd und regelmäßig erforderlich sind und die nicht der Wiederherstellung der Gesundheit dienen.[17] Der Begriff »vermehrte Bedürfnisse« in § 843 Abs. 1 Alt. 2 BGB umfasst nur solche Mehraufwendungen, die dem Geschädigten im Vergleich zu einem gesunden Menschen erwachsen und sich daher von den allgemeinen Lebenshaltungskosten unterscheiden, welche in gleicher Weise vor und nach einem Unfall anfallen.[18] So kommen als ersatzpflichtige Kosten z. B. erhöhte Ausgaben für Verpflegung und Ernährung (Diät), Aufwendungen für Kuren und orthopädische Hilfsmittel sowie Pflegekosten und Kosten für Haushaltshilfen in Betracht.[19]

---

14 *BGH* Urt. v. 20.5.1958 – Az. VI ZR 130/57 – VersR 1958, 454; Urt. v. 30.6.1970 – Az. VI ZR 5/69 – VersR 1970, 899; Urt. v. 25.9.1973 – Az. VI ZR 49/72 – VersR 1974, 162; Urt. v. 19.5.1981 – Az. VI ZR 108/79 – MDR 1982, 569 = VersR 1982, 238.
15 MüKo/*Wagner* § 843 Rn. 56.
16 *OLG Hamm* DAR 2003, 118.
17 *BGH* Urt. v. 19.11.1955 – Az. VI ZR 134/54 – VersR 1956, 22 f.; Urt. v. 19.5.1981 – Az. VI ZR 108/79 – MDR 1982, 569 = VersR 1982, 238.
18 *BGH* Urt. v. 11.2.1992 – Az. VI ZR 103/91 – VersR 1992, 1235 f.
19 Vgl. *Drees* VersR 1988, 784 ff.

26 Zu den vermehrten Bedürfnissen rechnet die medizinische Dauerversorgung[20] ebenso wie Massagen oder krankengymnastische Übungen.[21]

c) Pflege

27 Der verletzungsbedingte Mehrbedarf kann in den Kosten für in Anspruch genommene fremde Pflegekräfte bestehen.[22] Dabei kommt es nicht darauf an, ob der pflegebedürftige Verletzte tatsächlich Pflegepersonal einstellt oder ob die Familie, Verwandte oder Freunde ihn pflegen und ihrerseits dafür entlohnt werden oder nicht.[23] Es können die fiktiven Pflegekosten in Anspruch genommen werden, also unter Umständen die Kosten eines Tagespflegeheims.[24]

28 Auszugleichen ist der Mehrbedarf auch, wenn die Pflege durch Angehörigen übernommen wird, auch wenn diesen dadurch kein Verdienstausfall entsteht. Die Vergütung richtet sich nach dem »Marktwert« einer fremden Pflegekraft.

d) Ausbildungskosten

29 Unterrichts- und Ausbildungskosten sind unproblematisch zu ersetzen, ebenso die Kosten, die beim Besuch einer Behindertenwerkstatt anfallen.

30 Einen Sonderfall entschied das *OLG Bamberg*,[25] das dem bei einem Unfall hirngeschädigten Jungen den (netto) Verdienstausfall des Vaters, eines Dipl.-Ing., zuerkannte. Der Vater hatte seinen Beruf aufgegeben, um den Jungen selbst zu unterrichten und dessen Leistungsniveau zu steigern, was weder der Sonderschule noch einem Privatlehrer gelungen war.

3. Verdienstausfallschaden

31 Grundsätzlich hat der Schädiger für alle Nachteile einzustehen, die im beruflichen Werdegang von Kindern und Minderjährigen eintreten. Das gilt insbesondere für Verzögerungen beim Eintritt ins Berufsleben, Änderungen von Studienbedingungen, Berufszugangsverschlechterungen wegen Veränderungen der Arbeitsmarktlage oder der Ausbildung oder für Minderverdienst wegen späterer Gehaltssteigerungen.

32 Bei Kindern und Minderjährigen ist besonders zu berücksichtigen, dass diese noch in der körperlichen und geistigen Entwicklung stehen. Deshalb ist zu prüfen, ob sie durch einen Unfall in der Entwicklung der Persönlichkeit gebremst wurden und in welchem Umfang der Unfall Auswirkungen auf die schulische und berufliche Entwicklung gehabt hat.

33 Bei Kindern im Vorschulalter werden leichtere Verletzungen für die spätere Entwicklung kaum Bedeutung haben. Dagegen können schwere Verletzungen mit langwieriger Heilungsdauer dazu führen, dass ein Kind später eingeschult wird. Bei einem Schüler kann ein unfallbedingter längerer Ausfall dazu führen, dass ein Schuljahr wiederholt werden muss, sodass entsprechende Verzögerungen eintreten. Soweit dies durch Nachhilfestunden vermieden werden kann, sind die dadurch entstehenden Kosten als vermehrte Bedürfnisse auszugleichen.

34 Um berufliche Nachteile zu ermitteln, ist zu prognostizieren, wie der Verlauf hypothetisch gewesen wäre und wie er nun tatsächlich zu erwarten ist.[26]

---

20 Vgl. *BGH* VersR 1991, 172.
21 Vgl. *KG* NZV 1992, 136.
22 Zur Urlaubsbegleitung nach den Umständen des Einzelfalles *OLG Düsseldorf* Urt. v. 19.11.1993 – Az. 22 U 135/93 – VersR 1995, 548.
23 MüKo/*Wagner* § 843 Rn. 67.
24 Vgl. *OLG Köln* FamRZ 1989, 178.
25 *OLG Bamberg* Urt. v. 28.6.2005 – Az. 5 U 23/05 – OLGR 2005, 750.
26 *Küppersbusch* Rn. 169 ff.

B. Ansprüche von Kindern und Minderjährigen

Bei Kindern und Minderjährigen ist immer eine **Prognose** bezüglich der weiteren Entwicklung des Verletzten zu stellen. Oft sind die Dauerfolgen einer schweren Verletzung noch unklar,[27] oder es fehlen Anhaltspunkte dafür, wie sich die berufliche Entwicklung ohne die Schädigung gestaltet hätte und wie sie sich gestalten wird. 35

Aus diesem Grund kann es ratsam sein, zunächst nur eine Feststellungsklage bezüglich des künftigen Verdienstausfallschadens zu erheben und die künftige Entwicklung abzuwarten. Es kann aber auch im Interesse der Eltern und des Verletzten oder auch im Interesse des Versicherers liegen, einen späteren Erwerbsschaden zu kapitalisieren.[28] 36

Mit einem Feststellungsurteil hatten sich die Eltern eines als Säugling ertaubten Knaben begnügt. Dieser hatte sich Taubstummer zum technischen Zeichner bis zur Vergütungsgruppe BAT Vc hochgearbeitet, konnte aber nicht weiter aufsteigen, weil er keine Verhandlungen führen und nicht telefonieren konnte. Im Alter von knapp 30 Jahren klagte er die Differenz zwischen dieser Vergütungsgruppe und der Beamtenbesoldung nach A 13 ein. Der 7. Zivilsenat des *OLG Köln* prognostizierte, dass er als Sohn eines Vorsitzenden Richters am *OLG*, dessen Schwester Ärztin und dessen Bruder Studienrat geworden war, im Alter von 26½ Jahren ebenfalls einen akademischen Abschluss erworben hätte, zumal er sein bisheriges Berufsziel infolge hoher Intelligenz und mit großem Fleiß erreicht hatte.[29] 37

Neben diesen Fragen, die die Schadenshöhe betreffen, kann auch die Laufzeit des auszugleichenden Verdienstausfallschadens offen sein. Prognostiziert werden muss nicht nur, welchen beruflichen Werdegang der Verletzte in einem manchmal recht langen Zeitraum genommen hätte, sondern auch die mutmaßliche Dauer der **Erwerbstätigkeit** und seine mutmaßliche **Lebensdauer**. Die Lebensumstände des Verletzten und sein wirtschaftliches Umfeld spielen dabei eine wichtige Rolle. Die Prognosen müssen aber sein und müssen auch in einem Rechtsstreit vom Richter gewagt werden.[30] Davon ist auch der *BGH*[31] ausgegangen, der sogar von »Spekulation« gesprochen hat. Werden Gerichte angerufen, um über eine Kapitalisierung zu entscheiden, müssen die Richter die notwendigen Prognosen wagen. 38

Daher werden, bis es zum Abschluss eines Abfindungsvergleichs kommt, häufig Meinungsverschiedenheiten bestehen z. B. 39
- zu den Berufschancen,
- zu etwaigen Einkommenssteigerungen,
- zum Mitverschulden.

Bei einem Abfindungsvergleich werden diese Unsicherheiten ebenfalls durch Prognosen berücksichtigt. 40

4. Haushaltsführungsschaden

Werden Kinder und Minderjährige bei einem Verkehrsunfall verletzt, entsteht diesen kein Haushaltsführungsschaden, solange sie dem elterlichen Hausstand angehören und von den Eltern erzogen und unterhalten werden. 41

5. Beerdigungskosten

Nach § 844 Abs. 1 BGB hat der Ersatzpflichtige die Beerdigungskosten[32] zu tragen. Dabei wird keine überholende Kausalität berücksichtigt. Mitverschulden und Betriebsgefahr mindern den Anspruch. Ebenso gezahltes Sterbegeld. 42

---

27 *Lang* VersR 2005, 894 (895 linke Spalte unten).
28 Zu den Grundlagen bei der Kapitalisierung von Renten vgl. unten Rdn. 47–52.
29 *OLG Köln* Urt. v. 29.1.1981 – Az. 7 U 85/80 n. v.
30 *BGH* Urt. v. 8.1.1981 – Az. VI ZR 128/79 – VersR 1981, 283 f.
31 *BGH* Urt. v. 8.1.1981 – Az. VI ZR 128/79 – VersR 1981, 283 f.
32 Zu den ersatzfähigen und den nicht ersatzfähigen Kosten vgl. Palandt/*Sprau* § 844 Rn. 1 ff.

43 Geschuldet werden die Beerdigungskosten nach dem sozialen Stand des Getöteten; es kommt nicht darauf an, ob sich die Familie die standesgemäße Beerdigung ohne die Ersatzpflicht des Schädigers überhaupt hätte leisten können.

44 Anspruchsberechtigt ist derjenige, der die Beerdigungskosten getragen hat, nächste Verwandte, Erben oder Geschäftsführer ohne Auftrag.

6. Schadensersatz wegen entgangener Dienste

45 Nach § 845 BGB hat der Schädiger durch Entrichtung einer Geldrente Ersatz für entgehende Dienste zu leisten, zu denen der Verletzte kraft Gesetzes einem Dritten in dessen Hauswesen oder Gewerbe verpflichtet war. Diese Bestimmung findet heute nur noch Anwendung auf mitarbeitende Kinder, insbesondere in der Landwirtschaft, die im Nebenerwerb betrieben wird. Zu beachten ist, dass es sich nicht um einen Anspruch der dienstverpflichteten Kinder und Minderjährigen, sondern um einen Anspruch des Dienstberechtigten handelt, der z. B. durch einen Vergleich des Verletzten mit dem Schädiger nicht berührt wird. Es gibt nur wenige Entscheidungen.[33]

46 Familienrechtliche Dienstleistungen kommen vor, wenn das Kind von den Eltern erzogen oder unterhalten wird und dem elterlichen Hausstand angehört, wenn ihm Kost und Unterkunft gewährt werden. Zu ersetzen ist der Wert der Dienstleistungen, der sich nach den **Kosten für eine Ersatzkraft** bemisst. Im Wege der Vorteilsausgleichung sind gegebenenfalls die ersparten Aufwendungen für das Kind abzuziehen.

7. Kapitalisierung von Renten

47 Soll eine Rente für vermehrte Bedürfnisse oder eine Rente für Verdienstausfallschaden kapitalisiert werden, ist Ausgangspunkt immer **§ 843 Abs. 3 BGB**. Das bedeutet, dass ein Anspruch auf Kapitalisierung nur besteht, wenn ein **wichtiger Grund** für die Kapitalisierung vorliegt. Im Schrifttum sind alle Autoren sich einig, dass ein wichtiger Grund (fast) nie gegeben ist, dass insoweit obergerichtliche Entscheidungen (weitgehend) fehlen, dass aber in der (außergerichtlichen!) Praxis Personenschäden nahezu ausnahmslos durch Abfindungsvergleiche reguliert werden.

48 Die näheren Einzelheiten hierzu ergeben sich aus dem Kapitel SG-BT-Kapital und Rente.

49 Unabhängig davon, ob ein genereller Anspruch auf Kapitalisierung bejaht werden kann oder soll, muss bei der Entscheidung ob für die Kapitalisierung ein wichtiger Grund vorliegt, zugleich die Feststellung getroffen werden, dass der Kapitalisierung ein wichtiger Grund nicht entgegensteht.

50 Bei Kindern und Minderjährigen ist deshalb zu berücksichtigen, dass
- die wirtschaftliche Zukunft bei einer Kapitalisierung gefährdet sein kann[34]
- die Gefahr besteht, dass der Kapitalbetrag nicht (nur) für das Kind verwendet wird
- die Schadensentwicklung noch nicht überschaubar ist und/oder weil
- Dauerfolgen einer schweren Verletzung noch unklar sind.

51 Die wirtschaftliche Zukunft von Kindern und Minderjährigen kann durch Kapitalisierung von Renten besonders deshalb gefährdet sein, weil ein solcher Abfindungsvergleich von einem gesetzlichen Vertreter abgeschlossen wird und weil nicht sicher gestellt ist, dass das Kapital getrennt von anderem Vermögen verwaltet wird. Es besteht die Gefahr, dass z. B. Eltern das Kapital selbst verbrauchen oder einen Teil des Kapitals den Geschwisterkindern zukommen lassen, um einen Ausgleich dafür zu schaffen, dass diese unter dem Handicap des Verletzten zu leiden haben. Ganz allgemein gilt bei schweren Verletzungen, die Kinder erlitten haben, dass bei einer reinen Kapitalentschädigung nicht

---

33 *OLG Celle* Urt. v. 7.10.2004 – Az. 14 U 27/04 – OLGR 2005, 22 und *OLG Saarbrücken* Urt. v. 23.10.1987 – Az. 3 U 176/85 – VersR 1989, 757.
34 *LG Stuttgart* Urt. v. 15.12.2004 – Az. 14 O 542/01 – SVR 2005, 186 f.

sichergestellt ist, dass die Eltern das Kapital im Interesse des Kindes vernünftig anlegen und verwalten. Das Kind ist der Vermögensverwaltung durch die Eltern ausgesetzt.[35]

Das *OLG Stuttgart*[36] akzeptierte den Wunsch der Eltern eines schwerbehindert geborenen Kindes nach Kapitalisierung, um eine Verbesserung der Ausstattung und die Schaffung des räumlichen Mehrbedarfs des Hauses der Eltern zu ermöglichen. Damit war das Kapital des Kindes insoweit verbraucht.

8. Sicherung des Kapitals

Kinder und Minderjährige sind der Vermögensverwaltung durch die Eltern ausgesetzt.[37] Sie verwalten die Abfindungssumme im Rahmen der Vermögenssorge für ihr Kind, §§ 1626 ff. BGB. Sie können einen Abfindungsvergleich auch ohne[38] vormundschaftsgerichtliche Genehmigung schließen, da § 1822 Nr. 12 BGB von § 1643 Abs. 1 BGB nicht erfasst wird. Sie dürfen und müssen die Abfindungssumme für ihr Kind verwalten. Diese Situation birgt enormes Erachtens Risiken, wenn der Abfindungsbetrag, der für unterschiedliche Bedürfnisse gedacht ist und als Ausgleich oft ein Leben lang ausreichen soll, nicht angemessen verwaltet wird, § 1642 BGB.[39]

Bei der Anlage von Kapitalvermögen sind viele Menschen überfordert. Risiken bestehen z. B. in der falschen Geldanlage zu nicht marktgerechten Zinsen oder in Anlagen in Papieren mit erhöhtem Risikopotenzial. Oft sind Begehrlichkeiten der Eltern vorhanden. Dies bedeutet in letzter Konsequenz, dass das Kapital vorzeitig aufgezehrt wird. Das Kind kann dann durch Unwissenheit oder Leichtsinn der Eltern schon nach wenigen Jahren mittellos dastehen.[40]

Deshalb sollten folgende Gefahren ausgeschlossen werden:[41]
- Spekulationen mit falschen Gewinnerwartungen
- Unwirtschaftliche Anlage, etwa auf einem Sparbuch
- Das Bestreben, dem Kind etwas Besonderes bieten zu können
- Eintreten beengter wirtschaftlicher Verhältnisse der Eltern z. B. durch Arbeitslosigkeit oder Krankheit
- Kapitalaufteilung im Fall der Scheidung
- Zuwendungen an Geschwisterkinder

Haftpflichtversicherer als Schadensregulierer und die Rechtsanwälte, die die Kinder als Unfallopfer vertreten, müssen sich Fragen gefallen lassen:
- Was geschieht mit der Abfindungssumme?
- Wird der Betrag ein Leben lang reichen?
- Werden die Eltern das Geld im Interesse des Kindes vernünftig anlegen?
- Hat das Kind später tatsächlich etwas von dem kleinen Vermögen?

All diese Fragen sind gesetzlich nicht geregelt und es ist nicht zu erwarten, dass der Gesetzgeber sich dieses Problems annehmen wird.

Sofern die Vermögenssorge zum Wohle des Verletzten rechtlich nicht hinreichend gesichert ist, muss nach der ethischen Verantwortung aller Beteiligten, also der Eltern oder rechtlichen Vertretern von

---

35 *Hernig/Schwab* SP 2005, 8 f.; AK § 253/*Huber* Rn. 129, 131.
36 *OLG Stuttgart* Urteil v. 30.1.1997 – Az. 14 U 45/95 – VersR 1998, 366.
37 Eine besondere Gefährdung des Kindeswohls in vermögensrechtlicher Hinsicht besteht in der Praxis auch dann, wenn Eltern, die zahlungsunfähig sind, auf den Namen ihrer Kinder bei Versandhäusern Bestellungen aufgeben, die dann bei Volljährigkeit bereits hoch verschuldet sind. Vgl. hierzu *Steenbuck* FamRZ 2007, 1064.
38 *Küppersbusch*, Rn. 826.
39 *Hoffmann/Schwab/Tolksdorf* DAR 2006, 666.
40 *Hoffmann/Schwab/Tolksdorf* DAR 2006, 666.
41 *Hernig/Schwab*, 8.

verletzten Kindern, der Rechtsanwälte und Versicherungen gefragt werden. Sie müssen abwägen, was zur Wahrung des Wohles des/der Betroffenen letztlich sittlich geboten scheint. Bei einem Abfindungsbetrag (Kapitalbetrag für eine Rente oder Schmerzensgeldkapital) muss sichergestellt werden, dass die unfallbedingten Nachteile mit dem Kapitalbetrag für die gesamte Lebenszeit ausgeglichen werden müssen. Dieses Problem stellt sich für die Eltern geschädigter Kinder ebenso, wie für diejenigen, die ältere oder andere schutzbedürftige Menschen vertreten. Dieses Problem soll, soweit es ältere und andere schutzbedürftige Menschen betrifft, hier nicht näher behandelt werden; insoweit wird verwiesen auf die Abhandlung von *Hoffmann/Schwab/Tolksdorf*.[42] Die Verfasser setzen sich mit der Abfindung von Haftpflichtansprüchen schwer geschädigter Personen auseinander. Dabei gehen sie auf die besonderen Probleme bei der Abfindung von Kindern, auch anhand von Zahlen und Beispielen, ein. Das Problem ist, dass unfallbedingte Kapitalleistungen, die ein Leben lang ausreichen sollen, nicht angemessen verwaltet werden. Die Sorgfaltspflicht der Rechtsanwälte endet dabei nicht mit der Auszahlung der Abfindungssumme. In der Praxis sollte daher ein spezieller Bankauszahlungsplan erarbeitet werden. Die Vorzüge eines solchen Bankauszahlungsplans fassen sie ebenfalls zusammen. Ein Mustertext einer Vereinbarung ist auch abgedruckt. Schließlich gehen sie noch auf die Probleme einer Abfindung bei labilen oder alten Menschen ein, für die ebenfalls ein Bankauszahlungsplan in Betracht kommt. Bei denen jedoch die Autonomie bei der Entscheidung nicht genommen werden sollte, um sie zu dieser Abfindungsentscheidung zu bringen. Im Ergebnis erachten sie es als ethisch sinnvoll in Zusammenarbeit mit dem Vormundschaftsgericht die Abfindungserklärung mit einer Zweckvereinbarung zu verbinden, auch bei arbeitsrechtlichen Abfindungsansprüchen.

59 Eindrucksvoll ist das Beispiel *Hoffmann/Schwab/Tolksdorf*[43] zum Kapitalverlust, den ein 12 Jahre alter Junge erleidet, dessen Kapitalabfindung für einen monatlichen Minderverdienst in Höhe von 300 Euro bis zum 21. Lebensjahr verwaltet wird, wenn die Zinsen die in dieser Zeit anfallen, verbraucht werden. Statt der kalkulierten monatlichen Rente von 300 Euro stehen dann nur noch 193,38 Euro zur Verfügung, also nur noch $2/3$ des ursprünglich zu leistenden Minderverdienstes.

60 An einem weiteren Beispiel soll gezeigt werden, welche Folgen es hat, wenn aus einem Kapitalbetrag statt der kalkulierten 5 % nur 4 % Zinsen fließen. Bei einer Mehrbedarfsrente, die für einen 10 Jahre alten Jungen monatlich in Höhe von 300 Euro gezahlt werden soll, ist ein Kapitalbetrag von rd. 70 000 Euro zu leisten. Innerhalb von 5 Jahren sinkt das noch vorhandene Kapital von kalkulierten 69 500 Euro auf ca. 65 740 Euro ab. Dieser Kapitalverlust ist durch möglicherweise später auf 5 % oder gar mehr steigende Zinsen nie mehr aufzuholen. Der Kapitalbetrag reicht also nicht aus, die Mehrbedarfsrente wie geplant ein Leben lang zu zahlen.

61 Dieses Beispiel zeigt, dass nicht nur die Sicherung des Kapitals unverzichtbar ist, sondern auch die Kapitalisierung einer Rente zu einem realistischen Zinssatz, ein Problem, das in Rdn. 51 ff. näher dargelegt ist.

II. Immaterielle Ansprüche – Schmerzensgeld

62 Immaterielle Ansprüche von Kindern und Minderjährigen unterliegen zahlreichen Besonderheiten.

63 Seit der Reform des Schadensrechts durch das **zweite Schadensersatzrechtsänderungsgesetz** das am 1.8.2002 in Kraft getreten ist, ist das Schmerzensgeld nicht mehr im § 847 BGB a. F. geregelt, sondern in § **253 Abs. 2 BGB**, in dem unter anderem bestimmt ist, dass wegen einer Verletzung des Körpers und/oder der Gesundheit Schadensersatz zu leisten und dass wegen des Schadens, der nicht Vermögensschaden ist, eine billige Entschädigung in Geld gefordert werden kann.

64 Auf Einzelheiten und Streitfragen, ob und unter welchen Voraussetzungen eine Verletzung des Körpers, z. B. eine Verletzung des HWS, vorliegt, soll in diesem Kapitel nicht näher eingegangen werden.

---

42 *Hoffmann/Schwab/Tolksdorf* DAR 2006, 666.
43 *Hoffmann/Schwab/Tolksdorf* DAR 2006, 666.

Ebenso wenig können in diesem Zusammenhang die Einzelheiten einer Gesundheitsverletzung erarbeitet werden, insbesondere muss auf die Erörterungen zum Schockschaden verzichtet werden.

Es soll jedoch klargestellt werden, dass gerade auch Kinder und Minderjährige einen Schockschaden erleiden können. 65

Art und Umfang eines Schockschadens bei drei Minderjährigen Jungen hatte das *OLG Frankfurt*[44] zu beurteilen. Der Tod einer Bürgerin der USA, die vor den Augen ihres Mannes von einem Zug überrollt und »halbiert« wurde, löste bei dem Ehemann und den 3 Kindern einen Schock aus. Unter Berücksichtigung eines Mitverschuldens von 50 % sprach das *OLG* dem Ehemann ein Schmerzensgeld i. H. v. 15 000,00 Euro zu, zwei Kinder erhielten 2 500,00 Euro, ein Junge, der infolge des Ereignisses alkohol- und drogenabhängig geworden war, erhielt 5 000,00 Euro. 66

1. Vererblichkeit des Schmerzensgeldanspruchs

Der Schmerzensgeldanspruch – auch der von Kindern und Minderjährigen – ist vererblich. Durch Gesetz vom 14.3.1990[45] – in Kraft seit dem 1.7.1990 – wurde die Regelung des § 847 Abs. 1 S. 2 BGB a. F. gestrichen. Nach dieser Bestimmung ging der Schmerzensgeldanspruch nur dann auf die Erben des Verletzten über, wenn er rechtshängig gemacht oder durch Vertrag anerkannt worden war. In Fällen schwerster Verletzungen, bei Bewusstlosigkeit des Verletzten oder bei Lebensgefahr konnte diese Rechtslage zu einem makabren Wettlauf mit der Zeit führen. 67

Diese Rechtslage erklärt auch, warum es zu Fällen, die vor dem 1.7.1990 alsbald zum Tode des Verletzten führten, nur wenige Entscheidungen gibt, weil der Verletzte, ein Bevollmächtigter oder ein Pfleger aus Zeitgründen wegen seines alsbaldigen Todes oder wegen der Verletzungsfolgen – Bewusstlosigkeit, Koma – und des bald danach eintretenden Todes die Rechtshängigkeit[46] oder ein Anerkenntnis des Schädigers nicht herbeiführen konnten.[47] Die Gesetzesänderung bewirkte auch, dass das Schmerzensgeld insoweit den höchstpersönlichen Charakter eingebüßt hat, als es vom Verletzten selbst gerichtlich geltend gemacht werden musste und nicht übertragbar oder vererbbar war. Von der Rspr. ist inzwischen einhellig anerkannt,[48] dass der Schmerzensgeldanspruch – auch bei alsbaldigem Tod des Verletzten – auf die Erben übergeht und von diesen gerichtlich geltend gemacht werden kann. Die **Vererbung des Schmerzensgeldanspruchs** setzt keine Willensbekundung des Verletzten zu Lebzeiten voraus, ein Schmerzensgeld fordern zu wollen. 68

▶ Praxistipp: 69

Die Vererblichkeit des Schmerzensgeldanspruchs setzt nach der Neuregelung weder die Anerkennung durch Vertrag oder die Rechtshängigkeit noch die einer derartigen Manifestation der Geltendmachung nach außen zugrunde liegende und sie tragende höchstpersönliche Willensbekundung des Verletzten selbst voraus. Nur eine solche Beurteilung wird dem Anliegen gerecht, das der Gesetzgeber mit der Streichung des S. 2 in § 847 Abs. 1 BGB a. F. verfolgte.[49]

---

44 *OLG Frankfurt* Urt. v. 11.3.2002 – Az. 26 U 28/98, zfs 2004, 452.
45 BGBl. I 1990, 478.
46 Der *BGH* Urt. v. 4.10.1977 – Az. VI ZR 5/77 – BGHZ 69, 323 ff. = NJW 1978, 214 f., ließ Rechtshängigkeit alleine nicht genügen, wenn sie nicht auf eine darauf abzielende persönliche Erklärung des Verletzten nach dem Schadensereignis zurückging; vgl. auch MüKo/*Mertens* § 847 Rn. 51.
47 Grundlegend: *Jaeger* VersR 1996, 1177 ff.; *ders.* MDR 1998, 450 ff.
48 *BGH* Urt. v. 6.12.1994 – Az. VI ZR 80/94, VersR 1995, 353 f. = RuS 1995, 92 ff.; *KG* Urt. v. 25.4.1994 – Az. 22 U 2282/93, NJW-RR 1995, 91 f.; *LG Augsburg* Urt. v. 23.3.1994 – Az. 7 S 3483/93, RuS 1994, 419; *LG Heilbronn* Urt. v. 16.11.1993 – Az. 2 O 2499/92, MDR 1994, 1193.
49 *BGH* Urt. v. 6.12.1994 – Az. VI ZR 80/94, VersR 1995, 353 f.; vgl. *Vorwerk/Freyberger* Kap. 84 Rn. 196.

2. Schmerzensgeldkriterien

70 Die Kriterien zur Bemessung des Schmerzensgeldes hat der *BGH*[50] unverändert wie folgt umrissen:
- Schmerzen
- Schwere der Verletzungen
- Verletzungsbedingtes Leiden
  - Alter des Verletzten
  - Wissen um Schwere der Verletzung und Ausmaß der Wahrnehmung der Beeinträchtigung durch den Verletzten
  - Verlauf des Heilungsprozesses
- Dauer des Leidens – Dauerschäden[51]
- Grad des Verschuldens des Schädigers.[52]

71 In diesem Kapitel soll nur auf die Kriterien eingegangen werden, die für Kinder und Minderjährige eine besondere Rolle spielen.

3. Das Alter des Verletzten

72 Dabei ist hervorzuheben, dass gerade das Alter des Verletzten[53] sowohl auf die Höhe des Schmerzensgeldes, als auch auf die Höhe der Schmerzensgeldrente und den sich daraus zu errechnenden Kapitalwert einen Einfluss haben.

a) Schmerzempfindlichkeit

73 Zunächst ist festzuhalten, dass die Schmerzempfindlichkeit vom Alter des Verletzten durchweg unabhängig ist. Es kann nicht gesagt werden, dass jugendliche Personen Schmerzen weniger empfinden, als ältere und umgekehrt kann nicht gesagt werden, dass Erwachsene und ältere Personen weniger schmerzempfindlich sind. Auch bei einem Kleinkind, bei dem das Schmerzerlebnis (angeblich) nicht so in der Erinnerung haften bleiben soll wie bei einem Erwachsenen, ist das Schmerzensgeld nach h. M. nicht geringer zu bemessen, als bei einem Erwachsenen.[54]

74 Bei Kindern können scheinbar harmlose Belastungen gravierende Auswirkungen haben, z. B. wenn ein Kleinkind von drei Jahren ein Jahr lang eine Art Sturzhelm tragen muss und dadurch auf Fremde abstoßend wirkt.[55]

b) Krankenhausbehandlung von Kindern und Minderjährigen

75 Krankenhausbehandlungen werden zumindest bei Kindern und Jugendlichen häufig als besonders belastend empfunden. Das wird in der Rspr. nicht durchweg erkannt. Das *OLG Celle*[56] hatte über die Berufung des Klägers gegen ein wahrlich fehlerhaftes Urteil des *LG Lüneburg* zu entscheiden. Die Argumentation des Einzelrichters des *LG* ging dahin, dass ein Krankenhausaufenthalt für ein Kleinkind unverständlich sei und dass das Kind den Ursachenzusammenhang zwischen Verletzung und Krankenhausaufenthalt nicht begreifen könne. Nicht einmal die Rspr. des *BGH* zum Schmerzensgeld für schwer hirngeschädigt geborene Kinder ist vom *LG Lüneburg* gesehen worden. Diese Kinder, die oft nahezu keine geistigen Regungen haben, verspüren und begreifen nichts, dennoch

---

50 *BGH* Urt. v. 12.5.1998 – Az. VI ZR 182/97, NZV 1998, 370 f.
51 *KG* Urt. v. 10.2.2003 – Az. 22 U 49/02, KGR 2003, 140, 142.
52 *KG* Urt. v. 10.2.2003 – Az. 22 U 49/02, KGR 2003, 140, 142.
53 Etwa *OLG Saarbrücken* OLGR 2006, 819: Ein Krankenhausaufenthalt wird im kindlichen Alter als besonders belastend empfunden; vgl. *Ludovisy/Kuckuk*, 394; *Jaeger/Luckey* Rn. 740 ff.
54 *Scheffen/Pardey* Rn. 631.
55 *Danzl/Gutiérrez-Lobos/Müller*, 76.
56 *OLG Celle* Urt. v. 5.2.2004 – Az. 14 U 163/03, VersR 2004, 526 f. = NJW-RR 2004, 827 f. = SP 2004, 191 f. = Rn. E 195.

erhalten sie einen Ausgleich für den erlittenen Schaden in Form eines hohen Geldbetrages, das höchste Schmerzensgeld überhaupt.

In der Rspr. finden sich zur Schmerzensgeldfähigkeit von Kindern der Begründung des *OLG Celle* 76 ähnliche Argumente – soweit ersichtlich – nur in einer Entscheidung des *AG Bochum*,[57] das ausgeführt hat, die dem Schmerzensgeld beigemessenen Funktionen seien bei Kleinkindern nicht erfüllt, ihnen fehle die Schmerzensgeldfähigkeit. Diesem unhaltbaren Gedanken sind schon *Scheffen/Pardey*[58] entgegengetreten. Das *AG Bochum* verkennt den Ausgleichsgedanken; es geht um den Ausgleich von Beeinträchtigungen, der unabhängig vom Verständnis um wirtschaftliche Größenordnungen und unabhängig von der Empfindungsfähigkeit zu leisten ist.

Zu Recht hat deshalb das *OLG Celle* den Krankenhausaufenthalt des drei Jahre alten Jungen als »Tortur« 77 bezeichnet, dies aber nicht nur, weil der Kläger vier Wochen getrennt von seinen Eltern in einer für Kleinkinder unerträglichen Umgebung verbringen musste, sondern weil der Aufenthalt für den Kläger mit dauerhaftem Liegen im Streckverband mit nach oben gerichteten Beinen verbunden war.

Es kommt hinzu: Jedermann weiß – oder sollte wissen –, dass Kleinkinder entsetzlich leiden, wenn 78 sie aus der häuslichen Umgebung herausgenommen werden. Dies kann zu schweren psychischen Störungen führen, sodass die Krankenkassen oft die Unterkunft eines Elternteils im Krankenzimmer eines Kleinkindes, das sog. »rooming-in«, bezahlen. Allein dieser Umstand zeigt, dass Kleinkinder erheblich unter einem Krankenhausaufenthalt leiden.

Zusätzlich wird die Forderung erhoben, dass bei Kindern für die im Unterschied zu Erwachsenen 79 vorhandenen Entwicklungsstörungen und bei Dauerschäden für die größere Länge der Dauerfolge ein Zuschlag zum Schmerzensgeld zugestanden werden müsse. Bis zum zehnten Lebensjahr, mindestens aber bis zum sechsten Lebensjahr müsse dem besonderen Schmerzerlebnis der Kinder Rechnung getragen und ein Zuschlag zuerkannt werden.[59]

Einer solchen Zuschlagsautomatik bedarf es jedoch nicht, wenn das **Alter des Verletzten** als **besonderes Bemessungskriterium** anerkannt und berücksichtigt wird. Dabei ist darauf zu achten, dass **Früh- und Neugeborene und Säuglinge** keineswegs weniger schmerzempfindlich sind. Heute weiß man, dass die früher vertretene Ansicht, die Unreife des kindlichen Nervensystems sei als Ursache für die Unfähigkeit einer adäquaten Schmerzempfindung anzusehen, unrichtig ist.[60]

c) Lange Dauer der Leiden

Das Schmerzensgeld für den **jungen Menschen** ist bei Dauerschäden wegen der zu erwartenden langen 81 Dauer der Leidenszeit deutlich zu erhöhen. Es kann keinem Zweifel unterliegen, dass Kindern und Jugendlichen bei Dauerschäden grundsätzlich das Mehrfache an Schmerzensgeld zugebilligt werden muss als alten Menschen.[61]

Nicht zu folgen ist der Einstellung von *Huber*[62] und *Koziol*,[63] die meinen, bei der Bemessung des 82 Schmerzensgeldes für junge Menschen müsse ein Dämpfungsfaktor eingebaut werden, weil mit der Zeit eine gewisse Gewöhnung eintrete, die dazu führe, dass die Beeinträchtigung nicht mehr als so gravierend empfunden werde, weil sich der Verletzte irgendwann einmal in sein Schicksal füge oder sich gar damit abfinde. Künftige Nachteile sollen weniger schwer wiegen, als gegenwärtige und es sei ungewiss, ob der Verletzte die Schmerzen in der Zukunft überhaupt noch erlebe. Würde man darauf verzichten, müsste das Schmerzensgeld bei einem jungen Menschen ein Vielfaches von

---

57 *AG Bochum* Urt. v. 15.9.1993 – Az. 43 C 386/93, VersR 1994, 1483 f.
58 *Scheffen/Pardey* Rn. 993 ff.
59 *Emberger/Zerlauth/Sattler* 259 ff., 264, zitiert nach *Danzl/Gutiérrez-Lobos/Müller*, 78 Fn. 104.
60 *Danzl/Gutiérrez-Lobos/Müller*, 79 m. w. N.
61 *Henke*, 20; *Lieberwirth*, 70; *Knöpfel* AcP 155 (1956), 135, 147; *Wagner* Beilage zur NJW 2006, 5.
62 *Huber* ZVR 2000, 218, 231 und AK § 253 *Huber* Rn. 89.
63 *Koziol* FS Hausheer 2002, 597, 599.

dem für einen betagten Menschen betragen. Diese Folgerung ist richtig, zwingend und wünschenswert.

83 Letztlich wollen aber auch *Koziol*[64] und insbesondere *Danzl*[65] eine Abhängigkeit der Höhe des Schmerzensgeldes von der restlichen Lebenszeit des Verletzten herstellen, sodass im Ergebnis das Schmerzensgeld für einen jungen Menschen erheblich höher ausfallen muss, als das für einen alten Menschen. Damit besteht insgesamt Einigkeit darüber, dass das durch eine lebenslange (irreparable) Behinderung zugefügte körperliche und seelische Leid zwischen einem jungen Menschen einerseits und einem betagten Menschen andererseits nicht schlechterdings gleich, sondern durchaus unterschiedlich zu gewichten ist.

84 Dem folgt jetzt auch *Huber*.[66] Er sieht in der Schmerzensdauer eine zentrale Bemessungsdeterminante. Bei der Zuerkennung einer Rente werde das schon durch die Form des Ersatzes berücksichtigt, sei doch der Ersatzumfang von der (Über-) Lebensdauer des Geschädigten abhängig. Weshalb bei Kapitalabfindungen etwas grundsätzlich anderes gelten solle, wäre überhaupt nicht einzusehen. Eine rationale Bemessung des Schmerzensgeldes müsse anknüpfen an die Summe der vom Geschädigten zu erduldenden Schmerzen. Und diese Summe sei naturgemäß umso höher, je länger das Leiden sei, das der Verletzte noch vor sich habe. Warum ein solcher Umstand nur bei einem besonders jungen Menschen zu berücksichtigen sein, aber ein Mensch in der Lebensmitte mit einem im fortgeschrittenen Alter gleichbehandelt werden solle, sei in keiner Weise einzusehen.

d) Minderung der Erwerbstätigkeit

85 Auch hier zeigt sich, dass bei Kindern und Minderjährigen das Alter im Zeitpunkt der Verletzung für die Höhe des Schmerzensgeldes maßgebend sein muss. Im materiellen Bereich hat die Rspr. mit der Höhe des Schadensersatzanspruchs weniger Probleme, als bei der Bemessung des Schmerzensgeldes. Der Erwerbsschaden wird auf der Basis der zu erwartenden beruflichen Lebensstellung hochgerechnet, eine Erwerbsschadensrente wird ermittelt und in der Praxis immer kapitalisiert.

86 Dagegen ist eine Minderung der Erwerbstätigkeit auch für die Bemessung des Schmerzensgeldes von erheblicher Bedeutung. Das gilt insbesondere dann, wenn ein bereits bestehender Berufswunsch nicht mehr realisiert werden kann. Der Verletzte muss dann ein Leben lang in einem möglicherweise ungeliebten Beruf und beruflichen Umfeld arbeiten.

87 Das *LG Berlin*[67] hat für die Bemessung des Schmerzensgeldes die psychischen Probleme, das **Gefühl der Nutzlosigkeit bei Erwerbsunfähigkeit in jungen Jahren** und den Umstand berücksichtigt, dass kein Freizeitsport mehr betrieben werden konnte und hat ein Schmerzensgeld i. H. v. 37 500,00 Euro zugesprochen. Das *OLG Köln*[68] hat die Berufsaufgabe Schmerzensgeld erhöhend berücksichtigt. Dieses Kriterium findet auch Anwendung, wenn der Verletzte sich noch in der Berufsausbildung befindet.[69]

88 Interessant und ohne Weiteres zutreffend ist ein Gedanke des *OLG Frankfurt/M.*,[70] das **Schmerzensgeld** sei bei Berufswunschvereitelung zu **erhöhen**, weil der Mensch so viel Zeit in der Ausübung des Berufes verbringe, dass eine ungeliebte Tätigkeit die Lebensfreude erheblich beeinträchtigen könne.

89 Ähnlich der *BGH*,[71] der einen **immateriellen Nachteil** darin gesehen hat, dass eine verletzte junge Frau einen nicht so gehobenen und nicht so angesehenen Beruf ergreifen konnte, wie es ohne die

---

64 *Koziol* FS Hausheer 2002, 597, 600 f.
65 *Danzl/Gutiérrez-Lobos/Müller*, 78.
66 AK § 253/*Huber* Rn. 93 f.
67 *LG Berlin* Urt. v. 4.12.2000 – Az. 6 O 385/99, VersR 2002, 1029.
68 *OLG Köln* Urt. v. 27.2.2002 – Az. 11 U 116/01, OLGR 2002, 290 ff.
69 *OLG Köln* Urt. v. 23.1.1991 – Az. 11 U 146/90, RuS 1991, 416 f. = VersR 1992, 714.
70 *OLG Frankfurt* Urt. v. 21.2.1991 – Az. 12 U 42/90, DAR 1992, 62 f.
71 *BGH* Urt. v. 8.6.1976 – Az. VI ZR 216/74, VersR 1976, 967, 969.

e) Dauerschäden

Dauerschäden können nicht nur im Erwerbsleben zu Beeinträchtigungen führen. Sie können den Verletzten in vielen Lebenslagen behindern. Dies gilt insbesondere beim Verlust von Gliedern. Auch Einschränkungen im Sexualleben sind als Dauerschaden anzusehen und bei der Bemessung des Schmerzensgeldes besonders zu berücksichtigen. 90

Der Verlust von Gliedern, Organen, Funktionen und Entstellungen ist bei der Bemessung des Schmerzensgeldes stets deutlich zu berücksichtigen. Während das Schmerzensgeld bei Verletzungen, die mehr oder weniger folgenlos ausheilen, ohne Weiteres moderat sein kann, müssen **Dauerschäden zu ganz wesentlich höheren Schmerzensgeldern** führen. Besonders **Amputationen** an der Hand, an Armen und an Beinen müssen hohe Schmerzensgelder auslösen. Hinzu kommt, dass nach Amputationen immer entstellende Narben zurückbleiben, die auch dann zu entschädigen sind, wenn sie keine zusätzlichen Schmerzen verursachen. 91

Auch Narben sind Dauerschäden. Diese Aussage mag überraschen, sie kann aber nicht ernsthaft in Zweifel gezogen werden. Ob Narben als solche einen Schmerzensgeldanspruch begründen oder ob sie Schmerzensgeld erhöhend wirken, bedarf näherer Prüfung. 92

Bei der Auswertung von Entscheidungen scheint es, als seien Narben für die Bemessung des Schmerzensgeldes nur ausnahmsweise von Bedeutung, etwa 93

- entstellende Narben oder
- Narben, die Schmerzen bereiten, wozu auch der sog. Phantomschmerz zählt.

Wendet man sich Entscheidungen zu Verletzungen zu, die weniger schwer waren, etwa Frakturen von Armen und Beinen, so dürfen die nach – regelmäßig – zwei Operationen (wenn der Bruch geschieht und die Schiene später entfernt wird) zurückbleibenden Narben bei der Bemessung des Schmerzensgeldes nicht unerwähnt bleiben. So haben denn auch das *OLG Köln*[72] und das *OLG Nürnberg*[73] Narben (Köln: sehr lange Narben im Bereich des Oberarms und des Oberschenkels und eine quer verlaufende Narbe von 12 cm Länge bzw. 5 Narben, die gut sichtbar sind und eine gravierende ästhetische Beeinträchtigung darstellen bzw. Nürnberg: 7 cm an der Hüfte und 20 cm im Nacken) ausdrücklich erwähnt und als »Dauerschaden« in die Bemessung des Schmerzensgeldes einbezogen. 94

Daraus folgt: Narben sind immer bei der Bemessung des Schmerzensgeldes zu berücksichtigen, unabhängig vom Geschlecht des Verletzten und unabhängig davon, ob sie in der Regel von der Kleidung bedeckt sind. Der Verletzte selbst hat einen Anspruch auf einen Körper ohne Narben. Sie sind als Dauerschaden zurückgeblieben, dafür ist ein Schmerzensgeld zu zahlen. Da Kinder und Minderjährige ein Leben lang durch Narben gezeichnet sind, ist das Schmerzensgeld entsprechend hoch zu bemessen. 95

Das Schmerzensgeld ist bei Dauerschäden und Narben zusätzlich zu erhöhen, wenn der Verletzte hierdurch psychische Beeinträchtigungen erlitten hat. 96

Sind Narben entstellend, ist ein besonders hohes Schmerzensgeld zuzuerkennen. Zur Begründung kann auf *Lorenz*[74] verwiesen werden, der den bei Entstellungen vorliegenden inneren immateriellen Schaden, den Gefühlsschaden, ausdrücklich betont. 97

---

72 *OLG Köln* Urt. v. 10.9.1999 – Az. 19 U 202/98, OLGR 2000, 192 ff. und Urt. v. 18.2.2000 – Az. 19 U 87/99, OLGR 2000, 274 f.
73 *OLG Nürnberg* Urt. v. 25.1.2000 – Az. 3 U 3596/99, OLGR 2000, 171 f.
74 *Lorenz* FS für Wiese, 261, 268.

98 Daraus folgt: Bei Dauerschäden kann das Alter des Verletzten ein besonderes Gewicht gewinnen, weil ein junger Mensch den Schicksalsschlag länger als ein alter Mensch zu ertragen hat und weil bei ihm das **körperliche Wohlbefinden von größerer Bedeutung** sein kann als bei einem alten Menschen.[75] *Huber*[76] weist ausdrücklich darauf hin, dass die Dauer der Schmerzen ein zentraler Bemessungsfaktor ist. Je länger die Schmerzen zu erdulden sind, **umso höher** muss **das Schmerzensgeld** ausfallen. In den **Schmerzensgeldtabellen** wird daher nach Möglichkeit und nicht nur bei Dauerschäden nicht nur die Schwere der Verletzung, sondern konsequenterweise auch das Alter des Verletzten ausgewiesen. Das Schmerzensgeld müsste mit der Anzahl der Jahre, die der Verletzte noch vor sich hat, nahezu linear steigen.

99 Künftige Schmerzen wären nach Auffassung von *Huber* abzuzinsen, weil das künftige Unlustgefühl weniger wiegt als das aktuelle.[77] Diese Abzinsung werde allerdings aufgewogen durch die zwischenzeitlich eintretende Inflation und werde dadurch wieder aufgehoben.

100 Dieser These, künftige Schmerzen wären abzuzinsen, ist nicht zu folgen. Immerhin vertritt Huber nicht die Ansicht, dass der Verletzte sich so an die Schmerzen gewöhne, dass diesem Faktor eine messbare Bedeutung zukomme.

101 Inzwischen werden auch andere Stimmen laut, die neben der Schwere der Behinderung dem Alter des Verletzten ein besonderes Gewicht beimessen.[78] Auf diese Weise werde erreicht, dass die Höhe des Schmerzensgeldes sowohl die Schwere der Behinderung reflektiere, und dies in progressiv ansteigender Weise, als auch die Länge der Zeit, während der der Geschädigte mit der Behinderung leben müsse. Je jünger der Geschädigte und je schwerer die Behinderung, desto höher müsse das Schmerzensgeld ausfallen.[79]

f) Verminderung der Heiratschancen

102 Gerade bei Kindern und Minderjährigen können schwere Verletzungen – oft verbunden mit Entstellungen – zur Verminderung von Heiratschancen führen. Auch dies ist ein wichtiges Kriterium für die Bemessung des Schmerzensgeldes. Erleidet ein Mädchen eine Beckenverletzung, die zu Problemen bei späteren Entbindungen führen kann, ist dies zusätzlich zu berücksichtigen.

g) Entgangene Lebensfreuden

103 Verletzungen mit Dauerschäden können die Lebensfreude beeinträchtigen. Das gilt nicht nur bei Einschränkungen im Sexualleben, sondern auch bei solchen in der Sportausübung, in der Wahl des Urlaubsortes oder beim Autofahren. Der Verletzte kann auch nicht darauf hingewiesen werden, er könne zwar nicht alle Sportarten ausüben, aber einige seien möglich, wie z. B. Schwimmen.[80]

4. Vorgehen zur richtigen Bemessung des Schmerzensgeldes

104 Vorgehen zur Bemessung des Schmerzensgeldes für schwere Verletzungen bei Kindern und Minderjährigen:
- Schwerst hirngeschädigt geborene Kinder erhalten nach der Rspr. des BGH auch dann, wenn sie nichts empfinden, die höchsten Schmerzensgelder, die i. d. R. noch über den Betrag hinausgehen, den ein Jugendlicher oder Erwachsener erhält, der extrem unter der nahezu vollständigen Vernichtung seiner Persönlichkeit leidet.

---

75 *OLG Frankfurt* Urt. v. 21.2.1996 – Az. 23 U 171/95, VersR 1996, 1509 f. = zfs 1996, 131 f.
76 *Huber* NZV 1998, 345 ff.
77 *Huber* NZV 1998, 345 ff., eine Auffassung, der sich der Verfasser nicht anschließen kann.
78 *Wagner* JZ 2004, 319, 323.
79 *Wagner* JZ 2004, 319, 323.
80 *BGH* NJW 1975, 40; *BGH* NJW 1980, 1947.

B. Ansprüche von Kindern und Minderjährigen

- Kleine und kleinste Kinder, die aus der häuslichen Umgebung gerissen werden, erhalten ein deutlich höheres Schmerzensgeld als Erwachsene, weil sie unter einem stationären Aufenthalt deutlich stärker leiden.[81] Der Anschluss an Schläuche und Apparate und die Angst vor schmerzhaften medizinischen Eingriffen kann für sie verheerend sein. Das Schmerzensgeld muss aber auch deshalb deutlich höher ausfallen, weil Kinder unter Dauerfolgen ein Leben lang zu leiden haben, also im Vergleich zu Erwachsenen 20, 30 oder gar 50 Jahre länger. Je nach Verletzung wird ihnen die Kindheit und Jugend genommen, sie werden in ihrer Entwicklung gehemmt oder gar unterbrochen. Ein unbeschwertes Leben lernen sie oft nicht kennen, ein Umstand, der sich ganz besonders auf die Höhe des Schmerzensgeldes auswirken muss.
- Für Kinder im Grundschulalter gilt nicht unbedingt, dass sie unter einem Krankenhausaufenthalt mehr leiden als Erwachsene, dennoch können Angst und Hilflosigkeit sie psychisch stark beeinträchtigen. Auch die Dauer des Leidens ist bei ihnen bei einem Dauerschaden erheblich länger als bei einem Erwachsenen. Ebenso ist zu prüfen, ob Ihnen ein wichtiger Lebensabschnitt geraubt wurde, ob sie jemals ein normales Leben führen können.
- Jugendliche leiden unter einem Krankenhausaufenthalt ebenso wie Erwachsene. Für die Dauer des Leidens und den Verlust eines Lebensabschnitts gilt das zuvor Gesagte.

5. Schmerzensgeldrente

a) Anspruch des jungen Menschen

Eine **Schmerzensgeldrente** ist **besonders bei jungen Menschen gerechtfertigt**, deren weitere gesundheitliche Entwicklung aufgrund schwerer Verletzungen noch nicht überschaubar ist, und bei denen die Verletzungen oft tief in den weiteren Ablauf des Lebens eingreifen.[82] Der bei jungen Menschen hohe Kapitalwert der Rente darf nicht abschrecken.

Das hat das *OLG Frankfurt/M.*[83] so gesehen und hat einem drei Jahre alten Kläger, der durch Glassplitter einer zerberstenden Limonadenflasche erblindete, 250 000,00 Euro und eine monatliche Rente von 250,00 Euro zuerkannt. Kapital und Rente ergaben einen Betrag von 344 000,00 Euro. Das Gericht führte zur Begründung der Entscheidung aus, dass dieses Schmerzensgeld das Entschädigungssystem nicht sprenge, sondern lediglich fortschreibe.

Dass diese Auffassung richtig ist, zeigt ein Vergleich mit den **Beträgen, die zum Ausgleich des materiellen Schadens** gezahlt werden müssen. Ein junger Mensch, der unfallbedingt arbeitsunfähig wird, hat ein Leben lang Anspruch auf Ersatz des Verdienstausfalls. Ist er für den Rest seines Lebens pflegebedürftig, müssen jahrzehntelang die dafür erforderlichen Aufwendungen ersetzt werden. Solche Leistungen erreichen und übersteigen leicht mehrere Mio. Euro, ohne dass dies beanstandet wird.

Dieser Vergleich zeigt zwingend, dass auch das Schmerzensgeld für jahrzehntelanges Leiden ein Vielfaches von dem Schmerzensgeldbetrag erreichen kann und muss, der an einen älteren Menschen zu zahlen ist.

b) Anspruch des alten Menschen

Alte Menschen sollten – eher als junge Menschen – neben dem Schmerzensgeldkapital eine Schmerzensgeldrente beantragen. Es geht nicht an, diese nur deshalb zu verweigern, weil der Verletzte alt ist, wie es das *OLG Hamm*[84] getan hat. Der Kapitalwert der Schmerzensgeldrente ist relativ niedrig und

---

81 Vgl. *OLG Saarbrücken* Urt. v. 16.5.2006 – Az. 4 UH 711/04–196, OLGR 2006, 819: ein Krankenhausaufenthalt im kindlichen Alter, der notwendig mit einer Trennung von Familie und vertrauter Umgebung verbunden ist, wird als besonders belastend empfunden.
82 *OLG Hamm* Urt. v. 12.2.2001 – Az. 13 U 147/00, SP 2001, 267 f.
83 *OLG Frankfurt* Urt. v. 21.2.1996 – Az. 23 U 171/95, VersR 1996, 1509 f. = zfs 1996, 131 f.
84 *OLG Hamm* Urt. v. 12.2.2001 – Az. 13 U 147/00, VersR 2002, 499.

wenn der alte Mensch gesund ist, kann seine Lebenserwartung durchaus höher sein, als sie sich aus der Sterbetafel ergibt. In jedem Fall ist eine Schmerzensgeldrente bei alten Menschen gerecht. Leben sie länger als prognostiziert, haben sie länger zu leiden und die Rente steht ihnen zu. Sterben sie früher, fehlt ihnen zwar ein Teil des Schmerzensgeldkapitals, aber das Leiden war kürzer als ursprünglich angenommen.[85]

c) Kapitalwert der Rente

110 Erfreulicherweise wird bei **Schmerzensgeldrenten** mit einem **Kapitalisierungszinssatz** von 5 %[86] gerechnet und nicht mit einem der derzeitigen Zinslage entsprechenden geringeren Zinssatz. Dies hat zur Folge, dass der Kapitalwert der Rente deutlich niedriger ausfällt als bei einem niedrigeren Zinssatz. Denn vom »an sich« angemessenen Gesamtkapital wird der (rein rechnerisch) auf die Rente entfallende Teil abgezogen. Bei der Kapitalisierung mit einem höheren Zinssatz wird davon ausgegangen, dass ein niedriger Kapitalbetrag nötig ist, um den monatlichen Rentenbetrag aus der (fiktiven) Kombination von Zinserträgen und Verwertung des Kapitalstocks zu erwirtschaften. Durch den Ansatz hoher Zinsen wird daher »für die Rente« ein niedriger Kapitalbetrag abgezogen. Wenn es allerdings darum geht, eine Rente zu kapitalisieren und in einem Betrag auszuzahlen, wirkt sich der hohe Zinssatz so aus, dass der auszuzahlende Betrag niedriger ausfällt, als bei einem geringeren Zinssatz. In Zeiten niedriger Zinsen bedeutet die Kapitalisierung einer Rente, dass der Verletzte einen zu niedrigen Kapitalbetrag erhält.

111 Bei der Verrentung des Schmerzensgeldes wird der umgekehrte Weg beschritten, sodass die Geschädigten in Zeiten niedriger Zinsen einen bisher nicht erkannten – jedenfalls nicht diskutierten – Vorteil erfahren.[87]

112 Wird weiter berücksichtigt, dass auf die Schmerzensgeldrente keine Kapitalertragsteuer (ab 2009 25 %) erhoben wird, bedeutet dies wirtschaftlich eine Verzinsung von $6^2/_3$ % nach Steuern, eine Rendite, die ohne jede Verwaltungsaufwand für die Dauer der Laufzeit der Rente sicher und derzeit als recht hoch anzusehen ist.

d) Dynamische Schmerzensgeldrente

113 Die **Gewährung einer »dynamischen« Schmerzensgeldrente**, z. B. durch Koppelung mit dem amtlichen Lebenshaltungskostenindex, hat der *BGH*[88] stets verneint.[89] Eine solche dynamische Rente würde die Funktion der Rente als eines billigen Ausgleichs in Geld nicht gewährleisten.[90]

114 Der *BGH* und andere Gegner der Dynamisierung[91] machen ferner geltend, eine Dynamisierung könne dem Schädiger unter Berücksichtigung volkswirtschaftlicher Argumente nicht zugemutet werden. Die Geldentwertung wirke sich auch auf die wesentlichen Verhältnisse des Schädigers aus und mit zunehmender Geldentwertung bestehe die Gefahr, dass die Haftungshöchstgrenzen erreicht würden. Dem Schädiger könne doch nicht zugemutet werden, noch nach Jahren sein Einkommen aufgrund der monatlichen Schmerzensgeldrente nunmehr etwa auf die Pfändungsgrenzen zu beschränken.

---

85 *Notthoff* VersR 2003, 966 f.
86 Soweit ersichtlich weicht nur der 9. Zivilsenat des *OLG Hamm* Beschl. v. 11.9.2002 – Az. 9 W 7/02, VersR 2003, 780 von diesem Zinssatz ab und kapitalisiert mit 4 %, was den Kapitalwert der Schmerzensgeldrente um 20 % erhöht, also für den Verletzten um diesen Prozentsatz ungünstiger ist.
87 Vgl. zu dieser Problematik *Nehls* zfs 2004, 193 ff. und SVR 2005, 161 ff.
88 *BGH* Urt. v. 3.7.1973 – Az. VI ZR 60/72 – VersR 1973, 1067 = NJW 1973, 1653 f.
89 Daher erscheint auch eine außergerichtliche Vereinbarung einer dynamischen Rente, etwa gekoppelt an den Lebenshaltungskostenindex durch Wertsicherungsklausel, als problematisch, da unzulässig nach § 2 PaPkG (vgl. *Jahnke* r+s 2006, 228, 230).
90 So auch *Notthoff* VersR 2003, 966, 969, der sich vehement (... darf keinesfalls dynamisiert werden ...) gegen jeden Dynamisierungsgedanken wendet.
91 *BGH* Urt. v. 3.7.1973 – Az. VI ZR 60/72 – VersR 1973, 1067 f.; *Notthoff* VersR 2003, 966, 969.

Dem ist entgegen zu halten, dass die inflatorische Entwicklung im Jahr der *BGH*-Entscheidung 1973 einen Höchststand erreicht hatte und heute nur noch einen Bruchteil beträgt und dass die Haftungshöchstgrenzen heute ein Vielfaches von den damals Üblichen betragen. Die Rücksichtnahme auf den Schädiger ist verfehlt, sie missachtet die Interessen des Verletzten. Der Schädiger soll seine Schuld bezahlen. Er ist nicht zu bedauern, weil ihm die Flucht in die Pfändungsgrenze lästig sein könnte. Im Übrigen stellt es doch die Ausnahme dar, dass der Schädiger aus eigenem Vermögen zahlt, fast immer steht ein Haftpflichtversicherer im Hintergrund.

115

Die Argumente gegen eine Abänderungsklage und erst recht gegen eine dynamisierte Schmerzensgeldrente, wenn sie denn je zutreffend waren, überzeugen also (heute) nicht (mehr). Gerade für Kinder und Minderjährige gilt, dass eine Schmerzensgeldrente über Jahrzehnte hinweg gezahlt werden muss. Mit einer Abänderungsklage mag der Geschädigte zwar eine gewisse Steigerung erreichen können, dies aber nur in großen zeitlichen Abständen und mit Sicherheit nicht in Höhe der Steigerung der Lebenshaltungskosten. Das weitere Argument des BGH,[92] eine dynamische Schmerzensgeldrente könne dem Schädiger wirtschaftlich unter Berücksichtigung allgemeiner volkswirtschaftlicher Gesichtspunkte nicht zugemutet werden, war noch nie überzeugend und ist heute jedenfalls nicht mehr gültig.

116

Vom Ausgangspunkt her ist schon nicht einzusehen, weshalb die Schmerzensgeldrente nicht als dynamische Rente ausgestaltet werden soll.[93] Die Überlegung des *BGH*,[94] dass Wohlbefinden und Gesundheit »nicht mit Gold aufzuwägen« seien, weshalb sich bei schweren und schwersten Verletzungen aus dem Ausgleichsbedürfnis des Geschädigten allein oft kaum eine Begrenzung nach oben ergebe und ein brauchbarer Maßstab für die »billige Entschädigung« könne erst aus dem Spannungsverhältnis gewonnen werden, das zwischen dem für den Geschädigten Wünschenswerten einerseits und dem besteht, was dem Schädiger noch zugemutet werden kann, müssen überdacht werden. Die Funktionen des Schmerzensgeldes, insbesondere die Ausgleichs- und Genugtuungsfunktion haben in der Rspr. eine neue Bedeutung erfahren. Gerade schwerste Schäden werden heute mit dem höchsten Schmerzensgeld ausgeglichen. Es kann nicht oft genug betont werden, dass volkswirtschaftliche Gesichtspunkte bei der Bemessung des Schmerzensgeldes keinen Raum haben. Die Versicherungswirtschaft beruft sich beim Sachschaden nicht auf dieses Argument, obwohl in diesem Bereich über das vernünftige Maß hinaus entschädigt wird.

117

Natürlich ist es richtig, dass das Schmerzensgeld auch andere Ziele verfolgt, als dem Verletzten einen stets gleichbleibenden Wert als Ausgleich zur Verfügung zu stellen. Letztlich hat es aber die Funktion, dem Verletzten Erleichterungen und Annehmlichkeiten zu verschaffen, die Geld kosten und somit der inflationären Entwicklung unterworfen sind. Genau das wird bei der Kaufkraftparität ausländischer Verletzter und bei den hohen Schmerzensgeldern bei schwersten Verletzungen berücksichtigt. Deshalb sollte der Lebenshaltungskostenindex als derzeit einziger Indikator zur Dynamisierung herangezogen werden.

118

C. Sozialversicherungsrecht – §§ 104 ff. SGB VII

Kindergarten, Schule, Berufsschule, Ausbildungsstätte

119

Gemäß § 2 SGB VII sind Kinder und Minderjährige weitgehend kraft Gesetzes versichert. Das bedeutet, dass sie in den jeweiligen Einrichtungen, Schulen oder Betrieben wie Arbeitnehmer Versicherungsschutz nach §§ 104 ff. SGB VII genießen. Bei Unfällen sind die von der Rspr. für den Arbeitsunfall entwickelten Grundsätze allerdings umzuformen und an den Schulalltag anzupassen. Natürlich sind auch Wegeunfälle versichert, allerdings mit der Besonderheit, dass der Schädiger voll

120

---

92 *BGH* Urt. vom 3.7.1973 – Az. VI ZR 60/72 – VersR 1973, 1067 = NJW 1973, 1653 f.
93 AK § 253/*Huber* Rn. 136.
94 *BGH* Urt. v. 3.7.1973 – Az. VI ZR 60/72 – VersR 1973, 1067 f.

haftet, weil sich ein Unfall in der Regel auf einem versicherten Weg – Teilnahme am allgemeinen Straßenverkehr – und nicht auf einem Betriebsweg ereignen wird.[95]

121 Das bedeutet, dass Schüler, die sich z. B. bei einer Rangelei im Rahmen einer schulischen Veranstaltung gegenseitig Schaden zufügen, in der Regel nicht haften, weil dem Schädiger der sogenannte doppelte Vorsatz fehlen wird. Dieser sogenannte doppelte Vorsatz ist nur zu bejahen, wenn der Vorsatz des Schädigers sich nicht nur auf die Tathandlung, sondern auch auf den eingetretenen Gesundheitsschaden erstreckt. Das wird bei Schülern in aller Regel verneint und hat zur Folge, dass der Verletzte zwar gesetzlich versichert ist, aber vom Schädiger kein Schmerzensgeld erhält.

122 Findet dagegen die Rangelei auf dem Schulweg statt, also auf einem versicherten Weg, haftet der Schädiger nach allgemeinen Regeln voll, d. h. auch auf Schmerzensgeld.

D. Prozessrecht

I. Klagezustellung

123 Eine Klage gegen einen nicht prozessfähigen Minderjährigen muss dem gesetzlichen Vertreter zugestellt werden, wobei die Zustellung an einen Elternteil genügt. Wird der Jugendliche während des Rechtsstreits volljährig, so wird der Mangel der Zustellung geheilt, wenn er mit der Fortsetzung des Rechtsstreits konkludent genehmigt.

II. Beweismaß für die haftungsbegründende und haftungsausfüllende Kausalität

124 Für den Beweis zwischen der Verletzungshandlung und dem Schaden, für die haftungsbegründende Kausalität, gilt das strenge Beweismaß des § 286 ZPO. Es genügt der für das praktische Leben brauchbare Grad an Gewissheit, der Zweifel zurücktreten lässt. Eine unumstößliche Gewissheit oder eine an Sicherheit grenzende Wahrscheinlichkeit ist nicht erforderlich.

125 Für den Beweis der Unfallfolgen, für die haftungsausfüllende Kausalität, gilt das Beweismaß des § 287 ZPO.

126 Daraus folgt zugleich, dass das häufig bezweifelte Maß der Leiden von Kindern und Minderjährigen ohne Weiteres durch Zeugen zu Beweis gestellt werden kann. Selbst bei Kleinkindern können Schmerzen durch Zeugen bewiesen werden. Es liegt auf der Hand, dass eine Mutter überzeugend berichten kann, dass ein Kind Schmerzen gehabt hat und wie sie das festgestellt hat. Auch ein Kinderarzt kann feststellen, unter welchen Schmerzen ein Kind leidet und kann dazu als Zeuge benannt werden.

III. Klageanträge

1. Antrag auf Zahlung einer Rente

127 Eine Rente wegen vermehrter Bedürfnisse und/oder wegen eines Verdienstausfallschadens muss gesondert beantragt werden. Die Rente wegen vermehrter Bedürfnisse ist i. d. R. ein Leben lang zu zahlen, sodass bei einer Kapitalisierung der Rente die mutmaßliche Lebenserwartung des Verletzten maßgebend ist. Eine Rente zum Ausgleich des Verdienstausfallschadens wird geschuldet für die mutmaßliche Dauer des Erwerbslebens des Verletzten, längstens jedoch bis zu seinem Tod.

128 Der Rentenantrag lautet:

129 Die Beklagten werden als Gesamtschuldner verurteilt, an den Kläger ... Euro (rückständige Rente) nebst Zinsen von 5 %-Punkten über dem Basiszinssatz seit dem ... (mittleres Verfalldatum) sowie ab

---

[95] *Küppersbusch* Rn. 543. Für einen von der Gemeinde für behinderte Schüler organisierten Transport in einem der Gemeinde gehörenden Schulbus mit einem bei der Gemeinde beschäftigten Fahrer hat abweichend entschieden *BGH* VersR 2001, 335 und VersR 2004, 379.

Klagezustellung eine Mehrbedarfsrente in Höhe von ... Euro je Monat (oder Vierteljahr) monatlich (vierteljährlich) im Voraus zu zahlen.[96]

2. Antrag auf Zahlung eines Schmerzensgeldes

Der Antrag auf Zahlung eines Schmerzensgeldes[97] muss lauten: 130
1. Der Beklagte wird verurteilt, an den Kläger ein in das Ermessen des Gerichts gestelltes Schmerzensgeld, mindestens aber ... Euro nebst Zinsen von 5 %-Punkten über dem Basiszinssatz seit dem ... zu zahlen.
2. Es wird festgestellt, dass der Beklagte verpflichtet ist, dem Kläger allen weiteren immateriellen Schaden zu ersetzen, der ihm aus dem Verkehrsunfall am ... in ... zukünftig noch entstehen wird.

Wird neben dem Schmerzensgeldkapital eine Schmerzensgeldrente begehrt, kann der Klageantrag lauten: 131

Die Beklagten werden als Gesamtschuldner verurteilt, an den Kläger ein in das Ermessen des Gerichts gestelltes Schmerzensgeld, mindestens aber ... Euro nebst Zinsen von 5 %-Punkten über dem Basiszinssatz seit dem ... zu zahlen, sowie ab Klagezustellung eine Schmerzensgeldrente in Höhe von ... Euro je Monat (oder Vierteljahr) monatlich (vierteljährlich) im Voraus zu zahlen.[98]   132

IV. Abänderungsklage

In allen Fällen, in denen der Beklagte zur Zahlung einer Rente verurteilt worden ist, ist zu gegebener Zeit zu prüfen, ob die Höhe der Rente noch angemessen ist oder ob gegebenenfalls eine Abänderungsklage erhoben werden muss.   133

1. Abänderungsklage bei der Mehrbedarfsrente

Bei der Mehrbedarfsrente sind die Voraussetzungen der Abänderungsklage unproblematisch, denn wenn sich die tatsächlichen Verhältnisse geändert haben, können beide Parteien eine Abänderungsklage erheben. Die Möglichkeit der Abänderungsklage besteht also auch für den Schädiger/Versicherer z. B. dann, wenn der Verletzte nicht mehr rollstuhlpflichtig ist mit der Folge, dass der auf die Beschaffung eines Rollstuhls entfallende Rentenanteil nicht mehr zu zahlen ist.   134

Der Verletzte dagegen kann eine Abänderungsklage z. B. dann erheben, wenn die Aufwendungen für Massage oder Pflegemittel gestiegen sind, sodass die monatliche Rente entsprechend anzupassen ist.   135

2. Abänderungsklage bei der Schmerzensgeldrente

Im Wege der Abänderungsklage kann auch eine Erhöhung der Schmerzensgeldrente erreicht werden.[99]   136

Nach einhelliger Meinung in Rspr. und Schrifttum ist die Schmerzensgeldrente grundsätzlich abänderbar.[100] Der *BGH*[101] hat dies (obiter dictum) als selbstverständlich vorausgesetzt, indem er einem jungen Geschädigten im Hinblick auf die Laufzeit der Rente die Möglichkeit zur Anpassung an die veränderten Verhältnisse nach § 323 ZPO zugebilligt hat. Auch die Verschlimmerung des Leidens, eine bedeutsame Verbesserung der wirtschaftlichen Verhältnisse aufseiten des Schädigers, eine exorbitante Änderung der in der Praxis vorgestellten Wertgrößen zum Schmerzensgeld oder gravierende   137

---

96 Wegen weiterer Einzelheiten wird verwiesen auf *Jaeger/Luckey* Rn. 1458 ff., 1467.
97 *Diederichsen* VersR 2005, 433, 438 f.
98 Wegen weiterer Einzelheiten wird verwiesen auf *Jaeger/Luckey* Rn. 1458 ff., 1467.
99 *Vorwerk/Freyberger* Kap. 84, Rn. 184 und Kap. 86 Rn. 42.
100 *Diederichsen* VersR 2005, 433, 442.
101 *BGH* Urt. v. 8.6.1976 – Az. VI ZR 216/74 – VersR 1976, 967, 969.

Veränderungen des Lebenshaltungskostenindexes sollen im Wege der Abänderungsklage geltend gemacht werden können.[102]

138 Zur Änderung des Lebenshaltungskostenindexes besteht jedoch keine Einigkeit,[103] insbesondere zu der Frage, ob im Fall einer (wesentlichen) Erhöhung der Lebenshaltungskosten die Abänderung verlangt werden kann, wie das für Unterhaltsrenten angenommen wird. Der *BGH* hatte diese Frage bis zum Jahre 2007 eigentlich noch nicht entschieden. Er hatte bis dahin lediglich die Dynamisierung einer Schmerzensgeldrente als nicht zulässig angesehen.[104]

139 Das Problem bei einer Abänderung der Schmerzensgeldrente liegt darin, dass der Begriff der Einheitlichkeit des Schmerzensgeldanspruchs im Raum steht, und bei einer Schmerzensgeldrente eine solche endgültige Festlegung des Schmerzensgeldes niemals erreicht werden kann.[105] Es ist zu bedenken, dass nur das Schmerzensgeld, das als Kapital gezahlt wird, der Höhe nach feststeht und nach Rechtskraft unabänderlich bleibt. Allein unter dem Gesichtspunkt der gestiegenen Lebenshaltungskosten soll eine Abänderungsklage keinen Erfolg haben können. Das klang auch in einem obiter dictum des *BGH*[106] an.

140 Nunmehr hat der *BGH*[107] die Frage entschieden:

141 Eine Schmerzensgeldrente kann im Hinblick auf den gestiegenen Lebenshaltungskostenindex abgeändert werden, wenn eine Abwägung aller Umstände des Einzelfalles ergibt, dass die bisher gezahlte Rente ihre Funktion eines billigen Schadensausgleichs nicht mehr erfüllt.

142 In diesem Leitsatz verbergen sich in mehrfacher Hinsicht Ausweichmöglichkeiten, von dieser Rspr. später wieder abzuweichen, die der *BGH* im nächsten Leitsatz auch andeutet: Falls nicht besondere zusätzliche Umstände vorliegen, ist die Abänderung einer Schmerzensgeldrente bei einer unter 25 % liegenden Steigerung des Lebenshaltungskostenindexes in der Regel nicht gerechtfertigt.

143 Daraus folgt aber noch nicht, dass damit die Grenze aufgezeigt ist, oberhalb derer eine Abänderungsklage immer Erfolg haben wird. Zusätzlich müssen alle Umstände abgewogen werden und die Funktion des Schmerzensgeldes als Schadensausgleich darf nicht mehr gegeben sein.

144 Zu diesen Umständen sollen beispielsweise gehören die Rentenhöhe, der zugrunde liegende Kapitalbetrag und die bereits gezahlten und voraussichtlich noch zu zahlenden Beträge. Was damit genau gemeint ist, wird nicht deutlich, zumal der *BGH* (zu Recht) in dieser Entscheidung auch herausgestellt hat, dass die Summe der gezahlten Rentenbeträge völlig unerheblich ist. Maßgebend für die Belastung des Schädigers ist nämlich nicht die Summe der gezahlten Rentenbeträge, sondern allein der Kapitalwert der Rente, denn die Zahlungen fließen zunächst aus den mit 5 % pauschal angenommenen Zinsen des Kapitalwertes und aus diesem Kapital. Nur wenn der Schädiger vortragen könnte, dass die Rentenzahlungen aus den Erträgen nicht mehr aufgebracht werden können, weil die Gewinne aus der Kapitalanlage hinter den Erwartungen zurückgeblieben sind, könnte die Summe der Rentenzahlungen eine Rolle spielen. Einen solchen Fall kann die Versicherungswirtschaft aber nicht vortragen, weil sie auch in der Vergangenheit und Zeiten niedriger Zinsen einen Zinsertrag in Höhe von mindestens 5 % erwirtschaftet hat. Natürlich spielt es für die Zukunft eine Rolle, wie lange die Schmerzensgeldrente noch gezahlt werden muss, denn für den mit der Abänderungsklage angestrebten Erhöhungsbetrag muss ein neuer Kapitalwert – wieder nach einem Zinsertrag von 5 % – ermittelt werden.

---

102 *Halm/Scheffler* DAR 2004, 71 f. m. w. N.
103 *Diederichsen* VersR 2005, 433, 438.
104 *BGH* Urt. v. 3.7.1973 – Az. VI ZR 60/72 – VersR 1973, 1067 ff.; dagegen AK § 253/*Huber* Rn. 119 f.
105 AK § 253/*Huber* Rn. 119 f.
106 *BGH* Urt. v. 3.7.1973 – Az. VI ZR 60/72 – VersR 1973, 1067 f.
107 *BGH* Urt. v. 15.5.2007 – Az. VI ZR 150/06 – VersR 2007, 961.

145 Hier zeigt sich der Widerspruch zum angeblich einheitlichen Schmerzensgeld. Wurde der Verletzte mit einem Kapitalbetrag abgefunden, kommt eine Erhöhung aus Gründen der Rechtskraft nicht in Betracht. Wurde dagegen zum Kapitalbetrag eine Schmerzensgeldrente zuerkannt, kann das insgesamt zu zahlende Schmerzensgeld über den Weg der Abänderungsklage nachträglich erhöht werden. Diese Gefahr hat der *BGH* (natürlich) gesehen und will ihr insoweit Rechnung tragen, als zu prüfen ist, ob dem Schädiger billigerweise zugemutet werden kann, eine erhöhte Rente zu zahlen, etwa weil die Haftungshöchstsumme erschöpft sei. Eine solche Erschöpfung der Haftungshöchstsumme kann aber nicht mit der Summe der bisher gezahlten Rentenbeträge begründet werden.

146 Der Argumentation, dass das Schmerzensgeld nicht dynamisiert werden könne, sondern nach ständiger Rspr. einheitlich festgesetzt werden müsse, entzieht sich der *BGH* dadurch, dass er die mit der Steigerung des Lebenshaltungskostenindexes begründete Erhöhung der Schmerzensgeldrente nicht mit der von »vornherein dynamisierten« Schmerzensgeldrente gleichsetzt. Völlig zu Recht stellt er darauf ab, dass die Funktion des Schmerzensgeldes durch eine erhebliche Steigerung des Lebenshaltungskostenindexes gemindert oder aufgehoben werden kann, wenn der Geldwert in erheblichem Maße gesunken ist. Genau damit ließe sich aber auch die Zulässigkeit einer dynamischen Schmerzensgeldrente begründen.

147 Schaut man auf die seit vielen Jahren niedrige Inflationsrate von ca. 2 %, bedeutet dies, dass eine Abänderungsklage erst nach mehr als 12 Jahren mit Aussicht auf Erfolg erhoben werden kann. Bevor das Gericht dann rechtskräftig entschieden hat, gehen mehrere Jahre ins Land, sodass die Geldentwertung bis zur Entscheidung schließlich mehr als 30 % betragen wird. Die Anpassung wird aber nicht so hoch ausfallen, weil diese nicht mathematisch vorgenommen wird. Der Verletzte wird dann allenfalls mit einer Erhöhung der Schmerzensgeldrente um rd. 15–20 % rechnen können.

▶ **Praxistipp:** 148

Ob die Abänderungsklage alleine auf den Kaufkraftschwund gestützt werden kann, ist fraglich, erscheint aber möglich, wenn die Rente über ein oder 2 Jahrzehnte unverändert geblieben ist.[108] Aussichtsreicher ist eine Abänderungsklage, mit der geltend gemacht werden kann, dass die Bemessungsfaktoren sich verändert haben, insbesondere wenn sich die Verletzungen verschlimmert oder die wirtschaftlichen Verhältnisse des Schädigers sich verbessert haben.[109] Völlig offen ist, ob eine Abänderungsklage auch damit begründet werden kann, dass die Gerichte heute höhere Schmerzensgeldbeträge zuerkennen.

---

108 A. A. *Diederichsen* VersR 2005, 433, 442, die zu bedenken gibt, dass weder der Kaufpreis für das Erkaufen von Annehmlichkeiten die geschuldete billige Entschädigung ist noch dass sich der Ausgleich durch das Schmerzensgeld in diesen Möglichkeiten erschöpft.
109 *Diederichsen* VersR 2005, 433, 442.

Kapitel 6 Bildung von Haftungsquoten und Einzelfälle

Übersicht

			Rdn.
		Einleitung	1
A.		Allgemeine Grundlagen	3
B.		Haftungsquoten und Schadensrechtsänderungsgesetz	11
	I.	Anwendungsbereich	12
	II.	Relevante Änderungen	13
	III.	Sonderfall Kinderunfall	15
		1. Ruhender Verkehr	16
		2. Fließender Verkehr	17
		3. Überschreiten der 10-Jahresgrenze	19a
	IV.	Höhere Gewalt	20
	V.	Anhänger	26a
C.		Einzelfälle	27
	I.	Abschleppen	32
	II.	Abstand zum Vordermann	38
	III.	Alkoholisierung	41
	IV.	Anfahren	47
	V.	Autobahn und Kraftfahrstraßen	52
		1. Abstand nach vorn	53
		2. Ein- und Ausfahren	56
		3. Fahrstreifenbenutzung	61
		4. Geschwindigkeit	62
		5. Halten	65
		6. Hindernis	68
		7. Liegenbleiben	70
		8. Überholen	71
	VI.	Auffahren	73
		1. Bremsen zugunsten von Tieren	82
		2. Auffahren und Spurwechsel	91
		3. Grundloses Bremsen des Vordermannes	93
		4. Kettenauffahrunfall	95
		5. Beweislastprobleme	97
		6. Sonderfall Massenunfall	100
		7. Stehendes Fahrzeug	103
		8. Glatteisunfälle	105
	VII.	Bahnübergang	109
		1. Allgemein	112
		2. Erkennbarkeit der Unfallträchtigkeit	117
	VIII.	Beleuchtung	121
	IX.	Ein- und Aussteigen	132
	X.	Fahrerlaubnis	136
		1. Fahrerverantwortlichkeit	138
		2. Halterverantwortlichkeit	139
	XI.	Fahrstreifenbenutzung	140
		1. Allgemeine Grundlage	141
		2. Fahrspurmarkierung im Kreuzungsbereich	143
		3. Reißverschlussverfahren	146
		4. Sonderfahrstreifen	149
	XII.	Fußgänger	151
		1. Fahrbahnbereich	154
		2. Sonderfall Inline-Skater	169
	XIII.	Geschwindigkeit	175
		1. Allgemein	176
		2. Fahrbahn	178

		Rdn.
	3. Fahren auf Sicht	179
	4. Straßenverhältnisse	183
XIV.	Grundstücksausfahrten	186
	1. Allgemein	189
	2. Einweisen	192
XV.	Grundstückseinfahrt	196
	1. Einbiegen nach links	197
	2. Einbiegen nach rechts	198
XVI.	Haltestelle	199
XVII.	Landwirtschaftliche Fahrzeuge	207
	1. Fahrbahnverschmutzung	208
	2. Abbiegende/einbiegende landwirtschaftliche Fahrzeuge	209
XVIII.	Mäharbeiten	211
XIX.	Linksabbiegen	212
	1. Abknickende Vorfahrt	214
	2. Gegenverkehr	216
	3. Geschwindigkeitsüberschreitung	222
	4. Irreführende Fahrweise des Geradeausfahrers	223
	5. Linksabbieger und Überholende	224
	6. Überholen	228
XX.	Minderjährige und ältere Menschen	233
XXI.	Parkvorgänge	248
	1. Sonderfall Parkplatz/Tiefgarage-Verkehr	249
	2. Sonderfall Kaserne	253
	3. Sonderfall Falschparken	256
	4. Sonderfall Straßenbahn	258
XXII.	Personenbeförderung (Insassen)	259
XXIII.	Radfahrer	261
	1. Allgemeine Grundlagen	262
	2. Einzelne Unfallsituationen	267
	a) Abbiegevorgänge von Kraftfahrzeugen	268
	b) Einbahnstraßen	275
	c) Fußgängerbereich	276
	d) Radwegbenutzung	284
	e) Überholen	291
	f) Vorfahrt	295
	g) Wenden	296
	3. Radweg	297
	4. Schutzhelm und Mitverschulden	302
	5. Vorfahrt	310
XXIV.	Rechtsabbiegen	311
XXV.	Rückwärtsfahren	313
XXVI.	Sicherheitsgurte	321
XXVII.	Sonderrechte	323
XXVIII.	Straßenbahn	329
XXIX.	Türöffnen	337
XXX.	Überholen	340
	1. Gegenverkehr	348
	2. Gleichgerichteter Verkehr und Kolonnenfahren	351
	3. Rechtsüberholen	357
	4. Seitlicher Abstand	358
	5. Unklare Verkehrslage	359
	6. Überholen und Rechtseinbiegen	363
	7. Überholen und Abkommen von der Fahrbahn	364
XXXI.	Verkehrsampel	365
	1. Allgemein	366
	2. Einbiegen nach links	368

		Rdn.
	3. Einbiegen nach rechts	369
	4. Fußgängerampeln	370
	5. Gelblicht	371
	6. Grünlicht	372
	7. Rotlicht	375
XXXII.	Verkehrssicherungspflicht	376
	1. Allgemeiner Straßenzustand	377
	2. Bäume	382
	3. Fahrbahnbeschaffenheit	387
	4. Wildunfälle	397
	5. Beweislast	398
	6. Sonderfall Baustellensicherung	398a
XXXIII.	Vorbeifahren	399
XXXIV.	Vorfahrt	403
	1. Allgemein	405
	2. Abknickende Vorfahrt	412
	3. Einfahren in bevorrechtigte Straße	414
	4. Einfahren in gleichberechtigte Straße (Rechts-vor-Links)	423
	5. Gesperrte Straße	432
	6. Lückenfälle	434
	7. Nebenweg	442
	8. Räumen der Kreuzung	445
XXXV.	Wenden	448
D.	**Quotentabelle**	450

Einleitung

1 Im vorstehenden Kapitel wurden die dogmatischen Grundlagen der Haftungsverteilung dargestellt. Gleichwohl ist die Übertragung der rechtlichen Grundlagen auf den Einzelfall wegen der Unzahl möglicher Unfallkonstellationen schwierig. In der Praxis hat sich daher die für das Verkehrszivilrecht typische Quoten-Rspr. entwickelt.

2 Trotz der ständigen Weiterentwicklung der Rspr. ist im Bereich der Haftungsquoten ein Beharren auf schon länger zurückliegende Entscheidungen festzustellen. Die Schwierigkeit der Heranziehung von vergleichbaren Fällen und den sog. Haftungsquotentabellen liegt in der in Letzteren nur kursorisch aufgeführten Ausgangsgrundlagen. Im kontinentaleuropäischen Bereich haben wir es nicht mit dem *Case law* zu tun, sondern sind bei der Entscheidung allein auf die Abwägungskriterien beschränkt, sodass es auf den Vergleich der Abwägungskriterien im herangezogenen Parallelfall mit dem zur Entscheidung heran stehenden Fall ankommt. Fehlt aber bei den vergleichbaren Fällen die ausreichend konkrete Darstellung der damals entscheidenden Umstände so kann es nur auf die Ableitung der Haftungsquote auf der Grundlage allgemeiner Grundsätze ankommen.

A. Allgemeine Grundlagen

3 Schon die Abhängigkeit der Haftungsquoten von den weitgehend durch den »*Spruchkörper*«, also die spezielle Besetzung der Richterbank, geprägten Entscheidungen führt bei der Übertragung bestimmter Urteile bei der Schadensabwicklung bzw. im konkreten Prozess vielfach zur Frustration. Teilweise nähern sich die unveröffentlichten Urteile schon der nach 30 Jahren fehlenden Verfügbarkeit, da Urteile lediglich 30 Jahre aufzubewahren sind. Es wurde daher bei der nachfolgenden Darstellung weitgehend darauf verzichtet, ältere, nicht veröffentlichte, insbesondere amtsgerichtliche Entscheidungen zur Darstellung heranzuziehen, zumal den erkennbaren, veröffentlichten und unveröffentlichten Entscheidungen eine Unzahl anderslautender Urteile gegenübersteht.

4 Der Haftungsabwägung im Einzelfall liegt stets die Berücksichtigung der auf beiden Seiten zu bejahenden Anteile der Faktoren Verschulden und Betriebsgefahr zugrunde. Die Entscheidung beruht

A. Allgemeine Grundlagen

sodann auf der Gewichtung der jeweils festzustellenden und gegenüberzustellenden einzelnen Anteile. Hierin liegt ein in der Praxis vielfach festzustellender grundlegender Fehler. Die Ermittlung der Haftungsquote kann nur erfolgen, wenn bei allen Unfallbeteiligten die gleiche Untersuchung vorgenommen wird. Um die in der Rspr. aufscheinenden Quoten transparent zu machen, sollen folgende allgemeine Gewichtungsgrundsätze vorangestellt werden.

Nachdem der tatsächliche Unfallhergang überwiegend nicht aufklärbar ist, spielt bei der Frage des Verschuldens der Anscheinsbeweis in vielen Fällen eine zentrale Rolle. Voraussetzung für die Anwendung ist allerdings, dass die für die Annahme des Anscheinsbeweises typische Ausgangssituation festzustellen ist.[1] Insoweit muss ein Geschehensablauf vorliegen, der nach allgemeiner Lebenserfahrung zu dem Schluss einer Sorgfaltspflichtverletzung führt, weil die schuldhafte Verursachung typisch für das Unfallgeschehen ist (sog. typischer Geschehensablauf).[2]

Die nachfolgende Grafik[3] zeigt zunächst die Struktur der Vergleichsebenen und ihre Bedeutung auf:

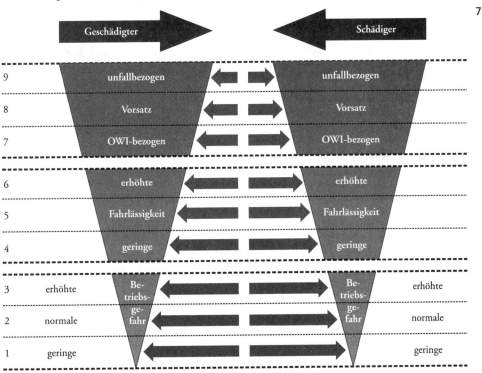

Abb. 1

Hieraus sind schon optisch deutlich die unterschiedlich zu gewichtenden Haftungsmerkmale zu ersehen. Eine bewusste Verletzung von Verkehrsvorschriften muss stärker zu gewichten sein, wie eine im Straßenverkehr üblicherweise auftretende Fahrlässigkeit, aber auch die Betriebsgefahr eines großen Fahrzeugs, etwa eines Panzers, kann nicht gleich wie die Betriebsgefahr eines kleinen, etwa eines Mopeds, gewertet werden.

---

1 Grundlegend *OLG Düsseldorf* SP 2000, 408 und *OLG Koblenz* SP 2001, 296; bei *Schröder* PVR 2002, 229.
2 Std. Rspr. seit *BGH* NJW-RR 1989, 670, zuletzt DAR 2011, 134; vgl. grundlegend für typische Verkehrsvorgange *Schröder* SVR 2008, 212; vgl. *Metz* NJW 2008, 2806, 2820.
3 Entnommen *Bachmeier* Mandatshandbuch Verkehrszivilrecht, 2. Aufl. 2010, Rn. 147.

9   Bei der Umsetzung dieser in der Grafik dargestellten Gesichtspunkte können folgende Beurteilungsgrundsätze im Sinne einer Haftungsquote abgeleitet werden:

Tab. 1

	Gegenüberstellung (Geschädigter/Schädiger)	Haftungsquote	Anspruch (%)
1	Gleiche Ebene *zu* gleiche Ebene 1	1:1	50 %
2	Vorsatz *zu* Fahrlässigkeit	1:0	0 %
3	Fahrlässigkeit *zu* Fahrlässigkeit eine Stufe tiefer	2:1	33,3 %
4	Fahrlässigkeit *zu* Fahrlässigkeit zwei Stufen tiefer	3:1	25 %
5	Fahrlässigkeit *zu* Betriebsgefahr erhöht	4:1 bis 2:1	20 % bis 33,3 %
6	Fahrlässigkeit *zu* Betriebsgefahr ab 2 Ebenen tiefer	1:0	0 %

9a Eine extreme Ausnahme hierzu bietet aber *OLG Hamm*:[4] Bei der Abwägung der Betriebsgefahr eines auf der Autobahn schleudernden Fahrzeugs, das sich anschließend querstellt und jener eines sodann auffahrenden Fahrzeugs überwiegt die Betriebsgefahr des Querstehenden so stark, dass eine Mithaftung des Auffahrenden nicht in Betracht kommt.

10 Die Darstellung geht hierbei davon aus, dass die zu berücksichtigende Betriebsgefahr in der Regel in der Praxis mit einer Quote von 20 % angesetzt wird,[5] bei sog. erhöhter Betriebsgefahr beträgt die Anrechnung der Quote üblicherweise 25 %, teilweise auch bis zu $^1/_3$. Falsch wäre es jedoch, die Betriebsgefahr nur deshalb höher zu bewerten, weil sich die gegnerische Verschuldenshaftung nur aus dem Anscheinsbeweis ergebe. Hierbei wird verkannt, dass der Anscheinsbeweis ja gerade nicht zu einer Verschuldensvermutung, sondern zu einem feststehenden Verschulden führt, also in keiner Weise geringer zu bewerten ist, wie ein nach Beweisaufnahme festgestelltes Verschulden.

10a Von der einzelnen Unfallsituation unabhängig stellt sich die Beurteilung des Verhaltens von Unfallhelfern dar. Abgesehen von der Frage eines Haftungsausschlusses nach § 8 Nr. 2 StVG sind bei der Frage einer Mithaftung zwei Gesichtspunkte relevant:[6]
- Eine Mithaftung setzt zunächst eine Pflichtwidrigkeit des Unfallhelfers in objektiver und subjektiver Hinsicht voraus.
- Die diesbezügliche Beurteilung ist auf der Grundlage der Sicht des Helfers zum Unfallzeitpunkt vorzunehmen, hingegen kommt es nicht auf das sich nachträglich als vernünftig anzusehende Verhalten an.

10b Dies zeigt sich bei der genannte Entscheidung des *BGH* deutlich. Der Geschädigte durfte sich objektiv als Fußgänger nicht auf der Autobahn aufhalten, konnte jedoch nicht anders, um seine Hilfeleistung zu erbringen, handelte also subjektiv nicht pflichtwidrig und musste in der konkreten Situation schnell entscheiden, sodass ihm eine typischerweise später vorliegende Denkzeit nicht zur Verfügung stand. Ergänzend ist darauf hinzuweisen, dass schon nach § 16 OWiG (rechtfertigender Notstand) vielfach eine OWi zu verneinen oder zumindest eine Unzumutbarkeit normgemäßen Verhaltens anzunehmen sein wird.[7]

10c Eine ebenfalls auf eine Vielzahl von Unfallsituationen bezogene Problematik stellen Ausweichreaktionen dar. Auch hier kommt es bei der Frage der Pflichtverletzung auf Kriterium der subjektiven

---

4 *OLG Hamm* NZV 1998, 115.
5 Vgl.; aber auch *LG Kiel* DAR 2002, 318: Betriebsgefahr des abgestellten Fahrzeugs.
6 *BGH* v. 5.10.2010 – VI ZR 286/09 = BeckRS 2010, 25614 = DAR 2010, 698 (L.).
7 Vgl. auch *Rengier* in Karlsruher Kommentar zum OWiG, 3. Aufl. 2006, Vorbem. zu den §§ 15, 15 Rn. 62 ff.

Vorwerfbarkeit an. Auch eine objektiv fehlerhafte Ausweichreaktion ist dann nicht haftungsrelevant, wenn der Ausweichende aus seiner Sicht das Ausweichen als erforderlich ansehen durfte.[8]

Schließlich hängt auch die Frage der Mithaftung eines Leasinggebers nicht von der einzelnen Unfallsituation ab. Vielmehr ist dem Leasinggeber weder eine Betriebsgefahr noch das Mitverschulden des Leasingnehmers zuzurechnen, vorausgesetzt der Leasinggeber ist – wie in der Praxis typisch – nicht zugleich Fahrzeughalter.[9]

B. Haftungsquoten und Schadensrechtsänderungsgesetz

Im Hinblick auf die Änderungen des Schadensersatzrechts durch das Schadensrechtsänderungsgesetz[10] zum 1.8.2002 ist die Anwendbarkeit der älteren ebenso wie der aktuellen Rspr. jedoch sorgfältig zu überprüfen. Wie schon das SMG für den Bereich des Schuldrechts, erfordert nunmehr auch das Schadensersatzrecht auf Jahre hinaus die parallele Anwendung unterschiedlichen Rechts, abhängig von der Tatzeit.

I. Anwendungsbereich

Das neue Schadensersatzrecht gilt gemäß Art. 229 § 8 Abs. 1 EGBGB n. F. für Schadensereignisse, die nach dem 31.7.2002 eingetreten sind.

II. Relevante Änderungen

Für den Bereich der Haftungsquoten stellt sich die Situation allerdings im Wesentlichen lediglich beschränkt auf die Frage der Berücksichtigung der Betriebsgefahr und damit weniger dramatisch dar. Ist nach bisherigem Recht die Betriebsgefahr gemäß § 7 Abs. 1 StVG nur dann ausgeschlossen, wenn der Unfall unvermeidbar war, § 7 Abs. 2 StVG a. F., so scheidet nach neuem Recht die grundsätzliche Anwendung der Betriebsgefahr nur aus, wenn das Unfallgeschehen auf höhere Gewalt zurückzuführen ist. Die Frage der Beweislast hat sich durch das neue Recht jedoch ebenso wenig geändert, wie die Grundlage der Haftungsabwägung selbst.[11]

Vielfach kommt es aber bei der Quotenbildung auf das so starke Überwiegen des Verschuldensanteils eines der Beteiligten an, bei dem die Betriebsgefahr des anderen Fahrzeugs zurücktritt, sodass sich die Frage der Unvermeidbarkeit gemäß § 7 Abs. 2 StVG a. F. nicht stellt. Im Übrigen ist schon nach bisheriger Rspr. eine Unvermeidbarkeit des Unfallgeschehens nur sehr selten zu bejahen.

III. Sonderfall Kinderunfall

Gemäß § 828 Abs. 2 BGB n. F. beginnt mit Wirkung vom 1.8.2002 die Schuldfähigkeit von Kindern erst mit der Vollendung des zehnten Lebensjahres, sodass damit erst ab diesem Alter bei der Haftungsabwägung die volle Haftung des anderen Verkehrsteilnehmers reduziert sein kann. Obgleich die Gesetzesänderung angesichts der wenig konkreten Fassung an sich keinen Zweifel daran lassen sollte, dass hier die Privilegierung des Kindes in besonderem Maße vom Gesetzgeber gefördert werden sollte, kam es von Beginn an in der Rspr. zu einer einschränkenden Interpretation.[12] Zwischenzeitlich hat sich die Rechtsprechung stabilisiert, weicht jedoch weiterhin erheblich voneinander ab.

---

8 *BGH* NJW 2010, 3713.
9 *BGH* NJW 2007, 3120; hierzu NJW-Spezial 2007, 441; zum (verneinten) Anspruch des Leasinggebers gegen den Leasingnehmer und Halter siehe *BGH* NJW 2011, 996 m. Anm. *Reinking*; *Faust* JuS 2011, 643 sowie *Lemcke*, Reformbedarf zur Haftung bei Unfällen mit Leasingfahrzeugen und Kfz-Anhängern, r+s 2011, 373.
10 SchadÄndG BGBl I 2002, 2674.
11 Vgl. *OLG Nürnberg* NZV 2005, 422.
12 Zur Frage der Aufsichtspflichtverletzung s. *Bernau* Die Aufsichtshaftung über Minderjährige im Straßenverkehr – eine Übersicht der seit 2000 veröffentlichten Rspr. DAR 2008, 286.

1. Ruhender Verkehr

16 Kernpunkt der Auseinandersetzung ist die Frage, inwieweit die Privilegierung des Kindes beim Unfall im Zusammenhang mit einem geparkten Pkw gehen sollte. Die Problematik ist in der Rspr. durch zahlreiche Entscheidungen des *BGH* als geklärt anzusehen. Zunächst war davon ausgegangen worden, dass bei Unfällen im ruhenden Verkehr die Ausnahme gemäß § 828 Abs. 2 BGB nicht in Betracht komme.[13] Der *BGH* hat sich dieser Ansicht jedoch nicht angeschlossen: »*Fährt ein Kind mit einem Fahrrad gegen ein mit geöffneten hinteren Türen am Fahrbahnrand stehendes Fahrzeug, entfällt seine Haftung nach § 828 Abs. 2 BGB.*«[14] Die Ansicht des *BGH*, mit ursprünglich streng gegen die Kinder gerichteter Grundtendenz hat sich damit zwischenzeitlich modifiziert, weil das Fahren an die geöffnete Türe nicht anders bewertet werden kann, wie das Fahren an die geschlossene Türe. Nach der aktuellen Entscheidung vom 11.3.2008, die grundsätzliche und die bisherige Rspr. zusammenfassende Ausführungen enthält, gilt Folgendes: »*Danach ist eine teleologische Reduktion des § 828 Abs. 2 S. 1 BGB vorzunehmen, wenn sich keine typische Überforderungssituation des Kindes durch die spezifischen Gefahren des motorisierten Verkehrs realisiert hat. Hiernach hat der Senat das Haftungsprivileg verneint in Fällen, in denen Kinder der privilegierten Altersgruppe mit einem Kickbord oder Fahrrad gegen ein ordnungsgemäß geparktes Kfz gestoßen sind und dieses beschädigt haben* (folgen Nachweise). *Aus den Senatsentscheidungen ergibt sich auch, dass bei dem Haftungsprivileg nicht grundsätzlich zwischen dem fließenden und dem ruhenden Verkehr zu unterscheiden ist, wenn es auch im fließenden Verkehr häufiger als im sog. ruhenden Verkehr eingreifen mag. Das schließt jedoch nicht aus, dass sich in besonders gelagerten Fällen auch im ruhenden Verkehr eine spezifische Gefahr des motorisierten Verkehrs verwirklichen kann* (folgen Nachweise). *Zudem ergibt sich aus den Senatsurteilen, dass auf eine typische Fallkonstellation der Überforderung des Kindes durch die Schnelligkeit, die Komplexität und die Unübersichtlichkeit der Abläufe im motorisierten Straßenverkehr abzustellen ist. Darauf, ob sich diese Überforderungssituation konkret ausgewirkt hat oder ob das Kind aus anderen Gründen nicht in der Lage war, sich verkehrsgerecht zu verhalten, kommt es nicht an. Um eine klare Grenzlinie für die Haftung von Kindern zu ziehen, hat der Gesetzgeber diese Fallgestaltungen einheitlich in der Weise geregelt, dass er die Altersgrenze der Deliktsfähigkeit von Kindern für den Bereich des motorisierten Verkehrs generell heraufgesetzt hat* (folgen Nachweise).«[15] Der *BGH* hat seine Rechtsansicht bekräftigt, zwar einerseits auf die teleologische Reduktion hingewiesen, andererseits aber einen Unterschied zwischen geparkten Fahrzeugen und dem fließenden Verkehr verneint.[16] Weiterhin muss damit konkret dargetan werden, warum die von der Rechtsprechung genannte Überforderungssituation zu bejahen sei. Hierbei spielt auch das verkehrswidrige Parken eine Rolle.[17] Der *BGH* erleichtert dem Kind jedoch den Ausschluss der Haftung.[18] Er legt die Beweislast für das Nichtbestehen einer Überforderungssituation[19] dem Halter des Fahrzeugs auf.[20] Damit ist sorgfältig zu unterscheiden. Die Beweislast für das Eingreifen der gesetzlichen Vermutung einer fehlenden Deliktsfähigkeit trägt das Kind. Das bezieht sich aber nur auf den äußeren Rahmen, nämlich den Nachweis, dass das Kind zum Unfallzeitpunkt noch nicht 10 Jahre alt war.[21] Hingegen ist die innere Grundlage zur Verneinung von § 828 Abs. 1 BGB, nämlich das Fehlen einer Überforderungssituation der Beweislast des Geschädigten überbürdet.

---

13 Vgl. *Jagow/Burmann/Heß* § 9 StVG Rn. 13 unter Berufung auf die bisherige Rspr. des *BGH*.
14 *BGH* r+s 2008, 213 = SVR 2008, 218 mit Besprechung *Richter* = DAR 2008, 77 mit Anm. *Bernau*.
15 A. a. O.
16 NJW-RR 2009, 95, 96; grundlegend hierzu *Huber* LMK 2009, 288108.
17 LG Saarbrücken NZV 2010, 150: Auslöser einer Überforderungssituation.
18 Vgl. *Huber* a. a. O.
19 Grundlegend hierzu *Oechsler, Die Unzurechnungsfähigkeit von Kindern in Verkehrssituationen*, NJW 2009, 3185; BeckOK-BGB/*Spindler* § 828 Rn. 16 ff.; *Meyer-Gramcko*, Psychologische Anforderungen an Kinder im Straßenverkehr, in ADAC-Rechtsforum: Kinderunfälle im Straßenverkehr, München 2004, S. 36 ff.
20 NJW 2009, 3231, 3232.
21 *BGH* a. a. O.

2. Fließender Verkehr

Soweit es sich um einen Zusammenstoß im fließenden Verkehr, also mit einem fahrenden oder nur verkehrsbedingt anhaltenden Fahrzeug handelt, kommt ein Weiteres hinzu. Gemäß § 3 Abs. 2a StVO »*muss sich ein Fahrzeugführer (u. a.) gegenüber Kindern insbesondere durch Verminderung seiner Fahrgeschwindigkeit und durch Bremsbereitschaft so verhalten, dass eine Gefährdung dieser Verkehrsteilnehmer ausgeschlossen ist. Das verlangt von dem Fahrzeugführer das Äußerste an Sorgfalt (...). Allerdings gilt auch gegenüber Kindern der Vertrauensgrundsatz. Danach muss der Fahrer besondere Vorkehrungen für seine Fahrweise nur dann treffen, wenn das Verhalten der Kinder oder die Situation, in der sie sich befinden, Auffälligkeiten zeigt, die zu einer Gefährdung führen können.*«[22] Eine Abwägung kann daher nur im Einzelfall erfolgen, wobei das entscheidende Kriterium in der Erkennbarkeit verkehrswidrigen Verhaltens liegt. Die Bestimmung des § 3 Abs. 2 lit. a StVO setzt den Vertrauensgrundsatz gegenüber Kindern nicht völlig außer Kraft und bewirkt generell weder eine Beweislastumkehr noch einen Anscheinsbeweis gegen den Kraftfahrer.[23] In der Praxis kommt damit entscheidend darauf an, die einzelnen Gesichtspunkte beweissicher herauszuarbeiten, nämlich

- Vertrauensgrundsatz und konkrete Verkehrssituation
- Erwartbares Verhalten des Kindes
- Konkretes Verhalten des Kindes
- Reaktionseinstellung des Kraftfahrers.

17

Eine typische Situation und die entscheidenden Beurteilungsgesichtspunkte stellt das *OLG Hamburg*[24] heraus. Der Kraftfahrer hatte ein am Straßenrand kauerndes 11 1/2 jähriges Kind angefahren, das die Schnürbänder seiner Schuhe richtete, dann jedoch plötzlich ohne auf den Verkehr zu achten, auf die Fahrbahn trat. »*Dem LG ist im Ergebnis auch darin zu folgen, dass die Bekl. nicht erst auf das Loslaufen ca. 1,5 sec vor der Kollision reagieren musste, sondern schon bei Ansichtigwerden des Kl. in der von dem Sachverständigen für eine Unfallvermeidung als ausreichend errechneten Entfernung von etwa 25 m durch eine Angleichsbremsung auf ihn hätte reagieren und sich mit seiner weiteren Beobachtung für eine Vollbremsung hätte bereithalten müssen. Zwar muss sich auch im Lichte von § 3 Abs. 2a StVO der Kraftfahrer nicht immer und unter allen Umständen darauf gefasst machen, dass sich ein in der Nähe der Fahrbahn befindliches Kind unbesonnen verhalten werde (OLG Brandenburg NZV 2000, 122; OLG Oldenburg zfs 1991, 321). Das gilt jedenfalls für ältere Kinder wie den Kl., bei denen Kenntnisse der elementaren Verkehrsregeln vorausgesetzt werden können und darauf vertraut werden kann, dass sie ihr Verhalten im Straßenverkehr danach ausrichten werden. Auch gegenüber diesen Kindern gilt prinzipiell der Vertrauensgrundsatz. Der BGH hat daher nur dann, wenn das Verhalten der Kinder oder die Situation, in der sie sich befinden, Auffälligkeiten zeigen, die zu Gefährdungen führen können, von dem Kraftfahrer verlangt, dass er besondere Vorkehrungen zur Abwendung der Gefahr trifft (folgen Nachweise).*«[25] Das *OLG Köln*[26] sieht sogar das Fahren ohne betriebsbereite Bremsanlage als typisch für den kindlichen Leichtsinn und wendet § 828 Abs. 2 BGB an. Das *OLG Nürnberg*[27] verneint ein Verschulden eines 5-jährigen Kindes, das aus einer Ausfahrt auf die Fahrbahn trat und kommt daher zur vollen Haftung des Kraftfahrers aus Betriebsgefahr. Absurd ist insoweit der Vortrag, das Fehlverhalten deliktsunfähiger Kinder erfülle den Begriff der *Höheren Gewalt*. Das *OLG Nürnberg* ist dem in der genannten Entscheidung entsprechend entgegengetreten.

18

Nicht zu verkennen sind aber die Schwierigkeiten bei der Aufklärung. Gerade bei schweren Unfällen wird angesichts der erforderlichen Hilfe und Konfliktsituation, in der sich Kraftfahrer, verletztes Kind und Zeugen befinden, nur selten nachträglich eine zu objektivierende Aufklärung möglich

19

---

22 *BGH* NJW 1997, 2756.
23 Vgl. *OLG Karlsruhe* NJW-RR 86, 774.
24 *OLG Hamm* NZV 2008, 409 (Anm.: Die Fundstelle NJOZ 2008, 2793 bezieht sich auf das gleiche Urteil, benennt jedoch fälschlich das *OLG Hamburg*).
25 A. a. O.
26 NJOZ 2008, 276.
27 Urt. v. 16.6.2010 – 8 U 2496/09 = BeckRS 2010, 19108.

sein. Die mögliche fotografische Dokumentation der eventuellen Lage des angefahrenen Kindes und des Standes des Fahrzeugs, aus denen sich hinreichende unfallanalytische Ableitungen ergeben können[28] wird hierbei häufig nicht durchgeführt, zumal sie gerade bei unbeteiligten Passanten zu einer gegen den Kraftfahrer gerichteten emotionalen Haltung führen können. Vielfach wird es deshalb trotz des differenzierten deutschen Haftungssystems bei der sich allein aus der Betriebsgefahr ergebenden Haftung des Kraftfahrers verbleiben, die nach der Schadensrechtsänderung nunmehr gemäß § 253 Abs. 2 BGB auch zu einem Schmerzensgeldanspruch führen kann.

3. Überschreiten der 10-Jahresgrenze

19a Während Gesetze einerseits zwangsläufig konkrete Grenzen ziehen müssen, sind im Grenzbereich naturgemäß unter psychologischen Gesichtspunkten fließende Übergänge zu erkennen, die im Rahmen der »offenen Haftungsabwägung« eine erhebliche Rolle spielen können. So hat ein Kind, das gerade um einen Tag älter als 10 Jahre ist, den Schutz von § 828 Abs. 2 BGB verloren. Andererseits ist es sicherlich nicht wesentlich reifer. Die Rechtsprechung geht insoweit davon aus, dass die Haftungsanforderungen vom SchadÄndG nicht tangiert wurden. So hat das *OLG Hamm* auf dieser Grundlage entschieden, angesichts eines objektiv und subjektiv erheblichen Verschuldens trete die Betriebsgefahr des beteiligten Kfz völlig zurück.[29]

IV. Höhere Gewalt

20 In der Praxis lässt sich weiterhin vielfach eine Unsicherheit im Umgang mit dem Begriff der »Höheren Gewalt« feststellen. Die jahrzehntelange Bedeutung im Rahmen von § 7 Abs. 1 StVG hat sich so festgesetzt, dass der Begriff unkritisch im Rahmen der Haftungsabwägung verwendet wird. Selbst im Rahmen der Referendarausbildung, statistisch gesehen also bei der Entwicklung zahlreicher heranwachsender Anwälte, ist dies festzustellen.

20a Die Begriffe »Höhere Gewalt« und »unabwendbares Ereignis« sind sorgfältig von einander zu trennen.[30] § 7 Abs. 1 StVG definiert generell die Haftung des Kfz-Halters für Unfälle jedweder Art. § 7 Abs. 2 StVG schränkt sodann die Ersatzpflicht dahin gehend ein, dass sie bei Unfällen, die auf höhere Gewalt zurückzuführen sind, ausscheidet. Diese Universalhaftung findet jedoch über § 17 Abs. 2 StVG eine weitere Einschränkung. § 17 StVG schließt sämtliche Schadensfälle, bei denen mehrere Kraftfahrzeuge beteiligt waren, von der Haftung gemäß § 7 Abs. 1, 2 StVG aus und regelt sie eigenständig:

- § 17 Abs. 1 regelt die Haftung zwischen den beteiligten Fahrzeugen gegenüber Dritten nach dem Verursachungsanteil.
- § 17 Abs. 2 StVG bezieht diese Regelung auch auf den Schadensausgleich zwischen den beteiligten Fahrzeugen selbst.
- § 17 Abs. 3 StVG schließt die Haftung aus der Benutzung eines der beteiligten Fahrzeuge aus, sofern es sich aus der Sicht dieser Fahrzeugnutzung um ein unabwendbares Ereignis handelte. Damit reduziert sich der Haftungsbereich von § 7 Abs. 1 StVG und dessen Beschränkung lediglich in Fällen höherer Gewalt auf Unfälle zwischen Kraftfahrzeugen einerseits und »Nichtkraftfahrzeugen«, also Fußgängern und Radfahrern andererseits.

21 Zur Frage der nunmehr auch für die Haftung aus dem Betrieb eines Kraftfahrzeuges relevanten höheren Gewalt sind damit die Entscheidungen zu Unfällen unter Beteiligung von Eisen- und Straßenbahnen aufschlussreich, weil § 7 Abs. 2 StVG n. F. der Rechtslage von § 1 HaftpflG, der die Haftung von Schienen- und Schwebebahnen regelt, entspricht.[31] Nach ständiger, schon auf das *RG* zurückgehender Ansicht ist die höhere Gewalt, »*i. S. d. § 1 Abs. 2 S. 2 HPflG ein betriebsfremdes, von außen*

---

28 Vgl. *Bachmeier* Mandatshandbuch Rn. 397 m. w. N.
29 NZV 2010, 464; Nichtzulassungsrevision durch den *BGH* zurückgewiesen.
30 Vgl. hierzu auch *Rebler* SVR 2011, 246.
31 Vgl. *LG Itzehoe* NZV 2004, 364; zustimmend *Filthaut* NZV 2006, 176.

durch elementare Naturkräfte oder durch Handlungen dritter Personen herbeigeführtes Ereignis, das nach menschlicher Einsicht und Erfahrung unvorhersehbar ist, mit wirtschaftlich erträglichen Mitteln auch durch äußerste, nach der Sachlage vernünftigerweise zu erwartende Sorgfalt nicht verhütet oder unschädlich gemacht werden kann und auch nicht wegen seiner Häufigkeit vom Betriebsunternehmen in Kauf zu nehmen ist.«[32] Auch ein auf der Gegenfahrbahn entgegenkommendes Fahrzeug führt nicht zur Anwendung der höheren Gewalt.[33]

Wie extrem der Begriff der höheren Gewalt auszulegen ist, zeigt die vorstehend zitierte Entscheidung des *BGH*. Hiernach wurde bei einem infolge von zu hoher Geschwindigkeit und regennasser Fahrbahn ausgelösten Schleudervorgang eines Kraftfahrzeugs, das sodann auf den neben der Straße befindlichen Bahnkörper geriet und hierbei von einem Zug erfasst wurde, der Begriff der höheren Gewalt verneint und damit die Haftung des Eisenbahnbetreibers aus Betriebsgefahr dem Grunde nach bejaht. Das *OLG Celle*[34] hat die höhere Gewalt bei einem Unfallgeschehen für einen Busfahrer verneint, bei dem ein Radfahrer auf dem Gehsteig durch einen Fußgänger umgestoßen und vor den Bus geschleudert wurde.[35] *Walter* weist zutreffend auf die Grenzen der höheren Gewalt hin: »*Im Zusammenhang mit dem Fahrzeugbetrieb bzw. Straßenverkehr stehende Ursachen stellen keine Einwirkung von außen dar und können daher nicht die Ersatzpflicht wegen höherer Gewalt ausschließen.*« 22

Fraglich ist ferner, ob die Begrenzung des Betriebsgefahrausschlusses lediglich auf Fälle der höheren Gewalt, § 7 Abs. 2 StVG n. F., zu einer stärkeren Berücksichtigung der Betriebsgefahr bei der Haftungsabwägung führt. Im Rahmen der Gesetzgebungsverfahren wurde hierbei deutlich gemacht, die Erweiterung der Haftung aus Betriebsgefahr solle nicht dahin verstanden werden, dass in allen Fällen, in denen bisher eine Entlastung durch den Unabwendbarkeitsnachweis möglich war, künftig eine Haftung eintreten solle.[36] Ob sich dies verwirklichen wird, bleibt abzuwarten. Im Hinblick auf die bereits oben angesprochene Rspr. des *BGH* zur höheren Gewalt, würde eine hinkünftig stärkere Berücksichtigung der Betriebsgefahr aber nicht überraschen. Ob sich lediglich etwas bei der Abwägung hinsichtlich nichtmotorisierter Unfallbeteiligter ändern soll, nicht aber bei motorisierten Unfallbeteiligten, wie der Bundesrat meinte,[37] ist völlig offen. Ein Argument könnte insoweit die in § 17 Abs. 4 StVG enthaltene Differenzierung zur Beteiligung nichtmotorisierter Unfallbeteiligter sein. 23

Die Rspr. geht teilweise davon aus, dass die Einführung der Höheren Gewalt bei der Haftungsabwägung im Rahmen von § 7 Abs. 1,2 StVG nicht zu einer Systemänderung und Verschärfung der Haftung aus dem Betrieb geführt hat, sondern weiterhin eine Abwägung mit dem Verschulden der anderen Unfallbeteiligten wie vor dem Inkrafttreten des SchadÄndG durchzuführen ist: »*Für den Senat ist kein Grund ersichtlich, auch nach Neufassung des § 7 StVG eine andere Bewertung der Betriebsgefahr zu treffen. Schließlich war Hintergrund der Einführung des Begriffes »höhere Gewalt« in § 7 Abs. 2 StVG in erster Linie das Bemühen zu verhindern, dass bei Unfällen mit Kindern, deren Verhalten oft als unabwendbares Ereignis i. S. d. § 7 Abs. 2 StVG a. F. qualifiziert werden musste, der Kraftfahrer sich von der Betriebsgefahr befreien kann und so die Änderung des § 828 Abs. 2 BGB gar nicht zu Tragen kommt.*«[38] 24

Der Begriff des unabwendbaren Ereignisses ist durch die Schadensrechtsänderung nicht entfallen. Zwar wurde er in § 7 Abs. 2 StVG n. F. zugunsten eines Haftungsausschlusses bei höherer Gewalt 25

---

32 *BGH* VersR 1988, 238 f.; zuletzt auch *OLG Nürnberg* Urt. v. 7.6.2011 – 3 U 188/11 = BeckRS 2011, 17821.
33 *OLG Nürnberg* a. a. O.
34 *OLG Celle* DAR 2005, 677; Besprechung bei *Walter* SVR 2006, 69.
35 *Walter* (a. a. O.).
36 BR-Drucks. 742/01 v. 28.9.2001, 71, 73.
37 BR-Drucks. 742/01 v. 28.9.2001, 71, 73; dies nimmt auch *Jahnke* zfs 2002, 105 an, ohne jedoch konkrete Argumente vorzutragen.
38 Siehe *Jahnke* zfs 2002, 105 f.; *OLG Nürnberg* NZV 2005, 422; Zurückweisung der Beschwerde gegen die Nichtzulassung der Revision durch den *BGH* mit Beschl. v. 3.5.2005 – Az. VI ZR 10/05 n. v. Ein typisches Beispiel hierfür bietet eine Entscheidung des *OLG Hamm* NJW-RR 2005, 817 zur Haftung von Straßenbahnen.

ersetzt, findet sich jedoch nunmehr in § 17 Abs. 3 StVG n. F. Hiernach ist die Verpflichtung zum Ersatz nach § 17 Abs. 1 StVG n. F. ausgeschlossen, wenn der Unfall durch ein unabwendbares Ereignis verursacht wurde, wobei unabwendbar nur dann zu bejahen ist, wenn die Unfallursache nicht auf einen Fehler des Fahrzeugs zurückzuführen ist und »*sowohl der Halter als auch der Fahrer des Fahrzeugs jede nach den Umständen des Falles gebotene Sorgfalt beobachtet hat.*« Damit lebt der Idealfahrer in § 17 Abs. 3 StVG n. F. bewusst weiter,[39] ist aber ausschließlich auf den Haftungsausgleich zwischen den nach § 7 Abs. 1 StVG haftpflichtigen Fahrzeughaltern beschränkt. Die Einbeziehung des Eigentümers erfolgte insoweit wegen der in der Praxis häufigen Trennung zwischen Halter- und Eigentümerschaft (Leasing).

26 Das könnte aber auch gerade umgekehrt ausgelegt werden. Da damit in allen Fällen der Haftungsverteilung, in die einerseits Beteiligte mit Kfz, andrerseits ohne Kfz verwickelt sind, der Idealfahrer bewusst ausgeschieden wurde und lediglich die »*ansonsten grundsätzlich objektive Gefährdungshaftung*«[40] gilt, könnte argumentiert werden, es müsse der Gefährdungshaftung hinkünftig bei der Haftungsverteilung ein höherer Stellenwert eingeräumt werden, dies werde auch durch § 17 Abs. 4 StVG n. F., der die Grundsätze der Abwägung gemäß § 17 StVG unter anderem auch auf Fälle der Beteiligung von Tieren erstreckt, deutlich. In der Begründung des Rechtsausschusses wird ausdrücklich die Stärkung der Position nichtmotorisierter Verkehrsteilnehmer hervorgehoben.[41] Es muss daher die Entwicklung der Rspr. abgewartet und sorgfältig analysiert werden, bevor eine konkrete Aussage zu treffen ist.

V. Anhänger

26a Mit dem SchadÄndG wurde auch die gesonderte Haftung bei Nutzung von Anhängern eingeführt. Ebenso wie das Zugfahrzeug unterliegt er einer Haftung, die jedoch nicht subsidiär zu jener des Zugfahrzeugs ist. Ist der Anhänger an der Kollision beteiligt, kann der Geschädigte wählen, ob er die Haftung des Zugfahrzeugs oder jene des Anhängers in Anspruch nimmt. Umstritten war jedoch bei der Frage des Innenausgleichs, welche Haftungsverteilung anzusetzen sei. Nunmehr hat der *BGH* (Versicherungssenat) dahingehend entschieden, dass im Innenverhältnis die Haftungsverteilung mit 50:50 anzusetzen sei.[42]

C. Einzelfälle

27 Die nachfolgend dargestellten Fälle erfassen die in der Praxis typischerweise zur Beurteilung heran stehenden Unfallsituationen. Wegen der überragenden Bedeutung für die Einschätzung der Regulierungsmöglichkeiten und damit der Beratung des Mandanten werden die »Quotenmöglichkeiten« ausführlich dargestellt. Voraus zu erörtern ist jedoch ein Grundsatz des Verhaltens im Straßenverkehr, der bei sämtlichen Einzelfällen relevant werden kann, der sog. Vertrauensgrundsatz. In der Rspr. des *BGH* ist dieser eindeutig definiert: »*Ob ein Kraftfahrer auf ein bestimmtes Verhalten anderer Verkehrsteilnehmer vertrauen darf, ist eine Wertungsfrage, deren Beantwortung nicht allein von der Häufigkeit bestimmter Verkehrsverstöße abhängt* (folgen Nachweise). *Entscheidend ist zum einen das Gewicht der bei konkreten Verkehrssituationen in Frage stehenden Verhaltensanforderungen und zum anderen die Schwere der bei deren Verletzung drohenden Gefahren, wobei zu berücksichtigen ist, inwieweit diesen durch ein zumutbares Verhalten der Verkehrsteilnehmer entgegengewirkt werden kann.*«[43] Nach dieser Grundregel ist sodann das Einzelverhalten entsprechend zu gewichten. Zur

---

39 Begründung des Rechtsausschusses BT-Drucks. 14/8780, 22.
40 BT-Drucks. a. a. O.
41 A. a. O.
42 *BGH* NJW 2011, 447 mit ausf. Nachw. zum Streitstand; vgl. hierzu *Wilms* DAR 2011, 71; *Lemcke* r+s 2011, 56; *Stahl/Jahnke* NZV 2010, 57; grundsätzlich auch *Lemcke, Reformbedarf zur Haftung bei Unfällen mit Leasingfahrzeugen und Kfz-Anhängern*, r+s 2011, 373.
43 *BGH* NJW 2005, 1351.

C. Einzelfälle

schnellen Information wurde zusätzlich am Ende der Einzelfalldarstellung unter der Rdn. 452 eine Übersicht »**Quotentabelle**« angefügt.

Bei der Bewegung von Verkehrsteilnehmern auf der Straßenfläche ist es schwierig, ohne polizeiliche Skizze Maße zu ermitteln, die Aufschluss hinsichtlich der Haftungsverteilung geben könnten. Insbesondere bei Zeugenaussagen setzt die gedankliche Überprüfung eine ungefähre Kenntnis der Straßenbreite voraus. Bei der vorgerichtlichen Schadensregulierung wird in der Regel auch kein amtl. Straßenplan vorliegen. Die nachfolgende Tabelle soll daher diese Aufgabe erleichtern. Die Werte ergeben sich aus den Empfehlungen für die Anlage von Hauptverkehrs- und Erschließungsanlagen, EAE 85/95 und EAHV 93.[44] Trotz des Begriffs der Empfehlung kommt diesen technischen Grundlagen im Straßenbau und damit auch im Bereich der Verkehrsunfallbeurteilung eine erhebliche Bedeutung zu. »*Zwar sind die in den Richtlinien für die Anlage von Straßen vorgegebenen technischen Ausbauparameter für die gerichtliche Abwägungskontrolle nicht bindend und können so auch nicht stets und ohne weiteres entgegenstehende Belange von Natur und Landschaft jeden Gewichts überwinden. Die durch allgemeine Rundschreiben des Bundesministeriums für Verkehr eingeführten Richtlinien bringen indes die anerkannten Regeln für die Anlage von Straßen zum Ausdruck, wobei sie zudem bei der Querschnittsgestaltung den gestiegenen Stellenwert des Umweltschutzes und den Aspekten der Wirtschaftlichkeit unter besonderer Berücksichtigung der Verkehrssicherheit und der Erkenntnisse über den Verkehrsablauf in hohem Maße Rechnung tragen (so Allgemeines Rundschreiben Straßenbau Nr. 28/1996 des Bundesministeriums für Verkehr zur Einführung der RAS-Q vom 15.8.1996). Ausgehend hiervon wird eine Straßenplanung, die sich an den Vorgaben dieser Richtlinien orientiert, nur in besonderen Ausnahmefällen gegen das fachplanerische Abwägungsgebot verstoßen.*«[45]

Es handelt sich um eine Grundlage, die in der Verwaltungs-Rspr. unumstritten ist,[46] die jedoch insoweit für die Straßenbaulastträger eine faktische Bindungswirkung entfalten kann. Zumindest erreicht sie die Qualifikation einer gutachterlichen Beurteilung.[47] Der Verstoß gegen diese anerkannten Regeln der Technik führt damit auch zu einem Verstoß gegen die Verkehrssicherungspflicht.[48]

Unter Berücksichtigung der üblicherweise vorhandenen Verkehrsteilnehmer ergeben sich folgende typische Maße, die als Anhaltspunkte dienen können:

Tab. 2		
Auftretender Fahrzeugtyp (Begegnungsverkehr oder Überholen)	Raumbreite des Verkehrsteilnehmers	Ausreichender Straßenraum für den Begegnungsverkehr
Bus/Lkw zu Bus/Lkw	2,50	6,25 6,50
Bus/Lkw zu Pkw	2,50/1,75	5,50
Lkw zu Radfahrer	2,50/0,50	4,25
Kleinlieferwagen/Kleinlieferwagen	2,0 2,10	5,45
Kleinlieferwagen zu Pkw	2,0 2,25/1,75	5,10
Pkw zu Pkw	1,75/1,75	4,75
Pkw zu Radfahrer	1,75/0,50	3,50

---

44 Maße entnommen *Schneider* Bautabellen für Architekten Kap. 12A Straßenwesen 1.1.2 ff.
45 BVerwG NVwZ 2003, 1120, 1122. »Das Normenkontrollgericht hält es für sachgerecht, anhand der EAHV 93 zu ermitteln, welche Mindestbreite die Straßen haben sollten, die den Gegenstand der planerischen Festsetzungen der Ag. bilden.« BVerwG NVwZ 2004, 442, 444.
46 Vgl. BVerwG NVwZ 2005, 442; *Sauthoff* NVwZ 2004, 674, 690.
47 Vgl. BVerwG NVwZ 2008, 675.
48 Vgl. hierzu OLG Dresden NVwZ-RR 2001, 354: Parkbucht; OVG Münster NVwZ-RR 2006, 96: Planwidrigkeit einer nicht den EAE 85/96 entsprechende Straße.

Auftretender Fahrzeugtyp (Begegnungsverkehr oder Überholen)	Raumbreite des Verkehrsteilnehmers	Ausreichender Straßenraum für den Begegnungsverkehr
Radfahrer zu Radfahrer	0,50/0,50	2.00
Radfahrer zu Fußgänger	0,50/0,80	2,00
Fußgänger zu Fußgänger	0,80/0,80	1,80

30 Nach den Empfehlungen ergeben sich folgende Breiten für typische Straßenanlagen. Auf die Erörterung von Querschnitten sog. ländlicher Wege wurde verzichtet, da die »*Maßhaltigkeit*« insoweit nicht ausreichend gesichert ist.[49]

Tab. 3	
Straßenbereich	Breite in Metern
Hauptsammelstraße	6,50
Sammelstraße	5,50
Anliegerstraße	4,00 (enge Verhältnisse) 5,50
Anliegerweg	3,00 (enge Verhältnisse) 4,75
Grünstreifen	1,80 (enge Verhältnisse) 2,00
Radweg	1,60 (enge Verhältnisse) 2,00
Parkstreifen/Parkbucht	1,80 (enge Verhältnisse) 2,00
Gehweg	1,00 (enge Verhältnisse) 1,75

31 Im konkreten Fall können dazu vergleichend die Werte der beteiligten Fahrzeuge herangezogen werden. Typisierte, also ungefähre Maße, hierzu sind:

Tab. 4		
Fahrzeugklasse	Länge (m)	Breite (m)
Kleinwagen	3,92	1,65
Untere Mittelklasse	4,20	1,76
Obere Mittelklasse	4,73	1,81
Oberklasse	5,20	1,87

Konkrete Maße können über entsprechende Tabellenwerke oder über den ADAC[50] insoweit allerdings nur für Mitglieder) ermittelt werden. Mit diesen Werten können vor allem Zeugenaussagen auf eine Plausibilität hin geprüft werden.

I. Abschleppen

32 Zunächst ist der Begriff des Abschleppens,[51] das nach § 15a StVO lediglich insoweit geregelt ist, als das Abschleppen auf Autobahnen nur bis zur nächsten Ausfahrt und außerhalb von Autobahnen ein Einfahren in die Autobahn verboten ist sowie das Einschalten der Warnblinkanlagen erfordert, weit

---

49 Vgl. *Schneider* a. a. O. 1.3.
50 Siehe *www.adac.de*.
51 Vgl. zu den Begriffen grundlegend *Blum*, Abschleppen, Anschleppen und Schleppen, SVR 2009, 455.

zu fassen. Es fällt hierunter nicht nur die schnellstmögliche Entfernung liegen gebliebener Fahrzeuge aus dem Straßenverkehr, sondern jeglicher Transport eines betriebsunfähigen Fahrzeugs, sofern er der Begebung der Betriebsunfähigkeit oder der Verwertung oder der Vernichtung des Fahrzeugs dient und die dabei zurücklegende Fahrstrecke nicht weiter als nötig ist. Nach Sinn und Zweck der Vorschrift macht es keinen Unterschied, ob das abzutransportierende Fahrzeug dabei mit allen Achsen auf der Fahrbahn rollend, an einer Hebevorrichtung hängend oder auf einem Anhänger stehend fortbewegt wird.[52] Der Fahrerlaubnis bedarf der das abgeschleppte Fahrzeug Bedienende nicht.[53] Nach § 15a Abs. 1 StVO ist die Autobahn an der nächsten Ausfahrt zu verlassen. Dieses Ausfahren stellt nach Ansicht des *OLG Hamm* ein Abbiegen dar, sodass der Vorgang entsprechend angezeigt werden muss. Da beim Abschleppen regelmäßig die Warnblinkanlage eingeschaltet wird, muss, so das *OLG Hamm*, für die Anzeige des Abbiegens die Warnblinkanlage kurz ausgeschaltet und der normale Blinker genutzt werden.[54]

Das Abschleppen von Krafträdern ist gemäß § 15a Abs. 4 StVO grundsätzlich untersagt. Bei der Geltendmachung von Ansprüchen ist die richtige Passivlegitimation zu beachten. Wurde ein betriebsfähiges Fahrzeug geschleppt, sind die Haftpflichtversicherer des schleppenden und des abgeschleppten Fahrzeugs einstandspflichtig. War das geschleppte Fahrzeug hingegen nicht mehr selbstständig lenkbar, also betriebsunfähig, greift die Haftung am Zugfahrzeug an, sodass dessen Haftpflichtversicherung einzustehen hat.[55] 33

Auch wer aus Gefälligkeit mit seinem Kfz ein anderes Fahrzeug abschleppt, haftet grundsätzlich nicht nur für grobe Fahrlässigkeit, sondern für jede Außerachtlassung der im Verkehr erforderlichen Sorgfalt.[56] 34

Das Ziehen eines betriebsfähigen Fahrzeugs stellt ein sog. *Schleppen* dar, das in § 33 StVZO geregelt ist. Hingegen ist *Abschleppen* das Schleppen eines betriebsunfähigen, wegen technischer Mängel mit eigener Motorkraft, das nicht oder nur mit wesentlich beeinträchtigter Betriebssicherheit selbst gefahren werden kann. Der Begriff des Abschleppens findet sich zunächst in § 15a StVO. Diese Vorschrift regelt das Abschleppen auf Autobahnen und beschränkte es auf die Strecke bis zur nächsten Ausfahrt. Ferner schreibt sie vor, während der Fahrt die Warnblinkanlage einzuschalten. Weiterhin wird die Einfahrt mit einem geschleppten Fahrzeug in die Autobahn untersagt. Außerhalb von Autobahnen wird das Abschleppen durch § 18 Abs. 1 StVZO geregelt. Danach darf ein Fahrzeug abgeschleppt werden, ohne der Zulassungspflicht unterworfen zu sein. Der Abschleppvorgang ist jedoch nicht auf das unmittelbare Entfernen eines liegen gebliebenen Fahrzeugs beschränkt, wie es die frühere Rspr. annahm: »Vielmehr ist anerkannt, dass auch wirtschaftliche Belange des Kraftfahrzeughalters als Grund für die Ausnahmeregelung anzuerkennen sind. Ein Notfall wird deshalb nicht mehr nur dann angenommen, wenn die Betriebsunfähigkeit des Kraftfahrzeuges im öffentlichen Verkehr eingetreten ist. Er liegt vielmehr auch vor, wenn das Fahrzeug zur Instandsetzung in eine Werkstatt oder eine Garage gebracht werden muss, es möglicherweise sogar schon vor längerer Zeit an seinem gewöhnlichen Standort betriebsunfähig geworden ist, sich bereits zum Zwecke der Aufbewahrung oder Reparatur in einer Werkstatt befunden hat und nunmehr in einen anderen Kfz-Betrieb verbracht werden soll, oder der Halter die Betriebsunfähigkeit zum Beispiel durch Ausbau des Motors selbst verursacht hat (folgen Nachweise).[57] Denn es ist für die Belange der Verkehrssicherheit gleichgültig, zu welchem Bestimmungsort das Fahrzeug geschleppt worden und aus welchen Gründen die Verkehrsunsicherheit eingetreten ist. Voraussetzung ist nur, dass es nicht über weitere Strecken, sondern zu einem möglichst nahe gelegenen* 35

---

52 Vgl. *OLG Koblenz* NStZ-RR 1997, 249.
53 *OLG Hamm* DAR 1999, 178.
54 Urt. v. 25.7.2011 – I-6 U 19/11 = BeckRS 2011, 21701.
55 Vgl. grundlegend zu den versicherungsrechtlichen Fragen hierzu Himmelreich/Halm/*Kreuter-Lange* Kap. 19 Rn. 35 sowie zur öffentlich-rechtlichen Komponente des Abschleppens Himmelreich/Halm/*Mahlberg* Kap. 35 Rn. 715 ff.
56 Vgl. *BGH* VersR 1957, 315.
57 ((Fußnote folgt)).

Bestimmungsort geschleppt werde.«[58] Dementsprechend ist es auch zulässig, das Fahrzeug beim Verkauf in betriebsunfähigem Zustand durch Käufer oder Verkäufer in die Werkstatt oder Garage des Käufers zu schleppen.[59] Trotz dieser Erweiterung über den betriebstechnischen Notfall hinaus, spielt der Notfall bei der Frage der Einschränkung der Abschleppstrecke weiterhin eine Rolle. Das *OLG Düsseldorf*[60] hat zwar ein Abschleppen über mehr als 45 km in einem Sonderfall für zulässig gehalten, hierbei jedoch die Grenze der Abschleppstrecke aufgezeigt. Auch das *OLG Celle*[61] hat 45 km für zu lang erachtet und zur Abgrenzung zwischen Notfall und »Transport« ausgeführt: »*Infrastruktur, Anzahl und Qualität der Fachwerkstätten ermöglichen es heute i. d. R., ein defektes Fahrzeug schon bald in eine Werkstatt zu bringen, in der es wieder betriebsfähig gemacht werden kann. In diesem Zusammenhang können Erwägungen, eine möglichst preiswerte Reparatur durchzuführen, keinen entscheidenden Ausschlag geben,*[62] *zumal die Bestimmung des § 18 Abs. 1 StVZO im Interesse der Verkehrssicherheit eng auszulegen ist.«*[63] Beim Abschleppvorgang sind geeignete Maßnahmen zu treffen. Die Missachtung kann im Einzelfall, abhängig von der Kausalität bei der Haftungsabwägung eine erhebliche Rolle spielen. Es ist die Warnblinkanlage an beiden Fahrzeugen einzuschalten, § 15a Abs. 3 StVO, ferner müssen die verwendeten Abschleppmittel nach § 43 Abs. 3 StVZO ordnungsgemäß verwendet werden: »*Bei Verwendung von Abschleppstangen oder Abschleppseilen darf der lichte Abstand vom ziehenden zum gezogenen Fahrzeug nicht mehr als 5 m betragen. Abschleppstangen und Abschleppseile sind ausreichend erkennbar zu machen, z. B. durch einen roten Lappen«.* Waren die rechtlichen Bedingungen für einen ordnungsgemäßen und damit zulässigen Abschleppvorgang nicht eingehalten, kommt bei der Haftungsabwägung auch ein Verschuldensmoment des Halters in Betracht. Angesichts der Diskussion um die Frage, ob bei Schmerzensgeld im Verschuldensbereich ein höherer Betrag angemessen ist, spielt dies durchaus eine Rolle. Die beiden Fahrzeugführer haben vor Antritt der Fahrt eindeutige Vereinbarungen über eine rasche Verständigung während des Abschleppens, insbesondere über die von Fall zu Fall notwendig werdende Änderung der Fahrgeschwindigkeit, zu treffen. Unterbleibt eine derartige Verständigung, so gereicht dies beiden Fahrern zum Verschulden.[64]

36 Ein Kraftfahrer, der noch niemals beim Abschleppen eines Kraftfahrzeuges mitgewirkt hat, handelt schon deshalb fahrlässig, weil er sich überhaupt auf das Abschleppmanöver eingelassen hat, insbesondere, wenn das Abschleppen des Pkws über eine schneeglatte Straße durch Ankupplung eines Seiles an einen anderen Kraftwagen geschieht, und er sich selbst an das Steuer des abgeschleppten Fahrzeuges setzt.[65]

37 Ein Schadenausgleich nach §§ 7, 17 StVG ist auch dann gerechtfertigt, wenn ein in weicher Erde stecken gebliebener Lkw bei dem Versuch, ihn mithilfe eines anderen Kfz durch Verbundwirkung beider Motoren aus seiner Lage zu befreien, infolge Zurückrollens des vorgespannten Fahrzeugs beschädigt wird.[66]

37a Lassen sich Verschuldenshaftungsanteile nicht feststellen, so ist regelmäßig auf der Grundlage gleichartiger Betriebsgefahr eine Haftungsverteilung von 50:50 angemessen.[67] Hierbei kommt aber auch eine erhöhte Betriebsgefahr in Betracht, wenn im Zuge des Abschleppens der Fahrer des abgeschleppten Fahrzeugs sich nicht optimal der Fahrweise des abschleppenden Fahrers anpasst.[68]

---

58 BGHSt 23, 108, 113 = NJW 1969, 2155; *OLG Frankfurt* NStZ-RR-1997, 93.
59 *OLG Celle* NZV 1994, 242; *OLG Frankfurt* a. a. O.
60 *OLG Düsseldorf* VERKMITT 1996, 5.
61 *OLG Celle* a. a. O.; im Ergebnis ebenso *OLG Koblenz* NStZ-RR 97, 249 f.
62 *BayObLG*, VRS 15, 473; OLG Köln, VRS 14, 141.
63 *BayObLG* b. Bär DAR 1992, 362.
64 *LG Bamberg* VersR 1960, 762.
65 *OLG Schleswig* DAR 1992, 456, Nichtannahme der Revision durch den *BGH*.
66 Vgl. *BGH* VersR 1966, 934; *BGH* VersR 1956, 38.
67 Vgl. *OLG Hamm* NZV 2009, 456–457.
68 *OLG Hamm* Urt. v. 5.7.2011 – I-6 U 19/11 = BeckRS 2011, 21701.

II. Abstand zum Vordermann

Grundsätzlich spricht beim Auffahren auf ein vorausbefindliches Fahrzeug der Anscheinsbeweis gegen den Auffahrenden. »*Das Auffahren auf ein die Fahrbahn versperrendes Kraftfahrzeug erlaubt grundsätzlich eine alternative Schuldfeststellung dahin, dass entweder der Bremsweg des Auffahrenden länger als die Sichtweite oder seine Reaktion auf die rechtzeitig erkennbare Gefahr unzureichend gewesen sein muss*«,[69] also insbesondere der Unfall auf ungenügenden Abstand zum Vordermann zurückzuführen ist. Demgegenüber tritt die Betriebsgefahr des vorausbefindlichen Fahrzeugs regelmäßig zurück. Der Anscheinsbeweis kann jedoch dann entkräftet werden, wenn der Vorausfahrende unvorhersehbar und ohne Ausschöpfung des Anhaltewegs, etwa bei einer Kollision, ruckartig gebremst hat.[70] Die Frage des richtigen Abstandes auf Autobahnen hat das *LG Karlsruhe*[71] deutlich herausgestellt: »*Auf Autobahnen muss unter normalen Verkehrsverhältnissen ein Sicherheitsabstand eingehalten werden, welcher der in 1,5 Sekunden durchfahrenden Strecke entspricht; ein Verstoß hiergegen fällt unter § 4 Abs. 1 StVO. Bei der vom Angekl. gefahrenen Geschwindigkeit hätte es daher eines Sicherheitsabstands von etwa 75 Metern bedurft. Wer von seinem gleich schnellen Vordermann, nicht nur ganz vorübergehend, einen Abstand einhält, der geringer ist als die in 0,8 Sekunden durchfahrene Strecke – bei 180 km/h also unter 40 Metern –, gefährdet hierdurch den Vordermann (folgen Nachweise).*[72] *Im vorliegenden Fall verringerte sich jedoch bei einer Annäherung auf 22 Meter – bei einer Differenzgeschwindigkeit von noch 53 km/h – bis 13 Meter – bei einer Differenzgeschwindigkeit von noch 30 km/h – der Abstand fortlaufend drastisch, ein Auffahrunfall drohte innerhalb von weniger als zwei Sekunden. Es hing unter diesen Umständen von der geringsten Zufälligkeit, von der geringsten Fehlreaktion des nachfahrenden Angekl. wie der vorausfahrenden J, vom geringsten technischen Defekt ab, ob es zu einem Unfall kam.*« Bei der Haftungsabwägung ist ferner zu berücksichtigen, ob nicht bereits der erschwerende Umstand der Nötigung, § 240 StGB vorliegt. Das ist zu bejahen, wenn das Fahrverhalten des hinteren Fahrers geeignet ist, einen besonnenen Fahrer in Sorge und Furcht zu versetzen und zu zwingen, seinen Willen demjenigen des Täters unterzuordnen.[73]

Wenn aber der Halter und Fahrer eines Pkw infolge eines Reifenschadens stark abbremst und auf ihn deshalb ein nachfolgendes Kfz auffährt, hat er den Unfall zumindest zur Hälfte zu vertreten, wenn der Reifen nicht mehr den gesetzlichen Anforderungen des § 36 StVZO entsprochen hat. Der Gesichtspunkt, dass der Reifen nicht mehr verkehrssicher war, hat in diesem Fall die allgemeine Betriebsgefahr des Pkw erhöht,[74] sodass sie nicht mehr zurücktritt.

Eine Mithaftung kommt ebenfalls in Betracht, wenn die Bremslichter des vorausfahrenden Kfz trotz der von seinem Fahrer eingeleiteten Bremsung nicht aufleuchten.[75] Nach der Rspr. ist nämlich der Abstand nicht so einzurichten, dass auch ohne Aufleuchten der Bremslichter beim Abbremsen des Vordermanns noch angehalten werden kann.[76] In diesen Fällen wurde die Betriebsgefahr dieses Kfz in etwa doppelt so hoch bewertet wie die des aufgefahrenen Kfz. Dies bedeutet in der Regel eine Haftungsverteilung im Verhältnis 2:1 zugunsten des Auffahrenden.[77]

III. Alkoholisierung

Bei einer Alkoholisierung von mindestens 1,1 ‰ liegt eine absolute Fahruntüchtigkeit vor, dies ist unwiderleglich. Bei Fußgängern gibt es eine in diesem Sinne feststehende Regel nicht. Jedenfalls bei

---

69 *BGH* NJW 1987, 1235.
70 *BGH* NJW-RR 2007, 680.
71 *LG Karlsruhe* NJW 2005, 915: Autobahnraser.
72 ((*Fußnote folgt*))
73 *OLG Köln* NZV 1991, 371 f.
74 Vgl. *LG Frankfurt/M.* VersR 1986, 1086 [L].
75 *OLG Karlsruhe* VersR 1982, 1205: 50 % Mithaftung des Vorausfahrenden.
76 Vgl. *BayObLG* VRS 62, 380.
77 Vgl. *OLG Karlsruhe* VersR 1982, 1205.

2 ‰ kann man von einem gegen den alkoholisierten Fußgänger Anscheinsbeweis ausgehen.[78] Das *OLG Dresden* nahm mit Billigung des *BGH* sogar schon bei 1,7 ‰ einen Anscheinsbeweis an.[79]

42 Streitig ist allerdings, ob bei einem Kraftfahrer mit einemAlkoholisierungsgrad von 1,1 ‰ oder mehr schon unter dem Gesichtspunkt der Trunkenheit ein Anscheinsbeweis in Betracht kommt. Diese noch 1996 von zahlreichen Gerichten, u. a. vom *LG Würzburg*[80] vertretene Ansicht wird vom *BGH*[81] nicht geteilt. Nach der Rechtsauffassung des *BGH*, der das Urteil der Vorinstanz[82] bestätigte, ergibt sich eine Berücksichtigung der absoluten Fahruntüchtigkeit infolge Alkoholgenusses nur, wenn die Unfallursächlichkeit feststeht.[83] Ausgangspunkt dieser Ansicht ist der allgemein anerkannte Grundsatz, dass lediglich nachgewiesenes Verschulden bei der Haftungsabwägung gemäß § 17 StVG herangezogen werden darf, die absolute Fahruntüchtigkeit sei jedoch insoweit nicht anders zu beurteilen als überhöhte Geschwindigkeit, mangelnde Beleuchtung oder Ermüdung usw.

43 Der *BGH* billigt dem Geschädigten jedoch Beweiserleichterungen in den Fällen zu, in denen sich der Unfall in einer Verkehrslage und unter Umständen ereignet, die ein nüchterner Fahrer hätte meistern können. Er nähert sich damit aber bereits wieder einem, allerdings eingeschränkten, Anscheinsbeweis. Es ist daher im Ergebnis erst eine Verknüpfung von Trunkenheit und spezifischen Fahrfehlern, die zum Anscheinsbeweis führt. Das *KG*[84] hat diese Grundsätze betont: »*Nach der ständigen Rspr. des Bundesgerichtshofes sowie des Senats ist eine alkoholbedingte Fahruntüchtigkeit bei der Abwägung nach § 17 Abs. 1 StVG nur dann zu berücksichtigen, wenn sie sich nachweislich unfallursächlich ausgewirkt hat, wenn also feststeht, dass ein nüchterner Kraftfahrer in derselben Situation unfallverhütend reagiert hätte* (folgen Nachweise)«. Zum gleichen Ergebnis gelangt das *OLG Hamm*.[85]

44 Dies kann sich insbesondere aus dem zu schnellen Fahren und Abkommen von der Fahrbahn ergeben.[86] Typische Fahrfehler sind etwa Fahren in Schlangenlinien, Abkommen von der Fahrbahn auf gerader Strecke, Überfahren von Halteschildern, Streifunfälle.[87]

45 Auch das Abkommen von der eigenen Fahrspur in einer leichten Linkskurve ist insoweit ein erhebliches Indiz für einen alkoholbedingten Fahrfehler.[88]

46 Wer sich einem erkennbar alkoholbedingt fahruntüchtigen Fahrer zur Beförderung anvertraut, setzt sich dem Vorwurf des Mitverschuldens aus, wenn es infolge der Fahruntüchtigkeit zu einem Unfall kommt, durch den der Beifahrer verletzt wird.[89] Bei der Gewichtung der Haftung kommt es auf den Einzelfall an. Das *KG*[90] hat bei einer Haftungsverteilung von 50:50 die Abwägungskriterien herausgestellt: »*Der Kl. weist zwar zutreffend darauf hin, dass im Regelfall in der Rspr. (übrigens auch des erkennenden Senats) der Verschuldensvorwurf gegen den alkoholisierten Fahrer schwerer gewichtet wird als derjenige gegen den Beifahrer, der die Alkoholisierung erkannt hat oder hätte erkennen können* (folgen Nachweise). *Ein solcher Regelfall liegt hier aber ersichtlich nicht vor. Hier hat die Beweisauf-*

---

78 Vgl. *OLG Celle* Urt. v. 12.5.2010 – 14 U 167/09 = BeckRS 2011, 04535; vgl. auch Hentschel-König-Dauer/*König* § 25 StVO Rn. 54.
79 NZV 2001, 378, Nichtannahme der Revision *BGH* Beschl. v. 16.1.2001 – VI ZR 240/00; zur Problematik *Greger* Haftung § 38 Rn. 62.
80 *LG Würzburg* r+s 1995, 244.
81 *BGH* NJW 1995, 1029 mit ausführlichen Nachweisen auch zur Gegenansicht.
82 *OLG Saarbrücken* NZV 1995, 23.
83 *BGH* a. a. O.
84 *KG* NZV 2004, 28; zuletzt ebenso r+s 2011, 331.
85 NJOZ 2011, 589.
86 Vgl. *OLG Nürnberg* – Az. 8 U 66/00; vgl. auch *OLG Koblenz* PVR 2002, 58 mit Besprechung von *Halm*; *OLG Karlsruhe* NZV 2002, 227; VersR 2001, 1230; *OLG Karlsruhe*.
87 Vgl. auch Himmelreich/Halm/*Oberpriller* Kap. 20 Rn. 104; Berz/Burmann/*Born* Kap. 3 B Rn. 126 f. mit ausführlichen Nachw.
88 *OLG Nürnberg* VersR 1990, 480.
89 *OLG Frankfurt/M.* VersR 1980, 287: Mitverschulden des Beifahrers ein Drittel.
90 NZV 2005, 421.

nahme nicht nur ergeben, dass der Kl. die Alkoholisierung des Bekl. zu 1 hätte erkennen können und sogar müssen (was in den zitierten »Regelfällen« üblicherweise die Hauptproblematik darstellt), sondern vielmehr sogar, dass die Parteien wegen des von vornherein beabsichtigten Alkoholkonsums des Bekl. zu 1 abgesprochen hatten, dass der Kl. anschließend das Fahrzeug führen solle.« Nur wenn der Mitfahrer also tatsächliche Kenntnis von der Alkoholisierung hat, kann ihn ein Mitverschulden treffen.[91] Das *OLG Schleswig*[92] hatte eine Mithaftung eines jugendlichen Beifahrers mit 25 % angenommen. Prozessual ist zu beachten, dass die Beweislast für Umstände, die zu einem Mitverschulden des Beifahrers führen können, beim Schädiger liegt.[93] Eine Mithaftung scheidet aber aus, wenn dem Geschädigten keine Kenntnis von der Trunkenheit nachgewiesen werden kann, weil er vor Fahrtantritt im Fahrzeug geschlafen haben soll.[94]

IV. Anfahren

Der vom Fahrbahnrand anfahrende Verkehrsteilnehmer hat bei einem Zusammenstoß mit dem fließenden Verkehr grundsätzlich den vollen Schaden zu tragen. Gegen ihn spricht schon der Anscheinsbeweis, da sich aus § 10 StVO die gesteigerte Sorgfaltspflicht ergibt, die regelmäßig zur Bejahung eines Anscheinsbeweises im Straßenverkehr führt.[95] Der Anscheinsbeweis gilt solange, bis das Fahrzeug vollständig in den fließenden Verkehr eingeordnet ist, also circa 20–25 Meter. Grundsätzlich gilt für die Entfernung des herannahenden Verkehrs der Grundsatz, dass sich dieser in Hinblick auf Geschwindigkeit und Ausweichmöglichkeit entsprechend einstellen kann.[96] **47**

Kommt es zu einem Zusammenstoß mit einem auf dem linken Fahrstreifen herannahenden und auf den rechten wechselnden Fahrzeug haftet der Anfahrende ebenfalls, da er sich nicht allein auf den rechten Fahrstreifen verlassen darf und § 7 Abs. 5 StVO auch nicht dem Schutz des ruhenden Verkehrs dient.[97] Die Alleinhaftung des Anfahrenden ergibt sich auch, wenn ein Dritter hält, um das Anfahren zu ermöglichen, der Spurwechsler nach einem Überholen unmittelbar nach rechts in die vom Anfahrenden gewählte Spur wechselt.[98] Eine Einschränkung der Haftung kommt allenfalls bei überhöhter Geschwindigkeit des Überholers in Betracht, wenn nämlich der Unfall anderenfalls vermeidbar gewesen wäre.[99] **48**

Eine Haftung scheidet nur dann aus, wenn die Kollision nicht mehr im zeitlichen und örtlichen Zusammenhang steht. Das *KG*[100] hat folgende Grundsätze hervorgehoben: »*Geschieht ein Unfall derart beim Anfahren vom Fahrbahnrand, dass zwischen dem Vorgang des Einfahrens in Richtung Fahrbahnmitte und der Kollision mit dem durchgehenden Verkehr ein unmittelbarer räumlicher und zeitlicher Zusammenhang besteht, so spricht der Beweis des ersten Anscheins für ein Verschulden des Anfahrenden, wobei ein Zusammenstoß nach etwa 10 bis 12 m vom Ort des Anfahrens für einen unmittelbaren Zusammenhang ausreichend sind* (folgen Nachweise). *Der Einfahrvorgang endet nämlich erst, wenn sich das Fahrzeug endgültig in den fließenden Verkehr eingeordnet hat* (folgen Nachweise). *Dabei muss jede Einflussnahme des Anfahrvorgangs auf das weitere Verkehrsgeschehen ausgeschlossen sein.*« **49**

Schließlich kommt es wegen der schwer erkennbaren Gefährdungssituation häufig zum Zusammenstoß zwischen dem anfahrenden und einem links abbiegenden Fahrzeug. Das *KG* hat für den Fall **50**

---

91 *OLG Hamm* NZV 2006, 85.
92 *OLG Schleswig* NZV 1995, 357.
93 *BGH* NJW 1988, 2365 f.
94 *OLG Brandenburg* NJW 2011, 896.
95 Vgl. zuletzt *KG* NJW-RR 2011, 26 m. w. N.
96 Vgl. *LG München I* Urt. v. 12.9.1997 – Az. 17 S 223/97 n. v.: 25 Meter; ferner *Jagow/Burmann/Heß* § 10 StVO Rn. 13.
97 *KG* NZV 2008, 413; *LG Berlin* 11.12.2006 – Az. 24 O 280/06 n.v = BeckRS 2008, 12478; vgl. auch *Jagow/Burmann/Heß* § 10.
98 *KG* NJW-RR 2011, 26.
99 Vgl. *OLG Celle* NJOZ 2010, 658.
100 *KG* a. a. O.

einer Kollision mit einem nach links in eine Grundstückseinfahrt einbiegenden Fahrzeug und dem vom Fahrbahnrand Anfahrenden eine Haftungsverteilung von 50:50 angesetzt.[101]

51 Eine überhöhte Geschwindigkeit des Herannahenden kann ebenfalls zu einer Mithaftung führen. Das *OLG Düsseldorf*[102] hat für eine Geschwindigkeit von 65 km/h statt der zulässigen 50 km/h eine Mithaftung von ⅓ angenommen. In der Praxis sind hierbei vor allem die Sichtverhältnisse beider Fahrzeuglenker und deren Reaktionsmöglichkeiten herauszuarbeiten. Das *OLG Düsseldorf*[103] hatte die beschränkten persönlichen Fähigkeiten des Motorradfahrers zur Beherrschung der Situation ausdrücklich aus Mitverschuldenskriterium herangezogen.

51a »*Nichts ist unmöglich*«. Deshalb trafen sich zwei aus jeweils gegenüberliegenden Parkbuchten rückwärts Ausfahrende in der Mitte der Straße. § 10 StVO kommt hier nicht zur Anwendung, weil sich dieser auf den fließenden Verkehr bezieht.[104] Gleiches gilt für § 9 StVO (Rückwärtsfahren).[105] Konsequent muss man bei Bewegung beider Fahrzeuge zum Kollisionszeitpunkt zu einer Haftungsquote von 50:50 kommen. Hat einer früher das Problem erkannt und noch rechtzeitig zum Stillstand abgebremst, nimmt das *LG Saarbrücken* eine Mithaftung des Stehenden aus Betriebsgefahr von lediglich 20 %. an. Ob ein Fahrzeug stand, setzt eine präzise unfallanalytische Beurteilung der »*Standzeit vor der Kollision*« voraus, die jedoch nur selten zu erzielen sein wird, da es sich um Zusammenstöße im untersten Geschwindigkeitsbereich mit nur geringen Deformationen handelt.[106] Das *KG*[107] fasst den Begriff des Rückwärtsfahrens weiter auf und nimmt auf der Grundlage beiderseitigen Rückwärtsfahrens bei Unfällen im Parkplatzbereich an, dass es letztlich auf das Stehen eines Fahrzeugs kurz vor der Kollision nicht ankomme, weil auch insoweit noch der Verkehrsvorgang des Rückwärtsfahrens vorliege.

V. Autobahn und Kraftfahrstraßen

52 Zahlreiche Urteile liegen zu Unfällen auf Autobahnen oder Kraftfahrstraßen vor. Die einzelnen Fallgestaltungen sind nachfolgend alphabetisch in sich geordnet. Auch hierbei ist zu beachten, dass die Haftung nicht von der tatsächlichen Kollision der Fahrzeuge abhängt. Es müssen aber Anhaltspunkte dafür festgestellt werden, dass das Verhalten des in Anspruch Genommenen subjektiv zur Befürchtung hätte Anlass geben können, es werde ohne seine Reaktion zu einer Kollision kommen. Dann ist jedenfalls die Betriebsgefahr zu berücksichtigen.[108]

1. Abstand nach vorn

53 Auf die generelle Pflicht zur Einhaltung des erforderlichen Abstands wurde bereits in Rdn. 38 hingewiesen. Im Bereich der Autobahnen stellt sich insbesondere die Frage der Orientierung am vorausfahrenden Fahrzeug bei Dunkelheit. Im Straßenverkehr gilt der Grundsatz des Fahrens auf Sicht, § 3 Abs. 2 StVO. Im Bereich der Autobahnen gilt jedoch die sog. **Goldene Regel** gemäß § 18 Abs. 6 StVO, wonach der Kraftfahrer seine Geschwindigkeit nicht der Reichweite des Abblendlichts anzupassen braucht, wenn die Schlussleuchten des vorausfahrenden Kraftfahrzeugs klar erkennbar und ein ausreichender Abstand von ihm eingehalten wird oder der Verlauf der Fahrbahn durch Leiteinrichtungen mit Rückstrahlern und, zusammen mit fremdem Licht, Hindernisse rechtzeitig erkennbar sind. Entscheidend kommt es darauf an, ob es für den Fahrer des hinteren Fahrzeugs möglich war, die Voraussetzungen für die Reaktion des Vorausfahrenden rechtzeitig zu erkennen: »*In der Regel braucht er sich nicht darauf einzurichten, dass der normale Bremsweg außerordentlich verkürzt wird*

---

101 26.11.2007 – Az. 12 U 27/07 n. v. = BeckRS 2008, 12475.
102 *OLG Düsseldorf* 18.2.2008, – Az. 1 U 98/07 n. v. = BeckRS 2008, 11860.
103 *OLG Düsseldorf* a. a. O.
104 *LG Saarbrücken* NJOZ 2011, 597; Hentschel-König-Dauer/*König* § 10 StVO Rn. 4.
105 *OLG Stuttgart* NJW 2004, 2255; *LG Saarbrücken* a. a. O. .Hentschel-König-Dauer/*König* a. a. O.
106 Zur Unfallanalytik vgl. *Bachmeier* Mandatshandbuch Rn. 857
107 zfs 2011, 255; hierzu *Nugel* jurisPR-VerkR 6/2011.
108 *KG* KGR Berlin 2000, 316.

oder dass das vorausfahrende Fahrzeug etwa infolge Auffahrens auf ein Hindernis ruckartig stehen bleibt. Ebenso wenig muss sich der nachfolgende Verkehrsteilnehmer darauf einrichten, dass der Vorausfahrende so nahe vor einem Hindernis ausweicht, dass der nachfolgende Fahrer – der erst jetzt das Hindernis erkennen kann – nicht mehr unfallverhütend reagieren kann. Anders liegt es, wenn der Nachfolgende erkennt, dass der Vordermann zu einem vorausfahrenden Fahrzeug einen zu geringen Sicherheitsabstand einhält.«[109] Kam für den Vorausfahrenden die Situation so plötzlich, dass er nicht mehr rechtzeitig reagieren konnte, wird in der Regel auch für den Nachfahrenden ein Verschulden zu verneinen sein, weil er insoweit mit der erfolgten Verkürzung seiner Reaktionszeit nicht rechnen muss.[110] Fahrfehler des Vorausfahrenden sind also dem Nachfahrenden zuzurechnen.[111] Zu beachten ist aber, dass § 18 Abs. 6 StVO auf die dort aufgeführten beiden Alternativen beschränkt und eine Ausnahme vom Sichtfahrgebot dann zu verneinen ist, wenn die Rücklichter des Vorausfahrenden gerade nicht erkennbar sind. *»Auch auf Autobahnen muss prinzipiell mit Hindernissen gerechnet werden, und zwar sogar mit unbeleuchteten. Ein Autobahnbenutzer braucht seine Geschwindigkeit lediglich nicht so gering zu bemessen, dass er selbst außergewöhnlich schwer erkennbare auf der Fahrbahn liegende Gegenstände noch rechtzeitig erkennen kann. Dazu gehören Fahrzeuge aber gerade nicht, und zwar selbst dann nicht, wenn sie nachts unbeleuchtet auf der Fahrbahn einer Autobahn stehen.«*[112] Dementsprechend tritt die Goldene Regel sofort außer Kraft, wenn der Vorausfahrende nach rechts einschert. Dies führt nach dem Grundsatz des Fahrens auf Sicht zu einem sofortigen Gebot der Geschwindigkeitsherabsetzung.[113]

Der nachfolgende Kraftfahrer ist auch bei einer Geschwindigkeit von 160 km/h auf der BAB bei Tageslicht nicht verpflichtet, den Abstand zum vorausfahrenden Fahrzeug so einzurichten, dass er noch vor einem durch den Vorausfahrenden zunächst verdeckten Hindernis (Lauffläche eines Reifens) anhalten kann, wenn der Vorausfahrende unmittelbar vor dem Hindernis den Fahrstreifen gewechselt hat, ohne dabei abzubremsen.[114] **54**

Ein **Bremsen** *»ohne Grund«* liegt nicht vor, wenn ein sich auf dem rechten Fahrstreifen einer BAB befindlicher Fahrer seinen Pkw abbremst, um einem auf der Einfädelspur fahrenden Lkw die Einfahrt zu ermöglichen. Dies gilt selbst dann, wenn der Pkw-Fahrer die Möglichkeit hatte, seinen Pkw zu beschleunigen und den Lkw noch vor dem Einfädeln auf der BAB zu überholen. Der bremsende Pkw-Fahrer darf darauf vertrauen, dass nachfolgende Verkehrsteilnehmer auf eine mäßige Verlangsamung seiner Geschwindigkeit eingestellt sind und rechtzeitig reagieren.[115] **55**

2. Ein- und Ausfahren

Das Setzen des Blinkers durch bevorrechtigte Fahrer auf der Autobahn kann dahin gehend verstanden werden, dass sie nach links ausweichen wollen, wenn die Verkehrslage dies erlaubt, um dem Einfädelnden die Auffahrt zu ermöglichen. Ist für den Einfädelnden die Verkehrssituation hinter dem auf der Autobahn fahrenden, den linken Blinker setzenden Verkehrsteilnehmer, nicht zu überschauen, hat er abzuwarten, darf insbesondere nicht »auf Verdacht« einfädeln. Das Einfahren ist vielmehr nur erlaubt, wenn aus der Sicht des Einfahrenden der durchgehende Verkehr die Geschwindigkeit nicht wesentlich verlangsamen muss.[116] **56**

Dementsprechend kommt auch kein Anscheinsbeweis dahin gehend in Betracht, der bereits auf der Autobahn Befindliche habe Sorgfaltspflichten verletzt, vielmehr kommt gerade der Anscheinsbeweis **57**

---

109 *KG* NJOZ 2003, 219 f.
110 *KG* a. a. O.
111 *OLG Bamberg* NZV 2000, 49 f.
112 *OLG Bamberg* NZV 2000, 49; Hentschel-König-Dauer/*König* a. a. O. Rn. 19b; *OLG Braunschweig* NZV 2002, 176.
113 *OLG Bamberg* a. a. O.
114 Vgl. *BGH* NJW 1984, 2412.
115 Vgl. *OLG Hamburg* DAR 2000, 507; *OLG Köln* r+s 1985, 293.
116 *OLG Naumburg* NZV 2008, 25.

gegen den Einfahrenden dahin gehend in Betracht, er habe sich nicht sorgfältig verhalten.[117] Im Gegenteil spricht der Anscheinsbeweis gegen den Einfahrenden. »*Wer an einer Anschlussstelle auf die Autobahn auffährt, kommt aus einem anderen Straßenteil i. S. d. § 10 StVO. Damit hat er die Gefährdung der anderen Verkehrsteilnehmer auszuschließen.*«[118] Auch hier ist der Begriff des Idealfahrers zu beachten. Ein vorausschauender und rücksichtsvoller, sämtliche Gefahrenmomente und auch fremde Fahrfehler in seine Gefahrenprognose einstellender Idealfahrer hätte damit rechnen und sich darauf einstellen müssen, dass der langsamer fahrende Sattelzug der Bekl. zu 2) – auch möglicherweise unter Missachtung des § 18 Abs. 3 StVO – den Versuch unternehmen wird, noch vor ihm von dem Beschleunigungsstreifen auf die BAB zu wechseln. Ein idealtypischer Fahrzeugführer hätte bei dieser auf weite Sicht gut wahrnehmbaren Verkehrssituation nicht auf sein Vorrecht aus § 18 Abs. 3 StVO beharrt, sondern – entsprechend dem Gebot der Rücksichtnahme aus § 1 Abs. 2 StVO – die besonderen Schwierigkeiten eines schwerfälligen Lastzuges bei dem Einfahren auf eine Autobahn erwogen und dem im Einfädeln begriffenen Sattelzug eine Auffahrt ermöglicht, indem er sein eigenes Gefährt bereits frühzeitig bei Erkennen der Einfädelungsabsicht des Bekl. zu 4) abgebremst hätte.[119]

58 Wer über eine Ausfahrt unter Außerachtlassung der für ihn vorgesehenen Einfädelspur direkt in die Normalspur einer autobahnähnlich ausgebauten Bundesstraße einbiegt, trägt das Risiko für einen ihm entstehenden Schaden, wenn er auf der Normalspur abbremsen muss, weil vor ihm von der Einfädelspur aus andere Fahrzeuge in die Normalspur einfahren, er selbst nicht auf die Überholspur ausweichen kann und er auf diese Weise die Ursache dafür setzt, dass ein von hinten herankommender Lkw auf ihn auffährt.[120]

59 Wer beim Einfahren in die BAB direkt auf den Überholfahrstreifen fährt, auf dem sich bereits andere Fahrzeuge nähern, und sein Fahrzeug anschließend scharf abbremst, verstößt in besonders schwerer Weise gegen seine Sorgfaltspflichten im Verkehr, sodass demgegenüber die Betriebsgefahr eines aufgefahrenen Kfz völlig zurücktritt[121]

60 Ereignet sich im zeitlichen und räumlichen Zusammenhang mit dem Einfahren eines Kfz in eine BAB ein Verkehrsunfall, so spricht der Beweis des ersten Anscheins für ein Verschulden der Einfahrenden[122] und nicht gegen den Auffahrenden. Insoweit kann nämlich nicht von dem Erfahrungssatz ausgegangen werden, dass allein die Geschwindigkeit des bereits auf der Autobahn Befindlichen unfallursächlich gewesen sei. Grundsätzlich kann davon ausgegangen werden, dass beim Einfahren es in der Regel unzulässig ist, sofort auf die Überholspur zu wechseln. »*Da auf den Bundesautobahnen in der Regel eine Begrenzung der Geschwindigkeit nicht besteht, muss der Einbiegende jedenfalls bei normalen Straßen- und Sichtverhältnissen, wie sie hier gegeben waren, auch mit der Möglichkeit rechnen, dass sich ihm Kraftfahrer mit Geschwindigkeiten von 150 km/h und mehr nähern. Deshalb darf er nicht zum Überholen ansetzen, solange er nicht die Gewissheit hat, dass sich ihm kein derartig schnelles Fahrzeug nähert und durch sein Überholen gefährdet werden könnte. Vielmehr muss er sich erst einmal in den Verkehrsfluss einfügen, um einerseits sich selbst in die konkrete Verkehrssituation auf der Autobahn einzufühlen und zum andern seine eigene Rolle im Autobahnverkehr für die anderen Verkehrsteilnehmer berechenbar zu machen.*«[123] Das *OLG Koblenz* hatte insoweit sogar die Voraussetzungen für ein unabwendbares Ereignis für den nachfolgenden und auffahrenden Fahrer bejaht. Abgesehen hiervon müsste die Betriebsgefahr des auffahrenden Fahrzeugs in jedem Fall zurücktreten.

---

117 *KG* VersR 2002, 628.
118 *OLG Düsseldorf* – Az. 1 U 135/04, 13.12.05 n. v. = BeckRS 2005, 04320 m. w. N.
119 *OLG Naumburg* NZV 2008, 26 f.
120 *OLG Hamm* VersR 1975, 542 [L]; vgl. auch *OLG Hamm* VersR 1978, 674 – Auffahrunfall.
121 *OLG Celle* VersR 1979, 916, Nichtannahme der Revision durch den *BGH*.
122 St. Rspr. seit *BGH* NJW 1982, 1595; zuletzt *KG* VersR 2002, 628.
123 *OLG Koblenz* NJOZ 2004, 3086 f.

3. Fahrstreifenbenutzung

Beim Spurwechsel auf Autobahnen ergibt sich die Haftung des Spurwechslers schon nach dem Anscheinsbeweis.[124] Es ist wegen der durch die hohe Geschwindigkeit verursachten Kollisionsgefahr aber fraglich, ob ein Verschulden des Spurwechslers ein Verlassen der Ausgangsspur erfordert. Das *KG*[125] verneint dieses Erfordernis zunächst unter dem Gesichtspunkt der Gefährdungshaftung, da für die Haftung gemäß § 7 Abs. 1 StVG einerseits ein verkehrswidriges Verhalten des Fahrers nicht erforderlich sei und andrerseits nach dem weiten Betriebsbegriff jede eine Reaktion auslösende Fahrerhandlung die Betriebsgefahr konkretisiere. Im Ausgangsfall hatte das *KG* darüber hinaus sogar den Anscheinsbeweis gegen den Spurwechsler selbst bejaht, wenn er die Spur noch nicht verlassen habe. Ausgangspunkt für den Ansatz des Anscheinsbeweises war hierfür allein schon die Bewegung vom rechten Rand der Ausgangsspur an den linken und das Setzen des linken Blinkers. Zum gleichen Ergebnis gelangt das *OLG Naumburg*[126] mit der allerdings eigenartigen Begründung, der Anscheinsbeweis scheide bei einer »deutschen Autobahn« aus) mit der Begründung, es liege nach der Lebenserfahrung nicht fern, dass es auf Autobahnen zu gefährlichen Spurwechseln komme, bei denen die Geschwindigkeit des folgenden Fahrzeugs unterschätzt werde, sodass die ernsthafte Möglichkeit eines anderen als des typischen Geschehensablaufs bestehe und daher nach den Grundsätzen des Anscheinsbeweises dessen Verneinung festzustellen sei.[127] Ein unabwendbares Ereignis ist für den von hinten Heranfahrenden nur dann zu bejahen, wenn dessen Voraussetzung, nämlich ein Unfallgeschehen, das er durch äußerste mögliche Sorgfalt nicht abwenden konnte, wozu ein sachgemäßes, geistesgegenwärtiges Handeln über den gewöhnlichen und persönlichen Maßstab hinaus gehört, positiv nachgewiesen ist. Die Beweislast hierfür trägt er.[128]

61

4. Geschwindigkeit

Wird die Richtgeschwindigkeit auf Autobahnen von 130 km/h überschritten, so ist nach st.Rspr.[129] von der Berücksichtigung der Betriebsgefahr bei der Haftungsverteilung auszugehen, es sei denn, dass der Nachweis gelänge, auch bei erlaubter Geschwindigkeit wäre es zum Unfall gekommen (Fehlen der Kausalität). Damit ist zu fragen, in welcher Höhe sich die tatsächlich gefahrene Geschwindigkeit auf die Mithaftung auswirkt. In der Autobahn-Richtgeschwindigkeits-Verordnung kommt nämlich Erfahrungswissen zum Ausdruck, das bei der Auslegung des Begriffs des unabwendbaren Ereignisses mit zu berücksichtigen ist.[130] Das *OLG Hamm*[131] hat dementsprechend bei einer Überschreitung um 30 km/h eine Mithaftung des Geschädigten von 20 % angesetzt, das *OLG Nürnberg*[132] 25 %. Hingegen geht das *OLG Jena* davon aus, dass eine Geschwindigkeit von 160–170 km/h beim Spurwechsel eines langsam beschleunigenden Fahrzeugs nicht zur Mithaftung führt.[133] Hingegen hat das *OLG Nürnberg* bei einer Geschwindigkeit von 160 km/h die Mithaftung auch bei einem erheblichen Verschulden des anderen Fahrers bejaht.[134]

62

In der Praxis der Gerichte wird vielfach nach der Faustregel, je höher die Geschwindigkeit, desto höher die Mithaftungsquote entschieden. Bei 160 km/h hat das *OLG Hamm* eine Mithaftung von

63

---

124 Vgl. *OLG Hamm* NJW-RR 2009, 1624.
125 *KG* OLGR 2000, 316.
126 *OLG Naumburg* NJW-RR 2003, 809 f.
127 Vgl. zum Spurwechsel insoweit auch *OLG Köln* r+s 2005, 127.
128 *OLG Celle* SVR 2005, 381.
129 Seit *BGH* NJW 1992, 1684.
130 *BGH* NJW 1992, 1684; *OLG Hamm* DAR 1994, 154.
131 NJW-RR 2011, 464; hierzu *Kääb* FD-StrVR 2011, 313397; NJW-Spezial 2011, 75.
132 NJW 2011, 1154.
133 NJW-RR 2009, 1622.
134 NJW 2011, 1154.; ebenso bei deutlicher Überschreitung der Richtgeschwindigkeit *OLG Stuttgart* NJW-RR 2010, 604.

20 % angenommen,[135] bei 180 km/h 25 %,[136] 20 % bei einer Geschwindigkeit von 190 km/h[137] das *OLG Köln*[138] nahm 25 % bei 175 km/h an.

64 Durch Unterschreiten der auf einer BAB üblichen Fahrgeschwindigkeit kann die Betriebsgefahr eines Kfz im Übrigen ebenfalls leicht erhöht werden.[139]

5. Halten

65 Grundsätzlich ist das Halten auf Autobahnen untersagt, § 18 Abs. 5 StVO. Ein Verstoß hiergegen ist deshalb bei der Haftungsverteilung zu berücksichtigen. Dies gilt auch für den Fall, dass ein ortsunkundiger Autofahrer im Bereich eines Autobahnkreuzes auf der Abbiegespur/Einfädelspur anhält, um sich weiter zu orientieren.[140] Nur wenn das Anhalten zwingend notwendig ist, etwa im Rahmen eines Unfallgeschehens, auch schon wegen der Gefahr einer sicherheitsbeinträchtigenden Beschädigung, ist es gestattet, zur Kontrolle anzuhalten.[141] Ist das Fahrzeug insoweit erkennbar, überwiegt das Verschulden des Auffahrenden so stark, dass die Betriebsgefahr des abgestellten Fahrzeugs zurücktritt.[142]

66 Dass das Aufleuchten einer Warnleuchte im Fahrzeug nicht zum Halten berechtige,[143] kann pauschal nicht bejaht werden. Von Bedeutung ist vielmehr die jeweilige Warnfunktion. Die Anzeige für den Ausfall des Bremssystems berechtigt beispielsweise ebenso wie das Aufleuchten des Warnsignals für geringen Wasserstand in der Scheibenwaschanlage nicht berechtigt. Entscheidend kommt es bei der Haftungsabwägung auf die nachfolgende Sicherung des haltenden Fahrzeugs gemäß § 15 StVO an, die bei Rdn. 70 erörtert ist.

67 Ebenso wie bei einem Verstoß gegen das Halteverbot auf BAB oder gegen die Beleuchtungspflicht spricht bei einem Auffahrunfall auf der BAB zunächst der Anscheinsbeweis dafür, dass die unterlassene Sicherungsmaßnahme für den Zusammenstoß ursächlich war.[144]

6. Hindernis

68 Das Auffahren auf ein die gesamte Fahrbahn der BAB versperrendes Hindernis, hier ein quer stehender Lastzug, begründet in jedem Fall eine alternative Schuldfeststellung dahin, dass entweder der Bremsweg des Auffahrenden länger als die Sichtweite oder seine Reaktion auf die rechtzeitig erkannte Gefahr verspätet eingetreten sein muss.[145] Bei liegengebliebenen Fahrzeugen, die ein Hindernis darstellen, ist bei der Haftungsabwägung zudem die Frage der ordnungsgemäßen Sicherung entscheidend relevant. Grundsätzlich ist zu fordern, dass das liegengebliebene Fahrzeug – soweit technisch noch möglich – vom Fahrstreifen auf den Mittelstreifen bewegt wird.[146] Ob die Haftung aus der Betriebsgefahr bei ordnungsgemäßer Sicherung ausscheidet, ist jedoch zweifelhaft. *»Wird eine Autobahn durch ein Unfallgeschehen ganz oder teilweise gesperrt, so kann auch die Betriebsgefahr der für die Sperrung ursächlichen Fahrzeuge fortwirken, bis die Unfallstelle geräumt, ausreichend abgesichert oder jedenfalls so weit wieder befahrbar ist, dass keine besonderen Gefahren des Unfallgeschehens für nachfolgende Fahrer mehr bestehen.«*[147] Sie wird aber im Regelfall hinter dem Verschulden des auf

---

135 *OLG Hamm* DAR 2000, 218.
136 *OlG Hamm* NZV 1994, 193.
137 *OLG Hamm* NZV 1995, 194.
138 *OLG Köln* NZV 1992, 34.
139 Vgl. *OLG München* VersR 1967, 691; ebenso *OLG Koblenz* NJOZ 2004, 139 f.
140 *OLG Frankfurt* OLGR 2001, 156.
141 *OLG Karlsruhe* DAR 2002, 34.
142 *OLG Karlsruhe* a. a. O.
143 So *LG Neuruppin* NJW-RR 2004, 1392.
144 Vgl. *BGH* VersR 1969, 715; VersR 1969, 895.
145 Vgl. *BGH* VersR 1965, 88.
146 *BGH* NJW-RR 2010, 839, 840.
147 *BGH* NJW 2004, 1377

die abgesicherte Stelle Auffahrenden zurücktreten.[148] Andererseits hat das *OLG Koblenz*[149] beim Verlieren von Ladung das Mitverschulden des Lkw-Fahrers trotz Einleitung von Sicherungsmaßnahmen bejaht. Der Widerspruch zur Ansicht des *BGH* ist jedoch nur scheinbar. Der Lkw-Fahrer hatte nämlich zwar die ihm möglichen Sicherungsmaßnahmen (Warnblinkanlage, Warndreieck, Winkzeichen) getroffen, diese waren jedoch objektiv nicht ausreichend, weil damit die auf der Fahrbahn liegenden Teile (Tonnen von Papier, Holzpaletten) selbst nicht gesichert waren. Die Entscheidung beruht daher durchaus auf den vom *BGH* aufgestellten Grundsätzen. Sie zeigt aber gleichzeitig einen weiteren Haftungsabwägungsgesichtspunkt auf. Selbst wenn nämlich nur teilweise Sicherungsmaßnahmen wirksam waren, ist deren Missachtung in jedem Fall eine Grundlage für die Anwendung von § 254 BGB. Das *OLG Koblenz* kam insoweit zur Mithaftung des Auffahrenden in Höhe von 30 %.

Offen ist nach der Rspr. des *BGH* weiterhin, ob auch eine unzulässig genutzte Warnblinkanlage zu beachten und damit ein Verstoß gegen die Beachtungspflicht zu einer Mithaftung wegen unterlassener Geschwindigkeitsreduzierung führen kann.[150] **69**

7. Liegenbleiben

Bleiben Fahrzeuge infolge technischen Defekts stehen, unterliegt dies weder dem Vorschriften über das Parken oder Halten, sondern § 15 StVO.[151] Dementsprechend ist das Fahrzeug sofort und nicht erst nach spätestens 3 Minuten ausreichend abzusichern.[152] Ein Verstoß hiergegen führt zwangsläufig zu einem bei der Haftungsquote zu berücksichtigendem Verschulden. Dem steht aber regelmäßig das Verschulden des Auffahrenden gegenüber, da insoweit ein Verstoß gegen das Sichtfahrgebot vorliegt. Der *BGH* hat »*wiederholt betont, dass der Kraftfahrer bei Dunkelheit seine Geschwindigkeit auch auf unbeleuchtete Hindernisse, insbes. unbeleuchtet auf der Fahrbahn befindliche Fahrzeuge einzurichten hat (Senat NJW 1984, 2412 = VersR 1984, 741; VersR 1965, 88). Anderes kann unter ganz besonderen Verhältnissen für auf der Fahrbahn befindliche Gegenstände gelten, deren Erkennbarkeit in atypischer Weise besonders erschwert ist (Senat VersR 1972, 1067 f.).*[153] Die Mithaftungsquote des liegen gebliebenen Fahrzeugs hängt vom Umfang der Hinderniswirkung ab und wird in der Rspr. in der Regel mit $^1/_5$ bis $^1/_3$ angesetzt.[154] **70**

8. Überholen

Hinsichtlich der Überholvorgänge auf Autobahnen gelten die gleichen Grundsätze wie beim Überholen generell. Überholen zählt ebenfalls zu jenen Verkehrsvorgängen, die mit besonderer Gefährlichkeit einerseits und dementsprechender Verpflichtung zu erhöhter Sorgfalt andrerseits verknüpft und damit dem Anscheinsbeweis zugänglich sind. Zulässig ist auch auf Autobahnen nur das Linksüberholen. Gemäß § 7 Abs. 2 StVO darf rechts nur dann vorbeigefahren werden, wenn der Verkehr auf dem linken Fahrstreifen steht oder diese Kolonne nur langsam fährt. Langsam i. S. d. Gesetzes ist eine Geschwindigkeit von weniger als 60 km/h.[155] Rechts vorbeizufahren (Rechtsüberholen) ist mit einer Geschwindigkeitsdifferenz von maximal 20 km/h.[156] **71**

Auf Autobahnen ist allerdings stets zu prüfen, ob nicht ein Spurwechsel des Vorausfahrenden so konkret denkbar ist, dass der Anscheinsbeweis ausgeräumt werden kann. Kann der Fahrstreifenwechsel nachgewiesen werden, scheidet der Anscheinsbeweis gegen den Überholter grundsätzlich aus. Viel- **72**

---

148 *BGH* a. a. O.
149 NZV 2006, 198.
150 *BGH* NJW-RR 2007, 903.
151 *BGH* NJW-RR 1988, 406.
152 *BGH* a. a. O.
153 *BGH* NJW-RR 1988, 406.
154 *OLG Stuttgart* VersR 1992, 69: 20 % wenn stehendes Fahrzeug bei fehlendem Standstreifen ohne Warnleuchte aber schon aus mindestens 280 Metern erkennbar.
155 Vgl. Hentschel-König-Dauer/*König* § 7 StVO Rn. 12a.
156 Vgl. Hentschel-König-Dauer/*König* a. a. O.; *Seidenstecher* DAR 1993, 95.

mehr kommt es bei der Haftungsabwägung entscheidend auf das Verschulden des Spurwechslers gemäß §§ 5, 7 Abs. 5 StVO und die Sorgfalt des Überholers in Bezug auf die Beachtung der rechts liegenden Fahrspur an. »*Entscheidend ist allein, ob der Abstand zwischen den beiden Fahrzeugen bei Beginn des Ausschervorgangs groß genug war, um ohne scharf zu bremsen, gefahrlos hinter dem klägerischen Fahrzeug fahren zu können.*«[157] Das *OLG Thüringen* bejahte insoweit die ausschließliche Haftung des Spurwechslers, wenn ein Verstoß des Überholers in obigem Sinne nicht positiv dargetan ist. Versucht sich der vom Überholer Gefährdete mit einem Ausweichmanöver zu retten, so trifft die Verantwortlichkeit auch dann den Überholer, wenn der Ausweichende einer Fehleinschätzung unterliegt. Dem Ausweichenden kommt hier ein weiter Entscheidungsspielraum zu.[158]

VI. Auffahren

73 Auffahren kann unter unterschiedlicher Ausgangssituation erfolgen.[159] Die Quoten sind hierbei wegen der Berücksichtigung des Anscheinsbeweises stark differierend. Beim Einfahren in die Autobahn darf grundsätzlich nicht sofort auf die Überholspur gewechselt werden. Führt ein derartiger Verkehrsvorgang zum Auffahrunfall, trägt der Einfahrende, der gleichzeitig Spurwechsler ist, die alleinige Haftung.[160] Selbst wenn man im Einzelfall die Unabwendbarkeit gemäß § 17 Abs. 1, 2 StVG bejahen sollte,[161] wiegt das Verhalten des Einfahrenden so schwer, dass die Betriebsgefahr des auffahrenden Fahrzeugs vollständig zurücktreten muss.

74 Ausgangspunkt ist stets der Anschein, dass der Fahrer unaufmerksam war oder der Sicherheitsabstand nicht eingehalten wurde.[162] Grundsätzlich spricht daher der Anscheinsbeweis gegen den Auffahrenden,[163] dementsprechend seine Haftung 100 %. Problematisch ist die Kombination mit einem Spurwechsel. Die in der Rechtsprechung umstrittene Frage, welche Voraussetzungen für die Annahme eines Anscheinsbeweises gegen den Auffahrenden gegeben sein müssen, hat der *BGH* nunmehr näher geklärt.[164] Nach Ansicht des *BGH* ist neben dem Fahrspurwechsel des Vorausfahrenden zusätzlich die Feststellung erforderlich, dass der Auffahrende nicht ausreichend Zeit zum Aufbau eines gebotenen Abstands gehabt habe. Zutreffend weist der *BGH* ferner darauf hin, dass ein Anscheinsbeweis auch dann nicht angenommen werden könne, wenn ein Schräganstoß vorliege. Konsequent kommt es für den Geschädigten darauf an, darzulegen, dass der Auffahrende die Möglichkeit gehabt habe, einen ausreichenden Sicherheitsabstand einzuhalten.[165]

75 Dieser Anscheinsbeweis kann nur insoweit entkräftet werden, als dem Vordermann ein nicht verkehrsgerechtes Verhalten nachgewiesen werden kann oder zumindest so konkret in Erwägung zu ziehen ist, dass eine Alternative realistisch ist. Nicht zu folgen ist insoweit jedoch dem *OLG Oldenburg*,[166] das ein derartiges Entkräften angenommen hatte, wenn der Radfahrer schräg zur Längsachse des Kfz befindlich war, weil dies die Möglichkeit einschließe, dass der Radfahrer sein Abbiegemanöver nicht oder nicht rechtzeitig angezeigt habe. Die Position eines Rades hat mit einer Handbewegung des Radfahrers nicht zu tun, sodass die Verknüpfung falsch ist.

76 Generell gilt es zu beachten dass der Abstand hinter einem vorausfahrenden Fahrzeug in der Regel so groß sein muss, dass auch dann hinter ihm angehalten werden kann, wenn es plötzlich gebremst wird (§ 4 Abs. 1 StVO). Unter »*plötzlich*« ist hierbei »*ohne vorhersehbaren Grund*« zu verstehen, unter

---

157 *OLG Thüringen* NZV 2006, 147 f.
158 *BGH* NJW 2010, 3713, 3714.
159 Vgl. auch *Queisser, Auffahrunfall – Bestandsaufnahme zu einem Klassiker*, NJW-Sp 11,585.
160 *OLG Koblenz* NJOZ 2004 3086, 3089.
161 So *OLG Koblenz* a. a. O., 3090.
162 Vgl. etwa *OLG Köln* DAR 2001, 168 zu den Voraussetzungen des Anscheinsbeweises beim sog. Kettenauffahrunfall: *KG* DAR 1995, 482.
163 Vgl. *Brüseken-Krumbholz-Thiermann* NZV 2000, 442 B.1.
164 NJW 2011, 685 m. ausf. Nachw. zum Streitstand; vgl. hierzu auch NJW-Spezial 2011, 41.
165 Vgl. *Kääb* FD-StrVR 2011, 313401.
166 *OLG Oldenburg* VersR 1992, 842.

C. Einzelfälle

»stark« wird ein kräftiger Tritt auf das Bremspedal, also die Auslösung einer hohen Bremsverzögerung verstanden.[167]

Zu prüfen ist, ob der in der Rspr. anerkannte Grundsatz des *»verkürzten Sicherheitsabstandes«* zu einer anderen Haftungsverteilung führt. Grundlage der Betrachtung ist auch hier der Vertrauensgrundsatz. *»Der zu dem voranfahrenden Fahrzeug einzuhaltende Abstand braucht indes nicht unbedingt dem Gesamtanhalteweg zu entsprechen, den der nachfolgende Fahrer benötigt, um ein Auffahren zu vermeiden, wenn das vorausfahrende Fahrzeug abrupt stehen bleibt. Vielmehr kann er – wenn keine besonderen Umstände dem entgegenstehen – einkalkulieren, dass der vorausfahrende Wagen selbst bei einer Notbremsung nicht sofort steht, sondern auch einen Anhalteweg benötigt, den er bei Bemessung seines Abstandes mit in Betracht ziehen darf. Nach der Rspr. des BGH braucht der Kraftfahrer sich bei der Bemessung des normalen Sicherheitsabstandes in aller Regel nicht darauf einzurichten, dass der normale Bremsweg eines anderen Fahrzeugs außergewöhnlich verkürzt wird.«*[168]

Im Stadtverkehr wird wegen der Dichte des Verkehrs eine weitere Erleichterung zugebilligt. Hiernach ist ein Fahrer berechtigt, bei voller Aufmerksamkeit und Übersichtlichkeit der Strecke einen geringeren Abstand einzuhalten als den in § 4 Abs. 1 S. 1 StVO geforderten. Er braucht nicht mit einem plötzlichen Bremsen des Vordermannes zu rechnen, nur mit einem allmählichen verkehrsgerechten Bremsen, solange keine Hinweise auf eine Ausnahmesituation vorliegen.[169]

Aber auch dann kann eine Reduzierung des Sicherheitsabstandes, nach dem jeder sich so zu verhalten hat, dass auch bei einem Fehler des anderen Verkehrsteilnehmers noch ein Unfall vermieden werden kann,[170] auf eine sog. einfache Sicherung nur dann in Betracht kommen, wenn
- die vor dem Vorausfahrenden liegende Fahrbahn als hindernisfrei übersehen werden kann und
- mit erhöhter Anspannung gefahren wird.

Eine Reduzierung des Abstandes kommt also damit allenfalls bei einer übersichtlichen und vom betroffenen Verkehrsteilnehmer auch tatsächlich beobachteten Verkehrssituation in Betracht. Die damit angesprochenen Gesichtspunkte müssen zunächst konkret dargetan werden.

Jeder Verkehrsteilnehmer ist daher verpflichtet, den Blick nicht nur auf die Bremslichter des vorausfahrenden Fahrzeugs zu fixieren, sondern die vor ihm liegende Fahrbahn und das Verkehrsgeschehen zu beobachten und die eigene Fahrweise hierauf einzustellen. Je geringer die Sicht ist, umso schärfer muss die Aufmerksamkeit sein. Insbesondere muss ein Kraftfahrer auch damit rechnen, dass der vorausfahrende Fahrer wegen eines Umstandes bremst, den er selbst noch nicht einzusehen vermag. Die vorsorgliche Bremsung stellt auch dann, wenn objektiv kein Anlass zum Bremsen bestand, einen verkehrsbedingten Anlass zum Bremsen dar.[171]

Bremst der Vordermann begründet und kommt rechtzeitig vor seinem Hindernis zum Stehen, scheidet seine Haftung naturgemäß aus. Es kommt aber die Mithaftung der das Bremsmanöver auslösenden Person in Betracht. Insoweit ist nach dem allg. Grundsatz, ob der Auffahrende den Bremsgrund hätte sehen können, zu entscheiden. Dogmatisch kommt es hier auf die Frage der Kausalität an, ob also das Verhalten des Dritten für die Bremsung des Vordermannes noch als adäquat kausal für das Auffahren des Hintermannes zu beurteilen ist. Das *OLG Köln*[172] hat in diesem Zusammenhang die Kausalität bejaht, wenn ein Radfahrer bei Dunkelheit ohne Licht und Rotlicht die Straße überquert und hat die Haftungsquote für den Radfahrer mit 1/3 angesetzt. In der Praxis treten im Zusammenhang mit dem Auffahren häufig bestimmte Unfallvarianten auf.

---

167 Vgl. *Burmann/Heß/Jahnke/Janker* § 4 Rn. 2.
168 *BGH* NJW 1987, 1075.
169 Vgl. Hentschel-König-Dauer/*König* StVO § 4 Rn. 10.
170 Vgl. *Burmann/Heß/Jahnke/Janker* § 1 Rn. 22.
171 *LG München I* a. a. O.
172 *OLG Köln* DAR 2001, 168.

1. Bremsen zugunsten von Tieren

82 Ein im rechtlichen Sinne grundloses Bremsen wird auch beim Bremsen wegen Tieren gesehen. Ausgangspunkt ist hierbei die sog. wirtschaftliche Betrachtungsweise, wonach der Schaden am Tier gegenüber dem durch den Unfall zwischen den Kraftfahrzeugen verursachten Schaden bedeutungslos ist. Die hiergegen stehende Ansicht, wonach gerade umgekehrt, das Leben eines Tieres höherwertig sei,[173] hat bislang in der Rspr. keinen relevanten Widerhall gefunden. Hierbei ist allerdings zu beachten, dass sich mit der vom Bundestag verabschiedeten Grundgesetzänderung, wonach der Tierschutz ausdrücklich in das Grundgesetz aufgenommen wurde, die rein materialistische bisherige Rspr. kaum mehr aufrechterhalten lässt. Auch § 90a BGB wird insoweit zu berücksichtigen sein, nach dem Tiere Sachen nicht gleichgestellt werden dürfen und im Lichte der Grundgesetzänderung nicht mehr »*als gefühlige Deklamation ohne rechtlichen Inhalt*«[174] wird angesehen werden können.

83 Die bisherige Rspr. differenziert bei der Beurteilung nach der Größe. Bremsen oder Ausweichbewegungen, die vor allem bei der Frage der Rettungskosten im Kaskobereich bedeutsam sind, eines Kraftfahrzeugführers vor kleineren, verhältnismäßig leichten Tieren wird insoweit vielfach als fahrlässige bis grob fahrlässige Überreaktion angesehen.[175] Die Rspr. hierzu ist allerdings sehr uneinheitlich und weitgehend durch amtsrichterliche Entscheidungen dominiert, wodurch naturgemäß bezogen auf Deutschland ein sehr zersplittertes Entscheidungsbild erzeugt wird.[176]

84 Das *OLG Saarbrücken*[177] geht davon, aus, dass ein Bremsen zum Schutz von Kleintieren nicht zulässig ist, wenn hierdurch ein nachfolgendes Fahrzeug auffahren kann. Dies begegnet schon deshalb Bedenken, weil die Reaktionszeit für den Bremsenden so kurz ist, dass er nicht über den Rückspiegel die Geschwindigkeit und den Abstand des Nachfahrenden ausreichend einschätzen kann. Die Entscheidung verlagert daher das Risiko des Nachfahrenden angesichts seiner nicht ausreichenden Fahrbahnbeobachtung auf den Vorausfahrenden, der zu einer Reaktion auf der Grundlage ausreichender Fahrbahnbeobachtung ansetzt. Die Ansicht des *OLG Saarbrücken* muss allerdings als h. M. angesehen werden.[178] Gleichwohl ist die Entscheidung des *AG Nürnberg*[179] beim Bremsen zugunsten eines Eichhörnchens schon aus dogmatischen Gründen vorzugswürdiger: »*Wenn einem Autofahrer auf der Schnellstraße ein Tier in die Fahrbahn läuft, so stellt dies stets eine Irritierung dar. Es bleibt keine Zeit zur Überlegung, ob das Tier klein genug ist, um es unbeachtet zu lassen, oder um es durch Abbremsen möglichst zu schonen. Ganz allgemein wird jeder Autofahrer angesichts der Irritierung erst »automatisch« bremsen. Solches ist ihm nicht im Übermaß anzulasten. Wer einem anderen Auto nachfährt, muss der Geschwindigkeit entsprechend einen Sicherheitsabstand einhalten. Störungen im Verkehrsfluss müssen stets eingerechnet werden. Hierbei ist es kein Argument zugunsten der Nachfahrenden, dass sie ein vor dem vorausfahrenden Auto huschendes Kleintier gar nicht erkennen können. Der Nachfahrende hat einen solchen Sicherheitsabstand einzuhalten, dass auch bei unvermittelt eintretendem Bremsen des vorausfahrenden Autos kein Auffahren passiert. Das Verschulden am Unfall liegt daher zweifelsfrei beim Bekl. zu 1).*« Das *AG Nürnberg* kommt allerdings zur Mithaftungsquote des Bremsenden von 25 %.[180] Das *AG Stockach*[181] führt zum Bremsen zugunsten eines Dachses aus, angesichts eines Gewichtes von 10–20 kg sei ein Verstoß gegen § 4 Abs. 1 S. 2 StVO zu verneinen. Der Entscheidung ist voll beizupflichten, auch wenn das Gewicht von 20 kg zu hoch gegriffen ist. Schon die Rumpflänge von 60–80 cm stellt nämlich für den Kraftfahrer mit Rahmen einer blitzschnell erforderlichen

---

173 So *Enelewski* NZV 2001, 61.
174 So Palandt/*Heinrichs-Ellenberger* § 90a Rn. 1.
175 Vgl. *OLG Koblenz* SP 2001, 296; praxisorientierte Besprechung bei *Xanke* PVR 2002, 178.
176 Vgl. auch *Heß/Burmann* Haftung bei Unfällen mit Tieren, NJW-Spezial 2005, 543.
177 *OLG Saarbrücken* zfs 2003, 118.
178 Vgl. *KG* NZV 2003, 91.
179 *AG Nürnberg* NZV 2006, 86, 87.
180 Vgl. auch Berz/Burmann/*Grüneberg* a. a. O. Kap. 4 B, Rn. 51 m. w. N.
181 *AG Stockach* SVR 2006, 35 mit Besprechung *Mann*.

Reaktion ein Gefährdungsmoment dar, sodass ein sofortiges Bremsmanöver allein zur Verhinderung einer Selbstgefährdung problemlos zu billigen ist.

Ausgangspunkt ist die Überlegung, ob es dem Bremsenden zumutbar ist, eine Kollision mit dem Tier in Kauf zu nehmen oder die Gefahr einer ernsthaften Verletzung vernünftigerweise zum Bremsen zwingt. Es ist vom Kraftfahrer eine Risikoabwägung vorzunehmen, deshalb nach der Größe zu differenzieren.[182] Bei größeren Tieren wird den Auffahrenden die volle Haftung treffen.[183] Ein Abbremsen bzw. Ausweichen kann insbesondere bei drohendem Zusammenstoß mit **Haarwild** als verkehrsgerecht angesehen werden.[184] Es kommt letztendlich auch auf die Überlegung an, ob dem Bremsenden die Berechtigung, aus Angst abzubremsen, zu versagen war.[185] Andererseits ist zu fragen, ob der Auffahrende nicht den Bremsgrund hätte erkennen und sich darauf einstellen können. So stellt das *LG Karlsruhe*[186] auch darauf ab, ob der Bremsende sich dessen bewusst war. Kaum nachvollziehbar ist allerdings die Argumentation, dementsprechend habe der Bremsende vor seiner Entscheidung nicht nur dies zu berücksichtigen, sondern auch in den Rückspiegel schauen müssen, um zu erkennen und einzuschätzen, ob der nachfolgende einen ausreichenden Abstand einhalte. Es berücksichtigte ein Mitverschulden von 40 %.   85

Ist das Bremsen allerdings im obigen Sinne als grob fahrlässig einzustufen, kommt eine überwiegende Haftung des Bremsenden in Betracht. Wichtige Hinweise hierzu bietet die Rspr. zur Qualifizierung des Bremsens für den Kasko-Bereich.[187]   86

Unabhängig hiervon ist jedoch stets zu beurteilen, ob ein fehlerhaftes Verkehrsverhalten des Vorausfahrenden nicht schon darin zu sehen ist, dass er das Tier so rechtzeitig hätte erkennen können, dass die den Auffahrunfall auslösende Bremsung vermeidbar gewesen wäre.[188]   87

Die Beweislast für Umstände, die eine Mithaftung des Vorausfahrenden bewirken könnten, trägt der Auffahrende. Letzteren trifft die volle Haftung, wenn er nicht nachweisen kann, dass der Vorausfahrende nur wegen eines Kleintieres stark abgebremst und in dem Bewusstsein, er bremse nur für ein Kleintier, abgebremst habe.[189]   88

Ferner kommt auch die Haftung des Tierhalters gemäß §§ 823, 833 BGB in Betracht.[190] Wichtig sind die im Zusammenhang mit dem Straßenverkehr auftretenden Ausnahmen. Die Tierhalterhaftung greift nicht ein, wenn es sich lediglich um die aus einem passiven Verhalten des Tieres ergebende Gefahr handelt. Der Fußgänger, der über einen liegenden Hund stolpert, kann sich daher nicht auf die Tierhalterhaftung berufen.[191] Es bleibt nur die allgemeine Haftung gemäß § 823 BGB. Gleiches gilt auch bei Ausscheidungen des Tieres. Der Motorradfahrer, der in der Kurve auf einem Kuhfladen ausrutscht, kann sich nicht auf die Erleichterungen der Tierhalterhaftung berufen.[192] Dem Motorradfahrer kann jedoch § 823 Abs. 2 BGB i. V. m. § 32 StVO helfen. Bejaht man die Tierhalterhaf-   89

---

182 Vgl. *OLG Karlsruhe* SP 1999, 386: **Fuchs** ist noch kleines Tier, Ausweichen daher grob fahrlässig.
183 Vgl. *BGH* VersR 1987, 158: **Reh**; *OLG Köln* zfs 1989, 119: **großer Hund**; *LG Landau* NZV 1989, 76: **Hund**; *LG Augsburg* zfs 1983, 289: **Katze**; *OLG München* Urt. v. 11.5.1973 – 10 U 3024/72 = BeckRS 2009, 18965: Schutz eines **Igels** tritt hinter Schutz des Nachfahrenden zurück.
184 *BGH* NJW 1991, 1609.
185 Vgl. zum Kaskobereich und grober Fahrlässigkeit *OLG Nürnberg* DAR 2001, 224; vgl. auch *OLG Hamm* r+s 1997, 15 für eine Überreaktion bei einem **Reh**.
186 sp 2010, 359: **Taube**.
187 Beispielsweise *OLG Düsseldorf* VersR 1994, 592; *OLG München* VersR 1994, 928; *OLG Nürnberg* VersR 1994, 929; *OLG Braunschweig* VersR 1994, 1293; aber *LG Marburg* VersR 1995, 332, das ein Bremsen unabhängig von der Größe für zulässig erachtet, da es einen Zwang zum Töten nicht geben könne.
188 *BGH* NJW-RR 1987, 150.
189 *OLG München* SP 2002, 6: **Ente**.
190 Vgl. auch *OLG Koblenz* VersR 1999, 508; vgl. hierzu auch die Kommentierung zu § 28 StVO und *Heß/Burmann* NJW-Spezial 2005, 543; *Geigel/Haag* Kap. 18 Rn. 10 f.
191 Vgl. *BGH* VersR 1959, 853; *Geigel/Haag* Kap. 18 Rn. 10.
192 Vgl. *Geigel/Haag* Kap. 18 Rn. 11.

tung, stehen sich diese und die Betriebsgefahr gegenüber. Bei der Abwägung hat das *LG Lüneburg*[193] angenommen, bei ausgebrochenen Rindern überwiege die aus Verschulden und der Tiergefahr resultierende Haftung des Tierhalters, die angesichts der Tiergröße sogar die Betriebsgefahr völlig zurücktreten lasse.

90 Bei der damit zu treffenden Haftungsverteilung ist einerseits der Umstand abzuwägen, ob das zum Bremsen führende Verhalten des fraglichen Tieres für den Auffahrenden erkennbar war. *»Die Auffahrende musste einerseits nicht damit rechnen, dass im fließenden Verkehr auf der freien Brücke ein Fahrzeug plötzlich eine Vollbremsung durchführt, hätte andererseits möglicherweise den ohne Halsband neben der Straße laufenden Hund sehen können und hierauf mit erhöhter Alarmbereitschaft reagieren können.«*[194] Andererseits ist zu prüfen, ob das fehlende Anleinen vom Tierhalter gefordert werden musste. Ein verkehrssicherer (d. h. auf das Wort gehorchender, nicht schwerhöriger) Hund braucht, wie sich schon aus Abs. 2 der Verwaltungsvorschrift zu § 28 StVO ergibt, auf öffentlicher, nicht besonders belebter Straße in der Regel nicht angeleint zu werden.[195] *»Bei der Haftungsabwägung ist insoweit lediglich die generelle Haftung gemäß § 833 zur Beurteilung heranzuziehen. Der Hundehalter hat jedoch alles Zumutbare zu tun, um eine Gefährdung des Straßenverkehrs zu beseitigen. Demgemäß hat das OLG Hamm gefordert, notfalls müsse er sogar die Straße überqueren und den Hund vom Rande eines Feldes aus zurücklocken.«*[196] Soweit eine Kollision mit Nutztieren vorliegt, ist auf die Tierhalterhaftung nach § 833 S. 1 BGB hinzuweisen, wonach zwar diese Gefährdungshaftung bei Beachtung der erforderlichen Sorgfalt seitens des Tierhalters oder die fehlende Kausalität die Haftung ausschließt, der Tierhalter jedoch die Beweislast für die Voraussetzungen zu erfüllen hat.[197]

2. Auffahren und Spurwechsel

91 Bei Kollisionen im Bereich von Auffahrunfällen und behaupteten Spurwechseln lässt sich unfallanalytisch insoweit nur dann eine Aufklärung erzielen, wenn Lichtbilder über die Fahrzeuge mit ihrer Stellung und einem Bezug zur Fahrbahn vorliegen.[198] Das trifft in der Praxis selten zu, sodass meist von ungeklärtem Unfallgeschehen und der Anscheinsproblematik auszugehen ist. Gegen den Spurwechsler spricht der Anscheinsbeweis, da er beim Spurwechsel erhöhte Sorgfaltspflichten zu erfüllen und jede Behinderung oder Gefährdung anderer Verkehrsteilnehmer zu vermeiden hat, § 7 Abs. 5 StVO.

92 Der Anscheinsbeweis kann allerdings ausgeräumt werden, wenn ein vorausgehender Spurwechsel des Gegners nachgewiesen ist[199] oder konkret im Raum steht. Letzteres muss angenommen werden, wenn ein unstreitiger Sachvertrag beider Beteiligter nicht vorliegt, sich also Auffahrunfall und Spurwechsel als reale Möglichkeit gleichwertig gegenüberstehen.[200] Grundlage hierfür ist der Umstand, dass ein Anscheinsbeweis gegen den Auffahrenden nur anzuwenden ist, wenn sich beide Fahrzeuge so lange in der gleichen Spur hintereinander bewegten, dass sich beide Fahrzeugführer auf die vorangegangene Fahrbewegung einstellen konnten.[201] Kann ein Spurwechsel dargetan werden, spricht gegen den Wechsler der Anscheinsbeweis, sodass seine alleinige Haftung zu bejahen ist.[202] Bleibt das

---

193 sp 2008, 285.
194 *LG München I* Urt. v. 28.2.2002 – Az. 19 S 16841/01 n. v., das hier zu einer Mithaftung der Hundehalterin von ²/₃ kommt.
195 *OLG München* DAR 1999, 456; *OLG Koblenz* VersR 1999, 508.
196 *OLG Hamm* VersR 2001, 924: Mithaftung des Hundehalters zu ¹/₃, wenn der Kraftfahrer 100 km/h statt erlaubter 50 km/h fährt.
197 Vgl. auch *OLG Hamm* NJW-RR 2006, 36; hierzu NJW-Spezial 2006, 161; zu den Sicherungsregeln im Straßenverkehr vgl. näher Ferner-Bachmeier-Müller/ *Bachmeier*, VerwR StVO § 28.
198 Vgl. zu den unfallanalytischen Grundlagen hierzu *Bachmeier* Mandatshandbuch Rn. 852.
199 So auch *OLG Bremen* VersR 1997, 253.
200 *LG München I* Urteil vom 28.2.2002 – Az. 19 S 4300/01 n. v.
201 *KG* DAR 2005, 157.
202 Vgl. *KG* NJOZ 2011, 1044.

C. Einzelfälle

offen, ist auf der Grundlage der beiderseits gleichwertigen Betriebsgefahr eine Haftungsquote von 50:50 anzusetzen.[203]

3. Grundloses Bremsen des Vordermannes

Eine Einschränkung kommt nach der Rspr. insoweit in Betracht, als der Auffahrende nachweist, das vorausfahrende Fahrzeug sei ohne verkehrsbedingten Grund abgebremst worden.[204] Die Mithaftung des Vordermannes hängt von den Einzelumständen ab, kann aber bis zu 100 % betragen.[205] Das *KG*[206] hat hierzu folgende Grundsätze herausgestellt: **93**

- *»Treffen starkes Bremsen ohne zwingenden Grund sowie Unaufmerksamkeit und/oder unzureichender Sicherheitsabstand zusammen, so fällt der Beitrag des Auffahrenden grundsätzlich doppelt so hoch in Gewicht; das führt dazu, das der Auffahrende vom Vorausfahrenden regelmäßig Schadensersatz nach einer Quote von $^1/_3$ verlangen kann.*
- *Die Mithaftung des Vorausfahrenden ist umso größer, je unwahrscheinlicher ein starkes plötzliches Abbremsen ist.*
- *Vollzieht der mit einem Automatik-Fahrzeug nicht vertraute Vorausfahrende in einem Abstand von 75–100 m vor einer roten Ampel plötzlich eine Vollbremsung, weil er mit dem linken Fuß – in der Vorstellung, eine Kupplung zu treten – kräftig auf die Bremse tritt, kommt im Verhältnis zu dem unaufmerksamen Auffahrenden eine Haftungsverteilung 50:50 in Betracht.«*

Wer sich auf ein in diesem Sinne verkehrsbedingt nicht erforderliches Abbremsen erfolgreich berufen will, hat allerdings hohen Anforderungen zu genügen. Zum einen muss das Fehlen eines verkehrsbedingten Grundes nachgewiesen werden, ferner ist die Feststellung erforderlich, dass der erforderliche Sicherheitsabstand zum Vorausfahrenden eingehalten wurde. **94**

Zur Problematik, ob das Bremsen für Tiere ein verkehrsbedingter Grund ist und welche Haftungsvoraussetzungen insoweit bestehen, wird auf Rdn. 82 verwiesen.

4. Kettenauffahrunfall

Soweit es sich um sog. Kettenauffahrunfälle bei Beteiligung einer kleineren Anzahl von Fahrzeugen oder **Massenunfälle** handelt, gilt der Anscheinsbeweis nur eingeschränkt.[207] Generell kann bei den Kettenauffahrunfällen von einem Anscheinsbeweis lediglich beim letzten Auffahrenden ausgegangen werden.[208] Ausgangspunkt für die Haftungsfrage ist die sog. Bremswegverkürzung, dass nämlich durch das Auffahren des mittleren Fahrzeugs dessen Geschwindigkeit schneller abgebaut (gestoppt) wird als bei normalem Bremsen. Eine saubere Lösung kann nur bei gutachterlichen Feststellungen hierzu gefunden werden.[209] Kann nicht geklärt werden, ob das mittlere Fahrzeug tatsächlich schon vor dem Auftreffen des Hinteren seinerseits aufgefahren war, so verbleibt es bei dem gegen den Auffahrenden sprechenden Anscheinsbeweis, der gerade nicht erschüttert werden konnte.[210] **95**

Kommt es bei einem ungeklärten Kettenauffahrunfall zu einem wirtschaftlichen Totalschaden eines der mittleren Fahrzeuge, ist neben der Haftungsquote die Berechnungsart für die für den Auffahrenden maßgebliche Schadenshöhe gesondert zu betrachten. Haftet er mangels höherer Wahrscheinlichkeit einer Schadensverursachung durch ihn lediglich für den sicher zuzurechnenden Heckschaden, **96**

---

203 So auch *KG* NJW-RR 2011, 381.
204 Vgl. *OLG Frankfurt* 2.3.2006 – Az. 3 U 220/05 n. v. = BeckRS 2006 12538.
205 Vgl. *KG* zfs 1994, 80: Abbremsen eines Taxifahrers zur Fahrgastaufnahme – Mithaftung von $^1/_3$; *OLG Hamm* NZV 1993, 68: Volle Haftung des grundlos Bremsenden.
206 *KG* NJOZ 2007, 79.
207 Grundlegende Erörterung mit zahlreichen Beispielen bei *Greger* NZV 1989, 58.
208 Vgl. *OLG Düsseldorf* NZV 1998, 203; *Braun* NJW 1998, 2318.
209 So etwa im Fall OLG Karlsruhe DAR 2009, 702, hierzu *Kääb* FD-StrVR 2009, 292042.
210 *OLG Hamm* Urt. v. 24.03.2010 – I-13 U 125/09 = BeckRS 2010, 26798 = sp 2010, 351; vgl. auch *Metz* NJW 2008, 2806, 2820.

so ist die Grundlage für die Totalschadensberechnung die sog. modifizierte Totalschadensbasis. Hiernach wirkt sich der Frontschaden anspruchsmindernd aus: Es ist die Differenz zwischen dem Marktwert des Fahrzeugs nach Eintritt des Frontschadens, also seines Wertes im beschädigten Zustand, festzustellen und sodann die Differenz zum Restwert zu bilden.[211]

5. Beweislastprobleme

97 In der Praxis wird in Fällen, bei denen auch der Geschädigte selbst auffuhr, hinsichtlich der Schadensberechnung häufig nach der Wahrscheinlichkeit differenziert:
- Überwiegt die Wahrscheinlichkeit der Schadensverursachung durch den weiteren Auffahrenden deutlich, soll er für Front- und Heckschaden haften.[212]
- Überwiegt sie nicht deutlich, haftet er in Höhe des Teils, der rechnerisch dem Heckschaden am Gesamtschaden entspricht.[213]
- Ist die Wahrscheinlichkeit geringer, haftet er nur für den ihm sicher zurechenbaren Heckschaden.[214] Diese Differenz hat der Auffahrende zu ersetzen.

98 Insoweit handelt es sich letztlich um vermittelnde Lösungen der bei Auffahrunfällen für den Bereich der Beweislastverteilung kontroversen Ansichten. Einerseits wird die Beweislast nämlich dem Vorausfahrenden auferlegt,[215] wenn weder Grund des scharfen Abbremsens noch die Unabwendbarkeit des Unfalls bewiesen werden kann, andrerseits dem Auffahrenden zugeordnet.[216]

99 Letzterem ist, auch wenn man bei Kettenauffahrunfällen die Anwendbarkeit des Anscheinsbeweises verneint, zuzustimmen. Für erste Ansicht spricht zwar die Rspr. des *BGH*, wonach sich der Hintermann im Regelfall nicht auf die Fahrweise des Vordermanns und ein eventuelles Fehlverhalten (Abstand, Geschwindigkeit) einzustellen und dessen eventuelles Fehlverhalten einzukalkulieren habe, da dies mit § 4 Abs. 1 StVO nicht in Einklang zu bringen sei.[217] Diese Argumentation ist jedoch nicht zwingend. »*Das Auffahren auf ein die Fahrbahn versperrendes Kraftfahrzeug erlaubt grundsätzlich eine alternative Schuldfeststellung dahin, dass entweder der Bremsweg des Auffahrenden länger als die Sichtweite oder seine Reaktion auf die rechtzeitig erkennbare Gefahr unzureichend gewesen sein muss* (vgl. Senat VersR 1965, 88). *Abweichendes kann für Fallgestaltungen gelten, in denen der Anhalteweg aufgrund besonderer Umstände ohne Verschulden des Auffahrenden verkürzt worden ist, etwa durch ein von der Seite her in den Anhalteweg geratendes Hindernis, mit dem der Auffahrende nicht rechnen konnte.*«[218] Trifft also den Hintermann im Regelfall die Schuld, »es sei denn, . . .«, so trägt er schon nach allgemeinen Beweislastregeln für die Ausnahme auch die Beweislast.

6. Sonderfall Massenunfall

100 Namentlich, aber nicht nur, im Bereich der Autobahnen kommt es nicht selten zu Massenkarambolagen. Wegen der damit verbundenen Schwierigkeiten, den Unfallhergang in Bezug auf jedes beteiligte Fahrzeug zu rekonstruieren, hat die Versicherungswirtschaft ein Regulierungssystem zur Schadensabwicklung erarbeitet.[219] Voraussetzung für die Anwendung ist eine Mindestanzahl von 50 beteiligten Fahrzeugen, bei Vorliegen besonderer Verhältnisse kann eine Anzahl ab 20 aber schon ausreichen. Derartige Unfälle werden sodann durch eine Lenkungskommission übernommen, die in

---

211 *OLG Düsseldorf* VersR 1996, 383; grundlegend Geigel/*Zieres*, 23. Aufl. 2011, Kap. 27 Rdn. 146.
212 *OLG Düsseldorf* VersR 1996, 383; gegen *OLG Düsseldorf Greger* NZV 1995, 489: Haftungsverteilung 50:50, da kein Anscheinsbeweis vorliege.
213 Sog. vermittelnde Schätzung, vgl. *BGH* VersR 1973, 762.
214 *OLG Düsseldorf* a. a. O.
215 So *KG* DAR 1995, 482.
216 So *OLG Köln* DAR 1995, 485.
217 Grundlegend *BGH* NJW 1978, 1075.
218 *BGH* NJW 1987, 1235.
219 Vgl. auch *Greger* NZV 1989, 58; Verkehrsgerichtstag 1986 VersR 1986, 227; *Heitmann* VersR 1994, 135; *Deichl* DAR 1989, 47.

Zusammenarbeit mit den Polizeibehörden einen Maßnahmenplan ausarbeitet und die unmittelbare Schadensabwicklung sodann einem Versicherer überträgt, der die Ansprüche des einzelnen Unfallbeteiligten reguliert.

Erkennt der Geschädigte diesen Regulierungsvorschlag, der einen Vergleich darstellt, nicht an, erfolgt seine Klaglosstellung hinsichtlich des angebotenen Betrags. Dies hindert ihn nicht, den darüber hinaus verlangten Betrag einzuklagen. Allerdings ist darauf hinzuweisen, dass die Klage sich dann von einem normalen Regulierungsfall nicht unterscheidet und sich die Klage daher gegen den unmittelbar als zahlungspflichtig angesehenen Halter, Fahrer bzw. Versicherer des einzelnen gegnerischen Fahrzeugs richten muss. 101

Gleichwohl müssen die Erfolgsaussichten derartiger Klagen als gering eingestuft werden, da wegen der Einbeziehung der Erkenntnisse der Polizeibehörden, nur in seltenen Fällen zusätzliche Aufklärungsmöglichkeiten zur Verfügung stehen werden. Eine Klage kommt aber dann in Betracht, wenn sich lediglich rechtliche Differenzen bei der Beurteilung der Haftungsquote oder der Schadenshöhe einstellen. 102

7. Stehendes Fahrzeug

Ist der Hergang eines Auffahrens auf ein stehendes Fahrzeug ungeklärt, kommt ein Verschulden des für das Abstellen Verantwortlichen regelmäßig nicht in Betracht. Die Haftungsabwägung führt daher zur Haftung des Auffahrenden zu 100 %. Die Betriebsgefahr ist insoweit nach allgemeiner Ansicht im Anschluss an eine Empfehlung des Verkehrsrechtstags aus dem Jahr 1968 nicht zu berücksichtigen.[220] 103

Stellt aber das Abstellen des getroffenen Fahrzeugs eine Ordnungswidrigkeit dar, etwa durch verbotswidriges Parken oder Halten, so wird nach einem Teil der Rspr. eine Mithaftung bejaht. Gleichwohl wird wegen des überwiegenden Verschuldens des Auffahrenden diesem die volle Haftung zugerechnet.[221] Hiergegen bestehen in Übereinstimmung mit dem *BGH*,[222] mit Bestätigung der von der Vorinstanz (*OLG München*) angesetzten Mithaftungsquote von 25 %[223] indes erhebliche Bedenken, vielmehr muss das im verbotswidrigen Verhalten liegende Verschulden (§ 12 StVO) zwangsläufig Berücksichtigung finden. Es stehen sich nicht mehr nur Verschulden + Betriebsgefahr und Betriebsgefahr gegenüber, sondern Verschulden + Betriebsgefahr auf beiden Seiten. Allerdings kommt es jeweils auf die Gewichtung des beiderseitigen Verschuldens an. Bei Fehlen einer Behinderung und Tageslicht kann das Verschulden des Abstellenden völlig zurücktreten.[224] 104

8. Glatteisunfälle

Eine Haftung des Auffahrenden wird auch nicht dadurch ausgeschlossen, dass der Vorausfahrende wegen Glatteises schleuderte oder durch eine andere Fahrbewegung zum Hindernis für den nachfolgenden Kraftfahrer wurde. Zwar hat jeder Kraftfahrer bei glatter Straße seine Geschwindigkeit so einzustellen, dass er das Fahrzeug sicher führen kann und insoweit beim Verlieren der Kontrolle schon der Anscheinsbeweis gegen diesen Kraftfahrer spricht. Andererseits muss jeder Verkehrsteilnehmer mit derartigen Problemen rechnen und sich auf die Möglichkeit einstellen, dass andere Kraftfahrer mit Schwierigkeiten zu kämpfen haben.[225] Erforderlichenfalls ist daher sogar Schrittgeschwindigkeit einzuhalten. Bei der Haftungsabwägung ist daher nicht nur die Betriebsgefahr 105

---

220 Etwa *OLG Nürnberg* VersR 1967, 762.
221 *OLG Koblenz* VersR 1977, 1034; *OLG Bremen* VersR 1985, 1047; *OLG Hamm* VersR 1981, 194.
222 *BGH* NJW 1987, 151.
223 *LG Karlsruhe* NZV 2002, 322: Mithaftung von 30 % bei Abstellen von weniger als 15 m vom Zeichen 224 Haltestelle.
224 *Grüneberg* Vorbem. vor Rn. 288; *Brüseken-Krumbholz-Thiermann* NZV 2000, 442; vgl. auch *LG Kiel* DAR 2002, 318: Berücksichtigung der einfachen Betriebsgefahr des abgestellten Fahrzeugs mit 25 %.
225 Vgl. *OLG Frankfurt* zfs 2005, 180.

des Auffahrenden, sondern sogar ein Mitverschulden zu berücksichtigen. Das *OLG Frankfurt* hat insoweit eine Mithaftungsquote von ¹/₃ für den Auffahrenden als angemessen erachtet. Andererseits ist beim Anscheinsbeweis gegen den Verkehrssicherungspflichtigen zu differenzieren. War noch nicht gestreut worden, geht das *OLG Celle* in ständiger Rspr. davon aus, dass ein Glatteisunfall, der sich innerhalb der zeitlichen Grenzen der Streupflicht ereignet hat, grundsätzlich die Verletzung einer deliktischen Streupflicht indiziert.[226] War hingegen bereits einmal gestreut worden und möglicherweise der Unfall auf die Verletzung einer weiteren Nachstreupflicht an diesem Tag zurückzuführen, kommt ein Anscheinsbeweis insoweit nicht in Betracht. »*Die Ausgestaltung dieser Pflicht, insbesondere die Bestimmung des Zeitpunktes eines etwaigen Nachstreuens, hängt von den Umständen des Einzelfalles ab, etwa dem Nachlassen der abstumpfenden Wirkung des Streugutes und der Entwicklung der Wetterlage. Der Senat misst deshalb dem Glätteunfall keine Indizwirkung für eine Verletzung der Nachstreupflicht bei.*«.[227] Damit kommt es maßgeblich auf die Beweislastverteilung an. Das *OLG Celle* definiert das Beweislastrisiko wie folgt: »*Ob noch vor dem Unfall der Klägerin ein erneutes Streuen geboten war, hängt von der Feststellung ab, ob und gegebenenfalls wann der Niederschlag beendet war und bis wann Nachstreuen wegen anhaltenden Schneefalls zwecklos war. Die Reaktion des Streupflichtigen muss dann unter Berücksichtigung von Zumutbarkeitsgesichtspunkten nicht sofort, wohl aber in angemessenem zeitlichem Abstand erfolgen. Zu den die Nachstreupflicht auslösenden Umständen hat die Klägerin nichts Konkretes vorgetragen, obwohl sie dafür grundsätzlich darlegungs- und beweispflichtig ist. Der Geschädigte muss sich zumindest um Informationen für seinen Sachvortrag bemühen, auf dessen Grundlage beurteilt werden kann, wann eine Nachstreupflicht frühestens einzusetzen hatte. Offen bleibt, ob dem Geschädigten Darlegungserleichterungen zu gewähren sind, wenn zumutbare Recherchen erfolglos bleiben; dagegen könnte sprechen, dass der Streupflichtige nicht schlechthin einen leichteren Informationszugang hat, wenn man ihm nicht eine die Witterungslage begleitende Befundsicherungspflicht auferlegen will, die im Detail über die von Wetterdiensten vorgenommenen Aufzeichnungen hinausgeht. Im Streitfall kann die Klägerin Darlegungserleichterungen schon deshalb nicht in Anspruch nehmen, weil sie unweit der Unfallstelle wohnt und deshalb ebenso gut wie der Streupflichtige wissen konnte, wann die Schneefälle am Vormittag des Unfalltages beendet waren.*«[228] Zusammengefasst sind daher folgende Grundsätze zu beachten:

105 Der Geschädigte hat den Nachweis für das Vorliegen eines unfallträchtigen Straßenzustands zu erbringen.[229] Hieraus ergibt sich die nachfolgende Prüfungssystematik.
- Ist die damit dargelegte Streupflicht verletzt, spricht der Anscheinsbeweis gegen den Sicherungspflichtigen.
- Letztere muss sodann den Nachweis führen, dass das (Nach-)Streuen in diesem Fall zwecklos war.
- Regelmäßig wird ein Mitverschulden des Geschädigten zu berücksichtigen sein.

106 Prozessual ist auf den richtigen Anspruchsgegner zu achten. Werden wie üblich die fraglichen Straßenverkehrssicherungspflichten auf die Anlieger delegiert, trifft Letztere die Sicherungspflicht, können sie aber auf Mieter abwälzen, sodass diese selbst sicherungspflichtig und die Anlieger lediglich überwachungspflichtig sind.

107 Das *OLG Celle*[230] geht allerdings davon aus, dass sich bereits aus dem Umstand des Glatteisunfalls ein Anscheinsbeweis dafür ergebe, dass durch Streuen der Unfall vermieden worden wäre. Prozessual trägt daher der Straßenverkehrssicherungspflichtige die Beweislast für den Wegfall der Streupflicht, etwa bei fortdauerndem Schneefall. Das *OLG Nürnberg* fordert für den Kreuzungsbereich mit Ampelregelung eine besondere Beobachtung der Streu- und Räumpflicht (Markierung als *gefährlich* im Streu- und Räumplan).

---

226 NJW-RR 2003, 1536 = zfs 2005, 6 m. Anm. *Diehl*; zu den Grundlagen des Winterdienstes grundlegend *Netter*, Winterdienst – Räumen und Streuen bei Eis und Schnee, KommP spezial 2011, 7.
227 *OLG Celle* a. a. O.
228 A. a. O.
229 So schon *BGH* VersR 1966, 90; VersR 1984, 40.
230 *OLG Celle* NJW 2004, 3436.

108 Einen Sonderfall stellt die Streu- und Räumpflicht gegenüber Radfahrern dar. Die Rspr. des *BGH* hierzu ist extrem radfahrerfeindlich. Er geht davon aus, dass sich die Räumpflicht nicht auf die Radwege beziehe, da diese üblicherweise bei diesen Witterungsverhältnissen ohnehin lieber zu Fuß gehen.[231] Die entscheidende Konsequenz ist jedoch damit die Verweisung der Radfahrer auf den Gehweg oder die Fahrbahn. Angesichts der zahlreichen Radfahrer, die der Autor im Winter regelmäßig trifft, erwächst hieraus auch ein zahlenmäßig durchaus relevantes Problem. Für den Gehwegbereich ist die Räumung nach der Entscheidung nur unter dem Gesichtspunkt der Fußgänger durchzuführen. Ansprüche der Radfahrer scheiden daher aus, wenn die Räumung dem genügte. An sich wäre dem Radfahrer beim vorhanden sein eines Radweges die Benutzung der Fahrbahn untersagt. Gleichwohl geht der *BGH* in der Entscheidung davon aus, dass, da damit aber bei schwierigen Fahrbahnverhältnissen die Sturzgefahr des Radfahrers in hohem Maße droht, sich der Kraftfahrer bei der Annäherung an einen Radfahrer hierüber im Klaren sein und entweder mit großem Abstand passieren oder mit niedrigster Geschwindigkeit vorbeifahren muss. Letztlich müsste bei der Kollision schon unter dem Gesichtspunkt der Betriebsgefahr die Haftung des Kraftfahrers mit 100 % angesetzt werden. Die Frage des Mitverschuldens seitens des Radfahrers wurde vom *BGH* nicht angesprochen. Da der *BGH* aber entgegen der StVO die Berechtigung zur Fahrbahnnutzung zugrunde legt, ist ein Mitverschulden nicht anzuwenden.

VII. Bahnübergang

109 Schon nach bisherigem Recht kommt nach § 1 HaftPflG eine Verneinung der Betriebsgefahr von Eisenbahnen bei Benutzung eines eigenen Gleiskörpers nur bei höherer Gewalt in Betracht. Es ist daher stets entscheidend, ob das Verhalten des am Unfall ansonsten beteiligten Verkehrsteilnehmers so stark überwiegt, dass die Betriebsgefahr der Eisenbahn zurücktritt.[232] Unbeachtlich ist der Umstand, dass beim Eisenbahnverkehr Schienennetzbetreiber und Bahnunternehmen unterschiedlich sind. Da der Bahnbetrieb selbst nur durchgeführt werden kann, wenn ordnungsgemäße Anlagen vorhanden sind, haftet der Bahnbetreiber in jedem Falle unter dem Gesichtspunkt der Gesamtschuld.

110 Zu beachten ist im Übrigen, dass die Betriebsgefahr nur dann infrage kommt, wenn ein Zusammenhang mit dem Bahnbetrieb selbst vorliegt. Betrieb bedeutet hier den inneren und äußeren Zusammenhang mit der Verwirklichung des bahntechnischen Verkehrs, also mit den Eigentümlichkeiten des Bahnverkehrs.[233]

111 Stürzt ein Radfahrer auf einer die Straße kreuzenden Gleisanlage und steht der Sturz nur im Zusammenhang mit der Betriebsanlage, nicht aber dem Bahnbetrieb selbst, scheidet die Berücksichtigung der Gefährdungshaftung des Bahnunternehmers aus.[234] Es fehlt hier insoweit am Zusammenhang mit der Fortbewegung des Schienenfahrzeugs (Betrieb im engeren Sinne) oder dem unmittelbar mit wirklich ablaufenden Beförderungsvorgängen zusammenhängenden Zustand der Betriebseinrichtung. Kommt – wie hier – eine Kausalität des Unfallgeschehens lediglich unter dem Gesichtspunkt des Zustands der Betriebsanlage allein in Betracht, findet § 1 HaftpflichtG keine Anwendung.[235] Kommt jedoch eine gemeinsame Unfallursache aus dem Bahnbetrieb und der Verkehrssicherungspflicht bei unterschiedlichen Haftungsgegnern in Betracht, ist nach dem *BGH*[236] und dem ihm folgenden *LG Hannover*[237] eine gesamtschuldnerische Haftung von Anlagenverkehrssicherungspflichtigen und Bahnbetriebsteilnehmer anzunehmen. Das *LG Hannover* hat dies sogar dann angenommen, wenn der Unfall lediglich durch einen Niveauunterschied im Bereich des Bahnübergangs verursacht wurde.

---

231 *BGH* NJW 2003, 3622; grundlegend zur Problematik der Entscheidung *Schubert* NZV 2006, 268.
232 Vgl. auch *Filthaut* NZV 2011, 217; *Rebler* SVR 2010, 441.
233 Vgl. *Filthaut* § 1 Rn. 60 m. a. N.
234 *OLG Hamm* NZV 1998, 154.
235 *Filthaut* a. a. O. Rn. 73 m. a. N.
236 *BGH* NJW 1994, 603, 606.
237 *LG Hannover* VersR 2005, 1590 [L].

1. Allgemein

112 Der durch Masse und daraus resultierendem langen Bremsweg hohen Betriebsgefahr ist durch den Eisenbahnunternehmer entsprechend entgegenzuwirken. Hierzu dienen vor allem Schrankenanlagen, Blinklichtanlagen, Warnbaken und Andreaskreuze. Auch Beeinträchtigungen durch Pflanzenwuchs sind zu beseitigen, wobei die Verkehrssicherungspflicht sich auch auf nicht zur Straße gehörende Sachen, soweit sie eine Gefahr für die Benutzer der Straße darstellen, etwa in Vorgärten stehende Bäume und Sträucher, erstreckt.[238] Die Beeinträchtigung der Erkennbarkeit der Warnbaken durch angewehten Schnee ist ebenfalls zu berücksichtigen: »*Der Verkehrssicherungspflichtige muss nämlich den Verkehr vor Gefahren schützen, die erfahrungsgemäß drohen, wenn Sichtbehinderungen unterschätzt und dadurch Vorfahrtverletzungen begangen werden. Der Vertrauensgrundsatz, wie er im Verhältnis der Verkehrsteilnehmer untereinander gilt, findet im Verhältnis zwischen dem Verkehrssicherungspflichtigen und den Verkehrsteilnehmern keine Anwendung. Die Verkehrssicherungspflicht kann vielmehr im Einzelfall gerade Maßnahmen verlangen, deren Zweck es ist, den Verkehr vor den Folgen fehlerhaften Verhaltens einzelner Verkehrsteilnehmer zu schützen*«.[239] Gegebenenfalls ist darauf hinzuwirken, dass der für diesen Grundstücksbereich Zuständige entsprechende Maßnahmen trifft.[240]

113 Auch akustische Warnsignale müssen technisch so ausgelegt sein, dass sie problemlos wahrgenommen werden können.[241] Insbesondere trifft den Lokführer schon aus § 1 StVO, der in der Tat auch für ihn gilt, die Pflicht, rechtzeitig Warnsignale abzugeben.[242] Da Bremsmanöver wegen des extremen Bremswegs von Schienenfahrzeugen regelmäßig nicht unfallverhindernd sein können, ist die Warnung des anderen Verkehrsteilnehmers von besonderer Wichtigkeit. Allerdings sind im Regelfall akustische Signale für den Lokführer nicht erforderlich, wenn Schrankenanlagen oder Lichtsignale angebracht sind, da Letztere gemäß § 11 Abs. 4 Nr. 2, 3 EBO 1967 als technische Sicherungen ausreichen.[243]

114 Andrerseits existiert keine gesetzliche Vorschrift, dass innerorts Fuß- und Radfahrwege im Bahnkreuzungsbereich grundsätzlich unabhängig von dem Bahnverkehrsaufkommen durch Schranken oder Posten zu sichern sind.[244]

115 Bei Beachtung dieser Vorsichtsmaßnahmen ist zwar wegen des Merkmals der höheren Gewalt nicht von einem Ausschluss der Betriebsgefahr auszugehen, jedoch das im Kollisionsfalle zu wertende Verhalten des anderen Unfallbeteiligten als so überwiegend zu bewerten, dass die Betriebsgefahr zurücktritt. Regelmäßig ist daher eine Mithaftung des Eisenbahnunternehmers zu verneinen, wenn aufseiten des anderen Unfallbeteiligten grobe Fahrlässigkeit zu bejahen ist, etwa wenn ein Pkw-Fahrer vor einem unbeschrankten, nur durch ein Andreaskreuz gesicherten Bahnübergang bei schlechter Sicht (Bewuchs, Sonnenlicht) nicht vor den Schienen anhält, um sich von der Gefahrlosigkeit einer Überquerung zu überzeugen[245] oder sog. Halbschranken umfährt[246] oder trotz Rotlichts den Bahnübergang befährt.[247]

116 Der Ansicht, bei technisch nicht gesicherten Übergängen sei vom Kraftfahrer eine mit der Unübersichtlichkeit gesteigerte Aufmerksamkeit zu verlangen, sodass die Betriebsgefahr der Bahn zurücktre-

---

238 *BGH* NJW-RR 1994, 603.
239 *BGH* VersR 1966, 65.
240 *BGH* NJW-RR 1994, 603.
241 *BGH* NJW-RR 1994, 603; zum Straßenbahnführer vgl. NJW-RR 1991, 347.
242 So schon *BGH* VersR 975, 800.
243 *OLG Koblenz* NZV 2002, 184.
244 *OLG Frankfurt* – Az. 13 U 171/91; VersR 1994, 114.
245 *OLG Karlsruhe* NJWE-VHR 1997, 103.
246 *OLG Hamm* r+s 1996, 391.
247 *OLG Köln* NZV 1997, 477; *OLG Koblenz* NZV 2002, 184.

te,²⁴⁸ ist im Übrigen beizupflichten, da gemäß § 18 Abs. 1 Nr. 1 StVO Schienenfahrzeuge Vorrang haben und der Vertrauensgrundsatz auch dem Lokführer zugutekommt,²⁴⁹ er also auf das Anhalten des Kraftfahrers vertrauen darf.

2. Erkennbarkeit der Unfallträchtigkeit

Ist indes die für das Unfallgeschehen zumindest mit ursächliche Situation für den Eisenbahnunternehmer erkennbar, so kommt seine Mithaftung schon unter Verschuldensgesichtspunkten in Betracht. Trifft etwa das Bahnunternehmen nach mehreren Unfällen an einem gefährlichen und viel befahrenen, nur durch Blinklicht und akustisches Signal gesicherten Bahnübergang keine weiter gehenden Sicherungsmaßnahmen, so haftet es auch bei grober Fahrlässigkeit eines das Rotlicht missachtenden Lkw-Fahrers für dessen materiellen und immateriellen Schaden zu einem Drittel.²⁵⁰ **117**

Hat sich neben einem Schlängelgitter, durch das der Bahnunternehmer einen Bahnübergang für Fußgänger und Radfahrer gesichert hat, ein Trampelpfad gebildet, sodass für den Bahnunternehmer erkennbar wird, dass Fußgänger und Radfahrer vielfach unter Umgehung des Schlängelgitters den Bahnkörper betreten bzw. befahren, verstößt der Bahnunternehmer gegen seine Verkehrssicherungspflicht, wenn er es unterlässt, durch Beseitigung des Trampelpfades bzw. Verbreiterung der Absperrung alle Passanten zur Benutzung des Schlängelgitters und damit insbesondere Radfahrer zum Absteigen zu zwingen.²⁵¹ **118**

Die Haftung kommt auch für den Fall, dass die Warnbaken durch Schneeverwehungen nicht ohne Weiteres erkennbar sind und dadurch die Betriebsgefahr der Eisenbahn erhöht wird²⁵² bzw. beim Zusammenstoß eines Triebwagens und einem Lkw, wenn nicht feststeht, ob die vorhandene Warnblinkanlage vor dem Bahnübergang tatsächlich in Funktion getreten ist, in Betracht.²⁵³ **119**

In der Regulierungspraxis ist daher sorgfältig auf die Ermittlung jener Gesichtspunkte zu achten, die zu einer Erkennbarkeit der Unfallträchtigkeit und damit Mitberücksichtigung der Betriebsgefahr führen. **120**

VIII. Beleuchtung

Gemäß § 17 StVO sind Fahrzeuge ausreichend zu beleuchten. Die Erfüllung der Pflicht hängt auch von den Lichtverhältnissen am Unfallort ab.²⁵⁴ **121**

Bei liegen gebliebenen Fahrzeugen kommt die Verpflichtung zur ausreichenden Absicherung hinzu, § 15 StVO. Ein Verstoß hiergegen ist als Verschuldenstatbestand ein bedeutsamer Anknüpfungspunkt für die Haftungsverteilung. Allerdings ist stets zu prüfen, ob die mangelnde Absicherung überhaupt unfallrelevant war. Hätte etwa das Aufstellen eines Warndreiecks die Warnsituation nicht verbessert, kann aus dem Unterlassen auch kein haftungsrelevanter Tatbestand abgeleitet werden.²⁵⁵

Wer bei Nacht auf einer Landstraße sein unbeleuchtetes Fahrzeug so abstellt, dass es ca. 70 cm in die Fahrbahn hineinragt, verstößt gröblich gegen §§ 1, 17 StVO. **122**

Den auf das abgestellte Fahrzeug auffahrenden Kraftradfahrer trifft gleichfalls ein Verschulden, wenn er aufgrund der Ausweichbewegungen der vor ihm fahrenden Fahrzeuge hätte erkennen müs- **123**

---

248 *AG Coburg* NZV 2002, 188.
249 *Filthaut* § 12 Rn. 27.
250 *OLG Oldenburg* NZV 1999, 419.
251 *OLG Nürnberg* VersR 1999, 628.
252 *OLG München* NZV 2002, 43: Mithaftung des Bahnbetreibers von 30 %; vgl. auch *BGH* VersR 1966, 65.
253 Vgl. *OLG Stuttgart* VersR 1979, 1129.
254 Grundlegende Ausführungen bei *OLG München* Urt. v. 11.5.2007 – 10 U 4405/06 = BeckRS 2007, 09961 m. »Katalog der prozessual möglichen Aufklärungsinstrumente«; zu unfallanalytischen Gesichtspunkten vgl. *Bachmeier*, Mandatshandbuch Rn. 849.
255 *OLG Karlsruhe* DAR 2002, 34.

sen, dass sich rechts am Fahrbahnrand ein Hindernis befand. Bei der Haftungsverteilung ist zulasten des Auffahrenden ein Haftungsanteil von einem Drittel zu berücksichtigen.[256]

124 Der *BGH* hat nunmehr die Frage des Haftungseinflusses mangelhafter Beleuchtung im Rahmen des sog. Vertrauensgrundsatzes erörtert und insoweit diesen Grundsatz erheblich eingeschränkt. Ausgangspunkt war das unstreitig nicht brennende Frontlicht eines Motorrades. Der Fahrer prallte auf einen Pkw, der aus der Gegenrichtung nach links abbog. *»Das Vertrauen des Verkehrs darauf, bei Dunkelheit nur beleuchteten Fahrzeugen zu begegnen, besteht nur in Grenzen. Insbesondere kommt auch dieser Vertrauensgrundsatz demjenigen nicht zugute, der sich selbst über die Verkehrsregeln hinwegsetzt.*(folgt Nachweis) *Er gilt deshalb – wie oben bereits ausgeführt – nicht, wenn ein Verstoß gegen das Sichtfahrgebot vorliegt. Ebenso wenig kann er gelten, wenn demjenigen, der mit einem unbeleuchteten Fahrzeug zusammenstößt, eine Pflichtwidrigkeit bei der Beachtung der Vorfahrt bzw. beim Linksabbiegen vorzuwerfen ist. Ein solcher Verstoß kommt auch dann in Betracht, wenn sich ein unbeleuchtetes Fahrzeug nähert. Entscheidend sind insoweit die Umstände des konkreten Einzelfalls.«*[257] Demgemäß hat der *BGH* die in der Berufungsinstanz für den Motorradfahrer mit $^2/_3$ festgesetzte Haftungsquote beanstandet und den Rechtsstreit zur erneuten Entscheidung über die Haftungsquote an die Vorinstanz zurückverwiesen.

125 Zu beachten ist jedoch, dass bei Anhängern die zugelassene Park-Warntafel gemäß § 51c Abs. 2 S. 1 Ziff. 4 StVZO als Beleuchtungsersatz in Betracht kommt. Insoweit scheidet bei Anbringung dieser Tafel ein Verstoß gegen § 17 Abs. 4 S. 3 StVO und gegen §§ 17 Abs. 4 S. 2 StVO (Beleuchtung des Anhängers durch die Straßenbeleuchtung) aus.[258] Auch ein Verstoß gegen § 1 StVO ist diesbezüglich zu verneinen.[259]

126 Im Übrigen erfordert das Abstellen auch nicht das Einschalten des Abblendlichts, da § 17 Abs. 4 S. 1 StVO dies nicht erfordert, vielmehr reicht das eingeschaltete Begrenzungslicht.[260]

127 Kollisionen sind in der Regel mit Verschuldenstatbeständen der Unfallgegner verknüpft, insbesondere unter dem Gesichtspunkt des Auffahrens und des mangelnden Fahrens auf Sicht.

128 Wenn ein Lkw nachts entgegen § 17 Abs. 4 S. 3 StVO unbeleuchtet auf der Straße abgestellt wird und ein Radfahrer, der wegen Regens überwiegend mit gesenktem Kopf fährt, gegen ihn prallt, ist auch ein Mitverschulden des Radfahrers zu berücksichtigen.[261]

129 Wird ein Kfz zur Nachtzeit von einem bevorrechtigten Kraftfahrer ohne Benutzung der Beleuchtungseinrichtungen geführt und kommt es zu einem Zusammenstoß mit einem wartepflichtigen Fahrzeug, dessen Fahrer kein unfallsächliches Verschulden trifft, so haftet der Vorfahrtsberechtigte allein.[262]

130 Wurde ein Lkw auf einer schneenassen Straße zur Nachtzeit entgegen § 17 Abs. 4 S. 3 StVO unbeleuchtet abgestellt und fährt ein Pkw, der aus einer Linkskurve kommt, infolge grober Unaufmerksamkeit oder einer nicht den Licht- und Sicht- sowie Straßenverhältnissen angepassten Geschwindigkeit auf den Lkw auf, so hat der Pkw-Fahrer in grobem Maße die durch die Verkehrslage gebotene besondere Sorgfalt außer Acht gelassen. Demgegenüber kann die vom Lkw ausgehende Betriebsgefahr zurücktreten und zu einer vollen Haftung des Auffahrenden führen.[263]

131 Die gleichen Grundsätze wie beim Abstellen gelten auch für das Bewegen eines unbeleuchteten Fahrzeugs. Wer es am Fahrbahnrand in dieser Weise schiebt, eröffnet grob fahrlässig eine Unfallquelle.

---

256 Vgl. *LG Frankenthal* r+s 1985, 243 [L].
257 A. a. O.
258 *OLG Hamm* SP 1999, 370.
259 *OLG Hamm* a. a. O.
260 *OLG Stuttgart* DAR 2000, 35.
261 Vgl. *OLG Hamm* DAR 1992, 384, Nichtannahme der Revision durch den *BGH*.
262 Vgl. *KG* DAR 1983, 82; *OLG Stuttgart* SP 1996, 272.
263 Vgl. *LG Heidelberg* – Az. 4 S 1582 v. 24.8.1982 n. v.

IX. Ein- und Aussteigen

Das Öffnen einer Kfz-Tür gehört zum Betrieb des betreffenden Kfz im Sinne von § 7 Abs. 1 StVG. **132**
Wer aus einem auf der Straße haltenden Kfz aussteigen will, hat sich gemäß § 14 Abs. 1 StVO so zu verhalten, dass eine Gefährdung anderer Verkehrsteilnehmer ausgeschlossen ist. Der Vorgang ist erst mit dem Schließen der Fahrzeugtüre und dem Verlassen der Fahrbahn beendet.[265] Das Öffnen der linken Türen unterliegt insoweit den gleichen Anforderungen, wie das Öffnen rechter Türen.[266] Er muss daher den rückwärtigen Verkehr genau beobachten und darf die Wagentür erst dann öffnen, wenn er absolut sicher sein kann, dadurch niemanden zu gefährden.[267] Aber auch auf den Gegenverkehr ist entsprechend zu achten.[268] Dementsprechend spricht gegen den Ein- oder Aussteigenden schon der Anscheinsbeweis.[269] Andererseits ist stets zu prüfen, ob der Vorbeifahrende nicht angesichts der Verkehrssituation schon mit einem Öffnen der Türe rechnen musste. Das *KG*[270] nahm dies beim Vorbeifahren an einem Müllabfuhrfahrzeug im Dienst wegen eines sich zum Fahrerhaus begebenden Arbeiters an und kam zu einer Mithaftung des Vorbeifahrenden in Höhe von 1/3. Ebenso ist eine bereits teilweise geöffnete Tür ein Anhaltspunkt für eine besondere Sorgfaltspflicht des Vorbeifahrenden. Das *OLG Hamm* nahm insoweit den Mitverschuldensanteil des Vorbeifahrenden mit 50 % an.

Den Anforderungen von § 14 StVO gemäß spricht daher schon der Anscheinsbeweis gegen den Türöffner, wenn im Zusammenhang mit dem Öffnen ein anderer Verkehrsteilnehmer verletzt wird.[271] **133**
Der Vertrauensgrundsatz, wonach sich die Verkehrsteilnehmer auf das Unterlassen eines plötzlichen Türöffnens verlassen können, ist allerdings dahingehen eingeschränkt worden, dass ein spaltweises Öffnen jederzeit zu erwarten ist.[272]

Im Ergebnis spielt das allerdings im Regelfall bei der Bildung von Haftungsquoten keine entscheidende Rolle, weil bei einer Kollision mit einer spaltweise geöffneten Türe, der Abstand des Vorbeifahrenden so extrem knapp ist, dass seine Haftung ohnehin schon unter diesem Gesichtspunkt heranzuziehen ist. Generell sind bei diesen Konstellationen einerseits der fehlende erforderliche Sicherheitsabstand und andrerseits auch ein Verschulden des Türöffners zu berücksichtigen und daher jeweils eine Haftungsabwägung vorzunehmen. Dementsprechend können folgende Fälle unterschieden werden: **134**
- Unfallhergang ungeklärt: 100 % Haftung des Türöffners schon nach dem Anscheinsbeweis,[273]
- Seitenabstand des Vorbeifahrenden weniger als 50 cm: Mithaftung des Vorbeifahrenden mit 33 %,[274]
- Abstand geringer als 30 cm: Mithaftung des Vorbeifahrenden mit mindestens 50 %,[275]
- Durch knappen Abstand reißt der Fahrtwind die Türe auf: Mithaftung des Vorbeifahrenden mit 20 %.[276]

---

264 *OLG Frankfurt* VersR 1997, 1030: Haftungsverteilung 40:60 %.
265 *BGH* NJW 2009, 3791.
266 Hentschel-König-Dauer/*König* § 14 StVO Rn. 7 m. w. N.; vgl. auch *OLG Hamm* NZV 2000, 126.
267 Vgl. *OLG Hamm* DAR 2000, 64; *KG* VRS 69, 98.
268 *OLG Hamm* DAR 2000, 64.
269 Vgl. *KG* DAR 2005, 217.
270 *KG* DAR 2005, 217.
271 *OLG Hamm* DAR 2000, 64.
272 *BGH* NJW-RR 2007, 903; vgl. auch *OLG Hamm* DAR 2000, 126.
273 *OLG Düsseldorf* DAR 1976, 215.
274 *BGH* VersR 1956, 576; *OLG Frankfurt/M.* VERKMITT 1963, 54; *LG Berlin* VersR 2002, 864: Mithaftung von 2/3 bei vorheriger.
275 *KG* VersR 1986, 1123) bis 100 % (*KG* VersR 1973, 257: 100 %; *OLG Nürnberg* DAR 2001, 130.
276 *LG Hannover* NZV 1991, 36.

135 Grundsätzlich ist davon auszugehen, dass ein Sicherheitsabstand von wenigstens einem Meter einzuhalten ist.[277] Prozessual kommt es darauf an, den Nachweis für ein zu nahes Vorbeifahren des bewegten Fahrzeugs darzulegen. Der für das übliche Vorbeifahren geforderte Abstand von einem Meter ist bei einem geparkten Fahrzeug jedenfalls dann zu fordern, wenn sich erkennbar eine Person beim Fahrzeug befindet.[278] Unfallanalytisch finden sich hierzu mögliche Aufklärungsansätze im Schadensbild der getroffenen Türe.[279]

X. Fahrerlaubnis

136 Die Fahrerlaubnis ist der amtliche Nachweis für die Eignung zum Führen eines Kraftfahrzeugs. Das Fehlen ist allerdings kein Nachweis für das Verschulden des Unfalls. Einen Anscheinsbeweis erkennt die neuere Rspr. nicht an.[280] Der *BGH* hat dies erneut bekräftigt. »*Für einen Beitrag des Fahrens ohne Fahrerlaubnis zu dem Unfallgeschehen spricht im hier zu entscheidenden Fall auch nicht ein Anscheinsbeweis. Zwar kann bei einem Fahrfehler des Schädigers zu Gunsten des Geschädigten grundsätzlich ein Anscheinsbeweis für den Ursachenbeitrag einer fehlenden Fahrerlaubnis sprechen* (folgen Nachweise). *Davon kann im Streitfall nach den vom BerGer. getroffenen Feststellungen jedoch nicht ausgegangen werden. Dem Bekl. war zwar wegen Trunkenheit im Straßenverkehr die Fahrerlaubnis entzogen, er ist aber im Zeitpunkt des Unfalls nüchtern gefahren und es sind darüber hinaus keine Gefahrerhöhenden Umstände ersichtlich, die sich zusätzlich zu dem Verstoß gegen das Sichtfahrgebot unfallursächlich ausgewirkt haben könnten. Dafür, dass seine überhöhte Geschwindigkeit mit der fehlenden Fahrerlaubnis in Zusammenhang stünde, spricht kein Satz der Lebenserfahrung. Soweit die Revision meint, das Fahren ohne Fahrerlaubnis habe sich tatsächlich in der vom Bekl. gefahrenen, überhöhten Geschwindigkeit ausgewirkt, ist eine mehrfache Berücksichtigung dieses Umstands in der Abwägung nicht möglich* (folgen Nachweise).«[281]

137 Umgekehrt kann jedoch das Fehlen einer Fahrerlaubnis des Geschädigten zu einer Reduktion seiner Ansprüche führen. Bei Ansprüchen des verunglückten Fahrers ist schließlich der Verstoß gegen § 21 Abs. 1 Ziff. 1 StVG im Rahmen von § 254 Abs. 1 BGB zu berücksichtigen.[282] Einerseits hat zwar das *KG*[283] die Berücksichtigung der Genugtuungsfunktion erneut bekräftigt. Andererseits ging das *OLG Koblenz* für den Fall des wiederholten Verstoßes gegen ein Fahrverbot von einer Reduzierung der Genugtuungsfunktion aus. Bemerkenswert hieran ist zudem, dass das Gericht die vielfach umstrittene Berücksichtigung einer Genugtuungsfunktion bei der Bemessung des Schmerzensgeldes konkret ausspricht. Schließlich ist auch danach zu differenzieren, welche Haftung zur Diskussion steht. Im Einzelfall kann aber das Fehlen der Fahrerlaubnis durchaus zu einer Erhöhung der Haftung führen.[284]

1. Fahrerverantwortlichkeit

138 Ein Anscheinsbeweis gegen den Fahrer kommt jedoch in Betracht, wenn das für die Entziehung der Fahrerlaubnis ursächliche Fehlverhalten mit dem vermuteten Fahrfehler vergleichbar ist.[285]

---

277 Vgl. etwa *OLG Stuttgart* VersR 1978, 430; *OLG Bamberg* VersR 1979, 475; *OLG Karlsruhe* DAR 1989, 146.
278 *OLG Celle* Urt. v. 22.9.2010 – 14 U 63/10 = BeckRS 2010, 30839.
279 Hierzu *Bachmeier* Mandatshandbuch Rn. 861.
280 Ablehnend auch *Greger* § 38 Rn. 65 unter Hinweis auf ältere Rspr.
281 NJW 2007, 506 f.; vgl. hierzu NJW Spezial 2007, 67.
282 *OLG München* VersR 74, 1132: Haftungsausgleich im Verhältnis 3:2 zulasten des Fahrers.
283 21.03.2006, Az. 7 U 95/05 n. v. = BeckRS 2006, 04376.
284 Vgl. *OLG Hamm* Urt. v. 8.5.2006 – 13 U 190/05 = BeckRS 2011, 17060.
285 *LG Leipzig* NJW-RR 1997, 25.

2. Halterverantwortlichkeit

Wer als Kfz-Halter sein Fahrzeug einem Fahrer zur Verfügung stellt, der über keine Fahrerlaubnis verfügt, haftet auch gegenüber dem Fahrer nach § 823 Abs. 1 BGB i. V. m. § 21 Abs. 2 StVG für Schäden, die dadurch entstehen, dass dieser infolge mangelnder Fahrpraxis verunglückt. In einem derartigen Fall hat der Fahrer zu beweisen, dass der Unfall nicht auf seinem unzureichenden Fahrkönnen beruht. Es handelt sich aber nicht um einen Anscheinsbeweis, vielmehr ist nachzuweisen, dass das Fehlen der Fahrerlaubnis nicht unfallursächlich war.[286] Dieser Beweis kommt allerdings ebenfalls nur in Betracht, wenn feststeht, dass eine schuldhaft verkehrswidrige Fahrweise die Ursache des Unfalls war.

139

XI. Fahrstreifenbenutzung

Unfälle im Zusammenhang mit Fahrstreifenwechsel sind in der Praxis selten aufzuklären. Dem Anscheinsbeweis kommt deshalb auch hier eine besondere Bedeutung zu.

140

1. Allgemeine Grundlage

Ereignet sich ein Verkehrsunfall in einem engen zeitlichen und räumlichen Zusammenhang mit einem Fahrstreifenwechsel, nicht: Fahrspurwechsel) dann spricht bereits der Anscheinsbeweis für ein Alleinverschulden des Fahrspurwechslers mit der Folge der Alleinhaftung. Dies ergibt sich aus § 7 Abs. 5 StVO, wonach ein Fahrstreifen nur gewechselt werden darf, wenn eine Gefährdung anderer Verkehrsteilnehmer ausgeschlossen ist.[287]

141

Die Entkräftung des Anscheinsbeweises kann zu einer beiderseitigen Mithaftung führen. Hierfür genügt es, dass ernsthafte Anknüpfungspunkte erkennbar sind, beim Führen des gegnerischen Fahrzeugs seien ebenfalls Fahrfehler begangen worden.[288] Insbes. bei einer versetzten Kollision wird meist der Anscheinsbeweis schon entkräftet sein.[289]

142

2. Fahrspurmarkierung im Kreuzungsbereich

Bei mehrspurigen Straßen, vor allem bei Fahrbahnverengungen nach der Kreuzung, wird vielfach die rechte Fahrspur mit einem Rechtsabbiegerpfeil (Zeichen 297) markiert, während die links daneben liegenden Spuren keine eine Fahrtrichtung signalisierenden Markierungen aufweisen. Dies führt des Öfteren zu tatsächlichen, wie rechtlichen Problemen wenn
- ein rechts fahrendes Fahrzeug geradeaus fährt oder
- das rechts fahrende und das links fahrende Fahrzeug beim Abbiegen gleichzeitig die linke Fahrspur der Querstraße ansteuern.

143

Die Behandlung derartiger Fälle ist streitig. Nach einer Ansicht[290] kommt dem Zeichen nur dann insoweit eine Gebotswirkung zu, wenn die Fahrspuren durch Leitlinien getrennt und jede Spur mit Fahrtrichtungspfeilen markiert ist, anderenfalls handle es sich gerade nicht um die gesetzlich geforderten »*Pfeile, die nebeneinander angebracht sind*«, sondern um eine Empfehlung, bei der ein Verstoß gegen § 1 StVO in Betracht komme.[291] Nach anderer Ansicht, kommt dem Rechtsabbiegerpfeil

144

---

286 *KG* Az. 12 U 7599/99 NZV 2002, 80.
287 Vgl. *OLG Stuttgart* Urt. v. 7.4.2010 – 3 U 216/09 = BeckRS 2010, 13003; *OLG Hamm* NZV 2000, 85.
288 Überhöhte Geschwindigkeit, vgl. *KG* VERKMITT 1992, 28; *OLG Schleswig* DAR 1991, 26; Anfahren vom Fahrbahnrand, eigener Spurwechsel, vgl. *OLG Hamm* r+s 1998, 459; rechtzeitige Erkennbarkeit des Spurwechsels, vgl. *KG* VERKMITT 1987, 70.
289 Vgl. *KG* NZV 2008, 197.
290 *BayObLG* DAR 1974, 305; *OLG Düsseldorf* DAR 1996, 65; vgl. auch Hentschel-König-Dauer/*König* § 41 StVO Rn. 248n; vgl. auch *LG Saarbrücken* Urt. v. 10.06.2011 – 13 S 40/11 = BeckRS 2011, 17959 zum Kreisverkehr.
291 Hentschel-König-Dauer/*König* a. a. O.

auch in diesen Fällen eine Gebotswirkung zu,[292] mit der Folge, dass der von der rechten Spur geradeaus fahrende Kraftfahrer einen Verkehrsverstoß begeht und ihm die Haftung zuzuordnen ist. Hierzu wird angeführt, die Markierungen würden der allgemeinen Verkehrssicherheit dienen, nur beim Rechtsabbiegegebot würde eine Falle für den links fahrenden Verkehr vermieden, die frühere Rspr. sei zwischenzeitlich überholt.

145 Dieser Ansicht ist zuzustimmen. Die Lösung vermag schon im Ansatz klare Verhältnisse zu schaffen und vermeidet die gerade im Kreuzungsbereich gravierende Unsicherheit, wie sich der rechts fahrende Kraftfahrer einerseits zu verhalten habe, andererseits auch tatsächlich verhalte. Der weitere Fall (gemeinsames Ansteuern der linken Spur der Querstraße) wird von beiden Ansichten allerdings nicht unmittelbar gelöst. Entscheidend hierfür ist indes, dass auch für den auf der linken Spur befindlichen Kraftfahrer das Rechtsabbiegen erlaubt, daher aus der Sicht beider Kraftfahrer mit dem Verhalten des anderen zu rechnen und es einzuplanen ist, sodass im Ergebnis beide gegen § 1 StVO verstoßen und ihnen ein gleicher Tatbeitrag zuzuordnen ist.[293] Das *KG* geht allerdings davon aus, dass der auf der linken Spur Fahrende eine erhöhte Sorgfaltspflicht zu erfüllen und den rechts von ihm Fahrenden in besonderem Maße zu beobachten hat, sodass gegen den links Fahrenden der Anscheinsbeweis spricht: »*Der Vorrang des äußerst rechts Eingeordneten gilt auch unabhängig davon, ob der links neben ihm Abbiegende möglicherweise schneller in die Kreuzungseinmündung einfährt* (vgl. hierzu Senat Urt. v. 13.6.1996 – Az. 12 U 2594/95). *Es kommt mithin nicht darauf an, welches der beiden an dem Unfall beteiligten Fahrzeuge die Kreuzung zuerst erreicht hatte, sondern allein darauf, dass sich der Fahrer des Lkw des Bekl. zu 2) auf der äußerst rechten Spur zum Abbiegen eingeordnet hatte. Der Fahrer des so eingeordneten Lkw hatte zudem die Wahl, in welchen der Fahrstreifen der neuen Straße er einfahren wollte* (folgen Nachweise *Nach alledem hätte der Fahrer des klägerischen Fahrzeugs den Lkw sorgfältig beobachten und im Hinblick auf dessen Größe auch damit rechnen müssen, dass dieser auch in die mittlere Spur der B-Allee einfahren würde.*« Die Konsequenz hieraus ist dann indes das alleinige Verschulden des links Fahrenden.[294] Angesichts der dargestellten Erwartung könnte aber keinesfalls die Mithaftung aus der Betriebsgefahr unberücksichtigt bleiben.

3. Reißverschlussverfahren

146 Schwierigkeiten bereiten häufig die sog. Reißverschlussfälle. Gemäß § 7 Abs. 4 StVO ist nach dem Prinzip wechselseitigen Weiterfahrens, dem von rechts kommenden Vordermann die Vorfahrt zu gewähren, wenn dieser »*an der Reihe ist*«. Voraussetzung hierfür ist allerdings, dass überhaupt eine Schlangenbildung erfolgte. Bei ungeklärtem Hergang ist zu berücksichtigen, dass jedenfalls eine sog. unklare Verkehrssituation mit erhöhter Sorgfaltspflicht vorliegt, bei der die Betriebsgefahr daher nicht mehr zurücktritt. Dementsprechend kann bei der Haftung in drei Fälle unterteilt werden:
- Situation ungeklärt: Haftung des Vordermanns zu 25 %,[295] bis 50 %,[296] das *KG*[297] geht allerdings davon aus, dass das Vorfahrtsrecht bei dem Fahrer auf dem durchgehenden Streifen liegt und er dann nur mithaftet, wenn er die Gefahr einer Kollision habe erkennen können.
- Vordermann war nachweislich nicht an der Reihe: 100 % Haftung des Vordermanns,[298] da der Anscheinsbeweis gemäß § 7 Abs. 5 StVO gegen ihn spricht,
- Vordermann blinkt nicht: Dessen Haftung zu 80 %,[299]
- der Vortritt des Berechtigten wurde erzwungen: Mithaftung zu $1/4$.[300]

---

292 *LG München I* Urt. vom 25.9.1997 – 19 S 814/97 n. v.
293 So auch *LG München I* a. a. O.; *KG* MDR 2005, 87 f.
294 Die vom *KG* angesetzte Haftungsquote ist der Veröffentlichung, auch nicht in NZV 2005, 91 nicht zu entnehmen.
295 *AG Köln* VersR 1987, 496.
296 *KG* VersR 1986, 60.
297 NJW-RR 2010, 113, st.Rspr.; sich anschließend *AG Dortmund* NZV 2010, 509
298 *LG München I* – 19 S 1292/01 v. 23.8.2001 n. v.
299 *LG Bielefeld* DAR 1995, 486.
300 *LG München I* DAR 2002, 458.

Davon abzugrenzen ist der durch ein Hindernis erforderliche Spurwechsel. Wer die Engstelle zuerst erreicht, hat das Vorfahrtsrecht. »*Das gilt aber zwangsläufig nur für den fahrenden Verkehr nicht für den, der aus welchen Gründen auch immer hinter einem Hindernis zum stehen kommt und dann neu beginnen muss, sich in de Verkehr einzuordnen. Hier gilt allenfalls die gegenseitige Rücksichtspflicht des § 1 StVO.*«[301] Hingegen ist nach dem *KG*[302] und dem *AG Düsseldorf*[303] auch hier das Reißverschlussverfahren anzuwenden. 147

Das Reißverschlussverfahren gilt nicht für Autobahnen. Dies folgt zwingend aus § 18 Abs. 3 StVO.[304] »*Wenn es in dieser Situation zu einem Zusammenstoß zwischen einem die durchgehende Fahrbahn benutzenden Kraftfahrzeug und einem einfädelnden Verkehrsteilnehmer kommt, spricht – wie bereits das AG richtig festgestellt hat – für das Verschulden des Einfädelnden der Beweis des ersten Anscheins.*«[305] »*Dieser Anscheinsbeweis kann nur entkräftet werden, wenn der Abstand zwischen dem Einfahrenden und dem auf der rechten Fahrspur Herannahenden ein genügend großer Abstand war. Angesichts der hierfür ausschlaggebenden Geschwindigkeit kommt ein Nachweis allerdings nur in Extremfällen in Betracht. Ferner gilt das Reißverschlussverfahren nur dann, wenn der Abstand der auf den mehreren Fahrstreifen ankommenden Fahrzeuge kein Einordnen auf den durchgehenden Fahrstreifen mit ausreichendem Abstand (§ 4 StVO) mehr zulässt. Wer dabei die Spur wechselt, darf nicht darauf vertrauen, dass ihm dies ermöglicht wird*«.[306] 148

4. Sonderfahrstreifen

Das Verlassen eines Sonderfahrstreifens für Taxi und Busse durch ein Taxi am Ende des Sonderfahrstreifens stellt einen Fahrspurwechsel dar.[307] Kommt es unmittelbar hinter dem Ende des Sonderfahrstreifens zu einem Unfall zwischen einem Fahrzeug, welches den Sonderfahrstreifen verlässt und einem Pkw, der von der linken Spur auf die nunmehr für den allgemeinen Verkehr zugelassene Fahrspur wechselt, so ist eine hälftige Schadensteilung angemessen.[308] Eine unerlaubte Nutzung eines Sonderfahrstreifens liegt zwar nicht vor, wenn ein Kraftfahrer eine sog. Bushaltebucht nutzt, die mit einem eigenen Lichtzeichen ein bevorrechtigtes Einfahren in einen Kreuzungsbereich ermöglicht. Nutzt er jedoch das für die Busse geltende Lichtzeichen (§ 37 Abs. 2 S. 2 StVO) zur Einfahrt in die Kreuzung, so verstößt er gegen das Rotlichtfahrverbot, das zu diesem Zeitpunkt für den allgemeinen Verkehr gilt.[309] 149

Wird ein Sonderfahrstreifen unerlaubt benutzt, etwa zum Vorbeifahren an einem Fahrzeugstau, haftet bei einer Kollision eines Linksabbiegers, der verbotswidrig fahrende Geradeausfahrer mit, insbes. kann er sich nicht darauf berufen, mit seinem verbotswidrigen Fahren müsse man rechnen.[310] Auch bei einem Rechtsabbieger überwiegt das Verschulden des unberechtigt Fahrenden, wobei allerdings der Verstoß des Abbiegenden gegen § 9 Abs. 1 StVO zu berücksichtigen ist.[311] 150

---

301 *LG München I* Urteil vom 28.2.2002 – 19 S 18045/99 n. v.
302 *KG* VersR 1986, 60.
303 *AG Düsseldorf* SP 2007, 5.
304 *BGH* NJW 1986, 1044; *OLG Köln* NZV 2006, 420.
305 *OLG Köln* a. a. O.
306 *OLG Frankfurt* zfs 2004, 207 m. Anm. *Diehl*.
307 Vgl. *LG Wuppertal* VRS 85, 411; *LG Frankfurt* DAR 1993, 393.
308 *OLG Frankfurt/M.* DAR 1993, 393, im konkreten Fall endete der Sonderfahrstreifen durch eine durchgezogene Linie.
309 *BayObLG* NZV 2005, 208.
310 *KG* NZV 2008, 297; *OLG Hamm* DAR 2001, 505.
311 *KG* NZV 2010, 345: Mithaftung des Abbiegenden zu 1/3.

XII. Fußgänger

151 Fußgänger[312] genießen im Straßenverkehr rechtlich gesehen eine untergeordnete Rolle. Bei Unfällen mit ihnen ist stets die Zurücksetzung der Interessen des Fußgängers gegenüber dem fließenden Verkehr zu beachten. Die Rspr. hat die sich aus § 25 StVO ergebende Zurücksetzung der Fußgänger noch extensiv erweitert und die sich aus § 26 StVO ergebenden Vorrechte der Fußgänger eingeschränkt. Zwar wird der Vertrauensgrundsatz dahin gehend zugebilligt, dass ein Fußgänger auch darauf vertrauen dürfe, dass ein ihm eingeräumtes Vorrecht beachtet werde,[313] das aber gleichzeitig dahin gehend eingeschränkt, dass die Benutzung des Überwegs, also des Vorrechts gemäß § 26 StVO, ihn ebenso wenig davon befreit, sich vor Betreten der Fahrbahn,[314] des Überwegs,[315] auch nicht bei Grünlicht[316] zu überzeugen, dass sich kein Fahrzeug nähere. Dieser Vertrauensgrundsatz zugunsten des Kraftfahrers wird lediglich dahin gehend eingeschränkt, dass im Fall von Anzeichen für ein verkehrswidriges Verhalten nicht mehr vertraut werden dürfe.[317]

152 Das *OLG Rostock*[318] hat den Vorrang des Kraftfernverkehrs unter dem Gesichtspunkt des einseitigen Vertrauensgrundsatzes erneut betont und den für den Kraftfahrer geltenden Vertrauensgrundsatz nur dahin gehend eingeschränkt, dass er lediglich bei konkreten Anhaltspunkten für ein verkehrswidriges Verhalten des Fußgängers ausscheide. Dass der Kraftfahrer auf ein ordnungsgemäßes Verhalten des Fußgängers vertrauen darf, nicht jedoch umgekehrt der Fußgänger, ist mit Art. 3 GG nicht in Einklang zu bringen, bedarf aber letztendlich keiner weiteren Erörterung. Entscheidend kann nämlich nur sein, ob der allgemeine Vertrauensgrundsatz eingeschränkt ist. Es ist dahin gehend definiert, dass »*sich der Kraftfahrer in gewissem Umfang darauf verlassen darf, dass andere Verkehrsteilnehmer sich sachgerecht verhalten, solange keine besonderen Umstände vorliegen, die geeignet sind, dieses Vertrauen zu erschüttern.*«[319] Wer meint, mit besonders forschem Heranfahren, den Vertrauensgrundsatz und die sich hieraus ergebenden Rechte zulasten des Fußgängers einschränken zu können, handelt in einem Maße schuldhaft verkehrswidrig, dass eine fahrlässige Handlungsweise des Fußgängers bei der Haftungsabwägung zurücktritt.[320]

153 Beim Nachweis eines Verschuldens ist dies mit der Betriebsgefahr des Kraftfahrzeugs abzuwägen. Das zweite Schadensänderungsgesetz schließt insoweit eine völlige Entlastung des Kraftfahrers nicht aus.[321] Bei einem grob fahrlässigen Verhalten hat das *OLG Nürnberg*[322] die Betriebsgefahr des Kraftfahrzeugs vollständig zurücktreten lassen. Hierzu wird[323] ausgeführt, Hintergrund der Änderung von § 7 Abs. 2 StVG sei das Bemühen gewesen, das Verhalten von Kindern, das möglicherweise zu einer Unabwendbarkeit nach § 7 StVG a. F. führen konnte, angesichts § 828 Abs. 2 BGB zu neutralisieren. Der Entscheidung ist jedoch nicht beizupflichten. Ziel der Änderung war es, grundsätzlich die Position von nicht motorisierten Verkehrsteilnehmern zu stärken, was insbesondere Kindern, älteren Menschen und sonstigen hilfsbedürftigen Personen zugutekommt.[324] Damit werden aber selbstverständlich sämtliche nicht motorisierten Verkehrsteilnehmer erfasst. Eine Differenzierung dahin gehend, für Kinder die höhere Gewalt und für Fußgänger die Unabwendbarkeit anzuwenden,

---

312 Grundlegend zu den Haftungskonstellationen im Straßenverkehr *Rebler* NZV 2011, 223; *Scheidler* DAR 2011, 452.
313 *BGH* NJW-RR 1992, 1116 m. w. N.; zu Quotenvorschlägen bei einer Kollision zwischen Fußgängern und Kfz *Nugel* DAR 2010, 256, NJW-Spezial 2008, 425.
314 *BGH* NJW 1982, 2384.
315 *OLG Hamm* VersR 1969, 139.
316 *BGH* NJW 1966, 1211.
317 *OLG Rostock* OLG-NL 2006, 33.
318 A. a. O.
319 *BGH* NJW 1986, 183.
320 So auch *OLG Hamm* VersR 1997, 331.
321 Vgl. *OLG Celle* MDR 2004, 994, *OLG Nürnberg* DAR 2005, 160; *LG Bielefeld* NJW 2004, 2245.
322 *OLG Nürnberg* DAR 2005, 160 f.
323 Im Anschluss an *Jahnke* zfs 2002, 105.
324 § 7 StVG Rn. 19.

widerspricht dem Wortlaut des Gesetzes. Deshalb kommt es bei der Haftungsabwägung aufseiten des Kraftfahrers allein darauf an, ob sich der Kraftfahrer auf eine höhere Gewalt berufen kann. Das wird nur in den seltensten Fällen zu bejahen sein. Insbesondere muss es sich um ein außergewöhnliches Ereignis handeln. »*Ein solches liegt vor, wenn es sich um einen seltenen in seiner Art nach einmaligen Vorfall mit Ausnahmecharakter handelt* (BGH VRS 51, 259). *So ist etwa ein Naturereignis nur dann außergewöhnlich, wenn nach den konkreten Umständen des Einzelfalls nicht mit ihm gerechnet werden musste* (Geigel/*Kunschert* Kap. 22 Rn. 32; Wussow/*Rüge* Kap. 15 Rn. 23). *Nicht außergewöhnlich ist auch ein Fehlverhalten anderer Verkehrsteilnehmer, insbesondere von Kindern* (RGZ 44, 27; 50, 92; 54, 404; Geigel/*Kunschert* Kap. 22 Rn. 32).«[325] Selbst wenn man wie im Fall des *OLG Nürnberg* ein grob fahrlässiges Verschulden des Fußgängers positiv feststellen kann, bestehen Bedenken gegen ein völliges Zurücktreten der Betriebsgefahr. »*Der gelegentliche Versuch der ZivilRspr., durch Quotenbildung Verkehrserziehung betreiben zu wollen, kann sich daher nicht nur an eine Seite richten, findet im Zivilrecht keine Rechtsgrundlage und dürfte eine Überschätzung der Bedeutung von Zivilurteilen sein.*«[326] Bleibt der Geschehensablauf völlig ungeklärt, kommt eine Haftungsabwägung im wörtlichen Sinne eigentlich nicht in Betracht. Mangels beiderseitigen Verschuldens ergibt sich lediglich die Haftung des Kraftfahrers gemäß § 7 StVG. Ob und in welcher Höhe bei nachgewiesenem Verschulden ihm ein Haftungsanteil zuzurechnen ist, hängt von den einzelnen Verkehrssituationen ab.

1. Fahrbahnbereich

Grundsätzlich spricht der Anscheinsbeweis bei einem Überqueren von rechts her gegen den Fußgänger, da er an der Unfallstelle den bevorrechtigten fließenden Verkehr zu beachten hat (§ 25 Ab. 3 StVO.[327] »*Ein Fußgänger darf die Fahrbahn erst betreten, wenn er sich davon überzeugt hat, dass er keinen Fz.Führer gefährdet oder auch nur an der Weiterfahrt behindert. Bei Annäherung eines Fz hat er zu warten.*«[328] Unfallanalytisch ist vorauszuschicken, dass bei der Ermittlung der Unfallsituation die Geschwindigkeit des Fußgängers kaum ermittelt werden kann bzw. einer so starken Streubreite unterliegt, dass Vermeidbarkeitsbetrachtungen mit äußerster Vorsicht zu beurteilen sind.[329] Vor einer Entscheidung ist jedoch stets zu prüfen, ob eine Vermeidbarkeit in Betracht kommt, insbesondere auch eine Ausweichlenkung oder ein Abbremsen zur Verhinderung des Unfalls oder Reduzierung der Unfallfolgen geführt hätte.[330] | 154

Eine Alkoholisierung kann im Übrigen einen Anscheinsbeweis erzeugen, jedenfalls ab 2 ‰.[331] Bei einem geringeren Grad kommt es auf die Frage an, ob ein nüchterner Fußgänger die Situation hätte meistern können.[332] Andererseits muss unter bestimmten Umständen der Kraftfahrer auch mit alkoholisierten Fußgängern rechnen und sich darauf einstellen.[333] Liegt der Fußgänger nachts in alkoholisiertem Zustand auf der Fahrbahn, so tritt nach Ansicht des *OLG Köln*[334] trotz Verstoßes gegen das Sichtfahrgebot gemäß § 9 StVG das Verschulden des Kraftfahrers und die Betriebsgefahr vollständig zurück. | 154a

Der *BGH* setzt hier hohe Anforderungen an die Urteilsgründe und bezieht insoweit auch die Ausgangssituation, also nicht erst jene Situation, die sich beim Erkennen der Fußgängerreaktion darstellt, | 155

---

325 Vgl. *Jagow/Burmann/Heß* a. a. O.
326 *Blumberg* NZV 1994, 249, 254.
327 Vgl. *Greger* NZV 1990, 409, 413 m. w. N.; zuletzt *BGH* NJW 2000, 3069.
328 Vgl. *Burmann/Heß/Jahnke/Janker* § 25 Rn. 10.
329 Vgl. hierzu *Bachmeier* Mandatshandbuch Rn. 864; vgl. auch *OLG Karlsruhe* VersR 1993, 200: Laufgeschwindigkeit einer Fußgängerin ist mit 5,5 m/sec = 20 km/h.
330 *BGH* NJW 2000, 3069; praxisorientierte Besprechung bei *Mulzer* PVR 2001, 48.
331 Vgl. oben Rdn. 41; Hentschel-König-Dauer/*König* § 9 StVG Rn. 15.
332 Hentschel-König-Dauer/*König* a. a. O.
333 *BGH* VersR 1968, 897.
334 VersR 2011, 506.

mit ein. Außerdem ist die Vermeidbarkeit auch im Hinblick auf die Schwere der Verletzungen zu prüfen.[335] Die in der Praxis erstatteten unfallanalytischen Gutachten werden diesen Anforderungen, die zu konkreten Feststellungen im Urteil führen müssen, vielfach nicht gerecht.[336]

156 Bei der Frage des Fußgängerverschuldens anlässlich des Überquerens der Fahrbahn ergibt sich das erforderliche Verkehrsverhalten des Fußgängers unmittelbar aus dem Gesetz: »*Fußgänger haben Fahrbahnen unter Beachtung des Fahrzeugverkehrs zügig auf dem kürzesten Weg quer zur Fahrtrichtung zu überschreiten, und zwar, wenn die Verkehrslage es erfordert, nur an Kreuzungen oder Einmündungen, an Lichtzeichenanlagen innerhalb von Markierungen oder auf Fußgängerüberwegen (Zeichen 293). Wird die Fahrbahn an Kreuzungen oder Einmündungen überschritten, so sind dort angebrachte Fußgängerüberwege oder Markierungen an Lichtzeichenanlagen stets zu benutzen.*« (§ 25 Abs. 3 StVO). Wer also in der Nähe von ampelgesicherten Überwegen die Fahrbahn überschreitet, verhält sich in erheblichem Maße sorgfaltswidrig. Scheidet ein Verschulden des Kraftfahrers aus, tritt im Regelfall die Betriebsgefahr des Fahrzeugs zurück. War das Verhalten des Fußgängers oder ein unberechenbares Verhalten wegen offensichtlicher Verkehrsuntüchtigkeit erkennbar, liegt ein Mitverschulden des Kraftfahrers vor, das im Einzelfall zu gewichten ist.[337]

157 Dass die Alleinhaftung einen betrunkenen Fußgänger trifft, wenn er nachts plötzlich auf die Fahrbahn vor ein herannahendes Fahrzeug tritt, ergibt sich schon aus den allgemeinen Erwägungen. Eine Einschränkung des Vertrauensgrundsatzes dahin gehend, man müsse nachts mit Betrunkenen rechnen, gibt es nicht.[338] Das *OLG Stuttgart* hat auch dann eine volle Haftung des Fußgängers bejaht, wenn er bei Nacht unter Missachtung von Rotlicht in dunkler Kleidung eine innerstädtische Straße überquert.[339] Andererseits handelt ein Kraftfahrer schuldhaft, wenn er einen Fußgänger nicht wahrnimmt, der sich bereits innerörtlich in den Fahrbahnbereich hineinbewegte.[340] Deshalb trifft einen Fußgänger, der innerorts eine belebte Straße überquert und dabei angefahren wird, kein Mitverschulden, wenn ein Kraftfahrer, der sich mit geringer Geschwindigkeit nähert, sich problemlos auf ihn hätte einstellen, hinter ihm vorbeifahren oder hätte anhalten können.[341]

158 Ein Fußgänger, der innerhalb einer geschlossenen Ortschaft wegen Unpassierbarkeit der Gehwege den rechten Fahrbahnrand benutzt, setzt sich nur dann dem Vorwurf eines Verschuldens im Sinne von § 254 Abs. 1 BGB aus, wenn besondere Umstände ein Gehen am linken Fahrbahnrand gefahrloser und daher im Interesse der eigenen Sicherheit geboten erscheinen lassen.

159 Das *OLG Hamm* hat allerdings eine Mithaftung von 30 % angenommen, wenn ein Fußgänger bei zulässiger Benutzung der Fahrbahn (§ 25 Abs. 1 StVO) bei erkennbarer Gefährdung durch ein in der Dunkelheit entgegenkommendes Fahrzeug nicht neben die Fahrbahn ausweicht.[342] Es beruft sich hierzu darauf, es sei allgemein bekannt, dass Kraftfahrer bei Dunkelheit Hindernisse häufig zu spät erkennen und daher zu spät anhalten würden. Diese absurde Relativierung des Grundsatzes »Fahren auf Sicht« spiegelt die eingangs dargestellte Einschränkung eines Vertrauensgrundsatzes für Fußgänger wieder und zwingt den Fußgänger auf einer lebhaft befahrenen Straße zum ständigen, vorsorglichen Hin- und Herhüpfen zwischen Fahrbahn und Nichtfahrbahnbereich. Die Entscheidung steht auch im Widerspruch zur Rspr. des *BGH*: »*Ein Verkehrsteilnehmer darf in der Regel einen Mitverschuldenseinwand gegenüber einem auf sein verkehrsgerechtes Verhalten Vertrauenden nicht aus*

---

335 *BGH* a. a. O.
336 Siehe zur Problematik der Anknüpfungspunkte für unfallanalytische Betrachtungen, insbes. zu den zugrunde gelegten Geschwindigkeiten *Bachmeier* Mandatshandbuch Rn. 825, 857.
337 *OLG Köln* NZV 2002, 131: 75 % bei Spurwechsel auf die rechte Spur; praxisorientierte Besprechung bei *Jaeger* PVR 2002, 138.
338 *OLG Köln* – Az. 19 U 179/98; DAR 2001, 169.
339 Urt. vom 8.2.2011 – 4 U 200/10 = BeckRS 2011, 221053 = MDR 2011, 537 (L.); ebenso *OLG Saarbrücken* Urt. v. 8.2.2011 – 4 U 200/10 = BeckRS 2011, 04081.
340 *OLG Hamm* – Az. 6 U 82/00: Mithaftungsquote 50 %.
341 *OLG München* r+s 1994, 172.
342 Az. 13 U 82/00 VersR 2002, 128.

dem Vorwurf herleiten, dieser habe mit seinem (des Einwendenden) grobem vorsätzlichem Verkehrsverstoß vorsorglich rechnen müssen.«[343]

Beim Zusammenstoß zwischen einem Pkw und einem Fußgänger kann die Vermeidbarkeit des Unfalls,[344] jedenfalls dann nicht mit der Erwägung verneint werden, dass auch ein sorgfältiger Fahrer den Pkw nicht vor der Kollisionsstelle habe anhalten können (*»räumliche Vermeidbarkeit«*), wenn Feststellungen dazu fehlen, ob der Fußgänger bei rechtzeitigem Abbremsen des Pkws den Gefahrenbereich vor dessen Eintreffen hätte verlassen können (*»zeitliche Vermeidbarkeit«*). 160

Ein Fußgänger, der eine innerstädtische Straße überquert und den gegenüberliegenden Gehweg fast erreicht hat, kann darauf vertrauen, dass ein von rechts herannahender Kraftfahrer ihn das gefahrlose Überqueren auch des Restes der Fahrbahn ermöglichen werde.[345] 161

Die Betriebsgefahr eines Pkw, der sich auf einer hinreichend breiten, gerade verlaufenden Bundesstraße außerhalb geschlossener Ortslage bei normalem Verkehr bewegt, wird weder durch die Einhaltung einer Geschwindigkeit von 80 km/h noch dadurch erhöht, dass der Fahrer es unterlässt, bei plötzlicher Überquerung der Fahrbahn durch einen Fußgänger ein Warnzeichen zu geben.[346] 162

Ein Fußgänger, der an einer Lichtzeichenanlage die Straße außerhalb der Markierung der Fußgängerfurt auf der dem herannahenden Verkehr abgewandten Seite überquert, darf darauf Vertrauen, die Verkehrslage werde es nicht erfordern, auch auf dem durch Rotlicht abgeblockten *Verkehr Bedacht zu nehmen. Ihn trifft bei einem Zusammenstoß mit dem Wartepflichtigen kein* Mitverschulden.[347] 163

Ein Fußgänger handelt im Übrigen nur leicht fahrlässig, wenn er bei für ihn grünem Ampellicht die Fahrstraße überschreitet und es bei normaler Verkehrslage unterlassen hat, vor dem Betreten der Fahrbahn nach links zu blicken.[348] 164

Von einem noch etwas höheren Mitverursachungsanteil geht der *BGH*[349] aus, indem er die Auffassung vertritt, auch ein Fußgänger, der die Fahrbahn auf einem markierten Überweg überschreiten wolle, müsse sich vor dem Betreten der Fahrbahn vergewissern, ob er dies gefahrlos tun könne. Ihn trifft ein Mitverschulden von 30 %, wenn er sein Vorrecht erzwingen will, obwohl sich ein Kfz dem Überweg bereits auf recht kurze Entfernung genähert hat. 165

Bei einem gröberen Verschulden des Fußgängers kann allerdings von dessen überwiegender Haftung auszugehen sein. Dies gilt insbesondere für den Fall, dass der Fußgänger versucht, den für ihn durch Rotlicht, gesperrten Überweg zu betreten.[350] 166

Ebenfalls überwiegendes Verschulden des Fußgängers ist anzunehmen, wenn ein Fußgänger die Fahrstraße in relativ geringer Entfernung von den dafür vorgesehenen Überwegen oder in der Nähe von Lichtzeichenanlagen[351] überqueren will, obwohl ihm die Benutzung des Überweges durchaus zuzumuten war. Ihn treffen ganz besondere Sorgfaltspflichten, deren Nichtbeachtung ein mitwirkendes Verschulden begründet. Dieses mitwirkende Verschulden kann bei einem Zusammenstoß mit einem Kfz je nach Schweregrad und unter Berücksichtigung der besonderen Umstände des Einzelfalles auch zur alleinigen Haftung des Fußgängers führen.[352] 167

---

343 *BGH* NJW 1982, 1756.
344 Zur Stufenprüfung der Vermeidbarkeit s. *Bachmeier* Mandatshandbuch Rn. 864; vgl. auch vgl. *BGH* NJW 2000, 3069.
345 *OLG Düsseldorf* SP 1993, 02.
346 *BGH* VersR 1975, 1121: volle Haftung des Fußgängers.
347 *OLG München* DAR 1990, 341, Nichtannahme der Revision durch den *BGH*; *OLG Hamm* NZV 2002, 325: Zurücktreten der Betriebsgefahr.
348 *KG* VersR 1976, 1047.
349 *BGH* NJW 1982, 2384; zur Abwägung vgl. auch *BGH* NJW 1984, 50.
350 Schon *BGH* NJW 1966, 1211.
351 Vgl. *KG* NZV 2003, 380.
352 *KG* VersR 1976, 391 [L].

168 Bei Zusammenstößen mit Sonderrechtsfahrzeugen gelten die gleichen Grundsätze wie im sonstigen Straßenverkehrsbereich. Insbes. führt § 28 StVO nicht zur Umkehr des Vorfahrtsrechts.[353] Wer mit Sonderrechtsfahrzeugen bei Rotlicht in eine Kreuzung einfährt, hat sich vorsichtig in die Kreuzung hinzutasten und sich zu versichern, dass die Wahrnehmbarkeit durch andere Verkehrsteilnehmer vorliegt.[354] Die tägliche Situation im dichten Stadtverkehr zeigt, dass die Vorfahrt oft nur durch gegenseitiges Anpassen der jeweiligen Fahrzeugposition ermöglicht wird. Ereignet sich in diesem Zusammenhang eine Kollision, so soll nach OLG Hamm[355] das Haftungsrisiko allein den Wartepflichtigen treffen. Das *KG* hatte folgendes Unfallgeschehen zu beurteilen: Der Fußgänger wurde von einem im Einsatz befindlichen Polizeimotorrad angefahren, wobei der Fußgänger beim Überschreiten der beiden – durch einen breiten Mittelstreifen mit parkenden Fahrzeugen getrennten – Richtungsfahrbahnen einer großen Straße nur in die Richtung geblickt hatte, aus der Fahrzeuge zu erwarten waren. Das Motorrad befuhr nur mit blauem Blinklicht – ohne Horn – eine Richtungsfahrbahn entgegen der Fahrtrichtung. Das *LG Berlin* hatte eine Haftungsverteilung von 50:50 angenommen. Das *KG*[356] argumentierte, der Fahrer des Motorrads habe trotz seiner Sonderrechte gemäß § 35 StVO mit Fußgängern, die ihn nicht beachten, rechnen müssen und hätte darauf seine Fahrweise (Geschwindigkeit, kein Befahren der äußersten rechten Seite) einstellen müssen. Andrerseits verneinte es ein Verschulden des Fußgängers, da er nicht verpflichtet gewesen sei, in die »falsche« Richtung nach links zu schauen. Die volle Haftung des Halters des Motorrades wurde angenommen. Trotz der gegen diese Entscheidung vorgebrachten Kritik[357] ist der Entscheidung des *KG* beizupflichten. Da aus der Richtung des Motorrades kein Verkehr zu erwarten war und mangels Horn die Sonderrechtsfahrt auch nicht frühzeitig zu bemerken war, scheidet ein Mitverschulden des Fußgängers aus. Dementsprechend kommt es auf die Umstände der Sonderfahrt und damit einhergehenden Verschulden, wie es das *KG* erörtert, überhaupt nicht mehr an. Beim Fehlen eines Haftungstatbestandes des Fußgängers reicht die Haftung aus Betriebsgefahr für das Motorrad bereits aus, um den Haftungsanspruch des Fußgängers zu 100 % zu begründen. Grundsätzlich gilt bei Kollisionen mit Fahrzeugen, die Sonderrechte in Anspruch nehmen Folgendes: *»Will der Fahrer eines Einsatzfahrzeuges an einer ampelgeregelten Kreuzung Wegerecht in Anspruch nehmen, so muss er die Signale Martinshorn und Blaulicht seines Einsatzfahrzeuges rechtzeitig vor Überqueren der für ihn maßgeblichen Haltelinie einschalten. Auf Höhe dieser Haltelinie beginnt der Bereich der Kreuzung, in dem sich andere Verkehrsteilnehmer wie Fußgänger und Fahrzeuge des Querverkehrs befinden können, welche – obwohl die Ampel für sie grünes Licht abstrahlt – dem Einsatzfahrzeug das Wegerecht gewähren sollen (Senat VerkMitt 1982, Nr. 46). Nur ein längere Zeit vor einer Kreuzung eingeschaltetes Einsatzhorn muss grundsätzlich von einem aufmerksamen Verkehrsteilnehmer wahrgenommen werden (Senat KGR 1997, 211). Dem Fahrer eines Einsatzfahrzeuges muss hierbei immer bewusst sein, dass andere Verkehrsteilnehmer der Verpflichtung des § 38 Abs. 2 StVO, ihm freie Bahn zu schaffen, erst nachkommen können, nachdem sie diese Signale wahrgenommen haben oder bei gehöriger Aufmerksamkeit hätten wahrnehmen müssen (Vgl. Senat VerkMitt 1981, 95). Der Fahrer eines Einsatzfahrzeugs kann nicht damit rechnen, dass die anderen Verkehrsteilnehmer ihre Fahrzeuge, wenn sie die Signale bemerken, von einem Augenblick zum anderen zum Stehen bringen oder die sonst gebotenen Maßnahmen treffen. Zwar sind die anderen Verkehrsteilnehmer verpflichtet, »sofort freie Bahn zu schaffen«, ihnen muss aber ein ausreichender, wenn auch kurz bemessener Zeitraum bleiben, um wahrzunehmen, aus welcher Richtung das Einsatzfahrzeug kommt und um sodann entsprechend reagieren zu können. Die Frage, wie freie Bahn zu schaffen ist, hängt nämlich für den jeweiligen betroffenen Verkehrsteilnehmer ganz wesentlich davon ab, aus welcher Richtung (von hinten, im Querverkehr, aus der Gegenrichtung) sich für ihn das Einsatzfahrzeug nähert. Für die Frage der Rechtzeitigkeit des Einschaltens der Signale Martinshorn und Blaulicht*

---

353 Vgl. *OLG Brandenburg* NZV 2011, 26, 27.
354 *OLG Brandenburg* a. a. O.; vgl. auch *Klenk*, Sonder- und Wegerechte bei der Begleitfahrt des Notarzteinsatzfahrzeuges? – Nicht die Regel sondern eine Ausnahme, NZV 2010, 593 m. ausf. Nachw.
355 NJW-RR 2009, 1183.
356 *KG* NZV 2005, 6363.
357 Vgl. *Hess/Burmann* NJW-Spezial 2006, 65.

ist deshalb im Fall des Überquerens einer durch Rotlicht gesperrten Kreuzung weniger die Entfernung von der Haltelinie als vielmehr die Zeit zwischen dem Einschalten beider Signale und dem Überfahren der Haltelinie maßgeblich. Wie lange diese Zeit zu bemessen ist, hängt von den Umständen der jeweiligen Situation ab. In der Regel wird der Fahrer eines Polizeifahrzeuges davon ausgehen können, dass ein Einschalten 10 Sekunden (dies entspricht in etwa drei Tonfolgen) vor Überqueren der Haltelinie jedenfalls rechtzeitig erfolgt ist.«[358]

2. Sonderfall Inline-Skater

169 Vermehrt treten zwischenzeitlich verkehrsrechtliche Probleme mit Rollschuhfahrer, bei denen die Rollen in einer Linie (*in line*) angebracht sind, auf. Üblicherweise wird hierzu der Begriff Inline-Skates benutzt. Wegen der damit zu erreichenden hohen Geschwindigkeiten, durchaus bis zum Geschwindigkeitsniveau von schnellen Radfahrern, und der vielfach zu beobachtenden geringen Technik der Benutzer kommt es zu kritischen Situationen in Bezug auf Fußgänger und Kraftfahrer.[359] Bei einem Verstoß gegen § 24 StVO durch Benutzung im Bereich der Fahrbahn liegt deshalb ein in jedem Fall entsprechend zu berücksichtigender Umstand der Verschuldenshaftung vor.[360]

170 Ist ein Unfall im Gehsteigbereich auf hohe Geschwindigkeit oder mangelndes Können des Inline-Skaters zurückzuführen, handelt es sich um einen ebenfalls die Verschuldenshaftung begründenden Verstoß gegen § 1 StVO.

171 Allerdings ergibt sich aus der Verkehrswidrigkeit nicht von selbst das Alleinverschulden. Vielmehr ist beim Erkennen eines derartigen Verstoßes durch den Kraftfahrer eine besondere Sorgfaltspflicht erforderlich.[361] Unabhängig von allen dogmatischen Erörterungen kann diese Schwierigkeit indes in der Praxis relativ einfach gelöst werden: Inline-Skates sind kein Fahrzeug, also sind Inline-Skater wie Fußgänger zu behandeln.[362] § 24 StVO[363] regelt diese früher umstrittene Fortbewegungsart nunmehr ausdrücklich. Sie haben daher den Gehweg zu benutzen, sofern nicht nach § 31 StVO die Nutzung der Fahrbahn ausdrücklich unter den in der Vorschrift genannten Verhaltensregeln gestattet ist. Eine Geschwindigkeitsbeschränkung gibt es damit aber nicht. Wer sich allerdings so schnell bewegt, dass er andere gefährdet, weil er nicht mehr rechtzeitig anhalten kann oder nicht aufmerksam genug ist, handelt ebenso verbotswidrig wie ein Fußgänger bei derartigem Verhalten, § 1 Abs. 2 StVO. Nach dieser Vorschrift ist selbstverständlich auch die vermeidbare Behinderung oder Belästigung, § 1 Abs. 2 StVO, untersagt.

172 Die zum alten Recht ergangene Entscheidung des *OLG Oldenburg*,[364] dass Inline-Skater sich nicht wie Fußgänger verhalten dürften, also außerhalb geschlossener Ortschaften rechts »fahren« müssten, ist durch § 24 Abs. 1 StVO n. F. überholt

173 Die Konstellation weist jedoch noch eine weitere Besonderheit auf. Qualifiziert als Fußgängerin hatte sich die Skaterin gemäß § 24 StVO zwingend am linken Fahrbahnrand bewegen müssen. Die Einhaltung dieser Vorschrift konnte sie nicht nachweisen. Es ist daher nach der Beweislast zu fragen. Bei Bejahung eines verbotswidrigen Verhaltens ist sodann die Haftungsabwägung, bei Beteiligung eines Kraftfahrers einschließlich der Betriebsgefahr (§ 7 StVG), vorzunehmen, wobei das Ver-

---

358 *KG* NZV 2008, 149.
359 Eine ausführliche Darstellung der Problematik findet sich zuletzt bei *Wendrich* NZV 2002, 212 sowie *Schröder* PVR 2002, 178; s. ferner *Vieweg* NZV 1998, 1; *Wiesner* NZV 1998, 177.
360 *OLG Karlsruhe* NZV 1999, 44.
361 Beispielsweise *BGH* VersR 1965, 385 für den Fall eines 7-jährigen Kindes mit Rollschuhen auf der Fahrbahn; *OLG Köln* VersR 1978, 578 für den Fall eines 10-jährigen Kindes mit Rollschuhen auf der Fahrbahn: 50 % Haftung; *LG Osnabrück* – Az. 30/195/99; VersR 1970, 1063 für den Fall eines 12-jährigen Kindes mit Rollschuhen auf der Fahrbahn: 20 % Haftung.
362 *OLG Koblenz* NJW-RR 2001, 1392.
363 46. Verordnung zur Änderung straßenverkehrsrechtlicher Vorschriften vom 5.8.2009, BGBl. I, 2631; zu den Änderungen *Scheidler* NZV 2010, 230.
364 *OLG Oldenburg* NJW 2000, 3793.

halten des Inline-Skaters im Einzelfall durchaus zurücktreten kann. Bei der Haftungsabwägung kommt es entscheidend auf den Verschuldensgrad des Inline-Skaters an. Grobfahrlässiges Verhalten kann durchaus die Betriebsgefahr des Kraftfahrzeugs zurücktreten lassen, wobei bei Kindern der entscheidende Gesichtspunkt für die Haftungsgewichtung beim Alter zu suchen ist. Bei einem Jugendlichen kann die Haftung des Skaters vollständig überwiegen,[365] bei einem 8-jährigen Kind kommt die Verneinung jeder Fahrlässigkeit in Betracht.[366]

173a Bei Inline-Skatern ist zwischenzeitlich § 31 StVO zu beachten. Mit der 46. VO zur Änderung straßenverkehrsrechtlicher Vorschriften wurde mit § 31 Abs. 2 StVO Inline-Skatern gestattet, die Fahrbahn, den Seitenstreifen und Radwege zu benutzen, wenn dies durch das neu eingeführte Zeichen ausdrücklich gestattet wird. Trotz der Diskussion um die Verfassungswidrigkeit der 46. VO ist haftungsrechtlich davon auszugehen, dass das Zeichen einerseits ein Verschulden des Inline-Skaters beseitigt und die erhöhte, die Alleinhaftung des Kraftfahrers aus Verschulden und Betriebsgefahr erzeugt. Mit der noch 2011 zu erwartenden Neufassung der StVO ist zu erwarten, dass die Regelung auch den formalen Ansprüchen genügt.[367] Allerdings darf sich der Skater gemäß § 31 Abs. 2 S. 3 StVO in den genannten Verkehrsbereichen nur mit äußerster Vorsicht und unter besonderer Rücksichtnahme auf den übrigen Verkehrs am rechten Rand in Fahrtrichtung bewegen und hat Fahrzeugen das Überholen zu ermöglichen. Dementsprechend wird im Kollisionsfall kaum ein (Mit-)Verschulden zu verneinen sein.

174 Die Haftungsabwägung bei Unfällen von Inline-Skatern untereinander richtet sich ausschließlich nach Verschuldensgesichtspunkten. Die Praxis gebietet, diese Offensichtlichkeit und die Frage eines Anscheinsbeweises zu erörtern. So hatte das *OLG München*[368] über einen Auffahrunfall zwischen Skatern zu entscheiden. Tatsächlich hatte das *LG München I* als Vorinstanz trotz ungeklärten Unfallhergangs einen Anscheinsbeweis gegen den »auffahrenden« Inline-Skater angenommen, und zur Haftung verurteilt. Zutreffend hat das *OLG München* diesen Anscheinsbeweis verneint. »*Ein Anscheinsbeweis setzt einen typischen Geschehensablauf voraus, d. h. einen Sachverhalt, bei dem eine ohne weiteres nahe liegende Erklärung nach der allgemeinen Lebenserfahrung zu finden ist und angesichts des typischen Charakters die konkreten Umstände des Einzelfalles für die tatsächliche Beurteilung ohne Belang sind (Greger § 16 StVG Rn. 363 m. w. N.). Das LG hat ohne nähere Begründung den streitgegenständlichen Sachverhalt als einen typischen Geschehensablauf in diesem Sinne gewertet. Dem folgt der Senat unter Hinweis auf bereits höchstrichterlich und obergerichtlich entschiedene Fälle, denen Unfälle durchaus vergleichbarer Art beim Schlittschuhlaufen zu Grunde lagen,*[369] *nicht. Angesichts der Bewegungsabläufe beim Fahren mit Blades, der räumlichen Nähe der vielen Teilnehmer einer Blade-Night unmittelbar vor dem Start und des vergleichsweise unsicheren Standes auf Blades, die nicht ohne weiteres auf der Stelle angehalten werden können, gibt es eine Vielzahl von Erklärungsmöglichkeiten für den Sturz eines Bladers in einer solchen Situation. Eine typische Fallgestaltung, die nach der allgemeinen Lebenserfahrung den Schluss rechtfertigen würde, ein Blader hätte schuldhaft gehandelt, wenn er einen anderen Blader zu Fall bringt, lässt sich unter diesen Umständen nicht feststellen.*« Die gleiche Problematik stellt sich bei den weiterhin in der Diskussion befindlichen Fahrzeugen der Gattung »*Segway*«.

XIII. Geschwindigkeit

175 Geschwindigkeitsüberschreitungen unterliegen zunächst einer unfallanalytisch schwierigen Ausgangsgrundlage. Wegen der starken Abhängigkeit der Geschwindigkeitsberechnung von Reifen, Bremsanlagen, Fahrbahnoberfläche und Reaktionszeiten ergibt sich ein beträchtlicher Unsicherheits-

---

365 So *LG Bielefeld* NJW 2004, 2245 für einen 16-jährigen Inline-Skater.
366 Vgl. *OLG Frankfurt* VersR 2005, 379.
367 Zu den Änderungen und »*Nichtänderungen*« der neuen VO *David*, Was bringt die neue Straßenverkehrs-Ordnung? KommP spezial 2011, 2,
368 *OLG München* NJW-RR 2004, 751.
369 *BGH* VersR 1982, 1004; *OLG Düsseldorf*, VersR 1994, 1484.

faktor.[370] Nachdem die Rspr. Haftungsquoten häufig vom Prozentsatz der Geschwindigkeitsüberschreitung abhängig macht, ist diesem Risikofaktor bei der Schadensregulierung ebenso wie im Strafverfahren stets hohe Aufmerksamkeit zu widmen.[371]

1. Allgemein

Ausgangspunkt der Haftungsbetrachtungen ist die Verknüpfung des konkreten Unfallvorgangs mit der Geschwindigkeit und der allgemeine Grundsatz, dass jeder Verkehrsteilnehmer mit gewissen Geschwindigkeitsüberschreitungen zu rechnen, sie einzuplanen hat.[372] In der Regel wird die Grenze des Geschwindigkeitszuschlags mit 30 % der zulässigen Höchstgeschwindigkeit angesetzt.[373] Im Bereich zwischen 30[374] und 50 % wird regelmäßig eine Mithaftung des geradeaus Fahrenden zwischen 20 und 50 %[375] in Betracht kommen. Bei noch größerer Geschwindigkeitsüberschreitung kommt eine Mithaftung des geradeaus Fahrenden mit $^2/_3$[376] bis zur vollen Haftung[377] in Betracht. Führt die überhöhte Geschwindigkeit allerdings dazu, dass der in die bevorrechtigte Straße Einfahrende den Herannahenden noch nicht erkennen konnte, haftet der mit überhöhter Geschwindigkeit Fahrende allein.[378]

176

In diesem Zusammenhang spielt die Frage der Kausalität eine große Rolle. Durch die erhöhte Geschwindigkeit gelangt das schädigende Fahrzeug früher an die Unfallstelle und damit zum Zusammenstoß. Dementsprechend wäre es bei Einhaltung der zulässigen Geschwindigkeit im Regelfall nicht zu einer Kollision oder zumindest zu einer mit geringeren Auswirkungen gekommen. Zunächst ist stets die Haftung der Betriebsgefahr des mit überhöhter Geschwindigkeit gefahrenen Fahrzeugs zu bejahen, weil eine Unabwendbarkeit gemäß § 7 Abs. 2 StVG a. F. bzw. § 17 Abs. 3 StVG n. F. nie zu bejahen ist.[379] Regelmäßig kommt aber auch die Berücksichtigung von Verschuldenshaftung in Betracht. Zwar ist dieser Umstand der Geschwindigkeitsüberschreitung allein noch kein verschuldenshaftungsrechtlich relevanter Gesichtspunkt,[380] führt aber dann zu einer Erhöhung der Haftung, wenn bei Einhaltung der zulässigen Geschwindigkeit schon die kritische Verkehrssituation vermeidbar gewesen wäre.[381] Das Fehlverhalten des Fahrzeugführers liegt insoweit nicht in der Verpflichtung rechtzeitig zu bremsen, sondern darin, zu jedem Zeitpunkt die Geschwindigkeit auf die zulässige herabzusetzen.[382] Wäre der Unfall auch bei zulässiger Geschwindigkeit nicht vermeidbar gewesen, kommt es darauf an, ob es in diesem Fall dem Geschädigten möglich gewesen wäre, wegen der Zeitverzögerung noch den Gefahrenbereich zu verlassen oder die Wirkung der Kollision vermindert worden wäre.[383]

177

2. Fahrbahn

Kommt ein Fahrzeug von der eigenen Fahrspur auf die Gegenfahrbahn oder ganz von der Fahrbahn ab,[384] spricht der Anscheinsbeweis für eine Verursachung durch den Fahrfehler der überhöhten Ge-

178

---

370 Vgl. zu den unfallanalytischen Problemen *Bachmeier* Mandatshandbuch Rn. 82 f.
371 Vgl. auch *Heß/Burmann* NJW-Spezial 2007, 601.
372 Vgl. *OLG Hamm* zfs 2001, 105.
373 Vgl. etwa *OLG Bremen* DAR 2001, 273: Mithaftung zu 25 %.
374 Vgl. *OLG Bremen* DAR 2001, 273.
375 So *OLG Koblenz* VersR 1978, 414.
376 So *BGH* NJW 1984, 1962.
377 *OLG Karlsruhe* VersR 1980, 1148 bei 76 km/h statt 50 km/h; *AG Hamburg* VersR 2002, 504: 100 km/h statt erlaubter 50 km/h.
378 *OLG Hamm* VersR 2002, 598, Nichtannahme der Revision durch den *BGH*.
379 Zuletzt *BGH* NJW 2003, 1929.
380 Zuletzt *BGH* NJW 2003, 1929.
381 *BGH* a. a. O.
382 *BGH* a. a. O.
383 *BGH* DAR 2004, 220.
384 *OLG Hamm* zfs 1996, 248.

schwindigkeit.³⁸⁵ Gleiches gilt für das Schleudern. Dieser Anscheinsbeweis kann entkräftet werden, wenn das Platzen eines Reifens³⁸⁶ oder das Ausweichen vor einem Tier³⁸⁷ konkret im Raum steht. Ist das Platzen des Reifens dargetan, spricht gerade umgekehrt der Anscheinsbeweis für diese Unfallursache.³⁸⁸

3. Fahren auf Sicht

179 Mit dem Kriterium Geschwindigkeit ist untrennbar der Grundsatz des Fahrens auf Sicht verbunden. Grundsätzlich darf nur so schnell gefahren werden, dass innerhalb der Sichtweite angehalten werden kann, § 3 Abs. 1 S. 4 StVO. Dies gilt auch für unvermutete Hindernisse.³⁸⁹ Beim Auffahren in Dunkelheit spricht daher insoweit schon der Anscheinsbeweis gegen den Auffahrenden.³⁹⁰ Der Verstoß hiergegen kann so schwerwiegend sein, dass sogar ein grob fahrlässiges Schaffen einer Gefahrenquelle bei der Haftungsverteilung zurücktreten kann.³⁹¹

180 Eine Einschränkung kommt insoweit auf Autobahnen nur in eingeschränktem Maße in Betracht. Zwar gestattet § 18 Abs. 6 StVO im Rahmen der sog. »*Goldenen Regel*«, sich an den Rücklichtern der Vorausfahrenden zu orientieren, gestattet jedoch nicht den Schluss, ohne Lichter eines Vorausfahrenden könne man von einer freien Bahn ausgehen. § 18 Abs. 6 StVO berechtigt lediglich zu dem Schluss, zwischen dem eigenen Fahrzeug und dem Vorausfahrenden befinde sich kein Hindernis.³⁹²

181 Kommt es bei der Abwägung auf der anderen Seite lediglich zur Anwendung der Betriebsgefahr, tritt dies hinter dem sich aus dem Anscheinsbeweis ergebenden Verschulden des Auffahrenden zurück.³⁹³ Auf Autobahnen muss nämlich prinzipiell mit Hindernissen und sogar mit unbeleuchteten Hindernissen gerechnet werden, insbes. mit unbeleuchtet abgestellten und liegen gebliebenen Fahrzeugen.³⁹⁴

182 Teilweise wird bei einer Geschwindigkeit von 60 km/h und mehr das Fahren mit Abblendlicht schon als grob fahrlässig angesehen.³⁹⁵ Das *OLG Hamm*³⁹⁶ nahm allerdings lediglich eine Mithaftung des Radfahrers an, der nachts bei Regen auf einen unbeleuchtet abgestellten LKW auffuhr.

4. Straßenverhältnisse

183 Wer auf einer leicht abschüssigen und schneeglatten Straße sein Fahrzeug auf eine Sichtweite von 137 m nicht zum Halten bringen kann, hat seine Fahrgeschwindigkeit und Fahrweise offensichtlich nicht den gegebenen Umständen angepasst, sodass er wegen des Verstoßes gegen § 3 Abs. 1 StVO für einen darauf beruhenden Unfall die alleinige Verantwortung trägt.³⁹⁷

184 Für einen Kraftfahrer ist ein Unfall unabwendbar, wenn er mit seinem Kfz auf seiner Fahrbahnhälfte mit einem entgegenkommenden Pkw zusammenstößt, der kurz zuvor bei Glatteis wegen nicht angepasster Geschwindigkeit ins Schleudern geraten ist.³⁹⁸

---

385 So schon *BGH* NJW 1984, 2412.
386 *OLG Düsseldorf* r+s 1993, 212.
387 Vgl. hierzu Rdn. 82 sowie *BGH* NJW-RR 1992, 469.
388 *OLG Düsseldorf* VersR 1999, 64.
389 Vgl. *OLG Saarbrücken* NJOZ 2010, 479, 480; *OLG Koblenz* NZV 2006, 198, 199: Bei Dunkelheit Mithaftung zu 70 %.
390 Vgl. *BGH* NJW 2000, 1949; *OLG Frankfurt* DAR 2001, 163.
391 So *OLG Frankfurt* VersR 1997, 1030 [L]: Auffahren auf geschobenes, unbeleuchtetes Fahrzeug.
392 *OLG Frankfurt* DAR 2001, 163 f.
393 *OLG Frankfurt* a. a. O.
394 *OLG Braunschweig* DAR 2001, 177.
395 *OLG Frankfurt* NZV 1990, 154; vgl. auch *OLG Braunschweig* a. a. O.
396 *OLG Hamm* VersR 1992, 445.
397 Vgl. *OLG Hamm* VersR 1978, 749 [L].
398 Vgl. *OLG Frankfurt/M.* r+s 1987, 12, Nichtannahme der Revision durch den *BGH*.

C. Einzelfälle

Ausschluss der höheren Gewalt im Sinne § 7 Abs. 1 StVG ist allerdings nicht anzunehmen. Es stellt sich lediglich die Frage, aus welchen Gründen der Gegner schleuderte und ob hieraus ein überwiegendes Verschulden abzuleiten ist.

XIV. Grundstücksausfahrten

Das Verhalten desjenigen, der eine Grundstücksausfahrt benutzt, regelt § 9 Abs. 5 StVO bezüglich des Einfahrens und § 10 StVO bezüglich des Ausfahrens. Die Frage der richtigen Einordnung ist in der Praxis wegen der fehlenden konkreten Definition häufig Anlass für Streitigkeiten, sodass die Gesichtspunkte näher darzustellen sind. Der Grundstücksbegriff richtet sich hierbei nicht nach dem Eigentumsbegriff.

Grundstücke im Sinne der StVO sind
- Vorplätze ohne besondere Ein- und Ausfahrt,[399]
- Parkstreifen außerhalb der Fahrbahn bei deutlicher Abgrenzung,[400]
- private und öffentliche Parkplätze,[401]
- allgemeine Grundstückszufahrten,[402]
- Tankstellenzufahrten,[403]
- Straßen, die lediglich über abgesenkte Bordsteine oder Gehweg erreichbar sind.[404]

Das Ein- und Ausfahren bezüglich Feldwegen ist weder unmittelbar das Befahren eines Grundstückes, noch ist es diesem gleichzusetzen.[405] Allerdings ist hier höchste Sorgfalt erforderlich.[406]

Nach der Rspr. des *BGH* »kommt es auch hier maßgeblich darauf an, ob der Verkehrsweg dem fließenden Verkehr dient oder nur dem Zugang zu einem Grundstück, also auf seine Bedeutung für den Verkehr, die freilich nicht, wie das BerGer. offenbar meint, nur auf den Blickwinkel der Verkehrsfrequenz verkürzt werden darf. Selbstverständlich können auch Ausbau und Gestaltung des Verkehrsweges in enger Verbindung zu Zweck und Bedeutung des Weges für den Verkehr stehen und als äußere Kriterien für die Beurteilung der Verkehrsbedeutung mit heranzuziehen sein. Insoweit haben sie jedoch nicht die allein ausschlaggebende Bedeutung, die das BerGer. ihnen offenbar zumessen will, sondern können nur Anhaltspunkte u. a. für eine Schlussfolgerung auf die allein maßgebliche Verkehrsbedeutung des Verkehrsweges sein. Anderes verlangt auch das Bedürfnis nach klaren Verkehrsregeln nicht. Wie der Senat in dem genannten Urteil ebenfalls dargelegt hat, muss diese Verkehrsbedeutung zwar nach außen in Erscheinung treten, wenn daran verkehrsrechtliche Gebote oder Verbote geknüpft werden sollen; dies darf aber nicht dahin verstanden werden, dass damit verbundene Vorfahrtrechte und Wartepflichten nur entstehen, wenn jeder Adressat die dafür maßgebenden Merkmale des Verkehrsweges auch erkennen kann (so schon Senat NJW 1976, 131). Schwierigkeiten des Verkehrsteilnehmers bei der Erkennbarkeit der Regelung sind vielmehr im Rahmen der subjektiven Haftungsvoraussetzungen zu berücksichtigen. Allerdings trifft den Verkehrsteilnehmer eine gesteigerte Sorgfaltspflicht, wenn ihm mangels eindeutiger Kriterien Zweifel kommen müssen, ob ein Verkehrsweg zu der von ihm befahrenen Straße eine vorfahrtberechtigte Straßeneinmündung oder eine untergeordnete Grundstücksausfahrt ist.«[407]

---

399 *OLG Braunschweig Oldenburg* DAR 1958, 161.
400 *OLG Köln* VRS 99, 39; *OLG Düsseldorf* NZV 1993, 360.
401 *OLG Celle* DAR 1973, 306.
402 *OLG Frankfurt* DAR 1988, 243.
403 *OLG Stuttgart* DAR 1956, 117; *OLG Düsseldorf* NZV 1988, 231.
404 *OLG Karlsruhe* VersR 1994, 362; grundlegend zur Problematik im Rahmen von § 10 StVO *Lamberz*, Der abgesenkte Bordstein und der verkehrsberuhigte Bereich gemäß § 10 StVO, NZV 2010, 547.
405 *OLG Nürnberg* VersR 1981, 288.
406 Vgl. Hentschel-König-Dauer/*König* § 9 StVO Rn. 45 a. E.
407 *BGH* NJW-RR 1987, 1237.

1. Allgemein

189 Gemäß § 10 StVO hat der Ausfahrende das äußerste Maß an Sorgfalt zu beachten. Gegen ihn spricht daher bereits der Anscheinsbeweis, der zu seiner Haftung zu 100 % führt.[408]

190 Ob es sich bei der Unfallstelle um eine Grundstücksausfahrt oder um eine Straßenmündung handelt, richtet sich wie dargestellt nach dem sich dem Verkehrsteilnehmer darbietenden äußeren Erscheinungsbild.[409] Kriterien für die Abgrenzung sind Verkehrsbedeutung, Breite und Ausbau der Fahrbahn. Kann ein bevorrechtigter Kraftfahrer nicht erkennen, ob es sich bei einer von rechts auf die von ihm benutzte Straße zuführenden Fahrbahn um eine Grundstücksausfahrt oder um eine Einmündung handelt, muss er sich, auch wenn es sich bei richtiger Wertung um eine Grundstücksausfahrt handelt, darauf einstellen, dass der nicht Vorfahrtsberechtigte dem Grundsatz rechts vor links vertraut und seine Vorfahrt missachtet.[410] Bei Situationen mit Verkehrszeichen 325/326 (verkehrsberuhigte Zone) ist nach der Rspr. des *BGH*[411] davon auszugehen, dass diesem Zeichen die Qualität einer Vorfahrtsregelung zukommt. Die Wartepflicht endet erst, wenn bei objektiver Betrachtung davon ausgegangen werden kann, dass das aus dem verkehrsberuhigten Bereich kommende Fahrzeug diesen definitiv verlassen hat.

191 Erfolgt die Ausfahrt aus einem Grundstück unter Überquerung eines sog. Verzögerungsstreifens (Verkehrsfläche, die zum Ein- und Ausfahren bezüglich der Hauptfahrbahn dient, vgl. auch § 12 Abs. 1 Nr. 3 StVO), so hat sich der Ausfahrende grundsätzlich zu vergewissern, dass er gefahrlos auch in den Hauptfahrbahnbereich einfahren kann. Dies gilt selbst dann, wenn ihm ein verbotswidrig geparktes Fahrzeug die Sicht versperrt. Das *OLG Koblenz*[412] hat eine Mithaftung eines Lkw-Fahrers, der auf dem Verzögerungsstreifen geparkt hatte, verneint und ausgeführt, selbst wenn ein Parkverbot gemäß § 12 Abs. 1 Nr. StVO angenommen werde, diene dies nicht dem Schutz des Ausfahrenden, ein Verstoß gegen die allgemeine Sorgfaltspflicht gemäß § 1 StVO trete hinter dem Verschulden des Ausfahrenden zurück. Beim Zusammenstoß mit Fußgängern wird regelmäßig das alleinige Verschulden des Kraftfahrers zu bejahen sein. Das *OLG Saarbrücken*[413] hat dies schon allein aus dem Anscheinsbeweis abgleitet. Bei der Kollision im Ausfahrtsbereich gilt im Übrigen § 12 Abs. 3 Nr. 3 StVO nicht. Der Ausfahrende kann sich daher nicht darauf berufen, er sei durch ein verbotswidrig geparktes Fahrzeug beeinträchtigt worden.[414] Kollidiert der Ausfahrende mit einem Rotlichtsünder, haftet Ersterer allein, da die LZA keine Schutzwirkung zugunsten des aus einem Grundstück ausfahrenden Verkehrs hat.[415]

2. Einweisen

192 Ist die Grundstücksausfahrt so unübersichtlich, dass ein ungefährdetes Verlassen des Grundstücks nicht möglich ist, muss der ausfahrende Verkehrsteilnehmer sich einweisen lassen.[416] Unterlässt er dies[417] oder missversteht er ein Zeichen des Einweisers,[418] so fällt ihm in der Regel die volle Haftung zur Last. Insbesondere ist bei erkennbaren Handzeichen eines Einweisers eine unklare Verkehrssitua-

---

408 Vgl. *LG Karlsruhe* NJW-RR 2011, 824 (aber Haftungsverteilung 50:50 bei Zusammenstoß mit Rückwärtsfahrendem).
409 Vgl. *BGH* NJW 1987, 435; NJW 1987, 1237; NJW 1987, 279; *OLG München* NJW-RR 1986, 1154.
410 *OLG Köln* SP 1993, 209; ähnlich *LG Mainz* VersR 1980, 436.
411 *BGH* VersR 2008, 416.
412 *OLG Koblenz* zfs 2005, 120 f.
413 *OLG Saarbrücken* zfs 2005, 13.
414 *OLG Koblenz* VersR 2005, 1408.
415 *OLG Hamm* NJW 210, 3790.
416 Vgl. zuletzt *OLG Rostock* Urt. v. 10.12.2010 – 5 U 27/10 = BeckRS 2011, 01537.
417 *LG Hildesheim* – Az. 2 O 385/83 v. 23.9.1983 n. v.
418 *LG Münster* – Az. 11 O 118/79 v. 10.5.1979 n. v.

tion zu bejahen.⁴¹⁹ Gemäß § 5 Abs. 3 Ziff. 1 StVO ist bei unklarer Verkehrslage ein Überholen unzulässig.

In diesem Zusammenhang ist auch die Haftung des Einweisers selbst relevant. Ihn treffen die gleich hohen Sorgfaltspflichten wie den ihn hinzuziehenden Fahrzeugführer.⁴²⁰ Wer einem anderen behilflich ist, hat sich selbstverständlich so zu verhalten, dass andere nicht geschädigt werden. Wer die Einweisung vornimmt, weil der Fahrer die Situation selbst nicht beurteilen kann, übernimmt anstelle des Fahrers die Haftung. Der Fahrer haftet wiederum nur für die ordnungsgemäße Auswahl des Einweisers.

Der Einweiser unterliegt dem Versicherungsschutz der Kraftfahrthaftpflichtversicherung, wenn es sich um einen Beifahrer im Arbeitsverhältnis zum Versicherungsnehmer oder Halter handelt, der nicht nur gelegentlich den berechtigten Fahrer begleitet, § 2 Abs. 2 Nr. 4 KfzPflVV.⁴²¹

Die Beachtung dieser Problematik ist bei Zeugen wichtig. Wird ein Einweiser als Zeuge vernommen, so ist er vor der Vernehmung über mögliche Haftungsfolgen zu belehren.

XV. Grundstückseinfahrt

Auch der in eine Grundstückseinfahrt abbiegende Verkehrsteilnehmer ist nach § 9 Abs. 5 StVO zur Aufwendung der im Verkehr erforderlichen Sorgfalt verpflichtet. Wegen der sich hieraus ergebenden erhöhten Sorgfaltspflicht (Ausschluss der Gefährdung Anderer) spricht schon der Anscheinsbeweis gegen den Abbiegenden.⁴²² Das Gesetz macht zwischen Abbiegen innerhalb des Straßenbereichs oder in ein Grundstück, Wenden und Rückwärtsfahren insoweit keinen Unterschied. Es können daher die gleichen Grundsätze herangezogen werden.

1. Einbiegen nach links

Ein auf der Straße im Gegenverkehr herannahender Verkehrsteilnehmer kann daher grundsätzlich darauf vertrauen, dass seine Vorfahrt vom Abbiegenden beachtet wird. Bei Erkennbarkeit der durch das Einbiegen geschaffenen Gefahrenlage oder bei überhöhter Geschwindigkeit kann im Einzelfall jedoch auch einmal ein Mitverschulden des Gegenverkehrs in Betracht kommen.⁴²³ Beim Zusammenstoß eines Linksabbiegers mit einem links überholenden Pkw spricht der Beweis des ersten Anscheins für ein Verschulden des Abbiegenden.⁴²⁴

2. Einbiegen nach rechts

Zunächst kommt auch hier bereits der Anscheinsbeweis zum Tragen. Beim Einbiegen nach rechts in eine Grundstückseinfahrt können sich Probleme wegen örtlichkeitsbedingter oder fahrzeugabhängiger Ausholmanöver (Bogen) ergeben Der Rechtsabbieger hat sich so zu verhalten, dass sein Fahrmanöver völlig erkennbar ist. Wenn er zuerst den linken Blinker setzt, um das Ausholen nach links anzuzeigen, setzt er den Anschein eines Linksabbiegemanövers, kommt es zum Zusammenstoß mit einem deshalb rechts Vorbeifahrenden, so haftet er überwiegend.⁴²⁵

Umgekehrt hat mit zu haften, wer zwar den rechten Blinker setzt, aber gleichwohl nicht abbiegt und deshalb mit einem auf den Abbiegevorgang vertrauenden von rechts kommenden Fahrzeug kollidiert. Das *OLG München*⁴²⁶ ging von einer Mithaftungsquote des Vorfahrtsberechtigten von

---

419 *OLG Hamm* DAR 2001, 222; praxisorientierte Besprechung bei *Schröder* PVR 2001, 214.
420 *KG* VERKMITT 1996, 28.
421 Vgl. auch *KG* VERKMITT 1996, 21.
422 So auch *LG Hamburg* – Az. 331 S 132/01; praxisorientierte Besprechung bei *Siegel* PVR 2002, 230.
423 Vgl. *BGH* NJW 1982, 1756.
424 *OLG Köln* VersR 1979, 166.
425 *OLG Oldenburg* NZV 1993, 233: 75 %.
426 NZV 2009, 457; hierzu *Kääb* FD-StrVR 2009, 279090.

35 % aus. Die Rechtsprechung ist jedoch uneinheitlich. So hat das *OLG Hamm*[427] den Grundsatz vertreten, das Setzen des Blinkers allein reiche nicht aus, komme nicht noch ein weiterer Anhaltspunkt, etwa die Geschwindigkeitsreduzierung hinzu, hafte der Wartepflichtige zu 100 %. Ebenso entschied das *OLG Saarbrücken*.[428] Umgekehrt kann gerade bei einer abknickenden Vorfahrt auch das fehlende Setzen des Blinkers einen Vertrauenstatbestand erzeugen. So geht das *OLG Rostock*[429] davon aus, dass Wartepflichtige davon ausgehen müsse, der einer abknickenden Vorfahrtsstraße Folgende setzte den Blinker, anderenfalls werde er nicht der Vorfahrtsstraße folgen. Das Gericht ging von einer Mithaftung des Vorfahrtsberechtigten in Höhe von 30 % allein wegen der Betriebsgefahr aus,

XVI. Haltestelle

199 Das Verhalten der Verkehrsteilnehmer im Bereich von Haltestellen öffentlicher Verkehrsmittel und Schulbussen regelt § 20 StVO. Hierbei ist zu beachten, dass die in der Vorschrift normierten Pflichten nur während des Haltevorgangs und des Ein- und Aussteigens von Fahrgästen gelten.[430] Die Vorschrift hat Schutzgesetzcharakter zugunsten aller Fußgänger, die im räumlichen Bereich der Haltestelle die Straße überqueren. »Demnach hat er bei solchen Anzeichen so rechtzeitig zu bremsen, dass er noch vor einem die Fahrbahn überquerenden Fußgänger anhalten kann, sofern dieser ihm nicht zu erkennen gibt, sein Vorbeifahren abwarten zu wollen. Auch wenn der Fußgänger gem. § 25 STVO Absatz III StVO beim Überschreiten einer Fahrbahn den Fahrzeugverkehr zu beachten und diesem grundsätzlich den Vorrang einzuräumen hat (folgen Nachweise), kann der Fahrzeugverkehr beim Vorbeifahren an Haltestellen i. S. von § 20 StVO Absatz I StVO nicht darauf vertrauen, dass ihm dieser Vorrang auch tatsächlich gewährt wird.«[431]

200 Mit der Verletzung von Sorgfaltspflichten aus § 20 Abs. 1 StVO an Straßenbahnhaltestellen gegenüber wartenden oder aussteigenden Fahrgästen befasst sich eine Entscheidung des *OLG Hamm*.[432] Es geht davon aus, dass die besonderen Sorgfaltspflichten des Kraftfahrers an Haltestellen öffentlicher Verkehrsmittel gem. § 20 Abs. 1 StVO bereits im Vorfeld der Konstellation Vorsicht und Rücksicht erfordern, nämlich dann, wenn die Straßenbahn sich der Haltestelle nähert und abbremst, um alsbald anzuhalten. Ein Kraftfahrer hat, wenn er sich noch deutlich hinter der Vorderfront der Straßenbahn befindet, seine Fahrweise darauf einzustellen, dass Fußgänger beim Abbremsen und Anhalten der Straßenbahn die Fahrbahn betreten, um früh und rechtzeitig in das Schienenfahrzeug zu gelangen. Erfahrungsgemäß verletzen derartige Fußgänger bzw. Fahrgäste im Vertrauen auf die den Kfz-Führern auferlegte Rücksichtnahme im Haltestellenbereich ihre Aufmerksamkeit gegenüber dem fließenden Verkehr auf der Fahrbahn. Im konkreten Fall hat das OLG Hamm einen internen Schadensausgleich im Verhältnis 2:1 zulasten des Pkw-Halters für angemessen gehalten. Der Kraftfahrer kann allerdings darauf vertrauen, dass Fußgänger, die ein haltendes Verkehrsmittel verlassen, nicht sofort auf die Straße treten.[433] Läuft ein Fußgänger insoweit plötzlich auf den Fahrbahnbereich, scheidet ein Verschulden – die vorherige Erkennbarkeit dieser Handlung verneint – des Kraftfahrers aus, es bleibt jedoch die Haftung aus Betriebsgefahr.[434] Andererseits muss der Kraftfahrer auch das Umfeld des Haltebereichs beobachten, da »*der von § 20 StVO geschützte örtliche Bereich nicht nur unmittelbar neben dem haltenden Bus liegt, sondern sich auf eine gewisse Entfernung davor und dahinter erstreckt. Vom Sinn und Zweck der Norm her wird man im Einzelfall den Schutzbereich so weit zu erstrecken haben, wie mit fort- oder zueilenden Fahrgästen gerechnet werden muss.*«[435]

---

427 NJW-RR 2003, 975, 976.
428 NJW-RR 2008, 1611.
429 NJW-RR 2011, 31.
430 Vgl. *KG* NZV 2010, 200, 201.
431 *BGH* NJW 2006, 2110, 2112 mit Billigung der Haftungsquote von 50 % aus der Vorinstanz.
432 *OLG Hamm* MDR 1974, 1018.
433 OLGR Celle 2005, 392.
434 *OLG Celle* a. a. O.
435 OLGR Hamburg 2005, 304, Revision durch den *BGH* verworfen – Az. IV ZR 50/05 n. v.

C. Einzelfälle Kapitel 6

Häufiger tritt der Fall ein, dass Omnibusse beim Abfahren von Haltestellen mit dem fließenden 201
Verkehr in Konflikt geraten. § 20 Abs. 2 StVO räumt den Linienverkehrsbussen, die von ordnungsgemäß gekennzeichneten Haltestellen abfahren, der Vorrang ein, sodass von anderen Verkehrsteilnehmern erforderlichenfalls anzuhalten ist, um den Omnibussen ein gefahrloses Verlassen der Haltestelle und ein Einfädeln in den fließenden Verkehr zu ermöglichen. Dieses Vorrecht des Omnibusfahrers setzt allerdings voraus, dass er den linken Blinker rechtzeitig betätigt, um dem nachfolgenden Verkehr seine Abfahrbereitschaft anzukündigen. Weiter ist der Omnibusfahrer verpflichtet, den rückwärtigen Verkehr im Außenspiegel sorgfältig zu beobachten. Er darf den Individualverkehr zwar behindern, aber nicht gefährden.

Der Teilnehmer am Individualverkehr seinerseits ist verpflichtet, sich Omnibushaltestellen nach den 202
Grundsätzen der defensiven Fahrweise zu nähern, d. h. die Geschwindigkeit vorsorglich herabzusetzen und sich in stetiger Bremsbereitschaft zu halten. Wird am Kraftomnibus der linke Blinker betätigt, dann hat der Kraftfahrer in Erfüllung seiner Verpflichtung aus § 20 Abs. 2 StVO zu prüfen, ob er auch unter Berücksichtigung des ihm nachfolgenden Verkehrs noch rechtzeitig und gefahrlos anhalten kann. Von § 20 Abs. 2 StVO wird hierbei nicht schon nach § 1 StVO gebotenes Gaswegnehmen oder leichtes Bremsen, sondern durchaus auch eine Bremsung im mittleren Bereich verlangt.[436]

Fährt ein Omnibusfahrer von einer Haltestelle ab, ohne rechtzeitig den Fahrtrichtungsanzeiger zu 203
betätigen und fährt deshalb ein Lkw auf einen Pkw auf, der wegen des anfahrenden Omnibusses nach links ausweicht und zugleich abbremst, so hat der Omnibusfahrer den Unfall in so überwiegendem Maße fahrlässig verursacht, dass demgegenüber die Betriebsgefahr des Lkw völlig zurücktritt.[437]

Im Allgemeinen wird der Omnibusfahrer lediglich auf das ihm unmittelbar nachfolgende Fahrzeug 204
zu achten haben. Er wäre sicherlich überfordert, wenn er darüber hinaus Feststellungen in der Richtung treffen müsste, ob auch die einzelnen Fahrzeuge der Kolonne unter sich geschwindigkeitsabhängig und im Hinblick auf die jeweilige Verkehrslage einen ausreichenden Sicherheitsabstand einhalten. Konnte also das erste Fahrzeug noch rechtzeitig anhalten und fährt ein anderes Fahrzeug auf seinen »Vordermann« auf, dann liegt in der Regel für den Halter des Kraftomnibusses ein unabwendbares Ereignis vor, sodass seine Haftung entfällt. Hier ist wegen des unübersehbaren Busses von einem mangelnden Fahren auf Sicht auszugehen.

Kraftfahrer, die an einem haltenden Linienbus vorbeifahren, müssen allerdings, sofern kein Warn- 205
blinklicht eingeschaltet und auch keine Kennzeichnung als Schulbus vorhanden ist, lediglich mit Schrittgeschwindigkeit vorbeifahren. Sie müssen nicht damit rechnen, dass Kinder plötzlich hinter dem Bus hervor laufen.[438] Die Haftung aus Betriebsgefahr ist allerdings zu bejahen.[439]

Eine Bejahung der höheren Gewalt nach neuem Schadensrecht kann allerdings sicher nicht ange- 206
nommen werden. Soweit in diesem Zusammenhang auch Überholmanöver des hintersten Fahrers in Betracht kommen, liegt im Übrigen eine unklare Verkehrslage vor, bei der ein Überholen verboten ist.[440]

Bei der Haftungsabwägung im Zusammenhang mit der Beteiligung von Omnibussen ist zu beachten, 206a
dass sich spezifische Bewegungsbedingungen ergeben, die eine sorgfältige Analyse der Kollisionssituation und der hierzu relevanten Besonderheiten des Großfahrzeugs erfordern.[441]

---

436 Vgl. *OLG Düsseldorf* DAR 1990, 462.
437 *KG* NJW 1980, 1856; grundlegend zur Problematik *Filthaut*, Die neuere Rechtsprechung zur Schadenshaftung des Omnibusunternehmers und -fahrers, NZV 2011, 110.
438 Vgl. *OLG Hamm* r+s 2001, 456.
439 So auch *OLG Hamm* a. a. O.
440 Vgl. *BGH* NJW 1996, 60.
441 Grundlegend *Wenzel*, Schadenshaftung bei typischen Unfallgeschehen mit Lkw- oder Omnibusbeteiligung, DAR 2010, 604.

XVII. Landwirtschaftliche Fahrzeuge

207 Bei Unfällen mit Beteiligung von landwirtschaftlichen Fahrzeugen sind zwei typische Fallkonstellationen erkennbar, die Unfallursache durch Fahrbahnverschmutzung sowie der Zusammenhang mit Abbiegemanövern landwirtschaftlicher Fahrzeuge.

1. Fahrbahnverschmutzung

208 Meist wird eine Verschmutzung der Fahrbahn verursacht, wenn die Fahrzeuge aus dem landwirtschaftlichen Geländebereich in den Straßenbereich einfahren. Zunächst ist streitig, ob die Verursachung dieser Verschmutzungen zum Bereich der Betriebs, damit also auch zur Haftung aus Betriebsgefahr führen und somit auch der zuständige Haftpflichtversicherer in Anspruch genommen werden kann, wenn der Unfall erst zu einem späteren Zeitpunkt erfolge. Während das *LG* dies verneinte, hat das *OLG Schleswig*[442] in der Berufungsinstanz die Zurechnung zur Betriebsgefahr bejaht. Es beruft sich zutreffend darauf, dass es auf einen zeitlichen Zusammenhang mit dem Unfall nicht ankommt.[443] Sodann bestehen keine Zweifel, dass ein Unabwendbarkeitsbeweis angesichts der jederzeit beseitigungsfähigen Verschmutzung nicht in Betracht kommt.[444] Damit ist die Haftung nach der Betriebsgefahr problemlos zu bejahen. Bei der Abwägung der beiderseitigen Verursachungsbeiträge ist aber auch das Verschulden von erheblicher Bedeutung. Wie generell bei der Verkehrssicherungspflicht ist aber eine Abwägung zwischen Verschmutzungsgrad, Zumutbarkeit der Säuberung und Verkehrsbedeutung der Straße zu treffen. Das *OLG* Schleswig hat unter dem Gesichtspunkt der Zumutbarkeit eine erneute Reinigung während der Erntezeit angesichts der Mittagspause und ortsüblich zu erwartender Verschmutzung nicht als erforderlich angesehen.[445]

2. Abbiegende/einbiegende landwirtschaftliche Fahrzeuge

209 Muss der Traktorfahrer beim Rechtsabbiegen fahrbedingt etwas nach links ausschwenken, trifft ihn eine erhöhte Sorgfaltspflicht. Damit liegt nicht nur eine Haftung aus Betriebsgefahr, § 7 Abs. 1 StVG vor, sondern angesichts der in § 9 Abs. 1 StVO normierten Sorgfaltspflicht auch ein haftungsrelevantes Verschulden.[446] Fährt ein landwirtschaftliches Fahrzeug bei Tageslicht in die bevorrechtigte Straße ein, bedarf es zwar keines Einweisers, jedoch hat der Fahrer in der Regel sofort anzuhalten, wenn ein auf der Vorfahrtsstraße herannahender Verkehrsteilnehmer für ihn sichtbar wird.[447] Ist er zu diesem Zeitpunkt bereits eingefahren, ergibt sich die Verpflichtung zum Anhalten jedoch nicht aus § 8 StVO, sondern aus § 1 StVO, da es sich noch um ein zulässiges Einfahren gehandelt hatte.[448] Ein Weiterfahren zur Entschärfung der Situation kommt nur dann in Betracht, wenn der Traktorfahrer aus objektiver Sicht der Verkehrslage davon ausgehen durfte, dass dies sachgerecht sei.[449] Biegt ein Traktorfahrer auf einen Feldweg ab, nimmt die Rspr. an, es handle sich nicht um das Abbiegen in ein Grundstück gemäß § 9 Abs. V StVO, sondern um ein normales Abbiegen gemäß § 9 Abs. 1 StVO.[450] Naturgemäß gilt zunächst beim Linksabbiegen die sog. zweite Rückschaupflicht, zusätzlich kommt aber, sofern der Traktorfahrer zunächst nach rechts ausholen muss, im Kollisionsfall ein Verstoß gegen die Pflicht zum rechtzeitigen Einordnen in Betracht.[451]

---

442 *OLG Schleswig* NJOZ 2004, 1220.
443 So schon *BGH* NJW 1982, 2669.
444 *OLG Schleswig* a. a. O.
445 A. a. O.
446 *OLG Koblenz* NJOZ 2004, 122 f.: Überwiegende Haftung (60 %) des Traktorfahrers.
447 *BGH* NZV 1994, 184; vgl. aber auch *OLG Rostock*: Urt. v. 10.12.2010 – 5 U 27/10 = BeckRS 2011, 01537: Idealfahrer nimmt Einweiser.
448 *BGH* a. a. O., 185.
449 *BGH* a. a. O.
450 *OLG Nürnberg* DAR 2001, 170.
451 *KG* NZV 2002, 567 f.: Mithaftung des Überholers zu 25 %.

Wird in einer hinter einem landwirtschaftlichen Fahrzeug sich bildenden Kolonne überholt, muss der 210
Überholende auch ohne besondere Anzeichen damit rechnen, dass vor ihm fahrende Fahrzeuge ebenfalls zum Überholen ausscheren. Wegen dieser unklaren Verkehrssituation, § 5 Abs. 3 Nr. 1 StVO, muss er durch Hupen oder Lichtzeichen sicherstellen, dass die vorausfahrenden Fahrzeugführer seine Überholabsicht sicher und rechtzeitig bemerken.[452] Das *OLG Celle*[453] hat bei einer derartigen Situation das Verschulden des Fahrers des landwirtschaftlichen Fahrzeugs angesichts des Überholens eines nicht unmittelbar dahinter fahrenden Lkw als gering eingestuft und unter Berücksichtigung einer überhöhten Geschwindigkeit eine Haftungsverurteilung von 25:75 zugunsten des Landwirts angenommen. Die Vorinstanz war noch zu einer Quote von 40:60 gekommen. Regelmäßig wird bei der Abwägung auch ein Mitverschulden des verunglückten Verkehrsteilnehmers zu bejahen sein. Gemäß § 3 Abs. 1 StVO darf er nur so schnell fahren, dass er das von ihm gelenkte Fahrzeug ständig beherrscht. Gleichzeitig hat er nach dem Grundsatz des Fahrens auf Sicht sowohl tagsüber als auch nachts die Fahrbahn zu beachten und die Geschwindigkeit auf den Straßenzustand einzustellen. Das *OLG Schleswig*[454] hat den Verursachungsbeitrag des Verunglückten im zu entscheidenden Fall angesichts der ländlichen Gegend, der Erntezeit und der überwiegend von örtlich kundigen Fahrern befahrenen Straße als so erheblich bezeichnet, dass die Haftung aus Betriebsgefahr zurückzutreten habe. Das *OLG Frankfurt*[455] verneinte allerdings eine Mithaftung eines Überholenden für den Fall, dass das landwirtschaftliche Fahrzeug unerwartet abbiege. Insoweit lehnte das Gericht sowohl eine Verschuldenshaftung, als auch Mitwirkung der Betriebsgefahr angesichts einer Unabwendbarkeit bezüglich des Überholenden ab und ließ selbst bei fehlendem Verschulden des Traktorfahrers eine Haftung des Traktors aus Betriebsgefahr vollständig überwiegen.

XVIII. Mäharbeiten

In diesem Zusammenhang sind auch die Straßenpflegearbeiten zu erörtern. Bei den für die Mäh- 211
arbeiten im öffentlichen Straßenbereich eingesetzten Fahrzeugen handelt es sich, soweit die Arbeitseinrichtungen an einem Fahrzeug (etwa einem Unimog) angebracht sind, nicht um eine Arbeitsmaschine, sondern um ein Verkehrsmittel, wenn es im öffentlichen Straßenverkehr eingesetzt wird. Die Betriebsgefahr ist daher zu berücksichtigen.[456] Bei der Haftungsverteilung kommt es darauf an, ob der Verkehrssicherungspflichtige die erforderlichen Maßnahmen getroffen hat, um die Verkehrssicherheit zu gewährleisten.[457] Auch für den Zustand nach Beendigung der Mäharbeiten kommt im Prinzip ein Schadensersatzanspruch in Betracht. Hierfür sind jedoch hohe Hürden zu überwinden. Ein Anspruch setzt den Nachweis voraus, dass kein Eigenverschulden überwiegt. Kein Straßenbenutzer hat Anspruch auf einen schlechthin gefahrfreien Zustand der Straße, sondern muss den erkennbaren Straßenzustand beobachten. Er kann sich nur dann auf den in der Rechtsprechung anerkannten Vertrauenstatbestand des Straßenbenutzers verlassen, wenn er mit der in § 3 StVO geforderten angepassten Geschwindigkeit gefahren ist. Es müssen also besonderen Umstände vorliegen, die ausnahmsweise eine Handlungspflicht des Verkehrssicherungspflichtigen begründen.[458]

XIX. Linksabbiegen

Gemäß § 9 Abs. 3 StVO hat der Linksabbieger das Vorrecht des Gegenverkehrs zu achten. Sein Fehl- 212
verhalten wiegt so schwer, dass die Betriebsgefahr des gegnerischen Fahrzeugs zurücktritt und daher die volle Haftung des Linksabbiegers anzusetzen ist (st.Rspr.). Eine Mithaftung kommt nur in be-

---

452 *OLG Karlsruhe* NZV 2001, 473.
453 OLGR Celle 2004, 347.
454 A. a. O.
455 *OLG Frankfurt* NZV 2000, 211.
456 Vgl. *BGH* NVwZ-RR 2005, 381.
457 Vgl. *BGH* NZV 2005, 305; *LG Bielefeld* Urt. v. 16.12.2009 – 6 O 563/09 = BeckRS 2010, 28775; *LG Köln* Urt. v. 8.1.2008 – 5 O 344/07 = BeckRS 2008, 17138.
458 *OLG Frankfurt* Urt. v. 12.11.2004 – 15 U 132/04 = BeckRS 2005, 01720; Bespr. bei *Bachmeier* SVR 2005, 310.

stimmten Sonderfällen in Betracht. »*Der Linksabbieger muss den Vorrang des Gegenverkehrs grundsätzlich auch dann beachten, wenn dieser Gelb – oder sogar bei frühem Rot – einfährt. Selbst eine erhebliche Geschwindigkeitsüberschreitung des geradeaus Fahrenden hebt dessen Vorrecht nicht auf. Als bevorrechtigter Verkehr gegenüber dem Wartepflichtigen ist auch noch der bei spätem Gelb oder der ersten Rotsekunde anfahrende Gegenverkehr anzusehen. Er muss mit Nachzüglern rechnen und diesen den Vorrang einräumen.*«[459]

213 Fährt der Vorfahrtsberechtigte beim Linksabbiegen unter Schneiden der Kurve zunächst nicht ausreichend rechts, weil er den Bogen nicht ausführt, verliert er damit allerdings noch nicht die Vorfahrt, da das Rechtsfahrgebot nicht dem Schutz des Querverkehrs dient. Allerdings stellt dieses Verhalten einen Verstoß gegen die sich aus § 1 Abs. 1 StVO ergebende allgemeine Sorgfaltspflicht dar, sodass es zur Mithaftung kommt.[460] Das Schneiden ist dahin gehend zu definieren, dass jene gedachte Linie überfahren wird, die sich gedanklich aus der Mitte der Ausgangsstraße und der Mitte der anzufahrenden Straße ergibt:[461]

1. Abknickende Vorfahrt

214 Grundsätzlich gilt das Vorfahrtsrecht für den gesamten Bereich des erweiterten Kreuzungsbereichs. Dementsprechend hat der Fahrer, der dem Verlauf einer nach links abknickenden Vorfahrtsstraße nicht folgt, sondern geradeaus weiterfährt, im gesamten Kreuzungsbereich die Vorfahrt gegenüber dem von rechts kommenden Verkehr. Eine Markierung des Verlaufs des bevorrechtigten Straßenzuges auf der Kreuzung durch eine rechtsseitig verlaufende bogenförmige unterbrochene weiße Linie ändert nichts am Umfang der Vorfahrtberechtigung.[462]

215 Bleibt ungeklärt, ob der Vorfahrtsberechtigte für das Verlassen den Blinker setzte, haftet schon nach dem Anscheinsbeweis der Wartepflichtige allein.[463] Allerdings kann in Sonderfällen eine Mithaftung des Vorfahrtsberechtigten in Betracht kommen, weil er sich auf Fehlbeurteilungen einstellen müsse.[464] Der Wartepflichtige kann nämlich grundsätzlich darauf vertrauen, dass derjenige, der einer abknickenden Vorfahrtsstraße folgt, die damit verbundene Richtungsänderung anzeigt.[465]

Für das bei dieser Straßensituation typischen Zusammentreffen von weiteren Straßen gilt, für die einfahrenden Fahrzeuge untereinander der Grundsatz »***rechts vor links***«, da die nebeneinander liegenden Einmündungen im Kreuzungsbereich mit der Vorfahrtsstraße eine Einheit bilden.[466]

2. Gegenverkehr

216 Das Vorrecht des geradeaus fahrenden Gegenverkehrs gegenüber Linksabbiegern gehört ebenso wie das Vorfahrtsrecht zu den wesentlichen Grundlagen des Straßenverkehrs. Die Betriebsgefahr des entgegenkommenden Fahrzeugs tritt in der Regel hinter dem groben Verschulden eines Linksabbiegers zurück, sodass die Rspr. regelmäßig von der vollen Haftung des Linksabbiegers ausgeht.[467] Grundsätzlich steht dem verkehrswidrig fahrenden Linksabbieger, der seine Wartepflicht aus § 9 Abs. 1 und Abs. 3 StVO verletzt hat, kein Ersatzanspruch zu. Vielmehr hat er den gesamten, durch den Unfall entstandenen Schaden allein zu tragen, und zwar selbst für den Fall, dass der Zusammenstoß sich für den Gegenverkehr nicht als ein unabwendbares Ereignis im Sinne von § 7 Abs. 2 StVG darstellt.

---

459 *OLG Karlsruhe* NJOZ 2008, 2490.
460 Vgl. *OLG Hamm* NZV 1998, 26; Hentschel-König-Dauer/*König* § 9 StVO Rn. 30.
461 Vgl. Hentschel-König-Dauer/*König* a. a. O. m. w. N.; auch *OLG Hamm* zfs 1997, 288 zum Schneiden einer Kurve durch einen Motorradfahrer.
462 *BGH* NJW 1983, 2939.
463 Vgl. *OLG Stuttgart* VersR 1980, 342.
464 NZV 1997, 180: Mithaftung 1/3 bei platzartiger Erweiterung.
465 *OLG Rostock* NJW-RR 2011, 31.
466 *OLG Koblenz* Urt. v. 29.5.2006 – 12 U 235/05 = BeckRS 2007, 0463.
467 Vgl. *OLG Stuttgart* VersR 1995, 358.

C. Einzelfälle

Wer geradeaus fährt, darf, jedenfalls solange sich ihm kein Anlass zu gegenteiligen Befürchtungen bietet, grundsätzlich darauf vertrauen, dass der Abbieger sein Vorrecht beachtet.[468]

Dementsprechend kommt ein Verschulden des geradeaus Fahrenden nicht schon dann in Betracht, wenn er mit nicht ausreichender Beleuchtung fährt. Der BGH hat das Verhältnis von Vorfahrtsberechtigung, Linksabbiegen und Verstößen gegen die Beleuchtungspflicht erneut präzise definiert. Ausgangspunkt war das unstreitig nicht brennende Frontlicht eines Motorrades. Der Fahrer prallte auf einen Pkw, der aus der Gegenrichtung nach links abbog. Eine Berufung des Kraftfahrers auf den Vertrauensgrundsatz dahin gehend, dass sich Verkehrsteilnehmer lediglich mit ordnungsgemäßer Beleuchtung im Straßenverkehr bewegen, wies er zurück: »*Das Vertrauen des Verkehrs darauf, bei Dunkelheit nur beleuchteten Fahrzeugen zu begegnen, besteht nur in Grenzen. Insbesondere kommt auch dieser Vertrauensgrundsatz demjenigen nicht zugute, der sich selbst über die Verkehrsregeln hinwegsetzt* (folgen Nachweise). *Er gilt deshalb – wie oben bereits ausgeführt – nicht, wenn ein Verstoß gegen das Sichtfahrgebot vorliegt. Ebenso wenig kann er gelten, wenn demjenigen, der mit einem unbeleuchteten Fahrzeug zusammenstößt, eine Pflichtwidrigkeit bei der Beachtung der Vorfahrt bzw. beim Linksabbiegen vorzuwerfen ist. Ein solcher Verstoß kommt auch dann in Betracht, wenn sich ein unbeleuchtetes Fahrzeug nähert. Entscheidend sind insoweit die Umstände des konkreten Einzelfalls.*«[469] Weiter führt er zur überragenden Bedeutung der Bedeutung der Vorfahrtverletzung des Linksabbiegers aus: »*Die Maßstäbe dieser SenatsRspr. gelten unverändert fort. An eine Verletzung des Vorfahrtrechts des Gerade aus Fahrenden durch den Linksabbieger knüpft danach ein schwerer Schuldvorwurf an, wobei für das Verschulden des Abbiegenden der Anscheinsbeweis spricht* (folgen Nachweise).« Im konkreten Fall hob der BGH das Berufungsurteil, das von einer Mithaftung des Motorradfahrers in Höhe von 2/3 ausging auf und wies den Rechtsstreit zur erneuten Entscheidung über die Haftungsverteilung an die Vorinstanz zurück.

Zumindest wird in der Regel von einer überwiegenden Verursachung durch den Linksabbieger ausgegangen. Dessen verkehrswidriges Verhalten muss allerdings den Schutz des Linksabbiegers tangieren. Kommt es zu einem Zusammenstoß zwischen einem Linksabbieger und einem sich im Gegenverkehr bewegenden Fahrzeug des Geradeausverkehrs, dann haftet der Linksabbieger auch dann voll für den gesamten Schaden, wenn der Entgegenkommende gegen das Rechtsfahrgebot des § 2 Abs. 2 StVO verstoßen haben sollte, weil er damit keine ihm gegenüber dem Abbiegeverkehr obliegende Sorgfaltspflicht verletzt hat. Das Rechtsfahrgebot schützt neben dem Überholenden lediglich den »normalen« Gegenverkehr, nicht jedoch die aus ihm abbiegenden Linksabbiegenden.[470]

Der bevorrechtigte Linksabbieger begeht allerdings einen groben Verkehrsverstoß, wenn er die Linkskurve extrem eng schneidet und sich dabei vollständig auf der Spur des Rechtsabbiegeverkehrs befindet, denn der Wartepflichtige darauf vertrauen, dass der Bevorrechtigte nicht plötzlich vor ihm auf seiner Spur auftaucht.[471]

Der BGH hat jedoch in einem Fall, in dem der Entgegenkommende mit mindestens 100 km/h gefahren war, lediglich eine überwiegende Mithaftungsquote zu seinen Lasten angenommen hat: »*Ob einem Wartepflichtigen, der in Verkennung dieser grob übersetzten Geschwindigkeit mit dem Abbiegen nach links beginnt, allerdings ein Verschulden zur Last gelegt werden kann, hängt von den Umständen des einzelnen Falles ab. Keinesfalls stellt die Vorfahrtsregel im Straßenverkehr (um eine solche im weiteren Sinne handelt es sich auch bei der genannten Vorschrift) ein Recht dar, das stets ein Verschulden des gegen die Regelung Verstoßenden indiziert (zuletzt Senat NJW 1982, 1756 = VersR 1982, 701). Vielmehr müssen das Vorrecht des anderen Verkehrsteilnehmers für den Wartepflichtigen auch in zumutbaren Grenzen erkennbar und seine Verletzung vermeidbar gewesen sein (vgl. Senat VersR 1972, 832; = NJW 1976, 1317 = VersR 1976, 365, 367). Diese Voraussetzung trifft im Streitfall jedoch*

---

468 Vgl. *KG* Urt. v. 26.9.1985 – Az. 12 U 6608/84 n. v.; *OLG Hamm* VRS 101, 81.
469 A. a. O.
470 Vgl. *KG* Urt. v. 29.4.1982 – Az. 12 U 4158/80 n. v.
471 *OLG Frankfurt* OLGR 2001, 2: Mithaftung des Bevorrechtigten zu 30 %.

zu, da der Bekl. das Fahrzeug des Kl. bereits auf größere Entfernung wahrgenommen hatte, ehe er mit dem Abbiegen begann. Der Senat vermag nicht der von einem Teil der Rspr. und auch im Schrifttum vertretenen Meinung zu folgen, dass der Wartepflichtige nur verhältnismäßig unbedeutende Überschreitungen, wie sie erfahrungsgemäß häufig vorkommen, berücksichtigen müsse.«[472]

221 Unterschiedlich wird allerdings die Haftungsquote festgesetzt, wenn bei ampelgeregelten Kreuzungen ohne Linksabbiegerpfeil ungeklärt ist, ob der Geradeaus Fahrende noch Grünlicht hatte. Da schon der Anscheinsbeweis gegen den Linksabbieger spricht, muss von dessen Verschulden und seiner Alleinhaftung ausgegangen werden.[473] Teilweise wird hier in der älteren Rspr. jedoch eine Haftungsteilung 50:50 angesetzt.[474] Dem ist nicht zu folgen, da hiergegen gerade der Grundsatz des Anscheinsbeweises spricht. Kann der Linksabbieger diesen nicht entkräften, also Indizien darlegen, die gegen das Grünlicht des Gegners sprechen, muss es bei seinem eigenen Verschulden bleiben, das so schwer wiegt, dass die Betriebsgefahr des gegnerischen Fahrzeugs zurücktritt.

3. Geschwindigkeitsüberschreitung

222 Ausgangspunkt ist der allgemeine Grundsatz, dass jeder Verkehrsteilnehmer mit gewissen Geschwindigkeitsüberschreitungen zu rechnen und sie einzuplanen hat.[475] In der Regel wird die Grenze des Geschwindigkeitszuschlags mit 30 % der zulässigen Höchstgeschwindigkeit angesetzt. Im Bereich zwischen 30 und 50 % wird regelmäßig eine Mithaftung des geradeaus Fahrenden zwischen 20 und 50 % in Betracht kommen. Bei noch größerer Geschwindigkeitsüberschreitung kommt eine Mithaftung des Geradeaus Fahrenden mit $2/3$[476] bis zur vollen Haftung,[477] bei 76 km/h statt 50 Km/h) in Betracht. Ein wesentliches Kriterium sind auch die Sichtverhältnisse. Für den Bereich der Kaskoversicherung ist ergänzend auch darauf hinzuweisen, dass eine deutlich überhöhte Geschwindigkeit den Begriff der groben Fahrlässigkeit erfüllt und damit zum Versagen des Versicherungsschutzes führen kann.[478]

4. Irreführende Fahrweise des Geradeausfahrers

223 Veranlasst ein Geradeausfahrer den frühzeitigen Ab- oder Einbiegevorgang des Wartepflichtigen, weil dieser durch den gesetzten rechten Blinker auf ein Abbiegen des Vorfahrtberechtigten vertraute, so ist zwar die Haftungsquote umstritten, wird aber regelmäßig jedenfalls von einer beiderseitigen Haftung ausgegangen. Die Quoten zulasten des Wartepflichtigen reichen von mit $1/3$[479] über die Hälfte[480] und $2/3$[481] bis zu $3/4$.[482] Auch das vom *OLG Saarbrücken* insoweit missverständlich zitierte *OLG München* geht von einer Mithaftung aus, nimmt jedoch lediglich 40 % an.[483]

5. Linksabbieger und Überholende

224 Schwierigkeiten bereitet in der Praxis die Abwägung mit Überholern bei ungeklärtem Unfallhergang.[484] Falsch wäre es, diesen Anscheinsbeweis jenem bezüglich des Überholenden gegenüberzustel-

---

472 BGH NJW 1984, 1962.
473 Etwa *OLG Frankfurt* Urt. v. 3.3.2010 – 7 U 168/08 = BeckRS 2010, 11095.
474 *OLG München* VersR 1986, 668; *OLG Hamm* VersR 1980, 722; *OLG Schleswig* VersR 1984, 1098.
475 Vgl. OLG Frankfurt. Urt. v. 3.3.2010 – 7 U 168/08 = BeckRS 2010, 11095
476 BGH NJW 1984, 1962.
477 *OLG Karlsruhe* VersR 1980, 1148.
478 Vgl. hierzu die Rspr.-Übersicht bei *Xanke*, a.a.O. sowie *Halm* Neue obergerichtliche Rspr. zur groben Fahrlässigkeit PVR 2002, 183.
479 LG Limburg zfs 1998, 203.
480 *OLG Celle* zfs 1995, 86.
481 *OLG Hamm* NJW-RR 2003, 975.
482 *OLG Saarbrücken* r+s 2008, 346 m.w.N. zum Streitstand.
483 DAR 1998, 474.
484 Eine ausführliche Darstellung der Problematik findet sich bei *Bärnhof* VersR 1996, 948.

len. Insoweit kommt deshalb lediglich der Ansatz der doppelten Rückschaupflicht gemäß §§ 9 Abs. 1 StVO, mit Berücksichtigung des toten Winkels gegen den Linksabbieger und das Erfordernis der Einhaltung der allgemeinen Sorgfaltspflicht beim Überholen (Verbot des Überholens bei unklarer Verkehrslage[485] und Gebot zum Überholen eines Linksabbiegers auf der rechten Seite) zur Gegenüberstellung. Wertet man das Verhalten des Linksabbiegers als Verschulden nach dem Anscheinsbeweis, gelangt man zu der häufig angewandten Quote von 2:1.[486] Zu dieser Quote kann man auch gelangen, wenn man das Schwergewicht lediglich – ohne Anscheinsbeweis – wegen der gem. § 9 StVO erhöhten Sorgfaltspflicht gewichtiger als den Überholvorgang beurteilt. Teilweise wird wegen des erhöhten Risikos aber auch ein gleichwertiges Verschulden und damit eine Haftung von 1:1, also ½ angesetzt.[487]

Das *KG*[488] hat bei einer Kolonnensituation die überwiegende Haftung dem Linksabbieger auferlegt und ausgeführt, der Anscheinsbeweis spreche gegen den Abbiegenden, dieser müsse dartun, dass er den Blinker rechtzeitig gesetzt habe, anderenfalls trage er die alleinige Haftung. Demgegenüber hat das *OLG Koblenz*[489] bei einem Linksabbieger im Rahmen einer Kolonne überholenden Pkw-Fahrer eine ausschließliche Haftung des Überholendem angenommen, wenn ein Verschulden des Abbiegendem nicht nachweisbar war und das *OLG Stuttgart* den Anscheinsbeweis verneint, wenn ein Motorradfahrer mehrer Fahrzeuge in einem Zug überholte[490] Letzteres wird indes nur selten anzutreffen sein, weil schon aus der sog. zweiten Rückschaupflicht (§ 9 Abs. 1 StVO) ein Verschuldensmoment ableitbar ist. Selbst bei Erkennbarkeit des Abbiegevorgangs, also einer noch vorhandenen Entfernung der beiden Fahrzeuge, um reagieren zu können, kann der Abbiegende im Rückspiegel das Überholmanöver noch erkennen. Das *OLG Koblenz*[491] hat insoweit eine Haftungsverteilung von 1:2 zulasten des Überholenden angesetzt. Das *OLG Rostock* geht angesichts der doppelten Rückschaupflicht grundsätzlich vom Anscheinsbeweis gegen den Linksabbieger aus, kommt jedoch zu einer Mithaftung des überholenden, wenn dieser Blinklichter nicht sorgfältig beachtet.[492]

Dabei ist zu beachten, dass nicht nur das Berühren der Fahrstreifenbegrenzung mit den Rädern, sondern bereits das Fahren über der Mittellinie verboten ist, sich also weder die Karosserie noch die Ladung des Fahrzeugs über der Mittellinie befinden darf. Ebenso verhält es sich bei Sperrflächen nach Zeichen 298 zu § 41 StVO. Diese beiden Institutionen wirken sich also praktisch wie ein Überholverbot aus.[493] Dies bedeutet, dass der vorausfahrende Verkehrsteilnehmer an derartigen Stellen nicht damit zu rechnen braucht, dass er dort noch überholt wird.[494]

Diese Erwägungen gelten auch dann, wenn man berücksichtigt, dass derjenige, der mit seinem Fahrzeug links in ein Grundstück abbiegen will, nach § 9 Abs. 5 StVO dabei eine besondere Sorgfaltspflicht trifft. Kollidiert er dabei mit einem Fahrzeug des Gegenverkehrs, so hat der Linksabbieger den Schaden allein zu tragen. Etwas anderes kann dann gelten, wenn der Fahrer des entgegenkommenen Kfz die zulässige Höchstgeschwindigkeit von 50 km/h um 12,5 km/h überschritten hat und der Unfall bei Einhaltung der Höchstgeschwindigkeit nachweisbar hätte vermieden werden können. In diesem Fall trifft denjenigen, der nach links in ein Grundstück abbiegen will, eine Mithaftungs-

---

485 Vgl. zur Problematik der »unklaren Verkehrslage« und zur »Rangfolge« in der Fahrzeugkolonne auch *KG* NZV 1995, 359 mit ausführlichen Hinweisen.
486 So auch *LG München I* Urt. v. 7.11.1997 – Az. 17 S 9501/97 n. v., also einer Haftung des Linksabbiegers zu ⅔; so *LG München I* a. a. O.; *OLG Düsseldorf* VRS 89, 278.
487 Vgl. hierzu *OLG Nürnberg* DAR 1995, 330; eine Tabelle zu den angewandten Haftungsquoten findet sich bei *Bärnhof* a. a. O., 949.
488 *KG* NZV 2005, 413.
489 *OLG Koblenz* IVH 2004, 130 [L].
490 Beschl. v. 8.4.2011 – 13 U 2/11 = BeckRS 2011, 14283 = DAR 2011, 470 (L.).
491 *OLG Koblenz* NZV 2005 413.
492 NJOZ 2011, 1564: Mithaftung des Überholers 70 % bei abbiegendem Fahrzeug der Straßenmeisterei mit Rundumblinklicht.
493 Vgl. *BGH* VersR 1975, 331.
494 Vgl. unten Rdn. 231.

quote von 25 %.[495] Soweit es sich um den Linksabbieger in ein Grundstück handelt, hat normalerweise ein Schadenausgleich im Verhältnis 3:1 zulasten des Linksabbiegers zu erfolgen, wenn keine Anhaltspunkte für eine überhöhte Geschwindigkeit des Überholenden vorliegen[496] und kein zusätzlicher Schuldvorwurf gegen den Abbiegenden erhoben werden kann.[497]

6. Überholen

228   Überholen ist nur zulässig, wenn der Fahrzeugführer sich zuvor vergewissert hat, dass ihm der benötigte Überholweg hindernisfrei zur Verfügung steht.[498] Entgegen der bisherigen Rspr.[499] sieht der *BGH* diese Sorgfaltspflicht nicht als erfüllt an, wenn bei Dunkelheit ein Zusammenstoß mit einem entgegenkommenden, nicht beleuchteten Fahrzeug erfolgt, sodass eine Haftungsverteilung vorzunehmen ist. Das *OLG Hamm*[500] setzte in der erneuten Entscheidung die Haftungsquote des Überholers mit $1/3$ an. Die grundlegende Entscheidung des *BGH* findet in der seither ergangenen Rspr. jedoch kaum Resonanz,[501] obgleich »*eine rigorose Befolgung des Sichtfahrgebots einerseits und des Blendverbots andererseits ... ein Überholen bei Dunkelheit in vielen Fällen praktisch unmöglich*«[502] macht. Die unfallanalytischen Betrachtungen »*führen stets zu dem Ergebnis, dass bei verkehrsgerechter Fahrweise ein Überholen innerhalb der Erkennbarkeitsentfernung nicht möglich ist.*«[503]

229   Zu beachten ist, dass bei Omnibussen des Linienverkehrs und gekennzeichneten Schulbussen, die sich einer Haltestelle nähern und das Warnblinklicht eingeschaltet haben, gemäß § 20 Abs. 3 StVO nicht überholt werden darf. Wegen der insoweit hervorgehobenen Sorgfaltspflicht kommt daher ein Verschulden des Überholenden schon nach dem Anscheinsbeweis in Betracht, da diese Situation nach der Intention von § 20 Abs. 3 StVG als zusätzliche Verschärfung zu Abs. 1 und 2 die Gefährlichkeit besonders hervorhebt.

230   Das *OLG Bamberg*[504] ging davon aus, dass eine doppelte Rückschaupflicht vor dem beabsichtigten Linksabbiegen auch dann erforderlich ist, wenn das Überholen durch ein Verkehrszeichen nach Bild 276 verboten und die Fahrbahnmitte durch eine ununterbrochene Trennlinie nach Bild 295 gekennzeichnet ist. Komme es in dieser Situation zu einem Zusammenstoß zwischen dem Linksabbieger und einem überholenden Verkehrsteilnehmer und beruhe dieser u. a. darauf, dass der Linksabbieger in dem Bewusstsein, dass ein Überholen nicht zulässig ist, die zweite Rückschaupflicht unterlassen habe, dann hat nach Meinung des *OLG Bamberg* im Rahmen von § 17 StVG eine Schadenausgleichung im Verhältnis 3:1 zulasten des verbotswidrig überholenden Verkehrsteilnehmers zu erfolgen. Dem *OLG Bamberg* ist darin zuzustimmen, dass die Hauptlast der Sorgfaltspflichten beim überholenden Verkehrsteilnehmer liegt, falls man nicht davon ausgehen will, dass mit Rücksicht auf diese Gestaltung der Unfallstelle, die das Überholen gleich zweimal verbietet, die doppelte Rückschaupflicht des Linksabbiegers nach dem Vertrauensgrundsatz entfällt.[505]

231   Auch der *BGH*[506] hat sich zu der Auffassung bekannt, dass dann, wenn eine ununterbrochene Mittellinie (Zeichen nach Bild 295) oder eine Sperrfläche (Zeichen nach Bild 298) vorhanden sind, der

---

495   Vgl. *LG Mönchengladbach* r+s 1986, 95 (L).
496   Vgl. *OLG Düsseldorf* VersR 1975, 429.
497   Vgl. *OLG Oldenburg* VersR 1981, 1137.
498   *BGH* NJW 2000, 736.
499   Vgl. beispielsweise die der Entscheidung des *BGH* (NJW 2000, 1949) zugrunde liegende Entscheidung des *OLG Hamm* VersR 1999, 898.
500   *OLG Hamm* PVR 2002, 19.
501   So auch *Förste* NZV 2002, 217 mit ausführlicher Erörterung der unfallanalytischen Gegebenheiten und der Forderung nach einer Einschränkung der Rspr.
502   *Lemke* r+s 2000, 282.
503   *Förste* a. a. O., 221.
504   *OLG Bamberg* r+s 1985, 191.
505   Vgl. *BGH* NJW-RR 1987, 1048.
506   *BGH* NJW-RR 1987, 1048.

abbiegende Verkehrsteilnehmer grundsätzlich darauf vertrauen darf, dass ein nachfolgender Kraftfahrer ihn nicht überholt, wenn dies bei dem gebotenen seitlichen Abstand nur durch Inanspruchnahme des abgegrenzten Fahrstreifens oder der Sperrfläche möglich ist. Zwar sprechen die beiden soeben erwähnten Zeichen ein Überholverbot nicht unmittelbar aus; andererseits ist jedoch davon auszugehen, dass die ununterbrochene Linie als Fahrstreifenbegrenzung (§ 41 Abs. 3 Nr. 3a StVO) dient. Damit schützt sie in erster Linie den Gegenverkehr, bezweckt aber andererseits, dass nur rechts von dieser Linie gefahren werden darf (vgl. BR-Drucks. 42070 zu § 41, 81 f.), sodass ein Überholen unter Inanspruchnahme der abgegrenzten anderen Fahrbahnhälfte unzulässig ist.[507]

Schließlich kann auch eine Kollision zwischen einem Linksabbieger und einem entgegenkommenden Rechtsabbieger eintreten. Da der Linksabbieger als Gegenverkehr in Bezug auf den Linksabbieger bevorrechtigt ist, trifft den Linksabbieger die volle Haftung, sofern nicht ein außerhalb des Rechtsabbiegens liegender Schuldvorwurf gegen den Rechtsabbieger, wie etwa eine verspätete Reaktion,[508] zu berücksichtigen ist. 232

XX. Minderjährige und ältere Menschen

Gemäß § 3 Abs. 2a StVO genießt ein bestimmter Personenkreis besonderen Schutz. *»Die Fahrzeugführer müssen sich gegenüber Kindern, Hilfsbedürftigen und älteren Menschen, insbesondere durch Verminderung der Fahrgeschwindigkeit und durch Bremsbereitschaft, so verhalten, dass eine Gefährdung dieser Verkehrsteilnehmer ausgeschlossen ist.«* Schon nach dem Wortlaut des Gesetzes ist wegen der erhöhten Sorgfaltspflicht die Haftung des Schädigers nach dem Anscheinsbeweis zu bejahen. Der Schutz der Kinder geht bis zur Vollendung des 14. Lebensjahrs,[509] wobei der Kraftfahrer auszuschließen hat, dass es sich um ein Kind über 14 Jahre handelt.[510] Allerdings gilt mit zunehmendem Alter der Vertrauensschutz, dass sich ein Kind, das sich erkennbar verkehrsgerecht verhält, sich auch weiterhin verkehrsgerecht verhält.[511] In der Regulierungspraxis ist daher die Feststellung des vor dem Unfall erkennbaren Verhaltens des Kindes von besonderer Bedeutung. 233

Hinsichtlich der Kinder bis zum 10. Lebensjahr wird zunächst auf die Kommentierung oben zum Kinderunfall verwiesen. Da nach der Rspr. bei Kindern ab 11 Jahren in der Regel die für den Straßenverkehr erforderliche Einsichtsfähigkeit erwartet wird, verbleibt dazwischen lediglich noch eine sehr kleine Altersgruppe. Der *BGH*[512] hat in einer Nichtannahmeentscheidung zu einem Urteil des *OLG Nürnberg* ausgeführt,[513] dass durch § 828 BGB n. F. keine Änderung hinsichtlich der Sorgfaltspflichten eines Jugendlichen Verkehrsteilnehmers ab dem 10. Lebensjahr eingetreten sei.[514] 234

Gemäß § 3 Abs. 2a StVO *»muss sich ein Fahrzeugführer (u. a.) gegenüber Kindern insbesondere durch Verminderung seiner Fahrgeschwindigkeit und durch Bremsbereitschaft so verhalten, dass eine Gefährdung dieser Verkehrsteilnehmer ausgeschlossen ist. Das verlangt von dem Fahrzeugführer das Äußerste an Sorgfalt (...). Allerdings gilt auch gegenüber Kindern der Vertrauensgrundsatz. Danach muss der Fahrer besondere Vorkehrungen für seine Fahrweise nur dann treffen, wenn das Verhalten der Kinder oder die Situation, in der sie sich befinden, Auffälligkeiten zeigt, die zu einer Gefährdung führen könne.«*[515] Eine Abwägung kann daher nur im Einzelfall erfolgen, wobei das entscheidende Kriterium in der Erkennbarkeit verkehrswidrigen Verhalten liegt. Die Bestimmung des § 3 Abs. 2 lit. a StVO 235

---

507 Vgl. auch Hentschel-König-Dauer/*König* § 41 StVO Rn. 248l zu Zeichen 295.
508 *LG Mainz* zfs 2002, 225: Mithaftung des Rechtsabbiegers zu 40 %.
509 Vgl. *Scheffen/Pardey* Rn. 176.
510 *OLG München* VersR 1988, 1250; Nichtannahme der Revision durch den *BGH*.
511 Vgl. *OLG Bamberg* VersR 1993, 898 f., Nichtannahme der Revision durch den *BGH*; *OLG Hamm* – Az. 27 U 261/89.
512 *BGH* Beschl. v. 30.5.2006 – VI ZR 184/05 n. v.
513 *OLG Nürnberg* NZV 2007, 205.
514 Gegen einen »harten Stichtag« *Lang* jurisPR-VerkR 25/2010 Anm. 1. m. ausf. Nachw.
515 *BGH* NJW 1997, 2756.

setzt den Vertrauensgrundsatz gegenüber Kindern nicht völlig außer Kraft und bewirkt generell weder eine Beweislastumkehr noch einen Anscheinsbeweis gegen den Kraftfahrer.[516]

236 Ein schuldhafter Verstoß gegen § 3 Abs. 2 lit. a. StVO scheidet jedoch immer dann aus, wenn durch das äußere Erscheinungsbild des Kindes der Eindruck vermittelt wird, es handle sich nicht um einen unter diese Vorschrift fallenden Verkehrsteilnehmer.[517]

237 Demgegenüber ist bei älteren Menschen die erhöhte Sorgfaltspflicht unmittelbar am Aussehen anzuknüpfen.[518] »*Die besondere Schutzvorschrift des § 3 Abs. 2a StVO greift gegenüber erkennbar älteren Menschen schon dann ein, wenn diese sich in einer Verkehrssituation befinden, in der nach der Lebenserfahrung damit gerechnet werden muss, dass sie auf Grund ihres Alters das Geschehen nicht mehr voll werden übersehen und meistern können (hier: Überschreiten einer 7,50 m breiten Straße mit Geschwindigkeitsbegrenzung für Kraftfahrzeuge auf 70 km/h). Konkreter Anhaltspunkte für eine Verkehrsunsicherheit bedarf es nicht.*«[519]

238 Das Gefahrenzeichen 136 »Kinder« weist den Kraftfahrer grundsätzlich ohne zeitliche Einschränkung darauf hin, dass er mit dem plötzlichen Betreten der Fahrbahn durch Kinder zu rechnen und deshalb seine Fahrweise durch Bremsbereitschaft und erforderlichenfalls durch Reduzierung der Geschwindigkeit wie bei einer konkreten Gefahrenlage im Sinne des § 3 Abs. 2a StVO einzurichten hat.[520]

239 Grobfahrlässig handelt ein Kraftfahrer, der sich im Bereich des Warnzeichens »Kinder« auf nasser Fahrbahn mit unveränderter Geschwindigkeit von über 50 km/h einer am Straßenrand in einer Schneeballschlacht befindlichen Gruppe von Kindern nähert und dann eines der Kinder, das plötzlich auf die Fahrbahn gelaufen ist, dort erfasste. Kein Mitverschulden eines 7jährigen Jungen, der bei einer Schneeballschlacht vor den auf ihn zufliegenden Bällen auf die Fahrbahn ausgewichen und dort von einem Kfz erfasst worden ist.[521] Das wird auch auf ältere Kinder, für die es lediglich noch relevant ist, zu übertragen sein.

240 Die Gefährdungshaftung nach § 7 Abs. 1 StVG tritt auch in dem Fall, dass ihr ein grob verkehrswidriges Verhalten des Minderjährigen gegenübersteht, nur dann völlig zurück, wenn es auch unter Berücksichtigung der subjektiven Faktoren aufseiten des Kindes, die an altersgemäßen Maßstäben gemessen werden müssen, besonders vorwerfbar war. Eine völlige Haftungsfreistellung kommt deshalb bei kleineren Kindern nur im Ausnahmefall in Betracht.[522]

241 Auf einen Verstoß gegen § 3 Abs. 2a StVO kann sich grundsätzlich nur derjenige berufen, demgegenüber die Vorschrift der konkreten Verkehrssituation die Pflicht zu erhöhter Rücksichtnahme ausgelöst hat. Deshalb ist in dem Fall, dass gegenüber einem Kind die Geschwindigkeit hätte reduziert werden müssen, gegenüber einem weiteren Kind, mit dessen Auftauchen nicht zu rechnen war, eine Haftung zu verneinen. Anders ist nur dann zu urteilen, wenn konkrete Anhaltspunkte dafür bestehen, dass andere Kinder in der Nähe sind und in die Fahrbahn gelangen können.[523]

242 Ein Kraftfahrer, der in unmittelbarer Nähe einer Schule mehrere Kinder wahrnimmt, muss mit der Anwesenheit weiterer Kinder rechnen und seine Fahrweise auf zunächst nicht sichtbare, plötzlich die Fahrbahn überquerende Kinder einstellen. Bei dieser Verkehrssituation ist eine Geschwindigkeit von

---

516 Vgl. *OLG Karlsruhe* NJW-RR 1986, 774.
517 *BGH* NJW 2000, 1040.
518 Vgl. auch *Rebler* NZV 2011, 223, 226.
519 *BGH* NJW 1994, 2829.
520 *BGH* NJW 1994, 941; NJW 1998, 2816.
521 *KG* VersR 1975, 770.
522 *BGH* DAR 90, 175.
523 *BGH* DAR 91, 22.

30 km/h zu hoch. Die Sorgfaltspflicht nach dem § 3 Abs. 2a StVO erfordert eine Herabsetzung auf 20 km/h.[524]

Die besondere Schutzvorschrift des § 3 Abs. 2a StVO greift gegenüber erkennbar älteren Menschen schon dann ein, wenn diese sich in einer Verkehrssituation befinden, in der nach der Lebenserfahrung damit gerechnet werden muss, dass sie aufgrund ihres Alters das Geschehen nicht mehr voll übersehen und meistern können. Konkrete Anhaltspunkte für eine Verkehrsunsicherheit müssen nicht vorhanden sein.[525] 243

Die Anforderungen an andere Verkehrsteilnehmer dürfen jedoch nicht überspannt werden. Auch gegenüber den unter § 3 Abs. 2a StVO fallenden Verkehrsteilnehmern gilt der Vertrauensgrundsatz, sodass nur dann, wenn das Verhalten Auffälligkeiten zeigt, die zu Gefährdungen führen können, besondere Schutzvorkehrungen vom Kraftfahrer zu verlangen sind.[526] 244

Hinsichtlich der Problematik des Unfalls mit Kindern ist zunächst auf die obige Erörterung zu verweisen. Auf die Kriterien einer sachgerechten Unfallregulierung soll jedoch erneut hingewiesen werden. Entscheidend kommt es darauf an, die Ausgangssituation zu ermitteln: 245
- War das Kind etwa »in Not«, weil der Geh- oder Radweg durch Dritte beeinträchtigt war?
- Welches Alter, welcher Reifegrad des Kindes lagen vor?
- Gab es eine besondere Situation, die zur Falschreaktion des Kindes führte?

Andererseits ist die Parksituation des Fahrzeugs abzuklären.
- War es ordnungsgemäß geparkt oder stand es etwa sehr nahe am Fahrbahnrand, war es schon länger geparkt?[527]
- War ein fehlerhaftes Verhalten von Kindern angesichts der Parksituation abzusehen oder zumindest nahe liegend?[528]

Auf der Grundlage der damit gefundenen Haftungsabwägungskriterien ist sodann zu entscheiden, ob die Betriebsgefahr hinter dem Verschulden des Kindes zurücktritt.[529] Es gilt dabei zu beachten, dass bei der Abwägung gegenüber nicht motorisierten Verkehrsteilnehmern die Betriebsgefahr nur dann ausscheidet, wenn das Unfallgeschehen auf höhere Gewalt, also auf ein völlig außergewöhnliches Ereignis zurückzuführen ist. *»Ein solches liegt vor, wenn es sich um einen seltenen in seiner Art nach einmaligen Vorfall mit Ausnahmecharakter handelt.*[530] *So ist etwa ein Naturereignis nur dann außergewöhnlich, wenn nach den konkreten Umständen des Einzelfalls nicht mit ihm gerechnet werden musste.*[531] *Nicht außergewöhnlich ist auch ein Fehlverhalten anderer Verkehrsteilnehmer, insbesondere von Kindern.«*[532] Ein insoweit besonders negatives Beispiel bietet das *AG Aachen*. Es hatte die Haftung des Fahrzeughalters bei der Abwägung zwischen am linken Fahrbahnrand abgestelltem Fahrzeug und dem Verschulden des 9-jährigen Kindes, das erstmals mit einem neuen Fahrrad, das im Gegensatz zu seinem vorherigen nicht mit einer Rücktrittbremse ausgerüstet war, sowohl bezüglich Verschulden als auch Betriebsgefahr zurücktreten lassen. Die Entscheidung missachtet die oben dargestellten kinderpsychologischen Erkenntnisse. 246

Die Entscheidung des *OLG Celle*[533] bewertet diese Einschränkung jedoch zu stark. Das *OLG Celle* hatte bei einem plötzlichen Hineintreten eines Kindes in den Fahrweg ohne vorherige Anzeichen nicht nur ein Verschulden des Fahrers, sondern auch eine Haftung des Fahrzeughalters aus Betriebs- 247

---

524 *OLG Hamm* SP 93, 338.
525 *BGH* NJW 1994, 2829.
526 *BGH* NJW 2001, 152.
527 *LG Heilbronn* NJWE-RR 2004, 1255; *Diehl* zfs 2004, 353; ablehnend *Huber* DAR 2005, 171, 173.
528 Vgl. *Hernig/Schwab* a. a. O.
529 Vgl. grundsätzlich zur Haftungsabwägung oben Rdn. 7.
530 *BGH* VRS 51, 259.
531 *Geigel/Kunschert* Kap. 22 Rn. 32; *Wussow/Rüge* Kap. 15 Rn. 23.
532 *RGZ* 44, 27; 50, 92; 54, 404; *Geigel/Kunschert* Kap. 22 Rn. 32; *Jagow/Burmann/Heß* a. a. O.
533 Praxisgerichtete Besprechung bei *Schwab* SVR 2004, 28.

gefahr abgelehnt und ausgeführt, auch gegenüber Kindern gelte der Vertrauensgrundsatz, dieser sei nicht deshalb ausgeschlossen, weil das Alter des Kindes lediglich 4 Monate über der Grenze von 10 Jahren liege. Die Kritik von Schwab an dieser Entscheidung überzeugt voll. Entscheidend kommt es bei der Regulierung derartiger Fälle dementsprechend darauf an, sämtliche Details des Unfallhergangs, also Geschwindigkeit, Abstand des Kindes zur Fahrbahn, Zeitpunkt der Erkennbarkeit für den Kraftfahrer, Spielsituation vor der kollisionsauslösenden Handlung des Kindes, gegebenenfalls die Anwesenheit und das Verhalten anderer am Unfallort vorhandener Kinder sowie die Wetter- und Lichtsituation herauszuarbeiten.

XXI. Parkvorgänge

248 Zahlreiche Unfälle stehen in Zusammenhang mit dem Parken von Fahrzeugen. War das beteiligte Fahrzeug ordnungsgemäß geparkt, besteht zwar weiterhin die Betriebsgefahr, diese tritt jedoch hinter dem im Anfahren des geparkten Fahrzeugs liegende Verschulden zwanglos zurück. Das *OLG Karlsruhe*[534] hat sich zur Grenze der Haftung aus Betriebsgefahr bei geparkten Fahrzeugen geäußert und darauf hingewiesen, dass mit dem verkehrsmäßig ordnungsgemäßen Abstellen eines Kraftfahrzeugs auf einem Privatgrundstück der Betrieb ende, weil die verkehrstypische Funktion des Fahrzeugs ende. Ansonsten ist bei der Gewichtung des Haftungsanteils auf die jeweilige Situation abzustellen.

1. Sonderfall Parkplatz/Tiefgarage-Verkehr

249 Auf Parkplätzen handelt es sich um den Ablauf von durch spezifische Umstände geprägten Verkehrsvorgängen. In erster Linie herrscht Streit um die Geltung der StVO, namentlich um die Frage der Vorfahrt. Trotz der bei großen Parkplätzen vielfach erfolgenden Hinweise auf die entsprechende Anwendung der StVO kann damit noch nichts über die rechtliche Beurteilung unter straßenverkehrsrechtlichen Vorschriften, insbesondere § 8 StVO (Vorfahrt) gesagt werden.

250 Teilweise wird die Anwendung der allgemeinen Vorfahrtsregelung verneint,[535] vielmehr gelte lediglich der Grundsatz der verkehrsüblichen Sorgfalt unter Ausschluss des Vertrauensschutzes, stehe fest, dass beide Fahrzeuge auf einem Privatparkplatz bewegt wurden, ohne dass eine deutlich überwiegende Fehlreaktion eines Beteiligten Fahrers festzustellen sei, komme eine Quotenteilung von 50:50 zur Anwendung,[536] da bei derartigen Verkehrsplätzen mit ständigem Ein- und Ausfahren von Fahrzeugen zur Parkplatzsuche, auch mit dem jederzeitigen Auftreten von Fußgängern zu rechnen und die Fahrweise entsprechend anzupassen und so zu gestalten ist, dass der Kraftfahrer jederzeit anhalten kann.[537] Es gilt nach dieser Ansicht der Grundsatz der gegenseitigen Rücksichtnahme i. S. d. § 1 StVO entsprechend, da hier der fließende Verkehr nicht im Vordergrund steht. Insoweit hat sich jeder Verkehrsteilnehmer mit besonderer Umsicht auf die Umstände des Verkehrs einzustellen, wobei die Betriebsgefahr (§ 7 StVG) mit zu berücksichtigen ist.[538] Das *KG*[539] geht davon aus, dass auf Parklätzen und in Parkhäusern lediglich eine Geschwindigkeit von nicht mehr als 10 km/h angemessen sei.

251 Nach der Gegenansicht[540] ist zu unterscheiden zwischen fließendem Verkehr einerseits und Verkehr im Zusammenhang mit dem Ein- und Ausfahren in eine Parkfläche. Im ersten Fall kommt die Vorfahrtsregelung gem. § 8 StVO zur Anwendung. Letzterenfalls verbleibt es bei der gegenseitigen Rücksichtnahme gem. § 1 StVO.[541] Entscheidend kommt es deshalb auf den Nachweis des Fahr-

---

534 *OLG Karlsruhe* NJW 2005, 2318; Besprechung bei *Bachmeier* SVR 2006, 103.
535 *Greger* a. a. O. § 14 Rn. 142; zu Quotenvorschlägen bei Unfällen im Parkplatzbereich *Nugel* DAR 2009, 721.
536 Vgl. insbesondere zfs 2011, 255; *OLG Oldenburg* VersR 1993, 496.
537 *OLG Köln* DAR 1995, 289.
538 Vgl. auch *Grüneberg* Rn. 272–275.
539 *KG* NZV 2005, 527.
540 *OLG Köln* DAR a. a. O.; *KG* VRS 75, 95; *OLG München* Prot. v. 21.6.1996 – Az. 10 U 2365/96 n. v.
541 *OLG Düsseldorf* VRS 61, 455; *OLG Stuttgart* VERKMITT 1990, 104.

zwecks, nämlich Suchen oder Ausparken bzw. Verlassen des Parkplatzes an. Das Einfahren allerdings wird regelmäßig der Parkplatzsuche zuzuordnen sein. Fließender Verkehr kann allerdings bei großen Parkplätzen unmittelbar im Bereich einer Kreuzung vorliegen.[542]

Wegen der gerade auf außerörtlichen Einkaufszentren großzügigen Parkplatzanlagen sollte zur Verdeutlichung der Umstände und sich einer hieraus eventuell ergebenden besonderen Haftung eines Beteiligten stets eine Lichtbilddokumentation, zumindest beim Prozess vorgenommen werden. Das *KG*[543] hat die Anwendung der StVO insoweit für den Bereich eines Betriebsgeländes übertragen, als es vorhandene Fahrstreifen i. S. d. § 7 Abs. 2 StVO und die Grundsätze der Haftung bei einem Fahrstreifenwechsel, nämlich den Anscheinsbeweis gegen den Spurwechsler auch beim Rampenbereich einer Speditionsfirma anwandte, jedoch nicht den von ihm für Parkplätze allgemein angenommenen Grundsatz bezüglich der Geschwindigkeit von maximal 10 km/h. Das *LG Düsseldorf*[544] hat beim Rückwärtsausfahren aus der Parkbox eines Parkplatzes aus der Anwendbarkeit von § 1 Abs. 2 StVO die alleinige Haftung des Ausfahrenden abgeleitet. Dem begegnen jedoch nach den oben in Rdn. 186–195 dargestellten Grundsätzen Bedenken. 252

2. Sonderfall Kaserne

Die dargestellten Grundsätze gelten auch für die zahlreichen Bereiche aufgelassener Kasernen. Zwar zeichnen sie sich durch großzügige, siedlungsartige Fahrbereiche aus. Gleichwohl entsprechen die von den Fahrern zu beachtenden Sorgfaltspflichten, auch wenn Schilder auf die Geltung der StVO hinweisen, jenen, die auf allgemeinen Parkplätzen gelten. Jedem Fahrer muss klar sein, dass es sich nicht um fließenden Verkehr, sondern um Zufahrten zu den dortigen Büros und Geschäften handelt, sodass die gegenseitige Rücksichtnahme gemäß § 1 StVO besonders deutlich hervorgehoben ist. 253

Auch soweit die Kasernen noch militärisch genutzt werden, scheidet eine unmittelbare Anwendung der StVO aus. Je stärker die Verkehrsverhältnisse durch die Erfordernisse des militärischen Dienstbetriebs geprägt sind, umso mehr findet der in § 1 Abs. 1 StVO niedergelegte, jedoch als allgemeiner Grundsatz zu bezeichnende Gesichtspunkt der gegenseitigen Rücksichtnahme Anwendung, sodass in der Regel von einer hälftigen Haftungsverteilung auszugehen ist.[545] 254

Sofern eine Straße durch militärisches Sperrgebiet führt und für den öffentlichen Straßenverkehr gesperrt ist, muss im Einzelfall entschieden werden, ob es bei der unmittelbaren Anwendbarkeit der StVO verbleibt.[546] Zu prüfen ist jeweils, ob es dem Willen der zuständigen Stellen entspricht, die StVO gelten zu lassen. Dies kann dann angenommen werden, wenn auf der Straße auch Verkehrsvorgänge durchgeführt werden, die dem öffentlichen Straßenverkehr entsprechen.[547] 255

3. Sonderfall Falschparken

Die Mithaftung eines Falschparkers bei der Beschädigung seines Fahrzeugs ist in der Rspr. umstritten, insbesondere der Quote nach. Angesichts der großen Fluktuation bei amtsrichterlichen Dezernaten und damit der geringen präjudiziellen Wirkung amtsrichterlicher Urteile wurde auf die Darstellung der amtsgerichtlichen Rspr. zur Problematik (mit einer Ausnahme wegen der besonderen Problematik) verzichtet.[548] 256

---

542 So *OLG München* a. a. O.
543 *KG* NZV 2005, 527.
544 *LG Düsseldorf* SP 2004, 152.
545 Vgl. *OLG Hamm* NZV 1993, 477.
546 *OLG Hamm* VersR 1996, 645.
547 *OLG Hamm* a. a. O. mit Bejahung, falls auch Fahrschulausbildungsfahrten der Bundeswehr durchgeführt werden.
548 Eine umfangreiche Übersicht zu gerichtlichen Entscheidungen auch der amtsgerichtlichen Ebene enthält *Schröder* SVR 2004, 221.

257 Da im Regelfall das Anfahren eines verkehrswidrig geparkten Fahrzeugs eine Sorgfaltspflichtverletzung schon gemäß § 1 StVO darstellt und andrerseits das verkehrswidrige Abstellen eines Fahrzeugs einen Verstoß gegen § 12 StVO ergibt, sind in jedem Fall die beiderseitige Betriebsgefahr und das beiderseitige Verschulden zu gewichten. Je stärker das geparkte Fahrzeug ein Hindernis darstellt oder je schlechter es erkennbar ist, umso stärker wird der Haftungsanteil des Falschparkers sein. Dementsprechend haben in der neueren Rspr.

- das *OLG Köln*[549] bei verbotswidrigem Parken bei Dunkelheit auf Lkw-Parkplatz, das *OLG Hamm*[550] beim verbotswidrigem Parken in zweiter Reihe, das *LG Nürnberg-Fürth*[551] beim Parken an einer Engstelle und das *LG Kiel*[552] beim Parken im absoluten Halteverbot an einer Engstelle jeweils 25 % Mithaftung,
- das *LG Mainz*[553] 1/3, das *OLG Köln*[554] sowie das *OLG Karlsruhe*[555] beim Parken in der 5-m-Zone 40 %,
- das *OLG Frankfurt*[556] bei verbotswidrigem Parken in zweiter Reihe 50 %,
- das *LG Wuppertal*[557] für Sichtbehinderung des fließenden Verkehrs durch Linksparken 75 % und
- das *OLG Hamm*[558] für den Fall eines verbotswidrig in zweiter Reihe parkenden Lkw, dessen ungesicherte Ladebühne in 1 m Höhe für 2 m in den Verkehrsraum ragte sogar 100 % und
- das *AG Hamburg*[559] bei verbotswidrigem Parken mit Fahrbahnverengung und einer Streifkollision zwischen dem geparkten Fahrzeug und einem Fahrzeug des fließenden Verkehrs eine Mithaftung des Falschparkers zu 1/3 Mithaftung angenommen. Von entscheidender Bedeutung ist daher die Sicherung der Beweise für die Sichtbehinderung, die Breite der Fahrbahn, die Einengung von Ein-/Ausfahrten und die Lichtverhältnisse.

4. Sonderfall Straßenbahn

258 Die vorgenannten Grundsätze gelten an sich auch für Kollisionen von Straßenbahnen mit verkehrswidrig geparkten Fahrzeugen. Das *AG München*[560] ging allerdings bei einer Kollision der Straßenbahn mit einem verbotswidrig abgestellten Fahrzeug zwar von einem fahrlässigen Verstoß des Straßenbahnfahrers und der Haftung aus Betriebsgefahr einerseits, andererseits aber von einer Erkennbarkeit der Behinderung und damit einem vorsätzlichen Verstoß des Autofahrers aus. Es wertete diese vorsätzliche OWi so stark, dass eine Alleinhaftung des Autofahrers anzunehmen sei. Dem ist nicht beizupflichten. Abgesehen davon, dass ein Straßenbahnfahrer sich ebenso überzeugen muss, ob er an einem am Fahrbahnrand stehenden Fahrzeug vorbeifahren kann, kann sich der Halter der Straßenbahn nur bei Eintritt der höheren Gewalt von der Gefährdungshaftung befreien. Fährt ein Straßenbahnfahrer an einem geparkten Fahrzeug vorbei und kollidiert mit diesem, ist die Bejahung der höheren Gewalt sicherlich ausgeschlossen. Betrachtet man bei der Abwägung die beiderseitigen Haftungsanteile, sollte die ausschließliche Haftung wegen des Falschparkens nicht möglich sein. So hat das *OLG Hamm*[561] beim Vorbeifahren an einem Fahrzeug im fließenden Verkehr einen Sorgfaltspflichtverstoß und die Betriebsgefahr mit einer Mithaftung der Straßenbahn zu 1/3 bewertet. Bei der Kollision mit einem Linksabbieger liegt die überwiegende Haftung wegen des Vorrangs des

---

549 *OLG Köln* VersR 1992, 1104.
550 *OLG Hamm* r+s 1990, 299.
551 *LG Nürnberg-Fürth* NJW 1991, 3288.
552 *LG Kiel* DAR 2002, 318.
553 *LG Mainz* SP 1995, 264.
554 *OLG Köln* VersR 1990, 100.
555 *OLG Karlsruhe* DAR 1992, 220.
556 *OLG Frankfurt* SP 1997, 97.
557 *LG Wuppertal* SP 1993, 276.
558 *OLG Hamm* NZV 1992, 115.
559 *AG Hamburg* SVR 2006, 35 mit Besprechung *Rindsfus*.
560 *AG München* SP 2005, 8.
561 *OLG Hamm* NZV 2000, 212.

C. Einzelfälle

Schienenverkehrs beim Abbieger,[562] die Betriebsgefahr der Straßenbahn wird aber zumindest beim ungeklärten Unfall zu berücksichtigen sein.[563]

XXII. Personenbeförderung (Insassen)

Bei Unfällen im Rahmen der Personenbeförderung ist im Bereich der öffentlicher Verkehrsmittel grundsätzlich von der Eigenverantwortlichkeit des Fahrgastes auszugehen[564], *»wonach der Fahrgast im modernen Großraumwagen einer Straßenbahn in aller Regel sich selbst überlassen ist und nicht damit rechnen kann, dass der Wagenführer, der mit Rücksicht auf andere Verkehrsteilnehmer die äußeren Fahrtsignale beachten muss, sich um ihn kümmert. Danach muss sich der Wagenführer nur ausnahmsweise vergewissern, ob der Fahrgast einen Platz oder Halt im Wagen gefunden hat, nämlich etwa dann, wenn er bemerkt hat, dass ein Gehbehinderter (z. B. Beinamputierter auf Krücken) oder ein blinder Fahrgast den Wagen bestiegen hat.«*[565] *»Einen Anscheinsbeweis für ein Verschulden des Fahrers gibt es nicht. Vielmehr trägt die Beweislast für ein Verschulden der Fahrgast.«*[566] Das *OLG Frankfurt*[567] nimmt insoweit sogar einen Anscheinsbeweis dafür an, dass der Sturz auf mangelnder Vorsicht des Fahrgastes beruht und hat die Betriebsgefahr des Busses vollständig zurücktreten lassen. In diesem Zusammenhang ist darauf hinzuweisen, dass ein Dritter, der dem Betroffenen helfen will und dabei selbst verletzt wird, vom Betroffenen nach §§ 683, 670 BGB selbst Schadensersatz verlangen kann.[568]

259

Es entspricht gefestigter Rspr., dass sich ein Fahrgast ein Mitverschulden nicht schon dann vorwerfen und anrechnen lassen muss, wenn ihm bekannt war, dass der Fahrer vor Antritt der Fahrt Alkohol getrunken hatte. Ein Mitverschuldensvorwurf lässt sich in der Regel vielmehr erst dann rechtfertigen, wenn der Beifahrer begründete Zweifel an der Fahrtüchtigkeit des Fahrers hatte oder nach Lage der Dinge hätte haben müssen[569] Das *KG*[570] hat die Grundsätze erneut herausgestellt: *»Erforderlich wäre vielmehr der Nachweis, dass die Beklagte oder der Busfahrer als ihr Verrichtungsgehilfe die mit der Eröffnung bzw. Durchführung des Personenverkehrs erforderliche Sorgfalt schuldhaft, d. h. fahrlässig oder vorsätzlich nicht beachtet hätten und die erlittene Verletzung darauf zurückzuführen wäre. Ferner ist darauf hinzuweisen, dass der Kläger als Rechtsnachfolger der Verletzten in vollem Umfange darlegungs- und beweispflichtig für das Vorliegen aller Tatbestandsvoraussetzungen ist.«* Im konkreten Fall führte es ferner aus, eine Pflicht des Busfahrers, Automatiktüren visuell zu kontrollieren oder des Bushalters, mittels Lichtschranken Unfälle beim Ein- und Aussteigen zu verhindern, bestehe nicht. Das *OLG Brandenburg*[571] hat einen Anscheinsbeweis dahin gehend im Prinzip bejaht, dass eine heftige Lenkbewegung für einen Fahrfehler typisch und daher Grundlage einer Haftung sei, angesichts besonderer Umstände im Einzelfalls jedoch verneint.

260

---

562 Vgl. *OLG Hamm* NZV 2005, 414.
563 *OLG Brandenburg* NZV 2009, 497: Mithaftung der Straßenbahn zu 30 %.; hierzu *Metz*, Der Anscheinsbeweis bei Kollision von Kfz und Straßenbahn – zugleich Anmerkung zu OLG Brandenburg, NZV 2009, 484; *KG* NZV 2005, 416: Bei Verschulden des Kraftfahrers mindestens 50 % Mithaftung.
564 Vgl. auch § 4 Abs. 1 S. 1 Verordnung über die Allgemeinen Beförderungsbedingungen für den Straßenbahn- und Obusverkehr sowie den Linienverkehr mit Kraftfahrzeugen (BefBedV); grundlegend zur Problematik *Rebler*, Grundsätze der Haftung bei Unfällen von Fahrgästen in Omnibussen und Straßenbahnen im Linienverkehr, MDR 2011, 457.
565 *BGH* NJW 1993, 654; vgl. auch *Filthaut*, Die neuere Rechtsprechung zur Bahnhaftung, NZV 2011, 217, 218; *Filthaut* Die neuere Rechtsprechung zur Schadenshaftung des Omnibusunternehmers und -fahrers, NZV 2011, 110, 12.
566 VersR 2002, 331.
567 NZV 2011, 199.
568 *OLG Düsseldorf* NZV 2011, 393.
569 *BGH* BGHZ 34, 355.
570 *KG* MDR 2004, 937.
571 *OLG Brandenburg* VRS 106, 247.

XXIII. Radfahrer

261 Unfälle mit Radfahrern kommen in zahlreichen Varianten vor, die auch unter anderen Schlagwörtern eingereiht werden könnten. Wegen der grundsätzlichen Abwägungsgesichtspunkte ist es jedoch sinnvoll, neben im Zusammenhang mit anderen Unfallsituationen erörterten Haftungsgesichtspunkten allgemeine Grundsätze zusammenzufassen.[572]

1. Allgemeine Grundlagen

262 Radfahren ist die Benutzung von Fahrzeugen, sodass § 2 StVO Anwendung findet. Dementsprechend gelten auch die Vorschriften, die an Führer von Nichtkraftfahrzeugen gerichtet sind, wie § 3 Abs. 1 StVO (Geschwindigkeit), § 4 Abs. 1 StVO (Abstand), § 5 StVO (Überholen), § 6 StVO (Vorbeifahren), § 8 StVO (Vorfahrt), § 9 StVO (Abbiegen, Wenden), § 10 StVO (Einfahren und Anfahren), § 11 StVO (Besondere Verkehrslagen).

263 Darüber hinaus fordert § 2 Abs. 4 StVO ein besonderes Verhalten von Radfahrern dahin gehend, dass sie nur bei Ausschluss von Behinderungen nebeneinander fahren dürfen, die Radwege bei entsprechender Beschilderung (Zeichen 237, 240, 241) benutzen müssen (Ausnahme bei Unbefahrbarkeit etwa wegen Eis oder Schnee) und rechte Seitenstreifen beim Fehlen von Radwegen nur unter Vermeidung von Behinderungen der Fußgänger benutzen dürfen. Ergänzend ordnet § 2 Abs. 5 StVO an, dass Kinder bis zu 8 Jahren den Gehweg benutzen müssen und bis zu 10 Jahren benutzen dürfen. Ferner gestattet § 27 Abs. 1 StVO (Verbände) den Radfahrern in Gruppen mit mehr als 15 Mitgliedern das Nebeneinander fahren.

264 Schließlich regeln §§ 65, 67 StVZO die technische Ausrüstung von Fahrrädern, die in Bezug auf Bremsen und Beleuchtung unfallrelevant sind. Gemäß § 67 Abs. 1 StVZO müssen sie mit einer dynamobetriebenen, fest installierten, nach vorne und hinten wirkenden Lichtanlage ausgestattet sein, lediglich bei Rennrädern, deren Gewicht nicht mehr als 11 kg beträgt, reicht gemäß § 67 Abs. 1 S. 1 StVZO eine batteriebetriebene nicht fest angebrachte Beleuchtung aus. Rennräder werden insoweit über schmale Reifen definiert.[573] Die Gleichstellung von Mountainbikes ist erst de lege ferenda geplant. Aktuell wurde das 2011 bekräftigt, eine Umsetzung ist jedoch derzeit nicht in Sicht. Die Pedale sind in jedem Fall mit nach vorn und hinten wirkenden gelben Reflektoren, ferner die Vorder- und Hinterräder mit mindestens zwei beidseitig wirkenden gelben Reflektoren, ersatzweise mit Reflektoren an Reifen oder Speichen auszurüsten.

265 Ein Kraftfahrer darf sich nicht darauf verlassen, dass ein Radfahrer geradeaus fährt, wenn dieser 20 m vor einer Straßeneinmündung kurz den linken Arm ausstreckt. Der nach links einbiegende Radfahrer wiederum kann sich nicht ohne Weiteres darauf verlassen, dass sein nur kurzes Richtungszeichen vom nachfolgenden Verkehr erkannt und richtig gedeutet wird.[574] Auch beim Zusammenstoß mit einem Hund und nicht mehr aufklärbaren Unfallgeschehen kommt nicht ohne Weiteres die Tierhalterhaftung §§ 833, 834 BGB zur Anwendung. Nähert sich ein Radfahrer einem frei laufenden Hund und kommt er bei diesem Annäherungsvorgang zu Fall, so setzt eine Haftung des Tierhalters oder des Tierbegleiters wegen der bei dem Sturz erlittenen Verletzungen voraus, dass konkrete, aus der Tiergefahr oder dem Verhalten des Tierbegleiters ableitbare und haftungsrelevante Umstände festgestellt werden können. Alleine die Tatsache, dass sich der Hund vor dem Unfall auf der von dem Radfahrer benutzten Fahrbahn befunden hat, reicht für eine Haftung nicht aus.[575]

266 Bei der Kollision zwischen Radfahrern beschränkt sich die Abwägung auf die Beurteilung des jeweiligen Verschuldens, bzw. Verschuldensgrades, da eine Betriebsgefahr nicht in Betracht kommt. Hin-

---

572 Vgl. zur gesamten Radfahrerpolitik auch *Kettler* SVR 2006, 86 sowie die bei *Lemcke* r+s 2009, 45 erörterten Fälle; zur Haftungsabwägung auch Geigel/*Knerr*, Kap. 2 Rn. 54 ff.
573 Vgl. Vbl. 1988, 477.
574 *BGH* VersR 1955, 57 (Schadenausgleich im Verhältnis 2:1 zulasten des Pkw).
575 *OLG Frankfurt* NZV 2003, 486.

gegen ist bei der Beteiligung eines Kraftfahrzeugs zunächst schon dessen Betriebsgefahr zu berücksichtigen, sodass eine alleinige Haftung des Radfahrers hierbei nur in Extremfällen angenommen werden kann. Bei beiderseitigem Verschulden wird die zusätzlich gegen den Kraftfahrer wirkende Haftung aus der Betriebsgefahr regelmäßig zu einem Haftungsanteil des Kraftfahrers von mehr als 50 % führen.[576]

2. Einzelne Unfallsituationen

Wegen der sehr unterschiedlichen Haftungskomponenten ist bei Kollisionen mit Radfahrerbeteiligung stark nach den einzelnen Konstellationen zu differenzieren. **267**

a) Abbiegevorgänge von Kraftfahrzeugen

Gem. § 2 Abs. 4 StVO haben Radfahrer grundsätzlich auch auf Radwegen die vorgeschriebene Fahrtrichtung, also den rechten Radweg zu benutzen.[577] Die Verstöße hiergegen sind zahllos, sodass es häufig zu Zusammenstößen mit ausfahrenden oder abbiegenden Kraftfahrzeugen kommt.[578] **268**

Einerseits liegt eine Ordnungswidrigkeit des Radfahrers, nämlich ein Verstoß gegen § 2 Abs. 4 StVO, also ein schuldhaftes Handeln vor. Er hätte die Gefahrensituation auch voraussehen können.[579] Andererseits muss ein Verstoß des Kraftfahrers beim Ausfahren (§ 10 StVO) bejaht werden, weil er auch auf Fußgänger und Rad fahrende Kinder zu achten hat, die unter 8 Jahren den Gehsteig benutzen müssen und seit 1.9.1997 bis zu 10 Jahren benutzen dürfen (§ 2 Abs. 5 StVO). Beim Ausfahren kann der Kraftfahrer im Übrigen vielfach überhaupt nicht wissen, ob der zu kreuzende Radweg zum Befahren in beide Fahrtrichtungen eröffnet wurde, sodass er sich stets vergewissern muss, ob ein Radfahrer kommen könnte. **269**

Streitig ist allerdings, ob ein Verschulden wegen einer Vorfahrtsverletzung des Kraftfahrers auch zu bejahen ist, wenn er beim Rechtsabbiegen aus der Vorfahrtsstraße mit einem von links, also verbotswidrig, kommenden Radfahrer zusammenstößt. **270**
- **Bejahung der Vorfahrtsverletzung:** Nach der Rspr. des *BGH*,[580] des *KG*,[581] des *OLG Hamm*[582] und des *OLG Düsseldorf*[583] hat der Radfahrer trotz fehlender Fahrberechtigung gegenüber einem aus einer Nebenstraße einbiegenden Kraftfahrzeug die Vorfahrt, sodass der Kraftfahrer eine Vorfahrtsverletzung begeht. Hierzu werden Praktikabilitätserwägungen angeführt, aber auch betont, man müsse mit disziplinlosen Radfahrern rechnen.[584]
- **Verneinung einer Vorfahrtsverletzung:** Demgegenüber verneint insbesondere das *OLG Bremen*[585] eine Vorfahrtsverletzung des Kraftfahrers, da schon begrifflich eine Vorfahrtsverletzung nicht in Betracht kommen könne, weil der Radfahrer nicht einmal eine Fahrberechtigung in dieser Unfallsituation habe, mangels Vorfahrt aber eine Vorfahrtsverletzung nicht in Betracht komme.[586]
- **Entscheidungskriterium:** Der Ansicht, das Vorfahrtsrecht zu verneinen, ist beizupflichten. Praktikabilitätserwägungen können ein nicht vorhandenes Fahrrecht entgegen der StVO nicht begründen. Mangels Fahrberechtigung kann ein Vorfahrtsrecht nicht missachtet werden. Ein Verschul-

---

576 Vgl. *Burmann/Heß/Jahnke/Janker* § 9 StVG Rn. 9.
577 Zu den wichtigen Änderungen durch die StVO-Novelle vom 7.8.1997, vgl. *Hentschel* NJW 1998, 344.
578 *Blumberg* NZV 1994, 249 sowie *Haarmann* NZV 1992, 175.
579 *KG* DAR 1993, 257.
580 *BGH* NJW 1986, 2651, strafrechtliche Entscheidung, aber auch *BGH* NJW 1982, 334 für den Bereich einer Einbahnstraße.
581 *KG* VRS 68, 284, strafrechtliche Entscheidung.
582 *OLG Hamm* NZV 1999, 86: Mithaftung des Radfahrers zu 50 %.
583 *OLG Düsseldorf* DAR 2001, 78.
584 *KG* a. a. O.; *OLG Hamm* VersR 1999, 1432.
585 *OLG Bremen* NJW 1997, 2891; die Entscheidung setzt sich ausführlich mit der Auffassung des *BGH* auseinander.
586 *OLG Frankfurt* DAR 1999, 39 das allerdings eine allgemeine Sorgfaltspflichtverletzung bejaht.

den des Kraftfahrers ist jedoch dennoch zu bejahen, weil auch hier aus der Sicht des Kraftfahrers von links zulässigerweise und damit vorfahrtsberechtigte Radfahrer kommen könnten, nämlich wiederum Kinder bis zum 10. Lebensjahr.[587]

271 Im Ergebnis ist daher in jedem Fall bei beiderseitigem Verschulden eine Haftungsabwägung zu treffen. Eine Vorfahrtverletzung in obigem Sinne hätte allerdings dem Verschuldensanteil des Kraftfahrers deutlich erhöht, da Vorfahrtsverletzungen zu den gravierenden Verstößen im Straßenverkehrsrecht zählen. Letztendlich kommt es bei der Haftungsabwägung auf eine Gewichtung des jeweiligen Verschuldens unter besonderer Berücksichtigung der konkreten Verkehrssituation an.[588] Außerdem ist auf der Seite des Kraftfahrers noch die Betriebsgefahr (§ 7 StVG) zu berücksichtigen.

272 Gerade die hier zu beurteilende Problematik zeigt, dass es nicht auf Quotenzitate, sondern Argumente ankommen muss. Ein Radfahrer, der verbotswidrig auf dem Gehsteig mit hoher Geschwindigkeit unmittelbar an der Hausmauer entlang fährt und sich damit einerseits in hohem Maße selbst gefährdet, andrerseits dem ausfahrenden Kraftfahrer sogar die Möglichkeit nimmt, sich herauszutasten, setzt damit eine Verschuldenskomponente, die mit hälftiger Schadenstragung sicherlich nicht überbewertet und in diesem Fall bei zusätzlicher Missachtung eines an der Ausfahrt angebrachten optischen Warnsignals sogar mit 100 % anzusetzen ist, während die Handlungsweise eines Radfahrers, der wegen eines verbotswidrig geparkten Fahrzeugs vom Radweg auf den Gehsteig ausweicht, sicherlich geringer wiegt, und damit bei der Kollision mit einem Ausfahrenden mit einer Mithaftung von maximal $1/3$ anzusetzen ist.

273 In der Praxis sind bei derartigen Unfällen Quoten von 100:0[589] bis 0:100 zu beobachten,[590] wobei vielfach eine Haftung des Radfahrers zu $1/3$ und des Kraftfahrers wegen der Betriebsgefahr[591] zu $2/3$ angenommen wird. Von einer Haftung des Kraftfahrers zu $3/4$ geht das *OLG Hamm*[592] aus, wobei insoweit das Vorfahrtsrecht des Radfahrers bejaht wird.

274 Fährt der Radfahrer am Ende des links eröffneten Radwegs in die Kreuzung ein, ohne dass der Radweg nach der Überquerung weitergeführt wird, handelt er ebenfalls rechtswidrig und haftet daher mit.[593]

b) Einbahnstraßen

275 Das Verbot gegen die gemäß § 41 Abs. 2 Nr. 2 (Zeichen 240) angeordnete Fahrtrichtung zu fahren gilt auch für Radfahrer, soweit nicht auf der Grundlage der Ermächtigungsnorm (§ 41 Abs. 2 Nr. 3 StVO) eine kommunal angeordnete Ausnahme vorliegt. In der Regulierungspraxis ist hier auf den Nachweis der Anbringung des Zusatzschildes gemäß § 41 Abs. 2 Nr. 2 StVO zu achten. Bei der Abwägung gelten die bereits oben dargestelltem Abwägungsgesichtspunkte. Insoweit vertritt der *BGH* ausdrücklich die Ansicht, wer Einbahnstraßen und diesen zugeordnete Radwege in der gesetzlichen Richtung befahre, habe zwar gegenüber aus untergeordneten Straßen einfahrenden oder kreuzenden Verkehrsteilnehmern keine Vorfahrt, jedoch dann, wenn es sich um Radfahrer auf einen Radweg handle, ausnahmsweise die Pflicht, in zumutbarem Maß auf Verkehrsteilnehmer zu achten, die

---

587 Im Ergebnis auch *OLG Bremen* a. a. O.
588 Vgl. hierzu *Ernst* NZV 1994, 249 mit ausführlichen Nachweisen zur Haftungsabwägung und Haftungsquoten.
589 *OLG Hamm* NZV 1995, 152: Alleinhaftung des Radfahrers bei Kollision mit Grundstücksausfahrer.
590 *OLG Hamm* NZV 1995, 152: Alleinhaftung des Radfahrers; DAR 1996, 321: Haftung des Kraftfahrers zu $3/4$; so auch *OLG Hamm*.
591 Vgl. hierzu auch *OLG Hamm* SP 1996, 339: Mithaftung des Pkw-Fahrers, der den ohne Licht fahrenden Radfahrer nicht.
592 A. a. O.
593 *OLG Düsseldorf* SP 2002, 87: Mithaftung 25 %.

den Radweg in der verbotenen Richtung benutzen.[594] Nach dieser Ansicht kann eine Mithaftung des Radfahrers kaum mehr als 1/3 betragen.

c) Fußgängerbereich

Wer als erwachsener Radfahrer einen Gehweg benutzt und dabei rechtswidrig-schuldhaft eine Kollision mit einem anderen Radfahrer verursacht, ist diesem grundsätzlich auch dann schadensersatzpflichtig, wenn der Geschädigte seinerseits den Gehweg unbefugt befahren hat.[595] **276**

Ist ein Radweg durch eine durchgezogene Linie in einen Radfahrstreifen und einen Fußgängerbereich unterteilt, so darf der Radfahrer die durchgezogene Linie nicht überfahren. Dieses Überholverbot schützt auch den überholten Radfahrer.[596] **277**

Radfahrer, die den Fußgängerüberweg benutzen, genießen nicht den Schutz des § 26 Abs. 1 StVO und handeln ihrerseits verbotswidrig. Etwas anderes gilt nur dann, wenn sie das Fahrrad bei der Überquerung des Fußgängerüberweges schieben.[597] Bei einem verbotswidrig die Fußgängerfurt befahrenden Radfahrer hat das *OLG Celle*[598] anlässlich eines Zusammenstoßes eine Mithaftung von 50 % angenommen. Das *KG*[599] ist jedoch der Ansicht, »Fahrrad-Rollern«, bei dem ein Bein auf dem Pedal steht und mit dem zweiten Bein der Beschleunigungsstoß ausgeführt wird, sei zulässig. »*Es stand der Kl. jedoch frei, von ihrem Fahrrad abzusteigen und sodann als Fußgängerin die Fußgängerfurt über die H-Straße im südlichen Bereich der Einmündung der R-Straße in die H-Straße zu benutzen. Dass die Kl. sodann bei dem Versuch, die H-Straße zu überqueren, wie das LG festgestellt hat, mit einem Fuß auf das Pedal gestiegen und gerollt ist, führt noch nicht dazu, dass sie den Fußgängerüberweg nicht benutzen durfte. Jedenfalls ist dem LG darin zu folgen, dass eine Unfallsächlichkeit des von den Bekl. beanstandeten Verhaltens der Kl. nicht festgestellt werden kann.*« Der Entscheidung ist beizupflichten. Es handelt sich um eine Grauzone zwischen Schieben und Fahren. Auf die rechtliche Einordnung kommt es jedoch nicht an. Da durch dieses Verhalten kein Unterschied zum Fußgänger vorliegt, tritt das Verhalten des Radfahrers in jedem Fall hinter der Betriebsgefahr des Kraftfahrzeugs und dem Verschulden des Fahrers zurück. Hingegen hat das *AG Wetzlar*[600] sogar eine Alleinhaftung des Radfahrers angenommen. Der Entscheidung fehlt jegliche Auseinandersetzung mit der einschlägigen Rechtsprechung. **278**

Problematisch sind die Fälle, in denen ein unerlaubt den Gehweg benutzender Radfahrer mit einem aus einer Grundstücksausfahrt ausfahrenden Kfz zusammenstößt. Bezüglich des Kfz-Führers wird hier regelmäßig ein Verstoß gegen § 10 StVO schon nach dem Anscheinsbeweis in Betracht kommen. Diese gesteigerte Sorgfaltspflicht gilt nämlich auch gegenüber Radfahrern, die den Gehweg nicht befahren dürfen.[601] Dies folgt schon allein daraus, dass es wegen des Umstandes, dass Kindern bis zum Alter von 8 Jahren gemäß § 2 Abs. 5 StVO das Radfahren auf Gehwegen erlaubt ist, keinen Vertrauensgrundsatz des Inhalts gibt, dass dort keine Radfahrer zu erwarten seien.[602] **279**

Bei erwachsenen Radfahrern ist fragwürdig, ob sie allein deshalb, weil sie den Gehweg verbotswidrig benutzten, einer Mithaftung unterliegen. Eine solche wäre insbesondere dann zu erwägen, wenn das Verbot, Gehwege zu befahren, (auch) dem Schutz des auf dem Gehweg eingeschränkt zugelassenen Verkehrs dienen würde.[603] **280**

---

594 *BGH* NJW 1982, 334.
595 *BGH* NJWE-VHR 1996, 114; vgl. auch *OLG Düsseldorf* VersR 1996, 1120; *Greger* NZV 1997, 37.
596 *OLG Hamm* NZV 1995, 316.
597 *OLG Düsseldorf* DAR 1998, 280.
598 *OLG Celle* DAR 1999, 505.
599 *KG*. NZV 2005, 92
600 NZV 2011, 28.
601 *OLG Hamburg* NZV 1992, 281.
602 Vgl. *Blumberg* NZV 1994, 249 sowie dort Fn. 118 m. w. N.
603 Zustimmend: *OLG Hamburg* NZV 1992, 281; a. A. *Grüneberg* NZV 1992, 282.

281 Richtigerweise ist dies zu bejahen. Aber auch nach der abweichenden Auffassung ist eine Haftung des Radfahrers nicht ausgeschlossen. Als verletzte Schutznorm kommt dann nämlich § 1 Abs. 2 StVO in Betracht. Der auf dem Gehweg fahrende Radfahrer hat demgemäß damit zu rechnen, dass Kfz aus Grundstücksausfahrten herauskommen und muss seine Geschwindigkeit und Fahrweise dementsprechend anpassen.[604]

282 Zum gleichen Ergebnis gelangte das *OLG Hamm*.[605] Das *LG Dessau*[606] bejaht ebenfalls die Alleinhaftung des Radfahrers unter Berufung auf die beiden vorgenannten Entscheidungen. Eine Extremposition nimmt das *OLG München* ein. Ist die Möglichkeit bewiesen, dass sich ein Kraftfahrer beim Ausfahren aus einer Grundstücksausfahrt korrekt verhalten und »Schritt für Schritt« in den Gehweg hineingetastet habe, sodass die Kollision unvermeidbar gewesen sein könnte, reiche dies zur Entkräftung des gegen den Kraftfahrer sprechenden Anscheinsbeweises aus und führe zur Alleinhaftung des Radfahrers, da die Betriebsgefahr des Kraftfahrzeugs hinter dem Verschulden des Radfahrers zurücktrete.[607] Diese Entscheidung geht sogar so weit, dass sie auch ein geringfügiges Verschulden des Kraftfahrers wegen minimal überhöhten Ausfahrtempos hinter dem Verschulden des Radfahrers zurücktreten lässt.

283 Diesen Entscheidungen kann nicht beigepflichtet werden. Sie verkennt schon den Wortlaut von § 9 StVO. Dieser beschränkt die Verpflichtung des Kraftfahrers nicht auf ein Hineintasten in den Gehweg. Kann der Gehweg nicht eingesehen werden, hat sich der Kraftfahrer nach der Entscheidung des Gesetzgebers einweisen zu lassen. Wer dem zuwiderhandelt, trägt nicht lediglich ein geringfügiges Verschulden. Die Entscheidung hilft den Kraftfahrern im Übrigen nicht weiter. Ist der Radfahrer älter als 10 Jahre, soll der Kraftfahrer seinen Schaden voll ersetzt erhalten, ist er jünger, so wird der Kraftfahrer, da sich Kinder bis zu diesem Alter erlaubterweise auf dem Gehsteig bewegen, bei gleichem Verhalten des Kraftfahrers wegen fahrlässiger Körperverletzung oder Tötung zu verurteilen sein.

d) Radwegbenutzung

284 Radfahrer untereinander brauchen beim Überholen nicht einen Sicherheitsabstand von 1,5 bis 2 Metern einzuhalten, wie er beim Überholen von Radfahrern durch Kfz erforderlich ist. Auf einem 1,70 Meter breiten Radweg darf ein Radfahrer jedenfalls dann überholen, wenn er seine Überholabsicht durch Klingeln angezeigt und der Vorausfahrende dies wahrgenommen hat.[608] Allerdings ist eine stetige Pflicht zum Klingeln beim Überholen von der Rspr. nicht angenommen worden.[609] Radweg im Sinne des Gesetzes ist im Übrigen auch ein von der Fahrbahn getrennter Radweg.[610] Das *OLG Celle*[611] hat beim Zusammenstoß von einerseits verkehrswidrig fahrenden Radfahrern und einem Ausweichenden eine volle Haftung der verkehrswidrig Fahrenden angenommen. Das *LG* hatte noch unter Ansatz einer späten Ausweichreaktion des Geschädigten eine Haftung von lediglich 70 % ausgesprochen. Das *OLG Celle* führt hierzu aus: *»Die Bekl. befuhren den Radweg nämlich nicht nur aus egoistischen Motiven vorsätzlich in falscher Richtung, sondern unzulässigerweise auch noch nebeneinander und offenbar durch ein Gespräch vom übrigen Verkehrsgeschehen, insbesondere dem ihnen ordnungsgemäß fahrend entgegenkommenden Kl., abgelenkt. Dadurch beschworen sie die kritische Situation erst herauf und es ist nicht gerechtfertigt, dass der Kl. einen Teil seines Schadens selbst trägt.«*

---

604 Vgl. *Grüneberg* NZV 1992, 282 f.; ähnlich *Blumberg* NZV 1994, 249.
605 *OLG Hamm* NZV 2005, 152.
606 *LG Dessau* NZV 2006, 149.
607 *OLG München* zfs 1997, 171 (bei diesem Senat handelt es sich nicht um den allgemein für Verkehrszivilsachen zuständigen).
608 *OLG Frankfurt* NZV 1990, 188.
609 *OLG München* VersR 1985, 379 (Nichtannahme der Revision durch den *BGH*).
610 Vgl. *OLG Köln* OLGR Köln 1993, 352.
611 *OLG Celle* MDR 2005, 504.

C. Einzelfälle

285 Bei Kollision zwischen Radfahrern und Fußgängern ist je nach Situation abzuwägen. Das *OLG Hamm*[612] hat allerdings die Alleinhaftung des einen Radweg unaufmerksam querenden Fußgängers bei einer Kollision mit einem Radfahrer angenommen. Ausgangspunkt ist hier der Vertrauensgrundsatz, der auch in diesem Verhältnis gilt. Entscheidend ist, ob der Radfahrer Anhaltspunkte dafür erkennen konnte, nach denen das Fehlverhalten des Fußgängers zu erwarten war. Bei kombinierten Rad-/Gehwegen ist gemäß § 41 Abs. 2 Nr. 5c StVO auf Fußgänger zu achten, andrerseits müssen Fußgänger den Radfahrern die gefahrlose Vorbeifahrt gewähren, hierbei können sie aber darauf vertrauen, dass sich der von hinten kommende Radfahrer ausreichend bemerkbar macht.[613]

286 Insoweit hat das *OLG Oldenburg*[614] indes die Schuldverhältnisse einseitig auf die Radfahrer verlagert. Nach dieser Entscheidung haben Radfahrer bei kombinierten Rad- und Fußwegen in der Weise auf Fußgänger Rücksicht zu nehmen, dass das Vorbeifahren an einem Fußgänger nur nach einer Verständigung mit diesem und ansonsten lediglich Schrittgeschwindigkeit zulässig sei. Bei Verletzung dieser Pflicht nimmt das *OLG Oldenburg* eine ausschließliche Haftung des Radfahrers an. Dem ist nicht beizupflichten. Dass zwar der Radfahrer sich sorgfältig zu verhalten hat, aber den Fußgänger gemäß § 1 Abs. 2 StVO ebenso eine Sorgfaltspflicht trifft und Letzterer daher nicht ohne einen Blick auf möglicherweise herannahende Radfahrer seine Bewegungsrichtung ändern darf, übersieht das *OLG Oldenburg*.

287 Kommt es zu einem Zusammenstoß mit einem aus einer Grundstücksausfahrt kommenden Kraftfahrzeug, wird in der Praxis die überhöhte Geschwindigkeit des Radfahrers angeführt. Zunächst fragt sich, welche Geschwindigkeitsbeschränkung für Radfahrer gilt. Da Räder keine Kraftfahrzeuge i. S. d. § 1 Abs. 2 StVG sind, gilt für sie die allgemeine maximale innerörtliche Geschwindigkeit von 50 km/h nicht, die im Übrigen von sportlichen Fahrern in vielen Situationen durchaus überschritten werden kann. Entscheidend ist daher, ob der Radfahrer sein Fahrzeug i. S. d. § 3 Abs. 1 StVO beherrscht. Bei einer Kollision zwischen einem Radfahrer, der mit circa 42 km/h innerorts unterwegs gewesen sein soll. Gegen die Bestimmung dieser Geschwindigkeit bestehen angesichts denkbar geringer Anknüpfungspunkte erhebliche Bedenken), wurde davon ausgegangen, dass sich die Geschwindigkeit eines Radfahrers nach dem zu richten habe, was andere Verkehrsteilnehmer von ihm erwarten würden,[615] mit einem lautlos mit Geschwindigkeit knapp unter der innerorts zulässigen Höchstgeschwindigkeit sich nähernden Fahrzeug rechne kein Fußgänger. Das *OLG Nürnberg* hat die dargestellte besondere Sorgfaltspflicht des Radfahrers gemäß § 41 Zeichen 240 für den Fall schlechter Sichtverhältnisse mit § 3 Abs. 1 S. 4 StVO ergänzt und ausgeführt, bei stark eingeschränkten Sichtverhältnissen sei eine Geschwindigkeit von 20–25 km/h so hoch, dass angesichts dieses gravierenden Verschuldens ein eventuell zu bejahender Mitverschuldensanteil des Fußgängers unberücksichtigt bleibe.[616] Hiergegen bestehen unfallanalytisch erhebliche Bedenken, die jedoch angesichts fehlender unfallanalytischer Angaben nicht näher erörtert werden können.

288 Das ist auch dogmatisch nicht vertretbar. Abgesehen davon, dass damit ein völlig unbestimmter Geschwindigkeitsbegriff eingeführt wird, setzt dies voraus, dass der Radfahrer in der Lage ist, zu erkennen, ob er sich einer schreckhaften oder einer eher sportlich eingestellten Person nähert. Entscheidend kann daher nur sein, ob einerseits der Radfahrer in der Lage ist, sein Fahrzeug sicher zu führen und er andrerseits andere Verkehrsteilnehmer i. S. d. § 1 StVO weder belästigt noch behindert. Letzteres ist jedoch lediglich objektiv zu bestimmen, die Geschwindigkeit allein ist kein ausreichendes Kriterium.

---

612 *OLG Hamm* VersR 1999, 1558.
613 *BGH* VersR 1967, 179.
614 *OLG Oldenburg* VersR 2005, 287.
615 *OLG Karlsruhe* zfs 1991, 80; sich anschließend Hentschel-König-Dauer/*König* § 3 StVO Rn. 12.
616 DAR 2004, 451. Der Entscheidung lässt sich allerdings nicht entnehmen, in welcher Entfernung sich die Beteiligten erstmals erkennen konnten.

289 Kann die Geschwindigkeit jedoch, wie regelmäßig, nicht konkret nachgewiesen werden, verbleibt es bei der Alleinhaftung des Kraftfahrers[617] oder anderer Verkehrsteilnehmer, soweit diesen ein Verkehrsverstoß nachzuweisen ist.

290 Endet ein Radweg, endet auch ein Vorrecht des Radfahrers. Sein Weiterfahren unterliegt § 10 StVO, er hat sich also so zu verhalten, dass hinsichtlich der Verkehrsteilnehmer im Straßenbereich eine Gefährdung ausgeschlossen ist.[618]

e) Überholen

291 § 5 Abs. 8 StVO räumt Radfahrern das Recht ein, an Fahrzeugen, die auf dem rechten Seitenstreifen warten, rechts zu überholen.[619] Hierbei ist in der Praxis allerdings häufig zu sehen, dass schnellere Radfahrer an langsam rollenden Fahrzeugen vorbeifahren. Diese Praxis wird von § 5 Abs. 8 StVO nicht gedeckt, sodass insoweit ein ordnungswidriges Verhalten des Radfahrers vorliegt, das angesichts des Problems des toten Winkels bei der Haftungsabwägung durchaus als erheblich zu beurteilen ist.[620] Hierbei ist ferner darauf hinzuweisen, dass es nach heutigem Stand der Technik eigentlich ein Problem des »toten Winkels« nicht mehr gibt. Wegen der Krümmung der Außenspiegel ist ein toter Winkel technisch problemlos zu vermeiden. Wer veraltete Außenspiegel nutzt, negiert den technischen Fortschritt, das aber führt zumindest zu einer erhöhten Betriebsgefahr, die entsprechend zu berücksichtigen ist.

292 Wer als Radfahrer rechts an Fahrzeugen vorbeifährt (ohne auf der Geradeausspur zu sein), die auf der Linksabbiegerspur stehen, überholt verbotswidrig rechts und haftet daher mit.[621] Der Lkw-Fahrer ist nach dem Vertrauensgrundsatz nicht verpflichtet, vor dem Anfahren sich durch einen Blick in den rechten Außenspiegel zu vergewissern, dass sich vorne schräg rechts neben ihm kein Radfahrer befindet.[622] Dem Recht des Radfahrers steht aber keine Verpflichtung des Kraftfahrers gegenüber, sozusagen stets eine Gasse frei zu lassen. § 5 Abs. 8 StVO enthält lediglich die Berechtigung des Radfahrers, ohne gegenüber Kraftfahrern Reglementierungen zu enthalten.[623] Im Übrigen erlaubt § 5 Abs. 8 StVO das Vorbeifahren nur bei ausreichendem Platz und mit mäßiger Geschwindigkeit an bereits haltenden Fahrzeugen.[624] Hat also ein Fahrzeug zu nahe am Randstein gehalten, ist ein Zusammenstoß mit dem Radfahrer offensichtlich von Letzterem jedenfalls grob fahrlässig verursacht, da er beim Erkennen des stehenden Fahrzeugs und der zu geringen Lücke problemlos anhalten kann und muss.[625]

293 Als Radweg wird nicht nur eine mit Zeichen 237–242 gekennzeichnete Verkehrsfläche definiert. Das *OLG Frankfurt*[626] stellt insoweit vielmehr auf das äußere Bild ab. »*Dieses äußere Bild ist für die Bestimmung des rechtlichen Charakters einer Straßen- oder Wegefläche maßgeblich. Er verlief nämlich aus der Richtung, aus der der Radfahrer kam, über die gesamte von der Einmündung der H.-Straße her übersehbare Strecke parallel zur »Hauptstraße«. Seiner Anlage nach stellte er schlicht eine der beiden im hiesigen Raum typischen Varianten –; unmittelbar an die Fahrbahn angrenzend, nur durch einen Randstein abgegrenzt zum einen, durch eine schmale bewachsene Fläche von der Fahrbahn getrennt zum anderen –; eines Rad- oder Fußwegs dar.*« Es befindet sich insoweit in Übereinstimmung mit dem *OLG Karlsruhe*,[627] das diesbezüglich auch die allgemeine Vorfahrtsregel Rechts-vor-Links anwandte.

---

617 *OLG Hamm* NJWE-VHR 1998, 179, vgl. auch Geigel/*Zieres* Kap. 27 Rn. 314.
618 *OLG Köln* VRS 96, 345.
619 Vgl. auch Geigel/*Zieres* Kap. 27 Rn. 196 f.
620 Vgl. *KG* r+s 2011, 175, 176 m. Anm. *Lemcke*; hierzu *Balke* SVR 2011, 14147 m. ausf. Nachw.
621 *OLG Hamm* VersR 2002, 251.
622 So *OLG Hamm* a. a. O.
623 Vgl. *OLG Celle* DAR 2005, 85.
624 Vgl. *Jagow/Burmann/Heß* § 5 StVO Rn. 67a.
625 Vgl. auch *OLG Celle* DAR 2005, 85.
626 *OLG Frankfurt* VersR 2005, 523.
627 DAR 200, 307.

Die gleichen Grundsätze gelten auch beim Auffahren eines Radfahrers auf ein nach links abbiegendes Kraftfahrzeug, denn es »*existiert keine Vorschrift, wonach sich ein Autofahrer auf der Straße so einzuordnen hat, dass an der rechten Seite Radfahrer vorbeifahren können. Gemäß § 5 Abs. 8 StVO dürfen zwar Radfahrer auf dem rechten Fahrstreifen wartende Fahrzeuge rechts mit mäßiger Geschwindigkeit und besonderer Vorsicht überholen, wenn ausreichender Raum vorhanden ist. Daraus folgt aber keinesfalls, dass ein Kraftfahrer gehalten ist, nach Möglichkeit rechts ausreichenden Platz für überholende Radfahrer zu lassen.*«[628] Fährt ein Radfahrer auf ein stehendes Fahrzeug auf, so wäre ein Verstoß gegen eine Pflicht zur Lücke entgegen der Ansicht des *OLG Celle*[629] in jedem Fall kausal, ein Verschulden ist bei der Haftungsabwägung jedoch nicht zu berücksichtigen. Das *OLG Celle* kam insoweit zu einer alleinigen Haftung des auffahrenden Radfahrers. Das ist zweifelhaft. Die Betriebsgefahr des stehenden Fahrzeugs ist gemäß § 7 Abs. 2 StVG nur dann ausgeschlossen, wenn der Unfall durch höhere Gewalt verursacht wurde. Dass diese bei einem Zusammenstoß zwischen einem auf der Fahrbahn verkehrsbedingt stehenden Kraftfahrzeug und einem Radfahrer nicht bejaht werden kann, versteht sich von selbst. Entscheidend kann daher nur die Gewichtung des Verschuldens des Radfahrers sein. Das *OLG Celle* führte insoweit an, dass der Radfahrer noch Platz gehabt hätte, nach rechts auszuweichen. Es konnte sich insoweit auf ein Sachverständigengutachten mit umfangreichen Anknüpfungspunkten stützen. Prozessual kommt es daher darauf an, sämtliche Umstände, die für das Verschulden des Radfahrers erhöhend oder mindernd in Betracht kommen, zu sichern und vorzutragen. Fehlt es hieran und stand das Kraftfahrzeug oder wurde lediglich geringfügig bewegt, kommt eine Haftungsverteilung von 1:2 oder 1:3 (jeweils zulasten des Radfahrers) je nach Geschwindigkeit des Radfahrers in Betracht. Die Geschwindigkeit selbst dürfte aus den Unfallfolgen (Schäden an Kraftfahrzeug und Rad, Verletzungsschwere) einigermaßen abzuschätzen sein. 294

f) Vorfahrt

Für Radfahrer gelten bezüglich der Vorfahrtsregelung keine Sondervorschriften. Ein Radfahrer, der der abknickenden Vorfahrtstraße folgt, ist gehalten die Fahrtrichtungsänderung anzukündigen. Unterlässt er dies, so trifft ihn bei einem Zusammenstoß mit einem Pkw zumindest dann nur ein geringes Mitverschulden, das hinter dem Verschulden des Pkw-Fahrers zurücktritt, wenn dieser den Radfahrer nicht einmal bemerkt hat. Der Radfahrer kann damit rechnen, dass abbiegende Fahrzeuge ihm die Vorfahrt lassen.[630] Problematisch ist hierbei die Erkennbarkeit des vorfahrtsberechtigten Radfahrers. Bei schlechter Sicht reduziert sich mangels Beleuchtung des Fahrrades die Erkennbarkeit erheblich, sodass Verschulden des Kraftfahrers gemindert wird und eine Mithaftung des Radfahrers in Betracht kommt.[631] 295

g) Wenden

Auf einer Straße ist das Wenden von Fahrzeugen nur dann zulässig, wenn es ohne Behinderung anderer Verkehrsteilnehmer ausgeführt werden kann. Dieser Grundsatz gilt auch für Radfahrer. Dementsprechend trifft ihn die volle Haftung, wenn sich der Unfallgegner bereits so weit genähert hat, dass ein Unfall nicht vermieden werden kann.[632] 296

3. Radweg

Gemäß § 2 Abs. 4 S. 2 StVO haben Radfahrer die vorhandenen Radwege zu benutzen, wenn sie entsprechend mit Zeichen 237, 240 oder 241 gekennzeichnet sind. Ein Verstoß hiergegen stellt zwar eine OWi dar, wird in der Regel aber bei Erkennbarkeit des Radfahrers hinter Verschulden und Betriebsgefahr von Fahrer und Kfz zurücktreten. 297

---

628 *OLG Celle* NJOZ 2004, 3948, 3950.
629 A. a. O.
630 *OLG Oldenburg* DAR 2000, 35.
631 Vgl. *LG Coburg* Urteil v. 19.4.2002 – Az. 32 S 1/02 n. v.
632 Vgl. *OLG Stuttgart* VersR 1992, 205.

298 Die Erkennbarkeit spielt namentlich in Fällen eine Rolle, bei denen der Radfahrer am Ende des Radwegs auf die Fahrbahn einfährt.

299 War der links der Fahrbahn verlaufende Radweg für beide Richtungen eröffnet, darf der Radfahrer auch dann auf dem linken Radweg weiterfahren, wenn zusätzlich am rechten Fahrbahnrand ein weiterer Radweg eröffnet wird.[633] Etwas anderes gilt nur, wenn die den linken Radweg benutzenden Radfahrer durch eine Fahrbahnmarkierung oder eindeutige Verkehrsschilder auf den rechten Radweg umgeleitet werden.[634]

300 Im Übrigen dürfen Radwege, die als Sonderwege Einbahnstraßen zugeordnet sind, vorbehaltlich anderweitiger ausdrücklicher Regelung (Zeichen 237) nur in der vorgeschriebenen Richtung der Einbahnstraße benutzt werden.[635]

301 Dementsprechend hat, wer Einbahnstraßen und diesen zugeordnete Radwege in der gesperrten Richtung befährt, auch gegenüber aus untergeordneten Straßen einmündenden oder kreuzenden Verkehrsteilnehmern keine Vorfahrt. Indessen besteht, soweit es sich um einen Radweg handelt, für den Benutzer der untergeordneten Straße ausnahmsweise die Pflicht, in zumutbarem Maße auch auf Verkehrsteilnehmer zu achten, die den Radweg in der verbotenen Richtung benutzen.[636]

4. Schutzhelm und Mitverschulden

302 Nach wie vor ist das Tragen eines Schutzhelms beim Radfahrer gesetzlich nicht vorgeschrieben. Die Rspr. lehnt daher die Annahme eines Mitverschuldens des Radfahrers, der auf einen Schutzhelm verzichtet, ab.[637] Das Gesetz sieht eine Schutzhelmpflicht lediglich bei Führen von Krafträdern und Beifahrern vor, § 21a Abs. 2 StVO. Mangels gesetzlicher Verpflichtung kann daher Ausgangspunkt nur die Überlegung sein, ob es allgemeine Überzeugung ist, dass ein vernünftiger Radfahrer einen Schutzhelm trägt. Derzeit kann davon jedoch noch nicht ausgegangen werden.[638] Die Abwägung geht auf das Verhältnis zwischen § 254 BGB und dem allg. Persönlichkeitsrecht gemäß Art. 2 Abs. 1 GG zurück. Ob wegen der »Rechte Anderer« Art. 2 Abs. 1 GG durch § 254 BGB eingeschränkt wird, bedarf hier allerdings keiner Entscheidung. Solange die Rspr. § 254 BGB nicht anwendet, wenn Fahrzeuge ohne Stoßstange (zulassungsrechtlich unbedenklich) im Verkehr bewegt werden und bei Kollisionen zwangsläufig höheren Schaden nach sich ziehen, kann der Verzicht auf den nicht vorgeschriebenen Schutzhelm auch nicht haftungsmindernd berücksichtigt werden.

303 Ob etwas anderes bei Jugendlichen anzunehmen ist, wurde bislang in der obergerichtlichen Rspr. noch nicht entschieden. Hier sprechen aber die von der Medizin und Verkehrserziehung nachhaltig vorgebrachten Forderungen auf das Tragen eines Schutzhelm eher für die Berücksichtigung eines Mitverschuldens, § 254 BGB bzw. eine Aufsichtspflichtverletzung seitens der Eltern. Eine Beobachtung des Radfahrverkehrs zeigt, dass ein Großteil der Eltern bereits auf das Tragen des Schutzhelms durch ihre Kinder Wert legen. Ein Verstoß gegen die oben dargestellte, vernunftgeprägte Überzeugung kann daher durchaus bejaht werden. Das weitere Problem besteht nun darin, ob dieses unvernünftige Verhalten zu einer reduzierten Haftung des Radfahrers führt. Erst bei Jugendlichen, nicht aber bei Kindern kann hier die entsprechende Einsichtsfähigkeit erwartet werden. Es ist daher zu fragen, ob das vernunftwidrige Verhalten der Eltern als Aufsichtspflichtverletzung im Rahmen des

---

633 *BGH* NJW 1997, 395.
634 *BGH* a. a. O.
635 *BGH* NJW 1982, 334.
636 *BGH* a. a. O.
637 *OLG Schleswig* NZV 1991, 233; *OLG Nürnberg* VersR 2000, 337; Anm. *Diehl* zfs 1999, 467; *OLG Hamm* VersR 2001, 1577; zuletzt *LG Itzehoe* Urt. v. 30.4.2010 – 6 O 210/08 = BeckRS 2010, 22188: auch nicht beim Rennradfahrer gegen *OLG Düsseldorf* NZV 2007, 619 m. Anm. *Schiffler*: Rennrad auch in der Freiheit, nicht aber Normalfahrer; grundlegend *Kettler* NZV 2007, 603.
638 So auch *OLG Nürnberg* a. a. O.; *OLG Hamm* a. a. O.

Haftungsausgleichs dem verletzten Kind zuzurechnen ist.[639] Das *LG Krefeld*[640] hatte nunmehr die Schutzhelmpflicht für Kinder bejaht: Es führt beim Unfall eines 10 jährigen Kindes zu dessen Lasten aus: »*Zulasten des Bekl. ist weiterhin zu berücksichtigen, dass er im Unfallzeitpunkt keinen Fahrradhelm trug. Zwar sind Fahrradfahrer straßenverkehrsrechtlich nicht zum Tragen eines Helmes verpflichtet, wie sich aus § 21a Abs. 2 StVO ergibt. Hieraus ergibt sich jedoch nicht, dass das Nichttragen eines Schutzhelmes einen Mitverschuldensvorwurf im Sinne des § 254 BGB nicht begründen kann* (MüKo/Oetker § 254 Rn. 42; a. A. *OLG Nürnberg* DAR 1999, 507). *Denn bei dem Gebot, die eigenen Interessen zu wahren und dabei Sorgfalt walten zu lassen, handelt es sich um eine Obliegenheit des Gläubigers, die nicht davon abhängt, dass er eine Rechtspflicht oder sogar eine sanktionsbewehrte Norm verletzt hat* (BGHZ 135, 235, 240; MüKo/Oetker § 254 Rn. 3). *Eine Selbstgefährdung wird durch die Rechtsordnung regelmäßig nicht verboten; gleichwohl sieht § 254 BGB als Ausprägung des Grundsatzes von Treu und Glauben eine Anspruchsminderung des Geschädigten vor, wenn er vorwerfbar die eigenen Interessen außer Acht lässt*«.[641] Unter Berücksichtigung des weiteren Umstands des Fahrens hinter einer Hecke, allerdings im Bereich eines privaten Garagengeländes, in das der Kraftfahrer einfuhr, kam das *LG Krefeld* zu einer Mithaftung des verletzten Kindes von 50 %. Dieser ist nicht beizupflichten. Der Kraftfahrer war trotz der durch die Sichtbeschränkung durch die Hecke, wie sie dem Kind erschwerend angelastet wurde, mit 26–33 km/h eingefahren. Das *LG Krefeld* bezeichnete diese Geschwindigkeit, mit der der Fahrer in einen für ihn nicht einsehbaren Privatbereich gefahren ist, nicht als wesentlich überhöht und berücksichtigt ferner die Betriebsgefahr des Kraftfahrzeugs. Die Mithaftung des Kindes kann insoweit keinesfalls den gleichen Wert erreichen. Ob das *LG* das Nichttragen des Helmes schon beim Haftungsgrund berücksichtigte (worauf der veröffentlichte Text hindeutet) oder – wie es nur möglich ist – bei der vom Kind im Wege der Widerklage geltend gemachten Schmerzensgeldforderung, ist den veröffentlichten Urteilsgründen nicht zu entnehmen. Schon dieser Umstand zeigt aber die Schwäche des Urteils, weil das fehlende Helmtragen bei der Entscheidung über den Sachschadensanspruch des Kfz-Halters ansonsten überhaupt nicht hätte erwähnt werden dürfen. Das *OLG Düsseldorf*[642] hob das Urteil des *LG Krefeld* auf und führt aus, ein Mitverschulden wegen Nichtragens des Helms sei nicht zu bejahen. Aus einem anderen Sorgfaltspflichtverstoß heraus (»*eine gewisse Sorgfaltslosigkeit*«) kommt es zur Mithaftung des Kindes von 25 %, die jedoch ohnehin dem Anspruch des Kindes zugrunde gelegt worden war. Das *OLG Saarbrücken*[643] geht von einem Mitverschulden des Radfahrers nur dann aus, wenn es sich um einen sportlich ambitionierten Radfahrer handelte, der sich bewusst besonderen Risiken aussetzte. Diese Differenzierung ist durchaus vertretbar, muss jedoch den Nachweis vor allem des bewussten Spiels mit dem Risiko voraussetzen.

Der dogmatische Ansatzpunkt ist das Mitverschulden gemäß § 254 Abs. 2 BGB, der in Satz 2 ausdrücklich auf § 278 BGB verweist. Trotz des Wortlauts, der die Pflicht, sich Verschulden Dritter anrechnen lassen zu müssen, auf die Schadensabwendungs- und -minderungspflicht bezieht, gilt nach allgemeiner Ansicht die Verweisung auf § 278 BGB auch für den haftungsbegründenden Vorgang.[644] Gleichzeitig handelt es sich nach allgemeiner Ansicht insoweit um eine Rechtsgrundverweisung, sodass § 278 BGB nur dann Anwendung finden kann, wenn zwischen den Parteien eine vertragliche Beziehung oder eine rechtliche Sonderverbindung besteht.[645]

304

Im Bereich straßenverkehrsrechtlicher Haftungsfälle wird jedoch allein aus dem Umstand, dass die Elternstellung relevant ist, keine derartige Sonderbeziehung bejaht. Es verbleibt daher zunächst bei dem sich aus § 840 Abs. 1 BGB ergebenden Grundsatz, wonach der Geschädigte jeden Beteiligten einer gesamtschuldnerisch haftenden Gruppe in vollem Umfange in Anspruch nehmen kann.

305

---

639 Grundlegend zu Problemen der Gesamt- und Nebentäterschaft *Bachmeier* Mandatshandbuch Rn. 251 ff.
640 NZV 2006, 205.
641 BGHZ 135, 235, 240.
642 NZV 2007, 38 mit Anm. *Kettler:* Helmtragepflicht weder für Erwachsene noch Kinder.
643 NJW-RR 2008, 266.
644 Vgl. Palandt/*Grüneberg* § 254 Rn. 50 f.
645 Vgl. Palandt/*Grüneberg* a. a. O. mit ausführlichen Nachweisen.

Ebenso wie bei der Haftung unter Ehegatten, gilt bei Ansprüchen von Kindern gegen Eltern jedoch eine Haftungseinschränkung gemäß § 1664 BGB: »*Die Eltern haben bei der Ausübung der elterlichen Sorge dem Kinde gegenüber nur für die Sorgfalt einzustehen, die sie in eigenen Angelegenheiten anzuwenden pflegen.*«

306 Umstritten ist die Reichweite dieser Haftungseinschränkung. Nach überwiegender Ansicht ergibt sich lediglich eine Einschränkung des Geltungsbereichs aus Sinn und Zweck von § 1664 BGB, nämlich der Haftungseinschränkung für Verschulden im Rahmen typisch familiärer Tätigkeiten.[646] Nach den Grundsätzen zum sog. gestörten Gesamtschuldnerausgleich kommt eine Berücksichtigung des Mitverschuldens der Eltern in vorliegenden Fällen in Betracht.

307 Zunächst kommt es hierbei auf die Frage, ob der mitschuldige Elternteil sorgeberechtigt ist oder nicht, etwa bei der Ausübung des Umgangsrechts, nicht an.[647] § 1664 BGB ist grundsätzlich anwendbar, sodass ein Mitverschulden der Eltern, soweit es nicht den Grad der groben Fahrlässigkeit erreicht, nicht zu berücksichtigen ist. Die dogmatische Folge aber wäre die Bejahung eines gestörten Gesamtschuldverhältnisses mit der Folge, dass der Anspruch des Kindes gegenüber den sonstigen Schädigern um den fiktiven Mithaftungsanteil der Eltern zu kürzen wäre.[648]

308 Dem tritt der *BGH*[649] jedoch entgegen und verneint die Reduktion des Anspruchs. Er führt aus, die Haftungsprivilegierung der Eltern dürfe dem in Anspruch genommenen Schädiger nicht zugutekommen, weil die Störung des Gesamtschuldverhältnisses gerade durch die Privilegierungsregelung erzeugt und damit der Privilegierte gerade nicht in den Kreis der von § 840 BGB Betroffenen »hineinwachse«, also schon kein Gesamtschuldverhältnis entstehe.[650]

309 Ob dieses Argument überzeugend ist, kann durchaus in Zweifel gezogen werden. Der entscheidende Gesichtspunkt in der Argumentation des *BGH* ist jedoch der Vergleich zwischen fahrlässigem und grob fahrlässigem Verhalten der Eltern aus der Sicht des Kindes. Würde man § 1664 BGB zugunsten des weiteren Schädigers als Grundlage des gestörten Gesamtschuldnerausgleichs ansehen, hätte im ersten Fall das Kind einen eingeschränkten, im zweiten Fall einen vollen Anspruch gegen den weiteren Schädiger.

5. Vorfahrt

310 Die Beachtung der Vorfahrt zählt zu den in der StVO besonders hervorgehobenen Pflichten, sodass schon der Anscheinsbeweis gegen den Wartepflichtigen und dafür, dass der bevorrechtigte Verkehr nicht ausreichend beachtet wurde, spricht.[651] Das Vorfahrtsrecht bezieht sich hierbei grundsätzlich auf die gesamte Straße, der Vorfahrtsberechtigte verliert das Recht nicht durch eigenes verkehrswidriges Verhalten, kann aber bei Letzterem auch mithaften.[652] Dass im Übrigen die Wartepflicht davon abhängt, ob ein bevorrechtigter Verkehrsteilnehmer im Augenblick des Entschlusses zum Einfahren zu sehen ist,[653] bedarf keiner näheren Begründung. Soweit das Vorfahrtsrecht mit überhöhter Geschwindigkeit des Vorfahrtsberechtigten zusammenfällt,[654] muss eine erhebliche Geschwindigkeitsüberschreitung vorliegen. Auch hier kommt es vor allem auf die Frage der Vermeidbarkeit an.[655] Bei

---

646 Vgl. Palandt/*Diederichsen* § 1664 Rn. 3 i. V. m. § 1359 Rn. 1.
647 Die von Palandt/*Diederichsen* § 1664 Rn. 2 zitierte Entscheidung BGHZ 103, 345 spricht dies allerdings so nicht aus, sondern deutet dies nur an (»*spricht vieles dafür*«).
648 So schon *BGH* BGHZ 35, 317; vgl. auch BGHZ 103, 345.
649 BGHZ 103, 338.
650 *BGH* a. a. O.
651 Vgl. auch *Dannert* NZV 1995, 132.
652 St. Rspr. vgl. etwa zuletzt *OLG Hamm* SP 2001, 82; praxisorientierte Besprechung bei *Ferner* PVR 2001, 356.
653 *OLG Hamm* VersR 2002, 589, Revision vom *BGH* nicht angenommen.
654 Vgl. *Nugel/Heß* NJW-Spezial 2011, 521.
655 Vgl. *OLG Celle* NJOZ 2010, 658.

der Geschwindigkeit selbst ist die Rechtsprechung uneinheitlich. Das *OLG Koblenz*[656] sieht bestimmte Geschwindigkeitsbereiche als relevant an und hält bei einer Überschreitung zwischen 25 % und 35 % eine Mithaftungsquote von 1/3 für angemessen. Bei 100 % oder mehr wird jedoch eine alleinige Haftung zu erwarten sein.[657]

XXIV. Rechtsabbiegen

Gegen den Rechtsabbieger spricht schon der Anscheinsbeweis, weil er beim Abbiegen nach rechts gem. § 9 Abs. 1 S. 2 StVO in besonderem Maße auf Radfahrer Rücksicht zu nehmen hat, da diese bevorrechtigt sind. Der Kraftfahrer hat daher durch gewissenhaftes Umschauen eine Gefährdung und Behinderung des Radfahrers zu vermeiden und rechtzeitig den rechten Blinker zu setzen.[658] **311**

Ein Kraftfahrer, der nach rechts abbiegen will, ist gemäß § 9 Abs. 1 StVO verpflichtet, auf den nachfolgenden Verkehr zu achten. Dies gilt umso mehr, wenn er sich bedingt durch die Straßenverhältnisse oder durch die Konstruktion seines Fahrzeugs vor dem Abbiegen nach rechts zur Fahrbahnmitte einordnet. Andererseits muss ein nachfolgender Verkehrsteilnehmer zum vorausgefahrenen Rechtsabbieger einen so ausreichenden Sicherheitsabstand einhalten, dass er beim Abbremsen des Rechtsabbiegers erforderlichenfalls noch rechtzeitig anhalten kann, falls ein Ausweichen nach links wegen der Verkehrslage nicht möglich ist. **312**

XXV. Rückwärtsfahren

Rückwärtsfahren ist entsprechend § 9 Abs. 5 StVO zu jenen Verkehrsvorgängen zu zählen, bei denen dem Fahrer erhöhte Sorgfaltspflichten treffen, nämlich eine Gefährdung anderer Verkehrsteilnehmer ausschließen zu müssen, erforderlichenfalls sich einweisen zu lassen. Verstöße in diesem Zusammenhang sind gemäß § 2 Abs. 1 S. 1 BKatV ausdrücklich als besonders grobe Verstöße bezeichnet. Damit spricht bereits der Anscheinsbeweis für ein Verschulden des Rückwärts fahrenden. Rückwärtsfahren i. S. des § 9 Abs. 5 StVO ist das gewollte Rückwärtsfahren mit Rückwärtsgang, nicht dagegen das unabsichtliche Rückwärtsfahren oder Zurückrollen ohne Motorkraft.[659] Die Formulierung »Gefährdung ausgeschlossen« bedeutet nicht die Pflicht, mit Unvorhersehbarem zu rechnen, aber eine über § 1 StVO hinausgehende äußerste Sorgfalt, nämlich ein Höchstmaß an Vorsicht. Regelmäßig wird auch angesichts des grob leichtfertigen Verhaltens des Rückwärts fahrenden die Betriebsgefahr des angefahrenen Fahrzeugs ausscheiden.[660] **313**

Die Vorschrift regelt primär die besondere Sorgfaltspflicht gegenüber dem fließenden und daher in der Regel rascheren Verkehr. Nach der herrschenden Rspr.[661] soll daher ein Verstoß gegen § 9 Abs. 5 StVO nicht vorliegen, wenn der Rückwärts fahrende gegen ein geparktes Fahrzeug fährt: Hierzu wird argumentiert, die Vorschrift schütze nur den fließenden Verkehr.[662] Dem ist jedoch entgegenzuhalten, dass beim Rückwärtsfahren gerade eine wesentlich geringere Kontrolle über die Fahrzeugbewegung vorliegt und angesichts der »umgekehrten Lenkung« und verdrehten Haltung des Lenkers die Abweichung von der beabsichtigten Richtung besonders leicht eintritt. Gerade der Vergleich mit dem vorwärts Fahren zeigt, dass die insoweit geltenden allgemeinen Sorgfaltsanforderungen gemäß § 1 StVO beim Rückwärtsfahren nicht ausreichen. § 9 Abs. 5 StVO schützt aber auch den Fußgängerverkehr. **314**

---

656 Urt. v. 18.7.2011 – 12 U 189/10 = BeckRS 2011, 19034.
657 Vgl. OLG Saarbrücken DAR 2004, 93.
658 Vgl. *Jagow/Burmann*/Heß § 9 Rn. 36.
659 *OLG Düsseldorf* NJW 2000, 3728.
660 Vgl. *LG Bonn* NZV 2007, 407; vgl. hierzu *Halm* SVR 2007, 413.
661 Vgl. *OLG Thüringen* NZV 2005, 432; ebenso *OLG Stuttgart* NZV 2004, 420; *OLG Koblenz* NStZ-RR 2000, 154 f.
662 *OLG Thüringen* a. a. O.

315 Häufig treten Unfälle im Zusammenhang mit dem Einparken in Einbahnstraßen auf, wenn etwas zurückgesetzt wird, um eine zu spät erkannte Parklücke zu benutzen. Insoweit ist neben dem aus § 9 Abs. 5 StVO abgeleiteten Anscheinsbeweis zusätzlich der Verstoß gegen die in § 41 Abs. 2 Nr. 2 StVO mit Zeichen 240 angeordnete Fahrtrichtung zu berücksichtigen. Rückwärtsfahren ist nämlich nur in engem Rahmen und unter Beachtung erhöhter Sorgfaltspflicht zulässig. Insbesondere darf in Einbahnstraßen das Rückwärtsfahren nur zum unmittelbaren Einparkvorgang, nicht jedoch zum Zurücksetzen, um überhaupt eine Parklücke zu erreichen, durchgeführt werden.[663] Auch wer aus einer Grundstücksausfahrt fährt oder vom Fahrbahnrand anfährt, braucht nicht mit einem Rückwärtsfahren zu rechnen.[664]

316 Wer Einbahnstraßen und diesen zugeordnete Radwege nicht in der gesetzlichen Richtung befährt, hat gegenüber aus untergeordneten Straßen einfahrenden oder kreuzenden Verkehrsteilnehmern keine Vorfahrt. Soweit es sich um einen Radweg handelt, besteht für den Benutzer der untergeordneten Straße ausnahmsweise Pflicht, in zumutbarem Maß auf Verkehrsteilnehmer zu achten, die den Radweg in der verbotenen Richtung benutzen.[665]

317 Fährt ein Kraftfahrer auf der vorfahrtsberechtigten Straße rückwärts, so kommt dem aus einer Nebenstraße kommendem Fahrer weder beim Überqueren noch beim Einbiegen das alleinige Verschulden zu. Rückwärtsfahren ist nämlich nur in engem Rahmen und unter Beachtung erhöhter Sorgfaltspflicht (§ 9 V StVO) zulässig. Dies gilt auch im Verhältnis zu dem aus einer Grundstücksausfahrt Ausfahrenden, der mit dem Rückwärtsfahren nicht zu rechnen braucht.[666]

318 Wer von einer Grundstücksausfahrt rückwärts in eine Fahrstraße einfährt, den trifft die erhöhte Sorgfaltspflicht aus § 10 StVO. Kommt es dabei zu einem Zusammenstoß mit einem auf der öffentlichen Straße befindlichen Pkw des fließenden Verkehrs, dann hat derjenige Verkehrsteilnehmer, der das Grundstück verlassen hat, den Unfall regelmäßig allein verursacht.

319 Der fließende Verkehr muss jedoch damit rechnen, dass andere Verkehrsteilnehmer von der Seite her geringfügig in seinen Fahrraum einfahren, sei es, um die notwendige Übersicht zu gewinnen oder weil sie aus Unaufmerksamkeit die Fahrbahnbegrenzung nicht genau einhalten. Die aus § 1 StVO folgende Pflicht zur allgemeinen Gefahrenabwehr gebietet deshalb die Einhaltung eines Sicherheitsabstands von in der Regel etwa 50 cm zum rechten Fahrbahnrand. Die Betriebsgefahr des aus einem Grundstück rückwärts ausfahrenden und nur etwa 25 cm in die 8 m breite Fahrbahn hineinragenden Pkw tritt gegenüber dem Unfallbeitrag des fließenden Verkehrs völlig zurück.[667]

320 Veranlasst Pkw-Fahrer A durch grobes Fehlverhalten (hier: Rückwärtsfahren auf der rechten Fahrspur der BAB) den nachfolgenden Pkw-Fahrer B zu einem riskanten Fahrspurwechsel nach links mit der Folge, dass der auf der linken Fahrspur mit hoher Geschwindigkeit herankommende Pkw-Fahrer C nach rechts ausweicht und hier auf den Pkw des A aufprallt, muss sich C bei der Inanspruchnahme des Haftpflichtversicherers des A nicht den Mitverantwortungsanteil des B zurechnen lassen; die Grundsätze der so genannten Haftungseinheit finden keine Anwendung.[668]

XXVI. Sicherheitsgurte

321 Bei der Haftungsquotenbildung ist ein Mitverschulden gemäß § 254 Abs. 2 BGB insoweit zu berücksichtigen, als der Geschädigte nicht angegurtet war.[669] Gemäß § 21a Abs. 1 S. 1 StVO[670] ist ein An-

---

663 Vgl. *OLG Karlsruhe* VRS 54, 150; *OLG Düsseldorf* VRS 55, 412.
664 Vgl. *KG* DAR 1996, 366.
665 *BGH* NJW 1982, 334.
666 *KG* DAR 1996, 366; *LG Karlsruhe* NJW-RR 2011, 824.
667 Vgl. *OLG München* VersR 1974, 676.
668 *OLG Hamm* NZV 2000, 371.
669 Etwa *BGH* NJW 1981, 28; aber *LG Köln* Urt. v. 8.1.2007 – 2 O 497/067 = BeckRS 2008, 11348: Kein Mitverschulden bei Oldtimern.
670 Hierzu näher Ferner-Bachmeier-Müller/*Bachmeier* VerwR § 21a StVO.

gurten erforderlich, »*während der Fahrt*«. Der *BGH* hat den Streit, ob damit kurzzeitiges Anhalten erfasst wird, dahin gehend entschieden, dass ein kurzzeitiges verkehrsbedingtes Anhalten noch unter dem Begriff Fahrt zu verstehen ist.[671] Außerdem sind die Freistellungen von der Gurtanlegepflicht eng auszulegen, die teilweise angenommene Befreiung für Werttransportfahrer wurde ausdrücklich abgelehnt.[672] Das Nichtanschnallen ohne Genehmigung stellt eine OWi gemäß § 21a Abs. 1 S. 1, § 49 Abs. 1 Nr. 20a StVO dar. Allerdings kommt es nach der Rspr. des *BGH* lediglich auf die materiell-rechtliche Lage, nicht auf den formellen Verstoß, wenn also bei rechtzeitigem Antrag die Genehmigung hätte erteilt werden müssen, an:[673] »*Denn auch dann kann in der Nichtbenutzung des Gurtes keine vorwerfbare Selbstgefährdung des Geschädigten gesehen werden, die der Schädiger nach Treu und Glauben dessen Schadensersatzverlangen entgegenhalten kann* (zum Tragen eines Schutzhelmes bei Motorradfahrern: *Senat* VersR 1983, 440 f.). *Es geht nämlich hier nicht um die Ahndung einer Ordnungswidrigkeit* (vgl. insoweit *OLG Düsseldorf* NZV 1991, 240 f.), *sondern um die Beurteilung des Verhaltens des verletzten Kfz-Insassen unter dem Gesichtspunkt einer schadensrechtlichen Obliegenheit nach § 254 Abs. 1 BGB, der eine Ausformung des Grundsatzes des § 242 BGB ist.*«[674]

Prozessual ist zu beachten, dass der Schädiger nicht nur das fehlende nicht angeschnallt sein, sondern auch die hieraus resultierende Kausalität für die Schadensintensität zu beweisen hat.[675] **322**

XXVII. Sonderrechte

Ausgangspunkt bei der Beurteilung von Sonderrechten der Polizei-, Feuerwehr und Rettungswagen ist § 35 StVO.[676] Hiernach sind gemäß Abs. 1 die Bundeswehr, der Bundesgrenzschutz, die Feuerwehr, der Katastrophenschutz, die Polizei und der Zolldienst von der StVO befreit, soweit das zur Erfüllung hoheitlicher Aufgaben dringend geboten ist. Voraussetzung für eine Berücksichtigung der Sonderrechte ist allerdings das Einschalten von Blaulicht und, soweit die Erkennbarkeit es erfordert, das Einschalten des sog. Martinshorns entsprechend § 38 Abs. 1 StVO. Die Vorschrift führt jedoch nicht zur Umkehr des Vorfahrtsrechts, sondern nur zum zwangsweisen Verzicht für den sonstigen Verkehr – sofern er das Herannahen eines Sonderrechtsfahrzeugs erkannte.[677] Nach Ansicht des *LG Saarbrücken* kommt es hierbei auch nicht darauf an, ob die Voraussetzungen für die Sonderrechte tatsächlich vorhanden waren.[678] Den Halter eines Fahrzeugs, das mit Blaulicht, aber ohne Einsatzhorn bei Rot in eine Kreuzung einfährt, trifft beim Zusammenstoß mit einem Fahrzeug des Querverkehrs grundsätzlich die volle Haftung.[679] Außerdem ist das Einfahren in die Kreuzung mit größtmöglicher Vorsicht vorzunehmen. Trotz fehlenden Entlastungsbeweises nach § 7 Abs. 2 StVG trifft den bevorrechtigten Querverkehr keine Mithaftung, wenn das Sonderrechtsfahrzeug mit 65 km/h bei »*Rot*« in eine unübersichtliche Kreuzung einfährt.[680] Der Fahrer eines Sonderrechtsfahrzeuges darf nur dann als Wartepflichtiger auf die Gewährung freier Fahrt vertrauen, wenn für ihn Anhaltspunkte dafür bestehen, dass die anderen Verkehrsteilnehmer die besonderen Zeichen des Einsatzfahrzeuges (Blaulicht und Martinshorn) bemerkt haben.[681] Beim Feuerwehreinsatz liegen die **323**

---

671 DAR 2001, 117.
672 *BGH* a. a. O.
673 NJW 1993, 23.
674 BGHZ 74, 25, 35 f.
675 Vgl. *BGH* NJW 1991, 231; zuletzt *OLG Düsseldorf* 6.3.2006 – Az. I-1 U 141/00 n. v.
676 Vgl. hierzu auch *Herz*, Unfälle mit Sonderrechtsfahrzeugen, Teil I NW-Spezial 2009, 297, Teil II NJW-Spezial 2009, 361 sowie *Klenk*, Sonder- und Wegerechte bei der Begleitfahrt des Notarzteinsatzfahrzeuges? – Nicht die Regel sondern eine Ausnahme, NZV 2010, 593.
677 Vgl. *OLG Brandenburg* NZV 2011, 26.
678 *LG Saarbrücken* Urt. v. 1.7.2011 – 13 S 61/11 = BeckRS 2011, 21692; hierzu NJW-Spezial 2011, 587; vgl. auch Hentschel-König-Dauer-*König*, § 38 StVO Rn. 11 m. w. N.
679 *OLG Köln* NZV 1996, 237.
680 *OLG Hamm* NJW-RR 1996, 599 vgl. aber *LG Saarbrücken* a. a. O. mit großzügigem »*Vertrauensbonus*« für den Sondereinsatzfahrer.
681 *OLG Oldenburg* zfs 2000, 333; *OLG Hamm* VersR 1997, 1547: Mithaftung 1/3.

Voraussetzungen für eine Sonderfahrt nach der Rechtsprechung des *BGH* schon vor, wenn Feuerwehrleute im Rahmen der Alarmierung mit einem Privatfahrzeug zum Einsatzstutzpunkt oder (in außerstädtischen Bereichen häufig relevant) Einsatzort fahren.[682] Das *OLG* Naumburg[683] hat dies erneut bekräftigt.

324 Umgekehrt hat ein Verkehrsteilnehmer nach dem Erkennen des Sondersignals seine Fahrweise darauf einzurichten, notfalls auf kürzeste Entfernung anhalten zu müssen. Auch bei eigenem Grünlicht darf er in eine ampelgesicherte Kreuzung nur einfahren, wenn er sicher ist, dass das Sonderrechtsfahrzeug nicht ebenfalls die Kreuzung passieren wird.[684] Der Nachweis des Hörens von Tonsignalen, wird jedoch zunehmend schwieriger, da fortschreitende Schalldämmung von Fahrzeugen in Verbindung mit lediglich geringen weiteren Umständen dazu führen könne, dass Fahrzeuginsassen bedeutsame Warnsignale von Einsatzfahrzeugen nicht mehr hören können.[685]

325 Gemäß § 35 Abs. 5a StVO sind Fahrzeuge des Rettungsdienstes von den Vorschriften der StVO befreit, wenn höchste Eile geboten ist, um Menschenleben zu retten oder schwere gesundheitliche Schäden abzuwenden. Auf diesen Umstand, wozu also der Krankentransport diente und welcher Grad der Eilbedürftigkeit für den Fahrer erkennbar war, ist bei der Schadensabwicklung sorgfältig zu achten. Unabhängig hiervon muss jedes Einfahren in die Kreuzung mit besonderer Vorsicht erfolgen. Fährt der Führer eines Rettungswagens unter Ausnutzung der Sonderrechte bei Rotlicht mit erheblicher Geschwindigkeit (hier: mit mehr als 40 km/h) in eine unübersichtliche Kreuzung ein, und zwar so schnell, dass er bei zu erwartendem Querverkehr sein Fahrzeug nicht zum Stehen bringen kann, so liegt darin ein erheblicher Verkehrsverstoß. In diesem Fall wiegt das Verschulden des Rettungswagenfahrers bei einem dadurch zustande gekommenen Verkehrsunfall so schwer, dass zumindest dann, wenn ein Mitverschulden aufseiten des anderen Unfallteilnehmers nicht nachgewiesen wird, bei der Abwägung der Verursachungsanteile die Betriebsgefahr des Unfallgegners nicht ins Gewicht fällt.[686]

326 Im Übrigen sind Straßenwartungsfahrzeuge und Fahrzeuge der Müllabfuhr gemäß § 35 Abs. 6 StVO bei Durchführung ihrer Aufgaben von der StVO befreit. Das bedeutet aber keine völlige Freistellung, vielmehr nur in dem gerade durch ihren Einsatz erforderlichen Umfang. Daher sind diese Fahrzeuge nicht grundsätzlich von der Wartepflicht nach § 8 StVO oder bei Rotlicht ausgenommen, da ihr Einsatz ein Abweichen von der Wartepflicht nicht zwingend erfordert.[687]

327 Ein bei Grünlicht begonnener Kehrvorgang im Kreuzungsbereich gehört aber gerade zu diesen Sonderaufgaben, sodass er auch dann beendet werden kann, wenn die Lichtzeichenanlage inzwischen erneut umgeschaltet hat und nunmehr dem Querverkehr freie Fahrt gewährt.[688] Auch das Befahren in straßenverkehrsordnungsrechtlich falscher Fahrtrichtung ist, wenn es die Durchführung der Arbeit erfordert, zulässig.[689]

328 Der Fahrer eines Einsatzfahrzeugs der Feuerwehr, der gem. § 35 StVO von den Vorschriften der Straßenverkehrsordnung befreit ist, darf im innerstädtischen Verkehr darauf vertrauen, dass Fahrer von Fahrzeugen, die noch mindestens 50 m vom Kreuzungsbereich entfernt sind, auf ihr Vorfahrtrecht verzichten, wenn er sicher annehmen darf, dass sie das Einsatzfahrzeug aus dieser Entfernung bei gehöriger Aufmerksamkeit bemerken werden.[690] Kommt es bei einer derartigen Verkehrslage zu

---

682 Vgl. *BGH* NZV 20089, 289.
683 Urt. v. 15.12.2010 – 6 U 166/10 = BeckRS 2011, 02298, insoweit aber nur verständlich bei Kenntnis der Vorentscheidung des *LG Magdeburg* 7.9.2010 – 10 O 564/10 = BeckRS 2011, 02297.
684 *OLG Hamm* VersR 1997, 1547.
685 *OLG Oldenburg* zfs 2000, 333.
686 *LG Itzehoe* DAR 1999, 316.
687 *OLG Jena* DAR 2000, 65.
688 *OLG Jena* a. a. O.
689 *OLG Hamm* NZV 1995, 490.
690 Vgl. *OLG Köln* DAR 1977, 324.

einem Zusammenstoß mit dem Einsatzfahrzeug, das im Kreuzungsbereich anhalten musste, ist die Betriebsgefahr des Einsatzfahrzeugs, das Blaulicht und Signalhorn eingeschaltet hat, gegenüber dem anderen Fahrzeug nur gering und tritt bei der Abwägung nach § 17 StVG gegenüber dem erheblichen Verschulden des Fahrers des anderen Kfz, der nur sehr unaufmerksam oder rücksichtslos gefahren sein kann, völlig zurück.[691]

Prozessual ist darauf hinzuweisen, dass auf der Grundlage der Beweislast, wonach derjenige sie trägt, der sich auf das Sonderrecht beruft, eine Entlastung nur in Betracht kommt, wenn die nach § 35 Abs. 5a StVO geforderte höchste Eile, um Menschenleben zu retten oder schwere gesundheitliche Schäden abzuwenden dargelegt wird.[692]   328a

XXVIII. Straßenbahn

Haftungsgrundlage bei Beteiligung von Straßenbahnen ist § 1 HaftPflG. Hiernach kommt die Haftung des Betreibers schon aus Betriebsgefahr in Betracht. Zu differenzieren ist allerdings bei der Frage, ob eine Entlastung infrage kommt. War die Straßenbahn auf einem getrennten Gleiskörper befindlich, schließt § 1 HaftpflichtG die Betriebsgefahr nur bei höherer Gewalt aus, handelte es sich jedoch um eine Unfallbeteiligung außerhalb dieses abgetrennten Gleisbereichs, reicht für die Verneinung der Betriebsgefahr schon die Unabwendbarkeit. Diese ist ebenso zu beurteilen wie bei § 7 Abs. 2 StVG.[693]   329

In der Praxis treten vor allem Unfälle im Zusammenhang mit links abbiegenden Kraftfahrzeugen auf. Regelmäßig wird behauptet, das Kraftfahrzeug sei schon länger gestanden und der Unfall daher durch die verspätete Bremsung ausgelöst worden. Beim Zusammenstoß eines Pkw mit der Straßenbahn wird jedoch nach Anscheinsgrundsätzen das Verschulden des die Vorfahrt nicht beachteten Pkw-Fahrers ebenso vermutet wie die Ursächlichkeit des Verschuldens für den Unfall.[694] Den Kraftfahrer kann dies nur dann entkräften, wenn er ausreichende Anhaltspunkte für ein bereits längeres Stehen im Gleisbereich darlegen kann.[695] In diesem Fall kommt auch die Betriebsgefahr des Schienenfahrzeugs zum Tragen.[696] Das *KG* hier betonte erneut die Grundlagen der Haftungsabwägung in diesen Fällen: Der Kraftfahrer hat sich gemäß § 9 Abs. 1 S. 1 StVO zu versichern, dass »*nicht alsbald*« eine Straßenbahn herankomme, ein Anscheinsbeweis gegen den Straßenbahnfahrer nicht existiere und daher der Kraftfahrer ein Verschulden des Straßenbahnfahrers voll zu beweisen habe. Zudem berücksichtigt es eine erhöhte Betriebsgefahr der Straßenbahn mit dem Ergebnis einer Haftungsverteilung von 50:50. Das *OLG Hamm*[697] verneint ebenfalls einen Anscheinsbeweis und stellt die begrenzte Verpflichtung des Straßenbahnfahrers heraus: »*Grundsätzlich darf sich der Straßenbahnführer darauf verlassen, dass andere Verkehrsteilnehmer auf seinen Vorrang gem. §§ 2 Abs. 3, 9 Abs. 3 StVO Rücksicht nehmen. Erst in dem Moment, in dem sich die Gefahr einer Kollision aufdrängt und eine rechtzeitige Räumung des Gleisbereichs unwahrscheinlich ist oder sich die Straßenbahn sonst einer unklaren Verkehrssituation nähert, entfällt die Berechtigung des Straßenbahnführers, auf seinen Vorrang zu vertrauen und ist er gegebenenfalls zur Einleitung einer Schnellbremsung verpflichtet.*«   330

Ein weiterer Schwerpunkt liegt bei der Kollision mit geparkten Kraftfahrzeugen, die in den Verkehrsraum der Straßenbahn hineinragen. Grundsätzlich ist in der Kollision auch ein Verschulden des Straßenbahnfahrers verankert, außerdem realisiert sich die Betriebsgefahr. Dem stehen Verschulden des   331

---

691 Vgl. *OLG Köln* DAR 1977, 324; *KG* VersR 1976, 193.
692 *OLG Celle* Urt. v. 3.8.2011 – 14 U 158/10 = BeckRS 2011, 20121.
693 *OLG Jena* NZV 2000, 210.
694 *OLG Hamm* NJWE-VHR 1997, 83.
695 Vgl. auch *Metz* NZV 2009, 484, 485.
696 Vgl. *OLG Brandenburg* NZV 2009, 497 mit ausf. Abwägung der beiderseitigen Betriebsgefahr.
697 NZV 2005, 414.

Falschparkers und Betriebsgefahr des geparkten Fahrzeugs gegenüber. Bei der Haftungsabwägung kann die Gewichtung nur im Einzelfall getroffen werden.[698]

332 Dieser Vertrauensgrundsatz gilt auch in Zusammenhang mit Fußgängern. »*Danach kann der Straßenbahnfahrer in der Regel darauf vertrauen, dass ein Verkehrsteilnehmer, den er vor sich auf den Gleisen in einem Abstand sieht, der dem Bremsweg der Bahn nahe kommt, diese rechtzeitig vor der herannahenden Straßenbahn verlässt, so dass er seinetwegen noch nicht sogleich die Fahrgeschwindigkeit zu verringern oder anzuhalten braucht.*«[699] Der gleiche Vertrauensgrundsatz gilt beim Annähern an die Haltestelle.[700] Auch die bloße Anwesenheit eines erwachsenen Fußgängers auf einem Trampelpfad neben dem Gleich verpflichtet den Fahrzeugführer nicht zur Abgabe eines Warnsignals.[701]

333 Gibt es allerdings Umstände, die ein Entfernen des Fußgängers behindern können, etwa zu erwartender, der Straßenbahn gleichgerichtete Autoverkehr, ist eine sofortige Reaktion des Straßenbahnfahrers erforderlich. »*Es handelt fahrlässig, wer zu schnell in eine unklare Verkehrslage hineinfährt; für einen Kraftfahrer – und für einen Straßenbahnfahrer gilt hier nichts anderes –, der sich einer solchen Verkehrslage gegenüber sieht, kann es nur eine Verhaltensmaßnahme geben, nämlich seine Geschwindigkeit sofort so weit herabzusetzen, dass er notfalls noch vor der Gefahrenstelle anhalten kann.*«[702]

334 Weiter treten häufig Kollisionen zwischen Straßenbahnen und Fahrzeugen in engen Straßen auf. Fährt eine Straßenbahn, deren Gleise in Fahrbahnmitte verlaufen, an einer Haltestelle durch, an der sie während eines normalen Halts vom nachfolgenden Verkehr solange durch eine Ampel abgeschirmt ist, bis sie nach dem Anfahren entsprechend der weiteren Gleisführung zum rechten Fahrbahnrand hinübergeschwenkt ist und stößt sie dann während des Schwenks seitlich mit einem auf gleicher Höhe fahrenden Kraftfahrzeug zusammen, so kann trotz ihres Durchfahrvorrangs die hohe Betriebsgefahr auch dann eine quotenmäßige Haftung (hier: $1/3$) begründen, wenn dem Straßenbahnführer kein Verschulden vorzuwerfen ist.[703]

335 Sicherlich einen Sonderfall stellt ein Zusammenstoß eines Kraftfahrzeugs mit einem Schwarzfahrer dar, der sich der Feststellung seiner Personalien entziehen will und auf der Flucht unmittelbar in der Nähe der Straßenbahn mit einem Fahrzeug kollidiert. Auch insoweit ist jedoch die Betriebsgefahr der Straßenbahn in die Abwägung mit einzubeziehen.[704]

336 Im Allgemeinen wird eine Schadensteilung zu erfolgen haben, die einerseits das (bedingte) Vorrecht der Straßenbahn berücksichtigt, andererseits aber auch den berechtigten Belangen des Individualverkehrs Rechnung trägt.

XXIX. Türöffnen

337 Gegen den Türöffner spricht der Anscheinsbeweis, da beim Öffnen der Türe erhöhte Sorgfaltspflichten zu erfüllen sind. Gem. § 14 Abs. 1 StVO darf man nämlich in ein Fahrzeug nur ein- und aussteigen, wenn eine Gefährdung anderer Verkehrsteilnehmer ausgeschlossen ist. Kann jemand nachweisen, dass die Türe beim Herannahen des gegnerischen Fahrzeugs bereits geöffnet war, kommt allerdings eine Mithaftung des Vorbeifahrenden wegen ungenügenden Seitenabstandes,[705] eventuell auch als Entkräftung des Anscheinsbeweises in Betracht, wenn im Raum steht, dass möglicherweise vom Vorbeifahrenden kein ausreichender Seitenabstand eingehalten wurde. Andererseits gilt die Ein-

---

[698] Vgl. *KG* VersR 1995, 978: volle Haftung bei ausscherendem Heck der Straßenbahn; *OLG Düsseldorf* VRS 66, 333: Haftung der Straßenbahn $2/3$; *LG Düsseldorf* VersR 1976, 101: Mithaftung 50 %.
[699] *BGH* NJW-RR 1991, 347.
[700] *LG Würzburg* VRS 101, 328.
[701] *OLG Nürnberg* NJW-RR 2002, 449.
[702] *BGH* a. a. O., 348.
[703] *OLG Hamm* NJW-RR 2000, 1418: Mithaftung $1/3$.
[704] *OLG Karlsruhe* NZV 1999, 127.
[705] *OLG München* Urt. v. 13.2.1998 – Az. 10 U 3847/97 n. v.: 50 %; vgl. zum Abstand Rdn. 134.

C. Einzelfälle

haltung eines ausreichenden Seitenabstands auch für den vorbeifahrenden Fahrradfahrer. Das *KG*[706] geht insoweit davon aus, jedenfalls ein Abstand von 0,45 Meter sei zu gering und kam zu einer Mithaftung des Radfahrers von 25 %.

338 Türöffnen zählt zum Betrieb des Fahrzeugs. Die im Einzelfall schwierige Frage, ob auch der Fahrer beim unvorsichtigen Öffnen durch einen Beifahrer haftet, also vor allem Schmerzensgeldansprüche aus diesem Verschulden abgeleitet werden können ist nach neuem Recht nicht mehr so relevant, da dann auch auf die Haftung aus Betriebsgefahr ein Schmerzensgeldanspruch gestützt werden kann.

339 Kommt ein Radfahrer dadurch zu Fall, dass die Beifahrertür eines haltenden Pkw geöffnet wird, an dem er rechts vorbeifahren will, haften Halter und dessen Haftpflichtversicherer nur für den materiellen Schaden des Radfahrers; wegen des immateriellen Schadens kann der Radfahrer nur den Insassen in Anspruch nehmen.[707] Insoweit ist allerdings zu beachten, dass für Unfälle nach dem 31.7.2002 nunmehr Schmerzensgeld auch auf der Grundlage der Betriebsgefahr gefordert werden kann, sodass die Differenzierung im Haftungsumfang entfällt.

XXX. Überholen

340 Überholen zählt ebenfalls zu jenen Verkehrsvorgängen, die mit besonderer Gefährlichkeit einerseits und dementsprechender Verpflichtung zu erhöhter Sorgfalt verknüpft und damit dem Anscheinsbeweis zugänglich sind. Ob das Abkommen von der Fahrbahn im Zusammenhang mit einem Überholen dem Anscheinsbeweis unterliegt, hat das *OLG Hamm* allerdings verneint.[708]

341 Allerdings ist »*für einen Anscheinsbeweis, der gegen den im Überholvorgang Auffahrenden spricht, (...) dann kein Raum, wenn – wie im Streitfall – ernsthaft die Möglichkeit in Betracht kommt, dass das Fahrzeug, auf das er aufgefahren ist, plötzlich in seine Fahrspur gewechselt ist und ihm damit den eingehaltenen Abstand verkürzt hat* (folgt Nachweis). *Auch der überholende Kraftfahrer darf sich in der Regel darauf verlassen, dass der Vorausfahrende sich verkehrsgerecht verhält.*«[709]

342 Bei der Beurteilung des Überholvorgangs kommt es im Übrigen entscheidend auf das sorgfältige Verhalten des Fahrers bei der Einleitung des Überholvorgangs an, da »*ein Fahrzeugführer nur dann überholen darf, wenn er sich zuvor vergewissert hat, dass ihm der benötigte Überholweg hindernisfrei zur Verfügung steht. Aus seiner Zweckbestimmung, die mit einem Überholvorgang verbundenen spezifischen Gefahren auszuschließen, folgt, dass dieses Gebot jedes Hindernis erfasst.*«[710]

343 Kann nicht festgestellt werden, ob ein Überholvorgang, der für das Abkommen von der Fahrbahn eines Fahrzeugs des Gegenverkehrs ursächlich war, tatsächlich verkehrswidrig war, kommt die Berücksichtigung der erhöhten Betriebsgefahr des überholenden Fahrzeugs in Betracht.[711]

344 Streitig ist, ob der Überholende mit dem Entgegenkommen unbeleuchteter Fahrzeuge rechnen muss. Das *OLG Hamm*[712] hat dies noch verneint. Nunmehr hat der *BGH*[713] gegenteilig entschieden. Der Kläger hatte bei Dunkelheit mit Abblendlicht mit einer Geschwindigkeit von 80 km/h überholt und war auf einen, im entgegenkommenden Mopedfahrer, dessen Fahrzeug unbeleuchtet war, gestoßen. Insoweit bejaht der *BGH* die Verkehrswidrigkeit des Überholenden und führt aus, der Überholende habe sich vor Durchführung des Überholvorgangs zu vergewissern, ob der benötigte Überholweg hindernisfrei sei, dieses Gebot erfasse jedes, also auch ein unbeleuchtetes Hindernis.

---

706 r+s 2011, 175, 176 m. Anm. *Lemcke*.
707 *OLG München* VersR 1996, 1036.
708 r+s 1998, 149.
709 *BGH* NJW-RR 1987, 1048.
710 *BGH* NJW 2000, 1949.
711 So *OLG Brandenburg* VersR 1996, 901: Mithaftung des Überholenden mit 70 %.
712 VersR 1999, 898.
713 NJW 2000, 1949.

345 Wer daher ohne ausreichende Ortskenntnis bei Dunkelheit zu einem Überholmanöver ansetzt, ohne die Gewissheit zu haben, dieses Manöver gefahrlos für den Gegenverkehr durchführen zu können, handelt schuldhaft verkehrswidrig insbesondere dann, wenn er den Überholvorgang im Zuge einer unübersichtlichen Ortsdurchfahrt einer Bundesstraße durchführt. Der Grundsatz, dass Fehleinschätzungen zulasten dessen gehen, der sich irrt, hat auch dann Bedeutung, wenn sich die fehlerhafte Einschätzung der für die Verkehrslage bedeutsamen Umstände auf den weiteren Straßenverlauf bezieht.[714]

346 Dass ein Verstoß gegen ein Überholverbot die Haftung des verkehrswidrig Fahrenden nach sich zieht, bedarf keiner näheren Begründung. Ein Überholverbot muss sich hierbei nicht allein aus einer Beschilderung gemäß § 5 Abs. 2 StVO ergeben. Vielmehr ist insbesondere das sich aus § 5 Abs. 3 StVO ergebende Überholverbot bei unklarer Verkehrslage von Bedeutung. *»In der Rspr. ist anerkannt, dass sich die Unklarheit der Verkehrslage auch aus einer Sicht behindernden Straßenführung (vgl. OLG Düsseldorf VRS 65, 64; VerkMitt 1966, 44; OLG Koblenz VRS 47, 31; BayObLG VRS 21, 378) sowie daraus ergeben kann, dass ein vorausfahrender Lkw die Sicht auf den Verkehrsraum vor ihm verdeckt.«*[715]

347 Ein Überholverbot ergibt sich aber nicht schon aus dem Überfahren einer Sperrfläche oder einer ununterbrochenen Mittellinie.[716] Gleichwohl bleibt dieses Verhalten nicht ohne Auswirkungen auf die Haftungsverteilung. *»Im Gegenteil schützt eine solche Markierung, wo sie sich wegen der Enge der Fahrbahn faktisch wie ein Überholverbot auswirkt*(folgt Nachweis)*, auch das Vertrauen des Vorausfahrenden, an dieser Stelle nicht mit einem Überholt werden rechnen zu müssen. Er darf sich – ähnlich wie bei einer natürlichen Straßenverengung – darauf verlassen, dass ein nachfolgender Verkehrsteilnehmer sich verkehrsordnungsgemäß verhält, also nicht zum Überholen ansetzt, wenn dies nur durch Überfahren der Fahrstreifenbegrenzung oder der Sperrfläche möglich ist.«*[717]

1. Gegenverkehr

348 Gemäß § 5 Abs. 2 StVO *»darf nur überholen, wer übersehen kann, dass während des ganzen Überholvorgangs jede Behinderung des Gegenverkehrs ausgeschlossen ist. Diese Vorschrift bezweckt lediglich den Schutz des Gegenverkehrs.«*[718]

349 Die volle Haftung trifft den Überholenden insoweit auch bei Mehrfachüberholung und Kollision mit dem Gegenverkehr.[719] Das Gebot des § 3 Abs. 1 S. 3 StVO, auf Sicht zu fahren, dient nicht dem rechtzeitigen Erkennen von Hindernissen, die unvermittelt von der Seite her auf die Fahrbahn gelangen, wie es dann der Fall ist, wenn ein im Gegenverkehr befindlicher Kradfahrer verbotswidrig überholt.[720]

350 Ein Kraftfahrer, der auf einer Landstraße äußerst waghalsig und rücksichtslos eine Fahrzeugkolonne überholt und dabei einen Verkehrsunfall verursacht, kann auch dann, wenn das leichte Ausscheren eines in der Kolonne fahrenden Verkehrsteilnehmers für den Unfall mitursächlich war, für den Schaden in vollem Umfange allein einzustehen haben.[721] Befanden sich beide Fahrzeuge im Überholvorgang, ohne dass festgestellt werden könnte, wer den Überholvorgang zuerst eingeleitet habe, ist von beiderseits gleicher Haftung auszugehen.[722]

---

714 *BGH* NJW 2000, 1949.
715 *BGH* NJW 1996, 60.
716 *BGH* a. a. O.
717 *BGH* a. a. O.
718 *BGH* NJW 1996, 60.
719 Vgl. schon *BGH* VersR 1965, 566; *OLG Koblenz* VersR 1996, 1427.
720 *OLG Stuttgart* DAR 1991, 179.
721 Vgl. *OLG Köln* VersR 1987, 188, Nichtannahme der Revision durch den *BGH*.
722 Vgl. *Grüneberg* Rn. 219.

2. Gleichgerichteter Verkehr und Kolonnenfahren

Bei Kollisionen des Überholenden mit dem gleichgerichteten Verkehr wird in der Regel ein Fehlverhalten des Überholten festzustellen sein, etwa durch das Ausscheren vor dem Vorbeifahren des Überholenden. Im Übrigen ist ein Überholen im Bereich von Kolonnen auch unter dem Gesichtspunkt der unklaren Verkehrslage, § 5 Abs. 3 Nr. 1 StVO zu prüfen. Diese ist zu bejahen, wenn der Überholende die Spitze der Kolonne nicht übersehen kann, weil hier wegen eines Linksabbiegers ein Stocken eintreten kann,[723] es zudem stets damit zu rechnen ist, dass ein Vorausfahrender plötzlich anhält.[724] **351**

Einen Grundsatz, wonach bei mehreren in einer Kolonne fahrenden Fahrzeugen stets der Vorausfahrende Vorrang beim Überholen hat, gibt es allerdings nicht. Selbst wenn bei vorher erfolgten Überholvorgängen eine bestimmte Reihenfolge eingehalten wurde, lässt sich hieraus ein Vertrauensgrundsatz des Vorausfahrenden nicht herleiten. Zwar muss nach unmittelbarer Aufhebung eines über eine längere Strecke bestehenden Überholverbotes dem Vordermann die Chance eingeräumt werden zu überholen. »Denn ein in einer Kolonne an dritter Stelle fahrender Fahrer ist auch nach dem strengen Maßstab, der bei der Gefährdungshaftung des § 7 StVG an den »Idealfahrer« zu stellen ist, nicht in jedem Fall verpflichtet, dem Vorausfahrenden den »Überholvortritt« einzuräumen. Auch ein »Idealfahrer« wird sich im Allgemeinen darauf verlassen dürfen, dass sein Vordermann nicht seinerseits zum Überholen ausschert, ohne vorher ein Blinkzeichen gegeben zu haben. Von ihm ist allerdings zu verlangen, die konkrete Verkehrssituation auch auf andere Umstände hin zu beobachten, die es nahe legen können, dass der Vorausfahrende seinerseits überholen will.«[725] **352**

Bei der Haftungsabwägung kommt es entscheidend darauf an, das Verhalten der beteiligten Verkehrsteilnehmer zu gewichten. Überholt einer davon entgegen einem Überholverbot, so trägt er das überwiegende Verschulden. Dies kann sich ergeben, wenn eine Ausnahme für das Überholen von Traktoren vorliegt. Mit dem vorausfahrenden Pkw kann ein Traktor überholt werden, der nachfolgende Fahrzeugführer darf aber diesen Vorausfahrenden nicht überholen, sodass der Überholvorgang des hinteren Kraftfahrers wegen eines Verstoßes gegen § 5 Abs. 3 Nr. 2 StVO verkehrswidrig ist. Das *OLG Düsseldorf* geht aber bei der Haftungsabwägung davon aus, dass auch den Vorausfahrenden ein Mitverschulden trifft, wenn er entgegen § 5 Abs. 4 S. 1 StVO sich vor Beginn des Überholvorgangs nicht durch Einhaltung der Rückschaupflicht und rechtzeitigem Setzen des Blinkers ordnungsgemäß verhält. Es hat insoweit eine Haftungsverteilung von 1 : 2 zulasten des an hinterster Stelle Überholenden angesetzt. Insoweit sind jedoch Bedenken anzumelden. Die Argumentation, diesem sei keine Missachtung des Vorranges des Vorausfahrenden anzulasten, verkennt, dass er gerade überhaupt nicht zu einem Überholvorgang berechtigt war. Nach dem Vertrauensgrundsatz durfte der Vorausfahrende davon ausgehen, dass von hinten kein Fahrzeug kommen dürfe, sodass das Verschulden allenfalls äußerst geringfügig ist. Angesichts des in der Entscheidung richtig angesetzten vorsätzlichen Verkehrsverstoßes des an zweiter Stelle Überholenden ist das eventuelle Mitverschulden des Vorausfahrenden und die Betriebsgefahr seines Fahrzeugs so gering zu gewichten, dass die Haftung allein dem von hinten Überholenden zuzuordnen ist. **353**

Hat allerdings der Nachfolgende in korrekter Weise zum Überholen angesetzt, bleibt ihm der Vorrang.[726] Nach den Grundsätzen des sog. Überholvortritts hat derjenige den Überholvortritt, wer sich dem Vordermann so sehr genähert hat, dass er zwecks Überholens ausscheren muss.[727] **354**

Beim Linksvorbeifahren an einer Fahrzeugkolonne, die in einem bevorrechtigten Straßenzug vor einer einmündenden Nebenstraße wartet und im Einmündungsbereich vorschriftsmäßig eine Lücke freilässt (§ 11 StVO),[728] ist im Übrigen die LückenRspr. zu beachten. **355**

---

723 *OLG Karlsruhe* NZV 1999, 166.
724 Vgl. *KG* DAR 1995, 482.
725 *BGH* NJW 1987, 322.
726 *Erfurt* SP 1994, 71; *KG* NZV 2002, 229.
727 *KG* a. a. O.
728 Vgl. *KG* VersR 1974, 370.

356 Weicht ein Fahrzeuglenker aus, weil er eine drohende Kollision vermeiden will und gerät hierbei von der Fahrbahn, so kommt eine Mithaftung des gegnerischen Fahrzeugs auch ohne Berührung der beiden Fahrzeuge durchaus in Betracht.[729]

3. Rechtsüberholen

357 Demgegenüber kann vorschriftswidriges Rechtsüberholen mit überhöhter Geschwindigkeit den Vorwurf grober Fahrlässigkeit und damit ein Verschulden begründen, hinter dem die durch nicht strikte Einhaltung des Rechtsfahrgebots erhöhte Betriebsgefahr des eingeholten Kfz völlig zurücktritt.[730]

4. Seitlicher Abstand

358 Bei Überholen ist grundsätzlich auf ausreichenden Seitenabstand zu achten, § 5 StVO. Im Verhältnis zu Radfahrern geht die Rspr. von einem Abstand von mindestens 1–1,5 Metern aus.[731] Ist ein Kraftfahrer mit seinem Pkw nahe an zwei vor ihm fahrende Radfahrer herangekommen, so muss ein nachfolgender Kraftfahrer damit rechnen, dass Ersterer zum Überholen der Radfahrer ansetzen und hierzu ausscheren wird. Solange nicht klar ist, ob der erste Kraftfahrer sich so verhält, besteht für den nachfolgenden eine unklare Verkehrslage, die ihm das Überholen verbietet.[732]

5. Unklare Verkehrslage

359 Von entscheidender Bedeutung ist die Frage, ob eine unklare Verkehrslage zu bejahen ist.[733] Gemäß § 5 Abs. 3 Nr. 1 StVO ist insoweit das Überholen unzulässig und damit ein erheblicher bis zur groben Fahrlässigkeit reichender Verkehrsverstoß des Überholenden anzunehmen, der seine volle Haftung erbringt. Die Vorschrift schützt im Wesentlichen den überholten und den Querverkehr, der Gegenverkehr ist bereits durch § 5 Abs. 2 S. 1 StVO geschützt.[734]

360 Eine derartige unklare Verkehrslage hat die Rspr. auch angenommen, wenn
- ein 1,84 m breiter Kleinbus auf einer 5,5 m breiten Straße einen 2,75 m breiten mit etwa einer Radbreite Abstand vom rechten Fahrbahnrand auf schlechtem Fahrbahnbelag fahrenden Kranwagen vor sich hat, der sich wegen der Hydraulikfederung schwankend fortbewegt. Der Kranwagenfahrer verstößt in dieser Situation nicht gegen das Rechtsfahrgebot des § 2 Abs. 2 StVO. In dieser Situation reicht ein Seitenabstand von 50–60 cm beim Überholen nicht aus,[735]
- ein Kraftfahrer mit seinem Pkw nahe an zwei vor ihm fahrende Radfahrer herankommt, da ein nachfolgender Kraftfahrer damit rechnen muss, dass Ersterer zum Überholen der Radfahrer ansetzen und hierzu ausscheren wird, solange nicht klar sei, ob der erste Kraftfahrer sich so verhalte, bestehe für den nachfolgenden eine unklare Verkehrslage,[736]
- ein Kraftfahrer aus der Fahrweise eines vorausfahrenden Fahrzeugs schließen kann, dessen Fahrer suche einen Parkplatz und ein solcher auf der linken Straßenseite im Bereich einer Straßeneinmündung in Sicht kommt, auch wenn der Vorausfahrende nicht links blinkt,[737]
- ein Verkehrsteilnehmer, dessen Sicht auf eine Straßenkreuzung durch ein vorausfahrendes Fahrzeug und wegen einer Straßenkrümmung verdeckt ist, den Verkehrsraum vor sich nicht voll übersehen kann, da er sich nicht darauf verlassen darf, dass wartepflichtiger Verkehrsteilnehmer, der

---

729 *OLG Hamm* DAR 2001, 34; Besprechung bei *Schröder* PVR 2002, 213.
730 *OLG München* VersR 1979, 747.
731 Vgl. *OLG Frankfurt* NZV 1990, 188; Hentschel-König-Dauer/*König* § 5 StVO Rn. 55.
732 *OLG München* NZV 1993, 232.
733 Vgl. auch *OLG Schleswig* NZV 1994, 30.
734 Vgl. *KG* NJOZ 2011, 926.
735 *OLG Stuttgart* NJWE-VHR 1998, 233 [L].
736 *OLG München* NZV 1993, 232.
737 *OLG Köln* NZV 1999, 333.

auf einer untergeordneten Straße herannaht, während des Überholvorganges nicht in die bevorrechtigte Straße einbiegt,[738]
- der zu überholende Fahrer den linken Blinker gesetzt hat,[739]
- jemand eine Fahrzeugkolonne überholt, den Verkehrsraum vor sich auf der rechten Fahrspur aber nicht voll einsehen kann, kommt es durch das plötzliche Linksabbiegen eines rechts *fahrenden* Pkw, den der Überholende vorher nicht gesehen hat, zu einem Zusammenstoß, so trifft den Überholer Mitverschulden.[740]

Andrerseits hat die Rspr. diese unklare Verkehrslage verneint, wenn **361**
- ein Kraftfahrer von einem rechts der Fahrbahn gelegenen Parkstreifen in den fließenden Verkehr einfährt und dabei links blinkt,[741]
- auf der Autobahn der vorausfahrende Motorradfahrer relativ weit links auf der rechten Fahrspur fährt, da die Schlussfolgerung auf ein beabsichtigtes Überholen nur gerechtfertigt ist, wenn sich der Abstand des Motorradfahrers zum vorausfahrenden Lkw gleichzeitig ständig deutlich verringert,[742]
- das vorausfahrende Fahrzeug verlangsamt und nach rechts lenkt, da mit einem unvermittelten Ausscheren nach links nicht gerechnet werden muss.[743]

Stößt der Überholende mit dem Eingeholten zusammen, so haftet er zu einem Drittel, wenn er weder **362** seine Fahrweise so eingerichtet hat, dass er den Überholvorgang jederzeit abbrechen konnte, noch wenn er seine Überholabsicht durch optische oder akustische Warnzeichen angekündigt bzw. zumindest den linken Fahrtrichtungsanzeiger eingeschaltet hat, obwohl ihm die Fahrweise des Vorausfahrenden als unsicher aufgefallen war. Ein derartiges Fahrverhalten des Vorausgefahrenen mag zwar noch keine »*unklare Verkehrslage*« im Sinne von § 5 Abs. 3 Nr. 1 StVO darstellen, sie verlangt jedoch beim Überholenden ein erhöhtes Maß an Sorgfalt.[744]

6. Überholen und Rechtseinbiegen

Das Vorfahrtsrecht besteht grundsätzlich für die gesamte Fahrbahn und damit auch für die Gegen- **363** fahrbahn.[745] Biegt ein Fahrzeug aus der nachgeordneten Straße in die Vorfahrtsstraße nach rechts ein, tangiert er den normalen Gegenverkehr der bevorrechtigten Straße nicht, jedoch dort gerade im Überholen begriffene Fahrzeuge. Nachdem Letztere die Vorfahrt haben, trifft an sich den Einbiegenden die volle Haftung. Hiervon wird jedoch in der Praxis erheblich abgewichen. Da Überholen als gefährlichem Vorgang eine erhöhte Betriebsgefahr zuzuordnen ist, lässt die Rspr. die Betriebsgefahr demgemäß nicht vollständig zurücktreten.[746] Bei Geschwindigkeitsüberschreitungen kommt eine zusätzlich Haftung nur dann in Betracht, wenn sie erheblich war, da jeder Verkehrsteilnehmer mit gewissen Geschwindigkeitsüberschreitungen rechen muss. Haftungsrelevant ist jedoch die Vermeidbarkeitsbetrachtung. Wäre bei Einhaltung der vorgeschriebenen Geschwindigkeit das Unfallgeschehen nicht eingetreten, führt dies zur Mithaftung.[747]

7. Überholen und Abkommen von der Fahrbahn

In zahlreichen Fällen kommen im Bereich von Überholvorgängen Fahrzeuge von der Fahrbahn ab, **364** beispielsweise bei hierdurch ausgelösten Schleuderbewegungen. Hier hat der Geschädigte den vollen

---

738 *BGH* NJW 1996, 60.
739 *OLG Celle* zfs 1999, 56.
740 *OLG Braunschweig* DAR 1993, 345: Mitverschulden 40 %.
741 *LG Gießen* zfs 1996, 171.
742 *OLG Hamm* NZV 1995, 194.
743 *OLG Hamm* zfs 1996, 249.
744 Vgl. *OLG Köln* DAR 1977, 243.
745 Vgl. *BGH* NJW 1996, 60; *OLG Hamm* NZV 2002, 3.
746 Vgl. etwa *OLG Frankfurt* VersR 1976, 69: Mithaftung 20 %.
747 So auch zuletzt *LG Münster* zfs 2202, 225: Mithaftung mindestens 50 %.

Beweis zu erbringen. Dies gilt auch für die Betriebsgefahr.[748] Die bloße Anwesenheit des gegnerischen Fahrzeugs reicht hierzu nicht aus.

XXXI. Verkehrsampel

365 Lässt sich die Signalstellung konkret ermitteln, ergibt sich die Haftung des bei Rotlicht Einfahrenden zu 100 % schon unter dem Gesichtspunkt der groben Fahrlässigkeit oder zumindest des so starken Verschuldens, dass die Betriebsgefahr des bei Grünlicht einfahrenden Fahrzeugs zurücktritt.[749]

1. Allgemein

366 Bleibt allerdings ungeklärt, wer den Rotlichtverstoß beging, kommt ein Verschulden nicht in Betracht. Die Haftungsquote ist dementsprechend auf der Grundlage der Betriebsgefahr mit 50:50 anzusetzen.[750] Dies kommt auch dann in Betracht, wenn möglicherweise einer der Beteiligten beim Umschalten von Rot nach Gelb einfuhr[751] Zwar verstieß in diesem Fall der fragliche Fahrer gegen § 37 Abs. 2 Nr. 5 StVO (Wartepflicht), Voraussetzung für ein Verschulden ist aber die Unfallursächlichkeit. Hierzu muss der Sachverhalt ergeben, dass der Unfall nicht auch beim Einfahren bei Grünlicht eingetreten wäre.[752]

367 Fährt ein Kraftfahrer in eine Kreuzung bei für ihn grünem Farbzeichen ein, auf der kurz vor der Wiederinbetriebnahme der Lichtzeichenanlage der Verkehr noch durch Polizeibeamte geregelt worden war, so kann er sich nicht darauf verlassen, dass sich keine Fahrzeuge des Querverkehrs mehr im Kreuzungsbereich befinden. Umgekehrt hat der bereits im Kreuzungsbereich befindliche Verkehrsteilnehmer die Kreuzung mit der gebotenen Sorgfalt und Vorsicht zu räumen. Kommt es dabei zu einem Zusammenstoß, so hat eine Schadenausgleichung im Verhältnis 3:1 zulasten des räumenden Verkehrsteilnehmers zu erfolgen.[753]

2. Einbiegen nach links

368 Wer an einer ampelgesteuerten Kreuzung nach links abbiegen will, darf dies erst tun, nachdem er sich davon überzeugt hat, dass dieser Vorgang ohne Gefährdung des Gegenverkehrs durchgeführt werden kann. Der dem grünen Pfeil folgende Linksabbieger kann darauf vertrauen, dass die Ampeln tatsächlich so geschaltet sind, dass der Gegenverkehr bei Aufleuchten des grünen Pfeils durch Rotlicht angehalten wird. Er darf grundsätzlich auch darauf vertrauen, dass entgegenkommende Fahrzeuge das für sie aufleuchtende Rotlicht beachten und vor der Kreuzung anhalten, so lange nicht konkrete Anhaltspunkte auf etwas anderes hindeuten.[754] In der Praxis wird regelmäßig die Stellung der Ampeln nicht klärbar sein. Dementsprechend ist eine Haftungsverteilung von 50:50 anzusetzen.[755] Inwieweit eine Geschwindigkeitsüberschreitung zu berücksichtigen ist, hängt vor allem auch von der Frage der Vermeidbarkeit ab.[756]

---

748 Vgl. *KG* NZV 2002, 229.
749 Vgl. zuletzt *OLG Brandenburg* 24.5.2007 – Az. 12 U 195/06 n. v.
750 *OLG Karlsruhe* OLGR Karlsruhe 2002, 61; Besprechung bei *Klein* PVR 2002, 135.
751 *OLG Karlsruhe* a. a. O.
752 *OLG Karlsruhe* a. a. O.
753 Vgl. *KG* VersR 1981, 42.
754 *BGH* NJW 1992, 350.
755 *BGH* NJW 1996, 1405; zuletzt *KG* NJOZ 2011, 401.
756 Zu den unterschiedlichen Kategorien der Vermeidbarkeit vgl. *Bachmeier* Mandatshandbuch Rn. 864.

3. Einbiegen nach rechts

Beim Unfall eines Fußgängers, der bei für ihn grünem Farbzeichen die Fußgängerfurt einer ampelgesteuerten Kreuzung überquert und dabei von einem Kraftomnibus, der langsam nach rechts einbiegt, angefahren wird, trifft die volle Haftung den Halter des Omnibusses.[757] **369**

4. Fußgängerampeln

Mündet eine untergeordnete Straße im örtlichen Zusammenhang mit einer nur für Fußgänger geltenden Ampel auf die vorfahrtsberechtigte Straße ein, so fragt sich, ob der aus der untergeordneten Straße kommende Verkehr auf die Beachtung des Rotlichts, dessen Leuchten er nachzuweisen hat, das an sich nur den Fußgängern ein Überqueren der Straße ermöglichen soll, durch die vorfahrtsberechtigten Verkehrsteilnehmer vertrauen darf. Eine Schutzwirkung für den aus einem Grundstück Ausfahrenden ist damit nicht verbunden.[758] Das ist jedoch zu verneinen.[759] Diese Fußgängerampeln regeln nämliche keine Vorfahrt zwischen dem Fahrverkehr, hierzu fehlt es schon an den für jede Richtung erforderlichen Ampeln, sondern ermöglicht lediglich den Fußgängern das gefahrlose Überqueren.[760] Auch die Verkehrssicherheit erfordert diese Beschränkung. Gleichwohl wird eine ausschließliche Haftung des Wartepflichtigen nicht in Betracht kommen, da das Missachten eines Rotlichts als im Regelfall grob fahrlässiges Verhalten und als ein mitwirkendes Verschulden, zumindest aber in Form der Betriebsgefahr (§ 7 StVG) zu berücksichtigen sein wird. Der das Rotlicht missachtende Kraftfahrer muss auch damit rechnen, dass ein wartepflichtiger Fahrer das Rotlicht in sein Verhalten mit einbezieht.[761] Teilweise wird auf den Abstand der Fußgängerampel vom Einmündungsbereich der untergeordneten Straße abgestellt.[762] **370**

In Betracht kommt allerdings eine Mithaftung wegen Verstoßes gegen § 1 Abs. 2 StVO.[763] Keine unangemessene Geschwindigkeit des Heranfahrenden wurde angenommen, wenn die nur durch Anforderung eines Fußgängers in Betrieb zu setzende Ampel noch kein Licht zeigte.[764]

5. Gelblicht

Kommt ein Kraftfahrer, der sein Fahrzeug beim Umschalten einer Verkehrsampel von »Grün« auf »Gelb« stark abbremst, erst jenseits der Haltelinie, und zwar in der Weise zum Stehen, dass der vordere Teil des Kfz bereits in die Kreuzung hineinragt, so kommt beim Auffahren eines nachfolgenden Kfz eine Mithaftung von 25 % in Betracht; der Auffahrende trägt 75 % des Schadens.[765] Erfolgt ein Zusammenstoß im Bereich einer ampelgesteuerten Kreuzung zwischen einem Pkw, der beim Umschalten der Ampeln von »Grün« auf »Gelb« mit einer Geschwindigkeit von etwa 50 km/h die Haltelinie passiert, und einem von rechts gekommenen, also vorzeitig in die Kreuzung eingefahrenen, Pkw, dann hat im Rahmen von § 17 StVG eine Schadenausgleichung im Verhältnis 3:1 zulasten des vorzeitig in die Kreuzung eingefahrenen Kfz zu erfolgen.[766] Hält demgegenüber ein Fahrzeug ordnungsgemäß beim Wechsel des Farbzeichens vor einer Ampel an und fährt ein nachfolgendes Kfz auf, dann beruht dieser Unfall darauf, dass der Aufgefahrene entweder keinen ausreichenden Sicherheits- **371**

---

757 Vgl. *KG* DAR 1981, 322.
758 *OLG Hamm* NJW 2010, 25.
759 So schon *BGH* NJW 1982, 1756, der Leitsatz ist allerdings entgegen den Gründen auf die gegenteilige Aussage gerichtet: Schutz des Linksabbiegers zu bejahen.
760 *OLG Hamm* DAR 1997, 277.
761 *OLG Hamm* NZV 1998, 246: Haftungsquote von ²/₃ zulasten des Rotlicht missachtenden Kraftfahrers.
762 So *OLG Hamm* DAR 1997, 513 unter Heranziehen der Richtlinien für Lichtsignalanlagen vom 24.6.1992; im Ausgangsfall Bewertung des Mitverschuldens des Rotlichtsünders mit ²/₃.
763 *LG Berlin* zfs 2001, 8: Mithaftung zu ¹/₄.
764 *OLG Düsseldorf* DAR 2002, 67.
765 Vgl. *LG Aschaffenburg* 24.5.1977 – Az. 1 O 93/77 n. v.; a. A. *OLG Düsseldorf* VersR 1978, 331: ²/₃); *AG Hildesheim* NJW 2008, 3365: Alleinhaftung des Auffahrenden.
766 *LG Zweibrücken* 10.11.1980 – Az. 1 O 129/80 n. v.

abstand eingehalten oder aber die Reaktion des »Vordermannes« zu spät bemerkt hat. Er haftet daher für den Schaden in voller Höhe.[767]

6. Grünlicht

372 Bei einem Zusammenstoß zwischen einem Pkw, der im fliegenden Start bei für ihn grünem Farbzeichen in die Kreuzung einfährt, und einem Pkw, der in der Kreuzung wendet und erst am Beginn der anschließenden Rotphase die Kreuzung räumt, hat eine Schadenhalbteilung zu erfolgen. Erfolgt ein Zusammenstoß zwischen einem Pkw, dessen Fahrer beim Umschalten der für ihn maßgeblichen VLZA von Gelb auf Rot noch in die Kreuzung einfährt, mit einem Pkw, dessen Fahrer beim Wechsel des Lichtzeichens von Gelb auf Grün an haltenden Fahrzeugen vorbei mit etwa 30 km/h im fliegenden Start in dieselbe Kreuzung einfährt, hat im Rahmen von § 17 StVG eine Schadenausgleichung im Verhältnis 3:1 zulasten dessen, der zu spät in die Kreuzung eingefahren ist, zu erfolgen. Das *OLG Hamm*[768] hat eine hälftige Schadensteilung angenommen, weil ein Vertrauensgrundsatz hier nicht in Betracht komme.[769]

373 Passiert ein Kfz-Führer eine für ihn soeben auf »Grün« umgesprungene VLZA im »fliegenden Start«, so trifft ihn bei nicht ausreichender Sicht in die danebenliegenden Querstraßen eine Mitverursachung, falls ein Kfz des Querverkehrs noch bei »Rot« in die Kreuzung eingefahren ist. In diesem Fall hat eine Schadenausgleichung im Verhältnis 3:1 zulasten des aus einer Nebenstraße bei »Rot« eingefahrenen Verkehrsteilnehmers zu erfolgen.[770]

374 Bremst ein Kraftfahrer im Bereich einer für ihn durch grünes Farbzeichen freigegebenen Kreuzung plötzlich ab, weil er durch ein anderes, nicht für ihn bestimmtes, Verkehrszeichen abgelenkt oder irritiert ist und fährt auf das abgebremste Kfz ein anderer Wagen auf, dann soll eine Schadenausgleichung im Verhältnis 3:1 zulasten des plötzlich Abbremsenden erfolgen. Diese Auffassung ist bedenklich, weil gerade im Großstadtverkehr mit dem plötzlichen Abbremsen eines voraus gefahrenen Kfz aus den unterschiedlichen Gründen jederzeit gerechnet werden muss. Ein derartiger Unfall findet seine überwiegende Ursache darin, dass der nachfolgende Verkehrsteilnehmer entweder keinen ausreichenden Sicherheitsabstand eingehalten oder aber die Reaktion seines »Vordermannes« zu spät erkannt hat. Eine Schadenausgleichung wäre daher im umgekehrten Teilungsverhältnis gerechtfertigt gewesen.

7. Rotlicht

375 Hinter dem grobfahrlässigen Verhalten eines bei »Rot« in eine Kreuzung eingefahrenen Kfz-Führers tritt im Allgemeinen im Hinblick auf den Vertrauensgrundsatz die Haftung des bei Grün Einfahrenden zurück. An dieser Haftungsverteilung ändert sich auch dann nichts, wenn der Kfz-Führer bei »Rot-Gelb« mit fliegendem Start in die Kreuzung einfährt.[771]

XXXII. Verkehrssicherungspflicht

376 Im Zusammenhang mit einem Unfallgeschehen spielt neben dem Verhalten der Verkehrsteilnehmer auch die Beschaffenheit des Verkehrsraums eine Rolle.[772] Insoweit kommt die Mithaftung des Verkehrssicherungspflichtigen in Betracht. Ausgangspunkt ist auch hier die den Beteiligten zuzuordnende Sorgfaltspflicht: »*Der Verkehrssicherungspflichtige hat die Verkehrsteilnehmer vor den von der*

---

767 Vgl. *LG Hagen* 9.2.1978 – Az. 16 O 359/77 n. v.
768 DAR 2005, 626.
769 Vgl. *BGH* NJW 1961, 1576.
770 Vgl. *OLG Schleswig* VersR 1975, 674.
771 Vgl. *LG Dortmund* SP 1993, 1.
772 Vgl. grundlegend *Scheidler Haftung für (Auto)Schäden durch Schlaglöcher und sonstige Straßenunebenheiten*, NZV 2011, 422; zu den Besonderheiten bei Unfällen im Baustellen und den Abwägungsgrundsätzen *Weinhold* SVR 2007, 14.

Straße ausgehenden Gefahren zu schützen und dementsprechend dafür zu sorgen, dass sich die Straße »in einem dem regelmäßigen Verkehrsbedürfnis entsprechenden Zustand« befindet (...). Damit ist nicht gemeint, dass die Straße praktisch völlig gefahrlos sein muss. Das ist mit zumutbaren Mitteln nicht zu erreichen und kann deshalb von dem Verkehrssicherungspflichtigen nicht verlangt werden. Grundsätzlich muss der Straßenbenutzer sich vielmehr den gegebenen Straßenverhältnissen anpassen und die Straße so hinnehmen, wie sie sich ihm erkennbar darbietet. Der Verkehrssicherungspflichtige muss in geeigneter und in objektiv zumutbarer Weise alle, aber auch nur diejenigen Gefahren ausräumen und erforderlichenfalls vor ihnen warnen, die für den Benutzer, der die erforderliche Sorgfalt walten lässt, nicht erkennbar sind und auf die er sich nicht einzurichten vermag. Ob danach eine Straße »in einem dem regelmäßigen Verkehrsbedürfnis entsprechenden Zustand« ist, entscheidet sich im Einzelnen nach der allgemeinen Verkehrsauffassung. Art und Häufigkeit der Benutzung des Verkehrsweges und seine Bedeutung sind dabei zu berücksichtigen (...).«[773]

In der Praxis treten dabei vor allem 3 Problembereiche auf. 376a

1. Allgemeiner Straßenzustand

Der Umfang der Verantwortung für den Zustand der Straße hängt maßgeblich von ihrem Charakter und dem damit zusammenhängenden Erwartungen der Benutzer ab. Ausgangspunkt ist der bereits angesprochene allgemein anerkannte Grundsatz, dass der Verkehrsteilnehmer sich an die gegebenen Verhältnisse anzupassen hat.[774] Dies ergibt sich schon aus § 3 StVO (angepasste *Geschwindigkeit*). Dementsprechend hat kein Straßenbenutzer Anspruch auf einen schlechthin gefahrfreien Zustand der Straße, der Benutzer darf bei seinem Verhalten vielmehr den erkennbaren Straßenzustand nicht außer Acht lassen.[775] 377

In den neuen Bundesländern wird von den Benutzern der Wege, die nicht den Erfordernissen der Verkehrssicherheit entsprechen, auch heute noch von vornherein ein gesteigertes Maß an Aufmerksamkeit verlangt. Wegen des immensen Nachholbedarfs von Ausbau- und Reparaturarbeiten muss der Verkehr diese Straßen für eine nicht zu knapp zu bemessende Übergangszeit auch in einem nicht der Verkehrssicherheit entsprechenden Zustand hinnehmen. Im konkreten Fall (Spurrinne im Schienenbereich einer Straßenbahn) wurden aus diesem Grund keine Schadensersatzansprüche zuerkannt.[776] Ob sich ein Kraftfahrer darauf verlassen kann, dass der Verkehrsraum genügend hoch ist, um die gemäß § 32 Abs. 1 Ziff. 2 StVZO zulässige Fahrzeughöhe zu ermöglichen, muss unterschiedlich beurteilt werden. Das *OLG Rostock* geht davon aus, dass auf Bundes- und Ausfallstraßen ein entsprechendes Vertrauen gerechtfertigt ist,[777] nicht jedoch bei Straßen mit geringer Verkehrsbedeutung, etwa Kreisstraßen. Die Argumentation, Kreisstraßen hätten lediglich eine vergleichsweise geringe Verkehrsbedeutung, ist allerdings zweifelhaft. 378

Andrerseits müssen regelmäßige Kontrollen seitens des Verkehrssicherungspflichtigen durchgeführt werden,[778] insbesondere Bäume sorgfältig auf Gesundheit und Standsicherheit kontrolliert werden.[779] Umfang und Intensität der Kontrolle hängt von den situationsbedingten Umständen ab. Eine Entscheidung des *OLG Frankfurt*[780] verdeutlicht die Grundlagen und Beschränkungen für den Straßenverkehrssicherungspflichtigen. Die Fahrerin kam mit ihrem Fahrzeug im Bereich einer Kurve und Kuppe ins Schleudern und kam von der Fahrbahn ab. Sie berief sich darauf, dass Grund hierfür loses Schnittgut von den vorher neben der Straße durchgeführten Mäharbeiten gewesen sei. 379

---

773 *BGH* NJW 1989, 2808.
774 Vgl. etwa *BGH* NJW 1989, 2808; *OLG Düsseldorf* NJW-RR 1993, 597.
775 *OLG Koblenz* DAR 2001, 460; Besprechung bei *Schröder* PVR 2002, 176.
776 *KG* NZV 1993, 108.
777 zfs 2005, 31.
778 *OLG Düsseldorf* NJW-RR 1995, 726.
779 *OLG Meiningen* DAR 2002, 73, das zwei Kontrollen pro Jahr fordert; ebenso *OLG Koblenz* DAR 2002, 218.
780 *OLG Frankfurt* v. 12.11.2004 – Az. 15 U 132/04 n. v.

Nach dem Ende der Arbeiten war eine Kontrolle der Straßenverhältnisse durchgeführt worden. Ein schweres Unwetter hatte augenscheinlich zu einem späteren Zeitpunkt wieder Schnittgut auf den Straßenbereich verbracht. Das *OLG Frankfurt* lehnte eine Haftung ab und führte hierzu aus: »*Der Pflichtige muss in geeigneter und objektiv zumutbarer Weise nach den Verhältnissen im Einzelfall alle, aber auch nur diejenigen Gefahren ausräumen und erforderlichenfalls vor ihnen warnen, die für den sorgfältigen Benutzer nicht oder nicht rechtzeitig erkennbar sind und auf die er sich nicht oder nicht rechtzeitig einzustellen vermag* (vgl. *BGH* VersR 1979, 1055). *Dabei ist eine Verkehrssicherung nicht erreichbar, die jeden Unfall ausschließt. Es muss deshalb nicht für alle denkbaren, entfernten Möglichkeiten ein Schadenseintritt Vorsorge getroffen werden.*« Das Gericht weist weiter darauf hin, dass bei der Frage, ob ein Verstoß gegen § 32 Abs. 1 StVO vorliege, das allgemeine Risiko des Verkehrsteilnehmers zu beachten sei, wonach auf der Straße liegendes Schnittgut ebenso wie Blätter oder herab fallende Äste im Prinzip Teil des allgemeinen Lebensrisikos des Verkehrsteilnehmers sei.

380 Namentlich im Bereich von verkehrsberuhigten Zonen und Parkplatzbereichen sind Kollisionen zwischen Fahrzeugen und Blumenkübeln nicht selten. Zwar kann ein Verschulden des Verkehrssicherungspflichtigen aus dem Umstand nicht ausreichender Überprüfung in Betracht kommen, im Hinblick auf das überwiegende Verschulden des Fahrzeuglenkers kommt jedoch eine Mithaftung des Ersteren nur in Extremfällen in Betracht.[781]

381 Hierbei besteht auch eine Haftung für Steinschläge, wenn diese Gefahr bekannt ist oder bekannt sein könnte, wobei das Aufstellen von Warnschildern nicht ausreicht.[782] Werden keine Fangzäune oder Schutzgitter angebracht, ist nachzuweisen, dass in angemessenen Zeitabständen Kontrollen durchgeführt wurden.[783] Dies entspricht der Rspr. des *BGH*.[784] Es ist eine Abwägung zwischen den Erwartungen der Verkehrsteilnehmer einerseits und wirtschaftlich zumutbaren Aufwendungen vorzunehmen.[785] Eine Verpflichtung, die Straßenbenutzer per se von allen möglichen Gefahren aus der Natur zu schützen, besteht nicht.[786]

2. Bäume

382 Im Übrigen ist durch den Verkehrssicherungspflichtigen zumindest zweimal jährlich eine Sichtkontrolle von Straßenbäumen vorzunehmen. Erkannte Mängel sind unverzüglich zu beseitigen. Wird dies unterlassen, so kann von einem Anscheinsbeweis zugunsten des Geschädigten dahin gehend ausgegangen werden, dass bei Beachtung der Sicherungsvorschriften es nicht zu dem Unfall gekommen wäre.[787] In der Praxis treten vor allem Unfallschäden durch herab fallende Äste auf. Hierbei ist die Feststellung schwierig, ob eine Ursächlichkeit durch unterlassene Baumüberprüfung zu bejahen ist.[788]

382a Selbst wenn man aber die Ursächlichkeit bejaht, kann der Geschädigte nur dann einen Amtshaftungsanspruch geltend machen, wenn er nachweist, dass die ordnungsgemäße Überprüfung des Baumes zur Entdeckung der Schädigung des Baumes und zur Beseitigung der Gefahr geführt hätte. Diese schon vom *OLG Celle*[789] verlangten Anspruchsvoraussetzungen hat der *BGH* nunmehr in

---

781 Vgl. *OLG Koblenz* VersR 2001, 205; *Edenfeld* VersR 2002, 272, 277.
782 *OLG München* OLGR München 2001, 194.
783 *OLG München* a. a. O.
784 Vgl. schon NJW 1968, 246.
785 Vgl. Palandt/*Sprau* § 823 Rn. 58.
786 *OLG Koblenz* SP 1999, 371.
787 *OLG Dresden* VersR 2001, 1260.
788 Grunds. Informationen zur Problematik bieten *Detter/Brudi/Bischoff* Messverfahren und Bewertungsmethoden zur Verkehrssicherheit, AFZ-DerWald 2010, 34; *Rust* Geräte und Verfahren zur eingehenden Baumuntersuchung, in Roloff (Hrsg.), Baumpflege, Stuttgart 2008; *Rinn*, Messtechnik zur Baumuntersuchung, zu erreichen unter http://www.agb.at/pictures/file_1238499299-e3fc53ebc866b52246c219a38d334a3b.pdf
789 NJOZ 2003, 2346.

C. Einzelfälle

der Revision ebenfalls bejaht. Ausgangspunkt bei der Beurteilung derartiger Fälle ist zunächst die in der Rspr. seit langem der Straßenbehörde auferlegte Pflicht zur zweimaligen Überprüfung des Bewuchses je Jahr (einmal in belaubtem, einmal in unbelaubtem Zustand).[790] Allerdings hat der *BGH* offengelassen, ob dem zu folgen ist, da im Streitfall der Anspruch am Erfordernis der Verknüpfung dieser Pflichtverletzung mit dem Schaden missglückte. Der *BGH* schließt sich insoweit der bereits in der Rspr. vertretenen Ansicht[791] mit knappen Worten an, der Geschädigte müsse auch den Nachweis führen, dass bei Durchführung der erforderlichen Überwachung zur Entdeckung der Gefahr hätten führen können.

In der Entscheidung wird auch zu der für den Geschädigten schwierigen Beweissituation und der Frage der Beweiserleichterungen Stellung genommen: »*Die Frage, ob und in welchem Umfang dem Geschädigten Beweiserleichterungen, etwa nach Art des Anscheinsbeweises, zu Gute kommen können (grds. verneinend: OLG Karlsruhe NZV 1994, 317 = VersR 1994, 358; Staudinger/Hager § 823 Rn. E 155), bedarf nach den Besonderheiten des hier zu beurteilenden Sachverhalts keiner abschließenden Klärung. Nach ständiger Rspr. des BGH hat der durch eine Amtspflichtverletzung Geschädigte grundsätzlich auch den Beweis zu führen, dass ihm hierdurch ein Schaden entstanden ist. Wenn allerdings die Amtspflichtverletzung und der zeitlich nachfolgende Schaden feststehen, so kann der Geschädigte der öffentlichen Körperschaft den Nachweis überlassen, dass der Schaden nicht auf die Amtspflichtverletzung zurückzuführen ist. Dies gilt jedoch nur, wenn nach der Lebenserfahrung eine tatsächliche Vermutung oder eine tatsächliche Wahrscheinlichkeit für den ursächlichen Zusammenhang besteht; anderenfalls bleibt die Beweislast beim Geschädigten.*«[792]

383

Neben der pflichtwidrig unterlassenen Überprüfung muss also der Geschädigte dartun, dass die Umstände für eine Verknüpfung von fehlender Untersuchung und Schadenseintritt sprächen. Trotz der vom *BGH* angenommenen Beweiserleichterung steht der Geschädigte aber vor nur schwer überwindlichen Beweisproblemen. In der Praxis sind daher folgende Kriterien zu ermitteln:[793]

383a

- Wurde eine regelmäßige und ausreichende Kontrolle (jeweils einmal pro Jahr in unbelaubtem und in belaubtem Zustand) durchgeführt? Eine Sichtkontrolle aus dem fahrenden Fahrzeug reicht in der Regel nicht aus.[794] Entscheidend sind aber die Umstände des Einzelfalls.[795] Das *OLG Brandenburg* hat aber auch eine abgestufte Überprüfung, nämlich zunächst durch Personal der Straßenmeisterei und sodann bei hierbei erkannten Problemfällen durch Forstfachleute für zulässig erachtet.[796] Insoweit müssen aber an die »*Vorschau*« strenge Anforderungen gestellt werden.
- Wurde hierbei das erforderliche qualifizierte Personal eingesetzt? Erforderlich ist der Einsatz von Forstfachleuten.[797]
- Gab es Anzeichen für Krankheiten oder mögliche Probleme, wie Faulstellen, Totholz oder Druckzwiesel?[798]

Das *OLG Hamm*[799] hat diese Anforderungen vertiefend dargestellt und insbesondere die sog. **VTA-Methode** (Visual Tree Assessment) als grundlegende Überprüfungsmethode hervorgehoben. Die Entscheidung beleuchtet die in diesem Bereich in tatsächlicher, materiell-rechtlicher und prozessualer Art auftretenden Schwierigkeiten in besonderem Maße. Ausgangspunkt war das Umwerfen eines 60–80 Jahre alten Baumes durch den Wind. Er stürzte auf ein gerade vorbeifahrendes Fahrzeug, wo-

384

---

790 Vgl. *OLG Düsseldorf* VersR 1992, 467; *OLG Brandenburg* OLG-Report 2002, 411; *OLG Hamm* NJW-RR 2003, 968.
791 Vgl. *OLG Oldenburg* VersR 1977, 845; *OLG Schleswig* MDR 1995, 148.
792 NJW 2004, 1381, 1382.
793 Hierzu *OLG Brandenburg* OLG-NL 2004, 97; 2004, 99.
794 *OLG Brandenburg* OLG-NL 2004, 97.
795 *OLG Brandenburg* OLG-NL 2004, 99.
796 *OLG Brandenburg* OLG-NL 2004, 99.
797 *OLG Brandenburg* a. a. O.
798 Zur Definition des Druckzwiesel s. *OLG Brandenburg* OLG-NL 2004, 97, 98.
799 NJW-RR 2004, 134.

bei die Fahrerin schwer verletzt und die Beifahrerin getötet wurde. Zirka 6 Wochen vor dem Unfall war der Baum der Sichtprüfung unterzogen und eine Sicherheit konstatiert worden. Die VTA-Methode erfasst insoweit die Sichtkontrolle auf Stabilitätsmängel oder Anzeichen hier (etwa Pilzbefall), bei größerer Höhe gegebenenfalls mithilfe eines Fernglases. Das Gericht lässt insoweit die oben angeführte zweimalige Sichtprüfung ausreichen und fordert lediglich bei erkannten Anzeichen für Probleme eine eingehende fachmännische Untersuchung, etwa mit Schallmessung, durch Freigraben oder Einsatz von Resistograph. Der **Resistograph** ist eine Bohrmaschine mit einer speziellen Bohrnadel. Die Bohrnadel ist am Kopf etwa 4 mm stark. Rotierend wird die Nadel in den Baum getrieben und die Dichte des Baumes in einer Kurve dargestellt. Hieraus lässt sich der Zustand des Baumes im Inneren ermitteln. Der Test ist jedoch nicht unumstritten, weil es sich um eine eindimensionale Messung handelt.[800] Der **Fractometer** ist ein Taschenprüfmessgerät für Holz. Er misst bei vorher entnommenen Bohrkernen die tangentiale und radiale Biegefestigkeit. Das hierdurch gewonnene Messprofil kann sodann mit vorhandenen Tabellen verglichen und der Schluss auf den Zustand des Baumes gezogen werden. Schließlich kommt auch die Methode der Baumtomographie in Betracht. Mittels Schallwellenimpulsen kann die Rohdichte des Holzes bestimmt (**Schalltomographie**) oder mittels Anlegen von Elektroden der Widerstandsquerschnitt (**Widerstandstomographie**) ermittelt werden, sodass auf Faulstellen oder andere Strukturschäden zurückgeschlossen werden kann. Bei beiden Verfahren kann mittels EDV-Auswertung zerstörungsfrei die Struktur des Baumes festgestellt werden.

385 Bei diesen Kriterien kommt es entscheidend darauf an, Schlüsse aus dem Unfallverursachenden Holzstück zu gewinnen. Ist dies nicht beweiskräftig gesichert oder wird der Baum gar wegen weiter drohender Schäden gefällt, sind kaum Ansätze für die Erfüllung der Beweislast denkbar. Es sollte daher auch die Durchführung eines selbstständigen Beweisverfahrens, § 485 ZPO, in Erwägung gezogen werden. Insoweit kommt auch die Kostendeckung durch die Rechtsschutzversicherung in Betracht. Bei der anzustellenden Abwägung, ob die Kontrolle ausreichend war, kommt es ferner darauf an, welche Verkehrsbedeutung die Straße hat, Hiervon ist auch abhängig, welcher Luftraum über der Straße frei zu halten ist.[801] Der Fahrer kann sich insbesondere nicht darauf verlassen, dass dieser bis zu 4 Metern frei ist, da § 32 StVZO insoweit nicht gilt.[802]

386 Stößt ein größeres Fahrzeug mit den Aufbauten gegen einen in das Lichtraumprofil der Fahrstraße hineinragenden Teil eines Baumes, kommt es auf die lichte Höhe an. Einerseits ist der Lichtraum über der Straße vom Straßenbaulastträger so zu gestalten, dass ein gefahrloses Befahren ermöglicht wird, andrerseits hat ein Fahrzeuglenker mit hohem Fahrzeugaufbau die Durchfahrmöglichkeiten besonders zu beachten. Bei einer lichten Höhe von 4 Metern ist jedenfalls im Rahmen der Abwägung eine Mithaftung des Verkehrssicherungspflichtigen zu verneinen.[803]

3. Fahrbahnbeschaffenheit

387 Hindernisse im Fahrbahnbereich sind nach ähnlichen Gesichtspunkten zu beurteilen.[804] Auch hier erstreckt sich die Überprüfungspflicht des Baulastträgers auf eine ordnungsgemäße Überprüfung des Zustands. Die Rspr. zu Kanaldeckeln ist allerdings völlig uneinheitlich. Während einerseits schon beim Herausstehen um 2 cm eine Verletzung der Verkehrssicherungspflicht angenommen wurde,[805] wurde dies bei 7 cm verneint.[806] Die Rechtsprechung ist kaum auf eine einheitliche Linie einzuord-

---

800 Vgl. *www.wikipedia.de* Stichwort *Resistograph*.
801 Vgl. *OLG Köln* VRS 59, 222; NZV 1991, 426; NZV 1995, 22; *OLG Hamm* NZV 1991, 185.
802 *OLG Celle* NJOZ 2003, 2346.
803 *OLG Dresden* NZV 1997, 308; verneint auch bei 3,8 Metern von *OLG Düsseldorf* VersR 1989, 273; *OLG Brandenburg* DAR 1995, 403; verneint auch bei 3,6 Metern von *OLG Köln* NZV 1991, 426; bei 3,69 Metern von *OLG Schleswig* NZV 1994, 71), bei 3,4 Meter kommt eine Mithaftung in Betracht.
804 Umfangreiche Nachweise zu Einzelfällen bei Geigel/*Wellner* Kap. 14 Rn. 45 ff.
805 *OLG Karlsruhe* VersR 1984, 78.
806 *OLG Düsseldorf* VersR 1985, 397.

nen. Im Einzelfall kommt es vor allem neben der Tiefe es Loches auch auf deren Oberflächengröße und die Bedeutung der Straße für den Verkehr an.[807] Ein Mitverschulden des Verkehrsteilnehmers ist aber in jedem Falle zu berücksichtigen: So hat das *OLG München* das Mitverschulden einer Radfahrerin, die wegen eines 15 Zentimeter tiefen Loches stürzte, mit 25 % angesetzt.[808] Berücksichtigt man beim Kraftfahrer noch die Betriebsgefahr, so wird der Haftungsanspruch kaum über 50 % liegen. Dementsprechend hat das OLG Celle[809] unter Betonung des Verstoßes gegen das Sichtfahrgebot (§ 3 Abs. 1 S. 4 StVO) eine Haftungsquote von 50:50 angesetzt. Je größer das Loch, umso leichter ist es erkennbar – aber eben für alle Beteiligte. Für den Bereich ländlicher Straßen ist insbes. davon auszugehen, dass ein Kraftfahrer ohnehin mit Unregelmäßigkeiten der Fahrbahnoberfläche rechnen muss und dementsprechend bei der Beobachtung besonders sorgfältig sein muss.[810] Inwieweit auch die Haftung des Straßenbaulastträgers zu berücksichtigen ist, kann nur im Einzelfall beurteilt werden. Das *OLG Jena*[811] hat bei einem mindestens 10 cm tiefen und 50x50 cm großen Schlagloch eine Haftungsverteilung von 50:50 angesetzt. Bei der Haftungsabwägung ist jedoch stets zu prüfen, inwieweit der Geschädigte die Gefahrenstelle erkennen konnte.[812]

Hinsichtlich der Streu- und Räumpflicht ist im Einzelfall über die Notwendigkeit von Maßnahmen zu entscheiden. »*Inhalt und Umfang der winterlichen Räum- und Streupflicht richten sich nach den Umständen des Einzelfalles. Art und Wichtigkeit des Verkehrsweges sind dabei ebenso zu berücksichtigen wie seine Gefährlichkeit und die Stärke des zu erwartenden Verkehrs. Die Räum- und Streupflicht besteht daher nicht uneingeschränkt. Sie steht vielmehr unter dem Vorbehalt des Zumutbaren, wobei es auch auf die Leistungsfähigkeit des Sicherungspflichtigen ankommt.*«[813] Die Zumutbarkeit in diesem Sinne hat das *LG Bochum* dahin gehend erläutert, dass es beim fortdauerndem Schneefall und zunächst ordnungsgemäß geräumter Straße nicht erforderlich ist, ständig weiter zu räumen, da eine kontinuierliche Schneeräumung nicht verlangt werden könne.[814] »*Denn die Bejahung einer derartigen Pflicht würde dazu führen, dass eine versicherungspflichtige, hier räum- und streupflichtige Person, an derartigen Tagen des kontinuierlichen Schneefalls mit zwischenzeitlichen Schneepausen letztlich überhaupt nicht das Haus verlassen dürfte, um gewissermaßen »im 5-Minuten-Takt« permanent nachräumen bzw. nachstreuen zu können. Ein derartiges Verhalten kann selbstredend nicht verlangt werden.*« **388**

Im Rahmen der allgemeinen Streu- und Räumpflicht stellt der Schutz von Radfahrern und Fußgängern, zudem bei einem kombinierten Fuß- und Radweg einen Sonderfall dar. »*Insoweit ist zu berücksichtigen, dass Personen, die in den Sommermonaten oder auch sonst bei angenehmen Witterungsbedingungen längere Strecken mit dem Fahrrad zurückzulegen pflegen, bei unwirtlichen Wetterverhältnissen verstärkt auf öffentliche Verkehrsmittel oder das eigene Kraftfahrzeug ausweichen. Personen wiederum, die nur kurze Strecken zu bewältigen haben, werden wegen der bei Schnee- und Eisglätte bestehenden besonderen Sturzgefahr, die sich auch bei ordnungsgemäßer Wahrnehmung der Räum- und Streupflicht durch den Sicherungspflichtigen nicht völlig ausschließen lässt, vielfach auf die Benutzung des Fahrrads verzichten und zu Fuß gehen.*«[815] **389**

Hinsichtlich der von der Fahrbahn getrennten Radwege hat der *BGH* keine ausdrückliche Entscheidung getroffen, jedoch die hierzu anwendbaren Grundsätze unter Berufung auf die bisherige Rspr. dargelegt; »*Jedenfalls sind diesbezüglich, wie das Berufungsgericht zu Recht angenommen hat, keine höheren Anforderungen zu stellen als diejenigen, die für das Räumen und Streuen der Fahrbahnen gel-* **390**

---

807 Zur Problematik mit weiteren Beispielen *Bergmann* DAR 2011, 228.
808 Urt. v. 18.9.2008 – 1 U 3081/08 = BeckRS 2008, 20498; vgl. auch *KG* DAR 2011, 135.
809 NJW-RR 2007, 972.
810 *OLG Oldenburg* DAR 2011, 329.
811 Urt. v. 31.5.2011 – 4 U 884/10 = BeckRS 2011, 21366; hierzu NJW-Spezial 2011, 586.
812 Vgl. *OLG Hamm* NZV 2009, 450: Radfahrer konnte Absperrkette erst in 10 Metern Entfernung erkennen.
813 BGHZ 112, 74; vgl. auch *BGH* NJW 2003, 3622.
814 NJW-RR 2005, 463.
815 *BGH* a. a. O.

ten (folgen Nachweise).« Berücksichtigt man die obigen Ausführungen und die im Rahmen der Sicherungspflicht geltenden Zumutbarkeitsgrenzen bei offensichtlich großem Ermessensspielraum der Verkehrssicherungsbehörde, so wird damit letztlich insoweit generell die Streu- und Räumpflicht für diesen Bereich infrage gestellt. Das Berufungsgericht hatte ausgeführt, es wäre auch hier für die Gemeinde ein auch der besonderen Gefahrenlage für Radfahrer gerecht werdender Streudienst nicht zumutbar. Dem schließt sich der *BGH* an. Demzufolge darf sich ein Radfahrer nicht darauf verlassen, dass ein derartiger Weg so ausreichend bestreut ist, dass ein Befahren dieser Fläche mit dem Fahrrad jederzeit möglich sei.

391 Hinsichtlich kombinierter Fuß- und Radwege gilt Folgendes: Wird insoweit geräumt, haben beide Personengruppen den gemeinsamen Bereich zu benutzen, dürfen sich dann aber auch auf einen ordnungsgemäßen Zustand verlassen.[816] Gleichwohl ist der Verkehrssicherungspflichtige jedoch nur gehalten, sich am Bedürfnis der Fußgänger zu orientieren.

392 Fahrbahnschwellen sind als verkehrsberuhigende Maßnahmen grundsätzlich mit der Verkehrssicherungspflicht vereinbar. Auf sie muss jedoch rechtzeitig und klar hingewiesen werden. Ihre Gestaltung hat so zu erfolgen, dass beim Überfahren mit angemessener Geschwindigkeit unter normalen Verhältnissen keine Fahrzeugbeschädigungen verursacht werden können.[817] Der Verkehrssicherungspflichtige hat dabei auch zu beachten, dass auch solche Fahrzeuge beim Überfahren der Bodenschwellen nicht beschädigt werden, die eine geringere als die übliche Bodenfreiheit aufweisen, wenn sie nur gewährleisten, dass bei ihrem verkehrsüblichen Betrieb niemand geschädigt wird.[818] Eine ordnungsgemäße Erstellung ist auch für die Abgrenzung zwischen Fahrbahn und Bankett erforderlich. Ein scharfkantiger Höhenunterschied von 15 cm hierbei wurde vom *OLG Hamm*[819] als Verletzung der Verkehrssicherungspflicht angesehen. Regelmäßig wird jedoch ein erhebliches Mitverschulden des Geschädigten zu berücksichtigen sein. Nach dem *OLG* können im Prinzip die gleichen Grundsätze, also Gefahrgeneigtheit einerseits und Erkennbarkeit andrerseits angewendet werden. War jedoch die Gefährlichkeit vom Straßenbaulastpflichtigen erkannt und beseitigt worden, reicht eine vorsorgliche Maßnahme nicht aus. Er muss sich vielmehr vom ordnungsgemäßen Zustand bis zur endgültigen Reparatur durch Kontrollen überzeugen.[820]

393 Der *BGH* hat sich nunmehr auch zur Frage geäußert, welche Anforderungen an die Verkehrssicherungspflicht und gegebenenfalls Warnpflicht bei unbefestigten Banketten zu stellen sind.[821] Er führt aus, auszugehen sei »*von der Regelung in § 2 Abs. 1 StVO, wonach dem Fahrzeugverkehr lediglich die Fahrbahn und nicht auch die anderen Teile des Straßenkörpers zur Verfügung stehen. Insbesondere sind nach § 2 Abs. 1 S. 2 StVO Seitenstreifen nicht Bestandteil der Fahrbahn. Damit ist den Fahrzeugen jedoch nicht schlechthin jedes Verlassen der Fahrbahn verboten; vielmehr ist es immer – aber auch nur dann – erlaubt, wenn die Verkehrslage dies als eine sachgerechte und vernünftige Maßnahme erscheinen lässt. Ein Verlassen der Fahrbahn muss jedoch den jeweils gegebenen Verhältnissen entsprechend vorsichtig geschehen. Der Straßenbenutzer hat sich grundsätzlich den gegebenen Straßenverhältnissen anzupassen und die Straße so hinzunehmen, wie sie sich ihm erkennbar darbietet.*« Dementsprechend besteht kein Anspruch auf einen befestigten Seitenstreifen. »*Eine andere Frage ist, welche Toleranzen bei einem unbefestigten Bankett bestehen dürfen, ohne dass der Verkehrssicherungspflichtige zu einer Warnung der Verkehrsteilnehmer verpflichtet ist. Insoweit hat der Senat ausgesprochen, der Übergang von der Fahrbahn zum Bankett dürfe keine gefährlichen Höhenunterschiede aufweisen, an denen ein Fahrzeug hängen bleiben oder durch die es aus der Fahrbahn gerissen werden könne.*«[822] Insoweit ist allerdings nicht erforderlich, vor einem erkennbar unbefestigten Randstreifen durch Warn-

---

816 *BGH* NJW 2003, 3622.
817 *OLG Hamm* DAR 1991, 378.
818 *BGH* DAR 1991, 378.
819 NVwZ-RR 2004, 808.
820 Vgl. *OLG Koblenz* NVwZ-RR 2002, 170.
821 DAR 2005, 210.
822 *BGH* a. a. O.

tafeln generell zu warnen. Die Warnpflicht tritt jedoch dann ein, wenn Höhenunterschiede zwischen Fahrbahn und Seitenstreifen auf Bundesstraßen vorliegen, bei denen die Gefahr droht, dass auch der vorsichtige Kraftfahrer beim Überholen oder Ausweichen mit den Rädern hängen bleiben könne. Die untere Schwelle des für die Warnpflicht erforderlichen Höhenunterschieds hatte der *BGH* früher auf 6,8 cm festgelegt.[823] Nunmehr geht der *BGH* davon aus, dass auch eine Kante von 8 cm noch nicht zur Warnpflicht führe.[824]

Mit der Zunahme der Inline-Skater[825] und deren Anfälligkeit für Bodenunebenheiten, kommt es vermehrt zu Auseinandersetzungen um die Verkehrssicherungspflicht im »*Fußgängerbereich*«. Eine besondere Verkehrssicherungspflicht wird von der Rspr. bislang jedoch abgelehnt.[826] Inline-Skater können nur erwarten, dass der Straßenzustand für die Benutzung als »*gewöhnlicher Fußgänger*« ausreichend ist.[827] Das Argument ist allerdings nur eingeschränkt überzeugend, wenn sich, wie etwa in Großstädten, eine große Inline-Skater-Gemeinde im Gehwegbereich bewegt. Denn insoweit könnte von einer geänderten Verkehrserwartung der Fußgängergemeinde gesprochen werden. Schlüssiger ist hier das sehr einfache Argument, dass ein Inline-Skater, wie jeder andere Verkehrsteilnehmer auch, die vor ihm liegende Straßenoberfläche zu beachten und seine Geschwindigkeit hierauf einzurichten hat. Damit kann die zuständige Straßenverkehrsbehörde davon ausgehen, dass etwa hervorstehende Kanaldeckel beachtet werden (müssen). 394

Die gleichen Grundsätze gelten auch gegenüber Radfahrern. Es kann von ihnen ebenso erwartet werden, die Fahrbahnbeschaffenheit zu beobachten. Stürzt ein Radfahrer bei schlechtem Straßenzustand während des Ausweichens vor Schlaglöchern, so hat er diese Sorgfaltspflicht nicht erfüllt.[828] Benutzt ein Radfahrer einen für ihn erkennbar gesperrten Bereich, etwa beim Vorhandensein von Pollern mit Kette, der gerade Radfahrer daran hindern soll, den Bereich zu befahren, so kommt ein Verstoß gegen die Verkehrssicherungspflicht nicht in Betracht, weil es an der erforderlichen Widmung fehlt.[829] 395

Auf Autobahnen ist der Straßenbaulastträger verpflichtet, geeignete und normgerechte Leitplanken anzubringen und diese durch aufmerksame und fachkundige Sichtprüfung vor Ort zu kontrollieren.[830] 396

4. Wildunfälle

Eine Haftung des Straßenbaulastträgers kommt bei Unfällen mit querendem Wild grundsätzlich dann in Betracht, wenn für den Verkehrssicherungspflichtigen Anhaltspunkte bestehen, die auf eine besondere Gefahrstelle (z. B. Wildwechsel, Gegenden mit hoher Wilddichte oder Häufung von Wildunfällen) hinweisen. Dann hat er durch das Gefahrzeichen »*Wildwechsel*« (§ 40 Abs. 6 Zeichen 142 StVO) zu warnen, damit der Verkehrsteilnehmer die Straßenverhältnisse richtig einschätzen kann.[831] Damit erschöpft sich jedoch seine Verpflichtung. »*Sind die besonderen Gefahrstellen durch Warnschilder sachgerecht angezeigt, ist der Verkehrssicherungspflicht Genüge getan. Wildschutzzäune sind grundsätzlich nicht vonnöten.*«[832] Regelmäßig wird beim Fehlen eines Schildes jedoch zu prüfen sein, inwieweit die Geschwindigkeit des geschädigten Fahrzeugs relevant und hier bei einem tatsächlich aufgestellten Warnschild der Unfall überhaupt noch vermeidbar war.[833] 397

---

823 *BGH* VersR 1959, 435.
824 A. a. O., 211.
825 Vgl. hierzu § 24 StVO.
826 Vgl. *OLG Koblenz* DAR 2001, 167; *OLG Celle* MDR 1999, 1323.
827 *OLG Koblenz* a. a. O.
828 Vgl. *LG Rostock* MDR 2005, 396.
829 *OLG Thüringen* NZV 2005, 192.
830 *OLG München* VersR 2002, 455.
831 *BGH* NJW 1989, 2808 f.
832 *BGH* a. a. O.
833 Vgl. *LG Bielefeld* NJOZ 2008, 4715, 4717; zum seltenen Sonderfall *Munte*, Die Rechtsprechung zu Verkehrssicherungspflichten bei Treib-, Drück- und Erntejagden, NZV 2009, 274.

5. Beweislast

398 Der Benutzer hat im Übrigen für die Verletzung der Verkehrssicherungspflicht die volle Beweislast. Ein Anscheinsbeweis zugunsten des Straßenbenutzers wird nicht anerkannt.[834] Dem ist beizupflichten. Es handelt sich um eine allgemeine Verletzung der Sorgfaltspflicht, § 823 Abs. 1 BGB. In diesem Bereich kommt das für einen Anscheinsbeweis sprechende typischerweise eintretende Ereignis nicht in Betracht. Man kann nicht davon ausgehen, dass etwa der Sturz eines Radfahrers bei allgemeiner Betrachtung meist auf einen schlechten Straßenzustand zurückzuführen ist.

6. Sonderfall Baustellensicherung

398a Baustellen sind grundsätzlich abzusichern. Für Arbeiten im Straßenbereich ergibt sich das aus § 45 Abs. 6 StVO, wobei die Vorschrift trotz des einschränken Textes von Abs. 1 Nr. 1 (»zur Durchführung von Arbeiten im Straßenraum«) nicht nur für typische Straßenbauarbeiten gilt, sondern auch für Arbeiten im Privatbereich mit Auswirkungen auf den öffentlichen Straßenbereich. Die sonstigen landesbaurechtlichen Vorschriften[835] können daher dahingestellt bleiben. Die h. M. geht davon aus, dass bei Baustellen hinsichtlich der Baustellenabsicherung,[836] etwa Aufstellen von Begrenzungen oder Verkehrsschildern, der Bauunternehmer bei Schadensersatzansprüchen in Anspruch genommen werden kann.[837] Grundlage hierfür ist die Möglichkeit des Verkehrssicherungspflichtigen, die Sicherungspflicht an Dritte weiterzugeben. Es ist verwaltungsrechtlich unbestritten, dass die Streu- und Reinigungsverantwortung auf Anlieger übertragen werden kann. Dies setzt jedoch eine entsprechende Ortssatzung voraus. Legt man diese Möglichkeit auch der Baustellenabsicherung zugrunde, so bedarf es aber einer besonderen verwaltungsrechtlichen Maßnahme, die der Übertragung durch Gemeinderecht gleichzusetzen ist. Der Unternehmer hat entsprechende Anordnungen der Behörde einzuholen[838] und darf mit den Arbeiten erst beginnen, wenn der eingereichte Plan genehmigt und umgesetzt wurde.[839] Es muss mit anderen Worten eine vertragliche Vereinbarung zwischen der Straßenverkehrsbehörde, nicht dem Straßenbaulastträger,[840] und dem Bauunternehmen vorliegen, aus der sich eine klare Regelung ergibt, in welchem Umfang und für welchen Zeitraum der Bauunternehmer die Verkehrssicherungspflicht übernimmt.[841] Hierzu wird von der zuständigen Behörde ein Baustellensicherungsplan aufgestellt. Entspricht aber sein Verhalten den Anordnungen der Behörde, so ist er entlastet.[842]

398b Aber auch Verantwortlichkeit des Straßenverkehrssicherungspflichtigen kommt – kumulativ in Betracht. Zunächst bleibt die Verkehrssicherungspflicht originär bestehen. *»Schließlich oblag auch der Bekl. zu 3) als Trägerin der Straßenbaulast eine originäre Sicherungspflicht hinsichtlich des streitgegenständlichen Wegeabschnittes. Auf eine Haftungsprivilegierung nach § 839 Absatz I 2 BGB kann die Bekl. zu 3) sich nicht berufen. Bei Verletzung der gemäß §§ 9, 9a Straßen- und Wegegesetz NWR als hoheitlicher Pflicht ausgestalteten allgemeinen Verkehrssicherungspflicht kommt wegen des Grundsatzes der haftungsrechtlichen Gleichbehandlung eine Haftungsprivilegierung nach § BGB § 839 Absatz I BGB nicht in Betracht (BGH, NJW 1981, 682).«*[843] Eine Abwälzung auf den Bauunternehmer

---

834 So *LG Köln* DAR 1999, 409.
835 Vgl. etwa Art. 9 BayBO, Art. 17 Abs. 2 NBauO.
836 Vgl. auch *Weinhold* SVR 2007, 14 sowie grundlegend zum Verfahrensablauf bei der Genehmigung *König* Baustellen im Straßenverkehr auf der Internetseite der Polizei Hessen unter www. polizei-hessen.de und Eingabe im Suchfeld *»RSA«*; konkrete Regelpläne unter www.rsa-95.de/rsa-95-menu.htm.
837 Vgl. Hentschel-König-Dauer/*König* § 45 StVO Rn. 45.
838 Vgl. Hentschel-König-Dauer/*König* a. a. O.
839 *BGH* VersR 1977, 544.
840 *BGH* NJW 1982, 2127; zuletzt auch *BGH* NZV 2000, 412.
841 Vgl. *OLG Hamm* NZV 2002, 506, 507; *OLG Celle* NVwZ-RR 1998, 481; zum Prüfungsablauf vgl. VwV zu § 45 StVO Zu Absatz 6 I. mit III. sowie die Richtlinien zur Absicherung von Arbeitsstellen im Straßenraum RSA, Ausgabe 2011.
842 *BGH* VersR 1977, 544.
843 *OLG Hamm* a. a. O.

kommt daher allenfalls daher in Betracht, wenn er die mit dem Unternehmer vertraglich vereinbarten Anordnungen auf ordnungsgemäße Einhaltung kontrolliert und überwacht.[844] Für die Anbringung von Gebotszeichen und deren Unterhalt bleibt jedoch stets die Behörde zuständig, die unabhängig vom Unternehmer entsprechend zu kontrollieren hat.

Im Zusammenhang mit Baustellenabsicherungen kommt es nicht selten zu Schäden an Fahrzeugen durch umfallende mobile Verkehrsschilder. Teilweise wird bei möglicher Windeinwirkung ein Anscheinsbeweis angenommen, da ein Umfallen durch Wind bei einem nicht fest mit dem Boden verankerten Schild der allgemeinen Lebenserfahrung[845] entspreche. 398c

▶ Praxistipp: 398c

Bei der Prüfung von Ansprüchen empfiehlt sich zur Frage des Haftenden daher folgender Prüfungsweg:
- Beruht Unfallursache auf mangelnder Absicherung?
- Liegt die Schadensursache im Bereich von Gebotszeichen?
- Welche konkreten Maßnahmen wurden im genehmigten oder angeordneten Baustellensicherungsplan (vorprozessuale Erholung[846] und Vorlage im Prozess daher zwingend) angeordnet?
- Hat Unternehmer im Rahmen des genehmigten Sicherungsplans gehandelt?
- Entspricht die Einrichtung der RSA?
- Wurde die Baustelleneinrichtung durch die Behörde ausreichend überwacht?

Wird der Bauunternehmer in Anspruch genommen, verbleibt ihm zumindest unter den oben genannten Umständen der Rückgriff auf die originär zuständige Behörde. Welche Haftungsanteile bestehen, kann nur nach den konkreten Einzelfallumständen beurteilt werden. 398d

XXXIII. Vorbeifahren

Kommt es zu einem Zusammenstoß zwischen einem Kfz, das mit einer der Verkehrslage nicht angepassten Geschwindigkeit gefahren ist, und einem am Fahrbahnrand im eingeschränkten Halteverbot abgestellten Kfz, so trifft den Vorbeifahrenden die volle Haftung.[847] 399

Wenn ein Pkw-Fahrer mit einem seitlichen Abstand von 0,5 m vom rechten Bordsteinrand anhält, um ein entgegenkommendes Fahrzeug durchfahren zu lassen, das seinerseits unter Benutzung der Fahrbahnmitte an einem haltenden Fahrzeug vorbeifährt, so hat im Rahmen von § 17 StVG eine Schadenausgleichung im Verhältnis 3:1 zulasten des Entgegenkommenden, der sich in Fahrt befand, zu erfolgen.[848] 400

Demjenigen, der an rechts parkenden Fahrzeugen vorbeifährt, kann ein Verstoß gegen das Rechtsfahrgebot nicht deshalb angelastet werden, weil er einen Sicherheitsabstand von 1 m zu den Fahrzeugen eingehalten hat, wenn diese in unterschiedlich weitem Abstand zur Bordsteinkante abgestellt sind.[849] 401

Bei einem Begegnungszusammenstoß zwischen einem Lastzug und einem Pkw im Bereich einer durch abgestellte Kraftfahrzeuge bewirkten Fahrbahnverengung hat im Rahmen von § 17 StVG eine Schadenausgleichung im Verhältnis 2:1 zulasten des Vorbeifahrenden zu erfolgen.[850] 402

---

844 Vgl. *OLG Hamm* 1996, 1362.
845 *LG Berlin* NJW-RR 2004, 169.
846 Hinweis: Der Plan muss auch auf der Baustelle vorliegen.
847 *KG* 20.4.1978 – Az. 12 U 5878 n. v.
848 *OLG Bremen* VersR 1979, 1059.
849 *OLG Hamburg* SP 1993, 172.
850 *OLG Celle* VersR 1973, 716.

XXXIV. Vorfahrt

403 Gegen den Wartepflichtigen spricht schon der Anscheinsbeweis des Verschuldens, da er gemäß § 7 Abs. 1 StVO erhöhte Sorgfaltspflichten zu erfüllen hat, sodass sich nach ständiger Rspr. im Regelfall seine alleinige Haftung ergibt.

404 Im Rahmen der Haftungsabwägung kommt der Vorfahrtsverletzung eine überragende Bedeutung in jeglicher Konstellation zu. Das Vorfahrtsrecht wird in der Rspr. des *BGH* als besonders gravierender Gesichtspunkt bei der Haftungsabwägung herausgestellt: »*Das Vorfahrtsrecht ist eine der grundlegenden Regelungen, ohne die ein flüssiger Verkehr nicht denkbar ist. Seine strikte Beachtung ist nicht nur im Interesse eines flüssigen Verkehrs, sondern insbesondere zur Vermeidung oft schwerer und folgenreicher Unfälle unabdingbar erforderlich. Eine Einschränkung der Verhaltensanforderungen des Wartepflichtigen im Hinblick auf sein Vertrauen auf ein verkehrsgerechtes Verhalten anderer Verkehrsteilnehmer ist denkbar, etwa wenn auf erschwerte Sichtmöglichkeiten nicht in zumutbarer Weise ausreichend reagiert werden kann oder der Verkehrsverstoß des Unfallgegners, etwa seine überhöhte Geschwindigkeit, zu verständlichen Fehlbeurteilungen der Verkehrssituation führt. Sie ist aber nicht gerechtfertigt, wenn die Vorfahrt ohne Überspannung an die Verhaltensanforderungen gewährt und dadurch einem möglichen schweren Unfall im Gegenverkehr entgegengewirkt werden kann. Gerade das Linksabbiegen an nur schwer einsehbaren Stellen bringt erhebliche Gefahren für den Abbiegenden wie für den Gegenverkehr mit sich, denen jeder Verkehrsteilnehmer im Rahmen des Zumutbaren durch eine defensive, die Gefahrenlage nach Möglichkeit entschärfende Fahrweise entgegenwirken muss. Alle zumutbaren Möglichkeiten, vor Überquerung der Gegenfahrbahn einen ausreichenden Überblick über möglichen – und möglicherweise auch vorschriftswidrig fahrenden – Gegenverkehr zu erhalten, sind auszuschöpfen.*«[851] Eine Einschränkung der Haftung des Vorfahrt Verletzenden kommt daher nur in seltenen Fällen, vor allem aber nicht unter dem Gesichtspunkt der Betriebsgefahr des gegnerischen Fahrzeugs in Betracht. Das OLG Koblenz[852] hat bei einer Geschwindigkeitsüberschreitung zwischen 24 % und 36 % die Haftung des Vorfahrtsberechtigten mit 1/3 angenommen.

1. Allgemein

405 Nach allgemeiner Rechtsauffassung verliert der Vorfahrtberechtigte die Vorfahrt nicht dadurch, dass er sich selbst verkehrswidrig verhält,[853] sei es dadurch, dass er gegen das Rechtsfahrgebot *verstößt* und die linke Straßenseite benutzt,[854] sei es, dass er sich mit überhöhter Geschwindigkeit der Kreuzung oder Einmündung nähert,[855] dass er bei der Einfahrt in die untergeordnete Straße die Kurve schneidet und auf der linken Fahrbahn heranfährt,[856] das Blinken unterlässt[857] oder beim Einbiegen nicht den vorgeschriebenen Radweg benutzt.[858] Auch das verkehrswidrige Benutzen einer Anliegerstraße führt nicht zur Mithaftung.[859] Insoweit fehlt es nämlich an der Verletzung eines den Wartepflichtigen schützenden Bereichs.[860] Das *OLG Saarbrücken* nimmt jedoch eine Mithaftung an; wenn der Vorfahrtsberechtigte überholt und der Überholte noch vor dem Wartepflichtigen anhalten kann.[861]

---

851 *BGH* NJW 2005, 1351, 1353.
852 Urt. v. 18.7.2011 – 12 U 189/10 = BeckRS 2011, 19034; Hierzu *Kääb* FD-StrVR 2011, 320900.
853 Vgl. *BGH* NJW 1986, 2651.
854 Vgl. RGZ 167, 357, 369; *BGH* VRS 22, 134 f.
855 Vgl. *BGH* NJW 1984 1962; zum Zusammentreffen von Vorfahrt und überhöhter Geschwindigkeit auch *Heß/Nugel* NJW-Spezial 2011, 521.
856 Vgl. *BGH* NJW 1996, 60 f.
857 Vgl. *BGH* VRS 30, 23, 26.
858 Vgl. *BGH* NJW 1986, 2651.
859 *OLG Celle* zfs 2001, 492 m. Anm. *Diehl.*
860 *OLG Celle* a. a. O.
861 Urt. v. 12.10.2010 – 4 U 110/10 = BeckRS 2010, 25380: Mithaftung 80 %; hierzu *Kääb* FD-StrVR 2010, 310489.

C. Einzelfälle

406 Nur bei einer wesentlichen Behinderung des Vorfahrtsberechtigten kann von einer Vorfahrtsverletzung gesprochen werden. Wenn der Vorfahrtberechtigte ohne Weiteres durch ein frühes leichtes Gaswegnehmen oder frühes leichtes Abbremsen ein Auffahren auf den Wartepflichtigen verhindern kann, liegt bereits tatbestandsmäßig eine Vorfahrtsverletzung nicht vor.[862]

407 Fährt ein wartepflichtiger Lkw-Fahrer mit einer Geschwindigkeit von etwa 30 bis 40 km/h in eine infolge Bebauung nach rechts nur schlecht einzusehende Kreuzung gleichberechtigter Straßen ein, so missachtet er in grobfahrlässiger Weise die Vorfahrt, sodass demgegenüber die Betriebsgefahr des bevorrechtigten Pkw, der mit einer Geschwindigkeit von etwa 20 km/h in diese Kreuzung einfährt, nicht ins Gewicht fällt.[863]

408 Wenn der Bevorrechtigte rechts blinkt, gleichwohl aber geradeaus weiterfährt und durch sein Verhalten den Wartepflichtigen irritiert, kann eine Mithaftung des Bevorrechtigten eintreten. Hierbei ist insbesondere fraglich, welche Anforderungen an eine haftungsrelevante Irritation zu stellen sind.

409 Ein Vorfahrtsverzicht kann nur dann angenommen werden, wenn dieser klar und unmissverständlich zum Ausdruck gebracht wird. Das Betätigen der Lichthupe kann auch als Warnzeichen verstanden werden. Allein hieraus kann somit nicht auf einen Verzichtswillen geschlossen werden. Auch wenn der Vorfahrtberechtigte den Unabwendbarkeitsnachweis i. S. d. § 7 Abs. 2 StVG nicht führen kann, tritt die Betriebsgefahr seines Fahrzeugs hinter der schuldhaften Vorfahrtsverletzung zurück.[864]

410 Hält demgegenüber der Vorfahrtberechtigte zunächst grundlos an und schafft er so eine unklare Verkehrslage, in der er dann plötzlich wieder kurz vor dem herannahenden wartepflichtigen Kfz anfährt, so ist eine Mithaftung des Bevorrechtigten zu einem Drittel durchaus gerechtfertigt.[865]

411 Ist eine Vorfahrtverletzung erwiesen, trägt wegen der einzelnen Umstände, die ein Mitverschulden des Bevorrechtigten begründen können, der Wartepflichtige die Darlegungs- und Beweislast[866] Eine Mithaftung des Bevorrechtigten kommt nur dann in Betracht, wenn der Wartepflichtige ihm eine ins Gewicht fallende Mitverursachung nachweist.[867]

2. Abknickende Vorfahrt

412 Bei abknickender Vorfahrt ist der Vorfahrtsberechtigte auch beim Abbiegen bevorrechtigt. »*Der Benutzer einer solchen Straße bleibt nach anerkannter Rspr. gegenüber Verkehrsteilnehmern, die – wie die Kl. – auf einer diese Straße kreuzenden nicht bevorrechtigten Straße fahren, im Kreuzungsbereich auch dann vorfahrtsberechtigt, wenn er geradeaus in eine nicht bevorrechtigte Straße weiterfährt. Dabei wird der gesamte Kreuzungsbereich als eine Einheit angesehen; eine Aufteilung in einen bevorrechtigten und einen nicht bevorrechtigten Teil findet also nicht statt. Diese Rspr. beruht auf der Erwägung, dass das Vorfahrtsrecht im Hinblick auf die Sicherheit des Verkehrs klar und eindeutig sein muss und der zügige Verkehr auf den Hauptverkehrsstraßen nicht beeinträchtigt werden darf.*«[868]

413 Ob die Betriebsgefahr des bevorrechtigten Fahrzeugs insoweit völlig zurücktritt, kann nur im Einzelfall beurteilt werden. Regelmäßig wird das in der Vorfahrtsverletzung enthaltene erhebliche Verschulden dafür sprechen, andrerseits kann im Einzelfall auch eine Berücksichtigung in Betracht kommen Der *BGH*[869] hatte das von der Vorinstanz berücksichtigte Mitverschulden von 20 % gebilligt.

---

862 *OLG Braunschweig* DAR 1992, 218.
863 Vgl. *KG* VersR 1973, 749.
864 *OLG Koblenz* NJW 1993, 1721.
865 Vgl. *OLG Düsseldorf* VRS 89, 278.
866 Vgl. *KG* DAR 77, 159.
867 Vgl. *LG Karlsruhe* VersR 1981, 468.
868 *BGH* NJW 1983, 2939.
869 A. a. O.

Der Wartepflichtige darf jedenfalls darauf vertrauen, dass der Vorfahrtsberechtigte blinkt, sodass beim Verstoß die Betriebsgefahr zu berücksichtigen ist.[870]

3. Einfahren in bevorrechtigte Straße

414 Grundsätzlich hat der Wartepflichtige bei der Einfahrt nach rechts in eine Vorfahrtsstraße sich davon zu überzeugen, dass der von ihm angesteuerte Fahrstreifen frei und auch kein Anhaltspunkt dafür vorhanden ist, dass er einen Vorfahrtsberechtigten beeinträchtigen könnte. Dies gilt auch für den Fall, dass ein Vorfahrtsberechtigter unmittelbar vor der Kollision den Fahrstreifen nach rechts wechselt. Hiermit hat der Wartepflichtige zu rechnen.[871] Andrerseits ist sorgfältig zu prüfen, welche Möglichkeiten der Wartepflichtige überhaupt hatte, den Vorfahrtsberechtigten zu erkennen. Abzustellen ist hierbei auf den Zeitpunkt des Einfahrens. Kann die Situation nicht geklärt werden, so geht dies nach Ansicht des *OLG Düsseldorf*[872] zulasten des Vorfahrtsberechtigten, eine Haftung des Wartepflichtigen aus Verschulden kommt nicht, wohl aber jene aus Betriebsgefahr zur Anwendung. Diese Entscheidung knüpft an die Rspr. des *BGH*[873] an. Hiernach sind folgende Gesichtspunkte bei der Abwägung gegenüberzustellen:

415 »Das Überholen ist unzulässig, wenn ein Verkehrsteilnehmer, dessen Sicht auf eine Straßenkreuzung durch ein vorausfahrendes Fahrzeug und wegen einer Straßenkrümmung verdeckt ist, den Verkehrsraum vor sich nicht voll übersehen kann. Er darf sich nicht darauf verlassen, dass wartepflichtige Verkehrsteilnehmer, die auf einer untergeordneten Straße herannahen, während des Überholvorgangs nicht in die bevorrechtigte Straße einbiegen. Ein Wartepflichtiger, der wegen der Straßenführung die auf der Vorfahrtstraße herannahenden, von einem vorausfahrenden Fahrzeug verdeckten Verkehrsteilnehmer nicht sehen kann, muss mit dem Einbiegen in die bevorrechtigte Straße nach rechts solange warten, bis er den Verkehrsraum dort ausreichend übersehen kann. Er kann sich nicht darauf verlassen, dass hinter einem die Sicht verdeckenden Fahrzeug keine Verkehrsteilnehmer zum Überholen ansetzen.«

416 Bei der Abwägung der Ursachen für den Zusammenstoß zweier Kfz auf einer Kreuzung ist die Betriebsgefahr des mit normaler Geschwindigkeit auf bevorrechtigter Straße herannahenden Kfz gegenüber der groben Fahrlässigkeit des Wartepflichtigen, der trotz Sichtbehinderung durch ein gerade überholtes Fahrzeug in die Kreuzung einfährt und dabei mit einem von rechts gekommenen bevorrechtigten Fahrzeug zusammenstößt, außer Betracht zu lassen.[874]

417 Spricht die Vorfahrtregelung nicht eindeutig zugunsten eines Verkehrsteilnehmers, so muss er von der Rechtsbedeutung ausgehen, die ihm ungünstiger ist und ihm eine höhere Sorgfalt abverlangt. Dies gilt vor allem für die Annäherung an eine Einmündung, die dem Fahrer die Vorstellung, eine untergeordnete Straße zu befahren, geradezu aufdrängt.[875]

418 Wird das Zeichen 205 »*Vorfahrt gewähren*« durch ein parkendes Fahrzeug verdeckt, muss der Fahrer, der sich mit seinem Fahrzeug der Kreuzung nähert, wenn er erkennen konnte, dass das parkende Fahrzeug so nah an der Kreuzung geparkt war, dass es die Vorfahrtregeln des Verkehrsschildes verdecken konnte, versuchen, aus anderen Verkehrszeichen und/oder aus Fahrbahnmarkierungen Rückschlüsse auf eine Vorfahrtsregelung zu ziehen.[876]

419 Ähnliche Überlegungen gelten für den Fall, dass der Bevorrechtigte die zulässige Höchstgeschwindigkeit überschreitet.[877]

---

870 *OLG Rostock* NJW-RR 2011, 31: Mithaftung des Vorfahrtsberechtigten 30 %; a. A. *LG Halle* NZV 2003, 34: Weitere Umstände erforderlich.
871 *OLG Hamm* SP 2000, 406.
872 *OLG Düsseldorf* SP 2001, 81.
873 *BGH* NJW 1996, 60.
874 Vgl. *BGH* VersR 1964, 1113.
875 Vgl. *BGH* VersR 1977, 58.
876 *OLG Köln* DAR 1991, 146.
877 Vgl. *OLG Stuttgart* VersR 1982, 782.

C. Einzelfälle

Der wartepflichtige Rechtsabbieger darf jedoch nicht darauf vertrauen, dass ein auf der bevorrechtigten Straße herannahender Linksabbieger unter Schneiden der Kurve einen engen Bogen nach links beschreiben wird. Auch wenn der Linksabbieger seine Absicht aufgibt und geradeaus weiterfährt, haftet der wartepflichtige Rechtsabbieger allein, da ein Abbiegen ohne Behinderung des Bevorrechtigten auch dann nicht möglich gewesen wäre, wenn dieser seiner ursprünglichen Absicht entsprechend links abgebogen wäre.[878]

420

Eine Vorfahrtverletzung des aus einer Grundstücksausfahrt nach links in eine Straße einbiegenden Lkw liegt dann nicht vor, wenn dessen Fahrer beim Anfahren auf der Vorfahrtstraße trotz einer Sichtweite von 135 m kein Fahrzeug erkennt. Kommt es dann zu einem Zusammenstoß mit einem an sich Vorfahrtberechtigten, weil dieser mit überhöhter Geschwindigkeit, im konkreten Fall 95 km/h statt 70 km/h, und unter Verletzung des Sichtfahrgebots gefahren ist, so haftet dieser für den Unfallschaden allein.[879]

421

Schließlich ist auch zu beachten, dass das Einbiegen nach links durch einen sich an der Kreuzung gebildeten Rückstaus nur zulässig ist, wenn der von rechts kommende Verkehr nicht beeinträchtigt wird. Insoweit liegt regelmäßig eine Alleinhaftung des Einbiegenden vor.[880]

422

4. Einfahren in gleichberechtigte Straße (Rechts-vor-Links)

An gleichrangigen Kreuzungen, in deren Bereich die Grundregel »rechts vor links« gilt, wird vielfach vertreten, auch ein von links kommender Fahrer dürfe grundsätzlich davon ausgehen, dass ein an sich vorfahrtberechtigter Verkehrsteilnehmer seine eigene Geschwindigkeit so weit herabsetzt, dass er in der Lage ist, seiner Wartepflicht gegenüber einem für ihn von rechts kommenden Kfz zu genügen, sodass eine Mithaftung des Vorfahrtberechtigten mit 20 % oder noch höher[881] anzusetzen sei. Hierzu wird die Rspr. des *BGH* angeführt. Die Problematik ist deshalb ausführlicher darzustellen. Die Situation wird mit dem Stichwort »halbe Vorfahrt« bezeichnet. Der Begriff ist auf den ersten Blick verwirrend, sprachlich aber durchaus korrekt, da jeder der Herannahenden nur nach links, nicht jedoch nach rechts, also nur zur Hälfte vorfahrtsberechtigt ist.

423

Diese Konstellation weist in der Praxis große Bedeutung bei der Schadensregulierung für beide betroffenen Parteien auf. Es ist durchaus richtig, dass auch der im konkreten Fall Vorfahrtsberechtigte vorsichtig an die Kreuzung heranfahren muss, um die Vorfahrt gewähren zu können. Das kann aber nur dann gelten und zu einer Mithaftung führen, wenn der Nachweis vorliegt, der Vorfahrtsberechtigte habe tatsächlich seine Sorgfaltspflicht verletzt. Diese Ansicht entspricht im Übrigen durchaus der nunmehrigen Rspr. des *BGH*. »*Der vorfahrtsberechtigte Verkehrsteilnehmer kann sich grundsätzlich darauf verlassen, dass auch ein für ihn nicht sichtbarer Verkehrsteilnehmer sein Vorfahrtsrecht beachten werde. Diese Regel gilt nicht nur, wenn der vorfahrtsberechtigte Verkehrsteilnehmer auf einer bevorrechtigten Straße fährt, sondern auch dann, wenn ihm das Vorfahrtsrecht deshalb zusteht, weil er von rechts kommt (§ 8 Abs. 1 S. 1 StVO); an Kreuzungen allerdings unter der Voraussetzung, dass er die kreuzende Straße nach rechts zur Beurteilung seiner eigenen Wartepflicht gegenüber dem von dort herannahenden Verkehr rechtzeitig und weit genug einsehen kann (vgl. Senat VersR 1961, 69; 1977, 917 f.). Denn für den Kl. war die Lage dann, wenn er die U-Straße nach rechts rechtzeitig und weit genug einsehen konnte, ähnlich übersichtlich, wie wenn er eine Vorfahrtsstraße befahren hätte; er konnte dann auf die Beachtung seines Vorfahrtsrechts durch den wartepflichtigen Verkehr aus der U-Straße vertrauen und brauchte deshalb seine Geschwindigkeit bei Annäherung an die Kreuzung nicht herabzusetzen (vgl. Senat VersR 1961, 69; 1977, 917 f.). Zwar kann der Vorfahrtsberechtigte auf die Beachtung seiner Vorfahrt u. a. dann nicht mehr vertrauen, wenn die besondere örtliche Verkehrslage*

424

---

878 *OLG Düsseldorf* DAR 1994, 159.
879 Vgl. *OLG Oldenburg* r+s 1987, 13 [L].
880 Vgl. *OLG Frankfurt* SP 1999, 152.
881 *OLG Karlsruhe* DAR 1996, 56: 25 %; *OLG München* VersR 1958, 40: 30 %; *OLG Bremen* VersR 1975, 285: 33 %.

ihm konkreten Anlass gibt, hieran zu zweifeln. Der Umstand, dass für den Wartepflichtigen die kreuzende Straße nach rechts schwer einzusehen ist, reicht aber, wie gesagt, allein nicht aus, um das Vertrauen des Vorfahrtsberechtigten zu erschüttern.«[882]

425 Diese Entscheidung wird in der Praxis allerdings häufig nicht gesehen, obgleich sie vom *KG* ständig (zuletzt NZV 2002, 79) ausdrücklich zitiert und bestätigt wird. Auch das *OLG Hamm* bestätigt den bei der Halben Vorfahrt uneingeschränkt geltenden Anscheinsbeweis gegen den Wartepflichtigen:

426 *»Die mit halbe Vorfahrt bezeichnete Verkehrssituation dient grundsätzlich auch dem Schutz des von links kommenden Wartepflichtigen. Allerdings muss sich der Vorfahrtsberechtigte bei einer nach rechts unübersichtlichen Kreuzung nur dann langsam in den Kreuzungsbereich hineintasten, wenn er die kreuzende Straße nach rechts nicht weit genug einsehen kann. Wenn sich eine solche Verkehrssituation nicht feststellen lässt und letztlich unklar bleibt, welche konkrete Sicht der Vorfahrtsberechtigte hatte, haftet der von links kommende Wartepflichtige allein und in vollem Umfang bei einer Vorfahrtsverletzung.«*[883]

427 In dem gemäß § 8 StVO geschützten Vorfahrtsbereich, der die gesamte Kreuzungsfläche umfasst, gilt also der Vertrauensgrundsatz uneingeschränkt. Entscheidende Gesichtspunkte sind hier Geschwindigkeit und Sicht nach rechts, um den Vertrauensgrundsatz beeinträchtigen zu können. Von Beginn an muss die Frage der Sicht nach rechts und die Annäherungsgeschwindigkeit erörtert und auf Beweisbarkeit geprüft werden. Fehlerhaft ist es, bei der Schadensregulierung den Anspruch auf 20 % ausschließlich auf den Grundsatz Halbe Vorfahrt ohne jeden Bezug auf konkrete Umstände stützen. Werden derartige Umstände nicht dargetan, muss es beim Anscheinsbeweis der Vorfahrtsverletzung bleiben.[884]

428 Bei einem Zusammenstoß auf einer unübersichtlichen Kreuzung mit beiderseits starker Sichtbehinderung auf enger Straße hat ein Schadenausgleich im Verhältnis 3:1 zulasten des Wartepflichtigen zu erfolgen.[885]

429 Eine über abgeflachte Bordsteine geführte Zufahrt ist, wenn sie die äußeren Merkmale einer öffentlichen Straße aufweist, einmündende Straße im Sinne der Vorfahrtregelung *»rechts vor links«* (§ 8 Abs. 1 S. 1 StVO), auch wenn sie für den von links kommenden Kraftfahrer dem ersten optischen Eindruck nach als eine Grundstücksausfahrt im Sinne von § 10 StVO erscheint. Schwierigkeiten, derartige Zufahrten als vorfahrtsberechtigte Einmündungen zu erkennen, sind über das Verschuldenserfordernis und über die Regelung des § 11 Abs. 2 StVO aufzufangen. Der Verkehr muss sich, wenn das sich ihm bietende Gesamtbild keinen Raum für ein Vertrauen in die Beachtung seine Vorfahrt durch den querenden Verkehr zulässt, wie der Benutzer einer Grundstücksausfahrt besonders sorgfältig verhalten.[886]

430 Münden zwei untergeordnete Straßen nebeneinander in die Vorfahrtsstraße so gilt zwischen den untergeordneten Straßen die Rechts-vor-Links-Regel.[887]

431 Kommt es bei einem Kreisverkehr innerhalb der Fahrbahnfläche des Kreises zu einem Unfall, kommt ein Anscheinsbeweis nicht in Betracht. In diesen Fällen kann nämlich regelmäßig nicht festgestellt werden, welcher der beiden Unfallbeteiligten den Kreisverkehr zuerst erreichte.[888] Anders als bei Kreuzungen und Einmündungen besteht im Kreisverkehr nämlich kein feststehender räumlicher Bereich, der die Vorfahrt eines Verkehrsteilnehmers in diesem Bereich stets gleich bleibend und unab-

---

882 *BGH* NJW 1985, 2757.
883 OLGR 1999, 272.
884 So auch *KG* DAR 2002, 66.
885 *OLG Oldenburg* VersR 1982, 1154.
886 *BGH* NJW 1987, 435.
887 *OLG Stuttgart* NZV 1994, 440.
888 Vgl. *KG* DAR 2005, 222.

änderlich für den Benutzer des bevorrechtigten Straßenteils endgültig regelt.[889] Da es deshalb entscheidend auf die zeitliche Komponente und nicht darauf ankommt, wer schon eine längere Strecke im Kreisbereich gefahren ist, kann aus der räumlichen Zuordnung der Kollisionsstelle allein nicht sicher auf den Unfallhergang geschlossen werden.[890] Beim Ausfahren aus dem Kreisverkehr gelten die allgemeinen Regeln, also insbes. die Pflichten für ein Rechtsabbiegen nach § 9 Abs. 1 StVO.[891]

5. Gesperrte Straße

Gegenüber dem grobfahrlässigen Verschulden eines Kraftfahrers, der mit seinem Kfz aus einer für Kraftfahrzeuge aller Art gesperrten Straße kommt und in eine Kreuzung gleichberechtigter Straßen einfährt, tritt die Betriebsgefahr eines von rechts kommenden, also bevorrechtigten Pkws völlig zurück.[892]

432

Das Vorfahrtrecht besteht unabhängig davon, ob sich der Bevorrechtigte verkehrsgerecht verhält[893] und zwar auch dann, wenn er vorschriftswidrig durch eine gesperrte Straße fährt. Aus dem Befahren der gesperrten Straße folgt aber eine Mitverantwortung, die zu einer Schadenausgleichung führt.[894] Andrerseits wird vertreten, dem aus einer für ihn gesperrten Anliegerstraße kommenden Fahrer verbleibe das Vorfahrtsrecht.[895] Dem ist zuzustimmen, weil der aus der Anliegerstraße Kommende für den Wartepflichtigen in jedem Fall zu beachten war. Denn der Verkehrsverstoß des Letzteren ist nicht erkennbar.

433

6. Lückenfälle

Bildet sich auf der vorfahrtsberechtigten, mehrspurigen Straße ein Rückstau, lassen umsichtige Kraftfahrer für den Querverkehr oder vom Fahrbahnrand An- oder Ausfahrende[896] eine Lücke zur Einordnung in den fließenden Verkehr. Problematisch wird die Situation, wenn auf einer links vom stehenden oder zäh fließenden Verkehr liegenden Spur noch fließender Verkehr möglich ist.

434

Zunächst ist die Anwendbarkeit der sog. LückenRspr. der Situation nach näher zu definieren. Sie betrifft nur solche Sachverhalte, in denen eine verkehrsbedingt langsam fahrende Kolonne vorhanden ist, nicht jedoch schon dann, wenn ein vereinzelt vor einer Einmündung haltendes Fahrzeug überholt wird.[897]

435

Die Rspr. nimmt bei einer nachfolgenden Kollision des an sich wartepflichtigen Fahrzeugs mit dem vorfahrtsberechtigten Verkehr ein Mitverschulden des Vorfahrtsberechtigten an, wenn für Letzteren die Lücke erkennbar und damit ein möglicherweise querendes Fahrzeug zu erwarten war. Die Rspr. ist uneinheitlich. Vielfach wird hier eine Mithaftung von 1/4 bis 1/3 angesetzt.[898] Grundlage ist der Vorwurf an den Überholer, dass bei ordnungsgemäßer Bewegung im Straßenverkehr auch auf größere Lücken zu achten und die Geschwindigkeit entsprechend einzuhalten ist, um rechtzeitig bremsen zu können.[899]

436

Ein Fall der LückenRspr. wird teilweise für die Fälle des entgegenkommenden Linksabbiegers verneint.[900]

437

---

889 *KG* a. a. O.
890 *KG* a. a. O.
891 *KG* NZV 2009, 498.
892 Vgl. *OLG Karlsruhe* NZV 1992, 33.
893 Vgl. *BGH* VRS 5, 292; VersR 1955, 474; VersR 1956, 518.
894 *OLG Düsseldorf* VersR 1968, 905.
895 *OLG Celle* zfs 2001, 492: Alleinhaftung des Wartepflichtigen.
896 Vgl. auch einerseits *LG Köln* DAR 1995, 449 (50 %) und andererseits *LG Oldenburg* DAR 1995, 449.
897 Vgl. *KG* KGR Berlin 2001, 176.
898 *OLG München* DAR 1981, 356: 20 %; *KG* NZV 1996, 365: 1/3.
899 *LG Neuruppin* SP 1997, 460.
900 Vgl. *KG* NZV 2007, 524; hierzu *Kääb* FD-StrVR 2007, 240463.

438 Sie wird jedoch häufig auch zugunsten des aus einem Grundstück ausfahrenden Kraftfahrers angewandt.[901] Dem ist nicht beizupflichten, da die erhöhte Sorgfaltspflicht des Ausfahrenden überragt.[902] Er hat sich vielmehr sorgfältig zu vergewissern, ob die Einfahrt möglich ist, darf also nur fahren, wenn er nach beiden Seiten ausreichende Sicht hat und muss mit Überholverkehr rechnen.[903]

439 Dementsprechend kommt die Lücken-Rspr. auch nicht zur Anwendung, wenn ein Fahrzeugführer in eine Grundstückseinfahrt einfahren und daher abbiegen will. Zu Kollisionen kommt es insoweit leicht, wenn ein Geradeausfahrer dem Entgegenkommenden die Abbiegemöglichkeit signalisiert und ein Überholender sodann mit dem Abbiegenden kollidiert. Die Erfüllung der Definition der Lücke ist nur zu bejahen »*soweit in der Kolonne in einer vorfahrtsberechtigten Straße eine Lücke zur Ein- oder Ausfahrt in eine Nebenstraße frei gehalten wird. Sie gilt nicht für die Ausnutzung von Lücken zum Ein- oder Ausfahren in oder aus normalen Grundstücksausfahrten etwa Parkplatzausfahrten.*«[904] Grund hierfür ist die schwerere Erkennbarkeit von Grundstückseinfahrten und die bei Anwendung der Lücken-Rspr. beeinträchtige Flüssigkeit des Verkehrs.[905]

440 Auch beim Überholen einer Kolonne braucht der Überholende die Geschwindigkeit nicht so einzurichten, dass er jederzeit zum Stehen kommen kann, falls ein Fahrzeug aus einer wartepflichtigen Straße durch eine Lücke einbiegt. Dies gilt erst dann, wenn für ihn die Lücke erkennbar ist.[906]

441 Zu beachten ist in der Praxis, dass es entscheidend auf den Umstand der Erkennbarkeit einer Lücke ankommt und daher herausgearbeitet werden muss. Kumulativ kommen bei den Lückenfällen sonstige Verkehrsverstöße, wie Geschwindigkeitsüberschreitungen (*OLG Stuttgart* NZV 1994, 194: Alleinhaftung des Überholenden bei Geschwindigkeitsüberschreitung innerorts von mindestens 76 %) und Verletzung eines Überholverbots[907] als Abwägungsgesichtspunkte hinzu. Schließlich kommt die Lückenrechtsprechung auch bei ampelgeregelten Kreuzungen in Betracht, sei es an üblichen, sei es an Fußgängerampel.[908]

7. Nebenweg

442 Bei einem Zusammenstoß zwischen einem Lkw, der bei Dunkelheit aus einem Wirtschaftsweg kommt, nach links in eine andere Straße einbiegt, mit einem auf der streckenweise parallel dazu verlaufenden Landstraße von links herannahenden Pkw, hat im Rahmen von § 17 StVG eine Schadenausgleichung im Verhältnis 4:1 zulasten des wartepflichtigen Verkehrsteilnehmers zu erfolgen.[909] Unter Nebenweg ist hierbei ein Weg zu verstehen, der zumindest überwiegend land- und forstwirtschaftlichen Zwecken dient.[910] Bei der Frage der Erkennbarkeit folgt je nach der Schwierigkeit der Erkennung eine Mithaftung des Vorfahrtsberechtigten.[911]

443 Biegt ein vor einer Straßeneinmündung auf einer Landstraße überholender Lkw nach links aus und kollidiert er auf der für ihn linken Straßenseite mit einem Pkw, der unmittelbar zuvor aus der Nebenstraße in die Hauptstraße rechts eingebogen war, so hat eine Schadenausgleichung im Verhältnis 2:1 zulasten des Wartepflichtigen zu erfolgen.[912]

---

901 *OLG Düsseldorf* NZV 1992, 238, vgl. auch *LG Köln* DAR 1995, 449; *KG* NZV 1996, 365; *KG* KGR Berlin 2001, 176 allerdings gegen *KG* VersR 1999, 1382.
902 *LG Oldenburg* DAR 1995, 449; *KG* NZV 96, 365; so auch noch *KG* v. 7.2.1994 – Az. 12 U 3844/92 n. v.
903 So auch *LG Göttingen* SP 2002, 119, Abgrenzung zu *KG* NZV 1996, 365; *LG Frankfurt/M.* zfs 2000, 198.
904 *KG* VersR 2004, 254 f.
905 *KG* a. a. O.
906 *LG Stuttgart* DAR 1999, 219; *OLG München* DAR 1981, 356 m. w. N.
907 Vgl. *KG* NZV 1996, 365; Mithaftung eines Motorradfahrers zu 33 %.
908 *KG* NZV 2010, 148 m. w. N.
909 *OLG Düsseldorf* VersR 1975, 956.
910 Vgl. *BGH* NJW 1976, 1317; *OLG Rostock* MDR 2007, 1129 m. ausf. Nachw.; hierzu *Kääb* FD-StrVR 2007, 220508.
911 Vgl. *OLG Rostock*: Mithaftung 40 % (Geländewagen gegen Motorrad).
912 *LG Mannheim* VersR 1978, 476.

C. Einzelfälle   Kapitel 6

Bei einem Zusammenstoß im Kreuzungsbereich zweier gleichberechtigter Forstwege ist die gleiche 444
Rechtslage, wie bei sonstigen öffentlichen Straßen zugrunde zu legen. Veröffentlichte Rspr. aus neuerer Zeit hierzu ist nicht ersichtlich.

8. Räumen der Kreuzung

Ein Kraftfahrer, der in eine bevorrechtigte Straße einfährt, obwohl er aus der Ansammlung vor dem 445
Kreuzungsbereich wartender Kraftfahrzeuge daraus schließen muss, dass auf der Straße starker Verkehr herrscht, handelt grobfahrlässig. Gegenüber einem derartigen Verschulden kann eine geringfügige Überschreitung der Geschwindigkeit auf der bevorrechtigten Straße völlig zurücktreten.[913]
Insoweit ist anzumerken, dass es sich dabei nicht gerade um den »typischen« Fall eines Räumens der Kreuzung handelt.

Dieser Fall liegt in der Regel dann vor, wenn ein Kraftfahrer bei für ihn grünem Farbzeichen in die 446
Kreuzung einfährt und dort, beispielsweise als wartepflichtiger Linksabbieger oder wegen eines sonstigen Staus, anhalten muss und seine Fahrt erst fortsetzen kann, wenn inzwischen die bis dahin gesperrte Querrichtung freie Fahrt erhalten hat. Nach § 11 StVO obliegt dann dem Kraftfahrer der inzwischen durch »Grün« freigegebenen Querrichtung die Verpflichtung, den Kreuzungsbereich aufmerksam auf »hängen gebliebene« Fahrzeuge zu beobachten und diesen vorrangig das ungefährdete Räumen der Kreuzung oder Einmündung zu ermöglichen.

Die Haftungsquoten weichen deutlich von einander ab. In der Regel ist eine Haftungsverteilung im 447
Verhältnis 2:1 zulasten des Einfahrenden anzusetzen.[914] Teilweise wird aber auch eine Mithaftung von 50 % angesetzt[915] oder 2/3 zulasten des Kreuzungsräumers[916] vertreten. Das *KG* hat im Einzelfall sogar schon 100 % Haftung des Einfahrenden für zutreffend befunden.[917] Das *OLG Hamm*[918] hat die Anwendung der LückenRspr. beim Ausfahren aus einem Grundstück erneut verneint und betont, den Vorbeifahrenden und sich im Übrigen korrekt Verhaltenden treffe keine Verpflichtung, auf einen möglichen Lückenfahrer, der aus einer Grundstücksausfahrt komme, zu achten.

XXXV. Wenden

Wenden ist die gezielte Lenkbewegung, durch die das Fahrzeug in die entgegen gesetzten Fahrtrichtung gebracht wird, vollendet mit der Ausführung des Bogens, beendet mit der völligen Wiedereingliederung in den Verkehr der Gegenrichtung. Wenden liegt im Übrigen auch vor, wenn die Fahrtrichtungsänderung unter Benutzen eines auf der linken Fahrbahnseite liegenden Parkplatzes geschieht.[919] 448

Gegen den Wendenden und damit für seine Haftung zu 100 % spricht schon der Anscheinsbeweis.[920] Gemäß § 9 Abs. 5 StVO hat nämlich der Fahrzeugführer sich beim Wenden so zu verhalten, dass eine Gefährdung anderer Verkehrsteilnehmer ausgeschlossen ist. Dies bedeutet, dass der Wendende die Verantwortung grundsätzlich allein trägt. Handelt es sich um das Wenden eines Busses, so zeigen schon die Abmessungen des Fahrzeugs, dass der Wendevorgang und die Grundsätze des sog. Ackermann-Prinzip[921] eine Gefährdung so wahrscheinlich machen, dass ein Einweiser erfor-

---

913 Vgl. auch *BGH* NZV 2002, 225: 37 km/h statt erlaubter 30 km/h.
914 Vgl. *BGH* NJW 1977, 1394; *KG* NZV 2010, 568.
915 *OLG Koblenz* VRS 68, 419; *OLG Köln* VRS 54, 101.
916 Vgl. *BGH* NJW 1971, 1407; *KG* VERKMITT 1993, 35.
917 r+s 1983, 52.
918 NZV 2006, 204.
919 *OLG Koblenz* NZV 1992, 406; zur Abgrenzung von Wenden und doppeltem Linksabbiegen; Vgl. *OLG Hamm* NZV 1997, 438; *BGH* NJW 2002, 2332 verneint ein Wenden.
920 *BGH* NJW 1986, 384.
921 Hierzu *Bachmeier*, Mandatshandbuch Rn. 815.

derlich ist.[922] Dies soll auch dann gelten, wenn es sich um einen Bus eines städtischen Verkehrsbetriebs handelt.[923]

448a Den Wendenden trifft auch die volle Beweislast dafür, dass er sich in der von ihm gesetzten Ausnahmesituation nicht verkehrswidrig verhalten hat. *Er »trägt die Verantwortung praktisch allein.«*[924] Das *OLG Düsseldorf*[925] gibt die Grundlage für die Beurteilung von Wendevorgängen vor: *»Beim Wenden hat sich ein Verkehrsteilnehmer nach Maßgabe des § 9 Abs. 5 StVO so zu verhalten, dass eine Gefährdung anderer Verkehrsteilnehmer ausgeschlossen ist. Der Wendevorgang erfordert äußerste Sorgfalt, in der Regel also Umblick, Rückschau – nicht nur durch den Rückspiegel – und ständige Beobachtung nach beiden Richtungen (Hentschel § 9 StVO Rn. 50). Der Wendende trägt die Hauptverantwortung, was fremde Mitschuld allerdings nicht ausschließt (Hentschel a. a. O.). Gegen ihn spricht nach der ständigen Rspr. des Senats im Falle einer Kollision mit dem fließenden Verkehr der Anschein schuldhafter Unfallverursachung.«*[926] Die Ausräumung dieses Anscheinsbeweises ist jedoch möglich, wenn der Herannahende mit überhöhter Geschwindigkeit fährt und wegen dieser Geschwindigkeit der Wendende davon ausgehen durfte, dass er seinen Wendevorgang noch ordnungsmäß und ohne Gefährdung des fließenden Verkehrs abschließen könne.[927] Das *OLG Saarbrücken*[928] hat einen Verstoß gegen 9 Abs. 5 StVO so schwer gewichtet, dass selbst eine Geschwindigkeitsüberhöhung des mit dem Wendenden zusammenstoßenden Busses von 6 km/h und einer BAK des Busfahrers von 0,9 ‰ nicht zu berücksichtigen sei. Da der Wendende bei Einleitung der Wendefahrt zunächst nach rechts einschlug und hierbei den Eindruck erweckte, er wolle an den rechten Fahrbahnrand fahren, berücksichtigte das *OLG* ein Überholen des Busfahrers bei unklarer Verkehrslage und nahm eine hieraus resultierende Mithaftung von 25 % an. Eine Einschränkung der Haftung des Wendenden kommt ferner beim Zusammenstoß mit einem beim Überholvorgang ausscherenden in Betracht. Das *OLG Thüringen*[929] hebt die Pflichten desjenigen, der beim Überholvorgang ausscheren will, hervor: *»Er ist untersagt, wenn eine Gefährdung anderer Verkehrsteilnehmer nicht auszuschließen oder zu gewärtigen ist. Bei dichtem Verkehr oder Kolonnenbildung ist das Wechseln in aller Regel auf das Ausnutzen größerer Lücken beschränkt, die einen ausreichenden Abstand nach hinten und von vorne ermöglichen* (folgen Nachweise). *Wer sich ohne sorgfältige Rückschau auf den Überholstreifen begibt und hierdurch ein von hinten nahendes schnelleres Fahrzeug gefährdet, handelt grob verkehrswidrig.«* Angesichts dieses groben Verschuldens ist von der Alleinhaftung des Ausscherenden auszugehen.[930] Schließlich weist das *OLG Celle*[931] darauf hin, dass ein Mitverschulden des Auffahrenden nicht in Betracht kommt, wenn der Wendende langsamer wird und sich nach rechts hin einordnet, wobei es sich weiterhin um ein Wenden, nicht nur um ein Linksabbiegen handle: *»Zum anderen hat er zumindest seiner zweiten Rückschaupflicht unmittelbar vor dem Beginn des Wendemanövers ersichtlich nicht Genüge getan, ansonsten hätte er das Fahrzeug der Klägerin nicht übersehen können (immerhin ein Pick-up-Geländewagen mit stattlichen Außenmaßen), zumal er dieses Fahrzeug seiner eigenen Schilderung in der Klageerwiderung nach zuvor bereits im Rückspiegel beobachtet hatte. Zum Dritten hat der Beklagte seiner besonderen Sorgfaltspflicht beim Wenden (wäre dieses überhaupt zulässig gewesen), wie sie sich aus § 9 Abs. 5 StVO ergibt, ebenfalls nicht Genüge getan. Danach hätte er ausschließen müssen, mit seinem Wendemanöver andere Verkehrsteilnehmer zu gefährden. Insoweit galt entgegen der Annahme der Einzelrichterin nicht (nur) der Sorgfaltsmaßstab, den ein Verkehrsteilnehmer beim Linksabbiegen trifft, sondern sogar ein noch strengerer.«* Das Wenden im Straßenverkehr ist stets ein gefähr-

---

922 Vgl. *KG* Urt. v. 16.12.2010 – 12 U 209/09 = BeckRS 2011, 01786; hierzu *Kääb* FD-StrVR 2011, 31963.
923 *KG* a. a. O.
924 Vgl. auch *OLG Köln* VersR 1999, 993; *OLG Hamm* NZV 1997, 438.
925 *OLG Düsseldorf* Urt. v. 17.12.2007 – Az. 1 U 110/07 = BeckRS 2008, 00085.
926 Vgl. auch *BGH* DAR 1985, 316.
927 *BGH* NJW 1986, 384.
928 *OLG Saarbrücken* VersR 2004, 621.
929 *OLG Thüringen* NZV 2006, 147.
930 So auch *OLG Thüringen* a. a. O.
931 *OLG Celle* SP 2005, 1493; Besprechung bei *Schröder* SVR 2006, 103.

liches Manöver und erfordert daher die äußerste Sorgfalt. Dies gilt schon mit Rücksicht darauf, dass der wendende Verkehrsteilnehmer praktisch als doppelter Linksabbieger in Erscheinung tritt, das Linksabbiegen in der gewohnten Form jedoch nur einmal anzeigen kann, sodass man mit einem Wendemanöver nicht ohne Weiteres rechnet.

Stößt ein Kraftfahrer, der auf der linken Seite seiner Fahrbahnhälfte mit 50 km/h an einer Kolonne in Doppelreihe haltender Pkw vorbeifährt, mit einem Pkw zusammen, dessen Fahrer unter Benutzung einer Straßenausbuchtung aus der rechten Kolonne durch eine Lücke in der linken Kolonne ein Wendemanöver durchführt, so trifft den Überholenden kein Verschulden. Der Kraftfahrer muss sich aber im Hinblick auf seine risikoreiche Fahrweise die erhöhte Betriebsgefahr seines Kfz zurechnen lassen.[932]   449

D. Quotentabelle

Nachfolgend werden die in der Praxis besonders häufigen Unfallkonstellationen dargestellt. Hierbei bezeichnet die »Quote« eine in der Praxis oft angewandte Schadensverteilung, die »Abwägungskriterien« weisen auf den Schwerpunkt der Haftungsverteilungsgesichtspunkte und »Rn.« verweist auf die nähere Darstellung im Text. Bei der Quotendarstellung ergibt sich der zuerst oder allein genannte Haftungsanteil des einzelnen Beteiligten im Regelfall unmittelbar aus dem für die Fallkonstellation gewählten Begriff oder aus der Tabelle. Zur Erleichterung wird im Übrigen noch der nachfolgende Hinweis gegeben. Die Quote, also die erste Benennung im Haftungsverhältnis bzw. die angegebene Prozentzahl bezieht sich hierbei auf folgenden Beteiligten: 450

Tab. 5		451
Verkehrsvorgang	Erstbenannter	
Abschleppen	Abschleppender	
Auffahren	Auffahrender	
Alkohol	Alkoholisierter	
Anfahren	Anfahrender	
Ausfahren	Ausfahrender	
Geschwindigkeit	Geschwindigkeitsüberschreitender	
Gleichgerichteter Verkehr		
Spurwechsel	Spurwechsler	
Vordermann		
Fahrbahnverengung		
Reißverschluss		
Halten/Parken		
Inline-Skater	Skater	
Kinder	Kind	
Kreuzungsräumer		
Lichtsignal		
Linksabbieger		

---

932 Vgl. *OLG München* VersR 1982, 173.

Verkehrsvorgang	Erstbenannter
Lückenfall	
Parkplatz	
Rechtsabbieger	Rechtsabbieger
Rückwärtsfahren	Rückwärtsfahrender
Straßenbahn/Linksabb.	Straßenbahn
Türöffnen	Türöffner
Überholen	Überholer
Vorfahrt	Wartepflichtiger
Wenden	Wendender

452 Tab. 6

Begegnungsart	Quote	Abwägungskriterien	Rdn.
Abschleppen	100 %	V des Abschleppenden	32
Alkohol	100 %	Überwieg. V, selten AB	41
Anfahren	100 %	überwiegendes V, AB	47
Auffahren			
Standardfall	100 %	V des Auffahrenden, AB	73
Grundloses Bremsen	33–50 %	Beiderseitiges V + BG	93
Bremsen für Tiere	80 %	Beiderseitiges V + BG	82
Ausfahren	100 %	Überwiegendes V, AB	186
Geschwindigkeit			
bis 30 % Überhöhung	0 %	Keine Mithaft. d. ansonst. Berechtigten	176
bis 50 % Überhöhung	33–66 %	Mithaftung des ansonsten Berechtigten	176
100 % Überhöhung	100 %	Ausschließliche Haftung des Rasers	176, 182
Gleichger. Verkehr			
Spurwechsel			
Vordermann	100 %	V des Vordermanns, AB	91
Ungeklärt	50 %	Beiderseitige BG	92
Fahrbahnverengung	50 %	Wenn ungeklärt, beiderseitige BG	147
Reißverschluss	75 %	Wenn ungeklärt, Haftung Vordermann	146
Halten/Parken			
ordnungsgemäß	100 %	Haftung des Kollidierenden, überw. V	248
verkehrswidrig	0–50 %	Gewichtung Verkehrsverstoß (Relevanz)	256
Inline-Skater			
allgemein		Beiders. V, BG	169

D. Quotentabelle

Begegnungsart	Quote	Abwägungskriterien	Rdn.
	Wie Fußgänger		
Bei Geltung § 31 StVO	Wie Radfahrer	Beiders. V, BG	173a
Kinder (deren Haftung)			
bis 8 Jahre	0 %	Keine Mithaftung des Kindes	15
8–10 Jahre altes Recht	25–50 %	Mithaftung des Kindes je nach Handlung	15
8–10 Jahre neues Recht	0 %	Meist keine Mithaftung des Kindes	234
Kreuzungsräumer	33–50 %	BG, beiderseitiges V	445
Landwirtsch. Fahrz.			
Fahrbahnverschmutz.		BG, beiderseitiges V	208
Überholen	Wie Überholer	BG, beiderseitiges V	209
Lichtsignal		BG, beidseitiges V	365 ff.
Standard	100 %	Überwiegendes V, AB	365
Fußgängerampel	100 %	Kein Ausnahmefall, Haftung wie oben	370
Linksabbieger			
Standard	100 %	Überwiegendes V des Linksabbiegers	212
Grünpfeil	50 %	Beiderseitige BG, BG	217
Lückenfall			
Seitenstraße	25 %	Mithaftung des Vorfahrtsberechtigten	436
Ausfahrt	100 %	AB gegen Ausfahrenden	438
Parkplatz			
Ungeklärt	50 %	Beiderseitiger Verstoß gegen § 1 StVO	249
Rechtsabbieger			
Standard	100 %	V+ BG des Abbiegers	145
Radfahrer, verbotswidr.	67 %	MitV des Radfahrers	266
Im Vordringen	50 %	stärkere Gewichtung V des Radfahrers	273
Im Vordringen	0 %	Überwiegendes V des Radfahrers	282
Rückwärtsfahren	100 %	Überwiegendes V, AB	313
Straßenb./Linksabb.			
ungeklärt	50–80 %	Mithaftung des Kfz-Fahrers, (V)	330
KFZ fährt kurz vor Bahn	100 %	AlleinV Kfz-Fahrer	330
Kfz erkennbar stehend	20–50 %	Mithaftung für Kfz, BG des Kfz,	330
Türöffnen	100 %	Haftung des Öffners (V, AB)	132, 337
Überholen	100 %	Überwiegendes V, AB	228, 340

Begegnungsart	Quote	Abwägungskriterien	Rdn.
Vorfahrt			
Standard	100 %	Überwiegendes V, AB	403
Halbe Vorfahrt	0–20 %	Überwiegendes V, AB	423
Kreisverkehr		Beiderseitiges V/BG	431
Ungeklärt	100 %	V. d. Wartepflichtigen, AB	426
Sichtbeh./Geschwind.	80 %	MitV des Vorfahrtsberechtigten	427
Wenden	100 %	V des Wendenden, AB	448

Kapitel 7 Massenunfälle

Übersicht

	Rdn.
A. Geschehensabläufe bei Massenunfällen	1
B. Beweisrechtliche Probleme bei Massenunfällen	5
I. Anwendung des § 287 ZPO?	10
II. Anwendung des Anscheinsbeweises?	11
III. Anwendung von § 830 Abs. 1 S. 2 BGB?	20
IV. Anwendung des § 12 PflVG (Entschädigungsfond)?	24
C. Gemeinsame Regulierungsaktion der deutschen Kfz-Versicherer	25

Schrifttum

v. Bar, Empfehlen sich gesetzgeberischen Maßnahmen zur rechtlichen Bewältigung der Haftung für Massenschäden?, Gutachten zum 62. Deutschen Juristentag, 1998; *Braun*, Haftung für Massenschäden, NJW 1998, 2318 ff.; *Burmann/Heß/Jahnke/Janker*, Straßenverkehrsrecht, 21. Aufl. 2010; *Buschbell* (Hrsg.), Münchener Anwaltshandbuch Straßenverkehrsrecht, 3. Aufl. 2009; *Feyock/Jacobsen/Lemor*, Kraftfahrversicherung, 3. Aufl. 2009; *Fichtner*, Probleme bei Massenunfällen – Erkenntnisse über Ursachen und Ablauf, VersR 1986, 320 ff.; *Fichtner*, Probleme bei Massenunfällen – Offene versicherungsrechtliche Fragen, VersR 1986, 525 ff.; *Geigel*, Der Haftpflichtprozess, 26. Aufl. 2011; *Grüneberg*, Haftungsquoten bei Verkehrsunfällen, 11. Aufl. 2008; *Hartung*, Möglichkeiten und Grenzen des zivilen Haftpflichtrechts bei Massenauffahrunfällen, VersR 1981, 696 ff.; *Heitmann*, Massenunfälle als haftungsrechtliches Problem, VersR 1994, 135 ff.; *Metz*, Der Anscheinsbeweis im Straßenverkehrsrecht, NJW 2008, 2806 ff.; *Müller*, Haftungsrechtliche Probleme des Massenschadens, VersR 1998, 1181 ff.; *Stiefel/Maier*, Kraftfahrversicherung, 18. Aufl. 2010.

A. Geschehensabläufe bei Massenunfällen

Massenunfälle, Unfallereignisse mit einer großen Anzahl beteiligter Fahrzeuge, führen in der Schadenregulierung zu Problemen, wenn der Unfallhergang nur unvollständig ermittelt werden kann. Häufig bleibt bei solchen Ereignissen unklar, wer welchen Schaden verursacht hat. Im deutschen Schadensersatzrecht wird aber vom Geschädigten, dem Gläubiger, eine konkrete Benennung des Schädigers, des Schuldners, und die Darstellung (ggf. der Beweis) eines Geschehens, aus dem sich der Anspruch ergibt, verlangt. Was geschieht, wenn dem Geschädigten dies nicht gelingt?[1]

Im April 2011 kam es auf der Autobahn A 19 in Mecklenburg-Vorpommern zu einem folgenschweren Unfall. In der Presse[2] wird dieses Ereignis wie folgt beschrieben:

»In einem Sandsturm, bei extrem schlechten Sichtverhältnissen von weniger als zehn Metern, rasen am Freitagmittag bei Rostock Autos auf der A19 ineinander. Acht Tote sind zu beklagen, rund 100 Menschen werden verletzt. Im Sekundentakt knallen die Fahrzeuge mit ohrenbetäubendem Lärm auf die vor ihnen stehenden Autos, schieben sie ineinander. Am Ende sind es rund 80 Wagen, die auf der Straße liegen bleiben. Davon sind drei Lastwagen, einer auch noch ein Gefahrguttransporter.... Ein Augenzeuge spricht, spürbar geschockt, von »nie gesehenem Chaos«. Wie der Unfall begann, ist zunächst kaum fassbar und schwierig zu ermitteln. Augenzeugen berichten von einer regelrechten Wand, als sie in eine leichte Senke hinter einem Waldstück hineinfuhren. Ein Sturm, der seit der Nacht über den Norden Mecklenburg-Vorpommerns fegte, hatte Unmengen Sand von den umliegenden kahlen Feldern aufgewirbelt und über die Autobahn geweht. Auf der Fahrbahn liegen regelrechte Sandwehen. In beiden Fahrtrichtungen krachen die Autos ineinander. Dann beginnen Fahrzeuge zu brennen. Auch der Gefahrguttransporter, der

---

1   Die Frage, ob die vom materiellen Haftungsrecht und vom Prozessrecht vorgegebenen »Spielregeln« zur sachgerechten Bewältigung von Massenschäden ausreichen, stellen z.B. *v. Bar* Empfehlen sich gesetzgeberischen Maßnahmen zur rechtlichen Bewältigung der Haftung für Massenschäden?, Gutachten zum 62. Deutschen Juristentag, 1998; *Müller* Haftungsrechtliche Probleme des Massenschadens, VersR 1998, 1181 ff.

2   http://www.welt.de/aktuell/article13118461/Ein-Sandsturm-acht-Tote-fast-100-Verletzte.html (Stand 27.8.2011).

umgekippt ist, fängt Feuer. Unter dem tonnenschweren Fahrzeug sind weitere Autos eingeklemmt. . . . Nach Abschluss der Löscharbeiten bietet sich den Helfern ein Bild des Grauens. Polizistin B. ringt nach Worten: »Man weiß nicht, wo das eine Wrack anfängt und das andere aufhört.« Die Toten sind auch Stunden danach nicht identifiziert. Viele Verletzte müssen in umliegenden Krankenhäusern behandelt werden. Mehrere hundert Rettungskräfte sind im Einsatz, sie sind aus den Kreisen Güstrow und Bad Doberan sowie der Hansestadt Rostock zusammengezogen worden. Rettungswagen verlassen im Minutentakt die Unfallstelle, Hubschrauber kreisen. Die Arbeit der Retter wird stundenlang durch beißenden Sand behindert. . . .«

3 Diese Unfalldarstellung enthält die typischen »Wesensmerkmale« eines Massenunfalls:[3] Viele Fahrzeuge sind beteiligt; eine plötzliche Gefahrensituation (meist witterungsbedingt, z. B. Nebel[4] oder Blitzeis) entsteht; es kommt in kürzester Zeit zu einer Vielzahl von Unfällen, meist Auffahrunfälle; Lkw sind ebenfalls beteiligt und schieben Fahrzeuge in- und übereinander, so dass nicht mehr aufgeklärt werden kann, wer mit wem in welcher Reihenfolge zusammengestoßen ist; oft entstehen Fahrzeugbrände, die zusätzlich zur Unaufklärbarkeit beitragen, weil sie Lackspuren an den Anstoßstellen der Fahrzeuge vernichten; es sind viele Verletzte und oft auch Tote zu beklagen; bei der Bergung der Toten und Rettung der Verletzten bleibt keine Zeit, Spuren für die nachfolgende Aufklärung des Geschehens zu sichern, es werden vielmehr oft die wenigen noch vorhandenen Spuren (z. B. Stellung der Fahrzeuge zueinander) vernichtet.[5]

4 Diesem »Muster« entsprechen z. B. die folgenden Unfälle (Auswahl):[6]
- Oktober 1990: Bei einem der folgenschwersten Massenunfälle auf deutschen Autobahnen sterben auf der A 9 (Berlin-Nürnberg) elf Menschen. Rund 200 Fahrzeuge rasen bei dichtem Nebel ineinander. Mehr als 70 Menschen werden verletzt.
- Januar 2000: Zwei Massenkarambolagen mit insgesamt 100 beteiligten Fahrzeugen lösen auf der A 7 (Fulda-Würzburg) ein Chaos aus. Bilanz: Zwei Tote und 70 Verletzte. Ursache war dichter Nebel.
- April 2003: Bei schlechter Sicht wegen Schneefalls und gleichzeitigem Sonnenschein stoßen auf der A 9 (München-Berlin) rund 100 Autos zusammen. Über 50 Menschen werden teils schwer verletzt.
- März 2005: Bei plötzlichem Nebel rasen auf der A 96 (München-Lindau) mindestens 100 Fahrzeuge ineinander. Bilanz: 25 Verletzte.
- Dezember 2005: 60 Fahrzeuge prallen im lebhaften Weihnachtsverkehr auf der A 67 zwischen Darmstadt und Mannheim zusammen. Ursache ist neben der tief stehenden Sonne zu dichtes Auffahren. 14 Menschen werden verletzt.
- Dezember 2005: Bei Nebel und Glätte krachen auf der A 4 in Richtung Dresden 55 Autos ineinander. Es gibt 17 Verletzte.
- April 2008: Blitzeis löst auf der Autobahn A 71 in Bayern einen Unfall mit 27 beteiligten Autos aus. Ein Mann kommt ums Leben, 40 Menschen werden teils schwer verletzt.
- Juli 2009: Bei einer Massenkarambolage auf der Autobahn A2 in Niedersachsen werden mehr als 60 Menschen verletzt, zehn davon erleiden schwere Verletzungen. Unfallgrund: heftige Regenfälle.
- März 2010: Rund 170 Fahrzeuge sind an einer Massenkarambolage auf der A8 bei Augsburg beteiligt. 80 Menschen werden verletzt.

---

3 Zu den Ursachen vgl. auch *Fichtner* Probleme bei Massenunfällen – Erkenntnisse über Ursachen und Ablauf, VersR 1986, 320 ff.
4 Einen Nebelunfall bei *BGH* v. 7.4.1987 (VI ZR 30/86), NJW 1988, 58.
5 Vgl. zu den »Merkmalen« z. B. *v. Bar* 62. DJT 1998, A 13.
6 Zitiert nach der Zusammenstellung in http://www.welt.de/aktuell/article13118461/Ein-Sandsturm-acht-Tote-fast-100-Verletzte.html (Stand 27.8.2011).

B. Beweisrechtliche Probleme bei Massenunfällen

Bei Massenunfällen gibt es drei unterschiedliche »Grundkonstellationen« der Gläubiger/Geschädigten:
- Die **geschädigten Eigentümer** der beteiligten Fahrzeuge: Der Eigentümer muss, um Schadensersatz zu erlangen, eine Dritten als Schädiger benennen. Er kann sich nicht über § 7 StVG an den »eigenen« Halter des beschädigten Fahrzeugs wenden.[7]
- Die **verletzten Fahrer** der beteiligten Fahrzeuge (die häufig auch Fahrzeugeigentümer sind): Auch der Fahrer hat keine Ansprüche aus § 7 StVG gegen den Halter des eigenen Fahrzeugs; er ist deswegen darauf angewiesen, einen Dritten als Schädiger zu benennen, um Schadenersatz zu erlangen.
- Die sonstigen **geschädigten/verletzten Insassen** der beteiligten Fahrzeuge: Sie sind seit der Reform des Schadensersatzrechtes aus dem Jahr 2002 besser gestellt. Sie haben jetzt, auch bei unentgeltlicher Beförderung, einen Schadenersatzanspruch aus §§ 7, 18 StVG gegen Halter und Fahrer des »eigenen« Fahrzeugs, brauchen also keinen anderen Verursacher mehr zu benennen.[8] Die Insassen können sich damit wegen ihrer materiellen und immateriellen Ansprüche (§ 253 BGB n. F.) immer gegen den Halter des Fahrzeuges wenden, in dem sie selbst gesessen haben. Aber ohne Verschuldensnachweis ist die Haftung auf die Haftungshöchstsummen begrenzt.

Es gibt verschiedene (jedoch im Ergebnis erfolglose) Ansätze, die Beweisnot zu überwinden, keinen Schädiger/Verursacher aufgrund der unklaren Gemengelage bei Massenunfällen benennen zu können.

I. Anwendung des § 287 ZPO?

Dem Geschädigten helfen zunächst die Beweiserleichterungen aus § 287 ZPO nicht. Denn bei der konkreten Bezeichnung des Schädigers handelt es sich um eine Frage der haftungsbegründenden Kausalität. Und diese Frage ist nach § 286 ZPO zu beurteilen; selbst bei bestehender Beweisnot des Geschädigten ist ein Rückgriff aus § 287 ZPO nicht zulässig.[9] Es reicht also nicht, wenn aufgrund der vorhandenen Spuren am Unfallort die Schädigung durch eines der beteiligten Fahrzeuge wahrscheinlicher ist als durch andere.

II. Anwendung des Anscheinsbeweises?

Auch der **Anscheinsbeweis** gerät beim Massenunfall an seine Grenzen.[10]

Kein Massenunfall in der bisher beschriebenen Art sind in engem zeitlichen und räumlichen Zusammenhang auftretende, aber klar abgegrenzte **Kettenauffahrunfälle** (sog. »Pulks«) mit mehreren Fahrzeugen. Auch hier ist Unfallauslöser häufig eine plötzliche Gefahrenlage (z. B. Nebelbank). Allerdings kommt es nicht zu einer »unaufklärbaren Gemengelage«, sondern vielmehr wird immer wieder der Zusammenhang zum vorhergehenden Unfallereignis »unterbrochen«, weil es einzelnen Fahrern gelingt, ihr Fahrzeug rechtzeitig abzubremsen, und weil kein nachfolgender Unfall die schon stehenden Fahrzeuge ineinander schiebt.[11] Jeder einzelne Pulk ist in seinen Abläufen haftungsrechtlich gesondert zu betrachten. Der Zurechnungszusammenhang zum vorhergehenden Pulk ist dadurch, dass ein Fahrzeug rechtzeitig zum Stehen kommen konnte, unterbrochen.[12]

---

7 *OLG Hamm* VersR 1997, 42.
8 Zur den Ansprüchen der Insassen vgl. z. B. *Heß* in Burmann/Heß/Jahnke/Janker, Straßenverkehrsrecht, 21. Aufl. 2010, § 8a StVG Rn. 1 ff.
9 Zuletzt *BGH* v. 4.11.2003 (VI ZR 28/03), NZV 2004, 27 = VersR 2004, 118.
10 Grundsätzlich zum Anscheinsbeweis: *Metz* Der Anscheinsbeweis im Straßenverkehrsrecht, NJW 2008, 2806 ff.
11 Dies ist z. B. bei Luftbildaufnahmen gut erkennbar; in der Presse wird aber gleichwohl auch in diesen Fällen von »Massenunfällen« gesprochen.
12 Vgl. z. B. *BGH* v. 10.2.2004 (VI ZR 218/03), VersR 2004, 529 = NZV 2004, 243

13 Streitig beim Kettenauffahrunfall ist meist, wer aufgefahren ist und wer aufgeschoben wurde. Die Rekonstruktion des Unfallgeschehens ist – wie schon die »einfachen« Auffahrunfälle mit drei Fahrzeugen zeigen – schwierig, meist sogar ausgeschlossen. Wie sind in einer solchen Situation die Haftungsquoten oder das Mitverschulden zu ermitteln? Hilft doch der Anscheinsbeweis?

14 Voraussetzung für den Anscheinsbeweis ist eine gewisse Typizität des Geschehensablaufs.[13] Bei einem echten Massenunfall, in den eine Vielzahl von Fahrzeugen verwickelt ist, wird es gerade an dieser Typizität fehlen.[14] Das äußere Bild – der Ablauf – eines Massenunfalls im Straßenverkehr ist so unübersichtlich, dass es keine Rückschlüsse auf eine »Musterhaftigkeit«, eine bestimmte Ordnung, einen gleichförmigen wiederkehrenden Ablauf gibt.[15] Lässt sich wenigstens beim vielfachen Kettenauffahrunfall in den kleineren Gruppen, den Pulks, mit dem Anscheinsbeweis arbeiten?

15 Das *OLG Düsseldorf* hat dazu in einer Entscheidung formuliert[16]:

> Fährt ein Kraftfahrer im Kolonnenverkehr mit seinem Pkw auf den Pkw seines Vordermannes auf, so liegt keine Anscheinsbeweislage vor, wenn der Vordermann zuvor seinerseits auf das ihm vorrausfahrende Fahrzeug aufgefahren war. Im diesem Sonderfall fehlt es bereits an der erforderlichen Typizität des Geschehensablaufs; die Frage der Entkräftung des Anscheinsbeweises stellt sich nicht.

In dem zu entscheidenden Fall stand fest, dass das Kfz 2 zunächst auf das Kfz 1 aufgefahren war. Dann fuhr Kfz 3 auf Kfz 2. Die Frage war: Mit welcher Quote haftet Kfz 3 für die zusätzlichen Schäden an Kfz 2. Für die Haftungsabwägung nach § 17 StVG kam es darauf an, ob und in welchem Ausmaß dem Fahrer des Kfz 3 ein Verschulden an dem Unfall vorzuwerfen war. Eine Anscheinsbeweislage für ein Auffahrverschulden des Kfz 3 besteht nach Ansicht des *OLG Düsseldorf* nicht. Die Rechtsgrundsätze zum Anscheinsbeweis dürfen nur dann herangezogen werden, wenn sich unter Berücksichtigung aller unstreitigen und festgestellten Einzelumstände und besonderen Merkmale des Sachverhalts ein für die zu beweisende Tatsache nach der Lebenserfahrung typischer Geschehensablauf ergibt. An einem derartigen typischen Lebenssachverhalt fehlt es hier. Dabei war nicht nur die Tatsache zu berücksichtigen, dass das Kfz 3 gegen das Heck des vorausfahrenden Kfz 2 gestoßen ist. Das ist lediglich der Sachverhaltskern, das sogenannte Kerngeschehen. Als Grundlage eines Anscheinsbeweises reicht es dann nicht aus, wenn weitere Umstände des Unfallereignisses bekannt sind, die als Besonderheiten gegen die bei derartigen Fallgestaltungen gegebene Typizität sprechen. Denn es muss das gesamte feststehende Unfallgeschehen nach der Lebenserfahrung typisch dafür sein, dass derjenige Verkehrsteilnehmer, der mit seinem Fahrzeug auf den Vordermann aufgefahren ist, schuldhaft gehandelt hat, sei es, dass er unaufmerksam war, sei es, dass er ohne ausreichenden Sicherheitsabstand gefahren ist.

Bei der gebotenen umfassenden Betrachtung aller tatsächlichen Elemente des Gesamtgeschehens gewinnt für das *OLG Düsseldorf* die unstreitige Tatsache an Bedeutung, dass das Kfz 2 seinerseits auf das vorausfahrende Kfz 1 aufgefahren war. Sein atypisches Anhalten unmittelbar vor dem Auffahren des Kfz 3 entzieht nach Ansicht des *OLG Düsseldorf* einer allein auf die Lebenserfahrung gestützten Annahme den Boden, der Fahrer des Kfz 3 sei infolge eigener Unachtsamkeit oder wegen eines zu kurzen Sicherheitsabstands mit dem Heck des Kfz 2 kollidiert. Auch wenn ungeklärt bleibt, ob das Kfz 2 vor der Kollision mit dem Kfz 1 abgebremst wurde oder nicht, reichten dem *OLG Düsseldorf* die feststehenden Sachverhaltselemente bereits aus, um dem Unfallgeschehen die als Grundlage eines Anscheinsbeweises erforderliche Typizität zu nehmen.

---

13 Zur Typizität von Geschehensabläufen als Voraussetzung des Anscheinsbeweises: *BGH* v. 19.1.2010 (VI ZR 33/09), NJW 2010, 1072, 1073; vom 16.3.2010 (VI ZR 64/09), r+s 2010, 256, 257, 258.
14 Zum Anscheinsbeweis bei Autobahn-Auffahrunfällen vgl. *BGH* v. 30.11.2010 (VI ZR 15/10), NZV 2011, 177.
15 *v. Bar* 62. DJT 1998, A. 17; *Müller* VersR 98, 1181 ff.
16 *OLG Düsseldorf* VersR 1999, 729.

Das *OLG Düsseldorf* vertritt bei Kettenauffahrunfällen also die »Maximalposition«: Kein Anscheinsbeweis zu Lasten irgendeines beteiligten Kfz.[17]

Zunächst leuchtet unmittelbar ein, dass es innerhalb der Kette keinen Anscheinsbeweis dafür geben kann, ob ein Fahrzeug aufgefahren ist oder aufgeschoben wurde.[18] Denn dort gibt es zwei sich widersprechende mögliche Geschehensabläufe. Das reicht für einen Anscheinsbeweis nicht aus, auch wenn der eine von beiden möglicherweise wahrscheinlicher ist als der andere.[19] 16

Es wird aber die Auffassung vertreten, für das letzte Kfz in einem Kettenunfall sei dann wieder der Weg zu Schuldfeststellung über den Anscheinsbeweis eröffnet.[20] Der Letztauffahrende hätte – wie jeder andere Verkehrsteilnehmer in einer Kolonne – damit rechnen müssen, dass das vorausfahrende Fahrzeug verkehrsbedingt stark abbremst.[21] 17

Problematisch an einem Anscheinsbeweis für ein Verschulden des Letztauffahrenden, wenn das vorausfahrende Fahrzeug bereits aufgefahren war oder dies zumindest (bei ungeklärter Reihenfolge) ernsthaft möglich ist, ist die Tatsache, dass die genauen Umstände (z. B. Fahrzeugabstände/Ausmaß der möglichen Bremswegverkürzung/Geschwindigkeit und Verzögerung des vorausfahrenden Kfz/ usw.) gerade nicht bekannt oder beweisbar sind. Entgegen der Rechtsprechung des *BGH* würde man, wenn trotz dieser entscheidungsrelevanten Ungewissheit ein Anscheinsbeweis für das Verschulden des Letztauffahrenden angenommen wird, der Sachverhalt auf einen »Sachverhaltskern« reduziert. Die Einzelheiten des Falles würden gleichsam ausgeblendet. 18

Deswegen kann bei Kettenunfällen nur dort der Anscheinsbeweis eingreifen, wo feststeht, dass der Letztauffahrende das vorausfahrende Kfz aufschiebt, dass dieses Kfz also zum Zeitpunkt des Heckaufpralls noch nicht auf den Vordermann aufgefahren war.[22]

Damit ist zum Anscheinsbeweis bei Ketten- und Massenunfällen[23] folgendes festzuhalten: 19
- Der Gesamtablauf eines Ketten- und Massenunfalls, an dem mehrere Kfz beteiligt sind, ist dem Anscheinsbeweis nicht zugänglich.
- Auch innerhalb einer Dreier-Kette gibt es keinen Anscheinsbeweis zu Lasten des mittleren Kfz, wenn unklar bleibt, ob es aufgefahren ist oder aufgeschoben wurde.
- Zu Lasten des Letztauffahrenden kann ein Anscheinsbeweis für dessen Verschulden nur dann in Betracht kommen, wenn feststeht, dass das vordere Kfz seinerseits nicht bereits aufgefahren war (also durch den Letztauffahrenden aufgeschoben wurde).[24]
- Ohne die Feststellung eines Verschuldens bleibt zwischen den Beteiligten (bei im Übrigen gleichen Betriebsgefahren) nur die Haftungsteilung (50:50).[25]

III. Anwendung von § 830 Abs. 1 S. 2 BGB?

In der Vergangenheit wurde dann noch versucht, der unklaren Beweislage durch die Anwendung des § 830 Abs. 1 S. 2 BGB Herr zu werden. Damit hatte sich z. B. das *OLG Nürnberg* zu befassen.[26] Es ging um folgenden Sachverhalt: 20

---

17 Zur Frage der Bremswegverkürzung beim Kettenunfall vgl. z. B. *OLG Karlsruhe* NZV 2010, 76.
18 *OLG Karlsruhe* VersR 1982, 1150.
19 Gegen einen Anscheinsbeweis innerhalb der Kette auch: *OLG Nürnberg* DAR 1982, 126; *OLG Frankfurt* NZV 1989, 73; *OLG Düsseldorf* NZV 1995, 486 (mit weiteren Nachweisen).
20 Vgl. z. B. *KG* DAR 1995, 482.
21 Vgl. wiederum *OLG Frankfurt* VersR 1971, 261 mit Hinweisen auf ältere Rechtsprechung.
22 Zum Kettenunfall vgl. auch *Buschbell* in Münchener Anwaltshandbuch Straßenverkehrsrecht, 3. Aufl. 2009, § 22 Rn. 38
23 Zu unaufklärbaren Kettenauffahrunfällen auch *Grüneberg* Haftungsquoten bei Verkehrsunfällen, 11. Aufl. 2008, Rn. 146; *Metz* NW 2008, 2806, 2811.
24 Vgl. auch *LG Bonn* NZV 2008, 576.
25 *Greger* Anmerkung zu OLG Düsseldorf, NZV 1995,489.
26 *OLG Nürnberg* VersR 1978, 1174.

Kapitel 7

Am 2.1.1971 gegen 12.30 Uhr kam es auf der BAB M.-N. zu einem Massenauffahrunfall, in den mindestens sieben Fahrzeuge, darunter das des Klägers verwickelt wurden. Seine Ehefrau wurde dabei aus dem Wagen geschleudert und getötet, er selbst erlitt schwere Verletzungen. Alle beteiligten Fahrzeuge wurden beschädigt. Der Kläger behauptete, die Beklagten hätten seinen Unfall schuldhaft mit verursacht.

Zwar ist § 830 Abs. 1 S. 2 BGB grundsätzlich auch im Rahmen des StVG anwendbar.[27] Nach der Beweisaufnahme war jedoch unklar geblieben, ob die Beklagten, die zu den am Massenunfall Beteiligten gehörten, den Schaden am Fahrzeug des Klägers und den Tod seiner Ehefrau verursacht hatten. Das *OLG Nürnberg* schloss in dieser Situation den Rückgriff auf § 830 Abs. 1 S. 2 BGB aus. Die Ungeklärtheit des Ablaufs der Massenkollision könne nicht zu Lasten irgendeines beliebigen Beteiligten gehen. Dies sei nicht der Sinn der Gefährdungshaftung. Für ungeklärte Fälle solcher Art habe der Gesetzgeber die Vorschrift des § 830 Abs. 1 S. 2 BGB vorgesehen, wonach jeder für den Schaden verantwortlich sei, wenn sich nicht ermitteln lasse, wer von mehreren Beteiligten den Schaden durch seine Handlung verursacht habe. Die Anwendung dieser Bestimmung scheiterte für das *OLG Nürnberg* aber, wenn der Geschädigte selbst »Beteiligter« war, weil sich nicht ausschließen lasse, dass er selbst für seinen Schaden als Verursacher in Betracht komme. Auch der *BGH* hat schon früh ausgesprochen, dass für die Anwendung dieser Vorschrift kein Raum ist, wenn der Geschädigte seinen Schaden selbst verursacht haben kann.[28] Nach den Umständen des Falls, den das *OLG Nürnberg* zu entscheiden hatte, ließ sich nicht ausschließen, dass der Kläger wegen Unaufmerksamkeit, zu hoher Geschwindigkeit oder wegen anderer Fahrfehler den Unfall selbst verschuldet oder doch verursacht hatte. Damit war kein Raum für § 830 Abs. 1 S. 2 BGB.

21 Dieser Argumentation des *OLG Nürnberg* ist zuzustimmen.[29] Der Regelungszweck des § 830 Abs. 1 S. 2 BGB ist es nicht, jedem an einem Unfall Beteiligten »irgendeinen anderen« als Schuldner »zuzuweisen«. Daran hat sich auch durch das 2. Schadenrechtsänderungsgesetz von 2002 nichts geändert. Denn in das Zusammenwirken von § 7 StVG mit § 830 BGB hat der Gesetzgeber nicht eingegriffen.

22 Ebenso hat *OLG Bamberg* über die Haftung bei einem unaufgeklärten Kettenauffahrunfall auf der Autobahn entschieden[30].

Der Kläger fuhr einen Kleinbus und war auf der mit zwei Fahrspuren und einem Standstreifen ausgebauten Autobahn in einen Unfall verwickelt, bei dem der Beklagte mit seinem Lkw von hinten auf den Kleinbus wie auch auf einen auf der rechten Fahrspur zum Stehen gekommenen Omnibus auffuhr. Der genau Ablauf und die Reihenfolge der Kollisionen waren streitig. Sieben Insassen des Kleinbusses starben, der Kläger überlebte schwerverletzt. Unstreitig zum Unfallhergang war allerdings, dass wegen eines Staus der Omnibus auf der rechten Spur angehalten hatte. Auf der linken Spur hatte sich der Verkehr ebenfalls gestaut. Unstreitig war weiterhin, dass sowohl der Lkw des Beklagten als auch der Kleinbus des Klägers auf den Heckbereich des Omnibusses aufprallten und dann am linken hinteren Bereich des Omnibusses vorbei nach vorne auf die linke Spur (Überholspur) gelangten. Beide prallten dort auf weitere Fahrzeuge. Streitig blieb, ob der Kleinbus zuerst auf den Omnibus auffuhr und die Verletzungen des Klägers und der Tod der übrigen Insassen dabei verursacht wurden (so der Beklagte) oder ob erst der Lkw auf den Kleinbus fuhr und dann zusammen mit Kleinbus auf den Omnibus prallte (so der Kläger). Das OLG war nach der Beweisaufnahme nicht von der Sachverhaltsdarstellung des Klägers überzeugt (Beweiswürdigung), der Unfallhergang blieb also ungeklärt.

Damit stellte sich die Frage, ob § 830 Abs. 1 BGB zugunsten des Klägers eingriff. Das *OLG Bamberg* lehnte eine Anwendung des § 830 Abs. 1 BGB zugunsten des in »Beweisnot« befindlichen Klägers

---

27 Zur entsprechenden Anwendung des § 830 Abs. 1 S. 2 BGB im Rahmen der StVG-Haftung vgl. *Kaufmann* in Geigel, Haftpflichtprozess 26. Aufl. 2011, 25. Kapitel Rn. 251 ff.
28 *BGH* v. 30.1.1973 (VI ZR 14/72), VersR 1973, 438 = NJW 1973, 993; v. 22.6.1976 (VI ZR 100/75), VersR 1976, 992, 994 = NJW 1976, 1934.
29 Vgl. z. B. *v. Bar* 62. DJT 1998, A 18.
30 *OLG Bamberg* NZV 2004, 30 = r+s 2004, 299; die Revision wurde vom Kläger zurückgenommen, nachdem der *BGH* die Bewilligung von PKH mangels Erfolgsaussicht abgelehnt hatte – Beschl. v. 7.10.2003 (VI ZR 214/03).

ab.³¹ Denn einerseits gehe es nach dem Wortlaut des § 830 Abs. 1 BGB um mehrere Schädiger gegenüber dem Geschädigten. Der Geschädigte sei also nicht ein »Beteiligter« im Sinne des § 830 Abs. 1 S. 2 BGB. Diese Vorschrift bezwecke in erster Linie die Haftung eines jeden von mehreren möglichen Verursachern auf den vollen Schaden und könne nur im weiteren Verlauf zu einer Schadenaufteilung unter den mehreren potentiellen Schädigern führen. Soweit aber nur eine Verursachung des Schadens durch den Geschädigten selbst in Frage stehe, könne es schon von vornherein nur um eine Schadenaufteilung gehen. Andererseits befinde sich derjenige, der seinen Schaden möglicherweise selbst verursacht hat, nicht in der besonders unbilligen Beweisnot, die ohne § 830 Abs. 1 BGB den belasten würde, der mit Sicherheit gegen einen von mehreren Unrechtstätern einen Ersatzanspruch habe, ihn aber nicht durchsetzen könne, weil ungeklärt bliebe, wessen Verhalten schadenursächlich geworden sei.³² Es wäre für das *OLG Bamberg* auch kaum »erträglich«, wenn, wer seinen Schaden selbst verursacht habe, beim Beweis günstiger gestellt würde als der, dessen Schaden entweder auf der unerlaubten Handlung eines anderen oder auf einem schicksalhaften Ereignis beruhe.³³ Schließlich würde eine derart weite Auslegung die Beweislastregeln bei möglicher Mitverursachung durch den Geschädigten gleichsam ins Gegenteil verkehren. Ein Unfallbeteiligter müsse neben dem Geschädigten aus Verschulden nämlich dann immer haften, wenn erstens der genaue Hergang unklar bleibe und zweitens aber eine schuldhafte Verursachung durch den angeblichen Schädiger möglich erscheine. Eine derartige Handhabung des § 830 Abs. 1 S. 2 BGB widerspricht für das *OLG Bamberg* den geltenden Darlegungs- und Beweislastregeln.³⁴

Zusätzlich sei erwähnt, dass § 830 Abs. 1 S. 2 BGB auch dann nicht eingreift, wenn feststeht, dass wenigstens einem Beteiligten an dem Massenunfall das gesamte Geschehen haftungsrechtlich zuzurechnen ist.³⁵ Nach Auffassung des *BGH* ist der Anwendungsbereich des § 830 Abs. 1 S. 2 BGB auf Fallgestaltungen beschränkt, in denen der Geschädigte aus Beweisnot wegen einer spezifischen Überlagerung der Beiträge mehrerer Beteiligter andernfalls leer ausgehen würde. Dieser tragende Grund für die Ausweitung der Deliktshaftung fehlt in einem Fall, in dem von der Verantwortlichkeit eines der Beteiligten für alle in Betracht kommenden Schadenverläufe auch ohne die Vorschrift des § 830 BGB auszugehen ist.³⁶ 23

IV. Anwendung des § 12 PflVG (Entschädigungsfond)?

Die Geschädigten können sich bei ungeklärtem Unfallablauf und der sich daraus ergebenden Unmöglichkeit, den Schädiger zu benennen, auch nicht nach **§ 12 PflVG** an den **Entschädigungsfonds** wenden. Denn fehlende Beweiserleichterungen, die zu keiner oder nur zu einer eingeschränkten Leistungspflicht eines Haftpflichtversicherers führen, lassen nicht Ansprüche gegen den Fonds erwachsen. Nach dem Wortlaut des § 12 PflVG und nach dessen Sinn und Zweck,³⁷ soll der Entschädigungsfonds nur eintreten, wenn das Schädigerfahrzeug nicht ermittelt werden kann oder entsprechend den gesetzlichen Bestimmungen nicht versichert ist. Beim Massenunfall sind aber alle »potentiellen Schädigerfahrzeuge« bekannt. Es scheitert »nur« den Nachweis, welche dieser Möglichkeiten die zutreffende ist.³⁸ 24

---

31 Zur Forderung an den Gesetzgeber, den § 830 BGB zu ändern, um die Beweisnot bei Massenunfällen zu beseitigen: *Heitmann* Massenunfälle als haftungsrechtliches Problem, VersR 1994, 135, 141, 142; der Gesetzgeber hat bei der Änderung des Schadensersatzrechts 2002 diese Forderung jedoch unerfüllt gelassen.
32 *BGH* v. 8.5.1973 (VI ZR 101/71), VersR 1973, 762 = NJW 1973, 1283; kritischen Anmerkungen zur *BGH*-Rechtsprechung zu § 830 BGB bei *Hartung* Möglichkeiten und Grenzen des zivilen Haftpflichtrechts bei Massenauffahrunfällen, VersR 1981, 696 ff.
33 Vgl. auch *BGH* v. 30.1.1973 (VI ZR 14/72), VersR 1973, 438 = NJW 1973, 993.
34 *OLG Bamberg* r+s 2004, 299, 300.
35 Vgl. auch *Braun* Haftung für Massenschäden, NJW 1998, 2318, 2319.
36 *BGH* v. 18.12.1984 (VI ZR 56/83), VersR 1985, 268.
37 Vgl. BT-Drucks. IV/2252, S. 24.
38 *Elvers* in Feyock/Jacobsen/Lemor, Kraftfahrtversicherung, 3. Auflage 2009, § 12 PflVG Rn. 38 ff.; ebenso *Heitmann* VersR 1994, 135, 141.

C. Gemeinsame Regulierungsaktion der deutschen Kfz-Versicherer

25 Um die Geschädigten nach Massenunfällen zu unterstützen und weil es in Deutschland kein gesondertes Recht des Massenunfalls gibt, haben die deutschen Auto-Versicherer (Gesamtverband der deutschen Versicherungswirtschaft = GDV) freiwillig »gemeinsame Regulierungsaktionen« eingerichtet. Die gemeinsamen Regulierungsaktionen sollen die Schadenregulierung im Interesse der Verkehrsopfer beschleunigen und vereinfachen. Sie führen aber zu keiner eigenständigen Anspruchsgrundlage. Vor allen Dingen haben die Geschädigten weder einen Anspruch darauf, dass eine derartige Regulierungsaktion überhaupt durchgeführt wird, noch können sie mit der Direktklage gegen den regulierenden Versicherer aus dieser Regulierungsaktion höhere Zahlungen verlangen.[39]

26 Hierzu hat der **GDV** folgendes veröffentlicht[40]:

Massenunfälle in Deutschland

Auf deutschen Autobahnen kommt es immer wieder zu Massenunfällen, bei denen eine Vielzahl von Fahrzeugen miteinander kollidieren. Die Massenunfälle ereignen sich meist im Winter bei Glatteis und Schneetreiben. Das Chaos an den Unfallstellen ist oft sehr groß. Rettungskräfte müssen herbeigerufen und Verletzte versorgt werden. Zudem ist die Unfallstelle abzusichern. Nachdem der erste Schrecken überwunden ist, stellt sich den Geschädigten die Frage, wie die Schadenregulierung erfolgt. Zum Schutz der Verkehrsopfer führen die deutschen Kfz-Haftpflichtversicherer bei Massenunfällen bereits seit 30 Jahren erfolgreich gemeinsame Regulierungsaktionen durch. Hierdurch soll eine schnelle und reibungslose Schadenabwicklung ermöglicht werden.

Voraussetzung der gemeinsamen Aktion

Voraussetzung für die gemeinsame Aktion ist die Beteiligung von mindestens 50 Fahrzeugen am Unfallgeschehen in einem engen räumlichen und zeitlichen Zusammenhang. Ab einer Beteiligung von 20 Fahrzeugen kann eine gemeinsame Aktion ausnahmsweise gestartet werden, wenn die Rekonstruktion des Unfallhergangs und die Aufteilung der beteiligten Fahrzeuge in einzelne Unfallkomplexe mit erheblichen Schwierigkeiten verbunden ist.

Ablauf der gemeinsamen Regulierung

*Die **Lenkungskommission** des GDV entscheidet aufgrund der Unfallschilderungen der Polizei, ob eine gemeinsame Regulierungsaktion eingeleitet wird oder nicht. Bei einer gemeinsamen Aktion werden einzelne Kfz-Haftpflichtversicherer mit der zentralen Regulierung der Sach- und Personenschäden beauftragt. Die regulierenden Versicherer schreiben die an dem Massenunfall beteiligten Geschädigten, soweit sie ihnen bekannt sind, an und benennen die Ansprechpartner zur Geltendmachung von Schadensersatzansprüchen. Die Unfallverursachung und die Verschuldensanteile der einzelnen Unfallbeteiligten können bei Massenunfällen oft nicht mehr rekonstruiert werden. Die aus dem Massenunfall resultierenden Schadensersatzansprüche der Halter bzw. Fahrer werden deshalb nach einem vereinfachten Verfahren reguliert.*

Bei einer für einen Massenunfall typischen Unfallkonstellation wird grundsätzlich nach folgenden Quoten vorgegangen:
- *Liegt nur ein Heckschaden vor, wird der Schaden zu 100 % übernommen.*
- *Bei Vorliegen eines Frontschadens werden 25 % des Schadens gezahlt.*
- *Bei Schäden an Front und Heck werden 2/3 getragen.*

Die Quoten gelten nicht für aus dem Massenunfall resultierende Schäden von Fahrzeuginsassen, die nicht Fahrer oder Halter sind. Hier wird nach Sach- und Rechtslage reguliert.

---

39 Vgl. *Stiefel/Maier* Kraftfahrtversicherung, 18. Aufl. 2010, AKB 2008 § I.4 Rn. 15.
40 Zitiert aus dem Faltblatt: Massenunfälle – Gemeinsame Regulierung der deutschen Kfz-Haftpflichtversicherer, zu beziehen über die GDV-Website www.gdv.de (Stand 27.8.2011).

C. Gemeinsame Regulierungsaktion der deutschen Kfz-Versicherer

Der Schadenfreiheitsrabatt des Versicherungsnehmers der Kfz-Haftpflichtversicherung wird durch die gemeinsame Regulierungsaktion nicht berührt.

Die Geschädigten können frei entscheiden, ob sie an der gemeinsamen Regulierungsaktion teilnehmen oder nicht. Falls sich ein Geschädigter gegen die Teilnahme entscheidet, liegt es an ihm, den konkreten Schädiger zu ermitteln und die anspruchsbegründenden Tatsachen darzulegen.

Ansprechpartner 30

Sie können sich bei der Beteiligung an einem Unfall mit einer Vielzahl von Fahrzeugen telefonisch unter 030 2020 5326 an den GDV wenden, um Auskünfte zur Durchführung einer gemeinsamen Regulierungsaktion zu erhalten. Der GDV steht Ihnen werktags zu den üblichen Bürozeiten gerne zur Verfügung.[41]

Die **Probleme der gemeinsamen Regulierungsaktion** liegen für die Versicherer weniger in Rechtsfragen als vielmehr im tatsächlichen Ablauf.[42] Deswegen aus der Versichererpraxis einige Bemerkungen zur Gestaltung des Ablaufs, einmal aus der Sicht desjenigen Versicherers, der die Regulierungsaktion durchführt, und einmal aus der Sicht der anderen Versicherer, deren Fahrzeuge am Massenunfall beteiligt waren und die jetzt abwarten, wie die Regulierungsaktion verläuft (wobei das »Vorspiel« bis zur Entscheidung, dass ein Massenunfall vorliegt und welcher Versicherer die Regulierung durchführt, außer Acht bleibt, weil dies in der Regel vor allem die Mitglieder der Lenkungskommission betrifft).[43] 31

Aus der Sicht des regulierenden Versicherers 32

Hilfreich sind zunächst Maßnahmen, um einen schnellen ersten Überblick über die beteiligten Kfz, die Personen und erste Feststellungen zum Unfallablauf zu bekommen, z. B. auch der unmittelbare Kontakt zur unfallaufnehmenden Polizei (möglicherweise gibt es von der Unfallstelle ein Video aus dem Polizeihubschrauber!) 33

Organisatorische Maßnahmen innerhalb des regulierenden Versicherers erleichtern die Bearbeitung, z. B.: 34
- Sonderzuständigkeit einzelner Mitarbeiter (Erfahrungen mit Personenschäden wichtig!)
- Jeden Beteiligten (Geschädigten) anschreiben, dass Regulierung als »Regulierungsaktion« durchgeführt wird; noch keine Aussage zur Haftung treffen; Ziel des Anschreibens: Geschädigte wenden sich zunächst nicht direkt an andere Versicherer der beteiligten Fahrzeuge.
- Information der anderen Versicherer erfolgt über GDV

Weitere Maßnahmen zur Sachverhaltsaufklärung: 35
- Klären, ob verschiedene Polizeidienststellen den Unfall »abschnittsweise« aufgenommen haben.
- Nicht auf Ermittlungsakten warten; Polizei um unmittelbare Akteneinsicht bitten (wird möglicherweise gestattet)
- Namen der Beteiligten/Verletzten prüfen
- Schadenanzeigen an alle Beteiligten mit der Bitte um Mitwirkung bei der Hergangsklärung
- Beschädigte Fahrzeuge besichtigen lassen und Schaden feststellen (Sicherstellungsorte bei Polizei erfragen).

---

41 Die unfallaufnehmende Polizei informiert den GDV bei Massenunfällen: vgl. z. B. in Hessen »Richtlinien über die Aufgaben der Polizei bei Straßenverkehrsunfällen« (MdIS), Stand 18.10.2010, Ziff. 3.4 der Maßnahmen der bei der Verkehrsunfallaufnahme; zitiert nach http://beck-online.beck.de/?vpath=bibdata÷es&svwv243627\cont&esvwv243627.amtabschnitt3.htm (Stand 27.8.2011).

42 Erfahrungen aus der Sicht der Lenkungskommission berichtet *Fichtner* Probleme bei Massenunfällen – Offene versicherungsrechtliche Fragen, VersR 1986, 525 ff.

43 Es kommt allerdings immer darauf an, zu prüfen, ob die nachfolgenden Maßnahmen aufgrund der Besonderheiten der jeweiligen Versicherungsunternehmen sinnvoll und durchführbar sind.

36 Regulierung
- Das Typische eines Massenunfalls ist die »Unaufklärbarkeit«, also Haftungsquoten (Fahrzeugschaden) bei »typischen« Schadenbildern nach den GDV-Grundsätzen bilden, bei untypischen Schadenbildern (z. B. Seitenanstößen) keine zu hohen Anforderungen an den Unabwendbarkeitsnachweis stellen
- Personenschaden der Fahrer analog »ihrer Quote«
- Kontakt zu Sozialversicherungsträgern (SVT) aufnehmen; Problem: unterschiedliche Teilungsabkommen; deswegen SVT einheitliche Vorgehensweise (z. B. nach dem Inhalt des eigenen TA mit dem jeweiligen SVT) anbieten

37 Buchung/Abrechnung
- Abrechnung mit GDV
- GDV »verteilt« an beteiligte Versicherungsunternehmen

38 Kontakt zu anderen regulierenden Versicherern halten, wenn Regulierungsaktion auf mehrere Versicherer »verteilt« wurde.

39 Aus der Sicht der anderen beteiligten (aber nicht regulierenden) Versicherer
- Bei direkten Ansprüchen auf notwendigen Nachweis des Kausalzusammenhangs mit dem Betrieb des versicherten Fahrzeugs und Regulierungsaktion hinweisen.

Kapitel 8 Verjährung/Verwirkung

A. Anwendbares Recht

Übersicht

		Rdn.
A.	**Anwendbares Recht**	1
I.	Gegenstand der Verjährung	2
II.	Verjährungszeit	3
	1. Allgemeine Grundsätze	4
	2. Modifikationen	5
III.	Unterhaltsansprüche	6
IV.	Auftrag	13
V.	Ausgleichsansprüche	14
VI.	Gefährdungshaftung	15
B.	**Rechtswirkung**	16
I.	Regelwirkung	17
	1. Wiederaufleben von Ansprüchen	18
	2. Einfluss der Aufrechnung	19
II.	Beginn	20
	1. Kenntnis des Schadens	27
	2. Kenntnis des Ersatzpflichtigen	29
III.	Zurechnung der Kenntnis nach neuem Recht	33
	1. Rechnerischer Beginn	34
	2. Beurteilungsmaßstab	35
C.	**Neubeginn (Unterbrechung)**	36
	1. Wirkung	37
	2. Anerkenntnis	38
D.	**Hemmung**	45
I.	Vorgerichtliche Maßnahmen	45a
	1. Verhandlungen	45b
	2. Leistung	45d
	3. Pflichtversicherungsgesetz	45f
II.	Prozessuale Maßnahmen	46
	1. Teilklage und Klageerweiterung	50
	2. Übergangsprobleme	54
	3. Streitverkündung	55
III.	Wirkung	67
IV.	Novierung des Schuldverhältnisses	70
	1. Abstraktes Schuldanerkenntnis	71
	2. Deklaratorisches Schuldanerkenntnis	72
V.	Forderungsübergang	73
VI.	Verzicht	81
VII.	Ansprüche nach § 15 VVG n. F.	86
VIII.	Vergleich	88
IX.	Ausgleichsansprüche	92
X.	Ungerechtfertigte Bereicherung	93
E.	**Prozessuale Besonderheiten**	94
I.	Verjährung und richterlicher Hinweis	95
II.	Zustellung »demnächst« und Verjährungsrecht	96
III.	Wiederholte Feststellungsklage	103
IV.	Hauptsacheerledigung	103b
V.	Prozessurteil und Hemmungswirkung	103c
VI.	Selbstständiges Beweisverfahren	103e
VII.	Zugangsproblematik	103g
	1. E-Mail	103h
	2. Telefax	103i
VII.	Vorgreiflichkeit sozialrechtlicher Entscheidungen	103j

Kapitel 8   Verjährung/Verwirkung

		Rdn.
F.	Übersicht altes und neues Verjährungsrecht	104
G.	Verwirkung	105

1 Trotz der gelegentlich noch vorhandenen Bedeutung der alten Verjährungsvorschriften[1] soll hier weitgehend auf das zwischenzeitlich immerhin seit mehr als 6 Jahre geltende aktuelle Verjährungsrecht abgestellt werden. Ergänzend wird auf die Übersicht am Ende (Rdn. 104) verwiesen. In der Praxis ergeben sich noch bedeutende Übergangsprobleme in dreierlei Hinsicht:

- Zum einen handelt es sich um die Problematik der Haftungshöchstgrenzen für Altunfälle. Die in einem Feststellungsurteil festgeschriebene Haftung hinkünftige Schäden steht unter der Prämisse der Haftungshöchstgrenzen nach § 12 Abs. 1 StVG. Angesichts der zwischenzeitlich erfolgten mehrmaligen Anhebungen der Haftungshöchstgrenzen stellt sich die Frage der aktuell gültigen Grenze und damit auch jene nach der Verjährungsfrist. Im Regelfall wird für alte Feststellungsurteile die dreißigjährige Verjährungsfrist gelten.[2]
- Zum anderen treten in der Praxis noch Streitfälle auf, bei denen die Tatzeit noch vor Inkrafttreten der Schuldrechtsreform liegt (sog. Überleitungsfälle), die Kenntnis vom Schuldner jedoch erst nach Inkrafttreten der Neuregelung erlangt wird. In diesen Fällen ist nach der Ansicht des BGH davon auszugehen, dass bei der Bestimmung der anzuwendenden Verjährungsfrist nach Art. 229 § 6 Abs. 4 EGBGB die kenntnisabhängige Drei-Jahres-Frist des § 195 BGB nur dann von dem 1.1.2002 an zu berechnen ist, wenn der Gläubiger in diesem Zeitpunkt gem. § 199 Absatz I Nr. 2 BGB Kenntnis von seinem Anspruch hat oder diese nur infolge grober Fahrlässigkeit nicht hat.[3]
- Mit dem VVG 2008 stellt sich eine weitere Frage, welches Übergangsrecht bei der Fälligkeit von Versicherungsleistungen anzuwenden ist. Ausgangspunkt ist Art. 3 Abs. 1, 2 EGVVG, wonach auf Ansprüche, die am 01.01.2008 noch nicht verjährt waren die früher ablaufende Verjährungsfrist anzuwenden ist.[4]

1a Generell verweist § 14 StVG auf die verjährungsrechtlichen Vorschriften des BGB. Abgesehen davon muss bei Verjährungsfragen wegen der engen Verbindung der haftungsrechtlichen Grundlagen des StVG (§§ 7, 18 StVG) mit der Verschuldenshaftung nach § 823 BGB stets die Verjährungsproblematik verschuldenshaftungsrechtlicher Ansprüche im Blickfeld sein. Zwar nicht zur Verjährungsproblematik gehörend, aber wegen der Nähe zur Verwirkung und im Zusammenhang mit Amtshaftungsansprüchen ist bezüglich der Abwicklung von Unfällen mit Fahrzeugen ausländischer Streitkräfte stets an die Regelungen des NATO-Truppenstatuts und ergänzenden Vorschriften zu denken, da bei der Abwicklung derartiger Schäden besondere und kurze Anmeldefristen gelten. Andererseits sollen hier Vorschriften, die kaum Berührung mit den in diesem Buch erörterten Ansprüchen haben, nämlich §§ 205, 207, 208, 210, 211 BGB, also Leistungsverweigerungsrecht, Bezug zu familiären Gründen, Verletzung der sexuellen Selbstbestimmung und Ablaufhemmungen besonderer Art nicht näher dargestellt werden.

I. Gegenstand der Verjährung

2 Nach § 194 Abs. 1 BGB alter wie neuer Fassung unterliegt jeder privatrechtliche Anspruch, also auch der Schadensersatzanspruch der Verjährung. Soweit es sich um Dauerschuldverhältnisse, somit um Ansprüche auf wiederkehrende, wirtschaftlich einheitliche Leistungen handelt, unterliegt der Verjährung nicht nur der Anspruch auf die einzelne Leistung, sondern auch auf den Gesamtanspruch (Stammrecht) an sich der Verjährung. Unter dieses Stammrecht fallen aber nicht die aus dem Stammrecht fließenden weiteren Ansprüche auf Ersatz des Verdienstausfallschadens. Diese stellen vielmehr Ansprüche auf wiederkehrende Leistungen dar, für die vormals die vierjährige Verjährungs-

---

1 Vgl. *BGH* NVersZ 2003, 1524: Unfallgeschehen aus dem Jahr 1970.
2 Vgl. hierzu näher *Höffmann* Neue Haftungshöchstgrenzen für alte Unfälle, DAR 2011, 447
3 *BGH* NJW 2007, 1584, 1586; vgl. hierzu *Schmidt* NJW 2007, 2447.
4 Vgl. *OLG Hamm*, Urt. v. 23.3.2011 – 20 U 152/10; hierzu *Grams* FD-VersR 2011, 319125

A. Anwendbares Recht

frist gem. § 197 BGB a. F. galt. Die Verjährung des Stammrechts beginnt in dem Zeitpunkt, in dem die Verjährung des Anspruchs auf eine wiederkehrende Leistung in Gang gesetzt wurde. Allerdings bringt die Verjährung nicht den Anspruch selbst zum Erlöschen, sondern begründet, von wenigen öffentlich-rechtlichen Sondervorschriften abgesehen,[5] lediglich ein dauerndes Leistungsverweigerungsrecht, § 222 Abs. 1 BGB a. F. bzw. § 214 Abs. 1 BGB n. F. Hieraus ergeben sich prozessuale Folgen.[6]

II. Verjährungszeit

Das Schuldrechtsmodernisierungsgesetz hat die geltenden Verjährungszeiten in weiten Bereichen nachhaltig verändert. Für Schadensersatzansprüche aus Verkehrsunfällen ist die allgemeine Regelung wegen der gleich langen Verjährungsfrist gemäß § 852 BGB a. F. indes weitgehend unverändert. 3

1. Allgemeine Grundsätze

Nach § 195 BGB a. F. betrug die regelmäßige Verjährungsfrist 30 Jahre, nach § 195 BGB n. F. lediglich drei Jahre. Diese Frist stimmt mit der bisher für Schadensersatzansprüche geltenden Frist von drei Jahren gemäß § 852 Abs. 1 BGB a. F. überein. Nach dem neuen Rechtszustand bedarf es daher keiner Sonderregelung für den Bereich der unerlaubten Handlung. Allerdings wurde § 852 BGB nicht aufgehoben. Nach neuem Recht regelt § 852 BGB n. F. lediglich noch Herausgabeansprüche nach Eintritt der Verjährung.[7] Für rechtskräftig festgestellte Ansprüche beträgt nach § 218 BGB a. F. die Verjährungszeit 30 Jahre. Dies gilt auch für Vorbehaltsurteile, § 219 BGB a. F. 4

Die dreißigjährige Verjährungsfrist gemäß § 197 Abs. 1 BGB n. F. besteht nach neuem Recht für 4a
- Herausgabeansprüche aus Eigentum und anderen dinglichen Rechten,
- familien- und erbrechtliche Ansprüche,[8]
- rechtskräftig festgestellte Ansprüche, hierzu gehört auch der prozessuale Kostenerstattungsanspruch aufgrund rechtskräftiger Kostengrundentscheidung,[9]
- Ansprüche aus vollstreckbaren Vergleichen oder vollstreckbaren Urkunden,
- Ansprüche, die durch die im Insolvenzverfahren erfolgte Feststellung vollstreckbar sind,
- Unterhaltsleistungen und
- künftig fällig werdende regelmäßig wiederkehrende Leistungen aus rechtskräftig festgestellten Ansprüchen, solchen aus vollstreckbaren Vergleichen oder vollstreckbaren Urkunden.

Nach der Rechtsprechung des *OLG Oldenburg*[10] soll im Ergebnis eine derartige Wirkung auch dann anzunehmen sein, wenn der gegnerische Haftpflichtversicherer zwar nicht ausdrücklich auf die Verjährungseinrede verzichtete, jedoch ein Anerkenntnis dahingehend abgab, dass die Auslegung eine vergleichsähnliche Vereinbarung zwischen den Parteien ergibt, durch die der Anspruchsteller auf die Erlangung eines Feststellungsurteils und der Anspruchsgegner auf eine gerichtliche Feststellung der gegen ihn gerichteten Ersatzansprüche verzichtet. *»Prinzipiell wirkt eine derartige Vereinbarung auf die Rechtsbeziehungen der Parteien insoweit konstitutiv ein, als sie den fraglichen Anspruch wie bei einem erwirkten Feststellungsurteil gemäß § 197 Abs. 1 Nr. 3 BGB von der Verjährungseinrede befreit (vgl. BGH, NJW 1985, S. 791, 792 unter Bezug auf § 218 Abs. 1 BGB a. F. mit w. N., ferner OLG Karlsruhe, NZV 1990, S. 428 f.).«*[11] 4b

---

5 Vgl. hierzu Palandt/*Ellenberger* § 194 Rn. 2.
6 Vgl. hierzu näher Rdn. 43.
7 Zum Schadensbegriff vgl. BeckOK-BGB/*Spindler* § 852 Rn. 3.
8 Vgl. hierzu *OLG Brandenburg* OLGR Brandenburg 2001, 412: Gilt nicht für Ansprüche, die auf Dritte übergegangen sind.
9 Vgl. BeckOK-BGB/*Henrich* § 197 Rn. 16.
10 Urt. v. 19.1.2011 – 5 U 48/10 = BeckRS 2011, 10925.
11 A. a. O.

2. Modifikationen

5 Die auf den ersten Blick gravierende Verkürzung der regelmäßigen Verjährungsfrist von 30 auf 3 Jahre wird jedoch in verschiedener Hinsicht modifiziert. Unter dem Gesichtspunkt der Festsetzung des Beginns kann sich eine Verlängerung von bis zu 30 Jahren ergeben. In dem mit dem Betrieb von Kraftfahrzeugen und daraus resultierenden Schäden zusammenhängenden Rechtsbereich kommen völlig unterschiedliche Anspruchsgrundlagen zur Anwendung. Bei der Frage der Verjährung von Ansprüchen war nach altem Recht bei der Zeitdauer zu differenzieren. Eine Differenzierung ergibt sich auch nach neuem Recht. Die rechtskräftig festgestellten Stammansprüche verjähren gemäß § 197 Abs. 1 Nr. 3 BGB n. F. in 30 Jahren, wiederkehrende Leistungen jedoch gemäß § 197 Abs. 2 BGB n. F. innerhalb der allgemeinen Verjährungsfrist gemäß § 195 BGB n. F. also innerhalb von 3 Jahren, sodass das neue Recht eine Verkürzung bringt.

III. Unterhaltsansprüche

6 Unterhaltsleistungen sind insoweit relevant, als sie bei der Regulierung von Personenschäden schadensbeeinflussend sein können und deren rechnerische Berücksichtigung auch in Bezug zur Bestimmung der Schadensersatzleistung gesetzt werden muss. Verschuldet etwa S einen Unfall bei dem der Vater des minderjährigen G tödlich verletzt wird, hat S gegenüber G die Verpflichtung zur Zahlung von Hinterbliebenenrente. Die Höhe hängt von eigenen Einkünften des G ab. Nach altem Recht war bei Anspruchskonkurrenz, d. h. Ansprüchen, die auf mehrere Rechtsgründe gestützt werden konnten, für jeden der Entstehungsgründe die Verjährung gesondert zu prüfen. Es konnten unterschiedliche Verjährungsfristen gelten. Dies kommt beispielsweise für den Anspruch aus positiver Vertragsverletzung in Betracht, wenn er mit einem anderen gleichwertigen Anspruch konkurriert. Insoweit tritt die Verjährung grundsätzlich erst dann ein, wenn die längste der insgesamt in Betracht kommenden Fristen abgelaufen ist. So galt beispielsweise beim Zusammentreffen von Bereicherungs- und Deliktsansprüchen für den Bereicherungsanspruch nach altem Recht die 30jährige Regelverjährung, nach neuem Recht tritt dieser gravierende Konflikt angesichts der allgemeinen Verjährungsfrist auch für Bereicherungsansprüche nicht mehr auf. Schadenersatzansprüche wegen entzogenen Unterhalts im Sinne der §§ 844, 852 BGB a. F. verjährten in drei Jahren ab Kenntnis vom Schaden und der Person des Ersatzpflichtigen bzw. in dreißig Jahren ohne diese Kenntnis, beginnend mit der Begehung der zum Ersatz verpflichtenden Handlung. Dabei ist anzumerken, dass für Unterhaltsrückstände die §§ 197, 201 BGB a. F. galten, sodass insoweit die Verjährung nach vier Jahren eintrat. Nach neuem Recht ergibt sich allerdings gemäß § 197 Abs. 2 nunmehr die allgemeine Verjährungsfrist von 3 Jahren. Sie beginnt am Ende des Jahres zu laufen, in dem der Anspruch auf Rentenzahlung entstanden ist. Insoweit ist auch zu prüfen, ob nicht das Stammrecht bereits verjährt ist (vgl. dazu § 218 Abs. 2 BGB a. F.). Für den Bereich der Unterhaltsansprüche ist prozessual die Feststellungsklage zur Verhinderung des Eintritts der Verjährung besonders wichtig. Sie wirkt zugunsten des streitigen Anspruchs im Ganzen.[12]

7 Bei einer Abweisung durch Prozessurteil ist gemäß § 212 Abs. 2 BGB a. F. die sechsmonatige Ausschlussfrist zu beachten, um nicht die verjährungsunterbrechende Wirkung zu verlieren. Durch das Feststellungsurteil wird daher nur die Verjährung des Stammrechts, auf die Regelzeit von dreißig Jahren verlängert, während die einzelnen Raten nach § 197 Abs. 2 BGB gleichwohl verjähren. Zum anderen ist zu berücksichtigen, dass die Verteidigung gegen die negative Feststellungsklage, nicht die Verjährung des mit der Klage geleugneten Anspruchs unterbricht. Im Allgemeinen wird die (positive) Feststellungsklage im Haftpflichtprozess bezüglich erst künftig entstehender Ansprüche oder drohender Schäden erhoben, um die drohende Verjährung zu unterbrechen. Das Institut des vom *BGH* anerkannten Teilschmerzensgeldes ist hier besonders bedeutsam. Wenn die Klage jedoch lediglich auf die Feststellung der Ersatzpflicht hinsichtlich des künftigen Schadens erhoben wird, kann unter diesen Umständen damit der bereits erwachsene Schaden nicht mehr gedeckt sein. Zu beach-

---

[12] *BGH* NJW 1988, 1380 f. und zwar selbst dann, wenn das Feststellungsinteresse fehlt, sie also unzulässig ist.

ten ist, dass ein bloßes Grundurteil keine einem rechtskräftigen Feststellungsurteil vergleichbare Wirkung hat.[13]

Rentenansprüche aus § 844 Abs. 2 BGB, die im Laufe des Rechtsstreits wegen einer wesentlichen Veränderung der für die Schadensbemessung maßgebenden Lohn- und Preisverhältnisse erhöht werden, können nicht mit der Einrede der Verjährung bekämpft werden.[14] 8

Für Schadensersatzansprüche eines Dritten aus Amtspflichtverletzung gegen den schuldigen Beamten bzw. dessen Dienstherrn nach § 839 BGB, Art. 34 GG beträgt die Verjährungsfrist drei Jahre, § 195 BGB. Sie beginnt mit Kenntnis vom Schaden und von der Person des Ersatzpflichtigen, d. h. auch den Umständen, die auf seine Pflichtverletzung schließen lassen[15] bzw., soweit das Verweisungsprivileg gilt, mit der Kenntnis vom Fehlen einer anderweitigen Ersatzmöglichkeit.[16] »*Ein Schaden ist entstanden, wenn durch die Verletzungshandlung eine Verschlechterung der Vermögenslage des Verletzten eintritt, ohne dass bereits feststehen muss, dass der Schaden bestehen bleibt und damit endgültig wird;*[17] *das bloße Risiko eines Vermögensnachteils reicht nicht aus*«.[18] Das Merkmal der Kenntnis liegt vor, wenn der Geschädigte Tatsachen kennt, aus denen eine Widerrechtlichkeit und das Verschulden des Verwaltungshandelns zu erkennen, wenn also im Ergebnis hinreichende Erfolgsaussicht und Zumutbarkeit für eine Klage gegeben ist.[19] Bei Ansprüchen von Behörden (Regress) ist die Kenntnis des zuständigen Sachbearbeiters entscheidend.[20] Hierbei kommt es ausschließlich auf das Wissen des Regresssachbearbeiters, nicht auf jenes des Sachbearbeiters der Leistungsabteilung an.[21] 9

Rechtlich fehlerhafte Vorstellungen des Geschädigten beeinflussen zwar den Lauf der Verjährungsfrist nicht, eine selbst für Rechtskundige unübersichtliche und zweifelhafte Rechtslage schiebt jedoch den Beginn der Frist hinaus.[22] 10

Die ursprünglich vom *BGH* vertretene Ansicht, verwaltungsrechtliche Klagen könnten eine Unterbrechung (nach nunmehrigen Recht **lediglich noch ein Fall der Hemmung**) der Verjährung nicht herbeiführen, hat er aufgegeben und dem Widerspruch sowie der Klage die Unterbrechungswirkung attestiert. »*Der Senat hält nach erneuter Überprüfung nicht mehr an seiner bisherigen Rechtsprechung fest. Er wendet vielmehr § 209 Abs. 1 BGB entsprechend an und vertritt den Standpunkt, dass in den Fällen, in denen das amtspflichtwidrige Verhalten der öffentlichen Hand im Erlass eines (rechtswidrigen) Verwaltungsakts besteht, die dagegen erhobene Anfechtungsklage (§ 42 Abs. 1 VwGO), (Fortsetzungs-)Feststellungsklage (§ 113 Abs. 1 S. 4 VwGO) oder Verpflichtungsklage (§ 42 Abs. 1 VwGO) auch die Verjährung des Amtshaftungsanspruchs unterbricht.*«[23] Die Rücknahme des Widerspruchs beseitigt gemäß § 212 Abs. 1 BGB analog die verjährungsrechtliche Wirkung.[24] Dies gilt sowohl für ein verwaltungsverfahrensrechtliches Rechtsmittel (Einleitung des Vorverfahrens)[25] wie auch Klagen vor Finanzgerichten und Sozialgerichten.[26] Letztere führten nach altem Recht zur Unterbrechung, nach neuem Recht lediglich zur Hemmung. Eine Klage gegen einen Dritten reicht jedoch nicht aus.[27] 11

---

13 *BGH* NJW 1985, 791.
14 *BGH* NJW 1970, 1662.
15 *BGH* VersR 2001, 1255.
16 *BGH* a. a. O.; NZV 1997, 220, 222; vgl. auch BGHZ 121, 65, 71.
17 BGHZ 100, 228, 231 f.
18 *BGH* NJW 2000, 1498.
19 St. Rspr. vgl. etwa *BGH* NJW 1999, 204.
20 Vgl. *BGH* NJW 2007, 834;. hierzu NJW-Spezial 2007, 113.
21 *BGH* NJW 2011, 1799, 1800; hierzu NJW-Spezial 2011, 266.
22 *BGH* a. a. O.
23 *BGH* NJW 1985, 2324; a. A. aber *BGH* VersR 2001, 1424 mit letztlich gleichem Ergebnis, weil unter diesem Gesichtspunkt die Zumutbarkeit der Klage im ordentlichen Rechtswege verneint wird.
24 *BGH* VersR 2001, 1424.
25 Vgl. *BGH* NJW 1985, 2324.
26 *BGH* NJW 1988, 1776.
27 *BGH* NJW 1990, 176.

12 Soweit es sich um Regressansprüche des Dienstherrn gegen den schuldhaft handelnden Staatsdiener im Innenverhältnis nach § 78 Abs. 3 BGB für Bundesbeamte bzw. gemäß § 46 BRRG i. V. m. den jeweiligen landesrechtlichen Vorschriften für Landesbeamte[28] handelt, beträgt die Verjährungsfrist ebenfalls drei Jahre ab Kenntnis vom Schaden und der Person des Ersatzpflichtigen bzw. zehn Jahre ohne diese Kenntnis. Zur erforderlichen Kenntnis gehört jedoch nicht das Wissen um den tatsächlich Ersatzpflichtigen, also das Vorliegen der Amtshaftung.[29] Umgekehrt ist es bei der Annahme einer lediglich fahrlässigen Handlungsweise erforderlich, dass der Geschädigte um das Fehlen einer Möglichkeit, anderen Ersatz zu erlangen, konkret weiß.[30]

IV. Auftrag

13 Schadenersatzansprüche aus Auftrag (§§ 662 ff. BGB), die etwa bei Beerdigungskosten auch im Bereich der Kfz-Schadensabwicklung relevant sind, verjährten nach altem Recht (§ 195 BGB a. F.) in dreißig Jahren von der Entstehung des Anspruchs an, nach neuem Recht der Regelverjährung entsprechend gemäß § 195 BGB in drei Jahren.

V. Ausgleichsansprüche

14 Ausgleichsansprüche unter Gesamtschuldnern, die das Innenverhältnis betreffen und nach altem Recht sehr unterschiedlich zu beurteilen waren, verjähren nunmehr ebenfalls gemäß § 195 BGB in drei Jahren. Die besondere Problematik besteht seit Inkrafttreten der Schuldrechtsreform. Während nach altem Verjährungsrecht innerhalb von 30 Jahren Verjährungszeit für die Ausgleichsansprüche kaum Probleme zu erwarten waren, gilt nunmehr die Frist von drei Jahren gemäß § 195 BGB, wobei der Ausgleichsanspruch gleichzeitig mit der Gesamtschuld selbst.

14a Entscheidend kommt es damit auf den Zeitpunkt der Kenntnis nach § 199 Abs. 1 Nr. 2 BGB an. Hierbei ist vor allem der Beginn der Verjährungsfrist zu beachten. Der *BGH* geht grundsätzlich davon aus, dass der Ausgleichsanspruch nicht erst mit der Befriedigung des Gläubigers entsteht, sondern bereits mit der Entstehung des Gesamtschuldverhältnisses.[31] Damit ist schon zu Beginn der Schadensregulierung auf mögliche Ausgleichsansprüche zu achten und die – **zulässige** – Streitverkündung im Auge zu behalten. Wegen der Sonderregelungen nach dem PflVG und der KfzPflVV gelten die allgemeinen Vorschriften des BGB nicht für den Regressanspruch des Versicherers.

VI. Gefährdungshaftung

15 Für Ansprüche aus Gefährdungshaftung galt nach früherem Recht zwar schon die 3-jährige Verjährungsfrist, jedoch nach §§ 7, 8a, 18, 14 StVG in Verbindung mit § 852 BGB a. F. eine Verjährungsfrist von drei Jahren mit Kenntnis vom Schaden und der Person des Ersatzpflichtigen bzw. von dreißig Jahren ohne diese Kenntnis ab Begehung der Handlung. Soweit es sich um einen Schadensersatzanspruch wegen Verletzung des Lebens, des Körpers, der Gesundheit oder der Freiheit handelt, wird die 30-jährige Verjährungsfrist gemäß § 199 Abs. 2 BGB nunmehr auf zehn Jahre verkürzt.

B. Rechtswirkung

16 Das Verjährungsrecht, insbesondere nach neuem Recht, das die weitreichenden Einschränkungen gemäß § 225 BGB a. F. nicht kennt, überlässt es dem Schuldner, die Rechtswirkungen geltend zu machen.

---

28 Vgl. hierzu Geigel/*Kapsa* Kap. 20 Rn. 329, 333.
29 Vgl. Geigel/*Kapsa* a. a. O. Rn. 226.
30 Vgl. Geigel/*Kapsa* a. a. O. Rn. 231.
31 Zuletzt NJW-RR 2008, 256.

I. Regelwirkung

Die Verjährung begründet nach § 222 Abs. 2 BGB ein dauerndes Leistungsverweigerungsrecht des Schuldners, ohne den Anspruch in seiner sachlichen Substanz selbst zu beeinträchtigen. Auch die verjährte Forderung bleibt grundsätzlich erfüllbar. Die zur Befriedigung eines verjährten Anspruchs erbrachte Leistung kann im Übrigen nicht zurückgefordert werden, wenn die Leistung in Unkenntnis der Verjährung bewirkt wurde. Das Gleiche gilt bei einem vertraglichen Anerkenntnis sowie einer Sicherheitsleistung des Verpflichteten (§ 222 Abs. 2 BGB a. F.). Die Verjährung bewirkt also, dass die Forderung gegen den Willen des Verpflichteten nicht mehr zwangsweise durchgesetzt werden kann. Trat Verjährung bezüglich eines Stammrechts ein, wirkt sich dies auch auf die einzelnen wiederkehrenden Leistungen,[32] Nebenleistungen wie Zinsen und Kosten, sogar bezüglich des Verzugsschadens aus.

1. Wiederaufleben von Ansprüchen

Bereits verjährte Ansprüche können in Sonderfällen indes durchaus wiederaufleben.

Die Problematik zeigt der vom *KG*[33] entschiedene Sachverhalt, nach dem eine Frau ihren Ehemann durch fremdverursachten Unfalltod verloren hatte und nach zeitweiligem Bezug einer Unterhaltsrente erneut heiratete. Die zweite Ehe wurde später geschieden. Zunächst lehnte es die Rentenversicherung ab, die ursprünglich gewährte Witwenrente weiter zu zahlen. Das »Wiederaufleben« der Witwenrente wurde erst aufgrund von § 29 des 19. Rentenanpassungsgesetzes vom 3.6.1976 möglich. Obwohl zu jenem Zeitpunkt die auf den Träger der Rentenversicherung übergegangenen Schadenersatzansprüche »eigentlich« bereits verjährt waren, wurde entschieden, dass der Anspruch der Witwe auf Ersatz ihres Unterhaltsschadens nach der Scheidung der zweiten Ehe erneut zu laufen beginnt. Begründet wurde dies mit § 202 Abs. 1 BGB a. F., wonach die Verjährung gehemmt ist, solange die Leistung gestundet oder der Verpflichtete aus einem anderen Grund vorübergehend zur Verweigerung der Leistung berechtigt ist. Insoweit ist in Rechtsprechung und Rechtslehre anerkannt, dass die Verjährung nach dieser Bestimmung nicht nur dann gehemmt ist, wenn dem Verpflichteten eine »echte« Einrede zur Verfügung steht, sondern § 202 Abs. 1 BGB vielmehr auch auf diejenigen Fälle anzuwenden sei, in denen der Durchsetzung des an sich fortbestehenden Anspruchs vorübergehend ein rechtliches Hindernis im Wege stehe. Ein derartiges rechtliches Hindernis bestand im konkreten Fall aufgrund der ablehnenden Bescheide des Trägers der Rentenversicherung der dortigen Klägerin, sodass der Klägerin eben wegen dieser Bescheide und weil ihr selbst Aufwendungen nicht entstanden waren, die Aktivlegitimation für eine Klage gegen den Unfallverursacher fehlte. Dies hatte zur Folge, dass die Klägerin für die Dauer des Fortbestandes ihrer Bescheide weder eine Leistungs- noch eine Feststellungsklage erheben konnte, weil der Beklagte in diesem Fall hätte einwenden können, dass der Klägerin nach ihrer eigenen Entscheidung ein Anspruch gegen ihn nicht zustand.

2. Einfluss der Aufrechnung

Einredebehaftete Forderungen sind gem. § 390 S. 1 BGB nicht zur Aufrechnung geeignet. Eine Aufrechnung ist jedoch gleichwohl nach § 390 S. 2 BGB zulässig, wenn sich in irgendeinem Zeitpunkt vor Eintritt der Verjährung die beiden Ansprüche aufrechenbar gegenübergestanden haben. Zu beachten ist, dass eine hilfsweise Aufrechnungserklärung gegen eine im Prozess eingebrachte Aufrechnungsforderung auch zur Hemmung der Verjährung der hilfsweise vorgebrachten Aufrechnungsforderung führt.[34]

---

32 *BGH* VersR 1979, 55.
33 *KG* VersR 1981, 1080.
34 *BGH* NJW 2008, 2429.

II. Beginn

20 Entscheidend für die Frage der Verjährungsfrist ist der Zeitpunkt, mit dem die Verjährungsfrist in Lauf gesetzt wird. Die Verjährung beginnt mit der Entstehung des Anspruchs, § 198 BGB a. F. Entstanden ist der Anspruch, wenn er fällig ist, also mit einer Klage geltend gemacht werden kann.[35] Es *»beginnt die Verjährung des gesamten Anspruchs schon in dem Zeitpunkt, in dem der Geschädigte eine allgemeine Kenntnis vom Schaden hat.«*[36] *»Die Vorschrift des § 852 BGB stellt für den Beginn der Verjährungsfrist nur auf die Kenntnis der anspruchsbegründenden Tatsachen, nicht auf deren zutreffende rechtliche Würdigung (von hier nicht einschlägigen, eng begrenzten Ausnahmen abgesehen)[37] und erst recht nicht darauf ab, ob der Geschädigte aus den ihm bekannten Tatsachen zutreffende Schlüsse auf den in Betracht kommenden naturwissenschaftlich zu erkennenden Kausalverlauf zieht. ... Fehlen ihm dazu erforderliche Kenntnisse, muss er versuchen, sich sachkundig zu machen. Der Lauf der Frist darf nicht von der kaum nachprüfbaren intellektuellen oder gar emotionalen Verfassung des jeweiligen Geschädigten abhängig sein; die Verjährungsvorschrift würde sonst weitgehend – für den Schädiger überdies unkontrollierbar – leer laufen.«*[38]

20a Das bedeutet im Gegenschluss aus § 201 BGB a. F., dass die Berechnung bei der allgemeinen Verjährungsfrist taggenau sein muss und lediglich die in § 201 BGB a. F. genannten kurzen Verjährungsfristen erst am Schluss des Kalenderjahres beginnen, ein Schadensersatzanspruch aus unerlaubter Handlung, fällt nicht hierunter. Entscheidend ist insoweit daher taggenau der Zeitpunkt, in welchem der Verletzte vom Schaden und der Person des Ersatzpflichtigen Kenntnis erlangt. Hierbei bedeutet Kenntnis das Wissen um alle Tatsachen, auf die er eine erfolgversprechende Klage, gegebenenfalls auch Feststellungsklage, stützen kann.[39] Kenntnis liegt nur vor, wenn das Wissen tatsächlich vorhanden ist. Fahrlässiges, selbst grob fahrlässiges Nichtkennen ist ohne Relevanz.[40] *»Damit soll indes – dem Rechtsgedanken des § 162 BGB folgend – nur dem Geschädigten die sonst bestehende Möglichkeit genommen werden, die Verjährungsfrist missbräuchlich dadurch zu verlängern, dass er die Augen vor einer sich aufdrängenden Kenntnis verschließt. Der Senat hat stets mit Nachdruck darauf hingewiesen, dass diese Rechtsprechung nicht in dem Sinne missverstanden werden darf, dass bereits eine – sei es auch grob fahrlässig – verschuldete Unkenntnis der vom Gesetz geforderten positiven Kenntnis gleichstehe; vielmehr betrifft diese Rechtsprechung nur die Fälle, in denen es der Geschädigte bzw. dessen gesetzlicher Vertreter versäumt, eine gleichsam auf der Hand liegende Erkenntnismöglichkeit wahrzunehmen, und letztlich das Sichberufen auf die Unkenntnis als Förmelei erscheint, weil jeder andere in der Lage des Geschädigten unter denselben konkreten Umständen die Kenntnis gehabt hätte (vgl. Senat NJW 1994, 3092 f. m. w. N.).«*[41] Die Grenze ist also nur dort erreicht, wo der Geschädigte die Möglichkeit hatte, sich die erforderlichen Kenntnisse in zumutbarer Weise ohne nennenswerte Mühe zu beschaffen.[42] Die Verjährungsfrist beginnt zu laufen, wenn der Geschädigte der *»sich aufdrängenden Kenntnis missbräuchlich verschlossen, wenn sie von jeglicher nahe liegenden und jederzeit auf einfache Weise möglichen Nachfrage zur Vervollständigung des Wissens um fehlende Details abgesehen hatte.«*[43] Hierbei bleiben jedoch die Möglichkeiten der Auswertung von Akten und die Inanspruchnahme der Akteneinsicht in polizeiliche Akten außer Betracht.[44]

Den Geschädigten trifft allerdings keine generelle Obliegenheit, zugunsten des Schuldners für einen möglichst frühzeitigen Beginn der Verjährungsfrist Nachforschungen zu betreiben; vielmehr muss

---

35 Vgl. Palandt/*Ellenberger* § 199 Rn. 3 m. w. N.
36 *BGH* NJW 1981, 573; VersR 2000, 1375.
37 Vgl. BGHZ 6, 196, 202 m. w. N.
38 *BGH* NJW 1984, 661.
39 *BGH* NJW 2001, 885; vgl. auch *Greger* Haftung § 37 Rn. 12, 17.
40 *Greger* Haftung a. a. O. Rn. 14.
41 *BGH* NJW 1996, 2933; ebenso NJW 2000, 953; NJW 2001, 1721; NJW 2002, 1877.
42 *BGH* a. a. O.
43 *BGH* NJW 2001, 1721.
44 *BGH* NJW 1994, 3092; a. A. noch *OLG Hamm* MDR 1992, 1032.

das Unterlassen von Ermittlungen nach Lage des Falles als geradezu unverständlich erscheinen, um ein grob fahrlässiges Verschulden des Gläubigers bejahen zu können.[45]

Andrerseits ist der Begriff Kenntnis auf Tatsachen bezogen. Glaubt der Geschädigte irrtümlich, anhand der ihm bekannten Tatsachen, eine Haftung nicht ableiten zu können, beginnt gleichwohl der Lauf der Verjährungsfrist. Eine Ausnahme ist nur dann zu bejahen, wenn nach den bekannten Tatsachen rechtliche Ungewissheit darüber besteht, ob der Anspruchsgegner tatsächlich haftet. Im Regelfall können allgemeine Rechtsprobleme keinen Einfluss haben. Es muss sich vielmehr um Rechtsprobleme besonderen Ausmaßes handeln. Eine unsichere oder zweifelhafte Rechtslage in diesem Sinne, bei der eine Klageerhebung noch als unzumutbar zu bezeichne wäre und daher der Verjährungsbeginn nicht eintreten würde, besteht nicht schon dann, wenn noch keine höchstrichterliche Entscheidung einer bestimmten Frage vorliegt. Vielmehr ist dafür ein ernsthafter Meinungsstreit in Rechtsprechung und Schrifttum erforderlich.[46] 21

»Unklare Rechtslage« und »Unzumutbarkeit einer Klageerhebung« sind schwer definierbar, sodass die Einzelfallentscheidung kaum vorauszusehen ist.[47] Von einem Verlass auf die Rechtsprechung des BGH zur Problematik ist daher dringend abzuraten. 21a

Der Grundsatz der Schadenseinheit, wonach bei Fälligkeit des ersten Teilbetrags die Verjährungsfrist einheitlich zu laufen beginnt, gilt für altes und neues Recht gleichermaßen.[48] 21b

Auch im Verhältnis zu Gesamtschuldnern kann die Verjährung zu verschiedenen Zeitpunkten beginnen. Entscheidend kommt es insoweit darauf an, zu welchem Zeitpunkt der Verletzte Kenntnis von der Person sämtlicher Gesamtschuldner erhält. Sind mehrere Personen als Gesamtgläubiger ersatzberechtigt, so kann für jeden der Gläubiger eine besondere Verjährungsfrist laufen. Die Kenntnis muss bei der Person des Anspruchsinhabers, also im Regelfall des Geschädigten, vorhanden sein. Bei Geschäftsunfähigen oder beschränkt Geschäftsfähigen beginnt die Verjährungsfrist in dem Zeitpunkt, in dem der gesetzliche Vertreter vom Schaden und der Person des Ersatzpflichtigen Kenntnis erlangt.[49] 22

Bei juristischen Personen kommt es auf die Kenntnis des Organs oder des zuständigen Bediensteten an. Der *BGH* hat als *»Wissensvertreter« jeden angesehen, der nach der Arbeitsorganisation des Geschäftsherrn dazu berufen ist, im Rechtsverkehr als dessen Repräsentant bestimmte Aufgaben in eigener Verantwortung zu erledigen und die dabei angefallenen Informationen zur Kenntnis zu nehmen sowie gegebenenfalls weiterzuleiten; er brauche weder zum rechtsgeschäftlichen Vertreter noch zum »Wissensvertreter« ausdrücklich bestellt zu sein.«*[50] 23

Bei vererbten Ansprüchen kommt es auf die Kenntnis des Erblassers, falls dieser jedoch keine Kenntnis mehr erlangen konnte, naturgemäß auf jene der Erben an. Bei Übergang des Rechts ist zu unterscheiden, ob der Übergang sofort bei Schadenseintritt erfolgt, so gemäß § 116 SGB X, § 81a BBG, oder das Recht zunächst beim Geschädigten entsteht und später übergeht, so beim privaten Schadensversicherer. Bei § 116 SGB X ist allerdings noch zwischen SVT und Sozialhilfeträgern zu unterscheiden. *»Soweit es um einen Träger der Sozialversicherung geht, findet der in § 116 Abs. 1 SGB X normierte Anspruchsübergang in aller Regel bereits im Zeitpunkt des schadensstiftenden Ereignisses statt, da aufgrund des zwischen dem Geschädigten und dem Sozialversicherungsträger bestehenden Sozialversicherungsverhältnisses von vornherein eine Leistungspflicht in Betracht kommt* (folgen Nachweise). *Knüpfen hingegen Sozialleistungen, wie dies beim Sozialhilfeträger (oder auch bei der Bundesanstalt für Arbeit, etwa bei Rehabilitationsleistungen) der Fall ist, nicht an das Bestehen eines Sozialversicherungs-* 24

---

45 *BGH* Urt. v. 07.07.2011 – III ZR 90/10 = BeckRS 2011, 19375
46 *BGH* NJW 2011, 1278.
47 Vgl. zur Problematik kritisch *Bitter/Alles* NJW 2011, 2081.
48 Vgl. Palandt/*Elenberger* § 199 Rn. 14.
49 St. Rspr. seit *BGH* VersR 1958, 592.
50 *BGH* NJW 1996, 1339.

verhältnisses an, sondern an gänzlich andere Voraussetzungen, so muss das besondere Band des Versicherungsverhältnisses, dessen Vorliegen beim Sozialversicherungsträger regelmäßig schon im Zeitpunkt des schädigenden Ereignisses die Grundlage für den Forderungsübergang bietet, durch andere Umstände ersetzt werden, die auf die Pflicht zur Erbringung von Sozialleistungen schließen lassen; erforderlich ist daher für den Rechtsübergang auf diese Leistungsträger, dass nach den konkreten Umständen des jeweiligen Einzelfalls Sozialleistungen durch sie ernsthaft in Betracht zu ziehen sind (folgen Nachweise). *Je nach der gegebenen tatsächlichen Sachlage kann sich daher der Anspruchsübergang auf den Sozialhilfeträger bereits im Unfallzeitpunkt, möglicherweise aber auch erst erheblich später vollziehen.«*[51] Bei Letzteren kommt der Übergang mit dem Schadensereignis nur dann in Betracht, wenn sich aus der Schwere der Verletzung, ihren zu erwartenden Folgen und der finanziellen Situation des Verletzten ohne Weiteres bereits die zu erwartende Leistungspflicht des Sozialhilfeträgers ersehen lässt.[52]

25 Ging der Anspruch bereits mit dem Schadensereignis über, kommt es auf die Kenntnis des zuständigen Regresssachbearbeiters der Sozialleistungsbehörde bzw. des Dienstherrn an. *»Der Kl. als juristischer Person des öffentlichen Rechts wird die Kenntnis durch ihre Bediensteten vermittelt; zu Recht geht das BerGer. davon aus, dass nach den zu § 852 Abs. 1 BGB in der Rechtsprechung entwickelten Grundsätzen insoweit nicht die Kenntnis eines jeden Bediensteten zugerechnet werden darf, sondern jeweils zu prüfen ist, ob es sich bei dem Bediensteten um einen Wissensvertreter handelt* (folgen Nachweise). *Das ist nach dem hier heranzuziehenden Rechtsgedanken des § 166 BGB dann der Fall, wenn der Bedienstete vom Anspruchsinhaber mit der Erledigung der betreffenden Angelegenheit, hier also mit der Betreuung und der Verfolgung der infrage stehenden Regressforderung, in eigener Verantwortung betraut worden ist.«*[53]

26 Im Übrigen ist dem neuen Anspruchsinhaber die Kenntnis des Geschädigten zuzurechnen. Hatte Letzterer aber zum Zeitpunkt des Übergangs noch keine Kenntnis, so kommt es naturgemäß wieder auf die Kenntnis des Sachbearbeiters[54] des neuen Anspruchsinhabers an. Soweit es sich um Ansprüche aus Amtshaftung handelt, beginnt, sofern das Verweisungsprivileg von Bedeutung ist, die Verjährung in dem Zeitpunkt zu laufen, in dem feststeht, dass der Verletzte im Sinne von § 839 Abs. 1 S. 2 BGB auf andere Weise keinen Ersatz zu erlangen vermag.

1. Kenntnis des Schadens

27 Die dargelegten Grundsätze gelten zunächst für die Kenntnis vom Schaden, wobei die allgemeine Kenntnis vom Eintritt eines Schaden ausreicht, ein konkretes Wissen über Umfang und Höhe des Schadens ist nicht erforderlich. Vielmehr ist lediglich jenes Wissen zu fordern, das eine Feststellungsklage ermöglichen würde.[55] Insoweit kommt es gerade auf die Schadenshöhe noch nicht an. Dementsprechend sind unvorhersehbare Verschlimmerungen, etwa ein nach dem bisherigen Wissensstand nicht zu erwartendes Dauerleiden nicht vom Begriff der Kenntnis erfasst. Die Verjährungsfrist beginnt diesbezüglich erst ab nachträglicher Kenntnis. *»Der Feststellungsanspruch kann in Fällen dieser Art nur verneint werden, wenn aus der Sicht des Kl. bei verständiger Beurteilung kein Grund bestehen kann, mit Spätfolgen immerhin zu rechnen; es ist nicht erforderlich, dass der Kl. von dem späteren Schaden eine bestimmte Vorstellung hat* (vgl. Senat VersR 1972, 459 f.).«[56]

28 Für den Beginn der Verjährung ist nicht darauf abzustellen, ob der anzustrengende Prozess mit größerem oder geringerem Risiko für den Kläger geführt werden kann. Allerdings muss die zu erhebende Klage bei verständiger Würdigung der sich darbietenden Sachlage so viele Erfolgsaussichten haben, dass die Klageerhebung für den Verletzten zumutbar erscheint. Es müssen ihm also so viele Tatsachen

---

51 *BGH* NJW 1996, 2508.
52 *BGH* a. a. O.
53 Zuletzt *BGH* Urt. v. 5.3.2011 – VI ZR 162/10= BeckRS 2011, 07721 = MDR 2011, 596 m. ausf. Nachw.
54 Vgl. oben Rdn. 9.
55 *Greger* Haftung § 21 StVG Rn. 5 m. w. N.
56 *BGH* NJW 1989, 1367; ebenso NJW 2000, 861; vgl. auch *OLG Schleswig* VersR 2001, 983: Beurteilung auf den normativen Standard verständiger und redlicher Vertragspartner.

bekannt sein, dass er mit hinreichend sicherer Aussicht auf Erfolg gegen eine bestimmte Person vorgehen kann; schon dann nämlich, wenn die bekannten Tatsachen einigermaßen sicher auf den Schädiger und ein schuldhaftes Verhalten hinweisen, ist dem Verletzten die Klageerhebung zuzumuten.[57] An dieser Voraussetzung kann es bei besonders schwieriger Rechtslage bis zur Klärung der sich daraus ergebenden Zweifel fehlen.

Bei der Kenntnis vom Schaden ist grundsätzlich der Grundsatz der Schadenseinheit relevant. Allein mit der allgemeinen Kenntnis des Geschädigten vom Eintritt eines irgendwie gearteten Schadens beginnt die Verjährung auch hinsichtlich von Spätfolgen zu laufen.[58] 28a

2. Kenntnis des Ersatzpflichtigen

Das für den Beginn der Verjährung erforderliche Wissen setzt neben der Kenntnis vom Schaden auch das Wissen um die Person des Ersatzpflichtigen voraus. Dieses ist vorhanden, wenn die dem Geschädigten bekannten Tatsachen ausreichen, um den Schluss auf ein schuldhaftes Fehlverhalten des Anspruchsgegners und die Ursache dieses Verhaltens für den Schaden als nahe liegend erscheinen lassen. Hierzu ist positives Wissen über die Person des Ersatzpflichtigen, also seines Namens und der ladungsfähigen Anschrift, also jener Umstände, die eine Klage erst ermöglichen würden, erforderlich. Dem positiven Wissen kann Nichtwissen nur dann gleichgesetzt werden, wenn der Schädigte »auf der Hand liegende Erkenntnismöglichkeiten« nicht wahrnimmt,[59] er somit beispielsweise trotz Kenntnis des Kfz-Kennzeichens keine Halterermittlung vornimmt. Ansprüche gegen den Fahrer werden insoweit jedoch nicht betroffen, da sich diese gerade aus dem Kennzeichen nicht ableiten lassen. Kennt er dessen Namen ist zu prüfen, ob sie die Anschrift problemlos, d. h. eindeutig aus dem Adress- oder Telefonbuch ermitteln ließ.[60] Problematisch ist, ob sich aus der Beschriftung einer LKW-Plane schon ausreichende Rückschlüsse auf den Halter ableiten lassen. Kann nicht unmittelbar aus dem Adress- oder Telefonbuch der Halter ermittelt werden, müssten also weitere Nachforschungen getätigt werden, so kann von der erforderlichen zur Kenntnis führenden Offensichtlichkeit nicht gesprochen werden.[61] 29

Soweit es sich um den Anspruch aus Amtshaftung im Sinne von § 839 BGB handelt, genügt zwar die Kenntnis, dass der Unfallgegner ein Beamter war, im Zweifel muss aber die Kenntnis von der zuständigen Behörde hinzukommen, um die Verjährungsfrist in Gang zu setzen. Hinzutreten muss auch noch, soweit nicht die Gefährdungshaftung zum Zuge kommt, die Kenntnis vom widerrechtlichen und schuldhaften Verhalten des den Unfall ursächlich auslösenden Beamten. »*Bei einem Amtshaftungsanspruch kann die Verjährung erst beginnen, wenn der Geschädigte weiß, dass die in Rede stehende Amtshandlung widerrechtlich und schuldhaft war und deshalb eine zum Schadensersatz verpflichtende Amtshandlung darstellt. Dabei genügt es im allgemeinen, dass der Verletzte die tatsächlichen Umstände kennt, die eine schuldhafte Amtspflichtverletzung als nahe liegend, eine Amtshaftungsklage mithin als so aussichtsreich erscheinen lassen, dass dem Verletzten die Erhebung einer solchen Klage, sei es auch nur mit einem Feststellungsantrag, zuzumuten ist* (folgen umfangreiche Nachw.).«[62] Ferner kommt, soweit das Verweisungsprivileg auch heute noch gilt, als weitere Voraussetzung für den Beginn der Verjährungsfrist die Kenntnis vom Fehlen einer anderweitigen Ersatzmöglichkeit in Betracht. 30

Die Verjährung nach § 852 BGB a. F. bzw. § 195 BGB n. F. beginnt nicht zu laufen, wenn nach Anspruchsübergang auf eine Behörde innerhalb dieser verfügungsbefugten Behörde zwar Beamte der 30a

---

57 Vgl. *BGH* VersR 2001, 1424; *BGH* NVwZ 2006, 245.
58 Vgl. *BGH* Urt. v. 5.3.2011 – VI ZR 162/10 = BeckRS 2011, 07721 = MDR 2011, 596; hierzu NJW-Spezial 2011, 266.
59 *BGH* NJW 1996, 2933; *LG Hamburg* VersR 1999, 69.
60 Ähnlich *OLG München* VersR 2000, 505 für den Fall, dass die Anschrift über den Arbeitgeber ohne großen Aufwand ermittelt werden kann.
61 Vgl. *Greger* Haftung § 21 Rn. 24, 28.
62 *BGH* NVwZ 2006, 245, 248.

Grundsatzabteilung, nicht aber Bedienstete der Regressabteilung vom Schaden und vom Schädiger Kenntnis erlangt hatten.[63] Eine Änderung nach neuem Verjährungsrecht kommt insoweit nicht in Betracht. Die vom *BGH* herausgearbeiteten Grundsätze zur Wissenszurechnung[64] gelten auch hier. Daher kommt es gerade darauf an, dass der Mitarbeiter dessen Tätigkeit für die Schadensabwicklung relevant ist, Kenntnis erlangte. Das ist regelmäßig beim Schadenssachbearbeiter der Fall.[65]

31   Die Kenntnis des gesetzlichen Vertreters des Geschädigten kann nicht als dessen Kenntnis gelten, wenn sich der gesetzliche Vertreter als für die Entstehung des Schadens Mitverantwortlicher in einem Interessenkonflikt befindet. Dies ist der Fall, wenn er sich selbst der Unfähigkeit und des objektiven Missbrauchs der elterlichen Sorge hätte bezichtigen müssen, um Schadenersatzansprüche im Namen des Kindes gegen das Vormundschaftsgericht hätte geltend machen zu wollen und wenn er sich dadurch noch der Gefahr einer Inanspruchnahme durch das Kind ausgesetzt hätte. Ebenfalls in einer Interessenkollision befindet sich der Verletzte, der seinerseits in Wahrnehmung berechtigter Interessen gegenüber den Ermittlungsbehörden ein schuldhaftes Verhalten des anderen Teiles behauptet, damit jedoch von einem etwaigen eigenen Fehlverhalten ablenken möchte. Diesem Verletzten wird man seine in Bezug auf das Ermittlungsverfahren abgegebenen Erklärungen nicht ohne Weiteres vom Zeitpunkt der Erklärung an als eigene Kenntnis vom Schaden bzw. von der Person des Ersatzberechtigten zurechnen können.

32   Bei Ansprüchen gegen einen Deliktsunfähigen gehören zur Kenntnis von der Person des Ersatzpflichtigen ausreichende Informationen über die Person seines gesetzlichen Vertreters.

32a Sind mehrere Geschädigte als Gesamtgläubiger zum Schadenersatz berechtigt, so beginnt die Verjährungsfrist für jeden der Gesamtgläubiger in dem Zeitpunkt, in dem gerade er vom Eintritt des Schadens und von der Person des Ersatzpflichtigen Kenntnis erlangt. Will der Verletzte beispielsweise Ansprüche gegen seinen Arbeitgeber aus Anlass eines Arbeitsunfalls geltend machen, so beginnt die Verjährung erst in dem Zeitpunkt zu laufen, in dem der Verletzte weiß, dass Haftungsausschlüsse nach §§ 636, 637 RVO nicht in Betracht kommen, beispielsweise mangels Eingliederung in einen fremden Betrieb oder weil es sich um einen Wegeunfall handelt, der bei der Teilnahme am allgemeinen Verkehr eingetreten ist.

III. Zurechnung der Kenntnis nach neuem Recht

33   Die dargestellte Problematik zur Frage, ob fahrlässiges Nichtkennen des Schadens und/oder der Person des Ersatzpflichtigen zum Beginn der Verjährung führt, wird durch das neue Verjährungsrecht weitgehend entschärft. Gemäß § 199 Abs. 2, 3 BGB n. F. ist grob fahrlässige Unkenntnis generell der Kenntnis gleichgestellt. Es ist daher stets lediglich nach allgemeinen Grundsätzen, also nach § 277 BGB zu klären, ob grobe Fahrlässigkeit angenommen werden kann. *»Von grober Fahrlässigkeit wird gesprochen, wenn die im Verkehr zu beachtende Sorgfalt in ungewöhnlich hohem Maße verletzt, ganz naheliegende Überlegungen nicht angestellt oder beiseite geschoben wurden oder das unbeachtet geblieben ist, was jedem sofort und ohne weiteres hätte einleuchten müssen* (folgen Nachweise).«[66] Zu bejahen ist sie deshalb auch, wenn selbst die einfachsten Informationsmöglichkeiten (einfache Anfragen oder Telefonate) ungenutzt bleiben.[67]

1. Rechnerischer Beginn

34   Nach neuem Recht wird wie schon früher zwischen der allgemeinen Verjährungsfrist und *»anderen Verjährungsfristen«* unterschieden. Beim Beginn der Verjährung gliedert das Gesetz in vier unterschiedliche Tatbestände:

---

63 *BGH* NJW 2001, 2535 unter Berufung auf die seit *BGH* VersR 1974, 340 bestehende Rspr.
64 Vgl. zuletzt *BGH* NJW 2001, 359.
65 Vgl. *BGH* NJW 2001, 2535 f.
66 *BGH* NJW-RR 1994, 1469, 1471; vgl. ergänzend Palandt/*Grüneberg* § 277 Rn. 4.
67 Vgl. *OLG Celle* Urt. v. 31.3.2011 – 8 U 154/10 = BeckRS 2011, 14907.

- Die **allgemeine Verjährungsfrist** von drei Jahren, die nunmehr auch für die ehemals unter § 852 BGB a. F. fallenden Ansprüche gilt, beginnt gemäß § 199 Abs. 1 Nr. 1 BGB n. F. mit dem Schluss des Jahres, in dem der Anspruch entstanden ist und der Gläubiger vom Schadensereignis Kenntnis erlangte oder bei Fehlens einer grober Fahrlässigkeit Kenntnis erlangt hätte.
- Nach dem **Grundsatz der Schadenseinheit** beginnt die Verjährungsfrist nicht nur für die bereits fälligen Teilbereiche, sondern auch für die erst in Zukunft entstehenden Schäden.
- Insoweit gilt die bisherige Rechtslage zu § 852 BGB a. F., also die bereits erörterte **erforderliche Kenntnis** weiter. »*Nach § 852 Abs. 1 BGB, § 14 StVG beginnt – sofern die weiteren Verjährungsvoraussetzungen vorliegen – die dreijährige Verjährung eines deliktischen Schadensersatzanspruchs in dem Zeitpunkt, in dem der Verletzte von dem Schaden Kenntnis erlangt. Bereits die allgemeine Kenntnis vom Schaden genügt, um die Verjährungsfrist in Lauf zu setzen; wer sie erlangt, dem gelten auch solche Folgezustände als bekannt, die im Zeitpunkt der Erlangung jener Kenntnis überhaupt nur als möglich voraussehbar waren.*«[68]

Für den Bereich des Übergangs ist darauf hinzuweisen, dass bei Kenntniserlangung nach Inkrafttreten des neuen Verjährungsrechtes durch Art 229 § 6 Abs. 1 S. 1 EGBGB die neuen Verjährungsvorschriften Anwendung finden.[69]

2. Beurteilungsmaßstab

Dabei kommt es für die Beantwortung der Frage nach der möglichen Voraussehbarkeit nicht stets auf die Sicht des Geschädigten an. Für Körperschäden, wie sie hier in Rede stehen, gilt vielmehr, dass die Sicht der medizinischen Fachkreise entscheidend ist. Ausnahmen von diesem Grundsatz sind nur in eng begrenzten Fallkonstellationen hinnehmbar. Dazu gehören Sachverhalte, in denen sich Folgezustände erst später unerwartet einstellen. In solchen Fällen ist der Beginn der Verjährung in der Regel von dem Zeitpunkt an zu rechnen, in dem der Verletzte von den nachträglich eingetretenen Schäden Kenntnis erhält (folgen Nachweise).[70]

35

- Die **Höchstfristen** gemäß § 199 Abs. 2, 3 und 4 BGB n. F. beginnen jedoch nicht am Schluss dieses Kalenderjahres zu laufen, sondern mit dem Ereignis selbst, sind also insoweit ab dem Tag des Ereignisses taggenau zu berechnen.
- Bei allen Ansprüchen, die nicht der **regelmäßigen Verjährungsfrist** unterliegen, beginnt die Verjährungsfrist mit der Entstehung. Für die in § 196 BGB n. F. genannten Rechte an einem Grundstück folgt das aus § 200 BGB n. F., für die unter § 197 Abs. 1 Nr. 3–5 BGB n. F. fallenden, also rechtskräftig festgestellten Ansprüche, Ansprüchen aus vollstreckbaren Vergleichen oder vollstreckbaren Urkunden und die im Insolvenzverfahren vollstreckbar gewordenen Ansprüche folgt dies aus § 201 BGB n. F.
- Zu beachten ist jedoch auch hier, dass § 197 Abs. 2 BGB n. F. **wiederkehrende Leistungen** von der 30-jährigen Verjährungsfrist ausnimmt und sie der regelmäßigen Verjährungsfrist unterstellt, sodass für diese Ansprüche der Beginn der Verjährungsfrist wiederum gemäß § 199 Abs. 1 (Schluss des Kalenderjahres) zu bestimmen ist.

C. Neubeginn (Unterbrechung)

Der umfangreiche Katalog von Unterbrechungshandlungen im alten Verjährungsrecht erleichterte die Frage der Verjährung sehr. Das neue Verjährungsrecht reduziert den Katalog von zur Unterbrechung geeigneten Handlungen drastisch und wandelte sie in Hemmungsgründe um. § 212 Abs. 1 BGB definiert nunmehr die Unterbrechungshandlungen. Nach der nunmehrigen Rechtsfassung ist sprachlich jedoch nicht mehr von der Unterbrechung die Rede, sondern vom **Neubeginn**. Damit wird gleichzeitig die Rechtsfolge offenbart. Dieser Neubeginn tritt ein, wenn

36

---

68 *BGH* NJW 2000, 861.
69 *BGH* Urt. v. 3.5.2011 – XI ZR 373/08 = BeckRS 2011, 19295
70 *BGH* NJW 2000, 861 f.

»1. der Schuldner dem Gläubiger gegenüber den Anspruch durch Abschlagszahlung, Zinszahlung, Sicherheitsleistung oder in anderer Weise anerkennt, oder

2. eine gerichtliche oder behördliche Vollstreckungshandlung vorgenommen oder beantragt wird.«

36a Unter zwei Aspekten kommt es bezüglich des Unterbrechungsgrundes der Vollstreckungshandlung nach den Absätzen 2 und 3 zu einer Neutralisation:

36 (2) Der erneute Beginn der Verjährung infolge einer Vollstreckungshandlung gilt als nicht eingetreten, wenn die Vollstreckungshandlung auf Antrag des Gläubigers oder wegen Mangels der gesetzlichen Voraussetzungen aufgehoben wird.

36 (3) Der erneute Beginn der Verjährung durch den Antrag auf Vornahme einer Vollstreckungshandlung gilt als nicht eingetreten, wenn dem Antrag nicht stattgegeben oder der Antrag vor der Vollstreckungshandlung zurückgenommen oder die erwirkte Vollstreckungshandlung nach Absatz 2 aufgehoben wird«

36b Abgesehen vom Anerkenntnis kann daher lediglich noch bei Vollstreckungshandlungen, also erst nach Erwirken eines Vollstreckungstitels der Lauf einer neuen Verjährungsfrist erneut bewerkstelligt werden. Die Bedeutung des Anerkenntnisses im Rahmen der Schadensregulierung steigt daher mit dem neuen Verjährungsrecht.

1. Wirkung

37 Wird die Verjährung rechtswirksam unterbrochen, so bleibt die bis dahin verstrichene Zeit außer Betracht. Eine neue Verjährung kann erst nach Beendigung der Unterbrechung beginnen. Gemäß § 211 BGB a. F. dauerte die Unterbrechung bis zur rechtskräftigen Entscheidung des Prozesses oder seiner anderweitigen Erledigung. Diese Problematik verlagert sich nunmehr in den Bereich der Hemmung.[71]

2. Anerkenntnis

38 Der nunmehr in der Praxis entscheidende Unterbrechungsfall liegt im Anerkenntnis, § 212 Abs. 1 Nr. 1 BGB. Darunter ist jede Erklärung des Ersatzpflichtigen zu verstehen, aus der der Gläubiger den eindeutigen Schluss ableiten kann, dass die Forderung nicht bestritten, sondern im Gegenteil sogar erfüllt werden soll.

39 Das Anerkenntnis im Sinne von § 208 BGB ist nicht im Sinne einer rechtsgeschäftlichen Willenserklärung, etwa nach den §§ 780, 781 BGB, zu verstehen, sondern es genügt das rein tatsächliche Verhalten des Schuldners gegenüber dem Gläubiger, aus dem sich sein Bewusstsein von dem Bestehen des Anspruchs eindeutig ergibt. Es bedarf daher keines formellen Schuldanerkenntnisses i. S. §§ 780, 781 BGB. Es kann auch durch konkludentes Handeln abgegeben werden. Ein Anerkennen in sonstiger Weise ist auch ein Stundungsgesuch. Die Unterbrechung dauert bis zur rechtskräftigen Entscheidung des Rechtsstreits fort. Sie entfällt jedoch bei Klagerücknahme und Abweisung der Klage aus rein formellen Gründen durch Prozessurteil, sofern nicht innerhalb von sechs Monaten erneut die Rechtshängigkeit herbeigeführt wird.

40 Eine bloße Rückfrage nach der Höhe der Ansprüche des Geschädigten stellt indes kein Anerkenntnis im Sinne von § 208 BGB dar und ist demgemäß nicht geeignet, die Verjährung zu unterbrechen. Das Gleiche gilt für die Aufforderung des Haftpflichtversicherers, der Anspruchsteller möge seinen Schaden zunächst einmal unverbindlich beziffern.

40a Die Verjährung wird insbesondere durch ein Vergleichsangebot des Haftpflichtversicherers des Schädigers gehemmt, weil es sich dabei um eine besondere Form des Anerkenntnisses handelt.

---

[71] Siehe Rdn. 47.

Dies gilt auch für den Fall, dass das Vergleichsangebot mit der allgemein üblichen Floskel umschrieben wird, es werde ohne jedes Präjudiz für die Sach- und Rechtslage bzw. ohne Anerkennung einer Rechtspflicht abgegeben. Es ist zu bejahen, wenn der Ersatzpflichtige dabei zu erkennen gibt, dass er Schadenersatz aus dem Unfall schuldet und die Verhandlungen daher nur zur Höhe der Ansprüche geführt werden. 41

Das Anerkenntnis kann demgemäß auch auf einen Teil des Anspruchs beschränkt werden. Dementsprechend kommt die verjährungsrechtliche Wirkung nur insoweit in Betracht. Als Anerkenntnis in diesem Sinne ist es zu werten, wenn der Schuldner oder die für ihn handelnde Haftpflichtversicherung auf ein Aufforderungsschreiben des Berechtigten hin zum Ausdruck bringt, dass Zahlung geleistet bzw. in Aussicht gestellt wird. 42

Leistet der Schädiger bzw. sein Haftpflichtversicherer dem Verletzten auf dessen Anforderungen wiederholt vorbehaltlos Ersatz auf einzelne Schadengruppen (beispielsweise Heilungskosten, Erwerbsschaden, vermehrte Bedürfnisse) seines Personenschadens, so unterbricht das in der Zahlung liegende tatsächliche Anerkenntnis in der Regel jeweils die Verjährung des dem Verletzten insgesamt zustehenden Schadenersatzanspruchs.[72] 43

Dadurch erweckt der Schädiger nämlich bei dem Geschädigten grundsätzlich das Vertrauen darauf, dass auch andere Schadengruppen, soweit sie geltend gemacht werden, befriedigt werden sollen, jedenfalls dann, wenn ausschließlich Ersatzansprüche für einen Personenschaden in Betracht kommen. Allerdings kann auch in derartigen Fällen das Anerkenntnis auf die Ersatzpflicht für einen abgrenzbaren Teil des Schadens beschränkt werden. Eine derartige Begrenzung muss jedoch in eindeutiger Form zum Ausdruck gebracht werden. Das Verhalten des Versicherers wirkt grundsätzlich auch für den Versicherungsnehmer, da der Versicherer gemäß 10 Abs. 4 AKB a. F. bzw. A.1.1.4 AKB n. F. berechtigt und § 10 Abs. 1 AKB a. F. bzw. A.1.1.1 verpflichtet ist, die den Versicherungsnehmer treffenden Ansprüche zu regulieren oder abzuwehren. Das in Abschlagszahlungen des Kraftfahrthaftpflichtversicherers liegende Anerkenntnis bewirkt allerdings dann nicht zulasten des mitversicherten Fahrers die Unterbrechung der Verjährung der gegen ihn persönlich gerichteten Ansprüche, sofern ihm der Versicherer Deckungsschutz versagt, es aber gleichwohl übernimmt, für ihn bis zur Höchstgrenze des für den Halter geltenden § 12 StVG zu zahlen, sofern der Versicherer bei den Zahlungen zum Ausdruck bringt, dass er nur im Rahmen der Höchstbeträge des § 12 StVG haftet. Lässt der Schädiger oder sein Haftpflichtversicherer im Zuge der Verhandlungen die Frage offen, ob irgendetwas geschuldet wird, so greift die Sonderregelung des § 852 Abs. 2 BGB mit der Rechtsfolge ein, dass die Vergleichsverhandlungen jedenfalls eine Hemmung der Verjährung bewirken. Verhandeln in diesem Sinne bedeutet, dass ein Meinungsaustausch zwischen Geschädigtem und Schädiger (Versicherer) geführt wird. Eine Einschränkung auf Vergleichsverhandlungen im engeren Sinne liegt daher nicht vor,[73] vielmehr genügt jeder Meinungsaustausch über den Schadensfall. Verhandlungen in diesem Sinne entsprechen auch die Verfahren vor einer ärztlichen Gutachter- und Schlichtungsstelle.[74] Die Wirkung bezieht sich allerdings stets nur auf den verhandelten Anspruchsteil.[75] 43a

Das Anerkenntnis seitens des Versicherers wirkt nicht nur insoweit, als er selbst eintrittspflichtig ist. Es geht darüber hinaus und wirkt selbst dann zulasten des Versicherungsnehmers, wenn diesbezüglich Ansprüche über die Deckungssumme hinaus bestehen.[76] 44

D. Hemmung

Neben der Unterbrechung bzw. dem Neubeginn der Verjährungsfrist kann deren Lauf durch die sog. Hemmung beeinflusst werden. Die Wirkung der Hemmung besteht darin, dass durch sie der Lauf 45

---

72 *BGH* NJW 1986, 324.
73 *BGH* VersR 1988, 718.
74 *BGH* NJW 1983, 2075.
75 *BGH* NJW 1998, 1142.
76 *BGH* NZV 2004, 623; vgl. hierzu *Halm* SVR 2005, 254; NJW-Spezial 2004, 257.

der Verjährungsfrist *»angehalten«* und um den Zeitraum verlängert wird, auf den die Hemmung sich erstreckt. Der Hemmung der Verjährung kommt besondere Bedeutung für das Schadensersatzrecht, insbesondere für den Fall zu, dass zwischen den Parteien Regulierungsverhandlungen schweben. Nach neuem Verjährungsrecht wurden die Voraussetzungen der Hemmung wesentlich erweitert.

I. Vorgerichtliche Maßnahmen

45a Angesichts der vorgerichtlichen Schadensregulierung kommen zunächst die durch die Auseinandersetzung der Parteien bewirkten Hemmungsumstände zur Geltung.

1. Verhandlungen

45b In der Praxis spielt für den Bereich der Hemmung die Verhandlung zwischen den Parteien die größte Rolle. Gemäß § 203 S. 1 BGB ist der Lauf der Verjährung so lange gehemmt, bis eine Partei die Fortsetzung der Verhandlungen verweigert. Nach S. 2 tritt die Verjährung frühestens drei Monate nach dem Ende der Hemmung ein. *»Der Gläubiger muss dafür lediglich klarstellen, dass er einen Anspruch geltend machen und worauf er ihn stützen will. Anschließend genügt jeder ernsthafte Meinungsaustausch über den Anspruch oder seine tatsächlichen Grundlagen, sofern der Schuldner nicht sofort und erkennbar Leistung ablehnt. Verhandlungen schweben schon dann, wenn eine der Parteien Erklärungen abgibt, die der jeweils anderen Seite die Annahme gestatten, der Erklärende lasse sich auf Erörterungen über die Berechtigung des Anspruchs oder dessen Umfang ein (folgen Nachw.).«*[77] Die Hemmung dauert solange, bis sie zum Erliegen kommen (*»Einschlafen«*)[78] bzw. nach Treu- und Glauben eine Reaktion der angesprochenen Seite zu erwarten gewesen wäre.[79]

45c Eine einseitige Verhandlungsaufnahme erfüllt jedoch nicht die Voraussetzungen für den Eintritt der Hemmung.[80] Wegen der in der Praxis regelmäßig gegenüber dem Versicherer des Gegners relevanten Umstände werden die auftretenden Probleme näher beim PflVG dargestellt.

2. Leistung

45d Die Verjährung kann auch durch eine Leistung, im Sinne von § 208 BGB gehemmt werden, die entweder in einer Zahlung oder in einem Anerkenntnis besteht. Dies gilt jedenfalls für den Fall, dass die Leistung mit dem deutlich gewordenen Bewusstsein des Schuldners von seiner Gesamtverpflichtung gekoppelt ist. Die Wirkung der Teilzahlung als verjährungsunterbrechendes Anerkenntnis wurde in einer Entscheidung des *BGH* im Anschluss an eine frühere Entscheidung[81] ausdrücklich anerkannt.[82] Dazu reicht es allerdings nicht aus, wenn ein Teilzahlungsbetrag ohne nähere Angaben überwiesen wird.

45e Wird eine Zahlung ausdrücklich als Abschlagszahlung gekennzeichnet, stellt sie ein Anerkenntnis dar, weil die Wirkung über die Erfüllung eines Teilspruchs durch die Zahlung selbst hinausgeht. Die Rechtswirkung tritt auch dann ein, wenn Teilzahlungsangebote oder Stundungsgesuche vom Gläubiger als unzureichend zurückgewiesen werden. Selbst ein Verrechnungsangebot und eine Schuldübernahme, ja sogar ein bloßes Vertrösten durch den Schuldner als Reaktion auf ein Zahlungsbegehren des Gläubigers, bewirkt eine Unterbrechung der Verjährung, die auch durch Zinszahlungen eintreten kann. Eine Sicherheitsleistung hat dann die Wirkung eines Anerkenntnisses, wenn es sich um eine rechtsgeschäftlich vereinbarte oder richterlich auferlegte Sicherheitsleistung handelt bzw. wenn es um eine vom Schuldner nach eigenem Ermessen gestellte Leistung geht. In der bereits

---

77 *BGH* Beschl. v. 7.7.2011 – IX ZR 100/08 = BeckRS 2011, 19490.
78 *BGH* Urt. v. 14.7.2011 – III ZR 196/10 = BeckRS 2011, 19848.
79 *BGH* a. a. O.
80 *BGH* Beschl. v. 1.3.2010 – IX ZR 68/08 = BeckRS 2010, 7271.
81 NJW 1979, 866 f.
82 *BGH* VersR 2004, 1278.

genannten Entscheidung des *BGH*[83] wurde die Unterbrechungswirkung der Teilzahlung des Versicherers nicht nur zulasten des Versicherungsnehmers, sondern auch für weitere, unter den Versicherungsschutz fallende Personen, etwa den Fahrer, bestätigt. Dies gilt sogar für den Fall, dass die Deckungssumme überschritten wird. »*Die Zahlung des Kraftfahrtversicherers stellt grundsätzlich ein die Verjährung unterbrechendes Anerkenntnis zulasten des Versicherungsnehmers dar; es erfasst auch den Teil der Ansprüche, für den der Versicherer nicht einzustehen hat, weil er die Deckungssumme übersteigt (folgen Nachweise). Ein gleiches gilt im Verhältnis des Versicherers zu den mitversicherten Personen, insbesondere dem Fahrer.*[84] *Insoweit ist der Versicherer kraft Gesetzes (§ 10 Abs. 5 AKB) als ermächtigt anzusehen, Ansprüche zu befriedigen und/oder abzuwehren und alle dafür zweckmäßig erscheinenden Erklärungen im Rahmen pflichtgemäßen Ermessens abzugeben (folgen Nachweise). Etwas anderes gilt, wenn der Versicherer erkennbar zum Ausdruck bringt, dass er die über die Deckungssumme hinausgehenden Ansprüche aus unerlaubter Handlung nicht anerkennen wolle (BGH Urt. v. 12.12.1978 und v. 22.11.1988 jeweils a. a. O.). Im vorliegenden Fall ist nicht dargelegt, dass der Versicherer die Wirkung seines Anerkenntnisses jemals eingeschränkt hat.*« Entscheidend kommt es also auf die Erläuterung des Versicherers, also eine ausdrücklich erklärte Beschränkung der Zahlungswirkung im Hinblick auf die Verjährung an. Es wird jedoch in der Entscheidung ausdrücklich darauf hingewiesen, dass diese Erklärung tatsächlich abzugeben sowie objektiv auszulegen und nicht auf den Horizont des Erklärungsempfängers abzustellen ist: »*Die Frage, ob für die Beschränkung der Unterbrechungswirkung eine Erklärung des Versicherers erforderlich ist oder ob auch das fehlende Vertrauen des Geschädigten in eine umfassende Anerkennung hierfür ausreichen kann, ist höchstrichterlich noch nicht entschieden. Der Senat beantwortet diese Frage nunmehr dahin, dass nicht die subjektive Sicht des Zahlungsempfängers, sondern die – nach dem objektiven Empfängerhorizont auszulegende – Erklärung des Zahlenden oder dessen sonstiges, zur Kenntnisnahme des Zahlungsempfängers bestimmtes Verhalten entscheidend ist. Da ein Vertrauen, zu dem der Schuldner – oder der für den Schuldner handelnde Versicherer – keinen Anlass gegeben hat, im Sinne des § 208 BGB a. F. unbeachtlich ist, muss Entsprechendes auch im umgekehrten Fall des Misstrauens gelten*« (folgen Nachweise). In der Praxis tritt damit zwar insoweit eine Erleichterung ein, als die Anerkennungswirkung von Zahlungen damit genau definiert ist, andererseits aber darf nicht übersehen werden, welche zusätzlichen Erklärungen im Begleitschreiben zur Zahlung enthalten sind.

3. Pflichtversicherungsgesetz

Eine weitere Möglichkeit der Verjährungshemmung ergibt sich aus dem Direktanspruch gemäß § 115 Abs. 1 VVG.[85] Über den Bereich der Pflichtversicherung hinaus ergibt sich die gleiche Rechtsfolge aus § 15 VVG n. F. Nach § 15 Abs. 2 VVG unterliegt der Anspruch der gleichen Verjährung wie der Schadenersatzanspruch gegen den ersatzpflichtigen Versicherungsnehmer. Die Verjährung beginnt in dem Zeitpunkt, in dem die Verjährung des Schadenersatzanspruchs gegen den ersatzpflichtigen Versicherungsnehmer beginnt, sie endet jedoch spätestens in zehn Jahren von dem Schadenereignis an. Abgesehen davon, dass nach § 15 Abs. 2 S. 4 VVG Hemmung und Unterbrechung der Verjährung gegenüber dem Versicherer zulasten des Versicherungsnehmers und umgekehrt wirken, liegt eine Hemmung auch vor, solange der Versicherer seine Entscheidung nach der Anmeldung durch den Geschädigten diesem nicht in Textform mitgeteilt hat. »*Nach der dargelegten Schutzfunktion des § 3 Nr. 3 S. 3 PflVG können allerdings nur solche positiven Bescheide als Entscheidungen im Sinne der genannten Vorschrift gewertet werden, die eine klare und umfassende Erklärung des Versicherers aufweisen. Dies bedeutet zwar nicht, dass sich der Versicherer in seiner Entscheidung für jeden in Betracht kommenden Schadensposten auch betragsmäßig festlegen müsste, vielmehr reicht es aus, dass er sich bereit erklärt, über die etwa schon bezifferten Schäden hinaus auch die weiteren nach Lage der Dinge in Betracht kommenden Schadensposten (z. B. Verdienstausfall, Heilbehandlungskosten) zu regulieren. Damit hängt die Wertung, ob eine Erklärung des Versicherers den an eine »Entscheidung« i. S. d.*

45f

---

83 VersR 2004, 1278.
84 *BGH* NJW 1979, 866 f.
85 Bis 31.12.2008 § 3 Nr. 1 PflVG.

§ 3 Nr. 3 S. 3 PflVG zu stellenden Anforderungen genügt, wesentlich von der Würdigung der Umstände des Einzelfalls ab; dabei kommt der Entwicklung des Anmeldeverfahrens und insbesondere dem Konkretisierungsgrad der Schadensanmeldung besondere Bedeutung zu. Verbleiben im Einzelfall über die Tragweite einer positiven Erklärung des Versicherers in wesentlichen Punkten Zweifel, dann liegt eine Entscheidung, wie sie § 3 Nr. 3 S. 3 PflVG meint, nicht vor. So erfüllt etwa eine Mitteilung, in der sich der Versicherer nur zum Grund des geltend gemachten Anspruchs positiv erklärt und zur Höhe des Anspruchs Vorbehalte anmeldet, nicht die Anforderungen, die an eine »Entscheidung« zu stellen sind.«[86]

45g Sind auch hinkünftige Schadensentwicklungen zu regulieren, muss die positive Äußerung des Versicherers im Sinne der Schutzfunktion von § 3 Nr. 3 S. 3 PflVG aber ausreichend hierzu Stellung zu nehmen:

»1. Eine positive Entscheidung des Versicherers i. S. d. § 3 Nr. 3 S. 3 PflVG beendet die Verjährungshemmung nur dann, wenn der Geschädigte auf Grund dieser Entscheidung sicher sein kann, dass auch künftige Forderungen aus dem Schadensfall freiwillig bezahlt werden, sofern die Schadenspositionen der Höhe nach ausreichend belegt sind. Die Entscheidung des Versicherers muss insoweit erschöpfend, umfassend und endgültig sein.

2. Meldet der Geschädigte bei Anspruchstellung u. a. alle künftigen Schäden aus dem Unfallereignis an, liegt eine Entscheidung i. S. des § 3 Nr. 3 S. 3 PflVG erst dann vor, wenn der Versicherer eine eindeutige Erklärung über solche künftigen Schäden abgibt. Dafür reicht es nicht aus, wenn die Haftung nach einer bestimmten Quote anerkannt und ein abgeschlossener Schadenszeitraum unter Zurückstellung von Einwänden abgerechnet wird, solange nach der Formulierung des Abrechnungsschreibens die Möglichkeit offen bleibt, Einwände gegen einzelne Schadenspositionen auch in Zukunft zu erheben.«[87] Auch die Überweisung eines Schadensbetrags stellt insoweit eine schriftliche Entscheidung in diesem Sinne dar.[88] Außerdem muss die Entscheidung eine endgültige sein. Werden lediglich bisher geltend gemachte Ansprüche anerkannt, fehlt diese Endgültigkeit, da über mögliche weitere Ansprüche nichts ausgesagt wird. Die Hemmung wird durch einen Vergleich beendet, insoweit ist bei vorbehaltenen Zukunftsschäden zu beachten, dass mit dem Vergleichsabschluss die Verjährungsfrist wieder läuft[89]

Außerdem muss die Entscheidung eine endgültige sein. Werden lediglich bisher geltend gemachte Ansprüche anerkannt, fehlt die Endgültigkeit, da über mögliche weitere Ansprüche nichts ausgesagt wird. Die Hemmung wird durch einen Vergleich beendet, insoweit ist bei vorbehaltenen Zukunftsschäden zu beachten, dass mit dem Vergleichsabschluss die Verjährungsfrist wieder läuft.[90]

45h Handelt es sich um einen Unfall mit einem ausländischen Verkehrsteilnehmer tritt nach AuslPflVG § 6 Abs. 1 die verjährungsunterbrechende Wirkung des PflVG § 3 Nr. 3 S. 4 gegenüber dem ersatzpflichtigen ausländischen Versicherungsnehmer dann ein, wenn Klage gegen den inländischen Versicherer erhoben wird, der die Pflichten des zuständigen ausländischen Versicherers übernommen hat.[91]

Ein Unterschied zwischen Ansprüchen aus unerlaubter Handlung oder nach dem StVG existiert nicht.[92] Der ergibt sich schon aus dem Gesetzestext von § 14 StVG.

45i Das *OLG Frankfurt* hatte die Ansicht vertreten, der Verzicht auf die Einrede verhindere den Eintritt einer Hemmung, sodass es lediglich auf den Ablauf des ausgesprochenen Verzichts ankomme. Dem

---

86 *BGH* NJW 1991, 1954, 1956.
87 *OLG Hamm* NVersZ 2002, 34.
88 *OLG München* NZV 1992, 283; *Langheid/Römer* Kraftfahrtversicherung § 3 PflVG Rn. 27.
89 Vgl. *OLG Karlsruhe* NJW-RR 1997, 1318.
90 Vgl. *OLG Karlsruhe* NJW-RR 1997, 1318.
91 *OLG Hamm* NVersZ 2002, 36.
92 *BGH* VersR 1977, 282.

tritt der *BGH* entgegen. Unter Berufung auf seine Rechtsprechung[93] weist er zutreffend darauf hin, dass Sinn und Zweck eines abgegebenen Verjährungsverzichts nur sein könne, den Anspruch nach dem Scheitern der Verhandlungen, die über das Ende der Verjährungsfrist hinaus angedauert haben, offen zu halten.[94] Damit ergibt sich aber zwangsläufig zunächst die Berechnung der Verjährungsfrist nach den allgemeinen Grundsätzen, sodass die Hemmung vorrangig ist. Ergänzend ist darauf hinzuweisen, dass das *OLG Hamm* hierbei eine Verwirkung verneinte und den Umstand, dass der Schadensfall zum Zeitpunkt der Anspruchserhebung bereits zwölf Jahre zurücklag, als unerheblich bezeichnete: »*Vielmehr muss der Schädiger auch darauf vertraut haben, dass der Geschädigte sein (vermeintliches) Recht nicht mehr geltend machen werde (Umstandsmoment). Für die Annahme eines solchen Vertrauens reicht die abstrakte Möglichkeit, dass der Schädiger bei Kenntnis von seiner späteren Inanspruchnahme Rücklagen hätte bilden können, nicht aus.*« (a. a. O.)

Eine ordnungsgemäße Anmeldung setzt lediglich die Schilderung des Schadensereignisses voraus und muss erkennen lassen, dass Ansprüche geltend gemacht werden. Sie ist beim Versicherer direkt anzubringen, es sei denn, dessen Versicherungsnehmer leitet sie, gleich ob auf Bitten des Anspruchstellers oder von sich aus, an den Versicherer weiter.[95] Die Verjährung ist so lange gehemmt, bis beim anmeldenden Dritten die schriftliche Entscheidung, ob negativ oder positiv, des Versicherers eingegangen ist.

In der Praxis treten zur Bestimmung des Zeitpunktes Schwierigkeiten auf, wenn die Regulierung nicht konsequent durchgeführt wird. Ohne konkretes Nachfassen wird von der regulierenden Kraftfahrthaftpflichtversicherung häufig keine ausreichend konkrete Äußerung abgegeben. Beim sog. »Einschlafen der Regulierung« ist auf den Zeitpunkt abzustellen, an dem vom Geschädigten ein erneutes Verlangen zu erwarten gewesen wäre: »*Die Hemmung der Verjährung endet nach der gesetzlichen Regelung des § 852 Abs. 2 BGB a. F. dadurch, dass der eine oder andere über den zu leistenden Schadensersatz verhandelnde Teil die Fortsetzung der Verhandlungen durch klares und eindeutiges Verhalten verweigert (vgl. Senatsurt. v. 30.6.1998 – VI ZR 260/97 – VersR 1998, 1295). Hierfür reicht es aus, wenn der Ersatzberechtigte die Verhandlungen »einschlafen lässt«. Ein Abbruch von Verhandlungen durch ein solches »Einschlafen lassen« ist dann anzunehmen, wenn der Berechtigte den Zeitpunkt versäumt, zu dem eine Antwort auf die letzte Anfrage des Ersatzpflichtigen spätestens zu erwarten gewesen wäre, falls die Regulierungsverhandlungen mit verjährungshemmender Wirkung hätten fortgesetzt werden sollen*«.[96]

II. Prozessuale Maßnahmen

Wie bereits angesprochen liegt einer der wesentlichen Änderungen durch das neue Verjährungsrecht in der Reduktion von Unterbrechungshandlungen, nunmehr Neubeginn der Verjährung genannt, und Verlagerung dieser Ereignisse in den Bereich der Hemmung. Dementsprechend bietet § 204 Abs. 1 BGB n. F. einen umfangreichen Katalog von Hemmungsgründen. Gehemmt, mit der Folge einer aufwändigen Berechnung der laufenden Verjährungszeit, wird wegen folgender, auf die Schadensabwicklung eingeschränkter Ereignisse:

46

1. die Erhebung der **Klage auf Leistung** oder auf **Feststellung des Anspruchs**, auf **Erteilung der Vollstreckungsklausel** oder auf **Erlass des Vollstreckungsurteils**,
2. …
3. die **Zustellung des Mahnbescheids** im Mahnverfahren,
4. …
5. die Geltendmachung der **Aufrechnung** des Anspruchs **im Prozess**,
6. die **Zustellung der Streitverkündung**,
7. die Zustellung des **Antrags** auf Durchführung eines **selbstständigen Beweisverfahrens**,

---

93 *BGH* NJW 1987, 2291; vgl. auch NJW 2004, 1654.
94 *BGH* NJW 2004, 1654.
95 *BGH* VersR 1995, 75; *Langheid/Römer* Kraftfahrtversicherung § 3 PflVG Rn. 24 m. w. N.
96 Zuletzt *BGH* Urt. v. 14.7.2011 – III ZR 196/10 = BeckRS 2011, 19948; *BGH* NJW 2003, 895, 897.

8. ...
9. die Zustellung des **Antrags** auf Erlass eines **Arrestes**, einer **einstweiligen Verfügung** oder einer einstweiligen Anordnung, oder, wenn der Antrag nicht zugestellt wird, dessen Einreichung, wenn der Arrestbefehl, die einstweilige Verfügung oder die einstweilige Anordnung innerhalb eines Monats seit Verkündung oder Zustellung an den Gläubiger dem Schuldner zugestellt wird,
10. die **Anmeldung des Anspruchs im Insolvenzverfahren** oder im Schifffahrtsrechtlichen Verteilungsverfahren,
11. den **Beginn des schiedsrichterlichen Verfahrens,**
12. die **Einreichung des Antrags bei einer Behörde**, wenn die Zulässigkeit der Klage von der Vorentscheidung dieser Behörde abhängt und innerhalb von drei Monaten nach Erledigung des Gesuchs die Klage erhoben wird; dies gilt entsprechend für bei einem Gericht oder bei einer in Nummer 4 bezeichneten Gütestelle zu stellende Anträge, deren Zulässigkeit von der Vorentscheidung einer Behörde abhängt,
13. die **Einreichung des Antrags bei dem höheren Gericht**, wenn dieses das zuständige Gericht zu bestimmen hat und innerhalb von drei Monaten nach Erledigung des Gesuchs die Klage erhoben oder der Antrag, für den die Gerichtsstandsbestimmung zu erfolgen hat, gestellt wird, und
14. die Veranlassung der Bekanntgabe des erstmaligen **Antrags auf Gewährung von Prozesskostenhilfe.**

46a Wird die Bekanntgabe demnächst nach der Einreichung des Antrags veranlasst, so tritt die Hemmung der Verjährung bereits mit der Einreichung ein.

47 Im Rahmen der neuen Hemmungsgründe spielt die Erhebung der Klage die bedeutendste Rolle. Angesichts auch nach Klageerhebung häufig laufende Vergleichsverhandlungen und die bei schweren Verletzungen längeren Laufzeiten für die Schadenabwicklung kommt es zu kritischen Situationen, weil der Prozess »ruht«. Wird der Prozess nicht betrieben, so endet die die Hemmung mit der letzten Prozesshandlung der Parteien oder des Gerichts vor Eintritt des Stillstands. Die nunmehr erneut weiterlaufende Verjährungsfrist wird erst wieder durch eine Parteihandlung zum Weiterbetreiben des Prozesses erneut gehemmt. Diese Handlung muss jedoch dahin gehend qualifiziert sein, dass allein aus der Handlung heraus tatsächlich eine Fortführung des Prozessgeschehens erfolgt.[97] In Zweifelsfällen ist eine Antragstellung anzuraten, weil hieraus auch eine konkrete Maßnahme des Gerichts resultiert. Eine Klagerücknahme beseitigte jedoch gemäß § 212 Abs. 1 BGB a. F. die verjährungsunterbrechende Wirkung der Klageerhebung ebenso wie das rechtskräftige Prozessurteil. »*Unter den Begriff des Weiterbetreibens fällt jede Prozesshandlung, die dazu bestimmt und geeignet ist, den stillstehenden Prozess wieder in Gang zu setzen.*«[98] Hierzu gehören etwa Terminsanträge, Verweisungsanträge, Aussetzungsanträge, Zahlung der Prozessgebühr oder ein Prozesskostenhilfeantrag.

47a Im Straßenverkehrsrecht spielen Amtshaftungsansprüche (etwa bei der Verletzung von Verkehrssicherungspflichten) eine Rolle. Nach der Rechtsprechung des BGH kommt hier dem Geschädigten in entsprechender Anwendung von § 204 Abs. 1 BGB n. F. bzw. § 209 Abs. 1 BGB a. F. die Hemmung bei Inanspruchnahme des Primärrechtsschutzes i. S. v. § 839 Abs. 3 BGB zugute.[99]

47b In der Praxis spielt bei der Frage des Weiterbetreibens vor allem die Frage der Einzahlung des weiteren Gebührenvorschusses beim Widerspruch gegen den Mahnbescheid oder Einspruch gegen den Vollstreckungsbescheid eine Rolle. Der alleinige Antrag auf Abgabe an das Streitgericht reicht nicht aus, es muss auch der gemäß § 65 Abs. 1 S. 2 GKG erforderliche Vorschuss eingezahlt werden. Hierbei ist es aber ausreichend, wenn dieser Vorschuss »*alsbald*« eingezahlt wird, wobei hierunter in der Regel eine Frist von zwei Wochen anzunehmen ist.[100]

---

[97] Vgl. *OLG Karlsruhe* OLGR Karlsruhe 2006, 643.
[98] *OLG München* NJOZ 2003, 2244.
[99] Std.Rspr., zuletzt NZG 2011, 837.
[100] *OLG München* NJOZ 2002, 2244.

D. Hemmung

Bei Einleitung eines Mahnverfahrens waren wegen des Unterbrechungscharakters gemäß § 213, § 212a BGB a. F. verschiedene Fälle zu unterscheiden. Unter dem Gesichtspunkt der Hemmung ist die verjährungsrechtliche Wirkung nunmehr nach dem oben dargestellten Umstand des Weiterbetreibens zu beurteilen. **48**

Im Insolvenzverfahren dauert die Hemmung bis zur Beendigung des Insolvenzverfahrens an. Bei Rücknahme der Anmeldung gilt sie als nicht erfolgt. Wird wegen Widerspruchs gegen eine Forderung ein Betrag zurückgehalten, richten sich die Wirkungen nach Beendigung des Insolvenzverfahrens nach den für die Klage in § 211 BGB a. F. festgelegten Grundsätzen. **49**

Bei Aufrechnung und Streitverkündung[101] dauert die Hemmung bis zur rechtskräftigen Entscheidung oder anderweitigen Erledigung des Prozesses. Diese Wirkung tritt auch dann ein, wenn sie im Prozess gegen den Zweitverursacher gegenüber dem Erstverursacher erfolgt und in diesem Prozess zu diesem Zeitpunkt von einer Alleinhaftung des Zweitverursachers ausgegangen werden konnte.[102] Die zum früheren Gesichtspunkt der Unterbrechung entwickelten Gesichtspunkte gelten insoweit unter dem Blickwinkel der Hemmung weiter. **49a**

1. Teilklage und Klageerweiterung

Ist nur ein Teil des Gesamtschadens, dessen Betrag sich aus Einzelposten zusammensetzt, mit der Klage geltend gemacht worden, so ist die Klage auch dann wirksam im Sinne einer Hemmung der Verjährung erhoben, wenn nicht nur die Aufgliederung des Klageantrages auf die Einzelforderungen, sondern auch die Bezifferung der Einzelforderungen erst nach Ablauf der Verjährungsfrist im Laufe des Rechtsstreits vorgenommen wird. Wird ein für die Hemmung der Verjährung in Betracht kommender Schriftsatz, der eine Klageerweiterung enthält, dem Prozessgegner nicht ordnungsgemäß zugestellt, dieser Mangel aber später gem. § 295 ZPO geheilt, so wirkt das in der Weise zurück, dass die Verjährung der erweiterten Ansprüche mit der erfolgten formlosen Übergabe des Schriftsatzes als unterbrochen gilt. **50**

Eine Klage, die sich lediglich auf den Ersatz des künftigen Schadens erstreckt, unterbricht die Verjährung ebenfalls nicht für Ansprüche, die im Zeitpunkt der Klageerhebung bereits entstanden waren und mit einer Leistungsklage hätten geltend gemacht werden können. Es ist zulässig, die Aufteilung eines eingeklagten Teilanspruchs auf einzelne Schadenpositionen noch nach Ablauf der Verjährung vorzunehmen. **51**

Warten die Parteien den Ausgang des Rechtsmittelverfahrens gegen ein Teilurteil ab, weil die dort zu treffende Entscheidung auch für den noch nicht entschiedenen Verfahrensteil erhebliche Bedeutung hat, so liegt in diesem Verhalten kein »Nichtbetreiben« des Prozesses im Sinne von § 211 Abs. 2 S. 1 BGB. Dies gilt allerdings nicht bei einem Prozess in dem sich nicht die gleichen Parteien, sondern dem Geschädigten ein weiterer Schuldner gegenübersteht. »*Das ergibt sich auch aus materiell-rechtlichen Erwägungen mit Blick auf § 425 Abs. 2 BGB. Die dort aufgezählten Umstände, unter anderem der Eintritt der Verjährung oder die Wirkung eines rechtskräftigen Urteils, wirken nur für und gegen den Gesamtschuldner, in dessen Person sie eintreten. Daher muss es jeweils ohne Einfluss auf den anderen Gesamtschuldner bleiben, ob sie gemeinsam oder in getrennten Prozessen verklagt werden. Die Entscheidung eines gegen einen der Gesamtschuldner geführten Verfahrens, auch in der Rechtsmittelinstanz, hat daher für das andere, parallel geführte Verfahren gegen den zweiten Gesamtschuldner nicht mehr Bedeutung als es ein Musterprozess hätte. Für diesen aber kommt eine Ausnahme von der Regelung des § 211 Abs. 2 BGB nicht in Betracht.*«[103] **52**

Handelt es sich um eine sog. verdeckte Teilklage, »*also einer Klage, bei der weder für den Beklagten noch für das Gericht erkennbar ist, dass die bezifferte Forderung nicht den Gesamtschaden abdeckt, (er-* **53**

---

101 Vgl. näher Rdn. 55.
102 *OLG Saarbrücken* VersR 2000, 987.
103 *BGH* NJW 2001, 218 m. w. N.

greift) die Rechtskraft des Urteils nur den geltend gemachten Anspruch im beantragten Umfang (folgen Zitate). Dies hat bei einer zusprechenden Entscheidung die Konsequenz, dass der Kläger nicht gehindert ist, nachträglich Mehrforderungen geltend zu machen, auch wenn er sich solche im Vorprozess nicht ausdrücklich vorbehalten hat (folgen Zitate). Jedoch muss der Kläger es in solchen Fällen hinnehmen, dass die Verjährung des nachgeschobenen Anspruchsteils selbstständig beurteilt wird (folgen Zitate).«[104]

2. Übergangsprobleme

54 Bei Anträgen auf einstweilige Verfügung, die im Kfz-Schadensrecht bei Unterhaltsansprüchen Hinterbliebener oder beim Haushaltsführungsschaden von Bedeutung sein können, oder Arrest (§ 204 Abs. 1 Nr. 9 BGB n. F.), dem Antrag auf Vorentscheidung einer Behörde (§ 204 Abs. 1 Nr. 12 BGB n. F.) und dem Antrag auf Gerichtsstandsbestimmung (§ 204 Abs. 1 Nr. 13 BGB n. F.), § 206 (Hemmung bei höherer Gewalt), § 210 (Ablaufhemmung bei nicht voll Geschäftsfähigen) und § 211 (Ablaufhemmung in Nachlassfällen) findet § 204 BGB n. F. entsprechende Anwendung. Gemäß Art. 229 § 6 Abs. 2 EGBGB gelten die oben genannten, nach altem Recht als noch zur Unterbrechung führenden Handlungen, soweit sie noch nicht beendigt sind, zum Ablauf des 31.12.2001 als beendet. Mit dem 1.1.2002 ist die Verjährung sodann gehemmt. Wichtig ist diese Übergangsvorschrift namentlich im Zusammenhang mit Mahnverfahren, bei denen sich besonders häufig die Frage der »demnächstigen Zustellung« stellt.[105] Bei Zustellung der Klageschrift oder des Mahnbescheids nach dem 1.1.2002 wirkt die Zustellung, wenn sie als »demnächst« zu bezeichnen ist, zurück auf den Zeitpunkt vor dem Inkrafttreten des neuen Verjährungsrechts. Damit hatten Klage und Mahnbescheid, auch bei Erhebung durch einen Prozessstandschafter,[106] zunächst eine Unterbrechungswirkung. Gleichzeitig wiederum tritt ab dem 1.1.2001 eine Hemmung ein, die bis zum Ablauf des 31.12.2001 verstrichene Zeit bleibt bei der nunmehr erforderlichen exakten Berechnung der Verjährungszeit also außer Betracht.

3. Streitverkündung

55 Die Streitverkündung gemäß § 72 ZPO spielt auch im Haftpflichtrecht eine erhebliche Rolle. Gemäß § 204 Abs. 1 Nr. 6 BGB wird durch die Zustellung der Streitverkündung der Lauf der Verjährungsfrist gehemmt. Streitverkündungen werden in der Praxis häufig wenig reflektiert ausgesprochen oder auf sie umgekehrt verzichtet. Im ersten Fall stellt sich deshalb die Frage, ob eine unzulässige Streitverkündung auch verjährungsrechtliche Folgen hat. In der Kommentarliteratur wird dies teilweise verneint.[107] Nach ständiger Rechtsprechung des *BGH*[108] kommt es bei der verjährungsrechtlichen Wirkung der Streitverkündung auf deren Zulässigkeit an. Der *BGH* sieht insoweit angesichts der Neufassung von § 204 BGB keine Veranlassung, eine Änderung der Rechtsansicht vorzunehmen. In der Literatur wird dies anders gesehen.[109] Ungeachtet dessen ist bei der Streitverkündung stets darauf zu achten, dass der Streitverkündungsgrund sorgfältig geschildert wird, weil sich Auswirkungen der Streitverkündung nur ergeben können, wenn der Streitverkündungsempfänger anhand dieser Schilderung in der Lage war, sich die erforderliche Klarheit, gegebenenfalls unter Durchführung der Akteneinsicht, zu verschaffen, weil *»der Zweck des § 73 ZPO, bezogen auf die verjährungsunterbrechende Wirkung, darin besteht sicherzustellen, dass der Streitverkündete mit der Zustellung der Streitverkündungsschrift Kenntnis davon erlangt, welchen Anspruchs sich der Streitverkündende gegen ihn berühmt. Daher mag es im Einzelfall ausreichend sein, wenn sich der Grund der*

---

104 *BGH* NJW 2002, 2167 f.
105 Hierzu näher unten Rdn. 96.
106 *BGH* NJW 1999, 3707; BeckOK-ZPO/*Dressler* § 51 Rn. 63.
107 Vgl. BeckOK-ZPO/*Dressler* § 74 Rd. 14.1.
108 Zuletzt WM 2010, 372; NJW 2008, 519; kritisch hierzu *Althammer/Würdinger* NJW 2008, 2620; zustimmend BeckOK-ZPO/*Dressler* a. a. O.; vgl. auch NJW-Spezial 2008, 108.
109 Vgl. *Althammer/Würdinger* a. a. O. m. w. N.

Streitverkündung nicht schon aus dem Schriftsatz selbst, wohl aber aus beigefügten Schriftsätzen, etwa der Klageschrift und der Klageerwiderungsschrift, ergibt.«[110]

Andrerseits soll im Folgeprozess die Nebenintervention selbst bei einer an sich unzulässigen Streitverkündung eintreten, wenn der Nebenintervenient beigetreten und nicht zurückgewiesen worden war.[111] Der *BGH*[112] teilt diese Ansicht nicht und geht vielmehr davon aus, dass unabhängig vom Beitritt die Zulässigkeit der Streitverkündung zu prüfen ist. Eine sorgfältige Überprüfung der verjährungsrechtlichen Folgen schon beim Ausspruch der Streitverkündung ist daher dringend anzuraten. 56

Schließlich fordert auch der Amtshaftungsanspruch hier eine besondere Betrachtung. Nach Ansicht des *BGH*[113] ist im Prozess gegen den primären Schädiger eine Streitverkündung gegen den vorrangig Haftenden, also den Staat unzulässig. 57

Die vom Versicherungsnehmer gegenüber seinem Haftpflichtversicherer erklärte Streitverkündung im Haftpflichtprozess ist jedoch keine gerichtliche Geltendmachung des Deckungsanspruchs im Sinne von § 12 Abs. 3 VVG a. F., der § 15 VVG n. F. entspricht.[114] 58

Für die immer stärker werdende Schiedsgerichtsbarkeit bestimmte schon § 220 BGB a. F. die der Erhebung der Klage entsprechenden Wirkungen, wobei gemäß Abs. 2 schon die Einleitung eines Schiedsverfahrens vor einem erst zu konstituierenden Schiedsgericht zur Unterbrechung führt. 59

(unbesetzt) 60–65

Da die Wirkungen der Streitverkündung von einer ordnungsgemäßen Zustellung abhängen,[115] sollte in jedem Falle zeitnah geprüft werden, ob die Zustellung ausgeführt und auf der Zustellungsurkunde Art und Anzahl der zuzustellenden Schriftstücke notiert sind. 66

III. Wirkung

Gemäß § 205 BGB a. F., § 209 BGB n. F. wird die Zeitdauer der Hemmung in die Verjährungsfrist nicht eingerechnet. Die Hemmungswirkung beginnt mit dem Tag des hemmenden Ereignisses und endet mit dem Zeitpunkt, in dem dieses sichtlich beendet ist. Zu beachten ist aber, dass später wieder aufgenommene Verhandlungen nur dann verjährungsrechtlich im Sinne einer weiteren Hemmung beachtlich sein können, wenn zum Zeitpunkt der Aufnahme die Verjährungsfrist lief. Die schriftliche Zusage des Anspruchsgegners, die Angelegenheit zu prüfen, selbst im Anschluss geleistet Zahlungen bleiben ohne rechtliche Auswirkung, wenn zum jeweiligen Zeitpunkt die Verjährungsfrist bereits abgelaufen war.[116] Die Hemmung wirkt grundsätzlich nur für und gegen die Personen, zwischen denen die Handlung erfolgt ist. 67

Schwebten zwischen den Parteien Vergleichsverhandlungen, so endet die Hemmung. Um jedoch insoweit einen Mindestschutz zu gewährleisten, kann eine Verjährung erst nach Ablauf von frühestens drei Monaten nach dem Ende der Hemmung eintreten. In der Praxis kommt es hier immer wieder zum Problem der Datierung angesichts der Email- und Telefonkommunikation. Eine sorgfältige und beweissichere Dokumentation ist in diesen Fällen unerlässlich. 68

§ 204 Abs. 2 BGB n. F. bestimmt das Ende der Hemmung. Sie endet sechs Monate nach der rechtskräftigen Entscheidung oder anderweitigen Beendigung des eingeleiteten Verfahrens. Gerät das Verfahren dadurch in Stillstand, § 211 Abs. 2 BGB a. F., dass die Parteien es nicht betreiben, so tritt an 69

---

110 *BGH* VersR 2001, 253; erneut bestätigt durch *BGH* NJW 2008, 519: § 295 ZPO gilt insoweit nicht; *BGH* NJW 2008, 519.
111 *Althammer/Würdinger* m. w. N.
112 A. a. O.
113 A. a. O.
114 Vgl. *BGH* MDR 2000, 703.
115 Zuletzt *BGH* WM 2010, 372; NJW 2008, 519, 520.
116 *BGH* NJW 2003, 1524.

die Stelle der Beendigung des Verfahrens die letzte Verfahrenshandlung der Parteien, des Gerichts oder der sonst mit dem Verfahren befassten Stelle und beginnt erneut, wenn eine der Parteien das Verfahren weiter betreibt. Stillstand ist jedoch nur anzunehmen, wenn die Parteien den Prozess ohne triftigen Grund nicht betreiben.[117]

IV. Novierung des Schuldverhältnisses

70 Erheblichen Einfluss auf die Frage der Verjährung haben Bestätigungen des Schadensersatzanspruchs durch ausdrückliches Anerkennen der Schuld. Wegen der Begründung eines vom eigentlichen Haftungsgrund unabhängigen Anspruchs spricht man von Novierung des Schuldverhältnisses.

1. Abstraktes Schuldanerkenntnis

71 Der sich unmittelbar aus dem Gesetz, § 781 BGB, ergebende Fall ist das abstrakte Schuldanerkenntnis, das einen völlig neuen Anspruchsgrund schafft, sodass die Verpflichtung selbst dann besteht, wenn der ursprüngliche Anspruch untergegangen[118] oder die Haftung eines Dritten vereinbart worden ist.[119] Es tritt, soweit dieser noch vorhanden ist, erfüllungshalber, § 364 Abs. 2 BGB, neben den Grundanspruch. Zu beachten ist im Rahmen der Schadensabwicklung aber, dass die Abgabe eines abstrakten Schuldanerkenntnisses gemäß § 781 S. 2 BGB weiterhin nicht in elektronischer Schriftform (E-Mail) möglich und zur Vermeidung von neuen Streitigkeiten eine klare Formulierung des Textes erforderlich ist. Für die Verjährungsfrage tritt die Bedeutung des abstrakten Schuldanerkenntnisses jedoch nach neuem Recht zurück. Während es gemäß § 195 BGB a. F. zu einer 30-jährigen Verjährungsfrist führte, gilt nach § 195 BGB n. F. insoweit lediglich noch die allgemeine Verjährungsfrist von drei Jahren, also nicht mehr wie für die Ausgangsforderung selbst. Es ist daher nicht mehr geeignet, eine gerichtliche Feststellungsklage überflüssig zu machen. Die Bedeutung erschöpft sich in der Wirkung des Neubeginns der Verjährungsfrist gemäß § 212 Abs. 1 Nr. 1 BGB. Insoweit kommt es auch auf die zum bisherigen Recht bedeutende Unterscheidung zwischen abstraktem Schuldanerkenntnis und dem Anerkenntnis nicht mehr an. Letzteres ist formfrei und kann selbst durch faktisches Verhalten, beispielsweise Zahlungen abgegeben werden.

2. Deklaratorisches Schuldanerkenntnis

72 Die Wirkung des deklaratorischen Schuldanerkenntnisses, von dem im Zweifel statt eines abstrakten Schuldanerkenntnisses auszugehen ist,[120] besteht darin, dass alle Einwendungen für die Zukunft ausgeschlossen werden, die der Schuldner bei Abgabe des deklaratorischen Schuldanerkenntnisses gekannt oder mit denen er gerechnet hat. Nach neuem Recht handelt es sich um einen Fall des Neubeginns der Verjährung gemäß § 212 Abs. 1 Nr. 1 BGB n. F., sodass die Regelverjährungszeit von drei Jahren gemäß § 195 BGB neu beginnt. Zu beachten ist, dass es lediglich jene Einwendungen tatsächlicher und rechtlicher Art ausschließt, die dem Erklärenden bei Abgabe des Anerkenntnisses bekannt waren oder mit denen er zumindest rechnete.[121] Die Nichtkenntnis von Umständen dieser Art und bei diesen Voraussetzungen fällt in den Verantwortungsbereich des Anerkennenden.[122]

V. Forderungsübergang

73 Geht der Anspruch, der ursprünglich in der Person des Verletzten (Geschädigten) selbst entstanden ist, später auf Rechtsnachfolger über, sei es in rechtsgeschäftlicher (Abtretung) oder in gesetzlicher Weise (cessio legis) kommt § 404 BGB zur Anwendung. Nach dieser Vorschrift kann der Schuldner

---

117 *BGH* NJW 2000, 132.
118 *BGH* NJW 1995, 960.
119 *BGH* NJW 2000, 2984.
120 *BGH* NJW 2002, 1791; NJW 2003, 1524 f.
121 Vgl. zuletzt *BGH* NZS 2008, 211.
122 *BGH* a. a. O.

dem neuen Gläubiger (Zessionar) die Einwendungen entgegensetzen, die zur Zeit der Abtretung der Forderung auch bereits gegenüber dem bisherigen Gläubiger begründet waren. Sind die Ansprüche kraft Gesetzes auf einen SVT übergegangen, so verjähren sie auch dann, wenn der Verletzte in Unkenntnis der cessio legis mit seiner Klage Leistung an sich in voller Höhe begehrt. Nur wenn der Verletzte befugt ist, Klage auf Leistung an den SVT bzw. an einen privaten Versicherer zu erheben, unterbricht eine Klage, die Verjährung hinsichtlich des Teils der Forderung, auf den sie sich bezieht. Sonst muss der SVT selbst Feststellungsklage erheben, wenn er die Verjährung unterbrechen will. Auch für den Fall, dass der Verletzte im Rahmen einer von der Rechtsordnung anerkannten Ermächtigung den Ersatzanspruch gerichtlich geltend macht, tritt eine Unterbrechung der Verjährung ein.

Hat der Geschädigte ein rechtskräftiges Feststellungsurteil gegenüber dem Schädiger erlangt, führt dies auch bezüglich des SVT zur Unterbrechung (altes Recht) bzw. Hemmung (neues Recht).[123] **74**

Nach der Auffassung des *BGH* hat der Rechtsübergang auf den Arbeitgeber den Ersatz für unfallbedingten Erwerbsschaden (§ 842 BGB) zum Inhalt, sodass der Anspruch dem Verletzten dem Grunde nach bereits im Unfallzeitpunkt erwachsen ist. In diese Rechtsbeziehung zwischen Schädiger und Geschädigtem greift der Forderungsübergang nicht ein. Der rechtsgeschäftlich oder gem. § 6 EntgFG kraft Gesetzes übergegangene Anspruch ist mithin nicht originär in der Person des Arbeitgebers erwachsen, sondern stellt eine Forderung dar, die in der Person des verletzten Arbeitnehmers entstanden ist. Dieses Ergebnis beruht unter Einbeziehung des Grundgedankens des § 404 BGB auf der Erwägung, dass die Rechtsposition des Schuldners durch Rechtsvorgänge, die sich auf der Gläubigerseite abgespielt haben, nicht beeinträchtigt werden darf. Dies bedeutet, dass sich der neue Gläubiger eine zuvor erlangte Kenntnis des Geschädigten vom Schaden und der Person des Schädigers mit der Rechtsfolge zurechnen lassen muss, dass eine bereits in Lauf gesetzte Verjährungsfrist auch nach dem Anspruchsübergang unbeeinträchtigt weiterläuft. Der gesetzliche Forderungsübergang vollzog sich für Unfälle vor dem 1.7.1983 nach § 1542 RVO; für Unfälle seit dem 1.7.1983 gilt § 116 SGB X. In beiden Fällen gilt, dass die einmal in Gang gesetzte Verjährungsfrist durch die Rechtsnachfolge nicht berührt wird. War der Verletzte bereits bei Eintritt des Schadens sozial versichert, kommt es für den Beginn der Verjährung im Hinblick auf den gesetzlichen Forderungsübergang allein auf die Kenntnis des im Unfallzeitpunkt leistungspflichtigen SVT vom Grund des Ersatzanspruchs an.[124] War hingegen der Geschädigte im Zeitpunkt des Schadeneintritts noch nicht sozialversichert, ist für den Beginn der Verjährung seine Kenntnis maßgebend. Da der auf Erstattung ausgefallener Beiträge gerichtete (originäre) Ersatzanspruch gemäß § 119 S. 1 SGB X zum Unfallzeitpunkt auf den Träger der Rentenversicherung übergeht, ist nicht die Kenntnis des Krankenversicherers, sondern die Kenntnis des Trägers der Rentenversicherung für den Beginn der Verjährung maßgebend.[125] **75**

Dasselbe gilt auch für den Forderungsübergang aus § 87a BBG, der sich ebenfalls im Zeitpunkt des Unfalls vollzieht, und zwar noch ehe der Verletzte verstandesgemäß begreifen oder gar feststellen kann, ob ein Schaden entstanden ist.[126] **76**

Hatte der Verletzte vor dem Rechtsübergang keine Kenntnis, kommt es konsequenterweise nur noch auf die Kenntnis des Rechtsnachfolgers an. **76a**

Liegt einer der seltenen Fälle vor, in denen der Versicherungsträger bereits vor dem Rechtsübergang Kenntnis vom Schaden und der Person des Ersatzpflichtigen hatte, der Verletzte demgegenüber jedoch nicht, so beginnt die Verjährung ebenfalls in dem Zeitpunkt zu laufen, in dem der Versicherungsträger Kenntnis erlangt hat. Der Rentenversicherungsträger erwirbt die Ansprüche nicht etwa von der gesetzlichen Krankenkasse, die nach dem Unfall zunächst Krankenhilfe gewährt hat, sondern vom Verletzten selbst. Hat der Leistungsträger die Durchführung seiner Leistungsaufgaben **77**

---

123 *BGH* NJW 2002, 1877 f. für den Bereich des Sozialhilfeträgers.
124 Allgemeine Ansicht, vgl. Geigel/*Plagemann* Kap. 30 Rn. 36.
125 Vgl. *BGH* NJW 1995, 2414 f.; NJW 1996, 2508.
126 Vgl. *BGH* VersR 1968, 277.

einer anderen Körperschaft des öffentlichen Rechts übertragen oder tritt ein Wechsel des SVT durch Arbeitsplatzwechsel ein, so ist allein die Kenntnis der beauftragten Körperschaft für den Beginn der Verjährungsfrist von Bedeutung.[127] Auch soweit ein Forderungsübergang nach Landesrecht in Betracht kommt, beginnt die Verjährungsfrist erst dann zu laufen, sobald das beklagte Land Kenntnis vom Schaden und der Notwendigkeit, Beihilfe leisten zu müssen, erlangt hat, weil auch insoweit der Schadenersatzanspruch innerhalb der »juristischen Sekunde« auf den neuen Gläubiger übergeht. Generell gilt, *»dass sich dieser Rechtsübergang bei Bestehen eines Sozialversicherungsverhältnisses grundsätzlich (auch bezüglich der vorliegend relevanten, die Pflege betreffenden Aufwendungen) bereits im Zeitpunkt des schädigenden Ereignisses vollzieht (folgen Nachweise). In der Regel kommt es daher für die Voraussetzungen der Verjährung, insbesondere die maßgebliche Kenntnis i. S. des § 852 Abs. 1 BGB und den Hemmungstatbestand des § 852 Abs. 2 BGB, nur auf die Verhältnisse des Sozialversicherungsträgers als Zessionar an* (folgen Nachweise)«.[128]

Beim Sozialhilfeträge ist allerdings hinaus zu berücksichtigen, dass im Gegensatz zum SVT der Leistungsumfang nicht von vorneherein definiert ist, sondern Leistungsgrundlagen erst zu einem späteren Zeitpunkt in Betracht kommen. Dementsprechend kann der Anspruch beim Sozialhilfeträger bereits zum Unfallzeitpunkt übergehen, muss dies aber nicht.[129] Es ist daher eine Prüfung im Einzelfall erforderlich.

78 Damit ist der Geschädigte selbst zu einem Zeitpunkt, in dem die Leistung des SVT überhaupt noch nicht absehbar ist, nicht in der Lage, Klage hinsichtlich des übergehenden Anspruchs zu erheben. Allerdings umfasste seine Anmeldung gegenüber dem leistungspflichtigen Haftpflichtversicherer bezüglich der eintretenden Hemmung, § 3 Nr. 3 S. 3 PflVG a. F., auch die Ansprüche des SVT.[130] Mit der zum 1.1.2008 in Kraft getretenen Reform des Versicherungsrechts, enthält § 3 PflVG keine Regelung der Verjährung mehr, weil die Frage der Verjährung grundsätzlich dem BGB übertragen wurde. Insoweit gelten daher für diesen Bereich die gleichen Grundsätze. Verfügt der Geschädigte trotz fehlender Anspruchsberechtigung, beispielsweise in einem Abfindungsvergleich, über die beim SVT entstandene Forderung, so wirkt dies gemäß §§ 412, 407 BGB zulasten des SVT.[131] Entscheidend kommt es hier auf die Kenntnis von der Nichtberechtigung i. S. Des § 407 BGB an. Kennen müssen genügt für § 407 Abs. 1 BGB nicht.[132] Ausreichend ist aber die Kenntnis jener Tatsachen, die für die Erwartung einer Leistung eines SVT sprechen. Dies liegt regelmäßig vor, wenn Kenntnis über die Sozialversicherungspflicht des Geschädigten vorliegt.[133] Bei der Beurteilung ist auch zu berücksichtigen, wer aufseiten des Schädigers handelt, bei einem Versicherer sind die Anforderungen höher zu setzen, als bei einem Normalbürger.[134]

79 Ergeben sich allerdings Leistungen eines SVT erst aufgrund von Gesetzesänderungen nach dem Unfall, kommt es für die Frage, wann die Verjährungsfrist beginnt, auf den Begriff der »Systemänderung« an. *»Eine Systemänderung in diesem Sinne liegt vor, wenn eine Leistungspflicht des Versicherungsträgers begründet wird, für die es bisher an einer gesetzlichen Grundlage gefehlt hat* (folgen Nachweise), *wenn eine gesetzliche Neuregelung eine Anspruchsberechtigung, die im bisherigen Leistungssystem noch nicht enthalten war, neu schafft (folgen Nachweise). Es kommt also darauf an, ob aufgrund einer Änderung der Sozialversicherungsgesetzgebung ganz neue Ansprüche gegen den Sozialversicherungsträger gewährt werden.«*[135] Ist, wie etwa bei den Leistungen der Pflegeversicherung, eine

---

127 Vgl. *BGH* NJW 1982, 546.
128 *BGH* NJW-RR 1999, 1114 f.
129 *BGH* NJW-RR 2009, 1534, 1535.
130 *BGH* VersR 1982, 674.
131 *BSG* NZS 1992, 61.
132 Vgl. Palandt/*Grüneberg* § 407 Rn. 6.
133 *BGH* NZV 1990, 308, 310.
134 *BGH* VersR 1962, 515; NJW 1994, 3097 zum Schülerunfall; vgl. zu möglichen Regressansprüchen auch *OLG Saarbrücken* NZV 1997, 271; *OLG Frankfurt* VersR 1974, 56; *OLG Hamburg* VersR 1974, 595.
135 *BGH* NJW 1997, 1783; ebenso zuletzt *BGH* NZV 2007, 33.

Systemänderung zu bejahen,[136] kommt es zur Frage der Verjährung lediglich auf die Umstände an, die beim Geschädigten selbst vorherrschen.[137] Der SVT hat sich dies gemäß §§ 412, 404 BGB zurechnen zu lassen.

Der BGH geht davon aus, dass die Neuordnung des Anspruchs auf häusliche Pflege nach §§ 36 ff. SGB XI keinen Systemwechsel darstellt, sodass es bezüglich der Verjährung auf die Verhältnisse beim Geschädigten ankommt.[138] »*Einem Haftpflichtversicherer, der durch Zahlung eines Pflegegeldbetrags an den Geschädigten bewirkt, dass der Geschädigte keine Leistung aus der Pflegeversicherung beantragt und der damit die Kenntnis des Sozialversicherungsträgers von dem Ersatzanspruch gegen den Schädiger und dessen Haftpflichtversicherer verhindert, kann die Berufung auf die Einrede der Verjährung nach Treu und Glauben verwehrt sein.*«[139]

Bei der Frage der Verjährung von Rückgriffsansprüchen ist die für den Lauf der Frist entscheidende Kenntnis schon in dem Zeitpunkt zu sehen, zu dem das die Systemänderung hervorrufende Gesetz im Bundesgesetzblatt veröffentlicht wird.[140] **80**

Häufig kommen Ansprüche gegen mehrere Leistungsträger in Betracht, etwa im Bereich von Reha-Maßnahmen. Hierbei ist sorgfältig zu prüfen, ob die an sich gegebene Leistungsverpflichtung eines Trägers nicht hinter einem weiteren gegebenen Anspruch zurücktritt. So ergibt sich aus § 22 Abs. 2 SGB III das Zurücktreten von Maßnahmen der Arbeitsförderung gegenüber weiteren Maßnahmen öffentlicher Träger.[141] **80a**

Erfolgt bei Ansprüchen, die im Rahmen eines Teilungsabkommens reguliert wurden, eine Rechtsnachfolge, kommt die 30-jährige Verjährungsfrist nicht in Betracht, weil insoweit das Teilungsabkommen als vertragliche Grundlage nicht vorhanden ist. Dem Rechtsnachfolger steht vielmehr lediglich eine kurze Überlegungsfrist zu, ob er Klage erheben will.[142] Der versicherte Schädiger, der die Schadensregulierung seinem Haftpflichtversicherer überlässt, muss sich aber die vom Versicherer mit einer entsprechend einem Teilungsabkommen abgegebenen Erklärung, auf die Einrede der Verjährung werde auch nach Überschreiten des Limits verzichtet, jedenfalls soweit gegen sich gelten lassen, als die dem Versicherungsvertrag zugrunde liegende Versicherungssumme nicht überschritten wird.[143] Geht der Schadensersatzanspruch eines Sozialversicherten im Wege der Rechtsnachfolge von einem Sozialversicherungsträger, demgegenüber ein Verjährungsverzicht durch den Haftpflichtversicherer abgegeben wurde, auf einen anderen, demgegenüber kein derartiger Verjährungsverzicht abgegeben wurde, so kann der neue Sozialversicherungsträger nach Ablauf der Verjährungsfrist und einer darauf gegründeten Leistungsverweigerung des Haftpflichtversicherers den Schadensersatzanspruch jedenfalls dann nicht mehr durchsetzen, wenn er nicht innerhalb einer kurzen Überlegungsfrist nach der Leistungsablehnung Klage erhoben hat.[144] **80b**

VI. Verzicht

Nach altem Verjährungsrecht konnte die Verjährung weder ausgeschlossen noch erschwert, also verlängert werden, § 225 BGB a. F. Die deshalb eingeführte Übung, entgegen § 225 BGB a. F. einen Verzicht auf die Einrede der Verjährung auszusprechen ist im Hinblick auf das nunmehrige Recht überflüssig. **81**

---

136 Zuletzt *BGH* NZV 2007, 33.
137 *BGH* VersR 1999, 1126.
138 NJW 2011, 2357, 2360.
139 *BGH* NJW-RR 2008, 2776; vgl. hierzu auch *BGH* NJW 2011, 2357.
140 *BGH* NJW 1994, 607.
141 Zur prozessualen Bedeutung von § 118 SGB X siehe unter Rdn. 103j; zum Regress unter konkurrierenden Leistungsträgern *Vatter* NZV 2010, 537.
142 *BGH* NJW 1998, 902.
143 *BGH* DAR 2004, 83.
144 *BGH* NJW 1998, 102.

82 Die Rechtsprechung hatte insoweit einen Katalog von Möglichkeiten unter dem Aspekt der Treuwidrigkeit entwickelt (etwa pactum de non petendo oder Stillhalteabkommen; zur Abgrenzung zwischen pactum de non petendo und Stillhalteabkommen).[145] Insoweit bleibt der allgemeine Grundsatz der Treuwidrigkeit aber noch von Bedeutung, weil auch beim Eintritt der Verjährung nach neuem Recht noch eine Verstoß gegen § 242 BGB in Betracht kommt.

82a »*Die Berufung des Schuldners auf die Verjährung ist dann treuwidrig und unwirksam, wenn der Gläubiger aus dem gesamten Verhalten des Schuldners für diesen erkennbar das Vertrauen geschöpft hat und auch schöpfen durfte, der Schuldner werde die Verjährungseinrede nicht geltend machen, sich vielmehr auf sachliche Einwendungen beschränken. Das ist in der Regel anzunehmen, wenn der Schuldner wie hier dem Gläubiger gegenüber ausdrücklich auf die Einrede der Verjährung verzichtet. Dieser aus § 242 BGB abzuleitende Vertrauensschutz reicht aber nur so weit und gilt nur so lange, wie die den Einwand der unzulässigen Rechtsausübung begründenden tatsächlichen Umstände fortdauern. Mit dem für den Gläubiger erkennbaren Fortfall dieser Umstände beginnt nicht etwa die Verjährung von neuem zu laufen, und es findet auch nicht eine Hemmung der Frist mit der in § 205 BGB bezeichneten Wirkung statt; vielmehr muss der Gläubiger in diesem Fall innerhalb einer angemessenen, nach Treu und Glauben zu bestimmenden Frist seinen Anspruch gerichtlich geltend machen.*«[146][147]

83 Verfolgt der Geschädigte den Anspruch nicht mehr weiter, tritt das Ende der Hemmung zu dem Zeitpunkt ein, zu dem ein weiterer Schritt nach Treu- und Glauben zu erwarten gewesen wäre.[148] Die Hemmung wirkt auf den Zeitpunkt der Geltendmachung zurück. Eine positive Entscheidung des Versicherers beendet die Verjährungshemmung allerdings nur dann, wenn der Geschädigte aufgrund dieser Entscheidung sicher sein kann, auch künftige Forderungen aus dem Schadensfall freiwillig bezahlt werden. Voraussetzung hierfür der ausreichende Nachweis für diese künftigen Forderungen.[149] Dementsprechend ist zu diesen angemeldeten Forderungen in der Erklärung des Versicherers ausdrücklich Stellung zu nehmen.[150]

84 Nach neuem Recht ist das Verbot der Verkürzung, § 202 Abs. 1 BGB n. F. einerseits, andrerseits aber auch die extreme Reduzierung der allgemeinen Verjährungsfrist auf drei Jahre nach § 195 BGB zu beachten. Soweit eine Verjährungsverkürzung in den derzeitigen Teilungsabkommen vorliegt, wird sie aber kaum unter drei Jahren liegen, sodass ein Verstoß gegen § 202 Abs. 1 BGB n. F. nicht zu erwarten ist. Eine vereinbarte, über drei Jahre liegende Verjährungsfrist ist gemäß § 202 Abs. 2 BGB n. F. weiterhin zulässig. Soweit Ansprüche betroffen sind, die nach Überschreitung einer vereinbarten Grenze abzuwickeln sind, ist die Verjährung gemäß § 202 Abs. 1 BGB bis zum Erreichen der Grenze gehemmt.

85 Leistungen eines Versicherers an den SVT im Rahmen eines Teilungsabkommens können zu einer Hemmung gemäß § 202 Abs. 1 BGB a. F. bzw. §§ 204 ff. zugunsten des Geschädigten führen.[151] Hierbei muss sich der versicherte Schädiger, der die Schadensregulierung seinem Versicherer überlässt, wozu er allerdings versicherungsvertraglich nach § 10 Abs. 5 AKB verpflichtet ist, eine Verzichtserklärung des Versicherers im Rahmen eines Teilungsabkommens zurechnen lassen, soweit die dem Versicherungsvertrag zugrunde liegende Versicherungssumme nicht überschritten wird.[152]

---

145 Vgl. *OLG Koblenz* BB 1993, 171.
146 MüKo/*v. Feldmann* § 225 Rn. 3 m. w. N.
147 *BGH* NJW 1991, 974 f.; anerkannt auch von *BGH* NJW 1986, 1861: Die Frage, wann etwas gegen Treu und Glauben verstößt, setzt eine Abwägung voraus; vgl. *BGH* NJW 1986, 1861 und ist im Ergebnis schwer abzuschätzen.
148 *BGH* NJW 1986, 1337; FamRZ 1990, 599.
149 *OLG Hamm* NVersZ 2002, 34.
150 *OLG Hamm* a. a. O.
151 Vgl. *BGH* VersR 1970, 835.
152 *BGH* NZV 2003, 565.

> **Praxistipp:**
>
> Der Verjährungsverzicht kann auch durch eine gegenteilige Äußerung des Gegners wegfallen. Dies kann auch durch inhaltliche Auslegung festgestellt werden,[153] birgt also ein hohes Risiko. Der Schriftwechsel sollte daher sorgfältig analysiert und bei geringsten Zweifeln auf Klarstellung gedrungen werden.

VII. Ansprüche nach § 15 VVG n. F.

Im Kfz-Schadensrecht ergeben sich erhebliche Einflüsse auf die Verjährungsfragen auch aus Nebengesetzen, die damit stets beachtet werden sollten. **86**

Die Verjährungsfrist gemäß § 12 VVG a. F., der im Wesentlichen § 15 VVG n. F. entspricht, war in der Praxis häufig in der Tragweite verkannt worden. Die Verjährungsregelung unterschied sich in Dauer und Beginn erheblich vom sonstigen Verjährungsrecht, da Ansprüche aus dem Versicherungsvertrag gem. § 12 Abs. 1 VVG in zwei Jahren verjährten, wobei allerdings die Verjährung erst mit dem Schluss des Jahres, in welchem die Leistung verlangt werden kann, begann, § 12 Abs. 1 S. 2 VVG a. F. In beiden Fällen führt jedoch die laufende Regulierung zur Hemmung, § 852 Abs. 2 BGB, § 12 Abs. 2 VVG a. F. Mit der Reform des Versicherungsrechts wurde § 12 Abs. 1 VVG a. F., also die Verjährungsfrist von zwei Jahren ersatzlos gestrichen. Absatz 2 ging in § 15 VVG n. F. auf. Die Schwierigkeiten des früheren Rechts entfallen damit. **86a**

Dies gilt auch für die frühere Problematik für die Differenzierung im Hinblick auf bereicherungsrechtliche Ansprüche, §§ 812 ff. BGB. **87**

VIII. Vergleich

Vergleiche unterlagen nach § 195 BGB a. F. der 30-jährigen Verjährungsfrist, da sie ein abstraktes Schuldanerkenntnis gemäß § 781 BGB darstellen.[154] Dem Vergleich kommt die Wirkung eines rechtskräftigen Feststellungsurteils zu. *»Damit kommt aber auch die Ausnahmevorschrift des § 218 Abs. 2 BGB zum Tragen. Danach bewendet es für die Ansprüche auf Rückstände von regelmäßig wiederkehrenden Leistungen bei der vierjährigen Verjährung des § 197 BGB. Dies bedeutet, dass solche Ansprüche gem. §§ 198, 201 BGB jeweils vier Jahre nach dem Schluss des Jahres verjähren, in dem sie entstanden sind, d. h. fällig geworden sind.*[155]*«*[156] Der Abschluss eines Vergleichs unterbrach regelmäßig die Verjährung im Sinne von § 208 BGB a. F. Handelte es sich dabei um einen Prozessvergleich, so trat eine Novierung (Umschaffung) des Schuldverhältnisses mit der Folge ein, dass jetzt eine neue, und zwar dreißigjährige Verjährungsfrist begann (§ 218 BGB a. F.). Der *BGH* schränkt die Novierung jedoch erheblich ein. »Ein neuer Schuldgrund wird nur bei einem durch Auslegung zu ermittelnden entsprechenden Parteiwillen geschaffen.«[157] Zu beachten ist, dass gerichtliche ebenso wie außergerichtliche Vergleiche jedenfalls keine schuldumschaffende Wirkung über die im Vergleich geregelten Ansprüche hinaus entfalte. Ersatzansprüche des Vermieters wegen Verschlechterung oder Veränderung der Mietsache verjähren deshalb auch dann in der kurzen Verjährungsfrist des § 548 Abs. 1 BGB, wenn die Mietvertragsparteien in einem vorangegangenen Prozess zu anderen Streitpunkten einen Vergleich geschlossen haben.[158] Die Bedeutung dieser mietrechtlichen Entscheidung spielt angesichts der Mietwagenfälle insoweit auch im Verkehrszivilrecht eine Rolle. **88**

---

153 Vgl. *BGH* Beschl. v. 20.1.2011 – IX ZR 74/10 = BeckRS 2011, 02862: bestätigende Revisionsentscheidung zu OLG *Brandenburg* Urt. v. 8.3.2010 – 12 U 175/09 = BeckRS 2011, 02886.
154 Vgl. *BGH* NJW-RR 1990, 664 f.; auch Palandt/*Sprau* § 779 Rn. 11.
155 Vgl. *BGH* NJW-RR 1989, 215 f. = LM § 196 BGB Nr. 62.
156 *BGH* NJW-RR 1990, 664 f.
157 *BGH* NJW 2010, 2652, 2653.
158 *BGH* NJW 2010, 2652; hierzu *Bub/von der Osten* FD-MietR 2010, 307644.

88a Die Grundsätze gelten auch nach neuem Recht, soweit nicht ein vollstreckbarer Vergleich vorliegt. § 197 Abs. 1 Nr. 4 BGB n. F. erfasst nämlich lediglich diese Art des Vergleichs. Es muss sich also um einen vollstreckbaren Vergleich gemäß § 794 Abs. 1 Nr. 1 ZPO handeln. Dieser Vorschrift sollen jedoch nur Vergleiche im Rahmen eines bei Gericht bereits anhängigen Verfahrens[159] unterliegen, wobei die Abhängigkeit, bedeutsam für § 118 Abs. 1 S. 3 ZPO, ausreicht. Außerdem erfasst der Vergleich auch jene Ansprüche, die in den Vergleich einbezogen, aber vorher noch nicht anhängig waren.[160] Darüber hinaus kommen jedoch auch Anwaltsvergleiche in Betracht, wenn sie für vollstreckbar erklärt wurden. Sie stellen dann Vollstreckungstitel gemäß §§ 796b Abs. 2 S. 2, 796c Abs. 1 S. 1, § 794 Abs. 1 Nr. 4b ZPO dar.[161] Auf die Möglichkeit der Schaffung eines derartigen Titels wird in der Praxis zu wenig Wert gelegt. Derartige Anträge kommen in der gerichtlichen Praxis kaum vor. Die Vollstreckbarerklärung richtet sich nach § 796a ZPO, wobei sie vom Gericht gemäß § 796b ZPO ausgesprochen wird. Die Kommentarliteratur zu § 197 BGB erwähnt diese Vollstreckungsmöglichkeit nicht. Schon aus Sinn und Zweck der Vollstreckbarerklärung muss es sich jedoch um einen Vollstreckungstitel i. S. d. § 197 Abs. 1 Nr. 4, nämlich einen vollstreckbaren Vergleich handeln. Der Vorschrift ist nicht zu entnehmen, warum der Begriff des vollstreckbaren Vergleichs nur auf Vergleiche im Rahmen eines Prozesses eingeschränkt werden soll. Zumindest handelt es sich um eine vollstreckbare Urkunde. Soweit § 197 Abs. 1 Nr. 4 BGB nicht angewendet wird, muss man zur Konstruktion des Ersatzes eines Feststellungsurteils als verjährungsrelevanten Gesichtspunktes greifen,[162] wenn dem Text ein Anerkenntnis zu entnehmen ist. Es muss jedoch als absurd bezeichnet werden, einen vom Gericht für vollstreckbar erklärten Vergleich nicht als vollstreckbaren Vergleich anzusehen und deshalb diese Urkunde als fiktives Feststellungsurteil zu bezeichnen. In jedem Fall sind die Vergleich sorgfältig schriftlich auszuarbeiten. Schließlich sollen sie bei schweren Schadensfolgen über viele Jahre hinweg die Anspruchsgrundlage sichern. Zur Vermeidung von Problemen sollte daher stets in den Vergleich der Verzicht auf die Einrede der Verjährung oder die beabsichtigte Klaglosstellung aufgenommen werden. Scheitert dies, ist eine rechtzeitige Feststellungsklage bei Vorliegen der sonstigen Voraussetzungen unverzichtbar.[163]

89 Wegen seines Charakters als deklaratorischem Schuldanerkenntnis kam es gemäß § 208 BGB a. F. zugleich zu einer Unterbrechung, sodass für nicht erledigte Teilansprüche die Verjährungsfrist erneut zu laufen begann.[164] Hierbei kam es indes auf den genauen Wortlaut erheblich an. War darin eindeutig die Einstellung des Kraftfahrthaftpflichtversicherers ausgedrückt, dass die Schadensregulierung endgültig abgeschlossen sei, wurde hierdurch die Hemmung der Verjährung auch im Hinblick auf zukünftige Ansprüche, die vorbehalten worden waren, beendet.[165]

89a Stellte sich später die Nichtigkeit des Vergleichs heraus oder fiel dieser wegen Unwirksamkeit nach § 779 BGB oder wegen Rücktritts im Sinne von § 326 BGB fort, so lebte der ursprüngliche Schadensersatzanspruch des Gläubigers mit der Maßgabe wieder auf, dass während der Dauer des Bestehens des Vergleichs die Verjährung gehemmt war (§ 202 Abs. 1 BGB a. F., § 205 BGB n. F.).

90 Probleme ergeben sich weniger bei der Realisierung der durch den Vergleich verbürgten Ansprüche als bezüglich derjenigen Schadenspositionen, die durch den Vergleich nicht berührt, also offengelassen wurden. Die Wirkung des Vergleichs beschränkt sich in derartigen Fällen auf die im Vergleich als abgegolten bezeichneten Ansprüche, nicht darüber hinaus.[166]

---

159 Vgl. Musielak/*Lackmann* ZPO § 794 Rn. 4.
160 Staudinger/*Peters* § 197 Nr. 1.
161 Vgl. Musielak/*Lackmann* § 794 Rn. 47.
162 So BeckOK/*Henrich* § 197 Rn. 19.
163 Vgl. *BGH* NJW 2002, 1878, 1880.
164 *BGH* VersR 1992, 2228.
165 *BGH* NJW 2002, 1878.
166 Vgl. *OLG Thüringen* OLG-NL 2005, 54.

Ein konstitutives Schuldanerkenntnis, das eine 30-jährige Verjährungsfrist zur Folge hätte, liegt in **91**
der Regel nicht vor.[167] Im Zweifel ist lediglich von einem deklaratorischen Schuldanerkenntnis auszugehen.[168]

Auf die verjährungsrechtlichen Folgen eines Abfindungsvergleichs ist sorgfältig zu achten. Kann der Vergleichstext dahingehend ausgelegt werden, der Schuldner betrachte damit die Schadensregulierung endgültig abgeschlossen, so endet im Regelfall die Hemmung[169].

IX. Ausgleichsansprüche

Gegenüber Gesamtschuldner wirken verjährungsbeeinflussende Handlungen grundsätzlich nur in **92**
Bezug auf jenen Schuldnern, in dessen Beziehung zum Gläubiger sie erfolgt sind.[170] Besondere Rechtsprobleme können sich daraus ergeben, dass der Anspruch des Gläubigers gegenüber einem Gesamtschuldner bereits verjährt ist, gegenüber dem anderen Gesamtschuldner jedoch noch nicht. Dieser Fall kann beispielsweise dann eintreten, wenn der Gläubiger mit einem der Gesamtschuldner oder dessen Haftpflichtversicherer über längere Zeit hinweg Verhandlungen geführt hat, durch die die Verjährung gehemmt waren, oder wenn durch Anerkenntnis oder Teilzahlung insoweit eine Unterbrechung der Verjährungsfrist eingetreten ist. In diesem Fall könnte ein anderer Gesamtschuldner, auf den diese Voraussetzungen nicht zutreffen, unter Hinweis auf die gesetzlichen Verjährungsvorschriften gegenüber dem Gläubiger rechtswirksam die Leistung verweigern (§ 222 BGB). Die Rechtsprechung des BGH hilft dem originär in Anspruch genommenen Schuldner jedoch weiter. *»Die Verjährung des gegen den Bekl. gerichteten Gläubigeranspruchs kann nicht zum Nachteil des ausgleichsberechtigten Gesamtschuldners wirken. Dieser ist an der Rechtsbeziehung zwischen dem Gläubiger und dem weiteren Gesamtschuldner nicht beteiligt. Die Disposition, die der Gläubiger innerhalb dieses Rechtsverhältnisses durch (bewusstes oder unbewusstes) Verjährenlassen seiner Forderung gegenüber dem einen Gesamtschuldner trifft, kann nicht das Innenverhältnis der Gesamtschuldner zum Nachteil des anderen gestalten (folgen Nachweise).«*[171] Der Ausgleichsanspruch wird daher durch den Eintritt der Verjährung gegenüber dem intern zum Ausgleich Verpflichteten nicht tangiert. Damit kann der Gesamtschuldner im Verhältnis zu demjenigen bei dem die Ersatzansprüche des Gläubigers (Dritten) bereits verjährt waren, diesen Einwand gegen den Ausgleichsanspruch nicht geltend machen, sondern bleibt insoweit im Rahmen des auf ihn letztlich entfallenden Verantwortungsbeitrages intern, d. h. im Innenverhältnis der Gesamtschuldner untereinander, zum Ausgleich verpflichtet

X. Ungerechtfertigte Bereicherung

Ansprüche aus ungerechtfertigter Bereicherung verjährten nach altem Recht grundsätzlich in dreißig **93**
Jahren, sofern nicht Sonderregelungen eingriffen. Nach neuem Recht gilt die Regelverjährungsfrist von drei Jahren, § 195 BGB.

E. Prozessuale Besonderheiten

Die Frage der Verjährung ist vielfach mit prozessualen Fragen verknüpft. Zum einen unterscheidet **94**
sie sich von der Verwirkung dadurch, dass die Verjährung dem Schuldner lediglich ein Leistungsverweigerungsrecht gewährt, dessen Inanspruchnahme ihm frei steht und daher im Prozess als Einrede geltend gemacht werden kann, aber nicht muss und daher nicht von Amts wegen zu berücksichtigen ist, während die Verwirkung mit rechtsvernichtender Wirkung den Anspruch endgültig und vom

---

167 Vgl. *BGH* NJW 2003, 1524 f.
168 *BGH* a. a. O.; *OLG Thüringen* OLG-NL 2006, 174.
169 *OLG Brandenburg* Urt. v. 22.10.2010 – 5 U 225/09 = BeckRS 2011, 03824, hierzu NJW-Spezial 2011, 169; *Kääb* FD-StrVR 2011, 315078.
170 St. Rspr. zuletzt *BGH* NJW 2001, 964.
171 *BGH* NJW 2010, 62, 63; bestätigt durch *BGH* NJW 2010, 435; vgl. auch *Pfeiffer* Gesamtschuldnerausgleich und Verjährung, NJW 2010, 23

Verhalten des Schuldners unabhängig zum Erlöschen bringt. Der zentrale Unterschied liegt also in der Berücksichtigung durch das Gericht. Zum anderen spielt der Begriff »*demnächst*« eine zentrale Rolle.

I. Verjährung und richterlicher Hinweis

95 Seit jeher problematisch ist daher die Frage, ob das Gericht im Rahmen der Aufklärungspflicht auf die Verjährungsproblematik hinweisen darf und verneinendenfalls eine Befangenheit anzunehmen ist. Während die Befugnis zum Hinweis früher kategorisch abgelehnt wurde, ging der 4. Zivilsenat des *BGH* zunächst davon aus, dass eine herrschende Meinung zu dieser Streitfrage nicht mehr existiere.[172]

95a Er tendiere dazu, an der ursprünglichen Ansicht, Hinweise auf nicht erhobene Einreden seien nicht statthaft, nicht mehr festzuhalten und hat jedenfalls in einem Hinweis auf die Verjährung im Rahmen der Erläuterung eines Vergleichsvorschlags keinen Befangenheitsgrund gesehen, wenn ohne diesen Hinweis die Verständlichkeit des für den Vergleichsbetrag so wesentliche Rechnungsfaktors zumindest gemindert und seine Überzeugungskraft geschwächt sein könnte. Nicht übersehen werden darf aber insoweit der Umstand, dass der Befangenheitsantrag gegen den Berichterstatter in dieser Revisionssache selbst gestellt und die Zurückweisungsmöglichkeit vom *BGH* berücksichtigt wurde. Einen Befangenheitsgrund verneint hat auch das *KG*[173] und dies auf die richterliche Hinweispflicht gemäß § 139 ZPO gestützt. Hingegen vertritt der 5. Zivilsenat nunmehr die gegenteilige Ansicht: »*Weist der Richter nach Widerspruch gegen einen Mahnbescheid den Beklagten mit der Zustellung der Anspruchsbegründungsschrift darauf hin, dass der Anspruch verjährt sei, besteht Grund, ihn abzulehnen; dasselbe gilt, wenn der Hinweis zwar an den Kläger gerichtet, aber auch dem Beklagten zuzustellen ist.*«.[174] Die Problematik liegt in der Grauzone zwischen den gemäß § 139 ZPO erforderlichen Hinweisen und der in einem Hinweis enthaltenen »*faktischen Tätigkeit für eine Partei*«. Zutreffend führt das *OLG Stuttgart*[175] hierzu aus: »*§ 139 Abs. 1 ZPO hebt danach zwar insgesamt hervor, dass das Gericht im offenen Gespräch mit den Parteien die entscheidungserheblichen rechtlichen und tatsächlichen Gesichtspunkte erörtern und auf eine allseits sachdienliche Verfahrensführung hinwirken soll. Er belässt es jedoch bei dem Grundsatz, dass es nicht Aufgabe des Gerichts ist, durch Fragen oder Hinweise neue Anspruchsgrundlagen, Einreden oder Anträge einzuführen, die in dem streitigen Vortrag der Parteien nicht zumindest andeutungsweise bereits eine Grundlage haben.*[176] *Ebenso ist es nicht Aufgabe des Gerichts, unstreitige Umstände zu problematisieren und ein Bestreiten herbeizuführen.*« In Bezug auf den Hinweis auf Verjährung ist dem uneingeschränkt beizupflichten.

II. Zustellung »demnächst« und Verjährungsrecht

96 Klageerhebung, also Einreichung der Klageschrift und Antrag auf Erlass eines Mahnbescheids führen dann zur Unterbrechung der Verjährung nach altem Recht bzw. Hemmung nach neuem Recht, wenn die Zustellung *demnächst* erfolgt. Es ist daher unerlässlich, auch im materiell-rechtlichen Verjährungsbereich auf diese prozessuale Problematik einzugehen.

Hängt die verjährungsunterbrechende oder -hemmende Wirkung einer Erklärung von der Zustellung an den Gegner ab, so erleichtert § 167 ZPO diese Wirkung dahingehend, dass sie schon mit dem Eingang bei Gericht eintritt – wenn die Zustellung sodann »*demnächst*« erfolgt. Die Rechtswirkung der Zustellung wird also auf den Zeitpunkt des Eingangs bei Gericht zurückgelegt.

---

172 *BGH* NJW 1998, 612.
173 NJW 2003, 1732.
174 NJW 2004, 164.
175 NJOZ 2007, 4242 f.
176 *BGHZ* 156, 269 = NJW 2004, 164.

E. Prozessuale Besonderheiten   Kapitel 8

Eine nähere Eingrenzung des Begriffs ergibt sich aus der Vorschrift nicht. Nach der Rechtsprechung des *BGH*[177] kommt es auf den Einzelfall an. Es gibt es keine absolute Zeitgrenze. Auch mehrmonatige Verzögerungen kommen in Betracht. Unter dem Gesichtspunkt der Zumutbarkeit für den Empfänger muss das Verfahren vom Anspruchsteller jedoch ordnungsgemäß betrieben werden. Nach der ständigen Rechtsprechung des Bundesgerichtshofs ist dieser Begriff ohne eine absolute zeitliche Grenze im Wege einer wertenden Betrachtung auszulegen. Der Zustellungsbetreiber muss alles ihm Zumutbare für eine alsbaldige Zustellung getan haben. Verzögerungen im gerichtlichen Geschäftsbetrieb sollen nicht zu seinen Lasten gehen«[178], anderseits trifft die Klagepartei aber auch eine Obliegenheit. Diese ist nicht erfüllt, »*wenn die Partei, der die Fristwahrung obliegt, oder ihr Prozessbevollmächtigter durch nachlässiges, wenn auch ggf. nur leicht fahrlässiges Verhalten zu einer nicht bloß geringfügigen Zustellungsverzögerung beigetragen haben (...)*«.[179]

Gleichwohl führt der Begriff der »demnächstigen Zustellung« in der forensischen Praxis weiterhin zu   96a
Auseinandersetzungen, auch, weil zwischen den klar abzugrenzenden Zeitläufen beim Antragsteller und bei Gericht nicht hinreichend getrennt wird. Die Struktur der Prüfung ergibt sich wie folgt:
- Die Zeitspanne zwischen Schriftsatzeingang bei Gericht und bewirkter Zustellung ist ohne Relevanz, da sie dem Einfluss des Antragstellers nicht unterliegt.
- Entscheidend kommt es auf die Reaktionszeit des Antragstellers an. Er hat im Prinzip zügig, aber nicht sofort zu reagieren, da dieser Gesichtspunkt unter dem Aspekt der Zumutbarkeit zu sehen ist.
- Angesichts möglicher Fehler bei Gericht muss er aber eine Kontrolle ausüben. Die extrem strenge Rechtsprechung des BGH gilt auch hier. »*Der mit der Prozessführung betraute Rechtsanwalt ist mit Rücksicht auf das auch bei Richtern nur unvollkommene menschliche Erkenntnisvermögen und die niemals auszuschließende Möglichkeit eines Irrtums verpflichtet, nach Kräften dem Aufkommen von Irrtümern und Versehen des Gerichts entgegenzuwirken* (folgen Nachw.).«[180]

Um die Anforderungen der Rechtsprechung an die Eigenverantwortlich zu erfüllen, können fol-   96b
gende Gesichtspunkte herangezogen werden:
- Die Einzahlung des Gebührenvorschusses mit Klageerhebung ist nicht erforderlich, vielmehr kann die Aufforderung seitens des Gerichts abgewartet werden.[181]
- Die Streitwertangabe bei Klageerhebung ist nicht zwingend, Auf Anfrage ist jedoch umgehend zu antworten.[182]
- Bei Aufforderungen/Anfragen seitens des Gerichts ist von einer Regelantwortzeit auszugehen, die sich »*um zwei Wochen bewegt oder nur geringfügig darüber liegt*«.[183] In der Praxis wird deshalb standardmäßig von 14 Tagen ausgegangen. Da derartige Aufforderungen regelmäßig formlos erfolgen, ergeben sich bei der Berechnung allerdings Zugangsprobleme.
- Die Ausführung der Zustellung ist stets auch vom Anwalt durch kurze Wiedervorlagefristen zu kontrollieren. Der *BGH* fordert ausdrücklich derartige Erkundigungen.[184] Die Länge hängt auch vom Vorverhalten der Klagepartei ab. Bei korrektem Vorverhalten kann die Kontrollfrist länger sein.[185] Bei Zustellungen im Ausland können die Fristen zwar länger angesetzt, gleichwohl muss aber auch hier regelmäßig nachgefragt werden. Bei der Zustellung des Mahnbescheids hat der *BGH* eine Nachfrage von mehr als einem Monat nicht mehr als ordnungsgemäß bezeich-

---

177 Grundl. NJW 2003, 3206, 3207.
178 *BGH* Urt. v. 11.2.2011 – V ZR 136/10 = BeckRS 2011, 07105
179 *OLG Düsseldorf* Urt. v. 14.4.2011 – 2 U 102/10 = BeckRS 2011, 08369.
180 *BGH* NJW 2010, 73, 74.
181 *BGH* WM 1983, 986; zuletzt *KG* Urt. v. 15.1.2010 – 6 U 76/09 = BeckRS 2011, 03502.
182 *BGH* NJW 1994, 1073.
183 *BGH* NJW 2009, 999, 1001.
184 NJW-RR 2006, 1436; 2004, 1574, 1576.
185 *BGH* NJW-RR 2006, 1436.

net.[186] Schon leichte Fahrlässigkeit führt zur Verneinung der zumutbaren Anstrengung.[187] Insoweit muss daher die frühere Rechtsprechung des *BGH* als obsolet betrachtet werden.[188]

Auch wenn das *BVerfG*[189] insoweit zugunsten der Parteien etwas mildern eingreift, sollte man sich angesichts der extremen Haltung des *BGH* zur Anwaltshaftung auf kurze Kontrollfristen einstellen. Das »Nerven« der Justiz kann durchaus verfahrensbeschleunigend wirken.

Schließlich ist darauf hinzuweisen, dass die Wirkungen von § 167 ZPO eine materielle Berechtigung der Klagepartei voraussetzen.[190] Eine Einzugsermächtigung kann diese jedoch begründen.[191]

97 Zunächst setzt die unterbrechende bzw. nach neuem Recht hemmende Wirkung einen ordnungsgemäßen Antrag voraus. Beim Mahnbescheid muss eine Mindestbeschreibung des Anspruchs vorhanden sein. *»Zur Unterbrechung der Verjährung muss der Anspruch durch seine Kennzeichnung von anderen Ansprüchen so unterschieden und abgegrenzt werden können, dass er über einen Vollstreckungsbescheid Grundlage eines Vollstreckungstitels sein kann und dem Schuldner die Beurteilung möglich ist, ob er sich gegen den Anspruch zur Wehr setzen will oder nicht.«*[192] Der *BGH* hat diese Voraussetzung für die Beschreibung des Anspruchs dahin gehend, es werde auf das »Schreiben vom ...« Bezug genommen mit dem Hinweis, es werde Schadensersatz wegen »Unfall/Vorfall« begehrt, als ausreichend erachtet, da weitere Beziehungen zwischen den Parteien nicht bestanden hätten.[193]

97a Zur näheren Darstellung des geltend gemachten Anspruchs kann im Mahnbescheid insbes. auch auf Rechnungen oder sonstige Unterlagen Bezug genommen werden. Hierbei kommt es nicht zwingend darauf an, ob dem Gegner diese Unterlagen tatsächlich vorliegen. Vielmehr kann sich auch aus anderen Umständen jene Konkretisierung ergeben, die es dem Gegner ermöglicht, zu erkennen welcher Anspruch gemeint ist.[194] So hat der *BGH* eine Bezeichnung »Schadensersatz aus Mietvertrag« insoweit als ausreichend anerkannt.[195] Dementsprechend ist davon auszugehen, dass die Bezeichnung *»Schadensersatz aus Verkehrsunfall vom ...«* den Anspruchsgrund hinreichend kennzeichnet. Entscheidend kommt es darauf an, dass die Konkretisierung des Anspruchs Grundlage eines einer materiellen Rechtskraft fähigen Vollstreckungsbescheids sein kann.[196] Deshalb kann bei der Bezugnahme auf ein vorprozessuales Schreiben ein falsch angegebenes Datum keine negativen Folgen haben, wenn ansonsten ersichtlich ist, worum es geht.[197] Werden mehrere Einzelforderungen geltend gemacht, sind sämtliche hinreichend zu konkretisieren. Dieser Fall liegt jedoch nicht vor, wenn es sich um einen Schadensersatzanspruch auf der Grundlage verschiedene Schadensersatzpositionen – wie im Verkehrsunfallschadensrecht typisch – handelt.[198]

»Die insoweit erforderliche Substantiierung eines Schadensersatzanspruchs kann im Laufe des Rechtsstreits beim Übergang in das streitige Verfahren nachgeholt werden, und zwar auch dann noch, wenn der Anspruch ohne die Unterbrechungswirkung des Mahnbescheids bereits verjährt gewesen wäre.«[199] Die verjährungsrechtliche Wirkung kommt dementsprechend dann nicht in Betracht, wenn trotz mangelnder Individualisierung ein (rechtsfehlerhafter) Mahnbescheid erlassen wird.[200]

---

186 NJW-RR 2006, 1436
187 Musielak/*Wolst*, ZPO § 167 Rn. 8.
188 Vgl. hierzu Vorauflage Rdn. 101.
189 NJW 2005, 814; NJW-RR 2004, 755.
190 Vgl. *OLG München* Urt. v. 20.4.2011 – 3 U 49/10 = BeckRS 2011, 08972.
191 *OLG München* a. a. O.
192 *BGH* NJW 2000, 1420.
193 *BGH* a. a. O.
194 *BGH* NJW 2011, 613.
195 A. a. O.
196 *BGH* NJW 2011, 2423, 2426.
197 *BGH* NJW-RR 2010, 1455.
198 *BGH* a. a. O.; *BGH* Urt. v. 13.5.2011 – V ZR 49/10 = BeckRS 2011, 16929.
199 *BGH* a. a. O. m. w. N.
200 *BGH* NJW 2001, 305.

E. Prozessuale Besonderheiten

Wird dem Antragsteller durch eine Zwischenverfügung Gelegenheit gegeben, den Mangel seines Antrags zu beheben, treten die Rechtsfolgen nach § 167 ZPO unabhängig von dem Gewicht des behobenen Mangels ein. Ein behebbarer Mangel des Mahnantrags liegt auch dann vor, wenn der Antragsteller für den ursprünglichen Antrag unzulässige Formulare verwendete.[201]

98

Bei der Erfüllung des Begriffes *demnächst* sind also zwei Komponenten zu unterscheiden, nämlich das Verhalten des Antragstellers/Klägers und der Gerichtsorganisation. Hinsichtlich der durch das Gericht ausgelösten Verzögerung fehlt es an einem dem Antragsteller zuzurechnenden Verhalten, sie muss daher zunächst außer Betracht zu bleiben.

99

Bei Letzterem ist aber zu fragen, ob dies unbeschränkt gelten kann oder eine absolute Grenze zu ziehen ist. Der *BGH* verneint dies.[202] Das *OLG Hamm*[203] vertritt die Ansicht, eine Verzögerung von nicht mehr als sechs Monaten sei noch als demnächst anzusehen. Bei sechs Monaten fällt die Abwägung jedenfalls zugunsten des Anspruchstellers aus.

100

Während der Bearbeitungsdauer eines vorherigen PKH-Verfahrens tritt gemäß § 204 Abs. 1 Nr. 14 BGB die Verjährung nicht ein. Nach früherem Verjährungsrecht musste der Antragsteller bei einem ablehnenden Bescheid in kurzer Zeit die Frage einer Klage entscheiden. Hierzu stand ihm eine Überlegungsfrist, die der *BGH* in Anlehnung an § 234 ZPO mit 14 Tagen festlegte. Nach nunmehrigem Recht ergibt sich aus § 204 Abs. 2 BGB auch für den Bereich er Prozesskostenhilfe, dass unabhängig von der Entscheidung des Gerichts über den Prozesskostenhilfeantrag die Hemmung sechs Monate nach der rechtskräftigen Entscheidung endet.

102

III. Wiederholte Feststellungsklage

Wegen der kurzen Verjährungsfristen für die wiederkehrenden Leistungen, § 21 Abs. 2 BGB a. F. bzw. § 197 Abs. 2 BGB n. F. kommt in der Praxis immer wieder das Bedürfnis auf, erneut den Eintritt der Verjährung zu verhindern. In der Praxis spielt insoweit die Feststellungsklage eine wichtige Rolle. In der Rechtsprechung des *BGH* wurde eine wiederholende Feststellungsklage anerkannt, wenn sie für die Verhinderung des Verjährungseintritts unerlässlich war.[204]

103

Das kann jedoch nicht bejaht werden, wenn andere Möglichkeiten bestehen. Diese kommen insbesondere bei möglichen Zwangsvollstreckungsmaßnahmen in Betracht.[205]

103a

IV. Hauptsacheerledigung

Umstritten ist, ob die Einrede der Verjährung ein erledigendes Ereignis im Sinne einer prozessualen Hauptsacheerledigung darstelle. Nach Ansicht des BGH[206] führt die Einrede der Verjährung auch beim Ablauf der Verjährungsfrist von Prozessbeginn zu einer Hauptsacheerledigung. Für die Frage der Kostenentscheidung nach § 91a ZPO bei übereinstimmender oder des Urteils mangels beiderseitiger Erledigungserklärung kommt es entscheidend auf den Zeitpunkt der Erledigung an. Der BGH geht davon aus, dass es allein auf den Zeitpunkt des Erhebens der Einrede ankomme, nicht auf den Zeitpunkt des Eintritts der Verjährung, da erst die Einrede den Kläger an der erfolgreichen Geltendmachung seines Anspruch hindere. Damit tritt das Erledigungsereignis erst nach Rechtshängigkeit ein.

103b

---

201 *BGH* NJW 1999, 3717.
202 NJW 1993, 2614.
203 NJW-RR 2002, 1508.
204 *BGH* NJW-RR 2003, 1076.
205 *BGH* a. a. O. S. 1077.
206 NJW 2010, 2270; NJW 2010, 2422; vgl. auch *Mell-Hannick* LMK 2010, 304505; *Fischer* LMK 2010, 301800.

V. Prozessurteil und Hemmungswirkung

103c Auch im Verkehrsunfallrecht spielen Abtretungen eine große Rolle. Das Verhalten der Beteiligten lässt hierbei vielfach eine mangelnde Präzision erkennen. Es stellt sich daher die Frage, ob Überschneidungen von Prozessrechtsverhältnissen mit getrennter Beteiligung von Zedenten und Zessionaren verjährungsrechtlich hemmende Wirkungen haben können. Konkret geht es um die unzulässige Klage eines Rechtsnachfolgers nach Ablauf der Verjährungsfrist und einer insoweit hemmenden Wirkung des Vorprozesses des Zedenten. Entscheidend kommt es darauf an, welche Bedeutung der prozessualen Berechtigung zukommt. § 204 Abs. 1 BGB n. F. enthält im Gegensatz zu § 209 Abs. 1 BGB a. F. keine Einschränkung auf die materielle Berechtigung. Dem Zedenten fehlt bei der Geltendmachung des Anspruchs die materielle Berechtigung. Dem Zessionar fehlt andererseits die prozessuale Befugnis, solange der Anspruch im Prozess des Zedenten rechtshängig ist.

103d Der *BGH* beschreibt einen Mittelweg.[207] Er geht davon aus, dass auch die unzulässige Klage eines Berechtigten die Verjährung hemme und gibt hierzu Beispiele vor:
– Klage vor einem örtlich oder sachlich unzuständigen Gericht
– Fehlen des Feststellungsinteresses bei einer Feststellungsklage
– Nichteinhaltung eines vorgeschriebenen Vorverfahrens.

Gleichzeitig fordert aber weiterhin die materielle Berechtigung des Zessionars. Er beruft sich insoweit auf die Begründung des Gesetzgebers zu § 204 BGB n. F., wonach am sachlichen Erfordernis nach § 299 BGB a. F. nicht habe geändert werden sollen. Wird also die Klage eines Zessionars bei wirksamer Abtretung mangels prozessualer Befugnis durch Prozessurteil abgewiesen, so war die Zeit von der Rechtshängigkeit dieser Klage bis zur Beendigung des Prozesses gehemmt.

VI. Selbstständiges Beweisverfahren

103e Zu Unrecht wird im Verkehrsunfallrecht vom selbstständigen Beweisverfahren Gebrauch gemacht. Dabei kann es gerade bei finanziell bedeutenden Personenschäden mit langwieriger Regulierung nicht nur gute Beweisergebnisse erzielen, sondern auch Verjährungsprobleme verhindern.[208] Gemäß § 204 Abs. 1 Nr. 7 BGB führt die Zustellung des Antrags auf Durchführung des selbstständigen Beweisverfahrens zur Hemmung. Das Zustellungserfordernis ergibt sich aus § 270 ZPO. Bei Eingang des Antrags (zu diesem Zeitpunkt muss regelmäßig mit der kostenintensiven Zustellung mittels Postzustellungsurkunde gearbeitet werden) besteht aus Gründen der Wirtschaftlichkeit eine Tendenz der Justiz, den Antrag lediglich formlos zu übersenden. Zwischenzeitlich kann jedoch davon ausgegangen werden, dass auch in diesem Fall eine Hemmung erzielt werden kann. Während das *OLG Frankfurt*[209] und das *OLG Hamm* davon ausgingen, in diesen Fällen trete die Hemmungswirkung mit Zustellung des Beweisbeschlusses ein, widerspricht der *BGH*. Unter Bezugnahme auf den Gesetzeswortlaut verneint er die Ersatzfunktion des Beweisbeschlusses, gelangt jedoch unter Heranziehung der allgemeinen Zustellungsregeln zu einer wirksamen Hemmung. Er beruft sich insoweit auf § 189 ZPO, wonach es entscheiden auf die Kenntnisnahme ankommt. »*Ist die Gelegenheit zur Kenntnisnahme gewährleistet und steht der tatsächliche Zugang auch ohne die durch die förmliche Zustellung gewährleistete Dokumentation fest, bedarf es besonderer Gründe, die Zustellungswirkung entgegen dem Wortlaut der Regelung in § 189 ZPO nicht eintreten zu lassen. Diese bestehen nicht, soweit es um die materiell-rechtliche Wirkung geht, die Verjährung zu hemmen. Denn ein Ag. ist auch dann, wenn ihm ein Antrag auf Durchführung des selbstständigen Beweisverfahrens nicht förmlich zugestellt*

---

207 NJW 2011, 2193 mit ausf. Nachw.; dazu kritisch, aber bejahend *Althammer* NJW 2011, 2172.
208 Grundlegend *Helm* Anforderungen an die Formulierung des selbstständigen Beweisantrags zur Hemmung der Verjährung, NZBau 2011, 328.
209 Vgl. zuletzt *OLG Hamm* Urt. v. 30.5.2011 – I-17 U 152/10 = BeckRS 2011, 16393 n. r.; hierzu NJW-Spezial 2011, 460; *OLG Frankfurt* NJW 2010, 1035.

wird, in ausreichender Weise über dieses Verfahren und vor allem über den Willen des Ast., den Anspruch weiter zu verfolgen, in Kenntnis gesetzt worden.«[210]

▶ **Praxistipp:**

In zeitkritischen Fällen sollte stets durch Akteneinsicht geprüft werden, ob das Gericht die erforderliche Zustellung nach § 270 ZPO vorgenommen hat. Die Bezeichnung der zugestellten Schriftstücke auf der Postzustellungsurkunde sollte hierbei kontrolliert werden.

103f

VII. Zugangsproblematik

In der forensischen Praxis kommt der Frage des rechtzeitigen Zugangs eine überragende Bedeutung zu, darzulegen ist, dass die verjährungsunterbrechende oder -hemmende Erklärung rechtzeitig zuging. In der modernen Kommunikationstechnik spielen hierbei Fax und E-Mail eine große Rolle.

103g

1. E-Mail

Der E-Mail-Verkehr hat zwischenzeitlich auch im Bereich der Kommunikation mit Versicherern Einzug gefunden. Soll von einer E-Mail-Nachricht die Hemmung oder gar die Unterbrechung abhängen, muss der Zugang nachweisbar sein. Während für den Bereich der Verbrauchergeschäfte § 312g Abs. 1 S. 2 BGB n. F. den Zugang von E-Mails konkret regelt, kommt für den sonstigen Bereich lediglich die allgemeine Regelung nach § 130 Abs. 1 BGB in Betracht, wonach die Willenserklärung zum Zeitpunkt des Zugangs wirksam wird. Die in § 312g BGB getroffene Regelung[211] wird aber auch auf die allgemeinen Fälle nach § 130 BGB zu übertragen sein. Sie stellt eine effiziente gesetzliche Regelung für den elektronischen Rechtsverkehr dar, deren Gründe keine besondere Einschränkung auf den Verbraucherschutz erkennen lassen. Danach ist eine E-Mail-Nachricht zugegangen, wenn sie auf dem E-Mail-Server des Empfängers eingegangen ist.[212]

103h

2. Telefax

Im Verkehr mit den Gerichten beschränkt sich derzeit die Problematik auf den Zugangsnachweis für Telefaxe, sowohl beim Mahnbescheidsantrag, also auch bei sonstigen Erklärungen gegenüber den Gerichten, die ein sog. Betreiben darstellen sollen. Wird der Mahnbescheid Während zunächst nach allgemeiner Ansicht ein OK-Vermerk auf dem Sendebericht des Absenders nicht als beweisrelevanter Umstand angesehen hatte,[213] sah das *OLG Karlsruhe*[214] für den gerade im Verkehr mit Versicherungen und Gerichten relevanten Bereich die Möglichkeit der Beweislastumkehr, jedenfalls dann, wenn es sich beim Empfänger um eine Organisation gehandelt hatte. Das Gericht ging auf der Grundlage einer sachverständigen Beratung davon aus, dass angesichts der vom Sachverständigen bestätigten Zeitdauer die relevante »*die Seite nicht nur ›mindestens in großen Teilen‹, sondern vollständig in das Empfangsgerät der Kl. übertragen wurde und nach § 130 Absatz 1 Satz 1 BGB zugegangen ist.*« Hingegen geht das *OLG München*[215] weiterhin davon aus, dass der OK-Vermerk nicht einmal zu einer Beweislastumkehr führe.

103i

VII. Vorgreiflichkeit sozialrechtlicher Entscheidungen

Wie bei der Frage der Leistungskonkurrenz angesprochen, können für den Zivilrechtsbereich entscheidende Fragen aus dem Bereich des Sozialrechts entstehen. § 118 SGB X soll verhindern, dass

103j

---

210 NJW 2011, 1965.
211 Vgl. auch *Bachmeier* Rechtshandbuch Autokauf, München 2008, Rn. 594 f.
212 Im Ergebnis ebenso *Thalmair* Kunden-Online-Postfächer: Zugang von Willenserklärungen und Textform, NJW 2011, 14 m. ausf. dogm. Erörterung.
213 Grundl. *BGH* NJW 1995, 665, 667.
214 VersR 2009, 245
215 Urt. v. 20.4.2011 – 20 U 4821/1 = BeckRS 2011, 10918.

der Geschädigte möglicherweise in beiden Rechtsbereichen leer ausgeht.[216] Die Zivilgerichte haben daher ihr Verfahren bis zur Klärung des Sozialverfahrensweges auszusetzen.[217] Nach der Rechtsprechung des *BGH* gilt dies jedoch nicht uneingeschränkt. Zunächst haben die Zivilgerichte zu prüfen, ob tatsächlich der sachlich zuständige Leistungsträger beteiligt ist.[218] Schließlich ist diese Prüfung auch dann vorzunehmen, wenn mehrere konkurrierende Leistungsträger betroffen sind. Damit steht die Frage der Leistungspflicht und des Leistungsinhalts nicht auf dem Prüfstand des Zivilrichters. Dieser hat vielmehr nur zu prüfen, ob die Zuständigkeitsvoraussetzungen stimmen.

F. Übersicht altes und neues Verjährungsrecht

104 Zur Erleichterung der Regulierung von Altfällen folgt eine Übersicht zur Änderung der Verjährungsvorschriften, beschränkt auf die für die Schadensabwicklung relevanten Gesichtspunkte:

Tab. 1

Regelungsbereich	Altes Recht	Folge	Neues Recht	Folge
Verjährungsfrist • allgemein • Schadensersatz	§ 195 § 852 Abs. 1	30 Jahre 3 Jahre	§ 195	3 Jahre
Verjährungsbeginn	§ 199: allg. Verjährungsfrist § 200: kurze Verj.-fristen	Jahresschluss, taggenau ab Anspruch	§ 199	Schluss des Kalenderjahrs, in dem der Anspruch entstand und der Gläubiger von den anspruchsbegründenden Umständen Kenntnis erlangte oder ohne grob fahrlässig gehandelt zu haben, hätte erlangen müssen
Sonderfall Verjährungsbeginn vollstreckbar festgestellter Ansprüche (§ 197 Abs. 1 Nr. 3–5 BGB n. F.).	nicht existent		§ 201	Beginn mit – Rechtskraft der Entscheidung oder – Errichtung des vollstreckbaren Titels
Sonderfall Schadensersatzanspruch	§ 852	3 Jahre	§§ 197, 195	3 Jahre
Sonderfall Herausgabeanspruch	§ 852 Abs. 2	30 Jahre	§ 852	10 Jahre, ausnahmsweise 30 Jahre
Sonderfall wiederkehrende Leistung	§ 197	4 Jahre	§ 197 Abs. 2	3 Jahre
Verjährung bei Geschäftsunfähigen oder beschränkt Geschäftsfähigen ohne gesetzlichen Vertreter	§ 206	unverändert	§ 210	unverändert

---

216 Vgl. hierzu den von *Lemcke* angeführten Fall in r+s 2011, 270.
217 Vgl. *BGH* NJW-RR 2009, 1534; zur Beteiligung des Geschädigten am Sozialverwaltungsverfahren *Konradi* NZS 2009, 478.
218 *BGH* a. a. O. S. 1536.

F. Übersicht altes und neues Verjährungsrecht

Regelungsbereich	Altes Recht	Folge	Neues Recht	Folge
Hemmung durch laufende Verhandlungen	§ 852 Abs. 2	Ende mit Abbruch	§ 203	Hemmung so lange, bis ein Teil die Fortsetzung der Verhandlungen verweigert; Eintritt der Verjährung frühestens 3 Monate nach dem Ende der Hemmung durch Rechtsverfolgung nicht existent § 204 Hemmungseintritt durch – Klageerhebung – Zustellung des Mahnbescheids – – Veranlassung der Bekanntgabe des Güteantrags (bei demnächstiger Zustellung reicht Antragseinreichung) – Aufrechnungserklärung im Prozess – Zustellung der Streitverkündung – Zustellung des Antrags auf selbstständiges Beweisverfahrens – Zustellung des Antrags auf Erlass einer einstweiligen Verfügung oder eines Arrestes oder – ohne Zustellung des Antrags die Antragseinreichung, wenn die erlassende Entscheidung binnen eines Monats ab Verkündung oder Zustellung an den Gläubiger dem Schuldner zugestellt wird.
– Anspruchsanmeldung im Insolvenzverfahren – Beginn des schiedsrichterlichen Verfahrens – Einreichung des Antrags auf Bestimmung des zuständigen Gerichts	nicht existent	§ 204 Abs. 2		– 6 Monate nach Beendigung des Verfahrens oder – der letzten Verfahrenshandlung (bei Nichtbetreiben des Verfahrens)

Regelungsbereich	Altes Recht	Folge	Neues Recht	Folge
– Veranlassung der Bekanntgabe des erstmaligen Antrags auf Gewährung von Prozesskostenhilfe Hemmungsende bei Rechtsverfolgung				
Hemmung aus familiären Gründen	§ 204 unverändert	§ 207		Hemmung während des Bestehens der Ehe, oder Lebenspartnerschaft oder – des Vormundschafts-, Betreuungs- oder Pflegeverhältnisses – während der Minderjährigkeit von Kindern
Hemmungswirkung	unverändert	§ 209		Hemmungszeitraum bleibt unberücksichtigt
§ 208 Anerkenntnis	§§ 209, 210, 215, 216 gerichtliche Geltendmachung	§ 212	Neubeginn wenn • Anspruch anerkannt • gerichtliche/behördliche Vollstreckungsmaßnahme beantragt (ohne spätere Aufhebung)	Verjährungsunterbrechung *(Neubeginn)*

G. Verwirkung

105 § 15 StVG nimmt im Bereich der Abwicklung von Kfz-Schäden eine Sonderstellung ein. Er dient den Interessen des Schädigers zur Beschleunigung der Abwicklung. Die Vorschrift stellt keinen Fall der Verjährung dar, sondern bestimmt das Erlöschen des Anspruchs bei verspäteter Geltendmachung. Der wesentliche Unterschied zwischen Verjährung (§ 14 StVG) und Verwirkung gemäß § 242 BGB (Verstoß gegen Treu- und Glauben) besteht darin, dass die Anwendung von § 15 StVG stets von Amts wegen zu beachten ist, während sich bei Verjährung und Verwirkung der Schuldner auf den Eintritt der Verjährung berufen muss.

105a Der Fristbeginn ist nach den gleichen Grundsätzen zu bestimmen, die für den Beginn der Verjährungsfrist gelten. Die Frist verlängernden Regelungen der Hemmung und Unterbrechung finden jedoch keine Anwendung. An ihre Stelle tritt vielmehr die Regelung gemäß Satz 2, die Beweislast trägt nach der Gesetzesformulierung der Geschädigte. Eine Unterbrechung oder Hemmung kennt § 15 StVG nicht.[219] Allerdings kann dem Geschädigten weder ein grob noch einfach fahrlässiges Nichtkennen des Anspruchsgegnern entgegengehalten werden. Die ergibt sich unmittelbar aus § 15 S. 2 StVG.

---

219 Vgl. auch *Müller* VersR 1995, 489

Ein Verlust der Ansprüche kommt indes nicht in Betracht, wenn die fristgerechte Anzeige lediglich 106
wegen eines vom Geschädigten nicht zu vertretenden Umstands unterlassen wurde oder der Schädiger bereits anderweitig informiert worden war.

§ 15 StVG bezieht sich im Übrigen nur auf den Anspruchsgrund. Die Anspruchshöhe unterliegt keinem Ausschlusstatbestand. Ferner kommt die Anwendung nur für den Bereich des StVG in Betracht. 107
Ansprüche aus anderen Gesetzen, etwa Vertrag, unerlaubter Handlung oder nach dem HaftPflG bleiben unberührt. Gleiches gilt für die Ausgleichsansprüche nach § 17 StVG.

Die Anzeige ist nicht formgebunden, kann also auch telefonisch oder mündlich erfolgen. Derartiges 108
Verhalten hat lediglich Auswirkungen auf den Nachweis. In der Praxis kommt allerdings schon die mündliche Geltendmachung von Ansprüchen am Unfallort in Betracht. Inhaltlich muss die Anzeige ausreichend konkret sein, um klarzustellen, *wer, wann und wo* einen Sach- oder Personenschaden erlitten hat. Der erforderliche Inhalt ist aus der Sicht des Schädigers nach dem Grundsatz zu beurteilen, ob er damit in der Lage ist, ausreichende Feststellungen zum Sachverhalt treffen zu können.

Nach Ansicht des BGH reicht hierzu jedoch allein die konkrete Bezeichnung des Schadensereignisses, einer inhaltlichen Substantiierung des Anspruchs bedarf es nicht.[220]

Anzeigepflichtig ist der Ersatzberechtigte, also jene Person, die glaubt, Ansprüche stellen zu können. 109
Der Zugang der Anzeige beim Ersatzpflichtigen reicht aus, seine Kenntnisnahme ist nicht erforderlich. Bei nicht voll Geschäftsfähigen oder bei juristischen Personen ist der Zugang beim Vertreter erforderlich.

Bei der Ausnahme gemäß § 15 S. 2 StVG kommt es darauf an, ob den Geschädigten ein Verschulden, 110
§ 276 BGB, trifft. Dies soll insbesondere zu verneinen sein, wenn die Anzeige per Brief erfolgt, den Empfänger jedoch wegen Verschuldens der Post nicht erreicht.[221] In der Praxis bedeutet dies allerdings, dass der Geschädigte lediglich den Nachweis, etwa durch den Ehegatten, erbringen müsste, dass der Brief aufgegeben worden sei. Im Ergebnis kann dem nicht beigepflichtet werden. Wer sich langjährig bei Gericht damit zu befassen hat, wie viele Mahnschreiben den Empfänger nicht erreicht haben sollen, wird zu dem Ergebnis gelangen, dass dieser Umfang verlorener Postsendungen unabhängig von der Glaubwürdigkeit zu dem Schluss drängt, die Gefahr des Verlusts sei allgemein bekannt und daher eine Gegenmaßnahme erforderlich, also zumindest ein Einschreiben nötig und das Unterlassen ein Verstoß gegen die Sorgfaltspflicht ist. Nach allgemeinen Grundsätzen ist das Verschulden des gesetzlichen Vertreters oder des beauftragten Anwalts dem Geschädigten zuzurechnen.

Die Beweislast für die fehlende Anzeige innerhalb der Frist trägt nach allgemeinen Beweislastgrundsätzen der Ersatzpflichtige,[222] jene für die Voraussetzungen von § 15 S. 2 StVG der Geschädigte. Trat 111
jedoch ein Ausschluss gemäß § 15 StVG ein, ist bei weiter bestehenden Ansprüchen aus unerlaubter Handlung zu berücksichtigen, dass bei der Haftungsabwägung das Element der Betriebsgefahr, § 7 StVG, nicht mehr verwendet werden darf.

Sind mehrere Ersatzpflichtige vorhanden, so ist die Anzeige jedem einzelnen gegenüber zu erstatten. 112
Gegebenenfalls kommt jedoch die sog. Repräsentanteneigenschaft eines Schädigers, also beispielsweise das Wissen des Versicherungsvertreters, demgegenüber Mitteilungen erfolgten, in Betracht.[223] Da der Haftpflichtversicherer gemäß § 10 II. Nr. 5 AKB, unabhängig von einem Überschreiten der Versicherungssumme,[224] zur Schadensregulierung bevollmächtigt ist, wirkt eine ihm gegenüber erklärte Anzeige gleichzeitig für alle vom Versicherungsvertrag erfassten Personen, also auch Halter und Fahrer. Beruft sich der Versicherer allerdings auf Leistungsfreiheit, etwa wegen Obliegenheits-

---

220 *BGH* NJW 1979, 2155.
221 *Greger* Haftung § 15 Rn. 11.
222 Vgl. Hentschel-König-Dauer/*König* § 15 StVG Rn. 3; Burmann-Heß-Jahnke-Janker/*Jahnke* § 15 StVG Rn. 14.
223 Vgl. *Feyock/Jacobsen/Lemor*, Kraftfahrtversicherung, AKB § 2b Rn. 4 f. m. w. N.
224 Vgl. *Feyock/Jacobsen/Lemor* § 7 AKB Rn. 117 m. w. N.

verletzungen, sodass er Regress nehmen kann, liegt eine Interessenkollision vor. Demgemäß kann er die Interessen der Versicherten vorgerichtlich nicht und gerichtlich nur im Wege der Streithelfereigenschaft[225] vertreten. Diese Interessenkollision[226] kann jedoch erst nach der erstatteten Anzeige geprüft werden, sodass zum Zeitpunkt des Zugangs der Anzeige weiterhin von einer Wirkung auch auf die gemäß § 2 Abs. 2 KfzPflVV vom Versicherungsvertrag erfassten Personen auszugehen ist.

113 Aktuelle Rechtsprechung zur Vorschrift ist nicht ersichtlich.[227] Darauf hinzuweisen ist jedoch, dass § 15 VVG im Gegensatz zum früheren Recht nach § 12 Abs. 2 VVG a. F. nicht die Schriftform sondern die *Textform* für die Entscheidung des Versicherers normiert.

---

225 Grundlegend *Freyberger* VersR 1991, 842; NZV 1992, 291; sog. streitgenössische Nebenintervention gemäß § 66 ZPO.
226 Vgl. *BGH* VersR 1993, 625; *OLG Hamburg* NZV 1985, 183; *OLG Frankfurt* r+s 1991, 329; *OLG Hamm* zfs 1996, 287; VersR 1997, 854.
227 Zur Übergangsregelung vgl. Prölss-Martin/*Prölss*, VVG, 28. Auflage 2010, VVG § 15 Rn. 10 und zur Entscheidung des Versicherers Rn. 15.

Kapitel 9 Gesamtschuldnerausgleich und Haftungsprivilegien

Übersicht

		Rdn.
A.	Allgemeine Erwägungen	1
I.	Voraussetzungen des Gesamtschuldnerausgleichs	8
II.	Selbstständiger Charakter des Ausgleichsanspruchs nach § 426 Abs. 1 BGB	10
	1. Vergleich	11
	2. Verjährung	13
	3. Selbstständige Rechtskraft	15
	4. Keine Einwendungen aus dem Grundverhältnis	16
B.	Der Freistellungsanspruch	17
C.	Der Leistungsanspruch	20
I.	Grundsatz – Teilschuld im Innenverhältnis	21
II.	Ausnahme – Gesamtschuld im Innenverhältnis	22
D.	Der Forderungsübergang nach § 426 Abs. 2 BGB	23
E.	Prozesskosten	28
F.	Voraussetzungen der Gesamtschuldnerschaft	32
G.	Haftungsprivilegien und Gesamtschuldnerschaft	39
I.	Einleitung	39
II.	Einzelne Haftungsprivilegien	42
	1. Ehegatten (§ 1359 BGB)	42
	2. Familienprivileg nach § 116 SGB X	50
	3. Haftungsprivilegien im Beamtenrecht	62
	4. Haftungsprivilegien bei Arbeitsunfällen (§§ 104–106 SGB VII)	65
	a) Haftungsprivilegien nach §§ 104–105 SGB VII	67
	aa) Kein Haftungsprivileg nach §§ 104–105 SGB VII beim Wegeunfall – Abgrenzung zum haftungsprivilegierten Betriebsweg	70
	bb) Kein Haftungsprivileg bei Nothilfe	81
	cc) Haftungsprivilegien bei der Mithilfe bei der Reparatur von Kraftfahrzeugen	91
	dd) Das Haftungsprivileg nach § 106 Abs. 3 SGB VII	100
	ee) Die Bedeutung des § 108 SGB VII	109
	5. Haftungsprivilegien bei Schulunfällen	126
	6. Die Haftungsbeschränkung des § 1664 BGB im Verhältnis Eltern/Kind	133
	7. Haftungsprivilegien durch vertragliche Vereinbarung	141
III.	Haftungsprivilegien und gestörte Gesamtschuld	145
H.	Der Ausgleich nach § 17 StVG im Innenverhältnis	155

A. Allgemeine Erwägungen

In diesem Kapitel werden die Ausgleichsansprüche von Gesamtschuldnern behandelt, die dem Geschädigten im Außenverhältnis auf den gesamten Schaden haften, beim Gesamtschuldnerregress im Innenverhältnis aber nur nach der Quote ihres Verursachungs- bzw. Verantwortungsanteils belastet werden. Hingegen bleibt gegenüber dem Geschädigten grundsätzlich die volle Haftung bestehen, ohne dass einer der Schädiger auf den Tatbeitrag des anderen verweisen kann.[1]   1

Tatbestände, die eine gesamtschuldnerische Haftung begründen finden sich im Deliktsrecht des BGB aber auch im StVG. Häufig ist hier die Konstellation, dass der Halter eines Kfz der vom Verschulden losgelösten Gefährdungshaftung nach § 7 Abs. 1 StVG unterliegt und der Fahrer gleichzeitig aus gesetzlich vermutetem Verschulden nach § 18 Abs. 1 StVG haftet. Beide haften in dieser Situation als Gesamtschuldner mit der Rechtsfolge, dass gem. § 421 BGB jeder der Gesamtschuldner im Außenverhältnis die gesamte Leistung zu bewirken hat, der Geschädigte diese Leistung allerdings nur einmal verlangen kann. Der Geschädigte hat also das Privileg, sich denjenigen aussuchen zu kön-   2

---

1 *BGH* bei *Walter* SVR 2010, 467 (468).

nen, den er im Außenverhältnis in Anspruch nimmt. Dies können alle Gesamtschuldner oder aber auch nur Einzelne sein.

3 ▶ **Praxistipp**

In der Regel wird der Geschädigte den Gesamtschuldner auswählen, der die größte finanzielle Leistungsfähigkeit verspricht. Allerdings können auch prozessuale Überlegungen zu einer Inanspruchnahme des Gesamtschuldners führen, so z. B. der Umstand, einen Schuldner als Zeugen im Prozess auszuschalten. Dies führt im Verkehrshaftpflichtprozess in der Regel dazu, dass die KH Versicherung und der Fahrer des gegnerischen Fahrzeugs in Anspruch genommen werden. Die Versicherung wegen der finanziellen Leistungsfähigkeit, der Fahrer, um ihn als Zeugen auszuschalten. Hingegen ist die Inanspruchnahme des Halters nur dann zwingend, wenn er auch der Fahrer des gegnerischen Fahrzeugs war, anderenfalls sollte der Halter zur Vermeidung der dann möglichen Drittfeststellungsklage nicht verklagt werden.

4 Mit Rücksicht auf diese Auswahlmöglichkeit des Geschädigten bestimmt § 422 BGB, dass die Erfüllung durch einen Gesamtschuldner auch die übrigen Gesamtschuldner im Verhältnis zum Geschädigten von der Leistungspflicht befreit.

5 § 426 Abs. 2 BGB bestimmt, dass soweit ein Gesamtschuldner den Gläubiger befriedigt und er von den übrigen Gesamtschuldnern Ausgleichung verlangen kann, die Forderung des Gläubigers gegen die anderen Gesamtschuldner auf ihn übergeht. Neben dieser aus übergegangenem Recht geltend zu machenden Regressforderung gegen die übrigen Gesamtschuldner, entsteht dem leistenden Gesamtschuldner allerdings noch ein eigener Ausgleichsanspruch gem. § 426 Abs. 1 BGB gegen die übrigen Gesamtschuldner. Es handelt sich hier um Ausgleichsansprüche, die nebeneinander im Sinne einer Anspruchskonkurrenz bestehen.[2]

6 Die Ausgleichspflicht der Gesamtschuldner untereinander bildet das Korrektiv der auf den gesamten Schaden gehenden Haftung im Außenverhältnis. Es soll sichergestellt werden, dass jeder Schuldner im Innenverhältnis ausschließlich mit seinem Haftungsanteil belastet bleibt. Dabei tritt in der Regel an die in § 426 Abs. 1 BGB vorgesehene Ausgleichung nach Kopfteilen eine Verteilung unter Berücksichtigung des jeweiligen konkreten Verursachungsbeitrages.

7 Soweit § 17 StVG anwendbar ist, gilt diese Vorschrift als lex specialis und zwar auch insoweit, als Halter und Fahrer des Kfz selbst als Verletzte in Betracht kommen.

I. Voraussetzungen des Gesamtschuldnerausgleichs

8 Die Vorschriften, die sich mit der Ausgleichspflicht der Gesamtschuldner befassen, kommen nur insoweit zur Anwendung, als die einzelnen Beteiligten für den Schaden als Gesamtschuldner haften. Fehlt es im Hinblick auf von einem Schädiger geleistete Zahlungen an einem Gesamtschuldverhältnis, so erwächst ihm kein Ausgleichsanspruch gegenüber den anderen Beteiligten. Ein Gesamtschuldnerausgleich zwischen mehreren Personen setzt also immer voraus, dass eine Haftung aller gegenüber dem Geschädigten besteht. Fehlt es daran, so kann ein Gesamtschuldnerausgleich nicht stattfinden.[3]

9 Haftet von mehreren Schädigern einer nur im Rahmen der Höchstbeträge des § 12 StVG, so kann er auch über den Weg des Schadenausgleichs nicht über die Höchstgrenze in Anspruch genommen werden.[4]

---

2 *OLG München* VersR 2008, 974 f.
3 *OLG Celle* PvR 2001, 282 mit Anm. *Schröder*.
4 *BGH* VersR 1964, 1145, 1147.

A. Allgemeine Erwägungen   Kapitel 9

II. Selbstständiger Charakter des Ausgleichsanspruchs nach § 426 Abs. 1 BGB

Bei dem Ausgleichsanspruch zwischen Gesamtschuldnern handelt es sich um einen rechtlich selbstständigen Ausgleichsanspruch. Er führt nach seiner Entstehung im Verhältnis zum Schadensersatzanspruch des Geschädigten ein rechtliches Eigenleben. Dies soll an den nachfolgend aufgeführten Beispielen verdeutlicht werden. 10

1. Vergleich

Ein Vergleich zwischen dem Geschädigten und einem Gesamtschuldner der einen Erlass beinhaltet ist ein Abfindungsvergleich, der auch die Ansprüche des Geschädigten gegen die anderen Gesamtschuldner in die Abfindungserklärung des Geschädigten einbezieht. So hatte das *OLG Düsseldorf* in seiner Entscheidung vom 11.5.2000[5] einen Sachverhalt zu entscheiden, in dem sich ein bei einem Motorradunfall Geschädigter in einem Abfindungsvergleich gegenüber dem Schädiger und nach dem Text des Vergleichs ausdrücklich auch gegen etwaige weitere Gesamtschuldner gegen Zahlung eines Geldbetrages als abgefunden erklärte. Der weitere Gesamtschuldner war der behandelnde Arzt des Geschädigten, dem bei der Behandlung der Unfallverletzungen des Geschädigten ein Behandlungsfehler unterlaufen war. Das *OLG* hat die Klage des Geschädigten gegen den behandelnden Arzt abgewiesen, der *BGH* hat die Revision nicht angenommen. Das *OLG* hat ausgeführt, dass sich der Geschädigte durch seinen Abfindungsvergleich mit dem Unfallschädiger weiterer Ansprüche gegen den Arzt begeben habe, wie bereits aus dem Wortlaut des Abfindungsvergleichs folge. Auch müsse bedacht werden, dass der Unfallschädiger den Abfindungsvergleich gerade mit der Absicht geschlossen habe, eine abschließende Zahlung zu erbringen, sodass auch weitere Gesamtschuldner des Geschädigten von dessen Wirkung umfasst werden, damit sich der Unfallschädiger neben der Zahlung der Vergleichssumme nicht weiteren Zahlungen aus Anlass der Inanspruchnahme im Wege eines möglichen Gesamtschuldnerausgleichs ausgesetzt sieht. 11

Wird kein Abfindungsvergleich geschlossen, sondern ein Vergleich der z. B. bei Vereinbarung einer Haftungsquote den Geschädigten begünstigt, sind die anderen Gesamtschuldner daran nicht gebunden, da es sich auch hier um einen Vertrag zulasten Dritter handeln würde. Eine belastende Wirkung kann ein Vergleich zwischen einem Schädiger und dem Geschädigten zum Nachteil der anderen Gesamtschuldner niemals haben. 12

2. Verjährung

Während sich die Verjährung des nach § 426 Abs. 2 BGB übergegangenen Anspruchs nach der Verjährung der übergegangenen Forderung richtet, unterliegt der Ausgleichsanspruch einer eigenen Verjährung. Hier handelt es sich üblicherweise um die regelmäßige Verjährung,[6] die nach § 195 BGB drei Jahre beträgt. Fraglich ist, wann diese Verjährung beginnt. 13

Zunächst könnte man die Verjährung mit der Begründung des Gesamtschuldverhältnisses und der entsprechenden Kenntnis der Gesamtschuldner davon beginnen lassen, denkbar wäre jedoch auch ein Verjährungsbeginn erst zu dem Zeitpunkt, zu dem sich der zunächst gegenüber den Gesamtschuldnern bestehende Freistellungsanspruch in den Ausgleichsanspruch nach § 426 Abs. 1 BGB umwandelt.[7] Tatsächlich ist jedoch von einem einheitlichen Verjährungsbeginn und damit davon auszugehen, dass die Verjährung des Ausgleichsanspruchs mit der Begründung der Gesamtschuld und der Kenntnis des ausgleichsberechtigten Gesamtschuldners von der Regressmöglichkeit beginnt.[8] 14

---

5 *OLG Düsseldorf* VersR 2002, 54.
6 Palandt/*Grüneberg* § 426 Rn. 4, s. dort auch zu den Ausnahmen.
7 Vgl. dazu *Klutinius* VersR 2008, 617 m. w. N.
8 *BGH* VersR 2010, 394 (395); *Klutinius* a. a. O., 618 f.

3. Selbstständige Rechtskraft

15 Die Selbstständigkeit des Ausgleichsanspruchs zeigt sich auch daran, dass er der selbstständigen Rechtskraft fähig ist. So ist es beispielsweise möglich, dass im Regressprozess zwischen den Gesamtschuldnern die Haftung des Ausgleichspflichtigen anders beurteilt wird, als im vorausgegangenen Haftpflichtprozess, der das Außenverhältnis zum Geschädigten als Gegenstand hatte. So kann durchaus im Haftpflichtprozess ein Schuldner für haftpflichtig erklärt werden, den das Gericht im nachfolgenden Regressprozess nicht für haftpflichtig und damit auch nicht für ausgleichspflichtig hält. Das Urteil im Haftpflichtprozess erzeugt also keine präjudizielle Bindung.[9]

4. Keine Einwendungen aus dem Grundverhältnis

16 Die Selbstständigkeit des Ausgleichsanspruchs nach § 426 Abs. 1 BGB zeigt sich auch daran, dass dieser Ausgleichsanspruch nicht mit Einwendungen bekämpft werden kann, die das Grundverhältnis zum außenstehenden Dritten betreffen. Der in Regress genommene Gesamtschuldner kann also z. B. nicht einwenden, dass die von den übrigen Gesamtschuldnern beglichene Forderung des Dritten nicht fällig war. Ferner wird der Ausgleichsanspruch des Gesamtschuldners, der den Anspruch des Gläubigers erfüllt hat, auch nicht dadurch berührt, daß der Anspruch des Gläubigers gegen den anderen Gesamtschuldner verjährt ist[10] oder er sich hinsichtlich seiner Inanspruchnahme durch den Gläubiger auf die Einrede der Verjährung hätte berufen können.[11] Eine Durchbrechung dieses Grundsatzes kommt nur unter zwei Gesichtspunkten infrage, nämlich einer abweichenden vertraglichen Vereinbarung zwischen den Parteien oder aufgrund der Grundsätze von Treu und Glauben, insbesondere wenn die übrigen Gesamtschuldner die Zahlungen an den Dritten treuwidrig veranlassten und Einwendungen gegen die Forderung schuldhaft unterließen.[12]

B. Der Freistellungsanspruch

17 Hat der ausgleichsberechtigte Gesamtschuldner noch keine Zahlungen erbracht, so erwächst diesem Gesamtschuldner bis zur Zahlung aus diesem Ausgleichsanspruch ein Freistellungsanspruch gegenüber den anderen zum Ausgleich verpflichteten Gesamtschuldnern, der sich erst im Fall der Zahlung an den Geschädigten in einen Zahlungsanspruch umwandelt.

18 Der schon vor einer Leistung an den Gläubiger bestehende Anspruch eines jeden Gesamtschuldners gegen die übrigen Gesamtschuldner, ihrem Haftungsanteilen entsprechend an der Befriedigung des Geschädigten mitzuwirken, kann in der Form des Freistellungsanspruchs bereits mit der Klage verfolgt und gem. § 887 ZPO vollstreckt werden. Aus § 887 Abs. 2 ZPO ergibt sich sodann die Möglichkeit, die übrigen Gesamtschuldner zu einem Vorschuss an den Gesamtschuldner zu zwingen, der den Freistellungsanspruch geltend macht.

19 Die Verjährung des Freistellungsanspruchs beginnt mit der Begründung der Gesamtschuld und der Kenntnis des ausgleichsberechtigten Gesamtschuldners von seiner Regressmöglichkeit.[13]

C. Der Leistungsanspruch

20 Erst dann, wenn einer der Gesamtschuldner den Gläubiger befriedigt hat, wandelt sich der bis dahin bestehende Freistellungsanspruch gegen die übrigen Gesamtschuldner in Höhe des Haftungsanteils, der den Verantwortungsbeitrag des im Außenverhältnis leistenden Gesamtschuldners übersteigt, zu einem Anspruch des vorleistenden Gesamtschuldners auf Zahlung an sich.

---

9 *BGH* VersR 1969, 1039.
10 *BGH* VersR 2010, 396.
11 *BGH* VersR 2010, 397 (398) = NJW 2010, 435.
12 *OLG München* VersR 2008, 974 f.
13 *Klutinius* a. a. O., 618.

I. Grundsatz – Teilschuld im Innenverhältnis

Im Grundsatz stehen sich die Gesamtschuldner im Innenverhältnis als Teilschuldner gegenüber. Jeder Schuldner ist also nur zum Ausgleich seines Anteils entsprechend seinem Verursachungs- und Verantwortungsbeitrag an den anspruchsberechtigten Gesamtschuldner verpflichtet. Die übrigen Gesamtschuldner sind nicht Gesamtschuldner des im Außenverhältnis leistenden Gesamtschuldners.[14] Bei Ausfall eines Gesamtschuldners z. B. wegen Zahlungsunfähigkeit, erhöht sich aber der Anteil der verbleibenden Gesamtschuldner und damit auch des Ausgleichsberechtigten entsprechend, dies folgt aus § 426 Abs. 1 S. 2 BGB.[15]

II. Ausnahme – Gesamtschuld im Innenverhältnis

Ist der Ausgleichsberechtigte im Innenverhältnis von jeder Haftung freigestellt, so haften ihm die übrigen Gesamtschuldner hingegen auch im Innenverhältnis als Gesamtschuldner.[16] Gleiches gilt, wenn mehrere Gesamtschuldner eine Haftungseinheit bilden. Sie werden für den Ausgleich so behandelt, als wären sie eine Person und haften dann für die gemeinsame Quote gesamtschuldnerisch gegenüber dem ausgleichsberechtigten Gesamtschuldner.[17] Eine solche Haftungseinheit besteht immer dann, wenn sich das Verhalten mehrerer Schädiger in ein und demselben Verursachungsbeitrag ausgewirkt hat, dies kann beispielsweise bei Halter und Fahrer eines Kfz der Fall sein.[18]

D. Der Forderungsübergang nach § 426 Abs. 2 BGB

Soweit ein Gesamtschuldner den Gläubiger befriedigt hat und die von ihm erbrachte Leistung über seinen Haftungsanteil im Innenverhältnis hinausgeht, geht die im Außenverhältnis befriedigte Forderung auf den leistenden Gesamtschuldner über (§ 426 Abs. 2 BGB). Neben dem oben behandelten Leistungsanspruch aus § 426 Abs. 1 BGB bietet sich also hier eine weitere Regressmöglichkeit des leistenden Gesamtschuldners gegenüber den anderen Gesamtschuldnern.

Durch diesen Forderungsübergang wächst der vorleistende Gesamtschuldner in die Rechtsstellung des ursprünglichen Gläubigers hinein und kann nunmehr aus übergegangenem Recht dessen Anspruch gegenüber den anderen Gesamtschuldnern in der Weise geltend machen, dass der eigene Verantwortungsbeitrag des Vorleistenden angerechnet wird, der Ausgleichsanspruch also lediglich in Höhe des Betrages besteht, den der Vorleistende über seinen eigenen Mithaftungsanteil hinaus aufgrund seiner gesamtschuldnerischen Haftung hinaus bezahlt hat.

In diesem Zusammenhang ist allerdings zu beachten, dass nur begründete Ersatzansprüche des Berechtigten gem. § 426 Abs. 2 BGB auf den vorleistenden Gesamtschuldner übergehen können. Zahlt er mehr, als im Außenverhältnis nach Sach- und Rechtslage tatsächlich geschuldet wird, so kann insoweit die Forderung nicht übergehen. Dem Vorleistenden fehlt also für den zu Unrecht gezahlten Teil der Forderung die Aktivlegitimation.

Haftet der im Außenverhältnis in Anspruch genommene vermeintliche Gesamtschuldner bereits im Außenverhältnis nicht, dann liegt kein Gesamtschuldverhältnis vor. Auch in diesem Fall findet ein Forderungsübergang nach § 426 Abs. 2 BGB nicht statt, sodass auch in diesem Fall die Aktivlegitimation für die Geltendmachung des befriedigten Anspruchs fehlt.

---

14 BGHZ 6, 3, 25.
15 Palandt/*Grüneberg* § 426 Rn. 6 m. w. N.
16 Str. s. Nachweise bei Palandt/*Grüneberg* § 426 a. a. O., in diesem Sinne aber BGHZ 17, 214, 222.
17 BGHZ 55, 344, 349 und BGHZ 61, 214 (220).
18 Vgl. *BGH* NJW 1966, 1262.

27 ▶ Praxistipp

In der Regel ist die Geltendmachung des stärkeren Ausgleichsanspruchs nach § 426 Abs. 1 BGB zu empfehlen, da er nicht mit den Einwendungen bekämpft werden kann, die das Grundverhältnis betreffen und über eine vom Grundverhältnis unabhängige eigene Verjährungsfrist verfügt.

E. Prozesskosten

28 Wird einer der Gesamtschuldner mit einem Prozess überzogen, so entsteht diesem wegen der Prozesskosten gegen die anderen Gesamtschuldner in der Regel kein Ausgleichsanspruch gem. § 426 BGB, da im Hinblick auf die Prozesskosten kein Gesamtschuldverhältnis besteht. Der *BGH* weist in diesem Zusammenhang allerdings zutreffend darauf hin, dass sich hier im Einzelfall aus besonderen Gründen auch abweichende Lösungen ergeben können.[19] Kriterien für etwaige abweichende Lösungen sind das Verhalten der einzelnen Gesamtschuldner zueinander im Fall der Inanspruchnahme durch den Gläubiger im Außenverhältnis und die Frage der tatsächlichen Einstandsverpflichtung im Innenverhältnis. Es sind hier Fallkonstellationen denkbar, die zu einer Kostenverteilung zwischen den Gesamtschuldnern und damit auch zu Ausgleichsansprüchen führen, wenn die alleinige Kostentragung des im Außenverhältnis in Anspruch genommenen Gesamtschuldners mit den Grundsätzen von Treu und Glauben nicht vereinbar ist.

29 So wäre es beispielsweise denkbar, einen Gesamtschuldner, der im Innenverhältnis ausschließlich eintrittspflichtig ist, mit den Kosten des Rechtsstreits jedenfalls mit zu belasten, wenn er durch sein Verhalten den Prozess gegen einen anderen im Innenverhältnis nicht ausgleichspflichtigen Gesamtschuldner provoziert hat, wobei aber auch hier im Sinne einer Verteilung der Kosten nach Quoten, wie etwa bei der Annahme eines Mitverschuldens, die Frage geklärt werden muss, warum es der andere Gesamtschuldner überhaupt zum Prozess hat kommen lassen und den Gläubiger im Außenverhältnis nicht befriedigt hat, um die entstandenen Prozesskosten im Sinne einer Schadenminderung zu vermeiden. Umgekehrt wird man alle Gesamtschuldner im Rahmen ihres materiell gerechtfertigten Verantwortungsbeitrages für ausgleichspflichtig jedenfalls dann halten dürfen, wenn gegen einen von ihnen ein Musterprozess geführt worden ist und alle anderen damit einverstanden waren, die ihnen obliegende Leistung zunächst zurückzustellen, um die allgemein interessierende Rechtsfrage im Prozess endgültig klären zu lassen.

30 Befinden sich alle Gesamtschuldner im Verzug, wird aber nur einer von ihnen verklagt, so realisiert sich bei diesem Gesamtschuldner ein Risiko, dass jeden der Gesamtschuldner hätte treffen können. Auch hier kann es unbillig sein, lediglich den verklagten Gesamtschuldner die Kosten allein tragen zu lassen. Auch hier wird man bei der Kostenverteilung aber zu prüfen haben, warum der verklagte Gesamtschuldner nicht vor Prozessbeginn den Anspruch in voller Höhe befriedigt hat bzw. warum die anderen Gesamtschuldner ihren Beitrag zur Befriedigung des Gläubigers nicht vor oder während des Prozesses zur Verfügung gestellt haben, um den Rechtsstreit zu vermeiden bzw. die Kosten zu reduzieren.

31 ▶ Praxistipp

Im Ergebnis sollte daher der strikte Grundsatz, dass dem in Anspruch genommenen Gesamtschuldner wegen der Prozesskosten gegen die anderen Gesamtschuldner grds. kein Ausgleichsanspruch gem. § 426 BGB zusteht, in jedem Einzelfall auf seine Angemessenheit überprüft und die Kosten ggf. abweichend davon verteilt werden.

---

19 *BGH* NJW 1974, 693 f.

F. Voraussetzungen der Gesamtschuldnerschaft

Voraussetzung der Gesamtschuldnerschaft ist zunächst, dass sich der Anspruch des Gläubigers gegen mehrere Schuldner richtet (§ 421 BGB). Alle (Gesamt-)Schuldner müssen auf das Ganze verpflichtet sein, der Gläubiger darf allerdings nur berechtigt sein, die Leistung einmal zu fordern. 32

Die Pflichten der Gesamtschuldner müssen sich auf dasselbe Leistungsinteresse beziehen, dabei ist allerdings eine völlige Identität nicht erforderlich, es genügt eine an der Grenze zur inhaltlichen Gleichwertigkeit liegende besonders enge Verwandtschaft.[20] Diese Gleichstufigkeit fehlt z. B. dann, wenn aus Anlass eines Schadensfalls der eine Gläubiger Ersatz aus einem Versicherungsvertrag oder Teilungsabkommen, der andere aber aus Delikt schuldet. 33

Eine Gesamtschuld liegt nur dann vor, wenn die Verpflichtungen der Schuldner gleichstufig sind.[21] Dies bedeutet dass zwischen den (Gesamt-) Schuldnern eine Tilgungsgemeinschaft in dem Sinne bestehen muss, dass durch Erfüllung der einen Schuld auch die andere Schuld erlischt. Sie fehlt, wenn sich die Schulden im Rang unterscheiden, also die eine Schuld z. B. der Erfüllung eines Schadensersatzanspruchs und die andere der Erfüllung einer Unterhaltsverpflichtung dient. Die Pflichten der Gesamtschuldner müssen sich auf dasselbe Leistungsinteresse beziehen, dabei ist allerdings eine völlige Identität nicht erforderlich, es genügt eine an der Grenze zur inhaltlichen Gleichwertigkeit liegende besonders enge Verwandtschaft.[22] Diese Gleichstufigkeit fehlt z. B. auch dann, wenn aus Anlass eines Schadensfalls der eine Gläubiger Ersatz aus einem Versicherungsvertrag oder Teilungsabkommen, der andere aber aus Delikt schuldet. So sind z. B. der deliktische Schädiger und der Kaskoversicherer des Geschädigten keine Gesamtschuldner, was dazu führt, dass bei der Beschädigung des gleichen Karosserieteils anlässlich verschiedener Schadenereignisse, der Geschädigte sowohl Leistungen des Kaskoversicherers als auch des deliktischen Schädigers beanspruchen kann.[23] Wäre der gleiche Schadenfall Anlass für die Leistung des Kaskoversicherers, bestünde zwar ebenfalls keine Gesamtschuld zwischen dem deliktischen Schädiger und der Kaskoversicherung, auf Grund des Anspruchsübergangs gem. § 86 VVG nach Leistung des Kaskoversicherers wäre jedoch dann die Aktivlegitimation des Geschädigten für die Durchsetzung der Ansprüche gegen den Schädiger entfallen. 34

Im Deliktsrecht finden sich in den §§ 829 ff. BGB diverse Vorschriften, die Fälle der Gesamtschuldnerschaft regeln. Sie bestimmen Gesamtschuldnerschaft im Außenverhältnis und regeln die Haftung im Innenverhältnis. 35

Darüber hinaus wird in § 830 BGB bestimmt, dass ein Mittäter (Dritter) im Innenverhältnis allein für den Schaden verantwortlich ist, wenn die Haftung des anderen sich lediglich aus den Bestimmungen der §§ 832 bis 838 BGB ergibt. 36

Haben mehrere Personen durch eine gemeinschaftlich begangene unerlaubte Handlung einen Schaden verursacht, dann ist gem. § 830 Abs. 1 S. 1 BGB jeder von ihnen im Verhältnis zum Geschädigten für den vollen Schaden verantwortlich. Das gleiche gilt nach § 830 Abs. 1 S. 2 BGB wenn sich nicht feststellen lässt, wer von mehreren Beteiligten den Schaden verursacht hat. Anstifter und Gehilfen stehen haftungsrechtlich Mittätern gleich (§ 830 Abs. 2 BGB). 37

Über die Tatumstände des § 830 BGB hinaus bestimmt § 840 BGB eine gesamtschuldnerische Haftung auch für die Fälle, in denen derselbe Schaden durch nicht miteinander in Verbindung stehende Personen verursacht worden ist. Für das Verhältnis der Beteiligten untereinander gelten die Bestimmungen der §§ 426, 840 Abs. 2 und Abs. 3 sowie 841 BGB. 38

---

20 BGHZ 43, 227 (233).
21 BGHZ 106, 313 (319).
22 BGHZ 43, 227 (233).
23 *BGH* VersR 2009, 1130.

G. Haftungsprivilegien und Gesamtschuldnerschaft

I. Einleitung

39 Haftungsprivilegien können auf einer vertraglichen Vereinbarung oder auf gesetzlichen Bestimmungen beruhen. Von besonderer Bedeutung im Haftpflichtrecht sind die gesetzlichen Haftungsprivilegien. Sie führen im unmittelbaren Verhältnis zwischen dem Schädiger und Geschädigten zu Haftungserleichterungen zugunsten des Schädigers oder sogar zu einem Haftungsausschluss. Haftungsprivilegien können sich aus den unterschiedlichsten Gründen wie z. B. einer wirtschaftlichen Gemeinschaft, einer besonderen Nähebeziehung oder wie im Fall der Haftungsprivilegien nach §§ 104 ff. SGB VII u. a. daraus begründen, dass der Unternehmer für die Beiträge zur gesetzlichen Unfallversicherung aufkommt,[24] sodass er nur unter besonderen Voraussetzungen gleichwohl auf Schadenersatz in Anspruch genommen werden kann.

40 Haftungsprivilegien einzelner Gesamtschuldner können zu einer gestörten Gesamtschuld führen, sodass sich im Außenverhältnis zum Geschädigten eine Reduzierung des Anspruchs ergibt, den der Geschädigte geltend machen kann. Entsprechend soll daher an dieser Stelle auf einige für die Kfz Schadenregulierung bedeutsame Haftungsprivilegien eingegangen und das Rechtsinstitut der gestörten Gesamtschuld erläutert werden.

41 ▶ **Praxistipp**

> Mit der Einwendung eines Haftungsprivilegs hat der im Außenverhältnis grundsätzlich auf die volle Forderung haftende Gesamtschuldner die besondere Möglichkeit seine Haftung bereits im Außenverhältnis auf seinen im Innenverhältnis bestehenden Haftungsanteil und damit ggf. sogar auf Null zu reduzieren. Damit vermeidet er eine über seinen Haftungsanteil hinausgehende Inanspruchnahme im Außenverhältnis und damit einen entsprechenden Innenregress mit dem oder den anderen Gesamtschuldnern.

II. Einzelne Haftungsprivilegien

1. Ehegatten (§ 1359 BGB)

42 Gem. § 1359 BGB haben Ehegatten bei der Erfüllung der sich aus dem ehelichen Verhältnis ergebenden Verpflichtungen einander nur für diejenige Sorgfalt einzustehen, welche sie in eigenen Angelegenheiten anzuwenden pflegen. Dieser erleichterte Haftungsmaßstab gilt jedoch nicht für das Verkehrsrecht.

43 Nach ständiger Rspr. des *BGH* kann ein Ehegatte, der vom anderen Ehegatten als Fahrzeugführer geschädigt worden ist, Schadensersatz verlangen, ohne dass eine Berufung auf den milderen Haftungsmaßstab des § 1359 BGB möglich wäre.[25] Begründet hat der *BGH* seine Auffassung damit, dass eine Haftungsprivilegierung, die sich auf eine personenbezogene Minderung der Sorgfaltsanforderung gründet, der Schutzfunktion des Haftpflichtrechts, der bei der Ausdehnung und Gefährlichkeit des Straßenverkehrs eine besondere Bedeutung zukommt, nicht gerecht würde.[26] Es ginge an Sinn und Zweck der Regelung vorbei, wenn sich der Ehegatte, der unter Verstoß gegen die Verkehrsvorschriften den anderen Ehegatten geschädigt hat, darauf berufen können soll, er pflege gewöhnlich in solcher Weise gegen Verkehrsvorschriften zu verstoßen, um dann auch bei einer Schadenszufügung schwerster Art eine Haftungsfreistellung für sich in Anspruch nehmen zu können.[27] Entsprechend sei § 1359 BGB als Ausnahmevorschrift eng auszulegen und gelte daher für alle motorgetriebenen Fahrzeuge und damit z. B. auch für Motorboote.[28]

---

24 *Geigel/Wellner* Kap. 31 Rn. 4.
25 BGHZ 53, 352; BGHZ 61, 101 (105).
26 BGHZ 53, 352 (355, 357).
27 BGHZ 53, 352 (356).
28 *BGH* DAR 2009, 391 = NJW 2009, 1875 = zfs 2009, 618.

Im Straßenverkehr haftet der Ehegatte somit nicht nur nach Maßgabe derjenigen Sorgfalt, die er auch 44
in eigenen Angelegenheiten anzuwenden pflegt, sondern für die Verletzung der im Verkehr erforderlichen Sorgfalt allgemein. Bemüht sich der schädigende Ehegatte allerdings außerhalb des Schadensersatzrechtes anderweitig um Ausgleich, so ist seine Inanspruchnahme durch den geschädigten Ehegatten ausgeschlossen,[29] wenngleich der Schadensersatzanspruch bestehen bleibt. Aus § 1353 BGB kann mithin die Rechtspflicht folgen, den Schadensersatzanspruch nicht geltend zu machen.[30]

Im Fall der Scheidung der Eheleute stellt sich die Frage, ob der Anspruch nicht geltend gemacht wer- 45
den darf, neu. Lebten die Eheleute schon vor dem Schaden stiftenden Ereignis getrennt, lassen sich aus § 1353 BGB keine Bedenken gegen die Erhebung der Ersatzforderung herleiten.[31] Gleiches gilt, wenn es aus Anlass des von einem Ehegatten verschuldeten Unfalls zur Scheidung kommt, da es auch in dieser Situation nicht dazu kommen wird, dass die Eheleute zukünftig die Unfallfolgen im Rahmen einer gemeinsamen ehelichen Lebensgemeinschaft auffangen werden.[32]

Bestand zum Zeitpunkt des Unfalls allerdings die eheliche Lebensgemeinschaft und wird diese da- 46
nach fortgesetzt, wobei sich der schädigende Ehegatte im Rahmen seiner wirtschaftlichen Möglichkeiten in einer der ehelichen Gemeinschaft angepassten Weise um einen anderweitigen Ausgleich des Schadens bemüht und scheitert die Ehe dann, kann damit der Schadensersatzanspruch nicht automatisch in voller Höhe durchgesetzt werden. Wie der *BGH* zutreffend ausführt, müsste es auf Unverständnis stoßen, wenn der Ehegatte alle Ersatzansprüche, die er gegen den anderen Ehegatten wegen verschuldeter Schadenszufügung im Laufe der Ehe erworben hat ohne Rücksicht auf die früher unternommenen Anstrengungen zur gemeinsamen Überwindung des Schadens allein deshalb soll durchsetzen können, weil die Ehe geschieden wird.[33] Die uneingeschränkte Durchsetzbarkeit dieser Ansprüche sieht der *BGH* nur dann als gegeben an, wenn infolge der Scheidung die zuvor unternommenen Bemühungen zum anderweitigen Schadenausgleich wieder rückgängig gemacht werden.[34] Andernfalls ist zu untersuchen, ob diese Bemühungen auch über den Zeitpunkt der Scheidung hinaus fortwirken. Ist dies zu bejahen, so kann die Inanspruchnahme des Ehegatten nur insoweit erfolgen, als noch ein Bedürfnis nach Schadenausgleich fortbesteht.

Der Umstand, dass der Bestand der Schadensersatzforderung unberührt bleibt, führt nach ständiger 47
Rspr. des *BGH* auch dazu, dass ein Zweitschädiger, der der Ehefrau im Außenverhältnis vollen Schadensersatz geleistet hat, gegen den schädigenden Ehegatten im Innenverhältnis einen von § 1359 BGB unberührten Ausgleichsanspruch hat, sich dieser Ausgleichsanspruch also lediglich nach den konkreten Verursachungsbeiträgen richtet.[35] Im Fall des Alleinverschuldens des Ehemannes haftet dieser also im Innenverhältnis zum Zweitschädiger trotz § 1359 BGB in voller Höhe.

Als Alternative zu dieser Vorgehensweise des *BGH* erscheint jedoch die Annahme der gestörten Ge- 48
samtschuld vorzugswürdig, also die Ansprüche der Ehefrau im Außenverhältnis gegen den Zweitschädiger nur in der Höhe zuzulassen, wie es seinem konkreten Verursachungsbeitrag entsprochen hätte. Im Fall des Alleinverschuldens des Ehemanns hätte die Ehefrau vom Zweitschädiger nichts zu beanspruchen gehabt. Hintergrund ist die Überlegung, dass Ehegatten eine Lebens- und Wirtschaftsgemeinschaft bilden, in deren Rahmen die Eheleute im Fall der intakten Ehe auch die Mehraufwendungen gemeinsam tragen werden, die durch das Schaden stiftende Ereignis verursacht werden. Umgekehrt werden auch Schadensersatzleistungen der gemeinsamen »Haushaltskasse« zufließen. Die vom *BGH* vertretene Lösung führt nun dazu, dass der geschädigte Ehegatte Leistungen erhält, die er, wirtschaftlich betrachtet, dem gemeinsamen Familienvermögen zuführt, das sodann, wiederum wirtschaftlich gesehen, für den Ausgleich der Regressforderung des Zweitschädigers gegen den schä-

---

29 Vgl. dazu z. B. *BGH* FamRZ 1988, 476 f.
30 *BGH* NJW 1988, 1208.
31 *BGH* a. a. O.
32 Vgl. BGHZ 63, 51 (58).
33 *BGH* NJW 1988, 1209.
34 *BGH* a. a. O.
35 BGHZ 35, 317.

digenden Ehegatten verwendet werden muss. Selbst wenn hinter dem schädigenden Ehemann beim Autounfall eine Versicherung steht, die sodann in Anspruch genommen werden kann, vermag dieser zufällige Umstand nicht darüber hinwegzutäuschen, dass nach der Rspr. des *BGH* jedenfalls die Gefahr besteht, dass man, z. B. im Fall des Fehlens einer Versicherung, wirtschaftlich dem geschädigten Ehegatten mit der einen Hand gibt, was man ihm mit der anderen Hand wieder nimmt.

49   Ein entsprechendes Haftungsprivileg findet sich für gleichgeschlechtliche Lebenspartnerschaften in § 4 LPartG, sodass die oben genannten Überlegungen hier entsprechend gelten.

2. Familienprivileg nach § 116 SGB X

50   Nach § 116 Abs. 1 SGB X gehen die Schadenersatzansprüche des Geschädigten auf die Sozialleistungsträger über, soweit diese aufgrund des Schadenereignisses Sozialleistungen zu erbringen haben, die mit den Schadenersatzansprüchen des Geschädigten kongruent sind.[36] § 116 Abs. 6 SGB X bestimmt, dass dieser Übergang nicht stattfindet, wenn sich der Schadenersatzanspruch gegen Familienangehörige richtet, die zum Zeitpunkt des Schadenereignisses mit dem Geschädigten oder seinen Hinterbliebenen in häuslicher Gemeinschaft lebten oder mit dem Geschädigten oder einem Hinterbliebenen nach Eintritt des Schadenfalls die Ehe geschlossen haben und in häuslicher Gemeinschaft leben.

51   Für den Beitragsregress nach § 119 SGB X gilt das Familienprivileg des § 116 SGB X allerdings nicht.[37] Nach dieser Vorschrift regressieren Rentenversicherungsträger die Rentenversicherungsbeiträge vom Schädiger, die der Geschädigte unfallbedingt nicht mehr abführen kann. Der Rentenversicherungsträger fungiert hier sozusagen als Treuhänder des Versicherten, um sicherzustellen, dass dieser später Rentenleistungen erhält, die auch die Zeit der Schädigung umfassen. Ein Ausschluss des Beitragsregresses in einem solchen Fall würde die Familienkasse aufgrund des später eintretenden Rentenschadens belasten, sodass hier das Familienprivileg kontraproduktiv wäre.[38]

52   Der Gesetzgeber hat den Begriff des Familienangehörigen i. S. d. § 116 SGB X nicht definiert. Es bleibt damit der Rspr. überlassen, diesen Begriff orientiert an Sinn und Zweck dieser Vorschrift auszulegen.[39]

53   Nach dem Normzweck gelten als Familienangehörige alle Personen, die miteinander verheiratet, verschwägert oder verwandt sind und solche Personen, die nach der gesellschaftlichen Anschauung als zur Familie gehörig betrachtet werden können.[40] Familienangehörige i. S. d. § 116 SGB X sind daher u. a.: Ehegatten, Kinder, Geschwister, Verwandte in auf- und absteigender Linie, Verschwägerte, Adoptiv- und Stiefkinder sowie Pflegekinder, bei einer auf Dauer angelegten Pflegschaft.[41] Auch die biologische Abstammung des Kindes vom Schädiger kann für die Anwendung des Familienprivilegs ausreichen, selbst wenn es sich familienrechtlich nicht um das Kind des Schädigers handelt, weil die Mutter mit einem anderen Mann verheiratet ist und die in diesem Fall vermutete Vaterschaft des Ehemanns nicht angefochten ist.[42]

54   Nicht zum Kreis der Familienangehörigen zählen hingegen Verlobte[43] und geschiedene Ehegatten. Nach der Rspr. des *BGH* sollen auch nichteheliche Lebensgemeinschaften nicht unter das Familienprivileg fallen. Auf den Partner einer eheähnlichen Lebensgemeinschaft erstreckt sich das in § 116 Abs. 6 SGB X verankerte Familienprivileg nach Auffassung des *BGH* nicht, da dieser nicht ein Fa-

---

36   *Elsner* zfs 1999, 276 f. und *Kornes* r+s 2002, 309 ff.
37   *BGH* VersR 1989, 492; Himmelreich/Halm/*Engelbrecht* Kap. 31 Rn. 71.
38   Geigel/*Plagemann* Kap. 30 Rn. 85.
39   *BGH* DAR 1988, 130 f.; *OLG Stuttgart* VersR 1993, 724 f.
40   *BGH* a. a. O.; *OLG Stuttgart* a. a. O.
41   *OLG Stuttgart* a. a. O.
42   *BGH* NJW 1980, 1468.
43   Dies folgt m. E. aus der nachfolgend behandelten Entscheidung des *BGH* DAR 1988, 130, der die nichteheliche Lebensgemeinschaft nicht unter das Familienprivileg fallen lässt.

G. Haftungsprivilegien und Gesamtschuldnerschaft   Kapitel 9

milienangehöriger im Sinne der Vorschrift sei. Darüber hinaus sei zum Zeitpunkt des Inkrafttretens des neuen § 116 VI SGB X die Problematik der eheähnlichen Lebensgemeinschaften hinlänglich bekannt gewesen, sodass nicht von einer unplanmäßigen Regelungslücke ausgegangen werden könne. Der Gesetzgeber hätte also nach der Vorstellung des *BGH* ein Haftungsprivileg für nichteheliche Lebensgemeinschaften in § 116 Abs. 6 SGB X aufgenommen, wenn er es gewollt hätte. Da es fehlt, scheide auch eine analoge Anwendung aus.[44]

Hier dürfte jedoch eine Änderung der Rechtsprechung des *BGH* zu erwarten sein. Dies folgt aus einer Entscheidung des *BGH* vom 22.4.2009.[45] Für den Anwendungsbereich des § 67 Abs. 2 VVG a. F. (jetzt inhaltsgleich § 86 VVG) hat der *BGH* entschieden, dass sich auf das Familienprivileg auch die Partner einer nicht ehelichen Lebensgemeinschaft berufen dürfen, die im Rahmen einer Lebens- und Wirtschaftsgemeinschaft einen gemeinsamen Haushalt führen. § 67 VVG a. F. sei insoweit analog anwendbar. Begründet wird dies damit, dass hier eine der Ehe gleichzusetzende häusliche Lebens- und Wirtschaftsgemeinschaft zugrunde liegt. Man wird davon ausgehen müssen, dass der *BGH* diese Rechtsprechung auch auf § 116 Abs. 6 SGB X ausdehnen wird, da nach den Urteilsgründen der Entscheidung vom 22.4.2009 der für die Auslegung des § 116 Abs. 6 SGB X zuständige VI. Zivilsenat des *BGH* erklärt habe, an seiner abweichenden Auffassung nicht mehr festhalten zu wollen.[46]   54a

Eine häusliche Gemeinschaft i. S. d. § 116 Abs. 6 SGB X liegt dann vor, wenn die Lebens- und Wirtschaftsführung auf Dauer in einem gemeinsamen Haushalt praktiziert wird, der Mittelpunkt des Lebens sich also in einem gemeinsam bewohnten Haus oder einer gemeinsamen Wohnung abspielt. Erforderlich ist über die gemeinsame Nutzung der Räume hinaus, die Realisierung einer Gemeinschaft im familiären und wirtschaftlichen Sinne.[47] Diese kann auch bei einer vorübergehenden Trennung z. B. aus beruflichen Gründen oder bei einer Unterbringung in einer Heilstätte fortbestehen.[48] Maßgeblich ist hier, ob die Eheleute diese räumliche Trennung auch mit einem Trennungswillen i. S. d. § 1567 BGB vollzogen haben oder die Lebens- und Wirtschaftsgemeinschaft trotz der räumlichen Trennung aufrechterhalten wollen. Fehlt es an einem Trennungswillen, so greift die Rechtfertigung des Familienprivilegs – Schutz des Familienfriedens und der gemeinsamen Haushaltskasse – auch in dieser Situation ein.   55

Die Voraussetzungen des Familienprivilegs müssen nach dem Wortlaut des § 116 Abs. 6 SGB X zum Zeitpunkt des Schadenereignisses vorliegen. Schließen Schädiger und Geschädigter nach Eintritt des Schadenfalls die Ehe und leben in häuslicher Gemeinschaft, so kann nach dem Wortlaut des § 116 Abs. 6 SGB X der Ersatzanspruch ebenfalls nicht (mehr) geltend gemacht werden. Dies bedeutet, dass sich in diesem Fall auch der Schädiger nachträglich auf das Familienprivileg berufen kann, der bereits rechtskräftig zum Schadenersatz an den Sozialleistungsträger verurteilt worden ist.[49] Soweit der Schädiger zuvor Schadenersatz an den Sozialleistungsträger erbracht hat, sind ihm diese Leistungen zurückzuerstatten.[50] Sind allerdings die Schadenersatzleistungen bereits vor der Eheschließung vollständig erbracht, dann können diese nicht mehr vom Schädiger zurückgefordert werden.[51]   56

Analoge Anwendung findet § 116 Abs. 6 SGB X wenn nach dem Unfall Familienangehörige eine häusliche Gemeinschaft begründen, z. B. der Sohn seinen verletzten Vater in seinen Haushalt aufnimmt, um ihn besser pflegen zu können.[52] Auch in dieser Situation entsteht eine schutzwürdige   57

---

44 *BGH* DAR 1988, 130 f.
45 *BGH* VersR 2009, 813.
46 *BGH* a. a. O. (814 a. E.).
47 Geigel/*Plagemann* Kap. 30 Rn. 79 m. w. N.
48 Geigel/*Plagemann* a. a. O.
49 *BGH* NJW 1977, 108.
50 Str. vgl. *OLG Frankfurt* VersR 1985, 936; Himmelreich/Halm/*Engelbrecht* Kap. 31 Rn. 56 und a. A. Geigel/*Plagemann* Kap. 30 Rn. 81 m. w. N.
51 *OLG Rostock* bei *Lang* in SVR 2008, 69.
52 Geigel/*Plagemann* Kap. 30 Rn. 82.

häusliche Lebens- und Wirtschaftsgemeinschaft, die nach der Ratio des § 116 Abs. 6 SGB X von Schadenersatzforderungen des Sozialleistungsträgers freizustellen ist.

58 ▶ **Praxistipp**

> Um die Inanspruchnahme aus nach § 116 SGB X übergegangenem Recht durch einen Sozialversicherungsträger zu vermeiden ist also immer zu prüfen, ob die Voraussetzungen des Familienprivilegs vorliegen oder im Rahmen der oben dargestellten Grenzen nachträglich geschaffen werden können.

59 Fraglich ist, ob eine andere Betrachtung gerechtfertigt ist, wenn hinter dem Schädiger eine Haftpflichtversicherung steht, die aufgrund ihrer Eintrittspflicht jedenfalls verhindert, dass der Geschädigte aus eigenem Vermögen die Regressforderung des Sozialleistungsträgers befriedigt. Da jedoch neben diesem Kriterium auch der Schutz des Familienfriedens eine tragende Begründung für das Familienprivileg ist, ändert auch das Vorhandensein eines Haftpflichtversicherers nichts daran, dass sich der Schädiger auf dieses Privileg berufen kann und damit kein Forderungsübergang, auch nicht eines etwaigen Direktanspruchs, stattfindet.[53]

60 Gleichwohl ist die Anwendung des Familienprivilegs in diesen Fällen nicht unumstritten, weil es dazu führt, dass der Geschädigte bei Eingreifen des Familienprivilegs doppelt entschädigt wird, wie sich in dem vom *BGH*[54] entschiedenen Fall zeigt. Hier hatte das Kind bei einem von seiner Mutter verursachten Verkehrsunfall schwere Verletzungen erlitten, die zu einer Pflegebedürftigkeit führten. Entsprechend erhielt das Kind Leistungen der Pflegekasse, die diese bei der Mutter bzw. deren Haftpflichtversicherung wegen des Familienprivilegs nicht regressieren konnte. Gegenüber dem Kind kann sich die Haftpflichtversicherung jedoch nicht auf ein Familienprivileg berufen, was bedeutet, dass das geschädigte Kind die Haftpflichtversicherung auch auf die Leistungen in Anspruch nehmen konnte, die es von der Pflegeversicherung schon erhielt. Aufgrund des Familienprivilegs hatte das Kind diese Ansprüche auch nicht im Wege des Forderungsübergangs an den leistenden Sozialversicherungsträger verloren, sodass es weiter zur Durchsetzung dieser Ansprüche aktivlegitimiert war, also die Leistungen doppelt erhielt, da die Versicherung die von der Pflegekasse geleisteten Zahlungen nicht unter Hinweis auf einen Anspruchsübergang ablehnen konnte. Auch ein Vorteilsausgleich wird wegen des Rechtsgedankens des § 843 BGB abgelehnt, sodass das Familienprivileg in der Tat dazu führt, dass in diesen Fällen zugunsten des geschädigten Familienangehörigen doppelte Leistungen fließen.[55]

61 Eine Ausnahme hat der *BGH* für den Fall zugelassen, dass sich die Regulierung durch den eintrittspflichtigen Haftpflichtversicherer solange verzögert, dass der Geschädigte gezwungen wird, Sozialhilfe in Anspruch zu nehmen. In dieser Fallkonstellation hat der *BGH* entschieden, dass aus dem Nachrangprinzip der Sozialhilfe folge, dass sich der Haftpflichtversicherer nicht auf das Familienprivileg berufen könne,[56] sodass der Sozialhilfeträger den Haftpflichtversicherer aus übergegangenem Recht in Anspruch nehmen kann. In diesen Fällen kommt es dann also nicht zu einer Doppelentschädigung durch Sozialhilfe und Leistung des Haftpflichtversicherers, von dessen Leistungen ist vielmehr die gezahlte Sozialhilfe abzuziehen.

3. Haftungsprivilegien im Beamtenrecht

62 Ähnliche Grundsätze hat der *BGH*[57] auch für das Beamtenrecht entwickelt. Nach § 87a BBG findet ebenfalls ein Anspruchsübergang im Umfang der kongruenten Leistungen auf den Dienstherrn

---

53 Vgl. *LG Trier* NZV 1998, 416 f., bestätigt durch *OLG Koblenz* VersR 2000, 1436 und den Nichtannahmebeschluss des *BGH* v. 29.2.2000 – Az. VI ZR 239/99 n. v.; *BGH* VersR 2001, 215.
54 *BGH* VersR 2001, 215.
55 Vgl. *Halfmeier* und *Schnitzler* VersR 2002, 11 f.
56 *BGH* NZV 1996, 445 f.
57 Vgl. BGHZ 43, 72 (77 f.).

G. Haftungsprivilegien und Gesamtschuldnerschaft

statt.[58] Auch in diesen Fällen hat der *BGH* einen Übergang der Schadensersatzansprüche gegen nahe Familienangehörige – in jenem Fall handelt es sich um einen noch minderjährigen Sohn des durch den betreffenden Verkehrsunfall verstorbenen Vaters – auf den Versorgungsträger ausgeschlossen.

Bei einer Dienstfahrt kann der verletzte Beamte einen außerhalb des Dienstverhältnisses stehenden Schädiger (Dritten) nur insoweit auf Schmerzensgeld in Anspruch nehmen, als dieser im Verhältnis zu dem im öffentlichen Dienst beschäftigten Mitschädiger für den Schaden verantwortlich ist.[59] Der *BGH* vertritt insoweit die Auffassung, dass bei einem Dienstunfall dem verletzten Beamten gegen seinen Dienstherrn gemäß § 46 Abs. 1 BeamtVG nur die Ansprüche auf Unfallfürsorge nach §§ 30 bis 43 BeamtVG zustehen. Weitergehende Ansprüche gegen einen öffentlich-rechtlichen Dienstherrn oder gegen die in dessen Diensten stehenden Personen kann der verletzte Beamte nach § 46 Abs. 2 BeamtVG nicht geltend machen. 63

Hat sich der Unfall hingegen bei der Teilnahme am allgemeinen Verkehr ereignet, so kann der verletzte Beamte selbst weiter gehende Ansprüche auch gegen andere Beamte bzw. gegen deren Dienstherrn geltend machen. Dies folgt aus § 46 Abs. 2 S. 2 BeamtVG, wonach das Gesetz über die erweiterte Zulassung von Schadensersatzansprüchen bei Dienst- und Arbeitsunfällen vom 7.12.1943 Anwendung findet. Durch dieses Gesetz wird Beamten mit Rückwirkung zum 26.8.1939, die einen Dienstunfall bei der Teilnahme am allgemeinen Verkehr erlitten haben, Schadensersatzansprüche gegen die öffentliche Verwaltung, die diesen Unfall zu vertreten hat und gegen deren Bedienstete eingeräumt.[60] 64

4. Haftungsprivilegien bei Arbeitsunfällen (§§ 104–106 SGB VII)

Weitere für die tägliche Regulierungspraxis bedeutende Haftungsprivilegien finden sich den §§ 104–106 SGB VII im Fall eines Arbeitsunfalls. Diese Haftungsprivilegien gelten ausschließlich für den Personen- nicht aber für den Sachschaden. 65

▶ **Praxistipp** 66

Diese im SGB VII »versteckten« Haftungsprivilegien sind auch für das Verkehrsrecht von erheblicher Bedeutung und werden vielfach auch von Gerichten übersehen. Es lohnt sich aber immer diese Haftungsprivilegien zu prüfen und damit ggf. schon die Haftung im Außenverhältnis zu vermeiden, wobei in der Regel der Schmerzensgeldanspruch betroffen sein wird. Auch aus der Sicht des Geschädigten ist es sinnvoll das Vorhandensein der Haftungsprivilegien zu prüfen, um das Risiko der Klageabweisung auf den Personenschaden zu vermeiden. Im Übrigen gibt das Vorhandensein eines Haftungsprivilegs immer den Hinweis auf einen ggf. eintrittspflichtigen Sozialleistungsträger, dessen Leistung ggf. sogar mehr wert sind, als der Kampf um einen Schmerzensgeldanspruch.

a) Haftungsprivilegien nach §§ 104–105 SGB VII

§ 104 SGB VII regelt die Beschränkung der Haftung des Unternehmers[61] gegenüber geschädigten Beschäftigten, die für sein Unternehmen tätig sind oder in einer sonstigen die Versicherung begründenden Beziehung stehen. Dabei sind Unternehmer nicht nur diejenigen, die ein gewerbliches oder kaufmännisches Unternehmen führen, sondern z. B. auch der private Halter eines Kfz.[62] § 105 SGB VII begründet eine Haftungsprivilegierung der Arbeitnehmer und der sog. »Wie – Beschäftigten« gem. § 2 Abs. 2 S. 1 SGB VII sowie weiterer im Unternehmen tätiger Personen (z. B. der versicherungsfreien Beamten im Verhältnis zu Angestellten)[63] untereinander, wenn der Schadenfall durch 67

---

58 Vgl. dazu Himmelreich/Halm/*Engelbrecht* Kap. 32 Rn. 1 ff.
59 BGHZ 94, 173.
60 Vgl. dazu ausführlich *Plog/Wiedow/Beck/Lemhöfer* § 46 BeamtVG Rn. 20 ff.
61 Legaldefinition des Unternehmers s. § 136 Abs. 3 SGB VII.
62 Halm/Engelbrecht/Krahe/*Kornes*/Kap. 25a. Rn. 16.
63 Vgl. ausführlich zum Kreis der erfassten Personen *Waltermann* NJW 2002, 1226 f.

Beschäftigte desselben Betriebs ausgelöst worden ist. Die §§ 104–105 SGB VII schließen die Haftung des Unternehmers bzw. der Arbeitskollegen für den Personenschaden untereinander aus, wenn durch den Schadenfall ein Versicherungsfall i. S. d. § 7 SGB VII, also ein Arbeitsunfall, eingetreten ist, sodass ein Sozialversicherungsträger leistungspflichtig ist. Der Haftungsausschluss im Fall des Arbeitsunfalls gilt nur dann nicht, wenn der Versicherungsfall vorsätzlich oder auf einem nach § 8 Abs. 2 Nr. 1–4 SGB VII versicherten Weg herbeigeführt worden ist. Hier handelt es sich beispielsweise um den Weg vom Wohnort zur Arbeitsstätte und zurück (Wegeunfall).

68   Hintergrund dieser Haftungsprivilegierungen ist insbesondere der Umstand, dass der durch einen Arbeitsunfall geschädigte Versicherte eines Sozialversicherungsträgers bei Vorliegen eines Arbeitsunfalls für den erlittenen Personenschaden Leistungen dieses Sozialversicherungsträgers erhält. Diese Leistungen erhält er vom Sozialversicherungsträger, ohne darauf angewiesen zu sein, einen Schadenersatzanspruch nach den allgemeinen Rechtsvorschriften gegenüber dem Unternehmer oder seinem Arbeitskollegen begründen, beweisen und durchsetzen zu müssen. Das Vorliegen einer Verletzung im Zusammenhang mit einer betrieblichen Tätigkeit reicht aus, um den Anspruch gegen den Sozialversicherungsträger zu begründen. Dieser Anspruch ist auch dann durchsetzbar, wenn der Schädiger aus wirtschaftlichen Gründen überhaupt nicht in der Lage wäre, die teils erheblichen Aufwendungen z. B. für Heilbehandlungskosten, Rehabilitationsmaßnahmen oder Hinterbliebenenrenten zu zahlen. Diese Erleichterung wiederum ist durch Beiträge des Unternehmers finanziert, sodass unter diesem Gesichtspunkt die Freistellung des Unternehmers und der Arbeitskollegen von Schadensersatzansprüchen für den Personenschaden interessengerecht ist.

69   Das Haftungsprivileg erstreckt sich auch auf Angehörige und Hinterbliebene der Geschädigten. Diese Erstreckung reicht allerdings nur soweit, als sich denkbare Ansprüche der Angehörigen und Hinterbliebenen wie z. B. der Unterhaltsschaden unmittelbar aus der Verletzung des unmittelbar Geschädigten ableiten. Auf mittelbare Schäden der Angehörigen und Hinterbliebenen finden die Haftungsprivilegien keine Anwendung.[64]

aa) Kein Haftungsprivileg nach §§ 104–105 SGB VII beim Wegeunfall – Abgrenzung zum haftungsprivilegierten Betriebsweg

70   Einer der wichtigsten Fälle in denen die Frage einer Haftungsprivilegierung bei der Kfz Schadenregulierung relevant werden kann, ist der Unfall aus Anlass der Teilnahme am Straßenverkehr. § 104 Abs. 1 SGB VII und § 105 Abs. 1 SGB VII bestimmen, dass das Haftungsprivileg nicht gilt, wenn sich der Unfall auf einem nach § 8 Abs. 2 Nr. 1–4 SGB VII versicherten Weg ereignet hat. Von dieser Vorschrift sind u. a. die Wegeunfälle zum Arbeitsplatz und zurück, die Wegeunfälle im Zusammenhang mit der Unterbringung von Kindern wegen Berufstätigkeit oder die Wegeunfälle erfasst, die sich auf dem Weg von der beruflich notwendigen Zweitwohnung zur Familienwohnung ereignet haben. In all diesen Fällen greift das Haftungsprivileg nicht ein. Die fehlende Haftungsprivilegierung der reinen Wegeunfälle hat ihren inneren Grund darin, dass hier keine betrieblichen Risiken eine Rolle spielen, die ein Haftungsprivileg rechtfertigen würden.[65]

71   Nach altem Recht (§§ 636 ff. RVO) war es so, dass das Haftungsprivileg im Straßenverkehr dann galt, wenn die Fahrt, auf der sich der Wegeunfall ereignete, Teil der betrieblichen Organisation war. Dies war z. B. dann anzunehmen, wenn die Fahrt zur Arbeitsstätte bereits durch den Arbeitgeber organisiert worden war, so insbesondere wenn sie in einem Fahrzeug des Unternehmers durchgeführt worden war. Folgt man dem Gesetzeswortlaut der §§ 104 ff. SGB VII, so wäre für eine differenzierte Betrachtung dieser Fälle kein Raum mehr. Die Haftungsfreistellung würde danach auf allen versicherten Wegen des § 8 Abs. 2 Nr. 1–4 SGB VII nicht mehr eingreifen. Der *BGH* (Az. III ZR 39/00) hat jedoch entschieden, dass auch unter Anwendung des neuen Rechts die für die §§ 636, 637 RVO entwickelten Abgrenzungskriterien weiter gelten. Danach bleibt es dabei, dass eine vom

---

64   *BGH* VersR 2007, 803.
65   Vgl. auch Halm/Engelbrecht/Krahe/*Kornes*/Kap. 25a Rn. 21.

G. Haftungsprivilegien und Gesamtschuldnerschaft Kapitel 9

Arbeitgeber organisierte Fahrt zur Arbeit eine Haftungsprivilegierung auslöst.[66] Es handelt sich hier um einen Unfall auf einem Betriebsweg. Dabei geht der Charakter einer betrieblichen Sammelfahrt auch nicht dadurch verloren, dass die Betriebsangehörigen die Fahrten mit dem vom Arbeitgeber zur Verfügung gestellten Kraftfahrzeug in Eigenregie organisieren.[67] Es entspricht, so der *BGH*, vielmehr einer modernen Unternehmensführung, die Einzelheiten der vom Betrieb eröffneten Beförderungsmöglichkeit den Arbeitnehmern zu überlassen, die dann vor Ort flexibel auf kurzfristig eingetretene Umstände reagieren können. Die Konsequenz ist dann bezogen auf den Geschädigten allerdings auch, dass er weder vom Arbeitgeber als Halter des Fahrzeugs, noch von seinem Arbeitskollegen als Fahrer Schmerzensgeld verlangen kann. Dies gilt dann auch für die vom Arbeitgeber durchgeführte oder organisierte Rückfahrt von einer auswärtigen Montage in einem auf Betriebskosten gemieteten PKW.[68]

Dieser Rspr. folgt auch die des *BAG*. So hat das *BAG* entschieden, dass ein haftungsprivilegierter Betriebsweg dann vorliegt, wenn der Arbeitgeber durch einen Mitarbeiter seine Arbeitnehmer mit einem Betriebsfahrzeug von ihren Wohnungen abholen und zu den einzelnen Baustellen bringen lässt.[69] Dies gilt – nach einer weiteren Entscheidung des *BAG*[70] – erst recht dann, wenn der Arbeitgeber seinen Arbeitnehmern ein Fahrzeug zur Verfügung stellt, das mit Maschinen und Werkzeugen bestückt ist, die zur Durchführung der Arbeiten auf der auswärtigen Arbeitsstelle Verwendung finden.[71] Gleiches gilt auch für die Rückfahrt, wobei es unerheblich ist, ob der Arbeitgeber seine Mitarbeiter von der auswärtigen Betriebsstätte auf das Betriebsgelände oder unmittelbar nach Hause bringt.[72] Die Sperrwirkung der §§ 104 ff. SGB VII greift immer ein, sobald sich der Versicherte in den Bereich der betrieblichen Sphäre begibt bzw. sich dort befindet, also der betrieblichen Organisation des Unternehmers und dessen Ordnungsgewalt unterliegt und der Weg betrieblich veranlasst ist. Der Weg ist dann als betrieblich veranlasst anzusehen, wenn der Versicherte im betrieblichen Interesse innerhalb oder außerhalb der Betriebsstätte unterwegs ist, er mithin den Weg in Ausübung der versicherten Tätigkeit zurücklegt, dieser Teil der versicherten Tätigkeit ist und damit der Arbeit im Betrieb gleichsteht und ihr nicht lediglich vorausgeht. Unerheblich ist es beim Vorliegen dieser Voraussetzungen, dass die Fahrt auch mit dem privaten PKW hätte vorgenommen werden könne und ob die Fahrt als Arbeitszeit bezahlt wurde.[73]

Ein Unfall auf einem Betriebsweg liegt nach diesen Grundsätzen erst recht dann vor, wenn zwei Arbeitnehmer auf dem Betriebsgelände unterwegs sind und es dabei zum Unfall kommt.[74] Der Unfall auf dem Betriebsweg beseitigt die Haftungsfreistellung nicht. Zu begründen ist dies damit, dass z. B. der Weg auf dem Werksgelände bis zum Werkstor bzw. der Weg im Rahmen eines auswärtigen Arbeitseinsatzes, der vom Arbeitgeber organisiert wird, wegen des engen Zusammenhangs mit der eigentlichen Arbeitsleistung noch eine betriebliche Tätigkeit darstellt. Der Arbeitnehmer steht hier noch in enger Berührung mit der Arbeitsleistung anderer Arbeitnehmer des Betriebs, hält sich noch in der Herrschaftssphäre des Arbeitgebers auf und unterliegt dessen Ordnungsgewalt.[75] Dieses Kriterium ist wesentlich, damit sich die Fahrt als Betriebsweg darstellt. Ein das Haftungsprivileg nicht auslösender Wegeunfall liegt damit nur dann vor, wenn der Geschädigte die Fahrt zu seiner Arbeitsstätte selbst organisiert hat, ohne sich dabei in irgendeiner Weise in die betriebliche Gefahren-

---

66 *BGH* DAR 2001, 32 f. = zfs 2001, 63 = NJW 2001, 442 = VersR 2001, 335.
67 *BGH* NJW 2004, 949 = NZV 2004, 193 = zfs 2004, 209; s. dazu auch *Engelbrecht* SVR 2004, 350.
68 *OLG Stuttgart* zfs 2002, 431 f. – Revision vom *BGH* durch Beschluss v. 7.5.2002 – Az. VI ZR 349/01 – nicht angenommen.
69 *BAG* DB 2004, 656 = MDR 2004, 577.
70 *BAG* DAR 2004, 727.
71 Siehe dazu auch *BGH* DAR 2004, 342 = NZV 2004, 347 = r+s 2004, 259 = VersR 2004, 788.
72 *BAG* VersR 2005, 1439 (1440).
73 Vgl. *BAG* DAR 2004, 727 (729); vgl. auch *BAG* VersR 2005, 1339.
74 *BAG* NJW 2001, 2039 = VersR 2001, 720.
75 *BAG* a. a. O.

gemeinschaft und die betrieblichen Abläufe eingegliedert zu haben und es dabei zu einem Unfall im Straßenverkehr z. B. mit einem Arbeitskollegen kommt.[76]

74 Im Rahmen der Prüfung des Haftungsprivilegs nach § 104 SGB VII ist bei der Frage, ob sich der Unfall auf einem Betriebsweg ereignet hat, ist auf die Person des Geschädigten und nicht auf die Person des Schädigers abzustellen.[77] Erleidet der Geschädigte den Unfall auf einem Betriebsweg, so greift das Haftungsprivileg ein, befand sich der Geschädigte auf einem nach § 8 Abs. 2 SGB VII versicherten Weg, so greift das Haftungsprivileg nicht ein, unabhängig davon, bei welcher versicherten Tätigkeit sich der Schädiger befand.[78]

75 Im Rahmen der Prüfung eines Haftungsprivilegs nach § 105 SGB VII ist hingegen auf die Person des Schädigers abzustellen. Handelt es sich für diesen um einen Wegeunfall, dann ist er niemals haftungsprivilegiert. Befindet sich der Schädiger auf einem Betriebsweg, dann ist ergänzend auf die Person des Geschädigten abzustellen. Befand dieser sich ebenfalls auf einem Betriebsweg, so besteht das Haftungsprivileg. Kein Haftungsprivileg besteht hingegen auf einem nach § 8 Abs. 2 SGB VII versicherten Weg des Geschädigten.

76 Der Beginn des nicht haftungsprivilegierten Weges wird in der Regel die Wohnung sein. Dieser häusliche Wirkungskreis wird verlassen mit Durchschreiten der Außenhaustür oder einer anderen Öffnung (Kellertür, Fenster), wenn sie eine Verbindung zur Wohnung auf der einen und eine Verbindung zum öffentlichen Weg auf der anderen Seite hat.[79] Der nicht haftungsprivilegierte Weg nach § 8 Abs. 2 Nr. 1 SGB VII endet mit Erreichen des Werksgeländes.

77 Zum Werksgelände zählt auch der nicht gesondert umfriedete Personalparkplatz, wenn er zum Betriebsgelände gehört und durch eine entsprechende Beschilderung als für die Allgemeinheit nicht zugängliches Privatgelände abgegrenzt ist.[80] Auch bei einem Unfall auf einem solchen Parkplatz greifen dann die Haftungsprivilegien der §§ 104 f. SGB VII ein.

78 Dabei muss der Personalparkplatz nicht zwingend dem Unternehmen zugeordnet sein, bei welchem Schädiger und Geschädigter arbeitsrechtlich angestellt sind. Auch bei sog. ausgelagerten Tätigkeiten kann es zu einem Unfall auf einem haftungsprivilegierten Betriebsweg kommen. Dies hat das *OLG Dresden*[81] bestätigt durch den *BGH*[82] (Az. VI ZR 334/04) für folgenden Sachverhalt zutreffend entschieden:

79 Zwei Mitarbeiterinnen eines Reinigungsunternehmens waren seit Jahren ständig für ihren Arbeitgeber zu Reinigungsarbeiten in einem bestimmten Hotel tätig. Sie durften daher den für die Öffentlichkeit aufgrund einer entsprechenden Beschilderung nicht zugänglichen hoteleigenen Personalparkplatz benutzen, auf dem es dann zu einem Unfall kam, da die schädigende Kollegin die Geschädigte beim Rückwärtsfahren mit dem PKW übersah und dabei verletzte.

80 Das *OLG* hat für diesen Fall der ausgelagerten Tätigkeit angenommen, dass der Hotelbetrieb der externen Reinigungskräfte aufgrund ihrer jahrelangen Tätigkeit dort zur Betriebsstätte geworden ist, sodass auf dessen räumliche und örtliche Verhältnisse bei der Frage der Haftungsbefreiung gem. § 105 Abs. 1 SGB VII abzustellen sei.[83] Da der Hotelparkplatz aufgrund der vor Ort aufgestellten Beschilderung für die Öffentlichkeit nicht zugänglich war, hatte sich der Unfall auf einem Betriebsgelände ereignet. Dann aber greift das Haftungsprivileg des § 105 SGB VII ein.

---

76 Himmelreich/Halm/*Engelbrecht* Kap. 15 Rn. 32.
77 *BAG* VersR 2005, 1439 f.
78 *Ricke* VersR 2002, 413 f.
79 Vgl. *Nehls* SVR 2004, 409 (416).
80 Vgl. *OLG Dresden* r+s 2004, 479.
81 Vgl. *OLG Dresden* a. a. O.
82 *BGH* DAR 2006, 201 = VersR 2006, 221 = zfs 2006, 203 = r+s 2006, 127 und bei *Lang* SVR 2006, 263.
83 Vgl. *OLG Dresden* a. a. O. (480).

bb) Kein Haftungsprivileg bei Nothilfe

Wird jemand im Rahmen einer Nothilfe verletzt, so kann der Schädiger kein Haftungsprivileg für sich geltend machen, da Nothilfe kein Haftungsprivileg auslöst.[84] Nothilfe ist gem. § 2 Abs. 1 Nr. 13a SGB VII versicherte Tätigkeit. Sie wird definiert, als Hilfe bei Unglücksfällen, gemeiner Gefahr, Not oder als Hilfe aus einen erheblichen gegenwärtigen Gesundheitsgefahr. Entsprechend hat der *BGH* entschieden, dass derjenige, der nachts beim Wegschieben eines defekten unbeleuchteten PKW von der Fahrbahn mithilft, als Not- und nicht als Pannenhelfer tätig wird, wenn das Handeln auch subjektiv von der Vorstellung bestimmt ist, Not- und nicht Pannenhilfe zu leisten.[85] In dem der Entscheidung zugrunde liegenden Sachverhalt wurde der Geschädigte erst zu einem Zeitpunkt tätig, als es nur noch darum ging, das unbeleuchtete Fahrzeug wieder von der Straße zu entfernen, da eine sofortige Beseitigung dieses Verkehrshindernisses notwendig war, um Gefahren vom fließenden Verkehr abzuwenden. Die Tätigkeit des Wegschiebens war daher objektiv auf die Beseitigung einer gemeinen Gefahr gerichtet. Daher sei auch davon auszugehen, dass das Handeln des Geschädigten subjektiv von der Vorstellung bestimmt war, auf die Ausschaltung eines gemeingefährlichen Zustands hinzuwirken. In diesen Fällen wird der Helfer dann nicht für das »Unternehmen Fahrzeughaltung«, das nach §§ 104 ff. SGB VII haftungsprivilegiert ist, sondern für die Allgemeinheit tätig. 81

Einen weiteren Fall der Nothilfe hatte auch das *OLG Rostock* zu entscheiden, hier war der Geschädigte durch ein rückwärtsfahrendes Fahrzeug erfasst und verletzt worden, als er ein Kind aus dem Gefahrenbereich des rückwärtsfahrenden PKW gerettet hatte.[86] 82

Von der Nothilfe abzugrenzen, sind die Fälle der Mithilfe, bei denen nicht die Abwendung einer allgemeinen Gefahr das Motiv der Handlung ist. Nothilfe ist grds. subsidiär zur Mithilfe im Unternehmen,[87] die Mithilfe begründet ein Haftungsprivileg, die Nothilfe nicht. Ist die Mithilfe nur von untergeordneter Bedeutung, so liegt ein nicht haftungsprivilegierter Fall der Nothilfe vor.[88] Mit dieser Abgrenzung hatte sich das *Thüringer OLG*[89] zu befassen. 83

Der Schädiger war mit seinem PKW in einem Graben stecken geblieben. Der spätere Geschädigte hatte daraufhin seinen PKW zur Verfügung gestellt, damit das Fahrzeug des Schädigers aus dem Graben gezogen werden konnte. Nachdem der Wagen aus dem Graben gezogen worden war, wollte der Geschädigte das Abschleppseil zwischen den beiden Fahrzeugen lösen. Während er hiermit beschäftigt war, gab der Schädiger versehentlich Gas, sodass der Geschädigte von dem Wagen des Schädigers erfasst und verletzt wurde. 84

Das *OLG* hat ein Haftungsprivileg gem. § 104 SGB VII angenommen. Es hat ausgeführt, dass der Geschädigte wie ein Beschäftigter tätig geworden war, als er dabei behilflich war, das Fahrzeug aus dem Graben zu ziehen. 85

Voraussetzung dafür, den Geschädigten als einen »Wie-Beschäftigten« anzusehen, ist die Annahme, dass die Pannenhilfe nach der Verkehrsanschauung wirtschaftlich als Arbeit und nicht nur als bloße Freizeitbeschäftigung anzusehen ist. Eine Freizeitbeschäftigung würde eine Haftungsprivilegierung nämlich nicht auslösen. Nach Auffassung des *OLG* könne aber der Bergung eines in den Graben gerutschten PKW die Qualifizierung als ernsthafte, wirtschaftlich bedeutsame Arbeitstätigkeit nicht abgesprochen werden, da eine solche Hilfeleistung zum klassischen Betätigungsfeld gewerblicher Pannenhilfe- und Abschleppunternehmer gehöre. 86

---

84 Himmelreich/Halm/*Engelbrecht* Kap. 15 Rn. 90; vgl. dazu auch *BGH* DAR 2006, 321 = NJW 2006, 1592 = VersR 2006, 548.
85 Vgl. *BGH* VersR 1996, 856 = NJW 1996, 2023 = NZV 1996, 856.
86 Vgl. *OLG Rostock* r+s 2004, 481.
87 Vgl. Halm/Engelbrecht/Krahe//*Kornes*/Kap. 25a Rn. 49.
88 Vgl. Halm/Engelbrecht/Krahe//*Kornes*/a. a. O.
89 Vgl. *Thüringer OLG* NZV 2004, 466.

87 Ferner ist Voraussetzung für die Annahme des Arbeitsunfalls, dass bei der zum Unfall führenden Tätigkeit des Verletzten kein Eigeninteresse im Vordergrund gestanden hat. In diesen Fällen wäre kein Arbeitsunfall und damit auch nicht die Möglichkeit der Haftungsprivilegierung gegeben, da alle privaten eigenwirtschaftlichen Tätigkeiten nicht in der gesetzlichen Unfallversicherung versichert sind.[90] Ein Fall mit Eigeninteresse liegt z. B. dann vor, wenn der Geschädigte das Fahrzeug des Schädigers z. B. anschiebt, damit der Geschädigte selbst wieder vorwärts kommt.[91] Zieht der Geschädigte den PKW aber, wie in dem vom *OLG* entschiedenen Fall, fremdnützig aus dem Graben, dann verfolgt er nur die Interessen des anderen Fahrzeughalters und kein Eigeninteresse.[92]

88 Weitere Voraussetzung für die Annahme eines Haftungsprivilegs ist es aber, dass der Unfall durch einen Unternehmer (§ 104 Abs. 1 SGB VII) verursacht worden ist bzw. sich in einem Unternehmen ereignet hat (§ 105 Abs. 1 SGB VII).

89 Das Vorliegen eines Unternehmens hat das *OLG* im vorliegenden Fall ebenfalls bejaht, da der Unternehmensbegriff im Unfallversicherungsrecht weder einen eingerichteten Gewerbebetrieb noch die Verfolgung wirtschaftlicher Interessen verlangt. Entsprechend ist auch der Halter eines privaten Kraftfahrzeuges Unternehmer i. S. d. § 104 SGB VII.[93]

90 ▶ **Praxistipp**

Um die nicht haftungsprivilegierte Nothilfe einwenden zu können, ist also immer substanziiert vorzutragen, warum die Tätigkeit nicht den Interessen einer der beiden Beteiligten zu dienen bestimmt war, sondern der Abwendung einer allgemeinen Gefahr. Befindet sich das beschädigte Fahrzeug noch auf der Fahrbahn, so wird die Nothilfe näher liegen, als wenn das Fahrzeug sich am Straßenrand befindet und keine Gefahr mehr darstellt.

cc) Haftungsprivilegien bei der Mithilfe bei der Reparatur von Kraftfahrzeugen

91 Versicherte, denen einen Haftungsprivileg gem. §§ 104 ff. SGB VII entgegengehalten werden kann, sind auch sog. »Wie-Beschäftigten« gem. § 2 Abs. 2 SGB VII. Danach unterfallen Personen dem Versicherungsschutz des SGB VII, die wie nach § 2 Abs. 1 SGB VII Versicherte tätig werden, mit der Konsequenz, dass sich ihnen gegenüber der Schädiger auf ein Haftungsprivileg berufen kann.

92 Bringt z. B. der spätere Geschädigte seinen PKW in die Werkstatt, damit dieser dort einer Reparatur unterzogen wird, betätigt er sich helfend bei der Reparatur und erleidet dabei einen Unfall, so kann er der gesetzlichen Unfallversicherung des Werkstattbetriebes genauso wie ein dort beschäftigter Arbeitnehmer unterfallen, mit der Folge, dass dem schädigen Unternehmer das Haftungsprivileg des § 104 SGB VII bzw. dem schädigenden Mitarbeiter der Werkstatt das Haftungsprivileg des § 105 SGB VII zugute kommt. Aber auch im umgekehrten Fall greift dann das Haftungsprivileg, wenn der Kunde als »Wie-Beschäftigte« den Unternehmer oder dessen Mitarbeiter schädigt; der Kunde kann sich dann gegenüber den Geschädigten wie ein regulärer Mitarbeiter der Werkstatt auf das Haftungsprivileg gem. § 105 SGB VII berufen.

93 Die Haftungsfreistellung kommt jedoch nur in Betracht, wenn der Verletzte eine dem Aufgabenbereich des Unfallbetriebs zuzuordnende Tätigkeit ausgeübt hat. Entscheidend ist die Zweckbestimmung der Arbeitsleistung. Steht bei ihr ein eigenwirtschaftliches Interesse des Verletzten im Vordergrund, wird der Versicherungsschutz auch dann nicht ausgelöst, wenn die Tätigkeit dem Unfallbetrieb nützlich war.[94]

---

90 Vgl. Halm/Engelbrecht/Krahe//*Kornes Kap. 25a Rn. 13*.
91 Vgl. *BGH* VersR 1987, 384 f. = NJW 1987, 1022.
92 S. auch *LSG Stuttgart* DAR 2010, 658: Es handelt sich um einen Arbeitsunfall, wenn sich der Mieter beim Abschleppen des Mietfahrzeugs durch den Vermieter helfend betätigt.
93 Vgl. *BGH* NJW 1987, 1643 f. = VersR 1987, 202.
94 *BGH* VersR 1994, 579 = DAR 1994, 240 = NJW 1994, 1480.

G. Haftungsprivilegien und Gesamtschuldnerschaft

Aus diesem Grund hat der *BGH* eine Haftungsprivilegierung des Unternehmers abgelehnt, der einen in der Werkstatt anwesenden Kunden verletzt hatte, nachdem dieser einer Aufforderung des Kfz-Meisters entsprechend den Wagen auf die Hebebühne gefahren hatte und beim anschließenden Zusehen bei der Reparatur verletzt worden war. In dieser Situation war der Geschädigte nicht mehr in einer den Unfallversicherungsschutz begründenden Weise für den Reparaturbetrieb tätig. Zum Zeitpunkt der Verletzung hielt sich der Geschädigte nur deshalb weiterhin in der Werkstatt auf, weil er bei der Reparatur zuschauen und seinen PKW von unten besichtigen wollte. Damit verblieb der Geschädigte im Werkstattraum ausschließlich aus persönlichem, seiner eigenwirtschaftlichen Sphäre zuzurechnendem Interesse als PKW-Halter und Kunde des Reparaturbetriebs. Er war dann nicht mehr wie ein Beschäftigter des Unfallbetriebs tätig, sodass ein Haftungsprivileg nicht eingreift. **94**

Wirkt der Kunde aber an den Reparaturarbeiten mit, dann kann eine ein Haftungsprivileg auslösende Tätigkeit vorliegen. Einen solchen Fall hatte das *OLG Stuttgart*[95] zu entscheiden. **95**

In dem vom *OLG* entschiedenen Fall betrieb der später durch den Kunden geschädigte Kfz-Meister eine PKW-Werkstatt. Aus Anlass der Durchführung von Prüfarbeiten bat der Kfz-Meister den Kunden, den Motor anzulassen. Dabei wurde der Kfz-Meister verletzt. Er nahm nunmehr den Kunden, den Halter und die hinter beiden stehende Kfz-Haftpflichtversicherung auf Schadenersatz wegen des erlittenen Personenschadens in Anspruch. **96**

Das *OLG Stuttgart* hat die Klage wegen des Vorliegens eines Haftungsprivilegs abgewiesen und dies wie folgt begründet: Der Schädiger war im Betrieb der Kfz-Werkstatt wie ein Beschäftigter tätig. Mit dem Anlassen des Motors im Rahmen der Prüfarbeiten hatte er eine Tätigkeit übernommen, die Gegenstand der durch die Kfz-Werkstatt geschuldeten Prüfarbeiten war und daher ihrer Natur nach vom Unternehmer selbst oder von einem seiner Beschäftigten i. S. d. § 2 Abs. 1 Nr. 1 SGB VII hätte ausgeführt werden müssen. Dann aber war der Schädiger wie ein Beschäftigter in dem Unternehmen der Kfz-Werkstatt tätig und kommt damit in den Genuss der Haftungsprivilegierung nach § 105 SGB VII. Der verletzte Unternehmer konnte damit keinen Ersatz des erlittenen Personenschadens vom Schädiger verlangen. **97**

Das Haftungsprivileg im Bereich der Reparatur von Kraftfahrzeugen hat weitreichende Folgen bis in den privaten Bereich hinein. So ist auch der Schädiger gem. § 104 SGB VII haftungsprivilegiert, der eine Testfahrt mit einem Motorrad unternimmt, um festzustellen, ob ein Bremsendefekt vorliegt.[96] Gleiches gilt auch für den, der gefälligkeitshalber an einem fremden Fahrzeug Wartungsarbeiten vornimmt und dabei verletzt wird,[97] erst recht gilt dies für Reparaturarbeiten an einem PKW, die aus Gefälligkeit erfolgen.[98] Das Unternehmen, das die Haftungsprivilegierung auslöst, ist in diesem Zusammenhang die private Fahrzeughaltung.[99] **98**

In diesem Zusammenhang ist aber grundsätzlich darauf hinzuweisen, dass Gefälligkeitsdienste nicht versichert und damit auch nicht haftungsprivilegiert sind.[100] Ob es sich um einen Gefälligkeitsdienst i. S. d. des SGB VII handelt, ist danach zu beurteilen, ob die Tätigkeit entgeltlich oder unentgeltlich erfolgt, sondern danach, ob Hilfeleistungen der geleisteten Art füreinander allgemein üblich sind oder über dieses Maß privater Hilfe hinausgehen. Die ist immer dann der Fall, wenn die Tätigkeit ihrer Art nach von Personen verrichtet werden kann, die in einem dem allgemeinen Arbeitsmarkt zuzurechnenden Beschäftigungsverhältnis stehen und unter Umständen geleistet werden, dass sie einer Tätigkeit aufgrund eines Beschäftigungsverhältnisses ähnlich ist.[101] Dabei bedarf es auch nicht des Vorliegens eines arbeitnehmerähnlichen Abhängigkeitsverhältnisses, würde ein solches Abhän- **99**

---

95 *OLG Stuttgart* VersR 2004, 68 mit Anm. *Völker*.
96 *OLG Hamm* VersR 2003, 192 = NZV 2003, 238 = r+s 2003, 42 = SP 2002, 379.
97 *OLG Köln* NZV 1994, 114 = SP 1994, 10.
98 *BGH* NJW 1987, 1643 = VersR 1987, 202.
99 *BGH* a. a. O.
100 Halm/Engelbrecht/Krahe/*Kornes*/a. a. O., Kap. 25a Rn. 12.
101 *OLG Hamm* a. a. O.; verneint bei privater Starthilfe *OLG München* zfs 2009, 381.

gigkeitsverhältnis gefordert werden, so läge ein Beschäftigungsverhältnis und nicht eine Tätigkeit »wie« ein Beschäftigter vor.[102]

dd) Das Haftungsprivileg nach § 106 Abs. 3 SGB VII

100 § 106 Abs. 3 SGB VII dehnt die Haftungsprivilegierung auch auf Versicherte aus, die vorübergehend betriebliche Tätigkeiten auf einer gemeinsamen Betriebsstätte verrichten, jedoch nicht demselben Unternehmen angehören. Das verbindende und die Haftungsprivilegierung auslösende Merkmal ist also hier nicht die Zugehörigkeit zu einem gemeinsamen Unternehmen, sondern die Tätigkeit auf der *gemeinsamen Betriebsstätte* bei Zugehörigkeit zu verschiedenen Unternehmen. Dabei besteht Einigkeit, dass der Begriff der Betriebsstätte vom Begrifflichen her weiter ist, als das eigentliche Betriebsgelände. Die Betriebsstätte im Sinne dieser Vorschrift ist überall dort, wo betriebliche Tätigkeit stattfindet.[103]

101 Das Haftungsprivileg greift aber – anders als bei §§ 104, 105 SGB VII – nur dann ein, wenn tatsächlich »Versicherte« tätig sind, d. h. Schädiger[104] und Geschädigter müssen der Sozialversicherung nach dem SGB VII unterfallen, wobei das Haftungsprivileg auch eingreift, wenn ein Unternehmer freiwillig oder kraft Satzung versichert ist.[105] Ist der Geschädigte nicht sozialversichert, also z. B. Beamter, so scheidet eine Haftungsprivilegierung des Schädigers gem. § 106 Abs. 3 SGB VII bereits aus diesem Grunde aus, da ein Beamter kein Versicherter i. S. d. Vorschrift ist.[106] Ist der Schädiger Beamter, so kann sich auch die Anstellungskörperschaft nicht auf ein Haftungsprivileg i. S. d. § 106 Abs. 3 SGB VII berufen, da Art. 34 GG im Rahmen der Amtshaftung nur zu einer Haftungsverlagerung führt, also in der Person des schädigenden Beamten zu prüfen ist, ob die Voraussetzungen für eine Haftung und damit auch für eine Haftungsprivilegierung gegeben sind, die dann ggf. mittelbar der Anstellungskörperschaft zugutekommen könnten.[107]

102 Im Übrigen aber fragt sich, wann eine »gemeinsame Betriebsstätte« und damit eine Haftungsprivilegierung gem. § 106 Abs. 3 SGB VII anzunehmen ist. Klassisch sind hier die Fälle, in denen einem LKW-Fahrer beim Entladen seines Fahrzeugs durch einen Mitarbeiter des zu beliefernden Unternehmens geholfen wird und es dabei zu einem Unfall kommt oder Schadenfälle verschiedener Zulieferer untereinander. Fraglich ist, ob in diesen Fällen die Haftungsprivilegierung eingreift.

103 In seiner Entscheidung vom 17.10.2000[108] hat der *BGH* (Az. VI ZR 67/00) klargestellt, dass der Begriff der gemeinsamen Betriebsstätte über die Fälle der Arbeitsgemeinschaft hinaus betriebliche Aktivitäten von Versicherten umfasst, die bewusst und gewollt bei einzelnen Maßnahmen ineinander greifen, miteinander verknüpft sind, sich ergänzen oder unterstützen, wobei es ausreicht, dass die gegenseitige Verständigung stillschweigend durch bloßes Tun erfolgt. Dabei kann sich die gemeinsame Betriebsstätte auf dem Gelände eines der beteiligten Unternehmen oder an einem dritten »neutralen« Ort befinden (Baustelle, öffentliche Straße während eines Ladevorgangs, LKW-Hof im Hafengelände).[109]

104 Nach dieser Rspr. unterfallen sog. parallele Tätigkeiten nicht dem Haftungsprivileg.[110] Parallele Tätigkeiten sind dann anzunehmen, wenn Versicherte verschiedener Unternehmen Tätigkeiten ausfüh-

---

102 Vgl. *OLG Hamm* a. a. O.
103 *Imbusch* VersR 2001, 547.
104 Vgl. dazu *BGH* zfs 2002, 473 f. = r+s 2002, 374 (375); *BGH* zfs 2004, 356 f. und die Anm. von *Engelbrecht* SVR 2005, 146.
105 Vgl. *BGH* NJW 2008, 2916 = VersR 2008, 1260.
106 *OLG Hamm* DAR 2001, 404 = VersR 2002, 1108.
107 Vgl. dazu *BGH* a. a. O.
108 *BGH* NJW 2001, 443 = VersR 2001, 336 = DAR 2001, 247 = zfs 2001, 64; s. dazu auch die Anm. von *Höher* in VersR 2001, 372.
109 *Leube* VersR 2005, 622.
110 *BGH* NJW 2001, 443 f.

G. Haftungsprivilegien und Gesamtschuldnerschaft

ren, die nicht ineinander greifen und damit nur zufällig zur gleichen Zeit stattfinden. Kollidieren zwei zufällig zur gleichen Zeit auf einem Betriebsgelände anliefernde LKW dritter Firmen miteinander und werden die Fahrer verletzt, so greift die Haftungsprivilegierung nicht ein.[111] Der Umstand, dass beide LKW-Fahrer auf dem Betriebsgelände der Drittfirma tätig sind und damit gemeinsam auch deren geschäftlichen Interessen dienen, reicht als verbindendes Merkmal nicht aus.[112] Gleiches gilt, wenn ein LKW-Fahrer auf dem Betriebsgrundstück Ware anliefert und die Plane des LKW öffnet, um das Abladen zu ermöglichen. Nimmt er am Vorgang des Abladens selbst nicht teil, wird aber gleichwohl durch den abladenden Gabelstapler verletzt, so greift eine Haftungsprivilegierung nicht ein, da die Tätigkeit des LKW-Fahrers mit der Anlieferung und Öffnung des LKW beendet war, da er seine Aufgabe, die Ware anzuliefern, erfüllt hatte.[113]

Ein Haftungsprivileg greift auch dann nicht ein, wenn der LKW-Fahrer beim Abladen zwar behilflich ist, es ihm aber nur darum geht, beim Abladen die Beschädigung des LKW zu verhindern.[114] Grds. begründen vorbereitende Tätigkeiten, wie z.B. das Aufschließen von Räumlichkeiten, kein Haftungsprivileg.[115] **104a**

Unterstützt dagegen ein Mitarbeiter des Betriebes, welcher die Anlieferung erhält, den Fahrer des Lieferfahrzeugs beim Abladen und kommt es dabei zur Verletzung des Mitarbeiters des zu beliefernden Betriebes, dann liegen die Voraussetzungen der gemeinsamen Betriebsstätte und damit einer Haftungsprivilegierung nach § 106 Abs. 3 SGB VII vor. In diesem Sinne ist auch ein Kranführer von der Haftung freigestellt, wenn im Zusammenwirken mit Arbeitern eines anderen Unternehmens Material zum Montageort geschafft wird, so wenn z.B. der Kranführer die Last absenkt und diese von dem später verletzten Mitarbeiter des anderen Unternehmens ausgehängt werden soll.[116] **105**

Ein weiteres Kriterium zur Annahme einer gemeinsamen Betriebsstätte i.S.d. § 106 Abs. 3 SGB VII ist das Vorhandensein einer sog. Gefahrengemeinschaft. Eine das Haftungsprivileg des § 106 Abs. 3 SGB VII auslösende Gefahrengemeinschaft ist dadurch gekennzeichnet, dass typischerweise jeder der in enger Berührung miteinander Tätigen zum Schädiger und Geschädigten werden kann. Nur demjenigen, der als Schädiger von der Haftungsbeschränkung profitiert, kann es als Geschädigtem zugemutet werden, den Nachteil hinzunehmen, dass er selbst bei einer Verletzung keine Schadenersatzansprüche geltend machen kann.[117] Es reicht die Möglichkeit aus, dass es durch das enge Zusammenwirken wechselseitig zu Verletzungen kommen kann, selbst wenn eine wechselseitige Gefährdung zwar eher fern liegt, aber nicht völlig ausgeschlossen werden kann.[118] Eine solche Gefahrengemeinschaft besteht typischerweise aber nicht zwischen Fahrer und Beifahrer eines im Straßenverkehr genutzten Fahrzeugs, da allein der Beifahrer dem Risiko ausgesetzt ist, durch das Fahrverhalten des Fahrers zu Schaden zu kommen.[119] **106**

Ist der Unternehmer nicht auf der gemeinsamen Betriebsstätte tätig, so greift die Haftungsprivilegierung des § 106 Abs. 3 Alt. 3 SGB VII nicht ein.[120] Die Haftungsfreistellung nach § 106 Abs. 3 Alt. 3 SGB VII kommt nur dem versicherten Unternehmer zu Gute, der selbst auf der gemeinsamen Be- **107**

---

111 S. dazu auch *OLG Hamm* VersR 2001, 339 = zfs 2000, 292, bestätigt durch *BGH* VersR 2001, 372 ff. = zfs 2001, 206 f.
112 *BGH* DAR 2001, 247 = VersR 2001, 372 f. = zfs 2001, 206 f.
113 *OLG Oldenburg* DAR 2001, 408, s.a. *OLG Köln* VersR 2002, 575 s. dazu auch die Anm. von *Engelbrecht* PvR 2002, 138 f.; *LG Aschaffenburg* bei *Lang* SVR 2005, 190; a.A. *OLG Karlsruhe* VersR 2003, 507.
114 *OLG Oldenburg* r+s 2002, 65 f.
115 Vgl. dazu auch *BGH* zfs 2011, 320.
116 Vgl. dazu *OLG Brandenburg* r+s 2000, 373.
117 *Lang* SVR 2005, 371 (373) m.w.N.
118 *BGH* VersR 2008, 642 (644).
119 *OLG Stuttgart* MDR 2005, 336; s. dazu die Anm. von *Lang* SVR 2005, 270.
120 *BGH* VersR 2001, 1028 ff. unter Aufhebung von *OLG Brandenburg* r+s 2000, 373; *BGH* VersR 2002, 1107; *BGH* VersR 2003, 70.

triebsstätte i. S. d. § 106 Abs. 3 SGB VII eine vorübergehende betriebliche Tätigkeit verrichtet und dabei den Versicherten eines anderen Unternehmens verletzt.[121]

108 ▶ **Praxistipp**

Selbst wenn unter den oben dargestellten Gesichtspunkten ein Haftungsprivileg des Unternehmers ausscheidet, kann er mittelbar von dem ggf. gegebenen Haftungsprivileg seiner Mitarbeiter unter dem Gesichtspunkt der gestörten Gesamtschuld profitieren. Dies kann dazu führen, dass der Unternehmer schon im Außenverhältnis nicht haftet, es sei denn, ihn trifft ein eigenes Verschulden an dem streitgegenständlichen Unfall. Denkbar ist hier z. B. ein unfallursächliches Organisationsverschulden, welches sich z. B. in mangelhafter Überwachung des technischen Zustands des Fahrzeugs oder von Lenk- und Ruhezeiten ausdrücken kann, soweit insoweit ein kausaler Zusammenhang zum Unfallgeschehen besteht. Die Prüfung dieser Frage kann durchaus sinnvoll sein, besteht doch bei einem Haftungsprivileg der sonstigen Beteiligten aus Sicht des Geschädigten auf diese Weise ggf. die einzige Chance überhaupt Schadenersatzansprüche auf den Personenschaden jedenfalls anteilig geltend zu machen.

ee) Die Bedeutung des § 108 SGB VII

109 § 108 SGB VII lautet:

109a »(1) Hat ein Gericht über Ersatzansprüche der in den §§ 104 bis 107 SGB VII genannten Art zu entscheiden, ist es an eine unanfechtbare Entscheidung nach diesem Buch oder nach dem SGG in der jeweils geltenden Fassung gebunden, ob ein Versicherungsfall vorliegt, in welchem Umfang Leistungen zu erbringen sind und ob der Unfallversicherungsträger zuständig ist.

109b (2) Das Gericht hat sein Verfahren auszusetzen, bis eine Entscheidung nach Absatz 1 ergangen ist. Falls ein solches Verfahren noch nicht eingeleitet ist, bestimmt das Gericht dafür eine Frist, nach deren Ablauf die Aufnahme des ausgesetzten Verfahrens zulässig ist.«

110 Die Bedeutung dieser Vorschrift ist insbesondere für den beratenden Anwalt des Geschädigten erheblich. Liegt bereits eine unanfechtbare Entscheidung des Unfallversicherungsträgers vor, dass ein Arbeitsunfall anzunehmen ist, so ist ein Streit darüber im Zivilverfahren nicht mehr möglich. Für den Bereich der Anwendung der §§ 104 ff. SGB VII steht damit das Vorliegen eines Versicherungsfalls fest.

111 ▶ **Praxistipp**

Fehlt hingegen diese unanfechtbare Entscheidung, so ist diese durch den Geschädigten vertretenen Anwalt zwingend herbeizuführen. Ansonsten besteht nämlich das Risiko, dass das Zivilgericht einen Versicherungsfall annimmt, damit dann in den Bereich der Haftungsprivilegien nach §§ 104 ff. SGB VII gelangt und die Ansprüche des Geschädigten rechtskräftig abweist. An diese Entscheidung des Zivilgerichts über die Annahme eines Versicherungsfalls ist jedoch weder der Unfallversicherungsträger noch das ggf. zu bemühende Sozialgericht gebunden. Käme man dort zu dem Ergebnis, dass kein Versicherungsfall und damit keine Leistungspflicht des Unfallversicherungsträgers vorliegt, so würde der Geschädigte bei dieser Vorgehensweise aus Anlass des Unfalls keinerlei Leistungen erhalten.

112 Der Geschädigte läuft also Gefahr leer auszugehen, wenn die Frage des Vorliegens eines Versicherungsfalls nicht zuvor für das Zivilgericht verbindlich gegenüber dem Unfallversicherungsträger geklärt ist bzw. geklärt wird.

113 Dem entspricht es auch, dass § 108 SGB VII nicht als Einrede ausgestaltet ist, sondern durch die Zivilgerichte von Amts wegen zu beachten ist, was dort jedoch in vielen Fällen fehlerhaft versäumt

---

121 *BGH* VersR 2001, 1156, vgl. auch *Engelbrecht* PvR 2001, 365 (367).

G. Haftungsprivilegien und Gesamtschuldnerschaft   Kapitel 9

wird. Dies nahm der *BGH* (Az. VI ZR 189/03) zum Anlass, in einer Entscheidung vom 20.4.2004[122] bereits in seinem Leitsatz wie folgt auszuführen:

»(1). Ein Zivilrechtsstreit ist nach § 108 Abs. 2 SGB VII von Amts wegen auszusetzen, wenn entscheidungserheblich ist, ob der Geschädigte zu den nach § 2 SGB VII versicherten Personen gehört.   113a

(2) Eine Entscheidung darf erst dann ergehen, wenn eine Entscheidung des Unfallversicherungsträgers vorliegt, die auch dem als Schädiger in Anspruch genommenen gegenüber bestandskräftig ist.«   113b

Der *BGH* stellt in dieser Entscheidung klar, dass § 108 SGB VII das Ziel verfolgt, durch eine Bindung von Gerichten außerhalb der Sozialgerichtsbarkeit an Entscheidungen der Unfallversicherungsträger und Sozialgerichte divergierende Beurteilungen zu vermeiden und damit eine einheitliche Bewertung der unfallversicherungsrechtlichen Kriterien zu gewährleisten. Deshalb ist die Aussetzung des Verfahrens durch das Zivilgericht zwingend und steht nicht im Ermessen des Gerichts. Da das Berufungsgericht in dem vom *BGH* entschiedenen Fall diese Vorschrift nicht beachtet hat, hatte der *BGH* das Urteil des *OLG* bereits aus diesem Grunde aufgehoben. Es hat dem Berufungsgericht aufgegeben zu klären, ob die Voraussetzungen des § 108 SGB VII vorliegen, da das Zivilverfahren erst nach dem Vorliegen dieser Voraussetzungen betrieben werden kann.[123]   114

In diesem Zusammenhang weist der *BGH* darauf hin, dass eine das Zivilgericht nach § 108 SGB VII bindende Entscheidung erst dann vorliegt, wenn sie gegenüber allen in dem Verfahren beklagten Schädigern bestandskräftig geworden ist. Dies ist damit nicht nur der Schädiger, sondern auch die hinter diesem stehende Kfz-Haftpflichtversicherung, gegen die ein Direktanspruch nach § 115 Abs. 1 VVG besteht. Liegt ihr gegenüber keine bestandskräftige Entscheidung vor, so hat dies zur Konsequenz, dass das Verfahren gem. § 108 Abs. 2 SGB VII auszusetzen ist. § 108 SGB VII ist dabei auch im Rechtsstreit des Arbeitgebers eines geschädigten Versicherten gegen den Geschädigten anzuwenden.[124]   115

Nach der Rspr. des *BGH* (Az. VI ZR 244/06) setzt die für die Bindungswirkung nach § 108 SGB VII erforderliche Beteiligung des betroffenen Dritten stets voraus, dass dieser in Kenntnis des Verfahrens und dessen Auswirkungen auf seine eigene rechtliche Position darüber entscheiden kann, ob er an dem sozialrechtlichen Verfahren teilnehmen will oder nicht.[125] Entsprechend sind zwei Konstellationen zu unterscheiden: 116

Hat der Geschädigte ein sozialrechtliches Verfahren eingeleitet, so sind, falls noch nicht geschehen, der Schädiger und seine Kfz-Haftpflichtversicherung an dem Verfahren noch zu beteiligen. Diese Beteiligung regelt § 12 Abs. 2 SGB X. Zu beteiligen ist der Schädiger selbst und dessen Kfz-Haftpflichtversicherung, gegen die der Geschädigte den Direktanspruch nach § 115 VVG geltend machen kann. Hat sich der Unfall in einem Bereich ereignet, der z. B. als Fahrrad- oder Fußgängerunfall, nicht einem Sachverhalt unterfällt, der einen Direktanspruch gegen die Haftpflichtversicherung des Schädigers begründet, so ist diese Haftpflichtversicherung nicht zu beteiligen, sie ist an die gegenüber ihrem Versicherungsnehmer bestandskräftige Entscheidung gebunden.[126]   117

Hat der Geschädigte bisher kein sozialrechtliches Verfahren eingeleitet, so können die Schädiger, die von einem Haftungsprivileg nach §§ 104, 105 SGB VII profitieren wollen, dieses Verfahren selbst gem. § 109 SGB VII einleiten, um die Anerkennung als Arbeitsunfall und damit die Voraussetzungen für die Annahme eines Haftungsprivilegs zu erreichen. Diese sind dann wegen des von ihnen gestellten Antrags Beteiligte des sozialrechtlichen Verfahrens. Der Geschädigte ist dann gem. § 12   118

---

122 Vgl. *BGH* r+s 2004, 344.
123 Vgl. dazu auch *OLG Bremen* SVR 2008, 105 bei *Lang*.
124 *BGH* VersR 2007, 1131.
125 *BGH* VersR 2008, 255.
126 Himmelreich/Halm/*Engelbrecht* Kap. 15 Rn. 61.

Abs. 2 SGB X zu beteiligen. Antragsberechtigt nach § 109 SGB VII sind alle Personen, gegen die der Geschädigte unmittelbar Ansprüche verfolgen kann. Dies ist regelmäßig der Geschädigte und im Bereich der Kfz-Haftpflichtversicherung wegen § 115 VVG auch diese. Steht hinter dem Geschädigten keine Versicherung, gegen die der Geschädigte einen Direktanspruch verfolgen kann, so kann die Versicherung den Antrag nicht unmittelbar, sondern nur im Namen ihres Versicherungsnehmers stellen.

119 Ist der Schädiger nicht ordnungsgemäß an dem sozialrechtlichen Verfahren beteiligt, so ist das Ergebnis dieses Verfahrens gegenüber dem Schädiger nicht bindend. Der Zivilrichter ist dann an einer Entscheidung über die Klage gehindert. Die Bindungswirkung eines etwaigen Bescheids gegenüber dem Schädiger tritt erst dann ein, wenn er auf Anfrage erklärt, an einer Wiederholung des Verfahrens kein Interesse zu haben oder keine Erklärung abgibt. Andernfalls wäre das Verwaltungsverfahren auf Antrag des Schädigers zu wiederholen und dessen Beteiligung nachzuholen.[127] Dazu hat das Gericht das Verfahren nach § 108 Abs. 2 SGB VII mit Fristsetzung auszusetzen.

120 Eine Aussetzung nach § 108 SGB VII ist hingegen nicht erforderlich, wenn der Schädiger im sozialrechtlichen Verfahren zwar nicht beteiligt worden ist, die Entscheidung über das Vorliegen des Arbeitsunfalls ihn aber nicht in seinen Rechten beeinträchtigt, also neben der Qualifizierung als Arbeitsunfall keinen weiteren Regelungsgehalt hat. In diesen Fällen ist eine Benachteiligung des Schädigers nicht gegeben, im Gegenteil: Durch die Qualifizierung als Arbeitsunfall eröffnet sich ihm die Chance für ein Haftungsprivileg gem. §§ 104 ff. SGB VII.[128] Eine Benachteiligung des Schädigers, mit der Folge seiner Einbeziehung in das sozialrechtliche Verfahren, bestünde in diesen Fällen nur, wenn ihm mit dieser Entscheidung auch das Berufen auf ein entsprechendes Haftungsprivileg abgeschnitten werden würde, wie in dem unten dargestellten Fall, in dem die Entscheidung des Sozialversicherungsträgers auch zugleich die verbindliche Klärung der Frage enthält, ob der Geschädigte den Unfall als Versicherter seines Stammbetriebs oder als Wie-Beschäftigter in einem fremden Unternehmen erlitten hat. Der Umstand, dass durch die Anerkennung als Arbeitsunfall eine Inanspruchnahme nach § 110 SGB VII möglich wird, stellt wegen der im Vergleich zu den allgemeinen zivilrechtlichen Vorschriften qualifizierten Anspruchsvoraussetzungen keinen Nachteil für den Schädiger dar, die zu einer Wiederholung des sozialrechtlichen Verfahrens zwingt.[129]

121 Ist unter Beachtung dieser Grundsätze eine bestandskräftige Entscheidung gem. § 108 SGB VII ergangen, so hat das Zivilgericht die Frage des Vorliegens eines Arbeitsunfalls nicht mehr zu prüfen. Es hat dann bei der Beurteilung der Frage, ob ein Haftungsprivileg nach §§ 104, 105 SGB VII vorliegt, davon auszugehen, dass der Versicherte einen Arbeitsunfall erlitten hat. Nach der Rspr. des *BGH* umfasst die Entscheidung des Sozialversicherungsträgers sogar die verbindliche Klärung der Frage, ob der Geschädigte den Unfall als Versicherter seines Stammbetriebs oder als Wie-Beschäftigter in einem fremden Unternehmen erlitten hat.[130] Ein Haftungsprivileg ist dann im Zivilverfahren nur noch im Rahmen des § 106 SGB VII in der Variante der gemeinsamen Betriebsstätte zu prüfen.[131]

122 Das Zivilgericht hat bei Vorliegen einer bestandskräftigen Entscheidung i. S. d. § 108 SGB VII allerdings noch prüfen, ob das Haftungsprivileg nicht eingreift, weil der Arbeitsunfall vorsätzlich oder im Rahmen eines Wegeunfalls durch den Schädiger herbeigeführt wurde (§§ 104 Abs. 1 S. 1, 105 Abs. 1 S. 1 SGB VII) oder sich eine Haftungsprivilegierung gem. § 106 Abs. 3 SGB VII deshalb nicht ergibt, weil sich der Arbeitsunfall nicht auf einer gemeinsamen Betriebsstätte ereignet hatte.

123 *(unbesetzt)*

---

127 *BGH* zfs 2009, 678 (681) =NJW 2009, 3235 = VersR 2009, 1074.
128 Vgl. *Ricke* in Kasseler Kommentar § 108 Rn. 2a m. w. N.
129 Vgl. *Ricke* a. a. O.
130 *BGH* r+s 2008, 308 mit kritischer Anm. *Lemcke* = VersR 2008, 820.
131 *BGH* zfs 2009, 678 (680).

G. Haftungsprivilegien und Gesamtschuldnerschaft   Kapitel 9

Zu einer eigenen Entscheidung über die Frage, ob ein Versicherungsfall vorliegt, ist das Zivilgericht erst dann befugt, wenn kein in diesem Sinne bestandskräftiger Bescheid vorliegt und das Zivilgericht den Parteien gem. § 108 Abs. 2 S. 2 SGB VII eine Frist bestimmt hat, um ein sozialrechtliches Verfahren einzuleiten und diese Frist ohne die Einleitung eines solchen Verfahrens verstrichen ist. Nach fruchtlosem Verstreichen dieser Frist ist die Aufnahme des Zivilverfahrens zulässig und das Zivilgericht befugt, über die Frage des Vorliegens eines Arbeitsunfalls zu entscheiden. 124

Im Übrigen hindert § 108 SGB VII das Zivilgericht immer dann nicht an einer eigenen Entscheidung, wenn es im Zivilprozess zu dem Ergebnis gelangt, dass der Schädiger nicht zum Kreis der nach §§ 104 ff. SGB VII geschützten Personen gehört. In diesen Fällen bedarf es dann einer Entscheidung über die nach Sozialrecht zu beurteilende Frage, ob ein Arbeitsunfall vorliegt nicht mehr.[132] Das Zivilgericht wird dann kein Haftungsprivileg annehmen. § 108 SGB VII ist damit nur dann beachtlich, wenn das Zivilgericht zu dem Ergebnis gelangt, dass der Schädiger zum Kreis der haftungsprivilegierten Personen gehört und die Klage daher bei Vorliegen eines Arbeitsunfalls abzuweisen wäre. 125

5. Haftungsprivilegien bei Schulunfällen

§ 106 Abs. 1 Nr. 1–3 SGB VII erfasst durch den Verweis auf die in den § 2 Abs. 1 Nr. 2, 3 und 8 genannten Unternehmen auch die Schulunfälle und zwar im Verhältnis der Versicherten untereinander, also z. B. das Verhältnis von Lehrern und Schülern. In diesen Fällen greift dann gem. § 106 Abs. 1 SGB VII das Haftungsprivileg des § 105 SGB VII ein. Sollen Ansprüche gegen den Schulträger geltend gemacht werden, so ist § 104 Abs. 1 SGB VII hingegen unmittelbar anwendbar und führt zu einem Haftungsprivileg des Schulträgers. Der Verweis des § 106 Abs. 1 SGB VII auf § 105 SGB VII erfasst nach seinem ausdrücklichen Wortlaut nur das Verhältnis der Versicherten untereinander (§ 106 Abs. 1 Nr. 1 SGB VII) bzw. gegenüber den Betriebsangehörigen desselben Unternehmens (§ 106 Abs. 1 Nr. 2–3 SGB VII).[133] Für den Anwendungsbereich des § 106 Abs. 1 Nr. 2–3 SGB VII bedeutet dies, dass sich die Haftungsprivilegierung nur auf das Verhältnis Schüler und Beschäftigte derselben Schule erstreckt, nicht aber auf das Verhältnis der Schüler zu sonstigen Beschäftigten gemeindlicher Betriebe. Diese haften den Schülern damit bei Schädigungen zivilrechtlich, der Schulträger hingegen wegen § 104 SGB VII auch über § 831 BGB nicht.[134] Soweit dann über die Grundsätze der Amtshaftung statt des unmittelbaren Schädigers doch der Schulträger haftet, begründet dies für den Schulträger kein Haftungsprivileg, da auch im Fall der Amtshaftung nur zu prüfen ist, ob sich der unmittelbare Schädiger selbst auf ein Haftungsprivileg berufen könnte, gäbe es die haftungsverlagernde Norm des Art. 34 GG nicht.[135] 126

Eine Ausnahme von der nicht gegebenen Haftungsprivilegierung der Mitarbeiter sonstiger gemeindlicher Betriebe ist jedoch dann zu machen, wenn der Schulträger die Möglichkeit hat, den Mitarbeitern sonstiger gemeindlicher Betriebe im Hinblick auf die Durchführung der Schulveranstaltung Weisungen zu erteilen. In diesen Fällen lässt der *BGH* (Az. VI ZR 449/01) das Haftungsprivileg eingreifen, da in diesen Fällen die Mitarbeiter sonstiger gemeindlicher Betriebe als insoweit in den Schulbetrieb eingegliederte Betriebsangehörige betrachtet werden müssen.[136] 127

Fraglich ist, ob § 106 Abs. 1 Nr. 1 SGB VII auch dann eingreift, wenn die Schüler verschiedenen Schulen angehören. § 106 Abs. 1 Nr. 1 SGB VII enthält anders als die Vorschriften des § 106 Abs. 1 Nr. 2 und 3 SGB VII keine Einschränkung dahin gehend, dass nur Versicherte »desselben Unternehmens« durch diese Norm erfasst sind. Daraus ist zu schließen, dass die Haftungsprivilegierung im- 128

---

132 Vgl. *OLG Oldenburg* r+s 2002, 65 f. m. w. N.
133 *OLG Dresden* zfs 1999, 146 (148), s. dazu auch *Lemcke* r+s 2000, 221, 223; *BGH* DAR 2001, 32.
134 *Leube* VersR 2001, 1215 (1217).
135 *BGH* zfs 2002, 473 f. = r+s 2002, 374 f.
136 Vgl. *BGH* NJW 2003, 1121 = zfs 2003, 342 = NZV 2003, 124.

mer dann eingreift, wenn Schüler verschiedener Schulen zusammentreffen und sich dabei verletzen.[137]

129 Voraussetzung für die Anwendbarkeit der Haftungsprivilegien nach § 106 SGB VII im Fall des Schülerunfalls ist eine schulbezogene (Verletzungs-) Handlung. Eine schulbezogene Verletzungshandlung liegt immer dann vor, wenn sie mit der Schulsituation noch in einem engen Zusammenhang gestanden hat.[138] Insoweit gelten die noch zu den alten Vorschriften der §§ 636, 637 RVO entwickelten Rechtsgrundsätze fort. Danach ist darauf abzustellen, ob die Verletzungshandlung auf der engen typischen Gefährdung aus engem schulischen Kontakt beruht, dann liegt eine schulbezogene Handlung vor, oder ob sie nur bei Gelegenheit des Schulbesuchs erfolgt ist. Schulbezogen im Sinne dieser Rechtsprechung sind insbesondere Verletzungshandlungen, die aus Spielereien, Neckereien und Raufereien unter den Schülern hervorgegangen sind, ebenso Verletzungen, die in Neugier, Sensationslust und dem Wunsch, den Schulkameraden zu imponieren, ihre Erklärungen finden; dasselbe gilt für Verletzungen, die auf übermütigen und bedenkenlosen Verhaltensweisen in einer Phase der allgemeinen Lockerung der Disziplin – insbesondere in den Pausen oder auf Klassenfahrten oder nach Beendigung des Unterrichts oder während der Abwesenheit der Aufsichtsperson – beruhen. Da der Haftungsausschluss bei Schulunfällen den Schulfrieden und das ungestörte Zusammenleben von Lehrern und Schülern in der Schule gewährleisten soll, darf das Haftungsprivileg nicht eng ausgelegt werden.[139] Die innere schulische Verbundenheit erfordert allerdings stets, dass die konkrete Verletzungshandlung durch die Besonderheit des Schulbetriebs geprägt wird, was in der Regel eine enge räumliche und zeitliche Nähe zu dem organisierten Betrieb der Schule voraussetzt.[140]

130 So ist z. B. ein Unfall, der sich auf dem Schulhof bei der An- oder Abfahrt von zwei Schülern mit ihren Fahrzeugen ereignet, dem Schulbetrieb zuzuordnen. Er schließt daher eine Inanspruchnahme des schuldigen Mitschülers – auch auf Zahlung von Schmerzensgeld – aus, ohne dass es auf das Bestehen einer Haftpflichtversicherung ankommt.[141] Allerdings ist das Eingreifen des Haftungsprivilegs nicht auf ein Handeln auf dem Schulgelände beschränkt. So können auch Unfälle außerhalb des Schulgeländes schulbezogen sein, wenn sie auf die Vor- und Nachwirkungen des Schulbetriebs zurückzuführen sind. Die Anspannung durch den Schulbesuch muss sich nicht bereits beim Verlassen des Schulgrundstücks entladen.[142] Damit können auch Unfälle an einer 100 Meter vom Schulgelände entfernten Schulbushaltestelle noch dem Schulbetrieb zuzuordnen und damit zugunsten des Schädigers haftungsprivilegiert sein, selbst wenn sich die Schüler bereits auf dem Heimweg befanden.[143] Anders ist dies nach Auffassung des *BGH* zu beurteilen, wenn es nach dem Verlassen des Schulbusses auf der Heimfahrt zwischen Schülern zu einer Rauferei kommt und dabei einer der Schüler verletzt wird. Hier fehlt es an der notwendigen räumlichen und zeitlichen Nähe zum Schulbetrieb, so dass dem schädigenden Schüler kein Haftungsprivileg zugebilligt wurde.[144]

131 Auch beim Schülerunfall ist hinsichtlich des Eingreifens des Haftungsprivilegs zischen dem Unfall auf einem Betriebsweg, der die Haftungsprivilegierung auslöst, und dem nicht haftungsprivilegierten Wegeunfall abzugrenzen ist. Übertragen auf die Schule bedeutet dies, dass der haftungsprivilegierte Betriebsweg der sog. Unterrichtsweg ist, also Wege zwischen der Schule und einem anderen Ort, an dem die Schulveranstaltung unter der Verantwortung der Schule stattfindet, so z. B. der Weg zu Sportstätten oder zum Museum, Schulwanderungen und Klassenfahrten. Voraussetzung für diesen haftungsprivilegierten Weg ist aber, dass der Transport in den Schulbereich eingegliedert ist und da-

---

137 Vgl. dazu *Lemcke* r+s 2000, a. a. O.
138 *BGH* VersR 1992, 854 f.
139 *BGH* VersR 2008, 1407 (1408).
140 *BGH* VersR 1992, 854.
141 *LG Hanau* VersR 1980, 393.
142 *BGH* VersR 2008, 1407 (1409).
143 Vgl. *BGH* VersR 2008, 1407; vgl. dazu auch ausführlich Himmelreich/Halm/*Engelbrecht* Kap. 15 Rn. 156 ff. und *Rolfs/Dieckmann* VersR 2010, 296.
144 Vgl. *BGH* VersR 1992, 854 = NJW 1992, 2032 = zfs 1993, 9.

mit integrierter Bestandteil der Organisation des Schulbetriebs ist, wie es auch der Fall sein kann, wenn Schüler auf Privatwagen durch einen Lehrer aufgeteilt werden.[145] Das Gleiche gilt entsprechend für Wege in Verbindung mit dem Besuch von Tageseinrichtungen für Kinder oder von Hochschulen.[146] Keine Betriebs- oder Unterrichtswege sind die unmittelbaren Wege von Versicherten zur Schule oder einem anderen als dem üblichen Ort der Tätigkeit und umgekehrt, wie z. B. der Treffpunkt zu einem Klassenausflug, da hier das andere Ziel an die Stelle des Betriebs oder der Schule tritt und es sich damit um einen privaten versicherten Weg gem. § 8 Abs. 2 SGB VII handelt, auf dem das Haftungsprivileg nicht eingreift.[147]

Durch die Entscheidung des *BGH* (Az. III ZR 39/00) vom 12.10.2000 ist der Schülertransport mit einem schuleigenen Fahrzeug dem Werksverkehr gleichgestellt, sodass Schäden auf diesem Transport der Haftungsprivilegierung unterfallen.[148] Gleiches muss gelten, wenn der Schulträger einen Dritten mit dem Transport beauftragt oder die Busbeförderung im Rahmen des öffentlichen Personennahverkehrs organisiert.[149] In diesem Fall ist aber nur der Schulträger, z. B. bei Verletzung seiner Aufsichtspflicht haftungsprivilegiert, Fahrer und Fuhrunternehmer nicht, da diese nicht in den Schulbetrieb eingegliedert sind, sie haften also den beförderten Personen.[150] Diese Rspr. gilt auch nach der oben dargestellten Entscheidung des *BGH* vom 26.11.2002[151] ausdrücklich fort, wenn der Transportunternehmer bei der vertraglich geschuldeten Durchführung der Schülertransporte keinen allgemeinen Weisungen des Schulträgers oder der Schulverwaltung unterliegt.[152] Halter und Fuhrunternehmer können aber im Rahmen der Annahme einer gestörten Gesamtschuld von einer Haftungsprivilegierung des Schulträgers profitieren, wenn diesem ein Verschulden an dem Unfall zur Last fällt.[153] | 132

6. Die Haftungsbeschränkung des § 1664 BGB im Verhältnis Eltern/Kind

§ 1664 begründet bei der Ausübung der elterlichen Sorge eine Haftungsbeschränkung zugunsten der Eltern. Gem. § 1664 Abs. 1 BGB haben die Eltern bei der Ausübung der elterlichen Sorge dem Kind gegenüber nur für die Sorgfalt einzustehen, die sie in eigenen Angelegenheiten anzuwenden pflegen. Sind für einen Schaden beide Eltern verantwortlich, so haften sie als Gesamtschuldner (§ 1664 Abs. 2 BGB). Die Vorschrift des § 1664 BGB hat damit zwei Funktionen. Sie ist im Verhältnis Eltern und Kind eine Anspruchsgrundlage des Kindes für einen selbstständigen Schadenersatzanspruch, daneben bildet sie für die Haftung der Eltern aus § 1664 BGB aber auch aus anderen z. B. deliktischen Anspruchsgrundlagen eine Haftungserleichterung zugunsten der Eltern, die gem. § 277 BGB eventuell nur für Vorsatz und grobe Fahrlässigkeit haften.[154] | 133

Nach herrschender Meinung können sich Eltern im Rahmen von Verkehrsunfällen auf das Haftungsprivileg des § 1664 BGB nicht berufen.[155] Allerdings greift das Haftungsprivileg nach § 1664 BGB ein, wenn sich das Verschulden der Eltern auch im Straßenverkehr in der bloße Verletzung der Aufsichtspflicht erschöpft.[156] Bei Eingreifen des Haftungsprivilegs ist dann der Haftungsmaßstab des § 1664 BGB i. V. m. § 277 BGB zu Grunde zu legen, wonach die Eltern bei grober Fahrlässigkeit und natürlich Vorsatz haften. | 134

---

145 Vgl. *LG Kassel* NZV 2006, 375.
146 *Leube* VersR 2001, 1215 f. m. w. N.
147 *Leube* a. a. O.
148 *BGH* DAR 2001, 32 f. = zfs 2001, 63 = NJW 2001, 442 = VersR 2001, 335.
149 Vgl. *OLG Celle* VersR 2006, 1086.
150 Vgl. *Leube* a. a. O.; *BGH* VersR 1982, 270.
151 *BGH* NJW 2003, 1121 = zfs 2003, 342 = NZV 2003, 124.
152 *BGH* NJW 2003, 1121 (1123).
153 Vgl. dazu *OLG Koblenz* DAR 2006, 689.
154 Palandt/*Diederichsen* § 1664 Rn. 1.
155 *LG Tübingen* VersR 1991, 707 m. w.N; Himmelreich/Halm/*Luckey* Kap. 1 Rn. 257.
156 *OLG Karlsruhe* DAR 2009, 202 (203); OLG Hamm NJW 1993, 542.

135 Ergibt sich nach diesen Grundsätzen eine Haftung der Eltern, so stellt sich die Frage, ob sich die verletzten Kinder ein Verschulden ihrer Eltern unmittelbar über §§ 254, 278 BGB zurechnen und sich damit eine Kürzung ihrer Ansprüche gefallen lassen müssen.

136 Nach der Rspr. des *BGH* gilt zunächst, dass sich das geschädigte Kind ein Verschulden seiner Eltern außerhalb einer rechtlichen wie z. B. einer vertraglichen Sonderverbindung oder eines einem Schuldverhältnis ähnlichen Sonderrechtsverhältnisses nach §§ 254, 278 BGB nicht unmittelbar zurechnen lassen muss.[157] Außerhalb dieser rechtlichen Sonderverhältnisse fehlt die für die Zurechnung eines Verschuldens erforderliche Zurechnungsnorm. Es entspricht ständiger Rspr. des *BGH*, dass die in § 254 Abs. 2 BGB in Bezug genommene »entsprechende Anwendung des § 278 BGB« zwar anerkanntermaßen auch für § 254 Abs. 1 BGB gilt, nicht aber für außerhalb einer Verbindlichkeit bestehende, z. B. aus § 823 BGB abgeleitete Schadenersatzansprüche.[158] Ferner muss sich eine verletzte natürliche Person nicht das Verschulden ihres gesetzlichen Vertreters zurechnen lassen.[159]

137 Etwas anderes gilt nur dann, wenn Kind und gesetzlicher Vertreter eine gemeinsam zu verantwortende Unfallursache gesetzt haben, ihre Handlungen also in einem gemeinsamen Verursachungsbeitrag vor dem eigentlichen Unfallgeschehen verschmolzen sind. Dann haftet das Kind unter dem Gesichtspunkt der Zurechnungseinheit auch für das Verhalten seines gesetzlichen Vertreters. Sie sind in diesem Fall wie eine einzige Person zu behandeln, wenn sie z. B. gemeinsam bei Dunkelheit eine Straße überqueren und es dabei zum Unfall kommt. Diese Haftung setzt jedoch auch ein dem Kind vorwerfbares Verhalten und damit insbesondere dessen Deliktsfähigkeit voraus.[160]

138 Scheitert eine unmittelbare Zurechnung des Verschuldens der Eltern aber nach den eingangs dargelegten Grundsätzen, so ist noch zu prüfen, ob eine mittelbare Zurechnung nach den Grundsätzen des gestörten Gesamtschuldnerausgleichs erfolgen kann. In diesen Fällen würde der Anspruch des Kindes im Außenverhältnis gegen den Schädiger in dem Umfang gekürzt, in dem der Schädiger einen Ausgleichsanspruch gegen den schädigenden Elternteil hätte. Ein gestörtes Gesamtschuldverhältnis aber liegt nur dann vor, wenn die Eltern vom Kind unmittelbar aufgrund des Bestehens eines Haftungsprivilegs nicht in Anspruch genommen werden könnten, dieses Privileg der Eltern aber durch den Regress des Drittschädigers gegen die Eltern umgangen werden würde.

139 Diese Frage stellt sich aber nur dann, wenn sich die Eltern auf die Haftungsbeschränkung des § 1664 BGB berufen können. In diesen Fällen kann das Kind nur den Drittschädiger, nicht aber die Eltern wegen des entstandenen Schadens in Anspruch nehmen. Für diese Fallkonstellation hat der *BGH* die Anwendung über die Grundsätze des gestörten Gesamtschuldnerausgleichs und damit auch die mittelbare Kürzung der Ansprüche des Kindes allerdings abgelehnt. Begründet wird dies damit, dass die Eltern wegen der Haftungsbeschränkung des § 1664 BGB gar nicht zum Kreis der Ersatzpflichtigen zählen und damit im Verhältnis zum Drittschädiger gar kein Gesamtschuldverhältnis besteht, das gestört werden könnte.[161]

140 Zu einer Kürzung der Haftung des Drittschädigers schon im Außenverhältnis gelangt der *BGH* hingegen in den Fällen, in denen Sozialversicherungsträger beim Drittschädiger Regress nehmen. Diese Kürzung erfolgt aufgrund des Familienprivilegs des § 116 Abs. 6 SGB X. Danach gehen Schadenersatzansprüche des Geschädigten gegen Familienangehörige, die mit dem Geschädigten in häuslicher Gemeinschaft leben, nicht auf den Sozialversicherungsträger über. Dies bedeutet, dass der Sozialversicherungsträger die auf ihn übergegangenen Ansprüche nur gegen den Drittschädiger geltend machen kann, der sodann im Innenverhältnis gegen den die Aufsichtspflicht verletzenden Elternteil Regress nehmen könnte. Da mit einem solchen Ergebnis allerdings der Sinn des Familienprivilegs

---

157 BGHZ 103, 338 (342).
158 *BGH* VersR 1975, 133 (134).
159 *OLG Naumburg* VersR 2009, 373 (374).
160 *Geigel/Knerr* Kap. 2 Rn. 35 m. w. N.; *BGH* VersR 1978, 735. daher m. E. unzutreffend *LG Deggendorf* VersR 1997, 492.
161 Vgl. BGHZ 103, 338 (347 f.).

umgangen werden würde, kann der Sozialversicherungsträger nach den Grundsätzen des gestörten Gesamtschuldnerausgleichs lediglich die Haftungsquote von dem beteiligten Fahrzeugführer und dessen Haftpflichtversicherung regressieren, die seinem Mitverantwortungsanteil auch im Innenverhältnis entspricht.[162]

7. Haftungsprivilegien durch vertragliche Vereinbarung

Haftungsprivilegien können sich auch durch eine vertragliche Vereinbarung ergeben, die sich auch konkludent aus den Umständen ergeben kann. Da im Verkehrsrecht fast immer eine eintrittspflichtige Haftpflichtversicherung besteht, wird man eine solche Vereinbarung in der Regel nicht feststellen können, da eine Vereinbarung, die nicht den Schädiger, sondern seine Haftpflichtversicherung entlastet, in der Regel nicht dem Parteiwillen entsprechen wird.[163] Deshalb spricht das Bestehen einer Haftpflichtversicherung für den Schädiger in aller Regel gegen eine stillschweigende Haftungsbeschränkung. Allein daraus, dass sich jemand aus Gefälligkeit an das Steuer eines fremden Fahrzeugs setzt und eine andere Person mitnimmt, kann die Vereinbarung des Ausschlusses einer deliktischen Haftung keineswegs gefolgert werden.[164]

141

Vielmehr setzt die Annahme einer solchen Haftungsbeschränkung nach der Rspr. des *BGH* grundsätzlich voraus, dass für den Schädiger kein Versicherungsschutz besteht und diesen damit ein nicht hinzunehmendes Haftungsrisiko trifft. Hinzukommen müssen dann aber immer noch besondere Umstände des Einzelfalls, die im konkreten Fall den Haftungsverzicht des Geschädigten naheliegen lassen.[165]

142

So hatte das *OLG Stuttgart*[166] einen Fall zu entscheiden, in dem zwei deutsche Medizinerinnen gemeinsam den Entschluss gefasst hatten, einen Teil des für ihre Ausbildung erforderlichen praktischen Jahres in Südafrika zu verbringen und für diesen Zeitraum einen Mietwagen angemietet hatten, der von beiden abwechselnd gefahren werden sollte. Es kam zu einem Unfall, den eine der beiden Medizinerinnen verschuldet hatte und durch welchen die andere erheblich verletzt wurde.

143

Einen ausdrücklichen Haftungsverzicht hatten die Parteien nicht getroffen, da sie davon ausgegangen waren, bei Unfällen im Straßenverkehr umfassend versichert zu sein, was jedoch tatsächlich nicht der Fall war. Nach Auffassung des *OLG* war aus diesem Grund ein konkludenter Haftungsverzicht für durch einfache Fahrlässigkeit verursachte Unfälle anzunehmen. Hätten, so das *OLG*, beide Parteien den unzureichenden Versicherungsschutz gekannt, so wäre zwischen den Parteien billigerweise ein Haftungsausschluss vereinbart worden. Zur Begründung wird ausgeführt, dass beide durch die Anmietung des Mietwagens während des gemeinsamen Aufenthalts in Südafrika und der Teilnahme am dortigen Straßenverkehr eine Gefahrengemeinschaft gebildet hatten. Hätten sie den unzureichenden Versicherungsschutz gekannt, so hätte für beide kein vernünftiger Grund bestanden, sich aufgrund der oben beschriebenen Verbundenheit zugunsten der jeweils anderen dem Risiko einer persönlichen Haftung auszusetzen. Diese Auffassung des *OLG Stuttgart* ist im Revisionsverfahren durch den *BGH* bestätigt worden.[167]

144

III. Haftungsprivilegien und gestörte Gesamtschuld

▶ **Praxistipp**

145

Das Institut der gestörten Gesamtschuld führt dazu, dass sich ein nicht haftungsprivilegierter Schädiger unmittelbar im Außenverhältnis das Haftungsprivileg seines haftungsprivilegierten

---

162 *BGH* DAR 1980, 48 f., vgl. auch *BGH* VersR 1980, 938 = NJW 1980, 938.
163 *BGH* VersR 1993, 1092 f.
164 *BGH* a. a. O.
165 Vgl. dazu auch Junggesellenabschied mit einem nicht versicherten landwirtschaftlichen Fahrzeug *OLG Hamm* VersR 2008, 1219.
166 *OLG Stuttgart* VersR 2008, 934.
167 *BGH* DAR 2009, 327 = NJW 2009, 1482 = VersR 2009, 558.

Mitschädigers dahin gehend zu Nutze machen kann, dass er im Außenverhältnis nur auf den Anteil haftet, der seinem Verschuldensanteil im Innenverhältnis entspricht. Dies kann dazu führen, dass auch der nicht haftungsprivilegierte Schädiger im Außenverhältnis nicht haftet, wenn ihn tatsächlich kein Verschulden an dem Schadenfall trifft und er z. B. nur aus Gefährdungshaftung haften würde. Dieses »mittelbare« Haftungsprivileg kann der Geschädigte dann nur unterlaufen, wenn er dem nicht haftungsprivilegierte Schädiger ein eigenes Verschulden, wie z. B. ein Organisationsverschulden nachweisen kann.

146 Im Jahr 2003[168] hatte der *BGH* (Az. VI ZR 434/01) folgenden Sachverhalt zu entscheiden:

146a Eine GbR betrieb einen Kurierdienst. Im Rahmen dieser Tätigkeit verletzte ein Gesellschafter der GbR beim Beladen eines LKW eines anderen Unternehmens den dort tätigen Fahrer. Es lag nach den zutreffenden Feststellungen des *BGH* eine gemeinsame Betriebsstätte gem. § 106 III SGB VII vor. Ferner war unstreitig, dass der Gesellschafter der GbR sozialversichert war, sodass dem Gesellschafter das Haftungsprivileg des § 106 Abs. 3 SGB VII zugebilligt wurde. Damit schied die persönliche Haftung des Gesellschafters für den Personenschaden des LKW-Fahrers aus. Zu klären war allerdings die Frage, ob eine Haftung der GbR für den Personenschaden des LKW Fahrers gegeben war.

147 Der *BGH* hat eine Haftung der GbR unter Berufung auf die Grundsätze der gestörten Gesamtschuld verneint. Die Grundsätze der gestörten Gesamtschuld greifen immer dann ein, wenn im Außenverhältnis mehrere Schädiger zwar haften würden, einem Schädiger im Außenverhältnis aber ein Haftungsprivileg zugutekommt, sodass der Geschädigte diesen Schädiger nicht in Anspruch nehmen kann. In dieser Situation wäre der Geschädigte dann darauf zu verweisen, den nicht haftungsprivilegierten Zweitschädiger in Anspruch zu nehmen. Würde dieser Zweitschädiger im Außenverhältnis im vollen Umfange haften, so hätte er im Innenverhältnis zum haftungsprivilegierten Schädiger diesem gegenüber einen Ausgleichsanspruch nach § 426 BGB. Dieser Innenregress würde dann das im Außenverhältnis bestehende Haftungsprivileg unterlaufen, sodass der haftungsprivilegierte Schädiger im Ergebnis doch haften würde. Um diese Situation zu verhindern, wird daher nach den Grundsätzen der gestörten Gesamtschuld die Haftung des Zweitschädigers auch im Außenverhältnis auf seinen Haftungsanteil im Innenverhältnis beschränkt, damit für den Innenregress und damit das Unterlaufen des Haftungsprivilegs kein Raum ist.[169]

148 Für den vom *BGH* zu entscheidenden Fall bedeutet dies, dass eine Haftung der GbR ausscheidet, weil der GbR wegen des alleinigen fehlerhaften Handelns des Gesellschafters gegen diesen analog § 31 BGB einen Regressanspruch in voller Höhe zustehen und damit das Haftungsprivileg des haftungsprivilegierten Gesellschafters unterlaufen würde. Damit hätte die GbR im Innenverhältnis keinen Haftungsanteil zu tragen, sodass auch im Außenverhältnis keine Haftung der GbR begründet war, sodass das Haftungsprivileg des Gesellschafters auf diese Weise auch der GbR zu Gute kam.

149 Anders wäre dies aber zu beurteilen, wenn die GbR z. B. wegen eines Organisationsverschuldens selbst haften würde. Dann wäre insoweit kein Haftungsprivileg zugunsten der GbR anzunehmen, da die GbR ein Eigenverschulden treffen würde und sie damit nach außen nach Maßgabe ihres Anteils im Innenverhältnis haften würde. Eine Haftung bestünde also etwa dann, wenn man der GbR vorzuwerfen hätte, dass sie durch eine Verletzung der ihr obliegenden Verkehrssicherungspflicht den Schaden jedenfalls mitverursacht hat. Dann wäre sie im Außenverhältnis nach Maßgabe des von ihr im Innenverhältnis zu tragenden Anteils haftpflichtig. Ein Haftungsprivileg steht ihr mangels eigener Tätigkeit nicht zu, da die GbR immer nur durch ihre Gesellschafter auf der gemeinsamen Betriebsstätte tätig werden, selbst also nicht handeln kann.[170]

150 Die Grundsätze der gestörten Gesamtschuld sind insbesondere in allen Fällen der gemeinsamen Betriebsstätte i. S. d. § 106 Abs. 3 SGB VII zu beachten, in denen Schädiger mit und ohne Haftungs-

---

168 *BGH* VersR 2003, 1260 = NJW 2003, 2984 = NZV 2003, 466 = SP 2003, 480.
169 Himmelreich/Halm/*Engelbrecht* Kap. 15 Rn. 144.
170 *Engelbrecht* a. a. O. Rn. 146.

G. Haftungsprivilegien und Gesamtschuldnerschaft　　　　　　　　　　　　Kapitel 9

privileg dem Geschädigten gegenüberstehen. So ist dies insbesondere bei Verkehrsunfällen zu prüfen, wenn z. B. ein Versicherter im Rahmen eines Arbeitsunfalls den Versicherten eines anderen Unternehmens auf einer gemeinsamen Betriebsstätte bei der Benutzung des firmeneigenen PKW schädigt und den Unternehmer nach § 7 StVG die Halterhaftung oder mangels Exkulpation die Haftung nach § 831 BGB trifft. Hier könnte man annehmen, dass diese Haftungstatbestände eine Haftung des Unternehmers begründen, da der bei dem Unfall nicht anwesend war. Tatsächlich greift in diesen Fällen das Haftungsprivileg des § 106 Abs. 3 SGB VII zugunsten des Unternehmers nicht ein, nach den Grundsätzen der gestörten Gesamtschuld kommt es gleichwohl nicht zur Haftung des Unternehmers.

Dies hat der *BGH* (Az. VI ZR 13/03) in seinem Urteil vom 11.11.2003[171] grundlegend entschieden. Danach bleibt die Haftung des nicht auf der gemeinsamen Betriebsstätte tätigen Unternehmers im Rahmen der gestörten Gesamtschuldverhältnisses auf die Fälle beschränkt, in denen ihn nicht nur die Haftung wegen vermuteten Auswahl- und Überwachungsverschuldens gem. § 831 BGB, sondern eine eigene Verantwortlichkeit zur Schadensverhütung, etwa wegen der Verletzung von Verkehrssicherungspflichten oder wegen eines Organisationsverschuldens trifft. 151

Haftet der Unternehmer für seinen Verrichtungsgehilfen nach § 831 BGB, so regelt sich der Innenausgleich der beiden Gesamtschuldner nach § 840 BGB. Nach dieser Vorschrift aber haftet im Innenverhältnis nur der Handelnde, also hier der nach § 106 Abs. 3 SGB VII haftungsprivilegierte Arbeitnehmer. Würde man also den Unternehmer im Außenverhältnis haften lassen, so hätte er im Innenverhältnis wegen der Vorschrift des § 840 Abs. 2 BGB einen Ausgleichsanspruch gegen den Arbeitnehmer, sodass dessen Haftungsprivileg leer liefe. Nach den Grundsätzen der gestörten Gesamtschuld haftet der Unternehmer daher im Außenverhältnis nur mit dem Anteil, mit dem er auch im Innenverhältnis haften würde. Trifft den Unternehmer aber kein eigenes Verschulden, dann haftet er weder im Innen- noch im Außenverhältnis. 152

Dies gilt auch dann, wenn der Unternehmer als Halter lediglich nach § 7 StVG haftet, der Arbeitnehmer aber aus Verschuldenshaftung. Auch hier hat der *BGH* entschieden, dass in den Fällen, in denen auf der einen Seite nur eine Gefährdungshaftung, auf der anderen Seite jedoch erwiesenes Verschulden vorliegt, im Innenverhältnis derjenige den ganzen Schaden tragen soll, der nachweislich schuldhaft gehandelt hat.[172] 153

Die Beweislast für das Vorliegen eines Haftungsprivilegs, das dem nicht privilegierten Zweitschädiger die Möglichkeit eröffnet, sich auf die Grundsätze der gestörten Gesamtschuld zu berufen, trägt der Zweitschädiger, da es sich insoweit um eine für ihn günstige Tatsache handelt. Im Rahmen der Verschuldenshaftung trägt er dann aber auch die Beweislast dafür, dass bei ihm kein im Rahmen der Abwägung der Verschuldensanteile im Innenverhältnis mit dem Erstschädiger zu beachtender Haftungsanteil verbleibt, der dann eine Haftung in diesem Umfang auch im Außenverhältnis begründen würde. Steht nur eine Haftung des Zweitschädigers aus einer Gefährdungshaftung im Raum, so ergibt sich keine Haftung des Zweitschädigers, sodass es in diesem Fall auf die Frage einer Beweislastverteilung und damit auch nicht darauf ankommt, ob der Unabwendbarkeitsnachweis i. S. d. § 7 StVG gelingt. Dies gilt aber nach der Rspr. des *BGH* nur dann, wenn das Verschulden des Erstschädigers erwiesen ist.[173] Ist dies nicht erwiesen, so haftet der Zweitschädiger auch im Außenverhältnis, wenn ihm der Unabwendbarkeitsnachweis nicht gelingt.[174] 154

171　Vgl. *BGH* NJW 2004, 951 = VersR 2004, 202 = zfs 2004, 161; *BGH* VersR 2005, 1397 f.
172　Vgl. *BGH* NJW 2004, 951, 953; s. a. *OLG Dresden* r+s 2004, 479.
173　*BGH* DAR 2005, 506 = zfs 2006, 25 und bei *Lang* SVR 2006, 25.
174　Himmelreich/Halm/*Engelbrecht* Kap. 15 Rn. 153 f.

H. Der Ausgleich nach § 17 StVG im Innenverhältnis

155 Die Bestimmung des § 17 StVG normiert eine Ausgleichspflicht unter Gesamtschuldnern und stellt statt nach Kopfteilen wie bei § 426 Abs. 1 BGB, entscheidend darauf ab, inwieweit der Schaden »vorwiegend von dem einen oder dem anderen Teil verursacht worden ist«.[175]

156 Anwendbar ist § 17 StVG jeweils dann, wenn der Schaden durch mehrere Kraftfahrzeuge oder durch ein Kraftfahrzeug und ein Tier bzw. durch ein Kraftfahrzeug und eine Eisenbahn verursacht worden ist (vgl. dazu § 17 Abs. 4 StVG). Diese Abgrenzung bedeutet, dass Unfälle zwischen Kraftfahrzeugen und Fußgängern nicht nach § 17 StVG abzuwickeln sind, sondern dem Schadenausgleich nach § 254 Abs. 1 BGB unterliegen.

157 § 17 StVG gilt damit als lex specialis und zwar auch insoweit, als Halter und Fahrer des Kfz selbst als Verletzte in Betracht kommen. Sofern nur einer der Gesamtschuldner der Gefährdungshaftung unterliegt, während der andere ausschließlich aus Verschulden haftet, kommt § 17 StVG hingegen nicht zur Anwendung.

158 Bei einer Schadenabwägung nach § 17 StVG dürfen nur solche Umstände berücksichtigt werden, von denen feststeht, dass sie für die Entstehung des Schadens ursächlich geworden sind. Dabei sind nur unstreitige oder bewiesen unfallkausale Ursachen in die Abwägung einzubeziehen.[176]

159 Bei der Haftungsabwägung im Innenverhältnis ist zunächst die von den beteiligten Fahrzeugen ausgehende Betriebsgefahr als Faktor zu berücksichtigen. Ferner ist zu prüfen, inwieweit ein Verschulden der beteiligten Fahrzeugführer die Betriebsgefahr des jeweiligen Fahrzeugs erhöht hat.

160 Die Betriebsgefahr wird nicht schon dadurch ausgeschlossen, dass ein Fahrzeug im Zeitpunkt des Unfalles gestanden hat. Auch ein derartiges Fahrzeug befindet sich, selbst wenn es über längere Zeit hinweg abgestellt worden ist, noch »in Betrieb« im Sinne von § 7 Abs. 1 StVG und kann zur Entstehung des Schadens beitragen.

161 Die normale Betriebsgefahr kann sich durch besondere Umstände, die sich im Hinblick auf die Schadenverursachung als gefahrenträchtig erwiesen haben, erhöhen.[177] So führt z. B. eine hohe Geschwindigkeit des unfallbeteiligten Fahrzeugs, auch wenn sie an der Unfallstelle nicht verboten war, zu einer Erhöhung der Betriebsgefahr. Bei Überschreiten der Richtgeschwindigkeit von 130 km/h auf der Autobahn kann sich ein Kraftfahrer, der in einen Unfall verwickelt wird, nicht auf die Unabwendbarkeit des Unfalls berufen, es sei denn, er kann beweisen, dass es auch bei Einhaltung der Richtgeschwindigkeit zu einem vergleichbaren Unfall mit ähnlichen Folgen gekommen wäre.[178] Begründet wird dies vom *BGH* damit, dass die Auslegung des Begriffs des unabwendbaren Ereignisses eine sich am Schutzzweck der Gefährdungshaftung ausrichtende Wertung verlange. Dabei dürfe sich die Prüfung nicht nur auf die Frage beschränken, ob der Fahrzeugführer in der Gefahrensituation wie ein Idealfahrer reagiert hat, sie sei vielmehr auch auf die Frage auszuweiten, ob ein Idealfahrer überhaupt in eine solche Gefahrenlage geraten wäre. Damit aber verlange § 7 Abs. 2 StVG a. F., jetzt § 17 Abs. 3 StVG, dass der Idealfahrer bei seiner Fahrweise auch die Erkenntnisse berücksichtige, die nach allgemeiner Erfahrung geeignet sind, Gefahrensituationen nach Möglichkeit zu vermeiden. Solche Erkenntnisse haben in der Autobahn- Richtgeschwindigkeits-Verordnung Ausdruck gefunden. Diese Erkenntnisse sind daher bei der Auslegung des Begriffs des unabwendbaren Ereignisses mit zu berücksichtigen.[179]

162 Obwohl die Betriebsgefahr bei einer Schadenausgleichung vorrangig als Haftungselement zu berücksichtigen ist, kann sie andererseits in den Hintergrund der Betrachtung treten und unberücksichtigt

---

175 Himmelreich/Halm/*Luckey* Kap. 1 Rn. 269.
176 Himmelreich/Halm/*Luckey* Kap. 1 Rn. 269.
177 *Luckey* a. a. O. Rn. 274 ff.
178 *BGH* DAR 1992, 257.
179 *BGH* a. a. O., 258.

bleiben, wenn die Abwägung der Schadenursachen zu dem Ergebnis führt, dass den anderen Teil ein grobes Verschulden trifft bzw. die von ihm (ebenfalls) zu vertretende Betriebsgefahr seines Kfz über das normale Maß hinaus stark erhöht ist. Ein Schadenausgleich kommt also dann nicht in Betracht, wenn der Verursachungsanteil des einen Teils – sei es aufgrund seines Verschuldens oder der Betriebsgefahr – derart stark überwiegt, dass damit der Verursachungsbeitrag des anderen Teils völlig zurücktritt.

Nach der Rspr. des *BGH* muss sich auch der Leasinggeber der Eigentümer aber nicht Halter des Kfz ist, die Betriebsgefahr seines eigenen Fahrzeugs und sogar ein Verschulden des Fahrers nicht zurechnen lassen, da nach dem Wortlaut des § 17 Abs. 1 S. 2 StVG a. F. (jetzt § 17 Abs. 2 StVG) sich nur der geschädigte Fahrzeughalter nicht aber der davon verschiedene Fahrzeugeigentümer die Betriebsgefahr seines eigenen Fahrzeugs entgegenhalten lassen muss.[180] Wirkt also an der Entstehung des Fahrzeugschadens ein Mitverschulden des Leasingnehmers oder dessen Fahrers mit, so kann der Leasinggeber von dem anderen Unfallbeteiligten unabhängig davon vollen Schadenersatz verlangen.[181] Der Leasingnehmer wird nach Auffassung des *BGH* durch diese Konstruktion nicht ungerechtfertigt bessergestellt, da auch er mit dem anderen Unfallbeteiligten gegenüber dem Leasinggeber auf Schadenersatz für die Beschädigung des Fahrzeugs haftet. Ein Mitverschulden des Leasingnehmers oder dessen Fahrers kann dann im Innenverhältnis im Rahmen des Gesamtschuldnerausgleichs gem. § 426 BGB berücksichtigt werden.[182] Dies gilt allerdings nur, wenn den Leasingnehmer oder den Fahrer ein Verschulden am Zustandekommen des Unfalls trifft, eine Inanspruchnahme ausschließlich aus § 7 StVG scheidet aus.[183]

163

Umgekehrt gilt, der Fahrer eines Kfz, der nicht zugleich Halter desselben ist, muss sich die einfache Betriebsgefahr des Fahrzeugs nur dann zurechnen lassen, wenn er seinerseits für Verschulden oder für vermutetes Verschulden gem. § 18 StVG haftet.[184]

164

Eine in diesem Zusammenhang besondere Fallkonstellation hatte der *BGH* beim Unfall eines Motorradpolizisten mit seinem Dienstmotorrad zu entscheiden. Dieser war durch das Verschulden von Fußgängern verunfallt und verletzt worden. Der Dienstherr machte nunmehr aus nach Beamtengesetz auf ihn übergegangene Schadenersatzansprüche geltend. Der *BGH* hat auch in dieser Entscheidung nochmals klargestellt, dass dem Polizeibeamten die einfache Betriebsgefahr seines Motorades nicht entgegengehalten werden könne, da er nicht Halter des Motorades gewesen sei und selbst an dem Unfall kein Verschulden trage. Allerdings müsse sich auch der Dienstherr die Betriebsgefahr des Motorades nicht entgegenhalten lassen, da er nicht eigene, sondern übergegangene Ansprüche des Polizeibeamten geltend mache, die nicht durch die Anrechnung der Betriebsgefahr gemindert seien.[185]

165

---

180 BGHZ 87, 133 (138), kritisch dazu *Schmitz* NJW 1994, 301 f.; a. A. *LG Halle* VersR 2002, 1525 (1527), s. a. *Schmitz* NJW 2002, 3070.
181 *BGH* VersR 2007, 1387 und bei *Müller* SVR 2008, 17.
182 BGHZ 87, 133, 138; s. dazu auch Himmelreich/Halm/*Müller* Kap. 6 Rn. 305.
183 Vgl. *BGH* DAR 2011, 198 = zfs 2011, 196.
184 *BGH* VersR 2010, 268 = DAR 2010, 80.
185 *BGH* zfs 2010, 199 (200 f.).

Teil 3 Sachschäden

Kapitel 10 Reparaturschaden

Übersicht

		Rdn.
A.	**Reparaturkosten**	1
I.	Neuteile	4
II.	Tauschteile	7
III.	Ganzlackierung	9
IV.	Beipolierung	13
V.	Erneuerung von Sicherheitsgurten	15
B.	**Fiktive Abrechnung der Reparaturkosten**	16
I.	Bemessungsgrundlagen	17
	1. Sachverständigengutachten	18
	2. Kostenvoranschlag	22
II.	Einwendungen	24
	1. Stundenverrechnungssätze	24
	2. Verbringungskosten	25
	3. Ersatzteilaufschläge	26
	4. Achsvermessung	27
	5. Unzutreffende Werte	28
	a) Schätzung zu gering	31
	b) Schätzung zu hoch	33
	6. Kombination	43
III.	Eigenreparatur	53
	1. Privatmann	55
	2. Verkehrsbetrieb	60
	3. Gewerblicher Reparaturbetrieb	66
	4. Sonstiger Gewerbetreibender	69
IV.	Überholende Kausalität	72
C.	**Minderwert**	77
I.	Einführung	77
II.	Kriterien	85
	1. Erheblichkeit des Eingriffs	85
	2. Alter des Fahrzeugs/Vorschäden	87
	3. Höhe der Reparaturkosten	88
	4. Bagatellschäden	91
	5. Höhe	96
III.	Arten des Minderwertes	101
	1. Technischer Minderwert	101
	2. Merkantiler Minderwert	104
IV.	Verhältnis zu Wertverbesserungen	111
V.	Fälligkeit und Verzinsung	112
VI.	Nutzfahrzeuge	117
	1. Allgemein	120
	2. Sonderfahrzeuge	131
	a) Schienenfahrzeuge	131
	b) Baustellenfahrzeuge	134
	c) Fahrschulwagen	135
	d) Motorräder	136
D.	**Beweislast**	137
I.	Geschädigter (Anspruchsteller)	138
	1. Schadensadäquanz	138
	2. Schadenshöhe	142
II.	Ersatzpflichtiger	146

		Rdn.
	1. Mithaftung	146
	2. Abzüge bei der Schadenhöhe	147
III.	Garantenstellung des Schädigers	153
E.	**Schadenminderungspflicht**	**157**
I.	Grundsätze	157
II.	Auswahl einer geeigneten Werkstatt	159
III.	Einschaltung eines Sachverständigen	162
IV.	Auswechseln unbeschädigter Teile	164
V.	Dispositionspflicht des Geschädigten	166
VI.	Veräußerung des beschädigten Fahrzeugs	168
VII.	Zurechnungszusammenhang	171
F.	**Vorteilsausgleich**	**172**
I.	Allgemeine Überlegungen	172
II.	Typische Verschleißteile	190
III.	Höhe	194
	1. Allgemein	194
	2. Lackierungskosten	199
IV.	Preisnachlässe	200
	1. Rabatte	200
	2. Skonti	203
G.	**Umsatzsteuer**	**208**
I.	Anfall	208
	1. Reparatur in Fachwerkstatt	209
	2. Fiktive Abrechnung	211
	3. Teil- bzw. Billigreparatur	213
	4. Reparatur in Eigenregie	214
	5. Ersatzbeschaffung	215
II.	Eigenleistungen	217
III.	Vorsteuerabzugsberechtigung	218
	1. Grundsätze	219
	2. Beweislast	224
IV.	Abzug »neu für alt«	227
V.	Schäden von Ausländern	228
VI.	Pauschalierter Vorsteuerabzug	232
VII.	Restwert	233
	1. Privatfahrzeug	234
	2. Geschäftsfahrzeug	235

Schrifttum

Baumbach/Lauterbach/Albers/Hartmann, ZPO 68. Aufl. 2011; *Erman,* BGB 12. Aufl. 2008; *Geigel,* Der Haftpflichtprozess 26. Aufl. 2011; *Gelhaar/Thuleweit,* Das Haftpflichtrecht des Straßenverkehrs anhand der Rechtsprechung des Bundesgerichtshofes, 1969; *Gottwald,* Schadenszurechnung und Schadensschätzung, 1979; *Hamann,* Methoden und Problematik der Schadenberechnung, 1972; *Himmelreich/Halm,* Handbuch des Fachanwalts Verkehrsrecht 4. Aufl. 2011; *Hofmann,* Haftpflichtrecht für die Praxis, 1989; *Krumme,* Straßenverkehrsgesetz, 1982; *Leßmann,* Die Vorteilsausgleichung bei dem Schadenersatz nach dem Bürgerlichen Gesetzbuch, 1958; Münchener Kommentar zum BGB 5. Aufl. 2007; *Meschkat/Nauert,* Betrug in der Kraftfahrzeugversicherung, 2008; *Neuwald,* Der zivilrechtliche Schadenbegriff und seine Weiterentwicklung in der Rechtsprechung, 1968; *Palandt,* BGB 70. Aufl. 2011; *Prölss,* Beweiserleichterungen im Schadenersatzprozess, 1966; *Rother,* Haftungsbeschränkung im Schadensersatzrecht, 1965; *Sanden/Völtz,* Sachschadenrecht des Kraftverkehrs 8. Aufl. 2006; *Schiemann,* Argumente und Prinzipien bei der Fortbildung des Schadenrechts, 1981; *Staudinger,* BGB 13. Aufl. Bearbeitung 2005; *Stiefel/Maier,* Kraftfahrtversicherung 18. Aufl. 2010; *Walter,* Die Regulierung des Kraftfahrzeugschadens 4. Aufl. 1973; *Weber,* Die Aufklärung des Kfz-Versicherungsbetruges, 1995; *Weigelt,* Kraftverkehrsrecht von A bis Z, Loseblatt; *Wussow,* Unfallhaftpflichtrecht 15. Aufl. 2003.

A. Reparaturkosten

Sofern am Kfz kein Totalschaden eingetreten sein sollte, hat der Ersatzpflichtige die unfallbedingt notwendigen Reparaturkosten im Sinne von § 249 Abs. 1 BGB zu erstatten. Für Schadensfälle nach dem 1.8.2002 gilt entgegen der früheren Regelung, dass die Umsatzsteuer nur dann erstattet wird, wenn und soweit sie tatsächlich angefallen ist (§ 249 Abs. 2 S. 2 BGB n. F.). 1

Über die Reparaturkosten im engeren Sinne hinaus, die zusammen mit dem merkantilen oder technischen Minderwert den unmittelbaren Schaden darstellen, ist auch der mittelbare Schaden in Form der schadenadäquaten Nebenkosten zu ersetzen. Dazu gehören beispielsweise etwaige Mietwagenkosten bzw. Reservehaltungskosten oder eine Entschädigung für entgangene Gebrauchsvorteile, ferner Verdienstausfall, Anwaltskosten, Finanzierungskosten, Gutachtenkosten und allgemeine Nebenkosten. 2

Von einem Sachschaden spricht man dann, wenn die als besonderes Rechtsgut geschützte Sache durch einen Unfall – im Sinne eines zum Ersatz verpflichtenden Ereignisses – beschädigt oder vernichtet worden ist. Entgegen einer zuweilen noch vertretenen Auffassung stellt sich auch der Verlust einer Sache – obwohl vom Gesetzgeber in dieser Erscheinungsform nicht erwähnt – als ersatzpflichtiges Ereignis, nämlich als ein Totalschaden in seiner geradezu »klassischen« Form, dar. 3

I. Neuteile

Grundsätzlich hat der Geschädigte Anspruch darauf, dass die durch den Unfall deformierten Aggregate an seinem Kfz gegen fabrikneue genormte Ersatzteile ausgetauscht werden. Darüber hinaus kann er verlangen, dass es sich um die vom Herstellerwerk vertriebenen oder empfohlenen Teile (Originalteile) handelt. Dies gilt selbstverständlich nicht, wenn beispielsweise nur ein kleiner Blechschaden (Schramme oder Beule) entstanden ist und dieser sich durch Nacharbeiten des beschädigten Teiles (Ausbeulen oder Richten) in zumutbarer Weise unauffällig und nachhaltig beseitigen lässt.[1] 4

Dies gilt insbesondere bei den heute allgemein üblichen selbsttragenden Karosserien, die nicht mehr über Schraubteile verfügen, sondern bei denen die Neuteile eingeschweißt werden müssen. In diesem Fall kann gerade durch das Auswechseln eines Schweißteiles u. U. ein in den bis dahin integeren ausgewogenen Zustand nachhaltig eingreifender Gefügeschock entstehen, der beim Ausbeulen (Richten) vermieden worden wäre. Es ist daher im Einzelfall unter Berücksichtigung aller Gesichtspunkte sorgfältig zu prüfen, ob ein Neuteil erforderlich ist oder mit einem geringeren Eingriff in das Gefüge in zumutbarer Weise eine Nacharbeitung vollzogen werden kann. Die Frage der Zumutbarkeit hängt selbstverständlich auch vom Alter des Fahrzeugs und vom Vorhandensein etwaiger Vorschäden ab. Dabei sind ergänzend die Grundsätze der Schadenminderungspflicht zu beachten. 5

Die Frage, ob Neuteile einzubauen sind, ist unabhängig von Prestigegesichtspunkten allein nach sachbezogenen Überlegungen zu entscheiden. Auch hier gilt der Grundsatz des Schadensersatzrechts, dass der Gläubiger durch einen Haftpflichtschaden weder ärmer noch reicher werden darf. Angestrebt ist lediglich eine Beseitigung des Schadens bzw. ein angemessener Wertausgleich in Höhe des zur Schadenbeseitigung erforderlichen Betrages. 6

II. Tauschteile

Grundsätzlich bestehen für den Fall, dass ein typgerechtes und gleichwertiges, im Einzelfall zumutbares Ersatzteil vorhanden ist, gegen eine zeitwertgerechte Reparatur von Unfallfahrzeugen mit gebrauchten statt neuen Teilen weder im Bereich der Kfz-Haftpflichtversicherung noch im Bereich der Kaskoversicherung durchgreifende Bedenken. Denn der Einbau von Tauschteilen kann nicht nur von der Sache her gerechtfertigt, sondern geradezu geboten sein. Dies gilt insbesondere bei alten Fahrzeugen, weil nur auf diesem Wege – hier natürlich vornehmlich, soweit es sich um Verschleißteile handelt – Abzüge »neu für alt« vermieden werden können. Unter Tauschteilen versteht man die 7

---

[1] *LG Nürnberg-Fürth* zfs 2003, 292; *LG Duisburg* DAR 2008, 346 (zur »Spot-Repair-Methode«).

im Herstellerwerk oder einer renommierten Vertragswerkstatt in einem besonderen Prozess aufbereiteten Altteile.[2] Bei der Verwendung von aufbereiteten Tauschteilen kommt ein Abzug »neu für alt« in der Regel nicht in Betracht.

7a Die Schadenersatzleistung nach § 249 BGB soll die entstandenen Nachteile ausgleichen, der Zustand vor dem schadensauslösenden Unfallereignis soll wiederhergestellt werden. In Ansehung des Umstandes, dass die an einem Unfall beteiligten Fahrzeuge im Regelfalle Gebrauchtfahrzeuge mit gebrauchten Teilen sind, lässt sich der vorherige Zustand naturgemäß gerade durch den Einbau gebrauchter Ersatzteile wiederherstellen. Die Reparatur mit Gebrauchtteilen stellt nicht automatisch eine Billigstreparatur dar, sondern entspricht gerade bei älteren Kfz Wortlaut und Zweck des § 249 Abs. 1 BGB.[3] Auch der BGH hat zwischenzeitlich[4] ausdrücklich anerkannt, dass auch unter Verwendung von Gebrauchtteilen – entgegen den Vorgaben des Sachverständigen – eine fachgerechte Reparatur möglich ist.

7b Gleichwohl ergeben sich zum Teil bisher ungelöste Probleme sowohl in der rechtlichen als auch in der praktischen Umsetzung.[5] Voraussetzung für eine effiziente Kostenersparnis im Wege der Instandsetzung mit gebrauchten Ersatzteilen ist, dass die flächendeckende Versorgung mit funktionstüchtigen Ersatzteilen aller Art gesichert ist. Dies gilt nicht nur im Bereich der tatsächlich erfolgten Reparatur, bei der mit Blick auf die enormen Mietwagenkosten ein längeres Zuwarten der Reparaturwerkstatt nicht hinnehmbar ist, sondern auch für die fiktive Abrechnung, die nur dann auf Basis von Gebrauchtteilen erfolgen kann, wenn diese auch tatsächlich verfügbar sind. Nur dann kann das zwischen § 249 Abs. 1 und Abs. 2 S. 1 BGB bestehende Spannungsverhältnis gelöst werden. Hierbei bleibt festzuhalten, dass Anzahl der Teileanbieter und deren Bestand in den letzten Jahren erhebliche Zuwachsraten verzeichnen.[6]

8 Andere Gesichtspunkte sind jedoch maßgeblich, falls, wie etwa beim Tauschmotor, durch den Einbau eines Tauschteiles anstelle eines typischen Verschleißteiles eine echte Wertverbesserung eingetreten ist.

III. Ganzlackierung

9 Auch insoweit gelten selbstverständlich die Grundsätze der Schadenminderungspflicht. Ob diese allerdings so weit geht, dass der Geschädigte verpflichtet ist, bei leichten Lackkratzern auf die Inanspruchnahme einer Werkstatt zu verzichten und die betreffenden Stellen mit einem Lackstift selbst auszubessern,[7] erscheint recht fragwürdig. Mit einer Folienbeschichtung statt einer Neulackierung muss sich der Geschädigte nicht zufriedengeben.[8] Selbst für den Fall, dass der Geschädigte berechtigterweise eine Neulackierung (Ganzlackierung) verlangen kann, muss er dabei bedenken, dass diese in aller Regel Abzüge »neu für alt« rechtfertigt.[9]

9a Eine Teillackierung ist bei dem heutigen Stand der Reparaturtechnik selbst bei neuwertigen Fahrzeugen zuzumuten.[10] Wenn diese Lackierung fachmännisch ausgeführt wird, bleiben in der Regel keine Farbabweichungen zurück. Gerade bei neuen Fahrzeugen wird eine Beilackierung am ehesten zuzumuten sein, weil sie nicht zu einer Veränderung der ursprünglichen Farbwerte führt.[11] Lackierungs-

---

2 Vgl. hierzu die seit 1.4.1998 geltende Altautoverordnung.
3 *AG Hagen* DAR 2000, 411 m. w. N.; *OLG Oldenburg* DAR 2000, 359 = NZV 2000, 469.
4 NJW 2011, 669 = VersR 2011, 282 = DAR 2011, 133, so auch *OLG München* NZV 2010, 400.
5 *Reinking* zfs 1997, 81; *Otting* Jahrbuch Verkehrsrecht 1999, 182; *Pamer* DAR 2000, 151.
6 *Budel* zfs 2000, 89.
7 So aber das *AG Winsen/Luhe* zfs 1988, 313.
8 *LG Arnsberg* NZV 2002, 134.
9 Vgl. dazu *OLG Frankfurt* MDR 1965, 382; *OLG München* VersR 1970, 261; *Klimke* zfs 1972, 100 f.; *Weigelt/Sprenger* Kenn-Nr. 62701, 1983, S. 7.
10 Vgl. dazu *OLG München* VersR 1974, 65; *AG Goslar* zfs 1986, 325.
11 Vgl. dazu *LG Aachen* VersR 1972, 593.

kosten sind überhaupt nicht erstattungsfähig, wenn eine lackschadenfreie Ausbeultechnik angewendet werden kann.[12]

Eine Teillackierung ist auch bei einer möglichen geringfügigen Farbabweichung vor allem dann dem Geschädigten zuzumuten, wenn sein Kfz im Zeitpunkt des Unfalls bereits 5 Jahre alt war und schon mehrmals verschiedene Ganzlackierungen erhalten hat.[13] Eine Ganzlackierung zulasten des Schädigers wird insbesondere dann nicht in Betracht kommen, wenn eine Teillackierung technisch möglich gewesen wäre, ohne eine Wertminderung zu hinterlassen.[14] 10

Man kann den Anspruch auf eine Ganzlackierung nicht damit begründen, dass der Ursprungslack in seinen optischen und qualitativen Eigenschaften bereits so weit nachgelassen hat, dass durch eine Teillackierung eine erhebliche Farbabweichung eintreten würde. Gerade bei älteren Fahrzeugen, deren Lackierung bereits vor dem Unfall keinen optisch einheitlichen Gesamteindruck mehr vermittelt hat, wird es dem Geschädigten am ehesten zuzumuten sein, sich mit einer Teillackierung zu begnügen.[15] 11

Wenn (ausnahmsweise) Anspruch auf eine Ganzlackierung besteht, dann wird in aller Regel unter dem Gesichtspunkt des Vorteilsausgleichs ein Abzug »neu für alt« geboten sein.[16] Ein derartiger Abzug lässt sich nicht mit dem Hinweis kompensieren, dass die auf das Fahrzeug aufgetragene Volllackierung vom optischen Gesamteindruck und von der Qualität her weniger wertvoll sei als der Ursprungslack.[17] Man darf als Faustregel davon ausgehen, dass für jedes Betriebsjahr ein durchschnittlicher Abzug von 15 % unter dem Gesichtspunkt »neu für alt« gerechtfertigt ist. Dabei muss man allerdings insofern flexibel verfahren, als man den individuellen Erhaltungszustand – etwa beim gut gepflegten Garagenwagen – mit in die Betrachtung einbezieht und die mit dem fortschreitenden Alter einsetzende Degression der Abschreibungskurve berücksichtigt.[18] 12

IV. Beipolierung

Nach den Erfahrungen der Praxis kann es mitunter zweckmäßig sein, die bei einer Teillackierung entstandenen Randzonen, insbesondere wenn es sich um eine Differenz in der Fülle des Decklackstandes handelt, durch eine sog. Beipolierung auszugleichen. Durch diese Beipolierung werden die toten Lackschichten abgenommen. Auf diese Weise wird gleichzeitig eine Übereinstimmung im Glanzgrad und im Farbton erzielt, die sich in etwa den Werten der Ursprungslackierung annähert. 13

Allerdings wird der zumeist nur gedachte Kostenaufwand für eine Beipolierung in der Praxis der Schadenregulierung häufig nur als Vorwand benutzt, um als Surrogat für einen – in der Regel nicht (mehr) entstandenen – Minderwert zu dienen, der mit Rücksicht auf das Alter des Kfz unter rechtlichen Aspekten nicht mehr durchzusetzen ist.[19] Beipolierungskosten sind nach den Erfahrungen der Praxis in der Regel nicht erstattungsfähig. Dies gilt insbesondere bei einem Kfz, das erst wenige Jahre 14

---

12 *OLG Karlsruhe* DAR 2003, 559 = r+s 2003, 523; *LG Duisburg* DAR 2008, 346: *LG Saarbrücken* zfs 2011, 85.
13 Vgl. dazu *OLG Köln* VersR 1972, 754.
14 Vgl. dazu *OLG Düsseldorf* DAR 1974, 71; *OLG München* VersR 1975, 960.
15 Vgl. dazu *H. W. Schmidt* BB 1968, 1310.
16 Vgl. dazu *OLG Frankfurt* MDR 1965, 382; *H. W. Schmidt* VersR 1965, 747; BB 1968, 1310.
17 A. A. mit allerdings wenig überzeugender Begründung *H. W. Schmidt* VersR 1965, 747 (unter Bezugnahme auf *Ebert* DAR 1960, 248).
18 Vgl. dazu *Klimke* zfs 1972, 100 f.; *Klink* zfs 1972, 180 (mit Einschränkungen; als Erwiderung zu *Klimke* zfs 1972, 100); Weigelt/*Sprenger* Kenn-Nr. 62701, 1983, S. 7.
19 Vgl. dazu insbes. *OLG Düsseldorf* MDR 1965 131 (Zubilligung eines merkantilen bzw. technischen Minderwerts unter Hinweis darauf *abgelehnt*, dass nur geringfügige Farbabweichungen entstanden sind, die sich durch eine etwaige Beipolierung leicht ausgleichen lassen); *OLG Karlsruhe* VersR 1973, 1169 (ebenfalls geringfügige Farbabweichungen); *AG Frankfurt/M.* r+s 1977, 12 (geringe Blechschäden); *AG Heidelberg* VersR 1978, 953 (L) = r+s 1978, 261 (das »gerade bei Beschädigung eines älteren Fahrzeugs eine Beipolierung für erforderlich hält«); – a. A. *AG Köln* VersR 1974, 1037 (das – zu Recht – bei einem 9 Jahre alten Pkw

alt ist. Beim heutigen Stand der Lackierungstechnik ist es ohne Weiteres möglich, eine Teillackierung ohne sichtbare Farbunterschiede vorzunehmen.

V. Erneuerung von Sicherheitsgurten

15 Wenn der Zusammenstoß von Kraftfahrzeugen mit derart heftiger Wucht erfolgt ist, dass der Verdacht besteht, die Sicherheitsgurte könnten überdehnt worden sein, sodass sie mit Rücksicht auf die verloren gegangene Elastizität erneuert werden müssen, dann hat der Schädiger auch die dafür erforderlichen Kosten zu tragen. Dies gilt grundsätzlich auch für alle anderen Sicherheitssysteme (Gurtstraffer, Airbag etc.). Die Beweislast dafür, dass das Sicherheitssystem benutzt worden ist, also z. B. die Gurte im Unfallzeitpunkt angelegt waren, trägt grundsätzlich der Anspruchsteller.[20]

B. Fiktive Abrechnung der Reparaturkosten

16 Nach § 249 Abs. 2 S. 1 BGB schuldet der Schädiger Ersatz der Herstellungskosten bereits vor Durchführung der Reparatur und unabhängig von ihrem Vollzug.[21] Der Geschädigte ist also nicht verpflichtet, den Schaden an seinem Fahrzeug überhaupt beseitigen zu lassen, sondern er kann den Gegenwert der unfallbedingt – zur Herstellung – notwendigen Reparaturkosten unabhängig davon – da es sich insoweit um einen unmittelbaren Schaden handelt – vom Ersatzpflichtigen verlangen und ihn anderweitig nach freiem Belieben verwenden.[22] Zu ersetzen sind in diesem Fall dann die durchschnittlichen marktüblichen Herstellungskosten auf der Basis eines Kostenvoranschlages oder eines Sachverständigengutachtens, weil der Schaden des Anspruchstellers unter dieser Voraussetzung nicht »konkret« festgestellt werden kann.[23] Die Höhe des Schadenersatzes richtet sich in derartigen Fällen nach dem objektivierten Verkehrswert der Leistung (Bedarfsschaden). Eine Abrechnung des Schadenersatzanspruches auf Schätzungsbasis wird in der Regel dann erfolgen, wenn der Geschädigte auf die technisch mögliche und rechtlich zulässige Instandsetzung seines Kfz im Rahmen des ihm zustehenden Dispositionsrechts verzichtet[24] bzw. die Instandsetzungsarbeiten entweder in eigener Regie ausführt oder sie durch Freunde erledigen lässt.[25]

16a Eine Abrechnung auf Schätzungsbasis ist nur beim unmittelbaren Schaden (Sachschaden) zulässig. Der übrige (mittelbare) Schaden und der Personenschaden sind ausnahmslos konkret nach dem angefallenen Aufwand abzurechnen, der dem Geschädigten ohne Verletzung der Schadenminderungspflicht aus § 254 Abs. 2 BGB tatsächlich entstanden ist.

I. Bemessungsgrundlagen

17 Der nach Schätzung abzurechnende Schaden kann durch Bezugnahme auf unterschiedliche Bemessungsgrundlagen ausgedrückt werden. Regelmäßig wird der Schaden durch den insoweit beweis- und veranlassungspflichtigen Gläubiger entweder durch Vorlegung eines Sachverständigengutachtens oder Kostenvoranschlags belegt.

Kosten für eine Beipolierung versagt); – ebenso *AG Nürnberg* r+s 1978, 259; *AG Nordheim* VersR 1978, 477 (L: bei einem 6 Jahre alten Pkw).
20 Vgl. dazu *AG Goslar* VersR 1985, 275 (L) = DAR 1984, 295 f. = zfs 1984, 331.
21 Vgl. dazu BGHZ 61, 346 = NJW 1974, 34 = VersR 1974, 90 = DAR 1974, 17; NJW 1989, 3009 = DAR 1989, 340 = zfs 1989, 299; *KG* VRS 68, 85 (Lackierungskosten); *Klimke* zfs 1989, 253; *Gebhardt* zfs 1990, 145; zu den Einzelheiten auch: Himmelreich/Halm/*Richter* Kap. 4 Rn. 250 ff.
22 Vgl. dazu *AG Lünen* DAR 2001, 410; weiter hierzu im Einzelnen *Grunsky* NJW 1983, 2465, 2468; *Berger* VersR 1985, 403; *Deichl* VersR 1985, 408.
23 Vgl. dazu beispielsw. *Neuwald* S. 59 f.; *Hamann* S. 33 ff.; *Gotthardt* VersR 1975, 977 ff.; *Gottwald* 3. Teil § 7 Nr. 1.
24 Vgl. dazu *Klimke* DAR 1984, 39 f.; *Weber* VersR 1990, 934 ff.
25 Vgl. dazu BGHZ 54, 82, 84 = NJW 1970, 1454 = VersR 1970, 832; BGHZ 61, 56 = NJW 1973, 1647 = VersR 1973, 964; BGHZ 61, 346 = NJW 1974, 34 = VersR 1974, 90; BGHZ 66, 239 = NJW 1976, 1396 = VersR 1976, 874; *Grunsky* NJW 1983, 2465; DAR 1984, 268.

1. Sachverständigengutachten

Häufig wird dem Ersatzpflichtigen das Gutachten eines Kraftfahrzeugsachverständigen zum Nachweis für die Schadenhöhe vorgelegt. Derartige Gutachten werden in der Regel auch für den Fall der nachfolgenden Reparatur zum Zwecke der Beweissicherung beigezogen.

Auf diesem Wege genügt der Geschädigte seiner Beweis- und Substanziierungspflicht. Akzeptiert der Ersatzpflichtige die Feststellungen des Sachverständigen nicht, muss er gegen das Sachverständigengutachten substanziiert Einwendungen erheben. Allerdings verbleibt im Rahmen der fiktiven Abrechnung das Prognoserisiko beim Geschädigten. Er hat im Rahmen eines Rechtsstreits die Höhe des Schadens nachzuweisen und insoweit die Feststellungen des Gutachtens, auf die er sich beruft, zu beweisen. Sein (Privat-)Gutachten ist kein Beweis, sondern lediglich substanziierter Parteivortrag. Stellt sich nach Beweisaufnahme heraus, dass das Gutachten sachlich falsch war, so geht dies zulasten des Geschädigten.[26]

Liegen außergerichtlich zwei divergierende Sachverständigengutachten vor und findet eine Reparatur tatsächlich nicht statt, kommt nur eine Verständigung der Parteien in Betracht. Kommt eine Einigung nicht zustande, wird die Frage der tatsächlich berechtigten Höhe der erforderlichen Reparaturkosten gerichtlich durch Beweisaufnahme aufzuklären sein, hierfür ist der Geschädigte beweispflichtig. Keineswegs kann der entstandene Schaden etwa dadurch kalkuliert werden, dass der Mittelwert der beiden Gutachten mit der Erwägung errechnet und angesetzt wird, dass beiden Gutachten der gleiche Beweiswert zufällt.[27]

Die fiktive Abrechnung auf Gutachterbasis ist weiter (jedenfalls für Schadensfälle seit dem 1.8.2002) eingeschränkt, als Umsatzsteuer vom Geschädigten nur dann verlangt werden kann, wenn und soweit sie tatsächlich angefallen ist (§ 249 Abs. 2 S. 2 BGB n. F.).

2. Kostenvoranschlag

Ähnliche Überlegungen gelten für den Fall, dass der Gläubiger sich entschließt, die Höhe des Schadens durch einen Kostenvoranschlag nachzuweisen. Auch in diesem Fall sind dem Geschädigten die darin ausgewiesenen unfallbedingten Reparaturkosten zu ersetzen. Der Kostenvoranschlag kann jedenfalls dann der Regulierung zugrunde gelegt werden, wenn er nachvollziehbar ist und die einzelnen Preisansätze aufschlüsselt.[28]

Als Sachfolgeschaden erstattungsfähig ist auch die von den Reparaturwerkstätten zumeist erhobene »Schutzgebühr« für die Erstellung des Kostenvoranschlages, sie erspart dem Schädiger das sonst erstattungsfähige Sachverständigenhonorar. Erfolgt die Reparatur nachfolgend, wird die Schutzgebühr regelmäßig auf die Reparaturkosten angerechnet. Ist sie zuvor seitens der KH-Versicherung reguliert worden, ist diese Ersparnis für den Geschädigten allerdings zu berücksichtigen. Sie kann etwa auf die nachzuregulierende Umsatzsteuer angerechnet werden. Erfolgt die Reparatur in einer anderen Werkstatt, sodass die Ersparnis durch Anrechnung der Kosten für den KVA nicht erzielt werden kann, kommt je nach den Umständen des Einzelfalls ein Verstoß gegen die Schadensminderungspflicht in Betracht.

---

26 *OLG Hamm* VersR 2001, 198.
27 So aber *AG Offenbach* r+s 1982, 236.
28 *LG Berlin* VersR 2002, 333.

II. Einwendungen

1. Stundenverrechnungssätze

24 Auch bei fiktiver Reparaturkostenabrechnung und unterschiedlichen Werkstattstundensätzen bestimmen sich die erforderlichen Reparaturkosten nach den Stundenverrechnungssätzen der am Heimatort des Geschädigten ansässigen markengebundenen Vertragswerkstätten.[29]

24a Früher war hoch umstritten, inwieweit die KH-Versicherung den Geschädigten an eine andere Werkstatt mit günstigeren Stundensätzen verweisen kann.[30] Eine solche Verweisung ist jedenfalls dann möglich und für die Schadensberechnung beachtlich, wenn es sich bei der Alternativ-Werkstatt, auf die verwiesen wird, ebenfalls um eine markengebundene Fachwerkstatt handelt,[31] oder auch der Kostenvoranschlag, mit dem der Schaden fiktiv geltend gemacht wird, ebenfalls nicht von einer markengebundenen Fachwerkstatt stammt.[32] Mittlerweile ist durch den *BGH* geklärt worden, dass der Verweis des Schädigers auf eine günstigere und vom Qualitätsstandard gleichwertige Reparaturmöglichkeit in einer mühelos und ohne weiteres zugänglichen freien Werkstatt mit geringeren Stundenverrechnungssätzen möglich ist, wenn der Geschädigte keine Umstände aufweist, die ihm eine Reparatur auch außerhalb einer markengebundenen Fachwerkstatt unzumutbar machen.[33]

24b Eine solche Unzumutbarkeit liegt insbesondere vor bei Fahrzeugen bis zum Alter von drei Jahren.[34] Denn nach den Erwägungen des *BGH* muss sich der Geschädigte bei neuen bzw. neuwertigen Kraftfahrzeugen im Rahmen der Schadensabrechnung grundsätzlich nicht auf Reparaturmöglichkeiten verweisen lassen, die ihm bei einer späteren Inanspruchnahme von Gewährleistungsrechten, einer Herstellergarantie und/oder von Kulanzleistungen Schwierigkeiten bereiten könnten. Im Interesse einer gleichmäßigen und praxisgerechten Regulierung hat daher der *BGH* bei Fahrzeugen bis zum Alter von drei Jahren grundsätzlich keine rechtlichen Bedenken gegen eine (generelle) tatrichterliche Schätzung der erforderlichen Reparaturkosten nach den Stundenverrechnungssätzen einer markengebundenen Fachwerkstatt. Auch bei einem älteren Fahrzeug kann für den Geschädigten eine Verweisung auf nicht markengebundene Fachwerkstätten unzumutbar sein, weil für den Fall der Weiterveräußerung bei einem großen Teil des Publikums insbesondere wegen fehlender Überprüfungsmöglichkeiten die Einschätzung vorhanden ist, dass bei einer (regelmäßigen) Wartung und Reparatur eines Kraftfahrzeugs in einer markengebundenen Fachwerkstatt eine höhere Wahrscheinlichkeit besteht, dass diese ordnungsgemäß und fachgerecht erfolgt ist. Daher liegt auch dann Unzumutbarkeit vor, wenn der Geschädigte konkret darlegt und beweist, dass er sein Kraftfahrzeug bisher stets in der markengebundenen Fachwerkstatt hat warten und reparieren lassen.[35] Der *BGH* stellt insoweit entscheidend auf die Verkehrsanschauung ab, wonach die durchgehende Wartung bzw. Reparatur in einer Markenwerkstatt wertbildenden Einfluss hat und durch entsprechend höhere Preise für solche Gebrauchtfahrzeuge honoriert wird. Daher muss bei älteren Fahrzeugen

---

29 *BGH* VersR 2003, 920 = DAR 2003, 373 = r+s 2003, 301; *OLG Düsseldorf* DAR 2008, 523; *LG Aachen* DAR 2002, 72; *LG Kassel* zfs 2001, 359; *LG Lübeck* zfs 2001, 456; *AG Königswinter* zfs 1995, 55; *AG Bühl* zfs 2001, 66; *AG Kelheim* zfs 2001, 312; *AG Hannover* zfs 2002, 434; *AG Aachen* NZV 2005, 588; *AG Hattingen* zfs 2005, 339 gegen *OLG Hamm* DAR 1996, 400.
30 Dafür *LG Münster* NZV 2008, 207; *AG Steinfurt* NZV 2007, 579; *AG Bad Freienwalde* NZV 2007, 579; dagegen *LG Bochum* zfs 2006, 205; *LG Wiesbaden* NZV 2008, 358; *AG Kiel* SVR 2006, 149; *AG Menden* VersR 2007, 223; *AG München* NZV 2007, 580.
31 *AG Menden* VersR 2007, 223; anders *AG Berlin-Mitte* SVR 2008, 143 (nur Durchschnitt aller örtlichen markengebundenen Werkstätten); *AG Dortmund* SVR 2008, 72 (nicht für jedermann zugängliche Sondertarife unbeachtlich), hierzu jedoch a. A. *LG Köln* Urt. v. 29.1.2008 – Az. 11 S 1/07 (n. v.).
32 *LG Göttingen* VersR 2008, 657.
33 *BGH* VersR 2010, 923 = r+s 2010, 302 = DAR 2010, 457.
34 *BGH* NJW 2010, 606 = VersR 2010, 225 = DAR 2010, 77; gegen Unzumutbarkeit bei älterem Fahrzeug auch *OLG Bremen* zfs 2011, 322; *OLG Frankfurt/Main* zfs 2011, 499.
35 *BGH* NJW 2010, 606 = VersR 2010, 225 = DAR 2010, 77; zur Darlegungslast auch *OLG Frankfurt/Main* zfs 2011, 499.

auch sichergestellt sein, dass schon ein möglicher Vorbesitzer entsprechend stets bei Markenwerkstätten gewartet und repariert hat, und dies nicht erst seit Übernahme durch den jetzigen Eigentümer so gehandhabt wird.[36] Wenn eine entsprechende Handhabung durch den Vorbesitzer nicht sichergestellt war, hat dies für den jetzigen Eigentümer offenbar auch keine besondere Rolle bei der Kaufentscheidung gespielt, jedenfalls musste dies bei der Preisbildung keine Berücksichtigung zugunsten des Vorbesitzers spielen. Zudem soll auch bei nur sehr geringen Differenzen ein Verweis unzumutbar sein[37]. Dies dürfte allerdings kaum überzeugen. Solange Gleichwertigkeit der Reparaturleistung und gleiche Erreichbarkeit der Verweis-Werkstatt feststehen, was ohnehin Voraussetzung für die Verweisung ist, ist allein eine geringe Ersparnis kein nachvollziehbarer Grund für den Geschädigten, auf die Verweisung nicht einzugehen. Dies gilt umso mehr, als es sich um eine fiktive Abrechnung handelt, also letztlich gar kein anderes Verhalten des Geschädigten abverlangt wird.

Die Gleichwertigkeit der Verweiswerkstatt ist vom Schädiger darzulegen und zu beweisen, wobei ihm der Beweismaßstab des § 287 ZPO zugute kommt.[38] Die Gleichwertigkeit der weiteren Reparaturmöglichkeit ist nach objektiven Gesichtspunkten wie Schadensumfang, Know-how und Wiederverkaufswert zu beurteilen.[39] Der Schädiger muss Angaben zu Meisterwerkstatt, Zertifizierung und Verwendung von Original-Ersatzteilen sowie Erfahrung bei Reparatur von Unfallfahrzeugen machen.[40] So liegt keine zumutbare anderweitige Reparaturmöglichkeit vor, wenn bei der Verweiswerkstatt Einschränkungen wie fehlende Richtbank, Fremdvergabe von Lackierarbeiten und eingeschränkter Hol- und Bringservice bestehen.[41] Etwas anderes gilt dabei allerdings, wenn solche Einschränkungen auch bei Markenwerkstätten der Region herrschen, was gerade bei der Fremdvergabe einzelner Arbeiten durchaus der Fall sein kann. Ein Verweis kommt auch dann nicht in Betracht, wenn die Verweiswerkstatt von dem vom Sachverständigen vorgegebenen Reparaturweg abweichen will.[42] **24c**

Nicht berücksichtigungsfähig ist der Verweis auf eine günstigere Reparaturmöglichkeit dann, wenn er nicht auf allgemein zugänglichen Preisen, sondern auf Sonderpreisen aufgrund eines Rahmenabkommens mit der Haftpflichtversicherung beruht.[43] Sonderkonditionen des Reparaturbetriebs aus Vereinbarungen mit der Haftpflichtversicherung sind jedoch unschädlich, wenn die Versicherung nicht auf diese Sonderkonditionen verweist, sondern auf andere, allgemein zugängliche Konditionen dieser Werkstatt, die immer noch günstiger sind.[44] **24d**

Eine allgemein gültige Grenze, ab welcher Entfernung eine Verweiswerkstatt nicht mehr zumutbar ist, kann nicht angegeben werden.[45] Entscheidend dürften die konkreten Verhältnisse des Geschädigten sein, insbesondere in ländlicher Gegend dürfte auch eine größere Entfernung zumutbar sein. Grundsätzlich dürfte auch eine etwas größere Entfernung unschädlich sein, wenn ein kostenloser Hol- und Bringservice auch für den Geschädigten an seinem Wohnort angeboten wird, solange die Regionalität gewahrt bleibt. Eine Unzumutbarkeit kann jedenfalls nicht vorliegen, solange eine Markenwerkstatt auch nicht in deutlich geringerer Entfernung zum Wohnort des Geschädigten liegt, was von diesem darzulegen ist.[46] **24e**

---

36 So auch *LG Lübeck* NZV 2010, 517, a. A. *AG Trier* SVR 2010, 183.
37 *AG Wesel* DAR 2008, 531 bei um weniger als 10 % geringeren Kosten.
38 *BGH* DAR 2010, 577 = VersR 2010, 1380 = r+s 2010, 437.
39 *AG Trier* NZV 2010, 403.
40 *OLG Düsseldorf* DAR 2008, 523; *LG Krefeld* NZV 2010, 580
41 *LG Osnabrück* NZV 2010, 251.
42 *LG Kiel* DAR 2010, 270.
43 *BGH* r+s 2010, 347 = VersR 2010, 1097 = DAR 2010, 509; *LG Lüneburg* NZV 2010, 94; anders zuvor noch *LG Aachen* NZV 2009, 509.
44 *LG Mannheim* NZV 2011, 349.
45 Falsch daher *AG Frankfurt* zfs 2011, 26.
46 *BGH* NJW 2010, 2118 = VersR 2010, 923 = DAR 2010, 457.

24f Soweit das *OLG Düsseldorf* entschieden hat,[47] dass eine solche Verweisung mit konkreten Darlegungen zur Gleichwertigkeit bereits vorprozessual gegenüber dem Geschädigten zu erfolgen habe, kann dies nicht überzeugen. Das *OLG* übersieht hierbei, dass die Verweisung eine Problematik der fiktiven Abrechnung ist. Eine tatsächliche Reparatur in einer markengebundenen Fachwerkstatt hat gerade nicht stattgefunden, sonst wäre der Einwand der Verweisung von vornherein unerheblich. Vor diesem Hintergrund ist auch ein möglicherweise vorprozessual gegebener »guter Glaube« des Geschädigten an die Richtigkeit der Sachverständigenkalkulation bzw. seiner Forderung nicht schutzwürdig. Der Schädiger bzw. sein Versicherer könnten die Verweisung mangels durchgeführter Reparatur sogar erstmals während des Prozesses erheblich vornehmen.[48] Erst recht beachtlich ist eine Verweisung daher dann, wenn vorprozessual »nur« die Adressen und Konditionen der Verweiswerkstätten angegeben werden und die Gleichwertigkeit behauptet wird. Der Geschädigte, der in dieser Situation den Differenzbetrag in fiktiver Abrechnung geltend macht, tut dies auf eigenes Risiko, dass es der Versicherung im Prozess gelingt, die Gleichwertigkeit der Reparaturmöglichkeit darzulegen und zu beweisen.

24g Auch für im Ausland zugelassene Fahrzeuge richtet sich die Schadensberechnung nach deutschen Stundenverrechnungssätzen, wenn das Fahrzeug einer in Deutschland lebenden Person zur dauerhaften Nutzung überlassen wurde.[49] Wird das beschädigte Fahrzeug hingegen nach dem Unfall ins Ausland verbracht, sind nur die dort gültigen Sätze für die Schadensberechnung relevant.[50]

2. Verbringungskosten

25 Nach einigen neueren Entscheidungen sind auch fiktive Verbringungskosten im Rahmen der Abrechnung auf Gutachterbasis als ersatzfähiger Schaden anzusehen und zwar selbst dann, wenn sich der Geschädigte entschlossen hat, auf die erforderliche Reparatur zu verzichten.[51]

25a Dem kann in dieser Allgemeinheit nicht gefolgt werden. Ersatzfähig sind auch im Rahmen der fiktiven Abrechnung nur diejenigen Aufwendungen, die zur Schadensbeseitigung erforderlich sind. Der Geschädigte ist zur Schadensgeringhaltung verpflichtet, sodass Verbringungskosten nur dann erstattungsfähig sind, wenn sie bei markengebundenen Vertragswerkstätten in der Region des Geschädigten tatsächlich anfallen. Die Erstattung fiktiver Verbringungskosten kommt nur dann in Betracht, wenn die örtlichen Vertragswerkstätten nicht über eine Lackieranlage verfügen und daher Verbringungskosten üblicherweise anfallen.[52] Insbesondere bei einer fiktiven Abrechnung ist es der KH-Versicherung möglich, den Geschädigten an eine andere gleichwertige Werkstatt zu verweisen, bei der eine Fahrzeugverbringung für Lackierungsarbeiten nicht erforderlich ist.[53] Insoweit gelten zur Gleichwertigkeit und Zumutbarkeit die gleichen Grundsätze wie oben unter Rdn. 24b ff.

---

47 DAR 2008, 523 = SP 2008, 340.
48 Es mag dahingestellt bleiben, welche kostenmäßigen Auswirkungen es hat, wenn der Geschädigte sich unmittelbar nach der Verweisung auf den geringeren Betrag beschränkt.
49 *OLG Düsseldorf* NZV 2008, 147.
50 *LG Köln* VersR 2005, 1577.
51 *OLG Hamm* OLGR 1998, 91; *OLG Dresden* DAR 2001, 455; *LG Gera* DAR 1999, 550 = r+s 1999, 507; *LG Wiesbaden* DAR 2001, 36; *AG Bochum* DAR 1999, 509; *AG Bochum* NZV 1999, 518; *AG Leipzig* DAR 1999, 555; *AG Gronau* DAR 2000, 37; *AG Duisburg-Hamborn* DAR 2000, 411; *AG Bühl* zfs 2001, 66; *AG Neuss* zfs 2001, 211; *AG Kelheim* zfs 2001, 312; *AG Hannover* zfs 2002, 434; *AG Landstuhl* DAR 2002, 77; *AG Neumünster* zfs 2002, 179; *AG Regensburg* PVR 2002, 177; *AG Hamburg-Harburg* zfs 2005, 439; *AG Würzburg* zfs 2005, 289.
52 *OLG Düsseldorf* DAR 2002, 68 = NZV 2002, 87; *LG Paderborn* DAR 1999 128; *LG Oldenburg* zfs 1999, 335; *LG Dortmund* zfs 2009, 265; *LG Hanau* NZV 2010, 574; *AG Hamm* zfs 2001, 457; *AG Verden* zfs 2001, 18; *Wagner* NZV 1999, 358; dagegen *Wortmann* NZV 1999 503.
53 Ähnlicher Grundsatz bei *LG Hildesheim* NZV 2010, 575; *AG Schwabach* zfs 2002, 580.

3. Ersatzteilaufschläge

Ähnliche Erwägungen gelten für UPE-Aufschläge, die Reparaturfirmen zur Ausgleichung der Kosten fordern, die für die Bevorratung von Ersatzteilen anfallen, die sie nicht in Kommission erhalten. Auch wenn diese häufig ohne Weiteres auch fiktiv für erstattungsfähig gehalten werden,[54] dürfte es insoweit auf die regionale Üblichkeit dieser Aufschläge ankommen.[55] Auch insoweit sollte der KH-Versicherung die Möglichkeit offen stehen, den Geschädigten an eine gleichwertige Werkstatt zu verweisen, bei der diese Aufschläge nicht anfallen. 26

4. Achsvermessung

Teilweise sind auch nur gedachte Kosten einer vorsorglich ins Auge gefassten optischen Achsvermessung[56] im Voranschlag ausgewiesen worden, weil sich eine denkbare Verziehung des Achskörpers nicht mit letzter Sicherheit ausschließen lässt. Hierbei handelt es sich jedoch streng genommen nicht um Kosten zur Beseitigung des Schadens, sondern vielmehr um Kosten zur Feststellung des Schadens. Dies sind nur mittelbare oder Sachfolgeschäden, die – wie etwa Sachverständigenkosten – nicht fiktiv geltend gemacht werden können.[57] 27

5. Unzutreffende Werte

Eine Abrechnung auf der Basis eines Gutachtens oder Kostenvoranschlags ist nur so lange möglich, wie keine besseren und genaueren Erkenntnisquellen zur Verfügung stehen. Man muss sich dabei stets vor Augen halten, dass selbst die sorgfältigste Schätzung erfahrungsgemäß häufig durch die Praxis widerlegt wird. 28

Wenn die Reparatur zu einem späteren Zeitpunkt durchgeführt wird und dabei bestimmte Kosten anfallen, dann werden sie in der Regel an die Stelle der im Gutachten ausgewiesenen Werte treten. Es wäre sicherlich falsch, vor der Wirklichkeit auch dann noch die Augen zu verschließen und weiterhin mit fiktiven Werten zu operieren, die jetzt im »luftleeren« Raum stehen.[58] Selbstverständlich gilt diese Regelung nur dann, wenn durch die Reparatur der Schaden am Kfz endgültig und ordnungsgemäß beseitigt worden ist. Unter dieser Prämisse kann sich keine der Parteien auf etwa abweichende Feststellungen im Gutachten berufen,[59] es sei denn, dass das im Verhältnis zur Schätzung billigere Reparaturergebnis allein darauf beruht, dass der Geschädigte sich überpflichtmäßigen Anstrengungen unterzogen oder sich mit einer geringeren Reparaturqualität zufriedengegeben hat.[60] 29

Die Beweislast für eine dahin gehende Behauptung obliegt voll dem Geschädigten.[61] Er muss im Einzelnen darlegen, welchen überpflichtmäßiger Anstrengungen er sich unterzogen oder welche Repara- 30

---

54 *LG Wiesbaden* DAR 2001, 36; *LG Aachen* DAR 2002, 72; NZV 2005, 649; *AG Oranienburg, AG Darmstadt, AG Dortmund* alle in zfs 1999, 152; *AG Bochum* DAR 1999, 509; *AG Herborn* zfs 2000, 204; *AG Kelheim* zfs 2001, 312; *AG Neuss* zfs 2001, 211; *AG Landstuhl* DAR 2002, 77; *AG Hannover* zfs 2002, 434; *AG Karlsruhe* zfs 2002, 230; *AG Darmstadt* DAR 2005, 199; *AG Hamburg-Harburg* zfs 2005, 439; *AG Hamm* NZV 2005, 649; *AG Kiel* SVR 2005, 310; *AG Stuttgart* SVR 2005, 386; *AG Würzburg* zfs 2005, 289; *AG Hattingen* zfs 2005, 339; *AG Rüdesheim* NZV 2007, 245; *AG Berlin-Mitte* NZV 2008, 208.
55 *OLG Düsseldorf* DAR 2002, 68; DAR 2008, 523; *LG Dortmund* zfs 2009, 265; *LG Hanau* NZV 2010, 574; *AG Mannheim* NZV 2007, 311; *AG Frankfurt/M.* DAR 2008, 92; *AG Wuppertal* zfs 2008, 199.
56 Vgl. dazu *LG Essen* 19 O 144/87 v. 20.5.1987 (n. v.); *AG Bremen* 6 C 137/88 v. 28.9.1988 (n. v.).
57 *AG Duisburg* zfs 2002, 340.
58 Vgl. dazu *AG München* VersR 1978, 191 (bei einer »Gefälligkeitsreparatur«); *Berger* VersR 1985, 403; *Honsell/Harrer* JuS 1985, 161; *Steffen* VersR 1985, 605 (teils kritisch zur Rechtsprechung des *BGH*); – a. A. *LG Aachen* DAR 1983, 316.
59 Wegen näherer Einzelheiten dazu vgl. ergänzend auch *Klimke* DAR 1985, 214.
60 Vgl. dazu *OLG Frankfurt* VersR 1972, 696.
61 Vgl. dazu BGHZ 61, 346 = NJW 1974, 34 = VersR 1974, 90; BGHZ 66, 239 = NJW 1976, 1396 = VersR 1976, 874.

turarbeiten die von ihm beauftragte Werkstatt entgegen den Intentionen des Sachverständigen nicht ordnungsgemäß durchgeführt hat.

a) Schätzung zu gering

31 Das Recht, die zunächst vor veranschlagten Reparaturkosten gegen den wirklichen Aufwand auszutauschen, nimmt der Geschädigte – zu Recht – für sich in Anspruch, wenn die effektiven Aufwendungen die im Gutachten ausgewiesenen Werte übersteigen. Er wird dann zutreffend[62] darauf hinweisen, dass die Prognose des Sachverständigen, der bekanntlich nach bestem Wissen und Gewissen eine Schätzung erstellt, nicht aber ein beide Parteien bindendes Schiedsurteil gefällt hat, sich im Nachhinein als falsch erwiesen habe und durch die Wirklichkeit widerlegt worden ist. Die gegenteilige Betrachtungsweise übersieht, dass dieser Einwand die Interessenlagen beider Parteien angemessen berücksichtigt und dass aus dem System keine »Einbahnstraße« werden darf.[63] Dabei muss man ergänzend berücksichtigen, dass nach der »normativen Kraft des Faktischen« der Geschädigte ohnehin am »längeren Hebelarm« sitzt: Fällt die später durchgeführte Reparatur billiger aus, dann wird der Ersatzpflichtige, der bereits auf der Basis einer Schätzung reguliert hat, in der Regel davon nichts erfahren; ist jedoch ein höherer Betrag erforderlich, dann macht der Geschädigte, sofern inzwischen (ausnahmsweise) keine Verwirkung eingetreten sein sollte, mit Sicherheit Nachforderungen geltend.

32 Ergänzend muss in diesem Zusammenhang darauf hingewiesen werden, dass eine Erhöhung des Reparaturaufwandes, die allein darauf beruht, dass in der Zwischenzeit Lohnerhöhungen eingetreten oder die Materialkosten gestiegen sind, im Regelfall zulasten des Geschädigten geht, der mit der Durchführung der Instandsetzungsarbeiten zu lange gezögert und inzwischen ja auch Zinsen aus dem ihm überlassenen Kapital gezogen hat. Der Schädiger schuldet nach § 249 BGB den Betrag, der zur Beseitigung des Schadens am Tag des Schadeneintritts erforderlich ist. Eine andere Betrachtung wird nur dann durchgreifen können, wenn dieser Umstand in die Zurechnungssphäre des Ersatzpflichtigen fällt, beispielsweise dann, wenn der Geschädigte nicht über die erforderlichen Mittel verfügt, um die Reparatur früher durchführen zu lassen und der Ersatzpflichtige dem Gläubiger trotz Aufforderung keinen angemessenen Vorschuss zur Verfügung gestellt hat, oder die Erhöhung so kurzfristig nach dem Schaden eingetreten ist, dass eine vorherige Schadensbeseitigung nicht verlangt werden kann.

32a Es kommt zuweilen vor, dass bei der Schadenabrechnung höhere Reparaturkosten eingesetzt werden, als sie dem ortsüblichen Niveau entsprechen. Falls die Instandsetzungsarbeiten bereits ausgeführt sein sollten, wird der Geschädigte in aller Regel darauf verweisen, dass er dieses nachteilige Ergebnis nicht vermeiden konnte, da es nicht in seiner Macht stand, Einfluss auf die Kostenkalkulation und Preisgestaltung des von ihm ausgewählten Reparaturbetriebs zu nehmen. Dieses Problem lässt sich unter Hinweis auf § 254 Abs. 2 BGB nicht sachgerecht lösen, weil es insoweit nicht auf die Verwirklichung eines objektiven Tatbestands ankommt, sondern den Geschädigten an dieser Entwicklung ein Verschulden treffen muss, das in der Regel nicht nachzuweisen sein wird. Wenn der Gläubiger einigermaßen geschickt ist, wird er in nicht zu widerlegender Form darauf hinweisen, dass es sich bei der von ihm beauftragten Werkstatt um das Unternehmen seines besonderen Vertrauens handelt, bei dem er das Fahrzeug erworben hat und auch ansonsten – auf eigene Kosten – Reparaturarbeiten ausführen lässt. Rechtsdogmatisch überzeugend lässt diese Problematik sich jedoch unter Hinweis auf § 249 Abs. 2 S. 1 BGB n. F. lösen. Nach dieser Vorschrift schuldet der Ersatzpflichtige den zur Herstellung erforderlichen Betrag in Höhe des objektivierten Verkehrswerts der Leistung.

b) Schätzung zu hoch

33 Etwas problematischer, aber im Prinzip nicht anders zu beurteilen ist der umgekehrte Fall, dass die tatsächlichen Reparaturkosten hinter dem vom Sachverständigen geschätzten Wert zurückbleiben.

---

62 Vgl. dazu die Garantenstellung des Schädigers Rdn. 153 ff.
63 Vgl. dazu *Seiwerth* DAR 1987, 374; *Klimke* zfs 1989, 253.

Mitunter versucht der Geschädigte, in dieser Situation mit zweierlei Maß zu messen, indem er erklärt, es komme allein auf die im Gutachten festgestellten Beträge im Sinne einer »echten« Wertersatzforderung an. Bei diesem Hinweis handelt es sich indes unter der Prämisse, dass der Schaden ordnungsgemäß beseitigt worden ist, um ein Scheinargument. Der Geschädigte wird bei objektiver Betrachtung auch in diesem Fall anerkennen müssen, dass die im Gutachten oder im Kostenvoranschlag ausgewiesenen Werte zu hoch und damit widerlegt sind.[64]

Diese Rechtsprechung ist nach wie vor heftig umstritten. Der *BGH*[65] vertritt hierzu die Auffassung, dass der Geschädigte weder nachzuweisen hat, dass er seinen Unfallwagen hat reparieren lassen, noch den Nachweis führen muss, auf welche Weise und in welchem Umfange die Reparatur durchgeführt worden ist. Er kann sich mit der Vorlage des Schätzungsgutachtens eines Kfz-Sachverständigen begnügen, wobei allerdings zu beachten ist, dass das Schätzgutachten dem zu beanspruchenden Schadenersatz für die Reparatur nicht bindend festlegt. Die Reparaturrechnung erlaubt eine genauere Bemessung des nach § 249 S. 2 BGB geschuldeten Ersatzbetrags. Trotz der Auffassung des *BGH* geht eine nicht zu vernachlässigende Auffassung in Literatur und Judikatur dahin, dass an die Stelle der in einem Gutachten oder in einem Kostenvoranschlag geschätzten Werte die tatsächlichen Reparaturkosten treten, ohne dass dem Geschädigten insoweit ein Wahlrecht zusteht, welchen Weg der Abrechnung er bevorzugt. Voraussetzung ist allerdings, dass der Geschädigte sein Fahrzeug in einer autorisierten Reparaturwerkstatt vollständig und fachgerecht hat reparieren lassen und keine über obligationsmäßigen Verzichte oder Einbußen ersichtlich sind. Auch nach diesseitiger Auffassung ist der Geschädigte, der die Reparatur durchgeführt hat, verpflichtet, die Höhe der dabei tatsächlich entstandenen Kosten ordnungsgemäß nachzuweisen und zu diesem Zweck die Reparaturkostenrechnung vorzulegen.[66]

34

Die Annahme, bei durchgeführter Reparatur bestehe hinsichtlich der Schadensregulierung ein Leistungsverweigerungsrecht des Schädigers, bis die Reparaturrechnung vorgelegt und eine angemessene Prüfungsfrist abgelaufen sei, geht jedoch zu weit. Insoweit hat der *BGH*[67] zutreffend klargestellt, dass es nicht angeht, dem Geschädigten mangels Vorlage einer Reparaturkostenrechnung jeden Schadenersatz zu verweigern.

34a

Im Prozess wird in der Regel unter Hinweis auf die inzwischen vollzogene Reparatur – neben den meist höheren Reparaturkosten – vom Geschädigten eine Entschädigung für entgangene Gebrauchsvorteile für die Ausfallzeit verlangt (insb. Nutzungsausfallentschädigung). Hierfür hat der Geschädigte die Durchführung der Reparatur nachzuweisen, was häufig und am Einfachsten durch Vorlage der Reparaturrechnung erfolgt. Da jedoch Nutzungsausfallentschädigung auch dann geschuldet wird, wenn die Reparatur vom Geschädigten selbst oder gratis von Bekannten durchgeführt wird, kann der Nachweis auch anderweitig, etwa durch eine gutachterliche Nachbesichtigung oder Lichtbilder geführt werden. Sofern der Geschädigte allerdings angefallene Umsatzsteuer geltend machen will, kann er dies nur durch Vorlage der Reparaturrechnung tun, aus der sich dann ggfs. ergibt, dass der Reparaturbetrag hinter der Schätzung des Sachverständigen zurückbleibt.

35

---

64 Vgl. dazu *AG Berlin-Charlottenburg* zfs 1981, 39.
65 Vgl. dazu *BGH* NJW 1989, 3009 =VersR 1989, 1056 = DAR 1989, 340.
66 *OLG München* VersR 1966, 1166 = VRS 31, 167; *OLG Hamburg* VersR 1971, 236; *OLG Oldenburg* VersR 1973, 379; NZV 1989, 148 (für den Fall, dass erhebliche Diskrepanzen zwischen Gutachten und Rechnung vorliegen); *OLG Stuttgart* VersR 1974, 374; *OLG Nürnberg* r+s 1989, 83; zfs 1989, 123; *OLG Köln* VersR 1988, 1165 = NZV 1988, 222 = zfs 1988, 171; *OLG Nürnberg* VersR 1990, 391; *AG München* NZV 2004, 591; *AG Trier* NZV 2002, 403; Staudinger/*Schiemann* § 249 BGB Rn. 225; *Köhnken* VersR 1979, 788; *Schiemann* DAR 1982, 309 (311 1. Sp.); *Hofmann* DAR 1983, 374 (376 1. Sp.); *Hofmann* S. 427 Rn. 27; *Köhler* FS für Larenz S. 349, 353; *Klimke* VersR 1985, 214; *Aul* MDR 1985, 991; *Seiwerth* DAR 1987, 374; – a. A. wohl *BGH* NJW 1989, 3009 = VersR 1989, 1056 = DAR 1989, 340; *LG Köln* VersR 2002, 334; *LG Potsdam* NZV 2002, 515; *AG Witzenhausen* PVR 2002, 262.
67 Vgl. *BGH* NJW 1989, 3009 = VersR 1989, 1056 = DAR 1989, 340; anders *AG Trier* NZV 2002, 403.

36 Selbst wenn es zur vorprozessualen Übermittlung der Reparaturkostenrechnung nicht kommt, sind die Möglichkeiten der KH-Versicherung bzw. des Schädigers nicht erschöpft, sich im Folgeprozess auf eine Überzahlung auf die Reparaturkosten zu berufen. Prozessuale Schwierigkeiten könnten sich allerdings daraus ergeben, dass Gegenstand dieses Prozesses lediglich die Nutzungsausfallentschädigung ist und dass man befürchtet, der Schädiger könne einen (prozessual unzulässigen) Ausforschungsbeweis in den Prozess hineintragen, wenn er erklärt, es müsse nunmehr der gesamte Schaden neu berechnet werden, aber gleichzeitig einräumen muss, dass ihm die Höhe der tatsächlichen Reparaturkosten nicht bekannt ist. Hierbei handelt es sich dabei allerdings um den Einwand, dass Reparaturkosten überzahlt seien und eine Aufrechnung des überzahlten Betrages gegen die noch zuzubilligende Nutzungsausfallentschädigung stattzufinden habe. Die Rechtsprechung geht davon aus, dass dann, wenn die an sich beweispflichtige Partei deutlich macht, dass der insoweit relevante Vorgang sich allein in der Wahrnehmungssphäre der Gegenpartei vollzogen hat und ihm – dem Beweispflichtigen – die Kenntnis näherer Einzelheiten verschlossen ist, der Gegenpartei eine sekundäre Darlegungslast zufällt. Dann muss der Kläger des betreffenden Prozesses nach den Grundsätzen von Treu und Glauben die Reparaturkostenrechnung vorlegen und die Kosten des Rechtsstreits insoweit tragen, als er mit seinem Klagantrag wegen der Aufrechnung des Beklagten nicht durchdringt.

37 Die gegenteilige Betrachtungsweise würde zu dem mehr als unbefriedigenden Ergebnis führen, dass lediglich der Geschädigte auf der Basis der tatsächlichen Reparaturkosten abrechnen muss, der bislang noch nicht nach Schätzung liquidiert hat. Diese Betrachtungsweise würde darauf hinauslaufen, dass sämtliche Schäden zunächst einmal – in der Regel außergerichtlich – nach Schätzung liquidiert werden, um dem Geschädigten unter dem Eindruck der so relevant gewordenen Maximalvorstellungen eine gesicherte Position zu verschaffen, die sich im Prozess später nicht mehr angreifen lässt.

38 Sofern eine spätere Prüfung ergibt, dass die tatsächlichen Reparaturkosten hinter dem im Gutachten oder im Voranschlag geschätzten Betrag zurückbleiben, kann man zunächst einmal davon ausgehen, dass der erste Anschein zugunsten des Ersatzpflichtigen dafür spricht, dass der Schaden durch die inzwischen tatsächlich ausgeführte Instandsetzung ordnungsgemäß und endgültig beseitigt worden ist.[68] Die Beweislast für die gegenteilige Behauptung obliegt dem Geschädigten. Man wird in diesem Fall lediglich einzelne Schadenpositionen gegeneinander austauschen dürfen, wenn feststeht, dass dem Gläubiger eine bessere oder gründlichere Form der Schadenbeseitigung zugestanden hätte.[69] Dies gilt beispielsweise dann, wenn die an sich zulässige Erneuerung eines Schadteils unterblieben ist und der Gläubiger sich mit Ausbeularbeiten zufriedengegeben hat bzw. wenn an sich eine Ganzlackierung notwendig gewesen wäre und der Geschädigte sich stattdessen mit einer Teillackierung begnügt hat. Diese Betrachtung kann indes dann keine Anwendung finden, wenn der Gläubiger anstelle der vom Sachverständigen vorgesehenen Neuteile in zumutbarer Weise gebrauchte Ersatzteile bzw. Tauschteile hat einbauen lassen. In diesem Fall wird man sich an der Überlegung zu orientieren haben, dass auch die beschädigten Aggregate immerhin gebraucht – zuweilen sogar bereits angerostet – waren. Nach der neuesten Rechtsprechung ist auch eine Reparatur mit Gebrauchtteilen durchaus fachgerecht, so dass hierin allein kein überobligatorisches Opfer des Geschädigten zu sehen ist.[70]

39 Der Geschädigte braucht sich indes dann nicht auf die tatsächlich entstandenen Reparaturkosten verweisen zu lassen, wenn diese im Verhältnis zum Sachverständigengutachten oder Kostenvoranschlag lediglich deswegen hinter den geschätzten Werten zurückgeblieben sind, weil der Geschädigte besondere persönliche Bemühungen auf sich genommen hat, denen er sich auch mit Rücksicht auf § 254 Abs. 2 BGB nicht zu unterziehen brauchte.[71] Dies entspricht den Überlegungen zu dem Fall, dass der Gläubiger sich bewusst mit einem geringeren als dem ihm zustehenden Qualitätsstandard zufrieden gibt.

---

68 Vgl. dazu *Klimke* DAR 1983, 214 – a. A. *LG Aachen* DAR 1983, 326.
69 Vgl. dazu *OLG Nürnberg* r+s 1989, 83.
70 *BGH* NJW 2011, 669 = VersR 2011, 282 = DAR 2011, 133, so auch *OLG München* NZV 2010, 400.
71 Vgl. dazu, soweit es sich um den Grundgedanken handelt *BGH* VersR 1969, 469; NJW 1971, 836 = VersR 1971, 544; Palandt/*Grüneberg* Vor § 249 Rn. 70 – soweit es sich um überpflichtmäßiges *Verhalten* handelt.

Zusammenfassend lässt sich feststellen, dass nach gefestigter Auffassung eine Tätigkeit des Geschä- 40
digten den Ersatzpflichtigen dann nicht zu entlasten vermag, wenn diese aufgrund ihrer Form und
ihres Inhalts (Umfangs) über die Schadenminderungspflicht des § 254 Abs. 2 Satz 1 BGB hinausgeht und sich für den Geschädigten als überobligationsmäßiges Verhalten darstellt.

Der Möglichkeit, später Korrekturen vorzunehmen, die dem Unterschied zwischen den vorab ge- 41
schätzten und den tatsächlich angefallenen Reparaturkosten Rechnung tragen, sind indes aus Rechtsgründen gewisse Grenzen gesetzt. Auch insoweit gelten die das gesamte Schadensersatzrecht beherrschenden Grundsätze von Treu und Glauben (§ 242 BGB). Bestand zwischen den Parteien Einigkeit
darüber, dass der Schaden abschließend ohne »konkrete« Nachweise allein auf der Grundlage eines
Kostenvoranschlags oder eines technischen Gutachtens abgerechnet werden soll, dann sind beide
Parteien an diese einvernehmlich vorgenommene Abrechnung gebunden.[72] Da bei rechtlich wertender Betrachtung insoweit ein Vergleich im Sinne von § 779 BGB vorliegt, kann keine der Parteien
später einwenden, dass die tatsächlichen Reparaturkosten höher ausgefallen oder hinter dem zunächst vorveranschlagten Betrage zurückgeblieben sind. Dies dürfte jedoch die Ausnahme sein.

Eine spätere Korrektur wird auch dann gem. § 242 BGB nicht in Betracht kommen, wenn die Par- 42
teien sich zwar über die Form der Abrechnung auf Schätzungsbasis nicht expressis verbis verständigt
haben, wenn aber nach anstandsloser Zahlung der Ersatzleistung – und sei es auch im Wege der
»schlichten Abrechnung« – so viel Zeit verstrichen ist,[73] dass der Ersatzpflichtige nach der allgemeinen Lebenserfahrung vernünftigerweise annehmen durfte, die Angelegenheit werde durch die von
ihm bewirkte Leistung endgültig erledigt sein.[74]

6. Kombination

Bemerkenswert in diesem Zusammenhang ist eine Entscheidung des *OLG Köln*. Das Gericht ent- 43
schied, dass der Geschädigte, der seinen unfallbedingten Substanzschaden auf der Grundlage eines
Sachverständigengutachtens abrechnet, die fiktive Abrechnung nicht nachträglich um einzelne Kostenpositionen ergänzen könne, die sich erst bei der anschließend durchgeführten Reparatur herausgestellt haben; mit anderen Worten, die Abrechnung auf fiktiver Basis kann mit der Abrechnung auf
der Grundlage einer durchgeführten Reparatur nicht verquickt werden.[75] Der Geschädigte hatte zunächst die Reparaturkosten fiktiv auf Basis eines Sachverständigengutachtens geltend gemacht und
nachträglich im Gutachten nicht aufgeführte Nachtragsreparaturkosten ersetzt verlangt. Diese verweigerte ihm jedoch das *OLG* zu Recht mit der Begründung, dass die geltend gemachten Nachtragsreparaturen auf eine nicht gerechtfertigte, dem Zweck des § 249 Abs. 2 S. 1 BGB nicht mehr entsprechende Besserstellung des Geschädigten hinausliefe. Dieser müsse sich daher entscheiden, ob er auch
nach durchgeführter Reparatur am Sachverständigengutachten als Grundlage der Schadensberechnung festhalten oder nach Maßgabe der tatsächlichen Reparaturkosten abrechnen will.

(unbesetzt) 44–52

III. Eigenreparatur

Es kommt nicht selten vor, dass der Gläubiger den Schaden an seinem Wagen selbst – ggf. unter Mit- 53
wirkung von Freunden und Bekannten – beseitigt. Er ist rechtlich nicht verpflichtet, dafür eine Reparaturwerkstatt in Anspruch zu nehmen, um dem Ersatzpflichtigen auf diese Weise einen konkreten
Aufwand nachweisen zu können. Der Wertersatzanspruch im Sinne von § 249 Abs. 2 S. 1 BGB n. F.
steht dem Gläubiger auch dann zu, wenn er die Schadenbeseitigung unterlässt.

---

72 Vgl. dazu *AG Schwelm* VersR 1984, 593 (L 4).
73 Vgl. dazu *OLG Hamburg* VersR 1980, 842 (Löschkosten).
74 Vgl. dazu *AG Berlin-Charlottenburg* zfs 1985, 39 (sogar – ohne Rücksicht auf die seit dem verstrichene Zeit
   generell für den Fall, dass der Geschädigte nach <u>Schätzung</u> abrechnet: zu weitgehend und daher bedenklich!).
75 *OLG Köln* OLGR 2001, 287 = DAR 2001, 405.

54 Auch die in diesem Punkt nicht ganz konsequente Rechtsprechung – bis hin zum *BGH* – hat bewirkt, dass im Fall der Eigenreparatur eine ansonsten von der Rechtsordnung an sich nicht vorgesehene Subjektivierung des Schadenbegriffs eintritt, wobei es seltsamerweise darauf ankommt, in welcher Eigenschaft der Geschädigte den Schaden beseitigt.

1. Privatmann

55 Recht einheitlich ist die Rechtsprechung, sofern es sich um einen Privatmann in seiner Eigenschaft als geschädigter »Freizeitbastler« handelt. Unter dieser Prämisse darf der Geschädigte den Betrag als Schadenersatz verlangen, den er üblicherweise an eine fremde Reparaturwerkstatt hätte zahlen müssen.[76] Dies gilt auch für einen Kaskoschaden.[77] Allerdings trägt der Geschädigte dann aber auch das Risiko, dass die Selbstreparatur sich als unzulänglich erweist.

56 Bei eigener Reparatur darf der Geschädigte demnach auf Gutachterbasis abrechnen. Diese Auffassung steht in Übereinstimmung mit der Rechtsprechung des *BGH*, der sich zunächst um eine Objektivierung[78] bemüht hat. Sie führt zu dem Ergebnis, dass bereits in dem durch das zum Ersatz verpflichtende Ereignis ausgelösten Bedarf ein Vermögensschaden erblickt wird,[79] für dessen rechtliches Schicksal es unerheblich ist, ob der Geschädigte ihn beseitigt oder nicht.[80]

57 Nach dem mit Wirkung zum 1.8.2002 neu eingeführten § 249 Abs. 2 S. 2 BGB n. F. kann der Geschädigte nur die tatsächlich angefallene Mehrwertsteuer verlangen. Daraus ergibt sich, dass die Erstattung der Mehrwertsteuer auch bei Rechnungen für Teilreparaturen und Rechnungen über gekaufte Ersatzteile erfolgt. Bis zur Höhe der Mehrwertsteuer gemäß Schadensgutachten bekommt der Privatmann diese daher erstattet, sofern er den Anfall der Umsatzsteuer durch entsprechende Belege nachweist.[81]

58 Zu durchaus unterschiedlichen Ergebnissen gelangt man bei Schadensfällen ab dem 1.8.2002, wenn der Geschädigte beispielsweise in Eigenregie repariert und fiktiv auf Totalschadenbasis abrechnen will. Diese Möglichkeit ist dem Geschädigten bei Vorliegen eines wirtschaftlichen Totalschadens unbenommen. Aufgrund der neuen Rechtslage und der damit einhergehenden Unsicherheit der Rechtsanwendung ist jedoch weitestgehend unklar, in welcher Höhe sich der Geschädigte dann die nicht angefallene Mehrwertsteuer – ein Ersatzfahrzeug hat er ja nicht beschafft – anrechnen lassen muss. Die h. M. in Rechtsprechung und Literatur[82] vertritt die Auffassung, dass ein Abzug in Höhe von 19 % Mehrwertsteuer nicht in Betracht komme, weil bei dem Kauf von einem Kfz-Händler nicht der volle Verkaufspreis, sondern lediglich die so genannte Händlerspanne der Mehrwertsteuer unterliegt. Aufgrund der so genannten Differenzbesteuerung nach § 25a UStG hat der Händler nur die auf den Gewinn (Differenz Einkaufs-Verkaufspreis) entfallende Umsatzsteuer zu entrichten. Durchschnittlich ergibt sich daraus nach DAT – und Schwacke-Listen ein Umsatzsteueranteil von ca. 2

---

76 Vgl. dazu BGHZ 54, 82, 84 = NJW 1970, 1454 = VersR 1970, 832; *BGH* NJW 1989, 3009; *Steffen* NJW 1995, 2059; Geigel/*Knerr* Kap. 3 Rn. 16.
77 Vgl. dazu *OLG Celle* zfs 1983, 21; *AG Köln* zfs 1984, 216.
78 Vgl. dazu beispielsw. folgende Entscheidungen BGH NJW 1956, 1234 = VersR 1956, 491 (Seereise-Fall); NJW 1958, 627 = VersR 1958, 176 (Stärkungsmittel); NJW 1963, 2020 = MDR 1963, 991 (Clubhaus); BGHZ 40, 345 = NJW 1964, 542 = VersR 1964, 225; NJW 1964, 717 = VersR 1964, 380 (Gebrauchsvorteile); NJW 1966, 589 = VersR 1966, 192 = DAR 1966, 78; BGHZ 45, 212 = NJW 1966, 1260 = VersR 1966, 497; NJW 1963, 2020 (Villengrundstück); NJW 1966, 1454 (Kraftfahrzeug); VersR 1967, 176 = DB 1967, 157 (Haushaltshilfe); NJW 1968, 491.
79 Vgl. dazu *BGH* NJW 1968, 1778 = VersR 1968, 803 = DAR 1968, 212; BGHZ 55, 146 = NJW 1971, 796 = VersR 1971, 444 (Behinderung in der Ausübung des Jagdrechts); *Zeuner* AcP 163, 380, 397.
80 Vgl. dazu *BGH* NJW 1997, 520; *KG* DAR 1980, 186 = VRS 57, 321; *LG München I* VersR 1973, 532; VersR 1981, 183 = zfs 1981, 120 (Letztere zu Taxi-Unternehmern).
81 *LG Frankfurt/Oder* DAR 2004, 453.
82 *LG Rottweil* DAR 2003, 422; *LG Osnabrück* DAR 2003, 321; *AG Brandenburg* DAR 2003, 423; *AG Kaiserslautern* DAR 2003, 423 f.; *Riedmeyer* DAR 2003, 159.

bis 2,5 % des Wiederbeschaffungswertes. Auch wenn ein Abstellen auf diese (fiktiven) Durchschnittswerte dogmatisch zweifelhaft erscheint,[83] ist diese Vorgehensweise mittlerweile allgemein anerkannt.

Nach der Rechtsprechung steht dem Unfallgeschädigten der Integritätszuschlag in Höhe von maximal 130 % des Wiederbeschaffungswertes auch dann zu, wenn er sein Fahrzeug in Eigenregie mit geringerem Geldaufwand wiederherstellt, als er bei einer Reparatur in einer Fachwerkstatt in Rechnung gestellt worden wäre.[84] Dies gilt allerdings nur, wenn der Geschädigte durch Vornahme der vollständigen Reparatur das Integritätsinteresse an dem Erhalt seines Fahrzeuges auch nachgewiesen hat, wobei eine nur provisorische oder nur laienhafte Instandsetzung (Billigreparatur) nicht ausreicht. Das Gleiche gilt, wenn er das Fahrzeug alsbald veräußert.[85] **59**

2. Verkehrsbetrieb

Andere Grundsätze sollen jedoch nach den Vorstellungen des *BGH*[86] dann gelten, wenn Verhältnisse vorliegen, unter denen es verkehrsüblich und zumutbar ist, dass das geschädigte Unternehmen die Herstellungsarbeiten selbst – also in betriebseigener Werkstatt, zumindest jedoch unter Einsatz eigener Mitarbeiter – durchführt. Dies soll nach der Auffassung des *BGH* vornehmlich für einen Verkehrsbetrieb[87] gelten, dessen von ihm unterhaltene Werkstätten ausschließlich zur Instandsetzung eigener Fahrzeuge bestimmt sind, der also keine entgeltlichen Fremdreparaturen durchführt und daraus Gewinne erzielt. **60**

Damit ergibt sich nach der Auffassung des *BGH* der zur Herstellung erforderliche Betrag im Einzelfall aus den Aufwendungen, »die ein verständiger und wirtschaftlich denkender Eigentümer in der besonderen Lage des Geschädigten für eine zumutbare Instandsetzung zu machen hätte«.[88] Dabei müsste berücksichtigt werden, dass es Verhältnisse gibt, bei denen es verkehrsüblich und zumutbar sei, dass das geschädigte Unternehmen die notwendigen Herstellungsarbeiten zu Selbstkosten unter **61**

---

83 Siehe insoweit die 79. AL der Loseblattsammlung Rn. 740.
84 *BGH* VersR 1992, 710 = DAR 1992, 259 = NZV 1992, 273; *OLG Karlsruhe* DAR 1999, 313 = SP 1999, 271.
85 *OLG Hamm* OLGR 1999, 288; *OLG Hamm* OLGR 1998, 41; *OLG Düsseldorf* NZV 1996, 279; *OLG Hamm* r+s 1996, 101; *OLG Düsseldorf* r+s 1995, 416 = NZV 1995, 232; *OLG Hamm* NZV 1993, 432 = r+s 1993, 379; *von Gerlach* DAR 1994, 217; s. hierzu insb. Kap. 10 Rdn. 47.
86 Vgl. dazu insbes. BGHZ 54, 82, 84 = NJW 1970, 1454 = VersR 1970, 832; BGHZ 61, 56 = NJW 1973, 1647 = VersR 1973, 964; BGHZ 61, 346, 349 = NJW 1974, 34 = VersR 1974, 90; – ähnlich *BGH* NJW 1961, 729 = VersR 1961, 358 = MDR 1961, 403 (bei Eigenreparatur kann der Geschädigte neben dem Lohn- und Materialaufwand auch anteilige Gemeinkosten geltend machen); *OLG München* VersR 1966, 668 (Inhaber eines *voll ausgelasteten Kfz-Reparaturbetriebes* kann neben den reinen Selbstkosten auch Unternehmergewinn verlangen); *OLG Nürnberg* VersR 1970, 1164 (bei Reparatur in eigener Werkstatt kann der Geschädigte die reinen Selbstkosten verlangen, den Unternehmergewinn jedoch nur dann, wenn ihm durch die Eigenreparatur mit irreparablem Ergebnis ein gewinnbringender Fremdauftrag entgangen ist, den er sonst ausgeführt hätte); *OLG Celle* VersR 1978, 157 (258 l. Sp.); *KG* VersR 1979, 133 = r+s 1979, 107 (Beschränkung eines Tiefbau-Unternehmers der Kabelschäden in eigener Regie beseitigt hat, auf *Selbstkosten zuzüglich Gemeinkostenzuschlag*); *OLG Hamm* VersR 1991, 349; *AG Osnabrück* VersR 1977, 779 (Unternehmer muss Reparaturschaden am eigenen Pkw zu *Selbstkosten* abrechnen; zum Ausgleich des Unternehmergewinns ist ein Abzug von 25 % gerechtfertigt); – ähnlich auch Erman/*Kuckuk* § 249 Rn. 84; Krumme/*Steffen* § 11 StVG Rn. 17; *Steffen* NJW 1995, 2059; Geigel/*Knerr* Kap. 3 Rn. 16; Palandt/*Grüneberg* § 249 Rn. 24; Himmelreich/Halm/*Richter* Kap. 4 Rn. 322 f.
87 Zur Ermittlung erstattungsfähiger Aufwendung, die dem geschädigten Unternehmen (hier: Deutsche Bahn AG) dadurch entstanden sind, dass die bei Kollision mit einem Kraftfahrzeug beschädigten Schienenfahrzeuge durch eigenes Personal unter Einsatz eigener Schlepperfahrzeuge in eigene Reparaturwerkstatt überführt wurden, um die Schadensbeseitigung hier durchzuführen, vgl. *BGH* NJW 1983, 2815; *OLG München* VersR 1987, 361.
88 Vgl. dazu RGZ 99, 172, 182; *BGH* NJW 1951, 797 f.; 1964, 717; BGHZ 54, 82, 85 = NJW 1970, 1454 = VersR 1970, 832; BGHZ 61, 346 = NJW 1974, 34 = VersR 1974, 90; BGHZ 63, 182, 188 = NJW 1975, 160 = VersR 1975, 184; NJW 1975, 255 = VersR 1975, 261 f.; VersR 1976, 389 f.

Einschluss von Gemeinkostenzuschlägen in eigener Regie ausführt. Unter Gemeinkosten versteht man die Aufwendungen, die ein Fremdbetrieb bei der Durchführung der Reparatur kalkulieren und dem Geschädigten in Rechnung stellen würde, nämlich Generalaufwand für Einrichtung des Betriebes, Abschreibungen, Verzinsung des Betriebskapitals, allgemeine Geschäftsunkosten sowie Verwaltungsaufwand.[89]

62 Diese Entscheidung stellt einen Bruch in der bisherigen Rechtsprechung dar. Man steht plötzlich vor dem nicht ohne Weiteres erklärbaren Phänomen, dass zwar dem »Freizeitbastler« ohne Rücksicht auf das weitere Schicksal der beschädigten Sache der objektivierte Verkehrswert der Leistung ersetzt werden soll,[90] dass dies nach unserer Rechtsordnung an sich selbstverständliche Ergebnis aber ausgerechnet denjenigen Anspruchstellern versagt werden soll, die üblicherweise ihre Reparaturen in eigener Regie ausführen und eigens zu diesem Zwecke moderne Werkstatteinrichtungen und geschultes Personal vorhalten.

63 Dieser Standpunkt des *BGH* ist deutlich von der Vorstellung geprägt, dass Betriebe der von ihm angesprochenen Art im Normalfall der gewerblichen Betätigung auf anderen Gebieten bei der Wartung ihrer eigenen Fahrzeuge keine Gewinne zu erzielen pflegen. Daraus folgert der *BGH*, dass dieses konsequenterweise auch dann der Fall sein müsse, wenn es sich um die Beseitigung der Schäden aus Anlass eines fremd verursachten Unfalls handelt. Dabei übersieht der *BGH*, dass bei der Anwendung der Saldentheorie auf das Gesamtbetriebsergebnis (Differenz zwischen Umsatz und Aufwand) abzustellen ist, wonach ein Gewinn nicht nur in einer Vermehrung der Einnahmen, sondern gleichermaßen auch in einer Verminderung der Ausgaben bestehen kann. Jeder vermiedene Verlust bedeutet nämlich einen relativen Gewinn.

64 So verstanden dienen auch die zumeist in Form eines Nebenbetriebs unterhaltenen Werkstätten der vom *BGH* angesprochenen Unternehmen bei genauerer Betrachtung der Gewinnerzielung. Da auch diese Betriebe in der Regel nach kaufmännischen Grundsätzen geführt zu werden pflegen, darf unbedenklich davon ausgegangen werden, dass sie nur deshalb das unternehmerische Wagnis auf sich zu nehmen und zu erheblichen Investitionen bereit sind, weil sie sich davon für sich einen wirtschaftlichen Vorteil versprechen. Dieser Vorteil besteht darin, dass Reparaturen zu Selbstkosten ausgeführt werden können und demgemäß der erheblich höhere Aufwand für die Einschaltung von Fremdwerkstätten und für die Vergabe von Reparaturaufträgen erspart wird.[91] Die Auffassung des *BGH*, die weder in der Begründung noch vom Ergebnis her zu überzeugen vermag, stellt eine Abweichung von den ansonsten geltenden Grundsätzen bei der Anwendung des § 249 Abs. 2 S. BGB dar.

65 Demgegenüber hat der *BGH*[92] einem Reeder, der sich gewerbsmäßig auch mit der Reparatur von Schiffen befasst, über die reinen Selbstkosten hinaus einen Unternehmergewinn zugesprochen.

3. Gewerblicher Reparaturbetrieb

66 Die dargestellten Grundsätze[93] gelten nach den Vorstellungen des *BGH*[94] nicht ohne weiteres für gewerbliche Reparaturbetriebe, die im Allgemeinen Gewinne daraus ziehen, dass sie Instandset-

---

89 *OLG Zweibrücken* VersR 2002, 1566 = DAR 2002, 359 m. w. H.
90 Vgl. dazu die Kritik von *Leonhard* VersR 1983, 415; – ferner die Empfehlung des Arbeitskreises V des 20. VGT 1982, 229 und die Kritik von *Klimke* dazu zfs 1982, 595.
91 Vgl. dazu ausführlich *Klimke* VersR 1970, 902 (Anm.).
92 Vgl. dazu *BGH* VersR 1978, 243 = VRS 55, 30.
93 Vgl. Rdn. 60 ff.
94 Vgl. dazu BGHZ 54, 82, 85 = NJW 1970, 1454 = VersR 1970, 832; vgl. jedoch BGHZ 61, 56 = NJW 1961, 729 = VersR 1961, 358 (Gemeinkosten bei Eigenreparatur eines Kfz); BGHZ 76, 216 = NJW 1980, 1518 = VersR 1980, 675 (maßgeblich ist der »Verkehrswert« der eingesetzten Arbeitskräfte ohne Rücksicht darauf, ob und inwieweit ein Mehraufwand an Lohn oder ein Entgang anderweitigen Verdienstes tatsächlich eingetreten sind); ebenso *OLG Celle* r+s 1987, 283 (Taxiunternehmer darf nur die Selbstkosten der eigenen Werkstatt berechnen); *Weber* DAR 1981, 61; a. A. *LG Bochum* VersR 1987, 78 (L) = DAR 1986, 295 = zfs 1986, 197 (gegen: BGHZ 54, 83, 87).

zungsarbeiten für Fremde durchführen. Dies gilt jedenfalls, wenn keine Anhaltspunkte dafür bestehen, dass der Geschädigte infolge einer besonderen Beschäftigungslage in der fraglichen Zeit nicht in der Lage gewesen wäre, die Instandsetzungskapazität seines Betriebes anderweitig und bestimmungsgemäß gewinnbringend einzusetzen. Der Verzicht hierauf im Interesse des Schädigers wäre ebenfalls nicht zumutbar.[95] Dem Schädiger obliegt dabei die Darlegungs- und Beweislast hinsichtlich des Umstandes, dass die Instandsetzungskapazität der Reparaturwerkstatt des Geschädigten zum Zeitpunkt der Reparatur nicht ausgelastet gewesen war, sodass sie zumutbarerweise die Reparatur hätte selbst nicht durchführen lassen können.

In der vom *BGH* aufgezeigten Richtung gelangt man zwangsläufig zu dem ebenso verblüffenden wie rechtsdogmatisch bedenklichen Ergebnis, dass das orts- und marktübliche Entgelt ohne Rücksicht auf die Form der Schadenbeseitigung und unter Verzicht auf weitere Nachweise ausschließlich dem »Freizeitbastler« zusteht, der die Reparatur selbst ausführt, oder dem Privatmann, der die Instandsetzung unterlässt. Alle Betriebe, die für die Ausführung von Reparaturarbeiten demgegenüber qualifiziert sind und dafür besondere Einrichtungen und geschultes Personal vorhalten, sollen sich jedoch – ggf. aufgestockt über § 252 BGB durch einen Zuschlag in Höhe des entgangenen Gewinns,[96] den sie ebenfalls unter besonders erschwerten Umständen nachzuweisen haben – mit den reinen Selbstkosten[97] begnügen.[98] **67**

Als überholt ist jedoch die Auffassung anzusehen, der Geschädigte, der die an seinem Kfz entstandenen Unfallschäden in eigener Reparaturwerkstatt beseitigt, könne lediglich die reinen Selbstkosten verlangen, zu denen regelmäßig neben den angefallenen Material- und Lohnkosten auch anteilige Gemeinkosten gehören. Vielmehr darf der Geschädigte bei gewerblichem Reparaturbetrieb den üblichen Unternehmergewinn mitberechnen.[99] **68**

4. Sonstiger Gewerbetreibender

An sich können bei konsequenter Anwendung der hier dargelegten Grundsätze auch für sonstige Gewerbetreibende keine abweichenden Maßstäbe gelten. Eine Besonderheit, die sehr häufig verkannt wird, ist in diesem Zusammenhang indes zu berücksichtigen. Es kommt nach den Erfahrungen der Praxis nicht selten vor, dass ein Unternehmer – beispielsweise Taxiunternehmer –, der sich ansonsten mit anderen Tätigkeiten als Reparaturarbeiten befasst, sein aus Anlass eines fremd verursachten Unfalls beschädigtes Kfz selbst repariert. **69**

Wenn beispielsweise ein Taxiunternehmer zusammen mit seinem angestellten Kraftfahrer in der Zeit, in der er sonst seiner Erwerbstätigkeit hätte nachgehen müssen, sein eigenes unfallbeschädigtes Kfz repariert, dann wäre es sicherlich nicht gerechtfertigt, ihm neben dem (ungekürzten) Anspruch aus § 249 Abs. 2 S. 2 BGB auch den vollen Verdienstausfall zuzubilligen. Bei der gegebenen Sachlage steht fest, dass der Taxiunternehmer – unter Hinzuziehung seines von ihm weiter entlohnten Fahrers – im relevanten Zeitpunkt gewinnbringend andere Arbeiten ausgeführt hat. Dieser Fall ist ebenso zu beurteilen, wie wenn der Gläubiger die durch den zeitweiligen Ausfall seines Kfz freigewordene Zeit **70**

---

95 *BGH* VersR 1970, 832 = NJW 1970, 1454; *OLG Düsseldorf* VersR 1996, 71.
96 Vgl. dazu *LG Saarbrücken* zfs 1983, 267 (mit unzutreffenden Überlegungen zur Frage des Nachweises und mit Widersprüchen bezüglich des Problems der Nachholbarkeit); *AG Fürth* zfs 1983, 4.
97 A. A. *AG Karlsruhe* zfs 1983, 262 (sogar unter Einschluss der Mehrwertsteuer!).
98 Vgl. dazu BGHZ 54, 82, 84 = NJW 1970, 1454 (m. Anm. v. *Weber* LM Nr. 8 zu § 249 BGB) = VersR 1970, 832 (m. abl. Anm. v. *Klimke* VersR 1970, 902) = DAR 1970, 241 = MDR 1970, 751; *OLG München* VersR 1966, 668; *OLG Bremen* VersR 1967, 1161 (bestätigt durch: BGHZ 54, 82 = NJW 1970, 1454 = VersR 1970, 832); *OLG Nürnberg* VersR 1970, 1164; *LG Osnabrück* VersR 1977, 779; *AG Verden/Aller* r+s 1985, 249; a. A. jedoch *KG* DAR 1980, 186 = VRS 57, 321 (für Taxiunternehmer); *LG München I* VersR 1973, 532; 1981, 183 = zfs 1981, 120 (121); Empfehlung des Arbeitskreises V des 20. VGT VersR 1982, 229 m. krit. Anm. v. *Klimke* zfs 1982, 595 (allgemein reduzierter Lohnstundensatz).
99 *OLG Düsseldorf* NJW-RR 1994, 137; *AG Marl* NZV 2010, 525 (sonst wäre anderer Auftrag erledigt worden); a. A. *OLG Nürnberg* VersR 1970, 1164.

dazu benutzt hätte, um – ggf. in Erfüllung der ihm nach § 254 BGB obliegenden Schadenminderungspflicht – in zumutbarer Weise einer anderweitigen gewinnbringenden Tätigkeit, beispielsweise in seinem erlernten Beruf als Kfz-Schlosser, nachzugehen. Falls er gleichzeitig und nebeneinander die Ansprüche aus § 249 Abs. 2 S. 1 und § 252 BGB realisiert, würde er bezüglich der auf die Reparaturausführung entfallenden Arbeitsstunden eine doppelte Entschädigung erhalten.

71 Soweit es sich um die Höhe des Schadens handelt, bedeutet diese Erkenntnis, dass der Taxiunternehmer jedenfalls hinsichtlich der im Gutachten eines Sachverständigen geschätzten Lohnstunden für die Schadenbeseitigung keine Entschädigung aus entgangenem Gewinn erhält. Dies gilt in gleicher Weise auch für die Tätigkeit des von ihm zu Hilfsdiensten herangezogenen – vorübergehend »arbeitslos« gewordenen – Taxifahrers.

IV. Überholende Kausalität

72 An sich kommt das Rechtsinstitut der überholenden Kausalität für Sachschäden nicht in Betracht. Bei Ersatzansprüchen für die Zerstörung einer Sache ist das hypothetische (weitere) Schicksal des zerstörten Gegenstands grundsätzlich unbeachtlich. Eine bereits vor Eintritt des zum Ersatz verpflichtenden Ereignisses vorhanden gewesene Schadenbereitschaft kann ebenso wie eine Schadenanlage – anders als beim Personenschaden – bei der Ermittlung des Sachschadens nur berücksichtigt werden, wenn durch sie der Wert der Sache bereits im Zeitpunkt der Zerstörung – also bei Eintritt des zum Ersatz verpflichtenden Ereignisses – gemindert war.[100] Insoweit handelt es sich also um ein Problem, das sich auf die Berechnung der Höhe des Schadens auswirkt. Dabei ist beispielsweise an den Fall zu denken, dass durch Fremdverschulden an einem Gebäude Totalschaden entstanden ist, das in absehbarer Zeit aus stadtplanerischen Gründen ohnehin hätte abgerissen werden müssen.

73 Diese zunächst etwas abstrakt erscheinende Problemstellung soll dem Praktiker anhand eines Beispiels erläutert werden: A und B kollidieren mit ihren Fahrzeugen im Kreuzungsbereich. Da über die Haftungsfrage zunächst keine Einigung erzielt werden kann, beschließt A, auf die an sich technisch mögliche und rechtlich zulässige Beseitigung des Schadens, die in der Einbeulung eines Kotflügels besteht, erst einmal zu verzichten. Einige Monate später entsteht an dem Fahrzeug dadurch Totalschaden, dass A mit dem noch immer unreparierten Kfz unter Alkoholeinfluss gegen einen Baum fährt und der Wagen dadurch vollständig verbrennt.

74 Nachdem im Zuge weiterer Ermittlungen die alleinige Ersatzpflicht von B feststeht, wendet dieser ein, er habe nach den Grundsätzen der »überholenden Kausalität« den Schaden schon deswegen nicht zu ersetzen, weil er A nicht mit unfallbedingten Aufwendungen belastet hat und weil der beschädigte Kotflügel, auch falls er heil geblieben wäre, durch das zweite Schadenereignis in gleicher Weise vernichtet worden wäre. Diese Auffassung hält jedoch einer kritischen Betrachtung nicht stand.

75 Der durch das erste Schadenereignis entstandene Ersatzanspruch kann durch den weiteren Gang der Dinge nicht mehr beeinträchtigt werden. Der objektivierte Verkehrswert der Leistung steht A demgemäß als Schadenersatz zu, und zwar unabhängig davon, welche Verfügungen – sei es im rechtlichen, sei es im tatsächlichen Bereich – er später über den beschädigten Gegenstand getroffen oder auch unterlassen hat.[101]

76 Noch deutlicher und überzeugender wird das Ergebnis, wenn man sich einmal, losgelöst vom konkreten Fall, vorstellt, dass der zum Totalschaden führende zweite Unfall nicht auf dem eigenen Verschulden von A beruht hätte, sondern durch einen Dritten verantwortlich herbeigeführt worden wäre. Der Schädiger hätte in jenem Fall bei unterstellter Kenntnis des Sachzusammenhanges mit Erfolg

---

100 Vgl. dazu *BGH* VersR 1960, 115.
101 Vgl. dazu *BGH* NJW 1961, 729 = VersR 1961, 83 = DAR 1961, 141; VersR 1970, 832; *OLG München* VersR 1966, 836; NJW 1967, 398 = VersR 1967, 483; *Groh* BB 1962, 620; *Klimke* VersR 1968, 537; – in etwas anderem Zusammenhang: VersR 1969, 981; zfs 1972, 187.

einwenden können, er schulde nur Ersatz des von ihm selbst verursachten Schadens, also den Wiederbeschaffungswert des Fahrzeugs, abzüglich der Reparaturkosten für die ordnungsgemäße Beseitigung des bereits vorhandenen Vorschadens. Ähnliche Überlegungen gelten auch für den Fall, dass für den zweiten Schaden ein Kaskoversicherer hätte eintreten müssen.[102]

C. Minderwert

I. Einführung

Etwa seit Beginn der fünfziger Jahre wendet die Regulierungspraxis den bis dahin für den Bereich des Kfz-Schadens nahezu unbekannten Begriff des merkantilen oder technischen Minderwertes – auch »Wertminderung« genannt – in zunehmendem Maße an.[103] Diese Schadenposition hat sich inzwischen durchgesetzt und ist keineswegs in ihrem Anwendungsbereich auf Kraftfahrzeuge beschränkt. 77

Die höchstrichterliche Rechtsprechung hat bereits in früheren Zeiten den Minderwert als erstattungsfähigen Schaden anerkannt. Er wurde beispielsweise bei Häusern nach Schwammbeseitigung zugesprochen, sofern einschlägige Objekte im Rechtsverkehr mit Rücksicht auf das Misstrauen potenzieller Käuferschichten geringer bewertet wurden. Dies galt insbesondere für den Fall, dass ein Wiederaufbrechen des Befalls befürchtet werden musste.[104] Nach der Auffassung des *OLG Bremen*[105] handelt es sich beim merkantilen Minderwert um einen Sachmangel im Sinne von § 459 BGB a. F. Als Sachmangel in diesem Sinne kommt auch der merkantile Minderwert eines Gebäudes in Betracht, sofern er die Verkehrschancen bzw. den Veräußerungserlös kürzt.[106] 78

Der Minderwert von Kraftfahrzeugen beruht auf der nach der Verkehrsanschauung begründeten Erfahrung, dass »Unfallwagen« im Fall ihres späteren Verkaufs oder ihrer anderweitigen Bewertung bzw. Verwertung geringer eingeschätzt werden als ansonsten gleichwertige Fahrzeuge ohne Vorschäden.[107] Ob die daraus abgeleitete Besorgnis objektiv gerechtfertigt ist, darauf kommt es in diesem Zusammenhang bei rechtlich wertender Betrachtung nicht an.[108] 79

Die Abneigung breiter Käuferschichten gegen »Unfallwagen« beruht auf der Befürchtung, dass mit der Benutzung eines derartigen Kfz auch dann ein größeres Risiko verbunden sein kann, wenn der Wagen ohne äußerlich erkennbare Spuren sach- und fachgerecht instand gesetzt worden ist und sich im anschließenden Gebrauch bewährt hat. Befürchtet werden insbesondere verborgene Mängel, die zu einer erhöhten Stör- und Reparaturanfälligkeit[109] führen und damit Kosten auslösen, die sich nicht immer einer eindeutigen Verursachungsquelle zuordnen lassen. Bei nicht auszuschließenden Spätschäden kann der Eigentümer des Kfz in Beweisschwierigkeiten geraten. 80

---

102 Vgl. dazu ausführl. *Klimke* zfs 1974, 132; VersR 1974, 1063, 1065.
103 Vgl. dazu insbes. *Geigel* NJW 1954, 601 ff.; *Rasehorn* NJW 1957, 1058; *Esser* MDR 1958, 726 ff.; *Dunz* NJW 1958, 1613 ff.; *Weimar* DAR 1961, 270 ff.; *Ruhkopf/Sahm* VersR 1962, 593 ff.; *Fabricius* JuS 1962, 224 ff.; *Haberkorn* VersR 1962, 208 ff.; *Bindhardt* VersR 1965, 18 (für Gebäudeschäden); *Nölke/Nölke* DAR 1972, 321; *Mahlberg* VersR 1974, 942 ff.; *Jordan* 13. VGT 75, 201, 209 ff.; *Darkow* VersR 1975, 207 ff.; DAR 1977, 62 ff.; *Schlund* BB 1976, 908 ff.; *Wussow/Karczewski*, Kap. 41 Rn. 32; *Geigel/Knerr* Kap. 3 Rn. 54 ff.; *Sanden/Völtz* Rn. 110 ff.; Himmelreich/Halm/*Richter* Kap. 4 Rn. 415 ff.
104 Vgl. RGZ 85, 252; *RG* JW 1904, 140 (Minderwert eines restaurierten Bildes); RGZ 148, 154, 163 (Minderung des »Fassonwertes« eines Gewerbebetriebes durch Falschmeldungen der Presse); *RG* JW 1909, 275 (Wertminderung eines Wirtschaftsgartens durch Verschneiden von Kastanienbäumen und Sträuchern); *BGH* BB 1968, 1355; *OLG Celle* OLGR 1994, 234 (Wertminderung eines Hundes).
105 Vgl. dazu *OLG Bremen* MDR 1968, 1007.
106 Vgl. dazu *BGH* NJW 1971, 615 = MDR 1971, 385.
107 Dazu BGHZ 27, 181 = NJW 1958, 1085 = VersR 1958, 435; BGHZ 35, 396 = NJW 1961, 2253 = VersR 1961, 1043.
108 Vgl. dazu: Wussow/*Karczewski* Kap. 41 Rn. 32.
109 Vgl. dazu *OLG Frankfurt* VersR 1981, 987 = zfs 1981, 356 (Fernmeldekabel der Deutschen Bundespost); *LG Rottweil* VersR 1980, 1126; Geigel/*Knerr* Kap. 3 Rn. 55.

81 Sofern die anspruchsbegründenden Voraussetzungen[110] vorliegen, ist der Schaden unabhängig von Verkaufsabsichten sofort auszugleichen. Der *BGH* hat in seinem Grundsatzurteil vom 3.10.1961[111] entschieden, dass für die Bemessung des Minderwerts unabhängig vom weiteren Schicksal des Fahrzeugs, insbesondere unabhängig von seiner etwaigen Weiterveräußerung, der Zeitpunkt der Beendigung der Instandsetzungsarbeiten maßgebend ist.[112] Auch dieser Standpunkt erscheint, soweit es sich um den Bemessungszeitpunkt handelt, noch immer zu eng. Nach dieser These würde der Geschädigte, der im Rahmen der ihm eingeräumten Dispositionsbefugnis nach § 249 S. 2 BGB zulässigerweise von einer Reparatur absieht, jedenfalls den merkantilen Minderwert – mangels Fälligkeit – nicht realisieren können.

82 Nach der – zutreffenden – Auffassung des *BGH* kommt es nicht entscheidend darauf an, ob die Befürchtung potenzieller Käuferschichten, es könnten trotz ordnungsgemäßer Reparatur Restmängel am Fahrzeug verblieben sein, vor einem rational nachvollziehbaren Hintergrund tatsächlich begründet erscheint.[113] Es genügt vielmehr bereits die Tatsache, dass ein Kraftfahrzeug mit einem nicht unerheblichen Vorschaden im Rechtsverkehr in seinem Wert geringer eingeschätzt und bewertet wird als ein Kfz, das einen derartigen Unfall nicht erlitten hat.

83–84 *(unbesetzt)*

II. Kriterien

1. Erheblichkeit des Eingriffs

85 Es ist inzwischen anerkannt, dass eine merkantile Wertminderung lediglich dann entsteht und vom Ersatzpflichtigen auszugleichen ist, wenn es sich um einen nicht unerheblichen Eingriff in das bis dahin integere Gefüge des Kfz handelt.[114] Eine Erstattung des Minderwerts kommt demgegenüber also – negativ ausgedrückt – dann nicht in Betracht, wenn relativ geringe Blechschäden, die auch einen Gefügeschock mit an Gewissheit grenzender Wahrscheinlichkeit ausschließen, in einer renommierten Fachwerkstatt nach Wahl des Geschädigten durch Austausch der deformierten Aggregate gegen fabrikneue[115] genormte Ersatzteile[116] unauffällig und nachhaltig beseitigt worden sind. Richt- oder Schweißarbeiten führen im Zusammenhang mit einem reinen Blechschaden an nicht tragenden Fahrzeugteilen entgegen weitverbreiteter Auffassung weder zu einem technischen noch zu einem merkantilen Minderwert, soweit es sich um Bagatellschäden handelt.[117]

---

110 Wegen der Zinspflicht vom Unfalltage an, die mit der sofortigen Fälligkeit in Zusammenhang steht, vgl. BGHZ 87, 38 = NJW 1983, 1614 = VersR 1983, 555 = DAR 1983, 223 = MDR 1983, 655; vgl. dazu auch: *Bötticher* VersR 1966, 301, 311; *Weigelt/Weber* Ordnungs-Nr. 62951, Stichw. »Nutzungsausfall, Erläuterungen 1«, S. 28.
111 Vgl. dazu BGHZ 35, 396 = NJW 1961, 2253 = VersR 1961, 1043 = DAR 1961, 334; vgl. in diesem Zusammenhang ergänzend: *BGH* NJW 1967, 552 = VersR 1967, 183 = DAR 1967, 82 = MDR 1967, 294; VersR 1969, 473; VersR 1981, 655; ebenso: *Krumme/Steffen* § 11 StVG Rn. 21.
112 *BGH* NJW 1997, 2595; *OLG Hamm* VersR 1998, 1525; *LG Zweibrücken* VersR 1992, 369; *Geigel/Knerr* Kap. 3 Rn. 56; *Palandt/Grüneberg* § 251 Rn. 14; vgl. dazu die Zitate in der vorigen Fn.; – ferner *OLG Nürnberg* VersR 1964, 835; *OLG Bremen* VersR 1969, 525; *OLG Stuttgart* VersR 1978, 530; *Steindorff* JZ 1967, 630.
113 Vgl. dazu *Wussow/Karczewski* Kap. 41 Rn. 32; – a. A. wohl *Riecker* VersR 1981, 517 (518 r.Sp.).
114 Vgl. dazu *BGH* NJW 1958, 1085; VersR 1961, 707; BGHZ 35, 396 = NJW 1961, 2253 = VersR 1961, 1043; *Geigel/Knerr* Kap. 3 Rn. 65.
115 Vgl. dazu *OLG Düsseldorf* zfs 1983, 5; *LG Stuttgart* DAR 2002, 458; *AG Gelnhausen* VersR 2005, 1303; anders *AG Chemnitz* zfs 2004, 262.
116 Vgl. dazu *LG Köln* VersR 1981, 45; *AG Nürnberg* VersR 1981, 891 = zfs 1981, 333.
117 Vgl. dazu insbes. *BGH* NJW 1958, 1058; VersR 1961, 707 (nur bei tragenden Teilen); BGHZ 35, 396 = NJW 1961, 2253 = VersR 1961, 1043 (nur bei tragenden Teilen); *AG Karlsruhe* VersR 1980, 102 = r+s 1980, 122 (bei einem Verhältnis 1:6 zwischen Reparaturkosten und Wiederbeschaffungswert, keine Richtarbeiten); VersR 1981, 544 (keine tragenden Teile); *AG Speyer* VersR 1980, 1035 = zfs 1981, 9 (Reparaturkosten: 443 DM); *AG Lübeck* r+s 1980, 172 (Fahrzeugkörper nicht betroffen); *AG Rastatt* r+s 1980, 259

Es liegt auf der Hand, dass beispielsweise das Auswechseln einer verschrammten Stoßstange oder gar 86
einer durch Schlageinwirkung zersplitterten Windschutzscheibe das betreffende Kfz nicht zum Unfallwagen »degradiert«. Demgegenüber schließt eine durch die Art der Schadenbeseitigung (Reparatur) eingetretene Wertverbesserung des Fahrzeugs das gleichzeitige Vorliegen eines Minderwerts nicht aus.[118] Allerdings kann eine Wertminderung ausgeschlossen sein, wenn kein typischer Unfallschaden vorliegt und das betroffene Fahrzeugmodell besonders wertstabil ist.[119]

2. Alter des Fahrzeugs/Vorschäden

Aber auch der zwischen dem Zeitpunkt der Erstzulassung des Kraftfahrzeugs und dem Eintritt des 87
Unfalls verstrichene Zeitraum ist für die Frage, ob ein Minderwert zurückgeblieben oder auszugleichen ist, von rechtserheblicher Bedeutung. Bei der Schätzung des merkantilen Minderwertes sind alle Umstände des Einzelfalles zu berücksichtigen, insbesondere Fahrleistung, Alter, Zustand, Art des Schadens, gegebenenfalls Vorschäden, Anzahl der Vorbesitzer und eventuelle Wertverbesserungen durch die Reparatur.[120] Literatur und Rechtsprechung gehen im Allgemeinen davon aus, dass an Kraftfahrzeugen, die im vierten oder fünften Betriebsjahr[121] bzw. bei einer Laufleistung von mehr als 100 000 km[122] einen Unfall erleiden, kein auszugleichender Minderwert mehr zurück-

---

(reine Blechschäden); *AG Nürnberg* VersR 1981, 891; *AG Pforzheim* VersR 1981, 990 (Schraubteile); *AG Simmern* zfs 1983, 265; *AG Sinzig* zfs 1984, 326; *AG Lörrach* zfs 1985, 42; *AG Miesbach* zfs 1985, 42; *AG Rastatt* VersR 1998, 650 (Bagatellschäden bei Reparaturkosten von unter 10 % des Neupreises); *AG Münster* zfs 2002, 527 (keine WM, wenn beschädigte Teile auswechselbar); *Wussow* Rn. 1228; a. A. *OLG Karlsruhe* VersR 1973, 1169 (neues Fahrzeug ohne wesentliche Beeinträchtigung allerdings bei Ablehnung einer Neuwagenabrechnung); *LG Braunschweig* VersR 1983, 865 (L: für einen »Jahreswagen« bei Reparaturkosten von 1 700 DM an einem Kleinbus mit einem Neuwert von 20 000 DM: Minderwert »mindestens 500 DM«); *LG Saarbrücken* zfs 1983, 263 (50 DM Minderwert bei Reparaturkosten in Höhe von 782 DM an einem 4 Jahre alten Pkw); *AG Karlsruhe* VersR 1980, 345 = VS 1980, 174 (mit dem Pkw, der einen Wiederbeschaffungswert von 10 540 DM hatte, wurden bis zum Unfallzeitpunkt nur 6 600 km zurückgelegt; die Reparaturkosten selbst betrugen 1.113 DM, der zugebilligte Minderwert demgegenüber 450 DM); Palandt/*Grüneberg* § 251 Rn. 16; *Hörl* zfs 1999, 46.

118 Vgl. dazu BGHZ 35, 396 = NJW 1961, 2253 = VersR 1961, 1043 – a. A. *LG Oldenburg* NZV 1990, 76; *OLG Karlsruhe* OLGR 1999, 2.
119 *OLG Frankfurt* VersR 2005, 1742 = DAR 2006, 23.
120 *KG* NZV 1995, 312; Geigel/*Knerr* Kap. 3 Rn. 61.
121 Vgl. dazu *AG Delmenhorst* VersR 1986, 49 (L) = VS 1986, 73 (L, das einen Anspruch auf Ausgleichung eines Minderwerts lediglich bis zum Ende des *vierten* Zulassungsjahres zubilligt und in diesem Zusammenhang Bezug nimmt auf: *BGH* NJW 1980, 281; *OLG Stuttgart* VersR 1978, 529 = VRS 54, 97; *OLG Nürnberg* VersR 1980 879 = DAR 1980, 216); – a. A. *OLG Düsseldorf* VersR 1988, 1026 = DAR 1988, 160 = zfs 1988, 42 (für ein Luxusfahrzeug mit der Erwägung, dass dieses noch über einen Wiederbeschaffungswert von 28 000 DM verfügt, über einen Preis also, »den viele Wagen neu nicht kosten«); *LG Nürnberg/Fürth* zfs 1986, 325; *AG Brake* DAR 1987, 155; *AG München* zfs 1986, 325.
122 Vgl. dazu beispielsw. *OLG Frankfurt* VersR 1978, 378; zfs 1984, 326; *KG* NZV 2005, 46 (keine WM, wenn Fahrzeug älter als fünf Jahre, auch wenn nur 43 tkm Laufleistung); *LG Ellwangen/Jagst* VersR 1978, 335 (L m. zust. Anm. v. *Schlund* VersR 1978, 630 = r+s 1978, 129); *LG Freiburg* MDR 1979, 934 = zfs 1980, 24; *LG Kiel* VersR 1988, 47; *LG Stuttgart* zfs 1987, 204 (L); *AG Ottweiler* r+s 1977, 15; *AG Frankfurt/M.* r+s 1978, 14; 1981, 149; *AG Mettmann* VersR 1978, 303; *AG Lübeck* r+s 1980, 172; *AG Nürnberg* r+s 1981, 86 (Wertminderung bei reinen Blechschäden an 3 Jahre altem Kfz verneint); *AG Mannheim* zfs 1985, 328; *AG Delmenhorst* VersR 1986, 49; zfs 1986, 73; *AG Hamburg* zfs 1986, 198; *AG Münster* zfs 2002, 527; VGT 1975, 178 ff.; *Darkow* VersR 1975, 207; DAR 1977, 62; *Schlund* BB 1976, 908 ff.; *Sanden* NJW-Schriften 7 Rn. 200 f.; a. A. *OLG Saarbrücken* r+s 1980, 261 (Wertminderung an 4 Jahre altem Pkw bei Laufleistung von 90 000 km anerkannt); r+s 1980, 33; *OLG Karlsruhe* VersR 1986, 1002 (L) = zfs 1986, 366 (L); *OLG Oldenburg* DAR 2007, 522 = NZV 2008, 158; *LG Heidelberg* zfs 1983, 73; *LG Koblenz* zfs 1983, 73; zfs 1983, 263; *LG Hanau* zfs 1983, 327; *AG Freudenstadt* VersR 1986, 983 = zfs 1986, 366; *AG Brake* DAR 1987, 155; *AG Villingen-Schwenningen* VersR 1992, 197; *AG Hohenstein-Ernstthal* zfs 2001, 19; *AG Hamburg-St. Georg* DAR 2004, 33; *AG Hamburg* SVR 2008, 427.

bleibt.[123] Dies bedeutet, dass eine merkantile Wertminderung bei einem älteren Fahrzeug in der Regel nicht in Betracht kommt.[124]

87a Diese Zeitspanne kann sich noch verkürzen, wenn bereits gravierende Vorschäden vorhanden sind und ihrerseits einen – gleichgültig, ob seinerzeit entschädigungspflichtigen – Minderwert zurückgelassen haben. Dies gilt insbesondere dann, wenn die Vorschäden nicht ordnungsgemäß beseitigt worden sind bzw. der allgemeine Pflege- und Erhaltungszustand des Kfz bereits vor dem Unfall nur noch als mäßig bezeichnet werden konnte. Zum Teil wird sogar die Auffassung vertreten, dass bereits nach einem erheblichen Vorschaden durch einen weiteren Unfall ein Minderwert regelmäßig nicht mehr eintritt.[125]

---

123 Vgl. dazu insbes. *OLG Celle* VersR 1973, 717; *OLG Frankfurt* VersR 1978, 378 = r+s 1978, 139 (Alter des Kfz 3 Jahre); DAR 1984, 318 (320 l. Sp.) = zfs 1984, 326; *LG Köln* VersR 1973, 727; *LG Kaiserslautern* r+s 1976, 14 (4 Jahre); *LG Karlsruhe* VersR 1976, 252 (L) = r+s 1976, 81 (5 Jahre); VersR 1978, 430 = r+s 1978, 151 (5 Jahre); *LG Ellwangen/Jagst* VersR 1978, 335 (L m. zust. Anm. v. *Schlund* VersR 1978, 630) = r+s 1978, 129 (Kfz älter als 5 Jahre); *LG Köln* r+s 1978, 259 (6 Jahre); *LG München I* VersR 1978, 476; *LG Freiburg* MDR 1979, 934 = zfs 1980, 24; *LG Offenburg* r+s 1980, 39 (4 1/2 Jahre); *AG Uelzen* VersR 1976 156 = r+s 1975, 59 (älteres Kfz); *AG Essen* r+s 1976, 192 (älteres Fahrzeug mit Blechschäden); *AG Nürnberg* VersR 1976, 1100 = r+s 1977, 13 (4 1/2 Jahre); r+s 1981, 86 (3 Jahre, Blechschaden); *AG Wiesbaden* VersR 1977, 71; *AG Ottweiler* r+s 1977, 15; *AG Frankfurt/M.* VersR 1978, 192 = r+s 1978, 14 (5 Jahre, einschränkend); r+s 1981, 149 (5 Jahre oder älter); *AG Köln* r+s 1978 15 (5 Jahre); r+s 1978 259 (l.Sp.); *AG Berlin-Charlottenburg* r+s 1978, 15 (4 Jahre); r+s 1978, 172 (Taxi 1 1/2 Jahre); *AG Mettmann* VersR 1978, 303; *AG Pirmasens* r+s 1978, 172 (4 Jahre); *AG Sinzig* r+s 1983, 125 (kein Minderwert bei 10 Jahre altem Pkw mit 120 000 km); zfs 1984, 326 (5 Jahre alter Pkw mit mehr als 100 000 km); *AG Ludwigshafen* zfs 1985, 42; *AG Münster* zfs 2002, 527; *Jordan* VGT 1975, 178; *Darkow* VersR 1975, 207; DAR 1977, 62; *Schlund* BB 1976 908; VersR 1978, 630 (älter als 5 Jahre); *Sanden/Völtz* NJW-Schriften 7 Rn. 200 f.; *Lange* unt. § 6 VI 2; – a. A. *KG* VersR 1975 664 = *Darkow* DAR 1975, 227 (4 Jahre); VM 1979 23 (5 Jahre); *OLG Saarbrücken* r+s 1980, 261 (Wertminderung an 4 Jahre altem Pkw mit einer Laufleistung von 90 000 km anerkannt); r+s 1980, 33; *LG Köln* VersR 1977, 49 = r+s 1977, 39 (5 Jahre); *LG Koblenz* zfs 1983, 263 (400 DM Minderwert bei 5 Jahre altem Kfz mit 95 000 km und 3 476 DM Reparaturkosten); *LG Heidelberg* zfs 1983, 73 (bei einem 5 Jahre alten Porsche mit einem Wiederbeschaffungswert von 21 800 DM: Minderwert: 150 DM); *LG Koblenz* zfs 1983, 73; *LG Gießen* zfs 1983, 326 (Minderwert in Höhe von 10 % der Reparaturkosten bei einem bereits 9 Jahre alten Pkw); *LG Kiel* DAR 2002, 318 (bei hoher Laufleistung »Hamburger Modell«); LG Berlin NZV 2010, 36 (Ausnahmefall bei 11 Jahre altem unfallfreien, nicht vorbeschädigten und scheckheftgepflegten Fahrzeug mit 180 tkm Laufleitung und einem erheblichen, nur knapp unter dem WBW von 7.950 € liegenden Schaden); *AG Speyer* r+s 1978, 13 (5 Jahre, erheblicher Schaden); *AG Freiburg* r+s 1978, 14 (4 Jahre); *AG Berlin-Charlottenburg* r+s 1979, 40 = VRS 55, 406 (Kfz 9 Jahre alt, Reparaturkosten: 3 900 DM, Minderwert: 200 DM); *AG Ludwigshafen* r+s 1979, 17 (4 Jahre); *AG Ettenheim* r+s 1979, 17 (3 Jahre); *AG Fürth* r+s 1979, 173 (7 Jahre, Reparaturkosten: 2 290 DM, Minderwert: 100 DM); *AG Rendsburg* zfs 2006, 90 (auch bei 5 Jahre altem Fz. mit 122 000 Laufleistung); *AG Achern* NZV 2010, 302 (11 Jahre altes Fahrzeug in gutem Allgemeinzustand, WBW von 8.200 € und Nettoreparaturkosten von mehr als der Hälfte).

124 Vgl. dazu ergänzend *BGH* VersR 2005, 284 = DAR 2005, 78 = r+s 2005, 86 = zfs 2005, 126; *OLG Celle* VersR 1973, 717; *LG Köln* VersR 1973, 727; r+s 1978, 259 (l.Sp.); *LG Karlsruhe* VersR 1976, 252 (L); *AG Uelzen* VersR 1976, 156 (L) = r+s 1975, 59; *LG München I* VersR 1978, 476; *AG Wiesbaden* VersR 1977, 71.

125 Vgl. dazu *OLG Celle* VersR 1971, 717 (für den Fall, dass der Geschädigte auch ohne das betreffende Schadenereignis nicht in der Lage gewesen wäre, sein Kfz als »unfallfrei« anzubieten; *LG Köln* VersR 1973, 727; NJW 1975, 57 = VersR 1975, 546 f. = r+s 1975, 169; *LG Frankfurt/M.* r+s 1981, 127; *AG Friedberg* r+s 1980, 173; *AG Pforzheim* r+s 1980, 174; – a. A. *KG* VersR 1971, 647 = DAR 1971, 186 = MDR 1971, 661 = DB 1971, 813; VersR 1975, 664.

3. Höhe der Reparaturkosten

Als Kriterium für die Bemessung eines merkantilen bzw. technischen Minderwerts knüpfen Rechtsprechung und die Regulierungspraxis häufig an die Höhe der Reparaturkosten an.[126] Gegen diese Methoden bestehen nicht unerhebliche Bedenken, da die Höhe der Reparaturkosten für sich allein betrachtet kein geeigneter Gradmesser für die Bemessung des merkantilen Minderwerts sein kann. Richtig ist sicherlich der Ausgangspunkt der Betrachtung, dass ein geringer Reparaturkostenbetrag – zumindest prima facie – darauf schließen lässt, dass es sich lediglich um einen Bagatellschaden[127] handelt, der mangels Erheblichkeit des Eingriffs einen ausgleichsfähigen Minderwert nicht zurückgelassen hat. Die Regulierungspraxis zieht diese Grenze – wenn man sie einmal mit allen Vorbehalten in einer absoluten Zahl ausdrücken will – bei etwa 500 Euro.

88

Auch dieser Erfahrungssatz kann indes nur cum grano salis verstanden werden. Die geringe Höhe der Reparaturkosten könnte beispielsweise auch darauf beruhen, dass der Geschädigte sich entgegenkommenderweise mit Ausbeularbeiten begnügt hat, die zudem noch mit fachlich ungeeigneten Mitteln an seinem neuwertigen Kraftfahrzeug ausgeführt worden sind, obwohl ihm ein Neuteil – möglicherweise sogar verbunden mit einer Ganzlackierung – zugestanden hätte. Es liegt auf der Hand, dass in einem derartigen Fall die geringe Höhe der Reparaturkosten, die den Eintritt eines merkantilen, häufig sogar auch technischen Minderwerts gerade erst bewirkt hat, nicht zum Anlass genommen werden darf, den Ausgleich einer Wertminderung zu negieren oder sie verhältnismäßig geringer zu halten.

89

Auf der anderen Seite muss man – umgekehrt – berücksichtigen, dass auch ein ungewöhnlich hoher Reparaturkostenbetrag nicht stets eine sichere Aussage darüber enthält, dass eine Wertminderung begründet ist, noch weniger in welcher Höhe. Es kann nämlich der Fall vorliegen, dass Ersatzpflichtige ganz bewusst besonders hohe Reparaturkosten gerade deswegen in Kauf genommen haben, um einen sonst zurückbleibenden Minderwert mit Sicherheit zu vermeiden.[128] Dieser Fall kann beispielsweise dann vorliegen, wenn der Haftpflichtversicherer des Schädigers damit einverstanden ist, die Reparatur unter Verwendung einer Rohbaukarosserie und unter Durchführung einer Ganzlackierung ausgeführt wird. Es wäre nicht sachgerecht, in diesem Fall einen Minderwert zuzubilligen und ihn etwa überdies noch undifferenziert an der Höhe der Reparaturkosten auszurichten. Es erscheint daher durchaus vernünftig, bei der Ermittlung der Wertminderung lediglich den Anteil der Reparaturkosten zu berücksichtigen, der sich auf den tatsächlichen Aufwand für Instandsetzungsarbeiten an tragenden Bauelementen bezieht.

90

4. Bagatellschäden

Wie bereits an anderer Stelle betont, kommt die Zubilligung eines Minderwerts bei ausgesprochenen Bagatellschäden[129] – dabei wird es sich in aller Regel um Schäden an Schraubteilen handeln, die relativ leicht vom Fahrzeug getrennt und an das Kfz wieder angebaut werden können[130] – nicht in Betracht.[131] Unter Bagatellschäden versteht man auch Schäden, deren Beseitigung nur geringe Kosten

91

---

126 Vgl. dazu insbes. *OLG Bamberg* zfs 1983, 262 (15 % bei neuwertigem Kfz); *OLG Hamm* zfs 1983, 262 (10 % nicht übersetzt); *LG Duisburg* VS 1983, 232.
127 Vgl. dazu *AG Köln* VersR 1980, 176.
128 Vgl. dazu beispielsw. *LG Freiburg* MDR 1979, 934 = zfs 1980, 24; *Schmidt* DAR 1966, 130 f.
129 Zum Begriff des Bagatellschadens vgl. *AG Speyer* VersR 1980, 1035 = zfs 1981, 9.
130 Vgl. dazu *AG Pforzheim* VersR 1981, 990 (L) = zfs 1981, 365.
131 Vgl. dazu *OLG Köln* VersR 1973, 627 (L) = DAR 1973, 71; *LG Frankfurt/M.* VersR 1973, 930; *LG Hannover* VersR 1973, 190 (L für den Fall, dass an einem *Vorführwagen* mit einer Fahrleistung von 600 km Reparaturkosten in Höhe von knapp 1 000 DM notwendig waren, bedenklich!); *LG Aachen* VersR 1978, 453 (zweifelnd, ob es eine »durch Tabellen oder Prozentsätze festlegbare Untergrenze« gibt); *AG Trier* VersR 1973, 731 (in Anlehnung an *OLG Stuttgart* VersR 1968, 908); *AG Schweinfurt* VersR 1973, 955 (Reparaturkosten von 190 DM bei fast neuem Pkw); *AG Köln* VersR 1976, 347; 1977, 70; *AG Nürnberg* VersR 1976, 476 (selbst für den Fall, dass das beschädigte Kfz noch neuwertig war); *AG Bremen* VersR 1978, 877

verursachen bzw. keinen gravierenden Eingriff in das Gefüge des Fahrzeugs darstellen. Von einem Bagatellschaden wird man – bezogen auf den in diesem Zusammenhang allein interessierenden Minderwert – auch dann noch sprechen können, wenn aufwendige oder relativ kostspielige Teile eines Kraftfahrzeugs ausgewechselt werden, die ohne Substanzbeeinträchtigung von den übrigen Aggregaten leicht getrennt werden können.[132] Als Beispiel mag der Fall dienen, dass bei einem ausländischen »Straßenkreuzer« die mehrere Tausend Euro kostende entspiegelte und mit Spezialüberzug sowie mit eingezogenen Heizungsdrähten und einer Antenne ausgestattete Windschutzscheibe erneuert werden muss.

92 Unzutreffend wäre es allerdings, die Antwort auf die Frage, ob ein Minderwert im Rechtssinne entstanden und vom Ersatzpflichtigen auszugleichen ist, davon abhängig zu machen, ob eine Offenbarungspflicht[133] besteht.

93 Die Offenbarungspflicht geht zwar nach jetzt herrschender Auffassung außerordentlich weit.[134] Ihr unterliegen nach ständiger Rechtsprechung des *BGH* auch »reine Blechschäden« an einem Pkw, die inzwischen – ohne dass Unfallspuren zurückgeblieben sind – ausgebessert und damit neutralisiert worden sind.[135] Sie ist jedoch für die objektive Beurteilung, ob eine merkantile Wertminderung eingetreten ist, nicht von Bedeutung.

94 Ein merkantiler Minderwert wird insbesondere dann zu verneinen sein, wenn an einem Kraftfahrzeug lediglich leichte Blechschäden entstanden sind, die die Substanz des Fahrzeugs an tragenden Teilen nicht beeinträchtigt haben und auch die Möglichkeit eines sog. Gefügeschocks als ausgeschlossen erscheinen lassen.

95 Der merkantile Minderwert kann insbesondere auf folgenden Ursachen beruhen: Es können Anrisse im Material entstanden sein, die bei späterer Betriebsbelastung langsam fortschreiten. Die Materialfestigkeit kann infolge Kaltverformung mit nachfolgendem Richten beeinträchtigt worden sein. Reparaturschweißungen können Kerbwirkungen und andere Eigenschaften zur Folge haben, durch die die Tragfähigkeit der ausgebesserten Bauteile herabgesetzt wird. Der Verschleiß in Lagern und Gelenken kann sich erhöhen, wenn als Folge des Unfalls Passungenauigkeiten zurückbleiben. Verbindungsteile können sich gelöst haben, und der Korrosionsschutz kann an verborgenen Stellen schadhaft geworden sein.[136]

5. Höhe

96 Die Höhe der Wertminderung[137] ist, da es sich insoweit um ein Rechtsproblem handelt, nach freier tatrichterlicher Überzeugung gem. § 287 Abs. 1 ZPO im Wege der Schätzung zu ermitteln.[138]

97 Bei der Ermittlung des Minderwerts sind alle für den Verkaufswert maßgeblichen Umstände, insbes.: Alter, Fahrleistung, Erhaltungszustand, Marktsituation und Marktgängigkeit des Kfz gerade des betreffenden Typs sowie Art und Ausmaß der Schäden – zweckmäßigerweise getrennt – festzustellen

---

(verneint bei Einbeulung eines Kotflügels Minderwert selbst für den Fall, dass Schadstelle noch erkennbar war, bestätigt durch *LG Bremen* VersR 1978, 877); *AG Speyer* VersR 1980, 1035 = zfs 1981, 9; *AG Pforzheim* VersR 1981, 990 (L) = zfs 1981, 365; *AG Rastatt* VersR 1998, 650; *Notthoff* VersR 1995, 1399, 1403.

132 Vgl. dazu *AG Pforzheim* VersR 1981, 990 (L) = zfs 1981, 365.
133 Vgl. dazu *AG Adenau* VersR 1974, 869.
134 Vgl. dazu *LG Bremen* DAR 1984, 91 (92 1. Sp.).
135 Vgl. dazu insbes. *BGH* NJW 1982, 1396 = zfs 1982, 266 (267 1. Sp.) = LM Nr. 42 zu § 843 BGB (m. w. N.); VersR 1984, 46 (r. Sp. a. E.); NJW-RR 1987, 436.
136 Vgl. dazu die Ausführungen von *Nölke* DAR 1972, 321.
137 Zum Problem der rechnerischen Ermittlung des merkantilen Minderwerts vgl. insbes. *LG Freiburg* VersR 1980, 366; *AG Ettlingen* VersR 1979, 1157; *AG Karlsruhe* VersR 1980, 494; *AG Bensheim* VersR 1980, 101; *LG Freiburg* VersR 1980, 366.
138 Vgl. dazu *AG Gelsenkirchen-Buer* zfs 1987, 204.

und eine etwaige Wertverbesserung durch umfangreiche und erhebliche Erneuerungsarbeiten zu berücksichtigen.[139]

In der Mehrzahl aller Fälle wird der Minderwert rein rechnerisch geschätzt.[140] Eine allgemein anerkannte Schätzungsmethode für die Bemessung des merkantilen Minderwerts hat sich noch nicht durchgesetzt.[141]

98

Häufig wird übersehen, dass es sich bei der Frage nach der Entstehung eines merkantilen bzw. technischen Minderwerts und seiner Höhe um ein Rechtsproblem[142] handelt, das nach tatrichterlicher Würdigung zu entscheiden ist. Selbstverständlich kann das Gericht sich für die Wahrheitsfindung aller dafür geeigneten Erkenntnisquellen bedienen, so beispielsweise einen technischen Sachverständigen einschalten.

99

Man muss sich jedoch der Tatsache bewusst bleiben, dass der Sachverständige kein die Parteien und das Gericht bindendes Schiedsurteil fällt, sondern seine Aufgabenstellung lediglich darin besteht, für das Gericht die Tatsachen aufzubereiten, die erforderlich sind, um im rechtlichen Bereich zu einer angemessenen Beurteilung zu gelangen. Andererseits besteht weitestgehend Einigkeit darüber, dass der individuellen Bemessung der merkantilen Wertminderung durch einen erfahrenen marktverbundenen technischen Sachverständigen, der das Fahrzeug selbst gesehen hat, der Vorzug gegenüber tabellarischen Werten zu geben ist.[143] Dies gilt insbesondere dann, wenn es sich um besondere Fahrzeugtypen handelt, wie z. B. ein Luxusfahrzeug, das nach fachgerechter Instandsetzung ohne nennenswerten Preisabschlag verkauft werden kann.[144]

100

III. Arten des Minderwertes

1. Technischer Minderwert

Die wohl in überzeugendster Form einleuchtende Art des Minderwerts, die auch bereits nach der früheren Rechtsprechung einen sofort fälligen und zahlbaren Anspruch ausgelöst hatte, ist die sog. technische oder auch optische Wertminderung. Ihre Folgen fallen bereits offenkundig ins Auge, sodass diese Art des Minderwerts sich ohne Weiteres auch im rationalen Bereich nachvollziehen lässt und demgemäß selbst dem flüchtigen Betrachter einleuchtet. Die technische Wertminderung kann beruhen auf einer Beeinträchtigung

101

- der Gebrauchsfähigkeit
- der Betriebssicherheit
- der Lebensdauer
- des äußeren Ansehens (optischen Gesamteindrucks).[145]

Zu derartigen Mängeln können – konkreter ausgedrückt – beispielsweise gehören

101a

- Schweißnahtspuren, jedoch nicht im Zusammenhang mit einem reinen Blechschaden an nicht tragenden Fahrzeugteilen[146]
- Passungenauigkeiten
- Formabweichungen
- Ausbeulspiegel
- Farbunterschiede[147] usw.

---

139 Vgl. dazu *OLG Nürnberg* VersR 1980, 875 (L) = DAR 1980, 216; *OLG Karlsruhe* VersR 1981, 886; *AG Essen* VersR 1987, 1154 (mit sehr eingehender Begründung nach allen Richtungen).
140 Vgl. dazu insbes. *OLG Hamm* zfs 1986, 324 f.; *LG Augsburg* zfs 1986, 325; *LG München I* zfs 1986, 325.
141 Vgl. dazu *OLG Düsseldorf* r+s 1988, 219 (220 – unter Hinweis auf Palandt/*Grüneberg* § 251 Rn. 17.
142 Vgl. dazu *AG Wiesbaden* VersR 1988, 253 (L).
143 *OLG Celle* zfs 1984, 5; *LG Frankfurt/M.* zfs 2007, 266.
144 *OLG Köln* VersR 1992, 973 = OLGR 1992, 215; nach *OLG Jena* NZV 2004, 476 verbieten sich hier rein rechnerische Ermittlungen.
145 Vgl. dazu *Himmelreich* NJW 1973, 673.
146 Vgl. dazu *LG Köln* VersR 1981, 45.
147 Vgl. *Nölke/Nölke* DAR 1972, 321.

101b Ein technischer Minderwert wird sich zugleich auch immer als eine merkantile Wertminderung darstellen, sofern das betreffende Kfz überhaupt am allgemeinen Gebrauchtwagenmarkt teilnimmt, während der merkantile Minderwert nicht stets auf technischen Mängeln beruhen muss.

102 Bei dem heutigen Stand der Reparaturtechnik in einer renommierten Fachwerkstatt ist eine technische Wertminderung außerordentlich selten. Farbunterschiede lassen sich relativ leicht durch eine Beipolierung oder durch ein Anspritzen der Randzonen ausgleichen. Sollte dies im Einzelfall mit Rücksicht auf Veränderungen im Ursprungslack nicht möglich sein, dann wird eine technische Wertminderung ohnehin bereits mit Rücksicht auf das Alter des Fahrzeugs bzw. auf seinen Pflege- und Erhaltungszustand nicht in Betracht kommen. Geringe Farbabweichungen bei Teillackierungen haben auf den Wert eines bereits 3 Jahre alten Pkw mit einer Fahrleistung von ca. 71 000 km keinen bestimmenden Einfluss mehr und begründen daher keinen Anspruch auf Ausgleichung einer technischen Wertminderung.[148]

103 Auch fachlich und gut ausgeführte Beilackierungen begründen keinen Anspruch auf Ausgleichung eines Minderwertes.[149] Als oberste Grenze des technischen Minderwerts kommt ein Betrag infrage, der mit den Kosten identisch ist, die bei einer ordnungsgemäßen Schadenbeseitigung (beispielsweise Austausch des nur ausgebeulten Schadteiles gegen ein Neuteil, Ganzlackierung usw.) anfallen.[150] Davon abzusetzen ist – auch in diesem Fall – der Betrag, der auf eine dadurch etwa bewirkte Wertverbesserung unter dem Gesichtspunkt begründeter Abzüge »neu für alt« entfällt.

2. Merkantiler Minderwert

104 Der merkantile Minderwert,[151] der mitunter auch – etwas ungenau – als ideelle oder wirtschaftliche Wertminderung bezeichnet wird, ist vom *OLG Nürnberg* in seiner ansonsten nicht unbedenklichen Entscheidung vom 9.12.1958[152] recht treffend als »Odium eines Unfallwagens« charakterisiert worden. Etwas vereinfacht ausgedrückt kann man feststellen, dass eine merkantile Wertminderung sich in einer Minderung des Handelswerts ausdrückt.[153] Der *BGH* hat in seiner Grundsatzentscheidung vom 3.10.1961[154] unter ausdrücklicher Aufgabe seiner bisherigen Rechtsprechung die Rechtsgrundlagen für die Entstehung und Realisierung des Minderwerts eindeutig klargestellt. Er hat die Feststellung getroffen, dass es sich auch beim merkantilen Minderwert um einen Schaden handelt, der sofort in Erscheinung tritt und die Vermögenslage des Gläubigers nachteilig beeinflusst. Dieser Nachteil entsteht nicht erst bei der Veräußerung des Fahrzeugs, sondern werde auch bereits dann augenfällig, wenn es sich darum handelt, den Wert des Fahrzeugs in einem Vermögensstatus einzubeziehen, wie er beispielsweise im Vergleichs- oder Konkursverfahren notwendig werden könnte; auch bei einer anderweitigen Be- oder Verwertung des Kraftfahrzeugs (beispielsweise zum Zwecke der Verpfändung) trete der Minderwert deutlich sichtbar in Erscheinung. Es könne daher keinen rechtlich bedeutsamen Unterschied ausmachen, dass der Geschädigte sich entschließt, den nach dem Unfall weniger wertvollen Wagen weiter zu benutzen. Dieser Gesichtspunkt könne insbesondere nicht zu einer Entlastung des Schädigers führen.

105 Ebenso wenig bewirkt die sofortige Fälligkeit des merkantilen Minderwerts eine unangemessene Bereicherung des Gläubigers, da der Eigentümer, der seinen Wagen nach dem Unfall weiterbenutzt, sich mit einem Fahrzeug begnügt, dessen Wert nach der allgemeinen Verkehrsauffassung geringer ist als der eines unfallfrei gefahrenen Wagens. Dies gelte umso mehr, als dieser minderen Einschätzung nicht nur ein gefühlsmäßig zu erklärendes Vorurteil zugrunde liegt, sondern auf der aus Erfahrung gewonnenen Einsicht beruht, dass mit der Benutzung eines solchen Wagens durchaus auch

---

148 Vgl. dazu *OLG Frankfurt* VersR 1978, 378.
149 Vgl. dazu *OLG Köln* DAR 1973, 71 = VersR 1973, 726 (L).
150 Vgl. dazu *Nölke/Nölke* DAR 1972, 321.
151 Kritische Betrachtungen bei *Schiemann*, 1. Teil III 3 S. 36.
152 *OLG Nürnberg* VRS 16, 401, 403.
153 *Darkow* VersR 1975, 207; *Walter* S. 44.
154 Vgl. dazu BGHZ 35, 396 = NJW 1961, 2253 = VersR 1961, 1043.

dann ein größeres Risiko verbunden ist, wenn sich nach der Reparatur das Zurückbleiben eines technischen Mangels nicht feststellen lässt. Die Minderbewertung trage der größeren Schadenanfälligkeit erheblich geschädigter und anschließend reparierter Wagen sowie der Tatsache Rechnung, dass der Zusammenhang neuer Schäden mit dem Unfall oder einer unzureichenden Reparatur im Einzelfall nicht immer nachweisbar sein werde. Als Zeitpunkt für die Bemessung des merkantilen Minderwerts sei das Ende der unfallbedingten Instandsetzungsarbeiten maßgebend.[155]

Damit erhebt der *BGH* die bereits an anderer Stelle erwähnte Verkehrsanschauung und den Handelsbrauch zum wesentlichen Kriterium für die Entstehung, aber auch für die Bemessung, eines merkantilen Minderwerts. Gemeint ist damit die Abneigung weiter Käuferkreise gegen Unfallwagen und der damit verbundene Versuch, in Verkaufsverhandlungen den Preis eines derartigen Fahrzeugs zu »drücken«. *Walter*[156] ist darin zuzustimmen, dass es nicht entscheidend darauf ankommen kann – *Walter* bezeichnet dies sogar als »gänzlich belanglos« –, ob der durch die Verkehrsanschauung begründete Handelsbrauch berechtigt oder zu missbilligen ist. In der Tat wird der Geschädigte in seinem Vermögen auch dadurch beeinträchtigt, dass sich jenseits eines rational nachvollziehbaren Hintergrunds eine ständige Übung gebildet hat, nach der Unfallwagen auch dann geringer bewertet zu werden pflegen, wenn mit Folgeschäden nicht gerechnet zu werden braucht.[157] Es kommt also nicht darauf an, ob nach der Art des Unfalls und der durchgeführten Reparatur ein Abzug rein sachlich und logisch gerechtfertigt ist, sondern nur darauf, ob die Mehrzahl der Kaufinteressenten einen derartigen Abzug vornimmt.[158]

106

Entgegen der von *Walter*[159] vertretenen – recht weitherzigen – Auffassung, ist indes bei rechtlich orientierter Betrachtungsweise davon auszugehen, dass eine merkantile Wertminderung nur dann berücksichtigt werden kann, wenn ihr nach Art und Schwere des Unfalls im Hinblick auf den Umfang der Reparaturarbeiten bei einigermaßen großzügiger Auslegung über die nicht immer in eindeutiger Form fixierbaren Handelsbräuche hinaus rechtliche Relevanz zukommt.

107

Es genügt also nicht jeder denkbar aufgegriffene Vorwand – und mag er sich auch von der Verkehrsauffassung zur »Verkehrsunsitte« entwickelt haben –, um selbst nach belanglosen Schäden den Versuch zu unternehmen, unter Hinweis darauf, dass das Kfz nunmehr zum »Unfallwagen« »degradiert« worden ist, einen Preisabschlag durchzusetzen, der bei näherer Betrachtung von der Sache her nicht gerechtfertigt ist und eher der Marktlage entspricht als der Verknüpfung mit einem voraufgegangenen Unfallschaden.

107a

Vor dem Hintergrund immer perfekter werdender Schadensdiagnostik und Reparaturmethoden ist gegenüber der Anerkennung eines merkantilen Minderwertes, der leicht irrationale Züge trägt, zunehmend Skepsis geboten. Der Ausgleich einer merkantilen Wertminderung kommt demgemäß nicht in Betracht, wenn die Abneigung gegen Unfallwagen auf rein emotionalen Erwägungen beruht, die sich rationell nicht nachvollziehen lassen.[160] Ebenso bleibt festzuhalten, dass gem. § 253 BGB der Wert des Affektionsinteresses nicht zu ersetzen ist. Die Einbuße an bloßem Gefühlswert bleibt insoweit außer Betracht, als sie über einen – tatsächlich entstandenen und rechtlich zumindest in Ansatzpunkten nachvollziehbaren – merkantilen Minderwert hinausgeht.[161]

108

---

155 Vgl. dazu auch *BGH* NJW 1967, 552 = VersR 1967, 183 = DAR 1967, 82.
156 *Walter* S. 46.
157 A. A. wohl *Riecke* VersR 1981, 517.
158 *OLG Zweibrücken* JW 1934, 923; *LG Lübeck* NJW 1956, 553; *Walter* S. 46 (unter Hinweis auf *OLG Augsburg* JW 1931, 3386; *Pfennig* VersR 1956, 609); – vgl. dazu auch *Esser* MDR 1958, 726; – a. A. *Ruhkopf* VW 1955, 382.
159 *Walter* S. 46.
160 Vgl. dazu beispielsw. *LG Paderborn* VersR 1957, 743; *LG München* VersR 1958, 654.
161 Vgl. dazu *OLG Stuttgart* VersR 1959, 318, – in etwas anderem Zusammenhang: *LG Ravensburg* VersR 1956, 358.

109 Andererseits muss jedoch noch einmal mit aller Deutlichkeit festgehalten werden, dass als Fehler (Sachmangel) im Sinne von § 459 Abs. 1 BGB nicht nur physische Eigenschaften der Sache, sondern auch die tatsächlichen und rechtlichen Verhältnisse in Betracht zu ziehen sind, die nach der Verkehrsauffassung Einfluss auf die Wertschätzung der Sache haben und sich damit als wertbildende Faktoren darstellen.[162] Fehler einer Sache im Sinne des § 459 Abs. 1 BGB ist auch der Mangel einer Eigenschaft, die sie haben muss, um zum gewöhnlichen Gebrauch vollkommen tauglich zu sein.[163] Fehler eines Gegenstandes kann auch eine Abweichung von der nach dem Vertragszweck vorausgesetzten Beschaffenheit sein. Dies bedeutet, dass der Fehler nach der subjektiven Anschauung der Parteien auch in der Untauglichkeit einer Sache im Hinblick auf den Vertragszweck liegen kann. Auch rechtliche und wirtschaftliche Beziehungen einer Sache zu ihrer Umwelt können daher Sachmängel begründen.[164] Beziehungen der Sache zur Umwelt sind Eigenschaften im Sinne des § 459 Abs. 2 BGB, wenn sie nach der Verkehrsanschauung für ihre Brauchbarkeit oder ihren Wert von Bedeutung sind. Voraussetzung ist allerdings, dass diese Beziehungen in der Beschaffenheit der Sache selbst ihren Grund haben, von ihr ausgehen, ihr auch für eine gewisse Dauer anhaften und nicht lediglich durch Heranziehung von Umständen in Erscheinung treten, die außerhalb der Sache und einer streng auf sie bezogenen Betrachtung liegen.[165]

110 Demgegenüber ist *Walter*[166] darin zuzustimmen, dass es nicht entscheidend darauf ankommen kann, ob das Verhalten breiter Käuferschichten, das zur Bildung einer Verkehrsanschauung beiträgt, sich im streng rationalen Sinne als »vernünftig« erweist. Die durch Handelsbrauch begründete Marktlage stellt sich als Faktum dar, an dem auch der Rechtsverkehr nicht vorbeigehen kann, und zwar auch dann nicht, wenn insoweit subjektive Gesichtspunkte Einfluss auf die wertbildenden Faktoren nehmen.[167] Der Anspruch auf Ersatz des merkantilen Minderwerts nach einem unfallbedingten größeren Schaden[168] wird nicht dadurch ausgeschlossen, dass die Reparatur des Kfz in jeder Beziehung technisch völlig einwandfrei ausgeführt worden ist.

IV. Verhältnis zu Wertverbesserungen

111 Es kommt nicht selten vor, dass eine Reparatur nicht nur einen Minderwert hinterlässt, sondern gleichzeitig auch an bestimmten anderen verschleißabhängigen und -anfälligen Aggregaten Wertverbesserungen bewirkt.[169] In derartigen Fällen sind beide Rechnungsposten – einmal auf der Plus- und einmal auf der Minusseite – als besondere Schadenfaktoren zu Kontrollzwecken getrennt zu ermitteln und dann gegeneinander aufzurechnen.[170] Der sich daraus ergebende Saldo ist, falls sich aus der Verrechnung zugunsten des Geschädigten ein (überschießendes) »Guthaben« entwickelt, den Reparaturkosten zuzuschlagen bzw. dann, wenn die Wertverbesserungen »unter dem Strich« überwiegen, vom ausgleichsfähigen Schaden unter dem Gesichtspunkt des Vorteilsausgleichs abzusetzen. Nur in besonderen Ausnahmefällen kann man sich mit der pauschalen Feststellung begnügen, dass die durch die Art des Schadens und die Formen seiner Beseitigung entstandene Wertminderung durch gleichzeitig eingetretene Wertverbesserungen »schlicht um schlicht« kompensiert wird.[171] Bei einer derart pauschalen Feststellung, die – ihre Richtigkeit einmal unterstellt – sich als purer Zufall

---

162 BGHZ 27, 184: *OLG Köln* DAR 1965, 22; *OLG Bremen* DAR 1968, 268.
163 *BGH* MDR 1968, 224.
164 BGHZ 16, 54 f.
165 *BGH* NJW 1972, 1658.
166 *Walter* S. 47.
167 *LG Essen* MDR 1965, 987, zu den wertbildenden Faktoren vgl. auch *Hörl* zfs 1991, 145 ff., 147.
168 In Abgrenzung zum Bagatellschaden Rdn. 91 ff.
169 Vgl. dazu *KG* DAR 1970, 157; 1971, 647; VersR 1971, 939; *LG Karlsruhe* VersR 1976, 252; *LG Stuttgart* DAR 1979, 306 = zfs 1980, 24.
170 Vgl. dazu *OLG München* VersR 1966, 1192 = VRS 32, 86; *LG Karlsruhe* VersR 1978, 430 (insoweit nicht unbedenklich); Weigelt/*Sprenger* Stichw.: »Neu für alt, Erläut. 1«, Kenn-Nr. 62701, 1983, S. 5.
171 Vgl. dazu beispielsw. *LG Frankenthal* zfs 1982, 203 (bei einem bereits 15 Jahre alten Kfz).

erweisen würde, muss man zwangsläufig mit zwei gleichermaßen Unbekannten rechnen, deren substanzieller Gehalt sich nicht überprüfen lässt.[172]

V. Fälligkeit und Verzinsung

Nach der bereits an anderer Stelle wiedergegebenen Auffassung des *BGH*[173] ist für die Bemessung des merkantilen Minderwerts eines unfallbeschädigten Kraftfahrzeugs der Zeitpunkt der Beendigung der Instandsetzung maßgebend.[174] **112**

Diese Frage hat – bei näherer Betrachtung – nur mittelbar mit dem an anderen Kriterien auszurichtenden Problem des Eintritts der Fälligkeit etwas zu tun. Auf der anderen Seite wird man jedoch berücksichtigen müssen, dass nach § 271 BGB die Fälligkeit im Zweifel sofort eintritt. In Verzug mit seinen Rechtsfolgen kann der Ersatzpflichtige jedoch erst dann kommen, wenn ihm ausreichend Gelegenheit gegeben worden ist, den – zuvor ordnungsgemäß belegten – Anspruch sowohl dem Grunde als auch der Höhe nach zu überprüfen. Der Umstand, dass nach Bürgerlichem Recht die Fälligkeit sofort eintritt, hat daher in diesem Zusammenhang nur geringe Bedeutung. Abgesehen davon wird man nach dem auch insoweit geltenden Grundsatz von Treu und Glauben (§ 242 BGB) davon ausgehen können, dass die Fälligkeit nicht vor dem Zeitpunkt eintreten kann, in dem eine Bezifferung des Schadens zumindest theoretisch möglich und rechtlich zulässig ist. Überdies muss der Gläubiger (Geschädigte) tatsächlich auch mitgeteilt haben, in welcher Höhe sich seine Vorstellungen bewegen und auf welche Überlegungen er sich dabei stützt. **113**

Es ist heute anerkannten Rechts, dass die Fälligkeit des Schadenersatzanspruchs bereits im Zeitpunkt der Einwirkung des schädigenden Ereignisses auf ein geschütztes Rechtsgut eintritt. Bereits an anderer Stelle wurde deutlich gemacht, dass jedenfalls der unmittelbare Sachschaden sich sofort nach Eintritt des zum Ersatz verpflichtenden Ereignisses dem Grunde und der Höhe nach »verfestigt«. Wenn der *BGH* mit seiner Auffassung recht hätte, dass es für die Bemessung des merkantilen Minderwertes auf den Zeitpunkt der Beendigung der Instandsetzungsarbeiten am Kraftfahrzeug ankommt, dann würde derjenige Gläubiger einen Minderwert nicht geltend machen – zumindest nicht beziffern – können, der auf die Beseitigung des Schadens verzichtet, sei es, weil er den Wagen unrepariert weiterbenutzt oder im beschädigten Zustande veräußert.[175] Bereits diese einfache Überlegung deutet darauf hin, dass der vom *BGH* eingenommene Standpunkt, bei dem es sich ersichtlich um ein obiter dictum handeln dürfte, nicht Rechtens sein kann und aus Gründen, die in der Natur der Sache liegen, zu einem unbefriedigenden Ergebnis führen muss. **114**

Es muss vielmehr an der bereits dargelegten und ausführlich begründeten Auffassung festgehalten werden, dass der Schaden ausschließlich in der Wertminderung besteht und diese sich in dem Betrage ausdrückt, um den das Kraftfahrzeug nach dem Unfall weniger wert war als in der »logischen Sekunde« vor dem Unfall. Das weitere Schicksal des Fahrzeugs und die vom Verfügungsberechtigten darüber getroffenen oder unterlassenen Dispositionen sind – abgesehen einmal von Beweisfragen, auf die sich ohnehin kein System aufbauen lässt – für den Umfang des ausgleichsfähigen Schadens **115**

---

172 Vgl. dazu *KG* VersR 1971, 647; 1971, 939; *Walter* Regulierung S. 60; – zur Frage, ob der beim Weiterverkauf eines Gebäudestücks erzielte Erlös, der dem Wert des Grundstücks nach Maßgabe des zugesicherten Mietertrags entspricht, als Vorteil den durch das Fehlen der zugesicherten Eigenschaften entstandenen Schadenausgleich, vgl. *BGH* NJW 1981, 45 = MDR 1981, 128 = ZIP 1981, 86.
173 Vgl. dazu *BGH* NJW 1967, 552 = VersR 1967, 183 = DAR 1967, 82 – a. A. *OLG Stuttgart* VersR 1961, 912 (Zeitpunkt der letzten mündlichen Verhandlung).
174 *OLG Karlsruhe* NJW-RR 1997, 1247 (bei Gebäude) vgl. dazu ergänzend auch *OLG Nürnberg* VersR 1964, 835; 1968, 505; *OLG München* DAR 1965, 78; VersR 1967, 89; VRS 31, 167; *OLG Köln* DAR 1972, 321; *LG Hamburg* NJW 1963, 1879 = VRS 64, 227; *AG Nürnberg* VersR 1967, 694; *AG Wiesbaden* VersR 1977, 71; Staudinger/*Schiemann* § 251 Rn. 34; Erman/*Kuckuk* § 251 Rn. 7; Krumme/*Steffen* § 11 StVG Rn. 21 (Wiederinbetriebnahme des reparierten Kfz); *Walter* II 2 S. 50, 61.
175 In diesem Fall kein Ersatz des Minderwerts nach *AG Wolfsburg* DAR 2003, 79.

ohne Bedeutung. Unzutreffend ist daher auch die Auffassung des *OLG Frankfurt*,[176] dass der merkantile Minderwert eines Fahrzeugs in der Differenz zwischen dem Wert des Wagens vor dem Unfall und nach der Durchführung der Reparatur besteht. Noch weniger ist der merkantile Minderwert notwendigerweise »die Differenz zwischen Verkaufspreis und Zeitwert beim Verkauf des Wagens«.[177] Die hervorragende Bedeutung der Grundsatzentscheidung des *BGH* vom 3.10.1961[178] besteht doch gerade darin, dass es auf den Verkauf des Fahrzeugs als Kriterium für die Bemessung und Fälligkeit des Minderwertes nicht mehr ankommen soll. Ebenso wenig kann man in diesem Zusammenhang jedoch auf die Frage abstellen, ob und wann die Reparatur durchgeführt worden ist. Man sollte daher auch diesen letzten Schritt noch vollziehen und sich zu der Auffassung bekennen, dass der Minderwert im Zeitpunkt des Unfalles fällig und zahlbar wird und dass es auf tatsächliche Handlungen, wie beispielsweise Verkauf und Reparatur, in diesem Zusammenhang bei rechtlich orientierter Betrachtungsweise nicht ankommt.

116 Wenn man die Dinge so betrachtet, dann hat sich damit sogleich auch die Frage nach dem maßgeblichen Zeitpunkt für die Verzinsung beantwortet. Dann steht fest, dass die Zinspflicht nach § 849 BGB im Zeitpunkt des Unfalles beginnt. Zu dieser Auffassung hat sich auch der *BGH* bekannt.[179]

VI. Nutzfahrzeuge

117 Die im Zusammenhang mit dem merkantilen Minderwert erörterten Grundsätze gelten – jedenfalls soweit es sich um die Begründung des Anspruchs handelt – im Prinzip allgemein auch für Nutzfahrzeuge,[180] sofern sie als Handelsobjekte in Betracht kommen und im Fall eines auf Unfall beruhenden Schadens im Rechtsverkehr geringer als unfallfreie Fahrzeuge bewertet werden. Sofern sich aus einer differenzierten Betrachtungsweise Abweichungen ergeben sollten, erfolgt die Korrektur über die Höhe des Anspruchs, die schon mit Rücksicht auf die unterschiedlichen Anschaffungskosten und Wiederbeschaffungswerte einer anderen Beurteilung bedarf, je nachdem, ob es sich um einen Pkw oder um ein Nutzfahrzeug[181] handelt. Bei Sonderfahrzeugen kann bezüglich des merkantilen Minderwerts eine davon abweichende Betrachtungsweise geboten sein. Soweit es sich um den technischen Minderwert handelt, ergeben sich auch bei Nutzfahrzeugen keine Abweichungen von der allgemein üblichen Beurteilung. Dies gilt jedenfalls für Fahrzeuge, die auf dem allgemeinen Gebrauchtwagenmarkt freihändig veräußert werden. Eine differenziertere Betrachtungsweise ist jedoch erforderlich, falls Fahrzeuge dieser Art und Gattung üblicherweise versteigert werden.

118 Eine Einschränkung der hier dargelegten Gesichtspunkte soll nach der Auffassung des *OLG Stuttgart*[182] für funktionelle Nutzfahrzeuge gelten. Das *OLG Stuttgart* begründet diese – nicht unbedenkliche – Auffassung damit, dass bei einem derartigen Nutzfahrzeug eine Abrechnung auf der Basis eines »unechten« Totalschadens nicht in Betracht kommt, weil diese Wagen »nach der Verkehrsauffassung nach ihrem funktionellen Gebrauchswert und nicht nach irrationalen Gesichtspunkten bewertet« werden.

119 Nach jetzt wohl vorherrschender Meinung[183] liegt ein zu ersetzender Schaden, auch soweit es sich um Nutzfahrzeuge handelt, in der Regel unabhängig von einer möglichen Verwertung des unfallbeschä-

---

176 *OLG Frankfurt* VRS 39, 321.
177 *OLG Düsseldorf* VersR 1958, 890; 1959, 208.
178 Vgl. dazu BGHZ 35, 396 = NJW 1961, 2253 = VersR 1961, 1043 = DAR 1961, 334 = MDR 1962, 43.
179 Vgl. dazu BGHZ 8, 288, 298 = NJW 1953, 499; *BGH* VersR 1962, 548 = MDR 1962, 464 = VRS 22, 324; VersR 1964, 749 (in Ergänzung zu VersR 1961, 737), NJW 1965, 392.
180 *AG Trier* SVR 2007, 388.
181 Vgl. auch *OLG Hamm* OLGR 1998, 229 (zum Integritätsinteresse bei Nutzfahrzeugen).
182 Vgl. dazu *OLG Stuttgart* VersR 1983, 92; vgl. auch *LG Lübeck* r+s 1982, 18 (Zugmaschine); *OLG Schleswig* VersR 1979, 1037 (Bundeswehrfahrzeuge).
183 *BGH* VersR 1980, 46 = DAR 1980, 82 (Lkw); *OLG Stuttgart* VersR 1978, 529 (Gelenkomnibus); *OLG Köln* r+s 1982, 213 (Taxi); *KG* VersR 1988, 361 (Kraftdroschke); *LG Kiel* VersR 1988, 47 (Wohnmobil); *Riedmaier* VersR 1986, 728, 731.

digten Kfz auf dem Gebrauchtwagenmarkt schon darin, dass ein nicht unerheblich beschädigtes Fahrzeug reparaturanfälliger sein kann als ein nicht oder nur unwesentlich beschädigtes und aus dieser Befürchtung heraus im Rechtsverkehr geringer bewertet wird.

1. Allgemein

Ein merkantiler Minderwert ist grundsätzlich auch bei Nutzfahrzeugen als Teil des ausgleichsfähigen Schadens zu ersetzen, sofern und soweit sie als Handelsobjekte in Betracht kommen.[184] Dass diese Fahrzeuge später wirklich einmal verkauft werden, ist für die Begründung eines merkantilen Minderwertes ebenso wenig erforderlich wie beispielsweise bei Personenkraftwagen.

Nach vorherrschender Auffassung genügt es, dass der Geschädigte nach der Instandsetzung[185] – genauer gesagt: nach dem Unfall, da die Entstehung des Minderwerts sich nicht als Folge der Instandsetzung darstellt und diese bei rechtlich wertender Betrachtung auch nicht voraussetzt, sondern auf dem Unfall selbst beruht – ein Fahrzeug benutzt, das mit Rücksicht auf seine Eigenschaft als »Unfallwagen« im Rechtsverkehr geringer bewertet wird als ein unfallfreies Fahrzeug unter ansonsten in allen wesentlichen Punkten übereinstimmenden technischen Voraussetzungen. Auf das weitere Schicksal des Wagens kommt es also weder in rechtlicher noch in tatsächlicher Hinsicht an. Der Minderwert ist unabhängig von späteren Dispositionen, die der Eigentümer trifft oder auch unterlässt, in jedem Fall auszugleichen.[186]

Voraussetzung für die Zubilligung eines merkantilen Minderwerts bei Nutzfahrzeugen ist der im Einzelfall sorgfältig zu prüfende Gesichtspunkt, ob für Fahrzeuge dieser Art überhaupt ein ausreichend bestückter Gebrauchtwagenmarkt vorhanden ist. Dabei ist zu berücksichtigen, dass die merkantile Wertminderung ihre rechtliche Relevanz aus der Erwägung bezieht, dass vorbeschädigte Kraftfahrzeuge nach allgemeiner Anschauung im Rechtsverkehr geringer bewertet werden als unfallfreie Kfz. Es kommt also bereits im Vorfeld der Betrachtung sehr wesentlich darauf an, ob das betreffende Nutzfahrzeug im Rechtsverkehr überhaupt gehandelt wird – wobei in erster Linie auf seine Verkehrsfähigkeit abzustellen ist – und dass sich – ähnlich wie bei Pkw und Kombiwagen – eine rechtlich beachtliche und daher im Rechtsverkehr zu berücksichtigende Auffassung gebildet und durchgesetzt hat, die unfallbeschädigte Kfz geringer einschätzt als unbeschädigt gebliebene Exempla-

---

184 Vgl. dazu insbes. *BGH* VersR 1959, 949 (5 600 DM Minderwert bei einem 2 Monate alten Kraftomnibus mit einer Fahrleistung von rd. 20 000 km und einem Neupreis von rd. 60 000 DM); *BGH* NJW 1980, 281 = VersR 1980, 46= DAR 1980, 16; *OLG Stuttgart* VersR 1959, 962 (schwere Schäden an einem 3,5 t Lkw, 200 DM Minderwert bei einem Reparaturkostenbetrag von 1 250 DM); VersR 1969, 838 (1 600 DM für einen 16 t Lkw mit einer Laufleistung von 250 000 km, einem Zeitwert von 30 000 DM und einem Reparaturkostenbetrag von 14 500 DM); VersR 1978, 5 = r+s 78, 107 = VRS 54, 97; *OLG München* VersR 67, 69; r+s 78, 80 (Lkw); *KG* VersR 1973, 749; 1974, 786 = r+s 1974, 33 (2 500 DM Minderwert bei einem knapp 1 Jahr alten Lkw mit einem Zeitwert von 63 000 DM bei Reparaturkosten in Höhe von 5 474 DM); VM 1981, 72 (Fahrschulwagen); *OLG Oldenburg* VersR 1969, 1008; *OLG Köln* r+s 1982, 213 (Taxi, 4 1/2 Monate alt, 26 453 km, 400 DM); *LG Berlin* VersR 1971, 675 (350 DM Minderwert bei einem 3 Monate alten Lkw mit einer Laufleistung von 3 447 km, Reparaturkostenhöhe nicht bekannt); *LG Köln* VersR 1973, 713; *LG Aachen* r+s 1978, 108 = VRS 54, 99 (Omnibus); *LG Ellwangen/Jagst* 1978, 335 (Behörden-Kfz; *LG Kiel* VersR 1979, 167 = r+s 1979, 85 (Bundeswehr-Lkw); *LG Rottweil* VersR 1980, 1126 = zfs 1981, 43 (Omnibus); *LG Kaiserslautern* r+s 1981, 126 (Lkw); *LG Nürnberg-Fürth* 1982, 855 = zfs 1982, 330 (»normales« Behörden-Kfz); *AG Esslingen* VersR 1976, 1001 = r+s 1976, 260 (VW-Transporter mit einer Fahrleistung von 40 000 km, Höhe des Minderwerts nicht bekannt); *AG Hanau* r+s 1977, 214 (Minderwert von 2 200 DM für einen Kraftomnibus mit einem Zeitwert von 16 000 DM); *Himmelreich* NJW 1973, 673 f.; *Schlund* BB 1976, 908; 1977, 910 (mit Einschränkungen); VersR 80, 415 (zugl. Anm. zu *BGH* NJW 80, 281 = VersR 80, 46 = DAR 80, 82; Palandt/*Grüneberg* § 251 Rn. 17; Geigel/*Knerr* Kap. 3 Rn. 66.
185 *BGH* NJW 1967, 552; VersR 1980, 46 (47 1. Sp.); *OLG Stuttgart* VersR 1969, 839; *KG* DAR 1971, 186.
186 Vgl. dazu insbes. BGHZ 35, 396 = NJW 1961, 2253 = VersR 1961, 1043 = DAR 1961, 334 = MDR 1962, 43; NJW 1967, 552; *OLG Stuttgart* VersR 1961, 912; *OLG München* DAR 1965, 78; *KG* VersR 1971, 647; 1971, 939; *OLG Celle* VersR 1974, 1032.

re. Auf die Größe des Gebrauchtwagenmarktes und die Höhe der dort erzielten Umsätze kommt es demgegenüber nicht entscheidend an, falls feststeht, dass Nutzfahrzeuge der betreffenden Art nicht nur ganz vereinzelt und ausnahmsweise gehandelt werden.

123 Daher ist die Zubilligung einer Entschädigung wegen eines merkantilen Minderwerts auch bei Behördenfahrzeugen[187] gerechtfertigt, »wenn nach Art und Umfang des Unfallschadens eine Erlösminderung wegen des Vorschadens eintreten würde«.[188]

124 Es ist im Einzelfall allerdings zu prüfen, ob auch Gebrauchtwagen dieser Art auf dem allgemeinen Markt »freihändig« veräußert werden oder ob sie einer öffentlichen Versteigerung unterliegen.

124a Es kommt allein darauf an, ob ein Schaden, je nach der Art der späteren Beurteilung, zu einem merkantilen Minderwert führen kann. Das bedeutet, dass bei Nutzfahrzeugen, die als Handelsobjekte überhaupt in Betracht kommen, entscheidend darauf abzuheben ist, in welcher Weise sie nach den speziell vorgeprägten Gewohnheiten des Geschädigten später veräußert zu werden pflegen. Nehmen diese Fahrzeuge am allgemeinen Gebrauchtwagenmarkt teil, d. h. werden sie üblicherweise »freihändig« veräußert, dann gelten die bereits dargestellten Grundsätze. Werden die Fahrzeuge üblicherweise jedoch unter Ausschluss aller Gewährleistungsansprüche »wie besichtigt« öffentlich versteigert, dann wird ein äußerlich nicht erkennbarer merkantiler Minderwert schon deswegen nicht in Betracht kommen, weil er den erzielbaren Veräußerungserlös nicht zu beeinflussen vermag. Andere Grundsätze können indes dann gelten, wenn der – nicht ordnungsgemäß beseitigte – Schaden bereits für den oberflächlichen Betrachter rein äußerlich zu erkennen ist, sodass die Kaufinteressenten diesen Umstand bei der Abgabe ihrer Gebote berücksichtigen. Dann allerdings tritt im Regelfall nicht nur ein merkantiler, sondern zugleich auch technischer Minderwert ein, für den die hier im Fall der öffentlichen Versteigerung dargestellten Einschränkungen selbstverständlich nicht gelten.

125 Als Handelsobjekt kommen Nutzfahrzeuge auch dann in Betracht, wenn die spätere Veräußerung lediglich zu einer Weiterverwendung für minderqualifizierte Zwecke führt. Dabei ist etwa an den Fall zu denken, dass ein für den Linienverkehr nicht mehr tauglicher Kraftomnibus künftig noch als »rollende Baubude« benutzt wird. Auch hier ist der Grundsatz festzuhalten, dass sofort nach Eintritt des Schadens ein merkantiler Minderwert entsteht, dessen Begründung und Höhe nicht etwa davon abhängen, dass Verkaufsabsichten bestehen, noch weniger davon, dass sie jemals realisiert werden.[189]

125a Nicht als Handelsobjekte gelten – negativ ausgedrückt – Fahrzeuge, für die kein Markt besteht und die im Rechtsverkehr daher nicht gehandelt zu werden pflegen. Dieser Grundsatz wird nicht dadurch infrage gestellt, dass ausnahmsweise doch einmal im Einzelfalle aus besonderen Gründen eine Veräußerung im Rahmen des bestimmungsgemäßen Verwendungszwecks erfolgt. Dabei handelt es sich lediglich um die Ausnahme, die die Regel bestätigt. Auch wenn Schienenfahrzeuge gelegentlich einmal weiterveräußert werden sollten – dies ist beispielsweise bei Straßenbahnen mit zusammenhängendem Gleisnetz für eine ganze Reihe von Großstädten im westdeutschen Raum der Fall –, werden sie dadurch gleichwohl nicht zum Handelsobjekt, weil als Abnehmer nur ein ganz eng begrenzter Käuferkreis infrage kommt, der die Auswahl allein nach sachbezogenen Gesichtspunkten trifft und sich dabei nicht von gefühlsmäßigen Abneigungen gegen »Unfallwagen« leiten lässt. Ein Minderwert kommt daher – neben den bereits erwähnten Schienenfahrzeugen insgesamt – nicht in Betracht beispielsweise für Feuerlöschfahrzeuge, fahrbare Arbeitsmaschinen, Hebekräne, Panzer-

---

187 Vgl. zu diesem Problemkreis insbes. *OLG Schleswig* VersR 1979, 1037 = zfs 1980, 25 (Bundeswehr-Lkw); *LG Ellwangen/Jagst* VersR 1978, 335; *LG Kiel* VersR 1979, 167 = r+s 1979, 85 (Bundeswehr-Lkw); *LG Dessau* DAR 2002, 72; *AG Köln* VersR 1977, 1042 = r+s 1977, 261.

188 *AG Köln* VersR 1977, 1042 = r+s 1977, 261; – ähnlich auch *LG Nürnberg-Fürth* NJW 1982, 2079 = VersR 1982, 885; a. A. *AG Mettmann* VersR 1978, 191; 1978, 383 = r+s 1978, 129 (Streifenwagen d. Polizei).

189 So aber *KG* VersR 1974, 786 (Lastzug); *KG* 12 U 2098/73 v. 8.4.1974 (n. v.: VW-Transporter, der als Campingwagen benutzt wurde); *KG* VersR 1975, 141 = DAR 1974, 270 (Mietwagen); *KG* 12 U 313/74 v. 10.6.1974 (n. v.: VW-Transporter als Kühlwagen).

wagen der Bundeswehr, Hubschrauber, Bagger, Planierraupen und Krankentransportwagen der Feuerwehr[190] usw.

Für marktgängige Fahrzeuge, die als Handelsobjekte in Betracht kommen, werden allerdings andere Bewertungsmaßstäbe zu gelten haben, soweit es sich um die Höhe des Anspruchs handelt. Hier muss berücksichtigt werden, dass ein verständiger und wirtschaftlich denkender Käufer, auf den Literatur und Rechtsprechung entscheidend abstellen, beim Erwerb von Nutzfahrzeugen in erster Linie darauf Wert legt, dass die Wagen für den in Aussicht genommenen Gebrauch tauglich sind. Es liegt klar auf der Hand, dass beispielsweise eine ausgeheilte Verletzung bei einem Rennpferd anders beurteilt werden muss als bei einem »Ackergaul«. Man wird sich daher bei der Bemessung des merkantilen Minderwertes bei Nutzfahrzeugen mehr an »realen« Gesichtspunkten zu orientieren haben, weil insoweit keine Prestigegründe maßgeblich sind, sondern reine Zweckmäßigkeitserwägungen im Vordergrund der Betrachtung stehen. Ob die Grenze für die Zuerkennung eines merkantilen Minderwertes insoweit bei 50 000 km liegt,[191] erscheint insbesondere dann zweifelhaft, wenn man berücksichtigt, dass dieser Wert bei viel benutzten gewerblichen Fahrzeugen (z. B. bei Wagen, die im gewerblichen Güterfernverkehr eingesetzt werden) bereits nach wenigen Monaten erreicht sein kann. 126

Andere Gesichtspunkte als bei Personenwagen werden bei der Bemessung der Schadenhöhe auch schon deswegen zu gelten haben, weil jede Anlehnung an die Reparaturkosten mit Sicherheit zu unzutreffenden Werten führt. 127

Soweit es sich um die Bemessung der Höhe der Wertminderung im Allgemeinen und zugleich in der Abgrenzung zum Minderwert für Pkw handelt, weist das *KG*[192] zutreffend darauf hin, dass »die Wertminderung im Handel mit gebrauchten Nutzfahrzeugen nicht so ausschlaggebend ist wie bei vor allem privaten Zwecken dienenden Pkw, weil bei Nutzfahrzeugen die Gefahr von Beschädigungen ohnehin größer ist und beim Erwerb und Reparaturaufwand steuerliche Überlegungen von entscheidendem Einfluss sind, während im privaten Bereich die Gefahr von verborgenen Schäden am Fahrzeug vom Käufer berücksichtigt wird«. 128

Ähnliche Überlegungen stellt das *LG Berlin*[193] an, wenn es darauf hinweist, dass der merkantile Minderwert bei Nutzfahrzeugen »häufig zu einer nicht mehr messbaren Größe zusammenschrumpft, weil die stärkere Inanspruchnahme dieser Fahrzeuge den Zeitwert regelmäßig rasch absinken lässt und dann der Umstand, dass das Fahrzeug einmal Unfallschäden gehabt hatte, gegenüber der allgemeinen Abnutzung keinen preisbildenden Faktor mehr abgibt«. Es handelte sich dabei um dieselbe Erscheinung wie bei Privatfahrzeugen, allerdings mit dem Unterschied, dass sie dort erheblich später eintritt. Prinzipiell ist auch in diesem Bereich davon auszugehen, dass der Argwohn der Käufer von Gebrauchtwagen bei Nutzfahrzeugen ebenfalls die Preise »drückt«,[194] und zwar auch dann, wenn durch die Reparatur die volle Betriebssicherheit wiederhergestellt worden ist.[195] 129

In einer anderen Entscheidung lässt sich das *KG*[196] von der Überlegung leiten, dass bei Nutzfahrzeugen der Markt wesentlich breiter aufgefächert ist als bei Pkw und dass sich das sog. »Odium des Unfallwagens« weniger in Preisverlusten niederschlägt als bei privaten Pkw.[197] Auch wenn es sich um eine fast neuwertige Kraftdroschke handele, sei der Umstand zu berücksichtigen, dass derartige Fahrzeuge auch ohne Unfall bereits nach kurzem Gebrauch einen erheblichen Wertverlust hinnehmen müssen. 130

---

190 *KG* VersR 1979, 260 = r+s 1979, 107; Palandt/*Grüneberg* 251 Rn. 17.
191 Vgl. dazu *OLG Köln* NJW 1973, 713.
192 Vgl. dazu *KG* VersR 1974, 786 (787 l. Sp.).
193 Vgl. dazu *LG Berlin* VersR 1971, 675.
194 Vgl. dazu *AG Köln* bei *Himmelreich* VersR 1971, 401.
195 Vgl. dazu *OLG Hamburg* VersR 1957, 322.
196 Vgl. dazu *KG* VersR 1988, 361.
197 Vgl. dazu auch *BGH* NJW 1980, 281 f. = VersR 1980, 46 f. = VRS 58, 1, 4.

2. Sonderfahrzeuge

a) Schienenfahrzeuge

131 Ein merkantiler Minderwert wird unabhängig von der Höhe des Schadens in jedem Fall zu verneinen sein, wenn Fahrzeuge in Betracht kommen, die auf dem allgemeinen Markt nicht angeboten werden und für die es infolgedessen keinen Handelswert gibt. Als geradezu »klassisches« Beispiel darf in diesem Zusammenhang auf Lokomotiven und Güterwagen der Deutschen Bundesbahn sowie auf Straßenbahnzüge verwiesen werden. Derartige Fahrzeuge werden üblicherweise nicht verkauft, sondern bis zur Schrottreife oder jedenfalls so lange benutzt, bis ihr Einsatz unwirtschaftlich geworden ist. Ein merkantiler Minderwert kommt in diesem Bereich schon von »Haus aus« nicht in Betracht.[198] Bei derartigen Fahrzeugen fällt der »Aufhänger« für die Begründung des merkantilen Minderwertes, nämlich die Abneigung breiter Käuferschichten gegen Unfallwagen, weg.

132 Einen Anspruch auf Zuerkennung eines merkantilen Minderwertes hat beispielsweise das *OLG Köln* in seinem Urteil vom 25.4.1974[199] für einen mit einem Reparaturkostenaufwand von rd. 24 000 DM (12 000 Euro) bei einem »Zeitwert« von etwa 287 000 DM (143 000 Euro) ausgebesserten Straßenbahntriebwagen in Übereinstimmung mit der Vorinstanz verneint. Es ist zwar nicht damit getan, dass – wie das *OLG Köln* in Erwägung zieht – Instandsetzungsarbeiten an Straßenbahnfahrzeugen nach den Bestimmungen der BOStrab »gründlich und völlig durchgeführt« werden müssen. Dies geschieht im Regelfalle im Hinblick auf den nahezu perfekten Stand der heutigen Reparaturtechnik im Allgemeinen auch bei anderen Fahrzeugen. Die Ansicht des *OLG Köln*, die Minderbewertung von Unfallfahrzeugen in der Verkehrsauffassung beruhe auf der in der Praxis gemachten Erfahrung, dass Reparaturen nicht immer mit der nötigen Sorgfalt durchgeführt werden, dürfte vor dem Hintergrund der heutigen Schadensdiagnostik und Reparaturmethoden als überholt anzusehen sein.[200]

133 Im Ergebnis ist dem *OLG Köln* indes zuzustimmen, wenn es zutreffenderweise darauf hinweist, dass es einen Markt für gebrauchte Straßenbahnwagen, der dem Gebrauchtwagenmarkt für Pkw gleichwertig wäre, nicht gibt. Falls doch einmal im Einzelfalle ausnahmsweise ein Straßenbahnwagen veräußert werden sollte, dann – so führt das *OLG Köln* zutreffend weiter aus – würden im Gegensatz zum Handel mit Gebrauchtwagen, wie er sich überwiegend unter Laien vollzieht, sich Fachleute gegenübertreten, sodass der Käufer davon ausgehen könne, »dass die Unfallschäden gründlich und einwandfrei behoben und das Fahrzeug durch sachverständige Stellen auf seine absolute Betriebssicherheit untersucht und geprüft worden ist. Ein Verkauf aus zweiter oder dritter Hand und damit ein erheblicher Unsicherheitsfaktor ist ebenso ausgeschlossen wie die Gefahr einer Täuschung durch den Verkäufer«.

b) Baustellenfahrzeuge

134 Besondere Maßstäbe werden dann anzulegen sein, wenn es sich um Fahrzeuge handelt, die einem extremen Verschleiß unterliegen, wie beispielsweise Lastkraftwagen, die überwiegend im Baustellenbetrieb eingesetzt sind, d. h. schwerste Lasten auf meist unwegsamem Gelände transportieren und die Ladung schließlich über eine besondere Vorrichtung in einer die Konstruktion des Wagens wenig schonenden Weise abkippen. Bei einem derartigen Verfahren lassen sich gravierende Mängel und Ermüdungserscheinungen im Material nicht vermeiden. Hinzu kommt, dass gerade beim Abkippen von Lasten auf unwegsamem oder gar unebenem Gelände sehr häufig auch innere Betriebsschäden mit der Neigung zu Verwindungen im Karosseriebereich entstehen.

---

198 Vgl. dazu *Klimke* RWP, »Eigentumsverletzung« 30. Forts.–Bl.
199 Vgl. dazu *OLG Köln* VersR 1974, 761.
200 Vgl. dazu *BGH* NJW 1961, 1571 = VersR 1961, 707.

c) Fahrschulwagen

Ähnliche Überlegungen gelten auch für Fahrschulwagen aus Gründen, die in der Natur der Sache liegen. Jedermann weiß, dass diese Fahrzeuge von einer Vielzahl ungeübter Benutzer bedient werden, die gerade auf diese Weise ihre ersten Erfahrungen sammeln und denen häufig Schalt- sowie sonstige Bedienungsfehler unterlaufen.[201] Aus der Eigenart des Einsatzes als Fahrschulwagen ergibt sich ferner, dass derartige Fahrzeuge auch äußerlich häufig bereits Spuren des Gebrauchs[202] erkennen lassen. Besonders gravierend ist natürlich der nachteilige Einfluss auf das »Innenleben« dieser Wagen, beispielsweise also auf Motor und Getriebe. Auch bei Fahrschulwagen wird sich ein merkantiler Minderwert zwar nicht generell ausschließen lassen; er muss jedoch ebenfalls auf Ausnahmefälle beschränkt bleiben und der Höhe nach geringer angesetzt werden als bei »normalen« Pkw. 135

So meint etwa das *OLG Köln*,[203] die mehrjährige ununterbrochene Nutzung eines Pkw als Fahrschulwagen stelle eine atypische Benutzung dar, die im Fall eines Verkaufs als Sachmangel offenbart werden müsse. Im Fall eines drei Jahre alten Fahrschulwagens des Fabrikats VW Golf mit einer Fahrleistung von knapp 90 000 km ist beispielswiese ein merkantiler Minderwert in Höhe von 100 Euro zugestanden worden.[204] 135a

d) Motorräder

Ein merkantiler Minderwert kann unter besonderen Umständen auch bei einem Unfallschaden an einem Motorrad zurückbleiben und vom Schädiger auszugleichen sein.[205] Da insoweit schon aus übergeordneten Gründen der Betriebs- und Verkehrssicherheit in der Regel alle beschädigten Teile durch verbürgt neue genormte Aggregate ersetzt werden, ist indes bei Motorrädern – sinngemäß auch bei Kleinkrafträdern – große Zurückhaltung geboten, wenn es sich um die Schätzung des merkantilen Minderwerts handelt. Bei Fahrrädern ist demgegenüber ein merkantiler Minderwert abzulehnen.[206] 136

D. Beweislast

Nachfolgend sollen die Rechte und Pflichten sowohl des Gläubigers als auch des Schuldners unter besonderer Berücksichtigung der Verteilung der Beweislast behandelt werden. 137

I. Geschädigter (Anspruchsteller)

1. Schadensadäquanz

In erster Linie ist der Anspruchsteller beweispflichtig für die von ihm behauptete Schadenadäquanz, d. h. dafür, dass in seiner Person ein Schaden entstanden ist (Aktivlegitimation), der ursächlich auf einem Schadenereignis beruht, das in die Verantwortungs- und Zurechnungssphäre des Ersatzpflichtigen fällt und demgemäß von ihm zu vertreten ist. 138

Der Anspruchsteller hat also alle anspruchsbegründenden Tatsachen darzulegen und zu beweisen. Der Sachschaden besteht häufig auch darin, dass aus Anlass eines Unfalls ein Gegenstand in Verlust 138a

---

201 Vgl. dazu *OLG Nürnberg* DAR 1986, 26 = MDR 1985, 675.
202 Insbesondere Schrammen und Einbeulungen.
203 *OLG Köln* OLGR 1996, 262 = VersR 1997, 1368; *OLG Nürnberg* VersR 1986, 821.
204 Vgl. dazu *KG* VersR 1982, 45 (L).
205 Vgl. dazu insbes. *OLG Köln* r+s 1979, 102 (relativ neues, nicht vorgeschädigtes Motorrad wird bei einem Unfall so stark beschädigt, dass umfangreiche Reparaturarbeiten von etwa einem Viertel des Neupreises entstehen); *LG Ulm* 1984, 1178 = zfs 1985, 44; *AG Karlsruhe* r+s 1976, 79; *AG Hochheim* r+s 1978, 173; *AG Frankfurt/M.* r+s 1980, 1153 = zfs 1981, 43; *AG Stuttgart-Bad Cannstadt* zfs 1982, 166 (für eine 1 Monat alte »Honda« CX 500/81 bei Reparaturkosten von 2 720 DM: Minderwert 400 DM); *Frank* MDR 1985, 720; – a. A. *AG Karlsruhe* r+s 1976, 79; *LG Aschaffenburg* VersR 1991, 355.
206 Vgl. dazu *LG Stade* r+s 1980, 193; *LG Oldenburg* VM 1999, 8.

geraten ist, z. B. eine mehr oder weniger wertvolle Armbanduhr. An diesen Nachweis werden von Haftpflichtversicherern und Gerichten besonders strenge Anforderungen gestellt. Die Glaubwürdigkeit der Angaben des jeweiligen Anspruchstellers sind sorgfältig zu prüfen, wobei natürlich zu berücksichtigen ist, dass der Geschädigte in derartigen Fällen meist nur Indiztatsachen, die für den unfallbedingten Verlust sprechen, wird beweisen können. Zumindest wird der Beweis erforderlich sein, dass er die in Verlust geratene Sache am Unfalltag mit sich geführt hat.

139 Zum Nachweis der Schadenadäquanz gehört auch die ordnungsgemäße Anzeige des Schadens beim Schädiger und seinem Haftpflichtversicherer, sofern der Geschädigte auf dessen gesamtschuldnerische Haftung zurückzugreifen wünscht. Nach § 3 Nr. 7 des Pflichtversicherungsgesetzes (PflVG) ist der Dritte, also der Geschädigte, verpflichtet, im Fall der Inanspruchnahme des Haftpflichtversicherers (HV) diesem das Schadenereignis innerhalb von zwei Wochen schriftlich anzuzeigen. Die Beweislast für den Zugang beim Versicherer trägt der Dritte. Zu seinen Gunsten ist zu berücksichtigen, dass die 2 Wochen-Frist bereits durch Absendung der Anzeige gewahrt wird. In der Praxis der Schadenregulierung bestehen die HV in aller Regel nicht auf der Einhaltung dieser Frist, zumal es sich bei ihr weder um eine Not- noch um eine Ausschlussfrist handelt. Allerdings kann eine Verletzung der Anzeigepflicht eine Kürzung des Direktanspruchs nach § 254 BGB zur Folge haben.

140 Erforderlich ist weiter eine Schilderung des Sachverhalts. Dies bedeutet, dass der Schadenmeldung eine vollständige Darstellung des Tatbestands unter besonderer Berücksichtigung der zum Schaden führenden Verursachung beizufügen ist. Dafür kann selbstverständlich auch das von vielen HV herausgegebene »Kurzprotokoll« verwendet werden, das unmittelbar im Anschluss an den Unfall von beiden Beteiligten aufgenommen und unterzeichnet wird. Die Schilderung des Tatbestands soll die Gesichtspunkte erkennen lassen, auf die der Geschädigte im Einzelnen seine Ersatzansprüche stützt. Es ist zweckmäßig und erleichtert die Bearbeitung wesentlich, wenn dem HV, der mit den örtlichen Verhältnissen in der Regel nicht vertraut sein wird, eine Skizze der Unfallstelle übersandt wird. Die Skizze braucht durchaus nicht maßstabgerecht zu sein, sollte aber alle wesentlichen Gesichtspunkte, insbesondere die Stellung der Fahrzeuge und die von ihnen zuletzt eingehaltene Fahrtrichtung, erkennen lassen.

141 Weiterhin ist die Bezeichnung der Beweismittel erforderlich. Es hat insoweit wenig Sinn, sich mit der Bemerkung zu begnügen, dass Zeugen der Polizei bekannt sind. Deren Darstellung wird der HV in aller Regel erst kennenlernen, wenn er Gelegenheit gehabt hat, Einblick in die amtlichen Ermittlungsakten zu nehmen. Bis dahin können Wochen, mitunter sogar Monate, vergehen, die besser für die sinnvolle Schadenregulierung genutzt werden sollten.

2. Schadenshöhe

142 Der Gläubiger ist darüber hinaus auch für die Höhe des Schadens beweispflichtig, d. h. dass es sich um den zur Herstellung objektiv erforderlichen Betrag im Sinne von § 249 S. 2 BGB handelt. Nach § 119 Abs. 3 VVG ist der Anspruchsteller verpflichtet, im Rahmen der ihm zumutbaren Möglichkeiten angeforderte Belege beizubringen.[207]

143 Die in Literatur und Rechtsprechung vertretene Auffassung geht überwiegend dahin, dass es allein Aufgabe des Gläubigers ist, den Schadenumfang ordnungsgemäß darzulegen und zu beweisen und unter Berücksichtigung der Erforderlichkeit sachgerechte Dispositionen zu treffen.[208] Insbesondere ist der Gläubiger verpflichtet, seinen Anspruch ordnungsgemäß zu spezifizieren[209] und in nachprüf-

---

207 *Stiefel/Maier* § 119 VVG Rn. 22 ff.
208 Vgl. dazu insbes., soweit es sich um die *Veranlassungspflicht* des Geschädigten handelt: BGH DAR 1975, 109; OLG Stuttgart NJW 1960, 1463; OLG Hamm NJW 1962, 397 = VersR 1962, 555 = DAR 1962, 293; OLG Celle VersR 1962, 1212; 1968, 1195; OLG Hamm NJW 1964, 400; KG VersR 1971, 256; OLG Stuttgart VersR 1981, 1061 = r+s 1981, 260; OLG Hamm MDR 1984, 490 = DB 1984, 1521; Palandt/*Grüneberg* vor § 249 Rn. 128 ff.
209 OLG Hamm VersR 1957, 824; 1961, 118.

barer Form zu belegen.[210] Außerdem muss der Geschädigte dem Ersatzpflichtigen eine angemessene Bearbeitungs- und Regulierungsfrist einräumen.[211]

Weiterhin ist der Geschädigte im Rahmen der ihm obliegenden Beweispflicht gehalten, in analoger Anwendung des § 119 Abs. 3 VVG dem Ersatzpflichtigen alle ergänzenden Auskünfte zu erteilen, die dieser für eine ordnungsgemäße Schadenbearbeitung und -regulierung benötigt. Dazu gehört, dass er im Interesse einer schnellen Abwicklung – und damit letztlich in seinem eigenen Interesse – Rückfragen des HV unverzüglich beantwortet. 144

Diese Beweisanforderungen gelten grundsätzlich auch für den Fall eines Prozesses. Steht nicht fest, auf welche Ursache ein Unfall zurückzuführen ist, so kann u. U. aus der Art der schädigenden Einwirkung auf eine bestimmte Bedingung als Unfallursache geschlossen werden.[212] Im Übrigen besteht soweit feststeht, dass (irgendein) Schaden entstanden ist, auch bei der Prüfung der haftungsausfüllenden Kausalität die Möglichkeit der freien richterlichen Beweiswürdigung nach § 287 ZPO,[213] die eine Beweiserleichterung für den Kläger bedeutet und sich nicht nur auf die Höhe des Schadens, sondern auch auf die Frage des ursächlichen Sachzusammenhanges zwischen Unfall und Schaden erstreckt.[214] 145

II. Ersatzpflichtiger

1. Mithaftung

Lässt sich ein Unfall durch mehrere Ursachen erklären und kommt nur bei einer dieser Ursachen ein Mitverschulden des Geschädigten in Betracht, dann muss der Ersatzpflichtige nachweisen, dass gerade diese bestimmte Ursache zum Unfall geführt hat.[215] 146

2. Abzüge bei der Schadenhöhe

Sofern der Ersatzpflichtige gegen eine sonst ordnungsgemäße Abrechnung Einwendungen erhebt, kann ihn im Einzelfall eine erhöhte Substanziierungslast treffen. Hiervon wird jedoch von den Gerichten in der Praxis zu häufig und in ungeeigneten Fällen Gebrauch gemacht, um eine unliebsame Beweisaufnahme zu verhindern. Grundsätzlich bleibt der Geschädigte für die Höhe des Schadens darlegungs- und beweisbelastet, der Schädiger kann den Tatsachenvortrag des Geschädigten hierzu auch einfach oder gar mit Nichtwissen bestreiten. Die Vorlage eines außergerichtlichen Sachverständigengutachtens ändert hieran nichts. 147

Den Schädiger trifft jedoch die Beweislast dafür, dass unter dem Gesichtspunkt des Vorteilsausgleichs Abzüge »neu für alt« vorzunehmen sind. Der Ersatzpflichtige muss in diesem Fall nachweisen, dass durch den Einbau von Neuteilen eine Wertverbesserung im Ganzen eingetreten ist und der Zweck des Vorteilsausgleichs eine Anrechnung erforderlich macht. Zieht der Ersatzpflichtige demgegenüber die Schadenadäquanz in Zweifel, dann ist es Sache des Geschädigten, den insoweit erforderlichen Nachweis zu führen. 147a

Wenn der Ersatzpflichtige einwendet, der Geschädigte habe die ihm nach § 254 Abs. 2 BGB obliegende Schadenminderungspflicht schuldhaft verletzt, ist er für diese Behauptung beweispflich- 148

---

210 *OLG Celle* VersR 1961, 1144; *OLG Karlsruhe* VersR 1965, 722; *OLG Hamm* VersR 1969, 741.
211 Vgl. dazu insbes. *OLG Karlsruhe* VersR 1965, 722; *OLG Hamm* VersR 1969, 741; VersR 1971, 187; *KG* DAR 1971, 215; *LG Nürnberg-Fürth* VersR 1969, 577; *LG Karlsruhe* VersR 1969, 865; *OLG Saarbrücken* AnwBl 1991, 343.
212 *BGH* VersR 1957, 446.
213 *BGH* VersR 1957, 665.
214 *BGH* VersR 1957, 446; 1959, 522; 1964, 408; 1968, 850; 1969, 160; 1969, 327; 1969, 801; NJW 1970, 1970 = VersR 1970, 924; zu § 287 ZPO bei der Betrugsabwehr: Meschkat/Nauert/*Staab* Rn. 285.
215 *BGH* VersR 1957, 445; *BGH* NJW 1994, 3102, 3105.

tig, sofern nicht im Ausnahmefall eine Umkehrung der Beweislast nach Treu und Glauben eintritt.[216]

149 Unter bestimmten Voraussetzungen kann nach den das gesamte Schadensersatzrecht beherrschenden Grundsätzen von Treu und Glauben (§ 242 BGB) eine Verlagerung der Beweislast auf den Gläubiger eintreten, obwohl an sich der Ersatzpflichtige nach den an anderer Stelle genannten Vorschriften beweispflichtig wäre. Dies gilt z. B. für den Fall, dass der Ersatzpflichtige, da ihm nähere Einzelheiten trotz ausreichender Bemühungen nicht bekannt sind, sich mit der unsubstanziierten Behauptung begnügen muss, der Gläubiger sei zum Vorsteuerabzug berechtigt,[217] sodass die gesondert ausgewiesene Mehrwertsteuer demgemäß nicht zum ausgleichsfähigen Schaden gehört. Wenn man mit einer breiten Strömung in Literatur und Rechtsprechung davon ausgeht, dass es sich hier um einen Einwand handelt, der auf die Schadenminderungspflicht bzw. den Vorteilsausgleich abzielt, dann wäre an sich der Ersatzpflichtige für seine Behauptung beweispflichtig. Er vermag indes in die nach außen abgeschirmte Rechtssphäre des Gläubigers nicht einzudringen und die subjektiven Merkmale, die für oder gegen einen Vorsteuerabzug sprechen, nicht mit hinreichender Überzeugungskraft darzulegen. Aus diesem Grunde ist der Gläubiger nach Treu und Glauben (§ 242 BGB) verpflichtet, von sich aus die erforderlichen Auskünfte zu erteilen.[218] Im Zweifel hat er eine entsprechende Bescheinigung des Finanzamtes vorzulegen. Dies gilt insbesondere dann, wenn er sich selbst als »Kaufmann« bezeichnet.[219] Zum selben Ergebnis gelangt man im Übrigen auf einem angenehmeren und »eleganteren« Wege auch dann, wenn man die Möglichkeit zum Vorsteuerabzug nicht als Problem der Schadenminderung sieht, sondern als einen Faktor der (wertfreien) Schadenberechnung.

150 Dabei handelt es sich um eine Beweislastverteilung nach Einfluss- und Gefahrenbereichen mit dem Ergebnis, dass es gerechtfertigt und durchaus sinnvoll erscheint, die Beweislosigkeit demjenigen zuzurechnen, der allein den genauen Hergang aufzuklären vermag und überdies in der Lage ist, vorsorgliche Maßnahmen zur Schadenverhütung zu treffen und eine umfassende Sachaufklärung zu ermöglichen.[220] Insbesondere kann die Weigerung zu einer Partei ohne Weiteres möglichen Aufklärung vom Gericht im Rahmen der Beweiswürdigung bis zur Anwendung der Grundsätze der Beweisvereitelung berücksichtigt werden.[221]

151 Der Schädiger bzw. sein Versicherer trägt die volle Beweislast für die Behauptung, der Unfall sei vom Geschädigten provoziert worden. Bei einem provozierten Unfall wird das Fehlverhalten eines anderen Verkehrsteilnehmers absichtlich herbeigeführt oder zumindest bewusst ausgenutzt, um ein Unfallgeschehen zu erzwingen. Dabei kann sich die Überzeugungsbildung des Gerichts auch auf eine Vielzahl von typischen Umständen stützen, die in ihrem Zusammenwirken nach der Lebenserfahrung den Schluss zulassen, dass der Unfall vorsätzlich herbeigeführt worden ist. Indizien für einen provozierten Unfall sind insbesondere eine ungewöhnliche Unfallhäufigkeit, der Hergang des Unfallgeschehens wie z. B. unbegründetes, plötzliches Abbremsen auf freier Strecke und Abrechnung auf Gutachterbasis bei unzureichender Instandsetzung in Eigenregie.[222] Allein die häufige Verstrickung des Versicherungsnehmers oder seiner Familienmitglieder in andere Unfälle stellt indes kein ausrei-

---

216 *BGH* NJW 1998, 3706 (keine Anschaffung eines Kfz für den Arbeitsweg als Bestandteil der Schadensminderungspflicht des Geschädigten).
217 Vgl. dazu *KG* VersR 1975, 450 f.; *LG Darmstadt* VersR 1979, 728; *AG Mainz* NJW 1979, 272.
218 *KG* VersR 1975, 450; *LG München* VersR 1983, 865.
219 Vgl. dazu *KG* VersR 1976, 391 (für Handelsgesellschaften); *LG Darmstadt* VersR 1979, 728 = r+s 1979, 217 (für Taxiunternehmer); DAR 1974, 158 f.
220 Vgl. dazu auch: *Prölss* S. 78; *Schwerdtner* NJW 1971, 1673, 1676; *BGH* NJW 1990, 3151 (Umfang und Grenzen der prozessualen Aufklärungspflicht).
221 Vgl. hierzu *Baumbach/Lauterbach/Albers/Hartmann* Anh. zu § 286 ZPO Rn. 26 ff.
222 *OLG Hamm* r+s 1998, 192; allgemein zu den Indizien für einen provozierten Unfall: Meschkat/Nauert/*Staab* Rn. 314.

chendes Indiz für eine Unfallprovokation dar, wenn der konkrete Unfallablauf keine hinreichenden Anhaltspunkte für einen vorgetäuschten Unfall bietet.[223]

Eine Besonderheit bei der Überzeugungsbildung im Rahmen des § 287 ZPO kommt auch bei der Feststellung unerklärlicher inkompatibler Schäden am Unfallfahrzeug zum Tragen. Kommt der Sachverständige zu dem Ergebnis, dass nicht sämtliche Schäden, die das Fahrzeug aufweist, auf das Unfallereignis zurückzuführen sind und macht der Kläger zu den nicht kompatiblen Schäden keine Angaben bzw. bestreitet er das Vorliegen solcher Vorschäden, so ist ihm auch für diejenigen Schäden, die dem Unfallereignis zugeordnet werden könnten, kein Ersatz zu leisten.[224] Denn aufgrund dieses Vorschadens lässt sich nicht ausschließen, dass auch die kompatiblen Schäden durch das frühere Ereignis verursacht worden sind oder dass dort bereits erhebliche Vorschäden vorhanden waren. Es liegt keine überwiegende Wahrscheinlichkeit gem. § 287 ZPO vor, dass die Schäden auf den betreffenden Unfall zurückzuführen sind. Liegen unstreitig oder bewiesenermaßen Vorschäden im betroffenen Bereich vor und wurde die unfallbedingte Kausalität des geltend gemachten Schaden bestritten, hat der Geschädigte im Einzelnen auszuschließen, dass Schäden gleicher Art und gleichen Umfangs zuvor bereits vorhanden waren, hierfür ist im Einzelnen substantiiert zu Art und Umfang der Vorschäden und deren Reparatur vorzutragen, sonst ist auch eine richterliche Schätzung des Schadensumfangs nicht möglich und es scheidet auch hinsichtlich kompatibler Schäden ein Ersatzanspruch aus[225]. Dies ist allerdings nicht zu verwechseln mit dem Sonderfall, dass der vorprozessual für den Geschädigten tätige Sachverständige einen Schaden feststellt, der nach Überprüfung im Prozess gar nicht vorgelegen hat. Dann liegt kein Zweifelsfall vor und der tatsächlich eingetretene Schaden ist zu ersetzen[226]. 151a

Eine hinsichtlich der Beweissituation vergleichbare Lage mit jedoch prozessualen Besonderheiten ergibt sich beim gestellten Unfall. Dies sind solche Verkehrsunfälle, bei denen sich zwei oder mehr Personen verabreden, um zum Nachteil der eintrittspflichtigen Haftpflichtversicherung kollusiv zusammenwirken. Wenn sich in einem Unfallgeschehen und seiner Vorgeschichte eine Mehrzahl typischer Verhaltensmuster ergeben, die auf einen gestellten Unfall hindeuten, kann der dem Haftpflichtversicherer obliegende Beweis einer einverständlichen Unfallmanipulation nach den Grundsätzen des Indizienbeweises als geführt anzusehen sein.[227] Insoweit ist keine isolierte Betrachtung der Umstände angezeigt. Ausschlaggebend ist ihr Zusammentreffen, die Art, wie sie sich aneinanderfügen und in der Gesamtschau eine Indizienkette bilden, die ernsthafte Zweifel an der planmäßigen Vorbereitung und Durchführung des scheinbaren Unfalls ausschließt, mögen die einzelnen Umstände isoliert betrachtet noch unverdächtig erscheinen.[228] 152

Eine wichtige prozessuale Besonderheit ergibt sich beim Verdacht eines gestellten Unfalls aus dem Spannungsverhältnis zwischen dem angeblichen Schädiger und dessen Haftpflichtversicherer. Wegen der evidenten Interessenkollision können der an der Unfallmanipulation beteiligte Versiche- 152a

---

223 *OLG Köln* OLGR 1998, 242.
224 *OLG Köln* OLGR 1999, 251 = VersR 1999, 865 = NZV 1999, 378 = SP 1999, 228; *OLG Köln* r+s 1998, 191 m. Anm. *Lemcke*; *OLG Düsseldorf* DAR 2006, 324; *KG* DAR 2006, 323; NZV 2007, 520 = zfs 2007, 564; NZV 2008, 196; 2008, 297; *AG Berlin-Mitte* SVR 2006, 344; ausführlich *Mauert/Neschkat/Staab* Rn. 286 ff. auch dazu, dass es insoweit nicht auf eine Arglist des Geschädigten ankommt; anders mit wenig überzeugender Begründung: *OLG Düsseldorf* DAR 2008, 344 (m. abl. Anm. *Halm*) = SVR 2008, 221 (m. abl. Anm. *Hörle*); einschränkend auch *LG Darmstadt* zfs 2008, 89 (aufgehoben durch *OLG Frankfurt/Main*, zitiert in folgender Fußnote).
225 *KG* zfs 2007, 564; NZV 2007, 520; 2008, 153; 2008, 196; 2008, 297; 2008, 356; zfs 2009, 20; NZV 2010, 348; 2010, 350; 2010, 579; 2010, 580; *OLG Frankfurt/Main* zfs 2008, 90; *LG Flensburg* SVR 2008, 424; *AG Meinerzhagen* zfs 2008, 498.
226 *OLG Köln* VersR 2011, 235.
227 *OLG München* NZV 1990, 32; *OLG Köln* OLGR 1992, 155; *OLG Köln* r+s 1995, 412; *OLG Hamm* zfs 1998, 167; anders: *OLG Düsseldorf* OLGR 1996, 122; *Geyer* VersR 1989, 882; ausführlich zu den Indizien für einen gestellten Unfall: Mauert/Neschkat/*Staab* Rn. 291 ff.
228 *OLG Köln* OLGR 1992, 155.

rungsnehmer und der eintrittspflichtige Haftpflichtversicherer nicht von ein und demselben Anwalt vertreten werden. In Fällen dieser Art kann der Versicherer in dem Haftpflichtprozess des angeblich Geschädigten gegen den angeblichen Schädiger dem Rechtsstreit aufseiten des Versicherungsnehmers als Streithelfer nach § 66 ZPO beitreten.[229] Das im Rahmen der Nebenintervention erforderliche rechtliche Interesse am Obsiegen einer Partei, hier also des Versicherungsnehmers, ergibt sich aus den mittelbaren Folgen des Haftpflichtprozesses auf den späteren Deckungsprozess.

152b Eine mittlerweile weit verbreitet auftretende Spielart wird als »Berliner Modell« bezeichnet. Unter einer Unfallmanipulation nach diesem Modell wird die vorsätzliche Beschädigung eines eigens zu diesem Zweck abgestellten Fahrzeuges durch einen entwendeten Pkw verstanden, der an Ort und Stelle zurückgelassen wird, um dessen Haftpflichtversicherer auf Gutachterbasis auf Schadenersatz in Anspruch zu nehmen.[230] Allein daraus, dass ein Fahrzeug entwendet, mit ihm ein Unfall verursacht und das Fahrzeug dann am Unfallort stehen gelassen wird, während der Unfallverursacher offenbar zu Fuß flieht, ergibt sich indes noch kein Indizienbeweis für das Vorliegen eines gestellten Unfalls.[231]

III. Garantenstellung des Schädigers

153 In seiner Grundsatzentscheidung vom 29.10.1974 hat der *BGH*[232] die Auffassung vertreten, dass im Fall der Instandsetzung eines durch einen Unfall beschädigten Kraftfahrzeugs der Schädiger als Herstellungsaufwand im Sinne von § 249 S. 2 BGB prinzipiell auch die Mehrkosten schuldet, die ohne eigene Schuld des Geschädigten die von ihm beauftragte Werkstatt infolge unwirtschaftlicher oder unsachgemäßer Maßnahmen verursacht hat. Gleichzeitig hat der *BGH* in diesem Urteil die – konsequenterweise daran knüpfende – Feststellung getroffen, dass die beauftragte Werkstatt nicht Erfüllungsgehilfe sei und das »Prognoserisiko« grundsätzlich dem Ersatzpflichtigen als fortwirkende Folge seines haftbaren Verhaltens zur Last fällt.

153a Verlängert sich die Reparaturzeit allerdings dadurch, dass der Geschädigte das Fahrzeug in eine Werkstatt bringt, die wegen der Feiertage am Jahresende Betriebsferien macht, so muss er eine Kürzung der Ausfallzeit bzw. der auf jenen Zeitraum entfallenden Mietwagenkosten hinnehmen, wenn die Reparatur in einer anderen ortsansässigen Fachwerkstatt schneller hätte ausgeführt werden können.[233] Dies gilt auch bei Durchführung der Reparatur in einer nur nebenbei betriebenen Werkstätte.[234]

153b Damit hat der *BGH* aus wirtschaftlich durchaus billigenswerten und im Ergebnis auch vernünftigen Überlegungen heraus eine Garantenstellung des Schädigers auch für ein unangemessenes Reparaturergebnis statuiert, die jeweils dann zum Zuge kommt, wenn dieses Ergebnis nicht auf dem eigenen schuldhaften Fehlverhalten des Geschädigten beruht, der die betreffende Werkstatt beauftragt hat. Die Garantenstellung des Schädigers soll nach einer – allerdings bedenklichen – Entscheidung des *LG Mainz*[235] nicht dadurch beeinträchtigt werden, dass der Geschädigte den Reparaturauftrag an eine Tankstelle erteilt.

---

229 *BGH* DAR 1993, 225; *LG Köln* VersR 1993, 1095; *Weber/Lemcke* S. 662 ff.; *Freyberger* VersR 1991, 842.
230 *OLG Hamm* OLGR 1994, 236 = zfs 1995, 50; *OLG Frankfurt* zfs 1997, 6; *OLG Hamm* NZV 1997, 179; *Weber* S. 435, 466, 477; *Born* NZV 1996, 257, 259.
231 *OLG Köln* OLGR 2000, 164.
232 Vgl. dazu insbes. BGHZ 63, 183, 184 = NJW 1975, 160 = VersR 1975, 184 = DAR 1975, 109 = MDR 1975, 218; *BGH* NJW 1972, 1800 = VersR 1972, 1024 = DAR 1972, 276 = MDR 1972, 942; NJW 1974, 91 = VersR 1974, 143; NJW 1974, 34 = VersR 1974, 90; Palandt/*Heinrichs* § 249 Rn. 13.
233 Vgl. dazu *LG Duisburg* r+s 1987, 163 (L) – ähnlich *OLG Stuttgart* VersR 1981 106; *LG Hamburg* VersR 1973, 931; *LG Bochum* VersR 1980, 392; *AG Braunschweig* VersR 1972, 1061; *AG Köln* VersR 1976, 1099.
234 *OLG Frankfurt* VersR 1987, 1043.
235 Vgl. dazu *LG Mainz* zfs 1987, 168.

154 Die vom *BGH* statuierte Garantenstellung des Schädigers für ein ungünstiges Reparaturergebnis kommt nicht nur dann zum Tragen, wenn es sich um eine dadurch eingetretene Erhöhung der Mietwagenkosten oder der Entschädigung für entgangene Gebrauchsvorteile handelt, sondern dieser Frage kommt Bedeutung auch für den Fall zu, dass die vom Geschädigten beauftragte Werkstatt zu hohe Leistungsentgelte (Preise für Löhne und Material) berechnet, die das ortsübliche Niveau weit übersteigen. Dabei hält der *BGH* an dem Grundsatz fest, dass der Geschädigte, der den Reparaturauftrag selbst erteilt, gem. § 249 Abs. 2 S. 1 BGB vom Ersatzpflichtigen lediglich den Geldbetrag ersetzt verlangen kann, »der zur Herstellung des beschädigten Fahrzeugs« – richtig wohl: des wirtschaftlichen Zustandes – erforderlich ist. Ihm sind nach der Auffassung des *BGH* die Mittel für diejenigen Maßnahmen zur Verfügung zu stellen, die ein verständiger Fahrzeugeigentümer in der besonderen Lage des Geschädigten zur Schadenbeseitigung treffen würde.[236]

155 Der *BGH* sucht also im Ergebnis eine gesetzeskonforme Auslegung des § 249 Abs. 2 S. 1 BGB über eine subjektiv gefärbte Interpretation des Rechtsbegriffes der zur Herstellung erforderlichen Kosten. In diesem Zusammenhang erkennt der *BGH* expressis verbis den Grundsatz an, dass der zwar unbestimmte, aber durch Ausfüllung bestimmbare Betrag – also der Schaden im Rechtssinne – nicht mit den Aufwendungen des Geschädigten übereinstimmen muss.

156 Das Prognoserisiko trägt grundsätzlich der Schädiger. Daher sind sowohl erfolglose Reparaturversuche vom Schädiger voll zu erstatten als auch solche Aufwendungen, die ein Sachverständiger zu Unrecht als erforderlich bezeichnet hat.[237] Ein derartiger Irrtum des technischen Sachverständigen, der nicht Erfüllungsgehilfe des Geschädigten ist,[238] stellt sich bei rechtlich wertender Betrachtung als adäquat und daher dem Ersatzpflichtigen als fortwirkende Konsequenz eines haftbaren Verhaltens zurechenbare Unfallfolge dar. Dies gilt allerdings nur, soweit die Aufwendungen dem Geschädigten tatsächlich entstanden sind. Im Rahmen einer fiktiven Abrechnung geht das Prognoserisiko, dass sich das Gutachten nachträglich als falsch herausstellt, zulasten des Geschädigten.[239]

156a Folgerichtig sind die Kosten für einen Sachverständigen, die der Geschädigte zur Schadenfeststellung aufwendet, selbst dann zu erstatten, wenn sich das eingeholte Privatgutachten als falsch erweist.[240] Das Risiko des Fehlschlags der Kostenermittlung trägt grundsätzlich der Schädiger, solange den Geschädigten hinsichtlich der sorgfältigen Auswahl und zutreffenden Information des Gutachters kein Verschulden trifft. Hier kommt allerdings eine Haftung des Sachverständigen wegen des von ihm erstellten mangelhaften Gutachtens in Betracht.[241] Dem Auftraggeber steht bei einem mangelhaften Gutachten ein Schadenersatzanspruch zu, wenn der Sachverständige schuldhaft seine Sorgfaltspflicht aus dem Werkvertrag verletzt hat.[242] Während der Auftraggeber den Mangel und die Ursächlichkeit des Mangels für den eingetretenen Schaden – der z. B. in Form von geltend gemachten Prozesskosten eines teilweise verlorenen Schadenersatzprozesses vorliegen kann – zu beweisen hat, wird das Verschulden des Sachverständigen bei einem mangelhaften Gutachten vermutet. Indes kommt eine Haftung der Werkstatt bzw. des Geschädigten nicht in Betracht: Die Werkstatt hat sich lediglich der besseren Sachkunde des Gutachters gebeugt, und der Geschädigte hat sich auf beider Urteil verlassen.[243] Einem Geschädigten, der nach einem Unfall ein Sachverständigengutachten

---

236 Vgl. dazu ergänzend *BGH* NJW 1972, 1800; BGHZ 61, 346, 349 = NJW 1974, 34.
237 *LG Köln* NJW 1975, 57 = VersR 1975, 546; – a. A. jedoch *OLG Hamm* VersR 1975, 335 (das allein auf die *objektive* Erforderlichkeit abstellt); ähnlich wie *LG Köln*, *LG Hamburg* MDR 1968, 239 f.; *OLG Celle* NJW 1962, 398 = VersR 1962, 555; *OLG Karlsruhe* VersR 1965, 335 (für den Fall der von einem Sachverständigen empfohlenen, objektiv jedoch nicht gerechtfertigten Abrechnung auf Totalschadenbasis); *LG Coburg* Verkehrsrecht aktuell 6/2000, 90).
238 *LG Köln* NJW 1975, 57; Palandt/*Grüneberg* § 254 Rn. 55.
239 *OLG Hamm* VersR 2001, 198.
240 *OLG Hamm* r+s 1999, 279 = SP 1999, 248 = NZV 1999, 377.
241 *AG Gütersloh* DAR 1999, 410.
242 *Hörl* zfs 2000, 422; *Volze* zfs 1993, 217; *BGH* NJW-RR 1986, 485; *AG Frankfurt* r+s 1996, 185 (Gutachtervertrag als Vertrag mit Schutzwirkung für Dritte).
243 BGHZ 34, 355, 363 f.; *Weber* DAR 1979, 113, 115.

einholt, sind dessen Kosten jedoch dann nicht zu ersetzen, wenn es unbrauchbar war, weil dem Sachverständigen für die Bewertung wesentliche Informationen, insb. ein Vorschaden, nicht mitgeteilt worden sind.[244] Das Gleiche gilt, wenn dem Geschädigten ein Auswahlverschulden zur Last fällt.[245]

E. Schadenminderungspflicht

I. Grundsätze

157 Bei dem in § 254 BGB normierten »Verschulden gegen sich selbst«, das anspruchsmindernd und in besonders krassen Fällen sogar anspruchsvernichtend wirken kann, kommt es nicht darauf an, ob der Geschädigte gegen eine Rechtspflicht verstoßen hat bzw. ob sein Verhalten von der Rechtsordnung, die im Allgemeinen die Beziehungen zu anderen (Dritten) regelt, missbilligt oder gar pönalisiert wird. Entscheidend ist lediglich, ob ihm ein Verhalten zur Last zu legen ist, dass – für ihn erkennbar – den Eintritt seines Schadens begünstigt oder seine Höhe mit der Folge nachteilig beeinflusst hat, dass dem Geschädigten deshalb vom Ersatzpflichtigen dieses Verhalten in billigenswerter Weise als Verschulden gegen sich selbst zugerechnet werden kann.[246] Die Bestimmung des § 254 Abs. 2 BGB legt in Form der Schadenminderungspflicht dem Geschädigten alle Maßnahmen auf, die nach allgemeiner Lebenserfahrung von einem ordentlichen Menschen angewendet werden müssen, um den Schaden abzuwenden oder geringer zu halten.[247] Die Vorschrift des § 254 Abs. 2 BGB normiert zwar eine Rechtspflicht, die indes zutreffender als Obliegenheit – noch zutreffender als Naturalobligation – bezeichnet werden sollte, weil es insoweit an dem für Rechtspflichten wesentlichen Kriterium der Einklagbarkeit – also an der Durchsetzbarkeit auch gegen den Willen des Betroffenen – mangelt.[248] Insoweit fehlen alle weiteren Konkretisierungen; sie erklärt mit ihrem Hinweis, § 278 BGB sei entsprechend anzuwenden, offenbar den Umfang der Schadenminderungsobligationen nicht. Nach § 254 BGB ist der Geschädigte also verpflichtet, den Schaden im Rahmen der ihm zumutbaren Möglichkeiten gering zu halten. Diese Vorschrift beruht auf den Rechtsgedanken, dass derjenige, der die Sorgfalt außer Acht lässt, die erforderlich erscheint, um sich selbst vor Schaden und sonstigen Nachteilen zu bewahren, eine Kürzung – in besonders krassen Fällen sogar den Verlust – seines Schadenersatzanspruchs hinnehmen muss.[249] Diese Bestimmung ist eine besondere Ausprägung des allgemeinen – das gesamte Schadensersatzrecht beherrschenden – Grundsatzes von Treu und Glauben (§ 242 BGB).[250] Es kommt in diesem Zusammenhang nicht entscheidend darauf an, was der Geschädigte nach seiner eigenen (subjektiven) Auffassung für erforderlich gehalten hat, um den Schaden abzuwenden oder zu mindern, sondern maßgeblich ist das Kriterium, wie ein verständiger Mensch handeln würde, um sich selbst vor vermeidbaren Schäden zu bewahren.[251] Die herrschende Meinung steht auf dem Standpunkt, dass nur derjenige Anspruchsteller seiner Schadenminderungspflicht ordnungsgemäß genügt, der sich im konkreten Fall so verhält, als müsste er den Schaden im Ergebnis selbst tragen.[252] Diese Aussage kann jedoch nur cum grano salis[253] verstan-

---

244 *OLG Hamm* r+s 1996, 183; r+s 1993, 102; *KG* SP 2004, 244; *OLG Saarbrücken* zfs 2003, 308; *AG Velbert* SP 2000, 178; *AG Essen* SP 2003, 77; *LG Passau* SP 2004, 351.
245 *OLG Hamm* DAR 1999, 313; *OLG Hamm* r+s 1996, 183; *LG Bochum* zfs 1994, 406.
246 BGHZ 34, 355, 363 f.; *Weber* DAR 1979 113 (115 r.Sp.).
247 *BGH* VersR 1965, 1173; *BGH* NJW 1989, 2290; *BGH* NJW 1996, 1958; *OLG Köln* VersR 1996, 121.
248 Vgl. dazu *Medicus* 17. VGT 1979, 57.
249 BGHZ 3, 46, 49; BGHZ 9, 316, 318 = VersR 1953, 243.
250 Vgl. dazu *BGH* NJW 1978, 2024 f. = VersR 1978, 923 f.; *BGH* NJW 1982, 168; *BGH* NJW 1996, 1958.
251 *BGH* NJW 1969, 2281 = VersR 1969, 1040; VersR 1970, 129; BGHZ 54, 82, 85 = NJW 1970, 1454; NJW 1972, 1800 = VersR 1972, 1024 = DAR 1972, 276; NJW 1979, 495, 497 = VersR 1979, 250, 252 = VRS 56, 86, 88; *OLG München* VersR 1983, 468; NJW 1985, 2637 = DAR 1985, 347 = zfs 1985, 265.
252 Vgl. dazu BGHZ 3, 46, 49 = VersR 1952, 99; BGHZ 9, 316, 318 = VersR 1953, 243; NJW 1964, 717 = VersR 1965, 1173; NJW 1964, 1670 f.; NJW 1972, 1800 = VersR 1972, 1024 = DAR 1972, 276; VersR 1979, 250; *OLG Köln* VersR 1968, 782.
253 In diesem Sinne einschränkend *BGH* VersR 1976, 732, 734 = DAR 1976, 183; NJW 1982, 1518 f. = VersR 1982, 548 f. = VRS 63, 81 (83).

E. Schadenminderungspflicht

den werden, da es weltfremd wäre, vom Gläubiger überpflichtmäßige Anstrengungen zu verlangen, die dem alleinigen Zweck dienen, die Ersatzpflicht des Schädigers einzuschränken.[254]

Falls der Geschädigte weiß, dass er den Schaden letztlich selbst zu tragen hat und bei konsequentem Verzicht auf alle nicht unbedingt erforderlichen Maßnahmen »in die eigene Tasche spart«, wird er sicherlich schon in seinem eigenen Interesse größere Anstrengungen und Entbehrungen auf sich nehmen, als man sie ihm billigerweise zumuten könnte, wenn er ohne eigenes Verschulden in einen – ausschließlich, möglicherweise sogar grobfahrlässig – fremd verursachten Unfall verwickelt wird. Da indes häufig nicht von vornherein feststeht, wer den Schaden im wirtschaftlichen Ergebnis zu tragen hat, kann es allerdings bereits das eigene wohlverstandene Interesse gebieten, den in jedem Fall sichersten Weg zu wählen. Andererseits darf man selbstverständlich das Anliegen des § 254 Abs. 2 BGB nicht aus dem Auge verlieren, das dahin geht, dass der Geschädigte bei ordnungsgemäßer Erfüllung seiner Obliegenheiten seine Aufwendungen grundsätzlich auf den Schädiger abwälzen darf. Es liegt daher nahe, den Geschädigten in diesem Zusammenhang zu verpflichten, nicht zu seinem eigenen Vorteil auf fremde Kosten großzügig sein zu dürfen.[255]

II. Auswahl einer geeigneten Werkstatt

Neben der eigenverantwortlichen Prüfung des Schadensumfangs obliegt dem Geschädigten die Auswahl einer geeigneten Werkstatt.[256] Nur bei entsprechenden Anhaltspunkten besteht die Verpflichtung, vor Erteilung des Reparaturauftrages zunächst Kostenvoranschläge mehrerer miteinander konkurrierender Werkstätten einzuholen.[257] Dem Geschädigten steht also das Recht zu, nach eigenem Ermessen eine Werkstatt seiner Wahl mit der Durchführung der Reparaturarbeiten zu beauftragen. Davon zu trennen ist die im Bereich des § 254 BGB zu verortende Frage, ob der Geschädigte gegen seine Schadenminderungspflicht verstößt, wenn er die vom Kfz-Haftpflichtversicherer des Schädigers nachgewiesene preisgünstigere Reparatur in einer ortsansässigen Fachwerkstatt ablehnt. Statt des Angebots einer ortsansässigen Fachwerkstatt kommt auch in Betracht, dass der Versicherer die Transportkosten zur Fachwerkstatt übernimmt. Zwar hat der Geschädigte grundsätzlich das Recht, die Reparatur auch von einer teureren Werkstatt durchführen zu lassen. Dies darf jedoch nicht zulasten des Schädigers gehen.[258] Der Geschädigte muss daher die Mehrkosten selber tragen, die dadurch entstehen, dass er eine objektiv vorhandene billigere Möglichkeit der Schadenbeseitigung in schuldhafter Weise nicht nutzt.[259]

Dies gilt selbst dann, wenn sich der Geschädigte darauf beruft, er wolle die Reparatur in der (teureren) »Werkstatt seines Vertrauens« durchführen lassen. Hier ist zu berücksichtigen, dass es sich bei Kraftfahrzeugen um serienmäßig hergestellte Massenartikel handelt, die jede beliebige Vertragswerkstatt ordnungsgemäß reparieren kann, sodass es dem Gläubiger zuzumuten ist, auch eine andere Fachwerkstatt zu beauftragen. Dies gilt insbesondere dann, wenn das selbst gewählte Unternehmen erkennbar mit anderweitigen Aufträgen überlastet ist oder möglicherweise sogar zu diesem Zeitpunkt gerade Betriebsferien macht.

Dies ist dem Geschädigten auch nicht etwa deshalb nicht zuzumuten, weil der auf die Reparaturwerkstatt verweisende Versicherer im »Lager des Schädigers« stehe und der Geschädigte diesem nicht die Reparatur in dessen Hände geben müsse. Denn zum einen lässt sich das gegenüber dem Schädiger begründete Misstrauen nicht auf die vom Versicherer beauftragte Werkstatt übertragen. Dem Geschädigten stehen gegen die Werkstatt alle Gewährleistungsansprüche zur Seite. Zum anderen

---

254 *BGH* DAR 1985, 347.
255 Vgl. *Medicus* 17. VGT 1979, 57 f.
256 Vgl. dazu *OLG Celle* NJW 1962, 398 = VersR 1962, 555 = MDR 1962, 404; *OLG Nürnberg* VersR 1968, 505; *LG Stuttgart* MDR 1967, 43; *Ruhkopf* VersR 1962, 930.
257 *OLG Koblenz* VersR 1964, 101.
258 Vgl. *LG Karlsruhe* DAR 1981, 357 = zfs 1982, 10.
259 *OLG Köln* VersR 1969, 1005.

kann der Geschädigte lediglich den objektiv erforderlichen Betrag, also die Kosten der Reparatur in einer Fachwerkstatt, verlangen.

III. Einschaltung eines Sachverständigen

162 Bei der Beschädigung einer Sache gehören die Aufwendungen für ein Sachverständigengutachten zur Ermittlung des Schadenumfangs zu den notwendigen Kosten der Wiederherstellung.[260] Die Kosten eines privaten Gutachtens sind immer dann als zur zweckentsprechenden Rechtsverfolgung oder -verteidigung anzusehen und vom unterlegenen Gegner zu erstatten, wenn die Partei sachverständiger Beratung bedarf, um ihrer Darlegungslast zu genügen. Allgemein anerkannt ist, dass die Kosten der Einholung eines Sachverständigengutachtens über den Schadensumfang, von Bagatellschäden abgesehen, im Rahmen des § 249 BGB grundsätzlich zu ersetzen sind.[261] Auch die Gutachterkosten, die ein Haftpflichtversicherer aufwendet, um den Verdacht eines gestellten Unfalls nachzuweisen, sind im nachfolgenden Rechtsstreit erstattungsfähig.[262] Nicht erstattungsfähig sind hingegen in der Regel die Kosten für ein vorgerichtlich eingeholtes verkehrsanalytisches Privatgutachten.[263]

162a Desgleichen verstößt der Geschädigte gegen seine Schadensminderungspflicht, wenn er bei einem Bagatellschaden ein Sachverständigengutachten einholt. Ab welcher Schadenshöhe ein solcher Bagatellschaden vorliegen soll, wird von der Rechtsprechung jedoch uneinheitlich beurteilt. Während teilweise vertreten wird, dass die Bagatellgrenze wegen der in den letzten Jahren eingetretenen Preissteigerungen von 500 Euro auf 700 Euro erhöht werden muss,[264] sehen einige Gerichte keine Veranlassung, bei einem Schaden von über 500 Euro von einem geringfügigen Schaden, der die Notwendigkeit der Einholung eines Gutachtens ausschließen kann, auszugehen.[265] Zur Begründung wird darauf verwiesen, dass Reparaturkosten von über 500 Euro auch heute noch die frei verfügbaren monatlichen Einkommen der meisten Unfallgeschädigten mit über 50 % überschreiten und daher keineswegs Bagatellen darstellen. Jenseits der genauen Festlegung der Bagatellgrenze ist indes von entscheidender Bedeutung, ob einem normalen Geschädigten hinsichtlich der kostenmäßigen Beurteilung seines Schadens nicht die erforderliche Sachkunde fehlt. Teilweise wird daher die Auffassung vertreten, dass der Geschädigte nur dann gegen seine Schadensminderungspflicht verstößt, wenn die Geringfügigkeit des Schadens auch für einen Laien klar erkennbar war.[266] Diese Auffassung lässt indes unberücksichtigt, dass der Geschädigte im Zweifelsfall immer die Möglichkeit hat, zunächst bei seiner Werkstatt nachzufragen. Diese kann ihm regelmäßig sofort zumindest annäherungsweise den Schadensumfang mitteilen und auch Angaben dazu machen, ob wegen des Verdachts tiefer gehender Schäden eine Begutachtung angebracht ist.[267] Ausnahmsweise sind die Kosten eines eingeholten Gutachtens trotz Unterschreitung der Bagatellgrenze gleichwohl erstattungsfähig, wenn eine Werkstatt die Erstellung eines Kostenvoranschlages mit der Begründung verweigert, dass wegen der Möglichkeit verdeckter Schäden dies abgelehnt werde und Kostenvoranschläge nicht kostenlos erstattet werden könnten.[268] In diesem Fall genügt der Geschädigte seiner Schadensminderungspflicht, wenn er den beauftragten Sachverständigen um die Erstellung eines Kurzgutachtens mit minimalem Kostenaufwand bittet.

162b Die Aufgabe des Sachverständigen besteht darin, den Schadenumfang in einem Gutachten festzuhalten, auf angemessene Preisgestaltung und Reparaturausführung zu achten bzw. den zügigen Fort-

---

260 *BGH* r+s 1998, 9.
261 *Klimke* DAR 1984, 39, 42 m. w. N.
262 *OLG Frankfurt* OLGR 1996, 216.
263 *OLG Saarbrücken* OLGR 1998, 121.
264 1 400 DM: *AG Berlin-Mitte* VersR 1995, 1322; *AG Erding* VersR 1998, 607; *AG Oberhausen* zfs 1999, 195; *AG Soest* DAR 1999, 271; 1 500 DM: *AG Lübeck* zfs 1998, 421; *AG Rostock* zfs 1999, 422.
265 *AG Chemnitz* DAR 1998, 202 sowie DAR 1998, 74; *AG Leverkusen* DAR 1999, 368.
266 *AG Frankfurt/M.* PVR 2002, 337; *AG Mainz* NZV 2002, 193.
267 Vgl. *AG Sömmerda* NZV 2002, 512 = zfs 2002, 432.
268 *AG Dortmund* zfs 2002, 178.

gang der Arbeiten und ihren Abschluss zu überwachen. Da der Sachverständige eine Kontrollfunktion gegenüber der Werkstatt ausüben soll, erscheint die zuweilen geübte Praxis recht bedenklich, dass die Werkstatt selbst »ihren« – meist einen ihr genehmen – Sachverständigen selbst aussucht. Der Auftrag sollte vielmehr stets vom Gläubiger oder seinem Rechtsvertreter erteilt werden. Es sollte außerdem Wert darauf gelegt werden, dass der Sachverständige das Fahrzeug selbst untersucht und sich nicht – wie dies zuweilen zu beobachten ist – damit begnügt, die im Kostenvoranschlag der Werkstatt enthaltenen Werte ohne eigenverantwortliche Wertung zu adaptieren.

Die Einschaltung eines qualifizierten, marktverbundenen Kfz-Sachverständigen dient auch dem Zweck, den Geschädigten insoweit zu unterstützen, als es sich darum handelt, seine Ansprüche aus dem Werkvertrag auf mangelfreie Reparatur zu den marktüblichen Preisen gegenüber der Werkstatt durchzusetzen.[269] Gleichwohl ist zu berücksichtigen, dass der von dem Geschädigten beauftragte Kfz-Sachverständige nicht Erfüllungsgehilfe des Geschädigten ist.[270] 163

IV. Auswechseln unbeschädigter Teile

Streit über die angemessene Höhe der Reparaturkosten, d. h. den zur Herstellung erforderlichen Betrag im Sinne von § 249 Abs. 2 S. 1 BGB, entsteht insbesondere dann, wenn Teile, die durch den Unfall nicht beschädigt worden sind, im Zuge der Reparaturarbeiten ausgewechselt werden. Dies kann indes aus den verschiedensten Gründen erforderlich sein. So wird beispielsweise die Auswechselung nur eines Reflektors nicht zu einem befriedigenden Ergebnis führen, weil sich dadurch unterschiedliche Lichtwerte ergeben können und die Verkehrssicherheit beeinträchtigt wird. Es kann überdies der Fall eintreten, dass bestimmte Teile montagebedingt (beispielsweise wegen zu starker Unterrostungen) mit erneuert werden müssen, da die angrenzenden Neuteile sonst keinen sicheren und festen Halt finden. Derartige Kosten muss grundsätzlich der Schädiger erstatten. In diesen Fällen ist selbstverständlich die Frage zu prüfen, ob durch diese Form der Reparatur eine Wertverbesserung eingetreten ist, die im Wege des Vorteilsausgleichs durch angemessene Abzüge »neu für alt« zu kompensieren ist. 164

Um die Problematik des Abzugs »neu für alt« auszuschalten, kann die Reparatur mit gebrauchten Ersatzteilen wirtschaftlich sinnvoll und unter dem Gesichtspunkt der Schadensminderungspflicht rechtlich geboten sein. 164a

Nicht erstattungsfähig sind demgegenüber z. B. Kosten für die Auswechselung (Erneuerung) einer durch den Unfall nicht beschädigten Windschutzscheibe, die allein dadurch zu Bruch gegangen ist, dass die mit der Reparatur beschäftigten Monteure sich die Werkzeuge gegenseitig zuwerfen. 165

V. Dispositionspflicht des Geschädigten

Wie bereits an anderer Stelle zum Ausdruck gebracht, obliegt dem Geschädigten die volle Dispositionspflicht (Veranlassungspflicht). Das bedeutet, dass er sich vor Erteilung des Reparaturauftrages Gewissheit darüber zu verschaffen hat, dass die Instandsetzung sich im Hinblick auf die Relation zwischen Reparaturkosten und Wiederbeschaffungswert noch lohnt. Dazu gehören zwei Rechengänge: Einmal muss die Summe aus Reparaturkosten und Minderwert gebildet und der sich daraus ergebende Betrag der Differenz zwischen Wiederbeschaffungs- und Restwert gegenübergestellt werden. In diese Betrachtung sind ebenfalls die Nebenkosten, wie etwa Mietwagenkosten usw. einzubeziehen.[271] 166

Es ist in erster Linie Aufgabe des Geschädigten, in sachgerechter Form darüber zu befinden, in welcher Weise der Unfallschaden abgewickelt werden soll. Grundsätzlich trägt er das Risiko für die Erteilung des Reparaturauftrages und das dabei zutage tretende Ergebnis, sofern unzutreffende Dispositionen, die zu einer Vermehrung der Kostenbelastung führen, auf seinem eigenen Verschulden 167

---

269 Vgl. dazu *OLG Nürnberg* VersR 1968, 505; *LG Bielefeld* VersR 1964, 784; *LG Hamburg* VersR 1971, 260.
270 *OLG Hamm* DAR 1997, 275; *AG Berlin-Mitte* DAR 2002, 459.
271 Vgl. dazu *OLG Stuttgart* NJW 1960, 1463; *LG Stuttgart* VersR 1968, 182 = DAR 1967, 272; *Walter* S. 33.

beruhen. Demgegenüber ist der Geschädigte für unwirtschaftliche Maßnahmen der Werkstatt und eines von ihm beauftragten Kfz-Sachverständigen nicht verantwortlich, da diese Personen nicht zu seinen Erfüllungsgehilfen gehören.

VI. Veräußerung des beschädigten Fahrzeugs

168 Es kommt in der Praxis der Schadenregulierung nicht selten vor, dass der Geschädigte nach einem Unfallschaden erklärt, die Weiterbenutzung des Kraftfahrzeugs sei ihm mit Rücksicht auf die Schwere der Einwirkung nicht zuzumuten; er wolle daher den Wagen dem Schädiger »zur Verfügung stellen« und von ihm die Differenz zwischen Wiederbeschaffungs- und Restwert verlangen. Die vorherrschende Rechtsprechung steht indes auf dem Standpunkt, dass die ordnungsgemäße Ausübung der Schadenminderungspflicht regelmäßig eine zumutbare Reparatur des beschädigten Kraftfahrzeugs gebietet, sofern nicht nach den allgemeinen Grundsätzen Totalschaden vorliegt.

169 Diese Frage ist stets unter Berücksichtigung der konkreten Umstände des Einzelfalles zu beantworten. Wenn der Geschädigte bereit ist, sich einen Wertunterschied anrechnen zu lassen, dann ist die Frage, ob ihm ein Neufahrzeug zusteht, nicht mehr ganz so problematisch. Bei der Abrechnung auf der Basis eines »unechten« (wirtschaftlichen) Totalschadens können sich u. U. Vorteile für beide Parteien ergeben: Der Gläubiger erhält dank der Übersättigung des Gebrauchtwagenmarktes innerhalb kürzester Frist ein unfallfreies Fahrzeug, während der Ersatzpflichtige lediglich die Differenz zwischen Wiederbeschaffungs- und Restwert zu erstatten braucht, die – bei geschickter Verwertung des Altwagens – oftmals geringer ist als die Summe aus Reparaturkosten und Minderwert. Der Ersatzpflichtige spart dabei in aller Regel einen Teil der sonst bei der Reparatur anfallenden Mietwagenkosten, hat demgegenüber aber die Kosten der Abmeldung des beschädigten Wagens und der Anmeldung des Ersatzfahrzeugs zu tragen.

170 Allerdings »funktioniert« diese Methode dann nicht, wenn es sich um ganz neue oder besonders alte Kraftfahrzeuge handelt, die auf dem Markt kaum angeboten werden und für die daher besondere Bewertungsmaßstäbe gelten.[272] Andere Grundsätze werden lediglich dann in Betracht kommen, wenn das betreffende Fahrzeug noch neuwertig war und an ihm gravierende Schäden entstanden sind. Ähnliche Überlegungen gelten für den Fall, dass der Geschädigte bereits vor dem Unfall ein fabrikneues Fahrzeug rechtsverbindlich bestellt hatte.

VII. Zurechnungszusammenhang

171 Die vom Geschädigten beauftragte Reparatur-Werkstatt ist nicht Erfüllungsgehilfe des Gläubigers, sodass er sich Säumnisse der Werkstatt im Rahmen seiner Schadenminderungspflicht nicht aus § 254 Abs. 2 BGB über § 278 BGB wie eigenes Verschulden zurechnen lassen muss.[273] Die Schadenminderungspflicht gebietet es allerdings in jedem Fall, nach den Grundsätzen von Treu und Glauben (§ 242 BGB), dass der Geschädigte bei erkennbar fehlerhafter Reparaturleistung von der Werkstatt eine Beseitigung im Wege der Nachbesserung verlangt und seine Ansprüche aus dem Werkvertrag fristgemäß geltend macht[274] bzw. seine vertraglich begründeten Ansprüche an den Ersatzpflichtigen abtritt (§ 255 BGB).

---

272 Vgl. dazu beispielsw. *BGH* NJW 1966, 1454 = VersR 1966, 830; – ferner *OLG München* 1966, 986; *Klimke* VersR 1972, 356 f.
273 *BGH* NJW 1972, 1800 = VersR 1972, 1024 = DAR 1972, 276; BGHZ 61, 346 = VersR 1974, 90 = DAR 1974, 17; *OLG Düsseldorf* VersR 1977, 840; *OLG Stuttgart* VersR 1977, 88.
274 Vgl. dazu *KG* NJW 1971, 142; *LG Berlin* VersR 1964, 784; *LG Mainz* VersR 1972, 78; *Koller* NJW 1971, 1776 (der zu einem Kompromiss neigt).

F. Vorteilsausgleich

I. Allgemeine Überlegungen

Der Vorteilsausgleich[275] gilt als »Antipode der Wertminderung«[276] und stellt ein nicht im Gesetz geregeltes, sondern von der Rechtsprechung als Richterrecht entwickeltes Rechtsinstitut dar. Der Gesetzgeber hat ganz bewusst davon Abstand genommen, eine gesetzliche Regelung für die Anwendung des Vorteilsausgleichs (compensatio lucri et damni) zu treffen, sondern die Lösung der Judikatur überlassen.[277] 172

Noch immer streitig ist die Frage, ob es sich beim Vorteilsausgleich – insbesondere in der hier in erster Linie interessierenden Anwendungsform der Abzüge »neu für alt« – überhaupt um ein eigenständiges Rechtsinstitut oder um ein Randproblem der Schadenabrechnung überhaupt handelt. 172a

Diese Frage ist durchaus nicht von nur akademischer Bedeutung, wie *Walter*[278] meint, sondern ihr fällt auch eine erhebliche praktische Bedeutung insofern zu, als eine unterschiedliche Beweislastregelung in Betracht kommt, je nachdem, ob es sich um ein Problem des Vorteilsausgleichs oder der (wertfreien) Schadenberechnung handelt. Dies gilt insbesondere für die am Anfang der Betrachtung stehende Frage nach der Kausalität, die bekanntlich der Gläubiger (Ersatzberechtigte) zu beweisen hat,[279] während die Beweislast für die Anwendung des Vorteilsausgleichs dem Ersatzpflichtigen obliegt. 173

Einigkeit besteht allerdings weitestgehend in der Beurteilung, dass der Schaden das wirtschaftliche Nettoergebnis des schädigenden Ereignisses darstellt, also die Differenz zwischen Vorteilen und Nachteilen oder – mit anderen Worten – die um den Vorteil geminderte schadenadäquate Vermögenseinbuße. Vereinfacht ausgedrückt lässt sich feststellen, dass der Schaden der Betrag ist, um den die wirtschaftlichen Nachteile die Vorteile überwiegen.[280] Die Anwendung des Vorteilsausgleichs beruht auf dem im Ergebnis unbestrittenen Grundsatz, dass der Geschädigte durch die ihm zufließende Ersatzleistung nicht ärmer, aber auch nicht reicher werden darf. 174

Der Vorteilsausgleich führt jeweils dann zu einer Schadenminderung, wenn der Vorteil mit dem Schadenereignis in einem inneren ursächlichen Zusammenhang steht, der Zweck des Schadenersatzes eine Anrechnung gebietet und dadurch keine ungerechtfertigte Entlastung des Schädigers eintritt.[281] Weiter von Bedeutung ist der Gesichtspunkt, dass Schaden und Vorteil durch dasselbe Ereignis ausgelöst worden sein muss.[282] Dies bedeutet, dass der Vorteil nach dieser Auffassung nicht durch eine selbstständige Ursache bewirkt worden sein darf. 175

---

275 Wegen näherer Einzelheiten dazu vgl. RGZ 146, 275; BGHZ 8, 326; BGHZ 10, 107 = NJW 1953, 1346; BGHZ 30, 29 = NJW 1959, 1078 = VersR 1959, 399; BGHZ 49, 56 = NJW 1968, 491; NJW 1979, 760 = VersR 1979, 323 = DAR 1979, 97; BGHZ 77, 151; *Gelhaar/Thuleweit* S. 242; MüKo/*Oetker* § 249 Rn. 222 ff.; *Sanden/Völtz* Rn. 125 ff.; Palandt/*Grüneberg* vor § 249 Rn. 67 ff.; *Geigel/Pardey* Kap. 9 Rn. 1 ff.; Himmelreich/Halm/*Richter* Kap. 4 Rn. 205 ff.; *BGH* NJW 1997, 250 f.; *BGH* NJW 1989, 2117; *BGH* NJW 1987, 2741.
276 *Sanden* NJW-Schriften 7 Rn. 210.
277 Vgl. dazu die Motive zum BGB (Amtliche Ausgabe Bd. II, 1888, S. 18 zum damaligen § 218); BGHZ 30, 29 = NJW 1959, 1078 = VersR 1959, 399.
278 *Walter* 2. Teil, II 2 (a. E.).
279 *BGH* NJW 1979, 760 f. = VersR 1979, 323, 325 = DAR 1979, 98.
280 *Böhmer* DAR 1951, 106; VersR 1954, 160; *Machleid* JZ 1952, 644; *Reinicke* MDR 1952, 460; *Werner* NJW 1955, 769; *Esser* MDR 1957, 522; *Leßmann* S. 1552; *Thiele* AcP 167, 132; *Geigel/Pardey* Kap. 9 Rn. 1.
281 BGHZ 8, 325 = VersR 1953, 148; BGHZ 10, 107 f. = VersR 1953, 320; BGHZ 30, 29 = NJW 1959, 1078 = VersR 1959, 399; BGHZ 49, 56 = VersR 1966, 449; BGHZ 55, 329 = VersR 1971, 544; BGHZ 58, 15 = VersR 1972, 391; BGHZ 74, 103; *BGH* NJW 1987, 2741; *BGH* NJW 1989, 2117; *BGH* NJW 1997, 250.
282 BGHZ 8, 325, 329; BGHZ 10, 107 f. = VersR 1953, 320; BGHZ 30, 29, 39 = NJW 1959, 1078 = VersR 1959, 399; BGHZ 49, 56 = VersR 1966, 449; BGHZ 61, 62; *BGH* NJW 1976, 747 = VersR 1976, 471 =

176 Im Schrifttum wird das Kriterium der Adäquanz[283] – und sei es auch nur in ergänzender Funktion – häufig als sachfremd und ungeeignet bezeichnet.[284] Der 6. Zivilsenat des *BGH* hat diese Bedenken der Rechtslehre als berechtigt anerkannt, ohne allerdings diese Frage abschließend zu entscheiden.[285]

177 Als Einschränkung für die Anwendung des Vorteilsausgleichs ist – zumindest für bestimmte Anspruchsarten – in der neueren Rechtsprechung – im Anschluss an *Thiele*[286] sowie in Anlehnung an versicherungsrechtliche Überlegungen – der Gedanke entwickelt worden, dass nur solche Vorteile als anrechenbar in Betracht zu ziehen sind, die gerade mit dem geltend gemachten Nachteil in einem qualifizierten Sachzusammenhang stehen, der beide Kriterien – Vorteil und Nachteil – »gewissermaßen zu einer Rechnungseinheit verbindet«.[287]

178 Der *BGH* behandelt den Abzug »neu für alt« als einen Fall der Anwendung des Vorteilsausgleichs, indem er es in Übereinstimmung mit dem Reichsgericht für ausreichend hält, dass Schaden und Vorteil aus mehreren, der äußeren Erscheinung nach selbstständigen Ereignissen fließen, wenn nur sichergestellt ist, dass nach dem natürlichen Ablauf der Dinge das schädigende Ereignis allgemein geeignet war, derartige Vorteile auszulösen. Von Bedeutung ist ferner, dass der auf diese Weise hergestellte Sachzusammenhang nicht eine so lose Verbindung darstellen darf, dass er nach vernünftiger Lebensauffassung unberücksichtigt bleiben muss. In seiner Grundsatzentscheidung vom 24.3.1959 hat der *BGH*[288] die Auffassung vertreten, dass bei der Bemessung des Schadenersatzes für die Beschädigung oder Zerstörung einer durch Gebrauch und Zeitdauer im Wert gesunkenen oder schon vorher schadhaft gewordenen Sache grundsätzlich ein Abzug zwecks Berücksichtigung des Unterschiedes von Alt und Neu zu machen ist. Dies gelte – so meint der *BGH* weiter – auch für langlebige Wirtschaftsgüter.

179 Abzustellen ist weiterhin – unabhängig zunächst einmal von der Frage nach der Adäquanz[289] – nach Sinn und Zweck des Schadenersatzes. Es ist nach den Vorstellungen des *BGH* in diesem Zusammenhang zu prüfen, ob die Anrechnung des Vorteils dem »Sinn und Zweck der Schadenersatzpflicht entspricht«. Dazu sei eine Gesamtschau der Interessenlage[290] unter Einbeziehung der Frage nach den Grenzen der Zumutbarkeit[291] vorzunehmen. Einerseits sollte der Schadenersatz nicht zu einer wirtschaftlichen Bereicherung des Geschädigten führen, andererseits dürfe der Ersatzpflichtige nicht in unbilliger Weise begünstigt werden.[292]

180 Darüber hinaus ist zu prüfen, ob die Grundsätze von Treu und Glauben (§ 242 BGB) eine Anrechnung zulassen und ob die Anwendung des Vorteilsausgleichs unter Berücksichtigung der Verkehrssitte »der Natur der Sache und der Billigkeit« entspricht.

DAR 1976, 71; *BGH* NJW 1979, 760 = VersR 1979, 323 = DAR 1979, 97; *BGH* NJW 1980, 2187 = VersR 1980, 920.
283 St. Rspr., vgl. *BGH* NJW 1990, 1360.
284 Vgl. dazu grundlegend *Cantzler* AcP 156, 29 ff., 48 ff.; *Rother* S. 232; *Thiele* AcP 167, 193, 196; *Larenz* § 30 II a; MüKo/*Oetker* § 249 Rn. 22795; *Rudloff* VersR 1979, 1153; Staudinger/*Schiemann* § 249 Rn. 139.
285 Vgl. dazu *BGH* NJW 1979, 760 = VersR 1979, 323 = DAR 1979, 97; *BGH* NJW 1980, 2187 = VersR 1980, 920.
286 *Thiele* AcP 167, 193, 202.
287 Vgl. dazu BGHZ 73, 109 = NJW 1979, 760 = VersR 1979, 323; ferner *BGH* WM 1970, 633, 637; *BGH* NJW 1990, 1360; *BGH* NJW 1984, 2457.
288 BGHZ 30, 29 = NJW 1959, 1078 = VersR 1959, 399.
289 *BGH* NJW 1990, 1360.
290 Vgl. dazu insbes. *BGH* NJW 1979, 760 = VersR 1979, 323 = DAR 1979, 97.
291 Vgl. dazu BGHZ 30, 29, 31 = NJW 1959, 1078 = VersR 1959, 399; BGHZ 49, 56, 62 = NJW 1968, 491 (»nicht gerechtfertigte Begünstigung«); NJW 1979, 760 = VersR 1979, 323 = DAR 1979, 97; Weigelt/*Sprenge* Stichw.: »Neu für Alt, Erläuterungen 1« Kenn-Nr. 62.701, 1983, S. 2; Gelhaar/Thuleweit S. 242; DAR 1952, 92; *Rudloff* FS Fritz v. Hippel S. 432.
292 BGHZ 8, 325, 329 = VersR 1953, 148; BGHZ 10, 107 f. = VersR 1953, 320; BGHZ 30, 29 f. = NJW 1959, 1078 = VersR 1959, 399; *Weber* DAR 1979, 133; *Walter* S. 69.

F. Vorteilsausgleich

Von Bedeutung sind weiterhin die gegenseitige Interessenlage, die Gesamtumstände des Falls und das wirtschaftliche Ergebnis,[293] wobei – wie bereits dargelegt – eine schematische Behandlung nicht zulässig ist, sondern die Prüfung sich stets auf alle Umstände zu erstrecken hat, die dem konkreten Einzelfall sein ganz individuelles Gepräge gegeben haben.[294] Eine Anwendung des Vorteilsausgleichs ist insbesondere dann nicht zulässig, wenn sich aus § 242 BGB – also nach den Grundsätzen von Treu und Glauben – ergibt, dass in der Bewertung von Vorteil und Tat eine Anrechnung dem Gläubiger nicht zuzumuten ist.[295]

181

Eine Anwendung des Vorteilsausgleichs kommt für das Gebiet des Kfz-Schadens nach vorherrschender Meinung nur dann in Betracht, wenn am beschädigten Fahrzeug durch die besondere Form der Reparaturarbeiten eine Wertverbesserung im Ganzen[296] bewirkt worden ist,[297] wenn also für den Geschädigten gerade durch die eingebauten Neuteile oder eine Neulackierung in nennenswertem Umfang eine Wertsteigerung eingetreten ist, die sich für ihn wirtschaftlich günstig auswirkt.[298] Der Vorteil kann etwa dadurch entstehen, dass der Geschädigte Aufwendungen erspart, die er sonst – zu einem späteren Zeitpunkt – auf eigene Kosten hätte machen müssen, d. h. dann, wenn Teile ersetzt werden, die im Allgemeinen die Lebensdauer (Nutzungszeit) des Kfz nicht erreichen.[299]

182

Diesen Grundsatz verkennt offenbar das *KG*,[300] wenn es meint, dass auch beim Austausch geringwertiger Teile – das *KG* bezieht sich insoweit beispielhaft auf Anlasser, Glühbirnen, Radkugellager –, die im Laufe des »Fahrzeuglebens« mehrmals erneuert werden müssen, Abzüge »neu für alt« lediglich dann in Betracht kommen, wenn dadurch eine Wertverbesserung im Ganzen eintritt. Der Vorteil liegt auch hier in den ersparten Aufwendungen, weil der Zeitraum der notwendigen Erneuerung sich um die bisherige Nutzungsdauer des betreffenden Altteils verlängert.

182a

Selbstverständlich sind Abzüge »neu für alt« auch dann gerechtfertigt, wenn der Wiederverkaufswert des Wagens durch die Form der Reparatur sich erhöht hat. Dies kommt insbesondere dann in Betracht, wenn sich bereits vor dem Unfall an den später schadenbedingt ausgewechselten Teilen Schrammen oder gar Einbeulungen befunden haben sollten. Dies gilt in ganz besonderem Maße natürlich dann, wenn typische Verschleißteile erneuert worden sind.

182b

Zusammenfassend lässt sich feststellen, dass erste und selbstverständlichste Voraussetzung einer Anrechnung ist, dass das schädigende Ereignis mit dem Vorteil in einem inneren Sachzusammenhang steht, und zwar ihn adäquat verursacht hat.[301] Dieses Merkmal reicht jedoch nicht aus, um die Fälle auszuschalten, bei denen ein Vorteil nicht anzurechnen ist. Die Adäquanz ist daher lediglich die Mindestvoraussetzung für eine Anrechnung.[302]

183

---

293 Vgl. dazu RGRK Vorbem. 5 vor § 249.
294 Vgl. dazu insbes. BGHZ 30, 29 = NJW 1959, 1078 = VersR 1959, 399; *OLG Hamburg* VersR 1952, 138 = MDR 1952, 224; *BGH* NJW 1996, 584.
295 Vgl. dazu insbes. BGHZ 10, 107 = NJW 1953, 1346; BGHZ 22, 72 = NJW 1957, 138 = VersR 1956, 796; BGHZ 30, 29 = NJW 1959, 1078 = VersR 1959, 399.
296 Vgl. dazu *KG* zfs 1985, 105 = VRS 68, 85.
297 Vgl. dazu *OLG Düsseldorf* DAR 1974, 215; *OLG Celle* VersR 1974, 1032; *LG Regensburg* zfs 1980, 256; *AG Landshut* NJW 1990, 1537 sowie *LG Hanau* DAR 1999, 365 (Keine messbare Wertsteigerung bei Zahnersatz); *Gaisbauer* VW 1973, 711; *Gelhaar/Thulewein* S. 242; MüKo/*Oetker* § 249 Rn. 333; Wussow/*Kürschner* Kap. 56 Rn. 19; Staudinger/*Schiemann*, § 249 Rn. 176; *Sanden/Völtz* Rn. 129; Palandt/*Grüneberg* vor § 249 Rn. 98.
298 Vgl. dazu *OLG Celle* VersR 1974, 1032; *AG Heidelberg* VersR 1978, 953 (L, Ersatz angerosteter Stoßstange durch Neuteil ist durch einen Abzug »neu für alt« in Höhe von 20 % kompensiert worden).
299 Vgl. dazu insbes. *KG* NJW 1971, 142 = VersR 1971, 547 = DAR 1971, 40.
300 Vgl. dazu *KG* VersR 1985, 272.
301 Vgl. dazu BGHZ 8, 325, 329; BGHZ 10, 107 f.
302 Vgl. dazu BGHZ 49, 56, 62; NJW 1979, 760 (insoweit nicht in BGHZ 73, 109 mit abgedruckt) = VersR 1979, 323 f. = DAR 1979, 97.

184 Vielmehr muss in jedem Fall geprüft werden, ob dem Geschädigten die Anrechnung des Vorteils zuzumuten ist.[303] Nur der Vorteil ist anzurechnen, bei dem zwischen Schaden und Vorteil eine »Korrespondenz«[304] besteht.[305] Die Anrechnung des Vorteilsausgleichs muss nach Sinn und Zweck des Rechts auf Schadenersatz unter Berücksichtigung der Interessenlage der Beteiligten dem Geschädigten nach Treu und Glauben zugemutet werden können.[306]

185 Die Wertverbesserung kann auch auf einer Verlängerung der Lebensdauer beruhen.[307] Auch dabei handelt es sich um einen anrechenbaren wirtschaftlichen Vorteil, weil die in Aussicht genommene Ersatzbeschaffung um einen gewissen Zeitraum hinausgeschoben wird und damit nicht nur die Zinsen, sondern zugleich – über die sonst notwendigen Investitionen – auch die Abschreibungsraten für die in Aussicht genommene Ersatzbeschaffung erspart werden.

186 Eine Wertverbesserung kann ferner darin liegen, dass im Zuge der Reparaturarbeiten der inzwischen eingetretene technische Fortschritt Eingang in das Fahrzeug findet. Abzüge »neu für alt« werden jedoch insbesondere dann ausgeschlossen sein, wenn Teile der ursprünglichen Ausführung nicht mehr verfügbar sind und der Einbau der dem neuen Stand der Technik angepassten Teile keine nennenswerten Mehrkosten verursacht bzw. dem Geschädigten keinen abgrenzbaren Vorteil bringt. Das Gleiche gilt für die dem Geschädigten auf diesem Wege gegen seinen Willen aufgezwungenen Wertverbesserungen. Andere Gesichtspunkte werden indes dann gelten müssen, wenn die technisch verbesserten Ersatzteile gerade auf Wunsch des Anspruchstellers eingebaut worden sind, obwohl die dem ursprünglichen Zustand entsprechenden Aggregate noch verfügbar (lieferbar) waren. Dies gilt natürlich in ganz besonderem Maße dann, wenn inzwischen die Übergangsfrist für die Weiterbenutzung der den gesetzlichen Bestimmungen nicht mehr entsprechenden Teile abgelaufen ist und der Geschädigte durch die Reparatur ganz oder teilweise eine Anpassung an die derzeit gültigen gesetzlichen Bestimmungen erspart, die er sonst auf eigene Kosten hätte vollziehen müssen.

187 Der Vorteilsausgleich wird insbesondere dann zum Tragen kommen, wenn bei der Reparatur Neuteile eingebaut worden sind, die eine »echte« Wertverbesserung am Fahrzeug oder an seinen wesentlichen Teilen bewirkt haben.[308] Voraussetzung dafür ist allerdings, dass entweder eine Erhöhung des Fahrzeugwertes eingetreten ist oder der Eigentümer (Geschädigte) durch den reparaturbedingten Einbau von Neuteilen Aufwendungen erspart, die in absehbarer Zeit ohnehin aus verschleißbedingtem Anlass fällig gewesen und auf ihn zugekommen wären.[309] Dies gilt insbesondere dann, wenn lebenswichtige Teile, wie beispielsweise Motor, Kardanwelle, Achskörper usw., erneuert worden sind.[310] Dies schließt nicht aus, dass auch die Erneuerung von reinen Blechteilen zu einer echten Wertverbesserung des Kfz im Ganzen führen kann, die durch entsprechende Abzüge »neu für alt« zu kompensieren ist.[311]

188 Abzüge »neu für alt« sind demgegenüber – in negativer Abgrenzung – dann nicht zulässig, wenn im Zuge der Reparatur Teile erneuert worden sind, die im Zeitpunkt des Unfalles noch unbeschädigt waren und erfahrungsgemäß die restliche Lebensdauer (Nutzungszeit) des Kfz in der ursprünglichen Form überdauert hätten.[312]

---

303 Vgl. dazu BGHZ 8, 325 f.
304 Vgl. dazu *BGH* NJW-RR 1986, 1400 f. = VersR 1987, 70, 72 = DAR 1987, 17.
305 Vgl. dazu *BGH* NJW 1979, 760 = VersR 1979, 323 = DAR 1979, 97; NJW 1984, 979 = VersR 1984, 353 = DAR 1984, 114.
306 Vgl. dazu BGHZ 91, 357, 363 = NJW 1984, 2520 = VersR 1984, 936; – wegen der negativen Abgrenzung s. *BGH* NJW 1987, 2741 = VersR 1987, 1239; – vgl. dazu auch *Weber* DAR 1988, 181.
307 *BGH* NJW 1996, 584.
308 Vgl. dazu BGHZ 30, 29 = NJW 1959, 1078 = VersR 1959, 399; *OLG Oldenburg* VersR 1967, 566; *OLG Gelle* VersR 1974, 1032.
309 BGHZ 30, 29 = NJW 1959, 1078 = VersR 1959, 399.
310 Vgl. dazu *Gräf* zfs 1955, 609; *Voss* VersR 1956, 143; *Walter* S. 73.
311 Vgl. dazu insbes. *Sanden/Völtz* Rn. 130 (insb. bei vorgeschädigten oder verrosteten Karosserieteilen).
312 Vgl. dazu insbes. *OLG Nürnberg* VersR 1964, 835; *KG* NJW 1971, 142; *LG Hannover* zfs 1981, 40; *LG*

F. Vorteilsausgleich   Kapitel 10

Schließlich kann eine Wertverbesserung auch darin bestehen, dass aufgrund geänderter gesetzlicher   189
Bestimmungen – nach Ablauf der im Regelfalle vom Gesetzgeber eingeräumten Übergangszeit – die
beschädigten Teile ohnehin hätten erneuert werden müssen, weil sie nicht den neuen Bau- und Aus-
rüstungsvorschriften entsprechen.[313] In diesem Fall ist es nicht erforderlich, dass eine Wertsteigerung
im Ganzen eintritt.

II. Typische Verschleißteile

Im Haftpflichtrecht beschränken die Abzüge »neu für alt« sich im Allgemeinen auf typische Ver-   190
schleißteile; sie kommen also bei der Erneuerung langlebiger Karosserieteile nicht in Betracht.[314]
Zu den Verschleißteilen gehören insbesondere:
- Motor
- Getriebe
- Auspuff[315]
- Kardanwelle
- Polster
- Batterie[316]
- Bereifung[317]
- Stirnräder
- Anlasser
- Glühbirnen
- Bremsbeläge[318]
- Zylinder
- Kolben.

Wird ein derartiges Teil aus schadenadäquatem Anlass gegen ein Neuteil ersetzt, dann ist in der Regel   190a
ein Abzug »neu für alt« gerechtfertigt, weil die ohnehin in absehbarer Zeit bevorstehende Ersatzbeschaffung um jenen Zeitraum hinausgeschoben wird, den das beschädigte Teil bereits benutzt worden ist.[319] Ein Abzug »neu für alt« kommt bei zeitwertgerechter Reparatur mit gebrauchten Ersatzteilen naturgemäß nicht in Betracht.

Als Kriterium dafür kommt allein der Gesichtspunkt in Betracht, ob der Geschädigte durch den Aus-   191
tausch von Verschleißteilen gegen fabrikneue, genormte Aggregate objektiv bereichert ist.[320] Es
kommt demgegenüber nicht auf die Frage an, ob in diesem Zusammenhang ein Verschulden des Ge-

---

     Regensburg zfs 1980, 296 (kein Abzug bei Einbau einer neuen Lenkung in »Jaguar« mit einer Laufleistung von bisher rd. 90 tkm).
313 *Werner* NJW 1955, 769, 772; *Walter* S. 74.
314 Vgl. dazu insbes. *OLG Celle* VersR 1974, 1032; *Gaisbauer* VW 1973, 711; *Sanden/Völtz* Rn. 129 f.
315 Vgl. dazu *OLG Celle* VersR 1974, 1032; *LG Hagen* 16 0 743/80 v. 16.12.1981 (n. v.); *Weigelt/Sprenger* Stichw.: »neu für alt, Erläut. 1« Kenn-Nr. 62.701, 1983, S. 6.
316 Vgl. dazu *OLG Celle* VersR 1974, 1032; *KG* bei *Darkow* DAR 1976, 225 (zu 1. 2); 12 U 3427/78 v. 7.1.1979 (n. v.); *LG Bonn* 1 0 178/79 v. 18.9.1979 (n. v.); *MüKo/Oetker* § 249 Rn. 333 (mit dem rechtlich irrelevanten Hinweis, dass sich dieses Fahrzeugteil leicht herausnehmen und verkaufen lässt); *Weigelt/Sprenger* Stichw.: »neu für alt, Erläut. 1«, Kenn-Nr. 62.701, 1983, S. 6.
317 Vgl. dazu *OLG Nürnberg* VersR 1964, 835; *KG* NJW 1971, 142 = VersR 1971, 547 = DAR 1971, 40; *OLG Celle* VersR 1974, 1032; *AG Ludwigshafen* zfs 1981, 41; *MüKo/Oetker* § 249 Rn. 333; *Weigelt/Sprenger* Stichw.: »neu für alt, Erläut. 1«; Kenn-Nr. 62.701, 1983, S. 6.
318 Vgl. dazu *OLG Celle* VersR 1974, 132; *Weigelt/Sprenger* Stichw.: »neu für alt, Erläut. 1«, Kenn-Nr. 62.701, 1983, S. 6.
319 Vgl. dazu BGHZ 30, 29 = NJW 1959, 1078 = VersR 1959, 399; *KG* NJW 1971, 142; *OLG Celle* VersR 1974, 1032; *Krumme/Steffen* § 11 StVG Rn. 20.
320 *Wussow/Kürschner* Kap. 56 Rn. 19.

schädigten vorliegt, beispielsweise etwa deswegen, weil er vermeintlich dadurch gegen seine Schadenminderungspflicht verstoßen hat, dass er nicht den Einbau von Altteilen veranlasst hat.[321]

192 Abzüge »neu für alt« werden unter bestimmten Voraussetzungen selbst bei Alt- oder Tauschteilen vorzunehmen sein. Dies gilt jedenfalls dann, wenn die ursprünglichen Teile bereits so weit verschlissen waren, dass die Tauschteile erheblich wertvoller sind. Bei Teilen, die üblicherweise nur im Tausch erneuert zu werden pflegen – wie beispielsweise Motor oder Getriebe –, sind Abzüge »neu für alt« in gleicher Weise wie bei Neuteilen vorzunehmen, da jene Teile im Werk so weit aufbereitet worden sind, dass sie Neuteilen nahezu entsprechen. Dies gilt auch für den sog. »Teilemotor«.

193 Andererseits muss festgehalten werden, dass Abzüge »neu für alt« nicht auf typische Verschleißschäden beschränkt sind. Sie können auch bei Karosserieschäden vorgenommen werden, wenn das beschädigte Blechteil entweder bereits mit unreparierten oder nicht fachmännisch beseitigten Vorschäden behaftet war bzw. starke An- oder Unterrostungen[322] aufwies und aus diesem Grunde ohnehin in absehbarer Zeit hätten erneuert werden müssen. Für den Regelfall lässt sich indes feststellen, dass durch die Erneuerung von Karosserieteilen im Zweifel keine Wertverbesserung eintritt.[323]

III. Höhe

1. Allgemein

194 Die Abzüge »neu für alt« werden, je nach dem Anteil des Verschleißes, der auf das beschädigte Teil eingewirkt hat, in der Regel von einem Sachverständigen[324] in Äquivalenzzahlen ermittelt, die sich auf die gesamte Nutzungsdauer unter Berücksichtigung des Pflege- und Erhaltungszustandes[325] beziehen. Hat beispielsweise ein durch Unfall total beschädigter Motor bereits 50 000 km zurückgelegt, dann wird, wenn man eine normale Nutzungsdauer von 100 000 km als Durchschnittswert unterstellt, durch den Einbau eines Tauschmotors eine Wertverbesserung eingetreten, die mit einem Abzug »neu für alt« in Höhe von rd. 50 % zu bemessen ist. Es muss also im Einzelfall geprüft werden, in welchem Anteil vom Anschaffungswert das total beschädigte Aggregat im Unfallzeitpunkt durch den bestimmungsgemäßen Gebrauch bereits abgenutzt war.

195 Eine Pauschalierung der Abzüge »neu für alt« in der Form, dass ein bestimmter Prozentsatz vom gesamten Rechnungsbetrag abgezogen wird, erscheint demgegenüber zu wenig differenziert und daher unzulässig. Diese Methode berücksichtigt nicht den Umstand, dass praktisch jedes einzelne Teil einem unterschiedlichen Verschleißkoeffizienten ausgesetzt ist.[326]

196 Ebenso wenig kommt es für die Ermittlung des verschleißbedingten Anteils darauf an, mit welchem Betrage der beschädigte Gegenstand noch zu Buche stand. Der Buchwert, dem in erster Linie steuerliche Bedeutung zukommt, ist kein Anhaltspunkt für den tatsächlichen Gebrauchs- oder Verkaufswert einer Sache.[327] Die Praxis der Schadenregulierung kennt eine derartige Differenzierung nicht und lässt die Frage unberücksichtigt, inwieweit Werterhöhungen des Wirtschaftsgutes dadurch eingetreten sind, dass durch die Form der buchmäßigen Abschreibung die Aktivseite der Bilanz erhöht wird.

---

321 Hier ist zu prüfen, inwieweit die Instandsetzung mit gebrauchten Ersatzteilen unter Berücksichtigung der Beschaffungszeit – die bekanntlich auch Geld bedeutet – im wirtschaftlichen Ergebnis tatsächlich günstiger ist als die Instandsetzung mit Neuteilen.
322 Vgl. *AG Heidelberg* VersR 1978, 953; *Darkow* VersR 1972, 613, 617; *Gaisbauer* VW 1973, 711; Weigelt/*Sprenger* Stichw.: »neu für alt, Erläut. 1«, Kenn-Nr. 62.701, 1983, S. 5.
323 Vgl. *Walter* S. 80.
324 Vgl. dazu insbes. *Voss* DAR 1951, 19 f.; *Haberkorn* DAR 1959, 146; Weigelt/*Sprenger* Stichw.: »neu für alt, Erläut. 1«, Kenn-Nr. 62.701, 1983, S. 8.
325 *KG* NJW 1971, 142 = VersR 1971, 547 = DAR 1971, 40; *LG Berlin* VRS 17, 81 f.; *Voss* DAR 1951, 19; *Darkow* VersR 1972, 613; Weigelt/*Sprenger* Stichw.: »neu für alt, Erläut. 1«, Kenn-Nr. 62.701, 1983, S. 8.
326 Vgl. dazu *LG Berlin* VRS 17, 81; *Fischbach* DAR 1951, 107.
327 *Walter* S. 78.

Abzüge »neu für alt« sind – Ausnahme: Lackierung – lediglich von den Materialkosten vorzunehmen. Die Arbeitslöhne bleiben demgegenüber unberücksichtigt. 197

Die Lohnkosten werden bei der Bemessung der Abzüge »neu für alt« deswegen außer Betracht gelassen,[328] weil sie in gleicher Weise und in derselben Höhe auch dann angefallen wären, wenn anstelle des beschädigten Aggregates ein gleichwertiges Altteil eingebaut worden wäre, das keine Wertverbesserung bewirkt hätte.[329] 198

2. Lackierungskosten

Andere Grundsätze gelten – wie bereits angedeutet – bezüglich der Lackierung. In diesem Bereich entfallen etwa 90 bis 95 % des Gesamtpreises auf Arbeitslöhne (Entfernung der Chromteile, Abschleifen des Ursprungslacks, Abkleben der nicht zu lackierenden Teile, Grundierung, Lackierung, Entkleben und Montieren der Chromteile). Abzüge »neu für alt« sind hier allerdings regelmäßig nur im Fall einer Ganzlackierung zu vertreten.[330] Die Praxis zeigt, dass der Wiederverkaufswert eines Fahrzeugs in erster Linie durch den optischen Gesamteindruck geprägt wird, der seinerseits auf dem Zustand der Lackierung beruht.[331] Aus diesem Grunde ist eine Neulackierung im besonderen Maße geeignet, dem Geschädigten einen realen Wertzuwachs zu vermitteln,[332] der bei Fahrzeugen, die bereits einige Jahre alt sind, bei 50 % der Lackierungskosten liegen dürfte.[333] 199

IV. Preisnachlässe

1. Rabatte

Es kommt im Zuge der Schadenregulierung nicht selten vor, dass dem Geschädigten bei der Inanspruchnahme von Reparaturleistungen oder bei der Anmietung bzw. beim Ankauf eines Ersatzfahrzeugs Rabatte gewährt werden. Dies geschieht häufig aufgrund der besonderen Geschäftstüchtigkeit des Geschädigten, mitunter aber auch aufgrund seiner persönlichen Beziehungen zu den Leistungsträgern. In diesem Zusammenhang erhebt sich dann die Frage, ob die Rabatte allein dem Geschädigten zugutekommen sollen oder ob er verpflichtet ist, sie an den Schädiger »weiterzugeben«. 200

Es bleibt zunächst als Grundsatz festzuhalten, dass der Geschädigte die Rabatte nicht für sich »vereinnahmen« darf, sondern verpflichtet ist, sich diese auf seinen Ersatzanspruch, den ja der Schädiger finanziert, anrechnen zu lassen. dass Rabatte grundsätzlich an den Schädiger »weiterzugeben« sind, der den Schaden letztlich ja trägt, wird insbesondere dann deutlich, wenn man sich einmal den Fall vorstellt, dass der Geschädigte über keine eigenen Barmittel verfügt und den Ersatzpflichtigen deshalb – in zulässiger Weise – bittet, die Schäden unmittelbar im Verhältnis zu demjenigen auszugleichen, der Lieferungen und Leistungen im Interesse der Schadenbeseitigung erbracht hat. Der Ersatzpflichtige begleicht daraufhin die Fremdrechnungen der Reparaturwerkstatt und der gewerblichen Autovermietung in Höhe des jeweils abgerechneten Betrages. Es wäre unter diesen Umständen ein mehr als seltsames und unbefriedigendes Ergebnis, wenn der Geschädigte, nachdem die Dinge in seinem Sinne und seinem Wunsche entsprechend abgewickelt worden sind, nunmehr erneut den Ersatzpflichtigen in Anspruch nimmt und diesen bittet, ihm die in den Fremdrechnungen berücksichtigten Rabatte an ihn – den Geschädigten – bar auszuzahlen. Bei dieser Fallgestaltung wird in besonderem Maße deutlich, wie grotesk und unberechtigt das Anliegen des Geschädigten ist. Es kann 200a

---

328 Vgl. dazu *OLG Stuttgart* VersR 1958, 864; *LG Berlin* VRS 17, 81 f.; *Weigelt/Sprenger* Stichw.: »Neu für alt, Erläuterungen 1«, Kenn-Nr. 62701, 1983, S. 8.
329 *OLG Stuttgart* VersR 1958, 864; *LG Berlin* VRS 17, 81; *Walter* S. 79.
330 Vgl. dazu *AG Berlin-Charlottenburg* VersR 1985, 1052 (L).
331 Vgl. dazu *Sanden/Völtz* Rn. 132.
332 Vgl. *OLG München* VersR 1970, 261.
333 Wegen näherer Einzelheiten dazu vgl. insbes. *OLG Frankfurt* MDR 1965, 382 (5 Jahre altes Kfz mit einer Laufleistung von mehr als 60 000 km); *H. W. Schmidt* VersR 1965, 746 f.; BB 1968, 1310; *Weigelt/Sprenger* Stichw.: »Neu für alt, Erläuterungen 1«, Kenn-Nr. 62701, 1983, S. 8.

jedoch keinen rechtlich bedeutsamen Unterschied ausmachen, ob die Dinge in dieser Weise abgewickelt werden oder der Schädiger dem Geschädigten die von ihm kurzfristig verauslagten Rechnungspositionen erstattet.

200b Ein Teil der Auffassungen in Literatur und Rechtsprechung will für die Lösung der Frage, ob Rabatte anzurechnen sind, dahin unterscheiden, ob der Geschädigte (Kunde) einen allgemeinen Rechtsanspruch auf den Rabatt gehabt hat[334] oder ob es sich dabei um sog. »Freundschafts- bzw. Verwandtenrabatte« handelt. Das *OLG Hamm*[335] geht in diesem Zusammenhang davon aus, dass Rabatte lediglich dann anspruchs- bzw. schadenmindernd zu berücksichtigen seien, wenn auf sie bereits nach allgemeinen Grundsätzen ein Rechtsanspruch besteht. Es müsse sich daher um einen dem Schadenereignis adäquaten und im wirtschaftlichen Ergebnis anrechenbaren Vorteil handeln.[336] Anders sollen demgegenüber sog. »Freundschafts- oder Verwandtenrabatte« zu beurteilen sein, die nach der Lebenserfahrung lediglich freundschaftshalber und im Interesse besonderer persönlicher Beziehungen zum Begünstigten gewährt werden. Man geht insoweit davon aus, dass der Rabatt, der ja eine Verringerung der Handels- und Verdienstspanne des Verkäufers zu seinem eigenen Nachteil zur Folge hat, mit Sicherheit nicht gewährt werden würde, wenn Verkäufer oder sonstige Leistungsträger wüssten, dass der Rabatt nicht dem Begünstigten, sondern einem Dritten zugutekommt. Jede andere Betrachtungsweise würde, so meinen die Verfechter dieser Auffassung, gegen das Prinzip der rechtlichen Unbeachtlichkeit von Drittleistungen verstoßen.

201 Es gilt der das gesamte Schadensersatzrecht beherrschende Grundsatz, dass der Eintritt eines Schadens dem Geschädigten keine neuen Einnahmequellen eröffnen und ihn nicht ohne Rechtsgrund bereichern dürfe. Damit ist das grundlegende Prinzip unseres Schadensersatzrechts angesprochen, dass der Schaden um den gleichzeitig und aus demselben Anlass erlangten Vorteil geringer ist. Gewährt der Kfz-Handel beispielsweise beim Kauf eines Neufahrzeugs im Fall der Barzahlung allgemein einen Nachlass von 5 % des Listenpreises, muss sich der Geschädigte bei der Abrechnung seines Schadens auf Neuwagenbasis von seiner Ersatzforderung einen Abzug in gleicher Höhe gefallen lassen.[337] Abzulehnen ist daher die zuweilen in der Rechtsprechung[338] und Rechtslehre etwas undifferenziert vertretene Auffassung, dass der Geschädigte die ihm aus unfallbedingtem Anlass gewährten Rabatte in jedem Fall für sich selbst in Anspruch nehmen darf. Eine andere – davon streng zu trennende – Frage ist, ob der Geschädigte verpflichtet ist, sich im Interesse des Schädigers darum zu bemühen, dass ihm Rabatte gewährt und eingeräumt werden. In diesem Zusammenhang vertritt das *LG Hanau*[339] die Auffassung, im Fall eines Totalschadens brauche der Geschädigte sich bei der Anschaffung eines Ersatzfahrzeugs nicht um einen Rabatt zu bemühen. Dies sei ihm auch nicht zuzumuten, weil Handeln ohnehin nicht jedermanns Sache sei und zum anderen die Befürchtung bestehe, dass unter diesen Umständen etwaige – außerhalb der Garantie und Gewährleistung liegende – Kulanzregelungen bei Bagatellschäden nicht in Betracht kommen.

---

334 Diese Voraussetzung wird beispielsweise dann erfüllt sein, wenn es sich beim Geschädigten um ein größeres Unternehmen handelt, das im Rahmen seiner Einkaufsbedingungen grundsätzlich und für alle Fälle mit bestimmten Unternehmen Rabatte – insbesondere Mengenrabatte – vereinbart hat (vgl. dazu *LG Koblenz* zfs 1987, 170 für Rabatte der *Deutschen Bundesbahn für* die Reparatur eines ihrer Omnibusse).
335 Vgl. dazu *OLG Hamm* VersR 1977, 735; ebenso *OLG Karlsruhe* zfs 1989, 51 = VRS 75, 403; *OLG Stuttgart* VersR 1986, 217 = zfs 1986, 217 (m. w. N.); *LG Köln* DAR 1986, 294 = zfs 1986, 344; *LG Saarbrücken* NJW-RR 1988, 1178; zfs 1988, 397; *AG Gelnhausen* zfs 1988, 385.
336 Vgl. *AG Münster* VersR 1980, 688 (Rabatt bei Ersatzwagenbestellung nach Totalschaden); *AG Charlottenburg* zfs 1981, 39.
337 *AG Münster* VersR 1980, 688 (L); – ähnlich *AG Berlin-Charlottenburg* zfs 1981, 39; *OLG München* VersR 1975, 916 (Personalrabatt des Arbeitgebers); *OLG Karlsruhe* DAR 1989, 106 (13 %iger Preisnachlass des Händlers); *OLG Hamm* VersR 1991, 349 (Händlereinkaufspreis); *AG Bünde* NZV 1993, 482 (11 %iger Rabatt für Beamte beim Dienstwagenkauf).
338 Vgl. dazu beispielsw. *LG Landshut* VersR 1978, 953 (L) = DAR 1978, 138 = r+s 1978, 261; *LG Aachen* DAR 1983, 326 (dazu abl.: *Klimke* DAR 85, 214); *OLG Celle* VersR 93, 624 (Werkstattangehörigenrabatt); *OLG Frankfurt* VersR 1995, 1450 (25 %iger Preisnachlass für Großkunden).
339 *LG Hanau* zfs 1982, 29.

F. Vorteilsausgleich Kapitel 10

Die Frage nach der Rabattgewährung im Fall eines nach haftpflichtrechtlichen Gesichtspunkten abzuwickelnden Totalschadens stellt sich normalerweise schon deswegen nicht, weil es insoweit nicht auf die tatsächlichen Kosten für die Ersatzbeschaffung eines Kfz, sondern ausschließlich auf den Wiederbeschaffungswert ankommt. Das *LG Hanau* hat den von ihm beurteilten Sachverhalt lediglich deswegen für relevant gehalten, weil es von einem »unechten« Totalschaden an einem schwerbeschädigten fabrikneuen Kfz ausgegangen ist[340] und überdies von Abzügen für den bisherigen Gebrauch abgesehen hat. Im Übrigen vertritt die Rechtsprechung die Auffassung, dass eine Anrechnung des Rabatts insoweit lediglich im Rahmen der Zumutbarkeit zu erfolgen hat.[341] 201a

Demgegenüber wird die Auffassung vertreten, dass Zeit- und Mengenrabatte, die nach dem Handelsbrauch üblicherweise gewährt werden, vom Geschädigten in zumutbarer Weise – im konkreten Fall: bei der Anmietung eines für eine längere Urlaubsreise benötigten Ersatzfahrzeugs – auszuhandeln und an den Schädiger »weiterzugeben« sind.[342] 201b

Sollte eine Schadenausgleichung in Betracht kommen und der Geschädigte aus anderen Gründen einen prozentual bemessenen Anteil am Gesamtschaden selbst zu tragen haben, dann sind anrechenbare Rabatte in dem jeweils maßgeblichen Quotenverhältnis auf Schädiger und Geschädigten gleichmäßig zu verteilen. Abzulehnen ist beispielsweise die hin und wieder vertretene Auffassung, dass die im Zusammenhang mit einer unfallbedingt notwendigen Ersatzanmietung gewährten Rabatte nicht auf den Gesamtschaden zu verrechnen, sondern aufseiten des Geschädigten zum Ausgleich des Abzuges für eingesparte leistungsbezogene Betriebskosten des eigenen Fahrzeugs bestimmt sind.[343] 202

2. Skonti

Um eine besondere Form des Preisnachlasses handelt es sich bei den Skontoabzügen (Skonti). Unter dem Begriff Skonti[344] versteht man einen Nachlass von der vereinbarten Gegenleistung, den der Lieferant einer Ware oder der Unternehmer, der eine Dienstleistung erbringt, im Fall sofortiger Barzahlung – meistens innerhalb von 10 Tagen nach Rechnungserhalt – gewährt, also eine in Prozentsätzen ausgedrückte Preissenkung für vorzeitige oder rechtzeitige Bezahlung des Kaufpreises oder Werklohnes.[345] 203

Dem Kunden steht es, falls der betreffende Lieferant Skonto gewährt, frei, nach eigenem Ermessen entweder innerhalb von 10 Tagen die Ware oder Leistung nach Abzug des – im Handelsverkehr üblicherweise mit 2 oder 3 % bemessenen – Skontos zu bezahlen oder das ihm eingeräumte Zahlungsziel (zeitliche Limit) in der Weise zu nutzen, dass er erst nach Ablauf weiterer 20 Kalendertage zahlt. Dies bedeutet, dass der Kunde entweder innerhalb der üblicherweise gesetzten 10 Tage Frist unter Abzug des Skontos zahlt oder die Überweisung des gesamten Rechnungsbetrages innerhalb von 30 Tagen bewirkt. Entscheidet sich der Kunde dafür, die 30 Tage Frist voll auszunutzen, kann er selbstverständlich keine Abzüge mehr vornehmen. 203a

Bei der an diese Definition des Handelsbrauchs anknüpfenden Frage, ob auch die durch Inanspruchnahme von Skonti erlangten Preisvorteile an den Schädiger weiterzugeben sind, könnte man zunächst auf den ersten Blick meinen, dass insoweit im Grunde genommen keine Unterschiede zum Rabatt bestehen. Diese Aussage ist sicherlich dann richtig, wenn man sie auf den Privatmann bezieht, der einen Rechtsanspruch auf das ihm zugesicherte Skonto hat und dem der Rechnungsbetrag zur freien Verfügung steht, d. h. dem auch im Fall sofortiger Barzahlung kein Nachteil in der Form entsteht, 204

---

340 Wegen dieser Problematik vgl. im Einzelnen Kap. 10 Rdn. 10 ff.
341 Vgl. dazu beispielsw. *BGH* VersR 1953, 320 (Personalrabatt des Arbeitgebers); *OLG Celle* VersR 1962, 187; *OLG München* VersR 1975, 916 (Personalrabatt des Arbeitgebers); *AG Köln* zfs 1985, 10 (Personalrabatt des Arbeitgebers).
342 Vgl. dazu *OLG Stuttgart* VersR 1982, 559; – a. A. *LG Aachen* VersR 1985, 1052 (L).
343 Vgl. dazu *KG* VersR 1973, 257 (L).
344 Ital. »Abzug«.
345 Vgl. *OLG Nürnberg* BB 1963, 919; *Güntsch* BB 1982, 663.

dass ihm Haben-Zinsen entgehen oder er gar Soll-Zinsen bezahlen muss. Wenn ein Privatmann also von seinem unverzinslich auf einem Girokonto angelegten frei verfügbaren Vermögen die Zahlung sofort bewirkt, ohne dass er in diesem Zusammenhang irgendwelche finanziellen Nachteile in Kauf nehmen muss, dann ist er verpflichtet, den durch die Inanspruchnahme von Skonto erlangten Preisvorteil voll an den Schädiger »weiterzugeben«.

204a Andererseits muss jedoch herausgestellt werden, dass der Schädiger auf diese Form der Sachbehandlung keinen Rechtsanspruch hat. Dies bedeutet, dass der Ersatzpflichtige gegen den Geschädigten auch dann keinen Vorwurf erheben kann, wenn dieser es – gleichgültig, aus welchen Gründen auch immer – vorzieht, das ihm eingeräumte Zahlungsziel zu nutzen und den Rechnungsbetrag dann – in unserem Beispiel innerhalb von 30 Tagen nach Rechnungserhalt – voll zu bezahlen. Der Geschädigte kann sich also ohne Rücksicht auf die Belange oder Wünsche des Schädigers frei entscheiden, ohne dass er verpflichtet ist, unter Vorstreckung eigener Mittel die angebotene Skontogewährung in Anspruch zu nehmen.

204b Aus diesem Sachverhalt lässt sich insbesondere vonseiten des Ersatzpflichtigen auch kein auf 254 Abs. 2 BGB gestützter Einwand ableiten. Diese Möglichkeit könnte man allenfalls dann in Betracht ziehen, wenn der Geschädigte innerhalb der ihm bei zugesagter Skontogewährung gesetzten Frist den Rechnungsbetrag bezahlt, gleichwohl aber den dadurch erlangten Vorteil in Form des Skontos nicht wahrnimmt.

205 Nimmt der Privatmann also ohne eigenen Nachteil und eigenes Zutun die ihm gewährte Möglichkeit des Skontoabzugs in Anspruch, dann muss er diesen Preisnachlass ebenso wie einen Rabatt an den Schädiger weitergeben, da die Schadenersatzleistung ihrer Zielrichtung nach nicht dazu bestimmt ist, dem Geschädigten zu neuen Einnahmequellen zu verhelfen. Der Schaden ist also auch in diesem Fall um den gleichzeitig damit verbundenen Vorteil geringer.

206 Anders sind die Dinge allerdings dann zu betrachten, wenn der Geschädigte sich den Skontoabzug durch besondere Aufwendungen oder Vorkehrungen gewissermaßen »erkaufen«[346] muss. Dabei ist vornehmlich an einen Geschädigten zu denken, der beispielsweise einen Handelsbetrieb unterhält und seine Rechnungen mittels eines ihm von seiner Hausbank eingeräumten Dispositionskredits begleicht. Die Frage, ob es sinnvoll ist, einen Skontoabzug wahrzunehmen, beantwortet sich nach den »Spielregeln« des kaufmännischen Kalküls beispielsweise wie folgt:

206a Nehmen wir an, der Rechnungsbetrag lautet über insgesamt 1 000 Euro. Wenn der Kunde im Fall einer Barzahlung innerhalb von 10 Tagen 2 % Skonto abziehen darf, dann hat er insgesamt 20 Euro eingespart. Dies ist indes nur eine Seite der geschäftlichen Transaktion. Wenn der Kunde nicht über eigene flüssige Mittel verfügt und für die Bezahlung einen Dispositionskredit in Anspruch nehmen muss, für den er selbst 8 % Zinsen zu entrichten hat, dann muss er für die Skontogewährung 8 % Zinsen auf 1 000 Euro, für einen Zeitraum von 20 Tagen, insgesamt also einen Betrag von 4,44 Euro, aufwenden. Dieses Beispiel geht davon aus, dass der Kunde – wie üblich – am letzten Tage der ihm gewährten Frist zahlt und dass ihm sonst ein Zahlungsziel von weiteren 20 Tagen – insgesamt also 30 Kalendertage nach Rechnungserhalt – eingeräumt ist. Jeder vernünftige Kaufmann wird gern 4,44 Euro einsetzen, wenn er dafür 20 Euro erhält.

207 In diesem Fall kann der Schädiger indes die Ersatzleistung an den Geschädigten nicht in Höhe des von ihm selbst in Anspruch genommenen Skontos von – im Beispielsfalle – 20 Euro kürzen, sondern er muss ihm gleichzeitig auch seine Aufwendungen in Höhe von 4,44 Euro ersetzen, die erforderlich waren, um sich jenen Skontoabzug zu »erkaufen«.

---

346 Bzgl. der Errechnung und der maßgeblichen Formeln vgl. *Güntsch* BB 1962, 663.

G. Umsatzsteuer

I. Anfall

Für Schadensfälle ab dem 1.8.2002 schließt der nach § 249 Abs. 2 S. 1 BGB n. F. erforderliche Geldbetrag die Mehrwertsteuer gem. § 249 Abs. 2 S. 2 BGB n. F. nur mit ein, wenn und soweit sie tatsächlich angefallen ist. Diese Regelung gilt nur, wenn eine Herstellung der beschädigten Sache selbst oder die Beschaffung einer gleichartigen und gleichwertigen Ersatzsache möglich ist, mithin nicht im Fall der Schadenskompensation nach § 251 BGB. Die Neuregelung hat in der Praxis der KH-Schadensregulierung folgende Konsequenzen: 208

1. Reparatur in Fachwerkstatt

Der Geschädigte lässt das Fahrzeug in einer Fachwerkstatt reparieren. Anschließend kann der Geschädigte unter Vorlage der Reparaturrechnung nachweisen, dass die Mehrwertsteuer angefallen ist. 209

Voraussetzung für die Abrechnung auf Reparaturkostenbasis ist, wie nach bisherigem Recht, dass das Fahrzeug des Geschädigten noch reparaturwürdig ist. Dies ist nach vorherrschender Rechtsprechung der Fall, wenn die Reparaturkosten den Wiederbeschaffungswert des beschädigten Kfz nicht um mehr als 30 % übersteigen. 209a

Sofern die sogenannte Opfergrenze von 130 % nicht überschritten ist, darf sich der Geschädigte im Rahmen seiner Dispositionsfreiheit auch für die teurere Alternative der Reparatur entscheiden, solange er das beschädigte Fahrzeug fachgerecht instand setzen lässt und tatsächlich auch weiter benutzen möchte. Stellen sich die Reparaturkosten auf mehr als 130 % des Wiederbeschaffungswertes, bleibt dem Geschädigten die Abrechnung auf Reparaturkostenbasis verwehrt. 209b

Im Hinblick auf die Neuregelung des § 249 Abs. 2 S. 2 BGB n. F. stellt sich die Frage, ob im Rahmen der Ermittlung der Opfergrenze die Mehrwertsteuer entsprechend zu berücksichtigen ist. Nach der hier vertretenen Auffassung hat die Ermittlung der Opfergrenze bei einem nicht vorsteuerabzugsberechtigten Geschädigten auf Basis der Brutto-Beträge zu erfolgen. Denn bei der maßgeblichen ex ante-Betrachtung können nur die Beträge verglichen werden, die der Geschädigte im Rahmen der Schadensbeseitigung entweder durch Instandsetzung in einer Fachwerkstatt oder durch Wiederbeschaffung bei einem Kfz-Händler aufwenden müsste[347]. Dies mit der Folge, dass vergleichend die Beträge einschließlich der Mehrwertsteuer zu berücksichtigen sind. 209c

Hierfür sprechen auch praktische Erwägungen. Zwar wäre es für die Berechnung der Reparaturkosten unproblematisch, von den Nettobeträgen auszugehen; hinsichtlich des geschätzten Reparaturkostenaufwandes bliebe die Mehrwertsteuer außer Ansatz, der verbleibende Minderwert ist immer ohne Mehrwertsteuer anzusetzen, denn dieser Betrag ist steuerneutral.[348] Für die Berechnung der Wiederbeschaffungskosten ist indes der Ansatz von Nettobeträgen durchaus problematisch, da die Mehrwertsteuer für den Regelfall der Ersatzbeschaffung bei einem Gebrauchtwagenhändler nur aus der Gewinnspanne des Händlers zu entrichten ist. Da die Höhe der Mehrwertsteuer also ohne Weiteres nur schwer zu bestimmen ist, erscheint es aus Gründen der Praktikabilität sinnvoll, bei der Ermittlung der Opfergrenze bei Reparaturkostenaufwand und Wiederbeschaffungswert die jeweiligen Brutto-Beträge vergleichend einander gegenüberzustellen. Dabei ist zu berücksichtigen, dass bei der Ermittlung der Opfergrenze zwar der Restwert außer Betracht bleibt, nicht aber der Minderwert. 210

2. Fiktive Abrechnung

Wenn der Geschädigte fiktiv auf Gutachterbasis abrechnet, hat er keinen Anspruch auf die Mehrwertsteuer. Der im Gutachten angegebene Ersatzbetrag ist um die ausgewiesene Mehrwertsteuer zu kürzen. 211

---

347 S. Kap. 10 Rdn. 49
348 *Lemcke* r+s 2002, 265.

211a Entscheidet sich der Geschädigte im Rahmen seiner Dispositionsfreiheit, den Schaden fiktiv auf Gutachterbasis abzurechnen, ist er beschränkt auf die wirtschaftlich günstigere Alternative. Dabei sind die gutachterlich ermittelten Reparaturkosten (zzgl. Minderwert) dem Wiederbeschaffungsaufwand (Wiederbeschaffungswert abzgl. Restwert) vergleichend gegenüberzustellen. In diesem Fall stellt sich die Frage, ob im Rahmen der Wirtschaftlichkeitsbetrachtung die Mehrwertsteuer berücksichtigt werden muss. Nach der hier vertretenen Auffassung ist bei einem nicht vorsteuerabzugsberechtigten Geschädigten die Wirtschaftlichkeitsbetrachtung anhand der Brutto-Beträge vorzunehmen, da es auch hier entscheidend auf die Frage der Schadensbeseitigungskosten insgesamt ankommt. Zu berücksichtigen ist, dass für den nicht vorsteuerabzugsberechtigten Geschädigten der Restwert steuerneutral ist. Dies gilt nicht für den vorsteuerabzugsberechtigten Geschädigten, da für diesen die Verkaufssumme des verunfallten Fahrzeuges eine steuerpflichtige Einnahme darstellt, mithin Mehrwertsteuer an das Finanzamt abzuführen ist.

212 Nimmt der Geschädigte (zunächst) eine fiktive Abrechnung vor und reguliert die Versicherung den so geltend gemachten Anspruch, ist der Geschädigte an diese Schadensberechnung nicht gebunden. Er kann sich vielmehr nachträglich noch zur Durchführung der Reparatur und zur Nachforderung dann fällig werdender Schadenspositionen (angefallene Mehrwertsteuer, ggfs. Nutzungsausfallentschädigung) entscheiden, solange zwischenzeitlich eingetretene Verjährung die Durchsetzbarkeit seines Anspruchs nicht hindert.[349]

3. Teil- bzw. Billigreparatur

213 Wenn sich der Geschädigte nicht zu einer vollständigen Reparatur, sondern zu einer sogenannten Teil- oder Billigreparatur entschließt, kann er die Mehrwertsteuer ersetzt verlangen, wenn und soweit sie angefallen ist. Der Geschädigte kann die Mehrwertsteuer in der durch die Reparaturrechnung ausgewiesenen Höhe erstattet verlangen.

4. Reparatur in Eigenregie

214 Wenn der Geschädigte die Reparatur in Eigenregie durchführt und zu diesem Zweck Ersatzteile erwirbt, erfolgt die Erstattung der Mehrwertsteuer nach Vorlage der Rechnungen für den Erwerb der Ersatzteile,[350] wobei der Anspruch begrenzt ist auf die gutachterlich ausgewiesene Mehrwertsteuer auf die Kosten einer vollständigen fachgerechten Reparatur. Nach allgemeinen Grundsätzen obliegt dem Geschädigten die Darlegungs- und Beweislast dafür, dass und in welchem Umfang Mehrwertsteuer angefallen ist. Die Vorlage zweifelhafter Rechnungen von Privatpersonen dürften regelmäßig der Nachweispflicht nicht genügen.

5. Ersatzbeschaffung

215 Wenn sich der Geschädigte bei einem reparaturwürdigen Fahrzeug zur Ersatzbeschaffung entschließt, kann er bis zur Höhe der Mehrwertsteuer gemäß Schadensgutachten die bei der Ersatzbeschaffung angefallene Mehrwertsteuer verlangen.[351] Denn nach der Rechtsprechung des *BGH* verliert der Geschädigte den Anspruch auf Bezahlung der Reparaturkosten nicht dadurch, dass er sein Fahrzeug veräußert und eine Ersatzbeschaffung vornimmt.[352] Er kann statt einer wirtschaftlich gebotenen Reparatur gleich-, minder- oder höherwertigen Ersatz beschaffen. Für die Frage des Ersatzes der Mehrwertsteuer kommt es indes nicht darauf an, welchen Weg der Geschädigte zur Schadensbehebung beschritten hat, sondern darauf, ob und inwieweit tatsächlich Mehrwertsteuer angefallen ist. Da allerdings nur die zur Wiederherstellung des ursprünglichen Zustandes erforderliche Mehrwertsteuer geschuldet wird, ist der Ersatz der angefallenen Mehrwertsteuer auf den Mehrwertsteuer-

---

349 *BGH* VersR 2007, 82 = DAR 2007, 138 = r+s 2007, 37 gegen *Lemcke* r+s 2002, 265.
350 *LG Frankfurt/O.* DAR 2004, 453.
351 *LG Arnsberg* NZV 2011, 310; *AG Tecklenburg* DAR 2008, 530.
352 *BGH* VersR 1985, 593 = NJW 1985, 2469 = DAR 1985, 218.

betrag begrenzt, der bei der wirtschaftlich günstigeren Reparatur angefallen wäre. Die Berechnung der Mehrwertsteuer ist unproblematisch, wenn sich der Geschädigte bei einem Kfz-Händler, mithin bei einem vorsteuerabzugsberechtigten Verkäufer, ein Neufahrzeug kauft. Aufgrund der Regelbesteuerung ist hier die Mehrwertsteuer in voller Höhe enthalten. Etwas anderes gilt jedoch für den Fall, dass der Geschädigte ein Gebrauchtfahrzeug als Ersatzfahrzeug oder gar ein solches von einer Privatperson erwirbt, wobei nur eingeschränkt oder gar keine Mehrwertsteuer anfällt. Handelt es sich um einen Reparaturschaden, kann die enthaltene Umsatzsteuer nur dann verlangt werden, wenn sie nachweisbar anfällt – auch im Rahmen einer Ersatzbeschaffung, und zwar unabhängig davon, ob der Geschädigte für das Ersatzfahrzeug mindestens den vom Sachverständigen festgestellten Wiederbeschaffungswert aufwendet.[353] Dagegen hat der *BGH* im Rahmen eines wirtschaftlichen Totalschadens klargestellt, dass auch die Ersatzbeschaffung eine Form der Schadensbeseitigung ist und bei einer Ersatzbeschaffung, deren Aufwand den Wiederbeschaffungswert jedenfalls erreicht, der Geschädigte deutlich gemacht hat, dass er eine vollständige Schadensbeseitigung wünsche. Inwieweit hierbei Mehrwertsteuer anfällt, ist ohne Bedeutung.[354]

Selbstverständlich bleibt es dem Geschädigten unbenommen, seinen Anspruch auf Schadensbehebung an einen Dritten abzutreten. Es entspricht gängiger Praxis, dass sich die Reparaturwerkstatt den Schadensersatzanspruch des Geschädigten sicherungshalber abtreten lässt. Auch kommt bei Veräußerung des unreparierten Unfallfahrzeuges die Abtretung des Schadensersatzanspruches an den Käufer in Betracht. Im Fall der Sicherungszession steht der Reparaturwerkstatt gegen den Auftraggeber und Geschädigten ein Anspruch auf Begleichung der Reparaturkosten einschließlich Mehrwertsteuer zu. Da der sicherungshalber übertragene Schadensersatzanspruch des Geschädigten bei durchgeführter Reparatur die angefallene Mehrwertsteuer umfasst, steht auch der Reparaturwerkstatt als Zessionar gegenüber dem Schädiger respektive dessen KH-Versicherer der Bruttobetrag zu. Da die Reparaturwerkstatt den abgetretenen Schadensersatzanspruch des nicht vorsteuerabzugsberechtigten Geschädigten geltend macht, kommt es nicht darauf an, dass die Reparaturwerkstatt selbst zum Abzug der Vorsteuer berechtigt ist. 216

Wenn der Geschädigte das Unfallfahrzeug unrepariert veräußert, kann er die Reparaturkosten im Rahmen der Wirtschaftlichkeitsbetrachtung – also nicht bis zur Opfergrenze – fiktiv auf Gutachterbasis abrechnen. Da bei fiktiver Abrechnung Mehrwertsteuer nicht anfällt, kann der Geschädigte nach § 249 Abs. 2 S. 2 BGB n. F. keine Mehrwertsteuer ersetzt verlangen. Sofern der Geschädigte seinen Schadensersatzanspruch an einen gleichfalls nicht vorsteuerabzugsberechtigten Erwerber abtritt und dieser das Fahrzeug in einer Fachwerkstatt reparieren lässt, fällt lediglich Mehrwertsteuer beim Käufer an. Nach der amtlichen Gesetzesbegründung (S. 57) soll daraus folgen, dass der Zessionar jetzt einen Anspruch auf Erstattung der Mehrwertsteuer hat. Dem wird in der Literatur[355] entgegengehalten, dass der Zessionar den Ersatzanspruch immer nur in dem Umfang erwerben könne, in dem dieser in der Hand des unmittelbar Geschädigten besteht; der Anspruch könne nicht nach der Abtretung ansteigen. Nach der hier vertretenen Auffassung greifen diese Bedenken letztlich nicht durch. Methodisch einwandfrei ist darauf abzustellen, dass es sich bei der Abtretung des Reparaturkostenanspruches um die Zession einer künftigen Forderung handelt. Dass die Abtretung auch künftiger Forderungen grundsätzlich möglich ist, ergibt ein Argumentum a fortiori aus § 185 Abs. 2 BGB.[356] Erforderlich ist nur, dass die Entstehung der Forderung zur Zeit der Abtretung möglich erscheint und die abgetretene Forderung bestimmt oder jedenfalls bestimmbar bezeichnet ist. Unbedenklich ist, dass sich die Abtretung auch auf die besonders ausgewiesene Mehrwertsteuer bezieht.[357] Durch die Abtretung erhöht sich also nicht der Schadensersatzanspruch; vielmehr wird von vorn- 216a

---

353 *BGH* NJW 2009, 3713 = VersR 1554 = DAR 2009, 689; *LG Oldenburg* DAR 2003, 563 = NZV 2004, 148; *AG Münster* SVR 2007, 262.
354 BGH VersR 2005, 994 = DAR 2005, 500 = r+s 2005, 349.
355 *Lemcke* r+s 2002, 265; *Heß* zfs 2002, 367.
356 Palandt/*Grüneberg* § 398 Rn. 11 m. w. N. zur Rspr.
357 *BGH* NJW-RR 1988, 1013.

herein der künftige Reparaturkostenanspruch einschließlich Mehrwertsteuer abgetreten. Dies mit der Folge, dass auch dem Zessionar der Anspruch auf Mehrwertsteuer zusteht.

II. Eigenleistungen

217 In diesem Zusammenhang ist für den Fall der gewerblichen Eigenreparatur der Grundsatz festzuhalten, dass Schadenersatzleistungen nicht als Leistungen im Sinne von § 10 UStG zu betrachten sind und daher mangels des begriffsnotwendigen Merkmals des Leistungsaustauschs[358] von vornherein kein steuerbarer Umsatz entsteht. Anders verhalten sich die Dinge, wenn der Geschädigte im Sinne der Rechtsprechung des *BFH*[359] den Schaden im Auftrage des Schädigers beseitigt. Wenn der Geschädigte als Unternehmer seinen eigenen Schaden selbst beseitigt, entsteht ebenfalls mangels Leistungsaustausches von vornherein keine Umsatzsteuer. Dies soll nach der Auffassung des *BFH* auch dann der Fall sein, wenn der Geschädigte vom Schädiger Wertersatz im Sinne von § 249 Abs. 2 S. 1 BGB verlangt. Der *BFH* vertritt die Auffassung, dass Grundlage der Zuwendung keine Leistung des Schädigers, sondern der Ausgleich des von ihm verursachten Schadens ist, sodass ein Leistungsaustausch nicht vorliegt.

III. Vorsteuerabzugsberechtigung

218 Andere Grundsätze gelten selbstverständlich für den Fall, dass der Schädiger oder der Geschädigte die Beseitigung des Schadens einem Dritten überträgt. Es unterliegt keinem Zweifel, dass in diesem Fall ein Leistungsaustausch, beispielsweise zwischen Auftraggeber und Reparaturwerkstatt, stattfindet. In diesem Fall entsteht Umsatzsteuer, sodass sich dann lediglich noch die Frage erhebt, ob sie im Wege des Vorsteuerabzugs nach § 15 UStG gegenüber dem Finanzamt in der Form geltend gemacht werden kann, dass der Berechtigte auf diesem Wege seine eigene Steuerzahllast vermindert oder ob die Steuer als endgültiger Kostenfaktor bei dem Geschädigten verbleibt, der nicht zum Vorsteuerabzug berechtigt ist.

1. Grundsätze

219 Kann der Geschädigte in seiner Eigenschaft als Unternehmer im Sinne von § 15 UStG von der Gestaltungsmöglichkeit des Vorsteuerabzuges Gebrauch machen – diese Voraussetzung ist dann gegeben, wenn die beschädigte Sache zum Betriebsvermögen gehört und die Reparaturarbeiten demgemäß Lieferungen und Leistungen für den Unternehmensbereich im Sinne von § 15 UStG darstellen –, gehört die gesondert ausgewiesene Mehrwertsteuer nicht zum erstattungsfähigen Schaden.[360]

220 Auch wenn das betreffende Fahrzeug nicht zum Betriebsvermögen gehört, kann die Möglichkeit zum Vorsteuerabzug bestehen. Dies gilt beispielsweise für den Fall, dass ein Unternehmer im Sinne von § 15 UStG sein ansonsten privat genutztes Fahrzeug im Rahmen seiner unternehmerischen Tätigkeit einsetzt und auf einer derartigen Fahrt an einem Unfall beteiligt ist.

221 Die Möglichkeit zum Vorsteuerabzug besteht aber auch im umgekehrten Fall für den Unternehmer, der mit seinem zum Betriebsvermögen gehörenden Kfz auf einer im privaten Interesse durchgeführten Fahrt einen Unfall erleidet, soweit es sich um den steuerlich relevanten Tatbestand des Eigenverbrauchs (Selbstversorgung) im Sinne von § 1 Abs. 1 Ziff. 2 lit. b UStG 1967 handelt und keine Steuerbefreiung im Sinne von § 4 UStG vorliegt.

---

358 Zum Begriff des *Leistungsaustauschs* im *Umsatzsteuerrecht* vgl. in Form des Versuchs einer systemgerechten Auslegung *Tehler* DStR 1983, 215 (der Verfasser gelangt – entgegen dem *BFH* – zu dem Ergebnis, dass über die innere Verknüpfung von Aufwendungen und Leistungen lediglich das Verhalten des Verbrauchers entscheidet).
359 Vgl. *BFH* BStBl. III 1965, 303.
360 Vgl. *BGH* NJW 1972, 1460 = VersR 1972, 973 = DAR 1972, 275.

G. Umsatzsteuer

Tätigt der Unternehmer neben Umsätzen, die zum Ausschluss vom Vorsteuerabzug nach § 15 Abs. 2 UStG führen, auch Umsätze, bei denen ein derartiger Ausschluss nicht eintritt, sind die Vorsteuerbeträge des Unternehmens nach dem Verhältnis der zum Ausschluss vom Vorsteuerabzug führenden Umsätzen zu den übrigen Umsätzen in nicht abziehbare und abziehbare Vorsteuerbeträge aufzuteilen (§ 15 Abs. 3 UStG). Soweit es sich um nicht abziehbare Vorsteuerbeträge handelt, ist die Umsatzsteuer dem geschädigten Unternehmer in gleicher Weise wie einem Privatmann zu erstatten.[361]

222

Wie bereits an anderer Stelle dargelegt, kann nach der Rechtsprechung des *BGH*[362] der Fall eintreten, dass die für den Geschädigten übliche und zumutbare Art der Schadenbeseitigung ausnahmsweise darin besteht, die Instandsetzung in betriebseigener Werkstatt selbst durchzuführen. In diesen Fällen wird es sich beim Geschädigten in aller Regel um einen Unternehmer im Sinne von § 15 UStG handeln, sodass die Umsatzsteuer nicht geltend gemacht werden kann.[363]

223

2. Beweislast

Da die Vorsteuerabzugsberechtigung im Rahmen des Rechtsinstituts des Vorteilsausgleichs (Rdn. 172–207) Anwendung findet,[364] ist der Ersatzpflichtige (Schädiger) in vollem Umfange dafür beweispflichtig, dass für den Gläubiger dank der in seiner Person verwirklichten subjektiven Merkmale die Möglichkeit zum Vorsteuerabzug besteht. Der Schuldner muss überdies auch den Umfang des Vorteilsausgleichs, d. h. die Wirkungsbreite seines Einflusses auf die Höhe des Schadenersatzanspruchs, darlegen und zusätzlich nachweisen, dass auch die übrigen Voraussetzungen für die Anwendung des Vorteilsausgleichs erfüllt sind. Es liegt auf der Hand, dass damit sehr häufig vom Schuldner nahezu Unmögliches verlangt wird, weil er in die nach außen hin abgeschirmte Rechtssphäre des Gläubigers kaum einzudringen vermag und demgemäß aus eigenem Wissen mitunter gar nicht in der Lage ist, die Gesichtspunkte schlüssig vorzutragen, die sich als anspruchsmindernde Voraussetzungen für die Anwendung des Vorteilsausgleichs ergeben.

224

Dies gilt umso mehr, als im prozessualen Bereich nach den Grundregeln der ZPO ein Ausforschungsbeweis nicht statthaft ist. Die Rechtsprechung, die dieses Problem erkannt hat, versucht recht häufig, einen Kompromiss in der Weise zu finden, dass sie eine auf die Grundsätze von Treu und Glauben gestützte sekundäre Darlegungslast annimmt.[365] Zudem kann der Schädiger beantragen, dem Geschädigten die Vorlage beweiskräftiger Dokumente (z. B. Steuererklärungen, Jahresabschlüsse, Bilanzen) aufzugeben.

224a

Zudem ist die Vorsteuerabzugsberechtigung auch im Rahmen der durch § 254 Abs. 2 BGB normierten Schadenminderungspflicht zu berücksichtigen. Dies bedeutet, dass in diesem Fall der Gläubiger gehalten ist, von der sich ihm darbietenden Gestaltungsmöglichkeit des Vorsteuerabzugs nach § 15 UStG Gebrauch zu machen, um damit die Voraussetzungen für die Anwendung des Vorteilsausgleichs zu schaffen. Es ist dem vorsteuerabzugsberechtigten Geschädigten auch durchaus zuzumuten, von dieser Gestaltungsmöglichkeit – im Interesse der Verwirklichung des Vorteilsausgleichs – Gebrauch zu machen.[366]

225

Eine Ausnahme von diesem Prinzip könnte für den Fall in Betracht kommen, dass der geschädigte Unternehmer nach einem fremdverschuldeten Totalschaden die Ersatzbeschaffung auf dem privaten

226

---

361 Vgl. dazu insbes. *Schaumburg/Schaumburg* NJW 1974, 1734 (1738 r. Sp.); *Streck* BB 1971, 1085 f.; 1972, 941 f.; *Klimke* VersR 1972, 903, 908; *Himmelreich* NJW 1973, 673, 677.
362 Vgl. dazu insbes. *BGH* NJW 1970, 1754 = VersR 1970, 832.
363 Vgl. *BGH* NJW 1973, 1647; *Weber* NJW 1974, 213.
364 Vgl. *BGH* NJW 1972, 1460 = VersR 1972, 973 = DAR 1972, 275; BGHZ 61, 56 = NJW 1973, 1467 = VersR 1973, 964; *BGH* NJW 1982, 1964 = VersR 1982, 757 = DAR 1982, 270.
365 Vgl. *BGH* GRUR 1963, 270 f.; *KG* VersR 1975, 450 f. (für den Fall, dass es sich beim Geschädigten um einen Kaufmann und Inhaber eines Gewerbebetriebs handelt) – ferner *Schaumburg/Schaumburg* NJW 1974, 1734 (1738 l. Sp.); *Klimke* zfs 1973, 40 f.
366 Vgl. dazu *Streck* NJW 1970, 1550 (in einer Anmerkung zum Urteil des *LG Mainz*); BB 1971, 1085, 1087.

Markt durchführen muss, da sich nur auf diese Weise ein den Bedürfnissen des Unternehmers gerecht werdendes Fahrzeug finden lässt. In diesem Fall wäre – insbesondere dann, wenn man der These vom Vorteilsausgleich folgt – der Unternehmer berechtigt, vom Ersatzpflichtigen zusätzlich die im Kaufpreis enthaltene Anschaffungs-Umsatzsteuer zu verlangen, die beim Ersterwerb des Fahrzeugs als echter Kostenfaktor entstanden ist und durch den Vorsteuerabzug – da der Ersterwerber eine Privatperson war – nicht neutralisiert werden konnte.

226a Unter der soeben dargelegten Prämisse müsste der Ersatzpflichtige ausnahmsweise auch einmal einem Unternehmer die im Kaufpreis enthaltene Umsatzsteuer ersetzen, da eine Möglichkeit zum Vorsteuerabzug mangels eines getrennten Umsatzsteuerausweises nicht besteht und damit der Vorteil, der unter normalen Umständen auszugleichen wäre, nicht eingetreten ist.

IV. Abzug »neu für alt«

227 Sind unter dem Gesichtspunkt des Vorteilsausgleichs Abzüge »neu für alt« geboten, dann ist auch die auf die einzelnen Positionen entfallende Umsatzsteuer ebenfalls abzusetzen, da sie nach herrschender Meinung untrennbar zum Entgelt im Sinne von § 10 UStG gehört und der Geschädigte sonst ungerechtfertigt bereichert im Sinne von § 812 ff. BGB wäre, wenn der Ersatzpflichtige die Umsatzsteuer für eine Schadensposition, für die er aus Rechtsgründen nicht oder nur teilweise haftet, zu eigenen Lasten übernimmt, obwohl er die entsprechende Hauptforderung nicht schuldet. Der Abzug ist allerdings – mit Ausnahme des Aufwandes für die Lackierung – ebenfalls nur von den Materialkosten vorzunehmen.

V. Schäden von Ausländern

228 Besondere Probleme entstehen, wenn Fahrzeuge durchreisender Ausländer – insbesondere von Touristen – in der Bundesrepublik Deutschland beschädigt werden. Die ausländischen Kraftfahrzeuge werden bei der Einreise in die Bundesrepublik Deutschland registriert, indem die Grenzbehörden ein Zollvormerkverfahren durchführen. Wird die Reparatur in der Bundesrepublik Deutschland ausgeführt, wird für diese Arbeiten – wie allgemein üblich – Umsatzsteuer erhoben. Bei der Ausreise stellen die Zollbehörden auf Verlangen jedoch über diesen Tatbestand eine Bescheinigung aus. Die Werkstatt, die die Reparatur durchgeführt hat, ist verpflichtet, Zug-um-Zug gegen Aushändigung dieses sog. Ausfuhrnachweises die zunächst in Rechnung gestellte Umsatzsteuer dem Ausländer zurückzuerstatten. In diesem Fall spricht man von einer sog. Entgeltberichtigung. Dies bedeutet, dass sich in diesem Fall die zunächst entrichtete Umsatzsteuer für den Ausländer kostenneutral verhält und demgemäß keinen Schaden im Rechtssinne darstellt. Zu ersetzen ist demgemäß lediglich der Nettobetrag, da der Ausländer gem. § 254 Abs. 2 BGB verpflichtet ist, von dem soeben dargestellten Verfahren Gebrauch zu machen.

229 Der Vorteil, dass die deutsche Umsatzsteuer im Wege der Entgeltberichtigung bei der Ausfuhr des Kfz nachträglich wieder entfällt, kann u. U. dadurch wieder neutralisiert werden, dass der Ausländer in seinem Heimatland für das in Deutschland gekaufte Kfz Umsatzsteuer – etwa in Belgien 25 % – entrichten muss, wenn er das Fahrzeug in sein Heimatland einführt und dort das Zulassungsverfahren betreibt.

230 In diesem Zusammenhang ist weiter zu berücksichtigen, dass Gastarbeiter, ausländische Studenten und Angehörige von Stationierungsstreitkräften in der Bundesrepublik Deutschland nach dem Einführungserlass zum Umsatzsteuergesetz 1967 und nach Art. 68 Abs. 3 des Zusatzabkommens zum NATO-Truppenstatut als Inländer gelten.[367]

231 Nach Art. 67 Abs. 3 lit. a ii des NATO-Zusatzabkommens[368] i. V. m. Art. 74 Abs. 2 und Abs. 3 lit. a sowie Abs. 4 sind Lieferungen und sonstige Leistungen an eine NATO-Truppe oder deren »ziviles

---

367 Vgl. *Sanden/Völtz* Rn. 306.
368 Wegen näherer Einzelheiten dazu vgl. BGBl. 1961 II, 1218.

Gefolge« von der Umsatzsteuer befreit. Dieser Steuervorteil kommt gemäß dem Rundschreiben des Bundesministers der Finanzen v. 19.3.1961 auch einzelnen Mitgliedern der Truppe zugute, wenn diese aufgrund einer von der amtlichen Beschaffungsstelle ausgestellten Bescheinigung – sog. Abwicklungsschein – in deren Namen und für deren Rechnung die Leistungen in Anspruch nehmen. Hierbei handelt es sich um Steuervorteile, die ausschließlich den NATO-Truppen und deren Angehörigen zugedacht sind, deren Wirtschaftsverkehr insoweit als exterritorial behandelt werden soll.[369]

VI. Pauschalierter Vorsteuerabzug

Einige Berufsgruppen – insbesondere Land- und Forstwirte – sind nach § 24 UStG zum pauschalierten Vorsteuerabzug in der Weise berechtigt, dass sie die auf ihre Lieferungen und Leistungen entfallende Umsatzsteuer kurzerhand einbehalten und mit der ihnen selbst obliegenden Steuerschuld in der Form verrechnen dürfen, dass weder Leistungen an das Finanzamt noch Erstattungen durch das Finanzamt vorzunehmen sind. Dies bedeutet, dass ein Geschädigter, der am pauschalierten Vorsteuerabzug teilnimmt, vom Ersatzpflichtigen berechtigterweise die auf die Reparatur- und Mietwagenkosten entfallende Umsatzsteuer zusätzlich verlangen kann.

232

VII. Restwert

Nach wie vor heftig umstritten in der Regulierungspraxis ist die Frage, ob der Geschädigte im Fall eines ihm von drittverursachender Seite zugefügten Totalschadens bei Verwertung des Bergerestes in eigener Regie für den bei der Veräußerung des beschädigten Kfz erzielten Erlös (Restwert) Umsatzsteuer erheben darf. Dabei ist die Lösung dieser Problematik denkbar einfach, wenn man sie mit den Maßstäben des Schadensersatzrechtes misst und das Umsatzsteuerrecht dabei ergänzend in die Betrachtung einbezieht.

233

1. Privatfahrzeug

Handelt es sich bei dem beschädigten Kfz um ein Privatfahrzeug, kann die Umsatzsteuer bei der Ermittlung des ausgleichsfähigen (anrechenbaren) Restwerts schon deswegen außer Betracht bleiben, weil es sich insoweit nicht um einen umsatzsteuerpflichtigen Vorgang handelt. Dies gilt auch für den Fall, dass der geschädigte Privatmann sein totalbeschädigtes Kfz an einen Händler oder sonstigen Gewerbetreibenden veräußert, der seinerseits der Umsatzsteuerpflicht unterliegt.

234

2. Geschäftsfahrzeug

Ebenso verhält es sich – wenn auch mit etwas anderer Begründung – für den Fall, dass es sich bei dem totalbeschädigten Kfz um einen Firmenwagen handeln sollte, der zum Betriebsvermögen des Geschädigten gehört. Unter dieser Voraussetzung wird der Geschädigte, der sein Kfz selbst verwertet, zwar die bei der Veräußerung anfallende Mehrwertsteuer vom Käufer erheben und an das Finanzamt abführen müssen. Aus diesem Grunde darf ihm der auf die Steuer entfallende Differenzbetrag bei der Ermittlung des abzugsfähigen Restwerts nicht angelastet werden. Abzusetzen ist also bei beiden denkbaren Gestaltungsmöglichkeiten der Netto-Restwert, also der Erlös ohne Mehrwertsteuer.

235

---

369 Vgl. dazu *AG Kaiserslautern* VersR 1987, 212 (unser Hinweis auf das NATO-Truppenstatut in Verbindung mit Anm. 67 ZA-NTS).

Kapitel 11 Totalschaden

Übersicht

		Rdn.
	Einleitung	1
A.	**Begriffsbestimmungen**	2
I.	Technischer Totalschaden	2
	1. Zerstörung	3
	2. Unmöglichkeit der Reparatur	4
II.	Wirtschaftlicher Totalschaden	5
	1. Reparaturunwürdigkeit	6
	2. Übermäßig lange Reparaturzeit	8
III.	»Unechter« Totalschaden	10
	1. Besondere Interessenlage des Gläubigers (Neuwertigkeit)	10
	2. Vereinbarung	33
B.	**Abgrenzung Totalschaden- bzw. Reparaturschadenabrechnung**	35
I.	Eindeutiger Reparaturschaden	36
II.	Abgrenzung unter dem Wiederbeschaffungswert	37
III.	Abgrenzung über dem Wiederbeschaffungswert (Integritätszuschlag)	40
IV.	Eindeutiger Totalschaden	48
V.	Zusätzliche Gesichtspunkte	49
C.	**Schadenminderungspflicht**	51
I.	Grundzüge	51
II.	Abgrenzung zur Schadenberechnung	60
D.	**Höhe der Ersatzleistung**	63
I.	Wiederbeschaffungswert	64
II.	Gebrauchswert	70
III.	Vergleichswert	78
IV.	Restwert	82
	1. Berechnung	82
	2. Schadenausgleich	89
	3. Verwertungspflicht	90
V.	Zuschläge	96
	1. Risikozuschlag	97
	2. Kosten der Ersatzbeschaffung	99
	3. Nachrangiger Eintrag im Kfz-Brief	101
	4. Für fehlgeleitete Investitionen	102
	5. Resttreibstoff im Tank	103
VI.	Umsatzsteuer	104
	1. Anfall der Umsatzsteuer	105
	2. Zur Differenzbesteuerung	110
	3. Vorsteuerabzugsberechtigung	111
E.	**Besondere Formen der Bewertung**	116
I.	Neufahrzeug als Handelsware	117
II.	Vorführwagen	119
III.	Oldtimer	123
IV.	Subjektbezogene Formen der Wertbildung	126
	1. Versteckter Rabatt	126
	2. Andere Vorteile	130
	3. Persönliche Gründe	134
F.	**Ersatzbeschaffung**	142
I.	Grundsätze	142
	1. Anspruch auf Gebrauchtwagen	142
	2. Anspruch auf fabrikneues Fahrzeug	143
II.	Vorgezogene Ersatzbeschaffung	145
	1. Vertragliche Bindung vor dem Unfall	145
	2. Folgen für den Gläubiger	146

A. Begriffsbestimmungen   Kapitel 11

		Rdn.
	3. Interimsfahrzeug	148
G.	Nebenkosten	150
I.	Abmeldekosten	151
II.	Neuzulassung des Ersatzwagens	152
III.	Amtliche Kennzeichen	155
IV.	Stempel und Prüfplaketten	157
V.	TÜV-Untersuchung	159
VI.	Brief- und Überführungskosten	160
VII.	Kfz-Steuer	161
VIII.	Versicherungsprämie	163
IX.	Werkstattgarantie und technische Überprüfung	164
X.	Unterstellkosten (Standgeld)	165
XI.	Demontagekosten	166
XII.	Zeitungsinserate	167
XIII.	Fahrtkosten	168
XIV.	Verdienstausfall	169
XV.	Vermittlungsprovision	170
XVI.	Umrüstungskosten	171
XVII.	Reklamebeschriftung	173
XVIII.	Sonderlackierung	178
XIX.	Kreditkosten	180
XX.	Lichtbildkosten	182
XXI.	Rückgewinnungskosten	184
XXII.	Verlust eines öffentlichen Zuschusses	186
XXIII.	Zollkosten	188

Schrifttum

Becker/Böhme/Biela, Kraftverkehr-Haftpflicht-Schäden 23. Aufl. 2006; *Erman*, BGB 12. Aufl. 2008; *Grunsky*, Aktuelle Probleme zum Begriff des Vermögensschadens, 1968; *Himmelreich/Halm*, Handbuch des Fachanwalts Verkehrsrecht 4. Aufl. 2011; *Krumme*, Straßenverkehrsgesetz, 1982; Münchener Kommentar zum BGB 5. Aufl. 2007; *Palandt*, BGB, 70. Aufl. 2011; *Sanden/Völtz*, Sachschadenrecht des Kraftverkehrs 8. Aufl. 2006; *Reinking/Eggert*, Der Autokauf 10. Aufl. 2008; *Schweitzer*, Zur Praxis des Verkehrsunfallrechts in Hamburg, 1971; *Staudinger*, BGB 13. Aufl. Bearbeitung 2005; *Walter*, Die Regulierung des Kraftfahrzeugschadens 4. Aufl. 1973; *Weigelt*, Kraftverkehrsrecht von A bis Z, Loseblatt; *Wussow*, Unfallhaftpflichtrecht 15. Aufl. 2003; *Zinn/Richter*, Aktuelle Herausforderungen bei der Bemessung und Regulierung von Kfz-Haftpflichtschäden, 2008.

Einleitung

Im Gegensatz zum Reparaturschaden spricht man – als Rechtsbegriff – von einem Totalschaden, 1 wenn die Wiederherstellung des beschädigten Kraftfahrzeuges entweder nicht möglich (technischer Totalschaden), unwirtschaftlich (wirtschaftlicher Totalschaden) oder dem Geschädigten nicht zuzumuten (unechter Totalschaden) ist. Liegt ein Totalschaden vor, dann ist der Gläubiger berechtigt, Schadenersatz in Geld zu fordern. Dies gilt insbesondere für den Fall, dass die Herstellung nicht möglich ist oder zur Entschädigung des Gläubigers nicht ausreicht (§ 251 Abs. 1 BGB). Ist die Herstellung demgegenüber nur mit unverhältnismäßigen Aufwendungen möglich, dann ist der Schuldner berechtigt, seinerseits den Gläubiger in Geld zu entschädigen (§ 251 Abs. 2 BGB).

A. Begriffsbestimmungen

I. Technischer Totalschaden

Von einem technischen Totalschaden spricht man dann, wenn entweder das beschädigte Kraftfahr- 2 zeug völlig zerstört ist oder wenn die Reparatur aus anderen Gründen unmöglich erscheint.

Kapitel 11

1. Zerstörung

3 Totalschaden liegt ohne Frage in seiner markantesten Erscheinungsform vor, wenn das Kraftfahrzeug in einem solchen Maß zerstört ist, dass es nicht mehr wiederhergestellt werden kann. Dieser Fall wird beim heutigen Stand der Reparaturtechnik außerordentlich selten sein. Diese Voraussetzung könnte beispielsweise dann vorliegen, wenn das Kfz nach einem Brand völlig ausgeglüht ist.

2. Unmöglichkeit der Reparatur

4 Von einem technischen Totalschaden kann auch dann gesprochen werden, wenn die Reparatur sich aus anderen Gründen als unmöglich erweist. Dieses ist beispielsweise dann der Fall, wenn bestimmte Ersatzteile weder beschafft noch nachgebaut werden können. Dieser Fall wird allerdings selten vorliegen.

II. Wirtschaftlicher Totalschaden

5 Der wohl häufigste Fall des Totalschadens im Haftpflichtrecht liegt dann vor, wenn das Fahrzeug unter Einbeziehung wirtschaftlicher Erwägungen nicht mehr reparaturwürdig ist. Das gleiche gilt – ebenfalls aus wirtschaftlich orientierter Sicht – dann, wenn die Reparatur einen derart langen Zeitraum in Anspruch nehmen würde, dass im Hinblick auf die dadurch entstehenden mittelbaren Sachfolgeschäden (beispielsweise erhebliche Mietwagenkosten, hoher Verdienstausfall usw.) ebenfalls von einem Totalschaden ausgegangen werden muss.

1. Reparaturunwürdigkeit

6 Reparaturunwürdigkeit liegt vor, wenn die Wiederherstellung eines Kraftfahrzeugs bei einem Vergleich zwischen seinem Wiederbeschaffungswert und den notwendigen Reparaturkosten unter Einbeziehung der weiter unten dargelegten Grundsätze der wirtschaftlichen Betrachtungsweise mit einem vertretbaren Aufwand in zumutbarer Weise nicht möglich ist.[1] Von einer Reparatur ist regelmäßig abzusehen, wenn die Herstellung nur mit unverhältnismäßigen Aufwendungen im Sinne von § 251 Abs. 2 BGB möglich ist. Diese Voraussetzung dürfte dann vorliegen, wenn ein vernünftiger Geschädigter, der keinen Ersatzpflichtigen hinter sich weiß, bei Abwägung seiner Interessenlage und bei Orientierung an den Grundsätzen eines wirtschaftlichen Betrachters von einer Reparatur absehen würde. Um Missverständnisse zu vermeiden, sei bereits an dieser Stelle darauf hingewiesen, dass es sich insoweit nicht um ein Problem der Schadenminderungspflicht, sondern der (wertfreien) Schadenberechnung handelt.

7 Da die Frage nach der Vertretbarkeit der Instandsetzung sich ausschließlich nach dem Verhältnis zwischen der Summe aus Reparaturkosten und Minderwert einerseits und der Differenz zwischen Wiederbeschaffungs- und Restwert andererseits beantwortet, kann bei der allein sinnvollen wirtschaftlichen Betrachtungsweise ein wirtschaftlicher Totalschaden selbst bei relativ geringen Schäden vorliegen, wenn es sich um ein altes und gebrauchtes Kraftfahrzeug handelt.

2. Übermäßig lange Reparaturzeit

8 In die wirtschaftliche Betrachtungsweise einzubeziehen ist auch die Reparaturdauer. Ist beispielsweise ein in der Bundesrepublik selten vertretenes ausländisches Kraftfahrzeug so stark beschädigt worden, dass es nicht mehr verkehrssicher ist, und würde die Beschaffung von Ersatzteilen aus Übersee Wochen, vielleicht sogar Monate in Anspruch nehmen, ist offenkundig, dass auch in diesem Fall von einem wirtschaftlichen Totalschaden ausgegangen werden muss. Hierbei sind die Sachfolgeschäden (beispielsweise Mietwagenkosten, entgangener Gewinn oder entgangene Gebrauchsvorteile) gedanklich in die Vergleichsrechnung einzubeziehen.

---

[1] Vgl. dazu *OLG Düsseldorf* VersR 1974, 787; 1975, 429.

Eine andere Betrachtung wird nur dann Raum greifen können, wenn es möglich ist, mit wirtschaftlich vertretbaren Mitteln während der Reparaturzeit ein sog. Interimsfahrzeug zu benutzen. Auf der anderen Seite können natürlich Schwierigkeiten bei der Ersatzbeschaffung eines vergleichbaren, zumindest aber zumutbaren Fahrzeugs (etwa lange Lieferfristen) dazu führen, dass selbst den Wiederbeschaffungswert erheblich übersteigende Reparaturkosten wirtschaftlich noch vertretbar sind. Dies gilt beispielsweise für Linienomnibusse und Straßenbahnfahrzeuge, für die es einen Gebrauchtwagenmarkt im Wesentlichen nicht gibt. Hinzu kommt, dass die Einzelanfertigung derartiger Fahrzeuge unverhältnismäßig hohe Kosten fordert, sodass in derartigen Fällen auch eine Reparatur, deren Kosten den Wiederbeschaffungswert bzw. den Gebrauchswert deutlich übersteigen, durchaus sinnvoll sein kann.

III. »Unechter« Totalschaden

1. Besondere Interessenlage des Gläubigers (Neuwertigkeit)

Von einem »unechten« Totalschaden spricht man dann, wenn die Summe aus Minderwert und Reparaturkosten zwar geringer ist als die Differenz zwischen Wiederbeschaffungs- und Restwert, gleichwohl aber eine Instandsetzung nicht ernsthaft in Erwägung gezogen werden kann, weil sie dem Geschädigten nicht zuzumuten ist. Diese Form der Abwicklung kann dann in Betracht kommen, wenn die besondere Interessenlage des Gläubigers eine Abrechnung auf Totalschadenbasis erfordert[2] oder diese Handhabung zwischen den Parteien im Rahmen ihrer freien Dispositionsbefugnis vereinbart worden ist.

Es handelt sich dabei um die Fallgruppe, dass die Herstellung »nicht genügend« ist (§ 251 Abs. 1 BGB). Diese Voraussetzung wird stets dann vorliegen, wenn die Reparatur des beschädigten Fahrzeugs dem Geschädigten unter Berücksichtigung seiner besonderen Interessenlage nicht zugemutet werden kann.[3] Der Geschädigte kann insbesondere dann eine Abrechnung auf Totalschadenbasis verlangen, wenn sein im Zeitpunkt der Beschädigung noch neuwertiges[4] Kraftfahrzeug in seiner Substanz empfindlich beeinträchtigt worden ist, sodass ihm eine Weiterbenutzung des reparierten Wagens unter Übernahme der Reparaturkosten und Ausgleich des Minderwerts bei objektiver Abwägung seiner Interessenlage nicht zugemutet werden kann.[5] Dies gilt insbesondere für das Neufahrzeug als Handelsware.

---

2 Vgl. *OLG Nürnberg* NJW 1972, 2222 = VersR 1973, 92; *OLG Stuttgart* VersR 1976, 73; *OLG Schleswig* VersR 1976, 1183; *KG* VersR 1977, 155.
3 Vgl. *OLG Düsseldorf* VersR 1968, 605; *OLG Köln* VersR 1970, 334; *KG* VersR 1970, 471; *OLG Bremen* VersR 1970, 1159.
4 Zum Begriff »fabrikneu« im Vertragsrecht (§§ 459, 462 BGB) vgl. *OLG Düsseldorf* NJW 1982, 1156.
5 Abrechnung auf Totalschadenbasis **bejaht**, wobei zu bemerken ist, dass die einzelnen erklärenden Daten, soweit sie feststellbar sind, in folgender Reihenfolge erscheinen (Reparaturkosten/Minderwert/Alter/Fahrleistung): *BGH* NJW 1965, 1756 = VersR 1965, 901; NJW 1976, 1202 = VersR 1976, 732 f. = DAR 1976, 183; *BGH* NJW 1982, 433 = VersR 1982, 163 = DAR 1982, 120); *OLG Köln* VersR 1979, 655 (L) = DAR 1979, 111 = r+s 1979, 128 (bis 2 000 km); zfs 1985, 357 (3 Tage alt: 348 km; umfangreiche Richt-, Ausbeul- und Schweißarbeiten; Leasing-Kfz; *OLG München* NJW 1982, 52 = DAR 1982, 70 = zfs 1982, 38 (Abrechnung auf Neuwagenbasis bis zu einer Fahrleistung von 3 000 km bei erst geringer Gebrauchsdauer möglich, sofern das Kfz erheblich beschädigt wurde; diese Voraussetzung liegt vor, wenn die Reparaturkosten mehr als 30 % der Anschaffungskosten betragen); zfs 1983, 359 (RepK: 3 398 DM; Minderwert: 600 DM; 1 Monat: 865 km); DAR 1983, 79 = zfs 1983, 141; *KG* VersR 1977, 155 = DAR 1976, 241 (vgl. dazu auch: *Darkow* DAR 1977, 254) = r+s 1976, 238 (1 816,20 DM; 4 Tage: 52 km); NJW 1976, 429 (L) = VersR 1976, 861 = DAR 1976, 45; DAR 1976, 241 (RepK: ca. 2 000 DM; 4 Tage: 52 km); VersR 1981, 553 = DAR 1980, 371; (L: 3 734,29 DM; 5 Monate und 10 Tage: 1 109 km); *OLG Bremen* VersR 1978, 236 = DAR 1978, 163 = r+s 1978, 107 (1 631,48 DM; 1 Woche: 632 km); *OLG Frankfurt/M.* VersR 1980, 235 (Unfall einen Tag nach Erstzulassung eines neuwertigen Kraftrades mit Reparaturkosten in Höhe von ca. 30 % des Wiederbeschaffungswerts; 204 km); VersR 1980, 335 (2 Monate: 2 792 km); *OLG Nürnberg* NJW 1972, 2042 = VersR 1973, 549 (Motorrad); NJW 1975, 313 (L) = VersR 1975, 960 (1 247,75 DM; 9 Tage: 288 km); VersR 1975, 960; *OLG Nürnberg* NZV 1992, 277 (Rep: Kosten 8 200 DM; 1 Monat: 695 km); *OLG Karlsruhe*

Kapitel 11

12 Literatur und Rechtsprechung ziehen die Grenze für die Neuwertigkeit, die eine Reparatur für den Geschädigten nicht zumutbar erscheinen lässt und ihn daher zum Ankauf eines fabrikneuen Fahrzeugs berechtigt, im Allgemeinen bei einem Alter von einem Monat und einer Fahrleistung bis 1 000 km.[6]

13 Auf ein Neufahrzeug kann der Geschädigte dann nicht bestehen, wenn er darauf auch angesichts der nicht unverhältnismäßigen Mehrkosten, die damit für den Schädiger verbunden sind, nach den Um-

---

VersR 1974, 671 (4 346,93 DM: 788 km); VersR 1982, 961 (L) = DAR 1982, 230 = zfs 1982, 266 (2 892,26 DM; 16 Tage: 388 km: Baustellenfahrzeug, Lieferfrist für Neuwagen 3 Monate); VersR 1986, 349 (L) (11 040 DM; 40 % des Neupreises; 3 Monate: 943 km; maßgeblich ist die km-Leistung); *OLG Stuttgart* VersR 1976, 73 = r+s 1976, 58 (3 407,87 DM; 4 Monate: 1 790 km); DAR 1981, 266 = zfs 1981, 202 = r+s 1981, 260 (2 574,48 DM; 3 Wochen: 443 km); *OLG Hamm* NJW 1981, 827 = VersR 1981, 788 = DAR 1981, 225; *OLG Bamberg* zfs 1983, 200 (RepK: 6 659 DM; Minderwert: 1 000 DM; 7 Tage: 313 km; DB 280 E); *Schmidt* DAR 1965, 4; *Ruhkopf* VersR 1965, 1034; *Henrichs* NJW 1967, 1943; *Maase* VersR 1968, 531; Wussow/*Karczewski* Kap. 41 Rn. 17; Abrechnung auf Totalschadenbasis **verneint:** *BGH* VersR 1983, 658 = DAR 1983, 225 = zfs 1983, 268 (bei einem Fahrzeug der Luxusklasse mit einem Neupreis von 32 910 DM und einer Fahrleistung von 1 914 km ist bei einem Reparaturaufwand von 7 250 DM eine Instandsetzung noch zumutbar); VersR 1984, 46 = r+s 1984, 15 (RepK: 2 290,68 DM; Minderwert 450 DM; 3 Wochen; 1 300 km); *OLG Hamm* VersR 1973, 1072; NJW 1981, 827 = VersR 1981, 788 = DAR 1981, 220 (1 050 km; 12 Tage; Differenz zwischen Neupreis und Restwert: rd. 20 000 DM); *OLG Köln* VersR 1970, 334 (2 781,20 DM; 5 Monate; 8 800 km); *OLG Celle* VersR 1970, 957 (2 000 DM; 5 342 km); VersR 1981, 67 = r+s 1981, 38 (4 628,– DM; 23 Tage; 1 320 km); zfs 1992, 300 (nur bei erheblichem Schaden und unter 1 000 km); *OLG Schleswig* NJW 1971, 141 = VersR 1971, 455 (21 Tage; 829 km); VersR 1981, 562 = DAR 1981, 220 (geringfügige Blechschäden an Schraubteilen; 1 Tag; 201 km); *OLG Bamberg* VersR 1972, 828 = VersR 1972, 793 (L: 4 Wochen; 1 748 km); zfs 1983, 262 = r+s 1983, 147 (RepK: 8 282 DM; Minderwert: 650 DM; 1 618 km); zfs 1983, 200 = r+s 1983, 100 (RepK: 3 888 DM; Minderwert: 800 DM; 1 242 km); *OLG Karlsruhe* VersR 1972, 769 (2 571 DM; 6 000 km); VersR 1973, 1169 f.; VersR 1974, 150 (3 840 DM; 6 Wochen; 2 118 km); VersR 1980, 486 = r+s 1980, 151 = zfs 1980, 205 (3 Monate; 5 874 km); VersR 1981, 15 (3 800 DM; 19 Tage; 362 km); *OLG Frankfurt* VersR 1972, 1146 (8 615 DM; 6 Monate; 5 958 km); NJW-RR 1986, 254 (entscheidend ist die bis zum Unfall zurückgelegte Fahrleistung); *KG* VersR 1973, 1070 (5 Monate; 8 600 km); VersR 1975, 450 = DAR 1974, 158; NJW 1976, 429 = VersR 1976, 861 = DAR 1976, 45 (vgl. dazu auch: *Darkow* DAR 1976, 226) (3 500 km; das erkennende Gericht hält allerdings in Ausnahmefällen auch bei einer Fahrleistung von über 3 000 km eine Abrechnung auf Totalschadenbasis für durchaus möglich); VersR 1981, 553 = DAR 1980, 371 = zfs 1981, 43 (knapp 6 Monate; 1 109 km); NJW-RR 1986, 1355 = zfs 1986, 385 = VRS 71, 241 (RepK: 7 784 DM; 3 Wochen; 3 670 km); VersR 1988, 361 (Fahrleistung über 3 000 km); VRS 91, 241 (1 282 km, 2 Monate); VM 1992, 35 (1 282 km, 2 Monate); *OLG München* VersR 1974, 65 (3 Wochen; 3 184 km); zfs 1985, 167 (RepK: 1 886 DM; 9 Tage; 472 km); *OLG Oldenburg* r+s 1979, 147 (2 470 DM; 14 Tage; 2 000 km); *OLG Zweibrücken* zfs 1981, 362 (3 300 DM; 1 Monat; 4 317 km); *OLG Stuttgart* VersR 1983, 92 = zfs 1983, 75 (Nutzfahrzeug); *OLG Hamburg* VersR 1984, 243 (im Zusammenhang mit § 29 KVO; RepK: 4 000 DM; Minderwert 5 050 DM; neuwertig; Rohkarosserie); *OLG Nürnberg* VersR 1986, 98 (L) = DAR 1985, 386 (RepK 7 850 DM; Minderwert 1 150 DM; 2½ Monate; 2 325 km); VersR 1994, 1253 (8 Wochen; 813 km).

6 Vgl. dazu *BGH* VersR 1956, 489; NJW 1961, 763 = VRS 21, 81; NJW 1965, 1756 = VersR 1965, 901 = DAR 1965, 239; vgl. jedoch *BGH* NJW 1982, 433 = VersR 1982, 163 = DAR 1982, 120; – vgl. dazu auch *Weber* DAR 1982, 169, 180, 182; *OLG Düsseldorf* VersR 1974, 787 (mit Einschränkungen); *OLG Köln* VersR 1975, 933; 1976, 69; DAR 1979, 111 = VersR 1979, 655 (L) = r+s 1979, 1128 (Neuwertigkeit unter Hinweis auf *KG* VersR 1976, 181 noch bei einer Fahrleistung zwischen 1 000 und 2 000 km bejaht); *OLG Hamburg* VersR 1973, 970; *OLG Hamm* NJW 1968, 993; VersR 1973, 1072; *OLG München* VersR 1966, 1082; 1974, 65; *OLG Celle* NJW 1968, 1478 = VersR 1968, 1045; VersR 1970, 957 (Neuwertigkeit bei 5 342 km verneint); VersR 1981, 67; *KG* NJW 1970, 1048 = VersR 1970, 471; VersR 1975, 450; 1977, 155 = DAR 1976, 241; *KG* VersR 1992, 195 (keine Neuwertigkeit bei 1 282 km und 2 Monate alt); VersR 1971, 455; 1976, 1183; *OLG Koblenz* VersR 1971, 824; *OLG Bamberg* NJW 1972, 826 = VersR 1972, 973 (L); *OLG Frankfurt* VersR 1973, 672; 1973, 827; *OLG Karlsruhe* VersR 1973, 471; 1973, 1169; 1974, 671; VS 92, 12 (Neuwertigkeit verneint bei 3 Monate alt und 2 018 km); *OLG Nürnberg* NJW 1975, 313 = VersR 1975, 960; *OLG Düsseldorf* VersR 1976, 69; *LG Leipzig* SVR 2005, 384 (starre Grenze); Staudinger/*Schiemann* § 251 BGB Rn. 38 ff.; Krumme/*Steffen* § 11 StVG Rn. 16; Himmelreich/Halm/*Richter* Kap. 4 Rn. 651 ff.

ständen billigerweise (§ 242 BGB) hätte verzichten müssen. Ein derartiger Verzicht ist dem Geschädigten zuzumuten, wenn der Aufwand für einen vollen Ausgleich in keinem vertretbaren Verhältnis zu dem damit erlangten Vorteil stehen würde.[7]

In seinem grundlegenden Urteil vom 3.11.1981 hat der *BGH*[8] die überwiegend vertretene Auffassung gebilligt, dass im Allgemeinen ein Kfz lediglich bis zu einer Fahrleistung von 1 000 km mit der Rechtsfolge als neuwertig bezeichnet werden kann und dass der Eigentümer eines derartigen Kfz sich bei gleichzeitigem Vorliegen erheblicher Schäden mit der Erstattung der notwendigen Reparaturkosten und dem Ausgleich eines technischen bzw. merkantilen Minderwerts nicht zufriedenzugeben braucht, weil ihm diese Form der »Herstellung« nicht zuzumuten ist. Der Geschädigte kann vielmehr unter den soeben dargelegten Voraussetzungen – also Neuwertigkeit und erheblicher Schadenumfang – von einem »unechten« Totalschaden ausgehen und unter Verzicht auf die technisch an sich mögliche Reparatur den Schaden auf Neuwagenbasis abrechnen. 14

Der *BGH* möchte jedoch die im Regelfalle aus Gründen der Praktikabilität gebilligte Begrenzung auf eine Fahrleistung von 1 000 km nicht als starres Prinzip verstanden wissen, das Ausnahmen nicht zulässt. Er vertritt die Auffassung, dass unter besonderen Umständen auch jenseits einer Fahrleistung von 1 000 km eine Abrechnung auf Neuwagenbasis durchaus noch in Betracht kommen könne, da unfallfreie Wagen mit einer derart geringen Fahrleistung auf dem Markt kaum angeboten werden. Bei der Zulassung derartiger Ausnahmefälle will der *BGH* allerdings eine »ziemlich enge Grenze« gesetzt und gewahrt wissen. Diese ergibt sich nach seiner Auffassung aus der Verkehrsanschauung und dem Wesen des Schadenersatzes unter Berücksichtigung der Grundsätze von Treu und Glauben (§ 242 BGB). Daraus folgt nach Auffassung des *BGH*, dass der »Schmelz der Neuwertigkeit« nach äußerstenfalls einer Fahrleistung von 3 000 km oder einer Gebrauchsdauer von etwa einem Monat nicht mehr besonders zu Buche schlagen kann. 15

Nach der Auffassung des *BGH* kann bei einer Laufleistung zwischen 1 000 und 3 000 km nur bei Vorliegen ganz besonderer Umstände ausnahmsweise noch eine Abrechnung auf Neuwagenbasis in Betracht kommen. Voraussetzung dafür sei, dass bei objektiver Beurteilung der frühere Zustand durch die Reparatur auch nicht annähernd wiederhergestellt werden kann. Diese Voraussetzungen könnten vor allem dann vorliegen, wenn 16

- Teile beschädigt worden sind, die für die Sicherheit des Kfz von Bedeutung sind, und trotz ordnungsgemäßer Reparatur ein Unsicherheitsfaktor verbleibt
- nach durchgeführter Reparatur erhebliche Schönheitsfehler am PKW zurückbleiben (beispielsweise verzogene oder nicht mehr schließende Türen bzw. Kofferraum- oder Motorhaubendeckel, sichtbare Schweißnähte, Verformung bestimmter Fahrzeugteile usw.)
- ein Schaden eingetreten ist, der die Garantieansprüche des Eigentümers jedenfalls im Hinblick auf die Beweisführung gefährden kann, sofern der Haftpflichtversicherer des Schädigers nicht alsbald nach dem Unfall verbindlich seine Einstandspflicht für einen derartigen Fall anerkennt.

Letztlich kann sich die Unzumutbarkeit der Weiterbenutzung bei einer Fahrleistung von 1 000 km bis 3 000 km allenfalls aus technischen oder ästhetischen Mängeln ergeben, die durch die Reparatur nicht beseitigt werden können.[9] 17

Der zur Neupreisabrechnung berechtigende »Schmelz der Neuwertigkeit« wird ernsthaft nur ins Feld geführt werden können, wenn seit der Zulassung erst wenige Tage vergangen sind. Jedenfalls ist ein 18

---

7 Vgl. dazu *BGH* NJW 1976, 1202 = VersR 1976, 732 f. = DAR 1976, 183; *OLG Hamm* NJW 1981, 827 = VersR 1981, 788 = DAR 1981, 225.
8 *BGH* NJW 1982, 433 = VersR 1982, 163 = DAR 1982, 120.
9 *OLG Hamm* DAR 2000, 35 = NZV 2000, 170 = SP 2000, 13; *OLG Schleswig* SP 1998, 109; *OLG Braunschweig/LG Braunschweig* DAR 2011, 332 (Laufleistung 2.067 km, sicherheitsrelevante Teile beschädigt, 2.000 € Wertminderung); *LG Fulda* DAR 2000, 122; *LG Saarbrücken* zfs 2002, 282, Urt. v. 20.05.2011, Az. 13 S 27/11 (nicht bei wirtschaftlichem Totalschaden, wenn gleichwertiges Gebrauchtfahrzeug nach sachverständiger Feststellung beschafft werden kann).

PKW nicht mehr als neuwertig anzusehen, wenn er im Unfallzeitpunkt bereits länger als einen Monat zugelassen war.[10] Für die Gebrauchsdauer eines Fahrzeuges ist der Zeitpunkt der Zulassung maßgeblich und nicht die Frage, an wie vielen Tagen seit der Zulassung das Fahrzeug tatsächlich genutzt worden ist.[11]

19 Nach *OLG Hamm*[12] kann auch auf Neuwagenbasis abgerechnet werden, wenn das Neufahrzeug vor der Auslieferung mit einem serienmäßigen Bausatz (hier: Karosserieverbreiterung) umgestaltet wurde und bei dem Unfall (nach 20 Tagen und 212 km) im Wesentlichen die Umbauten beschädigt worden sind. Denn der Umbau nimmt dem Pkw nicht die Eigenschaft eines Neufahrzeuges. Durch den bereits vor der Auslieferung erfolgten Umbau hat das Fahrzeug zwar eine individuelle und von dem Standardtyp stark abweichende Ausstattung bekommen. Es blieb aber ein neues Fahrzeug, das durch den Händler in dem vereinbarten, vor der Zulassung herbeigeführten Zustand als Neufahrzeug ausgeliefert worden und als solches auch wieder zu beschaffen ist.

20 Die Grundsätze für eine Schadensberechnung auf Neuwagenbasis sind auch dann anwendbar, wenn der geschädigte Pkw im Eigentum einer Leasinggesellschaft gestanden hat.[13]

21 Die bisher ausgewertete Rechtsprechung bedeutet indes noch nicht, dass, sofern Neuwertigkeit in dem soeben dargelegten Sinne vorliegt, der Gläubiger (Geschädigte) auch geringe Schäden zum Anlass nehmen darf, um sich auf Kosten des Schädigers ein Neufahrzeug zu beschaffen. Als weiteres Kriterium kommt nämlich neben der Neuwertigkeit – wie bereits ausgeführt – zusätzlich auch die Erheblichkeit (Schwere) des Eingriffs in das bis dahin integere Gefüge des Kfz hinzu.

22 Eine erhebliche Beschädigung wird man nach der allerdings nicht ganz einheitlichen Rechtsprechung annehmen können, wenn die Reparaturkosten mindestens 30 % der Anschaffungskosten, also des Neupreises, betragen.[14] Vertretbar ist es auch, wenn von Teilen der Rechtsprechung der Grenzwert der Reparaturkosten auf ca. 20–25 % des Wiederbeschaffungswertes gesetzt wird.[15]

23 Auch die genannte Größenordnung reicht jedoch nicht aus, falls sich herausstellen sollte, dass es sich im konkreten Fall um reine Blechschäden handelt. Bei dem heutigen Stand der Reparaturtechnik und einer sorgfältig durchgeführten Instandsetzung in einer renommierten Fachwerkstatt ist bei leichten bis mittleren Blechschäden deren einwandfreie Beseitigung bei Neufahrzeugen gewährleistet. Ein negativer nachhaltiger Einfluss auf das weitere Schicksal des Fahrzeuges ist bei ordnungsgemäßer Beseitigung der Schäden nicht zu befürchten. Dem Geschädigten ist grundsätzlich eine Weiterbenutzung des reparierten Unfallfahrzeuges zumutbar, wenn durch den Unfall ausschließlich Teile betroffen waren, durch deren spurenlose Auswechslung der frühere Zustand voll wieder hergestellt werden kann, und die Funktionstüchtigkeit und die Sicherheitseigenschaften des Fahrzeugs, insbesondere die Karosseriesteifigkeit und das Deformationsverhalten nicht beeinträchtigt sind.[16]

---

10 *BGH* zfs 1982, 108; *OLG Karlsruhe* zfs 92, 12; *OLG Naumburg* zfs 1996, 134 = SP 1996, 212; *OLG Hamm* DAR 1994, 400 = r+s 1994, 338 = VersR 1995, 930; *OLG Nürnberg* VersR 1994, 1253 = NZV 1994, 430 = r+s 1994, 337; anders *AG Lampertheim* NJWE-VHR 1998, 130.
11 *LG Schweinfurt* VersR 2006, 425 = NZV 2006, 42.
12 *OLG Hamm* NZV 1996, 312 = OLGR 1996, 116.
13 *OLG Nürnberg* NJW-RR 1993, 919 = NZV 1994, 430 = r+s 1994, 337 = SP 1994, 314 = VersR 1994, 1253.
14 *BGH* VersR 1976, 732 f.; *OLG München* DAR 1982, 70; *OLG Celle* SP 1996, 280; *OLG Oldenburg* zfs 1997, 136 = SP 1997, 269.
15 *OLG Bremen* VersR 1971, 912; *OLG Frankfurt* VersR 1980, 235 = zfs 1980, 146.
16 *OLG Hamm* NZV 2001, 478 = VersR 2002, 632 (nicht bei nur 3 Stunden Arbeitszeit, 417 DM Kosten); *OLG Celle* SP 1996, 280; NZV 2004, 586 (nicht wenn nur Montageteile auszutauschen); *OLG Dresden* SP 2001, 55; *OLG Hamburg* NZV 2008, 555 (ja bei nicht unerheblichen Richt- und Schweißarbeiten an der A-Säule); *OLG Nürnberg* DAR 2009, 37 = r+s 2009, 301 = NZV 2008, 559; *OLG Schleswig* NZV 2009, 298; *OLG Düsseldorf* SP 2009, 368; SVR 2010, 181; *OLG München* r+s 2010, 259; *LG Leipzig* SP 2000, 380; *LG Mönchengladbach* DAR 2006, 460 (anders bei Schweißarbeiten, die die Herstellergarantie entfallen lassen); *LG Wuppertal* SP 2010, 403; *LG Zwickau* SP 2010, 16; Himmelreich/Halm/*Richter* Kap. 4 Rn. 664 ff.

A. Begriffsbestimmungen   Kapitel 11

Sind die Voraussetzungen für die Schadenliquidation auf Neuwagenbasis erfüllt, kommt die Durch- 23a
setzung eines solchen Anspruchs nur dann in Betracht, wenn der Geschädigte tatsächlich ein neues
Fahrzeug angeschafft hat.[17] In diesem Fall steht dem nicht vorsteuerabzugsberechtigten Geschädig-
ten der Neuwagenkaufpreis zuzüglich Mehrwertsteuer zu. Die Darlegungs- und Beweislast für diese
Neuanschaffung liegt bei dem Geschädigten.[18] Das neu angeschaffte Fahrzeug muss auch gleichwer-
tig sein. Die Anschaffung eines Fahrzeugs einer geringeren Fahrzeug- und Preisklasse genügt nicht.[19]
Allerdings hat der Geschädigte aufgrund der hohen hiermit verbundenen Aufwendungen bereits vor
Anschaffung eines neuwertigen Ersatzfahrzeugs ein rechtliches Interesse daran, die Berechtigung zur
Abrechnung auf Neuwagenbasis feststellen zu lassen; ein entsprechender Feststellungsantrag ist zu-
lässig.[20]

In den übrigen Fällen geht die übereinstimmende Auffassung in Literatur und Rechtsprechung da- 24
hin, dass die Reparatur in Verbindung mit dem Ausgleich eines etwa entstandenen merkantilen bzw.
technischen Minderwerts dem Geschädigten als angemessene Form der »Herstellung« im Sinne von
§ 249 S. 2 BGB durchaus zuzumuten ist.[21] Insoweit lässt sich jedenfalls für den Regelfall der Grundsatz aufstellen, dass dem Geschädigten bei Würdigung aller Umstände – die in diesem Fall auch eine
Art »negatives« Integritätsinteresse umfassen – die Weiterbenutzung des reparierten Kfz durchaus
zugemutet werden kann.[22]

In diesem Zusammenhang muss allerdings darauf hingewiesen werden, dass die soeben zitierten Ent- 24a
scheidungen sich zum größten Teil mit der Frage befassen, unter welchen Voraussetzungen der Geschädigte ohne Wertausgleich ein Neufahrzeug beanspruchen kann. Nach diesseitiger Auffassung
wäre der Gläubiger dadurch in jedem Fall bereichert.

Dieser Grundsatz überzeugt insbesondere dann, wenn man auf die z. T. parallel gelagerte Interessen- 25
lage im Vertragsrecht zurückgreift. Der Käufer eines Kfz, der im Wege des Schadenersatzes, der
Wandlung des Kaufvertrages oder des Rechtsinstituts der ungerechtfertigten Bereicherung vom Verkäufer zu Recht die Rückabwicklung eines Kaufvertrages verlangt, muss sich vom Kaufpreis und den
sonstigen Aufwendungen, deren Erstattung er grundsätzlich verlangen kann, eine Nutzungsentschädigung für die tatsächlich gezogenen Gebrauchsvorteile anrechnen lassen. Im Fall der Wandlung erfolgt dies nach den Vorschriften der §§ 437 Nr. 2, 346 Abs. 1 BGB.

Das Gleiche gilt, wenn wegen Unwirksamkeit oder Nichtigkeit eines Kaufvertrags eine Rückabwick- 26
lung und damit ein Ausgleich nach den bereits angesprochenen Grundsätzen der ungerechtfertigten
Bereicherung (§ 818 Abs. 2 BGB) zu erfolgen hat. Soweit eine Schadensersatzpflicht des Verkäufers –
z. B. aus §§ 311 Abs. 2, 437 Nr. 3 BGB – in Betracht kommt, mindert sich der Schaden ebenfalls im
Wege des Vorteilsausgleichs um den Gegenwert der durch den Gebrauch des Kraftfahrzeugs gezoge-

---

17 *BGH* NJW 2009, 3022 = VersR 2009, 1092 = DAR 2009, 452; *OLG Nürnberg* zfs 1991, 45; *OLG München*
   r+s 2010, 259; *OLG Düsseldorf* DAR 2010, 704; *LG Kassel* zfs 1992, 299; *LG Hagen* zfs 2007, 386; Wussow/
   Karczewski Kap. 41 Rn. 17.
18 *KG* DAR 2010, 522.
19 *OLG München* NJW-Spezial 2010, 298.
20 *LG Nürnberg*, Urt. v. 2.12.2010, Az. 8 O 4576/10.
21 Vgl. dazu im Einzelnen *BGH* NJW 1965, 1756 = VersR 1965, 901; NJW 1980, 1127 (besprochen von *Ei-
   senhardt* JuS 1982, 170); NJW 1982, 433 = VersR 1982, 163 = DAR 1982, 120; *OLG Düsseldorf* VersR 1971,
   745; 1971, 984; DAR 1974, 214; VersR 1976, 69; *OLG Karlsruhe* VersR 1972, 769; 1974, 150; *OLG Bamberg* NJW 1972, 828 = VersR 1972, 793; *OLG Frankfurt* VersR 1972, 1146; 1973, 672; *KG* VersR 1973,
   1070 = DAR 1973, 43; *OLG Hamburg* VersR 1973, 354; 1973, 970; *OLG Hamm* VersR 1973, 1072;
   OLG Köln VersR 1975, 933; *LG Oldenburg* VersR 1982, 51; Krumme/*Steffen* § 11 StVG Rn. 15.
22 Vgl. dazu *OLG Düsseldorf* VersR 1962, 1111 (200 km); 1968, 605; *OLG Hamm* VersR 1963, 345; *OLG
   München* VersR 1966, 1082 (745 km); *OLG Schleswig* VersR 1967, 610; *OLG Nürnberg* VRS 16, 401; VersR
   1973, 92 (das jedoch sehr stark auf die individuellen Bedürfnisse des Geschädigten abstellt); VersR 1973,
   549 = DAR 1973, 44 (für ein Motorrad); *KG* NJW 1970, 1048 = VersR 1970, 471; *OLG Köln* VersR 1970,
   334; *OLG Celle* VersR 1970, 957; *OLG Bremen* VersR 1970, 1159.

nen Nutzen.²³ Die in Literatur und Rechtsprechung dazu vertretenen Auffassungen sind außerordentlich kontrovers.²⁴

27 Ähnlich liegen die Dinge auch für das weite Feld des gesetzlichen Schadensersatzrechts, also jeweils dann, wenn es sich darum handelt, mit Rücksicht auf das geringe Alter des beschädigten Kfz und die Erheblichkeit des Eingriffs auf Neuwagenbasis abzurechnen. Auch insoweit muss der Geschädigte sich die mit seinem Fahrzeug bis zum Unfall zurückgelegte Wegstrecke unter dem Gesichtspunkt des Vorteilsausgleichs zumindest in Höhe der eingesparten, leistungsbezogenen Betriebskosten unter allen Umständen als Eigenersparnis²⁵ anrechnen lassen.²⁶

28 Für die Bemessung des anzurechnenden Vorteils bieten sich die vom ADAC herausgegebenen – alljährlich mit neuen Werten erscheinenden – Betriebskostentabellen, jedenfalls für die Rückabwicklung nach Bereicherungsrecht,²⁷ geradezu an.²⁸

29 Zu dieser aufgeworfenen Fragestellung, inwieweit der durch Zubilligung eines Neufahrzeugs eingetretene Vorteil im Hinblick auf die bis dahin zurückgelegte Wegstrecke anzurechnen oder auszugleichen ist, liegen, soweit es sich um den gesetzlichen Schadenersatz – also die Abrechnung auf Neuwagenbasis – handelt, kaum Entscheidungen vor, weil die Gerichte nach den Erfahrungen der Praxis sehr häufig bis zu einer Fahrleistung von 1 000 km Abzüge für eingesparte leistungsbezogene Betriebskosten nicht vornehmen. Jedenfalls nimmt auch die überwiegende Rechtsprechung wegen der Benutzung des Fahrzeugs einen Abzug für die gefahrenen Kilometer vor, wenn mehr als 1 000

---

23 Vgl. dazu *Reinking/Eggert* Rn. 456 ff.
24 Dazu einige Beispiele: 1 % vom Anschaffungspreis pro gefahrene 1.000 km halten für angemessen: *OLG Hamm* NJW 1970, 2256; 28 U 131/81 (n. v.); *KG* DAR 1972, 372; DAR 1976, 45; *OLG Nürnberg* VersR 1978, 1027 (L) = DAR 1978, 198; *OLG Zweibrücken* VersR 1985, 601 (L) = DAR 1985, 59; *LG Bad Kreuznach* DAR 1979, 333; 0,67 % vom Anschaffungspreis je gefahrene 1.000 km billigen – unter Zugrundelegung einer potenziellen Gesamtfahrleistung von 150.000 km – zu: *BGH* NJW 1983, 2194 = DAR 1983, 322; *OLG Frankfurt* VersR 1981, 388; DAR 1981, 219 (0,75 %); *OLG Nürnberg* DAR 1980, 345; DAR 1985, 81; *OLG Köln* DAR 1981, 402.
25 Vgl. dazu *OLG Schleswig* VersR 1985, 373 = zfs 1985, 170 (unter Bezugnahme auf *Klimke* DAR 1984, 70); a. A. *BGH* NJW 1983, 2694 = VersR 1983, 758 (759 r.Sp.; – vgl. dazu auch die krit. Anm. v. *Klimke* VersR 1984, 1123 [1125 r.Sp.]) – DAR 1983, 289 = zfs 1983, 297 = r+s 1983, 211 (L) – VRS 65, 244, der sich damit in Widerspruch zu seiner eigenen Rechtsprechung setzt: *BGH* NJW 1963, 1390 f. = VersR 1963, 931 f.; – Der *BGH* vertritt in seiner Entscheidung v. 14.6.1983 mit unzutreffenden Erwägungen (wegen näherer Einzelheiten dazu vgl. *Klimke* VersR 1984, 1123, 1126, l.Sp.) die Auffassung, dass jedenfalls bei einem Neuwagen Abzüge unter dem Gesichtspunkt des Vorteilsausgleichs in Höhe der eingesparten leistungsbezogenen Betriebskosten erst dann vorzunehmen seien, wenn mit dem Kfz insgesamt mehr als 1 000 km zurückgelegt worden sind. Ähnlich *Himmelreich/Halm/Richter* Kap. 4 Rn. 660 ff.
26 Wegen näherer Einzelheiten dazu vgl. insbes. *BGH* NJW 1982, 433 = VersR 1982, 163 = DAR 1982, 120; *OLG Düsseldorf* VersR 1958, 890; *OLG Stuttgart* VersR 1959, 318; *OLG Celle* VersR 1968, 1195 (Abzug von 500 DM für fast fabrikneuen Wagen der gehobenen Mittelklasse); *KG* DAR 1971, 295 = VersR 1972, 158 (L); NJW 1972, 769 = VersR 1972, 354 (355 r.Sp. m. w. N.); *OLG München* DAR 1982, 70 – zfs 1982, 38; *LG Freiburg* VersR 1981, 867; zfs 1981, 335; *Darkow* VersR 1972, 613; *Sanden/Völtz* Rn. 80; – a. A. *BGH* NJW 1983, 2694 = VersR 1983, 758 = DAR 1982, 289; *OLG Köln* VersR 1966, 1082; *OLG Schleswig* NJW 1971, 141; VersR 1971, 455; 1976, 1183; *OLG Koblenz* VersR 1971, 824 (L) = DAR 1971, 182; *OLG Nürnberg* NJW 1975, 313 = VersR 1975, 960; *LG Freiburg* VersR 1975, 386; – die meisten Entscheidungen übergehen diesen Gesichtspunkt und nehmen zur Frage des Vorteilsausgleichs nicht Stellung.
27 Vgl. dazu *Klimke* DAR 1984, 69 Rn. 995.
28 Vgl. dazu insbes. *KG* VersR 1981, 867 = zfs 1981, 335 (freilich für den umgekehrten Fall, dass eine Abrechnung auf der Basis eines sog. »unechten« Totalschadens stattgefunden hat und es sich darum handelt, den Wertverlust des wieder instand gesetzten Unfallfahrzeugs zu ermitteln, den es durch die Weiterbenutzung bis zur Auslieferung des Neuwagens unter Übernahme des Altfahrzeugs durch den Schädiger erleidet); *Klimke* VersR 1972, 356 f.; DAR 1984, 69, 73; *Darkow* VersR 1972, 613, 615 – a. A. *OLG Schleswig* NJW 1971, 141 = VersR 1971, 455.

Fahrkilometer zurückgelegt worden sind.[29] Das *OLG Bremen*[30] schätzt den entsprechenden Wert – ebenfalls unter dem Gesichtspunkt der ungerechtfertigten Bereicherung – pauschal auf 0,10 DM für jeden gefahrenen Kilometer. Nach der Auffassung des *OLG Karlsruhe*[31] soll für je 100 km innerhalb des Wirkungsbereichs der ersten 5 000 km ein Abzug von 0,2 % und für die weitere Fahrleistung ein Abzug von 0,1 % vorgenommen werden.

Es ist zwar richtig, dass Kraftfahrzeuge mit einer Laufleistung bis zu 10.000 km auf dem Gebrauchtwagenmarkt selten angeboten werden.[32] Insoweit kann man jedoch auf Vorführfahrzeuge zurückgreifen, die in aller Regel mit einem Tachostand zwischen 6.000 und 10.000 km zu einem Preisnachlass bis etwa 15 % angeboten werden. 30

Bei Abrechnung auf Neuwagen-Basis muss der Geschädigte sich einen etwaigen Preisnachlass, den er bei seinem Kfz-Händler erzielen kann, anrechnen lassen.[33] 31

Der Geschädigte ist grundsätzlich berechtigt, dem Schädiger respektive dessen Haftpflichtversicherung das Unfallfahrzeug zur Verwertung zur Verfügung zu stellen.[34] Er muss sich in diesem Fall den im Sachverständigengutachten veranschlagten Restwert nicht anrechnen lassen. Dies gilt jedoch dann nicht, wenn ihm aufgrund einer Mithaftung lediglich ein quotenmäßiger Schadenersatzanspruch zusteht. In diesem Fall steht ihm nur eine entsprechende Quote der Differenz zwischen dem Wiederbeschaffungswert und dem Restwert zu.[35] Voraussetzung für eine Neuwagenabrechnung ist das Angebot des Unfallfahrzeugs an die KH-Versicherung allerdings nicht.[36] 32

2. Vereinbarung

Da auch im Bereich des Schadensersatzrechtes volle Dispositionsfreiheit der Parteien besteht, kann zwischen ihnen selbstverständlich eine Abrechnung auf der Basis eines »unechten« Totalschadens auch vereinbart werden. Eine solche Vereinbarung wird insbesondere dann sinnvoll sein, wenn die Ersatzteilbeschaffung auf Schwierigkeiten stößt, weil sie beispielsweise im Ausland vollzogen werden müsste. Von einem »unechten« Totalschaden kann man beispielsweise auch dann unbedenklich ausgehen, wenn die Verwertung der Restteile zu einem ungewöhnlich günstigen Preis möglich ist und ein annähernd gleichwertiges Ersatzfahrzeug kurzfristig zur Verfügung steht. 33

Wenn die Bewertung der einzelnen Schadenpositionen (wie beispielsweise Wiederbeschaffungswert, Minderwert und Restwert) richtig vorgenommen wird und eine günstige Veräußerungsmöglichkeit für das Restfahrzeug besteht, macht es nach den Erfahrungen der Praxis keinen wesentlichen Unterschied aus, ob eine Reparatur erfolgt oder ob man sich auf der Basis eines »unechten« Totalschadens verständigt. 34

B. Abgrenzung Totalschaden- bzw. Reparaturschadenabrechnung

Ob im Einzelfall ein Reparatur- oder ein (wirtschaftlicher) Totalschaden vorliegt, entscheidet sich nach der Höhe der zur Schadensbeseitigung erforderlichen Kosten im Verhältnis zum Wert des Fahrzeugs. Im Grenzbereich kommt es entscheidend darauf an, welche Entscheidungen der Geschädigte hinsichtlich seines beschädigten Fahrzeugs in der Folgezeit trifft und welche Kosten er geltend macht. 35

---

29 *BGH* DAR 1983, 289 = VersR 1983, 758 = zfs 1983, 297; *OLG Schleswig* VersR 1985, 373.
30 Vgl. dazu *OLG Bremen* DAR 1980, 373.
31 Vgl. dazu *OLG Karlsruhe* VersR 1982, 98 = DAR 1982, 230.
32 Vgl. dazu *OLG Düsseldorf* VersR 1962, 1111; *Schmidt* DAR 1965, 4 f.
33 *OLG Karlsruhe* DAR 1989, 106.
34 *BGH* NJW 1983, 2694; hierzu zu Recht kritisch: Himmelreich/Halm/*Richter* Kap. 4 Rn. 675 ff. mit dem wohl überzeugenderen Vorschlag, den Schädiger nur zur Benennung eines Aufkäufers zu verpflichten.
35 *OLG Köln* NZV 1993, 188 = VersR 1993, 374 = r+s 1993, 139; *AG Gießen* SP 1999, 200; *Becker/Böhme/Biela* Rn. D 41.
36 *KG* SVR 2005, 384.

I. Eindeutiger Reparaturschaden

36 Liegen die Reparaturkosten zuzüglich der insoweit mit zu berücksichtigenden merkantilen Wertminderung unter dem Wiederbeschaffungsaufwand, also der Differenz zwischen dem Wiederbeschaffungswert des beschädigten Fahrzeugs unmittelbar vor dem Unfall und seinem Restwert hiernach, liegt ein eindeutiger Reparaturschaden vor. Der Geschädigte kann selbst dann nur die Reparaturkosten geltend machen, wenn er sich zur Schadensbeseitigung durch Ersatzbeschaffung entscheidet.

II. Abgrenzung unter dem Wiederbeschaffungswert

37 Liegen die Reparaturkosten inklusive Wertminderung über dem Wiederbeschaffungsaufwand, aber unterhalb des Wiederbeschaffungswertes, hängt die Beurteilung des Schadens von den weiteren Entscheidungen des Geschädigten ab. Die wirtschaftlichste Form der Schadensbeseitigung wäre die Ersatzbeschaffung, da hierdurch der geringste (Wiederbeschaffungs-)Aufwand entsteht. Dennoch kann der Geschädigte ein berechtigtes Interesse daran haben, den entstandenen Schaden nicht durch eine Ersatzbeschaffung zu beseitigen. Es ist insoweit zu beachten, dass nicht nur das Vermögensinteresse des Geschädigten geschützt ist, sondern – in begrenztem Umfang – auch sein Integritätsinteresse, also sein Interesse daran, dass sein Vermögen in der Zusammensetzung erhalten bleibt, in der es sich vor dem Schadenereignis befand. Geschützt ist daher auch das Interesse des Geschädigten, sein beschädigtes Fahrzeug zu behalten. Dies ist keineswegs ein immaterielles, regelmäßig gem. § 253 BGB nicht geschütztes Interesse, wie der *BGH* mehrfach klargestellt hat. Vielmehr sprechen durchaus auch materielle Gründe für ein Behalten des eigenen, hinsichtlich der Zuverlässigkeit bekannten Fahrzeugs gegenüber dem Erwerb eines neuen, hinsichtlich möglicher unerkannt bleibender Mängel unbekannten Fahrzeugs.

38 Dies setzt jedoch voraus, dass der Geschädigte tatsächlich sein Integritätsinteresse zum Ausdruck bringt. Dies kann zum einen durch Vornahme der Reparatur geschehen. Der Geschädigte hat bis zum Erreichen des Wiederbeschaffungswertes Anspruch auf Ersatz tatsächlich aufgewandter Reparaturkosten.[37] Auch bei nachträglich – nach Abrechnung auf Totalschadenbasis – durchgeführter Reparatur ist in den Grenzen der Verjährung eine Nachforderung auf Reparaturkostenbasis möglich.[38] Auch fiktiv kann der Geschädigte – mit oder ohne Durchführung der (Eigen-)Reparatur – Reparaturkosten bis zum Wiederbeschaffungswert geltend machen, wenn er das Fahrzeug nach dem Unfall noch in nennenswertem Umfang weiternutzt. Nach der neuen Rechtsprechung des *BGH* ist ein Zeitraum von sechs Monaten erforderlich.[39] Erfolgt ein Weiterverkauf erst später, spielt es auch keine Rolle, inwieweit der Geschädigte bei dem Weiterverkauf einen Gewinn gemacht hat.[40] Eine solche Weiternutzung setzt voraus, dass das Fahrzeug sich in verkehrssicherem bzw. jedenfalls verkehrstauglichem Zustand befindet.[41] Veräußert der Geschädigte das Unfallfahrzeug hingegen innerhalb dieser Frist, ist eine fiktive Geltendmachung von Reparaturkosten jenseits des Wiederbeschaffungsaufwands nicht möglich, insbesondere ist auch keine 70%-Grenze anzuwenden.[42] Bis zum Ablauf

---

37 *BGH* VersR 2007, 379 = DAR 2007, 201 = r+s 2007, 122.
38 *BGH* NJW 2007, 67 = VersR 2007, 82 = DAR 2007, 138.
39 *BGH* VersR 2003, 918 = DAR 2003, 372 = r+s 2003, 303; VersR 2006, 989 = 2006, 1236 = DAR 2006, 441 = r+s 2006, 343; VersR 2008, 839 = DAR 2008, 387 = r+s 2008, 351; ähnlich zuvor schon *OLG Düsseldorf* VersR 2003, 520 = DAR 2001, 125 = zfs 2001, 111; *OLG Koblenz* SVR 2006, 140; *LG Ansbach* DAR 2001, 367; jetzt auch *LG Hagen/AG Meinerzhagen* VersR 2007, 1265; weiter gehend *LG Gießen* DAR 2004, 153 = NZV 2004, 253.
40 *OLG Karlsruhe* NZV 2011, 199.
41 *OLG Stuttgart* NZV 2011, 82; *LG Bochum* SVR 2009, 31 (mit Unterscheidung zwischen »verkehrssicher« und »verkehrstauglich«); a. A. *OLG Karlsruhe* NZV 2010, 199.
42 *BGH* VersR 2005, 1257 = DAR 2005, 508 = r+s 2005, 393; VersR 2005, 1448 = DAR 2005, 617 = r+s 2005, 482; zuvor schon *OLG Düsseldorf* NZV 2004, 584; *OLG Hamm* r+s 2003, 479; anders noch *OLG Köln* r+s 2002, 115.

B. Abgrenzung Totalschaden- bzw. Reparaturschadenabrechnung

der Sechs-Monats-Frist hat der Versicherer insoweit (anders bei der Abgrenzung oberhalb des WBW[43]) ein Leistungsverweigerungsrecht.[44]

Entscheidet sich der Geschädigte dagegen für eine Ersatzbeschaffung, darf er selbst bei objektiv unzutreffender Schätzung der voraussichtlichen Reparaturkosten nach den Grundsätzen der Garantenstellung des Ersatzpflichtigen auf der Basis eines Totalschadens abrechnen, wenn ein vertrauenswürdiger Kfz-Sachverständiger ihm diesen Weg gewiesen hat.[45] 39

III. Abgrenzung über dem Wiederbeschaffungswert (Integritätszuschlag)

Das Integritätsinteresse des Geschädigten wird noch weiter gehender als oben dargestellt geschützt. Aufgrund des berechtigten Interesses des Geschädigten daran, sein Fahrzeug auch nach dem Unfall behalten zu dürfen, kann er einen Reparaturschaden unter bestimmten Voraussetzungen sogar geltend machen, wenn die voraussichtlichen Reparaturkosten über dem Wiederbeschaffungswert des Unfallfahrzeugs liegen, also eigentlich unwirtschaftlich sind. Liegen die Voraussetzungen nicht vor, ist der Geschädigte vielmehr auf die Geltendmachung des Wiederbeschaffungsaufwands beschränkt. Dies gilt auch bei einem als »Unikat« anzusehenden Fahrzeug.[46] 40

Nach der allgemein anerkannten Rechtsprechung liegt der Integritätszuschlag bei 30 %, der Geschädigte kann sich also zu einer vollständigen und fachgerechten Reparatur auf Kosten des Schädigers entscheiden, wenn die Kosten nach der Schätzung des Sachverständigen nicht mehr als 130 % des Wiederbeschaffungswertes betragen. In besonderen Einzelfällen ist das Integritätsinteresse des Geschädigten nicht auf Reparaturkosten bis zu 130 % begrenzt, wenn das Summeninteresse des Schädigers weiter zurücktreten muss. Dies ist insbesondere bei vorsätzlichen Beschädigungen der Fall.[47] Die Grenze ist auch nicht ganz starr zu verstehen.[48] Allein die Eigenschaft des beschädigten Fahrzeugs als »Oldtimer« rechtfertigt jedoch keine signifikante Anhebung.[49] 41

Auch bei einem Unfallschaden an einem gewerblich genutzten Fahrzeug (beispielsweise Taxi) kann grundsätzlich unter Berücksichtigung eines Integritätszuschlags der vollständige Ersatz unfallbedingter Reparaturkosten verlangt werden, sofern diese 130 % des Wiederbeschaffungswertes nicht übersteigen.[50] 42

Um eine »modifizierte« Form der Opfergrenze kann es sich auch in dem Fall handeln, dass das unwirtschaftliche Verhältnis zwischen Wiederbeschaffungswert und Reparaturkosten in zunächst nicht ohne Weiteres voraussehbarer Weise auf sog. Prognosefehlern beruht, für die der Ersatzpflichtige im Rahmen der ihm von der höchstrichterlichen Rechtsprechung zugewiesenen Garantenstellung auch ohne eigenes Verschulden unter dem Gesichtspunkt des von ihm zu vertretenden Prognoserisikos einzustehen hat. Erteilt der Unfallgeschädigte den Reparaturauftrag aufgrund eines die Wirtschaftlichkeit bestätigenden Sachverständigengutachtens, das sich im Nachhinein insoweit als fehlerhaft erweist, als die Reparaturkosten in Wahrheit 130 % des Wiederbeschaffungswertes 43

---

43 S. Rdn. 47.
44 *BGH* NJW 2011, 667 = VersR 2011, 280 = DAR 2011, 131; *OLG Hamm* OLGR 2009, 163 = SVR 2009, 181.
45 Vgl. dazu *OLG Karlsruhe* VersR 1975, 335.
46 *BGH* NJW 2010, 2121 = VersR 2010, 785 = DAR 2010, 322.
47 *OLG Celle* NZV 2005, 144.
48 *OLG Düsseldorf* DAR 2008, 268 (bei Reparaturkosten von 132,19 % des WBW) unter Berufung auf *BGH* VersR 2005, 663.
49 AG Kerpen SVR 2009, 310 (bei 137,5 % des WBW) mit der zutreffenden Erwägung, dass die besondere Wertschätzung an dem Oldtimer-Fahrzeug bereits bei Ermittlung des WBW berücksichtigt sei.
50 *BGH* DAR 1999, 165; *OLG Düsseldorf* NZV 1997, 355 = r+s 1997, 286; *OLG Dresden* DAR 2001, 303 = NZV 2001, 346; *OLG Hamm* NZV 2001, 349; *OLG Celle* NJW-RR 2010, 600 = NZV 2010, 249 (für einen Sattelauflieger); anders *AG Görlitz* SP 1998, 164.

deutlich übersteigen, geht das in dieser Weise verwirklichte Prognoserisiko zulasten des Schädigers.[51] Wird ein Prognosefehler des Sachverständigen nach Zerlegung, aber vor Durchführung der Reparatur erkannt, wonach die Reparaturkosten tatsächlich doch über 130 % liegen, muss von der Reparatur Abstand genommen werden, dann ist nur der Wiederbeschaffungsaufwand erstattungsfähig[52]. Andererseits genügt auch eine Einhaltung der 130 %-Grenze im Rahmen der tatsächlichen Kosten einer vollständigen und fachgerechten Reparatur, auch wenn die Kosten vom Sachverständigen höher geschätzt wurden.[53]

44 Kosten für Notreparaturen, die keine Reparaturkosten im eigentlichen Sinne darstellen, können nicht zur Feststellung der Verhältnismäßigkeit zwischen Wiederbeschaffungswert und Reparaturaufwand herangezogen werden.[54] Insoweit muss man unterscheiden, ob die Notreparatur Teil der »eigentlichen« Reparatur ist und diese, ohne dass Mehrkosten entstehen, anteilig vorwegnimmt. Liegen diese Voraussetzungen vor, sind sie wie »normale« Reparaturkosten bei der Bemessung der Opfergrenze zu behandeln. Auch im Übrigen dürften sie bei der insoweit gebotenen wirtschaftlichen Betrachtungsweise rechnerisch eine Einheit bilden, sofern sie nicht nur ganz gering sind. Im letzteren Fall werden sie ohnehin kaum ins Gewicht fallen und die Opfergrenze nicht nennenswert beeinflussen. Abgesehen davon besteht die Gefahr, dass Manipulationen möglich sind, wenn man einen Teil der Reparaturkosten, die sich – insgesamt gesehen – wirtschaftlich nicht mehr lohnen, einer sog. »Notreparatur« zuordnet. Die Entscheidung des *LG München I* erscheint daher nicht unproblematisch.

45 Eine Opfergrenze wird dem Ersatzpflichtigen regelmäßig nur dann zuzumuten sein, wenn der Geschädigte schlüssig darlegt, dass er trotz Vorliegens eines wirtschaftlichen Totalschadens ein rechtlich beachtliches und von der Rechtsordnung daher geschütztes Interesse an der Instandsetzung seines Wagens hat. In diesem Fall werden jedoch nicht theoretisch ermittelte Werte, sondern nur die tatsächlich angefallenen Reparaturkosten erstattet, die der Gläubiger im Einzelnen konkret nachzuweisen hat.[55] Wenn der Geschädigte also auf der Basis Reparaturkosten fiktiv – nach Gutachten oder Kostenvoranschlag – abzurechnen wünscht oder unter Verzicht auf die Reparatur den Wagen in beschädigtem Zustande veräußert bzw. weiterbenutzt, dann kann er sich bezüglich der den Wiederbeschaffungswert etwa übersteigenden Kosten auf eine Opfergrenze nicht berufen.[56] Ein Integritätszuschlag kann seitens des Geschädigten vielmehr nur geltend gemacht werden, wenn er den entstandenen Schaden tatsächlich vollständig und fachgerecht wie vom Sachverständigen vorgesehen beseitigt bzw. beseitigen lässt.[57] Eine Teilreparatur kann bei einem solchen Fall, in dem die Gesamtreparatur bis zu 30 % über dem Wiederbeschaffungswert liegt, ebenfalls nur geltend gemacht werden, wenn diese Reparaturkosten konkret angefallen sind oder wenn der Geschädigte nachweisbar wertmäßig in einem Umfang repariert hat, der den Wiederbeschaffungsaufwand übersteigt.[58]

45a Für den Fall der sog. »Eigenreparatur« hat der *BGH* nunmehr klargestellt, dass der Geschädigte auch dann vom Schädiger die für eine Reparatur in einer Kundendienstwerkstatt erforderlichen Kosten

---

51 *OLG Frankfurt* NZV 2001, 348; *KG* NZV 2005, 46; *LG München I* NZV 2005, 587; *AG Hof* NZV 2002, 574.
52 *OLG Bremen* zfs 2010, 499.
53 *OLG Dresden* DAR 2001, 303 = NZV 2001, 346; *OLG Frankfurt/M.* DAR 2003, 68; *LG Düsseldorf* NZV 2008, 562.
54 Vgl. dazu *LG München I* VersR 1984, 669.
55 Vgl. dazu *Klimke* VersR 1974, 1063, 1066 – a. A. *OLG Hamburg* VersR 1971, 944 (aufgehoben durch *BGH* NJW 1972, 1800 = VersR 1972, 1024 = DAR 1972, 276.
56 Vgl. dazu *Klimke* VersR 1974, 1063, 1066, bestätigt durch BGHZ 66, 239 = NJW 1966, 1396 = VersR 1976, 874 = DAR 1976, 265; zfs 1992, 9 = NZV 1992, 66 = DAR 1992, 22 = VersR 1992, 61; im Ergebnis ebenso *OLG München* VersR 1980, 878 = zfs 1980, 302 = VRS 59, 81; *OLG Karlsruhe* r+s 1980, 61; *OLG Frankfurt* VersR 1981, 841 = zfs 1981, 335 = r+s 1981, 219; *OLG Köln* VersR 1991, 322; NZV 1994, 24 = VRS 86, 7; *OLG Stuttgart* VersR 1991, 993; *OLG Hamm* zfs 1995, 415; *LG Aachen* VersR 2002, 1387.
57 *BGH* VersR 2005, 663 = DAR 2005, 366 = r+s 2005, 172; VersR 2005, 665 = DAR 2005, 368 = r+s 2005, 175.
58 *BGH* VersR 2010, 363 = DAR 2010, 133 = r+s 2010, 128.

B. Abgrenzung Totalschaden- bzw. Reparaturschadenabrechnung Kapitel 11

verlangen kann, falls diese 130 % des Wiederbeschaffungswerts für ein gleichwertiges Fahrzeug nicht übersteigen und er durch Nachweis der in eigener Regie durchgeführten Reparatur sein Integritätsinteresse bekundet. In diesem Fall muss die Entstehung der geltend gemachten Instandsetzungskosten nicht im Einzelnen belegt werden,[59] die Reparatur muss aber vollständig und fachgerecht nach den Vorgaben des Sachverständigen durchgeführt sein.[60]

Der Integritätszuschlag hängt allerdings nicht davon ab, dass das verunfallte Fahrzeug nach den Richtlinien des Herstellers instand gesetzt wird. Auch ist darauf hinzuweisen, dass das Schadensgutachten jedenfalls die Reparaturmethode nicht verbindlich vorschreibt. Ob und inwieweit alternative Verfahren wie eine Reparatur mit Gebrauchtteilen genügen,[61] hängt zunächst von der technischen Würdigung des Reparaturergebnisses ab. Technische oder optische Defizite schaden nicht, wenn sie nach umfassender Bewertung der Interessenlage des Geschädigten mit Blick auf den Zustand des Fahrzeuges vor dem Unfall nicht entscheidend ins Gewicht fallen.[62] Die Geltendmachung des Integritätszuschlags ist aber ausgeschlossen, wenn die erforderliche Reparatur zu einem erheblichen Teil nicht oder unzureichend bzw. nicht fachgerecht durchgeführt worden ist.[63] Lässt ein Geschädigter, wenn die vom Sachverständigen kalkulierten Reparaturkosten die 130 %-Grenze überschreiten, auf einem alternativen Reparaturweg reparieren und gelingt es ihm dabei nicht, das Fahrzeug zu Kosten innerhalb der 130 % Grenze vollständig und fachgerecht in einen Zustand wie vor dem Unfall zurückzuversetzen, kann er sich zur Begründung seiner Reparaturkostenforderung nicht auf ein unverschuldetes Werkstatt- oder Prognoserisiko berufen.[64] Zum Nachweis des Integritätsinteresses kann es daher auch nicht ausreichen, wenn der Geschädigte lediglich die Reparaturbestätigung eines Sachverständigen sowie ein Foto vorlegt.[65] Die Reparaturbestätigung eines Sachverständigen ist daher nicht ausreichend.[66]

46

Zur Wahrung des besonderen Integritätsinteresses gehört außer der Vornahme einer fachgerechten Reparatur auch, dass der Geschädigte sein Fahrzeug anschließend in nennenswertem zeitlichem Umfang behält und weiter nutzt. Ein Anspruch auf Reparaturkosten mit Integritätszuschlag besteht nur bei Weiternutzung des Unfallfahrzeugs von ebenfalls mindestens 6 Monaten.[67] Dieser Integritätszuschlag kommt somit dann nicht in Betracht, wenn der Geschädigte unmittelbar nach dem Unfall

47

---

59 *BGH* VRS 83, 91 = NZV 1992, 273 = DAR 1992, 259 = SP 1992, 136; *OLG Dresden* DAR 1996, 54; *OLG Hamm* VersR 2001, 257 = DAR 2002, 215 = NZV 2002, 272.
60 So ausdrücklich *BGH* VersR 2005, 663 = DAR 2005, 366; *OLG Düsseldorf* zfs 1995, 253; *OLG Karlsruhe* zfs 1997, 53; *OLG Hamm* NZV 2002, 272 = DAR 2002, 215 (entgegen *OLG Hamm* – 6. Zivilsenat – r+s 1998, 64 f.); *OLG Düsseldorf* DAR 2008, 269 (wenn Nachweis einer vollständigen und fachgerechten Reparatur misslingt); *LG Oldenburg* DAR 2002, 223.
61 So *OLG Celle* VersR 2001, 997; *LG Oldenburg* DAR 2002, 223; *LG Dresden* NZV 2005, 587; *AG Lahr* NZV 2002, 81, anders *AG Trier* NZV 2009, 604.
62 *OLG Düsseldorf* VersR 2002, 629 = DAR 2001, 499 = NZV 2001, 475; *OLG München* NJW 2010, 1462 = DAR 2010, 268 = NZV 2010, 400; *LG Siegen* SP 1999, 272.
63 *BGH* VersR 2007, 1244 = DAR 2007, 635 = r+s 2007, 433 = *OLG Köln* NZV 1999, 333; *OLG Karlsruhe* DAR 1999, 313; *OLG Stuttgart* VersR 2003, 1321 = DAR 2003, 176 = PVR 2003, 152.
64 *BGH* VersR 2007, 1244 = DAR 2007, 635 = r+s 2007, 433; *OLG München* NJW 2010, 1462 = DAR 2010, 268 = NZV 2010, 400.
65 *OLG Saarbrücken* SP 1999, 91; *OLG Köln* VersR 1993, 898; *OLG Hamm* SP 2000; *Balke* PVR 2002, 36 m. w. N. zur Rspr.
66 Vgl. dazu *Klimke* VersR 1974, 1063, 1066, bestätigt durch BGHZ 66, 239 = NJW 1966, 1396 = VersR 1976, 874; zfs 1992, 9 = DAR 1992, 22 = VersR 1992, 61; – im Ergebnis ebenso: OLG München VersR 1980, 878 = zfs 1980, 302 = VRS 59, 81; *OLG Karlsruhe* r+s 1980, 61; *OLG Frankfurt* VersR 1981, 841 = zfs 1981, 335 = r+s 1981, 219; *OLG Nürnberg* zfs 1983, 104; NZV 1990, 465; *OLG Köln* VersR 1991, 322; *BGH* NJW 1992, 1618; *OLG Köln* VersR 1993, 898; *LG Aachen* SP 1999, 416; anders *AG Herne* NZV 2004, 592.
67 *BGH* VersR 2008, 134 = DAR 2008, 79 = r+s 2008, 35; VersR 2008, 135 = DAR 2008, 81 = r+s 2008, 81; VersR 2008, 938 = r+s 2008, 307; *AG Langen* NZV 2008, 96; zuvor bereits *OLG Saarbrücken* MDR 1998, 1346; *OLG Düsseldorf* DAR 2001, 125 = zfs 2001, 1111; *KG* NZV 2002, 89 = DAR 2002, 121; anders noch *OLG Celle* NZV 2008, 242; *OLG Frankfurt* zfs 2008, 505; *LG Nürnberg-Fürth* zfs 2007, 444; *LG Trier*

ein Ersatzfahrzeug anschafft und den beschädigten Wagen sofort nach der Reparatur veräußert.[68] Dagegen soll eine Leihe an Dritte, die das Fahrzeug neu auf sich anmelden und versichern, genügen, um das Integritätsinteresse auszudrücken[69]. Dies erscheint zweifelhaft, da es der Manipulation Tür und Tor öffnet und die Nutzung durch einen Dritten gerade kein besonderes Integritätsinteresse darstellt, es sei denn, es handelt sich um einen engen Verwandten, der im eigenen Haushalt des Geschädigten lebt.

47a Nur ausnahmsweise kann der Geschädigte aus Billigkeitsgründen trotz Nichtdurchführung der Reparatur auf Gutachten- statt auf Totalschaden-Basis abrechnen und den Integritätszuschlag beanspruchen, wenn die Erteilung des Reparaturauftrages wegen fehlender Eigenmittel des Geschädigten und Unsicherheit des Ausgangs des Rechtsstreits nicht möglich war.[70] Den Ablauf der 6-Monats-Frist darf die Versicherung nicht abwarten, bevor sie den über den Wiederbeschaffungsaufwand hinausgehenden Schaden reguliert.[71]

IV. Eindeutiger Totalschaden

48 Liegen die Kosten für eine vollständige und fachgerechte Reparatur mehr als 30 % über dem Wiederbeschaffungswert, sind die Aufwendungen zur Schadensbeseitigung unverhältnismäßig im Sinne von § 251 Abs. 2 BGB, sodass ein wirtschaftlicher Totalschaden vorliegt.[72] In diesem Fall beschränkt die Ersatzleistung sich auf den Wiederbeschaffungsaufwand. Klargestellt hat der *BGH*, dass die zuweilen[73] vertretene Auffassung falsch ist, dass für den Fall, dass der Geschädigte trotz wirtschaftlichen Totalschadens die Reparatur mit einem erheblich höheren Aufwand durchgeführt hat, ihm anstelle der Reparaturkosten ein Betrag zusteht, der 130 % des Wiederbeschaffungswertes ausmacht. Diese Grundsätze gelten nicht nur bei Beschädigung von privat genutzten PKW, sondern auch bei Beschädigung von Nutzfahrzeugen.[74] Sofern ein Totalschaden vorliegt, kommt als Grundlage für die Schadenersatzleistung ausschließlich die Differenz zwischen Wiederbeschaffungs- und Restwert in Betracht. Auch soweit es sich um den Sachfolgeschaden – also einen mittelbaren Sachschaden – handelt, tritt an die Stelle der fiktiven Reparaturzeit die häufig sehr viel kürzere Wiederbeschaffungsfrist.

48a Ebenso wenig ist es zulässig, die Reparaturkosten, die den Wiederbeschaffungswert deutlich übersteigen, willkürlich zu verkürzen, um auf diese Weise doch noch zu einer Abrechnung auf Reparatur-

---

DAR 2007, 711; *LG Hamburg* DAR 2007, 707; *AG Trier* NZV 2008, 97; *AG Ettlingen* zfs 2008, 507; *AG Dortmund* zfs 2008, 507.
68 *OLG Hamm* NZV 2001, 349; *OLG Düsseldorf* VersR 2004, 1620.
69 *AG Stuttgart* DAR 2011, 470.
70 *OLG München* NJW-RR 1999, 909; *OLG Oldenburg* DAR 2004, 226.
71 *BGH* VersR 2009, 128; *OLG Nürnberg* DAR 2008, 27; *OLG Frankfurt* zfs 2008, 505 (unter falscher rechtlicher Prämisse); *LG Hamburg* DAR 2008, 481; *LG Bielefeld* SVR 2008, 346; *LG Fulda* NZV 2009, 149; *AG Dortmund* zfs 2008, 507; *AG Ettlingen* zfs 2008, 507; anders noch *OLG Düsseldorf* r+s 2008, 216 = NZV 2008, 560.
72 Vgl. dazu *BGH* VersR 1962, 205 = DAR 1972, 276; NJW 1985, 2469 = VersR 1985, 593 f.; VersR 1985, 865 f.; *OLG München* VersR 1973, 714; 1975, 915 (ablehnend bei Überschreitung des Wiederbeschaffungswerts um 40 %); *OLG Stuttgart* VersR 1977, 88 = r+s 1977, 189; *OLG Düsseldorf* VersR 1977, 840; *OLG Nürnberg* zfs 1991, 48 = NZV 1990, 465; *OLG Frankfurt* zfs 1991, 46; *OLG Hamm* zfs 1991, 11; *OLG Köln* VersR 1991, 322 – zfs 1991, 159; *OLG Karlsruhe* zfs 1991, 12 (2 Entsch.); *LG Karlsruhe* VersR 1980, 729 (Überschreitung des Wiederbeschaffungswerts um 20 % gebilligt); *LG Bonn* zfs 1981, 200; *OLG Schleswig* VersR 1999, 202; *OLG Karlsruhe* DAR 1999, 313 = SP 1999, 271 = VersR 2000, 1556; *LG Duisburg* SP 1999, 125; *LG Aachen* SP 1999, 199; Palandt/*Grüneberg* § 249 Rn. 25.
73 Vgl. dazu insbes. *BGH* NJW 1972, 1800 = VersR 1972, 1024 = DAR 1972, 276; *OLG Nürnberg* VersR 1969, 289; – a. A. *OLG Hamburg* VersR 1971, 944 (aufgehoben durch *BGH* NJW 1972, 1800 = VersR 1972, 1024 = DAR 1972, 276; *OLG Hamm* zfs 1984, 198 (199 1. Sp.).
74 Vgl. *BGH* VersR 1999, 245; *OLG Hamm* VersR 1999, 330 sowie *OLG Düsseldorf* r+s 1997, 286 = SP 1997, 194; *BGH* VersR 1992, 61 = DAR 1992, 222 = NJW 1992, 302; *BGH* VersR 1992, 64 = DAR 1992, 25 = NJW 1992, 305; *LG Köln* SP 1998, 355; Palandt/*Grüneberg* § 249 Rn. 25.

basis zu gelangen. Dies gilt insbesondere für den Fall, dass selbst die in dieser Weise verkürzten Reparaturkosten den Wiederbeschaffungswert noch deutlich übersteigen. Eine Einhaltung der 130 %-Grenze lediglich aufgrund der Gewährung eines Rabatts durch die Werkstatt genügt nicht, solange der Geschädigte nicht substantiiert dazu ausführt, worauf der Rabatt zurückzuführen ist.[75] Es ist vom *BGH* weder ausgeführt noch sonst wie ersichtlich, wie ein mehr oder weniger willkürlicher Rabatt überhaupt dazu in der Lage sein soll, die Frage der Wirtschaftlichkeit anders zu beurteilen als der Sachverständige, der eine Überschreitung der 130 %-Grenze festgestellt hat. Weiter können nach hier vertretener Auffassung beispielsweise die Reparaturkosten nicht dadurch im Sinne von § 251 Abs. 2 BGB noch »annehmbar« gestaltet werden, dass man sich mit der Instandsetzung in einer »billigen« Werkstatt unter Verwendung von Altteilen begnügt, nur einen Teil der Reparaturkosten geltend macht bzw. selbst hohe Abzüge »neu für alt« ansetzt. In einem Sonderfall hat der BGH allerdings einem Geschädigten die Kosten einer tatsächlich durchgeführten vollständigen und fachgerechten Reparatur zugesprochen, obwohl der Sachverständige diese Kosten oberhalb der 130 %-Grenze geschätzt hatte.[76] Dem Geschädigten war es insoweit durch die Verwendung von Gebrauchtteilen gelungen, die Reparaturkosten unter den Wiederbeschaffungswert zu drücken. Der *BGH* hat ausdrücklich offen gelassen, ob eine Reduzierung der Reparaturkosten »nur« unter die 130 %-Grenze, aber über dem WBW, ebenfalls genügen würde. Nachdem der *BGH* hiermit höchstrichterlich entschieden hat, dass auch mit der Verwendung von Gebrauchtteilen eine vollständige und fachgerechte Reparatur möglich ist, dürfte ein entsprechender Einwand auch der Schädigerseite offen stehen, um geltend gemachte Reparaturkosten zu drücken. Dies kann etwa bei der Beurteilung der Gleichwertigkeit einer anderen Reparaturmöglichkeit bei Verweisung durch den Schädiger eine erhebliche Rolle spielen.[77]

V. Zusätzliche Gesichtspunkte

Bei der Frage, ob ein Totalschaden vorliegt bzw. auf dieser Basis abzurechnen ist, hat man sich wie dargestellt an den Grundsätzen der wirtschaftlichen Vernunft zu orientieren haben. Dabei ist auf das Verhalten eines Geschädigten abzustellen, der keinen Schädiger hinter sich weiß, sondern den Schaden im Ergebnis selbst tragen muss. Das bedeutet, dass in jedem Fall, in dem ein Totalschaden ernsthaft in Betracht zu ziehen ist, zwei unterschiedliche Rechengänge gegenübergestellt werden müssen, und zwar einmal die Aufwendungen im Fall der Reparatur (Summe aus Reparaturkosten und merkantilem Minderwert) und andererseits bei der Abrechnung auf Totalschadenbasis (Differenz zwischen Wiederbeschaffungs- und Restwert).[78] Es genügt also nicht, wenn man für diese Vergleichsrechnung die reinen Reparaturkosten isoliert dem Wiederbeschaffungswert gegenüberstellt. Diese Vergleichsbetrachtung ist – unabhängig von der Frage des Anfalls oder einer Vorsteuerabzugsberechtigung – anhand der Bruttowerte sowohl hinsichtlich Reparaturkosten als auch Wiederbeschaffungswert zu vollziehen.[79] Die Nebenkosten können – mit Ausnahme der Ummeldekosten (Aufwendungen für Abmeldung des beschädigten Kfz und Neuzulassung eines Ersatzwagens), die ergänzend berücksichtigt werden müssen – im Regelfall außer Betracht bleiben, sofern sie bei beiden Gestaltungsmöglichkeiten in etwa gleich hoch sind und sich daher – zumindest annähernd – gegenseitig aufheben.[80] Sollten sich indes nennenswerte Abweichungen bei der Differenzierung der Ausfallzeit ergeben, müssten auch die Mietwagenkosten für die Reparaturdauer bzw. die Wiederbeschaffungs-

49

---

75 *BGH* NJW 2011, 1435 = VersR 2011, 547 = DAR 2011, 252.
76 *BGH* NJW 2011, 669 = VersR 2011, 282 = DAR 2011, 133.
77 S. hierzu Kap. 9 Rdn. 24 ff.
78 Vgl. dazu insbes. *BGH* NJW 1985, 2469 = VersR 1985, 593 f. = DAR 1985, 218; VersR 1985, 963 = DAR 1985, 319; VersR 1985, 865 = DAR 1985, 318; *OLG Nürnberg* NZV 1990, 465; *OLG Köln* zfs 1984, 297; *OLG Hamm* VersR 1985, 843; NZV 1991, 229.
79 *BGH* NJW 2009, 1340 = VersR 2009, 654 = DAR 2009, 323; *OLG Düsseldorf* DAR 2008, 268.
80 Für die Einbeziehung der Nebenkosten haben sich ausgesprochen *KG* DAR 1970, 157, 159 = VersR 1970, 351 (L); *KG* zit. bei *Darkow* DAR 1974, 225, 228 unt. 1 Nr. 12 »Kraftfahrzeuginstandsetzung«; VersR 1976, 391.

frist in die Betrachtung mit einbezogen werden. Das Gleiche gilt für die Nutzungsausfallentschädigung bei gesonderter Betrachtung, je nachdem, ob man von einem Reparaturschaden oder von einem Totalschaden ausgeht.

50 In der Regel werden sich bei der Durchführung dieser beiden Rechengänge bezüglich der Nebenkosten in Form des (mittelbaren) Sachfolgeschadens keine besonderen Abweichungen ergeben. Etwas anderes gilt jedoch, wenn bestimmte Ersatzteile lange Lieferfristen haben und gebrauchte Ersatzteile, die eine fachgerechte Reparatur gewährleisten, gleichfalls nicht zur Hand sind. Bei übermäßig langen Reparaturzeiten fallen die Mietwagenkosten erheblich geringer aus, wenn statt langen Wartens auf die Lieferung von Ersatzteilen kurzerhand von der Möglichkeit Gebrauch gemacht wird, auf der Basis eines wirtschaftlichen Totalschadens abzurechnen. Selbstverständlich muss der Schädiger unter dieser Voraussetzung zusätzlich die im Fall eines Totalschadens anfallenden Nebenkosten erstatten. In derartigen Fällen rechtfertigt die Vorschrift des § 251 Abs. 2 BGB die Anwendung des Begriffs des wirtschaftlichen Totalschadens mit der Folge, dass im Unfallhaftpflichtrecht regelmäßig eine Ersatzleistung in Geld zu leisten ist. Mitunter kann ein wirtschaftlicher Totalschaden auch dann anzunehmen sein, wenn die fiktive Abrechnung auf der Basis der gedachten Reparaturkosten sich im Ergebnis als unzulässige Rechtsausübung und damit als ungerechtfertigte Bereicherung des Geschädigten darstellen würde.

C. Schadenminderungspflicht

I. Grundzüge

51 Auch für den Bereich des Totalschadens gilt die Grundregel des § 254 Abs. 2 BGB, nach der der Geschädigte verpflichtet ist, unter Ausschöpfung aller sich ihm in zumutbarer Weise darbietenden Möglichkeiten den Schaden gering zu halten. Dazu gehört es insbesondere, dass er seiner Feststellungs- und Veranlassungspflicht ordnungsgemäß genügt und die für die Ersatzbeschaffung notwendigen Maßnahmen gleichzeitig einleitet.[81] Insbesondere dann, wenn die Reparaturkosten voraussichtlich den Wiederbeschaffungswert des beschädigten Kfz erreichen, hat der Geschädigte unverzüglich[82] die zur Feststellung des Sachverhalts erforderlichen Maßnahmen zu treffen, d. h. er braucht den Eingang des Gutachtens nicht abzuwarten, um die etwa notwendige Ersatzbeschaffung unverzüglich einzuleiten, sondern es genügt ein Telefongespräch mit dem Sachverständigen, um festzustellen, ob ein Totalschaden vorliegt.

52 Einen absoluten Ausnahmefall, der nicht verallgemeinert werden darf, behandelt das *OLG Köln* in seinem Urteil vom 29.11.1972.[83] In diesem Urteil hat das *OLG Köln* einer mittellosen und anderweitig verschuldeten Geschädigten aus Anlass eines Totalschadens eine Entschädigung für entgangene Gebrauchsvorteile (Nutzungsausfallentschädigung) während eines Zeitraumes von 321 Tagen zugesprochen, weil mit Rücksicht auf das säumige Verhalten des Schuldners die Ersatzbeschaffung nicht früher hätte durchgeführt werden können. Das *OLG Köln* hat dabei übersehen, dass der nach den *Tabellen von Sanden und Danner* berechnete Tagessatz im Wesentlichen Fixkosten enthielt, die die Anspruchstellerin mit Rücksicht auf die aus Anlass des Totalschadens veranlasste Abmeldung des Kfz eingespart hat.[84]

53 Zum anderen Extrem neigt offenbar das *LG Frankfurt/M.* in seinem Urteil vom 29.3.1977,[85] wenn es dem Geschädigten eine Nutzungsausfallentschädigung versagt, weil er das inzwischen reparierte

---

81 Vgl. dazu *OLG Celle* VersR 1961, 642; 1962, 1212; *OLG Oldenburg* VersR 1961, 956; 1967, 362; *OLG Köln* VersR 1962, 345; *OLG Hamm* NJW 1962, 397 = VersR 1962, 555; VersR 1962, 1017; *OLG Nürnberg* VersR 1963, 489; *OLG Düsseldorf* VersR 1963, 1085; 1965, 770; *LG Essen* VersR 1955, 586; *LG Aurich* VersR 1957, 50; *LG Braunschweig* VersR 1964, 419; *LG Hannover* VersR 1966, 114; *LG Köln* VersR 1969, 574.
82 Vgl. dazu *OLG Oldenburg* DAR 1963, 299; – a. A. *OLG Düsseldorf* DAR 1961, 306.
83 Vgl. dazu *OLG Köln* VersR 1973, 323 = DAR 1973, 97 = zfs 1973, 242.
84 *OLG München* NJW-RR 1999, 909.
85 Vgl. dazu *LG Frankfurt/M.* r+s 1979, 126.

C. Schadenminderungspflicht Kapitel 11

Fahrzeug mangels verfügbarer Barmittel bei der Werkstatt nicht auslösen und wegen anderweitiger Verschuldung einen Kredit nicht aufnehmen konnte. Das *LG* vertritt insoweit die Auffassung, die bei der Kreditbeschaffung entstandenen Schwierigkeiten seien allein in der Person des Geschädigten begründet. Der Ersatzpflichtige habe nicht dafür ein Zustehen, dass der Geschädigte infolge erheblicher unfallunabhängiger Verschuldung von seiner Bank keinen weiteren Kredit erhalten hat. Dabei verkennt das *LG Frankfurt/M.* die Garantenstellung des Ersatzpflichtigen.

Grundsätzlich steht dem Geschädigten jeweils eine angemessene Prüfungs- und Überlegungszeit sowie Wiederbeschaffungsfrist zu, die vier – sich z. T. überschneidende – Zeiträume umfassen. In dieser Frist sind folgende Maßnahmen zu treffen: 54
- Besichtigung durch Kfz-Sachverständigen, die bei Totalschäden in jedem Fall erforderlich ist
- Überlegungen des Anspruchstellers über die zweckmäßigste Form der Abwicklung
- Beschaffung eines Ersatzfahrzeugs und schließlich
- Zulassung des Ersatzfahrzeugs.

Wie bereits betont, ist jeder Sachverständige gern bereit, auf Wunsch des Auftraggebers vorab fernmündlich über das Ergebnis seiner Feststellungen zu berichten. Die Wiederbeschaffungsfrist, die häufig bei Weitem zu lang bemessen wird, verkürzt sich insbesondere dann auf wenige Tage, wenn es sich bei dem beschädigten Fahrzeug um ein gängiges Modell handelt, das auf dem Gebrauchtwagenmarkt in ausreichender Stückzahl und in allen vertretbaren Preislagen angeboten wird. 54a

Die Schadenminderungspflicht kommt auch insoweit in Betracht, als das Restfahrzeug nicht nur unverzüglich, sondern auch so günstig wie möglich zu verwerten ist. Maßgeblich für die Abrechnung eines Totalschadens ist der tatsächlich erzielte Erlös bei der Veräußerung des beschädigten Kfz, sofern der Geschädigte dadurch nicht seine Schadenminderungspflicht verletzt hat. Sollte ein besonders günstiges Ergebnis der Veräußerung allein darauf beruhen, dass der Geschädigte überpflichtmäßige Anstrengungen unternommen hat, so kommt es lediglich auf den angemessenen Restwert an. 55

Andererseits ist davon auszugehen, dass der Geschädigte seine Schadenminderungspflicht nicht verletzt, wenn er das Unfallfahrzeug bei einem renommierten Kraftfahrzeughändler beim Kauf eines Neuwagens in Zahlung gibt.[86] Generell ist darauf hinzuweisen, dass die in den Gutachten der technischen Sachverständigen enthaltenen Zahlen oftmals nur überschlägige Schätzungen darstellen. Der Geschädigte hat daher im Einzelfall auf Wunsch des Ersatzpflichtigen darzulegen und erforderlichenfalls nachzuweisen, welchen Erlös er bei der Veräußerung des Restfahrzeugs tatsächlich erzielt hat. Sofern es sich um ein Fahrzeug handelt, das dem Betriebsvermögen eines zum Vorsteuerabzug berechtigten Unternehmers zuzurechnen ist, ist die Umsatzsteuer aus dem Gesamtpreis herauszurechnen, da sie an das Finanzamt abgeführt werden muss. 56

Es kommt in der Praxis der Schadenregulierung mitunter vor, dass der Geschädigte dem Ersatzpflichtigen erklärt, es sei ihm trotz intensiver Bemühungen nicht gelungen, den vom Sachverständigen geschätzten Restwert tatsächlich zu erzielen. Er habe daher das Fahrzeug zu einem weitaus niedrigeren Betrage – mitunter kommt er dem Schrottwert nahe – aus der Hand geben müssen. Sofern der Geschädigte diese Behauptung zu beweisen vermag, kann ihm ebenfalls selbstverständlich nur der für den Bergerest tatsächlich erzielte Betrag angerechnet werden. 57

Die Schadenminderungspflicht gilt auch für Bergungs- und Abschleppkosten, die ebenfalls im Rahmen der zumutbaren Möglichkeiten gering zu halten sind. Die Abschleppkosten sind unter Berücksichtigung von § 254 Abs. 2 BGB lediglich bis zum nächstgelegenen geeigneten Unternehmen (Reparatur- oder Verschrottungsbetrieb) zulässig. 58

Besondere Probleme bieten die Demontagekosten (Rdn. 184–185). Sie sind nur dann zu erstatten, wenn die Demontage nach der Beurteilung des technischen Sachverständigen notwendig ist, um den Schadenumfang ordnungsgemäß zu erfassen und unter der Oberfläche verborgene Mängel festzustellen. 59

---

86 Vgl. dazu *KG* NJW 1970, 1048 = VersR 1970, 471 = DAR 1970, 159.

II. Abgrenzung zur Schadenberechnung

60 Wenn der Geschädigte in Unkenntnis der Tatsache, dass ein Totalschaden vorliegt oder in bewusster Missachtung dieses Faktums die Reparatur gleichwohl in Auftrag gibt und wenn ihm dadurch Aufwendungen erwachsen, die in keinem vertretbaren Verhältnis zum Wiederbeschaffungswert des beschädigten Kfz stehen, handelt es sich – abgesehen einmal davon, dass dem Ersatzpflichtigen unter gewissen Voraussetzungen eine Garantenstellung zufallen kann, wenn den Geschädigten ein eigenes Verschulden an der unwirtschaftlichen Maßnahme nicht trifft – nicht um eine Verletzung der Schadenminderungspflicht, sondern um ein Problem der (wertfreien) Schadenberechnung. Diese Differenzierung stellt sich keineswegs nur als eine formaljuristische Spitzfindigkeit dar, sondern ihr kommt erhebliche faktische Bedeutung zu. Dies lässt sich beispielsweise und recht eindrucksvoll einem Fall entnehmen, den das *OLG München*[87] in zweiter Instanz zu entscheiden hatte.

61 Der dortige Kläger hatte die Reparatur seines im relevanten Zeitpunkt bereits 12 bis 13 Jahre alten Kfz zu einem Betrage ausgeführt, der etwa fünfmal so hoch war wie der Wiederbeschaffungswert. Der Ersatzpflichtige hatte sich im Prozess dahin eingelassen, dass dem Geschädigten eine Verletzung seiner Schadenminderungspflicht (§ 254 Abs. 2 BGB) zur Last fällt. Das *OLG München* hatte – ebenso wie die Vorinstanz – das krasse Missverhältnis erkannt, sich andererseits aber mit der Feststellung begnügt, es könne dahingestellt bleiben, ob der Geschädigte seine Schadenminderungspflicht verletzt habe, da ihm zumindest das nach § 254 Abs. 2 BGB im subjektivem Bereich erforderliche Verschulden nicht mit Sicherheit nachzuweisen sei. Dieses unbefriedigende Prozessergebnis beruht darauf, dass das erkennende Gericht nicht bemerkt hat, dass in Wahrheit ein Problem der (wertfreien) Schadenberechnung vorlag. Diese ist nach objektiven Gesichtspunkten vorzunehmen, sodass es in diesem Bereich nicht darauf ankommt, ob der Gläubiger die für die Schadenbewertung maßgeblichen Gesichtspunkte schuldhaft verkannt oder verletzt hat.

62 Eine im Ansatz ähnliche Problemstellung enthielt eine Entscheidung des *OLG Nürnberg*,[88] die darauf hinausläuft, dass entgegen ursprünglichen Erwartungen ein später zutage getretenes Missverhältnis dem Ersatzpflichtigen keinen auf § 254 Abs. 2 BGB gestützten Einwand verleiht. Selbst auf die Erwägung, dass die Reparaturwerkstatt nicht als »Verrichtungsgehilfe« des Geschädigten handelt, kommt es bei rechtlich orientierter Betrachtungsweise nicht an, wenn man ein Problem der Schadenberechnung annimmt.

D. Höhe der Ersatzleistung

63 Besondere Schwierigkeiten ergeben sich in der Regulierungspraxis dann, wenn es darum geht, den Gegenstand der Ersatzleistung exakt zu umschreiben. Verständlicherweise hat der Gläubiger vom Wert seines Fahrzeugs häufig recht unrealistische Vorstellungen, die – zuweilen unbewusst – von subjektiven und emotional ausgerichteten Erwägungen beeinflusst werden. Es empfiehlt sich daher, in aller Regel für die Ermittlung des Fahrzeugwerts auf das Gutachten eines marktverbundenen technischen – nach Möglichkeit vereidigten – Kfz-Sachverständigen zurückzugreifen und überdies zu Kontrollzwecken die Notierungen des Gebrauchtwagenmarktes zu berücksichtigen. Besondere Zurückhaltung ist insoweit jedoch gegenüber Verkaufsanzeigen in Tageszeitungen geboten, weil die dort genannten Werte sich sehr häufig aus Gründen des kaufmännischen Kalküls an Optimalvorstellungen orientieren und ganz bewusst soviel »Luft« enthalten, dass ein gewisses Nachgeben ohne Substanzverlust möglich ist.

I. Wiederbeschaffungswert

64 Übereinstimmung besteht jetzt wohl darüber, dass im Haftpflichtrecht als allein maßgebliche Bezugsgröße der Wiederbeschaffungswert in Betracht kommt. Darunter versteht man nach jetzt gängiger Definition die Summe, die der Geschädigte unter Berücksichtigung der individuellen

---

87 Vgl. dazu *OLG München* DAR 1965, 271.
88 Vgl. dazu *OLG Nürnberg* DAR 1959, 45.

D. Höhe der Ersatzleistung Kapitel 11

Marktverhältnisse aufwenden muss, um sich ein gleichaltriges und gleichwertiges Ersatzfahrzeug unter Einschaltung eines seriösen Händlers zu beschaffen. Diese Grundsätze gelten ohne Einschränkung auch dann, wenn der Geschädigte es aus subjektiven Gründen vorziehen sollte, sich – unter Ausgleichung der Wertdifferenz zu seinen Lasten – ein neues Fahrzeug anzuschaffen.[89]

Dabei ist der Wiederbeschaffungswert nach objektiven Maßstäben unter Berücksichtigung der Verhältnisse auf dem freien Markt im Zeitpunkt des Unfalls zu bemessen. Hat beispielsweise ein Kaskoversicherer ein hagelgeschädigtes Kfz auf Totalschadenbasis reguliert und dabei den Restwert mit 400 DM angesetzt und erleidet das noch unreparierte Fahrzeug danach einen Haftpflichtschaden, so ist für die Bestimmung des Wiederbeschaffungswerts nicht die Restwertfestsetzung des betreffenden Kaskoversicherers maßgeblich. Vielmehr ist der Wiederbeschaffungswert neu von einem technischen Sachverständigen zu ermitteln. Aus der großzügigen Abrechnung des Hagelschadens durch den Kaskoversicherer kann der später ersatzpflichtige Schädiger keine Einwendungen ableiten.[90] **65**

Bei der Auslegung des Begriffs »Wiederbeschaffungswert« in diesem Sinne haben sich in der Regulierungspraxis gewisse Schwierigkeiten ergeben, die darin ihren deutlich sichtbaren Niederschlag gefunden haben, dass von vielen Seiten versucht wird, diese Bezugsgröße durch immer neue Zuschläge aufzustocken. Der Wiederbeschaffungswert sollte daher in Nuancen in dem Sinne neu definiert werden, dass es sich dabei um den Preis handelt, den der Geschädigte selbst hätte aufwenden müssen, um sein eigenes Fahrzeug innerhalb der »logischen Sekunde« vor dem Unfall bei einem seriösen Händler in voller Kenntnis aller rechtserheblichen Eigenschaften und sonstigen Wert bildenden Faktoren zu ortsüblichen und angemessenen Bedingungen – also unter Berücksichtigung der individuellen Marktsituation – zu erwerben.[91] **66**

Es kommt unter diesen Umständen nicht auf ein gleichwertiges anderes Fahrzeug an, das es in dieser oder auch abgewandelter Form ohnehin nicht gibt. Zwar trifft diese Einschränkung auch auf das beschädigte Fahrzeug deswegen zu, weil es Totalschaden erlitten hat. Da es sich jedoch in beiden Fällen um eine nur gedachte Bezugsgröße handelt und da das Ziel dieser Betrachtung nicht auf die Sondierung der tatsächlichen Möglichkeiten einer angemessenen Ersatzbeschaffung, sondern lediglich auf die richtige Ermittlung des dafür erforderlichen Geldbetrages gerichtet ist, erscheint es sinnvoll, von dieser einzigen zutreffenden Bezugsgröße auszugehen. Bei dieser Bewertung sind selbstverständlich alle Eigenschaften des beschädigten Fahrzeugs zu berücksichtigen, soweit sie als Wert bildende Faktoren in Erscheinung treten. Dazu gehört beispielsweise u. a. auch die Eigenschaft, dass es sich bei dem beschädigten Wagen für den bisherigen Eigentümer um ein Fahrzeug handelt, das sich bis dahin in erster Hand befand.[92] **67**

Die Marktverhältnisse können örtlich und jahreszeitlich gewissen Schwankungen unterliegen. Sie richten sich nach dem Wechselspiel von Angebot und Nachfrage, das bekanntlich auf dem freien Markt den Preis bestimmt.[93] **68**

Gewiss wird der Verkaufswert eines Fahrzeugs bereits durch die Tatsache der Zulassung auf den Ersterwerber um ca. 10 % – also überproportional – vermindert. Ebenso wenig lässt sich bestreiten, dass nach dem Handelsbrauch auf die ersten 2 000 km – relativ gesehen – zugleich auch die höchste Abschreibung entfällt. Gleichwohl sind diese Gesichtspunkte im Verhältnis zum Schädiger für die Bemessung des Wiederbeschaffungswertes belanglos, weil der Gläubiger selbstverständlich sein Fahrzeug in diesem Stadium nicht verkauft hätte und weil durch den weiteren Gebrauch die Abschreibungsrate zunehmend gleichförmiger, d. h. per saldo linear verlaufen wäre und später sogar **69**

---

89 Vgl. dazu insbes. *BGH* NJW 1966, 1454 = VersR 1966, 830 = DAR 1966, 215; NJW 1978, 1373 = VersR 1978, 664 = DAR 1978, 281; *OLG Karlsruhe* VersR 1978, 776; – a. A. *OLG Celle* VersR 1964, 519 = DAR 1964, 191; *KG* NJW 1977, 735 = VersR 1966, 547 = DAR 1966, 79; *OLG Schleswig* VersR 1968, 1100.
90 Vgl. dazu *LG München I* r+s 1986, 156.
91 Vgl. dazu *Klimke* VersR 1974, 832, 834; NJW 1974, 2128; *Dittmann* DAR 1980, 6 ff.
92 Vgl. dazu ausführlicher *Klimke* NJW 1974, 2128 (2129 r. Sp.).
93 Vgl. dazu *OLG Celle* VersR 1974, 579.

zu einer stetig degressiver verlaufenden Kurve geführt hätte. Dabei hätten sich dann für einen angemessenen Nutzungszeitraum – also aus der auf die Gebrauchsdauer in toto bezogenen Gesamtschau – verlässliche und vertretbare Durchschnittswerte ergeben, die insgesamt zu einem Ausgleich für die zu den einzelnen Zeiträumen unterschiedlich verlaufenden Abschreibungsraten geführt hätten.[94]

II. Gebrauchswert

70 Gelegentlich ist auch noch von Gebrauchswert die Rede. Unter diesem Begriff wird der Wert verstanden, den die beschädigte Sache speziell für den Geschädigten nach allgemeinen wirtschaftlichen Gesichtspunkten hat.

71 Der Gebrauchswert kann als Bemessungsgrundlage für Fahrzeuge geeignet sein, für die es einen eigentlichen Gebrauchtwagenmarkt nicht gibt. Fehlt es bei Spezialfahrzeugen – beispielsweise LKW der Bundeswehr oder aber auch Straßenbahnen – an einem entsprechenden Markt, ist im Fall eines Totalschadens nicht vom Wiederbeschaffungswert, sondern vom Gebrauchswert auszugehen.[95]

72 Bezugsgröße ist der neue Wiederbeschaffungswert, der allerdings eine unveränderte technische Ausstattung voraussetzt. Falls der höhere Wiederbeschaffungswert auch technische Verbesserungen einschließt – und davon kann man in unserer kurzlebigen Zeit mit Sicherheit ausgehen – ist ein entsprechender Abzug vorzunehmen.[96] Das Gleiche gilt unter diesem Aspekt für eine etwa eingetretene Typenüberalterung. Außerdem muss festgestellt werden, ob zurzeit des Unfalls Aufträge für eine größere Anzahl von Straßenbahntriebwagen vergeben worden sind. Dies bedeutet, man muss prüfen, ob vom Serienpreis oder von dem sehr viel teureren Herstellungspreis in Einzelanfertigung ausgegangen werden muss.

73 Nachfolgend sollen, bezogen auf Nutzfahrzeuge, noch einige Beispiele aus der einschlägigen Rechtsprechung in Kurzform gegeben werden: Mit dem Wiederbeschaffungswert für Kraftomnibusse befasst sich das *OLG Nürnberg*,[97] mit Kraftfahrzeugen, die ganz allgemein gewerblichen Zwecken dienen, das *OLG Hamburg*[98] und speziell mit Lieferwagen das *OLG Schleswig*[99] und das OLG Stuttgart.[100] Wegen der besonderen Maßstäbe, die für sog. »Oldtimer« gelten, vgl. (Rdn. 123–125).

74 Vom Gebrauchswert kann beispielsweise auch dann ausgegangen werden, wenn an einem Luxuswagen mit noch relativ geringer Fahrleistung Totalschaden eintritt oder wenn der Marktwert eines besonders alten Fahrzeugs mit hoher Fahrleistung praktisch mit Null anzusetzen ist.[101]

75 Wie bereits betont muss auf den Gebrauchswert insbesondere bei Fahrzeugen zurückgegriffen werden, die nicht über einen regulären Gebrauchtwagenmarkt verfügen. Dies gilt nicht nur für Straßenbahnen, sondern auch für Linienomnibusse, die im Allgemeinen weder gebraucht gehandelt noch neu »vorkonfektioniert« und gewissermaßen »von der Stange« geliefert werden. Bei den wenigen Exemplaren, die auf dem Markt sind, handelt es sich durchweg um Reiseomnibusse, die mit Rücksicht auf besondere konstruktionsbedingt vorgegebene Merkmale den völlig andersgearteten Anforderungen des Linienverkehrs nicht entsprechen. Hinzu kommt, dass jeder Verkehrsbetrieb sich auf bestimmte Fahrzeugtypen, die seinen speziellen Bedürfnissen am besten entsprechen, eingestellt hat.

---

94 Vgl. dazu *OLG Schleswig* NJW 1971, 141 = VersR 1971, 455; *OLG Stuttgart* VersR 1976, 766.
95 Vgl. dazu insbes. *OLG Karlsruhe/Freiburg* VersR 1979, 776; – ähnlich *OLG Frankfurt* VersR 1985, 504 = zfs 1985, 200 (L).
96 *OLG Nürnberg* VersR 1976, 1167 D.
97 *OLG Nürnberg* VersR 1966, 988.
98 *OLG Hamburg* VersR 1960, 450; VersR 1960, 719.
99 *OLG Schleswig* NJW 1960, 2240.
100 *OLG Stuttgart* VersR 1973, 773.
101 *BGH* NJW 1966, 1454 = VersR 1966, 830 = DAR 1966, 215; *Ruhkopf* VersR 1962, 930; *H. W. Schmidt* VersR 1965, 962; NJW 1966, 717; *H. W. Schmidt* VersR 1968, 263.

D. Höhe der Ersatzleistung

Wenn plötzlich ein Kraftomnibus hinzukommt, der von einem anderen Hersteller stammt und anders ausgerüstet ist, dann wird dieser Wagen sich alsbald als »Sand im Getriebe« erweisen.

Dies gilt einmal bezüglich der Fahrgäste, die an bestimmte Fahrzeuge gewöhnt sind, zum anderen aber auch bezüglich der Mitarbeiter des Verkehrsbetriebes, die völlig andere Bedienungseinrichtungen vorfinden und sich jedes Mal erneut umstellen müssen. Hinzu kommt, dass auch die Materialpolitik geändert werden muss, weil sich in diesem Zusammenhang die Notwendigkeit ergibt, dass – unter Abkehr von dem allein Kosten sparenden Prinzip der Typenreinheit – Ersatzteile auch für dieses Fahrzeug auf Lager genommen und gehalten werden. Alle diese Gesichtspunkte, die nicht nur erhebliche Kosten verursachen, sondern überdies auch geeignet sind, die Verkehrssicherheit zu beeinträchtigen, führen zu dem Schluss, dass es einem Verkehrsbetrieb nicht zuzumuten ist, einen Gebrauchtwagen in Dienst zu stellen, wenn dieser mit den bereits vorhandenen Fahrzeugen von der Konstruktion und Ausstattung her nicht übereinstimmt.

Zusammenfassend lässt sich feststellen, dass auch der Gebrauchswert im Regelfalle keine für die Schadenregulierung geeigneten Erkenntnisse vermittelt. Auf diese Bezugsgröße wird allenfalls dann zurückzugreifen sein, wenn es sich um die Bewertung von Fahrzeugen handelt, die auf dem Markt nicht (mehr) bzw. nicht in ausreichender Anzahl angeboten werden oder nach denen eine so geringe Nachfrage besteht, dass sich ein eigentlicher Wiederbeschaffungswert nicht bilden lässt. Als weitere typische Beispiele kann man an Spezialfahrzeuge, aber auch sehr alte bzw. noch ganz neue Kraftfahrzeuge denken.[102]

III. Vergleichswert

Der *BGH*[103] befasst sich sehr ausführlich mit der Frage, wie eine als »Unikat« von privater Seite hergestellte Bastelarbeit zu bewerten ist, die wegen fehlender Marktgängigkeit nicht über einen »eigentlichen« Wiederbeschaffungswert verfügt.[104] Entscheidend stellt der *BGH* insoweit darauf ab, ob die Verkehrsauffassung der Sache einen Geldwert beimisst[105] oder ob es sich um ein bloßes Liebhaberstück (§ 253 BGB) handelt.

Dies trifft nach Auffassung des *BGH* auch für Sachen zu, die nicht ohne Weiteres wieder »zu Geld zu machen« sind, die aber, wollte man sie für sich haben, Geld kosten würden, für Sachen also, die der Rechtsverkehr daher als in Geld kompensierbar betrachtet. Unzweifelhaft sei aus dieser Sicht heraus, dass das im konkreten Fall total beschädigte Modellboot keine »wertlose« Sache gewesen, sondern ein Stück, das nach der allgemeinen Verkehrsauffassung – trotz fehlender allgemeiner Marktgängigkeit – einen in Geld messbaren Vermögensstand darstellt und sich damit von solchen Gegenständen abhebt, denen der Rechtsverkehr gerade keinen Geldwert beimisst und die ihren ideellen Wert nur für den Eigentümer oder Besitzer haben.

Es müssten daher in derartigen Fällen mangels eines Marktwertes andere plausible Indikatoren gefunden werden, die den Geldwert bestimmen und deshalb Grundlage für eine Schätzung der wirtschaftlichen Vermögenseinbußen des Geschädigten für den Fall sein könnten, dass Totalschaden an der betreffenden Sache eintritt oder diese anderweitig in Verlust gerät.

Als Schätzungsgrundlage kann nach Auffassung des *BGH* der Vergleich mit anderen Objekten in Betracht kommen, die einen Marktwert (Marktpreis) haben. Dabei seien jedoch Abstriche notwendig, die sich insbesondere an folgenden Kriterien zu orientieren haben:
- fehlende Marktgängigkeit

---

102 Vgl. dazu auch *BGH* NJW 1966, 1454 = VersR 1966, 830 = DAR 1966, 215.
103 BGHZ 92, 85 (Rev.-Entsch. zu *OLG Köln* VersR 1983, 377) = NJW 1984, 2282 f. = VersR 1984, 966.
104 Vgl. dazu auch *Grunsky* S. 36.
105 Die Vorinstanz (*OLG Köln* VersR 1983, 377) hatte dazu die Auffassung vertreten, dass lediglich Geldersatz im Sinne von § 251 Abs. 1 BGB in Betracht kommt, sodass der Verkehrswert festzustellen sei, der nach § 287 ZPO geschätzt werden könne und ausschließlich in den Materialkosten bestehe.

- Unterschiede in Qualität und Quantität
- Gebrauchswert
- Erhaltungszustand.

81a Insoweit ist im Rahmen einer besonders freien richterlichen Schätzung (§ 287 ZPO) ein breiter Ermessensspielraum vorhanden.

IV. Restwert

1. Berechnung

82 Der Wiederbeschaffungswert ist lediglich ein Berechnungsposten für den erstattungsfähigen Ersatzanspruch des Geschädigten bei einem wirtschaftlichen Totalschaden. Ein Ersatzanspruch besteht lediglich in Höhe des Wiederbeschaffungsaufwands, also dem Wiederbeschaffungswert des unbeschädigten Fahrzeugs unmittelbar vor dem Unfall abzüglich des Restwerts des beschädigten Fahrzeugs unmittelbar hiernach. Der Schaden des Geschädigten besteht von vornherein nur in dieser Höhe, die Ermittlung des zutreffenden Restwertes ist daher von vornherein eine Sache der Schadensberechnung. Die Verwertung des Unfallfahrzeugs steht in diesem Zusammenhang unter dem Gebot der Wirtschaftlichkeit, welches bereits bei der Frage der Schadensberechnung Berücksichtigung finden muss. Der Geschädigte hat im Rahmen des ihm Zumutbaren und unter Berücksichtigung seiner individuellen Erkenntnis- und Einflussmöglichkeiten sowie der gerade für ihn bestehenden Schwierigkeiten den wirtschaftlichsten Weg zu wählen.[106]

83 Nach der Rechtsprechung des *BGH* ist der Geschädigte bei dieser Verwertung nicht verpflichtet, Sondermärkte für Restwertaufkäufer etwa im Internet in Anspruch zu nehmen, er kann daher auch vom Schädiger nicht abstrakt auf diesen Sondermarkt verwiesen werden.[107] Daher leistet der Geschädigte dem Wirtschaftlichkeitsgebot Genüge, wenn er die Verwertung des Unfallfahrzeugs zu demjenigen Preis vornimmt, den ein von ihm eingeschalteter Sachverständiger als Wert auf dem allgemeinen regionalen Markt ermittelt hat.[108] Der Sachverständige hat den auf dem regionalen Markt des Geschädigten gültigen Restwert zu ermitteln, Internet-Restwertbörsen muss er nicht berücksichtigen.[109] Etwas anderes gilt nur dann, wenn der Geschädigte mit diesen Sondermärkten vertraut ist.[110] Voraussetzung für eine solche Verwertung auf der Grundlage des vom Sachverständigen genannten Restwerts ist allerdings, dass sich aus dem Gutachten eine korrekte Restwertermittlung entnehmen lässt. Der Sachverständige hat als geeignete Schätzgrundlage für den Restwert insoweit im Regelfall drei Angebote auf dem maßgeblichen regionalen Markt zu ermitteln und diese in seinem Gutachten konkret zu benennen.[111]

84 Diese Verwertung kann der Geschädigte ohne Rücksprache mit dem Schädiger oder seiner Haftpflichtversicherung vornehmen, dies begründet die Rechtsprechung mit seiner Stellung als Herr des Restitutionsgeschehens. Er ist daher weder verpflichtet, die Versicherung vor der Verwertung zu benachrichtigen, noch ihr das Gutachten zur Verfügung zu stellen oder eine Wartepflicht einzuhalten.[112] Ein nach einer solchen Verwertung eingehendes Alternativangebot des Schädigers

---

106 BGHZ 132, 373; VersR 1992, 457; VersR 1993, 769.
107 *BGH* VersR 1992, 457; VersR 1993, 769; VersR 2005, 381 = DAR 2005, 152 = r+s 2005, 124; kritisch hierzu *Zinn/Richter* S. 66.
108 *BGH* a. a. O.; VersR 2005, 1448 = DAR 2005, 617 = r+s 2005, 482; *LG Mannheim* zfs 2007, 687; *AG Stuttgart* NZV 2011, 309 = VersR 2011, 814.
109 *BGH* VersR 2005, 1448 = DAR 2005, 617 = r+s 2005, 482; *BGH* NJW 2009, 1265 = VersR 2009, 413 = DAR 2009, 196; *OLG Köln* DAR 2004, 703 = NZV 2005, 44 = SVR 2005, 28; *OLG Celle* SVR 2006, 424; *LG Koblenz* zfs 2005, 17 = NZV 2005, 46; *LG München II* DAR 2005, 287; *LG Frankfurt/M.* VersR 2006, 806; *AG Bad Homburg* zfs 2002, 528; *AG Landshut* zfs 2002, 433; *AG Homburg/Saar* zfs 2004, 212; *AG Oldenburg* zfs 2004, 512; *AG Rüdesheim* NZV 2004, 589; auch hierzu kritisch: *Zinn/Richter* S. 77.
110 *OLG Hamburg* PVR 2001, 362.
111 *BGH* NJW 2010, 605 = VersR 2010, 130 = DAR 2010, 18.
112 *BGH* a. a. O.; *OLG München* NZV 1992, 362; *OLG Hamm* NJW 1993, 404; *OLG Nürnberg* NJW 1993,

bzw. seiner Versicherung ist nach diesen Grundsätzen unbeachtlich. Etwas anderes gilt nach dem auch im Rahmen des gesetzlichen Schuldverhältnisses zwischen Geschädigtem und Schädiger bzw. dessen Versicherung geltenden § 242 BGB dann, wenn der Geschädigte selbst Veranlassung zu der Erwartung gegeben hat, er werde mit der Verwertung des Unfallfahrzeugs bis zu einem bestimmten Zeitpunkt zuwarten[113] oder wenn der Geschädigte nach der mit der Haftpflichtversicherung des Schädigers geführten Korrespondenz damit rechnen musste, dass diese ihm eine günstigere Verwendungsmöglichkeit in unmittelbarer zeitlicher Nähe nachweisen würde.[114] Jedenfalls wenn die Versicherung sich nur einen geringen konkreten Zeitrahmen vorbehält (z. B. zwei Wochen) und ausdrücklich auf die deutlich besseren Verwertungsmöglichkeiten hinweist, ist ein solches Zuwarten dem Geschädigten zuzumuten, gerade als mögliche negative Folgen eines solchen Zuwartens (höchstens denkbar in der Form, dass selbst der vom Sachverständigen geschätzte Restwert nicht mehr erzielbar ist) zulasten der Versicherung gehen.

Grundlage der Regulierung ist grundsätzlich der vom Geschädigten konkret erzielte Preis für das unfallgeschädigte Fahrzeug.[115] Ein gegenüber dem Gutachten höherer Restwert ist somit zugunsten des Schädigers zu berücksichtigen.[116] Da der *BGH* die Beweislast für einen höheren Restwerterlös dem Schädiger zugewiesen hat,[117] ist der Geschädigte nicht verpflichtet darzulegen, zu welchem Preis er tatsächlich die Fahrzeugreste veräußert hat. Es wird dem Schädiger bzw. dem Haftpflichtversicherer daher in den seltensten Fällen gelingen nachzuweisen, dass der Geschädigte die Fahrzeugreste zu einem höheren Preise veräußern konnte, als der Sachverständige in seinem Gutachten geschätzt hat. Der Schädiger befindet sich somit in der misslichen Position, einen Beweis über Umstände führen zu müssen, die sich nicht in seinem Kenntnis- und Verantwortungsbereich befinden. Diese (Um-)Verteilung der Beweislast wird somit in der Praxis dazu führen, dass der Geschädigte im Fall der Totalschadensabrechnung jedenfalls die – vom *BGH* nicht gewollte[118] – Möglichkeit hat, am Unfall zu »verdienen«. **84a**

Der Geschädigte ist allerdings verpflichtet, eine ihm vom Schädiger nachgewiesene Möglichkeit für eine ohne Weiteres zugängliche günstigere Verwertung nicht ungenutzt zu lassen. Er muss sich daher unter dem Blickwinkel der Schadenminderungspflicht denjenigen Betrag anrechnen lassen, den er in zumutbarer Weise erzielen kann bzw. erzielt hätte.[119] Ein seriöses, bindendes Angebot eines Aufkäufers, welches die kostenlose Abholung des Fahrzeugs gegen Barzahlung beinhaltet, ist daher vom Geschädigten zur Vermeidung eines Verstoßes gegen die Schadensminderungspflicht anzunehmen.[120] **85**

404; *OLG Oldenburg* SP 1993, 217; *OLG Düsseldorf* r+s 2004, 392 = NZV 2004, 584; *OLG Düsseldorf* VersR 2006, 1657; *LG Köln* DAR 2003, 226 = zfs 2003, 184; *LG Konstanz* zfs 2005, 491; *LG Mannheim* zfs 2007, 687; *AG Hof* zfs 2002, 527; *AG Mülheim/Ruhr* SVR 2006, 230; *AG Bruchsal* zfs 2007, 569; *AG Bochum* DAR 2009, 209; *AG Stuttgart* DAR 2010, 651; a. A. noch *OLG Frankfurt* VersR 1992, 620; *OLG Köln* VersR 1968, 782; KG NJW-RR 1987, 16; *OLG Hamm* NZV 1992, 363; *LG Frankfurt/M.* VersR 1988, 822; 1989, 270; *LG Aachen* zfs 1990, 7; *LG Hagen* zfs 1990, 155; *LG Wuppertal* zfs 1991, 409; *LG Bochum* zfs 1991, 410; *LG Köln* zfs 2005, 491; *AG Hohenstein-Ernstthal* zfs 2004, 164; vgl. auch *Kempgens* NZV 1992, 307; *Kääb* NZV 1993, 465.
113 *OLG Düsseldorf* VersR 2006, 1657.
114 *LG Duisburg*, Urt. v. 28.06.2007, Az. 12 S 159/06; *AG Bad Schwartau* zfs 2009, 383; a. A. *AG Nürnberg* zfs 2009, 383 für einen allgemein gehaltenen Hinweis ohne Anhaltspunkt für ein tatsächlich geplantes oder bevorstehendes Angebot.
115 *BGH* a. a. O.; *Zinn/Richter* S. 63, 72.
116 *BGH* VersR 2005, 617 = DAR 2005, 152 = r+s 2005, 124; *BGH* VersR 2006, 1088 = DAR 2006, 496 = r+s 2006, 473; *BGH* NJW 2010, 2724 = VersR 2010, 1197 = DAR 2010, 510; *LG Dortmund* NZV 2009, 184; *AG Usingen* zfs 2001, 256.
117 Vgl. insbes. *BGH* DAR 1993, 251 = zfs 1993, 229.
118 Vgl. hierzu *BGH* zfs 1992, 8 = NZV 1992, 68 = DAR 1992, 25.
119 *BGH* DAR 2000, 159 = NJW 2000, 800 = VersR 2000, 467; *OLG Düsseldorf* r+s 1999, 24; *LG Düsseldorf* SP 2000, 416; *LG Mainz* zfs 1999, 239; *LG Gießen* DAR 2000, 269 = r+s 1999, 328; sicherlich falsch: *AG Kaiserslautern* DAR 2003, 424, wonach ein RW-Angebot der KH-Versicherung »unbeachtlich« ist.
120 *BGH* NJW 2010, 2722 = VersR 2010, 963 = r+s 2010, 350; *OLG Düsseldorf* r+s 2004, 392 = NZV 2004,

Hierbei sind zumutbare Anstrengungen jedenfalls auch einige Telefonate – auch wenn der Haftpflichtversicherer nur die (Mobil-)Telefonnummer des Ankäufers und nicht dessen Adresse angegeben hat –, wenn dadurch eine günstigere Verwertung erzielt werden kann.

85a Der Geschädigte, dem vom Kfz-Haftpflichtversicherer des Schädigers – das Gleiche gilt auch dann, wenn dieses Angebot auf Veranlassung des Versicherers von dritter Seite stammt, sofern es sich um eine ernsthafte Offerte handelt – ein verbindliches Angebot für die Übernahme des Restfahrzeuges unterbreitet worden ist, muss auf dieses Angebot eingehen, wenn es höher liegt als der vom Sachverständigen geschätzte bzw. von einem Händler angebotene Betrag. Soweit hier zum Teil eine weitergehende Haftungsübernahmeerklärung vor Annahme des Restwertangebotes gefordert wird[121], kann dem so in dieser Allgemeinheit nicht gefolgt werden. Der Geschädigte ist unabhängig von der Frage der Haftungsverteilung zur möglichst günstigen Verwertung verpflichtet. Der Hinweis des *KG* auf die Entscheidung *BGH* NJW 2007, 1674 führt nicht weiter, als es dort um den Fall ging, dass der Geschädigte das Fahrzeug weiternutze, anstatt es zu veräußern.

85b Die Bemühungen der Versicherer um Reduzierung der Schadenhöhen durch Überprüfung der Restwerte und Einholung günstigerer Angebote ist jedoch durch eine weitere rechtliche Entwicklung gefährdet. Der Markenrechtssenat des BGH hat nunmehr entschieden, dass nach Erstattung eines Gutachtens durch einen Sachverständigen im Auftrag eines Unfallgeschädigten über den Schaden an einem Unfallfahrzeug, das dem Haftpflichtversicherer des Unfallgegners vorgelegt werden soll, der Haftpflichtversicherer grundsätzlich nicht berechtigt sein soll, im Gutachten enthaltene Lichtbilder ohne Einwilligung des Sachverständigen in eine Restwertbörse im Internet einzustellen, um den vom Sachverständigen ermittelten Restwert zu überprüfen.[122] Hierdurch wird die Einholung von Restwertangeboten offenkundig beeinträchtigt, als der potentielle Bieter ohne die Lichtbilder keinen visuellen Eindruck von den Unfallschäden bekommen kann. Es bleibt abzuwarten, ob hierdurch der Versuch, die Regulierungsaufwendungen ohne Beeinträchtigung schützenswerter Interessen des Geschädigten zu reduzieren, vollständig scheitern muss.

85c Weist der Schädiger respektive dessen Haftpflichtversicherung dem Geschädigten aber nicht konkret eine günstigere Verkaufsmöglichkeit nach, muss er sich mit der üblichen und angemessenen Verwertung des Fahrzeuges durch den Geschädigten begnügen.[123] Der bloße Hinweis auf eine preisgünstigere Möglichkeit der Verwertung, um deren Realisierung sich der Geschädigte erst noch bemühen muss, genügt nicht, um seine Obliegenheit zur Schadensminderung auszulösen. Der Schädiger bzw. seine Versicherung müssen jedenfalls die Kontaktdaten des Aufkäufers und die Dauer der Bindungsfrist seines Angebotes mitteilen.[124] Der Geschädigte muss auch nicht etwa besondere Anstrengungen unternehmen, um den vom Sachverständigen geschätzten Restwert zu erlösen. Er braucht insbesondere das Fahrzeug nicht in seine Einzelteile zu zerlegen, um dafür einen günstigeren als den sonst möglichen Preis zu erzielen.[125] Der Geschädigte kann grundsätzlich darauf vertrauen, dass der vom Sachverständigen geschätzte Restwert zutrifft.[126] Anderes gilt nach Auffassung des *BGH* aber dann, wenn der Geschädigte für die Fahrzeugreste einen über den vom Sachverständigen geschätzten Betrag liegenden Erlös erzielt hat, ohne dass er hierzu über obligationsmäßige Anstrengungen unternommen hat. In diesem Fall muss sich der Geschädigte die Höhe des tatsächlich erzielten Erlöses anrechnen lassen, wobei allerdings der *BGH* die Beweislast dem Schädiger zugewiesen hat.

584; VersR 2008, 1231 = r+s 2008, 169 = NZV 2008, 353; *OLG Hamm* NJW-RR 2009, 320 = NZV 2009, 183; *LG Aachen* VersR 2002, 1387; *LG Erfurt* NZV 2007, 361; *AG Flensburg* zfs 2001, 210; *AG Brandenburg* DAR 2003, 423 = r+s 2003, 389; *AG Frankfurt/M.* NZV 2007, 361.
121 *KG* DAR 2010, 138 = NZV 2010, 300.
122 *BGH* NJW 2010, 2354 = VersR 2010, 1070 = DAR 2010, 575.
123 *BGH* NJW 1985, 2471 = VersR 1985, 736 = DAR 1985, 253; *BGH* DAR 2000, 159 = NJW 2000, 800 = VersR 2000, 467.
124 *OLG Jena* SVR 2008, 423.
125 *BGH* NJW 1985, 2471 = VersR 1985, 736 = DAR 1985, 253.
126 *BGH* NJW 1992, 903 = VersR 1992, 457 = DAR 1992, 172; *BGH* DAR 1993, 251 = NZV 1993, 305.

D. Höhe der Ersatzleistung   Kapitel 11

Auch ein zumutbares, die Schadensminderungspflicht des Geschädigten auslösendes Alternativangebot des Schädigers bleibt jedoch unberücksichtigt, wenn der Geschädigte im Rahmen seiner Stellung als Herr des Restitutionsgeschehens die Entscheidung trifft, anstatt der wirtschaftlich sinnvollen Ersatzbeschaffung das Fahrzeug wieder instand zu setzen und zu behalten. Selbst wenn diese Entscheidung nicht dazu führt, dass der Geschädigte einen Reparaturschaden geltend machen kann, weil die Reparaturkosten den Wiederbeschaffungswert (ggf. inkl. Integritätszuschlag) übersteigen, bleibt in diesem Fall, in dem der Totalschaden abstrakt berechnet werden muss, nicht ein Alternativ-Angebot des Schädigers, sondern vielmehr der zutreffend ermittelte regionale Restwert für die Schadensberechnung entscheidend.[127] Alternativ-Angebote sind nur berücksichtigungsfähig, wenn der Geschädigte tatsächlich die Entscheidung trifft, das Unfallfahrzeug zu veräußern. 86

Im Rahmen seiner Schadenminderungspflicht aus § 254 Abs. 2 BGB ist der Geschädigte auch gehalten, den Schädiger bzw. dessen Haftpflichtversicherer zu unterrichten, wenn ihm eine Verwertung des Fahrzeugwracks zu dem vom Sachverständigen geschätzten Restwert auch nicht annähernd möglich ist. Der Schädiger bzw. dessen Haftpflichtversicherer müssen dann entweder den Geschädigten zur Verwertung des Fahrzeugwracks unter Schätzwert ermächtigen und ihm den Mindererlös als effektiven Schaden zusätzlich erstatten oder aber selbst das Wrack zum Schätzwert übernehmen bzw. selbst für die Verwertung des Fahrzeugwracks Sorge tragen.[128] Lässt er sich von dem Schädiger bzw. dessen Versicherung nicht helfen, sondern veräußert er sein Fahrzeug unter dem vom Sachverständigen geschätzten Restwert, läuft er Gefahr, dass die Versicherung dies nicht akzeptiert und im Rahmen eines Rechtsstreits ein höherer regional erzielbarer Restwert festgestellt wird. Allerdings soll insoweit der Schädiger die Beweislast tragen,[129] was angesichts der Tatsache, dass der zutreffende regionale Restwert zur Grundlage der neutralen, vom Geschädigten zu beweisenden Schadensberechnung gehört, zweifelhaft erscheint. 87

Sofern Straßenbahnwagen, Lokomotiven oder besonders alte Linienomnibusse so stark beschädigt werden, dass sie nicht mehr repariert werden können, wird der sicherlich noch vorhandene Schrotterlös in der Mehrzahl der Fälle durch die Demontagekosten in Verbindung mit den Aufwendungen für die Katalogisierung und Lagerhaltung voll aufgezehrt. Das Gleiche gilt für etwa erhalten gebliebene Einzelteile, weil nach den Erfahrungen der Praxis davon auszugehen ist, dass der im Zeitpunkt des »Ausschlachtens« theoretisch etwa noch vorhandene Zeitwert durch die Rückgewinnungskosten wieder neutralisiert wird. Zumindest sind die Rückgewinnungskosten von einem im Einzelfall etwa höheren Zeitwert (Restwert) abzusetzen. 88

Soweit der Geschädigte im Rahmen der Ersatzbeschaffung neben dem Restwert auch noch die zeitweise vom Staat ausgezahlte »Abwrackprämie« vereinnahmt hat, ist diese nicht zugunsten des Schädigers in der Schadenberechnung zu berücksichtigen.[130] Zutreffend und überzeugend weist das *LG Chemnitz* darauf hin, dass die Zahlung der »Abwrackprämie« die Anschaffung eines Neufahrzeugs voraussetzt, die im Verhältnis des Geschädigten zum Schädiger eine überobligatorische Anstrengung darstellt. 88a

---

127 *BGH* VersR 2007, 1145 = DAR 2007, 325 = r+s 2007, 259; *AG Recklinghausen* NZV 2005, 424; a. A. noch *LG Darmstadt* r+s 2003, 439.
128 Vgl. dazu *OLG Frankfurt* DAR 1985, 58 = zfs 1985, 325; *LG Ellwangen* NJW-RR 1987, 15; *OLG Köln* VersR 1968, 782 (übereilter Verkauf bedeutet Verstoß gegen die Schadenminderungspflicht); *KG* NJW 1972, 496 (Geschädigter kann das Wrack dem Schädiger zur Verfügung stellen); *OLG Düsseldorf* DAR 1974, 215 (Geschädigter darf beim Verkauf von dem Restwert ausgehen, den der Sachverständige geschätzt hat); *OLG Stuttgart* VersR 1974, 374 (der Umstand, dass der Geschädigte bei der Veräußerung seines Kfz ohne besondere Anstrengungen einen besonders günstigen Preis erzielt hat, kann in der Regel nicht zu einer entsprechend erhöhten Schadenberechnung führen); *OLG Nürnberg* VersR 1975, 455 (höherer Restwert ist auch bei Erwerb eines Neufahrzeugs zu berücksichtigen); *OLG Celle* VersR 1977, 1104 (Anrechnung des realisierbaren Restwerts).
129 *BGH* VersR 2005, 1448 = DAR 2005, 617 = r+s 2005, 482.
130 *LG Chemnitz* zfs 2011, 25.

2. Schadenausgleich

89 Bei voller Haftung des Ersatzpflichtigen dem Grunde nach wird der Restwert in der nach den vorerwähnten Grundsätzen ermittelten Höhe vom Wiederbeschaffungswert in Abzug gebracht. Den dann verbleibenden Betrag erhält der Geschädigte zum Ausgleich des ihm entstandenen Schadens. Soweit ausnahmsweise einmal der Geschädigte den Fahrzeugrest dem Ersatzpflichtigen[131] zur Verwertung in eigener Regie überlassen hat, erhält der Gläubiger den ungekürzten Wiederbeschaffungswert.

89a Wenn – etwa über § 17 StVG – eine Schadensausgleichung zu erfolgen hat, ist der Restwert vor der Quotierung abzusetzen.[132]

3. Verwertungspflicht

90 Nach der in seiner Grundsatzentscheidung vom 14.6.1983[133] noch einmal bekräftigten Auffassung des *BGH* ist davon auszugehen, dass der Geschädigte sich bei Beschädigung eines Neufahrzeugs auf seinen Ersatzanspruch grundsätzlich nicht den Restwert des total beschädigten Kfz anrechnen zu lassen braucht, sondern er vielmehr das Fahrzeug nach seiner Wahl auch dem Ersatzpflichtigen zur Verwertung in eigener Regie und auf eigenes Risiko übertragen kann. Von dieser Möglichkeit wird allerdings – wie gesagt – in der Praxis der Schadenregulierung so gut wie nie Gebrauch gemacht. Nach *BGH* soll selbst der Haftpflichtversicherer des Schädigers auf Wunsch des Geschädigten verpflichtet sein, das Restfahrzeug – also den Bergerest – entgegenzunehmen und ihn in eigener Regie zu verwerten.[134] Diese Auffassung erscheint bedenklich, wenn man berücksichtigt, dass der Haftpflichtversicherer gem. § 3 Nr. 1 S. 2 PflVG lediglich Geld schuldet und dass die Verwertung von Fahrzeugen – ebenso wie die tätige Mithilfe bei der Ersatzbeschaffung oder Ersatzanmietung – für ihn »Sand im Getriebe« bedeutet, sodass diese Verpflichtung mit Sicherheit zu einer Erhöhung der Prämien in der Kfz-Haftpflichtversicherung führen müsste.[135]

90a Ein weiteres Bedenken gegen die Auffassung des *BGH* ergibt sich auch aus der Tatsache, dass nach der Systematik des StVG – wie überhaupt im Rahmen der vom Verschulden losgelösten Gefährdungshaftung – die Schadenausgleichung die Regel und Vollhaftung die Ausnahme darstellt. Es stellt sich dann die Frage, von welchem Mitverursachungsanteil an der (jeweils) »Geschädigte« berechtigt sein soll, sein Kfz nach einem Totalschaden dem jeweiligen Unfallgegner zur Verwertung in eigener Regie und auf eigenes Risiko gegen Zahlung des »vollen«, d. h. nur um die Mitverursachungsquote gekürzten Wiederbeschaffungswertes zur Verfügung zu stellen. Dieses Verfahren kann im Extremfall – bei unterstelltem Totalschaden an beiden Fahrzeugen und bei angenommener hälftiger Mitverursachung – dazu führen, dass jeder Beteiligte dem Unfallgegner sein Fahrzeug »zur Verfügung stellt« und beide Beteiligte damit befasst sind, das ihnen »angediente« Fremdfahrzeug zu verwerten.

90b Zumindest diese Überlegungen sollten im Zusammenhang mit der bereits erwähnten Tatsache, dass das vom *BGH* rechtlich für zulässig gehaltene Verfahren in der Praxis der Schadenregulierung so gut wie niemals praktiziert wird, nachdenklich stimmen und die gegen diese Methode bestehenden Bedenken deutlich machen.

---

131 S. Rdn. 91; – vgl. dazu *OLG Hamburg* VersR 1974, 392; *OLG München* VersR 1983, 468 (469 l.Sp.); – a. A. BGH NJW 1983, 2694 = VersR 1983, 758 = DAR 1983, 289; *OLG Köln* VersR 1975, 933.

132 *BGH* NJW 1982, 1518 = VersR 1982, 597 = zfs 1982, 238; *OLG Köln* VersR 1993, 374 = r+s 1993, 139 = NZV 1993, 188.

133 Vgl. dazu *BGH* NJW 1983, 2694 = VersR 1983, 758 = DAR 1983, 289; *AG Gießen* SP 1999, 200.

134 Zum Meinungsstand: **Für** eine Verwertungspflicht des KH-Versicherers *OLG Köln* VersR 1975, 933; *LG Mainz* VersR 1977, 67 f.; *Marschall v. Bieberstein* Festschrift für Fritz Hauß, 1978, S. 241, 247; Staudinger/*Schiemann* § 251 Rn. 53; Erman/*Kuckuk* § 249 Rn. 96; Weigelt/*Walter* Kennzahl 51001 S. 12; – **Dagegen** *OLG Hamburg* VersR 1974, 392; *OLG München* VersR 1983, 468; *Jordan* k+v 1972, 177, 188; 16. VGT 1978, 163, 188 ff.; VersR 1978, 688, 696; *Schweitzer* S. 18.

135 Vgl. dazu insbes. *Schweitzer* S. 18; *Jordan* 16. VGT 1978, 163, 188 ff.; – vgl. ferner auch *Jordan* k+v 1972, 177, 188.

Wenn der Gläubiger in Übereinstimmung mit der Regulierungspraxis die Restteile selbst verwertet, so hat er dabei die bereits an anderer Stelle dargestellten Grundsätze der Schadenminderungspflicht, gem. § 254 Abs. 2 BGB zu beachten. Dies bedeutet, dass der Geschädigte gehalten ist, den vom Sachverständigen geschätzten Restwert zu realisieren. Sofern dem Geschädigten lediglich Gebote vorliegen sollten, die den geschätzten Restwert nicht unerheblich unterschreiten, sollte er vor einer beabsichtigten billigeren Veräußerung die Zustimmung des Ersatzpflichtigen bzw. dessen Kfz-Haftpflichtversicherers einholen, um sich später nicht dem Vorwurf auszusetzen, er habe sich nicht ausreichend um Interessenten bemüht und damit seine Schadenminderungspflicht verletzt. 91

Dem Geschädigten kann im Allgemeinen kein Vorwurf daraus gemacht werden, dass er sein Fahrzeug zu dem vom Sachverständigen geschätzten Restwert veräußert. Er ist nicht verpflichtet, dem Haftpflichtversicherer zuvor Gelegenheit zu geben, ihm ein besseres Angebot zu übermitteln. 91a

Ist der Geschädigte selbst Kfz-Händler und verwertet er das ihm vom Ersatzpflichtigen zur Verfügung gestellte Restfahrzeug auf dessen Wunsch, so steht ihm dafür eine angemessene Vergütung[136] zu.[137] 92

Selbstverständlich steht es dem Ersatzpflichtigen bzw. dessen Haftpflichtversicherer frei, gegen Erstattung des vollen (ungekürzten) Wiederbeschaffungswertes die Fahrzeugreste in eigener Regie zu verwerten, falls nach seiner Überzeugung der Sachverständige den erzielbaren Veräußerungserlös zu gering angesetzt hat. Dies bedeutet, dass der Haftpflichtversicherer des Geschädigten nicht gehindert ist, selbst ein Restwertangebot bei professionellen Aufkäufern einzuholen, um dem Geschädigten dies zu übermitteln. Erreicht den Geschädigten dieses höhere Restwertangebot vor dem Verkauf des Fahrzeugrestes, so ist der Geschädigte in Beachtung der Schadenminderungspflicht gehalten, den Fahrzeugrest demjenigen zu verkaufen, der hierfür ein über das Sachverständigengutachten des Geschädigten hinausgehendes Angebot unterbreitet hat. Lässt der Geschädigte das höhere Restwertangebot unbeachtet, so ist der Schädiger bzw. sein Haftpflichtversicherer berechtigt, den Wiederbeschaffungswert um das von ihm eingeholte erhöhte Restwertangebot zu kürzen.[138] 93

Soweit es sich um die Rückgewinnungskosten handelt, kann in ganz seltenen Fällen im Zusammenhang mit dem Unfall bezüglich der Verwertung des beschädigten Kfz ein entgangener Gewinn entstehen. 94

Sofern bei der Verwertung des Restfahrzeugs Unterstellkosten (Standgeld) anfallen, hat der Ersatzpflichtige diese als Folge seines haftbaren Verhaltens zusätzlich zu tragen.[139] Dieser Fall kommt in der Praxis der Schadenregulierung allerdings außerordentlich selten vor. Im Regelfall werden Unterstellkosten nicht berechnet, weil die Stelle, die das Fahrzeug zunächst in Verwahrung nimmt – häufig wird es sich dabei um einen Kfz-Händler handeln –, sich im Zusammenhang mit dem weiteren Schicksal des Fahrzeugs einen Gewinn verspricht, der sich in Form einer Reparatur oder eines Neukaufs bzw. einer anderweitigen Verwertung realisieren lässt. Die Unterstellkosten müssen gem. § 254 Abs. 2 BGB auf einen angemessenen Zeitraum beschränkt werden, der als Teil der insgesamt in Betracht kommenden Wiederbeschaffungsfrist gilt. 95

V. Zuschläge

Literatur und Rechtsprechung billigten zuweilen eine Reihe von Zuschlägen zu, die das ohnehin bereits in bunten Farben prächtig schillernde Haftpflichtrecht nicht gerade übersichtlicher gestalten. Am heftigsten umstritten war – bis zur Klärung durch den *BGH* – der sog. Risikozuschlag. 96

---

136 Vgl. dazu §§ 675, 612, 632 BGB.
137 Vgl. dazu *LG Zweibrücken* VersR 1980, 567, das im konkreten Fall als Vergütung etwa 10 % des erzielten Restwerts zugebilligt hat.
138 Vgl. dazu *LG Wuppertal* zfs 1991, 409; *LG Bochum* zfs 1991, 410; *LG Koblenz* r+s 1991, 342 (L) = zfs 1991, 412 (L).
139 Vgl. dazu *BGH* NJW 1983, 2694 = VersR 1983, 758 = DAR 1983, 289.

1. Risikozuschlag

97 Vereinzelt haben einige Gerichte dem Geschädigten einen Risikozuschlag zugesprochen. Dabei haben sie sich von der Überlegung leiten lassen, dass die Anschaffung eines Gebrauchtwagens mit Unsicherheitsfaktoren belastet ist. Immerhin könnte das Ersatzfahrzeug mit verborgenen Mängeln behaftet sein, die später zu einer erhöhten Reparaturanfälligkeit führen.[140]

98 In seinem Grundsatzurteil vom 17.5.1966[141] hat der *BGH* darauf hingewiesen, dass jedenfalls im Regelfalle eine Schätzung nach objektiven Wertmaßstäben zur Feststellung der wirtschaftlichen Gleichwertigkeit führt. Durch den Risikoaufschlag mag der Geschädigte in die Lage versetzt werden, einen ähnlichen Wagen nach einer gründlichen technischen Überprüfung von einem seriösen Gebrauchtwagenhändler zu erwerben und sich von diesem Händler für eine gewisse Zeit eine Werkstattgarantie geben zu lassen. Der *BGH* hat in seinem Urteil jedoch gerade nicht die Feststellung getroffen, dass der Schädiger verpflichtet sei, die für die technische Begutachtung und die für die Gewährung der Garantie erforderlichen Aufwendungen zusätzlich zu erstatten. Den Wiederbeschaffungswert hatte die Vorinstanz in der Weise ermittelt, dass sie auf den vom Sachverständigen festgestellten »Zeitwert« einen Zuschlag von rd. 15 % gewährt hat.

2. Kosten der Ersatzbeschaffung

99 Eine andere Strömung geht dahin, einen Pauschbetrag für die fiktiven Kosten der Ersatzbeschaffung zuzuerkennen. So sind neben der allgemein üblichen Unkostenpauschale von einigen Gerichten zusätzlich eine »Ummeldepauschale« oder auch fiktive Kosten für die Beschaffung der amtlichen Kennzeichen zugesprochen worden.[142]

100 Eine Einbeziehung der Kosten der Ersatzbeschaffung mag zwar einfach zu handhaben sein, sie übersieht jedoch, dass bezüglich der Nebenkosten eine gewisse Differenzierung geboten ist, je nachdem, ob sie sich bei näherer Betrachtung als Anteil des Substanzwertes darstellen oder ob es sich um Aufwendungen für die Wiederbeschaffung handelt.

100a Bei derartigen Nebenkosten muss auf eine konkrete Abrechnung schon deswegen Wert gelegt werden, weil sie nicht als »normativer« Schaden verstanden werden können, sondern lediglich dann als erstattungsfähig in Betracht kommen, wenn sie tatsächlich entstanden sind.[143] So können beispielsweise keine fiktiven Ummeldekosten zugesprochen werden, wenn nach einem wirtschaftlichen Totalschaden das beschädigte Kfz nach provisorischer Reparatur weiter benutzt wird.[144] Das Gleiche gilt für den Fall, dass der Geschädigte sich entschließt – gleichgültig aus welchen Gründen auch immer – auf die Ersatzbeschaffung überhaupt zu verzichten.

100b Insoweit ist ergänzend zu berücksichtigen, dass für die Pauschalierung der mit der Ersatzbeschaffung bzw. Ummeldung verbundenen Kosten kein echtes Bedürfnis besteht, da diese Aufwendungen sich ohne besondere Mühe in praktikabler Form konkret nachweisen und belegen oder etwa im Internet recherchieren lassen.

---

140 *OLG Stuttgart* NJW 1967, 252 = VersR 1967, 363; *OLG München* VersR 1964, 1138; *OLG Celle* VersR 1964, 519 = DAR 1964, 191; *OLG Düsseldorf* VersR 1965, 770; *OLG Frankfurt* VersR 1967, 411; 1968, 710; *OLG Schleswig* VersR 1968, 1100.
141 *BGH* NJW 1966, 1454 = VersR 1966, 830 = DAR 1966, 215.
142 *OLG Frankfurt* VersR 1974, 497; *AG Schleswig* zfs 1981, 237; *OLG Schleswig* zfs 1982, 104; *OLG Frankfurt* NJW 1982, 2198 = zfs 1982, 363.
143 *Klimke* VersR 1974, 823, 838.
144 *AG Köln* zfs 1984, 39.

3. Nachrangiger Eintrag im Kfz-Brief

Einen weiteren Zuschlag bewilligt das *OLG Köln*[145] im Fall eines Totalschadens zusätzlich zum Wiederbeschaffungswert. Dieser Zuschlag ist als Ausgleich dafür gedacht, dass der Gläubiger sich bei der Ersatzbeschaffung mit einer nachrangigen Eintragung im Kfz-Brief abfinden muss. Dies soll nach der Auffassung des *OLG Köln* jedenfalls für denjenigen Gläubiger gelten, der seinen Pkw als Neuwagen erworben hat und der selbst für den Fall, dass die notwendige Ersatzbeschaffung ansonsten unter völlig gleich gelagerten Umständen vollzogen wird, nunmehr als zweiter Eigentümer des Gebrauchtwagens im Kfz-Brief eingetragen wird, während sich sein eigenes Fahrzeug bis zum Unfall in erster Hand befand. Im Fall der Weiterveräußerung des Gebrauchtwagens würde der Gläubiger – so meint das *OLG Köln* weiter – mit Rücksicht darauf, dass der Kfz-Brief jetzt eine Eintragung mehr enthält – ähnlich wie bei Unfallwagen, an denen ein Minderwert zurückgeblieben ist – einen Abschlag von dem »an sich« gerechtfertigten Erlös hinnehmen müssen, der auf dem Gebrauchtwagenmarkt in einer Größenordnung um 10 % bewertet wird. Diese Begründung, die auf Anhieb recht vernünftig klingt, hält gleichwohl einer kritischen Betrachtung nicht stand: 101

Der Wiederbeschaffungswert ist der Preis, den der Geschädigte selbst hätte aufwenden müssen, um sein eigenes Fahrzeug innerhalb der »logischen Sekunde« vor dem Unfall bei einem seriösen Händler in voller Kenntnis aller rechtserheblichen Eigenschaften und sonstigen Wert bildenden Faktoren zu ortsüblichen und angemessenen Bedingungen – also unter Berücksichtigung der individuellen Marktsituation – zu erwerben. So gehört zu diesen Kriterien selbstverständlich auch die Eigenschaft, dass es sich bei dem beschädigten Wagen für den bisherigen Eigentümer um ein Fahrzeug gehandelt hat, das sich in erster Hand befand. 101a

Dieser Gesichtspunkt wird daher von dem Kfz-Sachverständigen bei der Ermittlung des Wiederbeschaffungswertes regelmäßig berücksichtigt. Der Wert eines Kfz wird nämlich im Rechtsverkehr nicht nur unter Berücksichtigung seiner technischen Eigenschaften und seines optischen Gesamteindrucks eingeschätzt, Wert bildender Faktor ist vielmehr auch die Zahl der Voreigentümer. Dies hat der *BGH* auch in seiner Entscheidung vom 7.3.1978[146] anerkannt, jedoch die Auffassung vertreten, dass dieser zusätzliche Schaden – im Gegensatz zum merkantilen Minderwert – nicht sofort fällig und messbar werde, sondern erst im Zeitpunkt der Veräußerung des im Anschluss an einen Totalschaden angeschafften Ersatzfahrzeuges ausgeglichen werden könne. 101b

Einen »Zweithand-Zuschlag« lehnt der *BGH* zwar in dieser Entscheidung ab, er zeigt aber keinen in Regulierungspraxis und Rechtsprechung praktikablen Weg der Schadenregulierung auf. Das nach einem Unfall angeschaffte Ersatzfahrzeug wird nämlich oft erst viele Jahre nach dem ersten Unfall weiterveräußert, wenn es denn überhaupt angeschafft wurde. Im Wiederverkaufsfall müsste der Geschädigte zunächst einmal – u. U. viele Jahre nach dem ersten Unfall – konkret darlegen, welchen Preis er bei der Weiterveräußerung seines eigenen Fahrzeuges erzielt hätte, wenn es ihm möglich gewesen wäre, diesen Wagen als Ersthand-Fahrzeug anzubieten. Ferner müsste der Geschädigte den Nachweis führen, dass er diesen Erlös bei Weiterveräußerung seines Ersatzfahrzeuges nicht erzielt hat. Da mit einer derartigen Vergleichsberechnung der Nachweis eines Schadens kaum jemals gelingen dürfte, erweist sich der Lösungsansatz des *BGH* als nicht praktikabel mit der Folge, dass de facto ein Schadenersatzanspruch mangels Nachweismöglichkeit untergeht. Die Auffassung des *BGH* erscheint somit als die am wenigsten geeignete aller denkbaren Lösungsmöglichkeiten und ist daher abzulehnen. Ein gerechter Ausgleich kann lediglich über die richtige Ermittlung des Wiederbeschaffungswertes erfolgen. 101c

---

145 Vgl. dazu *OLG Köln* NJW 1974, 2128; VersR 1975, 162; ebenso *OLG Karlsruhe* NJW 1971, 1809; *LG Düsseldorf* r+s 1974, 21; *LG Duisburg* r+s 1976, 79; 1976, 123; *LG Hanau* DAR 1978, 16 = r+s 1977, 125; – a. A. *BGH* NJW 1978, 1373 = VersR 1978, 664 = DAR 1978, 281; *OLG Düsseldorf* NJW 1977, 719 = r+s 1974, 79; NJW 1977, 719 = VersR 1977, 672; *OLG Karlsruhe* r+s 1979, 230 (mit unscharfer Begründung).

146 Vgl. dazu *BGH* NJW 1978, 1373 = VersR 1978, 664 = DAR 1978, 281.

4. Für fehlgeleitete Investitionen

102 Teilweise wird ein Zuschlag für fehlgeleitete Investitionen (frustrierte Sonderaufwendungen) für den Fall diskutiert, wenn ein Fahrzeug unmittelbar nach einer aufwendigen und werterhöhenden Reparatur Totalschaden erleidet. Auch ein derartiger Zuschlag ist indes abzulehnen. Der Gesichtspunkt, dass der Kfz-Halter durch den inzwischen eingetretenen Totalschaden von den kurz vor Schadeneintritt vorgenommenen Investitionen nicht mehr den erwarteten Nutzen gehabt hat, führt nicht zu einer Erhöhung des Wiederbeschaffungswertes des Kfz. Es ist nämlich für einen wirtschaftlichen Totalschaden typisch, dass der Eigentümer des Fahrzeuges in seiner auf künftigen Nutzungen gerichtete Erwartungshaltung »frustriert« wird. Gerade deswegen hat er Anspruch auf Ausgleich des Schadens, der in dem Wiederbeschaffungswert als Summe aller Einzelteile zu sehen ist, die ansonsten – ohne das zum Ersatz verpflichtende Ereignis – als wirtschaftlich zusammenhängender Sachinbegriff noch hätten benutzt werden können. Daraus folgt, dass z. B. der Einbau eines Austauschmotors kurz vor Eintritt des Totalschadens zwar eine gewisse Erhöhung des Wiederbeschaffungswertes unter dem Gesichtspunkt der durch die Investition eingetretenen höheren Lebenserwartungen des Fahrzeuges rechtfertigt, nicht aber einen Zuschlag in Höhe der Investitionen.

5. Resttreibstoff im Tank

103 Eine »neue« Schadenposition hat das *AG Berlin-Charlottenburg*[147] »entdeckt«. Wenn Totalschaden an einem Kfz vorliegt und der Geschädigte nachweist, dass sich im Tank des Wagens noch Kraftstoff befindet, soll der Schädiger verpflichtet sein, den Gegenwert zusätzlich zum Wiederbeschaffungswert zu erstatten. Das *AG Berlin-Charlottenburg* weist in diesem Zusammenhang darauf hin, dass der Geschädigte für den Fall, dass er das Restfahrzeug verwertet, mit Sicherheit keinen Mehrerlös mit dem Hinweis erzielt, im Tank befinde sich noch Kraftstoff. Hierbei übersieht das *AG*, dass das Benzin durch den erlittenen Schaden regelmäßig nicht betroffen ist, also nicht als im Eigentum des Geschädigten (§ 823 BGB) stehende Sache beschädigt (§ 7 StVG) wurde (anders mag dies zu beurteilen sein, wenn der Tank durchschlagen wird, sodass das Benzin ausläuft). Selbst bei selbstständiger, getrennter Beurteilung kommt daher ein Erstattungsanspruch regelmäßig nicht in Betracht.[148]

VI. Umsatzsteuer

104 Im Wesentlichen gelten die bereits für die Mehrwertsteuer im Zusammenhang mit dem Reparaturschaden dargelegten Grundsätze, sodass ergänzend auf die Ausführungen unter Kap. 9. Rdn. 208–235 verwiesen werden kann.

1. Anfall der Umsatzsteuer

105 Durch die im Rahmen des zweiten Schadensrechtsänderungsgesetzes erfolgte Neuregelung des § 249 Abs. 2 S. 2 BGB wird die Mehrwertsteuer nur noch dann und in dem Umfang als Schadensersatz erstattet, als sie zur Schadensbeseitigung tatsächlich angefallen ist. Der Ersatz fiktiver Mehrwertsteuer wird mithin ausgeschlossen. Angefallen ist die Mehrwertsteuer, soweit sie der Geschädigte zur Wiederherstellung aus seinem Vermögen aufgewendet hat. Ob und in welcher Höhe dem Geschädigten Mehrwertsteuer im Rahmen der Abrechnung auf Totalschadenbasis erstattet wird, hängt entscheidend von der Frage ab, von welcher der ihm zur Seite stehenden Dispositionsmöglichkeiten der Geschädigte Gebrauch macht.

106 Wenn der Geschädigte von einer Ersatzbeschaffung oder Reparatur des Fahrzeuges absieht und stattdessen den erforderlichen Geldbetrag verlangt, also fiktiv auf Gutachtenbasis abrechnet, so kann auch keine Mehrwertsteuer anfallen. Der Geschädigte muss sich daher den Abzug der Mehrwertsteuer ge-

---

147 Vgl. dazu *AG Berlin-Charlottenburg* zfs 1989, 80.
148 Ebenfalls kritisch *AG Berlin-Mitte* SP 2010, 225; Himmelreich/Halm/*Richter* Kap. 4 Rn. 597 ff.

fallen lassen.¹⁴⁹ Die Höhe dieses Abzugs beträgt entgegen einer durchaus weitverbreiteten Ansicht nicht notwendigerweise 19 %. Vielmehr kann der Abzug auch lediglich 1,5 bis 3 % betragen, je nachdem in welcher Größenordnung in dem ermittelten Wiederbeschaffungswert Mehrwertsteuer enthalten ist. Dies richtet sich danach, ob Fahrzeuge wie das Unfallbeschädigte im Allgemeinen regelbesteuert, nur noch differenzbesteuert oder gar nur noch auf dem Privatmarkt zu erhalten sind. Diese Frage wird zunächst vom Sachverständigen einzuschätzen sein. Fehlen Feststellungen seitens des Sachverständigen, hat der Tatrichter hierzu unter Anwendung von § 287 ZPO nach überwiegender Wahrscheinlichkeit zu treffen.¹⁵⁰ Die Besteuerungsart ist also im jeweiligen Einzelfall zu prüfen.¹⁵¹

Gebrauchtfahrzeuge werden im Allgemeinen nur sehr jung regelbesteuert angeboten, daher kann bei entsprechend jungen Unfallfahrzeugen 19 % Umsatzsteuer in dem Wiederbeschaffungswert enthalten sein. Bei dem größten Teil der Gebrauchtfahrzeuge hingegen gilt vielmehr, dass lediglich ein Abzug in Höhe der fiktiven Differenzbesteuerung nach § 25a UStG in Betracht kommt. Die Differenzbesteuerung richtet sich nach der Differenz zwischen Einkaufs- und Verkaufspreis des Gebrauchtwagenhändlers. Diese sog. Händlerspanne wird, um eine wirtschaftliche und praktikable Schadensregulierung überhaupt möglich zu machen, von dem Gutachter ermittelt werden müssen. In der Regel wird bei solchen Fahrzeugen ein Abzug vom Wiederbeschaffungswert von 2 bis 2,5 % vorgenommen.¹⁵² **107**

Ab einem bestimmten, fortgeschrittenen Alter werden Gebrauchtfahrzeuge jedoch gar nicht mehr von gewerblichen Händlern angeboten, solche können dann regelmäßig nur noch auf dem Privatmarkt beschafft werden. In diesem Fall ist in dem Wiederbeschaffungswert keine Mehrwertsteuer enthalten und kann daher bei fiktiver Abrechnung auch nicht abgezogen werden.¹⁵³ **107a**

Wenn sich der Geschädigte trotz wirtschaftlichen Totalschadens zur Reparatur seines Fahrzeuges entschließt, ist ihm, sofern er die Mehrwertsteuer durch Vorlage einer entsprechenden Rechnung nachweist, diese zu erstatten. Dabei ist der Anspruch der Höhe nach auf die Mehrwertsteuer beschränkt, die der Geschädigte ausweislich des Gutachtens für die Ersatzbeschaffung eines gleichwertigen Fahrzeuges aufwenden müsste. Dies gilt auch, wenn sich die Anschaffung eines gleichwertigen Ersatzfahrzeugs zunächst verzögert und zwischenzeitlich ein Interimsfahrzeug angeschafft werden muss.¹⁵⁴ Das Gleiche gilt auch für den Fall, dass sich der Geschädigte für eine Teil- oder Billigreparatur entscheidet. Auch wenn der Geschädigte in Eigenregie das Fahrzeug repariert, muss die Mehrwertsteuer bei Vorlage von Rechnungen über die erworbenen Ersatzteile erstattet werden. Sowohl hinsichtlich der Teil- oder Billigreparatur als auch hinsichtlich des Ersatzteilkaufs ist die Mehrwertsteuer angefallen. Die Erstattung ist in beiden Fällen der Höhe nach begrenzt auf die Mehrwertsteuer gemäß Schadensgutachten. Grundsätzlich gilt bei unwirtschaftlicher Reparatur, dass die Mehrwertsteuer nur bis zu der Höhe gefordert werden kann, wie sie bei der wirtschaftlich günstigeren Wiederherstellung angefallen wäre, und zwar unabhängig davon, ob bei dieser Abrechnung auf der Basis des wirtschaftlich günstigeren Weges ebenfalls das Entgelt für die Reparatur oder Ersatzbeschaffung (§ 10 Abs. 1 UStG) oder die Differenz zwischen Händlereinkaufs- und Händlerverkaufspreis (§ 25a UStG) als Bemessungsgrenze der Mehrwertsteuer zugrunde gelegt wird. **108**

---

149 *BGH* VersR 2004, 876 = DAR 2004, 379 = r+s 2004, 303; *LG Osnabrück* DAR 2003, 321; *LG Hildesheim* zfs 2003, 548 = NZV 2004, 146; noch anders *AG Weißwasser* DAR 2003, 468.
150 *BGH* VersR 2006, 987 = r+s 2006, 303 = DAR 2006, 439.
151 *OLG Rostock* DAR 2005, 632.
152 *OLG Köln* r+s 2005, 127; *LG Darmstadt* r+s 2003, 439; *LG Bochum* zfs 2004, 117 = NZV 2004, 298; *LG München I* SVR 2004, 192; *LG Frankenthal* zfs 2004, 17; *AG Brandenburg* DAR 2003, 423 = r+s 2003, 389; *AG Kaiserslautern* DAR 2003, 424; *AG Oldenburg* zfs 2003, 498; *AG Papenburg* DAR 2003, 467; *AG Suhl* DAR 2003, 467; *AG Aachen* NZV 2004, 302; a. A. *AG Tauberbischofsheim* NZV 2004, 302; *AG Waiblingen* NZV 2004, 301.
153 *OLG Köln* VersR 2004, 928 = DAR 2004, 148 = NZV 2004, 297; *KG* NZV 2007, 409 (8 Jahre alt, 200 000 km Laufleistung); *LG Essen* NZV 2004, 300 (12 Jahre alt).
154 *AG Marl* NZV 2009, 144.

109 Wenn sich der Geschädigte entschließt, ein Ersatzfahrzeug zu erwerben, ist gleichwohl gem. § 249 Abs. 2 S. 2 BGB n. F. nur die tatsächlich angefallene Mehrwertsteuer zu erstatten. Dies hängt entscheidend davon ab, ob ein Neufahrzeug gekauft wird oder ein Gebrauchtfahrzeug vom Händler oder schließlich ein Gebrauchtfahrzeug von Privat. Beim Neuwagenkauf wird die Mehrwertsteuer bis zur Höhe der in dem Schadensgutachten ausgewiesenen Mehrwertsteuer erstattet. Soweit im Wiederbeschaffungswert nur die Differenzsteuer enthalten war, ist somit auch nur diese erstattungsfähig.[155] Beim Kauf eines Gebrauchtwagens von Privat fällt keine Mehrwertsteuer an und ist daher grundsätzlich auch nicht erstattungsfähig.[156] Beim Kauf eines gebrauchten Ersatzfahrzeuges vom Händler ist zu unterscheiden, in welcher Höhe in dem Kaufpreis Mehrwertsteuer enthalten ist. Ist das Ersatzfahrzeug nur differenzbesteuert erworben worden, kann auch nur dieser Betrag ersetzt verlangt werden, auch wenn der Wiederbeschaffungswert den vollen Regelsatz enthält.[157]

109a Etwas anderes gilt nur dann, wenn der Geschädigte ein Ersatzfahrzeug erworben und hierbei Aufwendungen getätigt hat, die den vom Sachverständigen ermittelten Brutto-Wiederbeschaffungswert erreichen bzw. übersteigen. In diesem Fall ist gleichgültig, ob in den Aufwendungen für das Ersatzfahrzeug Umsatzsteuer enthalten ist, auch bei einem Erwerb von Privat kann der Geschädigte eine Regulierung nach Brutto-Beträgen verlangen.[158]

109b Diese dargestellten Grundsätze gelten in gleicher Weise auch für Behördenfahrzeuge.[159]

2. Zur Differenzbesteuerung

110 Die Differenzbesteuerung wird bei allen Gebrauchtwaren, mithin auch bei gebrauchten Kraftfahrzeugen angewendet. Erwirbt ein Unternehmer derartige Gebrauchtwagen von einem nicht zum Vorsteuerabzug berechtigten Verkäufer mit der Absicht, diese gewerblich weiter zu veräußern, so kann er anstelle der Regelbesteuerung die Differenz zwischen Einkaufs- und Verkaufspreis nach § 25a UStG der Besteuerung zugrunde legen. Diese sog. Differenz- oder Margenbesteuerung hat den Vorteil, dass Doppelbesteuerung und damit Preisverteuerungen bei der Einschaltung gewerblicher Händler im An- und Verkauf weitestgehend vermieden werden. Nach § 25a Abs. 1 Nr. 2 UStG muss die Lieferung der Gegenstände an den gewerblichen Wiederverkäufer folgende Anforderungen erfüllen:
- Der Gegenstand muss im Inland oder im übrigen Gemeinschaftsgebiet erworben sein, das heißt, der Bezug erfolgt von einem Verkäufer, der innerhalb der Gemeinschaft ansässig ist.
- Der gewerbliche Wiederverkäufer darf für den Erwerb des Gegenstandes nicht zum Abzug der Vorsteuer berechtigt sein. Dieser Umstand liegt dann vor, wenn der Erwerb von einer Privatperson oder von einem steuerbefreiten Unternehmer erfolgt ist, bzw. der Verkäufer selbst als gewerblicher Wiederverkäufer die Differenzbesteuerung seinerseits angewandt hat.

110a Eine gemeinschaftsrechtliche Voraussetzung für die Definition des gebrauchten Fahrzeuges ergibt sich im Umkehrschluss aus der Definition neuer Fahrzeuge in § 1b Abs. 2 UStG. Danach liegt ein Gebrauchtfahrzeug dann vor, wenn das Landfahrzeug mehr als 6 000 km zurückgelegt hat und seine erste Inbetriebnahme im Zeitpunkt des Erwerbs mehr als sechs Monate zurückliegt.

110b Die für den Gebrauchtwagenhandel wichtige Definition ist erforderlich, weil im innergemeinschaftlichen Warenverkehr die Anwendung der Differenzbesteuerung bei Fahrzeugen, die nicht mehr als 6 000 km zurückgelegt haben oder nicht älter als sechs Monate sind, auf der Grundlage einer Sonderregelung ausgeschlossen ist.

---

155 *BGH* VersR 2006, 238 = DAR 2006, 85 = NZV 2006, 190.
156 *LG Marburg* zfs 2005, 18; *AG Berlin-Mitte* r+s 2003, 439.
157 *BGH* VersR 2004, 927 = DAR 2004, 447 = r+s 2004, 305.
158 *BGH* VersR 2005, 994 = DAR 2005, 500 = r+s 2005, 349; ebenso *AG Aachen* DAR 2004, 25–28; *AG Münsingen* DAR 2003, 466; *AG Bielefeld* NZV 2004, 147.
159 *OLG Köln* DAR 2005, 286 = SVR 2005, 346.

Nach § 25a Abs. 1 Nr. 1 UStG können nur gewerbliche Wiederverkäufer von der Differenzbesteuerung Gebrauch machen. Darunter versteht man solche Unternehmer, die im Rahmen ihrer gewerblichen Tätigkeit üblicherweise Gegenstände zum Zwecke des Wiederverkaufes erwerben und sie sodann, gegebenenfalls nach Instandsetzung, wieder veräußern. Der Begriff Wiederverkäufer umfasst des Weiteren die Veranstalter öffentlicher Versteigerungen, die Gegenstände im eigenen Namen (auf eigene oder fremde Rechnung) versteigern. Öffentliche Versteigerer handeln im Sinne des Umsatzsteuerrechts wie Eigenhändler bzw. wie Kommissionäre, wenn sie die Versteigerung auf fremde Rechnung durchführen. 110c

Bei Vorliegen der genannten Voraussetzungen kann der gewerbliche Wiederverkäufer daher abweichend von der Regelbesteuerung als Bemessungsgrundlage anstelle des Verkaufspreises die Differenz zwischen Einkaufspreis und Verkaufspreis abzüglich der in das Fahrzeug zum Zwecke der Weiterveräußerung getätigten Investitionen der Besteuerung zugrunde legen. 110d

3. Vorsteuerabzugsberechtigung

Soweit der Geschädigte von der Gestaltungsmöglichkeit des Vorsteuerabzuges im Sinne von § 15 UStG Gebrauch machen kann, gehört auch im Fall des Totalschadens die gesondert ausgewiesene Mehrwertsteuer nicht zum ausgleichsfähigen Schaden.[160] Eine Benachteiligung des Geschäftsmannes gegenüber Privaten tritt durch dieses Prinzip jedoch nicht ein, da der Unternehmer bei der Anschaffung im wirtschaftlichen Ergebnis die ihm in Rechnung gestellte Mehrwertsteuer von seiner Umsatzsteuerschuld absetzen kann, das heißt, letztlich keine Mehrwertsteuer entrichten muss. Auch insoweit kommt lediglich ein Abzug der Differenzsteuer in Betracht, wenn nur noch diese in dem Wiederbeschaffungswert enthalten ist.[161] Der vorsteuerabzugsberechtigte Geschädigte ist auch nicht durch die Schadensminderungspflicht gehalten, ein regelbesteuertes Ersatzfahrzeug zu erwerben, wenn auf dem Markt gleichwertige Fahrzeuge überwiegend differenzbesteuert angeboten werden.[162] 111

Sofern das beschädigte Fahrzeug zum Betriebsvermögen des vorsteuerabzugsberechtigten Unternehmers gehört, kann Ersatz der Mehrwertsteuer nicht beansprucht werden. Ebenso ist dann allerdings auch die Restwertveräußerung ein umsatzsteuerpflichtiges Geschäft, so dass auch der Restwert nur netto in die Schadenberechnung eingestellt werden kann.[163] Andere Grundsätze gelten indes dann, wenn es sich bei dem Geschädigten oder dem Verkäufer um einen »Kleinunternehmer« im Sinne von § 1 UStG handelt. In diesem Fall besteht die Möglichkeit zum Vorsteuerabzug nur dann, wenn der »Kleinunternehmer« für die Regelbesteuerung optiert hat (§ 19 Abs. 2 UStG). Hat der Kleinunternehmer von der Möglichkeit der Option keinen Gebrauch gemacht, ist er für den Bereich des Schadensersatzrechts – steuerlich gesehen – wie ein Privatmann zu behandeln. Ebenso kann ein Landwirt, der Umsatzsteuer gem. § 24 UStG pauschaliert abführt, die Umsatzsteuer unabhängig davon geltend machen, ob sie bei einer Ersatzbeschaffung angefallen ist.[164] 112

Bei Beschädigung eines Leasingfahrzeugs kann der Fahrzeugschaden auch von dem Leasingnehmer als Nichteigentümer geltend gemacht werden. In diesem Fall kommt es lediglich auf seine Vorsteuerabzugsberechtigung an.[165] Bei einem Ersatzleasing ist auch die auf die Sonderzahlung entrichtete Umsatzsteuer erstattungsfähig.[166] 113

---

160 *BGH* NJW 1972, 1460.
161 *LG Hamburg* DAR 2008, 31.
162 *BGH* VersR 2009, 516 = DAR 2009, 197 = r+s 2009, 83 (bei einem Angebot von regelbesteuerten Fahrzeugen auf dem Markt von ca. 30 %).
163 *OLG Jena* SVR 2010, 340.
164 *OLG Hamm* r+s 2007, 523 = NZV 2007, 360.
165 *OLG Hamm* PVR 2001, 160; r+s 2003, 438; *LG Itzehoe* DAR 2002, 517.
166 *AG Berlin-Mitte* NZV 2004, 301.

114 Die Frage der Vorsteuerabzugsberechtigung betrifft eine Frage des Vorteilsausgleichs, daher ist streng genommen der Schädiger beweisbelastet. Bei Kaufleuten besteht eine – allerdings widerlegbare – Vermutung dahin, dass sie zum Vorsteuerabzug berechtigt sind. Zumindest trifft den Geschädigten eine sekundäre Darlegungslast, die sich bis zu einer Umkehrung der Beweislast verdichten kann.

115 Nicht im Rahmen des Vorteilsausgleichs berücksichtigungsfähig ist hingegen die Einnahme der anfallenden Umsatzsteuer durch den Staat. Wird eine staatliche Gebietskörperschaft geschädigt und fällt bei der Schadensbeseitigung Umsatzsteuer an, die schließlich jedenfalls anteilig auch wieder beim Geschädigten (Bund, Land, Kommune je nach aktuellem Aufteilungsschlüssel) eingeht, bleibt diese spätere Steuereinnahme bei der Schadensberechnung nach der nicht unbestrittenen Rechtsprechung des *BGH* außer Betracht.[167]

E. Besondere Formen der Bewertung

116 Nachfolgend sollen einige Einzelfälle angesprochen werden, in denen der Grundsatz, dass der Geschädigte nur einen Gebrauchtwagen beanspruchen darf, in einigen besonders gelagerten Ausnahmefällen durchbrochen werden kann. Außerdem geht es hier um die Bewertung eines sog. Oldtimers, eines Wagens also, dem bereits ein gewisser Altertumswert zukommt und schließlich um die Fragen, die mit einem »versteckten Rabatt« im Zusammenhang stehen.

I. Neufahrzeug als Handelsware

117 Es bedarf an sich keiner Frage, dass der geschädigte Anspruch auf ein fabrikneues Fahrzeug selbst bei nicht sehr erheblichen Beschädigungen erheben kann, wenn es sich bei dem beschädigten Wagen (noch) nicht um einen Gegenstand des täglichen Gebrauchs, sondern um eine zur erstmaligen Veräußerung bestimmte Handelsware handelt.[168] Diese Meinung gilt indes nur für neue bzw. neuwertige Fahrzeuge; damit ist klargestellt, dass ein Gebrauchtwagenhändler unter Hinweis auf diese Strömung, die ansonsten – d. h. unter normalen Umständen – zumutbare Reparatur nicht ablehnen darf.

117a Ein Neuwagen ist nur dann als fabrikneu zu bezeichnen, wenn er bei der Übergabe an den Käufer noch nicht benutzt worden ist und keine – allenfalls ganz unerheblichen, wenn auch behobenen – Schäden aufweist.[169] Dies bedeutet in der Umkehrung, dass einem Neuwagen dann die zugesicherte Eigenschaft der Fabrikneuheit fehlt, wenn er vor Auslieferung an den Käufer nicht ganz unerhebliche, wenn auch behobene Schäden erlitten hat. Dabei ist es gleichgültig, ob sich der Schaden beim Hersteller, auf dem Transport oder erst beim Händler ereignet hat.[170]

118 Diese Auffassung erscheint insofern etwas zu eng, als sie lediglich das – im Wesentlichen unbestrittene – Recht des Händlers betont. Es wird jedoch recht häufig der Fall eintreten, dass der Weg des Neukaufs über § 254 Abs. 2 BGB vom Schädiger sogar verlangt und als Teil der Schadenminderungspflicht geboten sein kann. Dies soll am nachfolgenden Beispiel des Vorführwagens näher erläutert werden. Es kann nämlich unter Berücksichtigung der Handelsspanne bzw. der Werksrabatte der Fall eintreten, dass der Ersatzpflichtige sich günstiger stellt, wenn er von vornherein die Abrech-

---

167 *BGH* DAR 2005, 19 (m. abl. Anm. *Halm*) = r+s 2005, 125 = zfs 2005, 124; a. A. noch *LG Kaiserslautern* DAR 2004, 275; *AG Rockenhausen* SVR 2004, 35; hierzu auch *Halm* SVR 2004, 41; *Schwab* SVR 2004, 88; *Vehslage* SVR 2004, 325.
168 Vgl. dazu insbes. *BGH* NJW 1961, 1571 = VRS 21, 81; NJW 1965, 1756 = VersR 1965, 901; VersR 1966, 489 = DAR 1966, 99 = VRS 30, 253; *OLG Köln* NJW 1962, 2107 = DAR 1963, 16; *OLG Düsseldorf* VersR 1962, 1111; *OLG Celle* NJW 1962, 396; *OLG Nürnberg* DAR 1963, 268; *OLG Hamburg* MDR 1964, 321; *OLG Oldenburg* DAR 1971, 324; *KG* NJW 1972, 496 = VersR 1972, 201 = DAR 1972, 43; *LG Köln* NJW 1961, 1583; zfs 1981, 299 (Vorführwagen); *LG Aachen* NJW 1978, 273; *H. W. Schmidt* DAR 1965, 2.
169 Vgl. dazu *BGH* NJW 1980, 2127 = BB 1980, 1235 f.
170 Vgl. dazu *OLG Nürnberg* BB 1985, 435.

E. Besondere Formen der Bewertung

nung auf der Basis eines »unechten« (wirtschaftlichen) Totalschadens anstrebt. Dies gilt jedenfalls für den Fall, dass der Herstellungsaufwand (Reparaturkosten zzgl. Minderwert) geringer ist als Werksrabatt bzw. Handelsspanne.

II. Vorführwagen

Eine Unterart des Neufahrzeugs als Handelsware stellt der Fall dar, dass der im Eigentum eines Kfz-Händlers befindliche noch neuwertige Vorführwagen auf einer Probefahrt beschädigt wird. Unter diesen Umständen wird möglicherweise sogar der Schädiger, wenn er alle rechtlichen Konsequenzen sorgfältig bedenkt, unter Hinweis auf die durch § 254 Abs. 2 BGB normierte Schadenminderungspflicht, insbesondere bei geringeren Schäden, besonderen Wert darauf legen, dass das Fahrzeug nicht repariert, sondern im beschädigten Zustande veräußert wird. Dieser Hinweis klingt auf Anhieb etwas paradox und soll daher nachfolgend noch näher erläutert werden.[171] 119

Diese Überlegung wird insbesondere dann deutlich, wenn man einmal von dem geradezu »klassischen« Fall ausgeht, dass es dem Händler gelingt, den nur leicht beschädigten Vorführwagen in unrepariertem Zustande zu einem Preise weiterzuveräußern, der – ohne Berücksichtigung der Mehrwertsteuer – den Einkaufspreis (Einstandspreis) übersteigt. In diesem Zusammenhang ist zu berücksichtigen, dass die von den Herstellerwerken gewährte Handelsspanne – abgestuft nach dem Umsatz – zwischen 16 und 22 % beträgt. Man kann sich sogar den Fall vorstellen, dass der zusätzliche Verkauf gerade dieses einen Vorführwagens den Händler in eine höhere Rabattgruppe bringt, in der ihm eine günstigere Handelsspanne gewährt wird. Die bis zum Verkauf des Fahrzeugs entstandenen Gemeinkosten des Händlers können dabei – etwas verallgemeinert – außer Betracht bleiben, weil er in der Regel dadurch, dass er den Wagen im beschädigten Zustand veräußert, die sonst zu seinen Lasten anfallenden Serviceleistungen für Garantie- und Gewährleistungsansprüche sowie für die im Geschäftsverkehr üblichen Kulanzregelungen erspart.[172] 120

Das Gleiche gilt auch für die sog. »Entwachsungskosten«. Dabei soll selbstverständlich nicht verkannt werden, dass die soeben erwähnten Leistungen Teil der Handelsspanne und demgemäß in ihr enthalten sind. Sofern im Einzelfalle Zweifel auftreten sollten, muss – abweichend von der hier dargelegten »Faustregel« einer Verrechnung »schlicht um schlicht« – jeweils getrennt festgestellt werden, welche Kosten durch die bisherige Vorhaltung des Fahrzeugs entstanden sind und welche Aufwendungen künftig eingespart werden. Ein weiterer Rechnungsposten ist der ebenfalls anrechenbare Vorteil, der sich daraus ergibt, dass der Händler den Vorführwagen bislang in seinem Interesse aus eigenwirtschaftlichen Überlegungen benutzt hat.[173] Diese Kosten können auf der Basis der vom ADAC zusammengestellten Tabellen in der Broschüre »Was kostet der Geschäftswagen?« ermittelt werden. 121

Ein noch in der Hand des Herstellers befindliches Fahrzeug wird auf einer Überführungsfahrt durch einen fremd verursachten Verkehrsunfall nicht unerheblich beschädigt. Das Herstellerwerk weigert sich – zutreffend –, die Instandsetzung durchführen zu lassen und stellt den Wagen im unreparierten Zustande gegen Erstattung des Fabrikabgabepreises dem Schädiger zur Verfügung.[174] Dieser lässt das Fahrzeug auf eigene Kosten reparieren und veräußert es dann zu einem Betrage, der seine eigenen Aufwendungen (Fabrikabgabepreis und Reparaturkosten) selbst nach Gewährung eines angemessenen Minderwerts noch erheblich übersteigt. Hier tritt der paradoxe Fall ein, dass der Schaden dem Schädiger zu einem ansehnlichen Gewinn verhelfen kann. 121a

Es wird sich regelmäßig nicht beweisen lassen, dass der Schaden sich vom Substanzwert hinweg zum Verdienstausfall (§ 252 BGB) hin verlagert hat. Insoweit kann man davon ausgehen, dass der Händ- 122

---

171 Vgl. dazu ergänzend auch *Klimke* VersR 1977, 305; zfs 1977, 466.
172 A. A. wohl *LG Zweibrücken* VersR 1980, 567.
173 Vgl. die Formel des *LG Köln* zfs 1981, 299 (a. E.); – wegen der Besonderheiten des Vorführwagens und der daraus abzuleitenden Bewertungsprobleme.
174 Vgl. dazu *KG* NJW 1972, 201 = VersR 1972, 496 (unter Hinweis auf § 254 Abs. 2 BGB).

ler unter normalen Umständen in der Lage ist, mit dem vorhandenen Bestand seine Aufträge ordnungsgemäß auszuliefern. Dies gilt umso mehr, als er sich normalerweise zum Einkaufspreis jede beliebige Menge von Neufahrzeugen beschaffen kann. Hinzu kommt, dass aus Gründen, die in der Natur der Sache liegen, verschiedene Käuferschichten angesprochen sind. Wer Neufahrzeuge kauft, wird sich im Allgemeinen nicht mit einem unfallbeschädigten Fahrzeug begnügen und dafür den in Aussicht genommenen Neukauf unterlassen. Nur dann würde bekanntlich dem Händler gerade durch die Veräußerung des beschädigten Wagens ein Neugeschäft mit irreparablem Ergebnis entgehen.

III. Oldtimer

123 Bei der Frage, wie der Wert eines Oldtimers im Fall eines Totalschadens anzusetzen ist, ist zunächst streng zwischen Liebhaberwert (Affektionsinteresse) und Liebhaberpreis als besonderer Form des auf dem Liebhabermarkt erzielten Gegenwerts (Marktpreis) zu entscheiden. Es ist folgende Differenzierung vorzunehmen:

123a Von einem gemäß § 253 Abs. 1 BGB unbeachtlichen Affektionsinteresse spricht man dann, wenn lediglich der Geschädigte selbst seiner Sache eine besondere Wertschätzung beimisst und dabei zu einem Preis gelangt, der auf dem Markt dafür nicht erzielt werden kann. Genießt die betreffende Sache hingegen in Liebhaber- oder Sammlerkreisen eine allgemeine Wertschätzung mit der Folge, dass sie – wenn auch in einem eng begrenzten Kreis von Interessenten – gehandelt wird, dann entspricht diese Wertschätzung dem Marktpreis und damit dem Betrage, der für die unter rechtlichen Gesichtspunkten gebotene Ermittlung des der Schadensersatzleistung zugrunde liegenden Wertes maßgeblich ist.

124 Bei Oldtimern handelt es sich in aller Regel um Liebhaberfahrzeuge, die zum Teil bereits »museumsverdächtig« sind. Bei der Bewertung derartiger Fahrzeuge gelangt man nicht zu zutreffenden Ergebnissen, wenn man – wie sonst üblich – vom Anschaffungswert ausgeht und davon die durch den bisherigen Gebrauch eingetretenen Abschreibungen berücksichtigt. Ebenso unzutreffend wäre es, über die meist karge technische Ausstattung und den in aller Regel bescheidenen Komfort den Versuch seiner Gebrauchswertermittlung vorzunehmen.

124a Bei der Bestimmung des Wiederbeschaffungswertes eines Oldtimers wird man sich vielmehr an dem Preis zu orientieren haben, zu dem Oldtimer auf dem Liebhabermarkt gehandelt werden. Dieser kann u. U. ein Vielfaches des Betrages ausmachen, den man bei Anlegung wirtschaftlicher Maßstäbe für ein neuzeitliches Auto mit besserer Ausstattung und größerem Komfort ausgeben müsste.

125 Die Berücksichtigung eines auf dem Liebhabermarkt zu erzielenden Marktpreises bedeutet auch nicht die Berücksichtigung des Affektionsinteresses bei der Bestimmung des Wiederbeschaffungswertes eines Oldtimers.[175] Es handelt sich nämlich um einen echten Marktwert, der seine Eigenschaft nicht dadurch einbüßt, dass der Markt relativ eng begrenzt ist und nur von wenigen »Liebhabern« unter sich beschickt wird. Auch für andere Wirtschaftsgüter existieren nämlich Liebhabermärkte, z. B. für Antiquitäten oder Briefmarken. Auch im Fall der Zerstörung der »Blauen Mauritius« würde niemand auf die Idee kommen, als Schadenersatzbetrag lediglich den Wert des Papiers und des Drucks dieser Briefmarke zuzugestehen, obwohl sie für »Nicht-Liebhaber« lediglich ein Stück falsch bedrucktes Papier darstellt.

IV. Subjektbezogene Formen der Wertbildung

1. Versteckter Rabatt

126 Es kommt in der Praxis der Schadenregulierung zuweilen vor, dass ein geschädigter Anspruchsteller einwendet, der Wiederbeschaffungswert könne im konkreten Fall unter Berücksichtigung seiner besonderen Umstände deswegen nicht Regulierungsgrundlage sein, weil bereits vor dem Unfall ein

---

175 Vgl. dazu *LG Berlin* VersR 1969, 431 = DAR 1969, 130.

E. Besondere Formen der Bewertung Kapitel 11

rechtsgültiger Kaufvertrag über das (später) beschädigte Kraftfahrzeug geschlossen worden sei. In diesem Kaufvertrage, so wird der Geschädigte in aller Regel weiter darlegen, sei für das jetzt total beschädigte Kfz eine höhere Gegenleistung als der objektiv gerechtfertigte und vom technischen Sachverständigen in dieser Höhe festgestellte Wiederbeschaffungswert vereinbart worden. Durch den Unfall sei dem Geschädigten die Möglichkeit genommen, den Kaufvertrag ordnungsgemäß zu erfüllen und damit den im Verhältnis zum angemessenen Wiederbeschaffungswert höheren Kaufpreis zu erzielen. Der Schädiger sei daher aus Rechtsgründen verpflichtet, als Teil des zu erstattenden Schadens auch die Differenz zwischen dem Wiederbeschaffungswert und dem vertraglich vereinbarten Kaufpreis zumindest unter dem Gesichtspunkt entgangenen Gewinns (§ 252 BGB) zu erstatten.[176]

Diese soeben angesprochene Differenz, die in der Rechtsprechung zuweilen auch als »subjektiver Mehrwert« bezeichnet wird, ist vom Schädiger zu ersetzen. Insoweit hat der *BGH*[177] ausgeführt, dass zu dem zu ersetzenden Schaden gem. § 252 BGB auch der nach dem gewünschten Verlauf der Dinge zu erwartende Gewinn gehöre. Die Durchsetzung des Schadensersatzanspruchs scheitert nach der Auffassung des *BGH*[178] auch nicht an § 254 BGB. Ein Verstoß gegen die Schadenminderungspflicht liege nicht schon darin, dass das Fahrzeug nach dem Verkauf und der Vereinbarung eines günstigen Preises vom bisherigen Eigentümer noch weiter benutzt worden sei. Ein derartiges Verhalten sei nicht ungewöhnlich, sondern sogar üblich. Der Ersatz des entgangenen Gewinnes kann also nicht mit dem Argument verweigert werden, der Geschädigte habe sich diesen selbst zuzuschreiben, weil er das bereits verkaufte Fahrzeug weiterbenutzt habe. 127

Dieser Auffassung ist grundsätzlich zuzustimmen. In der Praxis liegt allerdings die besondere Problematik nicht in der Beurteilung der soeben erörterten Rechtsfrage, sondern darin, dass geschädigte Anspruchsteller häufiger den Versuch unternehmen, mit Gefälligkeitsbescheinigungen von befreundeter Seite nach dem Unfall einen über den Wiederbeschaffungswert hinausgehenden Erlös durchzusetzen. Gegen derartige Erklärungen insbesondere von Privatpersonen, die möglicherweise dem Anspruchsteller auch noch nahe stehen, ist somit besondere Skepsis geboten.[179] 127a

Hinzukommen noch einige weitere Gesichtspunkte, die in der Praxis der Schadenregulierung sehr häufig übersehen werden: Falls der Gläubiger sich zu seinen Gunsten auf einen bereits vorher vertraglich vereinbarten Festpreis beruft, dann sind im Fall offensichtlicher Reparaturunwürdigkeit die Kosten für das Gutachten eines Kfz-Sachverständigen nicht erstattungsfähig, da aus Gründen, die in der Natur der Sache liegen, seine Feststellungen keine neuen Erkenntnisse vermitteln konnten. Der Wiederbeschaffungswert steht nämlich unumstößlich fest, während die (gedachten) Reparaturkosten durch einen Voranschlag der Werkstatt nachgewiesen werden können, falls es dessen mit Rücksicht auf die unterstellte offenbare Reparaturunwürdigkeit überhaupt noch ankommt. 128

Hinsichtlich einer beabsichtigten Inzahlunggabe des beschädigten Fahrzeugs bei Erwerb eines Neufahrzeugs ist auch zu berücksichtigen, dass es jeder Fahrzeughändler als eine zwar unvermeidliche, aber dennoch für ihn unangenehme Belastung empfindet, wenn er bei der Lieferung eines fabrikneuen Fahrzeuges einen Gebrauchtwagen in Zahlung nehmen muss. Er ist infolgedessen geneigt, in den Fällen, in denen sich diese Notwendigkeit ausnahmsweise einmal nicht ergibt, dem Kunden auf andere Weise entgegenzukommen. Es tritt also oftmals bei derartigen Fallkonstellationen für den Geschädigten ein Vorteil ein, wenn er nach unfallbedingt eingetretenem Totalschaden an seinem Gebrauchtfahrzeug dies nun nicht mehr dem Kraftfahrzeughändler, bei dem er sein Neufahrzeug bestellt hat, in Zahlung geben kann. Dieser wird oftmals auch im Nachhinein noch bereit sein, seinem 129

---

176 Vgl. dazu insbes. *BGH* NJW 1982, 1748 = VersR 1982, 597 = DAR 1982, 271; *OLG Bremen* VersR 1969, 333; *OLG Stuttgart* NJW 1967, 252, 254 = VersR 1967, 363 (L); VersR 1973, 737; VersR 1980, 363 = zfs 1980, 17; *OLG Köln* NVZ 1994, 24.
177 Vgl. dazu *BGH* NJW 1982, 1748 = VersR 1982, 597 = DAR 1982, 271.
178 *BGH* a. a. O.; *LG Nürnberg-Fürth* VersR 1978, 383.
179 Vgl. dazu insbes. *KG* VersR 1976, 762; zfs 1984, 228; *OLG Karlsruhe* VersR 1980, 74 = zfs 1980, 84.

Kunden einen Zusatzvorteil zu gewähren, der dann dem entgangenen Gewinn gegenzurechnen wäre. Aus dieser Betrachtungsweise ergibt sich, dass der zunächst festgestellte Nachteil durch den gleichzeitig und aus demselben Anlass erwachsenen Vorteil nicht nur ausgeglichen, sondern möglicherweise sogar übertroffen wurde.[180]

2. Andere Vorteile

130 Ist der Geschädigte Kfz-Händler und kann er daher sein Fahrzeug billiger – nämlich zum Einstandspreis – beziehen, dann muss er diesen Vorteil an den Schädiger mit der Folge weitergeben, dass der für die Abrechnung auf Totalschadenbasis maßgebliche Wiederbeschaffungswert mit dem Einstandspreis (Einkaufspreis) identisch ist.[181] Das Gleiche gilt für Betriebsangehörige von Herstellerwerken der Automobilindustrie bezüglich der ihnen zustehenden »Jahreswagen«.[182] Auch insoweit ist der Wiederbeschaffungswert lediglich nach dem Selbstkostenpreis zu bemessen, da der Ankauf eines neuen Fahrzeugs, auch soweit er durch einen Werkrabatt begünstigt wird, als adäquate Folge des zum Ersatz verpflichtenden Ereignisses gilt.[183]

131 Eine andere Betrachtung kann bei Werksangehörigen indes dann gerechtfertigt sein, wenn ihnen dadurch ein echter Nachteil erwächst, dass sie beispielsweise im Unfallzeitpunkt noch keinen »Jahreswagen« beanspruchen können und daher auf ein »reguläres« Fahrzeug ausweichen müssen. Ähnliche Überlegungen werden dann anzustellen sein, wenn die »Jahreswagen« stets nach einjähriger Benutzung in etwa zu einem Preis veräußert worden wären, der dem eigenen Anschaffungswert entspricht, und wenn dieser »Rhythmus« durch das Schadenereignis durchbrochen wird.

132 Es wird also für die Schadenbemessung insoweit sehr entscheidend darauf ankommen, ob der Betriebsangehörige mit Rücksicht auf den Unfall – also gewissermaßen »außerplanmäßig« – einen weiteren »Jahreswagen« erhält. In diesem Fall kann für die Bemessung des Wiederbeschaffungswerts lediglich vom eigenen Anschaffungspreis ausgegangen werden. Besteht demgegenüber keine Möglichkeit, »außerplanmäßig« einen weiteren »Jahreswagen« zu erhalten, dann ist vom regulären Preis auszugehen, weil in diesem Fall der bei der Weiterveräußerung des »Jahreswagens« erzielte Gewinn dem Geschädigten entgeht.

133 Erleidet der Arbeitnehmer einer Automobilfirma mit einem sog. Jahreswagen einen Totalschaden und muss er den geldwerten Vorteil nachversteuern und die entsprechenden Sozialversicherungsbeiträge auch entrichten, ist ihm dieser Schaden nach Auffassung des *LG Braunschweig*[184] vom Schädiger zu ersetzen. Das *LG Braunschweig* stützt seine Auffassung darauf, dass im Zeitpunkt des Eintritts des Totalschadens die Jahresfrist noch nicht abgelaufen war und der Totalschaden mit dem Zeitpunkt der (vorzeitigen) Veräußerung des Jahreswagens mit der Rechtsfolge gleichzusetzen ist, dass eine Nachversteuerung bzw. Nachentrichtung an Beiträgen zu erfolgen hat.

3. Persönliche Gründe

134 Unbeachtlich sind demgegenüber andere subjektive, Wert bildende Faktoren, wenn sie ihre Relevanz allein aus persönlichen Bindungen beziehen. Für den Fall, dass der Geschädigte sein Kraftfahrzeug dank besonderer persönlicher Geschicklichkeit und Verhandlungstaktik außerordentlich günstig er-

---

180 Vgl. dazu *LG Freiburg* VersR 1982, 455; – ebenso: *Klimke* VersR 1969, 692 f.
181 Vgl. dazu BGHZ 10, 107 = VersR 1953, 320; 1975, 172; *OLG München* VersR 1975, 916; *OLG Celle* Sp 1995, 38.
182 Vgl. dazu *BGH* VersR 1975, 127 (für den Fall des Kaskoschadens, sofern die Neuwertvergünstigung nach § 13 Abs. 2 AKB in Anspruch genommen wird); *LG Köln* VersR 1980, 230; *Mittelmeier* VersR 1977, 1076; – a. A. *OLG Celle* VersR 1993, 624 = SP 1993, 217 f.; *LG Baden-Baden* VersR 1980, 35 = zfs 1980, 91; *OLG Braunschweig* DAR 1988, 167.
183 Vgl. dazu *OLG München* NJW 1975, 170; *OLG Karlsruhe* zfs 1990, 106; *OLG München* zfs 1990, 230; *OLG Karlsruhe* DAR 1989, 106; *Sanden/Völtz* Rn. 64.
184 Vgl. dazu *LG Braunschweig* DAR 1988, 167.

worben hat, ist er nicht verpflichtet, diesen Vorteil im Fall eines Totalschadens an »seinen« Schädiger weiterzugeben. Dies bedeutet, dass der Ersatzpflichtige sich auf den – besonders günstigen – Einkaufspreis eines derartigen Fahrzeugs nicht berufen kann, sondern den objektiv erzielbaren Wiederbeschaffungswert zu erstatten hat, der u. U. im Zeitpunkt des Schadens sogar höher liegen kann als der tatsächlich einmal gezahlte Anschaffungspreis.

Das Gleiche gilt für den Fall, dass der Geschädigte den Wagen mit Rücksicht auf seine persönlichen Bindungen zu einem nahen Angehörigen, Freund oder Arbeitgeber – ausgenommen hier wiederum unter besonderen Voraussetzungen der sog. »Jahreswagen« – besonders günstig erworben hat. Insoweit gilt analog der Grundsatz von der Unbeachtlichkeit freiwilliger Drittleistungen. Das Gleiche gilt, wenn der Geschädigte das Kraftfahrzeug ohne Gegenleistung erhalten (beispielsweise es in der Lotterie gewonnen, geerbt oder geschenkt bekommen) hat. Niemand würde ernsthaft auf den Gedanken kommen, dass in diesem Fall der Wiederbeschaffungswert mit Null anzusetzen ist und zu behaupten, dass durch den Unfall kein Schaden entstanden sei. 135

Selbstverständlich ist es – umgekehrt – ebenso unbeachtlich, wenn der Gläubiger behauptet, beim Ankauf des Fahrzeugs übervorteilt[185] worden zu sein oder wenn er sich zu Investitionen entschlossen hat, die in keinem vertretbaren Verhältnis zum Wert des Kfz standen. Diese Aspekte fallen nicht in die Verantwortungs- und Zurechnungssphäre des Schädigers, sodass der Ersatzpflichtige auch in diesen Fällen lediglich den nach objektiven Kriterien zu ermittelnden Wiederbeschaffungswert zu erstatten hat. 136

Die daran anschließende Frage nach dem bei der Verwertung des Restfahrzeuges erzielbaren Erlös (Restwert) ist ein Aspekt, zu dem der technische Kfz-Sachverständige aus seiner Sicht im Regelfall ohnehin nur theoretisch Stellung nehmen kann, weil es insoweit allein auf das Wechselspiel zwischen Angebot und Nachfrage auf dem Markt ankommt. 137

Zu berücksichtigen ist ferner, dass in allen Fällen, in denen der Geschädigte behauptet, er habe das – später total beschädigte – Kraftfahrzeug bereits vor dem Unfall rechtsverbindlich veräußert oder in Zahlung gegeben, Mehrwertsteuer auf den in dieser Weise »festgeschriebenen« Wiederbeschaffungswert auch dann nicht ersetzt verlangt werden kann, falls eine Möglichkeit zum Vorsteuerabzug für ihn nicht besteht. Der Grund für diese Betrachtung liegt darin, dass der Geschädigte auf diese Weise zugleich deutlich gemacht hat, dass die Mehrwertsteuer ohne Rücksicht auf das konkrete Schadenereignis in absehbarer Zeit ohnehin, und zwar zu seinen Lasten angefallen wäre. Sie ist also durch den betreffenden Unfall, der den Veräußerungszeitpunkt nur etwas vorverlegt hat, nicht ursächlich ausgelöst worden. 138

Das Gleiche gilt übrigens auch für die Kosten der Ummeldung – Abmeldung des beschädigten Kfz und Neuzulassung des Ersatzwagens –, wie für alle im Zusammenhang mit der Ersatzbeschaffung entstehenden Nebenkosten überhaupt, weil auch diese Aufwendungen nach der bereits vorgezeichneten Entwicklung auf den Geschädigten ohnehin unfallunabhängig zugekommen wären. 139

Wird aus den Umständen überdies deutlich, dass bereits vor dem Unfall im Zusammenhang mit der Veräußerung des später total beschädigten Kfz ein verbindlicher Liefertermin (Zeitpunkt für die Übergabe an den Käufer) vereinbart worden ist, der vor dem Ende der Reparaturzeit oder der Wiederbeschaffungsfrist liegt, dann hat der Ersatzpflichtige den Ausfallschaden (beispielsweise Mietwagenkosten, Nutzungsausfallentschädigung oder Verdienstausfall), soweit er als Sachfolgeschaden auf dem Totalschaden beruht, nur bis zum Tage der vereinbarten Lieferung an den Dritten zu ersetzen. Der Grund für diese Betrachtungsweise besteht darin, dass der Geschädigte nach seinem eigenen Sachvortrag die Gebrauchsvorteile seines Kfz unfallunabhängig ohnehin nur noch hätte bis zum Liefertermin in Anspruch nehmen können. Wäre die Übergabe des verkauften Kfz beispielsweise für den Tag nach dem Unfall vorgesehen gewesen, so hätte der Ersatzpflichtige Mietwagenkosten unabhän- 140

---

185 *OLG Celle* VersR 1974, 1132.

gig von der wirklichen Reparaturdauer oder Wiederbeschaffungsfrist lediglich für einen Tag zu erstatten.

141 Selten diskutiert wird die Frage, ob der Dritte (Käufer) auf vertraglicher Grundlage vom Geschädigten unter dem Gesichtspunkt des Verzuges einen ihm seinerseits entstandenen Ausfallschaden ersetzt verlangen kann. Indes werden die Voraussetzungen des Verzuges, insbesondere Verschuldens regelmäßig nicht vorliegen. Auch direkte Ansprüche zwischen dem Käufer und dem Ersatzpflichtigen scheiden aus, weil es an einem Rechtsverhältnis oder einer rechtlichen Sonderbeziehung für diese Person fehlt. Hinzu kommt, dass der Geschädigte auch nicht berechtigt ist, für seinen Vertragspartner – den Käufer – Ersatzansprüche im eigenen Namen geltend zu machen, da ihm insoweit die Aktivlegitimation fehlt. Er kann sich dabei weder auf das Rechtsinstitut der Drittschadensliquidation noch gar auf gewillkürte Prozessstandschaft berufen.

F. Ersatzbeschaffung

I. Grundsätze

1. Anspruch auf Gebrauchtwagen

142 Grundsätzlich kann der Ersatzberechtigte im Fall eines Totalschadens nur einen Gebrauchtwagen beanspruchen. Dies gilt auch für den Geschädigten, der das Kfz beruflich benötigt,[186] sofern keiner der unter Rdn. 10–34 dargestellten Ausnahmefälle vorliegt. Dies gilt sowohl für die Bemessung des Anschaffungspreises als auch bezüglich des (mittelbaren) Sachfolgeschadens, der während etwaiger Lieferfristen entsteht.[187] Selbstverständlich steht es im freien Ermessen jedes Geschädigten, in welcher Weise er über die ihm zugewendete Ersatzleistung verfügt. Er braucht ihn durchaus nicht zweckgebunden »anzulegen«. Das bedeutet, dass er sich im Fall eines Totalschadens selbstverständlich nach seinem Belieben auch für ein Neufahrzeug entscheiden kann. Er muss dann jedoch die mit dieser Form der Ersatzbeschaffung verbundenen Mehrkosten – wie höheren Kaufpreis, längere Wiederbeschaffungsfrist, Überführungskosten usw. – selbst tragen.[188]

2. Anspruch auf fabrikneues Fahrzeug

143 Nur in ganz seltenen Ausnahmefällen wird der Geschädigte zulasten des Ersatzpflichtigen ein fabrikneues Fahrzeug beanspruchen dürfen. Auch in diesen Fällen muss er sich stets anspruchsmindernd den Vorteil anrechnen lassen, den er aus der Benutzung des beschädigten Fahrzeugs bis zum Unfallzeitpunkt gezogen hat.[189]

144 Ein neues Fahrzeug wird als Gegenstand der Ersatzleistung insbesondere dann in Betracht kommen, wenn der beschädigte Wagen im Unfallzeitpunkt nicht als Gebrauchsgegenstand, sondern als Handelsobjekt diente. Das Gleiche gilt – hier sogar obligatorisch mit Rücksicht auf die Schadenminderungspflicht – für Vorführwagen und jeweils dann, wenn das beschädigte Fahrzeug noch als neuwertig zu bezeichnen war,[190] sodass mit Rücksicht auf die besondere Interessenlage des Geschädigten von einem »unechten« Totalschaden ausgegangen werden muss. Es muss sich außerdem um besonders schwere Schäden handeln, die einen erheblichen Eingriff in das bis dahin integere Gefüge des Kraftfahrzeugs darstellen und eine Weiterbenutzung des reparierten Wagens als unzumutbar erscheinen lassen. Davon wird beim Stande der heutigen Reparaturtechnik nur in ganz seltenen Ausnahme-

---

186 Unzutreffend u. z. T. überholt *OLG Hamburg* VersR 1960, 450 u. 719; *OLG Celle* NJW 1962, 396 = VersR 1962, 1187; *LG Düsseldorf* NJW 1959, 1226 = VersR 1959, 964.
187 Vgl. dazu beispielsw. *OLG Celle* VersR 1963, 49; *KG* VersR 1971, 256; *LG München I* VersR 1965, 145; Krumme/*Steffen* § 11 StVG Rn. 16.
188 Vgl. dazu *BGH* VersR 1966, 830; *OLG Nürnberg* DAR 1963, 268; *OLG Hamburg* VersR 1964, 1175 = *LG München I* VersR 1965, 145; *LG Hannover* VersR 1968, 101; a. A. *LG Nürnberg-Fürth* VersR 1988, 252 (das meint, dem Geschädigten stehe ein freies Wahlrecht zu).
189 Vgl. dazu *KG* OLGR 1972, 404 = DAR 1972, 327.
190 Vgl. *OLG Bremen* VersR 1978, 236 (nicht unbedenklich, da nur auf das Alter abgestellt wird).

F. Ersatzbeschaffung

fällen auszugehen sein. Dabei bleibt der Grundsatz festzuhalten, dass allein Prestigegründe oder persönliche Vorurteile des Geschädigten nicht die mit der Ablehnung einer Reparatur und der Anschaffung eines neuen Ersatzfahrzeugs verbundenen höheren Kosten rechtfertigen.[191]

II. Vorgezogene Ersatzbeschaffung

1. Vertragliche Bindung vor dem Unfall

Hatte der Geschädigte bereits vor dem Unfall durch rechtsgültigen Vertrag ein fabrikneues Kraftfahrzeug gekauft und hält die Lieferfrist sich in einem vertretbaren Rahmen,[192] so ist der Schädiger verpflichtet, bis zum Tage der Lieferung des Neufahrzeugs den mittelbaren Sachfolgeschaden (Mietwagenkosten, entgangene Gebrauchsvorteile bzw. entgangenen Gewinn) zu ersetzen.[193] Wenn der Gläubiger bereits vor dem Unfall ein Neufahrzeug bestellt hatte und demgemäß vertraglich zu seiner Abnahme auch nach dem Unfall verpflichtet bleibt, kann der Ersatzberechtigte nicht auf einen Gebrauchtwagen verwiesen werden. Es ist jedoch im Einzelfall sorgfältig zu prüfen, ob nicht die Beschaffung eines sog. Interimfahrzeugs zu empfehlen ist, wenn die Lieferfrist für das Neufahrzeug mehrere Wochen dauert und ein vorzeitiger Abruf des Wagens nicht möglich ist.

145

2. Folgen für den Gläubiger

Für den Fall, dass der Geschädigte bereits vor dem Unfall ein Neufahrzeug bestellt haben sollte, hat er selbstverständlich keinen Anspruch darauf, dass der Schädiger ihm im Fall eines Totalschadens die – sonst ausgleichsfähigen – Kosten für die Ummeldung sowie sonstige Nebenkosten überhaupt erstattet. Diese Aufwendungen stellen sich nicht als adäquate Folge des zum Ersatz verpflichteten Ereignisses dar, sondern sie beruhen auf dem unfallunabhängigen, freiwilligen Entschluss des Gläubigers, sich auf jeden Fall ein Neufahrzeug anzuschaffen.

146

Auch die bei der Ersatzbeschaffung anfallende Mehrwertsteuer ist dem Gläubiger selbst dann nicht zu erstatten, wenn er von der Gestaltungsmöglichkeit des Vorsteuerabzugs nach § 15 UStG keinen Gebrauch machen kann. Dies gilt auch bezüglich des Anteils, der dem Wiederbeschaffungswert des total beschädigten Fahrzeugs entspricht. Der Grund für diese Betrachtung liegt darin, dass sich auch die Mehrwertsteuer nicht als adäquate Folge des Unfalls darstellt, sondern auch ohne das zum Ersatz verpflichtende Ereignis aus Anlass der ohnehin in Aussicht genommenen Ersatzbeschaffung in gleicher Höhe angefallen wäre.

146a

Unter Umständen wird der Schädiger auch nicht verpflichtet sein, Kosten für ein Sachverständigengutachten zu erstatten. Dies gilt jedenfalls dann, wenn offenkundig Totalschaden vorliegt und der Gläubiger vom Ersatzpflichtigen denjenigen Betrag erstattet verlangt, der ihm im Fall der bereits vereinbarten Inzahlungnahme vom Händler vertraglich zugesichert worden ist. Allein für die Feststellung des Restwerts bedarf es nicht der Einschaltung eines Sachverständigen, da es insoweit nicht auf

147

---

191 Vgl. dazu *BGH* VersR 1966, 489; *OLG Hamm* NJW 1968, 993 = VersR 1968, 675 (Neuwertigkeit bei einem Pkw mit einer Laufleistung von über 2 000 km verneint); *OLG Düsseldorf* VersR 1970, 42; *OLG Köln* VersR 1970, 334 (Zumutbarkeit der Reparatur bei einem 5 Monate alten Kfz m. 8 800 km Laufleistung u. ca. 2 800 DM Reparaturkosten bei einwandfrei möglicher Wiederherstellung bejaht); *OLG Stuttgart* VersR 1970, 631 (das die Auffassung des *OLG Hamm* VersR 1964, 1174 ablehnt, nach der der Gläubiger stets einen Neuwagen beanspruchen kann); *KG* VersR 1973, 1070 = DAR 1973, 43 (das die Reparatur eines 5 Monate alten Kfz mit einer Fahrleistung von 8 600 km auch dann für zumutbar hält, wenn es sich um einen »Langzeit- und Dauerleistungswagen« – im konkreten Fall: Volvo – handelt).
192 Vgl. dazu *OLG Oldenburg* VRS 33, 83; *OLG München* VersR 1964, 442; VersR 1976, 1145 – DAR 1976, 156, 158; *OLG Hamm* NJW 1964, 406; *KG* VersR 1971, 256.
193 Vgl. dazu *OLG Hamm* VersR 1962, 1017 (dem diese Auffassung allerdings nur im Wege des Umkehrschlusses entnommen werden kann); *OLG Bremen* VersR 1969, 333; *OLG Celle* VersR 1974, 1032; *OLG München* VersR 1976, 1145 = DAR 1976, 156; *KG* VRS 54, 241 f. – a.A. *OLG Nürnberg* VersR 1976, 373 (L); *LG Augsburg* VersR 1972, 963.

rechnerische Daten, sondern ausschließlich auf den Erlös ankommt, der sich unter Berücksichtigung des Wechselspiels zwischen Angebot und Nachfrage auf dem liberalisierten Markt erzielen lässt.[194]

3. Interimsfahrzeug

148 Wenn zwischen dem Unfallzeitpunkt und dem Tage der Ersatzbeschaffung ein längerer Zeitraum liegt, dann ist mit Rücksicht auf die durch § 254 Abs. 2 BGB normierte Schadenminderungspflicht im Einzelfall sorgfältig zu prüfen, ob die Anschaffung eines sog. Interimsfahrzeugs geeignet ist, den dann in ungewöhnlicher Höhe drohenden Sachfolgeschaden in zumutbarer Weise gering zu halten.[195]

149 Nach der Auffassung des *OLG Frankfurt*[196] soll sogar der »ausgesprochene Vielfahrer« verpflichtet sein, von der ansonsten sachgerechten Ersatzanmietung abzusehen und stattdessen im Interesse der Schadenminderung auf ein Interimsfahrzeug zurückzugreifen. Dieser Standpunkt erscheint nicht unbedenklich, wie bereits an anderer Stelle dargelegt worden ist.[197]

G. Nebenkosten

150 Soweit es sich um die Erstattungsfähigkeit von Nebenkosten handelt, ist jeweils streng zu differenzieren, ob sie als besondere Auslagen im Zusammenhang mit der Ersatzbeschaffung – also als (mittelbarer) Sachfolgeschaden – angefallen sind oder ob es sich um einen unmittelbaren Schaden handelt, der unter dem Gesichtspunkt der Eigentumsverletzung auf dem durch Substanzverzehr eingetretenen Wertverlust beruht. Der Grund für diese Differenzierung besteht darin, dass der unter dem Gesichtspunkt der Eigentumsverletzung zu erstattende Substanzwert nicht doppelt berücksichtigt werden darf. Dies wäre jedoch der Fall, wenn neben dem – richtig berechneten – Wiederbeschaffungswert zusätzlich noch einmal Kosten erstattet würden, die bereits im Wiederbeschaffungswert enthalten sind. Nur der unmittelbare Sachschaden kann als Wertersatzforderung im Sinne von § 249 BGB bzw. als Schadenersatz in Geld im Sinne von § 251 BGB ausgedrückt und auf dieser Grundlage im Zusammenhang mit den Folgen der Eigentumsverletzung ggf. auch »abstrakt« abgerechnet werden, während die sonstigen Nebenkosten, soweit sie dem mittelbaren Schaden (Sachfolgeschaden) zuzurechnen ist, nur dann erstattungsfähig ist, wenn sie in Form eines konkreten Aufwands tatsächlich entstanden sind und der Gläubiger (Geschädigte) sich diesem Aufwand ohne Verletzung der durch § 254 Abs. 2 BGB normierten Schadenminderungspflicht vorwurfsfrei unterziehen durfte.[198]

I. Abmeldekosten

151 Unverzüglich, sobald der Totalschaden feststeht, ist das beschädigte Kfz im Hinblick auf die Schadenminderungspflicht bei der zuständigen Zulassungsstelle gegen Rückgabe des Kfz-Scheines (nicht: des Kfz-Briefes) und Entstempelung der amtlichen Kennzeichen abzumelden. Diese Kosten lassen sich anhand der amtlichen Gebührenordnung leicht ermitteln und durch entsprechende Quittungen der Zulassungsstelle konkret belegen.

---

194 Vgl. dazu auch *Klimke* VersR 1973, 474 (476 1. Sp.).
195 *OLG Hamm* r+s 1991, 266; *OLG Oldenburg* VersR 1982, 1154 = zfs 1983, 43.; Himmelreich/Halm/*Grabenhorst*, Kp. 5, Rn. 11, 27, 79.
196 Vgl. dazu *OLG Frankfurt* VersR 1980, 432; – ebenso – wenn auch offenbar als obiter dictum – wohl *BGH* NJW 1982, 1518 = VersR 1982, 548 = zfs 1982, 238.
197 Vgl. *OLG Frankfurt* VersR 1982, 859 (Interimsfahrzeug für Urlaubsfahrt).
198 Vgl. dazu insbes. *AG Hersbruck* VersR 1980, 780; *Kötz* VGT 1978, 193, 214 – so ausdrücklich unter Hinweis auf die Sonderregelung beim mittelbaren Schaden: *OLG Karlsruhe* VersR 1979, 384; – a. A. *OLG Frankfurt* VersR 1974, 497.

II. Neuzulassung des Ersatzwagens

Insoweit gelten ähnliche Grundsätze, wie für die Abmeldung des beschädigten Kfz. Die Kosten der Neuzulassung sind indes lediglich dann zu erstatten, wenn anstelle des total beschädigten Kfz tatsächlich ein anderes Fahrzeug amtlich zugelassen wird, wobei es – sowohl dem Grunde als auch der Höhe nach – gleichgültig ist, ob es sich dabei um einen Neuwagen oder um ein Gebrauchtfahrzeug handelt. Verzichtet demgegenüber der Geschädigte – gleichgültig, aus welchen Gründen auch immer – auf die in sein freies Ermessen gestellte Ersatzbeschaffung, so sind die gedachten Kosten der Neuzulassung auch unter dem Gesichtspunkt des »normativen« Schadens nicht ausgleichsfähig, da es sich insoweit um einen mittelbaren Schaden handelt.[199]

152

Auch diese Kosten sind vom Geschädigten also konkret zu belegen.[200] Häufig werden in der Praxis der Schadenregulierung die Ummeldekosten pauschal bemessen und gefühlsmäßig bei Weitem zu hoch eingeschätzt. Für eine derartige Schätzung besteht keine Veranlassung, da die entsprechenden Belege der Zulassungsstelle den für die Ummeldung aufgewendeten Betrag ohne besondere Schwierigkeiten exakt ausweisen. Beweispflichtig ist insoweit der Geschädigte, der nicht nur den Anspruchsgrund, sondern auch dessen Höhe nach den Grundsätzen der konkreten Schadenberechnung ordnungsgemäß darzulegen hat.

153

Wenn der Geschädigte die Ersatzbeschaffung und somit den Anfall von Ummeldekosten belegt hat, ist grundsätzlich § 287 ZPO anwendbar, welches eines Schadensschätzung erlaubt. Insoweit sind die zugesprochenen (und z. T. von den Versicherungen akzeptierten) Pauschalen meist sehr großzügig, die tatsächlich von den Gemeinden verlangten Gebühren oft deutlich geringer. Die von anderen Gerichten zugesprochenen Pauschalen[201] für Abmeldung und Neuanmeldung eines Kfz nach einem Totalschaden können jedenfalls dann nicht Grundlage für die Schadensregulierung sein, wenn der Schädiger (bzw. seine Versicherung) nachweist, dass die tatsächlich anfallenden Gebühren niedriger sind. Die tatsächlich anfallenden Gebühren lassen sich heutzutage meist bereits im Internet recherchieren. Klar ist zudem, dass solche Nebenkosten nur dann erstattungsfähig sind, wenn überhaupt ein wirtschaftlicher Totalschaden vorliegt. Entscheidet sich der Geschädigte trotz Vorliegen eines eindeutigen Reparaturschadens zu einer Ersatzbeschaffung, sind insoweit entstandene Ummeldekosten nicht erstattungsfähig.[202]

154

III. Amtliche Kennzeichen

Die amtlichen Kennzeichen gehören als integrierender Bestandteil zum beschädigten Fahrzeug, mit dem sie fest verbunden sind; sie sind infolgedessen im Wiederbeschaffungswert bereits enthalten. Die technischen Kfz-Sachverständigen gehen dabei von der »Faustregel« aus, dass der Wiederbeschaffungswert alle Fahrzeugteile erfasst, die mit dem Kfz fest verbunden – d. h. verschraubt oder verschweißt – sind.

155

Da die amtlichen Kennzeichen zum Fahrzeug gehören, wird der Geschädigte, der bei der Ersatzbeschaffung – im Regelfall – auf einen Gebrauchtwagen zurückgreift, diese ohne besondere Mehrkosten zusammen mit dem Fahrzeug erwerben und die Kennzeichen für die anschließende Wiederzulassung verwenden können. Es entstehen insoweit auch keine Schwierigkeiten beim Straßenverkehrsamt (Zulassungsstelle für Kraftfahrzeuge), das diese Kennzeichen ohne Weiteres dem Geschädigten zuteilt, es sei denn, das Ersatzfahrzeug wäre zuvor in einem anderen Ort zugelassen gewesen.

156

---

199 Vgl. dazu insbes. *KG* DAR 2004, 352 = NZV 2004, 470; DAR 2007, 587; *AG Hersbruck* VersR 1980, 730 = zfs 1980, 303; *AG Nürnberg* VersR 1981, 586.
200 Vgl. dazu *OLG Karlsruhe* zfs 1989, 51 = VRS 75, 403; *LG Stade* NZV 2004, 254; *AG Köln* zfs 1984, 39; *AG Nürnberg* zfs 1988, 277; Himmelreich/Halm/*Richter* Kap. 4 Rn. 602.
201 Vgl. dazu *OLG Hamburg* VersR 1986, 770 (70 DM); *OLG Naumburg* VersR 1998, 780 = DAR 1998, 18 (140 DM); *OLG Düsseldorf* NZV 2006, 415 (75 Euro); *LG Freiburg* VM 1999, 17 (80 Euro); *AG Kaiserslautern* DAR 2003, 424 (75 Euro).
202 *LG Koblenz* SVR 2011, 152.

Eine besondere »Sperrfrist« gibt es insoweit entgegen weitverbreiteter Auffassung – eine Ausnahme gilt lediglich für den Fall, dass eines der mit der amtlichen Plakette versehenen Kennzeichen verloren gegangen und nicht wieder gefunden worden ist – nicht. Dabei ist zu berücksichtigen, dass die vom Handel oder von Privatpersonen angebotenen Gebrauchtwagen entweder noch zugelassen sind, sodass eine Umschreibung ohne Weiteres erfolgen kann, oder jedenfalls nur vorübergehend abgemeldet wurden. Lediglich für Fahrzeuge, die – unter Einbeziehung des Kfz-Briefes – bei der Zulassungsstelle endgültig abgemeldet worden sind, kann das etwa noch am Fahrzeug befindliche amtliche Kennzeichen dem Antragsteller nicht ohne Weiteres zugeteilt werden, da insoweit eine Bearbeitungsfrist von etwa 6 Wochen beim Kraftfahrtbundesamt in Flensburg abgewartet werden muss. Diese Bearbeitungsfrist ist erforderlich, weil der Computer in Flensburg ansonsten eine »doppelte« Ausgabe des betreffenden Kennzeichens signalisiert.

IV. Stempel und Prüfplaketten

157 Die Kosten für die amtlichen Stempel- und Prüfplaketten sind bei einem Fahrzeugschaden lediglich dann zu erstatten, wenn sie aus unfallbedingtem Anlass tatsächlich entstanden sind. Dies könnte bei einem Reparaturschaden etwa dann der Fall sein, wenn im Zusammenhang mit einem Auffahrschaden u. a. auch das amtliche Kennzeichen so stark beschädigt worden ist, dass es unansehnlich geworden ist und erneuert werden muss. In diesem Fall hat der Schädiger die Aufwendungen für Stempel- und Prüfplaketten zu ersetzen.

158 Sofern Totalschaden vorliegt und eine Umschreibung des Kfz, verbunden mit einer Neuzulassung des Ersatzwagens, erforderlich wird, entstehen Kosten für Stempel- und Prüfplaketten nur dann neu und sind vom Schädiger zu ersetzen, wenn das (gebrauchte) Ersatzfahrzeug zuvor an einem anderen Ort zugelassen war.

V. TÜV-Untersuchung

159 Nicht erstattungsfähig sind demgegenüber etwaige Kosten, die durch eine technische Überprüfung des Fahrzeugs beim TÜV und seine Abnahme nach § 29 StVZO entstehen. Mit der Neuzulassung eines Gebrauchtwagens ist nicht zwangsläufig eine Vorführung und technische Überprüfung beim TÜV verbunden. Üblicherweise laufen die Vorführfristen unabhängig von der Benutzung des Kfz. Selbst für den Fall, dass das als Ersatz für den beschädigten Wagen erworbene Gebrauchtfahrzeug turnusmäßig früher beim TÜV vorgeführt werden muss, als dies bei der Weiterbenutzung des eigenen Wagens der Fall gewesen wäre, sind die dadurch entstehenden Mehrkosten für die TÜV-Untersuchung auch pro rata temporis nicht zu erstatten, da es insoweit allein auf die zutreffende Ermittlung des Wiederbeschaffungswerts für das eigene Fahrzeug ankommt und die Überprüfungsfristen dabei – insbesondere bei älteren Fahrzeugen – ganz erheblich als Wert bildender Faktor bei der Bemessung des Wiederbeschaffungswerts berücksichtigt worden sind. In diesem Zusammenhang muss noch einmal deutlich gemacht werden, dass die Ersatzpflicht des Schädigers sich nicht auf das neue Fahrzeug (Ersatzfahrzeug) bezieht, weil ihm insoweit keine Garantenstellung zugunsten des Geschädigten erwächst.[203]

VI. Brief- und Überführungskosten

160 Die Kosten für die Ausfertigung eines neuen Kfz-Briefes und für die Überführung vom Herstellerwerk zum Kunden sind nur demjenigen Geschädigten zu erstatten, dem im Verhältnis zum ersatzpflichtigen Anspruch auf ein fabrikneues Fahrzeug zusteht.[204] Dabei dürfte es sich um einen absoluten Ausnahmefall handeln, da der Geschädigte in der Regel Anspruch lediglich auf ein Gebrauchtfahrzeug hat. Soweit diese Kosten im Übrigen anfallen, weil der Geschädigte sich statt eines gleich-

---

203 Vgl. dazu insbes. *Klimke* VersR 1974, 832, 835; Himmelreich/Halm/*Richter* Kap. 4 Rn. 605.
204 Vgl. dazu *AG Emmendingen* VersR 1981, 844 (L: Leasing-Kfz); Himmelreich/Halm/*Richter* Kap. 4 Rn. 608.

wertigen Gebrauchtfahrzeugs ein Neufahrzeug anschafft, gehen diese Kosten (ebenso wie ein ggfs. längerer Ausfall) zu seinen Lasten, da sie nicht zur Schadensbeseitigung erforderlich waren (§ 249 BGB). Der Gebrauchtwagenmarkt ist so gesättigt, dass in jeder Region ein Gebrauchtfahrzeug ohne Anfall von Überführungskosten beschafft werden kann, sofern nicht ein ganz außergewöhnliches Fahrzeug in Rede steht, dass auch im gebrauchten Zustand nur sehr eingeschränkt erhältlich ist.[205]

VII. Kfz-Steuer

Ein Verlust an Kfz-Steuer kann nach derzeit gültigen Rechtsvorschriften nicht eintreten. Wird ein einheimisches Kraftfahrzeug vorübergehend stillgelegt oder endgültig aus dem Verkehr gezogen und wird dabei die Rückgabe oder Einziehung des Fahrzeugscheins (Zulassung) und die Entstempelung des Kennzeichens an verschiedenen Tagen vorgenommen, so ist der letzte Tag dieser Maßnahmen für die Dauer der Steuerpflicht maßgebend (§ 5 Abs. 4 KraftStG). Dies führt im Ergebnis zu einer taggenauen Erstattung der Kfz-Steuer. Daraus wiederum ergibt sich, dass mit der Abmeldung des Kfz bei der Zulassungsstelle und der Entstempelung der amtlichen Kennzeichen – beide Maßnahmen fallen in der Regel auf einen Tag – die nach Kalendertagen bemessene Steuerpflicht endet. 161

Die bereits zitierte Bestimmung des § 5 Abs. 4 KraftStG sieht weiter vor, dass das Finanzamt für die Beendigung der Steuerpflicht einen früheren Zeitpunkt zugrunde legen kann, »wenn der Steuerschuldner glaubhaft macht, dass das Fahrzeug seit dem früheren Zeitpunkt nicht benutzt worden ist und dass er die Abmeldung des Fahrzeugs nicht schuldhaft verzögert hat«. Diese Regelung läuft im Ergebnis darauf hinaus, dass bei Totalschäden üblicherweise die Steuerpflicht mit dem Ablauf des Unfalltages endet, wenn der Geschädigte als Steuerpflichtiger durch das ohnehin in jedem Fall vorliegende Gutachten eines technischen Sachverständigen zur Überzeugung des Finanzamtes nachzuweisen vermag, dass der Wagen mit Rücksicht auf die Schwere der unfallbedingten Beschädigungen nicht mehr betriebs- und verkehrssicher war und daher seit dem Unfall nicht benutzt werden konnte. Auch wenn die Abmeldung des Kfz und die Entstempelung der amtlichen Kennzeichen erst einige Tage nach dem Unfall erfolgt, wird der Geschädigte diesen Umstand nicht als eine ihm zuzurechnende schuldhafte Verzögerung zu vertreten haben, weil man ihm zugestehen muss, dass er sich als technischer Laie zunächst einmal durch Hinzuziehung eines Fachmannes (technische Sachverständigen) in Verbindung mit der Werkstatt seines Vertrauens letzte Gewissheit darüber verschaffen musste, ob tatsächlich Totalschaden vorlag. Unter dieser Voraussetzung, die in der Praxis die Regel darstellen dürfte, erhält der Geschädigte die Kfz-Steuer praktisch vom Unfalltage an ersetzt. 162

Dieser Gesichtspunkt ist von Bedeutung nicht nur für die nach einem Totalschaden entstehenden Nebenkosten, sondern auch für die Bemessung der Nutzungsausfallentschädigung, die zu einem wesentlichen Teil aus den »Generalunkosten« für das Kfz besteht. Die Kfz-Steuer wird also als Teil der Fixkosten mit Rücksicht auf den Totalschaden eingespart. 162a

VIII. Versicherungsprämie

Mit der Abmeldung des beschädigten Kfz beim eigenen Haftpflichtversicherer entfallen das versicherte Interesse und damit auch die Prämienpflicht. Im Allgemeinen entsteht insoweit dem Gläubiger (Geschädigten) ebenfalls kein zusätzlicher Schaden. Die Haftpflichtprämie, die der Versicherer im Voraus für die vereinbarte Periode erhalten hat, wird pro rata temporis auf neue Rechnung gut gebracht. Dieser Gesichtspunkt wird in der Praxis der Schadenregulierung allzu häufig übersehen. Auch die Haftpflichtprämie wird also als Teil der Fixkosten im Fall eines Totalschadens eingespart. 163

IX. Werkstattgarantie und technische Überprüfung

Die Kosten für eine Werkstattgarantie sind unter der Prämisse, dass auch für das eigene (total beschädigte) Kraftfahrzeug ebenfalls noch eine Garantie bestanden haben sollte – lediglich in diesem Fall 164

---

205 Daher zweifelhaft *OLG Naumburg* NZV 2011, 342.

wird die Fragestellung überhaupt rechtlich relevant –, im Wiederbeschaffungswert enthalten. Ein besonderer Zuschlag für eine Werkstattgarantie ist daher unter dieser Voraussetzung nicht zu gewähren, sofern der Wiederbeschaffungswert richtig berechnet worden ist.[206]

X. Unterstellkosten (Standgeld)

165 Derartige Aufwendungen entstehen nach den Erfahrungen der Praxis außerordentlich selten. Sie werden im Allgemeinen aus Gründen des »Kundendienstes« von der betreffenden Werkstatt nicht berechnet. Sollten sie ausnahmsweise einmal in Rechnung gestellt worden sein, dann liegt die Vermutung nahe, dass der Geschädigte sie – häufig im Einvernehmen mit der Werkstatt – aus der Überlegung heraus, der Schädiger müsse schließlich derartige Aufwendungen doch erstatten – augenzwinkernd akzeptiert hat. Auch »echte« – also ernst gemeinte – Unterstellkosten werden in aller Regel im Fall der nachfolgenden Reparatur oder des bei der betreffenden Werkstatt vollzogenen Ankaufs eines Ersatzfahrzeugs voll angerechnet.[207] Diesen dem Schadenereignis adäquaten Vorteil muss der Geschädigte (Gläubiger) sich anrechnen lassen. Unterstellkosten werden allerdings mit Vorliebe von gewerblichen Abschleppbetrieben in Höhe eines Tagessatzes von 2,50 Euro bis 5 Euro berechnet. Dass derartige Sätze bei Weitem zu hoch sind, zumal die Fahrzeuge üblicherweise im Freien abgestellt werden, bedarf keiner Frage. Dieser Einwand ist jedoch dem Ersatzpflichtigen versagt, wenn der Geschädigte seinerseits diese offenbar branchenüblichen Kosten akzeptieren musste. Allerdings gebietet es die Schadenminderungspflicht, dass die Standzeit auf das unumgänglich notwendige Maß verkürzt wird. Fahrzeuge, die offensichtlich reparaturfähig sind, sollten nicht beim Abschleppdienst untergestellt, sondern sofort und in einem Zuge von der Unfallstelle zur Reparaturwerkstatt geschleppt werden. Durch dieses Verfahren werden nicht nur Unterstellkosten vermieden, sondern auch die Aufwendungen für eine erneute Schleppfahrt. Liegt erkennbar Totalschaden vor, dann sollte der Geschädigte darauf achten, dass der Wagen sofort zu einer Autoverwertung geschleppt wird. Durch das zwischenzeitliche Unterstellen bei Abschleppbetrieben entstehen unnützerweise Standgeld und weitere Schleppkosten.

XI. Demontagekosten

166 Demontagekosten sind neben dem Wiederbeschaffungswert erstattungsfähig, soweit sie nach Auffassung des Kfz-Sachverständigen erforderlich sind, um den Schadenumfang (insbesondere bezüglich der Reparaturkosten, des Wiederbeschaffungs- und Restwertes) ordnungsgemäß zu erfassen und unter der Oberfläche verborgene Mängel festzustellen. Es ist daher unter Berücksichtigung der besonderen Verhältnisse des Einzelfalls streng zu unterscheiden, ob es sich beim Aufwand für die Demontage um Nebenkosten im Zusammenhang mit der technischen Begutachtung und damit

---

206 Vgl. dazu *OLG Bamberg* VersR 1977, 724 = r+s 1977, 194 (Erstattungsfähigkeit nur in besonders gelagerten Ausnahmefällen); *OLG Frankfurt* VersR 1979, 452; r+s 1979, 192 (L: irreführend!); zfs 1985, 10; *LG Frankfurt* VersR 1978, 1114 = r+s 1979, 40; *LG Ludwigshafen* r+s 1979, 102; *LG Stuttgart* r+s 1979, 235; *LG Osnabrück* VersR 1980, 1082 = zfs 1981, 9; *LG Saarbrücken* zfs 1986, 103 = r+s 1986, 181; *LG Köln* DAR 1987, 22; *LG Köln* VersR 1987, 519 (L) = DAR 1987, 22; *LG Münster* zfs 1987, 136 (m. d. zutr. Hinweis, dass der Wiederbeschaffungswert eine volle Abgeltung darstellt und sonst ein versteckter Risikozuschlag gewährt werden würde); *AG Köln* VersR 1975, 1163; 1977, 138 = r+s 1977, 105; *AG Marburg* r+s 1977, 82; *AG Hanau* r+s 1978, 80; zfs 1985, 104 (L); *AG Duisburg* r+s 1979, 17; *AG Bad Schwalbach* r+s 1979, 192; *AG Nürnberg* VersR 1981, 586; *AG Wiesbaden* zfs 1985, 40 (m. w. N.); *Giesen* NJW 1979, 2065; *Jahnke* VersR 1987, 45; *Berger* VersR 1988, 106 (110 l.Sp.); *Sanden/Völtz* Rn. 51 ff.; Himmelreich/Halm/*Richter* Kap. 4 Rn. 613 f. - a. A. *OLG Schleswig* SchlHAnz 1968, 118; *KG* 1968, 118; VersR 1973, 926; *OLG Frankfurt* NJW 1982, 2198 (L); *OLG Hamburg* VersR 1986, 770 (150 DM); *LG Koblenz* zfs 1980, 9 (das in bedenklicher Weise eine Beziehung zwischen der beim Kauf von privater Seite vermeintlich nicht angefallenen Umsatzsteuer und einer fehlenden technischen Überprüfung herstellt); *AG Albstadt* VersR 1976, 1098; 1977, 385 (L); *AG Ludwigshafen* r+s 1977, 15 (m. w. N.); *AG Hanau* r+s 1978, 80; *AG Freiburg* zfs 1980, 134; *AG Mannheim* zfs 1986, 103; *AG Köln* VRS 70, 241 (150 DM); Krumme/*Steffen* § 11 StVG Rn. 16; *Rädel* DAR 1984, 35.

207 Vgl. dazu *Klimke* VersR 1974, 1232, 1235.

der Feststellung des Schadenumfangs handelt oder ob die Zerlegung als vorbereitende Maßnahme für die in die Rechtssphäre des Gläubigers fallende Verwertung des Restfahrzeugs zu betrachten ist.[208] Die Demontagekosten gehen also zulasten desjenigen, der das Restfahrzeug verwertet, wenn sie in der Erscheinungsform der sog. Rückgewinnungskosten anfallen, d. h. notwendig waren, um die Restteile sinnvoll und wirtschaftlich nutzbringend zu verwerten.

XII. Zeitungsinserate

Mitunter werden auch Kosten für Zeitungsinserate, die dazu dienen sollen, ein brauchbares Ersatzfahrzeug zu finden, in angemessener Höhe für erstattungsfähig gehalten. In diesem Zusammenhang muss darauf hingewiesen werden, dass diese Form der Ersatzbeschaffung nicht üblich ist, weil angesichts der Tatsache, dass der Gebrauchtwagenmarkt hoffnungslos übersättigt ist, Fahrzeuge jeder Spezies in ausreichender Zahl zur Verfügung stehen. Ein Blick in die Wochenendausgabe einer Tageszeitung oder ins Internet macht das krasse Missverhältnis zwischen Angebot und Nachfrage deutlich. Es erscheint daher überflüssig, in Form von Zeitungsanzeigen nach einem Gebrauchtwagen zu suchen. 167

Dies gilt unter Einbeziehung rechtsdogmatischer Überlegungen umso mehr, als der Wiederbeschaffungswert bekanntlich so bemessen ist, dass er den Verkaufspreis eines seriösen Händlers ausdrückt. Es wäre sicherlich nicht sachgerecht, daneben noch die Kosten für Zeitungsinserate gesondert zu erstatten. 167a

XIII. Fahrtkosten

Zu ersetzen sind demgegenüber die Fahrtkosten, soweit sie im Zusammenhang mit der Ersatzbeschaffung tatsächlich anfallen. Dazu gehören beispielsweise Fahrten zu einem Kfz-Händler, zur Zulassungsstelle, zur Agentur der Haftpflichtversicherung usw. Diese der Höhe nach ohnehin nur geringen Kosten werden aus Gründen der Praktikabilität pauschaliert, sie sind Bestandteil der anerkannten allgemeinen Unkostenpauschale. 168

XIV. Verdienstausfall

Ausnahmsweise kann bei der Beschaffung des Gebrauchtwagens auch ein Erwerbsschaden im Sinne von § 252 BGB bzw. § 842 BGB entstehen. Dies gilt jedenfalls dann, wenn der Gläubiger in einem abhängigen Lohnverhältnis steht und nicht in der Lage ist, die Ersatzbeschaffung außerhalb seiner normalen Arbeitszeit zu vollziehen. Da es sich insoweit um die Anschaffung eines Vermögensstandes von erheblichem Wert handelt, kann dem Geschädigten nicht zugemutet werden, dass er die Ersatzbeschaffung durch Dritte (beispielsweise durch Familienangehörige) vollziehen lässt. Ist ein Verdienstausfall entstanden, dann hat ihn der Geschädigte durch eine entsprechende Bescheinigung seines Arbeitgebers ordnungsgemäß nachzuweisen. Ausgleichsfähig ist lediglich der Netto-Wert der entgangenen Arbeitsbezüge, also der Brutto-Betrag nach Abzug von Steuern und Sozialabgaben. Tritt im Zuge der Ersatzbeschaffung ein Verlust an Freizeit ein, so handelt es sich dabei gem. § 253 Abs. 1 BGB nicht um einen ausgleichsfähigen Schaden. Die mitunter zeitaufwendige Abwicklung eines Verkehrsunfalls, in den man auch unverschuldet geraten sein kann, stellt sich in der heutigen Zeit (bedauerlicherweise) als allgemeines Lebensrisiko dar. 169

XV. Vermittlungsprovision

Für die zusätzliche Erstattung einer Vermittlungsprovision[209] bleibt kein Raum, da der insoweit nach objektiven Kriterien ermittelte Wiederbeschaffungswert eine angemessene Gewinnspanne des Händlers und seiner betrieblichen Gemeinkosten bereits einschließt. Dies bedeutet, dass der Wiederbeschaffungswert so bemessen ist, dass der Geschädigte das Ersatzfahrzeug bei einem seriösen Händ- 170

---

208 Vgl. dazu *Klimke* VersR 1974, 1134.
209 Vgl. hierzu u. a. *OLG Karlsruhe* VersR 1964, 198.

ler seiner Wahl erwerben kann. Einer provisionspflichtigen Vermittlung durch Dritte bedarf es angesichts des gesättigten Gebrauchtwagenmarktes nicht.

XVI. Umrüstungskosten

171 Es kommt in der Praxis der Schadenregulierung nicht selten vor, dass der Gläubiger eines Ersatzanspruchs nach einem Totalschaden neben dem Wiederbeschaffungswert die Kosten für das »Umrüsten« von einzelnen Bestandteilen oder Zubehör seines Kfz verlangt. Das Auswechseln von Teilen, die im total beschädigten Kraftfahrzeug erhalten geblieben sind und nunmehr in das statt seiner angeschaffte Ersatzfahrzeug eingebaut werden sollen, kann sich dabei, je nachdem, ob der Geschädigte den Umbau selbst durchführt oder von einer Fachwerkstatt vornehmen lässt, als zeit- und/oder kostenintensiv darstellen. Häufigste Fälle sind der Umbau der Musikanlage nebst Zubehör (Boxensysteme, CD-Wechsler, Antenne etc.) sowie der Umbau einer Anhängerkupplung. Die Teile selbst sind dabei als so genannte »Sonderausstattung« bereits bei der Ermittlung des Wiederbeschaffungswertes für das beschädigte Kfz berücksichtigt worden.

172 Diese Teile sind aber auch – unter umgekehrten Vorzeichen – Bestandteile des Restwerts, weil sie im total beschädigten Kfz vorhanden waren und insoweit erhalten geblieben sind. Es wäre daher falsch, dem Geschädigten zusätzlich die Umrüstungskosten zu erstatten,[210] da er sonst doppelt entschädigt werden würde. Wenn man ihm den – zutreffend ermittelten – Wiederbeschaffungswert zuwendet, dann ist er in der Lage, mit diesem Betrage ein gleichwertiges Kfz zu erwerben, in dem die betreffenden Teile bereits vorhanden sind. Zu einem noch unzutreffenderen Ergebnis würde es führen, wenn der Geschädigte, der den vollen Wiederbeschaffungswert erhalten und die Verwertung des Restfahrzeugs zulässigerweise dem Schädiger übertragen hat, überdies die umzugarnierenden Teile ohne besonderes Entgelt dem Restfahrzeug entnehmen würde. In diesem Fall würde er sogar dreifachen Schadenersatz erhalten.

172a Entscheidend kommt es für die Frage der Erstattungsfähigkeit darauf an, ob das umzurüstende Ausstattungsteil bei der Berechnung des Wiederbeschaffungswertes berücksichtigt wurde. Dies ist vom Sachverständigen nach Wirtschaftlichkeitsgesichtspunkten zu beurteilen sein, also danach, ob das Teil den Wiederbeschaffungswert überproportional steigert bzw. sein Wert in keinem Verhältnis zu den erforderlichen Demontagekosten steht.

XVII. Reklamebeschriftung

173 Recht schwierige Rechtsprobleme ergeben sich im Zusammenhang mit der Frage, wie der Anspruchsteller nach einem Totalschaden angemessen zu entschädigen ist, wenn sein Kfz mit einer Reklamebeschriftung versehen war. Nach den Erfahrungen der Regulierungspraxis geht das Bestreben der Geschädigten in einem derartigen Fall allgemein dahin, die Kosten für das Auftragen der Reklamebeschriftung auf das Ersatzfahrzeug zusätzlich, also neben dem Wiederbeschaffungswert, zu verlangen. Eine Überprüfung zeigt dann häufig, dass die Kosten für das Auftragen der Reklamebeschriftung bereits im Wiederbeschaffungswert enthalten sind, weil der Geschädigte diese Kosten mit dem der Ermittlung des Wiederbeschaffungswerts beauftragten Sachverständigen durch Vorlegung einer entsprechenden Rechnung nachgewiesen hat.

174 Zunächst einmal ist die Auffassung des Geschädigten sicherlich im Prinzip richtig, dass sich – für ihn – der Substanzwert seines Kraftfahrzeugs – abgesehen einmal von dem erwarteten Gebrauchsnutzen – durch das Auftragen einer Werbeschrift erhöht. Wenn ein Geschäftsmann sich ein Nutzfahrzeug (beispielsweise Lieferkraftwagen) für 25 000 Euro anschafft und den Wagen dann mit einer Werbebeschriftung versieht, die 1 000 Euro zusätzlich kostet, dann besteht kein Zweifel, dass dem Betriebs-

---

210 Vgl. in diesem Sinne *LG Saarbrücken* zfs 1983, 267 (das derartige Kosten einem Handwerker als »Verdienstausfall« im Sinne von § 252 BGB zuspricht); vgl. hierzu auch Himmelreich/Halm/*Richter* Kap. 4 Rn. 589 ff.

vermögen ein Sachwert von 26 000 Euro zugeführt worden ist. Dabei handelt es sich zugleich, solange das betreffende Kfz noch neuwertig ist, auch um den Wiederbeschaffungswert im Rechtssinne.

Andere Grundsätze gelten indes für die Ermittlung des Restwertes. Da der Geschädigte auch ohne das zum Ersatz verpflichtende Ereignis im Fall einer normalen (»freihändigen«) Weiterveräußerung seines Firmenwagens einen angemessenen Abschlag dafür hinnehmen muss, dass dieser Wagen mit einer Reklamebeschriftung versehen ist, kann er im Fall eines fremdverschuldeten Haftpflichtschadens diesen Nachteil nicht auf den Schädiger überbürden. Der Geschädigte muss sich also damit abfinden, dass er auch ohne das zum Ersatz verpflichtende Ereignis in gleicher Weise wie bei der Weiterveräußerung seines Restfahrzeugs im Anschluss an einen fremd verursachten Totalschaden einen Abschlag von dem »an sich« angemessenen Preis allein deswegen hinnehmen muss, weil das Fahrzeug mit einer Werbebeschriftung versehen ist, die im Allgemeinen nach den Gepflogenheiten des Rechtsverkehrs, hier: des Fahrzeughandels, als »Negativwert« betrachtet wird. Abgesehen davon dürfte ein gewisser Ausgleich darin liegen, dass nach den Erfahrungen der Praxis nahezu alle Nutzfahrzeuge in irgendeiner Form mit einer Firmenaufschrift oder Werbebeschriftung versehen sind. Dies bedeutet, dass auch das gebraucht erworbene Ersatzfahrzeug in der Regel mit einer Reklamebeschriftung versehen sein wird und der Geschädigte den Wagen deswegen bereits mit einem angemessenen Abschlag erwerben kann. 175

Es bleibt also zunächst einmal der Grundsatz festzuhalten, dass im Fall eines Haftpflichtschadens der Gegenwert einer durch äußere Einflüsse noch nicht verbrauchten Werbeaufschrift in das Betriebsvermögen des Geschädigten eingeht und den Wiederbeschaffungswert seines Fahrzeuges erhöht. Insoweit ist davon auszugehen, dass die Reklamebeschriftung untrennbarer Bestandteil des Kraftfahrzeugs ist und rechtlich als wesentlicher Bestandteil der Sache im Sinne von § 93 BGB gilt, sodass sie zwangsläufig das tatsächliche und rechtliche Schicksal des Fahrzeugs teilt, mit dem sie fest verbunden ist. Der Wert der Reklamebeschriftung hat jedoch die Eigenschaft, mit zunehmendem Alter des Kfz und im Umfange seines Gebrauchs parallel zum Fahrzeugwert stetig in sich abzusinken und sich auf diesem Wege schließlich auf die Zahl Null zu reduzieren, wenn der Wagen bis zur Schrottreife benutzt wird.[211] 176

Wenn man den Wert der Werbeaufschrift dem unmittelbaren Schaden zurechnet, so ergeben sich im Grunde genommen gegenüber der üblichen Fahrzeugbewertung keine Besonderheiten. Dies bedeutet, dass der im Zeitpunkt des Unfalls noch vorhandene Wert der Reklamebeschriftung – nach Abzug eines angemessenen Anteils für den durch bisherigen Gebrauch eingetretenen Verschleiß – in den Wiederbeschaffungswert eingeht und dem Gläubiger unabhängig von seinen weiteren Dispositionen ersetzt wird, d. h. auch dann, falls er auf die Ersatzbeschaffung überhaupt verzichtet bzw. das andere Fahrzeug nicht mit einer Reklamebeschriftung versieht. Ordnet man die Reklamebeschriftung dem unmittelbaren Schaden zu, dann hat der Geschädigte selbstverständlich keinen Anspruch darauf, dass ihm die Aufwendungen, die dadurch entstehen, dass das Ersatzfahrzeug ebenfalls mit einer Reklamebeschriftung versehen wird, vom Schädiger zusätzlich erstattet werden. Falls dies geschieht, würde in Höhe des in den Wiederbeschaffungswert eingegangenen Anteils des noch vorhandenen Werts der Reklamebeschriftung eine doppelte Entschädigung vorliegen. 177

XVIII. Sonderlackierung

Ähnliche Überlegungen ergeben sich bei der Beurteilung der Frage, ob der Gläubiger die Kosten für eine etwa notwendige Sonderlackierung zusätzlich – das heißt über den Wiederbeschaffungswert hinaus – vom Schädiger ersetzt verlangen kann. Dieses Problem tritt vornehmlich bei Fahrzeugen auf, die einheitlich mit einer bestimmten Sonderlackierung, einer sogenannten Dienstlackierung ver- 178

---

[211] Vgl. dazu auch die ähnl. ausgerichteten Überlegungen des *BGH* VersR 1961, 1043 zur Frage der Bewertung des technischen bzw. merkantilen Minderwerts.

sehen sind.²¹² Beispielhaft sei auf Taxis, Dienstfahrzeuge der Deutschen Post, Streifenwagen der Polizei, Fahrzeuge der Bundeswehr, Kraftomnibusse als öffentliche Verkehrsmittel etc. hingewiesen.

179 Geht man von der Voraussetzung aus, dass derartige Fahrzeuge während der gesamten Nutzungsdauer üblicherweise nur eine einzige Sonderlackierung erhalten, die die Nutzungszeit (Einsatzzeit) der betreffenden Fahrzeuge – jedenfalls für gewerbliche Zwecke – überdauert, dann kann durch einen vorzeitigen Totalschaden auch, soweit es sich um die Lackierung handelt, sehr wohl ein zusätzlicher Ersatzanspruch entstehen. Dabei ist es im Prinzip gleichgültig, ob die – in der Regel fabrikneu erworbenen – Fahrzeuge von vornherein mit der für sie schließlich vorgesehenen »Dienstlackierung« versehen werden, die nicht auf die »normale« Lackierung aufgetragen wird, sondern – als Ursprungslackierung – an deren Stelle tritt. Bei diesem Problem handelt es sich lediglich um eine Frage der Bemessung des Wiederbeschaffungswerts. Die anteiligen Kosten der – durch den bisherigen Gebrauch noch nicht abgenutzten – Lackierung gehen in den Wiederbeschaffungswert ein.

XIX. Kreditkosten

180 Zuweilen wird von der Rechtsprechung die Auffassung vertreten, der Schädiger habe im Fall eines Totalschadens als Folge seines haftbaren Verhaltens auch die durch vorgezogene Investitionen ausgelösten Kreditkosten (Kreditzinsen und Kreditnebenkosten, beispielsweise Disagio) zu ersetzen.²¹³ Dabei denken die Vertreter dieser Auffassung vornehmlich an den Fall, dass der Eigentümer eines total beschädigten Kfz mit Rücksicht auf den Totalschaden eine erst für einen späteren Zeitpunkt vorgesehene Ersatzbeschaffung zeitlich vorzieht und deswegen im Zusammenhang mit der unfallbedingt notwendig gewordenen Ersatzbeschaffung in Höhe des den Wiederbeschaffungswert übersteigenden Anschaffungswertes Kreditkosten aufwenden muss²¹⁴ oder dass der Eigentümer eines unfallbeschädigten Kfz zur Vermeidung hoher Mietwagenkosten während der voraussichtlich länger dauernden Reparaturzeit sich im Interesse der Schadenminderung sogleich ein neues Fahrzeug beschafft.²¹⁵

181 Dieser Auffassung kann nicht zugestimmt werden. Wenn der Wiederbeschaffungswert richtig berechnet worden ist, dann reicht dieser Betrag im Regelfalle für die notwendige Ersatzbeschaffung, d. h. für die Anschaffung eines gleichwertigen Gebrauchtwagens aus. Zieht der Geschädigte es stattdessen vor, sich – gleichgültig aus welchen Gründen auch immer – ein Neufahrzeug zu beschaffen, so liegt diese Disposition grundsätzlich allein in seinem eigenen Ermessen.²¹⁶ Er muss jedoch die damit verbundenen Mehrkosten selbst tragen, da diese nicht mehr adäquate Folge des vom Ersatzpflichtigen verursachten Unfalles ist. Etwas anderes gilt nur unter dem Gesichtspunkt des Verzuges, wenn der Schädiger die Ersatzleistung hinsichtlich des Fahrzeugschadens (insb. Wiederbeschaffungsaufwand) nicht rechtzeitig erbringt und hierdurch Kreditkosten anfallen.

XX. Lichtbildkosten

182 Erstattungsfähig sind grundsätzlich auch die Kosten für die Anfertigung von Lichtbildern (Fotos), sofern sie zur zweckentsprechenden Rechtsverfolgung oder Rechtsverteidigung notwendig sind. Dies ist beispielsweise dann der Fall, wenn aus besonderen Gründen Fotografien von der Unfallstelle oder vom Unfallfahrzeug gemacht worden sind.²¹⁷ Die Anfertigung von Lichtbildern ist im digitalen Zeitalter jedoch kaum noch mit Kosten verbunden, da Bilddateien sowohl Anwälten als auch Ver-

---

212 *OLG Karlsruhe* zfs 1989, 51 (Dienstfahrzeug); *LG München* VersR 1988, 468 = DAR 1987, 384; *AG Düren* v. 29.8.2000 (46 C 330/99) in ADAJUR-Archiv.
213 Vgl. dazu beispielsw. *LG Münster* VersR 1965, 670; *LG Hanau* zfs 1981, 332; – a. A. *OLG Bamberg* zfs 1981, 332 (333 l. Sp.); vgl. umfassend Himmelreich/Halm/*Müller*,Kap. 6, Rn. 101 ff.
214 Vgl. dazu *LG Hanau* zfs 1981, 332.
215 Vgl. dazu *LG Münster* VersR 1965, 670.
216 Vgl. dazu *BGH* NJW 1966, 1454 = VersR 1966, 830.
217 Soweit es sich um die Anfertigung von Fotos im Zusammenhang mit Sachverständigengutachten handelt, vgl. *OLG Düsseldorf* VersR 1986, 556 (L) = zfs 1986, 239 (L); – ähnlich *LG Kleve* zfs 1983, 6.

sicherungen elektronisch übermittelt werden können, ohne dass Kosten für die Entwicklung entstehen.

Kann ein Verkehrsteilnehmer durch Anfertigung von Farbaufnahmen die Verkehrsbehörde davon überzeugen, dass die Ampelschaltung an einer Kreuzung fehlerhaft ist, so kann er Ersatz für diese Aufwendungen verlangen.[218]

183

XXI. Rückgewinnungskosten

Bei den Rückgewinnungskosten, die mitunter anfallen, handelt es sich – genau genommen – nicht um eine besondere Schadenposition, sondern um Aufwendungen, die unter gewissen Voraussetzungen im Zusammenhang mit der Verwertung des Restfahrzeugs, gelegentlich auch in Form von Demontagekosten oder als Aufwendungen beim »Umgarnieren« im Fall eines Totalschadens anfallen.

184

Derartige Kosten können durchaus – abgesehen einmal von dem Fall der »Umgarnierung« – den Restwert mindern. Dies gilt jedenfalls dann, wenn das Restfahrzeug lediglich noch Schrottwert hat und der Geschädigte – wie allgemein üblich – die Verwertung, die in diesem Fall nur noch in einem Ausschlachten bestehen kann, übernimmt. Es wäre unter dieser Prämisse falsch, ihm dafür einen Restwert in Rechnung zu stellen, der der Summe der Zeitwerte der erhalten gebliebenen Einzelteile entspricht. Man muss den in dieser Weise ermittelten Restwert um die Rückgewinnungskosten (also um die Kosten der Demontage) kürzen und einen weiteren Abzug vornehmen, der sich aus dem Risiko der Lagerhaltung und der Wiederverwendbarkeit – insbesondere im Hinblick auf den Prozess der Typenüberalterung – ergibt.

185

XXII. Verlust eines öffentlichen Zuschusses

Der unfallbedingte Verlust eines öffentlichen Zuschusses aus einem Investitionshilfeprogramm steht mit dem haftungsbegründenden Ereignis nicht im erforderlichen Rechtswidrigkeitszusammenhang und ist daher nicht erstattungsfähig.[219]

186

Das *OLG Hamm* begründet diesen Rechtsstandpunkt mit der Erwägung, dass es sich bei dem Zuschuss nach dem Investitionshilfeprogramm um eine im verkehrs- und wirtschaftspolitischen Bereich liegende öffentliche Fördermaßnahme handelt, auf die nach den Richtlinien kein Rechtsanspruch besteht, da Zuschüsse nur vergeben werden, soweit Haushaltsmittel vorhanden sind. Je nach der Höhe der verfügbaren Haushaltsmittel können die Voraussetzungen für die Gewährung jederzeit geändert werden. In Anbetracht dieser Gestaltungsform sei davon auszugehen, dass es sich bei dem Anspruch auf Zuschuss aus dem Investitionshilfeprogramm nicht um eine gesicherte Rechtsposition handelt, die dem geforderten Wirtschaftsgut als Wert prägende Eigenschaft anhaftet, sondern zu diesem nur eine mehr zufällige, äußere Verbindung hat.

187

XXIII. Zollkosten

Bei der Berechnung des Wiederbeschaffungswerts eines im Inland bei einem Verkehrsunfall total beschädigten Kfz, das im Ausland zugelassen war, sind auch die Zollkosten für die Ausfuhr des Unfallfahrzeugs und die Einfuhr eines Ersatzwagens vom Schädiger zu erstatten.[220] Häufig dürfte es jedoch sinnvoller sein, das Fahrzeug unter Zollaufsicht zu verschrotten.

188

---

218 Vgl. dazu *LG Wiesbaden* VersR 1970, 751 = DAR 1970, 130 – in diesem Sinne auch *AG Rotenburg* VersR 1972, 80 (L: im Rahmen eines Unfallhaftpflichtprozesses können Farbaufnahmen der Unfallstelle bereits dann als erstattungsfähig angesehen werden, wenn die Bilder geeignet und erforderlich waren, das Parteivorbringen zu ergänzen und zu erläutern. Die Verwertung in einem Beweistermin ist in einem derartigen Fall nicht Voraussetzung für die Erstattungsfähigkeit).
219 Vgl. dazu *OLG Hamm* VersR 1984, 1051 = zfs 1985, 6.
220 Vgl. dazu *AG München* VersR 1985, 997 = zfs 1985, 361.

Kapitel 12 Fahrzeugausfallschaden

Übersicht

		Rdn.
	Einleitung	1
A.	**Besitzstörung**	2
I.	Anspruchsgrundlage	2
II.	Geschütztes Rechtsgut	13
	1. Objektives Gebrauchsinteresse	14
	2. Subjektives Gebrauchsinteresse	18
III.	Verhältnis zwischen Besitzer und Eigentümer	28
IV.	Vertragliche Gebrauchsüberlassung an Dritte	32
	1. Unentgeltlich	33
	2. Entgeltlich	36
B.	**Reservehaltungskosten**	38
I.	Gründe für die Vorhaltung	39
	1. Spezialfahrzeuge	40
	2. Öffentliche Interessen	41
II.	Betriebliche Interessen	43
	1. Werkstattreserve	45
	2. Unfallreserve	46
	3. Verkehrsspitzen	47
	4. Kostenstellen	48
III.	Anspruchsbegründende Voraussetzungen	50
	1. Kriterien	50
	2. Notwendigkeit von Vorsorgemaßnahmen	52
	3. Bestimmbarkeit	56
IV.	Höhe	62
	1. Generalunkosten (Fixkosten)	62
	2. Turnusmäßig anfallende Kosten	80
V.	Einwendungen des Ersatzpflichtigen	84
	1. Reihenfolge	85
	2. Verschiebung der Reparatur	87
VI.	Verhältnis zur Nutzungsausfallentschädigung	91
C.	**Mietwagenkosten**	99
I.	Anspruchsvoraussetzungen	99
	1. Gesetzliche Anspruchsgrundlagen	99
	2. Anspruchsberechtigte	105
	a) Eigenbesitz	106
	b) Fremdbesitz	108
	3. Hypothetische Nutzungsmöglichkeit	114
	a) Ausfall des Fahrzeugs	114
	b) Tatsächliche Hinderungsgründe	117
	c) Rechtliche Hinderungsgründe	122
	d) Eigener Zweitwagen	129
	e) Unentgeltlicher Ersatzwagen durch Dritte	131
	f) Entgeltlicher Ersatzwagen durch Dritte	134
	4. Nutzungswille	137
II.	Dauer der Ersatzanmietung	142
	1. Prüfungs- und Überlegungszeit	143
	2. Ausfallzeit	156
	a) Reparaturzeit	157
	b) Wiederbeschaffungsfrist	167
	3. Grenzen der Anmietdauer	179
III.	Gegenstand der Ersatzanmietung	180
	1. Größe und Typ	180
	2. Sportwagen	187

			Rdn.
	3. Ausstattung und Komfort		190
	4. Nichtgewerbsmäßiges Mietfahrzeug		192
IV.	Höhe des Anspruchs – Tarifwahl (Normaltarif – Unfallersatztarif)		198
	1. Entwicklung der Rechtsprechung		198
	2. Fehlende Zugänglichkeit des Normaltarifs		201
	3. Ohne-weiteres-Zugänglichkeit des Normaltarifs		202
	4. Ermittlung des Normaltarifs		203
	2. Haftungsfreistellung (Volldeckung)		205
	3. Rechtsschutzversicherung		230
	4. Insassen-Unfall-Versicherung		233
	5. Gebühren für weitere Zusatzleistungen des Autovermieters		234
V.	Schadenminderungspflicht		236
	1. Unfallhelfer		243
	2. Erkundigungs- und Überwachungspflicht		246
	3. Hinweispflicht bei hohem Schaden		261
	4. Garantierte Kilometer-Mindestabnahme		267
	5. Interimsfahrzeug		269
	5. Taxibenutzung		278
	6. Öffentliche Verkehrsmittel		289
	7. Vergleich zum Verdienstausfall		291
	8. Pflicht zur Anmietung eines »kleineren« Ersatzwagens		292
VI.	Abzüge unter dem Gesichtspunkt des Vorteilsausgleichs		293
	1. Ersparte leistungsbezogene Betriebskosten		293
	2. Konkrete Vorteile und ihre Bemessung		295
	a) ADAC-Tabelle		301
	b) Pauschalabzüge nach Prozentsätzen		303
	3. Abzüge bei geringer Fahrleistung		308
	4. Abzüge bei Anmietung eines »kleineren« Ersatzwagens		311
	5. Abzüge im Fall des Totalschadens		314
VII.	Beweislast		315
D.	**Nutzungsausfallentschädigung (Entgangene Gebrauchsvorteile)**		325
I.	Anspruchsbegründende Voraussetzungen		325
	1. Gesetzliche Anspruchsgrundlagen		325
	2. Anspruchsberechtigung		330
	a) Eigenbesitz		331
	b) Fremdbesitz		332
	3. Hypothetische Nutzungsmöglichkeit		334
	a) Ausfall des Kfz		335
	b) Tatsächliche Hinderungsgründe		339
	c) Rechtliche Hinderungsgründe		343
	d) Eigener Zweitwagen		346
	e) Kostenlose Ersatzwagenstellung durch Dritte		347
	f) Zusätzliche Entschädigung bei Anmietung eines vom Typ her kleineren und weniger komfortablen Ersatzwagens?		348
	4. Nutzungswille		351
	a) Fahrbedürfnis		352
	b) Totalschaden		354
	c) Entschädigung trotz Mietwagen oder Taxi		355
	5. Gewerblich genutzte Kfz		358
	6. Behördenfahrzeuge		364
	7. Zweiräder		367
	8. Sonderfahrzeuge		369
II.	Dauer des Nutzungsausfalls		373
	1. Schadensermittlung		373a
	2. Prüfungs- und Überlegungszeit		374
	3. Ausfallzeit		375
III.	Höhe der Nutzungsausfallentschädigung		380

Kapitel 12

		Rdn.
	1. Auffassung des BGH	381
	2. Methode von Sanden/Danner/Küppersbusch	384
	3. Ältere Unfallfahrzeuge	387
	4. Gewerbliche Fahrzeuge	390
	5. Krafträder	392
	6. Wohnmobile	393
	7. Oldtimer	394
IV.	Schadenminderungspflicht	395
V.	Beweislast	401
E.	**Verdienstausfall wegen Fahrzeugschaden**	404
I.	Grundsätze	404
	1. Abstrakte Berechnung	413
	2. Konkrete Berechnung	419
	3. Nachholbarkeit	423
	4. Vorteilsausgleich	430
	a) Umsatzsteuer	435
	b) Einkommensteuer	438
	c) Gewerbesteuer	443
	5. Besonderheiten	448
II.	»Frustrierte« Aufwendungen	449
	1. Generalunkosten des Fahrzeugs	451
	2. Anteilige Gemeinkosten	453
	3. Fahrerlöhne	454
III.	Sonderfahrzeuge	462
	1. Taxi	463
	2. Fahrschulwagen	480
	3. Lastkraftwagen	486
	4. Bestattungsfahrzeuge	493
	5. Mietwagen	496
IV.	Schadenminderungspflicht	501
	1. Einsatz vorgehaltener Reservefahrzeuge	502
	2. Innerbetriebliche Umdispositionen	506
	3. Inanspruchnahme von Fremdunternehmen	508
	4. Ersatzanmietung	511

Schrifttum

Detlefsen, Schadenersatz für entgangene Gebrauchsvorteile H. 39 der »Hamburger Reihe« 1969. *Geigel*, Der Haftpflichtprozess 25. Aufl. 2008; *Hentschel/König/Dauer*, Straßenverkehrsrecht 40. Aufl. 2009; *Himmelreich/Halm*, Handbuch des Fachanwalts Verkehrsrecht 4. Aufl. 2011; *Klein*, Bewertung der Erhebungs- und Auswertungsmethoden des Automietpreisspiegels der SCHWACKE-Bewertungs GmbH, 2007; *Sanden/Völtz*, Sachschadensrecht des Kraftverkehrs 8. Aufl. 2006; *Zinn*, Der Stand der Mietwagenpreise in Deutschland im Sommer 2007, 2008. *Balke*, Abzüge bei Nutzungsausfallentschädigung Alter, Fahrleistung, Erhaltungszustand SVR 2005, 218; *Bär*, Anspruch auf Nutzungsausfall und Schadensminderungspflicht des Geschädigten DAR 2001, 27; *Boetzinger*, Nutzungsausfall trotz fehlender Nutzungsmöglichkeit zfs 2000, 45; *Gruber*, Nutzungsausfall bei erloschener Betriebserlaubnis, NZV 1991, 303; *Halbgewachs*, Mietwagenkosten – ein Überblick NZV 1997, 467; *Halm/Fitz*, Versicherungsverkehrsrecht 2004/2005 SVR 2005, 254; *ders.*, Versicherungsverkehrsrecht 2005/2006 SVR 2006, 254; *ders.*, Versicherungsverkehrsrecht 2006/2007 SVR 2007, 413; *ders.*, DAR 2008, 507; *Hillmann III*, Der Nutzungsausfall, Streit ohne Ende zfs 2001, 341; *Kappus*, Der Verkehrsunfall in der anwaltlichen Beratungspraxis NJW 2008, 891; *Küppersbusch*, Nutzungsentschädigung 2006 NJW 2006, 19; *La Chevallerie*, Nutzungsausfallentschädigung für ältere Pkw und Oldtimer zfs 2007, 423; *Schulze*, Nutzungsausfallentschädigung – Zu Funktion und Grenze des § 253 BGB NJW 1997 3337; *Wenger*, Anspruch wegen Nutzungsausfall trotz Leihfahrzeugs? MDR 1997, 798; *Wenker*, Die Rechtsprechung zur Nutzungsausfallentschädigung VersR 2000, 1082.

A. Besitzstörung   Kapitel 12

Einleitung

Bisher war im Rahmen von Reparaturschaden und Totalschaden von den Ansprüchen die Rede, die 1
sich aus Anlass der Beschädigung oder des Verlusts eines Kraftfahrzeugs unter dem Gesichtspunkt
der Eigentumsverletzung ergeben. Inzwischen hat sich die Auffassung durchgesetzt, dass auch der
Benutzbarkeit einer Sache ein eigenständiger, kommerzialisierter Vermögenswert zukommt, der
mit dem Substanzwert nicht konkurriert, sondern ihn vielmehr in sinnvoller Weise ergänzt. Durch
die Beschädigung einer dem Gebrauch gewidmeten Sache offenbart der Schaden im Rechtssinne
sich gleichzeitig in zwei Erscheinungsformen, und zwar einmal als Eigentumsverletzung unter
dem Gesichtspunkt des Substanzverlustes (= unmittelbarer Schaden) und zum anderen als Besitzstörung in der Entziehung der durch die Sachnutzung vermittelten und durch das zum Ersatz verpflichtende Ereignis zeitweilig entzogenen Gebrauchsvorteile (= mittelbarer Schaden). Dieser mittelbare
Schaden unterscheidet sich vom unmittelbaren Schaden dadurch, dass dieser als Sachfolgeschaden
sich nicht gewissermaßen zwingend und unabweisbar aus der Eigentumsverletzung ableiten lässt,
sondern jeweils auch menschliche Willensbetätigungen in Form vertretbarer – d. h. nicht gegen
die Schadenminderungspflicht aus § 254 Abs. 2 BGB verstoßender – Entschlüsse umfasst. Er
kann sich in den verschiedensten Erscheinungsformen darstellen, und zwar vornehmlich in den Reservehaltungskosten, in dem Bedarf zur Ersatzanmietung, also in den Mietwagenkosten, in entgangenen Gebrauchsvorteilen bzw. in einem Erwerbsschaden (entgangener Gewinn).

A. Besitzstörung

I. Anspruchsgrundlage

Nach heutigem Rechtsverständnis wird der fehlerfrei erworbene und ausgeübte unmittelbare Besitz 2
einem »sonstigen Recht« im Sinne von § 823 Abs. 1 BGB gleichgestellt[1] und wie ein dingliches
Recht behandelt. In einem derartigen Fall kann sich die Ersatzpflicht des Schädigers auch auf einen
sog. »Haftungsschaden« erstrecken.

Die unter dem Gesichtspunkt der Besitzstörung begründete Aktivlegitimation (Anspruchsberechti- 3
gung) setzt indes voraus, dass der Besitz an der beschädigten Sache bereits vor Eintritt des zum Ersatz
verpflichtenden Ereignisses ordnungsgemäß eingeräumt worden ist. Bis zur Überlassung der Sache[2]
steht dem potenziellen Besitzer lediglich ein obligatorisches – also rein schuldrechtlich begründetes,
jedoch nicht dinglich wirkendes – Recht auf die Gebrauchsüberlassung (Besitzverschaffung) in Form
der Gewährung der Sachnutzung zu. Rein obligatorische Rechte zählen im Gegensatz zu den dinglichen Rechten nicht zu den »sonstigen Rechten« im Sinne von § 823 Abs. 1 BGB,[3] sondern erzeugen
Rechtswirkungen allein zwischen den Beteiligten.

Nach rechtsfehlerfrei vollzogener Besitzeinräumung indes ist es gleichgültig, ob Ansprüche aus Be- 4
sitzstörung vom Eigen- oder Fremdbesitzer geltend gemacht werden. Insoweit genügt bereits ein
rechtlich beachtlicher Mitbesitz. Lediglich in der Person des Besitzdieners entsteht insoweit kein
Schaden.

Zunehmende Bedeutung gewinnt bei der Schadenregulierung der Begriff des Haftungsschadens. 5
Darunter versteht man nach jetzt gefestigter Definition den Betrag, den der Besitzer kraft Gesetzes
oder nach vertraglicher Vereinbarung als Folge einer Beschädigung oder Zerstörung der in seinem
Besitz befindlichen Sache seinerseits als Schadenersatz an einen Dritten – in der Regel an den Eigentümer – leisten muss.[4] Diese Rechtsfigur kommt sehr häufig bei Mietwagen in Betracht, ist aber auch

---

1 Vgl. dazu: BGHZ 32, 194, 204 = VersR 1960, 530, 534 = DB 1960, 691; BGHZ 62, 243, 248 = VersR 1974,
   860; VersR 1976, 943; NJW 1981, 750 = VersR 1981, 161 = DAR 1981, 85.
2 Besitzeinräumung durch Übergabe, beispielsw. i. S. d. § 536 BGB und den §§ 929 ff. BGB; – inklusive der im
   Gesetz vorgesehenen Übergabesurrogate.
3 Vgl. *Detlefsen* S. 95.
4 Vgl. dazu im Einzelnen st.Rspr. seit RGZ 59, 326; daneben BGHZ 32, 194, 204 = VersR 1960, 530, 534;

für das ständig breiter werdende Feld des Kfz-Leasing von erheblicher Bedeutung, und zwar jeweils dann, wenn die auf vertraglicher Grundlage entstandenen Schadenersatzansprüche zu einer anderen Bewertung führen als der gesetzliche Anspruch. Soweit die Ansprüche sich inhaltlich nach den Grundsätzen der Kongruenz decken, ergeben sich keine besonderen Schwierigkeiten, weil in diesem Bereich ein Gesamtschuldverhältnis im Sinne von § 421 BGB besteht. Der nach § 426 BGB zu vollziehende Schadenausgleich kann – ebenso wie beispielsweise ein Ausgleich nach § 17 StVG – im Innenverhältnis durchaus zu dem Ergebnis führen, dass der eine Teil mit Rücksicht auf das weitaus überwiegende Verschulden des anderen Teils oder die in seinem Bereich dominierende Betriebsgefahr im Rahmen der vom Verschulden losgelösten Gefährdungshaftung den Schaden im Ergebnis allein zu tragen hat.

6   Unproblematisch sind die Fälle, in denen der Besitzer, der nicht zugleich Eigentümer ist, lediglich die aus der Besitzstörung hervorgegangenen »klassischen« Ansprüche im Sinne eines mittelbaren Schadens (Sachfolgeschadens) geltend macht. Derjenige, der den Besitz unter Ausschluss des Eigentümers ausübt, ist ohnehin aus originärem Recht aktiv legitimiert, Schadenersatzansprüche, die sich aus der zeitweiligen Aufhebung der Nutzbarkeit einer Sache[5] ergeben, im eigenen Namen geltend zu machen. Die in Literatur und Judikatur behandelten Problemkreise beziehen sich im Wesentlichen auf die Fälle, in denen der Besitzer – sei es aufgrund einer ihm zur Last fallenden Mitverursachung oder sei es aufgrund vertraglicher Abmachung – für den Schaden dem Eigentümer gegenüber haftet bzw. mithaftet oder in denen der Besitzer die ihm nach »klassischer« Betrachtung unmittelbar »zugewachsenen« Ansprüche aus Sachfolgeschaden unmittelbar gegenüber dem Ersatzpflichtigen geltend macht.

7   Es erhebt sich in diesem Zusammenhang die Frage, wie zu entscheiden wäre, wenn der Umfang des Schadens, der nach Haftpflichtgesichtspunkten ermittelt wird und auf den der Schädiger haftet, geringer ist als der vom Besitzer im Verhältnis zum Eigentümer aufgrund vertraglicher Vereinbarung geschuldete Betrag.

8   Wenn der Mieter dann, nachdem er den Vermieter auf vertraglicher Basis saturiert hat, den ersatzpflichtigen Schädiger in Anspruch nimmt, so wird dieser in der Regel einwenden, dass er Schadenersatz lediglich in der Höhe zu leisten hat, die gesetzlich begründet ist, d. h. die auch dem Vermieter zugestanden hätte, wenn er mit seinen Ersatzansprüchen nicht an den Mieter, sondern unmittelbar an den Schädiger herangetreten wäre. In diesem Zusammenhang wird der Ersatzpflichtige sicherlich ergänzend einwenden, dass dem Mieter die Aktivlegitimation insoweit fehlt, als sich Differenzen bei der Bewertung des vertraglichen und des gesetzlichen Anspruchs in der Schadenshöhe ergeben und die nach diesen beiden Anspruchsarten ermittelten Schäden sich inhaltlich nicht decken. Insoweit habe sich ein gesetzlicher Forderungsübergang nicht vollzogen. Selbst eine Abtretungserklärung des Vermieters würde dem Mieter in dieser Situation nicht weiterhelfen, weil unter Berücksichtigung des Grundgedankens des § 399 BGB auf den Zessionar keine weiter gehenden Ansprüche übergehen können, als sie dem Vermieter (Zedenten) selbst nach Sach- und Rechtslage zugestanden hätten.

9   Man könnte an dieser Stelle einwenden, dass es sicherlich unbillig wäre, wenn der Mieter, der den Unfall möglicherweise ohne eigenes Verschulden erlitten hat, einen Teil der zur Beseitigung der Schäden erforderlichen Kosten selbst tragen müsste. Dies gilt insbesondere dann, wenn man berücksichtigt, dass der betreffende Mieter sich den – allgemein angewendeten – Regelungen des Mietvertrages nicht entziehen konnte und diese sich nicht als einen Verstoß gegen §§ 305 ff. BGB darstellen. Es wäre aber gleichermaßen unbillig, wenn der Ersatzpflichtige, der an dem betreffenden Rechtsverhältnis nicht mitgewirkt hat, allein deswegen, weil der Mieter sich auf für ihn ungünstige Vertragsbedingungen eingelassen hat, nunmehr einen weitaus höheren Betrag als Schadenersatz leisten muss.

BGHZ 62, 243, 248 = VersR 1974, 860; BGHZ 61, 346 = NJW 1974, 34 = VersR 1974, 90; VersR 1976, 943; VersR 1977, 227; NJW 1981, 750 = VersR 1981, 161 = DAR 1981, 85.
5   Oder eines Rechts.

Der *BGH* geht in seiner Entscheidung vom 18.11.1980[6] in der Beurteilung des dem Besitzer zustehenden Anspruchs recht weit, wenn er die Auffassung vertritt, auch der Mieter einer Sache könne seinen Schadenersatzanspruch im Verhältnis zum Schädiger auf § 7 Abs. 1 StVG stützen, und dieser Anspruch umfasse auch bei rechtlich wertender Betrachtung »sonstige Rechte« im Sinne von § 823 Abs. 1 BGB. Den publizierten Entscheidungsgründen lässt sich jedoch nicht entnehmen, ob sich im konkreten Fall ein höherer Schadenersatzbetrag daraus ergeben hat, dass der Besitzer als Mieter dem Eigentümer des betreffenden Kfz auf vertraglicher Grundlage Ersatz schuldete. Im Übrigen ergibt sich daraus ja auch eine gewisse Konkurrenzsituation im Verhältnis zwischen Besitzer und Eigentümer, wie sie nachfolgend noch etwas eingehender behandelt wird. Der rechtmäßige Besitzer kann nicht ohne Weiteres in die Rechte des Eigentümers eingreifen und gewissermaßen an diesem »vorbei« im eigenen Namen Schadenersatzansprüche geltend machen, die nur unter dem Gesichtspunkt der Eigentumsverletzung auf Ersatz des unmittelbaren Schadens gerichtet sind und »eigentlich« nur dem Eigentümer zugestanden hätten. Insoweit erfordern die schutzwürdigen Interessen des Eigentümers schon unter diesem Aspekt eine gewisse Abgrenzung und Absicherung im Verhältnis zu demjenigen, der lediglich das Besitzrecht ausübt. Es erscheint daher angezeigt, an den bewährten Grundsätzen des Schadensersatzrechts festzuhalten und vom Besitzer, der im eigenen Namen Ansprüche aus Eigentumsverletzung geltend macht, zu erwarten, dass er die ihm obliegende Aktivlegitimation durch Bezugnahme auf einen rechtsgeschäftlichen oder gesetzlichen Forderungsübergang nachweist.

Hinsichtlich der Erstattungsfähigkeit des Schadens aus Besitzstörung im Allgemeinen (also bzgl. des Sachfolgeschadens wg. Fahrzeugausfall) ist zu berücksichtigen, dass der Schaden sich nicht bereits zwangsläufig aus der bloßen Beschädigung einer zum Gebrauch bestimmten benutzbaren Sache und aus der Aufhebung ihrer Gebrauchsfähigkeit ergibt. Von einem Schaden im Rechtssinne wird man erst dann sprechen können, wenn die Besitzstörung, d. h. die Beeinträchtigung des Rechts auf ungehinderten Gebrauch, mit einem deswegen unbefriedigt gebliebenen Bedarf zusammentrifft (Nutzungswille).

Es muss neben diesem Nutzungswillen auch die hypothetische Nutzungsmöglichkeit bestanden haben, d. h. die Entziehung der Gebrauchsvorteile muss dazu geführt haben, dass der Nutzungsberechtigte spürbar in seiner »wirtschaftlichen Bewegungsfreiheit« eingeengt worden ist. Dies bedeutet in der negativen Abgrenzung, dass ein Schaden aus Besitzstörung zu verneinen ist, wenn er eine Sache betrifft, die während der Reparaturdauer oder – im Fall des Totalschadens – während der Wiederbeschaffungszeit ohnehin nicht benutzt worden wäre bzw. aus lediglich subjektiven Gründen – also aus Gründen, die nicht mit der Vereitelung der Sachnutzung zusammenhängen – nicht benutzt worden ist. Das Gleiche gilt dann, wenn gesetzliche Hinderungsgründe dem Gebrauch der Sache entgegenstehen oder ihn einschränken.[7]

II. Geschütztes Rechtsgut

Wie bereits an anderer Stelle dargelegt, handelt es sich bei dem ordnungsgemäß eingeräumten Besitz um ein geschütztes Rechtsgut, dessen Entziehung oder Störung Schadenersatzansprüche auslösen kann. Soweit es sich um den Eigenbesitz handelt, ergeben sich keine Besonderheiten gegenüber den Ansprüchen aus Eigentumsverletzung. Problematisch ist lediglich der aus Fremdbesitz abgeleitete Anspruch, während in der Person des Besitzdieners regelmäßig keine Ansprüche entstehen, es sei denn, dass insoweit das Rechtsinstitut der Schadenliquidation im Drittinteresse in Betracht kommt. Besitz als Form der rein tatsächlichen (gegenständlichen) Herrschaftsgewalt kann lediglich an Sachen und an Sachinbegriffen begründet werden. Der Besitzer kann die ihm zugewachsenen Ansprüche entweder über den Eigentümer oder unmittelbar gegen den Verletzer des geschützten Rechtsgutes geltend machen.[8] Sofern es sich um Kfz-Unfälle handelt, kann sich auch der rechtmäßige Be-

---

6 *BGH* NJW 1981, 750 = VersR 1981, 161 = DAR 1981, 85.
7 Beispiele: Entziehung der Fahrerlaubnis, gesetzliche Fahrverbote, Beschlagnahme des Fahrzeugs im Rahmen der Notstandsgesetze, Rationierung des Treibstoffes usw.
8 Vgl. dazu *BGH* NJW 1981, 750 = VersR 1981, 161; *OLG Celle* VersR 1973, 281.

sitzer – beispielsweise ein Mieter – darauf berufen, dass ihm eigene deliktische Ansprüche aus § 823 Abs. 1 BGB sowie deliktsähnliche Ansprüche im Rahmen der Gefährdungshaftung beispielsweise aus § 7 Abs. 1 StVG im Rahmen des sog. Haftungsschadens, zustehen.[9] Allerdings muss er sich Ersparnisse aufgrund des Schadensereignisses anrechnen lassen, etwa wenn er berechtigt ist, die Fahrzeugmiete aufgrund unfallbedingter Mängel zu mindern.

1. Objektives Gebrauchsinteresse

14 Als geschütztes Rechtsgut kommt lediglich das objektive Gebrauchsinteresse an der Sachnutzung in Betracht. Im Rahmen dieser Überlegungen sollen entsprechend ihrer Zielrichtung kurzerhand die Ansprüche auf Wiederherstellung des früheren Besitzstandes und die Einwendungen aus dem Recht zum Besitz unberücksichtigt bleiben.

15 Schadensersatz unter dem Gesichtspunkt der Besitzstörung ist nur dann zu leisten, wenn der Gegenstand des Gebrauchs selbst beeinträchtigt worden ist und er aus diesem Grunde zeitweilig dem Nutzungsberechtigten zur Verwendung im Rahmen des bestimmungsgemäßen Gebrauchs nicht zur Verfügung steht. Die Entziehung der Sachnutzung muss also darauf beruhen, dass ein Kraftfahrzeug in seiner Substanz beschädigt worden ist bzw. sein Besitz aus anderen Gründen entzogen wurde und damit zugleich auch die Besitzrechte des Eigentümers oder eines sonstigen nutzungsberechtigten Dritten auf Dauer oder auf Zeit aufgehoben worden sind. Im Einzelfall ist sorgfältig zu prüfen, ob der Besitz unter Ausschluss des Eigentümers oder neben ihm ausgeübt wird, weil davon die Beantwortung der Frage abhängt, wer durch die Entziehung des Besitzrechts zur Geltendmachung von Schadenersatzansprüchen aktiv legitimiert ist bzw. ob u. U. Gesamtgläubigerschaft oder Gläubigerschaft zur gesamten Hand vorliegt.

16 Besitzstörung ist auch dann gegeben, wenn die Gebrauchsentziehung darauf beruht, dass das Kraftfahrzeug dem Nutzungsberechtigten zu Unrecht vorenthalten wird.

▶ **Beispiel:**

Der Dieb, der das Kraftfahrzeug durch Diebstahl (§ 242 StGB) oder durch unbefugten Gebrauch (§ 248b StGB) der Einflusssphäre des Nutzungsberechtigten entzieht, schuldet Schadensersatz nicht nur durch Herausgabe der Sache – also des Substanzwerts – an den Eigentümer, sondern auch durch Ausgleich der (mittelbaren) Folgen der Besitzstörung. Das bedeutet, dass er dem Nutzungsberechtigten eine Entschädigung für entgangene Gebrauchsvorteile gewähren bzw. die durch die Entziehung der Sachnutzung entstandenen Mietwagenkosten zu erstatten oder einen etwa dadurch entstandenen Verdienstausfall auszugleichen hat. Das Gleiche gilt für den Inhaber einer Kfz-Reparaturwerkstatt, der wegen einer vermeintlichen Werklohnforderung zu Unrecht ein Zurückbehaltungsrecht ausübt.

17 Wer seinem Vertragspartner den Besitz an versehentlich mitgelieferten Gegenständen rechtswidrig und schuldhaft entzieht, haftet aus dem Gesichtspunkt der positiven Vertragsverletzung sogar für die spätere Zerstörung der Gegenstände.[10] Die auf Besitzstörung aufbauende Rechtsprechung zur Nutzungsausfallentschädigung gilt sinngemäß auch für vertragliche Schuldverhältnisse und dortige Pflichtverletzungen.

2. Subjektives Gebrauchsinteresse

18 An sich gilt als Besitzstörung jede Beeinträchtigung des Besitzers in der Ausübung der tatsächlichen Sachherrschaft. Der Besitz kann daher grundsätzlich nicht nur durch Einwirkung auf die Sache, sondern auch durch Einwirkung auf den Besitzer selbst gestört werden. Dazu gehören insbesondere alle Handlungen, die eine ernstliche Beunruhigung des Besitzers über den ungestörten Fortbestand sei-

---

9 Vgl. dazu *BGH* NJW 1981, 750 = VersR 1981, 161 = DAR 1981, 85 (86 r.Sp.).
10 Vgl. dazu *BGH* VersR 1978, 350 (bei vorsätzlicher Besitzentziehung).

nes Besitzes hervorrufen können. Beschimpfungen, Bedrohungen oder Misshandlungen vermögen zwar seelisch auf den Besitzer, nicht jedoch weitgehend genug auf den Besitz an der Sache selbst einwirken, um als Besitzstörung angesehen zu werden. Diese Grundsätze gelten jedoch lediglich für das aus Vertrag abgeleitete Recht auf Abwehr einer widerrechtlichen Besitzstörung.

Für die Begründung von Schadenersatzansprüchen reichen demgegenüber diese Gesichtspunkte nicht aus. Kein Anspruch auf Ersatz für nicht gezogene Nutzung besteht dann, wenn der berechtigte Besitzer die ihm nach wie vor ohne Veränderung des Leistungsangebotes zur Verfügung stehenden Gebrauchsvorteile lediglich aus rein subjektiven Gründen, die allein in seiner Person liegen (wie z. B. Verletzungen), nicht wahrnehmen kann. Wenn die Sachnutzung durch Verletzung einer Person vereitelt wird, ist es gleichgültig, ob dieses Ergebnis auf unfallunabhängigen oder auf unfallbedingten Gründen[11] beruht. 19

Der Unterschied zu der Rechtsprechung, die eine Entschädigung für die zeitweilige Entziehung der Gebrauchsvorteile eines Kraftfahrzeugs gewährt, liegt in der Abgrenzung des geschützten Rechtsgutes. Es entspricht einem tragenden Grundsatz unserer Rechtsordnung, dass, um eine sonst eintretende »Ausuferung« von Schadenersatzansprüchen zu vermeiden, eine Entschädigung für entgangene Gebrauchsvorteile in der Erscheinungsform des Sachfolgeschadens nur für die am Gegenstand der Nutzung selbst entstandenen Schäden (objektiver Schaden) gewährt wird, obwohl die Schadenersatzansprüche auslösende Einwirkung auf eine Sache oder ein Recht nicht nur in der Erscheinungsform der unmittelbaren Einwirkung, sondern auch durch mittelbare Einflüsse – beispielsweise durch Entziehung oder Vorenthaltung des Besitzrechts bzw. Verletzung des Eigentums – erfolgen kann, indem sie die Benutzung der Sache oder des Rechts für den Geschädigten selbst im rein subjektiven Bereich unmöglich machen. 20

Man muss also aus rechtsdogmatischer Sicht streng trennen, ob die Vereitelung der Sachnutzung darauf zurückzuführen ist, dass der Gegenstand des Gebrauchs beschädigt bzw. rechtswidrig vorenthalten[12] worden ist oder ob die zum Gebrauch berechtigte Person mit der Rechtsfolge Schaden genommen hat, dass sie die ihr im objektiven Bereich unverändert zur Verfügung stehenden Nutzungsangebote aus subjektiven Gründen nicht wahrnehmen konnte.[13] Es gibt keinen Rechtssatz des Inhaltes, dass eine körperlich verletzte Person allein deswegen einen erstattungsfähigen Vermögensschaden erleidet, weil sie wegen ihrer Verletzungen die von ihrem Vermögen ausgehenden Gebrauchsvorteile nicht mehr wahrnehmen kann. 21

Ebenfalls eine entschädigungspflichtige Eigentumsverletzung[14] liegt nach Auffassung des *BGH*[15] dann vor, wenn durch Verschulden eines Verkehrssicherungspflichtigen ein Teil einer Uferbefestigung eingestürzt war und dies zur Folge hat, dass Schiffe, die sich zufälligerweise gerade in jenem Bereich befinden, »eingesperrt« werden und mit Rücksicht auf die dadurch eintretende Behinderung der freien Beweglichkeit kein taugliches Transportmittel mehr sind. Insoweit dürfte es sich allerdings um einen Grenzfall mit Ausnahmecharakter handeln. Dasselbe gilt etwa für den Fall, dass die Benutzbarkeit eines in einer Garage abgestellten Kfz etwa durch widerrechtlich ausgeführte Bauarbeiten vor der Garagenausfahrt für eine gewisse Zeit objektiv unmöglich gemacht wird.[16] 22

Im Allgemeinen muss davon ausgegangen werden, dass bloße Verkehrsbehinderungen[17] lediglich das Vermögen als solches betreffen und daher einen entschädigungspflichtigen Schaden nicht auslösen. Dabei ist insbesondere an den geradezu »klassischen« Fall zu denken, dass zwei Lkw in einem Kreu- 23

---

11 Vgl. dazu *BGH* NJW 1983, 1107 = VersR 1983, 392 = DAR 1983, 163 – a. A. *LG Köln* VersR 1968, 182 (L).
12 Vgl. *OLG Düsseldorf* VersR 1985, 91.
13 Vgl. BGHZ 55, 146 = NJW 1971, 796 = VersR 1971, 444; BGHZ 63, 203 = NJW 1975, 347 = VersR 1975, 239; BGHZ 85, 11, 13 = NJW 1982, 2304 = VersR 1982, 1074; *Weber* VersR 1983, 405.
14 Und damit zugleich auch eine Besitzstörung.
15 Vgl. dazu BGHZ 55, 153 = NJW 1986 = VersR 1986, 418.
16 Vgl. dazu BGHZ 63, 2002 = VersR 1975, 239; VersR 1975, 257.
17 Soweit es sich um die »Vermögensfunktionsstörung« handelt, vgl. *Brüggemeier* VersR 1984, 902.

zungsbereich zusammenstoßen und eines dieser Fahrzeuge mit Rücksicht auf die durch den Unfall eingetretene Betriebsunfähigkeit für eine gewisse Zeit die Kreuzung versperrt. Dies hat zur Folge, dass die sonst viel befahrene Kreuzung von Schienenfahrzeugen (Straßenbahnen), die dort in dichter Folge verkehren, für einige Stunden nicht mehr benutzt werden kann. Der betreffende Verkehrsbetrieb muss daher, um seiner ständigen Beförderungspflicht aus § 22 PBefG zu genügen, mit Omnibussen einen Schienenersatzverkehr einrichten, durch dessen Abwicklung ganz erhebliche Mehrkosten entstehen. Diese Kosten kann der Verkehrsbetrieb dem Schädiger[18] nicht anlasten, weil der Verkehrsbetrieb an dem betreffenden Unfall nicht beteiligt war und durch dessen Folgen lediglich seine allgemeinen Vermögensinteressen beeinträchtigt worden sind.

24 Anders hätte der Fall sich verhalten, wenn in jenem Kreuzungsbereich eine Straßenbahn mit einem wartepflichtigen Lkw zusammengestoßen und dadurch eine Blockierung der Kreuzung eingetreten wäre. Unter dieser Voraussetzung hätte sich der pflichtgemäß eingerichtete Schienenersatzverkehr als Folge des Sachschadens dargestellt und zu einem erstattungsfähigen Schaden geführt. Das Gleiche gilt für den Fall, dass mit Rücksicht auf den von dritter Seite bewirkten Fahrdrahtbruch der Schienenverkehr unterbrochen und die dadurch eingetretene Zwangspause mit Kraftomnibussen überbrückt werden muss. Hier muss jedoch zusätzlich – bezogen auf die zeitliche Dauer der Behinderung – ein adäquater Kausalzusammenhang zum Schadenereignis in der Weise bestehen, dass der Sachschaden die unmittelbare Ursache für die Behinderung und deren Dauer darstellt.

25 Zu Unrecht hat daher das *AG Solingen*[19] einem Verkehrsbetrieb einen Anspruch auf Ersatz von Reservehaltungskosten zugesprochen, weil ein Pkw-Fahrer durch sein Verhalten im Straßenverkehr einen Linienomnibus zu einem derart harten Abbremsen (Notbremsung) veranlasst hat, dass dadurch ein Fahrgast verletzt worden ist und vom Notarzt im Omnibus an Ort und Stelle behandelt werden musste. Auch insoweit war dem betreffenden Verkehrsbetrieb lediglich ein allgemeiner Vermögensnachteil entstanden, der keinen erstattungsfähigen Schaden darstellt. Dabei war auch wenig mit der Überlegung gewonnen, dass die Bestimmung des § 1 StVO, gegen die der Verursacher der Notbremsung verstoßen hatte, ein Schutzgesetz im Sinne des § 823 Abs. 2 BGB darstellt. Das *AG Solingen* hat verkannt, dass allgemeine Vermögensinteressen im Rahmen von § 823 Abs. 2 BGB als Gegenstand der Ersatzleistung lediglich dann in Betracht kommen, wenn die betreffende Rechtsnorm – zumindest auch – dem Schutz des Vermögens dient.[20] Der *BGH*[21] hat jedoch wiederholt festgestellt, dass die Vorschriften der StVO keine Schutzgesetze zugunsten allgemeiner Vermögensinteressen darstellen.

26 Ähnliche Überlegungen gelten für den Fall einer infolge Unfallverletzung des Berechtigten nicht ausgenutzten Monatskarte der Deutschen Bahn.[22] Dem Verletzten steht in einem derartigen Fall ein Schadenersatzanspruch schon deswegen nicht zu, weil er sich den Aufwendungen für den Erwerb einer Monatskarte ohne Bezug auf ein bestimmtes Schadenereignis unterzogen hat und es daher schon an einem adäquaten Zusammenhang zwischen den Aufwendungen und dem Unfall mangelt. Bei diesen Aufwendungen handelt es sich unter rechtlich wertender Betrachtung um notwendige Ausgaben,[23] denen sich der Arbeitnehmer unterziehen muss, um Einkünfte aus seiner Erwerbstätigkeit zu erzielen und sich diese – zur Unterhaltssicherung – zu erhalten. Diese Betrachtungsweise

---

18 Also demjenigen, der den Zusammenstoß im Kreuzungsbereich – beispielsw. durch Verletzung der Vorfahrt – schuldhaft verursacht hat.
19 Vgl. dazu *AG Solingen* VersR 1983, 647 (m. zust. Anm. v. *Fahrbach* VersR 1987 (648 l.Sp.).
20 Vgl. *BGH* VersR 1974, 780 f.
21 Vgl. *BGH* zfs 1983, 130 = VRS 64, 168.
22 Vgl. dazu in einem etwas anderen Zusammenhang, aber mit demselben Grundgedanken: *Klimke* VersR 1971, 883; zfs 1972, 187; bezüglich der Frage, unter welchen rechtlich bedeutsamen Voraussetzungen auch dem nicht berechtigten Besitzer Schadenersatz zusteht vgl. *Wiener* JuS 1970, 557; NJW 1971, 597 – bezüglich der Voraussetzungen, unter denen auf den Verdienstausfallschaden eine Ersparnis von Fahrtkosten zur Arbeitsstelle anzurechnen ist, vgl. *BGH* NJW 1980, 1787 = VersR 1980, 455.
23 Das Steuerrecht spricht insoweit von »Werbungskosten«.

kann dazu führen, dass dem Verletzten die Aufwendungen für den Erwerb der Monatskarte nicht nur nicht zu erstatten sind, sondern dass er sich, sofern die Arbeitsunfähigkeit auch in den Folgemonaten angedauert haben sollte – im Gegenteil –, von seinem erstattungsfähigen Erwerbseinkommen sogar diejenigen Kosten anrechnen lassen muss, die er sonst für die täglichen Fahrten zwischen Wohnung und Arbeitsstelle hätte aufwenden müssen, die er jedoch mit Rücksicht auf seine Arbeitsunfähigkeit erspart hat.

Diese Grundsätze gelten beispielsweise auch für den Fall, dass ein Kind unfallbedingt während eines bestimmten Zeitraums den Kindergarten nicht besuchen konnte. Die dadurch weiterlaufenden Kindergartenbeiträge sind unter dem Gesichtspunkt »frustrierter« Aufwendungen nicht zu erstatten.[24]   27

III. Verhältnis zwischen Besitzer und Eigentümer

Für die Frage, wer zur Geltendmachung von Schadenersatzansprüchen aktiv legitimiert ist, wenn Besitz und Eigentum auseinanderfallen, kommt es auf die vertragliche Gestaltung des Innenverhältnisses zwischen Besitzer und Eigentümer an. Wird das Besitzrecht zulässigerweise unter Ausschluss des Eigentümers ausgeübt, dann stehen Schadenersatzansprüche aus Besitzstörung allem dem berechtigten Besitzer zu. Im Fall von Mitbesitz beider ist zu prüfen, ob der – in der Praxis der Schadenregulierung recht seltene – Fall der Gläubigerschaft zur gesamten Hand oder Teilgläubigerschaft besteht.   28

Für das Verhältnis der einzelnen Mitbesitzer untereinander ist ergänzend die Bestimmung des § 866 BGB von Bedeutung. Nach dieser Vorschrift findet für den Fall, dass mehrere Personen eine Sache gemeinschaftlich besitzen, im Verhältnis der Mitbesitzer zueinander ein Besitzschutz insoweit nicht statt, als es sich um die Grenzen des dem Einzelnen zustehenden Gebrauchs handelt.[25] Erforderlich ist allerdings eine gewisse Gleichstufigkeit des Besitzes. Dies bedeutet, dass die Vorschrift des § 866 BGB auf die Rechtsverhältnisse zwischen mittelbaren und unmittelbaren Besitzern keine Anwendung findet. Eine weitere notwendige Abgrenzung ergibt sich daraus, dass ein Recht auf Mitbenutzung (gemeinsamer Gebrauch) als mindere Form dem Besitzschutz nicht gleich steht und die Ansprüche aus Besitzstörung daher nicht auszulösen vermag. Ferner ist zu berücksichtigen, dass jedem einzelnen Mitbesitzer gegenüber Dritten ein unbeschränkter Besitzschutz (§§ 859–862, 867 BGB) zusteht. Allerdings kann der Mitbesitzer stets nur die Wiedereinräumung des Mitbesitzes und nicht die Gewährung des Alleinbesitzes fordern, weil er in diesem Fall durch die Beseitigung der Rechtsstörung besser gestellt würde.   29

Konkurrieren die Ersatzansprüche in der Weise, dass lediglich der Eigentümer berechtigt war, die Nutzungen bzw. Früchte[26] zu ziehen, dann kann der Besitzer nur Leistung an den Eigentümer, dieser hingegen unbeschränkt Leistung an sich selbst verlangen. Umgekehrt gebührt die Leistung allein dem Besitzer, wenn er zum Besitz berechtigt ist und die Ersatzleistung an ihn sich in dem durch das Besitzrecht bestimmten Vertrauensrahmen hält. Insoweit kann daher der Besitzer Leistungen an sich selbst und der Eigentümer analog zu § 986 Abs. 1 S. 2 BGB zur Leistung an den Besitzer verlangen. In allen übrigen Fällen handelt es sich um gemeinschaftliche Forderungsberechtigte im Sinne von § 432 BGB.   30

Leistet der Schädiger ohne eigenes Verschulden oder infolge nur leichter Fahrlässigkeit an einen nicht oder nicht allein zum Empfang berechtigten Gläubiger, wird seine Interessenlage durch § 851 BGB hinreichend geschützt. Im Innenverhältnis hat dann zwischen Besitzer und Eigentümer ein Ausgleich nach § 816 BGB zu erfolgen. Die Beweislast für die Kenntnis oder grobfahrlässige Unkenntnis trifft den Ersatzberechtigten. Im Zweifelsfalle sollte man daher zur eigenen Sicherheit – um Doppelzahlungen zu vermeiden – vom Rechtsinstitut der Hinterlegung Gebrauch machen.   31

---

24 Vgl. dazu *OLG Celle* r+s 1984, 205.
25 Vgl. dazu BGHZ 62, 243 = VersR 1974, 860 (861: Mitbesitz).
26 Gleichgültig ob Sach- oder Rechtsfrüchte.

IV. Vertragliche Gebrauchsüberlassung an Dritte

32 Der Anspruch auf Schadenersatz aus Besitzstörung wird in der Regel darauf beruhen, dass dem geschädigten Dritten die Sache vom Eigentümer zum Gebrauch überlassen worden ist. Es ist dabei zu unterscheiden, ob dies unentgeltlich in Form der Leihe oder entgeltlich in Form der Miete oder – seltener – der Pacht geschieht.

1. Unentgeltlich

33 Durfte der Besitzer die beschädigte Sache – beispielsweise ein Kraftfahrzeug – unentgeltlich nutzen, dann entsteht in seiner Person durch die Gebrauchsvereitelung mit Sicherheit ein Schaden, für den der Ersatzpflichtige einzustehen hat. Wird beispielsweise ein Firmenfahrzeug einem leitenden Angestellten zur Benutzung nach eigenem Belieben überlassen, so darf er auf Kosten des Schädigers während der Ausfallzeit ein Ersatzfahrzeug anmieten. Selbst dem Ehemann, dem lediglich Mitbesitz am Pkw seiner Ehefrau eingeräumt worden ist, steht das Recht auf Ersatzanmietung zu, da mit Rücksicht auf das eheliche Verhältnis davon ausgegangen werden kann, dass die Benutzung des Fahrzeugs im Interesse beider Ehegatten erfolgt.

34 Als Grundsatz kann davon ausgegangen werden, dass jeder verfügungsberechtigte Besitzer eines Pkw sich auf Kosten des Schädigers ein Ersatzfahrzeug anmieten darf, sofern er dadurch nicht gegen die durch § 254 Abs. 2 BGB normierte Schadenminderungspflicht verstößt. Es darf natürlich insgesamt für jedes beschädigte Fahrzeug nur ein Ersatzfahrzeug angemietet werden.

35 Der Schaden besteht in den Aufwendungen, die für die anderweitige Beschaffung der Gebrauchsvorteile (beispielsweise durch Ersatzanmietung) erforderlich sind. Ersparte Eigenkosten sind unter dem Gesichtspunkt des Vorteilsausgleichs gegenüber dem Besitzer lediglich dann abzusetzen, falls er im Verhältnis zum Eigentümer derartige Kosten zu tragen hatte. Anderenfalls ist der Anspruch des Eigentümers entsprechend zu kürzen, weil durch die zeitweilige Nichtbenutzung in seiner Person ein Vorteil entsteht. Er erlangt ohne Rechtsgrund einen Vorteil, der zu einer Bereicherung führt. Diese ist gem. § 812 BGB auszugleichen. Auf keinen Fall darf die Teilung der Ansprüche, je nachdem, ob sie Eigentumsverletzung oder Besitzstörung betreffen, dazu führen, dass die Anwendung des Vorteilsausgleichs ganz unterbleibt.

2. Entgeltlich

36 Ist die Gebrauchsüberlassung demgegenüber entgeltlich – beispielsweise in der wohl häufigsten Form der Miete – erfolgt, dann ist im Einzelfalle unter Berücksichtigung des Innenverhältnisses zwischen Eigentümer und Besitzer zu prüfen, ob die vereinbarte Vergütung für die Gebrauchsüberlassung wegfällt oder weiter zu entrichten ist. Fällt die Vergütung weg, dann entsteht ein Schaden ausschließlich in der Person des Eigentümers. Er kann die entgangene Miete fordern, muss sich indes auf diesen Anspruch den Betrag anrechnen lassen, der durch die Nichtbenutzung an leistungsbezogenen Betriebskosten eingespart wird. Er wird sich u. U. auch den Einwand entgegenhalten lassen müssen, dass es ihm gerade mit Rücksicht auf das zum Ersatz verpflichtende Ereignis möglich gewesen ist, an den bisherigen Mieter ein anderes Fahrzeug zu vermieten, das sonst von keiner Seite in Anspruch genommen worden wäre und nutzlos herumgestanden hätte. Sofern es sich dabei um ein typengleiches Fahrzeug handelt und der Gegenwert der vereinbarten Miete gleich ist, tritt lediglich eine Verlagerung der Einkünfte von einem Vermögensgegenstand auf den anderen mit der Folge ein, dass ein Schaden nicht entsteht. Allerdings dürfte der Schädiger insoweit darlegungs- und beweisbelastet sein, als eine gesetzliche Vermutung gem. § 252 BGB dafür besteht, dass der Vermieter den üblichen Gewinn aus dem Mietwagen erzielt.

36a Der Ersatzpflichtige kann in diesem Zusammenhang auch keine Einwendungen daraus ableiten, dass der Eigentümer nach versicherungsvertraglichen Grundsätzen zur entgeltlichen Überlassung seines Kraftfahrzeuges nicht berechtigt war oder seiner Anzeigepflicht aus § 14 GewO nicht nachgekommen ist.²⁷ Es kommt in diesem Zusammenhang nicht darauf an, ob und auf welchem Wege der Besitzer sich die ihm entzogene Nutzungsberechtigung anderweitig verschafft, da in seiner Person kein Schaden entstanden ist.

Anders hingegen verhält es sich, wenn die für die Gebrauchsüberlassung vereinbarte Vergütung trotz Ausbleibens der Gegenleistung nach dem vertraglichen Innenverhältnis vom Benutzer weiter zu entrichten ist. In diesem Fall ist ihm ein Schaden entstanden, den der Gläubiger als Folge seines haftbaren Verhaltens zusätzlich zu erstatten hat. Der in seinem Besitzrecht beeinträchtigte Geschädigte kann nach seiner Wahl vom Ersatzpflichtigen den Betrag verlangen, den er für die Zeit, in dem ihm die Nutzungen des Fahrzeugs aus unfallbedingtem Anlass nicht zur Verfügung stehen, an den Eigentümer als vereinbarte Gegenleistung weiter entrichten muss. 37

Handelt es sich dabei um einen »Freundschaftspreis« und ist der mittelbar geschädigte Besitzer auf die Anmietung eines gleichwertigen Ersatzfahrzeugs angewiesen, dann muss der Schädiger den höheren Mietpreis erstatten. Bei der Anwendung des Vorteilsausgleichs in Höhe der eingesparten leistungsbezogenen Betriebskosten des beschädigten Fahrzeugs ist zu prüfen, wer nach dem vertraglichen Innenverhältnis derartige Kosten zu tragen hat. Dementsprechend ist ein Abzug entweder gegenüber dem Eigentümer oder dem Besitzer vorzunehmen. 37a

B. Reservehaltungskosten

Von Reservehaltungskosten²⁸ – auch Vorhaltekosten oder »Generalunkosten« – spricht man dann, wenn bestimmte Betriebe unter Aufwendung abgrenzbarer Mehrkosten über ihren normalen Planbedarf hinaus zusätzliche Fahrzeuge in Form einer Betriebsreserve anschaffen und einsatzbereit vorhalten, um die sonst nicht mögliche Aufrechterhaltung ihres Fahrbetriebs zu gewährleisten. Im Interesse dieser ständigen Betriebsbereitschaft kann es zweckmäßig – mitunter sogar geboten – sein, unter wirtschaftlich orientierten Gesichtspunkten eine sinnvolle Reservehaltung (Vorhaltung) von Fahrzeugen zu betreiben. 38

I. Gründe für die Vorhaltung

Vornehmlich größere Betriebe werden für besonders gewerblich eingesetzte Nutzfahrzeuge in Form eines betriebswirtschaftlich vertretbaren Fahrzeugüberhanges Reservewagen zu den verschiedensten Zwecken bereithalten. 39

1. Spezialfahrzeuge

Wenn normalerweise ein Fahrzeug ausfällt, dann lässt sich diese Lücke in aller Regel durch eine Ersatzanmietung schließen. Anders liegen die Dinge indes, wenn es sich um Spezialfahrzeuge handelt, die von gewerblichen Autovermietern üblicherweise nicht angeboten werden und sich mit einem wirtschaftlich vertretbaren Kostenaufwand auch sonst nicht kurzfristig beschaffen lassen. Dazu gehören etwa – um nur einige »klassische« Beispiele zu nennen – Lokomotiven und sonstige Schienenfahrzeuge (Eisenbahn- und Straßenbahnwagen), aber auch Kraftfahrzeuge mit Sonderausstattung, beispielsweise Linienomnibusse, Lösch-, Polizeifahrzeuge und Müllwagen,²⁹ ja selbst Bestattungswagen, Taxis und Fahrschulwagen. Falls ein derartiges Fahrzeug einmal ausfällt, wird es dem Halter oder dem sonstigen Nutzungsberechtigten in aller Regel nicht gelingen, sich die dadurch entzogenen Gebrauchsvorteile anderweitig wieder zu verschaffen. Um die dadurch sonst eintretenden Nachteile zu vermeiden, ist es erforderlich, über den allgemeinen Bedarf hinaus von jedem Typ einige Fahrzeuge in die Betriebsreserve einzustellen. Falls eine Vorhaltung nicht sinnvoll ist – sich beispielsweise aus wirtschaftlichen Gründen nicht lohnt –, kann der Geschädigte, dem es trotz zumutbarer Bemü- 40

---

27 Vgl. *LG Stuttgart* VersR 1972, 698.
28 Vgl. *Littbarski* BB 1980, 1448.
29 Vgl. dazu *AG Dillenburg* zfs 1982, 234.

hungen nicht gelungen ist, ein für seine Zwecke geeignetes Ersatzfahrzeug anzumieten, vom Schädiger die Ausgleichung seines Erwerbsschadens im Sinne von § 252 BGB verlangen.

2. Öffentliche Interessen

41 Eine Vorhaltung wird insbesondere dann in Betracht kommen, wenn nicht allein betriebswirtschaftliche Interessen unter dem Gesichtspunkt eines gesunden Gewinnstrebens angesprochen sind, sondern wenn unabhängig davon das betreffende Unternehmen im Hinblick auf seine Monopolstellung der ständigen Betriebspflicht – etwa nach § 21 des PBefG – unterliegt. In diesem Fall unterliegt es nicht der freien innerbetrieblichen Disposition, ob es sinnvoller ist, unter Inkaufnahme eines Umsatzverlustes (Einnahmeausfalls) bestimmte Fahrten ersatzlos ausfallen zu lassen, sondern ein derartiger Betrieb muss kraft gesetzlicher Verpflichtung auch beim Ausfall einzelner Fahrzeuge unter Einhaltung des von der Genehmigungsbehörde festgesetzten Fahrplanes die stetige Betriebsbereitschaft gewährleisten.

42 Ähnliche Überlegungen gelten auch für andere dem öffentlichen Interesse dienende Einrichtungen, wie etwa Feuerwehr- oder Streifenwagen der Polizei, über Notarzt- und andere Krankenwagen bis hin zu Rettungshubschraubern oder Seenotrettungskreuzern. In diesen Fällen ist eine Reservehaltung auch dann geboten, wenn sie unter rein betriebswirtschaftlichen Aspekten an sich unrentabel ist.

II. Betriebliche Interessen

43 Im Allgemeinen liegt die Reservehaltung überdies aber auch im betrieblichen Interesse. Es ist bekannt, dass Betriebe mit einem umfangreichen Fahrzeugpark nach den Gesetzen der Serie und der großen Zahl ständig mit Fahrzeugausfällen rechnen müssen. Diese Ausfälle enthalten einen Mechanismus, dem eine bestimmte Regelmäßigkeit innewohnt; sie lassen sich daher mit einiger Verlässlichkeit voraussehen.

44 Unter gewissen Voraussetzungen kann auch die durch § 254 Abs. 2 BGB normierte Schadenminderungspflicht eine betriebsnotwendige Reservehaltung gebieten. Man denke etwa an einen Unternehmer, der sich gewerbsmäßig mit dem Vertrieb von Tiefkühlkost befasst und zu diesem Zwecke eine Reihe von Spezial-Thermowagen unterhält. Dieser Unternehmer muss beispielsweise in der Lage sein, beim Ausfall eines seiner Spezialfahrzeuge die hochempfindliche Tiefkühlkost sofort in ein Reservefahrzeug umzuladen, damit die Ware nicht verdirbt. Falls der betreffende Unternehmer eine notwendige Reservehaltung unterlässt, kann er im Beispielsfall nicht den Gegenwert der verdorbenen Ware vom Schädiger ersetzt verlangen, sondern lediglich die (gedachten) Reservehaltungskosten, die bei ordnungsgemäßer Erfüllung der Schadenminderungspflicht entstanden wären.

1. Werkstattreserve

45 Im Vordergrund steht dabei die Notwendigkeit, eine ausreichende Werkstattreserve vorzuhalten, da nach den Erfahrungen der Praxis damit zu rechnen ist, dass stets einige Fahrzeuge – im Regelfalle etwa 10 bis 15 % – aus innerbetrieblichen Gründen ausfallen, beispielsweise im Rahmen der turnusmäßigen Wartung sowie zur Durchführung von Inspektionen, Haupt- und Zwischenuntersuchungen sowie zur Beseitigung von Verschleißschäden.

2. Unfallreserve

46 Gleichzeitig aber muss der Betrieb auch mit Fahrzeugausfällen rechnen, die auf Verkehrsunfällen beruhen. In diesem Bereich wiederum wird unterschieden zwischen selbst verursachten Schäden und Ausfällen, die in Rechtsgutverletzungen Dritter ihre Ursache haben. Sehr viele Unfälle werden – wie sich häufig erst sehr viel später nach Abschluss der amtlichen Ermittlungen herausstellt – von beiden Parteien – ggf. auch unter Beteiligung Dritter – verursacht.

3. Verkehrsspitzen

Für Verkehrsbetriebe kommt als Besonderheit noch hinzu, dass zusätzliche Reservefahrzeuge auch bereitgehalten werden müssen, um die ständige Einsatzbereitschaft auch zu Zeiten von Verkehrsspitzen – etwa Berufs- oder Schülerverkehr – und für besondere Veranstaltungen zu gewähren (Mehrleistungsreserve). Der Einsatz erfolgt dann in aller Regel in Form von außerfahrplanmäßigen Verstärkungszügen. 47

4. Kostenstellen

Es liegt auf der Hand, dass eine Reservehaltung, auch wenn sie betriebswirtschaftlich sinnvoll betrieben wird, d. h. sich an dem unumgänglich notwendigen Mehrbedarf orientiert, abgrenzbare Mehrkosten verursacht, die nach dem Umfang des Bedarfs und dem Zweck der Inanspruchnahme im Interesse einer exakten Erfolgskontrolle verschiedenen Kostenstellen zuzuordnen sind. Soweit es sich um die Werkstattreserve und um die Vorhaltung für eigenwirtschaftliche Zwecke – etwa zum Ausgleich für selbst verursachte Unfallschäden – handelt, werden die Reservehaltungskosten ohne Frage in die innerbetrieblichen Kalkulationen eingehen bzw. über Frachtentgelte und – hier allerdings nur mit Einschränkungen – Beförderungstarife vom Anbieter der Leistung auf den Abnehmer abgewälzt. 48

Anders hingegen verhält es sich mit den Kosten für Reservefahrzeuge, die zwar auch im betrieblichen Interesse bereitgehalten werden, jedoch – zumindest von der Anzahl her – allein dazu bestimmt sind, im Fall fremd verursachter Schäden eingesetzt zu werden. Insoweit erscheint es nicht gerechtfertigt, auch diese Kosten über die Kalkulation (Tarif- und Preisgestaltung) den Kunden anzulasten. Insoweit kann der Geschädigte unter den nachfolgenden Voraussetzungen Ersatz seitens des Schädigers verlangen. 49

III. Anspruchsbegründende Voraussetzungen

1. Kriterien

In seiner Grundsatzentscheidung vom 10.5.1960 hat der *BGH*[30] eine Reihe von anspruchsbegründenden Voraussetzungen statuiert, um den Begriff der Reservehaltungskosten nach rechtlichen Kriterien abzugrenzen. Danach ist es erforderlich, dass der Gläubiger neben einem den vermehrten Bedarf in Zeiten erhöhter Inanspruchnahme deckenden Bestand an planmäßigen Fahrzeugen und über eine angemessene Werkstattreserve hinaus unter Aufwendung abgrenzbarer Mehrkosten zusätzliche Reservefahrzeuge angeschafft hat und bereithält, um beim Ausfall eines seiner Wagen infolge fremd verursachter Schäden die sonst nicht mögliche reibungslose Aufrechterhaltung seines Fahrbetriebes zu gewährleisten.[31] 50

Vom Geschädigten sind grundsätzlich zwei Tatsachen zu beweisen, und zwar die 51
- Notwendigkeit der Reservehaltung im Rahmen der betrieblichen Belange (Betriebsstruktur) und die
- Tatsächliche Vorhaltung (nicht unbedingt Einsatz) von Reservefahrzeugen als Folge der betrieblichen Notwendigkeit.

2. Notwendigkeit von Vorsorgemaßnahmen

Als vorrangige anspruchsbegründende Voraussetzung wird verlangt, dass die Vorsorgemaßnahmen im Rahmen der individuellen betrieblichen Struktur notwendig sind, um den sich sonst in anderen Bereichen – etwa auf dem Umwege über § 252 BGB – vollziehenden Eintritt eines höheren Schadens abzuwenden. Selbstverständlich kann sich die Notwendigkeit zur Vorhaltung von Ersatzfahrzeugen auch daraus ergeben, dass das Unternehmen unabhängig von wirtschaftlichen Überlegungen der ständigen Betriebspflicht unterliegt. 52

---

30 BGHZ 32, 280.
31 Insoweit teilweise wieder aufgegeben seit *BGH* NJW 1978, 812.

53 Es ist ferner erforderlich, dass die etwa notwendigen Maßnahmen zur Reservehaltung sich an den Grundsätzen eines ordnungsgemäßen Geschäftsbetriebes orientieren. Die oberste Grenze für die Erstattungsfähigkeit von Reservehaltungskosten stellen diejenigen Aufwendungen dar, die im Fall der Ersatzanmietung – wäre sie zulässig und möglich – entstanden wären. Nur demjenigen Betrieb stehen demgemäß Reservehaltungskosten zu, der sich – gemessen am Maßstab des § 254 Abs. 2 BGB – im Fall einer wirklich vollzogenen Ersatzanmietung sachgerecht verhalten, d. h. unter dieser Prämisse nicht gegen seine Schadenminderungspflicht verstoßen hätte.

54 Zusammenfassend lässt sich feststellen: Die Reservehaltung wird stets dann nach den Grundsätzen der Voraussehbarkeit und durch die Herstellung eines Zurechnungszusammenhanges auch im Sinne der Adäquanz eine sachgerechte Maßnahme darstellen, wenn ein größerer Betrieb aufgrund der durch sorgfältige Auswertung der Statistik gewonnenen Erfahrungen und Erkenntnisse nach Lage der Dinge auch künftig mit einer ins Gewicht fallenden Anzahl von drittverursachten Rechtsgutverletzungen rechnen muss, deren Folgen sich nur durch die Vorhaltung von Ersatzfahrzeugen abwenden lassen.

55 Eine – durch die jetzige Rechtsprechung eingeleitete – etwas schizophren anmutende Entwicklung kann sich allerdings dann ergeben, wenn der Geschädigte, der im Prozess oder im Zuge von außergerichtlichen Regulierungsverhandlungen vergeblich versucht hat, die anspruchsbegründenden Voraussetzungen für die Zubilligung von Reservehaltungskosten nachzuweisen, nach dem Misslingen dieser Bemühungen plötzlich erkennen muss, dass ihm nunmehr zwar keine Vorhaltekosten, dafür aber eine sogar nicht unwesentlich höhere Schadensersatzleistung, nämlich eine Entschädigung für entgangene Gebrauchsvorteile zusteht. Er erhält in diesem Fall nach der Auffassung des *BGH*[32] über die reinen »Generalunkosten« des betreffenden Fahrzeugs – also über die Vorhaltekosten = Fixkosten – hinaus einen »maßvollen« Zuschlag, der dem Umstand Rechnung tragen soll, dass der Gebrauchsvorteil eines betriebsbereiten und einsatzfähigen Fahrzeugs im Rechtsverkehr zutreffenderweise höher eingeschätzt wird als der Gegenwert der Kosten, die erforderlich sind, um ein derartiges Fahrzeug bereitzuhalten.

3. Bestimmbarkeit

56 Besondere Schwierigkeiten hat der Rechtsprechung die Frage der Bestimmbarkeit (Identität) von vorgehaltenen Reservefahrzeugen bereitet, die eng mit dem Problem der Austauschbarkeit verbunden ist. Ganz offensichtlich hatte der *BGH* sich zunächst ohne genaue Kenntnis der Erfordernisse der betrieblichen Praxis ein ganz bestimmtes Fahrzeug vorgestellt, das ausschließlich dazu bestimmt ist, den durch fremd verursachte Schäden eintretenden Ausfall zu überbrücken, und das zu keinem anderen Zwecke eingesetzt wird. Diese Intention wird deutlich, wenn der *BGH* an mehreren Stellen seines Urteils von »dem« Reservefahrzeug spricht und dann fortfährt, mit der Vorhaltung eines derartigen Wagens liege »ein Kapitalaufwand vor, der nach seinem Zweck nur auf die Beseitigung der zu erwartenden Schäden aus fremder Schuld gerichtet und wirtschaftlich gesehen auf die ganze Zeit zu beziehen ist, die der normalen Lebensdauer des in Reserve gestellten Fahrzeugs entspricht«.[33]

57 Es liegt auf der Hand, dass eine derartige Reservehaltung unwirtschaftlich wäre und zu einer erheblichen Kostenbelastung führen müsste. So könnten beispielsweise Verkehrsbetriebe mit ihrem weitverzweigten Streckennetz und mehreren über ein großflächiges Stadtgebiet verteilten Betriebshöfen die Wagen nicht mehr austauschen, sondern müssten, um erhebliche Überführungskosten zu vermeiden, auf allen Betriebshöfen zumindest einen, sehr wahrscheinlich sogar mehrere Reservewagen von jedem Typ bereithalten.

58 Außerdem könnte man sich dann nicht mehr an auf Erfahrungen beruhenden Durchschnittswerten orientieren, sondern man müsste den Maximalbedarf einplanen, um auch für den »schwärzesten« Tag gerüstet zu sein. Diese Betrachtung müsste – konsequent zu Ende gedacht – dazu führen,

---

32 *BGH* VersR 1971, 720.
33 Siehe auch *BGH* NJW 1961, 729 = VersR 1961, 358.

dass sich die Gesamtkosten aller mit dieser (verfehlten) Zielprojektion bereitgehaltenen Reservewagen auf die dann relativ geringe Zahl der Tage verteilen, an dem diese Wagen im Rahmen ihres bestimmungsgemäßen Vorhaltezwecks eingesetzt worden sind. Jeder Schädiger müsste dann den Anteil an den Gesamtkosten tragen, in dem die von ihm verursachte Ausfallzeit im Verhältnis zum Ganzen steht. Dies würde zu einer Art »Risikogemeinschaft aller Schädiger« führen, die in dieser Konstruktion unserer Rechtsordnung fremd sind.

Diese Methode würde nicht nur zu nicht praktikablen, sondern darüber hinaus auch zu geradezu unerträglichen Ergebnissen führen. Das Prinzip der Austauschbarkeit in Form einer Dynamisierung der Reservehaltung liegt daher – richtig verstanden – gerade auch im Interesse der Schädiger, weil nur diese Methode gewährleistet, dass jeder von ihnen ausschließlich mit dem Anteil am Schaden belastet wird, den er selbst verursacht hat. Bei genauerer Betrachtung muss man überdies auch feststellen, dass der Schädiger keineswegs unzumutbar in seinen Rechten beeinträchtigt wird, dass »sein« Reservewagen, dessen Einsatz er aus Anlass eines von ihm verursachten Unfalles zeitweilig veranlasst hat, gelegentlich im Interesse einer besseren Auslastung der Kapazitäten auch für andere betriebliche Zwecke Verwendung findet. Wenn die Jahreskosten dieses Wagens dann auf die Anzahl der potenziellen Einsatztage verteilt und der einzelne Schädiger pro rata temporis nur mit dem Anteil belastet wird, der der von ihm verursachten Ausfallzeit des beschädigten Fahrzeugs und demgemäß der von ihm veranlassten Einsatzzeit des Reservewagens entspricht, dann ist dies eine gleichermaßen, aber auch – in des Wortes doppelter Bedeutung – billige Lösung. 59

Erst in seinen beiden Grundsatzentscheidungen vom 10.1.1978 hat der *BGH*[34] sich nunmehr endgültig und expressis verbis unter Aufgabe seiner früheren Rechtsprechung zu dem allein wirtschaftlich sinnvollen Prinzip der Austauschbarkeit bekannt. Es müssen jetzt also nicht mehr bestimmte – vom übrigen Bestand deutlich abgegrenzte – Reservefahrzeuge vorhanden sein, sondern es genügt der Nachweis, dass das betreffende Unternehmen mit Rücksicht auf zu erwartende Rechtsverletzungen Dritter der Anzahl nach mehr Fahrzeuge in die Betriebsreserve eingestellt hat und bereithalten muss, als es für die Erfüllung betrieblicher Aufgaben benötigt hätte, wenn mit fremd verursachten Schäden und darauf beruhenden Ausfällen nicht gerechnet zu werden brauchte. 60

Die Regulierungspraxis ist – von wenigen Ausnahmen am Beginn der Entwicklung einmal abgesehen – dem *BGH* in seiner bis dahin recht engherzigen Auffassung nicht gefolgt, sondern hat bereits seit vielen Jahren den Standpunkt eingenommen, dass es genügt, wenn ein der Anzahl nach bestimmbarer Fahrzeugüberhang in der Betriebsreserve vorhanden ist, der ohne fremd verursachte Schäden entbehrlich wäre.[35] 61

IV. Höhe

1. Generalunkosten (Fixkosten)

Bei den Reservehaltungskosten handelt es sich um den betrieblichen Aufwand für die Anschaffung, Bereitstellung und Unterhaltung (Vorhaltung) von Ersatzfahrzeugen. Diese Erkenntnis bedeutet – auf eine etwas vereinfachte Formel gebracht –, dass die Reservehaltungskosten in etwa mit den (leistungsunabhängigen) Fixkosten (»Generalunkosten«) eines Fahrzeugs identisch sind, zu denen unter gewissen Voraussetzungen noch die turnusmäßig – innerhalb bestimmter zeitlicher Intervalle – ohne Rücksicht auf die Leistung anfallenden Kosten hinzutreten. 62

Zu den Generalunkosten gehören insbesondere die Kapitaldienstkosten (Aufwand für Verzinsung und Abschreibung des Anlagekapitals), und zwar sowohl für Fahrzeuge als auch für Unterstellräume und sonstige Stellflächen, ferner die anteiligen Kosten für die durch den bestimmungsgemäßen Einsatz (Investition) eingetretene Bindung des betriebsnotwendigen Umlaufkapitals. Im Übrigen unter- 63

---

34 Vgl. dazu *BGH* NJW 1978, 812 = VersR 1978, 374 = DAR 1978, 164; VersR 1978, 375; *AG Emmendingen* zfs 1980, 102; *Weber* DAR 1979, 113.
35 Vgl. dazu *Klimke* VersR 1976, 828.

scheidet man zwischen leistungsabhängiger Gebrauchsabschreibung, die im Rahmen des Einsatzes durch die Abnutzung (den Verschleiß) des Fahrzeugs eintritt, und der gebrauchsunabhängigen Alterungsabschreibung. Diese beruht zunächst einmal auf Korrosionserscheinungen (Verwitterung, Durchrosten und Zersetzung der einzelnen Bestandteile des Fahrzeugs). Auch eine Beeinträchtigung durch vagabundierende Ströme wäre bei Schienenfahrzeugen denkbar. Weiter zu berücksichtigen ist die durch Typenüberalterung eintretende Entwertung des Anlageguts. Darunter versteht man den Wertverzehr durch den technischen Fortschritt, der zur Entwicklung wirtschaftlich kostengünstigerer und sicherheitstechnisch verbesserter Fahrzeuge führt. Außerdem kommt eine Abnutzung aufgrund von Bedarfsverschiebungen bei Nutzfahrzeugen in Betracht, die der Personenbeförderung dienen. Entscheidend dafür ist das von den Fahrgästen entwickelte Bedarfsprofil in Form von höheren Anforderungen an den Komfort und die Ausstattung der Fahrzeuge. Schließlich kommt noch bei Schienenfahrzeugen eine Abnutzung durch Verwendungsablauf in Betracht, sofern neue Triebwagen angeschafft werden, die mit den bisherigen Beiwagen von der technischen Ausstattung her nicht mehr korrespondieren.

64 Soweit es sich um die Kosten für Unterstellräume handelt, ist bei der Ermittlung des Kapitaldienstes zunächst einmal zu berücksichtigen, dass im Hinblick auf die unterschiedliche Lebensdauer von verschiedenen Einflussfaktoren auszugehen ist. Da der dem Unterstellplatz zuzurechnende Grundstücksanteil keinem Wertverzehr (Verschleiß) unterliegt, ist insoweit lediglich der Zinsdienst zu berücksichtigen. Soweit es sich um die auf dem betreffenden Grundstück errichteten Bauwerke handelt, die der Unterstellung von Fahrzeugen dienen, kann für die Bemessung des Zinsdienstes und der Abschreibungen von einer Lebensdauer zwischen 40 und 50 Jahren ausgegangen werden. Sollte es sich um Schienenfahrzeuge handeln, müssen auch die Kosten der zu den Unterstellräumen führenden Gleisanlagen wertanteilig – über die Anzahl der dort insgesamt abgestellten Fahrzeuge – in die Kostenrechnung eingehen. Man muss dabei zwischen gemeinsamen Schienensträngen (beispielsweise Gleisharfen) und den Abstellplätzen unterscheiden, die nur für ganz bestimmte Fahrzeuge vorgesehen sind. Für die Ermittlung des vollen Kapitaldienstes kann die Lebensdauer der Gleisanlagen mit etwa 25 Jahren angesetzt werden.

65 Zusätzlich sind indes die »Bewirtschaftungskosten« der Unterstellräume zu berücksichtigen. Dabei handelt es sich um den Kostenaufwand für Wartung, Instandhaltung, Beaufsichtigung, Beheizung und Beleuchtung. Diese Kosten setzen sich aus folgenden primären Kostenarten zusammen:

66 Zunächst einmal sind die Arbeitskosten zu berücksichtigen. Darunter versteht man die Gehalts- und Lohnkosten für die Planung und Durchführung der Wartung und Instandhaltung des betreffenden Unterstellraums einschließlich aller Gehalts- und Lohnnebenkosten zuzüglich der als Kostenbestandteile geltenden Lohngemeinkosten.

67 Außerdem sind von Bedeutung die Betriebsmittelkosten. Dabei handelt es sich um Abschreibungskosten für Wartungs- und Instandhaltungsgeräte bzw. -werkzeuge, soweit sie höherwertig sind und im Zuge der Wartung und Instandhaltung des Unterstellraumes Verwendung finden.

68 Weiterhin von Bedeutung sind die Werkstoffkosten. Darunter versteht man Kosten für Material, Roh-, Hilfs- und Betriebsstoffe, soweit diese für die Wartung und Instandhaltung des Unterstellraums erforderlich sind. In Betracht kommen ebenfalls noch geringwertige Werkzeuge, die der Sofortabschreibung unterliegen.

69 Schließlich ist, sofern es sich um Verkehrsbetriebe handelt, als weiterer Rechnungsposten das unterschiedliche Auslastungsrisiko zu berücksichtigen. Da Verkehrsbetriebe ohne Rücksicht auf äußere Umstände einer ständigen Betriebspflicht unterliegen, müssen sie ihren Fahrzeugbestand so gestalten, dass sie bezüglich ihrer Einsatzbereitschaft selbst für den »schwärzesten« Tag gerüstet sind. Dies kann etwa ein Wintertag mit Glatteis sein, an dem sehr viele Fahrzeugausfälle aus witterungsbedingten Gründen zu verzeichnen sind. Gleichzeitig muss überdies berücksichtigt werden, dass an einen Verkehrsbetrieb – trotz starker Verdichtung des Winterfahrplans – in Form von Sonderfahrten erhöhte Anforderungen an die Leistungsbereitschaft des Unternehmens gestellt werden. Es liegt auf der Hand, dass ein Verkehrsbetrieb, der sich in dieser Weise an Maximalvorstellungen orientieren

muss, zu bestimmten Zeiten seine Reservefahrzeuge häufig nicht genügend auslasten kann. Dieses Risiko der ungenügenden Auslastung bewertet das *OLG Bremen* im Zusammenhang mit der Ermittlung der Einsatztage recht vorsichtig mit 12 %.[36]

Unberücksichtigt bleiben nach konventioneller Betrachtungsweise die leistungsbezogenen Betriebskosten, die durch den Einsatz des Reservewagens selbst entstehen, da diese Aufwendungen sich durch entsprechende Einsparungen am zeitweilig stillgelegten (beschädigten) Fahrzeug ausgleichen. Insoweit greift der Einwand des antizipierten (vorweggenommenen) Vorteilsausgleichs Raum. Ihm kann am einfachsten in der Form Rechnung getragen werden, dass man sich rein fiktiv die Kostenbelastung für ein ständig stehendes Fahrzeug vorstellt. 70

Die auch heute noch vorherrschende Regulierungspraxis geht davon aus, dass die Abschreibungskosten, die ansonsten bei rein betriebswirtschaftlich ausgerichteter Betrachtungsweise in einer Summe festgestellt und ausgewiesen werden, in abgrenzbare Aufwendungen[37] für leistungsbezogene Gebrauchsabschreibung einerseits und die nutzungsunabhängige Alterungsabschreibung andererseits aufzuspalten sind. Insoweit muss jedoch berücksichtigt werden, dass es auf die rein steuerliche Seite der gewählten Abschreibungsform nicht ankommt, sondern unter Einbeziehung schadenersatzrechtlicher Erwägungen allein auf den Zeitraum zwischen der Indienststellung und der Aussonderung des betreffenden Fahrzeugs.[38] Der Anteil der Alterungsabschreibung kann bei langlebigen Wirtschaftsgütern mit geringem Verschleiß – beispielsweise Schienenfahrzeugen – mit etwa 80–90 % der Bezugsgröße (Wiederbeschaffungs- oder Anschaffungswert) angenommen werden. 71

Wenn das betreffende Unternehmen seine Reservefahrzeuge allein auf der Grundlage des Zeitfaktors – beispielsweise also nach einem 5-jährigen Benutzungszeitraum – abschreibt, dann muss bei genauerer Betrachtung auch die leistungsbezogene Gebrauchsabschreibung in die Kostenrechnung für die Ermittlung der Vorhaltekosten eingehen. Diese Kosten werden zunächst zwar scheinbar dadurch erspart, dass eine Verlagerung im Verschleiß von dem zeitweilig ruhenden (beschädigten) Fahrzeug auf den statt seiner eingesetzten Reservewagen eintritt (Kap. 10 Rdn. 70). Dabei handelt es sich jedoch bei Licht besehen – wiederum bezogen auf das beschädigte Fahrzeug – nicht um einen echten Vorteil, weil die Leistung, die zunächst durch den unfallbedingten Werkstattaufenthalt nicht in Anspruch genommen worden ist, im Hinblick darauf, dass der Aussonderungszeitpunkt sich dadurch nicht um einen einzigen Tag verschiebt, später auch pro rata temporis nicht mehr nachgeholt werden kann. Das bedeutet, dass diese Leistung endgültig für das Unternehmen verloren geht und aus dem Bündel der potenziellen Nutzungsmöglichkeiten mit irreparablem Ergebnis ausscheidet. 72

Falls das betreffende Unternehmen jedoch entgegen der sonst üblichen Handhabung seine Fahrzeuge allein nach Leistung abschreibt und auf dieser Basis aussondert, können die Abschreibungsraten nicht in die Kostenberechnung einbezogen werden, da die zunächst ausgefallene Leistung später nachgeholt und das Fahrzeug erst dann ausgemustert wird. 73

Mit diesem Problem hat der *BGH* sich in seinen beiden Grundsatzentscheidungen vom 10.1.1978[39] nur am Rande befasst, da es sich in den beiden anstehenden Prozessen insoweit in erster Linie um ein Problem der tatrichterlichen Würdigung und Feststellung handelte. Die Vorinstanz (*OLG Bremen*) hatte entgegen des Vortrags der dortigen Klägerin angenommen, dass sie ihre Fahrzeuge nicht nach einem bestimmten Zeitplan – gewissermaßen »generationsweise« – aussondert, sondern sie »bis zur Erschöpfung ihrer technischen Nutzungsfähigkeit« einsetzt. Diese Feststellung war, da sie auf rein tatsächlichem Gebiet liegt, der Nachprüfung durch die Revisionsinstanz verschlossen. Ansonsten hat auch der *BGH* sich bei früherer Gelegenheit in Übereinstimmung mit der herrschenden Regu- 74

---

36 VersR 1976, 665.
37 Nach herrschender dynamischer Bilanzauffassung sind Abschreibungen für Anlagegüter, die einem Wertverzehr unterliegen, periodifizierte erfolgswirksame Ausgaben (Aufwand).
38 Mit anderen Worten also: auf die betriebsbezogene Nutzungsdauer.
39 Vgl. dazu BGHZ 70, 199 = NJW 1978, 812 = VersR 1978, 374; VersR 1978, 375; *AG Emmendingen* zfs 1980, 102; *Weber* DAR 1979, 113 (132 r.Sp. oben).

lierungspraxis zur Einbeziehung zumindest der leistungsunabhängigen Alterungsabschreibung bekannt.[40]

75 Der Kapitaldienst – darunter versteht man die Kosten, die durch den Kapitaleinsatz (Investition – Kapitalverwendung) entstehen – ist der Oberbegriff; unter dem Abschreibungen und Zinsen zusammengefasst werden. Er bezieht sich auf den Anschaffungswert, nach Meinung mancher Autoren – im Interesse der substanziellen Kapitalerhaltung – auf den Wiederbeschaffungswert. Dabei ist indes zu berücksichtigen, dass jedes Fahrzeug am Ende seiner bestimmungsgemäßen Nutzungsdauer noch einen gewissen Restwert repräsentiert, der für die Ermittlung des Kapitaldienstes abzusetzen ist. Auszugehen ist daher vom berichtigten Anschaffungswert. Es kann allerdings gerade bei Schienenfahrzeugen der Fall eintreten, dass am Ende der planmäßigen Laufzeit eine Verwertung in der sonst üblichen Form durch Veräußerung oder Weiterverwendung für minder qualifizierte Zwecke nicht möglich ist, weil sich für derartige Wagen keine Abnehmer finden. Das bedeutet, dass der Restwert allein im Schrotterlös besteht, der bei Schienenfahrzeugen häufig durch die Rückgewinnungskosten (Demontagekosten) aufgezehrt wird.

76 Bei der Berechnung des Zinsdienstes kann – unter Berücksichtigung der fortschreitenden Abschreibung – entweder vom halben Anschaffungswert oder vom mittleren Zinssatz ausgegangen werden.

77 Weiter ist zu berücksichtigen, dass auch ruhenden Fahrzeugen ein gewisses Maß an Wartung und Instandhaltung zuteil werden muss. Die dadurch entstehenden Kosten gehen ebenso wie der Aufwand für die Pflege des – vorgestellt ruhenden – Fahrzeugs in die Kalkulation für die Reservehaltungskosten ein. Das Gleiche gilt für Unterstellkosten (Aufwendungen für die Beschaffung und Unterhaltung von Stellflächen) sowie für Steuern und Versicherungsprämien, soweit sie unabhängig von der Leistung des Fahrzeugs anfallen, um seine jederzeitige Betriebsbereitschaft zu gewährleisten.

78 Das *OLG Bremen* geht in seinem Urteil vom 18.6.1975[41] davon aus, dass die gesamten Vorhaltekosten (Jahreskosten) durch die Zahl 365 zu dividieren seien, um auf diesem Wege den für die Weiterberechnung maßgeblichen Tagessatz zu ermitteln, obwohl Linienomnibusse in der Regel aufgrund fälliger Wartungen bzw. Reparaturen etc. nur an ca. 300 Tagen des Jahres für den betrieblichen Einsatz zur Verfügung stehen. Dies begründet das *OLG Bremen* mit der Erwägung, dass auch der beschädigte Wagen, wenn er durch das zum Ersatz verpflichtende Ereignis nicht ausgefallen wäre, während der Reparaturzeit »nach der statistischen Wahrscheinlichkeit betriebsbedingt für die anteilige Dauer ausgefallen wäre«. Lediglich aus der Erwartung heraus, dass die Reservefahrzeuge nicht an allen Tagen voll ausgelastet sind, hat das *OLG Bremen* den Tagessatz um einen Zuschlag von 12 % aufgestockt.

79 Der *BGH* hat zu diesem Fragenkomplex lediglich in Form eines obiter dictum Stellung genommen und in diesem Zusammenhang die Auffassung vertreten, die Hilfserwägung der Vorinstanz sei nicht zu entkräften, »dass dann auch für das Unfallfahrzeug kein pausenloser Einsatz der Schadenberechnung unterlegt werden dürfte und daher das Ergebnis in etwa ebenso ausfallen müsste«.[42]

2. Turnusmäßig anfallende Kosten

80 Wenn – wie dargelegt – die Reservehaltungskosten im Allgemeinen den (leistungsunabhängigen) Fixkosten der Fahrzeughaltung entsprechen, die der *BGH* »Generalunkosten« nennt, so kommen für einzelne Betriebe doch einige Besonderheiten in Betracht, auf die noch kurz eingegangen werden soll. Bestimmte Unternehmen – insbesondere Verkehrsbetriebe – müssen nämlich Wartungs- und Instandhaltungsarbeiten an ihren Fahrzeugen in Form von Revisionen, Grund- und Zwischenuntersuchungen bzw. Generalüberholungen unabhängig von der Leistung turnusgemäß nach Ablauf bestimmter Zeiträume durchführen. Da diese Arbeiten im öffentlichen Interesse zwingend vorgeschrieben sind und der Erhaltung der Betriebs- und Verkehrssicherheit dienen, kann das Unternehmen sich

---

40 Vgl. BGHZ 56, 214, 219 = VersR 1971, 720.
41 Vgl. dazu *OLG Bremen* VersR 1976, 665; so auch *OLG Celle* Urt. v. 13.4.2011, 14 U 146/10.
42 Vgl. dazu *BGH* VersR 1978, 375.

dieser Verpflichtung selbst für den Fall nicht entziehen, dass bestimmte Wagen nicht eingesetzt werden. Der entsprechende Aufwand ist demgemäß bei der Ermittlung der Reservehaltungskosten ebenfalls zu berücksichtigen. Dies kann indes nur zu einem bestimmten Anteil geschehen, weil erfahrungsgemäß gelegentlich dieser Unterhaltungsarbeiten auch Verschleißreparaturen aus Gründen eines wirtschaftlich sinnvollen Arbeitsablaufs mit durchgeführt werden. Da die Kosten für Wartung und Unterhaltung im Allgemeinen nicht gesondert erfasst werden, erscheint es als eine brauchbare Kompromisslösung, wenn man den Wert der turnusmäßigen Arbeiten, die sich von den Verschleißreparaturen ohnehin kaum trennen lassen, mit etwa 30 % der gesamten Jahreskosten ansetzt.

Eine weitere Besonderheit ergibt sich daraus, dass sich für Fahrzeuge von Verkehrsunternehmen, die Linienverkehr betreiben, im Hinblick auf turnusmäßige Unterhaltungsarbeiten der Werkstattaufenthalt noch weiter verlängert, sodass davon ausgegangen werden kann, dass diese Wagen an durchschnittlich nur 300 Tagen im Jahr für den betrieblichen Einsatz im Rahmen ihres bestimmungsgemäßen Verwendungszwecks zur Verfügung stehen. 81

Als Ausfalltage und damit als Multiplikator für den Tagessatz gilt der Zeitraum, der zwischen der Auswechslung des beschädigten Wagens und dem Einsatz des inzwischen wieder reparierten Fahrzeugs liegt. Auch unter normalen Umständen muss man mit bearbeitungsfreien Zeiträumen rechnen. Dazu gehören interne Überlegungen, die Begutachtung des Schadens und die Feststellung der Reparaturmöglichkeiten. Auch eine gut geführte Fremdwerkstatt wird mit den Instandsetzungsarbeiten erfahrungsgemäß nicht sofort beginnen können, sondern die Reparatur im Rahmen der vorhandenen Kapazitäten einplanen müssen. 82

Sofern das Fahrzeug in zumutbarer Weise auch nach dem Unfall noch eingesetzt werden kann, beginnt die Ausfallzeit erst mit der Überführung des Fahrzeugs zur Werkstatt. Es versteht sich von selbst, dass auch insoweit die Schadenminderungspflicht gilt. Das bedeutet, dass der Gläubiger eine seriöse, leistungsfähige Werkstatt mit der Durchführung der Reparaturarbeiten beauftragen und im Rahmen seiner Einflussmöglichkeiten auf zügige Erledigung hinwirken muss.[43] 83

V. Einwendungen des Ersatzpflichtigen

Streitpunkte für die Berechnung von Reservehaltungskosten ergeben sich, bezogen auf die notwendige Ausfallzeit, häufig dann, wenn bestimmte Unternehmen Reparaturarbeiten üblicherweise in betriebseigener Werkstatt durchführen. Dann wird gern mit dem Einwand operiert, dass die Ausfallzeit im Verhältnis zum Schadenumfang zu lang bemessen ist. Die wichtigsten Einwendungen sollen hier kurz dargestellt werden. 84

1. Reihenfolge

Mitunter erwarten Schädiger, dass die von ihnen verursachten Unfallschäden bevorzugt beseitigt werden. Grundsätzlich muss natürlich zunächst unter dem Blickwinkel des § 254 BGB pflichtgemäß geprüft werden, ob unter Berücksichtigung der Auftrags- und Beschäftigungslage die Reparatur im eigenen Betrieb in angemessener Zeit ausgeführt werden kann oder ob die mögliche Beauftragung einer Fremdwerkstatt zu einer nennenswerten Verkürzung der Standzeit führt. Dabei müssen selbstverständlich auf der anderen Seite auch die zusätzlichen Kosten berücksichtigt werden, die durch das »Verbringen« (Überführen oder möglicherweise sogar Abschleppen) des Wagens in die Fremdwerkstatt entstehen. Die Kosten können insbesondere bei Schienenfahrzeugen erheblich sein, wenn keine spurgebundenen Verkehrswege zur fremden Werkstatt führen. 85

Wenn das Unternehmen sich nach pflichtgemäßer Abwägung aller Möglichkeiten zur Reparatur im eigenen Betriebe entschließt, dann ist es keineswegs verpflichtet, der Beseitigung fremd verursachter 86

---

43 Vgl. dazu *BGH* NJW 1961, 797; 1964, 717 = VersR 1965, 1172; *OLG Stuttgart* NJW 1960, 1463; *OLG Celle* VersR 1962, 187; *OLG Koblenz* VersR 1964, 101; *OLG Hamm* NJW 1964, 406 (m. Anm. v. *Haase*); *OLG Schleswig* VersR 1967, 68; *OLG München* VersR 1968, 605; *OLG Düsseldorf* VersR 1970, 357.

Kapitel 12

Unfallschäden Vorrang vor den übrigen Arbeiten einzuräumen. Die Reparatur kann vielmehr nach sachbezogenen Gesichtspunkten eingeplant und im normalen Werkstattrhythmus durchgeführt werden. Auch bei der Inanspruchnahme eines Fremdbetriebes kann man schwerlich erwarten, dass die Arbeiten sofort in Angriff genommen werden. Demgemäß kann man von einem Unternehmer, der die Reparatur selbst durchführt, nicht verlangen, dass er alle übrigen Arbeiten zurückstellt. Ebenso falsch wäre es natürlich, mit Vorrang solche Schäden zu beseitigen, für die kein ersatzpflichtiger Dritter einzutreten hat. Es ist aber sicherlich nicht zu beanstanden, wenn das Unternehmen zeitraubende Großreparaturen zunächst zurückstellt, um vorrangig eine ganze Reihe kleinerer Schäden mit dem Ziele zu beseitigen, in möglichst kurzer Zeit möglichst viele Wagen dem betrieblichen Einsatz wieder zuzuführen, um einen sonst drohenden Engpass zu vermeiden.

2. Verschiebung der Reparatur

87 Nicht selten geht der Einwand ersatzpflichtiger Schädiger dahin, die Reparatur hätte mit Rücksicht auf § 254 Abs. 2 BGB zu einem späteren Zeitpunkt ausgeführt werden können, da es sich um einen recht geringen Schaden handelt. Dafür hätte sich – so meint der Schädiger weiter – der Zeitpunkt angeboten, in dem das Fahrzeug sich ohnehin zur Ausbesserung anderer Schäden oder zur Durchführung von Grund- bzw. Zwischenuntersuchungen in der Werkstatt befindet. Dieser Einwand zielt gleichermaßen auf die Höhe der Reservehaltungskosten (Gebrauchsvorteile) wie auch auf die Überführungskosten. Bei näherer Betrachtung vermag dieser Standpunkt nicht zu überzeugen. Dem Ersatzpflichtigen kann nicht gestattet werden, allein zu dem Zwecke, die ihm obliegende Ersatzleistung zu verkürzen, in den Betriebsablauf des Gläubigers bestimmend einzugreifen. Man wird vom Gläubiger nicht verlangen dürfen, innerbetriebliche Dispositionen, die sich vom organisatorischen Ablauf her bewährt haben, nur deswegen zu ändern, weil ein ersatzpflichtiger Schädiger dies wünscht. Weiter ist zu berücksichtigen, dass das legitime Interesse des Gläubigers verständlicherweise dahin geht, seine dem Betriebsvermögen zuzurechnenden Fahrzeuge – gewissermaßen die »Visitenkarte« seines Unternehmens – auch von der Optik her ständig in einem ordnungsgemäßen und gepflegten Zustand zu halten. Dies gilt im besonderen Maße natürlich dann, wenn die Fahrzeuge für die gewerbliche Personenbeförderung eingesetzt werden. Wohl niemand kann es einem Omnibus-, Straßenbahn- oder Taxiunternehmer zumuten, seinen Fahrgästen beschädigte Fahrzeuge anzubieten.

88 Wenn der betreffende Wagen den Vorstellungen des Schädigers entsprechend noch einige Zeit unrepariert eingesetzt wird, dann besteht die Möglichkeit, dass weitere Schäden eintreten, die möglicherweise eine exakte Abgrenzung zum Ursprungsschaden nicht mehr zulassen. Der Gläubiger gerät in diesem Fall in Beweisschwierigkeiten, weil er darzulegen hat, welche Schäden ursächlich auf den einzelnen Ereignissen beruhen. Auch daraus ergibt sich ein verständliches Interesse des Gläubigers, Schäden unverzüglich zu beseitigen.

89 Schließlich ist darauf hinzuweisen, dass durch die dem Gläubiger angeratene Methode nur in den seltensten Fällen eine wirkliche Kostenersparnis eintritt. Häufig wird sich der für die ordnungsgemäße Schadensbeseitigung erforderliche Zeitraum lediglich verschieben. Wenn beispielsweise Unfallschäden gelegentlich einer Inspektion oder einer Grundüberholung beseitigt werden, dann wird der dadurch notwendig werdende Werkstattaufenthalt sich schon deswegen entsprechend verlängern, weil mit der Beseitigung der Unfallschäden andere Handwerker beauftragt werden als mit der Durchführung von Wartungsarbeiten. Diese sind möglicherweise nicht sogleich verfügbar oder können bei Durchführung eines sinnvoll rationalisierten Zeit-Takt-Verfahrens erst dann mit ihren Arbeiten beginnen, wenn die Wartung durchgeführt ist. Gerade größere Betriebe pflegen die Abwicklung der einzelnen Arbeitsabläufe so einzurichten, dass Reparatur- und Wartungsarbeiten in verschiedenen Abteilungen durchgeführt werden.

90 Hinzu kommen die nach der Beseitigung von Lackschäden notwendigen Trocknungszeiten, die in jedem Fall dem Schädiger anzulasten sind.

VI. Verhältnis zur Nutzungsausfallentschädigung

Es ist inzwischen anerkannt, dass der Gebrauchsvorteil eines Fahrzeuges höher zu bewerten ist als der Gegenwert der »Generalunkosten«, mit denen die Benutzbarkeit als geldwerter Vermögensvorteil »erkauft« und damit gewissermaßen »kommerzialisiert« wird. Dies gilt insbesondere dann, wenn es sich um Nutzfahrzeuge im Rahmen eines auf Gewinnerzielung ausgerichteten Gewerbebetriebs handelt. Demgemäß hat der *BGH* in einem Grundsatzurteil vom 18.5.1971,[44] das sich allerdings auf ein privat gehaltenes Fahrzeug bezieht, zu erkennen gegeben, dass er in gewisser Anlehnung an die Methode von Sanden und Danner einen Betrag, »der die gebrauchsunabhängigen Gemeinkosten (Vorhaltekosten) maßvoll übersteigt«, im Regelfalle für eine ausreichende Entschädigung hält. Leider hat der *BGH* sich nicht dazu geäußert, in welcher Höhe er sich den »maßvollen« Zuschlag vorstellt. Nach den Erfahrungen der Praxis dürfte es indes nicht zu beanstanden sein, wenn die »Generalunkosten« (Reservehaltungskosten) um einen Zuschlag in der Größenordnung zwischen 20 und 30 % aufgestockt werden.

91

Nach dieser Rechtsprechung hat die Versicherungswirtschaft und die Regulierungspraxis seit Jahren unbeanstandet eine Entschädigung für entgangene Gebrauchsvorteile (»Nutzungsausfallentschädigung«) für den Zeitraum gezahlt, in dem der Halter das Kfz aus Anlass eines fremd verursachten Schadensfalles während der notwendigen Ausfallzeit (Reparaturdauer oder Wiederbeschaffungsfrist) ersatzlos entbehren musste. Häufig wird jedoch dem Halter oder Eigentümer eines für gewerbliche Zwecke eingesetzten Nutzfahrzeugs eine Entschädigung für entgangene Gebrauchsvorteile mit der Begründung versagt, dass er den ihm aus Anlass des Fahrzeugausfalles entstandenen (mittelbaren) Folgeschaden lediglich in der Form abrechnen kann, dass er entweder die Kosten einer effektiv vollzogenen Ersatzanmietung geltend macht oder – insbesondere beim Ausfall eines Spezialfahrzeugs – nachweist, dass ihm aus unfallbedingtem Anlass ein Verdienstausfall (Erwerbsschaden) i. S. d. § 252 BGB entstanden ist.[45] Sofern größere Betriebe mit Rücksicht auf zu erwartende Rechtsgutverletzungen Dritter besondere Reservefahrzeuge vorhalten, um sie beim Ausfall eines ihrer Fahrzeuge aus Anlass eines fremd verursachten Unfalles einzusetzen, sollen diese Unternehmen im wirtschaftlichen Ergebnis lediglich den Ersatz der Reservehaltungskosten beanspruchen dürfen.[46] Dies gilt auch für Fahrzeuge der Bundeswehr.[47]

92

Von besonderem Interesse erscheint in diesem Zusammenhang die Entscheidung des *BGH* vom 14.10.1975.[48] In diesem Urteil hat der *BGH* einem Unternehmen, das sich mit dem Vertrieb von Möbeln befasst und zu diesem Zweck eine ganze Reihe von Spezialfahrzeugen mit Sonderaufbauten unterhält, eine Entschädigung für entgangene Gebrauchsvorteile mit der – sicherlich nicht zu beanstandenden – Begründung versagt, dass der Fuhrpark der dortigen Klägerin im relevanten Zeitpunkt nur zu etwas mehr als 50 % ausgelastet war. An diese Überlegung, die dem konkreten Fall sein ganz spezielles Gepräge gegeben hat, knüpft der *BGH* die Auffassung, dass im Hinblick darauf, dass ohnehin zahlreiche Fahrzeuge ungenutzt herumstanden, der Ausfall des beschädigten Wagens für die dortige Klägerin nicht fühlbar geworden ist und sie demgemäß nicht in ihrer »wirtschaftlichen Bewegungsfreiheit« eingeschränkt hat. Mit Rücksicht auf diese Erwägung konnte der *BGH* in jenem Verfahren die Frage dahingestellt sein lassen, ob und inwieweit seine Rechtsprechung zur Problematik der entgangenen Gebrauchsvorteile auch auf gewerblich eingesetzte Nutzfahrzeuge anzuwenden ist.

93

---

44 Vgl. dazu BGHZ 56, 214 = NJW 1971, 1692 = VersR 1971, 720 = DAR 1971, 211.
45 Vgl. dazu BGHZ 70, 199 = NJW 1978, 812 = VersR 1978, 374 = DAR 1978, 164; VersR 1978, 375; DAR 1985, 319; *OLG Stuttgart* VersR 1981, 361; vgl. dazu auch: *Weber* DAR 1986, 161; *BGH* NJW 1985, 1471 = DAR 1985, 253.
46 Vgl. insoweit z. B. *OLG Bremen* VersR 1976, 665.
47 Vgl. dazu *AG Würzburg* zfs 1980, 267; soweit es sich um Nutzungsausfallentschädigung handelt.
48 Vgl. dazu *BGH* NJW 1976, 286 = VersR 1976, 170 = DAR 1976, 69 – auch ein Anspruch auf Verdienstausfall (Erwerbsschaden) hätte den konkreten Schadensnachweis erfordert, vgl. dazu *AG Rosenheim* NJW 1985, 2954 = VersR 1986, 376 (L).

94 Der *BGH* hat in jener Entscheidung – auf eine Kurzformel gebracht – den Standpunkt eingenommen, dass eine Entschädigung für entgangene Gebrauchsvorteile derjenige Anspruchsteller nicht verlangen kann, der im Zeitpunkt des Unfalles mindestens über ein weiteres ungenutztes Fahrzeug verfügt. Dies gelte – so meint der *BGH* ersichtlich – im Prinzip auch für den Fall, dass es sich bei jenem ungenutzten »Zweitfahrzeug« um einen Reservewagen handelt, den der Geschädigte aus anderem Anlass – etwa mit Rücksicht auf zu erwartende Rechtsgutverletzungen Dritter – vorsorglich in die Betriebsreserve eingestellt hat, um auf diese Weise den fremd verursachten Ausfall eines seiner Fahrzeuge zu kompensieren und damit seine Folgen im vermögensrechtlichen Bereich sinnvoll »aufzufangen«.[49]

95 Wenn man diese Aussage isoliert betrachtet, könnte sie auf den ersten Blick einen Widerspruch zur Entscheidung des *BGH* vom 13.12.1965[50] enthalten. Der *BGH* hat es daher im Interesse der Klarstellung für angemessen gehalten, den unterschiedlichen Anwendungsbereich deutlich zu machen, indem er wörtlich ausführt:

95a »Das angefochtene Urteil hat erwogen, ob sich dagegen« – gemeint ist: gegen die Versagung der auf das Nutzfahrzeug bezogenen Entschädigung für entgangene Gebrauchsvorteile – »aus dem Urteil des *BGH* vom 13.12.1965 – III ZR 62/64 – Bedenken ergeben könnten, hält aber dafür, dass diese Entscheidung auf den Besonderheiten des damals zu entscheidenden Falles beruht. Das trifft zu, denn die erwähnte Entscheidung wird wesentlich durch die Lage des Unternehmers eines Linienverkehrs mit Autobussen getragen, der schon vermöge der an ihn gestellten besonderen Anforderungen zur Haltung einer belastbaren Betriebskapazität gehalten ist.«[51]

96 Damit will der *BGH* zum Ausdruck bringen, dass das Vorhandensein eines im relevanten Zeitpunkt nicht genutzten »Zweitwagens« – und sei es auch eines eigens für fremd verursachte Unfälle vorgehaltenen Reservefahrzeugs – im Allgemeinen gegen die Zubilligung einer Entschädigung für entgangene Gebrauchsvorteile sprechen mag, dass dieser Grundsatz – in Übereinstimmung mit der Entscheidung vom 13.12.1965 – für den Fall jedoch nicht gelten soll, dass es sich bei dem Geschädigten um einen Verkehrsbetrieb handelt, der seiner Struktur nach einzelne Fahrten weder ausfallen lassen darf noch verschieben kann, sondern mit Rücksicht auf die ihm gesetzlich obliegende ständige Betriebspflicht im Interesse der Aufrechterhaltung des Fahrplanes und einer jederzeit »belastbaren Betriebskapazität« zur Vorhaltung von Reservefahrzeugen genötigt ist. Auf diese Weise wird deutlich, dass der *BGH* seine Auffassung jedenfalls insoweit bestätigt, als es sich um den Anspruch eines Verkehrsbetriebes handelt.

97 Der *BGH* hat in seinen beiden Grundsatzurteilen vom 10.1.1978[52] in Übereinstimmung mit den Vorinstanzen die Aufstockung der Vorhaltekosten um einen »maßvollen« Zuschlag im Sinne seiner früheren Rechtsprechung[53] mit der Begründung versagt, dass er bislang einen derartigen Anspruch nur den Haltern von ausschließlich privat genutzten Kfz zuerkannt habe.[54] Der *BGH* schließt in seinen beiden Entscheidungen im Prinzip eine Entschädigung für entgangene Gebrauchsvorteile in diesem Sinne auch für gewerblich eingesetzte Nutzfahrzeuge jedenfalls dann nicht aus, wenn mangels vorhandener Reservefahrzeuge der Ausfall zu einer spürbaren Beeinträchtigung der »wirtschaftlichen Bewegungsfreiheit« geführt hat. Diese Voraussetzung liegt nach den Vorstellungen des *BGH* beispielsweise dann vor, wenn der Halter eines Nutzfahrzeugs dessen Gebrauchsvorteile ersatzlos entbehren musste und die daraus erwachsenen Rechtsfolgen nur durch überobligationsmäßige Anstrengungen abwenden konnte. Im Gegensatz dazu vertritt der *BGH* die – zutreffende – Auffassung, dass der Anspruch auf Ersatz von Vorhaltekosten nicht davon abhängt, dass der Ausfall des beschädigten

---

49 Vgl. dazu *OLG Frankfurt* zfs 1980, 41.
50 Vgl. dazu *BGH* NJW 1966, 589 = VersR 1966, 192 = DAR 1966, 78.
51 Vgl. *Steffen* DRiZ 1966, 51 f.
52 Vgl. dazu *BGH* BGHZ 70, 199 = NJW 1978, 812 = VersR 1978, 374; ähnlich *LG Mannheim* VersR 1978, 476.
53 BGHZ 56, 214 = NJW 1971, 1692 = VersR 1971, 720.
54 *BGH* a.a.O.

Fahrzeugs für den Geschädigten »fühlbar« geworden ist. Dabei handelt es sich, so meint der *BGH*, nicht um den Ersatz einer Entbehrung, »sondern um die Erstattung von Kosten, die gerade zur Vermeidung einer schadensrechtlich relevanten Entbehrung aufgewandt worden sind«.

Für eine über die Vorhaltekosten hinausgehende »Nutzungsentschädigung« ist nach der Auffassung des *BGH* jedenfalls dann kein Raum, wenn die durch den zeitweiligen Ausfall des beschädigten Wagens »gerissene Lücke« durch den Einsatz eines eigens für derartige Fälle vorgehaltenen Reservefahrzeugs »wirksam ausgefüllt werden konnte«. Dieser Fall sei im Grunde nicht anders zu beurteilen, »wie wenn der Klägerin ein ansonsten brachliegendes Zweitfahrzeug zur Verfügung gestanden hätte«. Ein »maßvoller« Zuschlag zu den Vorhaltekosten könne lediglich dann zugesprochen werden, wenn es sich darum handelt, »einen angemessenen Ausgleich für eine tatsächlich entstandene Gebrauchsentbehrung zu finden, die nicht ausgeglichen, sondern von dem Geschädigten unter Verzicht auf einen Mietwagen erduldet worden ist«. Die durch das Schadenereignis entstandene »Lücke« sei durch den Einsatz eines Reservewagens ausgefüllt und beseitigt worden, sodass ein weiterer Schaden durch Gebrauchsentbehrung nicht entstanden ist. 98

C. Mietwagenkosten

I. Anspruchsvoraussetzungen

1. Gesetzliche Anspruchsgrundlagen

Die Erstattungsfähigkeit von Mietwagenkosten beruht auf dem Grundsatz, dass der Benutzbarkeit einer Sache ein eigenständiger kommerzieller Vermögenswert zufällt.[55] Durch die Beschädigung einer dem Gebrauch gewidmeten und dienenden Sache offenbart der Schaden sich zum einen als Eigentumsverletzung unter dem Gesichtspunkt des Substanzverlustes (= unmittelbarer Schaden) und zum anderen als Besitzstörung also in der Entziehung der durch die Sachnutzung vermittelten Gebrauchsvorteile (= mittelbarer Schaden). 99

Bereits die Tatsache, dass man diese Gebrauchsvorteile auf dem allgemeinen Markt durch Anmietung eines Ersatzfahrzeugs »kaufen« kann, macht deutlich, dass die Benutzbarkeit des eigenen Fahrzeugs – im Sinne einer ständigen Verfügbarkeit – eine »Ware« mit kommerziellem Einschlag ist, also einen eigenständigen kommerziellen Vermögenswert darstellt. Die Entziehung dieser Gebrauchsvorteile hat die Rechtsqualität eines Schadens mit vermögensrechtlichem Einschlag. 100

Daraus lässt sich allerdings nicht der Schluss ableiten, dass Mietwagenkosten »abstrakt« abgerechnet werden können. Sie müssen als mittelbarer Schaden vielmehr – im Gegensatz zum unmittelbaren Schaden – konkret nachgewiesen werden.[56] Sofern die Ersatzanmietung tatsächlich vollzogen worden ist, bilden in der Regel die Mietwagenkosten, die vom Geschädigten konkret nachzuweisen sind, einen bestimmenden Ausgangspunkt für die Schadenberechnung.[57] Die Höhe der Mietwagenkosten richtet sich also nach den vom Geschädigten im Rahmen der Erforderlichkeit ohne Verletzung seiner Schadenminderungspflicht konkret getroffenen Entscheidungen. Beim Ausfall eines Kfz kann der Schaden, je nach der konkreten Lage des Einzelfalles, sofern er sich überhaupt als Beeinträchtigung der »wirtschaftlichen Bewegungsfreiheit«[58] auswirkt, sich als Mietwagenkosten oder, wenn eine Möglichkeit zur Ersatzanmietung – wie beispielsweise etwa bei Spezialfahrzeugen – nicht besteht, als Verdienstausfall manifestieren. Zwischen diesen beiden Gestaltungsmöglichkeiten hat der Geschädigte indes kein Wahlrecht, sondern er muss sich gem. § 254 Abs. 2 BGB für die wirtschaftlich vernünftigere Form der Schadenbeseitigung entscheiden. 100a

---

55 Vgl. dazu insbes. BGHZ 40, 346 = VersR 1964, 225 = VRS 26, 161.
56 Vgl. dazu insbes. BGHZ 66, 239 = NJW 1976, 1396 = DAR 1976, 265.
57 Vgl. dazu: BGHZ 45, 212 = NJW 1966, 1260 = VersR 1966, 497; *BGH* NJW 1969, 1477; *Klimke* NJW 1976, 1973.
58 Vgl. *BGH* NJW 1966, 589 = VersR 1966, 192 = BB 1966, 141.

101 Da der Schaden im Rechtssinne nicht im Verlust der Annehmlichkeiten besteht, die die Sachnutzung vermittelt, sondern auf der vorübergehenden Entziehung der ständigen Benutzbarkeit eines Kfz beruht, ist es völlig gleichgültig, ob das Ersatzfahrzeug für berufliche oder private Zwecke eingesetzt wird. Auch derjenige Geschädigte darf sich auf Kosten des Schädigers einen Ersatzwagen anmieten, dem die Benutzung seines Fahrzeuges ausschließlich Annehmlichkeiten, Kurzweil und Vergnügen – also immaterielle Werte – vermittelt.[59] Der Geschädigte darf das Ersatzfahrzeug zu denselben Zwecken einsetzen und im selben Umfange benutzen, in dem er auch sein eigenes Fahrzeug in Anspruch genommen hätte, soweit sich aus der ihm obliegenden Schadensminderungspflicht nicht etwas anderes ergibt.

102 Anspruchsbegründende Voraussetzungen für die Anmietung eines Ersatzfahrzeuges sind daher einmal das zum Ersatz verpflichtende Ereignis, das der Schädiger zu verantworten hat, und zum anderen die Tatsache, dass das Kfz während der Ausfallzeit nicht zur Benutzung im Rahmen seines bestimmungsgemäßen Verwendungszweckes zur Verfügung steht.[60] Allein die Beschlagnahme des eigenen Fahrzeugs nach einem Verkehrsunfall durch die Polizei hat jedoch noch nicht einen Anspruch auf Ersatz von Mietwagenkosten zur Folge.[61]

103 Anspruchsgrundlage für die Geltendmachung von Mietwagenkosten ist § 249 BGB. Nach dieser Vorschrift hat derjenige, der zum Schadenersatz verpflichtet ist, »den Zustand herzustellen, der bestehen würde, wenn der zum Ersatz verpflichtende Umstand nicht eingetreten wäre«.[62]

104 Der Anspruch auf Schadenersatz entsteht im Zeitpunkt des Eintritts des Schadenereignisses, wenn hierdurch bereits dem Gläubiger die Möglichkeit, sein Kfz jederzeit nach eigenem Belieben nutzen zu können, zeitweilig entzogen wird.[63] Dies gilt für den Fall, dass das Fahrzeug nach dem Unfall nicht mehr fahrbereit (verkehrs- und betriebssicher) ist. Anderenfalls entsteht der Anspruch erst in dem Zeitpunkt, in dem mit der Beseitigung des Schadens (Reparatur in einer Werkstatt) begonnen wird, weil dann erst die Nutzungsmöglichkeit für die Zeit der Reparatur entfällt.

2. Anspruchsberechtigte

105 Als Anspruchsgrund für die Geltendmachung von Mietwagenkosten – bzw. eine Entschädigung für entgangene Gebrauchsvorteile – kommt grundsätzlich das Rechtsinstitut der Besitzstörung in Betracht. Dies wird regelmäßig der Eigenbesitz sein. Aktiv legitimiert für die Geltendmachung von Ansprüchen aus Besitzstörung kann aber auch der Fremdbesitzer sein.

a) Eigenbesitz

106 Anspruchsberechtigt wird in der Regel der Eigentümer des Kraftfahrzeugs sein, dem zugleich auch der Besitz über das Kfz zusteht. Dies kann, muss aber nicht der Halter[64] sein.

107 Anspruchsberechtigt können auch mehrere Besitzer gleichzeitig sein, z. B. Eheleute oder Lebenspartner, jedoch nur nach dem Nutzungsrecht, das dem einen oder anderen jeweils eingeräumt ist. Nur insoweit und solange dem Nutzungsberechtigten die Nutzung entzogen ist, kann Ersatz für die Kos-

---

59 Vgl. dazu z. B. BGHZ 56, 214 f. = NJW 1971, 1692 = VersR 1971, 720; *BGH* NJW 1974, 33; *BGH* NJW 1975, 40 = VersR 1975, 82.
60 Vgl. *BGH* NJW 1969, 1477.
61 *LG Erfurt* NZV 2006, 44.
62 Soweit es sich um Mietwagenkosten als Herstellungsaufwand i. S. v. § 249 S. 2 BGB handelt, vgl. insbes. BGHZ 61, 346 = NJW 1974, 34 (35: m. Zust. v. *Himmelreich* NJW 1974, 1897) = VersR 1974, 90 (m. teilw. krit. Anm. v. *Hartung* VersR 1974, 147) = DAR 1974, 17 = MDR 1974, 129 = VRS 46, 7 (insoweit in BGHZ 61, 346 nicht mit abgedruckt); NJW 1974, 91 = VersR 1974, 143; BGHZ 63, 182, 188 = NJW 1975, 160 = VersR 1975, 184, 186 = DAR 1975, 109, 111; NJW 1975, 255 = VersR 1975, 261; *Eggert* NJW 1975, 2018; *Born* VersR 1978, 777, 783; *Köhnken* VersR 1979, 788; *Weber* DAR 1985, 161 (165 l.Sp.).
63 Vgl. auch BGHZ 40, 345, 351 = NJW 1964, 542, 544.
64 Zur Haltereigenschaft vgl. u. a. *Hentsche/König/Dauer* § 7 StVG Rn. 14 (m. w. N.).

C. Mietwagenkosten

ten der Anmietung eines Ersatzwagens verlangt werden. Es sind also nicht etwa die Kosten zweier Mietfahrzeuge bei Beschädigung eines gemeinschaftlich genutzten Kfz zu ersetzen. Bei privat gehaltenem Kfz wird in der Regel also der Eigentümer zugleich auch für die Geltendmachung von Ansprüchen aus Besitzstörung aktiv legitimiert sein.

b) Fremdbesitz

Aber auch derjenige, der nicht Eigentümer des Kfz ist, sondern das von diesem abgeleitete Besitzrecht aufgrund anderer Gestaltungsmöglichkeiten ausübt, kann für den Fall der Besitzstörung und damit der Beeinträchtigung der Gebrauchsmöglichkeiten des Kfz eigene (originäre) Schadensersatzansprüche geltend machen. Auch die Möglichkeit, den Wagen anderen Personen zur Verfügung zu stellen, wird nach allgemeiner Lebenserfahrung von den Gebrauchsmöglichkeiten eines Kfz erfasst.[65] Aktiv legitimiert zur Geltendmachung von Schadenersatzansprüchen ist dann der Fremdbesitzer, der es nutzt. 108

Ein Eigentümer kann sein Kfz auch in der Weise nutzen, dass er es vermietet. Bei einem Ausfall des Kfz kann und muss er seinen Schaden konkret berechnen, und zwar in Höhe des dann entstehenden Verdienstausfalls (Mietausfalls). 109

Nichts anderes gilt, »wenn der Eigentümer den Wagen dadurch nutzte, dass er ihn einem Dritten ohne Entgelt verlieh oder aus bloßer Gefälligkeit hatte überlassen wollen und diese Nutzungsmöglichkeit weiterhin gegeben war«.[66] Hat z. B. eine Person – auch wenn diese insoweit keine Unterhaltspflicht trifft – den Wagen für seine Ehefrau, Verlobte oder Freundin, beispielsweise auch für seinen studierenden Sohn, angeschafft und für dieses Kfz Steuern, Versicherung usw. offensichtlich aus »eigener Tasche« gezahlt, so hat ihn persönlich der Ausfall des Kfz in seinem Vermögen nachteilig betroffen. Ihm allein steht daher der Schadenersatzanspruch zu.[67] 110

Geschütztes Rechtsgut ist, soweit es sich um die Kosten der Ersatzanmietung handelt, das Rechtsinstitut der Besitzstörung. Der fehlerfrei erworbene und ausgeübte unmittelbare Besitz ist ein »sonstiges Recht« im Sinne von § 823 Abs. 1 BGB. 111

Dies gilt auch für den Fall, dass dem betreffenden Geschädigten lediglich Mitbesitz eingeräumt worden sein sollte. Soweit Mitbesitz vorliegt, sind die einzelnen Mitbesitzer Mitgläubiger gem. § 432 BGB. 112

Keine besonderen Probleme ergeben sich im Allgemeinen für denjenigen, der sein Benutzungsrecht als Mieter aus dem Rechtsinstitut der entgeltlichen Gebrauchsüberlassung ableitet. Ihm wird dann in aller Regel sein Vertragspartner – der Vermieter – ein anderes Kfz aus seinem eigenen Bestand zur weiteren Benutzung zur Verfügung stellen. Wenn es sich dabei um ein typengleiches Fahrzeug handelt, zahlt der Mieter ohne vermögensrechtlichen Nachteil dieselbe Miete weiter, die auch das beschädigte Kfz erfordert hätte. Ohne eine entsprechende Stellung eines Ersatzfahrzeugs kann der Mieter die Fahrzeugmiete mindern, sodass bei ihm kein Schaden entsteht. Im Allgemeinen wird daher dem Mieter kein Anspruch aus der Beschädigung des von ihm im Unfallzeitpunkt benutzten Kfz zustehen. Anders ist selbstverständlich die Rechtsposition des Vermieters zu beurteilen, dem als Eigentümer des Fahrzeugs ein Erwerbsschaden (Verdienstausfall = Mietausfall) mit vermögensrechtlichem Einschlag im Sinne von § 252 BGB entstehen kann. 113

---

65 Vgl. *BGH* NJW 1974, 33 f. = VersR 1974, 171 f.
66 Vgl. dazu *BGH* NJW 1974, 33 f. = VersR 1974, 171 f.
67 Anders *AG Karlsruhe* NZV 2007, 418.

3. Hypothetische Nutzungsmöglichkeit

a) Ausfall des Fahrzeugs

114 Der Anspruchsberechtigte kann nur dann Ansprüche im Zusammenhang mit der Anmietung eines Ersatzfahrzeugs geltend machen, wenn sein eigenes (beschädigtes) Kfz während jenes Zeitraumes tatsächlich ausgefallen ist, wenn also aus Gründen, die der Ersatzpflichtige zu vertreten hat, dem berechtigten Besitzer die Gebrauchsvorteile seines Kfz zeitweilig nicht zur Verfügung gestanden haben.

115 Dies ist grundsätzlich auch bei tatsächlich durchgeführter Eigenreparatur der Fall, allerdings dann nicht, wenn die Reparatur in Etappen unter Erhaltung der Betriebsbereitschaft – also beispielsweise abends – durchgeführt wird und der Geschädigte sein Fahrzeug nach Bedarf einsetzen kann.

116 Ist das beschädigte Kfz noch fahrbereit geblieben, d. h. auch nach dem Unfall noch uneingeschränkt betriebs- und verkehrssicher, so ist dem Geschädigten die Weiterbenutzung des Kfz bis zur Durchführung der notwendigen Reparaturarbeiten zuzumuten. Der Geschädigte verstößt gegen die ihm nach § 254 Abs. 2 BGB obliegende Schadenminderungspflicht, wenn er das Kfz dennoch in die Werkstatt gibt, obwohl er weiß oder durch vorherige Nachfrage hätte abklären können, dass er mit einer zügigen Instandsetzung derzeit nicht rechnen kann.

b) Tatsächliche Hinderungsgründe

117 Ist der anspruchsberechtigte Besitzer an der Benutzung des beschädigten Kfz gehindert – beispielsweise deswegen, weil er mit Rücksicht auf seine körperliche Verfassung (Verletzung oder andere Krankheit) das Kfz ohnehin während des betreffenden Zeitraumes nicht hätte nutzen können bzw. dürfen – oder liegt während jenes Zeitraumes ein (objektives) Fahrbedürfnis nicht vor, dann darf der Geschädigte zulasten des Schädigers kein Ersatzfahrzeug anmieten. Es ist in diesem Zusammenhang gleichgültig, ob die Verletzung auf unfallunabhängigen oder unfallbedingten Gründen beruht.

118 Liegt ein tatsächlicher Hinderungsgrund nur zeitweilig vor, so besteht lediglich während dieses Zeitraumes keine Berechtigung zur Ersatzanmietung zulasten des Schädigers. Nach Wegfall des Hinderungsgrundes darf der Geschädigte selbstverständlich unter den allgemeinen Voraussetzungen ein Ersatzfahrzeug anmieten.

119 Hat der Geschädigte (Nutzungsberechtigte) keine erheblichen Verletzungen erlitten, sodass er gleichwohl ein Mietfahrzeug lenken kann und darf, ist er zur Ersatzanmietung ohne Weiteres berechtigt. Dies gilt z. B. auch dann, wenn wegen einer HWS-Verletzung eine »Halskrawatte« sowie Bettruhe verordnet waren, der Geschädigte gleichwohl gefahren ist.[68] Das Gleiche gilt für den Fall, dass die Verletzungen zwar etwas schwererer Natur sind, der Geschädigte jedoch unter Rückgriff auf einen einsatzbereiten Fahrer – der beispielsweise auch der Ehepartner sein kann – seinen notwendigen Fahrbedarf zu befriedigen vermag.

120 Sind mehrere Nutzungsberechtigte vorhanden, so wirken die tatsächlichen Hinderungsgründe nur für den jeweils Betroffenen. Dies bedeutet, dass die übrigen Nutzungsberechtigten sich zur Befriedigung eines in ihrer Person fortbestehenden Fahrbedürfnisses eines Mietwagens bedienen dürfen.

121 Entsprechende Grundsätze gelten auch für den Fall, dass ein Dienstfahrzeug zur Verfügung steht.

c) Rechtliche Hinderungsgründe

122 Wäre es dem Nutzungsberechtigten aus Rechtsgründen auch ohne das zum Ersatz verpflichtende Ereignis nicht möglich gewesen, seinen Wagen zu benutzen, ist der Schädiger zur Erstattung von Mietwagenkosten insoweit nicht verpflichtet.

---

68 *OLG Hamm* NJW-RR 1994, 793.

Ist dem Nutzungsberechtigten während der Ausfallzeit seines eigenen (beschädigten) Kfz ein Fahrverbot auferlegt oder ist ihm sogar die Fahrerlaubnis entzogen worden, so steht fest, dass er für seine Person zur Ersatzanmietung nicht berechtigt ist. **123**

Mietwagenkosten sind jedoch in diesem Fall zu erstatten, wenn mehrere Nutzungsberechtigte vorhanden sind, und bei Einzelnen keine solchen Hinderungsgründe vorliegen. **124**

Für den Fall, dass das beschädigte Kfz bereits vor dem betreffenden Unfall nicht mehr verkehrssicher war, kann der Geschädigte Mietwagenkosten vom Ersatzpflichtigen erst ab dem Zeitpunkt verlangen, zu dem das Fahrzeug ohne den Verkehrsunfall (wieder) betriebsbereit gewesen wäre. Insoweit hat der Geschädigte nachzuweisen, dass und wann er ohne den Unfall das Fahrzeug wieder in einen betriebsbereiten Zustand versetzt hätte. Erst danach kann eine Ersatzanmietung zulasten des Schädigers erfolgen. Das Gleiche gilt für den Fall, dass das Kfz aus anderen Gründen – beispielsweise wegen eines Motorschadens – bereits vor dem Unfall nicht mehr fahrbereit war. **125**

Auch bei gesetzlichen Fahrverboten, die z. B. aus Anlass allgemeiner Energie- oder Versorgungskrisen oder wegen Smog angeordnet worden sind, ist der Geschädigte aus Rechtsgründen an der Anmietung eines Ersatzfahrzeugs während des betreffenden Zeitraumes gehindert. Der Schädiger braucht daher im Regelfall insoweit keine Mietwagenkosten zu ersetzen, da auch für das eigene Kfz, wenn es unbeschädigt geblieben wäre, eine Nutzungsmöglichkeit ohnehin nicht bestanden hätte.[69] **126**

Hat der Geschädigte das Ersatzfahrzeug bereits vor Inkrafttreten des gesetzlichen Fahrverbots angemietet, dann stellt sich die Frage, ob es ihm noch möglich ist, den Wagen – unter rechtswirksamer Kündigung des Mietvertrages – rechtzeitig vor dem Inkrafttreten des Fahrverbotes an den Vermieter zurückzugeben. Es ist ihm dabei nicht zuzumuten, eine Ordnungswidrigkeit oder gar eine strafbare Handlung lediglich deswegen zu begehen, um das Kfz wegen der durch § 254 Abs. 2 BGB normierten Schadenminderungspflicht auch noch nach Inkrafttreten des Fahrverbotes – also unzulässigerweise – zurückzugeben. **127**

Ausnahmen von den unter Rdn. 126 dargelegten Grundsätzen können jedoch für den Fall gelten, dass das gesetzliche Fahrverbot sich – beispielsweise gestaffelt nach Endziffern – nur auf bestimmte Kalendertage erstreckt oder ein rechtlicher Hinderungsgrund nur an bestimmten Tagen besteht. **128**

d) Eigener Zweitwagen

Kann der Nutzungsberechtigte über einen im relevanten Zeitpunkt nicht voll ausgenutzten eigenen Zweitwagen verfügen und auf diese Weise den Ausfall des beschädigten Kfz in zumutbarer Form kompensieren, braucht der Ersatzpflichtige keine Mietwagenkosten zu erstatten.[70] Die Schadenminderungspflicht gebietet jedenfalls bei einer kürzeren Reparaturzeit den Rückgriff auf einen vorhandenen Zweitwagen. Der Geschädigte kann jedoch nicht auf einen innerhalb des Familienverbandes vorhandenen Zweitwagen verwiesen werden, wenn dieser im relevanten Zeitpunkt von anderen Familienmitgliedern benutzt wird.[71] **129**

Ersatz von Mietwagenkosten kann auch nicht verlangt werden, wenn dem Geschädigten gewerblich z. B. als Kraftfahrzeughändler ständig andere Fahrzeuge (Vorführwagen) zur Verfügung stehen.[72] **130**

---

69 Vgl. dazu z. B. *KG* VersR 1976, 370 f.; *Klimke* DB 1974, Beil. 7 zu H.12 S. 6.
70 Vgl. z. B. *BGH* NJW 1976, 286 = VersR 1976, 170 = DAR 1976, 69 (hinsichtlich Reservehaltungskosten und Nutzungsausfallentschädigung); auch zu Nutzungsausfall *OLG Düsseldorf* DAR 2008, 521; *KG* DAR 2008, 520; *LG Wuppertal* NZV 2008, 206 (jeweils Nutzung des PKW statt des ausgefallenen Motorrads); *LG Passau* SP 2010, 225; *Himmelreich/Halm/Grabenhorst* Kap. 5 Rn. 10.
71 Vgl. dazu *LG Nürnberg-Fürth* zfs 1987, 137; *LG Hamburg* zfs 1987, 137; *LG München I* DAR 2004, 155.
72 *OLG Köln* VRS 99, 18 = DAR 2000, 309 = PVR 2001, 361; ebenso *BGH* VersR 2008, 369 = r+s 2008, 127 = NZV 2008, 192.

e) Unentgeltlicher Ersatzwagen durch Dritte

131 Wird dem nutzungsberechtigten Anspruchsteller von einem Dritten – und sei es auch von einem nahen Angehörigen – ein Kfz während der Ausfallzeit kostenlos zur Verfügung gestellt, so kann er zwar keine Mietwagenkosten verlangen, da entsprechende Aufwendungen nicht entstanden sind und eine fiktive Erstattung nicht in Betracht kommt.

132 Mit Rücksicht auf die Rechtsgrundsätze über die Unbeachtlichkeit freiwilliger Drittleistungen, die im Zweifel nicht zur Entlastung des Schädigers bestimmt sind, kann der Anspruchsteller gleichwohl eine Nutzungsausfallentschädigung verlangen.

133 Auch auf eine unentgeltliche Bereitstellung des Ersatzwagens durch einen Dritten aufgrund wirksamer interner rechtsgeschäftlicher Beziehungen zum Geschädigten kann sich der Ersatzpflichtige nicht berufen.[73]

f) Entgeltlicher Ersatzwagen durch Dritte

134 Vereinbart der Geschädigte für die Gebrauchsüberlassung ein Entgelt, so ist der Schädiger verpflichtet, dieses Entgelt zu erstatten, sofern es die sonst ortsüblichen angemessenen Mietwagenkosten nicht übersteigt. Dies gilt auch dann, wenn der Geschädigte einen Ersatzwagen von einem beliebigen Privatmann oder einem nahen Angehörigen rechtswirksam anmietet.

135 War der Dritte zu dieser entgeltlichen Gebrauchsüberlassung des Kfz nach versicherungsvertraglichen Grundsätzen nicht berechtigt oder war er seiner Anzeigepflicht gemäß den Bestimmungen der GewO nicht nachgekommen, berührt dies die Gültigkeit des abgeschlossenen Mietvertrags nicht. Allerdings stellt der Dritte dadurch möglicherweise wegen eines Verstoßes gegen die »Verwendungsklausel« seinen eigenen Deckungsschutz infrage. Der Mietvertrag wird dagegen keineswegs gemäß § 134 BGB nichtig. Es kommt lediglich darauf an, ob diese Aufwendungen objektiv erforderlich waren.

136 Allerdings ist bei solchen »Verträgen« zur entgeltlichen Fahrzeugüberlassung von Privatpersonen, gerade Verwandten oder nahestehenden Personen, eine genaue Prüfung angebracht, ob diesem Vertrag ein tatsächliches Rechtsgeschäft zugrunde liegt. Die Manipulationsmöglichkeit zur »Aufbesserung« der Nutzungsausfallentschädigung bis zur Höhe üblicher Mietwagenkosten durch Vorlage eines »Schein-Mietvertrages« ist erheblich. Hier muss auch der zur Entscheidung berufene Richter ein gesundes Maß an Skepsis aufbringen, ob die geltend gemachten Aufwendungen tatsächlich entstanden sind.

4. Nutzungswille

137 Ein Anspruch auf Ersatz von Mietwagenkosten setzt weiterhin ein (subjektives) Fahrbedürfnis voraus, d. h. einen Nutzungswillen, da sich sonst die Entziehung der beabsichtigten Nutzungsart nicht ausgewirkt hätte.

138 Dem Anspruchsberechtigten ist ein Ersatz nicht zuzubilligen, wenn der Geschädigte das beschädigte Fahrzeug ohne den Unfall in der fraglichen Zeit ohnehin nicht hätte nutzen wollen.

139 Der Nutzungswille muss sich jedoch nicht unbedingt auf den eigenen Gebrauch beschränken.[74] Ein anspruchsberechtigter Familienvater verfolgt mit der Anmietung eines Ersatzwagens regelmäßig (auch) den Zweck, dass seine Familienangehörigen – wie bisher – ständig ein Kfz zur Verfügung haben.[75] Ein in dieser Weise zum Ausdruck gebrachter Nutzungswille wird auch nicht dadurch auf-

---

73 Vgl. *BGH* NJW 1975, 255 f.; anders für den ADAC-Schutzbrief: *LG Dresden* VersR 2010, 1331 = DAR 2010, 649.
74 Vgl. *BGH* NJW 1974, 33 f.
75 Vgl. *BGH* NJW 1974, 33 f.; *KG* DAR 2006, 151 = NZV 2006, 157.

C. Mietwagenkosten

gehoben, dass der Halter oder Eigentümer während der unfallbedingten Ausfallzeit nicht mit seinen Familienangehörigen zusammen ist, sondern sich auf Reisen befindet bzw. nicht selbst fahren kann.

Im Übrigen ist in der Anmietung eines Mietwagens und dessen tatsächlicher Benutzung eine – widerlegbare – Vermutung für das Vorhandensein eines Nutzungswillens zu sehen.[76] Da Mietwagenkosten nur konkret abgerechnet werden können, kann man Nutzungswille und -möglichkeit letztlich auch an der Mietwagenrechnung, insbesondere der mit dem Mietfahrzeug zurückgelegten Strecke ablesen. Die Anmietung eines Ersatzfahrzeugs, mit dem dann nur sehr wenige km gefahren werden, ist sicher nicht erforderlich und lässt auf fehlenden Nutzungswillen bzw. fehlende Nutzungsmöglichkeit schließen.

140

Bei Anmietung von Nutzfahrzeugen kann zu berücksichtigen sein, dass an den Wochenenden ein Fahrbedürfnis nur in Ausnahmefällen anzunehmen ist.

141

II. Dauer der Ersatzanmietung

Die Anmietung des Mietwagens hat sich einerseits auf die unumgänglich notwendige Prüfungs- und Überlegungszeit sowie andererseits zusätzlich auf die tatsächliche und objektiv erforderliche Ausfallzeit zu beschränken; bei Letzterer mithin im Fall der Instandsetzung auf die angemessene schadenadäquate Reparaturzeit, im Fall des Totalschadens auf die objektiv erforderliche Wiederbeschaffungsfrist. Welche Fristen angemessen sind, hängt von den Umständen des Einzelfalls ab, wobei stets die tatsächliche Ausfallzeit bis zur objektiv erforderlichen Ausfallzeit als Obergrenze maßgeblich ist.

142

1. Prüfungs- und Überlegungszeit

Dem Geschädigten kann zunächst eine Prüfungszeit zuzubilligen sein, innerhalb derer er anhand eines etwa erforderlichen Sachverständigengutachtens prüfen kann, ob eine Instandsetzung des beschädigten Kfz mit einem wirtschaftlich vertretbaren Aufwand in zumutbarer Weise möglich ist oder ob Totalschaden vorliegt. Dies gilt jedenfalls für die Fälle, in denen der Geschädigte ohne Kenntnis des konkreten Zahlenwerks nicht zu beurteilen vermag, ob ein Reparatur- oder Totalschaden vorliegt.

143

Steht wegen des offenkundigen Missverhältnisses zwischen Reparaturkosten und Wiederbeschaffungswert fest, dass ein Totalschaden vorliegt, muss der Geschädigte sich auf kürzestem Wege Gewissheit darüber verschaffen, mit welchem Wiederbeschaffungswert er für den dann notwendig werdenden Fall der Ersatzbeschaffung rechnen kann. Er muss dann die entsprechende Auskunft beim Sachverständigen so früh wie möglich telefonisch einholen, um eine mögliche Prüfungs- und Überlegungsfrist so kurz wie möglich zu halten. Da es insoweit bereits während der »Prüfungszeit« möglich und üblich ist, sich bereits einen Überblick über den Gebrauchtwagenmarkt zu verschaffen, verkürzt sich die Wiederbeschaffungszeit entsprechend, so dass neben der vollen Wiederbeschaffungszeit keine gesonderte Frist mehr zu berücksichtigen ist.[77]

144

Über die Prüfungszeit hinaus ist dem Geschädigten unter besonderen Umständen auch eine Überlegungszeit einzuräumen. Es gibt Fälle, in denen die vom Sachverständigen festgestellten – und vorab dem Geschädigten telefonisch mitgeteilten – Werte hart an der Grenze der Wirtschaftlichkeit liegen. Es stellt sich dann jeweils die unter Berücksichtigung der Daten und Fakten des Einzelfalles individuell zu prüfende Frage, ob – ggf. wirtschaftlicher – Totalschaden vorliegt oder aber eine Reparatur – ggf. unter Inanspruchnahme des Integritätszuschlags – noch sinnvoll und vertretbar erscheinen kann. Unter Umständen muss dann der Geschädigte auch noch für die Finanzierung oder Zwischenfinanzierung Sorge tragen, falls trotz des nach § 254 Abs. 2 BGB gebotenen und rechtzeitig erfolgten Hinweises der Ersatzpflichtige bzw. sein Haftpflichtversicherer weder zur zügigen Schadenregulierung noch zumindest zur Zahlung eines angemessenen Vorschusses bereit sein sollte.

145

---

76 *LG Karlsruhe* SVR 2006, 225.
77 So überzeugend *AG Hannover* SVR 2009, 34.

146 Man kann nicht die Auffassung vertreten, der Geschädigte dürfe grundsätzlich zunächst einmal den Eingang des schriftlichen Sachverständigengutachtens abwarten, ehe er weitere Dispositionen trifft.[78] Wie bereits an anderer Stelle dargelegt, ist der Geschädigte im Interesse der Schadenminderung verpflichtet, unter Ausschöpfung aller ihm zumutbaren Möglichkeiten den Schaden gering zu halten. Dazu gehört insbesondere, sich am Tag nach der Besichtigung beim Sachverständigen nach dem Ergebnis seiner gutachterlichen Feststellungen bezüglich Reparaturkosten, Wiederbeschaffungswert und Restwert telefonisch zu erkundigen und die notwendigen Maßnahmen zu Reparatur bzw. Ersatzbeschaffung unverzüglich einzuleiten.

147 Insbesondere für den Fall, dass – für den Geschädigten deutlich erkennbar – außergewöhnlich hohe Mietwagenkosten zu erwarten sind, muss der Geschädigte sich unter Umständen mit einer Prüfungs- und Überlegungszeit von wenigen Tagen begnügen, so beispielsweise mit einer Zeitspanne von 2 Tagen bei einer fest gebuchten und daher nicht zu verschiebenden Urlaubsreise in den Orient mit etwa 10 000 km Fahrt[79] oder etwa mit einem Zeitraum von 3–4 Tagen nach Eingang des schriftlichen Sachverständigengutachtens bei Lieferung eines schon vor dem Unfall gekauften Neuwagens.

148 Normalerweise beläuft sich die Prüfungs- und Überlegungsfrist regelmäßig auf eine Zeitspanne bis maximal 10 Kalendertagen,[80] falls die dem Geschädigten zur Verfügung stehenden Informationen nicht zu einer Verkürzung dieser Zeitspanne führen. Dabei findet auch der Umstand Berücksichtigung, dass die Feststellung des Schadenumfanges allein Sache des insoweit beweispflichtigen Geschädigten ist. Der Beginn der Wiederbeschaffungsfrist ist nicht identisch mit dem Beginn der an dieser Stelle besprochenen Prüfungs- und Überlegungszeit.

149 Eine Prüfungs- und Überlegungsfrist ist in der Regel nur dann zuzubilligen, wenn nach Lage der Dinge mit Totalschaden zu rechnen ist. Steht demgegenüber jedoch ohne Zweifel fest, dass das Kfz noch reparaturwürdig ist, dann ist im Interesse der Schadenminderung die Reparatur sofort und ein etwa benötigter Sachverständiger gleichzeitig zu beauftragen.

150 Die Werkstatt ist in diesem Fall anzuweisen, ausgebaute Schadteile aufzubewahren, damit sie erforderlichenfalls für die Besichtigung durch den Sachverständigen als Beweismittel zur Verfügung stehen. In jedem Fall ist der Reparaturauftrag unverzüglich (§ 121 BGB) zu erteilen, sobald der technische Sachverständige festgestellt hat, dass das beschädigte Kfz noch reparaturwürdig ist. Dieser kann dann ggf. auch für den Geschädigten den Reparaturauftrag erteilen, wenn er zuvor hierzu ermächtigt wurde.

151 Ist dem Geschädigten wegen der beim Unfall erlittenen Verletzungen vom Arzt Bettruhe verordnet worden, so ist nach den Umständen des Einzelfalls zu beurteilen, wann die Prüfungs- und Überlegungszeit für ihn beginnt. Das Gleiche gilt selbstverständlich auch für den Fall einer zufälligerweise in diesen Zeitraum fallenden unfallunabhängigen Erkrankung. In diesem Fall wird zu prüfen sein, welche Dispositionen der Geschädigte von seinem Krankenbett aus treffen kann und ob nicht eine dritte Person – beispielsweise ein Angehöriger, Bekannter oder Freund – ihm bei der Prüfung der notwendigen Sachzusammenhänge behilflich sein kann. Eine Gehbehinderung allein etwa vermag nicht zu einer Verlängerung der Überlegungszeit zu führen, weil die notwendigen Entscheidungen auch auf andere Weise getroffen werden können.

152 Auch insoweit gilt die durch § 254 Abs. 2 BGB normierte Schadenminderungspflicht. In diesem Rahmen gehört es beispielsweise zum Pflichtenkreis des Geschädigten, einen geeigneten technischen Sachverständigen zu beauftragen, der nicht bereits im Zeitpunkt der Erteilung des Auftrages durch anderweitige Aufträge oder Pflichten überlastet sein darf. Der Sachverständige sollte auch unverzüg-

---

78 So aber *LG Potsdam* DAR 2003, 76; *LG Berlin* zfs 2007, 388; dagegen zu Recht *BGH* NJW 1986, 2945 = VersR 1986, 1208 = DAR 1986, 356; skeptisch auch Himmelreich/Halm/*Grabenhorst* Kap. 5 Rn. 17.
79 Vgl. z. B. *OLG Nürnberg* VersR 1974, 677 f.
80 Vgl. u. a. *BGH* NJW 1975, 160, 162 = VersR 1975, 184 (186, 7 Tage); *OLG Köln* SP 2007, 13 (5 Kalendertage); *AG Gießen* zfs 1995, 93.

lich mit der Besichtigung des beschädigten Fahrzeugs und der Erstattung eines technischen Gutachtens zum Zwecke der Beweissicherung beauftragt werden. Außerdem sollte sichergestellt sein, dass er sein Gutachten in angemessener Zeit erstattet.

Eine über die Prüfungs- und Überlegungsfrist hinausgehende Wartezeit, während der die Stellungnahme des Haftpflichtversicherers abgewartet wird, kann darüber hinaus dem Geschädigten nicht zugebilligt werden. 153

Beauftragt der Geschädigte selbst von sich aus keinen Sachverständigen mit der Erstellung eines Gutachtens, sondern überlässt er dies dem Schädiger bzw. dessen Haftpflichtversicherer, so kann er nicht untätig bleiben und sich später darauf berufen, die Ersatzanmietung habe deswegen einen übermäßig langen Zeitraum erfordert, weil er erst relativ spät über den Haftpflichtversicherer des Unfallgegners davon Kenntnis erlangt hat, dass Totalschaden vorliegt. Die Beauftragung des Sachverständigen und die Notwendigkeit, aus seinem Gutachten unverzüglich die danach erforderlichen Dispositionen zu treffen, gehört ausschließlich zum Pflichtenkreis des Geschädigten. Diese Verpflichtung kann nicht auf den Haftpflichtversicherer des Unfallgegners abgewälzt werden. 154

Sofern dem Geschädigten vom Haftpflichtversicherer der Gegenseite eine Kopie des Sachverständigengutachtens übersandt bzw. die Expertise ihrem wesentlichen Inhalt nach mitgeteilt worden ist, muss er unverzüglich entscheiden, welcher Weg der Schadenbeseitigung (»Herstellung« oder Geldersatz) für ihn in Betracht kommt. Dies gilt insbesondere für den Fall, dass Totalschaden vorliegen sollte. 155

2. Ausfallzeit

Über die soeben behandelte Prüfungs- und Überlegungszeit hinaus ist dem Geschädigten ein zusätzlicher Zeitraum für die danach notwendigen Dispositionen, d. h. für die Erteilung des Reparaturauftrags und die Überwachung der Instandsetzung bzw. die nach einem Totalschaden etwa notwendig gewordene Ersatzbeschaffung zuzubilligen. Auch diese Maßnahmen gehören allein zum Pflichtenkreis des Geschädigten. 156

a) Reparaturzeit

Die Mietwagenkosten sind regelmäßig für die angemessene[81] Zeit einer schadenadäquaten Reparatur zu erstatten. Erteilt der Geschädigte jedoch schuldhaft den Reparaturauftrag zu spät, so hat er die darauf beruhenden erhöhten Mietwagenkosten selbst zu tragen.[82] Lässt ein Geschädigter gelegentlich der Beseitigung von Kollisionsschäden gleichzeitig auch andere – nicht unfallbedingte – Arbeiten ausführen, so kann sich sein Anspruch auf Ersatz des ihm wegen der unfallbedingten Reparaturarbeiten entgangenen Gewinns im Zuge des Vorteilsausgleichs mindern.[83] Im Rahmen der fiktiven Abrechnung ist die Mietdauer von vornherein auf den Zeitraum einer objektiv angemessenen schadenadäquaten Reparaturdauer beschränkt, selbst wenn die tatsächlich durchgeführte Reparatur für den Geschädigten nicht zurechenbar länger gedauert hat.[84] 157

In Einzelfällen kann es dazu kommen, dass die Reparaturarbeiten bereits abgeschlossen sind, der Geschädigte jedoch nicht in der Lage ist, das inzwischen fertiggestellte Kfz auszulösen, weil der Inhaber der Werkstatt von seinem gesetzlichen Unternehmerpfandrecht (Zurückbehaltungsrecht) Gebrauch macht und der Geschädigte mit eigenen Mitteln nicht in Vorlage treten kann. In diesem Fall muss der Geschädigte zunächst den Haftpflichtversicherer des Unfallgegners auf diese Situation und den möglichen Eintritt eines ungewöhnlich hohen Schadens durch Weiterbenutzung des Mietwagens hinweisen. Sollte der Haftpflichtversicherer des Unfallgegners daraufhin keinen angemessenen Vor- 158

---

81 Soweit es sich um die Reparaturzeit von sog. »Exoten« handelt, vgl. *BGH* VersR 1982, 548.
82 Vgl. dazu *BGH* NJW 1986, 2945 f. = VersR 1986, 1208 (1. Sp.).
83 Vgl. dazu *BGH* NJW 1982, 32 = VersR 1981, 1051 = MDR 1981, 996 = VRS 61, 40.
84 *OLG Hamm* SVR 2006, 423; Himmelreich/Halm/*Grabenhorst* Kap. 5 Rn. 22.

schuss leisten oder keine Kostenübernahmeerklärung abgeben, muss der Anspruchsteller im Interesse der Schadenminderung (§ 254 Abs. 2 BGB) alle zumutbaren Maßnahmen ausschöpfen, um die Mietwagenkosten möglichst gering zu halten.[85] Er muss beispielsweise versuchen, auf Kosten des Schädigers einen Kredit aufzunehmen, wobei auch insoweit die Schadenminderungspflicht gilt. Die Praxis zeigt, dass die einfachste und kostengünstigste Form der Kapitalbeschaffung die Überziehung des eigenen Girokontos darstellt. Die Weiterbenutzung des Mietwagens stellt die mit Abstand teuerste Form der Kapitalbeschaffung dar.

159 Erst wenn alle zumutbaren Möglichkeiten für die Schadenminimierung ausgeschöpft sind, kann der Fall eintreten, dass der Geschädigte ohne eigenes Verschulden, insbesondere ohne Verstoß gegen 254 Abs. 2 BGB, das Mietfahrzeug so lange weiterbenutzen muss und darf, bis ihm sein eigener Wagen wieder zur Verfügung steht. Dabei wird es sich in aller Regel um extreme Gestaltungsformen in ganz seltenen Ausnahmefällen handeln. Auf derartige Situationen, die nach den Erfahrungen der Praxis im Hinblick auf die Höhe der Mietwagenkosten letztlich Prozesse über mehrere Instanzen hinweg geradezu herausfordern, sollte man es zweckmäßigerweise gar nicht erst ankommen lassen.

160 Der Geschädigte muss regelmäßig selbst für eine unverzügliche Reparatur Sorge tragen.[86] Dies gilt vor allem zur Urlaubszeit, wenn sonst zu befürchten ist, dass der Urlaub mit einem Mietwagen angetreten werden müsste. Insoweit ist ggf. auch eine provisorische Zwischenreparatur in Betracht zu ziehen.[87] Ansonsten gilt der allgemeine Grundsatz, dass der Geschädigte Anspruch auf Ersatz von Mietwagenkosten lediglich für die Dauer einer zügigen Durchführung der Reparaturarbeiten hat.

161 Demgegenüber geht eine Verzögerung der Reparatur, die lediglich durch arbeitsfreie Zeiträume an Samstagen sowie Sonn- und Feiertagen eintritt, nicht zulasten des Geschädigten.

162 Insoweit ist jedoch insbesondere dann, wenn es sich um eine »Kette« zusammenhängender Feiertage[88] handelt, sorgfältig zu prüfen, ob eine provisorische Reparatur bzw. eine Reparatur in Etappen nicht geeignet ist, die Ausfallzeit insgesamt nennenswert zu verkürzen.[89] Diese beiden Möglichkeiten bewirken sehr häufig, dass das Fahrzeug zunächst vorrangig in einen betriebs- und verkehrssicheren Zustand versetzt werden kann, sodass der Geschädigte danach in der Lage ist, in aller Ruhe mit der Werkstatt einen verbindlichen Reparaturtermin zu vereinbaren, zu dem etwa erforderliche Ersatzteile aufgrund rechtzeitiger Vordisposition bereits zur Verfügung stehen bzw. Schraubteile für die Reparatur vorbereitet und vorlackiert worden sind. Innerhalb der kurzen Zeit, die die Durchführung einer provisorischen Reparatur in Anspruch nimmt, können u. U. öffentliche Verkehrsmittel in Anspruch genommen bzw. kann auf ein Taxi zurückgegriffen werden.

163 Verzögerungen infolge höherer Gewalt oder Betriebsstörungen[90] oder ähnliche Gründe hat der Ersatzpflichtige zu vertreten, weil es sich – ohne eigenes Verschulden des Geschädigten – um typische Reparaturkosten handelt und die Werkstatt nicht Erfüllungs- oder Verrichtungsgehilfe des beauftragenden Geschädigten ist.[91] Diese Gründe für einen über den objektiv erforderlichen Zeitraum einer

---

85 A. A. *Bär* DAR 2001, 27, wonach der Geschädigte ohne Kostenübernahmebestätigung sogar einen Reparaturauftrag verzögern können soll.
86 *OLG Hamm* r+s 2002, 330 = DAR 2002, 312.
87 Vgl. dazu *OLG Stuttgart* VersR 1981, 1061; *OLG Frankfurt/M.* VersR 2005, 1742; *LG Karlsruhe* VersR 1982, 562 = zfs 1982, 237.
88 Wie beispielsweise Weihnachten und Neujahr sowie die meist arbeitsfreien Tage dazwischen.
89 Himmelreich/Halm/*Grabenhorst* Kap. 5 Rn. 18.
90 Beispielsweise durch Streiks, Aussperrungen, Ausbleiben von Fachkräften oder von Zulieferungen; – vgl. hierzu ergänzend Rdn. 254 (Schadenminderungspflicht).
91 Vgl. u. a. *BGH* NJW 1975, 160, 163 = VersR 1975, 184, 187 = DAR 1975, 109, 111; *LG Itzehoe* PVR 2001, 321; *LG München I* DAR 2004, 155; *AG Gifhorn* NZV 2007, 149 = DAR 2007, 91 = SVR 2007, 181; Himmelreich/Halm/*Grabenhorst* Kap. 5 Rn. 26.

Reparatur notwendigen Zeitbedarf hat der Geschädigte darzutun und zu beweisen.[92] Im Einzelfall ist der Geschädigte dann allerdings gehalten, eine Notreparatur vorzunehmen.[93]

Unseriöse Reparaturfirmen setzen zuweilen für verhältnismäßig geringe Schäden unangemessen lange Reparaturzeiten an, um das aus eigenem Bestand gestellte Ersatzfahrzeug länger vermieten zu können. Mitunter besteht das Motiv auch darin, dass der Meister, der die Reparaturarbeiten plant und ausführt, für das von ihm vermittelte Mietfahrzeug eine höhere Provision bezieht. Solche Gründe gehen nicht zulasten des Schädigers, der Geschädigte hat sich an die Reparaturfirma zu halten. Jedenfalls ist er in analoger Anwendung des im § 255 BGB enthaltenen Rechtsgedankens verpflichtet, dem Ersatzpflichtigen seine etwaigen Schadenersatzansprüche gegen die Werkstatt abzutreten. Dem Ersatzpflichtigen steht dann insoweit nach § 273 BGB ein Zurückbehaltungsrecht bis zur Abtretung der möglichen Ansprüche zu. 164

Wer sich trotz Reparaturwürdigkeit des beschädigten Fahrzeugs ein Neufahrzeug anschafft, kann nicht die Mietwagenkosten bis zur Lieferung des Neuwagens verlangen, sondern nur für den Zeitraum einer objektiv angemessenen schadenadäquaten Reparaturdauer.[94] 165

(unbesetzt) 166

b) Wiederbeschaffungsfrist

Zur Prüfungs- und Überlegungszeit ist bei einem Totalschaden zusätzlich der Wiederbeschaffungszeitraum zuzubilligen, der bei jedem Fahrzeugtyp unterschiedlich lang ist. Die Anmietung eines Ersatzwagens darf nur für diejenige Zeit erfolgen, die zur Erlangung und Zulassung eines gleichwertigen Ersatzfahrzeugs erforderlich ist. 167

Wenn das beschädigte oder zerstörte Kfz noch neuwertig war und der Geschädigte einen Anspruch auf ein fabrikneues Fahrzeug hat, fällt die dann für dieses neue Kfz bestehende, oft längere Lieferfrist, wenn sie noch vertretbar ist, in den Risikobereich des Schädigers. 168

Schafft sich dagegen der Geschädigte ein Neufahrzeug an, obwohl er nur einen Anspruch auf einen gleichwertigen Gebrauchtwagen hat, so darf er sich nicht während der durch den Ankauf des neuen Kfz entstehenden längeren Lieferzeit auf Kosten des Ersatzpflichtigen einen Ersatzwagen anmieten. Erstattet werden ihm dann nur die Mietwagenkosten, die für die Zeitspanne der Anschaffung eines gleichwertigen Gebrauchtwagens benötigt worden wären. 169

Hatte der Geschädigte aber bereits vor dem Unfall ein neues Kfz verbindlich bestellt und ist er zu dessen Abnahme verpflichtet, so hat der Ersatzpflichtige die Mietwagenkosten bis zum Tage dessen Lieferung zu erstatten. Zu prüfen ist jedoch, ob nicht im Zuge der Schadenminderungspflicht die Anschaffung eines Interimfahrzeugs in Betracht kommt.[95] Der Ausfall ist bis zur Lieferung des Neufahrzeugs zu erstatten, soweit diese Entschädigung die wirtschaftlichen Nachteile, die durch den Ankauf und Wiederverkauf eines Zwischenfahrzeugs zusätzlich entstehen würden, nicht wesentlich übersteigt. In einem solchen Fall kann dem Geschädigten Aufwand und Risiko, die mit dem An- und Verkauf eines Gebrauchtwagens verbunden sind, nicht zugemutet werden.[96] Der Geschädigte ist insoweit darlegungs- und beweisbelastet, dass der Kostenunterschied insoweit unwesentlich ist.[97] War nach dieser Prüfung die Anschaffung eines Interimfahrzeugs erforderlich und zuzumuten, sind 170

---

92 *BGH* VersR 2011, 643.
93 *AG Annaberg* SP 2000, 383.
94 *BGH* r+s 2003, 522 = DAR 2003, 554.
95 *BGH* NJW 2009, 1663 = VersR 2009, 697 = DAR 2009, 322 – ja bei neun Wochen Verzögerung; *OLG Celle* NJW 2008, 446 = VersR 2009, 276 = DAR 2008, 205 – noch nicht bei ex ante abzusehender 24 Tage längerer Ausfallzeit.
96 *BGH* NJW 2008, 915 = VersR 2008, 370 = DAR 2008, 139.
97 *BGH* a. a. O.

die hiermit verbundenen Aufwendungen nur zu erstatten, wenn sie auch angefallen sind, nicht dagegen fiktiv.[98]

171 Da es sich beim Ankauf eines Kfz um einen Gegenstand von einigem Wert handelt, der nur in größeren Zeiträumen ersetzt zu werden pflegt, muss man dem Geschädigten einen angemessenen Zeitraum für die Wiederbeschaffung zubilligen. Dabei muss man ihm ferner zugestehen, dass er sorgfältig Vergleiche anstellt und zu diesem Zweck auch einige Probefahrten mit Fahrzeugen durchführt, die nach seinem Ermessen als Ersatzwagen in Betracht kommen könnten. Insofern ist ergänzend zu berücksichtigen, dass der Geschädigte in der Regel berufstätig ist und dass ihm, da er sich bei der Ersatzbeschaffung nur selten vollgültig vertreten lassen kann, nur ein begrenzter Zeitraum für seine Prüfungen und Überlegungen zur Verfügung steht. Es besteht in der Regel kein Anlass, die angemessene Wiederbeschaffungsfrist allein deswegen abzukürzen, weil es sich bei dem total beschädigten Kfz um ein bereits betagtes Fahrzeug handelt. Die reine Wiederbeschaffungsfrist zum Erwerb eines gleichwertigen Ersatzfahrzeugs nach einem Totalschaden beträgt in der Regel etwa 10–14 Tage.[99] Dieser Zeitraum reicht im Allgemeinen jedenfalls bei gängigen Typen in Anbetracht der oft vorliegenden Übersättigung des Gebrauchtwagenmarkts aus. Lediglich bei »ausgefallenen« Fahrzeugen wird ein längerer Zeitraum zuzubilligen sein, sofern oft die Ersatzbeschaffung im rein tatsächlichen Bereich mit Schwierigkeiten verbunden ist.

172 Die Wiederbeschaffungsfrist beginnt in dem Zeitpunkt, in dem der Geschädigte Kenntnis davon erhält, dass eine Reparatur des beschädigten Kfz sich aus wirtschaftlichen Gründen nicht mehr lohnt und daher Totalschaden vorliegt. Dazu bedarf es durchaus nicht immer des in Auftrag gegebenen Sachverständigengutachtens. Mitunter steht von vornherein offenkundig fest, dass Totalschaden vorliegt. Dann beginnt die Wiederbeschaffungsfrist mit dem Tage nach dem Unfall und nicht erst nach Vorliegen des Sachverständigengutachtens.

173 In anderen Fällen, in denen Zweifel bestehen könnten, erteilt der Sachverständige auf Wunsch in der Regel spätestens am Tag nach der Besichtigung eine telefonische Vorabinformation über die voraussichtliche Höhe von Wiederbeschaffungswert, Restwert und die Dauer der von ihm für angemessen erachteten Wiederbeschaffungsfrist. Dabei muss jedoch berücksichtigt werden, dass auch insoweit die Veranlassungspflicht beim Geschädigten liegt, der alle notwendigen Schritte dazu in die Wege zu leiten hat und sich nicht darauf verlassen darf, dass der Haftpflichtversicherer des Ersatzpflichtigen seinerseits tätig wird.

174 Es kann gelegentlich vorkommen, dass der Geschädigte aus finanziellen Gründen nicht in der Lage ist, die Ersatzbeschaffung in angemessener Zeit vorzunehmen. Dieser Fall kann beispielsweise dann eintreten, wenn ihm eigene finanzielle Mittel nicht zur Verfügung stehen und er infolge anderweitiger Überschuldung auch einen (weiteren) Kredit nicht erhält.[100] Fehlen also eigene Mittel, die der Geschädigte sonst in zumutbarer Weise zu verauslagen hat, dann muss er auf diesen Sachverhalt, d. h. über den auf seiner Seite bestehenden Kreditbedarf, unverzüglich den Ersatzpflichtigen hinweisen, und zwar so rechtzeitig, dass dieser noch einen Vorschuss leisten kann. Dieses Verhalten gebietet die durch § 254 Abs. 2 BGB normierte Schadenminderungspflicht. Sollte die Aufnahme eines Kredits möglich und zumutbar sein, werden bei an sich vorliegender mangelnder Kreditwürdigkeit unter Umständen auch ungünstige Finanzierungsbedingungen in Kauf zu nehmen sein. Lediglich dann, wenn auch auf diesem Wege die erforderlichen Geldmittel nicht beschafft werden können, wird der Geschädigte berechtigt sein, auf Kosten des Schädigers ein Ersatzfahrzeug anzumieten. Dies setzt

---

98 *BGH* NJW 2009, 1663 = VersR 2009, 697 = DAR 2009, 322.
99 Vgl. dazu *KG* VersR 1987, 822 f. = zfs 1986, 237 = VRS 70, 432 (gängiges Fahrzeug in Großstadt; unter teilweiser Änderung der bisherigen Rechtsprechung); *LG Nürnberg-Fürth* zfs 1987, 328; *LG Freiburg* zfs 1989, 52 = VRS 75, 401.
100 OLG Naumburg NJW 2004, 3191 = DAR 2005, 158 = NZV 2005, 198; *AG Essen* DAR 2007, 655, a. A. *AG Magdeburg* zfs 2009, 199 (keine Verpflichtung zur Kreditaufnahme).

allerdings voraus, dass er rechtzeitig auf die Gefahr des Eintritts eines besonders hohen Schadens hingewiesen und einen entsprechenden Vorschuss verlangt hat.[101]

Ist der Geschädigte arbeitsunfähig – beispielsweise aufgrund einer unfallbedingten Verletzung –, beginnt die Wiederbeschaffungsfrist erst nach seiner Genesung. 175

(unbesetzt) 176–178

3. Grenzen der Anmietdauer

Der Anspruch auf Ersatz von Mietwagenkosten findet seine obere Grenze unter anderem in der mutmaßlichen Lebensdauer des beschädigten Kfz unter normalen Umständen, aber auch im Grundsatz der Verhältnismäßigkeit. Die Dauer der Ersatzanmietung zulasten des Schädigers kann aber auch dadurch begrenzt sein, dass das Kfz bereits vor dem Unfall verkauft worden ist und unmittelbar nach Eintritt des Schadens dem Erwerber übergeben werden sollte. 179

III. Gegenstand der Ersatzanmietung

1. Größe und Typ

Der Geschädigte hat grundsätzlich nur Anspruch auf die Anmietung eines in Bezug auf den von ihm verfolgten Nutzungszweck möglichst typengleichen Fahrzeugs.[102] Dabei ist zu berücksichtigen, dass allein die Zusatzausrüstung des beschädigten Kfz (Unfallwagens) den Geschädigten grundsätzlich nicht berechtigt, auf Kosten des Schädigers ein Fahrzeug einer höheren Preisklasse anzumieten.[103] Andererseits braucht der Geschädigte sich bei einer normalen Ausfallzeit in der Regel auch nicht mit einem kleineren, d. h. leistungsschwächeren und weniger komfortablen – also insgesamt gesehen »billigeren« – Ersatzfahrzeug zu begnügen. 180

Dem Geschädigten sind diejenigen Kosten der Ersatzanmietung zu erstatten, die ein verständiger, wirtschaftlich denkender Mensch in der besonderen Lage des Geschädigten zum Ausgleich des ihm zeitweilig entzogenen Gebrauchsnutzens seines Fahrzeugs für erforderlich halten durfte.[104] 181

Der Geschädigte darf regelmäßig keinen ungleich leistungsstärkeren – also »teureren« – Wagen anmieten, es sei denn, dass ein annähernd gleichwertiges Ersatzfahrzeug während der zur Verfügung stehenden Zeit in zumutbarer Weise nicht zu beschaffen ist. Dieser Fall dürfte vor allem in Großstädten mit einem breit gefächerten Konkurrenzangebot allerdings außerordentlich selten vorkommen. 182

Ist ein gleichwertiges Mietfahrzeug nur zu einem besonders hohen Mietzins zu erhalten, darf der Geschädigte in der Regel ein derartiges Fahrzeug im Interesse der Schadenminderung nicht anmieten, sondern muss sich – jedenfalls für kurze Zeit – mit einem »bescheideneren« Wagentyp begnügen.[105] 183

Es widerspricht allerdings keinesfalls dem Sinn des Schadenersatzes, wenn der Geschädigte anstelle seines bereits recht »betagten« Kfz ein neues, vollwertiges Ersatzfahrzeug anmietet.[106] Auf eine Wert- 184

---

101 *OLG Nürnberg* DAR 1981, 14 = zfs 1981, 77; *OLG Saarbrücken* NZV 1990, 388; *OLG Naumburg* NJW 2004, 3191 = DAR 2005, 158 = NZV 2005, 198; *KG* NZV 2009, 394; NZV 2010, 209 = MDR 2010, 79; *LG Frankfurt/Main* NJW-RR 1992, 1183.
102 Vgl. hierzu u. a. *BGH* NJW 1970, 1120 = VersR 1970, 547 f.; NJW 1982, 1518 = VersR 1982, 548 = r+s 1982, 146.
103 Vgl. dazu *OLG Nürnberg* VersR 1981, 43 = DAR 1981, 14; Himmelreich/Halm/*Grabenhorst* Kap. 5 Rn. 12.
104 Vgl. dazu: BGHZ 54, 82, 85 = VersR 1970, 832 f.; BGHZ 61, 346, 349; VersR 1974, 90 f.; BGHZ 63, 182, 188 = VersR 1975, 184, 186; VersR 1975, 261 f.; VersR 1976, 389 f.; NJW 1982, 1518 = VersR 1982, 548 = zfs 1982, 238.
105 Vgl. dazu BGHZ 54, 82, 85 = VersR 1970, 832 f.; BGHZ 61, 346, 349; VersR 1974, 90 f.; BGHZ 63, 182, 188 = VersR 1975, 184, 186; VersR 1975, 261 f.; VersR 1976, 389 f.; NJW 1982, 1518 = VersR 1982, 548 = zfs 1982, 238; *AG Leverkusen* SP 2008, 439.
106 Vgl. *OLG Stuttgart* zfs 1989, 49; *OLG Hamm* zfs 1989, 49; *LG Darmstadt* VersR 1981, 662; *LG Heilbronn*

gleichheit im Sinne einer Übereinstimmung des Zeitwertes – oder ggf. auch des Wiederbeschaffungswertes – kommt es nicht an.

185 Ausschlaggebend für eine »Gleichwertigkeit« sind also weniger Zeitwert, Baujahr und Typ des Fahrzeugs. Gleichwertigkeit bedeutet vielmehr eine Übereinstimmung im Komfort, in der Größe, der Bequemlichkeit und in der Leistung.[107] Insoweit ist bei einem Normalfahrzeug – im Gegensatz zu einem Sportwagen – auch regelmäßig weniger die PS-Zahl bzw. kW-Stärke von Bedeutung, sondern der Nutzungszweck bzw. der mit der Anschaffung und Haltung des betreffenden Kfz beabsichtigte Gebrauchsnutzen.

186 Es ist nicht erkennbar, dass der Geschädigte durch die Anmietung eines neuwertigen Ersatzfahrzeuges gegenüber seinem u. U. fast wertlosen Altfahrzeug in einer Form bereichert ist, aus der man rechtliche Konsequenzen im Hinblick auf den Vorteilsausgleich ableiten könnte. Ferner kann auch der Umstand, dass die Mietwagenunternehmer aus Konkurrenzgründen fast nur neuwertige und technisch einwandfreie Fahrzeuge anbieten, nicht zur Entstehung eines Vorteils führen, den der Geschädigte sich anrechnen lassen müsste.[108]

2. Sportwagen

187 Fährt der Geschädigte einen Sportwagen, so ist er durch den zeitweiligen Ausfall seines Kfz nicht in seinem Liebhaberinteresse (§ 253 BGB), sondern in dem Verlust der Sachnutzung beeinträchtigt.[109] Dies bedeutet, dass grundsätzlich der Ausfall eines Sportwagens nur durch die zeitweilige Anmietung eines Pkw mit annähernd gleicher Leistung ausgeglichen werden kann.

188 Bei Abwägung der Interessenlage besteht ein Anspruch auf Ersatz der Mietwagenkosten für den vollen Zeitraum und für ein in etwa typengleiches Ersatzfahrzeug. Ebenso wenig wie der Ersatzpflichtige dem Geschädigten entgegenhalten kann, er habe sich ein zu aufwendiges Fahrzeug zugelegt, sodass nur ein Teil der unfallbedingten Reparaturkosten zu erstatten seien, kann er ähnliche Einwendungen im Zusammenhang mit der Ersatzanmietung erheben.

189 Steht ein derartiger Sportwagen als Mietfahrzeug jedoch nicht zur Verfügung, so muss der Geschädigte ein ähnliches bzw. gleichwertiges Fahrzeug anmieten. Er kann demgegenüber nicht einen Geldersatz für sein – vermeintlich beeinträchtigtes – Liebhaberinteresse verlangen.

3. Ausstattung und Komfort

190 Wie bereits betont, darf der Geschädigte zulasten des Ersatzpflichtigen grundsätzlich ein von Komfort und Ausstattung her möglichst typengleiches Ersatzfahrzeug anmieten.

191 Die Grenze wird durch die Unverhältnismäßigkeit der Aufwendungen gezogen, die das verkehrsübliche Maß nicht übersteigen dürfen. Dies wäre beispielsweise dann der Fall, wenn ein gleichwertiges Ersatzfahrzeug erst aus dem Ausland – beispielsweise aus Übersee – »eingeflogen« werden müsste und infolgedessen nur zu einer den verkehrsüblichen Satz erheblich übersteigenden Miete angeboten werden könnte. Es gibt jedoch keinen Erfahrungssatz des Inhalts, dass die Mietwagenkosten zum Wiederbeschaffungswert in einem vertretbaren Verhältnis stehen müssten.[110]

VersR 1982, 784; *LG Köln* VersR 1987, 210; *AG Frankfurt/M.* VersR 1981, 692; *AG Düsseldorf* r+s 1985, 147; *AG Uelzen* VersR 1979, 336 = DAR 1979, 41 = MDR 1979, 139 (Opel Rekord 1, 9 1, anstelle eines Mercedes 220 D).
107 Vgl. dazu insbes. *OLG Karlsruhe* VersR 1974, 1005; *AG Wesel* NZV 2008, 463.
108 So ausdrücklich *KG* DAR 1981, 56.
109 Vgl. dazu insbes. *BGH* NJW 1982, 1518 = VersR 1982, 548 = zfs 1982, 238.
110 A. A. *LG Köln* zfs 1987, 137 f.; VersR 1987, 210 = zfs 1987, 106 (m. w. N.); VersR 1988, 486 (L); *AG Düsseldorf* r+s 1985, 147.

4. Nichtgewerbsmäßiges Mietfahrzeug

Es macht keinen rechtlich bedeutsamen Unterschied, ob der Geschädigte das Ersatzfahrzeug bei einem gewerbsmäßigen Autovermieter oder bei einer Privatperson anmietet.[111]

192

Im Zweifel ist anzunehmen, dass die Leistung eines Dritten nicht zur Entlastung des Schädigers bestimmt ist, sodass dieser sich auf die unentgeltliche Bereitstellung eines Ersatzfahrzeuges aufgrund interner rechtsgeschäftlicher oder auch nur freundschaftlicher Beziehungen zwischen dem Geschädigten und ihm nicht berufen kann.[112] Soweit Mietwagenkosten jedoch (wegen unentgeltlicher Leistung) nicht anfallen, kann der Geschädigte nur Nutzungsausfall verlangen.

193

Wird ein Ersatzfahrzeug indes von nahen Familienangehörigen (beispielsweise von der Ehefrau) angemietet, so ist im Einzelfall sorgfältig zu prüfen, ob es sich dabei tatsächlich um ein ernst gemeintes Rechtsgeschäft oder lediglich um eine Scheinvereinbarung handelt, die den Zweck verfolgt, dem Geschädigten bzw. dem betreffenden Angehörigen zu einem Gewinn zu verhelfen. Zweifel bestehen insbesondere dann, wenn beispielsweise der Ehemann, der über die von ihm zu tragenden Kosten für den ehelichen Aufwand bereits die »Generalunkosten« des von seiner Ehefrau gehaltenen Zweitwagens getragen hat, sich dessen ungeachtet jedoch im Rahmen des Mietvertrages bereit erklärt, diese Kosten über eine dem gewerblichen Mietzins entsprechende Entschädigung noch einmal zu übernehmen.[113]

194

An die Prüfung der Frage, ob der angeblich vereinbarte gewerbliche Mietzins tatsächlich den zur Herstellung »erforderlichen« Betrag im Sinne von § 249 BGB darstellt, sind nach der Lebenserfahrung besonders strenge Anforderungen zu stellen.[114] Sollten sich dabei Zweifel ergeben, dann ist der Entschädigungsbetrag nach § 287 ZPO vom Tatrichter frei zu schätzen.[115] Sofern konkrete Anhaltspunkte fehlen, erscheint ein Anteil von 50 % des gewerblichen Mietpreises angemessen. Auf den in dieser Weise ermittelten Betrag muss der Geschädigte sich zusätzlich die eingesparten leistungsbezogenen Betriebskosten des eigenen Fahrzeugs anrechnen lassen.

195

Selbst für den Fall, dass der Geschädigte ausnahmsweise einmal darzulegen vermag, dass ihm die Beschaffung eines preiswerten Ersatzfahrzeugs nicht oder nur unter sehr erschwerten Voraussetzungen möglich war, stellen die Kosten einer gewerbsmäßigen Anmietung stets die obere Grenze des erstattungsfähigen Rahmens dar.[116]

196

Unfallbedingte Mietwagenkosten sind auch dann zu ersetzen, wenn der Geschädigte eine OHG ist und diese das Ersatzfahrzeug von einem Unternehmen erhalten hat, das einem ihrer Gesellschafter gehört.[117]

197

---

111 Vgl. dazu *BGH* NJW 1975, 255 = VersR 1975, 261 f. = MDR 1975, 217 f. (Pkw der Ehefrau); *KG* bei *Darkow* DAR 1975, 281, 284; *KG* VersR 1978, 1072 = DAR 1979, 75; *LG Stuttgart* VersR 1972, 698 (Pkw des Schwiegervaters); *LG Aachen* VersR 1973, 286; *LG Bochum* VersR 1973, 381; *LG Mainz* NJW 1975, 1421 = VersR 1975, 937 (L) (Pkw von beliebigem Privatmann); *AG Alzey* VersR 1978, 144; *AG Paderborn* zfs 1985, 230; *Maase* VersR 1959, 883; *Weimar* VersR 1962, 400, 402; *Klimke* zfs 1975, 211.
112 Vgl. dazu *BGH* NJW 1975, 255 = VersR 1975, 261 f. = MDR 1975, 217 (Pkw der Ehefrau); *Zeuner* Gedächtnisschrift für Dietz (1973) S. 99, 123; AcP 163, 380, 395.
113 Vgl. dazu *AG Darmstadt und LG Darmstadt* (als Berufungsinstanz) in VersR 1982, 402.
114 Vgl. dazu *LG Darmstadt* VersR 1982, 402.
115 Vgl. dazu *BGH* NJW 1975, 255 = VersR 1975, 261 f. – MDR 1975, 217 f. (Wagen der Ehefrau); *KG* VersR 1978, 1072 = DAR 1979, 75 = r+s 1975, 107; *LG Aachen* VersR 1973, 286; *LG Mainz* NJW 1975, 1421 = VersR 1975, 937 (L) = zfs 1975, 531 = r+s 1975, 213; *LG Berlin* r+s 1979, 148.
116 Vgl. dazu insbes. *BGH* NJW 1975, 255 = VersR 1975, 261 f. = MDR 75, 217 f.
117 Vgl. dazu *KG* VersR 1978, 1072 = DAR 1979, 75 = r+s 1979, 107.

IV. Höhe des Anspruchs – Tarifwahl (Normaltarif – Unfallersatztarif)

1. Entwicklung der Rechtsprechung

198 Grundsätzlich darf der Geschädigte das Mietwagenunternehmen – ebenso wie auch die Reparaturwerkstatt – nach eigenem Belieben frei wählen. Er muss jedoch in seinem eigenen Interesse auf eine für ihn günstige Vertragsgestaltung achten.[118] Dies gilt insbesondere für den Fall, dass der Geschädigte den Mietwagen erlaubterweise für eine Urlaubsreise[119] benutzen will und im Zuge der Ersatzanmietung mit besonders großen Fahrstrecken zu rechnen ist.[120]

199 Der Geschädigte darf im Hinblick auf die Erforderlichkeit der entstehenden Mietwagenkosten nicht auf das erstbeste Angebot[121] eingehen, sondern muss mindestens in groben Zügen Preisvergleiche anstellen[122] und einige Konkurrenzangebote[123] einholen, um alsdann nach sorgfältiger Abwägung der einzelnen Gesichtspunkte ein Fahrzeug zu handelsüblichen Bedingungen und zu marktüblichem Preis anzumieten.[124] Dabei ist insbesondere das Preis-/Leistungsverhältnis zu berücksichtigen, da die Mietpreise allein häufig noch keine unterscheidungskräftige Aussage enthalten. Der Geschädigte muss keine »Marktforschung« betreiben, gewisse Erkundigungen sind ihm allerdings durchaus zuzumuten.[125] Insbesondere hat der Geschädigte preisgünstige Pauschalangebote oder Mengenrabatte wahrzunehmen, die erfahrungsgemäß von jedem Vermieter ab einer bestimmten Leistungsmenge – in Bezug auf die Anmietzeit oder die zu fahrende Wegstrecke – angeboten wird.[126]

200 Die bedeutsamste Änderung der *BGH*-Rechtsprechung im Bereich der Mietwagenkosten – vielleicht sogar im Bereich der Kfz-Schadenregulierung insgesamt – betrifft die Tarifwahl bei Anmietung des Ersatzfahrzeugs, namentlich die Frage der Erstattungsfähigkeit des sog. Unfallersatztarifs. Bislang hielt der *BGH* eine Anmietung zum Unfallersatztarif grundsätzlich nicht für einen Verstoß gegen die Schadensminderungspflicht.[127] Dem sind die Instanzgerichte weitgehend gefolgt und hielten auch auf der Grundlage des Unfallersatztarifs errechnete Mietwagenkosten ohne weiteres für

---

118 Wegen näherer Einzelheiten dazu vgl. insbes. *BGH* NJW 1985, 2637 = VersR 1985, 1090 = DAR 1985, 347 = zfs 1985, 265; NJW 1985, 2639 = VersR 1985, 1092 = DAR 1985, 317 = VRS 69, 330; *OLG Düsseldorf* NJW 1969, 2051 = VersR 1970, 42; *OLG Karlsruhe* MDR 1975, 930; *OLG Stuttgart* VersR 1982, 559; *OLG Hamm* VersR 1982, 1073 = MDR 1982, 847 = zfs 1982, 363; *OLG München* VersR 1983, 1064; *OLG Bamberg* zfs 1987, 328; *OLG Koblenz* r+s 1988, 107; *LG Koblenz* r+s 1984, 147; *LG Duisburg* zfs 1985, 74; *LG Oldenburg* zfs 1985, 232; *LG München II* r+s 1986, 258 (L); VersR 1987, 271 (L); VersR 1987, 1228; *LG Essen* zfs 1985, 232; *LG Frankenthal* VersR 1986, 248 = zfs 1986, 139; *LG Hamburg* zfs 1987, 137; *LG Wiesbaden* zfs 1987, 137; *LG Osnabrück* zfs 1987, 328; *LG Paderborn* r+s 1987, 342; *LG Trier* r+s 1988, 107 (L: jedenfalls bei längerer Mietdauer und hoher Kilometerleistung sollte von der Möglichkeit einer Pauschalpreisvereinbarung Gebrauch gemacht werden); *AG Darmstadt* VersR 1985, 1052 (L); *AG Karlsruhe* VersR 1988, 67; 1986, 199.
119 Vgl. dazu *OLG München* VersR 1983, 1064 (L); *LG Frankenthal* VersR 1986, 248 = zfs 1986, 139.
120 Vgl. dazu *OLG Stuttgart* DAR 1981, 292 = zfs 1981, 336.
121 Vgl. *OLG Hamm* r+s 1996, 24 = VersR 1996, 773; *OLG Düsseldorf* zfs 1991, 374.
122 Vgl. dazu *OLG Stuttgart* DAR 1994, 326 = zfs 1994, 206; *LG Düsseldorf* NJW-RR 1988, 37 (jedenfalls bei längerer Mietdauer; im Normalfall kein Verstoß gegen die Schadenminderungspflicht, wenn die Mietwagenkosten sich im Rahmen der Empfehlungen des HUK-Verbandes halten); *LG Wiesbaden* NJW-RR 1987, 858; *LG Duisburg* VersR 1983, 843.
123 Vgl. dazu *OLG Frankfurt* zfs 1991, 374; *OLG Köln* NZV 1993, 470 = NJW-RR 1993, 1053; *OLG Hamm* SP 1994, 118; NZV 1994, 358; *AG Kusel* r+s 1981, 85; *AG Ulm* r+s 1981, 147; *AG Krefeld* VersR 1982, 111 = r+s 1982, 216.
124 Vgl. dazu auch *LG Freiburg* zfs 1994, 404.
125 Vgl. *OLG Saarbrücken* zfs 1994, 289; *OLG Köln* VersR 1996, 121; *OLG Hamm* VersR 1996, 773 = r+s 1996, 24; a. A. *OLG Düsseldorf* DAR 2000, 403.
126 Vgl. dazu *OLG Hamm* VersR 1982, 1173 = zfs 1982, 363 = MDR 1982, 847; *OLG Düsseldorf* zfs 1991, 374; *LG Frankenthal* VersR 1986, 248; *LG Trier* VersR 1992, 205.
127 Vgl. dazu insb. *BGH* NJW 1985, 793 = VersR 1985, 285; NJW 1986, 2639 = VersR 1985, 1092 = DAR 1985, 1090 = DAR 1985, 347 = VRS 69, 325; NJW 1996, 1958 = zfs 1996, 293 = DAR 1996, 314 = MDR 1996, 793.

erstattungsfähig.[128] Jedoch hatten bereits die Instanzgerichte zum Teil den Missbrauch dieser Grundsätze festgestellt, in denen Tarife abgerechnet wurden, die auch unter kaufmännischen Gesichtspunkten nicht mehr nachvollziehbar waren.[129] So etwa das *OLG Düsseldorf*:[130]

»Unter kaufmännischen Gesichtspunkten ist kein anerkennenswerter Grund dafür zu erkennen, dass die Unfalltarife regelmäßig deutlich teurer sind als die Normaltarife. Soweit insoweit geltend gemacht wird, dies sei auf einen höheren Kapitaleinsatz bei Anmietung von Fahrzeugen im Schadenfall sowie auf das Mietausfallwagnis zurückzuführen, ist dem entgegenzuhalten, dass die Mietwagenunternehmen bei der Anmietung von Unfallersatzwagen in der Regel kein höheres, sondern eher ein niedrigeres Risiko übernehmen als bei Barmietkunden. In vielen Fällen, in denen dem geschädigten Mietwagenkunden ein vollständiger Schadensersatzanspruch gegen die gegnerische Haftpflichtversicherung zusteht, kann der Mietwagenunternehmer auf zwei Schuldner zurückgreifen. Selbst wenn Schadenersatzansprüche letztlich nicht bestehen sollten, bleibt dem Mietwagenunternehmer als Schuldner für die Mietwagenkosten sein unfallgeschädigter Kunde erhalten. Es ist nicht ersichtlich, inwieweit das Zahlungs- und Insolvenzrisiko bei unfallgeschädigten Kunden höher sein soll als bei solchen Kunden, die nicht aus Anlass eines Unfallschadens einen Mietwagen in Anspruch nehmen.«

200a

Diesen überzeugenden Bedenken hat der *BGH* durch eine Änderung der Rechtsprechung Rechnung getragen. Der *BGH* hat zur Erstattungsfähigkeit des Unfallersatztarifs neue Grundsätze aufgestellt, die für die Instanzgerichte nicht ganz einfach umzusetzen waren. Der *BGH* war gehalten, seine Grundsätze in zahlreichen Entscheidungen zu verdeutlichen.[131]

200b

---

128 *OLG Köln* NZV 1993, 470 = NJW-RR 1993, 1053; *OLG Hamm* SP 1994, 118; *OLG Stuttgart* zfs 1994, 206 = DAR 1994, 326; *OLG Düsseldorf* DAR 2000, 403; *KG* NZV 2005, 46 = MDR 2005, 143; *LG Bayreuth* DAR 2004, 95.

129 *OLG Hamm* SP 1994, 118; *OLG Nürnberg* SP 1994, 119; *OLG München* VersR 1994, 1318 = NZV 1994, 359; *OLG Naumburg* 1996, 233; *OLG Jena* OLGR 2003, 316; *AG Wittlich* r+s 1988, 107; *AG Frankfurt* NZV 2002, 83; *AG Böblingen* VersR 2005, 522.

130 zfs 1991, 374.

131 *BGH* VI ZR 151/03 NJW 2005, 31 = VersR 2005, 239 = r+s 2005, 41 = DAR 2005, 21 = NZV 2005, 32 = SVR 2005, 62 = MDR 2005, 332; *BGH* VI ZR 300/03 NJW 2005, 135 = VersR 2005, 241 = zfs 2005, 75 = r+s 2005, 43 = DAR 2005, 73 = NZV 2005, 34 = SVR 2005, 147 = MDR 2005, 331; *BGH* VI ZR 74/04 NJW 2005, 1041 = VersR 2005, 568 = zfs 2005, 390 = r+s 2005, 217 = DAR 2005, 270 = NZV 2005, 301 = SVR 2005, 467; *BGH* VI ZR 160/04 NJW 2005, 1043 = VersR 2005, 569 = zfs 2005, 388 = r+s 2005, 216 = DAR 2005, 271 = NZV 2005, 302 = SVR 2005, 465; *BGH* VI ZR 37/04 NJW 2005, 1933 = VersR 2005, 850 = zfs 2005, 435 = r+s 2005, 351 = DAR 2005, 438 = NZV 2005, 357 = SVR 2006, 64 = MDR 2005, 1105; *BGH* VI ZR 9/05 NJW 2006, 360 = VersR 2006, 133 = r+s 2006, 215 = DAR 2006, 83 = NZV 2006, 139 = SVR 2006, 303 = MDR 2006, 686; *BGH* VI ZR 32/05 NJW 2006, 1508 = VersR 2006, 564 = zfs 2006, 384 = r+s 2006, 213 = DAR 2006, 380 = NZV 2006, 364 = SVR 2006, 264 = MDR 2006, 1106; *BGH* VI ZR 126/05 NJW 2006, 1506 = VersR 2006, 669 = zfs 2006, 385 = r+s 2006, 214 = DAR 2006, 378 = NZV 2006, 363 = SVR 2006, 334 = MDR 2006, 1105; *BGH* VI ZR 338/04 NJW 2006, 1726 = VersR 2006, 852 = zfs 2006, 505 = r+s 2006, 346 = DAR 2006, 381 = NZV 2006, 410 = SVR 2006, 338 = MDR 2006, 1107; *BGH* VI ZR 117/05 NJW 2006, 2106 = VersR 2006, 986 = zfs 2006, 684 = r+s 2006, 390 = NZV 2006, 463 = SVR 2006, 381; *BGH* VI ZR 161/05 NJW 2006, 1273 = VersR 2006, 1273 = zfs 2006, 686 = r+s 2006, 434 = DAR 2006, 681 = NZV 2006, 526 = SVR 2006, 383 = MDR 2007, 29; *BGH* VI ZR 237/05 NJW 2006, 2693 = VersR 2006, 1425 = zfs 2006, 682 = r+s 2006, 478 = DAR 2006, 682 = NZV 2006, 525 = SVR 2006, 422 = MDR 2007, 27; *BGH* VI ZR 243/05 NJW 2007, 422 = VersR 2007, 514 = zfs 2007, 332 = r+s 2007, 214 = DAR 2007, 261 = NZV 2007, 231 = SVR 2007, 146 = MDR 2007, 715; *BGH* VI ZR 18/06 NJW 2007, 1123 = VersR 2007, 515 = zfs 2007, 333 = r+s 2007, 215 = DAR 2007, 260 = NZV 2007, 232 = SVR 2007, 177 = MDR 2007, 714; BGH VI ZR 99/06 NJW 07, 1124 = VersR 07, 516 = zfs 07, 330 = r+s 2007, 306 = DAR 2007, 262 = NZV 2007, 179 = SVR 2007, 178 = MDR 2007, 713; *BGH* VI ZR 105/06 NJW 2007, 1449 = VersR 2007, 661 = r+s 2007, 341 = DAR 2007, 327 = NZV 2007, 351 = MDR 2007, 773; *BGH* VI ZR 36/06 NJW 2007, 1676 = VersR 2007, 706 = zfs 2007, 505 = r+s 2007, 342 = DAR 2007, 328 = NZV 2007, 290 = SVR 2007, 261 = MDR 2007, 948; *BGH* VI ZR 161/06 NJW 2007, 2758 = VersR 2007, 1144 = r+s 2007, 345 = DAR 2007, 510 = NZV 2007, 514 = SVR 2007, 421 = MDR 2007, 1255; *BGH* VI ZR 163/06 NJW 2007, 2916 = VersR 2007, 1266 = zfs 2007, 628 = r+s 2007,

200c Danach hält der *BGH* grundsätzlich daran fest, dass eine Anmietung zum Unfallersatztarif nicht in jedem Fall einen Verstoß gegen die Pflicht zur Schadensgeringhaltung bedeutet, solange dies für ihn nicht ohne weiteres erkennbar ist. Dieser Grundsatz kann jedoch in den Fällen keine uneingeschränkte Geltung beanspruchen, in denen sich ein Tarif für Ersatzmietwagen nach Verkehrsunfällen gebildet hat, der nicht mehr maßgeblich von Angebot und Nachfrage bestimmt wird, sondern vielmehr durch weitgehend gleichförmiges Verhalten der Anbieter geprägt ist, weil der Mieter kein eigenes wirtschaftliches Interesse an der Wahl eines bestimmten Tarifs hat, während der am Mietvertrag nicht beteiligte Haftpflichtversicherer zwar die Verpflichtungen aus diesem Vertrag wirtschaftlich zu tragen hat, auf die Tarifwahl jedoch keinen Einfluss nehmen kann.[132]

200d In diesem Fall kann der zur Herstellung erforderliche Geldbetrag i. S. d. § 249 BGB nicht ohne weiteres mit dem Unfallersatztarif gleichgesetzt werden. Dies ist vielmehr nur dann der Fall, wenn und soweit ein solcher Tarif nach seiner Struktur als erforderlicher Aufwand zur Schadensbeseitigung angesehen werden kann, weil die Besonderheiten dieses Tarifs mit Rücksicht auf die Unfallsituation einen gegenüber dem Normaltarif höheren Preis aus betriebswirtschaftlicher Sicht rechtfertigen, weil sie zu Leistungen des Vermieters beruhen, die zu dem von § 249 BGB erfassten, für die Schadensbeseitigung erforderlichen Aufwand gehören.[133] Hierzu nennt der *BGH* beispielhaft die Vorfinanzierung des Mietzinses und ein erhöhtes Ausfallrisiko wegen unzutreffender Haftungseinschätzung der Mietvertragsparteien[134], zudem wird insoweit auch die fehlende Planbarkeit des Unfalls und des darauf beruhenden Mietwagenbedarfs berücksichtigt.[135] Anknüpfungspunkt für die möglicherweise erforderliche Erhöhung ist der »Normaltarif«, also ein für Selbstzahler anwendbarer Tarif,

---

476 = DAR 2007, 699 = NZV 2007, 563 = SVR 2007, 424 = MDR 2007, 1254; *BGH* VI ZR 27/07 NJW 2007, 3782 = VersR 2007, 1577 = zfs 2008, 22 = r+s 2008, 37 = DAR 2007, 700 = NZV 2008, 23 = SVR 2008, 67 = MDR 2007, 1420; *BGH* VI ZR 32/07 VersR 2008, 554 = DAR 2008, 388 = r+s 2008, 168 = zfs 2008, 326 = NZV 2008, 286 = SVR 2008, 261 = MDR 2008, 502; *BGH* VI ZR 164/07 NJW 2008, 1519 = VersR 2008, 699 = DAR 2008, 331 = r+s 2008, 258 = zfs 2008, 383 = NZV 2008, 339 = SVR 2008, 217; *BGH* VI ZR 226/07 DAR 2009, 325 = r+s 2009, 261 = SVR 2009, 27; *BGH* VI ZR 234/07 NJW 2008, 2910 = VersR 2008, 1370 = DAR 2008, 643 = zfs 2008, 622 = MDR 2008, 1154; *BGH* VI ZR 210/07 VersR 2009, 83 = r+s 2009, 37 = DAR 2009, 32 = NZV 2009, 23 = SVR 2009, 98 = MDR 2009, 82; *BGH* VI ZR 308/07 NJW 2009, 58 = VersR 2008, 1706 = DAR 2009, 29 = zfs 2009, 82 = r+s 2009, 38 = NZV 2009, 24 = SVR 2009, 96 = MDR 2009, 25; *BGH* VI ZR 134/08 VersR 2009, 801 = DAR 2009, 324 = r+s 2009, 481 = SVR 2009, 184; *BGH* VI ZR 112/09 VersR 2010, 494 = DAR 2010, 323 = r+s 2010, 173 = zfs 2010, 260 = NZV 2010, 239 = SVR 2010, 142 = MDR 2010, 438; *BGH* VI ZR 139/08 NJW 2010, 1445 = VersR 2010, 545 = DAR 2010, 383 = r+s 2010, 214 = zfs 2010, 381 = NZV 2010, 289 = SVR 2010, 144 = MDR 2010, 567; *BGH* VI ZR 7/09 VersR 2010, 683 = DAR 2010, 464 = r+s 2010, 211 = zfs 2010, 561 = SVR 2010, 178 = MDR 2010, 622; *BGH* VI ZR 6/09 NJW 2010, 2569 = VersR 2010, 1053 = DAR 2010, 462 = r+s 2010, 303 = NZV 2010, 556 = SVR 2010, 220 = SVR 2011, 24 = MDR 2010, 861; *BGH* VI ZR 293/08 VersR 2010, 1054 = DAR 2010, 467 = r+s 2010, 391 = zfs 2010, 565 = NZV 2010, 499 = SVR 2010, 336 = SVR 2011, 140 = MDR 2010, 860; *BGH* VI ZR 353/09 VersR 2011, 643 = DAR 2011, 250 = r+s 2011, 264 = NZV 2011, 333 = MDR 2011, 481; *BGH* VI ZR 300/09 NJW 2011, 1947 = VersR 2011, 769 = DAR 2011, 459 = r+s 2011, 265 = zfs 2011, 441 = MDR 2011, 769; *BGH* VI ZR 142/10 VersR 2011, 1026 = DAR 2011, 462 = r+s 2011, 356 = NZV 2011, 431 = MDR 2011, 845.

132 *BGH* VI ZR 151/03; VI ZR 300/03; VI ZR 74/04; VI ZR 160/04; VI ZR 37/04.

133 *BGH* VI ZR 151/03; VI ZR 300/03; VI ZR 74/04; VI ZR 160/04; VI ZR 37/04; VI ZR 9/05; VI ZR 32/05; VI ZR 126/05; VI ZR 338/04; VI ZR 117/05; VI ZR 161/05; VI ZR 161/06; VI ZR 163/06; VI ZR 27/07.

134 Zu diesen und anderen Begründungen für die erheblichen Preisaufschläge zu Recht überwiegend kritisch *LG München I* zfs 2005, 492; *LG Chemnitz* DAR 2007, 336; *LG Gießen* zfs 2006, 323; *LG Dresden* NZV 2007, 419; *AG Suhl* NZV 2006, 697; *AG Kiel* NZV 2006, 421; *AG Iserlohn* NZV 2005, 148; anders und wenig überzeugend *LG Arnsberg* zfs 2007, 506; ausführlich zur betriebswirtschaftlichen Rechtfertigung: *Himmelreich/Halm/Grabenhorst* Kap. 5 Rn. 35 ff.

135 hinsichtlich der einzelnen angeführten Gesichtspunkte, die einen zusätzlichen Aufwand bedeuten sollen, zu Recht kritisch: *Richter* SVR 2008, 446.

der unter marktwirtschaftlichen Gesichtspunkten gebildet wurde.[136] Zur Beurteilung der Erforderlichkeit muss der Tatrichter jedoch nicht die Kalkulationsgrundlagen des konkreten Anbieters im Einzelnen betriebswirtschaftlich (nach entsprechendem Vortrag) nachvollziehen, vielmehr genügt – ggf. unter sachverständiger Beratung – eine generelle Einschätzung, ob etwaige Mehrleistungen und Risiken bei der Vermietung an Unfallgeschädigte generell einen erhöhten Tarif rechtfertigen, so dass zu den Kalkulationsgrundlagen auch kein substantiierter Vortrag erforderlich ist. Insoweit ist unter Umständen auch ein pauschaler Aufschlag auf den Normaltarif gerechtfertigt.[137] Soweit ein solcher Zuschlag wegen Erforderlichkeit gerechtfertigt ist, hat sich weitgehend ein Zuschlag von 20 % in der Instanzrechtsprechung durchgesetzt.[138] Dieser ist jedoch nur auf die Grundkosten, nicht auch auf Nebenkosten zu erheben, soweit nicht auch insoweit Sonderleistungen ersichtlich sind.[139] Diese Problematik ist eine Frage der Erforderlichkeit des geforderten Schadensersatzes, daher trägt der Geschädigte die Darlegungs- und Beweislast.[140] Ohne Vortrag zur Erforderlichkeit kommt daher ein Aufschlag nicht in Betracht.[141]

Klar ist, dass Bedenken hinsichtlich der Erstattungsfähigkeit der Mietwagenkosten nicht gegeben sind, soweit sich diese im Rahmen des Normaltarifs halten.[142] **200e**

Insbesondere angesichts der Tatsache, dass diese Grundsätze des *BGH* auch rückwirkend gelten, also dem Geschädigten kein Vertrauensschutz zusteht,[143] ist es für den Geschädigten von erheblicher Bedeutung, welche Pflichten das Mietwagenunternehmen ihm gegenüber in Bezug auf die Tarifgestaltung hat. Die Instanzgerichte hatten vor dem Grundsatzurteil eine Ersatzpflicht der Versicherung für den Unfallersatztarif dadurch zu vermeiden versucht, dass die Wirksamkeit einer Vereinbarung des Unfallersatztarifs zwischen Geschädigtem und Mietwagenunternehmen verneint wurde.[144] Nach der Rechtsprechung des *BGH* sind für die Erstattungspflicht Erforderlichkeit und Zugänglichkeit **200f**

---

136 *BGH* VI ZR 151/03; VI ZR 300/03; VI ZR 74/04; VI ZR 160/04; VI ZR 37/04; VI ZR 99/06; VI ZR 105/06; VI ZR 27/07; *Richter* SVR 2008, 408 (Bezeichnung unerheblich).
137 *BGH* VI ZR 9/05; VI ZR 32/05; VI ZR 126/05; VI ZR 338/04; VI ZR 161/05; VI ZR 237/05; VI ZR 243/05; VI ZR 18/06; VI ZR 99/06; VI ZR 105/06; VI ZR 161/06; VI ZR 163/06; VI ZR 112/09; VI ZR 7/09.
138 Beispielsfälle: *BGH* VI ZR 234/07 (15 %); *OLG Köln* NZV 2007, 200 (20 %); DAR 2009, 33; SVR 2009, 384; MDR 2010, 986; SP 2010, 396 (10 %); NZV 2010, 614; *OLG Karlsruhe* VersR 2008, 92 (20 %); *OLG Frankfurt* OLGR 2007, 399 (20 %); SP 2010, 401; *OLG Jena* SP 2008, 223 (30 %); *OLG Saarbrücken* SP 2008, 223 (25 %); OLG Karlsruhe VersR 2008, 92 (20 %); OLG Stuttgart DAR 2009, 650; SP 2010, 368; *LG Freiburg* zfs 2008, 198 (20 %); *LG Würzburg* SVR 2007, 385 (20 %); *LG Bonn* NZV 2007, 362 (25 %); *LG Karlsruhe* NZV 2007, 650 (30 %); *LG Köln* NZV 2007, 82 (30 %); *LG Köln* NZV 2007, 82 (30 %).
139 *OLG Köln* NZV 2007, 199.
140 *BGH* VI ZR 151/03; VI ZR 300/03; VI ZR 74/04; VI ZR 160/04; VI ZR 37/04; VI ZR 126/05; VI ZR 338/04; *AG Hannover* NZV 2007, 477 zur Substanziierung der betriebswirtschaftlichen Rechtfertigung.
141 *OLG Karlsruhe* VersR 2008, 408 = NZV 2008, 456 = NJW-RR 2008, 1113; *OLG Jena* r+s 2009, 40; *LG Kempten* SP 2008, 371 = SVR 2008, 426 = NZV 2009, 82 = NZV 2009, 183; *LG Passau* SVR 2008, 106; *LG Lübeck* NJW-RR 2010, 378 = SVR 2009, 285; *LG Köln* SP 2010, 398; *LG Göttingen* NZV 2011, 250; *AG Sonneberg* SP 2009, 331; *AG Lahr* SP 2008, 440; *AG Leverkusen* SP 2008, 331; *AG Erlangen* SP 2008, 439; ähnlich auch *OLG Köln* SVR 2009, 384: Aufschlag nur, wenn entsprechender Sonderaufwand angefallen ist; und *OLG Köln* SP 2008, 218: kein Aufschlag, wenn Zugänglichkeit des Normaltarifs unstreitig; noch weitergehender *OLG München* DAR 2009, 36: kein Zuschlag ohne Vortrag zur fehlenden Zugänglichkeit; ebenso *OLG Naumburg* SP 2011, 220; *OLG Köln* NZV 2009, 447: Zuschlag nur bei Eil- bzw. Notsituation.
142 *OLG Hamm* SP 2008, 218; *OLG Dresden* SP 2010, 17; *LG Freiburg* SP 2009, 295 – wobei die Problematik der Ermittlung des Normaltarifs bestehen bleibt, siehe dazu 4.
143 *LG Stuttgart* NZV 2005, 533; *LG Düsseldorf* VersR 2007, 125 = NZV 2007, 147; *AG Erfurt* zfs 2007, 384; anders *LG Karlsruhe* NZV 2006, 481.
144 *LG Hanau* VersR 2003, 1187; *LG Ravensburg* NZV 2005, 534 = SVR 2005, 189; *AG Böblingen* VersR 2005, 522; *AG Speyer* VersR 2003, 222; *AG Krefeld* SVR 2004, 393.

wie hier dargestellt entscheidend, welche Rechte dem Geschädigten gegen das Mietwagenunternehmen zustehen hingegen nicht.[145]

200g Angesichts der Rechtsprechung des *BGH* von entscheidender Bedeutung ist jedoch, dass das Mietwagenunternehmen gegenüber dem Geschädigten als seinem Vertragspartner umfassend hinweispflichtig ist in Bezug auf die Vertragsgestaltung, insb. hinsichtlich der Tarifauswahl.[146] Nach der Rechtsprechung des *BGH* hat das Mietwagenunternehmen, das einem Unfallgeschädigten ein Fahrzeug zu einem Tarif anbietet, der deutlich über dem Normaltarif auf dem örtlich relevanten Markt liegt, und deshalb die Gefahr weckt, dass die Haftpflichtversicherung nicht den vollen Tarif übernimmt, den Mieter über diese Gefahr aufzuklären.[147] Ein Schadensersatzanspruch wegen Verletzung dieser Aufklärungspflicht ist nicht subsidiär gegenüber dem Schadensersatzanspruch gegen den KH-Versicherer, er kann nicht erst geltend gemacht werden, wenn feststeht, dass der KH-Versicherer den Unfallersatztarif nicht zahlen muss.[148]

2. Fehlende Zugänglichkeit des Normaltarifs

201 Nach dieser Frage der unfallbedingten Erforderlichkeit des Unfallersatztarifs ist jedoch auf jeden Fall nach der neuen Rechtsprechung des *BGH* die Frage der »Zugänglichkeit« des Normaltarifs zu prüfen. Ohne Rücksicht auf die unfallbedingte Erforderlichkeit des Unfallersatztarifs besteht eine Erstattungsfähigkeit des Unfallersatztarifs, wenn und soweit dem Geschädigten der Normaltarif nicht zugänglich war.[149] Dann ist der geforderte Tarif nach gebotener subjektsbezogener Schadensbetrachtung erforderlich, den Geschädigten trifft die Darlegungs- und Beweislast.[150]

201a Für die Feststellung des fehlenden Zugangs des Geschädigten zu einem niedrigeren Unfallersatztarif hat der Geschädigte zu beweisen, dass ihm unter Berücksichtigung seiner individuellen Erkenntnis- und Einflussmöglichkeiten sowie der gerade für ihn bestehenden Schwierigkeiten unter zumutbaren Anstrengungen auf dem in seiner Lage zeitlich und örtlich relevanten Markt kein wesentlich günstigerer Tarif zugänglich war.[151] Ein vernünftiger und wirtschaftlich denkender Geschädigte ist insoweit zu einer Nachfrage nach einem günstigeren Tarif schon unter dem Aspekt des Wirtschaftlichkeitsgebots gehalten, wenn er Bedenken gegen die Angemessenheit des ihm angebotenen Unfallersatztarifs haben muss, die sich aus dessen Höhe sowie der kontroversen Diskussion und der neueren Rechtsprechung zu diesen Tarifen ergeben können.[152] Keine Bedenken muss der Geschädigte hinsichtlich der

---

145 *BGH* VersR 2005, 241; *BGH* VersR 2005, 568; *BGH* VersR 2005, 569; VersR 2006, 852; VersR 2007, 1577; *BGH* Urt. v. 16.9.2008, VI ZR 226/07; *LG Bonn* zfs 2005, 497.
146 So bereits *LG Mainz* NZV 2005, 646 = SVR 2006, 145; *LG Erfurt* zfs 2006, 87 = DAR 2006, 459 = NZV 2006, 213.
147 *BGH* NJW 2006, 2618 = VersR 2006, 1274 = zfs 2006, 621 = r+s 2006, 391 = DAR 2006, 571 = NZV 2006, 528 = SVR 2006, 384 = MDR 2006, 1103; *BGH* VersR 2007, 80; *BGH* NJW 2007, 1447 = VersR 2007, 1427 = r+s 2007, 304 = DAR 2007, 511 = NZV 2007, 236 = SVR 2007, 222 = MDR 2007, 949; *BGH* NJW 2007, 2181 = VersR 2007, 809 = r+s 2007, 347 = NZV 2007, 454 = SVR 2007, 260 = MDR 2007, 949; *BGH* NJW 2007, 2759 = VersR 2007, 1428 = r+s 2007, 476 = NZV 2007, 515 = SVR 2007, 425 = MDR 2007, 1188; *BGH* Urt. v. 21.11.2007 – Az. XII ZR 128/05.
148 *BGH* VersR 2008, 267.
149 *BGH* VI ZR 151/03; VI ZR 37/04; VI ZR 9/05; VI ZR 32/05; VI ZR 338/04; VI ZR 99/06; VI ZR 161/06; VI ZR 163/06; VI ZR 27/07; VI ZR 308/07.
150 *BGH* VI ZR 126/05; VI ZR 338/04; VI ZR 161/05; VI ZR 308/07; VI ZR 112/09; daher nicht immer Pauschalaufschlag: *Richter* SVR 2008, 408.
151 *BGH* VI ZR 37/04; VI ZR 9/05; VI ZR 32/05; VI ZR 126/05; VI ZR 338/04; VI ZR 117/05; VI ZR 161/05; VI ZR 237/05; VI ZR 18/06; VI ZR 99/06; VI ZR 105/06; VI ZR 27/07.
152 *BGH* VI ZR 37/04; VI ZR 9/05; VI ZR 126/05; VI ZR 117/05; VI ZR 161/05; VI ZR 237/05; VI ZR 243/05; VI ZR 99/06; VI ZR 105/06; VI ZR 308/07 (Hinweise der Vers. zur übl. Miethöhe); *OLG München* NZV 2006, 381 (Akademiker); *OLG Jena* SP 2008, 223; *LG Nürnberg-Fürth* VersR 2005, 1701 (Rechtsanwalt); *LG Dortmund* NZV 2006, 269; *AG Velbert* zfs 2005, 495; gegen Nachfrageobliegenheit noch *LG Osnabrück* zfs 2004, 359; *LG Aachen* DAR 2004, 655; *AG Aachen* SVR 2006, 230.

geltend gemachten Höhe haben, wenn er zuvor bereits einen fremdverschuldeten Verkehrsunfall erlitten und in diesem Rahmen einen Ersatzwagen zu gleichen Konditionen angemietet hat, ohne dass es zu Beanstandungen seitens der Haftpflichtversicherung gekommen ist.[153] Dies soll auch bei einem nur moderat über dem Normaltarif liegenden Rechnungsbetrag gelten.[154] Nach Lage des Einzelfalls kann es auch erforderlich sein, sich anderweitig – also bei Konkurrenzunternehmen – nach günstigeren Tarifen zu erkundigen.[155]

In diesem Zusammenhang kann es eine Rolle spielen, wie schnell der Geschädigte ein Ersatzfahrzeug benötigt[156] oder inwieweit auf dem ihm in seiner Lage offen stehenden Markt konkurrierende Unternehmen zur Verfügung stehen.[157] So kommt eine Anmietung zum Unfallersatztarif insbesondere infrage, wenn er auf eine sofortige Fortsetzung der durch den Unfall unterbrochenen Fahrt angewiesen ist.[158] Insoweit ist gerade in zeitlicher Hinsicht problematisch, ob der Geschädigte nicht zur Überbrückung bis zur Möglichkeit einer günstigeren Anmietung gehalten ist.[159] Allerdings ist bei einer nur kurzen zu erwartenden Reparaturdauer ein Wechsel des Mietwagens nicht zumutbar.[160] Allein das allgemeine Vertrauen darauf, der ihm vom Autovermieter angebotene Tarif sei derjenige, der »auf seine speziellen Bedürfnisse zugeschnitten« sei, genügt insoweit nicht.[161] Eine besonders lange Mietdauer kann für eine Nachfrageobliegenheit des Geschädigten sprechen,[162] eine kürzere allerdings nicht unbedingt dagegen.[163] Ggf. ist der Geschädigte gehalten, für einen günstigeren Tarif eine Deckungszusage der Versicherung einzuholen.[164] Allein die Tatsache, dass der in Anspruch genommene Mietwagenunternehmer nur einen überhöhten Tarif angeboten hat, spricht ohne eine besondere Eilsituation bei dem Geschädigten nicht für eine fehlende Zugänglichkeit.[165] Eine fehlende Kenntnis von den Tarifunterschieden kann wegen der grundsätzlich bestehenden Erkundigungspflicht nur in groben Ausnahmefällen wie besonderer Eilbedürftigkeit zu einer fehlenden Zugänglichkeit zum Normaltarif führen, auch bei Anmietung noch am Unfalltag nicht, wenn es sich hierbei um einen Werktag handelte.[166] Besondere Anforderungen an die Kenntnis der Marktbedingungen sind bei einem Taxiunternehmer zu stellen, dieser muss auch unabhängig von einem konkret eingetretenen Unfall die Möglichkeiten zur Ersatzanmietung und die Konditionen insoweit kennen.[167]

201b

---

153 *OLG Dresden* VersR 2008, 1128 = DAR 2008, 521.
154 *OLG Dresden* NZV 2009, 204 (hier: 31 %).
155 *BGH* VI ZR 37/04; VI ZR 9/05; VI ZR 126/05; VI ZR 126/05; VI ZR 117/05; VI ZR 161/05; VI ZR 237/05; VI ZR 243/05; VI ZR 99/06; VI ZR 210/07 (auch bei Einblick in Preislisten); *OLG Bamberg* SP 2006, 424.
156 *BGH* VI ZR 37/04; VI ZR 9/05; VI ZR 126/05; VI ZR 338/04; VI ZR 117/05; VI ZR 161/05; VI ZR 237/05; VI ZR 243/05; VI ZR 99/06; VI ZR 226/07; *AG Dillenburg* SVR 2006, 231.
157 *BGH* VI ZR 99/06; VI ZR 27/07; *LG Essen* SVR 2006, 228; *AG Köln* NZV 2006, 382.
158 *BGH* VI ZR 32/07.
159 *OLG München* NZV 2006, 381; *LG Aachen* NZV 2007, 419.
160 *BGH* VI ZR 134/08 für prognostizierte Reparaturdauer von 5 Tagen; *LG Braunschweig*, Urteil v. 10.2.2009, Az. 7 S 404/08 (6 Tage); *LG Schweinfurt* NJW-RR 2009, 1254; anders *LG Köln* SP 2009, 188 bei 13 Tagen Anmietzeit.
161 *BGH* VI ZR 126/05; VI ZR 117/05; VI ZR 161/05; VI ZR 237/05; VI ZR 243/05; VI ZR 99/06; VI ZR 27/07; dagegen *LG Osnabrück* zfs 2004, 359; *LG Aachen* DAR 2003, 71.
162 *BGH* VI ZR 126/05; VI ZR 117/05; VI ZR 308/07.
163 *BGH* VI ZR 9/05; dagegen *LG Aachen* DAR 2003, 71; *AG Ettenheim* zfs 2003, 292; *AG Ahlen* zfs 2003, 450; *AG Dresden* zfs 2003, 452.
164 *BGH* VI ZR 117/05; VI ZR 237/05; VI ZR 36/06; bzw. Vorschuss *AG Essen* VersR 2006, 565.
165 *BGH* VI ZR 117/05; VI ZR 161/05; VI ZR 237/05; VI ZR 105/06; VI ZR 27/07; anders *LG Nürnberg-Fürth* VersR 2007, 81 = zfs 2006, 325; *LG Dortmund* DAR 2009, 466 bei Bezeichnung als »Normaltarif« nach entsprechendem Rechtsrat.
166 *BGH* VI ZR 237/05; VI ZR 99/06; VI ZR 6/09; LG Chemnitz SVR 2010, 104; gegen Zugänglichkeit bei Unkenntnis der Tarifstruktur noch *LG Stuttgart* NZV 2005, 533; *AG Ahlen* zfs 2003, 450.
167 *OLG München* NJW 2011, 936.

201c Die Frage einer Eil- bzw. Notsituation ist vielmehr unerheblich, wenn unstreitig zur Anmietung ein Zeitraum von vier Stunden verblieb und der Geschädigte die Gelegenheit zu einem telefonischen Preisvergleich hatte.[168] Zwei Telefonate sind unzureichend.[169] Dagegen kann das Vertrauen auf eine Empfehlung der ihm vertrauten Fachwerkstatt kurz vor den Weihnachtsfeiertagen genügen, wenn der Geschädigte aus beruflichen Gründen dringend auf ein Fahrzeug angewiesen ist.[170] Ebenso kann eine Eilsituation vorliegen, wenn der Geschädigte noch vier geschäftliche Termine am Unfalltag hat, die mit einem Ersatzfahrzeug wahrgenommen werden müssen.[171] Eine Anmietung am 23.12. genügt für die Annahme einer Eil- bzw. Notsituation jedenfalls nicht.[172] Dagegen kann bei einer Anmietung unmittelbar nach dem Unfall am 2. Weihnachtsfeiertag eine fehlende Zugänglichkeit vorliegen.[173] Nicht haltbar ist dagegen sicherlich die Bewertung des *OLG Köln*, ein Normaltarif sei für einen »in Verkehrsunfallsachen gänzlich unerfahrenen« Geschädigten nicht zugänglich, wenn er einen Tag nach dem Unfall vor einem Wochenende ein Fahrzeug anmiete, solange eine Übertewerung »nicht ins Auge sprang« (bei 3.750 € netto für 20 Tage!!!).[174] Von einer solchen fehlenden Zugänglichkeit kann auch nicht ausgegangen werden, wenn der Geschädigte zunächst noch in der Lage war, dem Schädigerfahrzeug geistesgegenwärtig zu folgen, die polizeiliche Unfallaufnahme zu veranlassen, die Werkstatt aufzusuchen und mit dem Mietfahrzeug zu verlassen. Ein Geschäftstermin nach dem Unfall führt ebenfalls nicht zwingend zu einer Eilsituation, wenn die Unaufschiebbarkeit nicht dargetan ist und jedenfalls noch telefonische Anfragen möglich sind.[175] Hierzu genügt auch nicht, wenn die Geschädigte nach dem Unfall »müde und erschöpft« nach Hause kommt und am nächsten Morgen um 9.00 Uhr einen wichtigen Termin hat.[176] Dagegen kann eine fehlende Zugänglichkeit des Normaltarifs in Betracht kommen, wenn nach einem Unfall im ländlichen Bereich außerhalb der üblichen Geschäftszeiten, während andere Anbieter schon geschlossen haben, der Geschädigte dringend zurück muss und nicht festgestellt werden kann, dass er über eine Kreditkarte verfügt.[177] Dies gilt auch, wenn aufgrund einer geplanten und unmittelbar anstehenden Fahrt nur wenig Zeit für die Auswahl blieb und das Ersatzfahrzeug aufgrund des mit der geplanten Fahrt verfolgten Zwecks eine besondere Spezifikation aufweisen musste (hier: Transport von Türen durch einen Schreiner), insbesondere wenn keine Bedenken hinsichtlich der Höhe aufkommen mussten.[178]

201e Die Frage, ob der Geschädigte im Rahmen der Anmietung eine Vorfinanzierung leisten kann, betrifft die Problematik der Schadensminderungspflicht, inwieweit der Geschädigte einen angemessenen Aufschlag auf den Normaltarif vermeiden konnte. Mit der Erwägung, der Geschädigte lebe in beengten wirtschaftlichen Verhältnissen und verfüge über keine Kreditkarte, kann eine fehlende Zugänglichkeit des Normaltarifs und ein Verzicht auf dessen Ermittlung nicht begründet werden.[179] Dann mag ein angemessener Aufschlag auf den Normaltarif für die Vorfinanzierung durch die Autovermietung zugesprochen werden.

---

168 *BGH* VI ZR 6/09.
169 *BGH* VI ZR 300/09.
170 *BGH* VI ZR 243/05.
171 *LG Schweinfurt* NJW-RR 2009, 1254.
172 *BGH* VI ZR 300/09.
173 *OLG Köln* DAR 2006, 691 = NZV 2007, 81 = NZV 2007, 202 = SVR 2006, 427.
174 *OLG Köln* SP 2007, 13.
175 *OLG Saarbrücken* SP 2008, 223.
176 *OLG Hamm*, Urteil vom 21.4.2008, Az. 6 U 188/07; ähnlich *OLG Karlsruhe* NZV 2010, 399 – Unfall um 14.15 Uhr, Anmietung am Folgetag.
177 *OLG Stuttgart* DAR 2009, 650 – insoweit inkonsequent, als gleichwohl nur Normaltarif + Zuschlag zugesprochen werden; ähnlich (fehlende Zugänglichkeit bei erforderlicher Anmietung außerhalb der Geschäftszeiten): *AG Hof* NZV 2007, 149 (Anmietung zur Nachtzeit); *AG Rotenburg/Fulda* NZV 2008, 255 (Anmietung nach 19.30 Uhr).
178 *OLG München*, Urteil v. 26.2.2010, Az. 10 U 4076/09.
179 Daher falsch: *OLG Bamberg* SP 2009, 19.

3. Ohne-weiteres-Zugänglichkeit des Normaltarifs

Dagegen kann die Frage der Erforderlichkeit des Unfallersatztarifs auch dann offenbleiben, wenn feststeht, dass dem Geschädigten jedenfalls die kostengünstigere Anmietung eines entsprechenden Fahrzeugs zugemutet werden konnte, weil ihm in der konkreten Situation ein Normaltarif, der in vollem Umfang seinen Bedürfnissen entsprach, »ohne weiteres« zugänglich war.[180] In diesem Fall ist eine Anmietung zum Unfallersatztarif ein Verstoß gegen die Schadensminderungspflicht gem. § 254 BGB. Insoweit ist der Schädiger darlegungs- und beweisbelastet, allerdings trifft den Geschädigten unter Umständen eine sekundäre Darlegungslast.[181] 202

Insoweit ist insbesondere die Frage zu klären, inwieweit der Geschädigte aus Schadensminderungsgründen gehalten ist, die Mietwagenkosten vorzufinanzieren (Kreditkarte, Euroscheckkarte, Kautionsstellung). Dies hängt von der wirtschaftlichen Möglichkeit bzw. Zumutbarkeit für den Geschädigten ab, die im Einzelnen vom Tatgericht festgestellt werden muss.[182] Eine Vorfinanzierung ist grundsätzlich zumutbar, wenn er die Kosten aus eigenen Mitteln vorstrecken kann, ohne besonders in der gewohnten Lebensführung eingeschränkt zu werden.[183] Steht dem Geschädigten etwa eine Kreditkarte zur Verfügung, dürfte deren Einsatz ohne besondere Umstände sicherlich zumutbar sein, als dieser Einsatz seine Lebensführung nicht beeinträchtigt. Dies gilt selbst dann, wenn er diese bei dem Unfall und der Anmietung nicht bei sich führt.[184] Eine Zahlung im Wege der »Vorkasse« ist nur zumutbar, wenn der Rechnungsbetrag den Geschädigten nicht spürbar einschränkt. Ist der Geschädigte zu einer Vorfinanzierung nicht in der Lage, ist ein entsprechender Aufschlag gerechtfertigt, dessen Höhe jedoch vom Geschädigten substanziiert dazulegen ist.[185] Die Beweislast liegt wie ausgeführt bei dem Schädiger, da es sich jedoch um Tatsachen aus der Sphäre des Geschädigten handelt, dürfte ihn insoweit eine sekundäre Beweislast treffen.[186] Allerdings kann bei späterer Anmietung die eigene Möglichkeit der Vorfinanzierung auch durch eine bewiesene Bereitschaft der KH-Versicherung ersetzt werden, hinsichtlich der Mietwagenkosten in Vorlage zu treten.[187] In gleicher Weise ist der Geschädigte verpflichtet, ein ohne weiteres zugängliches und günstigeres Alternativangebot zur Anmietung eines Ersatzfahrzeuges durch die KH-Versicherung anzunehmen.[188] 202a

Nach hiesiger Auffassung muss – kumulativ zu der Möglichkeit zur Vorfinanzierung oder Stellung einer Sicherheit – für eine »ohne weiteres«-Zugänglichkeit auch hinzukommen, dass die Anmietung nicht bereits am Unfalltag, sondern erst später erfolgt.[189] Dies folgt daraus, dass als Grundlage für den Aufschlag als unfallbedingter Sonderaufwand nicht nur die fehlende Vorkasse des Anmietenden und somit die Vorfinanzierung durch den Vermieter und ein höheres Ausfallrisiko in Betracht 202b

---

180 *BGH* VI ZR 32/05; VI ZR 237/05; VI ZR 18/06; VI ZR 161/06; VI ZR 163/06; VI ZR 27/07; *OLG Köln* Beschl. v. 13.10.2009, Az. 15 U 49/09 (kein Aufschlag, wenn »ohne-weiteres«-Zugänglichkeit unstreitig); ähnlich *OLG Karlsruhe* NZV 2010, 399; *LG Passau* SVR 2008, 106; daher falsch *AG Baden-Baden* SVR 2008, 141.
181 *BGH* VI ZR 37/04; VI ZR 36/06; VI ZR 234/07; VI ZR 112/09; VI ZR 139/08.
182 *BGH* VI ZR 37/04; VI ZR 32/05; VI ZR 36/06.
183 *BGH* VI ZR 32/05; VI ZR 36/06; hierzu auch *OLG Bamberg* SP 2009, 330; *LG Hamburg* VersR 2003, 1186; *LG Aschaffenburg* NZV 2006, 601 (auch ohne Kreditkarte); *AG Hannover* SVR 2005, 113; *AG Gießen* NZV 2005, 534; *AG Mülheim* SP 2008, 440; weitergehend (gegen Erstattung von Finanzierungskosten) *OLG Bamberg* SP 2006, 424.
184 *OLG Saarbrücken* SP 2008, 223; *LG Frankfurt* NZV 2009, 182.
185 *BGH* VI ZR 117/05.
186 *BGH* VI ZR 112/09; *OLG Hamm* Urt. v. 21.4.2008, Az. 6 U 188/07.
187 *LG Arnsberg* SP 2008, 440; *LG Erfurt* Urt. v. 14.8.2008, Az. 1 S 92/08; *LG Gießen* SP 2010, 257; *LG Chemnitz* SP 2010, 256.
188 *LG Köln* Urt. v. 6.1.2009, Az. 29 O 97/08; *LG Nürnberg-Fürth* MRW 2009, Nr. 1, 5 (sogar nur bei Ankündigung eines Alternativangebots); hiergegen: *LG Dresden* SP 2010, 256; anders aus wettbewerbsrechtlichen Gründen: *LG Weiden* NZV 2009, 398 = NJW-RR 2009, 675 = SP 2009, 148; dagegen auch *OLG Hamburg* VersR 1997, 1549.
189 Ähnlich *LG Bielefeld* Urt. v. 19.12.2007, Az. 21 S 189/07.

kommt (welche allein einen Aufschlag von i. d. R. 20 % auch nicht rechtfertigen könnten), sondern zudem auch die Tatsache, dass eine Unfallersatzanmietung im Gegensatz zu sonstigen Anmietungen stets plötzlich und nicht vorbereitbar erfolgt. Daher muss auch diese unfallbedingte Besonderheit ausscheiden, um zu einer »ohne-weiteres«-Zugänglichkeit des Normaltarifs für den Geschädigten zu kommen. Eine Argumentation dahingehend, dass auf einen Aufschlag auf den Normaltarif stets verzichtet werden kann, wenn mehrere Tage zwischen Unfall und Ersatzanmietung liegen,[190] also unabhängig von den wirtschaftlichen Verhältnissen, ist m. E. nicht möglich.

202c Liegt hingegen »nur« eine dieser Voraussetzungen der »ohne-weiteres«-Zugänglichkeit (Möglichkeit der Vorfinanzierung; verzögerte Ersatzanmietung) vor, ist zu diskutieren, ob der Aufschlag auf den Normaltarif (der bei vollständiger »ohne-weiteres-Zugänglichkeit ganz wegfiele) nicht nur geringer zu veranschlagen ist, da nicht das gesamte Spektrum des regelmäßigen unfallbedingten Sonderaufwands erforderlich gewesen ist.

4. Ermittlung des Normaltarifs

203 Nach einer eher vereinzelt gebliebenen Meinung ist der Normaltarif nach dem konkreten Tarif der gewählten Autovermietung für Selbstzahler zu bestimmen.[191] Dies dürfte allerdings schon deshalb kaum praktikabel sein, als häufig keine gesonderten Selbstzahler- und Unfallersatztarife angeboten werden. Diese Praxis würde wohl auch nur zu weiteren Manipulationen einladen. Dies dürfte wohl nur dann in Betracht kommen, wenn sich im Einzelfall ein entsprechend der Höhe nach plausibler Normaltarif feststellen lässt.

203a Daher ist auch nach der Rechtsprechung des *BGH* anerkannt, dass der Tatrichter in Ausübung seines Ermessens nach § 287 ZPO den Normaltarif anhand von Listen und Tabellen schätzen kann. Insoweit war zunächst der Automietpreisspiegel der EurotaxSchwacke GmbH (»Schwacke-Liste«) als Schätzgrundlage weit verbreitet. Nachdem allerdings die Bedeutung dieser Schwacke-Liste aufgrund der Änderung der Rechtsprechung des BGH in Bezug auf die Erstattungsfähigkeit von Unfallersatztarifen und der darauf folgenden Abrechnung der meisten Unfallersatzvermieter auf Grundlage dieses Preisspiegels signifikant zunahm, wurden – insbesondere nach der Neuauflage der Schwacke-Liste – erhebliche Einwände gegen die Erhebungsmethode laut, die zu einer Überhöhung der dort abgebildeten Preise führe. Als »Normaltarif« wird im Rahmen der Schwacke-Liste derjenige Preis angegeben, den die Autovermietungen auf entsprechende, offene Anfrage der EurotaxSchwacke GmbH zur Erhebung des Mietpreisspiegels selbst angeben. Da die Autovermietungen aufgrund der offenen Anfrage somit wissen, dass sie nicht auf eine Kundenanfrage reagieren und mit ihrer Antwort u. U. – wenn sie einen akzeptablen Preis nennen – Umsatz akquirieren, sondern vielmehr zur Erhebung einer Preisliste beitragen, von der auch sie mittlerweile wissen, dass sie für die Abrechnung im Unfallersatzgeschäft eine erhebliche Bedeutung hat (also sie umso mehr gegenüber Versicherern abrechnen können, je höher die in der Liste abgebildeten Preise sind), besteht ein erheblicher Anreiz dazu, nicht marktgerechte, sondern vielmehr überhöhte »Wunschpreise« anzugeben. Bei diesen Preisen handelt es sich also gerade nicht um solche, die »maßgeblich von Angebot und Nachfrage bestimmt« sind, weil vielmehr das Korrektiv der Nachfrageseite völlig ausgeblendet wird.[192] Schon unabhängig hiervon wurde der Schwacke-Liste bescheinigt, nicht nach den Regeln der wissenschaftlichen Marktforschung erstellt worden zu sein.[193] Dies gilt zum einen in Bezug auf die Verwendung des »Modus« als Lagemaß für die angegebenen Tarife. Der in der Liste angegebene Tarif als »Modus«

---

190 So aber *OLG Hamburg* DAR 2009, 463; *OLG Köln* NZV 2009, 600; MDR 2010, 986; SP 2010, 396; *OLG Frankfurt* SP 2010, 401; *LG Fulda* NZV 2010, 91; *LG Ansbach* VersR 2011, 645 = DAR 2010, 470; *LG Karlsruhe* VRR 2010, 346; *AG Heinsberg* SP 2008, 188.
191 *OLG Karlsruhe* NZV 2010, 399; *LG Passau* SVR 2010, 106.
192 So auch *Richter* VersR 2007, 620; *ders.* NZV 2008, 321; *Lüthe* zfs 2009, 2.
193 Hierzu im Einzelnen: *Klein*, Bewertung der Erhebungs- und Auswertungsmethoden des Automietpreisspiegels der SCHWACKE-Bewertungs GmbH, abrufbar im Internet, http://www.statistik.wiso.uni-erlangen.de/forschung/d0081.pdf

ist nicht etwa der Durchschnittswert der angegebenen Mietpreise, sondern vielmehr derjenige einzelne Preis, der am häufigsten genannt wurde. Diese Angabe wurde auch nicht danach gewichtet, in welchem Umfang der jeweils Anbietende tatsächlich am Markt teilnimmt. Der Modus ist – insbesondere im Gegensatz zum Mittelwert – für die Wertbestimmung »gänzlich ungeeignet«.[194] Zudem ist die von Schwacke vorgenommene Erhebung von Mietpreisen in Regionen differenziert nach dreistelliger Postleitzahl repräsentativ nicht möglich, als in vielen so differenzierten Regionen keine hinreichenden Nennungen für eine repräsentative Erhebung zu erzielen sind.[195] Entscheidend für den Widerstand gegen die Schwacke-Liste war allerdings wohl, dass ein konkreter Vergleich mit der Marktwirklichkeit immer wieder ergeben hat, dass die dort angegebenen Preise zum Teil deutlich überhöht waren.[196]

Nachdem diese Einwände gegen die Schwacke-Liste immer massiver wurden, kam es schließlich im Auftrag des Gesamtverbandes der Deutschen Versicherungswirtschaft ab 2008 zur Erstellung des »Marktpreisspiegel Mietwagen Deutschland« durch das Fraunhofer Institut Arbeitswirtschaft und Organisation (»Fraunhofer-Liste«), welcher im Vergleich zur Schwacke-Liste zu zum Teil deutlich niedrigeren Werten kam. Auch gegen diese Erhebung werden – nunmehr von Seiten der Autovermieter – massive Einwendungen erhoben.[197] So seien die erhobenen Daten unzureichend und auf die »großen« Anbieter konzentriert, die gerade im Unfallersatzgeschäft keine große Rolle spielten. Die Preiserhebung sei zudem zu einem großen Teil im Internet erfolgt. Soweit der Erhebung eine Vorbuchungsfrist von einer Woche zugrunde lege, spiegle dies die typische Unfallsituation, in der gerade ganz kurzfristig unmittelbar nach einem Unfall ein Ersatzfahrzeug benötigt werde, nicht wieder. Zudem sei der örtlich relevante Markt nur unzureichend ermittelt worden, da die Mietwagenpreise nur nach zweistelligem Postleitzahlengebiet differenziert angegeben werden. Auch die anfallenden Nebenkosten seien nicht erhoben worden.

203b

Diese Einwendungen gegen die Fraunhofer-Liste überzeugen nur sehr begrenzt.[198] Die telefonischen Erhebungen von Fraunhofer erfolgten gleichermaßen bei den »großen« und mittelständischen bzw. regionalen Anbietern. Letztere waren – ausgehend von ihrem allgemeinen Marktanteil – sogar überproportional vertreten. Soweit darauf abgestellt wird, dass das Unfallersatzgeschäft eine »Domäne« der mittelständischen Vermieter sei, hält der Verfasser dies für unerheblich, als beide Listen dazu dienen sollen, den »Normaltarif« zu ermitteln. Besonderheiten aufgrund der Unfallsituation sind nach der Rechtsprechung des *BGH* ggf. durch den beschriebenen Aufschlag auszugleichen. Inwieweit die Datenbasis von Fraunhofer tatsächlich geringer ist als die von Schwacke, dürfte mangels transparenter Angaben von Schwacke zu seiner Datenbasis kaum zu beantworten sein. Soweit gegen die Erhebung von Preisermittlungen im Internet Einwände erhoben werden, überzeugt auch dies nicht. Das Internet ist ein Vertriebsweg wie andere auch, der mittlerweile von einer Vielzahl von Bürgern, vermutlich sogar der Mehrheit, bei einer »normalen« (also nicht unfallbedingten) Buchung eines Mietwagens genutzt wird.[199] Keineswegs handelt es sich hierbei um einen »Sondermarkt«, dies hat auch der *BGH* im Rahmen der Entscheidungen zu Restwertbörsen so nicht entschieden. Vielmehr war dort die Frage, ob das Angebot eines speziellen Restwertaufkäufers, das überregional (wenn auch via Internet) ermittelt wurde, noch einen regional erzielbaren Restwert darstellen kann. Keineswegs hat der *BGH* den Vertriebsweg des Internets als für das Schadenersatzrecht ungeeignet verworfen.

203c

---

194 So *Klein* a. a. O., S. 13 f.; ebenfalls kritisch *Richter* VersR 2007, 620 [621].
195 *Klein* a. a. O., S. 7 f.
196 Eigene Vergleiche durch *Richter* VersR 2007, 620 [622]; *ders.* NZV 2008, 321 [323]; *Zinn* Zum Stand der Mietwagenpreise in Deutschland im Sommer 2007, 2008; mit eigenen Erfahrungen argumentierend auch *AG Coburg* SVR 2009, 226.
197 Einzelheiten bei *Otting* SVR 2008, 444; *Braun* zfs 2009, 183; *Wenning* NZV 2009, 473.
198 Gegen diese Einwände auch *Quaisser* NZV 2009, 121; *Richter* VersR 2009, 1438; sehr ausführlich auch *OLG Köln* NJW-RR 2009, 1678 = NZV 2009, 600 = SP 2010, 17; hierauf Bezug nehmend und zitierend *OLG Hamburg* DAR 2009, 463 = r+s 2009, 299 = NZV 2009, 394.
199 *Stiftung Warentest* spricht in test 9/2011, S. 74 von einem Anteil von 84 % der Internetbuchungen, allerdings ermittelt durch eine nicht-repräsentative Internetumfrage.

Der Vergleich der telefonischen zur Internet-Erhebung bei Fraunhofer hat im Übrigen auch keine signifikanten Abweichungen ergeben. Die Frage der zwei- oder dreistelligen Postleitzahlengebiete ist eine Frage der wissenschaftlichen Belastbarkeit der gemachten Angaben. Wie von *Klein*[200] nachgewiesen ist eine repräsentative Erhebung in einem dreistelligen Postleitzahlengebiet nicht möglich, so dass man entweder keine Angaben in dieser regionalen Spezialität macht (so Fraunhofer) oder nur unseriöse (so Schwacke). Völlig offen bleibt insoweit auch, in welchem Umfang innerhalb eines zweistelligen Postleitzahlengebietes überhaupt regionale Unterschiede preislich relevant auftreten, was zunächst substantiiert dazutun ist, bevor dies gegen die Anwendung der Fraunhofer-Liste spricht. Schon angesichts der Konkurrenzsituation auf doch örtlich eher begrenztem Raum dürfte dies – für das Normalgeschäft – eher ausscheiden. Der Hinweis auf die Vorbuchungsfrist, die zur Ausschaltung von Sondereffekten über das Wochenende dient und keineswegs stets eine Woche beträgt, trägt ebenfalls nicht, da wie bereits betont der Normaltarif zu ermitteln war. Inwieweit unfalltypische Besonderheiten zu berücksichtigen sind, ist eine Frage des Aufschlags. Diesbezüglich ist allerdings darauf hinzuweisen, dass der Aufschlag für eine sofortige Verfügbarkeit in der Regel eher moderat ist.[201] Kosten für Nebenleistungen sind nur insoweit erstattungsfähig, als sie erforderlich waren und tatsächlich erbracht und abgerechnet wurden.[202] Diese Preise werden von Schwacke auch nur bundesweit ermittelt und sind daher nach der Argumentation der Fraunhofer-Kritiker mangels hinreichender Regionalität auch nicht zur Verwendung fähig. Ziel der Fraunhofer-Studie war die Ermittlung des Normaltarifs, zu dem ohnehin nur eingeschränkt erstattungsfähige Nebenkosten nicht gehören. Ob und wie diese zutreffend gem. § 287 ZPO geschätzt werden können, muss anderweitig geklärt werden.

203d Der BGH hat in diesen »Listen-Streit« nur sehr begrenzt eingegriffen und auf die große Freiheit des Tatrichters bei der Ermittlung des Normaltarifs nach § 287 ZPO hingewiesen. Grundsätzlich sei eine Ermittlung auf der Grundlage der Schwacke-Liste im Postleitzahlengebiet des Geschädigten,[203] auf der Grundlage der Fraunhofer-Liste oder durch eine Modifikation dieser Werte durch Zu- bzw. Abschläge oder dem arithmetischen Mittel der beiden Listen rechtsfehlerfrei möglich.[204] Bei Anwendung der Listen ist je nach vorhersehbarer Länge des Ausfalls auf Tages-, Mehrtages- oder Wochentarife abzustellen, nicht auf die Addition der Tagestarife.[205] Hingegen ist eine Schätzung auf der Grundlage der Tabelle für Nutzungsausfallsätze (*Sanden/Danner/Küppersbusch*) nicht möglich.[206]

203e Die dargestellten Einwendungen gegen diese Listen sind, soweit sie im Rahmen der gerichtlichen Auseinandersetzung gegen die Anwendung der betroffenen Tabelle geltend gemacht werden, nur beachtlich, wenn im Einzelnen aufgezeigt wird, dass geltend gemachte Mängel der Schätzungsgrundlage sich auf den zu entscheidenden Fall in erheblichem Umfang auswirken.[207] Insbesondere bei Darlegung konkreter günstigerer Angebote anderer Anbieter ist den aufgeworfenen Zweifeln an der Schätzgrundlage nachzugehen.[208] Ein solches Vergleichsangebot ist allerdings nicht zu berücksichti-

---

200 S. Fn. 196.
201 Maximal 5 % nach *Fraunhofer*, Marktpreisspiegel Mietwagen Deutschland 2010, S. 105 f., insb. Abbildung 12.
202 Siehe hierzu Rdn. 234 f.
203 *BGH* VI ZR 117/05; VI ZR 237/05; VI ZR 99/06; VI ZR 105/06; VI ZR 161/06; VI ZR 163/06; VI ZR 27/07; *OLG München* NZV 2006, 692; *OLG Karlsruhe* VersR 2008, 92; ähnlich schon *LG Bonn* zfs 2005, 497.
204 *BGH* VI ZR 293/08; VI ZR 353/09; VI ZR 300/09.
205 *OLG Köln* NZV 2007, 199; *OLG Saarbrücken* SP 2008, 223; NZV 2010, 242; *LG Mönchengladbach* SP 2008, 112; *LG Bielefeld* NJW 2008, 1601 = NZV 2008, 352; *LG Freiburg* zfs 2008, 198; *LG Fulda* NZV 2010, 91.
206 *BGH* VI ZR 163/06; gegen *OLG München* DAR 1995, 254; *LG Freiburg* NJW-RR 1997, 1069; *AG Frankfurt* NZV 2002, 83.
207 *BGH* VI ZR 164/07; VI ZR 234/07; VI ZR 139/08 zur Schwacke-Liste; zur Kritik hieran auch Himmelreich/Halm/*Grabenhorst* Kap. 5 Rn. 51.; anerkannt in *BGH* VI ZR 308/07.
208 *BGH* VI ZR 7/09, VI ZR 293/08, VI ZR 142/10 (drei Angebote); *OLG Hamm* Urt. v. 20.7.2011, Az. 13 U 108/10; *LG Bochum* VRR 2010, 68; *AG Lübben* SVR 2010, 341; *AG Bielefeld* SVR 2010, 306.

gen, wenn ein falscher Anmietzeitraum zugrunde lag (hier: Wochentarif, obwohl nicht von vornherein feststand, dass die Anmietzeit 8 Tage dauern würde).[209] Liegt ein solches konkretes Angebot vor, kann es vom Richter nicht mit Hinweis auf mögliche Werbezwecke abgetan werden, wenn Belastbarkeit des Angebots durch den Beweisantritt Sachverständigengutachten untermauert wurde.[210] Die Tatsache, dass die vorgelegten Vergleichsangebote (geradezu zwangsläufig) aus der Zeit nach der unfallbedingten Anmietung stammen, ist ebenfalls unerheblich, da es in der Zwischenzeit allerhöchstens zu Preissteigerungen gekommen ist.[211] Insbesondere sind insoweit auch Internet-Angebote berücksichtigungsfähig.[212] Soweit solche Angebote mit dem Hinweis auf eine enthaltene Vorbuchungsfrist verworfen werden,[213] ist wie oben darauf hinzuweisen, dass die Angebote zur Ermittlung des Normaltarifs dienen und es insoweit (noch) nicht auf die Besonderheiten der unfallbedingten Ersatzanmietung ankommt. Zudem ist nach den Untersuchungen von Fraunhofer[214] auch eine signifikante Verteuerung nicht anzunehmen.

Die durch die Rechtsprechung des BGH sehr freigestellten Instanzgerichte haben sehr unterschiedlich geurteilt, wobei aufgrund zum Teil erheblicher Meinungsunterschiede zwischen verschiedenen Senaten selbst an einem Gerichtsort nicht sicher vorhergesagt werden kann, welcher Tarif zugesprochen werden würde. Angesichts der nicht unerheblichen Unterschiede zwischen den Erhebungen ist dies ein sicherlich unbefriedigender Zustand. Soweit die Instanzgerichte unter Hinweis auf ihre Freiheit trotz der vom BGH ausdrücklich betonten Gleichrangigkeit beider Schätzgrundlagen einseitig und ohne konkreten Vortrag des Geschädigten die Schwacke-Liste verwenden, ist dies auch im Rahmen einer Ermessensentscheidung zweifelhaft.[215] Die folgenden Entscheidungen sind zugunsten der genannten Erhebungsmethoden für den Normaltarif ergangen, wobei die »reinen« Schwacke- bzw. Fraunhofer-Entscheidungen weitgehend auf OLG-Entscheidungen beschränkt wurden: **203f**

➤ Für Schwacke: *OLG Karlsruhe* VersR 2008, 92; NZV 2010, 472; *OLG Köln* SP 2008, 218; NZV 2009, 447; SVR 2009, 384; Beschluss v. 13.10.2009, Az. 15 U 49/09; NZV 2010, 144; MDR 2010, 986; NZV 2010, 514; NZV 2010, 614; NZV 2011, 249; *OLG Stuttgart* DAR 2009, 650; *OLG Dresden* SP 2010, 17
➤ Für Fraunhofer: *OLG München* DAR 2009, 36; *OLG Köln* DAR 2009, 33; NZV 2009, 600; *OLG Jena* r+s 2009, 40; *OLG Bamberg* SP 2009, 330; *OLG Hamburg* DAR 2009, 463; *OLG Stuttgart* DAR 2009, 705; SP 2010, 368; *OLG Frankfurt* SP 2010, 401; *KG* DAR 2010, 642; *OLG Naumburg* SP 2011, 220; *LG Düsseldorf* SP 2010, 256; *LG Göttingen* NZV 2011, 250
➤ Für das arithmetische Mittel zwischen beiden Listen: *OLG Saarbrücken* NZV 2010, 242; *OLG Köln* SP 2010, 396; *OLG Karlsruhe* BB 2011, 2114; *OLG Hamm*, Urteil v. 20.07.2011, Az. 13 U 108/10; *LG Bielefeld* SVR 2010, 221; *LG Köln* SP 2010, 398; *LG Karlsruhe* VRR 2010, 346; *LG Dortmund* VRR 2011, 187; *AG Essen* VRR 2010, 150; *AG Kassel* AGS 2011, 260
➤ Für Schwacke 2003 mit Inflationsaufschlag (unter Hinweis auf die z. T. erheblichen Preissteigerungen nach Bekanntwerden der Änderung der BGH-Rechtsprechung nach 2004): *LG Chemnitz* DAR 2007, 336 = NZV 2008, 96; SVR 2010, 104; SP 2010, 256; SP 2011, 115;

---

209 *BGH* VI ZR 139/08, *OLG Karlsruhe* NZV 2010, 472.
210 *BGH* VI ZR 353/09.
211 *BGH* VI ZR 300/09; so auch *OLG Hamburg* DAR 2009, 463 (in Bezug auf die Fraunhofer-Liste); *OLG Koblenz* DAR 2011, 327 (dann Schätzung nach diesen Angeboten möglich); *OLG Hamm* Urt. v. 20.7.2011, Az. 13 U 108/10; anders: *OLG Köln* NZV 2009, 447; NZV 2010, 144 (in Bezug auf Fraunhofer-Liste); *OLG Karlsruhe* NZV 2010, 472; *LG Lübeck* NJW-RR 2010, 378 = SVR 2009, 385; *LG Dortmund* SVR 2010, 105.
212 *OLG Hamm* Urt. v. 20.7.2011, Az. 13 U 108/10; *LG Kempten* SP 2008, 371 = SVR 2008, 426 = NZV 2009, 82 = NZV 2009, 183; *LG Passau* NZV 2009, 81; *LG Braunschweig*, Urteil v. 13.01.2009, Az. 7 S 394/08; *AG Wolfenbüttel* SVR 2007, 387; anders: *LG Karlsruhe* NZV 2009, 230; *LG Nürnberg-Fürth* MRW 2009, Nr. 1, 5; *LG Dortmund* SVR 2010, 105; *LG Mönchengladbach* NZV 2010, 616; *AG Freiburg* SP 2008, 369.
213 *OLG Köln* Beschl. v. 13.10.2009, Az. 15 U 49/09; NZV 2010, 614; *OLG Karlsruhe* NZV 2010, 472.
214 S. Fn. 201.
215 So auch *Sander* VersR 2011, 460.

LG Dortmund NZV 2008, 93 = zfs 2007, 565 = SVR 2007, 386; *LG Dresden* NZV 2008, 255; *LG Braunschweig*, Urteil v. 13.01.2009, Az. 7 S 394/08; *LG Hamburg* MRW 2009, Nr. 1, 18; *LG Siegen* NZV 2010, 146; *LG Ansbach* VersR 2011, 645 = DAR 2010, 470; *AG Erfurt* NZV 2009, 396

➤ Für Fraunhofer mit 20 % Sicherheitsaufschlag: *LG Ansbach* SP 2011, 115; NZV 2011, 132 (+ 10 % Aufschlag für unfallbed. Sonderaufwand)

204 *(unbesetzt)*

2. Haftungsfreistellung (Volldeckung)

205 Bei allen größeren Autovermietern besteht generell Versicherungsschutz in Form einer Fahrzeug-Vollversicherung (Vollkasko-Versicherung), jedoch meist mit einem Selbstbehalt zwischen 150 und 2 500 Euro. Die Unternehmen bieten gegen abgrenzbare Mehrkosten ihren Kunden darüber hinaus die Möglichkeit der gänzlichen Haftungsfreistellung an. Diese wirft besondere Probleme auf. Dies gilt zunächst einmal, soweit es sich um die Verteilung der Rechte und Pflichten im vertraglichen Innenverhältnis zwischen Mieter und Vermieter handelt, zum anderen aber auch bezüglich der Frage, inwieweit der Ersatzpflichtige als fortwirkende Folge seines haftbaren Verhaltens die abgrenzbaren Mehrkosten für die vom Geschädigten im Einzelfall ausdrücklich gewünschte Haftungsfreistellung (Volldeckung) nach schadenersatzrechtlichen Grundsätzen zu erstatten hat.

206 Die vom gewerblichen Autovermieter zusätzlich zum eigentlichen Mietpreis – also in Form von abgrenzbaren Mehrkosten – erhobenen Zuschläge sind ihrer Rechtsnatur nach dazu bestimmt, für den Fall eines während der Dauer der Ersatzanmietung (Vertragszeit) eintretenden Unfallschadens die vertragliche oder gesetzliche Haftung des Mieters gegenüber dem Vermieter auf Ausgleich des unmittelbaren Schadens am Mietwagen abzulösen, für den ein Dritter – gleichgültig ob aus rechtlichen oder wirtschaftlichen Gründen – nicht mit Erfolg in Anspruch genommen werden kann.

207 Soweit es sich um das vertragliche Innenverhältnis zwischen Vermieter und Mieter handelt, sei darauf hingewiesen, dass nach gefestigter Rechtsprechung der gewerbliche Vermieter von Kraftfahrzeugen, der dem Mieter gegen Zahlung eines besonderen Entgelts nach Art einer Versicherungsprämie für den Fall selbstverschuldeter Unfälle Haftungsfreistellung ohne Selbstbeteiligung verspricht, gehalten ist, diese Haftungsfreistellung nach dem Leitbild einer Kaskoversicherung auszugestalten.[216] Die Volldeckung geht sogar in einem entscheidenden Punkt über den Wirkungsbereich der Kaskoversicherung hinaus, indem sie – üblicherweise nicht mitversicherten Folgeschaden – auch den Verdienstausfall des Autovermieters (Mietausfall) und die Wertminderung[217] umfasst. Die Vereinbarung einer Haftungsfreistellung nach Art einer Kaskoversicherung bedeutet jedoch nicht, dass damit zugleich auch alle Obliegenheiten nach den AKB mit der Folge als sinngemäß vereinbart gelten, dass der Mieter sich gegenüber dem Vermieter nicht auf eine Haftungsfreistellung berufen kann, wenn er eine Obliegenheit (hier: Aufklärungspflicht nach § 7 Abs. 1 AKB) verletzt.[218]

208 Die Haftungseinschränkung gilt – ähnlich wie beim Bestehen einer Kaskoversicherung – jedoch nicht für den Fall, dass der Mieter den Unfall durch Vorsatz (§ 81 Abs. 1 VVG n. F.) verursacht hat. Da die Haftungsfreistellung nach dem Leitbild der Kaskoversicherung auszugestalten ist, gilt für die grob fahrlässige Schadensverursachung (§ 81 Abs. 2 VVG n. F.) ebenso wie für die grob fahr-

---

216 Vgl. dazu insbes. BGHZ 22, 109, 114 ff. = NJW 1956, 1915; VersR 1957, 124; BGHZ 65, 118, 120 = NJW 1976, 44 = VersR 1976, 61 = DAR 1976, 14; BGHZ 70, 304, 306 = NJW 1978, 495 = VersR 1978, 465; NJW 1981, 1211 = VersR 1981, 349 = DAR 1981, 88 = zfs 1981, 140; NJW 1982, 167 = VersR 1982, 134 = DAR 1982, 68 f. = zfs 1982, 108; DAR 1985, 321 = zfs 1985, 361; VersR 1985, 1066 f.; *OLG Zweibrücken* VersR 1981, 962; *OLG Hamm* VersR 1982, 677 = DAR 1982, 128; VersR 1982, 860 = MDR 1982, 414; *OLG Köln* VersR 1982, 1151 = r+s 1983, 5; *OLG Celle* DAR 1984, 123 = r+s 1984, 93 (L); *OLG Schleswig* VersR 1984, 649; *OLG Frankfurt* VersR 1986, 495 (L); *OLG Karlsruhe* VersR 1988, 414 (L).
217 Vgl. dazu *BGH* NJW 1981, 1211 = VersR 1981, 349 = DAR 1981, 88 (89 l. Sp. a. E.)= zfs 1981, 140.
218 Vgl. dazu *OLG Schleswig* VersR 1984, 649.

lässige Verletzung von Obliegenheiten (§ 28 Abs. 2 S. 2 VVG n. F.) – insb. Unterlassen der geforderten polizeilichen Meldung – nach der VVG-Reform, die zum 1.1.2008 in Kraft getreten ist, dass die Haftungsfreistellung nur noch teilweise entsprechend dem Verschulden des Mieters eintritt. Auf diesen Umstand braucht der gewerbliche Autovermieter daher den Mieter nicht besonders hinzuweisen.[219] Ein Mitverschulden des gewerblichen Autovermieters aus § 254 Abs. 1 BGB unter Hinweis darauf, dass er seinen Kunden nicht auf die Möglichkeit zum Abschluss einer Volldeckung hingewiesen hat, entfällt daher.[220]

Soweit es sich um die Frage der Erstattung der abgrenzbaren Mehrkosten für die Volldeckung nach schadenersatzrechtlichen Grundsätzen – also im Außenverhältnis zwischen dem Geschädigten und »seinem« Ersatzpflichtigen – handelt, besteht in Literatur und Judikatur eine gewisse Übereinstimmung darüber, dass dem Geschädigten die Mehrkosten für die Haftungsfreistellung im Allgemeinen dann zuzubilligen sind, wenn der Aufwand dazu dient, dem Geschädigten bei der Benutzung des Mietwagens in etwa denselben Deckungsschutz zu vermitteln, wie er auch für das eigene (beschädigte) Kfz im Zeitpunkt des Unfalls bestanden hat.[221] Dies bedeutet, dass der Ersatzpflichtige die abgrenzbaren Mehrkosten für die Volldeckung stets dann zu erstatten hat, wenn auch für das eigene (beschädigte) Fahrzeug eine Vollkaskoversicherung bestanden hat.[222]   209

Besteht für das eigene Kfz keine Vollkaskodeckung oder ist dort ein Selbstbehalt vereinbart, ergeben sich bei der Frage nach der Erstattungsfähigkeit der Aufwendungen für eine gleichwohl vereinbarte Volldeckung die unterschiedlichsten Auffassungen. Diese reichen von der völligen Ablehnung[223] über bestimmte Quoten[224] bis hin zur grundsätzlichen Anerkennung, und zwar auch für den Fall,   210

---

219 Vgl. dazu *BGH* NJW 1974, 549 = VersR 1974, 492 = DAR 1974, 69 = MDR 1974, 484 = VRS 46, 241.
220 Vgl. dazu *OLG Hamm* VersR 1983, 377 = MDR 1982, 560.
221 Vgl. dazu BGHZ 61, 325 = NJW 1974, 91 = VersR 1974, 143 = DAR 1974, 45 = MDR 1974, 215 = VRS 46, 81; VersR 1974, 657; *OLG Schleswig* VersR 1975, 268; *KG* VersR 1977, 82 f. – DAR 1976, 155 f.; *LG München II* VersR 1974, 1115; *Klimke* VersR 1970, 792; NJW 1974, 725; VersR 1974, 901 (Anm.).
222 Vgl. *Sanden/Völtz* Rn. 201.
223 Vgl. u. a. *OLG München* OLGR 1973, 309; *LG Dortmund* 15 O 108/69 v. 5.11.1969 (n. v.); *LG Frankfurt* VersR 1971, 772; 1972, 77; *LG Köln* 7 O 367/71 v. 13.7.1972; 77 O 370/72 v. 3.10.1972; 77 O 266/72 v. 17.10.1972 (alle n. v.); *LG Aachen* (5. ZK) VersR 1973, 238; 1973, 678; *LG Kassel* VersR 1973, 331; *LG Nürnberg-Fürth* (9. ZK) VersR 1973, 555; 1973, 853; *LG Freiburg* (3. ZK) VersR 1973, 644, 646; 1974, 444 (abweich. v. d. 5. ZK des *LG Freiburg* MDR 1972, 323 = VersR 1972, 549 [L]); *LG Freiburg* 1 O 299/70 v. 8.6.1971; 1 O 480/71 v. 25.5.1972 (alle n. v.); *AG Mainz* VersR 1969, 825 (m. Anm. v. *Wussow*); *AG Frankfurt/M.* VersR 1970, 774; *AG Duisburg* 6 C 182/70 v. 4.5.1970; *AG Dortmund* 72 C 515/70 v. 5.3.1971; 47 C 767/69 v. 7.4.1970; *AG Düsseldorf* 42 C 238/71 v. 7.5.1971; *AG Stolberg* 3 C 243/71 v. 10.2.1972; *AG Ahlen* 14 C 174/71 v. 4.11.1972; *AG Bad Kissingen* C 131/72 v. 20.9.1972 (alle n. v.); *AG Freiburg* 5 C 351/72 v. 13.12.1972 (n. v.); *AG Nürnberg* VersR 1972, 285; *AG Opladen* VersR 1973, 334; *AG Koblenz* VersR 1973, 680; *AG Gelsenkirchen-Buer* VersR 1973, 730; *AG Lübeck* VersR 1974, 448; *AG Bremen* VersR 1974, 983; *AG München* VersR 1974, 987; *AG Heidelberg* VersR 1978, 953 (L); *AG Krefeld* VersR 1982, 811.
224 Vgl. u. a. *OLG Nürnberg* DAR 1964, 103 f.; VersR 1974, 679; *OLG Frankfurt* VersR 1971, 158 (L) = MDR 1970, 1009 = zfs 1981, 270; *OLG Schleswig* VersR 1974, 297; *OLG Bremen* VersR 1974, 371 f.; *LG Nürnberg-Fürth* (11. ZK) VersR 1965, 913; (8. ZK) 8 O 87/72 v. 19.4.1972 (n. v.); *LG Saarbrücken* VersR 1972, 309 (310: bei geringer Selbstbeteiligung von 400 DM); *LG Freiburg* (5. ZK) MDR 1972, 323 = VersR 1972, 549 (L), vgl. jedoch die davon abweich. Auffassung des *LG Freiburg* (3. ZK) VersR 1974, 444; *LG Hagen* VersR 1972, 549; *LG Köln* 17 O 495/71 v. 28.4.1972; 17 O 325/74 v. 25.10.1974; 2 O 55/71 v. 21.9.1972; 16 O 65/73 v. 17.4.1974 (alle n. v.); *LG Köln* (16. ZK) NJW 1973, 713 f.; VersR 1975, 145 (L); 16 O 244/74 v. 15.1.1975 (n. v.); (5. ZK) VersR 1975, 935 f.; *LG Aachen* 4 O 175/72 v. 18.10.1972; *LG Passau* 1 S 7/72 v. 10.5.1972 (beide n. v.); *LG Essen* VersR 1973, 287 (m. Anm. v. *Kempgens*); *LG Bielefeld* VersR 1973, 776; *LG Kiel* VersR 1975, 244 (L); *LG Duisburg* r+s 1982, 188; *AG Göppingen* VersR 1969, 937; *AG Köln* 141 C 1708/69 v. 8.10.1970; 92/70 v. 3.11.1970; 374/72 v. 11.10.1972 (alle n. v.); (Abt. 142) VersR 1973, 1129 f.; 143 C 57/72 v. 6.7.1972; 86/72 v. 30.11.1972 (beide n. v.); *AG Freiburg* (Abt. 1) VersR 1973, 974; 3 C.

dass für das eigene Fahrzeug keine Vollkaskoversicherung bestanden hat.[225] Eine andere Richtung geht dahin, grundsätzlich sei die Hälfte zuzusprechen.[226]

211 Auch der *BGH* hat in einem Grundsatzurteil vom 6.11.1973[227] Stellung zu der Frage genommen, unter welchen rechtlich bedeutsamen Voraussetzungen diese abgrenzbaren Mehrkosten für eine »Volldeckung« als adäquate Unfallfolgen zu erstatten sind. Er betonte, dass sich die Frage nach der Erstattungsfähigkeit solcher Aufwendungen nicht mit einem vollen »Ja« oder einem uneingeschränkten »Nein« beantworten lasse. In einer weiteren Entscheidung vom 19.3.1974[228] setzt der *BGH* diese Rechtsprechung fort, zuletzt präzisiert mit der Entscheidung vom 15.2.2005.[229]

212 Der *BGH* vertritt in diesem Zusammenhang die Auffassung: Das auf dem vorangegangenen Unfall – dem Anlass der Ersatzanmietung – beruhende Risiko, dem gewerblichen »Wagenvermieter auf Grund eines selbst verschuldeten oder zufälligen Unfalls haftpflichtig zu werden, ist an sich eine zurechenbare Folge des ersten Unfalls«.[230] Der *BGH* hält dieses Risiko für eine zurechenbare und somit adäquate Unfallfolge, für die der Unfallverursacher somit grundsätzlich einzustehen hat. Der *BGH* betont insoweit es liege »nahe, dass andererseits ein Geschädigter, der pflichtgemäß auf eine unwirtschaftliche Risikofreistellung verzichtet hat« (oder dem sich diese Möglichkeit gar nicht erst geboten hat),[231] »dann insoweit, als sich später ein typisch durch die Kfz-Miete bedingtes Mehr-Risiko verwirklichen sollte, die ihm daraus erwachsende Belastung als Folgeschaden gegenüber dem Schädiger zusätzlich geltend machen kann«.[232]

213 Dieses Kernproblem hat der *BGH* nicht abschließend entschieden, da der konkrete Fall dazu keinen Anlass gab. Aber schon gegen diese Intention werden in der Literatur[233] starke Bedenken erhoben, die schließlich in der Feststellung gipfeln, dass Unfälle mit dem angemieteten Ersatzwagen nebst sämtlichen daraus resultierenden Konsequenzen nicht als unmittelbare Folge des ersten Unfalls angesehen werden könnten, sondern von dem Mieter des Wagens als sog. »eigenes Lebensrisiko« getragen werden müssten.[234]

214 Dem *BGH* ist darin zuzustimmen, dass die Aufwendungen nur dann als objektiv erforderlich und die Erstattungsfähigkeit des vom Geschädigten bei Anmietung eines Ersatzwagens aufgewandten Haf-

---

225 Vgl. u. a. *OLG Nürnberg* DAR 1964, 103 f.; VersR 1974, 679; *OLG Frankfurt* VersR 1971, 158 (L) = MDR 1970, 1009 = zfs 1981, 270; *OLG Schleswig* VersR 1974, 297; *OLG Bremen* VersR 1974, 371 f.; *LG Nürnberg-Fürth* VersR 1965, 913; *LG Saarbrücken* VersR 1972, 309 (31: bei geringer Selbstbeteiligung von 400 DM); *LG Freiburg* (5. ZK) MDR 1972, 323 = VersR 1972, 549 (L), anders dagegen 3. ZK VersR 1974, 444; *LG Hagen* VersR 1972, 549; *LG Köln* NJW 1973, 713 f.; VersR 1975, 145 (L); VersR 1975, 935; *LG Essen* VersR 1973, 287 (m. Anm. v. *Kempgens*); *LG Bielefeld* VersR 1973, 776; *LG Kiel* VersR 1975, 244 (L); *LG Duisburg* r+s 1982, 188; *AG Göppingen* VersR 1969, 937; *AG Köln* VersR 1973, 1129; *AG Freiburg* VersR 1973, 974; *AG Breisach* MDR 1973, 135; *AG Karlsruhe* VersR 1981, 343 = r+s 1981, 108 f.; *AG Eschwege* DAR 1979, 335 = zfs 1980, 56; *Schütz* VersR 1968, 124 f.; Himmelreich/Halm/*Grabenhorst* Kap. 5 Rn. 55.
226 Vgl. z. B. *OLG Schleswig* VersR 1975, 268; VersR 1975, 673 f.; *OLG Karlsruhe* VersR 1975, 526 f.; *OLG München* VersR 1976, 1145, 1147 = DAR 1976, 156, 159; r+s 1976, 257; *OLG Hamburg* VersR 1976, 371; *KG* VersR 1977, 82 ff. = DAR 76, 155 (156); *LG Nürnberg-Fürth* VersR 1965, 913; *LG München* II VersR 1974, 1115 f.; *LG München* I DAR 1977, 296 (297); *LG Landshut* DAR 1978, 138 f. = VersR 1978, 952 (L); *AG Pforzheim* zfs 1996, 135.
227 Vgl. dazu insbes. BGHZ 61, 325 (332) = NJW 1974, 91 (92 ff., 95) = VersR 1974, 143 (147) = DAR 1974, 45.
228 Vgl. dazu *BGH* VersR 1974, 657.
229 *BGH* VersR 2005, 568 = zfs 2005, 390 = DAR 2005, 270 = SVR 2005, 467.
230 *BGH* NJW 1974, 91, 95.
231 Zusatzerwägung von: *Klimke* VersR 1974, 422, 427.
232 *BGH* NJW 1974, 91, 95.
233 Vgl. z. B. *Klimke* VersR 1974, 422, 427 f.; NJW 1974, 725 f.; zfs 1975, 426, 428.
234 Vgl. dazu insbes. *BGH* NJW 1971, 1980; 1975, 168; 1978, 1005; 1978, 421; 1979, 712; *LG München* r+s 1979, 231; *v. Caemmerer* DAR 1970, 283, 288; VersR 1971, 973, 975 ff.

tungsbefreiungszuschlages nur dann u. U. als gerechtfertigt anzusehen sind, wenn dem Geschädigten durch diese Anmietung in einer vom Schädiger rechtlich zurechenbaren Weise u. a. ein generell abgrenzbares wirtschaftliches »Sonderrisiko« entstünde, m. a. W.: wenn einerseits die Benutzung eines Mietwagens generell mit einem messbaren oder messbar erhöhten »Haftpflichtrisiko« belastet wäre, das das bei der Benutzung des eigenen Wagens bestehende »Eigenrisiko« übersteigt, und wenn andererseits jene Aufwendungen für die Freistellung von der Haftung zur Abwendung dieses »Sonderrisikos« sowohl wirtschaftlich vertretbar als auch geeignet sind.[235]

Ob eine unfallbedingte Benutzung eines Mietwagens für den Geschädigten zu einem das »Eigenrisiko« übersteigenden »Haftpflichtrisiko«, also zu einem »Sonderrisiko«, führt, ist stark umstritten. Man wird stets im Einzelfall feststellen müssen, inwieweit die vom *BGH*[236] generell erörterten »Sonderrisiken« zutreffen. Nach Auffassung des *BGH* ist dieser Aufwand grundsätzlich erstattungsfähig, es sind jedoch im Einzelfall Abzüge unter dem Gesichtspunkt des Vorteilsausgleichs zu machen.[237] Insoweit bleibt es der tatrichterlichen Schätzung zugänglich, in welchem Umfang diese Zusatzgebühr erstattungsfähig ist.[238] 215

Ein Sonderrisiko wird zum Teil in der »schärferen Vertragshaftung« gesehen. Der Geschädigte setze sich als Mieter des Ersatzwagens den gegenüber dem Eigenrisiko erhöhten vertraglichen Schadenersatzansprüchen des Vermieters aus, indem er gegenüber dem Vermieter gem. § 280 Abs. 1 S. 2 BGB bereits für vermutetes Verschulden hafte, also sein fehlendes Verschulden nachweisen müsse. Insoweit liegt ein Sonderrisiko gegenüber dem allgemeinen (Lebens-)Risiko, mit dem eigenen Fahrzeug einen Schaden zu erleiden, nicht vor. Hinsichtlich des eigenen Eigentums trägt der Eigentümer die Gefahr sogar einer zufälligen Beschädigung, er hat vielmehr jedem Dritten gegenüber nachzuweisen, dass dieser für eine Beschädigung mit der Folge einer Ersatzpflicht verantwortlich ist. Der geschädigte Mieter haftet gegenüber dem Vermieter hingegen nicht für Zufall, muss »lediglich« sein fehlendes Verschulden nachweisen. 216

Es können sich allerdings u. U. auch erhöhte Risiken aus dem »Fahren als solchem« mit dem – für den Geschädigten oft ungewohnten – Mietfahrzeug, m. a. W. aus dessen »Benutzung« im faktischen und technischen Sinne, ergeben.[239] Der Wechsel des Fahrzeugs kann mitunter Risiken mit sich bringen, deren Ausgleich nicht jedem Fahrer gelingt. Diese sind jedoch höchst selten. Auch besteht kein allgemeiner Erfahrungssatz des Inhalts, dass gerade die einem Mietwagen eigentümlichen Umstände in einer nennenswerten Zahl von Fällen zum Schaden führen.[240] Mithin ist es gerechtfertigt, dass »diese an sich schon kaum allgemein messbare Risikovermehrung dem Schädiger bei der gebotenen wertenden Abgrenzung nicht mehr rechtspolitisch zugerechnet werden darf, weil ein Kraftfahrer auf solche Umstellung allgemein gewappnet sein muss«. Etwas anderes mag allenfalls in Sonderfällen gelten. 217

Auch hinsichtlich der Höhe des angerichteten Schadens kann sich bei Benutzung eines Mietwagens ein erhöhtes »Haftpflichtrisiko« ergeben, das den Geschädigten hinsichtlich seines eigenen Fahrzeugs nicht unbedingt in gleichem Umfange getroffen hätte. Mietfahrzeuge sind nämlich im Allgemeinen verhältnismäßig neu und nicht allzu stark abgenutzt, sodass sie oft einen hohen Wieder- 218

---

235 Vgl. *BGH* NJW 1974, 91 ff. (92 u. 93); – vgl. auch *BGH* VersR 1974, 657; *OLG München* VersR 1976, 1145, 1147; *BGH* v. 6.11.1973 BGHZ 61, 325, 332 = NJW 1974, 91 (92 ff., 95) = VersR 1974, 143, 147 = DAR 1974, 45 = MDR 1974, 215 = DB 1974, 89 = VRS 46, 81 = DAR 1976, 156, 159; *Riedmaier* VersR 1977, 1.
236 BGHZ 61, 325, 332 = NJW 1974, 91 (92 ff., 95) = VersR 1974, 143, 147 = DAR 1974, 45.
237 *BGH* VersR 2005, 568 = zfs 2005, 390 = DAR 2005, 270 = SVR 2005, 467; ebenso *BGH* NJW 2006, 360 = VersR 2006, 133 = DAR 2006, 83.
238 *OLG Karlsruhe* VersR 2008, 408 = NZV 2008, 456 = NJW-RR 2008, 1113 – Erstattung nur zur Hälfte; ebenso: *LG Bielefeld* NJW 2008, 1601 = NZV 2008, 352; anders: *OLG Celle* SP 2010, 78 – kein Anlass zum Vorteilsausgleich.
239 Vgl. z. B. *OLG München* VersR 1976, 1145, 1147 = DAR 1976, 1145, 1147 = DAR 1976, 156, 159; *AG Köln* VersR 1973, 1129 f.; *Himmelreich* NJW 1973, 673, 675 f.
240 Vgl. BGHZ 61, 325, 332 = NJW 1974, 91, 93 = VersR 1974, 143, 147 = DAR 1974, 45.

beschaffungswert haben, der zu einem ungleich höheren Schaden führen kann.[241] Bei einem eigenen Fahrzeug mit stark abgesunkenem Wiederbeschaffungswert fällt der bei einem wirtschaftlichen Totalschaden abzurechnende Wiederbeschaffungsaufwand geringer aus, auch bei einem Reparaturschaden wird der erlittene Schaden durch den niedrigeren Wiederbeschaffungswert (ggfs. mit Integritätszuschlag) eher auf den Wiederbeschaffungsaufwand begrenzt.

219 Zudem ist zu beachten, dass der Geschädigte bei Beschädigung seines eigenen Fahrzeugs die freie Wahl hinsichtlich der Schadensbehebung hat. Er kann sich zur Kostenersparnis auf eine Billig- oder Teilreparatur beschränken oder bei kleineren Schäden ganz auf eine Reparatur verzichten, insbesondere wenn ein ersatzpflichtiger Dritter nicht zur Verfügung steht. Der Mietwagenunternehmer hat hingegen schon aufgrund der Markterwartung (neben der Ersatzbeschaffung) keine andere Wahl als eine vollständige, fachgerechte Reparatur durchzuführen. Somit ist sogar regelmäßig damit zu rechnen, dass der Integritätszuschlag in Anspruch genommen wird, was zu einer weiteren Erhöhung des Schadens führt.

220 Das teilweise so erhöhte wirtschaftliche »Sonderrisiko« bei der Mietwagenbenutzung fällt aber – wie der *BGH*[242] richtig hervorhebt – weg, wenn der Unfallwagen neuwertig war oder aus Repräsentationsgründen ebenso tadellos gepflegt sein musste wie üblicherweise ein Mietwagen. Insoweit kommt ein Abzug wegen Erlangung eines zurechenbaren Vorteils in Betracht, wenn das Unfallfahrzeug über keine entsprechende Kaskodeckung verfügte.

221 Im Ergebnis wird man Aufwendungen des Geschädigten für eine Haftungsfreistellung nur dann für erforderliche – und damit vom Schädiger zu ersetzende – Aufwendungen halten können, wenn für das eigene, unfallbeschädigte Fahrzeug eine Fahrzeug-Vollversicherung ohne Selbstbehalt oder mit geringerem Selbstbehalt als für das Mietfahrzeug abgeschlossen war oder bei einem Unfall ein deutlich höherer Schaden droht.

222 Das Risiko bei der Benutzung eines Mietwagens besteht wie bereits erläutert nicht nur darin, dass im Fall eines selbst verschuldeten Unfalls die Substanz des fremden Fahrzeuges beschädigt wird, sondern dass gleichzeitig auch dem Vermieter die über § 252 BGB in gewerblicher Form »kommerzialisierten« Gebrauchsvorteile entgehen.

223 Regelmäßig kann der Vermieter sein beschädigtes Fahrzeug zeitweilig nicht mehr einsetzen oder durch ein anderes – nicht ausgebuchtes – Fahrzeug aus seinem Wagenpark ersetzen. Die Folge davon ist ein Verdienstausfall (Mietausfall).

224 Ob dem Geschädigten die Mehrkosten für eine Haftungsfreistellung gegenüber dem Vermieter für dessen Verdienstausfall bei Beschädigung oder Totalzerstörung des Mietfahrzeuges zu erstatten sind, ist ebenfalls umstritten. Der *BGH*[243] stellt zutreffend auf den Einzelfall ab und billigt nur dann auch insoweit einen Ersatz der Gebühren des Mietwagenunternehmers zu, als das abgewendete Haftpflichtrisiko das Eigenrisiko übersteigt, was der Geschädigte mit Tatsachenvortrag begründen muss. Er betont in seinem Grundsatzurteil vom 6.11.1973,[244] dass nach der privaten oder beruflichen Benutzung des eigenen Fahrzeugs zu differenzieren ist.

225 So meint der *BGH*: »Das Risiko, das dem Geschädigten beim Ausfall des eigenen Wagens droht, kommt dem Ausfall des gemieteten Wagens wertmäßig jedenfalls dann regelmäßig nicht gleich, wenn es sich um ein privat genutztes Fahrzeug handelt«.[245] Damit weist der *BGH* zunächst richtig darauf hin, dass auch dem Eigentümer die Verfügbarkeit seines Fahrzeuges »Geld« wert sei. Jedoch schon die verhältnismäßig geringfügige Entschädigung, die die Rechtsprechung im Regelfall bei fremdverschuldetem Nutzungsausfall zubillige, verdeutliche – wie der *BGH* zu Recht betont –,

---

241 Vgl. BGHZ 61, 325, 332 = NJW 1974, 91 (93 r.Sp.) = VersR 1974, 143, 147 = DAR 1974, 45.
242 BGHZ 61, 325, 332 bis 334 = NJW 1974, 91, 95 = VersR 1974, 143, 147 = DAR 1974, 45.
243 BGHZ 61, 325, 332 = NJW 1974, 91 ff. = VersR 1974, 143, 147 = DAR 1974, 45.
244 BGHZ 61, 325, 332 = NJW 1974, 91, 94 = VersR 1974, 143, 147 = DAR 1974, 45.
245 BGHZ 61, 325, 332 = NJW 1974, 91, 94 = VersR 1974, 143, 147 = DAR 1974, 45.

wie weit das wirtschaftliche Nutzungsinteresse am eigenen Wagen hinter dem Ertrag eines auf Gewinnerzielung abgestellten ständigen gewerblichen Einsatzes zurückbleiben kann. Aufgrund der Benutzung eines Mietwagens und damit letztlich aufgrund des vorhergegangenen Unfalls sei eine Erhöhung des »Ausfallrisikos« gegenüber dem beschädigten privat genutzten Fahrzeug und damit ein (generelles) »Sonderrisiko« festzustellen.

Bei Kraftfahrzeugen, die einer intensiven gewerblichen Nutzung dienen (Lieferwagen, Taxi usw.), bildet das Zurückbleiben des »Eigenrisikos« hinter der »Gefahr der Ausfallhaftung« gegenüber dem Vermieter des Mietwagens als »Sonderrisiko« eher eine vom Geschädigten im Einzelfall zu beweisende Ausnahme.[246] **226**

Zu beachten ist jedoch, dass Autovermieter im Fall eines vom Mieter verursachten Schadens oft einen »Mietausfall« nicht geltend machen wird, manchmal ist dies bereits im Mietvertrag so festgeschrieben. Die Erstattungsfähigkeit hängt ferner davon ab, dass der Autovermieter ohne die Haftungsfreistellung seinem Schadensersatzanspruch eine Berechnung zugrunde legen würde, nach der er das Mietfahrzeug ohne die unfallbedingte Unterbrechung ständig zu dem für ihn günstigen Bedingungen als Mietwagen eingesetzt haben würde und er diese Voraussetzungen im Einzelnen auch nachweisen kann. Eine Pauschalierung des Schadens ist nicht zulässig. **227**

Da die Beschränkung der Ersatzpflicht bei normalen Mietsätzen auf durchschnittlich etwa 500 € ohne besondere Mehrkosten häufig den Mietausfall mit umfasst, löst sich in diesen Fällen das Problem von selbst, sodass in der Regel in derartigen Fällen eine Erstattung der Aufwendungen für die Freistellung von der Haftung für Mietausfall entfällt. **228**

Verzichtet der Autovermieter nicht auf die Geltendmachung von Mietausfall, haftet der Mieter vielmehr voll für diesen, so ist im Hinblick auf ein solch erhöhtes wirtschaftliches Risiko die Erstattung der Aufwendungen für eine Freistellung von der Haftung für Mietausfall bei privater Nutzung des unfallbeschädigten Fahrzeuges jedenfalls insoweit zu bejahen, als das Mietausfallrisiko höher ist als das Nutzungsausfallrisiko des eigenen Fahrzeugs. In dem Verhältnis, in dem der hypothetisch zu ersetzende Mietausfallschaden höher ist als der hypothetisch bei dem eigenen Fahrzeug entstehende Nutzungsausfall, sind entsprechende Aufwendungen zur Haftungsfreistellung erstattungsfähig. **229**

3. Rechtsschutzversicherung

Hat der Geschädigte Rechtsschutz im Rahmen einer Verkehrs-Rechtsschutzversicherung gem. § 21 ARB, besteht Versicherungsschutz auch als Mieter jedes von dem Versicherungsnehmer als Selbstfahrer-Vermietfahrzeug zum vorübergehenden Gebrauch gemieteten Motorfahrzeuges zu Lande sowie Anhängers.[247] Der Geschädigte braucht daher keinen zusätzlichen Rechtsschutzvertrag für den Mietwagen abzuschließen; er kann folglich die Kosten einer solchen – zusätzlich für das Mietfahrzeug abgeschlossenen – Rechtsschutzversicherung vom Schädiger nicht ersetzt verlangen. Besteht für den Geschädigten lediglich Fahrer-Rechtsschutz nach § 22 ARB,[248] so ist er in dieser Rechtsschutz-Versicherungsform als Fahrer jedes (fremden) Motorfahrzeuges versichert, also auch und gerade als Fahrer eines Mietfahrzeuges. **230**

Hat der Geschädigte für sein eigenes Fahrzeug lediglich eine Fahrzeug-Rechtsschutzversicherung nach § 22 ARB 75 bzw. 85 abgeschlossen, so sind nur Eigentümer, Halter, Mieter, Entleiher sowie die berechtigten Fahrer und Insassen dieses Fahrzeugs versichert. Hatte der Geschädigte eine solche Versicherung für sein eigenes Kfz abgeschlossen, kann er einen Rechtsschutz für den angemieteten Ersatzwagen nur dann erhalten, wenn er einen zusätzlichen Vertrag abschließt. In einem solchen Fall **231**

---

246 BGHZ 61, 325, 332 = NJW 1974, 91 ff. = VersR 1974, 143, 147 = DAR 1974, 45; – vgl. dazu insbes. *KG* VersR 1977, 82 f. = DAR 1976, 155 f.
247 § 21 Abs. 1 ARB 94 und ARB 2000.
248 § 22 Abs. 1 ARB 94 und ARB 2000, § 23 Abs. 1 ARB 85.

kann der Geschädigte, da sich eine eigene Fahrzeug-Rechtsschutzversicherung nicht auf das Fahren mit einem Mietwagen erstreckt, nur dann die Prämie für einen solchen zusätzlichen Versicherungsschutz hinsichtlich des angemieteten Wagens ersetzt verlangen, wenn er selbst für seinen eigenen Wagen eine solche Fahrzeug-Rechtsschutzversicherung abgeschlossen hatte.

232 Hatte der Geschädigte jedoch für sein beschädigtes Kfz keine Fahrzeug-Rechtsschutzversicherung abgeschlossen, so kann er die hierfür bei Anmietung des Ersatzwagens gezahlte Zusatzprämie nicht vom Ersatzpflichtigen erstattet verlangen. Diese Aufwendung war nicht objektiv erforderlich, weil insoweit kein messbares oder messbar erhöhtes »Sonderrisiko« bei der Ersatzwagenanmietung festzustellen ist. Das Risiko, für seine Vertretung bzw. Verteidigung vor Gericht zu sorgen, fällt in das für jeden Kraftfahrer gleichermaßen vorhandene sog. »allgemeine Lebensrisiko«.

4. Insassen-Unfall-Versicherung

233 Nur dann, wenn der Geschädigte sein eigenes Kfz gegen Insassenunfall versichert hatte, kann er den Betrag, den er für eine Insassen-Unfallversicherung beim Mietfahrzeug aufwenden muss, vom Ersatzpflichtigen ersetzt verlangen.[249] Ein »Sonderrisiko« lässt sich bei einer Ersatzwagenanmietung in diesem Zusammenhang nicht feststellen, da ein solches Risiko in den Bereich des »allgemeinen Lebensrisikos« fällt.

5. Gebühren für weitere Zusatzleistungen des Autovermieters

234 Soweit das Mietwagenunternehmen für die Zustellung und Abholung des Mietwagens zu bzw. bei dem Geschädigten eine gesonderte Gebühr verlangt, kann diese als zurechenbar und schadensadäquat erstattungsfähig sein.[250] Dies setzt jedoch substanziierten Vortrag des Geschädigten dazu voraus, dass diese zusätzlichen Kosten auch schadensbedingt erforderlich waren.[251] Darüber hinaus muss diese Gebühr auch tatsächlich angefallen sein, also das Fahrzeug tatsächlich gebracht und abgeholt worden sein.[252] Wenn dem Geschädigten ohne Weiteres eine Vermeidung dieser Kosten möglich ist, etwa wegen eines erreichbaren Alternativangebots ohne entsprechende Zusatzgebühren oder wegen eines Mietwagenangebots in unmittelbarer Nähe seines Wohnorts oder seiner Arbeitsstelle, kann von ihm gem. § 254 Abs. 2 BGB verlangt werden, das wirtschaftlichere Angebot anzunehmen bzw. auf eine Zustellung zu verzichten.[253]

235 Die Kosten für einen 2. Fahrer sind ebenfalls erstattungsfähig, wenn das beschädigte Fahrzeug regelmäßig auch von einer weiteren Person genutzt wurde.[254] Auch dies setzt allerdings voraus, dass auch eine Nutzung des Mietfahrzeugs durch einen weiteren Fahrer mit dem Vermieter vereinbart wurde und auch tatsächlich erfolgt ist.[255] Zusätzliche Kosten für die Anmietung eines Automatikfahrzeugs sind grundsätzlich nur erstattungsfähig, wenn das eigene, beschädigte Fahrzeug ein Automatik-

---

249 Vgl. auch *OLG München* r+s 1976, 258; *OLG Nürnberg* VersR 1977, 1016 (L); *OLG Frankfurt* zfs 1981, 270; *OLG Celle* SP 2010, 78; *LG Bielefeld* VersR 1973, 776; LG Braunschweig, Urteil v. 13.01.2009, Az. 7 S 394/08; *AG Bremen* zfs 1981, 44 = VersR 1980, 1153 (L) zfs 1981, 44; *Klimke* VersR 1970, 792, 796; *v. Caemmerer* VersR 1971, 973, 980; *Born* VersR 1978, 777, 780; *Sanden/Völtz* Rn. 303; *AG Heidelberg* VersR 1978, 953 (L); – a. A. *AG Augsburg* 2 C 1257/77 v. 8.3.1978 (n. v.); *AG Karlsruhe* VersR 1981, 343 = r+s 1981, 108; *AG Krefeld* VersR 1982, 811.
250 *OLG Köln* NZV 2007, 199; 2010, 514; 2010, 614; *LG Baden-Baden* zfs 2003, 16; *LG Bayreuth* DAR 2004, 94; a. A. *AG Stadthagen* VersR 2007, 707.
251 *BGH* NJW 2006, 360 = VersR 2006, 133 = DAR 2006, 139.
252 *BGH* VersR 2010, 683 = DAR 2010, 464 = r+s 2010, 211; VersR 2011, 643 = DAR 2011, 250 = r+s 2011, 264; *LG Braunschweig* Urt. v. 13.1.2009, Az. 7 S 394/08; *AG Coburg* NZV 2009, 396 = SVR 2009, 226.
253 *LG Hof* NZV 2008, 459.
254 *BGH* VersR 2011, 1026 = DAR 2011, 462 = MDR 2011, 845; *LG Bayreuth* a. a. O.; *LG Bonn* NZV 2010, 245; *LG Ansbach* VersR 2011, 645 = DAR 2010, 470.
255 *BGH* VersR 2011, 643 = DAR 2011, 250 = r+s 2011, 264; *OLG Köln* NZV 2007, 199; 2010, 514; *LG Bielefeld* Urt. v. 19.12.2007, Az. 21 S 189/07; *LG Braunschweig* Urt. v. 13.1.2009, Az. 7 S 394/08.

getriebe hat und dem Geschädigten etwa aufgrund einer körperlichen Einschränkung oder langjähriger Gewöhnung nicht zugemutet werden kann, für die kurze Zeit der Anmietung aus Schadensminderungsgründen auf ein Schaltgetriebe zu wechseln.[256] Dies gilt in gleicher Weise für Aufschläge für Navigationsgerät und Anhängerkupplung.[257] Ein Zuschlag für Winterreifen kann nicht verlangt werden, da ein verkehrssicherer Zustand des Mietwagens bereits im Grundtarif enthalten sein sollte.[258]

Für diese Positionen gilt jedoch ebenfalls, dass eine Ersatzfähigkeit auch dann ausscheidet, wenn eine entsprechende Zusatzgebühr regional unüblich ist und durch entsprechendes Ausweichen auf ein anderes Mietwagenunternehmen vermieden werden können.[259] **235a**

V. Schadenminderungspflicht

Die allgemeinen Grundsätze der durch § 254 Abs. 2 BGB normierten Schadenminderungspflicht gelten auch bezüglich der Mietwagenkosten. Aus rechtsdogmatischer Sicht ist die Frage, ob das Korrektiv bereits bei der »Erforderlichkeit« im Sinne von § 249 S. 2 BGB anzusetzen oder die angemessene Lösung über § 254 zu suchen ist, nicht einfach zu beantworten. Die Erforderlichkeit wird dann als Kriterium heranzuziehen sein, wenn es sich um die Frage des wirtschaftlichsten Weges der Schadenbehebung handelt.[260] **236**

Nach § 254 Abs. 2 BGB muss der Geschädigte, soweit ihm dies objektiv möglich und subjektiv zuzumuten ist, den Schaden gering halten. Er muss sich daher nach Treu und Glauben (§ 242 BGB) so verhalten, wie ein verständiger, wirtschaftlich denkender Geschädigter in der besonderen Lage des Anspruchstellers gehandelt haben würde.[261] **236a**

Die Auffassung, der Geschädigte müsse sich so verhalten, als habe er den Schaden selbst zu tragen, bedeutet nicht, dass der Geschädigte verpflichtet ist, sich so zu verhalten, als müsse er den Schaden im Ergebnis aus seiner »eigenen Tasche« bezahlen.[262] Unzutreffend ist insbesondere – jedenfalls in dieser Verallgemeinerung – der zuweilen vertretene Rechtsstandpunkt, Mietwagenkosten seien nur insoweit erstattungsfähig als sie in einem vernünftigen Verhältnis zu den für die Reparatur des beschädigten Kfz anfallenden Kosten stehen.[263] **237**

Die Ausfallzeit des beschädigten Kfz ist so weit wie möglich abzukürzen, damit die während dieser Zeit auflaufenden Mietwagenkosten – das Gleiche gilt für die während dieser Zeit etwa erstattungsfähige Nutzungsausfallentschädigung – gering gehalten werden. **238**

Eine Verletzung der Schadenminderungspflicht aus § 254 Abs. 2 BGB hat lediglich dann Rechtsfolgen, wenn der Ersatzpflichtige überdies nachweist, dass der Geschädigte insoweit schuldhaft gehandelt hat.[264] Die Beweislast für eine schuldhafte Verletzung der Schadenminderungspflicht aus § 254 **239**

---

256 So bei *LG Ansbach* VersR 2011, 645 = DAR 2010, 470.
257 Erstattungsfähig nach *OLG Köln* NZV 2010, 514; *LG Bielefeld* Urt. v. 19.12.2007, Az. 21 S 189/07.
258 *OLG Köln* MDR 2010, 986; *OLG Stuttgart* SP 2010, 368; *AG Suhl* NZV 2010, 35; *LG Essen*, Urteil v. 13.01.2009, Az. 15 S 265/08; *AG Ansbach* SP 2011, 115; *AG Passau* SVR 2009, 35 = SP 2009, 117; anders: *OLG Köln* NZV 2010, 614; *LG Passau* NZV 2009, 81; *LG Landshut* NZV 2009, 397; *LG Arnsberg* NZV 2009, 397; *LG Bonn* NZV 2010, 245; *LG Göttingen* NZV 2011, 250; *AG Erfurt* NZV 2009, 396; *AG Landshut* NZV 2011, 135; *AG Siegburg* NZV 2011, 136; nicht erstattungsfähig bei Verschiebbarkeit der Reparatur: *AG Coburg* NZV 2009, 396 = SVR 2009, 226.
259 *LG Bayreuth* a. a. O.
260 Vgl. dazu insbes. BGHZ 66, 239 = NJW 1976, 1396 = VersR 1976, 874; VersR 1982, 548.
261 Vgl. dazu insbes. *BGH* NJW 1951, 797 f.; 1964, 717; BGHZ 54, 82, 85 = VersR 1970, 832 f.; BGHZ 61, 346, 349 = VersR 1974, 90 f.; BGHZ 63, 182, 188 = NJW 1975, 160 = VersR 1975, 184, 186; VersR 1975, 261 f.; VersR 1976, 389 f.; VersR 1982, 548.
262 Vgl. *BGH* VersR 1985, 283, 285 m. w. N.
263 So ausdrücklich für Nutzungsausfall *BGH* NJW 2005, 1044 = VersR 2005, 570 = zfs 2005, 573 = r+s 2005, 263 = DAR 2005, 265 = NZV 2005, 303 = MDR 2005, 683; dagegen *LG München I* NZV 2002, 573; *AG Frankfurt/M.* VersR 1981, 692; *AG München* VersR 1985, 300 = zfs 1985, 143.
264 Vgl. *BGH* NJW 1951, 797; VersR 1965, 1173; *OLG München* VersR 1976, 1145, 1147 = DAR 1976, 156 f.

Abs. 2 BGB obliegt in vollem Umfang dem Ersatzpflichtigen, der sich auf diesen Tatbestand beruft. Dies bedeutet zugleich, dass alle Zweifel bei der Aufklärung eines Sachverhalts zu seinen Lasten gehen. Insoweit ist jedoch ergänzend zu berücksichtigen, dass im Rahmen der Abwägung nach § 254 BGB die Beweislastregel des § 280 Abs. 1 S. 2 BGB keine Anwendung findet.[265] Allerdings kann auch im Rahmen des § 254 BGB nach § 287 ZPO geschätzt werden, soweit es um die Kausalität des Mitverschuldens geht.[266]

240 Demgegenüber obliegt dem Ersatzpflichtigen keine Verpflichtung in dem Sinne, dass er im Zweifel seinerseits darlegen muss, was er selbst getan hat, um den Schaden des Geschädigten gering zu halten. Die Schadenminderungspflicht trifft ausschließlich den Geschädigten im Rahmen der allein ihm obliegenden Veranlassungspflicht. Dies bedeutet mit Blick auf § 254 Abs. 2 BGB insbesondere, dass die Schadenminderungspflicht es dem Geschädigten verbietet, das wirtschaftliche Risiko eines zu erteilenden Kfz-Reparaturauftrages dadurch auf den Schädiger abzuwälzen, dass er von diesem bzw. dessen Haftpflichtversicherung zuvor eine Kostenübernahmeerklärung zu erlangen versucht. Entstehen durch das zu lange Abwarten des Geschädigten und durch die damit verbundene Verzögerung des Reparaturauftrags höhere Mietwagenkosten, hat diese Mehrkosten der Geschädigte zu tragen. Verfügt er nicht über ausreichende Mittel zur Auslösung des Fahrzeugs, muss er im Zweifel hierzu einen Kredit in Anspruch nehmen, dessen Kosten jedenfalls deutlich geringer sind als weitere Mietwagenkosten.[267]

241 Der Ersatzpflichtige seinerseits hat jedoch unter Berücksichtigung der Grundsätze von Treu und Glauben (§ 242 BGB) im Rahmen der sich ihm darbietenden Möglichkeiten dem Geschädigten – insbesondere dann, wenn dieser sich an den Schädiger bzw. seinen Haftpflichtversicherer wendet – bei einer ordnungsgemäßen Schadenabwicklung Hilfestellung zu leisten. Er ist insbesondere verpflichtet, den Schaden nach Ablauf einer angemessenen Bearbeitungsfrist unverzüglich zu regulieren, nachdem der Geschädigte den Schaden ordnungsgemäß beziffert und belegt hat.

242 Falls der Ersatzpflichtige die Schadenbeseitigung in eigener Regie übernommen haben sollte, könnte er sich im Verhältnis zum Geschädigten insoweit auf § 254 Abs. 2 BGB nicht berufen. Einem derartigen Hinweis würde der Einwand der Arglist entgegenstehen.

1. Unfallhelfer

243 Die Frage, ob und unter welchen Umständen der Geschädigte sich in diesem Zusammenhang zur Wahrung seiner Interessen auf Kosten des Ersatzpflichtigen auch der Dienste eines sog. »Unfallhelfers« bedienen darf, war in Literatur und Judikatur für das alte RBerG weitestgehend geklärt. Die herrschende Meinung ging davon aus, dass derartige Verträge und die im Zusammenhang damit stehenden ergänzenden Rechtsgeschäfte – insbesondere Forderungsabtretungen, Einziehungsermächtigungen und Inkassomandate – nichtig sind. Ein solcher Verstoß gegen § 1 RBerG a. F. lag auch dann vor, wenn aus formellen Gründen ein Anwalt zwischengeschaltet worden ist.[268]

244 In diesem Zusammenhang hat der *BGH* die Auffassung vertreten, § 1 Abs. 1 RBerG sei ein Schutzgesetz im Sinne von § 823 Abs. 2 BGB. Ein Verstoß gegen das Rechtsberatungsgesetz habe demge-

---

265 Vgl. BGHZ 46, 260 = NJW 1967, 622.
266 *BGH* NJW 1986, 2945 = VersR 1986, 1208 = DAR 1986, 356.
267 *OLG Naumburg* NJW 2004, 3191 = DAR 2005, 158 = NZV 2005, 198.
268 Vgl. im Einzelnen: BGHZ 47, 364 = VersR 1967, 665 = DAR 1967, 191; VersR 1968, 576 VersR 1970, 422; BGHZ 61, 317, 322 = NJW 1974, 50 = VersR 1974, 172, 174; NJW 1974, 1244 = VersR 1974, 973; NJW 1975, 160 = VersR 1975, 184; VersR 1977, 180 (Geschädigter minderjährig); NJW 1977, 431 = VersR 1977, 280; NJW 1978, 2100 = VersR 1978, 1041; NJW 1979, 714; VersR 1980, 283; VersR 1980, 452 = DAR 1980, 212 (Verstoß eines Abschlepp-Unternehmers gegen die guten Wettbewerbssitten); NJW 1987, 3003 = VersR 1988, 132; *AG Dresden* DAR 2004, 456; *AG Sinzig* VersR 2004, 393 (Abtretung von Mietwagenkosten); – Zur Rechtsberatung und Werbung des Mietwagen-Unternehmers vgl. u. a. *BGH* NJW 1974, 557 = VersR 1974, 494 = DAR 1974, 129; NJW 1974, 1244 = VersR 1974, 973 = DAR 1974, 218; *BGH* NZV 2003, 323 ff.

mäß die Nichtigkeit des gesamten Geschäftsbesorgungsvertrages einschließlich der Nebengeschäfte nach § 134 BGB zur Folge.[269]

Der Anwaltsvertrag ist insbesondere dann unwirksam und demgemäß nichtig, wenn der Anwalt mit dem Autovermieter und der Reparaturwerkstatt an einem verbotenen »Unfallhilfe-Geschäft« mitwirkt, bei dem er in Wahrheit nicht die Interessen des Geschädigten, sondern diejenigen des Autovermieters bzw. der Werkstatt wahrnimmt.[270] Eine auf ausdrückliche Bitte des Geschädigten erfolgte Empfehlung des Mietwagenunternehmens hinsichtlich der Person des zu beauftragenden Anwalts ist jedoch unschädlich.[271] 245

Es verstieß demgegenüber nicht gegen § 1 Abs. 1 RBerG a. F., wenn ein Mietwagenunternehmen von seinen unfallgeschädigten Kunden, die ihm ihre Ansprüche auf Ersatz der Mietwagenkosten sicherungshalber abgetreten haben, einen Unfallbericht fertigen lässt und diesen zusammen mit der Aufforderung, die Mietwagenkosten zu begleichen, an den Haftpflichtversicherer des Schädigers weiterleitet, sofern nur klargestellt war, dass die Kunden zur Regulierung des Schadens und zur Durchsetzung ihrer übrigen Ersatzansprüche selbst tätig werden müssen.[272] Vor einer gerichtlichen Geltendmachung des abgetretenen Haftpflichtanspruchs auf Ersatz der Mietwagenkosten muss seines des Mietwagenunternehmens zunächst außergerichtlich erfolglos versucht werden, den Geschädigten als Vertragspartner selbst in Anspruch zu nehmen – eine vorhergehende gerichtliche Geltendmachung gegen ihn ist jedoch nicht erforderlich.[273] 245a

Der Inhaber eines Mietwagen-Unternehmens oder einer Kfz-Reparaturwerkstatt, der es geschäftsmäßig übernimmt, für unfallgeschädigte Kunden die Schadenregulierung insgesamt durchzuführen, benötigte eine Erlaubnis nach dem RBerG. Dies galt auch dann, wenn er sich die gesamten Schadenersatzansprüche seiner Kunden erfüllungshalber abtreten lässt und die eingezogenen Beträge auf seine eigenen Ansprüche verrechnet. Ohne die nach dem RBerG erforderliche behördliche Erlaubnis war auch die Forderungsabtretung selbst nichtig.[274] Dies gilt selbst für den Fall, dass der Mietwagen-Unternehmer sich die Schadenersatzansprüche seiner Kunden bis zur vollen Höhe der Mietwagenkosten abtreten lässt.[275] Inwieweit sich aus der Neugestaltung des Rechtsgebietes durch das Rechtsdienstleistungsgesetz etwas anderes ergibt, ist noch nicht abschließend geklärt, insb. ob Mietwagenunternehmen u. U. weiter gehende Möglichkeiten durch § 5 RDG erhalten haben. Dies dürfte jedoch zweifelhaft sein.[276] 245b

Zudem kann die Wirksamkeit einer Abtretung zugunsten des Mietwagenunternehmens auch an § 307 Abs. 1 BGB scheitern, wenn die Abtretungsklausel unklar, missverständlich oder widersprüch- 245c

---

269 Vgl. *BGH* NJW 1962, 2010.
270 Vgl. *OLG Celle* VersR 1983, 737 = zfs 1983, 304; *AG Koblenz* VersR 2003, 788; *AG Dresden* a. a. O.
271 *LG Karlsruhe* NZV 2003, 288 = PVR 2003, 231.
272 Vgl. *BGH* NJW 1985, 1223 = DAR 1985, 21 f.; DAR 1994, 314; NZV 1994, 353 = zfs 1994, 327; NJW 2005, 135 = VersR 2005, 241 = DAR 2005, 73.
273 *BGH* VersR 2005, 1256 = NJW-RR 2005, 1371 = DAR 2005, 563; NJW 2005, 3570 = VersR 2005, 1700 = DAR 2006, 14; *LG Osnabrück* VersR 2004, 1470.
274 Vgl. dazu BGHZ 47, 364 = VersR 1967, 665 = VRS 33, 16; VersR 1968, 576 = AnwBl 1968, 226; DAR 1994, 314; NZV 1994, 353 = zfs 1994, 327; NJW 2003, 1938 = VersR 2003, 656 = DAR 2003, 310; NJW 2004, 2516 = VersR 2004, 1062 = DAR 2004, 643; *OLG Schleswig* VersR 1994, 572; *OLG Nürnberg* NZV 1992, 366; *OLG Hamm* VersR 2003, 220 = NZV 2003, 286; *OLG Stuttgart* VersR 2003, 786 = NZV 2003, 142; *AG Frankfurt/M.* NZV 2002, 83; *AG Heinsberg* zfs 2003, 235.
275 Vgl. *BGH* VersR 1970, 422 (im Anschluss an *BGH* VersR 1968, 576 = AnwBl 1968, 227).
276 So aber *LG Köln* NJW 2011, 1457 = SVR 2011, 183 = SP 2011, 298; LG Stade MRW 11 Nr. 1, 10; LG Düsseldorf Urt. v. 14.7.2011, Az. 21 S 418/10; *Otting* SVR 2011, 8; dagegen mit beachtlichen Gründen ablehnend *LG Stuttgart* SP 2011, 148 (nach Rücknahme der zugelassenen Revision rechtskräftig); VRR 2011, 306; NZV 2011, 131; *AG Frankfurt* SP 2009, 1114; *AG Dortmund* SP 2010, 369; *AG Kehl*, Urteil v. 29.07.2011, Az. 4 C 69/11; AG Mannheim NJW-RR 2011, 323 = NZV 2011, 347 = SVR 2011, 70; *Prox* zfs 2008, 363; *Burmann* DAR 2008, 373.

lich ist. Darauf kann sich auch der KH-Versicherer berufen.[277] Ebenso ist eine Abtretung dann unwirksam, wenn sie nicht hinreichend bestimmt ist. Dies gilt bei den hier in Rede stehenden Schadenersatzansprüchen insbesondere, wenn nur teilweise abgetreten werden (insb. »in Höhe der Mietwagenkosten«) und keine Reihenfolge hinsichtlich der einzelnen Schadenspositionen festgelegt ist.[278] Die Werbung mit dem Angebot »bei unverschuldetem Unfall Abrechnung der Reparaturkosten mit gegnerischer Versicherung« ist nicht zulässig.[279]

245d Im Gegenzug zu dieser Rechtsprechung versuchen Mietwagenunternehmen zum Teil, Haftpflichtversicherers rechtliche Hinweise zur Erstattung von Mietwagenkosten oder Hinweise auf günstige Mietwagenunternehmen als wettbewerbswidrige oder unzulässige Rechtsberatung zu untersagen.[280] Dies dürfte jedoch nicht gelingen. Es ist seitens des *BGH* anerkannt, dass der erstattungspflichtige Haftpflichtversicherer bei der Beratung des Geschädigten mit dem Ziel der Begrenzung der schadensbedingten Aufwendungen eigene wirtschaftliche Interessen verfolgt und somit keine unzulässige Rechtsberatung ausübt.[281] Ein Hinweis auf günstige Angebote ist als Auslöser der Schadensminderungspflicht im Rahmen der Restwertangebote für das verunfallte Fahrzeug anerkannt, es ist nicht erkennbar, inwieweit für den Bereich der Mietwagenkosten etwas anderes gelten sollte. Inwieweit der Geschädigte tatsächlich verpflichtet ist, auf dieses günstige Angebot einzugehen, hängt von der Zumutbarkeit des Angebots für ihn ab.[282]

2. Erkundigungs- und Überwachungspflicht

246 Der Geschädigte ist regelmäßig nicht verpflichtet, nach einem Unfall bei zahlreichen Reparaturwerkstätten, Sachverständigen oder Mietwagenunternehmen umfassende Preisvergleiche anzustellen oder gar Erkundigungen darüber einzuziehen, welches Unternehmen ein gleichwertiges Ersatzfahrzeug zu den günstigsten Bedingungen bereithält. Der Geschädigte hat sich jedoch[283] – insbesondere während der Urlaubszeit – vor Erteilung des Reparaturauftrags zur Vermeidung unverhältnismäßig hoher Mietwagenkosten nach der Dauer der Instandsetzung und nach dem Zeitpunkt der Fertigstellung zu erkundigen. Ein noch voll verkehrs- und betriebssicheres Fahrzeug ist bis zu dem Zeitpunkt weiterzubenutzen, zu dem gewährleistet ist, dass die Reparaturarbeiten sofort begonnen und zügig durchgeführt werden. Unter Umständen muss er auch eine provisorische Zwischenreparatur in Betracht ziehen, um eine Nutzung des Fahrzeugs bis zur endgültigen Reparatur zu ermöglichen.[284] Dies gilt insbesondere für den Fall, dass Schwierigkeiten bei der Beschaffung von Ersatzteilen auftreten oder auch nur ernsthaft zu befürchten sind.

247 Der Geschädigte ist nicht verpflichtet, unter allen Umständen das billigste Ersatzfahrzeug anzumieten oder gar sich bei allen gewerblichen Autovermietungen am Ort nach deren Preisen und Konditionen zu erkundigen. Er braucht also keine Art »Marktforschung« zu betreiben, womit er zweifellos überfordert wäre, muss aber ganz allgemein auf günstige Vertragsbedingungen achten. Es genügt, wenn der Geschädigte sich vergewissert, dass das Angebot des Mietwagenunternehmers nicht deut-

---

277 *OLG München* VersR 2002, 373 = NZV 2001, 173.
278 *BGH* NJW 2011, 2713 = VersR 2011, 1008 = DAR 2011, 463; *OLG Hamburg* ZIP 1999, 1628; *LG Zweibrücken* NJW-RR 2011, 1176; hierzu *Otting* SVR 2011, 249; a. A. noch *AG Menden* SP 1995, 418.
279 Vgl. *OLG Stuttgart* VersR 1983, 934 (zugleich zur Auslegung des Begriffs »Besorgung fremder Rechtsangelegenheiten« im Sinne des § 1 Rechtsberatungsgesetz nach Abtretung von Versicherungsleistungen zur Sicherung eigener Werklohnforderungen einer Kfz-Reparaturwerkstatt).
280 Erfolgreich bei *OLG Düsseldorf* NZV 1995, 450; *LG Karlsruhe* NZV 2005, 263; *LG Nürnberg-Fürth* VersR 2007, 81 = zfs 2006, 325; *LG Weiden* NZV 2008, 206; *AG Bonn* NZV 2008, 39.
281 NJW 2007, 3570 = r+s 2007, 520 = NZV 2007, 612; ähnlich *LG Bielefeld* NZV 2007, 416; *AG Aschaffenburg* NZV 2007, 147.
282 Insoweit ungenau *AG Aschaffenburg* NZV 2007, 147.
283 *OLG Saarbrücken* NZV 2011, 85; a. A. und daher zu weitgehend *LG Koblenz* r+s 1984, 147; *AG Kusel* r+s 1981, 85; *AG Krefeld* VersR 1982, 811 = r+s 1982, 216; *AG Essen* r+s 1983, 255.
284 Vgl. dazu insbes. *OLG Stuttgart* VersR 1981, 1061; *OLG Frankfurt* VersR 2005, 1742 = DAR 2006, 123; *LG Karlsruhe* VersR 1982, 562 = zfs 1982, 237.

C. Mietwagenkosten

lich aus dem Rahmen fällt.[285] Dies bedeutet zugleich auch, dass er ein Fahrzeug nicht nach einem überhöhten Sondertarif (»Unfallersatztarif«) anmieten darf, soweit diese Zusatzkosten nicht erforderlich sind bzw. nicht aufgrund unfallbedingter Zusatzleistungen des Mietwagenunternehmens gerechtfertigt sind.

Wenn der Geschädigte nach einem fremdverschuldeten Kraftfahrzeugunfall einen Mietwagen für eine längere Zeit oder eine größere Strecke, z. B. für eine dreiwöchige Urlaubsreise, benötigt, darf er nicht das erstbeste Angebot annehmen, sondern muss Konkurrenzangebote einholen und ggf. beim KH-Versicherer nachfragen, und diesem die Gelegenheit geben, evtl. zu einem günstigen Pauschalpreis einen Mietwagen zu beschaffen. Die Anforderungen an den Geschädigten hinsichtlich der Auswahl des Mietwagenunternehmens steigen insoweit mit der Länge der voraussichtlichen Mietdauer und somit der voraussichtlichen Mietwagenkosten.[286] — 248

Der Geschädigte muss sich hinsichtlich der Preisgestaltung und der Konkurrenzsituation der Autovermietungen am Ort einen groben Überblick verschaffen, soweit ihm dies in der konkreten Situation vor Anmietung (objektiv) möglich und (subjektiv) zumutbar ist. Ein oder zwei Konkurrenzangebote sind einzuholen, ferner wird eine Verpflichtung angenommen, sich hierbei nach verschiedenen Tarifen zu erkundigen. Unter mehreren vergleichbaren und in gleicher Weise zumutbaren Möglichkeiten muss der Geschädigte die für ihn vorteilhafteste auswählen.[287] — 249

Sollte an bestimmten Tagen der Ausfallzeit ein Fahrbedürfnis des Geschädigten nicht bestehen – dies gilt insbesondere für gesetzliche Fahrverbote[288] und an arbeitsfreien Wochenenden bei gewerblich genutzten Fahrzeugen – ist der Geschädigte gem. § 254 Abs. 2 BGB verpflichtet, das Fahrzeug an den betreffenden Tagen zurückzugeben, sofern dies Kosten mindernd möglich ist, bzw. nur an Werktagen ein Fahrzeug anzumieten. — 250

Der Geschädigte muss grundsätzlich eine möglichst in der Nähe seiner Wohnung befindliche Reparaturwerkstatt beauftragen, um längere Anmietzeiten zu vermeiden. Wer aus unfallbedingtem Anlass den Reparaturauftrag an eine wenig leistungsfähige Werkstatt, beispielsweise an einen »Ein-Mann-Betrieb«, erteilt, verletzt im Hinblick auf die dadurch ausgelösten Mietwagenkosten seine Schadenminderungspflicht.[289] Es ist allerdings nicht zu beanstanden, wenn ein Kfz ausländischen Fabrikats in der einzigen Vertragswerkstatt des betreffenden Orts repariert wird. Kommt der Geschädigte seiner Erkundigungspflicht insoweit nicht nach, so bedeutet dies in der Regel einen Verstoß gegen die durch § 254 Abs. 2 BGB normierte Schadenminderungspflicht. Er hat unter dieser Voraussetzung lediglich Anspruch auf Ersatz der Mietwagenkosten für den objektiv erforderlichen Reparaturzeitraum.[290] — 251

Der Geschädigte ist überdies im Rahmen der ihm zumutbaren Möglichkeiten verpflichtet, mit der Reparaturwerkstatt einen verbindlichen Annahmetermin zu vereinbaren, zu dem gewährleistet ist, dass, ggf. nach vorheriger Beschaffung der für die Reparatur erforderlichen Ersatzteile, mit der Instandsetzung sofort begonnen werden kann und diese zügig durchgeführt wird.[291] Unterlässt er dies, so hat er die durch die Verzögerung entstandenen abgrenzbaren Mehrkosten selbst zu tragen. — 252

---

285 So *BGH* NJW 1985, 2639 f.
286 Vgl. dazu *BGH* NJW 1985, 793 = VersR 1985, 285; NJW 1985, 2637 = VersR 1985, 1092 = r+s 1985, 217; NJW 1985, 2639; *OLG Stuttgart* VersR 1982, 559; DAR 1994, 326; *OLG Hamm* VersR 1982, 1173; DAR 1991, 3366 = zfs 1991, 377; *OLG Oldenburg* r+s 1991, 305 = zfs 1991, 377; *OLG München* VersR 1983, 1064; *OLG Frankfurt* zfs 1991, 374 (Nachfr. bei Vers.); *OLG Köln* VersR 1992, 182; *AG Altötting* VersR 2004, 1064.
287 Vgl. z. B. *OLG München* NJW 1994, 359; *OLG Köln* NJW-RR 1993, 1053; *OLG Nürnberg* VersR 1994, 235; *OLG Hamm* VersR 1994, 1441; a. A. *OLG Stuttgart* NZV 1994, 313; *OLG Frankfurt* NZV 1995, 479.
288 Vgl. dazu *LG Lübeck* VersR 1981, 1140.
289 Vgl. *OLG Frankfurt* zfs 1985, 322.
290 Vgl. auch z. B. *BGH* NJW 1975, 255 = VersR 1975, 261; *LG Karlsruhe* VersR 1982, 562.
291 Vgl. z. B. *KG* 12 U 2023/75 v. 5.4.1976 (bei *Darkow* DAR 1977, 256 [bezüglich Nutzungsausfallentschä-

253 Der Geschädigte muss sich von vornherein eine zügige Abwicklung der notwendigen Reparaturarbeiten – möglichst verbindlich – zusichern lassen. Er verstößt auch dann gegen seine Schadenminderungspflicht, wenn er – insbesondere natürlich für den Fall, dass das Fahrzeug noch betriebs- und verkehrssicher ist – ohne jede Voranmeldung eine beliebige Reparaturwerkstatt aufsucht und dort zwar um zügige Bearbeitung bittet, sich im Übrigen jedoch untätig verhält.[292]

254 Sofern das beschädigte Kfz noch fahrbereit, d. h. also uneingeschränkt betriebs- und verkehrssicher ist, wird dem Geschädigten in der Regel eine Weiterbenutzung seines Wagens insbesondere für den Fall zuzumuten sein, dass die sofortige Erteilung eines Reparaturauftrages die Instandsetzungszeit über Gebühr verzögert.[293] Dies kann beispielsweise dann der Fall sein, wenn der Wagen über das arbeitsfreie Wochenende oder gar über eine Reihe von zusammenhängenden Feiertagen unbearbeitet in der Werkstatt steht, ferner wenn erst Ersatzteile beschafft werden müssen.

254a Unter dieser Voraussetzung ist der Geschädigte in Erfüllung der Schadenminderungspflicht gehalten, sein Fahrzeug zunächst weiterzubenutzen, um alsdann mit einer leistungsfähigen Reparaturwerkstatt verbindlich einen Annahmetermin zu vereinbaren, zu dem gewährleistet ist, dass die Instandsetzungsarbeiten unverzüglich (§ 121 BGB) in Angriff genommen und zügig durchgeführt werden. Dies setzt stets voraus, dass die für die Reparatur benötigten Ersatzteile, ggf. nach vorheriger Bestellung, vollständig zur Verfügung stehen.

255 Sofern es sich bei dem beschädigten Kfz um einen Wagen mit Schraubteilen handelt und Schäden in diesem Bereich eingetreten sind (z. B. Kotflügel), können die betreffenden Ersatzteile bereits in der Farbe des Fahrzeugs vorlackiert werden. Die notwendige Reparatur- und damit Ausfallzeit kann sich auf diese Weise auf nur einige Stunden für die Demontage des beschädigten Teils und die Montage des bereits lackierten Neuteils verkürzen.

256 Der Geschädigte ist u. U. verpflichtet, den jeweils beauftragten Reparaturunternehmer – ggf. unter erneuter Einschaltung des Kfz-Sachverständigen – unter Hinweis auf die bereits entstandenen Mietwagenkosten in angemessenen Zeitabschnitten auf unverzügliche Erledigung der Arbeit zu drängen und sich von ihrem Fortgang gegebenenfalls selbst zu überzeugen.[294]

256a Bei größeren Reparaturarbeiten, die befürchten lassen, dass diese gelegentlich einmal unterbrochen werden, muss der Geschädigte sich regelmäßig, notfalls telefonisch, in angemessenen Zeitabständen bei der Reparaturwerkstatt erkundigen und, sofern dazu Anlass besteht, auf eine unverzügliche Ausführung der Arbeiten drängen.[295]

257 Hat sich der Unfall beispielsweise an einem Donnerstag ereignet, muss der Geschädigte damit rechnen, dass mit den Reparaturarbeiten doch erst am Montag der kommenden Woche begonnen wird, weil die meisten Werkstätten kurz vor Beginn des Wochenendes überlastet und sehr häufig mit der Fertigstellung von Fahrzeugen befasst, die spätestens am Freitag gegen Betriebsschluss auszuliefern sind. Wenn das Kfz des Geschädigten noch fahrbereit ist, muss er den Wagen so lange weiterbenutzen, bis eine zügige Reparatur gewährleistet ist. Allerdings muss er nicht zwecks Erzielung einer kürzeren Reparaturzeit mit dem beschädigten Wagen fahren, wenn die Reparaturdauer sich im Rahmen der Vorgabe des Sachverständigen hält.[296]

258 Führt bei einem 14 Jahre alten Kfz ein Unfallschaden, der sich nicht auf die Verkehrssicherheit und Fahrbereitschaft auswirkt, zu einem wirtschaftlichen Totalschaden, so ist der Halter verpflichtet, die

---

digung]); *LG Aachen* VersR 1973, 753; *AG Augsburg* VersR 1975, 191; *AG Frankfurt/M.* r+s 1975, 232; *AG Köln* VersR 1976, 1099 f.; *AG Bad Bramstedt* VersR 1977, 656 (L 2); *AG Bonn* zfs 1980, 267.
292 Vgl. *LG Aachen* VersR 1973, 753.
293 *LG Berlin* VersR 2005, 847 = zfs 2004, 448 = NZV 2004, 635; *AG Köln* zfs 1984, 199.
294 Vgl. dazu insbes. *OLG Celle* NJW 1962, 398; *OLG Düsseldorf* VersR 1969, 429; *LG Karlsruhe* VersR 1982, 562.
295 *AG Wilhelmshaven* VersR 1980, 494 = zfs 1980, 205.
296 Vgl. *OLG Düsseldorf* zfs 1991, 375.

Zeit bis zur Anschaffung eines Ersatzfahrzeugs durch Vornahme einer möglichen Notreparatur mit anschließender Weiterbenutzung des Kfz zu überbrücken. Mit der Anmietung eines Ersatzfahrzeugs für die Dauer der Wiederbeschaffungsfrist verstößt er in diesem Fall gegen seine Schadenminderungspflicht.[297]

Im Einzelfall kann es auch durchaus sinnvoll sein, das Kfz durch eine Notreparatur, d. h. durch eine provisorische Zwischenreparatur,[298] wieder so weit verkehrs- und betriebssicher herrichten zu lassen, dass es bis zum Beginn der eigentlichen (Haupt-)Reparatur oder, im Fall eines Totalschadens[299] ausnahmsweise, bis zur Lieferung eines Ersatzfahrzeugs weiterbenutzt werden kann.[300] Dies gilt insbesondere bei ausländischen Fabrikaten.[301] Einem Geschädigten ist es jedoch keineswegs zuzumuten, über Monate mit einem demolierten, notdürftig reparierten Fahrzeug zu fahren. 259

Für den Zeitraum, in dem das ursprünglich beschädigte Kfz nach Durchführung der notwendigen Instandsetzungsarbeiten wieder einsatzbereit war, braucht der Ersatzpflichtige grundsätzlich Mietwagenkosten nicht zu erstatten. Die Rückgabe des Mietwagens 2 Tage nach Abschluss der Reparaturarbeiten stellt jedoch dann keine Verletzung der Schadenminderungspflicht dar, wenn dem Geschädigten einen Tag vor Abschluss der Reparatur der Termin der Auslieferung des Kfz noch nicht genannt werden konnte und er am folgenden Tag das Fahrzeug mit Rücksicht auf eine inzwischen angetretene Dienstreise nicht abzuholen in der Lage war.[302] 260

3. Hinweispflicht bei hohem Schaden

Besondere Probleme bereiten Mietwagenkosten für Urlaubsreisen und Auslandsfahrten. Dazu hat der *BGH*[303] einige wichtige Grundsätze aufgestellt. Erleidet jemand auf einer längeren in das Ausland führenden Reise Totalschaden an seinem Kraftfahrzeug, so ist er grundsätzlich berechtigt, die Reise fortzusetzen und auf Kosten des Schädigers ein Mietfahrzeug in Anspruch zu nehmen. Er kann dabei insbesondere nicht auf die »abstrakte« Nutzungsausfallentschädigung verwiesen werden. Es ist ebenfalls für die Prüfung der Frage der Erforderlichkeit der Mietwagenkosten ohne Bedeutung, ob diese per Saldo höher sind als die Wiederbeschaffungskosten. Diese Grundsätze erklären sich damit, dass der Geschädigte, der auf einer Urlaubsreise oder unmittelbar vor ihrem Antritt einen größeren Kfz-Schaden erleidet, sich damit gewissermaßen in einer Zwangslage befindet. 261

Dabei ist insbesondere ergänzend zu berücksichtigen, dass es dem Geschädigten außerhalb seines Wohnsitzes häufig nicht möglich sein wird, bei einer fremden Zulassungsstelle die Neuzulassung eines Ersatz- oder Interimfahrzeugs zu betreiben. Häufig wird dieser Versuch daran scheitern, dass die »fremde« Zulassungsstelle sich für »örtlich unzuständig« erklärt, sodass der Geschädigte unter Aufwendung zum Teil erheblicher Mehrkosten zu seinem Wohnsitz zurückkehren müsste, um dort die Zulassung zu betreiben. 262

---

297 Vgl. dazu *LG Aachen* r+s 1986, 182.
298 Vgl. dazu wegen näherer Einzelheiten *OLG Hamm* zfs 1985, 231; *OLG Frankfurt/M.* VersR 2005, 1742 = DAR 2006, 123; *LG Duisburg* VersR 1985, 554 = zfs 1985, 235; *LG Paderborn* zfs 1985, 231 f.
299 Vgl. *OLG Stuttgart* VersR 1981, 1061 = r+s 1981, 260; *LG Coburg* r+s 1984, 40; *LG Nürnberg-Fürth* zfs 1992, 49.
300 Vgl. dazu insbes. *BGH* VersR 1982, 548; *OLG Stuttgart* VersR 1981, 1061 = zfs 1982, 11 (insbesondere zur Urlaubszeit); *LG Kiel* zfs 1980, 363; *LG München I* VersR 1984, 669 (Notreparatur kurz vor Antritt einer Urlaubsreise zur Wiederherstellung der Fahrbereitschaft); *AG Hamburg* r+s 1980, 193; *AG Köln* r+s 1985, 296.
301 Vgl. *OLG Köln* VersR 1977, 747; *LG Hamburg* r+s 1987, 196.
302 Vgl. dazu *LG Dortmund* VersR 1980, 175 = zfs 1980, 113.
303 Vgl. dazu *BGH* NJW 1985, 793 = VersR 1985, 285; NJW 1985, 2637 = VersR 1985, 1092; NJW 1985, 2639.

263 Auch das *OLG München*[304] und das *OLG Stuttgart*[305] haben in diesem Zusammenhang den Standpunkt eingenommen, ein Gastarbeiter sei grundsätzlich berechtigt, die Urlaubsfahrt in die Türkei mit einem Mietwagen anzutreten. Er könne nicht auf die Anschaffung eines Interimsfahrzeugs verwiesen werden. Ebenso wenig sei es ihm zuzumuten, die bereits in allen Einzelheiten fest vor geplante Urlaubsreise um 1 oder 2 Wochen zu verschieben, um sich inzwischen ein geeignetes Gebrauchtfahrzeug zu beschaffen. Auf das Verhältnis zwischen dem Wiederbeschaffungswert einerseits und den zu erwartenden Mietwagenkosten andererseits komme es[306] nicht an. Der Geschädigte sei jedoch in Erfüllung der ihm obliegenden Schadenminderungspflicht gehalten, für das Mietfahrzeug einen möglichst günstigen Tarif auszuhandeln.

264 Derartige Grundsätze gelten insbesondere dann, wenn die bereits in allen Einzelheiten fest geplante Fahrt unaufschiebbar[307] und der Ankauf eines Ersatzfahrzeugs entweder in angemessener Zeit nicht möglich oder dem Geschädigten nicht zuzumuten war, mit anderen Worten: wenn die Fahrt bereits fest gebucht war und es dem Geschädigten nicht ohne größere Anstrengungen und höhere Kosten möglich bzw. zuzumuten war, die Reise zu verschieben. Dies gilt auch für beruflich bedingte Reisen. Der Geschädigte muss den Ersatzpflichtigen in der Regel in derartigen Fällen aber auf das Entstehen eines besonders hohen Schadens hinweisen.[308] Dies gilt in gleicher Weise, wenn der Geschädigte ohne Vorschussleistung des Haftpflichtigen bzw. seines Versicherers wirtschaftlich nicht in der Lage ist, die Reparatur bzw. Ersatzbeschaffung vornehmen zu lassen.[309] Diese Verpflichtung ergibt sich unmittelbar aus § 254 Abs. 2 BGB. Bei Verstoß gegen diese Hinweispflicht kommt es allerdings nur dann zu einer Anspruchskürzung, wenn sich dies auf die Schadenhöhe ausgewirkt hat. Davon ist nicht auszugehen, wenn auch bei einem Hinweis eine Vorschussleistung der Versicherung wegen der Bearbeitungszeit nicht früher angekommen wäre[310] oder aufgrund eines Streits zur Haftung dem Grunde nach nicht zu erwarten war.[311]

265 Wie bereits ausgeführt, wird es dem Geschädigten, der sich in einer Zwangslage befindet, häufig nicht möglich sein, auf ein Interimsfahrzeug[312] zurückzugreifen oder sich unterwegs einen gebrauchten Ersatzwagen zu beschaffen.

265a Selbstverständlich gilt auch für diesen Fall im Rahmen der zumutbaren und darstellbaren Möglichkeiten die durch § 254 Abs. 2 BGB normierte Schadenminderungspflicht. Muss mit besonders hohen Mietwagenkosten gerechnet werden, sind dem Geschädigten auch besondere Anstrengungen zur Geringhaltung des Schadens zuzumuten. Insoweit ist auf die Situation am Ort des Unfalls abzustellen und auf die Lage, in der der Geschädigte sich unmittelbar nach dem Unfall befindet. Es ist immer eine Frage des Einzelfalls, was dem Geschädigten zugemutet werden kann. Eine schematische oder generalisierende Betrachtungsweise ist in derartigen Fällen nicht möglich. Es ist stets auf die konkreten Umstände abzustellen, die dem Einzelfall sein ganz spezielles Gepräge gegeben haben.

---

304 Vgl. dazu *OLG München* VersR 1983, 1064 = zfs 1984, 9.
305 Vgl. dazu *OLG Stuttgart* VersR 1982, 559 = DAR 1981, 292 = zfs 1981, 336; ähnlich *LG Nürnberg-Fürth* r+s 1985, 13.
306 Siehe auch *BGH* NJW 1985, 2637 = VersR 1985, 1092 = zfs 1985, 265; NJW 1985, 2639.
307 Vgl. dazu: *OLG Karlsruhe* VersR 1981, 885 = zfs 1981, 336 (Unfall am Tage der Abreise in die Türkei bei nachfolgender säumiger Regulierung durch das Amt für Verteidigungslasten).
308 Vgl. dazu: *OLG Köln* VersR 1979, 965.
309 *BGH* NJW 2005, 1044 = VersR 2005, 570 = DAR 2005, 265; *OLG Nürnberg* DAR 1981, 14 = zfs 1981, 77; *OLG Saarbrücken* NZV 1990, 388; *OLG Naumburg* NJW 2004, 3191 = DAR 2005, 158 = NZV 2005, 198; *KG* NZV 2009, 394; NZV 2010, 209 = MDR 2010, 79; *LG Frankfurt/Main* NJW-RR 1992, 1183; *AG Lahr* DAR 2001, 172.
310 *LG Bielefeld* NJW 2008, 1601 = NZV 2008, 352.
311 *LG Düsseldorf* SP 2008, 398.
312 Vgl. dazu *LG Münster* zfs 1986, 328.

Vor dem Hintergrund der Entscheidungen des *BGH*[313] erscheint die von Instanzgerichten[314] geäu- 266
ßerte Auffassung bedenklich, dass die Mietwagenkosten in einem vernünftigen Verhältnis zu den Reparaturkosten stehen müssen.

4. Garantierte Kilometer-Mindestabnahme

Der Geschädigte verstößt gegen die ihm nach § 254 Abs. 2 BGB obliegende Schadenminderungs- 267
pflicht, wenn er ein Ersatzfahrzeug mit der Zusage einer garantierten Kilometer-Mindestabnahme anmietet, obwohl er voraussehen konnte, dass er das Mietfahrzeug nach einem gewöhnlichen Verlauf der Dinge im Durchschnitt nur für eine erheblich geringere Wegstrecke benötigt. Die weitaus meisten Mietwagenunternehmer machen die Mindestabnahme nicht mehr zur Bedingung. Dem Geschädigten ist also durchaus zuzumuten, erforderlichenfalls Erkundigungen darüber einzuziehen, wo eine Ersatzanmietung ohne das Erfordernis der Mindestabnahme möglich ist.

Hat der Geschädigte sich unter Verletzung seiner Minderungspflicht auf die Vereinbarung einer 268
Mindestabnahme eingelassen, dann braucht ihm der Schädiger lediglich die Mietwagenkosten zu erstatten, die auch bei einer Abrechnung auf der Basis der mit dem Mietwagen effektiv zurückgelegten Wegstrecke entstanden wären.

5. Interimsfahrzeug

Wenn zwischen dem Unfallzeitpunkt und dem Tag der Ersatzbeschaffung ein längerer Zeitraum 269
liegt, ist mit Rücksicht auf die durch § 254 BGB normierte Schadenminderungspflicht im Einzelfall sorgfältig zu prüfen, ob die Anschaffung eines sog. »Interimsfahrzeugs« geeignet ist, den drohenden Sachfolgeschaden in zumutbarer Weise möglichst gering zu halten.[315]

Ein Interimsfahrzeug kann insbesondere dann in Betracht kommen, wenn der Geschädigte bereits 270
vor dem Unfall verbindlich ein Neufahrzeug bestellt hat[316] und den bis zum Tage der vereinbarten Lieferung liegenden Zeitraum überbrücken muss, da eine vorzeitige Lieferung nicht möglich ist, oder eine bereits fest eingeplante Reise nicht mehr absagen oder umdisponieren kann.[317] Es kann im Einzelfall einen Verstoß gegen die Schadenminderungspflicht bedeuten, wenn der Geschädigte sich mit Mietwagenkosten belastet, die voraussehbar die Höhe der Reparaturkosten überschreiten, anstatt für die Reparaturzeit vorübergehend ein Interimsfahrzeug zu kaufen.[318] Soweit substantiierte Darlegungen dazu gefordert werden, welches Fahrzeug zu welchem Preis zumutbar als Interimslösung hätte erworben werden können[319], sollten die Anforderungen nicht überspannt werden. Da es sich nur um eine Zwischenlösung handelt, sollten auf dem gesättigten Gebrauchtwagenmarkt allgemeinbekannt hinreichende Möglichkeiten bestehen.

---

313 Vgl. dazu *BGH* NJW 1985, 2637 = VersR 1985, 1092 = zfs 1985, 265; NJW 1985, 2639; *BGH* NJW 2005, 1044 = VersR 2005, 570 = DAR 2005, 265.

314 Vgl. dazu *OLG Köln* VersR 1979, 965; – ähnlich *OLG München* NZV 1994, 359; *LG Hamburg* VersR 1980, 879 = zfs 1980, 333; *LG Köln* VersR 1992, 621 (Mietwagenkosten mehr als doppelt so hoch wie Totalschadensbetrag); *LG Hechingen* VersR 1982, 609 (L) = zfs 1982, 237; *LG Freiburg* DAR 1984, 153 = zfs 1984, 232.

315 Vgl. dazu insbes. *BGH* NJW 1982, 1516 = VersR 1982, 548 = zfs 1982, 238; *OLG Oldenburg* VersR 1982, 1154; *OLG Frankfurt* VersR 1978, 452 (nur unter ganz besonders gelagerten Umständen zumutbar); VersR 1980, 432 = zfs 1980, 205 (für »Vielfahrer«); VersR 1982, 859 = zfs 1982, 330 (Interimsfahrzeug für Auslandsurlaub nicht zuzumuten); *OLG Düsseldorf* VersR 1978, 452; *KG* VRS 54, 241; Himmelreich/Halm/Grabenhorst Kap. 5 Rn. 81.

316 Vgl. dazu insbes. *OLG München* VersR 1976, 1145 = DAR 1976, 156; *KG* VersR 1977, 82 = DAR 1976, 155; – a. A. wohl *OLG Hamburg* VersR 1960, 450; *OLG Celle* DAR 2008, 205 = NZV 2008, 145 (Interimsfahrzeug unzumutbar bei nur 24 zu überbrückenden Ausfalltagen).

317 Vgl. dazu *OLG Düsseldorf* VersR 1976, 891; *OLG Frankfurt* VersR 1982, 859 (Urlaubsreise ins Ausland mit Interimsfahrzeug nicht zuzumuten).

318 Vgl. dazu *AG Mülheim/Ruhr* VersR 1987, 893 = zfs 1987, 330 (L).

319 So *OLG Hamm* Urt. v. 19.2.2010, Az. 9 U 147/09.

271 Ob die Anschaffung eines Interimsfahrzeugs kostengünstiger ist als die Benutzung eines Mietwagens und deshalb zur Schadenminderung geboten erscheint, kann regelmäßig erst dann beurteilt werden, wenn das tatsächliche Schadenausmaß feststeht, d. h. die notwendigen Reparaturkosten bekannt sind und die Reparaturdauer (bzw. die Wiederbeschaffungsdauer) abzusehen ist.[320] Allerdings muss beachtet werden, dass die Entscheidung, ob ein Interimsfahrzeug angeschafft wird, vom Geschädigten getroffen werden muss, bevor die Reparatur bzw. Ersatzbeschaffung vorgenommen wurde. Daher bleibt die ex-ante-Sicht maßgeblich.[321]

272 Es wird sehr oft ein reines Rechenexempel darstellen, ob die Anschaffung eines Interimsfahrzeugs sich lohnt.[322] Um diese Frage sorgfältig prüfen zu können, empfiehlt es sich, für beide denkbaren Gestaltungsmöglichkeiten getrennte Rechengänge vorzunehmen. Man muss zunächst prüfen, welchen Aufwand ein Mietfahrzeug nach Abzug der eingesparten leistungsbezogenen Betriebskosten erfordert. Diese Summe ist dem Differenzbetrag gegenüberzustellen, der sich als Kostenbelastung aus der Anschaffung und Weiterveräußerung des Interimsfahrzeugs ergeben würde.

273 Die Anschaffung eines Interimsfahrzeugs ist dem Geschädigten mit Rücksicht auf die damit verbundenen Risiken nur im Ausnahmefall zuzumuten. Das Versäumnis, ein Interimsfahrzeug anzuschaffen, kann daher nicht vorgeworfen werden, wenn die tatsächlich entstandenen Mietwagenkosten die Kosten der Anschaffung eines Interimsfahrzeugs nicht wesentlich übersteigen.[323] Auch bei zu erwartenden höheren Kilometerleistungen und entsprechend hohen Kosten des Mietwagens verstößt ein Geschädigter nicht gegen seine Schadenminderungspflicht, wenn ihm nicht zugemutet werden kann, ein Interimsfahrzeug zu erwerben oder auf andere Beförderungsmöglichkeiten auszuweichen.[324]

274 Liegen die rechtlichen Voraussetzungen für die Anschaffung eines Interimsfahrzeugs vor und ist ein solches Interimsfahrzeug angeschafft worden, ist der Ersatzpflichtige, in dessen Interesse diese besondere Form der Sachbehandlung liegt, verpflichtet, dem Geschädigten die abgrenzbaren Mehrkosten zu erstatten sowie zusätzliche Nachteile und Risiken auszugleichen, die im Zusammenhang mit der Anschaffung und späteren Wiederveräußerung des Interimsfahrzeugs stehen. Eine fiktive Erstattung solcher Aufwendungen, wenn ein Interimsfahrzeug gar nicht angeschafft worden ist (insb. obwohl dies eigentlich erforderlich gewesen wäre), scheidet aus.[325] Dazu gehören insbesondere nach den Grundsätzen von Treu und Glauben:
- die mit Anschaffung, Zulassung und dem Wiederverkauf verbundenen Aufwendungen[326]
- ein etwaiger überproportionaler Weiterveräußerungsverlust[327]
- etwa erforderliche Finanzierungskosten[328]
- etwaige Sachverständigenkosten.[329]

275 Auch ein während der Benutzung des Interimsfahrzeugs zufällig – ohne Verschulden des Gläubigers – eintretender Motorschaden ist eine adäquate Folge des Unfalls und fällt daher in den Zurechnungs-

---

320 Vgl. dazu *OLG Köln* VersR 1987, 1047 = DAR 1987, 82.
321 So wohl auch *OLG Celle* NJW 2008, 446 = VersR 2009, 276 = DAR 2008, 205.
322 Vgl. dazu *OLG Köln* VersR 1987, 1047 = DAR 1987, 82.
323 *BGH* VersR 2008, 370 = zfs 2008, 201 = r+s 2008, 82; *OLG Celle* NJW 2008, 446 = VersR 2009, 276 = DAR 2008, 205.
324 Vgl. dazu *OLG Frankfurt* VersR 1982, 859; – ähnlich *OLG Stuttgart* VersR 1982, 559 = r+s 1982, 149 (Zubilligung eines Mietwagens, auch wenn damit 8 300 km zurückgelegt werden).
325 *BGH* NJW 2009, 1663 = VersR 2009, 697 = DAR 2009, 322.
326 Vgl. dazu *OLG* MDR 1965, 481; *OLG München* VersR 1976, 1145, 1147 = DAR 1976, 156, 158.
327 Vgl. dazu: *OLG Frankfurt* MDR 1965, 481; VersR 1978, 452 (zurückhaltend); VersR 1980, 432 = zfs 1980, 205 (für »Vielfahrer«); *OLG München* VersR 1976, 1145 = DAR 1976, 156, 158; *OVG Berlin* VersR 1977, 779; *OLG Oldenburg* VersR 1982, 1154 = zfs 1983, 43 = r+s 1983, 16.
328 Vgl. dazu *OLG Frankfurt* a. a. O.; *OLG München* a. a. O.; *OVG Berlin* a. a. O.
329 Vgl. dazu *OLG Frankfurt* MDR 1965, 481; *OLG München* a. a. O.

und Verantwortungsbereich des Ersatzpflichtigen.[330] Dies gilt übrigens für alle Risiken, soweit sie nicht auf das eigene Kfz – wäre es erhalten geblieben – ebenfalls eingewirkt hätten.

Als Interimsfahrzeug kann u. U. auch ein größeres Kfz als das eigene genommen werden.[331] Dies gilt insbesondere dann, wenn dem Geschädigten vom Händler, bei dem er ein Neufahrzeug bestellt hat, nur ein größeres Kfz zur Verfügung gestellt werden konnte. Insoweit spielt der Gesichtspunkt der Typengleichheit nicht eine derart entscheidende Rolle wie bei der Anmietung eines Ersatzfahrzeugs, weil in diesem Bereich die Anmietung eines größeren Kfz zwangsläufig mit unverhältnismäßig höheren Kosten verbunden ist. Demgegenüber kann es unter Umständen sogar vorteilhaft sein, ein größeres Interimsfahrzeug zu erwerben, weil derartige Wagen sehr häufig preiswerter und schneller zu finden sind, als kleinere und daher von den Betriebskosten her preisgünstigere Kfz. 276

Selbstverständlich muss der Geschädigte sich den im Fall der Weiterveräußerung erzielbaren Erlös für das Interimsfahrzeug auf den Schadenersatzanspruch anrechnen lassen. Demgegenüber kommt eine Anrechnung des ersparten Betriebsrisikos nicht in Betracht,[332] da insoweit lediglich eine Verlagerung eintritt, sodass ein Unterschied im Verhältnis zu dem Risiko, das auch bei der Benutzung des eigenen Kfz auf dieses eingewirkt hätte, nicht erkennbar ist. Falls der Geschädigte das Interimsfahrzeug selbst veräußert, ist er gem. § 254 Abs. 2 BGB verpflichtet, das Fahrzeug bestmöglich zu verwerten. Er kann sich indes auch damit begnügen, den Weg des geringsten Widerstandes zu wählen und dem Ersatzpflichtigen das Kfz gegen zusätzliche Erstattung der Abmeldekosten zur Verfügung stellen. 277

In beiden Fällen muss der Geschädigte denjenigen Teil der leistungsunabhängigen Gebrauchsabschreibung und der nutzungsunabhängigen Alterungsabschreibung selbst tragen, der auch bei der Weiterbenutzung des eigenen Fahrzeugs entstanden wäre.[333] Das bedeutet, dass der Ersatzpflichtige nicht den gesamten Weiterveräußerungsverlust (Differenz zwischen An- und Verkaufspreis) für das Interimsfahrzeug zu tragen hat. Derjenige Teil, der auf die durch den bestimmungsgemäßen Gebrauch eingetretene Abnutzung entfällt und in Form einer entsprechenden Wertminderung in gleicher Höhe und im selben Umfange auch auf das eigene Fahrzeug eingewirkt hätte, ist nicht adäquate Folge des Unfalles und daher unter dem Gesichtspunkt, dass es sich insoweit um normale Betriebskosten handelt, vom Geschädigten selbst zu tragen.[334] 277a

Sollte während der Benutzung des Interimsfahrzeugs auf dem Gebrauchtwagenmarkt ein Preisverfall eingetreten sein, dann geht der damit verbundene Weiterveräußerungsverlust zulasten des Geschädigten, sofern dieses Risiko auch auf sein eigenes Kfz wertmindernd eingewirkt hätte, falls das zum Ersatz verpflichtende Ereignis nicht eingetreten wäre. Unter denselben Voraussetzungen darf der Geschädigte einen etwa durch erhöhte Nachfrage entstandenen Preisvorteil für sich behalten, ohne sich den Mehrerlös auf andere Schadenpositionen anrechnen zu lassen. 277b

5. Taxibenutzung

Wenn der Geschädigte vorauszusehen vermag, dass er mit dem Mietfahrzeug nur relativ geringe Wegstrecken zurückzulegen hat, dann ist er gem. § 254 Abs. 2 BGB verpflichtet, auf die Ersatzanmietung überhaupt zu verzichten und im Bedarfsfalle auf die Inanspruchnahme von Taxis oder öffentlicher Verkehrsmittel zurückzugreifen. 278

---

330 Vgl. dazu *OLG Düsseldorf* VersR 1976, 891.
331 Vgl. dazu *OLG Hamburg* VersR 1975, 910 (L).
332 Vgl. dazu *OLG Düsseldorf* VersR 1976, 891 f.
333 Vgl. dazu *OLG Hamburg* VersR 1975, 910 (L); *OLG Frankfurt* VersR 1978, 452; – a. A. wohl *OLG München* VersR 1976, 1145, 1147 = DAR 1976, 156 (missverständlich: keine Anrechnung der normalen Abnutzung, die durch den bestimmungsgemäßen Gebrauch eintritt).
334 Vgl. dazu *OLG Hamburg* VersR 1975, 910 (L); *Klimke* zfs 1977, 213; – a. A. wohl *OLG München* VersR 1976, 1145, 1147 = DAR 1976, 156, 158.

279 Dies gilt auch für den Fall, dass der Geschädigte darauf hinweist, dass er auch sein eigenes Kfz bislang nur für die Überbrückung relativ geringer Entfernungen eingesetzt hatte,[335] sofern ihm die Benutzung von Taxis den Umständen nach möglich und zuzumuten ist.[336] Eine Verletzung der Schadenminderungspflicht aus § 254 Abs. 2 BGB liegt beispielsweise dann vor, wenn ein Wehrpflichtiger mit dem Mietwagen lediglich zur Kaserne fährt, dort aber den Mietwagen die Woche über stehen lässt.[337]

280 Steht aufgrund der vorstehenden Grundsätze fest, dass der Geschädigte durch die Anmietung eines Ersatzfahrzeugs gegen seine Schadensminderungspflicht verstoßen hat, ist der Ersatzanspruch auf fiktive Taxikosten nach dem tatsächlich bestehenden Fahrbedarf beschränkt. Insbesondere kann der Geschädigte nicht hierüber hinaus für eine längere Ausfallzeit Nutzungsausfallentschädigung geltend machen.[338] Der Geschädigte hat den Gebrauchsverlust durch Anmietung eines Ersatzfahrzeugs überbrückt, sodass für eine fiktive Entschädigung des Nutzungsausfalls kein Raum besteht. Soweit der Geschädigte tatsächlich Nutzungswille hinsichtlich des beschädigten Fahrzeugs hatte, wird er durch Ersatz fiktiver Taxikosten entschädigt. Wenn der entstandene Ausfall durch fiktive Taxikosten ausgeglichen werden kann, ist eine darüber hinausgehende Entschädigung nicht geschuldet.[339]

281 Bei der Prüfung der Frage, ob ein Ersatzfahrzeug angemietet werden durfte oder gem. § 254 Abs. 2 BGB allenfalls ein Taxi hätte benutzt werden müssen, ist nicht auf die bisher mit dem beschädigten Kfz im Tagesdurchschnitt zurückgelegten Kilometer abzustellen, sondern auf den tatsächlichen Fahrbedarf während des Ausfalls des eigenen Kfz. Der Ersatzpflichtige kann keinen Einwand daraus ableiten, dass der Geschädigte mit dem angemieteten Ersatzfahrzeug einen – gleichgültig aus welchen Gründen auch immer – höheren Fahrbedarf befriedigt hat. Auf der anderen Seite ist ihm jedoch der Einwand nicht versagt, dass der Geschädigte während der Ausfallzeit seines eigenen Kfz nur einen unterdurchschnittlichen Fahrbedarf zu befriedigen hatte.

281a Die herrschende Meinung in Literatur und Rechtsprechung geht im Regelfalle davon aus, dass bei einer auf den Zeitraum der Ersatzanmietung bezogenen durchschnittlichen Fahrleistung von weni-

---

335 Vgl. dazu *LG Paderborn* VersR 1981, 585; – a. A. *AG Köln* DAR 1980, 90 = zfs 1980, 146 (bei unterdurchschnittlichen Fahrstrecken mit eigenem Kfz).
336 Vgl. dazu z. B. *OLG München* DAR 1992, 344 = NZV 1992, 362 (unter 20 km täglich); *LG Düsseldorf* ZfV 1970, 383; *LG Aachen* MDR 1972, 323; *LG Schweinfurt* VersR 1974, 919; *LG Bückeburg* r+s 1975, 80; *LG Bochum* VersR 1976, 299; *LG München I* DAR 1977, 296; *LG Karlsruhe* VersR 1978, 263; *LG Wiesbaden* VersR 1983, 671 = zfs 1983, 269 (Verletzung der Schadenminderungspflicht liegt vor, wenn der Geschädigte für 16 Tage ein Ersatzfahrzeug anmietet, dieses jedoch nur alle 2 Tage für kurze Strecken benutzt); *LG Köln* zfs 1987, 328; *AG Augsburg* VersR 1975, 191; *AG Amberg* VersR 1975, 548; *AG Köln* VersR 1975, 621; *AG Dannenberg* MDR 1977, 577 (kleinere Wegstrecken); *AG Berlin-Charlottenburg* VersR 1982, 52 = zfs 1982, 80 (tägliche Fahrten zwischen Wohnung und Arbeitsstelle 16 km bei Bestehen günstiger öffentlicher Verkehrsverbindungen); *AG Kassel* VersR 1982, 53 (L) = zfs 1982, 80 (Fahrstrecke durchschnittlich 14 km täglich); *AG Osnabrück* SP 2009, 404 (13 km täglich); *AG Saarlouis* SP 2010, 117 (unter 20 km täglich); *AG Homburg* SP 2010, 224 (unter 20 km täglich); *AG Dresden* SP 2010, 224 (sogar bei 34 km täglich, wenn Mietwagenkosten doppelt so hoch wie geschätzte Taxikosten); *AG Neuss* SP 2010, 224 (5 km täglich) – a. A. *LG Heilbronn* VersR 1981, 791 = zfs 1981, 302 (das erkennende Gericht hält es für unbedenklich, dass in 23 Tagen auf dem Wege zwischen Wohnung und Arbeitsstelle nur 443 km zurückgelegt worden sind; *LG Heilbronn* ist der Meinung, dass ein krasses Missverhältnis zwischen den Mietwagenkosten in Höhe von 1 272 DM und den fiktiven Taxikosten in Höhe von 758 DM nicht besteht. Es führt dazu im Übrigen aus, die »sparsame Benutzung des Mietwagens« dürfe nicht zu einer Benachteiligung des Geschädigten führen).
337 Vgl. dazu *AG Schweinfurt* zfs 1985, 12 (der Geschädigte hatte im konkreten Fall mit dem Mietwagen in 3 Wochen nur 50 km zurückgelegt).
338 A. A. *OLG Frankfurt* VersR 1992, 620; *OLG Hamm* DAR 2001, 458 = NZV 2002, 82.
339 Ebenso *OLG München* DAR 1992, 344 = NZV 1992, 362.

ger als 20 km täglich die Anmietung eines Ersatzfahrzeuges sich als Verstoß gegen die Schadenminderungspflicht darstellt.³⁴⁰

Die gegenteilige Auffassung wird in der Mehrzahl der Fälle damit begründet, der Geschädigte habe durch den Ausfall seines Kfz in der Regel einen Anspruch auf die Benutzung eines gleichwertigen Ersatzfahrzeuges erworben und brauche grundsätzlich keine Einschränkungen bezüglich seiner Bequemlichkeit hinzunehmen und auf den Vorteil, ständig ein einsatzbereites Kfz zur Verfügung zu haben, nicht zu verzichten.³⁴¹ **282**

Diese Auffassung kann jedoch nicht zum Grundsatz erhoben werden, weil sie gegen Treu und Glauben (§ 242 BGB) und gleichzeitig auch gegen die Schadenminderungspflicht (§ 254 Abs. 2 BGB) verstößt. Das Recht auf Ersatzanmietung findet vielmehr dann seine Grenze, wenn dadurch Kosten entstehen, die bei vernünftiger wirtschaftlicher Betrachtungsweise unsinnig hoch erscheinen. So führt beispielsweise eine kurze Wartezeit im Fall der Taxibenutzung allein noch nicht dazu, diesen Weg der Schadensbehebung als unzumutbar erscheinen zu lassen. **283**

In der Regel hat der Geschädigte seinen tatsächlichen Fahrbedarf – ex ante – abzuschätzen und dem sich daraus ergebenden voraussichtlichen Bedarf den ungefähren Kostenaufwand im Fall einer Ersatzanmietung bzw. Taxibenutzung gegenüberzustellen. Je nach dem Ergebnis dieser Gegenüberstellung muss der Geschädigte sich gem. § 254 Abs. 2 BGB für den wirtschaftlich vernünftigeren Weg im Interesse der Geringhaltung des Ausfallschadens entscheiden. Demgegenüber stellt es sich nicht als Erfüllung der Schadenminderungspflicht dar, wenn nach erfolgter Ersatzanmietung die Anzahl der Fahrten und die dabei zurückgelegten Wegstrecken auf das allernotwendigste Maß reduziert werden. **284**

Auch dann, wenn sich der Fahrbedarf während der unfallbedingt notwendigen Ausfallzeit nicht genau abschätzen lässt, weil er nicht immer voraussehbaren Schwankungen unterliegt, ist die Grenze für die Zulässigkeit einer Ersatzanmietung jedenfalls dort anzunehmen, wo die Mietwagenkosten in deutlichem Missverhältnis zu den Kosten stehen, die bei der Benutzung eines Taxis entstanden wären. Gerade dann, wenn der Fahrbedarf auch ansonsten gering ist und sich keine von diesem Erfahrungsrichtwert abweichenden Prognosen für die Zukunft stellen lassen, gebietet es die Schadenminderungspflicht, auf die generelle und undifferenzierte Anmietung eines Ersatzfahrzeuges zu verzichten. Sollte wider Erwarten dann doch plötzlich ein größerer Fahrbedarf auftreten, kann der **285**

---

340 Vgl. dazu insbes. *KG* 12 U 1262/72 v. 5.2.1973 (bei *Darkow* DAR 1974, 225, 229); VersR 1977, 82 f. = DAR 1976, 155; *OLG Karlsruhe* VersR 1975, 1012 = r+s 1976, 17 (bedenklich); *OLG Hamm* DAR 2001, 458 = NZV 2002, 82; *LG Düsseldorf* VersR 1970, 357; *LG Darmstadt* VersR 1972, 434; *LG Aachen* VersR 1972, 594; *LG Karlsruhe* VersR 1972, 869; 1978, 263 (L) = r+s 1978, 108 (28 km in 4 Tagen zum Preise von 251 DM); *LG Köln* VersR 1974, 893 = r+s 1974, 34; VersR 1975, 145 (L); *LG Schweinfurt* VersR 1974, 919 = r+s 1974, 60; *LG Bückeburg* r+s 1975, 80; *LG Bochum* VersR 1976, 299 = r+s 1976, 104; *LG Freiburg* r+s 1976, 258; *LG Baden-Baden* zfs 2003, 17 (nicht mehr bei knapp 40 km täglich); *AG Bremen* VersR 1968, 980; *AG Nürnberg* VersR 1971, 947; *AG Düsseldorf* VersR 1972, 950; *AG Köln* VersR 1973, 1129; r+s 1979, 236; *AG Augsburg* VersR 1975, 191 = r+s 1975, 82; *AG Amberg* VersR 1975, 548, 169; *AG Dannenberg* VersR 1977, 577, 175; *AG Regensburg* r+s 1978, 215; *AG Duisburg* r+s 1978, 215; *AG Biberach* r+s 1979, 18 (141 km in 14 Tagen); *AG Mülheim* r+s 1980, 172 (262 km in 14 Tagen); *AG Frankfurt/M.* r+s 1980, 63; *AG Berlin-Charlottenburg* VersR 1982, 52 = zfs 1982, 80 (durchschnittlich 16 km zwischen Wohnung und Arbeitsstelle trotz bestehender günstiger öffentlicher Verkehrsverbindungen); *AG Kassel* VersR 1982, 53 (L) = zfs 1982, 80 (durchschnittlich 14 km täglich); *AG Berlin-Mitte* VersR 2005, 521; *Himmelreich* VersR 1973, 1130 f.; NJW 1973, 673, 678; *Klimke* VersR 1975, 622; *Riedmaier* VersR 1977, 1, 6; – a. A. *LG München I* DAR 1977, 296 (14 km täglich!); VersR 1978, 335 = r+s 1978, 20; *LG Arnsberg* VersR 1980, 779 = zfs 1980, 302 = r+s 1980, 217; *LG Heilbronn* VersR 1981, 791 = zfs 1981, 302 (443 km in 23 Tagen); *Born* VersR 1978, 777, 786; *Himmelreich/Halm/Grabenhorst* Kap. 5 Rn. 9.

341 Vgl. dazu *OLG Karlsruhe* VersR 1974, 1005 f.; 1975, 1012; *OLG Nürnberg* MDR 1976, 489; *LG Köln* VersR 1974, 893; 1976, 145 (L); vgl. dazu auch *KG* VersR 1977, 82 = DAR 1976, 155; *LG Nürnberg-Fürth* VersR 1974, 507; *LG Freiburg* r+s 1976, 258; *LG Karlsruhe* VersR 1978, 263; *Schmidt* DAR 1970, 293, 301.

Geschädigte jederzeit ohne Beeinträchtigung seiner Interessenlage auf die Möglichkeit einer Ersatzanmietung zurückgreifen.

286 In Ausnahmefällen ist es dem Geschädigten jedoch aus persönlichen oder beruflichen Gründen nicht zuzumuten, darauf zu verzichten, dass ihm ständig ein einsatzbereites Kfz zur Verfügung steht. Liegen derartige Ausnahmefälle vor, sind dem Geschädigten die Kosten einer Ersatzanmietung auch dann zu erstatten, wenn sie im Einzelfall in einem Missverhältnis zu den Aufwendungen stehen, die bei der Inanspruchnahme von Taxis entstanden wären. Ein derartiger Ausnahmefall liegt beispielsweise vor, wenn der Geschädigte seinen Pkw beruflich benutzt und darauf angewiesen ist, dass ihm ständig ein fahrbereites Kfz zur Verfügung steht, z. B. bei Rufbereitschaft.[342] Das Gleiche gilt für einen praktizierenden Arzt, der, wenn auch nur gelegentlich, Krankenbesuche durchführen muss.

287 Auch Handelsvertretern, insbesondere dann, wenn sie Warenproben oder umfangreiche Musterkollektionen mit sich führen müssen, ist die Bewältigung ihrer beruflichen Tätigkeit mithilfe eines Taxis nicht zuzumuten. In derartigen Fällen wird in der Regel, ebenso wie beim Verkaufsfahrer, eine ausreichende Zahl von Kilometern anfallen, die die Notwendigkeit der Inanspruchnahme eines Ersatzfahrzeugs deutlich macht.

288 Auch wenn eine Mutter täglich 6 verhältnismäßig kurze Fahrten zur Schule, zum Kindergarten und zur Bewältigung der für den Familienbedarf notwendigen Einkäufe unternimmt, ist ihr u. U. eine Taxibenutzung, die im Hinblick auf die damit zwangsläufig verbundenen Wartezeiten sicherlich ohnehin nicht ganz billig sein dürfte, auch dann nicht zuzumuten, wenn sie im Durchschnitt täglich nur 19 km fährt.[343]

6. Öffentliche Verkehrsmittel

289 Vom Geschädigten kann grundsätzlich nicht erwartet werden, dass er während der unfallbedingten Ausfallzeit seines Kfz auf dessen Benutzung ersatzlos verzichtet und stattdessen mit Rücksicht auf den Schädiger auf ein öffentliches Massenverkehrsmittel »umsteigt«.[344] Derartige überpflichtmäßige Anstrengungen kann und darf man vom Geschädigten in dieser Situation billigerweise nicht erwarten. Er kann daher auch nicht auf ein öffentliches Verkehrsmittel mit der alleinigen Begründung verwiesen werden, dass dieses billiger als ein Mietwagen ist und die beanspruchten Mietwagenkosten insgesamt mit den anderen vom Ersatzpflichtigen zu erbringenden Leistungen den Zeitwert (Wiederbeschaffungswert) des beschädigten Kfz deutlich übersteigen.[345]

290 Nur sehr selten wird es nach Abwägung der besonderen Interessenlage dem Geschädigten zuzumuten sein, von der Anmietung eines Ersatzfahrzeugs oder der Benutzung eines Taxis Abstand zu nehmen und ein öffentliches Verkehrsmittel zu benutzen. Eine Verweisung auf öffentliche Verkehrsmittel könnte zumutbar sein, wenn der Geschädigte innerhalb feststehender Zeit einen ganz bestimmten Ort zu ganz bestimmtem Zweck erreichen muss und von der Unfallstelle zu diesem Ort bequeme und schnelle Zugverbindungen bestehen, während die Anmietung eines Ersatzfahrzeuges oder die Benutzung eines Taxis besonders hohe Kosten verursachen würde.

---

342 Vgl. dazu *OLG Karlsruhe* VersR 1972, 567.
343 Vgl. dazu *LG Köln* VersR 1974, 893; vgl. auch *LG Schweinfurt* VersR 1974, 919; *LG Aachen* MDR 1972, 323; *LG Darmstadt* VersR 1972, 474; *LG Stendal* NJW 2005, 3787 = NZV 2006, 42.
344 Vgl. dazu insbes. *OLG Karlsruhe* VersR 1974, 1005 f.; *Riedmaier* VersR 1977, 1, 6.
345 Vgl. dazu insbes. *OLG Karlsruhe* VersR 1974, 1005 f.; *OLG Frankfurt/M.* VersR 1982, 859; *LG Saarbrücken* VersR 1972, 309; *LG Nürnberg-Fürth* VersR 1974, 507; – a. A. *OLG Stuttgart* VersR 1977, 44 (bei Reise ins Ausland mit ca. 7 500 km in 38 Tagen statt Mietwagen nach Auffassung des erkennenden Gerichts Benutzung der Deutschen Bundesbahn zumutbar).

7. Vergleich zum Verdienstausfall

Bei der gewerblichen Nutzung eines Fahrzeugs ist vor Anmietung eines Ersatzfahrzeugs ein Vergleich zwischen dem durch den Fahrzeugsausfall entstehenden Verdienstausfall und den entstehenden Mietwagenkosten zu machen. Übersteigen die Mietwagenkosten den entstehenden Verdienstausfall erheblich oder kann der Fahrbedarf weitgehend durch den Rest der Fahrzeugflotte aufgefangen werden, hat der Geschädigte auf eine Anmietung zu verzichten.[346] Immaterielle Gebrauchsvorteile spielen bei einer gewerblichen Nutzung keine Rolle und berechtigen insoweit nicht zur Ersatzanmietung. Im Gegenzug ist ein Geschädigter zur Ersatzanmietung verpflichtet, wenn durch den Fahrzeugausfall ein Verdienstausfall droht, der die entstehenden Mietwagenkosten übersteigt. 291

Diese Vergleichsüberlegung kann nur dort angestellt werden, wo sich der durch die Nutzung des Fahrzeugs entstehende Verdienst ermitteln lässt.[347] Dies ist nur dort der Fall, wo der Verdienst unmittelbar von der Nutzung des Fahrzeugs als Transportmittel abhängig ist. Die Vergleichsüberlegung muss bei der Nutzung als Geschäftswagen für die Geschäftsführung, für einen Handelsvertreter oder einen Freiberufler scheitern. Insoweit gelten die allgemeinen, oben dargestellten Grundsätze. 291a

8. Pflicht zur Anmietung eines »kleineren« Ersatzwagens

Die Anmietung eines kleineren Kfz kann unter dem Gesichtspunkt der Verhältnismäßigkeit sogar geboten sein, wenn ein gleichwertiges Fahrzeug nur zu einem ganz besonders hohen Mietzins zu erhalten ist.[348] Eine solche Pflicht besteht allerdings nicht allein wegen des hohen Alters des eigenen Fahrzeugs.[349] 292

VI. Abzüge unter dem Gesichtspunkt des Vorteilsausgleichs

1. Ersparte leistungsbezogene Betriebskosten

Greift der Geschädigte unfallbedingt während der notwendigen Ausfallzeit auf ein von ihm angemietetes Fahrzeug zurück, so erspart er für die Zeit der Benutzung des Mietwagens in jedem Fall die leistungsbezogenen Betriebskosten des eigenen Fahrzeugs. Legt er mit dem Mietwagen eine Wegstrecke von mehr als 1 000 km zurück, dann tritt ein weiterer Vorteil in Form des eingesparten (natürlichen) Verschleißes ein. Diese geldwerten Vorteile, die darauf beruhen, dass das sonst – ohne den konkreten Unfall – benutzte und abgenutzte eigene Kfz zulasten des Ersatzpflichtigen geschont worden ist, muss der Geschädigte sich unter dem Gesichtspunkt des Vorteilungsausgleichs anspruchsmindernd anrechnen lassen. Auch insoweit gilt der Grundsatz, dass der Geschädigte durch die im Zusammenhang mit einem Schadenereignis stehende Ersatzleistung nicht ärmer, aber auch nicht reicher werden darf. Die von Literatur und Rechtsprechung[350] entwickelten Grundsätze tragen dem Umstand Rechnung, dass auch in diesem Bereich der Schaden um den Vorteil geringer ist. Diese Grundsätze gelten selbst für den Fall, dass die nach Durchführung des Abzuges verbleibende Differenz hinter dem Tagessatz der Nutzungsausfallentschädigung zurückbleiben sollte.[351] 293

---

346 Für ein Taxifahrzeug: *KG* zfs 2004, 560 = NZV 2005, 146; *OLG Frankfurt/Main* SP 2007, 104; *LG Kiel* PVR 2003, 12; *AG Hannover* zfs 2002, 477; *AG Hamburg* SP 2008, 400; *AG Erfurt* SP 2009, 369; großzügiger *LG Wiesbaden* SP 2011, 258 nur wenn Anmietung »geradezu unvertretbar« (nicht bei Mietwagenkosten von 3.500 € und entgangenem Umsatz von 2.050 €).
347 Zur Berechnung bei einem Taxifahrzeug *KG* a. a. O.
348 Vgl. dazu z. B. *BGH* NJW 1967, 552 f. = VersR 1967, 183 f.; *OLG Hamburg* VersR 1965, 1182; *OLG Köln* VersR 1967, 1081; *OLG Köln* NJW 1967, 570; *OLG Oldenburg* VersR 1969, 956 (L) = DAR 1969, 185; *AG Karlsruhe* VersR 1984, 1179.
349 *OLG Hamm* NZV 2001, 217; *LG Bayreuth* DAR 2004, 94; a. A. *AG Frankfurt/M.* VersR 1981, 692.
350 Vgl. dazu insbes. *BGH* NJW 1966, 1260; VersR 1969, 828; *OLG Düsseldorf* DAR 1961, 306; *OLG München* VersR 1964, 932.
351 *KG* DAR 1971, 10.

294 Im Fall eines Totalschadens werden regelmäßig – zumindest pro rata temporis – auch die leistungsunabhängigen Fixkosten des Fahrzeugs – die zuweilen auch als »Generalunkosten« oder »Vorhaltekosten (Reservehaltungskosten)« bezeichnet werden – erspart. In diesem Zusammenhang stellt sich die Frage, ob und unter welchen Voraussetzungen der Ersatzpflichtige dem geschädigten Anspruchsteller oder einem Dritten im Fall einer zulässigerweise vollzogenen Ersatzanmietung den Einwand des Vorteilsausgleichs in Höhe der eingesparten leistungsunabhängigen Betriebskosten erheben kann, wenn der Gläubiger selbst über kein eigenes Kraftfahrzeug verfügt. Dies trifft insbesondere für den Nutzer eines Leasing-Fahrzeuges[352] zu, der seine Berechtigung zur Anmietung eines Ersatzfahrzeugs und seine Aktivlegitimation zur Geltendmachung der darauf beruhenden Ersatzansprüche im eigenen Namen nicht auf Eigentumsverletzung stützt, sondern sie aus der rechtswidrigen Störung des ordnungsgemäß erworbenen und ausgeübten Besitzes ableitet.

294a Es wäre unbefriedigend, wenn der Eigentümer gegen die Anwendung des Vorteilsausgleichs einwenden könnte, er habe kein Ersatzfahrzeug angemietet und benutzt, während andererseits der berechtigte Benutzer (Besitzer) sich darauf beruft, dass in seiner Person Einsparungen schon deswegen nicht eingetreten sind, weil er selbst über kein eigenes Kraftfahrzeug verfügt. Diese Argumentation würde darauf hinauslaufen, dass der ohne Frage eingetretene Vorteil zulasten des Ersatzpflichtigen allein deswegen nicht ausgeglichen werden kann, weil mit Rücksicht auf vertragliche Rechtsbeziehungen, auf deren Begründung und Verwirklichung der Ersatzpflichtige keinen Einfluss hat, die ursprünglich einheitliche Rechtsstellung des Gläubigers (Eigenbesitzers) in zwei unterschiedliche Rechtsgüter und zwei verschiedene Berechtigte aufgespalten worden ist. Sinn und Zweck des Vorteilsausgleichs gebieten aber, dass der Ersatzpflichtige aus dieser rein zufälligen Konstellation heraus nicht mit Kosten belastet werden darf, die er billigerweise nicht zu tragen hat und im Normalfall auch nicht zu tragen braucht. Ohne Frage hat der Eigentümer, der sein Fahrzeug einem Dritten zum eigenen Gebrauch überlassen hat, damit gerechnet, dass sein Fahrzeug während des relevanten Zeitraumes benutzt und auch abgenutzt wird. Der Eigentümer ist also dadurch, dass der von ihm in Kauf genommene Verschleiß auf Kosten eines anderen – des Schädigers – nicht eingetreten ist, ohne Rechtsgrund bereichert. Das Korrektiv ist durch § 812 BGB zu erreichen mit dem Ergebnis, dass der Fahrzeugeigentümer sich die eingesparten leistungsbezogenen Betriebskosten unter dem Gesichtspunkt des notwendigen Ausgleichs einer ungerechtfertigten Bereicherung anrechnen lassen muss, die bestehende Rechtsverhältnisse oder Sonderbeziehungen zwischen den Beteiligten nicht voraussetzt.

2. Konkrete Vorteile und ihre Bemessung

295 Soweit es sich um die unter dem Gesichtspunkt des Vorteilsausgleichs zu berücksichtigenden eingesparten leistungsbezogenen Betriebskosten handelt, hat der *BGH*[353] in seiner Grundsatzentscheidung vom 10.5.1963 klargestellt, dass die variablen Betriebskosten, die jedem Kfz-Halter fortlaufend entstehen, sich aufgrund allgemeiner Erfahrungen zuverlässig ermitteln und auf Fahrkilometer aufschlüsseln lassen, wobei sich nach den einzelnen Wagentypen unterschiedliche Pauschalbeträge ergeben, die bei durchschnittlichen Verhältnissen brauchbare Anhaltspunkte für die erforderliche Schätzung geben.

296 Diese leistungsbezogenen Betriebskosten, die der Geschädigte durch die zeitweilige Stilllegung seines eigenen Fahrzeugs während der Reparaturzeit bzw. der Wiederbeschaffungsfrist erspart, lassen sich konkret[354] nach folgenden Komponenten ermitteln:
- Verbrauch an Motoröl (Ölverbrauch bzw. Minderung der Viskosität, also einschließlich Ölwechsel und Schmierstoffe)
- Reifenverschleiß (Abrieb)

---

352 Vgl. hierzu BGHZ 87, 133 = VersR 1983, 656 = DAR 1983, 224; NJW 1986, 1044 = VersR 1986, 169; *Reinking* DAR 1982, 45.
353 Vgl. dazu *BGH* NJW 1963, 1399 f. = VersR 1963, 931 f. = DAR 1963, 270.
354 Vgl. dazu insbes. *BGH* NJW 1963, 1399 f. = VersR 1963, 931 f. = DAR 1963, 270; *AG Freiburg* zfs 1980, 297; *AG Schweinfurt* zfs 1980, 298; *AG Karlsruhe* zfs 1980, 333; VersR 1983, 254.

- anteilige Reparaturkosten
- anteilige Aufwendungen für Inspektionen.³⁵⁵

Abzüge aus dem Gesichtspunkt des Vorteilsausgleichs hinsichtlich einer ersparten Wertminderung (leistungsbezogenen Gebrauchsabschreibung) sind nicht vorzunehmen, weil diese mit dem »ersparten Verschleiß« identisch ist, und erst nach einer mit dem Mietwagen zurückgelegten Wegstrecke von mehr als 1 000 km messbar wird. 297

Regelmäßig werden durch die Ersatzanmietung nicht die Kosten für Waschen und Pflege eingespart, da der Geschädigte im Zweifel auch den Mietwagen waschen lassen wird. Die festen Betriebskosten (Generalunkosten) werden im Regelfalle nicht erspart, da sie üblicherweise weiterlaufen. Eine Ausnahme gilt lediglich für den Fall des Totalschadens. Auch bezüglich des Kraftstoffverbrauchs treten kaum Einsparungen auf, weil diese Kosten auch bei der Benutzung des Mietwagens in ähnlicher Höhe anfallen. 298

Auch für den Fall, dass der Geschädigte ein deutlich kleineres Ersatzfahrzeug angemietet haben sollte und lediglich deswegen im Verhältnis zum eigenen Wagen mit einer geringeren Treibstoffmenge auskommt, kann ihm dieser Gesichtspunkt im Wege des Vorteilsausgleichs nicht entgegengehalten werden, da er sich diesen Vorteil durch Verzicht auf Annehmlichkeiten und Bequemlichkeiten selbst erkauft hat. Er hat damit gewissermaßen in die »eigene Tasche gespart«, indem er sich überobligatorischer Anstrengungen unterzogen hat. Umgekehrt kann der Geschädigte jedoch einen höheren Treibstoffverbrauch vom Schädiger ersetzt verlangen, falls er gezwungenermaßen auf ein Fahrzeug ausweichen musste, das mehr Kraftstoff verbraucht als das eigene. 299

Die Berechnung der eingesparten leistungsbezogenen Betriebskosten erfolgt auf der Grundlage der mit dem angemieteten Ersatzfahrzeug tatsächlich zurückgelegten Wegstrecke. Diese lässt sich den Rechnungen der Autovermieter ohne Weiteres entnehmen. Abzusetzen von den sich daraus ergebenden Werten sind indes die Kosten für die Abholung und Rückführung des Mietwagens, da diese Aufwendungen auf unfallbedingtem Anlass beruhen und ohne das zum Ersatz verpflichtende Ereignis – bei der Benutzung des eigenen Kfz – nicht entstanden wären. Die eingesparten leistungsbezogenen Betriebskosten sind also im Wesentlichen unabhängig von der Dauer der Ersatzanmietung, sondern richten sich ausschließlich nach der mit dem Mietfahrzeug – anstelle des eigenen Kfz – zurückgelegten Fahrstrecke. 300

a) ADAC-Tabelle

Brauchbare Anhaltspunkte für die konkrete Ermittlung der eingesparten leistungsbezogenen Betriebskosten bieten die vom ADAC alljährlich neu herausgegebenen ADAC-Betriebskosten-Tabellen, getrennt nach Geschäfts- und Privatwagen. In diesen Tabellen werden mit großer Akribie alle gängigen Fahrzeugtypen und ihre Varianten – geordnet nach den einzelnen Herstellern – erfasst.³⁵⁶ 301

Soweit die Versicherungswirtschaft konkrete Abzüge vornimmt, stützt sie sich dabei in erster Linie auf die Tabellen des ADAC, von denen auch der *BGH*³⁵⁷ meint, dass sie recht zuverlässige Anhaltspunkte für die Ermittlung der leistungsbezogenen Betriebskosten bieten. 302

b) Pauschalabzüge nach Prozentsätzen

Der überwiegende Teil der Rechtsprechung bemisst die Einsparungen nach Prozentsätzen der Mietwagenrechnung. Diese Berechnungsmethode steht nicht völlig im Einklang mit den Vorschriften der §§ 249 BGB, 287 ZPO. Sie ist auch nicht völlig mit den Intentionen des *BGH*³⁵⁸ in Einklang zu bringen. Ferner führt der Pauschalabzug nicht selten zu Ergebnissen, die den Geschädigten benach- 303

---

355 Vgl. dazu *BGH* a. a. O.; *AG Freiburg* a. a. O.; *AG Schweinfurt* a. a. O.; *AG Karlsruhe* a. a. O.
356 Vgl. dazu auch *AG Karlsruhe* VersR 1983, 254 = zfs 1983, 141.
357 Vgl. dazu *BGH* NJW 1963, 1399 f. = VersR 1963, 931 f. = DAR 1963, 270.
358 Vgl. dazu *BGH* NJW 1963, 1399 f. = VersR 1963, 931 f. = DAR 1963, 270.

teiligen[359] und auch zu den Einsparungen des Geschädigten in keinem überzeugenden Verhältnis stehen, weil nämlich der Hauptteil der Mietwagenkosten aus der Grundgebühr besteht und der Anteil der Kilometer-Kosten mitunter gering ist. Ferner wird von der Rechtsprechung bei diesem Pauschalabzug auch nicht unterschieden zwischen den eingesparten »leistungsbezogenen Betriebskosten« und dem ersparten »Verschleiß«. Es gibt auch keine einheitliche Handhabung hinsichtlich der Größenordnung der vorzunehmenden Abzüge, diese bewegen sich in der Rechtsprechung zwischen 3 %[360] über 5 %[361] und 10 %[362] bis zu 15 %.[363] Der *BGH* hat diese Form der Schätzung gebilligt und die Höhe des prozentualen Abschlags zur Tatrichterfrage erklärt. Eine Klärung durch ihn wird es insoweit wohl nicht geben.[364] Er betont nur, dass eine solche Ersparnis eintritt und auch durch Abzug zu berücksichtigen ist.[365]

304 Höhere Abzüge nimmt die Rechtsprechung bei gewerblich genutzten Fahrzeugen vor.[366] Dies dürfte sachgerecht sein, da diese intensiver genutzt werden als Privatfahrzeuge und die Höhe der Mietwagenkosten wie dargelegt nur unzureichend die Intensität der Nutzung wiedergibt.

305 In der Rechtsprechung wird der »(natürliche) Verschleiß« oft mit den »leistungsbezogenen Betriebskosten« verwechselt. Es herrscht hier eine Begriffsverwirrung, die aber in der Praxis keine allzu große Bedeutung hat.

306 Der *BGH*[367] stellt sich beim »ersparten Verschleiß« den Fall vor, dass das eigene Fahrzeug im Hinblick auf die zeitweilige Benutzung des Mietwagens im Wiederverkaufsfall mit einer geringeren Fahrleistung (Tachostand) angeboten werden kann und wegen dieser »ersparten Wertminderung« durch Nichtabnutzung einen entsprechend höheren Preis erzielen wird.

307 Er betont in seiner Entscheidung mithin zutreffend, dass sich ein ersparter Verschleiß erst ab einer nicht gefahrenen Fahrstrecke von etwa 1 000 km als messbarer Vorteil auswirkt.[368]

---

359 Vgl. dazu insbes. *OLG München* VersR 1982, 377 (L); *AG Schweinfurt* VersR 1973, 955 f.; *AG Wiesbaden* VersR 1983, 629.
360 *OLG Stuttgart* NJW-RR 1994, 921 = zfs 1994, 206 = DAR 1994, 326; *OLG Nürnberg* VersR 2001, 208 = DAR 2000, 527 = MDR 2000, 1245; *OLG Köln* SP 2007, 13 (4 %); *LG Baden-Baden* zfs 2001, 18 (4 %); *LG Bayreuth* DAR 2004, 94; *LG Aachen* DAR 2004, 655; *LG Hof* NZV 2008, 459; *LG Ansbach* NZV 2011, 132; *AG Ahlen* zfs 2003, 450 z. T. unter Hinweis auf *Meinig* DAR 1993, 281.
361 *OLG Karlsruhe* VersR 2008, 408 = NZV 2008, 456 = NJW-RR 2008, 1113; BB 2011, 2114; *OLG Celle* SP 2010, 78; OLG Stuttgart SP 2010, 368; *LG Freiburg* DAR 1994, 404; *AG Karlsruhe* zfs 2002, 230.
362 Vgl. dazu *OLG München* VersR 1976, 1145, 1147 = DAR 1976, 156, 159; *OLG Düsseldorf* r+s 1978, 62; *OLG Hamm* VersR 2001, 206 = DAR 2001, 79 = NZV 2001, 217; Urt. v. 21.4.2008, Az. 6 U 188/07; Urt. v. 19.2.2010, Az. 9 U 147/09; *OLG Köln* DAR 2006, 691 = NZV 2007, 81 *OLG Celle* DAR 2008, 205; *OLG Jena* SP 2008, 223; *OLG Dresden* NZV 2009, 204; SP 2010, 17; *LG Ravensburg* NJW-RR 1994, 796; *LG Freiburg* VersR 1992, 250 = r+s 1990, 122 = NZV 1990, 235; *LG Baden-Baden* zfs 2003, 17; LG Fulda NZV 2010, 91; *AG Heidelberg* VersR 1978, 953 (L); *Kalb* zfs 2001, 486.
363 Vgl. dazu *OLG Köln* NJW-RR 1993, 913; *KG* VersR 1989, 56; NZV 2005, 46 = MDR 2005, 143; DAR 2010, 642; *LG Berlin* VersR 2005, 847 = zfs 2004, 448 = NZV 2004, 635; *AG Sinsheim* VersR 1980, 441; *AG Offenbach* r+s 1982, 236; *AG Krefeld* VersR 1982, 587; *AG Usingen* r+s 1983, 210; *AG Bamberg* r+s 1985, 13; *AG Nürnberg* VersR 1981, 586; zusammenfassend Geigel/*Knerr* Haftpflichtprozess Kap. 3 Rn. 90.
364 BGH NJW 1996, 1958; VersR 2010, 683 = DAR 2010, 464 = r+s 2010, 211; NJW 2010, 1445 = VersR 2010, 545 = DAR 2010, 383 (akzeptiert einen 10 %-Abzug).
365 BGH VersR 2010, 683 = DAR 2010, 464 = r+s 2010, 211.
366 Für Mietaxis *KG* NZV 2005, 146 (25 % Abzug); *OLG Hamm* DAR 2001, 165 = NZV 2001, 218 (20 % Abzug); anders *OLG Celle* VersR 2009, 276 bei »vollständig abgeschriebenem Fahrzeug«.
367 BGH NJW 1963, 1400 = VersR 1963, 932.
368 BGH NJW 1963, 1400 = VersR 1963, 932.

C. Mietwagenkosten

3. Abzüge bei geringer Fahrleistung

Ist der Geschädigte mit dem Mietfahrzeug während des Ausfalls seines Kfz nur relativ kurze Strecken gefahren, so erhebt sich die Frage, ob auch bei kurzzeitiger Stilllegung des beschädigten eigenen Kfz bzw. dann, wenn mit dem Kfz nur kleinere Wegstrecken überbrückt worden sind,[369] von den Mietwagenkosten Abzüge aus dem Gesichtspunkt des Vorteilsausgleichs vorzunehmen sind. Von einem Abzug kann jedenfalls nur dann abgesehen werden, wenn die unterbliebene Eigennutzung nach den Umständen des konkreten Falles keine fühlbaren Ersparnisse gebracht hat. 308

Es ist nicht zu bestreiten, dass die beweglichen Betriebskosten fortlaufend entstehen und sich vom ersten Fahrkilometer[370] an zuverlässig errechnen lassen. Entscheidend ist nur, ob dem Geschädigten stets ein Abzug dieses zum Teil tatsächlichen geringen Vorteils zuzumuten ist oder ob es sich bei geringen Beträgen um einen so minimalen Vorteil handelt, dass ein Abzug dem Geschädigten nicht zumutbar ist. 309

Dieses Problem wird in der Rechtsprechung unterschiedlich gehandhabt. Ein Teil der Rechtsprechung nimmt bis zu einer Größenordnung von bis zu 1 000 km keine Abzüge vor.[371] Vereinzelt wird in der Rechtsprechung auch[372] lediglich mit einem pauschalen Hinweis auf eine »geringe Eigennutzung« – gemeint ist wohl: geringe Kilometerleistung – ein anrechenbarer Vorteil verneint. Demgegenüber werden von einem Teil der Rechtsprechung schon Abzüge vom ersten Fahrkilometer an vorgenommen.[373] 310

4. Abzüge bei Anmietung eines »kleineren« Ersatzwagens

Wird ein »kleineres« Kfz, also ein Ersatzfahrzeug mit schwächerer Leistung und geringerem Komfort, angemietet, begnügt sich beispielsweise der Geschädigte mit einem Mercedes 200 anstelle seines beschädigten Mercedes 280, so steht grundsätzlich ein derartiger »Komfortverzicht« der Anwendung des Vorteilsausgleichs unter dem Gesichtspunkt der ersparten leistungsbezogenen Betriebskosten des eigenen Fahrzeugs eigentlich nicht entgegen.[374] Ein »Komfortverzicht« kann schon deswegen nicht die Anwendung des Vorteilsausgleichs beeinträchtigen, weil auch bei Anmietung eines »kleineren« Ersatzwagens die leistungsbezogenen Betriebskosten des eigenen Kfz, ohne Rücksicht auf Typ, Größe oder Klasse des angemieteten Fahrzeugs, in einem Umfange eingespart werden, der durch die Wahl des Ersatzfahrzeugs in keiner Weise beeinflusst wird. Bei der Anmietung eines »kleineren« – d. h. leistungsschwächeren oder weniger komfortablen – Ersatzwagens bemessen sich die im Wege des Vorteilsausgleichs abzusetzenden leistungsbezogenen Betriebskosten allein logischerweise nach dem zeitweilig stillliegenden eigenen (beschädigten) Fahrzeug des Geschädigten, nicht jedoch nach dem Typ des tatsächlich angemieteten »kleineren« Ersatzfahrzeugs. 311

Allerdings wird zwischenzeitlich relativ einheitlich in der Rechtsprechung angenommen, dass bei Anmietung eines klassentieferen Ersatzfahrzeugs eine Vorteilsanrechnung unterbleibt.[375] Dies dürfte 312

---

369 Vgl. dazu insbes. *LG Duisburg* VersR 1983, 843 = r+s 1982, 188; *LG Baden-Baden* VersR 1983, 592; *AG Bochum* VersR 1983, 572 (L) = DAR 1982, 404; a. A. *AG Albstadt* VersR 1983, 693 = zfs 1983, 269 (413 km in 9 Tagen).
370 *LG Duisburg* VersR 1983, 843 = r+s 1982, 188.
371 Vgl. hierzu *AG Karlsruhe-Durlach* VersR 1981, 565 = zfs 1981, 302 (bei weniger als 1 000 km keine messbare Ersparnis); *AG Karlsruhe-Durlach* VersR 1979, 874; VersR 1979, 384 = r+s 1979, 128 (kein Abzug bei 695 km); VersR 1981, 765 = zfs 1981, 302.
372 Vgl. z. B. *OLG Frankfurt* zfs 1981, 270; *AG Emmendingen* VersR 1980, 464 = zfs 1980, 205.
373 Vgl. z. B. *AG Karlsruhe* VersR 1980, 832 = zfs 1980, 333; *AG Frankfurt/M.* r+s 1981, 193; *AG Augsburg* r+s 1981, 16; *AG Nürnberg* r+s 1981, 16; *AG Kusel* r+s 1981, 85; *AG Albstadt* VersR 1983, 693 = zfs 1983, 269 (413 km in 9 Tagen) – a. A. *LG Duisburg* VersR 1970, 379 = MDR 1970, 505 (Mietdauer 3 Tage); a. A. *AG Emmendingen* VersR 1980, 464 (Mietwagenbenutzung für nur wenige Tage); *AG Karlsruhe-Durlach* VersR 1981, 565 (459 km) = zfs 1981, 242.
374 *LG Baden-Baden* zfs 2001, 17; a. A. *LG Baden-Baden* zfs 2003, 16 (gleiche Kammer!).
375 Vgl. z. B. *OLG Celle* NJW-RR 1993, 1052; *OLG Nürnberg* NZV 1994, 357; *OLG Hamm* VersR 1999, 769

wohl in erster Linie Zumutbarkeitserwägungen geschuldet sein, um einem Geschädigten zumindest die Möglichkeit zu eröffnen, durch eine eigene Verzichtsentscheidung zu verhindern, mit einem Teil der Mietwagenrechnung belastet zu werden. Hiergegen ist allerdings angesichts der Tatsache, dass bei Durchführung des Vorteilsausgleichs auch Wertungsgesichtspunkte ausdrücklich eine Rolle spielen, kaum etwas zu erinnern.

313 Dies gilt umso mehr, als in Anlehnung an eine frühere – seit 1993 nicht mehr gültige – Empfehlung des (damaligen) HUK-Verbandes heute noch eine entsprechende, weit verbreitete Überzeugung vorherrscht, insoweit bestehe bei einem entsprechenden Verzicht ein Anspruch darauf, die ersparten Eigenaufwendungen unberücksichtigt zu lassen. Die Geschäftsgrundlage dieses Verzichts wäre sozusagen weggefallen, wenn die Rechtsprechung – wie bereits betont dogmatisch eigentlich zutreffend – den Vorteilsausgleich gleichwohl durchführen würde.

5. Abzüge im Fall des Totalschadens

314 Im Fall eines Totalschadens kann der Geschädigte – dies gilt insbesondere für den Fall, dass er über längere Zeit hinweg berechtigterweise einen Mietwagen benutzt – neben den leistungsbezogenen Betriebskosten auch die nutzungsunabhängigen Fixkosten seines eigenen Fahrzeuges ganz oder teilweise ersparen. Dazu gehören insbesondere folgende Komponenten:
- leistungsunabhängige Alterungsabschreibung
- Zinsendienst
- Kfz-Steuer
- Kfz-Haftpflichtversicherung
- Prämien zur Kaskoversicherung
- Prämien zur Insassen-Unfallversicherung.

314a Auch insoweit ist selbstverständlich der Einwand des Vorteilsausgleichs berechtigt. Derartige Ersparnisse treten aber nur dann ein, wenn der Geschädigte unverzüglich, nachdem er Kenntnis davon erhalten hat, dass Totalschaden vorliegt, sein Fahrzeug bei den zuständigen Stellen abmeldet. Dazu ist er mit Rücksicht auf § 254 Abs. 2 BGB verpflichtet. Sollte er die Schadenminderungspflicht verletzen, dann muss er sich im Verhältnis zum Ersatzpflichtigen (Schädiger) so behandeln lassen, als wäre er – der Geschädigte – seinen Verpflichtungen ordnungsgemäß nachgekommen. Insoweit ist zu berücksichtigen, dass die nicht verbrauchte Kfz-Steuer in voller Höhe erstattet wird und die Versicherungspflicht mit dem Wegfall des versicherten Interesses, regelmäßig also zu dem Zeitpunkt endet, in dem der betreffende Versicherer Kenntnis vom Totalschaden erlangt und ihm die Abmeldung bei der Kfz-Zulassungsstelle ordnungsgemäß nachgewiesen wird.

VII. Beweislast

315 Bei der Beurteilung der Frage der Beweislast hinsichtlich der Mietwagenkosten unter Einschluss der Abzüge unter dem Gesichtspunkt des Vorteilsausgleichs geht es regelmäßig darum, ob aus einem vorhandenen konkreten Haftungsgrund ein Schaden entstanden und wie hoch dieser ausgefallen ist. Hierbei kann das Gericht unabhängig von der Beweislast unter Würdigung aller Umstände gemäß § 287 ZPO nach freier Überzeugung entscheiden.

316 Hinsichtlich der anspruchsbegründenden Voraussetzungen trifft die Beweislast stets den Geschädigten. Dies gilt sowohl hinsichtlich der Dauer und des Gegenstands der Ersatzanmietung als auch bezüglich der Höhe der Mietwagenkosten, insbesondere hinsichtlich des Gebots der Wirtschaftlichkeit des Aufwands (Erforderlichkeit).

317 Der Geschädigte trägt auch die Beweislast hinsichtlich seiner Anspruchsberechtigung. Hat z. B. eine Geschädigte, die zur Unfallzeit und danach verreist war, einen Ersatzwagen nicht selbst angemietet,

---

= r+s 1999, 194 = NZV 1999, 379; *OLG Stuttgart* DAR 2009, 650; Himmelreich/Halm/*Grabenhorst* Kap. 5 Rn. 59; anders hingegen *OLG Saarbrücken* OLGR 2000, 306.

sondern hat dies ihr Bekannter getan und bleibt es ungeklärt, welche näheren Bedingungen für das Nutzungsverhältnis ihres Bekannten gegolten haben, so stehen ihr, wenn sie selbst den Ersatzwagen noch nicht einmal gefahren hat, mangels hinreichender Darlegung ihrer Anspruchsberechtigung insoweit Schadenersatzansprüche nicht zu.[376]

Hinsichtlich der Dauer der Ersatzanmietung, insbesondere bei ungewöhnlich langer Reparaturzeit, trifft den Geschädigten die Darlegungs- und Beweislast. Dies gilt etwa für die Frage, ob der von ihm geplante Urlaubsbeginn tatsächlich unaufschiebbar gewesen ist.[377] 318

Auch hinsichtlich der Höhe des Anspruchs ist der Geschädigte, soweit dies in seine Sphäre fällt, darlegungs- und beweispflichtig, wenn insoweit Streit besteht. So hat der Geschädigte im Hinblick auf die »Erforderlichkeit« des Aufwands zur Schadenbeseitigung u. a. den Nachweis zu führen, dass die Anmietung des Ersatzwagens nur gegen Zahlung des Tarifs gewerblicher Mietwagenunternehmen zu erreichen war. 319

Bei einer mit höheren Mietwagenkosten verbundenen verspäteten Lieferung eines annähernd gleichwertigen Ersatzfahrzeugs im Fall eines Totalschadens hat der Geschädigte im Einzelnen unter Beweisantritt darzulegen, dass, wann und in welcher Weise er sich in Ausübung der ihm obliegenden Schadenminderungspflicht nach dem Unfall um ein gleichwertiges gebrauchtes Ersatzfahrzeug bemüht hat, dass diese Bemühungen vergeblich geblieben sind und wie lange die Lieferzeit für ein gebrauchtes oder ggf. für ein neues Ersatzfahrzeug betragen hat.[378] Dem Ersatzpflichtigen obliegt es dann, ebenfalls im Einzelnen unter Beweisantritt Tatsachen zu behaupten, aus denen sich ergibt, dass entweder ein gleichwertiges gebrauchtes Ersatzfahrzeug überhaupt und schneller zu erhalten gewesen wäre und dass er den Geschädigten hierauf hingewiesen hat oder dass die Lieferfrist nicht den vom Geschädigten behaupteten Zeitraum umfasst hätte.[379] 320

Beruft sich der Ersatzpflichtige hinsichtlich der Abzüge unter dem Gesichtspunkt des Vorteilsausgleichs darauf, dass dem Geschädigten aus dem Schadenereignis Vorteile entstanden seien, die dieser sich anrechnen lassen müsse, steht ihm der Prima-facie-Beweis zur Seite. Die Darlegungs- und Beweislast trifft den Geschädigten dergestalt, dass er dartun muss, er habe (ausnahmsweise) entgegen den allgemeinen Erfahrungen bei der Anmietung des Ersatzwagens während des Ruhens seines Kfz keinen konkreten Vorteil erhalten. Ist der Sachverhalt, aus dem sich der ersparte Vorteil ergibt, unstreitig oder bewiesen, so muss ein eventueller Abzug »von Amts wegen« berücksichtigt werden, da es sich um eine Frage der Schadenberechnung handelt. 321

Wendet der Ersatzpflichtige ein, der Geschädigte habe gegen die Schadenminderungspflicht verstoßen, dieser habe bestimmte Pflichten nicht erfüllt und dadurch sei ein vermeidbar hoher Schaden entstanden, so trägt er die Beweislast sowohl dafür als auch für den Einwand des Mitverschuldens überhaupt. 322

Wendet allerdings der Geschädigte ein, den Ersatzpflichtigen treffe z. B. hinsichtlich einer zu langen Regulierungs- oder Bearbeitungszeit ein Verschulden oder auch Mitverschulden, obliegt die Beweislast dafür dem Geschädigten. 323

Bei Anmietung eines Ersatzfahrzeugs mit einer Mindestabnahme von beispielsweise 100 km täglich muss der Schädiger substanziiert darlegen, die Anmietung eines Ersatzfahrzeugs durch den Geschädigten wäre auf der Basis der tatsächlich gefahrenen Kilometer wesentlich preisgünstiger gewesen. Eine Berufung lediglich auf Auskünfte anderer gewerblicher Autovermietungen, ohne gleichzeitig darzutun, wie viel ein derartiger Mietwagen bei der Abrechnung nach tatsächlich gefahrenen Kilometern gekostet hätte, ist prozessual unzulässig.[380] 324

---

376 Vgl. hierzu *OLG Zweibrücken* VersR 1974, 274.
377 Vgl. z. B. *LG Köln* VersR 1977, 48; *Riedmaier* VersR 1977, 1, 6; *Born* VersR 1978, 777 f.
378 Vgl. dazu *KG* VersR 1973, 1145 f.
379 Vgl. dazu *KG* VersR 1973, 1145 f.
380 Vgl. dazu *LG Bochum* VersR 1973, 381 f.

D. Nutzungsausfallentschädigung (Entgangene Gebrauchsvorteile)

Schrifttum

Balke, Abzüge bei Nutzungsausfallentschädigung Alter, Fahrleistung, Erhaltungszustand SVR 2005, 218; *Bär*, Anspruch auf Nutzungsausfall und Schadensminderungspflicht des Geschädigten DAR 2001, 27; *Boetzinger*, Nutzungsausfall trotz fehlender Nutzungsmöglichkeit zfs 2000, 45; *Gruber*, Nutzungsausfall bei erloschener Betriebserlaubnis NZV 1991, 303; *Halbgewachs*, Mietwagenkosten – ein Überblick NZV 1997, 467; *Herz*, Nutzungsausfallentschädigung für Kraftfahrzeuge NJW-Spezial 2011, 201; *Himmelreich/Halm* Handbuch des Fachanwalts Verkehrsrecht 3. Aufl. 2010; *Hillmann*, Der Nutzungsausfall, Streit ohne Ende zfs 2001, 341; *Kappus*, Der Verkehrsunfall in der anwaltlichen Beratungspraxis NJW 2008, 891; *Küppersbusch*, Nutzungsentschädigung 2006 NJW 2006, 19; *La Chevallerie*, Nutzungsausfallentschädigung für ältere Pkw und Oldtimer zfs 2007, 423; *Ludovisy/Egger/Burhoff* Praxis des Straßenverkehrsrechts 5. Aufl. 2011; *Schulze*, Nutzungsausfallentschädigung – Zu Funktion und Grenze des § 253 BGB NJW 1997, 3337; *Wenger*, Anspruch wegen Nutzungsausfall trotz Leihfahrzeugs? MDR 1997, 798; *Wenker*, Die Rechtsprechung zur Nutzungsausfallentschädigung VersR 2000, 1082.

I. Anspruchsbegründende Voraussetzungen

1. Gesetzliche Anspruchsgrundlagen

325 Verzichtet der Geschädigte auf die Anmietung eines Ersatzfahrzeuges, so steht ihm nach ständiger Rechtsprechung für die entgangenen Gebrauchsvorteile ein Schadensersatzanspruch zu, die sogenannte Nutzungsausfallentschädigung. Nach wie vor umstritten ist dagegen die dogmatische Begründung dieses Anspruches.

326 Ausgangspunkt der rechtlichen Bewertung ist die Differenzhypothese; dabei wird der Zustand, der durch das Schadensereignis eingetreten ist, mit der Situation verglichen, die ohne dieses Vorkommnis bestehen würde. Ein Vermögensschaden ist danach zu bejahen, wenn der tatsächliche Vermögenswert geringer ist als der Wert, den das Vermögen ohne das Schadensereignis haben würde.[381] Aber auch wenn nach dieser Berechnung keine Vermögensminderung eingetreten ist, hat die Rechtsprechung für bestimmte Fallgruppen Ausnahmen zugelassen.[382]

327 Der Große Zivilsenat des *BGH* hat die bis dahin uneinheitliche Rechtsprechung durch klare Regeln ersetzt.[383] Maßgeblich ist danach, ob ein Eingriff in Lebensgüter stattgefunden hat, deren ständige Verfügbarkeit für eine eigenwirtschaftliche Lebensführung des Berechtigten von erheblicher Bedeutung ist.

328 Der Anspruch auf Nutzungsausfallentschädigung ergibt sich daher nicht aus § 249 BGB, sondern aus richterlicher Rechtsfortbildung. Mittlerweile ist die Nutzungsausfallentschädigung gewohnheitsrechtlich anerkannt,[384] da der Nutzungsausfall von allen an der Regulierung von Verkehrsunfällen Beteiligten seit mehr als vier Jahrzehnten praktiziert wird. Als Schaden mit vermögensrechtlichem Einschlag fällt die Einschränkung der Benutzbarkeit nicht unter die Sperrklausel des § 252 BGB und rechtfertigt einen Anspruch auf Geldentschädigung i. S. v. § 249 S. 2 BGB.

329 Nutzungsausfallschaden kommt für Wirtschaftsgüter nur in Betracht, wenn deren Einsatz eigenwirtschaftlich und nach dem Vermögen erfassbar ist und damit vergleichbar mit der vermögensvermehrenden, erwerbswirtschaftlichen Verwendung des Wirtschaftsgutes ist. Durch dieses Kriterium wird eine Ausweitung der Ersatzpflicht auf Nichtvermögensschäden vermieden.[385] Ein ersatzfähiger Vermögensschaden ist zu bejahen, wenn der Geschädigte mit der Anschaffung des Fahrzeugs vermögens-

---

381 BGHZ 99, 196.
382 Grundlegend hierzu BGHZ 98, 212.
383 BGHZ 98, 212.
384 Palandt/*Grüneberg* § 249 Rn 40; Himmelreich/Halm/*Grabenhorst* Handbuch Kap. 5 Rn 67; *Herz* NJW-Spezial 2011, 201.
385 *BGH* DAR 2008, 465; a. A. *Schulze* NJW 1997, 3337.

D. Nutzungsausfallentschädigung (Entgangene Gebrauchsvorteile) Kapitel 12

werte Aufwendungen getätigt hat und sich damit die Nutzungsmöglichkeit erkauft hat.[386] Danach ist die Verfügbarkeit eines Kraftfahrzeugs als Vermögenswert einzuordnen. Begrenzt wird der Anspruch durch das Erforderlichkeitsmerkmal des § 249 Abs. 2 S. 1 BGB und die Verhältnismäßigkeitsschranken des § 251 Abs. 2 BGB.[387] Beim Nutzungsausfallschaden handelt es sich jedoch nicht um einen zwangsläufig eintretenden Schaden in Folge der Beschädigung eines Kfz; vielmehr hängt sein Vorliegen von engen Voraussetzungen ab.

2. Anspruchsberechtigung

Die Geltendmachung des Nutzungsausfalls setzt eine Nutzungsberechtigung voraus. Dies kann der Eigenbesitz oder der Fremdbesitz sein. 330

a) Eigenbesitz

Regelmäßig wird bei einem privaten Kfz der Eigentümer zugleich Besitzer sein, der damit für die Geltendmachung von Ansprüchen aus entzogener Nutzung aktivlegitimiert ist. Bei mehreren Besitzern können auch mehrere Personen anspruchsberechtigt sein, wobei der Umfang des eingeräumten Nutzungsrechtes für den Ersatzanspruch des einzelnen ausschlaggebend ist.[388] 331

b) Fremdbesitz

Hat der Eigentümer vor dem schädigenden Ereignis das Kfz einem Dritten zum entgeltlichen oder unentgeltlichen Gebrauch überlassen, so steht diesem Dritten ein eigener Anspruch aus Besitzstörung zu. Einschränkend hierzu das *KG*,[389] welches einen Anspruch auf Nutzungsausfallentschädigung in einem solchen Fall davon anhängig macht, dass zwischen dem Fahrzeugeigentümer und dem Dritten vor dem Unfall eine Vereinbarung über die Nutzung getroffen worden ist. Dem Eigentümer verbleiben nur dann eigene Ansprüche wegen entgangener Gebrauchsvorteile, wenn er sich einen Mitbesitz vorbehalten hat. Handelt es sich bei diesen mitberechtigten Personen um nahe Familienangehörige, so spricht der erste Anschein dafür, dass das Besitzrecht neben dem Eigentümer, also gemeinschaftlich mit diesem ausgeübt wird.[390] 332

Damit könnte jeder Mitberechtigte einen eigenen Ersatzanspruch für den Zeitraum geltend machen, in dem er unter Ausschluss der anderen Mitbesitzer das Fahrzeug hätte nutzen können. Da aber auch bei einem großen Nutzerkreis das Fahrzeug stets nur einmal und in zeitlicher Abfolge genutzt werden kann, erhöht sich in solchen Konstellationen nicht der Ersatzanspruch gegen den Schädiger. Dies ist insbesondere dann der Fall, wenn das Fahrzeug einem nahen Angehörigen dauerhaft überlassen worden ist, so dass der Eigentümer das Fahrzeug nahezu gar nicht nutzen konnte.[391] 333

3. Hypothetische Nutzungsmöglichkeit

Der Geschädigte kann wegen der entgangenen Gebrauchsvorteile seines Kfz nur dann Ersatz verlangen, wenn das Kfz aufgrund des Schadensereignisses tatsächlich ausgefallen ist und er während dieser Zeit das Fahrzeug hätte nutzen können, wollen und dürfen. Dies setzt zunächst eine hypothetische Nutzungsmöglichkeit voraus. 334

---

386 *OLG Düsseldorf* NJW 2008, 1964.
387 *BGH* NJW 2008, 915.
388 *BGH* NJW 1975, 922.
389 Urt. v. 29.9.2005 – Az. 12 U 235/04.
390 *AG Wiesbaden* zfs 1991, 235.
391 *OLG Brandenburg* SVR 2007 Heft 6 VII nur L.

a) Ausfall des Kfz

335 Nur bei einem Fahrzeug, das vor dem Unfall einsatzfähig war, kann der Ausfall der Nutzung erstattungsfähig sein. Voraussetzung ist somit eine fühlbare Entbehrung der Nutzungsmöglichkeit.[392] Daher muss das Fahrzeug zugelassen,[393] versteuert und versichert gewesen sein. Stand die Zulassung unmittelbar bevor und wird sie innerhalb der reparaturbedingten Ausfallzeit vollzogen, besteht von diesem Tage an bis zum Ende der Ausfallzeit ein Anspruch auf Nutzungsentschädigung. Bei einer Ersatzbeschaffung für ein unfallbeschädigtes Kfz, das unmittelbar vor der Zulassung stand, wird Nutzungsausfall ab dem Tag der geplanten Zulassung gezahlt. Beweispflichtig ist hierfür der Anspruchsteller.

336 Ausschlaggebend ist der tatsächliche Wegfall der Nutzungsmöglichkeit wegen der Durchführung der unfallbedingten Reparatur oder wegen einer Ersatzbeschaffung.[394] Dieser ist jedoch gerade nicht gegeben, wenn das Fahrzeug zum Zeitpunkt des Unfalls bereits so beschädigt war, dass es nicht mehr verkehrssicher war.[395]

Kein Anspruch auf Nutzungsausfallentschädigung entsteht dadurch, dass die Vollkaskoversicherung die Auszahlung der geschuldeten Versicherungsleistung verzögert, da es an einer unmittelbaren Einwirkung auf das Fahrzeug selbst fehlt.[396]

337 Ist das Kfz nach dem schädigenden Ereignis noch fahrbereit, also uneingeschränkt betriebs- und verkehrssicher, ist dem Geschädigten die Weiterbenutzung bis zur Durchführung der Reparaturarbeiten zuzumuten. Dies gilt selbst dann, wenn das Fahrzeug wegen seines geringen Wertes bereits als wirtschaftlicher Totalschaden gilt. Diese Einordnung sagt nichts über die Fahrbereitschaft aus. Weiß der Geschädigte in einer solchen Konstellation, dass mit einem zeitnahen Instandsetzen nicht zu rechnen ist und gibt er sein fahrbereites Fahrzeug dennoch in die Werkstatt, so verstößt er gegen die Schadensminderungspflicht nach § 254 Abs. 2 BGB. Dasselbe gilt, wenn die Fahrbereitschaft im Wege einer geringfügigen Notreparatur wiederhergestellt werden kann, beispielsweise durch Austausch der Leuchtmittel.[397] Tritt durch die Beschädigung an einem geringwertigen Fahrzeug ein wirtschaftlicher Totalschaden ein, so entfällt bei fortbestehender Fahrbereitschaft der Anspruch auf Nutzungsausfallentschädigung. Er entfällt bei Weiternutzung des unreparierten Fahrzeugs selbst dann, wenn das Kfz zwar fahrbereit, aber nicht verkehrssicher ist.[398] Auch wenn der Geschädigte irrig davon ausgeht, dass sein beschädigtes Fahrzeug noch fahrbereit ist und es weiter nutzt, steht ihm kein Anspruch auf Nutzungsausfallentschädigung zu.[399] Denn durch die Weiternutzung entsteht gerade kein Vermögensschaden.

338 Die Vorlage einer Originalrechnung ist gerade nicht Bedingung für die Geltendmachung der Nutzungsausfallentschädigung. Entscheidend ist nicht das Wie, sondern das Ob. Die Wiederherstellung der Gebrauchsmöglichkeit kann durch eine Fremdreparatur, eine Eigenreparatur oder eine Ersatzbeschaffung erfolgen.[400] Dass das Fahrzeug wieder instandgesetzt worden ist, kann auch durch entsprechende Bilder nachgewiesen werden;[401] anders soll dies aber sein, wenn sich das Fahrzeug nach dem Unfall noch in verkehrssicherem, fahrfähigen Zustand befunden hat.[402] Dass einer dieser Wege vom Geschädigten beschritten wurde, ist vom Geschädigten unter Beweis zu stellen.[403] Nur im Be-

---

392 *OLG Stuttgart* BeckRS 2010, 11513.
393 *Gruber* NZV 1991, 303.
394 *LG Dessau* SP 1999, 422.
395 *LG Stralsund* SP 2007, 259.
396 *OLG Hamm* r+s 2011, 154.
397 *OLG Düsseldorf* BeckRS 2008, 00085.
398 *Halm/Fitz* SVR 2007, 413.
399 *OLG München* NJOZ 2011, 406.
400 *Kappus* NJW 2008, 891.
401 *AG Berlin-Mitte* SVR 2010, 304.
402 *Balke* SVR 2010, 305.
403 *OLG München* BeckRS 2010, 07227.

streitensfall wird das Kfz einem Sachverständigen zur Nachbesichtigung vorgeführt; hierfür anfallende Kosten trägt der Verursacher, also der bestreitende Schädiger. Die fiktive Abrechnung ist beim Nutzungsausfallschaden danach nicht möglich,[404] anders das *AG Mayen*,[405] welches eine Nutzungsentschädigung auch für die hypothetische Reparaturdauer zugesprochen hat. Einschränkend wird dazu auch die Ansicht vertreten, dass die Nutzungsausfallentschädigung für den Fall fiktiv abgerechnet werden kann, wenn nach einem Totalschaden die Ersatzbeschaffung eines Fahrzeugs nicht nachgewiesen wurde.[406]

▶ Praxistipp:

Wird das Fahrzeug in Eigenregie instandgesetzt, so kann der Nachweis des Nutzungsausfalls durch Bilder vom reparierten Fahrzeug erbracht werden. Soweit die Versicherung dies nicht anerkennt, kann das Fahrzeug auf deren Kosten wiederum dem Sachverständigen, welcher das Schadensgutachten erstellt hat, zur Bestätigung der durchgeführten Reparatur vorgeführt werden.

b) Tatsächliche Hinderungsgründe

Eine Entschädigung für entgangene Gebrauchsvorteile kommt dann nicht in Betracht, wenn der Nutzungsberechtigte aus tatsächlichen Gründen nicht in der Lage war, sein Fahrzeug zu nutzen. Voraussetzung für die Gewährung einer Nutzungsausfallentschädigung ist nämlich der Nutzungswille und die – zumindest hypothetische – Nutzungsmöglichkeit.[407] 339

Keine Nutzungsausfallentschädigung ist für den Zeitraum einer polizeilichen Beschlagnahme des Kfz zu gewähren, und zwar selbst dann nicht, wenn diese Maßnahme in einem adäquaten Kausalzusammenhang mit dem betreffenden Unfall steht. 340

Ist der Nutzungsberechtigte selbst infolge der Unfallverletzung – beispielsweise wegen Bettlägerigkeit – oder durch Ortsabwesenheit nur zeitweilig verhindert, sein Kfz zu nutzen, so liegt ein derartiger tatsächlicher Hinderungsgrund nur für den Zeitraum vor, in dem die Möglichkeit der Nutzung des Kfz ausgeschlossen war.[408] Eine andere Ansicht vertritt *Boetzinger*,[409] wonach auf den Zeitpunkt des Unfallgeschehens abzustellen ist: In diesem hatte der Geschädigte unzweifelhaft den Nutzungswillen. Daher könne es keinen Unterschied machen, ob der Geschädigte aufgrund eines selbstständigen Entschlusses auf die Anmietung eines Fahrzeugs verzichtet, oder weil er aus gesundheitlichen Gründen nicht in der Lage ist, ein Fahrzeug zu führen. Anders liegt der Fall jedoch, wenn der Nutzungsberechtigte nicht so erheblich verletzt ist, dass er sich von einem Anderen fahren lassen könnte. Unter dieser Prämisse steht dem Geschädigten durchaus eine eigene Nutzungsausfallentschädigung zu. 341

▶ Praxistipp:

Auch im Falle eines gebrochenen linken Beins kann ein Pkw mit Automatikgetriebe durchaus noch geführt werden, so dass hier kein Hinderungsgrund gegeben ist.

Der Geschädigte kann trotz verletzungsbedingter Nutzungsbehinderung in seinen Nutzungsmöglichkeiten auch dann beeinträchtigt sein, wenn er das Kfz in der Weise nutzt, dass er es Dritten zur Verfügung stellt. Dann muss das beschädigte Kfz aber zu diesem Zweck angeschafft worden sein oder es müssten sich entsprechend konkrete Gebrauchsgewohnheiten und -absichten gebildet haben. Von derartigen Gewohnheiten und Absichten kann nicht bei der lediglich abstrakten Möglichkeit ausgegangen werden, dass Verwandte oder Bekannte das betreffende Fahrzeug hätten benut- 342

---

404 *LG* Koblenz SVR 2011, 152; *AG Limburg* SVR 2010, 108.
405 Az. 2B C 659/08 vom 3.7.2009.
406 *AG Berlin-Mitte* SP 2010, 16.
407 *OLG Düsseldorf* BeckRS 2008, 11936.
408 *OLG Stuttgart* SP 1996, 350; *LG Gießen* SP 1998, 167.
409 zfs 2000, 45.

zen können. Vielmehr sind strenge Anforderungen an die Darlegung der Nutzung durch Dritte zu legen.[410]

▶ **Praxistipp:**

In einem so gelagerten Fall sollte der Anwalt möglichst genau belegen, dass entsprechende Vereinbarungen bereits vor dem Unfall getroffen wurden.

Unzweifelhaft ist der Nutzungswille aber gegeben, wenn das Familienfahrzeug auch vom Ehegatten oder Lebenspartner gefahren wird.

c) Rechtliche Hinderungsgründe

343 Wäre dem Anspruchsberechtigten eine Benutzung seines unbeschädigten Kfz aus Rechtsgründen nicht möglich, stehen also rechtliche Hinderungsgründe der Benutzung auch eines Mietwagens entgegen, so kann er für den betreffenden Zeitraum keine Entschädigung für entgangene Gebrauchsvorteile verlangen, da es insoweit an der anspruchsbegründenden Voraussetzung der – zumindest hypothetischen – Nutzungsmöglichkeit mangelt.

344 Ist gegen den Geschädigten zeitweilig ein Fahrverbot verhängt oder ist ihm gar die Fahrerlaubnis entzogen worden, entfällt der Anspruch auf Nutzungsausfallentschädigung.[411] Er kann sich aber, sofern dies seinem allgemeinen Lebenszuschnitt und seinen vorgeprägten Gewohnheiten auch bereits vor dem Unfall entsprach, in seinem Pkw auch weiter fahren lassen. In der Person des Berechtigten liegende, somit also rein subjektive Hinderungsgründe können im Übrigen nur seinen eigenen Ansprüchen aus Nutzungsausfall entgegenstehen. Bei weiteren Nutzungsbefugten bleibt deren Ersatzanspruch unberührt.

345 Rechtliche Hinderungsgründe, die nicht einen einzelnen Fahrberechtigten, sondern das Fahrzeug selbst betreffen, können durch zwangsweise Stilllegung des Fahrzeuges oder durch Beendigung des Haftpflichtschutzes eintreten. In diesen Fällen ist das Fahrzeug vorhanden, darf aber von keiner Person im öffentlichen Straßenverkehr benutzt werden. Sofern der rechtliche Hinderungsgrund nur anlässlich des Schadensereignisses entstanden ist, schließt dies den Ersatzanspruch nicht aus. Ein rechtlicher Hinderungsgrund ist auch bei Fahrzeugen mit Saisonzulassung bei Ablauf des Saisonkennzeichens gegeben, da das Fahrzeug ab diesem Zeitpunkt – unabhängig vom Unfall – nicht mehr hätte genutzt werden können.[412]

d) Eigener Zweitwagen

346 Eine Entschädigung für entgangene Gebrauchsvorteile kann der Nutzungsberechtigte nicht verlangen, wenn ihm während der Ausfallzeit ein nicht voll ausgenutzter eigener Zweitwagen zur Verfügung steht.[413] Die Schadensminderungspflicht gebietet in solchen Fällen den Rückgriff auf einen vorhandenen und nutzungsbereiten Zweitwagen;[414] so stand im entschiedenen Fall dem Geschädigten neben dem beschädigten Ferrari noch ein Porsche 911 als Zweitwagen zur Verfügung. Der Geschädigte kann jedoch nicht auf einen Zweitwagen innerhalb des Familienverbundes verwiesen werden, wenn dieses Kfz im relevanten Zeitraum von anderen Familienmitgliedern benutzt wird.

---

410 *AG Gummersbach* SVR 2011, 309.
411 *AG Berlin-Mitte* SP 2007, 185.
412 *OLG Stuttgart* BeckRS 2010, 11513.
413 *BGH* VersR 1976, 170 mit Anm. *Klimke*; VersR 1976, 828; *OLG Brandenburg* SP 1998, 167; *OLG Frankfurt/M.* SP 1999, 347; *OLG Brandenburg* SVR 2007 Heft 6 II nur L.
414 *OLG Jena* NJW-RR 2004, 1030.

e) Kostenlose Ersatzwagenstellung durch Dritte

Stellt ein Dritter – ein Familienangehöriger oder der Arbeitgeber – dem Geschädigten während der Ausfallzeit einen Ersatzwagen unentgeltlich zur Verfügung, so braucht der Geschädigte sich diesen Vorteil im Verhältnis zum Ersatzpflichtigen nicht anrechnen zu lassen, sondern kann eine (abstrakte) Entschädigung für entgangene Gebrauchsvorteile verlangen. Insoweit gilt der Grundsatz der Unbeachtlichkeit freiwilliger Drittleistungen.[415] Anders ist der Fall zu beurteilen, wenn der Dritte – ein Autohaus – gerade nicht dem Geschädigten aufgrund einer besonderen Beziehung einen Vorteil gewähren möchte, ohne den Schädiger dadurch zu entlasten, sondern ihm aus anderen Erwägungen ein kostenloses Fahrzeug zur Verfügung stellt. Dies kann bspw. der Fall sein, um lange Lieferzeiten von Ersatzteilen zu überbrücken, also die Kundenbindung und Imagepflege im Vordergrund steht. Das gleiche gilt auch für die zur Stellung eines Fahrzeugs zum Freundschaftspreis. Dafür spricht auch das Argument, dass der Dritte sich den Anspruch auf Ersatz der Mietkosten vom Geschädigten abtreten lassen kann.[416]

347

f) Zusätzliche Entschädigung bei Anmietung eines vom Typ her kleineren und weniger komfortablen Ersatzwagens?

Hat der Geschädigte während der Ausfallzeit ein kleineres und weniger komfortables Ersatzfahrzeug angemietet, so begründet der in der Abgrenzung zum eigenen Kfz liegende Komfortverzicht für sich allein betrachtet noch keinen Anspruch auf eine zusätzliche Entschädigung für entgangene Gebrauchsvorteile. In der Anmietung eines kleineren bzw. weniger komfortablen Kfz liegt keine zusätzliche Benachteiligung mit vermögensrechtlichem Einschlag. Die Anmietung eines kleineren Kfz kann unter dem Gesichtspunkt der Verhältnismäßigkeit sogar geboten sein, wenn ein gleichwertiges Fahrzeug nur zu einem besonders hohen Mietzins zu erhalten ist.

348

Eine davon abweichende Beurteilung ist lediglich dann gerechtfertigt, wenn dem Geschädigten durch die Benutzung des billigeren Mietwagens gerade mit Rücksicht auf den von ihm in Kauf genommenen Komfortverzicht oder eine sich daraus ergebende Leistungsdifferenz eine spürbare wirtschaftliche Beeinträchtigung mit vermögensrechtlichem Einschlag entstanden ist[417] oder wenn das angemietete Ersatzfahrzeug den besonderen Bedürfnissen des Geschädigten im Hinblick auf den mit der Ersatzanmietung verfolgten Nutzungszweck nicht ausreichend gerecht geworden ist. Die obere Grenze für eine besondere Entschädigung – sollte sie im Ausnahmefall tatsächlich einmal begründet sein – stellt jedoch die Differenz der Nutzungspauschale des beschädigten Kfz zu der Ausfallpauschale dar, die für einen Typus des angemieteten Fahrzeuges zu zahlen gewesen wäre.

349

Nach der Auffassung des *BGH*[418] soll der Geschädigte dann, wenn die Anmietung eines wesentlich einfacheren Ersatzfahrzeugs nach Berücksichtigung der unter dem Gesichtspunkt des Vorteilsausgleichs gebotenen Abzüge hinter dem Betrag einer Entschädigung für entgangene Gebrauchsvorteile zurückbleibt, berechtigt sein, statt der Mietwagenkosten die Nutzungsausfallentschädigung ersetzt zu verlangen. Vorstellbar ist dies bei einfachen Werkstattwägen, die gegen eine geringe Pauschale zum Erhalt der Mobilität vermietet werden. Oftmals ist dabei die Fahrleistung auf 30 bis 50 km je Tag beschränkt. Eine geringe Fahrleistung des gemieteten Fahrzeuges ist bei geltend gemachtem Nutzungsausfall – anders als bei der Geltendmachung von Mietwagenkosten – unschädlich und führt folglich nicht zu Abzügen des Erstattungsbetrages. Auch nach *OLG Düsseldorf*[419] ist beim Vergleich zwischen dem beschädigten Fahrzeug und dem Ersatzfahrzeug nicht nur auf das Grundbedürfnis der Mobilität abzustellen; vielmehr richtet sich der Wert des Kfz nach Marke, Typ, Ausstattung, Alter und Erhaltungszustand.

350

---

415 *Wenger* MDR 1997, 798; *BGH* NJW 1970, 1120. OLG Stuttgart BeckRS 2010, 11513.
416 *OLG Jena* NZV 2009, 388.
417 *BGH* VersR 1967, 183; *Halbgewachs* NZV 1997, 497.
418 NJW 1970, 1120.
419 NJW 2008, 1964.

4. Nutzungswille

351 Ein Anspruch des Geschädigten auf eine Entschädigung für entgangene Gebrauchsvorteile setzt – neben der zumindest hypothetischen Nutzungsmöglichkeit – auch ein subjektives Fahrbedürfnis, also einen Nutzungswillen voraus. Dies bedeutet, dass eine Entschädigung für entgangene Gebrauchsvorteile dann nicht zuzubilligen ist, wenn der Geschädigte sein Kfz ohne den Unfall während der Ausfallzeit ohnehin nicht hätte nutzen wollen.

a) Fahrbedürfnis

352 Die Lebenserfahrung spricht dafür, dass zumindest in der Person des Halters bzw. eines sonstigen Nutzungsberechtigten während des unfallbedingten Ausfalls des Kfz ein Fahrbedürfnis vorhanden war[420]. Nach dem *LG Leipzig* wird der Nutzungswille grundsätzlich vermutet.[421] Andererseits zeigt sich, dass privat genutzte Fahrzeuge nicht »pausenlos« im Einsatz sind. Nutzungsausfallentschädigung wird daher nicht gewährt, wenn in Intervallen repariert wird, so dass der Verlust der Nutzungsmöglichkeit für den Geschädigten nicht spürbar geworden ist. Ähnlich soll es sich nach Auffassung des *AG Oldenburg*[422] bei einem Bagatellschaden verhalten, der die Verkehrs- und Betriebssicherheit nicht beeinträchtigt und bei dem zumutbarer Weise der Schaden bei einer ohnehin fälligen Reparatur oder Inspektion beseitigt werden kann.

▶ **Praxistipp:**

Auch wenn der Geschädigte kurz nach dem Unfall eine Urlaubsreise antritt, ist die Beeinträchtigung während der Reisedauer nicht spürbar, so dass für diese Zeit keine Nutzungsausfallentschädigung verlangt werden kann.

353 Fährt der Geschädigte entsprechend seinen vorgeprägten Gewohnheiten nur an bestimmten Tagen oder zu bestimmten Zeiten, so kann in der Regel nur für diese Zeiträume eine Nutzungsausfallentschädigung geltend gemacht und gewährt werden. Dies gilt z. B. für den sog. »Sonntagsfahrer«, der sein Kfz werktags in der Garage stehen lässt: Er kann nur für die Tage an den Wochenenden, an denen er seinen Wagen sonst benutzt hätte, eine Entschädigung für entgangene Gebrauchsvorteile verlangen.[423] Derartige Schlüsse auf die Lebensgewohnheiten können allerdings nicht pauschal gemacht werden, sondern setzen konkrete Ausführungen des Anspruchsgegners voraus. In der Praxis stellt sich das Erforschen des Nutzungswillens zum Zweck der Entschädigungsreduzierung als zu aufwändig und daher unwirtschaftlich dar. Aus der vorzeitigen Rückgabe eines Mietwagens kann nicht geschlossen werden, dass der Anspruchsberechtigte keinen über den Zeitraum hinausgehenden Nutzungswillen gehabt hat.[424] Auch eine kurzzeitig verzögerte Anmietung eines Ersatzfahrzeugs führt nicht zu diesem Ergebnis, so das *AG Minden* für einen Zeitraum von 22 Tagen.[425] In der saisonalen Zulassung eines Fahrzeugs kann das Fehlen des Nutzungswillens für die übrige Zeit vermutet werden.[426]

b) Totalschaden

354 Grundsätzlich steht dem Geschädigten eine Entschädigung für entgangene Gebrauchsvorteile auch für den Fall zu, dass an seinem Kfz ein wirtschaftlicher Totalschaden eingetreten ist. Auch beim Totalschaden ist Voraussetzung für den Anspruch, dass der Nutzungswille durch eine zeitnahe Ersatz-

---

420 *OLG Düsseldorf* BeckRS 2008, 00085.
421 BeckRS 2009, 88469.
422 VersR 1979, 1042.
423 *Hillmann* zfs 2001, 341.
424 *OLG Düsseldorf* VRR 2007, 269.
425 BeckRS 2010, 07664.
426 *OLG Stuttgart* BeckRS 2010, 11513.

anschaffung belegt wird.[427] Einen konkreten Nutzungsausfall verneint das *AG Bielefeld*[428] mit Rücksicht darauf, dass der Geschädigte sich erst 5 Monate nach dem Unfall ein Ersatzfahrzeug oder statt des beschädigten Pkw ein Kraftrad angeschafft hat, ebenso *AG Köln*[429] für einen Zeitraum von 7 Monaten bis zur Anschaffung eines Ersatzfahrzeugs, *AG Bergheim*[430] bei knapp 10 Monate und *AG Gummersbach*[431] bei 1,5 Jahre, woran auch die Anschaffung eines deutlich höherwertigen Fahrzeugs nichts ändern soll. Dagegen beweist nach *LG Braunschweig*[432] bereits die Tatsache, dass der Geschädigte zum Unfallzeitpunkt im Besitz eines Fahrzeugs gewesen ist, dessen Nutzungswille; dieser wird durch eine nicht zeitnahe, sondern erst späte Anschaffung eines Ersatzfahrzeugs nicht beseitigt. Ein Ersatzbeschaffungszeitraum von 13 Monaten kann ausreichend sein, wenn dem Geschädigten in der Zwischenzeit ein Fahrzeug aus der Verwandtschaft zur Verfügung stand.[433] Schafft sich der Geschädigte jedoch kein Ersatzfahrzeug an, so ist kein Nutzungswille gegeben.[434] Etwas anderes soll beim Verzicht auf eine Ersatzanschaffung gelten, wenn der Geschädigte durch eine intensive Nutzung des Mietwagens seinen Nutzungswillen dokumentiert hat.[435] Wenn der Nutzungswille ohne Ersatzanschaffung nachgewiesen werden kann, entfällt der Anspruch auf Nutzungsausfallentschädigung nicht.[436]

c) Entschädigung trotz Mietwagen oder Taxi

Der Anspruch auf Entschädigung für entgangene Gebrauchsvorteile ist an sich für jeden einzelnen Tag unter Berücksichtigung der gerade an diesem Tage vorliegenden konkreten Situation zu ermitteln. So kann es durchaus sein, dass im Zuge des dem Geschädigten innerhalb der Grenzen des § 254 Abs. 2 BGB zustehenden Wahlrechts an einzelnen Tagen eine Ersatzanmietung erforderlich war, während der Geschädigte an anderen Tagen im Hinblick auf das dann geringere Fahrbedürfnis entweder auf die bedarfsgerechte Inanspruchnahme von Taxis zurückgreifen konnte bzw. in der Lage war, auf die Gebrauchsvorteile seines Kfz – ggf. unter Inkaufnahme gewisser Unbequemlichkeiten – ersatzlos zu verzichten. Bereits dieses Beispiel macht hinreichend deutlich, dass der Geschädigte für einzelne Tage Mietwagenkosten abrechnen darf, während er an anderen Tagen lediglich die Taxikosten ersetzt erhält beziehungsweise eine Ausfallpauschale in Anspruch nimmt.[437] 355

Wenn der Ausfallschaden auf diese Weise nach den Grundsätzen »konkret« ermittelt wird, bleibt für eine anderweitige oder gar zusätzliche Entschädigung kein Raum. Es ist also nicht richtig, dass die pauschal zu berechnende Nutzungsausfallentschädigung den Mindestschaden darstellt. Dies gilt beispielsweise auch für den Fall, dass der Geschädigte die anstehenden Fahrten unter Benutzung von Taxis ausführen konnte. Er hat dann seinen ganz persönlichen Ausfallschaden nach der »konkretesten« aller denkbaren Erscheinungsformen abgerechnet; somit wäre es unzutreffend, ihm einen zusätzlichen Betrag bis zum Gegenwert der entgangenen Gebrauchsvorteile zuzubilligen, wenn die Taxikosten abzüglich der eingesparten Betriebskosten des eigenen Fahrzeuges hinter dem Tagessatz der Nutzungsausfallentschädigung zurückbleiben. 356

Aus der unterlassenen Ersatzanmietung oder Inanspruchnahme von Taxis kann somit nicht der Schluss gezogen werden, dass während der Ausfallzeit weder Nutzungswille noch Nutzungsmöglichkeit als anspruchsbegründende Voraussetzungen für die Geltendmachung einer Nutzungsausfallent- 357

---

427 *LG Dessau* SP 1999, 422; *AG Neubrandenburg* SP 1999, 276; *AG Duisburg* SP 2007, 105; *AG Schondorf* SP 2006, 173; a. A. *LG Nürnberg-Fürth* DAR 2000, 72; *AG Hanau* zfs 1995, 415.
428 r+s 1984, 102; *AG Bremerhaven* SP 1994, 187.
429 SP 2009, 403.
430 BeckRS 2011, 00456.
431 VRR 2010, 403.
432 NZV 2006, 41; *Halm* SVR 2006 254.
433 *AG Berlin-Mitte* SP 2006, 319.
434 *OLG Hamm* BeckRS 2002, 00325.
435 *LG Karlsruhe* SVR 2006, 225.
436 *KG* NZV 2004, 470; *AG Linden* SP 2005, 419; *OLG Düsseldorf* NZV 2003, 379.
437 *OLG Schleswig* SVR 2006, 32.

schädigung bestanden haben. Benutzt der Geschädigte indes nur an einzelnen Tagen ein Taxi bzw. einen Mietwagen oder gibt er das Mietfahrzeug vorzeitig zurück, werden in der Praxis gleichwohl oftmals negative Rückschlüsse auf Nutzungswillen und Nutzungsmöglichkeit während des restlichen Zeitraumes gezogen. Das gleiche gilt für den Fall der trotz ordnungsgemäßer Regulierung verzögerten Ersatzbeschaffung, die ebenfalls als Negativ-Indiz für die nur geringe Wertschätzung der Gebrauchsvorteile des eigenen Kfz in Betracht gezogen werden kann.

5. Gewerblich genutzte Kfz

358 Der *BGH* hat seine Rechtsprechung nicht anhand gewerblich genutzter Fahrzeuge, sondern privat genutzter Pkw entwickelt. So beschränkt er ausdrücklich seine allgemeinen Erwägungen auf die Verfügbarkeit von Fahrzeugen außerhalb des gewerblichen Bereichs und verneint die Übertragbarkeit der entwickelten Grundsätze zum privat genutzten Pkw auf den gewerblich genutzten Lkw.[438] Insbesondere bei Taxen kann daher der Verdienstausfall nicht abstrakt anhand der Tabellen von *Sanden/Danner/Küppersbusch* bestimmt werden, sondern es ist auf den konkret zu berechnenden entgangenen Gewinn abzustellen.[439] Dies gilt nach dem *BGH* auch dann, wenn der Unternehmer ein gleichwertiges Ersatzfahrzeug zum Freundschaftspreis anmietet; eine weitergehende Nutzungsausfallentschädigung ist neben den gezahlten Mietkosten schon mangels fühlbarer Beeinträchtigung nicht zu gewähren[440]. Anders *OLG Naumburg*,[441] wonach jedenfalls in den Fällen, in denen kein Ersatzfahrzeug angemietet worden ist und somit wesentlich höhere Kosten vermieden worden sind, als Mindestschaden Nutzungsausfallentschädigung zu gewähren ist. Das Gericht begründet dies damit, dass auch beim gewerblich genutzten Fahrzeug Fallgestaltungen denkbar sind, in denen trotz Nutzungsausfall keine Einnahmeverluste entstehen.

359 Beim Ausfall eines Nutzfahrzeuges, das unmittelbar der Erzielung eines Gewerbeertrags dient, kann der Schaden nicht auf der Basis der Vorhaltekosten abgerechnet werden; insofern kommt ausschließlich ein Verdienstausfall, also ein im Einzelnen nachzuweisender Erwerbsschaden i. S. v. § 252 BGB, in Betracht. Der *BGH*[442] geht davon aus, dass sich bei einem unmittelbar der Erbringung gewerblicher Leistungen dienenden Nutzfahrzeug »die Gebrauchsentbehrung unmittelbar in einer Minderung des Gewerbeertrags niederschlagen (werde), und zwar entweder durch den Entgang von sonst zu erwartenden Einnahmen (§ 252 BGB) oder über die mit einer Ersatzbeschaffung verbundenen Unkosten«. Soweit dies zutreffe, hat der Geschädigte den Gewerbeentgang konkret zu berechnen.[443] Die Möglichkeit der abstrakten Berechnung des Entbehrungsschadens bedeute insoweit keine Wahlmöglichkeit, sondern tritt hilfsweise da ein, wo es infolge besonderer persönlicher Anstrengungen oder Verzicht des Geschädigten nicht zu einem Niederschlag im Gewerbeertrag gekommen ist. Der Verdienstausfall kann auch nicht abstrakt in Höhe der Tagessätze aus der Tabelle *Sanden/Danner/Küppersbusch* geltend gemacht werden.[444] Diese Ansicht vertritt das *OLG Stuttgart*[445] in dem Fall, dass ein Unternehmer sich nach der Beschädigung des Geschäftsfahrzeugs überobligatorisch behilft und daher keinen konkreten Ausfallschaden nachweisen kann. Dieser soll den Nutzungsentgang nach der Tabelle von *Sanden/Danner/Küppersbusch* berechnen können. Der Anspruch auf Schadenersatz wird durch § 252 Abs. 2 BGB begrenzt.[446] Wird das Fahrzeug jedoch nicht unmittelbar zur Gewinnerzielung genutzt, wie beispielsweise ein Taxi oder ein Nutzfahrzeug, so kann nach Ansicht des *OLG Düsseldorf*[447] die Geltendmachung einer Nutzungsausfallentschädigung nach der Ta-

---

438 *BGH* DAR 1976, 69.
439 *KG* NZV 2007, 244; *OLG Bremen* VRR 2008, 347.
440 DAR 2008, 140.
441 NJW 2008, 2511 mit Anm. *Berg*; *Halm/Fitz* DAR 2008, 517.
442 BGHZ 70, 199.
443 *BGH* SVR 2008, 138.
444 *KG* NZV 2007, 244.
445 DAR 2007, 33.
446 *BGH* DAR 2005, 21; NZV 2005, 135.
447 OLGR 2001, 453.

belle *Sanden/Danner/Küppersbusch* in Betracht kommen. Denn auch in diesen Fällen kann es zu einer spürbaren Beeinträchtigung des betrieblichen Ablaufs kommen.[448] Dieser Ansicht scheint sich nunmehr auch der *BGH* anzuschließen. In seiner Entscheidung[449] führt er aus, dass es in den Fällen, in denen kein bezifferbarer Verdienstausfall gegeben ist, dem Geschädigten grundsätzlich nicht verwehrt ist, Nutzungsausfallentschädigung geltend zu machen. Dies gilt, soweit ein fühlbarer wirtschaftlicher Nachteil für den Geschädigten eingetreten ist. Entscheiden musste der *BGH* die Frage jedoch nicht, da die Voraussetzungen nicht vorlagen. Auch in der neueren obergerichtlichen Rechtsprechung zeigt sich vermehrt eine Tendenz dahingehend, auch bei gewerblich genutzten Fahrzeugen, welche jedoch nicht der direkten Gewinnerzielung dienen, einen Anspruch auf Nutzungsausfallentschädigung zu gewähren. Auch hier ist Voraussetzung, dass der Wegfall der Nutzung sich nicht unmittelbar in einer Minderung des Gewinns niederschlägt und dennoch für das Unternehmen ein fühlbarer wirtschaftlicher Nachteil eingetreten ist.[450]

▶ Praxistipp:

Kann daher bei einem zwar gewerblich, aber nicht unmittelbar zur Gewinnerzielung genutzten Fahrzeug der konkrete Gewinnentgang nicht bestimmt werden, so ist zu prüfen, ob dennoch die Voraussetzungen für die Geltendmachung von Nutzungsausfallentschädigung vorliegen.

Auch für die eintrittspflichtige Versicherung kann bei gewerblich genutzten Fahrzeugen die Abrechnung anhand der genannten Tabellen interessant sein, da dadurch die aufwendige und daher kostenintensive Ermittlung des Gewinnentgangs durch einen Steuerberater vermieden werden kann.

Einem Gewerbebetrieb ist es nicht versagt, Reservehaltungskosten als Vorhaltekosten geltend zu machen, sofern die anspruchsbegründenden Voraussetzungen vorliegen. Dem steht auch nicht entgegen, dass im Zeitpunkt des Unfalls der Betrieb über eine größere Anzahl ungenutzter weiterer Fahrzeuge verfügt. Einwendungen dieser Art gehen schon deswegen fehl, weil dem Schädiger die Reservehaltungskosten lediglich pro rata temporis für den Zeitraum in Rechnung gestellt werden, in dem das betroffene Fahrzeug unfallbedingt ausgefallen ist. Hinzu kommt, dass gerade bei Nutzfahrzeugen langfristige Dispositionen getroffen werden müssen, so dass eine unterschiedliche Auslastung des Fahrzeugparks nicht zu einer Verkürzung eines »an sich« begründeten Anspruchs auf Ersatz von Reservehaltungskosten führt. 360

Handelt es sich um Nutzfahrzeuge, die für andere (private) Zwecke üblicherweise nicht genutzt werden, ist für arbeitsfreie Tage keine Nutzungsausfallentschädigung zu gewähren. Dies gilt jedoch dann nicht, wenn es sich bei dem Firmenfahrzeug um einen Kombiwagen auf Pkw-Fahrgestell handelt, der dem Unternehmer auch an den arbeitsfreien Wochenenden für private Zwecke nach freiem Belieben zur Verfügung steht und anstelle eines Pkw benutzt wird. Demgegenüber reicht es nicht aus, wenn es sich bei dem Nutzungsberechtigten um den angestellten Geschäftsführer des betroffenen Unternehmens handelt, weil dieser im Allgemeinen als Dritter gilt, dem keine Schadenersatzansprüche aus originärem Recht zustehen. 361

Ähnliche Überlegungen können dann zum Tragen kommen, wenn dem Geschäftsführer oder einem sonstigen leitenden Angestellten ein vertragliches Recht auf Benutzung des Firmenwagens und gleichzeitig auch körperlicher Besitz bereits vor dem Unfall an dem Firmenwagen eingeräumt worden ist. Unter dieser Voraussetzung ist der Berechtigte wegen der widerrechtlichen Störung eines bereits vor Eintritt des Schadens rechtsfehlerfrei erworbenen und ausgeübten Besitzes aus eigenem 362

---

448 Auch *OLG Stuttgart* NZV 2005, 309; NZV 2007, 414; *OLG Schleswig* OLGR 2005 601; SVR 2006 221; *Hillmann* zfs 2001, 341.
449 VRR 2008, 142.
450 *OLG München* DAR 2009, 703; *OLG Rostock* BeckRS 2009, 88813; *OLG Düsseldorf* NJW-RR 2010, 687; *AG Bremen* NJW-RR 2009, 1252.

Recht zur Geltendmachung von Schadenersatzansprüchen im Sinne einer Nutzungsausfallentschädigung bzw. Ersatzanmietung aktiv legitimiert.

363 Bei gemischter Nutzung, also sowohl gewerblicher als auch privater, kann für den Zeitraum der üblichen privaten Nutzung eine Ausfallentschädigung geltend gemacht werden; für die übrige Zeit muss der konkrete Gewinnausfall dargelegt werden.[451] Dies kann anhand der steuerlichen Aufteilung geschehen.[452]

▶ Praxistipp:

Bei der sowohl gewerblichen wie auch privaten Nutzung eines Fahrzeugs sollte der Rechtsanwalt bei der Geltendmachung der Ansprüche klar zwischen diesen beiden Nutzungsarten unterscheiden und hinsichtlich der jeweiligen Anteile Nutzungsausfallentschädigung und entgangenen Gewinn gesondert geltend machen. Ansonsten droht ein zumindest teilweises Unterliegen im Rechtsstreit.

6. Behördenfahrzeuge

364 Nach der Auffassung einiger Gerichte[453] steht der Behörde ein Anspruch auf Nutzungsausfallentschädigung zu, wenn sich der Verzicht des Fahrzeugs bei der Behörde als fühlbarer wirtschaftlicher Nachteil auswirkt. Voraussetzung ist, dass eine Nutzung sonst beabsichtigt und möglich gewesen wäre. Diese Rechtsprechung gibt Anlass zu Bedenken. So vertritt das *LG Frankfurt/M.*[454] die Auffassung, dass beim Ausfall eines Funkstreifenwagens dem Halter keine Entschädigung für entgangene Gebrauchsvorteile zusteht: Eine große Behörde müsse sich darauf einstellen, dass Fahrzeuge durch technische Mängel oder Verkehrsunfälle ausfallen. Sie sei daher verpflichtet, einen so ausreichenden Fahrzeugpark zu unterhalten, dass ein ordnungsgemäßer ununterbrochener Betrieb jederzeit gewährleistet ist. Auch nach Ansicht des *OLG Hamm*[455] treten die vom *BGH* geforderten Auswirkungen in dieser Form nur bei Privatpersonen auf. Dieser Auffassung ist zuzustimmen; es ist stets am Einzelfall zu prüfen, ob das betreffende Fahrzeug nicht ebenso gut ersatzlos ausfallen konnte, ohne dass der Verfügungsberechtigte dadurch in seiner wirtschaftlichen Bewegungsfreiheit eingeengt war. Eine Nutzungsausfallentschädigung hätte das klagende Land lediglich dann erhalten können, wenn es behauptet und nachgewiesen hätte, dass von den vorgehaltenen Reservefahrzeugen im relevanten Zeitpunkt keines verfügbar war.

Nach dem *OLG Köln*[456] muss zumindest eine fühlbare Beeinträchtigung des Behördenbetriebs von der Behörde dargelegt und nachgewiesen werden.

365 Nach der Auffassung des *AG Würzburg*[457] muss die Bundeswehr sich mit der Erstattung von Vorhaltekosten begnügen. Der *BGH* hat Nutzungsausfall für einen Krankentransportwagen der Bundeswehr, der während der Reparaturzeit ohnehin nicht benutzt worden wäre, zutreffend abgelehnt.[458] Nicht unbedenklich ist dagegen die Auffassung des *LG Frankfurt/M.*,[459] auch beim Ausfall eines Bundeswehrfahrzeuges sei grundsätzlich eine Nutzungsausfallentschädigung zu zahlen, sofern ein fühlbarer wirtschaftlicher Nachteil vorliegt. Dieser fehle, wenn von einer anderen Behörde ein Kfz während der Ausfallzeit zur Verfügung gestellt worden ist. Diese Auffassung ist abzulehnen, weil sie dem Prinzip, dass dem Schädiger unentgeltliche Drittleistungen nicht zugute kommen sollen, wi-

---

451 *OLG Jena* NJW-RR 2004, 1030.
452 Himmelreich/Halm/*Grabenhorst* Handbuch Kapitel 5 Rn. 70.
453 *OLG München* NZV 1990, 348; *OLG Düsseldorf* NZV 2005, 309.
454 zfs 1983, 202.
455 NZV 2004, 472.
456 SVR 2005, 346.
457 zfs 1980, 287; vgl. dazu auch *OLG Koblenz* VersR 1982, 808.
458 NJW 1985, 2471.
459 zfs 1986, 137.

derspricht. Im Ergebnis ist der Entscheidung jedoch zuzustimmen, weil der Bundeswehr durch den Ausfall eines ihrer Fahrzeuge in Friedenszeiten kein fühlbarer wirtschaftlicher Nachteil entsteht.

Für den Ausfall des Dienstfahrzeugs eines Försters kann nach dem *VG Kassel*[460] keine Nutzungsentschädigung verlangt werden. 366

7. Zweiräder

Für einen Entschädigungsanspruch kommt es insbesondere bei motorisierten wie nichtmotorisierten Zweirädern darauf an, ob die Fahrzeuge als tägliches Beförderungsmittel oder als Sportgerät zur Freizeitgestaltung genutzt werden. Soweit es sich um ein Sportgerät wie ein Rennrad oder ein Mountainbike handelt, fehlt es dann an einem messbaren wirtschaftlichen Schaden, wenn das Fahrrad nur in der Freizeit zu sportlichen Zwecken genutzt wird.[461] Handelt es sich dagegen um ein Gebrauchsfahrrad als Beförderungsmittel im Alltag, hat die Benutzbarkeit einen wirtschaftlichen Wert, der als Ausfallschaden reguliert werden muss.[462] 367

Beim Kraftrad muss der Halter zur Anspruchsbegründung darlegen, dass das Motorrad zur ständigen Nutzung wie ein Pkw gehalten wird.[463] Die tägliche Angewiesenheit und der tägliche Nutzungswille sind für die vermögenserhebliche Entbehrung entscheidend[464]und sind dann nicht gegeben, wenn eine Pkw als Ersatzfahrzeug zur Verfügung steht.[465] Wird ein Motorrad neben einem Pkw nur aus sportlichem Interesse oder zur Freizeitgestaltung verwendet, handelt es sich bei der unfallbedingten Nutzungseinbuße um einen immateriellen Schaden, der nicht erstattungsfähig ist.[466] Aus einer Zulassung des Motorrades mit Saisonkennzeichen (§ 9 Abs. 3 FZV) kann nicht auf die Verwendung als Hobbyfahrzeug geschlossen werden.[467] Nach einer Entscheidung des *OLG Düsseldorf*[468] kann für ein Motorrad auch dann Nutzungsausfallentschädigung geltend gemacht werden, wenn ein Ersatzfahrzeug in Form eines Pkw zur Verfügung gestanden hat. Dies wird damit begründet, dass das Motorrad im zu entscheidenden Fall nicht zu Freizeitzwecken genutzt wurde; ferner kann der spezifische Gebrauchsvorteil eines Luxusmotorrads nicht durch einen Zweitwagen ersetzt werden. Nutzungsausfall kann allerdings nur während des Zulassungszeitraums bestehen. Da Motorräder häufig nur bei guten Witterungsverhältnissen und am Wochenende gefahren werden, müssen an den Nachweis des Nutzungswillens strengere Anforderungen gestellt werden, zumal wenn neben dem Krad auch auf einen Pkw zugegriffen werden kann.[469] Dies kann jedoch auch dazu führen, dass der Ausfallzeitraum auf die »sonnigen« Tage beschränkt wird, wobei das Gericht von seinem Schätzungsermessen gemäß § 287 ZPO Gebrauch machen kann.[470] 368

8. Sonderfahrzeuge

Für den vorübergehenden Verlust eines Wohnwagens kann ohne konkreten Nachweis des erlittenen materiellen Schadens kein Nutzungsausfall geltend gemacht werden. Die abstrakte Entschädigung 369

---

460 Entscheidung v. 8.4.2008 – Az. 1 E 1404/07.
461 *AG Wetzlar* SP 1999, 313.
462 *KG* NZV 1994, 393; *AG Lörrach* DAR 1994, 501; a. A. *LG Hamburg* NZV 1993, 33.
463 *LG München* DAR 2004, 155; *Halm/Fitz* SVR 2005, 254.
464 *OLG Saarbrücken* NZV 1990, 312; *LG München* DAR 2004, 155; a. A. *AG München* v. 18.10.2002 – Az. 343 C 18936/02.
465 *LG Köln* BeckRS 2011, 04707.
466 *LG Kassel* SP 1997, 364; *AG Berlin-Mitte* SP 1999, 276; *LG Karlsruhe* BeckRS 2008, 24566; *AG Rheinberg* VRR 2009, 148.
467 A. A. *Wenker* VersR 2000, 1082.
468 NJW 2008, 1964; a. A. *LG Wuppertal* NZV 2008, 206.
469 *LG Heidelberg* SP 1994, 14.
470 *OLG Düsseldorf* NJW 2008, 1964, ausdrücklichen a. A. *LG Köln* BeckRS 2011, 04707; *AG Gummersbach* SVR 2011, 309.

für den Nutzungsausfall hat der *BGH*[471] für Wohnwagen versagt, da die Einsatzmöglichkeiten und Zwecke nicht mit dem Pkw zu vergleichen sind. Die jederzeitige Benutzbarkeit eines Wohnwagens stellt danach keinen unentbehrlichen Bestandteil allgemeiner Bedürfnisse dar, der es rechtfertigt, eine Entschädigung ohne konkreten Schadensnachweis zuzusprechen.

370 Auch ein Wohnmobil dient regelmäßig Urlaubs- und Erholungszwecken. Die Frage, ob im Falle der unfallbedingten Entziehung der Nutzung ein ersatzfähiger Vermögensschaden im Sinne einer abstrakt berechneten Nutzungsausfallentschädigung zusteht, hat der *BGH*[472] im Grundsatz verneint. Nutzungsausfallersatz kommt nur bei Sachen in Betracht, auf deren ständige Verfügbarkeit die eigenwirtschaftliche Lebenshaltung typischerweise ausgerichtet ist und bei denen die Nutzungseinbußen an objektiven Maßstäben gemessen werden können; nicht ausreichend ist eine lediglich individuelle Genussschmälerung. Dass sich auch Genussvorteile mit Geld erkaufen lassen, ändert daran nichts; vielmehr würde diese Argument gerade zu einer Aushöhlung der in § 253 BGB getroffenen Regelung führen. Daher ist die Nutzung eines ausschließlich Freizeitzwecken dienenden Wohnmobils nicht als vermögenswerter Vorteil anzusehen. Ausdrücklich nicht geklärt wurde die Frage, ob sich etwas anders ergibt, wenn das Wohnmobil für alltägliche Transportaufgaben eingesetzt wird. Dies verneint das *OLG Düsseldorf*.[473] Bei einer bereits geplanten Urlaubsreise ist eine konkrete Schadensberechnung vorzunehmen.[474]

371 Auch gut gepflegte Oldtimer sind regelmäßig Zweitfahrzeuge, die nicht als normales Verkehrs- und Beförderungsmittel genutzt benutzt werden. Sollte dies ausnahmsweise nachweislich doch der Fall sein, besteht Anspruch auf Nutzungsausfall.[475] Unproblematisch gehen von einem Anspruch auf Nutzungsausfallentschädigung *LG Berlin*[476] und *LG Dortmund*[477] aus.

371a Da es sich bei Rettungswagen, welche von gemeinnützigen Vereinen verwendet werden, weder um privat noch gewerblich genutzte Kraftfahrzeuge handelt, kann der Wegfall der Gebrauchsmöglichkeit einen erstattungsfähigen Vermögensschaden darstellen, insbesondere dann, wenn der Verein auf eine kostenintensivere Anmietung eines Ersatzfahrzeugs verzichtet.[478]

372 Auch der Ausfall eines Elektrorollstuhls gibt einen Anspruch auf Ersatz der entgangenen Nutzung.[479] Hierbei ist zu beachten, dass ein Gehbehinderter auf seinen maschinell betriebenen Rollstuhl in höherem Masse angewiesen ist als der Nichtbehinderte auf seinen Pkw.[480]

II. Dauer des Nutzungsausfalls

373 Grundsätzlich gelten dieselben Grundsätze, wie sie bereits im Zusammenhang mit den Mietwagenkosten im Einzelnen erörtert worden sind.

1. Schadensermittlung

373a Bei der Dauer der Nutzungsentbehrung ist zunächst der sog. Schadensermittlungszeitraum zu berücksichtigen, also der Zeitraum, welchen der Sachverständige für die Begutachtung des Fahrzeugs und Erstellung des Gutachtens benötigt.[481] Verzögerungen bei der Gutachtenerstellung, welche vom

---

471 VersR 1983, 298.
472 DAR 2008, 465.
473 VersR 2001, 208; a. A. *OLG Hamm* VersR 1990, 864.
474 *Hillmann III* zfs 2001 341.
475 *OLG Düsseldorf* VersR 1998, 911; *OLG Düsseldorf* BeckRS 2011, 31451; *AG Berlin-Mitte* SP 1999, 167; *AG Düsseldorf* SP 1997, 327.
476 Entscheidung v. 8.1.2007 – Az. 58 S 142/06.
477 SP 2006, 213.
478 *OLG Naumburg* NJW-RR 2009, 1187; *Halm/Fitz* DAR 2010,.440.
479 Himmelreich/Halm/*Grabenhorst* Handbuch Kapitel 5 Rn. 88.
480 *LG Hildesheim* NJW-RR 1991, 798.
481 *OLG Düsseldorf* NJOZ 2011, 353; *OLG Stuttgart* BeckRS 2010, 11513.

D. Nutzungsausfallentschädigung (Entgangene Gebrauchsvorteile) Kapitel 12

Geschädigten nicht zu verantworten sind, gehen dabei zu Lasten des Schädigers,[482] ausnahmsweise auch ein notwendiges Beweissicherungsverfahren.[483] Zu einer Verlängerung des Schadensermittlungszeitraums führt auch das Verlangen einer Gegenüberstellung durch die Versicherung des Unfallverursachers.[484] Versucht der Geschädigte im Rahmen seiner Schadensminderungspflicht im Vorfeld bei der Versicherung abzuklären, ob auf ein teures Gutachten verzichtet werden kann und benötigt die Versicherung für die Abgabe der geforderten Stellungnahme mehrere Tage, so geht auch dies zu Lasten des Schädigers.[485]

2. Prüfungs- und Überlegungszeit

Dem Geschädigten ist eine Prüfungszeit zuzubilligen, um nach Vorlage des Sachverständigengutachtens das weitere Vorgehen zu überdenken.[486] Die Entscheidung, ob die Reparatur eines stark beschädigten Kfz wirtschaftlich sinnvoll ist, setzt grundsätzlich die schriftliche und damit allein verlässliche Aussage des Gutachters voraus. Nur dann, wenn es sich offenkundig um einen Totalschaden handelt oder die Reparaturwürdigkeit außer Frage steht, wird die Entscheidungsfindung über das weitere Vorgehen zumutbarerweise schon vor dem Vorliegen des Gutachtens stattfinden können.[487] Die zuzubilligende Überlegungsfrist beträgt zwischen drei[488] und zehn Tagen.[489]

374

Kommt das Gutachten jedoch zu dem Ergebnis, dass es sich um einen wirtschaftlichen Totalschaden handelt und entschließt sich der Geschädigte dennoch zu einer aus wirtschaftlichen Gesichtspunkten unsinnigen Reparatur, so kann er für den Zeitraum zwischen Erhalt des Gutachtens und dem Reparaturbeginn keine Nutzungsausfallentschädigung verlangen.[490]

3. Ausfallzeit

Über die Prüfungs- und Überlegungszeit hinaus steht dem Geschädigten zusätzlich eine Entschädigung für entgangene Gebrauchsvorteile während der notwendigen Zeit des »eigentlichen« Ausfalls zu, und zwar während der unfallbedingt notwendigen Reparaturdauer oder – im Falle des Totalschadens – während der erforderlichen Wiederbeschaffungsfrist[491]. Im Gutachten des Sachverständigen wird der Aufwand kalkuliert, den eine Fachwerkstatt zur Schadensbeseitigung betreiben muss. Bei erkennbar überlanger Reparaturdauer besteht die Verpflichtung zur Anschaffung eines Interimsfahrzeuges.

375

Für die tatsächliche Dauer der Reparatur ist der Geschädigte beweispflichtig. Der einfache Nachweis, dass die Reparatur erfolgt ist, reicht nicht aus.[492]

Werden die Unfallfolgen im Zusammenhang mit einem Werkstattaufenthalt aus anderen Gründen beseitigt, so beschränkt sich der Anspruch auf die unfallbedingte Verzögerung. Entschließt sich der Geschädigte zur Anschaffung eines Neufahrzeuges anstelle einer möglichen Reparatur, so ist die vom Sachverständigen ermittelte Reparaturdauer zugrunde zu legen.[493] Verzögerungen bei der Instandsetzung gehen zu Lasten des Schädigers,[494] ggf. Zug-um-Zug gegen Abtretung möglicher Ansprüche

376

---

482 *AG Berlin-Mitte* SP 2010, 117.
483 *LG Dortmund* BeckRS 2010, 21808.
484 *OLG München* DAR 2009, 703.
485 *AG Baden-Baden* vom 02.03.2009, Az. 19 C 239/08.
486 *OLG Saarbrücken* SVR 2007, 341; MDR 2007, 1190; *OLG Düsseldorf* NJW-Spezial 2008, 427.
487 *OLG Düsseldorf* 25.5.2005 – Az. 1 U 210/04; *OLG Düsseldorf* 17.12.2007 – Az. 1 U 110/07; *Halm/Fitz* DAR 2008, 427.
488 *LG Wiesbaden* zfs 1995, 215; *AG Kirchhain* v. 19.3.2010, Az. 7 C 59/09.
489 *AG Gießen* zfs 1995, 93.
490 *OLG Stuttgart* BeckRS 2010, 11513.
491 *OLG Naumburg* NJW 2007, 3191.
492 *OLG Frankfurt a. M.* NZV 2010, 525.
493 *LG Berlin* DAR 1992, 264; *AG Siegburg* SP 1994, 186.
494 *OLG Köln* DAR 1999, 264; *LG Bielefeld* DAR 1995, 486; *AG Herne* BeckRS 2011, 06031.

gegen die Werkstatt,[495] sofern dem Berechtigten kein Vorwurf bei der Auswahl der Werkstatt zu machen und keine Notreparatur zur Wiederherstellung der Fahrbereitschaft zumutbar ist.[496] Auch erhebliche Verzögerung in Folge von Lieferschwierigkeiten bei Ersatzteilen gehen zu Lasten des Schädigers.[497] Erfolgt die Reparatur durch den Geschädigten selbst, so gehen Verzögerungen zu seinen Lasten.[498] Diese Verzögerung geht nicht zu Lasten des Schädigers, der allein für den objektiv notwendigen Aufwand der Schadensbeseitigung einzustehen hat; der erstattungsfähige Nutzungsausfall bemisst sich deshalb bei nachgewiesener Reparatur in Eigenregie aus der im Gutachten zugrunde gelegten kalkulierten Reparaturdauer.[499] Bei der Eigenreparatur können sich die Reparaturdauer und damit der Nutzungsentzug insbesondere deshalb erheblich verlängern, weil die Arbeiten von Nichtfachkräften durchgeführt werden. Unschädlich ist dabei, dass der Geschädigte selbst aktiv an der Reparatur mitgewirkt hat: Der Einwand, dass durch diese zeitliche Inanspruchnahme der Gebrauch des eigenen Pkw unmöglich war und deshalb die Nutzung nicht entzogen war, geht fehl, da die Dispositionsbefugnis über das eigene Kfz entzogen wurde. Hätte der Berechtigte das Fahrzeug nutzen wollen, so wäre dies wegen der Durchführung von Reparaturarbeiten nicht möglich gewesen. Dies gilt auch, wenn der Geschädigte sich für die fiktive Abrechnung auf Gutachtenbasis entschlossen hat und die danach in einer freien Werkstatt durchgeführte Reparatur wegen Problemen bei der Ersatzteilbeschaffung länger dauert als vom Gutachter geschätzt. Der im Gutachten berechnete Aufwand stellt auf eine Markenwerkstatt mit entsprechender Zugriffsmöglichkeit auf Ersatzteile ab.[500] Dem Geschädigten steht zwar grundsätzlich ein Wahlrecht zwischen fiktiver und konkreter Abrechnung des Schadens zu. Dabei kann er auch von einer Wahl Abstand nehmen und die andere Abrechnungsart wählen. Nicht möglich ist jedoch, die Abrechnungsarten zu vermischen.[501]

▶ **Praxistipp:**

Soweit eine solche Verzögerung eintritt, obliegt es dem Anwalt, eine erneute Berechnung im Rahmen einer Gegenüberstellung der Kosten nach Gutachten (Reparaturkosten und Ausfallzeit) und den konkreten Reparaturkosten und der Ausfallzeit vorzunehmen und gegebenenfalls zur konkreten Schadensabrechnung zu raten.

377 Strittig ist, ob der Geschädigte den Schaden vorfinanzieren muss. Die überwiegende Rechtsprechung lehnt eine generelle Verpflichtung des Geschädigten ab.[502] Sofern mangels eigener Mittel und wegen fehlender Kreditwürdigkeit ein Vorschuss für die Reparatur angemahnt wird, dieser aber nicht oder verzögert gezahlt wird, verlängert sich hierdurch der erstattungspflichtige Nutzungsausfall.[503] Nach *OLG Saarbrücken*[504] kann es dem Geschädigten zugemutet werden, die Kosten aus eigenen Mittel vorzustrecken, wenn er dadurch seine gewöhnliche Lebensführung nicht einschränken muss. Ebenso kann es zu einer Verlängerung der Nutzungsausfalldauer durch die Weigerung der Versicherung auf Gewährung eines Vorschuss zur Auslösung des reparierten Fahrzeuges kommen.[505]

Ob der Geschädigte den Schädiger in diesen Fällen frühzeitig auf seine finanzielle Lage aufmerksam zu macht hat, war in der Rechtsprechung umstritten. In der nunmehr wohl herrschenden Meinung wird angeführt, dass der Geschädigte wegen seiner Schadensminderungsobliegenheit gemäß § 254

---

495 *LG Dessau-Roßlau* BeckRS 2011, 12747.
496 *OLG Köln* DAR 1999, 264; *LG Chemnitz* SP 2000, 166.
497 *OLG Düsseldorf* VRR 2008, 67.
498 *OLG Düsseldorf* DAR 2006, 269; BeckRS 2005, 14693.
499 *OLG Düsseldorf* DAR 2006, 269.
500 *OLG Hamm* SVR 2006, 423.
501 Himmelreich/Halm/*Richter* Kap. 4 Rn 96.
502 *OLG Düsseldorf* VRR 2008, 68; *AG Magdeburg* zfs 2009, 199.
503 *OLG Düsseldorf* VersR 1998, 911; *AG Regensburg* SP 1995, 406; *BGH* NJW 2005, 1044; *OLG Brandenburg* VRR 2008, 27; *OLG Düsseldorf* VRR 2007, 269; *OLG Naumburg* DAR 2005, 158; *Bär* DAR 2001, 27; *OLG Brandenburg* VRR 2008, 27; *OLG München* NJOZ 2011, 406.
504 SVR 2007, 341.
505 *OLG Düsseldorf* VRR 2007, 270.

BGB verpflichtet ist, den Schädiger unverzüglich darüber in Kenntnis zu setzen hat, dass er den Schaden nicht vorfinanzieren kann.[506] Die Mindermeinung führt dagegen an, dass niemand seine eigene Kreditunwürdigkeit angeben muss.[507] Nur ausnahmsweise ist eine Vorfinanzierung angezeigt, wenn der Geschädigte mühelos einen Kredit aufnehmen kann und ihm dies im Einzelfall auch zumutbar ist.[508]

▶ **Praxistipp:**

Zur Vermeidung von Anspruchskürzungen wegen Verstoßes gegen die Schadensminderungspflicht sollte die Versicherung frühzeitig *und eindeutig* über die mangelnden Mittel für eine Vorfinanzierung hingewiesen und ein Vorschuss gefordert werden. Im Streitfall kann der Geschädigte *im Rahmen einer sekundären Darlegungslast* gehalten sein nachzuweisen, dass ihm der Zugang zu Krediten versagt war.

In diesem Zusammenhang ist strittig, ob der Geschädigte im Rahmen seiner Schadenminderungspflicht gehalten ist, den Schaden über seine Vollkaskoversicherung abzuwickeln.[509]

In diesem Punkt ist die Entwicklung der Rechtsprechung im Auge zu behalten, da sich die Schadensabwicklung durch die Inanspruchnahme der Vollkaskoversicherung stark verzögern kann, wenn der Rabattschaden jährlich neu berechnet werden und bei der Versicherung geltend gemacht werden muss.

Hat der Geschädigte bereits vor dem Unfall ein neues Fahrzeug bestellt und wollte er das nunmehr totalbeschädigte Fahrzeug nur noch bis zu dessen Lieferung benutzen, so kann nach dem *BGH*[510] für diesen Zeitraum Nutzungsausfallentschädigung geltend gemacht werden. Dabei ist auf den Grundsatz der subjektbezogenen Schadensbetrachtung abzustellen. Der Anspruch auf Ersatz des Nutzungsausfalls ist aber nur gerechtfertigt, wenn dieser die Kosten für die Anschaffung eines Interimsfahrzeugs nicht wesentlich übersteigt. Ist jedoch im Falle des vor dem Unfall bestellten Neufahrzeuges gerade aus wirtschaftlicher Sicht nicht vertretbar die Nutzungsausfallentschädigung über den vom Sachverständigen festgestellten Wiederbeschaffungszeitraum hinaus zu gewähren, so kommt auch ein auf die fiktiven Kosten für die Anschaffung eines Interimsfahrzeugs begrenzter Anspruch auf Nutzungsentschädigung nicht in Betracht.[511] Da diese Anschaffungskosten vermögensrechtlich gerade nicht eingetreten sind, führt ein solcher Anspruch anderenfalls zu einem Verstoß gegen das Bereicherungsverbot.[512] **378**

Kommt keine Instandsetzung des Fahrzeuges in Betracht, benennt der Sachverständige eine für angemessen erachtete Wiederbeschaffungsdauer; diese ist abhängig von der Marktlage und von der regionalen Verfügbarkeit vergleichbarer Fahrzeuge. Üblicherweise wird eine Wiederbeschaffungsdauer von 14 Tagen angenommen.[513] Hierbei sind bei Spezialfahrzeugen auch allfällige Umbaumaßnahmen am Ersatzfahrzeug zu berücksichtigen.[514] Nicht in Betracht kommt jedoch bei der Beschädigung eines alten Fahrzeugs mit hoher Laufleistung ein Anspruch auf Nutzungsausfallentschädigung für den Zeitraum der Bestellung eines Neuwagens.[515] Die Gleichwertigkeit des Fahrzeuges **379**

---

506 *OLG Brandenburg* VRR 2008, 27; *OLG München* NJOZ 2011, 406; *OLG Brandenburg* VRR 2011, 146; *LG Karlsruhe* BeckRS 2011, 05446; *KG* NZV 2010, 209; *OLG Karlsruhe* BeckRS 2011, 20723.
507 *OLG Düsseldorf* VRR 2008, 68.
508 *OLG Düsseldorf* VRR 2008, 68; *OLG Brandenburg* VRR 2008, 27; *AG Minden* BeckRS 2010, 07664; *LG Leipzig* BeckRS 2009, 88469.
509 Bejahend: *OLG Naumburg* DAR 2005, 152; *OLG München* VersR 1984, 1054; verneinend: *OLG Düsseldorf* VRR 2008, 68.
510 NJW 2008, 915.
511 *BGH* r+s 2009, 263.
512 Kritisch *Richter* SVR 2009, 405.
513 *LG München I* SP 1996, 82; *Hentschel/König/Dauer* § 12 StVG Rn. 37.
514 *LG Essen* BeckRS 2010, 03726.
515 *LG Frankfurt/Oder* NJW 2010, 3455.

bezieht sich dabei auf den allgemeinen Typ, die Ausstattung sowie die Motorleistung und somit ausschließlich auf Ausstattungsmerkmale, welche Vermögenswerte besitzen. Unbeachtlich sind dabei daher Merkmale wie identischer Typ, Farbe oder einzelne spezielle Ausstattungsmerkmale;[516] ebenso der Wunsch, stets ein Fahrzeug aus erster Hand zu fahren.[517] Kommt es bei Vorliegen eines wirtschaftlichen Totalschadens zu Verzögerungen bei der Abwicklung des Verkaufs des beschädigten Fahrzeugs an den vom Versicherer benannten Aufkäufer, so gehen diese zu Lasten des Schädigers.[518]

III. Höhe der Nutzungsausfallentschädigung

380 Die Höhe des Anspruchs ist gemäß § 287 ZPO zu schätzen.

1. Auffassung des BGH

381 In mehreren Entscheidungen hat sich der *BGH* zur Höhe der Nutzungsausfallentschädigung geäußert.[519] Er unterscheidet zwischen der konkreten und abstrakten Berechnung, die er als »pauschalierte« Methode verstanden wissen möchte.

382 In seinem Grundsatzurteil vom 18.5.1971[520] hat der *BGH* eine von der Systematik her grundlegend andere Betrachtungsweise eingeführt: Er betont, eine angemessene und ausreichende Entschädigung lasse sich regelmäßig nur durch einen maßvollen Zuschlag zu den leistungsunabhängigen Generalunkosten (Vorhaltekosten) eines Kfz erreichen.

383 Nunmehr billigt der *BGH*[521] in diesem Zusammenhang die – unten näher erörterte – »kombinierte« Methode von *Sanden/Danner/Küppersbusch* und hält sie als Schätzungsgrundlage für allgemein geeignet.[522] Weiterhin betont er, dass der Zuschlag zu den Vorhaltekosten, den diese Berechnung mit genügender Deutlichkeit ausweise, der Sachlage im Ergebnis gerecht werde. Ein konkretes Berechnungsschema wird von der Rechtsprechung nicht geliefert; vielmehr überlässt der *BGH* diese Berechnung weiterhin ausdrücklich der Praxis.[523]

2. Methode von Sanden/Danner/Küppersbusch

384 Die mit Abstand weiteste Verbreitung zur Ermittlung der Nutzungsausfallentschädigung hat die Methode von *Sanden/Danner/Küppersbusch* gefunden. Die Autoren legen Ihren Berechnungen die durchschnittlichen Pkw-Mietsätze zugrunde. Hiervon ziehen sie diejenigen Kosten ab, welche bei der privaten Nutzung eines Fahrzeugs gerade nicht anfallen wie Verwaltungskosten und Provisionen des Autovermieters sowie dessen Gewinnspanne. Insoweit haben die Autoren auf die alljährlich mit neuen Werten erscheinende gängige Fachliteratur, z. B. Schwacke Auto-Mietpreisspiegel, zurückgegriffen.

385 Die Tabellenwerte liegen damit je nach Fahrzeugtyp 200 %–400 % über den Vorhaltekosten, was im Durchschnitt etwa 25 bis 30 % der Kosten einer gedachten Ersatzanmietung als Entschädigung für entgangene Gebrauchsvorteile (»Nutzungsausfallentschädigung«) entspricht.[524] Die Fahrzeuge sind in die Klassen A bis L eingeteilt, wobei der Tagessatz 2012 mit einer Entschädigung von 23,– bis 175,– Euro festgelegt ist.

---

516 *LG Rostock* NJOZ 2010, 667.
517 *LG Frankfurt/Oder* NJW 2010, 3455.
518 *LG Hannover* BeckRS 2011, 07215.
519 BGHZ 45, 212; NJW 1969, 1477; NJW 1979, 1120.
520 BGHZ 56, 214.
521 NJW 2005, 1044.
522 *OLG Brandenburg* BeckRS 2008, 09567.
523 DAR 1986, 353.
524 Palandt/*Grüneberg* § 249 Rn. 43.

D. Nutzungsausfallentschädigung (Entgangene Gebrauchsvorteile)

Seit ihrem Erscheinen 1966 werden die Tabellen von *Sanden/Danner/Küppersbusch* von der Versicherungswirtschaft bei der außergerichtlichen Schadenregulierung, aber auch in der Spruchpraxis der Gerichte fast durchweg angewendet. Die Methode von *Sanden/Danner/Küppersbusch* geht von praktikablen Durchschnittswerten aus und erspart dem Anwender im Einzelfall komplizierte Berechnungen. Bei Fahrzeugen mit spezieller behindertengerechter Ausstattung kann im Wege der richterlichen Schätzung gemäß § 278 ZPO ein Zuschlag auf den Tabellenwert vorgenommen werden. 386

3. Ältere Unfallfahrzeuge

Ob und unter welchen Voraussetzungen bei älteren Fahrzeugen Abzüge vom aktuellen Ausfallsatz gerechtfertigt sind, wird in der Rechtsprechung uneinheitlich behandelt. Vereinzelt wird die Ansicht vertreten, das abstrakte Fahrzeugalter rechtfertige für sich keine Reduzierung der Nutzungsentschädigung.[525] Etwas anderes soll nur bei verschlissenen Fahrzeugen mit Schrottwert gelten.[526] 387

Dabei wird allerdings übersehen, dass Komfort und Sicherheit trotz regelmäßiger Wartung und gutem Pflegezustand nicht einem neuwertigen Fahrzeug derselben Klasse entsprechen. Die technische Zuverlässigkeit nimmt im Alter ab, die Ausstattung neuerer Fahrzeuggenerationen verbessert sich. 388

Nachdem verschiedene Ansichten über die Einstufung älterer Fahrzeuge[527] zu einer uneinheitlichen Anwendung der Tabellenwerte führten, empfehlen mittlerweile auch *Sanden/Danner/Küppersbusch*[528] eine Herabstufung der älteren Fahrzeuge. Die Fahrzeuge werden in Gruppen »bis fünf Jahre«, »älter als fünf, aber jünger als zehn Jahre« und »älter als zehn, aber nicht älter als fünfzehn Jahre« eingestuft. Dabei erfolgt jeweils eine Herabstufung um eine Gruppe in der Tabelle. Dieser Ansicht hat sich nunmehr auch der *BGH* angeschlossen und erklärt die Tabelle auch für ältere Fahrzeuge als praktikabel.[529] Dies soll selbst dann gelten, wenn das Fahrzeug nicht mehr in der Tabelle aufgeführt ist.[530] Für die Herabstufung um eine Gruppe erst ab einem Fahrzeugalter von acht Jahren tritt *La Chevallerie*[531] ein. Das *LG Arnsberg*[532] bejaht dies ebenfalls für ein 21 Jahre altes Fahrzeug mit der Begründung, dass trotz zunehmendem Fahrzeugalter lediglich die entgangene Fortbewegung- und Transportmöglichkeit eine Rolle spielt und daher nicht allein aufgrund eines hohen Fahrzeugalters von einer weiteren Einschränkung des Nutzungswertes ausgegangen werden kann; daher keine Herabstufung auf die reinen Vorhaltekosten. Für den Ersatz lediglich der Vorhaltekosten bei einem 21 Jahre alten Privatfahrzeugs *AG Schmallenberg*.[533] 389

4. Gewerbliche Fahrzeuge

Dem Halter gewerblich genutzter Fahrzeuge zur unmittelbaren Ertragserzielung ist es – anders als bei privat genutzten Kfz – grundsätzlich versagt, seinen Schaden pauschal zu berechnen.[534] Vielmehr bemisst sich sein Schaden nach dem entgangenen Gewinn, den Kosten für ein vorgehaltenes Reservefahrzeug oder die konkret angefallenen Mietwagenkosten.[535] In der Tabelle von *Sanden/Danner/* 390

---

525 *KG* NZV 1993, 478; *AG Schweinfurt* DAR 1999, 556; *AG Bonn* zfs 1998, 379; *AG Dorsten* zfs 2001, 69, *Hillmann* zfs 2001, 341.
526 *LG Düsseldorf* DAR 1991, 183.
527 *Balke* SVR 2005, 218.
528 *Küppersbusch* NJW 2006, 19.
529 DAR 2005, 265; NJW 2005, 1044; *OLG Saarbrücken* MDR 2007, 1190; *OLG Celle* BeckRS 2008, 08201; *OLG Düsseldorf* BeckRS 2008, 17727.
530 *BGH* zfs 2005, 126; *OLG Düsseldorf* BeckRS 2008, 00085; VRR 2007, 270; *AG Berlin-Mitte* VersR 2008, 1275.
531 zfs 2007, 423.
532 NJOZ 2011, 596.
533 SP 2010, 259.
534 A. A. *AG Düsseldorf* SP 2000, 384; *AG Paderborn* zfs 2001, 69.
535 *OLG Hamm* MDR 2000, 1246 *OLG Brandenburg* VRR 2011, 146; *KG* NJOZ 2011, 592 und *AG München* SP 2011, 22; *AG Kusel* SP 2009, 403.

Küppersbusch sind neben der Nutzungsausfallentschädigung auch die Vorhaltekosten für Pkw, Geländewagen und Transporter berechnet, die bei der Schadensregulierung gewerblich genutzter Kfz ohne ersatzweise Anmietung anzusetzen sind.

391 Die Ermittlung der Betriebs- und Vorhaltekosten für Fahrzeuge im Güterkraftverkehr – also für Lkw, Anhänger und Sattelauflieger – erfolgt in der Tabelle von *Danner/Echtler/Rädel*. Diese seit 1978 erscheinenden Berechnungen sind aufgegliedert nach Nutzungsdauer und Einsatzart. Als Vorhaltekosten gilt die Gesamtheit der Kosten, die durch das Vorhalten eines Fahrzeugs entstehen. Dazu zählen die Zinsen des für die Anschaffung verwendeten Kapitals, die Aufwendungen zum Erhalt der Einsatzfähigkeit des Fahrzeugs sowie der Wertverlust aufgrund der Alterung.[536] Dabei kann der Geschädigte auch Vorhaltekosten geltend machen, wenn er kein gesondertes Reservefahrzeug bereit hält; ausreichend ist die Berücksichtigung der Vorhaltekosten in der allgemeinen Betriebsreserve, so dass die Reservehaltung insoweit erhöht ist.[537]

Bei gewerblich genutzten Fahrzeugen, bei welchen sich der Wegfall der Nutzung nicht unmittelbar in einer Minderung des Gewinns niederschlägt, aber dennoch für das Unternehmen ein fühlbarer wirtschaftlicher Nachteil eingetreten ist, kann nach der neueren obergerichtlichen Rechtsprechung Nutzungsausfallentschädigung nach der Tabelle von *Sanden/Danner/Küppersbusch* verlangt werden.

5. Krafträder

392 Das Werk von *Sanden/Danner/Küppersbusch* enthält seit 1976 auch eine Nutzungsentschädigung für Mofa, Kleinkrafträder, Leichtkrafträder und Krafträder. Bei der Berechnung wurde den besonderen Einsatzbedingungen dieser Fahrzeugarten Rechnung getragen.

6. Wohnmobile

393 Die Tabelle von *Sanden/Danner/Küppersbusch* zur Nutzungsentschädigung für Wohnmobile ist letztmalig 1997 erschienen. Die Nutzungsentschädigung wurde errechnet unter Berücksichtigung von Fahrzeugneupreis, durchschnittlichem Mietpreis und jahreszeitlich verschiedener Einsatzzeit. Die Tabelle wurde wegen geringer Nachfrage nicht fortgeführt. Für den Fall, dass tatsächlich die Voraussetzungen für den Anspruch auf Entschädigung der Nutzungsentgang vorliegen, wird als Richtwert 50 % des Mietpreises für ein vergleichbares Fahrzeug abzüglich der ersparten Eigenaufwendungen empfohlen.[538]

▶ Praxistipp:

Wird das Wohnmobil während einer Urlaubsreise beschädigt, können als weitere Schadenspositionen Übernachtungskosten in einem Hotel in Betracht kommen.

7. Oldtimer

394 Bei der Höhe der Entschädigungspauschale ist der immaterielle Wert nicht mit einem Liebhaberzuschlag zu berücksichtigen.[539] Da bei der Nutzungsentschädigung allein auf den Gebrauchswert als Beförderungsmittel abzustellen ist, kommt eine Reduzierung des Tagessatzes angesichts der altersbedingten Sicherheits- und Komforteinbußen in Betracht:[540] Danach spielt das Alter gerade keine Rolle, da keine Weiterentwicklung und Verbesserung des Fahrzeugtyps mehr stattfinde. Nach einer Entscheidung des *LG Berlin*[541] ist bei einem Oldtimer ein vergleichbares Modell des Her-

---

536 Himmelreich/Halm/*Grabenhorst* Handbuch Kapitel 5 Rn. 89.
537 Himmelreich/Halm/*Grabenhorst* Handbuch Kapitel 5 Rn. 90.
538 *Kuhn* DAR 2008, 466.
539 *OLG Düsseldorf* zfs 1995, 217; *AG Berlin-Mitte* SP 1999, 167; a. A. *LG Dortmund* SP 2006, 213.
540 *OLG Düsseldorf* VersR 1998, 911; *LG Dortmund* SP 2006, 213; *LG Ellwangen* SVR 2011, 105; a. A. *AG Düsseldorf* SP 1997, 327.
541 Urt. v. 8.1.2007 – Az. 58 S 142/06.

stellers auszuwählen und ein Abzug von zwei Gruppen vorzunehmen. Das *OLG Schleswig*[542] wiederum hält bei einem mehr als 25 Jahren alten Fahrzeug nurmehr die Vorhaltekosten für ersatzfähig, wobei es die Vorhaltekosten aus der Tabelle *Sanden/Danner/Küppersbusch* aufgrund des Alters des Fahrzeugs gemäß § 287 ZPO deutlich reduziert.

IV. Schadenminderungspflicht

Die allgemeinen Grundsätze der in § 254 BGB normierten Schadenminderungspflicht gelten auch für das Rechtsinstitut der Nutzungsausfallentschädigung. Nur der Geschädigte kann eine Entschädigung für entgangene Gebrauchsvorteile beanspruchen, der sich unter den gleichen Voraussetzungen wie im Falle der Ersatzanmietung wie ein verständiger, wirtschaftlich denkender Geschädigter in der besonderen Lage des Anspruchstellers verhalten haben würde. Zur Schadensminderungspflicht gehört auch, dass der Geschädigte den Reparaturauftrag unverzüglich erteilt, so dass sich der Nutzungsausfallzeitraum nicht unnötigerweise verlängert.[543] Weiter hat er darauf hinzuwirken, dass die Versicherung die Gutachtenerstellung vorantreibt.[544] 395

▶ **Praxistipp:**
Ist zur Klärung von Haftungsfragen im Rahmen der Beweissicherung eine Unfallrekonstruktion notwendig, so kann mit der Erteilung des Reparaturauftrags ausnahmsweise zugewartet werden, wenn der Schädiger die Haftungsverteilung bezweifelt hat.

Der Geschädigte ist grundsätzlich verpflichtet, ein Interimsfahrzeug zur Vermeidung extremer Kosten anzuschaffen, wenn ein unverhältnismäßiger Nutzungsausfall voraussehbar ist.[545] Kann der Geschädigte Ersatz der ihm entstandenen Mietwagenkosten wegen Verstoßes gegen die durch § 254 Abs. 2 BGB normierte Schadenminderungspflicht nicht verlangen, so ist es ihm aus Rechtsgründen auch verwehrt, den Anspruch kurzerhand in der Weise umzustellen, dass er nunmehr eine Entschädigung für entgangene Gebrauchsvorteile verlangt. 396

Allerdings erscheint das Argument zu vordergründig, der Geschädigte habe durch die von ihm vollzogene Ersatzanmietung den vorübergehenden Verlust der Gebrauchsmöglichkeit seines beschädigten Kfz wirtschaftlich ausgeglichen, so dass für eine Nutzungsausfallentschädigung kein Raum mehr bleibt. Dieser Einwand ist dem Ersatzpflichtigen schon deswegen verwehrt, weil er dem Geschädigten die entstandenen Mietwagenkosten gerade nicht ersetzt. 397

Die Erstattung von Mietwagenkosten wird in der Praxis versagt, wenn insgesamt nur eine geringe Wegstrecke zurückgelegt wird. Anstelle eines Ersatzwagens werden die Kosten erstattet, die bei einer sachgerechten Inanspruchnahme eines Taxis angefallen wären.[546] Eine Reduzierung der erstattungspflichtigen Ansprüche auf die entgangenen Gebrauchsvorteile nach den Tabellen von *Sanden/Danner/Küppersbusch* vermag nicht ohne weiteres zu überzeugen. 398

Sicherlich richtig ist der Ansatz, dass der Ersatzpflichtige den Ausfallschaden auf der Grundlage der Tabellen von *Sanden/Danner/Küppersbusch* abgerechnet hätte, wenn ihm verwertbare Erkenntnisse über die Höhe des tatsächlichen Schadens nicht zur Verfügung gestanden hätten. Nachdem der Geschädigte jedoch durch die Vorlage der Mietwagenkostenrechnung deutlich gemacht hat, dass ein wirklich gravierender Fahrbedarf nicht bestanden hat, sind alle zunächst vorhandenen Unklarheiten beseitigt, so dass für weitere Vermutungen und Spekulationen jetzt kein Raum mehr bleibt. 399

---

542 SVR 2006, 32.
543 *OLG Saarbrücken* MDR 2007, 1190; SVR 2007, 312; *OLG Brandenburg* SVR 2007, 299.
544 *OLG Brandenburg* SVR 2007, 299.
545 *LG Wuppertal* SP 1993, 79; *LG Bielefeld* DAR 1995, 486; *LG Göttingen* SP 1995, 373; *Richter* SVR 2010, 49.
546 *LG München I* SP 2005, 386.

400 Es erscheint daher nur konsequent und sachbezogen, wenn der Ersatzpflichtige daraufhin unter Berücksichtigung der sich aus der Mietwagenkostenrechnung ergebenden gefahrenen Nutzkilometer – die Überführungsstrecke für das Abholen und Zurückbringen des Mietwagens ist dabei jedoch abzusetzen – dem dadurch zutage getretenen tatsächlichen Fahrbedarf in der Weise Rechnung trägt, dass er dem Geschädigten die Kosten ersetzt, die bei bedarfsgerechter Inanspruchnahme von Taxis insgesamt entstanden wären. Wenn der Geschädigte indes dem Ersatzpflichtigen eine Mietwagenkostenrechnung vorlegt und dieser daraufhin die bei pflichtgemäßer Inanspruchnahme von Taxis entstandenen Kosten ersetzt, hat der Schädiger seiner Ersatzpflicht auf die »konkreteste« aller denkbaren Methoden genügt, so dass keine Grundlage für weitere Entschädigungsleistungen besteht.

V. Beweislast

401 Der Anspruch auf Ersatz für entgangene Gebrauchsvorteile bei Nichtbenutzung eines Mietwagens setzt voraus, dass der Geschädigte darlegt und ggf. auch unter Beweis stellt, in welchem Umfange er sein Kfz während der Ausfallzeit benutzt hätte, wenn das zum Ersatz verpflichtende Ereignis nicht eingetreten wäre. Ein Nutzungsausfall tritt zwar regelmäßig ein; auch für einen generellen Nutzungswillen des Anspruchsberechtigten spricht die Lebenserfahrung.[547] Allerdings reicht dafür der Beweis des ersten Anscheins nicht aus, da man insoweit nicht zwingend von einem typischen Geschehensablauf ausgehen kann, der andere – gegenteilige – Vorstellungsmöglichkeiten in den Bereich der Spekulation verdrängt. Daher sind die anspruchsbegründenden Voraussetzungen vom Geschädigten zumindest schlüssig darzulegen.

402 In der Praxis der Schadenregulierung kommt es also auf die – ja gerade nicht – gefahrenen Kilometer nicht an. Daher werden im Allgemeinen die jeweiligen Tabellenwerte ohne Kürzungen, aber auch ohne Zuschläge, zugebilligt. Allerdings muss der Ersatzpflichtige die anspruchsbegründenden Voraussetzungen in der Weise darlegen, dass er zumindest seinen Nutzungswillen und die hypothetische Nutzungsmöglichkeit unter Beweis stellt.

403 Ein pauschales Bestreiten des Ersatzpflichtigen, der Geschädigte sei in der Zeit, für die er eine Nutzungsausfallentschädigung geltend macht, abwesend oder in sonstiger Weise an der Benutzung seines Kfz verhindert gewesen, ist im Allgemeinen nicht ausreichend. Insoweit muss der Schädiger substantiierte Gesichtspunkte vortragen, die überzeugend gegen eine – sei es in der Person des Geschädigten liegende, sei es auch anderweitige – Nutzungsmöglichkeit sprechen.

E. Verdienstausfall wegen Fahrzeugschaden

Schrifttum

Berger, Zur Berechnung des entgangenen Gewinn beim Ausfall einer Kraftdroschke VersR 1963, 514; *Born*, Schadensersatz bei Ausfall gewerblicher genutzter Kraftfahrzeuge NZV 1993, 1; *Buschbell*, Straßenverkehrsrecht 2. Aufl. 2006; *Finke*, Schadensersatz für den verletzten Fahrlehrer FS 2006, Heft 5, 40, *Geigel*, Haftpflichtprozess 25. Aufl. 2008; *Grüneberg*, Zum Anspruch auf Erstattung der Mietwagenkosten bei unfallbedingtem Ausfall eines Taxis NZV 1994, 135; *Halm/Fitz*, Rechtsprechungsübersicht Versicherungsverkehrsrecht 2005/2006 SVR 2006, 254; *Hartung*, Steuern beim Personenschaden VersR 1986, 308; *Himmelreich/Halm* Handbuch des Fachanwalts Verkehrsrecht 3. Aufl. 2010; *Kendel*, Maßnahmen zur Regulierung des Erwerbsschadens bei Selbständigen und Freiberuflern zfs 2007, 372; *Klimke*, Ersatzansprüche eines Taxifahrers im Falle eines Haftpflichtschadens VersR 1973, 397; *ders.*, Erstattungsfähigkeit der Kosten von Vorsorge- und Folgemaßnahmen NJW 1974, 81; *ders.*, Die Verwertungspflicht nach einem Totalschaden VersR 1984, 1123; *Knobbe-Keuk*, Möglichkeiten und Grenzen abstrakter Schadensberechnung VersR 1976, 401; *von Koppenfels-Spies*, Richtungswechsel in der Rechtsprechung zur Vorteilsausgleichung VersR 2005, 1511; *Leng*, Rechtsfragen beim Taxi DAR 2001, 43; *Ludovisy/Egger/Burhoff* Praxis des Straßenverkehrsrechts 5. Aufl. 2011; *Ruhkopf/Brock*, Ist § 34 EStG bei der Beurteilung von Haftpflichtansprüchen wegen Gewinnentgangs von Freiberuflern und Gewerbetreibenden zu berücksichtigen? VersR 1973, 781; *Reitenspiess*, Ersatz bei Ausfall gewerblich genutzter Fahrzeuge DAR 1993, 142; *Roß*, Erwerbsschaden des Nichtselbständigen NZV 1999, 276; *Spengler*, Berechnung

---

547 OLG Düsseldorf BeckRS 2008, 00085.

des Verdienstausfalls von Kraftdroschken-Haltern nach Verkehrsunfällen VersR 1972, 1008; *Spickhoff*, Einfluss des Zivilrechts auf den Vermögensbegriff im Strafrecht JZ 2002, 970; *Staudinger*, Vorteilsausgleich, Kausalität und das Wesen der Schadensersatzpflicht NJW 1955, 769; *Stürner*, Der Erwerbsschaden und seine Ersatzfähigkeit JZ 1984, 412.

I. Grundsätze

Sofern der Verdienstausfall auf einem Personenschaden beruht, ist nicht bereits durch die Beeinträchtigung der Arbeitskraft ein Schaden im Sinne der §§ 249, 252, 842, 843 BGB eingetreten. Diese stellt für sich allein betrachtet gerade keinen erstattungsfähigen Vermögenswert dar,[548] sondern der Schaden im Rechtssinn entsteht erst durch den Ausfall oder die Beeinträchtigung der sonst tatsächlich erzielten Arbeitsleistung und durch die dadurch ursächlich herbeigeführte Einkommensminderung.[549] Daher bemisst sich hier der Schadenersatzanspruch nicht etwa anteilig nach der prozessualen Höhe einer Minderung der Erwerbsfähigkeit auf dem allgemeinen Arbeitsmarkt, sondern ausschließlich nach dem tatsächlich eingetretenen unfallbedingten Verdienstausfall.[550]   404

Beruht der Verdienstausfall demgegenüber auf der Beschädigung eines Kraftfahrzeugs, gelten andere Grundsätze. Rechtsdogmatisch streng zu trennen vom Erwerbsschaden ist der Anspruch auf Entschädigung für entgangene Gebrauchsvorteile, der sich gerade nicht auf einen Erwerbsschaden bezieht, sondern lediglich eine angemessene Entschädigung für die jederzeitige Benutzbarkeit eines Fahrzeuges vermittelt.[551]   405

Im Allgemeinen wird sich ein Verdienstausfall durch die Anmietung eines gleichwertigen Ersatzfahrzeugs vermeiden lassen, die bei gewerblich eingesetzten Nutzfahrzeugen unter dem Gesichtspunkt der durch § 254 Abs. 2 BGB normierten Schadenminderungspflicht geradezu geboten sein kann. Anders verhält es sich in den Fällen, in denen Spezialfahrzeuge beschädigt werden, die sich nicht oder nur unter erheblichen Schwierigkeiten und Kosten anmieten lassen und deren Ausfall auch nicht durch Reservewagen ausgeglichen werden kann.   406

Nach vorherrschender Rechtsprechung ist ein entgangener Gewinn im Grundsatz auch dann zu ersetzen, wenn dem Geschädigten nur eine tatsächliche Erwerbsaussicht (Gewinnchance) mit irreparablem Ergebnis entgangen ist.[552]   407

Ein tatsächlich zu erwartender Gewinn ist aber dann nicht ersatzfähig, wenn er nur durch die Verletzung eines gesetzlichen Verbots hätte erzielt werden können.[553] Entscheidend ist, ob das Gesetz sich nicht nur gegen den Abschluss des Rechtsgeschäfts wendet, sondern auch gegen seine privatrechtliche Wirksamkeit und damit gegen seinen wirtschaftlichen Erfolg.[554] Selbst die Tatsache, dass eine Handlung unter Strafe gestellt oder als Ordnungswidrigkeit mit Buße bedroht ist, bewirkt nicht stets die Nichtigkeit des bürgerlich-rechtlichen Geschäfts.   408

Nicht unumstritten ist die Frage, ob der durch Schwarzarbeit[555] erzielte Gewinne im Falle seines unfallbedingten Entgangs vom Schädiger zu ersetzen ist. Die überwiegende Meinung stellt darauf ab, dass ein Vertrag über Schwarzarbeit gegen ein gesetzliches Verbot verstößt und daher gem. § 134 BGB nichtig ist, so dass Schadensersatzansprüche auf diesen Tatbestand nicht gestützt werden können.[556]   409

---

548 *BGH* Urt. v. 8.4.2008 – Az. VI ZR 49/07; Geigel/*Knerr* Kap. 3 Rn. 111.
549 *OLG Naumburg* SVR 2006 Heft 10 VII – Az. 12 U 115/05.
550 *BGH* VersR 1978, 1170; *OLG Köln* SP 2000, 229.
551 Ludovisy/Egger/Burhoff/*Notthoff* Teil 4 Rn 835; *KG* NJOZ 2011, 592.
552 *BGH* VersR 1986, 596; *AG Köln* SP 1998, 168.
553 *BGH* NJW 1980, 775; DAR 1986, 222.
554 *BGH* NJW 1981, 1204; NJW 1983, 109.
555 *BGH* VersR 1986, 596; NJW 1990, 2542; *LG Oldenburg* VersR 1988, 1245.
556 *BGH* VersR 1986, 596; *OLG Köln* VersR 1979, 382; *KG* VersR 1972, 467; *LG Zweibrücken* zfs 1983, 229; a. A. *BGH* VersR 1967, 1068.

410 Diesen Betrachtungen liegt der Gedanke zugrunde, dass der Verletzte aus Rechtsgründen gehindert sein soll, einen entgangenen Gewinn geltend zu machen, den er nur mit rechtswidrigen Mitteln hätte erzielen können. Der Geschädigte darf also im Wege des Schadenersatzes keinen Ausgleich für einen Gewinn erlangen, dessen Erzielung andere gesetzliche Vorschriften gerade verbieten wollen.[557]

411 Mit einem besonderen Problem des Verdienstausfalles hat der *BGH* sich u. a. in seiner Grundsatzentscheidung vom 14.6.1983 befasst.[558] Gemeint ist damit nicht der als Sachfolgeschaden mittelbar entgangene Gewinn im Sinne von § 252 BGB für die Zeit, in der der Geschädigte sein gewerblich genutztes Fahrzeug nicht einsetzen konnte und in der auch eine Ersatzanmietung nicht möglich war (dabei ist insbesondere an den Ausfall eines Taxis, Lastkraftwagens oder eines Fahrschulwagens zu denken); vielmehr ist der Verdienstausfall angesprochen, der dem Fahrzeug unmittelbar anhaftet und in seinem Substanzwert begründet liegt.

412 Mit dieser Problematik hatte sich der *BGH* bereits bei früherer Gelegenheit[559] in einem Fall befasst, in dem der Geschädigte sein Kfz, an dem später ein Totalschaden entstanden war, nachweislich bereits vor dem Unfall zu einem Betrag veräußert hatte, der den später vom Sachverständigen festgestellten Wiederbeschaffungswert erheblich überstieg. Der *BGH* hat insoweit die Auffassung vertreten, dass die Differenz zwischen dem »an sich« gerechtfertigten Wiederbeschaffungswert und dem höheren Verkaufspreis dem Geschädigten zusätzlich als Verdienstausfall zusteht.[560] Nach *OLG Celle* sind wegen der Gefahr manipulierter Kaufverträge strenge Anforderungen an den Nachweis eines behaupteten Gewinns zu stellen.[561]

1. Abstrakte Berechnung

413 Nach § 252 BGB umfasst der zu ersetzende Schaden auch den entgangenen Gewinn. Als entgangen gilt nach der Legaldefinition des § 252 BGB der Gewinn, »welcher nach dem gewöhnlichen Lauf der Dinge und nach den besonderen Umständen, insbesondere nach den getroffenen Anstalten und Vorkehrungen, mit Wahrscheinlichkeit erwartet werden konnte«. Diese Bestimmung verschafft dem Gläubiger – gewissermaßen als Ausgleich für den durch das konkrete Schadenereignis nun einmal irreparabel abgebrochenen Kausalverlauf – nicht nur eine im Rahmen von § 287 ZPO liegende Beweiserleichterung,[562] sondern sie gibt ihm auch die Möglichkeit, den Schaden nach der sog. abstrakten Berechnungsmethode zu ermitteln.[563]

414 Sie unterscheidet sich von einer konkreten Schadenberechnung dadurch, dass im Rahmen dieser Beweiserleichterung nicht die letzte Gewissheit erforderlich ist, dass der Gewinn auch tatsächlich erzielt worden wäre, sondern es genügt bereits der Nachweis einer gewissen Wahrscheinlichkeit,[564] die nicht schon bei Eintritt des zum Ersatz verpflichtenden Ereignisses bestanden haben muss. Es reicht also aus, dass nach dem gewöhnlichen Verlauf der Dinge der behauptete Gewinn ohne Hinzutreten des zum Ersatz verpflichtenden Ereignisses erzielt worden wäre.[565] Die Umstände, aus denen sich die Wahrscheinlichkeit der behaupteten Gewinnerwartung ableiten lassen, hat der Geschädigte gleichwohl darzulegen und im Falle des Bestreitens auch zu beweisen.[566] Es reicht daher nicht aus, diesen Nachweis allein nach den Grundsätzen der durchschnittlichen Auslastung oder nach der

---

557 *Spickhoff* JZ 2002, 970.
558 *BGH* NJW 1983, 2694; *Klimke* VersR 1984, 1123.
559 NJW 1982, 1748 mit abl. Anm. *Giesen* JR 1982, 450.
560 Vgl. zum Verkauf eines Leasingfahrzeuges *AG Offenbach* SP 1997, 256.
561 *OLG Celle* SP 1992, 71; *AG Schwelm* SP 1999, 204.
562 *BGH* MDR 1998, 595; *OLG Hamm* SP 1999, 340; Palandt/*Grüneberg* § 252 Rn. 4.
563 *BGH* MDR 1998, 595; *OLG Hamm* SP 1999, 340; Palandt/*Grüneberg* § 252 Rn. 6.
564 BGHZ 2, 310, 314; BGHZ 29, 411, 393; Himmelreich/Halm/*Schmelcher* Kap. 5 Rn. 108 – vgl. jedoch krit. differenzierend: *Knobbe-Keuk* VersR 1976, 401.
565 *BGH* DAR 1990, 98.
566 *BGH* NJW 1964, 661; *LG Karlsruhe* VersR 1979, 968; *OLG Hamm* DAR 1997, 56.

statistischen Wahrscheinlichkeit zu führen.[567] Gelangt das Gericht nach freier tatrichterlicher Beweiswürdigung (im Rahmen der §§ 286, 287 ZPO), zu der Überzeugung, dass nach dem gewöhnlichen Lauf der Dinge ein Gewinn tatsächlich entgangen ist, so obliegt dem Ersatzpflichtigen der Gegenbeweis dafür, dass gerade in diesem Falle durch die besondere Gestaltung der einzelnen Umstände ein Gewinn gleichwohl nicht erzielt worden wäre. Dabei sind keine allzu strengen Anforderungen zu stellen.[568]

Auch wenn in dem Monat, in dem ein Nutzfahrzeug unfallbedingt zeitweilig nicht eingesetzt werden konnte, der trotz des Ausfalls erzielte Gewinn dem im Betrieb sonst festgestellten monatlichen Durchschnittsgewinn entsprach, kann ein Anspruch auf Ersatz entgangenen Gewinns dann bestehen, wenn ohne den Ausfall ein überdurchschnittlicher Gewinn erzielt worden wäre. Der entgangene Gewinn ist in diesem Falle unter Berücksichtigung aller Umstände, auch der Schwankungsbreite der in mehreren Vergleichsmonaten erzielten Gewinne, nach § 287 ZPO frei zu schätzen.[569] Erforderlich ist dabei, dass der Geschädigte die Ausgangs- und Anknüpfungstatsachen für eine Schadensschätzung vorträgt wie beispielsweise die Auslastung des Fahrzeugs vor dem Unfall.[570] 415

Nach § 252 BGB ist der Gewinn zu ersetzen, der nach dem gewöhnlichen Lauf der Dinge oder nach den besonderen Umständen mit Wahrscheinlichkeit erwartet werden konnte. Lässt sich dieser nicht konkret ermitteln, weil sich nachträglich nicht mehr feststellen lässt, welche Frachtaufträge von dem zeitweilig ausgefallenen Nutzfahrzeug ausgeführt worden wären, können Beweisschwierigkeiten nicht nur bezüglich der konkreten Berechnung eintreten.[571] Dies gilt insbesondere für den Fall, dass der entgangene Gewinn sich auch nicht mehr abstrakt durch die Ermittlung des in einem bestimmten Zeitraum von mehreren Monaten erzielten Durchschnittsgewinns errechnen lässt. 416

Eine abstrakte Berechnung ist insbesondere dann nicht möglich, wenn die Monatsergebnisse und auch die Tagesumsätze erheblichen Schwankungen unterliegen. Werden in einem Zeitabschnitt überdurchschnittliche Umsätze erzielt, kann eine gewisse Wahrscheinlichkeit dafür sprechen, dass die in den angrenzenden Zeiträumen zu erzielenden Umsätze unter dem Durchschnitt liegen und eben in diesen Zeitabschnitten ein – abstrakt berechneter – durchschnittlicher Umsatz nicht mit Wahrscheinlichkeit zu erwarten ist.[572] 417

Bei der Anwendung der abstrakten Methode ist daher Zurückhaltung geboten. Wird das für die Abrechnung des Verdienstausfalls an sich maßgebliche Gesamtbetriebsergebnis allzu sehr von unwägbaren Zufallsergebnissen beeinflusst, dann lässt sich daraus auch im Wege freier Beweiswürdigung keine abstrakte Schätzung mehr ableiten. Insbesondere in den Fällen, in denen nicht unfallkausale Faktoren in Betracht kommen, kann das Gericht den Verdienstausfall nicht mehr schätzen; es ist vielmehr gehalten, einen Sachverständigen einzusetzen.[573] 418

2. Konkrete Berechnung

Beim Haftpflichtschaden sind die Gesichtspunkte zu prüfen, die dem betreffenden Fall sein individuelles Gepräge gegeben haben. Diese Betrachtung läuft im Ergebnis auf eine konkrete Berechnung des Verdienstausfalls auch für Sachschäden hinaus, so wie sie für Personenschäden an sich selbstverständlich ist; dort richtet sich die Höhe des Verdienstausfalles gemäß § 249 BGB nach dem medizinisch festgestellten Grad der abstrakten Minderung der Erwerbsfähigkeit. Dieser Grundsatz gilt auch dann, wenn der Schadensumfang vom Gericht nach § 287 ZPO geschätzt wird.[574] 419

---

567 A.A. *LG Darmstadt* VersR 1967, 840.
568 Himmelreich/Halm/*Grabenhorst* Kap. 5 Rn 95.
569 BGHZ 30, 16.
570 *LG Magdeburg* VRR 2010, 346.
571 *BGH* DAR 1997, 193; *OLG Hamm* DAR 1997, 56.
572 *OLG Bremen* zfs 1980, 333; *LG Saarbrücken* zfs 2001, 108.
573 *KG* NZV 2005, 148; VersR 2004, 1567; VRS 106, 407.
574 *OLG Köln* NZV 1997, 311.

420 Der geschädigte Eigentümer eines Kraftfahrzeugs kann den mit einem Unfall und seinen Folgen im Zusammenhang stehenden Zeitverlust jedoch nicht als Stundenlohn in Rechnung stellen, sondern nur die unmittelbar mit dem Unfallgeschehen im Zusammenhang stehenden Auslagen wie Telefongespräche oder Reisekosten.[575] Dies gilt auch, wenn der Betroffenen für Fahrten zur Werkstatt unbezahlten Urlaub genommen hat,[576] denn aufgewendete Freizeit stellt keine ersatzfähige Schadensposition dar.[577] Die in Eigenregie erbrachte Reparatur als solche bleibt jedoch ersatzfähig.[578]

421 Die am Personenschaden ausgerichteten Grundsätze lassen sich auch auf den Bereich des Sachschadens übertragen, wenn ein neu gegründetes Geschäft nicht weitergeführt werden kann, weil das einzige Fahrzeug Totalschaden erlitten hat und der Geschädigte die ihm vom Schuldner ohne rechtfertigenden Grund vorenthaltenen Kosten der Ersatzbeschaffung infolge anderweitiger Überschuldung auf dem Kapitalmarkt nicht aufbringen kann.

422 Zwar eröffnet § 252 BGB gewisse Beweiserleichterungen; dennoch müssen alle konkreten Gesichtspunkte berücksichtigt werden, die im Zeitpunkt der letzten mündlichen Verhandlung bekannt sind.[579] Dies gilt auch für die Frage, ob zunächst entgangene Aufträge in zumutbarer Weise später nachgeholt werden können.

3. Nachholbarkeit

423 Häufig wird es dem Unternehmer möglich sein, durch zumutbare Maßnahmen die zunächst unfallbedingt entgangenen Geschäfte später nachzuholen. Unter dieser Voraussetzung tritt ein entgangener Gewinn von vornherein nicht ein,[580] es sei denn, dass die Nachholung das Ergebnis überpflichtmäßiger Anstrengungen sein sollte.[581]

424 Der freiberuflich tätige Anspruchsteller wird im Zuge der konkreten Schadenberechnung im Einzelnen darzulegen haben, dass ihm ein Verdienst in nicht nachholbarer Form entgangen ist.[582] Bei größeren Betrieben und Behörden spricht ein gewisser Erfahrungssatz dafür, dass sie in der Lage waren, die Aufträge trotz des zeitweiligen Ausfalls des beschädigten Kfz unter vermehrtem Einsatz der verbliebenen Kapazitäten und in zumutbarer Weise zu bewältigen. Das Gleiche gilt für den Fall, dass auf andere betriebliche Reserven zurückgegriffen werden konnte oder durch interne Umdispositionen eine Umschichtung der vorliegenden Aufträge dergestalt möglich war, dass die auf Gewinnerzielung gerichteten Tätigkeiten zu einem späteren Zeitpunkt ohne überpflichtmäßige Anstrengungen nachgeholt werden konnten.[583]

425 Mit dem Problem der Nachholbarkeit befasst sich auch der *BGH* im Zusammenhang mit dem Ausfall eines Fahrschulwagens.[584] Wesentlich erscheint dabei der Gesichtspunkt, dass Schäden in Form entgangenen Gewinns – insbesondere bei Freiberuflern – dann endgültig nicht eintreten, wenn die einzelnen unfallbedingt entgangenen Geschäfte später in zumutbarer Weise nachgeholt werden können. Eine Anrechnung der nachgeholten Leistungen auf den Anspruch aus § 252 BGB wird dann zu erfolgen haben, wenn die Tätigkeit des Gläubigers nicht über die Schadenminderungspflicht aus § 254 Abs. 2 BGB hinausgeht, es sich also nicht um überpflichtmäßige Anstrengungen handelt.

---

575 *OLG Köln* DAR 1965, 270.
576 *AG Wiesbaden* SVR 2008, 73.
577 Geigel/*Knerr* Kap. 3 Rn. 111.
578 Himmelreich/Halm/*Richter* Kap. 4 Rn. 320.
579 Geigel/*Pardey* Kap. 4 Rn. 60.
580 *AG Leverkusen* zfs 1986, 102.
581 Geigel/*Pardey* Kap. 4 Rn. 70, 128.
582 *BGH* NJW 1971, 1136; *OLG Hamm* VersR 1976, 298.
583 Geigel/*Pardey* Kap. 4 Rn. 128.
584 NJW 1971, 837.

Ist die Erwerbstätigkeit durch eine körperliche Schädigung gemindert, so ist bis zu einer Minderung von 20 % davon auszugehen, dass diese grundsätzlich kompensierbar ist.[585] 426

Nach der Auffassung des *BGH* soll es auf diese Differenzierung nicht ankommen. Die Frage nach der Zumutbarkeit beantwortet sich daraus, ob dem Gläubiger gem. § 254 Abs. 2 BGB die Rechtspflicht obliegt, die ausgefallenen Stunden in einer ihm möglichen Form nachzuholen. Dabei gilt, dass die mit dem Schadenereignis verbundenen günstigen Umstände nur dann zu berücksichtigen sind, wenn die Anrechnung dem Zweck des Schadenersatzes entspricht und den Schädiger nicht in unbilliger Weise entlastet.[586] 427

Weiterhin hat der *BGH* dargelegt, dass der Gläubiger die schadenmindernde Tätigkeit abweichend von anderen Fällen[587] im Ergebnis nicht zusätzlich zu seiner ihm ohnehin obliegenden Arbeitsleistung erbracht, sondern dafür die Arbeitsleistung eingesetzt hat, die durch das Schadenereignis während der Reparaturzeit freigestellt worden ist, so dass lediglich eine zeitliche Verschiebung von Leistungen eingetreten ist. 428

Bezüglich der Beweislast gelten folgende Regeln: Sofern es sich um einen kurzfristigen Fahrzeugausfall handelt und der Geschädigte die ausgefallene Zeit tatsächlich nachgeholt hat, spricht ein Erfahrungssatz, der sich zu einem prima-facie-Beweis verdichten kann, für die Zumutbarkeit. Der Geschädigte hat seinerseits zu beweisen, dass entgegen dem Anschein bestimmte – im einzelnen substantiiert darzulegende – Gesichtspunkte gleichwohl gegen eine Zumutbarkeit und für überpflichtmäßige Anstrengungen sprechen, so dass ein Schaden aus § 252 BGB tatsächlich entstanden ist. 429

4. Vorteilsausgleich

Auch für den Bereich des Verdienstausfalles gelten die Grundsätze des Vorteilsausgleichs. Der Geschädigte muss sich also auf seinen Anspruch aus § 252 BGB alle Aufwendungen anrechnen lassen, die er im Zusammenhang mit einem Sachschaden erspart hat.[588] Ohne weiteren Nachweis können als berufsbedingte Ersparnis 10 % angesetzt werden.[589] Dazu gehören für den Bereich des Sachschadens in erster Linie die durch die zeitweilige Stilllegung des beschädigten Kfz ersparten leistungsbezogenen Betriebskosten;[590] hierzu ist auf die bekannten Tabellen zu den Vorhaltekosten zu verweisen. Zu den eingesparten Betriebskosten gehören ggf. auch die an Kraftfahrer und Beifahrer weitergezahlten Löhne, falls es sich um nicht fest angestellte Aushilfskräfte handelt oder die Möglichkeit bestanden haben sollte, diese Mitarbeiter anderweitig nutzbringend einzusetzen. 430

Unter den Vorteilsausgleich fallen auch die Fahrtkosten zwischen Wohnung und Arbeitsstelle, soweit der Geschädigte diese mit Rücksicht auf unfallbedingte Verletzungen erspart.[591] Die Höhe der ersparten berufsbedingten Aufwendung kann vom Gericht geschätzt werden. Dabei ist jedoch kein genereller Prozentsatz anzuwenden; dieser ist vielmehr vom konkreten Einzelfall abhängig.[592] 431

Besondere Bedeutung hat der Vorteilsausgleich, wenn der Geschädigte ganz bewusst höhere Fahrtkosten in Kauf nimmt, weil eine auswärtige Beschäftigung bessere Verdienstmöglichkeiten bietet. Unter dieser Prämisse ist der Schädiger verpflichtet, das auf diese Weise erlangte höhere Einkommen zu ersetzen.[593] In gleicher Weise ist der Schädiger verpflichtet, etwaige Steuernachteile des Geschädigten, die durch den Fortfall abzugsfähiger Werbungskosten entstehen, bei der Bemessung der er- 432

---

585 *KG* NZV 2005, 305; SVR 2008, 14; VersR 2006, 661; *OLG München* BeckRS 2007, 12189; *Halm/Fitz* SVR 2006, 254.
586 *Von Koppenfels-Spies* VersR 2005, 1511.
587 *BAG* NJW 1968, 221.
588 *OLG Saarbrücken* NZV 2007, 469; *von Koppenfels-Spies* VersR 2005, 1511.
589 *Roß* NZV 1999, 276.
590 *Born* NZV 1993, 1.
591 *BGH* NJW 1980, 1787; *OLG Celle* SP 2006, 96; *OLG Hamm* r+s 1999, 372.
592 *OLG Celle* MDR 2007, 985; SP 2006, 96.
593 *BGH* VersR 1979, 622.

sparten Fahrtkosten zu berücksichtigen. In diesem Falle ist der Vorteil um den gleichzeitig eingetretenen steuerlichen Nachteil geringer.

433 Dem Geschädigten obliegt es, seinen Verdienstausfall darzutun und im Einzelnen zu beweisen. Bei der Schadenberechnung sind unfallbedingte Steuerersparnisse des Geschädigten in aller Regel zugunsten des Schädigers zu berücksichtigen.[594] Der Schädiger genügt seiner Substantiierungspflicht, wenn er darlegt, bei welchen Steuerpositionen der Geschädigte unfallbedingt Vorteile erlangt hat. Konkrete Zahlen braucht er dabei nicht zu nennen, denn die Tatbestände der steuerlichen Auswirkungen ergeben sich aus den entsprechenden Gesetzen. Unabhängig davon, ob die Steuerersparnis als bloßer Faktor der Schadenberechnung oder als ein auszugleichender Vorteil anzusehen ist, muss der Geschädigte wegen der Nähe zu den in seiner Sphäre liegenden Umständen die Darlegungs- und Beweislast tragen.[595]

434 Grundsätzlich kann der Erwerbsschaden nach dem Bruttoverdienst berechnet werden, weil auch eine Schadenersatzrente wegen Erwerbsschadens (§ 842 BGB) nach § 24 Nr. 1 lit. a EStG der Einkommensteuer unterliegt. Derartige als Ersatz für entgangene Einnahmen gewährte Entschädigungen tragen im Allgemeinen einen vom Geschädigten abzuführenden Steueranteil in sich, da sie unter die »Einkünfte« im Sinne von § 2 Abs. 1 EStG fallen.[596] Nach der Rechtsprechung[597] wird ein auf den Schaden anrechenbarer Steuervorteil grundsätzlich durch die den Geschädigten hinsichtlich der Schadenersatzleistung als Einkommenssurrogat treffende Steuerpflicht ausgeglichen, ohne dass die Beträge im Einzelfall festgestellt zu werden brauchen.[598]

a) Umsatzsteuer

435 Die Mehrwertsteuer ist für die Ermittlung des Verdienstausfalles irrelevant; sie stellt sich für die Unternehmer lediglich als durchlaufender Posten dar. Dieses Problem hat mit der Frage nach dem Vorsteuerabzug im Sinne von § 15 UStG nichts zu tun.

436 Der Grund für diese Betrachtung liegt darin, dass die z. B. in den Beförderungseinnahmen enthaltene Mehrwertsteuer beim Verdienstausfall als Einkommenssurrogat gar nicht erst entsteht und demgemäß auch nicht abgeführt zu werden braucht, wenn die Einnahme nicht durch gewerbliche Arbeitsleistung erzielt, sondern im Wege des Schadenersatzes gewährt wird. Schadenersatzleistungen stellen nach gefestigter Auffassung keinen steuerbaren Umsatz dar, weil es insoweit an dem dafür maßgeblichen Kriterium des Leistungsaustausches mangelt.

437 Sofern der Unternehmer indes gemäß § 19 UStG die Umsatzsteuer (Mehrwertsteuer) als verdeckten Kostenbestandteil erhebt und nicht berechtigt ist, sie offen auszuweisen, muss der Anteil am Umsatz konkret ermittelt werden. Er dürfte im Durchschnitt etwa 7,5–8 % betragen.

b) Einkommensteuer

438 Der Unternehmer muss die ihm als Einkommenssurrogat zum Ausgleich des entgangenen Gewinns (§ 252 BGB) zufließende Ersatzleistung nach § 24 Ziff. 1 lit. a EStG versteuern, da nach dieser Bestimmung zu den gewerblichen Einkünften (Betriebseinnahmen) auch die Entschädigung gehört, die als Ersatz für entgangene oder entgehende Einkünfte gewährt wird. Es stellt sich in diesem Zusammenhang die Frage, ob dem Unternehmer ein steuerlicher Vorteil dadurch erwächst, dass er von der Tarifbegünstigung nach § 34 EStG Gebrauch machen kann. Bei außerordentlichen Einkünften ist auf Antrag die darauf entfallende Einkommensteuer nach einem ermäßigten Steuersatz zu bemessen. Dieser ermäßigte Steuersatz beträgt die Hälfte des durchschnittlichen Steuersatzes, der

---

594 Geigel/*Pardey* Kap. 4 Rn. 102.
595 *BGH* NJW 1987, 1814.
596 *Hartung* VersR 1986, 308.
597 *BGH* VersR 1970, 223; *Hartung* VersR 1986, 308.
598 *BGH* DAR 1994, 273; *OLG München* NZV 1999, 513.

sich ergeben würde, wenn die Einkommensteuertabelle auf den Gesamtbetrag der zu versteuernden Einkünfte anzuwenden wäre. Nach § 34 Abs. 2 Ziff. 2 EStG gehören zu den tarifbegünstigten Einkünften auch Entschädigungen im Sinne von § 24 Ziff. 1 EStG.

Voraussetzung für die Anwendbarkeit der Ausnahmevorschrift des § 34 EStG ist, dass es sich um eine außerordentliche Entschädigung handelt, die der Steuerpflichtige zum Ausgleich eines unfreiwillig erlittenen Schadens erhält.[599] 439

Nach einer Entscheidung des *BFH* vom 11.12.1952[600] ist der Begriff »Entschädigung« im Sinne von § 24 Ziff. 1 EStG weit zu fassen und immer dann gegeben, wenn »wirtschaftlich ein Ersatz für den Verlust steuerpflichtiger Einnahmen geleistet wird, d. h., wenn der zu einer bei dem Empfänger einkommensteuerpflichtigen Leistung Verpflichtete sich von seiner Verpflichtung durch die Gewährung einer Entschädigung befreit und der Berechtigte dadurch den Schaden, der ihm durch den Verlust der steuerpflichtigen Einkünfte entsteht, als abgegolten ansehen muss«. Das bedeutet, dass eine Entschädigung in dem hier gemeinten Sinne unmittelbar durch den Verlust steuerpflichtiger Einnahmen bedingt sein muss. Er darf nicht auf anderen Umständen beruhen und muss an die Stelle von einkommensteuerpflichtigen Einkünften treten. Die als Einkommenssurrogat gewährte Entschädigung muss also dazu bestimmt und dafür geeignet sein, einen Schaden auszugleichen, der entstehen würde, wenn die bisherigen Einnahmen ersatzlos weggefallen wären. 440

Sofern die hier dargestellten Kriterien erfüllt sind, muss sich der Geschädigte den Vorteil leistungsmindernd anrechnen lassen, der sich daraus ergibt, dass er die ihm zufließende Ersatzleistung im Sinne von § 252 BGB als außerordentliche Einkünfte tarifbegünstigt nach § 34 Abs. 2 Ziff. 2 EStG zu versteuern hat.[601] Gleichwohl vertritt der *BGH* allerdings die Auffassung, dass dieser Vorteil zugunsten des Schädigers nicht zu berücksichtigen ist.[602] 441

Bei der Berechnung des Erwerbsschadens sind Steuerersparnisse des Geschädigten zu berücksichtigen, sofern der Zweck der Steuervergünstigungen einer Entlastung des Schädigers nicht entgegensteht.[603] Dies bedeutet, dass der Geschädigte die Schadenersatzzahlung als Einkommen zu versteuern hat und der Schädiger verpflichtet ist, ihm die darauf entfallende Steuer zu ersetzen. 442

c) Gewerbesteuer

Ein weiterer anrechenbarer Vorteil kann für den geschädigten Unternehmer dadurch eintreten, dass die im Wege der Surrogation zufließende Ersatzleistung nicht zum Gewerbeertrag gehört und demzufolge darauf Gewerbeertragsteuer nicht geschuldet wird.[604] 443

Auf der anderen Seite ist jedoch zu berücksichtigen, dass Gewerbeertragsteuer für den Unternehmer eine Betriebsausgabe darstellen würde, die vom steuerpflichtigen Einkommen abgesetzt werden kann und daher die Einkommensteuer bzw. Körperschaftsteuer mindert. Tatsächlich gezahlte Gewerbesteuer mindert also als Betriebsausgabe die Bemessungsgrundlage für die Einkommensteuer.[605] 444

---

599 *BFH* BStBl. 1971 II, 263; *BFH* BStBl. 1970 II, 683.
600 BStBl. 1953 III, 57.
601 Dazu insbes. *Spengler* VersR 1972, 1008; *Ruhkopf/Brock* VersR 1973, 781 ff.; *Klimke* VersR 1973, 397; a. A. *KG* VersR 1972, 960; 1973, 768 m. krit. Anm. v. *Späth* VersR 1973, 130.
602 BGHZ 74, 103; NJW 1980, 1788.
603 *BGH* NJW-RR 1986, 1216.
604 *BFH* DAR 1979, 246; *Klimke* VersR 1973, 397.
605 Insoweit unrichtig daher die Entscheidungen des *BGH* vom 23.1.1979 VersR 1979, 519 und des *KG* v. 27.3.1972 VersR 1972, 960; vgl. dazu Knobbe/*Keuk* Bilanz- und Unternehmenssteuerrecht § 11a II Anm.3.

445 Aus rechtlicher Sicht ist zu unterscheiden, ob die dem Steuerpflichtigen im Wege der Surrogation zufließende Ersatzleistung sich auf einen zugefügten körperlichen Schaden bezieht oder ob sie auf dem Ausfall einer dem betrieblichen Gebrauch gewidmeten Sache (Betriebseinrichtung) beruht.

446 Nur wenn sich der Ausfall des Gewerbeertrages als Folge eines Körperschadens darstellt, den der Unternehmer in seiner Person erlitten hat, gehört die ihm zufließende Ersatzleistung des Schädigers (§ 252 BGB) nicht zum steuerpflichtigen Gewerbeertrag, weil sie nicht als unmittelbarer Ertrag aus dem Betrieb stammt. In diesem Fall unterliegt das Einnahmesurrogat daher nicht der Gewerbesteuer. Die dadurch eintretende steuerliche Entlastung ist als ein dem Schaden kongruenter Vorteil bei der Ermittlung des Verdienstausfalls in Form eines entsprechenden Abzuges zu berücksichtigen.[606]

447 Aus Gründen der Praktikabilität sollte versucht werden, auch insoweit über einen ausgewogenen Erfahrungsrichtwert zu einem Durchschnittssatz zu gelangen. Wenn man die Umsatzsteuer gesondert betrachtet, dann ergibt sich bei gleichzeitiger Einbeziehung der von *Spengler*[607] ermittelten Werte für die zusammengerechneten Anteile an Einkommen- und Gewerbesteuer folgende Steuerersparnis, die jeweils auf den Gesamtumsatz zu beziehen ist:
– für den Fall, dass der Unternehmer ausschließlich selbst fährt: 10 %
– für den Fall, dass der Unternehmer und der angestellte Fahrer je eine Schicht fahren: 7 %
– für den Fall, dass das Fahrzeug in 2 Schichten nur von angestellten Fahrern bedient wird: 4 %.

5. Besonderheiten

448 Besonderheiten bei der Abrechnung von Verdienstausfall können sich dann ergeben, wenn der Unternehmer den Auftrag zwar nachgeholt, sich jedoch wegen schwankender Tagespreise die Kalkulationsgrundlage zum Nachteil geändert hat. Dies gilt beispielsweise für den Fall, dass ein Heizölhändler vor Eintritt des Unfalles Aufträge zum jeweiligen Tagespreis entgegengenommen und die Lieferung zu Festpreisen vereinbart hat. Falls der Tankwagen unfallbedingt einige Tage ausfällt, wird es dem betreffenden Gewerbetreibenden möglicherweise gelingen, die vorliegenden Aufträge unter vermehrtem Einsatz der verbliebenen Kapazitäten zufriedenzustellend abzuwickeln. Wenn jedoch die Heizölpreise in der Zwischenzeit gestiegen sind und der Händler über keine Bevorratungsmöglichkeiten verfügt, muss er das Öl selbst unmittelbar vor der Auslieferung zum höheren Tagespreis einkaufen und zum früher vereinbarten Festpreis liefern. Die Differenz zwischen dem vereinbarten Festpreis und dem tatsächlich aufzuwendenden Tagespreis hat der Schädiger als fortwirkende Folge seines haftbaren Verhaltens trotz zumutbarer Nachholung der Aufträge zu ersetzen.

II. »Frustrierte« Aufwendungen

449 Unter frustrierten Aufwendungen versteht man betriebsbezogene Kosten, die auch aus Anlass eines Schadensfalles nicht erspart werden, sondern wegen des Wegfalls des durch sie »erkauften« Nutzens leerlaufen. Sie hat der Schädiger zusätzlich unter dem Gesichtspunkt der Zweckvereitelung zu erstatten, sofern nicht ausnahmsweise – wofür der Schädiger beweispflichtig wäre – auch insoweit ein anrechenbarer Vorteil eingetreten ist. Wenn man bei der Berechnung des Verdienstausfalls vom Brutto-Umsatz ausgeht und von ihm die eingesparten Aufwendungen bzw. die nachgeholten Leistungen absetzt, so entspricht dies nicht bereits dem Verdienstausfall, da zusätzlich noch die »frustrierten« Aufwendungen enthalten sind.

450 Zu den frustrierten Aufwendungen, die der Schädiger gleichermaßen zu ersetzen hat, gehören insbesondere die Fixkosten der Fahrzeughaltung,[608] die anteiligen betrieblichen Gemeinkosten und schließlich auch die Fahrerlöhne, sofern der Fahrer – und ggf. auch der Beifahrer – während des un-

---

606 *BFH* BFHE 1984, 258; *KG* VersR 1976, 888; *Falk* VersR 1975, 90.
607 VersR 1972, 1008.
608 *LG Berlin* SP 1997, 292; Palandt/*Grüneberg* § 252 Rn 6.

E. Verdienstausfall wegen Fahrzeugschaden

fallbedingten Ausfalls »seines« Fahrzeugs nicht einer anderen nutzbringenden Tätigkeit zugeführt werden konnte.

1. Generalunkosten des Fahrzeugs

Darunter versteht die Rechtsprechung die Fixkosten der Fahrzeughaltung. Diese Kosten werden in der Regel durch den kurzfristigen Ausfall eines betrieblichen Zwecken dienenden, gewerblich eingesetzten Nutzfahrzeugs nicht erspart. Lediglich dann, wenn ein Totalschaden vorliegt und das Fahrzeug abgemeldet wird, werden auch die Fixkosten eingespart. 451

Zu den Generalunkosten gehören insgesamt folgende Komponenten: 452
– leistungsunabhängige Alterungsabschreibung unter Einschluss des Wertverlusts durch Typenüberalterung und Korrosion
– Kapitaldienst (Verzinsung und Abschreibung des Anlagenkapitals)
– Steuern (beispielsweise Kfz-Steuer und Gewerbekapitalsteuer)
– Versicherungsprämien (beispielsweise in der Haftpflicht-, Fahrzeug-, Kasko-, Insassen-Unfall- und Rechtsschutzversicherung)
– Kosten für Abstellräume (Garagen) oder sonstige Stellflächen.

2. Anteilige Gemeinkosten

Zu den frustrierten Aufwendungen gehören auch die anteiligen betrieblichen Gemeinkosten.[609] Sie werden in Form eines Zuschlages (Aufschlages) auf den Produktivlohn (Fertigungslohn) erhoben und betragen je nach Kalkulation zwischen 180 % (Selbstkosten) und 320 % (unter Einschluss einer angemessenen Gewinnspanne). 453

3. Fahrerlöhne

In den Werten, die nach den oben aufgestellten Grundsätzen ermittelt werden, ist in der Regel auch der Fahrerlohn oder die geldwerte Leistung eines selbstfahrenden Unternehmers enthalten;[610] derartige Aufwendungen dürfen also nicht doppelt erstattet werden. Hiergegen lassen sich im Regelfall keine Einwendungen erheben, weil es sich bei dem Betrag, den der Unternehmer für seine eigene Arbeitsleistung erhält, um den geradezu typischen Fall des entgangenen Unternehmergewinns im Sinne von § 252 BGB handelt. 454

Eine abweichende Beurteilung würde dann Raum greifen, falls der Unternehmer verletzt worden ist und aus Anlass des Unfalls von einem Sozialversicherungsträger Barleistungen erhält. Das Gleiche gilt für den Fall, dass der angestellte Kraftfahrer körperliche Verletzungen erleidet und aus diesem Grunde arbeitsunfähig wird.[611] 455

Soweit es sich um den verletzten Fahrer handelt, müssen Löhne und Lohnnebenkosten bei der Berechnung des ausgleichsfähigen Erwerbsschadens ausgeklammert werden. Das Gleiche gilt auch für den Fall, dass der unverletzt gebliebene Kraftfahrer auf andere Weise nutzbringend eingesetzt werden konnte,[612] also an einen anderen Unternehmer ausgeliehen oder auf ein anderes Fahrzeug desselben Unternehmers umgesetzt worden ist. 456

Auch jede andere gewinnbringende Tätigkeit des angestellten Kraftfahrers im eigenen oder fremden Betrieb muss sich der Unternehmer anrechnen lassen. Dabei ist zu berücksichtigen, dass in dem ermittelten Verdienstausfall des Unternehmers der Bruttolohn zuzüglich aller sonstigen Leistungen des Arbeitgebers wie etwa Arbeitgeberanteile zur Kranken- und Rentenversicherung enthalten sind. 457

---

609 *Klimke* NJW 1974, 81.
610 *LG Oldenburg* r+s 1982, 171.
611 *Klimke* VersR 1973, 397.
612 *OLG Stuttgart* VersR 1981, 361.

458 Der Lohnanteil des angestellten Kraftfahrers hat im Falle seiner unfallbedingten Verletzung bei der Berechnung des Erwerbsschadens im Sinne von § 252 BGB auch dann außer Betracht zu bleiben, wenn der Fahrer keine Barleistungen von einem Sozialversicherungsträger erhält, sondern der Arbeitgeber ihm Lohnfortzahlung gewährt. Der nach § 6 EFZG übergegangene Anspruch ist als Forderung sui generis gesondert geltend zu machen. Dies gilt auch für den Fall, dass ein Betrieb als Kleinunternehmer wegen seiner Aufwendungen aus Lohnfortzahlung nach § 5 AAG einen Erstattungsanspruch gegen den Träger der Ausgleichskasse richten kann.

459 Sofern auf Seiten des Unternehmers in seiner Eigenschaft als Kfz-Halter eine mitwirkende Verursachung vorliegt, könnte der Lohnanteil dann voll geltend gemacht werden, wenn für den verletzten Fahrer unter erleichterten Voraussetzungen der Entlastungsbeweis aus § 18 Abs. 1 StVG geführt, d. h. die gesetzliche Schuldvermutung widerlegt werden kann.

460 Der Unternehmer bzw. der bei ihm angestellte Kraftfahrer können verpflichtet sein, beim Ausfall ihres Fahrzeugs in zumutbarer Weise andere Tätigkeiten auszuüben, sofern der Ersatzpflichtige ihnen anderweitige Erwerbsmöglichkeiten nachweist. So wäre denkbar, dass sich der Ersatzpflichtige den zeitweilig arbeitslos gewordenen Fahrer ausleiht und ihn verpflichtet, nunmehr für ihn – den Schädiger – Fahrten durchzuführen. Selbstverständlich muss es sich dabei um vergleichbare und zumutbare Ersatzbeschäftigungen handeln. Der Kreis der denkbaren Ersatzmöglichkeiten ist keineswegs eng zu ziehen.

461 Ebenfalls nicht unproblematisch erscheint der Aspekt, dass auch der angestellte Fahrer nach § 254 Abs. 2 BGB zur Schadenminderung in dem Sinne verpflichtet sein kann, dass er eine Stellung als Aushilfsfahrer annehmen muss. Zutreffend ist hier die Auffassung, dass der Kraftfahrer bezüglich des Erwerbsschadens des Unternehmers im Verhältnis zum Schädiger nicht als Erfüllungsgehilfe des allein geschädigten Unternehmers auftritt. Nach einem Urteil des *OLG Nürnberg*[613] ist es dem selbstständigen Taxiunternehmer oder seiner im Betrieb mitarbeitenden Ehefrau nicht ohne weiteres zugemutet werden könne, ihren Erwerbsschaden bei unfallbedingtem Ausfall ihres Taxis durch vorübergehende Annahme einer abhängigen Tätigkeit zu mindern.

III. Sonderfahrzeuge

462 Ein Verdienstausfall im Bereich des Sachschadens tritt meist dann ein, wenn Sonderfahrzeuge beschädigt werden, falls nicht ausnahmsweise die Möglichkeit zur Ersatzanmietung besteht oder auf ein in der Betriebsreserve vorgehaltenes Fahrzeug zurückgegriffen werden kann. Im Regelfall sind derartige Fahrzeuge jedoch so selten, dass es sich meist um Wagen kleinerer Unternehmen handelt, so dass sich auch eine Reservehaltung unter betriebswirtschaftlichen Aspekten nicht lohnt.

1. Taxi

463 Grundsätzlich kommt es bei einem freiberuflich tätigen Unternehmer nicht auf das Äquivalent der ihm aus schadenadäquatem Anlass ausgefallenen Arbeitszeit, sondern allein auf das Gesamtbetriebsergebnis an. Der Anspruch auf Ersatz des Verdienstausfalls setzt voraus, dass der Taxiunternehmer die Unfallschäden tatsächlich hat beseitigen lassen und dass der Wagen während der Reparaturzeit im Rahmen seines bestimmungsgemäßen Verwendungszwecks nicht eingesetzt werden konnte.

Der insoweit nach der Differenztheorie zu ermittelnde Erwerbsschaden kann entweder in einer Verringerung der Einnahmen (Überschüsse) oder in einer Erhöhung der Betriebsausgaben – beispielsweise durch zusätzliche Aufwendungen für Ersatzkräfte oder Fahrzeuge – bestehen.

464 Beim Ausfall eines Taxis kann also kein abstrakter Verdienstausfall zugebilligt werden; der Ausfallschaden ist vielmehr konkret zu berechnen.[614] Daher können für die Schadensberechnung auch nicht

---

613 VersR 1973, 721.
614 Grundlegend *Born* NZV 1993, 1; *OLG Köln* SP 2004, 128.

die Tagessätze aus der Tabelle von *Sanden/Danner/Küppersbusch* zugrundegelegt werden.[615] Eine Entschädigung auf abstrakter Berechnungsgrundlage ist für den Halter des Nutzfahrzeugs auch dann nicht zulässig, wenn er in der Lage gewesen wäre, den Fahrer des betreffenden Kfz auf einem anderen Fahrzeug einzusetzen.[616] Demgemäß ist der Verdienstausfall auch durch Zeugenaussagen oder durch Vorlage einer Bescheinigung der Taxi-Vereinigung (Innung) nicht zu beweisen.

Diesen Gesichtspunkt berücksichtigt das *OLG Celle*[617], wenn es die ersparten Aufwendungen im Zusammenhang mit dem Fahrerlohn mit 40 % bewertet und einen weiteren Abzug für Betriebs- und Pflegekosten von 30 % für angemessen hält. Das *OLG Celle* ist ferner der Auffassung, dass ein weiterer Abzug von 10 % bei einem Taxi-Großunternehmer deshalb vorzunehmen sei, weil der Ausfall eines Taxis durch verstärkten Einsatz der anderen Fahrzeuge weitestgehend ausgeglichen werden könnte. Nach dem *AG Kassel* sind vom entgangenen Gewinn für ersparte Betriebskosten und Mehrwertsteuer 30 % abzuziehen,[618] während das *KG* einen Abzug von 25 % für angemessen erachtet.[619] Ebenso möglich ist der Ansatz der konkret berechneten Betriebskosten pro Kilometer.[620]

465

Nach der Auffassung des *KG*[621] ist auch dann, wenn bereits vor dem Unfall ein neues Taxi fest bestellt worden war, Verdienstausfall lediglich während der (hier 31-tägigen) Instandsetzungsdauer zu zahlen, wenn das bestellte Neufahrzeug erst 49 Tage nach dem Unfall ausgeliefert wird.

466

Diese Grundsätze werden sich indes bei einem Taxiunternehmer nur mit Einschränkungen anwenden lassen. Insoweit muss für den Regelfall davon ausgegangen werden, dass der Taxiunternehmer die durch den Unfall entzogene Leistungskapazität nur unter eng begrenzten Voraussetzungen zu einem späteren Zeitpunkt noch ausgleichen kann. So kann der Taxiunternehmer beispielsweise in engem Umfange freie Tage verschieben und die dadurch gewonnene Zeit für die Ausführung von Reparaturen verwenden. Außerdem ist er in der Lage, im Falle seines verletzungsbedingten Ausfalls einen Aushilfsfahrer einzustellen.

467

Am Markt werden voll ausgerüstete Taxis als Mietwagen angeboten. Für derartige Taxis wird üblicherweise ein Grundpreis pro Tag sowie ein variabler Preis je nach der Fahrleistung verlangt. Wird ein derartiges Taxi als Ersatzfahrzeug angemietet, dann muss die für den Geschäftssitz des Unternehmens zuständige Straßenverkehrsbehörde eine Ersatzurkunde mit den Daten des gemieteten Fahrzeugs ausstellen. Dafür wird eine Ummeldegebühr erhoben, die bei Beendigung der Mietzeit und Rückgabe der Ersatzurkunde noch einmal anfällt.

468

Der Verdienstausfall wird in der Regel auf der Grundlage des Brutto-Umsatzes ermittelt und durch die Bescheinigung des zuständigen Finanzamtes oder eines Steuerberaters nachgewiesen.[622] Um Zufallergebnisse auszuschalten, sollte man auf einen längeren Vergleichszeitraum – zweckmäßigerweise auf ein Quartal – zurückgreifen. Dabei sollte es sich um einen vergleichbaren Zeitraum des Vorjahres handeln.

469

Selbstverständlich kann man auch die Umsätze eines vollen Kalenderjahres[623] heranziehen und dafür auf die Bilanz bzw. den Steuerbescheid zurückgreifen. Gleichgültig, welchen Abrechnungsmodus man anwendet, sollte stets darauf geachtet werden, dass längere arbeits- und einkommenfreie Zeiträume außer Betracht bleiben, da sonst das Gesamtbild allzu leicht verfälscht werden könnte.

470

---

615 *KG* NZV 2007, 244.
616 *OLG Stuttgart* VersR 1981, 361.
617 r+s 1987, 283.
618 NZV 1997, 362.
619 NJOZ 2005, 1673.
620 *LG Magdeburg* SVR 2010, 346.
621 VersR 1976, 1159.
622 *Leng* DAR 2001, 43.
623 *OLG Köln* SP 2004, 128.

471 Aus dem Umsatz muss als nichtschadensadäquate Bezugsgröße die darin enthaltene Umsatzsteuer herausgerechnet werden[624], weil sie mangels Leistungsaustauschs auf die an die Stelle des Einkommens tretende Entschädigungsleistung nicht erhoben wird.

472 Das auf diese Weise ermittelte Zwischenergebnis ist auf die Anzahl der auf jenen Vergleichszeitraum entfallenden Einsatztage bzw. -schichten zu verteilen. Dabei ist darauf zu achten, dass die Einsatztage nicht mit den Kalendertagen identisch sind, weil Taxiunternehmer insbesondere dann, wenn das Fahrzeug nur mit einem Fahrer besetzt werden kann, in der Regel mindestens einen freien Tag pro Woche einzulegen haben. Hinzu kommen weitere Fahrzeugausfälle in Form von Zwangspausen, die sich aus den verschiedensten Gründen ergeben. Stets ist darauf zu achten, dass auf dieselbe Bezugsgröße zurückgegriffen wird. So wäre es beispielsweise falsch, den bereinigten Umsatz durch die Zahl der in das betreffende Quartal tatsächlich fallenden Einsatztage zu dividieren und für die Ermittlung des Erwerbsschadens das Produkt später mit der Anzahl der ausgefallenen Kalendertage zu multiplizieren.

473 Aus Gründen der Praktikabilität können jedoch die eingesparten leistungsbezogenen Betriebskosten des eigenen Kfz sowie das ersparte Betriebsrisiko und die sich aus der abweichenden rechtlichen Beurteilung des Einkommensurrogats ergebenden Steuervorteile in der Weise erfasst werden, dass man kurzerhand einen Erfahrungssatz von 50 % vom bereinigten Netto-Umsatz abzieht. Dieser Satz ist insbesondere dann angemessen, wenn der Taxifahrer auf ein anderes Kfz umgesetzt werden konnte bzw. unfallbedingt verletzt worden ist oder dass es sich um einen Aushilfsfahrer handelt, der nur bei wirklichem Bedarf beschäftigt und bezahlt wird.

474 Kann der Unternehmer jedoch anhand eines exakten Einsatzplanes nachweisen, dass er den angestellten Fahrer des ausgefallenen Taxis nicht auf andere Fahrzeuge umsetzen konnte, so sind die aufgewendeten Lohnkosten vom Schädiger auch in voller Höhe zu ersetzen.[625]

475 *Berger*[626] bietet eine relativ einfach zu handhabende Faustformel an, indem er die Auffassung vertritt, dass die jeweils um die Umsatzsteuer bereinigten Bruttoeinkünfte bei Dieselfahrzeugen um 30 % im Wege des Vorteilsausgleichs zu kürzen sind. Diese Methode berücksichtigt jedoch nicht den steuerlichen Vorteil.

476 Das *AG Berlin-Charlottenburg*[627] will die »durchschnittlichen Brutto-Tageseinnahmen« um 30 % für ersparte Unterhaltungskosten und 7,5 % für ersparte Umsatz- und Gewerbesteuer kürzen. Auch diese Methode dürfte sich als unzulänglich erweisen, weil sie die genannten Steuern falsch bewertet und die Kürzung der auf die Schadenersatzleistung entfallenden Einkommensteuer unberücksichtigt lässt. Wenn man auf eine stark vereinfachende Kurzformel Wert legt, dann bietet sich ein Abzug in Höhe von etwa 50 % als brauchbarer Kompromiss an. Für den Fall jedoch, dass die Fahrerlöhne unberücksichtigt bleiben können, würde ein weit höherer Abzug gerechtfertigt sein.

477 Abweichungen ergeben sich bezüglich des Lohnanteils des angestellten Kraftfahrers, falls dieser verletzt worden ist oder während des Ausfallzeitraumes unfallunabhängig erkrankt. In diesem Falle muss der Fahrerlohn einschließlich der sich auf ihn beziehenden Gemeinkosten unberücksichtigt bleiben, weil er im Falle der unfallbedingten Verletzung als selbständiger Anspruch eines neuen Gläubigers aus einem anderen Rechtsgrund in Erscheinung tritt, während im Falle der sonstigen Erkrankung kein Schaden eintritt, so dass der Schädiger den Einwand der mangelnden Verursachung bzw. der überholenden Kausalität erheben kann.[628]

478 Festzuhalten bleibt, dass der Taxiunternehmer lediglich einen Sachschaden erlitten hat und demgemäß – unter dem Gesichtspunkt des diesem adäquaten Folgeschadens – Verdienstausfall allein für

---

624 *OLG Köln* SP 2004, 128.
625 *AG Berlin-Mitte* SP 2006, 67.
626 VersR 1963, 514.
627 VersR 1975, 1016.
628 *Leng* DAR 2001, 43.

den Zeitraum der reinen Reparaturzeit (im Falle des Reparaturschadens) oder für die notwendige Wiederbeschaffungsfrist (im Falle des Totalschadens) verlangen kann; dies gilt auch dann, wenn das wiederhergestellte Fahrzeug mit Rücksicht auf die noch fortdauernde Arbeitsunfähigkeit des (einzigen) Kraftfahrers in der Zwischenzeit nicht mehr eingesetzt werden kann.[629]

Ergänzend sei noch darauf hingewiesen, dass auch die Grundsätze des Rechtsinstituts der Schadenliquidation im Drittinteresse auf die hier vorliegende Problemstellung nicht anwendbar sind und dass der Anspruch sich auch nicht auf einen unerlaubten Eingriff in einen eingerichteten und ausgeübten Gewerbebetrieb stützen lässt,[630] da es insoweit an dem unabdingbaren Kriterium des unmittelbaren, betriebsbezogenen Eingriffs mangelt.[631]

2. Fahrschulwagen

Besondere Probleme anderer Art ergeben sich, wenn ein Fahrschulwagen aus unfallbedingtem Anlass zeitweilig ausfällt. Oftmals werden in der Praxis die ausgefallenen Fahrstunden in Höhe des mit dem Fahrschüler vereinbarten Bruttobetrages in Rechnung gestellt. Diese Methode ist unter mehreren Aspekten falsch, da sie den insoweit gebotenen Vorteilsausgleich völlig unberücksichtigt lässt. Außerdem kommt es für die Frage des Erwerbsschadens nicht entscheidend auf die Anzahl der ausgefallenen Fahrstunden an, weil auch insoweit allein das Brutto-Betriebsergebnis von Bedeutung ist.

Dem Inhaber einer Fahrschule stehen im Rahmen seiner Dispositionsbefugnis Möglichkeiten zur Verfügung, die Ausfallzeit auf andere Weise zu kompensieren, indem er beispielsweise die zunächst ausgefallene Leistung in zumutbarer Weise später nachholt. Als zumutbare Maßnahme der innerbetrieblichen Umdisposition bietet sich z. B. die Möglichkeit an, theoretischen Unterricht vorzuziehen und auf diese Weise die Zeit bis zur Reparaturfertigstellung des Fahrschulwagens sinnvoll zu überbrücken. Auch bei der Beschädigung eines Fahrschulwagens sind weitere Übungsfahrten nach einer provisorischen Zwischenreparatur zuzumuten, wenn das ansonsten noch betriebs- und verkehrssichere Fahrzeug lediglich leichte Schäden aufweist.

Der zunächst eingetretene Erwerbsschaden kann, sofern der Inhaber der Fahrschule sich bei der Nachholung der Stunden nicht überpflichtmäßiger Anstrengungen unterzogen hat, später wieder wegfallen.[632] Ein Verdienstausfall tritt insbesondere dann nicht ein, wenn bereits vor dem Unfall die betreffende Fahrschule mit Aufträgen ohnehin nicht voll ausgelastet war und demgemäß noch über freie Kapazitäten verfügt hat.

Nach § 6 Abs. 2 S. 2 FahrlG darf die tägliche Gesamtdauer des praktischen Fahrunterrichts durch einen Fahrlehrer nicht mehr als 495 Minuten betragen; die Fahrten müssen durch Pausen von angemessener Dauer unterbrochen werden. Der Inhaber einer Fahrschule wird dagegen einen Verdienstausfall dann mit Erfolg geltend machen können, wenn er in schlüssiger Form nachzuweisen vermag, dass er ausfallbedingt Fahrschüler als Neukunden nicht annehmen konnte, die er sonst mit den ihm zur Verfügung stehenden Kapazitäten ausgebildet hätte. Wird bei dem Unfall der angestellte Fahrlehrer so stark verletzt, dass er ausfällt, so kann der Verdienstausfall auch nicht in Höhe der Einnahmen der entfallenen Fahrstunden dieses Fahrlehrers geltend gemacht werden, sondern allenfalls der weitergezahlte Lohn des Fahrlehrers.[633]

Das bedeutet, dass dem Inhaber einer Fahrschule in der Regel nur dann ein Verdienstausfall entsteht, wenn der Fahrschulwagen längerfristig ausfällt. Dann ist ihm jedoch in der Erfüllung der ihm obliegenden Schadenminderungspflicht in aller Regel eine Ersatzanmietung möglich und zuzumuten.

---

629 *BGH* NJW 1979, 2244; *LG Zweibrücken* VersR 1981, 990.
630 *LG Zweibrücken* zfs 1981, 360; *BGH* Urt. v. 14.10.2008 – Az. VI ZR 36/08.
631 *Klimke* VersR 1973, 397.
632 *LG Frankfurt/M.* VersR 1980, 55; *AG Bremen* zfs 1980, 84; a. A. *LG Ravensburg* VersR 1972, 284; *LG Itzehoe* r+s 1982, 213; *AG Groß-Gerau* VersR 1978, 879.
633 *Finke* FS 2006 Heft 5, 40.

Selbstverständlich muss der Schädiger abgrenzbare Mehrkosten, die durch den Einbau und die spätere Demontage des doppelten Pedalwerks entstehen, in voller Höhe zusätzlich erstatten.

485 Sofern eine Ersatzanmietung möglich war, sind die leistungsbezogenen Betriebskosten des zeitweilig ausgefallenen Fahrschulwagens schadensmindernd zu berücksichtigen. Insoweit kann von einem Erfahrungssatz in Höhe von 25 % ausgegangen werden. Der im Verhältnis etwas höhere Anteil ergibt sich daraus, dass gerade Fahrschulwagen einer ganz besonderen Beanspruchung unterworfen sind, weil sie von einer Vielzahl ungeübter Benutzer in wenig pfleglicher Weise behandelt werden.

3. Lastkraftwagen

486 Auch bezüglich des Schadens, der einem Fuhrunternehmer durch zeitweiligen unfallbedingten Ausfall eines Lastkraftwagens entsteht, kommt es auf das Gesamtbetriebsergebnis an. Es genügt also nicht, dass lediglich die Ausfallzeit des beschädigten Lastzugs angegeben und der Höhe nach von theoretischen Durchschnittsfrachterträgen ausgegangen wird.[634]

487 Entscheidend ist die Frage, in welcher Höhe durch den Ausfall des Lastzuges ein Erwerbsschaden mit irreparablem Ergebnis entstanden ist. Ein derartiger Schaden entsteht dann nicht, wenn der Fuhrunternehmer bereits vor dem Unfall nicht voll ausgelastet war und die vorhandenen Aufträge mit den verbliebenen Kapazitäten ordnungsgemäß abgewickelt werden konnten. Trifft diese Voraussetzung nicht zu, dann ist zu prüfen, ob der Verdienstausfall nicht durch innerbetriebliche Umdispositionen bzw. durch zumutbare Nachholung und zeitliche Verschiebung von Aufträgen vermieden werden konnte.

488 Wegen der unterschiedlichen Auslastung gerade gewerblich genutzter Fahrzeuge lassen sich unfallbedingte Ausfallschäden nicht pauschalieren. Es bedarf vielmehr einer konkreten Berechnung des Ausfallschadens im Einzelfall. Dabei kann auf die gewöhnliche Gewinnerwartung, wie sie sich im konkreten Fall abstrakt darstellt, wie auch auf die Schadensermittlung nach § 287 ZPO zurückgegriffen werden. Reservehaltungskosten können nur dann ersetzt verlangt werden, wenn der Geschädigte nachweist, dass er tatsächlich Reservefahrzeuge bereit hält und diese zur Überbrückung des Ausfalls eingesetzt hat.[635]

489 Ist nachweisbar ein Verdienstausfall durch nachteilige Veränderung des Gesamtbetriebsergebnisses eingetreten, errechnet sich der Erwerbsschaden aus den Bruttofrachterträgen. Die Überprüfung der Angaben ist oft außerordentlich schwierig, wenn die Buchführung der Fuhrunternehmer oft unzureichend ist und weil nicht selten versucht wird, mit Hilfe von Gefälligkeitsbescheinigungen eine überhöhte Ersatzleistung zu erlangen.

490 Der beste Nachweis besteht darin, dass der Geschädigte darlegt, welche Frachtaufträge er sonst hätte ausführen können, die ihm wegen des Ausfalls seines Fahrzeugs entgangen sind.

491 Besonderheiten bei der Anwendung des Vorteilsausgleichs kommen dann in Betracht, wenn es sich um Lastkraftwagen handelt, die überwiegend im Baustellenbetrieb eingesetzt werden. Da diese Fahrzeuge sehr häufig auf unwegsamem Gelände verkehren und durch die Art der Ladung einer besonderen Beanspruchung ausgesetzt sind, unterliegen sie einem überdurchschnittlichen Verschleiß. Im Hinblick darauf erscheint es geboten, im Falle einer Ersatzanmietung die eingesparten leistungsbezogenen Betriebskosten des eigenen Fahrzeugs mit einem Erfahrungssatz von 35 % auszudrücken.

492 War eine Ersatzanmietung in zumutbarer Form nicht möglich und ist der Verdienstausfall ordnungsgemäß nachgewiesen, dann gilt als Faustformel, dass etwa $2/3$ der nachgewiesenen Frachtumsätze auf eingesparte Betriebskosten entfallen, so dass etwa $1/3$ der Bezugsgröße vom Schädiger zu ersetzen ist.

---

634 *LG München I* SP 1995, 143; *AG Brilon* SP 1998, 214.
635 *OLG Düsseldorf* r+s 1985, 65; vgl. *Reitenspiess* DAR 1993, 142.

4. Bestattungsfahrzeuge

Die Besonderheit besteht hier darin, dass Bestattungsfahrzeuge im Allgemeinen nicht angemietet werden können. Im Falle eines Totalschadens muss berücksichtigt werden, dass für Bestattungsfahrzeuge lediglich ein ganz kleiner Gebrauchtwagenmarkt besteht und dass die angebotenen Fahrzeuge oftmals nicht sofort verfügbar sind, sondern sich noch im Einsatz befinden. Da Bestattungsfahrzeuge nicht serienmäßig gebaut werden, sind die Lieferfristen für Neuwagen weit länger als für Serienmodelle. Die Schadenminderungspflicht kann es daher gebieten, unter Berücksichtigung der langen Lieferfristen sowohl für Gebraucht- als auch für Neufahrzeuge eine Reparatur selbst dann in Auftrag zu geben, wenn sie unter normalen Umständen unwirtschaftlich wäre. 493

Sofern im Zusammenhang mit dem Ausfall eines Bestattungsfahrzeugs ein Erwerbsschaden im Sinne von § 252 BGB zu ersetzen ist, gelten folgende Besonderheiten: Die Nichtbenutzbarkeit des Fahrzeugs selbst, das im Allgemeinen erfahrungsgemäß nur relativ kurze Fahrstrecken zurücklegt, ist nur ein geringer Teil des Schadens. Der eigentliche Nachteil besteht für den Bestattungsunternehmer darin, dass er alle im Zusammenhang mit der Beerdigung stehenden Lieferungen und Leistungen nicht ausführen kann und dass ihm dadurch erhebliche Einnahmen entgehen. Der Leichentransport selbst ist dabei von untergeordneter Bedeutung. Alle Lieferungen und Leistungen müssen jedoch als Einheit betrachtet werden, weil sie ohne den Betrieb des Fahrzeugs nicht möglich sind. Sofern der Schädiger für Verdienstausfall in dem hier dargelegten Sinne einzustehen hat, muss der Gläubiger im Einzelnen nachweisen, welche Aufträge mit welchem Leistungsumfang entgangen sind. 494

Es liegt in der Natur der Sache, dass die Vergütung, die dem Unternehmer sonst auf vertraglicher Basis zugeflossen wäre, nicht genau beziffert, sondern nur in groben Annäherungswerten geschätzt werden kann. Insoweit wird man – unter Berücksichtigung der Unternehmensstruktur und des Kundenkreises – auf Durchschnittswerte zurückgreifen müssen. Davon abzusetzen sind die eingesparten Eigenkosten in Höhe der Einstandspreise für Lieferungen. Es kommt also auf die Differenz zwischen Einstandspreis und Verkaufspreis an. 495

5. Mietwagen

Besondere Schwierigkeiten bereitet die Ermittlung des auf dem Ausfall eines Mietwagens beruhenden Verdienstausfalls.[636] Nachfolgend soll von den sog. Selbstfahrer-Vermietwagen die Rede sein, die im täglichen Sprachgebrauch kurzerhand als Mietwagen bezeichnet werden. Darunter versteht man Fahrzeuge, die von gewerblichen Autovermietungen bereitgehalten und den Kunden zur selbständigen Benutzung in eigener Regie gegen Entgelt überlassen werden. 496

Auch für Mietwagenunternehmen gilt der Grundsatz, dass ein Verdienstausfall im Sinne von § 252 BGB lediglich dann entsteht und zu erstatten ist, wenn das Bruttobetriebsergebnis aus schadensadäquatem Anlass nachteilig und mit irreparablem Ergebnis beeinflusst wird. Trotz der Möglichkeit, unter gewissen Voraussetzungen den Erwerbsschaden im Sinne von § 252 BGB auch abstrakt abzurechnen, bestehen grundsätzliche Bedenken dagegen, den Verdienstausfall für Mietwagen nach Durchschnittswerten bzw. nach dem Grade der statistisch nachgewiesenen Auslastung zu ermitteln.[637] 497

Die Möglichkeit der Verschiebung oder Nachholung von Aufträgen ist begrenzt, weil der Kunde in aller Regel das von ihm angemietete Ersatzfahrzeug sofort benötigt. Da Mietwagenunternehmen indes stets über eine gewisse Betriebsreserve verfügen, besteht in der Regel die Möglichkeit, im Wege der Umdisposition auf ein anderes – nicht gebuchtes – Fahrzeug desselben Unternehmers zurückzugreifen, das ohne den Unfall in jenem Zeitraum nicht hätte vermietet werden können. Dem Kun- 498

---

636 *AG Karlsruhe-Durlach* VersR 1981, 1088; *AG Neustadt a. d. W.* VersR 1981, 1089.
637 *AG Köln* SP 1995, 143; *LG Siegen* VersR 1988, 1045; *AG Karlsruhe-Durlach* VersR 1981, 1088; a. A. *LG Darmstadt* zfs 1985, 45; *AG Neustadt a. d. W.* VersR 1981, 1089; *OLG Hamburg* SP 1998, 356.

den wird dann notfalls ein Fahrzeug der höheren Klasse zum Preis des von ihm gewünschten Typs angeboten.

499 Dies bedeutet, dass in der Regel nicht der Nachweis genügt, dass ein bestimmtes Fahrzeug ausgefallen ist und dass ein anderer Wagen desselben Typs nicht zur Verfügung gestanden hat. Gerade bei unvollständiger Auslastung des Fahrzeugparks wird es kaum vorkommen, dass mit Rücksicht auf den zeitweiligen – meist kurzfristigen – Ausfall eines Mietwagens ein Mietinteressent abgewiesen wird und damit ein gewinnbringender Auftrag nicht ausgeführt werden kann. Insbesondere bei großen Autovermietern ist diese Form der Kompensation anzunehmen.[638]

500 Falls der Geschädigte gegenteilige Behauptungen aufstellen sollte, muss das Mietwagenunternehmen genau darlegen, welche Aufträge mit welchem Leistungsvolumen und irreparablem Ergebnis entgangen sind, weil auch die Möglichkeit, auf ein anderes Fahrzeug in zumutbarer Weise auszuweichen, nicht bestanden habe. Falls im Einzelfall ein Erwerbsschaden begründeter Maßen zu erstatten ist, sind im Wege des Vorteilsausgleichs die eingesparten leistungsbezogenen Betriebskosten des betreffenden Kfz wie auch sonst bei der Benutzung eines Mietwagens nach einem fremdverursachten Schaden abzusetzen.

IV. Schadenminderungspflicht

501 Die Grundsätze der Schadenminderungspflicht gelten auch für den Bereich des durch Sachschaden entstandenen Verdienstausfalles. Nachfolgend sollen die Besonderheiten aufgezeigt werden.

1. Einsatz vorgehaltener Reservefahrzeuge

502 Sofern es sich um Großbetriebe oder um Unternehmen mit Spezialfahrzeugen handelt, wird sich der Ausfall eines Fahrzeuges sehr häufig durch den Einsatz eines in der Betriebsreserve bereitgehaltenen Fahrzeugs ausgleichen lassen. Das Gleiche gilt für den Fall, dass ohnehin aus unfallunabhängigen Gründen nicht alle Fahrzeuge voll ausgelastet waren. In diesem Falle ist dann die Verlagerung von Kapazitäten in zumutbarer Weise möglich.

503 Falls ein eigenes Ersatzfahrzeug (Reservewagen) mit Rücksicht auf fremdverursachte Schäden in der Betriebsreserve bereitgehalten und eingesetzt werden kann, hat der Schädiger in aller Regel lediglich die Reservehaltungskosten zu erstatten.[639] Eine Entschädigung für entgangene Gebrauchsvorteile wird der Anspruchsteller lediglich dann verlangen können, wenn er über eine Betriebsreserve nicht verfügt und den Ausfall seines Fahrzeuges ohne Ersatzanmietung unter Inkaufnahme überpflichtmäßiger Anstrengungen kompensiert hat.

504 Als Zwischenergebnis bleibt festzuhalten, dass durch den möglichen Einsatz eines typengleichen Reservefahrzeugs ein Erwerbsschaden im Sinne von § 252 BGB in jedem Fall vermieden wird. Der Geschädigte kann es sich nicht aussuchen, ob er Reservehaltungskosten, Verdienstausfall oder eine Nutzungsausfallentschädigung geltend machen will. Er muss vielmehr den jeweils in Betracht kommenden Schaden konkret nachweisen und belegen.[640]

505 Dies bedeutet die Erstattungsfähigkeit von Reservehaltungskosten beim Einsatz eines eigens dafür vorgehaltenen Ersatzfahrzeugs und keinen Schadensersatzanspruch, falls ein Fahrzeug eingesetzt wird, das im Hinblick auf den Auftragsbestand und unter Berücksichtigung der betrieblichen Struktur sowie der vorhandenen Kapazitäten ohnehin nicht anderweitig benötigt worden wäre.

---

638 *AG Frankfurt/M.* SP 2005, 95.
639 BGHZ 70, 199; VersR 1978, 375; *AG Bremen* SP 1998, 216.
640 *AG Dresden* SP 1997, 111; *AG Recklinghausen* SP 1993, 15; *AG Halle-Saalekreis* SP 1999, 167; *OLG Köln* NZV 1997, 311; *LG Köln* SP 1996, 388; *AG Vechta* SP 1997, 259.

2. Innerbetriebliche Umdispositionen

Mitunter kann der Verdienstausfall auch dadurch vermieden werden, dass in Erfüllung der Schadenminderungspflicht aus § 254 Abs. 2 BGB betriebliche Umdispositionen getroffen und die vorhandenen Aufträge unter verstärkter Auslastung der verbliebenen Kapazitäten abgewickelt werden. In diesem Fall wird der lediglich drohende Erwerbsschaden in zumutbarer Weise neutralisiert.[641] Zu diesen Dispositionen gehören auch eine anderweitige Verteilung von Leistungsangeboten und die Nachholung von Aufträgen.   506

Mitunter kann es auch durchaus sinnvoll sein, ein mit Rücksicht auf einen ungenügenden Auftragsbestand vorübergehend abgemeldetes Betriebsfahrzeug aus dem eigenen Fuhrpark wieder zuzulassen und anstelle des beschädigten Wagens während der Reparaturzeit einzusetzen. Selbstverständlich hat der Schädiger in diesem Falle zusätzlich die durch die An- und Abmeldung entstehenden abgrenzbaren Mehrkosten zu ersetzen.[642] Dies gilt jedoch nicht für die Betriebskosten, weil insoweit lediglich eine Verlagerung vom ausgefallenen Fahrzeug auf das Ersatzfahrzeug eintritt und demgemäß die Grundzüge des vorweggenommenen Vorteilsausgleichs – ähnlich wie bei Reservewagen – Raum greifen.   507

3. Inanspruchnahme von Fremdunternehmen

Zur Vermeidung eines Verdienstausfalles kann es unter Umständen auch sinnvoll und geboten erscheinen, auf die Dienste eines Fremdunternehmers zurückzugreifen. Dies gilt insbesondere dann, wenn man von der Prämisse ausgeht, dass gerade bei längerem Ausfall eines Fahrzeugs nicht nur bestimmte Aufträge entgehen, sondern auch die Gefahr besteht, dass langjährige Kunden nach einer Abweisung dauerhaft zur Konkurrenz überwechseln. Eine Inanspruchnahme von Fremdunternehmen wird insbesondere bei Transportunternehmern in Betracht kommen, falls eine Ersatzanmietung, die sich stets als billigere und wirtschaftlichere Lösung darstellt, nicht in Betracht kommen sollte.   508

Auf Fremdunternehmen wird vornehmlich dann zurückzugreifen sein, wenn es sich um Sonderfahrzeuge handelt, die sich nicht oder nur unter sehr erschwerten Bedingungen anmieten lassen. Dies gilt beispielsweise für Fahrzeuge, die sog. Transportbeton befördern.   509

Der Schädiger hat im Falle einer möglichen Inanspruchnahme von Fremdunternehmen die Kosten des Fremdunternehmers zu erstatten, sofern sie den ortsüblichen Konditionen entsprechen. Abzusetzen sind indes die am eigenen Fahrzeug eingesparten leistungsbezogenen Betriebskosten, die auf dem üblichen Wege zu ermitteln sind. Dazu gehören auch Fahrerlöhne, falls die Möglichkeit bestanden hat, das eigene Personal während der Ausfallzeit entweder auf das Fremdfahrzeug umzusetzen oder sonst in nutzbringender Weise zur Bewältigung anderer betrieblicher Aufgaben einzusetzen.   510

4. Ersatzanmietung

Sofern sich der Schaden durch Ersatzanmietung abwenden lässt, ist diese Maßnahme in Erfüllung der durch § 254 Abs. 2 BGB normierten Schadenminderungspflicht geboten. Daraus lässt sich der Grundsatz ableiten, dass in diesem Falle ein Verdienstausfall, soweit er auf der zeitweiligen Verhinderung der Kfz-Nutzung beruht, regelmäßig nur bis zur Höhe der Aufwendungen zu erstatten ist, die im Falle einer pflichtgemäß vollzogenen Ersatzanmietung angefallen wären[643]. Dabei darf zunächst davon ausgegangen werden, dass ein Mietwagen innerhalb kürzester Frist zur Verfügung steht, sofern es sich nicht um Spezialfahrzeuge handelt.   511

Unzutreffend erscheint demgegenüber – jedenfalls in dieser Verallgemeinerung – der Umkehrschluss, dass Mietwagenkosten dann nicht mehr erstattungsfähig sind, wenn sie einen sonst eintre-   512

---

641 *OLG Hamm* r+s 1995, 18.
642 *KG* BeckRS 2007, 08720.
643 *OLG Hamm* r+s 1995, 18.

tenden Verdienstausfall übersteigen. Die Grenze für den Anspruch auf Naturalrestitution wird auch bei Überbrückung des Ausfalls eines ausschließlich gewerblich genutzten Kfz durch Ersatzanmietung nicht schon durch den anderenfalls entgangenen Gewinn, sondern durch die Unverhältnismäßigkeit der Mietwagenkosten bestimmt.[644]

513 Obergrenze des Schadenersatzanspruches ist insoweit also nicht der entgangene Verdienst, sondern vielmehr § 251 Abs. 2 BGB.[645] Somit sind die Kosten eines Miettaxis nur zu ersetzen, wenn die Anmietung eine unternehmerisch vertretbare Maßnahme darstellt.[646] Auch gegenüber dem entgangenen Gewinn erheblich höhere Miettaxikosten sind grundsätzlich zu erstatten, weil das Interesse des Taxiunternehmers an der Aufrechterhaltung der vollen Leistungskapazität seines Unternehmens berechtigt ist.[647]

514 Abzuwägen ist das Interesse des Unternehmers an der ungestörten Fortführung seines Betriebes, an seinem guten Ruf und seiner Dispositionsfreiheit für den Wagenpark gegen die Höhe der entstandenen Miettaxikosten.[648] Maßgeblich für die Beurteilung sind Fahrten für Stammkundschaft und feste Fahrten sowie Fahrten zu umsatzstarken Anlässen wie Messen und Silvester.[649] Wird dann die Grenze der Unverhältnismäßigkeit im Sinne von § 251 Abs. 2 BGB nicht überschritten, so muss davon ausgegangen werden, dass die Mietwagenkosten im Sinne des § 249 S. 2 BGB zur Herstellung erforderlich waren.

515 Allgemeine Regelsätze sind dabei jedoch nicht zu berücksichtigen; maßgeblich sind ausschließlich die schützenswerten Interessen des Geschädigten im Einzelfall.[650]

516 Dies hat der *BGH* in seiner Entscheidung vom 19.10.1993[651] nochmals klargestellt. Bei der Beurteilung, ob im Einzelfall von einer Verhältnismäßigkeit auszugehen sei, kommt es durchaus auf einen Vergleich zwischen den Mietkosten für das Ersatzfahrzeug einerseits und dem drohenden Verdienstausfall andererseits an; dieser Gesichtspunkt stellt aber nur einen unter vielen innerhalb der anzustellenden Gesamtbetrachtung des Interesses an der ungestörten Fortführung seines Betriebes dar.

517 In gleicher Weise sind auch dessen sonstige schutzwürdige Belange zu berücksichtigen, nämlich
 – Umsatzgröße und -entwicklung des Unternehmens
 – Dauer seines bisherigen Bestehens
 – Anzahl der dem Unternehmen zur Verfügung stehenden und betriebenen Taxis
 – Auslastungsgrad der Fahrzeuge und der Fahrer
 – Personal- und Kostenstruktur des Unternehmens
 – Zusammensetzung der Kundschaft
 – Marktstruktur (Großstadt oder ländlicher Raum)
 – Kooperationsmöglichkeiten mit anderen Taxibetrieben
 – Umfang und Dauer der Reparatur des Unfallfahrzeuges
 – Geschäftsaussichten während der Reparaturzeit (Hochsaison, Kongresse etc.).

518 Nach Auffassung des *BGH* ist daher im Normalfall, in dem für eine durchschnittliche Reparaturzeit ein Ersatztaxi angemietet wird, dessen Auslastung sich im betriebsüblichen Rahmen hält, kein Anlass gegeben, den Ersatz von Mietwagenkosten gemäß Marktpreis im Hinblick auf § 251 Abs. 2 BGB zu versagen. Insbesondere könne nicht eine Regelgrenze in Höhe des doppelten des Verdienstausfall-

---

644 *BGH* NJW 1985, 793; *OLG Nürnberg* NZV 1991, 115.
645 Himmelreich/Halm/*Schmelcher* Kap. 5 Rn. 102.
646 Himmelreich/Halm/*Grabenhorst* Kap. 5 Rn 94.
647 *OLG Hamm* NZV 1997, 310; *AG Hagen* SP 1996, 49; *LG Paderborn* SP 1996, 282; *LG Coburg* SP 1996, 386; *AG Leipzig* SP 1997, 290.
648 *OLG Köln* zfs 1993, 82; *OLG Hamm* NZV 1993, 392; *LG Coburg* zfs 1993, 192; *LG Nürnberg-Fürth* DAR 1991, 186.
649 Himmelreich/Halm/*Schmelcher* Kap. 5 Rn. 103.
650 *BGH* NJW 1993, 3321; NJW-RR 1994, 607; NZV 1994, 21.
651 DAR 1994, 16 ff.

schadens, wie sie z. B. der 31. Deutsche Verkehrsgerichtstag 1993[652] empfohlen habe, als gerechtfertigt angesehen werden.

Als unvertretbare unternehmerische Entscheidung, deren Nichtvorliegen der Geschädigte darzulegen und zu beweisen hat,[653] ist die Inanspruchnahme eines Miettaxis vom *OLG Nürnberg* bei einem Verhältnis von 2,9 zu 1 zwischen den Mietwagenkosten und dem entgangenen Gewinn angesehen worden.[654] **519**

Das *LG Coburg* hat in seiner Entscheidung vom 1.12.1992 seine frühere Auffassung dahin gehend revidiert, welche die Anmietung eines Ersatztaxis für unwirtschaftlich gehalten hat, wenn die Mietwagenkosten mehr als das Doppelte des entgangenen Gewinns betragen.[655] Das *OLG München* hat bei Miettaxikosten in Höhe von mehr als dem 4-fachen des entgangenen Gewinns eine Überschreitung der Grenze des § 251 Abs. 2 BGB angenommen.[656] Das *KG* hat festgehalten, dass auch unter dem Aspekt der Aufrechterhaltung des Betriebsablaufs eine Überschreitung des zu erwirtschaftenden Gewinns durch die Mietwagenkosten um 410 % übersteigen auch aus unternehmerischer Sicht nicht hinnehmbar ist.[657] Auch hat das *AG Kassel* bei einem Taxiunternehmen mit 19 Taxen bei einem dreitägigen Ausfalls eines Taxis die Anmietung eines Ersatztaxis als unverhältnismäßig angesehen, wenn dabei die Mietkosten den entgangenen Gewinn um das Fünffache übersteigen.[658] **520**

Den Ersatz von Miettaxikosten zugebilligt hat das *OLG Köln* in einem Fall, in dem der entgangene Gewinn etwa 60 % der Mietwagenkosten betragen hätte.[659] Der Senat hat insoweit klargestellt, dass entsprechend den vom *BGH*[660] aufgestellten Grundsätzen den Miettaxikosten der nach den tatsächlich mit dem Mietwagen ausgeführten Einsätzen errechnete Einnahmeausfall gegenüberzustellen sei, weil die mit dem Mietwagen erzielten Einnahmen dem Umsatzverlust des Unfallfahrzeuges entsprechen. Von diesen Einnahmen sind die ersparten leistungsbezogenen Betriebskosten[661] sowie der nicht eingetretene Verschleiß des beschädigten Taxis in Form der Eigenersparnisse in Höhe von 15 % abzuziehen.[662] **521**

---

652 NZV 1993, 102, 104; vgl. auch *Grüneberg* NZV 1994, 135.
653 *OLG Köln* NZV 1997, 1819.
654 NJW-RR 1990, 849; vgl. dazu auch *OLG Hamm* NZV 1997, 310; r+s 1995, 18; *AG Hagen* SP 1996, 49; *LG Paderborn* SP 1996, 282; *LG Coburg* SP 1996, 386; *AG Leipzig* SP 1997, 290; *OLG Köln* NZV 1997, 181; *AG Melsungen* SP 1997, 400; *AG München* SP 1998, 57; *OLG Celle* SP 1995, 245; *LG Nürnberg-Fürth* NJW-RR 1999, 464; *LG München I* NZV 2000, 88; *LG Göttingen* SP 2000, 315.
655 zfs 1993, 192.
656 VRS 85, 1.
657 NJOZ 2005, 1673; vgl. auch *LG München I* (370 %) NZV 2000, 88; *OLG Celle* (350 %) NZV 1999, 209.
658 NZV 1997, 362.
659 zfs 1993, 82; ebenso *LG Kassel* SP 2000, 237.
660 NJW 1985, 283.
661 Himmelreich/*Halm/Schmelcher* Kap. 5 Rn. 103.
662 *OLG Köln* zfs 1993, 82; *LG Kassel* SP 2000, 237; *KG* NJOZ 2005, 1673; Himmelreich/*Halm/Schmelcher* Kap. 5 Rn. 77; *OLG Köln* SP 2007, 13.

Kapitel 13 Gutachtenkosten

Übersicht

		Rdn.
	Einleitung	1
A.	**Bagatellschadengrenze**	6
I.	Schadenhöhe des Bagatellschadens	8
II.	Erkennbarkeit des Bagatellschadens	21
	1. Praxistipp für die Schadenabwicklung	34
	2. Fälle der Mithaftung des Geschädigten	39
III.	Wertminderung	45
B.	**Unbrauchbare Gutachten**	50
I.	Verschulden des Geschädigten an dem fehlerhaften Gutachten	58
	1. Verschulden bei der Auswahl des Sachverständigen	59
	a) Bezeichnung »Sachverständiger«	61
	b) Empfehlung durch die Werkstatt	67
	c) Öffentlich bestellter und vereidigter Sachverständiger	73
	2. Nichtangabe von Informationen durch den Geschädigten	75
II.	Gefälligkeitsgutachten	81
III.	Rechtsfolgen	84
C.	**Höhe der Kosten der Begutachtung selbst**	87
I.	Ausdrückliche Gebührenvereinbarung	92
II.	Taxe	98
III.	Übliche Vergütung	99
IV.	Billiges Ermessen	113
V.	Angewandte Abrechnungsverfahren	120
D.	**Nebenkosten des Gutachtens**	124
E.	**Ausgestaltung der Kostennote**	130
F.	**Freistellung/Beweislast**	136
I.	Unbrauchbares Gutachten	136
II.	Überhöhte/nicht nachprüfbare Rechnung	139
III.	Beweislast	142
G.	**Rechtliche Einordnung**	145
H.	**Prozessuales**	150

Schrifttum (Kommentare/Handbücher)
Berz/Burmann/Heß Handbuch des Straßenverkehrsrechts, Stand: Juni 2008; *Buschbell* Münchener Anwaltshandbuch Straßenverkehrsrecht, 2. Aufl. 2006; *Geigel*, Haftpflichtprozess, 25. Aufl. 2008; *Himmelreich/Halm* Handbuch des Fachanwalts Verkehrsrecht, 3. Aufl. 2010; *Ludovisy/Eggert/Burhoff* Praxis des Straßenverkehrsrechts, 5. Aufl. 2011; *Sanden/Völtz* Sachschadenrecht des Kraftverkehrs, 8. Aufl. 2007.

Schrifttum (Aufsätze und Literatur)
Göbel, Anmerkung zum Urteil des *BGH* v. 23.1.2007 – VI ZR 67/06, NZV 2007, 455; *Göbel*, Die Vergütung des Sachverständigen in Verkehrsunfallsachen, NZV 2006, 512; *Grunsky*, Zur Ersatzfähigkeit unangemessener hoher Sachverständigenkosten, NZV 2000, 4; *Halm/Fitz*, Versicherungsverkehrsrecht 2004/2005 (Teil 1), SVR 2005, 254; *ders.*, Versicherungsverkehrsrecht 2006/2007 (Teil 1), SVR 2007, 413; *ders.*, Versicherungsverkehrsrecht 2007/2008, DAR 2008, 507; *Hansens*, Der Streitwert im Verkehrsunfallhaftpflichtprozess, zfs 2007, 311; *Hiltscher*, Sachverständigenhonorare – verständlich umrissen, NZV 1998, 488; *Hörl*, Marktforschungspflicht des Geschädigten und Aufklärungspflichten des Gutachters, NZV 2003, 305; *Kääb/Jandel*, Zum Ersatz von Sachverständigenkosten bei objektiv unrichtigem Gutachten, NZV 1992, 16; *ders.*, Bemessung von Sachverständigenhonoraren bei der Kfz-Schadensregulierung, NZV 1998, 268; *Kappus*, Der Verkehrsunfall in der anwaltlichen Beratungspraxis, NJW 2008, 13; *Kuhn*, Schadensmanagement durch Versicherer – Gefahr für den Geschädigten, NZV 1999, 229; *Meinel*, Umfang der Zahlungsobliegenheit für Schadensgutachten im Rahmen der Regulierung von Verkehrsunfallschäden, VersR 2005, 201; *Merrath*, Erstattungsfähigkeit von Schadenermittlungskosten, SVR 2008, 334; *Notthoff*, Die Ersatzfähigkeit der Kosten eines Kostenvoranschlages, DAR 1994, 417; *ders.*, Nebenkosten im Rahmen der Unfallschadenregulierung, VersR 1995, 1401; *Otting*, Die Sachverstän-

digenkosten bei der Schadensregulierung von Verkehrsunfällen unter Berücksichtigung der Rechtsprechung, VersR 1997, 1328; *Poppe*, Erstattbarkeit der Gutachtenkosten bei anteiliger Haftung des Geschädigten, DAR 2005, 669; *Roß*, Rechtliche Einordnung von Einwendungen des Schädigers gegen das Sachverständigengutachten, NZV 2001, 321; *Steffen*, Kfz-Schaden – Sachverständigenhaftung, DAR 1997, 297; *Trost*, Die Sachverständigenkosten bei der Schadensregulierung von Verkehrsunfällen unter Berücksichtigung der Rechtsprechung, VersR 1997, 537; *Volze*, Neues aus der Sachverständigen-Rechtsprechung, DS 2006, 379; *Walter*, Gutachterkosten im Verkehrsunfallprozess, SVR 2006, 168; *Watzlawik*, Ersatz von Gutachterkosten bei Bagatellschäden, DAR 2009, 432; *Wegener*, Die Erstattung des Sachverständigenhonorars bei Haftpflichtschäden, DAR 1996, 488; *Wortmann*, Die Schadenregulierung von Verkehrsunfällen – insbesondere die Sachverständigenkosten, VersR 1998, 1205.

Einleitung

Die in der Unfallschadenregulierung am häufigsten strittige Position sind die Gutachtenkosten, die im Rahmen der Schadenbegutachtung entstehen. 1

Besonders problematisch in der täglichen Praxis des Rechtsanwaltes ist dabei, dass diese Kosten häufig schon entstanden sind, wenn der Mandant das Mandat an den Anwalt erteilt, da das Gutachten schon vorliegt. Fast immer ist die Werkstatt der erste Ansprechpartner des Geschädigten. Und diese vermittelt schon bei diesem ersten Kontakt eine Begutachtung durch Ihren (»Haus«-) Sachverständigen, der auch umgehend ans Werk geht. 2

Dabei ist ein Gutachten häufig sinnvoll und auch notwendig. 3

Denn für Art und Umfang seines Sachschadens trägt der Geschädigte nach einem Verkehrsunfall die Beweislast. Um dieser ihm nach der herrschenden Meinung obliegenden Beweispflicht nachzukommen, sollte bei größeren Schäden ein Sachverständigengutachten in Auftrag gegeben werden. 4

Die für das notwendige Sachverständigengutachten anfallenden Kosten sind dann zu erstattender Herstellungsaufwand i. S. v. § 249 Abs. 2 S. 1 BGB.[1] 5

A. Bagatellschadengrenze

Nach dieser Vorschrift des BGB sind jedoch nur Leistungen zu erstatten, die »*erforderlich*« sind. 6

Es ist in der Praxis nach wie vor umstritten, ab welcher Schadenhöhe die Beauftragung eines Sachverständigen überhaupt möglich ist und wann noch ein so genannter Bagatellschaden vorliegt, bei dem es ausreicht, den Schaden durch einen Kostenvoranschlag bzw. im Nachhinein durch die Reparaturrechnung mit Fotos nachzuweisen. 7

I. Schadenhöhe des Bagatellschadens

Bis zur Einführung des Euros am 1.1.2002 wurde von der Rechtsprechung überwiegend eine Grenze von 1 000 DM (ca. 511 €) angenommen, wenn es um die Abgrenzung zum Bagatellschaden ging.[2] 8

Im Laufe der Jahre stiegen jedoch die Reparaturkosten der Fahrzeuge stetig. Dies betraf in den vergangenen Jahren vor allem die Höhe der Arbeitsstunden, aber auch die Preise für das Material selbst wie die Ersatzteile sind erheblich gestiegen. 9

So haben die Gerichte diesbezüglich Ihre Rechtsprechung angepasst und gehen von höheren Grenzen aus, bis zu denen ein Bagatellschaden vorliegt. Inzwischen wird hier überwiegend ein Betrag von ca. 750 € angesetzt: 10

---

[1] *BGH* NJW 2005, 356; *OLG Karlsruhe* VersR 2005, 706; *OLG Brandenburg* SP 2005, 413; *LG Saarbrücken* DAR 2007, 270; *OLG Düsseldorf* SP 2008, 340; *LG Nürnberg-Fürth* NZV 2009, 244.
[2] *AG Köln* zfs 1986, 40; *OLG Hamm* NJW-RR 1994, 345.

11 600 €

AG Gelsenkirchen SP 2000, 143   AG Hannover SP 2004, 281

12 700 €

AG Bad Homburg NZV 2007, 426   AG Heidelberg SP 2005, 210

AG Berlin-Mitte SP 2009, 28   AG Leonberg DAR 2000, 277

AG Freiberg SP 2006, 222   AG Nürnberg zfs 2009, 149

AG Gießen SP 2006, 115   AG Prüm SP 2001, 178

AG Gütersloh DAR 2000, 365   AG Stuttgart SP 2007, 158

AG Hannover SP 2005, 68   AG Wetzlar SP 1999, 106

AG Hannover SP 2009, 293   LG Düsseldorf SP 2009, 257

AG Heidelberg SP 2004, 281

13 750 €

AG Berlin-Mitte SP 2001, 30   AG Oberhausen SP 2004, 31

AG Dortmund SP 2005, 141   AG Ribnitz-Damgarten SP 2005, 319

AG Kaiserslautern SP 2004, 63   AG Velbert SP 2001, 248

AG Mainz zfs 2002, 74

13a **keine Bagatellschadengrenze**

LG Nürnberg-Fürth NZV 2009, 244

14 Es gibt aber nach wie vor Gerichte, die die betreffende Grenze weit höher ansetzen und hier bei Schäden bis zu 1 000 €,[3] 1 100 €[4] oder gar 1 400 €[5] von einem Bagatellschaden ausgehen.

15 Die Bemessung von derart hohen Beträgen wird unterschiedlich begründet: Zum einen wird die Auffassung vertreten, dass es auch Laien möglich sei, zwischen einer substanziellen Beeinträchtigung des Fahrzeugs und reinen Blechschäden zu unterscheiden.[6] Zum anderen wird argumentiert, dass die weiter bestehende Fahrfähigkeit und Verkehrssicherheit nach einem Unfall ebenfalls durch den Geschädigten als Nichtfachmann beurteilt werden können.[7]

16 In der täglichen Praxis sind diese Werte nicht als starre Grenzen auf den Euro genau anzuwenden.[8] Dies würde schon daran scheitern, dass bei der Beauftragung des Gutachters noch gar nicht so genau abgeschätzt werden kann, ob sich der Schaden genau auf der Grenze oder den benannten einen Euro darüber bewegt.

17 Genau dies führt auch der *BGH*[9] aus, weist aber gleichzeitig auch darauf hin, dass *»der später ermittelte Schadenumfang im Rahmen der tatrichterlichen Würdigung nach § 287 ZPO oft ein Gesichtspunkt für die Beurteilung sein kann, ob eine Begutachtung tatsächlich erforderlich war oder nicht«.*

---

3 *AG Hildesheim* SP 1996, 295; *AG München* SP 2006, 222; *AG Aachen* SP 2009, 340.
4 *AG Coburg* DAR 2004, 354.
5 *AG Siegen* SP 1999, 67; *AG Sommerda* NZV 2002, 512.
6 *AG München* SP 2000, 247.
7 *AG Siegen* SP 1999, 67.
8 *Sanden/Völtz* Rn. 141.
9 *BGH* NJW 2005, 356.

A. Bagatellschadengrenze   Kapitel 13

Die aktuelle Bagatellschadengrenze gibt daher nur einen ungefähren Maßstab für die Einzelabwägung vor.[10]   18

Für den Fall, dass von vornherein die Reparatur in einer (Fach-)Werkstatt angestrebt wird, wird für die Fälle des Reparaturschadens auch die Mindermeinung vertreten, dass hier unabhängig von den Reparaturkosten zunächst der Kostenvoranschlag und dann nach deren Abschluss die Reparaturrechnung als Schadennachweis ausreichend ist – daher sei ein Sachverständigengutachten in diesem Fall sinnlos.[11]   19

Liegt der Sachschaden aber von vornherein feststellbar unter der Bagatellschadengrenze, ist die Vorlage eines Kostenvoranschlages mit Lichtbildern ausreichend. Für diesen ist dann aber umstritten, ob eine Pflicht zur Übernahme dieser Kosten durch den Schädiger besteht.[12]   20

II. Erkennbarkeit des Bagatellschadens

In der Praxis stellt sich meistens das Problem, dass der Geschädigte als Laie in Fragen der Unfallabwicklung zum einen nicht die Rechtsprechung zum Bagatellschaden kennt und zum anderen auch technisch nicht selbst beurteilen kann, wie sich die Reparaturkosten vermutlich bemessen werden.[13]   21

Häufig werden daher bereits auch für kleinste Schäden – wie bereits dargelegt vor der Rücksprache mit einem Rechtsanwalt – Sachverständige mit der Begutachtung beauftragt und damit Gutachtenkosten veranlasst.   22

Der Rechtsanwalt wird leider immer häufiger auch erst dann beauftragt, wenn sich im Rahmen der Schadenregulierung mit der Versicherung des Unfallverursachers Probleme zu einzelnen Positionen ergeben, hier also z. B. die Gutachtenkosten nicht erstattet werden, da ein Bagatellschaden aufgrund der dargestellten Wertegrenzen vorliegt.   23

Nach der Rechtsprechung des *BGH*[14] müssen hier bei der Bemessung der Erforderlichkeit aber die subjektiven Anschauungen des Geschädigten berücksichtigt werden. Dabei muss auf den Zeitpunkt der Umstände und der Kenntnis bei Beauftragung des Gutachtens abgestellt werden, also auf einen Zeitpunkt wo der Geschädigte noch keine Kenntnis von der genauen Schadenhöhe hatte.[15]   24

Es ist also darauf abzustellen, was der Geschädigte als Laie nach dem Unfall bezüglich der eingetretenen Schäden erkennen kann.[16]   25

Ist hier also auch für ihn offensichtlich erkennbar, dass nur leichteste Schäden vorliegen – kleine Kratzer, kleine Dellen etc. – muss ihm auch als mit Unfallregulierungen bisher nicht Befassten bewusst sein, dass ein Gutachten hier vermutlich mehr Kosten verursacht als die Schadenbeseitigung selbst.[17]   26

Ist dies aber für ihn nicht so eindeutig erkennbar, kann der Geschädigte einen Sachverständigen beauftragen.[18]   27

---

10 Himmelreich/Halm/*Müller* Handbuch Fachanwalt Verkehrsrecht, Kap. 6 Rn. 144; *Geigel/Knerr* Kap. 5 Rn. 119.
11 *AG Oberhausen* SP 2004, 231.
12 S. Rdn. 62, 63 im Kapitel 16 Sonstige Nebenkosten; *Notthoff* VersR 1995, 1401.
13 Himmelreich/Halm/*Müller* Handbuch Fachanwalt Verkehrsrecht, Kap. 6 Rn. 146.
14 BGHZ 54, 82.
15 *BGH* NJW 2005, 356.
16 Berz/Burmann/Heß/*Born*/K. Schneider 5c Rn. 70; *Buschbell* § 23 Rn. 64; Ludovisy/Eggert/Burhoff/*Notthoff* Straßenverkehrsrecht, Teil 4 E. IV Rn. 857; *Watzlawik* DAR 2009, 432.
17 *AG Essen* SP 2004, 64; *AG Nürnberg* zfs 2004, 35; *Meinel* VersR 2005, 201; *AG Bad-Homburg* NZV 2007, 426; *AG Berlin-Mitte* SP 2007, 370; *AG Nürnberg* zfs 2009,149.
18 *AG Essen* SP 1998, 335; *AG Mannheim* MDR 2004, 1294.

28 Bei einer fachlichen Vorbildung des Geschädigten bezogen auf Kraftfahrzeugschäden ist dies natürlich bei der Beurteilung dieser Frage zu berücksichtigen. Hier muss sich der Geschädigte sein konkretes Wissen zurechnen lassen.

29 Gleiches kann für die Beauftragung nach Rücksprache mit der gegnerischen Versicherung gelten, wenn diese bewusst darauf hinweist, dass ihr ein Kostenvoranschlag zur Abrechnung ausreicht und kein Gutachten benötigt wird.[19] Anders kann es sich verhalten, wenn die gegnerische Versicherung nicht ausdrücklich darauf hinweist, dass ein Gutachten nicht benötigt wird und diese den Geschädigten lediglich dazu auffordert, Beweismittel wie Fotos oder einen Kostenvoranschlag beizubringen.[20] Da ein Laie in der Regel nicht zwischen der Fertigung eines Gutachtens und der Einholung eines Kostenvoranschlags unterscheidet, darf er in diesem Fall die Kosten für die Erstellung des Gutachtens für erforderlich halten.[21]

30 Grundsätzlich ist der gegnerischen Versicherung jedoch entgegenzuhalten, dass meist kein Fall des Bagatellschadens[22] vorliegt und daher nach den Wertegrenzen die Einholung eines Sachverständigengutachtens möglich ist. Gerade bei schwierigen Beschädigungen oder aber möglichen versteckten Schäden ist es nicht sinnvoll, zunächst nach Kostenvoranschlag abzurechnen und dann bei Durchführung der Reparatur noch ein »Nachgutachten« anfertigen zu lassen.

31 Denn für den Fall der fiktiven Abrechnung, der von vielen Geschädigten gewünscht wird, würde bei diesem Vorgehen auf berechtigte Schadenersatzpositionen verzichtet werden, da sie dem Geschädigten unbekannt bleiben, was nicht zumutbar ist. Daher wird in diesem Fall auch kein Verstoß gegen die Schadenminderungspflicht vorliegen, wenn gleich ein Gutachten in Auftrag gegeben wird.

32 Bei älteren Fahrzeugen niedrigerer Fahrzeugklassen kann auch eine Beschädigung in Höhe der Bagatellschadengrenze dazu führen, dass durch diese bei fiktiver oder konkreter Abrechnung ein Totalschaden vorliegt. Hier ist dann neben der Bemessung der Reparaturkosten auch eine Schätzung des Rest- und des Wiederbeschaffungswertes notwendig, wie sie nur in einem Gutachten erfolgt. Auch in diesen Fällen sind daher die Sachverständigenkosten zu ersetzen.

33 Dies folgt auch daraus, dass der Geschädigte für Art und Umfang des Schadens beweispflichtig ist und er in diesen Fällen dem nur durch Vorlage eines Gutachtens genügen kann. Auch hier gilt[23], dass keine hohen Anforderungen an die Erkennbarkeit durch den Geschädigten bestehen, dass kein Totalschaden vorliegt.[24]

1. Praxistipp für die Schadenabwicklung

34 Sofern der Rechtsanwalt noch die Möglichkeit hat, die Erstellung eines Kostenvoranschlages bzw. eines Gutachtens zu beeinflussen, kommt es immer auf den Einzelfall und die konkrete Interessenlage des Mandanten an.

35 Abhängig von einer mündlichen Schadenschätzung der Werkstatt kann beurteilt werden, ob die Bagatellschadengrenze erreicht wird oder zumindest aufgrund eines vermuteten Totalschadens die Einholung eines Sachverständigengutachtens veranlasst ist.

36 Immer häufiger versuchen die Versicherer auch im Rahmen der Schadensteuerung ihren eigenen Gutachter dem Geschädigten aufzudrängen, auch im Bereich des Bagatellschadens, wo an sich ein Kostenvoranschlag ausreichen würde.[25]

---

19 Himmelreich/Halm/*Müller* Handbuch Fachanwalt Verkehrsrecht, Kap. 6 Rn. 147.
20 *AG Berlin-Mitte* SP 2008, 156.
21 *AG Berlin-Mitte* SP 2008, 156.
22 S. Rdn. 10.
23 S. Rdn. 25.
24 Himmelreich/Halm/*Müller* Handbuch Fachanwalt Verkehrsrecht, Kap. 6 Rn. 148.
25 *Wortmann* VersR 1998, 1205; *Kuhn* NZV 1999, 231.

Hintergrund dafür scheint – gerade für Fälle, die sich bei fiktiver Abrechnung als Totalschaden herausstellen könnten – der Umstand zu sein, gleich über die notwendigen Werte für die Totalschadenabrechnung zu verfügen, um diese dem Geschädigten gegenüber vornehmen zu können. 37

Dies führt dann meist zu Überraschungen beim Geschädigten der glaubt, die Reparaturkosten nach Kostenvoranschlag netto ohne Abzüge zu erhalten, auch wenn keine Reparatur erfolgt. 38

2. Fälle der Mithaftung des Geschädigten

Dem Mandanten, der ohnehin beabsichtigt das Fahrzeug gegen Rechnung in einer (Fach-) Werkstatt reparieren zu lassen, kann – gerade bei noch unklarer Haftungslage – unter Umständen zu einer Begutachtung durch die Versicherung zu raten sein, um hier sein Kostenrisiko zu minimieren.[26] 39

Denn nach herrschender Rechtsauffassung besteht im Fall eines Mitverschuldens nur ein Erstattungsanspruch hinsichtlich der Sachverständigenkosten in Höhe der Haftungsquote.[27] 40

Es gibt aber auch gegenteilige Stimmen, die auch bei anteiliger Haftung den Ersatz der vollen Sachverständigengebühren annehmen.[28] 41

Gegebenenfalls sollte daher – sofern noch möglich – mit der gegnerischen Versicherung abgestimmt werden, dass diese die Kosten auch übernimmt. 42

Macht ein Haftpflichtversicherer bei anteiliger Haftung die Kosten des hauseigenen Sachverständigen nachträglich im Wege der Rückforderung geltend, ist dies zwar zunächst grundsätzlich möglich. Hier kann jedoch argumentiert werden, dass der Haftpflichtversicherer gegenüber dem Geschädigten als in Verkehrsunfallsachen unbedarftem Laien dieses Kostenrisiko vorab deutlich macht, ehe die Begutachtung erfolgt. Unterlässt er dies, ist sein Verhalten nach §§ 133, 157 BGB so auszulegen, dass er von dem mithaftenden Geschädigten keine Gebühren seines Sachverständigen zurückverlangen will.[29] 43

Aber auch hier sollte darauf geachtet werden, dass auch eine mögliche Wertminderung richtig berechnet wird. 44

III. Wertminderung

Auch wenn eine verbreitete Meinung annimmt, dass alleine für die Bemessung der Wertminderung beim Vorliegen eines Bagatellschadens kein Gutachter beauftragt werden darf,[30] überzeugt diese Ansicht in der Praxis nicht. 45

So ist es zwar eher selten, dass bei geringfügigen Schäden eine Wertminderung eintritt, dieser Umstand ist jedoch nicht völlig ausgeschlossen. Der Geschädigte muss daher von vornherein – auch für den Fall der fiktiven Abrechnung – die Möglichkeit haben, Klarheit darüber zu erhalten, ob und ggf. in welcher Höhe eine Wertminderung vorliegt. 46

Zwar ist grundsätzlich im Fall eines Kostenvoranschlages oder einer Reparaturrechnung die Ermittlung auch im Nachhinein möglich. Es stellt sich nur die Frage, durch wen diese dann erfolgen soll. 47

Empfehlungen, sich diesbezüglich dann an die gegnerische Versicherung zu wenden und dieser die Berechnung zu überlassen[31] verkennen, dass es gerade aufgrund der unterschiedlichen möglichen Berechnungsmethoden hier schon beim Vorliegen eines unabhängigen Gutachtens häufig zum Streit kommt. 48

---

26 *Sanden/Völtz* Rn. 138.
27 *AG Oranienburg* SP 2000, 247; *AG Landshut* NJW-Spezial 2010, 619; *OLG Düsseldorf* DAR 2011, 326.
28 *Poppe* DAR 2005, 669; *AG Siegburg* NJW 2010, 2289; *OLG Rostock* NJW 2011, 1973.
29 Himmelreich/Halm/*Müller* Handbuch Fachanwalt Verkehrsrecht, Kap. 6 Rn. 165.
30 *AG Karlsruhe* r+s 1980, 129; *AG Gießen* SP 2006, 115.
31 Himmelreich/Halm/*Müller* Handbuch Fachanwalt Verkehrsrecht, Kap. 6 Rn. 151.

49 Ist der Geschädigte nicht Mitglied eines Automobilklubs und hat ggf. so die Möglichkeit, sich dort unabhängig zur Wertminderung beraten zulassen, könnte er die Berechnung der Versicherung nicht unabhängig überprüfen lassen.

B. Unbrauchbare Gutachten

50 Es kommt immer wieder im Rahmen der Schadenregulierung zum Streit, wenn die Versicherung des Unfallverursachers einwendet, dass das vom Geschädigten in Auftrag gegebene Sachverständigengutachten unbrauchbar ist.

51 Zum Teil wird hier die Ansicht vertreten, dass der Geschädigte auch ohne ein eigenes Verschulden an der fehlerhaften Erstellung des Gutachtens keinen Erstattungsanspruch gegen die gegnerische Versicherung hat.[32]

52 Begründet wird dies mit dem zwischen den beiden Parteien vereinbarten Werkvertrag nach §§ 631 ff. BGB, aus dem der Geschädigte Regressansprüche gegen den beauftragen Sachverständigen erheben kann. Hier würde das Risiko, Regressansprüche durchsetzen zu müssen, zu Unrecht dem Geschädigten aufgebürdet.[33]

53 Nach der herrschenden Rechtsprechung ist ein fehlerhaftes Gutachten grundsätzlich vom Schädiger zu ersetzen.

54 Dies gilt auch dann, wenn es nicht zur Feststellung der richtigen Schadenhöhe herangezogen werden kann.[34]

55 Ebenso, wenn die Sachverständigengebühren an den Gutachter abgetreten worden sind.[35]

56 Dies ergibt sich daraus, dass er Erfüllungsgehilfe des Schädigers, nicht des Geschädigten ist.[36] Der Schädiger schuldet nach §§ 249 ff. BGB die Wiederherstellung, so dass dies zu seinen Pflichten gehört.

57 Mit der gleichen Argumentation ist auch eine teilweise Kürzung des Sachverständigenhonorares durch die Versicherung des Schädigers unzulässig. Die Gutachtenkosten sind – der vorgenannten Begründung folgend – voll zu erstatten.[37]

I. Verschulden des Geschädigten an dem fehlerhaften Gutachten

58 Eine Erstattung der Gutachtenkosten kann nur dann ausgeschlossen sein, wenn dem Geschädigten ein Mitverschulden an der Erstellung des fehlerhaften Gutachtens nachgewiesen wird, wofür der Schädiger darlegungs- und beweispflichtig ist.[38]

1. Verschulden bei der Auswahl des Sachverständigen

59 Ein Mitverschulden des Geschädigten kann im Einzelfall bei der Auswahl des Sachverständigen liegen, wenn er für ihn erkennbar einen ungeeigneten Sachverständigen ausgewählt hat und dieser ein unbrauchbares Gutachten erstellt hat.[39]

---

32 *AG Freiburg* zfs 1986, 326; 258; *Trost* VersR 1997, 537; *AG Velbert* SP 2001, 248.
33 Himmelreich/Halm/*Müller* Handbuch Fachanwalt Verkehrsrecht, Kap. 6 Rn. 166.
34 *OLG Düsseldorf* DAR 2006, 324; 506; *OLG München* NZV 2006, 261; *LG Stuttgart* SP 2008, 189; *OLG Düsseldorf* SP 2008, 259.
35 *LG Nürnberg-Fürth* DAR 2004, 155; *Halm/Fitz* SVR 2005, 254.
36 *BGH* NJW 1972, 1800; *KG* SP 2004 244; *OLG Naumburg* NZV 2006, 546.
37 Anders aber *AG Duisburg* SP 2005, 27.
38 *BGH* NJW 1993, 1849; *OLG Naumburg* NZV 2006, 546; a. A. *Walter* SVR 2006, 168.
39 *OLG Hamm* r+s 1996, 183; *KG* SP 2005, 209; *AG Lebach* SP 2006, 24; *AG Dortmund* DAR 2006, 283.

B. Unbrauchbare Gutachten

Dabei stellt sich zunächst die Frage, welche grundsätzlichen Zweifel sich dem Geschädigten aufdrängen müssen bzw. woran er vorab erkennen kann, dass der Sachverständige, den er ausgesucht hat oder der ihm empfohlen wurde, nicht geeignet ist.   60

a) Bezeichnung »Sachverständiger«

Wie nachfolgend noch detaillierter ausgeführt, ist die Bezeichnung des »Sachverständigen« als Berufsbild nicht gesetzlich geschützt.   61

So kann jedermann ohne Berufserfahrung Sachverständigengutachten bei Unfallschäden anbieten und sich »Sachverständiger« nennen.   62

Alleine anhand der Berufsbezeichnung selbst kann der Geschädigte daher nicht erkennen, ob der Betreffende wirklich qualifiziert ist. Es gibt hier zwischen den einzelnen Sachverständigen erhebliche Niveauunterschiede.[40]   63

Auch wenn die meisten Sachverständigen über eine fundierte fachliche Ausbildung – Kfz-Meister, Dipl. Ing. (FH) oder von der Universität – verfügen dürften, gibt es dennoch solche, die keinerlei fachliche Ausbildung haben, die im Zusammenhang mit dem Kfz-Handwerk steht.   64

Hier besteht nur die Möglichkeit eines anderen Sachverständigen als Wettbewerber, gegen den unqualifizierten Wettbewerber aus Wettbewerbsrecht vorzugehen. Aufgrund der sehr liberalen Rechtsprechung der Gerichte, insbesondere des *Bundesgerichtshofs*[41], reicht es aus, wenn sich ein Fachfremder in Wochenendkursen fortgebildet hat, um die Tätigkeit eines Sachverständigen auszuüben und sich auch so zu bezeichnen.   65

Dem Mandanten sollte hier – sofern dies noch möglich ist – vom Rechtsanwalt am besten ein öffentlich bestellter und vereidigter Sachverständiger empfohlen werden. Ebenfalls denkbar ist die Beauftragung eines Sachverständigen eines großen Sachverständigenverbandes wie des BVSK oder einer Sachverständigenorganisation wie dem TÜV oder der DEKRA, da diese Organisationen eine entsprechende Aus- und Fortbildung ihrer Sachverständigen sicherstellen.   66

b) Empfehlung durch die Werkstatt

Häufig wird der Sachverständige auch von der Werkstatt empfohlen, wobei in der Regel eine gewisse Nähe des Sachverständigen zur Werkstatt besteht, da er üblicherweise regelmäßig als »Haussachverständiger« von dieser bei Unfallschäden beauftragt[42] bzw. vermittelt wird.   67

Aufgrund des bestehenden Vertrauensverhältnisses des Kunden zu seiner Werkstatt hat der Geschädigte hier grundsätzlich zunächst keine Anhaltspunkte, deren Empfehlung zu misstrauen.[43] Ist der Werkstattinhaber allerdings in Personalunion auch der beauftragte Sachverständige, dürfte ein Auswahlverschulden des Geschädigten im Regelfall vorliegen.[44]   68

Sollte einer dieser Umstände vorliegen, stellt sich anschließend dann noch die Frage nach der Stärke der Zweifel, die bei dem Geschädigten bei der Beauftragung bestehen müssen. Zum Teil wird hier die Auffassung vertreten, dass für den Geschädigten zunächst ein Anlass für ein Misstrauen bestehen muss.[45]   69

Eine andere Auffassung fordert weitergehende Zweifel, *»die sich geradezu aufdrängen«*.[46] Auch dies dürfte aber für ein Auswahlverschulden noch nicht ausreichend sein.   70

---

40 *Kääb/Jandel* NZV 1992, 16.
41 DAR 1997, 400.
42 *BGH* NJW 2000, 2108.
43 *AG Köln* zfs 1986, 360.
44 Himmelreich/Halm/*Müller* Handbuch Fachanwalt Verkehrsrecht, Kap. 6 Rn. 171.
45 *BGH* NJW 1993, 1849.
46 *OLG Hamm* NZV 2001, 433.

71 Vielmehr muss sich für den Geschädigten die Ungeeignetheit ganz offensichtlich darstellen.[47]

72 Daher dürfte einem Laien, der bisher noch keinen Unfall hatte, ein Auswahlverschulden nur sehr selten nachzuweisen sein.

c) Öffentlich bestellter und vereidigter Sachverständiger

73 Teilweise wird noch die nur als abwegig zu bezeichnende Rechtsauffassung vertreten, dass immer dann, wenn kein öffentlich bestellter und vereidigter Sachverständiger beauftragt wird, ein Auswahlverschulden vorliegt.[48]

74 Dennoch kann die Beauftragung eines solch qualifizierten Sachverständigen, insbesondere wenn dieser schon über Jahre anerkannt tätig ist, in der Praxis dazu führen, dass ein Auswahlverschulden hier gar nicht erst in Betracht kommt.[49]

2. Nichtangabe von Informationen durch den Geschädigten

75 Der häufigste Fall des Mitverschuldens des Geschädigten an der Unbrauchbarkeit des Gutachtens ist der Fall, in dem dieser wichtige Informationen dem Sachverständigen vorenthalten hat. Sollte dies nachweisbar sein, bestände kein Erstattungsanspruch.[50]

76 Dies betrifft alle Umstände, die für die Erstellung eines Gutachtens von Bedeutung sind.[51]

77 Insbesondere gilt dies beim Verschweigen von Vorschäden,[52] auch bei reparierten, da auch diese Auswirkungen auf den Wiederbeschaffungswert haben können.[53]

78 Ebenso ist der Geschädigte verpflichtet, das Alter und die tatsächliche Laufleistung des Fahrzeugs korrekt anzugeben.[54] Es dürfte auch einem Laien nachvollziehbar sein, dass diese Werte maßgeblich zur Bewertung des Fahrzeugs und seines Wertes sind.

79 Aber auch der eigentliche Unfallhergang ist zumindest in groben Zügen für die Erstellung des Sachverständigengutachtens von Bedeutung für den Sachverständigen, um beurteilen zu können, welche der Beschädigungen mit dem Unfall in ursächlichem Zusammenhang stehen und bei welchen es sich möglicherweise um nicht ersatzpflichtige Vorschäden handelt.[55]

80 Die Beweislast für das Vorliegen eines Informationsverschuldens trifft den Schädiger.[56] Auf Bestreiten des Geschädigten, die Vorschäden nicht gekannt zu haben, muss der Schädiger bzw. dessen Versicherung auch diese Kenntnis des Geschädigten beweisen. Gegebenenfalls kommt hier aber auch der Beweis des ersten Anscheins in Frage, wenn die Vorschäden derart gravierend sind, dass sie auch ein Laie erkennen kann.[57]

---

47 Himmelreich/Halm/*Müller* Handbuch Fachanwalt Verkehrsrecht, Kap. 6 Rn. 169.
48 *LG Essen* zfs 1980, 331.
49 *LG Düsseldorf* zfs 2000, 538.
50 *KG* DAR 2004, 352; *OLG Düsseldorf* DAR 2006, 324; *OLG Naumburg* NZV 2006, 546; *AG Hamburg-St. Georg* SVR 2007, 427; *LG Landshut* SP 2007, 267.
51 Berz/Burmann/Heß/*Born/K. Schneider* 5c Rn. 71.
52 *OLG Brandenburg* SP 2005, 412; *OLG Düsseldorf* DAR 2006, 324; *OLG München* NZV 2006, 261; *AG Hamburg-St. Georg* SVR 2007, 427; *AG Böblingen* SP 2008, 307; *AG Pirmasens* 2009, 195.
53 *KG* VersR 2004, 1620.
54 *LG Passau* SP 2004, 351; *AG Ulm* VersR 2006, 1379; *Halm/Fitz* SVR 2007, 413.
55 Himmelreich/Halm/*Müller* Handbuch Fachanwalt Verkehrsrecht, Kap. 6 Rn. 175.
56 *AG Mainz* SP 2005, 249; *OLG Düsseldorf* SP 2008, 259.
57 *AG Köln* SP 2008, 378; a. A. *OLG Düsseldorf* SP 2008, 259.

II. Gefälligkeitsgutachten

Immer wieder kommt es leider in der täglichen Regulierungspraxis vor, dass ein Sachverständiger ein Gefälligkeitsgutachten erstellt und die Werte zugunsten des Geschädigten manipuliert, manchmal aus eigenen Antrieb, um ggf. weitere Aufträge zu erhalten, manchmal aber auch unter dessen Mitwirken. 81

Auch in diesem Fall kommt es jedoch darauf an, dass der Geschädigte ein Mitverschulden an der überhöhten Bewertung hat oder sogar an dieser mitwirkt.[58] 82

Ohne ein eigenes Mitwirken muss es für den Laien klar und offensichtlich sein, dass die Werte des Gutachtens nicht den Markgegebenheiten entsprechen können, damit ihm das Gefälligkeitsgutachten zugerechnet werden kann.[59] 83

III. Rechtsfolgen

Kann daher, was in der Praxis der Ausnahmefall sein dürfte, ein ganz- oder teilweises Verschulden des Geschädigten nachgewiesen werden, führt dies dazu, dass der Erstattungsanspruch hinsichtlich des Sachverständigenhonorars entfällt.[60] 84

Hierbei wird der Fall vorliegen, dass die gesamten Sachverständigenkosten nicht erstattet werden, auch bei nur teilweiser Unrichtigkeit des Gutachtens.[61] 85

Ist die Unbrauchbarkeit des Gutachtens aber nicht auf den Geschädigten zurückzuführen, besteht ein entsprechender Erstattungsanspruch.[62] 86

C. Höhe der Kosten der Begutachtung selbst

Da es für Sachverständige neben einer immer noch fehlenden geschützten Berufsbezeichnung, die mit einer entsprechenden nachgewiesenen Ausbildung einhergehen würde, bisher auch keinerlei Gebührenordnung gibt, wie sie von Ärzten oder Rechtsanwälten bekannt ist, ist dies in der Praxis immer wieder ein Hauptstreitpunkt zwischen den Versicherungen und den Geschädigten bzw. den Sachverständigen. 87

Zunächst ist im konkreten Fall zu klären, auf welcher Basis und in welcher Höhe der Sachverständige seine Gebührenrechnung gestalten darf. Diese Frage betrifft die rechtliche Beziehung zwischen dem Geschädigten als Auftraggeber und dem Sachverständigen.[63] 88

Die rechtliche Grundlage, auf der der Sachverständige seine Gebühren gegenüber seinem Auftraggeber, dem Geschädigten, abrechnen darf, war lange bei den Instanzgerichten umstritten. 89

Der Bundesgerichtshof hat letztendlich abschließend entschieden, dass hier Werkvertragsrecht Anwendung findet.[64] 90

Somit richtet sich der Vertrag zwischen dem Geschädigten und dem Sachverständigen bei seiner rechtlichen Bewertung nach den §§ 631 ff. BGB. 91

I. Ausdrückliche Gebührenvereinbarung

Daher kann eine ausdrückliche Gebührenvereinbarung nach § 631 Abs. 1 Hs. 2 BGB zur Abrechnung vorliegen. 92

---

58 *OLG Saarbrücken* zfs 2003, 308; *OLG München* NZV 2006, 261.
59 *AG Bamberg* VersR 1979, 168; *LG Regensburg* NZV 2005, 49.
60 *KG* SVR 2005, 308; *AG Dortmund* DAR 2006, 284; *Halm/Fitz* SVR 2006, 254.
61 Himmelreich/Halm/*Müller* Handbuch Fachanwalt Verkehrsrecht, Kap. 6 Rn. 180.
62 *LG Regensburg* NZV 2005, 49; *Halm/Fitz* SVR 2005, 254.
63 Himmelreich/Halm/*Müller* Handbuch Fachanwalt Verkehrsrecht, Kap. 6 Rn. 199.
64 *BGH* DAR 2006, 451; *BGH* NZV 2007, 183.

93 In der Praxis wird eine solche ausdrückliche Gebührenvereinbarung meist gar nicht[65] oder aber nicht wirksam zwischen den Parteien vereinbart.

94 Dies liegt meist daran, dass sich in den allgemeinen Geschäftsbedingungen des Sachverständigenvertrages nur pauschale Angaben zu den allgemeinen Abrechnungsmaßstäben finden lassen.[66] Hier wird nur abstrakt dargelegt, welche Kriterien zur Bemessung des Honorars herangezogen werden. Häufig geschieht dies auch in Tabellenform.

95 Der Auftraggeber als Laie ist daher nicht in der Lage, die bei seinem Schadenfall konkret anfallenden Gutachtenkosten vorab zu erkennen.[67]

96 Dies reicht nach der überwiegenden Rechtsprechung für eine konkrete Vereinbarung nicht aus.[68]

97 Ein kleiner Teil der Rechtsprechung lässt allerdings auch solche allgemeinen Hinweise ausreichen, um hier eine ausdrückliche Gebührenvereinbarung anzunehmen.[69] Nach dieser Auffassung verstößt eine entsprechende Vereinbarung grundsätzlich auch nicht gegen §§ 305c, 307 ff. BGB.[70]

II. Taxe

98 Ohne eine wirksame ausdrückliche Gebührenvereinbarung kann nach § 632 Abs. 2 1. Alt BGB auf eine »taxmäßige« Vergütung zurückgegriffen werden. Da wie bereits ausgeführt[71] für Sachverständige keine Gebührenordnung existiert, gibt es hier keine Anknüpfungspunkte.[72]

III. Übliche Vergütung

99 Daher muss gegebenenfalls als Nächstes geprüft werden, ob eine übliche Vergütung nach § 632 Abs. 2 2. Alt BGB für Sachverständige bei der Begutachtung von Sachschäden nach Verkehrsunfällen besteht.

100 Ob eine solche übliche Vergütung besteht, ist unter den Instanzgerichten umstritten.[73]

101 Dies liegt vor allem daran, dass die Sachverständigen nach den unterschiedlichsten Berechnungsmethoden Ihre Kostennoten gestalten. Zum Teil wird die Höhe des Fahrzeugschadens zur Bemessung herangezogen, andere berechnen ausschließlich nach dem tatsächlichen Zeitaufwand.[74]

102 Der *Bundesgerichtshof* hat in zwei aktuellen Entscheidungen die Verfahren an die Instanzgerichte zur erneuten Entscheidung zurückverwiesen und diesen aufgegeben zu prüfen, ob hier eine übliche Vergütung im zu entscheidenden Fall vorliegen kann.[75]

103 Daraus ist zu schließen, dass der *BGH* bei der Bemessung der Höhe der Sachverständigenkosten hin zur Üblichkeit tendiert.[76] Er weist dabei darauf hin, dass für die Üblichkeit einer Vergütung eine allgemeine im Markt verbreitete Berechnungsregel ausreicht.

---

65 *BGH* VersR 2007, 218.
66 *AG Neunkirchen* SP 2004, 315.
67 *AG Neunkirchen* SP 2004, 315; *BGH* VersR 2007, 218.
68 *BGH* VersR 2007, 218; *LG Wiesbaden* SP 2003, 108; *LG Bayreuth* SP 2003, 214.
69 *AG Wiesbaden* SP 2004, 314; *LG Berlin* SP 2006, 76; *AG Saarbrücken* SP 2008, 268.
70 *AG Eltville* SP 2003, 213; *AG Rüdesheim* SP 2003, 213.
71 S. Rdn. 87.
72 *AG Dortmund* SP 2005, 68; *AG Berlin-Mitte* SP 2005, 175; *BGH* DAR 2006, 451; *BGH* VersR 2007, 218.
73 *AG Wuppertal* SP 2001, 29; *LG Wiesbaden* SP 2003, 108; *LG Bayreuth* SP 2003, 214; *AG Mühlheim* SP 2004, 102; *AG Bad Homburg* SP 2006, 436; *AG Detmold* SP 2006, 257.
74 Himmelreich/Halm/*Müller* Handbuch Fachanwalt Verkehrsrecht, Kap. 6 Rn. 206.
75 *BGH* DAR 2006, 451; *BGH* VersR 2007, 218.
76 Himmelreich/Halm/*Müller* Handbuch Fachanwalt Verkehrsrecht, Kap. 6 Rn. 204.

C. Höhe der Kosten der Begutachtung selbst

Dabei kommt es nicht auf einen bestimmt festen Vergütungssatz an, die Üblichkeit kann sich auch an der Bandbreite der Vergütungssätze orientieren, wie dies im Maklerrecht (§ 653 BGB) der Fall ist, wo es auch eine prozentuale Spanne des Wertes des vermittelten Objektes gibt. — 104

So rechnen die meisten Sachverständigen Ihre Gebühren nach der Höhe des Sachschadens ab.[77] — 105

Es ist daher damit zu rechen, dass sich diese Art der Abrechnung zukünftig durchsetzen und als »übliche Vergütung« angesehen werden wird. — 106

Auch wenn damit eine Abkehr von der nach Zeitaufwand berechneten Vergütung zu erwarten ist, wird die Bestimmung der Üblichkeit der Vergütung auf Schwierigkeiten stoßen. — 107

Denn auch innerhalb der Abrechnung nach Schadenhöhe gibt es unterschiedliche Berechnungsmodelle, wie dies in der Praxis umgesetzt wird.[78] — 108

So gibt es unterschiedlichste Tabellenmodelle, die entweder von Versicherungsseite (z. B. der Allianz) oder Gutachterseite[79] vorgegeben werden. Diese sind jedoch alle nicht verbindlich, ebenso hat sich bisher in der Praxis keines dieser Abrechnungsmodelle durchgesetzt, so dass es bundesweit als »üblich« angesehen werden könnte.[80] — 109

Von Sachverständigen zu Sachverständigen kann es daher nach wie vor zu erheblichen Preisunterschieden für ein Gutachten über den gleichen Sachschaden kommen.[81] — 110

Es bleibt daher abzuwarten, wie die Instanzgerichte zukünftig die Berechnung nach der Schadenhöhe als »übliche Vergütung« in der Praxis ausurteilen. — 111

Dabei ist zu beachten, dass die Beweislast für die Üblichkeit beim Gläubiger liegt.[82] — 112

IV. Billiges Ermessen

Nur noch im Ausnahmefall wird aufgrund der vorstehenden Ausführungen durch die Gerichte zukünftig zu prüfen sein, ob eine Bemessung der Gutachtenkosten nach §§ 315, 316 BGB nach billigem Ermessen zu erfolgen hat. — 113

Auf diese bisher sehr übliche Art der Ermittlung der Gutachtenkosten hatten die meisten Gerichte zurückgegriffen, da sie keine übliche Vergütung erkennen konnten.[83] — 114

Zukünftig muss hier der Hinweis des Bundesgerichtshofes beachtet werden, dass, sollte keine übliche Vergütung vorliegen, zunächst die ergänzende Vertragsauslegung herangezogen werden muss, ehe auf das billige Ermessen nach § 316 BGB zurückgegriffen werden kann.[84] — 115

Sollte es daher überhaupt noch zu dieser Prüfung kommen, ist wie bisher zu beachten, dass der Sachverständige einen eigenen Ermessensspielraum hat[85] und daher das Gericht nicht einfach seine als billig empfundene Vergütung ansetzen darf.[86] — 116

---

77 *Kääb/Jandel* NZV 1998, 268; *Roß* NZV 2001, 321; *LG Halle* zfs 2006, 91; *BGH* r+s 2007, 169; *Halm/Fitz* DAR 2008, 519.
78 *AG Marl* SP 1999, 177; *Meinel* VersR 2005, 201.
79 DEKRA [dazu *OLG Frankfurt* zfs 1997, 271] oder dem BVSK [*Göbel* NZV 2006, 512].
80 *Buschbell* § 23 Rn. 68.
81 *AG München* SP 1999, 287; *AG Marl* SP 1999, 177; *Roß* NZV 2001, 321; *AG Gronau* SP 2008, 270.
82 *BGH* VersR 2007, 218; *BGH* DS 2007, 76.
83 *Trost* VersR 1997, 541; *LG Bayreuth* SP 2003, 214; *AG Mühlheim* SP 2004, 138; *AG Berlin-Mitte* SP 2005, 175.
84 Himmelreich/Halm/*Müller* Handbuch Fachanwalt Verkehrsrecht, Kap. 6 Rn. 208.
85 *AG Holzminden* SP 2000, 32.
86 *AG Essen* VersR 2000, 68; *Roß* NZV 2001, 323; *BGH* VersR 2006, 1131.

117 Erst muss die Höhe des Honorars, die dem Sachverständigen durch die Billigkeit gesetzten Grenzen überschreiten.[87] Die Billigkeit bemisst sich hier nach der Bedeutung der Werkleistung für die Parteien und deren Interessenlage.

118 Erfolgt daher die Bemessung nach der Schadenhöhe, ist der vom Gesetzgeber eingeräumte Gestaltungsspielraum nicht überschritten.[88]

119 Daher wird die Frage der Billigkeit zukünftig bei der Bemessung des Sachverständigenhonorars keine Rolle mehr spielen.

V. Angewandte Abrechnungsverfahren

120 Auch wenn die Höhe der Gebühren sich im Regelfall an der Höhe des Fahrzeugschadens orientiert, gibt es unterschiedliche Berechnungsmethoden.

121 So setzen viele Sachverständigen Ihre Kosten im Bereich von 10–25 % des geschätzten Schadens an[89] und vermindern diesen Prozentsatz, je größer der Schaden ist.[90] Im Fall eines Totalschadens wird der Wiederbeschaffungswert herangezogen, wobei der Restwert unberücksichtigt bleibt.[91]

122 Trotz der angeführten Rechtsprechung des *BGH* zur Abrechnung nach Schadenhöhe wird auch weiterhin durch eine ausdrückliche und hinreichend konkretisierte Gebührenvereinbarung die Abrechnung nach Zeitaufwand möglich sein, wie sie von den Versicherern forciert wurde.[92]

123 Der Geschädigte muss jedoch diesbezüglich keine Marktforschung vorab betreiben, welches Berechnungsmodell durch seinen Sachverständigen angewendet wird.[93]

D. Nebenkosten des Gutachtens

124 Für die Erstellung der Gutachten werden durch die Sachverständigen auch noch Nebenkosten erhoben.

125 Dies sind üblicherweise die Kosten für die angefertigten Fotos, die Fahrtkosten zur Besichtigung des beschädigten Fahrzeugs, Schreibgebühren zur Erstellung des Gutachtens sowie die Kosten für Porto und Telefon.

126 Die Prüfungsfolge, wie die Kosten zu bemessen sind, richtet sich nach den gleichen Voraussetzungen wie bei den Gutachterkosten selbst.

127 Liegt keine ausdrückliche Gebührenvereinbarung vor, ist als Maßstab die Üblichkeit heranzuziehen. Erst wenn keine üblichen Sätze bestimmbar sind, können die Nebenkosten nach billigem Ermessen beurteilt werden.

128 Orientierungspunkt für die Üblichkeit können hier die von Sachverständigenorganisationen wie dem BVSK (Bundesverband der freien und unabhängigen Sachverständigen des Kraftfahrzeugwesens e.V) festgelegten mittleren Sätze sein:
- Fotokosten 2,51 € je Foto
- Fahrtkosten 1,01 € je km
- Schreibkosten von 2,14 € je Seite
- Pauschale für Porto und Telefon in Höhe von 20,00 €.[94]

---

87 *AG Ribnitz-Damgarten* SP 2001, 140; *BGH* VersR 2006, 1131.
88 *BGH* DAR 2006, 451; *BGH* r+s 2007, 169; *BGH* VersR 2007, 218.
89 *AG Halle* SP 1999, 249.
90 Himmelreich/Halm/*Müller* Handbuch Fachanwalt Verkehrsrecht, Kap. 6 Rn. 212.
91 *Roß* NZV 2001 321; *AG Dinslaken* SP 2004, 206.
92 *Göbel* NZV 2006, 512.
93 *Hörl* NZV 2003, 305.
94 *Göbel* NZV 2006, 512.

F. Freistellung/Beweislast

Höhere Sätze stellen noch keine gravierende Überschreitung der üblichen Abrechnungen dar, wenn sie wie folgt angesetzt sind: 129
- Fotokosten von 3 € je Foto[95]
- Fahrtkosten von 1,50 € je km
- Schreibkosten von 4,00 € je Seite[96]
- Pauschale für Porto und Telefon von 30,00 €.

E. Ausgestaltung der Kostennote

Ein weiterer häufiger Streitpunkt ist auch die Gestaltung der Kostennote durch die Sachverständigen, da auch diese in vielfältigsten Formen erfolgt. 130

Die konkrete Berechnung der Gutachterkosten einschließlich der Nebenkosten muss aber unabhängig von der konkreten Abrechnungsart für den Auftraggeber nachprüfbar sein.[97] 131

Bei der **Abrechnung nach Schadenhöhe** muss somit genau dargelegt werden, aus welchen Berechnungsmodellen sich die Gebühren aus der betreffenden Schadenhöhe ergeben. Der Einblick in die zugrunde liegenden Honorartabellen muss dabei zumindest so detailliert sein, dass sich die Berechnung substanziiert nachvollziehen lässt.[98] 132

Bei der **Abrechnung nach Stundensätzen** muss erkennbar sein, welcher Stundensatz angewendet wurde und wie viel Zeit zu diesem Satz für welche Tätigkeit berechnet wurde.[99] 133

Da wie bereits ausgeführt (Rdn. 56) der Sachverständige der Erfüllungsgehilfe des Schädigers ist, muss sich dieser alleine mit diesem auseinandersetzen, wenn es darum geht, dass die Rechnung nicht nachvollziehbar ist.[100] Das gilt auch für seine Haftpflichtversicherung, die gegebenenfalls substanziiert zur Unangemessenheit vortragen muss.[101] 134

Es daher unzutreffend, wenn die Meinung vertreten wird, dass der Geschädigte keinen Erstattungsanspruch hätte, wenn er keine überprüfbare Gutachtenkostenrechnung vorlegt.[102] 135

F. Freistellung/Beweislast

I. Unbrauchbares Gutachten

Ist im Fall eines unbrauchbaren Gutachtens bereits eine Zahlung durch den Geschädigten erfolgt, hat dieser einen Rückerstattungsanspruch.[103] 136

Ist die Zahlung noch nicht erfolgt, besteht nur ein Freistellungsanspruch nach § 253 BGB, wie dies die überwiegende Rechtsprechung ausführt.[104] Durch das fehlerhafte Gutachten hat der Geschädigte keinen finanziellen Nachteil. Dem Schädiger obliegt es, dem Sachverständigen etwaige Schadenersatzansprüche entgegenzuhalten. Solange also der Schädiger den Geschädigten freistellt, trägt dieser kein Risiko. 137

---

95 2 Sätze Fotos: *Wegener* DAR 1996, 88; *AG Frankfurt/M.* VersR 2000, 1425; *LG Berlin* SP 2006, 75; *AG Witten* SP 2007, 29.
96 *LG Berlin* SP 2006, 76.
97 *OLG Naumburg* NZV 2006, 546; *AG Castrop-Rauxel* SP 2006, 222; *AG Riesa* SP 2006, 185.
98 *AG Völklingen* SP 2000, 142; *AG Bad Schwalbach* SP 2003, 214; *AG Riesa* SP 2006, 185.
99 *AG Brühl* SP 1999, 432; *AG Bergisch-Gladbach* SP 2000, 286; *AG Mettmann* SP 2001, 66.
100 *LG Lübeck* SP 2005, 427; *OLG Naumburg* NZV 2006, 546.
101 *AG Oldenburg* zfs 2004, 379.
102 *Trost* VersR 1997, 537; *LG Bayreuth* SP 2003, 214; *LG Lübeck* SP 2004, 147.
103 Himmelreich/Halm/*Müller* Handbuch Fachanwalt Verkehrsrecht, Kap. 6 Rn. 183.
104 *OLG Hamm* NZV 1999, 377; *AG Gütersloh* SP 2004, 352; *AG Lebach* SP 2006, 24.

138 Verweigert der Schädiger jedoch den Schadenersatzanspruch endgültig und ernsthaft, wandelt sich dieser gemäß § 250 BGB in einen Zahlungsanspruch um.[105]

II. Überhöhte/nicht nachprüfbare Rechnung

139 Das oben unter Rdn. 136 ff. ausgeführte gilt auch für den Fall einer überhöhten oder aber nicht nachprüfbaren Rechnung:

140 Ist die Zahlung der Rechnung noch nicht erfolgt, besteht der erwähnte Freistellungsanspruch.[106]

141 Im Fall der Weigerung erfolgt wiederum eine Umwandlung in einen Zahlungsanspruch (s. Rdn. 138).

III. Beweislast

142 Da die herrschende Meinung den Sachverständigen als Erfüllungsgehilfen des Schädigers und nicht des Geschädigten ansieht, werden Fehler desselben dem Schädiger zugerechnet.[107]

143 Da der Sachverständigenvertrag nach allgemeiner Rechtsprechung ein Vertrag mit Schutzwirkung zugunsten Dritter – hier des Schädigers – ist,[108] kann der Schädiger direkt ohne Abtretung gegen diesen im Regresswege vorgehen, wenn z. B. eine unsubstanziierte Rechnung vorgelegt wird.[109]

144 Aufgrund der Tatsache, dass der Geschädigte als Laie – anders als die hinter dem Schädiger stehende Haftpflichtversicherung – mit den tatsächlichen und rechtlichen Anforderungen bei der Abrechnung von Sachverständigenkosten überfordert ist, ist diese Lösung sachgerecht.[110]

G. Rechtliche Einordnung

145 Vor diesem Hintergrund ist auch die folgende rechtliche Einordnung zu beachten.

146 Es muss zwischen der vertragsrechtlichen Beziehung zwischen Sachverständigem und dem Geschädigten als Auftraggeber auf der einen Seite und der schadenersatzrechtlichen Beziehung zwischen Geschädigtem und Schädiger auf der anderen Seite unterschieden werden.[111]

147 So kann – wie der BGH zutreffend ausführt[112] – eine unter sachverständigenrechtlichen Gesichtspunkten überhöhte Rechnung trotzdem vom Schädiger unter schadenersatzrechtlichen Gesichtspunkte zu erstatten sein.

148 Die Erstattung der Sachverständigenrechnung richtet sich alleine nach schadenersatzrechtlichen Gesichtspunkten. Etwaige Mängel im Vertrag zwischen Sachverständigen und Geschädigtem sind hier unbeachtlich. Somit ist das erstattungspflichtig, was »dem wirtschaftlich denkenden Menschen in der Lage des Geschädigten zur Behebung des Schadens zweckmäßig und angemessen erscheint«, wie der Senat ausführt.[113]

149 Das führt dazu, dass dem Geschädigten keine Preisvergleiche zugemutet werden können.[114]

---

105 *LG Berlin* SP 2006, 76; *AG Lebach* SP 2006, 24.
106 *OLG Hamm* NZV 1999, 377; *AG Gütersloh* SP 2004, 352; *OLG Naumburg* NZV 2006, 546; *Göbel* NZV 2006, 512; *Walter* SVR 2006, 168.
107 *Grunsky* NZV 2000, 4; *OLG Naumburg* NZV 2006, 546.
108 *Trost* VersR 1995, 537; *AG Frankfurt* r+s 1996, 185; *LG Frankenthal* SP 1997, 337; *Steffen* DAR 1997, 297; *LG Gießen* zfs 2001, 496.
109 *Holz* VersR 1998, 1257.
110 *Otting* VersR 1997, 1328; *AG Achern* SP 1999, 105; *Grunsky* NZV 2000, 4.
111 *Himmelreich/Halm/Müller* Handbuch Fachanwalt Verkehrsrecht, Kap. 6 Rn. 224.
112 *BGH* DAR 2007, 263; ebenso *LG Saarbrücken* DAR 2007, 270.
113 *BGH* DAR 2007, 263.
114 *Merrath* SVR 2008, 334.

H. Prozessuales

Die Kosten des Sachverständigen können als Schadenersatz direkt eingeklagt werden. **150**

Die Sachverständigengebühren sind hinsichtlich der Höhe des Beschwerdegegenstandes der Berufung gemäß § 511 Abs. 2 Nr. 1 ZPO mit einzubeziehen. Es handelt sich nicht um eine nicht berücksichtigungsfähige Nebenforderung nach § 4 Abs. 1 ZPO.[115] **151**

---

[115] *BGH* DAR 2007, 430; *OLG Oldenburg* SVR 2007, 350; *Hansens* zfs 2007, 311.

Kapitel 14 Rechtsanwaltskosten

Übersicht

		Rdn.
	Einleitung	1
A.	**Anspruchsvoraussetzungen**	4
I.	Adäquate Folge eines Sach- oder Personenschadens	4
	1. Aus originärem Recht	6
	2. Aus übergegangenem Recht	12
	a) Rechtsgeschäftlicher Forderungsübergang	13
	b) Gesetzlicher Forderungsübergang	15
II.	Verzug	21
III.	Eigene Angelegenheiten des Anwalts	24
IV.	Kosten für die Abwehr von Ansprüchen	27
	1. Außergerichtliche Abwehr deliktsrechtlicher Ansprüche	27
	2. Vertragsverhältnis	30
V.	Mehrere Anwälte	31
	1. Streitgenossenschaft	32
	2. Verkehrsanwalt und unterbevollmächtigter Terminvertreter	39
	a) Einleitung	39
	b) Erstattungsfähigkeit	42
VI.	Vertreter des Anwalts	49
	1. Juristisches Personal	49
	2. Büropersonal	50
B.	**Der Mehrvertretungszuschlag nach VV 1008**	51
I.	Die Entstehungsvoraussetzungen	51
II.	Die Erstattung des Mehrvertretungszuschlags und dessen Berücksichtigung im Kostenfestsetzungsverfahren	63
C.	**Der Gegenstandswert**	65
I.	Begriff	67
II.	Der »erstattungsfähige« Gegenstandswert	70
III.	Der unbezifferte Klageantrag	72
IV.	Rentenansprüche	76
V.	Feststellungsansprüche	77
VI.	Verhandlungen mit dem Kaskoversicherer	78
D.	**Einzelne Gebühren**	83
I.	Die Geschäftsgebühr	83
	1. Entstehung und Abgeltungstatbestände	83
	2. Die Anrechnung der Geschäftsgebühr im Klageverfahren	87
	3. Bemessung des Gebührenrahmens	91
II.	Die Termingebühr nach Teil 3 Vorbemerkung 3 III	102
III.	Einigungsgebühr	107
IV.	Rat, Erstberatung, Gutachten und Mediation	121
V.	Zwangsvollstreckung	129
	1. Vorbereitungshandlungen und die Androhung der Zwangsvollstreckung	133
	2. Höhe der Gebühr	135
	3. Anrechnung im Fall der Erteilung des Vollstreckungsauftrages	140
E.	**Nebenkosten**	145
I.	Auslagen für Porto und Telefon	146
II.	Fotokopiekosten	149
III.	Reisekosten	152
IV.	Hebegebühr	162
	1. Entstehung	162
	2. Erstattungsfähigkeit	166
F.	**Umsatzsteuer**	170
I.	Grundsätze	170
II.	Die Umsatzsteuer in der Kostenfestsetzung	175
III.	Eigene Angelegenheiten des Anwalts	178

Einleitung

In diesem Kapitel werden die nach dem Rechtsanwaltsvergütungsgesetz (RVG) für die Kfz-Schadenregulierung relevanten Vergütungstatbestände[1] und die Möglichkeiten dargestellt, die aus Anlass der Kfz-Schadenregulierung beim Geschädigten angefallenen Anwaltskosten vom Schädiger erstattet zu erhalten.[2] Dabei ist der Begriff der Erstattungsfähigkeit nicht im Sinne der prozessualen Vorschriften (§§ 91 ff. ZPO), sondern nach den Grundregeln des Schadensersatzrechts zu verstehen. »Erstatten« bedeutet also, dass die entsprechenden Anwaltskosten – als Teil des Gesamtschadens und damit als eine Schadensposition unter mehreren – vom Schädiger im Rahmen des ihm aus Rechtsgründen zur Last fallenden Verantwortungsbeitrags dem Geschädigten zu ersetzen sind. 1

Hinsichtlich der Erstattungsfähigkeit der Anwaltskosten ist zwischen der Entstehung der Gebühren im vertraglichen Innenverhältnis und ihrer Erstattungsfähigkeit zu differenzieren. Das bedeutet, dass die Anwaltskosten im Innenverhältnis – also im vertraglichen Verhältnis zwischen dem Anwalt und seinem Mandanten – zunächst entstanden sein müssen, ehe die daran anknüpfende Frage zu prüfen ist, ob der Schädiger diese Kosten im Rahmen der ihm obliegenden Ersatzpflicht zu erstatten hat. Dabei ist in Betracht zu ziehen, dass nicht alle Anwaltskosten, die im Innenverhältnis entstanden sind, auch tatsächlich dem Schädiger angelastet werden können. Korrekturen sind beispielsweise immer dann erforderlich, wenn die Sach- und Rechtslage dies erfordert, insbesondere also dann, wenn dem Gläubiger aus mat.-rechtlichen Gründen kein Schadenersatz gegen den anderen Teil zusteht oder wenn er Ersatz nur in Höhe eines Anteils z. B. wegen eines Mitverschuldens verlangen kann. 2

Eine Kürzung der erstattungsfähigen Anwaltskosten kann auch dadurch eintreten, dass der Geschädigte schuldhaft gegen die ihm nach § 254 Abs. 2 BGB obliegende Schadensminderungspflicht verstoßen hat. Der Grundsatz der Schadensminderungspflicht bedeutet für die Erstattungsfähigkeit von Anwaltskosten, dass grundsätzlich nur die gesetzlichen Gebühren erstattet werden können. Die Gebühren einer Honorarvereinbarung sind vom Schädiger nicht zu erstatten, da es dem Geschädigten zuzumuten ist, sich eines Rechtsanwaltes zu bedienen, der bereit ist, das Mandat zu den gesetzlichen Gebühren zu übernehmen. Fraglich könnte dies allenfalls dann sein, wenn der Geschädigte keinen Anwalt findet, der bereit ist, das Mandat zu den gesetzlichen Gebühren zu bearbeiten. Auch in diesem Fall vertritt die Rspr. allerdings die Auffassung, dass nur die gesetzlichen Gebühren und nicht etwa die Gebühren der Honorarvereinbarung erstattungsfähig sind. Diese Auffassung ist im Ergebnis damit zu rechtfertigen, da es sicherlich in jedem Fall möglich sein wird, einen Anwalt zu finden, der bereit ist, nach Maßgabe der gesetzlichen Gebühren zu arbeiten. 3

A. Anspruchsvoraussetzungen

I. Adäquate Folge eines Sach- oder Personenschadens

Auch für den Bereich der Anwaltskosten gilt der Grundsatz, dass eine Erstattung in der Regel lediglich dann zu erfolgen hat, wenn diese sich als adäquate Folge eines Sach- oder Personenschadens darstellen. 4

Adäquate Folge eines Verkehrsunfalls können auch die Anwaltskosten sein, die einem Geschädigten dadurch entstanden sind, dass dieser einen Rechtsanwalt damit beauftragt hatte, Ansprüche gegen eine private Unfallversicherung durchzusetzen. Zu den ersatzpflichtigen Aufwendungen des Geschädigten zählen grundsätzlich die durch das Schadenereignis erforderlich gewordenen Rechtsverfolgungskosten, soweit diese aus der Sicht des Geschädigten zur Wahrnehmung seiner Rechte erforderlich und zweckmäßig waren.[3] Dies ist bei der Inanspruchnahme der privaten Unfallversicherung z. B. dann der Fall, wenn sich die Leistungen des Schädigers und der Unfallversicherung entsprechen. Eine Erstattungsfähigkeit der Anwaltskosten kann im Einzelfall aber auch dann in Betracht kommen, wenn es zwar an einer derartigen Entsprechung fehlt, der Geschädigte aber aus Mangel an ge- 5

---

1 Vgl. dazu auch *Braun* DAR 2004, 61 ff. und *Xanke* SVR 2004, 91 ff.
2 Vgl. zur Erstattung von Rechtsanwaltskosten im Ausland allgemein *Neidhardt* DAR 2000, 341, *Nissen* DAR 2009, 764 (mit tabellarischer Übersicht über die Erstattungsfähigkeit der Anwaltskosten in Europa); s. ergänzend zum Vorgehen bei RS Anfragen bei Auslandsunfällen *Floßmann-Rischke* DAR 2009, 763.
3 *BGH* VersR 2006, 521 f. = NJW 2006, 1065.

schäftlicher Gewandtheit oder aus sonstigen Gründen wie z. B. erheblichen unfallbedingten Verletzungen nicht in der Lage ist, den Schaden bei seinem Unfallversicherer selbst zu melden.[4] Dies gilt in der Regel allerdings nicht für die Einholung einer Kostendeckungszusage bei einer ggf. bestehenden Rechtsschutzversicherung, da der Geschädigten in der Regel dazu selbst in der Lage ist und dazu anwaltliche Hilfe im Normalfall nicht erforderlich ist.[5]

1. Aus originärem Recht

6   Es entspricht herrschender Meinung, dass der Geschädigte einer unerlaubten Handlung einen originären materiellen Schadensersatzanspruch hat, der die Kosten der notwendigen Rechtsverfolgung und damit auch einen Anspruch auf Ersatz der entstandenen Rechtsanwaltskosten umfasst.[6] Dieser Anspruch besteht unabhängig davon, ob sich der Schädiger zum Zeitpunkt der Beauftragung des Anwalts bereits in Verzug befand, er deckt also auch die Kosten des Anwalts für die erstmalige Anspruchsanmeldung ab. Hintergrund dieses Anspruchs des Geschädigten ist der Gedanke, dass sich der Geschädigte einer unerlaubten Handlung immer eines juristischen Beistands bedienen dürfen soll, da nur dieser in der Lage ist, alle Schadenersatzansprüche des Geschädigten zu erkennen und diese zu realisieren. Die Rspr. macht von diesem Grundsatz nur in eng begrenzten Fällen eine Ausnahme, nämlich immer dann, wenn bei einem einfach gelagerten Schadensfall die Haftung nach Grund und Höhe derart klar ist, dass aus der Sicht des Geschädigten kein Anlass zu Zweifeln an der Ersatzpflicht des Schädigers besteht, wobei in jedem Einzelfall auf die subjektiven Erkenntnismöglichkeiten des Geschädigten abgestellt werden muss.[7] Nur der Geschädigte, der aufgrund seiner Kenntnisse in der Lage ist, den Schaden hinsichtlich aller Schadenspositionen zu erfassen und geltend zu machen, soll sich bei der ersten Anmeldung des Schadens noch nicht auf Kosten des Schädigers eines Rechtsanwaltes bedienen dürfen. Jedoch kann der Geschädigte – auch eine Behörde – die weitere Bearbeitung des Schadensfalls auf Kosten des Schädigers einem Rechtsanwalt übertragen, wenn die erste Anmeldung nicht zur unverzüglichen Regulierung des Schadens führt.[8] So verstößt auch die Beauftragung eines Rechtsanwalts durch ein Autohaus, das allgemein auch mit der Abwicklung von Schadenersatzansprüchen befasst ist, nicht gegen § 254 BGB, wenn eine problemlose Abwicklung nicht absehbar ist.[9]

7   Geschädigte, die zu einer sachgerechten Anmeldung aller ihnen zustehenden Schadensersatzansprüche in der Lage sind, sind im Regelfall Behörden[10] und sonstige Unternehmen mit einer eigenen Rechtsabteilung, sofern diese die für die Abwicklung von Verkehrsunfällen erforderlichen Kenntnisse besitzen[11] und die Rechtsabteilung nicht nur die unternehmenstypischen vertraglichen Rechtsangelegenheiten betreut.[12]

---

4   *BGH* a. a. O.
5   *BGH* NJW 2011, 1222 (1224); die z. T. abweichende Rechtsprechung – s. z. B. die Entscheidungen in zfs 2010, 520 ff. – dürfte damit überholt sein.
6   Vgl. z. B. BGHZ 30, 154; *BGH* DAR 1995, 67; Himmelreich/Halm/*Hambloch* Kap. 42 Rn. 82 f.
7   Vgl. *Höfle* DAR 1995, 69; s. a. *AG Balingen* zfs 2002, 299 (kein Anwaltskostenersatz für eine Mietwagenfirma nach einfach gelagertem Auffahrunfall) mit ablehnender Anm. *Madert*, ebenso *AG Saarbrücken* in PvR 2003, 265; a. A. *AG Darmstadt* zfs 2002, 300 und *AG Bernkastel-Kues* zfs 2003, 2001, die sich für eine Erstattungsfähigkeit der Anwaltskosten auch einer Mietwagenfirma aussprechen.
8   *BGH* DAR 1995, 67; *AG Hamburg* zfs 2001, 272.
9   *AG Mönchengladbach* SVR 2009, 464.
10 *BGH* DAR 1995, 67.
11 *AG Minden* VersR 1992, 1278 – Anwaltskostenersatz für Leasingunternehmen erst bei Schuldnerverzug; a. A. *AG Ludwigsburg* zfs 2003, 464 und *AG Schweinfurth* zfs 2006, 167 – Anwaltskostenersatz für Leasingfirma auch ohne Verzug; *AG Balingen* zfs 2002, 299 (kein Anwaltskostenersatz für eine Mietwagenfirma nach einfach gelagertem Auffahrunfall) mit ablehnender Anm. *Madert*, ebenso *AG Saarbrücken* PvR 2003, 265; a. A. *AG Darmstadt* zfs 2002, 300, das sich für eine Erstattungsfähigkeit der Anwaltskosten auch einer Mietwagenfirma ausspricht.
12 *AG Frankfurt/M.* zfs 1995, 148 f.; s. a. *AG Ulm* zfs 2000, 120 f. – Einsatz der eigenen Rechtsabteilung nur bei einfach gelagerten Schadenfällen.

A. Anspruchsvoraussetzungen   Kapitel 14

Bei Privatpersonen wird man die notwendige Sachkunde im Regelfall nicht annehmen können, so- 7a
dass für diese immer die Möglichkeit besteht, sich mit der Folge des Kostenersatzes durch den Schädiger anwaltlicher Hilfe zu bedienen.

Aber auch für einen Privatmann kann sich der Sachverhalt so darstellen, dass die Einschaltung eines 8
Anwalts nicht über den gesamten Zeitraum der Schadenregulierung erforderlich ist. Das *AG Wiesbaden* hatte sich mit einem Sachverhalt zu befassen, in welchem die Geschädigte nach einem Unfall einen Dauerschaden erlitten hatte und fortwährend Aufwendungen für eine krankengymnastische Heilbehandlung anfielen. Die Haftung des Schädigers war geklärt, geklärt war auch die Erstattungsfähigkeit der Kosten durch den Schädiger, es war also nur noch notwendig, die tatsächlich entstandenen Kosten gegenüber dem Schädiger anzumelden. In dieser Situation sah das *AG Wiesbaden* in der Übersendung der einzelnen Rechnungen nur noch eine Routineangelegenheit, die auch für geschäftlich unerfahrene Personen ohne Weiteres zu bewältigen war. Entsprechend war nach Auffassung des *AG* die Einschaltung eines Anwalts nicht erforderlich und der Schädiger für dessen Kosten nicht ersatzpflichtig.[13]

▶ **Praxistipp**   9

Sofern für einen Geschädigten im Außenverhältnis Anwaltskosten beim Schädiger geltend gemacht werden sollen, ist substanziiert zu den Fähigkeiten und Kenntnissen des Geschädigten bei der Durchsetzung seiner Ansprüche vorzutragen, wobei der Ersatz von Anwaltskosten eher die Regel als die Ausnahme ist. So hat z. B. das *AG Kassel* einer gewerblichen Autovermietung, die nicht über eine eigene Rechtsabteilung verfügte, Ersatz der Anwaltskosten zugesprochen, da es »angesichts der nicht mehr überschaubaren Rechtsprechung zum Umfang des ersatzfähigen Schadens keinen rechtlich einfach gelagerten Verkehrsunfall mehr gibt«.[14]

Ist der Geschädigte nach den soeben dargelegten Grundsätzen berechtigt, einen Anwalt seines Ver- 10
trauens zulasten des Ersatzpflichtigen zu beauftragen, dann hat der Schädiger als fortwirkende Folge seines haftbaren Verhaltens die Anwaltskosten auch während des Zeitraums zu ersetzen, der zwischen der Entstehung der Anwaltskosten – zunächst im vertraglichen Innenverhältnis – durch die Beauftragung des Anwalts und dem Zugang des Anspruchsschreibens beim Geschädigten oder seinem Haftpflichtversicherer liegt.

Die Erstattungsfähigkeit besteht auch dann fort, wenn die Schadenersatzleistung im Zeitpunkt der 11
Beauftragung des Anwalts bereits auf dem Konto des Geschädigten eingegangen sein sollte, ohne dass dieser bisher in zumutbarer Weise davon Kenntnis nehmen konnte. Dies bedeutet in der negativen Umkehrung, dass der Geschädigte zulasten des Ersatzpflichtigen lediglich dann keinen Anwalt beauftragen darf, wenn er positive Kenntnis vom Eingang einer angemessenen Ersatzleistung hat oder diese ihm zuverlässig zu einem bestimmten Zeitpunkt in Aussicht gestellt worden ist. Selbst dann aber ist der Geschädigte berechtigt, sich zumindest für die Prüfung der Höhe des – zuvor von ihm allein geltend gemachten und nur von ihm bezifferten – Schadens eines Anwalts seines Vertrauens zu bedienen, sodass auch insoweit ein Kostenerstattungsanspruch besteht.

2. Aus übergegangenem Recht

Jeweils dann, wenn der Schadenersatzanspruch des unmittelbar Geschädigten auf einen Dritten über- 12
gegangen ist, kann sich eine doppelte Problemstellung ergeben. Es erhebt sich zunächst einmal die Frage, ob der Geschädigte, der ursprünglich seinen Anwalt auch mit der Geltendmachung dieser Ersatzansprüche beauftragt hat, berechtigt ist, die dadurch entstandenen Anwaltskosten vom Schädiger ersetzt zu verlangen, wenn der Anspruch später – gleichgültig aus welchen Gründen auch immer – auf einen anderen übergeleitet worden ist. Des weiteren stellt sich die Frage, ob der Dritte selbst, der den Schadenersatzanspruch vom Verletzten ableitet, seinerseits bereits vor Eintritt des Verzuges

---

13 *AG Wiesbaden* in PvR 2003, 59.
14 *AG Kassel* NJW 2009, 2898.

– ebenso wie auch der Geschädigte dies hätte tun können oder möglicherweise bereits getan hat – einen Anwalt seines Vertrauens mit der Realisierung der Forderungen beauftragen darf.

a) Rechtsgeschäftlicher Forderungsübergang

13 Ein rechtsgeschäftlicher Forderungsübergang wird häufig darauf zurückzuführen sein, dass der Geschädigte seine Schadensersatzansprüche an einen Dritten, wie beispielsweise Reparaturwerkstatt oder Mietwagenunternehmen abtritt. Im Regelfall wird eine solche Abtretung als Sicherungsabtretung vollzogen, obgleich im wirtschaftlichen Ergebnis der Effekt einer Vollabtretung erreicht werden soll, da die Mietwagenunternehmen oder Reparaturwerkstätten ihre Ansprüche aufgrund der Abtretung unmittelbar gegenüber den Haftpflichtversicherern geltend machen.

14 Zu beachten ist in diesem Zusammenhang, dass es durch die Abtretung im Grundsatz nicht zu einer Erhöhung der anfallenden Anwaltskosten kommen darf. Dies bedeutet, dass nicht sowohl der Geschädigte (Zedent) als auch der Zessionar Anwaltskosten für die gleiche Forderung geltend machen dürfen. Etwas anderes gilt allerdings dann, wenn aufseiten des Geschädigten der Anwalt mit der Durchsetzung auch der abgetretenen Schadensersatzansprüche befasst war, und sich der Schädiger mit der Regulierung entweder gegenüber dem Zessionar oder auch dem Geschädigten gegenüber in Verzug befindet. In diesem Fall ist auch der Zessionar nicht daran gehindert, einen eigenen Anwalt mit der Realisierung seiner Forderung entweder gegenüber dem Geschädigten oder aber dem Haftpflichtversicherern des Schädigers zu beauftragen. Werden durch den Verzug des Schädigers weitere Anwaltskosten ausgelöst, so hat der Schädiger diese Kosten zu tragen. Er hat sie entweder gegenüber dem Zessionar zu ersetzen, der einen eigenen Anwalt mit der Geltendmachung seiner Forderungen beauftragt hat oder aber gegenüber dem Geschädigten, sollte der Zessionar ihm gegenüber aus Verzug vorgegangen sein. Die damit eingetretene Schadenserhöhung hätte der eintrittspflichtige Schädiger vermeiden können, wenn er rechtzeitig reguliert hätte.

b) Gesetzlicher Forderungsübergang

15 Andere Grundsätze gelten, wenn es sich um einen gesetzlichen Forderungsübergang[15] handelt, der bewirkt, dass die Schadensersatzansprüche des Geschädigten innerhalb der »logischen Sekunde« auf den neuen Gläubiger übergehen, der meist ein Sozialversicherungsträger sein wird.

16 Der *BGH* hat in seinem Grundsatzurteil vom 13.11.1961[16] einem Sozialversicherungsträger, der von vornherein einen Anwalt damit beauftragt hatte, die kraft Gesetzes auf ihn übergegangenen Schadensersatzansprüche des Verletzten im Regresswege geltend zu machen, einen Kostenerstattungsanspruch vor Eintritt des Verzuges verneint. Zur Begründung hat er ausgeführt, dass der Rechtsübergang nach Art und Höhe auf die Schäden begrenzt sei, die in der Person des Versicherten selbst erwachsen sind. Eine weitere Begrenzung ergibt sich überdies durch die Art und Höhe der vom Sozialversicherungsträger nach Gesetz und Satzung an den Versicherten zu gewährenden Leistungen. Bei den Anwaltskosten handelt es sich also nicht um Leistungen, die der Sozialversicherungsträger seinem Versicherten zu gewähren hat, sondern um den eigenen Bearbeitungsaufwand des SVT.

17 Diese Grundsätze sind jedoch nur zur Beurteilung der Frage heranzuziehen, ob sich Sozialversicherungsträger unmittelbar, d. h. für das erste anwaltliche Aufforderungsschreiben, der Hilfe eines Anwalts bedienen können, um sodann die durch seine Beauftragung entstandenen Kosten beim Schädigers abzurechnen. Dies ist nach der vorzitierten Rspr. des *BGH* zu verneinen. Befindet sich der Schädiger allerdings in Verzug, so kann auch der Sozialversicherungsträger einen Anwalt mit der Durchsetzung seiner Interessen beauftragen und die dadurch entstehenden Anwaltskosten als Verzugsschaden geltend machen.

---

15 Z. B. nach § 116 SGB X.
16 Vgl. dazu *BGH* NJW 1962, 202.

Ein weiterer Fall des gesetzlichen Forderungsübergangs ist der Übergang des Verdienstausfallschadens des Geschädigten auf dessen Arbeitgeber, im Rahmen des Entgeltfortzahlungsgesetzes. Auch hier stellt sich die Frage, ob der Arbeitgeber die mit der Durchsetzung dieses Anspruchs verbundenen Anwaltskosten geltend machen kann. **18**

Orientiert man sich an der Rspr. des *BGH* zu der Frage, ob Sozialversicherungsträger unmittelbar Ersatz der Anwaltskosten verlangen können, ohne sich zunächst selbst um die Durchsetzung der Schadensersatzansprüche zu bemühen und folgt man dem *BGH* darin, dass er dies unter anderem deshalb ablehnt, weil es sich bei den Anwaltskosten nicht um Leistungen handele, die der Sozialversicherungsträger seinen Versicherten zu gewähren hat, so kann für den Anspruchsübergang auf den Arbeitgeber des Geschädigten nichts anderes gelten. Auch diesem wird man ohne das Vorliegen der Voraussetzungen des Verzuges den unmittelbaren Kostenersatz zu versagen haben.[17] **19**

▶ **Praxistipp** **20**

Ist zweifelhaft, ob die Anwaltskosten unmittelbar ersatzfähig sind, so sollten durch eine entsprechende schriftliche Mahnung mit Zugangsnachweis die Voraussetzungen des Verzugs und damit eine Anspruchsgrundlage für den Ersatz von Anwaltskosten geschaffen werden.

II. Verzug

Sobald Verzug eingetreten ist, darf jeder Geschädigte, und zwar gleichgültig, ob er seine Aktivlegitimation aus originärem oder übergegangenem Recht ableitet, für die Geltendmachung, Bearbeitung und Durchsetzung begründeter Ansprüche auf Kosten des Ersatzpflichtigen einen Anwalt seines Vertrauens beauftragen. Das bedeutet, dass auch der neue Gläubiger (Zessionar) einen eigenen Kostenerstattungsanspruch erwirbt, wenn der Schuldner sich mit der ihm obliegenden Leistung im Verzug befindet.[18] **21**

Verzug tritt jedoch gem. § 286 Abs. 4 BGB nicht ein, wenn die Leistung infolge eines Umstandes unterbleibt, den der Schuldner nicht zu vertreten hat. Dies ist dann der Fall, wenn dem Schädiger keine angemessene Zeit für die rechtliche Prüfung der anspruchsbegründenden Voraussetzungen gewährt worden ist. Die einem Versicherer zuzugestehende Bearbeitungszeit beträgt bei einfach gelagerten Sachverhalten im Regelfall vier Wochen,[19] wobei sich diese Frist verlängern kann, weil die Versicherung z. B. mangels Schadenanzeige des Schädigers auf die Einsicht in die amtlichen Ermittlungsakten angewiesen ist und sich darum ebenso wie um eine Schadenanzeige bemüht.[20] Nach Zugang der amtlichen Ermittlungsakten ist eine weitere Bearbeitungsfrist von drei Wochen nicht unangemessen.[21] Allerdings ist auch bei fehlender Akteneinsicht eine Klage zwei Monate nach dem Unfallereignis nicht mehr als mutwillig anzusehen.[22] Etwaige Obliegenheitsverletzungen des Versicherungsnehmers, wie beispielsweise die Nichtanzeige des Schadens, führen nicht dazu, dass sich diese Bearbeitungszeit verlängert, wenn die Versicherung auch ohne diese Anzeige über die notwendigen Informationen zur Regulierung des Schadens verfügt. Die nach den oben aufgestellten Grundsätzen zu berechnende Frist beginnt erst mit dem Zugang eines spezifizierten Anspruchschreibens[23] und verlängert sich bei komplexen Sachverhalten. Handelt es sich um einen Verkehrsunfall **22**

---

17 Vgl. *Schneider* DAR 2009, 236 (237).
18 Himmelreich/Halm/*Hambloch* Kap. 42. Rn. 89.
19 *AG Schleiden* zfs 1991, 378 m. w. N.; s. a. *LG Nürnberg-Fürth* zfs 1991, 342 und *LG Nürnberg Fürth* NZV 1998, 331; *Balke* SVR 2009, 457; *OLG Koblenz* NJW-Spezial 2011, 363; für durchschnittlich drei Wochen *OLG Düsseldorf* NJW-RR 2008, 114; für durchschnittlich zwei Wochen *OLG Saarbrücken* MDR 2007, 1190.
20 *KG* VersR 2009, 1262; a. A. *OLG München* DAR 2011, 644.
21 *LG Halle* SVR 2009, 463.
22 *LG Osnabrück* 7 T 546/08 ADAJUR-Archiv Dok. Nr. 82446.
23 *LG Halle* a. a. O.; *Balke* SVR 2009, 457 m. w. N.

mit Beteiligung eines ausländischen Schädigers, so ist dem Deutschen Büro Grüne Karte eine Prüfungsfrist von etwa zwei Monaten zuzubilligen.[24]

23 Diese Grundsätze gelten auch bei der Frage der Kostenerstattung im Rahmen des § 91a ZPO, also bei der Beurteilung der Frage, ob der Schuldner Anlass zur Klage gegeben hat. Auch hier gilt, dass einem Haftpflichtversicherung in der Regel eine Bearbeitungszeit von vier Wochen zuzugestehen ist, bevor er Anlass zur Klage gegeben hat. Dies gilt auch in den Fällen, in denen die Versicherung einen Ermittlungsaktenauszug über den Rechtsanwalt des Geschädigten erhält und dieser mit Übersendung der Ermittlungsakten keine Regulierungsfrist setzt. Auch in diesen Fällen beträgt die angemessene Prüfungsfrist des Versicherers dann bis zu einem Monat.[25]

III. Eigene Angelegenheiten des Anwalts

24 Auch der Rechtsanwalt, der sich in eigenen Angelegenheiten außergerichtlich vertritt hat für seine Tätigkeit einen Anspruch auf Vergütung. Ausgangspunkt der Überlegungen muss zunächst die Erkenntnis sein, dass ein Anwalt, der, wenn auch in eigener Sache, seine Berufstätigkeit entfaltet, Anspruch auf eine Vergütung für diese Berufstätigkeit hat.[26]

25 Bei der Regulierung eigener Angelegenheiten hat der Anwalt jedenfalls dann einen Erstattungsanspruch hinsichtlich der entstandenen Gebühren gegen den Unfallgegner, wenn auch ein anderer Geschädigter, der selbst kein Jurist ist, einen Anwalt mit seiner Vertretung beauftragt hätte.[27] Das bedeutet, dass auch der Rechtsanwalt, der eigene Schadenangelegenheiten selbst bearbeitet und die ihm zustehenden Ersatzansprüche selbst reguliert, für diese Tätigkeit vom Ersatzpflichtigen die Erstattung von Anwaltskosten in derselben Höhe verlangen kann, wie sie im Fall der Wahrnehmung fremder Interessen entstanden und zu erstatten wären.[28] Von einem Kfz Meister, der seinen von einem Dritten beschädigten Wagen repariert, wird wohl auch nicht verlangt, dass er dies unentgeltlich tut.[29] Der Anwalt ist ebenfalls nicht verpflichtet, seine Dienstleistung dem Schädiger kostenlos zur Verfügung zu stellen.[30]

26 Soweit die Voraussetzungen für die Gewährung von Prozesskostenhilfe vorliegen, kann der Rechtsanwalt allerdings nicht seine Selbstbeiordnung, sondern nur die Beiordnung eines anderen Rechtsanwalts verlangen.[31] Anders kann sich die Situation hingegen darstellen, wenn ein Rechtsanwalt über eine zu seinen Gunsten bestehende Rechtsschutzversicherung verfügt und diese in Anspruch nimmt. Hier kann die Auslegung der Bedingungen ergeben, daß der Rechtsschutzversicherer auch die Gebühren und Auslagen für eine anwaltliche Selbstvertretung erstatten muss.[32]

IV. Kosten für die Abwehr von Ansprüchen

1. Außergerichtliche Abwehr deliktsrechtlicher Ansprüche

27 Nach der Rspr. des *BGH* begründet die unberechtigte Inanspruchnahme wegen einer Geldforderung nicht ohne Weiteres einen materiellen Kostenerstattungsanspruch des in Anspruch Genommenen hinsichtlich der für die außergerichtliche Abwehr des Anspruchs aufgewendeten Anwaltskosten.[33] Der *BGH* stellt klar, dass es zum allgemeinen Lebensrisiko gehört, mit unberechtigten Ansprüchen konfrontiert zu werden, entsprechend kommt ein materieller Kostenerstattungsanspruch nur dann

---

24 *Balke* SVR 2009, 457 m. w. N.
25 *OLG Dresden* bei *Siegel* SVR 2008, 188.
26 *Madert* zfs 2003, 37 f.
27 *AG Fulda* DAR 1999, 270.
28 Vgl. u. a. *Gerold/Schmidt* § 1 RVG Rn. 276 m. w.N; *AG Halle* bei *Fromm* und *Schmidtke* SVR 2010, 267.
29 *Madert* zfs 2003, 38 m. w. N.
30 Vgl. u. a. *Gerold/Schmidt* § 1 RVG Rn. 276 m. w. N.; *Madert* zfs 2003, 38 m. w. N.
31 *BAG* NJW 2008, 604.
32 *BGH* NJW 2011, 232 (234).
33 *BGH* VersR 2007, 507.

in Betracht, wenn es eine ausdrückliche materielle Anspruchsgrundlage gibt.[34] Solche Anspruchsgrundlagen können vertraglicher aber auch deliktischer Natur sein. Die unberechtigte Geltendmachung von Ansprüchen allein schafft aber noch keine Sonderverbindung, die einen solchen Anspruch begründen könnte. Auch § 638 BGB, der vom *BGH* als Anspruchsgrundlage im Bereich des gewerblichen Rechtsschutzes für die Erstattung von Anwaltskosten angesehen wurde, kann nach Auffassung des *BGH* außerhalb des gewerblichen Rechtsschutzes als Anspruchsgrundlage keine Anwendung finden. Damit kann nach der Rspr. des *BGH* im Deliktsrecht ein materieller Kostenerstattungsanspruch bei ungerechtfertigter Inanspruchnahme nur unter den Voraussetzungen der § 823 Abs. 2 BGB oder § 826 BGB gegeben sein, da nur nach diesen Anspruchsgrundlagen ein Vermögensschaden zu ersetzen ist.[35]

Entsprechend ist nach der Rspr. des *BGH* entweder zu prüfen, ob die ungerechtfertigte Inanspruchnahme den Tatbestand des § 826 BGB erfüllte oder ob ein unberechtigter Anspruch in betrügerischer Absicht geltend gemacht wurde, was einen Anspruch nach § 823 Abs. 2 BGB i. V. m. § 263 StGB auslösen würde. Eine lediglich fahrlässige unberechtigte Geltendmachung eines Anspruchs löst damit im Deliktsrecht keine Haftung für die angefallenen Anwaltskosten aus; dies wäre nur im Rahmen vertraglicher Beziehungen möglich.[36] 28

▶ **Praxistipp** 29

In der Regel wird der Anwalt seinen Mandanten darauf hinzuweisen haben, dass im Außenverhältnis die Kosten für die Abwehr von Ansprüchen bei außergerichtlicher Tätigkeit nicht erstattungsfähig sind.

2. Vertragsverhältnis

Andere Grundsätze gelten dann, wenn es sich um ein Vertragsverhältnis handelt. Liegen die Voraussetzungen des Schadensersatzanspruches nach § 280 BGB vor, so sind die aus dem schädigenden Verhalten resultierenden Anwaltskosten ersatzfähig.[37] In diesem Sinne hat das *AG Düsseldorf* entschieden, dass die unberechtigte Kündigung durch den Versicherer eine Vertragsverletzung darstellt. Beauftragt der Versicherungsnehmer einen Anwalt mit der Abwehr der unberechtigten Kündigung, so hat der Versicherer die dadurch entstehenden Kosten grundsätzlich zu erstatten.[38] Voraussetzung des Anspruchs nach § 280 BGB ist jedoch, dass die Vertragspartei, die einen unberechtigten Anspruch geltend macht, dies auch hätte erkennen können. Dies ist aber nicht schon der Fall, wenn die von ihr eingenommene Rechtsposition nicht berechtigt ist, sondern erst, wenn sie diese Rechtsposition auch nicht als plausibel ansehen durfte.[39] 30

V. Mehrere Anwälte

Grundsätzlich sind lediglich die Kosten eines Anwalts erstattungsfähig. Dies bedeutet, dass jede Partei, und zwar selbst dann, wenn es sich um eine schwierige Spezialmaterie handelt, sich mit der Einschaltung eines Anwalts begnügen muss. Ausnahmen von diesem Grundsatz können dann in Betracht kommen, wenn es sich um Streitgenossen oder um die Einschaltung eines Verkehrsanwalts (Korrespondenzanwalts) handelt. 31

---

34 *BGH* a. a. O., 508.
35 *BGH* a. a. O., 509.
36 Vgl. dazu *BGH* DAR 2008, 203 – bei unberechtigter Geltendmachung von Gewährleistungsansprüchen.
37 *BGH* VersR 2007, 507 f.
38 *AG Düsseldorf* zfs 1992, 279.
39 *BGH* VersR 2009, 1378.

1. Streitgenossenschaft

32 Mehrere Personen können gem. § 59 ZPO als Streitgenossen gemeinschaftlich klagen oder verklagt werden. Fraglich ist, ob sich jeder Streitgenosse eines eigenen Anwalts mit der Folge bedienen darf, dass der unterliegende Gegner sämtliche Anwaltskosten der obsiegenden Streitgenossen erstatten muss.

33 Jeder Streitgenosse kann grundsätzlich für sich einen Prozessbevollmächtigten bestellen und Kostenerstattung verlangen. Streitgenossen, die in der ersten Instanz einen gemeinsamen Rechtsanwalt hatten, können mit dieser Folge in der zweiten Instanz jeder einen Anwalt mandatieren. Dieser Kostenerstattungsanspruch kann aber entfallen, wenn die Bestellung eines Anwalts für jeden Streitgenossen rechtsmissbräuchlich ist.[40]

34 In diesem Sinne hat das *OLG Köln* entschieden,[41] dass Streitgenossen unter Kostengesichtspunkten verpflichtet sein können, einen gemeinsamen Prozessbevollmächtigten zu bestellen, wenn ein interner Interessenwiderstreit zwischen den einzelnen Streitgenossen weder besteht noch zu besorgen ist und nach der rechtlichen oder tatsächlichen Ausgestaltung der Streitgenossenschaft kein sachliches Bedürfnis für die Zuziehung eines eigenen Anwalts erkennbar ist. Eine solche Konstellation wird in den meisten Fällen anzunehmen sein, wenn nach einem Verkehrsunfall Halter, Fahrer und Haftpflichtversicherer gemeinsam mit der Behauptung verklagt werden, für den Unfall Schadenersatz leisten zu müssen.[42]

35 Ist allerdings zu befürchten, dass der Haftpflichtversicherer die Interessen seines Versicherungsnehmers nicht ausreichend vertreten wird, so z. B. in den Fällen in denen der Versicherungsnehmer Widerklage erhebt, kann er einen eigenen Anwalt seines Vertrauens einschalten.[43] Gleiches gilt in den Fällen, in denen der eigene Haftpflichtversicherer einen gestellten Unfall vermutet und daher für den eigenen Versicherungsnehmer keinen Anwalt beauftragt.[44] In diesen Fällen ist die Haftpflichtversicherung aber verpflichtet, den Versicherungsnehmer und mitversicherte Personen von den entstehenden Anwaltskosten freizustellen, selbst wenn der Haftpflichtversicherer diesen als Streithelfer beigetreten ist und auf diesem Wege Klageabweisung beantragt hat.[45] Zwar basiert diese Entscheidung des *BGH* noch auf § 151 VVG a. F., da § 101 VVG jedoch sachlich identisch ist, ist das Urteil auch auf Verträge anwendbar, für die das neue VVG gilt.[46] Auch eine Kumulation besonderer Umstände kann die Beauftragung einzelner Anwälte rechtfertigen, so z. B., wenn die Deckungssumme der Haftpflichtversicherung für das Volumen des Schadens nicht ausreicht und die den Beklagten zur Last gelegten Haftungstatbestände auf einer unterschiedlichen Beteiligung an dem Sachverhalt des Rechtsstreits beruhte.[47]

35a Die gleichen Grundsätze gelten auch bei der Gewährung von Prozesskostenhilfe. Soweit der Haftpflichtversicherer den Versicherungsnehmer im Prozess vertritt, bedarf dieser keiner PKH. Steht aber der Vorwurf der Unfallmanipulation im Raum und vertritt der Haftpflichtversicherer den Versicherten nicht, dann ist diesem für die Beiordnung eines eigenen Rechtsanwalts Prozesskostenhilfe zu gewähren.[48]

---

40 Vgl. Baumbach/*Lauterbach* § 100 ZPO Rn. 60.
41 *OLG Köln* VersR 1993, 1378.
42 *OLG Karlsruhe* VersR 1999, 465; *LG Mannheim* DAR 2003, 143; a. A. *OLG Frankfurt/M.* zfs 1981, 276 und *OLG Hamburg* DAR 2003, 36.
43 Vgl. *OLG Bamberg* VersR 1986, 395 f.
44 *OLG Karlsruhe* VersR 1999, 465.
45 *BGH* NJW 2011, 377.
46 *Hering* SVR 2011, 234.
47 *OLG Celle* zfs 2001, 423.
48 *BGH* VersR 2010, 1472 = zfs 2010, 569.

▶ **Praxistipp** 36

In der Kfz Schadenregulierung ist das Bestehen einer eintrittspflichtigen Haftpflichtversicherung die Regel, sodass für die Einschaltung eines eigenen Anwalts kein Bedürfnis besteht. Die Tätigkeit zur Abwehr von Schadenersatzansprüchen sollte daher nur in Abstimmung mit dem KH-Versicherer einheitlich für alle Streitgenossen erfolgen.

Im Fall der Klagerücknahmen ist jedoch immer die gesetzliche Folge der Kostentragung des Klägers 37 nach § 269 Abs. 3 S. 2 ZPO zu beachten. Die Frage der Erforderlichkeit der Einschaltung mehrerer Anwälte wird dann nicht geprüft. Stellt z. B. der beklagte Fahrer, der nicht Versicherungsnehmer ist und einen eigenen Anwalt mit der Wahrnehmung seiner rechtlichen Interessen beauftragt hat, Kostenantrag, nachdem die beklagte Versicherung nach Rechtshängigkeit die Klageforderung ausgeglichen und erklärt hat, keinen Kostenantrag zu stellen, so sind ihm die entstandenen Kosten seines Prozessbevollmächtigten gleichwohl zu erstatten. Eine Bindungswirkung an die Erklärung der Versicherung besteht nicht. Wenn der Fahrer nicht zugleich Halter und damit Versicherungsnehmer der beklagten Haftpflichtversicherung ist, hat die Erklärung der Haftpflichtversicherung keinen Kostenantrag stellen zu wollen, keine Bindungswirkung i. S. d. § 7 Abs. 2 S. 5 AKB.[49]

Waren Streitgenossen in einem Prozess, in dem ein Streitgenosse obsiegt hat und ein anderer unter- 38 legen ist, durch einen gemeinsamen Anwalt vertreten, so kann der obsiegende Streitgenosse grundsätzlich nur den seiner Beteiligung am Rechtsstreit entsprechenden Anteil der Anwaltskosten von seinem Prozessgegner verlangen. Seine entgegenstehende Rspr. hat der *BGH* insoweit aufgegeben.[50]

2. Verkehrsanwalt und unterbevollmächtigter Terminvertreter

a) Einleitung

Beim Verkehrsanwalt handelt es sich um den Anwalt, dessen Tätigkeit auf die Führung des Verkehrs 39 der Partei mit dem Verfahrensbevollmächtigten beschränkt ist. Er nimmt die Informationen vonseiten des Mandanten entgegen, filtert, ordnet und sortiert diese nach den für den Prozess wesentlichen Kriterien und gibt diese an den Verfahrensbevollmächtigten weiter, der die entsprechende schriftsätzliche Verwertung vornimmt. Diese Tätigkeit eines Anwalts dürfte allerdings die Ausnahme geworden sein, da inzwischen eine Zulassung an allen Landgerichten und Oberlandesgerichten möglich ist. Denkbar ist sie allerdings insbesondere noch in Verfahren, in denen der Verkehrsanwalt bei dem zuständigen Gericht nicht postulationsfähig ist, z. B. bei zivilrechtlichen Revisionsverfahren beim *BGH* oder wo die notwendigen Rechtskenntnisse zur sachgerechten Prozessführung fehlen, z. B. bei ausländischen Gerichten. Gem. VV 3400 erhält der Verkehrsanwalt eine Gebühr in Höhe der dem Verfahrensbevollmächtigten zustehenden Verfahrensgebühr, höchstens aber 1,0, bei Betragsrahmengebühren höchstens 260 Euro. Die gleiche Gebühr entsteht auch dann, wenn im Einverständnis mit dem Auftraggeber mit der Übersendung der Akten an den Rechtsanwalt des höheren Rechtszuges gutachterliche Äußerungen verbunden sind.

In der Kfz-Schadenregulierung von größerer Relevanz ist die Tätigkeit eines weiteren Anwalts als un- 40 terbevollmächtigter Terminvertreter. Beschränkt sich der Auftrag auf die Terminvertretung, so erhält der unterbevollmächtigte Terminvertreter nach VV 3401 eine Gebühr in Höhe der Hälfte der dem Verfahrensbevollmächtigten zustehenden Verfahrensgebühr und die Termingebühr gem. VV 3402 in Höhe der dem Verfahrensbevollmächtigten zustehenden Termingebühr. Diese Termingebühr beträgt nach VV 3104 1,2. Damit erhält der unterbevollmächtigte Terminvertreter die halbe Verfahrensgebühr nach VV 3100 in Höhe von 1,3. Die Hälfte davon beträgt 0,65, hinzukommt die Termingebühr nach VV 3104 in Höhe von 1,2. Letztlich erhält der Unterbevollmächtigte also eine Gebühr

---

49 *LG Freiburg* bei *Schröder* SVR 2008, 186 f.
50 *BGH* VersR 2004, 489; *BGH* VersR 2006, 808.

in Höhe von 1,85. Der Prozessbevollmächtigte erhält nur noch die Verfahrensgebühr nach VV 3100 mit 1,3.

41 Wird eine überörtlich tätige Sozietät beauftragt, könnte man ebenfalls die Frage nach dem Anfall der oben dargestellten Gebühren stellen, da auch hier verschiedene Anwälte an verschiedenen Orten mit der Bearbeitung des Falles befasst sind. Allerdings ist bereits unter der Geltung der BRAGO entschieden worden, dass in diesen Fällen weitere Gebühren nicht entstehen. Diese Rspr. beruht im Wesentlichen auf der Erwägung, dass es der Verkehrsanschauung entspricht, dass ein Mitglied einer Anwaltssozietät namens der Sozietät handelt, wenn er ein ihm angetragenes Mandat annimmt, also nicht nur sich verpflichtet, sondern alle Sozietätsmitglieder. Dies gilt auch für eine überörtliche Sozietät.[51] Allerdings sind die Reisekosten eines Sozius an einen auswärtigen Gerichtsort nach der Rspr. des *BGH* selbst dann erstattungsfähig, wenn die überörtliche Sozietät dort ein Büro unterhält.[52]

b) Erstattungsfähigkeit

42 Grundlegende Vorschrift zur Erstattungsfähigkeit der Gebühren des Verkehrsanwalts bzw. des unterbevollmächtigten Terminvertreters ist § 91 ZPO. Dieser stellt auf die zur zweckentsprechenden Rechtsverfolgung notwendigen Kosten ab.

43 Ausgangspunkt der Betrachtung ist der Umstand, dass jeder Anwalt inzwischen an jedem Amts- und Landgericht im Bundesgebiet tätig werden kann. Damit ist die Beauftragung eines Anwalts z. B. am Wohnsitz des Geschädigten, insbesondere wenn sie in der Hoffnung auf eine außergerichtliche Regulierung erfolgt, aus der Sicht des Geschädigten zunächst nicht unangemessen,[53] sondern naheliegend. Auch die Zuziehung eines in der Nähe ihres Wohn- oder Geschäftsorts ansässigen Rechtsanwalts durch eine an einem auswärtigen Gericht klagende oder verklagte Partei stellt im Regelfall eine Maßnahme zweckentsprechender Rechtsverfolgung oder Verteidigung dar.[54] Dies gilt deshalb, weil die Partei zunächst einen in der Nähe ihres Wohnsitzes befindlichen Anwalt aufsuchen wird, um mit diesem die weitere Vorgehensweise abzustimmen und den Sachverhalt zu besprechen. Dabei ist der Anwalt darauf angewiesen, dass er von seiner Partei über den maßgeblichen Tatsachenstoff informiert wird, was im Regelfall nur in einem persönlichen mündlichen Gespräch erfolgen kann.[55] Die Kosten des zusätzlichen Anwalts als Terminvertreter am Prozessgericht sind daher zunächst immer dann erstattungsfähig, wenn sie die Reisekosten des ursprünglich beauftragten Anwalts nicht wesentlich übersteigen.[56] Eine unwesentliche Überschreitung ist unschädlich, wobei der *BGH* eine Überschreitung der Kosten für den Unterbevollmächtigten um 1/10 im Verhältnis zu den Reisekosten als unerheblich ansieht.[57]

44 Etwas anderes gilt nur dann, wenn schon im Zeitpunkt der Beauftragung des Rechtsanwalts feststeht, dass ein eingehendes Mandantengespräch für die Prozessführung nicht erforderlich sein wird. Dies kommt in Betracht bei gewerblichen Unternehmen, die über eine eigene Rechtsabteilung verfügen, die die Sache bearbeitet hat.[58] Die dem Geschädigten zumutbare schriftliche Unterrichtung des Anwalts ist allerdings die Ausnahme.[59] Eine solche Ausnahme kann z. B. bei einer Versicherung mit eigener Rechtsabteilung gegeben sein, wenn vor Beginn des Rechtsstreits absehbar ist, dass für die Pro-

---

51 *KG Berlin* Rechtspfleger 2000, 85; *OLG Brandenburg* MDR 1999, 635 m. w. N.; *OLG München* MDR 1995, 752.
52 *BGH* NJW 2008, 2122.
53 Vgl. *OLG Düsseldorf* MDR 2001, 475; *OLG Frankfurt/M.* MDR 2000, 1215 f.; *OLG Düsseldorf* DAR 2002, 431.
54 *BGH* VersR 2004, 352 f.
55 *BGH* NJW 2003, 898 f.
56 *BGH* NJW 2003, 898 f.
57 *BGH* NJW 2003, 898 (901).
58 *BGH* a. a. O.
59 Vgl. zusammenfassend auch *Al-Jumali* PvR 2002, 154 ff.

zessführung kein eingehendes Mandantengespräch erforderlich ist.[60] Eine weitere Ausnahme ist dann gegeben, wenn bei einem in tatsächlicher Hinsicht überschaubaren Streit um eine Geldforderung die Gegenseite versichert hat, nicht leistungsfähig zu sein und gegenüber der Klage keine Einwendungen zu erheben.[61] Hat die Tätigkeit des Klägers allerdings zur Folge, dass es zu massenhaften bundesweiten Gerichtsverfahren kommt, so ist einer solchen Partei nicht zumutbar, an jedem deutschen Landgericht einen gesonderten Rechtsanwalt als Hauptbevollmächtigten zu beauftragen.[62] Bei der Kostenerstattung kommt es nämlich auf die tatsächliche Organisation des Unternehmens der Partei an und nicht darauf, ob durch einen andere Organisation Mehrkosten bei der Führung eines Rechtsstreits hätten vermieden werden können. Dabei ist dann auch zu Gunsten der erstattungsberechtigten Partei zu berücksichtigen, daß Rechtsfälle nur am Hauptsitz des Unternehmens bearbeitet werden, selbst wenn das Unternehmen über mehrere eine gerichtliche Zuständigkeit begründende Niederlassungen verfügt.[63]

45 Die Reisekosten eines an einem dritten Ort (weder Gerichtsort noch Wohn- oder Geschäftsort der Partei) ansässigen Prozessbevollmächtigten sind bis zur Höhe der fiktiven Reisekosten eines am Wohn- oder Geschäftsort der Partei ansässigen Rechtsanwalts erstattungsfähig, wenn dessen Beauftragung zur zweckentsprechenden Rechtsverfolgung oder -verteidigung erforderlich gewesen wäre.[64] Weitergehend ist insoweit die Entscheidung des *BGH* vom 13.9.2005.[65] Dort hat der *BGH* unter Berufung auf eine typisierende Betrachtungsweise, nach welcher in der Regel die Reisekosten des auswärtigen Anwalts geringer sind als die zusätzliche Beauftragung des Terminvertreters, die Reisekosten eines in Hamburg ansässigen Anwalts zu einem Prozess nach München in voller Höhe für erstattungsfähig erklärt, wobei die von diesem Anwalt vertretene Partei in Bonn ansässig war. Diese Rspr. hat der *BGH* mit seiner Entscheidung vom 11.12.2007 fortgesetzt.[66] Hier hat der *BGH* ausgeführt, dass die erstattungsfähigen Reisekosten des nicht am Gerichtsort ansässigen Rechtsanwalts in der Höhe grds. nicht auf diejenigen Kosten beschränkt sind, die durch die Beauftragung eines Terminvertreters entstanden wären, selbst wenn die Reisekosten die Kosten eines örtlichen Terminvertreters erheblich übersteigen.

46 Nach dieser Rspr. hat die auswärtige Partei mithin zwei Möglichkeiten, die Termine vor dem auswärtigen Gericht wahrnehmen zu lassen. Sie kann entweder einen Terminvertreter vor Ort beauftragen. Dessen zusätzliche Kosten sind erstattungsfähig, soweit diese die ersparten Reisekosten des ursprünglichen Prozessbevollmächtigten nicht wesentlich – um mehr als 10 % – übersteigen. Sie kann aber auch ihren auswärtigen Prozessbevollmächtigten zum Termin entsenden, dessen Kosten dann in voller Höhe erstattungsfähig sind.[67] Auch bei überörtlichen Sozietäten besteht dieser Kostenerstattungsanspruch, wenn der sachbearbeitende Sozius zu einem auswärtigen Gerichtsstand reist, an dem die überörtliche Sozietät ein Büro unterhält.[68]

46a Wird der Termin nach der Beauftragung des Unterbevollmächtigten aufgehoben, so sind die bis dahin entstandenen Kosten des Unterbevollmächtigten erstattungsfähig, wenn bei der Beauftragung des Unterbevollmächtigten davon ausgegangen werden durfte, dass der Termin stattfindet und die Kosten des Unterbevollmächtigten bei Durchführung des Termins erstattungsfähig gewesen wären.[69]

---

60 *OLG Koblenz* VersR 2007, 1580.
61 *BGH* NJW 2003, 898 (901).
62 *KG* VersR 2008, 271 f.
63 *OLG München* VersR 2009, 1095 (1096).
64 *BGH* VersR 2004, 1150; s. a. *BGH* VersR 2006, 1562.
65 *BGH* DAR 2006, 118.
66 *BGH* zfs 2008, 226.
67 Vgl. *Hansen* zfs 2008, 227 f. und *KG* VersR 2008, 271.
68 *BGH* NJW 2008, 2122.
69 *OLG Nürnberg* zfs 2008, 528 m. Anm. *Hansens.*

47 ▶ **Praxistipp**

Sollen Reisekosten und Abwesenheitsentgelt des Anwalts zum auswärtigen Termin geltend gemacht werden, so ist darzulegen, warum eine schriftliche Unterrichtung eines Prozessbevollmächtigten am Ort des Gerichts nicht möglich und/oder nicht zumutbar war. Gleiches gilt auch, wenn die zusätzlichen Kosten für die Einschaltung eines Unterbevollmächtigten geltend gemacht werden sollen.

48 Die Kosten eines ausländischen Rechtsanwalts zur Wahrnehmung eines im Ausland stattfindenden Termins zur Beweisaufnahme können erstattungsfähig sein. In einem solchen Fall greift der Grundsatz des § 91 Abs. 2 S. 2 ZPO, nach dem die Kosten mehrerer Rechtsanwälte im Regelfall nur bis zu der Höhe der Kosten eines Rechtsanwalts zu erstatten sind, nicht ein. Allerdings ist die Erstattungspflicht auf die Kosten beschränkt, die ein deutscher Rechtsanwalt bei der Wahrnehmung des Termins im Inland hätte abrechnen können.[70]

VI. Vertreter des Anwalts

1. Juristisches Personal

49 Nach § 5 RVG wird die Vergütung für eine Tätigkeit, die der Anwalt nicht persönlich vornimmt, dann nach dem RVG bemessen, wenn der Anwalt durch einen anderen Rechtsanwalt, seinen allgemeinen Vertreter, einem Assessor bei einem Rechtsanwalt oder einen ihm zur Ausbildung zugewiesenen Referendar (Stationsreferendar) vertreten wird. Aus der abschließenden Regelung des § 5 RVG folgt im Übrigen, dass für Personen, die dem in § 5 RVG genannten Personenkreis nicht angehören, nicht nach dem RVG liquidiert werden darf.

2. Büropersonal

50 Dies gilt in ganz besonderem Masse natürlich für das nicht juristische Hilfspersonal, insbesondere das Büropersonal unter Einschluss des Bürovorstehers. Dieser Personenkreis kann, wenn er für den Anwalt tätig wird, selbst für den Fall, dass der Mandant in dieser Form der Erledigung seiner Angelegenheiten zustimmt, keine Gebühren nach dem RVG berechnen. Dies gilt selbst für einen in der Anwaltskanzlei beschäftigten Referendar, der nicht Stationsreferendar ist. Für die von diesem Personenkreis ausgeübte Tätigkeit müsste die angemessene Vergütung nach § 612 BGB[71] bemessen werden. Ist eine Vergütung für die erbrachten Leistungen mit dem Auftraggeber nicht vereinbart, so hat sie der Anwalt in Ermangelung einer üblichen Vergütung (Taxe) nach §§ 315, 316 BGB zu bestimmen.

B. Der Mehrvertretungszuschlag nach VV 1008

I. Die Entstehungsvoraussetzungen

51 Nach VV 1008 erhöht sich die Verfahrensgebühr (VV 3100) oder die Geschäftsgebühr (VV 2300) durch den Beitritt jedes weiteren Auftraggebers um je 0,3 oder um 30 % bei Festgebühren, bei Betragsrahmengebühren erhöhen sich der Mindest- und der Höchstbetrag um 30 %. Dies gilt bei Wertgebühren nur, soweit der Gegenstand der anwaltlichen Tätigkeit derselbe ist. Die Erhöhung wird nach dem Betrag berechnet, an dem die Personen gemeinschaftlich beteiligt sind. Mehrere Erhöhungen dürfen einen Gebührensatz von 2,0 nicht übersteigen; bei Festgebühren dürfen Erhöhungen das Doppelte der Festgebühr und bei Betragsrahmengebühren das Doppelte des Mindest- und Höchstbetrags nicht übersteigen.

---

70 Vgl. *BGH* VersR 2006, 386 = DAR 2005, 596 und bei *Hardung* SVR 2005, 425; *BGH* NJW 2005, 1373.
71 Vgl. *Gerold/Schmidt* § 5 RVG Rn. 11 m. w. N.

B. Der Mehrvertretungszuschlag nach VV 1008 Kapitel 14

Sinn des Mehrvertretungszuschlags ist es die vermutete Mehrbelastung des Anwalts durch das Vorhandensein mehrerer Auftraggeber auszugleichen, Voraussetzung für die Anwendbarkeit der VV 1008 ist jedoch nicht, dass im Einzelfall tatsächlich eine Mehrbelastung eintritt oder ob eine solche typischerweise zu erwarten ist.[72] Zu beachten ist, dass lediglich derjenige Anwalt die Erhöhung beanspruchen darf, der mehrere Auftraggeber – gleichgültig, ob auf der Aktiv- oder Passivseite – vertritt. Das bedeutet im Wege des Umkehrschlusses, dass der Anwalt, der seinen (einzigen) Mandanten gegen mehrere auf der Gegenseite stehende Streitgenossen vertritt, dafür keinen Mehrvertretungszuschlag erhält. 52

Mehrere Erhöhungen dürfen den Betrag von zwei vollen Gebühren nicht übersteigen, damit ist lediglich der Gegenwert der reinen Erhöhungen – also ohne Hinzurechnung der Verfahrens- oder Geschäftsgebühr – gemeint. 53

Ist der Gegenstand der mehreren Aufträge derselbe, so erfolgt die Erhöhung dadurch, dass der Gebührensatz der Ausgangsgebühr um 0,3 für jeden zusätzlichen Auftraggeber erhöht wird. Durch diesen feststehenden Erhöhungsfaktor von 0,3 wird die Gebühr unabhängig vom Gebührensatz der Ausgangsgebühr, die für den ersten Auftraggeber entsteht, um diesen Faktor erhöht.[73] Dies sei an folgenden Beispielen erläutert: 54

Außergerichtliche Geltendmachung 55

Ein RA wird beauftragt für zwei Gesamtgläubiger 5 000,00 Euro geltend zu machen. Er fordert den Schuldner außergerichtlich zur Zahlung auf. Die volle Gebühr 1,0 beträgt 301,00 Euro. 55a

Der Mehrvertretungszuschlag ist wie folgt abzurechnen: 55b

Tab. 1 55.1

0,75 Geschäftsgebühr aus 5 000,00 Euro	225,75 Euro
0,3 aus 1,0 der vollen Gebühr aus 5 000,00 Euro	90,30 Euro
Summe:	316,05 Euro

Gerichtliche Geltendmachung in der ersten Instanz 56

Hätte der Anwalt unmittelbar geklagt, so ergäbe sich folgende Abrechnung: 56a

Tab. 2 56.1

1,3 Verfahrensgebühr nach VV 3100	391,30 Euro
0,3 Erhöhungsgebühr nach VV 1008	90,30 Euro
Summe:	481,60 Euro

Abrechnung in der Berufungsinstanz 57

Tab. 3 57.1

1,6 Verfahrensgebühr nach VV 3200	481,60 Euro
0,3 Erhöhungsgebühr nach VV 1008	90,30 Euro
Summe:	571,90 Euro.

Bezüglich der Erhöhung liegt im Innenverhältnis der Auftraggeber zum Anwalt kein Gesamtschuldverhältnis vor. Jeder Auftraggeber schuldet vielmehr nach § 7 Abs. 2 RVG dem gemeinsamen Anwalt die Gebühren und Auslagen lediglich in der Höhe, die angemessen wäre, wenn nur er allein dem Anwalt einen Auftrag erteilt hätte. Das bedeutet, dass keiner der Auftraggeber im Prozessfalle beispielsweise – und sei es auch nur gesamtschuldnerisch – 1,6 schuldet. Sind zwei Auftraggeber vorhanden, so schuldet jeder von ihnen gesamtschuldnerisch 1,3. Zahlt A seinen Anteil von 1,3, so kommt diese Zahlung dem Streitgenossen B gem. § 422 BGB in der Form zugute, dass dieser – unbeschadet einer 58

---

[72] *BGH* NJW 1984, 2296; *BVerwG* NJW 2000, 2288 f. m. w. N.
[73] *Volpert* RVG Professionell 2004, 46; Himmelreich/Halm/*Hambloch* Kap. 42. Rn. 19 ff.

etwaigen Ausgleichung im Innenverhältnis – nur noch 0,3 zu zahlen hat.[74] Hinsichtlich der übrigen Gebühren besteht allerdings ein Gesamtschuldverhältnis der Auftraggeber.[75]

59   Der Umstand, dass kein Gesamtschuldverhältnis bezogen auf die Erhöhungsgebühr vorliegt, kann dazu führen, dass der Anwalt hinsichtlich der Erhöhungsgebühr wirtschaftlich einen Nachteil erleidet. Zahlt der Auftraggeber A die von ihm geschuldeten Gebühren ohne den Mehrvertretungszuschlag, dann kann der Anwalt weitere Gebühren von diesem nicht verlangen. Weitere Gebühren, nämlich den Mehrvertretungszuschlag, schuldet dann nur der zweite Auftraggeber B. Ist dieser vermögenslos, so fällt der Anwalt wirtschaftlich mit der weiter gehenden Forderung aus.

60   Voraussetzung für die Anwendung des Mehrvertretungszuschlags ist das Vorliegen »derselben Angelegenheit« i. S. d. § 7 Abs. 1 RVG.

61   Klagen mehrere Beteiligte an einem Verkehrsunfall jeweils gesonderte Ansprüche gegen den Unfallverursacher ein, so kommt es nicht zur Erhöhung der Verfahrensgebühr sondern zur Streitwertaddition (§ 22 Abs. 1 RVG).[76] Sofern verschiedene Personen, denen jeweils besondere Ansprüche zustehen oder die – jeder für sich gesehen – teilbare Einzelleistungen schulden, einen gemeinsamen Anwalt mit ihrer Vertretung beauftragen, handelt es sich nicht um »dieselbe Angelegenheit« im Sinne von VV 1008, sodass der Anwalt berechtigt ist, seine gesetzlichen Gebühren gegenüber den einzelnen Auftraggebern jeweils gesondert zu berechnen.

62   Eine Mehrheit von Auftraggebern im Sinne des § 7 Abs. 1 RVG liegt dagegen vor, wenn in Verkehrsunfallsachen ein Rechtsanwalt neben der Haftpflichtversicherung auch den Halter oder Fahrer vertritt. Die Gebühr ist auch dann erstattungsfähig, wenn der Versicherungsnehmer keinen selbstständigen Auftrag erteilt hat.[77] Kein Mehrvertretungszuschlag fällt hingegen an, wenn der Rechtsanwalt für seine Partei und zugleich für diese als Streithelferin einer anderen Partei tätig ist, wie dies z. B. der Fall sein kann, wenn der Rechtsanwalt auf Beklagtenseite den Haftpflichtversicherer nicht aber auch den Versicherungsnehmer vertritt, sondern insoweit nur als Streithelfer tätig wird.[78] In diesem Fall vertritt der Anwalt nicht mehrere Personen, sondern stets nur seinen Auftraggeber, also z. B. den beklagten Versicherer als beklagte Partei und Streithelfer des beklagten Versicherungsnehmers. Den Versicherungsnehmer aber vertritt der Rechtsanwalt gerade nicht, so daß ihm auch kein Mehrvertretungszuschlag zusteht.

II. Die Erstattung des Mehrvertretungszuschlags und dessen Berücksichtigung im Kostenfestsetzungsverfahren

63   Haben die Streitgenossen ganz oder teilweise gewonnen und sind die Kosten in voller Höhe erstattungsfähig, so fragt sich, ob jeder der Streitgenossen nur den Anteil festgesetzt erhält, den er auch im Innenverhältnis zu tragen hat oder ob ein Streitgenosse den gesamten Anspruch unabhängig von seiner Verpflichtung im Innenverhältnis festsetzen lassen kann.

64   Diese Frage ist durch die Entscheidung des *BGH* (Az. VIII ZB 100/02) vom 30.4.2003 höchstrichterlich geklärt.[79] Der *BGH* hat entschieden, dass in einem Prozess, in dem ein Streitgenosse obsiegt hat und ein anderer unterlegen ist, der obsiegende Streitgenosse nur den seiner Beteiligung am Rechtsstreit entsprechenden Bruchteil der Anwaltskosten von seinem Prozessgegner erstattet verlangen kann, wenn beide gemeinschaftlich durch einen Anwalt vertreten waren. Der *BGH* begründet seine Rechtsauffassung u. a. damit, dass diese Art der Kostenfestsetzung zunächst der im Verfahren getroffenen Kostengrundentscheidung entspricht, die nicht durch eine anderweitige Kostenfestset-

---

74 Himmelreich/Halm/*Hambloch* Kap. 42. Rn. 27.
75 *BGH* VersR 2004, 489 f.
76 Zu § 6 BRAGO: *OLG Koblenz* VRS 86, 442 = zfs 1994, 224 (LS).
77 *OLG Oldenburg* AnwBl. 1993, 529.
78 *BGH* NJW 2010, 1377 = zfs 2010, 166 m. Anm. *Hansens*.
79 *BGH* VersR 2004, 489.

zung unterlaufen werden dürfe. Auch entspreche diese Auffassung § 91 ZPO; notwendig in diesem Sinne seien auch nur die Kosten, mit denen der Streitgenosse auf Dauer in seinem Vermögen belastet werde. Im Übrigen werde durch diese Auffassung das unbillige Ergebnis vermieden, dass der im Verhältnis zum unterlegenen Streitgenossen obsiegende Teil zunächst auch dessen Kosten zu tragen habe, um diesen später auf Rückerstattung in Regress zu nehmen.

C. Der Gegenstandswert

Der Gegenstandswert ist die Bemessungsgrundlage der Anwaltsgebühren. Hier kann jedoch zwischen dem Gegenstandswert zu differenzieren sein, den der Anwalt bei der Abrechnung seiner Gebühren gegenüber seinem Auftraggeber zugrunde legen kann und dem Gegenstandswert, der angesetzt werden kann, wenn es darum geht, die angefallenen Anwaltsgebühren als Schadensersatz bei der Gegenseite geltend zu machen. Diese Differenzierung ist bei Verkehrsunfallsachen sehr häufig anzutreffen. So können nur die Gebühren aus dem Gegenstandswert gegenüber dem Schädiger abgerechnet werden, der sich aus der Summe der Schadenersatzleistungen ergibt, die vom Schädiger tatsächlich erbracht werden (sog. Regulierungsstreitwert), der Gebührenanspruch des Anwalts gegenüber seinem Mandanten bestimmt sich hingegen aus dem Gegenstandswert der Ansprüche, die der Anwalt im Auftrag seines Mandanten tatsächlich geltend gemacht hat oder geltend machen sollte. Dies bedeutet, dass nicht sämtliche Gebührenansprüche, die im Innenverhältnis entstanden sind, auch im Außenverhältnis vom Schädiger zu erstatten sind.

▸ Praxistipp

Auf diese Diskrepanz ist der Mandant durch den Rechtsanwalt hinzuweisen, da der Geschädigte eines Verkehrsunfalls in der Regel die Auffassung vertritt, nach einem unverschuldeten Unfall keine Rechtsanwaltskosten übernehmen zu müssen.

I. Begriff

Mit dem Gegenstandswert befasst sich § 23 RVG. Nach dieser Vorschrift bestimmt sich der Gegenstandswert in gerichtlichen Verfahren nach den für die Gerichtsgebühren geltenden Wertvorschriften, also nach den Bestimmungen des Gerichtskostengesetzes (GKG). Darunter versteht man alle Verfahren, die vor einem ordentlichen Gericht anhängig sind. Unter diesen Begriff fällt auch die anwaltliche Tätigkeit gegenüber dem Rechtspfleger, ebenso auch im Verhältnis zum Gerichtsvollzieher im Rahmen der Zwangsvollstreckung (§ 25 RVG).

Die für die Gerichtsgebühren maßgeblichen Vorschriften gelten nach § 23 Abs. 1 S. 3 RVG auch für anwaltliche Tätigkeiten, die einem gerichtlichen Verfahren vorausgehen. Darunter versteht man in erster Linie für den hier interessierenden Bereich außergerichtliche Verhandlungen im Interesse einer gütlichen Verständigung. Dies bedeutet, dass für bürgerliche Rechtsstreitigkeiten grundsätzlich die Vorschrift des § 48 GKG und über § 48 GKG auch die Vorschriften der §§ 3–9 ZPO gelten.[80]

Abweichende Regelungen, nach denen für anwaltliche Tätigkeiten in einem gerichtlichen Verfahren oder für außergerichtliche Vertretung die für die Gerichtsgebühren maßgeblichen Wertvorschriften nicht gelten, finden sich für den hier interessierenden Bereich in VV 1009 für die Hebegebühr und in VV 3335 für das Verfahren wegen einstweiliger Kostenbefreiung bzw. Prozesskostenhilfe.

II. Der »erstattungsfähige« Gegenstandswert

Dem Erstattungsanspruch des Geschädigten hinsichtlich der ihm entstandenen vorgerichtlichen Anwaltskosten ist im Verhältnis zum Schädiger grundsätzlich der Gegenstandswert zugrunde zu legen, der der berechtigten Schadenersatzforderung entspricht.[81] Dabei gehören zu dem erstattungsfähigen Gegenstandswert auch die Beträge, die der Schädiger auf Grund von Abtretungen unmittelbar an

---

80 Vgl. *Gerold/Schmidt* § 23 RVG Rn. 3.
81 *BGH* DAR 2008, 176 mit Anm. *Schneider;* Halm/Engelbrecht/Krahe/*Euler* Kap. 25 Rn. 331.

Dritte, wie z. B. Sachverständige, Mietwagenunternehmer oder Werkstätten zahlt.[82] Dies gilt auch dann, wenn der Sachverständige durch die gegnerische Haftpflichtversicherung beauftragt wurde.[83] Dabei bleibt es auch, wenn zunächst Kosten angemeldet werden, die der Schädiger zwar zu zahlen verpflichtet wäre, diese Zahlungen jedoch nicht erbringt und diese dann z. B. durch einen Versicherers des Schädigers erbracht werden.[84] Keine Berücksichtigung bei der Bemessung des Regulierungsstreitwerts finden nur solche Beträge, die von vorneherein durch Dritte zu zahlen sind, den Geschädigten also niemals belasten, wie z. B. auf Sozialversicherungsträger übergegangene Ansprüche oder Ansprüche auf Entgang des Verdienstausfallschadens die nach § 6 EntGFG auf den Arbeitgeber übergegangen sind.[85]

71 Dieser Grundsatz gilt sowohl für den gerichtlichen als auch den außergerichtlichen Bereich, sodass nur der berechtigt geforderte Betrag einen Kostenerstattungsanspruch auslöst. Während man diesen Grundsatz im Gerichtsverfahren durch die Bildung einer Kostenquote realisiert, wird dieser Grundsatz im außergerichtlichen Bereich durch die Erstattungsfähigkeit nur der Anwaltskosten umgesetzt, die sich aus dem »Regulierungsstreitwert« ergeben. Der tatsächliche Gebührenanspruch des Anwalts gegenüber seinem Mandanten, der sich an dem gesamten geltend gemachten Betrag orientiert, bleibt davon unbeeinträchtigt.

III. Der unbezifferte Klageantrag

72 Im Fall des zulässigen unbezifferten Klageantrags richtet sich die Erstattungsfähigkeit der entstandenen Anwaltskosten nach der durch das Gericht festgesetzten Kostenquote. Hier ist aber die besondere Vorschrift des § 92 Abs. 2 ZPO zu beachten. Nach dieser Vorschrift kann das Gericht einer Partei die gesamten Prozesskosten auferlegen, wenn der Betrag der Forderung der anderen Partei von der Ausübung des richterlichen Ermessens abhängig war. Im Regelfall wird dies bei der Geltendmachung von Schmerzensgeldforderungen der Fall sein, da hier die Höhe des zu zahlenden Schmerzensgeldes häufig in das Ermessen des Gerichts gestellt wird, um das Kostenrisiko zu senken.

73 Dabei ist jedoch zu beachten, dass die Rspr. dem Kläger der Schmerzensgeldforderung bei der Formulierung des Klageantrags nicht völlig freie Hand lässt. Die beschränkte Zulassung unbezifferter Leistungsanträge befreit nicht von dem Gebot des § 253 Abs. 2 Nr. 2 ZPO, einen bestimmten Antrag zu stellen. Es reicht nicht aus, nur die tatsächlichen Feststellungs- und Schätzgrundlagen anzugeben. Der Kläger muss auch die Größenordnung des geltend gemachten Anspruchs so genau wie möglich angeben. Das Gericht und der Gegner müssen wissen, welchen Umfang letztendlich der Streitgegenstand haben soll. Andernfalls ist die Klage unzulässig.[86]

74 Eine zweite Beschränkung bei der Freiheit des Klägers, die Höhe der Schmerzensgeldforderung in das Ermessen des Gerichts zu stellen, findet sich im Hinblick auf ein etwaiges Rechtsmittel gegen ein Klage abweisendes Urteil. Hat der Kläger ein angemessenes Schmerzensgeld unter Angabe einer Betragsvorstellung verlangt und hat das Gericht ihm ein Schmerzensgeld in eben dieser Höhe zuerkannt, so ist er durch das Urteil nicht beschwert und kann es nicht mit dem alleinigen Ziel eines höheren Schmerzensgeldes anfechten. Will sich der Kläger die Möglichkeit eines Rechtsmittels offen halten, so muss er auch aus diesem Grund den Betrag nennen, den er auf jeden Fall zugesprochen haben will und bei dessen Unterschreitung er sich nicht als befriedigt ansehen würde.[87]

75 Ist der Streitwert in diesen Grenzen feststellbar, so kann das Gericht von der Möglichkeit des § 92 Abs. 2 ZPO Gebrauch machen und auch bei teilweisem Unterliegen der Höhe nach, die Kosten in voller Höhe dem Beklagten auferlegen, wobei sich allerdings die vom Kläger geäußerten Vorstellun-

---

82 *Schneider* DAR 2009, 236 f.
83 *AG Stuttgart-Bad Cannstatt* bei *Pichler* SVR 2011, 264.
84 *Schneider* a. a. O. 237.
85 *Schneider* a. a. O. 237.
86 *BGH* NJW 1982, 340.
87 *BGH* DAR 1999, 215 = VersR 1999, 902.

C. Der Gegenstandswert

gen in vertretbaren Grenzen gehalten haben müssen.[88] Anders verhält es sich lediglich dann, wenn der Kläger in bestimmten Punkten die anspruchsbegründenden Behauptungen nicht zu beweisen vermag und ihm deswegen ein geringeres Schmerzensgeld zugesprochen wird. In diesen Fällen ist § 92 Abs. 2 ZPO nicht anzuwenden. Ebenso, wenn sich die Schmerzensgeldforderung aufgrund eines Mitverschuldens des Klägers reduziert.

IV. Rentenansprüche

76 Wird wegen der Verletzung oder der Tötung eines Menschen ein Rentenanspruch geltend gemacht, so bemisst sich nach § 42 Abs. 2 GKG der Streitwert nach dem fünffachen Betrag des einjährigen Bezugs, wenn nicht der Gesamtbetrag der geforderten Leistungen geringer ist, wobei Rückstände aus der Zeit vor Einreichung der Klage dem Streitwert zugerechnet werden (§ 42 Abs. 5 GKG).

V. Feststellungsansprüche

77 Der Streitwert für einen Feststellungsanspruch ist in der Regel geringer zu bewerten als für einen entsprechenden Leistungsanspruch (Zahlungsanspruch). Regelmäßig ist daher für einen Feststellungsanspruch ein Abschlag von etwa 20 % gegenüber dem Leistungsanspruch angemessen.

VI. Verhandlungen mit dem Kaskoversicherer

78 Die Abrechnung des Unfallschadens unter Einbeziehung des Kaskoversicherers ist vor allen Dingen bei einem Mitverschulden des Geschädigten von Interesse, da sich – von den Fällen etwaiger Leistungsfreiheit wegen Vorsatz oder grober Fahrlässigkeit abgesehen –, der Kaskoversicherer nicht auf ein Mitverschulden gegenüber seinem Versicherungsnehmer berufen kann. Im Gegenteil: Der Kaskoversicherer hat in diesen Fällen zu seinen eigenen Lasten dem VN ein negatives Quotenvorrecht zu gewähren.

79 Es entspricht herrschender Meinung in der Rspr., dass der Geschädigte grds. auch Ersatz der Anwaltskosten vom Schädiger verlangen kann, wenn dieser aus Anlass des Unfalls einen Rechtsanwalt beauftragt, die Schadenabwicklung über die Vollkaskoversicherung einzuleiten.[89]

80 Dabei ist aber zu beachten, dass der Ersatzpflichtige durch die Einschaltung des Anwalts hinsichtlich der ausgelösten Anwaltsgebühren nicht schlechter stehen darf, als wäre ohne Einschaltung der Kaskoversicherung reguliert worden. Grundsätzlich soll der Geschädigte also keinesfalls mehr als die Gebühren zahlen müssen, die entstanden wären, hätte er den Schaden in voller Höhe reguliert.[90] Befindet sich der Kaskoversicherer allerdings in Verzug, so hat der Geschädigte einen Anspruch auf Ersatz aller durch die Einschaltung der Kaskoversicherung entstandenen Kosten und zwar unabhängig von der ansonsten zu beachtenden Degression der Gebührentabelle.[91] Zu begründen ist dies damit, dass der Schädiger und der Kaskoversicherer in dieser Situation auf die Gebühren als Gesamtschuldner haften, der Kaskoversicherer hat durch den Verzug Anlass zur Beauftragung des Anwalts gegeben, der Schädiger durch den Schadenfall. So wie damit auch der Kaskoversicherer aus Verzug[92] für die Anwaltskosten aufzukommen hat, gilt dies aus dem Rechtsgrund z. B. der unerlaubten Handlung auch für den Schädiger.

81 Im Verhältnis zur Kaskoversicherung reicht die Gesamtschuld aber nur soweit, wie auch vom Kaskoversicherer Erstattung der Anwaltskosten verlangt werden kann. So hat der Kaskoversicherer der Höhe nach nicht die Anwaltskosten zu ersetzen, die aus Schadenersatzforderungen resultieren, die mit den vom Kaskoversicherer geschuldeten Leistungen nicht kongruent sind. Beispielsweise hat

---

88 S. dazu *Gerlach* VersR 2000, 525 (528) m. w. N.
89 Vgl. z. B. *AG Erfurt* zfs 1999, 31; *LG Kaiserslautern* DAR 1993, 196; *LG Wuppertal* DAR 2010, 388.
90 *LG Kaiserslautern* a. a. O., 197.
91 *LG Kaiserslautern* a. a. O.
92 *AG Recklinghausen* zfs 1991, 199.

sich der Kaskoversicherer an Anwaltskosten nicht zu beteiligen, die aus der Geltendmachung von Schmerzensgeld resultieren.

82 Auch umgekehrt stellt sich natürlich die Frage, ob der Geschädigte Anwaltskosten übernehmen muss, wenn der Kaskoversicherer Leistungen erbringt, die der Geschädigte nicht schuldet, so z. B. im Fall des Mitverschuldens des Geschädigten, das sich gegenüber dem Schädiger, nicht aber gegenüber dem Kaskoversicherer in einer Kürzung der Ansprüche ausdrückt. Diese Frage stellt sich insbesondere deshalb, weil der Geschädigte in dieser Situation die Kaskoversicherung in Anspruch nehmen wird, um unter Ausnutzung des Quotenvorrechts den gesamten Sachschaden zu erhalten, während im dieser im Verhältnis zum Schädiger eben nicht in dieser Höhe zustehen würde. Auch hier kann die Lösung nur darin bestehen, dass die Gesamtschuldnerschaft zwischen Schädiger uns Kaskoversicherer hinsichtlich der Kosten nur soweit reicht, dass Ersatz für die Anwaltskosten nur aus dem Betrag verlangt werden kann, der vom Schädiger tatsächlich zu regulieren ist.[93] Es besteht jedenfalls kein Grund den Schädiger mit Kosten zu belasten, die er nicht veranlasst hat.

D. Einzelne Gebühren

I. Die Geschäftsgebühr

1. Entstehung und Abgeltungstatbestände

83 Die Geschäftsgebühr findet sich in VV 2300 bzw. 2301. Maßgeblich für die Kfz Schadenregulierung ist der Grundtatbestand des VV 2300. Sie fällt für die außergerichtliche Tätigkeit des Anwalts an, die in der Vorbemerkung 2.3 III wie folgt definiert wird:

83a »Die Geschäftsgebühr entsteht für das Betreiben des Geschäfts einschließlich der Information und für die Mitwirkung bei der Gestaltung eines Vertrages.«

83b Nach VV 2300 beträgt der Gebührenrahmen 0,5 bis 2,5, wobei eine Gebühr von mehr als 1,3 nur dann gefordert werden kann, wenn die Tätigkeit umfangreich oder schwierig war.

83c Diese Gebühr stellt die allgemeine Abgeltung für die Tätigkeit des Anwalts dar, soweit für spezielle Tätigkeiten nicht noch besondere Gebühren ausgelöst werden.

84 Neben dem Grundtatbestand des VV 2300 werden in den VV 2301 ff. Sondertatbestände der Geschäftsgebühr geregelt. Beschränkt sich z. B. der Auftrag auf Schreiben einfacher Art, so ermäßigt sich die Gebühr gem. VV 2302 auf 0,3. Dagegen erhöht sich die Geschäftsgebühr gem. VV 2303 auf 1,5 bei der Vertretung vor einer durch die Landesjustizverwaltung eingerichteten oder anerkannten Gütestelle.

85 Die Geschäftsgebühr gilt sämtliche Nebentätigkeiten des Anwaltes ab, wie beispielsweise Einsicht in die amtlichen Ermittlungsakten, die persönlichen Erörterungen mit dem Mandanten und die Erteilung von Ratschlägen. Unter den Abgeltungsbereich fällt auch die Korrespondenz des Anwalts mit seinem Mandanten, mit der Gegenpartei oder mit Dritten. Mit der Geschäftsgebühr werden auch die Schreibauslagen für Abschriften und Ablichtungen abgegolten, die der Anwalt von seinen Schriftsätzen für die eigene Partei anfertigt, ohne dass es dabei auf die Anzahl des Schreibwerkes und die Zahl der Mandanten ankommt.

86 Die Geschäftsgebühr entsteht mit der ersten Tätigkeit des Anwalts nach Erhalt des Auftrags, also regelmäßig mit der Entgegennahme des Mandates bzw. der ersten Information. Die Geschäftsgebühr ist eine Grundgebühr, die in allen Angelegenheiten anfallen muss, deren Erledigung durch die Gebühren nach VV 2300 ff. abgegolten wird.

---

93 *AG Schleiden* zfs 1991, 342 m. w. N.; *LG Darmstadt* zfs 2008, 673; *LG Wuppertal* DAR 2010, 388 (389).

2. Die Anrechnung der Geschäftsgebühr im Klageverfahren

Ist der Rechtsanwalt für den Geschädigten eines Unfalles zunächst außergerichtlich tätig und erreicht hier eine teilweise Regulierung des Schadens, ist er aber gezwungen, den Restschaden gerichtlich geltend zu machen, so zu beachten, dass das RVG nur eine teilweise Anrechnung der Geschäftsgebühr auf die Verfahrensgebühr vorsieht. Insoweit bestimmt die Vorb. 3 VV Abs. 4, dass in den Fällen, in denen wegen desselben Gegenstands eine Geschäftsgebühr nach den Nr. 2300 bis 2303 entstanden ist, diese Gebühr zur Hälfte, höchstens aber mit einem Gebührensatz von 0,75 auf das gerichtliche Verfahren angerechnet wird. Dabei erfolgt die Anrechnung nach dem Wert, der in das gerichtliche Verfahren übergegangen ist. 87

Ergänzend dazu bestimmt § 15a RVG:[94] 88

Sieht dieses Gesetz die Anrechnung einer Gebühr auf eine andere Gebühr vor, kann der Rechtsanwalt beide Gebühren fordern, jedoch nicht mehr als den um den Anrechnungsbetrag verminderten Gesamtbetrag der beiden Gebühren.

(2) Ein Dritter kann sich auf die Anrechnung nur berufen, soweit er den Anspruch auf eine der beiden Gebühren erfüllt hat, wegen eines dieser Ansprüche gegen ihn ein Vollstreckungstitel besteht oder beide Gebühren in demselben Verfahren gegen ihn geltend gemacht werden.

Dies bedeutet, dass der Rechtsanwalt im Kostenfestsetzungsverfahren die unverminderte Verfahrensgebühr zur Kostenfestsetzung anmelden kann, auch wenn auf die Verfahrensgebühr eine Geschäftsgebühr anzurechnen ist.[95] § 15a RVG stellt damit klar, dass sich diese Anrechnung im Verhältnis zu Dritten nicht auswirkt. Beide Gebührenansprüche können also jeweils in voller Höhe geltend gemacht werden, wobei der Rechtsanwalt insgesamt nicht mehr als den Betrag verlangen kann, der sich aus der Summe der beiden Gebühren nach Abzug des anzurechnenden Betrags ergibt. Entsprechend regelt § 55 Abs. 5 S. 2 ff. RVG für das Kostenfestsetzungsverfahren: 88a

»Der Antrag hat die Erklärung zu enthalten, ob und welche Zahlungen der Rechtsanwalt bis zum Tag der Antragstellung erhalten hat. Bei Zahlungen auf eine anzurechnende Gebühr sind diese Zahlungen, der Satz oder der Betrag der Gebühr und bei Wertgebühren auch der zugrunde gelegte Wert anzugeben. Zahlungen, die der Rechtsanwalt nach der Antragstellung erhalten hat, hat er unverzüglich anzuzeigen.« 88b

▶ **Praxistipp:** 88c

Die Neuregelung des § 15a RVG ermöglicht gleichwohl, dass die Geschäftsgebühr in voller Höhe als materiell-rechtlicher Schaden eingeklagt werden kann, dass aber andererseits das Entstehen einer vorgerichtlichen Geschäftsgebühr den Gegner nicht im Rahmen der gerichtlichen Kostenerstattung entlastet, so dass sich der Kläger aussuchen kann, ob er den materiell- rechtlichen Kostenerstattungsanspruch oder die prozessuale Erstattung geltend macht.[96] Zu empfehlen ist aber, dass die Geschäftsgebühr als materieller Schadenersatzanspruch in voller Höhe, auf jeden Fall aber in Höhe des Anrechnungsbetrags eingeklagt wird, da nur so der volle Gebührenerstattungsanspruch des obsiegenden Mandanten insgesamt, also durch ein Urteil und einen Kostenfestsetzungsbeschluss, tituliert ist. Für die Geltendmachung der vollen Gebühr bereits im Klageverfahren spricht in diesem Zusammenhang aber, dass diese dann ab Eintritt der Verzugsvoraussetzungen zu verzinsen ist, während bei Geltendmachung im Kostenfestsetzungsverfahren die Gebühr erst ab dem Zeitpunkt des Kostenfestsetzungsantrags zu verzinsen ist.[97]

---

94 Diese Vorschrift ist am 5.8.2009 in Kraft getreten und gilt ab diesem Datum für alle noch nicht abgeschlossenen Kostenfestsetzungsverfahren *BGH* NJW 2009, 3101 = zfs 2009, 646 m. Anmerkung *Hansens*; *BGH* NJW 2010, 1375, *Jungbauer* DAR 2009, 672 (673).
95 *BGH* NJW 2009, 3101 = zfs 2009, 646 m. Anmerkung *Hansens*; *BGH* NJW 2010, 1375.
96 *Schneider* DAR 2009, 535 (357).
97 *Jungbauer* DAR 2009, 672 (673).

88d ▶ Beispiel:

Der Rechtsanwalt hatte eine 1,3 Geschäftsgebühr nach VV 2300 und nachfolgend eine 1,3 Verfahrensgebühr nach VV 3100 verdient. Diese Gebühren stehen ihm gesondert gegen seinen Auftraggeber zu. Er darf aber nach § 15a Abs. 1 RVG nicht mehr verlangen, als die Summe der beiden Gebühren vermindert um den Anrechnungsbetrag, also 1,3 + 1,3–0,65= 1,95. Im Kostenfestsetzungsverfahren würde aber max. die Gebühr nach VV 3100 in Höhe von 1,3 festgesetzt. Offen blieben mithin noch 0,65, die der Mandant ebenfalls vom Gegner verlangen kann, so dass es insoweit der Titulierung des materiellen Schadenersatzanspruchs bedarf. Würde der Anwalt die volle Geschäftsgebühr als materiell-rechtlichen Anspruch einklagen, so wären 1,3 durch Urteil tituliert, im Kostenfestsetzungsverfahren wären dann noch 0,65 zu titulieren.

89 Die als materiell rechtlicher Schadenersatzanspruch geltend zu machende Geschäftsgebühr führt jedoch nicht zu einer Erhöhung des Streitwerts, wenn diese mit der Hauptforderung verfolgt wird.[98] Hingegen sind die geltend gemachten vorprozessualen Anwaltskosten als streitwerterhöhender Hauptanspruch zu berücksichtigen, soweit der geltend gemachte Hauptanspruch übereinstimmend für erledigt erklärt worden ist.[99] Die Rechtsanwaltskosten werden immer dann zum streitwerterhöhenden eigenständigen Anspruch, wenn der zu Grunde liegende Hauptanspruch nicht oder nicht mehr Prozessgegenstand ist. So sind die Rechtsanwaltskosten z. B. dann ein eigenständiger, der Streitwert erhöhender Anspruch, wenn Rechtsanwaltskosten gerichtlich verfolgt werden, die aus einem außergerichtlich befriedigten Hauptsacheanspruch resultieren, der – anders als die Rechtsanwaltskosten – nicht mehr rechtshängig gemacht wurde.[100]

90 Im Gegensatz dazu sind die im Verkehrshaftpflichtprozess neben anderen Schadenersatzpositionen eingeklagten Kosten eines vorprozessual eingeholten Sachverständigengutachtens und die Unkostenpauschale regelmäßig keine Nebenforderungen, die bei der Berechnung des Streitwerts und der Beschwer außer Betracht bleiben.[101] Die den Streitwert nicht erhöhende Nebenforderung zeichnet sich nämlich dadurch aus, dass sie in einem Abhängigkeitsverhältnis zur Hauptforderung steht.[102] Dies ist bei der neben der Hauptsache eingeklagten Geschäftsgebühr, nicht aber bei den Kosten für ein außergerichtlich eingeholtes Sachverständigengutachten, der Kostenpauschale und anderen Schadenersatzpositionen, wie z. B. Mietwagenkosten, Nutzungsausfall etc. der Fall.[103]

3. Bemessung des Gebührenrahmens

91 VV 2300 sieht für die Geschäftsgebühr einen Gebührenrahmen zwischen 0,5 bis 2,5 vor. Ferner gibt VV 2300 selbst einige Anhaltspunkte, wie der Gebührenrahmen in Einzelfällen zu bestimmen ist. So kann eine Gebühr von mehr als 1,3 nur gefordert werden, wenn die Tätigkeit umfangreich oder schwierig war. Beschränkt sich der Auftrag auf Schreiben einfacher Art, so beträgt die Gebühr nach VV 2302 nur 0,3. Schreiben einfacher Art i. S. d. VV 2302 sind solche, die weder schwierige rechtliche Ausführungen noch größere sachliche Auseinandersetzungen enthalten.

92 Weiter Anhaltspunkte zur Bemessung des Gebührenrahmens liefert § 14 Abs. 1 RVG. Nach dieser Vorschrift bestimmt der Rechtsanwalt die Gebühr im Einzelfall unter Berücksichtigung aller Umstände, vor allem des Umfangs und der Schwierigkeit der anwaltlichen Tätigkeit, der Bedeutung der Angelegenheit sowie der Einkommens- und Vermögensverhältnisse des Auftraggebers nach billigem Ermessen. Ein besonderes Haftungsrisiko des Anwalts kann bei der Bemessung herangezogen werden.

---

98 *BGH* zfs 2007, 284; *BGH* VersR 2007, 1713.
99 *BGH* VersR 2008, 557.
100 *BGH* VersR 2009, 806; *LG Frankfurt/Main* Der Verkehrsanwalt 2009, 118 m. Anm. *Politycki*.
101 *BGH* NJW 2007, 1752 und bei *Schröder* SVR 2007, 349 f.
102 *Schröder* a. a. O., 350.
103 Vgl. *Schröder* a. a. O.

D. Einzelne Gebühren

In diesem Rahmen bemisst der Anwalt seine Gebühr selbst. Sie muss jedoch der Billigkeit entsprechen, da sie ansonsten gem. § 315 Abs. 2 BGB im Verhältnis zwischen ihm und seinem Mandanten nicht verbindlich ist. Gleiches ergibt sich aus der Vorschrift des § 14 Abs. 1 S. 3 RVG, nach deren Inhalt die Gebühr durch einen Dritten nicht zu ersetzen ist, wenn sie unbillig ist. Die Toleranzgrenze ab deren Erreichen von einer Unbilligkeit der Gebühr ausgegangen wird liegt bei einer Überschreitung von mehr als 20 %.[104] Damit ist die Erhöhung der 1,3 fachen Regel- Geschäftsgebühr auf eine 1,5 fache Gebühr der gerichtlichen Überprüfung entzogen und durch den Dritten zu erstatten.[105] Ist die Gebühr nicht unbillig, so muss sie an den Anwalt gezahlt werden, ist sie unbillig, so wird sie auf die angemessene Gebühr reduziert. 93

Für den Fall der außergerichtlichen Regulierung ist zu beachten, dass § 14 Abs. 1 S. 4 RVG nicht einschlägig ist, da Dritte im Sinne dieser Vorschrift Beteiligte sind, die aufgrund einer Kostenentscheidung einem anderen dessen Gebühren und Kosten zu erstatten haben.[106] Für den Fall der außergerichtlichen Schadenregulierung verbleibt es bei der Anwendung des § 315 Abs. 2 BGB mit der Folge, dass der Anwalt im Verhältnis zu seinem Mandanten und damit auch gegenüber dem Dritten, gegen den er den materiellen Kostenerstattungsanspruch seines Mandanten durchsetzt, im Zweifel nachweisen muss, dass seine Gebühr nicht unbillig ist, während im Rahmen der Anwendung des § 14 Abs. 1 S. 4 RVG der erstattungspflichtige Dritte die Unbilligkeit der Gebühr darlegen und beweisen muss.[107] Ansonsten ergeben sich jedoch keine weiteren praktischen Unterschiede zwischen den Regelungsbereichen der beiden genannten Vorschriften im hier genannten Bereich. 94

Aus VV 2300 ergibt sich, dass eine höhere Gebühr als 1,3 nur dann gefordert werden kann, wenn die Tätigkeit umfangreich oder schwierig war. Das bedeutet, dass die Gebühr von 1,3 als Schwellengebühr für den Durchschnittsfall angesehen werden kann, von der bei über- oder unterdurchschnittlichem Aufwand nach oben oder unten abgewichen werden kann, soweit das VV nicht bereits selbst in den 2300 ff. VV eine entsprechende Gebühr vorgibt. Dabei hat der Gesetzgeber ab einer Gebühr von mehr als 1,3 die Bemessungskriterien auf den Umfang und die Schwierigkeit der anwaltlichen Tätigkeit beschränkt; die anderen in § 14 Abs. 1 S. 1 RVG genannten Kriterien kommen bei einer Gebührenhöhe über 1,3 nicht mehr zur Anwendung.[108] 95

Im Regelfall wird aber die Gebühr von 1,3 die angemessene Gebühr bei der Regulierung von Unfallsachen im außergerichtlichen Bereich sein. In diesem Sinne hat auch der *BGH* entschieden, dass es nicht unbillig ist, wenn ein Rechtsanwalt für seine Tätigkeit bei einem durchschnittlichen Verkehrsunfall eine Geschäftsgebühr von 1,3 bestimmt.[109] Allerdings ist dem im *BGH* Verfahren klagenden Anwalt gleichwohl lediglich eine Gebühr nach 1,0 zugesprochen worden, da der *BGH* nach den im Revisionsverfahren bindenden Feststellungen von einem unterdurchschnittlichen Fall ausgegangen war.[110] 96

Im Grundsatz aber hat der *BGH* anerkannt, dass die Regulierung des durchschnittlichen Verkehrsunfalls die Abrechnung der Gebühr in Höhe von 1,3 rechtfertigt. Nach den Feststellungen des *BGH* entspricht es den Vorstellungen des Gesetzgebers, dass in durchschnittlichen Fällen die Schwellengebühr von 1,3 eine Regelgebühr darstellt.[111] Ist der Fall aber unterdurchschnittlich, weil z. B. eingehende Ausführungen zur Unfallsituation oder zur Rechtslage durch den Anwalt nicht gemacht wurden und gleichwohl eine Regulierung durch den Haftpflichtversicherer erfolgte, dann ist auch der Aufwand des Anwalts unterdurchschnittlich und nicht mit dem Ansatz von 1,3 zu vergüten. Nach anfänglichem Streit hat sich damit in der Rspr. inzwischen die 1,3 Geschäftsgebühr für die Abwick- 97

---

104 Z. B. *OLG Düsseldorf* zfs 1997, 31.
105 *BGH* NJW 2011, 1603 (1605).
106 *Gerold/Schmidt* § 14 RVG Rn. 7.
107 *Gerold/Schmidt* a. a. O. Rn. 8.
108 *Jungbauer* DAR 2008, 737.
109 *BGH* DAR 2007, 234 = VersR 2007, 265; so auch *OLG München* MittbBl der Arge VerkR 2006, 175.
110 Siehe dazu die Anm. von *Hartung* SVR 2007, 92.
111 *BGH* DAR 2007, 234 f.

lung eines durchschnittlichen Verkehrsunfalls etabliert.[112] Will der Anwalt eine höhere Gebühr abrechnen, so muss er darlegen und beweisen, dass die Arbeitsleistung schwierig und umfangreich war.[113]

98 So hat z. B. das AG Karlsruhe eine Geschäftsgebühr von 1,5 als angemessen angesehen, wenn der Anwalt auch noch die Korrespondenz mit der Mietwagenfirma und zwei Telefonate führte und damit im von ihm entschiedenen Fall die Abrechnung einer 1,7 Geschäftsgebühr zugelassen, da diese die Gebühr von 1,5 nicht um mehr als 20 % überschritten habe und damit nicht unbillig gewesen sei.[114] Nach *LG Zweibrücken* ist die Berechnung einer 2,5 Geschäftsgebühr, also der Höchstgebühr, für die Regulierung eines Verkehrsunfalls, bei dem drei Familienmitglieder des Auftraggebers zu Tode gekommen sind und bei dem Schmerzensgeld-, Haushaltsführungs- und Unterhaltsansprüche zu ermitteln und geltend zu machen waren, nicht unbillig.[115]

99 Auch der Umstand, dass eine Besprechung mit einem Dritten geführt worden ist, ist bei der Bemessung der Gebühr zu berücksichtigen, da Bemessungskriterium für den Gebührenrahmen des VV 2300 zwischen 0,5 und 2,5 gem. § 14 Abs. 1 RVG auch der Umfang der anwaltlichen Tätigkeit ist. Damit kann schon allein die Tatsache, dass eine Besprechung geführt worden ist, die Erhöhung der Gebühr auf 1,5 rechtfertigen.[116]

100 Ferner können sich auch Umstände ergeben, die eine Erhöhung auf einen Gebührensatz von 1,8 rechtfertigen, so z. B. bei schweren Verletzungen und der Ermittlung des Verdienstausfalls eines Selbstständigen.[117] Auch die Teilnahme an einem Termin zur Gegenüberstellung der Fahrzeuge zur Unfallrekonstruktion kann die Abrechnung der 1,8 Gebühr rechtfertigen.[118]

101 ▶ **Praxistipp**

Es empfiehlt sich auch bei der Abrechnung der 1,3 Gebühr immer kurz die geleistete Tätigkeit zu beschreiben, um auf jeden Fall der Ansatz der 1,3 Gebühr gegenüber dem erstattungspflichtigen Dritten zu rechtfertigen und zu erläutern. Dies gilt erst recht, wenn eine Gebühr oberhalb des Satzes von 1,3 geltend gemacht werden soll.

II. Die Termingebühr nach Teil 3 Vorbemerkung 3 III

102 Nach der Vorbemerkung 3 Teil 3 III entsteht eine Termingebühr, wenn der Rechtsanwalt an einer Besprechung ohne Beteiligung des Gerichts mitwirkt, die auf die Erledigung oder Vermeidung des Verfahrens gerichtet ist. Dies gilt nicht für Besprechungen mit dem Auftraggeber.

103 Bereits die außergerichtliche Besprechung über nicht rechtshängige Ansprüche kann die Termingebühr auslösen, wenn der Anwalt einen unbedingten Klageauftrag erhalten hat und durch eine auf Erledigung des Rechtsstreits gerichtete Besprechung eine außergerichtliche Einigung erzielt.[119] Gleiches gilt auch für den Rechtsanwalt des Anspruchsgegners, wenn die Beauftragung des Rechtsanwalts auch die Rechtsverteidigung in einem etwaigen Klageverfahren umfasste.[120] Nach den Motiven des Gesetzes soll der Rechtsanwalt »nach seiner Bestellung zum Verfahrens- und Prozessbevollmächtigten« in jeder Phase des Verfahrens zu einer möglich frühen Beilegung des Streits beitragen, also nicht erst nach Rechtshängigkeit. Nicht ausreichend ist allerdings ein allgemeines Gespräch über die grundsätzliche Bereitschaft oder abstrakte Möglichkeit einer außergerichtlichen Erledi-

---

112 Vgl. z. B. *LG Dortmund* zfs 2006, 663 oder *LG Bochum* SP 2005, 428.
113 *AG Mülheim* r+s 2007, 87; Himmelreich/Halm/*Hambloch* Kap. 42 Rn. 77.
114 *AG Karlsruhe* AGS 2007, 185; s. dazu auch *AG Kempen* zfs 2005, 3009.
115 *LG Zweibrücken* zfs 2008, 708 mit Anmerkung *Hansens*.
116 *Gerold/Schmidt* VV 2300 Rn. 28.
117 *LG Saarbrücken* RVGR 2005, 146.
118 *AG Ansbach* NZV 2007, 147.
119 *BGH* DAR 2007, 551 = zfs 2007, 285 (L) mit Anm. *Madert*.
120 *BGH* DAR 2010, 613.

gung. Die Gebühr wird aber immer ausgelöst, wenn es sich um eine auf die Erledigung des Verfahrens gerichtete Besprechung handelt, die sich auch auf mehrere Parallelverfahren erstrecken kann.[121] Damit kann der Rechtsanwalt, der nach Prozessauftrag eine gütliche Einigung der Parteien erreicht, ohne die Klage bereits eingereicht zu haben, den gleichen betragsmäßigen Gebührenanfall verzeichnen, wie im Falle einer Einigung nach Einreichung der Klage, da die Terminsgebühr in beiden Fällen anfällt und die ggf. auf 0,8 reduzierte Verfahrensgebühr nach VV 3100 durch die auf 1,5 erhöhte Einigungsgebühr nach VV 1000 kompensiert wird.[122] Diese Gebühren fallen entsprechend auch auf Seiten des Beklagtenvertreters an, wenn die Besprechung der Abwehr des Anspruchs dient und der Kläger seinem Prozessbevollmächtigten unbedingten Klageauftrag erteilt hat.[123]

Auch die telefonische Anregung der Klagerücknahme kann die Termingebühr nach der Vorbemerkung 3 Teil 3 III auslösen, wobei es nicht darauf ankommt, ob der Anruf tatsächlich für die spätere Klagerücknahme ursächlich war.[124] Die Gebühr fällt ferner dann an, wenn der Gegner eine auf die Erledigung des Verfahrens gerichtete Erklärung zwecks Prüfung und Weiterleitung an seine Partei entgegen nimmt.[125] Ausreichend ist, dass sich in dieser Besprechung der Gesprächspartner an einer außergerichtlichen Erledigung des Rechtsstreits interessiert zeigt, ein Meinungsaustausch ist nicht erforderlich. Es genügt, wenn der Gegner sich auf das Gespräch einlässt und die auf die Erledigung des Rechtsstreits zur Kenntnis nimmt und deren Prüfung zusagt, die Gebühr fällt nur dann nicht an, wenn der Gegner von vornherein ein sachbezogenes Gespräch oder eine gütliche Einigung ablehnt.[126] Die Terminsgebühr wird auch ausgelöst, wenn sich die Parteien über die Modalitäten der Beendigung des Rechtsstreits einigen, die in einer Erledigungserklärung mündet.[127] Erforderlich für den Anfall der Terminsgebühr ist auf jeden Fall eine Besprechung, der Austausch von E-Mails reicht nicht aus.[128]

104

Die Besprechung muss nicht notwendig mit dem gegnerischen Prozessbevollmächtigten geführt werden. Die Gebühr kann auch bei einem Gespräch mit der Gegenpartei oder mit einer ihrer Mitarbeiter erfolgen, selbst wenn diese im Gerichtsverfahren nicht postulationsfähig wären.[129]

105

Die Termingebühr nach der Vorbemerkung 3 Teil 3 III kann aber nur dann ausgelöst werden, wenn für das gerichtliche Verfahren eine mündliche Verhandlung oder Erörterung vorgeschrieben ist oder in dem betreffenden Fall anberaumt wurde.[130] So entsteht die Termingebühr im Verfahren der Nichtzulassungsbeschwerde nicht, wenn keine mündliche Verhandlung anberaumt wurde.[131] Ferner entsteht die Termingebühr nicht, wenn das Berufungsgericht die Berufung durch einstimmigen Beschluss nach § 522 Abs. 2 ZPO zurückweist.[132] Auch bei Kostenentscheidungen nach § 91a ZPO fällt keine Termingebühr an, wenn nicht ausnahmsweise eine mündliche Verhandlung stattfindet.[133]

106

III. Einigungsgebühr

Statt der ehemaligen Vergleichsgebühr der BRAGO sieht das RVG eine Einigungsgebühr vor. Geregelt ist diese unter VV 1000 ff. Danach entsteht die Gebühr für die Mitwirkung beim Abschluss eines Vertrages, durch den der Streit oder die Ungewissheit der Parteien über ein Rechtsverhältnis beseitigt

107

---

121 *BGH* NJW 2007, 2858.
122 S. dazu das Berechnungsbeispiel bei *Jungbauer* DAR 2008, 750 (751).
123 *OLG Koblenz* zfs 2010, 42.
124 *OLG Koblenz* NJW 2005, 2162 f.
125 *BGH* zfs 2007, 285 (L) mit Anm. *Madert;* Himmelreich/Halm/*Hambloch* Kap. 42 Rn. 125.
126 Vgl. *Madert* zfs 2007, 286 zu *BGH* a. a. O.
127 *BGH* zfs 2010, 286.
128 *BGH* zfs 2009, 705 m. Anm. *Hansens* = VersR 2010, 85.
129 Vgl. *Madert* zfs 2007, 286 mit Nachweisen zur *BGH* Rspr.
130 *VGH Mannheim* NJW 2007, 860.
131 *BGH* zfs 2007, 467 (L) mit Anm. *Madert.*
132 *BGH* zfs 2007, 467 (L) mit Anm. *Madert.*
133 *BGH* NJW 2008, 668.

wird, es sei denn, der Vertrag beschränkt sich ausschließlich auf ein Anerkenntnis oder Verzicht (vgl. VV 1000 Abs. 1). Ein bestimmtes Formerfordernis besteht nicht, der Vertrag kann also auch mündlich oder sogar stillschweigend geschlossen werden.

108 Die Gebühr entsteht auch für die Mitwirkung bei Vertragsverhandlungen, es sei denn, dass diese für den Abschluss des Vertrages i. S. d. VV 1000 Abs. 1 nicht ursächlich war.

109 Kommt eine Einigung in diesem Sinne außergerichtlich zustande, so beträgt die Gebühr 1,5 (VV 1000). Ist über den Gegenstand der Einigung ein anderes gerichtliches Verfahren als ein selbstständiges Beweisverfahren anhängig, so beträgt die Gebühr 1,0 (VV 1003), in Berufungs- und Revisionsverfahren beträgt die Gebühr 1,3 (VV 1004).

110 Zwar ist Voraussetzung für den Anfall der Einigungsgebühr nicht mehr, ein gegenseitiges Nachgeben i. S. d. § 779 BGB.[134] Gleichwohl fällt die Einigungsgebühr nicht durch jedes Verhalten des Schuldners oder Gläubigers an, welches geeignet ist, den Streit der Parteien zu beenden. Dies ergibt sich zunächst deutlich aus VV 1000 Abs. 1, in dem klargestellt wird, dass ein ausschließliches Anerkenntnis oder ein ausschließlicher Verzicht keine Einigungsgebühr auslösen. Für die Schadenregulierung bedeutet dies:

111 Beziffert ein Geschädigter seine Ansprüche und wird nur ein Teil davon reguliert, so liegt auch dann keine Einigung i. S. d. VV 1000 vor, wenn der Geschädigte nachfolgend erklärt, er werde sich mit dem gezahlten Betrag zufriedengeben und keine weiteren Ansprüche mehr verfolgen. Hier liegt ein ausschließlicher Verzicht i. S. d. Abs. 1 VV 1000 vor, der keine Einigungsgebühr rechtfertigt. Erst recht liegt keine Einigung i. S. d. VV 1000 vor, wenn der Schädiger zahlt, was der Geschädigte gefordert hat, hier handelt es sich um ein ausschließliches Anerkenntnis, das keine Einigungsgebühr auslöst.

112 Kommt es aber nicht zu einem ausschließlichen Verzicht oder Anerkenntnis, sondern bestand zunächst Streit zwischen den Parteien, der dann einvernehmlich beigelegt wird, dann ist die Einigungsgebühr angefallen. So wird die Einigungsgebühr immer dann ausgelöst, wenn sich die Parteien nach zunächst streitiger Auseinandersetzung im Interesse einer schnellen gütlichen Erledigung auf eine bestimmte Geldsumme einigen.

113 Auch die Abgabe einer Abfindungserklärung löst eine Einigungsgebühr aus und zwar auch dann, wenn die Abfindungssumme dem Betrag entspricht, den der Geschädigte ohne das Angebot einer Abfindungserklärung ursprünglich gefordert hat. In diesem Fall erhält der Geschädigte zwar den Betrag den er gefordert hat, sodass insoweit aufseiten des Schädigers ausschließlich ein Anerkenntnis vorliegt. Durch die Abfindungserklärung verzichtet der Geschädigte aber auf die Geltendmachung weiterer Ansprüche, sodass die Ungewissheit der Parteien hinsichtlich zukünftiger Ansprüche beseitigt wird. Eine Einigungsgebühr entsteht auch dann, wenn die Gegenseite nach Klageerhebung zahlt, um die Rücknahme der Klage bittet, für diesen Fall anbietet keinen Kostenantrag zu stellen und der Kläger dieses Angebot annimmt.[135]

114 Der Anwalt erhält die Einigungsgebühr zunächst dann, wenn er beim Abschluss des Einigungsvertrages mitwirkt. Dazu reicht es aus, wenn er z. B. einen Einigungsvorschlag prüft und die eigene Partei im Hinblick auf diesen Vorschlag berät, die persönliche Anwesenheit des Anwalts beim Vergleichsschluss ist nicht erforderlich, auch nicht die persönliche Verhandlung mit der Gegenseite. Ferner ausreichend ist auch die Mitwirkung bei den Vertragsverhandlungen über die Einigung, es sei denn, dass die Mitwirkung des Anwalts für die spätere Einigung nicht ursächlich war (VV 1000 Abs. 2).

115 VV 1000 Abs. 3 bestimmt, dass die Einigungsgebühr bei einem unter einer aufschiebenden Bedingung oder unter dem Vorbehalt des Widerrufs geschlossenen Vertrag erst dann anfällt, wenn die Bedingung eingetreten ist oder der Vertrag nicht mehr widerrufen werden kann.

---

[134] Himmelreich/Halm/*Hambloch* Kap. 42 Rn. 11.
[135] Vgl. z.B. *AG München* Der Verkehrsanwalt 2009, 165.

D. Einzelne Gebühren

Wird der Einigungsvertrag jedoch später durch eine Verfall- oder Verwirkungsklausel gegenstandslos, fällt dadurch die verdiente Einigungsgebühr nicht wieder weg. Ein solcher Fall liegt z. B. dann vor, wenn der Schuldner die im Vergleich übernommenen Ratenzahlungen nicht einhält und deswegen die gleichzeitig vereinbarte Verfallklausel nicht wirksam wird. 116

Bei der Frage in welcher Höhe die angefallene Einigungsgebühr von der Gegenseite erstattet werden muss, ist zwischen dem im Prozess und dem außergerichtlich geschlossenen Einigungsvertrag zu differenzieren. Im Prozess ist maßgeblich für den Streitwert der Einigungsgebühr der Wert sämtlicher streitiger Ansprüche, über die sich die Parteien verglichen haben. Die Erstattungsfähigkeit der Kosten ist sodann über eine Kostenquote auszudrücken, die berücksichtigt, in welchem Verhältnis Unterliegen und Obsiegen zueinanderstehen. Unberührt bleibt natürlich auch hier die mögliche abweichende Einigung der Parteien. 117

Im außergerichtlichen Verfahren gibt es hingegen keine Kostenquote, sodass der Schädiger nur die Erstattung der Einigungsgebühr aus dem Betrag schuldet, den er auch bezahlt hat. Dabei sind sämtliche Zahlungen des Schädigers – also nicht nur die Schlusszahlung – zu berücksichtigen, wenn alle Ansprüche durch die Einigung erledigt werden sollten. Im Fall einer nur teilweisen Einigung hingegen bleiben bei der Berechnung der Einigungsgebühr bereits gezahlte Entschädigungen außer Betracht, wenn diese nicht mehr Gegenstand der Einigung waren.[136] 118

Werden außergerichtlich oder in der gleichen Instanz vor Gericht mehrere Einigungsverträge geschlossen, die jeweils den Streitgegenstand teilweise erledigen, so entsteht nach § 15 Abs. 2 S. 1 RVG nur eine Einigungsgebühr nach dem zusammengerechneten Gegenstandswert aller Vergleiche. Hinsichtlich der Frage der Erstattungsfähigkeit der Gebühr durch die Gegenseite ist auch hier wieder ausschließlich auf die Beträge abzustellen, die der Schädiger zu zahlen hatte. 119

Einigen sich die Parteien, nachdem sie sich bereits in der Hauptsache geeinigt haben, anschließend auch über die Kosten, so steht dem Anwalt dafür keine besondere Einigungsgebühr zu, da ein Zusammenhang zu der Einigung in der Hauptsache besteht. Bezieht sich die Einigung jedoch ausschließlich auf die Kosten, so sind die Kosten Bemessungsgrundlage für die Höhe der Einigungsgebühr. 120

IV. Rat, Erstberatung, Gutachten und Mediation

Wird der Rechtsanwalt im Verlauf der Regulierung nicht zum Bevollmächtigten bestellt, sondern lediglich um einen Rat, eine Auskunft und/oder ein Gutachten gebeten, so entsteht keine Geschäftsgebühr nach VV 2300. 121

Für einen mündlichen oder schriftlichen Rat oder eine Auskunft (Beratung), die nicht mit einer anderen gebührenpflichtigen Tätigkeit zusammenhängen, für die Ausarbeitung eines schriftlichen Gutachtens und für die Tätigkeit als Mediator soll der Rechtsanwalt gem. § 34 Abs. 1 RVG auf eine Vergütungsvereinbarung mit seinem Mandanten hinwirken, soweit in Teil 2 Abschnitt 1 des Vergütungsverzeichnisses keine Gebühren bestimmt sind. 122

Voraussetzung für die Anwendung des § 34 RVG ist, dass der Mandant den Anwalt tatsächlich ausschließlich um eine Beratung bittet. Hat der dem Anwalt unmittelbar Vertretungsvollmacht erteilt und ergibt sich im Laufe des vorbereitenden Gesprächs den Eindruck, das keine hinreichenden Erfolgsaussichten bestehen und deswegen eine weitere Tätigkeit nicht erfolgt, dann ist diese Tätigkeit bereits nach Maßgabe der VV 2300 ff. abzurechnen. 123

Eine Beratung liegt dann vor, wenn es dem Mandanten lediglich auf das Ergebnis der Untersuchungen und Überlegungen des Anwalts ankommt. Legt der Mandant jedoch aus rechtlicher Sicht Wert darauf, den Lösungsweg, der zu einem bestimmten Ergebnis geführt hat, zu erfahren oder gar gedanklich nachzuvollziehen und wünscht er dabei die rechtlichen Erwägungen des Anwalts im Einzelnen kennenzulernen, dann wird der dem Anwalt erteilte Auftrag sehr wahrscheinlich auf ein Gut- 124

---

136 *AG Göttingen* DAR 2000, 285 = zfs 2001, 131.

achten gerichtet sein. Die Grenzen sind jedoch fließend, da auch ein schriftlich erteilter Rat in aller Regel eine – wenn auch kurze – Begründung aus rechtlicher Sicht enthalten wird und jedes Gutachten aus Gründen, die in der Natur der Sache liegen, sich zugleich auch als Rat darstellen wird.

125 Die Höhe der Gebühr bestimmt sich nach der getroffenen Vergütungsvereinbarung, ist diese nicht getroffen nach dem BGB. Hier ist § 315 BGB einschlägig, danach ist die Leistung durch einen der Vertragsschließenden nach billigem Ermessen zu bestimmen. Der die Vergütung bestimmende ist nach § 14 RVG der Rechtsanwalt. Trifft dieser eine unbillige Bestimmung, so wird die Vergütung gem. § 315 III 2 BGB durch Urteil getroffen. Zu beachten sind die Obergrenzen des § 34 Abs. 1 S. 3 RVG. Danach darf für die Ausarbeitung eines Gutachtens oder die Beratung maximal eine Gebühr von 250,00 Euro und für eine Erstberatung maximal 190,00 Euro berechnet werden, wenn sich diese Tätigkeiten auf einen Verbraucher beziehen.

126 Für die Bemessung der Gebühr nach § 34 Abs. 1 RVG gilt § 14 Abs. 1 RVG entsprechend. Dies bedeutet, dass es z. B. auch im Rahmen der Erteilung eines Rates oder einer Auskunft auf die Bedeutung der Angelegenheit, den Umfang und den Grad der Schwierigkeit der anwaltlichen Tätigkeit sowie auf die Vermögens- und Einkommensverhältnisse des Auftraggebers ankommt.

127 Fraglich ist, ob bei der Gebühr nach § 34 RVG auch der Mehrvertretungszuschlag nach VV 1800 Anwendung finden kann. Letztlich bestehen jedoch keine Bedenken, den Mehrvertretungszuschlag anzuwenden, um der erhöhten Mehrbelastung und Verantwortung des Anwalts bei der Beratung mehrerer Auftraggeber Rechnung zu tragen.[137]

128 Voraussetzung für die Anwendung des § 34 RVG ist jedoch in jedem Fall, dass der Rat oder die Auskunft nicht mit einer anderen gebührenpflichtigen Tätigkeit zusammenhängt. Ansonsten geht die Gebühr nach § 34 RVG in den nach anderen Vorschriften verdienten Gebühren auf, sodass der Rat oder die Auskunft sich im Ergebnis als gebührenfreies Nebengeschäft darstellt.

V. Zwangsvollstreckung

129 Nach VV 3309 erhält der Rechtsanwalt für seine Tätigkeit in der Zwangsvollstreckung eine Gebühr in Höhe von 0,3, soweit für einzelne Tätigkeiten nichts anderes bestimmt ist.

130 Von der Anwendung des VV 3309 sind die im Unterabschnitt 4 und 5 des Abschnitts 3 Teil 3 des Vergütungsverzeichnisses (VV 3311 bis 3323) geregelten Angelegenheiten ausgenommen. Dies bedeutet, dass durch VV 3309 die Tätigkeit des Anwalts insoweit nicht geregelt wird, als dieser in Verfahren der Zwangsversteigerung und der Zwangsverwaltung sowie im Insolvenzverfahren und im Verteilungsverfahren nach der schifffahrtsrechtlichen Verteilungsordnung tätig wird.

131 Aus § 19 RVG ergibt sich, welche Angelegenheiten im Einzelnen von der Gebühr des VV 3309 umfasst sind, also keine gesondert zu vergütende Angelegenheit darstellen. Keine besonderen Angelegenheiten sind gem. § 19 RVG z. B.:
- die erstmalige Erteilung der Vollstreckungsklausel, wenn deswegen keine Klage erhoben wird (§ 19 Nr. 12 RVG),
- die Erteilung des Notfrist- oder Rechtskraftzeugnisses (§ 19 Nr. 9 RVG),
- die Zustellung des Urteils, der Vollstreckungsklausel und der sonstigen in § 750 ZPO erwähnten Urkunden (§ 19 Nr. 15 RVG),
- die Bestimmung eines Gerichtsvollziehers [xxx]Gerichtsvollziehers (§§ 827 Abs. 1, 854 Abs. 1 ZPO) oder eines Sequesters (§§ 848, 855 ZPO) – Vgl. insoweit § 19 Abs. 2 Nr. 2 RVG,
- die Anzeige der Absicht, die Zwangsvollstreckung gegen eine juristische Person des öffentlichen Rechts zu betreiben (§ 19 Abs. 2 Nr. 3 RVG),
- die einer Verurteilung vorausgegangene Androhung von Ordnungsgeld (§ 19 Abs. 2 Nr. 4 RVG)
- die Aufhebung einer Vollstreckungsmaßnahme (§ 19 Abs. 2 Nr. 5 RVG).

---

137 So auch *Gerold/Schmidt* § 34 RVG Rn. 55.

D. Einzelne Gebühren   Kapitel 14

Alle übrigen Angelegenheiten der Zwangsvollstreckung gelten als besondere Angelegenheiten, die eine weitere Gebühr entstehen lassen. Dies gilt insbesondere für die in § 18 Nr. 6–20 RVG ausdrücklich genannten Angelegenheiten.   132

1. Vorbereitungshandlungen und die Androhung der Zwangsvollstreckung

War der Anwalt bisher in der Angelegenheit nicht mandatiert, so wird die Gebühr des VV 3309 mit der Entgegennahme des Zwangsvollstreckungsmandates ausgelöst. War der Anwalt bereits im Erkenntnisverfahren tätig, so entsteht die Gebühr des VV 3309, wenn der Anwalt die Zwangsvollstreckung androht. Erstattungsfähig ist diese Gebühr dann, wenn der Schuldner nach dem Inhalt des Titels zur Leistung verpflichtet war und ihm auch die zur Leistung erforderliche Zeit gelassen worden war. Diese Zeitspanne ist in jedem Einzelfall individuell zu bestimmen.[138]   133

Für die Erstattungsfähigkeit der Gebühr nach VV 3309 ist es also nicht erforderlich, dass die Voraussetzungen der Zwangsvollstreckung wie z. B. Zustellung des Titels oder Hinterlegung der Sicherheitsleistung bereits vorliegen, da diese den Schuldner nicht an der nach Vorliegen des Titels gebotenen unverzüglichen freiwilligen Leistung hindern.   134

2. Höhe der Gebühr

VV 3309 bestimmt eine Gebühr in Höhe von 0,3 für die Tätigkeit im Zwangsvollstreckungsverfahren, soweit nicht die VV 3311 ff. höhere Gebühren vorsehen. Diese Gebühr ist im Zwangsvollstreckungsverfahren obligatorisch und im Ergebnis unabhängig davon, ob sich der Auftrag vor der Durchführung von Zwangsvollstreckungsmaßnahmen wieder erledigt, da insoweit kein abweichender Gebührentatbestand wie z. B. in VV 3101 vorgesehen ist.   135

Andererseits kann jedoch eine Erhöhung der Gebühr dadurch eintreten, dass der Anwalt auf der Aktivseite mehrere Mandanten vertritt, die als Gesamtgläubiger oder Gläubiger zur gesamten Hand die Zwangsvollstreckung gemeinsam betreiben. In diesem Fall erhält der Anwalt den Mehrvertretungszuschlag aus VV 1008.[139]   136

Auch in der Vollstreckungsinstanz können sämtliche Gebühren nach VV 3100 entstehen. Dabei wird es sich in erster Linie um eine Verfahrensgebühr als Grundgebühr für das gesamte Verfahren handeln. Daneben kann unter gewissen Voraussetzungen auch eine Termingebühr entstehen. Diese Gebühren entstehen jedoch ebenfalls nur in Höhe von jeweils 0,3, wobei eine Ermäßigung durch vorzeitige Erledigung (VV 3101) oder nicht kontradiktorische Verhandlung (VV 3105) nicht in Betracht kommt. Dies folgt daraus, dass die Gebühren der VV 3100 bis 3106 nach der Vorbemerkung 3.1 Abs. 1 unter dem Vorbehalt stehen, dass in den nachfolgenden Abschnitten des Teil 3 keine besonderen Gebühren bestimmt sind, was aber für die Zwangsvollstreckung mit VV 3309 ff. der Fall ist.   137

Fraglich ist, ob eine Stundungsabrede oder eine Abrede über die Ratenzahlung eine Einigungsgebühr (VV 1000) im Vollstreckungsverfahren auslöst. Die Einigungsgebühr entsteht für die Mitwirkung beim Abschluss eines Vertrages, durch den der Streit oder die Ungewissheit der Parteien über ein Rechtsverhältnis beseitigt wird, es sei denn, der Vertrag beschränkt sich ausschließlich auf ein Anerkenntnis oder einen Verzicht. Im Fall einer rechtskräftigen Verurteilung ist der Schuldner verpflichtet, zu zahlen. Ob die Einigungsgebühr anfällt, ist mithin eine Frage des Einzelfalls. Behauptet ein Schuldner z. B. unter Hinweis auf Pfändungsfreigrenzen oder die Einleitung des Insolvenzverfahrens nicht leisten zu können, einigt man sich dann aber gleichwohl auf eine Ratenzahlung, so liegt eine Einigung vor, da die Ungewissheit ob und wann der Schuldner trotz rechtskräftiger Verurteilung leisten wird, durch die Absprache über die Stundung oder Ratenzahlung beendet ist.   138

Der Gegenstandswert im Zwangsvollstreckungsverfahren bestimmt sich nach § 25 RVG. Dieser ist für jedes einzelne Vollstreckungsverfahren gesondert zu bestimmen, ggf. erzielte Zahlungen sind also   139

---

138 Vgl. *Gerold/Schmidt* VV 3309 Rn. 96.
139 Himmelreich/Halm/*Hambloch* Kap. 42. Rn. 156.

in Abzug zu bringen. Nach § 18 Nr. 3 RVG bildet grds. jede Vollstreckungshandlung eine besondere Angelegenheit.

3. Anrechnung im Fall der Erteilung des Vollstreckungsauftrages

140 Sofern bereits durch die Zahlungsaufforderung in Verbindung mit der Vollstreckungsandrohung die Geschäftsgebühr nach VV 3309 entstanden sein sollte, findet eine Anrechnung für den Fall statt, dass der Schuldner trotz Aufforderung nicht zahlt und der Vollstreckungsauftrag daher tatsächlich erteilt werden muss. In diesem Fall fällt die Gebühr also bei tatsächlicher Ausführung der angedrohten Zwangsvollstreckungsmaßnahme nicht nochmals an.

141 § 18 Nr. 3 RVG bestimmt zwar, dass jede einzelne Vollstreckungsmaßnahme eine eigene Angelegenheit ist. Dies gilt allerdings nicht, wenn die einzelnen Teilakte der Vollstreckung in einem inneren Zusammenhang stehen und der jeweils nächste Akt sich als Fortsetzung der vorausgehenden Vollstreckungshandlung darstellt. So wird beispielsweise nur eine Angelegenheit angenommen, wenn der Vollstreckungsauftrag wegen des Wohnungswechsels des Schuldners neu gestellt werden muss.[140]

142 Jeweils gesonderte Gebühren nach VV 3309 fallen jedoch an, wenn der Anwalt zunächst die Mobiliarvollstreckung in der Wohnung des Schuldners versucht und nachdem diese erfolglos ausgefallen ist, die Vollstreckung im Geschäftslokal des Schuldners betreibt.

143 Eine besondere Angelegenheit liegt auch dann vor, wenn der Anwalt nach zunächst fruchtloser Zwangsvollstreckung nach Ablauf einer angemessenen Zeit einen neuen Zwangsvollstreckungsauftrag gegen den Schuldner erteilt, weil nunmehr die begründete Hoffnung besteht, zu diesem Zeitpunkt die Ansprüche realisieren zu können.

144 Dasselbe gilt, wenn der Anwalt mehrere Vollstreckungshandlungen einleiten muss, um die Ansprüche seines Mandanten zu realisieren, insbesondere dann, wenn nach fruchtlosem Verlauf der Mobiliarvollstreckung eine Forderungspfändung in Form eines Pfändungs- und Überweisungsbeschlusses erfolgt, bzw. wenn der Anwalt beantragt, dem Schuldner die eidesstattliche Versicherung zur Offenbarung seines Vermögens abzunehmen.

E. Nebenkosten

145 Neben den Gebühren kann der Rechtsanwalt auch Ersatz seiner Auslagen verlangen. Insoweit ist der Ersatz der Auslagen in Teil 7 des Vergütungsverzeichnisses bestimmt. Dabei weist allerdings die Vorbemerkung 1 zu Teil 7 darauf hin, dass im Grundsatz mit den Gebühren auch die allgemeinen Geschäftskosten abgegolten sind. In Teil 7 werden dann als Ausnahme von diesem Grundsatz die Geschäftskosten aufgeführt, die der Anwalt neben seinen Gebühren vom Auftraggeber verlangen kann.

I. Auslagen für Porto und Telefon

146 Nach VV 7001 hat der Rechtsanwalt Anspruch auf Ersatz der bei der Ausführung des Auftrags für Post- und Telekommunikationsdienstleistungen zu zahlenden Entgelte. Er kann nach seiner Wahl anstelle der tatsächlich entstandenen Kosten nach VV 7002 aber auch einen Pauschsatz fordern, der 20 % der gesetzlichen Gebühren beträgt, in derselben Angelegenheit und in gerichtlichen Verfahren in demselben Rechtszug jedoch höchstens 20 Euro, dieser Wert gilt einheitlich für alle Tätigkeiten nach dem RVG.

147 Ist der Pauschsatz nicht ausreichend, so kann der Anwalt die tatsächlich entstandenen Kosten abrechnen. Selbst eine Nachforderung ist zulässig, wenn der Anwalt zunächst den Pauschsatz geltend gemacht hat und erst später feststellt, dass seine tatsächlichen Auslagen höher sind.[141]

---

140 Vgl. dazu *Gerold/Schmidt* VV 3309 Rn. 39 m. w. N.
141 *OLG Stuttgart* NJW 1970, 287.

E. Nebenkosten

Der Pauschbetrag kann in jeder Angelegenheit gesondert berechnet werden, im gerichtlichen Verfahren für jeden Rechtszug (Instanz). Dabei gilt auch insoweit das einem Prozess vorgeschaltete Stadium außergerichtlicher Verhandlungen als eine besondere »Instanz«.

148

II. Fotokopiekosten

Nach VV 7000 kann der Anwalt Ersatz der für Fotokopien entstandenen Kosten in folgenden Fällen geltend machen:
- für Ablichtungen aus Behörden- und Gerichtsakten, soweit deren Herstellung zur sachgemäßen Bearbeitung der Rechtssache geboten war,
- für Ablichtungen zur Zustellung oder Mitteilung an Gegner oder Beteiligte und Verfahrensbevollmächtigte aufgrund einer Rechtsvorschrift oder nach Aufforderung durch das Gericht, die Behörde oder sonst das Verfahren führende Stelle, soweit hierfür mehr als 100 Ablichtungen zu fertigen waren,
- für Ablichtungen für die notwendige Unterrichtung des Auftraggebers, soweit hierfür mehr als 100 Ablichtungen zu fertigen waren,
- in sonstigen Fällen nur, wenn sie im Einverständnis mit dem Auftraggeber zusätzlich, auch zur Unterrichtung Dritter, angefertigt worden sind und
- für die Überlassung von elektronisch gespeicherten Dateien anstelle der oben genannten Abschriften und Ablichtungen.

149

Die Höhe der Pauschalen ist unmittelbar im Vergütungsverzeichnis geregelt, sie beträgt nach VV 7000 für die ersten 50 abzurechnenden Seiten 0,50 Euro und für jede weitere Seite 0,15 Euro, für die Überlassung der Datei beträgt sie 2,50 Euro.

149a

Die Vorschrift des VV 7000 nimmt damit die notwendige Abgrenzung von den Fotokopiekosten vor, die zu den durch die Geschäftsgebühr abgegoltenen Kosten zählen und für die der Anwalt keinen Kostenersatz beanspruchen kann und den Kopiekosten, für die nach VV 7000 Kostenersatz beansprucht werden kann.

150

Bezüglich der Erstattungsfähigkeit der Kosten nach § 91 ZPO gilt, dass die Kosten für Fotokopien nur dann durch den unterliegenden Gegner erstattungsfähig sind, wenn der Anwalt einen Anspruch auf Vergütung gegen seine eigene obsiegende Partei hat, anderenfalls entfällt auch die Erstattungspflicht durch den Gegner.[142]

151

III. Reisekosten

Gem. VV 7003 bis 7006 sind dem Rechtsanwalt für Geschäftsreisen als Reisekosten die Fahrtkosten und sonstige Auslagen anlässlich einer Geschäftsreise zu erstatten, sofern sie angemessen sind; ferner erhält er ein Tage- und Abwesenheitsgeld. Eine Geschäftsreise liegt vor, wenn das Reiseziel außerhalb der Gemeinde liegt, in der sich die Kanzlei oder die Wohnung des Rechtsanwalts befindet.

152

Gem. VV 7003 sind bei Benutzung eines eigenen Kraftfahrzeugs zur Abgeltung der Anschaffungs-, Unterhaltungs- und Betriebskosten sowie der Abnutzung des Kraftfahrzeuges 0,30 Euro für jeden gefahrenen Kilometer zu erstatten. Hinzukommen gem. VV 7006 die durch die Benutzung des Kraftfahrzeugs aus Anlass der Geschäftsreise regelmäßig anfallenden baren Auslagen, insbesondere der Parkgebühren, soweit sie angemessen sind. Bei der Benutzung des PKW ist der Anwalt nicht verpflichtet, den kürzesten Weg zu wählen. So ist der Anwalt insbesondere nicht verpflichtet, eine kürzere Wegstrecke zu fahren, wenn er dafür mehr Zeit benötigt, als bei Benutzung einer längeren aber verkehrsgünstigeren Strecke. Angefangene Kilometer sind auf volle Kilometer aufzurunden.[143]

153

Bei Benutzung anderer Verkehrsmittel werden dem Anwalt die tatsächlichen Aufwendungen erstattet, soweit sie angemessen sind (VV 7004).

154

---

142 *BGH* NJW 2003, 1127 f.
143 *LG Rostock* NJW-Spezial 2009, 715.

155 Der Anwalt darf das für ihn bequemste und zeitlich günstigste Verkehrsmittel wählen, diese Wahl ist auch für die Erstattungspflicht maßgeblich, sofern die Aufwendungen nicht als unverhältnismäßig erscheinen. Der Rechtsanwalt darf in diesem Rahmen die Geschäftsreisen grds. mit dem eigenen Kraftfahrzeug unternehmen. Damit ist zum Ausdruck gebracht, dass die entstehenden Kosten notwendig sind. Dem Anwalt kann also nicht mehr vorgerechnet werden, dass die Reisekosten billiger ausgefallen wären, wenn er anstatt seines Kraftfahrzeugs ein öffentliches Verkehrsmittel benutzt hätte.[144]

156 Bei der Benutzung der Deutschen Bahn AG darf der Anwalt die erste Wagenklasse in Anspruch nehmen. Ebenso steht es ihm selbstverständlich frei, aus Zeitersparnis auf besondere zuschlagspflichtige Züge zurückzugreifen. Soweit der Anwalt durch den Einsatz einer Bahncard die Reisekosten mindert, sind deren Anschaffungskosten allerdings in den allgemeinen Geschäftskosten des Anwalts enthalten und damit nicht im konkreten Fall anteilsmäßig erstattungsfähig.[145]

157 Am auswärtigen Zielort darf der Anwalt, der die Reise nicht mit seinem Pkw angetreten hat, Taxis nutzen und die dadurch entstandenen Kosten ebenfalls seinem Mandanten berechnen. Bei größeren Entfernungen wird auch eine Flugreise nicht zu beanstanden sein, wenn sie geeignet ist, Zeit zu sparen und damit den Anspruch auf Ersatz von Tage- und Abwesenheitsgeldern deutlich zu verkürzen.[146]

157a Hat der Rechtsanwalt die Reise gebucht und entfällt der Termin, so sind auch die Stornokosten zu ersetzen, selbst dann, wenn der Rechtsanwalt die Reise frühzeitig gebucht hat, um z. B. Spartarife mit hohen Stornokosten in Anspruch zu nehmen. Voraussetzung für die Erstattungsfähigkeit ist nur, dass der Rechtsanwalt bei Buchung der Reise davon ausgehen durfte, dass der Termin tatsächlich stattfindet.[147]

158 Nach VV 7005 erhält der Anwalt neben den Fahrtkosten auch Tage- und Abwesenheitsgeld, das von der ratio legis her zunächst dazu bestimmt ist, einen Ausgleich für die Mehrausgaben unterwegs zu verschaffen. Zum anderen soll das Tage- und Abwesenheitsgeld eine Entschädigung dafür sein, dass der Anwalt mit Rücksicht auf die Geschäftsreise seine sonstigen Anwaltsgeschäfte nicht ausüben konnte und dadurch einen Verdienstausfall erlitten hat.

159 Als Tage- und Abwesenheitsgeld erhält der Rechtsanwalt bei einer Geschäftsreise von nicht mehr als 4 Stunden 20 Euro, von mehr als 4 bis 8 Stunden 35 Euro und von mehr als 8 Stunden 60 Euro; bei Auslandsreisen kann zu diesen Beträgen ein Zuschlag von 50 % berechnet werden. Dabei steht die Höhe des Auslandszuschlags im pflichtgemäßen Ermessen des Anwalts. Die Übernachtungskosten sind in Höhe der tatsächlichen Aufwendungen zu erstatten, soweit sie angemessen sind (VV 7006).

160 Maßgeblich für die Berechnung von Tage- und Abwesenheitsgeld ist der Zeitraum, der zwischen dem Verlassen der Wohnung bzw. des Geschäftsraums (Kanzlei) des Anwalts und seiner Rückkehr, entweder in der Wohnung oder in die Geschäftsräume, liegt. Ausgangspunkt der Reise und Ort der Rückkehr müssen dabei nicht übereinstimmen.

161 Dient die Geschäftsreise der gleichzeitigen Erledigung mehrerer Angelegenheiten, so sind die dabei entstandenen Reisekosten sowie Tage- und Abwesenheitsgelder nach dem Verhältnis der Kosten zu verteilen, die bei gesonderter Ausführung der einzelnen Geschäfte entstanden wären (vgl. Vorbem. zu Teil 7 VV Abs. 3).

---

144 *Gerold/Schmidt* VV 7003 Rn. 18.
145 *OVG Münster* NJW 2006, 1897.
146 *LG Lüneburg* zfs 1993, 387 (L); s. a. *LG Freiburg* NJW 2003, 3359.
147 *Hansens* zfs 2008, 529 (530).

E. Nebenkosten

IV. Hebegebühr

1. Entstehung

Nach VV 1009 erhält der Anwalt eine Hebegebühr, wenn er für seinen Mandanten Zahlungen vereinnahmt und diese an ihn weiterleitet. Sie wird für die Auszahlung oder Rückzahlung von entgegengenommenen Geldbeträgen erhoben, ebenso wie für die Ablieferung oder Rücklieferung von Wertpapieren oder sonstigen Kostbarkeiten. Sie entsteht nicht, soweit Kosten an ein Gericht oder eine Behörde weitergeleitet oder eingezogene Kosten an den Auftraggeber abgeführt oder eingezogene Beträge auf die Vergütung verrechnet werden (vgl. Abs. 1–5 VV 1009). 162

Die Hebegebühr nach VV 1009 soll dem Anwalt eine Entschädigung für die verantwortungsvolle und aus dem Rahmen seiner sonstigen Tätigkeit herausfallende Abwicklung des Zahlungsverkehrs und die damit verbundene Verwaltung von Geldern gewähren. Dies bedeutet zugleich, dass die Tätigkeiten, die die Hebegebühr auslösen, durch die Regelgebühren nicht mit abgegolten werden. 163

Von der Ausnahme des Abs. 5 zu VV 1009 (Weiterleitung von Kosten an ein Gericht oder eine Behörde) abgesehen, kommt es für die Entstehung der Hebegebühr nicht darauf an, an wen der Anwalt die Zahlung leistet. Dies muss nicht unbedingt der Mandant sein, sondern die Zahlung kann auch – im Einverständnis des Auftraggebers – einem Dritten zufließen. Der Anwalt hat lediglich darauf zu achten, dass die Leistung demjenigen zufließt, den sein Mandant als berechtigten Empfänger bezeichnet hat. 164

> ▶ Praxistipp 165
>
> Die Hebegebühr wird in vielen Fällen allerdings nicht geltend gemacht, obwohl ein Grund für diese Zurückhaltung nicht erkennbar ist. Auch die Weiterleitung von Fremdgeld bedeutet einen Aufwand für den Rechtsanwalt und damit auch das Entstehen von Kosten. Im Übrigen übernimmt der Anwalt die Gewähr für die Weiterleitung des Betrages an den richtigen Empfänger und trägt damit auch ein entsprechendes Haftungsrisiko, welches die Erhebung dieser Gebühr rechtfertigt.

2. Erstattungsfähigkeit

Die Erstattungsfähigkeit der Hebegebühr ist nach allgemeinen schadensersatzrechtlichen Grundsätzen zu beurteilen. Das bedeutet, dass die Hebegebühr nur erstattungsfähig ist, wenn die Einschaltung des Anwalts zum Empfang der Zahlung erforderlich war und nicht gegen die dem Geschädigten obliegende Schadenminderungspflicht verstößt. 166

Grundsätzlich wird es im Bereich der Kfz Schadenregulierung nicht erforderlich sein, dass der Anwalt für den Geschädigten die von der Gegenseite gezahlten Ersatzleistungen vereinnahmt,[148] damit ist auch die Erstattungsfähigkeit der Hebegebühr ausgeschlossen. Sie ist auch dann nicht erstattungsfähig, wenn der Anwalt Zahlung an sich verlangt, ohne zugleich auf die Entstehung der Hebegebühr hinzuweisen, sodass die Erstattungsfähigkeit im Regelfall zu verneinen ist, wenn der Anwalt im Anspruchsschreiben zunächst nur seine eigene Kontonummer mitteilt.[149] 167

Hat hingegen die Versicherung des Geschädigten an den Anwalt des Schädigers gezahlt, ohne von diesem dazu aufgefordert worden zu sein, so hat sie bei Zahlung an den Anwalt auch die dadurch ausgelöste Hebegebühr zu ersetzen.[150] Dies gilt auch dann, wenn die Forderung ihren Grund in einer Legalzession hat.[151] 168

---

148 *AG Rostock* NZV 1997, 524; *Madert* zfs 1997, 147 f.
149 *AG Krefeld* zfs 1992, 351.
150 *AG Steinfurt* zfs 1996, 72; *AG Rostock* NZV 1997, 524; *AG Wiesbaden* zfs 1993, 387 (L); Halm/Engelbrecht/Krahe/*Euler*/Kap. 25 Rn. 335.
151 *AG Gronau* zfs 1997, 147.

169 Die Hebegebühr zählt auch zu den Prozesskosten und kann damit gem. § 103 ZPO festgesetzt und auch nach § 788 ZPO eingezogen werden, wenn es erforderlich war, dass der Rechtsanwalt die Geldbeträge eingezogen und abgeliefert hat.[152]

F. Umsatzsteuer

I. Grundsätze

170 Der Rechtsanwalt hat gem. VV 7008 Anspruch auf Ersatz der auf seine Vergütung entfallenden Umsatzsteuer. Dies betrifft zum einen die Rechtsanwaltsgebühren, aber auch den Ersatz von Auslagen, die nicht ausdrücklich in Teil 7 VV-RVG als Auslagentatbestand aufgeführt sind.[153] Daher ist auch auf die Aktenversendungspauschale Umsatzsteuer zu erheben.[154] Bei der Aktenversendungspauschale handelt es sich nicht um einen durchlaufenden Posten, der nicht der Umsatzsteuer unterliegt, da der Rechtsanwalt gem. § 28 Abs. 2 GKG selbst Kostenschuldner der Aktenversendungspauschale ist.[155] Die auf die Aktenversendungspauschale entfallende Umsatzsteuer zählt deshalb zur gesetzlichen Vergütung des Rechtsanwalts und ist auch durch eine bestehende Rechtsschutzversicherung zu erstatten.[156] Der Rechtsanwalt kann diese gesondert in Rechnung stellen, sie unterfällt weder den durch die Geschäftsgebühr nach § 15 RVG abgegoltenen allgemeinen Geschäftsunkosten des Rechtsanwalts, noch ist sie von der Post und Telekommunikationspauschale abgedeckt.[157]

170a Bei ausländischen Mandanten darf ein deutscher Rechtsanwalt gem. § 3a Abs. 4 Nr. 3, Abs. 3 S. 1 und 3 UStG seinem ausländischen Mandanten, sofern dieser Unternehmer oder außerhalb des Gebietes der EG ansässige Privatperson ist, keine deutsche Umsatzsteuer in Rechnung stellen. Umgekehrt ist der Anwalt für eine im Inland erbrachte Tätigkeit auch dann umsatzsteuerpflichtig, wenn der private Auftraggeber in einem EG Land wohnhaft ist.[158]

171 Die Erstattungsfähigkeit der in der Gebührenrechnung enthaltenen Umsatzsteuer durch den erstattungspflichtigen Dritten richtet sich auch hier nach rein schadenersatzrechtlichen Grundsätzen. Ist der Auftraggeber zum Vorsteuerabzug berechtigt, so kann er die an den Anwalt gezahlte Umsatzsteuer nicht als Schaden vom Gegner ersetzt verlangen, da er die gezahlte Umsatzsteuer im Rahmen des Vorsteuerabzugs selbst erstattet erhält. Der zum Vorsteuerabzug berechtigte Auftraggeber kann also nur die Nettogebühren des Anwalts erstattet verlangen. Besteht keine Vorsteuerabzugsberechtigung, so sind vom Schädiger die Gebühren inklusive der Umsatzsteuer zu erstatten.

172 Besteht eine Vorsteuerabzugsberechtigung, so ist zu prüfen, ob diese für den gesamten geltend gemachten Schaden anzunehmen ist. Dies ist z. B. bei Schmerzensgeldforderungen, die für einen Unternehmer geltend gemacht werden, nicht der Fall. Da es sich bei der Schmerzensgeldforderung um einen höchstpersönlichen Anspruch des Unternehmers handelt, besteht insoweit keine Vorsteuerabzugsberechtigung.

173 Fällt die anwaltliche Tätigkeit in einen Zeitraum in dem verschiedene Umsatzsteuersätze gelten, weil sich der Mehrwertsteuersatz ändert, also z. B. wie zum 1.1.2007 von 16 % auf 19 % erhöht, fragt sich, welchen Mehrwertsteuersatz der Anwalt abzurechnen hat. Diese Frage richtet sich ausschließlich nach dem Umsatzsteuergesetz. Das Umsatzsteuergesetz stellt auf den Zeitpunkt oder den Zeitraum der Leistung ab. Da es sich bei der anwaltlichen Tätigkeit in der Regel um eine Dauertätigkeit handelt, ist das Ende des Leistungszeitraums maßgeblich. Dieser Zeitpunkt entspricht in der Regel dem Zeitpunkt der Fälligkeit i. S. d. § 8 Abs. 1 S. 1 RVG, also der Beendigung oder Erledigung des Man-

---

152 *OLG Düsseldorf* zfs 1999, 178 (L).
153 *OVG Lüneburg* NJW 2010, 1392 (1393).
154 Str., so aber zu Recht *AG Tecklenburg* Der Verkehrsanwalt 2009, 125 (126); *OLG Bamberg* zfs 2009, 466 m. Anmerkung Hansens; *OVG Lüneburg* NJW 2010, 1392; *BVerwG* zfs 2010, 467.
155 *OVG Lüneburg* NJW 2010, 1392 (1393).
156 *BGH* DAR 2011, 356.
157 *BGH* a. a. O.
158 *Gerold/Schmidt* VV 7008 Rn. 25.

F. Umsatzsteuer

dats.¹⁵⁹ Fällt also das Ende des Leistungszeitraums in den Zeitraum, in welchem der höhere Steuersatz gilt, so ist dieser für die komplette Leistung abzurechnen. Da gem. § 19 Abs. 1 Nr. 13 RVG auch die Kostenfestsetzung und die Einforderung der Vergütung zum Rechtszug gehören, ist damit der zu diesem Zeitpunkt geltende Steuersatz maßgeblich.¹⁶⁰

Etwas anderes gilt nur, wenn auch Teilfälligkeiten eintreten können. Teilfälligkeiten können gem. § 8 Abs. 1 S. 2 RVG in gerichtlichen Verfahren eintreten. In diesen Fällen kann es dann ggf. zu unterschiedlichen Steuersätzen kommen.¹⁶¹ Ein solcher Fall ist z. B. dann gegeben, wenn ein Versäumnisurteil ergangen ist und zu einem späteren Zeitpunkt über den Einspruch mündlich verhandelt wird. Da mit dem Versäumnisurteil eine Kostenentscheidung ergangen ist, liegt insoweit eine fällige Teilleistung vor, die eigenständig und damit mit dem zu diesem Zeitpunkt aktuellen Steuersatz abgerechnet werden kann, selbst wenn anschließend bis zur Beendigung des Verfahrens noch weitere mit höherer Umsatzsteuer belegte Leistungen anfallen.¹⁶²

II. Die Umsatzsteuer in der Kostenfestsetzung

Unproblematisch kann zunächst die obsiegende Partei die ihr entstandene Umsatzsteuer gegen die unterlegene Partei festsetzen lassen, wenn die obsiegende Partei nicht zum Vorsteuerabzuge berechtigt ist.

Nach § 104 Abs. 2 S. 3 ZPO genügt für die Festsetzung der Umsatzsteuer die Erklärung des Antragstellers, dass er nicht zum Vorsteuerabzug berechtigt ist. Die Richtigkeit dieser Erklärung ist im Kostenfestsetzungsverfahren nicht zu prüfen.¹⁶³ Dies bedeutet im Umkehrschluss, dass bei Fehlen dieser Erklärung die Umsatzsteuer nicht festgesetzt wird, sodass nach zutreffender Ansicht die Erklärung nach § 104 Abs. 2 S. 3 ZPO nicht zum Vorsteuerabzug berechtigt zu sein, Voraussetzung für die Festsetzung der Umsatzsteuer ist.¹⁶⁴ Dabei muss die Erklärung so abgegeben werden, wie das Gesetz sie vorsieht, allein die Anmeldung der Umsatzsteuer reicht auch als konkludente Erklärung i. S. d. § 104 Abs. 2 S. 3 ZPO nicht aus.¹⁶⁵

In diesem Zusammenhang hat der *BGH* eine insbesondere für das Verkehrshaftpflichtrecht wichtige Entscheidung getroffen. Der Kläger hatte gegen den nicht zum Vorsteuerabzug berechtigten Fahrer, ein zum Vorsteuerabzug berechtigtes Mietwagenunternehmen und gegen den Kraftfahrthaftpflichtversicherer geklagt, der – wie regelmäßig der Fall – nicht zum Vorsteuerabzug berechtigt war. Da der Kläger unterlegen war, musste er nach der Entscheidung des *BGH* (Az. VI ZB 58/04) den verklagten Streitgenossen die angefallene Umsatzsteuer auf die Anwaltskosten in voller Höhe erstatten. Auf den Umstand, dass einer der Streitgenossen zum Abzug der Vorsteuer berechtigt war, kam es nicht an, da der nicht zum Vorsteuerabzug berechtigte Haftpflichtversicherer im Innenverhältnis die gesamten Kosten des gemeinsam beauftragten Anwalts zu tragen hatte.¹⁶⁶

III. Eigene Angelegenheiten des Anwalts

Wird ein Rechtsanwalt in eigener Sache tätig, so ist zu unterscheiden, ob es sich um ein Innengeschäft oder um ein Außengeschäft handelt. Nur wenn der Rechtsstreit eine private Angelegenheit betrifft, kann der Anwalt mit Erfolg Erstattung der Mehrwertsteuer von der unterlegenen Partei verlangen, dagegen nicht bei einer Eigenvertretung in einem berufsbezogenen Rechtsstreit.¹⁶⁷

---

159 *Schneider* NJW 2007, 325.
160 Himmelreich/Halm/*Hambloch* Kap. 43 Rn. 135a.
161 *Schneider* NJW 2007, 325.
162 Vgl. mit Berechnungsbeispielen *Schneider* NJW 2007, 326 f.
163 *Saarländisches OLG* OLGR 1998, 432 m. w. N.
164 Vgl. *Gerold/Schmidt* VV 7008 Rn. 58.
165 *Gerold/Schmidt* a. a. O. Rn. 59.
166 Vgl. *BGH* DAR 2006, 237.
167 *BGH* Rechtspfleger 2005, 164; vgl. auch *Gerold/Schmidt* VV 7008 Rn. 27 f.

179 Gem. § 1 Abs. 1 Nr. 1 UStG unterliegen der Umsatzsteuer nur die Umsätze, die aus Lieferungen und sonstigen Leistungen erzielt werden, die ein Unternehmer im Inland gegen Entgelt im Rahmen seines Unternehmens ausführt. Seit dem Beschluss des *BFH* vom 9.11.1976[168] ist geklärt, dass kein zu versteuernder Umsatz gem. § 1 Abs. 1 UStG vorliegt, wenn im Zusammenhang mit der Tätigkeit des in eigener (berufsbezogener) Sache auftretenden Rechtsanwalts Gebühren und Auslagen anfallen. Es handelt sich hier um keine Leistung im Sinne des UStG, da der Anwalt nicht zur Mehrung eines fremden Vermögens tätig wird. Erbringt der Rechtsanwalt aber keine umsatzsteuerpflichtige Leistung, so hat er auch keine Umsatzsteuer abzuführen und kann daher auch deren Festsetzung nicht verlangen.

180 Etwas anderes gilt für den Fall, dass ein Rechtsanwalt in einer für ihn privaten Sache tätig wird. Unter dieser Voraussetzung entstehen nämlich infolge des Abzugsverbots des § 12 Nr. 3 EStG Kosten in Höhe der an das Finanzamt abzuführenden Umsatzsteuer für den Eigenverbrauch nach §§ 1 Abs. 1 Nr. 2b, 10 Abs. 4 Nr. 2 UStG. Ein Eigenverbrauch nach § 1 Abs. 1 Nr. 2b UStG liegt vor, weil dann der Rechtsanwalt bei Selbstvertretung in privaten Angelegenheiten als Unternehmer Leistungen für Zwecke außerhalb seines Unternehmens ausführt. Nach der ausdrücklichen Regelung des § 1 Abs. 1 Nr. 2b UStG sind solche Eigenverbrauchsumsätze zu versteuern, die der Unternehmer aufgrund von Leistungen für außerhalb des Unternehmens dienende Zwecke erzielt.[169] In diesem Fall kann dann auch der in eigener privater Sache tätige Anwalt die von ihm abzuführende Umsatzsteuer festsetzen lassen. Bemessungsgrundlage ist in den Fällen des Eigenverbrauchs nicht das Entgelt, sondern die dem Unternehmer für die Ausführung seiner Leistung entstehenden Selbstkosten. Diese Bemessungsgrundlage muss nach § 287 ZPO geschätzt werden.[170] Sie beträgt in der Regel 50 % des Nettoentgelts, wenn keine höhere Belastung nachgewiesen wird.[171]

---

168 *BFH* NJW 1977, 408.
169 *OLG Düsseldorf* OLGR 1994, 75.
170 *LG Berlin* NJW RR 1998, 931.
171 *LG Berlin* a. a. O.

Kapitel 15 Finanzierungskosten

Übersicht

		Rdn.
	Einleitung	1
A.	**Grundsätzliches**	6
I.	Bedeutung für die Versicherungswirtschaft	6
II.	Abwägung der Interessenlage	10
	1. Situation des Geschädigten	11
	2. Situation des Ersatzpflichtigen	17
B.	**Rechtsnatur des Anspruchs**	25
I.	Verzugsfolge	26
II.	Adäquater Sachfolgeschaden	27
III.	Verzinsung nach § 249 BGB	41
	1. Allgemein	41
	2. Schadenpositionen, die bereits Zinsen enthalten	45
	3. Sonstige Schadenpositionen	47
IV.	Verzinsung nach § 849 BGB	48
V.	Verzinsung nach § 812 BGB	51
C.	**Anspruchsbegründende Voraussetzungen**	52
I.	Erforderlichkeit der Aufwendungen	52
	1. Reparaturkosten	58
	2. Mietwagenkosten	62
	3. Nutzungsausfallentschädigung	63
	4. Gutachtenkosten	65
	5. Abschleppkosten	66
	6. Wertminderung	67
	7. Ersatzbeschaffung nach Totalschaden	71
II.	Einsatz eigener Mittel	72
	1. Allgemeine Erwägungen	73
	2. Abwägungsfaktoren	80
	3. Zinsverlust	84
	4. Zumutbarkeit	86
	a) Privatmann	87
	b) Geschäftsmann	89
	5. Liquidität	93
	6. Rücklagen	95
III.	Hinweispflicht	98
	1. Kreditbedarf	98
	a) Grund	100
	b) Höhe	102
	2. Rechtzeitigkeit	103
IV.	Belege	110
	1. Kostenvoranschlag	112
	2. Sachverständigengutachten	113
V.	Vorschüsse	116
	1. Anforderung	121
	2. Wegfall der Ursächlichkeit	123
D.	**Schadenminderung**	127
I.	Vorbemerkungen	128
	1. Grundsatz	128
	2. Überpflichtmäßiges Verhalten	130
	3. Beweislast	131
II.	Möglichkeiten des Ersatzpflichtigen	134
	1. Unverzügliche Anzeige beim Haftpflichtversicherer	135
	2. Zügige Schadenregulierung	137
	3. Kostenübernahmeerklärung	138

Kapitel 15

Finanzierungskosten

		Rdn.
	a) Inhalt	138
	b) Reparaturkosten	143
	c) Mietwagenkosten	147
	4. Vorauszahlungen	148
	a) Vorschuss	149
	b) Darlehen	152
III.	Möglichkeiten des Geschädigten	158
	1. Kontoüberziehung	159
	2. Stundung	163
	3. Vereinbarung von Ratenzahlungen	168
	4. Abtretung	171
	5. Inanspruchnahme eines Kaskoversicherers	174
	6. Arbeitgeberdarlehen (Vorschüsse)	179
	7. Sonstige Vorschüsse	182
IV.	Günstige Vertragsbedingungen	184
V.	Tilgungszeiträume	188
	1. Beginn des Kreditvertrages	189
	2. Inanspruchnahme des Darlehens	193
	3. Begrenzung der Laufzeit im Rahmen der Voraussehbarkeit	196
	4. Vorzeitige Rückzahlung	200
VI.	Dauer der Ersatzanmietung/Nutzungsausfallentschädigung	203
VII.	Annahme von Teilleistungen	206
E.	**Höhe des Anspruchs**	**212**
I.	Nach der Rechtsnatur	213
	1. Tatsächliche Kosten	214
	2. Normative Kosten	215
II.	Zusammensetzung der Kosten	217
	1. Bearbeitungsgebühr	219
	2. Auskunftsgebühr	222
	3. Darlehensvaluta (Kreditsumme)	224
	4. Kreditzinsen	227
	5. Verzugszinsen	231
	6. Mahnkosten	235
	7. Prozess- und Zwangsvollstreckungskosten	236
III.	Wirtschaftliche Vertretbarkeit	240
IV.	Schadenadäquanz	241
	1. Zinsen	242
	a) Erhöhter Kapitalbedarf	244
	b) Schadenausgleichung	247
	2. Nebenkosten	250
	a) Wertabhängige Belastungen	251
	b) Wertunabhängige Belastungen (Fixkosten)	252
F.	**Pflicht zur Kreditaufnahme**	**255**
I.	Voraussetzungen	256
II.	Zumutbarkeit der Verschuldung	257
III.	Mangelnde Kreditwürdigkeit	260
	1. Kreditvermittlungsgebühr	260
	2. Inkaufnahme ungünstiger Bedingungen	261
	3. Kreditversicherung	263
	4. Folgeschaden	264

Einleitung

1 In der Praxis der Schadenregulierung kommt es häufig vor, dass der Geschädigte nach einem fremd verursachten Verkehrsunfall finanziell nicht in der Lage ist, die zur Schadenbeseitigung erforderlichen Mittel sowie die in Zusammenhang mit dem Unfall stehenden sonstigen Kosten selbst auf-

A. Grundsätzliches

zubringen. Er ist darauf angewiesen, sich den notwendigen Finanzbedarf anderweitig zu beschaffen. Die Frage der Finanzierung stellt sich insbesondere bei den Reparaturkosten bzw. im Fall eines Totalschadens beim Erwerb eines Ersatzwagens. Auch die Mietwagenkosten überschreiten oft die finanziellen Möglichkeiten des Geschädigten. Ist es diesem nicht möglich, die entstehenden Kosten vorzustrecken, so entsteht nicht selten Streit darüber, wer die durch die Aufnahme eines Kredits erwachsenen Kosten zu tragen hat.

Laut *BGH* zählen zum Herstellungsaufwand i. S. d. § 249 Abs. 2 BGB auch die Kosten für die Inanspruchnahme von Fremdmitteln durch den Geschädigten, um sein beschädigtes Fahrzeug instand setzen und Mietwagenkosten zahlen zu können.[1] Voraussetzung ist, dass die Herstellung nur durch Aufnahme von Fremdmitteln möglich oder zuzumuten ist. Entscheidungen des *OLG Düsseldorf*[2] sowie des *AG Berlin*[3] und dem *LG Neubrandenburg*[4] basieren auf diesem Rechtsgrundsatz.

Die mit der Erstattungsfähigkeit von Finanzierungskosten zusammenhängenden Rechtsprobleme stellen sich, wenn sog. »Unfallhelfer« sich darum bemühen, möglichst umfänglich an Verkehrsunfällen finanziell zu partizipieren.

Die früher geforderte Voraussetzung für die Erstattung von Finanzierungskosten, dass sich der Schuldner, also der Schadenersatzpflichtige, mit der ihm obliegenden Leistung in Verzug befand, wird nicht mehr gefordert.

Versicherungsgesellschaften bemühen sich um eine schnelle und weitgehend unbürokratische Schadenregulierung. Nicht zuletzt auch im eigenen finanziellen Interesse sollen Finanzierungskosten erst gar nicht entstehen. Insbesondere Schadenschnelldienste sowie die Arbeit mit Reparaturkosten-Übernahmeerklärungen sollen helfen, dieses Ziel zu erreichen.

A. Grundsätzliches

I. Bedeutung für die Versicherungswirtschaft

In Zeiten hoher Zinsen und ständig steigender Reparatur- und sonstiger unfallbedingter Kosten wird die Entstehung von Finanzierungskosten auch in Zukunft nicht zu vermeiden sein. Nicht unberücksichtigt bleiben sollte in diesem Zusammenhang allerdings, dass letztendlich die Risikogemeinschaft aller Haftpflichtversicherter, d. h. die Gesamtheit aller Kfz-Halter über die Prämie diese Kosten im wirtschaftlichen Ergebnis zu tragen hat.

Keineswegs kann auch in heutiger Zeit davon ausgegangen werden, dass jeder Fahrzeughalter über ausreichende finanzielle Reserven verfügt, die es ihm ermöglichen, die durch einen von ihm unverschuldeten Verkehrsunfall eintretenden finanziellen Folgen selbst auszugleichen und dabei gleichzeitig seine sonstigen finanziellen Bedürfnisse des täglichen Lebens nicht zu beeinträchtigen.

Sowohl im Berufs- als auch im Privatleben ist das eigene Kfz nahezu unverzichtbarer Bestandteil unseres Alltags geworden. Trotz, aber auch gerade deshalb, steigt die Zahl der Fahrzeughalter, die sich ihren PKW gerade noch leisten können. Oftmals sind sie nur unter großen finanziellen Schwierigkeiten und unter einem gewissen Konsumverzicht in anderen Bereichen in der Lage, die mit der Anschaffung des Autos und Betrieb verbundenen Kosten aufzubringen.

Folglich sind zahlreiche Fahrzeughalter im Fall eines Reparatur- bzw. eines Totalschadens gezwungen, den dadurch entstehenden Kapitalbedarf mit Fremdmitteln zu finanzieren. Dies lässt sich nur vermeiden, wenn der ersatzpflichtige Haftpflichtversicherer seinerseits den Schaden zügig reguliert, wobei neben der Gewährung von Vorschüssen auch Reparaturkostenübernahmeerklärungen in Betracht kommen.

---

1 BGHZ 61, 346 = NJW 1974, 34 = VersR 1974, 90 = DAR 1974, 17 = MDR 1974, 129 = VRS 46, 7.
2 ADAJUR-Dok.Nr. 29019.
3 ADAJUR-Dok.Nr. 31338.
4 ADAJUR-Dok.Nr. 31918.

II. Abwägung der Interessenlage

10 Im Sinne einer sachgerechten Abwägung ist neben den dargestellten Interessen des Geschädigten mithin auch die Interessenlage des Ersatzpflichtigen zu berücksichtigen.

1. Situation des Geschädigten

11 Ein Verkehrsunfall lässt sich nicht einplanen und voraussehen. Er pflegt immer zum »ungünstigsten« Zeitpunkt einzutreten. Der durch ihn entstehende Kapitalbedarf ist nicht immer sofort mit eigenen frei verfügbaren Mitteln zu befriedigen. Schnell sind selbst bei vermeintlich kleinen Schäden Reparaturkosten von einigen Tausend Euro aufzuwenden. Der Geschädigte muss, da er generell zur Schadenminderung verpflichtet ist, unverzüglich die zur Ermittlung der Schadenhöhe notwendigen Feststellungen treffen und die erforderlichen Maßnahmen veranlassen.

12 Dem Geschädigten ist es z. B. bei einem erlittenen Kfz-Totalschaden nicht gestattet, erst abzuwarten, bis ihm der gegnerische Haftpflichtversicherer die erforderlichen Mittel für die Beschaffung eines Ersatzwagens zur Verfügung stellt, und sich solange – über die im Gutachten dargelegte Wiederbeschaffungsdauer hinaus – einen Mietwagen zu nehmen. Er muss sich vielmehr im Rahmen der von ihm zu erfüllenden Maßnahmen aktiv um die Beschaffung der finanziellen Mittel zum Erwerb eines Ersatzwagens bemühen, ggf. einen Überziehungskredit in Anspruch nehmen oder einen Finanzierungskredit vereinbaren.[5]

13 Im Fall eines Reparaturschadens muss er – im Rahmen der ihm allein obliegenden Veranlassungspflicht – unverzüglich den Reparaturauftrag an eine geeignete Werkstatt erteilen.

14 Für den Fall, dass der Geschädigte auf sein Kraftfahrzeug auch nicht vorübergehend verzichten kann, wird er i. d. R. ein Ersatzfahrzeug anmieten müssen. Die dadurch entstehenden Kosten schuldet zunächst der Gläubiger (der Geschädigte) als Vertragspartner des Mietwagenunternehmens. Er steht somit vor der Frage, wie er bei der Rückgabe des Mietwagens den auftretenden Kapitalbedarf befriedigen soll. Entschließt sich der Gläubiger in dieser Situation, mangels eigener verfügbarer Mittel, den Mietwagen weiterzubenutzen, sieht er sich dem Vorwurf ausgesetzt, seine Schadenminderungspflicht schuldhaft verletzt zu haben. Er muss sich entgegenhalten lassen, dass die Weiterbenutzung eines Mietwagens über die Dauer der voraussichtlichen Wiederbeschaffung hinaus die mit Abstand teuerste Finanzierungsmöglichkeit darstellt, die jedoch hätte abgewendet werden können, wenn der Geschädigte sich rechtzeitig um die Finanzierung des Unfallschadens bemüht hätte.

15 Im Hinblick auf die Bezahlung der Reparaturkosten weiß der Geschädigte, dass ihm das reparierte Fahrzeug im Regelfall, aufgrund des der Werkstatt zustehenden Unternehmerpfandrechts nach § 647 BGB, nur dann herausgegeben wird, wenn er die vollen Instandsetzungskosten bei der Abholung entrichtet oder entsprechende Sicherheiten stellt. Da die Reparatur selbst häufig nur wenige Tage in Anspruch nimmt und im Regelfall bereits beendet ist, bevor der Kfz-Haftpflichtversicherer des Ersatzpflichtigen eine Zahlung geleistet hat, besteht auch hier gegenüber der Werkstatt das Problem der Bezahlung der Rechnung.

16 Nimmt der Gläubiger zur Bezahlung der Mietwagen- oder Reparaturrechnung einen Kredit auf, so kann ihm dies unter Umständen unter Hinweis auf § 254 Abs. 2 BGB vorgehalten werden. Der Geschädigte befindet sich mithin in einem Interessenkonflikt, der für ihn nicht ohne Weiteres sachgerecht zu lösen ist, zumal es ihm meistens an »Erfahrungen« bei der Schadenregulierung fehlen dürfte.

2. Situation des Ersatzpflichtigen

17 Zu berücksichtigen ist andererseits die Situation des Ersatzpflichtigen, insbesondere also die Interessenlage des gegnerischen Kfz-Haftpflichtversicherers.

---

5 *AG Wiesbaden* VersR 1987, 1028.

A. Grundsätzliches

In der Praxis kommt es häufig vor, dass der Schädiger die vorgeschriebene Schadenanzeige, die er seinem KH-Versicherer gemäß E.1 Musterbedingungen AKB 2008 innerhalb einer Woche zuzuleiten hat, nicht vollständig, nicht rechtzeitig oder überhaupt nicht erstattet. Dieses Problem kann, muss aber keineswegs seinen Grund in einer bösen Absicht des Versicherungsnehmers oder in einer beabsichtigten verzögerten Schadenregulierung haben. Nicht selten möchte sich der rechtsunkundige Schädiger nach Einschaltung seiner Verkehrsrechtsschutzversicherung erst anwaltlicher Beratung im Zusammenhang mit dem Ausfüllen der Schadenanzeige bedienen. Allein dadurch tritt eine gewisse zeitliche Verzögerung ein. Ein Versicherungsnehmer, der für die Schadenanzeige einen längeren Zeitraum benötigt, verletzt durch sein Verhalten im Verhältnis zum Kfz-Haftpflichtversicherer nicht unbedingt vertragliche Obliegenheiten.[6] Hat der Geschädigte den Versicherer auf die Erforderlichkeit der Finanzierung hingewiesen und liegen die entsprechenden Voraussetzungen für die Erforderlichkeit vor, kann sich der Versicherer allerdings nicht auf die fehlende Schadenmeldung seines Versicherungsnehmers berufen. Der Geschädigte kann im Rahmen der Schadenminderungspflicht einen Finanzierungskredit aufnehmen.[7]

17a

Darüber hinaus sind auch die Angaben des Versicherungsnehmers in der Schadenanzeige nicht immer richtig und vollständig. Sowohl die allgemeine menschliche Unzulänglichkeit als auch die eigene Interessenlage führen dazu, dass insbesondere der Schadenverursacher nicht selten geneigt ist, sein (Fehl-)Verhalten in einem möglichst günstigen Licht erscheinen zu lassen. Der eigene Verursachungsbeitrag wird verharmlost dargestellt, und die Unfallfolgen werden bagatellisiert. Dies ist umso weniger verständlich als der Kfz-Haftpflichtversicherer leistet, gleich ob es um kleine oder große Schadenbeträge geht. Der Versicherungsnehmer braucht nicht zu befürchten, wegen eines Fehlverhaltens im Zusammenhang mit der Unfallverursachung Schwierigkeiten zu bekommen.

18

Der Versicherungsnehmer lässt sich häufig von der Überlegung leiten, dass er sich durch eine vom wirklichen Sachverhalt abweichende Darstellung u. U. einer ordnungs- oder strafrechtlichen Verantwortung entziehen könnte und evtl. sogar die negativen Folgen einer Höherstufung im Schadensfreiheitsrabatt vermeiden könnte.

19

Obwohl in seltenen Fällen der Sachverhalt allerdings tatsächlich zunächst nicht klar ist, entsteht in letzter Zeit vermehrt der Eindruck, dass viele Versicherungsnehmer ihre Schadenanzeige aus Nachlässigkeit deutlich verspätet oder überhaupt nicht abgeben, in der irrigen Meinung, sie hätten den Unfall nicht verschuldet. Die Schadenanzeige wird dann erst nach mehrfacher Erinnerung durch den Versicherer abgegeben, wodurch sowohl für den Geschädigten als auch den ersatzpflichtigen KH-Versicherer unnötig Zeit verloren geht. Verkannt wird hierbei häufig von den Versicherungsnehmern, dass eine Obliegenheitsverletzung nach E.1 AKB 2008 (Musterbedingungen GDV) vorliegt, wenn die Schadenanzeige verspätet, unvollständig oder wider besseres Wissen ein unrichtiger Sachverhalt dargestellt wird. Bestimmt der Vertrag, dass der Versicherer bei Verletzung einer vom Versicherungsnehmer zu erfüllenden vertraglichen Obliegenheit nicht zur Leistung verpflichtet ist, ist er leistungsfrei, wenn der Versicherungsnehmer die Obliegenheit vorsätzlich verletzt hat. Im Fall einer grob fahrlässigen Verletzung der Obliegenheit ist der Versicherer berechtigt, seine Leistung in einem der Schwere des Verschuldens des Versicherungsnehmers entsprechenden Verhältnis zu kürzen; die Beweislast für das Nichtvorliegen einer groben Fahrlässigkeit trägt der Versicherungsnehmer.[8]

20

Eine Verpflichtung zur Leistung bleibt bestehen, wenn die Verletzung der Obliegenheit weder für den Eintritt oder die Feststellung des Versicherungsfalles noch für die Feststellung oder den Umfang der Leistungspflicht des Versicherers ursächlich ist. Dies gilt allerdings nicht, wenn der Versicherungsnehmer die Obliegenheit arglistig verletzt hat.[9]

20a

---

6 *Klimke* VersR 1973, 881, 888.
7 *LG Karlsruhe* VersR 1978, 474: nach 18 Tagen.
8 § 28 Abs. 2 VVG (Fassung 1.1.2008).
9 § 28 Abs. 3 VVG (Fassung 1.1.2008).

20b Voraussetzung für die vollständige oder teilweise Leistungsfreiheit des Versicherers bei Verletzung einer nach Eintritt des Versicherungsfalles bestehenden Auskunfts- oder Aufklärungsobliegenheit ist, dass der Versicherer den Versicherungsnehmer durch gesonderte Mitteilung in Textform auf diese Rechtsfolge hingewiesen hat.[10]

21 Der Versicherer ist trotz seines guten Willens und aller seiner Bemühungen im Hinblick auf die Wahrheitsfindung häufig gar nicht in der Lage, den Schaden zügig zu regulieren oder ggf. einen angemessenen Vorschuss zu zahlen. Darüber hinaus muss er unter dem Aspekt der vertraglichen Treue- und Fürsorgepflicht auch die Belange seines Versicherungsnehmers im Auge behalten, der ein berechtigtes Interesse daran hat, seinen Schadenfreiheitsrabatt nach Möglichkeit nicht zu verlieren und einen u. U. eintretenden Rückstufungsschaden abzuwenden.

22 Der Kfz-Haftpflichtversicherer ist in dieser Situation darauf angewiesen, anhand von objektiven Erkenntnisquellen den wahren Sachverhalt zu erforschen. Da Rückfragen beim Versicherungsnehmer häufig ebenfalls nicht weiter helfen und nicht die gewünschte Beschleunigung bringen, wird meist auf die Befragung von Zeugen und die Einsichtnahme in die amtlichen Ermittlungsakten zurückgegriffen.

23 Da die angeschriebenen Zeugen häufig keine Eile mit der Rücksendung des »Zeugenfragebogens« haben und auch die Ermittlungsbehörden meist mehrere Wochen brauchen, um Akteneinsicht zu gewähren, vergeht viel Zeit. Der Zeitraum ist oft länger als die Reparatur dauert oder die Ersatzbeschaffung in Anspruch nimmt, sodass der unfallbedingte Kapitalbedarf des Geschädigten sehr häufig zu einem Zeitpunkt gegeben ist, in dem der Kfz-Haftpflichtversicherer noch gar keine verlässliche Aussage oder eine Prognose über die Sach- und Rechtslage zu treffen in der Lage ist.

24 Deutlich wird hier einerseits das Bedürfnis des Geschädigten, möglichst rasch den Schaden reguliert zu bekommen und somit die zur Schadenbeseitigung notwendigen finanziellen Mittel bereitgestellt zu erhalten, und andererseits das ebenso berechtigte Interesse des KH-Versicherers, zunächst die Sach- und Rechtslage zu prüfen, um dann eine vertretbare Schadenregulierung durchzuführen. Daneben ist das Verhalten des KH-Versicherers davon geprägt, im Interesse der Risikogemeinschaft aller Versicherten dem steigenden Kreditbedürfnis und damit dem auch in dieser Richtung wachsenden Schadenbedarf entgegenzuwirken.[11] Sache des Geschädigten ist es, ggf. über den von ihm eingeschalteten Anwalt eine polizeiliche Ermittlungsakte anzufordern und die sich hieraus ergebenden Erkenntnisse dem gegnerischen Versicherer mitzuteilen. Erfahrungsgemäß erhält der Anwalt des Geschädigten schneller Zugriff auf die Ermittlungsakte als der gegnerische Versicherer. Sollten Zeugen vorhanden sein, empfiehlt es sich, diese seitens des Geschädigten zu bitten, die Zeugenaussage umgehend zu erstellen.

B. Rechtsnatur des Anspruchs

25 Nach einem Urteil des *BGH* und der daran anknüpfenden stellen Finanzierungskosten eine allgemeine Schadensposition dar, die ihre Rechtsgrundlage unmittelbar in § 249 BGB hat.[12]

I. Verzugsfolge

26 Verzug tritt nach § 284 BGB grundsätzlich erst dann ein, wenn der Schuldner eine fällige Leistung trotz Mahnung nicht erbringt. Weitere Voraussetzung ist, dass der Schuldner die Leistungsstörung schuldhaft herbeigeführt und demgemäß i. S. v. § 285 BGB zu vertreten hat. Außerdem ist in diesem Zusammenhang zu berücksichtigen, dass der Verzug nicht vor Ablauf einer angemessenen Prüfungs- und Bearbeitungsfrist eintreten kann.

---

10 § 28 Abs. 4 VVG (Fassung 1.1.2008).
11 *Himmelreich* NJW 1973, 978.
12 BGHZ 61, 346; so auch *OLG Düsseldorf* SP 1997, 365; *AG Berlin* ADAJUR-Dok.Nr. 31338; *LG Neubrandenburg* ADAJUR-Dok.Nr. 31918.

B. Rechtsnatur des Anspruchs Kapitel 15

II. Adäquater Sachfolgeschaden

Die seit der o. g. *BGH*-Entscheidung herrschende Meinung besagt, dass es sich bei den Finanzierungskosten um eine Schadenposition unter mehreren handelt, die als adäquate Unfallfolge ihre Rechtsgrundlage unmittelbar aus § 249 BGB bezieht, ohne dass es insoweit auf eine vom Schuldner zu vertretende Leistungsstörung (Verzug) ankommt.[13] 27

Nach Ansicht des *BGH* ist Anknüpfungspunkt und damit Anspruchsgrundlage unmittelbar der durch die Beschädigung des Unfallfahrzeugs entstandene Schaden, den der Gläubiger nach § 249 S. 2 BGB auf Kosten des Ersatzpflichtigen beseitigen kann. Der Ersatzanspruch richtet sich nach dem Ausmaß der Beschädigung des Unfallfahrzeugs, insbesondere nach dem zu seiner Wiederherstellung erforderlichen Geldbetrag.[14] Der Ersatzpflichtige hat dem Gläubiger laut *BGH* die Mittel für diejenigen Maßnahmen zur Schadenbeseitigung zur Verfügung zu stellen, die ein verständiger Fahrzeugeigentümer in der besonderen Lage des Geschädigten machen würde.[15] 28

Grundsätzlich schuldet der ersatzpflichtige Schädiger den nach dem erforderlichen Aufwand objektiv bemessenen Betrag, und zwar ohne Rücksicht darauf, wie der Geschädigte ihn verwendet. Er muss ihn nicht einmal für die Behebung des Schadens aufwenden. Dies gilt auch für solche Fälle, in denen der Geschädigte die Instandsetzung (»Herstellung«) bereits veranlasst hat und der vom Schädiger nach § 249 S. 2 BGB geschuldete Betrag zur Deckung bereits entstandener Aufwendungen des Geschädigten herangezogen wird.[16] 29

Allerdings bildet nach der Auffassung des *BGH* der tatsächliche Aufwand – im Nachhinein gesehen – oft einen Anhalt zur Bestimmung des zur Herstellung »erforderlichen« – zunächst – zu bemessenden – Betrages i. S. v. § 249 S. 2 BGB. Die Bestimmung des zur Herstellung erforderlichen Betrages hat auf die besonderen Umstände des Geschädigten, mitunter auch auf seine beschränkten Erkenntnismöglichkeiten, abzustellen, die sich häufig im tatsächlich aufgewendeten Betrage niederschlagen. Dieser Betrag ist jedoch nicht – was allzu häufig übersehen wird – der zu ersetzende Schaden. Insbesondere kann deshalb die Berechnung des Schadens nicht von etwaigen rechtlichen Mängeln der zu seiner Beseitigung tatsächlich eingegangenen Verbindlichkeiten abhängig gemacht werden.[17] 30

Zum Herstellungsaufwand i. S. v. § 249 S. 2 BGB zählen darüber hinaus die Kosten für die einen Kredit zur Finanzierung der Reparaturkosten und ggf. auch zur Anmietung eines Ersatzfahrzeugs für die Dauer des unfallbedingt notwendigen Ausfalls, soweit dem Geschädigten die Herstellung nur durch Aufnahme von Fremdmitteln möglich oder zuzumuten ist.[18] 31

Dem Geschädigten ist es nach Auffassung des *BGH* nicht zuzumuten, den Schuldner erst in Verzug zu setzen, weil sonst sein Recht, die Schadenbeseitigung selbst vorzunehmen – anstatt sie vom Schädiger vornehmen zu lassen –, dem Sinn des Gesetzes zuwiderlaufen würde.[19] Oft kann geraume Zeit vergehen, bis der Ersatzpflichtige in der Lage ist, die erforderlichen Mittel zur Verfügung zu stellen, ohne dass daraus ein Vorwurf gegen ihn abgeleitet werden kann.[20] 32

Zudem hat auch der Schädiger ein Interesse daran, die Herstellungskosten so niedrig wie möglich zu halten. Ihm liegt daran, dass der Geschädigte die zur Schadenbeseitigung (»Herstellung«) notwendigen Maßnahmen sofort trifft. 33

Müssen zu diesem Zwecke Fremdmittel in Anspruch genommen werden und werden dadurch Kreditkosten ausgelöst, sind diese mit Rücksicht auf den schadenursächlichen Zusammenhang mit der 34

---

13 BGHZ 61, 346.
14 BGHZ 61, 346 f.
15 BGHZ 54, 82, 84 = NJW 1970, 1454 (m. w. N.) = VersR 1970, 832.
16 BGHZ 54, 82, 84.
17 BGHZ 61, 346, 348.
18 BGHZ 61, 346, 348.
19 BGHZ 61, 346, 348.
20 BGHZ 61, 346, 349.

»Herstellung« des beschädigten Kfz bei der Bemessung des vom Ersatzpflichtigen nach § 249 S. 2 BGB bereits mit der Entstehung des Unfallschadens geschuldeten Betrage zu berücksichtigen.[21] Dem entspricht es auch, dass die Kosten einer derartigen Finanzierung durchweg dem Schädiger angelastet werden, und zwar ohne dass die besonderen Voraussetzungen des Schuldnerverzuges vorliegen müssen oder darzulegen sind.[22]

35 Nach einem Urteil des *BGH* kann dem Geschädigten jedoch zugemutet werden, dass er verfügbare eigene Mittel einsetzt. Der Schutz des Geschädigten gegen einen vom Verhalten des Schädigers ausgehenden »Verzögerungsschaden« soll sich dann grundsätzlich nach den Vorschriften über den Verzug richten.[23]

36 Ob zumindest dann ausnahmsweise auch eine Entschädigung für nachweislich geopferte Kapitalnutzung (Zinsverluste etc.), soweit diese bereits vor Eintritt des Verzuges kostenwirksam geworden ist, gewährt werden kann, wenn sich die Möglichkeit, den Schuldner in Verzug zu setzen, über Gebühr verzögert, hat der *BGH* seinerseits nicht entschieden. Es ist jedoch davon auszugehen, dass auch in derartigen Fällen der Ersatzpflichtige eine Entschädigung für Finanzierungskosten oder anderweitige Zinsverluste nach § 249 BGB beanspruchen kann. Da eine Verteilung dieser Kosten, die im Einzelfall durchaus sachgemäß sein können und deren Einsatz u. U. auch im Interesse des Ersatzpflichtigen liegt, nur zwischen den beiden Parteien dieses Rechtsverhältnisses möglich ist, erscheint es eher gerechtfertigt, den Ersatzpflichtigen mit den Folgelasten der ohne Verzug entstandenen Finanzierungskosten oder entgangenen Zinsen zu belasten als den Geschädigten. Ihm sind diese Umstände gewiss nicht zuzurechnen. Er hat lediglich versucht, im Rahmen der allein ihm obliegenden Verpflichtung zum Handeln die für die Schadenbeseitigung erforderlichen Mittel bereitzustellen. Nach der Rechtsprechung muss allerdings ein Geschädigter, dessen Einkommen es gestattet, ohne unzumutbare Einschränkungen der gewohnten Lebensführung die Schadenbeseitigung zu finanzieren, zunächst selbst für die anfallenden Kosten aufkommen. Finanziert er den Schaden, nur weil ein anderer haftet, sind die entstehenden Finanzierungskosten nicht zu erstatten.[24] Der Einsatz von Mitteln, welche für den Notfall gespart sind, kann vom Geschädigten nicht gefordert werden.[25]

37 Obwohl dieser Gesichtspunkt zwar unmittelbar nichts mit der Fälligkeit des dem Geschädigten zustehenden Schadenersatzanspruches zu tun hat, ist der Geschädigte Schuldner der Kosten der von ihm im Rahmen der Schadenbeseitigung in Anspruch genommenen Leistungen. Er muss sie sofort ausgleichen. Dies gilt insbesondere hinsichtlich der Reparaturkosten-, der Mietwagenkosten- und der Gutachterkostenrechnung. Auch im Fall eines Totalschadens ist gerade im Hinblick auf die Schadenminderungspflicht eine unverzügliche Ersatzbeschaffung erforderlich.

38 Für die Einordnung der Finanzierungskosten als Sachfolgeschaden wird gelegentlich darauf hingewiesen, dass es sich bei der Schadenersatzleistung um eine Bringschuld (Schickschuld) i. S. d. § 270 BGB handelt.[26] Der Gläubiger dürfe daher erwarten, dass das Geld in seine Einflusssphäre gelangt; er sei hingegen nicht verpflichtet, seine Zeit einzusetzen, um die Leistung beim Kfz-Haftpflichtversicherer des Unfallgegners abzuholen.[27] Der Gläubiger könne vielmehr verlangen, dass ihm jene Position verschafft werde, die er innegehabt hätte, wenn das zum Ersatz verpflichtende Ereignis nicht eingetreten wäre (§ 249 BGB). Dieser Auffassung kann indes – zumindest in dieser Verallgemeinerung – nicht beigetreten werden.

---

21 BGHZ 61, 346, 349.
22 *OLG Stuttgart* NJW 1959, 50 f.; *OLG München* VersR 1966, 548; *OLG Schleswig* VersR 1967, 68; *OLG Oldenburg* DAR 1969, 185 f.; *OLG Düsseldorf* NJW 1969, 2051; *OLG Celle* VersR 1973, 353.
23 BGHZ 61, 346.
24 *OLG Celle* VersR 1973, 353; *AG Pforzheim* VersR 1975, 193; *AG Neuburg/Donau* VersR 1975, 625; *LG Karlsruhe* VersR 1978, 263; VersR 1975, 620; *LG Freiburg* VersR 1974, 1134; *AG Ludwigshafen* r+s 1979, 235; *AG Düsseldorf* r+s 1979, 235; *AG Karlsruhe* r+s 1979, 235; *AG Bude* zfs 1980, 270 = VersR 1980, 658.
25 *OLG Köln* VersR 1973, 323; *LG Köln* VersR 1974, 67.
26 *Himmelreich* NJW 1973, 978 f.
27 *AG München* VersR 1972, 59.

B. Rechtsnatur des Anspruchs Kapitel 15

Auch insoweit gelten die Grundsätze von Treu und Glauben (§ 242 BGB), nach denen es dem Ersatzberechtigten – insbesondere dann, wenn dieser anwaltlich vertreten wird – zuzumuten ist, sich aktiv darum zu bemühen, dass die ihm zustehende Ersatzleistung in seine Einfluss- und Dispositionssphäre gelangt. Außerdem ist dabei der bereits an anderer Stelle dargestellte Grundsatz zu berücksichtigen, dass nach § 3 Nr. 1 des Pflichtversicherungsgesetzes das Gesamtschuldverhältnis sich, soweit es den Kfz-Haftpflichtversicherer einbezieht, lediglich auf den Geldanspruch bezieht. Dies bedeutet, dass der Kfz-Haftpflichtversicherer, der bei Schäden dieser Größenordnung, die eine Finanzierung notwendig machen, wohl stets eingeschaltet ist, die ihm obliegende Geldleistung lediglich dem Gläubiger zur Verfügung zu stellen hat. Er braucht ihm also das Geld nicht gewissermaßen »ins Haus« zu bringen. 39

Wenn der Ersatzpflichtige allerdings trotz entsprechenden Hinweises auf die Notwendigkeit einer Kreditaufnahme den Schaden erst mehr als 3 Monate nach dem Unfall reguliert, dann muss er die dadurch notwendig gewordenen Kreditkosten unter allen rechtlich denkbaren Gesichtspunkten ersetzen.[28] 40

III. Verzinsung nach § 249 BGB

1. Allgemein

Die Rechtsprechung hat die in der Entscheidung des *BGH*[29] dargelegten Grundsätze nicht nur bestätigt, sondern noch weiter fortgeführt. Der Ersatzpflichtige muss als Folge seines haftbaren Verhaltens unabhängig von den Voraussetzungen des Verzugs Zinsen spätestens von dem Zeitpunkt an entrichten, in dem der Ersatzpflichtige mit Leistungen im Rahmen der Schadensbeseitigung in Vorlage getreten ist. Dabei dürfte es sich regelmäßig um den Zeitpunkt handeln, in dem er z. B. die Reparaturkosten-, die Mietwagenkosten- oder die Gutachterkostenrechnung bezahlt, d. h. den dafür erforderlichen Geldbetrag aus eigenen Mitteln aufgebracht hat. 41

In diesem Zusammenhang wäre es auch unbillig, wenn der Geschädigte (Gläubiger) den Nachteil in Form (zumindest) eines Zinsverlustes selbst tragen sollte. Er hat praktisch ein Geschäft des Ersatzpflichtigen besorgt, der die von dem Geschädigten zu veranlassende Schadenbeseitigung finanzieren muss. Es ist daher sachgerecht, dem Ersatzpflichtigen, auch ohne Vorliegen der Verzugsvoraussetzungen diesen Aufwand ebenfalls als Folgeschaden zuzurechnen. 42

Im Einzelfall bedeutet dieses, dass der Geschädigte nicht nachweisen muss, allein aus unfallbedingten Gründen einen Kredit aufgenommen zu haben und dafür bestimmte Finanzierungskosten entrichten zu müssen. Dies gilt insbesondere für Unternehmen, die nicht selten ständig mit Fremdmitteln arbeiten und deren Kapitalbedarf somit Gerichts bekannt und daher nicht mehr beweisbedürftig ist.[30] 43

Eine Zinsabrechnung auf dieser Basis kann auch demjenigen privaten Geschädigten nicht versagt werden, der den zur Schadenbeseitigung erforderlichen Betrag beispielsweise seinen eigenen Ersparnissen entnommen hat und bis zur »Auffüllung« seiner Rücklagen auf die Verzinsung des Anspruchs verzichten muss. 44

2. Schadenpositionen, die bereits Zinsen enthalten

Nach Ansicht einiger Gerichte ist eine Verzinsung nach § 249 BGB dann abzulehnen, wenn es sich um Schadenpositionen handelt, die ihrerseits bereits teilweise aus Zinsen bestehen.[31] Dabei ist ins- 45

---

28 *AG Ettlingen* VersR 1982, 1157; *OLG Köln* VersR 1977, 937 f.
29 BGHZ 61, 346.
30 *BGH* VersR 1965, 479, 481; *OLG Hamburg* MDR 1974, 930; *KG* VersR 1974, 36; *OLG Celle* VersR 1975, 1009; 1978, 94; *OLG Bremen* VersR 1976, 665; *OLG Zweibrücken* VersR 1977, 45; *OLG Frankfurt* VersR 1981, 987 f.; *OLG Hamm* VersR 1979, 191.
31 *OLG Bremen* VersR 1976, 665.

besondere etwa an Reservehaltungskosten (Vorhaltekosten) zu denken, aber auch an »Generalunkosten«. Dieser Standpunkt lässt sich rechtsdogmatisch allenfalls mit der – allerdings durch nichts gerechtfertigten – Befürchtung begründen, sonst gegen das Verbot des § 248 BGB zu verstoßen und Zinseszinsen zuzusprechen. Abgesehen davon, dass lediglich eine derartige Vereinbarung nichtig wäre, die zudem noch »im Voraus« getroffen sein müsste, liegt in der Verzinsung des Anspruchs aus § 249 BGB, auch soweit dieser (teilweise) aus Zinsen besteht, schon deswegen kein Verstoß gegen § 248 BGB, weil die Zinspositionen i. d. R. für eine abgeschlossene Periode, die in der Vergangenheit liegt, geltend gemacht werden.

46 Dies bedeutet, dass die Zinsen prozessual nicht als Nebenforderung zu betrachten sind, sondern als Hauptforderung geltend gemacht werden. Selbst auf die überwiegend aus Kreditzinsen bestehenden Finanzierungskosten können Zinsen verlangt werden, wenn der Ersatzpflichtige diese Kosten nicht aus eigenen Mitteln begleichen konnte und der Ersatzpflichtige sich mit seiner Leistung insoweit in Verzuge befindet.[32]

3. Sonstige Schadenpositionen

47 Insbesondere bei sonstigen Schadenspositionen schuldet der Ersatzpflichtige im Regelfalle bereits eine Verzinsung nach § 249 BGB vom Zeitpunkt der Vorleistung des Gläubigers an, wenn dieser aufgrund seiner persönlichen Verhältnisse den Schadenbedarf nur unter Rückgriff auf eigene Mittel oder durch Aufnahme eines Kredits abdecken konnte.[33]

IV. Verzinsung nach § 849 BGB

48 Teilweise wird in der Rechtsprechung und in der Rechtslehre die Verpflichtung des Schädigers, Finanzierungskosten auch ohne Verzug zu erstatten, auf die Bestimmung des § 849 BGB gestützt. Nach dieser Vorschrift kann der Geschädigte, wenn »wegen der Entziehung der Sache der Wert oder wegen der Beschädigung einer Sache die Wertminderung zu ersetzen« ist, die Verzinsung »von dem Zeitpunkt an verlangen, welcher der Bestimmung des Wertes zugrunde gelegt wird.«

49 § 849 BGB setzt keine Haftung aus unerlaubter Handlung voraus, sondern gilt auch für den Fall der Gefährdungshaftung.

50 Nach Ansicht des *LG München* kommt § 849 BGB auch in den Fällen zur Anwendung, in welchen sich der durch den Unfall Geschädigte anstelle seines zerstörten Wagens einen neuen besorgt und der Schädiger zögert, ihm die hierbei entstehenden Kosten zu ersetzen. Finanziert der Geschädigte deshalb den neuen Wagen durch eine Bank, so kann er vom Schädiger über die Regelung des § 849 BGB hinaus auch ohne Mahnung den Ersatz der Finanzierungskosten beanspruchen. Gleiches gilt laut *OLG München* für die Finanzierung der Reparatur des Wagens und der Abschleppkosten.[34]

V. Verzinsung nach § 812 BGB

51 Eine Verzinsung kommt auch aus § 812 BGB unter dem Gesichtspunkt der ungerechtfertigten Bereicherung in Betracht. Dies gilt für die Fälle, in denen der Ersatzpflichtige aus von ihm zu vertretenden Gründen die Leistung, die er nach Sach- und Rechtslage an sich hätte sofort bewirken, jedenfalls aber zu einem früheren Zeitpunkt hätte erbringen müssen, bis zu einem späteren Zeitpunkt zurückhält. Zumindest widerspricht es dem Grundsatz von Treu und Glauben (§ 242 BGB), wenn der Ersatzpflichtige, mit dem Geld, das eigentlich schon zu einem früheren Zeitpunkt dem Gläubiger (Geschädigten) zugestanden hätte, ohne rechtfertigenden Grund weiterarbeiten konnte, um entweder sich selbst die mit zusätzlichen Kosten verbundene Aufnahme von Fremdmitteln zu ersparen oder ggf. Zinsen aus dem Kapital zu ziehen. Er ist also gegenüber dem Zustand, der bei rechtzeitiger Leis-

---

32 Vgl. *BGH* Az. III ZR 28/05, ADAJUR-Dok.Nr. 65911.
33 *OLG Karlsruhe* VersR 1974, 761.
34 *OLG München* VersR 1966, 548; so auch *OLG Nürnberg* VersR 1965, 247.

tung eingetreten wäre, um die fortlaufende Nutzung des Kapitals bzw. die eingesparten Kapitalzinsen »bereichert«.

C. Anspruchsbegründende Voraussetzungen

I. Erforderlichkeit der Aufwendungen

Der Ersatzpflichtige hat dem Geschädigten die Mittel für diejenigen Maßnahmen der Schadenbeseitigung zur Verfügung zu stellen, die »ein verständiger, wirtschaftlich denkender Fahrzeugeigentümer in der besonderen Lage des Geschädigten« treffen würde.[35] 52

Den nach dem erforderlichen Aufwand objektiv bemessenen Betrag schuldet der Ersatzpflichtige, »ohne Rücksicht darauf, wie der Geschädigte ihn verwendet und ob er im konkreten Fall für Schadenbeseitigung tatsächlich mehr oder weniger aufwendet«.[36] 53

Dieses gilt auch für die Fälle, in denen der Geschädigte »eine Instandsetzung bereits veranlasst hat« und der vom Schädiger nach § 249 S. 2 BGB geschuldete Betrag zur Deckung bereits gemachter Aufwendungen des Geschädigten verwendet wird.[37] 54

Dabei »bildet der tatsächliche Aufwand – ex post gesehen – oft einen Anhalt zur Bestimmung des zur Herstellung erforderlichen – ex ante zu bemessenden – Betrages i. S. v. § 249 S. 2 BGB«, wobei auf die besonderen Umstände des Geschädigten, mitunter auch auf seine beschränkten Erkenntnismöglichkeiten, Bedacht zu nehmen ist.[38] 55

Demnach kann der Geschädigte die Finanzierungskosten lediglich in Höhe des im Rahmen der Schadenbeseitigung tatsächlich erforderlichen Betrages verlangen. 56

Nach Ansicht des *BGH*[39] wird es dem Geschädigten z. B. bei kleineren Unfallschäden zuzumuten sein, keinen Kredit aufzunehmen, da sich der Eigentümer, bevor er sein Kfz reparieren lässt, von vornherein in seinen Vermögensdispositionen darauf einstellt. Legt der Geschädigte allerdings dar, dass er nicht in der Lage war, die Reparaturkosten aus eigenen, liquiden Mitteln aufzubringen, sind auch in diesem Fall Finanzierungskosten zu erstatten.[40] Ein Verzicht auf die Aufnahme eines Kredits kann aber durchaus auch bei größeren Schäden gefordert werden, wenn es sich beispielsweise um ein Firmenfahrzeug handelt oder das Einkommen des Geschädigten es zulässt, d. h. er auf eigene, frei verfügbare Mittel zurückgreifen kann, die er, ohne selbst wirtschaftliche Nachteile zu erleiden, aus seinem Vermögen zeitweilig entbehren kann. 57

1. Reparaturkosten

Hauptsächlich werden Fremdmittel i. d. R. zur Durchführung der Reparatur benötigt. Die Reparaturwerkstatt gibt meist den instand gesetzten Wagen nur gegen sofortige Barzahlung aller Reparaturkosten heraus. Bis zu diesem Zeitpunkt übt sie ihr gesetzliches Zurückbehaltungsrecht aus § 647 BGB (Unternehmerpfandrecht) aus. Nur ausnahmsweise wird es dem Geschädigten möglich sein, aufgrund guter Kontakte zu seiner »Hauswerkstatt« oder wegen seiner persönlichen Kreditwürdigkeit das Fahrzeug gegen Rechnung zu erhalten oder mit der Werkstatt Ratenzahlungen zu vereinbaren. 58

Sofern eine Kostenübernahmeerklärung des Ersatzpflichtigen nicht existiert und die Werkstatt nicht bereit ist, die Abtretung des Anspruchs als hinreichende Sicherheit zu akzeptieren, bleibt dem Geschädigten meist nichts anderes übrig, als einen Kredit aufzunehmen, um seiner Schadenminderungspflicht nachzukommen. Gerade dann, wenn der gegnerische Kfz-Haftpflichtversicherer kei- 59

---

35 BGHZ 54, 82, 84; BGHZ 61, 346 f.
36 BGHZ 54, 82, 84; BGHZ 61, 346 f.
37 BGHZ 54, 82, 84.
38 BGHZ 54, 82, 84.
39 BGHZ 54, 82, 84.
40 *AG Bernburg* SP 1996, 389 = ADAJUR-Dok.Nr. 474.

nen angemessenen Vorschuss leistet oder keine Reparaturkostenübernahmeerklärung abgibt, ist der Gläubiger nicht nur berechtigt, sondern sogar verpflichtet, sich rechtzeitig um die Aufnahme eines Kredits zu bemühen.

60 Andernfalls könnte der Vorwurf des Mitverschuldens gemacht werden, wenn das reparierte Fahrzeug nicht ausgelöst und hierdurch z. B. zusätzliche Mietwagenkosten entstehen. Das Gleiche gilt sinngemäß auch für die Nutzungsausfallentschädigung.

61 Bei den i. d. R. vorrangig zu finanzierenden Reparaturkosten, muss es sich um tatsächlich entstandene Kosten handeln. Der Geschädigte kann Finanzierungskosten grundsätzlich nur verlangen, wenn er eine Reparaturrechnung vorlegt, die Reparatur nachweist oder den Kauf eines anderen Fahrzeugs durch Rechnung belegt. Fordert der Geschädigte in zumutbarer Weise eine Vorschusszahlung bzw. die Abgabe eines Anerkenntnisses gegenüber der Reparaturwerkstatt und kommt der Schädiger dem in zumutbarer Zeit nicht nach, geht dies zulasten des Schädigers. Insofern ist im Rahmen der Schadenminderungspflicht der Grundgedanke des § 279 BGB, nach dem es den Schuldner nicht entlastet, wenn er kein Geld hat, anzuwenden.[41]

2. Mietwagenkosten

62 Neben den Reparaturkosten wird der Geschädigte häufig auch hinsichtlich der Mietwagenkosten Kapital benötigen. In der Praxis geben jedoch die Autovermieter den Mietwagen nicht selten gegen eine entsprechende Abtretungserklärung ohne weitere Sicherheit heraus. I. d. R. berechnet der Vermieter unter diesen Umständen jedoch den gegenüber dem »Normaltarif« erheblich höheren »Unfallersatztarif«. Zwischenzeitlich ist die Rechtsprechung sehr restriktiv geworden, wenn es darum geht, diese Mietwagenkosten zuzusprechen. Die Nachweispflicht, dass die Anmietung zum »Unfallersatztarif« erforderlich war, weil eine Anmietung zum Normaltarif nicht gegeben oder« nicht möglich war, wird von der Rechtsprechung sehr hoch angesetzt.[42]

62a Muss der Mieter eine Kaution hinterlegen, weil er zum »Normalttarif« anmietet, ist es zumutbar, diese bei fehlenden Eigenmitteln im Kreditwege zu finanzieren oder den Haftpflichtversicherer auf diesen Umstand aufmerksam zu machen.[43]

3. Nutzungsausfallentschädigung

63 Anders ist die Situation bei der Nutzungsausfallentschädigung. Hierfür sind keine besonderen Aufwendungen notwendig. Nach Ansicht des *OLG Karlsruhe* verursacht »der Nutzungsausfall keine Kosten und kann daher auch nicht finanziert werden«.[44]

64 Theoretisch denkbar wäre allerdings der Einwand des Geschädigten, er hätte zwar wegen der Nutzungsausfallentschädigung normalerweise keinen Kredit aufgenommen, das Kreditvolumen insgesamt hätte jedoch geringer gehalten werden können, wenn auch der fällige Anspruch auf Entschädigung für entgangene Gebrauchsvorteile ordnungsgemäß und rechtzeitig erfüllt worden wäre. Da dies nicht geschehen ist, habe der Geschädigte seine geringen Eigenmittel an deren Stelle investieren und daher im Übrigen einen Kredit aufnehmen müssen. Diese Ansicht ist jedoch nicht haltbar. Über die Kreditaufnahme hat der Geschädigte die Möglichkeit, den Schaden zu beseitigen. Für diese Zeit erhält er die Nutzungsausfallentschädigung. Nutzungsausfall verursacht keine Kosten und kann daher auch nicht finanziert werden.

---

41 *AG Lahr* DAR 2001, 172.
42 Vgl. *BGH* DAR 2006, 83; DAR 2006, 378; DAR 2006, 381; DAR 2006, 438; DAR 2006, 681.
43 *OLG Frankfurt/M.* VRS 89, 4 f. = zfs 1995, 389.
44 *OLG Karlsruhe* VersR 1974, 761.

4. Gutachtenkosten

Auch die Gutachtenkosten gehören zu den Schadenpositionen, die u. U. finanziert werden müssen.[45] 65
Zwar wird teilweise behauptet, kleinere Nebenkosten,[46] wie beispielsweise die Gutachtenkosten, seien im Hinblick auf ihre relativ geringe Höhe aus eigenen Mitteln des Geschädigten bereitzustellen. Im Rahmen der Gesamtbetrachtung des Unfallschadens können aber auch Sachverständigenkosten, die i. d. R. mehrere Hundert Euro ausmachen können, dazu führen, dass auch die Gutachtenkosten mit fremden Mitteln finanziert werden müssen.

5. Abschleppkosten

Abschleppkosten zählen zu dem Schadenaufwand, der ggf. finanziert werden muss.[47] Sie entstehen 66
meistens erst, wenn es sich um einen erheblichen Fahrzeugschaden handelt, der das Kfz fahruntüchtig macht. Die Summe aller schadenadäquaten Aufwendungen ist deshalb sicherlich nicht gering zu veranschlagen. In der Gesamtbetrachtung können dem Geschädigten die Mittel zur Vorfinanzierung durchaus fehlen. Sie müssen im Rahmen der Schadenminderungspflicht finanziert werden.

6. Wertminderung

Wie die Nutzungsausfallentschädigung muss auch die Wertminderung nicht finanziert werden. Hie- 67
ran ändert auch die Tatsache, dass die Wertminderung sofort fällig wird und außerdem vom Tage des Unfalls an nach § 849 BGB zu verzinsen ist, nichts. Ein Geschädigter, der den zu finanzierenden Schadenbedarf auch auf den Minderwert ausdehnt, verstößt gegen seine Schadenminderungspflicht, weil insoweit keine Finanzierungslücke entstanden sein dürfte.[48]

Dieser Fall könnte lediglich dann eintreten, wenn der Gläubiger sich entschließt, unter Verzicht auf 68
die an sich rechtlich zulässige und technisch mögliche Reparatur das Fahrzeug im beschädigten Zustand zu verkaufen, um sich einen gleichwertigen Gebrauchtwagen anzuschaffen. Hier kann ein zusätzlicher Bedarf in Höhe des Minderwertes dadurch eintreten, dass das unreparierte Fahrzeug verkauft bzw. in Zahlung gegeben wird. Der Geschädigte, der sich zur Schadenbeseitigung auf dieser Basis entschließt, muss eine sofortige Werteinbuße auch in Höhe des Minderwertes hinnehmen. Dieser Betrag zählt deshalb zum Schadenbedarf. Dieser Überlegung könnte man allerdings entgegenhalten, dass der Geschädigte, der im Rahmen der ihm durch § 249 S. 2 BGB vermittelten Dispositionsmöglichkeiten in dieser Weise vorgeht, bei der Veräußerung des unreparierten (beschädigten) Kfz auch den Restwert realisiert, den er sonst – ohne das zum Ersatz verpflichtende Ereignis – nicht erlöst hätte. Bei dieser Betrachtungsweise wird der Minderwert sich häufig durch Verrechnung gegen den Restwert ausgleichen.

Zu berücksichtigen ist ferner, dass der Geschädigte, der unter Verzicht auf die rechtlich zulässige und 69
technisch mögliche Reparatur sein Fahrzeug veräußert, gleichwohl aber seinen Schaden auf der Basis der gedachten (fiktiven) Reparaturkosten abzurechnen wünscht, an sein Wahlrecht gebunden ist. Er kann sie nicht wieder selbst infrage stellen. Etwas anderes gilt, wenn der Geschädigte gegenüber der Versicherung »vorläufig« abrechnet und auf die Möglichkeit einer anderen Entscheidung hinweist.

Gravierender erscheint insoweit schon der Gesichtspunkt, dass der Kreditbedarf insgesamt gesehen 70
geringer ausgefallen wäre, wenn der Ersatzpflichtige die (sofort fällige) Wertminderung unverzüglich nach Schadeneintritt ausgeglichen hätte. Dieser Aspekt führt zwar zu einer Verzinsung des Minderwertes aus § 849 BGB vom Unfalltage an, reicht aber ebenfalls nicht aus, um eine Finanzierung des mehr oder minder imaginär gebliebenen Minderwertes zu rechtfertigen, sondern er macht nur deut-

---

45 *BGH* NJW 1974, 34 f.; *OLG Karlsruhe* VersR 1975, 526 f.
46 *AG Nürnberg* VersR 1975, 192 f.
47 *OLG München* VersR 1966, 548.
48 *Klimke* VersR 1973, 881, 886.

7. Ersatzbeschaffung nach Totalschaden

71 Sofern ein Totalschaden eingetreten ist und der Geschädigte sich ein gleichwertiges Ersatzfahrzeug beschaffen muss, ist, ebenso wie bei den Reparaturkosten, sehr häufig eine Finanzierung notwendig.[49] Finanzierungskosten können auch dann ersetzt werden, wenn der Geschädigte ein gleichartiges Ersatzfahrzeug nicht sogleich erhalten kann und sich zur Überbrückung der Zeit bis zur Lieferung des bestellten Fahrzeugs ein anderes Fahrzeug kaufen und später wieder verkaufen muss.[50]

II. Einsatz eigener Mittel

72 Verfügt der Geschädigte selbst über ausreichend liquide Mittel, die er kurzfristig zur Schadenbeseitigung einsetzen kann, um den schadenadäquaten Kapitalbedarf zu überbrücken, ist er verpflichtet, zunächst diese Mittel einzusetzen, bevor er den Schaden fremd finanziert.[51]

1. Allgemeine Erwägungen

73 Nach Ansicht des *BGH*[52] sind die Kreditzinsen und -kosten i. S. v. § 249 S. 2 BGB nur zu erstatten, wenn und insoweit sie ein verständiger, wirtschaftlich denkender Kraftfahrzeugeigentümer in der besonderen Lage des Geschädigten aufgewendet haben würde. Ob und inwieweit es gerechtfertigt ist, zur Beseitigung des Schadens Fremdmittel einzusetzen, hängt überwiegend von Art und Ausmaß der Beschädigung des Kfz sowie von den Umständen ab, in denen der Geschädigte durch den Schaden betroffen wird. Entscheidend sind seine wirtschaftlichen Verhältnisse.[53]

74 So ist es ihm beispielsweise nach Meinung des *BGH* zuzumuten, die Kosten der Instandsetzung des Kraftfahrzeugs und den übrigen Kapitalbedarf für die mittelbaren Schäden ohne Rückgriff auf einen Bankkredit aus eigenen Mitteln vorzustrecken, wenn dies ohne besondere Einschränkung seiner gewohnten Lebensführung möglich ist.[54]

75 Zwar komme der Einsatz besonderer Fähigkeiten oder von Freizeit des Geschädigten bei der Beseitigung des Schadens im Allgemeinen nicht dem Schädiger zugute.[55] Daraus könne aber nicht gefolgert werden, dass der Geschädigte nicht verpflichtet sei, mit eigenen Geldmitteln im Interesse der Schadenminderung vorübergehend in Vorlage zu treten.

76 Soweit der Gesetzgeber dem Geschädigten das Recht einräumt, seinen Schaden nach eigenem Ermessen selbst zu beheben und den hierfür erforderlichen Aufwand vom Schädiger zu fordern, nehme er auch in Kauf, dass der Geschädigte mit dem Aufwand ggf. vorübergehend in Vorlage tritt.[56]

77 Bei sog. »Bagatellschäden« oder kleineren Unfallschäden ist es dem Geschädigten zuzumuten, von einer Kreditaufnahme abzusehen.[57] Hinsichtlich der Höhe des Schadens lässt sich allerdings keine

---

49 *OLG Nürnberg* VersR 1965, 247; *OLG München* VersR 1966, 548; vgl. *OLG Düsseldorf* Az. I-1 U 110/07, LexisNexis LNR 2007, 45583; *AG Wiesbaden* VersR 1987, 1028.
50 *OLG Frankfurt/M.* MDR 1965, 481; *OLG Frankfurt/M.* MDR 1965, 481.
51 *OLG Nürnberg* DAR 1964, 103; VersR 1965, 247; *OLG Celle* VersR 1973, 353; *OLG Köln* VersR 1975, 1107; *KG* VersR 1975, 909; *OLG Zweibrücken* VersR 1981, 343; *LG Kassel* NJW 1972, 1995; *LG Köln* VersR 1974, 67; 1976, 741; *LG Freiburg* VersR 1974, 1134; *LG Karlsruhe* VersR 1975, 620; VersR 1978, 263.
52 BGHZ 54, 82, 84; BGHZ 61, 346, 349 f.
53 *OLG Karlsruhe* zfs 1989, 83; *AG Rostock* SP 1995, 243; *LG Schwerin* ADAJUR-Dok.Nr. 15081; *LG Berlin* SP 1996, 83.
54 BGHZ 61, 346, 350; *OLG Celle* VersR 1973, 353.
55 BGHZ 54, 82, 84.
56 BGHZ 54, 82, 84; *AG Bernburg* SP 1996, 389.
57 *AG Pforzheim* VersR 1975, 193.

starre Grenze ziehen. Maßgebend sind vielmehr die finanziellen Verhältnisse des Geschädigten und seine »wirtschaftliche Bewegungsfreiheit«. So kann beispielsweise bei einem Schaden von mehr als 1 000 Euro nicht ohne Weiteres von einem Bagatellschaden ausgegangen werden, den der Geschädigte ohne Weiteres zunächst aus »eigener Tasche« bezahlen könne.[58]

Andererseits kann es dem Geschädigten auch durchaus zugemutet werden, bei größeren Schäden in Vorlage zu treten, insbesondere wenn sein Einkommen dieses zulässt.[59]   78

Anderer Auffassung ist das *LG Gießen*.[60] Danach ist der Geschädigte i. d. R. unter dem Gesichtspunkt der Schadenminderung nicht gehalten, eigene Mittel einzusetzen oder durch Kreditaufnahme Mittel zu gewinnen, um den Schaden zu beheben. Dies kann von ihm nur ausnahmsweise verlangt werden, wenn derartige Mittel für ihn frei verfügbar sind oder ein Kredit leicht zu beschaffen ist oder ihn die Kreditbeschaffung nicht empfindlich belastet. Ansonsten kann er für die durch fehlendes Kapital veranlasste Ausfallzeit vom Schädiger Mietwagenkosten bzw. Nutzungsausfallentschädigung verlangen. Vom Geschädigten kann auch nicht verlangt werden, alle Mittel einzusetzen, die er für Notfälle zurückgelegt hat.[61] Unzumutbar ist es auch, dass die geschädigte Ehefrau auf Geldmittel ihres Ehemanns zurückgreift.[62]   79

2. Abwägungsfaktoren

Das *OLG Zweibrücken*, das weitestgehend der Auffassung des *BGH* folgt, vertritt die Auffassung, der Geschädigte habe grundsätzlich die Kosten der Schadenbeseitigung aus eigenen Mitteln vorzustrecken, wenn dies ohne Einschränkung seiner gewohnten Lebensführung möglich sei.[63] Dies gilt vor allem dann, wenn das Einkommen des Geschädigten ihm gestattet, den Schaden ohne unzumutbare Einschränkung der gewohnten Lebensführung zu finanzieren. Nimmt eine solche Person einen Finanzierungskredit auf, verstößt sie gegen die Schadenminderungspflicht.[64]   80

Diesem Standpunkt widerspricht Hartung in gewisser Weise, wenn er ausführt, es sei »nicht bloß auf die gewohnte Lebensführung« abzustellen, sondern z. B. bei einem wirtschaftlich Tätigen auch auf die bei ihm »übliche Führung seines Geschäfts«. Auch andere Umstände könnten die Inanspruchnahme eigener Mittel für den Geschädigten unzumutbar erscheinen lassen.[65]   81

Dem *OLG Zweibrücken* ist auch darin zuzustimmen, dass die Beweislast dafür, dass kurzfristig entbehrliche Mittel nicht vorhanden sind, beim Geschädigten (Gläubiger) liegt.[66]   81a

In der Praxis ist es für den Ersatzpflichtigen nahezu immer unmöglich, Feststellungen hinsichtlich der Möglichkeit des Einsatzes eigener frei verfügbarer finanzieller Mittel des Geschädigten zu treffen, weil es sich hierbei regelmäßig um Vorgänge handelt, die sich außerhalb der Einfluss- und Wissenssphäre des Schädigers vollziehen.   82

Da der Einsatz eigener finanzieller Mittel häufig die Aufnahme eines Kredits überflüssig macht, hängt von der Bejahung eines derartigen Einsatzes gleichzeitig auch die Beantwortung der Frage ab, ob die Inanspruchnahme eines Kredits objektiv überhaupt erforderlich und wirtschaftlich vertretbar ist. Da die »Erforderlichkeit« zu den anspruchsbegründenden Voraussetzungen gehört, obliegt die Beweislast bereits insoweit dem Anspruchsteller.   83

---

58 *AG Gütersloh* r+s 1983, 258: Schaden über 1 000 Euro; *AG Freiburg* VersR 1982, 962: 2 500 Euro.
59 *BGH* NJW 1974, 34 f.
60 *LG Gießen* VersR 1988, 1044.
61 *OLG Köln* VersR 1973, 323; *LG Köln* VersR 1974, 67.
62 *AG Karlsruhe* VersR 1982, 53.
63 *OLG Zweibrücken* VersR 1981, 343 = r+s 1981, 108; *AG Rostock* SP 1996, 319.
64 *AG Celle* VersR 1973, 353; *AG Pforzheim* VersR 1975, 193; *AG Neuburg/Donau* VersR 1975, 625; *LG Karlsruhe* VersR 1975, 620; *LG Freiburg* VersR 1974, 1134.
65 *Hartung* VersR 1974, 147 f.
66 *OLG Zweibrücken* VersR 1981, 343; *AG Nürnberg* VersR 1976, 600.

3. Zinsverlust

84 Sofern der Gläubiger in unzumutbarer Weise im Interesse der Schadenminderung eigene liquide Mittel einsetzt, um den erlittenen Schaden vorzufinanzieren, müssen ihm die dadurch entgangenen Zinsen auch dann, wenn die Voraussetzungen des Verzuges nicht erfüllt sein sollten, als adäquate Schadenfolge erstattet werden. Hiervon ist zum Beispiel auszugehen, wenn er zu diesem Zwecke den erforderlichen Geldbetrag seinem Sparkonto entnimmt oder dieses sogar auflöst.

85 Das Gleiche gilt für die (Soll-)Zinsen, die durch eine Überziehung des eigenen Girokontos anfallen.

4. Zumutbarkeit

86 Wie bereits dargelegt muss der Einsatz eigener Mittel für den Geschädigten unter Berücksichtigung seiner finanziellen Verhältnisse zumutbar sein. Eine starre Grenze hinsichtlich der Höhe des vom Geschädigten selbst vorzufinanzierenden Schadens und die Unterteilung in »große« oder »kleine« Schäden verbietet sich, weil diese Begriffe ebenfalls relativ sind und sich an den besonderen wirtschaftlichen Verhältnissen des Geschädigten zu orientieren haben.

a) Privatmann

87 Verfügt der Geschädigte über ein über dem Durchschnitt liegendes monatliches Nettoeinkommen, so wird es ihm u. U. zumutbar sein, auch einmal einen Schaden mit ca. 1 500 Euro zunächst aus eigenen flüssigen Mittel kurzfristig im Interesse der Schadenbeseitigung vorzufinanzieren.[67] Eine Schematisierung verbietet sich allerdings, da es neben dem monatlichen Einkommen ganz entscheidend auch auf die sonstigen wirtschaftlichen Verhältnisse ankommt (z. B. laufende Kredite, Unterhaltsverpflichtungen).

88 Bei einem erheblichen Sachschaden ist dem Geschädigten ein Einsatz eigener finanzieller Mittel nur dann zuzumuten, wenn er über sofort frei verfügbare Geldmittel zur Begleichung des Schadens verfügt oder sich diese ohne besondere Schwierigkeiten beschaffen kann.[68] Der Einsatz eigener Mittel ist nur dann zuzumuten, wenn der Geschädigte diese ohne Beeinträchtigung seines normalen Lebenszuschnitts abzweigen kann. Ohne Beeinträchtigung seines sowie der seiner Familie angemessenen Unterhalts und ohne schon getroffene finanzielle Dispositionen zu ändern oder geplante Ausgaben zurückzustellen, muss der Geschädigte kurzfristig die benötigten Geldmittel entbehren und anderweitig investieren können.[69]

b) Geschäftsmann

89 Sofern ein Unternehmen geschädigt ist, gelten andere Grundsätze bezüglich der Zumutbarkeit der kurzfristigen Vorlage frei verfügbarer Mittel. Bei einem wirtschaftlich Tätigen ist im Wesentlichen auf die »bei ihm übliche Führung seines Geschäfts« abzustellen. Im Verhältnis zum Privatmann ist lediglich bezüglich des Rahmens zu differenzieren, innerhalb dessen sich ein Geschädigter unter Berücksichtigung der speziell ihm vorgegebenen wirtschaftlichen Verhältnisse bewegt.

90 Bei oberflächlicher Betrachtungsweise ist meist zu vermuten, dass ein Wirtschaftsunternehmen schon eher als ein Privatmann über liquide Eigenmittel verfügt und dass es einem wirtschaftlich tätigen Unternehmen zumutbar sein dürfte, kurzfristig auch größere Beträge im Interesse der Schadenminderung vorzufinanzieren.[70]

---

67 *BGH* NJW 1974, 34, 36; *OLG Celle* VersR 1963, 49; NJW 1973, 353; *OLG Nürnberg* VersR 1963, 489; 1965, 246.
68 *Klimke* VersR 1973, 881, 890; *Himmelreich* NJW 1973, 978 f.
69 *OLG Nürnberg* VersR 1965, 246; *OLG Celle* VersR 1973, 353.
70 *OLG Düsseldorf* ADAJUR-Dok.Nr. 29019.

C. Anspruchsbegründende Voraussetzungen

Demgegenüber vertritt das *OLG Köln*[71] den Standpunkt, dass auch ein geschädigtes Unternehmen – im vorliegenden Fall handelte es sich um eine OHG – ohne weiteres Fremdmittel in Anspruch nehmen dürfe, weil bekannt ist, dass gerade Firmen nur z. T. mit eigenen Mitteln arbeiten und diese »kostbar« sind. Ein derartiges Unternehmen ist deshalb nicht verpflichtet, die kostbaren Eigenmittel für fremd verursachte Unfälle einzusetzen.

Im tatsächlichen Wirtschaftsleben zeigt sich jedoch, dass eine zunehmende Zahl von Unternehmen ständig mit Bankkrediten arbeitet. Der Nachweis, nicht über genügend liquide Eigenmittel zur Finanzierung der Schadenbeseitigungskosten zu verfügen, ist deshalb auch im geschäftlichen Bereich zunehmend häufiger geführt. In Klagen genügt deshalb oftmals der Hinweis, dass der Kläger mit Bankkredit in bestimmter Höhe arbeitet und hierfür einen bestimmten Zinssatz zu zahlen hat.

5. Liquidität

Erforderlich ist ferner, dass es sich um flüssige Mittel handelt, die entweder sofort verfügbar sind oder ohne besondere Schwierigkeiten beschafft werden können. Es muss sich dabei also um Geld handeln, das der Geschädigte ohne nennenswerte Beeinträchtigung seines allgemeinen Lebenszuschnitts kurzfristig entbehren kann.[72]

Nicht zumutbar für den Geschädigten ist es beispielsweise, Wertpapiere zu einem ungünstigen Zeitpunkt unter dem Kurswert zu verkaufen. Ebenfalls kann nicht verlangt werden, dass er wertvolle Gegenstände (z. B. Schmuck, Möbel usw.) veräußert.

6. Rücklagen

Bei der Prüfung der Frage, ob ein Kreditbedarf des Geschädigten zu bejahen oder ihm zuzumuten ist, eigene finanzielle Mittel einzusetzen, muss in besonderem Maße berücksichtigt werden, dass die Zumutbarkeit lediglich dann zu bejahen ist, wenn der Geschädigte die Mittel »ohne besondere Einschränkung seiner gewohnten Lebensführung« abzweigen kann.[73]

Dies bedeutet, dass der Geschädigte nennenswerte Einschränkungen in seinen vorgeprägten Lebensgewohnheiten allein im Interesse des Ersatzpflichtigen nicht hinzunehmen braucht und auch nicht verpflichtet ist, bereits getroffene finanzielle Dispositionen entscheidend zu ändern bzw. fest eingeplante Ausgaben zurückzustellen.

Auch auf kleinere Rücklagen oder Ersparnisse, etwa den sog. »Notgroschen«, braucht der Geschädigte nicht zurückzugreifen. Es ist dem Geschädigten darüber hinaus nicht zuzumuten, sämtliche ihm zur Verfügung stehenden Mittel einzusetzen und damit sämtliche Reserven für plötzlich eintretende Notfälle des täglichen Lebens aufzulösen.[74]

III. Hinweispflicht

1. Kreditbedarf

Der Geschädigte, der nicht in der Lage ist, den für die Schadenbeseitigung erforderlichen Kapitalbedarf durch Einsatz eigener verfügbarer Mittel zu decken, ist verpflichtet, den Schädiger bzw. dessen Kfz-Haftpflichtversicherer unverzüglich hiervon zu unterrichten. Er muss ihm mitteilen, dass er den Schaden vorfinanzieren muss und die entsprechenden Zinsen und Kosten berechnet werden, falls dieser nicht rechtzeitig einen angemessenen Vorschuss zur Verfügung stellt oder in anderer Weise

---

71 *OLG Köln* NJW 1973, 713, 716.
72 *OLG Karlsruhe* zfs 1989, 83; *AG Rostock* SP 1995, 243; *LG Schwerin* ADAJUR-Dok.Nr. 15081; *AG Bernburg* SP 1996, 389; *LG Berlin* SP 1996, 83.
73 *BGH* NJW 1974, 34; *OLG Celle* VersR 1973, 353.
74 *OLG Köln* VersR 1973, 323 f.; *LG Köln* VersR 1974, 67.

dafür sorgt, dass bei der Auslösung des reparierten Unfallwagens bzw. bei der Rückgabe des Mietfahrzeugs für den Geschädigten keine Kosten entstehen.[75]

99 Die Hinweispflicht gehört zu den anspruchsbegründenden Voraussetzungen, weil der Gläubiger (Geschädigte) verpflichtet ist, die Erforderlichkeit von Fremdmittel i. S. v. § 249 Abs. 2 BGB darzulegen und zu beweisen.

a) Grund

100 Zunächst genügt der Hinweis an den Schädiger bzw. dessen Haftpflichtversicherung, dass ausreichende Mittel für die Auslösung des reparierten Fahrzeugs bzw. für die Anmietung eines Ersatzwagens nicht zur Verfügung stehen. Der Geschädigte muss außerdem eine Frist für die Zahlung eines Vorschusses oder einer anderen den Geschädigten von der Zahlungspflicht befreienden Handlung setzen. Diese sollte die Möglichkeit für den Schädiger bzw. dessen Haftpflichtversicherung berücksichtigen, Erkundigungen zum Schaden einzuholen. Außerdem muss der Geschädigte seinen (vorläufigen) Finanzbedarf dokumentieren, indem er z. B. einen Kostenvoranschlag oder ein Gutachten vorlegt. Damit hat der Geschädigte zunächst seiner Hinweispflicht Genüge getan. Der Haftpflichtversicherer des Schädigers kann sich auf diese Situation einstellen und die ihm notwendig erscheinenden Dispositionen treffen. Voraussetzung für die Erstattung von Finanzierungskosten ist, dass der Geschädigte den Schädiger rechtzeitig informiert, dass er nicht in der Lage ist, den Schaden aus eigenen Mitteln vorzufinanzieren.[76]

100a So muss der Geschädigte den Schädiger auf seine Mittellosigkeit und die fehlende Möglichkeit, Kredit zu bekommen, hinweisen, um seinen Anspruch auf Übernahme von Mietwagenkosten bzw. Nutzungsausfallentschädigung auch über den Zeitraum der Fertigstellung seines Fahrzeugs hinaus zu wahren. Dies stellt eine Ausnahme zu dem Grundsatz dar, dass Nachteile, die durch verspätete Ersatzleistungen des Schädigers entstehen, auch zu dessen Lasten gehen sollen. Unterlässt der Geschädigte den Hinweis auf seine Mittellosigkeit, der Ausfluss seiner Schadenminderungsobliegenheit ist, sodass der Gegner auch nicht die Gelegenheit hat, den Schaden durch Zahlung unter Vorbehalt abzuwenden, ist es dem Geschädigten zumutbar, seine Kaskoversicherung in Anspruch zu nehmen, um den Schaden so gering wie möglich zu halten.[77]

101 Der Kfz-Haftpflichtversicherer ist aufgrund dieser ihm zugegangenen Mitteilung in der Lage, eine Kostenübernahmebestätigung abzugeben bzw. von sich aus im Interesse der Beweissicherung tätig zu werden.

b) Höhe

102 Der Geschädigte muss dem Schädiger die ungefähre Größenordnung des Schadens und seines Kapitalbedarfs bekannt geben. Dies ist die Voraussetzung für einen Vorschuss in angemessener Höhe. Er muss Belege (z. B. Kostenvoranschlag, Sachverständigengutachten) vorlegen, die dem Kfz-Haftpflichtversicherer eine Prüfung ermöglichen.[78]

2. Rechtzeitigkeit

103 Die Mitteilung an den Ersatzpflichtigen muss rechtzeitig erfolgen,[79] d. h. so rechtzeitig, dass er in die Lage versetzt wird, bis zum Abschluss der Reparaturarbeiten wirksame Dispositionen zu treffen, um eine sonst notwendige Fremdfinanzierung zu vermeiden. Sinnvoll ist eine Gleichsetzung des Begriffs

---

75 BGHZ 61, 346; *LG Halle* SP 2000, 386; *AG Gelsenkirchen-Buer* SP 2004, 377; *LG Konstanz* SP 2005, 18.
76 *LG Konstanz* SP 2005, 18.
77 *LG Bautzen* SP 1997 472.
78 *BGH* VersR 1984, 73; BGHZ 243, 337; *AG Nürnberg* VersR 1973, 631; VersR 1980, 1130 = r+s 1981, 17; *AG München* VersR 1973, 1128; *AG Schweinfurt* VersR 1973, 955; *AG Aachen* VersR 1975, 95; *AG Neuenkirchen* VersR 1976, 80; *AG Freiburg* r+s 1980, 63.
79 *LG München I* zfs 1991, 304.

C. Anspruchsbegründende Voraussetzungen Kapitel 15

»rechtzeitig« mit dem Inhalt des Begriffs »unverzüglich«. Hierdurch wird erreicht, dass die Mitteilung an den Ersatzpflichtigen ohne schuldhaftes Zögern i. S. v. § 121 BGB erfolgen muss.

Der Geschädigte hat folglich unmittelbar nach dem Unfall seine finanziellen Mittel und Möglichkeiten darauf hin zu überprüfen, ob diese es zulassen, den durch den Unfall ausgelösten Kapitalbedarf vorzufinanzieren. Dies gilt hauptsächlich für den Fall, dass die Art des Schadens unverzügliche Dispositionen erfordert wie z. B. beim Totalschaden der notwendigen Anmietung eines Mietwagens. Das Gleiche gilt auch für den Reparaturschaden, sofern der Wagen nicht mehr fahrbereit ist, sodass Ausfallkosten anfallen. 104

Weniger eilig ist die Mitteilung des Geschädigten, wenn sein Fahrzeug nach dem Unfall noch voll betriebs- und verkehrssicher ist. Solange der Geschädigte seinen Wagen weiterbenutzt, bis er beispielsweise einen günstigen Reparaturzeitraum mit »seiner« Werkstatt vereinbart hat, entstehen keine Ausfallschäden i. S. v. Sachfolgeschäden. Der Geschädigte sollte hier allerdings die Reparatur erst in Auftrag geben, wenn er davon ausgehen kann, dass die Finanzierung der insoweit entstehenden Kosten gesichert ist. 105

Dem Ersatzpflichtigen ist es auf der anderen Seite zuzumuten, dem Geschädigten statt einer Überweisung entweder sofort eine Kostenübernahmeerklärung zu erteilen oder ihm einen Verrechnungsscheck zukommen zu lassen. 106

Hierbei ist zu berücksichtigen, dass es sich bei dem zu erstattenden Geldbetrag um eine Schickschuld i. S. d. § 270 BGB, nicht jedoch um eine Holschuld handelt.[80] Das bedeutet, dass der Ersatzpflichtige sich keineswegs damit begnügen darf, den Geschädigten aufzufordern, das Geld bei ihm abzuholen. 107

Der Geschädigte darf seinerseits abwarten, bis die Kostenübernahmeerklärung vorliegt oder der Geldbetrag sich auf seinem Konto befindet.[81] Dem Geschädigten ist es nicht zuzumuten, seine Freizeit oder gar seine Arbeitszeit zu opfern, um das Geld beim Ersatzpflichtigen abzuholen.[82] 108

U. U. kann eine Freistellungs- bzw. Kostenübernahmeerklärung durch den Ersatzpflichtigen auch fernmündlich erfolgen. Sinnvollerweise geschieht dies gegenüber dem Reparaturunternehmer bzw. dem Autovermieter direkt. Von diesen Maßnahmen ist der Geschädigte zweckmäßigerweise unverzüglich zu unterrichten, damit er etwa bereits eingeleitete Bemühungen zur Erlangung eines Kredits noch einstellen kann. 109

IV. Belege

Es genügt nicht, dass der Geschädigte von sich aus als vermeintlichen Kreditbedarf eine ihm angemessen erscheinende Summe nennt, sondern er muss bereits im Vorstadium der Verhandlungen bzw. der Bitte um Überweisung eines Vorschusses den auf seiner Seite entstandenen Schaden zumindest glaubhaft machen.[83] 110

Als Mindesterfordernis wird vom Geschädigten, neben einer ordnungsgemäßen Schadensschilderung, erwartet, dass er den voraussichtlichen unfallbedingten Schadenbedarf durch Kostenvoranschlag oder Gutachten nachweist. 111

---

80 *Himmelreich* NJW 1973, 978 f.
81 *AG München* VersR 1973, 59.
82 BGHZ 54, 82, 86.
83 U. a. *AG Stuttgart* VersR 1973, 632; *AG München* VersR 1973, 1128; *AG Schweinfurt* VersR 1973, 955; *AG Aachen* VersR 1975, 95; *AG Neuenkirchen* VersR 1976, 80; *AG Nürnberg* VersR 1976, 600; VersR 1980, 1130; *AG Freiburg* r+s 1980, 63; *KG* LexisNexis LNR 1994, 23176; *OLG Düsseldorf* LexisNexis LNR 2007, 45583.

1. Kostenvoranschlag

112 Sofern es sich um einen Sachschaden unter 750 Euro handelt,[84] der die Einschaltung eines Sachverständigen im Interesse der Schadenminderung nicht rechtfertigt, genügt die Übersendung eines Kostenvoranschlages einer Fachwerkstatt. Es empfiehlt sich, diesen Kostenvoranschlag so genau und spezifiziert wie möglich erstellen zu lassen.

2. Sachverständigengutachten

113 Ein Kostenvoranschlag kann auch für den Fall genügen, dass bereits auf den ersten Blick erkennbar sein sollte, dass die Ausführung der Reparatur wirtschaftlich zu vertreten ist. Sollte hingegen angesichts der ungünstigen Relation zwischen den gedachten Reparaturkosten und dem Wiederbeschaffungswert ein »echter« (konstruktiver oder wirtschaftlicher) Totalschaden i. S. v. § 251 Abs. 2 BGB vorliegen, dann kommt es nicht auf die Höhe der Reparaturkosten, sondern allein auf den Wiederbeschaffungswert an. Der Laie ist in der Regel nicht in der Lage, entsprechende Schätzungen anzustellen. Unter diesen Umständen ist ein Sachverständigengutachten erforderlich. Hierbei spielt die »Bagatellschadensgrenze« keine Rolle. Die Kosten für das Sachverständigengutachten müssen bei unverschuldeten Unfällen von der gegnerischen Versicherung getragen werden.

114 Auch bei Schäden in einer Größenordnung über 750 Euro[85] reicht ein Kostenvoranschlag i. d. R. nicht aus, sodass ein Gutachten eines qualifizierten technischen Sachverständigen vorgelegt werden sollte, hinsichtlich dessen Auswahl der Geschädigte in seiner Entscheidung frei ist. In vielen Fällen kommt bei höheren Reparaturkosten eine Wertminderung in Betracht, welche ebenfalls vom Sachverständigen festgelegt wird. Das Original des Gutachtens sollte sogleich an den Haftpflichtversicherer des Schädigers übersandt werden. Die Kosten für das Sachverständigengutachten müssen bei unverschuldeten Unfällen von der gegnerischen Versicherung getragen werden.

115 Erst wenn der Geschädigte die Verpflichtung zum Schadennachweis ordnungsgemäß erfüllt hat und der Haftpflichtversicherer auf die Erforderlichkeit der Vorfinanzierung hingewiesen wurde, wird er – bei gleichzeitigem Vorliegen der sonstigen anspruchsbegründenden Voraussetzungen – mit einem angemessenen Vorschuss des Haftpflichtversicherers des Unfallgegners bzw. mit Maßnahmen rechnen können, die ihn von der auf ihn zukommenden Kostenlast freistellen.

V. Vorschüsse

116 Der Ersatzpflichtige ist aus Rechtsgründen verpflichtet, dem Geschädigten auf Anforderung einen angemessenen Vorschuss zur Verfügung zu stellen, um damit den auf dem Unfall beruhenden Schadenbedarf zu decken.[86]

117 Eine derartige Vorauszahlung ist dem Ersatzpflichtigen jedenfalls dann zuzumuten, wenn bereits eine erste Prüfung der Sach- und Rechtslage ergibt, dass der Ersatzpflichtige für den Unfall zumindest nicht unerheblich (mit) verantwortlich ist.

118 Der Ersatzpflichtige hat dabei das Recht, den Vorschuss ohne Präjudiz für die Sach- und Rechtslage und unter dem gleichzeitigen Vorbehalt der Rückforderung zu leisten. Die formelhafte Klausel »ohne Anerkennung einer Rechtspflicht« bedeutet nach Ansicht des *OLG Koblenz* allerdings keinen die

---

84 Die Grenze für die Annahme eines »Bagatellschadens« wird regional unterschiedlich gezogen. In manchen Regionen gehen Versicherungen und Gerichte davon aus, dass der »Bagatellschaden« bis ca. 1 100 Euro anzunehmen ist. Vor Einschaltung eines Sachverständigen sollte hierzu unbedingt Rechtsrat bei einem kompetenten Anwalt eingeholt werden.
85 Die Grenze für die Annahme eines »Bagatellschadens« wird regional unterschiedlich gezogen. In manchen Regionen gehen Versicherungen und Gerichte davon aus, dass der »Bagatellschaden« bis ca. 1 100 Euro anzunehmen ist. Vor Einschaltung eines Sachverständigen sollte hierzu unbedingt Rechtsrat bei einem kompetenten Anwalt eingeholt werden.
86 *LG Berlin* SP 1996, 83; *BGH* DAR 2005, 265.

C. Anspruchsbegründende Voraussetzungen

Rückforderung rechtfertigenden Vorbehalt. Insbesondere gilt dies, wenn die Klägerin ihren Vorbehalt, der sich auf spätere Mehrforderungen des Geschädigten bezieht, gleichzeitig dahin erläutert hat, dass die Verrechnung auf »alle Ersatzansprüche« vorbehalten bleibt.[87]

Kommt eine spätere Rückzahlung von vornherein nicht in Betracht, wird der Vorschuss meist als »Vorauszahlung zur späteren Verrechnung im Rahmen einer dem Schuldner vorbehaltenen Zweckbestimmung« (§ 366 Abs. 1 BGB) deklariert werden, um die sonst eintretende gesetzliche Verrechnungsvorschrift nach § 366 Abs. 2 BGB zu vermeiden. 119

Dem Geschädigten ist dieser Vorbehalt zuzumuten. Er muss, unbeschadet seiner Rechte aus § 266 BGB, nach den Grundsätzen von Treu und Glauben (§ 242 BGB) einen derartigen Vorschuss annehmen. Dieses gilt auch dann, wenn der Vorschuss hinter den Vorstellungen des Geschädigten zurückbleibt.[88] 120

1. Anforderung

Die Aufnahme eines Kredits wird somit i. d. R. nicht mehr in Betracht kommen, wenn der Ersatzpflichtige nach einer entsprechenden Anforderung des Geschädigten und nach Glaubhaftmachung der Schadenhöhe eine Vorauszahlung in angemessener Höhe leistet, die den voraussichtlichen vom Schädiger verursachten Schadenbedarf deckt.[89] 121

Fordert der Geschädigte keinen Vorschuss an und wendet der Ersatzpflichtige gegenüber dem Anspruch auf Ersatz von Finanzierungskosten später ein, der Gläubiger habe durch die sofortige Aufnahme eines Kredits gegen die durch § 254 Abs. 2 BGB normierte Schadenminderungspflicht verstoßen, kommt es nach Ansicht einiger Gerichte entscheidend auf das nachfolgende Verhalten des Ersatzpflichtigen an. 122

2. Wegfall der Ursächlichkeit

Zunächst ist die vom Ersatzpflichtigen erklärte Leistungsbereitschaft maßgebend.[90] Dabei soll es ausreichen, dass der Ersatzpflichtige Abschlagszahlungen leistet,[91] was eine rechtzeitige Schadenmitteilung voraussetzt.[92] 123

Die Hinweispflicht des Geschädigten kann nachträglich dadurch entfallen, dass sich aus der schleppenden Regulierung des Haftpflichtversicherers ergibt, dass er auch im Fall einer rechtzeitigen Anforderung einen Vorschuss nicht in angemessener Frist gezahlt hätte. Dann kann dem Geschädigten eine Verletzung der Hinweispflicht – insbesondere bei kurzen Reparaturzeiten – nicht mit Erfolg entgegengehalten werden.[93] 124

Reguliert der Ersatzpflichtige beispielsweise erst später als drei Monate nach dem Unfall, muss er die dadurch notwendig gewordenen Kreditkosten auch dann ersetzen, wenn der Gläubiger (Geschädigte) den unfallbedingt eingetretenen Schadenbedarf nicht oder nicht rechtzeitig[94] mitgeteilt hat.[95] 125

Steht fest, dass der Ersatzpflichtige auch im Fall eines rechtzeitigen Hinweises des Geschädigten untätig geblieben wäre, kann er sich nach Treu und Glauben auf den fehlenden Hinweis nicht berufen. Der Geschädigte, der sich seinerseits darauf beruft, dass die Verletzung der Hinweispflicht unbeachtlich ist, muss die Gründe hierfür voll beweisen. 126

---

87 DAR 1984, 21.
88 *Klimke* VersR 1973, 881, 889.
89 *AG Oberhausen* VersR 1976, 768.
90 *BGH* NJW 1997, 3447.
91 *AG Münster* VersR 1972, 1086.
92 *LG Karlsruhe* VersR 1975, 620 = r+s 1975, 192; *AG Oberhausen* VersR 1976, 768 = r+s 1976, 215; *AG Aachen* r+s 1977, 124.
93 *LG Darmstadt* VersR 1970, 93; *AG Hanau* MDR 1971, 925.
94 Rdn. 103.
95 *AG Ettlingen* VersR 1982, 1157.

D. Schadenminderung

127 Nachfolgend sollen die Möglichkeiten sowohl des Geschädigten als auch des Ersatzpflichtigen dargestellt werden, um die Aufnahme von fremden Geldmitteln zu vermeiden und damit den Schaden zu mindern. Der in diesem Zusammenhang im Folgenden verwendete Begriff »Schadenminderung« ist nicht streng rechtsdogmatisch zu verstehen und soll ausnahmslos unter § 254 Abs. 2 BGB subsumiert werden.

I. Vorbemerkungen

1. Grundsatz

128 Grundsätzlich genügt nur derjenige Anspruchsteller seiner Schadenminderungspflicht ordnungsgemäß, der sich so verhält, als hätte er den Schaden letztendlich selbst zu tragen.[96]

129 Der Geschädigte verstößt gegen die ihm obliegende Schadenminderungspflicht auf jeden Fall dann, wenn er zur Finanzierung des erlittenen Schadens einen Kredit nur deswegen aufnimmt, weil dieser ihm durch sog. »Unfallhelfer« angeboten worden ist. Die Inanspruchnahme eines Kredits über einen »Unfallhelferring« kann ein echtes Kreditbedürfnis regelmäßig nicht positiv beeinflussen.[97]

129a Sofern er Reparatur- und sonstige Kosten ohne besondere Einschränkung seiner gewohnten Lebensführung aus eigenen Mitteln vorstrecken kann, sind die Kosten der Kreditaufnahme keine erforderlichen Aufwendungen i. S. v. § 249 BGB.[98]

2. Überpflichtmäßiges Verhalten

130 Aus Billigkeitsgründen muss ein unschuldig in einen Verkehrsunfall verwickelter Geschädigter zur Schadenminderung keine besonderen Anstrengungen und Entbehrungen auf sich nehmen. Er muss beispielsweise auf ein »eigentlich« benötigtes Mietfahrzeug oder auf ein Ersatzfahrzeug im Fall eines Totalschadens nicht verzichtet. Es reicht aus, wenn er wirtschaftlich vernünftig handelt und seine Belange an den Maßstäben eines ordentlichen Kaufmanns orientiert.[99] Meistens wird darauf abgestellt, wie der Geschädigte handeln würde, wenn er den Schaden selbst finanzieren müsste.

3. Beweislast

131 Der Geschädigte muss beweisen, dass seine Kreditaufnahme in der angegebenen Höhe tatsächlich stattgefunden hat und dass die Aufwendungen hierfür objektiv erforderlich und wirtschaftlich vernünftig waren. Bei der Beweislast handelt es sich um eine anspruchsbegründende Voraussetzung für die Erforderlichkeit der Kreditaufnahme.

132 Demgegenüber liegt die Beweislast dafür, dass der Geschädigte gegen die ihm nach § 254 Abs. 2 BGB obliegende Schadenminderungspflicht schuldhaft verstoßen hat, beim Ersatzpflichtigen.[100] Vermehrt wird jedoch dem Geschädigten im Zusammenhang mit der Anmietung eines Fahrzeugs zum sog. »Unfallersatztarif« die Verpflichtung auferlegt, die Erforderlichkeit der Anmietung zu diesem gegenüber dem »Normaltarif« erheblich höheren Tarif zu beweisen.[101]

133 Eine Umkehrung der Beweislast kann jedoch dann eintreten, wenn der Gläubiger behauptet, er habe ungünstige Finanzierungsbedingungen in Kauf nehmen müssen, nachdem er sich vergeblich um einen günstigen Kredit bemüht habe.[102] Soweit es sich um die Einrede der Arglist handelt, nämlich

---

96 *BGH* NJW 1964, 717; DAR 2005, 617.
97 *BGH* DAR 1974, 17; *AG Neuburg/Donau* VersR 1975, 625.
98 *LG Düsseldorf* VersR 1984, 897 = zfs 1984, 331; *LG Berlin* SP 1996, 83; *AG Bude* zfs 1980, 270.
99 *Klimke* VersR 1973, 881, 889.
100 *KG* DAR 1976, 241; WJ 2007, 2; *AG Nürnberg* NZV 2006, 14b *Griebenow*.
101 *LG Aachen* SP 2006, 250; *BGH* DAR 2006, 83; *LG Stendal* ADAJUR-Dok.Nr. 69985.
102 *Himmelreich* NJW 1973, 978 f.; a. A. *OLG Celle* VersR 1973, 281.

die Behauptung des Geschädigten, der Ersatzpflichtige hätte auch bei unverzüglicher Mitteilung nicht rechtzeitig reagiert, ist dafür der Geschädigte beweispflichtig.

II. Möglichkeiten des Ersatzpflichtigen

Auch dem Ersatzpflichtigen, bei dem es sich regelmäßig um einen Kfz-Haftpflichtversicherer handelt, bieten sich einige Möglichkeiten, die Kosten einer Fremdfinanzierung zu vermeiden. 134

1. Unverzügliche Anzeige beim Haftpflichtversicherer

Zunächst ist vom Schadenverursacher zu verlangen, dass er seine Obliegenheiten gegenüber seinem eigenen Haftpflichtversicherer ordnungsgemäß erfüllt und die vorgeschriebene Schadensanzeige unverzüglich dem Versicherer zuleitet. Die Schadenanzeige ist binnen einer Woche abzugeben (E.1 AKB 2008 – Musterbedingungen GDV) und muss wahrheitsgemäß sowie vollständig ausgefüllt sein. Anderenfalls läuft der Versicherte Gefahr, wegen Verletzung vertraglicher Obliegenheiten seinen Deckungsschutz zu verlieren. 135

Dies gilt auch dann, wenn zunächst Streit über die Schadenverursachung besteht und die Sach- und Rechtslage noch abschließend geklärt werden muss. Da bei Schadenfällen einer Größenordnung, in der eine Finanzierung in Betracht kommt, der Aufwand vom Gewicht her i. d. R. in die Zuständigkeit des Haftpflichtversicherers fällt, kann der Schädiger sich nicht unter Hinweis darauf, dass er zur Erhaltung seines Schadenfreiheitsrabatts den Ersatzanspruch ggf. aus eigenen Mitteln regulieren wolle, auf diese nur für Bagatellschäden geltenden »Sonderbedingungen« berufen. Meistens fordern Versicherer sogar bei »Bagatellschäden«, welche der Schädiger selbst zu regulieren beabsichtigt, die entsprechende Schadenmeldung, zumindest informativ. 136

2. Zügige Schadenregulierung

Der Ersatzpflichtige seinerseits ist verpflichtet, sich um eine zügige Schadenregulierung zu bemühen, die nicht zuletzt in seinem eigenen Interesse liegen dürfte. Er ist verpflichtet, die ihm vorliegenden Unterlagen unverzüglich zu prüfen und sich zu bemühen, evtl. bestehende Zweifel durch entsprechende Rückfragen zu klären. Zahlt er den Hauptschaden innerhalb von drei Wochen nach dem Unfall, besteht für den Geschädigten i. d. R. kein Anspruch auf Finanzierungskosten.[103] 137

3. Kostenübernahmeerklärung

a) Inhalt

Häufig ist es auch für den Geschädigten am einfachsten, wenn der gegnerische Haftpflichtversicherer bereit ist, eine Kostenübernahmeerklärung (Freistellungserklärung) abzugeben. Bei ihr handelt es sich vom Rechtscharakter her um eine Garantie i. S. e. Art selbstschuldnerischer Bürgschaft mit dem Inhalt, die unfallbedingt notwendigen Reparaturkosten unabhängig von der Gestaltung der Sach- und Rechtslage zu übernehmen.[104] Mit Rücksicht auf den rechtlich sehr weitgehenden Charakter der Kostenübernahmeerklärung sollte und wird der Schaden in der Praxis seiner Größenordnung nach zumindest in groben Zügen abgegrenzt, was i. d. R. dann möglich ist, wenn der Geschädigte entsprechende Belege (Kostenvoranschlag, Sachverständigengutachten) vorgelegt hat. 138

Der Geschädigte darf mit der Durchführung einer Reparatur eines Fahrzeuges allerdings nicht solange warten, bis die Kfz-Haftpflichtversicherung bestätigt, dass sie die Reparaturkosten tragen wird.[105] 139

Da die umrissene Größenordnung nicht als absolutes Limit gilt, wird der Versicherer aufgrund der ihm von der Rechtsprechung zugewiesenen Garantenstellung auch Beträge übernehmen müssen, die 140

---

103 *AG Nürnberg* VersR 1975, 192.
104 *AG Aachen* r+s 1977, 124.
105 *AG Zehdenick* SP 2005, 275.

den vorveranschlagten Betrag maßvoll übersteigen. Darüber hinaus ist im Interesse einer doppelten Begrenzung notwendig, dass durch die Kostenübernahmeerklärung lediglich unfallbedingte Aufwendungen erfasst werden. Allerdings müssen auch Beträge übernommen und bezahlt werden, die später im Wege des Vorteilsausgleichs durch entsprechende Abzüge (z. B. »neu für alt«) abgesetzt oder mit anderen Schadenpositionen verrechnet werden können. Die Werkstatt muss ihre Rechnung ohne Abzüge bezahlt bekommen.

141 In der Praxis wird teilweise mit Freistellungserklärungen gearbeitet, wenn das beschädigte Fahrzeug zur Feststellung des Schadenumfanges beim sog. Schadenschnelldienst des gegnerischen Haftpflichtversicherers vorgeführt wird.

142 Trotz der Kostenübernahmeerklärung ist die Rechnung auf den Geschädigten selbst auszustellen. Auch bei Vorsteuerabzugsberechtigten Geschädigten muss die Mehrwertsteuer, obwohl der Haftpflichtversicherer sie letztlich nicht zu tragen hat, grundsätzlich zunächst einmal an die Werkstatt überwiesen werden. Es kann jedoch auch eine Vereinbarung des Inhalts getroffen werden, dass der Haftpflichtversicherer lediglich die Beträge zahlt, die ihm letztlich endgültig zur Last fallen. Dann müsste sich der Geschädigte verpflichten, die vom Haftpflichtversicherer – im wirtschaftlichen Ergebnis zu Recht – nicht übernommene Mehrwertsteuer (Umsatzsteuer) selbst an die Werkstatt zu zahlen.

b) Reparaturkosten

143 Eine Kostenübernahmeerklärung hinsichtlich der Reparaturkosten kommt einer selbstschuldnerischen Bürgschaft gleich. Der Haftpflichtversicherer wird sie nur dann abgeben, wenn die Haftung zu 100 % feststeht.

144 Nachvollziehbar dürfte daher der vom Haftpflichtversicherer in seine Kostenübernahmeerklärung aufgenommene Vorbehalt sein, dass diese sich ausschließlich auf nachweisbar unfallbedingte Schäden eines bestimmten Unfalles bezieht.

145 Wenn eine rechtsgültige Kostenübernahmeerklärung vorliegt, wird dem Geschädigten nach Abschluss der Reparaturarbeiten das reparierte Fahrzeug ausgehändigt. Das gesetzliche Unternehmerpfandrecht (§ 647 BGB) greift nicht. Die Rechnung geht an die Kfz-Haftpflichtversicherung.

146 Die Kostenübernahmeerklärung bietet für den unmittelbaren Schädiger noch einen weiteren Vorteil: Sollte er, aus welchen Gründen auch immer, den Schaden selbst regulieren und handelt es sich bei ihm um einen zum Vorsteuerabzug berechtigten Unternehmer, kann er im Einverständnis mit dem Geschädigten selbst den Reparaturauftrag erteilen und die Werkstatt bitten, die Rechnung auf ihn, den ersatzpflichtigen Schädiger, auszustellen. Auf diese Weise kann der Schädiger dann die Vorsteuer abziehen, sodass der Mehrwertsteuer in diesem Fall ein kostenneutraler Charakter zukommt.

c) Mietwagenkosten

147 Die o. g. Erwägungen gelten vom Prinzip her auch für die Übernahme von Mietwagenkosten.

4. Vorauszahlungen

148 Die Aufnahme eines Kredits erübrigt sich auch dann, wenn der Haftpflichtversicherer nach einer entsprechenden Mitteilung des Gläubigers und nach Glaubhaftmachung der Schadenhöhe eine Vorauszahlung auf den voraussichtlich anstehenden Schadenbedarf in angemessener Höhe leistet. Der Haftpflichtversicherer ist unter Berücksichtigung der anspruchsbegründenden Voraussetzungen rechtlich verpflichtet, dem Gläubiger auf Verlangen unverzüglich einen angemessenen Vorschuss zur Verfügung zu stellen.[106]

---

106 *OLG Nürnberg* DAR 1964, 103; *OLG Düsseldorf* VersR 1976, 51; *KG* DAR 1976, 241; *OLG Köln* VersR 1975, 1107; VersR 1977, 937; *OLG Zweibrücken* VersR 1981, 343; *LG Koblenz* VersR 1974, 705; *LG Freiburg* VersR 1974, 1134; *LG Tübingen* VersR 1976, 476; vgl. *LG Frankfurt/M.* SP 2001, 55.

a) Vorschuss

Wird von der Möglichkeit einer Kostenübernahmeerklärung kein Gebrauch gemacht, erfolgt üblicherweise die Vorauszahlung in Form eines angemessenen Vorschusses. Insbesondere kommt dieser Weg in Betracht, wenn zumindest eine überwiegende Mithaftung des Ersatzpflichtigen unstreitig ist und lediglich noch die Frage einer Mitverursachung seitens des Gläubigers geklärt bzw. die Schadenhöhe geprüft werden muss. 149

Der Vorschuss kann durchaus großzügiger ausfallen, z. B. im Fall eines Reparaturschadens unter Berücksichtigung des vom Ersatzpflichtigen zu zahlenden merkantilen oder technischen Minderwerts. Auch der Ersatz von Anwaltskosten kommt als Äquivalent für eine sonstige Überzahlung in Betracht. 150

Vorschüsse werden i. d. R. stets »ohne jedes Präjudiz für die Sach- und Rechtslage« geleistet und mit einem Vorbehalt der Rückforderung bzw. anderweitigen Verrechnung versehen. 151

b) Darlehen

Sollte die Sach- und Rechtslage noch weitgehend ungeklärt sein, lässt sich andererseits aber die Möglichkeit, dass der betreffende Haftpflichtversicherer letztlich doch für den Schaden ersatzpflichtig sein sollte, nicht mit Sicherheit ausschließen, dann dürfte es sich in besonderen Fällen empfehlen, dem Geschädigten ein Darlehen zu gewähren. Dies bietet sich insbesondere dann an, wenn dadurch ein sonst eintretender größerer Schaden vermieden werden kann. 152

Für den Fall der Darlehensgewährung müssen natürlich ausreichende Sicherheiten gestellt werden, da evtl. damit gerechnet werden muss, dass das gesamte Darlehen nach endgültiger Prüfung der Sach- und Rechtslage berechtigterweise zurückgezahlt werden muss. 153

Insoweit empfiehlt es sich, eine in das freie Ermessen des Haftpflichtversicherers gestellte sofortige Fälligkeit des Darlehens – ggf. mit Unterwerfung des Darlehensnehmers unter die sofortige Zwangsvollstreckung i. S. v. § 794 Abs. 1 Nr. 5 ZPO – zu vereinbaren und außerdem zur dinglichen Absicherung einen Sicherungs-Übereignungsvertrag zu schließen. 154

Dabei ist zu berücksichtigen, dass nur bestimmte Gegenstände (z. B. ein bestimmtes Kraftfahrzeug) rechtswirksam übereignet werden können. Die Zulassungsbescheinigung Teil II (Kraftfahrzeugbrief) für das aus Mitteln des Haftpflichtversicherers reparierte oder neu beschaffte Kfz sollte der Haftpflichtversicherer in Besitz nehmen. 155

Da die übereignete Sache in aller Regel beim bisherigen (und neuen) Besitzer verbleibt, muss zum Zwecke einer wirksamen Eigentumsübertragung außerdem ein Übergabesurrogat (z. B. die Übertragung von Ansprüchen) vereinbart werden. 156

Es empfiehlt sich außerdem, die auf dem Kapitalmarkt jeweils üblichen Zinsen zu vereinbaren, die dem Geschädigten bezüglich des Betrages erlassen werden können, den der Haftpflichtversicherer nach Sach- und Rechtslage letztlich als ihm obliegende Ersatzleistung schuldet. 157

III. Möglichkeiten des Geschädigten

Auch dem Geschädigten selbst stehen einige Möglichkeiten zur Verfügung, um die Fremdfinanzierung eines schadenbedingt ausgelösten Kapitalbedarfs abzuwenden. Der einfachste und günstigste Weg ist zunächst der bereits an anderer Stelle erörterte Einsatz eigener Mittel. Nachfolgend soll nunmehr dargestellt werden, in welcher Weise der Geschädigte zur Geringhaltung des Schadens auch für den Fall beitragen kann, dass ihm eigene frei verfügbare Mittel zur Überbrückung des Kapitalbedarfs nicht zur Verfügung stehen. 158

1. Kontoüberziehung

Als einfachster und mittlerweile sehr häufiger Weg zur Finanzierung kommt die zeitweilige Überziehung des eigenen Girokontos in Betracht. Zwar werden »Überziehungskredite« oder »Dispositions- 159 kredite« meist, je nach Zinslage, gegen relativ hohe Zinsen gewährt, dennoch bestehen auch Vorteile. Zum einen fallen keine Nebenkosten an, zum anderen hat der Geschädigte den Vorteil, dass nur der Betrag verzinst zu werden braucht, der über das eigene Guthaben hinausgeht. Dies bedeutet zugleich, dass Eingänge auf dem Konto im Zeitpunkt der Gutschrift gewissermaßen sofort die Sollseite entlasten. Die Kreditsumme und damit die Zinsen werden unmittelbar gemindert.

160 Ein weiterer wirtschaftlicher Vorteil liegt darin, dass nur für den Zeitraum der tatsächlichen Inanspruchnahme des Darlehens Zinsen gezahlt werden müssen. Meist werden von den Geldinstituten ohne besondere Formalitäten Überziehungskredite gewährt, deren Höhe oft ein Mehrfaches der regelmäßigen monatlichen Einkünfte auf dem Girokonto betragen. Darüber hinaus kann dieser Kreditrahmen, je nach Absprache und bisherigem Verlauf der Geschäftsbeziehungen, auch noch erweitert werden. Diese äußerst preisgünstige Form der Finanzierung sollte daher im Interesse der Schadenminderung nach Möglichkeit genutzt werden.[107]

161 Auch ein Kontokorrent-Konto, bei dem es sich – rechtlich gesehen – um eine laufende Rechnung zwischen der Bank und ihrem Kunden in der Weise handelt, dass sich beide Parteien ihre Forderungen gegenseitig stunden und in regelmäßigen Zeitabschnitten – meist halbjährlich – die einzelnen Rechnungsposten gegeneinander aufrechnen, eignet sich für eine gelegentliche Überziehung.

162 Zum Thema der Kontoüberziehung betont der *BGH*[108] mit aller Deutlichkeit: »Hat der Geschädigte ein Kontokorrentkonto bei einem Geldinstitut, so kann von ihm die Inanspruchnahme eines ihm hierdurch möglichen Kredits oder eines seinem Gehaltskonto eingeräumten Dispositionskredits erwartet werden.«

162a Laut *KG Berlin* kann der Geschädigte nach der ständigen Rechtsprechung des Senats derartige Kreditkosten stets nur dann geltend machen, wenn er zuvor seiner aus § 254 Abs. 1 S. 1 1. Alt. abzuleitenden Mitteilungspflicht nachgekommen ist und den Schädiger rechtzeitig von seinem Kreditbedarf in Kenntnis gesetzt hat.[109]

2. Stundung

163 Einer Überziehung des eigenen Girokontos bzw. des Rückgriffs auf ein Kontokorrentkonto bedarf es dann nicht, wenn die im Zusammenhang mit der Schadenbeseitigung in Anspruch genommen Dienstleistungsbetriebe (z. B. Reparaturwerkstatt, Autovermietung) bereit sind, die gegen den Geschädigten auf vertraglicher Basis begründete Forderung zunächst (kurzfristig) zu stunden. Dazu werden die Dienstleistungsbetriebe insbesondere dann bereit sein, wenn der Geschädigte die Sach- und Rechtslage glaubhaft macht und seinen Anspruch zur Sicherung abtritt. Auch gute Kunden kommen oftmals in den Genuss der Stundung.

164 Wenn es dem Geschädigten also möglich ist, sich unter Ausnutzung seiner besonderen Kreditwürdigkeit oder seiner persönlichen und geschäftlichen Beziehungen die Reparatur- und Mietwagenkosten stunden bzw. sich ein Zahlungsziel einräumen zu lassen, ist er verpflichtet, im Rahmen des Zumutbaren von dieser Möglichkeit Gebrauch zu machen.[110]

165 Dies gilt insbesondere bei größeren Unternehmen, denen eine sofortige Barzahlung i. d. R. ohnehin nicht abverlangt wird. Sie erhalten die Möglichkeit, zu einem späteren Zeitpunkt nach Rechnungserhalt zu zahlen.[111]

---

107 BGHZ 61, 346; *OLG Nürnberg* VersR 1965, 247 f.; 1968, 505, 507; *OLG Düsseldorf* NJW 1969, 2051; *OLG Celle* VersR 1973, 353; *OLG Schleswig* VersR 1967, 68.
108 BGHZ 61, 346.
109 *KG* LexisNexis LNR 1994, 23176.
110 *LG Karlsruhe* VersR 1975, 620; *AG Stuttgart* VersR 1972, 893; *AG Nürnberg* VersR 1973, 652; *Himmelreich* NJW 1973, 978 f.; *Klimke* VersR 1973, 881, 890.
111 *OLG Stuttgart* VersR 1972, 893.

D. Schadenminderung

Eine denkbare Form der Stundung kann auch die Bezahlung der Reparatur- oder Mietwagenkosten mittels Kreditkarte sein. In einem derartigen Fall wird die »Zahlung« üblicherweise dadurch geleistet, dass der Inhaber der Kreditkarte die Richtigkeit der auf ihn ausgestellten Rechnung durch seine Unterschrift anerkennt. Der Gegenwert wird ihm dann – u. U. erst Wochen später – mit einer Sammelaufstellung in Rechnung gestellt, ohne dass dafür besondere Kreditkosten anfallen. Insbesondere im Zusammenhang mit Mietwagenkosten sieht der *BGH* die Möglichkeit, mit der Kreditkarte zu zahlen, als notwendig an, um nicht den – teueren – »Unfallersatztarif« in Anspruch nehmen zu müssen.[112]

166

Außer im Fall der Bezahlung per Kreditkarte stellt sich jedoch stets die Frage nach der Zumutbarkeit. Man wird vom Geschädigten keineswegs erwarten dürfen, dass er im Interesse des Ersatzpflichtigen unter Offenbarung seiner finanziellen Verhältnisse um eine Stundung geradezu »bettelt«. Eine Verpflichtung, von der Möglichkeit einer Stundung Gebrauch zu machen, besteht für den Geschädigten nur dann, wenn er die Stundung ohne besondere Schwierigkeiten und persönliche Nachteile erreichen kann. Dies ist üblicherweise der Fall, wenn er auch ansonsten Wartungs- und Instandsetzungsarbeiten regelmäßig erst nach Rechnungserhalt bezahlt. Erfahrungsgemäß sind Werkstätten eher zur Stundung bereit, wenn der Geschädigte anwaltschaftlich vertreten ist und wenn von dieser Seite erklärt wird, dass der Unfallgegner zu 100 % haftet.

167

3. Vereinbarung von Ratenzahlungen

Ähnlich verhält es sich, wenn der Geschädigte ohne größere Schwierigkeiten mit dem Dienstleistungsbetrieb eine Vereinbarung treffen kann, den Rechnungsbetrag in Raten zu tilgen. So ist beispielsweise im Fall eines Totalschadens die Anschaffung eines Ersatzfahrzeugs gegen vereinbarte Ratenzahlungen wesentlich günstiger als die längerfristige Anmietung und Benutzung eines Mietwagens.

168

Sofern im Fall der vereinbarten Ratenzahlungen Zuschläge erhoben werden, muss der Ersatzpflichtige diese zusätzlichen Mehrkosten als eine Art »modifizierte« Finanzierungskosten auch ohne Verzug als adäquate Folge des von ihm verursachten Sachschadens erstatten.

169

Selbstverständlich muss ein Zahlungsziel ausgenutzt werden. So ist es beispielsweise nicht üblich, dass der Geschädigte bereits bei Erteilung eines Reparaturauftrages eine Vorauszahlung leistet. Zahlung wird erst nach Abschluss der Arbeiten und ordnungsgemäßer Rechnungsstellung gefordert. Derjenige Geschädigte der bereits von vornherein einen Kredit beantragt, um der Reparaturwerkstatt einen – im Geschäftsverkehr nicht üblichen – Vorschuss zu leisten, verstößt deshalb gegen seine Schadenminderungspflicht.[113]

170

4. Abtretung

Sehr häufig lässt sich eine Finanzierung auch dadurch vermeiden, dass der Geschädigte, meist im Zusammenhang mit der Stundung, seine (begründeten) Schadenersatzansprüche gegen den Ersatzpflichtigen bzw. dessen Haftpflichtversicherer an den von ihm beauftragten Dienstleistungsbetrieb (Reparatur- oder Mietwagenunternehmen) abtritt. Derartige Abtretungserklärungen werden insbesondere dann als ausreichende Sicherheit angesehen, wenn dem neuen Gläubiger das Recht eingeräumt wird, die Zession offenzulegen und wenn es sich um einen seiner Verursachung nach eindeutigen Schadenfall handelt.

171

Insbesondere liegt keine erlaubnispflichtige Besorgung einer fremden Rechtsangelegenheit durch die alleinige Verwendung des von dem Zentralverband Deutscher Kraftfahrzeuggewerbe e. V. (ZDK) empfohlenen Formulars »Reparatur-Übernahmebestätigung« vor. Das Unternehmen besorgt nicht die rechtlichen Angelegenheiten seines Unfallgeschädigten Kunden, sondern eine eigene, wenn es

171a

---

112 *BGH* DAR 2006, 380; DAR 2006, 438; DAR 2007, 328.
113 *AG Neuburg/Donau* VersR 1975, 625.

ihm hauptsächlich auf die Verwirklichung der ihm durch die Abtretung eingeräumten Sicherheit ankommt. Die im Voraus vom Kunden erteilte Ermächtigung wird aufgrund einer fehlerhaften Reparatur nicht unwirksam.[114]

171b Erfolgt nach einem Verkehrsunfall im Rahmen einer Reparaturkosten-Übernahmebestätigung eine Abtretung von Schadenersatzansprüchen des Geschädigten an das Reparaturunternehmen auf der Grundlage einer Bestätigung der Haftpflichtversicherung des Unfallgegners, nach der die Versicherung Zahlung auf den Schadenersatzanspruch »nach ordnungsgemäßer Durchführung der Reparatur« direkt an den Reparaturbetrieb leisten wird, ist die Durchführung der Reparatur aufschiebende Bedingung für das Wirksamwerden der Abtretung. Stellt sich in einem solchen Fall nach Übergabe der Reparaturkosten-Übernahmebestätigung an den Reparaturbetrieb heraus, dass ein wirtschaftlicher Totalschaden vorliegt, kann die Haftpflichtversicherung nur dann befreiend an den Reparaturbetrieb zahlen, wenn der Geschädigte gesondert in eine Leistung an den Reparaturbetrieb zum Zweck der Erfüllung einwilligt.[115]

172 Dies gilt auch, wenn der Ersatzpflichtige zudem eine Kostenübernahmeerklärung erteilt hat und somit dem Inhaber des in Anspruch genommenen Dienstleistungsbetriebs zusätzliche Sicherheit geboten wird. Auch hier wird deutlich, dass Finanzierungskosten sich insbesondere dann vermeiden lassen, wenn beide Beteiligte, Geschädigter und Ersatzpflichtiger, bereit sind, im gemeinsamen Interesse der Schadenminderung zusammenzuarbeiten. Entscheidende Vorarbeiten in dieser Richtung hat die mit der Schadenregulierung beauftragte Anwaltskanzlei zu leisten.

173 Der Geschädigte sollte den Inhalt der Reparaturkostenübernahmeerklärung genau studieren. Insbesondere muss er darauf achten, dass die Erklärung tatsächlich auf die Reparaturkosten beschränkt ist. Eine pauschale Abtretung verpflichtet den Versicherer, auch z. B. die Wertminderung an den Reparaturkostenbetrieb auszuzahlen.

5. Inanspruchnahme eines Kaskoversicherers

174 Eine weitere, allerdings nicht ganz unproblematische Möglichkeit zur Vermeidung von Kosten einer Fremdfinanzierung besteht darin, auf die eigene Kaskoversicherung zurückzugreifen. In diesem Zusammenhang stellt sich allerdings die Frage, ob der Ersatzpflichtige die dem Geschädigten durch die Inanspruchnahme des Kaskoversicherers entstehenden Nachteile zu ersetzen hat.

175 Dies bedeutet, dass der Geschädigte in erster Linie prüfen muss, auf welchem Wege geringere Kosten entstehen. Er muss also dem geschätzten Betrage der wahrscheinlich anfallenden Kreditkosten die Nachteile gegenüberstellen, die durch den Verlust des Schadenfreiheitsrabatts entstehen. Eine entsprechende Rückfrage beim Kaskoversicherer über den zu erwartenden Rückstufungsschaden kann allerdings nur die aktuelle Situation widerspiegeln. So kann ein Fahrzeugwechsel oder aber auch eine Änderung in Typ- oder Regionalklasse sowie allgemeine Prämienerhöhungen und ein weiterer Unfallschaden bei dieser Auskunft nicht berücksichtigt werden.

176 Besteht der einzige Grund für die Inanspruchnahme des Kaskoversicherers darin, eine sonst notwendig werdende Aufnahme eines Fremdkredits zu vermeiden, hat der Ersatzpflichtige die dadurch ausgelösten Nachteile als Kosten der gebotenen Schadenminderung zu ersetzen, falls dies der wirtschaftlich sinnvollere Weg ist und der Geschädigte ihm zunächst ausreichende Gelegenheit gegeben hat, in die Schadenregulierung durch Zahlung eines Vorschusses einzutreten.[116] Unterlässt der Geschädigte den Hinweis auf seine Mittellosigkeit, der Ausfluss seiner Schadenminderungsobliegenheit ist, sodass der Gegner auch nicht die Gelegenheit hat, den Schaden durch Zahlung unter Vor-

---

114 *OLG Düsseldorf* SP 2006, 389.
115 *LG Frankfurt/M.* NJW 2004, 3430.
116 BGHZ 61, 346; *BGH* VersR 1976, 1066; *LG Schwerin* SP 1996, 416; *AG Bautzen* ADAJUR-Dok.Nr. 28492; vgl. WJ 1977, 172.

behalt abzuwenden, ist es dem Geschädigten zumutbar, seine Kaskoversicherung in Anspruch zu nehmen.[117]

Anders verhält es jedoch dann, wenn die Inanspruchnahme des Kaskoversicherers vornehmlich im Interesse des Geschädigten liegt, beispielsweise also dann, wenn er über die Kaskoversicherung ein Neufahrzeug ersetz bekommt, während der Kfz-Haftpflichtversicherer lediglich den Wiederbeschaffungswert bezahlen muss. 177

Der Unfallgeschädigte erhält Kreditkosten nicht ersetzt, wenn er seine Schadenminderungspflicht verletzt, indem er seinen Kaskoversicherer nicht in Anspruch nimmt, obwohl ihm von Anfang an klar ist, dass er aus Rechtsgründen einen erheblichen – weit über den Verlust des Schadenfreiheitsrabatts hinausgehenden – Teil seines Schadens selbst tragen muss.[118] 178

Meist wird es sich jedoch bei der Finanzierung des Schadenbedarfs über die eigene Kaskoversicherung mit Rücksicht auf den dann eintretenden Rückstufungsschaden um keine sachgerechte Lösung handeln. Gerade bei Unfällen im Ausland ist dies jedoch meistens die einzige Möglichkeit, um den Schaden schnell reguliert zu bekommen. 178a

6. Arbeitgeberdarlehen (Vorschüsse)

In bestimmten Fällen ist der Arbeitgeber des Geschädigten bereit, die notwendigen Reparatur- und Mietwagenkosten durch Gewährung eines Lohn- oder Gehaltsvorschusses zinslos vorzustrecken. Dies gilt insbesondere dann, wenn das Kraftfahrzeug auch im dienstlichen Interesse gehalten wird, beispielsweise um dem Arbeitnehmer die Ausübung seines Berufes zu ermöglichen oder zu erleichtern. Grundsätzlich sollte auch dieser Weg der Finanzierung im Interesse der Schadenminderung in Betracht gezogen und in zumutbarer Weise wahrgenommen werden. 179

Soweit es sich um die Frage der Zumutbarkeit handelt, sollte der Arbeitnehmer bedenken, dass er gegenüber seinem Arbeitgeber vertragliche Vorleistungen erbringt. So sollte von vornherein keine »Peinlichkeit« aufkommen, wenn der Arbeitgeber seinem Mitarbeiter im Bedarfsfalle einmal aus einem finanziellen Engpass hilft. 180

Andererseits wird man jedoch auch Verständnis für den Geschädigten aufbringen müssen, der sich aus persönlichen Gründen scheut, seinen Arbeitgeber um einen Vorschuss zu bitten. Versichert er beispielsweise glaubhaft, dass er noch niemals einen Vorschuss in Anspruch genommen hat, wird man ihm diesen Weg auch nicht im Fall eines fremd verursachten Schadens und im alleinigen Interesse des Ersatzpflichtigen zumuten können.[119] 181

7. Sonstige Vorschüsse

In diesem Zusammenhang ist an die Gewährung von sonstigen Vorschüssen und Abschlagszahlungen zu denken, die dem Geschädigten aus anderen Rechtsverhältnissen zustehen, und zwar auch dann, falls er auf sie im strengeren Sinne einen Rechtsanspruch nicht erheben kann. Vornehmlich werden hier aber auch diejenigen Zuschüsse in Betracht kommen, die der Ersatzpflichtige dem Geschädigten aus Anlass des Unfalles nach der bereits an anderer Stelle erörterten Rechtslage zu gewähren hat. 182

Nach Ansicht des *AG Karlsruhe*[120] ist es einer geschädigten Ehefrau im Rahmen der Schadenminderungspflicht nicht zuzumuten, die Finanzierung des anfallenden Schadenbedarfs über das Gehaltskonto ihres Ehemannes abzuwickeln. Bei rechtlich orientierter Betrachtungsweise handelt es sich um den Eingriff in die Rechtssphäre eines Dritten. Ebenso unzutreffend wäre es in diesem Zusammen- 183

---

117 *LG Bautzen* SP 1997, 472; so auch *AG Bautzen* SP 1997, 329.
118 *OLG München* VersR 1984, 1054 = zfs 1984, 136.
119 *Klimke* VersR 1973, 881, 893.
120 *AG Karlsruhe* VersR 1982, 53.

hang, auf die Unterhaltspflicht des Ehemannes zurückzugreifen, die gewiss nicht dem Zweck dienen kann, den Ersatzpflichtigen finanziell zu entlasten.

IV. Günstige Vertragsbedingungen

184 Sofern für den Geschädigten keine Möglichkeiten zur Abwendung einer Fremdfinanzierung bestehen und er daher einen Kredit von dritter Seite in Anspruch nehmen muss, hat er gem. § 254 Abs. 2 BGB auf für ihn günstigen Vertragsbedingungen zu achten.[121] Dieses bedeutet allerdings nicht, dass der Geschädigte, insbesondere dann, wenn der Kreditbedarf nicht übermäßig hoch ist und das benötigte Darlehen nur für verhältnismäßig kurze Zeit benötigt wird, verpflichtet ist, sämtliche Konkurrenzangebote aller in Betracht kommender Kreditinstitute einzuholen. Es genügt regelmäßig, dass der Geschädigte den Kredit bei einem »normalen« und seriösen Bankinstitut aufnimmt.

184a In diesem Zusammenhang steht dem Geschädigten in einem gewissen Rahmen die freie Auswahl der Kreditinstitute zu, sofern er dabei zumindest in groben Zügen[122] auf eine für ihn günstige Vertragsgestaltung achtet.[123] Er braucht nicht unter allen Umständen bei dem allergünstigsten Kreditinstitut ein Darlehen aufzunehmen oder in unzumutbarer Weise Erkundigungen einzuholen.[124]

185 Er muss sich jedoch »wirtschaftlich vernünftig«[125] verhalten, d. h. nach Treu und Glauben (§ 242 BGB) so, wie eine »verständige, wirtschaftlich denkende Person in der besonderen Lage des Geschädigten« gehandelt hätte.[126] Nimmt der Geschädigte den Kredit bei der Bank auf, bei der er auch sonst Kunde ist, verhält er sich innerhalb des hier abgesteckten Rahmens.

186 Hat der Geschädigten ausnahmsweise keine »Hausbank« oder »Geschäftsbank«, muss er sich zumindest einen objektiv möglichen und subjektiv zumutbaren Überblick über die Konditionen der einzelnen Kreditinstitute verschaffen und in Fällen offensichtlich überhöhter Angebote unter mehreren vergleichbaren Möglichkeiten die für ihn vorteilhafteste Form zu wählen. Ist die Kreditsumme nicht übermäßig hoch und das Darlehen von kurzer Dauer, braucht der Geschädigte bei überraschend notwendig werdender Kreditaufnahme allerdings keine Vergleiche der Konditionen verschiedener Kreditinstitute anzustellen.[127]

187 In Fällen, in denen der Geschädigte wegen anderweitiger Überschuldung einen Kredit von einem der ansonsten in Betracht kommenden Bankinstitute nicht erhalten wird, sieht er sich unter dem Druck der Verhältnisse u. U. auch gezwungen, die Hilfe eines sog. »Kreditvermittlers« in Anspruch zu nehmen und dessen ungünstigen Konditionen zuzustimmen. Die höheren Zinsen müssen unter diesen Umständen erstattet werden. Der Geschädigte verletzt seine Schadenminderungspflicht nicht. Als wirtschaftliches Teilstück eines Verfahrens zur Entlastung des Unfallgeschädigten von der gesamten, auch rechtlichen Schadenabwicklung ist jedoch ein Kreditvertrag, mit dem eine Bank die Finanzierung des Unfallschadens übernimmt, wegen Verstoßes gegen das Rechtsdienstleistungsgesetz nichtig, wenn die Bank im Zusammenwirken mit den anderen Unfallhelfern die Schadenersatzforderungen des Unfallgeschädigten einzieht, ohne sie sich abtreten zu lassen. Die mit der organisierten Unfallhilfe verbundenen Möglichkeiten eines Konflikts zwischen den entgegengesetzten Interessen der Beteiligten und die Gefahr einer Benachteiligung des Geschädigten widersprechen dem Schutzzweck des Rechtsdienstleistungsgesetzes, das eine sachgemäße Besorgung fremder Rechtsangelegenheiten gewährleisten soll. Um den Gesetzeszweck zu erreichen und Gesetzesumgehungen entgegen-

---

121 *OLG Nürnberg* VersR 1965, 247; *AG Gütersloh* r+s 1983, 258 f.
122 *OLG Nürnberg* VersR 1977, 1016.
123 *OLG Nürnberg* VersR 1968, 505; *OLG Düsseldorf* NJW 1969, 2051; VersR 1976, 51; r+s 1977, 124; *OLG Karlsruhe* VersR 1974, 761; *LG Karlsruhe* VersR 1974, 761; VersR 1975, 620.
124 *Himmelreich* NJW 1973, 978 f.
125 BGHZ 61, 346.
126 BGHZ 54, 82, 84.
127 *OLG Nürnberg* VersR 1977, 1016.

zuwirken, ist die Folge der Nichtigkeit eines solchen Geschäfts nicht auf einzelne Vertragsteile beschränkt.[128]

V. Tilgungszeiträume

Hinsichtlich der Laufzeit des Kreditvertrages, insbesondere seines Beginns und seines Endes, ergeben sich bei beanspruchten Krediten eine ganze Reihe von Problemen. 188

1. Beginn des Kreditvertrages

Im Hinblick auf § 254 Abs. 2 BGB ist es dem Geschädigten nicht gestattet, aus eigenem Antrieb und ohne sich mit dem Ersatzpflichtigen in Verbindung zu setzen einen Kreditantrag zu stellen. Der Geschädigte, der auf den bloßen Verdacht hin, es könnten im geeigneten Zeitpunkt keine flüssigen Mittel für die Finanzierung des Schadenbedarfs vorhanden sein, gewissermaßen ins »Blaue hinein« einen Kreditantrag stellt, verstößt gegen die ihm durch § 254 Abs. 2 BGB auferlegte Schadenminderungspflicht. Dies gilt in besonderem Maße für den Geschädigten, der den Kreditantrag bereits am Tag des Unfalls stellt. 189

Der Geschädigte muss vielmehr zunächst grob die Höhe des unfallbedingten Kapitalbedarfs feststellen und dann prüfen, ob ein Einsatz eigener Mittel in Betracht kommt. Sollte dies nicht der Fall sein, müssen die sonstigen Möglichkeiten geprüft werden, die dem Geschädigten zur Vermeidung einer Fremdfinanzierung zur Verfügung stehen. Angesichts ihrer besonderen Wichtigkeit sollen diese hier noch einmal, sozusagen als »Checkliste«, genannt werden: 190

- Überziehung des eigenen Girokontos
- Ausnutzung der Möglichkeiten eines Kontokorrentkontos
- Stundung der Rechnung von Dienstleistungsträgern
- Abtretung des Schadenersatzanspruchs
- Vereinbarung von Ratenzahlungen
- Inanspruchnahme des eigenen Kaskoversicherers
- Arbeitgeberdarlehen oder -vorschüsse
- Sonstige Vorschüsse.

Erst wenn diese Möglichkeiten nicht infrage kommen und auch der Ersatzpflichtige nicht zu erkennen gibt, dass er bereit oder in der Lage ist, von den ihm zur Verfügung stehenden Möglichkeiten im Interesse der Schadenminderung Gebrauch zu machen, muss die Aufnahme eines kommerziellen Fremdkredits in Erwägung gezogen werden. Dafür stehen dem Geschädigten meist einige Tage zur Verfügung, nämlich der Zeitraum, der erforderlich ist, um die Reparaturarbeiten am beschädigten Kfz durchzuführen bzw. sich mithilfe eines Sachverständigen Gewissheit darüber zu verschaffen, ob Totalschaden vorliegt und welche Angebote auf dem Gebrauchtwagenmarkt im Interesse einer zügigen Ersatzbeschaffung genutzt werden können. 191

Der Darlehensvertrag sollte also erst dann beginnen, wenn der Darlehensbetrag tatsächlich benötigt wird. Dies wird i. d. R. der Zeitpunkt sein, in dem die Reparaturarbeiten beendet werden bzw. in dem, im Fall eines Totalschadens, das Ersatzfahrzeug bezahlt werden muss. 192

2. Inanspruchnahme des Darlehens

Ein weiteres, im Hinblick auf § 254 Abs. 2 BGB maßgebliches Datum, ist der Zeitpunkt der tatsächlichen Inanspruchnahme des Darlehens, also der Auszahlung des Darlehensbetrages. Häufig muss Bargeld gar nicht bezahlt werden, wenn die Reparaturwerkstatt sich zur Herausgabe des instand gesetzten Kfz bereit erklärt, sobald ihr der rechtsbeständige Abschluss eines Darlehensvertrages nachgewiesen ist und der Anspruch auf Auszahlung des Darlehensbetrages bis zur Höhe der Reparaturkosten abgetreten wurde. Unter dieser Voraussetzung lässt sich der Zeitpunkt der tatsächlichen 193

---

128 *BGH* DAR 2004, 319 bei *Diederichsen*.

Inanspruchnahme des Darlehensbetrages im Interesse der Schadensminderung noch etwas weiter hinauszögern, ohne dass dem Geschädigten dadurch Nachteile entstehen.

194 Sofern noch vor Auszahlung des Betrages ein angemessener Vorschuss des Ersatzpflichtigen beim Geschädigten eingeht, muss dieser seinen Kreditantrag zurückziehen bzw. darf er das Darlehen nicht in Anspruch nehmen. Sollten dadurch Kosten entstanden sein, die mit Sicherheit niedriger als die Kosten eines tatsächlich in Anspruch genommenen Kredits sind und stellt sich heraus, dass der Geschädigte bei der Beantragung des Darlehens sachgerecht gehandelt hat, muss der Ersatzpflichtige ihn von den Stornogebühren des Bankinstituts bzw. von der Summe freizustellen, die dieses berechtigterweise als Schadenersatz wegen Nichterfüllung verlangt. Eine Kreditbearbeitungsgebühr ist allerdings dann nicht zu erstatten, wenn der Geschädigte den Kredit von seiner Hausbank ohne besondere Bearbeitungsgebühr bekommen hätte.[129]

195 Häufig wird das Darlehen dem Antragsteller in der Form gewährt, dass dieser durch sog. »Abrufschecks« über den vereinbarten Darlehensbetrag verfügen kann. Dies sollte ebenfalls erst im Bedarfsfalle geschehen, wobei die üblichen Banklauffristen, die u. U. mehrere Tage in Anspruch nehmen können, Darlehenszinsen ersparen. Dabei sollte in Betracht gezogen werden, dass sich auch mit den in Anspruch genommenen Dienstleistungsbetrieben durch Stundungsvereinbarungen der Fälligkeitstermin hinausgeschoben werden kann und damit der vereinbarte Darlehensbetrag erst später abgerufen werden muss.

3. Begrenzung der Laufzeit im Rahmen der Voraussehbarkeit

196 Die Schadenminderungspflicht gebietet es, dass der Geschädigte im Rahmen der Voraussehbarkeit die Laufzeit eines von ihm beantragten Darlehens von vornherein den bestehenden Möglichkeiten anpasst, da im Fall vorzeitiger Tilgung erfahrungsgemäß nur ein Bruchteil der durch Verzicht auf eine längere Inanspruchnahme nicht verbrauchten Kreditkosten erstattet wird. So müssen auf alle Fälle mögliche Vorfälligkeitszahlungen vereinbart werden. Leistet der Versicherer unter diesen Umständen einen Vorschuss, wird die Kreditsumme vermindert, die Finanzierungskosten werden hierdurch reduziert.

197 Der Geschädigte darf seine Dispositionen also nicht ohne Weiteres darauf einrichten, wie die Dinge sich verhalten würden, wenn der Ersatzpflichtige überhaupt keine Leistung erbringt und der Geschädigte ohne Hilfe von »außen« den Kredit ausschließlich selbst und aus eigenen Mitteln zurückzahlen muss. Er würde deshalb sicher nicht im Rahmen seiner Schadensminderungspflicht handeln, wenn er von vornherein einen Kredit mit einer zweijährigen Laufzeit aufnehmen würde, obwohl mit einer weitaus schnelleren Abrechnung des Schadens durch die Versicherung zu rechnen ist.[130]

197a Andererseits sollte er sich durch eine besondere Vereinbarung mit dem Kreditgeber die Möglichkeit vorbehalten, zu einem späteren Zeitpunkt die Raten zu »strecken« bzw. den Tilgungszeitraum auszudehnen. Hieran hat der Geschädigte ein eigenes Interesse. Häufig zeigt sich, dass der Geschädigte die Sach- und Rechtslage unzutreffend eingeschätzt hat und er mit Leistungen des Ersatzpflichtigen nicht oder jedenfalls bei Weitem nicht in dem zunächst angenommenen Umfange rechnen kann.

198 Auf der anderen Seite muss dem Geschädigten aber auch gestattet werden, den Tilgungszeitraum so zu bemessen, dass er die einzelnen Rückzahlungsraten unter Berücksichtigung seiner ganz persönlichen Verhältnisse ohne übermäßige Einschränkung seines gewohnten Lebensstandards aufbringen kann.

199 I. d. R. wird es genügen, den Kredit auf eine Laufzeit von sechs Monaten zu begrenzen. Auf Wunsch sind die Kreditinstitute in der Praxis bereit, gegen relativ geringe Mehrkosten einzelne Raten auszusetzen bzw. den Tilgungszeitraum insgesamt zu strecken.

---

129 *OLG Karlsruhe* VersR 1979, 40.
130 Offensichtlich gegenteilige Auffassung *OLG Celle* VersR 1973, 281.

4. Vorzeitige Rückzahlung

Gemäß § 254 Abs. 2 BGB ist der Geschädigte verpflichtet, ihm zufließende Schadenersatzleistungen, auch in Form von Vorschüssen, unverzüglich für die Tilgung des offenen Restkredits zu verwenden. Die durch die vorzeitige Rückzahlung ersparten Aufwendungen sind bei der Berechnung des ausgleichsfähigen Schadens von den erstattungsfähigen Finanzierungskosten abzusetzen. 200

Der Geschädigte verstößt gegen die Schadenminderungspflicht, wenn er die ihm von seiner Kaskoversicherung geleistete Zahlung nicht zur Rückzahlung des Darlehens nutzt, das er zur Schadenbeseitigung benötigt hat.[131] 201

Allerdings ist es dem Geschädigten, der bereits einige kleinere Schadenspositionen aus eigenen Mitteln verauslagt hat, gestattet, eingehende Vorschüsse für sich zu verwenden. Er kann seine finanzielle Situation verbessern, wenn er seine eigene »wirtschaftliche Bewegungsfreiheit« allzu sehr eingeengt hat, indem er zunächst bestimmte Positionen aus eigenen Mitteln finanziert hat. 202

VI. Dauer der Ersatzanmietung/Nutzungsausfallentschädigung

Wie bereits erörtert, sollte die Anmietung eines Ersatzwagens auf den unumgänglich notwendigen Zeitraum beschränkt werden. Nur in diesem Rahmen kann auch Nutzungsausfallentschädigung gefordert werden. Die Erfahrungen aus der Praxis zeigen, dass es bei einer Benutzung des Mietwagens über den unfallbedingt notwendigen Zeitraum hinaus zu erheblichen Problemen bei der Schadenregulierung kommt. 203

Sollte z. B. die längere Anmietung eines Ersatzwagens deshalb notwendig sein, um eine Finanzierungslücke zu schließen, die sich mit anderen Möglichkeiten, die dem Geschädigten zur Verfügung stehen, nicht abwenden lässt, muss der Geschädigte unbedingt gem. § 254 Abs. 2 BGB den Ersatzpflichtigen auf diese ungewöhnliche Ausweitung der Schadenhöhe hinweisen. Es liegt dann bei ihm, für Abhilfe zu sorgen, falls er sich später nicht dem Vorwurf aussetzen will, er habe sich untätig verhalten und dadurch selbst zur Erhöhung des Schadens beigetragen. 204

Hat der Geschädigte nicht die Geldmittel, um die Kosten der Reparatur zu bezahlen und ist er zudem kreditunwürdig, kann er vom Schädiger auch über die Reparaturzeit hinaus Ersatz des Nutzungsausfalls verlangen, wenn er den Schädiger über seine finanzielle Situation rechtzeitig informiert hat. Zwar kommt ein Ersatzanspruch von Nutzungsausfall bzw. Mietwagenkosten über die übliche Reparaturdauer hinaus nur in Betracht, wenn die Reparaturkosten so hoch sind, dass der Geschädigte sie nicht aus eigenen Mitteln bezahlen kann und die Aufnahme eines Kredits in dieser Höhe ihm weder möglich noch zumutbar ist. Wenn der Schädiger ihm in einem solchen Fall trotz Aufforderung keinen Vorschuss gewährt, hat er für die Zeit Nutzungsausfall bzw. Mietwagenkosten zu ersetzen, in der der Geschädigte nicht in der Lage ist, die Reparaturkosten zu begleichen.[132] 205

VII. Annahme von Teilleistungen

Ein vernünftig und wirtschaftlich denkender Geschädigter nimmt auch Teilleistungen des Ersatzpflichtigen an. Dies gilt auch deshalb, weil sich gezahlte Teilleistungen u. U. später durchaus als Vollleistung erweisen können. 206

Dies gilt insbesondere dann, wenn durch derartige Teilleistungen der Geschädigte, der über keine eigenen Mittel verfügt, bei der Abdeckung des durch den Unfall ausgelösten Kapitalbedarfs finanziell entlastet wird. 207

Auch die Anwendung des § 266 BGB, die von dem allgemeinen Grundsatz von Treu und Glauben (§ 242 BGB) beherrscht wird, gebietet es dem Geschädigten, eine Teilleistung dann nicht abzuleh- 208

---

131 *OLG Koblenz* VersR 1984, 896.
132 *KG* VM 1994, 5.

nen, wenn ihm deren Annahme bei verständiger Würdigung der besonderen Lage des Ersatzpflichtigen und seiner eigenen schutzwürdigen Interessen zuzumuten ist.[133]

209 Die Bestimmung des § 266 BGB soll im Allgemeinen den Gläubiger davor schützen, dass er durch Teilleistungen des Schuldners belästigt wird. Der Gläubiger muss eine derart meist geringfügige »Belästigung« jedoch nach Treu und Glauben dann hinnehmen, wenn aufseiten des Schuldners (Ersatzpflichtigen) ein erhebliches und berechtigtes Interesse vorhanden und für den Gläubiger erkennbar ist, aus ganz bestimmten vertretbaren Gründen seine Schuld in Teilen zu tilgen. In diesen Fällen muss eine Abwägung der Interessen des Gläubigers gegen die Interessen des Schuldners stattfinden.[134]

210 Ein Geschädigter verstößt insbesondere dann gegen die durch Treu und Glauben geprägte Pflicht zur Annahme zumutbarer Teilleistungen, wenn seine eigene frei verfügbare Mittel für die Finanzierung des Schadenbedarfs nicht zur Verfügung stehen und er sonst einen Kredit aufnehmen muss.[135]

211 Die Annahmepflicht gilt für den Geschädigten auch dann, wenn der Ersatzpflichtige bei der Überweisung eines Vorschusses den einschränkenden Vorbehalt machen sollte, die Leistung erfolge »ohne jedes Präjudiz für die Sach- und Rechtslage«. Das Gleiche gilt für den Fall, dass der Ersatzpflichtige gegenüber dem Geschädigten erklärt, der Vorschuss werde unter dem Vorbehalt der Rückzahlung bzw. anderweitigen Verrechnung geleistet. Der Geschädigte ist durch einen derartigen Vorbehalt nicht unzumutbar beschwert. Unbeschadet seiner Rechte aus § 266 BGB wird er nach den Grundsätzen von Treu und Glauben gerade in derartigen Fällen, in denen er selbst um einen Vorschuss oder anderweitige Finanzhilfe gebeten hat, verpflichtet sein, Teilleistungen des Ersatzpflichtigen anzunehmen. Diese sind unter den dargestellten Umständen nicht unzulässig.[136] Bei diesem Sachverhalt kommt auch eine Umkehrung der Beweislast über § 363 BGB nicht ernsthaft in Betracht.

E. Höhe des Anspruchs

212 Die Höhe des Anspruchs auf Ersatz von Finanzierungskosten bedarf einer sorgfältigen Überprüfung. Dieses gilt insbesondere dann, wenn die Kreditaufnahme durch besondere Umstände dem Grunde nach zwar gerechtfertigt war, durch die Finanzierung jedoch unverhältnismäßige Kosten entstanden sind. In erster Linie steht insoweit der Einwand der mangelnden Schadenäquivalenz im Raum, der sich entweder auf die nicht gerechtfertigte Höhe der Kreditsumme oder auf eine übermäßige Ausdehnung des Tilgungszeitraums beziehen kann.

I. Nach der Rechtsnatur

213 Finanzierungskosten sind regelmäßig ein Sachfolgeschaden i. S. e. mittelbaren Schadens. Dies bedeutet, dass der Umfang und die Höhe des Schadens bei seinem Eintritt noch nicht feststehen, sondern von vertretbaren Willensentscheidungen abhängen, die der Geschädigte ohne Verletzung der durch § 254 Abs. 2 BGB normierten Schadenminderungspflicht getroffen hat. Der Finanzierungsaufwand lässt sich also, im Gegensatz zu den Reparaturkosten und dem Minderwert, nicht gewissermaßen »abstrakt« in Höhe des zur Herstellung objektiv erforderlichen Betrages, also in Höhe des objektivierten Verkehrswertes der Leistung ausdrücken. Der Ersatz der Finanzierungskosten setzt vielmehr einen in der Person des Geschädigten entstandenen Aufwand voraus, der in einer schadenbedingten Minderung des Vermögens seinen deutlich sichtbaren Niederschlag gefunden haben muss.

---

133 *OLG Nürnberg* DAR 1964, 103, 105.
134 *OLG Hamm* VersR 1957, 824.
135 *OLG Nürnberg* DAR 1964, 103, 105.
136 *OLG Hamm* VersR 1957, 824; 1971, 966; *OLG Nürnberg* VersR 1964, 834; VersR 1965, 1184; *OLG Düsseldorf* NJW 1965, 1763; *OLG Stuttgart* VersR 1972, 488; *LG Köln* VersR 1966, 966; *LG Augsburg* VersR 1968, 1152; *LG München I* VersR 1969, 744.

E. Höhe des Anspruchs

1. Tatsächliche Kosten

Daraus ergibt sich, dass Finanzierungskosten sich nur auf den tatsächlichen Schadenbedarf beziehen können, also im Zusammenhang mit der Deckung eines sonst unbefriedigt bleibenden Kapitalbedarfs entstanden sein müssen. Finanzierungskosten werden regelmäßig in vertretbarerweise und erstattungsfähiger Form in Zusammenhang mit den Reparatur- oder Mietwagenkosten stehen. Das Gleiche gilt auch für die Gutachtenkosten sowie die Abschleppkosten und im Fall einer notwendigen Ersatzbeschaffung nach einem Totalschaden. Finanzierungskosten können auch im Zusammenhang mit Heilbehandlungskosten anfallen, wenn Maßnahmen getroffen werden, die zur schnelleren Heilung beitragen, aber nicht von einer bestehenden Krankenkasse übernommen werden. 214

2. Normative Kosten

Anders liegen die Dinge, wenn es sich um den sog. normativen Schaden handelt, dessen Erstattungsfähigkeit in Höhe des objektivierten Verkehrswertes der Leistung weder bestimmte Aufwendungen noch anderweitige Ausgaben erfordert. Als typische Beispiele seien der merkantile oder technische Minderwert sowie das Schmerzensgeld genannt. 215

Zwar mag das vorübergehende Ausbleiben des Gegenwerts für diese Positionen bzw. die nicht rechtzeitige Leistung des Ersatzpflichtigen unerfreulich und beklagenswert sein. Beim Schmerzensgeld führen beharrliche Weigerungen des Versicherers trotz eines bestehenden Anspruchs zu einer Erhöhung des Schmerzensgeldes.[137] Selbst ein hartnäckiger Verzug des Schuldners gibt jedoch keinen vertretbaren Anlass, z. B. in Höhe des Schmerzensgeldes einen Bankkredit in Anspruch zu nehmen oder eine andere Finanzierungsform zu wählen. Beim Minderwert allerdings kann sich unter besonderen Umständen ggf. durchaus einmal die Notwendigkeit zur Finanzierung ergeben. Denkbar ist dies, wenn der Geschädigte mit Rücksicht auf besondere Umstände des Falles von der rechtlich zulässigen und technisch möglichen Reparatur absieht, um das Kfz im beschädigten Zustand zu veräußern bzw. in Zahlung zu geben und auf der Basis der fiktiven Reparaturkosten abrechnet. Unter diesen Umständen wird sich im Zeitpunkt der Veräußerung des beschädigten Kfz der bis dahin als wirtschaftlicher Schaden bereits vorhandene und auch sofort fällige, jedoch zunächst latente Minderwert realisieren und als einen bestimmten Bedarf auslösende Schadenposition »verfestigen«. 216

II. Zusammensetzung der Kosten

Nicht selten wird in der Praxis in undifferenzierter Art und Weise von Kredit oder Finanzierungskosten als Sammelbegriff gesprochen. Dabei bleibt häufig unberücksichtigt, dass die Finanzierungskosten sich aus zahlreichen Einzelpositionen zusammensetzen. 217

Zu ihnen gehört nicht nur der Aufwand, der durch die Aufnahme von Fremdmitteln (z. B. Darlehen) entsteht. Vielmehr zählen hierzu auch Zinsverluste, die dem Gläubiger eines Schadenersatzanspruchs dadurch entstehen, dass er in zumutbarer Weise frei verfügbare eigene Mittel einsetzt, um die an sich dem Ersatzpflichtigen obliegende Leistung vorzufinanzieren. 217a

Äußerst vielfältig sind die einzelnen Bestandteile des Kreditvolumens, also des nach Aufnahme eines Kredits zurückzuzahlenden Betrages, der üblicherweise aus Gründen der Praktikabilität in einer – auf einzelne Raten verteilten – Summe ausgewiesen wird. 218

Den einzelnen Positionen kann nach den Grundsätzen der kausalen Adäquanz u. U. ein eigenständiges rechtliches Schicksal zufallen, sodass es schon im Hinblick auf die unterschiedlich zu beurteilende Erstattungsfähigkeit einer Differenzierung nach einzelnen Schadenpositionen bedarf. 218a

---

137 *OLG Nürnberg* Urt. v. 22.12.2006 – Az. 5 U 1921/06, ADAJUR-Dok.Nr. 73520.

Kapitel 15

1. Bearbeitungsgebühr

219 Sobald der Geschädigte einen Kreditantrag stellt und dieser angenommen wird, entsteht i. d. R. sofort und unabhängig vom weiteren Verlauf der Angelegenheit eine Bearbeitungsgebühr (Antragsgebühr), die entweder aus einem festen Betrag besteht oder in einem prozentualen Anteil der Darlehenssumme ausgedrückt wird. Die Art der Berechnung ist von Bedeutung, wenn der Schuldner mangelnde Schadensadäquanz einwendet und wenn dann im Einzelnen geprüft werden muss, in welcher Weise die Kosten für die gesamte (überhöhte) Kreditsumme auf Gläubiger und Schuldner bis zur Zahlung des vom Unfallverursacher geschuldeten Betrages (»pro rata temporis«) oder wertanteilig aufzuteilen ist.

220 Ferner ist die Bearbeitungsgebühr für die Frage von Bedeutung, zu welchem Zeitpunkt der Geschädigte den berechtigterweise beantragten Kredit zulasten des Ersatzpflichtigen tatsächlich in Anspruch nehmen darf.[138]

221 Eine Kreditbearbeitungsgebühr ist dann nicht erstattungsfähig, wenn der Geschädigte den Kredit von seiner Hausbank ohne besondere Bearbeitungsgebühr bekommen hätte.[139]

2. Auskunftsgebühr

222 In der Regel erheben die Kreditinstitute eine sog. »Auskunftsgebühr«, die meist in einem Festbetrag besteht. Durch sie sollen die Kosten abgegolten werden, die dem Finanzierungsinstitut dadurch entstehen, dass es eine Kreditauskunft einholt, um die persönlichen bzw. finanziellen Verhältnisse des (potenziellen) Kreditnehmers zu überprüfen.

223 Teilweise begnügen sich die Finanzierungsinstitute auch mit einer sog. »Selbstauskunft«, die der Kreditnehmer über seine Person (Einkommens- und Vermögensverhältnisse) erteilt und deren Richtigkeit er versichern muss. Für die Überprüfung der Selbstauskunft fällt meist eine geringere oder gar keine Gebühr an. Dieses Verfahren wendet die Hausbank an, wenn bei ihr der Kredit beantragt wird.

3. Darlehensvaluta (Kreditsumme)

224 Im Rahmen eines Kreditvertrages besteht der zurückzuzahlende Betrag in erster Linie aus dem Betrage, der als nominelle Kreditsumme vereinbart worden ist. Mitunter ist die Kreditsumme der Höhe nach nicht mit dem Kreditnehmer tatsächlich gewährten Darlehen identisch.

225 Manche Kreditinstitute räumen für die Bemessung des Zinssatzes dem Kreditnehmer einen gewissen Ermessensspielraum ein. Die Korrektur erfolgt dann über den Auszahlungskurs, d. h. das Finanzierungsinstitut führt den Ausgleich durch eine Verkürzung des Nennwertes (Disagio) herbei. Das Disagio ist, jedenfalls bei längerfristigen Krediten, Korrektiv auch für den Zeitraum der vereinbarten Zinsfestschreibung.

226 Bei rechtlich wertender Betrachtung hat der Ersatzpflichtige – also der Schuldner eines Schadenersatzanspruchs – mit der Darlehensvaluta, die unter mehreren Aspekten mit dem tatsächlichen Schaden in aller Regel nicht übereinstimmt, nichts zu tun. Er schuldet nicht die Rückzahlung der Darlehenssumme schlechthin oder gar die Befreiung von der mit dem Darlehensvertrag eingegangenen Verbindlichkeit, sondern er hat lediglich nach den Grundsätzen der kausalen Adäquanz und auch der kongruenten Schadendeckung die ihm nach Sach- und Rechtslage obliegende Leistung zu erbringen. Diese kann allerdings auch in den Zinsen und sonstigen Nebenkosten für die Darlehensgewährung bestehen.

---

138 *OLG Köln* VersR 1975, 1107; *LG Freiburg* VersR 1974, 1134; *LG Köln* VersR 1975, 145.
139 *OLG Karlsruhe* VersR 1979, 40.

E. Höhe des Anspruchs   Kapitel 15

4. Kreditzinsen

Zu den Finanzierungskosten im eigentlichen Sinne gehören vornehmlich die mit dem Kreditinstitut 227
vereinbarten Zinsen. Diese werden, insbesondere bei Darlehen mit kurzen Laufzeiten, häufig mit
einem auf den Kalendermonat bezogenen Zinssatz ausgedrückt. Um den nominellen Jahreszins
zu ermitteln muss dieser Zinssatz (Zinsfuß) mit der Zahl 12 (Monate) multipliziert werden.

Aber auch diese Zahl sagt noch nichts über die Höhe der wirklichen Zinsbelastung. Dabei ist zu 228
berücksichtigen, dass – anders als bei der Annuität, deren Wesen darin besteht, dass die durch fortschreitende Tilgung ersparten Zinsen den dadurch progressiv steigenden Rückzahlungsraten anwachsen – der Zinssatz unabhängig vom Stand der Rückzahlung stets vom Ursprungskapital erhoben wird.

Dies hat zur Folge, dass bei den letzten Raten die Zinsbelastung deutlich höher sein wird als das noch 229
geschuldete Restdarlehen. Eine weitere Verschiebung zulasten des Kreditnehmers ergibt sich aus
dem bereits erwähnten Disagio, weil er im Grunde genommen Geld verzinsen und sogar »zurückzahlen« muss, das er nie erhalten hat.

Im Interesse einer besseren Transparenz und zum Schutze des Schuldners sind die Finanzierungs- 230
institute verpflichtet, im Rahmen ihrer »Auszeichnungspflicht« die Höhe der Effektivbelastung anzugeben. Diese allein enthält eine sichere Aussage darüber, mit welchen Nebenkosten der Schuldner
insgesamt durch die Darlehenssumme belastet ist.

5. Verzugszinsen

Werden dem Geschädigten von seinem Finanzierungsinstitut Verzugszinsen in Rechnung gestellt, so 231
verstoßen diese Zinsen regelmäßig gegen das Zinseszinsverbot des § 289 BGB und sind daher schon
deshalb nicht erstattungsfähig.[140] In aller Regel sind Kreditgebühren nämlich als Zinsen zu werten,
weil die Kreditgebühr eine Vergütung für die Überlassung des Darlehenskapitals darstellt.

Nicht selten wird das Verbot des § 289 BGB allerdings von den Finanzierungsinstituten dadurch um- 232
gangen, dass nicht besondere Zinsen auf die Restschuld berechnet werden, sondern dass der Zinssatz
sich allgemein erhöht, meistens um 2 % über den jeweils vereinbarten Zinssatz hinaus oder in Anlehnung an den jeweiligen Diskontsatz der Deutschen Bundesbank.

Auf diese hier nur der Vollständigkeit halber angesprochenen Gesichtspunkte wird es indes im Ver- 233
hältnis zum Ersatzpflichtigen ohnehin nicht ankommen, weil dieser nicht verpflichtet ist, die finanziellen Folgen »aufzufangen«, die der Geschädigte dadurch veranlasst oder verursacht hat, dass er mit
der ihm obliegenden Leistung in einen von ihm zu vertretenden (§ 285 BGB) Verzug gekommen ist.
Der Eintritt des Verzuges lässt sich i. d. R. durch eine den Verhältnissen angepasste Wahl der Raten-
höhe in Abhängigkeit zu ihrer Laufzeit verhindern. Sollten dennoch unvorhergesehene Schwierigkeiten bei der Bedienung des Kreditvertrages eintreten, hat diese jedenfalls der Schädiger bzw. Ersatzpflichtige in aller Regel nicht zu vertreten.

Etwas anderes könnte dann ausnahmsweise gelten, wenn sich z. B. der Geschädigte im wohlbegrün- 234
deten Vertrauen auf eine möglichst baldige Schadenregulierung relativ hoch verschuldet hat und
dann er die eingegangene Ratenzahlungsverpflichtung deswegen nicht einhalten kann, weil gleichzeitig auch ein unfallbedingter Verdienstausfall entstanden ist, auf den der Ersatzpflichtige ebenfalls
keine oder nur unzureichende Zahlungen leistet.

6. Mahnkosten

Sollte der Kreditnehmer mit den vereinbarten Rückzahlungsraten in Verzug kommen, ist das Finan- 235
zierungsinstitut i. d. R. kraft vertraglicher Vereinbarung berechtigt, kostenpflichtige Mahnungen

---

140 *OLG Hamm* NJW 1973, 1002; *BGH* LexisNexis LNR 2000, 18527; vgl. jedoch *BGH* LexisNexis LNR
    1993, 14948, wonach Zinseszinsen nach Verzugssetzung gefordert werden können.

auszusprechen. Die Rechtswirkung dieser Mahnungen besteht nach dem Inhalt des Kreditvertrages darin, dass dem Kreditnehmer von einem vereinbarten Zeitpunkt an zusätzliche Nachteile, wie beispielsweise die soeben erörterten Verzugszinsen entstehen.

7. Prozess- und Zwangsvollstreckungskosten

236   Das Kreditvolumen im weiteren Sinne kann sich auch dadurch erhöhen, dass nach Eintritt des Verzugs die aufgrund einer besonderen Vereinbarung unter dieser Prämisse zur sofortigen Rückzahlung in einer Summe fällig gewordene Restschuld vom Finanzierungsinstitut geltend gemacht wird. Da der säumige Vertragskunde i. d. R. zur Rückzahlung nicht in der Lage sein dürfte, bedeutet dies, dass meist Klage gegen den Kreditnehmer erhoben und aus dem dann ergehenden Schuldtitel gegen ihn die Zwangsvollstreckung betrieben wird. Insbesondere durch die Vollstreckungsmaßnahmen können ganz erhebliche Kosten entstehen. In diesen Fällen erhebt sich die Frage, ob der aufgrund des Verkehrsunfalles Ersatzpflichtige als adäquate Folge seines haftbaren Handelns dem Geschädigten und Schuldner des Kreditvertrages auch derartige Nachteile zu ersetzen hat.

237   Davon kann nur in besonders gelagerten Ausnahmefällen ausgegangen werden. Dies gilt auch dann, wenn man die Auffassung vertritt, dass die Erstattung von Finanzierungskosten selbst keinen Verzug des haftpflichtigen Schadenverursachers voraussetzt, sondern sich als Sachfolgeschaden im Sinne einer adäquaten Unfallfolge darstellt.

238   Die Mehrkosten, die dadurch entstehen, dass der Kreditvertrag selbst Not leidend wird, sind nicht ohne Weiteres dem Ersatzpflichtigen anzulasten, sondern fallen zumindest auf den ersten Blick in die Zurechnungs- und Verantwortungssphäre des Geschädigten, der als Kreditnehmer seine eigenen vertraglichen Verpflichtungen gegenüber dem Finanzierungsinstitut nicht erfüllt hat. Nur er dürfte in der Lage sein, seine persönlichen Verhältnisse zutreffend zu beurteilen und im Rahmen seiner vorgegebenen Möglichkeiten die richtige Disposition zu treffen.

239   Unter diesen Umständen ist der Ersatzpflichtige für solche Folgelasten nur ganz ausnahmsweise und lediglich dann verantwortlich, wenn er die Schadenregulierung in einer für den Geschädigten nicht voraussehbaren Weise über Gebühr verzögert. Außerdem muss der Geschädigte durch den Unfall zugleich auch ein Erwerbsschaden erleiden, der ihn in einer nicht sofort erkennbaren Form an der ordnungsgemäßen Erfüllung seiner Verbindlichkeiten aus dem Darlehensvertrag hindert.

III. Wirtschaftliche Vertretbarkeit

240   Hat der Geschädigte nach Ansicht des *BGH*[141] in vertretbarerweise auf eine Fremdfinanzierung zurückgreifen müssen,« »schuldet der Schädiger von mehreren möglichen Finanzierungsarten nur die Kosten der »wirtschaftlichen Finanzierung«. Auf diese Weise wird aber auch die dem Ersatzpflichtigen als Folge seines haftbaren Verhaltens zuzurechnende Höhe der schadenadäquaten Aufwendungen festgeschrieben.

IV. Schadenadäquanz

241   Laut *BGH*[142] liegt die Ursächlichkeit im Sinne einer nicht hinwegdenkbaren Ursache (»conditio sine qua non«) schon bereits darin, dass das Fahrzeug durch das zum Ersatz verpflichtende Ereignis beschädigt worden ist und die Reparaturwerkstatt den Wagen üblicherweise nur gegen sofortige Barzahlung der vollen Reparaturkosten herausgibt.

241a Dieser Gesichtspunkt genügt nach der Auffassung des *BGH*, um den ursächlichen Sachzusammenhang zwischen dem Unfall und dem sich daraus ergebenden Schaden herzustellen.[143] Bei der sich folgerichtig daran anschließenden Prüfung der Voraussehbarkeit vertritt der *BGH* die Auffassung,

---

141   BGHZ 54, 82, 84; BGHZ 61, 346; *OLG Düsseldorf* MDR 1983, 401.
142   *BGH* VersR 1963, 1161.
143   *BGH* VersR 1963, 1161.

dass die Folgen der schädigenden Handlung adäquat und daher dem Ersatzpflichtigen zuzurechnen sind, »denn diese Folgen sind nicht nur unter ganz besonders eigenartigen, unwahrscheinlichen und nach dem regelmäßigen Verlauf der Dinge außer Betracht zu lassenden Umständen eingetreten«. Der Einwand der mangelnden Adäquanz kann sich jedoch auch auf die in diesem Abschnitt besonders erörterte Höhe des Anspruchs auf Ersatz von Finanzierungskosten beziehen.

1. Zinsen

Nicht selten kommt es in der Praxis der Schadenregulierung vor, dass der Geschädigte aus Gründen der eigenen wirtschaftlichen Interessen das Kreditvolumen über den durch den Unfall ursächlich ausgelösten Kapitalbedarf hinaus von sich aus erweitert.

242

Dieses ist beispielsweise dann der Fall, wenn der Geschädigte sich ohne unfallbedingte Veranlassung entschließt, auf die rechtlich an sich zulässige und technisch mögliche Reparatur zu verzichten, um das Fahrzeug im beschädigten Zustand beim Erwerb eines Neuwagens in Zahlung zu geben. Er muss dann die über den unfallbedingt notwendigen Reparaturaufwand hinausgehenden Mehrkosten unter dem Gesichtspunkt mangelnder Schadensadäquanz selbst tragen und kann natürlich auch für die auf diesem Wege eintretende Erhöhung des Kreditvolumens vom Ersatzpflichtigen keinen Ausgleich verlangen.

243

a) Erhöhter Kapitalbedarf

Sofern der Geschädigte in seinem Interesse einen im Verhältnis zum ausgleichsfähigen Schaden höheren Kredit aufnimmt, schuldet der Ersatzpflichtige Zinsen lediglich auf den Teil des Kredits, welcher der Höhe des von ihm verursachten Schadens entspricht.[144]

244

Dieser Schaden besteht in den Reparaturkosten des beschädigten Kfz bzw. für den Fall, dass ein wirtschaftlicher Totalschaden vorliegen sollte, in dem Wiederbeschaffungsaufwand (Wiederbeschaffungswert des beschädigten Kfz abzüglich Restwert). Liegen die Reparaturkosten innerhalb von 130 % des Wiederbeschaffungswerts müssen auch die hierfür aufzuwendenden Finanzierungskosten erstattet werden, wenn die Reparatur ausgeführt wird.[145]

245

Hierbei bleiben »sachfremde« Positionen unberücksichtigt, die aus Rechtsgründen einer Finanzierung nicht bedürfen. Da der Geschädigte im Allgemeinen nicht berechtigt ist, für Schmerzensgeld oder Minderwert einen Kredit aufzunehmen, lässt sich dieses Ergebnis zulasten des Ersatzpflichtigen auch nicht auf dem Umwege erreichen, dass diese Beträge zur Mitfinanzierung eines erheblich aufwendigeren Neufahrzeugs, auf das der Geschädigte aus Rechtsgründen keinen Anspruch hat, eingesetzt werden. Maßgeblich ist insoweit der Grundsatz der kongruenten Schadendeckung, die bezüglich sämtlicher Einzelpositionen vorliegen muss.

246

b) Schadenausgleichung

Vergleichbar verhält es sich, wenn der Geschädigte den gesamten Unfallschaden finanziert, obwohl der Ersatzpflichtige ihm davon mit Rücksicht auf einen nach § 17 StVG zu vollziehenden Schadenausgleich nur eine bestimmte Quote zu ersetzen hat.

247

Sofern vom Kreditvolumen her keine Korrekturen erforderlich sind, ergeben sich keine besonderen Schwierigkeiten. In diesem Fall können nämlich die vollen Finanzierungskosten bei der Ermittlung des ausgleichsfähigen Gesamtschadens mit der Rechtsfolge Berücksichtigung finden, dass der Ersatzpflichtige sich an dem in dieser Weise ermittelten Schadenbetrage mit einer seinem Verantwortungsbeitrage entsprechenden (Mithaftungs-) Quote beteiligt.

248

---

144 *OLG Frankfurt* VersR 1973, 672; *OLG Köln* VersR 1974, 761; VersR 1975, 1107; *OLG Karlsruhe* VersR 1975, 626 f.
145 Vgl. *BGH* DAR 2005, 266; DAR 2005, 268.

249 Sollte zugleich auch die Höhe der Darlehenszinsen durch eine nicht schadensadäquate Ausweitung des Kreditvolumens nachteilig beeinflusst worden sein, müssten die Zinsen zeit- und wertanteilig auf den Betrag ermittelt werden, den der Anspruchsgegner unter Berücksichtigung seiner Haftungsquote aus Rechtsgründen letztlich schuldet. Auch insoweit sind nur diejenigen Positionen zu berücksichtigen, für die der Geschädigte in vertretbarerweise Kredit aufgenommen hat.

2. Nebenkosten

250 Eine andere Betrachtungsweise ist dann geboten, wenn es sich um die Nebenkosten handelt. Hier muss allerdings im Interesse eines sachgerechten Ergebnisses zwischen wertabhängigen Belastungen und Fixkosten, also wertunabhängigen Belastungen unterschieden werden.

a) Wertabhängige Belastungen

251 Nebenkosten, die nach einem bestimmten Prozentsatz der Kreditsumme erhoben werden, können bezüglich der Schadenadäquanz wie Kreditzinsen behandelt werden.

b) Wertunabhängige Belastungen (Fixkosten)

252 Sofern die Nebenkosten nicht von der Höhe der Kreditsumme abhängen, spricht man von wertunabhängigen Belastungen oder Fixkosten. Dabei ist zu prüfen, auf wessen Seite das überwiegende Interesse an der Kreditaufnahme bestanden hat. Liegt die Mithaftungsquote des Ersatzpflichtigen unter 50 %, dann fallen die Fixkosten nach dem Veranlassungsprinzip allein dem Geschädigten zur Last, während sie im Fall einer vom Ersatzpflichtigen zu vertretenden überwiegenden Verursachung allein zu dessen Lasten gehen.

253 Sollte eine Schadenteilung von 50:50 stattfinden, sind die wertunabhängigen Fixkosten zur Hälfte zu erstatten. Ähnliche Grundsätze gelten, soweit sie das Veranlassungsprinzip betreffen, auch für den Fall, dass das besondere Individualinteresse des Geschädigten an einer Finanzierung sich vom Gewicht her aus der Ausweitung des Kreditvolumens, also aus der Höhe der finanzierten Summe, ergibt.

254 Dabei ist zu berücksichtigen, dass beide Gestaltungsformen – also Korrekturen dem Grunde nach und zur Höhe – auch gleichzeitig und nebeneinander denkbar sind. In diesem Fall kommt nicht eine Quotierung der Fixkosten in Betracht. Es hat vielmehr eine wertbezogene Interessenabwägung im Verhältnis der Summenanteile zueinander zu erfolgen.

F. Pflicht zur Kreditaufnahme

255 Neben dem bislang dargestellten Recht des Geschädigten, zulasten »seines« Schuldners einen Kredit aufzunehmen, ist auch der Fall denkbar, dass der Geschädigte im Hinblick auf § 254 Abs. 2 BGB sogar die Pflicht hat, sich die für die Auslösung des reparierten Fahrzeugs oder, im Fall eines Totalschadens, die für die Ersatzbeschaffung notwendigen Mittel auf dem Kapitalmarkt zu beschaffen.

I. Voraussetzungen

256 Eine Verpflichtung zur Kreditaufnahme wird sich i. d. R. dann ergeben, wenn nur auf diesem Wege ein größerer Schaden vermieden werden kann.[146] Dies gilt beispielsweise insbesondere dann, wenn der Geschädigte im Fall eines Totalschadens nicht in der Lage ist, eine relativ geringe Differenz zwischen Wiederbeschaffungswert und Restwert aufzubringen und statt dessen aber durch die nicht gerechtfertigte Weiterbenutzung eines Mietwagens Kosten verursacht, die u. U. ein Vielfaches des eigentlichen Fahrzeugschadens ausmachen.[147]

---

146 *BGH* VersR 63, 1161.
147 *OLG Oldenburg* VersR 1967, 362; *Himmelreich* NJW 1973, 978, 980.

II. Zumutbarkeit der Verschuldung

Regelmäßig wird die Aufnahme eines Kredits dem Geschädigten auch zuzumuten sein, sofern nicht besondere Umstände vorliegen, für die er beweispflichtig wäre. 257

Insbesondere dann, wenn sonst ein unverhältnismäßig hoher Folgeschaden eintreten würde, ist der Geschädigte verpflichtet, alle ihm zumutbaren und möglichen Maßnahmen zu treffen, um auf anderem Wege die Ausweitung des Schadens zu verhindern. 258

Die Frage nach der Zumutbarkeit der Kreditaufnahme lässt sich nicht schematisch beantworten. Die konkrete Situation muss jeweils individuell geprüft werden. 259

III. Mangelnde Kreditwürdigkeit

1. Kreditvermittlungsgebühr

Erhält der Geschädigten wegen anderweitiger Überschuldung trotz intensiver Bemühungen keinen Kredit, fallen die dadurch entstehenden Nachteile, für die der Geschädigte beweispflichtig ist, als Sachfolgeschaden dem Ersatzpflichtigen zur Last. Der Geschädigte muss den Ersatzpflichtigen aus Gründen der Schadenminderungspflicht auf diesen Umstand hinweisen.[148] Im Interesse der notwendigen Schadensminderung kann er gezwungen sein, auf weniger seriöse Finanzierungsmethoden zurückzugreifen. 260

2. Inkaufnahme ungünstiger Bedingungen

Grundsätzlich ist der Geschädigte im Rahmen von § 254 Abs. 2 BGB verpflichtet, bei der Kreditaufnahme auf für ihn günstige Vertragsbedingungen zu achten. Unter der Voraussetzung, dass er »an sich« kreditunwürdig ist und selbst bei Anlegung großzügiger Maßstäbe Schwierigkeiten bei der Aufnahme eines Darlehens hat, wird er in dieser Situation, auch ungünstigere Kreditbedingungen zulasten des Ersatzpflichtigen in Kauf nehmen dürfen. Dies kann ihm nicht als eigenes Verschulden angelastet werden. 261

Die Erstattung kann der Ersatzpflichtige lediglich in dem relativ seltenen Fall verweigern, dass die Finanzierungskosten den Folgeschaden übersteigen, der sonst, bei Verzicht auf den Kredit, eingetreten wäre. 262

3. Kreditversicherung

Auch die Kosten einer von Finanzierungsinstituten in derartigen Fällen regelmäßig verlangten Kreditversicherung muss bei mangelnder Kreditwürdigkeit der Ersatzpflichtige erstatten, wenn feststeht, dass der Geschädigte sonst kein Darlehen erhalten hätte. Man wird dann dem Geschädigten auch keinen Vorwurf daraus machen können, dass er sich für die Beschaffung eines Kredites an Institute gewandt hat, die im Geschäftsverkehr als weniger seriös gelten, dafür aber in der Wahl ihrer Vertragspartner keine besonders strengen Anforderungen stellen. 263

4. Folgeschaden

Sollte ein Kredit selbst unter ungünstigen Bedingungen nicht zu erlangen sein – die Beweislast dafür obliegt, da es sich insoweit um einen Ausnahmetatbestand handelt, dem Geschädigten –, muss der Ersatzpflichtige zwangsläufig die dadurch als mittelbare Folgeschäden weiter entstehenden Nachteile in Kauf nehmen. Um negative Konsequenzen für beide Parteien zu vermeiden, sollten diese sich um eine flexible Lösung bemühen. 264

Sind die Reparaturkosten so hoch, dass der Geschädigte sie nicht aus eigenen Mitteln bezahlen kann, ist ihm die Aufnahme eines Kredits in dieser Höhe weder möglich noch zuzumuten und gewährt der 265

---

148 *LG Düsseldorf* VersR 1955, 221.

Schädiger trotz Aufforderung keinen Vorschuss, hat dieser auch für die Zeit eine Nutzungsausfallentschädigung zu zahlen, in der das reparierte Fahrzeug mangels Bezahlung der Reparaturrechnung von der Werkstatt – in Ausübung des Unternehmerpfandrechts – nicht herausgegeben wird.[149]

---

149 *OLG Frankfurt* DAR 1984, 318; *BGH* DAR 2005, 265 bei langer Verzögerung der Zahlung durch die Versicherung selbst in dem Fall, dass die Nutzungsausfallentschädigung den Wiederbeschaffungswert des Unfallwagens übersteigt.

Kapitel 16 Sonstige Nebenkosten

Übersicht

		Rdn.
A.	Allgemeine Nebenkosten	1
I.	Auslagen für Porto und Telefon	6
II.	Fahrtkosten	15
III.	Zeitverlust	22
IV.	Schadenbearbeitungskosten von Betrieben und Behörden	29
V.	Dolmetscherkosten	31
VI.	Ermittlungskosten	36
	1. Zeugensuche	36
	2. Belohnungen und Prämien	40
	3. Detektivkosten	43
B.	Schutzgebühr für Kostenvoranschläge	58
I.	Reparatur wird in Werkstatt durchgeführt	62
II.	Reparatur wird nicht oder eigenständig durchgeführt	63
III.	Kostenvoranschlag anstelle eines Gutachtens	66
C.	Verbringungskosten	68
I.	Bergungskosten	69
II.	Abschleppkosten	71
	1. Erkennbarer Totalschaden	75
	2. Transport zur Prüfung, ob ein Totalschaden vorliegt	80
	3. Transport in nächste Fach-/Vertragswerkstatt	81
	4. Weite Transportstrecken	86
III.	Überführungskosten	88
	1. Beschädigtes Kfz	88
	2. Mietwagen	93
IV.	Auswechselungskosten	101
	1. Fahrzeug	101
	2. Fahrer	108
D.	Rückstufungsschaden	110
I.	Haftpflichtversicherung	112
II.	Kaskoversicherung	116
	1. Vollständige Haftung des Schädigers	117
	a) Verzögerungen bei der Schadenregulierung des Haftpflichtversicherers	121
	aa) Verzögerung ohne Vorschussleistung	122
	bb) Missverhältnis zwischen Rückstufungsschaden und Fahrzeugschaden	125
	cc) Mögliche Vorfinanzierung des Schadens durch Kredite	126
	dd) Information des Versicherers vor Inanspruchnahme der Kaskoversicherung	127
	ee) Darlegungs- und Beweislast für die Erforderlichkeit der Inanspruchnahme der Vollkaskoversicherung	130
	b) Inanspruchnahme wegen Neuwagenentschädigung	136
	2. Haftungsquote	137
	3. Prozessuale Geltendmachung	146

Schrifttum (Kommentare/Handbücher)

Bachmeier, Das Mandat in Verkehrszivilsachen, 1. Aufl. 1999; *Baumbach/Lauterbach/Albers*, ZPO, 66. Aufl. 2008; *Berz/Burmann/Heß*, Handbuch des Straßenverkehrsrechts, Stand: Juni 2008; *Buschbell*, Münchener Anwaltshandbuch Straßenverkehrsrecht, 2. Aufl. 2006; *Geigel*, Haftpflichtprozess, 25. Aufl. 2008; *Germelmann*, Arbeitsgerichtsgesetz, 6. Aufl. 2008; *Hentschel/König/Dauer*, Straßenverkehrsrecht, 41. Aufl. 2011; *Himmelreich/Halm*, Handbuch des Fachanwalts Verkehrsrecht, 3. Aufl. 2010; *Küppersbusch/Wussow*, Ersatzansprüche bei Personenschäden, 9. Aufl. 2006; *Moll*, Münchener Arbeitsrechtshandbuch, 1. Aufl. 2005; *Ludovisy/Eggert/Burhoff*, Praxis des Straßenverkehrsrechts, 5. Aufl. 2011; *Sanden/Völtz*, Sachschadenrecht des Kraftverkehrs, 8. Aufl. 2007.

Schrifttum (Aufsätze und Literatur)

Frölich, Erstattung von Detektivkosten im Arbeitsrecht, NZW 1996, 464; *Günther*, Einsatz von Sachverständigen in »Dubioschäden« durch den Sachversicherer, DS 2006, 259; *Kappus*, Der Verkehrsunfall in der anwaltlichen Beratungspraxis, NJW 2008, 13; *Klimke*, Anmerkung zu BGH III ZR 35/74, VersR 1977, 134; *Lepke*, Detektivkosten als Schadenersatz im Arbeitsrecht, DB 1985, 1231; *Merrath*, Erstattungsfähigkeit von Schadenermittlungskosten, SVR 2008, 334; *Richter*, Die Nebenkostenpauschale beim Schadensersatz, SVR 2006, 47; *Richter*, Checkliste für Unfallregulierung mit der Kaskoversicherung, SVR 2010, 217; *Staab*, Rückstufungsschaden in der Kaskoversicherung bei Haftungsquoten, DAR 2007, 349; *Tomson*, Prämiennachteile als unfallbedingter Schaden, VersR 2007, 923.

A. Allgemeine Nebenkosten

1   Aus Gründen der Praktikabilität werden die allgemeinen Nebenkosten in aller Regel durch einen Pauschalbetrag (sog. allgemeine Auslagenpauschale bzw. Aufwendungspauschale) ausgedrückt, der sich je nach der örtlichen Rechtsprechung unterscheidet. Dabei steht die Nebenkostenpauschale neben Privatpersonen auch Gewerbetreibenden und der öffentlichen Hand zu.[1]

2   Die Schätzung des Pauschalbetrages erfolgt, sofern es zu einem Prozess über dessen Höhe kommt, durch die Gerichte nach § 287 ZPO. Dabei muss der Geschädigte als Kläger im Regelfall nicht näher im Detail darlegen, aufgrund welcher Umstände die Pauschale angefallen ist, z. B. welche Telefonate er mit wem geführt hat.[2]

3   Eine Abrechnung der konkret angefallenen nachstehend erörterten Nebenkosten ist in der Praxis erfahrungsgemäß nur sehr schwer möglich und für den Normalfall nicht nötig, da sie sehr aufwendig mit Quittungen einzeln belegt werden müssten.[3] Meist ist die pauschale Abrechnung für den Geschädigten günstiger, da er weniger konkrete Aufwendungen hatte, als ihm pauschal vergolten werden.

4   Sollten ausnahmsweise einmal aus besonderen Gründen doch höhere Kosten entstanden sein, dann müssten sie nach den Grundsätzen der konkreten Schadenberechnung ordnungsgemäß spezifiziert und nachgewiesen, zumindest aber in substanziierter Form glaubhaft gemacht werden. Daher sollte hier, wenn dieser Sonderfall absehbar ist, der Mandant schon in der Erstberatung darauf hingewiesen werden, von Anfang an alle Quittungen zu sammeln und gegebenenfalls z. B. Fahrtstrecken genau zu notieren.

5   Hier gilt dann im Prozess der Strengbeweis nach § 286 ZPO,[4] der nur so erfüllt werden kann. Die Nebenkostenpauschale ist hinsichtlich der Höhe des Beschwerdegegenstandes der Berufung nach § 511 Abs. 2 Nr. 1 ZPO mit einzubeziehen. Es handelt sich nicht um eine nicht berücksichtigungsfähige Nebenforderung nach § 4 Abs. 1 ZPO.[5]

I. Auslagen für Porto und Telefon

6   Nebenkosten entstehen in jedem Fall, und zwar unabhängig davon, ob das beschädigte Kfz repariert wird oder ob es sich um einen Totalschaden handelt. Es müssen Briefe gewechselt und telefonische Rückfragen gehalten oder Faxe gesendet werden. Ebenso muss das Fahrzeug zur Reparatur in die Werkstatt gebracht werden. Eine Ausnahme kann dann gelten, wenn der Geschädigte selbst Rechtsanwalt ist und die Nebenkosten bereits über seine anwaltliche Gebührenrechnung nach dem VVRVG abrechnet.[6] Zudem ist zu beachten, dass der eintretende Verlust an Freizeit nach herrschender Auffassung nicht erstattungsfähig ist (s. Rdn. 22).

---

1   *LG Dessau* DAR 2002, 72.
2   Himmelreich/Halm/*Müller* Handbuch Fachanwalt Verkehrsrecht, Kap. 6 Rn. 294.
3   *AG Pforzheim* SP 2003, 421.
4   Himmelreich/Halm/*Müller* Handbuch Fachanwalt Verkehrsrecht, Kap. 6 Rn. 296.
5   *BGH* DAR 2007, 430.
6   *Richter* SVR 2006, 47.

A. Allgemeine Nebenkosten

Die Höhe der durch die Gerichte zugesprochenen Auslagenpauschalen fällt unterschiedlich aus und bewegt sich in einem Rahmen bis zu ca. 50 €. In der Regel dürften 25 € anzusetzen sein.[7] Für eine höhere Nebenkostenpauschale können die allgemeine Geldentwertung und Kostensteigerung sprechen, für eine niedrigere gesunkene Telekommunikationskosten durch die Liberalisierung der Post- und Telefonmärkte.[8] Bei der Schätzung des Pauschalbetrages nach § 287 ZPO sollte indes aus Vereinfachungsgründen lediglich darauf abgestellt werden, ob ein Bagatellschaden in Form eines einfachen Sachschadens oder ein größerer Fahrzeugschaden gegebenenfalls mit zusätzlichem Personenschaden vorliegt. Ist die Schadensregulierung für den Geschädigten (zeit-)aufwändiger, kann im Einzelfall eine Nebenkostenpauschale über 30 € angemessen sein. Nachfolgend eine Übersicht zur aktuellen Rechtsprechungspraxis: 7

15 € 8

AG Berlin-Mitte SP 2005, 60.

AG Bremen SP 2006, 213.

AG Bremen SP 2006, 286.

AG Hamburg-St. Georg SP 2007, 437.

AG Osnabrück SP 2003, 64.

20 € 9

AG Bad-Oeynhausen SP 2008, 156.

AG Bensheim SP 2007, 437.

AG Berlin-Mitte SP 2008, 263.

AG Bernau SP 2005, 202.

AG Bochum SP 2006, 286.

AG Böblingen SP 2005, 60.

AG Bottrop SP 2006, 213.

AG Bremen SP 2006, 286.

AG Chemnitz NZV 2006, 14.

AG Demmin SP 2006, 213.

AG Dinslaken SP 2005, 167.

AG Duderstadt SP 2006, 286.

AG Duisburg SP 2007, 105.

AG Düsseldorf SP 2008, 263.

AG Eisleben SP 2006, 106.

AG Hamburg-Altona NZV, 574.

AG Hamburg-St. Georg SP 2008, 263.

AG Hamburg-W. BeckRS 2011 Nr. 06437.

AG Heinsberg SP 2007, 148.

AG Iserlohn SP 2006, 286.

AG Kassel SP 2005, 202.

AG Marl SP 2003, 139.

AG München SP 2006, 427.

AG Münster SP 2003, 279.

AG Neu-Ulm SP 2005, 18.

AG Neuss SP 2007, 437.

AG Norden SP 2006, 213.

AG Norderstedt SP 2006, 427.

AG Pforzheim SP 2008, 263.

AG Schweinfurt SP 2006, 213.

AG Schwerin SP 2006, 213.

AG Titisee-Neustadt SP 2005, 202.

AG Tübingen SP 2005, 60.

AG Wiesbaden SP 2006, 286.

LG Berlin SP 2006, 427.

LG Dortmund BeckRS 2008 Nr. 17130.

LG Erfurt SP 2004, 194.

LG Heilbronn SP 2005, 13.

LG Mönchengladbach SP 2008, 156.

LG Siegen SP 2006, 51.

LG Stuttgart SP 2005, 202.

LG Tübingen SP 2005, 60.

---

7 *Kappus* NJW 2008, 892.
8 *Richter* SVR 2006, 47.

OLG Brandenburg BeckRS 2008 Nr. 06305.

OLG Brandenburg BeckRS 2008 Nr. 21106.

OLG Karlsruhe BeckRS 2008 Nr. 08735.

10 21 €

AG Essen SP 2006, 213.

AG Dinslaken NJW-RR 2001, 1682.

AG Dorsten SP 2005, 167.

OLG Dresden NJOZ 2001, 2056.

11 25 €

AG Aachen SP 2006, 286.

AG Aachen BeckRS 2011 Nr. 00449.

AG Amberg BeckRS 2009 Nr. 26809.

AG Ansbach SP 2008, 333.

AG Aue SP 2006, 286.

AG Bergisch-Gladbach SP 2007, 438.

AG Demmin SP 2006, 106.

AG Dessau SP 2008, 263.

AG Dortmund SP 2007, 148.

AG Dresden SP 2006, 427.

AG Duisburg-Hamborn SP 2007, 438.

AG Düren SP 2008, 263.

AG Düsseldorf SP 2007, 438.

AG Emden SP 2007, 438.

AG Essen NZV 2003, 535.

AG Hamm SP 2007, 329.

AG Itzehoe SP 2008, 263.

AG Jena SP 2006, 427.

AG Kassel SP 2008, 263.

AG Kerpen SP 2008, 156.

AG Königs-Wusterhausen SP 2007, 148.

AG Köln SP 2008, 156.

AG Köln NJOZ 2009, 147.

AG Landau/Pfalz SP 2008, 156.

AG Langenfeld SP 2008, 156.

AG Langenfeld SP 2007, 438.

AG Leverkusen SP 2007, 438.

AG Lüneburg SP 2006, 427.

AG München SP 2006, 213.

AG Neuss BeckRS 2006, Nr. 12877.

AG Neuss SP 2006, 427.

AG Offenbach/Main SP 2007, 438.

AG Pforzheim NJOZ 2003, 2965.

AG Ravensburg BeckRS 2003 Nr. 06011.

AG Recklinghausen SP 2006, 286.

AG Siegen SP 2007, 438.

AG Stralsund NZV 2003, 290.

AG St. Goar SP 2007, 438.

AG Uelzen SP 2007, 438.

AG Ulm BeckRS 2009 Nr. 23013.

AG Waiblingen SP 2005, 167.

AG Wetzlar SP 2008, 263.

AG Witten SP 2005, 167.

AG Wolfratshausen SP 2005, 18.

AG Wolgast SP 2006, 427.

LG Bochum SP 2006, 213.

LG Bonn BeckRS 2008 Nr. 10244.

LG Bonn BeckRS 2010 Nr. 19996.

LG Braunschweig NJW-RR 2001, 1682.

LG Darmstadt BeckRS 2008 Nr. 03777.

LG Dortmund BeckRS 2010 Nr. 23622.

LG Düsseldorf SP 2008, 398.

LG Düsseldorf VRR 2010, 106.

LG Hildesheim SP 2008, 156.

LG Karlsruhe SP 2008, 263.

LG Karlsruhe NZV 2011, 391.

LG Kassel SVR 2011, 106.

LG Köln VersR 2005, 1577.

LG Köln SP 2007, 148.

LG Magdeburg BeckRS 2011 Nr. 04834.

LG Mönchengladbach SP 2008, 263.

LG Passau SP 2005, 60.

LG Regensburg NZV 2005, 49.

LG Stade NZV 2004, 254.

LG Stuttgart SP 2005, 60.

OLG Celle SVR 2005, 68.

OLG Celle SP 2007, 438.

OLG Düsseldorf SP 2008, 259.

OLG Düsseldorf NJOZ 2011, 353.

OLG Hamm NZV 2006, 94.

OLG Hamm NZV 2006, 584.

OLG Koblenz NJW-RR 2003, 243.

OLG München NZV 2006, 261.

OLG München BeckRS 2008, 10955.

26 €

AG Osnabrück SP 2003, 64.

30 €

AG Augsburg SVR 2005, 348.

AG Bad Neustadt/Saale zfs 2005, 310.

AG Bremen SP 2006, 213.

AG Dachau NJW-RR 2009, 678.

AG Dresden SP 2007, 438.

AG Kelheim DAR 2003, 178.

LG Frankfurt/O. DAR 2004, 206.

AG Landau SP 2008, 263.

AG Landshut SP 2008, 263.

AG Starnberg DAR 2007, 593.

LG Dresden BeckRS 2010 Nr. 00724.

OLG München BeckRS 2010 Nr. 08025.

OLG Stuttgart NJOZ 2007, 4514.

53,13 €

AG Düsseldorf DAR 2003, 322 (für einen Taubstummen).

II. Fahrtkosten

Unfallbedingte Fahrtkosten, wie sie beispielsweise für Wege zum Anwalt oder zur Reparaturwerkstatt anfallen, werden im Allgemeinen durch die Auslagenpauschale mit umfasst.[9]

Lediglich dann, wenn längere Wege zu überbrücken sind, die zu auswärtigen Zielen führen, werden nach den Erfahrungen der Regulierungspraxis Fahrtkosten gesondert in Rechnung gestellt.[10] Sie können in diesem Fall ohne Weiteres konkret festgestellt und nachgewiesen werden, gegebenenfalls ist hier auch ein Beleg durch die Tankquittungen möglich.

Sofern der Geschädigte durch den Unfall zugleich jedoch auch körperliche Verletzungen erlitten hat und aus diesem Grunde arbeitsunfähig ist, muss im Wege des Vorteilausgleichs berücksichtigt werden, dass er durch das Schadenereignis die Kosten für die ansonsten werktäglich anfallenden Fahrten zwischen Wohnung und Arbeitsstelle erspart hat.[11] Dabei handelt es sich um einen dem Schadenereignis adäquaten und daher anrechenbaren Vorteil.

Erstattungsfähig sind also lediglich »echte« abgrenzbare Mehrkosten, die im Einzelfall konkret nachzuweisen sind.[12] Sofern das Kfz eines Geschädigten außerhalb seines üblichen Wirkungskreises – da-

---

9 *OLG Köln* VersR 1992, 719; Himmelreich/Halm/*Müller* Handbuch Fachanwalt Verkehrsrecht, Kap. 6 Rn. 281.
10 *AG Gronau* DAR 2000, 37.
11 *BGH* NJW 1980, 1787 [für den beamtenrechtlichen Bereich]; *OLG Schleswig* VersR 1980, 726; *LG Osnabrück* zfs 1983, 170; *LG Karlsruhe* zfs 1987, 102.
12 *Buschbell* § 23 Rn. 112.

bei wird es sich in der Regel um den Wohnsitz als Mittelpunkt seiner Lebensinteressen handeln – Schaden nimmt und am Unfallort repariert werden muss, werden häufig die Kosten für die Rückfahrt zum Ausgangspunkt (Wohnort) in Rechnung gestellt.

19 Auch insoweit ist jedoch zu berücksichtigen, dass lediglich abgrenzbare Mehrkosten erstattungsfähig sind. Dies bedeutet, dass der Geschädigte sich auf die ihm durch die Rückfahrt oder den Rückflug tatsächlich entstandenen Kosten den Betrag anrechnen lassen muss, der auch bei der Benutzung des eigenen Kfz an leistungsabhängigen Betriebskosten entstanden wäre.

20 Ebenfalls nicht von der Unkostenpauschale umfasst sind die im Rahmen eines Personenschadens notwendigen Fahrtkosten zu ambulanten medizinischen Behandlungen. Diese können separat geltend gemacht werden.[13]

21 Für die Ermittlung dieser Kosten kann auf die Betriebskostenberechnungen aus den Datenbanken des ADAC e. V. zurückgegriffen werden, die dieser für seine Mitglieder erstellt. Die notwendigen Fahrtkosten können durch das Gericht dabei nach § 287 ZPO geschätzt werden. In der Rechtsprechung werden dem Geschädigten für die Fahrt mit dem eigenen Pkw in Anlehnung an § 5 JVEG häufig Pauschalbeträge von 0,20 € bis 0,30 € pro gefahrenen Kilometer zugestanden.[14]

III. Zeitverlust

22 Sofern durch Maßnahmen zur Schadenbearbeitung und -regulierung des Geschädigten ein Verlust an Freizeit eintritt, steht ihm dafür mit Rücksicht auf die Sperrklausel des § 253 BGB ein Ersatzanspruch nicht zu.[15]

23 Bei der nutzlos vertanen oder zweckentfremdet eingesetzten Freizeit handelt es sich nämlich nicht um ein geschütztes Rechtsgut, sondern um einen immateriellen Wert, für den die Rechtsordnung nur in den dafür ausdrücklich vorgesehenen Fällen eine Entschädigung vorsieht. Auch der Verzicht auf Urlaub in diesem Zusammenhang ist nicht als Schaden zu ersetzen,[16] was erfahrungsgemäß bei den Mandanten auf Unverständnis stößt.

24 Sollte ausnahmsweise einmal ein Verlust von Arbeitszeit vorliegen,[17] dann gelten die bereits an anderer Stelle dargelegten Grundsätze über die Erstattungsfähigkeit eines schadenadäquaten Verdienstausfalles. Allerdings muss im Vorfeld der Betrachtung die Frage gestellt werden, ob durch das »Verbringen« des Pkw zur Reparatur und seine spätere Abholung überhaupt ein Verdienstausfall entstehen musste. So können Fahrzeuge beispielsweise bereits vor Beginn der eigentlichen Arbeitszeit in der Reparaturwerkstatt abgegeben werden. Außerdem erhebt sich die Frage, ob das »Verbringen« nicht ein Dritter (beispielsweise ein Familienangehöriger) hätte besorgen können.

25 Dieser Gesichtspunkt gewinnt insbesondere dann an Bedeutung, wenn der (verletzte) Geschädigte im Zusammenhang mit der Geltendmachung einer Entschädigung für entgangene Gebrauchsvorteile einwendet, dass auch seine Ehefrau und andere erwachsene Angehörige des Familienverbandes über einen Führerschein verfügen und das beschädigte Kfz gelegentlich mitzubenutzen pflegen.

26 Im Allgemeinen wird es einem Arbeitnehmer möglich sein, das beschädigte Kfz zu einem Zeitpunkt in die Reparaturwerkstatt zu überführen und es wieder abzuholen, zu dem kein Verdienstausfall entsteht.[18] Sollte bei der Prüfung dieser Frage festgestellt werden, dass ausnahmsweise keine Möglichkeit bestanden hat, einen Verdienstausfall zu vermeiden, ist, sofern der Geschädigte in einem abhängigen Arbeitsverhältnis steht, der Lohnausfall für die versäumte Arbeitszeit unter Berücksichtigung eines

---

13 *Küppersbusch* Rn. 229.
14 *LG Dortmund* BeckRS 2006 Nr. 04942 (0,20 €); *AG Landshut* SVR 2007, 426 (0,25 €); *LG Bonn* SVR 2008 Heft 3 VII (0,30 €).
15 BGH NJW 1976, 1256; *Sanden/Völtz* Rn. 164.
16 Ludovisy/Eggert/Burhoff/*Notthoff* Straßenverkehrsrecht, Teil 4 E. IV Rn. 868.
17 *OLG Frankfurt/M.* NJW 1976, 1320; *Weber* DAR 1981, 161.
18 *OLG Saarbrücken* r+s 1982, 214.

angemessenen Zeitbedarfs nach dem um die Steuern und Sozialabgaben geminderten Nettobetrag auszugleichen.

Bei freiberuflich Tätigen (Selbstständigen) muss geprüft werden, ob ein Erwerbsschaden (Verdienstausfall) i. S. v. § 252 BGB mit irreparablem Ergebnis eingetreten ist, d. h. ob nicht die Möglichkeit bestanden hat, die aus Anlass des Unfalles versäumte Dienst- oder Werkleistung in zumutbarer Weise nachzuholen. Dies gilt insbesondere mit Rücksicht darauf, dass das »Verbringen« und Abholen des Kfz jeweils nur relativ kurze Zeiträume in Anspruch nimmt. 27

Andere Grundsätze werden jedoch dann zu gelten haben, wenn die Überführung des beschädigten Kfz zur Werkstatt und zurück zwangsläufig mit einem Verlust von Arbeitszeit verbunden war, weil es sich bei dem Geschädigten um einen Unternehmer handelt, der für die Überführung eigenes Personal einsetzt. Das Gleiche gilt für den Fall, dass eine Überführung nur unter Aufwendung abgrenzbarer Mehrkosten möglich war. 28

IV. Schadenbearbeitungskosten von Betrieben und Behörden

Bearbeitungskosten sind nach der herrschenden Rechtsprechung nur dann zu ersetzen, wenn der Gläubiger den ihm obliegenden Nachweis führen kann, dass er eigens mit Rücksicht auf zu erwartende Verletzungshandlungen Dritter ganz bestimmte Personen innerhalb seines Unternehmens ständig und ausschließlich mit der Bearbeitung fremdverursachter Eigenschäden beauftragt hat und wenn er überdies schlüssig darlegen kann, dass dadurch abgrenzbare Mehrkosten entstanden sind, die sich eindeutig vom allgemeinen betrieblichen Verwaltungsaufwand trennen lassen. 29

Diesen außerordentlich strengen Nachweis können in der Praxis nicht einmal Großunternehmen wie beispielsweise die Deutsche Bahn AG oder die Deutsche Post AG führen, obwohl beide Institutionen über eigene Schadenreferate verfügen.[19] 30

V. Dolmetscherkosten

Es kommt zuweilen vor, dass es sich bei dem Geschädigten um einen ausländischen Staatsangehörigen handelt, der die deutsche Sprache nicht oder nicht so ausreichend beherrscht, dass er aus eigener Kenntnis der Dinge seine Rechte angemessen wahrnehmen könnte. In diesem Zusammenhang stellt sich in Verbindung mit der Schadenregulierung die Frage, ob die Aufwendungen des Ausländers für die Hinzuziehung eines Dolmetschers oder Übersetzers einen ausgleichsfähigen Schaden in der Erscheinungsform der notwendigen Kosten einer angemessenen Rechtsverfolgung oder -verteidigung darstellen. Hier ist zwischen der außergerichtlichen Schadenregulierung und einem Prozess zu unterscheiden. 31

Es ist im Allgemeinen außergerichtlich allein Sache des Ausländers, auf eigene Kosten dafür Sorge zu tragen, dass ihm die erforderlichen Sprachkenntnisse vermittelt werden,[20] die er benötigt, um die Vorgänge im Gastland richtig zu verstehen und zu beurteilen. 32

Außergerichtlich können die notwendigen Dolmetscher- und Übersetzungskosten im Einzelfall für einen die deutsche Sprache nicht beherrschender Ausländer, der durch einen Verkehrsunfall geschädigt wird, Aufwendungen sein, die für die sachgerechte Verfolgung seiner Schadenersatzansprüche notwendig sind.[21] Hier empfiehlt es sich, für den Geschädigten in tatsächlicher Hinsicht darzulegen, wie seine Sprachkenntnisse sind und welche Dokumente der Übersetzer im Einzelnen übersetzt hat.[22] 33

---

19 *BGH* NJW 1969, 1109; *BGH* VersR 1976, 857; Hentschel/*Dauer*/König § 12 StVG Rn. 7.
20 *AG Darmstadt* DAR 1978, 327 – Fragebögen für theoretische Fahrerlaubnisprüfung.
21 *AG Viersen* zfs 1991, 48; *AG Herford* zfs 1992, 242.
22 Berz/Burmann/Heß/*Born*/K. Schneider 5c Rn. 89.

34 Es muss zwischen durchreisenden Ausländern und jenen differenziert werden, die sich seit vielen Jahren in Deutschland aufhalten, wobei Letzteren nach der Rechtsprechung die Kosten außergerichtlich nicht pauschal zugesprochen werden, sondern im Einzelfall geprüft wird.[23] Bei bereits lange im Inland wohnhaften Ausländern ist wie dargelegt zunächst davon auszugehen, dass diese selbst dafür Sorge tragen müssen, dass sie im Gastland in dessen Sprache kommunizieren können.

35 Eine andere Beurteilung gilt, wenn es zu einem Prozess kommt: hier werden Dolmetscherkosten grundsätzlich als erstattungsfähige Kosten angesehen.[24] Das Gericht muss von sich aus prüfen, ob nicht schon frühzeitig ein Dolmetscher hinzuzuziehen ist. Ebenso wird das Gericht im Rahmen seines Schätzungsermessens prüfen, welchen Umfang und Schwierigkeitsgrad Regulierung und Schriftverkehr hatten und in welchem Umfang Übersetzungen notwendig waren.[25] Dabei braucht sich der Geschädigte nicht auf die Sprachkenntnisse seines Anwalts verweisen zu lassen.[26] Hier besteht also eine klare Regelung, wie sie bei der außergerichtlichen Inanspruchnahme eines Dolmetschers fehlt.

VI. Ermittlungskosten

1. Zeugensuche

36 Der Schädiger hat als fortwirkende Folge seines haftbaren Verhaltens dem Geschädigten die von ihm aufgewendeten Kosten für die Aufklärung des Sachverhalts und für sonstige sachdienliche Ermittlungen in angemessener Höhe zu erstatten. Darunter fallen beispielsweise auch die Kosten für eine Zeitungsanzeige, die notwendig war, um einen nach einem Unfall weitergefahrenen – insbesondere flüchtigen – Beteiligten ausfindig machen und die gegen ihn begründeten Ersatzansprüche durchsetzen zu können.

37 Das Gleiche gilt für den Fall, dass der Geschädigte sich ohne eigenes Verschulden in Beweisnot befindet und er in einer Zeitungsanzeige Zeugen sucht,[27] um seine Forderungen gegen den den Grund des Anspruchs bestreitenden Schädiger durchzusetzen. Ein solches Vorgehen ist dem Mandanten oft kurzfristig zu raten, da die Praxis zeigt, dass sich häufig auch bei auf erste Sicht aussichtslosen Unfallsituationen (außerorts nachts etc.) häufig noch Augenzeugen melden und damit die Schadenregulierung außergerichtlich und auch gerichtlich doch noch Erfolg versprechend betrieben werden kann.

38 Andere Grundsätze gelten indes für den Fall, dass der Geschädigte durch eigenes vorwerfbares bzw. zurechenbares Verhalten seine Beweisnot selbst verschuldet hat. Diese Auffassung kommt beispielsweise dann zum Zuge, wenn der Geschädigte es unterlässt, vorhandene feststellungsbereite Augenzeugen zu notieren. Ähnliche Überlegungen gelten für den Fall, dass der Geschädigte es nach einem Verkehrsunfall in einem öffentlichen Verkehrsmittel aus Gleichgültigkeit unterlässt, unter gleichzeitiger Angabe seiner vollen Personalien das Betriebspersonal über den Unfall zu unterrichten.

39 Hat der Geschädigte also seine Beweisnot selbst zu vertreten, dann kann er die Kosten von Zeitungsanzeigen für die Ermittlung von Zeugen nicht vom Schädiger ersetzt verlangen. Entscheidungen, wo hier die Grenze bei einem normalen Unfall zu ziehen ist, sind bisher nicht ergangen: So dürfte es in der Praxis dem durchschnittlichen Geschädigten nicht vorwerfbar sein, dass er nach (oder gegebenenfalls selbstgefährdend noch vor) der Absicherung der Unfallstelle nicht sofort die Passanten anspricht, noch eher er die Daten des anderen Unfallbeteiligten gesichert hat. Auch hier wären die Kosten von Zeitungsanzeigen zu erstatten.

---

23 *OLG Hamm* DAR 1997, 57.
24 *LG Paderborn* zfs 1991, 197; *LG Bielefeld* NZV 1991, 316; *LG Bielefeld* zfs 1992, 95; *OLG Oldenburg* SP 1992, 96; *LG Bochum* NJOZ 2003, 288; *BVerfG* NJW 2004, 50.
25 *OLG Hamm* zfs 1989, 125.
26 Berz/Burmann/Heß/*Born/K. Schneider* 5c Rn. 89.
27 *LG Mönchengladbach* NZV 2004, 206.

2. Belohnungen und Prämien

Grundsätzlich ist in dem Zusammenhang mit der Zeugenermittlung oder anderen Sachverhaltsfeststellungen auch daran zu denken, dass wie in anderen Rechtsbereichen auch nach einem Verkehrsunfall Belohnungen ausgelobt werden. Erstattungsfähig ist daher auch grundsätzlich im Bereich des Verkehrsunfalls die nach einer Grundsatzentscheidung des *BGH*[28] nach einem Ladendiebstahl fällige »Fangprämie« – hier abgestuft nach dem Wert der entwendeten Waren –, soweit die Prämie sich in angemessener Höhe hält.[29]

Soweit es um die Höhe der Belohnung geht, hat das *OLG Koblenz*[30] zutreffend darauf hingewiesen, der jeweils angemessene Betrag richte sich nach der Bedeutung der Sache, der Höhe des Streitwerts (Gegenstandswerts) und nach dem Verhalten des Ersatzpflichtigen. Es gibt bisher fast keine Entscheidungen betreffend eine Belohnung nach einem Verkehrsunfall.

Das *AG München*[31] begrenzt die auszulobende Belohnung, die der Schädiger als fortwirkende Folge seines haftbaren Verhaltens innerhalb der Grenzen der Adäquanz und des Rechtswidrigkeitszusammenhangs zu ersetzen hat, auf bis zu 10 % des tatsächlich entstandenen Schadens. Das *AG Lemgo*[32] hält es für angemessen, aber auch ausreichend, die Höhe der erstattungsfähigen Auslobungskosten auf etwa ein Viertel des tatsächlich entstandenen Sachschadens zu begrenzen. Diese Quoten dürften zwar generell für die Beratung des Mandanten und dessen Unterstützung bei der Auslobung einer Belohnung ein Anhaltspunkt sein. Dennoch können sie im Einzelfall überschritten werden, wenn eine besondere Beweisnot vorliegt.

3. Detektivkosten

Zu den Ermittlungskosten im weiteren Sinne können auch die Aufwendungen für die Einschaltung eines Detektivs zählen.[33] Derartige Maßnahmen sind im Zuge von Schadensregulierungen auf Seiten des Geschädigten jedoch außerordentlich selten.

Daher muss hier auf die im Versicherungsrecht und im Arbeitsrecht diesbezüglich entwickelten Grundsätze[34] zurückgegriffen werden, da es in diesen beiden Rechtsbereichen schon häufiger zur Beauftragung eines Privatermittlers kommt, um Sachverhalte aufzuklären.

Besteht so z. B. der konkrete Tatverdacht einer strafbaren Handlung gegen einen Mitarbeiter, kann ein Detektiv eingeschaltet werden, um die vertragswidrige und unerlaubte Handlung des Mitarbeiters im Arbeitsrecht nachzuweisen.[35] Hierfür ist der Arbeitgeber im Kündigungsschutzprozess beweispflichtig, er muss das Vorliegen der entsprechenden Pflichtverletzung durch den Arbeitnehmer darlegen.

Es müssen also schon Verdachtsmomente bei der Erteilung des Auftrags an den Detektiv vorliegen, die nicht anders überprüft werden können.[36] Solche Fälle sind in der Unfallregulierung eher selten.

So können Detektivkosten jedoch in Ausnahmefällen gerechtfertigt sein, wenn die dringende Befürchtung besteht, dass das Verhalten des Geschädigten (Anspruchstellers) darauf ausgerichtet ist, den Ersatzpflichtigen über den wahren Umfang des Schadens zu seinem Nachteil zu täuschen.[37]

---

28 *BGH* NJW 1980, 119.
29 *LG Braunschweig* NJW 1976, 1640; *OLG Hamburg* NJW 1977, 1347.
30 *OLG Koblenz* DAR 1975, 73.
31 *AG München* DAR 1980, 372.
32 *AG Lemgo* FD-VersR 2011, 319628.
33 *Lepke* DB 1985, 1231 [Arbeitsrecht]; *OLG Koblenz* NJW-RR 1999, 1158.
34 *Geigel* Rn. 117; *Frölich* NZA 1996, 464.
35 *Moll* § 41 Rn. 108.
36 *Germelmann* § 12a Rn. 25; *KG* NJOZ 2003, 2019.
37 *OLG Karlsruhe* zfs 1982, 17.

Hier wäre z. B. ein Einsatz von Detektiven im Bereich des Kfz-Haftpflichtschadens denkbar, wenn der Versicherer manipulierte Unfälle vermutet.

48 Die Kosten der reinen Überprüfung von Lackproben eines Fahrzeugs in Fällen des unerlaubten Entfernens vom Unfallort werden jedoch nach Meinung des *AG Celle* nicht ersetzt.[38] Diese Begründung kann in der Praxis nicht nachvollzogen werden, da häufig nicht spezialisierte Polizeidienststellen bei der Verkehrsunfallfluchtermittlung im Strafverfahren keine entsprechende kriminaltechnische Überprüfung veranlassen und es beim bloßen Augenschein der Lackproben bleibt, sodass dann im Zivilprozess eine Beweisnot vorliegen kann, die nur durch einen Untersuchung zu beheben ist.

49 Außergerichtlich können die Detektivkosten als adäquate Folge des schädigenden Verhaltens aus den Gesichtspunkten der positiven Vertragsverletzung bzw. unerlaubten Handlung ersatzpflichtig sein[39] und wären daher zu erstatten.

50 Im Zivilprozess sehen der *BGH* und die *OLGs* die Erstattungsfähigkeit von Detektivkosten in Abhängigkeit von der prozessuale Situation und der Beweislage als erstattungsfähig an.[40]

51 Auch insoweit gelten aber die Grundsätze der Minderungspflicht. Die Kosten müssen prozessbezogen und notwendig sein.[41] So müssen die Ermittlungen des Detektivs auch in den Prozess eingebracht werden.

52 Es kann aber auch eine Erstattung als Vorbereitungskosten zur Rechtsverteidigung in Betracht kommen, wenn die Partei damit rechnen muss, dass sich ein konkreter Rechtsstreit abzeichnet.

53 Die Detektivkosten sind nur dann als notwendige Kosten der Rechtsverfolgung oder Rechtsverteidigung erstattungsfähig, wenn die mit der Beauftragung des Detektivs erstrebten Feststellungen aus sachverständiger Sicht zur Führung eines Rechtsstreits erforderlich waren[42] und andere – einfachere und billigere – Möglichkeiten zur Beschaffung des Beweismaterials nicht zur Verfügung gestanden haben.[43] Darauf ist aus anwaltlicher Sicht schon bei der Beauftragung des Detektivs zu achten.

54 In den Fällen der Einschaltung eines Detektivs nach einem Verkehrsunfall dürfte aber überwiegend von einer Notwendigkeit auszugehen sein, da hier meist die üblichen Ermittlungsmöglichkeiten des Geschädigten bzw. seines Rechtsanwalts ausgeschöpft sein dürften und der Detektiv die Ultima Ratio ist.

55 So wird die Einschaltung im Verkehrsrecht erst dann erfolgen, wenn andere Beweismittel wie Zeugenaufrufe oder -aussagen sowie Sachverständigengutachten zum Unfallhergang nicht zum gewünschten Erfolg geführt haben.

56 Kann durch die Beauftragung eines Detektives ein Versicherungsbetrug aufgeklärt werden, so werden die Kosten für einen Detektiv nach § 91 ZPO für erstattungsfähig angesehen.[44] Dabei ist die Rechtsproblematik der nach § 91 ZPO erstattungsfähigen Sachverständigenkosten mit denen der Kosten für die Beauftragung von privaten Ermittlern vergleichbar.[45]

57a Auch wenn im Rahmen des zivilprozessualen Kostenfestsetzungsverfahrens die Erstattungsfähigkeit von Detektivkosten abgelehnt wird, kann dennoch ein materieller Kostenerstattungsanspruch bestehen (s. Rdn. 49), der in einem gesonderten Gerichtsverfahren geltend gemacht werden kann.[46]

---

38 *AG Celle* zfs 1998, 41.
39 *Moll* § 41 Rn. 108.
40 *BGH* DAR 1981, 85; *BGH* NJW 1990, 2060; *BAG* NJA 1998, 1334; *OLG Hamm* SP 2007, 267.
41 *Frölich* NZA 1996, 465.
42 *Buschbell* § 23 Rn. 112.
43 *OLG Schleswig* VersR 1987, 1226; *OLG Koblenz* PVR 2003, 147; *LG Mönchengladbach* NVZ 2004, 206.
44 *OLG Hamm* SP 2007, 267.
45 *Günther* DS 2006, 263 mit Rechtsprechungsübersicht.
46 *Günther* DS 2006, 263.

Die Höhe der Detektivkosten richtet sich zunächst nach dem vereinbarten Honorarsatz, sofern dieser sich im Rahmen üblicher Konditionen bewegt. Dabei sind auch Nebenkosten und Auslagen erstattungsfähig, die beim Betrieb einer Detektei anfallen. Hier sollte sich der im Verkehrsrecht tätige und mit diesem Themenkreis weniger befasste Rechtsanwalt gegebenenfalls von Kollegen aus anderen Rechtsbereichen beraten lassen, die häufiger die Dienste von Privatermittlern in Anspruch nehmen, denn hier sind Angemessenheit und Erforderlichkeit streng zu prüfen.[47] 57

B. Schutzgebühr für Kostenvoranschläge

Der Kostenvoranschlag ist in Abs. 3 des § 632 BGB gesetzlich geregelt. Nach dieser Vorschrift ist der Kostenvoranschlag im Zweifel nicht zu vergüten, wenn die Parteien nichts anderes vereinbart haben. 58

Hier ist daher im Rahmen der Schadenregulierung genauer die Vereinbarung zwischen dem Geschädigten und der Kfz-Reparaturwerkstatt zu prüfen, ob ein Anspruch auf die Schutzgebühr für den Kostenvoranschlag tatsächlich entstanden ist. Nach Ansicht des *AG Landsberg*[48] ist eine entsprechende Vergütungsvereinbarung nichtig, wenn die Kosten für einen Kostenvoranschlag bezüglich der Bezifferung des Schadens aus einem Verkehrsunfall weit über dem Doppelten des ortsüblichen Betrages liegen. 59

Die Kfz-Reparaturwerkstätten vereinbaren mit dem Kunden meistens schriftlich, dass für ihre mit der Ausstellung eines Kostenvoranschlags verbundene Arbeit eine sog. »Schutzgebühr« – meist i. H. v. 10 % der veranschlagten Reparaturkosten oder nach der effektiv aufgewandten Arbeitszeit berechnet – zu bezahlen ist. 60

Anlass dazu gibt der Umstand, dass viele Geschädigte eine Reparatur gar nicht in der Werkstatt reparieren lassen wollen, sondern die Instandsetzung selbst durchführen möchten und daher die Arbeit der Werkstatt – mit erkennbar steigendem Trend – lediglich dazu »missbrauchen«, um eine beweiskräftige Unterlage für die Schadenabrechnung nach Schätzung zu erhalten.[49] 61

I. Reparatur wird in Werkstatt durchgeführt

Wird die Reparatur jedoch anschließend bei der den Kostenvoranschlag erstellenden Werkstatt durchgeführt, werden die Kostenvoranschlagskosten üblicherweise auf die Reparaturkosten voll angerechnet. Nach richtiger Ansicht wären auch in diesem Fall die Kosten für die Erstellung eines Kostenvoranschlags notwendige Rechtsverfolgungskosten gemäß § 249 Abs. 2 S. 1 BGB, da der Geschädigte nicht schlechter gestellt werden darf, als wenn er die Reparatur unterlässt.[50] 62

II. Reparatur wird nicht oder eigenständig durchgeführt

Unterbleibt die Reparatur, wie dies erfahrungsgemäß in zahlreichen Fällen geschieht, ist es durchaus umstritten, ob die Gebühr für den Kostenvoranschlag erstattungsfähig ist: 63

Erstattungsfähig: 64

AG Aachen zfs 1986, 72.

AG Aachen DAR 1995, 295.

AG Berlin-Mitte SP 2004, 281.

AG Bochum DAR 1985, 355.

AG Bochum SP 2000, 236.

AG Bochum SP 2001, 133.

AG Deggendorf zfs 1987, 236.

AG Dresden ADAJUR-Dok Nr. 63388.

AG Duisburg-Ruhrort SP 1996, 319.

AG Düsseldorf zfs 1996, 374.

---

47 *Frölich* NZA 1996, 466.
48 *AG Landsberg* DAR 2009, 277.
49 *Merrath* SVR 2008, 334.
50 *AG Augsburg* SP 2005, 348.

AG Essen zfs 1990, 156.
AG Mainz zfs 1998, 132.
AG Neuss SP 1999, 311.
AG Neuss SP 2006, 174.

AG Oberhausen zfs 1988, 279.
AG Recklinghausen BeckRS 2008 Nr. 23119.
AG Traunstein zfs 1998, 111.
AG Weilheim SP 2008, 333.

65 Nicht erstattungsfähig:
AG Aachen zfs 1983, 292.
AG Aachen SP 1993, 49.
AG Augsburg zfs 1990, 227.

AG Duisburg-Hamborn zfs 1992, 267.
AG Euskirchen zfs 1983, 293.
AG Prüm zfs 1993, 337.

III. Kostenvoranschlag anstelle eines Gutachtens

66 Wird der Kostenvoranschlag eingeholt, obwohl der Sachschaden oberhalb der Bagatellschadengrenze liegt und daher ein Sachverständigengutachten hätte erstellt werden können, gelten zwar auch die o. g. Grundsätze.

67 Hier werden dem Schädiger jedoch die weitaus höheren Kosten des Sachverständigengutachtens erspart, so dass in diesem Fall die Gebühr für den Kostenvoranschlag erstattungsfähig ist, wenn der Kostenvoranschlag hinreichend substanziiert und beweiskräftig ist.[51] Gegebenenfalls muss hier der Rechtsanwalt diesbezüglich in seinen Anwaltsschreiben entsprechende Argumente vortragen.

C. Verbringungskosten

68 Nachfolgend werden die Schadenpositionen behandelt, die mit der »Verbringung« des beschädigten Fahrzeugs, d. h. seiner Bergung, seinem Abschleppen und seiner Überführung entstehen. Die zuletzt genannte Position hat zusätzlich auch noch Bedeutung für die Hin- und Rückführung des Mietwagens.

I. Bergungskosten

69 Von »Bergung« in dem hier gemeinten Sinne spricht man jeweils dann, wenn ein Kfz aus Anlass eines Unfalles in eine Lage geraten ist, aus der es sich mit eigener Kraft – d. h. unter Einsatz der bestimmungsgemäßen Antriebskräfte des Motors – nicht mehr befreien kann. Dieser Fall liegt beispielsweise dann vor, wenn das Kfz nach einem Zusammenstoß in einen Graben oder gar in einen Bach abgekippt ist. Ferner kann dieser Fall stets dann eintreten, wenn der Wagen vom festen Untergrund abgekommen ist und die Räder nicht mehr fassen (»durchdrehen«). Die Bergung wird in aller Regel mit einem Kranwagen durchgeführt. Die dadurch entstehenden Kosten sind dem Geschädigten als eine Schadenposition unter mehreren zu erstatten, sofern die Bergung des Fahrzeugs aus schadenadäquatem Anlass geboten war.

70 Da die Bergung häufig durch die Feuerwehr erfolgt stellt sich in der Praxis die Frage, ob die dafür entstehenden öffentlich-rechtlich begründeten Kosten durch die Kfz-Haftpflichtversicherung des Unfallverursachers zu erstatten sind, da deren Leistung nach den AKB auf privatrechtliche Ansprüche begrenzt ist. Die herrschende Meinung bejaht dennoch die Erstattung aus neben dem öffentlich-rechtlichen Anspruch meist noch bestehenden privatrechtlichen Gründen[52] oder aber unter dem Gesichtspunkt der Rettungskosten.[53]

---

51 *Buschbell* § 23 Rn. 75; *BGH* NJW 2005, 356; *LG Hildesheim* NZV 2010, 34.
52 *BGH* DAR 2007, 269.
53 *BGH* DAR 2007, 269.

II. Abschleppkosten

Wenn in der Praxis der Schadenregulierung bezüglich der Bergungskosten im Allgemeinen keine Probleme entstehen, wird erfahrungsgemäß sehr häufig die Frage streitig sein, ob Abschleppkosten zu erstatten sind, gegebenenfalls für welche Entfernung und in welcher Höhe.[54] 71

Das Abschleppen eines auf der Straße befindlichen Kfz wird in der Regel dann erforderlich sein, wenn es mit eigener Kraft nicht mehr bewegt werden kann oder darf. Die zuletzt angesprochene Alternative liegt dann vor, wenn die Antriebskräfte des Fahrzeugs zwar noch funktionsfähig sind, der Wagen sich aber nicht mehr in einem verkehrssicheren Zustand befindet. 72

Streit entsteht in der Regulierungspraxis sehr häufig in der Beurteilung der Frage, ob der Geschädigte aus Gründen der Schadenminderung (§ 254 Abs. 2 BGB) verpflichtet war, die notwendige Schleppfahrt auf den nächsten geeigneten Bestimmungsort zu beschränken oder ob er das Fahrzeug – dies kommt insbesondere dann in Betracht, wenn er sich auf einer größeren Reise befindet – bis zu seinem Wohnort zurückführen darf. 73

Mit Rücksicht auf die durch § 254 Abs. 2 BGB normierte Schadenminderungspflicht bestehen grundsätzlich erhebliche Bedenken dagegen, dass ein Kfz über größere Entfernungen geschleppt wird.[55] 74

Die Darlegungs- und Beweislast dafür, dass das Fahrzeug zur nächstgelegenen Werkstatt bzw. nächsten noch zumutbaren Fach- bzw. Vertragswerkstatt abgeschleppt worden ist, liegt – dennoch – beim Geschädigten.[56] 74a

1. Erkennbarer Totalschaden

Falls jedoch – von vornherein erkennbar – Totalschaden vorliegt oder zu befürchten ist, ist ein Abschleppen in jedem Fall lediglich bis zum nächsten Verwertungsbetrieb zulässig.[57] 75

Hier kommt es nicht darauf an, dass das Kfz in eine Werkstatt gebracht wird, die das besondere Vertrauen des Geschädigten genießt.[58] 76

Gleiches gilt beim Abschleppen eines Totalschadens zunächst auf den Hof des Abschleppdienstes und dann mit einer zweiten Schleppfahrt zu einer Kfz-Werkstatt. Auch hier liegt i. d. R. ein Verstoß gegen die Schadenminderungspflichten vor, sodass die weiteren Abschleppkosten nicht zu erstatten sind.[59] Häufig ist jedoch zu diesem Zeitpunkt der Rechtsanwalt noch nicht beauftragt und kann daher noch nicht beratend eingreifen, sodass zum Beginn des Mandats diese Kosten oft bereits entstanden sind. 77

Erleidet ein Fahrzeug bei einem fremd verursachten Unfall etwa 400 km vom Wohnsitz des Halters entfernt einen Totalschaden, so ist dem Halter zuzumuten, den vom Sachverständigen ermittelten Restwert des beschädigten Kfz durch Veräußerung am Unfallort zu realisieren.[60] 78

Unternimmt der Halter derartige Bemühungen nicht, so kann er vom Schädiger nicht den Ersatz der Abschleppkosten verlangen, die durch das Abschleppen des Kfz vom Unfallort zu seinem Wohnsitz entstanden sind.[61] In all diesem Fällen ist daher zu prüfen, ob der Mandant als technischer Laie bereits am Schadensort oder bei der Beauftragung weiterer Schleppfahrten erkennen konnte, dass er mit der Beauftragung gegen seine Schadenminderungspflicht verstieß. In vielen Fällen wird hier ge- 79

---

54 Himmelreich/Halm/*Richter* Handbuch Fachanwalt Verkehrsrecht, Kap. 4 Rn. 466.
55 *OLG Köln* NZV 1991, 429; *AG Darmstadt* SP 1998, 165; *AG Herborn* SP 1999, 166.
56 Himmelreich/Halm/*Müller* Handbuch Fachanwalt Verkehrsrecht, Kap. 6 Rn. 4.
57 *LG Bayreuth* zfs 1990, 8; *AG Hildesheim* NZV 1999, 212; *LG Würzburg* SP 1999, 19.
58 *AG Emmendingen* VRS 107, 162.
59 *AG Krefeld* SP 2000, 278.
60 *Buschbell* § 23 Rn. 112.
61 *AG Köln* r+s 1985, 295.

genüber der Versicherung gut begründet werden können, dass der Laie hier konkret vor Ort den Schadenumfang nicht ermessen konnte.

2. Transport zur Prüfung, ob ein Totalschaden vorliegt

80 Falls die Frage nach der Reparaturfähigkeit eines Kfz überhaupt relevant werden sollte, würde es auf sie nur dann ankommen, wenn eine Instandsetzung ernsthaft überhaupt in Aussicht genommen ist und sich in der Nähe der Unfallstelle keine dafür geeignete Werkstatt befindet. Um dies durch eine Sachverständigenbegutachtung klären zu lassen, kann das Fahrzeug in eine Fachwerkstatt am Unfallort geschleppt werden.[62] Wenn bei einem Nutzfahrzeug die Feststellung, ob Totalschaden vorliegt oder nicht, nur in einer entlegeneren Fachwerkstatt getroffen werden kann, so hat das *OLG Frankfurt a.M.*[63] für die Entschädigungspflicht des Kaskoversicherers (unter dem Gesichtspunkt des Aufwendungsersatzes) angenommen, dass die Transportkosten dorthin auch dann zu erstatten sind, wenn sich nachträglich die Unwirtschaftlichkeit der Reparatur herausstellt und der Geschädigte den Totalschaden am Unfallort nicht erkennen und demgemäß das Abschleppen des Fahrzeugs den Umständen nach für geboten halten durfte. Dieser Rechtsgedanke kann auf das Schadensersatzrecht übertragen werden. Auch hier wäre wiederum entsprechend durch den Rechtsanwalt vorzutragen, warum die Reparatur zunächst in Aussicht genommen werden sollte und dann letztendlich doch davon Abstand genommen wurde.

3. Transport in nächste Fach-/Vertragswerkstatt

81 Auf den ersten Blick bedenklich erscheint – zumindest in dieser Verallgemeinerung – die zuweilen geäußerte Auffassung, der Geschädigte könne grundsätzlich die Abschleppkosten vom Unfallort zum Sitz einer von ihm ständig in Anspruch genommenen Werkstatt ersetzt verlangen, wenn das beschädigte Kfz reparaturfähig ist und die Abschleppkosten in einem angemessenen Verhältnis zu den Reparaturkosten stehen.[64]

82 Recht interessant erscheint in diesem Zusammenhang die Auffassung, der Geschädigte müsse grundsätzlich die nächste Reparaturwerkstatt aufsuchen.[65] Er dürfe jedoch die Reparaturwerkstatt seines Vertrauens mit der Durchführung der Instandsetzungsarbeiten beauftragen, wenn dadurch nicht entgegen den Grundsätzen von Treu und Glauben (§ 242 BGB) für den Schädiger erhebliche Nachteile entstehen.[66]

83 Zumindest dürfte dies jedoch für die Inanspruchnahme der nächsten Fach- bzw. Vertragswerkstatt gelten, sodass sich der Geschädigte nicht auf die nächste beliebige Werkstatt verweisen lassen muss.[67] Der Geschädigte hat – und dazu ist ihm insbesondere bei neueren Fahrzeugen auch zu raten – einen Anspruch auf eine Reparatur in der nächstgelegenen Fach- bzw. Vertragswerkstatt, die z. B. zum Erhalt von möglichen Ansprüchen aus Durchrostungsgarantien oder der erfolgreichen Abwicklung von späteren Kulanzfällen führt.[68]

84 Werden höhere Abschleppkosten teilweise durch unstreitig geringere Reparaturkosten wieder aufgewogen und durfte der Geschädigte als Dauerkunde eine bessere Behandlung und auch bequemere Durchführung von Nachreparaturen erwarten, so erscheint es nicht unangemessen, wenn er die bereits sein Vertrauen besitzende Werkstatt beauftragt.[69]

---

62 *LG Köln* 1974, 1232; *AG Wiesbaden* zfs 1994, 87; *LG Würzburg* SP 1999, 19.
63 *OLG Frankfurt a. M.* NVersZ 2002, 319.
64 Hentschel/König/*Dauer* § 12 StVG, Rn. 28; *OLG Celle* VersR 1996, 1196; *OLG Hamm* VersR 1970, 43; *LG Würzburg* SP 1999, 19.
65 *OLG Köln* VersR 1992, 719; *AG Wiesbaden* zfs 1994, 87.
66 *AG Kulmbach* zfs 1990, 8; *LG Bayreuth* zfs 1990, 8.
67 Sanden/Völtz Rn. 137; *OLG Köln* NZV 1991, 429; *LG Würzburg* SP 1999, 19; *AG Herborn* SP 1999, 166.
68 *OLG Köln* NZV 1991, 429.
69 Himmelreich/Halm/*Müller* Handbuch Fachanwalt Verkehrsrecht, Kap. 6 Rn. 3.

4. Weite Transportstrecken

Ein Verstoß gegen die Schadenminderungspflicht liegt erkennbar vor, wenn ein unfallbeschädigtes Kfz über eine Entfernung von mehreren hundert Kilometer hinweg abgeschleppt wird.[71] Dies dürfte auch einem Laien noch vor der anwaltlichen Beratung erkennbar sein. **86**

Auch die Überführungskosten eines in der Türkei total beschädigten Kfz von dort bis in die Bundesrepublik Deutschland sind nicht erstattungsfähig.[72] Hier stehen selbst bei höherwertigen Fahrzeugen die Transportkosten in einem eklatanten Missverhältnis zum Fahrzeugwert, was dem Geschädigten schon bei der Auftragserteilung klar sein dürfte. **87**

III. Überführungskosten

1. Beschädigtes Kfz

Erstattungsfähig sind grundsätzlich auch die Aufwendungen, die durch die Überführung des beschädigten Kfz zur Werkstatt und zurück entstehen und – ohne Fixkostenanteile, die unfallunabhängig in jedem Fall und in gleicher Höhe entstehen – zu Selbstkosten abzurechnen sind.[73] Auch insoweit kann auf die Betriebskostentabellen des ADAC e. V. zurückgegriffen werden. **88**

Üblicherweise werden die relativ geringen Überführungskosten, wenn sie einem Privatmann entstanden sind, in der allgemeinen Nebenkostenpauschale zusammengefasst und nicht besonders berechnet.[74] Der Grund für diese Handhabung besteht darin, dass der wesentliche Kostenfaktor bei der Abrechnung von Überführungskosten in den Personalaufwendungen besteht, während die eigentlichen Sachkosten – insbesondere bei Pkw – kaum ins Gewicht fallen. **89**

Demgemäß entstehen nach den Erfahrungen der Praxis Schwierigkeiten bei der Geltendmachung von Überführungskosten im gewerblichen Bereich. Gemeint ist damit der Fall, dass Betriebe oder Behörden die Überführung, des beschädigten Kfz zu einer Fremdwerkstatt – und seine anschließende Rückholung nach Beendigung der Reparaturarbeiten – durch betriebseigenes Personal durchführen lassen. **90**

Eine recht breite Auffassung in Literatur und Judikatur[75] vertritt insoweit den Standpunkt, dass der Geschädigte lediglich die reinen Sachkosten – darunter versteht man die leistungsbezogenen Betriebskosten für das zu überführende Fahrzeug, also Abnutzung der Reifen, Treibstoff und Motoröl – ersetzt verlangen kann.[76] **91**

Dieser Standpunkt wird damit begründet, dass die daneben anfallenden Lohnkosten schon deswegen nicht erstattungsfähig seien, weil der Geschädigte das mit der Überführung beauftragte Personal bereits vor dem konkreten Unfall eingestellt hat und auch ohne das zum Ersatz verpflichtende Ereignis in gleicher Weise hätte entlohnen müssen. **92**

Die Überführungsfahrten dienen jedoch der Schadensbeseitigung. Die Selbstkosten, die dem Geschädigten durch Einsatz von Personal für diese Fahrten entstehen, sind nach richtiger Auffassung erstattungsfähige Herstellungskosten im Sinne des § 249 Abs. 2 S. 1 BGB.[77] Diese Kosten sind nicht **92a**

---

70 *AG Lingen* zfs 1986, 360.
71 *AG Birkenfeld* zfs 1984, 103; *AG Wiesbaden* zfs 1994, 87; *LG Würzburg* SP 1999, 19.
72 Himmelreich/Halm/*Müller* Handbuch Fachanwalt Verkehrsrecht, Kap. 6 Rn. 6.
73 *BGH* NJW 1983, 2815.
74 *AG Aschaffenburg-Alzenau* r+s 1983, 239.
75 *OLG Köln* r+s 1978, 149; *OLG Köln* VersR 1979, 166; *OLG Köln* VersR 1982, 585.
76 *AG Aschaffenburg* VRS 80, 364; *AG Köln* VersR 1981, 743; *AG Regensburg* zfs 1981, 741.
77 *BGH* NJW 1983, 2815.

zu verwechseln mit den (Personal-)Aufwendungen außergerichtlicher Mühewaltung zum Zwecke der Schadenregulierung; diese dienen gerade nicht der Schadensbeseitigung selbst, sondern vielmehr der Durchsetzung von Schadensersatzansprüchen.

2. Mietwagen

93 Erstattungsfähig sind auch die Aufwendungen, die bei der Überführung (Hin- und Rückführung) eines angemieteten Ersatzfahrzeugs entstehen.[78] Dieses wird häufig am Unfallort angemietet und dann entweder am Reparaturort oder am Heimatort zurückgegeben.

94 Insoweit ermitteln sich die vom Ersatzpflichtigen zu erstattenden leistungsbezogenen Betriebskosten nach dem mit dem Kfz-Vermieter vereinbarten Kilometersatz zuzüglich der vom Geschädigten selbst aufgebrachten Treibstoffkosten.

95 Bei dieser Form der Überführungskosten kann ein Abzug für Einsparungen am eigenen Kfz nicht vorgenommen werden, da es sich insoweit um abgrenzbare Mehrkosten handelt und Einsparungen in diesem Bereich nicht eingetreten sind. Die Generalunkosten sind ebenfalls nicht zu berücksichtigen, da sie in den Mietwagenkosten bereits enthalten sind und mit Rücksicht darauf, dass diese Kosten am eigenen (beschädigten) Kfz nicht eingespart werden, ohnehin nicht Gegenstand des Vorteilsausgleichs sein können.

96 Diese Betrachtungsweise läuft im wirtschaftlichen Ergebnis darauf hinaus, dass der umrissene Teil der Mietwagenkosten vom Ersatzpflichtigen voll zu erstatten ist. Diese beziehen sich nicht nur auf die Überführung des Mietfahrzeugs im engeren Sinne, sondern voll erstattungsfähig sind auch alle weiteren Kosten für Fahrten, die aus allein unfallbedingten Gründen entweder mit dem eigenen Kfz oder mit dem Mietwagen durchgeführt worden sind und sonst – ohne das zum Ersatz verpflichtende Ereignis – nicht angefallen wären.

97 Dazu gehören beispielsweise Fahrten zum Arzt[79] und zur Unterrichtung des Anwalts.

98 Steht von vornherein fest, dass der Mietwagen an einem anderen Ort als dem, an dem er angemietet worden ist, zurückgegeben werden soll, dann muss der Geschädigte im Interesse der Schadenminderung den kostensparenden Weg der Einwegmiete wählen, die von größeren – überregional tätigen – Autovermietungen angeboten wird. Rückführungskosten eines Mietwagens sind unter diesen Umständen nicht »erforderlich« i. S. v. § 249 Abs. 2 S. 1 BGB, sodass der Ersatzpflichtige sie nicht zu erstatten braucht.[80]

99 Der Fall, dass das Mietfahrzeug in voraussehbarer Weise an einem anderen Ort zurückgegeben werden muss, liegt beispielsweise dann vor, wenn der Geschädigte mit seinem eigenen Kfz in größerer Entfernung von seinem Heimatort Totalschaden erleidet und sein Wagen daher aus Gründen der Kostenminderung am Unfallort verschrottet wird.

100 Anders liegen die Dinge, wenn die »Verbringung« des Mietwagens lediglich deswegen erforderlich wird, weil der Geschädigte mit dem Mietfahrzeug in zunächst nicht voraussehbarer Weise einen so erheblichen Schaden erleidet, dass eine Weiterbenutzung des Kfz nicht möglich ist und der Mietwagen an dem Ort, an dem der Schaden eingetreten ist, repariert werden muss. Unter dieser Voraussetzung sind dem Geschädigten – sofern eine anderweitige Ersatzmöglichkeit nicht besteht – auch die abgrenzbaren Mehrkosten für die Abholung und Rückführung des Mietwagens zu erstatten.

---

78 *Bachmeier* Mandat, Rn. 194.
79 *LG Lüneburg* zfs 1984, 37.
80 *AG Miesbach* zfs 1983, 298; *AG Schweinfurt* zfs 1985, 12.

IV. Auswechselungskosten

1. Fahrzeug

Eine besondere Form der Verbringungskosten stellen die Aufwendungen für das Auswechseln des beschädigten Fahrzeugs dar, die vornehmlich im Zusammenhang mit der Beschädigung öffentlicher Verkehrsmittel anfallen können. Auch das Auswechseln des Fahrzeuges dient letztlich der Schadensbeseitigung. 101

Eine Auswechselung wird regelmäßig dann erforderlich sein, wenn das Fahrzeug mit Rücksicht auf das zum Ersatz verpflichtende Ereignis den Erfordernissen der Betriebs- und Verkehrssicherheit nicht mehr in jeder Beziehung entspricht. Für die Auslösung dieses Kriteriums bedarf es nicht einmal besonders schwerer Schäden, die ein Auswechseln erforderlich machen. So kann man sich beispielsweise durchaus den Fall vorstellen, dass an einem Straßenbahntriebwagen oder Kraftomnibus eine Blinkvorrichtung in der Weise beschädigt wird, dass eine ordnungsgemäße Funktion nicht mehr gewährleistet ist. 102

Das Fahrzeug muss daher im Hinblick auf die zeitweilige Aufhebung der Verkehrssicherheit unverzüglich aus dem Verkehr gezogen werden, falls es nicht möglich sein sollte, durch Herbeirufen eines so genannten Unfallhilfswagens über Funk eine zumindest provisorische Notreparatur vorzunehmen. 103

Die abgrenzbaren Mehrkosten entstehen regelmäßig dadurch, dass zusätzliches Personal ein anderes Fahrzeug – in der Regel desselben Typs – vom nächsterreichbaren Betriebshof abholen und zur Unfallstelle bringen muss. Dasselbe Personal wird dann dort den beschädigten Zug übernehmen und ihn mit der gebotenen Sorgfalt ohne Fahrgastbedienung einrücken lassen, d. h. der zuständigen Betriebs- oder Hauptwerkstatt zur Durchführung der unfallbedingten Reparaturen überstellen. 104

Für eine Kostenrechnung sind zunächst einmal die Personalaufwendungen zu berücksichtigen, die nach der für die Auswechselung beanspruchten Zeit zu berechnen sind. Falls angefangene Überführungszeiten nach einem Tarifvertrag nur nach vollen Stunden abgerechnet werden können, hat der Schädiger auch diesen Mehraufwand jedenfalls dann zu erstatten, wenn das Personal im Anschluss an die Überführungsfahrt einer anderen sinnvollen Beschäftigung im betrieblichen Interesse nicht zugeführt werden kann. 105

Das Gleiche gilt für den Fall, dass für die – beispielsweise zu später Stunde – erforderlich gewordene Auswechselung Überstundenzuschläge gezahlt werden müssen bzw. Mehrkosten für übertarifliche Leistungen – etwa an Sonn- und Feiertagen – anfallen. 106

Außerdem sind auch die Sachkosten für das Ersatzfahrzeug zu erfassen und zu Selbstkosten nach der Länge der Überführungsstrecke, die insoweit doppelt zu berücksichtigen ist, abzurechnen. 107

2. Fahrer

Es kann allerdings auch der Fall eintreten, dass der Fahrer des betreffenden Linienfahrzeugs durch den Unfall körperlich verletzt wird und daher im Interesse einer sicheren Fortsetzung des Beförderungsvorganges abgelöst werden muss. Sollte der Fahrerwechsel im Zusammenhang mit der gleichzeitigen Auswechselung des beschädigten Fahrzeugs durchgeführt werden, sind neben den in diesem Zusammenhang bereits dargestellten Kosten zusätzlich noch die Lohnkosten für einen Ersatzfahrer in Rechnung zu stellen, und zwar bis zu dem Zeitpunkt, in dem der verletzte Fahrer ohne den Unfall planmäßig seinen Dienst beendet hätte. 108

Dabei muss zusätzlich darauf geachtet werden, dass nicht eine weitere Überschneidung eintritt, die sich daraus ergeben könnte, dass dem verletzten Fahrer, sollte Arbeitsunfähigkeit auf Dauer festgestellt werden, vom Zeitpunkt des Unfalles an Lohnfortzahlung auf Kosten und zulasten des Schädigers zu gewähren ist. 109

D. Rückstufungsschaden

110 Von einem Rückstufungsschaden spricht man dann, wenn der aufgrund eines vorangegangenen Unfalles leistungspflichtig gewordene Haftpflichtversicherer oder der Kaskoversicherer seinen Versicherungsnehmer in eine für diesen ungünstigere Schadenfreiheitsklasse zurückstuft.[81] Eine solche Rückstufung ist in fast allen Versicherungsverträgen vorgesehen, sie kann vertraglich z. B. durch die Vereinbarung eines so genannten Rabattretters abgemildert werden.

111 Ganz allgemein lässt sich sagen, dass man den Rückstufungsschaden nicht isoliert betrachten, d. h. nicht ausschließlich auf das betreffende Versicherungsjahr beziehen darf, sondern, um zu sachgerechten Ergebnissen zu gelangen, auch die gesamte weitere Entwicklung des Versicherungsvertrages im Auge behalten muss. Dabei ist zu berücksichtigen, dass in aller Regel einige Jahre[82] vergehen, bis der frühere Status wieder erreicht ist.[83] Dies kann je nach Versicherungsbedingungen und deren Gestaltung zum Teil auch zehn oder mehr Jahre dauern, sodass hier immer eine Berechnung des Rückstufungsschadens durch die Versicherung angefordert werden sollte, um die konkrete Schadenhöhe beurteilen zu können.[84]

I. Haftpflichtversicherung

112 Ein Rückstufungsschaden in diesem Bereich kann dann eintreten, wenn im Fall einer Mithaftung des Geschädigten der eigene Haftpflichtversicherer für die Befriedigung der berechtigten Ansprüche des Unfallgegners – und sei es auch nur teilweise – in Anspruch genommen wird.

113 Der dadurch eintretende Nachteil ist nach vorherrschender Auffassung bereits aus rechtsdogmatischer Sicht nicht erstattungsfähig, weil es sich insoweit um einen reinen Vermögensschaden handelt und das Vermögen als solches im Allgemeinen – von wenigen Ausnahmen abgesehen – nicht zu den geschützten Rechtsgütern gehört.[85]

114 Um einen erstattungsfähigen Sachfolgeschaden handelt es sich beim Verlust des Schadenfreiheitsrabattes in der Haftpflichtversicherung schon deswegen nicht, weil derselbe schädliche Erfolg auch dann eingetreten wäre, wenn lediglich das fremde Fahrzeug Schaden genommen hätte bzw. eine andere Person verletzt worden wäre oder der Unfall auf mittelbarer Beteiligung beruht.[86]

115 Auf § 823 Abs. 1 BGB, eine Bestimmung, die absolute Rechte schützt, kann dabei nicht zurückgegriffen werden, weil insoweit, als es sich um die Rechtsnatur des Rückstufungsschadens handelt, eine rechtlich relevante Beeinträchtigung weder unter dem Gesichtspunkt der Eigentumsverletzung noch der Besitzstörung vorliegt. Daher muss der Versicherungsnehmer diesen Rückstufungsschaden in jedem Fall selbst tragen und erhält ihn nicht ersetzt.

II. Kaskoversicherung

116 Bei Inanspruchnahme der Vollkaskoversicherung mit der Folge eines Rückstufungsschadens ist zu unterscheiden, ob eine vollständige Haftung des Schädigers vorliegt oder aber eine eigene Mithaftung anzunehmen ist.

---

81 Himmelreich/Halm/*Müller* Handbuch Fachanwalt Verkehrsrecht, Kap. 6 Rn. 358.
82 *AG Göttingen* VersR 1980, 1153.
83 *Klimke* VersR 1977, 134.
84 *Richter* SVR 2010, 217.
85 Himmelreich/Halm/*Müller* Handbuch Fachanwalt Verkehrsrecht, Kap. 6 Rn. 378.
86 *AG Heinsberg* SP 2004, 55; *AG Düsseldorf* SP 2004, 307; *LG Wuppertal* SP 2005, 199; *BGH* NJW 2006, 2397.

D. Rückstufungsschaden

1. Vollständige Haftung des Schädigers

Ist eine vollständige Haftung des Unfallverursachers gegeben, besteht für den Geschädigten eigentlich kein Grund, seine eigene Kaskoversicherung in Anspruch zu nehmen,[87] da er davon ausgehen kann, seinen Schaden vollständig und fristgemäß von der Kfz-Haftpflichtversicherung des Unfallverursachers zu erhalten. 117

Daher ist in diesem Fall dann zunächst einmal davon auszugehen, dass ohne weitere hinzutretenden Umstände ein Verstoß des Geschädigten gegen seine Schadenminderungspflicht vorliegt bzw. es nicht um einen erforderlichen Herstellungsaufwand nach schadenersatzrechtlichen Maßstäben geht.[88] Der Geschädigte muss den Schaden daher zunächst einmal bei der Haftpflichtversicherung der Gegenseite geltend machen. 118

Zahlt dann z. B. der Haftpflichtversicherer nach Einreichung der Schadenbelege umgehend, ist eine Inanspruchnahme der Vollkaskoversicherung nicht notwendig und der daraus entstehende Schaden nicht ersatzpflichtig.[89] 119

Es gibt jedoch wie nachstehend dargestellt Umstände, die dazu führen können, dass unter Berücksichtigung der wirtschaftlichen Verhältnisse und der Mobilitätsinteressen des Geschädigten eine Inanspruchnahme der Kaskoversicherung auch bei vollständiger Haftung der Gegenseite erforderlich wird.[90] 120

a) Verzögerungen bei der Schadenregulierung des Haftpflichtversicherers

In der täglichen Schadenbearbeitung kommt es häufig zu Verzögerungen der Auszahlung des Schadenbetrages, weil der Kfz-Haftpflichtversicherer die Haftung erst nach Einsicht in die polizeilichen Ermittlungsakten oder aber nach Einholung eines (weiteren) Sachverständigengutachtens oder von (weiteren) Zeugenaussagen anerkennen will. Hier ist nach der Rechtsprechung[91] grundsätzlich abhängig von den Umständen des Einzelfalles eine Inanspruchnahme der Kaskoversicherung möglich. 121

aa) Verzögerung ohne Vorschussleistung

Die Länge des Zeitraumes, den der Versicherer verstreichen lassen kann, ist dabei abhängig von den konkreten Umständen des Einzelfalls. Ist z. B. eine aufwendige Sachverhaltsermittlung notwendig oder hat der Fall Auslandsbezug,[92] kommen längere Fristen in Betracht, die der Geschädigte zunächst abwarten muss. 122

Grundsätzlich ist jedoch im Normalfall von einem Zeitraum von vier bis acht Wochen auszugehen, den die Versicherung zur Verfügung hat.[93] Dabei muss sie auch die Möglichkeit in Betracht ziehen, gegebenenfalls zunächst nur einen Vorschuss zu leisten.[94] Daher sollte der Geschädigte bzw. sein Rechtsanwalt entsprechend zutreffende Fristen zur Schadenregulierung setzen und gegebenenfalls auch – was zu selten in Praxis geschieht – einen Vorschuss auf die Schadensersatzleistung anfordern. 123

Dies trifft gerade dann zu, wenn die Haftung dem Grunde nach geklärt ist, aber noch andere Schadenersatzpositionen als der Fahrzeugschaden wie z. B. Schmerzensgeld oder Haushaltsführungsschaden offen sind. Auch hier ist oft ein nochmaliger Hinweis an den Sachbearbeiter sinnvoll, in dem dieser auf die an sich klare Haftungslage hingewiesen wird. 124

---

87 *Tomson* VersR 2007, 923.
88 *LG Stuttgart* VersR 1988, 1074; *OLG Karlsruhe* NJW-RR 1990, 929; *OLG Hamm* VersR 1993, 1544.
89 *OLG Stuttgart* VersR 1987, 65.
90 *BGH* NJW 1976, 1846; *OLG Stuttgart* VersR 1987, 65.
91 *OLG Frankfurt* r+s 1981, 61; *OLG Karlsruhe* NZV 1990, 431; *OLG Hamm* r+s 1992, 376.
92 *OLG Hamm* r+s 1992, 376; *OLG Karlsruhe* SP 2003, 391.
93 *OLG Hamm* r+s 1992, 376.
94 *OLG Hamm* r+s 1992, 376; *LG Chemnitz* SP 2004, 237.

124a Erfolgt in diesen Fällen kein Vorschuss oder aber auch keine Endabrechnung des Fahrzeugschadens, kann der Geschädigte hier seine Vollkaskoversicherung in Anspruch nehmen.[95]

bb) Missverhältnis zwischen Rückstufungsschaden und Fahrzeugschaden

125 Auch kommt trotz Verzögerungen bei der Schadenregulierung eine Vollkaskoabrechnung nicht infrage, wenn der Rückstufungsschaden höher ist als der eigentliche Fahrzeugschaden, da dann ein Verstoß gegen die Schadenminderungspflicht vorliegt. Es sollte vorab eine Rückstufungsschadenberechnung bei der eigenen Kaskoversicherung angefordert werden, um diesen Betrag, der sich zum Teil wie ausgeführt über zehn Jahre oder mehr berechnet, genau zu kennen. Aufgrund der Vielzahl von Tarifmodellen ist eine Ermittlung nur noch durch die Versicherung möglich, früher verfügbare allgemeine Rückstufungsschadentabellen können nicht mehr herangezogen werden.

cc) Mögliche Vorfinanzierung des Schadens durch Kredite

126 Ebenso muss der Geschädigte zunächst alle zumutbaren und nahe liegenden Alternativen zur Inanspruchnahme der Kaskoversicherung prüfen. Dies ist in der Praxis insbesondere zunächst die Aufnahme eines Bankkredits.[96] Häufig liegt jedoch schon eine Überschuldung des Geschädigten vor, so dass diese Alternative nicht mehr gegeben ist.

dd) Information des Versicherers vor Inanspruchnahme der Kaskoversicherung

127 Ist eine solche Vorfinanzierung – z. B. aufgrund des Bezuges von Hartz IV – nicht möglich, muss die Haftpflichtversicherung zunächst auf diesen Umstand hingewiesen werden, dass beabsichtigt ist, die Vollkaskoversicherung in Anspruch zunehmen.[97] Hier ist dann auch die Vorlage einer entsprechenden Bankbestätigung hilfreich, um den Nachweis der fehlenden Kreditwürdigkeit nachvollziehbar zu erbringen.

128 So wird dem Versicherer die Möglichkeit gegeben zu prüfen, ob er ohne Anerkennung einer Rechtspflicht einen Vorschuss oder ein zinsfreies Darlehen leisten will.[98] Leider kommt es in der Praxis selten zu solchen Zahlungen, da die Sachbearbeiter in den Versicherungen den Abrechnungsaufwand, gegebenenfalls aber auch das Ausfallrisiko eines Darlehens scheuen.

129 Wird dieser Hinweis durch den Geschädigten unterlassen, ist der Rückstufungsschaden aber dennoch vom Haftpflichtversicherer zu ersetzen, wenn im Nachhinein kein Ursachenzusammenhang dieses Unterlassens zur Regulierungsverzögerung besteht.[99] Dabei hat die späte Regulierung durch den Versicherer Indizwirkung gegen diesen, wenn es um den Ursachenzusammenhang geht.

ee) Darlegungs- und Beweislast für die Erforderlichkeit der Inanspruchnahme der Vollkaskoversicherung

130 Umstritten ist immer noch, wer für die Darlegung der Gründe, die zu einer erstattungspflichtige Inanspruchnahme der Kaskoversicherung berechtigen, beweispflichtig ist.

131 So wird die Auffassung vertreten, dass der Schädiger dafür beweispflichtig ist, dass der Geschädigte seine Kaskoversicherung in Anspruch genommen hat, ohne dafür vom Schädiger veranlasst worden zu sein und daher gegen seine Schadenminderungspflicht verstoßen hat.[100]

---

95 *OLG Frankfurt* r+s 1981, 61.
96 *AG Wiesbaden* VersR 1983, 629; *OLG Hamm* VersR 1993, 36.
97 *LG Aachen* DAR 2000, 36.
98 *OLG Hamm* r+s 1992, 376.
99 *AG Münster* VersR 2001, 781.
100 *OLG Hamm* VersR 1993, 1544; *AG Münster* VersR 2001, 781.

D. Rückstufungsschaden Kapitel 16

Zutreffend ist jedoch die Meinung, dass der Geschädigte beweisen muss, dass die Inanspruchnahme der Kaskoversicherung erforderlich im Sinne von § 249 Abs. 2 S. 1 BGB war.[101] 132

So handelt es sich beim Rückstufungsschaden rechtlich um eine nach dieser Vorschrift zu erstattende Position. Die Umstände zur Höhe des Herstellungsaufwandes sind daher nach der Rechtsprechung unter diese Position zu subsumieren.[102] 133

Es kommt daher auch nicht auf einen Verzug der Versicherung nach §§ 286 ff. BGB hinsichtlich des Höherstufungsschadens an, da es sich bei der Erstattung des Rückstufungsschadens wie ausgeführt um einen eigene Schadenposition handelt.[103] 134

Daher sind in der konkreten Schadenabwicklung durch den Rechtsanwalt nur die äußeren Umstände darzulegen, die die Inanspruchnahme des Kaskoversicherers notwendig gemacht haben.[104] Mehr muss er gegenüber der Versicherung nicht vortragen. In der Praxis gibt es aber hier wenig Streit, ob die Inanspruchnahme rechtmäßig war. 135

b) Inanspruchnahme wegen Neuwagenentschädigung

Nimmt der Geschädigte die Kaskoversicherung in Anspruch, weil er nach deren Bedingungen – anders als nach den konkret in diesem Fall vorliegenden Voraussetzungen im Schadensersatzrecht (Reparaturkosten und Wertminderung) – hier einen Ersatz in Form der Kosten eines Neuwagens erhält, ist der daraus entstehende Rückstufungsschaden und die gegebenenfalls anfallende Selbstbeteiligung nicht erstattungsfähig.[105] Dennoch kann diese Variante im Einzelfall trotz des verbleibenden Rückstufungsschadens sowie der Selbstbeteiligung für den Versicherungsnehmer interessant sein, da neuerdings wieder Versicherungsverträge mit sehr langfristigen Neuwagenklauseln (zum Teil mehr als 12 Monate) angeboten werden. Gerade bei hochwertigen Fahrzeugen mit hoher Laufleistung an der oberen Fristgrenze kann sich ein solches Vorgehen lohnen. 136

2. Haftungsquote

Liegt jedoch eine quotenmäßige Mithaftung des Geschädigten vor, so dass durch die Inanspruchnahme der Vollkaskoversicherung auch der Eigenhaftungsanteil des Geschädigten abgedeckt wird, war der Rückstufungsschaden lange umstritten. 137

Der *BGH*[106] bejahte bereits früher einen solchen Erstattungsanspruch des Geschädigten in diesem Fall. 138

Nach anderer Ansicht jedoch war hier der eigene Haftungsanteil des Geschädigten dafür maßgeblich, dass die Vollkaskoversicherung zum Schadenausgleich in Anspruch genommen wird und dadurch der Rückstufungsschaden eintrat. 139

Dies ergabt sich nach dieser Auffassung auch aus der Parallele zur Inanspruchnahme der Kaskoversicherung z. B. aufgrund einer vereinbarten Neuwagenklausel (s. unter Rdn. 136), um so in den Genuss einer höheren Entschädigungsleistung zu kommen.[107] 140

Mit seinen Entscheidungen vom 25.4.2006[108] und 26.9.2006[109] zu diesem Themenkreis hat der *BGH* für Rechtsklarheit gesorgt und ausdrücklich klargestellt, dass auch bei einer Mithaftung des 141

---

101 Himmelreich/Halm/*Müller* Handbuch Fachanwalt Verkehrsrecht, Kap. 6 Rn. 371.
102 *BGH* NJW 1975, 160.
103 *BGH* NJW 1966, 654; *BGH* NJW 1976, 1846.
104 Himmelreich/Halm/*Müller* Handbuch Fachanwalt Verkehrsrecht, Kap. 6 Rn. 363.
105 *LG Bremen* r+s 1992, 377; *LG Chemnitz* SP 2004, 237; *OLG Koblenz* NZV 2007, 463.
106 *BGH* NJW 1966, 654; *LG Aachen* DAR 2000, 36; *AG Marburg* SP 2000, 92.
107 *OLG Saarbrücken* zfs 1986, 71; *LG Schweinfurt* zfs 1986, 71; *LG Osnabrück* zfs 1986, 264; *OLG Hamm* zfs 1992, 48; *LG Bremen* VersR 1993, 710; *AG Münster* VersR 2001, 781.
108 *BGH* r+s 2006, 522.
109 *BGH* DAR 2007, 21.

Geschädigten die Vollkaskoversicherung sofort ohne weiteres Abwarten in Anspruch genommen werden und dann der Rückstufungsschaden ersetzt verlangt werden kann.

142 Hier ist also anders als in den unter Rdn. 128 dargestellten Fällen der alleinigen Haftung des Unfallgegners kein Hinweis an dessen Haftpflichtversicherung notwendig, ebenso wenig muss die Regulierungsbereitschaft der Haftpflichtversicherung abgewartet werden.[110]

143 Auch kommt es hier für den Ersatz des Rückstufungsschadens nicht auf die verzögerte Schadenbearbeitung durch die Kfz- Haftpflichtversicherung an.[111]

144 Der Geschädigte nimmt im Fall seiner Mithaftung seine eigene Versicherung vielmehr aufgrund der erweiterten Schadenabdeckung in Anspruch. Bei dieser Motivlage spielt es keine Rolle, wie schnell die Mitteilung der gegnerischen Haftpflichtversicherung zur Regulierungsbereitschaft erfolgt.[112]

145 Daher ist in diesen Fällen auch der Rückstufungsschaden als Schadenersatzposition geltend zu machen.[113] Auch aus diesem Grund ist die Inanspruchnahme der eigenen Kaskoversicherung bei einer Mithaftung des anderen Unfallbeteiligten nach dem Quotenvorrecht für den Mandanten eine interessante Abrechnungsvariante, da je nach Haftungsquote ein hoher Schadensbetrag erreicht werden kann. Zudem hat der Schädiger die dem Geschädigten entstandenen Rechtsanwaltsgebühren gemäß der Haftungsquote zu erstatten.[114] Dies wird in der Praxis häufig durch die beratenden Rechtsanwälte übersehen, die gegebenenfalls auch die Schwierigkeit der Berechnung des Quotenvorrechts überschätzen.

3. Prozessuale Geltendmachung

146 Die prozessuale Geltendmachung eines Rückstufungsschadens gestaltet sich in der Praxis schwierig, da zwischen dem zum Zeitpunkt der Geltendmachung bereits eingetretenen und dem noch in der Zukunft anfallendem Schaden unterschieden werden muss.[115]

147 Während der bereits eingetretene Schaden beziffert werden kann, hängt der weitere Schaden vom Verlauf des Vertragsverhältnisses ab.[116] Hier kommt es sowohl auf die konkreten Rückstufungstabellen als auch auf die weiteren Umstände an, wie lange noch Vollkaskoversicherungsschutz besteht.

148 Daher kann er nur mit einer Feststellungsklage geltend gemacht werden,[117] was in der Praxis leider von manchen Rechtsanwälten immer noch übersehen wird. Zudem ist in der Klage eine genaue Bezeichnung des Versicherungsvertrages notwendig,[118] um auch einen Bezug zu den verwendeten Versicherungsbedingungen und insbesondere den Rückstufungstabellen zu ermöglichen.

149 Der Kaskoversicherer kann den zukünftigen Rückstufungsschaden auf Basis der aktuellen Fahrzeugdaten genau berechnen. Es steht jedoch nicht fest, ob dieser Gesamtbetrag in Zukunft auch realisiert werden wird, da der Geschädigte seine Vollkaskoversicherung kündigen, ein anderes Fahrzeug anschaffen, sich das Tarifgefüge ändern oder aber auch der Versicherer gewechselt werden kann.[119]

---

110 *Staab* DAR 2007, 349.
111 Berz/Burmann/Heß/*Born*/K. *Schneider* 5c Rn. 92.
112 *BGH* DAR 2007, 21.
113 Himmelreich/Halm/*Müller* Handbuch Fachanwalt Verkehrsrecht, Kap. 6 Rn. 377.
114 *LG Darmstadt* zfs 2008, 673.
115 Himmelreich/Halm/*Müller* Handbuch Fachanwalt Verkehrsrecht, Kap. 6 Rn. 379.
116 *Sanden/Völtz* Rn. 160.
117 *LG München I* SP 1997, 472; *LG Kassel* SP 2000, 168; *AG Siegburg* SP 2005, 412; *BGH* NJW 2006, 2397; *Bachmeier* Mandat, Rn. 227.
118 *BGH* NJW 1992, 1035.
119 Himmelreich/Halm/*Müller* Handbuch Fachanwalt Verkehrsrecht, Kap. 6 Rn. 380.

D. Rückstufungsschaden

Ebenso kann der Schadenverlauf durch weitere Schäden beeinflusst werden.[120] Diese führen nach den regulär vereinbarten Tarifbedingungen meist zu erheblichen weiteren Rückstufungen, die finanziell einschneidend sind.

Ein besonderer Problemfall ist bei vielen neuen Versicherungsverträgen der so genannte Rabattretter in der Kaskoversicherung. Hier wird der Versicherungsnehmer zwar im Falle eines Unfalles in eine schlechtere Schadenfreiheitsklasse eingestuft, die Prämien verändert sich jedoch aktuell nicht. Dies ist erst dann der Fall, wenn er ein weiteres Mal seine Kaskoversicherung in Anspruch nimmt. So würde es in der Situation der ersten Inanspruchnahme an einem Vermögensschaden mangeln, der »Rabattretter« wäre aber verloren.[121]

Hier könnte von der Haftpflichtversicherung der Gegenseite eingewandt werden, dass aktuell kein Feststellungsinteresse besteht. Dennoch besteht auch nach Ablauf der dreijährigen Verjährung der Schadensersatzansprüche das Risiko eines weiteren Vollkaskoschadens, der erst dann zur Rückstufung und somit zum Schaden führt.

Das Interesse des Geschädigten ist somit nur dann ausreichend gewahrt, wenn ihm die sofortige Feststellungsklage mit dem Inhalt eröffnet ist, dass der Schädiger verpflichtet wird, im Fall eines weiteren Vollkaskoschadens den Rückstufungsschaden zu erstatten.[122] Hierauf sollte der beauftragte Rechtsanwalt auch Frist wahrend bestehen und gegebenenfalls diesen Anspruch gerichtlich durchsetzen.

Ein Feststellungsinteresse ist schon bei der konkreten Gefahr eines Vermögensschadens gegeben,[123] so dass auch beim Vorliegen eines Rabattretters eine entsprechende Feststellungsklage erhoben werden kann.

---

120 *LG Darmstadt* zfs 1983, 40; *BGH* NJW 1992, 107; *LG München* I SP 1997, 472.
121 Himmelreich/Halm/*Müller* Handbuch Fachanwalt Verkehrsrecht, Kap. 6 Rn. 381.
122 Himmelreich/Halm/*Müller* Handbuch Fachanwalt Verkehrsrecht, Kap. 6 Rn. 381.
123 Baumbach/Lauterbach/Albers/*Hartmann* ZPO, § 256 Rn. 31.

Teil 4 Personenschäden

Kapitel 17 Schadensersatzansprüche beim Personenschaden

Übersicht

		Rdn.
	Einleitung	1
A.	Mithaftung im Rahmen des Personenschadenersatzes	2
I.	(Mit-)Verursachung des Verkehrsunfalls	3
II.	Haftung aus der Betriebsgefahr	4
III.	Mithaftung des Versicherungsnehmers als Insasse in seinem KFZ	5
IV.	Gurtanlegepflicht	6
V.	Sorgfaltspflichten gegen sich selbst	7
	1. Tragen von Schutzkleidung, Helmtragepflicht	8
	2. Helmpflicht bei Radfahrern	9
	3. Kopfstütze	10
VI.	Alkoholisierter oder führerscheinloser Fahrer	11
B.	Erwerbsschaden	12
I.	Grundlagen	13
	1. Anspruchsvoraussetzungen	14
	2. Beweislast	15
	3. Schadenminderungspflicht	18
	a) Zumutbare Tätigkeiten	20
	b) Umschulung (berufliche Rehabilitation)	22
	c) Sonstige Eingliederungshilfen	29
	d) Behindertenwerkstatt	30
	e) Überobligationsmäßige Anstrengungen	31
	4. Vorteilsausgleich	32
	5. Berechnung des zu erstattenden Erwerbsschadens	35
	6. Erstattungsfähige Positionen	37
	7. Teilweise erstattungsfähige Einkünfte	39
	8. Nicht erstattungsfähige Einkünfte	40
	9. Anrechenbare Einkünfte/Entgeltfortzahlung/Krankengeld/Verletztengeld	41
	10. Steuern auf den Erwerbsschadenersatz	44
	11. Erwerbsschaden und Mithaftung	45
	12. Erwerbsschaden und Nachteile in der Sozialversicherung	46
	13. Erwerbsschaden und Verletztenrente	47
	14. Grenzen der Erstattungsfähigkeit des Verdienstschadens	48
II.	Erwerbsschaden als Angestellter/Arbeiter	49
	1. Vorübergehende Erwerbsunfähigkeit	49
	2. Dauerhafte Erwerbsunfähigkeit	50
	3. Erwerbsunfähigkeitsrente und Verletztenrente	51
III.	Erwerbsschaden als Beamter oder Soldat	52
	1. Versetzung in den Ruhestand	53
	2. Schadenminderungspflicht	54
	3. Quotenvorrecht des Beamten	55
IV.	Erwerbsschaden als Angestellter im öffentlichen Dienst	56
V.	Erwerbsschaden als Auszubildender, Schüler oder Student	57
	1. Verspäteter Eintritt in das Erwerbsleben	58
	2. Geändertes Berufsziel	59
	3. Völlige Aufhebung der Erwerbsfähigkeit	60
VI.	Erwerbsschaden als Selbstständiger	61
	1. Allgemeines	61
	2. Ermittlung des Schadens	62
	3. Einstellung einer Ersatzkraft	66
	4. Fiktive Einstellung einer Ersatzkraft	67

Kapitel 17 — Schadensersatzansprüche beim Personenschaden

		Rdn.
	5. Besonderheit landwirtschaftliche Betriebe	68
	6. Reduzierte Weiterführung des Betriebes	69
	7. Entgangener Auftrag	70
	8. Betriebsaufgabe	71
	9. Schadenminderungspflicht des Selbstständigen	72
	10. Vorteilsausgleich	73
	11. Geschäftsführer einer GmbH	74
	12. Gesellschafter	75
	13. Ein-Mann-GmbH bzw. Ich-AG	77
	14. Scheinselbstständige nach § 7 Abs. 4 SGB IV	78
VII.	Erwerbsschaden als Arbeitsloser	79
	1. Unfallbedingter Verlust des Arbeitsplatzes	80
	2. Verlust der Arbeitslosengeldzahlung	81
	3. Arbeitslosengeld II/Sozialhilfe	82
	4. Nachteile in der Sozialversicherung	83
VIII.	Verdienstschaden während der Altersteilzeit	84
IX.	Anspruchsübergänge/Kongruente Leistungen	85
	1. Auf den Arbeitgeber	86
	2. Auf den öffentlich-rechtlichen Dienstherren	88
	3. Auf die gesetzliche Krankenkasse	89
	4. Auf die Berufsgenossenschaft	90
	5. Träger der Sozialhilfe	91
	6. Träger der Grundsicherung	92
	7. Auf den Rentenversicherer	93
C.	**Haushaltsführungsschaden**	94
I.	Grundlagen	94
	1. Anspruchsinhaber	95
	2. Haushaltsführungsschaden: vermehrte Bedürfnisse oder Erwerbsschaden?	96
	3. Beeinträchtigung im Haushalt	97
II.	Schadenminderungspflicht	98
III.	Fiktive oder konkrete Abrechnung	99
	1. Konkrete Abrechnung	100
	2. Fiktive Erstattung	101
IV.	Berechnung	102
	1. Dauer und Umfang der Erstattung	103
	2. Alleinstehender	104
	3. Familie	105
	4. Pflegebedürftiger Angehöriger	106
	5. Berechnungsbeispiel Haushaltsführungsschaden	107
D.	**Vermehrte Bedürfnisse**	108
I.	Fahrtkosten	109
II.	Zuzahlungen zu Heilbehandlungen und Arzneimitteln	110
III.	Zuzahlungen zum stationären Aufenthalt	111
IV.	Mehrkosten beim stationären Aufenthalt	112
V.	Besuchskosten naher Angehöriger	113
VI.	Hilfsmittel	114
VII.	Kleidermehrverschleiß	115
VIII.	Rasenmähen, Gartenarbeit	116
IX.	Eigenleistungen beim Hausbau, Hausumbau, Renovierungsarbeiten	117
X.	Beitragsrückerstattung in der privaten Krankenversicherung	118
XI.	Haushaltsführungsschaden als Teil der persönlichen verm. Bedürfnisse	119
XII.	Behindertengerechter Mehrbedarf	120
XIII.	Umbaukosten	121
XIV.	Häusliche Pflegekosten	122
XV.	Kosten des Pflegeheims	123
XVI.	Kosten Fitnessstudio	124
XVII.	Nutzlose Aufwendungen als Schadenposition	125

Kapitel 17 — Schadensersatzansprüche beim Personenschaden

		Rdn.
E.	Ersatzansprüche im Fall der Tötung eines Menschen	126
I.	Unfall und Tod ereignen sich zeitgleich	127
II.	Unfall und Tod fallen auseinander	128
	1. Kausalzusammenhang zwischen Unfall und Todesfall	129
	2. Ansprüche des Verstorbenen/der Hinterbliebenen	130
III.	Kosten für die versuchte Heilung	131
IV.	Bestattungskosten	132
	1. Kosten für die eigentliche Bestattung	133
	2. Schadenersatz wegen entgangener Dienste	136
	3. Eigenleistungen des Getöteten	137
	4. Tötung eines Ausländers	138
F.	**Unterhaltsschaden**	139
I.	Grundlagen	140
	1. Voraussetzungen des Unterhaltsanspruchs	141
	2. Grenzen des Unterhaltsanspruchs	142
	3. Schadenminderungspflicht/Mitarbeitspflicht des Hinterbliebenen	143
II.	Anspruchsberechtigte	144
III.	Unterhaltsformen:	146
	1. Barunterhalt	147
	2. Naturalunterhalt	150
IV.	Fixe Kosten	153
V.	Anrechnung von Einkünften	157
	1. Anrechnung von Hinterbliebenenrenten	158
	2. Anrechnung des Einkommens nach dem Todesfall	159
	3. Einkommen aufgrund überobligationsmäßiger Anstrengung	160
	4. Ersparter Unterhalt an den Getöten	161
VI.	Unterhaltsschaden ausländischer Hinterbliebener	162
VII.	Tod des unterhaltspflichtigen Kindes	163
VIII.	Verteilung der Einkünfte auf die Familienangehörigen	164
IX.	Berechnungsbeispiele	165
	1. Alleinverdiener	166
	2. Tod des Alleinverdieners und Mithaftung	170
	3. Naturalunterhaltsschaden = Tötung der Nur-Hausfrau	171
	4. Doppelverdienerehe	172
	5. Rentnerehepaar	173
X.	Auswirkungen des neuen Unterhaltsrechts seit 1.1.2008	174
XI.	Arbeitspflicht des Hinterbliebenen	175
XII.	Steuerschaden der Hinterbliebenen	176
XIII.	Arbeitslose Kinder im elterlichen Haushalt	177
XIV.	Zusammentreffen von eigenen Ansprüchen und Unterhaltsansprüchen	178
G.	**System der Sozialversicherungen**	179
H.	**Heilbehandlungskosten, Leistungsumfang**	180
I.	Gesetzliche Krankenkassen	181
	1. Heilbehandlungskosten, §§ 27–29 SGB V	182
	2. Arznei- und Verbandsmittel, § 31 SGB V	183
	3. Heil- und Hilfsmittel, §§ 32, 33 SGB V	184
	4. Krankengeld, § 44 SGB V	185
	5. Beiträge zur Sozialversicherung aus dem Krankengeld	186
	6. Entgeltfortzahlungsersatz nach dem AAG	187
	7. Fahrtkosten	188
	8. Häusliche Krankenpflege, § 37 SGB V	189
	9. Haushaltshilfe, § 38 SGB V	190
	10. Krankenhausbehandlung, stationäre und ambulante Rehabilitation, §§ 39, 40 SGB V	191
II.	Gesetzliche Unfallversicherung/Berufsgenossenschaften, SGB VII	192
	1. Eigenanteile	193
	2. Fahrtkosten, Reisekosten § 43 SGB VII	194
	3. Verletztengeld, § 47 SGB VII	195

		Rdn.
	4. Verletztenrente, §§ 56 ff. SGB VII	196
III.	Private Krankenversicherung	197
IV.	Sonderfälle	198
	1. Alternative Medizin	199
	2. Privatärztliche Behandlung als gesetzlich Krankenversicherter	200
	3. Kosmetische Operationen	201
	4. Heilbehandlungskosten im Ausland	202
V.	Schadenminderungspflicht im Rahmen der Heilbehandlung	203
I.	**Pflegekosten**	**204**
I.	Pflege in stationärer Unterbringung	205
	1. Pflege im Krankenhaus	205
	2. Pflege durch Angehörige während Krankenhaus-Aufenthaltes	206
	3. Pflegekosten in der stationären Rehabilitationsmaßnahme	207
II.	Pflegebedarf	208
III.	Pflegekosten	209
	1. Konkrete Abrechnung der Pflege	210
	2. Fiktive Abrechnung der Pflege	211
	3. Behindertenwerkstatt	212
	4. Sonderfall behinderte Kinder	213
IV.	Leistungen der gesetzlichen Pflegekasse	214
	1. Pflegegeld der Pflegekasse, §§ 28 ff. SGB XI	215
	2. Pflegesachleistungen, §§ 28 ff. SGB XI	216
V.	Pflegeleistungen der Berufsgenossenschaft	217
VI.	Pflegeleistungen der privaten Pflegekassen	218
VII.	Kongruenz zum Haushaltsführungsschaden	219
VIII.	Besuchskosten naher Angehöriger	220
IX.	Schadenminderungspflicht des Pflegebedürftigen	221
J.	**Leistungsumfang der Rentenversicherungsträger**	**222**
I.	Gesetzliche Rentenversicherung, DRV und Bundesknappschaft	223
	1. Leistungen zur Teilhabe, §§ 9 ff. SGB VI	224
	2. Rente wegen (teilweiser) Erwerbsminderung	227
	3. (vorgezogene) Altersrente	228
	4. Hinterbliebenenrenten (Renten wegen Todes)	229
	5. Rentenhöhe	231
II.	Berufsständische Rentenversicherer	232
K.	**Gesetzlicher Forderungsübergang**	**233**
I.	Anspruchsübergang auf den Arbeitgeber	234
	1. Entgeltfortzahlung des Arbeitgebers	235
	2. Anspruchsübergang	236
	3. Besonderheiten	237
	4. Erstattungsfähige (regressierbare) Positionen	238
	5. Einwendungen gegen den Anspruch des Arbeitgebers	240
II.	Anspruchsübergang auf den ö-r Dienstherren, § 76 BBG	241
III.	Anspruchsübergang nach §§ 86 VVG, 5 AAG	242
IV.	Anspruchsübergang auf die Träger der gesetzlichen Sozialversicherungen gem. §§ 116 SGB X, 119 SGB X	243
	1. Übergangsfähigkeit von Krankenkassenleistungen	244
	2. Übergangsfähigkeit der Leistungen der Berufsgenossenschaft	245
	3. Übergang auf den Rentenversicherungsträger	246
V.	Anspruchsübergang auf den Sozialhilfe-Träger	247
VI.	Anspruchsübergang auf die Bundesagentur für Arbeit	248
VII.	Verjährung der Ansprüche aus übergegangenem Recht	249
	1. Verjährung der Anspruchsübergänge nach §§ 86 VVG; 6 EFZG	250
	2. Verjährung der Ansprüche von Sozialversicherungsträgern und öffentlich-rechtlichem Dienstherren, §§ 116, 119 SGB X; 76 BBG	251
VIII.	Ausschluss des Anspruchsübergangs	252
	1. Familienprivileg gem. §§ 86 VVG	253

		Rdn.
	2. Familienprivileg im SGB, § 116 Abs. 6 SGB X	254
	3. Familienprivileg im Beamtenrecht	255
	4. Quotenvorrecht des Verletzten	256
	5. Gestörte Gesamtschuld	261
IX.	Sachschadenersatz im Rahmen des Personenschadenersatz	262

Schrifttum

Burmann/Heß/Jahnke/Janker, Straßenverkehrsrecht 21. Aufl. 2010; *Drees*, Schadenberechnung bei Unfällen mit Todesfolge, 2. Aufl. 1994; *Geigel*, Haftpflichtprozess, 26. Aufl. 2011; *Gerhardt/v. Heintschel-Heinegg/Klein* Handbuch des Fachanwalts Familienrecht, 6. Aufl. 2008; *Jahnke*, Unfalltod und Schadenersatz; *Jahnke*, Der Verdienstausfall im Schadenersatz, 2. Aufl. 2006; *Halm/Engelbrecht/Krahe*, Handbuch Fachanwalt Versicherungsrecht 4. Aufl. 2011; *Himmelreich/Halm*, Handbuch Fachanwalt Verkehrsrecht 3. Aufl. 2011; *Küppersbusch*, Ersatzansprüche bei Personenschaden, 10. Aufl. 2010; *Meschkat/Nauert*, Betrug in der Kraftfahrzeugversicherung 2008; *Palandt*, Kommentar zum BGB, 70. Aufl., 2011; *Prütting/Wegen/Weinreich* BGB-Kommentar, 6. Aufl. 2011.

Aufsätze

Balke, Haushaltsführungsschaden Teil 1 und 2, SVR 2006, 321 ff. und 361 ff.; *Balke*, Die Erstattungsfähigkeit von Beerdigungskosten, SVR 2009, 132 ff; *Balke*, Der Haushaltsführungsschaden, SVR 2011, 372 ff.; *Bieback*, Das neue Anfrageverfahren bei Feststellung der Sozialversicherungspflicht, BB 2000, 873; *Born*, Das neue Unterhaltsrecht, NJW 2008, 1 ff.; *Dahm*, Häusliche Gemeinschaft und nichteheliche Lebensgemeinschaft, NZV 2008, 280; *Delank*, Sind nichteheliche Partner im Verkehrs- und Versicherungsrecht den ehelichen Partnern gleichzustellen, zfs 2007, 183 f.; *Diederichs*, BGH-Haftpflichtrecht, DAR 2010, 301 ff.; *Ehinger*, Elternunterhalt – Gesetzliche Voraussetzungen und Beschränkungen der Inanspruchnahme durch Rechtsprechung und Gesetzgebung, NJW 2008, 2465 ff.; *Geipel*, Der Vollbeweis durch das Unwahrscheinliche? – Widerspruch, Logik oder die vergessene Lehre vom Individualanscheinsbeweis? – zfs 2007, 363 f.; *Huber*, Haushaltsführung und Pflegedienstleistung durch Angehörige, DAR 2010, 677 ff.; *Huber*, Behinderungsbedingter Umbau – hat es der Schlossherr besser? Besprechung BGH VI ZR 83/04, NZV 2005, 620 f.; *Hufnagel*, Fahrradhelmpflicht auf dem Umweg über den Mitverschuldenseinwand bei Verkehrsunfällen, DAR 2007, 280; *Jahnke*, Schadenersatzansprüche und deren Versteuerung, NJW Spezial 2009, 601 f.; *Jahnke*, Steuern und Schadenersatz, r+s 1996, 205 ff.; *Jahnke*, Selbstschädigendes Verhalten beim Erwerbsschaden, r+s 2007, 271 ff.; *Jahnke*, Versorgungsschaden in der nicht-ehelichen Lebensgemeinschaft nach einem Unfall, NZV 2007, 329 ff.; *Kendel*, Maßnahmen zur Regulierung des Erwerbsschadens bei Selbständigen und Freiberuflern, zfs 2007, 372 ff.; *Lang*, Das Reha-Management – Eine Erfolgsgeschichte für alle Beteiligten in NZV 2008, 19; *Macke*, Der Unterhaltsschaden zwischen Schadensersatzrecht und Familienrecht, NZV 1989, 249 ff.; *Mückl, Hiebert*, Anspruch auf leidensgerechten Arbeitsplatz – Was ist noch zumutbar?, NZA 2010, 1259 ff; *Nickel/Schwab*, Stundensätze beim Haushaltsführungsschaden in SVR 2007, 17 ff.; *dies.* Stundensätze beim Haushaltsführungsschaden 2008/2009, SVR 2009, 286 ff.; *dies.*, Stundensätze beim Haushaltsführungsschaden 2010, SVR 2010, 11 ff.; *Parday/Schulz-Borck*, Angemessene Entschädigung für die zeitweise oder dauernde, teilweise oder vollständig vereitelte unentgeltliche Arbeit im Haushalt, DAR 2002, 289; *Reiserer/Freckmann*, »Scheinselbständigkeit – heute noch ein schillernder Rechtsbegriff, NJW 2003, 180; *Ruhkopf-Book*, Über die Haftpflichtansprüche körperlich verletzter freiberuflich tätiger Personen und Gewerbetreibender wegen Gewinnentgang Teil I, VersR 1970, 690; *ders.*, Über die Haftpflichtansprüche körperlich verletzter freiberuflich tätiger Personen und Gewerbetreibender wegen Gewinnentgang Teil II, VersR 1972, 114; *Scheffen*, Erwerbsausfallschaden bei verletzten und getöteten Personen (§§ 842–844 BGB), VersR 1990, 926 ff.; *Schlegel*, Einkommen der Eltern und Arbeitslosenhilfe der Kinder, NJW 1989, 2800 ff.; *Steffen*, Ersatz von Fortkommensnachteilen und Erwerbsschäden aus Unfällen vor Eintritt in das Erwerbsleben DAR 1984, 1 f.

Einleitung

Grundsätzlich hat derjenige, der durch eine unerlaubte Handlung einen Körperschaden erlitten, Anspruch auf Ersatz der daraus resultierenden Schäden. Der Anspruch auf Schmerzensgeld[1] ist weithin

1

---

[1] Vgl. insoweit Kap. 17 Schmerzensgeld in diesem Buch *Jäger/Luckey* in FA Verkehrsrecht Kap. 8 und 9 ausführlich.

bekannt. Die weniger bekannten, dafür aber manchmal umso wichtigeren Positionen wie Erwerbsschaden, Ersatz von vermehrten Bedürfnissen etc. ergeben sich aus den §§ 844, 845 BGB, 10, 11 StVG. Diese Ansprüche sollen nachfolgend behandelt werden. Zu beachten sind hierbei einzelne Anspruchsübergänge und Beschränkungen. Auch diese Ansprüche werden nur entsprechend der Haftungsquote ersetzt.

A. Mithaftung im Rahmen des Personenschadenersatzes

2 Grundsätzlich ist hier auf die Kapitel 6 und 8 dieses Buches zu verweisen.[2] Zum Bereich Haftung soll nur insoweit Stellung genommen werden, als neben den allgemeingültigen Erwägungen noch Besonderheiten in der Regulierung des Personenschadens auftreten.

I. (Mit-)Verursachung des Verkehrsunfalls

3 Soweit den Geschädigten als Fahrzeugführer, Radfahrer oder Fußgänger nach allgemeinen Regeln (z. B. wegen Vorfahrtsverletzung, Nichtbeachtung von Verkehrszeichen o. Ä.) eine Mithaftung trifft, ist diese anspruchsmindernd zu berücksichtigen.

II. Haftung aus der Betriebsgefahr

4 Auch wenn der Verletzte als Führer eines KFZ den Unabwendbarkeitsnachweis gem. §§ 7, 17, 18 StVG nicht führen kann, trifft ihn eine Mitverantwortlichkeit an dem eingetretenen Schaden, der sich anspruchsmindernd auf alle Ansprüche auswirkt.

III. Mithaftung des Versicherungsnehmers als Insasse in seinem KFZ

5 Grundsätzlich kann der Versicherungsnehmer, der als Insasse in seinem eigenen KFZ geschädigt wird, gesamtschuldnerische Schadenersatzansprüche sowohl gegen seine eigene KH-Versicherung[3] richten (§ 7 StVG spricht nur von höherer Gewalt, der Insasse kann sich daher aussuchen, welchen von zwei oder mehr KH-Versicherern er in Anspruch nimmt) wie auch gegen eine evtl. vorhandene Versicherung eines weiteren Unfallbeteiligten. Allerdings muss sich der Versicherungsnehmer die Betriebsgefahr seines Fahrzeuges bzw. die Mithaftung seines Fahrers auch auf seine Schadenersatzansprüche anrechnen lassen.[4]

5a Kommt der Fahrer des Versicherungsnehmers wegen eines geplatzten Reifens von der Fahrbahn ab und wird dabei der Halter als Insasse verletzt, besteht kein Anspruch gegen den KH-Versicherer! Der Anspruch des Halters auf Schadenersatz gegen seine eigene KH-Versicherung resultiert letztlich aus dem Verschulden des Fahrers. Trifft den Fahrer aber an dem Unfall kein Verschulden, so entfällt die Haftung aus § 823 BGB, im Rahmen der Haftung aus der Betriebsgefahr sind aber Gläubiger und Schuldner dann identisch und der Halter muss sich anspruchsmindernd die Betriebsgefahr des eigenen Fahrzeuges entgegenhalten lassen. Es besteht daher insoweit kein Anspruch![5]

IV. Gurtanlegepflicht

6 Die Gurttragepflicht ist gesetzlich normiert und inzwischen weithin anerkannt. Gleichwohl kommt es immer wieder zu schweren Verletzungen, weil der Gurt nicht angelegt wurde. Der Schädiger kann sich dann zwar nicht mit dem Hinweis aus der Schadensersatzpflicht stehlen, dass mit angelegtem

---

2 *Luckey* in Handbuch FA Verkehrsrecht Kap. 1; *Euler/Kornes/Kreuter-Lange* in FA Versicherungsrecht Kap. 25 Rn. 115.
3 Der VN ist mit seinen Ansprüchen auf Ersatz des Personenschadens auch nicht gem. A.1.5.6 S. 2 AKB ausgeschlossen.
4 *BGH* v. 8.1.1957, VI ZR 271/55, VersR 1957, 198; *LG Karlsruhe* r+s 1985, 268; *Heß* in Burmann/Heß/Jahnke/Janker/Heß, § 9 StVG Rn. 20, Ansprüche des Halters nur bei Verschulden des Fahrers.
5 *Burmann/Heß/Jahnke/Janker/Heß* § 9 StVG Rn. 20, Ansprüche des Halters nur bei Verschulden des Fahrers; *ders.* § 8 Rn. 5 m. w. H.

Sicherheitsgurt der Verletzte gar keinen Personenschaden erlitten hätte. Allerdings ist der Anspruch entsprechend zu kürzen, wenn der Nachweis gelingt, dass diese Verletzungen bei angelegtem Sicherheitsgurt nicht eingetreten wären.[6] Die Rechtsprechung geht hier je nach Schwere der Verletzungen (und Schutzwirkung des Gurtes) von Quoten bis 35 % aus.

Einem Mithaftungseinwand kann dann nur begegnet werden, als der Geschädigte nachweisen muss, dass er die gleichen Verletzungen auch unter Beachtung der Gurtpflicht erlitten hätte.[7] Dies dürfte aber nur in Ausnahmefällen möglich sein. 6a

V. Sorgfaltspflichten gegen sich selbst

Unter dem Gesichtspunkt der Beachtung der Sorgfaltspflichten gegen sich selbst muss der Geschädigte deren Missachtung ggf. auch im Schadenersatz anspruchskürzend hinnehmen. Daraus allein ergibt sich schon die Pflicht, geeignete Schutzmaßnahmen zu ergreifen, um eine Selbstschädigung zu vermeiden. Hierzu gehören verschiedene Punkte, die zu beachten der Verletzte nicht per Gesetz verpflichtet ist, deren Beachtung ihm aber schon aus Gründen des Selbstschutzes angelegen sein sollte. 7

1. Tragen von Schutzkleidung, Helmtragepflicht

Auch das Tragen von Schutzkleidung bei Krad- und Motorradfahrern ist wichtig, auch wenn es dafür keine gesetzliche Verpflichtung gibt.[8] In vielen Fällen überstehen allerdings entsprechend mit Schutzkleidung gesicherte Zweiradfahrer Unfälle mit leichteren Verletzungen oder gar unverletzt. In jedem Fall schützt die Schutzkleidung vor Schürfwunden und ggf. auch vor Prellungen, ein Schutz vor Frakturen wird in aller Regel zu verneinen sein. 8

Besondere Bedeutung erlangt hier die Helmtragepflicht, § 21a StVO.[9] Wichtig ist dabei auch der korrekte Sitz des Helmes, damit dieser nicht im Unfallgeschehen durch auftretende Fliehkräfte vom Kopf geschleudert wird. Auch hier ist – ähnlich wie bei der Gurtanlegepflicht eine Mithaftung von ca. $1/3$ gegeben.[10] 8a

2. Helmpflicht bei Radfahrern

Problematisch ist die Frage der Mithaftung von Radfahrern wegen nicht angelegtem Helm. Die Rechtsprechung zu diesem Thema ist eher uneinheitlich.[11] Auch wenn außerhalb von Europa (vor allem in Skandinavien) die Helmpflicht auch für Radfahrer gilt und die Schutzwirkung des Fahrradhelms unbestritten ist, wird diese Pflicht nicht dem Freizeitfahrer,[12] sondern nur den Radsportlern[13] auferlegt. Hier sollte geprüft werden, ob bei dem gegenständlichen Unfall der Helm vor den erlittenen Verletzungen hätte schützen können. 9

---

6 OLG Naumburg, v. 27.2.2008, 6 U 71/07; *OLG Brandenburg* 7.12.2006, 12 U 109/06; so auch *Euler/Kornes/Kreuter-Lange* in FA Versicherungsrecht, Kap. 25 Rn. 115.
7 BGH v. 12.12.2000, IV ZR 411/99, r+s 2001, 190 ff. m. w. H.; *OLG Naumburg* – Az. 6 U 71/07 = DAR 2008, 380 (L).
8 Vgl. insoweit *OLG Brandenburg* v. 23.7.2009, 12 U 29/09, welches dieses auch beim Schmerzensgeld berücksichtigt.
9 *OLG Nürnberg* DAR 1989, 296 = r+s 1989, 182 + 274 (30 %).
10 *OLG Hamm* MDR 2000, 1190 = r+s 2000, 458.
11 *Hufnagel* Fahrradhelmpflicht auf dem Umweg über den Mitverschuldenseinwand bei Verkehrsunfällen DAR 2007, 280; *OLG Nürnberg* NZV 1999, 472.
12 *OLG Düsseldorf* NJW-RR 2006, 1616 f.; *OLG Düsseldorf* v. 18.1.2007, SP 2007, 347.
13 So *OLG Saarbrücken* DAR 2008, 210 m. Anm. *Schubert* für den sportlich ambitionierten Radfahrer.

3. Kopfstütze

10 Grundsätzlich ist inzwischen jedes Kraftfahrzeug mit einer Kopfstütze ausgerüstet, um schwerwiegende Verletzungen der Halswirbelsäule, die früher häufig zu Lähmungen führten, zu vermeiden. Aber die beste Kopfstütze kann ihre Wirkung nicht entfalten, wenn sie nicht richtig eingestellt ist. Grundsätzlich ist jeder Insasse eines Kfz, nicht nur der Fahrer, gehalten, die Kopfstütze seines Sitzes so einzustellen, dass die Oberkante der Kopfstütze mit seinem Kopf abschließt und nicht im Fall eines Heckaufpralls im wahrsten Sinne des Wortes zu einem »Genickbrecher« wird.[14]

VI. Alkoholisierter oder führerscheinloser Fahrer

11 Auch das Mitfahren mit einem alkoholisierten Fahrer kann zu einer Anspruchskürzung der Ansprüche der Insassen führen.[15] Auch die Fahrt mit einem führerscheinlosen Fahrer kann zur Anspruchskürzung führen.[16]

B. Erwerbsschaden

12 Der bei einem Verkehrsunfall Verletzte hat grundsätzlich nach den §§ 823, 842, 843 BGB i. V. m. §§ 249 BGB; § 10 Abs. 2 StVG Anspruch auf Ersatz des ihm entstandenen Erwerbsschadens. Allein der Verlust seiner Arbeitsfähigkeit ist noch kein erstattungsfähiger Schaden. Vielmehr ist auch erforderlich, dass der Verletzte durch diesen Verlust der Arbeitsfähigkeit gleichzeitig einen Schaden in seinem Vermögen dadurch erleidet, dass er seine Arbeitskraft verletzungsbedingt nicht verwerten kann.[17] Er Geschädigte ist gehalten, die Auswirkungen der von einem Sachverständigen festgestellten MdE auf sein Erwerbseinkommen konkret darzulegen und ggf. zu beweisen.[18] Es ist nicht zwingend erforderlich, dass der Geschädigte dieses Einkommen tatsächlich vor dem Unfall erzielt hatte. Es reicht die Aussicht auf ein Einkommen aus.[19] Der Erwerbsschaden ist gem. § 843 BGB grundsätzlich als Schadenersatzrente (d. h. monatlich) zu erstatten. Es können aber auch andere Vereinbarungen, z. B. vierteljährliche Zahlungen o. Ä.) getroffen werden. Einen Anspruch auf Abfindung des Schadens hat der Geschädigte nur in Ausnahmefällen, § 843 Abs. 3 BGB.

I. Grundlagen

13 Bei der Prüfung des Erwerbsschadens ist zwischen den einzelnen Berufsgruppen zu differenzieren, da unterschiedliche Folgen zu beachten sind. Hierbei ist auch die Dauer der Entgeltfortzahlung durch den Arbeitgeber zu beachten. Während dieser Zeit erleidet der Verletzte in aller Regel keinen Verdienstschaden. Durch die geleistete Entgeltfortzahlung geht der Ersatzanspruch insoweit auf den Arbeitgeber über.[20] Abweichungen vom EfzG können sich hinsichtlich der Dauer der Entgeltfortzahlung auch aus Tarifverträgen und Betriebsvereinbarungen ergeben. Ein Einkommensverlust tritt im Zeitraum der Entgeltfortzahlung durch den Arbeitgeber deshalb bei dem Verletzten nicht ein. Auch in den Sozialversicherungen erleidet der Verletzte keine Nachteile, da für die Dauer der Arbeitsunfähigkeit alle Beiträge entsprechend der Haftungsquote weitergezahlt werden.

1. Anspruchsvoraussetzungen

14 Der Verletzte ist infolge des Unfallereignisses in seiner Arbeitsfähigkeit mindestens vorübergehend beeinträchtigt.

---

14 *AG Köln* SP 2000, 380 Mithaftung 40 % wegen fehlerhaft eingestellter Kopfstütze.
15 *OLG Brandenburg* VRR 2007, 468–469; *OLG Hamm* NZV 2006, 85.
16 *OLG Brandenburg* VRR 2007, 468–469.
17 *BGH* v. 20.3.1984, VI ZR 14/82, NJW 1984, 1811.
18 *OLG Düsseldorf* NJW 2011, 1152.
19 *BGH* v. 28.1.1986, VI ZR 151/84, VersR 1986, 596 = NJW 1986, 1486.
20 Wegen der Details vgl. unten Rdn. 234 ff.

2. Beweislast

Der Geschädigte ist für den Erwerbsschaden beweispflichtig. Zum einen trifft ihn hinsichtlich der haftungsbegründenden Kausalität die Beweislast nach § 286 ZPO (Strengbeweis).[21] Das bedeutet, dass er sowohl die Kausalität des Unfallereignisses (für die erlittene Verletzung[22]) für den daraus resultierenden, vorgetragenen Erwerbsschaden als auch dessen Höhe beweisen muss.[23] Er muss alle Unterlagen vorlegen, die notwendig sind, um den behaupteten Erwerbsschaden nachvollziehen und berechnen zu können. Hierbei kommen dem Geschädigten die Beweiserleichterungen der §§ 252 S. 2 BGB, 287 ZPO zugute (Nachweis einer gewissen Wahrscheinlichkeit).

Allerdings muss er sich auch alle Umstände entgegenhalten, die seine Erwerbsfähigkeit unfallunabhängig eingeschränkt hätten. Dies können neben Vorerkrankungen auch Erkrankungen sein, die nach dem Unfall – ohne von diesem verursacht worden zu sein – eintreten (Herzinfarkt oder Bandscheibenvorfall), Fälle der sog. überholenden Kausalität. Auch der Konkurs des Arbeitgebers oder die Aufgabe der Firma seines Arbeitgebers aus anderen Gründen muss sich der Verletzte als schadenmindernd anrechnen lassen.[24]

Soweit der Verletzte einen zweiten Unfall erleidet und es sich nicht mehr klären lässt, welcher Unfall für die Erwerbsunfähigkeit ursächlich war, haftet der Erstschädiger, wenn die Folgen des Erstunfalles durch den Zweitunfall nur verstärkt wurden.[25] Hat hingegen der Zweitunfall ebenfalls Auswirkungen auf die Erwerbsfähigkeit, haftet der Zweitschädiger (ggf. mit dem Erstschädiger zusammen als Gesamtschuldner) auf den Verdienstschadenersatz.[26]

Ist der Geschädigte vor dem Unfall einer Erwerbstätigkeit nachgegangen, kann der Nachweis des Erwerbsschadens im Zweifel unproblematisch durch Vorlage der Gehaltsabrechnungen oder Einkommensteuererklärungen erfolgen. Die weitere berufliche Entwicklung kann ggf. entsprechend einer Vergleichsperson ermittelt werden[27]. Der Geschädigte muss konkrete Anhaltspunkte vortragen, warum er welche berufliche Entwicklung genommen hätte und diese ggf. beweisen.[28] Dabei kommt es bei der Prognose der weiteren beruflichen Entwicklung insbesondere auf den beruflichen Werdegang vor dem Schadenfall an.[29] Erzielte der Verletzte vor dem Unfall durchgehend ein regelmäßiges Einkommen, ist davon auszugehen, dass dies ohne den Unfall auch in der Zukunft so gewesen wäre. Auch der Nachweis von Einkommenserhöhungen ist möglich.[30]

Allerdings steht es dem Schädiger frei, nachzuweisen, dass sich das Einkommen in der Zukunft verringert hätte oder gar weggefallen wäre (z. B. bei Schwangerschaft und anschließender Elternzeit, Konkurs des Arbeitgebers und nachfolgende Arbeitslosigkeit o. Ä.).[31] Auch wirtschaftliche Schwankungen sind zu berücksichtigen, so ist insbesondere bei Kleinbetrieben nicht davon auszugehen, dass diese sich an Tarifverträge halten.

---

21 Zu Beweismaß und Beweislast vgl. in Meschkat/Nauert/*Staab*, Rn. 247 ff. mit grundlegenden Hinweisen; *Geipel*, zfs 2007, 363 f.
22 *KG* SP 2010, 392 zum Erfordernis des zeitlichen Zusammenhangs zwischen Unfall und Verletzung der bei sechs Tagen nach dem Unfall nicht gegeben ist.
23 Zu den Anforderungen an den Nachweis der Kausalität zwischen Unfall und Verletzung vgl. *OLG Düsseldorf* v. 12.4.2011, I-1 U 151/10 (HWS); *OLG Düsseldorf* v. 5.10.2010, I -1 U 244/09, SP 2011, 181.
24 Vgl. z. B. *OLG Karlsruhe*, r+s 1989, 358 f.
25 *BGH* v. 20.11.2001, VI ZR 77/00 in VersR 2002, 200; *OLG Saarbrücken* SVR 2004, 384.
26 *BGH* v. 20.11.2001, VI ZR 77/00 in VersR 2002. 200 = NJW-RR 2002, 527.
27 *BGH* v. 10.7.2007, VI ZR 192/06, VersR 2007, 1536 f. für den Sozialversicherungsregress für entgangene Beiträge.
28 *BGH* v. 20.4.1999, VI ZR 65/98 VersR 2000, 233.
29 *BGH* 6.10.1987, VI ZR 155/86, NJW-RR 1988, 66; *BGH* v. 24.1.1995, VI ZR 354/93, NJW 1995, 2227.
30 Vgl. *Küppersbusch*, a. a. O., Rn. 50 ff. ausführlich zu dieser Frage, vgl. auch unten Rdn. 57 ff.
31 *BGH* v. 29.5.1969, III ZR 143/67, VersR 1969, 802.

17b Hat der Geschädigte vor dem Unfall nicht oder nicht regelmäßig gearbeitet, ist auch für die Prognose nicht davon auszugehen, dass eine durchgehende Erwerbstätigkeit in der Zukunft gegeben gewesen wäre. Vielmehr ist dann auf das Alter des Verletzten abzustellen. Bei relativ jungen Geschädigten kann nicht angenommen werden, dass diese bis zum Erreichen des Rentenalters keiner Erwerbstätigkeit mehr nachgehen würden,[32] während bei älteren Geschädigten dies durchaus angesichts der Gesamtumstände auf dem Arbeitsmarkt wahrscheinlich ist.[33] Hilfreich können Auskünfte der örtlichen Arbeitsämter sein. Bei jüngeren Kindern ist auf die Qualifikation und die Berufe der Eltern abzustellen, dabei sind ggf. sich ergebende weitere Anhaltspunkte aus der Entwicklung zwischen Schädigung und Schadenermittlung über die bestehenden Fähigkeiten zur Erwerbstätigkeit ohne den Schadenfall mit einzubeziehen.[34]

3. Schadenminderungspflicht

18 Ist die Arbeitsfähigkeit durch den Schadenfall dauerhaft eingeschränkt, treffen den Geschädigten besondere Verpflichtungen, den Schaden gering zu halten, § 254 Abs. 2 BGB. Er muss die ihm verbleibende Arbeitskraft schadenmindernd einbringen[35] und ggf. auch eine Teilzeitstelle annehmen.[36] Dabei sollte zunächst versucht werden, den ursprünglichen Arbeitsplatz, ggf. mit Umgestaltungen, wieder aufzunehmen. Dem Geschädigten kommt die Reform des SGB IX zugute. Der Arbeitgeber muss versuchen, den Verletzten mit seiner Behinderung auf einen leidensgerechten Arbeitsplatz in seinem Unternehmen umsetzen, § 84 Abs. 2 SGB IX, er muss ein betriebliches Eingliederungsmanagement (BEM) einrichten und betreiben. Sein Recht, den Arbeitnehmer zu kündigen wird dadurch eingeschränkt.[37] Scheitert dieser Versuch und der Verletzte kündigt die Stelle, kann dies ein Verstoß gegen die Schadenminderungspflicht darstellen, eine einvernehmliche Aufhebung des Arbeitsvertrages, wenn die Arbeit die vorhandene Schmerzsymptomatik verstärkt ist kein Verstoß gegen die Schadenminderungspflicht.[38]

18a Allerdings ist der Verletzte verpflichtet, durch eine geeignete andere Erwerbstätigkeit den Schaden zu mindern, wenn die Tätigkeit zumutbar ist. Dies kann beispielsweise durch Aufnahme einer Teilzeitarbeit, einer Ersatztätigkeit oder Umschulung in einen geeigneten anderen Beruf geschehen. Auch die Aufnahme eines früher ausgeübten – leidensgerechten – Berufes kann verlangt werden, auch wenn dafür noch Fortbildungsmaßnahmen erforderlich werden.[39]

19 Den Geschädigten treffen dabei besondere Pflichten:[40] Er muss im Rahmen des § 287 ZPO nachweisen, dass er sich um eine neue Stelle bemüht hat,[41] während der Schädiger nachweisen muss, dass der Geschädigte eine zumutbare Ersatztätigkeit nicht aufgenommen hat.[42] Um das Bemühen

---

32 *BGH* v. 9.11.2010, VI ZR 300/08; *BGH* v. 10.7.2007, VI ZR 192/06, VersR 2007, 1536 f. für den Sozialversicherungsregreß für entgangene Beiträge; *BGH* v. 14.1.1997, VI ZR 366/95, NZV 1997, 222 = VersR 1997, 366.
33 *OLG Hamm* SP 2000, 194 nimmt einen 10 %igen Abschlag vor, der aber m. E. in heutiger Zeit großer Arbeitslosigkeit nicht angemessen ist.
34 *BGH* v. 5.10.2010, VI ZR 186/08, r+s 2010, 528.
35 *BGH* v. 19.5.2011, IX ZB 224/09 zum Umfang des Engagements eines Arbeitsuchenden!
36 *OLG Düsseldorf* 14.3.2005, I-1 U 149/04; *BGH* v. 24.2.1983, VI ZR 59/81, VersR 1983, 488; *OLG Düsseldorf* r+s 2003, 37 (Rev. nicht angenommen); vgl. auch *Euler/Kornes/Kreuter-Lange*, FA Versicherungsrecht, Kap. 25 Rn. 204 f.; *Euler* in FA Verkehrsrecht, Kap. 10 Rn. 5.
37 *Mückl/Hiebert* NZA 2010, 1259 f.
38 *OLG Frankfurt* zfs 2002, 20; *KG* NZV 2002, 95.
39 *OLG Saarbrücken* r+s 2010, 162 f. (LKW-Fahrerin zur Verwaltungsangestellten).
40 Ausführlich dazu *BGH* VersR 1979, 424.
41 *BGH* v. 19.5.2011, IX ZB 224/09 zum Umfang des Engagements eines Arbeitsuchenden!; *BGH* v. 26.9.2006, VI ZR 124/05, VersR 2007, 76 f. = r+s 2007, 39 f.; *BGH* v. 23.1.1979, VI ZR 103/78. VersR 1979, 425; *OLG Frankfurt* NZV 1991, 188.
42 *BGH* v. 1.12.1970, VI ZR 88/69, VersR 1971, 348; *BGH* v. 13.6.1972, VI ZR 83/71, VersR 1972, 975; *OLG Köln* NZV 2000, 293 = SP 2000, 46.

im Sinne der Rechtsprechung zu dokumentieren, reicht es nicht aus, sich beim Arbeitsamt arbeitssuchend zu melden und auf Angebote von dort zu hoffen. Vielmehr muss sich der Verletzte auch aktiv um Stellen bemühen.[43]

Auch der Abbruch einer Umschulungsmaßnahme aus anderen als medizinischen Gründen (unfallbedingt oder unfallunabhängig) kann als Verstoß gegen die Schadenminderungspflicht gelten.[44]   19a

a) Zumutbare Tätigkeiten

Wenn der Geschädigte nicht arbeitet, ist die Frage der Erstattung von Erwerbseinbußen zu prüfen. Dabei kommt es u. a. auch darauf an, ob der Geschädigte ihm grundsätzlich zumutbare Tätigkeiten ausgeschlagen hat. An die Prüfung der Zumutbarkeit sind dabei strenge Anforderungen gestellt. Es sind die gesamten Umstände der besonderen Lage des Verletzten heranzuziehen. Insbesondere Alter, Persönlichkeit, Ausbildung und bisherige Lebensstellung des Verletzten sind zu berücksichtigen. Ihn trifft hierbei die Pflicht, sich ernstlich darum zu bemühen, die verbliebene Arbeitskraft nutzbringend zu verwerten. Die mangelnde Bereitschaft des Verletzten, sich um anderweitigen Verdienst zu bemühen, kann bereits eine Verletzung der ihm obliegenden Schadenminderungspflicht bedeuten.[45] Die Folge ist, dass ihm ein erzielbares, aber wegen Verstoßes gegen die Schadenminderungspflicht nicht erzieltes Einkommen angerechnet wird.[46]   20

Arbeitet der Geschädigte, ist grundsätzlich von der Zumutbarkeit der ausgeübten Tätigkeit auszugehen.[47] Ausnahmen bestehen nur dann, wenn es sich um überobligationsmäßige Anstrengungen handelt.[48]   20a

Grundsätzlich kann auch einem Selbstständigen zugemutet werden, seine Firma so umzugestalten, dass er sie weiter führen kann. Dies hat jedoch u. U. dann im tatsächlichen seine Grenzen, wenn ein »Einmann-Betrieb« gegeben ist, der lediglich Hilfsangestellte für den Verkauf beschäftigt, alle sonstigen Tätigkeiten aber allein ausführt.[49] Schadensersatzrechtlich kann die Einstellung einer Hilfskraft für schwere Tätigkeiten schadenmindernd geboten sein, der Verlust durch die Einstellung der Ersatzkraft kann dann vom Schädiger als Verlust im Netto-Reinertrag ersetzt verlangt werden.   21

Arbeitet der Geschädigte hingegen nach dem Unfall nicht, werden strengere Anforderungen an die Zumutbarkeit gestellt. Wird dabei ein Verstoß gegen die Schadenminderungspflicht festgestellt, ist das erzielbare Einkommen auf den Erwerbsschaden anzurechnen.[50] Die Rechtsprechung zur Berufsunfähigkeitsversicherung ist auf das Schadenersatzrecht nicht zu übertragen, da dort der Verletzte selbst für seine Berufsunfähigkeit – in aller Regel gerade in dem von ihm ausgeübten Beruf – vorsorgt. Gerade im Schadenersatzrecht wird auch vom Geschädigten erwartet, eventuelle Weiterbildungsangebote wahrzunehmen, um den Schaden gering zu halten.[51]   21a

b) Umschulung (berufliche Rehabilitation)

Sofern der Verletzte seinen erlernten Beruf zu den bisherigen Bedingungen nicht mehr ausüben kann, kommt eine Umgestaltung des Arbeitsplatzes in Betracht, die ggf. die Weiterbeschäftigung bei sei-   22

---

43 *BGH* v. 19.5.2011, IX ZB 224/09 zum Umfang des Engagements eines Arbeitsuchenden!
44 *OLG Hamm* SP 2000, 159.
45 *BGH* v. 23.1.1979, VI ZR 203/78, VersR 1979, 425 f.
46 *BGH* v. 26.9.2006, VI ZR 124/05, r+s 2007, 39; *OLG Hamm* 23.11.2004, 9 U 203/03, SVR 2006, 67.
47 *BGH* v. 19.10.1993, VI ZR 56/93, NZV 1994, 63 = r+s 1994, 58; *OLG Hamm* r+s 1994. 416, 417; Zur Aufgabe einer zumutbaren Tätigkeit vgl. *OLG Nürnberg* SP 1998, 422; *OLG Hamm* SP 2000, 159; zur Aufgabe einer unfallbedingt nicht mehr zumutbaren Tätigkeit *OLG Frankfurt* zfs 2002, 20.
48 *BGH* v. 19.10.1993, VI ZR 56/93, 1994, 186 f.
49 *OLG Düsseldorf* r+s 1998, 478 f. für einen Bäckermeister, der led. Verkäuferinnen beschäftigte. Diese Entscheidung erging für die Berufsunfähigkeitsversicherung.
50 *BGH* v. 26.9.2006, VI ZR 124/05, r+s 2007, 39.
51 Anders in der BU-Versicherung, vgl. *OLG Koblenz* r+s 2003, 73.

nem bisherigen Arbeitgeber am gleichen Arbeitsplatz ermöglicht. Hierzu ist der Arbeitgeber nach SGB IX verpflichtet, um die Integration behinderter Arbeitnehmer zu fördern;[52] § 84 Abs. 2 SGB IX. Er muss ein betriebliches Eingliederungsmanagement (BEM) einrichten und betreiben. Auch eine Umsetzung mit Unterstützung von Arbeitsberatern innerhalb des Beschäftigungsbetriebes kann die Wiedereingliederung in das Erwerbsleben ermöglichen. Dabei kann das Akzeptieren einer Kündigung oder gar Schließung eines Vergleichs vor dem Arbeitsgericht ein Verstoß gegen die Schadenminderungspflicht darstellen. Der Schädiger ist dann nicht mehr für die daraus resultierenden Schäden eintrittspflichtig.[53]

23 Gelingt auch dieses nicht, steht die Frage einer Umschulung im Raum. Im Rahmen der Schadenminderungspflicht[54] obliegt es dem Geschädigten, auch seine verbliebene Arbeitskraft einzusetzen. Hierzu kann es erforderlich sein, dass er sich in einen geeigneten Beruf umschulen lässt und bei den entsprechenden Vorbereitungen aktiv mitwirkt.[55] Ist wegen der unfallbedingten Verletzungen die Umschulung in einen gleichwertigen Beruf nicht möglich, kann auch die Umschulung in einen höherwertigen Beruf erforderlich werden.[56]

23a Erfolgt die Umschulung in einen höherwertigen Beruf allerdings auf Wunsch des Verletzten, ohne dass es hierfür unfallbedingte Gründe gäbe, sind nur die Kosten der Umschulung in einen gleichwertigen Beruf zu erstatten.[57] Für die Prognose ist dabei erforderlich, dass es »handfeste Erwartungen für den Erfolg der Rehabilitationsmaßnahme gibt«.[58] Ein Anspruch auf Erstattung der Kosten einer Umschulung besteht dann nicht, wenn auch ohne den Unfall die Umschulung schon geplant war und die Entscheidung zur Änderung des beruflichen Lebensweges vom Geschädigten getroffen worden war. Dies gehört dann in die Sphäre seines Lebensrisikos.[59]

23b Die Erstattung von Umschulungskosten für den Geschädigten wird sich in aller Regel auf den Ersatz der Differenz im Verdienstschaden während der Maßnahme beschränken, da die Maßnahmekosten selbst überwiegend von den Sozialversicherungsträgern getragen werden.

23c Dies sind die Bundesanstalt für Arbeit, die Berufsgenossenschaften und die Rentenversicherungsträger, in dem Bestreben, die Reintegration des Verletzten zu beschleunigen auch immer häufiger die Versicherer der Schädiger.

24 • **Umschulung durch die Bundesanstalt für Arbeit**
Die Bundesanstalt für Arbeit wird häufig erst tätig, wenn sich nach langer Arbeitsunfähigkeit des Verletzten das Ende des Krankengeldbezuges abzeichnet und dieser dann Arbeitslosengeld beantragt. Die tatsächliche Praxis hat dabei gezeigt, dass die Arbeitsberater häufig überlastet und mit der Situation überfordert sind, dass hier auch leidensgerechte Arbeitsvermittlung erfolgen muss. Erhält der Verletzte hingegen gar keine Leistungen von dort, weil er wegen fehlender Bedürftigkeit auch nicht den Regeln von Hartz IV unterfällt, hat die Bundesanstalt für Arbeit überhaupt kein

---

52 *BAG* 13.8.2009, 6 AZR 330/08, BB 2009, 2533; *OLG Hamm* SP 2000, 159; durch die Reform des SGB IX ist der Arbeitgeber verpflichtet, auf Langzeitkranke aktiv zuzugehen und mit diesen die Wiedereingliederung ins Erwerbsleben aktiv anzugehen; vgl. insoweit auch *Nickel* in Himmelreich/Halm FA Verkehrsrecht Kap. 27 Rn. 11.
53 *BGH* v. 31.7.2004, VI ZR 315/03; *OLG Hamm* SP 2000, 159; *OLG Oldenburg* r+s 2007, 303, m. Anm. *Jahnke* Selbstschädigendes Verhalten beim Erwerbsschaden, r+s 2007, 271 ff.
54 *OLG Koblenz* VersR 1979, 964; *OLG München* VersR 1986, 669.
55 *OLG Hamm* SP 2000, 159 Abbruch der Maßnahme als Verletzung der Schadenminderungspflicht!, *OLG Koblenz* VersR 1979, 964.
56 *BGH* v. 26.2.1991, VI ZR 149/90, VersR 1991, 596 für eine krisenfestere Stellung; *BGH* v. 4.5.1982, VI ZR 175/80, VersR 1982, 767 = NJW 1982, 1638 zur Abwendung höheren Verdienstschadens.
57 *BGH* v. 2.6.1987, VI ZR 198/86, VersR 1987, 1239.
58 *BGH* v. 25.5.1982, VI ZR 203/80, VersR 1982, 791 = NJW 1982, 2321; *BGH* v. 4.5.1982, VI ZR 175/80, VersR 1982, 767 = NJW 1982, 1638.
59 *BGH* v. 26.2.1991, VI ZR 149/90, VersR 1991, 596; *LG Osnabrück* r+s 1990, 237.

Interesse an einer kostenintensiven Maßnahme, durch die sie eine Einsparung von Ausgaben (wegen fehlender Leistungspflicht) nicht erreichen kann.

- **Umschulung durch die Berufsgenossenschaft**
  Erleidet der Verletzte den Unfall auf einem berufsgenossenschaftlich geschützten Weg, wird sich die Berufsgenossenschaft wegen ihrer im SGB VII verankerten Pflicht, alles zur Wiederherstellung der Arbeitsfähigkeit Erforderliche zu veranlassen, aktiv um eine Wiedereingliederung des Verletzten in die Arbeitswelt bemühen.

- **Umschulung durch den Rentenversicherungsträger**
  Auch der Rentenversicherungsträger kommt als Träger von Umschulungsmaßnahmen in Betracht. Der Rentenversicherungsträger kommt jedoch häufig, wie auch die Bundesanstalt für Arbeit, erst dann zum Zuge, wenn der Krankengeldbezug ausläuft und eine Rente wegen vollständiger oder teilweiser Erwerbsunfähigkeit beantragt wird. Auch wenn wegen zunehmend leerer Rentenkassen die Hürden für die Erlangung von Erwerbsunfähigkeitsrenten erhöht wurden, werden häufig nach entsprechenden Rehabilitationsmaßnahmen (Kuren) Renten auf Zeit bewilligt, die dann oftmals in Renten auf Dauer umgewandelt werden, ohne dass eine Reintegration eines arbeitswilligen Verletzten gelingt.

- **Berufliche Rehabilitation durch den KH-Versicherer des Schädigers**
  Da Bundesagentur für Arbeit und Rentenversicherungsträger häufig erst nach Ende des Krankengeldbezuges tätig werden, ist wertvolle Zeit verstrichen. Deshalb haben die Versicherer begonnen, im Zusammenwirken mit den Sozialversicherungsträgern unter Einschaltung von privaten Rehabilitationsdiensten dem Geschädigten ebenfalls die Reintegration in das Erwerbsleben zu ermöglichen. Diese Unterstützung ist oft effektiver und schneller als die der öffentlichen Stellen.[60]
  Die Maßnahmen reichen hierbei von der Unterstützung des Verletzten durch einen berufskundlichen Berater bei der leidensgerechten Umgestaltung des Arbeitsplatzes, Kontakt mit dem Arbeitgeber zur Erreichung einer Umsetzung innerhalb des Betriebes auf einen leidensgerechten Arbeitsplatz bis hin zur Findung von neuen Berufsfeldern (ggf. auch Umschulung) im Zusammenwirken mit den Sozialversicherungsträgern. Keinesfalls wird der Versicherer im Alleingang eine Umschulung anstreben, ohne auch die sonstigen Träger mit einzubinden.
  Unter Schadenminderungsgesichtspunkten ist der Geschädigte gehalten, an den Umschulungsmaßnahmen aktiv mitzuwirken. Aber auch nach Auffassung des VGT 2008 soll es dem Geschädigten nicht zum Nachteil gereichen dürfen, wenn er eine vom Versicherer vorgeschlagene Rehabilitationsmaßnahme nicht verfolgt. Dennoch sollte der Geschädigte, der selbst am Meisten von der Maßnahme und der Wiedereingliederung in das Erwerbsleben profitiert, eine angebotene Rehabilitationsmaßnahme annehmen.[61]

Die Kosten für die Umschulungen (auch durch Sozialversicherungsträger) sind vom Schädiger (ggf. entsprechend der Haftungsquote) zu tragen.[62] Dies gilt aber nur dann, wenn nicht die Umschulung am Markt und den Fähigkeiten des Verletzten vorbei erfolgte und dieser dann nach erfolgreicher Umschulung keinen Arbeitsplatz findet (und dies von vornherein vorherzusehen war) oder die Umschulung gar erfolglos blieb.[63]

28

Erleidet der Verletzte durch die Umsetzung bei seinem Arbeitgeber auf einen leidensgerechten Arbeitsplatz oder die Umschulung in eine leidensgerechte Tätigkeit einen Minderverdienst, ist dieser entsprechend der Haftungsquote erstattungsfähig, ein Quotenvorrecht des Verletzten besteht inso-

28a

---

60 *Nickel* in Himmelreich/Halm FA Verkehrsrecht Kap. 27 m. w. N.
61 Vgl. insoweit VGT Goslar 2008, Empfehlung des AK 1 zu Personenschadenmanagement, ADAJUR Dok.-Nr. 75023; *Lang* Das Reha-Management – Eine Erfolgsgeschichte für alle Beteiligten, NZV 2008, 19.
62 Vgl. insoweit Rdn. 22 ff.
63 *BGH* v. 25.5.1982, VI ZR 203/80 VersR 1982, 791 = NJW 1982, 2321; *BGH* v. 4.5.1982, VI ZR 175/80, VersR 1982, 767 = NJW 1982, 1638.

weit nicht.[64] Zusätzlich zu der Differenz zu dem vorherigen Einkommen ist ggf. auch die möglicherweise entstehende Differenz in der Altersrente, sofern ein Regress der Beiträge durch den Rentenversicherer nicht erfolgt.[65] Im Rahmen der hypothetischen Betrachtung zwischen Soll-Verlauf (ohne den Unfall) und dem Ist-Verlauf (nach dem Unfall) sind ersparte Eigenkosten (geringere Fahrtkosten als im Soll-Verlauf, Bekleidung, zweiter Wohnsitz), weitergezahlte Stipendien,[66] ersparte Ausbildungskosten und ggf. ersparter Wehr- oder Zivildienst[67] anzurechnen. Nicht anrechenbar hingegen sind BaFöG-Leistungen jedenfalls dann, wenn sie dem Verletzten ausschließlich als Darlehen gewährt werden. Auch ein Mehrverdienst nach der Qualifizierung ist nicht im Wege des Vorteilsausgleichs zu berücksichtigen.[68]

c) Sonstige Eingliederungshilfen

29 Neben der allseits bekannten – oben beschriebenen – Umschulung kommen aber auch sonstige Eingliederungshilfen in Betracht. So können sowohl der Sozialversicherungsträger als auch die KH-Versicherung des Schädigers durch eine Eingliederungsbeihilfe einen Arbeitsplatz beschaffen, der dem Verletzten sonst nicht zur Verfügung gestanden hätte. Dabei sind verschiedene Modelle möglich. Es können für einen befristeten Zeitraum die vollen Lohnkosten einschließlich Beiträgen zur Sozialversicherung (sog. Brutto/Brutto-Leistungen), gestaffelte Beteiligungen an den Lohnkosten oder Pauschalen vereinbart werden. In jedem Fall sollte aber – auch im Interesse des Verletzten – darauf bestanden werden, dass der zukünftige Arbeitgeber einen unbefristeten Arbeitsvertrag ausstellt und auch nach Ablauf der Förderungszeiten verpflichtet ist, den Verletzten für einen Mindestzeitraum weiterzubeschäftigen. Die Praxis hat gezeigt, dass sonst die Gefahr besteht, dass der Arbeitsplatz unmittelbar nach Ablauf der Förderung aus betriebsbedingten Gründen gekündigt wird. Werden solche Eingliederungshilfen vom Sozialversicherungsträger gezahlt, sind sie erstattungsfähig, wenn der Verletzte ohne diese Unterstützung einen Arbeitsplatz nicht erhalten hätte. Es kommt dabei – wie bei den Sachkosten für die Umschulung – nicht auf das Vorliegen eines kongruenten Erwerbsschadens in gleicher Höhe an.[69]

d) Behindertenwerkstatt

30 Ist der Verletzte infolge der Unfallfolgen auf dem allgemeinen Arbeitsmarkt nicht mehr einsetzbar und wird in einer Behindertenwerkstatt tätig, sind die Kosten hierfür grundsätzlich zu erstatten,[70] unabhängig davon, ob sich diese Tätigkeit wirtschaftlich lohnt oder nicht, da die Arbeit nicht allein zur Erzielung von Einkünften dient, sondern nach Auffassung der Rechtsprechung auch von wesentlicher Bedeutung für das Selbstwertgefühl ist.[71] Dabei ist aber – auch wenn die Wirtschaftlichkeit nicht alleine von Bedeutung ist, auf die Zumutbarkeit abzustellen.[72]

30a Der Verletzte erzielt dort nur ein sehr geringes Arbeitseinkommen, befindet sich aber während der Arbeitszeit dort unter Aufsicht. Dies kann dazu führen, dass ein Haushaltsführungsschaden oder Pflegeaufwand sich erheblich reduziert. Einen Rentenschaden erleidet der Verletzte dann nicht

---

64 *BGH* v. 28.4.1992 – VI ZR 360/91, NZV 1992, 313 = VersR 1992, 886.
65 *Küppersbusch* a. a.O Rn. 171.
66 Nach *BGH* (XII ZR 62/99) v. 3.5.2001, NJW 2001, 2259 sind Stipendien wohl zu den Einkünften zu zählen, so auch die Entscheidungen der Sozialgerichte (so *BSG* BeckRS 1997 30001324), die bei der Feststellung der Ansprüche auf Kindergeld auch Stipendien zu den Einkünften des Kindes zählen, soweit diese nicht – wie die Sozialhilfe nur nachrangig gewährt werden (vgl. insoweit *OLG Oldenburg* BeckRS 1999 300062304 zur Berechnung des Unterhaltsanspruchs bei nachrangig gewährten Stipendien).
67 *OLG Köln* VersR 1998, 507; *OLG Hamm* VersR 2000, 234.
68 *Küppersbusch* a. a. O. Rn. 175 f.
69 *OLG Köln* VersR 1985, 94; *OLG Celle* VersR 1988, 1252; *OLG Köln* zfs 1988, 43; *OLG Frankfurt* r+s 1992, 199.
70 *BGH* v. 11.6.1991, VI ZR 307/90, NZV 1991, 387; *OLG Hamm* DAR 2001, 321 ff.
71 *OLG Hamm* VersR 1992, 459.
72 Vgl. insoweit *Küppersbusch*, a. a. O.; Rdn. 21, 22.

mehr: Die Behindertenwerkstatt führt für den dort Tätigen aus dem sehr niedrigen Einkommen Beiträge ab. Der Bund stockt diese durch Beitragszahlungen erheblich auf, die er bei dem Schädiger nach § 179 Abs. 1a SGB VI regressiert. Hierbei ist darauf zu achten, dass der Regress den ersatzpflichtigen Schaden nicht übersteigt. Sollte der Beitragsschaden die Zahlung des Bundes übersteigen, regressiert die DRV die Differenz nach § 119 SGB X.

e) Überobligationsmäßige Anstrengungen

Arbeitet der Verletzte auch dann, wenn ihm eine Tätigkeit nicht zuzumuten ist, so ist es unbillig, dem Schädiger den Lohn für die überobligatorische Anstrengung zugutekommen zu lassen, sodass das Einkommen nicht auf den Verdienstschaden anzurechnen ist.[73] Bei Arbeit trotz fehlender Arbeitspflicht (»überobligatorische Anstrengung«) kann es zum Raubbau an der Gesundheit kommen. Dabei ist häufig die Frage der Zumutbarkeit der Arbeiten im Streit.[74] Sofern durch die Fortführung einer nicht leidensgerechten Tätigkeit, die nicht dem noch möglichen Belastungsgrad entspricht, weitere gesundheitliche Schäden entstehen, oder der Heilungsprozess verzögert wird, kann der Schädiger ebenfalls den Verstoß gegen die Schadenminderungspflicht[75] einwenden. Unter Umständen verliert der Verletzte dann den Anspruch auf Ersatz von Verdienstschaden.[76] Diese Fälle sind aber in der Praxis eher selten.

4. Vorteilsausgleich

Der Geschädigte hat während seiner Erwerbstätigkeit Ausgaben, die er während des Krankenstandes erspart. Diese Vorteile, die mit dem Erwerbsschaden in einem sachlichen Zusammenhang stehen, muss sich der Geschädigte anrechnen lassen, wenn diese den Schädiger nicht unbillig entlasten.[77] Im Einzelnen sind dies:
- ersparte Kosten der Arbeitskleidung,
- ersparte Verpflegungsmehraufwendungen wegen sog. Montagetätigkeit,
- ersparte Kosten der doppelten Haushaltsführung,[78]
- ersparte Fahrtkosten zur Arbeitsstätte (wobei nicht nur der Benzinverbrauch, sondern auch alle sonstigen Kosten des KFZ in Anrechnung gebracht werden können),[79]
- ersparte Ausbildungskosten sind dem Erwerbsschaden ebenfalls kongruent und können in Abzug gebracht werden.[80] Ebenso können höhere Ausbildungskosten vom Schädiger ersetzt verlangt werden, wenn sie sachlich gerechtfertigt sind und nicht von unfallunabhängigen Ursachen getragen werden,
- auch die Eigenanteile beim stationären Aufenthalt sind dem Erwerbsschaden kongruent.[81] Für den Zeitraum des stationären Aufenthaltes werden Zuzahlungen bis zum 28. Tag vom Patienten gefordert. Ersparte Verpflegungsaufwendungen können aber auch darüber hinaus in Abzug gebracht werden, wenn der stationäre Aufenthalt länger andauert. Sie sind als Vorteilsausgleich

---

73 *BGH* VersR 1974, 142 f.; *BGH* IV ZR 123/98 in NVersZ 1999, 514 f. = NJW-RR 1999, 1111 zum Einsatz von Kapital bei Betriebsorganisation und Zahlung einer Berufsunfähigkeitsrente.
74 *BGH* v. 11.10.2000, IV ZR 208/99, NVersZ 2001, 404 = NJW 2001, 1943.
75 *BGH* v. 25.09.1973, VI ZR 97/71, VersR 1974, 142; *OLG Oldenburg* r+s 2007, 271 ff. m. Anm. *Jahnke* zu selbstschädigendem Verhalten beim Erwerbsschaden.
76 *Jahnke* Der Verdienstausfall im Schadenersatz Kap. 9 Rn. 3 ff.
77 *BGH* v. 16.1.1990, VI ZR 170/89, NZV 1990, 225 m. w. H.
78 *OLG Bamberg* VersR 1967, 911; *OLG Hamm* NZV 1989, 271 zur doppelten Haushaltsführung bei der Tötung von Ausländern (in Deutschland und im Heimatland), welche beide das Einkommen mindern; *BGH* v. 22.1.1980, VI ZR 198/78, VersR 1980, 455 der vom *BGH* angesprochene Konsumverzicht dürfte insoweit aber nicht vorliegen.
79 *BGH* v. 22.1.1980. VI ZR 198/78, VersR 1980, 455.
80 *Küppersbusch* a. a.O, Rn. 178 f.
81 So schon *BGH* v. 3.4.10984, VI ZR 253/82, der Schädiger ist nur verpflichtet, die Mehrkosten in Form der Heilbehandlung zu tragen, nicht aber die Verpflegung des Verletzten.

für ersparte Eigenaufwendungen zu Hause vom möglicherweise bestehenden Erwerbsschaden in Abzug zu bringen. Für die Dauer der Entgeltfortzahlung sind diese ersparten Eigenkosten beim Arbeitgeber abzuziehen. Während des Krankengeldbezuges werden sie beim Verletzten direkt in Abzug gebracht. Ein weiterer Abzug (weil z. B. die ersparten Eigenkosten so hoch sind, dass auch ein Abzug bei der KK möglich wäre) kann dann gegenüber der Krankenkasse geltend gemacht werden.

Ein Abzug auch bei Arbeitgeber und Krankenkasse ist zulässig, da der Anspruch auf die Rechtsnachfolger nur insoweit übergehen kann, als er in der Person des Verletzten besteht. Auch ein Rentner muss sich die ersparten häuslichen Verpflegungskosten anrechnen lassen.[82]

- Ersparte Steuern
  Soweit der Verletzte Krankengeld oder Verletztengeld erhält, mindert sich seine Steuerschuld infolge der Steuerfreiheit von Sozialleistungen. Diesen Vorteil muss sich der Verletzte ebenfalls gegenrechnen lassen.[83] Auch eine Verletztenrente ist nur mit ihrem Ertragsanteil zu versteuern, sodass sich insoweit ein weiterer Vorteil ergibt.[84]
- Sämtliche Rentenleistungen **der Sozialversicherungsträger** (Vorruhestandsrenten,[85] Erwerbsunfähigkeitsrenten, Verletztenrenten) sind dem Verdienstschaden kongruent und daher anrechenbar.

33 Grundsätzlich können **die ersparten berufsbedingten Aufwendungen** auch pauschal abgezogen werden. Die Höhe des Abzugs ist dabei eher uneinheitlich,[86] aufgrund der Gesamtumstände dürften aber 5 % im Mittel angemessen sein. Aufgrund der steigenden Benzinkosten ist – abhängig von der Entfernung zur Arbeitsstätte und den gewählten Transportmitteln – ggf. auch von einer höheren Ersparnis auszugehen.

33a Als Vorteil ist auch anzurechnen die Verwertung der verbleibenden Arbeitskraft im Haushalt. Streitig ist, ob die Abfindung des Arbeitgebers nach einer unfallbedingten Aufhebung des Arbeitsvertrages im gegenseitigen Einvernehmen angerechnet werden kann.[87]

34 Nicht anrechenbar sind
- Abfindungen des Arbeitgebers im Kündigungsschutzprozess,[88] wobei er aber die Abfindungen bei einvernehmlicher Vertragsaufhebung angerechnet werden.[89]
- Bei Betriebsrenten ist dies nicht geklärt, die Rente ist wohl dann als Vorteilsausgleich anzurechnen, wenn eine Abtretung von möglichen Ersatzansprüchen im Arbeitsvertrag oder Pensionsvertrag nicht vorgesehen ist.[90]
- Leistungen aufgrund persönlicher Schadensvorsorge sind nach einhelliger Auffassung der Rechtsprechung nicht anrechenbar, da dies den Schädiger unbillig entlasten würde. Dazu gehören insbesondere Leistungen aus privaten Summenversicherungen (Unfallversicherung,[91] Lebensversicherung,[92] privaten Krankenversicherung hinsichtlich des Krankentagegeldes),[93] die Leistungen

---

82 *LG Augsburg* zfs 1991, 335.
83 *BGH* v. 26.2.1980, VI ZR 2/79 VersR 1980, 529.
84 *BGH* v. 24.9.1985, VI ZR 65/84, VersR 1986, 162.
85 *BGH* v. 7.11.2000, VI ZR 400/99, VersR 2001, 196 = r+s 2001, 110 = NJW 2001, 1274.
86 *OLG Celle* 14 U 58/05, MDR 2007, 985 = SP 2006, 96 = VRS 110, 82, 5–10 % Pauschalabzug abhängig vom Einzelfall (Fahrtkostenaufwand) angemessen; *OLG Naumburg* SP 1999, 90; *OLG Dresden* 11 U 2940/00 (Juris) 5 % Abzug; *LG Tübingen* zfs 1992, 82 10 % Abzug.
87 *BGH* v. 30.5.1989, VI ZR 193/88, NZV 1989, 345 (für die Anrechnung); *BGH* v. 16.1.1990 – VI ZR 170/89, VersR 1990, 495 gegen die Anrechnung.
88 *BGH* v. 16.1.1990, VI ZR 170/89, NZV 1990, 225; *OLG Hamm* r+s 1994, 416 417, SP 1999, 340.
89 *BGH* v. 30.5.1989, VI ZR 193/88, NVZ 1989, 345.
90 *Küppersbusch* Rn. 85.
91 *BGH* v. 15.2.1968, II ZR 101/65, VersR 1968, 361= NJW 1968, 837 ff.
92 *BGH* v. 19.12.1978, VI ZR 218/76, VersR 1979, 323.
93 *BGH* v. 15.5.1984, VI ZR 184/82, VersR 1984, 690.

von Zusatzversorgungskassen, die weder Sozialversicherungsträger i. S. d. § 116 SGB X noch private Schadensversicherer i. S. d. § 86 VVG sind.[94]

5. Berechnung des zu erstattenden Erwerbsschadens

Grundsätzlich hat der Geschädigte Anspruch auf die Erstattung des unfallbedingten Erwerbsschadens. Die Berechnung bereitete in der Vergangenheit vielfach Probleme. Es bestand ein Theorienstreit, ob der Ersatz nach der Bruttolohn-Theorie oder nach der modifizierten Nettolohn-Theorie zu erfolgen hat. Dieser Theorienstreit ist für die Praxis jedoch von untergeordneter Bedeutung, da beide Theorien bei richtiger Handhabung zum wirtschaftlich gleichen Ergebnis kommen müssen.[95]

Unter Brutto-Lohn ist das Einkommen eines Arbeitnehmers vor Abzug von Lohn- und Kirchensteuer und einschließlich der Arbeitnehmerbeiträge zur Sozialversicherung zu verstehen. Nach der Brutto-Lohn-Theorie ist vom Brutto-Einkommen auszugehen. Ersparte Steuern und Beiträge werden im Wege des Vorteilsausgleichs berücksichtigt.[96]

Als Netto-Lohn wird das Einkommen bezeichnet, welches dem Erwerbstätigen nach Abzug der Steuern und der Sozialversicherungsbeiträge verbleibt. Die modifizierte Netto-Lohn-Theorie stellt auf dieses Einkommen ab. Der Geschädigte erleidet wegen der Anspruchsübergänge nach §§ 116, 119 SGB X keine Nachteile, da er in der Krankenkasse während seiner Arbeitsunfähigkeit beitragsfrei versichert ist. Sowohl die Krankenkasse, als auch der Rentenversicherer regressieren nach §§ 116, 119 SGB X die entgangenen Beiträge, sodass auch ein Rentenschaden nicht entstehen kann.

6. Erstattungsfähige Positionen

Nachfolgend sind die erstattungsfähigen Positionen des Erwerbsschadens in alphabetischer Reihenfolge dargestellt.

Volle Ersatzpflicht besteht bei:
- **Arbeitslohn oder Gehalt** (auch Ausbildungsvergütung) eines unselbstständig Erwerbstätigen, dieser ist netto zu erstatten abzüglich der kongruenten Leistungen wie Krankengeld, Verletztengeld, Übergangshilfe, Verletztenrente, Erwerbsunfähigkeitsrente ggf. zzgl. der auf diese Ausgleichszahlung entfallenden Steueranteile (Lohnersatzleistungen unterliegen nicht der Steuerpflicht, sie verändern lediglich den Steuersatz).
- **Arbeitslosengeld**
- **Arbeitslosenhilfe** in der bisher bekannten Form gibt es nicht mehr, die Unterstützung von Langzeitarbeitslosen erfolgt nach Bedürftigkeit. Sofern der Verletzte aufgrund des Unfalles seine Stelle verliert, erhält er zunächst Arbeitslosengeld, welches vollumfänglich dem Erwerbsschaden kongruent ist und damit auch auf diesen angerechnet wird.[97] Die Leistungen nach SGB II (Hartz IV) hingegen haben eher Sozialhilfecharakter, sodass diese nur eingeschränkt (soweit die Unterstützung für den Verletzten erfolgt) erstattungsfähig sind. In aller Regel wird – soweit ein Anspruch gegen einen Schädiger besteht und durchsetzbar ist, ein Anspruch auf Gewährung von Hartz IV nicht bestehen.
- **Ausfall von Eigenleistungen** beim Hausbau oder bei Renovierungsarbeiten (auch beispielsweise Reparaturarbeiten,[98] Malern und Tapezieren, Gartenarbeiten), dabei ist nur der Lohn des beauftragten Handwerkers zu erstatten, nicht aber das Material (das ansonsten selbst beschafft werden müsste). Unkritisch sind die Fälle, in denen ein Handwerker mit der Durchführung der Arbeiten

---

94 *BGH* v. 26.9.1979, IV ZR 94/78, VersR 1979, 1120 (Rheinische ZVK); *OLG Frankfurt* VersR 2000, 1523 (Versorgungsanstalt der Post).
95 *BGH* v. 15.11.1994, VI ZR 194/93 NJW 1995, 389 = BGHZ 127, 391.
96 *BGH* v. 19.9.1974, III ZR 73/72, VersR 1975, 37; *OLG Hamm* VersR 1985, 1194; *OLG Frankfurt* zfs 1992, 297.
97 Vgl. hierzu unten Erwerbsschaden als Arbeitsloser, Rdn. 79 ff.
98 *BGH v.* 6.6.1989, VI ZR 66/88, NZV 1989, 387= VersR 1989, 857.

beauftragt wurde und die Rechnung vorgelegt wird.[99] Problematisch sind die Fälle, in denen die Arbeiten dann nach dem Unfall nicht durchgeführt wurden. Hier ist zunächst der Nachweis der Unfallbedingtheit der Aufgabe des Vorhabens zu prüfen. Dies wird jedenfalls dann nur schwer möglich sein, wenn den Verletzten bei dem Unfall ein Mitverschulden trifft und deshalb die Maßnahme ganz abgebrochen wird.

- **Fortkommensschaden** (z. B. wegen verspätetem Eintritt ins Erwerbsleben; Karriereknick);[100]
- **Gewinn eines Selbstständigen**
  auch hier ist nur der Verlust im Netto-Reinertrag nach Steuern erstattungsfähig.
- **Gewinnbeteiligung** eines Gesellschafters;
- **Haushaltsführungsschaden**, soweit dieser Erwerbscharakter hat[101]
- **Nachteile** in den Sozialversicherungen
  Nachteile in den Sozialversicherungen entstehen weder in der Krankenversicherung (beitragsfrei weiter versichert, § 224 Abs. 1 SGB V, bzw. die BG zahlt die Beiträge weiter) noch in der Rentenversicherung (Beitragsregress nach § 119 SGB X).
  Bezogen auf die Arbeitslosenversicherung könnte dem Verletzten u. U. ein Schaden entstehen, da er weitere Beiträge zur Arbeitslosenversicherung nur aus dem Krankengeld zahlt. Es können dem Verletzten im Fall einer Arbeitslosigkeit Verluste in der Höhe des Arbeitslosengeldes entstehen. Eine freiwillige Höherversicherung ist jedoch im SGB III nicht vorgesehen und somit nicht möglich. Sollte sich der Schaden verwirklichen, ist die Differenz zwischen dem tatsächlichen und dem fiktiven Arbeitslosengeld ausgleichen. Auch die Beiträge zur Pflegeversicherung werden aus dem Krankengeld gezahlt. Minderbeiträge im Verhältnis zum Brutto-Lohn trägt die Krankenkasse alleine.
- **Nebeneinkünfte**[102]
  soweit diese schon vor dem Unfall erzielt und nachgewiesen wurden (keine Einkünfte durch Schwarzarbeit!).
- **Rentenminderung**
  = unfallbedingte Schmälerung d. Altersruhegeldes, welche aber wegen des Regresses der RVT nach §§ 116, 119 SGB X nicht eintreten dürfte, da der Geschädigte gestellt wird, als ob er voll seine Beiträge eingezahlt hätte.
- **Steuernachteile**
  Auf das Krankengeld sind keine Steuern zu bezahlen, sodass ein Schaden insoweit nicht besteht. Aber die Krankengeldleistungen werden auf das sonstige Einkommen aufaddiert, um den Steuersatz zu ermitteln, sodass letztlich doch ein Steuerschaden entstehen kann.
- **Entgangene Lohnerhöhungen**
  Lohnerhöhungen, die der Geschädigte vielleicht erhalten hätte ohne die Erkrankung, sind im Krankengeld nicht berücksichtigt, da die gesetzliche Krankenversicherung die Einkünfte des Kalenderjahres vor dem Unfall als Basis nimmt, nicht aber zukünftige Leistungen. Diese können den Verdienstschaden daher erhöhen.
- **Entgangene Sonderzahlungen/-Leistungen**
  Weihnachts- oder Urlaubsgeld werden bei der Krankengeldzahlung berücksichtigt, sodass dem Verletzten hierbei kein großer Schaden entstehen kann. Auch Gratifikationen, Prämien, Sachbezug, vermögenswirksame Leistungen, Kontoführungsgebühren, Mitarbeiterrabatte etc. können im Rahmen des Verdienstschadenersatzes geltend gemacht werden, wenn diese aufgrund der unfallbedingten Verletzungen nicht mehr gewährt werden.

---

99 *BGH v.* 6.6.1989, VI ZR 66/88, NZV 1989, 387; *OLG Hamm* NZV 1989, 72; *OLG Köln* VersR 1991, 111; *OLG Zweibrücken* NZV 1995, 315 = r+s 1995, 300.
100 BGH v. 7.2.2002, VI ZR 401/01, DAR 2002, 501–504.
101 Wegen der Details vgl. Rdn. 93 ff.
102 Zu den Voraussetzungen vgl. *BGH v.* 17.2.1998, VI ZR 342/96; DAR 1998, 349 zum Nebenverdienst als Fußballtrainer.

- **Sonderleistungen des Arbeitgebers**
  dies können z. B. Kost und Logis sein, aber nur dann, wenn diese nicht als Aufwendungsersatz gezahlt werden. Problematisch sind die Vereinbarungen bei Zeitarbeitsunternehmen, die eine sog. Auslöse erstatten. Diese wird dem Mitarbeiter als fester Einkommensbestandteil angetragen, damit er einem niedrigeren Grundlohn zustimmt, aber netto in etwa das erhält, was er wünscht. Die Auslöse ist in ihrem Charakter eher ein Zuschuss des Arbeitgebers zu vermehrten berufsbedingten Aufwendungen (Verpflegung, Fahrtkosten etc.). Nicht bedacht wird, dass im Fall der Krankheit genau diese Position schon vom Arbeitgeber nicht im Rahmen der Lohnfortzahlung erstattet wird, weil die Grundlage – berufsbedingte Aufwendungen – wegfällt.
- **Versicherungsrechtliche Nachteile**
  Prämienerhöhungen oder Verlust der Beitragsrückerstattung wegen der Unfallverletzungen in der privaten Krankenversicherung,[103] Risikozuschläge in der Lebensversicherung[104] und sonstigen Versicherungen.[105]
- **Trinkgeld**
  ist zu erstatten, wenn es als fester Gehaltsbestandteil anzusehen ist und entsprechend versteuert wird. Ein nicht versteuertes Einkommen ist nicht zu erstatten, vgl. insoweit unten zu »Schwarzarbeit«.

Grundsätzlich ist nur der konkret eingetretene Vermögensschaden erstattungsfähig, nicht allein die abstrakte Einschränkung der Arbeitskraft. Das bedeutet, dass nicht die prozentuale abstrakte Erwerbsminderung als solche entscheidend ist, sondern nur der tatsächlich entstandene wirtschaftliche Schaden. In der Regel wird sich eine Minderung der Erwerbsfähigkeit von 20 bis 30 % nicht auf den konkreten Arbeitsverdienst auswirken.[106] Soweit der in seiner Erwerbsfähigkeit geminderte Geschädigte von seinem Arbeitgeber voll weiter beschäftigt wird, entsteht diesem ein Verdienstschaden nicht. 38

7. Teilweise erstattungsfähige Einkünfte

Neben den erstattungsfähigen Einkünften gibt es auch solche, die teilweise erstattungsfähig sind. 39
- **Auslösung, steuerfrei erstattete Spesen, Trennungsentschädigung, Erschwerniszulage**[107]
  Ein Ersatz dieser Positionen ist nur dann möglich, wenn der Geschädigte nachweist, dass er die erhaltenen Beträge nicht oder nur teilweise für die erhöhten Lebenshaltungskosten aufgewendet hätte.[108]
- **Ministerialzulage**
  sie ist nur zum Teil erstattungsfähig, da sie teilweise auch für den erhöhten Aufwand als Ministeriums-Mitarbeiter dient.[109]
- **Einkünfte als Prostituierte**
  Streitig ist, wann entgangene Einkünfte, die auf sittenwidrigem Erwerb beruhen, erstattungspflichtig sind.[110] Zu erstatten sind sie wohl dann, wenn die Einnahmen versteuert werden.

---

103 *OLG Köln* NJW-RR 90, 1179.
104 *BGH* v. 15.5.1984, VI ZR 184/82, NJW 1984, 2627; *OLG München* NJW 1974, 1203; *OLG Zweibrücken* NZV 1995, 315 = r+s 1995, 300 (Risikozuschlag bei LV).
105 *BGH* v. 15.5.1984, VI ZR 184/82, NJW 1984, 2627 (private Krankentagegeldversicherung); *LG Wuppertal* SP 1997, 9 (Berufsunfähigkeitsversicherung).
106 Vgl. hierzu auch: *BGH* v. 2.2.1965, VI ZR 275/63, VersR 1965, 489; *BGH* v. 24.10.1978, VI ZR 142/77, VersR 1978, 1170; *OLG Bamberg* VersR 1986, 1027.
107 *LG Kassel* NJW-RR 1987, 799.
108 *OLG München* zfs 1984, 173, ablehnend *OLG Nürnberg* VersR 1968, 976; *OLG Düsseldorf* VersR 1972, 695; *LG Düsseldorf* SP 2000, 415, eine Erstattung zwischen 33 und 50 % *OLG Saarbrücken* VersR 1977, 727; *OLG Hamm* VersR 1983, 927.
109 *Küppersbusch* a. a. O., Rn. 43 m. w. H.
110 Beispiel Prostituierte *BGH* v. 6.7.1976, VI ZR 122/75, VersR 1976, 941; *OLG Düsseldorf* VersR 1985, 149; a. A. *OLG Hamburg* VersR 1977, 85.

8. Nicht erstattungsfähige Einkünfte

40 Bei entgangenen Einkünften, die unter Verstoß gegen gesetzliche Verbote erzielt wurden, wird danach unterschieden, ob nicht nur die Vornahme des Rechtsgeschäftes missbilligt wird – dann bleibt es bei der Ersatzpflicht – oder ob auch die zivilrechtliche Wirksamkeit verhindert werden soll.[111]

40a Nicht erstattungsfähig sind:
- Einkünfte aus **Schwarzarbeit**, wenn sie unter Verstoß gegen das Gesetz zur Bekämpfung der Schwarzarbeit erzielt wurden.[112]
- Einkünfte, die unter Umgehung des **Personenbeförderungsgesetzes** erzielt wurden.
- Einkünfte, die unter Verstoß gegen die Arbeitszeitverordnung erzielt wurden.[113]
- **Freizeit**, die wegen des Unfallereignisses eingebüßt wurde[114] (Arztbesuche, Zeitaufwand zur Abwicklung des Schadens etc.)
- **Urlaubsbeeinträchtigungen**[115]
- Verlust von **Bestechungsgeldern**.[116]

9. Anrechenbare Einkünfte/Entgeltfortzahlung/Krankengeld/Verletztengeld

41 Während der ersten sechs Wochen Arbeitsunfähigkeit erhält der Verletzte Entgeltfortzahlung nach dem EntgFG, ein Verdienstschaden entsteht in dieser Zeit für den Verletzten in aller Regel nicht. Nach Beendigung der Entgeltfortzahlung erhält der gesetzlich versicherte Verletzte Krankengeld durch die Krankenkasse (§ 44 SGB V) bzw. (in einem Arbeitsunfall) Verletztengeld durch die Berufsgenossenschaft (§ 45 SGB VII) für längstens 78 Wochen, wobei die Entgeltfortzahlung auf diesen Zeitraum angerechnet wird.

41a Das **Krankengeld** beträgt 70 % des regelmäßig erzielten Arbeitsentgeltes, jedoch höchstens 90 % vom Nettolohn (§ 47 Abs. 1 SGB V), pro Tag erhält der Verletzte 1/30 dieses Betrages. Da die Abzüge für Sozialversicherungen und Steuern höher sind als 20 % entspricht das Krankengeld 90 % des Nettolohnes. Das Krankengeld wird vom Brutto-Lohn bis zur Beitragsbemessungsgrenze ermittelt wird. Bei freiwillig in der gesetzlichen Krankenversicherung versicherten Geschädigten ist daher u. U. von einem höheren Restschaden auszugehen. Es wird monatlich berechnet und in 1/30 ausgezahlt (für 360 Tage im Jahr). Da aus dem Krankengeld auch Beiträge zur Arbeitslosen und Rentenversicherung gezahlt werden, fällt das Krankengeld in der Regel geringer aus als 90 % des Netto-Lohnes.

42 Erleidet der Verletzte einen berufsgenossenschaftlich versicherten Arbeits- oder Wegeunfall, so erhält er von der BG Verletztengeld, welches 80 % vom Brutto, max. aber das Netto-Gehalt beträgt), pro Tag erhält der Verletzte 1/30 dieses Betrages. Da auch hier noch die Beiträge zur Sozialversicherung – wie beim Krankengeld – abgeführt werden, kann ein Schaden des AS verbleiben.

43 Das Krankengeld/Verletztengeld ist eine dem Verdienstschaden kongruente Leistung, sodass der Schadenersatzanspruch bis zur Höhe der Leistung auf die Krankenkasse übergeht. Es handelt sich um einen gesetzlichen Übergang zum Unfallzeitpunkt, der Geschädigte kann hierüber nicht mehr verfügen. Eine Abfindung der Ansprüche des Geschädigten berührt die Ansprüche der gesetzlichen Krankenkasse nicht. Dem Verletzten selbst verbleibt ein Anspruch auf Erstattung des Verdienstschadens in der Differenz, die dann konkret berechnet werden muss.

43a Da Krankengeld und Verletztengeld in 1/30 ermittelt werden, ist auch der monatliche Netto-Verdienst entsprechend zu ermitteln, um die Vergleichbarkeit zu gewährleisten.

---

111 Vgl. grundlegend *BGH* v. 28.1.1986, VI ZR 151/84, VersR 1986, 596.
112 *OLG Hamm* NJW 1960, 448; *LG Oldenburg* NJW-RR 1988, 1496.
113 *BGH* v. 28.1.1986, VI ZR 151/84, VersR 1986, 596.
114 *BGH* v. 9.3.1976, VI ZR 98/75, VersR 1976, 857; *OLG Köln* NStZ-RR 1997, 125 ff.
115 *BGH* v. 11.1.1983, VI ZR 222/80, VersR 1983, 392.
116 *BGH* 14.7.1954, VI ZR 260/53, VersR 1954, 498 (sittenwidrige Einnahmen).

Soweit der Verletzte Krankengeld aus der privaten Krankenversicherung erhält, ist diese Leistung 43b
nicht anrechenbar, da der Verletzte hier selbst Vorsorge in Form einer Summenversicherung getroffen hat. Diese Eigenvorsorge soll den Schädiger nicht entlasten. Allerdings findet dann auch kein Übergang auf die pKV statt. Diese kann ihre Zahlungen auf Krankentagegeld nicht regressieren!

10. Steuern auf den Erwerbsschadenersatz

Grundsätzlich muss der Verletzte diejenigen Leistungen, die er auf den Verdienstschaden – egal ob er 44
angestellt oder selbstständig tätig ist, zur Einkommensteuer anmelden. Der Schaden des Verletzten besteht darin, dass er dieses eigentliche »Netto-Einkommen« noch versteuern muss, sein Einkommen wird daher unmittelbar um die zu zahlende Steuer gemindert. Vor Fälligkeit der Steuerschuld hat der Geschädigte nur einen Feststellungsanspruch.[117] Den auf die Lohnersatzleistungen entfallenden Anteil der Steuer kann er vom Schädiger ersetzt verlangen, jedoch nur in der Höhe, wie die Steuer angefallen ist.[118] Einen Anspruch auf fiktive Erstattung von Steuerschaden besteht nicht.[119] Die Steuer ist nach der Einkommensteuertabelle zu berechnen.

Danach bleibt es im rechnerischen Ergebnis gleich, ob nach der Bruttolohn-»Theorie« bzw. modifi- 44a
zierten Nettolohn-»Theorie« Abrechnung erfolgt. Entscheidend ist, dass nach beiden Berechnungsmethoden Steuerbeträge, soweit sie wegen dem Schaden nicht mehr anfallen, aus dem Schadenersatzanspruch ausgegrenzt werden.[120] Soweit der Verletzte Mitglied einer Kirche ist und damit kirchensteuerpflichtig, besteht auch Anspruch auf Ersatz der auf den Verdienst anfallende Kirchensteuer.[121] Da auch bei dem Selbstständigen nur der Verlust im Netto-Reinertrag auszugleichen ist, fallen auf diese Zahlungen weder Umsatzsteuer[122] noch Gewerbesteuer[123] an. Nicht anrechenbar sind die Pauschalbeträge für Körperbehinderung nach § 33b EStG.[124] Da das Steuerrecht inzwischen sehr komplex geworden ist, empfiehlt sich in diesen Fällen, die Angelegenheit einem Steuerberater zu übergeben, der den Erwerbsschadenersatz dann zur sog. »Einmalversteuerung« anmeldet.

11. Erwerbsschaden und Mithaftung

Trifft den Verletzten ein Mitverschulden an dem Schadensfall, ist auch der Erwerbsschaden nur quo- 45
tiert zu erstatten. Gleiches gilt nicht auch für den Anspruch auf Steuererstattung, da die Steuer ja nur aus dem vom Versicherer gezahlten Erwerbsschaden anfällt!

12. Erwerbsschaden und Nachteile in der Sozialversicherung[125]

In der Krankenversicherung ist der Verletzte während der Dauer der Arbeitsunfähigkeit beitragsfrei 46
mitversichert. Während der Arbeitslosigkeit werden die Kosten für die Krankenversicherung grundsätzlich von der Bundesanstalt für Arbeit – also auch für den Zeitraum, der auf die »Entgeltfortzah-

---

117 *OLG Oldenburg* zfs 1992, 82.
118 *BGH* v. 24.9.1985, VI ZR 65/84, NJW 1986, 245; *OLG München* NZV 1999, 513 = r+s 1999, 417 maßgeblich ist der Steuersatz in dem Jahr, in dem die Entschädigung fließt.
119 Zum Grundsätzlichen: *BGH* v. 15.11.1994, VI ZR 194/93, VersR 1995, 104 = r+s 1995, 61; *OLG München* NZV 1999, 513 = r+s 1999, 417.
120 *BGH* v. 19.10.1982, VI ZR 56/81, VersR 1983, 149; *BGH* v. 15.11.1994, VI ZR 194/93, VersR 1994, 104 f.; *Jahnke* NJW-Spezial 2009, 601.
121 Im Gegensatz zu *BGH* v. 29.9.1987, VI ZR 293/86, VersR 1988, 183 kann heutzutage nicht zwingend davon ausgegangen werden, dass der Verletzte der Kirchensteuerpflicht unterlag. Dieser Nachweis ist daher von ihm zu führen.
122 *BGH* v. 10.2.1987, VI ZR 17/86, VersR 1987, 668; v. 21.11.1991, VII ZR 4/90, NJW-RR 1992, 411.
123 BFHE 1984, 258; *BGH* v. 23.1.1979, VI ZR 4/77, VersR 1979, 519; *BGH* v. 10.2.1987, VI ZR 17/86, VersR 1987, 668.
124 *BGH* v. 30.5.1958, VI ZR 90/57, VersR 1958, 528; *BGH* v. 10.11.1987, VI ZR 290/86, VersR 1988, 464.
125 Wegen der Details vgl. Kap. VII, VIII und XI.

lung« entfällt (sechs Wochen) – getragen. Nach den ersten sechs Wochen ist der Arbeitslose beitragsfrei krankenversichert.

46a Der Rentenversicherer (DRV oder Bundesknappschaft) regressiert die entgangenen Beiträge, sodass bei 100 %iger Eintrittspflicht des Schädigers ein Rentenschaden nicht verbleiben kann, da die Beiträge aus dem Entgelt vor dem Unfall regressiert werden.

13. Erwerbsschaden und Verletztenrente

47 Wenn der Verletzte wieder arbeitet, aber unfallbedingt einen Minderverdienst erleidet und zur gleichen Zeit wegen der unfallbedingten Verletzungen eine Verletztenrente von der Berufsgenossenschaft erhält, ist diese im Wege des Vorteilsausgleichs auf den Minderverdienst anzurechnen. Zu beachten ist, dass die Verletztenrente auch den beruflichen Entwicklungsmöglichkeiten angepasst werden kann.[126] Ein möglicher Anspruch auf Ersatz des Minderverdienstes geht dann auf die Berufsgenossenschaft über.

14. Grenzen der Erstattungsfähigkeit des Verdienstschadens

48 Auch der Lebenslauf des Verletzten spielt bei der Erstattung des Verdienstschadens eine Rolle. War beispielsweise der Verletzte vor dem Unfall auch nur unregelmäßig beschäftigt, kann eine volle Erstattung des Verdienstschadens nicht verlangt werden.[127] In diesen Fällen ist auch von einem früheren Renteneintritt auszugehen.[128] Auch bei dem Verletzten, der vor dem Unfall einer Erwerbstätigkeit nachging, können sich Veränderungen beispielsweise dadurch ergeben, dass sein Arbeitgeber in Konkurs geht, oder die Firma schließt und sein Arbeitsplatz dadurch wegfällt.[129] Wenn der Verletzte dann in der Region nur unter Gehaltseinbußen einen neuen Arbeitsplatz gefunden hat oder hätte finden können, ist die Erstattung des Verdienstschadens ggf. der Höhe nach beschränkt.

II. Erwerbsschaden als Angestellter/Arbeiter

1. Vorübergehende Erwerbsunfähigkeit

49 Der unselbstständig tätige (Arbeiter oder Angestellte)[130] erhält grundsätzlich nach § 3 EntgFG im Krankheitsfalle für längsten 42 Tage (sechs Wochen) Entgeltfortzahlung wegen derselben Krankheit innerhalb eines Kalenderjahres nach den Grundregeln des § 4 EntgFG, dieses entspricht in aller Regel dem Brutto-Lohn. Abweichungen können sich nur bei Schichtzeiten ergeben. In diesen ersten sechs Wochen der Arbeitsunfähigkeit hat der Verletzte daher keinen Schaden. Tritt Arbeitsfähigkeit innerhalb dieser Zeit ein, entfällt der Verdienstschaden, erst nach Überschreiten dieses Zeitraumes kann der Verletzte einen Verdienstschaden, der in der Differenz zwischen Kranken- oder Verletztengeld und Netto-Einkommen liegt, erleiden. Hierbei sind jedoch die ersparten berufsbedingten Aufwendungen entsprechend zu berücksichtigen.

2. Dauerhafte Erwerbsunfähigkeit

50 Wenn der Verletzte infolge des Unfalles auf Dauer ganz oder teilweise erwerbsunfähig ist, erhält er von dem Träger der Rentenversicherung eine Erwerbsunfähigkeitsrente. Diese ist deutlich geringer

---

126 Vgl. hierzu auch *BayLSG* (L 17 U 13/02) v. 4.12.2003 (Juris).
127 *BGH* v. 17.1.1995, VI ZR 62/94, NZV 1995, 183 = VersR 1995, 422; *OLG Hamm*, VersR 2002, 732 (Kürzung um 40 %); *OLG Frankfurt/M.* VersR 1979, 920.
128 *OLG Hamm* SP 2000, 194.
129 *OLG Karlsruhe* r+s 1989, 358.
130 Auch ein vermeintlich selbstständiger Handelsvertreter kann dann als Arbeitnehmer bewertet werden, wenn das Einkommen der letzten sechs Monate durchschnittlich 1 000 € betragen hat, *BGH* v. 12.2.2008, VIII ZB 51/06, r+s 2008, 311 f.

als das Netto-Einkommen, sodass auf Dauer[131] ein erstattungsfähiger Verdienstschaden gegeben sein kann. Hierbei sind ebenfalls die ersparten berufsbedingten Aufwendungen in Abzug zu bringen.

Da es zwei Möglichkeiten von Erwerbsunfähigkeitsrente gibt, muss differenziert werden: Erleidet der Verletzte eine Minderung der Erwerbsfähigkeit auf Dauer, die seine Leistungsfähigkeit derart einschränkt, dass er nicht mehr vollschichtig tätig sein kann, erhält er eine Rente wegen teilweiser Erwerbsminderung, er ist dann gehalten, seine verbleibende Arbeitskraft schadenmindernd einzusetzen. Nicht erzielte Einkünfte können dann wegen Verstoßes gegen die Schadengeringhaltungspflicht schadenmindernd gegengerechnet werden. Geht der Verletzte weiter einer Erwerbstätigkeit nach, hat er weiter berufsbedingte Aufwendungen, wie Fahrtkosten etc., sodass ein Abzug insoweit unzulässig ist. 50a

3. Erwerbsunfähigkeitsrente und Verletztenrente

Hat der AS einen Arbeitswege- oder Arbeitsunfall erlitten, erhält er neben der Erwerbsunfähigkeitsrente auch eine Verletztenrente der Berufsgenossenschaft (abhängig von der MdE[132] auf Dauer), sodass bei einer MdE von 100 % auf keinen Fall ein Verdienstschaden bleibt. In aller Regel erhält der AS bei Zusammentreffen der beiden Rentenformen mindestens 130 % seines Nettoeinkommens. Auch wenn er nur eine teilweise Erwerbsminderung vorliegt, und die Verletztenrente nur entsprechend gekürzt ausgezahlt wird, sollte der Minderverdienst – wenn überhaupt – nur gering ausfallen. 51

III. Erwerbsschaden als Beamter oder Soldat

Der Verdienstschaden des Beamten ist nur in Ausnahmefällen zu bejahen, da er nach dem Alimentationsprinzip unterhalten wird. Ist der Beamte aufgrund der Unfallverletzungen nur vorübergehend (wobei dieser Begriff durchaus dehnbar ist) nicht mehr in der Lage, seinen Dienstverpflichtungen nachzukommen, zahlt der Dienstherr die Bezüge trotzdem weiter. Ein Ersatzanspruch des Beamten besteht somit nicht. 52

Ein Schaden kann nur dann in der Person des Beamten entstehen, wenn er auf absehbare Zeit nicht dienstfähig werden wird und deshalb in den einstweiligen oder vorzeitigen (endgültigen) Ruhestand versetzt wird. 52a

1. Versetzung in den Ruhestand

Wird ein Beamter wegen der Unfallfolgen vorzeitig in den Ruhestand versetzt, erhält er Versorgungsbezüge. Sie betragen nicht mehr als 75 % der Dienstbezüge, sodass ein Einkommensverlust verbleiben kann. Auch hier sind die ersparten berufsbedingten Eigenaufwendungen anspruchsmindernd zu berücksichtigen. 53

Bei der Berechnung werden zunächst die fiktiven Nettodienstbezüge ermittelt. Die Differenz zwischen tatsächlichen und fiktiven Nettodienstbezügen ist auszugleichen. Zusätzlich hat der Schädiger die aufgrund der Entschädigungsleistungen abzuführenden Steuern zu erstatten. 53a

> »Bei vorzeitiger Pensionierung eines Beamten nach einem Unfall kann die von der zuständigen Verwaltungsbehörde getroffene Entscheidung über die Dienstunfähigkeit – mit Ausnahme reiner Willkür – nicht von den ordentlichen Gerichten auf ihre Berechtigung nachgeprüft werden; ob jedoch die wegen Dienstunfähigkeit ausgesprochene Pensionierung eine adäquate Unfallfolge war, ist durch die Verwaltungsentscheidung nicht bindend festgestellt. Sollte der Schädiger Anhaltspunkte für eine Pensionierung haben, die nicht eine adäquate Unfallfolge darstellt, so kann er für die Klärung dieser Frage die Zivilgerichte in Anspruch nehmen. Wird z. B. anlässlich des Unfalles eine bis dahin verborgene Krankheit entdeckt und der Verletzte deshalb früher in den Ruhestand versetzt, als es sonst geschehen wäre, so ist der daraus dem Verletzten entstehende Schaden nicht zu ersetzen.«[133] 53b

---

131 Bis zum Erreichen der Altersrente, *BGH* v. 30.5.1989, VI ZR 193/88, VersR 1989, 855 f.
132 Minderung der Erwerbsfähigkeit.
133 *BGH* v. 7.6.1968, VI ZR 1/67, VersR 1968, 800; zur Vertiefung dieses Themas vgl. ggf. die Entscheidung des *OLG Frankfurt* v. 22.10.1992 = NZV 1993, 471.

Erhält der Beamte infolge des Unfalles beamtenrechtliche »Unfallausgleichszahlungen« sind diese nicht kongruent dem zivilrechtlichen Schadenersatzanspruch des Beamten, da diese lediglich pauschalierter Ersatz möglicher unfallbedingter Mehraufwendungen sind, die im konkreten Fall nicht unfallbedingt nachgewiesen werden konnten.[134] Soweit bei dem Beamten eine Mehrung der Bedürfnisse besteht, kann ein Anspruchsübergang erfolgen.

2. Schadenminderungspflicht

54 Bei einem Beamten ist bei einer vorzeitigen Pensionierung nicht von vornherein Erwerbsunfähigkeit zu unterstellen. Aufgrund seiner Schadenminderungspflicht ist der Beamte deshalb gegenüber dem Schädiger – nicht gegenüber dem Dienstherrn – verpflichtet, seine verbliebene Arbeitskraft einzusetzen. Unterlässt er dies, sind die entgangenen Bezüge um die erzielbaren Einkünfte zu kürzen.

54a Aufgrund des Quotenvorrechtes ist der Abzug jedoch zunächst beim Anspruch des Dienstherrn vorzunehmen und nur der Teil, der darüber hinausgeht, beim Anspruch des Beamten selbst.[135] Für eine Verletzung der Schadenminderungspflicht ist der Schädiger beweispflichtig. Jedoch muss der Beamte darlegen, welche Bemühung er unternommen hat, einen Arbeitsplatz zu finden.[136] Hierfür genügt es nicht, sich arbeitsuchend zu melden, vielmehr muss er selbst Stellenanzeigen aufgeben und sich auf Anzeigen bewerben.

54b Erst wenn diese Bemühungen nicht zum Erfolg führen, muss der Schädiger nachweisen, dass der Beamte bestimmte Einkünfte hätte erzielen können.

3. Quotenvorrecht des Beamten

55 Der Schädiger hat selbstverständlich auch beim Ersatzanspruch nur den Schadensanteil zu erstatten, der seinem Haftungsanteil entspricht. Nach § 76 S. 3 BBG darf der übergegangene Anspruch jedoch nicht zum Nachteil des Beamten geltend gemacht werden, sodass dieser ein Quotenvorrecht hat. Es geht nur der Anteil des Ersatzanspruches über, der nicht zur Deckung des beim Beamten verbliebenen Schadens benötigt wird.

55a Hierzu folgendes Beispiel:

55b Den Finanzbeamten Müller trifft ein Mitverschulden an dem Unfall in Höhe von 50 %, die Versetzung in den Ruhestand war unfallbedingt erforderlich. Wie sind die Entschädigungsleistungen im Schadenfall zu verteilen?

55c Tab. 1

Bruttobezüge vor dem Unfall		3 000,00 €
Nettobezüge vor dem Unfall		2 500,00 €
Versorgungsbezüge = 75 % der Dienstbezüge	brutto	2 250,00 €
davon erhält der Beamte	netto	2 000,00 €
Nettobezüge vor dem Ruhestand		2 500,00 €
Nettobezüge im Ruhestand		2 000,00 €
Verdienstschaden des Beamten		500,00 €.

55d Der Beamte erhält bei 100 % Haftung insgesamt (Rentenzahlung des Landes und Direktschaden des verletzten Beamten) 2 500,00 €.

---

134 *BGH* v. 17.11.2009, VI ZR 58/08; *Diederichsen* DAR 2010, 301, 306.
135 *BGH* v. 24.2.1983, VI ZR 59/81, VersR 1983, 488.
136 *BGH* v. 23.1.1979, VI ZR 103/78, VersR 1979, 424.

Tab. 2 55e

Aufgrund der Mithaftung beschränkt sich die maximale Entschädigung auf 50 % des erstattungsfähigen Schadens bei 100 %iger Haftung	1 250,00 €
Der Beamte erhält aufgrund des Quotenvorrechtes (Differenz zwischen Nettobezügen und Netto-Pension)	500,00 €
Der Dienstherr erhält somit nur noch die Differenz	750,00 €

IV. Erwerbsschaden als Angestellter im öffentlichen Dienst

Der im öffentlichen Dienst tätige Verletzte hat die gleichen Rechte, wie der sonstige abhängig beschäftigte Verletzte auf Erstattung seines Verdienstschadens. Die Besonderheit besteht allein darin, dass der Angestellte im öffentlichen Dienst – abhängig von der Dauer der Betriebszugehörigkeit – bis zu sechs Monate durch die Tarifverträge im öffentlichen Dienst Entgeltfortzahlung erhält. Diese Regelung verlängert aber nicht den Zeitraum der Krankengeldzahlung. Die Zeit des Krankengeldbezuges verkürzt sich dann entsprechend. 56

V. Erwerbsschaden als Auszubildender, Schüler oder Student

Bei verletzten Kindern, Schülern, Auszubildenden oder Studenten ist ein Erwerbsschaden in aller Regel nicht unmittelbar gegeben. Allerdings besteht die Möglichkeit, dass aufgrund der unfallbedingt erlittenen Verletzungen eine Verzögerung im Schulabschluss eintritt oder gar die Aufnahme einer Erwerbstätigkeit vollständig unmöglich wird. 57

1. Verspäteter Eintritt in das Erwerbsleben

Soweit der Verletzte wegen des Unfalles den Schulabschluss oder Studienabschluss nicht zum vorgegebenen Zeitpunkt ablegen kann, besteht die Möglichkeit, dass er einen Verdienstschaden erleidet, weil ihm ein Jahr (Schüler, Auszubildender) oder ein oder mehrere Semester (Student) Erwerbstätigkeit fehlen. Dabei sind der Soll-Verlauf und der Ist-Verlauf gegenüberzustellen. Der Verletzte muss nachweisen, dass er ohne den Unfall zum einen in der vorgegebenen Zeit den Abschluss erlangt hätte und außerdem unmittelbar nach dem Unfallereignis eine Ausbildungsstelle oder eine Arbeitsstelle erlangt hätte.[137] Hierbei kommen ihm aber Beweiserleichterungen zugute, der Verletzte muss nicht die genauen Tatsachen angeben, die zwingend auf das Bestehen und den Umfang eines Schadens schließen lassen.[138] §§ 252 BGB, 287 ZPO mindern die Darlegungslast,[139] ausreichend ist, wenn genügend Anhaltspunkte für eine Schadenschätzung erbracht werden.[140] Dabei sind ggf. auch die Umstände, die nach dem Unfallereignis eingetreten sind, heranzuziehen.[141] Erstattungsfähig sind dabei sowohl die entgangene Ausbildungsvergütung für die Zeit der Verzögerung wie der entgangene Arbeitslohn für diesen Zeitraum, der Minderverdienst wegen entgangener Einkommenssteigerungen wie auch Schwierigkeiten bei der Stellenfindung infolge veränderter Arbeitsmarktsituationen.[142] 58

---

137 *KG* NZV 2006, 207 ff. zum Berufseintritt eines Studenten.
138 *BGH* 5.5.1970, VI ZR 212/68, VersR 1968, 970.
139 *BAG* NJW 1972, 1437 f.; zu Beweismaß und Beweislast vgl. *Staab* in Meschkat/Nauert Rn. 247 ff. mit grundlegenden Hinweisen; *Geipel* Der Vollbeweis durch das Unwahrscheinliche? – Widerspruch, Logik oder die vergessene Lehre vom Individualanscheinsbeweis? – zfs 2007, 363 f.
140 *BGH* v. 15.3.1988, VI ZR 81/87, NJW 1988, 3016, 3017; *BGH* v. 6.7.1993, VI ZR 228/92, NJW 1993, 2673; *BGH* v. 17.2.1998, VI ZR 342/96, NJW 1998, 1633, 1635.
141 *BGH* v. 16.3.2004, VI ZR 138/03, NJW 2004, 1945, 1947.
142 Vgl. insoweit *Steffen* DAR 1984, 1 ff.; *Küppersbusch* a. a. O. Rn. 169.

2. Geändertes Berufsziel

59 Wenn der Geschädigte aufgrund des Unfalles seinen eigentlichen Ausbildungsweg wegen der unfallbedingt erlittenen Verletzungen nicht weiter verfolgen kann, ist ein möglicherweise daraus entstehender Schaden ebenfalls zu erstatten. Es gibt hier drei Möglichkeiten:

- Gleichwertiger Ausbildungsberuf
  Der Geschädigte wählt einen anderen Lehrberuf, der die gleichen Anforderungen stellt wie der ursprüngliche Beruf (hinsichtlich Schulausbildung) und gleiche Verdienste bietet. Es entsteht dem Geschädigten durch die veränderte Berufswahl kein Schaden, ausgenommen der evtl. daneben bestehende Verzögerungsschaden.
- Höherwertiger Ausbildungsberuf
  Aufgrund des Schadenfalls ergreift der Geschädigte statt des ursprünglich angestrebten Handwerksberufs eine höherwertige Ausbildung zum Techniker mit besseren Verdienstmöglichkeiten. Es verbleibt – abgesehen von dem Verzögerungsschaden – kein weiterer Schaden, da er sogar einen höheren Verdienst erzielt. Zu erstatten ist hier nur der Schaden, der während der Ausbildung bezogen auf den ursprünglichen Ausbildungsberuf entsteht. Zu beachten ist, dass nicht das Absolvieren eines Studiums geschuldet ist, wenn ursprünglich ein Lehrberuf angestrebt war. Entschließt sich der Geschädigte zu einem Studium, so ist hier ggf. eine vergleichsweise Erledigung sinnvoll.
- Geringwertigerer Ausbildungsberuf
  Ist der Verletzte aber aufgrund der Unfallverletzungen gezwungen, eine geringwertigere Ausbildung einzuschlagen, ist ihm der daraus resultierende Minderverdienst zu erstatten.

3. Völlige Aufhebung der Erwerbsfähigkeit

60 Problematisch ist in aller Regel die Vorhersage einer durch den Unfall nun gar nicht mehr möglichen beruflichen Entwicklung. Der Verletzte muss grundsätzlich auch den möglichen Zukunftsschaden entsprechend den Anforderungen der §§ 252 BGB, 287 ZPO substanziiert darstellen.[143] Hierbei sind die bis dato vorhandenen schulischen Unterlagen heranzuziehen. Soweit diese den vom Verletzten angestrebten Berufswunsch als realistisch erscheinen lassen, kann ein entsprechender Anspruch geltend gemacht werden. Soweit beispielsweise aber eine Ausbildung, die ein Hochschulstudium erfordert, vorgetragen wird, muss sich der Verletzte ggf. auch an seinen schlechten Schulnoten messen lassen.

60a Sind Kinder im Vorschul- bzw. Grundschulalter verletzt worden, bereitet die Prognose häufig erhebliche Schwierigkeiten. Diesen Verletzten wird in Rechtsprechung und Literatur ein sog. Schätzbonus zugesprochen.[144] Eine Schätzung kann unter Bewertung des häuslichen Umfeldes (Ausbildung der Eltern und evtl. vorhandener Geschwister) vorgenommen werden.[145] So hat das *LG Münster* bei einer 9-jährigen Schülerin den Verlauf Realschule mit anschließender Ausbildung zur Industriekauffrau als möglichen Werdegang angenommen: »Als Indizien können das durchweg aus Nichtakademikern bestehende familiäre Umfeld der Verletzten herangezogen werden, sowie der Umstand, dass ihre schulisch gute Schwester einen Realschulabschluss und eine anschließende Ausbildung anstrebt und auch die Tatasache, dass die Verletzte selbst den Wunsch geäußert hat, einen nichtakademischen Beruf zu erlernen. Dem steht nicht entgegen, dass die Verletzte in der Grundschule eine gute Schülerin war, die auch den Anforderungen eines Gymnasiums gewachsen wäre ...«[146]

---

143 *OLG Celle* zfs 2008, 16 ff., lesenswert zur Frage der Anforderungen an die Möglichkeit.
144 *Scheffen* VersR 1990, 926 ff.; *OLG Karlsruhe* VersR 1989, 1101 (8 Jahre); *OLG Frankfurt* VersR 1989, 48 (7 Jahre); *OLG Stuttgart* VersR 1999, 630 (10 Jahre).
145 *BGH* v. 9.11.2010, VI ZR 300/08.
146 *LG Münster* v. 10.6.2011, O16 O 280/10: ADAJUR-Dok.Nr. 95103.

VI. Erwerbsschaden als Selbstständiger

1. Allgemeines

Gerade bei den Selbstständigen muss noch einmal verdeutlicht werden, dass nicht die Arbeitsunfähigkeit als solche einen ersatzfähigen Schaden darstellt, sondern die damit verbundene Vermögensbeeinträchtigung. Der Schaden verwirklicht sich durch eine Gewinnminderung und kann nicht auf Basis einer fiktiven Ersatzkraft geltend gemacht werden.[147] Dabei ist der geschädigte Selbstständige gehalten, den Schädiger bei Ermittlung des zu erstattenden Schadens die geeigneten Unterlagen/Nachweise vorzulegen. Er ist gehalten einen schlüssigen Vortrag der Ausgangs- und Anknüpfungstatsachen zu erbringen, damit eine hypothetische Prognose der unfallbedingt entgangenen Einnahmen möglich wird.[148] Ohne solche wird eine Regulierung nicht möglich sein.[149]

2. Ermittlung des Schadens

Die Ermittlung der Gewinnminderung bereitet häufig Probleme und kann i. d. R. nicht ohne einen entsprechenden Sachverständigen festgestellt und nachgewiesen werden. Üblicherweise können zur Feststellung der Einbußen im Unternehmen des Verletzten die Bilanzen, die Umsatzsteuervoranmeldungen oder die Einkommensteuerbescheide der letzten drei Jahre vor dem Unfallereignis herangezogen werden,[150] auch um Prognosen zu erstellen.[151] Aus diesen kann bei kurzer Arbeitsunfähigkeit des Selbstständigen der entgangene Gewinn auch ohne zeitaufwendiges Sachverständigengutachten ermittelt werden. Durch die Betrachtung eines Zeitraumes von mehreren Jahren (ideal sind 5 Jahre) können sowohl die Entwicklung des Unternehmens wie auch die saisonalen und konjunkturellen Besonderheiten eines Unternehmens entsprechend berücksichtigt werden.[152]

Anhand dieser Unterlagen sollte die Entwicklung

Tab. 3
- des Umsatzes = Brutto-Entgelt für erwirtschafteten Lieferungen und Leistungen,
- Rohgewinn   = Umsatz abzüglich Aufwendungen für Roh-, Hilfs- und Betriebsstoffe sowie für bezogene Waren,
- Kosten   = fixe und variable Kosten,
- die funktionelle und organisatorische Eingliederung des Verletzten im Betrieb sowie
- konkrete Behinderung des Geschädigten

ermittelt werden.

Es ist zu prüfen, ob nicht die entgangenen Aufträge nachgeholt wurden/werden können.[153]

Diese Auswertung der Unterlagen hinsichtlich der oben genannten Entwicklungen und die Schätzung des entgangenen Gewinnes sind in der Regel einem Steuerfachmann, Betriebs- oder Volkswirt zu überlassen. Im Rahmen der §§ 252 BGB, 287 ZPO kann bei unrentabler Arbeit des Betriebes unterstellt werden, dass der Geschädigte Arbeitnehmer geworden wäre und ihm daher zumindest ein Arbeitnehmereinkommen entgangen ist.[154] Dies dürfte zumindest bei jungen Geschädigten auch heute möglich sein.

---

147 *BGH* v. 31.3.1992, VI ZR 143/91, VersR 1992, 973; *OLG Saarbrücken* VersR 2000, 985; *OLG Oldenburg* VersR 1998, 1285.
148 OLG Celle v. 9.9.2009, 14 U 41/09.
149 Vgl. hierzu auch *Kendel* Maßnahmen zur Regulierung des Erwerbsschadens bei Selbstständigen und Freiberuflern zfs 2007, 372 ff.
150 *Ruhkopf-Book* VersR 1970, 690 und VersR 1972, 114.
151 *BGH* v. 30.6.2010, IV ZR 163/09, VersR 2010, 1171 f.; *BGH* v. 27.10.1998, VI ZR 322/97, VersR 1999, 106 f; *BGH* v. 16.1.1985 – IVb ZR 59/83, NJW 1985, 909.
152 *BGH* v. 15.7.1997, VI ZR 208/96, VersR 1997, 1154.
153 *BGH* v. 15.7.1997, VI ZR 208/96, VersR 1971, 544.
154 *BGH* v. 1.10.1957, VI ZR 214/56, VersR 1957, 750.

63 Problematisch ist die Ermittlung von Gewinneinbußen bei neu gegründeten Unternehmen, da dort noch keine zuverlässigen Daten über die Umsätze vorliegen. Hier kommen dem Geschädigten die Beweiserleichterungen des § 287 ZPO besonders zugute.[155] Gerade bei kurzer Arbeitsunfähigkeit ist der Steuerbescheid nicht aussagekräftig, da er keine Auskunft über einzelne Zeiträume geben kann, sondern immer nur über das komplette Jahr. Es sind daher an die Beweisführung besondere Anforderungen zu stellen.[156]

63a Bei länger andauernder Arbeitsunfähigkeit oder gar dauerhafter Einschränkung oder Aufhebung der Erwerbsfähigkeit wird zur Schadenermittlung ein Sachverständiger unerlässlich sein.

64 Der Verletzte muss sich ebenfalls schadenmindernd verhalten und alles tun, um die Gewinnminderung so gering wie möglich zu halten.[157] Anders als der abhängig Beschäftigte hat der Selbstständige ein besonderes Interesse an der Aufrechterhaltung seines Betriebes. Er muss sich daher wie ein wirtschaftlich vernünftig denkender Kaufmann verhalten. Er kann den Schaden durch verschiedene Maßnahmen gering halten. Soweit durch betriebliche Umorganisation[158] ein Schadeneintritt nicht vermieden werden konnte, kommen verschiedene weitere Möglichkeiten in Betracht.

65 Arbeitete der Betrieb schon vor dem Unfall nicht rentabel, soll nach Auffassung des *BGH*[159] unterstellt werden, dass der geschädigte Unternehmer mindestens einen Angestelltenvertrag mit den entsprechenden Einkünften erzielt hätte. Dies trifft m. E. die heutige wirtschaftliche Lage insbesondere bei älteren Verletzten nicht. Die Einstellungschancen sind dann mehr als schlecht, sodass nicht ohne weiteres von solchen Prämissen ausgegangen werden kann. Diese Annahme kann bestenfalls bei einem jüngeren Verletzten die Basis für die weiteren Prognosen sein.[160]

3. Einstellung einer Ersatzkraft

66 Die Kosten der Ersatzkraft können dann als Mindestschaden erstattungsfähig sein, wenn der Verletzte tatsächlich eine Ersatzkraft eingestellt hat, die Rechtsprechung unterstellt, dass das Betriebsergebnis mindestens das durch die Ersatzkraft erwirtschaftete Ergebnis erreicht hätte.[161] Der verletzte Unternehmer stellt eine Ersatzkraft für die Dauer seiner Arbeitsunfähigkeit ein, um das Unternehmen fortzuführen und den Schaden gering zu halten.[162] Erforderlich ist allerdings, dass der Gewinnentgang dadurch verringert oder vermieden wird.[163] Die Kosten für die Ersatzkraft können nur eingeschränkt ersetzt verlangt werden, da der Anspruch auch in diesem Fall auf die Gewinnminderung beschränkt ist. Bei kürzerer Arbeitsunfähigkeit können allerdings die Kosten der Ersatzkraft – ggf. um einen pauschalen Abzug für den durch diesen erwirtschafteten Umsatz und die durch die Kosten der Ersatzkraft ersparten Steuern[164] gekürzt erstattet werden. Im Fall der längeren Arbeitsunfähigkeit sollte diese Schadenersatzposition durch einen Sachverständigen ermittelt werden. Es ist dabei auch zu klären, ob diese Ersatzkraft nicht auch ohne den Unfall eingestellt worden wäre. Soweit die Ersatzkraft – weil Familienmitglied oder Mitglied einer Sozietät – unentgeltlich tätig

---

155 *BGH* v. 6.7.1993, VI ZR 228/92, VersR 1993, 1284; *BGH* v. 16.3.2004, VI ZR 138/03, SVR 2004, 379; *OLG Hamm* NZV 1994, 109; *OLG Karlsruhe* VersR 1998, 1256; Zu Beweismaß und Beweislast vgl. *Staab* in Meschkat/Nauert Rn. 247 ff. mit grundlegenden Hinweisen, *Geipel* Der Vollbeweis durch das Unwahrscheinliche? – Widerspruch, Logik oder die vergessene Lehre vom Individualanscheinsbeweis? – zfs 2007, 363 f.
156 *LG Köln* SP 2010, 430.
157 Zur Schadenminderungspflicht bei Beschäftigung eines Rechtsanwaltes auf Stundenhonorarbasis bei 6-wöchigem Ausfall des Inhabers der Kanzlei vgl. *LG Regensburg* SVR 2008, 305 f.
158 *OLG Koblenz* VersR 1991, 194.
159 *BGH* v. 1.10.1957, VI ZR 214/56, VersR 1957, 750.
160 *BGH* v. 3.3.1998, VI ZR 385/96, VersR 1998, 772.
161 *BGH* v. 10.12.1996, VI ZR 268/95, NJW 1997, 941; Palandt/*Grüneberg* § 252 Rn. 14.
162 *OLG Koblenz* VersR 1991, 194 (der Geschädigte ist hierzu verpflichtet).
163 *BGH* 7.12.1993, VI ZR 152/92, VersR 1994, 316 f.; *OLG Celle* r+s 2006, 42 f.
164 *Küppersbusch* a. a. O. Rn. 43.

wird, darf dies den Schädiger nicht entlasten, sodass in diesem Fall die Kosten einer Ersatzkraft auf Basis des Netto-Lohnes (also nach Abzug von Steuern und Sozialabgaben) zur Schätzgrundlage gemacht werden können.[165] Soweit die Mehrarbeit durch Überstunden der verbleibenden Mitarbeiter kompensiert wird, schmälert deren Überstundenabgeltung durch höhere Personalkosten den Ertrag und wird in diesem Rahmen in der Form der Gewinnminderung dem Schadenersatz zugeführt. Ein weiterer Anspruch auf Erstattung der gezahlten Überstundenvergütungen erfolgt daher nicht.[166]

4. Fiktive Einstellung einer Ersatzkraft

Ein Anspruch auf Abrechnung der Kosten für eine fiktive Ersatzkraft besteht nicht.[167] Ergeben sich jedoch Probleme bei der Ermittlung des Gewinnausfalls, insbesondere bei kleinen Handwerksbetrieben, in denen der Verletzte voll mitarbeitet, kann es sich anbieten, zur Vereinfachung der Abrechnung für kurze Zeiträume den Lohn einer Ersatzkraft w. o. anzusetzen.

5. Besonderheit landwirtschaftliche Betriebe

In der Landwirtschaft wird bei Verletzung und Ausfall eines Landwirtes ein Betriebshelfer von der Landwirtschaftlichen Krankenkasse gestellt. Damit kann in diesen Betrieben ein Umsatzausfall, der einen Gewinnentgang nach sich zöge, nur eingeschränkt entstehen. Der Anspruch auf Ersatz der Kosten der Ersatzkraft geht auf die Landwirtschaftliche Krankenkasse über. Sie kann die Ansprüche auf Ersatz der Kosten nur geltend machen, soweit ein Gewinnentgang entstanden ist oder durch die Ersatzkraft vermieden wurde.

6. Reduzierte Weiterführung des Betriebes

Auch der Mindergewinn durch nur eingeschränkte Weiterführung des Betriebes ist zu erstatten. Hier sind ebenfalls saisonelle wie konjunkturelle Besonderheiten zu berücksichtigen.

7. Entgangener Auftrag

In Einzelfällen kann auch der Ersatz eines entgangenen Auftrages (z. B. bei Architekten) in Betracht kommen. Hierbei sind aber auch die zu erwartenden Mehrausgaben in Abzug zu bringen. Nicht das Auftragsvolumen (das dem Umsatz hinzugerechnet wird) sondern der entgangene Gewinn ist zu erstatten. Dabei sind allerdings hohe Anforderungen hinsichtlich des Nachweises zu stellen, da dort die Gefahr von Manipulationen besonders groß ist.[168]

8. Betriebsaufgabe

Soweit der Verletzte wegen der Unfallfolgen seinen Betrieb aufgeben musste, ist ihm der vollständige Gewinnentgang zu ersetzen. Hiervon abzuziehen sind aber die Erlöse aus der Verwertung seines Betriebs.[169]

9. Schadenminderungspflicht des Selbstständigen

Der Selbstständige ist ebenfalls zur Schadenminderung verpflichtet. Dies bedeutet, dass er von den oben dargestellten Möglichkeiten die wirtschaftlichste wählen muss und natürlich auch die ihm ver-

---

165 Vgl. insoweit *OLG Oldenburg* NJW-RR 1993, 798, der Abschlag erfolgte, weil die Tätigkeit nicht sozialversicherungsrechtlich erfasst wird.
166 *OLG Saarbrücken* NZV 2007, 469 f.
167 *BGH* v. 31.3.1992, VI ZR 143/91, VersR 1992, 973.
168 *OLG Düsseldorf* NJW-RR 1990, 608 f.; *KG* VersR 2004, 483; vgl. auch *BGH* v. 9.12.1987, IVa ZR 155/86, NJW-RR 1988, 410 f. zur Substantiierung.
169 *OLG Saarbrücken* NZV 2007, 469 = zfs 2007, 325f für die vorzeitige Aufgabe einer Apotheke.

bleibende Arbeitskraft schadenmindernd einsetzen muss. Dies kann auch bedeuten, dass er eine angestellte Tätigkeit aufnehmen muss, wenn diese leidensgerecht ist.[170]

10. Vorteilsausgleich

73 Im Wege des Vorteilsausgleichs muss sich der Selbstständige alles das anrechnen lassen, was er infolge des Unfalles an kongruenten (d. h. dem Erwerbsschaden entsprechenden Leistungen) von Sozialversicherungsträgern erhält. Dies können sein: Krankengeld der gesetzlichen Krankenkasse, das Verletztengeld[171] der Berufsgenossenschaft, das Übergangsgeld des Rentenversicherungsträgers, Arbeitslosengeld wie auch die Verletztenrente der Berufsgenossenschaft und die Erwerbsunfähigkeitsrente der DRV.[172]

11. Geschäftsführer einer GmbH

74 Der Geschäftsführer einer GmbH ist regelmäßig dort angestellt und erhält ein Gehalt, sodass insoweit die Regeln wie bei den sonstigen abhängig Beschäftigten gelten. Erhält der Geschäftsführer neben seinem Gehalt noch Anteile am Umsatz, so gelten die gleichen Regeln wie bei dem Gesellschafter einer GmbH.

12. Gesellschafter

75 Der Gesellschafter einer GmbH kann Ansprüche geltend machen wegen der unfallbedingten Schmälerung seines Gewinnanteils,[173] wenn die Gesellschaft Gewinn erwirtschaftete, bzw. seiner Beteiligung am Kapitalkonto, wenn die Gesellschaft keinen Gewinn erzielte.[174]

75a Erstattungsfähig sind daneben bei einer juristischen Person mit mehreren Gesellschaftern:
- Verminderung der Gewinnbeteiligung (aufgrund einer nach dem Unfall getroffenen Vereinbarung)[175]
- echte Tätigkeitsvergütung (bei Fortzahlung dieser durch die Gesellschaft muss der Geschädigte den Anspruch an die Gesellschaft abtreten), der Gesellschafter ist dann wie jeder sonstige Angestellte zu behandeln, sofern es sich nicht um verdeckte Gewinnausschüttungen handelt (die steuerliche Bewertung kann dabei ein Indiz für die Einordnung als Tätigkeitsvergütung oder versteckte Gewinnausschüttung sein)
- Kosten für Ersatzkraft (Nachweis!)

76 Nicht erstattungsfähig sind bei einer juristischen Person mit mehreren Gesellschaftern
- Mehrarbeit der anderen Gesellschafter
- sog. »unechte« Tätigkeitsvergütung, die die Gesellschaft als verdeckte Gewinnausschüttung nutzt[176]
- Ein Gesellschafter, der lediglich sein Kapital zur Verfügung stellt und keine weitere Tätigkeit für die Gesellschaft entrichtet, kann durch seinen unfallbedingten Ausfall keinen Erwerbsschaden erleiden.

---

170 *OLG Celle* r+s 2006, 513.
171 Vgl. zum Übergang des Anspruchs auf die Berufsgenossenschat *BGH* v. 23.2.2010, VI ZR 331/08, r+s 2010, 217 ff.
172 *BGH* v. 5.2.1986, VI ZR 229/84, VersR 1986, 698 (Sterbegeld); *BGH* v. 1.12.1981, VI ZR 203/79, VersR 1982, 291 (EU-Rente des Selbstständigen); *BGH* v. 11.5.1976, VI ZR 51/74, VersR 1976, 756 und *OLG Hamburg* SP 1998, 315 (für Träger der Krankenkassen); *OLG Oldenburg* zfs 1996, 332 (Übergang der Leistungen Berufsgenossenschaft); *OLG Hamm* r+s 2002, 505.
173 *BGH* v. 6.10.1964, VI ZR 156/63, VersR 1964, 1243.
174 *BGH* v. 3.4.1962 – VI ZR 162/61, VersR 1962, 622.
175 Vgl. insbesondere *Küppersbusch* a. a. O. Rn. 154 ff. m. w. N.
176 *BGH* VersR 1977, 863; VersR 1992, 1410.

- Schäden der Gesellschaft (auch der GbR) und von anderen Gesellschaftern dieser Gesellschaft sind mittelbare Schäden und als solche nicht zu erstatten.[177]

Zum Nachweis sind die Gesellschafterverträge und die nach dem Unfall getroffenen Vereinbarungen vorzulegen.[178] **76a**

13. Ein-Mann-GmbH bzw. Ich-AG

Die Besonderheit besteht hier darin, dass der Geschäftsführer der GmbH auch durch den Schaden am Vermögen der Gesellschaft alleine getroffen wird. Hier ist daher neben dem Anspruch auf Ersatz des entgangenen Gehaltes (soweit ein solches tatsächlich gezahlt wurde[179] und nicht »Privatentnahmen« zur Sicherung des persönlichen Bedarfes getätigt wurden) der Gewinnentgang der GmbH zu erstatten.[180] **77**

Erstattungsfähig sind ggf. auch die Kosten einer Ersatzkraft (nicht fiktiv). **77a**

14. Scheinselbstständige nach § 7 Abs. 4 SGB IV

Im Zuge der Auslagerung von Arbeitskräften in die Selbstständigkeit und Beschäftigung dieser Mitarbeiter als freie Mitarbeiter[181] ohne Anspruch auf Sozialleistungen wurden die Regeln über die Scheinselbstständigkeit[182] entwickelt. Diese sind auch im Schadensersatzrecht zu prüfen, da der Verletzte, wenn er unter die Regeln der Scheinselbstständigkeit fällt, gegen seinen Arbeitgeber die gleichen Ansprüche hat, wie ein abhängig Beschäftigter. Die Frage, ob eine Scheinselbstständigkeit vorliegt orientiert sich dabei gem. § 7 Abs. 1 S. 2 SGB IV an folgenden Punkten: **78**
- Der Mitarbeiter führt weisungsgebundene Tätigkeiten aus.[183]
- Er ist in eine Arbeitsorganisation eingegliedert.

Wesentliche Personenkreise, die von der Scheinselbstständigkeit betroffen werden, sind Kurierfahrer, Auslieferungsfahrer, ggf. auch Handwerker und Programmierer, aber auch Franchisenehmer.[184] **78a**

Zuständig für die Klärung der Frage, ob eine Scheinselbstständigkeit vorliegt, ist im Rahmen eines Anfrageverfahrens[185] gem. § 7a SGB IV ausschließlich der DRV Bund. Anfrageberechtigt sind die Beteiligten, freier Mitarbeiter und Beschäftigungsstelle bzw. Auftraggeber. Allerdings können auch die äußeren Rahmenbedingungen zur Klärung dieser Frage herangezogen werden.[186] **78b**

Soweit die Annahme der Scheinselbstständigkeit bejaht wird, hat dies erhebliche Auswirkungen auch auf die Schadenregulierung: der Verletzte wird behandelt wie ein abhängig Beschäftigter, der in den Genuss sämtlicher Sozialleistungen kommt (gesetzliche Krankenversicherung, Unfallversicherung, u. U. auch – wenn schon vorher oder unter Einrechnung der Tätigkeit als Scheinselbstständiger die Wartezeiten erfüllt sind – DRV in Form von Rentenleistungen). Unverständlicherweise weigern **78c**

---

177 Zuletzt *BGH* v. 21.11.2000, VI ZR 231/99, VersR 2001, 649; *BGH* v. 7.12.1993, VI ZR 152/92, VersR 1994, 316.
178 *BGH* v. 31.3.1992, VI ZR 143/91, VersR 1992, 973 und *BGH* v. 16.6.1992, VI ZR 264/91, VersR 1992, 1410.
179 *OLG Hamm* zfs 1996, 11.
180 *BGH* v. 13.11.1973, VI ZR 53/72, VersR 1974, 335; *BGH* v. 5.7.1977, VI ZR 44/75, VersR 1977, 863; *BGH* v. 8.2.1977, VI ZR 249/74, VersR 1977, 374.
181 Streitigkeiten über die Beendigung eines solchen Arbeitsverhältnisses sind daher nicht vor den Zivilgerichten, sondern vor dem Arbeitsgericht zu klären. *BAG* NJW 1996, 2948.
182 *LSG Bayern* v. 23.1.2003, L 4 KR 111/00, LNR 2003, 13306; *BGH* v. 21.10.1998, VIII ZB 54/97, VersR 1999, 249;
183 *OLG Hamm* VersR 2001, 1411.
184 *BAG* ZIP 1997, 2208; *BGH* v. 16.10.2002, VIII ZB 27/02, NJW-RR 2003, 278; s. a. Fn. 174, 175.
185 *Bieback* Das neue Anfrageverfahren bei Feststellung der Sozialversicherungspflicht, BB 2000, 873; *Reiserer/Freckmann* »Scheinselbständigkeit – heute noch ein schillernder« Rechtsbegriff, NJW 2003, 180.
186 *BGH* v. 6.2.2001, VI ZR 339/99, NZV 2001, 210 f. = r+s 2001, 285.

sich Geschädigte, dabei mitzuarbeiten, obwohl ihnen ein Schaden auf einem versicherten Weg den Schutz der Berufsgenossenschaft vermitteln könnte!

78d Auch bei erst späterer Feststellung der Scheinselbstständigkeit erfolgt der Forderungsübergang nach § 116 SGB X im Unfallzeitpunkt, es kann daher vom Schadenersatzverpflichteten wohl kaum eine gutgläubige Leistung von übergegangenen Schadenersatzpositionen an den nicht aktiv legitimierten Verletzten erfolgen.[187]

VII. Erwerbsschaden als Arbeitsloser

79 Auch ein Arbeitsloser kann einen Verdienstschaden erleiden. Dieser kann sich unterschiedlich darstellen:

1. Unfallbedingter Verlust des Arbeitsplatzes

80 Verliert der Verletzte unfallbedingt den Arbeitsplatz, ist ihm der Einkommensverlust selbstverständlich auszugleichen. Nach Wiedereinstellung bei einem anderen Arbeitgeber kann ein Minderverdienst auftreten, der dann wie oben ausgeführt abzurechnen ist. Bei Arbeitslosigkeit zahlt das Arbeitsamt Arbeitslosengeld, wenn vorher ausreichend Beiträge gezahlt wurden (§§ 123 ff. SGB III: Der Verletzte muss mindestens 1 Jahr in den letzten 3 Jahren Arbeitslosenversicherungsbeiträge gezahlt haben). Das Arbeitslosengeld variiert, beträgt für Arbeitslose, die mindestens 1 Kind haben oder deren Ehepartner mindestens 1 Kind hat, 67 %, für die sonstigen 60 % des Nettolohns (§ 129 SGB III). Diese Leistung des Arbeitsamtes ist dem Verdienstschaden kongruent und somit beim Anspruch des Geschädigten anzurechnen. Die Differenz zwischen dem Arbeitslosengeld (zzgl. evtl. gezahlter Verletztenrente) und dem Nettolohn ist dem Geschädigten zu erstatten.

2. Verlust der Arbeitslosengeldzahlung

81 Der Verlust von Arbeitslosengeld gehört ebenfalls zu den erstattungsfähigen Positionen.

81a Dabei ist aber zu berücksichtigen, dass der Verletzte im Fall der Arbeitslosigkeit zunächst vom Arbeitsamt Entgeltfortzahlung und danach Krankengeld in Höhe des Arbeitslosengeldes erhält (§ 126 SGB III), sodass ein erstattungsfähiger Schaden bei ihm selbst nicht verbleibt. Soweit die Bundesanstalt für Arbeit während der ersten 6 Wochen »Leistungsfortzahlung bei Arbeitsunfähigkeit« nach § 126 Abs. 1 S. SGB III gewährt, kann diese den grundsätzlich dem Arbeitslosen nach normativer Betrachtung zustehenden Anspruch auf Erwerbsschaden, der gem. § 116 SGB X auf die Bundesagentur für Arbeit übergegangen ist, beim Schädiger regressieren.[188]

81b Nach 6 Wochen Arbeitsunfähigkeit hat der arbeitslose Anspruch auf Krankengeld (§ 44 Abs. 1 i. V. m. § 49 Abs. 1, Nr. 3a SGB V). Das Krankengeld entspricht in der Höhe dem Arbeitslosengeld (§ 47b SGB V), sodass der Verletzte keinen Einkommensverlust erleidet. Die Dauer ist hier ebenfalls auf 78 Wochen begrenzt.

81c Hat der Geschädigte vor dem Unfall sein Arbeitsverhältnis selbst gekündigt, so hat er eine Sperrfrist von 12 Wochen (gemäß § 144 SGB III), in denen er keinen Anspruch auf Arbeitslosenunterstützung hat. Dennoch ist er in dieser Zeit krankenversichert. Während früher nach 6 Wochen die Krankenkasse Krankengeld leisten musste (§ 155 Abs. 2 S. 2 AFG), ruht nunmehr gem. § 49 Abs. 1 Nr. 3 SGB V auch der Anspruch gegenüber der Krankenkasse.

81d Etwas anderes kann nur gelten, wenn der Geschädigte nachweist, dass er ohne den Unfall eine Arbeitsstelle angetreten hätte. An den Nachweis sind hohe Anforderungen zu stellen, da die Gefahr von Manipulationen hoch ist. Gelingt der Nachweis, besteht Anspruch auf Erstattung der Differenz zwischen Krankengeld und Arbeitslosengeld.

---

187 *BGH* v. 8.7.2003, VI ZR 274/02, NJW 2003, 3193.
188 *BGH* v. 8.4.2008, VI ZR 49/07, r+s 2008, 356 f. m. Anm. *Lemcke*.

Erleidet ein Arbeitsloser auf dem Weg zu einem Vorstellungsgespräch einen Unfall, so ist das ein Arbeitsunfall. Das Arbeitsamt tritt in diesem Fall an die Stelle der Berufsgenossenschaft. Der Arbeitslose erhält Verletztengeld in Höhe des Arbeitslosengeldes. Der Wegeunfall hat keinen Einfluss auf die Leistung des Arbeitsamtes. 81e

3. Arbeitslosengeld II/Sozialhilfe

Problematisch sind die Fälle, in denen der Verletzte Leistungen nach dem sog. Hartz IV erhält. Seit 2005 werden Arbeitslosengeld II und Sozialhilfe gemeinsam ausgezahlt. Der Empfänger von ALG II erhält nur dann Leistungen nach dem SGB II für Arbeitssuchende, wenn er bedürftig ist. Es ist nicht Voraussetzung, dass er eine Arbeitsstelle hatte. Demnach besteht ein Anspruch auf Ersatz von Erwerbsschaden nur, wenn der Nachweis geführt wird, dass der Verletzte unfallbedingt eine Arbeitsstelle nicht antreten konnte. Im Fall der Erkrankung erhält der Verletzte gem. SGB II seit 2005 keine Leistungen mehr nach dem ALG II, vielmehr erhält er Vorschüsse von der Bundesagentur für Arbeit auf das Übergangsgeld oder Verletztengeld. Wenn ein Anspruch gegen die DRV oder eine Berufsgenossenschaft nicht besteht, wird Sozialhilfe nach dem SGB XII für zeitweilig nicht erwerbsfähige Personen gewährt. Ein Ersatzanspruch kann dann vom Verletzten nur in Höhe der Differenz zwischen entgangenem ALG II und der Sozialhilfe bestehen. 82

ALG II – Empfänger dürfen kein Vermögen haben, das würde die Bedürftigkeit entfallen lassen. Wenn der Verletzte schon vor dem Unfall ALG II erhalten hat, besteht kein Anspruch auf Verdienstschaden. Erhält er infolge des Unfalles ALG II, stellt sich die Frage, warum er nicht vorher Arbeitslosengeld erhalten hat. Erhält er nach dem Unfall zunächst Arbeitslosengeld und danach Arbeitslosengeld II (oder Hartz IV), besteht von seiner Seite Anspruch auf Erstattung des vollständigen Verdienstschadens, der aber wegen des Anspruchsübergangs nach § 33 SGB II auf die Leistungsstelle um die Zahlung des Sozialamtes gemindert. Grundsätzlich ist der Schädiger gehalten, den Verdienstschaden so zu erstatten (nach Klärung der Eintrittspflicht), so dass eine Zahlung von Arbeitslosengeld II entbehrlich wird. Eine Abfindung der Differenz zwischen Hartz IV und dem Netto-Lohn kommt jedenfalls nicht in Betracht, da dann sofort die Bedürftigkeit entfiele und der Verletzte von dort keine Leistungen mehr erhielte. Der Sozialhilfeempfänger darf nicht über Vermögen verfügen, § 90 SGB XII. 82a

Zu den nicht anrechenbaren Beträgen gehört das Schmerzensgeld.[189]

Ist der Verletzte nicht in der Lage, seinen Lebensunterhalt durch Erwerbstätigkeit zu sichern, erhält er Leistungen vom Sozialhilfeträger nach dem SGB XII zur Ermöglichung eines Lebens in Würde, wobei diese nachrangig gewährt wird. 82c

Der Sozialversicherungsträger wird nur dann eintrittspflichtig, wenn dem Geschädigten keine Möglichkeiten zur Verfügung stehen, seinen Lebensunterhalt anderweitig zu sichern. Die Leistungsvoraussetzungen ergeben sich aus dem »Gesetz über die bedarfsorientierte Grundsicherung« (GSiG), welches seit dem 1.1.2003 gilt. Das GSiG gilt nach § 68 SGB I als besonderer Teil des SGB, sodass alle Vorschriften des SGB X anwendbar sind (§ 37 SGB I) und somit auch der gesetzliche Forderungsübergang nach § 116 SGB X Geltung hat.[190] 82d

Anspruchsberechtigt ist jeder Volljährige, der dauerhaft i. S. d. § 43 SGB VI voll erwerbsgemindert ist oder Menschen ab dem 65. Lebensjahr. Rentenrechtliche Voraussetzungen müssen nicht vorliegen. 82e

Voraussetzung für den Anspruch ist ausschließlich, dass jemand nicht in der Lage ist, seinen Lebensunterhalt aus eigenem Einkommen oder Vermögen zu bestreiten. Die Leistungshöhe entspricht derjenigen bei der Hilfe zum Lebensunterhalt nach dem BSHG. Der Geschädigte bleibt aber trotz des Anspruchsübergangs berechtigt, seine Ansprüche beim Schädiger geltend zu machen.[191] 82f

---

189 *BVerwG* v. 19.5.1995, 5 C 22/93, NJW 1995, 3001; *VGH Mannheim* NJW 1994, 212.
190 Zum Zeitpunkt des Anspruchsübergangs vgl. unten Rdn. 247 ff.
191 *BGH* v. 12.12.1995, VI ZR 271/94, VersR 1996, 349.

82g Trifft den Geschädigten ein Mitverschulden, kann er ggf. noch Anspruch auf Gewährung von Sozialhilfe haben. Ein Übergang findet in diesem Fall nicht statt, wenn der Versicherer schon den auf ihn entfallenden Haftungsanteil erstattet hat. Erhält der Geschädigte wegen ungeklärter Haftungslage zunächst Sozialhilfe, hat er unmittelbar das Sozialamt über Leistungen des Schädigers zu informieren, will er sich nicht der Gefahr einer Strafanzeige wegen Betruges aussetzen.

4. Nachteile in der Sozialversicherung

83 Die Kosten für die Krankenversicherung trägt während der Arbeitslosigkeit grundsätzlich das Arbeitsamt – also auch für den Zeitraum, der auf die »Entgeltfortzahlung« entfällt (sechs Wochen). Nach den ersten sechs Wochen ist der Arbeitslose beitragsfrei krankenversichert.

83a Für die Rentenversicherung gilt Folgendes: Vor dem Unfall zahlte das Arbeitsamt aus 80 % des vorherigen Bruttolohnes Rentenversicherungsbeiträge an den Rentenversicherungsträger. Diese Leistungen werden im Rahmen der ersten sechs Wochen weiter gezahlt (§ 166 Nr. 2, § 170 Abs. 1 Nr. 2b SGB VI). Nach den sechs Wochen werden die Rentenversicherungsbeiträge durch die Krankenkasse aus dem Krankengeld gezahlt. Bezog der Verletzte schon vor dem Unfall Leistungen aus ALG II, besteht kein Anspruch auf Zahlungen in die Rentenversicherung.[192]

VIII. Verdienstschaden während der Altersteilzeit

84 Die Altersteilzeit wird in Deutschland gerne wahrgenommen. Der Angestellte erhält vom Arbeitgeber für einen bestimmten Zeitraum nur noch die Hälfte des Gehaltes, der Rest (sog. Aufstockungsbetrag) wird dem Arbeitnehmer vom Arbeitsamt erstattet, sodass dem Mitarbeiter selbst nur ein geringer Verlust entsteht. Dafür verpflichtet sich der Arbeitnehmer, für die Hälfte des vereinbarten Zeitraumes voll zu arbeiten (aktive Phase) und ist in der zweiten Hälfte der Altersteilzeit freigestellt (passive Phase). Wird der Mitarbeiter innerhalb der aktiven Phase wegen eines Unfalles verletzt, entsteht ihm selbst kein Schaden, solange er innerhalb der gesetzlichen Lohnfortzahlung wieder arbeitsfähig wird. Danach erhält er Krankengeld (gem. § 10 AltTZG wird dann die Zahlung u. U. von der Bundesagentur für Arbeit voll übernommen, sodass ein Schaden bei dem Verletzten eigentlich nicht verbleiben dürfte). Der Arbeitgeber kann allerdings nur das Gehalt ersetzt verlangen, welches er tatsächlich an den Arbeitnehmer ausgezahlt hat. Wie die Fälle zu bewerten sind, in denen der Verletzte solange arbeitsunfähig erkrankt ist, dass die Altersteilzeitvereinbarung aufgehoben wird, ist nicht geklärt. Soweit der Verletzte nicht mehr arbeitsfähig wird, ist er vom Schädiger entsprechend der Haftung so zu stellen, als habe die Altersteilzeit-Vereinbarung Bestand. Wird der Verletzte wieder hergestellt und kann seiner Tätigkeit weiter nachkommen, entsteht ihm kein messbarer Schaden in Form des Erwerbsschadens.

84a Bei Verletzungen in der passiven Phase interessiert es den Arbeitgeber ohnehin nicht mehr, ob der Mitarbeiter arbeitsfähig oder arbeitsunfähig ist, da der Arbeitgeber ohnehin Lohn ohne Arbeit erstatten muss. Problematisch sind die Fälle der länger andauernden Arbeitsunfähigkeit über den Zeitraum, wobei aber auch hier nach § 10 AltTZG kein Schaden des Verletzten verbleiben dürfte.

IX. Anspruchsübergänge/Kongruente Leistungen

85 Im Rahmen des Erwerbsschadens sind die Leistungen Dritter im Rahmen des Vorteilsausgleichs zu berücksichtigen. Die folgenden Leistungen Dritter sind dem Erwerbsschaden kongruent und sind daher anzurechnen:

1. Auf den Arbeitgeber

86 Der Arbeitgeber leistet während der ersten sechs Wochen Arbeitsunfähigkeit (42 Kalendertage) Lohnfortzahlung, § 4 EFZG. Zur Lohnfortzahlung ist er verpflichtet, unabhängig davon, aus wel-

---

[192] *LG Erfurt* v.17.6.2011, 9 O 1855/10 (n. v.).

chem Grund der Arbeitnehmer erkrankte. Damit der Schädiger nicht unbillig entlastet wird, wird ein dem Mitarbeiter zustehender Schadenersatzanspruch gegen einen Schädiger gem. § 6 EFZG auf den Arbeitgeber übergeleitet. Der Anspruchsübergang erfolgt im Zeitpunkt der Leistung des Arbeitgebers. Der Arbeitgeber ist beweisbelastet hinsichtlich der Unfallbedingtheit der Arbeitsunfähigkeit. Grundsätzlich darf er sich auf die Krankschreibung verlassen.[193] Allerdings bedeutet dies nur, dass der Arbeitnehmer nicht in der Lage ist, seiner Erwerbstätigkeit nachzukommen, die Information, aus welchem Grund der Arbeitnehmer nicht erwerbsfähig ist, wird dem Arbeitgeber nicht mitgeteilt. M. E. können daher alle Einwände gegen die Unfallbedingtheit der Krankschreibung auch dem Arbeitgeber entgegengehalten werden. Dieser müsste auch ohne Unfall nach den Regeln des EFZG Entgeltfortzahlung gewähren.

Der Arbeitgeber kann gem. § 6 EFZG den vollen Lohn ersetzt verlangen. Dies beinhaltet zum einen den Brutto-Lohn,[194] zum anderen auch die Arbeitgeberanteile zur Sozialversicherung, zusätzliche Zahlungen an Pensionskassen.[195] Außerdem kann er das anteilige Urlaubsentgelt[196] (= Lohnfortzahlung während des Urlaubes, den der Arbeitnehmer tatsächlich genommen haben muss!)[197] und das anteilige Urlaubsgeld[198] (Sonderzuwendung) ersetzt verlangen, die Formel hierfür lautet wie folgt: 86a

Abb. 1

$$\text{Urlaubsentgelt} = \text{Jahreslohn} \times \frac{\text{Urlaubstage}}{\text{Arbeitstage}}$$

$$\text{Anteiliges Urlaubsentgelt} = \text{Urlaubsentgelt} \times \frac{\text{Krankheitstage}}{365 \text{ Kalendertagejährl.} - \text{Urlaubstage}}$$

Abb. 2

$$\text{Anteiliges Urlaubsgelt} = \text{Urlaubsgelt} \times \frac{\text{Krankheitstage}}{365 \text{ Kalendertagejährl.} - \text{Urlaubstage}}$$

Auch das Weihnachtsgeld[199] oder sonstige Gratifikationen können nach folgender Formel regressiert werden: 86b

Abb. 3

$$\text{Anteiliges Weihnachtsgeld} = \text{Weihnachtsgeld} \times \frac{\text{Krankheitstage}}{365 \text{ Kalendertagejährl.} - \text{Urlaubstage}}$$

Ebenfalls erstattungsfähig sind die vermögenswirksamen Leistungen.[200] Der Schädiger kann von dem Regress die Positionen in Abzug bringen, die er auch beim Verletzten direkt im Wege des Vorteilsausgleichs abziehen kann (ersparte Fahrtkosten, ersparte Verpflegungskosten während des stationären Aufenthaltes (soweit die Zuzahlungszeit überschritten wird etc.).[201] Ebenfalls in Abzug zubringen sind die Leistungen, die der Arbeitgeber eines Kleinbetriebes, der am Umlageverfahren der Krankenkassen teilnimmt, von dort erhält. Dies sind i. d. R. 80 % vom Brutto-Lohn, sodass er nur noch die restlichen 20 % des Brutto-Lohnes sowie die vollen Arbeitgeberanteile zur Sozialversicherung verlangen kann. Der Rest wird von der Krankenkasse als Rechtsnachfolgerin des Arbeitgebers (nicht nach § 116 SGB X!) beim Schädiger regressiert, der Übergang erfolgt daher gem. § 86 VVG. 86c

---

193 *BGH* v. 16.10.2001, IV ZR 408/00, NZV 2002, 28 = VersR 2001, 1521; *OLG Hamm* r+s 2002, 505.
194 *BGH* v. 27.4.1965, VI ZR 124/64, VersR 1965, 620; *BGH* v. 18.5.1965, VI ZR 262/63, VersR 1965, 786; *BGH* v. 18.6.1973, III ZR 155/70, VersR 1973, 1028.
195 *BGH* v. 7.7.1998, VI ZR 241/97, NZV 1998, 457 = VersR 1998, 1253.
196 *BGH* v. 4.7.1972, VI ZR 114/71, VersR 1972, 1057; *BGH* v. 28.1.1986, VI ZR 30/85, VersR 1986, 650.
197 *OLG Stuttgart* NJW-RR 1988, 151.
198 *BGH* v. 28.1.1986, VI ZR 30/85, VersR 1986, 650.
199 *BGH* v. 29.2.1972, VI ZR 192/70, VersR 1972, 566.
200 *LG Mannheim* VersR 1974, 605.
201 Vgl. insoweit Rdn. 111 f.

87 Als Faustregel kann gelten: Alle die Zuwendungen des Arbeitgebers, die dem Arbeitnehmer persönlich zugutekommen und auf der Gehaltsabrechnung ihm persönlich zugewendet werden, sind erstattungsfähig. Soweit der Arbeitnehmer aber Aufwendungen hat aus eigenen wirtschaftlichen Interessen (Gestaltung des Arbeitsplatzes als solchem) oder aufgrund sozialer Verpflichtungen (wie z. B. Beiträge zur Unfallversicherung, Lohnsummensteuern, Ausgaben für berufliche Weiterbildung etc.)[202] können diese nicht ersetzt verlangt werden. Insbesondere die Ermittlungen der Handwerkskammern zu den Kosten eines Arbeitsplatzes, die in Summe zu einem Kostenfaktor von bis zu 185 % des Brutto-Lohnes kommen, sind nicht als Basis für den Regress beim Schädiger geeignet, da dort auch die vom Arbeitgeber zur Bereitstellung des Arbeitsplatzes getätigten Aufwendungen berücksichtigt werden. Sie sind sicher ein geeignetes Mittel zur betriebswirtschaftlichen Auswertung für den Arbeitgeber, nicht aber für den Regress.

87a Einen Anspruch auf Erstattung der Kostenpauschale hat der Arbeitgeber nicht, da er nicht aus eigenem Recht, sondern nur aus übergegangenem Recht Ansprüche anmelden kann und der Grundgedanke des § 249 BGB nur für den unmittelbar Geschädigten gilt.[203] Gleiches gilt für die Anwaltskosten, die nur erstattungsfähig sind, wenn sich der Schädiger im Verzug mit der Leistung befindet.[204]

2. Auf den öffentlich-rechtlichen Dienstherren

88 Soweit der Geschädigte im öffentlichen Dienst tätig ist und dort nach BAT entlohnt wird, richtet sich der Anspruchsübergang nach § 6 EFZG, ist der Geschädigte aber Beamter, so geht der Anspruch auf Ersatz der Ansprüche aus der Weiterzahlung der Bezüge nach § 76 BBG auf den Dienstherren im Unfallzeitpunkt über.

3. Auf die gesetzliche Krankenkasse

89 Der Anspruchsübergang auf die gesetzliche Krankenkasse richtet sich nach § 116 SGB X und erfolgt im Unfallzeitpunkt, sodass der in der gesetzlichen Krankenkasse versicherte Geschädigte zu keinem Zeitpunkt über diesen Anspruch verfügen kann. Dabei kommt es nicht darauf an, ob der Geschädigte als Pflichtmitglied oder freiwillig in der gesetzlichen Krankenkasse versichert war. Die Krankenkasse regressiert im Bereich Erwerbsschaden nur die Krankengeldzahlungen und die entgangenen Kranken- und Pflegekassenbeiträge sowie die aus dem Krankengeld an die Rentenversicherung und Arbeitslosenversicherung erbrachten Beiträge nach den §§ 116, 119 SGB X. Auch diesen Ansprüchen können alle Einwendungen, die im Wege des Vorteilsausgleichs dem Arbeitnehmer entgegengehalten werden können, in Abzug gebracht werden, soweit der Vorteil des Arbeitnehmers seinen verbleibenden Verdienstschaden übersteigt, da nur insoweit ein Anspruch – auch im Wege der Legalzession – übergehen kann, als er in der Person des Verletzten besteht.

4. Auf die Berufsgenossenschaft

90 Soweit es sich bei dem Unfall um einen berufsgenossenschaftlich versicherten Arbeits- oder Arbeitswegeunfall handelte, ist die Berufsgenossenschaft eintrittspflichtig, sie erbringt ebenfalls als gesetzlicher Sozialversicherungsträger Leistungen, der Anspruch auf Ersatz von Verletztengeld und Beiträgen zu den Sozialversicherungen geht ebenfalls gem. § 116 SGB X im Unfallzeitpunkt auf die Berufsgenossenschaft über. Auch diesen Ansprüchen können alle Einwendungen, die im Wege des Vorteilsausgleichs dem Arbeitnehmer entgegengehalten werden können, in Abzug gebracht werden, soweit der Vorteil des Arbeitnehmers seinen verbleibenden Verdienstschaden übersteigt, da nur insoweit ein Anspruch – auch im Wege der Legalzession – übergehen kann, als er in der Person des Verletzten besteht.

---

202 Ausführlich hierzu *Küppersbusch* Rn. 114.
203 Palandt/*Grüneberg* § 249 Rn. 79.
204 U. a. *AG Dortmund* NZV 2001, 383 m. w. H.; Palandt/*Grüneberg* § 249 Rn. 57.

5. Träger der Sozialhilfe

Erhält der Verletzte Sozialhilfe, geht der Anspruch auf Ersatz – zumindest soweit es die Person des Verletzten betrifft – auf den Sozialhilfeträger über. War der Verletzte vor dem Unfall erwerbstätig und erhält nun infolge des Unfalles der Sozialhilfe, kann der Sozialhilfeträger die Aufwendungen für den Verletzten zurückfordern. Er kann dabei auch die Aufwendungen fordern, die für die Bedarfsgemeinschaft (Ehefrau und Kinder) angefallen sind, wenn der Verletzte aus seinem Einkommen auch den Unterhalt seiner Familie bestritten hätte. Auch diesen Ansprüchen können alle Ansprüche, die im Wege des Vorteilsausgleichs dem Arbeitnehmer entgegengehalten werden können, in Abzug gebracht werden, soweit der Vorteil des Arbeitnehmers seinen verbleibenden Verdienstschaden übersteigt, da nur insoweit ein Anspruch – auch im Wege der Legalzession – übergehen kann, als er in der Person des Verletzten besteht. 91

6. Träger der Grundsicherung

Eine Legalzession ist in § 116 SGB X auf den Träger der Grundsicherung nicht vorgesehen. Er ist gerade kein Sozialhilfeträger. Ein Regress gegen den Schädiger ist diesem dann nicht möglich. Allerdings kann er sich m. E. Schadenersatzansprüche abtreten lassen. 92

7. Auf den Rentenversicherer

Soweit der gesetzliche Rentenversicherer (DRV Bund, Länder, Bundesknappschaft etc) wegen der unfallbedingt erlittenen Verletzungen einen Beitragsschaden erleidet durch die geringeren Beitragszahlungen aus dem Krankengeld, geht der Anspruch auf Ersatz des Beitragsschadens nach § 119 SGB X ebenfalls im Unfallzeitpunkt auf den Rentenversicherer über. 93

Wenn der Rentenversicherer Lohnersatzleistungen (Übergangsgeld) zahlt, sind diese Zahlungen dem Erwerbsschaden kongruent. Es gilt das oben Gesagte. Der Rentenversicherer regressiert neben dem Übergangsgeld auch die Sozialversicherungsbeiträge hieraus nach § 116 SGB X. Zusätzlich regressiert er entgangene Rentenversicherungsbeiträge nach § 119 SGB X aus der Differenz zwischen den Lohnersatzleistungen und dem ursprünglichen Bruttoeinkommen. 93a

Auch wenn der Verletzte infolge des Unfalles Erwerbsunfähigkeitsrente erhält, ist diese dem Erwerbsschaden kongruent. Da Rentenbezieher unter bestimmten Voraussetzungen pflichtversichert (§ 5 Abs. 1 Nr. 11 SGB V, wenn Anspruch auf Rente aus der gesetzlichen Rentenversicherung besteht) in der Krankenversicherung der Rentner sind, werden auch diese Beiträge regressiert. 93b

Auch diesen Ansprüchen können alle Einwendungen, die im Wege des Vorteilsausgleichs dem Arbeitnehmer entgegengehalten werden können, in Abzug gebracht werden, soweit der Vorteil des Arbeitnehmers seinen verbleibenden Verdienstschaden übersteigt, da nur insoweit ein Anspruch – auch im Wege der Legalzession – übergehen kann, als er in der Person des Verletzten besteht. 93c

C. Haushaltsführungsschaden[205]

I. Grundlagen

Ist die den Haushalt führende Person infolge eines von dem Unfallgegner zu verantwortenden Unfalls vorübergehend oder auf Dauer ganz oder teilweise nicht zur Haushaltsführung in der Lage, kann sie den Unfallgegner wegen dieses Ausfalls aus § 843 Abs. 1 BGB auf Schadenersatz in Anspruch nehmen. Dieser Anspruch steht **allein der verletzten** Person zu. 94

Der Ehegatte erwirbt **keinen** Ersatzanspruch aus § 845 BGB wegen entgangener Dienste. Die Tätigkeit für die Familie steht einer Erwerbstätigkeit gleich, die verletzte Ehefrau erleidet selbst einen Erwerbsausfallschaden, ihr allein steht ein Ersatzanspruch wegen Erwerbsausfalls zu, Ehemann und 94a

---

[205] *Nickel/Schwab* in diesem Buch Kapitel 18; *dies.* SVR 2007, 17; SVR 2009, 286 und SVR 2010, 12.

Kinder sind nur mittelbar geschädigt. (Anders im Fall der Tötung, dort erhalten die Hinterbliebenen eigene Ansprüche aus § 844 BGB).

1. Anspruchsinhaber

95 Anspruchsinhaber ist immer die verletzte haushaltsführende Person. Es kommt nicht darauf an, dass sie den Haushalt allein führt. Anders als im Unterhaltsrecht wird weniger auf die gesetzliche Verpflichtung zur Leistung abgestellt, als vielmehr auf die tatsächlich im Haushalt vorgenommene Aufteilung der Arbeiten. In einer Familie können die unterschiedlichen Tätigkeiten im Haushalt aufgeteilt sein, § 1356 BGB gibt keine Regel vor. Auch Kinder können – soweit sie tatsächlich im Haushalt mithelfen – Anspruch auf Erstattung von Haushaltsführungsschaden haben, jedenfalls dann, wenn sie nicht nur gelegentlich und in geringem Umfange mithelfen.[206] Dem Ehemann, der allein berufstätig ist, steht nur in Ausnahmefällen ein Anspruch auf Ersatz des Haushaltsführungsschaden zu.[207]

95a Ewas anderes gilt hinsichtlich der Eingetragenen Lebenspartnerschaft. § 5 LPartG nimmt zwar Bezug auf §§ 1360 ff., da dort aber nur der Bar-Unterhalt angesprochen wird, ist die Frage des Haushaltsführungsschadens nicht herauszulesen. Für den Fall der Tötung des Partners wird diese Pflicht abgelehnt, sodass im Zweifel auch für die Verletzung nichts anderes gelten kann.

95b Gleiches gilt auch für die Nichteheliche Lebensgemeinschaft.[208] Grundsätzlich gibt es auch hier keine unterhaltsrechtliche Verpflichtung[209] zur Leistung von Naturalunterhalt. Wurde aber wegen gemeinsamer Kinder z. B. die Haushaltsführung des einen vereinbart und der andere Teil leistet dafür den Bar-Unterhalt, kann im Ausnahmefall auch insoweit von einer Einbeziehung der NELG auch für den Haushaltsführungsschaden ausgegangen werden. Grundsätzlich besteht aber bei einer NELG nur Anspruch auf den entgangenen »eigenwirtschaftlichen« Haushaltsführungsschaden in Form der vermehrten Bedürfnisse, nicht aber auf Ersatz des weggefallenen Fremdschadens.[210] Sicher sind die gemeinsamen Kinder in die Berechnung des Haushaltsführungsschadens einzubeziehen.

2. Haushaltsführungsschaden: vermehrte Bedürfnisse oder Erwerbsschaden?

96 Der Haushaltsführungsschaden umfasst die eigene Versorgung und die Betreuung und Versorgung der übrigen Familienmitglieder. Der Ausfall der **eigenen** Versorgung gehört in die Schadengruppe der vermehrten Bedürfnisse. Der Ausfall bei der Versorgung und Betreuung der übrigen Familienmitglieder gehört in die Schadengruppe Erwerbsausfall-(Betreuungs-)Schaden. Hier kommt es nicht auf das gesetzlich Geschuldete, sondern auf den vor dem Unfall tatsächlich erbrachten Umfang der Arbeitsleistung im Haushalt an. Auszugehen ist vom tatsächlichen Arbeitsaufwand.

96a Soweit der Verletzte **für die Familienangehörigen** tätig wird, ist die Haushaltstätigkeit dem Erwerbsschaden zuzuordnen, da die Tätigkeit fremdwirtschaftlich ist. Diese Differenzierung ist nur dann erforderlich, wenn von Sozialversicherungsrenten gezahlt werden und diese wegen eines fehlenden Erwerbsschadens so nicht übergangsfähig sind.

96b Die Rentenversicherer leiten dann den Anspruch des Verletzten, soweit dieser dem Erwerbsschaden kongruent ist, über und regressieren den Haushaltsführungsschaden. Wegen des Übergangs der Ansprüche nach § 116 SGB X im Unfallzeitpunkt ist hier eine Doppelzahlung zu befürchten. Der Übergang ist nur insoweit ausgeschlossen, als ein überschießender Schaden des Verletzten über den Erwerbsschaden hinaus besteht. Erhält der Verletzte aber Verletztenrente von der Berufsgenos-

---

206 So *Parday/Schulz-Borck* DAR 2002, 289.
207 *OLG Oldenburg* VersR 1983, 890 (Hausmannsentschädigung).
208 Ausführlich dazu *OLG Düsseldorf* NZV 2007, 40 f. m. w. H.; vgl. auch *Jahnke* NZV 2007, 329, 333; *Delank* zfs 2007, 183 ff.
209 *KG* SVR 2011, 102, das den in einer NELG Lebenden als Alleinstehenden behandelt.
210 *OLG Düsseldorf* v. 27.4.2009, I-1 U 95/08.

senschaft[211] und eine Rente von der DRV, erhält er in aller Regel mehr an Rentenleistungen, als er vor dem Unfallereignis als Nettoeinkommen hatte. Trifft dieser Fall mit der Erbringung fremdwirtschaftlicher Leistungen im Haushalt zusammen, kann der Verletzte wegen des Überganges nach § 116 SGB X über diesen Teil des Haushaltsführungsschadens nicht mehr verfügen, sondern muss diese Differenz aus dem überschießenden Teil der Renten bestreiten. Auch eine Kongruenz mit dem Krankengeld wurde bejaht.[212]

3. Beeinträchtigung im Haushalt

Voraussetzung ist, dass der durch einen Verkehrsunfall verletzte Geschädigte in seiner Haushaltsführung beeinträchtigt ist. Als maßgebliche Größe für die Bewertung des Umfangs der Beeinträchtigung wird die Minderung der Erwerbsfähigkeit gerne herangezogen. Dabei ist zu beachten, dass die Minderung der Erwerbsfähigkeit im Haushalt (MdH) nicht der MdE auf dem allgemeinen Arbeitsmarkt oder der im Beruf des Geschädigten gleichzusetzen ist, die aus dem Sozialversicherungsrecht stammen.[213] Sie ist in aller Regel deutlich geringer, da die Haushaltstätigkeit eine Vielzahl von Bewegungsabläufen umfasst, die auch mit einer ansonsten vorhandenen körperlichen Beeinträchtigung erledigt werden können. Dabei wird unterschieden zwischen den Leitungs- und Organisationsfunktionen und einzelnen Tätigkeiten im Haushalt. Das Ausmaß der körperlichen Beeinträchtigungen ist abhängig von den Unfallverletzungen, dem Heilungsverlauf und dem ggf. eingetretenen Dauerschaden.[214]

97

Das Ausmaß der körperlichen Beeinträchtigung wird i. d. R. für verschiedene Zeiträume unterschiedlich sein. Dann muss auch der Haushaltsführungsschaden für die entsprechenden Zeiträume jeweils gesondert ermittelt werden.

97a

▶ **Beispiel:**

Fraktur linker Unterarm, 8 Wochen Heilungsdauer. Die Verletzte hat 6 Wochen einen Gips getragen. 2 weitere Wochen war der Arm vermindert belastungsfähig, danach ist die volle Arbeitsfähigkeit wieder hergestellt.

Eine hilfreiche Einschätzung des Prozentsatzes der Beeinträchtigungen bieten die Tabellen 6 und 6a von Reichenbach/Vogel. Dort sind die einzelnen anfallenden Tätigkeiten aufgelistet und die Beeinträchtigungen bei den verschiedenen Verletzungen festgehalten. Tabelle 6 enthält für 59 typische Unfallverletzungen die jeweilige konkrete Behinderung in der Haushaltsführung prozentual aufgelistet. Hier findet sich der durchschnittliche Grad der haushaltsspezifischen Arbeitsunfähigkeit bei unfalltypischen Verletzungen. Liegen mehrere Verletzungen gleichzeitig vor, ist eine Gesamtbetrachtung anzustellen (i. d. R. unter der Summe der Einzelbeeinträchtigungen). Die MdE von 20 % ist kompensierbar,[215] eine MdE unter 20 % begründet i. d. R. keine haushaltsspezifische Arbeitsunfähigkeit.[216] Bei einer MdE unter 10 % ist die haushaltsspezifische Arbeitsunfähigkeit nie gegeben. Ein Haushaltsführungsschaden ist auch dann nicht gegeben, wenn die Beeinträchtigungen im Haushalt beschränkt sind auf Überkopfarbeiten und schwere Arbeiten, die schon vor dem Unfall durch den Ehegatten übernommen wurden.[217] Zu beachten ist insbesondere auch, dass die Gliedertaxe der Un-

97b

---

211 *BGH* v. 4.12.1984, VI ZR 117/83, NJW 1985, 735.
212 *OLG Hamm* r+s 2001, 506.
213 *OLG München* SVR 2006, 180; *OLG Hamm* NZV 2002, 570; *Balke* SVR 2006, 361, 363.
214 *OLG Hamm* NZV 2002, 570.
215 *OLG Hamm* SVR 2011, 145.
216 10 % haushaltsspezifische Arbeitsunfähigkeit bleibt generell unberücksichtigt: *OLG Karlsruhe* OLGR 1998, 213; 20 % haushaltsspezifische Arbeitsunfähigkeit bleibt i. d. R. unberücksichtigt: *KG* VersR 2005, 237; *OLG München* zfs 1994, 48; *OLG Düsseldorf* DAR 1988, 24; 40 % MdE auf dem allgemeinen Arbeitsmarkt ergeben max. 10–20 % Einschränkung im Haushalt, die durch technische Mittel weitgehend kompensiert werden können. *OLG Köln* SP 2000, 306 f.
217 *OLG Hamm*, SVR 2011, 145 f.

fallversicherung oder der Grad der Behinderung (GdB) nicht zur Ermittlung der Beeinträchtigung im Haushalt herangezogen werden können, da beide auf anderen Grundlagen basieren.

97c Bei stationärem Aufenthalt des Geschädigten kann ein Haushaltsführungsschaden nur in Ausnahmefällen entstehen. Dabei ist zu differenzieren zwischen dem allein lebenden Geschädigten, dem nur insoweit ein Schaden entsteht, als z. B. die Wäsche gewaschen und ggf. Blumen gegossen werden müssen. Der Aufwand dürfte max. bei 2-3 Stunden/Woche liegen. Gleiches gilt bei einem Zweipersonenhaushalt, in dem beide Teile zu gleichen Teilen berufstätig ist, da dann der Verlust der Haushaltsführung durch den Verletzten durch die Ersparnis der Tätigkeit für den Verletzten kompensiert wird.

Etwas anderes gilt in einem Mehrpersonenhaushalt, ein Haushaltsführungsschaden wird unter Berücksichtigung der Mithilfepflichten der anderen Familienmitglieder zu erstatten sein.[218]

II. Schadenminderungspflicht

98 Der Geschädigte ist auch im Haushalt zur Schadengeringhaltung verpflichtet. Er kann also bei leichteren Verletzungen, die schnell abklingen, verpflichtet sein, die anfallenden Arbeiten im Haushalt umzuorganisieren, um die Kosten gering zu halten. Es kann von dem Geschädigten verlangt werden, dass er bestimmte Tätigkeiten verschiebt oder bis zur Ausheilung zurückstellt oder die Aufgabenverteilung im Haushalt neu definiert.[219] Der Geschädigte kann auch verpflichtet sein, arbeitssparende Geräte anzuschaffen, die den Verletzungen und Einschränkungen des Geschädigten Rechnung tragen. Die Kosten hierfür hat der Schädiger zu tragen (ggf. inkl. Verbrauchskosten – Strom).[220] Der Geschädigte ist verpflichtet, sich aller Hilfsmittel der heutigen Technik zu bedienen, um seiner Verpflichtung nach § 254 BGB nachzukommen.

III. Fiktive oder konkrete Abrechnung

99 Der Ausfall in der Haushaltsführung kann konkret abgerechnet werden oder aber, wenn sich der Verletzte mit Familienangehörigen behilft, fiktiv geltend gemacht werden. Es kommt dabei nicht darauf an, ob Mann oder Frau verletzt wurde, sondern allein auf die Frage der Einschränkung im Haushalt und der vom Verletzten vor dem Unfall ausgeführten Tätigkeiten.

1. Konkrete Abrechnung

100 Sofern der Verletzte für die Haushaltstätigkeit eine Ersatzkraft beschäftigt, sind die Kosten zu übernehmen, die auf die unfallbedingte Beeinträchtigung im Haushalt entfällt. Es gibt verschiedene Möglichkeiten der Einstellung einer Ersatzkraft:
- Die Ersatzkraft wird von der Krankenkasse des Verletzten gestellt.
  Es besteht dann in der Person des Verletzten kein Anspruch auf Ersatz, da insoweit ein Anspruchsübergang nach § 116 SGB X auf die gesetzliche Krankenversicherung stattfindet. Allerdings wird von der Krankenkasse eine Ersatzkraft nur eingeschränkt zur Verfügung gestellt, z. B. wenn in dem Haushalt Kinder unter 8 Jahre leben, die nicht anderweitig betreut werden können. Wegen des Anspruchsübergangs im Unfallzeitpunkt sind die Ansprüche zunächst gegen die Krankenkasse zu richten, wenn die Voraussetzungen vorliegen. Auch die landwirtschaftlichen Krankenkassen stellen auf Anforderungen sog. Betriebshelfer zur Verfügung, wenn die Bäuerin verletzt wird.
- Der Geschädigte stellt eine Haushaltshilfe ein und beschäftigt diese sozialversicherungspflichtig. Dann sind auch die nachgewiesenen Beiträge zu den Sozialversicherungen zu erstatten, wenn nur der unfallbedingte Ausfall ausgeglichen wird. Ansonsten ist anteilig zu kürzen.

---

[218] *Küppersbusch* a. a. O. Rn. 200, wobei bei völligem Ausfall der haushaltsführenden Person (z. B. bei stationärem Aufenthalt) die gleichen Regeln gelten wie bei der Ermittlung des Naturalunterhaltes!
[219] *KG* VersR 2005, 237; *OLG Koblenz* VersR 2004, 1011 und *OLG Düsseldorf* VersR 2004, 120; *OLG Hamm* NZV 2002, 570 f. nur eingeschränkte Pflicht zur Umorganisation.
[220] *OLG Köln* SP 2000, 306 f.

- Die Abrechnung von Quittungen aus der Nachbarschaft kann angesichts des Risikos, der Schwarzarbeit Vorschub zu leisten, nicht ernsthaft empfohlen werden.

2. Fiktive Erstattung

Der Haushaltsführungsschaden kann fiktiv, d. h. auf Basis der Kosten einer Ersatzkraft abgerechnet werden. Dann werden aber nur die Netto-Löhne erstattet ohne Steuern und Sozialabgaben. Üblicherweise richtet sich der Stundensatz nach dem Lohn einer Putzfrau, nicht nach dem Lohn einer ausgebildeten Fachkraft, weshalb folgerichtig auch maximal BAT X netto zu erstatten ist.[221] Die Rechtsprechung ging bisher von einem durchschnittlichen Netto-Lohn von zwischen 6 und 10 € aus,[222] während bei Anwendung der Tabellen von *Schulz-Borck/Hofmann* sich der Lohn bei 8–9 € netto bewegt. Angesichts der Vielzahl der Stellen, die mit Stundenlöhnen bis zu 7 €/Std. entlohnt werden, ist diese Entwicklung für eine vergleichsweise einfache Tätigkeit nicht weiter hinzunehmen. Zu Recht wird daher neuerdings zur Ermittlung des zu erstattenden Stundenlohnes auf die Tarifverträge des Deutschen Hausfrauenbundes zurückgegriffen, und diese für den Vergleich herangezogen.[223] Die Löhne dort sind zum einen nach Tätigkeitsbereichen (bis hin zur qualifizierten Hauswirtschafterin) gestaffelt, zum anderen gelten je nach Bundesland andere Tarifverträge, sodass auch die regionalen Besonderheiten berücksichtigt werden. Üblicherweise dürfte ein Stundenlohn von 6 € bis max. 8 € netto angemessen sein, Ausnahmen können sich aber regional ergeben. Der BAT wird dem Aufgabenbereich im Haushalt, der im Wesentlichen nach Anweisungen zu erfüllen sein wird, nicht gerecht.[224] Die Tarifverträge des Deutschen Hausfrauenbundes sind – da sie sich auch an den im Haushalt erforderlichen Tätigkeiten orientieren und in verschiedene Anforderungsstufen aufgeteilt werden, BAT deswegen vorzuziehen, weil er sich genau mit den im Haushalt anfallenden Tätigkeiten einer ausgebildeten Kraft befasst. Diese hat eine Lehre als Hauswirtschafterin ggf. mit Meisterprüfung abgeschlossen und ist die »Superhausfrau«, die sowieso alles noch viel besser kann, als diejenigen Personen, die als »Haushaltshilfen« »eingestellt« werden.

Wenn im Rahmen des VGT die Anerkennung von Stundenlöhnen ab 5 € für die fiktive Abrechnung kritisiert wird,[225] wird gerade verkannt, dass eine Ersatzkraft ja nicht eingestellt wurde. Es ist dem Geschädigten zu keinem Zeitpunkt verwehrt, eine Ersatzkraft gegen Bezahlung einzustellen.

IV. Berechnung

Grundsätzlich ist bei der Berechnung auf die konkreten Beeinträchtigungen des Verletzten im Haushalt abzustellen.[226] Der Geschädigte muss im Einzelnen darlegen, welche Tätigkeiten, die er vor dem Unfall verrichtete, nun wegen des Unfalles nicht mehr oder nicht mehr vollständig ausgeführt werden können. Zwar ist eine Schätzung des Aufwandes anhand von Tabellen möglich, aber der bloße Verweis auf eine pauschale prozentuale Minderung der Erwerbsfähigkeit oder der Fähigkeit zur

---

221 *BGH* v. 17.10.2000, VI ZR 313/99, r+s 2001, 21 f.; *OLG Rostock* zfs 2003, 233, welches für die fiktive Abrechnung einer Ersatzkraft BAT X annimmt, die Tarife des Deutschen Hausfrauenbundes wurden dem BGH noch nicht vorgetragen.
222 *OLG Schleswig* zfs 1995, 10; *OLG Düsseldorf* VersR 1992, 1418 (5–6 €); *OLG Oldenburg* SP 2001, 196, *OLG Hamm* SP 2001, 376; *OLG Köln* SP 2000, 306 u. a. 15 DM = 7,5 €; *KG* NZV 2005, 92; *LG München* SP 2005, 52; LG Coburg v. 01.12.2010, 12 O 541/08 (7 €); *LG Landshut* SP 2010, 430 (8 €); LG Bonn SP 2010, 251 (8 €).
223 Vgl. insoweit auch *Nickel/Schwab* in diesem Buch, Kapitel 18, sowie *dies.*, Stundensätze beim Haushaltsführungsschaden, SVR 2007, 17 ff., zuletzt in SVR 2010, 11 ff.; *Balke* Haushaltsführungsschaden SVR 2006, 321; *ders.* SVR 2011, 372 f.
224 *OLG Dresden* SP 2008, 292 ff.; *OLG Frankfurt* Beschl. v. 29.10.2008, 22 W 64/08.
225 So z. B. *Huber* DAR 2010, 677, 681.
226 *OLG Celle* SP 2008, 7 f.

Haushaltsführung reicht nicht aus.[227] Zutreffend ist als Basis für den Umfang des Erstattungsanspruchs Tab. 1 von *Schulz/Borck/Hofmann* anzuwenden.[228]

1. Dauer und Umfang der Erstattung

103 Der Haushaltsführungsschaden ist solange zu erstatten, wie eine entsprechende Behinderung der Haushaltstätigkeit besteht. Es kann im Einzelfall auch eine dauerhafte Entschädigung geleistet werden. Nach höchstrichterlicher Rechtsprechung ist eine Erstattung des Haushaltsführungsschadens längstens bis zum 75. Lebensjahr vorgesehen, danach geht man davon aus, dass der Haushalt ohnehin nicht mehr ohne Hilfe bewältigt werden kann.[229] Ein darüber hinausgehender Haushaltsführungsschaden wird nur im Ausnahmefall zu erstatten sein.[230] Zwar ist grundsätzlich zu ermitteln, welche Leistungen im Haushalt erbracht wurden und welche Behinderungen im Haushalt aufgrund des Unfalles bestehen, aber für die Ermittlung der Kosten ist auch zu berücksichtigen, welche Zeit eine professionelle Ersatzkraft zur Haltung des Standards dieses Haushaltes benötigte.[231] Der Verletzte kann dabei wählen, ob er den Haushaltsführungsschaden in Form einer monatlichen Rente erhalten möchte, oder sich ggf. frühzeitig abfinden lässt. Dabei ist die im Alter nachlassende Arbeitskraft[232] sowie die nach Pensionierung des Ehegatten eintretende Mithilfepflicht entsprechend zu berücksichtigen.

103a Soweit in der Haushaltsführung ein Dauerschaden entstanden ist, ist auch zu berücksichtigen, dass bei Urlaubsreisen ein Haushaltsführungsschaden ohnehin nicht anfällt.[233] Auch Erkrankungen der Hausfrau aus anderen als den unfallbedingten Gründen sind zu berücksichtigen.

2. Alleinstehender

104 Ein alleinstehender Geschädigter kann ebenfalls einen Schaden in der Haushaltsführung erleiden. Da er Leistungen im Haushalt ausschließlich zur Befriedigung seiner eigenen Bedürfnisse erbringt, ergibt sich sein Anspruch auf Ersatz von Aufwendungen (auch fiktiv) nur aus der Vermehrung seiner Bedürfnisse.

104a Für den Zeitraum stationärer Aufenthalte besteht nur ein eingeschränkter Anspruch auf Ersatz von Haushaltsführungsschaden, der sich bestenfalls im Lüften der Wohnung, Gießen von Blumen und ggf. auch Besorgen von Kehrwochen o. Ä. mit 2–3 Stunden pro Woche (15 % des eigentlichen Aufwandes) erschöpfen dürfte.[234] Soweit der Geschädigte sich nicht oder nicht mehr in stationärer Behandlung befindet, gelten die allgemeinen Regeln zur Bewertung des ihm entstandenen Schadens.

3. Familie

105 Wird die haushaltsführende Person in einer Familie geschädigt, entsteht auch während des stationären Aufenthaltes dieser Person ein Schaden in der Haushaltsführung, der aber zu kürzen ist um den Anteil für die eigene Versorgung, die vom Krankenhaus übernommen wird.

---

227 *OLG Celle* SP 2007, 428 f.
228 *OLG Celle* SVR 2011, 149, da Tabelle 8 nur auf Befragunggen basiert und subjektive Einschätzungen widergibt; vgl. dazu auch Anm. *Balke* SVR 2011, s. 152, 153; a. A. *BGH* v. 3.2.2009, VI ZR 183/08, SVR 2009, 222.
229 Zuletzt u. a. *OLG Rostock* zfs 2003, 233, welches für die fiktive Abrechnung einer Ersatzkraft BAT X annimmt; *OLG Schleswig* OLGR 2005, 311 berechnet bis zum 70. Lebensjahr; *OLG Schleswig* BeckRS 2005, 30357539 bis 65. Lj. wegen fortschreitender angeborener Muskelsteife.
230 *LG Gießen* SP 2010, 394 für einen 81-jährigen, der vor dem Unfall Haus und Hof alleine bzw. mit Ehefrau bewirtschaftet und gepflegt hat.
231 Z. B. *OLG Hamm* NVZ 2002, 570, s. a. Tabellen 6 und 6a nach *Reichenbach/Vogel*.
232 *BGH* v. 7.5.1974, VI ZR 10/73, VersR 1974, 1016.
233 *OLG Schleswig* OLGR 2005, 311 zieht einen Monat ab; *OLG Schleswig* 7 U 124/01 (Juris) zieht 11 Wochen für Urlaub ab!
234 *OLG Oldenburg* v. 20.6.2008, 11 U 3/08, BeckRS 2009, 12544; *OLG Nürnberg* v. 20.6.2008, 11 U 3/08; *OLG Frankfurt* SVR 2009, 223 erachtet 2 Std./Woche für angemessen.

C. Haushaltsführungsschaden Kapitel 17

Es ist zu trennen zwischen dem Teil der Haushaltsführung, der ausschließlich der Befriedigung der eigenen Bedürfnisse des haushaltsführenden Verletzten dient und dem Teil der Hausarbeit, der für die anderen Familienmitglieder – also fremdwirtschaftlich und damit vergleichbar einer Erwerbstätigkeit – erbracht wird. Auch bei der Erstattung des Haushaltsführungsschadens sind Leistungen Dritter zu berücksichtigen. Der Aufwand der Haushaltsführung für die Familie unterfällt dem Erwerbsschaden, sodass insoweit Kongruenz besteht. Soweit die eigenen Bedürfnisse befriedigt werden, handelt es sich um vermehrte Bedürfnisse, es kann daher Kongruenz mit Pflegekosten bestehen. Dabei erfolgt die Berechnung der Anteile i. d.R nach Kopfteilen. Bei einem 4-Personen-Haushalt ist also von ³/₄ Anteil Erwerbstätigkeit und ¹/₄ Anteil vermehrte Bedürfnisse auszugehen. 105a

Diese Unterscheidung wird im Normalfall nicht von Bedeutung sein, wenn lediglich kürzere Zeiten von Arbeitsunfähigkeiten zu bewerten sind. Allerdings wird die Trennung dann wichtig, wenn der Verletzte infolge des Unfalles Erwerbsunfähigkeits- oder Verletztenrenten erhält, die betragsmäßig über den entstandenen Verdienstschaden hinausgehen. 105b

▶ **Beispiel:** 105c

Haushaltsführungsschaden 1 000 € monatlich im 4 Personenhaushalt, die verletzte Person hat ¹/₄ Eigenbedarf (= 250,00 €), sie erhält eine Erwerbsunfähigkeitsrente von 600,00 €. Ein Verdienstschaden wegen eingeschränkter Erwerbsfähigkeit liegt nicht vor. Im Wege des Vorteilsausgleichs sind damit die Rentenzahlungen zum Teil auf den Haushaltsführungsschaden, zumindest soweit dieser fremdwirtschaftliche Bedürfnisse befriedigt, anrechenbar.

Der Vorteilsausgleich wird wie folgt durchgeführt:

Tab. 4

Eigener Bedarf (Keine Anrechnung der Rente)		250,00 €
Erwerbsschaden (Restl. Haushaltsführung):	750,00 €	
Verletztenrente	– 600,00 €	
Verbleibender Schaden		+ 150,00 €
Der Verletzte erhält insgesamt		400,00 €

4. Pflegebedürftiger Angehöriger

Wird ein Angehöriger im Haushalt versorgt, der pflegebedürftig ist und Pflegegeld erhält, ist dieser Aufwand dem Haushaltsführungsschaden nicht hinzuzurechnen. Der Angehörige erhält Pflegegeld von der Pflegekasse, um damit seinen Pflegebedarf zu finanzieren. Wurde die Pflege durch die verletzte Person durchgeführt, kann sie bestenfalls bei Ausfall das entgangene Pflegegeld als Verdienstschaden geltend machen. Der Pflegebedürftige wird dann das Pflegegeld einsetzen, um seine Pflege anderweitig sicher zu stellen.[235] Der Ausfall der Pflege ist ein mittelbarer Schaden des Pflegebedürftigen, der vom Schädiger nicht zu ersetzen ist, da hier der Pflegebedürftige unfallunabhängig der Pflege bedarf. Genau dafür erhält der Pflegebedürftige aber Leistungen der Pflegekasse, um die Pflege (durch wen auch immer) sicher zu stellen. Allerdings kann in der Person des Verletzten ein Verdienstschaden entstehen durch den Verlust des »Pflegehonorars«.[236] Dieser ist dann entsprechend zu ersetzen. 106

5. Berechnungsbeispiel Haushaltsführungsschaden

Aus der Zahl der vor dem Unfall geleisteten Wochenstunden und aus der unfallbedingten prozentualen Behinderung errechnet sich die Zahl der auszugleichenden Wochenstunden. Zur Ermittlung der Stundenzahl sind die Werte von Tabelle 1 oder 8 von *Schulz-Borck/Hofmann* heranzuziehen. Unter Berücksichtigung der konkreten Behinderung/Beeinträchtigung im Haushalt nach den Tabellen 6 und 6a nach *Schulz-Borck/Hofmann* wird der unfallbedingte Ausfall im Haushalt ermittelt: 107

---

235 Zum Pflegegeld vgl. unten Kap. 19 Rdn. 209 ff.
236 *OLG Hamm* NJW 1996, 3016; *LG Paderborn* 3 O 86/99 v. 16.9.1999.

107a ▶ Beispiel:

Im Haushalt der Verletzten fallen wöchentlich 40 Arbeitsstunden an. Davon werden etwa 60 % durch die Verletzte, der Rest von den Familienangehörigen erledigt. Ihr Anteil am Haushalt liegt also bei 24 Std./Woche. Bei einer haushaltsspezifischen Beeinträchtigung der Arbeitsfähigkeit von 50 % besteht bei voller Haftung Anspruch auf Ersatz von 12 Wochenstunden. Ausgehend von einer Beeinträchtigung für den Zeitraum von 6 Wochen ergibt sich damit folgende Rechnung:

12 Std./Woche × 6 Wochen = 72 ersatzfähige Stunden

Der Ersatzbetrag bemisst sich nach dem erforderlichen Kostenaufwand für die Beschäftigung einer »gleichwertigen« Ersatzkraft, gleichgültig ob sie tatsächlich eingestellt worden ist oder ob man sich anderweitig beholfen hat. Ausgehend von den Werten des Deutschen Hausfrauenbundes ist bei Tätigkeiten im Haushalt in der Tarifgruppe 1 und 2 (Arbeiten nur nach Anweisungen) je nach Bundesland von einem durchschnittlichen Brutto-Stundenlohn von 5–6 € auszugehen.

D. Vermehrte Bedürfnisse

108 Gemäß § 843 BGB ist demjenigen, bei dem infolge einer Verletzung des Körpers oder der Gesundheit eine Vermehrung der Bedürfnisse eingetreten ist, Schadenersatz durch Entrichtung eine Geldrente zu leisten. Statt einer Rente kann gemäß § 843 Abs. 3 BGB der Verletzte eine Abfindung in Kapital verlangen, wenn ein wichtiger Grund vorliegt. Hieraus könnte man ablesen, dass es sich bei vermehrten Bedürfnissen nur um solche Aufwendungen handelt, die regelmäßig wiederkehren. So definiert der *BGH* vermehrte Bedürfnisse auch als ständig wiederkehrende Aufwendungen, die »den Zweck haben, diejenigen Nachteile auszugleichen, die dem Verletzten infolge dauernder Beeinträchtigung seines körperlichen Wohlbefindens entstehen«.[237] Neben den ständig wiederkehrenden Leistungen fallen aber auch unter die vermehrten Bedürfnisse die Aufwendungen, die nur selten oder einmal im Leben anfallen (beispielsweise Hausumbaukosten, technische Hilfsmittel etc.), wenn sie geeignet sind, die Nachteile auszugleichen. Der Geschädigte hat bei diesen Positionen nicht einen Renten-, sondern einen Kapitalanspruch. Es gibt drei Hauptgruppen, nämlich Pflege- und Mehrbedarf bei der Eigenversorgung, Kleidermehrbedarf und behinderungsbedingter Bedarf an Hilfsmitteln (insbesondere PKW); sowie die (Um)Baukosten für ein Haus/Wohnung.

I. Fahrtkosten

109 Der Geschädigte hat Anspruch auf Ersatz der unfallbedingt angefallenen Fahrtkosten zu den Ärzten, ambulanten Behandlungen etc. Dabei sind die reinen Betriebskosten erstattungsfähig. Diese können entweder anhand des verwendeten Fahrzeuges oder aber pauschal ermittelt werden. Es erfolgt die Erstattung der gefahrenen km.[238] Weder die km-Pauschalen des Finanzamtes noch die km-Pauschalen im Rahmen der Reisekostenabrechnungen sind erstattungsfähig. Die Erstattung von Tankquittungen ist nicht möglich.

II. Zuzahlungen zu Heilbehandlungen und Arzneimitteln

110 Bei den unfallbedingt erforderlichen Arzneimitteln besteht Anspruch auf Erstattung der Zuzahlungen. Einkommensabhängig kann die Zuzahlung erlassen werden, auch Kinder sind von den Zuzahlungen befreit. Bei BG-Unfällen entfällt diese Position.

110a Die Zuzahlungen zu den ambulanten Heilbehandlungen (i. d. R. 10 % des Rechnungsbetrages) sind erstattungsfähige Mehraufwendungen. Zahlung erfolgt nach Vorlage der entsprechenden Rechnungen. Zu den Heilbehandlungszuzahlungen gehört auch die Praxisgebühr von 10 € je Quartal, wenn nicht diese auch aus unfallunabhängigen Gründen angefallen wäre.

---

237 *BGH* v. 25.9.1973, VI ZR 49/72, VersR 1974, 162.
238 *OLG Nürnberg* DAR 2001, 366; *LG Dortmund* VersR 2000, 1115; *OLG München* – Az. 10 U 2623 v. 14.7.2006 (Juris) rechnet mit 0,21 € ab.

D. Vermehrte Bedürfnisse   Kapitel 17

Kinder werden zuzahlungsfrei behandelt, auch eine Praxisgebühr fällt nicht an.   110b

Erwachsenen können die Zuzahlungen bei entsprechender Bedürftigkeit erlassen werden (Antrag bei   110c
der Krankenkasse). Bei BG-Unfällen entfällt diese Position bei dem Geschädigten.

III. Zuzahlungen zum stationären Aufenthalt

Jeder Volljährige muss bei einem stationären Krankenhausaufenthalt bis zum 28. Tag eine Zuzahlung   111
von derzeit 10 € zahlen. Die Zuzahlungen zum stationären Aufenthalt sind wegen ersparter Eigenkosten (Essen, Trinken, Wasser etc. zu Hause) in mindestens gleicher Höhe nicht zu übernehmen.[239]

Ersparte Verpflegungskosten sind dem Verdienstschaden kongruent und können daher – soweit der   111a
stationäre Aufenthalt länger als die Zuzahlungsdauer andauert, beim Entgeltfortzahlungsregress, danach bei dem Verdienstschaden (soweit ein solcher nach Abzug der ersparten berufsbedingten Aufwendungen verbleibt) oder beim Krankengeld gegengerechnet werden. Bei Beamten oder Rentnern können diese Aufwendungen bei der Krankenkasse oder Berufsgenossenschaft abgezogen werden.[240]

Auch die Zuzahlungen zum Kuraufenthalt sind wegen ersparter Eigenkosten in mindestens gleicher   111b
Höhe nicht zu übernehmen. Dabei können die ersparten Eigenkosten aber – abhängig vom Einkommen des Verletzten differieren. Ggf. kann der Geringverdiener über die Krankenkasse auch eine Befreiung vom Eigenanteil beantragen. Bei Kindern wird ein Eigenanteil nicht erhoben!

IV. Mehrkosten beim stationären Aufenthalt

Telefonkosten[241] sind in angemessenem Umfang zu übernehmen, Kosten zur Vertreibung der Langeweile,[242] also auch für Fernseher, sind nicht zu erstatten (Unterhaltung ist nicht geschuldet), Kosten   112
für Bücher und Zeitschriften entfallen ebenfalls.[243] Kosten für Kleidung, Trainingsanzüge etc.,
sind unter Abzug des Vorteilsausgleichs zu erstatten, wenn nicht davon ausgegangen werden muss,
dass diese Kleidungsgegenstände auch unfallunabhängig vorhanden sind (Unterwäsche). Kleinere
Trinkgelder oder Geschenke für das Personal sind ebenfalls zu übernehmen. Kosten für Verpflegung
(auch als Besuchsgeschenke)[244] sind nicht erstattungsfähig, da die Verpflegung im Krankenhaus vollumfänglich und ausreichend ist.

V. Besuchskosten naher Angehöriger

Bei Krankenhausaufenthalten kann der Verletzte unter dem Stichwort »Besuchskosten« folgende Positionen geltend machen.   113
- Betreuung eines Kindes[245] oder einer Pflegebedürftigen, allerdings nur dann, wenn diese Kosten auch tatsächlich aufgewendet wurden und ein Verstoß gegen die Schadenminderungspflicht nicht vorlag (Krankenbesuch zu Zeiten der Kindergarten- oder Schulbetreuung, auch ist zunächst die Möglichkeit unentgeltlicher Betreuung durch Nachbarn oder Familie wahrzunehmen).
- Verdienstausfall des Besuchenden ist nur in Ausnahmefällen erstattungsfähig, wenn eine Umorganisation nicht möglich ist und Freistellung nur durch unbezahlten Urlaub möglich ist.[246]
- Haushaltsführungsschaden des Besuchenden ist nicht zu übernehmen, da i. d. R davon ausgegangen werden kann, dass die Tätigkeiten im Haushalt nachgeholt werden können.

---

239 *BGH* v. 18.5.1965, VI ZR 262/63, VersR 1965, 786.
240 Zur Berechnung vgl. *Küppersbusch* a. a.O, Rn. 242.
241 *OLG Hamm* DAR 1998, 317 m. w. H.
242 *OLG Düsseldorf* VersR 1995, 548 für Telefon zusätzlich zur Erstattung täglicher Besuchskosten der Mutter.
243 *OLG* Köln VersR 1989, 1309.
244 *BGH* v. 19.2.1991, VI ZR 171/90, NZV 1991, 225 = VersR 1991, 559.
245 *BGH* v. 24.10.1989, VI ZR 263/88, VersR 1989, 1308.
246 *BGH* v. 21.5.1985, VI ZR 201/83, VersR 1985, 784; *OLG Hamm* DAR 1998, 317 zu Angestellten und flexibler Arbeitszeit.

- Verpflegungsmehraufwand für den Besuchenden ist nur in Ausnahmefällen zu erstatten, jedenfalls dann nicht, wenn die Möglichkeit besteht, selbst Verpflegung mitzunehmen.
- Fahrtkosten der wirtschaftlichsten Beförderungsart im üblichen Rahmen sind zu übernehmen. Soweit das KFZ benutzt wird, sind nur die reinen Betriebskosten zu erstatten, dabei ist zu beachten, dass nicht die Regeln über die Erstattung von Reisekosten oder gar die Pauschalen des Steuerrechtes zur Anwendung kommen. Es kann zur Berechnung die Regelung des § 5 JVEG angewendet werden (0,25 € je km).

113a Die oben genannten Positionen für Besuche kann der Geschädigte nur für seine »nächsten« Angehörigen (enge persönliche Verbundenheit) geltend machen.

113b Besuchskosten sind nur dann erstattungsfähig, wenn sie zur Heilung des Verletzten notwendig und erforderlich sind.[247] Der Nachweis ist, wenn sich die Besuchskosten über dem üblichen Rahmen von 2–3 Besuchen pro Woche bewegen,[248] ggf. durch Attest des behandelnden Krankenhauses zu führen. Bei berufsgenossenschaftlich versicherten Unfällen erstattet die BG die erforderlichen Besuchskosten. Was von dort nicht übernommen wird, ist nicht erforderlich.

VI. Hilfsmittel

114 Auch bei Hilfsmitteln (Schanz'sche Krawatte, Gehhilfen, Rollator, Rollstuhl etc) sind vom Verletzten Eigenanteile zu zahlen, die erstattungsfähig sind. Die Zuzahlung beträgt derzeit i. d.R 10 %. Bei besonderer Bedürftigkeit kann der Verletzte auch von der Krankenkasse die Befreiung beantragen.

VII. Kleidermehrverschleiß

115 Sicher wird bei leichten Verletzungen ein Kleidermehrverschleiß nicht gegeben sein. Erleidet der Geschädigte aber eine Verletzung, die das Tragen eines Hilfsmittels (Korsett bei Wirbelsäulenverletzungen, Schienen oder Prothesen etc.) erforderlich macht, wird auch die Kleidung durch die mechanische Reizung mehr beansprucht. Es kann hier also ein Schadenersatzanspruch gegeben sein. Ist beispielsweise bei einer Fraktur u. a. Unterwassergymnastik erforderlich, kann ein zusätzlicher Badeanzug erforderlich werden.

VIII. Rasenmähen, Gartenarbeit

116 Diese Tätigkeiten unterfallen dem Haushaltsführungsschaden, der ggf. durch Gartenanteile erhöht wird, sie sind daher dort mit zu bewerten.[249]

IX. Eigenleistungen beim Hausbau, Hausumbau, Renovierungsarbeiten

117 Grundsätzlich sind solche Mehraufwendungen erstattungsfähig, wenn der Geschädigte diese Arbeiten vor dem Unfall selbst ausgeführt hat. Im Rahmen der Prüfung ist u. a. darauf abzustellen, wie viel der Verletzte vor dem Unfall gearbeitet hat. Erhebliche berufsbedingte Abwesenheiten lassen daran zweifeln, dass daneben noch Eigenleistungen in nennenswertem Umfang hätten erbracht werden können. Zu erstatten ist nur der nachgewiesene, tatsächlich angefallene[250] Arbeitslohn. Materialien wären unfallunabhängig auch zu beschaffen sein.[251]

---

247 *OLG München* VersR 1981, 560 zweimal wöchentlich bei schwerverletztem Kind (Jugendlichem). Abhängig vom Alter ist das heute angesichts der Möglichkeit, auch im Krankenhaus zu übernachten, um ganztägig beim Kind zu bleiben, wohl nicht mehr haltbar. *OLG Koblenz* VersR 1981, 887 für den fast 18 jährigen Verletzten 2 Mal wöchentlich Besuche, der Zeitaufwand ist nicht erstattungsfähig!
248 *OLG Hamm* DAR 1998, 317.
249 *BGH* v. 29.3.1988, VI ZR 87/87, NZV 1989, 387.
250 *LG Dortmund* SP 2008, 15 f., der Kläger hatte auf Basis des Kostenvoranschlages abrechnen wollen, obwohl er dann die Arbeiten mithilfe von Kollegen fertigstellte.
251 *BGH* v. 29.3.1988, VI ZR 87/87, NZV 1989, 387.

X. Beitragsrückerstattung in der privaten Krankenversicherung

Der privat krankenversicherte Geschädigte kann – wenn er wegen der unfallbedingten Verletzungen die private Krankenkasse in Anspruch genommen hat, den daraus resultierenden Schaden in der Beitragsrückerstattung ersetzt verlangen, wenn der Schädiger allein für den Schadenfall haftet. In den Fällen der Mithaftung entfällt dieser Anspruch, da der Verletzte wegen des verbleibenden Teils im Zweifel ohnehin seine Krankenkasse in Anspruch genommen hätte. 118

XI. Haushaltsführungsschaden als Teil der persönlichen verm. Bedürfnisse

Der Haushaltsführungsschaden[252] ist Teil der vermehrten Bedürfnisse des Verletzten, soweit es um die Befriedigung seiner eigenen Bedürfnisse geht. D. h., lebt der Verletzte allein, so entsteht der Anspruch auf Erstattung des im entstandenen Haushaltsführungsschadens allein als Vermehrung der persönlichen Bedürfnisse. Alle Tätigkeiten die der Verletzte im Haushalt ausübt, kommen allein ihm zugute. Dies hat weitreichende Konsequenzen: Zum einen entfällt für den Verletzten die Möglichkeit, durch Umorganisation des Haushaltes (Verteilen der Aufgaben auf andere Familienmitglieder) den Haushaltsführungsschaden zu reduzieren. Zum anderen wird er nur ausnahmsweise in der Lage sein, bei schwereren Verletzungen ohne fremde Hilfe auszukommen. Darüber hinaus reduziert sich der Haushaltsführungsschaden bei stationärem Aufenthalt des Verletzten erheblich. Es verbleiben bestenfalls geringe Ansprüche für das Waschen der Wäsche, ggf. Pflanzen oder Haustiere versorgen, Kehrwoche o. Ä. 119

XII. Behindertengerechter Mehrbedarf

Zusätzlich zu den sonstigen Ansprüchen hat der Verletzte auch Anspruch gegen den Schädiger auf Erstattung der Kosten, die zur Kompensation einer bleibenden Behinderung dienen. 120
- Automatikfahrzeug
  Am bekanntesten ist der Anspruch auf Erstattung der Mehrkosten für ein Automatikfahrzeug. Dabei sind nicht die Anschaffungskosten dieses Fahrzeuges zu erstatten, sondern lediglich der Mehrpreis, den ein Automatikfahrzeug gegenüber einem KFZ mit Schaltgetriebe kostet. Auch der Umbau eines KFZ in ein behindertengerechtes Fahrzeug kann geschuldet sein (z. B. für Rollstuhlfahrer). Hinzukommen können auch erhöhte Betriebskosten, soweit ein größeres Fahrzeug unfallbedingt erforderlich wird.[253] Dabei ist aber daran zu denken, dass auch hier im Fall der Eintrittspflicht der Berufsgenossenschaft von dort auch diese Position mit übernommen wird. Die gesetzliche Krankenkasse hingegen ist zur Erstattung dieser Kosten nicht verpflichtet,[254] da dieser Umbau nicht zur Befriedigung eines Grundbedürfnisses (ähnlich wie ein Rollstuhl) dient;
- Elektronische Schreibhilfe[255] oder gar ein Computer können ebenfalls erstattungsfähig sein;
- Orthopädische Schuhe (nach Abzug eines Vorteilsausgleichs);
- Prothesen etc.;[256]
- Fördermaßnahmen, die zur Annäherung des Standes dienen, der bei normaler Entwicklung erreicht worden wäre, sind ebenfalls erstattungsfähig;[257]
- Nachhilfeunterricht oder gar Privatlehrer können ebenfalls erstattungsfähig sein;
- Bei erheblichen Dauerschäden, die es erfordern, dass der Verletzte eine Begleitperson benötigt, sind auch diese Kosten erstattungsfähig.[258]

---

252 Vgl. insoweit oben zu Rdn. 94 ff.
253 *BGH* 18.2.1992, VI ZR 367/90, VersR 1992, 618.
254 *BSG* zfs 1998, 307 (L).
255 *BGH* v. 19.5.1981, VI ZR 108/79, VersR 1982, 238.
256 *OLG Köln* r+s 1989, 400.
257 *OLG Bamberg* VersR 2005, 1593 (geistig behindertes Kind).
258 *OLG Frankfurt* SP 2008, 11 ff.

XIII. Umbaukosten

121 Der unfallbedingt Behinderte hat ggf. auch Anspruch auf Umbaukosten seines Hauses, wenn er es infolge der Behinderung nicht oder nur noch eingeschränkt nutzen kann.[259] Dabei reicht der mögliche Anspruch vom Einbau behindertengerechter Türen bis hin zu dem Einbau einer Hilfe, die Stockwerke des Hauses zu überwinden.[260] Es ist auf den wirtschaftlich denkenden Geschädigten abzustellen. Nicht jede Maßnahme ist angemessen. Abzustellen ist auf die persönlichen Lebensumstände des Geschädigten. Lebte dieser in einem Haus, sind die konkret anfallenden Umbaukosten, die in dem persönlichen vom Geschädigten gewählten Lebensumfeld zu übernehmen.[261] Da dieser Anspruch nur einmal besteht, sollte sichergestellt sein, dass dieser Umbau auch dem Verletzten zugutekommt, auch wenn § 554a BGB grundsätzlich dem Mieter einen Anspruch auf Zustimmung zu baulichen Veränderungen gegen den Vermieter gibt.[262] Die Erstattung von Kosten für einen Anbau oder Neubau eines Hauses kommen nur ausnahmsweise in Betracht, der Vermögenszuwachs ist entsprechend zu bereinigen.[263] Wohnte der Verletzte zur Miete, ist aus Schadenminderungsgründen an den Umzug in eine behindertengerechte Wohnung zu denken, die daraus resultierenden Mehrkosten sind zu erstatten.[264]

XIV. Häusliche Pflegekosten

122 Der pflegebedürftige Verletzte hat Anspruch auf Ersatz der unfallbedingt entstandenen Pflegekosten. Er ist dabei verpflichtet, den unfallbedingten Mehrbedarf entsprechend zu belegen. Durch die Gutachten des medizinischen Dienstes zur Ermittlung des Pflegebedarfs werden hinreichend Hinweise gegeben. Anhand von detaillierten Fragebögen wird die Hilfsbedürftigkeit des Verletzten ermittelt und der Stundenbedarf für die Hilfe festgelegt.

122a Es sind die Kosten zu erstatten, die bei der konkreten Pflege anfallen, wobei sich der Bedarf nach der vom Geschädigten gewählten Lebensgestaltung richtet.[265] Dabei kann der Schwerstgeschädigte nicht auf den Umzug in ein Heim verwiesen werden, er hat einen Anspruch auf angemessene Pflege in vertrauter Umgebung.[266] Erstattungsfähig sind der Brutto-Lohn einer eingestellten Pflegekraft bzw. die Kosten des Pflegedienstes. Die Erforderlichkeit der Aufwendungen ist zu prüfen, ein Anspruch auf Ersatz der Mehrkosten der häuslichen Pflege ist jedenfalls dann nicht mehr gegeben, wenn die Kosten in keinem Verhältnis zu der Pflegequalität stehen, beispielsweise, weil die Heimunterbringung ca. 5 000 €, die tatsächliche Pflege mit professionellen Hilfskräften aber nahezu 21 000 € gekostet hatte, wobei hier nach Prüfung des konkreten Bedarfs die Kosten ermittelt wurden.[267] Die Leistungen der Pflegekassen sind in Abzug zu bringen. Soweit die Pflege ausschließlich durch die Familie erbracht wird, soll dies den Schädiger nicht entlasten. Zwar wird nicht auf die Kosten einer professionellen Pflegekraft abzustellen sein, aber ein angemessener Ausgleich wird von der Rechtsprechung zuerkannt.[268] Es ist zur Ermittlung des Erstattungsbetrages sowohl die reine Pflege

---

259 Grundsätzlich dazu *BGH* v. 19.5.1981, VI ZR 108/79, NJW 1982, 757 ff.; *Huber* Behinderungsbedingter Umbau – hat es der Schlossherr besser?, Besprechung *BGH* v. 12.7.2005, VI ZR 83/04, NZV 2005, 620 f.
260 Aufzug *OLG Frankfurt* VersR 1990, 912; *LG Freiburg* v. 4.2.2001 ADAJUR Dok.-Nr. 50189.
261 *BGH* v. 12.7.2005, VI ZR 83/04, NZV 2005, 629 f.
262 MüKo-BGB/*Bieber* § 554a Rn. 7.
263 *Küppersbusch* Rn. 265 m. w. H., zuletzt *LG Koblenz* 2 O 268/06, das als unfallbedingten Mehrbedarf einen Pflegeraum, Therapieraum, Badezimmer, Betreuerbad- und Schlafzimmer, etc. anerkannte (n. r.).
264 *OLG Köln* VersR 1992, 506; *OLG München* VersR 2003, 518; *OLG Stuttgart* VersR 1998, 366 wobei größere Wohnflächen im Wege des Vorteilsausgleichs zu korrigieren sind.
265 *BGH* v. 8.11.1977, VI ZR 117/75, VersR 1978, 149; *OLG Stuttgart* VersR 1998, 366; vgl. auch zur unterstützenden Hilfe beim Pflegemanagement durch Reha-Dienstleister *Nickel* in Himmelreich/Halm FA Verkehrsrecht Kap. 27 Rn. 12.
266 *OLG Koblenz* VersR 2002, 244.
267 *OLG Bremen* NJW-RR 1999, 1115 ff.
268 *OLG Hamm* r+s 1995, 182 (DM 15,00 je Stunde für die nicht besonders ausgebildete pflegende Mutter); *OLG Hamm* NZV 1994, 68 (20 DM).

D. Vermehrte Bedürfnisse   Kapitel 17

wie auch die ggf. medizinisch indizierte Bereitschaftspflege zu erstatten.[269] Dabei ist die Leistung der Pflegekasse ebenfalls zu berücksichtigen. Zur Bemessung des Erstattungsanspruchs kann auch der Verdienstausfall des pflegenden Elternteils herangezogen werden.[270]

Zu beachten ist, dass Teile der Pflege anderen Schadenersatzansprüchen – wie dem Haushaltsführungsschaden – kongruent sein können und daher insoweit entsprechend berücksichtigt werden müssen.[271]   **122b**

XV. Kosten des Pflegeheims

Ist der Verletzte dauerhaft pflegebedürftig infolge des Unfalls, kommt auch die Unterbringung in einem Pflegeheim in Betracht. Diese Kosten sind grundsätzlich erstattungsfähig, gemindert um den Vorteilsausgleich für die ansonsten anfallenden Kosten für eine Wohnung. Da die Heimrechnungen in Kosten für die Pflege, die Wohnung und Verpflegung aufgeteilt werden, können die Abzüge ohne weiteres festgestellt werden. Ein Abzug der vorher innegehabten Wohnung (tatsächlich oder fiktiv) kommt nicht in Betracht.[272]   **123**

XVI. Kosten Fitnessstudio

Die Kosten für den unfallbedingten Besuch im Fitnessstudio können im Einzelfall ausnahmsweise erstattungsfähig sein.[273]   **124**

XVII. Nutzlose Aufwendungen als Schadenposition

Infolge der Unfallverletzungen kommt es häufig dazu, dass der Verletzte einzelne Sachen in seiner Freizeit nicht nutzen kann. Dabei kann es sich um das Abonnement in einem Sportstudio[274], Mitgliedsbeitrag im Sportverein etc. handeln. Einheitlich ist die Rechtsprechung in Fällen nur vorübergehendem Ausfall. Solche Zeiten werden nicht als erstattungsfähig angesehen, da es eine Art Nutzungsausfall von Vermögenswerten nicht gibt (auch der Nutzungsausfall erfordert einen konkret messbaren Schaden am Gegenstand der Nutzung – bekannt bei Kfz-Schäden).[275] Außerdem ist in der Schadenregulierung häufig im Streit, ob Aufwendungen des Verletzten, die infolge des Unfalles nutzlos werden, ebenfalls erstattungsfähig sind. Diese Positionen werden üblicherweise als »frustrierte Aufwendungen« bezeichnet.[276] Die Rechtsprechung des *BGH* ist zwar grundsätzlich der Auffassung, dass nicht in jedem Fall im deliktischen Schadensersatzrecht diese Kosten zu übernehmen seien, ist aber bei konkret darstellbaren Kosten wie dem Abbruch einer Urlaubsreise oder dem infolge des Unfalles unmöglich gewordenen Urlaubsantritt durchaus bereit, diese Kosten zu erstatten.[277] Dabei sollte aber berücksichtigt werden, dass zunächst die evtl. vorhandene Reiserücktrittsversicherung in Anspruch genommen werden kann, für diese kommt es auf die Klärung der Eintrittspflicht nicht an!   **125**

Einen Ersatz für entgangene Urlaubsfreude lehnt der *BGH* allerdings ab, da die Grundsätze des Reisevertragsrechts und der daraus resultierenden Schadensersatzansprüche wegen Schlechterfüllung   **125a**

---

269 Zuletzt *OLG Koblenz* 2 350 € VersR 2002, 244.
270 *OLG Bamberg* VersR 2005, 1593.
271 Das Zubereiten der Mahlzeit gehört zum Haushaltsführungsschaden, während das Füttern in den Bereich Pflege fällt. Auch soweit Hilfe zum täglichen Leben (einkaufen etc.) in den Pflegebedarf aufgenommen wurde, besteht Kongruenz mit dem Haushaltsführungsschaden.
272 *OLG Hamm* NZV 2001, 474.
273 *OLG Köln* SP 2000, 234.
274 BGH v. 22.02.1973, III ZR 22/71, VersR 1971, 444.
275 Vgl. insoweit Grundsatzurteil des *BGH* v. 15.12.1970, VI ZR 120/69, NJW 1971, 796 (Jagdpacht).
276 Palandt/*Grüneberg* Übersicht 19 ff. vor § 249 bzw. § 249 Rn. 61; *OLG Celle* SP 1997, 9 (Wohnungsmiete, Aerobic-Training und fehlgeschlagene Führerscheinausbildung sind nicht erstattungsfähig).
277 U. a. *BGH* v. 30.5.1978, VI ZR 199/76, VersR 1978, 838 m. w. H. zu den frustrierten Aufwendungen; bejahend bei weiteren zusätzlichen Aufwendungen *BGH* v. 14.05.1976, V ZR 157/74, VersR 1976, 956; für den Urlaub *BGH* v. 22.2.1973, III ZR 22/71, NJW 1973, 747.

nicht auf das deliktische Schadensersatzrecht zu übertragen sind und Ursache für den »entgangenen Genuss« gerade nicht das Fehlverhalten des Reiseveranstalters war.[278] Eine solche unfallbedingte Beeinträchtigung kann allenfalls in geringem Umfang im Schmerzensgeld berücksichtigt werden.[279] Auch Theaterkarten oder Konzertkarten, die infolge des schädigenden Ereignisses nicht genutzt werden können, sind in Höhe der Kosten der Karte zu ersetzen.[280]

E. Ersatzansprüche im Fall der Tötung eines Menschen

126 Die Ansprüche, die infolge der Tötung eines Menschen entstehen können, richten sich nach §§ 844 Abs. 2 BGB, 10 Abs. 2 StVG. Dabei ist zu unterscheiden zwischen den unmittelbar aus der Tötung resultierenden Ansprüchen wie Bestattungskosten und dem nachfolgenden, mittelbaren Schaden, dem Unterhaltsanspruch des Hinterbliebenen. Dies ist im Übrigen der einzige Anspruch auf Ersatz eines mittelbaren Schadens, den das Gesetz kennt.

I. Unfall und Tod ereignen sich zeitgleich

127 Wird der Geschädigte bei dem Unfallereignis sofort getötet, bestehen im Personenschaden nur die nachfolgend aufgeführten Ansprüche auf Erstattung der ggf. versuchten Heilbehandlung, der Bestattungskosten und ggf. ein Anspruch auf Unterhaltsschadensersatz. Daneben möglicherweise bestehende Ansprüche auf Ersatz des Fahrzeugschadens fallen in die Erbmasse und stehen den Erben zu. Diese Schadensersatzansprüche sind nicht Gegenstand dieses Kapitels. Auch die Frage eines Schmerzensgeldes wird an anderer Stelle erörtert.[281]

II. Unfall und Tod fallen auseinander

128 Fallen aber Unfall und Unfalltod zeitlich auseinander, ergeben sich neben dem Anspruch auf Schmerzensgeld eine Vielzahl von Problemen:

1. Kausalzusammenhang zwischen Unfall und Todesfall

129 Verstirbt der Geschädigte in kurzem Abstand zum Unfallereignis, ist der Nachweis des Kausalzusammenhanges problemlos möglich. Schwierigkeiten bereiten aber die Fälle, in denen der Tod erst in größerem zeitlichen Abstand zum Unfallereignis eintritt. Oft ist streitig, ob der Todesfall auf den Unfall zurückzuführen ist. In diesen Fällen kommt den Rechtsnachfolgern/Hinterbliebenen die Beweiserleichterung des § 287 ZPO[282] zugute, es reicht dann eine erhebliche Wahrscheinlichkeit[283] oder die Mitursächlichkeit der unerlaubten Handlung[284] aus.

129a Allerdings ist u. U. trotz der Mitursächlichkeit der unerlaubten Handlung und des Vorliegens des Kausalzusammenhangs der haftungsrechtliche Zurechnungszusammenhang zu prüfen. Insbesondere in den Fällen, in denen der Geschädigte nach einem eigentlich leichten Unfallereignis sich so erregt mit dem Schädiger auseinandersetzt, dass er infolge einer bestehenden Vorschädigung einen Schlaganfall erleidet, ist der Zurechnungszusammenhang mit dem Unfallereignis zu verneinen.[285]

---

278 *BGH* v. 11. 1.1983, VI ZR 222/80, VersR 1983, 392.
279 Wegen der Details vgl. dort, u. a. *OLG Köln* NJW 1974, 561.
280 *Palandt/Grüneberg* § 249 BGB Rn. 71.
281 Vgl. insoweit Kap. 19, Rdn. 100, 385 ff.
282 Zu Beweismaß und Beweislast vgl. *Staab* in Meschkat/Nauert, Betrug in der Kraftfahrtversicherung 2008, Rn. 247 ff. mit grundlegenden Hinweisen; *Geipel* Der Vollbeweis durch das Unwahrscheinliche? – Widerspruch, Logik oder die vergessene Lehre vom Individualanscheinsbeweis? – zfs 2007, 363 f.
283 *BGH* v. 22.9.1992, VI ZR 293/91, VersR 1993, 55 = r+s 1993, 14.
284 *OLG Hamburg* OLGR 2005, 101.
285 *BGH* v. 6.6.1989, VI ZR 241/88, VersR 1989, 923; vgl. aber auch *OLG Hamm* r+s 1997, 65; *BGH* v. 1.8.2002, III ZR 277/01, NJW 2002, 3172 = VersR 2003, 67 (Selbstmord einer Polizeibeamtin nach systematischem Mobbing) *BGH* v. 10.6.1958, VI ZR 120/57, NJW 1958, 1579 = VersR 1958, 547 (Selbstmord nach Schädelverletzung).

2. Ansprüche des Verstorbenen/der Hinterbliebenen

Wird ein Kausalzusammenhang und der haftungsrechtliche Zurechnungszusammenhang bejaht, ist zu trennen zwischen den Ansprüchen des Getöteten, die er während der Überlebenszeit selbst gem. §§ 823 BGB, 7 StVG erworben hatte (Schmerzensgeld, Verdienstschaden, Heilbehandlungskosten etc.) und den durch den Todesfall entstehenden Ansprüchen auf Ersatz der Bestattungskosten und des ggf. entstandenen Unterhaltsschaden.[286] 130

Die eigenen Ansprüche, die der Verstorbene zu Lebzeiten erworben hat, gehen, soweit sie noch nicht oder nicht vollständig reguliert sind, in die Erbmasse ein und fallen damit nur den Erben gem. § 1922 BGB zu,[287] die ggf. nicht mit den unterhaltsberechtigten Personen identisch sind.[288] In diesem Fall sollte ein Erbschein zum Nachweis der Berechtigung vorgelegt/angefordert werden. Die Ansprüche der Hinterbliebenen unterhaltsberechtigten Personen ergeben sich aus §§ 844 ff. BGB, 10 StVG. 130a

III. Kosten für die versuchte Heilung

Gem. §§ 844 BGB, 10 Abs. 1 StVG sind auch die Kosten der versuchten Heilung sowie die sonstigen Schadenersatzansprüche während der Zeit des Überlebens nach dem Unfall zu erstatten. Dies bedeutet, dass der seinen Unfallverletzungen erlegene Geschädigte zunächst Anspruch auf Ersatz von Schmerzensgeld,[289] Heilbehandlungskosten,[290] vermehrten Bedürfnissen[291] und Erwerbsschaden[292] für den Zeitraum des Überlebens hat. 131

IV. Bestattungskosten

Die Bestattungskosten sind nach § 844 Abs. 1 BGB demjenigen zu erstatten, der verpflichtet ist, die Bestattung durchzuführen.[293] Dies ist in aller Regel der Erbe, § 1968 BGB. Neben diesem können auch sonstige unterhaltspflichtige Personen (Unterhaltspflichtige, § 1615 Abs. 2 BGB, Ehegatte § 1360a Abs. 3 BGB, nicht aber der geschiedene Ehegatte) hierfür zuständig sein. Begleicht ein naher Verwandter die Bestattungskosten, so hat er einen Anspruch gegen den KH-Versicherer des Schädigers aus GoA.[294] 132

1. Kosten für die eigentliche Bestattung

Erstattungsfähig sind nicht nur die notwendigen Kostnen der Bestattung, sondern alle Kosten, die mit der standesgemäßen Bestattung im Zusammenhang stehen.[295] Dabei ist § 844 BGB eng auszulegen.[296] Es kommt insbesondere auf die Herkunft, Lebensverhältnisse (wirtschaftliche Stellung, Einkommen) des Getöteten an.[297] Darüber hinaus ist auch der Kulturkreis des Getöteten mit den evtl. bestehenden Besonderheiten angemessen zu berücksichtigen,[298] dazu können dann u. U. auch die Flugkosten zur Bestattung in der Türkei sowie der Transport der Trauergesellschaft in zwei Bussen erforderlich sein.[299] Was standesgemäß ist, wird unterschiedlich geprüft. Teilweise wird auf die Höhe 133

---

286 Vgl. insoweit unten Kap. VI.
287 U. a. *OLG Hamm* r+s 2000, 458.
288 *BGH* v. 22.9.1992, VI ZR 293/91, VersR 1993, 55 = r+s 1993, 14.
289 Vgl. insoweit Kap. 17 (Schmerzensgeld) in diesem Buch.
290 Vgl. insoweit Kap. 16, IV.
291 Vgl. insoweit Kap. 16, VIII.
292 Vgl. insoweit Kap. 16, II.
293 *Jaeger* in Himmelreich/Halm FA Verkehrsrecht Kap. 13 Rn. 124.
294 *LG Mannheim* NZV 2007, 367.
295 OLG Naumburg, VersR 2005, NZV 2005, 530 ff; OLG Düsseldorf VersR 1995, 195.
296 *BGH* v. 4.4.1989, VI ZR 97/88, VersR 1989, 853.
297 *BGH* v. 20.9.1973, III ZR 148/71, NJW 1973, 2103; *OLG Düsseldorf* VersR 1995, 1195.
298 *BGH* v. 20.9.1973, III ZR 148/71, NJW 1973, 2103.
299 *KG* DAR 1999, 115 (wegen weiterer Beerdigungskosten) = NZV 1999, 329 ff.

der Einzelkosten[300] abgestellt, sinnvoll dürfte aber die Höhe der Gesamtkosten[301] der Bestattung sein, da es ja auch auf die wirtschaftliche Situation des Getöteten ankommt. Auch die Gesamtschau der Bestattungskosten enthebt nicht von der Prüfung der einzelnen Positionen.

134 Erstattungsfähig sind grundsätzlich die folgenden – alphabetisch geordneten Positionen:
- Bestattung als solche[302]
- Blumen, Kränze[303]
- Erbschein[304]
- Erstbepflanzung der Grabstellen
- Feuerbestattung
- Gebühren für ein Einzelgrab[305]
- Gebühren, gemeindliche und kirchliche für die Bestattung
- Grabeinfassung, bei Anlage eines Familiengrabes ggf. nur anteilig, wenn dies nicht der wirtschaftlichen Lebensstellung des Getöteten entspricht[306]
- Grablaterne[307]
- Grabstein, ein Doppelgrabstein wird zur Hälfte erstattet (analog der Doppelgrabstätte)[308]
- Sterbeurkunde
- Traueranzeigen (nicht aber die Erinnerungsanzeigen nach 6 Monaten bzw. Jahren)
- Trauerfeier[309]
- Trauerkleidung in angemessenem Umfang[310]
- Überführung[311]
- Umbettung, wenn der bisherige Friedhof nach einigen Jahren aufgegeben wird[312]
- Verdienstausfall für den Tag der Beerdigung, u. U. auch für einen Vorbereitungstag.[313]

134a Auf diese erstattungsfähigen Positionen ist ein evtl. vom Arbeitgeber oder im Rahmen eines Wege- oder Arbeitsunfalls von der Berufsgenossenschaft gezahltes Sterbegeld anzurechnen.

---

300 *OLG Düsseldorf* NJW-RR 1995, 1161 f. (Grabstein, Graburne und Grabvase in Höhe von DM 4 000 erstattungsfähig, nicht – wie gefordert – 15 000 DM).
301 *OLG Hamm* NJW-RR 1994, 155 (Gesamtaufwand von 15 000 DM für eine Beerdigung im gutbürgerlichen Mittelstand als Obergrenze).
302 *BGH* v. 20.9.1973, III ZR 148/71, NJW 1973, 2103 = VersR 1974, 140; *LG Hamburg* VersR 1979, 64.
303 Nicht erstattungsfähig sind die weiteren Kosten der Grabpflege, *LG Rottweil* VersR 1988, 1246; Schmuck für Allerheiligen, Jahresgedächtnisschmuck etc.
304 Jedenfalls dann, wenn die Versicherung ihn grundlos verlangt, *LG Nürnberg* VersR 1984, 196.
305 *BGH* v. 20.9.1973, III ZR 148/71, NJW 1973, 2103 = VersR 1974, 140 (Doppelgrabstelle).
306 *OLG München* NJW 1968, 252 (gibt die volle Erstattungspflicht dem Schädiger auf, weil dies der Lebensstellung des Getöteten entsprach).
307 *Küppersbusch* a. a. O. Rn. 452.
308 *Balke*, SVR 2009, 133, (m. w. N.), tw. wird auch der volle Grabstein anerkannt.
309 KG NZV 1999, 329; *LG Stuttgart* zfs 1985, 166.
310 Wobei hier ersparte Eigenkosten wegen der Weiterverwendung dieser Kleidung zu berücksichtigen sind, *BGH* v. 20.12.1972, IV ZR 171/71, VersR 1973, 224; *OLG Hamm* VersR 1982, 961 (50 %); *LG Düsseldorf* VersR 1967, 985 (40 % Abzug); *OLG Celle* zfs 1987, 229 (20 % Abzug).
311 *OLG Karlsruhe* VersR 1954, 12; Überführungskosten eines Gastarbeiters sind nur dann erstattungsfähig, wenn dieser sich nur vorübergehend in Deutschland aufgehalten hatte und in guten wirtschaftlichen Verhältnissen (die eine Überführung ins Herkunftsland auch ohne sonstigen Ersatzpflichtigen ermöglicht hätten) *LG Gießen* DAR 1984, 151; *Geigel/Münkel* Haftpflichtprozess Kap. 8 Rn. 10 ff. m. w. H.
312 *OLG München* NJW 1974, 703.
313 *OLG Hamm* DAR 1956, 217. Da aber in aller Regel beim Tod naher Angehöriger (Eltern, Kinder, Ehegatte) Sonderurlaub gewährt wird, ist ein weiter gehender Anspruch der Hinterbliebenen nicht gegeben. Ein gleicher Anspruch des Arbeitgebers wegen Teilnahme von Arbeitskollegen an der Trauerfeier besteht allerdings nicht, *OLG Hamburg* VersR 1967, 666.

E. Ersatzansprüche im Fall der Tötung eines Menschen

Nicht erstattungsfähig hingegen sind

- Doppelgrab[314]
- Doppelgrabstein[315]
- Erbschein, es sei denn, er wurde vom Versicherer ausdrücklich angefordert
- Familiengrab[316]
- Frustrierte Aufwendungen wie etwa Zahlungen für eine gebuchte und nicht angetretene Reise[317]
- Grabpflege über die Erstbepflanzung hinaus
- Lichtbilder (vom Grab, Begräbnis)
- Nachlassverwaltung
- Reisekosten
- Testamentseröffnung
- Umschreibung von Grundstücken, Fahrzeugen etc.
- Umbettungskosten, die entstehen, weil in einem anderen Teil des Friedhofes größere Gestaltungsmöglichkeiten hinsichtlich der Grabstätte bestehen[318]
- Verwaltungsgebühren, z. B. für die Ausstellung einer Steuerkarte für den hinterbliebenen Ehegatten
- Wartungs- und Unterhaltungskosten für den Grabstein.

2. Schadenersatz wegen entgangener Dienste

Nach § 845 BGB kann auch Ersatz wegen entgangener Dienste, so z. B. Mithilfe von Kindern im Haushalt etc. verlangt werden. Hier ist zu differenzieren: Wurde ein Ehegatte getötet, wird die entgangene Hilfe im Haushalt über den Naturalunterhalt[319] gelöst, § 845 kommt nicht zur Anwendung. Zur Anwendung kommt diese Vorschrift auch, wenn in der Landwirtschaft ein Kind getötet wird. Dort wird die unentgeltliche Mithilfe auf dem elterlichen Hof als sog. entgangener Dienst geltend gemacht. Sie gilt solange als familienrechtlich geschuldete Dienstleistung, als im Gegenzug die Eltern für Kost und Logis des Kindes auf dem Hof aufkommen und das Kind dem elterlichen Hausstand angehört.[320] Dies kann jedoch bei den erwachsenen auf dem Hof lebenden Kindern nur noch insoweit gelten, als sie einer eigenen Erwerbstätigkeit **nicht** nachgehen.[321] Problematisch ist dies u. U. bei der Tötung des zukünftigen Hoferben, der in dem elterlichen Betrieb die Ausbildung zum Landwirt absolviert oder absolviert hat. Hier ist grundsätzlich davon auszugehen, dass seine Tätigkeiten letztlich dem eigenen Weiterkommen (Hofübernahme) dienen und damit eigenwirtschaftlich sind. Das »Leisten von Diensten« ist damit mindestens nachrangig. Auch wenn der »Altenteiler« eines landwirtschaftlichen Betriebes getötet wird, kann ggf. die Prüfung des Schadenersatzes wegen entgangener Dienste erforderlich werden, wenn und soweit dieser noch zu Mitarbeiten familienrechtlich verpflichtet war.[322] Soweit in der Übergabevereinbarung eine Mithilfepflicht vertraglich festgehalten wurde, ist ein Schadenersatz wegen entgangener Dienste ausgeschlossen, da dann eine dem Arbeitsvertrag ähnliche Regelung getroffen wurde. Auch die eventuellen Verluste aus der Veräußerung des Hofes nach dem Tod des Bauern sind als mittelbarer Schaden nicht unfall-

---

314 *Balke*, SVR 2009, 133, (m. w. N.), ggf. ist die Grabstätte anteilig zu erstatten.
315 *Balke*, SVR 2009, 133, (m. w. N.), tw. wird auch der volle Grabstein anerkannt.
316 Auch wenn ein Doppelgrab oder Familiengrab gewählt wird, kann Kostenübernahme nur anteilig oder entsprechend den Kosten für ein Einzelgrab verlangt werden, vgl. insoweit oben.
317 *BGH* v. 4.4.1989, VI ZR 97/88, VersR 1989, 853.
318 *Balke*, SVR 2009, 132.
319 Vgl. hierzu Rdn. 150 ff.
320 *OLG Nürnberg* VersR 1992, 188; *OLG Celle* VersR 1991, 1291.
321 *BGH* v. 7.10.1997, VI ZR 144/96, VersR 1998, 466, *OLG Celle* r+s 1997, 160: keine Dienstverpflichtung bei Absolvieren einer Lehre in Fremdbetrieb.
322 *BGH* v. 21.11.2000, VI ZR 231/99, DAR 2001, 159 = r+s 2001, 245 = VersR 2001, 648 zur Erstattungsfähigkeit von entgangenen Diensten in der Landwirtschaft.

bedingt zu ersetzen, da die Erben die Erbmasse in ihrem Bestand so hinnehmen müssen, wie sie beschaffen ist.[323]

3. Eigenleistungen des Getöteten

137 Häufig kommt es vor, dass der Getötete neben seiner beruflichen Tätigkeit auch im häuslichen Umfeld handwerklich tätig war. Entgangene Arbeitsleistungen insoweit sind – soweit sie in der Zukunft anfallen mögen, dem Haushaltsführungsschaden ggf. zuzurechnen.[324] Sind konkrete Arbeiten von erheblichem Umfang geplant, stellt sich ohnehin die Frage, welchen zeitlichen Rahmen der Getötete überhaupt für diese Arbeiten zur Verfügung hatte.[325] Darüber hinaus besteht nur dann ein Anspruch, wenn dieser bereits im Todesfall bestanden hat und damit vererblich war.[326]

4. Tötung eines Ausländers

138 Grundsätzlich richtet sich auch der Schadenersatzanspruch des ausländischen Geschädigten nach dem Recht des Tatortes, also bei einem Verkehrsunfall auf deutschem Boden nach deutschem Recht (lex loci). Dies bedeutet, dass im Fall der Tötung eines Ausländers auf deutschem Boden deutsches Schadensersatzrecht zur Anwendung kommt. Infolgedessen können dessen Hinterbliebene nach deutschem Recht Schadenersatz verlangen mit der Besonderheit, dass ggf. auch kulturelle Besonderheiten entsprechend berücksichtigt werden müssen.

F. Unterhaltsschaden

139 Die Grundlagen des Unterhaltsschadens ergeben sich aus §§ 844 Abs. 2 BGB, 10 Abs. 2 StVG. Danach hat der Schädiger im Fall der Tötung denjenigen Unterhalt zu leisten, denen der Getötete aufgrund Gesetzes[327] zum Unterhalt verpflichtet war, § 844 Abs. 2 S. 1 BGB. Vom Unterhaltsanspruch sind sowohl der Barunterhaltsanspruch als auch der Naturalunterhaltsanspruch umfasst.

I. Grundlagen

140 Das deutsche Schadensersatzrecht kennt grundsätzlich keinen mittelbaren Schaden,[328] hiervon ausgenommen ist nur der Unterhaltsanspruch nach §§ 844 Abs. 2 S. 1 BGB, 10 Abs. 2 StVG. Dieser Unterhaltsanspruch der Hinterbliebenen muss aber auf einer gesetzlichen Grundlage fußen. Es reicht nicht aus, dass der Verletzte ohne gesetzliche Verpflichtung Unterhalt geleistet hat, um einen Ersatzanspruch auszulösen.

1. Voraussetzungen des Unterhaltsanspruchs

141 Voraussetzung für den Unterhaltsanspruch ist daher zum einen, dass der Unterhaltsverpflichtete durch einen Verkehrsunfall getötet wurde und Ersatzpflicht nach den §§ 823 ff. BGB und/oder 7 ff. StVG gegeben ist.[329] Zum anderen muss der Getötete nach den §§ 1363–1369 bzw. 1569–1586b BGB zum Unterhalt verpflichtet gewesen sein.

---

323 *BGH* v. 21.11.2000, VI ZR 231/99, DAR 2001, 159 = r+s 2001, 245 = VersR 2001, 648; etwas anderes würde natürlich gelten, wenn der Landwirt den Unfall überlebt und den Hof unfallbedingt veräußert hätte. Dann wäre der Verlust ggf. schadenersatzrechtlich zu erstatten (aber nur dem Geschädigten!).
324 Vgl. oben Rdn. 117, 121.
325 *OLG Koblenz* 12 U 1400/05 BeckRS 2008, 06956 (n. r.).
326 *BGH* v. 22.6.2004, VI ZR 112/03, r+s 2004, 434.
327 *BGH* v. 22.6.2004, VI ZR 112/03, r+s 2004, 434 = VersR 2004, 1192 (Renovierungsarbeiten an fremdem Haus als mittelbarer Schaden).
328 Mittelbare Geschädigte haben zwar selbst keinen direkten Schaden bei dem Unfallereignis erlitten, erleiden aber infolge des Unfalles einen Vermögensschaden. Vgl. hierzu *BGH* v. 21.11.2000, VI ZR 231/99, DAR 2001, 159 = r+s 2001, 245 = VersR 2001, 648.
329 Auch hier sind jedoch die Haftungsausschlüsse nach den §§ 104 ff. SGB VII zu berücksichtigen. Die Un-

F. Unterhaltsschaden Kapitel 17

Dabei reicht aber die Unterhaltsverpflichtung nur soweit, wie der Getötete überhaupt in der Lage 141a
war, diese Unterhaltsleistungen zu erbringen, ohne selbst bedürftig zu werden, § 1603 BGB.

2. Grenzen des Unterhaltsanspruchs

Der **Höhe** nach ist der Unterhaltsanspruch begrenzt durch die Leistungspflicht,[330] die Leistungs- 142
fähigkeit[331] des Getöteten, § 1603 BGB, sowie die Durchsetzbarkeit der Ansprüche.

Darüber hinaus ist dieser Unterhaltsanspruch **zeitlich** begrenzt auf die mutmaßliche Lebensdauer des 142a
Getöteten,[332] diese wird nach der statistischen Lebenserwartung ermittelt, die auf Tabellen des Statistischen Bundesamtes fußt. Dabei sind auch die Besonderheiten in der Person des Getöteten, evtl. Vorversterbensrisiko oder auch bei Gastarbeitern die ggf. andere/niedrigere Lebenserwartung in ihren Heimatländern unterhaltsrechtlich zu berücksichtigen. Die Berechnung des Unterhaltes auf Basis des Netto-Erwerbseinkommens kann zeitlich längstens bis zum Erreichen des Rentenalters, welches nach Auffassung des *BGH* derzeit bei 65 Jahren liegt,[333] erfolgen und in dieser Höhe verlangt werden, mit Eintritt in den Rentenbezug verändern sich die Einkommen und damit entfällt u. U. ein zusätzlicher Anspruch gegen den Schädiger auf Unterhalt (unter Berücksichtigung der fortgezahlten Hinterbliebenenrenten).[334] Auch die Gefahr des Stellenverlustes muss in der weiteren Entwicklung des Unterhaltsschadens berücksichtigt werden (Konkurs des Arbeitgebers als Beendigungsgrund).

Nicht unberücksichtigt bleiben kann auch das statistische Risiko des Vorversterbens der Unterhalts- 142b
berechtigten.[335] Der Unterhaltsanspruch des hinterbliebenen Ehegatten endet spätestens mit seiner Wiederverheiratung.[336] Der neue Ehepartner ist dann unterhaltsverpflichtet. Es kommt dabei nicht darauf an, ob und wie die Ehegatten ihre familienrechtliche Pflicht zum Unterhalt erfüllen.[337]

Der Unterhaltsanspruch von Kindern endet – wie der familienrechtliche Unterhalt – mit Abschluss 142c
der Ausbildung, im Fall eines Studiums spätestens mit dem 27. Lebensjahr.[338]

Die Mitverursachung oder Mithaftung des Getöteten begrenzt den Schadenersatzanspruch der Hin- 142d
terbliebenen gem. § 846 BGB[339] genauso, wie ein Haftungsausschluss nach §§ 104 ff. SGB VII zum Ausschluss des Unterhaltsschadenersatzes führt.[340] Besondere Schwierigkeiten ergeben sich, wenn sowohl der Unterhaltsverpflichtete als auch der Unterhaltsberechtigte für den Tod des Unterhaltsverpflichteten mitverantwortlich sind. Dann sind beide Anteile anspruchsmindernd zu berücksichtigen.[341] Diese Anspruchskürzung gilt aber nur für die Witwe/den Witwer, nicht für die hinterbliebenen Kinder, diese müssen sich lediglich das Mitverschulden des Getöteten anrechnen lassen.[342]

---

terhaltspflicht wird in diesen Fällen von der Berufsgenossenschaft durch Zahlung von Hinterbliebenenrenten übernommen!
330 *BGH* v. 4.11.2003, VI ZR 346/02 in VersR 2004, 75 = NJW 2004, 358 = NZV 2004, 23.
331 *BGH* v. 15.6.2004, VI ZR 60/03, NZV 2004, 514 = VRS 107, 251 = VersR 2004, 1147; *BGH* v. 23.4.1974, VI ZR 188/72, VersR 1974, 906; *OLG Bremen* FamRZ 1990, 403; *OLG Hamm* NZV 2006, 85 = zfs 2006, 256.
332 *BGH* v. 24.4.1990, VI ZR 183/89, NZV 90, 307 = VersR 1990, 907.
333 *BGH* v. 25.4.2006, VI ZR 114/05, VersR 2006, 1081 f; *BGH* v. 27.1.2004, VI ZR 342/02, VersR 2005, 653; diese Grenze wird aber in Zukunft unter Berücksichtigung des Renteneintrittsalters 67 verschoben werden müssen.
334 *BGH* v. 24.1.2004, VI ZR 342/02, r+s 2004, 342.
335 Vgl. insoweit auch *Küpperbusch* a. a. O. Rn. 864 m. w. N.
336 *BGH* v. 16.2.1970, III ZR 183/68, VersR 1970, 522, 524; *OLG Stuttgart* VersR 1993, 1536.
337 Vgl. hierzu *BGH* v. 25.4.2004, XII ZR 189/04, NJW 2007, 2412.
338 *OLG Köln* VersR 1990, 1285; *OLG Stuttgart* VersR 1993, 1536.
339 *BGH* v. 27.6.1961, VI ZR 205/60, NJW 1961, 1966.
340 *OLG Frankfurt* OLGR 2003, 441.
341 *OLG Köln* VersR 1992, 894.
342 *OLG Köln* VersR 1992, 894.

3. Schadenminderungspflicht/Mitarbeitspflicht des Hinterbliebenen

143 Wie im familienrechtlichen Unterhaltsrecht trifft den Hinterbliebenen auch im Schadensersatzrecht eine Mitarbeitspflicht, soweit ihm dies möglich und zumutbar ist.[343] Die Zumutbarkeit der Mitarbeitspflicht der Witwe/des Witwers unterliegt dabei allgemeinen schuldrechtlichen Grundsätzen. Die familienrechtlich entwickelten Grundsätze sind nach bisheriger Rechtsprechung nicht anzuwenden.[344] Dabei ist zu berücksichtigen, dass bei minderjährigen Kindern die Altersgrenzen niedriger sind als im bisherigen Unterhaltsrecht.[345] Nach dieser Reform kann nicht eine Arbeitspflicht bis zm Abschluss der Schulausbildung der Kinder (Abitur, d. h. über das 18. Lebensjahr hinaus) verneint werden unter Hinweis auf die Betreuungspflicht des Kindes.[346] Inwieweit sich das geänderte (familienrechtliche) Unterhaltsrecht[347] auf diese Rechtsprechung auswirken wird, bleibt abzuwarten.

II. Anspruchsberechtigte

144 Anspruchsberechtigte im Unterhaltsschadenersatz sind
- die Ehegatten, §§ 1360 und 1360a BGB;
- die Partner einer eingetragen Lebenspartnerschaft, (§§ 5, 12 LPartG gibt den Lebenspartnern gegenseitige Unterhaltsansprüche analog §§ 1360 ff. BGB). Dabei gilt hinsichtlich der gleichgeschlechtlichen eingetragenen Lebenspartnerschaft zu beachten, dass grundsätzlich diese Partner jeder für sich verpflichtet sind, für ihren Unterhalt zu sorgen. Dann sind die eigenen Einkünfte des Hinterbliebenen im Wege des Vorteilsausgleichs zu berücksichtigen. Nur in Ausnahmefällen (Krankheit, besondere Vereinbarung etc.) kann dann eine Unterhaltspflicht bestehen. Hat ein Lebenspartner ohne einen der Gründe der §§ 12 und 16 LPartG nicht gearbeitet, wird man eine Verpflichtung zur Aufnahme einer Erwerbstätigkeit annehmen und den erzielbaren Betrag einsetzen können. Einen Anspruch auf Ersatz des Naturalunterhaltes bei Tötung des Haushaltsführenden soll es hingegen nicht geben, § 5 LPartG spricht von der Verpflichtung zum Lebenspartnerschaftsunterhalt durch »ihre Arbeit und ihr Vermögen«;
- Partner aus nichteheliche Lebensgemeinschaften hingegen haben weder einen Anspruch auf Bar-Unterhalt noch auf Natural-Unterhalt, hier kann bestenfalls ein Unterhaltsanspruch der gemeinsamen nichtehelichen Kinder bestehen. Bei Aufhebung dieser Partnerschaft kommt § 16 LPartG zur Anwendung;[348]
- die ehelichen und nichtehelichen Kinder, §§ 1602 ff. BGB, welche nach der Regelung des § 1615a BGB auch auf die nichtehelichen Kinder anzuwenden sind. Es erfolgt insoweit eine Gleichstellung; soweit sie nicht über ein eigenes Einkommen verfügen. Sie müssen nach § 1602 Abs. 2 BGB zur Durchsetzung von Unterhaltsansprüchen gegen die Eltern sich das eigene Einkommen anrechnen lassen und die Bedürftigkeit nachweisen. Daher sind die Einkünfte, die Waisen erzielen, auf den Unterhaltsschadenersatzanspruch anzurechnen (z. B. Ausbildungsbeihilfe, Erträgnisse der eigenen Erbschaft – nur, wenn der Getötete nicht der Erblasser war, Bafög oder Stipendium, wenn es auch ohne den Unfall gezahlt wurde oder worden wäre, auch die Waisenrenten von DRV und Berufsgenossenschaften sind anzurechnen);
- die Eltern des Getöteten grundsätzlich unterhaltsberechtigt sein, da auch sie Verwandte in gerader Linie gem. § 1601 BGB sind;

---

343 *BGH* v. 26.9.2006, VI ZR 124/05, r+s 2007, 39 = NZV 2007, 29; *BGH* v. 19.6.1984, VI ZR 301/82, NJW 1984, 2520 = *BGH* VersR 1984, 936.
344 *OLG Düsseldorf* r+s 1987, 45 f.; Rev. nicht angenommen (VI ZR 7/86 v. 2.12.1986).
345 *OLG Hamm* NZV 2008, 570 für die Arbeitspflicht d. Witwe; *OLG Düsseldorf* Fachdienst Familienrecht 2008, 264753 = NJW Spezial 2008, 708 = FDR 2008, 530 bei 6-jährigem Kind ist eine Halbtags-Tätigkeit anzusetzen.
346 So fälschlicherweise *OLG Hamm* NZV 2008, 570.
347 FA-FamRecht/Gerhardt, Kap. 6 Rn. 356–360 zur zumurbaren Erwerbstätigkeit.
348 *BGH* v. 5.5.2002, XII ZR 132/02, NJW 2004, 2305; vgl. hierzu auch *EUGH* v. 1.4.2008, C-267/06, NJW-Spezial 2008, 308.

- auch der geschiedene Ehegatte, der Unterhaltsleistungen erhielt, hat ggf. einen Anspruch auf Unterhaltsleistungen, jedenfalls dann, wenn dieser im Scheidungsverfahren ausgesprochen wurde und sich dort noch keine eine Abänderungsklage rechtfertigenden Umstände ergeben haben;[349]
- bei getrennt lebenden Ehepartnern bzw. wenn deutliche Anhaltspunkte für das Scheitern der Ehe vorliegen, besteht nur noch ein eingeschränkter Unterhaltsanspruch,[350] der sich an dem geänderten Unterhaltsrecht messen lassen muss.
- der Partner der nichtehelichen Lebensgemeinschaft, der Betreuungsunterhalt gem. § 1615 BGB beanspruchen kann.[351]

Kein Anspruch auf Unterhalt besteht bei
- Nichtehelichen Lebensgemeinschaften,[352]
- Nicht eingetragenen Lebenspartnerschaften,
- Verlobten.[353]

145

Wichtige Voraussetzung für die Entstehung des Unterhaltsschadenersatzanspruch ist, dass das Unterhaltsverhältnis bereits im Unfallzeitpunkt bestanden hat, es reicht nicht aus, wenn dieses Verhältnis seine Begründung nach dem Unfallereignis aber vor dem Todesfall erfahren hat,[354] z. B. Hochzeit oder Schwangerschaft.

145a

III. Unterhaltsformen:

Es wird zwischen zwei Arten von Unterhalt unterschieden, dem Barunterhalt und dem Naturalunterhalt. Die einzelnen unterhaltsberechtigten Familienmitglieder sind Teilgläubiger,[355] es ist für jeden einzelnen der persönliche Unterhaltsbedarf, ggf. nach Natural- und nach Barunterhalt unterschieden zu ermitteln. Dabei kann abhängig vom Alter der Bedarf an Barunterhalt steigen, der an Naturalunterhalt aber gleichzeitig sinken.

146

Allerdings sind die Ansprüche dergestalt miteinander verbunden, dass als Obergrenze das Einkommen (für den Barunterhalt) bzw. die Leistungsfähigkeit des Getöteten (für den Naturalunterhalt) gelten.

146a

1. Barunterhalt

Der Barunterhalt stellt die Unterstützung aus dem verfügbaren Einkommen des Unterhaltsverpflichteten dar. Der zu leistende Barunterhalt ermittelt sich aus dem Netto- Einkommen des Verletzten und ihm ggf. sonst zur Verfügung stehenden Zuwendungen. Im Unterhaltsrecht hat sich eine pauschalierte Berechnung der Unterhaltsansprüche etabliert,[356] die aber für die schadenersatzrechtliche Unterhaltsermittlung nicht herangezogen werden kann. Hier sind die tatsächlichen Gegebenheiten zu berücksichtigen und der Berechnung zugrunde zu legen, der Unterhaltsanspruch der Hinterbliebenen kann dabei nicht weitergehen als die Leistungsfähigkeit des Getöteten gegeben war.[357]

147

Zu dem **Netto-Einkommen** gehören
- alle Gehaltsbestandteile einschl. Überstundenvergütung und Zulagen, Gratifikationen, Urlaubs- und Weihnachtsgeld sowie sonstige Einmalzahlungen wie Treueprämie,[358]

148

---

349 *BGH* v. 6.2.2008, XII ZR 14/06, NJW 2008, 1663, 1668.
350 *OLG Hamm* VersR 1992, 511.
351 *BGH* v. 5.7.2006, XII ZR 11/04 NJW 2006, 2687 = MDR 2006, 1229; *Jahnke* Versorgungsschaden in der nicht-ehelichen Lebensgemeinschaft nach einem Unfall NZV 2007, 329 ff.
352 *BGH* v. 13.2.1996, VI ZR 318/94, DAR 1996, 357.
353 *OLG Frankfurt* VersR 1984, 449.
354 *BGH* v. 13.2.1996, VI ZR 318/94, r+s 1996, 311 = NJW 1996, 1674.
355 *BGH* v. 23.11.1971, VI ZR 241/69, VersR 1972, 176.
356 *BGH* v. 30.8.2006, XII ZR 138/04, NJW Spezial 2006, 538.
357 *OLG Koblenz* 12 U 1400/05 BeckRS 2008, 06956 (n. r.); *OLG Brandenburg* BeckRS 2008, 14677 v. 17.7.2008 (n. r.).
358 *BGH* v. 27.10.1970, VI ZR 64/69, VersR 1971, 152.

- Sachbezüge (Nutzung des Dienstwagens gegen Gehaltsverzicht,[359] Werkswohnung u. ä.),
- Steuerrückerstattungen,[360]
- Renten, die dem Unterhaltsbedarf dienen sind ebenfalls zu erstatten. Dazu gehören
  - die Kriegsbeschädigten-Rente,[361]
  - die Rente der Berufsgenossenschaft,[362]
  - Grundrenten, soweit sie nicht zur Sicherung eines konkreten Mehrbedarfs dient,[363]
  - Schwerbeschädigten- und Pflegezulage,[364]
- Nebenverdienste (angemeldet und versteuert),
- Vermögenserträgnisse, die tatsächlich zum Familienunterhalt verwendet wurden,
- sowie bei unentgeltlicher Mitarbeit im Familienbetrieb: nicht das tatsächlich vereinbarte, sondern das der Arbeitsleistung entsprechende »wirkliche« Arbeitseinkommen,[365]
- von dem Netto-Einkommen sind allerdings auch die berufsbedingten Aufwendungen (Fahrtkosten, Arbeitskleidung etc.,[366] doppelte Haushaltsführung)[367] in Abzug zu bringen. Sie mindern – wie die Aufwendungen für Vermögensbildung – das dem Unterhalt zur Verfügung stehende Einkommen.[368]

149 Von dem Einkommen sind die Positionen abzusetzen, die dem Familienunterhalt nicht zur Verfügung stehen. Dies können Lohnpfändungen sein, aber auch Unterhaltsleistungen aufgrund vorangegangener Ehen.

149a Im Rahmen der Unterhaltspflicht ist zwischen dem gesetzlich geschuldeten und dem tatsächlich geleisteten Barunterhalt zu unterscheiden: So kann es zwar sein, dass der Getötete seinem Bruder Unterhaltszahlungen hat zukommen lassen, aber wegen fehlender gesetzlicher Verpflichtung diese im Todesfalle nicht zu übernehmen sind. Auch kann dieser Unterschied dann von Bedeutung sein, wenn beide Elternteile barunterhaltspflichtig sind, aber nur ein Elternteil den Barunterhalt erbringt.[369]

---

359 *OLG Hamm* zfs 1996, 211: Berücksichtigung aber nur Netto, da der Getötete das Gehalt ebenfalls hätte versteuern und der Sozialversicherung zuführen müssen.
360 *BGH* v. 20.3.1990, VI ZR 129/89, VersR 1990, 748.
361 *BGH* v. 22.5.1960, VI ZR 131/59, NJW 1960, 1615.
362 *OLG Braunschweig* VersR 1979, 1124. Dies ist m. E. nur eingeschränkt zu übernehmen, da der Verletzte die BG-Rente als Ausgleich für eine Beeinträchtigung der Erwerbsfähigkeit erhält. Konkretisiert sich dieser Minderverdienst aber nicht und der Verletzte kann trotz der MdE im rentenberechtigten Umfang einer vollen Erwerbstätigkeit nachgehen.
363 *BGH* v. 21.1.1981, IVb ZR 548/80, NJW 1981, 1313.
364 *BGH* v. 16.9.1981, IVb ZR 674/80, NJW 1982, 41.
365 *BGH* v. 22.11.1983, VI ZR 22/82, VersR 1984, 353; zur Berechnung muss aber als Vergleichsgrundlage nicht ein fiktiver Stundenlohn, sondern der Gewinn des Unternehmens abzgl. Rücklagen für Investitionen (*BGH* v. 3.12.1966, VI ZR 75/65, VersR 1967, 259) und abzgl. Rücklagen für Vermögensbildung (*BGH* v. 20.2.1968, VI ZR 76/66, VersR 1968, 770), dann erfolgt Schätzung des Anteils am Gewinn nach anteiliger Arbeitsleistung. In aller Regel kommt dies aber nur in landwirtschaftlichen Betrieben vor, hier ist zu berücksichtigen, dass zum einen von der LAK ggf. Unternehmenshelfer zur Verfügung gestellt werden, sodass ein Schaden u. U. nicht mehr verbleibt, bzw. die Frage der Verpflichtung zur Erstattung entgangener Dienste zu klären ist.
366 *OLG Koblenz* 12 U 1400/05 BeckRS 2008, 06956 (n. r.); *OLG Brandenburg* BeckRS 2008, 14677 v. 17.7.2008 (n. r.).
367 *OLG Hamm* NZV 1989, 271 zur doppelten Haushaltsführung bei der Tötung von Ausländern (in Deutschland und im Heimatland), welche beide das Einkommen mindern.
368 *OLG Brandenburg* BeckRS 2008, 14677 v. 17.7.2008.
369 *BGH* v. 6.10.1992, VI ZR 305/91, VersR 1993, 56 = r+s 1993, 18; *OLG Düsseldorf* NZV 1993, 473 (die getrennt lebende Ehefrau erbringt neben dem Naturalunterhalt auch den Barunterhalt für die gemeinsamen Kinder, der getrennt lebende Vater leistet – obwohl leistungsfähig – nicht. Bei Tötung der Ehefrau kann sich der getrennt lebende Ehegatte nicht auf dieses Unterhaltsmodell zurückziehen, sondern ist zur Leistung verpflichtet.).

F. Unterhaltsschaden   Kapitel 17

Bei der Ermittlung des schadenersatzrechtlich geschuldeten Unterhalts können die familienrechtlichen Grundregeln allerdings nur eingeschränkt angewendet werden, da im Familienrecht immer von der Führung zweier Haushalte und einem Mindestselbstbehalt des getrennt lebenden Ehegatten ausgegangen werden muss. Dies ist in den Fällen der Tötung eines Partners einer intakten Familie nicht der Fall, sodass diese Grenzen keine Anwendung finden können.[370] Auch ist nur das Einkommen im Unfallzeitpunkt bekannt, eine Anpassung anhand späterer tatsächlicher Gegebenheiten ist nicht möglich, sondern kann nur im Rahmen einer Erwerbsprognose erfolgen. **149b**

2. Naturalunterhalt

Wird der oder die Haushaltsführende getötet, ist der daraus resultierende Haushaltsführungsschaden (Naturalunterhalt) in die Unterhaltsberechnung mit einzustellen und dem Naturalunterhalt hinzuzurechnen. **150**

Der Naturalunterhalt wird als Haushaltsführung oder Betreuungsleistungen[371] erbracht. Grundsätzlich sind die Eheleute einander zu gegenseitigen Unterhaltsleistungen verpflichtet, § 1360 BGB. Wie der Unterhalt erbracht wird, hängt von den Vereinbarungen zwischen den Eheleuten ab. Das Gesetz selbst gibt nur Rahmenbedingungen vor, die durch tatsächliche oder stillschweigende Absprachen der Eheleute ausgefüllt werden können. Dabei ist aber zu berücksichtigen, dass die Eheleute den gesetzlichen Rahmen zwar ausfüllen, aber nicht erweitern können. Die Vereinbarung könnte z. B. lauten: der eine Teil sorgt für den Barunterhalt beider Eheleute durch seine Erwerbstätigkeit, während der andere Partner seinerseits für die Haushaltsführung sorgt und damit seinen Anteil in der Form des Naturalunterhaltes erbringt. Da beide Eheleute gleichwertig gem. § 1360 BGB zum Unterhalt der Familie beitragen müssen, kann die Vereinbarung, dass beide Eheleute einer Erwerbstätigkeit nachgehen und die Ehefrau zusätzlich noch allein den Haushalt führt weder vor dem Gesetz noch schadenersatzrechtlich Bestand haben. Auch die Mithilfepflicht von Kindern im Haushalt ist dann im Lichte des § 844 BGB zu bewerten. **150a**

Zu beachten ist, dass der Anspruch auf Betreuungsunterhalt bei Kindern mit Vollendung des 18. Lebensjahres endet.[372] **151**

Der Anspruch auf Leistung von Naturalunterhalt reicht nur soweit, als der Getötete dazu in der Lage war.[373] Dabei sind auch die tatsächlichen Lebensumstände (Arbeitszeit und Arbeitsweg) zu bewerten, um zu ermitteln, welchen Umfang ein Betreuungsunterhalt noch hätte haben können.[374] Ähnlich wie beim Erwerbsschaden ist eine Zukunftsprognose erforderlich, die ggf. auch den Anspruch zeitlich einschränken kann. **151a**

Die Bemessung des Naturalunterhaltes kann sich in Ermangelung besserer Anhaltspunkte an den Leistungen für eine Pflegestelle, die nach dem Jungendwohlfahrtgesetz gezahlt werden, orientieren. Dies dient aber nicht als alleinige Grundlage[375] zur Ermittlung des Betreuungsunterhaltes. Diese kann auch durch persönliche Umstände erhöht sein. **151b**

---

370 Vgl. insoweit auch *Macke* Der Unterhaltsschaden zwischen Schadensersatzrecht und Familienrecht, NZV 1989, 249 ff.; *BGH* VersR 1987, 1243.
371 *BGH* v. 25.4.2006, VI ZR 114/05 = r+s 2006, 519 = *BGH* VersR 2006, 1081; Zu den Voraussetzungen der Gewährung von Naturalunterhalt vgl. *BGH* v. 25.11.1987, VIb ZR 109/86, NJW-RR 1988, 582; *Brandenburgisches OLG* 10 WF 40/08 zur Erwerbstätigkeitspflicht und zum Familienunterhalt, BeckRS 2008 14675, wobei der *BGH* den zusammenlebenden Eltern durchaus einen Vertrauenstatbestand zugesteht, wobei die hier in Rede stehenden gemeinsamen Kinder im zu bewertenden Zeitraum nicht alle schulpflichtig waren!
372 *BGH* v. 9.2.2002, XII ZR 34/00, NJW 2002, 2026 = MDR 2002, 826 (Familiensenat), der Haftpflichtsenat tw. a. A. *BGH* v. 25.4.2006, VI ZR 114/05 VersR 2006, 1081 = r+s 2006, 519 m. abl. Anm. *Bliesener*.
373 *OLG Köln* NJWE-VHR 1996, 152 (wegen Trunksucht war Getötete nicht in der Lage, den Haushalt zu führen); *OLG Hamm* NZV 2006, 85.
374 *OLG Koblenz* 12 U 1400/05 BeckRS 2008, 06956 (n. r.).
375 *BGH* v. 15.10.1985, VI ZR 55/84, NJW 1986, 715, 717; *BGH* v. 22.1.1985, IV ZR 71/82, NJW 1985, 1460.

152 Zur Bewertung der Höhe wird in der Rechtsprechung der BAT herangezogen. Im Hinblick auf die Tarifverträge des Deutschen Hausfrauenbundes, die in ihren Tarifverträgen auch Unterschiede hinsichtlich der Anforderungen an die Tätigkeit aufweisen und die einzelnen Aufgaben in den Tätigkeitsstufen darstellen, ist die Abrechnung der Haushaltshilfe nach diesen Werten sachgerecht.[376]

IV. Fixe Kosten

153 Die Fixen Kosten mindern das frei verfügbare Einkommen des Getöteten. Sie sind daher zunächst von dem Einkommen in Abzug zu bringen, um den standesgemäßen Lebensunterhalt zu sichern.[377] Da die Hinterbliebenen nach § 844 Abs. 2 BGB Einzelgläubiger sind, sind die Fixen Kosten auf die einzelnen Hinterbliebenen zu verteilen. Bei einem verbleibenden Zweipersonenhaushalt (ein Erwachsener, ein Kind) wurde die Verteilung $2/3$ zu $1/3$ nicht beanstandet, bei einem verbleibenden drei Personenhaushalt (ein Erwachsener, zwei Kinder ist die Verteilung 50 %/25 %/25 % angemessen und dem jeweiligen Unterhaltsbetrag zuzuschlagen. Fallen Kinder aus der Unterhaltsberechnung raus, weil sie selbst erwerbstätig sind und ein Unterhaltsschaden nicht mehr gegeben ist, werden die dadurch »freiwerdenden fixen Kosten« den verbleibenden Hinterbliebenen zugeschlagen. Ggf. ist ein Umzug in eine kleinere Wohnung zumutbar.

154 Zu den fixen Kosten gehören alle nicht personengebundenen, festen Kosten der Haushaltsführung, die vom Unterhaltsverpflichteten geschuldet wurden, vor dessen Tod erbracht wurden und auch nach seinem Tod, ggf. reduziert, weiterlaufen.[378]

154a Hierzu gehören insbesondere:
- Energiekosten: Strom, Gas oder Öl;
- Informationsbedarf: Telefongrundgebühr, Zeitungen, Radio und Fernsehgebühren;
- Kindergartenbeiträge;[379]
- Kosten für das Familienfahrzeug (Steuern, Versicherung,[380] Garage, eingeschränkt Abschreibung und Rücklagen, soweit er von der ganzen Familie genutzt wurde. Standen zwei PKW zur Verfügung, entfällt der PKW des Getöteten, ggf. ist er unter Schadenminderungsgesichtspunkten zu veräußern und die ersparten Kosten sind im Wege des Vorteilsausgleichs anzurechnen;
- Kosten für die Wohnung:

Miete, Nebenkosten, Rücklagen für Schönheitsreparaturen, Instandsetzungskosten für Wohnung und Beschaffungskosten für Wohnungseinrichtung;[381]
- Zinsen für die Finanzierung der Wohnung,[382] nicht aber der Abtrag der Finanzierung (= Vermögensbildung), maximal bis zur Höhe einer fiktiven Mietwohnung;[383] aber auch die Eigenheim- und Kinderzulagen sind zu berücksichtigen[384]
- Nebenkosten (Müllabfuhr, Schornsteinfeger etc);

---

376 *Nickel/Schwab* SVR 2007, 17 ff. m. w. H., vgl. auch oben Rdn. 101.
377 BGH v. 2.12.1997, VI ZR 142/96, NZV 1998, 149; BGH v. 31.5.1988, VI ZR 116/87, VersR 1988, 954; BGH v. 23.6.1987, VI ZR 188/86, VersR 1987, 1241; BGH v. 1.10.1985, VI ZR 36/84, VersR 1986, 39; BGH v. 11.10.1983 – VI ZR 251/81, VersR 1984, 79.
378 BGH v. 31.5.1988, VI ZR 116/87, VersR 1988, 954; *OLG Frankfurt/M.* SP 1999, 267 ff. (ausführlich); *Küppersbusch* Rn. 335 ff.
379 BGH v. 2.12.1997, VI ZR 142/96, VersR 1998, 333; BGH v. 3.7.1984, VI ZR 42/83, VersR 1984, 961.
380 BGH v. 31.5.1988, VI ZR 116/87, VersR 1988, 954.
381 BGH v. 31.5.1988, VI ZR 116/87, VersR 1988, 954; *OLG Hamm* VersR 1983, 927; r+s 1992, 413.
382 BGH v. 22.6.2004, VI ZR 112/03, VersR 2004, 1192 ff.; BGH v. 25.4.2006, VI ZR 114/05, VersR 2004, 75 (Eigenheim- und Kinderzulage können dem Einkommen zugerechnet werden, dürfte in der heutigen Zeit schwer möglich sein, da sich die Förderung für Eigenheime grundlegend geändert hat.
383 BGH v. 2.12.1997, VI ZR 142/96, r+s 1998, 153 = VersR 1998, 333; nach *OLG Nürnberg* NZV 1997, 439 sind fiktive Mietkosten überhaupt nicht zu berücksichtigen; *OLG Koblenz* 12 U 1400/05 BeckRS 2008, 06956 (n. r.); *OLG Brandenburg* v. 17.7.2008, BeckRS 2008, 14677 (n. r.).
384 BGH v. 4.11.2003; VI ZR 366/02, NJW Spezial 2004, 162 ff. = NJW 2004, 358 ff.

F. Unterhaltsschaden   Kapitel 17

- Versicherungsbeitrag zu den Familienversicherungen, die den Schutz der Familie sicherstellen (Hausrat-, Wohngebäude-, Privathaftpflicht-, Rechtsschutzversicherung u. ä.,[385] wenn der Versicherungsschutz nach dem Tod weiter aufrechterhalten wird;[386]
- Wasserkosten;
- Rücklagen für Kfz oder Wohnungseinrichtung können grundsätzlich nur dann geltend gemacht werden, wenn diese in der Vergangenheit ebenfalls gebildet wurden, auf das Familienbudget ist abzustellen.[387]

Voraussetzung ist insbesondere, dass sich diese Kosten aus der Unterhaltsverpflichtung des Verstorbenen ergeben.   154b

Zu den fixen Kosten gehören insbesondere nicht: 155
- Variable Betriebskosten des PKW (Benzin etc),
- Aufwendungen für Vermögensbildung, sei es die Kapital bildende Lebensversicherung[388] oder auch die Kosten für vermietete Eigentumswohnungen etc., die im Gegensatz das verteilbare Einkommen mindern,[389]
- Schulgeld,[390] Kosten für Nachhilfe;[391]
- Kosten für den Erwerb eines Eigenheims,[392]
- Rücklagen für die Instandsetzung des Eigenheims,[393]
- Personengebundene Kosten,[394]
- Gewerkschaftsbeiträge,[395]
- Kranken- und Unfallversicherungsbeiträge,[396]
- Versicherungen für ein Grundstück sind nicht erstattungsfähig,[397]
- Vereinsbeiträge,[398]
- Tilgung der Grundstückshypothek (hier können Zinskosten nur bis max. zur Höhe der Kosten einer fiktiven Wohnung erstattet werden).[399]

Die Höhe der fixen Kosten ist grundsätzlich von den Geschädigten nachzuweisen, ggf. kann beweiserleichternd[400] nach § 287 ZPO geschätzt[401] und von pauschalen Beträgen zwischen 30 – und 40 %[402] ausgegangen werden.[403] Da aber die Fixen Kosten grundsätzlich durch die Vorlage der ent-   156

---

385 *BGH* v. 31.5.1988, VI ZR 116/87, VersR 1988, 954; *OLG Frankfurt/M.* SP 1999, 267 ff.
386 *BGH* v. 31.5.1988, VI ZR 116/87, VersR 1988, 954.
387 *OLG Koblenz* 12 U 1400/05 BeckRS 2008, 06956 (n. r.) Rücklagen für ein Auto wurden abgelehnt, weil in der Vergangenheit nicht gebildet, weil auch nach dem Budget der Familie dafür kein Geld vorhanden war!
388 Ausgenommen aber, wenn ein Selbstständiger eine Lebensversicherung sowohl zur Altersvorsorge wie auch zur Sicherung der Unterhaltsberechtigten vorhält, OLG Hamm v. 6.6.2008, I-9 U 123/05, 9 U 123/05.
389 *OLG Brandenburg* v. 17.7.2008, BeckRS 2008, 14677.
390 *OLG Hamburg* DAR 1988, 96.
391 *OLG Hamm* v. 6.6.2008, I-9 U 123/05, 9 U 123/05.
392 *BGH* v. 3.7.1984, VI ZR 42/83, VersR 1984, 961.
393 *BGH* v. 2.12.1997, VI ZR 142/96, VersR 1998, 333 = *BGH* NZV 1998, 149.
394 *OLG Zweibrücken* SP 1994, 313.
395 *BGH* v. 2.12.1997, VI ZR 142/96, VersR 1998, 333.
396 *OLG Zweibrücken* SP 1994, 213.
397 *Küppersbusch* a. a. O. Rn. 338.
398 *OLG Hamburg* DAR 1988, 96.
399 *BGH* v. 3.7.1984, VI ZR 42/83, VersR 1984, 961; *BGH* v. 5.12.1989, VI ZR 276/88, NZV 1990, 185; *OLG Hamm* r+s 1992, 413.
400 Zu Beweismaß und Beweislast vgl. *Staab* in Meschkat/Nauert Rn. 247 ff. mit grundlegenden Hinweisen; *Geipel* Der Vollbeweis durch das Unwahrscheinliche? – Widerspruch, Logik oder die vergessene Lehre vom Individualanscheinsbeweis? – zfs 2007, 363 f.
401 *BGH* v. 31.5.1988, VI ZR 116/87, VersR 1988, 954.
402 *Eckelmann/Nehls* Schadenersatz bei Verletzung und Tötung, S. 115.
403 So zumindest *Schulz-Borck/Hofmann* S. 16; a. A. *Küppersbusch* a.a.O, Rn. 337, so auch *Jahnke* Kap. 6 Rn. 185.

sprechenden Buchungsbelege ohne Schwierigkeiten möglich ist, ist für eine pauschalierte Abrechnung oder gar Schätzung kein Raum. Sollten die Belege nicht vorgelegt werden, empfiehlt es sich eher, die einzelnen Unterhaltsanteile etwas anzuheben.[404]

156a Verbrauchsabhängige Fixe Kosten wie Strom und Wasser können sich verringern und sind dann in der gekürzten Höhe zu berücksichtigen. Auch kann der Umzug in eine kleinere Wohnung zumutbar sein.[405]

156b Die fixen Kosten sind dem einzelnen Hinterbliebenen zuzurechnen, da diese nach § 844 BGB keine Gesamtgläubiger sondern Einzelgläubiger sind.[406]

156c Soweit sich die Fixen Kosten durch den Todesfall verringert haben, sind in der Unterhaltsberechnung vom Netto-Einkommen die Fixen Kosten vor dem Unfall in Abzug zu bringen, das restliche Einkommen ist zu verteilen und sodann werden die veränderten Fixen Kosten dem verteilten Einkommen zugeschlagen.

V. Anrechnung von Einkünften

157 Grundsätzlich sind – wie schon oben erwähnt – die erzielten Einkünfte der Hinterbliebenen schadenmindernd anzurechnen.

1. Anrechnung von Hinterbliebenenrenten

158 Die Anrechnung von Hinterbliebenenrenten jedenfalls der gesetzlichen Sozialversicherungsträger (Rentenversicherer, Unfallversicherer) ist zulässig, da sie dem Einkommen des Verstorbenen kongruent sind und damit den verbleibenden Unterhaltsanspruch der Hinterbliebenen mindern. Diese Renten entlasten den Schädiger nicht, da sie von den Sozialversicherungsträgern ebenfalls regressiert werden. Die Frage, ob betriebliche Hinterbliebenenrenten anzurechnen sind, die nicht aufgrund gesetzlicher sondern aufgrund privater Altersvorsorge[407] im Todesfall an die Hinterbliebenen ausgezahlt werden, unterhaltsrechtlich zu berücksichtigen sind, ist derzeit nicht geklärt. Das *Brandenburgische OLG* hat die Anrechnung nicht vorgenommen und die Revision zugelassen.[408]

2. Anrechnung des Einkommens nach dem Todesfall

159 Die Hinterbliebenen haben insoweit Anspruch auf Unterhalt, als sie bedürftig sind. Dabei ist ein Erwerbseinkommen schadenmindernd anzurechnen.

159a Haben die Hinterbliebenen Einkünfte aus Erbschaften (nicht aus der Hinterlassenschaft des Getöteten), sind diese – weil sie die Bedürftigkeit mindern – schadenmindernd einzusetzen. Soweit die Witwe den Betrieb des Getöteten weiterführt, sind diese Einkünfte – auch wenn sie aus dem unfallbedingten Erbe resultieren, schadenmindernd zu berücksichtigen.[409]

159b Häufig im Streit ist die Frage, wann die Hinterbliebenen zur Aufnahme einer Erwerbstätigkeit verpflichtet sind. Grundsätzlich gilt auch bei Kindern, dass die nach Abschluss der Schule aufgenommene Erwerbstätigkeit, die den Unterhaltsanspruch gegen die Eltern mindern würde, auch den Unterhaltsanspruch gegen den Schädiger mindert. Aus Gründen der Schadenminderungspflicht ist eine

---

404 Vgl. insoweit Rdn. 167.
405 *BGH* v. 3.7.1984, VI ZR 42/83, VersR 1984, 961.
406 *BGH* v. 23.11.1971, VI ZR 241/69, VersR 1972, 176.
407 Grundsätzlich soll eigene Vorsorge den Schädiger nicht entlasten, *Küppersbusch*, a. a. O. Rn. 434; Staudinger/*Röthel* a. a. O. § 844 Rn. 222; MüKo-BGB/*Wagner* § 844 Rn. 75.
408 *OLG Brandenburg* BeckRS 2008, 14677 v. 17.7.2008 (bei Skriptabgabe noch nicht rechtskräftig); a. A. *OLG Hamm* r+s 1992, 413 (ohne dieses Thema zu bearbeiten).
409 *BGH* 19.3.1974, VI ZR 19/73, NJW 1974, 1236 = VersR 1974, 700; *BGH* v. 19.12.1978, VI ZR 218/76, VersR 1979, 323; *OLG Frankfurt* VersR 1991, 595 (sog. Quellentheorie: die Quelle sprudelt weiter, es hat sich lediglich die Inhaberschaft geändert).

Erwerbstätigkeit aufzunehmen, soweit dies dem Hinterbliebenen zuzumuten ist und der Schädiger dadurch nicht unbillig entlastet wird.[410] Hier wird sich auch die Änderung des Unterhaltsrechtes auswirken. Zukünftig wird im Familienrecht das selbstbestimmte Leben des Ehepartners nach der Ehe gefördert und nur noch eingeschränkt ein Ehegattenunterhalt gewährt. Soweit der Witwe eine Arbeitstätigkeit zuzumuten ist, und sie dieser Arbeitspflicht nicht nachkommt, kann das fiktive Einkommen anspruchsmindernd in Anrechnung gebracht werden.[411]

159c Geht die Witwe nach dem Unfall einer Erwerbstätigkeit nach, sind die daraus erzielten Einkünfte anspruchsmindernd zu berücksichtigen.[412] Eine Einstellung dieses Einkommens in die Unterhaltsschadenberechnung, wie sie teilweise in der Literatur[413] gefordert wird, ist nur dann sachgerecht, wenn die Arbeitsaufnahme ohnehin schon geplant und in die Wege geleitet war. Hieran sind aber besondere Darlegungs- und Beweisanforderungen zu knüpfen.

3. Einkommen aufgrund überobligationsmäßiger Anstrengung

160 Häufig ist im Streit, inwieweit Einkünfte Unterhaltsberechtigter auf den Unterhaltsschaden angerechnet werden dürfen. In aller Regel entstammen die Entscheidungen dem Familienrecht, wobei die Reform des Familienrechts und des Unterhaltsrechts sich auch auf die Schadenregulierung nicht unerheblich auswirken dürften.

160a Bei der Ermittlung der Mitarbeitspflicht der Witwe wird auf das Alter der zu betreuenden Kinder abgestellt. Eine ggf. ausgeübte Erwerbstätigkeit ist jedenfalls dann unterhaltsrechtlich nicht zu bewerten, wenn die Tätigkeit wegen des Alters der Kinder überobligationsmäßig ist.[414] Ggf. ist in diesen Fällen nur ein Teil der Einkünfte anspruchsmindernd zu berücksichtigen. In aller Regel wird mindestens von einer teilweisen Arbeitspflicht dann ausgegangen werden müssen, wenn die Kinder in die Grundschule gehen.

4. Ersparter Unterhalt an den Getöten

161 Waren die Hinterbliebenen ihrerseits dem Getöteten zum Unterhalt verpflichtet (regelmäßig in der Doppelverdienerehe, aber auch in der Alleinverdienerehe hinsichtlich des Naturalunterhaltes gegeben) sind die ersparten Unterhaltsbeiträge dem Unterhaltanspruch im Rahmen des Vorteilsausgleiches gegenüberzustellen.

VI. Unterhaltsschaden ausländischer Hinterbliebener

162 Wurde bei dem Verkehrsunfall ein Ausländer getötet, ist zu beachten, dass ein Unterhaltsanspruch nur dann gegeben ist, wenn in dessen Heimatland ebenfalls ein Unterhaltsrecht vorgesehen ist, § 18 EGBGB. Dies ist im Einzelfall zu prüfen. Soweit dort nur ein Anspruch wegen entgangener Dienste entsprechend § 845 BGB vorgesehen ist, ist auch nur dieser zu erstatten. Ggf. können dort weitere Unterhaltsberechtigte außer den Kindern hinzutreten. Aber auch insoweit gilt, dass der Unterhaltsanspruch nur soweit reichen kann, wie der Getötete leistungsfähig war.

---

410 *BGH* v. 11.2.1969, VI ZR 240/67, VersR 1969, 469; *BGH* v. 6.4.1976, VI ZR 240/74, VersR 1976, 877; *BGH* Nichtannahmebeschl. v. 2.12.1986, VI ZR 7/86, r+s 1987, 45 ff. m. w. N. (Berufstätigkeit trotz eines Kleinkindes); *OLG Düsseldorf* Halbtagstätigkeit bei 6-jährigem Kind, FDR 2008, 530 = FD-FamR 2008, 264753.
411 *BGH* v. 26.9.2005, VI ZR 124/05, r+s 2007, 39 = NZV 2007, 29; *BGH* v. 19.6.1984, VI ZR 301/82, VersR 1984, 936, *OLG Düsseldorf* NZV 1993, 473.
412 *OLG Nürnberg* NZV 1997, 439.
413 *Drees* a. a.O S. 56 f.
414 *BGH* v. 22.1.2003, XII ZR 186/01, NJW 2003, 1181 ff.; *BGH* v. 26.9.2006, VI ZR 124/05, r+s 2007, 39; *OLG Karlsruhe* 2 UF 107/03, NJW 2004, 859 f.

162a Es kommt auch hier entscheidend darauf an, wann der Getötete planmäßig wieder in sein Heimatland zurückgekehrt wäre.[415] Auch wenn die ganze Familie sich in Deutschland aufhielt, ist in den überwiegenden Fällen davon auszugehen, dass nicht das gesamte Einkommen auf den Unterhalt verwendet wurde, sondern vielmehr auch Rückstellungen für die spätere (mit Renteneintritt) erfolgende Rückkehr ins Heimatland.

VII. Tod des unterhaltspflichtigen Kindes

163 Der Schadenersatzanspruch bei Tötung eines unterhaltspflichtigen Kindes, richtet sich ebenfalls nach § 844 Abs. 2 BGB. Zu ersetzen ist nur der gesetzlich geschuldete Unterhalt im Rahmen der §§ 1601 ff. BGB. Es ist dabei auf die tatsächlichen Verhältnisse, nämlich die Frage der Bedürftigkeit der Eltern sowie die finanziellen Möglichkeiten des Kindes abzustellen.[416] Unproblematisch sind alle die Fälle, in denen von den Kindern bereits Unterhalt geleistet wird. Allerdings ist unabhängig von der Höhe der geleisteten Unterhaltszahlungen die Obergrenze der gesetzlich geschuldete Unterhalt. Zahlte ein Kind also höhere Beträge, als es eigentlich verpflichtet war, entfällt insoweit ein Erstattungsanspruch.

163a Richtungsweisend ist dabei die Entscheidung des *BVerfG*:[417] Grundsätzlich kann von Kindern nicht verlangt werden, den Anteil ihrer Einkünfte, der für die eigene Altersvorsorge zurückgestellt wurden, zu verbrauchen, um den Unterhaltsbedarf der Eltern zu befriedigen.

163b Zu beachten ist, dass es entscheidend auf die Leistungsfähigkeit des Verwandten ankommt. Ihm muss in jedem Fall die Möglichkeit bleiben, sein Leben standesgemäß zu führen. Die daneben erforderliche Bedürftigkeit des Angehörigen muss zeitgleich vorliegen. Leider hat auch der *BGH* in diesen Fällen keine eindeutige Aussage getroffen, wie viel von den Kindern als Unterhalt verlangt werden kann, wenn die Eltern (z. B. wegen Pflegebedürftigkeit) bedürftig werden.

VIII. Verteilung der Einkünfte auf die Familienangehörigen

164 Die Verteilung des Familieneinkommens auf die einzelnen Familienmitglieder richtet sich grundsätzlich nach den individuellen Bedürftigkeiten, gleichwohl wird davon auszugehen sein, dass den Erwachsenen (Eltern) der größere Anteil verbleibt, die Bedürfnisse der Kinder werden als geringer zu bewerten sein. Dabei sind die Anteile der Eheleute am Familieneinkommen grundsätzlich gleich zu bewerten, eine Ausnahme ist nur zugunsten des Alleinverdieners zugelassen.[418] Auch wird der Aufwand des Erwachsenen durch den außerdem erforderlichen berufsbedingten Aufwand höher sein als der des Hausmannes/der Hausfrau, sodass sich insoweit Unterschiede ergeben.

164a Inzwischen haben sich feste Quoten durchgesetzt, wie die Einkünfte innerhalb der Familie aufzuteilen sind.[419] Diese Quoten können als Grundlage für die Berechnung dienen:

IX. Berechnungsbeispiele

165 Anhand von Berechnungsbeispielen soll versucht werden, die vorgenannten Grundsätze zu verdeutlichen:

---

415 *OLG Stuttgart* 5 U 63/78 v. 23.4.1979.
416 Vgl. hierzu auch *Ehinger* Elternunterhalt – Gesetzliche Voraussetzungen und Beschränkungen der Inanspruchnahme durch Rechtsprechung und Gesetzgebung NJW 2008, 2465 ff.
417 *BVerfG* (1 BvR 1508/96) NJW 2005, 1927 = SVR 2005, 343.
418 *BGH* v. 16.9.1981, IVb ZR 674/80, NJW 1982, 41.
419 Vgl. insoweit *BGH* v. 15.10.1985, VI ZR 55/84, VersR 1986, 264; *BGH* v. 23.9.1986, VI ZR 46/85 VersR 1987, 156 und *BGH* v. 22.6.2004, VI ZR 112/03, 507 (kinderlose Witwe, Witwe und 1 Waise); *BGH* v. 5.12.1989, VI ZR 276/88, VersR 1990, 317 (Witwe, 2 Waisen; *BGH* v. 31.1.1984 – VI ZR 150/82, VersR 1984, 389, Witwe, 3 Waisen).

F. Unterhaltsschaden   Kapitel 17

1. Alleinverdiener

Der Getötete war der Alleinverdiener der Familie, die Witwe war nicht erwerbstätig, eine Abstufung wegen des Alters der Kinder erfolgt nicht. Die Berechnung erfolgt hier mit Fixen Kosten. **166**

Dabei ist wie folgt vorzugehen: **166a**

Zunächst wird das Einkommen der Familie ermittelt, ggf. werden Abzüge für den Eigenverbrauch (z. B. Fahrten zur Arbeit etc.) oder für die Vermögensbildung vorgenommen.[420] Die Fixen Kosten werden ausgesondert, sodann wird das verbleibende Einkommen abhängig von der Anzahl der Familienmitglieder nach den nachfolgenden Anteilen, welche von der Rechtsprechung ermittelt wurden, verteilt. Sodann werden die Fixen Kosten den einzelnen Familienmitgliedern anteilig zugeschlagen. **166b**

Tab. 5 **166c**

Familienmitglieder	Getötete/r	Witwe/r	1 Waise	2 Waisen	3 Waisen
Kinderlos[1]	55	45			
Witwe/r, 1 Kind	45	35	20		
Witwe/r, 2 Kinder	40	30	15	15	
Witwe/r, 3 Kinder	34	27	13	13	13
Witwe/r, 4 Kinder	35	25	Je Kind 10 % Anteil		

1 Die Quoten variieren: 60:40 % (*BGH* v. 6.4.1976, VI ZR 240/74, VersR 1976, 877 (als Regelfall) und *BGH* v. 16.12.1986, VI ZR 192/85, VersR 1987, 507, nicht mehr als Regelfall, es wurden hier 47,5 % für die Witwe anerkannt) d. h. 45 % als Mittel für die Witwe ist wohl vertretbar, so auch *OLG Hamm* r+s 1992, 413; *OLG Düsseldorf* NZV 1993, 473 quotiert 60:40 %.

Wird die Berechnung ohne Fixe Kosten durchgeführt, können die Quoten erhöht werden:[421] **167**

Tab. 6

Familienmitglieder	Getötete/r	Witwe/r	1 Waise	2 Waisen	3 Waisen
Kinderlos	50	50			
Witwe/r, 1 Kind	40	40	20		
Witwe/r, 2 Kinder	40	35	15	15	
Witwe/r, 3 Kinder	30	34	12	12	12
Witwe/r, 4 Kinder	30	30	Je Kind 10 % Anteil		

Anteile an den Fixkosten können wie folgt verteilt werden: **168**

Tab. 7

Familienmitglieder	Witwe/r	1 Waise	2 Waisen	3 Waisen
Kinderlos[1]	100			
Witwe/r, 1 Kind	66,67	33,33		
Witwe/r, 2 Kinder	50	25	25	

---

420 *Küppersbusch* a. a. O. Rn. 333 m. w. H.; *Euler/Kreuter-Lange/Leyer-Weber* FA VersicherungsRecht Kap. 23 Rn. 112 f.
421 Vgl. insoweit *Küppersbusch* Rn. 351 f.; dies erspart in jedem Fall viel Arbeit bei dem Nachweis der fixen Kosten im Einzelnen.

Familienmitglieder	Witwe/r	1 Waise	2 Waisen	3 Waisen
Witwe/r, 3 Kinder	40	20	20	20
Witwe/r, 4 Kinder	40	Je Kind 15 % Anteil		

1 Die Quoten variieren: 60:40 % (*BGH* v. 6.4.1976, VI ZR 240/74, VersR 1976, 877 (als Regelfall) und *BGH* v. 16.12.1986, VI ZR 192/85, VersR 1987, 507, nicht mehr als Regelfall, es wurden hier 47,5 % für die Witwe anerkannt) d. h. 45 % als Mittel für die Witwe ist wohl vertretbar, so auch *OLG Hamm* r+s 1992, 413; *OLG Düsseldorf* NZV 1993, 473 quotiert 60:40 %.

168a Dabei ist zu beachten, dass mit dem Auszug der einzelnen Kinder sich die Berechnung des Unterhaltsschadens verändert. Die Anteile an den Fixkosten verschieben sich, ggf. ist nach Auszug der Kinder der Umzug in eine kleinere Wohnung zuzumuten.

168b Der *BGH* hat in der Vergangenheit verschiedene Berechnungsbeispiele eingeführt, die in Details differieren, aber zum gleichen Ergebnis kommen. Dies sind die »verfeinerte« Methode[422] und die etwas einfachere Berechnungsmethode,[423] die zum gleichen Ergebnis kommt. Die Unterschiede in der Berechnung liegen in dem Ansatz der Fixen Kosten.

168c Später wurde auch die »schlichte« Methode[424] entwickelt. Eine Differenz in der Berechnung nach letzterer Methode ergibt sich nur, wenn den Getöteten eine Mithaftung trifft und der hinterbliebene Ehegatte einer Erwerbstätigkeit nachgeht, da dann das Vorrecht des Hinterbliebenen am eigenen Einkommen nicht berücksichtigt wird.

168d Der Übersichtlichkeit halber soll hier die schlichte Methode dargestellt werden, da sich Unterschiede beim Alleinverdiener nicht ergeben.

169 ▶ Berechnungsbeispiel: Alleinverdiener wird getötet, keine Kinder:

Tab. 8

	Einkommen vor dem Unfall
Getöteter	3 000 €
Hinterbliebener	0 €
Fixe Kosten	800 €

Tab. 9

Familieneinkommen (= Einkommen des Getöten)	3 000 €
Abzgl. Fixe Kosten	800 €
Verteilbares Einkommen	2 200 €
Anteil des Verstorbenen (60 %)	1 320 €
Anteil des Hinterbliebenen 40 %	880 €
Zzgl. Fixe Kosten	800 €
Entgangener Barunterhalt	1 680 €

Hiervon sind Hinterbliebenenrenten der Berufsgenossenschaft und des Deutschen Rentenversicherers abzusetzen. Daneben wird nach dem neuen Unterhaltsrecht zu prüfen sein, ob den Hinterbliebenen jetzt eine Arbeitspflicht trifft, welchen den Unterhaltsanspruch mindern würde.

---

422 *BGH* v. 22.3.1983, VI ZR 67/81, VersR 1983, 726, 728.
423 *BGH* v. 11.10.1983 – VI ZR 251/81, VersR 1984, 79 und *BGH* v. 3.7.1984, VI ZR 42/83, VersR 1984, 961, 963.
424 *BGH* v. 23.6.1994, III ZR 167/93, NZV 1994, 475.

▶ **Berechnungsbeispiel: Alleinverdiener wird getötet, 1 Kind:**

Tab. 10
Einkommen vor dem Unfall
Getöteter   3 000 €
Hinterbliebener   0 €
Kind   0 €
Fixe Kosten   800 €

Tab. 11
Familieneinkommen (= Einkommen des Getöten)   3 000 €
Abzgl. Fixe Kosten   800 €
Verteilbares Einkommen   2 200 €

Anteil des Verstorbenen (45 %)   990 €
Anteil des Hinterbliebenen (35 %)   770 €
Anteil Waise (20 %)   440 €
Zzgl. Fixe Kosten   800 €

Unterhaltsschaden

Tab. 12

	700 € + Anteil an Fixen Kosten $^2/_3$ = 533,33	
Hinterbliebener	=	1203,33 €
	440 € + Anteil an Fixen Kosten $^1/_3$ = 266,67	
Waise	=	706,67 €

Auch hiervon sind Hinterbliebenenrenten und Waisenrenten abzusetzen, ebenso ist die Mitarbeitspflicht der Hinterbliebenen zu prüfen.

An der Art der Berechnung ändert sich auch bei mehreren Kindern wenig, die geänderten Quoten gem. der Aufstellung oben sind zu verwenden und die Fixkosten auf die weiteren Familienangehörigen zu verteilen.

2. Tod des Alleinverdieners und Mithaftung

In diesem Fall unterscheidet sich die Berechnung nicht von der obigen, ausgenommen, dass der Unterhaltsschadenersatz entsprechend der Mithaftung des Getöteten quotiert wird.   170

▶ **Berechnungsbeispiel: Alleinverdiener wird getötet, keine Kinder, Mithaftung 50 %:**   170a

Tab. 13
Einkommen vor dem Unfall
Getöteter   3 000 €
Hinterbliebener   0 €
Fixe Kosten   800 €

Tab. 14
Familieneinkommen (= Einkommen des Getöten)   3 000 €
Abzgl. Fixe Kosten   800 €
Verteilbares Einkommen   2 200 €
Anteil des Verstorbenen (60 %)   1 320 €
Anteil des Hinterbliebenen 40 %   880 €
Zzgl. Fixe Kosten   800 €

Unterhaltsschaden   1 680 €
Abzgl. Mithaftungsanteil des Getöteten   – 840 €
Zu erstattender Unterhaltsschaden   840 €

Hiervon sind Hinterbliebenenrenten der Berufsgenossenschaft und des Deutschen Rentenversicherers abzusetzen. Daneben wird nach dem neuen Unterhaltsrecht zu prüfen sein, ob den Hinterbliebenen jetzt eine Arbeitspflicht trifft.

170b ▶ **Berechnungsbeispiel: Alleinverdiener wird getötet, 1 Kind, Mithaftung 50 %:**

Tab. 15

Einkommen vor dem Unfall	
Getöteter	3 000 €
Hinterbliebener	0 €
Kind	0 €
Fixe Kosten	1.000 €

Tab. 16

Familieneinkommen (= Einkommen des Getöten)	3 000 €
Abzgl. Fixe Kosten	800 €
Verteilbares Einkommen	2 200 €
Anteil des Verstorbenen (45 %)	990 €
Anteil des Hinterbliebenen (35 %)	770 €
Anteil Waise (20 %)	440 €
Zzgl. Fixe Kosten	800 €

Unterhaltsschaden

Tab. 17

Hinterbliebener	1 367,67 € × 50 % = 683,33
700 € + Anteil an Fixen Kosten $^2/_3$ = 666,67 = Waise	773,33 € × 50 % = 386,67
440 € + Anteil an Fixen Kosten $^1/_3$ = 333,33 =	

Auch hiervon sind Hinterbliebenenrenten und Waisenrenten abzusetzen, ebenso ist die Mitarbeitspflicht des Hinterbliebenen zu prüfen. Bei der Mitarbeitspflicht des Hinterbliebenen ist dann aber auch sein »Quotenvorrecht«[425] hinsichtlich des eigenen Verdienstes zu berücksichtigen. Dieser wird dann zunächst wie beim mitarbeitenden Hinterbliebenen auf den ausgefallenen Unterhaltsanteil verrechnet.

An der Art der Berechnung ändert sich auch bei mehreren Kindern wenig, die geänderten Quoten gem. der Aufstellung oben sind zu verwenden und die Fixkosten auf die weiteren Familienangehörigen zu verteilen.

3. Naturalunterhaltsschaden = Tötung der Nur-Hausfrau

171 Wurde bei einem Unfall die Nur-Hausfrau getötet, besteht Anspruch auf Erstattung von Naturalunterhaltsschaden, d. h. Ersatz der Leistung von Unterhalt in Form von Haushaltsführung und Betreuung kann geltend gemacht werden.

171a Dabei kommt es – wie auch sonst bei Geltendmachung von Haushaltsführungsschäden – nicht darauf an, ob tatsächlich eine Ersatzkraft angestellt wurde. Die Ansprüche sind auch fiktiv anhand des Nettolohnes einer vergleichbaren Ersatzkraft geltend zu machen.[426] Hierzu können die Tabellen des Deutschen Hausfrauenbundes herangezogen werden, die abhängig von den Anforderungen die Leistungen von Hauswirtschaftshilfen bis hin zur Hauswirtschafterin in Tarifgruppen mit Tätigkeits-

---

425 *OLG Brandenburg* v. 17.7.2008, BeckRS 2008, 14677; *Jahnke* Unfalltod und Schadensersatz Rn. 219.
426 Vgl. hierzu insoweit die Ausführungen zum Haushaltsführunggschaden, Rdn. 101 ff.; *BGH* v. 8.2.1983, VI ZR 201/81, NJW 1983, 1425; *BGH* v. 9.3.1988, VI ZR 87/87, r+s 1988, 169 = VersR 1988, 490.

F. Unterhaltsschaden Kapitel 17

beschreibungen einstufen.[427] Häufig werden die Arbeiten in der Familie anders aufgeteilt, ohne dass es zur Anstellung einer Ersatzkraft kommt, sodass vorwiegend eine fiktive Abrechnung des Naturalunterhaltes erfolgt. Hierbei kommt es weniger auf die tatsächlich geleisteten Arbeiten sonder auf den gesetzlich geschuldeten Umfang der Tätigkeit an. Unter Berücksichtigung der Mitarbeitspflichten der sonstigen Familienmitglieder ist die Tätigkeit der haushaltsführenden Person zu ermitteln. Dabei ist zu beachten, dass die getötete Hausfrau nicht nur die anderen Familienmitglieder im Rahmen ihrer Tätigkeit versorgte, sondern auch sich selbst, sodass dieser Anteil in Abzug zu bringen ist. Es ist daher vom reduzierten Haushalt auszugehen.

Soweit es die Unterhaltsansprüche des Ehegatten betrifft, werden diese dem ersparten Barunterhaltsanspruch des Getöteten gegenübergestellt. Ein Unterhaltsschaden verbleibt insoweit in aller Regel nicht. Anders aber bei noch anspruchsberechtigten Kindern, dort verbleibt ggf. ein Schaden, der aber durch Waisenrenten der DRV u. U. kompensiert wird (soweit die Nur-Hausfrau dort entsprechende Anwartschaften erworben hat). Die Berechnung erfolgt grundsätzlich nach der Tabelle 1[428] von *Schulz-Borck/Hofmann* unter Berücksichtigung der um 1 Person reduzierten Haushalt. Wegen der Synergieeffekte im Mehrpersonenhaushalt ist der Aufwand nicht anhand der Anzahl der Familienmitglieder zu quotieren. Problematisch ist die Einstufung der Haushalte in die einzelnen Anspruchsstufen. Dabei wird das Gros der Haushalte in die Anspruchsstufe 2 einzustufen sein als mittlerer Anspruchsstufe. Der Anteil angehobenen und höheren Anspruchsstufe in der Haushaltsführung dürfte eher gering sein und wäre entsprechend durch die Hinterbliebenen zu belegen. 171b

Heiratet der Witwer wieder, entfällt sein Anspruch auf Unterhalt. Soweit allerdings auch in der zweiten Ehe Kinder der ersten Ehe versorgt werden, mindert dies den Schadenersatzanspruch der Kinder nicht, da diese Ehe nicht den Schädiger entlasten soll.[429] 171c

▶ **Berechnungsbeispiel:** 171d

Vier-Personenhaushalt, Vater voll erwerbstätig, Nur-Hausfrau wird getötet.

Tab. 18

Tabelle 1, Anspruchsstufe 2, reduzierter Vier-Personenhaushalt	=	49 Std.
Anteil des hinterbliebenen Vaters 50 %	=	24,5 Std.
Anteil der Kinder jeweils 25 %, also je	=	12,75 Std.

Damit ergeben sich folgende Ansprüche:

Tab. 19

Vater:	24,5 Std. Anspruch Haushaltsführungsschaden abzgl. ersparter Barunterhaltsleistungen

ein Anspruch verbleibt i. d. R. nicht

Tab. 20

je Kind:	12,75 Std. Haushaltsführungsschaden abzgl. erhaltener Halbwaisenrenten

Für die Ermittlung des monatlichen Bedarfes ist dieser Wert mit 4,3 zu multiplizieren.

Ausgehend von einem Netto-Einkommen von 3 000 € und fixen Kosten in Höhe von 1 000 € und der Quotierung (40/30/15/15) ergibt sich folgende Berechnung:

Tab. 21

Einkommen	3 000 €

---

427 *OLG Dresden* SP 2008, 292; vgl. auch oben Rdn. 101 ff.
428 Die sich an den Bedarfszeiten im Haushalt orientieren und damit den gesetzlich geschuldeten Aufwand beziffert.
429 Vgl. insoweit *OLG Stuttgart* VersR 1993, 1536; *OLG Dresden* SP 2008, 292, 294.

Fixe Kosten	1 000 €
Verteilbares Einkommen	2 000 €
Anteil des Hinterbliebenen	800 €
Anteil der Getöteten	600 €
Anteil der Kinder je	150 €

Tab. 22

Ausfall Haushaltsführung 49 × 5 € × 4,3	=	1 054 €
Anteil des hinterbliebenen Ehegatten		527 €
Abzgl. Vorteilsausgleich		– 600 €

Verbleibt bei dem hinterbliebenen Ehegatten ein Schaden nicht mehr. Lediglich bei den Kindern kann ein Schaden, der aber um eventuell erhaltene Halbwaisenrenten vermindert wird, entstehen.

4. Doppelverdienerehe

172 Soweit beide Ehegatten erwerbstätig waren, ist zu differenzieren nach dem Umfang der Erwerbstätigkeit:

172a Waren beide Ehegatten mit den gleichen Arbeitszeitanteilen berufstätig, so kommt nur ein Ausgleich des Barunterhaltes in Betracht, da die Ehegatten beide gleichermaßen auch zur Erbringung von Naturalunterhalt verpflichtet waren. Es kann daher allenfalls ein Barunterhaltsschaden bestehen, der aber um den ersparten Barunterhalt zu kürzen ist.

172b ▶ Beispiel:[430]

Tab. 23

Einkommen Getöteter:	2 000 € (57 % des Familieneinkommens)
Einkommen Witwe	1 500 € (43 % des Familieneinkommens)
Familieneinkommen	3 500 €
abzgl. Fixe Kosten	1 000 €

Tab. 24

Einkommen des Getöteten	2 000 €	
abzgl. Anteil an den Fixkosen	– 570 €	
verteilbares Einkommen		1 430 €
Anteil Hinterbliebenen 50 %		715 €
zzgl. entgangener Fixkostenanteil		+570 €
Unterhaltsanspruch des Hinterbliebenen		1 285 €
Einkommen des Hinterbliebenen	1 500 €	
abzgl. Fixkostenanteil	– 430 €	
verteilbares Einkommen	1 070 €	
ersparter Unterhaltsbeitrag 50 %		– 535 €
Anspruch auf Barunterhalt		**750 €**

Etwas anderes gilt hingegen, wenn die Wochenarbeitszeiten differieren, weil nur ein Ehegatte in Vollzeit erwerbstätig war:

Soweit der Vollzeit arbeitende Ehegatte getötet wurde, kommt allenfalls eine Ermittlung des Verlustes im Bereich des Barunterhaltes in Betracht, dem aber der ersparte Naturalunterhalt gegengerechnet werden muss. Wurde hingegen der in Teilzeit beschäftigte und daneben mit der Haushaltsführung befasste Ehegatte getötet, ist eher von einem Verbleiben eines Naturalunterhalts-

---

[430] BGH v. 11.10.1983, VI ZR 251/81, VersR 1984, 79 ff.; BGH v. 3.7.1984, VI ZR 42/83, VersR 1984, 961 ff.

F. Unterhaltsschaden Kapitel 17

schadens auszugehen als von dem eines Barunterhaltsschadens, da dort der ersparte Unterhalt vorteilsausgleichend angerechnet wird.

▶ **Berechnungsbeispiel:** 172c

Auswirkung von Mithaftung bei Doppelverdienerehe:

Haftung des Schädigers 70 %:

Tab. 25
Einkommen Getöteter:	*2 000 € (57 % des Familieneinkommens)*
Einkommen Witwe	*1 500 € (43 % des Familieneinkommens)*
Familieneinkommen	*3 500 €*
abzgl. Fixe Kosten	*1 000 €*

Tab. 26
Einkommen des Getöteten	*2 000 €*	
abzgl. Anteil an den Fixkosen	*– 570 €*	
verteilbares Einkommen	*1 430 €*	
Anteil Hinterbliebenen 50 %		*715 €*
zzgl. Entgangener Fixkostenanteil		*+ 570 €*
Unterhaltsanspruch des Hinterbliebenen		*1 285 €*
Haftungsquote 70 %		*899,50 €*

Ausfall wegen Mithaftung 30 % = 385,50 €

Einkommen des Hinterbliebenen	*1 500 €*	
abzgl. Fixkostenanteil	*– 430 €*	
verteilbares Einkommen	*1 070 €*	
ersparter Unterhaltsbeitrag 50 %		*– 535 €*
Ausfall wegen Mithaftung 30 %		*+ 385,50 €*
Vorteilsausgleich		*– 149,50 €*

Anspruch auf** Barunterhalt* | | ***750 €

Beachte: Das eigene Einkommen des Hinterbliebenen ist wegen des Quotenvorrechtes nur insoweit anspruchsmindernd zu berücksichtigen, als es den Ausfall durch die Mithaftung übersteigt.[431]

5. Rentnerehepaar

Sind beide Ehepartner Rentner, so ist grundsätzlich von einer Verpflichtung zur hälftigen Haushaltsführung auszugehen, es kommt nicht auf die tatsächliche Verteilung sondern vielmehr auf das unterhaltsrechtlich Geschuldete an.[432] Selbst wenn in diesen Fällen der Ehemann nach den Erhebungen von *Schulz-Borck/Hofmann*, Tabelle 8 nur etwa $1/3$ der Hausarbeit erbringt, so ist dies nicht im Sinne von § 1360 BGB geschuldet. 173

Es ist wie folgt zu differenzieren: 173a

Verstirb der alleinige Rentenbezieher, erhält der Hinterbliebene Witwen- oder Witwerrenten vom DRV. Angesichts der Quoten aus dem Unterhaltsrecht für den Alleinverdienerhaushalt (60:40) zugunsten des alleinigen Verdieners und unter Berücksichtigung der Tatsache, dass der hinterbliebene Ehegatte ca. 60 % der Rente als Hinterbliebenenrente erhält, kann ein Barunterhaltsanspruch beim 173b

---

431 BGH v. 22.3.1983, VI ZR 67/81, VersR 1983, 726; OLG Hamm NZV 2004, 43.
432 Vgl. insoweit Palandt/*Sprau* § 844 Rn. 8 ff. zum Ehegattenunterhalt; PWW/*Medicus* § 844 Rn. 6 ff.

Hinterbliebenen nicht bestehen. Der Unterhaltsanspruch, soweit er ohne die Rentenleistungen bestünde, geht gem. § 116 SGB X im Unfallzeitpunkt auf den Rentenversicherer über.

173c Waren beide Ehegatten vor dem Renteneintritt erwerbstätig und beziehen Altersrente, so erhält der hinterbliebene Ehegatte ebenfalls eine, ggf. wegen der eigenen Rente gekürzte Witwen-/Witwerrente. Bei der Berechnung eines möglichen Unterhaltsschadens ist dann der ersparte Barunterhalt dem entgangenen Barunterhalt gegen zu rechen, sodass ein Unterhaltsschaden ebenfalls nicht verbleibt.

173d Wird der früher nicht erwerbstätige Ehegatte getötet, so besteht ein Anspruch auf Barunterhaltsersatz bei dem Hinterbliebenen ohnehin nicht, ein Anspruch auf entgangenen Naturalunterhalt besteht nicht, da beide Ehegatten den Haushalt gleichermaßen besorgen müssen. Selbst wenn ein solcher Anspruch in geringem Umfang zu bejahen wäre, würde dieser durch den ersparten Barunterhalt kompensiert.

173e Soweit häufig die Pflege des Ehegatten als den Naturalunterhalt erhöhender weiterer Anspruch gefordert wird, ist darauf hinzuweisen, dass der Anspruch auf Pflege ein mittelbarer Anspruch ist, der nicht unterhaltsrechtlich geschuldet ist. Vielmehr erhält der Pflegebedürftige zur Sicherstellung seines Pflegeaufwandes Leistungen aus der Pflegekasse. Eine Einrechnung in den Unterhaltsschaden ist nicht zulässig.[433]

X. Auswirkungen des neuen Unterhaltsrechts seit 1.1.2008

174 Das Unterhaltsrecht wurde in der Vergangenheit weitgehend reformiert. Zunächst wurden eheliche und nichteheliche Kinder gleichgestellt in ihrem Anspruch auf Unterhalt. Jetzt werden die Kinder – egal ob ehelich oder unehelich, aus erster oder zweiter oder dritter Ehe – gleichgestellt. Sie stehen jetzt im ersten Rang und erst, wenn deren Unterhaltsansprüche befriedigt sind, können weitere nachrangige, Unterhaltsansprüche geltend gemacht und befriedigt werden, §§ 1582, 1609 BGB. Geschiedene Ehegatten haben in Rang 2 Ansprüche dann auf Unterhaltsleistungen, wenn sie wegen der Betreuung von Kindern unterhaltsberechtigt sind.

174a Es stellt sich die Frage, ob nach dem Eintritt in das Kindergartenalter nicht schon aus dem neuen Unterhaltsrecht ggf. eine Arbeitspflicht der geschiedenen Ehefrau in Teilzeit hergeleitet werden kann. Der neu geschaffene Basisunterhalt des § 1570 Abs. 1 BGB n. F. sieht einen Basisunterhalt für die Betreuung in den ersten drei Lebensjahren des Kindes vor. Eine Verlängerung ist nur dann möglich, wenn das Kindeswohl dies erfordert. Gedacht ist dabei an die unter den Folgen einer Scheidung besonders leidenden Kinder, die dann persönlicher Betreuung bedürfen. Die Unterhaltsleistungen für den betreuenden Elternteil sind jedoch zeitlich befristet.

174b Diese Neuregelung bedeutet in letzter Konsequenz, dass geschiedene Ehefrauen nicht zwingend Anspruch auf Unterhalt haben, sondern unabhängig von ihrem Anspruch auf Gewährung von Betreuungsunterhalt dann verpflichtet sind, ihren Lebensunterhalt selbst zu bestreiten, wenn die Einkünfte des Ehegatten schon nicht ausreichen, um den ersten Rang (also den Kindesunterhalt) zu bedienen.[434]

XI. Arbeitspflicht des Hinterbliebenen

175 Für die Frage, ob die Hinterbliebenen arbeitspflichtig im Sinne des Schadensersatzrechtes sind, kommt es entscheidend auf deren Alter, Leistungsfähigkeit, sonstige Lebensverhältnisse, frühere Erwerbstätigkeit und Ausbildung an. Man kann sicher bei jungen, arbeitsfähigen und kinderlosen Hinterbliebenen von einer Arbeitspflicht ausgehen. Im Hinblick auf die derzeitige wirtschaftliche und arbeitsmarktpolitische Situation wird man nicht mehr unbedingt dann eine Arbeitspflicht verneinen können, wenn eine »sozial niedrigere« Arbeit ausgeführt werden könnte (die Entscheidung des BGH[435] stammte aus den 60er Jahren).

---

433 Vgl. insoweit auch Rdn. 106.
434 Vgl. hierzu insbesondere *Born* NJW 2008, 1 ff.
435 *BGH* 11.2.1969, VI ZR 240/67, VersR 1969, 469; BGH v. 6.4.1976, VI ZR 240/74, VersR 1976, 877.

F. Unterhaltsschaden

Soweit minderjährige Kinder dem Haushalt angehören, ist auf deren Alter abzustellen. Von einer Pflicht zur vollen Erwerbstätigkeit in Anlehnung an das bis 2007 geltende Unterhaltsrecht wird man nicht vor dem 12. –14. Lebensjahr des jüngsten Kindes ausgehen können. Etwas anderes gilt allerdings für Teilzeittätigkeiten. Wenn der Arbeitspflicht nachgekommen wird, ist diese im Wege des Vorteilsausgleichs zu berücksichtigen, das Netto-Einkommen wird in vollem Umfang vom Unterhaltsanspruch in Abzug gebracht, es sei denn, der Hinterbliebene weist nach, dass die Tätigkeit auch ohne den Tod des Unterhaltsverpflichteten aufgenommen worden wäre. In diesen Fällen ist unter Berücksichtigung des neuen Einkommens des Hinterbliebenen eine neue Unterhaltsberechnung erforderlich unter Einbezug des erzielten Verdienstes im Familieneinkommen. Wird eine Tätigkeit trotz Verpflichtung nicht aufgenommen, handelt es sich um eine Verletzung der Schadenminderungspflicht, die zu einer Anrechnung des erzielbaren Einkommens führt.[436]

175a

Die Neufassung des Unterhaltsrechts hat auch entscheidende Bedeutung für den schadenersatzrechtlich geschuldeten Unterhalt. Jedenfalls wird man für die Zukunft von einer Arbeitspflicht des hinterbliebenen Ehegatten mindestens ab Eintritt der Kinder in die Schule ausgehen müssen, da dies dann unterhaltsrechtlich ebenfalls verlangt werden kann.[437] Auch wird sich eine Mitarbeitspflicht immer dann fordern lassen, wenn die Kinder ohnehin in aushäusiger Betreuung (Kindergarten, Schule) mindestens zeitweise untergebracht sind. Eine Erwerbstätigkeit des hinterbliebenen Ehegatten wird dann nur noch in Ausnahmefällen schadenersatzrechtlich als überobligationsmäßig anzusehen sein.

175b

XII. Steuerschaden der Hinterbliebenen

Ob auf die Hinterbliebenenrenten Steuern zu zahlen sind, ist nicht zweifelsfrei geklärt. So hat der *BFH* entschieden, dass Mehrbedarfsrenten gem. § 843 BGB nicht zu versteuern sind.[438] In Anlehnung an diese Entscheidung wurden inzwischen auch die Hinterbliebenenrenten als nicht steuerpflichtig bewertet.[439]

176

XIII. Arbeitslose Kinder im elterlichen Haushalt

Grundsätzlich richtet sich der Unterhalt der Kinder nach der Frage ihrer Bedürftigkeit. Diese ist immer dann nicht gegeben, wenn diese über ein eigenes ausreichendes Einkommen verfügen. Problematisch sind die Fälle, in denen das Kind zwar eine Ausbildung abgeschlossen hat, einer Erwerbstätigkeit nachgegangen war und dann arbeitslos wird. Soweit Ansprüche auf Arbeitslosengeld erworben wurden, ist weiterhin keine Bedürftigkeit gegeben, da das Arbeitslosengeld unabhängig von der eigenen Bedürftigkeit des Erwerbslosen erstattet wird. Bestand aber ein Anspruch auf Arbeitslosengeld nicht, oder ist der Leistungszeitraum überschritten und es wird nur noch ALG II gewährt bzw. abgelehnt wegen mangelnder Bedürftigkeit unter Hinweis auf die »Bedarfsgemeinschaft« mit den Eltern, stellt sich die Frage, wie diese Kinder im Rahmen des Unterhaltsschadenersatzes zu bewerten sind.[440] Diese Frage ist nach wie vor nicht wirklich geklärt, da zivilrechtlich (im Rahmen des Familienrechts) das arbeitslose Kind – um einen Unterhaltsanspruch zu erhalten, für die Rechtsprechung jede Arbeit annehmen und sich intensiv um Arbeit bemühen muss, daran scheitert nahezu jeder Unterhaltsanspruch.[441] Diese Kinder sind daher im Rahmen der Unterhaltsberechnung nicht zu berücksichtigen.

177

---

436 *BGH* v. 19.6.1984, VI ZR 301/82, VersR 1984, 936.
437 *OLG Düsseldorf* FD-FamR 2008, 264753 = FDR 2008, 530.
438 *BFH* v. 25.10.1994, VIII R 79/91, VersR 1995, 856, vgl. auch allgemein zu steuerrechtlichen Fragen *Jahnke* Steuern und Schadenersatz r+s 1996, 205 ff.
439 *BFH* v. 16.11.2008, X R 31/07, die Schadenersatzrente nach § 844 Abs. 2 BGB unterliegt nicht der Einkommensteuerpflicht; *FinG Rheinland-Pfalz* Urt. v. 5.7.2007 – Az. 4 K1535/05 (Juris); offengelassen wurde die Frage in *BGH* v. 2.12.1997, VI ZR 142/96, VersR 1998, 333 = r+s 1998, 153.
440 *Schlegel* Einkommen der Eltern und Arbeitslosenhilfe der Kinder NJW 1989, 2800 ff.
441 Vgl. *Palandt/Brudermüller* § 1602 Rn. 5 ff. zur Erwerbsobliegenheit m.w.N., *PWW-Soyka* § 1602 Rn. 2 ff.; FA FamRecht-*Gerhardt*, Kap. 6 Rn. 356 ff.

XIV. Zusammentreffen von eigenen Ansprüchen und Unterhaltsansprüchen

178 Häufig kommt es vor, dass bei einem Verkehrsunfall mehrere Personen geschädigt werden, die sich in einem KFZ befinden. So kann es auch zum Zusammentreffen von Unterhaltsschäden und eigenen Ansprüchen aus Personenschaden sowie ererbten Ansprüchen kommen. Es ist sauber zu trennen zwischen den eigenen Ansprüchen des Hinterbliebenen aus der erlittenen Verletzung, den ererbten Ansprüchen auf Ersatz des Schadens des Getöteten (Fahrtzeugschaden, evtl. Schmerzensgeld und Verdienstschaden etc.) sowie dem Unterhaltsschadenersatzanspruch. Eine Trennung der einzelnen Ansprüche hilft der Übersichtlichkeit und erleichtert insbesondere die Geltendmachung der Ansprüche bei Mithaftung des Verletzten.[442]

178a ▶ Beispiel:

Der A befährt mit seiner Frau die Bundesstraße mit deutlich überhöhter Geschwindigkeit (140 km/h). Im Fahrzeug befindet sich seine Frau als Beifahrerin. Infolge der Vorfahrtsverletzung des B wird A getötet und Frau A schwer verletzt. Das Fahrzeug erleidet Totalschaden.

Unterstellt man nun eine Mithaftung von 50 % ergibt sich folgende Konstellation:

Direkte Ansprüche des A wegen der erlittenen Verletzungen: wegen der sofortigen Tötung keine Ansprüche aus Personenschaden, lediglich Ansprüche wegen dem Fahrzeugschaden. Diese gehen gem. Haftungsverteilung in die Erbmasse über und werden zu 50 % erstattet.

Auch den Anspruch auf Ersatz der Bestattungskosten und möglichen entgangenen Unterhalt kann Frau A nur nach der Haftungsquote ersetzt verlangen.

Anders hingegen bei ihren eigenen Ansprüchen wegen der erlittenen Verletzungen: Sie kann ihre Ansprüche sowohl bei B und dessen KH-Versicherer wie auch bei A's Versicherung anmelden und wird dort hinsichtlich ihrer eigenen Schadenersatzansprüche aus gesamtschuldnerischer Haftung 100 % ersetzt erhalten, wenn sie nicht selbst ein Mitverschulden[443] **trifft**.

G. System der Sozialversicherungen

179 Das Sozialgesetzbuch ist in 12 Teile untergliedert, diese behandeln die möglichen Leistungen der einzelnen Sozialversicherungsträger sowie das Verwaltungsverfahren in SGB X, welches für alle Teile gilt.

179a

Tab. 27

SGB I	Allgemeiner Teil
SGB II	Grundsicherung für Arbeitsuchende
SGB II	Arbeitsförderung
SGB V	Gemeinsame Vorschriften für die Sozialversicherung
SGB V	Gesetzliche Krankenversicherung
SGB VI	Gesetzliche Rentenversicherung
SGB VII	Gesetzliche Unfallversicherung
SGB VIII	Kinder- und Jugendhilfe
SGB IX	Rehabilitation und Teilhabe behinderter Menschen
SGB X	Verwaltungsverfahren
SGB XI	Soziale Pflegeversicherung
SGB XII	Sozialhilfe

---

442 *OLG Hamm* r+s 1995, 176 = VersR 1995, 454.
443 Vgl. insoweit oben Rdn. 1 ff.

H. Heilbehandlungskosten, Leistungsumfang　　　　　　　　　　　　　　　　　Kapitel 17

In der Schadenregulierung kommen am häufigsten die Vorschriften des SGB V, VI und VII hinsichtlich der Leistungen von gKV, Pflegeversicherung, DRV und BG sowie die Übergangsvorschriften des SGB X zur Anwendung. Nachfolgend soll – getrennt nach Leistungsumfang und Übergang auf die einzelnen Bereiche eingegangen werden.[444]   **179b**

H. Heilbehandlungskosten, Leistungsumfang

Grundsätzlich hat der unfallbedingt Verletzte auch Anspruch auf Ersatz der Heilbehandlungskosten.[445] Gemäß §§ 823 Abs. 1 BGB, 11 StVG, 249 S. 2 BGB hat der Verletzte Anspruch auf Ersatz der tatsächlich entstandenen und angemessenen Kosten aller erforderlichen Heilbehandlungsmaßnahmen.[446] Dabei ist zu beachten, dass der Verletzte auch hinsichtlich der Heilbehandlungen den Unfallzusammenhang »dem Grunde nach« nach den Regeln des § 286 ZPO beweisen muss.[447] Fehlt es an dem erforderlichen Zusammenhang zwischen Unfall und behaupteter Verletzung, sind auch die Kosten für Heilbehandlung, Fahrtkosten etc. nicht zu erstatten.[448]   **180**

Im Rahmen des Sozialversicherungssystems ist nach aktueller Rechtslage grundsätzlich Ziel der Regierung gewesen, dass jedermann in einer gesetzlichen oder in einer privaten Krankenkasse (zu den Mindestanforderungen) krankenversichert ist. Soweit der Verletzte in einer gesetzlichen Krankenversicherung (egal ob als Pflichtmitglied oder freiwillig) oder im Rahmen der gesetzlichen Unfallversicherung versichert ist, geht der Anspruch auf Ersatz der Heilbehandlungskosten nach § 116 SGB X im Unfallzeitpunkt auf die Krankenkasse/Berufsgenossenschaft über. Ein Anspruch des Verletzten bleibt nur, soweit eine Erstattung von Aufwendungen durch die Krankenkasse nicht erfolgt. (Das wohl bekannteste Beispiel ist der Zahnersatz: unabhängig, wodurch ein Zahnersatz erforderlich wurde, erhält der Versicherte nur einen Anteil der erforderlichen Aufwendungen.) Hinsichtlich des Restes ist er weiter aktiv legitimiert. Bei dem gesetzlich oder berufsgenossenschaftlich versicherten Verletzten verbleiben grundsätzlich keine Heilbehandlungskosten, da die Heilfürsorge der gesetzlichen Krankenkassen und Unfallversicherungsträger als ausreichend angesehen wird. Gem. § 116 SGB X gehen sämtliche Ansprüche insoweit zum Unfallzeitpunkt über.   **180a**

Da sich Unterschiede zwischen den Leistungen der gesetzlichen Krankenkasse, der ggf. im Rahmen eines Arbeitsunfalls eintrittspflichtigen Berufsgenossenschaft und der privaten Krankenkasse ergeben, sollen diese drei Versicherer getrennt behandelt werden, um die Übersichtlichkeit zu gewährleisten.   **180b**

I. Gesetzliche Krankenkassen

Unabhängig davon, ob es sich um die AOKen, die Ersatzkrankenkassen oder Betriebskrankenkassen einzelner Unternehmen handelt, richtet sich der Leistungsumfang aller Kassen nach dem SGB V. Ziel der Heilbehandlung soll sein, den Gesundheitszustand wieder herzustellen und die dazu erforderlichen Heilbehandlungskosten zu erstatten. Wo eine Wiederherstellung nicht möglich ist, ist eine Linderung der Beschwerden Ziel der Behandlung, § 1 SGB V.   **181**

Der Leistungsumfang der Krankenkassen ergibt sich insbesondere aus den §§ 27–52 SGB V. Soweit einzelne Kassen Sonderleistungen über den gesetzlichen Rahmen hinaus aufgrund besonderer Programme gewähren, geht der Anspruch auf Ersatz dieser Zusatzleistungen ebenfalls im Unfallzeitpunkt auf sie über.   **181a**

444　Da der Leistungsumfang und die Übergangsfähigkeit durchaus auseinanderfallen können!
445　Zu den Eigenanteilen vgl. unten Rdn. 183 ff., 191, 193.
446　Zur Erforderlichkeit grds. *BGH* v. 23.9.1969, VI ZR 69/68, VersR 1969, 1040; BGH v. 11.11.1969, VI ZR 91/68, VersR 1970, 129.
447　Zu Beweismaß und Beweislast vgl. *Staab* in Meschkat/Nauert Rn. 247 ff. mit grundlegenden Hinweisen; *Geipel* Der Vollbeweis durch das Unwahrscheinliche? – Widerspruch, Logik oder die vergessene Lehre vom Individualanscheinsbeweis? – zfs 2007, 363 f.
448　*OLG Hamm* r+s 2003, 434 bei streitiger HWS.

Kapitel 17 — Schadensersatzansprüche beim Personenschaden

1. Heilbehandlungskosten, §§ 27–29 SGB V

182 Nach den §§ 27, 28, 29 SGB V sind die Kosten für ärztliche, zahnärztliche und kieferorthopädische Behandlungen zu übernehmen, die zur Wiederherstellung der Gesundheit **erforderlich** sind. Die gesetzlichen Krankenkassen erstatten die erforderlichen Aufwendungen der Heilbehandlung, die dem allgemein anerkannten Stand der medizinischen Erkenntnisse entsprechen und den medizinischen Fortschritt berücksichtigen. Lehnt die Krankenkasse eine Behandlungsmethode ab und verweigert die Kostenübernahme, so stellt sich zunächst die Frage, warum diese Behandlung abgelehnt wurde. Sofern die Erfolgschancen einer solchen Behandlung nicht gesichert sind, kann versucht werden, eine Kostenübernahme im Rahmen des Sozialgerichtsverfahrens zu erzwingen. Da die Krankenkasse im Zweifel die Erforderlichkeit dieser Behandlung bestreiten wird, ist sie auch nicht vom Schädiger zu übernehmen.

182a Auch die Kosten für erfolglose Behandlungsmethoden sind erstattungspflichtig, sofern sie sich im erforderlichen und angemessenen Rahmen bewegen, das Prognoserisiko hierfür trägt der Schädiger.

182b Der Geschädigte muss im Rahmen der gesetzlichen Bestimmungen und abhängig von seiner Vermögenslage und seinem sonstigen Gesundheitszustand Eigenanteile und Zuzahlungen zu den Behandlungen und Arzneimitteln erbringen. Ermäßigungen (bei chronisch Kranken) und vollständige Befreiung (einkommensabhängig) sind auf Antrag möglich. Kinder sind in der derzeit geltenden Form des SGB V von den Zuzahlungen befreit. Hinsichtlich dieser Eigenanteile bleibt der Verletzte aktiv legitimiert, ggf. empfiehlt sich bei schwer Verletzten, einen entsprechenden Antrag auf Erlass zu stellen.

2. Arznei- und Verbandsmittel, § 31 SGB V

183 Erforderlichenfalls werden Arzneimittel abzüglich eines Eigenanteils (abhängig von den verordneten Medikamenten) erstattet. Kosten für Verbandsmittel werden von der gesetzlichen Krankenkasse nur bei Verbandswechsel beim Arzt erstattet. Verbandsmaterialien, die der Verletzte zu Hause zur Selbstversorgung der Wunde benötigt, werden von der Krankenkasse nicht erstattet.

3. Heil- und Hilfsmittel, §§ 32, 33 SGB V

184 Heilmittel (Massagen, Krankengymnastik, Ergotherapie etc) und Hilfsmittel (Brillen, Gehhilfen etc.) werden von der gesetzlichen Krankenkasse nur eingeschränkt übernommen, entweder im Rahmen pauschalierter Zuzahlungen (wie bei der Brille) oder unter Berücksichtigung von Eigenanteilen. Gegebenenfalls kommt auch die Leihe durch die Krankenkasse (bei einem Rollstuhl, der nur vorübergehend benötigt wird) in Betracht. In jedem Fall sollte davon Abstand genommen werden, ohne die Einschaltung der Krankenkasse solche Hilfsmittel auf »eigene Rechnung« zu besorgen, da dann die Kostenübernahme wegen des Anspruchsübergangs im Unfallzeitpunkt auf die Krankenkasse durch den Schädiger nicht erfolgen kann. Der Geschädigte ist hinsichtlich dieser Kosten nicht aktiv legitimiert!

4. Krankengeld, § 44 SGB V

185 Daneben zahlt die Krankenkasse Krankengeld für die Dauer der Arbeitsunfähigkeit, maximal 78 Wochen ab dem ersten Tag der Arbeitsunfähigkeit, Zeiten der Entgeltfortzahlung werden angerechnet, sodass die Krankengeldzahlung erst ab dem 43. Tag der Arbeitsunfähigkeit einsetzt. Das Krankengeld beträgt ca. 70 % vom Brutto-Lohn, max. aber 90 % des Netto-Lohns. Zum Brutto-Lohn gehören auch Überstundenzulagen und Schichtzulagen, soweit diese in den letzten drei Monaten vor dem Unfallereignis regelmäßig angefallen sind. Ausgegangen wird vom Durchschnittswert. Vom Krankengeld werden Beiträge zur Sozialversicherung entrichtet.

185a Hiervon sind noch die Beiträge zur Renten- und Arbeitslosenversicherung abzusetzen, sodass auch hier dem Geschädigten ein Schaden (aber nur ein geringer) verbleiben kann.

185b Die Zahlung von Krankengeld endet, wenn

- der Verletzte ist wieder arbeitsfähig ist oder
- der Verletzte erwerbsunfähig wird, § 50 Abs. 1 Nr. 1 SGB V oder
- die Höchstdauer von 78 Wochen seit Eintritt der Erwerbsunfähigkeit überschritten ist, § 48 Abs. 1 SGB V. In diesem Fall kann der Geschädigte entweder Arbeitslosengeld beantragen oder Erwerbsunfähigkeitsrente, hat er auf beides keinen Anspruch, bleibt der Schädiger entsprechend der Quote allein verpflichtet. Soweit der Geschädigte Leistungen vom Sozialhilfeträger erhält, geht der Anspruch auf diesen über.

Da der Verletzte nur bei vollständiger Arbeitsunfähigkeit Krankengeld erhält, ist dieses voll übergangsfähig und kann vom Schädiger regressiert werden, wenn der Verletzte vor dem schädigenden Ereignis erwerbstätig war. Hatte der Verletzte aber schon vor dem Unfall keine Einkünfte (weil er sich schon im Krankengeldbezug befand und diese Krankheit nach wie vor andauert) ist ein Übergang wegen fehlendem Schaden bei dem Verletzten nicht möglich, das Krankengeld kann dann nicht regressiert werden. 185c

5. Beiträge zur Sozialversicherung aus dem Krankengeld

Die gesetzliche Krankenkasse entrichtet – wie ein Arbeitgeber – aus dem Brutto-Krankengeld Beiträge zur Sozialversicherung (Rentenversicherung, Arbeitslosenversicherung). In der Krankenversicherung und Pflegeversicherung ist der Verletzte für die Dauer der Arbeitsunfähigkeit beitragsfrei versichert. Die entgangenen Beiträge werden gem. § 119 SGB X bei dem Schädiger regressiert. 186

6. Entgeltfortzahlungsersatz nach dem AAG

Die gesetzlichen Krankenkassen sind nach dem AAG verpflichtet, Arbeitgebern mit max. 30 Beschäftigten 80 % des Lohnes zu erstatten, wenn der Arbeitnehmer erkrankt. Der Anspruch auf Ersatz dieser Aufwendungen geht nicht nach § 116 SGB X auf die KK über, vielmehr erfolgt die Leistung durch die Krankenkasse nach § 1 AAG nur, wenn der Arbeitgeber gem. § 5 AAG seine Ansprüche auf Erstattung der geleisteten Entgeltfortzahlung an die Krankenkasse abtritt. 187

7. Fahrtkosten

Die Krankenkasse übernimmt die Fahrtkosten nur eingeschränkt, wenn der Erkrankte nicht in der Lage ist, die Strecke ohne Krankentransport zu bewältigen. Eine Erstattung gefahrener Kilometer (wie bei der BG) kennt das SGB V nicht. 188

8. Häusliche Krankenpflege, § 37 SGB V

Häusliche Krankenpflege wird nur dann erstattet, 189
- wenn der Verletzte im Krankenhaus behandelt werden müsste, aber dies nicht durchführbar ist,
- wenn die Dauer des stationären Aufenthaltes so verkürzt werden kann und
- wenn eine Pflege durch Familienangehörige nicht im erforderlichen Umfang sichergestellt werden kann (vgl. insoweit § 37 Abs. 3 SGB V).

9. Haushaltshilfe, § 38 SGB V

Eine Haushaltshilfe wird von der gKV nur dann ersetzt, wenn sich ein minderjähriges Kind (bis 12. Lebensjahr) oder ein behindertes Kind im Haushalt befindet, welches auf Hilfe angewiesen ist. 190

10. Krankenhausbehandlung, stationäre und ambulante Rehabilitation, §§ 39, 40 SGB V

Auch die Kosten für medizinisch indizierte stationäre Behandlungen werden von der Krankenkasse übernommen. Der Verletzte muss allerdings für den Zeitraum von max. 28 Tagen (je Kalenderjahr) täglich eine Zuzahlung von derzeit 10 € je Tag leisten. Diese Zuzahlung zum stationären Aufenthalt 191 kann nicht beim Schädiger geltend gemacht werden, da mindestens in gleicher Höhe ersparte Eigenkosten (Verpflegung, erspartes Wasser, Strom etc.) bestehen, mit denen Aufrechnung erklärt wird.[449]

II. Gesetzliche Unfallversicherung/Berufsgenossenschaften, SGB VII

192 Auch die Berufsgenossenschaft übernimmt die Kosten der Heilbehandlung. Die Leistungen gehen allerdings weiter als die der gesetzlichen Krankenkassen, da im SGB VII festgehalten ist, dass alle zur Wiederherstellung der Arbeitsfähigkeit erforderlichen Maßnahmen zu ergreifen sind. Daneben fallen auch keine Zuzahlungen – weder zu Arzneimitteln, Behandlungskosten oder stationären Aufenthalten an, es werden zudem Fahrtkosten zu den Behandlungen erstattet. Im Fall des Todes des Geschädigten, zahlt die Berufsgenossenschaft Sterbegeld sowie Hinterbliebenenrenten.

192a Die Leistungen der Berufsgenossenschaften gehen weiter als die der gesetzlichen Krankenkassen. Ihr Ziel ist es, die Arbeitsfähigkeit des Verletzten wieder herzustellen. Alle erforderlichen Maßnahmen sind daher von der BG zu erstatten, der Verletzte ist nicht aktiv legitimiert, soweit die Kosten von der Berufsgenossenschaft übernommen werden. Dies gilt auch für den ansonsten privat versicherten Verletzten, da der Anspruchsübergang auf die Berufsgenossenschaft nach § 116 SGB X im Unfallzeitpunkt erfolgt, die private Krankenkasse den Anspruch aber erst nach Leistung an oder für ihren Versicherten (§ 86 VVG) erhält. Da der Anspruch auf die PKV erst nach Leistung übergeht, kann der privat Versicherte auch nicht wählen, welchen Versicherungsträger er in Anspruch nimmt. Wählt er gleichwohl privatärztliche Behandlung, ist diese wegen fehlender Erforderlichkeit im Falle eines berufsgenossenschaftlich versicherten Unfalles wegen des bereits erfolgten Überganges auf die gesetzlichen Träger der Unfallversicherung nicht erstattungsfähig.

1. Eigenanteile

193 Entgegen den Regelungen des SGB V sieht das SGB VII keine Eigenanteile des Verletzten – weder zu den Arznei- und Verbandsmitteln, Heil- oder Hilfsmitteln, noch zum stationären Aufenthalt[450] oder zu ambulanten Behandlungen vor.

2. Fahrtkosten, Reisekosten § 43 SGB VII

194 Zusätzlich erstattet die Berufsgenossenschaft die Fahrtkosten sowohl für den Verletzten zu den Behandlungen wie auch die Besuchskosten von Angehörigen (Ehefrau), soweit diese medizinisch erforderlich waren. Werden diese von der BG nicht übernommen, waren sie nicht erforderlich und können auch nicht von dem Schädiger ersetzt verlangt werden.

3. Verletztengeld, § 47 SGB VII

195 Anstelle des Krankengeldes tritt das Verletztengeld, welches gem. § 47 Abs. 2 SGB VII 80 % vom Brutto-Gehalt, maximal aber das Netto-Gehalt beträgt. Zur Ermittlung des Netto-Gehaltes legt die BG alle Einkünfte – auch die Nebeneinkünfte der Verletztengeldermittlung zugrunde. Das Verletztengeld wird – wie das Krankengeld – für die Dauer von insgesamt 78 Wochen gezahlt. Die Dauer der Entgeltfortzahlung wird darauf angerechnet. Das Verletztengeld ist dem Erwerbsschaden kongruent, und kann daher vom Geschädigten – wie das Krankengeld regressiert werden.[451]

195a Hiervon sind noch die Beiträge zur Renten- und Arbeitslosenversicherung abzusetzen, sodass auch hier dem Geschädigten ein Schaden (aber nur ein geringer) verbleiben kann. Die Auszahlung erfolgt über die Krankenkassen.

---

449 *LG Paderborn* v. 15.2.2008, 2 O 383/03; LNR 2008, 36510; *LG Leipzig* v. 2.8.2002, 03 O 4972/01, LNR 2002, 29351.
450 Die ersparten Verpflegungskosten in Höhe von 10 €/Tag können dem Geschädigten gegenüber bei der Abrechnung des Erwerbsschadens gegengerechnet werden, da sie diesem kongruent sind.
451 BGH v. 23.2.2010, VI ZR 331/08, r+s 2010, 217 ff.

4. Verletztenrente, §§ 56 ff. SGB VII

Verbleibt dem Verletzten ein Dauerschaden von mehr als 20 % MdE, erhält er eine Verletztenrente. 196
Basisbetrag für die Vollrente sind 80 % des Brutto-Jahreslohnes. Dieser wird dann entsprechend der MdE prozentual ermittelt und ausgezahlt. Der Verletzte erhält diese Rente lebenslang, unabhängig von der Entstehung eines Verdienstschadens. Deshalb kann es durchaus sinnvoll sein, die Anerkennung als Arbeitsunfall (ggf. auch als Arbeitswegeunfall) im Wege des Sozialgerichtsverfahrens durchzusetzen. Zu beachten ist allerdings, dass die Verletztenrente dem Verdienstschaden kongruent ist und dementsprechend zuerst auf den möglicherweise entstehenden Verdienstschaden angerechnet wird und erst, wenn diese Rente nicht ausreicht, weiterer Schadenersatz gefordert werden kann.

III. Private Krankenversicherung

Der Leistungsumfang der privaten Krankenversicherung richtet sich alleine nach dem Krankenversicherungsvertrag zwischen den Parteien. Einen bestimmten Leistungskatalog gibt es insoweit nicht, ablehnende Entscheidungen der privaten Krankenkasse bezüglich Kostenübernahme von Behandlungen können daher auch nicht von der Sozialgerichtsbarkeit überprüft werden, der Versicherte ist auf den Zivilrechtsweg angewiesen. 197

Der Verletzte ist – im Gegensatz zur gesetzlichen Krankenversicherung – nicht verpflichtet, seine private Krankenversicherung in Anspruch zu nehmen. Da der Anspruch auf die Krankenkasse erst im Zeitpunkt der Leistung an den Versicherten nach § 86 VVG übergeht, kann der Versicherte selbst seinen Anspruch auch bei dem Schädiger einfordern. Dies macht jedoch nur dann Sinn, wenn es sich um leichtere Verletzungen handelt, die nur eine kurze Heilbehandlung zur Folge haben. Soweit ein stationärer Aufenthalt erforderlich ist, wird es sich immer empfehlen, die Behandlungen über die Krankenkasse abzurechnen, die dann wiederum Regress nimmt. In diesen Fällen kann der Verletzte die möglicherweise entfallende Beitragsrückerstattung als Schaden ersetzt verlangen. 197a

Krankengeld wird von der Privaten Krankenkasse nur dann erstattet, wenn dies vertraglich vereinbart wurde. Da das Krankentagegeld in der privaten Krankenkasse als Summe vereinbart wird und sich nicht zwingend am Netto-Gehalt des Versicherten orientiert (es kann höher oder niedriger sein) ist es nicht auf den Verdienstschaden anzurechnen. Es handelt sich insoweit um private Vorsorgeleistungen des Verletzten, die den Schädiger nicht entlasten dürfen.[452] 197b

IV. Sonderfälle

Nachfolgend sollen die Fälle behandelt werden, in denen eine Erstattung zumindest streitig ist. 198

1. Alternative Medizin

Die Erstattung der Kosten für alternative Behandlungsmethoden ist problematisch. Teilweise erstatten Krankenkassen die Kosten für Heilpraktiker[453] und homöopathische Behandlungen, soweit diese medizinisch erforderlich waren. Dann geht der Anspruch insoweit auf die Krankenkasse über. Wird die Kostenübernahme allerdings von der Krankenkasse abgelehnt, weil diese Behandlung nicht erforderlich war, wird auch der Haftpflichtversicherer sich wegen der fehlenden Aktivlegitimation des Verletzten hinsichtlich der Behandlungskosten und der fehlenden Unfallbedingtheit ebenfalls an diesen Kosten nicht beteiligen. Sonstige alternative Heilbehandlungen können nach Ausschöpfung der Möglichkeiten der Schulmedizin[454] ggf. erstattungsfähig sein, wenn sie auf nachvollziehbarem me- 199

---

452 *BGH* v. 4.7.2001, IV 307/00 NVersZ 2001, 457; BGH v. 15.5.1984, VI ZR 184/82, VersR 1984, 690.
453 *OLG Braunschweig* r+s 1991, 199; *KG* VersR 2001, 178.
454 *KG* NZV 2004, 42.

dizinischem Ansatz beruhen und geeignet sind, mit hinreichender Wahrscheinlichkeit mindestens die Linderung der Beschwerden zu erreichen.[455]

2. Privatärztliche Behandlung als gesetzlich Krankenversicherter

200 In Betracht kommen hier neben den allseits bekannten Ein- und Zweibett-Zimmerzuschlägen die privatärztlichen Behandlungen durch niedergelassene Ärzte. Bezogen auf den stationären Aufenthalt hat der Verletzte dann einen Anspruch auf Ersatz, wenn er bei einem selbst verschuldeten Unfall diese Zimmerbelegung auch auf eigene Kosten gewählt hätte.[456] Dies ist i. d. R. nicht gegeben. Hat der Geschädigte allerdings eine private Krankenzusatzversicherung abgeschlossen, die insoweit in Vorleistung trat, sind die Kosten zu erstatten.[457] Der Anspruchsübergang richtet sich nach § 86 VVG. Der Versuch vieler niedergelassener Mediziner, die Unfallbehandlung als private Behandlung abzurechnen, ist vor allem im Bereich der Zahnmedizin im Vormarsch. Auch hier gilt, es ist zunächst die Grundversorgung, die die gesetzlichen Krankenkassen erstatten, zu erstatten. Die darauf entfallenden Zuzahlungen werden nach Durchführung der Maßnahme und Rechnungsvorlage zu erstatten sein. Soweit bessere Ausführung als die Basisversorgung der gesetzlichen Krankenkasse gewünscht oder angeboten wird, ist zu prüfen, wie die Zähne des Verletzten ansonsten versorgt sind. War ansonsten auch nur die Basisversorgung gewählt, besteht auch kein weiterer Anspruch,[458] hat der Verletzte hingegen die vorherigen Versorgungen in höherem Umfang selbst getragen, sind diese ebenfalls vom Schädiger zu übernehmen. Grundsätzlich gilt auch hier, dass der Verletzte keinen Gewinn aus dem Schadenfall ziehen darf. Eine Abrechnung auf Basis des Heil- und Kostenplans ist nicht möglich, allerdings wird bei Bedarf einer Kostenübernahmezusage nichts im Wege stehen.

200a Soweit der gesetzlich Krankenversicherte nach der Reform der gesetzlichen Krankenversicherungen von der Möglichkeit der Tarifwahl Gebrauch gemacht hat, sind ihm etwaige Mehrkosten auf Nachweis zu erstatten (ähnlich wie dem privat Krankenversicherten, der Anspruch auf Ersatz der unfallbedingt entfallenen Beitragsrückgewähr geltend machen kann.)

3. Kosmetische Operationen

201 Kosmetische Operationen werden, wenn sie unfallbedingt erforderlich sind, von der Krankenkasse übernommen. Sollte die Kostenübernahme von der Krankenkasse abgelehnt werden, ist zunächst das Widerspruchsverfahren durchzuführen. Der Schädiger hat ggf. abgelehnte, aber unfallbedingt erforderliche Maßnahmen nach deren Durchführung zu erstatten.[459] Einen Anspruch auf Erstattung fiktiver Operationskosten wird von der Rechtsprechung zu Recht verneint.[460]

4. Heilbehandlungskosten im Ausland

202 Soweit der im Inland Verletzte Heilbehandlungskosten im Ausland ersetzt verlangt, besteht darauf kein Anspruch,[461] da im Inland hinreichend Kapazitäten vorhanden sind. Ausnahmen können lediglich dann bestehen, wenn bei schwer Schädel-Hirn-Verletzten besondere Therapieformen wie z. B. die Delphintherapie angeboten werden. Aber auch hier besteht nicht unbegrenzt Anspruch gegen den Schädiger bzw. dessen Haftpflichtversicherung auf Ersatz.

202a Soweit sich der Unfall im Ausland ereignete sei auf das Kapitel 22. Auslandsschaden verwiesen, da der Schadenersatzanspruch des Verletzten sich dann nach dem jeweiligen Landesrecht richtet.

---

455 U. a. *OLG Düsseldorf* r+s 1995, 113; *OLG Saarbrücken* VersR 2002, 1015 (für pKV); *OLG Karlsruhe* NZV 1999, 210 (Akupunktur).
456 *BGH* v. 12.7.2005, VI ZR 83/04, NZV 2005, 629.
457 *Küppersbusch* a. a. O. Rn. 231.
458 Vgl. hierzu grundlegend zum Anspruch des gesetzlich Versicherten *OLG Düsseldorf* VersR 1991, 884.
459 Vgl. hierzu auch *Jaeger* in Himmelreich/Halm FA Verkehrsrecht Kap. 13 Rn. 2.
460 *BGH* v. 14.1.1986, VI ZR 48/85, VersR 1986, 550.
461 *BGH* v. 23.9.1969, VI ZR 69/68, VersR 1969, 1040.

V. Schadenminderungspflicht im Rahmen der Heilbehandlung

Der Geschädigte ist verpflichtet, erforderliche Heilbehandlungsmaßnahmen durchzuführen. Eine Verpflichtung zur Duldung von Operationen besteht allerdings nur in einfach gelagerten Fällen,[462] oder wenn eine wesentliche Verbesserung des Gesundheitszustandes[463] möglich ist oder sogar Aussicht auf Heilung besteht. Soweit eine Operation ohne besonderes Gefahrenpotenzial (das übliche Risiko bei operativen Eingriffen muss deutlich überschritten sein) möglich ist, ist der Verletzte aus Schadenminderungsgründen[464] verpflichtet, diese durchführen zu lassen. 203

I. Pflegekosten

Ist der Geschädigte infolge des Unfalles nicht in der Lage, sich selbst zu versorgen, fallen ggf. Pflegekosten an. Erfolgt die häusliche Pflege durch Angehörige und handelt es sich um kurze Zeiträume (etwa bis der Verletzte wieder genesen ist), werden eventuell entstehende Mehraufwendungen über die vermehrten Bedürfnisse erstattet. Diese Art von Pflegekosten dürfte allerdings nur in Ausnahmefällen entstehen. Häufiger wird sich die im Sprachgebrauch untechnisch auch Pflege genannte Unterstützung im Haushalt abspielen (Einkaufen, Wäsche waschen und ggf. auch Zubereitung von Nahrung). Werden weitere Unterstützungsleistungen – auch im Rahmen der Körperpflege auch nach dem stationären Aufenthalt erforderlich, ist zunächst die gesetzliche oder private Pflegekasse eintrittspflichtig. Die Erstattung von Pflegekosten richtet sich nach §§ 11 ff. SGB XI, für den Kraftfahrzeugschaden zusätzlich nach §§ 823, 844 BGB. Hierbei sind folgende Punkte zu beachten: 204

I. Pflege in stationärer Unterbringung

1. Pflege im Krankenhaus

Solange sich der Verletzte in stationärer Krankenhausbehandlung befindet, wird dort die unfallbedingt erforderliche Pflege im Rahmen der Heilbehandlung geleistet. Pflegekosten darüber hinaus fallen nicht an. 205

2. Pflege durch Angehörige während Krankenhaus-Aufenthaltes

Eine zusätzliche Pflege des Verletzten durch Familienangehörige während des stationären Aufenthaltes ist – zumindest in Deutschland – nach dem derzeitigen Standard nicht erforderlich. Die Pflege durch das Krankenhauspersonal ist ausreichend. 206

3. Pflegekosten in der stationären Rehabilitationsmaßnahme

Da auch in den Rehabilitationsmaßnahmen (Anschlussheilbehandlungen von der Krankenkasse bzw. Rehabilitationsmaßnahmen zur Erhaltung der Arbeitsfähigkeit) eine stationäre Unterbringung in Einrichtungen mit Pflegepersonal erfolgt, fallen auch dort keine zusätzlichen Pflegekosten an. 207

II. Pflegebedarf

Ist der Verletzte infolge des Unfalles dauerhaft auf Unterstützung im häuslichen Bereich angewiesen, hat er Anspruch auf Ersatz dieser Kosten. Zunächst aber ist der Umfang der Pflegebedürftigkeit festzustellen. Dies erfolgt durch den medizinischen Dienst der Krankenkassen, welcher im Bedarfsfalle schon von den behandelnden Ärzten im Krankenhaus eingeschaltet wird. Von dem medizinischen Dienst wird anhand eines allumfassenden Fragebogens festgestellt, welche Tätigkeiten der Verletzte noch selbstständig ausführen kann, bei welchen Tätigkeiten er Hilfe oder Unterstützung benötigt und welche Tätigkeiten der Geschädigte gar nicht mehr selbst ausführen kann. Dabei wird auch der Grad der Hilfebedürftigkeit festgestellt. Die Pflegestufen orientieren sich am Zeitbedarf, der 208

---

462 *BGH* v. 15.3.1994, VI ZR 44/93, r+s 1994, 217.
463 *BGH* v. 15.3.1994, VI ZR 44/93, r+s 1994, 217 MdE nur noch 15 % statt 25 %.
464 *OLG Hamm* VersR 1992, 1120 f.

durch eine professionelle Pflegekraft für die Hilfe des Verletzten aufgewendet werden müsste, es wird eine Pflegestufe festgestellt. Diese Feststellung stellt einen Verwaltungsakt dar, gegen den Rechtsmittel nach dem SGB XI zulässig sind. Üblicherweise wird die Pflegebedürftigkeit in regelmäßigen Abständen (ca. zwei Jahre) geprüft und ggf. den veränderten Umständen angepasst. Sollte sich der Umfang der Pflege, beispielsweise durch eine Verschlechterung des Zustandes des Verletzten, verändern, kann jederzeit eine Prüfung der Pflegestufe beantragt werden.

208a Tab. 28; § 15 SGB XI

Pflegestufe	Täglicher Hilfebedarf (Zeitaufwand)
Pflegestufe 1	Mindestens einmal täglich Hilfe für zwei pflegerische Verrichtungen, Aufwand mindestens 90 min/Tag, Pflege mehr als 45 min/Tag
Pflegestufe 2	Mindestens dreimal täglich Hilfe zu verschiedenen Tageszeiten bei Pflege und zusätzlich Hilfe bei hauswirtschaftlicher Versorgung, Zeitaufwand insgesamt. 3 Std. mindestens 2 Std. für Pflege
Pflegestufe 3	Hilfe wird rund um die Uhr benötigt, auch nachts mindestens 1-mal, mehrmals wöchentlich Hilfe bei hauswirtschaftlicher Versorgung mindestens 5 Stunden tägl., Pflegeaufwand mind. 4 Std./Tag

208b Dabei gehören zu den pflegerischen Tätigkeiten u. a. Körperpflege, Duschen, Baden, Zahn- und Mundhygiene, Kämmen, Rasieren, Darm- und Blasenentleerung, Hilfe bei Mobilität wie auch die Zubereitung von Nahrung und das Verabreichen der Nahrung.

208c Zu den hauswirtschaftlichen Tätigkeiten gehören Spülen, Einkaufen, Kochen, Reinigen der Wohnung, Wäsche wechseln, Wäsche und Kleidung waschen, ggf. auch Beheizen der Wohnung.

208d Da auch dieser Ersatzanspruch gem. § 116 SGB X auf die gesetzlichen Kranken- und Pflegekassen übergeht, ist der Verletzte nicht aktiv legitimiert, soweit er Pflegekosten geltend macht. Er ist gehalten, zunächst den Weg über den Antrag bei der Krankenkasse ggf. unter Beschreitung des Sozialgerichtsweges zu gehen.

III. Pflegekosten

209 Der Verletzte kann den Ersatz der unfallbedingt angefallenen Pflegekosten verlangen. Es stehen ihm dabei verschiedene Wege zur Verfügung.

1. Konkrete Abrechnung der Pflege

210 Die Pflege wird durch professionelles Pflegepersonal durchgeführt, egal ob ambulant zu Hause oder stationär im Pflegeheim. Der Geschädigte kann die Kosten des Pflegeheims abzüglich ersparter Eigenkosten für Unterkunft und Verpflegung und abzüglich der kongruenten Leistungen der Pflegekasse ersetzt verlangen.

210a Bei der häuslichen Pflege durch angestellte Pfleger ist die Erforderlichkeit des betriebenen Aufwandes zu prüfen. Dabei ist zu beachten, dass die Qualität der Pflege in angemessenem Verhältnis zu den Kosten stehen muss. Nach der Rechtsprechung wird die häusliche Pflege – auch mit höherem Kostenaufwand – jedenfalls bei Kindern bis zum Abschluss der Ausbildung akzeptiert, aber auch dabei muss hinsichtlich der Kosten Maß gehalten werden.[465] Dabei gehen die Beträge, die anerkannt werden – abhängig vom Bedarf und vom Aufwand der Pflege – von 300 DM bis hin zu 9 000 €.[466]

---

465 *OLG Bremen* VersR 1999, 1030 erkennt monatlichen Aufwand für häusliche Pflege in Höhe von umgerechnet 9 000 € statt der geforderten umgerechnet 21 000 € an bei professioneller und familiärer Pflege zu Hause.
466 *OLG Koblenz* beispielsweise in VersR 2002, 244 spricht für 14 Std. Bereitschaftspflege (bloße Anwesenheit) und 7 Stunden tats. Pflegeleistungen 2 350 € monatlich zu.

2. Fiktive Abrechnung der Pflege

Solange der Verletzte im häuslichen Umfeld gepflegt werden kann, wird diese Pflege häufig von Angehörigen übernommen, ohne dass hier konkrete Rechnungen vorgelegt werden können. Dieser Aufwand ist dann fiktiv zu ermitteln. Dabei kann mangels entsprechender Ausbildung m. E. nicht der Stundensatz der professionellen Pflegekraft eingesetzt werden. Vielmehr könnte hier in Anlehnung an die Sätze des deutschen Hausfrauentarifvertrages eine pauschale Erstattung möglich sein. Es ist aber zu berücksichtigen, dass der zu Pflegende von der gesetzlichen Pflegekasse Pflegegeld erhält, welches als kongruente Leistung anzurechnen ist. 211

Der Pflegebedürftige erhält das pauschale Pflegegeld entsprechend der Pflegestufe. Zusätzlich wird Verhinderungspflege in einer stationären Einrichtung für längstens 4 Wochen übernommen, damit die pflegende Person sich erholen kann. Da in aller Regel die Kosten der stationären Pflege höher sind als der von der Pflegekasse gezahlte Kostenersatz der Verhinderungspflege, ist der Mehrbetrag nach Haftungsquote ebenfalls vom Schädiger zu übernehmen, soweit Kostendeckung durch die Pflegekasse nicht erreicht werden kann. 211a

3. Behindertenwerkstatt

Bei Behinderten kann auch – je nach Art der Behinderung – die Aufnahme einer Beschäftigung in einer Behindertenwerkstatt in Betracht kommen. Soweit die Behinderten sich dort aufhalten, wird der Pflegeaufwand/Betreuungsaufwand gemindert. 212

4. Sonderfall behinderte Kinder

Bei behinderten Kindern/Jugendlichen ist zu beachten, dass auch diese der Schulpflicht unterliegen und zumindest in dieser Zeit des Schulbesuches Pflegekosten üblicherweise nicht anfallen, da erforderliche Pflege dann vom Schulträger erbracht wird. 213

IV. Leistungen der gesetzlichen Pflegekasse

Zu unterscheiden ist zwischen den Leistungen, die der Verletzte erhält, der den Unfall während seiner Freizeit erleidet (diese richten sich nach dem SGB XI) und dem berufsgenossenschaftlich versicherten Verletzten (die sich an SGB VII orientieren). 214

Der Verletzte, der nicht berufsgenossenschaftlich abgesichert ist, erhält von der Pflegekasse Pflegegeld und Pflegeersatzleistungen (kombiniert oder alternativ). Diese sind der Höhe nach begrenzt und reichen in den meisten Fällen nicht aus, um den tatsächlichen Bedarf zu decken. 214a

1. Pflegegeld der Pflegekasse, §§ 28 ff. SGB XI

Der Pflegebedürftige erhält – nachdem er vom medizinischen Dienst begutachtet wurde und eine Pflegebedürftigkeit festgestellt wurde – Pflegegeld. Dabei wird in drei Kriterien erstattet: Pflegestufe 1–3. Bei Pflegestufe 3 ist eine Pflege zu Hause kaum mehr möglich, sodass der Verletzte in aller Regel in einem Pflegeheim untergebracht wird. 215

2. Pflegesachleistungen, §§ 28 ff. SGB XI

Neben dem Pflegegeld, welches der Pflegebedürftige von der Pflegekasse erhält, um die erforderliche Pflege selbst sicher zu stellen, kann er auch die Erstattung der Kosten für die Pflege (den Pflegedienst) als sogenannten Pflegesachkostenersatz verlangen. Auch die Pflegesachleistungen orientieren sich an den Pflegestufen, §§ 36, 37 SGB XI. 216

216a

Tab. 29		
Pflegestufe bis 31.12.2011	Pflegegeld, § 37 SGB XI	Pflegesachleistungen, § 36 SGB XI
Pflegestufe 1	225,00 €	440,00 €
Pflegestufe 2	430,00 €	1 040,00 €
Pflegestufe 3	685,00 €	1 510,00 €
Pflegestufe ab 01.01.2012	Pflegegeld	Pflegesachleistungen
Pflegestufe 1	235,00 €	450,00 €
Pflegestufe 2	440,00 €	1 100,00 €
Pflegestufe 3	700,00 €	1 550,00 €

216b Eine Kombination aus Pflegegeld und Pflegesachleistungen ist ebenfalls möglich, dabei wird der Betrag, der für Pflegesachleistungen ausgegeben wurde, in Relation zu dem Gesamtbetrag gesetzt und der verbleibende Prozentsatz (% nicht verbrauchte Pflegesachleistungen) anteilig aus dem Pflegegeld an die häuslich pflegende Person gezahlt.

216c ▶ **Beispiel:**

Der Verletzte wird in Pflegestufe 2 eingestuft, er erhält Pflegesachleistungen vom Pflegedienst, es werden 468,00 € pro Monat in Rechnung gestellt. Dies sind 45 % des Höchstbetrages der für Pflegesachkosten erstattet wird. Damit erhält der Pflegebedürftige noch 55 % des Pflegegeldes, mithin 236,50 €, um dies für die häusliche Pflege zu verwenden.

216d Wird der Verletzte in stationärer Pflege untergebracht, erhält er ab 1.1.2012 gem. § 43 SGB XI in der Pflegestufe 1 monatlich 1 023 €, in der Pflegestufe 2 monatlich 1 279 € und in Pflegestufe 3 monatlich 1 550 €. Als Härtefall in Pflegestufe 3 erhält der Verletzte ab 1.1.2012 monatlich 1 918 €.

V. Pflegeleistungen der Berufsgenossenschaft

217 Im Gegensatz zu den oben dargestellten Leistungen der gesetzlichen Krankenkasse sind die Leistungen der Berufsgenossenschaft der Höhe nach nicht begrenzt. Erstattet wird der erforderliche Aufwand für die Pflege. Allerdings wird auch von der Berufsgenossenschaft eine Erhebung der Pflegebedürftigkeit durchgeführt. Ein Restschaden bei dem Verletzten verbleibt – bezogen auf die Pflegekosten – nicht.

VI. Pflegeleistungen der privaten Pflegekassen

218 Die Leistungen der privaten Pflegekassen entsprechen denjenigen der gesetzlichen Krankenkassen.

VII. Kongruenz zum Haushaltsführungsschaden

219 Die Pflegeleistungen sind demjenigen Teil des Haushaltsführungsschadens kongruent, die den eigenwirtschaftlichen Anteil betreffen.[467] Der allein lebende Geschädigte kann also neben der Erstattung der Pflegekosten nicht zwingend noch Ersatz des Haushaltsführungsschadens verlangen, jedenfalls dann nicht, wenn er wegen der Pflegebedürftigkeit in einem Heim untergebracht ist.

---

467 *BGH* v. 8.10.1996, VI ZR 247/95, DAR 1997, 66; die Aufteilung des Haushalts kann nach Kopfteilen erfolgen, um den eigenwirtschaftlichen Teil zu ermitteln: *BGH* v. 4.12.1984, VI ZR 117/83, DAR 1985, 119.

VIII. Besuchskosten naher Angehöriger

Hält sich der Pflegebedürftige im Heim auf, sind auch in angemessenem Rahmen die Besuchskosten naher Angehöriger zu erstatten. Hierbei ist abzugrenzen zu dem üblicherweise stattfindenden Besuch im Rahmen der sozialen Verpflichtungen. 220

IX. Schadenminderungspflicht des Pflegebedürftigen

Der Pflegebedürftige ist ebenfalls gehalten, den Schaden gering zu halten. Dies bedeutet, dass auch bei Auswahl der Pflege gewisse Grenzen gesetzt werden. Insbesondere ist abzuwägen zwischen den Kosten der häuslichen Pflege durch Pflegedienste und den Kosten der Einstellung von Pflegepersonal durch den Verletzten. Diese Entscheidung muss aber im Einzelfall getroffen werden. Die Entscheidungen der Gerichte geben ungefähre Anhaltspunkte für die Angemessenheit von Pflegekosten.[468] Der vom *OLG Bremen*[469] ausgeurteilte Betrag dürfte hierbei an der absoluten Obergrenze liegen. 221

Der Pflegebedürftige ist gehalten, vorhandene Hilfsmittel zu nutzen, um so weit als möglich selbstständig und eigenständig leben zu können. Hierbei können sowohl Rehabilitationskliniken als auch Rehabilitationsdienste dem Geschädigten behilflich sein. Da die Entwicklung neuerer Technologien immer weiter fortschreitet, kann auch durch geeignete technische Hilfsmittel, wie z. B. elektronische Impulse zur Steuerung der Blasenentleerung bei Querschnittgelähmten, eine erhöhte Selbstständigkeit, die auch dem Verletzten zugutekommt, erreicht werden. Die Kosten hierfür sind ggf. von dem Schädiger zu übernehmen. Auch die Unterstützung durch vom Schädiger angebotene Rehabilitationsdienste sollte angenommen werden, da die Optimierung der Pflege nicht zuletzt dem Verletzten zugutekommt.[470] 221a

J. Leistungsumfang der Rentenversicherungsträger

Der Leistungsumfang der Rentenversicherer ist an unterschiedliche Voraussetzungen geknüpft, sodass vorliegend unterschieden werden muss. 222

I. Gesetzliche Rentenversicherung, DRV und Bundesknappschaft

Der Leistungsumfang der gesetzlichen Rentenversicherungen ergibt sich aus dem SGB VI und gilt für alle in der gesetzlichen Rentenversicherung Versicherte, unabhängig davon, ob sie (wie die meisten) Pflichtversicherte oder (in selteneren Fällen) freiwillig in der gesetzlichen Rentenversicherung versichert sind. 223

1. Leistungen zur Teilhabe, §§ 9 ff. SGB VI

Zwischen den Leistungen für medizinische Rehabilitationen (Kuren), Leistungen zur Teilhabe am Arbeitsleben und ergänzende Leistungen muss unterschieden werden. 224

Die gesetzlichen Rentenversicherer erbringen Leistungen zur medizinischen Rehabilitation nur, wenn es um die Erhaltung der Arbeitskraft geht, ohne dass akut eine Erkrankung vorliegt (§ 13 SGB VI). Soweit der Geschädigte noch akut erkrankt ist, sind die Krankenkassen/Berufsgenossenschaften für die medizinische Rehabilitation zuständig. Dabei ist nach dem Gesetzestext Rehabilitation vor Verrentung zu stellen und vorrangig der Erhalt der Arbeitskraft anzustreben. Es ist erforderlich, dass die medizinische Rehabilitation geeignet ist, entweder 225
- bei Gefährdung der Arbeitskraft, diese wieder vollständig herzustellen, oder zumindest die teilweise Wiederherstellung zu erreichen,

---

468 *OLG Koblenz* VersR 2002, 244: für 7 Stunden Pflegeleistungen und weitere 14 Stunden »Pflegebereitschaft« 2 350 €; *OLG Bremen* VersR 1999, 1030 hingegen bei pflegebedürftigem Kind, das volljährig geworden war, welches bei stationärer Unterbringung einen Bedarf von umgerechnet 5 000 € hätte, für häusliche Pflege aber umgerechnet 21 000 € Pflegeleistungen verlangte, erhielt für die häusliche Pflege 9 000 € zugesprochen.
469 *OLG Bremen* VersR 1999, 1030.
470 *Nickel* in Himmelreich/Halm FA Verkehrsrecht Kap. 27 Rn. 12.

- bei geminderter Erwerbsfähigkeit, diese wieder zu verbessern, möglichst vollständig herzustellen, oder
- bei teilweiser Erwerbsminderung ohne Aussicht auf Verbesserung, die Erhaltung der Arbeitskraft zu erreichen.

225a Sind Verbesserungen/Erhaltung der Arbeitskraft als Ziel nicht (mehr) erreichbar, werden im Zweifel Rehabilitationsmaßnahmen von der DRV nicht mehr gewährt.

225b Um eine medizinische Rehabilitation zu erhalten, ist erforderlich, dass der Versicherte mindestens in den letzten zwei Jahren vor der Antragstellung sechs Monate Pflichtbeiträge in die Rentenversicherung für eine versicherte Tätigkeit eingezahlt hat, § 11 Abs. 2 Nr. 1 SGB VI.

226 Die Leistungen zur Teilhabe am Arbeitsleben richten sich nach den §§ 33 ff. SGB IX und sind für Behinderte und von Behinderung bedrohte Versicherte gedacht, deren Arbeitsfähigkeit und Wiedereingliederung in das Erwerbsleben das Ziel ist. Die Leistungen zur Teilhabe umfassen neben der Umgestaltung des Arbeitsplatzes ggf. auch Umschulungs- und Ausbildungsmaßnahmen. Ebenso kommen Leistungen an den Arbeitgeber in Betracht, die der Wiedereingliederung dienen (Eingliederungshilfen oder Ausbildungsbeihilfen).

226a Für die Leistungen zur Teilhabe am Arbeitsleben sind höhere Wartezeiten erforderlich: d. h. der Versicherte muss mindestens die Wartezeit von 15 Jahren erfüllt haben oder eine Rente wegen Erwerbsminderung beziehen, zu beachten ist, dass diese Wartezeiten auch durch die Beitragsregresse der DRV beim Schädiger angefüllt werden und ggf. nach Jahren der Schadenregulierung erreicht werden können.

226b Leistungen nach dem SGB VI sind ausgeschlossen, wenn die Versicherten wegen eines Arbeitsunfalls oder Einsatzunfalls oder einer Berufskrankheit gleichartige Leistungen von einem anderen Rehabilitationsträger verlangen können (z. B. gesetzliche Unfallversicherungen), § 12 SGB VI. Gleichfalls besteht kein Anspruch mehr, wenn Altersrente von wenigstens $2/3$ der Vollrente beantragt wurden.

226c Soweit der Verletzte in einer medizinischen oder von dem DRV initiierten Rehabilitationsmaßnahme keine Einkünfte erzielt, erhält er Übergangsgeld (§ 20 SGB VI), welches der Höhe nach dem Krankengeld entspricht.

226d Während stationärer Maßnahmen hat der Versicherte einen Eigenanteil zu erbringen, der den Regelungen der gesetzlichen Krankenkassen entspricht, §§ 32 Abs. 1 SGB VI i. V. m. § 40 SGB V. Dieser Eigenanteil ist wegen ersparter Aufwendungen in mindestens gleicher Höhe vom Schädiger nicht zu übernehmen. Die Kosten der Maßnahmen werden, ggf. gemindert um die Mithaftung des Versicherten beim Schädiger geltend gemacht.

2. Rente wegen (teilweiser) Erwerbsminderung

227 Ist der Versicherte infolge einer Erkrankung oder eines sonstigen Umstandes in seiner Erwerbsfähigkeit ganz oder teilweise gemindert, wird gem. § 43 SGB VI bis zum Erreichen der Altersgrenze Rente wegen vollständiger oder teilweiser Erwerbsminderung gezahlt, wenn die allgemeine Wartezeit von fünf Jahren erfüllt ist sowie in den letzten fünf Jahren vor Eintritt der Erwerbsunfähigkeit mindestens für drei Jahre Pflichtbeiträge für eine versicherte Tätigkeit erbracht wurden, dabei zählt auch der Beitragsregress der DRV mit.

3. (vorgezogene) Altersrente

228 Die Regelaltersrente richtet sich nach § 35 SGB VI und wird mit dem Erreichen des 67. Lebensjahres (neu) und nach Erfüllen der allgemeinen Wartezeit gewährt. Übergangsregelungen für die Jahrgänge vor 1960 ermöglichen den früheren Renteneintritt. Gemäß § 36 wird Altersrente für langjährig Versicherte gewährt, wenn diese das 67. Lebensjahr vollendet und eine Wartezeit von 35 Jahren erfüllt haben. Eine vorzeitige Altersrente ist erst mit Erreichen des 63. Lebensjahres möglich. Außerdem gelten für Schwerbehinderte gem. § 37 andere Zeiten, diese können mit Vollendung des 62. Lebensjahrs die vorzeitige Altersrente beantragen. Der normale Anspruch setzt Vollendung des 65. Lebensjahres voraus.

K. Gesetzlicher Forderungsübergang

Im Schadensersatzrecht sind die vorgezogenen Altersrenten, die unfallbedingt in Anspruch genommen werden, von Bedeutung. Wird ganz normal nach Erfüllung der Wartezeiten Altersrente beantragt, besteht ein Anspruch auf Erstattung von weiterem Verdienstschaden in aller Regel nicht mehr, da die DRV die ansonsten vom Versicherten zu erbringenden Beiträge beim Schädiger regressiert.[471]

228a

4. Hinterbliebenenrenten (Renten wegen Todes)

Die DRV zahlt Renten an die Witwen und Waisen gem. §§ 46 ff. SGB VI aus. Die Witwen oder Witwer, die nicht wieder geheiratet haben, haben dann Anspruch auf die sog. Große Witwenrente, wenn sie ein eigenes Kind oder ein Kind des Versicherten unter 18 Jahren erziehen, das 47. Lebensjahr vollendet haben oder erwerbsgemindert sind, § 46 Abs. 2 SGB VI. Ein Anspruch besteht nicht bei kurzer Ehe (weniger als ein Jahr), wenn die Annahme gerechtfertigt ist, dass die Heirat nur zur Sicherung der Hinterbliebenenversorgung geschlossen wurde.

229

Die Waisen haben gem. § 48 SGB VI solange Anspruch auf Halbwaisenrente, wenn sie noch einen unterhaltspflichtigen Elternteil haben (ohne Berücksichtigung von dessen wirtschaftlicher Möglichkeit). Voraussetzung ist auch hier, dass der Versicherte die allgemeine Wartezeit erfüllt hatte.

230

5. Rentenhöhe

Die Rentenhöhe richtet sich zum einen nach den eingezahlten Pflichtbeiträgen, zum anderen nach der Dauer der Einzahlung, § 63 SGB VI. Dabei sind §§ 89 ff. SGB VI zu beachten, wonach bei Zusammentreffen von Renten und Einkommen gem. §§ 92 ff. SGB VI ggf. Kürzungen hinzunehmen sind, wenn mehrere Renten zusammentreffen.

231

II. Berufsständische Rentenversicherer

Berufsständische Versorgungsträger haben eigene Satzungen, aus denen sich Leistungsumfang und Leistungshöhe ergeben, ein möglicher Forderungsübergang ist dort geregelt.

232

K. Gesetzlicher Forderungsübergang

Im Rahmen des Schadensersatzrechtes sind verschiedene Anspruchsübergänge normiert, die je nach Vorschrift im Unfallzeitpunkt oder zum Zeitpunkt der Leistung des Dritten auf diesen übergehen. Je nach Art der Leistung und Art des Überganges ergeben sich Besonderheiten, die nachfolgend dargestellt werden sollen. Der Anspruch geht immer nur so über, wie er in der Person des Verletzten gegen den Schädiger besteht. Eine Mithaftung ist daher anspruchsmindernd zu berücksichtigen. Voraussetzung ist bei allen Anspruchsübergängen, dass kongruente Schadenersatzansprüche in der Person des Verletzten bestehen.[472]

233

I. Anspruchsübergang auf den Arbeitgeber

Der Arbeitgeber kann die Leistungen, die er aufgrund eines Unfalles an seinen Mitarbeiter erbringt, vom Schädiger ersetzt verlangen in dem Umfang, wie der Geschädigte einen Ersatzanspruch gegen den Schädiger hat. Grundlage hierfür ist § 6 EFZG.

234

1. Entgeltfortzahlung des Arbeitgebers

Der Arbeitgeber ist gesetzlich gehalten, dem unverschuldet Kranken sein Gehalt weiter zu zahlen, § 3 EfzG. Die gesetzliche Verpflichtung zur Entgeltfortzahlung endet nach sechs Wochen, tarifvertraglich können aber längere Fristen vereinbart werden.

235

---

471 Vgl. insoweit Kap. 19 Rdn. 246b.
472 Eine ausführliche Übersicht über die sachlichen Kongruenzen vgl. *Küppersbusch* a. a.O Rn. 602 m. w. H.

2. Anspruchsübergang

236 Im Zeitpunkt der Zahlung erfolgt der Anspruchsübergang auf den Arbeitgeber. Der erste Anspruchsübergang ist schon damit erfolgt, dass der Arbeitgeber das Entgelt im Krankheitsfall weiterzahlt. Der Übergang erfolgt immer, soweit er Entgelt fortgezahlt hat.

236a Es kann natürlich ein Anspruch auf den Arbeitgeber nur insoweit übergehen, als er in der Person des Geschädigten besteht. Der Arbeitgeber muss daher alle Einwendungen, die dem Geschädigten gegenüber erhoben werden, gegen sich gelten lassen. Dazu gehört neben der Mithaftung auch der Abzug ersparter berufsbedingter Eigenkosten.

3. Besonderheiten

237
- **Tarifvertragliche Bestimmungen**
  - Im BAT und den Tarifverträgen des öffentlichen Dienstes ist abhängig von der Dauer der Betriebszugehörigkeit eine längere Lohnfortzahlung (max. ein halbes Jahr) vorgesehen.
- **Arbeitsvertragliche Besonderheiten**

Außerdem kann im Rahmen der Betrieblichen Zusatzvereinbarungen verabredet worden sein, dass die Differenz zwischen Krankengeld und Netto-Lohn vom Arbeitgeber auch über die Dauer der Entgeltfortzahlung hinaus erstattet wird. Die Höhe des Zuschusses zum Krankengeld kann von der Dauer der Betriebszugehörigkeit abhängen. Diesen Luxus leisten sich in aller Regel nur größere Unternehmen. Grundsätzlich gehen auch insoweit die Ansprüche auf Ersatz des Verdienstschadens auf den Arbeitgeber über. Dieser Übergang kollidiert jedoch mit dem Übergang des Anspruchs nach § 116 SGB X auf den gesetzlichen Krankenversicherer, Rentenversicherer oder die Berufsgenossenschaft, der gleichzeitig Zahlung von Krankengeld, Übergangsgeld oder Verletztengeld erbringt. Diese Ansprüche gehen im Gegensatz zu dem Anspruch des Arbeitgebers im Unfallzeitpunkt über und gehen daher dem Regress des Arbeitgebers vor.

Soweit ein Schaden des Verletzten nach der Zahlung des Krankengeldes oder Verletztengeldes verbleibt, wird dieser auf den Arbeitgeber übergeleitet. Ein Anspruch des Verletzten auf weitere Zahlungen kann dann nur insoweit bestehen, als nach Abzug der ersparten Eigenkosten und der Anrechnung der Leistungen des Arbeitgebers noch ein Restschaden besteht.

- **Grenzen**
Die Grenze des Arbeitgeberregresses ist begrenzt auf die erstattungsfähigen Positionen, darüber hinaus wird sein Regressanspruch auch durch die mögliche Mithaftung des AS begrenzt. Auch sind ggf. ersparte Eigenkosten in Abzug zu bringen.

- **Kleinbetriebe unter 30 Mitarbeiter**
Bei Kleinbetrieben unter 30 MA bestehen Ansprüche nach dem Aufwendungsausgleichsgesetz (AAG). Der Arbeitgeber kann von der Krankenkasse 80 % des Lohnes + die darauf entfallenden Beiträge zur Sozialversicherung erstattet verlangen, wenn der Arbeitnehmer erkrankt (egal aus welchem Grund), § 1 AAG. Um die Leistungen nach dem AAG zu erhalten, muss der Arbeitgeber den auf ihn übergegangenen Erstattungsanspruch insoweit an die Krankenkasse abtreten, § 5 AAG, ein Anspruchsübergang nach § 116 SGB X erfolgt nicht. Es besteht dann bei dem Arbeitgeber nur noch ein Anspruch auf die Arbeitgeberanteile zur Sozialversicherung sowie 20 % des Brutto-Lohnes, § 1 AAG.

- **Geringfügig Beschäftigte**
Bei geringfügig Beschäftigten wird, obwohl eigentlich auch dort ein Anspruch besteht, eine Entgeltfortzahlung nur in Ausnahmefällen gewährt. Soweit dies erfolgt, geht der Anspruch auf den Arbeitgeber über.

- **Beschäftigte in der aktiven Phase der Altersteilzeit**
Soweit der Arbeitgeber bei dem Verletzten in der aktiven Phase der Altersteilzeit Entgeltfortzahlung gewährt, kann ein Anspruch nur in der Höhe bestehen, wie tatsächlich Zahlungen erfolgen,

also in Höhe des reduzierten Gehaltes. Eine Erstattung des ursprünglichen vollen Gehaltes kommt nicht in Betracht, da Obergrenze des Übergangs der Schaden des Verletzten ist, dieser erhält aber nur das reduzierte Gehalt, sodass nur insoweit sein Schaden gegeben ist. Nach § 10 AltTZG erhält der Arbeitgeber aber u. U. von dem Arbeitsamt die Leistungen ersetzt.

- **Erforderliche Unterlagen**
  Um die Höhe und die Dauer der Entgeltfortzahlung zu belegen, empfiehlt sich die Vorlage folgender Unterlagen: Arbeitsunfähigkeitsbescheinigungen; Lohn- bzw. Gehaltsabrechnungen des Geschädigten, die die letzten Monate vor dem Unfall sowie die Monate der Entgeltfortzahlung betreffen.

4. Erstattungsfähige (regressierbare) Positionen

Der Arbeitgeber muss die einzelnen Positionen, die er geltend machen will, im Detail spezifizieren. Eine pauschale Abrechnung der Lohnnebenkosten unter Hinweis auf die Ermittlungen der einzelnen Innungen über die Kosten des einzelnen Arbeitsplatzes können nicht verwendet werden, da dort auch unternehmerische Risiken sowie die Bereitstellung des Arbeitsplatzes berücksichtigt werden. Im Einzelnen können folgende Positionen berücksichtigt werden: 238

- **Brutto-Lohn**
  Zum Brutto-Lohn gehört auch das Überstundenentgelt, wenn es vor Beginn der Arbeitsunfähigkeit über mindestens 3 Monate hinweg gezahlt worden ist und die geleistete Mehrarbeit mithin Teil der regelmäßigen Arbeitszeit war (§ 4 Abs. 1 S. 3 EFZG).

- **Arbeitgeberanteile zur Sozialversicherung**
  Zusätzlich zum eigentlichen Arbeitsentgelt muss der Schädiger auch die Arbeitgeberanteile zur Krankenversicherung, Pflegeversicherung, Rentenversicherung und Arbeitslosenversicherung.

- **Urlaubsgeld und Urlaubsentgelt**
  Unter Urlaubsentgelt ist der während des gesamten Jahresurlaubs fortgezahlte Brutto-Lohn inklusive Sozialversicherungsbeiträgen des Arbeitgebers zu verstehen. (Bruttotageslohn × Urlaubs- (Kalender-) tage zzgl. Sozialversicherungsbeiträge) Weihnachts- und Urlaubsgeld (auch Gratifikation oder 13. und 14. Monatsgehalt genannt), das wie folgt berechnet[473] wird:

Abb. 4

$$\frac{\text{Urlaubsentgelt brutto} \times \text{Krankheitstage (Kalendertage)}}{365\,\text{Tage Tageabzgl. Urlaubstage (Kalendertage)}}$$

- **Beiträge zur Urlaubskasse oder ZVK**
  Wenn nicht schon Urlaubs- und Weihnachtsgeld regressiert wurden, sind diese Beiträge zu erstatten. Beiträge für die Sozialkassen, also Urlaubskasse (18,1 % der Brutto-Lohnsumme) Beiträge für einen Lohnausgleich (3,3 % der Brutto-Lohnsumme) während der Winterperiode,[474] (Zeit zwischen Weihnachten und Neujahr, die generell arbeitsfrei ist), Kapital-(Lebens-)Versicherungen als zusätzliche Altersversorgung im Baugewerbe.

- **Weihnachtsgeld/Sonderzahlungen/Gratifikationen**
  Weihnachtsgeld, sonstige Sonderzahlungen oder Gratifikationen, die trotz der Arbeitsunfähigkeit ausgezahlt werden, können anteilig regressiert werden. Die Formel[475] hierfür lautet:

Abb. 5

$$\frac{\text{Weihnachtsgeld} \times \text{Krankheitstage (Kalendertage)}}{365\,\text{Tage Tageabzgl. Urlaubstage (Kalendertage)}}$$

---

[473] *BGH* v. 4.7.1972, VI ZR 114/71, VersR 1972, 1057.
[474] *BGH* v. 28.1.1986, VI ZR 30/85, VersR 1986, 650.
[475] *BGH* v. 7.5.1996, VI ZR 102/95, r+s 1996, 309.

- Sonstige Leistungen des Arbeitgebers
  Soweit sonstige Leistungen, die Gehaltsbestandteil sind (und dem AN direkt und ausschließlich zugutekommen), sind dann erstattungsfähig, wenn sie konkret dem einzelnen Mitarbeiter zugeordnet sind und ihm alleine zugutekommen.
  - Vermögenswirksame Leistungen
  - Zusätzliche betriebliche Altersversorgung
    (ggf. durch Gehaltsverzicht)
  - Kindergartenbeiträge[476]
  Wenn Kindergartenbeiträge als Gehaltsbestandteil auf der Gehaltsabrechnung erscheinen, sind sie mit zu übernehmen, da sie dem einzelnen Mitarbeiter zugutekommen.
- Firmenwagen etc.
  Wenn der Firmenwagen dem Mitarbeiter zur Verfügung gestellt wurde gegen Gehaltsverzicht oder als – Gehaltsbestandteil stellt dies ebenfalls eine erstattungsfähige Position dar.

239 Nicht erstattungsfähige Positionen

239a Nicht vom Übergang des § 6 EFZG erfasst werden Aufwendungen, die der Arbeitgeber im eigenen Interesse oder aufgrund gesetzlicher Verpflichtung macht.
- Winterbau-Umlage
  Nicht erstattungsfähig ist die Winterbauumlage[477] (2 % der Brutto-Lohnsumme für im Winter zusätzlich zu beschaffende Geräte etc.
- Beiträge zur Berufsgenossenschaft.[478]
- ZVK für das Bau-Gewerbe
  Beiträge zur ZVK für das Bau-Gewerbe sind dann nicht erstattungsfähig,[479] wenn Urlaubs- und Weihnachtsgeld bereits geltend gemacht wurden.
- Kosten des Arbeitsplatzes, für Weiterbildung,[480] entgangener Gewinn.
- Kosten für die Ersatzkraft, die während der Erkrankung des Mitarbeiters eingestellt wurde. Hier handelt es sich um einen mittelbaren Schaden, der nicht neben der Lohnfortzahlung für den erkrankten Mitarbeiter geltend gemacht werden kann. Durch die Erstattung der Entgeltfortzahlung hat der Arbeitgeber keine Mehrkosten für die Ersatzkraft mehr.
- Lohnsummensteuer.[481]
- Auslagenpauschale für Ansprüche aus übergegangenem Recht.[482]
- kalkulatorische (lohngebundene) Kosten.
- Arbeitsschutzmaßnahmen.
- Rechtsanwaltskosten des Arbeitgebers.[483]
  es sei denn, der Schädiger ist in Verzug.[484]
- Zusatzurlaub für Schwerbehinderte.[485]

---

476 *Büttner* Die Entwicklung des Unterhaltsrechts bis Anfang 1999, NJW 1999, 2315, 2323.
477 BGH v. 28.1.1986, VI ZR 30/85, VersR 1986, 650.
478 BGH v. 11.11.1975 – VI ZR 128/74, VersR 1976, 340.
479 BGH v. 28.1.1986 – VI ZR 30/85, VersR 1986, 650.
480 *LG Karlsruhe* VersR 1983, 1065.
481 *OLG Koblenz* VersR 1975, 1056.
482 Vgl. Palandt/*Grüneberg* a. a. O. § 249 Rn. 79 (der Anspruch kann nur insoweit übergehen, als er in der Person des Geschädigten besteht, d. h. kein eigener Anspruch eines Abtretungsgläubigers auf Zahlung einer eigenen Auslagenpauschale!
483 Palandt/*Grüneberg* § 249 Rn. 56.
484 *Burmann/Heß/Jahnke/Janker/Jahnke* a. a. O. § 249 BGB Rn. 189, 190 m. w. N.
485 BGH v. 9.10.1979, VI ZR 269/78, VersR 1980, 82.

5. Einwendungen gegen den Anspruch des Arbeitgebers

Dem Arbeitgeber können alle Einwendungen entgegengehalten werden, die auch bei den Ansprüchen des Verletzten zu berücksichtigen sind: **240**
- Ersparte Eigenkosten des Geschädigten während des stationären Aufenthaltes,[486]
- Mitverschulden,
- Verjährung
  wobei es auf die Kenntnis des Verletzten als Rechtsvorgänger für den Lauf der Verjährungsfrist ankommt,
- Familienprivileg
  analog § 86 VVG (kein Regress, wenn Schädiger und Geschädigter verwandt sind und in häuslicher Gemeinschaft leben),[487]
- Haftungsausschluss nach den §§ 104 ff. SBG VII.

II. Anspruchsübergang auf den ö-r Dienstherren, § 76 BBG

Der ö-r Dienstherr leitet die kongruenten[488] Schadenersatzansprüche des verletzten Beamten nach den §§ 87 f. BBG auf sich über. Auch hier kann der Anspruch nur insoweit übergehen, als er in der Person des Verletzten besteht. Die Besonderheit im Beamtenrecht ist, dass der Dienstherr neben der Fortzahlung der Bezüge auch die Heilfürsorge für den Beamten (zumindest anteilig, abhängig vom Familienstand) trägt. Der Regress der Dienstbezüge, die nach dem Alimentationsprinzip gewährt werden, umfasst den Brutto-Betrag[489] nebst anteiligem Weihnachtszuwendungen[490] und Urlaubsgeld.[491] **241**

Aufwendungen für die Heilbehandlung des verletzten Beamten regressiert der Dienstherr entsprechend seinem Anteil, der nicht erstattete Betrag wird vom Verletzten entweder selbst oder über die private Krankenkasse regressiert werden. **241a**

Der Anspruchsübergang erfolgt im Unfallzeitpunkt.[492] **241b**

III. Anspruchsübergang nach §§ 86 VVG, 5 AAG

Der Anspruchsübergang auf die privaten Krankenkassen und Pflegekassen erfolgt nach § 86 VVG. Der Ersatzanspruch des Versicherungsnehmers aus einem Schadenfall geht auf den Versicherer über, der Ansprüche seines Versicherungsnehmers aufgrund vertraglicher Vereinbarung erfüllt. Der Übergang erfolgt, soweit der Versicherer geleistet hat, und dem Versicherten kein Schaden mehr verbleibt, ansonsten hat der Verletzte ein Quotenvorrecht. Der Anspruchsübergang ist daneben durch ein eventuelles Mitverschulden des Geschädigten der Höhe nach begrenzt. **242**

Auch in den Verträgen der privaten Krankenkasse ist in aller Regel ein sog. Aufgabeverbot enthalten. Dieses resultiert aus der Regelung des § 86 Abs. 3 VVG, wonach der Versicherungsnehmer nicht auf seinen Anspruch gegen einen Schädiger verzichten darf, ohne dass es seine eigenen Ansprüche gegen seinen Versicherer gefährdet. **242a**

---

486 *BGH* v. 3.4.1984, VI ZR 253/82, VersR 1984, 583.
487 Wegen der Details vgl. unten Rdn. 253, auch *BVerfG* v. 12.10.2010, 1 BVL 14/09, SP 2011, 63 auch für den nicht in häuslicher Gemeinschaft lebenden Elternteil.
488 Vgl. hierzu auch *Euler/Kornes/Kreuter-Lange* in Halm/Engelbrecht/Krahe FA Versicherungsrecht Kap. 25 Rn. 285.
489 *BGH* v. 30.6.1964, VI ZR 81/63, VersR 1964, 1042.
490 *BGH* v. 29.2.1972, VI ZR 192/70, VersR 1972, 566.
491 *BGH* v. 4.7.1972, VI ZR 88/71, VersR 1972, 1056.
492 *BGH* v. 15.3.1988, VI ZR 163/87, VersR 1988, 614.

242b Der Anspruchsübergang auf die gesetzlichen Krankenkassen nach § 5 AAG erfolgt, wie bei § 86 VVG im Zeitpunkt der Leistung durch Abtretung, ein gesetzlicher Forderungsübergang liegt gerade nicht vor.

IV. Anspruchsübergang auf die Träger der gesetzlichen Sozialversicherungen gem. §§ 116 SGB X, 119 SGB X

243 In Fällen des Schadensersatzrechts regelt § 116 SGB X für alle Träger der Sozialversicherungen den Anspruchsübergang gem. § 116 SGB X im Unfallzeitpunkt.[493] Träger der Sozialversicherung sind die gesetzlichen Krankenkassen, die gesetzlichen Unfallversicherer oder Berufsgenossenschaften, die Deutsche Rentenversicherung des Bundes und der Länder, die Bundesknappschaft sowohl als Kranken-/Pflegekasse wie auch als Rentenversicherer, die Bahnunfallkasse, die Rentenversicherung der Deutschen Bahn und die Bundesanstalt für Arbeit. Die Ansprüche der Sozialversicherungsträger gehen nach §§ 116 SGB X hinsichtlich der Leistungen und nach § 119 SGB X hinsichtlich der entgangenen Beiträge (für Kranken-, Pflege-, Rentenversicherung) über.

243a Erforderlich für die Geltendmachung von Ansprüchen auch der Sozialversicherer ist, dass in der Person des versicherten Verletzten oder Getöteten überhaupt ein Anspruch auf Schadenersatz bestanden hat. Dabei kommt es nicht darauf an, dass unmittelbar Aufwendungen bei dem Sozialversicherungsträger entstanden sind. Allein die Möglichkeit, dass Aufwendungen unfallbedingt erforderlich werden können, reicht aus.[494] Nur dieser Anspruch kann übergehen. Damit ist für alle Sozialversicherungsträger im Fall der Mithaftung des Geschädigten der Ersatzanspruch in Höhe des Mitverschuldens des Verletzten begrenzt.

243b Soweit es um den Regress von Barleistungen geht, ist der Anspruch der Sozialversicherungsträger auch der Höhe nach auf den Anspruch des Verletzten begrenzt. Dies hat – insbesondere beim Zusammentreffen von Verletztenrente und EU-Rente erhebliche Bedeutung. Bei Zusammentreffen beider Rentenarten übersteigt die Summe der Renten in aller Regel den bei dem Verletzten entstandenen Verdienstschaden. Daher ist eine Quotierung nach Anteilen erforderlich, die beiden SVT sind Gesamtgläubiger.[495] Vielfach leiten dann sowohl BG als auch DRV die Ansprüche des Verletzten auf Ersatz des Haushaltsführungsschadens, soweit er fremdwirtschaftlich ist, auf sich über. In diesem Fall besteht keine Aktivlegitimation mehr bei dem Verletzten. Dabei ist es unerheblich, ob der Verletzte in der gesetzlichen Sozialversicherung pflichtversichert oder freiwillig versichert ist. Auch bei den freiwillig Versicherten sind die Barleistungen der SVT anspruchsmindernd zu berücksichtigen.[496]

243c Dieser Anspruchsübergang im Unfallzeitpunkt bedeutet, dass der in der gesetzlichen Sozialversicherung versicherte Geschädigte zu keinem Zeitpunkt über diese Ansprüche verfügen kann. Er kann auch nicht die Zahlung von Beiträgen an den Rentenversicherer verlangen. Die Aktivlegitimation entfällt.

243d Soweit der Sozialversicherungsträger mit dem KH-Versicherer ein Teilungsabkommen abgeschlossen hat, infolgedessen es nicht auf die Haftungsprüfung ankommen soll und das eine Quote vorschreibt, bedeutet dies nicht, dass der Sozialversicherungsträger nicht den Nachweis der Unfallbedingtheit seiner Aufwendungen führen muss.[497]

---

493 *BGH* v. 24.2.1983, VI ZR 243/80, VersR 1983, 536; *BGH* v. 14.7.1967, V ZR 120/64, NJW 1967, 2199.
494 *BGH* v. 24.2.1983, VI ZR 243/80, VersR 1983, 536; *BGH* v. 14.7.1967, V ZR 120/64, NJW 1967, 2199.
495 *BGH* v. 3.12.2002, VI ZR 304/01, VersR 2003, 390.
496 *BGH* v. 25.2.1986, VI ZR 229/84, VersR 1986, 698 (Sterbegeld); *BGH* v. 1.12.1981, VI ZR 203/79, VersR 1982, 291 (EU-Rente des Selbstständigen); *BGH* v. 11.5.1976, VI ZR 51/74, VersR 1976, 756 (für Träger der Krankenkassen); *OLG Oldenburg* zfs 1996, 332 (Übergang der Leistungen Berufsgenossenschaft); *OLG Hamm* r+s 2002, 505.
497 *BGH* v. 12.6.2007, VI ZR 110/06, r+s 2007, 407.

K. Gesetzlicher Forderungsübergang

1. Übergangsfähigkeit von Krankenkassenleistungen

Grundsätzlich geht der Anspruch auf Erstattung der von der Krankenkasse erbrachten Sachleistungen (für die Heilbehandlung) wie auch der Ersatzanspruch von Barleistungen (Krankengeld) gem. § 116 SGB X auf den Krankenversicherer über. Hinsichtlich der Heilbehandlungskosten ist lediglich der Unfallzusammenhang mit der Grunderkrankung zu belegen. Es ist in aller Regel davon auszugehen, dass geeignete Maßnahmen der Heilbehandlung eingeleitet wurden. Hinsichtlich des Krankengeldes ist neben dem Unfallzusammenhang zwischen Verletzung und Aufwendungen weiterhin erforderlich, dass der Verletzte in mindestens gleichem Umfang einen Verdienstschaden erlitten hat. War der Verletzte vor dem Unfallereignis berufstätig und nicht im Krankenstand, ist der Übergang unproblematisch entsprechend der Haftung gegeben. Ist der Verletzte hingegen schon im Krankenstand und erhält Krankengeld oder ist arbeitslos, ist ein Übergang nur ab dem Zeitpunkt möglich, indem der Verletzte (ohne den Unfall) genesen wäre oder eine Stelle angetreten hätte. Der Übergang kann auch bei dem Erwerbstätigen dann nur eingeschränkt erfolgen, wenn dieser beispielsweise als Berufspendler erhebliche Fahrtkosten hatte, die den Nettoverdienst so schmälern, dass das Krankengeld diesen Betrag übersteigt. — 244

Die entgangenen Krankenkassenbeiträge werden nach § 116 Abs. 1 S. 2 SGB X dem Schädiger ebenfalls in Rechnung gestellt, allerdings nur in der Höhe, wie sie aus dem Krankengeld anfielen.[498] Der Ausgleich findet statt, obwohl es sich eigentlich insoweit nur um einen mittelbaren Schaden der Krankenkasse handelt. Der Verletzte selbst erleidet keinen Schaden, da er während jeder Erkrankung mit Krankengeldbezug beitragsfrei weiterversichert wird, § 224 SGB V. Der Ersatzanspruch ist allerdings beschränkt ausschließlich auf die Zeiten der Krankengeldzahlungen. Erhält der Verletzte andere Leistungen (Übergangsgeld, Verletztengeld) o. ä. kann ein Regress der entgangenen Beiträge durch die Krankenkasse nicht geltend gemacht werden. Auch im Fall eines unfallbedingten Minderverdienstes kann ein weiterer Krankenkassenbeitrag (ähnlich wie beim Beitragsregress der DRV) nicht gefordert werden. — 244a

2. Übergangsfähigkeit der Leistungen der Berufsgenossenschaft

Auch auf die Berufsgenossenschaft gehen die Ansprüche auf Ersatz der unfallbedingt erforderlichen Sachleistungen (Heilbehandlungen) gem. § 116 SGB X über, der Kausalzusammenhang zwischen Unfallereignis und Verletzung ist dabei vom Verletzten zu führen. Gelingt dies nicht, kann auch auf die leistende BG ein Anspruch (der nicht besteht) nicht übergehen. — 245

Bezogen auf die Barleistungen (das Verletztengeld, Verletztenrente, Sterbegeld) stellt sich der Übergang wie oben beim Krankengeld dar: Soweit der erwerbstätige Verletzte Verletztengeld erhält, ist dieses unzweifelhaft in Höhe des dem Verletzten entstandenen Verdienstschadens zu ersetzen.[499] Ist der Verdienstschaden des Verletzten geringer als das gezahlte Verletztengeld (wegen erheblicher ersparter berufsbedingter Aufwendungen),[500] kann der Anspruch nur in der Höhe übergehen, wie er in der Person des Verletzten bestand. Ggf. wird daher der Regress zu kürzen sein. — 245a

Soweit die BG aber infolge einer dauerhaften Schädigung des Verletzten eine Verletztenrente erbringt, ist die Erstattung nur dann möglich, wenn aufseiten des Verletzten tatsächlich ein Verdienstschaden infolge der unfallbedingt erlittenen Verletzungen verbleibt. — 245b

▶ Beispiel: — 245c

Der Verletzte erleidet unfallbedingt einen Dauerschaden, es verbleibt eine dauerhafte Minderung der Erwerbstätigkeit von 30 %. Der Verletzte kann aber, da er eine Bürotätigkeit ausübt, seiner Erwerbstätigkeit nach Genesung vollschichtig nachgehen. Ein Verdienstschaden entsteht in

---

498 *Küppersbusch* a. a. O. Rn. 626.
499 Zum Ermittlung des Verdienstschadens eines Selbstständigen vgl *BGH* v. 23.2.2010, VI ZR 331/08, r+s 2010, 217 ff.
500 Vgl. oben Rdn. 32 ff.

der Person des Verletzten daher nicht. Ein Übergang des Anspruches auf Ersatz der Verletztenrente kann daher wegen fehlendem Schaden nicht erfolgen. Die Verletztenrente kann daher nicht regressiert werden.

Ein Beitragsregress der Berufsgenossenschaft ist nicht gegeben, da die Beiträge von den Arbeitgebern erhoben werden und dort in den Gemeinkosten anzusiedeln sind.

3. Übergang auf den Rentenversicherungsträger

246 Soweit der Rentenversicherer Sachleistungen in Form von Rehabilitationsmaßnahmen oder Leistungen zur Teilhabe am Arbeitsleben gewährt, geht der Anspruch nach § 116 SGB X über. Eine Beschränkung des Übergangs kann sich dabei nur in der Form der Mithaftung des Verletzten oder ersparten Eigenkosten (z. B. bei Sicherheitsschuhen) ergeben.

246a Gewährt der Rentenversicherer Barleistungen in Form von Übergangsgeld während einer Rehabilitationsmaßnahme oder einer Umschulung ist wohl – wenn der Unfallzusammenhang nachgewiesen ist und auch eine geeignete Maßnahme gewählt wurde, der Aufwand sowohl hinsichtlich der Sach- wie auch der Barleistungen im Rahmen der Haftungsquote erstattungsfähig. Bei den Barleistungen ist noch die Übergangsfähigkeit der Höhe nach zu prüfen (ggf. erhebliche ersparte berufsbedingte Aufwendungen).

246b Daneben zieht[501] der Rentenversicherer gem. § 119 SGB X die ihm durch die verminderte Krankengeldzahlung entgangenen Beiträge für den Verletzten ein, sodass dem Verletzten ein Rentenschaden nicht entsteht.[502]

246c Verbleibt eine dauerhafte Erwerbsminderung bei dem Geschädigten, die dazu führt, dass er nur noch halbschichtig (bis 4 Stunden) oder gar nicht mehr erwerbstätig sein kann, erhält er Erwerbsunfähigkeitsrente wegen teilweiser oder vollständiger Erwerbsminderung, abhängig von seinen vor dem Unfall erfolgten Beitragszahlungen. Während des Rentenbezuges wird der Rentenbeitragsregress bis zum Ende der geschätzten Arbeitszeit des Verletzten durchgeführt und dieser damit gestellt, als habe er bis zum Renteneintrittsalter gearbeitet.

246d Im Todesfalle werden Waisenrenten und unter bestimmten Voraussetzungen auch Witwenrenten gezahlt.

246e Wird der unfallbedingt Geschädigte nach seiner Umschulung in ein Beamtenverhältnis aufgenommen, so bleibt ihm hinsichtlich des eventuellen Minderverdienstes ein Beitragsschaden in der gesetzlichen Rentenversicherung.[503] Da mit dem Eintritt in das Beamtenverhältnis dem Verletzten neben dem Anspruch gegen die DRV auch ein Anspruch gegen den Staat auf Pension zusteht, stehen beide Rentenanwartschaften gleichberechtigt gegenüber. Vorteilsausgleichend muss sich der Verletzte, der seiner Pflicht nach § 254 BGB zur Schadengeringhaltung durch Aufnahme einer leidensgerechten Tätigkeit nachgekommen ist, diese neuerliche Anwartschaft anrechnen lassen.[504] Da ein Vorteilsausgleich hinsichtlich der möglichen Anwartschaften schwer zu ermitteln ist, ist der Beitragsschaden aus dem Minderverdienst zu ermitteln. Der Einzug erfolgt über die DRV, der Geschädigte ist insoweit ebenfalls nicht aktiv legitimiert.

246f Für den Anspruchsübergang nach §§ 116, 119 SGB X kommt es nicht darauf an, zu welchem Zeitpunkt der Rentenversicherer Leistungen erbringt. Allerdings muss er sich die Kenntnis des Verletzten

---

501 Er fungiert dabei als Treuhänder für den Geschädigten.
502 Ein Rentenverkürzungsschaden, wie ihn *OLG Bamberg* NZV 2007, 629 zum Inhalte hat, kann aufgrund der heute regressierten Beiträge eigentlich nicht mehr entstehen, wenn eine 100 %ige Haftung des Schädigers besteht. Selbstverständlich bleibt bei Mithaftung des Verletzten ein nicht gedeckter Teil des Beitragsausfalls.
503 *BGH* v. 18.12.2007, VI ZR 278/06, NZV 2008, 392.
504 *BGH* v. 18.12.2007, VI ZR 278/06, NZV 2008, 392, 394 m. w. H.

dann für den Lauf der Verjährungsfristen anrechnen lassen, wenn der Verletzte zum Unfallzeitpunkt nicht Mitglied einer gesetzlichen Rentenversicherung (Kind, Schüler, Student) war.

Schließt der Rentenversicherer einen Abfindungsvergleich, der etwa den Beitragsschaden nicht vollständig deckt, oder ist der Regress des Beitragsschadens gar verjährt, weil der Rentenversicherer trotz Kenntnis die erforderlichen Maßnahmen nicht eingeleitet hat, so sind die Sozialgerichte zuständig. Der Versicherte kann seine Ansprüche gegen den gesetzlichen Rentenversicherer dort geltend machen.[505] 246g

War der Geschädigte in einer Behindertenwerkstatt untergebracht, wurden von dort für ihn Beiträge nach §§ 162 Nr. 2 SGB VI, 179 Abs. 1a SGB VI aus einem fiktiven monatlichen Einkommen, welches mindestens 80 % der Bezugsgröße betragen muss. Die Bezugsgröße ergibt sich aus § 18 SGB IV und beträgt für das Jahr 2008 monatlich € 2 485, jährlich € 29 820. Soweit der Verletzte ohne den Unfall ein höheres Brutto-Einkommen erzielt und damit auch höhere Beiträge abgeführt hätte, wird die Differenz beim Schädiger regressiert. Der Bund muss auch hier den Anspruchsübergang und das Vorliegen eines kongruenten Schadens nachweisen.[506] 246h

V. Anspruchsübergang auf den Sozialhilfe-Träger

Der Anspruchsübergang richtet sich, soweit der arbeitssuchende Verletzte Leistungen zur Sicherung des Lebensunterhaltes erhält, nach § 33 SGB II. Ansonsten richten sich die Leistungen des Sozialhilfeträgers nach § 114 SGB XII zur Ermöglichung eines Lebens in Würde, wobei diese nachrangig gewährt wird. Zu beachten ist, dass die Leistungen gem. § 114 SGB XII nur in dem Teil übergangsfähig sind, als sie dem Verletzten zugutekommen. Soweit Leistungen auch für Familienangehörige gewährt werden, findet ein Übergang nicht statt. Bei arbeitssuchenden Sozialhilfeempfängern kann auch der Anspruchsübergang der Leistungen für die unterhaltsberechtigte Bedarfsgemeinschaft übergehen, wenn davon auszugehen ist, dass der Verletzte im Falle einer Erwerbstätigkeit den Unterhalt aus seinem Einkommen bestritten hätte 247

Ein Anspruchsübergang hinsichtlich der Leistungen des Sozialhilfe-Trägers ist zudem bezogen auf die Hilfe zum Lebensunterhalt nur dann gegeben, wenn der Verletze unfallbedingt von dort Leistungen erhält. Der Übergang erfolgt bereits in dem Zeitpunkt, in dem die Eintrittspflicht des Sozialhilfeträgers erkennbar wird und mit ihr ernsthaft zu rechnen ist.[507] Soweit der Sozialhilfeträger für den bereits Leistungen empfangenden geschädigten Aufwendungen für Heilbehandlungen hatte, geht der Anspruch ebenfalls gem. § 116 Abs. 5 SGB X auf den Sozialhilfeträger über. 247a

Der Geschädigte bleibt aber trotz des Anspruchsübergangs berechtigt, seine Ansprüche beim Schädiger geltend zu machen.[508] Hat der Geschädigte sich abfinden lassen, bevor erkennbar wurde, dass eine Eintrittspflicht des Sozialhilfeträgers – beispielsweise für die Unterbringung in einer Behindertenwerkstätte – gegeben sein könnte, kann ein Anspruchsübergang auf den Sozialhilfeträger nicht mehr stattfinden.[509] 247b

VI. Anspruchsübergang auf die Bundesagentur für Arbeit

Erbringt die Bundesagentur für Arbeit Leistungen aufgrund einer unfallbedingten Arbeitslosigkeit, so sind diese Beträge dem Erwerbsschaden kongruent und können gem. § 116 SGB X ebenfalls vom Schädiger zurückgefordert werden. Auch Sachleistungen, wie z. B. die Umschulungsmaßnahmen können regressiert werden. Diese Fälle sind eher unproblematisch. Aufgrund der Höhe des Arbeitslosengeldes wird auch von der Übergangsfähigkeit dieser Leistungen auszugehen sein. 248

---

505 *BGH* v. 2.12.2003, VI ZR 243/02, r+s 2004, 175 = VersR 2004, 492.
506 *BGH* v. 2.12.2003, VI ZR 192/06, VersR 2007, 1536 = r+s 2007, 478.
507 *BGH* v. 25.6.1996, VI ZR 117/95, VersR 1996, 1126; *BGH* v. 12.12.1995, VI ZR 271/94, r+s 1996, 102.
508 *BGH* v. 24.9.1996, VI ZR 315/95, VersR 1996, 349.
509 *OLG Hamm* v. 17.8.2009, I-13 U 109/08; 13 U 109/08.

248a Problematisch sind die Fälle, in denen der Verletzte zum Unfallzeitpunkt bereits Leistungen von der Bundesagentur erhalten hat. Dabei ist wie folgt zu unterscheiden: Erhält der Verletzte Arbeitslosengeld und die Bundesagentur für Arbeit kann nachweisen, dass der Verletzte infolge der unfallbedingten Erkrankung einen Arbeitsplatz nicht antreten konnte, kann sie – wie ein Arbeitgeber die »Entgeltfortzahlung« vom Schädiger regressieren.[510] Kein Schaden und damit kein Übergang von Ansprüchen auf die Bundesagentur ist gegeben bei arbeitsunwilligen Arbeitslosen oder denjenigen, die arbeitslos ohne Arbeitslosengeldbezug sind.

VII. Verjährung der Ansprüche aus übergegangenem Recht

249 Obwohl an anderer Stelle ausführlich zur Frage der Verjährung Stellung genommen wird, soll doch auf die Besonderheiten der Verjährung insoweit Stellung genommen werden, als es die Ansprüche aus übergegangenem Recht betrifft. Ein zentraler Punkt bei der Verjährung ist die Kenntnis vom Schaden und vom Schädiger. Die Feststellung bereitet in der Praxis häufig Schwierigkeiten. Vor der Reform des Zivilrechts galt § 852 BGB a. F. für die Verjährung der Ansprüche aus unerlaubter Handlung, sodass die Ansprüche innerhalb von drei Jahren ab Schadendatum (wenn dieses der Kenntnis des Geschädigten gleichzusetzen war) verjährten. Die Reform brachte mit dem § 199 Abs. 1 Nr. 2 BGB den Lauf der Verjährungsfrist zum Schluss des Jahres, in dem sich der Schaden ereignete. Auch hier kommt es auf die Kenntnis des Verletzten vom Schaden und vom Schädiger an.

1. Verjährung der Anspruchsübergänge nach §§ 86 VVG; 6 EFZG

250 Es handelt sich um eigene Ansprüche des Verletzten, die erst nach Leistung durch den jeweiligen Versicherer auf diesen übergehen. Daher kommt es zur Prüfung der Frage der Verjährung auf den Stand und die Kenntnis des Verletzten an. Sind in seiner Hand die Ansprüche bereits verjährt, kann trotz Leistung des Arbeitgebers oder Versicherers nur noch ein bereits verjährter Anspruch übergehen. Ein Regress kann daher nicht mehr erfolgen.

2. Verjährung der Ansprüche von Sozialversicherungsträgern und öffentlich-rechtlichem Dienstherren, §§ 116, 119 SGB X; 76 BBG

251 Der öffentlich-rechtliche Dienstherr, der gleichzeitig die Fortzahlung der Bezüge im Krankheitsfall und die Heilfürsorge erbringt, hat in aller Regel nahezu gleichzeitig mit dem Geschädigten Kenntnis vom Schaden und dem Schädiger, sodass hier Besonderheiten im Rahmen der Verjährung nicht zu beachten sind.

251a Anders ist dies bei den Sozialversicherungsträgern: Da die kongruenten Schadenersatzansprüche des Verletzten auf den Sozialversicherungsträger schon zum Unfallzeitpunkt übergehen, kommt es nach einhelliger Rechtsprechung für den Lauf der Verjährung nicht auf die Kenntnis des Verletzten, sondern auf die Kenntnis des Sozialversicherungsträgers an. Hier wird von der Rechtsprechung wegen der organisatorischen Trennung zwischen Leistungs- und Regressabteilung differenziert und ausschließlich auf die Kenntnis der Regressabteilung abgestellt. Dabei ist nach neuerer Rechtsprechung, wegen der Regelung des § 199 BGB »Grobfahrlässige Unkenntnis« auch zu prüfen, warum die Regressabteilung erst spät von dem Schadenfall erfahren hat. Soweit es dem Schädiger und seinem Haftpflichtversicherer gelingt, ein grobes Organisationsverschulden nachzuweisen, kommt es zur Bewertung der Verjährung nicht mehr auf die Kenntnis der Regressabteilung an, sondern auf den möglichen Zeitpunkt der Kenntnisnahme.[511]

---

510 *BGH* v. 8.4.2008, VI ZR 49/07, VersR 2008, 2185, es bleibe wegen des Lohnersatzcharakters des Arbeitslosengeldes ein normativer Schaden bei dem Arbeitslosen, der auf die Bundesagentur übergehen konnte. = r+s 2008, 356 f. mit Anm. *Lemcke*.
511 Die Entscheidung des *BGH* v. 28.11.2006, VI ZR 196/05 r+s 2007, 123 m. Anm. *Lemcke* richtete sich noch nach dem § 852 BGB a. F. in dem ein solches Organisationsverschulden nicht vorgesehen war!

K. Gesetzlicher Forderungsübergang   Kapitel 17

Ohne Kenntnis verjähren die Direktansprüche des Sozialversicherungsträgers gegen den KH-Versicherer gem. § 3 Nr. 3 PflVG a. F. bzw. § 115 Abs. 2 VVG n. F. innerhalb von zehn Jahren. Dies bedeutet aber nicht die Verjährung von Ansprüchen gegen den Schädiger (Versicherungsnehmer und/oder Fahrer), diese verjähren ohne Kenntnis nach wie vor innerhalb von 30 Jahren. Bei gesundem Versicherungsverhältnis haben Fahrer/Versicherungsnehmer einen Freistellungsanspruch gegen den KH-Versicherer aus dem geschlossenen Vertrag. Verjährungsfristen sind insoweit nicht vorgesehen. Der Sozialversicherungsträger muss daher seine Ansprüche gegen die versicherte Person richten. Gelingt ihm dies wegen Tod der versicherten Person/Personen oder wegen Auflösung der versicherten Firma nicht, geht der Anspruch unter. Soweit nur noch der Halter in Anspruch genommen werden kann, sind die Haftungshöchstgrenzen des § 12 StVG zu beachten.[512]   251b

VIII. Ausschluss des Anspruchsübergangs

Ein Anspruchsübergang kann nach den §§ 104 ff. SGB VII (insoweit vgl. dort), § 86 VVG und § 116 Abs. 6 SGB X (Familienprivileg) ausgeschlossen sein, obwohl grundsätzlich eine Haftung besteht: 252

1. Familienprivileg gem. §§ 86 VVG

Grundsätzlich gilt, dass der Versicherer Ansprüche aus übergegangenem Recht nach § 86 VVG nicht gegen die mit dem Versicherten in häuslicher Gemeinschaft lebenden Schädiger geltend machen kann (nach § 67 VVG a. F. nicht gegen den im Haushalt des VN lebenden Familienangehörigen).[513] Die alte Regelung war klar auf die Familienangehörigen beschränkt, die Erweiterung im Rahmen der VVG-Reform auch auf die sonstigen in häuslicher Gemeinschaft mit dem Versicherten lebenden Personen führt zu einem Abgrenzungsproblem. Wie soll von Seiten des Versicherers nun geprüft werden, ob es sich um eine bloße Wohngemeinschaft handelt, die nicht den Schutz des § 86 VVG genießt, oder ob eine nichteheliche Lebensgemeinschaft vorliegt. Auch die Kinder des Lebensgefährten, so sie mit in dieser häuslicher Gemeinschaft leben, sind geschützt. Diese Regelung soll dem Schutz der Familie und auch letztlich dem Schutz des Geschädigten dienen, der ansonsten Gefahr liefe, dass die Entschädigungsleistungen über die Familienkasse letztlich im Regresswege wieder zurück zum Versicherer liefen. Aus diesem Grund hat das BVerfG auch das getrennt lebende Elternteil in diesen Schutzbereich mit aufgenommen.[514] Diese Regelung findet sich auch in § 116 Abs. 6 SGB X.   253

2. Familienprivileg im SGB, § 116 Abs. 6 SGB X

Der Regress des Sozialversicherungsträgers ist ausgeschlossen, wenn der Schädiger – ggf. auch der Mitschädiger – als Familienangehöriger in häuslicher Gemeinschaft mit dem Verletzten lebt. Von dieser Regelung ist auch das nicht im Haushalt lebende Elternteil des Geschädigten umfasst.[515] Um den Regress auszuschließen, reicht es aus, wenn irgendwann nach dem Schadenfall die häusliche/ggf. eheliche Gemeinschaft begründet wird. Ein Wiederaufleben des Regresses nach der Beendigung der Gemeinschaft ist nicht im Gesetz verankert. Das einmalige Vorliegen des Familienprivileges reicht daher aus. Entgegen der Regelung im § 86 VVG ist der sonstige in häuslicher Gemeinschaft mit dem Geschädigten lebende Schädiger nicht geschützt.[516]   254

---

512 Vgl. insoweit Kap. 22 Rdn. 503 ff.
513 *OLG Naumburg* weitet das Familienprivileg schon nach § 67 VVG auf die Nichteheliche Lebensgemeinschaft aus, weil sich diese Gemeinschaft in dem zu entscheidenden Fall eheähnlich verfestigt habe; *OLG Naumburg* r+s 2008, 144 ff.; vgl. hierzu bestätigend *BGH* v. 22.4.2009 IV ZR 160/07, der die Haftungsprivilegierung bestätigt; *Delank* zfs 2007, 183 f.; *Jahnke* NZV 2007, 329 ff.
514 BVerfG v. 12.10.2010, 1 BVL 14/09, SP 2011, 63.
515 BVerfG v. 12.10.2010, 1 BVL 14/09, SP 2011, 63.
516 *Dahm* NZV 2008, 280 will diese Regelung auch auf § 116 SGB X ausweiten.

254a Nach derzeitiger Rechtsprechung wird das Familienprivileg des § 116 Abs. 6 SGB X nicht analog auf § 119 angewendet mit der Begründung, es handele sich bei den Renten-Beitrags-Ansprüchen nach § 119 SGB X um eigene Ansprüche des Geschädigten, die der RVT nur für diesen einzieht.[517] Problematisch dürfte dies dann werden, wenn hinter dem Schädiger – wie in den sonstigen Schadenfällen des privaten Bereichs häufig der Fall – keine leistende Haftpflichtversicherung steht und der Verletzte zwar zum Ausgleich seiner Erwerbsunfähigkeit Renten erhält – und diese bei dem privilegierten Schädiger nicht regressiert werden können (wegen § 116 Abs. 6 SGB X), er aber gleichzeitig einen Beitragsschaden in nicht unerheblicher Höhe jährlich erhält, der dann von dem insoweit nicht mehr privilegierten Schädiger zurückverlangt würde. Mit diesem Regress des DRV würde dann die Familienkasse des Geschädigten doch belastet und der Zweck, den Geschädigten vor Belastungen der Familienkasse (wenn auch durch den Umweg der Pfändung des Familienangehörigen) zu schützen, unterlaufen. Die Schadenersatzleistungen (Rentenzahlungen), die eigentlich den Schaden des Verletzten ausgleichen sollen, werden so doch wieder zur Schadenregulierung verwendet. Das kann so nicht beabsichtigt gewesen sein. Der Verletzte wird damit doppelt gestraft.

3. Familienprivileg im Beamtenrecht

255 Da es im Beamtenrecht eine vergleichbare Regelung hinsichtlich des Regresses nicht gab, wurde nach der Rechtsprechung § 67 VVG a. F. analog auf den Regress des Dienstherrn angewendet.[518] Durch die Änderung des VVG ist davon auszugehen, dass auch die Weiterungen des § 86 VVG n. F. auf den Regress des Dienstherrn angewendet werden.

4. Quotenvorrecht des Verletzten

256 Auch ein bestehendes Quotenvorrecht des Verletzten kann den Übergang eines Ersatzanspruchs auf den Sozialversicherungsträger bzw. den öffentlich-rechtlichen Dienstherren oder Arbeitgeber verhindern. Dies ist immer dann der Fall, wenn dem Verletzten noch ein ungedeckter Schaden, z. B. wegen Mithaftung verbleibt. Dann kann der Verletzte zunächst Befriedigung an sich verlangen, nur der dann noch verbleibende Betrag kann auf den Dienstherren oder Sozialversicherungsträger übergehen. Dabei gibt es dieses Quotenvorrecht sowohl im Bereich der Entgeltfortzahlung, § 6 Abs. 3 EFZG, wie auch im Beamtenrecht, § 76 BBG,[519] und dem Sozialversicherungsrecht, § 116 Abs. 3 SGB X oder den sonstigen Versicherungen gem. § 86 Abs. 1 S. 2 VVG.

257 Hinsichtlich des Quotenvorrechts gem. § 6 Abs. 3 EFZG ist zu beachten, dass im Rahmen der Entgeltfortzahlung innerhalb der ersten 6 Wochen nach dem Unfallereignis ohnehin bei dem Verletzten ein Schaden nicht mehr verbleibt. Danach erhält dieser Krankengeld, erbringt der Arbeitgeber in dieser Zeit weitere Leistungen an seinen Mitarbeiter, so können diese nur übergehen, soweit ein Schaden in der Person des Verletzten noch besteht.

258 Das Quotenvorrecht[520] des Beamten nach § 76 S. 3 BBG kommt nur eingeschränkt zum Tragen: Solange der Beamte nicht in den Stand der Dienstunfähigkeit kommt und damit vorübergehend oder dauerhaft Pension bezieht, erhält er seine Bezüge ungekürzt fortgezahlt. Ein Erwerbsschaden entsteht daher nicht. Erhält er hingegen Pension, weil er vorübergehend in den einstweiligen Ruhestand versetzt wurde, besteht eine Differenz zwischen der Pension und seinen vorherigen Netto-Bezügen, sodass ggf. ein Quotenvorrecht ausgeübt werden kann.

259 Der privat Versicherte hat ebenfalls ein Quotenvorrecht gegenüber seiner Krankenversicherung: Auch der Anspruchsübergang nach § 86 VVG kann nicht zum Nachteil des Versicherten geltend gemacht werden!

---

517 BGH v. 24.1.1989, VI ZR 130/88, VersR 1989, 492, zuletzt *LG Stuttgart* r+s 2008, 402.
518 BGH v. 8.1.1965, VI ZR 234/63, VersR 1965, 386 = NJW 1965, 907.
519 In den LBG der Länder finden sich gleichlautende Vorschriften.
520 Vgl. hierzu auch *Euler/Kornes/Kreuter-Lange* in Halm/Engelbrecht/Krahe FA Versicherungsrecht Kap. 25 Rn. 287.

Auch dem gesetzlich Versicherten steht ein Quotenvorrecht zu, § 116 Abs. 2 SGB X, der Anspruchs- 260
übergang erfolgt nur insoweit als er nicht zum Ausgleich der Ansprüche des Geschädigten erforderlich ist. Hierbei sind aber die Grenzen des § 116 Abs. 3 SGB X zu beachten, die das Quotenvorrecht des Geschädigten dann ablehnen, wenn ihn an dem eingetretenen Schaden ein Mitverschulden trifft. (Dies ist insbesondere dann ein Problem, wenn der Verletzte einen Schadenersatzanspruch nur auf § 7 StVG in den Grenzen des § 12 StVG stellen kann).[521]

5. Gestörte Gesamtschuld

Waren bei dem Schadenfall mehrere Schädiger beteiligt und ist einer der Schädiger privilegiert (sei es 261
wegen §§ 104 ff. SGB VII, oder Familienprivileg) kann der Gesamtschuldneraugleich im Innenverhältnis nicht mehr durchgeführt werden, da der privilegierte Schädiger auch dem Zweitschädiger die Privilegierung entgegenhalten kann. Der Zweitschädiger würde bei vollem Ausgleich der Forderung dann über Gebühr belastet, da er im Innenverhältnis keinen Ausgleich erhielte. Folglich haftet der nicht privilegierte Zweitschädiger auch nur in dem Umfang, den er im Innenverhältnis zu vertreten hätte.[522] Wegen dieser Störung im Gesamtschuldverhältnis kann auch auf den Sozialversicherungsträger nur der Teil des Anspruches übergehen, den der Zweitschädiger zu vertreten hat.

IX. Sachschadenersatz im Rahmen des Personenschadenersatz

Grundsätzlich sind auch im Rahmen des Personenschadens sonstige Sachschäden erstattungsfähig. 262
Es handelt sich hierbei um die persönlichen Gegenstände des Geschädigten, die ggf. bei einem Unfall beschädigt werden können. Allen ist gemein, dass auch insoweit nur der Zeitwert zu erstatten ist. Ist für diese Gegenstände ein Gebrauchtwarenmarkt vorhanden, kann man sich daran orientieren. Als Hilfe dienen u. a. auch Internetportale. Der weit verbreitete Irrglaube, bei Kleiderschäden müsse der Neupreis der Ersatzkleidung erstattet werden, findet in der Rechtsprechung keine Unterstützung. Auch bei Motorradkleidung[523] und beschädigter Brille ist nur der Zeitwert zu erstatten. Bei Brillen ist überdies zu berücksichtigen, dass im Rahmen eines berufsgenossenschaftlich versicherten Unfallereignisses die Kosten für neue Brille als »Hilfsmittel« im Sinne von § 27 Abs. SGB VII ebenfalls ersetzt werden. Gerade, wenn für die beschädigten Gegenstände keine Belege vorhanden sind, ist die Schätzung erforderlich. Dabei ist zu berücksichtigen, dass gerade für Kleider im Second Hand Geschäft nur ein Bruchteil des Neupreises erstattet wird. Ein Abzug von 20 % o. Ä. ist keinesfalls der Praxis angemessen.

---

521 Vgl. hierzu auch *Euler/Kornes/Kreuter-Lange* in Halm/Engelbrecht/Krahe FA Versicherungsrecht Kap. 25 Rn. 72; *Kreuter-Lange* Kap. 22 Rdn. 544 ff., 551b.
522 St. Rspr. u. a. *BGH* v. 23.3.1993, VI ZR 164/92, VersR 1993, 841 = r+s 1993, 324.
523 *OLG Frankfurt* v. 8.2.2011, 22 U 162/08 (ADAJUR-Dok.Nr. 94899).

Kapitel 18 Schätzgrundlagen für den Haushaltsführungsschaden

Übersicht

		Rdn.
A.	**Einleitung**	1
I.	Tatsächliche Einstellung einer Ersatzkraft (Ausnahmefall)	3
	1. Maßstäbe für den Geschädigten	3
	2. Maßstäbe der gesetzlichen Krankenkasse, Unfallkasse und Rentenversicherung	5
	3. Maßstäbe nach Beihilfevorschriften	7
II.	Fiktive Abrechnung (Regelfall)	11
	1. Unzulässige freie Schätzung	13
	2. Tabellenwerte als richterliche Schätzgrundlage unabdingbar	14
B.	**Tarifverträge**	19
I.	BAT bzw. TVöD	19
II.	Entgelttarifverträge der DHB-Landesverbände mit der Gewerkschaft NGG	22
	1. Mächtigkeit der Tarifpartner	23
	2. Sachnähe der Tarifpartner	27
	3. Anwendung durch Gerichte	28
	4. Positive Einschätzung in der Literatur	35
	5. Tarifmerkmale der Vergütungsgruppe II	37
	6. Tarifmerkmale der Vergütungsgruppe IV *(Kinder)*	38
	7. Erläuterung zu den Tabellen	39
C.	**Tabellenbewertung und Ausblick**	54
I.	Grundlagen für eine Kapitalisierung	54
II.	Besonderheiten bei der Kapitalisierung	55
	1. Bei absehbarem regionalen Wechsel:	55
	2. Bei unabsehbarem regionalen Wechsel	57
D.	**Prüfschema**	58

Schrifttum

Dörbrandt, Haushaltshilfe in der gesetzlichen Krankenversicherung; *Jahnke*, Haushaltsführungsschaden, 48. DVGT 2010, 99 ff.; *Kuhn*, Die Berechnung des Haushaltsführungsschadens, Festschrift für Eggert, 301 ff.; *Halm/Fitz*, Versicherungsrecht 2008/2009, DAR 2009, 437 ff.; *Huber*, Haushaltsführung und Pflegedienstleistung durch Angehörige, DAR 2010, 677 ff.; *Nickel/Schwab*, Stundensätze beim Haushaltsführungsschaden, SVR 2007, 17 ff.; *Nickel/Schwab*, Stundensätze beim Haushaltsführungsschaden 2008/2009, SVR 2009, 286 ff.; *Nickel/Schwab*, Stundensätze beim Haushaltsführungsschaden 2010, SVR 2010, 11 ff.; *Plenker/Schaffhausen*, Steuerermäßigung für haushaltsnahe Beschäftigungsverhältnisse, haushaltsnahe Dienstleistungen und Handwerkerleistungen ab 2009, DB 2009, 191 ff.; *Schlund*, Schadensersatzanspruch bei Tötung oder Verletzung einer Hausfrau und Mutter, DAR 1977, 281 ff.; *Warlimont*, Öffentlich bestellte und vereidigte Sachverständige für Haushaltsführungsschäden, 48. DVGT 2010, 139 ff.; *Wessel*, Der Haushaltsführungsschaden – Anspruch, Darlegung und Bewertung, 48. DVGT 2010, 142 ff.; *Zoll*, Entwicklungen im Personenschadenrecht, r+s Sonderheft 2011 zum 75. Geburtstag von Hermann Lemcke, 2011, 133.

A. Einleitung

1 Der Haushaltsführungsschaden ist zu einer wichtigen Schadensersatzposition im Personenschaden geworden. Streitpunkte sind im Wesentlichen:
– die Auswirkungen der Verletzung auf die Tätigkeit
– der Umfang an aufzuwendenden Stunden
– sowie die Höhe des angemessenen Stundensatzes.

An dieser Stelle soll der Focus auf den angemessenen Stundensatz gelegt werden.

2 Dieser ist nicht nur für das zivilrechtliche Schadensersatzrecht von Bedeutung. Für das Sozialversicherungs- und beamtenrechtliche Beihilferecht ist er im Falle der tatsächlichen Einstellung einer Ersatzkraft ebenso maßgebend. Die dort zu gewährenden oder gewährten Leistungen beeinflussen

sowohl die Höhe des Schadensersatzanspruchs als auch den Regressanspruch des Sozialversicherungsträgers bzw. Dienstherrn.

Dem Geschädigten sind zwei Abrechnungswege beim Haushaltsführungsschaden eröffnet:

I. Tatsächliche Einstellung einer Ersatzkraft (Ausnahmefall)

1. Maßstäbe für den Geschädigten

Er kann einerseits durch Einstellung einer Ersatzkraft[1] die tatsächlich angefallenen Kosten geltend machen, sofern die Kosten nicht z. B. von der gesetzlichen Krankenkasse[2] nach § 38 SGB V, der gesetzlichen Unfallversicherung nach § 42 SGB VII oder nach den beamtenrechtlichen Beihilfevorschriften erstattet werden. Die Kosten bestehen aus dem Bruttolohn zuzüglich Arbeitgeberanteil an der Sozialversicherung und dem von ihm allein zu tragenden Beitrag für die gesetzliche Unfallversicherung. Im Wege der Vorteilsausgleichung sind ab 2009[3] die steuerlichen Ersparnisse nach § 35a EStG abzuziehen, soweit[4] sie auf die persönlichen Verhältnisse des Geschädigten durchschlagen.

Sind tatsächliche Kosten angefallen, bedarf es grundsätzlich einer Schätzgrundlage nicht mehr[5]. Der Schaden kann folglich konkret nachgewiesen werden. Konflikte um die Höhe des angemessenen Anspruchs sind dabei in der Praxis eher selten. Dann bieten die Tabellenwerke[6] eine Grundlage dazu, die Erforderlichkeit des betriebenen Aufwandes nachzuprüfen. Einen weiteren Anhaltspunkt bietet die Erhebung der Forschungseinrichtung der Bundesagentur für Arbeit[7] bezüglich der spezifischen Arbeitslosenquote (z. B.: 2009: 23,6 %) zur Verfügbarkeit entsprechender Kräfte am Arbeitsmarkt.

2. Maßstäbe der gesetzlichen Krankenkasse, Unfallkasse und Rentenversicherung

Der Ausfall der/des Haushaltsführenden kann zu Leistungsansprüchen gegenüber der gesetzlichen Krankenversicherung[8] nach § 38 SGB V wegen tatsächlicher Einstellung einer Ersatzkraft führen. Dabei bieten nach einer Erhebung der Stiftung Warentest[9] viele gesetzliche Krankenkassen sogar Mehrleistungen gegenüber dem gesetzlich geforderten Mindestumfang. Die kongruenten Leistungen der Krankenkasse sind im Rahmen des gesetzlichen Forderungsübergangs nach § 116 SGB X zu berücksichtigen. Eine Entsprechung findet sich im Leistungskatalog der gesetzlichen Unfallversicherung in § 42 SGB VII i. V. m. § 54 SGB IX sowie der gesetzlichen Rentenversicherung als ergänzende Leistung nach § 28 SGB VI i. V. m. § 54 SGB IX. Nach § 54 Abs. 1 S. 2 SGB IX ist § 38 Abs. 4 SGB V entsprechend anzuwenden.

Im Normalfall stellt die Krankenkasse eine Haushaltshilfe als Sachleistung nach § 38 SGB V. Die Kosten einer – nach § 38 Abs. 4 Satz 2 SGB V ausnahmsweise – selbstbeschafften Haushaltshilfe sind in angemessenem[10] Umfang zu erstatten. Dabei ist auf die üblichen oder tariflichen Entgelte für Haushaltshilfen im regionalen Bereich[11] zurückzugreifen.

---

1 Zulässig ist auch die Anstellung von Angehörigen, die nicht dem eigenen Haushalt angehören.
2 *LSG Baden-Württemberg* v. 1.3.2011 – L 11 KR 1694/10 (Bruttobeträge von EUR 7,50 bzw. 7,75).
3 *Plenker/Schaffhausen* DB 2009, 191.
4 *Bachmeier* Verkehrszivilsachen, § 9 Rn. 534.
5 *Wessel* 48. DVGT 2010, 154.
6 *OLG Stuttgart* v. 3.11.1976 – 13 U 44/76, VersR 1978, 652 zog schon früh den einschlägigen Lohn- und Gehaltstarif des Deutschen Hausfrauenbundes und der Gewerkschaft NGG heran.
7 http://bisds.infosys.iab.de/bisds/result?region=19&beruf=BO923&qualifikation=2; Recherche 17.7.2011.
8 Zum Ganzen siehe *Dörbrandt*.
9 http://www.test.de/themen/versicherung-vorsorge/meldung/Gesetzliche-Krankenversicherung-Hilfe-im-Haushalt-1798486–1798274/; Recherche 21.9.2011.
10 *BSG* v. 28.1.1977 – 5 RKn 32/76, NJW 1977, 1119 (Ls.).
11 *BSG* v. 23.4.1980 – 4 RJ 11/79.

3. Maßstäbe nach Beihilfevorschriften

7 Beamte und Richter können im Krankheitsfalle nach den jeweiligen Beihilfevorschriften des Bundes und der Länder Familien- und Haushaltshilfe[12] beanspruchen. Die Anforderungen ähneln sich. Ihnen ist gemein, dass Kosten einer notwendigen Haushaltshilfe nur dann beansprucht werden können, wenn tatsächlich eine Haushaltshilfe eingestellt wurde.

8 Nach der Regelung des Bundes und mancher[13] Ländern, sind nur Kosten in angemessener Höhe beihilfefähig, § 28 BBhV. Als angemessen gelten Sätze der gesetzlichen Krankenversicherung, VV 28.1.1 zu § 28 BBhV. Entsprechende eigene Regelungen hierzu finden sich in Baden-Württemberg,[14] Bayern,[15] Berlin[16] und Hamburg.[17]

9 In Nordrhein-Westfalen[18] wird die Beihilfe auf 8 Euro pro Stunde, maximal 64 Euro pro Tag begrenzt.

10 In Bremen,[19] Hessen,[20] Niedersachsen,[21] Rheinland-Pfalz,[22] Saarland,[23] Sachsen[24] und Schleswig-Holstein[25] sind 6 Euro pro Stunde, maximal 36 Euro pro Tag beihilfefähig.

II. Fiktive Abrechnung (Regelfall)

11 Andererseits kann im Schadensersatzrecht[26] der Geschädigte jedoch auch fiktiv abrechnen. Dies ist dann der Fall, wenn keine Ersatzkraft eingestellt wird. Dann ist auf den Nettolohn[27] abzustellen, den eine Arbeitskraft für die konkrete Tätigkeit nach regionalen Durchschnittssätzen erhalten würde.

12 Die tägliche Regulierungspraxis zeigt, dass in der weit überwiegenden Zahl der Fälle keine Ersatzkraft eingestellt wird, also fiktiv[28] abzurechnen ist.

Um die Höhe des angemessenen Stundensatzes bei der Bewertung des Haushaltsführungsschadens wird dann allerdings häufiger gestritten.

1. Unzulässige freie Schätzung

13 Literaturstellen[29] und selbst Obergerichte[30] neigen – möglicherweise aus Vereinfachungsgründen, Bequemlichkeit oder mangelhaftem Parteivortrag – dazu, die Stundensätze völlig frei[31] zu schätzen.

---

12 *VGH* Baden-Württemberg v. 28.6.2011 – 2 S 832/11 (dort wegen Kinderversorgung 12 Euro/Std. brutto).
13 Rückgriff auf BBhV mangels eigener Regelungen: Brandenburg, Mecklenburg-Vorpommern, Sachsen-Anhalt und Thüringen.
14 § 10a BVO-BW.
15 § 25 bay. BhV.
16 § 28 Berl. BhV.
17 § 14 HmbBeihVO.
18 § 4 Abs. 1 Nr. 6 BhV-NRW.
19 § 4 Abs. 1 Nr. 5 BremBVO.
20 § 6 Abs. 1 Nr. 8 Hess.BHV.
21 § 6 Abs. 1 Nr. 8 BHV-Nds.
22 § 4 Abs. 4 BVO-Rh-Pf.
23 § 5 Abs. 1 Nr. 5 Saarl.BhVO.
24 § 12 Sächs.BhVO.
25 § 9 Abs. 1 Nr. 8 BhVO-Schl.-Hol.
26 Nicht im Sozialversicherungsrecht nach § 38 Abs. 4 SGB V, siehe *BSG* v. 16.11.1999, B 1 KR 16/98 R, NJW 2000, 1519 (Ls.) = NZS 2000, 300.
27 *BGH* v. 29.3.1988 – VI ZR 87/87, BGHZ 104, 113 = JZ 1988, 765 = MDR 1988, 664 = NJW 1988, 1783 = NJW-RR 1988, 857 = VersR 1988, 490.
28 *OLG Frankfurt a. M.* v. 29.10.2009 – 22 W 64/08, VRR 2009, 106 m. Anm. *Luckey*.
29 Ludovisy/Eggert/Burhoff/*Kuhn* Praxis des Straßenverkehrsrechts, Teil 4, Rn. 1242; *ders.* in FS für Eggert, S. 319.
30 Nachweise bei *Nickel/Schwab* SVR 2009, 286 ff.
31 Dagegen zur Recht *Zoll*, r+s Sonderheft 2011, 133 (138).

Eigene Erfahrungen oder Kenntnisse vom »Hören-Sagen« bilden jedoch keine geeignete Schätzgrundlage. Die Ergebnisse werden auch nicht besser, wenn Gerichte sich in »ständiger Rechtsprechung« letztlich nur auf ihr »Bauchgefühl« verlassen. Dies ist eher ein Zeichen mangelhafter Rechtsanwendung und ersetzt keine sorgfältige Begründung.

2. Tabellenwerte als richterliche Schätzgrundlage unabdingbar

Nach höchstrichterlicher Rechtsprechung[32] ist bei fiktiver Abrechnung immer und ausnahmslos auf Tabellenwerte als Schätzgrundlage einzugehen, da nur bei tatsächlicher Einstellung einer Ersatzkraft überhaupt die Überlegung angestellt werden darf, dass die örtlichen Verhältnisse Besonderheiten[33] beinhalten könnten. Ob dagegen für tatsächlich eingesetzte, oft kurzfristig gerufene, Haushaltskräfte im Einzelfall mehr bezahlt wird, ist für die fiktive Hilfe nicht[34] erheblich.

Der Arbeitskreis IV (Haushaltsführungsschaden) des 48. Verkehrsgerichtstages 2010 hat in seiner Empfehlung Nr. 2 entsprechend der höchstrichterlichen Rechtsprechung herausgestellt:

> *»Ist der Zeitbedarf festgestellt, sollte der Stundensatz für die Schadensschätzung auf der Grundlage eines einschlägigen Tarifvertrages ermittelt werden.«*

Der Rückgriff auf einen einschlägigen Tarifvertrag hat den Vorteil, dass eine Schätzung objektiv und frei von ethnischen, sozialen und kulturellen Einflüssen erfolgt. In eine rechtliche Bewertung zur Schadenhöhe dürfen keine Vorurteile gegen einzelne Bevölkerungsgruppen[35] einfließen. Entsprechende Überlegungen finden keine Basis in unserem europäisch orientierten freiheitlichen Rechtssystem.

Ausschlaggebend für eine objektive Schadensbemessung ist die Leistung einer durchschnittlichen professionellen Arbeitskraft.[36]

Abzustellen bei der Schätzung ist auf den einschlägigen Tarifvertrag.

B. Tarifverträge

I. BAT bzw. TVöD

Über Jahrzehnte hatte sich eingebürgert, den BAT bzw. den heutigen TVöD als Entgelttarif heranzuziehen. Dies mag an der allgemeinen Verfügbarkeit, der häufigen Nutzung und damit dem größeren Bekanntheitsgrad[37] und der Vertrautheit liegen. Der *BGH*[38] hat offenbar deswegen die Anwendung der Tabellenwerke von *Schulz-Borck/Hofmann*, die sich u. a. auf den BAT beziehen, mehrfach geduldet. Da die grundsätzliche Anwendbarkeit des BAT als Hilfslösung im Rahmen der Revision nicht angegriffen wurde, konnte der *BGH* noch nicht zu dieser Frage Stellung beziehen.

Tatsächlich einschlägig auf die beschriebenen und bewerteten Tätigkeitsfelder ist der BAT/TVöD jedoch nicht.

Schon *Schulz-Borck/Hofmann*[39] wiesen darauf hin, dass zur einschlägigen Bewertung der Haushaltsführungstätigkeit in erster Linie die Tarifpartner, die »Hausfrauenverbände und die Hausfrauenge-

---

32 *BGH* v. 2.5.1972 – VI ZR 80/70, NJW 1972, 1716 = VersR 1972, 948 = MDR 1972, 1023.
33 *BGH* v. 17.10.1972 – VI ZR 111/71, VersR 1973, 84.
34 *OLG Frankfurt a. M.* v. 29.10.2008 – 22 W 64/08, MDR 2009, 449 = OLGR 2009, 131 = SVR 2009, 223 bespr. v. *Balke* = VRR 2009, 106 m. Anm. *Luckey*.
35 Unhaltbar daher *Huber* DAR 2010, 677 (681).
36 *OLG Karlsruhe* v. 30.12.2008 – 14 U 107/07, NJW-RR 2009, 882 = NZM 2009, 452.
37 *Bachmeier* Verkehrszivilsachen, § 9 Rn. 526.
38 *BGH* v. 3.2.2009 – VI ZR 183/08, DAR 2009, 263 = VersR 2009, 515 = NZV 2009, 278 = r+s 2009, 262 = SVR 2009, 222 = MDR 2009, 567 = NJW 2009, 2060 = zfs 2009, 612; *BGH* v. 28.3.2011 – VI ZR 264/09.
39 *Schulz-Borck/Hofmann* Schadensersatz bei Ausfall von Hausfrauen und Müttern im Haushalt, 6. Aufl. 2000, S. 20.

werkschaft« angesprochen sind. Damit waren offenbar der Deutsche Hausfrauenbund und die Gewerkschaft NGG gemeint.

II. Entgelttarifverträge der DHB-Landesverbände mit der Gewerkschaft NGG

22 Als einschlägige Tarifverträge kommen tatsächlich nur die zwischen den spezialisierten Tarifvertragspartnern geschlossenen regionalen Entgelttarifverträge der einzelnen DHB- Landesverbände und der Gewerkschaft NGG in Betracht.

1. Mächtigkeit der Tarifpartner

23 Der DHB – Netzwerk Haushalt, Berufsverband der Haushaltsführenden e. V. und seine Vorgängerorganisationen bilden seit 1915 den Berufsverband der Haushaltsführenden/Haushaltsvorstände. Er umfasst 17 Landesverbände mit insgesamt 300 Ortsverbänden. Er hat eine Mitgliederzahl[40] von über 32.000 Arbeitgebern/Haushaltsführenden in Privathaushalten und Dienstleistungszentren.

24 Die seit mehr als 140 Jahren bestehende Gewerkschaft NGG Nahrung – Gaststätten – Genussmittel hat eine Mitgliederzahl[41] von über 205.000 mit steigender Tendenz.

25 Damit ist dem Erfordernis der Rechtsprechung des *BAG*[42] an die Mächtigkeit der Tarifpartner zweifellos genüge getan. Die Tarifparteien schließen seit Jahrzehnten einen einheitlichen Manteltarifvertrag[43] auf Bundesebene und regionale Entgelttarifverträge auf Länderebene.

26 Es ist unerheblich, dass diese Verträge nicht für allgemeinverbindlich[44] erklärt sind. Tatsächlich sind von über 73.000 Tarifverträgen im Tarifregister nur 476 für allgemeinverbindlich[45] erklärt worden. An ihrer rechtlichen Wirksamkeit und hohen Verbreitung ändert dies nichts. Zur Wirksamkeit der Tarifverträge ist es zudem auch nicht erforderlich, dass es in dieser Branche keinen staatlich vorgegebenen tariflichen Mindestlohn – wie in den Branchen Pflegedienste[46] oder Wäschereidienstleistungen[47] – gibt.

2. Sachnähe der Tarifpartner

27 Nur diese speziellen Verträge verfügen seit Jahrzehnten[48] über die passenden Tarifmerkmale[49] mit konkretisierten Tätigkeitsbeschreibungen. Entsprechend greift die Bundesagentur für Arbeit[50] ausdrücklich auf diese Tarife zurück.

---

40 Siehe Auflage DHB Magazin, Mediadaten 2011, www.dhb-netzwerk-haushalt.de/fileadmin/download/DHD_Mediadaten_2011.pdf; Recherche 14.7.2011.
41 www.ngg.net/presse_medien/mediendienste-2011/2011–01–13-Mitgliederzuwachs; Recherche 14.7.2011.
42 *BAG* v. 28.3.2006 – 1 ABR 58/04, NJW 2006, 3742 (Ls.) = NZA 2006, 1112; *BAG* v. 5.10.2010 – 1 ABR 88/09, NJW 2011, 1386; *LAG Hamm* v. 23.9.2011 – 10 TaBV 14/11 (christliche Gewerkschaft für das Kunststoffgewerbe und die Holzverarbeitung – keine soziale Mächtigkeit).
43 In der gültigen Fassung seit 1.1.2002.
44 Ohne Begründung ablehnend *Warlimont* 48. DVGT 2010, 141.
45 http://www.bmas.de/DE/Themen/Arbeitsrecht/Tarifvertraege/inhalt.html; Recherche 18.7.2011.
46 Bruttomindestlohn Ost EUR 7,50; West EUR 8,50.
47 Bruttomindestlohn Ost EUR 6,75; West EUR 7,80.
48 *Schlund* DAR 1977, 281 (284).
49 *Bachmeier*, Verkehrszivilsachen, § 9 Rn. 525.
50 http://www.arbeitsagentur.de/zentraler-Content/A01-Allgemein-Info/A015-Oeffentlichkeitsarbeit/Publikation/pdf/DA-Vermittlung-von-Haushaltshilfen.pdf; Recherche 17.7.2011.

3. Anwendung durch Gerichte

Wie die Arbeitsverwaltung greifen entsprechend dem systematischen Stellenwert gerade auch Arbeitsgerichte[51] als die zur Bewertung einer Arbeitsleistung aufgerufenen Fachgerichte ebenfalls auf diese Tarifverträge zurück. Das Schadensersatzrecht darf – losgelöst von der Rechtswirklichkeit – da keine andersgeartete Insellösung finden. 28

Der *BGH*[52] hat konkret die Anwendung des BAT gerügt, der gegenüber dem Hessischen Lohntarifvertrag für Arbeitnehmer in privaten Haushalten nicht auf die örtlichen Gegebenheiten eingeht. 29

Das *OLG Stuttgart*[53] überprüfte daher zutreffend die Angemessenheit einer Entlohnung anhand der Tarifmerkmale eines Lohn- und Gehaltstarifs des Deutschen Hausfrauenbundes und der Gewerkschaft NGG. 30

Das *OLG Oldenburg*[54] hat in ähnlicher Weise zur Schätzung des angemessenen Schadens auf den Entgelttarifvertrag des Deutschen Hausfrauenbundes Landesverband Niedersachsen e. V. mit der Gewerkschaft NGG mit den dortigen Tarifmerkmalen abgestellt. 31

Richtungsweisend für Nordrhein-Westfalen hat das *OLG Düsseldorf*[55] herausgestellt, dass die Kosten einer fiktiven Ersatzkraft nach der ortsüblichen Vergütung im Sinne des § 612 Abs. 2 BGB zu bestimmen seien. Da der BAT die örtlichen und regionalen Besonderheiten nicht zuverlässig wiedergäbe, griff das Gericht auf den seit Mitte 1980 existierenden Tarifvertrag für die Privathaushaltungen in NRW zurück. 32

Ähnlich sieht das *OLG Dresden*[56] im Tarifvertrag der DHB-Landesverbände mit der Gewerkschaft NGG einen angemessenen und sachnahen Beurteilungsmaßstab, welcher am ehesten dem hier maßgeblichen Tätigkeitsfeld der Haushaltsführung entspricht, weshalb er den Löhnen nach BAT als Vergleichsgröße vorzuziehen sei. (Ergebnis: bei Tarifgruppe IV (mit Kinderversorgung), Stand 2006, netto EUR 6,77). 33

Das *OLG Frankfurt a. M.*[57] stützt sich auf das Tabellenwerk von *Nickel/Schwab* wegen der zugrunde gelegten regionalen Tarifverträge des DHB mit der NGG (Ergebnis: bei Tarifgruppe II, Stand 2006, netto EUR 6,26). 34

Das *AG Bielefeld*[58] verwendet unter Bezug auf die aktuelle Rechtsprechung ebenfalls diese Tabelle.

4. Positive Einschätzung in der Literatur

Die Anwendung der spezifischen Tarifverträge auf den Haushaltsführungsschaden wird zunehmend in der Literatur wahrgenommen[59] und positiv[60] gewürdigt. So betont *Jahnke*[61] zu Recht, dass der Zeitbedarf zwar bundeseinheitlich, der Stundensatz aber dem regionalen Markt und zwar dem Tarifvertrag für die private Hauswirtschaft und Dienstleistungszentren entsprechen müsse. 35

---

51 *LAG Rheinland-Pfalz* v. 10.1.2008 – 2 Sa 615/07.
52 *BGH* v. 8.6.1982 – VI ZR 314/80, DAR 1982, 323 = VersR 1982, 951 = NJW 1982, 2866 = zfs 1992, 361.
53 *OLG Stuttgart* v. 3.11.1976 – 13 U 44/76, VersR 1978, 652.
54 *OLG Oldenburg* v. 2.12.1976 – 3 U 36/76, VersR 1977, 553 = NJW 1977, 961 = JR 1977, 286.
55 *OLG Düsseldorf* v. 16.3.1987 – 1 U 42/86, DAR 1988, 24.
56 *OLG Dresden* v. 1.11.2007 – 7 U 3/07, SP 2008, 292 = NZV 2009, 289; zust. *Jahnke* 48. DVGT 2010, 121.
57 *OLG Frankfurt a. M.* v. 29.10.2008 – 22 W 64/08, MDR 2009, 449 = OLGR 2009, 131 = SVR 2009, 223 bespr. v. *Balke* = VRR 2009, 106 m. Anm. *Luckey* = zfs 2009, 611–612.
58 *AG Bielefeld* v. 28.11.2010 – 41 C 556/10.
59 Zoll r+s Sonderheft 2011, 133 (138); Besprechung von *Balke* zu *OLG Hamm* v. 7.6.2010 – I -6 U 195/09, SVR 2011, 145; Besprechung von *Balke* zu *LG Ulm* v. 16.9.2010 – 6 O 151/09, SVR 2011, 306; Halm/Engelbrecht/Krahe/*Euler* Handbuch des Fachanwalts Versicherungsrecht, Kap. 25, Rn. 226.
60 *Bachmeier* Verkehrszivilsachen, § 9 Rn. 526; *Halm/Fitz* DAR 2009, 437 (442).
61 *Jahnke* 48. DVGT 2010, 120 f.

36 Der *BGH* hat eine Schätzung nach § 287 ZPO auf Grundlage der Tabellen bejaht, wohl nicht zuletzt, da die fraglichen Schadenspositionen dem Tarifwerk besonders nahe[62] stehen.

5. Tarifmerkmale der Vergütungsgruppe II

37

Ausbildung	*Tätigkeiten, für die keine einschlägige berufliche Ausbildung, jedoch Vorkenntnisse verlangt werden. Die Arbeiten werden nach jeweiliger Einzelanweisung ausgeführt.*
Kenntnisse/Erfahrung	*Vorkenntnisse sind Kenntnisse, die aufgrund der hauswirtschaftlichen Tätigkeit im eigenen Haushalt erworben wurden.*
Tätigkeitsbeispiele	*Hilfe im Haushalt, Hilfe im Garten, persönliche Assistenz, Kinderbetreuung, Tätigkeiten zur Pflege und Instandhaltung/Überwachung von Gebäuden und deren technischen Einrichtungen, Fahren, Pflegen und Instandhalten von Personenkraftfahrzeugen.*

6. Tarifmerkmale der Vergütungsgruppe IV *(Kinder)*

38

Ausbildung	*Tätigkeiten, für die eine abgeschlossene fachbezogene Schulausbildung oder eine einschlägige abgeschlossene Berufsausbildung oder anderweitig erworbene gleichwertige Kenntnisse Voraussetzung sind. Die Arbeiten werden im Rahmen eines umfassenden Arbeitsauftrages selbständig ausgeführt.*
Kenntnisse/Erfahrung	*Anderweitig erworbene gleichwertige Kenntnisse sind Kenntnisse, die durch eine lange Tätigkeitserfahrung in fremden Haushalten erworben wurden und den Kenntnissen einer Berufsausbildung gleich zu setzen sind.*
Tätigkeitsbeispiele	*Hauswirtschafterin, Koch/Köchin, Betreuung und Versorgung von Kindern, Tätigkeiten zur persönlichen Assistenz, Tätigkeiten zur Pflege und Instandhaltung/Überwachung von Gebäuden und deren technischen Einrichtungen, Fahren, Pflegen und Instandhaltung von Personenkraftfahrzeugen (mit einer dem Aufgabenfeld entsprechenden Ausbildung).*

7. Erläuterung zu den Tabellen

39 Für die Berechnung wurden die zum Zeitpunkt der Tabellenerstellung verfügbaren jeweiligen Entgelttarife in EURO zugrunde gelegt. Die Laufzeiten in den Tarifgebieten sind unterschiedlich. Vereinzelt werden neue Tarifverträge erst nach Ablauf der Laufzeiten rückwirkend geschlossen oder für eine Übergangszeit weitergeführt.

40 Die Ergebnisdaten sind den Berechnungen[63] von *Nickel/Schwab*[64] entnommen. Die monatliche Regelstundenzahl beträgt 165 Monatsstunden bei flexibler Arbeitszeit. Für die Berechnung wurde davon ausgegangen, dass das Arbeitsverhältnis mehr als sechs Monate andauert und somit ein Anspruch auf Sonderzahlungen (Urlaubsgeld, Weihnachtsgeld) besteht. Die Abweichungen in den Tarifgebieten sind mit 80 bis 145 % auf den Bruttolohn erheblich, so dass allein die Betrachtung des reinen Bruttolohnes zu unangemessen Ergebnissen führen würde.

41 Die Stundenkosten einer in Vollzeit[65] tätigen Ersatzkraft setzen sich zusammen aus allen Kosten, die dem Arbeitgeber bei tatsächlicher Einstellung entstehen: Bruttolohn, Sonderzahlungen, Arbeitgeberbeitrag zur Renten-, Kranken-, Pflege- und Arbeitslosenversicherung sowie die Beiträge zur gesetzlichen Unfallversicherung.

---

62 *Bachmeier* Verkehrszivilsachen, § 9 Rn. 526.
63 Irrtümer und Berechnungsfehler ohne Gewähr.
64 *Nickel/Schwab* SVR 2007, 17; SVR 2009, 286 und SVR 2010, 12.
65 Bei der Einstellung von »Minijobbern« ergeben sich deutlich niedrigere Sozialabgaben.

Der Nettolohn (Maßstab für die fiktive Abrechnung) errechnet sich aus dem Bruttolohn zuzüglich Sonderzahlungen abzüglich Sozialversicherungsabgaben und Steuern.

Baden-Württemberg		04/2006–05/2007	06/2007–05/2008	06/2008–05/2009	06/2009–05/2010	06/2010–05/2011	06/2011–05/2012	42
TG II	Ersatz	11,15	11,23	11,41	11,75	12,06	12,42	
	Fiktiv	6,30	6,35	6,55	6,76	6,92	7,07	
TG IV (Kinder)	Ersatz	13,10	13,21	13,26	13,82	14,17	14,60	
	Fiktiv	7,06	7,16	7,33	7,64	7,84	8,02	

Bayern		04/2006–03/2007	04/2007–03/2008[66]	04/2008–03/2009	04/2009–06/2010	07/2010–06/2011	07/2011–06/2012	43
TG II	Ersatz	10,33	10,46	10,63	10,98	11,25	11,57	
	Fiktiv	6,00	6,11	6,23	6,43	6,57	6,71	
TG IV (Kinder)	Ersatz	12,15	12,31	12,50	12,86	13,24	13,61	
	Fiktiv	6,68	6,82	7,01	7,23	7,43	7,59	

Berlin, Brandenburg		01/2006–12/2006	01/2007–12/2007	01/2008–12/2008	01/2009–12/2009	01/2010–12/2010	01/2011–12/2011	44
TG II	Ersatz	10,90	10,94	11,32	11,59	11,94	12,28	
	Fiktiv	6,21	6,24	6,38	6,62	6,86	7,00	
TG IV (Kinder)	Ersatz	12,84	12,96	13,31	13,64	14,04	14,45	
	Fiktiv	6,95	7,05	7,19	7,48	7,76	7,95	

Bremen mit Bremerhaven		05/2006–04/2007	05/2007–04/2008[67]	05/2008–04/2009	05/2009–04/2010	07/2010–04/2011	05/2011–[68]	45
TG II	Ersatz	9,06	9,22	9,43	9,97	10,32		
	Fiktiv	5,47	5,60	5,77	6,04	6,18		
TG IV (Kinder)	Ersatz	10,66	10,86	11,10	11,48	11,85		
	Fiktiv	6,11	6,25	6,41	6,63	6,82		

Hamburg		04/2006–03/2007	04/2007–03/2008	04/2008–03/2009	04/2009–03/2010	04/2010–03/2011	04/2011–03/2012	04/2012–03/2013	46
TG II	Ersatz	10,34	10,40	10,43	10,86	11,13	11,67	12,23	
	Fiktiv	6,00	6,05	6,16	6,40	6,48	6,75	6,98	
TG IV (Kinder)	Ersatz	12,16	12,23	12,26	12,63	13,13	13,64	14,20	
	Fiktiv	6,67	6,76	6,90	7,15	7,32	7,59	7,84	

---

66 Beträge anhand der Steigungsrate geschätzt.
67 Wie Fn 66.
68 Auf Nachfrage vom 31.10.2011 noch kein neuer Tarifvertrag geschlossen.

Kapitel 18

Schätzgrundlagen für den Haushaltsführungsschaden

47	Hessen, Rhein-land-Pf., Saarl.		11/2006–01/2008	02/2008–12/2008	Vertrag ausgel.[69]			
	TG II	Ersatz	11,06	11,03	11,05			
		Fiktiv	6,26	6,38	6,45			
	TG IV	Ersatz	13,02	12,98	13,01			
	(Kinder)	Fiktiv	7,02	7,21	7,28			

48	Meckl.-Vorp., Schleswig-Hol.		04/2006–03/2007	04/2007–05/2008	06/2008–04/2009	05/2009–04/2010	05/2010–04/2011[70]	05/2011–04/2012
	TG II	Ersatz	9,80	9,89	10,14	10,51	10,84	11,17
		Fiktiv	5,80	5,86	6,06	6,25	6,38	6,53
	TG IV	Ersatz	11,53	11,65	11,95	12,36	12,75	13,14
	(Kinder)	Fiktiv	6,43	6,51	6,77	7,05	7,20	7,38

49	Niedersachsen ohne[71]		05/2006–04/2007	05/2007–04/2008	05/2008–04/2009	05/2009–04/2010	05/2010–04/2011[72]	05/2011–04/2012	05/2012–04/2013
	TG II	Ersatz	9,92	10,02	10,23	10,62	11,00	11,39	11,83
		Fiktiv	5,85	5,91	6,09	6,29	6,45	6,63	6,81
	TG IV	Ersatz	11,67	11,80	12,04	12,49	12,95	13,41	13,92
	(Kinder)	Fiktiv	6,48	6,57	6,81	7,06	7,26	7,49	7,72

50	Oldenburg und[73]		05/2006–04/2007	05/2007–04/2008	05/2008–04/2009	05/2009–04/2010	05/2010–04/2011	05/2011–04/2012
	TG II	Ersatz	10,00	10,11	10,34	10,69	10,99	11,32
		Fiktiv	5,88	5,94	6,12	6,31	6,46	6,59
	TG IV	Ersatz	11,77	11,89	12,16	12,59	12,93	13,48
	(Kinder)	Fiktiv	6,52	6,61	6,86	7,10	7,28	7,52

51	Nordrhein-Westfalen		07/2006–06/2007	07/2007–06/2008	07/2008–06/2009	07/2009–06/2010	07/2010–06/2011	07/2011–06/2012
	TG II	Ersatz	9,93	10,02	10,33	10,67	11,00	11,42
		Fiktiv	5,85	5,91	6,12	6,31	6,46	6,64
	TG IV	Ersatz	11,68	11,78	12,15	12,54	12,96	13,43
	(Kinder)	Fiktiv	6,49	6,56	6,86	7,08	7,29	7,50

---

69 Zahlen stellen den Stand des ausgelaufenen Tarifvertrags mit Anpassung an die Lohnnebenkostenwerte des Folgejahres dar. Auf Nachfrage vom 13.10.2011 noch kein neuer Tarifvertrag geschlossen.
70 Auf Nachfrage vom 31.10.2011 noch kein neuer Tarifvertrag geschlossen.
71 Ohne Delmenhorst, Oldenburg, Wilhelmshaven, Landkreis Cloppenburg, Oldenburg, Vechta.
72 Auf Nachfrage vom 31.10.2011 noch kein neuer Tarifvertrag geschlossen.
73 Delmenhorst, Oldenburg, Wilhelmshaven, Landkreis Cloppenburg, Oldenburg, Vechta.

C. Tabellenbewertung und Ausblick   Kapitel 18

Sachsen			01/2006–12/2006	01/2007–12/2007	01/2008–12/2008	01/2009–12/2009	01/2010–12/2010	01/2011–12/2011	52
TG II		Ersatz	10,42	10,48	10,67	11,02	11,33	11,62	
		Fiktiv	5,97	6,03	6,22	6,39	6,55	6,68	
TG IV (Kinder)		Ersatz	12,26	12,34	12,53	12,98	13,32	13,69	
		Fiktiv	6,64	6,74	6,99	7,21	7,42	7,58	

Sachsen-Anh., Thüringen			01/2006–12/2006	01/2007–12/2007	01/2008–12/2008	01/2009–12/2009	01/2010–12/2010	01/2011–12/2011	53
TG II		Ersatz	10,42	10,48	10,71	11,02	11,33	11,62	
		Fiktiv	5,97	6,07	6,26	6,44	6,60	6,72	
TG IV (Kinder)		Ersatz	12,26	12,34	12,58	12,98	13,32	13,69	
		Fiktiv	6,64	6,79	7,04	7,27	7,45	7,58	

C. Tabellenbewertung und Ausblick

I. Grundlagen für eine Kapitalisierung

Die Entwicklung der letzten fünf Jahre zeigt einen konstant leichten Anstieg. Der Zuwachs bewegt sich zwischen 9 und 15 % innerhalb dieses Zeitraums, was einer jährlichen Steigerungsrate von unter 2 bis 3 % entspricht. Anders als bei den vielen Unwägbarkeiten[74] einer Verdienstschadensrente[75] oder sonstiger Renten[76] mag dagegen bei der Kapitalisierung des Haushaltsführungsschadens ein moderater Dynamikzuschlag angemessen sein. Unwägbarkeiten in begrenztem Umfang verbleiben allerdings auch hier, z. B. wegen Volljährigkeit der Kinder, Ehescheidung, Umzug, verbesserte Technik im Haushalt sowie einem unfallfremdem Krankheitsrisiko. Zu beachten bleibt, dass bei einer Kapitalisierung sowohl bei Einstellung einer Ersatzkraft als auch bei fiktiver Abrechnung nur die Zeiten eines Jahres Berücksichtigung finden können, in denen üblicherweise entsprechende Arbeit geleistet wird. Folglich ist insbesondere die Urlaubszeit[77] heraus zu rechnen. 54

II. Besonderheiten bei der Kapitalisierung

1. Bei absehbarem regionalen Wechsel:

Bei der Betrachtung des aktuellen Schadens ist für die Vergangenheit und die Gegenwart ausnahmslos auf den regionalen Tarif abzustellen. Dies gilt auch dann, wenn der künftige Schaden kapitalisiert werden soll und die geschädigte Person sich weiterhin in der Region aufhalten wird. 55

Dies kann zu ungerechtfertigten Ergebnissen führen, wenn vorhersehbar ist, dass ein Umzug in eine andere Region ansteht, in der ein Tarif mit deutlich abweichenden Entgeltbeträgen gilt. Für diesen Fall ist dann für die Zukunft der dort geltende Tarif anzusetzen. 56

2. Bei unabsehbarem regionalen Wechsel

Der Lebenslauf mancher geschädigter Personen ist – bedingt durch Ausbildung, Beruf und Familie – geprägt durch eine Vielzahl von Wohnungs- und Ortswechseln. In diesen Fällen ist ausnahmsweise 57

---

74 *Küppersbusch* Ersatzansprüche bei Personenschaden, Rn. 875.
75 *Halm/Engelbrecht/Krahe/Euler/Kornes/Kreuter-Lange* Handbuch FA VersR, Kap. 25, Rn. 302.
76 *Himmelreich/Halm/Jaeger* Kap. 14. Rn. 219.
77 *Jahnke* Abfindung von Personenansprüchen, § 1, Rn. 257.

eine Kapitalisierung auf Basis eines Bundesdurchschnitts der Tarifentgelte zulässig. Bei tatsächlicher Einstellung einer Ersatzkraft beläuft sich nach aktuellem Stand der Arbeitgeberaufwand auf EUR 11,43 in Tarifgruppe II und auf EUR 13,44 in Tarifgruppe IV. Bei fiktiver Berechnung beträgt dieser nach aktuellem Stand bei Tarifgruppe II EUR 6,63 und bei Tarifgruppe IV EUR 7,50.

D. Prüfschema

58 Die hier dargestellten Ergebnisse lassen sich in ein Prüfungsschema einordnen. Danach lassen sich je nach Fallgestaltung die jeweils zutreffenden Werte ermitteln.

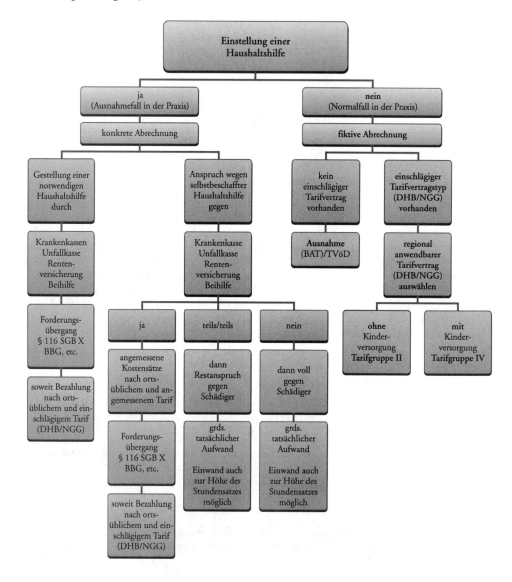

Kapitel 19 Schmerzensgeld

Übersicht

		Rdn.
A.	Schmerzensgeld – Allgemeines	1
I.	Haftungstatbestände	2
II.	Schmerzensgeld bei Vertragsverletzungen	7
III.	Schmerzensgeld bei Gefährdungshaftung	9
IV.	Verjährung	13
	1. Beginn der Verjährung	13
	2. Kenntnis und grobfahrlässige Unkenntnis	17
	3. Hemmung der Verjährung	29
	a) Hemmung durch Verhandlungen, § 203 BGB n. F.	29
	b) Hemmung durch Rechtsverfolgung, § 204 BGB n. F.	40
	c) Hemmung nach § 115 Abs. 2 VVG	54
	d) Hemmung im Adhäsionsverfahren	56
	4. Neubeginn der Verjährung	77
	5. Vereinbarungen zur Verjährung	79
	6. Sicherung von Spätfolgen durch Feststellungsklage	82
	a) Anwendungsbereiche der Feststellungsklage	82
	b) Insbesondere: das Feststellungsinteresse	85
	c) Begründetheit der Feststellungsklage	91
	d) Prozessuale Besonderheiten	93
V.	Schutzumfang	99
VI.	Bemessungsumstände/»Tabellen«	102
	1. Bemessungsumstände	103
	a) Ausgleichsfunktion	106
	b) Genugtuungsfunktion	113
	aa) Vorsätzliche Straftaten	117
	bb) Verzögerte Regulierung	119
	2. Beispiele	126
	3. Sonderproblem: wirtschaftliche Verhältnisse der Beteiligten	128
VII.	Umgang mit Präjudizien im Schmerzensgeldrecht	131
	1. Vorgaben der Rechtsprechung	131
	2. Wichtige Vergleichskriterien	139
	3. Checkliste für die Schmerzensgeldbemessung	148
	a) Schmerzen	148
	b) Schwere der Verletzungen	149
	c) Verletzungsbedingtes Leiden	150
	d) Dauerschäden	151
	e) Schweres Verschulden des Schädigers	152
	f) Wirtschaftliche Verhältnisse der Beteiligten	153
B.	Schmerzensgeld – Sonderfälle	154
I.	Das HWS-Schleudertrauma als Körperverletzung	154
	1. Einleitung	154
	a) Wie entsteht ein HWS-Schleudertrauma?	155
	b) Beweislast und Beweismaß	160
	c) Die wirtschaftliche Bedeutung des HWS-Schleudertraumas nach leichten Auffahrunfällen	164
	2. Harmlosigkeitsgrenze	165
	a) Ausgangspunkt von Rechtsprechung und Literatur	165
	b) Versuchsreihen und ihre Ergebnisse (Heckaufprall)	168
	c) Autoscooter	176
	d) Zwischenergebnis	179
	3. Medizinische Beurteilung	180
	a) HWS-Verletzungen auch bei Geschwindigkeitsänderungen unterhalb der Harmlosigkeitsgrenze möglich – Rechtsprechung des BGH	180
	b) Belastbarkeit der Fahrzeuginsassen	184

			Rdn.

   aa) Unfallanalytisches und medizinisches Gutachten immer erforderlich 184
   bb) Die Bedeutung des Äv-Wertes 186
  c) Sonderfaktoren zur Ermittlung der Belastbarkeit der Fahrzeuginsassen 187
   aa) Die Größe 188
   bb) Die Sitzposition 189
   cc) Vorhandene Gesundheitsstörungen des Verletzten 199
 4. Abwehrhaltung in Literatur und Rechtsprechung gegen die BGH-Entscheidung 218
  a) Logikfehler des KG Berlin 220
  b) Logikfehler des LG Lüneburg 223
  c) Zwischenergebnis 224
 5. Der Beweis des HWS-Schleudertraumas 227
  a) Indizwirkung der Differenzgeschwindigkeit 227
  b) Nachweismöglichkeiten des HWS-Schleudertraumas 231
  c) Ärztliche Atteste 232
   aa) Attestierte Beschwerden sollen unspezifisch sein 233
   bb) Attestierte Beschwerden beruhen nur auf Angaben des Verletzten 235
   cc) Grenzen der Aufgaben des Arztes 237
   dd) Flucht in die Bagatelle 239
   ee) Bagatelle und nicht ganz unübliche Schwindeleien 242
   ff) Zwischenergebnis 244
  d) Neurootologisches Gutachten 249
 6. Das HWS-Schleudertrauma als Gesundheitsverletzung 251
  a) HWS-Symptome können Gesundheitsverletzung sein 251
  b) Definition der Gesundheitsverletzung 253
  c) Seelisch bedingte Folgeschäden einer Verletzungshandlung 262
  d) Zwischenergebnis: 279
  e) Psychische Folgen des Unfalls 281
   aa) Simulation und Neurose 281
   bb) Fehlverarbeitung des Unfallgeschehens 283
   cc) Konversionsneurose 286
   dd) Borderline-Störung 289
 7. Ersatzfähigkeit von Schadensermittlungskosten 295
  a) Ärztliche Behandlungskosten 296
  b) Verdienstausfall 305
 8. Übersicht: Schmerzensgeldbeträge für ein HWS-Syndrom 309
II. Schock 310
 1. Einleitung 310
 2. Schockschaden 319
  a) Schockschaden eines Unfallopfers bei eigenen Verletzungen 319
  b) Schockschaden bei Helfern und Betreuern 322
  c) Schockschaden auf Grund von Verletzung oder Tod eines nahen Angehörigen 326
   aa) Trauer über das normale Maß hinaus 339
   bb) Trauerschmerz mit eigenem Krankheitswert 341
   cc) Darlegung und Beweis 343
  d) Beispiele aus der Rechtsprechung 348
   aa) Kein Schmerzensgeld 349
   bb) Schmerzensgeld 354
  e) Verschulden 359
  f) Kausalität 360
  g) Schadenminderungspflicht, Mitverschulden 366
  h) Schlussfolgerungen 369
  i) Was hätte denn ein Betroffener 378
III. Leben und Tod 382
 1. Tod 382
  a) Kein Schmerzensgeld für Tod 383
  b) Kein Schmerzensgeld für den Tod naher Angehöriger – Regelungsbedarf bei Unfalltod .. 387
  c) Ereignisschäden oder Schäden per se 394

			Rdn.
	2. Schmerzensgeld bei tödlichen Verletzungen		396
		a) Die Entscheidung des *BGH* zum Schmerzensgeld bei baldigem Tod	402
		b) Tod nach zehn Tagen im Koma – Schmerzensgeld 14 000 Euro	406
		c) Tod nach einer Stunde – Schmerzensgeld nicht mehr als 1 500 Euro	409
		d) Dauer des Sterbevorgangs – Sekundentod	416
		e) Bemessungskriterien für Schmerzensgeld bei baldigem Tod	426
		f) Auswertung der Rechtsprechung zur Höhe des Schmerzensgeldes	432
IV.	Schwerste Verletzungen		438
	1. Vorbemerkung		438
	2. Zerstörung der Persönlichkeit		446
	3. Ausgeprägte Hirnleistungsstörung und Lähmung		466
	4. Höchstes Schmerzensgeld		469
	5. Hohe Querschnittslähmung		480
V.	Alter des Verletzten		483
	1. Das Alter des Verletzten		483
	2. Literaturstimmen		486
	3. Ergebnis		488
VI.	Kapital und Rente		490
	1. Vorbemerkung		490
	2. Keine Bagatellrenten		492
	3. Kapitalwert der Rente		495
	4. Argumente gegen die Rente		496
		a) Schmerzensgeldrente nur bei Schwerstschäden	496
		b) Interessen der Versicherungswirtschaft	499
		c) Störung des Rechtsfriedens	501
		d) Schutz der Versichertengemeinschaft	504
		e) Vorsterblichkeitsrisiko bei Schwerstverletzten	507
		f) Sonderfall	508
	5. Abänderungsklage		509
	6. Dynamische Schmerzensgeldrente		531
	7. Kapitalisierung		536
	8. Fehler bei der Ermittlung des Kapitalwertes der Rente		541
C.	**Prozessrecht**		544
I.	Verfahrensrechtliche Besonderheiten		544
	1. Beweislast		544
		a) Beweismaß des § 286 ZPO	545
		b) Beweismaß des § 287 ZPO	551
	2. Rentenzahlung und Kapitalisierung		553
	3. Voraussetzung der Kapitalisierung von Renten im Abfindungsvergleich		558
		a) Voraussetzungen der Kapitalisierung	559
		b) Gelebte Kapitalisierung	560
		c) Anspruch des Verletzten auf Kapitalisierung bei wichtigem Grund	561
		d) Notwendige Prognosen bei der Kapitalisierung	567
	4. Durchführung der Kapitalisierung		570
		a) Laufzeit der Renten	570
		b) Vorgang der Kapitalisierung	572
		c) Zinsfuß	574
		d) Abzinsung	575
		e) Praxis	579
	5. Rentensteigerungen		582
II.	Die Schmerzensgeldklage		584
	1. Gerichtsstand		584
	2. Kläger		586
	3. Klagegegner – Beklagter		587
	4. Inhalt des Anspruchs		588
	5. Klageantrag		590
	6. Zulässigkeit einer Teilklage		594

Kapitel 19

	Rdn.
7. Beschwer des Klägers	596
8. Checkliste für Klageantrag und Beschwer	602
9. Schmerzensgeldkapital und/oder Schmerzensgeldrente	603
10. Feststellungsklage	611
11. Streitwert	619
12. Urteil	624
a) Endurteil	624
b) Teilurteil	625
c) Feststellungsurteil	626
13. Rechtskraft	628
14. Kosten	632
15. Prozesskostenhilfe	634
16. Rechtskraft	639
D. Abfindungsvergleich	650
I. Vorbemerkung – Umfang eines Abfindungsvergleichs	651
II. Die Rechtsnatur des Abfindungsvergleichs	653
1. Nichtigkeit eines Vergleichs	654
2. Anfechtbarkeit eines Vergleichs	660
3. Unwirksamkeit eines Vergleichs nach § 779 Abs. 1 BGB	662
4. Störung der Geschäftsgrundlage	665
5. Prozessuale Fragen	678
6. Inhaltliche Sonderfragen	685
a) Aktivlegitimation/Passivlegitimation	685
b) Umfang/Steuern	689
c) Anwaltskosten	694
7. Musterformulierungen	696
E. Schmerzensgeld – Tabelle	705

Schrifttum

Berger, Tendenzen bei der Bemessung des Schmerzensgeldes VersR 1977, 877; *Budewig/Gehrlein*, Haftpflichtrecht nach der Reform 2003; *v. Bühren*, Anwalts-Handbuch Verkehrsrecht 2. Aufl. 2011; *Deutsch/Ahrens*, Deliktsrecht, 5. Aufl. 2009; *Diederichsen*, Die Rspr. des *BGH* zum Haftpflichtrecht, DAR 2003, 241; *ders.*, Neues Schadensersatzrecht: Fragen der Bemessung des Schmerzensgeldes und seiner prozessualen Durchsetzung VersR 2005, 433; *Ferner*, Straßenverkehrsrecht 2. Aufl. 2006; *Fischinger*, Zur Hemmung der Verjährung durch Verhandlungen nach § 203 BGB VersR 2005, 1641; *Geigel*, Der Haftpflichtprozess 26. Aufl. 2011; *Hacks/Ring/Böhm*, ADAC-Schmerzensgeldtabelle 28. Aufl. 2010; *v. Gerlach*, Die prozessuale Behandlung von Schmerzensgeldansprüchen VersR 2000, 525; *ders.*, Rspr.sbericht DAR 2002, 241; *Himmelreich/Halm*, Handbuch des Fachanwalts Verkehrsrecht 4. Aufl. 2012; *Huber*, Höhe des Schmerzensgeldes und ausländischer Wohnsitz des Verletzten NZV 2006, 169; *ders.*, (Warum) soll der Haftpflichtversicherer vom Wegfall der Sozialleistung profitieren?, NZV 2008, 431; *Jaeger*, Vorteile und Fallstricke des neuen Adhäsionsverfahrens VRR 2005, 287; *ders.*, Höchstes Schmerzensgeld – ist der Gipfel erreicht? VersR 2009, 159; *ders.* Die Rechtsprechung zu Schmerzensgeldforderungen bei Körperschäden im Rahmen von Urlaubsreisen, RRa 2010, 58; *Jaeger/Luckey*, Schmerzensgeld 6. Aufl. 2012; *Knöpfel*, Billigkeit und Schmerzensgeld AcP 155 (1956), 135; *Küppersbusch*, Ersatzansprüche bei Personenschaden 10. Aufl. 2010; *Leenen*, Die Neuregelung der Verjährung JZ 2001, 552; *ders.*, Die Neugestaltung des Verjährungsrechts durch das Schuldrechtsmodernisierungsgesetz DStR 2002, 34; *Ludovisy/Eggert/Burhoff* Praxis des Straßenverkehrsrecht 5. Aufl. 2011; *Mansell*, Die Neuregelung des Verjährungsrechts NJW 2002, 89; *Marburger* Verjährung bei Ansprüchen aus § 116 SGB X, VersR 2010, 876; *Motzel*, Geltendmachung und Verwendung von Schadensersatz wegen Gesundheitsschäden als Aspekt elterlicher Vermögensvorsorge, FamRZ 1996, 844; *Münchener Kommentar zum BGB*, 4./5. Aufl. 2001 ff.; *Müller*, Zum Ausgleich des immateriellen Schadens nach § 847 BGB VersR 1993, 909; *ders.*, Spätschäden im Haftpflichtrecht VersR 1998, 129; *ders.*, Das reformierte Schadensersatzrecht VersR 2003, 1; *Nixdorf*, Mysterium Schmerzensgeld NZV 1996, 89; *Pauker*, Die Berücksichtigung des Verschuldens bei der Bemessung des Schmerzensgeldes VersR 2004, 1391; *Prechtel*, Das Adhäsionsverfahren ZAP 2005, Fach 22, 399; *RGRK/Kreft*, Kommentar zum BGB 13. Aufl. 1997; *Schellenberg*, Regulierungsverhalten als Schmerzensgeldfaktor VersR 2006, 878; *Slizyk*, Beck'sche Schmerzensgeldtabelle – von Kopf bis Fuß 6. Aufl. 2009; *Weiner/Ferber*, Handbuch des Adhäsionsverfahrens 2008; *Ziegler/Ehl*, Bein ab – Arm dran. Eine Lanze für höhere Schmerzensgelder in Deutschland JR 2009, 1.

A. Schmerzensgeld – Allgemeines

Der Anspruch auf Schmerzensgeld ist kein gewöhnlicher Schadensersatzanspruch, sondern ein Anspruch eigener Art mit einer doppelten Funktion: Er soll dem Geschädigten einen angemessenen **Ausgleich** für diejenigen Schäden bieten, die nicht vermögensrechtlicher Art sind (»Ausgleichsfunktion«) und zugleich dem Gedanken Rechnung tragen, dass der Schädiger dem Geschädigten **Genugtuung** schuldet für das, was er ihm angetan hat (»Genugtuungsfunktion«).[1] Es handelt sich um Ersatz des immateriellen, also des Nichtvermögensschadens. Unter dem Schaden, der nicht Vermögensschaden ist, sind Beeinträchtigungen des körperlichen und seelischen Wohlbefindens zu verstehen, also etwa körperliche Schmerzen, Sorgen wegen der Zukunft, die Beeinträchtigung der Lebensfreude wegen körperlicher Verunstaltung oder durch notwendig gewordenen Verzicht auf lieb gewonnene Beschäftigungen.[2]

I. Haftungstatbestände

Seit der Reform des Schadensrechts durch das **2. Schadensersatzrechtsänderungsgesetz** zum 1.8.2002 ist das Schmerzensgeld nicht mehr im § 847 a. F. BGB geregelt, sondern in **§ 253 Abs. 2 BGB**, in dem bestimmt ist:

»*Ist wegen einer Verletzung des Körpers, der Gesundheit, der Freiheit oder der sexuellen Selbstbestimmung Schadensersatz zu leisten, kann auch wegen des Schadens, der nicht Vermögensschaden ist, eine billige Entschädigung in Geld gefordert werden.*«

Die bisherige Regelung des § 847 a. F. BGB setzte für die Gewährung von Schmerzensgeld den objektiven und subjektiven Tatbestand einer unerlaubten Handlung voraus. Dazu rechneten alle Anspruchsgrundlagen aus §§ 823 ff. BGB. In der Regel setzen diese Haftungstatbestände **Verschulden** voraus, sei es auch nur vermutetes Verschulden wie in § 831 Abs. 1 BGB. Das hatte zur Folge, dass bei Verkehrsunfällen der Ersatz des Sachschadens relativ problemlos über die Gefährdungshaftung des § 7 StVG abgewickelt werden konnte, im Prozess aber gleichwohl das Verschulden des Beklagten geklärt werden musste, um seine Haftung auf Schmerzensgeld zu erreichen.

Die Ziele einer Vereinfachung des Haftungsrechts durch Gefährdungshaftungstatbestände wurden somit früher im Bereich des Schmerzensgeldes nicht verwirklicht.

Durch die Stellung des neuen § 253 Abs. 2 BGB im allgemeinen Teil hat der Gesetzgeber erreicht, dass in **allen Fällen**, in denen Schadensersatz für die dort genannten Rechtsgutsverletzungen zu leisten ist, als **Teil** des geschuldeten Schadensersatzes **auch ein Schmerzensgeld** geschuldet ist[3]. Für einen Anspruch auf Schmerzensgeld ist eine (vertragliche oder deliktische) Anspruchsgrundlage[4] erforderlich. Das bedeutet:

II. Schmerzensgeld bei Vertragsverletzungen

Alle Schadensersatzansprüche aus **Vertrag** umfassen auch das Schmerzensgeld, wenn die in § 253 Abs. 2 BGB genannten Rechtsgüter verletzt wurden.[5] Dies führt zu einem weiteren Bedeutungsverlust des Deliktsrechts, zumal die vertragliche Haftung AGB sicher ist, vgl. § 309 Nr. 7a BGB. Wenn-

---

1 *BGH* BGHZ 18, 149 = NJW 1955, 1675.
2 Geigel/*Pardey* S. 215.
3 Konsequenterweise ist der Schmerzensgeldanspruch daher auch von § 110 SGB VII umfasst, *BGH* NJW 2006, 3563.
4 Zu den Anspruchsgrundlagen insgesamt ausführlich *Jaeger/Luckey* Rn. 27–110.
5 Wo es an einer solchen Verletzung fehlt, kann trotz Vertragsbeziehung kein Schmerzensgeldanspruch begründet werden, vgl. *OLG Brandenburg* NJW-RR 2005, 253 f. zum alten Recht: Eine Hochzeitsgesellschaft wurde vorzeitig aufgelöst, weil das bestellte Feuerwerk »irrlichterte« und einige Gäste verletzte. Das (körperlich unversehrte) Hochzeitspaar hat nach altem wie neuem Recht mangels Verletzung eines Rechtsguts der §§ 847 a. F., 253 Abs. 2 BGB keinen Schmerzensgeldanspruch.

gleich nicht alle Vertragsarten gleichermaßen für Fälle mit verkehrsrechtlichem Bezug relevant sind, seien gleichwohl der Vollständigkeit wegen genannt die
- § 611 BGB: Für die Arzthaftung entfällt die Differenzierung zwischen außervertraglicher und vertraglicher Haftung, so dass u. a. bei Regressen wegen ärztlicher Behandlungsfehler der Gesamtschuldnerausgleich erleichtert wird;[6] der Schutzbereich des Anwaltsvertrags umfasst jedoch i. d. R. nicht Personenschäden des Mandanten.[7] Regelmäßig gibt es auch kein Schmerzensgeld für die Kündigung eines Behandlungsvertrags durch den Zahnarzt;[8]
- § 618 BGB: Fürsorgepflichtverletzung des Arbeitgebers;
- § 651f BGB: Haftung bei Reisemangel (z. B.: Unfall wegen zusammenbrechenden Balkons[9]; Unfall bei einer Jeepsafari;[10] Unfall wegen unzureichend abgesicherter Ansaugpumpe im Hotelpool;[11] bei Sturz über eine Stufe zwischen Zimmer und Flur[12] oder bei Sturz im Schwimmbad[13]);
- §§ 437 Nr. 3, 634 Nr. 4, 280 Abs. 1 BGB: Kauf- und werkvertragliche[14] Gewährleistung (denkbar: Mangelschaden: Schmerzensgeld für fehlerhafte Tätowierung;[15] Mangelfolgeschäden: der Airbag platzt während der Fahrt, der Fahrer verursacht einen Unfall[16]);
- § 536a BGB: Mietmängel mit Garantiehaftung für anfängliche Mängel,[17] auch zugunsten der in den Schutzbereich des Mietvertrages einbezogenen Dritten;[18]
- §§ 311 Abs. 2, 241 Abs. 2, 280 Abs. 1 BGB: Haftung für vor- und nachvertragliche Schäden.[19]

8 Damit sind zugleich für Schmerzensgeldansprüche die vertragsrechtlichen Besonderheiten der Zurechnung von Erfüllungsgehilfenverschulden nach § 278 BGB, die Beweislastumkehr des § 280 Abs. 1 S. 2 BGB und die mögliche Einbeziehung Dritter in den Vertrag nach den Grundsätzen des Vertrags mit Schutzwirkung für Dritte anwendbar.[20]

III. Schmerzensgeld bei Gefährdungshaftung

9 Grundsätzlich ergibt sich schon aus der geschilderten systematischen Stellung des § 253 Abs. 2 BGB, dass auch in Fällen von **Gefährdungshaftung** Schmerzensgeld geschuldet ist. Dennoch sind in zahlreichen Sondergesetzen[21] entsprechende Klarstellungen eingefügt worden. Schmerzensgeld wird somit in Fällen der Gefährdungshaftung u. a. gewährt bei
- Straßenverkehrsunfällen: §§ 7, 11 StVG

---

6 V. Bühren/Jahnke S. 352.
7 BGH NJW 2009, 3025: eine Haftung des Anwalts für Gesundheitsschäden einer Mandantin nach einem anwaltlichen Beratungsfehler (»Dauerpanik« nach der falschen Rechtsauskunft, die private Haftpflichtdecke die verursachten Schäden von 600.000 € nicht) kommt daher nicht in Betracht.
8 KG MedR 2010, 35. Dieser ist, da Dienste höherer Art geschuldet sind, jederzeit kündbar. Nur bei einer Kündigung zur Unzeit ist Schadensersatz (und Schmerzensgeld) denkbar, § 627 BGB; dies setzt aber voraus, dass die vom Patient benötigten Dienste nicht auch anderweitig beschafft werden können, etwa bei Monopolstellung des Arztes.
9 OLG Köln RRA 2007, 65; Jaeger/Luckey Rn. 69.
10 OLG Köln RRA 2005, 161 (zum alten Recht; dieser Fall wäre nun über § 278 BGB lösbar).
11 OLG Köln VersR 2006, 941.
12 OLG Hamm NJW-RR 2010, 129.
13 OLG Köln RRa 2009, 133; dazu Jaeger RRa 2010, 58.
14 OLG Saarbrücken MDR 2010, 919 (Schmerzensgeld aus Werkvertrag mit Schutzwirkung zugunsten Dritter).
15 OLG Karlsruhe NJW-RR 2009, 743; AG Bocholt Urt. v. 24.2.2006 – Az. 4 C 121/04 n. v.
16 Etwa OLG Köln SP 2004, 295 (zum alten Recht).
17 Z. B. Schmerzensgeld für Schimmelbefall der Wohnung, KG OLGR 2006, 559; auch LG Saarbrücken MietRB 2010, 132: Haftung aus vermutetem Verschulden des Vermieters für eine Legionellenpneumonie des Mieters aufgrund Legionellenbefalls des Wassersystems der Wohnung.
18 BGH NJW 2010, 3152 (Angestellte des Mieters).
19 Vgl. auch Jaeger/Luckey Rn. 47 ff.
20 Geigel/Pardey S. 205.
21 Seltener sind die ebenfalls klarstellend geänderten § 87 AMG (Arzneimittelhaftung), §§ 11, 36 LuftVG

- Bahn- und Energieanlagenhaftung: § 6 HaftPflG[22]
- Produkthaftungsfällen: §§ 1, 8 ProdHaftG.[23]

▶ **Praxistipp:**

Gerade bei Schäden aufgrund fehlerhafter **Autoteile** kann also auch ein Anspruch aus § 1 ProdHaftG auf Schmerzensgeld gerichtet sein. Ersatz wird allerdings nur gewährt, soweit eine andere Sache als das fehlerhafte Produkt beschädigt wird, § 1 Abs. 1 S. 2 ProdHaftG.

Folgende Punkte sind allerdings vom ProdHaftG weiterhin **nicht erfasst** und können daher nur über die deliktische **Produzentenhaftung** aus §§ 823, 253 Abs. 2 BGB entschädigt werden:
– Ersatzansprüche generell für die **ersten 500 Euro** bei Sachschäden (ausgeschlossen nach § 11) und
– Ansprüche **oberhalb der Haftungshöchstgrenzen** sowie
– Ersatzansprüche wegen Verletzung der **Produktbeobachtungspflicht** (nicht geregelt im ProdHaftG).

Durch die Erstreckung der Gefährdungshaftung auf Schmerzensgeldansprüche ist diese nicht mehr nur juristischer »Durchlaufposten« bei der Abwicklung von Personenschäden auf dem Weg zum Deliktsrecht. Die **Limitierung** der Gefährdungshaftung auf Höchstbeträge (etwa: §§ 12, 12a StVG, § 10 ProduktHaftG, §§ 9, 10 HaftPflG, § 8 BundesdatenschutzG, § 117 BBergG, §§ 37, 46, 50 LuftverkehrsG) zwingt aber weiterhin – nämlich wenn es um Ansprüche jenseits der Haftungshöchstgrenzen geht – zum Rückgriff auf das Deliktsrecht, auch wenn diese im Zuge der Euroumstellung z. T. erheblich angehoben wurden.

Es ist streitig, ob § 253 Abs. 2 BGB analoge Anwendung auf **Aufwendungsersatzansprüche** nach § 670 i. V. m. § 683 S. 1 oder § 906 Abs. 2 S. 2 BGB finden kann. Nach altem Recht hat man Schmerzensgeldansprüche stets verneint, da eine Genugtuung für erlittenes Unrecht verfehlt sei, wenn es an der Vorwerfbarkeit des Verhaltens des Schädigers fehle.[24] Nachdem jetzt aber der Anspruch vom Verschulden entkoppelt ist, dürfte nichts mehr gegen eine Anwendung jedenfalls bei § 670 BGB sprechen.[25] Für § 906 Abs. 2 S. 2 BGB hat der *BGH*[26] einen Anspruch auf Schmerzensgeld mit der Begründung verneint, es handele sich hier um einen Ausgleich für vermögenswerte Nachteile aufgrund der Eigentums- oder Besitzstörung, aber keinen Schadensersatzanspruch.

IV. Verjährung

1. Beginn der Verjährung

BGB § 195: Die **regelmäßige Verjährungsfrist** beträgt **drei Jahre**, § 195 BGB; die Verjährungsfrist beginnt am Schluss des Jahres,
– in dem der Anspruch entstanden ist und
– der Gläubiger Kenntnis[27] hatte oder

(Flugzeugunfälle), § 32 S. 2 GenTG, § 13 UmweltHaftG, § 52 Abs. 2 BGSG, § 20 BesatzungsSchG, § 29 Abs. 2 AtomG, 117 BBergG.
22 Exemplarisch *OLG Karlsruhe* MDR 2010, 747: Haftung nach § 2 HaftPflG wegen eines hochgeschleuderten Gullydeckels.
23 Vgl. auch *BGH* NJW 2006, 1589: Haftung aus § 3 Abs. 1 S. 2 Gerätesicherheitsgesetz bei Schnittverletzungen an den scharfen Metallkanten einer Tapetenkleistermaschine; *BGH* VersR 2009, 1125: Haftung für fehlerhaften Airbag.
24 *BGH* BGHZ 52, 115.
25 *Jaeger/Luckey* Rn. 65 f.
26 *BGH* NJW 2010, 3160. Hier hatten Eigentümer geklagt, auf deren Grundstück es wegen eines benachbarten Steinkohlebergbaus zu Erschütterungen kam; sie begehrten Schmerzensgeld für eine hierdurch verursachte Phobie und psychosomatische Beschwerden.
27 In einem Fall sexuellen Missbrauchs Minderjähriger hat das *OLG Oldenburg* Urt. V. 12.7.2011 – 13 U

- ohne grobe Fahrlässigkeit hätte haben müssen
- von den anspruchsbegründenden Umständen und
- der Person des Schuldners (§ 199 BGB).

14 Für Schadensersatzansprüche gelten **Höchstfristen:**
- § 199 Abs. 2 BGB: bei Verletzung des Lebens, des Körpers, der Gesundheit oder Freiheit verjähren Ansprüche ohne Rücksicht auf Entstehung und Kenntnis in 30 Jahren von dem den Schaden auslösenden Ereignis an.
- § 199 Abs. 3 BGB: sonstige Schadensersatzansprüche verjähren ohne Rücksicht auf Kenntnis in zehn Jahren von ihrer Entstehung an beziehungsweise in 30 Jahren von dem den Schaden auslösenden Ereignis an.
- § 199 Abs. 4 BGB: Andere Ansprüche als Schadensersatzansprüche verjähren ohne Rücksicht auf Kenntnis in maximal zehn Jahren.

Das sind z. B. vertragliche Ansprüche, Ansprüche aus Vertragsstrafe, ungerechtfertigter Bereicherung oder auf Zahlung von Nutzungsentschädigung.

15 Für die Verjährung von Ansprüchen nach dem Straßenverkehrsgesetz (§ 14 StVG), dem Haftpflichtgesetz und dem Luftverkehrsgesetz finden die für die unerlaubte Handlung geltenden Verjährungsvorschriften des BGB entsprechende Anwendung. Das ist insoweit irreführend, als es nach der Neufassung des § 852 BGB keine besonderen Vorschriften über die Verjährung von Ansprüchen aus unerlaubter Handlung mehr gibt, so dass die Bestimmungen der §§ 194 ff. BGB gelten.

> **Hinweis:**
>
> Der Anspruch auf Feststellung des Rechtsgrundes einer Forderung aus vorsätzlich begangener unerlaubter Handlung[28] verjährt (anders als der Antrag auf Feststellung der Ersatzpflicht!) nach Ansicht des *BGH*[29] **nicht** nach den Vorschriften, die für die Verjährung des Leistungsanspruchs gelten! Er ist also »**unverjährbar**« und kann (natürlich mit Sinnhaftigkeit nur, wenn der Zahlungsantrag seinerseits noch nicht verjährt, etwa weil durch Vollstreckungsbescheid tituliert, ist) stets geltend gemacht werden.

Rechtskräftig festgestellte Ansprüche verjähren in 30 Jahren, § 197 Abs. 1 Nr. 3 BGB. Damit ist insbesondere auch das **Feststellungsurteil** gemeint.[30]

Hierbei muss aber auch die Regelung des **§ 197 Abs. 2 BGB** beachtet werden, wonach »**regelmäßig wiederkehrende** Leistungen« weiterhin – auch bei Existenz eines Feststellungstitels – in der Regelverjährung (§ 195 BGB) verjähren, beginnend mit dem Schluss des Jahres, in welchem der konkrete Anspruch entstand. Dies kann Erwerbsschadens- und Mehrbedarfsrenten betreffen. Das *OLG Köln*[31] hat – relativ weitgehend – auch Fahrtkosten, die im Rahmen des Mehrbedarfs für dauerhaft erforderliche Fahrten zu Therapeuten zu ersetzen waren, als »regelmäßig wiederkehrend« qualifiziert. Dass deren Höhe schwankte, sei irrelevant.

Zäsur ist die Rechtskraft des Feststellungstitels: Alle Leistungen, die bis zum Eintritt der formellen Rechtskraft des Feststellungsurteils fällig werden, sind von der 30-jährigen Verjährung umfasst, alle

---

17/11, unveröffentlicht, Kenntnis des Missbrauchs jedoch verneint, weil der Geschädigte – nach dem Ergebnis einer Begutachtung – das Geschehen völlig verdrängt und daher keine Kenntnis (mehr) gehabt habe.
28 Mit dieser Feststellung können Privilegierungen in Einzelzwangsvollstreckung (§ 850f Abs. 2 ZPO) und Insolvenz (keine Restschuldbefreiung bei deliktischen Ansprüchen) erreicht werden.
29 *BGH* MDR 2011, 122 (IX ZR 247/09).
30 »Es wird festgestellt, dass die Beklagten gesamtschuldnerisch verpflichtet sind, dem Kläger allen weiteren Schaden aus dem Unfallereignis vom ... zu ersetzen.«.
31 *OLG Köln*, Beschl. v. 5.8.2009 – 5 W 23/09, unveröffentlicht.

A. Schmerzensgeld – Allgemeines

erst danach fällig werdenden (man begründet dies aus dem Wortlaut, »künftig«) verjähren ihrerseits trotz rechtskräftigen Feststellungstitels[32] in der kurzen Verjährung.[33]

Weiterhin gilt § 15 StVG. Dieser sieht die Verwirkung von Ansprüchen vor, wenn der Ersatzberechtigte nicht innerhalb von zwei Monaten, nachdem er vom Schaden und der Person des Ersatzpflichtigen Kenntnis erhalten hat, dem Ersatzpflichtigen den Unfall anzeigt. Anders als die Verjährung ist dies keine Einrede; vielmehr ist die **Verwirkung** von Amts wegen zu beachten, sie führt zum Verlust des Anspruchs. 16

2. Kenntnis und grobfahrlässige Unkenntnis

Das Verjährungsrecht ist durch das **Schuldrechtsmodernisierungsgesetz** grundlegend reformiert worden. Die Verjährungsfristen wurden verkürzt und vereinheitlicht. Die Regelungen orientieren sich weitgehend am Leitbild des bisherigen § 852 BGB, Verjährungsbeginn bei unerlaubter Handlung. Die regelmäßige Verjährungsfrist beträgt nach § 195 BGB n. F. nicht mehr 30, sondern **drei Jahre** und beginnt gem. § 199 Abs. 1 BGB n. F. am **Ende des Jahres**, in dem der Anspruch entstanden ist und der Gläubiger von den Anspruch begründenden Umständen und der Person des Schuldners **Kenntnis erlangt** hat oder **ohne grobe Fahrlässigkeit** hätte erlangen müssen. Kenntnis von Schadensumfang und Schadenshöhe ist nicht erforderlich. Die §§ 195, 199 BGB n. F. führen einen grundsätzlichen Wechsel in der legislativen Konzeption herbei: von einer langen, objektiven (allein an die Entstehung des Anspruchs anknüpfenden) zu einer kurzen, subjektiven (nämlich außerdem Kenntnis oder grob fahrlässige Unkenntnis voraussetzenden) Verjährung.[34] 17

Grob fahrlässige Unkenntnis steht also der Kenntnis gleich. In Schadensfällen vor diesem Stichtag reichte dagegen grobe Fahrlässigkeit nicht aus, um die Verjährung in Gang zu setzen. Lediglich in Ausnahmefällen, wenn der Verletzte eine sich aufdrängende Kenntnis willkürlich nicht ausnutzte, wurde dies der Kenntnis gleichgesetzt. Dem Verletzten wurde dagegen früher nicht zugemutet, eigene Initiative zu entfalten und Erkundigungen einzuziehen, um die für den Verjährungsbeginn erforderliche Kenntnis zu erlangen.[35] 18

Der aus einer unerlaubten Handlung fließende Gesamtschaden ist ein einheitlicher Anspruch, nicht eine Mehrheit einzelner Schäden. Die Verjährung beginnt daher mit Kenntnis des Schadens im Allgemeinen, wobei es nicht darauf ankommt, dass der Geschädigte die einzelnen Schadenspositionen übersieht, er umfasst alle Schadensfolgen, die als möglich vorauszusehen sind. Nur für Spätfolgen, die nicht vorausehbar waren und sich unerwartet einstellen, beginnt ab Kenntnis oder grob fahrlässiger Unkenntnis der Spätfolgen eine neue Verjährungsfrist zu laufen. 19

Wird zeitnah mit dem Unfall eine Verletzung festgestellt, die Spätschäden nach sich ziehen kann, beginnt auch insoweit die Verjährungsfrist zu laufen[36], auch dann, wenn der Verletzte selbst erst später von den medizinischen Feststellungen Kenntnis nimmt. 20

Einen Sonderfall hat der *BGH*[37] zur Amtshaftungsklage kreiert und ausgeführt, bei einem Anspruch aus § 839 BGB könne die Verjährung erst beginnen, wenn der Geschädigte wisse, dass die Amtspflichtverletzung widerrechtlich und schuldhaft erfolgt sei und deshalb zum Schadensersatz verpflichte. Dabei genüge zwar im Allgemeinen, dass der Verletzte die tatsächlichen Umstände kenne, die eine schuldhafte Amtspflichtverletzung als nahe liegend, eine Amtshaftungsklage mithin als so 21

---

32 Ohne diesen Titel wären aber z. B. Erwerbsschadensansprüche fünf Jahre nach dem Unfall ohnehin bereits deshalb verjährt, weil das Stammrecht verjährt wäre.
33 *BGH* NJW-RR 1989, 215.
34 Zu diesem subjektiven System *Mansel* NJW 2002, 89; *Dauner-Lieb* DStR 2001, 1572 f.; *Heinrichs* BB 2001, 1417; *Leenen* JZ 2001, 552; *ders.*, DStR 2002, 34; *Zimmermann/Leenen/Mansel/Ernst* JZ 2001, 684.
35 *V. Gerlach* DAR 2002, 241, 246; *BGH* VersR 1990, 539; *BGH* VersR 1998, 378, 380; *BGH* VersR 2000, 503 f.; *Diederichsen* DAR 2003, 241, 243.
36 *OLG Frankfurt* SP 2003, 379.
37 *BGH* NJW 2005, 429 = NZV 2005, 84, (III ZR 346/03).

aussichtsreich erscheinen lasse, dass dem Verletzten die Erhebung der Klage zugemutet werden könne, so der *BGH* (III ZR 302/00).[38]

22 Dagegen setze § 852 Abs. 1 BGB a. F. aus Gründen der Rechtssicherheit und Billigkeit grundsätzlich nicht voraus, dass der Geschädigte aus den ihm bekannten Tatsachen auch die zutreffenden rechtlichen Schlüsse ziehe. Jedoch könne die Rechtsunkenntnis im Einzelfall bei unsicherer und zweifelhafter Rechtslage den Verjährungsbeginn hinausschieben. Dies müsse erst recht gelten, wenn sich die Beurteilung der Rechtslage in der höchstrichterlichen Judikatur ändere.

23 Zu diesen Voraussetzungen hat der *BGH*[39] in zwei grundlegenden Entscheidungen zur (Amts-)Haftung eines Notars eingehend Stellung genommen und insbesondere ausgeführt, dass der Anspruchsteller das Instrument der Streitverkündung nur in rechtlich einfach gelagerten Fällen zur Hemmung der Verjährung nutzen müsse, nicht dagegen bei schwieriger Rechtslage. Würde man vom Anspruchsteller auch bei schwieriger Rechtslage verlangen, dem Notar den Streit zu verkünden, führe dies im Ergebnis dazu, die Aufforderungen an die Kenntnis des Verletzten vom Fehlen einer anderweitigen Ersatzmöglichkeit zu dessen Nachteil herabzusetzen.

24 Auch in einer weiteren Entscheidung stellt der *BGH*[40] unter Bezugnahme der zur Amtshaftung ergangenen Entscheidungen auf die Kenntnis der anspruchsbegründenden Tatsachen und der Person des Schuldners und nicht auf die zutreffende rechtliche Würdigung ab.

25 Auf mangelnde Kenntnis des gesetzlichen Vertreters eines Geschädigten hat der *BGH*[41] abgestellt in einem Fall, in dem sich die anspruchsbegründenden Umstände und die Person des Schuldners nicht ohne weiteres aus den Ermittlungsakten und der Anklageschrift ergaben. Die Bewertung der darin enthaltenen Tatsachenangaben war offen und die Rechtsverfolgung begegnete ohne weitere Abklärung außergewöhnlich hohen Feststellungsschwierigkeiten.

26 Für die Kenntnis ist maßgebend, dass der »Richtige« Kenntnis hat.[42]

27 Das ist
– bei Geschäftsunfähigen und Minderjährigen der gesetzliche Vertreter,
– bei Vertretung durch einen Anwalt auch die Kenntnis des Anwalts,
– bei juristischen Personen die Kenntnis des gesetzlichen Vertreters,[43]
– im Todesfall der Rechtsnachfolger, es sei denn, der Getötete hatte bereits Kenntnis.

28 *Achtung Rechtsänderung ab 2002: Die Verjährungsvorschrift des § 852 a. F. BGB, die Schadensersatzansprüche aus unerlaubter Handlung betraf, gibt es nicht mehr. Früher schadete dem Verletzten (nur) positive Kenntnis vom Schaden und der Person des Ersatzpflichtigen.*

3. Hemmung der Verjährung

a) Hemmung durch Verhandlungen, § 203 BGB n. F.[44]

29 Die Verjährung wird gehemmt, solange zwischen dem Schuldner und dem Gläubiger Verhandlungen über den Anspruch oder die den Anspruch begründenden Umstände schweben. Die Hemmung

---

38 *BGH* BGHZ 150, 172, 186 m. w. N.
39 *BGH* VersR 2006, 373 (III ZR 353/04) *BGH* BGHReport 2006, 1305 = NJW-RR 2007, 277 (III ZR 13/05).
40 *BGH* MDR 2008, 615 (III ZR 220/07).
41 *BGH* MDR 2005, 211 (IX ZR 421/00): Die Mutter eines 14 Jahre alten Mädchens hat nicht schon dann Kenntnis vom sexuellen Missbrauch des Kindes durch den Lebensgefährten der Mutter, wenn das Kind dies behauptet, sondern erst dann, wenn im Strafverfahren die Glaubwürdigkeit des Kindes und die Schuld des Täters festgestellt sind.
42 *Marburger* VersR 2010, 876 (877).
43 *BGH* VersR 1991, 815 = NJW 1991, 2350; *OLG München* VersR 1996, 63 f.
44 Grundlegend zu dieser Thematik *Fischinger* VersR 2005, 1641.

dauert an, bis eine Seite die Fortsetzung der Verhandlungen verweigert. Das entspricht dem früheren § 852 Abs. 2 BGB, wobei ergänzend normiert wurde, dass die Verjährung frühestens drei Monate nach dem Ende der Hemmung eintritt.

Da die Verjährungsfrist grundsätzlich erst am Schluss des Jahres beginnt, in dem der Anspruch entstanden ist, wirken sich Hemmungstatbestände, die bereits vor dem Beginn der Verjährungsfrist wieder enden (z. B. Verhandlungen), auf die Verjährungsfrist nicht aus. Hemmungstatbestände, die drei Monate vor dem Ende der Verjährungsfrist enden, verlängern zwar die Verjährungsfrist um die Dauer der Hemmung, die 3-Monatsfrist des § 203 BGB kommt in diesen Fällen jedoch nicht zur Anwendung. 30

Offen gehalten wurde, wann und ab wann Verhandlungen vorliegen. Verhandlungen beginnen, wenn der Berechtigte Ansprüche stellt und der Gegner sich auf Verhandlungen einlässt. Der Begriff ist weit auszulegen.[45] 31

Es zählt jeder Meinungsaustausch zwischen den Parteien, sofern der in Anspruch genommene nicht sofort erkennbar macht, dass er jeden Schadensersatz ablehnt. Schon die Frage des Schuldners, ob und gegebenenfalls welche Ansprüche geltend gemacht werden sollen, lässt einen Meinungsaustausch beginnen. 32

Wann das Schweben der Verhandlungen endet, wann also eine Partei deren Fortsetzung verweigert, ist Tatfrage. Die bloße Ablehnung des letzten Vorschlags ist noch nicht als Verweigerung der Fortsetzung der Verhandlungen zu deuten. Vielmehr muss eindeutig zum Ausdruck kommen, dass die Fortsetzung der Verhandlungen abgelehnt wird. 33

Das Einschlafen der Verhandlungen kann in diesem Sinne gedeutet werden, wenn bis zu dem Zeitpunkt, zu dem eine Antwort des Gegners spätestens zu erwarten gewesen wäre, keine Antwort mehr erfolgt.[46] 34

▶ **Hinweis:** 35

Der Beginn von Verhandlungen wird schnell bejaht, das Ende der Verhandlungen nur, wenn es deutlich/unmissverständlich erklärt wurde. Der Schädiger sollte darauf achten, zur Vermeidung von Unsicherheiten über die Verjährungshemmung eine Ablehnung klar und eindeutig zu erklären und diese nicht einfach »einschlafen« zu lassen. Für den Beginn der Verhandlungen trägt der Anspruchsteller die Beweislast. Der Schädiger muss auch daher alles daransetzen, den Anspruch eindeutig zurückzuweisen. Ansonsten gelingt es dem Gläubiger, die Verjährungshemmung einseitig durchzusetzen.

Bezüglich des Endes der Verhandlungen trägt der Schuldner die Beweislast. Er sollte auch deshalb die Verhandlungen nicht einfach einschlafen lassen, weil dann nicht eindeutig feststeht, wann die Hemmung endet. Das bedeutet Rechtsunsicherheit.

Beim Wiederaufleben der Verhandlungen[47] kann der Lauf der Verjährungsfrist erneut gehemmt werden (§ 14 StVG, § 852 Abs. 2 BGB a. F., § 203 BGB n. F.). Diese Hemmung endet aber durch die Weigerung des Versicherers, die Verhandlungen fortzusetzen oder dadurch, dass der Anspruchsteller selbst die Verhandlungen einschlafen lässt.[48] 36

Andererseits bleibt die Verjährung wegen schwebender Vergleichsverhandlungen gehemmt, wenn der in Anspruch Genommene erklärt hat, bis zu einem bestimmten Zeitpunkt auf die Einrede der 37

---

45 *Fischinger* VersR 2005, 1641, 1643.
46 Im Interesse der Rechtssicherheit begrüßenswert, aber unter Vernachlässigung der Einzelfallbetrachtung bejaht das *OLG Dresden* VersR 2011, 894 m. Anm. *Luckey* das Einschlafen regelmäßig nach einmonatiger Untätigkeit der Parteien. Ebenso *KG* KGR 2008, 368.
47 Hierzu s. o. Rdn. 29–76.
48 *Diederichsen* DAR 2003, 241, 243.

Verjährung zu verzichten.[49] Die Verhandlungen der Parteien wurden über diesen Zeitpunkt hinaus fortgesetzt. Der *BGH*[50] entschied, dass ein Verjährungsverzicht eine sich aus den gesetzlichen Vorschriften ergebende Hemmung der Verjährung nicht berührt. Sinn und Zeck des Verjährungsverzichts sei es, die Möglichkeit einer gerichtlichen Auseinandersetzung offen zu halten, was aber auf die sich aus dem Gesetz ergebende Hemmung keine Auswirkungen habe. Der Begriff des Verhandelns sei weit zu fassen, ein Abbruch der Verhandlungen müsse wegen des damit verbundenen Endes der Hemmung klar und eindeutig erklärt werden. Eine bloße Verneinung der Einstandspflicht genüge diesen strengen Anforderungen nicht.

38 Besonders trickreich verhielt sich ein Schuldner, der im Dezember 2004 mit dem Gläubiger über einen Verzicht auf die Einrede der Verjährung verhandelte und schließlich am 28.12.2004 die Verzichtserklärung abgab, sich jedoch einen Widerruf dieser Erklärung vorbehielt und im Januar 2005 von dem Widerrufsrecht Gebrauch machte. Hier war zum einen während der Verhandlungen über eine Erklärung zum Verjährungsverzicht die Verjährungsfrist gehemmt, zum anderen griff aber § 203 BGB ein mit der Folge, dass nach dem Ende der Hemmung jedenfalls eine 3-Monatsfrist lief.[51]

39 Ähnlich der *BGH*,[52] der ausdrücklich festgestellt hat, dass bei einem Widerrufsvergleich die Verjährung der von dem Vergleich erfassten Ansprüche gemäß § 203 S. 1 BGB bis zur Erklärung des Widerrufs gehemmt ist.

b) Hemmung durch Rechtsverfolgung, § 204 BGB n. F.

40 Neben Verhandlungen hemmen Rechtsverfolgungsmaßnahmen die Verjährung, § 204 BGB. Wird die Rechtsverfolgung **vor Verjährungsbeginn** eingeleitet, tritt die Hemmungswirkung dann zeitgleich mit dem Beginn der Verjährung ein.[53]

41 Die Verjährung wird unter anderem gehemmt durch Erhebung einer Klage auf Zahlung eines **unbezifferten Schmerzensgeldes**. Im Urteil vom 10.10.2002 hat der *BGH*[54] bei einem nicht bestimmt bezifferten Schmerzensgeldanspruch die Angabe einer höheren Größenordnung in zweiter Instanz nicht als Änderung des Streitgegenstandes i. S. d. § 253 Abs. 2 Nr. 2 ZPO angesehen. Der Kläger hatte erstinstanzlich ein Schmerzensgeld von mindestens 15 000 DM verlangt. Das *LG* sprach ihm 10 000 DM zu. In der Berufungsinstanz forderte der Kläger ein Schmerzensgeld von mindestens 60 000 DM. Das Berufungsgericht sprach dem Kläger 15 000 DM zu und hielt den weiteren Schmerzensgeldanspruch zu Unrecht für verjährt.

42 Zwar muss der Kläger nach der Rspr. des *BGH*, um dem Bestimmtheitserfordernis des § 253 Abs. 2 ZPO zu genügen, auch bei unbezifferten Leistungsanträgen nicht nur die tatsächlichen Grundlagen, sondern auch die Größenordnung des geltend gemachten Betrages so genau wie möglich angeben. Die Ausübung des richterlichen Ermessens wird allerdings durch die Angabe des Mindestbetrages nach oben nicht begrenzt, solange der Kläger für sein Begehren keine feste Obergrenze setzt.[55]

43 Deshalb ist der den Streitgegenstand bildende prozessuale Anspruch nicht durch die Angabe der Größenordnung begrenzt. Hätte der Kläger den Antrag in zweiter Instanz unverändert weiterverfolgt, wäre der Richter nicht gehindert gewesen, ihm ein über den genannten Betrag hinausgehendes Schmerzensgeld zuzusprechen.

---

49 *Diederichsen*, DAR 2005, 301 f.
50 *BGH* NJW 2004, 1654 = DAR 2004, 347 = VersR 2004, 656 = NZV 2004, 239 (VI ZR 429/02).
51 *OLG Karlsruhe* MDR 2006, 1392.
52 *BGH* MDR 2005, 1153 = NJW 2005, 2004 (VIII ZR 93/04).
53 *BGH* BGHZ 52, 47 (48); *BGH* NJW-RR 2011, 305.
54 *BGH* BGHReport 2003, 64 (III ZR 205/01); hierzu auch *Diederichsen* VersR 2005, 433, 439.
55 *BGH* NJW 1996, 2425 (VI ZR 55/95); *Diederichsen*, DAR 2003, 241, 245.

A. Schmerzensgeld – Allgemeines

Ähnlich entschied das *OLG Hamm*[56] zu Gunsten eines Klägers, der in erster Instanz ein Schmerzensgeld in einer Größenordnung von 50 000 DM bis 60 000 DM verlangt und Nebenkosten, die den damals geltenden Beschwerdewert überstiegen, geltend gemacht hatte. Das *LG* hatte dem Schmerzensgeldbegehren in Höhe von 150 000 DM stattgegeben, den Anspruch auf Zahlung der Nebenkosten jedoch abgewiesen. Der Kläger verfolgte in der Berufung den Anspruch auf Zahlung der Nebenkosten weiter und begehrte über das Schmerzensgeldkapital hinaus zusätzlich eine Schmerzensgeldrente in Höhe von 200 Euro monatlich. 44

Die Berufung war zulässig, weil der Kläger bezüglich der Nebenkosten beschwert war. Ein weiteres Schmerzensgeld konnte er daneben in der zweiten Instanz geltend machen, weil er den Klageantrag in der Hauptsache erweiterte, ohne dass eine Klageänderung vorlag. Eine solche Klageerweiterung auf Grund des bisherigen Vortrages ist ohne weiteres zulässig. Spricht aber das Gericht den vom Kläger als Mindestbetrag geltend gemachten Schmerzensgeldanspruch in voller Höhe zu, ist der Kläger nicht beschwert und kann deshalb nicht mit dem alleinigen Ziel in die Berufung gehen, ein höheres Schmerzensgeld zu erlangen. 45

Hat der Anwalt Zweifel, ob er mit dem geltend gemachten Schmerzensgeldbetrag richtig liegt, kann es anwaltstaktisch sinnvoll sein, daneben einen weiteren – unschlüssigen – Anspruch geltend machen, der mindestens etwas mehr als den zweifachen Betrag der Beschwer ausmacht. Lehnt das Gericht diesen Antrag ganz oder teilweise ab, verbleibt die Möglichkeit der Berufung und der Klageerweiterung bezüglich des Schmerzensgeldes. Auf das absehbare Unterliegen hinsichtlich dieses Anspruchs müssen Mandant und/oder Rechtsschutzversicherung natürlich hingewiesen werden. 46

Dennoch machte der Anwalt in zweiter Instanz vor dem *OLG Hamm* einen weiteren Fehler, denn er hätte beantragen müssen, dem Kläger eine Schmerzensgeldrente zuzusprechen, deren **Höhe in das Ermessen** des Gerichts gestellt wird, die aber mindestens 200 Euro monatlich betragen solle. Möglicherweise hätte das *OLG Hamm* dem Kläger dann eine höhere Rente als die beantragte von 200 Euro zuerkannt. 47

Die Verjährung wird bei Erhebung **einer Teilklage** für den nicht geltend gemachten Teil **nicht gehemmt**. 48

▸ **Hinweis:**

Hier liegt noch das weitere Risiko, dass die Zustellung eines **Mahnbescheids**, mit dem ein Teilbetrag aus mehreren Einzelforderungen geltend gemacht wird, die Verjährung **nicht hemmt**, wenn eine genaue Aufschlüsselung der Einzelforderungen unterblieben ist und die Individualisierung erst nach Ablauf der Verjährungsfrist im anschließenden Streitverfahren nachgeholt wird.[57]

Wegen der rechtlichen Selbständigkeit des Schmerzensgeldanspruchs im Verhältnis zu den auf Ersatz des materiellen Schadens gerichteten Ansprüchen wird die Verjährung durch Erhebung einer Klage auf Ersatz des Vermögensschadens nicht gehemmt (§ 204 Abs. 1 Nr. 1 BGB n. F.). Dies ist anders, wenn die Leistungsklage den Ersatz von Vermögens- und Nichtvermögensschaden umfasst. 49

Im Grundsatz gilt zudem, dass mit einer unbeschränkten Schmerzensgeldklage alle Schadensfolgen aus der Körper-/Gesundheitsverletzung abgegolten sind, die 50
– bereits eingetreten und objektiv erkennbar sind, oder
– deren Eintritt vorhersehbar war und bei der Entscheidung berücksichtigt werden können.

Andererseits werden nur mögliche Spätfolgen bei der Bemessung des Schmerzensgeldes nicht berücksichtigt, weil ihr Eintreten ungewiss ist. Diesem Dilemma kann der Verletzte mit einer offenen Teilklage begegnen, die der *BGH*[58] als zulässig erachtet. 51

---

56 *OLG Hamm* zfs 2005, 122 (9 U 50/99).
57 *BGH* NJW 2009, 56.
58 *BGH* NJW 2004, 1243 (VI ZR 70/03).

52 Mit der Zulässigkeit einer solchen Teilklage ist der Verletzte aber keinesfalls gesichert. Er läuft Gefahr, dass einer späteren Klage auf Zahlung eines weiteren Schmerzensgeldes zwar nicht die Rechtskraft der früheren Entscheidung entgegensteht, dieser weitergehende Anspruch aber verjährt ist.[59] Deshalb ist dem Anwalt dringend zu empfehlen, bei inhaltlich begrenzter Leistungsklage (Teilklage) zugleich eine Feststellungsklage zu erheben, oder die Verjährung möglicher Spätfolgen durch Vereinbarung zu verhindern.

53 Auch das **Prozesskostenhilfeverfahren** hemmt die Verjährung, nach dem eindeutigen und insoweit auch nicht auslegungsfähigen[60] Wortlaut des Gesetzes aber nur, wenn der Antrag dem Gegner bekannt gegeben wird. Die bloße Einreichung des Antrags genügt daher **nicht** zur Hemmung der Verjährung;[61] da teilweise vertreten wird, bei erfolglosen PKH-Anträgen bedürfe es keiner Zustellung an den Gegner, sollte der Anwalt in diesem Fall zugleich ausdrücklich die Bekanntgabe des Antrags **beantragen** und hierzu auf § 204 Abs. 1 Nr. 14 BGB verweisen. Einem solchen Antrag darf sich das Gericht nicht verschließen.[62]

Das *OLG Oldenburg*[63] hat ferner eine Verjährungshemmung nach § 204 Abs. 1 Nr. 14 BGB verneint, wenn der Prozesskostenhilfeantrag **missbräuchlich** – weil in Kenntnis fehlender Bedürftigkeit – gestellt ist.

Andererseits hemmt ein fristgerecht eingereichter und demnächst (hier: 12 Tage später) bekannt gegebener Antrag auch dann die Verjährung, wenn der Kläger die Erklärung zu seinen **persönlichen und wirtschaftlichen Verhältnissen** erst später nachreicht.[64]

53a Die Zustellung eines **Mahnbescheids** hemmt ebenfalls die Verjährung, § 204 Abs. 1 Nr. 3 BGB. Diese Wirkung tritt bereits mit dem Eingang des Mahnantrages ein, wenn die Zustellung demnächst erfolgt, § 167 ZPO. Der BGH[65] hat – darüber hinaus gehend – eine Verjährungshemmung trotz unwirksamer Zustellung des Mahnbescheids (Umzug, Ummeldung, aber noch Namensschilder an altem Wohnsitz und Zustellung dort) angenommen, wenn der Anspruchsinhaber für die wirksame Zustellung alles aus seiner Sicht erforderliche getan hat, der Anspruchsgegner in unverjährter Zeit von dem Erlass des Mahnbescheids und seinem Inhalt Kenntnis erlangt hat und die Wirksamkeit der Zustellung ebenfalls in unverjährter Zeit in einem Rechtsstreit geprüft wird (hier: Einspruchsverfahren gegen Vollstreckungsbescheid, von welchem der Schuldner im Rahmen der Vollstreckung erstmalig Kenntnis erlangte, in unverjährter Zeit).

53b Die Zustellung einer **Streitverkündung** wirkt nach § 204 Abs. 1 Nr. 6 BGB verjährungshemmend. Nach der Rechtsprechung des BGH[66] ist für diese Wirkung aber erforderlich, dass die Streitverkündung **zulässig** ist. Dies gilt selbst dann, wenn der Streitverkündete dem Rechtsstreit beitritt. Zwar treten in diesem Fall die prozessualen Wirkungen des § 68 ZPO ein, ohne dass im Folgeprozess die Zulässigkeit der Streitverkündung geprüft werden müsste. Für die verjährungshemmende Wirkung gilt die aber nicht. Der Beitritt des Streitverkündeten entbindet das Gericht des Folgeprozesses nicht von der Prüfung der Zulässigkeit der Streitverkündung.[67]

---

59 *OLG Frankfurt* SP 2003, 379.
60 *BGH* VersR 2008, 1119 (1120).
61 *BGH* VersR 2008, 1119 (1120).
62 *BGH* VersR 2008, 1119 (1120).
63 *OLG Oldenburg* FamRZ 2010, 1098.
64 *OLG Nürnberg* VersR 2010, 1468: Grund ist u. a., dass diese Erklärung dem Gegner ohnehin nicht zugeleitet wird.
65 *BGH* NJW-RR 2010, 1438: weil Sinn und Zweck des § 204 Abs. 1 Nr. 3 – nämlich die Information des Schuldners in unverjährter Zeit – gewahrt sei und eine erneute Zustellung eine »unnötige Förmelei« bedeuten würde.
66 BGH NJW 2008, 519.
67 BGH NJW 2008, 519 (520). Eine Streitverkündung kann z. B. unzulässig sein, wenn sich aus der Streitverkündungsschrift nicht hinreichend klar ergibt, wegen welcher Pflichtverletzung der Streitverkündete wofür haften soll, *OLG Hamm* IBR 2011, 183.

c) Hemmung nach § 115 Abs. 2 VVG

Nach § 115 Abs. 2 VVG[68] ist die Verjährungsfrist nach Anmeldung des Anspruchs an den Versicherer bis zum Zugang von dessen Entscheidung in Textform gehemmt. Einer solchen Entscheidung bedarf es nach dem Gesetz nur nach der ersten Anmeldung, um die Hemmung der Verjährung zu beenden. Die Vorgängernorm des § 3 Nr. 3 PflVG sprach noch von einer »schriftlichen« Entscheidung; dies wurde im Zuge der Änderung des VVG an die neuen Medienformen angepasst. An die Anmeldung des Ersatzanspruchs sind nur geringe inhaltliche Anforderungen zu stellen; es reicht aus, wenn nur ein Anspruch von mehreren geltend gemacht wird.[69] Wenn aber von verschiedenen Schadenspositionen nur einzelne »beschieden« werden, ist die Verjährung hinsichtlich der nicht von der Versicherung erwähnten weiterhin gehemmt.[70] Zu beachten ist, dass nicht nur die schriftliche Ablehnung, sondern auch die positive Entscheidung des Versicherers, Ansprüche regulieren zu wollen, die Hemmung beendet und die Verjährung wieder in Gang setzt.[71] So kann auch der Abschluss eines Abfindungsvergleichs mit einem Vorbehalt für Spätschäden dazu führen, dass die durch die Anmeldung der Ansprüche eingetretene Hemmung entfällt, weil die Angelegenheit (trotz des Vorbehalts für die Zukunft!) abgeschlossen ist.[72]

54

In Ausnahmefällen kann auf eine schriftliche Entscheidung auch verzichtet werden. Wird z. B. zeitnah mit dem Unfall eine Verletzung festgestellt, die Spätschäden nach sich ziehen kann, beginnt auch insoweit die Verjährungsfrist zu laufen. Das *OLG Frankfurt*[73] entschied einen Fall, in welchem nach einem Verkehrsunfall im Jahre 1990 in einem ärztlichen Gutachten als vorläufige Diagnose ein schweres HWS-Schleudertrauma und ein dringender Verdacht auf eine Hirnstammkontusion festgestellt wurden. Noch 1990 reichte der Verletzte Klage auf Zahlung eines Schmerzensgeldes i. H. v. 1 500 DM ein. Die Beklagte zahlte daraufhin einen (in der Entscheidung nicht genannten) Betrag und der Kläger nahm die Klage zurück. Mit seiner Behauptung, er habe erst Ende Oktober 1998 von der 1990 festgestellten Hirnstammkontusion erfahren, wurde er nicht gehört. Die Hemmung der (drei Jahre dauernden) Verjährungsfrist gem. § 3 Nr. 3 S. 3 PflVG a. F. endete mit der Klagerücknahme; eine schriftliche Entscheidung des Versicherers wurde als »leere Förmelei« nicht mehr gefordert.

55

d) Hemmung im Adhäsionsverfahren[74]

Eine Hemmung der Verjährung tritt im (bislang praktisch eher seltenen) **Adhäsionsverfahren**, also der Geltendmachung von zivilrechtlichen Ansprüchen als »Annex« eines Strafprozesses bereits dadurch ein, dass der Antrag gem. § 404 Abs. 1 StPO angebracht wird. Der Zustellung des Antrages an den Schädiger gem. § 404 Abs. 1 S. 3 StPO und der Anordnung und Durchführung einer Hauptverhandlung bedarf es für die verjährungshemmende Wirkung nicht. Dies ergibt sich aus dem eindeutigen Wortlaut des § 404 Abs. 2 StPO, wonach bereits die Antragstellung, der Eingang des An-

56

---

68 Die Regelung entspricht weitgehend der alten Fassung des § 3 Nr. 3 S. 3 PflVG, der im Zuge der VVG-Novelle 2008 (BGBl. I, 2631 v. 21.9.2007) aufgehoben wurde. Das neue VVG trat zum 1.1.2008 in Kraft und ist auf ab diesem Zeitpunkt abgeschlossene Verträge anwendbar. Auf Altverträge findet das neue Recht grundsätzlich erst ein Jahr später, also ab dem 1.1.2009 Anwendung. Ausnahme: Bei Eintritt eines Versicherungsfalls bis zum 31.12.2008 bestimmen sich die daraus ergebenden Rechte und Pflichten weiterhin nach dem alten VVG.
69 *BGH* VersR 1985, 1141; *OLG Frankfurt* MDR 2011, 538.
70 *OLG Celle* Verkehrsrecht Aktuell 2008, 183 = NJW-Spezial 2009, 10 (geltend gemacht wurde Schmerzensgeld und materielle Schäden; die Versicherung antwortete mit dem Hinweis, ein Schmerzensgeld von 7.500 € werde gezahlt, der darüber hinausgehende Betrag sei »nicht begründet«; materielle Ansprüche wurden nicht erwähnt. Damit waren diese nicht verjährt, da keine Entscheidung hierüber ergangen war.). Ebenso *OLG Düsseldorf* NJW-RR 2005, 819.
71 *BGH* VersR 1991, 878; *OLG Rostock* VersR 2003, 363.
72 *OLG Rostock* NJW-Spezial 2011, 169.
73 *OLG Frankfurt* SP 2003, 379 (2 U 40/02).
74 Dazu grundlegend *Jaeger* VRR 2005, 287.

trags bei Gericht, »dieselbe Wirkung wie die Erhebung der Klage im bürgerlichen Rechtsstreit« hat.[75]

57 Das Adhäsionsverfahren ist durch das Opferrechtsreformgesetz[76] in den §§ 403 bis 406c StPO grundlegend geändert worden. Durch die Änderungen soll dem Adhäsionsverfahren eine höhere Praxisrelevanz verliehen werden, es soll aus seiner Bedeutungslosigkeit herausgeholt werden.

58 Nunmehr bietet das Adhäsionsverfahren dem Geschädigten ein einfaches und kostengünstiges Verfahren, einen vollstreckbaren Titel zu erlangen; er kann im Strafverfahren seine zivilrechtlichen Ansprüche, insbesondere Schadensersatzansprüche wegen Beschädigung des Kfz, Ansprüche aus Personenschaden und Schmerzensgeldansprüche durchsetzen. Was allerdings bleiben wird, ist die Feststellung, dass diese Ansprüche i. d. R. nicht optimal von Strafverteidigern geltend gemacht werden können und dass der oder die entscheidenden Strafrichter sich in der nicht immer bekannten zivilrechtlichen Materie betätigen müssen.

59 Gerade was das Schmerzensgeld angeht, muss das Gericht zumindest über das Schmerzensgeld entscheiden und kann hierüber eine Entscheidung nicht wie früher nahezu problemlos verweigern.

60 Die übrigen Schadensersatzansprüche allerdings können dann unentschieden bleiben, wenn sich der Antrag auch unter Berücksichtigung der berechtigten Belange des Antragstellers zur Erledigung im Strafverfahren nicht eignet. Das ist insbesondere dann der Fall, wenn seine weitere Prüfung das Verfahren erheblich verzögern würde (§ 406 Abs. 1 S. 4, 5 StPO). Teilweise wird befürchtet, dass es manchem Strafrichter nicht schwer fallen wird, diese Voraussetzungen zu begründen.[77]

61 Zu bedenken ist auch, dass weder der Versicherer des Geschädigten noch die gegnerische Haftpflichtversicherung unmittelbar am Adhäsionsverfahren beteiligt werden können. Deshalb ist das Adhäsionsverfahren insbesondere für Verkehrsdelikte ungeeignet, zumal eine Verurteilung ohne Verschulden allein aus dem Gesichtspunkt der Gefährdungshaftung i. d. R. nicht in Betracht kommt. Der Geschädigte kann jedenfalls seinen Direktanspruch gegen den Haftpflichtversicherer nicht durchsetzen, so dass ihm zum Adhäsionsverfahren nicht geraten werden kann.[78]

62 Andererseits sieht § 406 Abs. 1 S. 6 StPO vor, dass bei der Geltendmachung eines Anspruchs auf Zahlung von Schmerzensgeld das Gericht nur dann von einer Entscheidung absehen darf, wenn der Antrag unzulässig und soweit er unbegründet erscheint. Das bedeutet, dass das Gericht nicht schon dann von einer Entscheidung über das Schmerzensgeld absehen darf, wenn die Bescheidung des Antrags das Verfahren verzögern würde, eine Begründung, auf die bei der früheren gesetzlichen Regelung häufig zurückgegriffen wurde.[79]

63 ▶ Praxistipp:

Von der Möglichkeit, nach einem Verkehrsunfall den Schmerzensgeldanspruch im Adhäsionsverfahren geltend zu machen, ist eher abzuraten. Einmal kann der Anwalt des Geschädigten nicht immer davon ausgehen, dass Strafrichter sich mit der Rspr. zum Personenschaden und zum Schmerzensgeld hinreichend befasst haben, zum andern werden sie sich mit diesen Fragen erst beschäftigen, wenn alle Feststellungen zur Schuld des Täters getroffen sind. Das ist häufig erst unmittelbar vor oder nach den Plädoyers der Fall. Bis auf den Anspruch auf Zahlung von Schmerzensgeld können und werden sie die Entscheidung mit der Begründung verweigern, das Verfahren eigne sich nicht.

Bezeichnend ist, dass es im Adhäsionsverfahren keine Entscheidungen in Verkehrsstrafsachen gibt, die veröffentlicht wurden. Im Adhäsionsverfahren werden in der Regel nur Schmerzensgeldansprüche nach einer Vergewaltigung geltend gemacht.

---

75 *OLG Rostock* OLGR 2000, 47 (zum alten Verjährungsrecht).
76 Gesetz vom 24.6.2004, BGBl. I, 1354, in Kraft seit dem 1.9.2004.
77 *Weiner/Ferber/Weiner* Rn. 9 ff.
78 *Prechtel* ZAP 2005, Fach 22 S. 399.
79 *LG Mainz* Beschl. v. 25.6.1997 – Az. 301 Js 24.998/96–1 Ks n. v.

A. Schmerzensgeld – Allgemeines Kapitel 19

Wie wenig von der Tendenz der Rspr. zu höherem Schmerzensgeld bei den Strafgerichten angekommen ist, zeigen zwei Beispiele der Kölner Gerichtsbarkeit zum Schmerzensgeld, das im Adhäsionsverfahren geltend gemacht wurde.[80] **64**

Der Angeklagte attackierte den Adhäsionskläger mit einem Fleischerbeil. Dieser zog sich bei diesem brutalen Vorgehen des Angeklagten Schnittwunden an zwei Fingern der Hand zu. Statt der geltend gemachten 2 000 Euro erkannte der Amtsrichter auf 400 Euro. Das noch nach einem Jahr vorhandene ziehende Stechen im Endglied eines Fingers bei Wetterwechsel sah der Richter als gerichtsbekanntes Symptom im Verlauf des Heilungsprozesses an. **65**

Im zweiten Fall verurteilte die große Strafkammer des Landgerichts Bonn 8 Männer, die eine 20 Jahre alte Frau 7 Stunden mehrfach vergewaltigt, geschlagen, getreten und mit dem Tode bedroht hatten zu Freiheitsstrafen von bis zu 11 Jahren und – man glaubt es kaum – zu einem Schmerzensgeld in Höhe von 20 000 Euro. Damit entfallen auf jeden Mittäter 2 500 Euro, ein lächerlich geringer Betrag. In der Literatur wird die Auffassung vertreten, dass in solchen Fällen ein Schmerzensgeld in Höhe von mehreren 100 000 Euro geschuldet wird[81]. **66**

Hinzu kommt, dass die Strafsenate des *BGH* die Verurteilung des Täters zur Zahlung eines Schmerzensgeldes häufig aufheben, u. a. mit der – meist zutreffenden – Begründung, die Tatsacheninstanz habe nicht alle notwendigen tatsächlichen Feststellungen zu den Einkommens- und Vermögensverhältnissen des Täters getroffen. Zudem berücksichtigen die Strafsenate des *BGH* die wirtschaftlichen Verhältnisse von Täter und Opfer sehr stark. **67**

Es mutet schon seltsam an, dass der 2. Strafsenat des *BGH*[82] fehlende Feststellungen zu den wirtschaftlichen Verhältnissen des Angeklagten mit der Begründung beanstandete, die finanzielle Lage des Täters solle verhindern, dass die Verpflichtung zur Zahlung eines Schmerzensgeldes zu einer unbilligen Härte für diesen werde. Zwar ist es richtig, dass die wirtschaftlichen Verhältnisse von Täter und Opfer für die Höhe des Schmerzensgeldes nicht völlig gleichgültig sind[83], es erscheint aber ungewöhnlich, dass diese im Rahmen eines Strafverfahrens nicht jedenfalls in den Grundzügen offenbar geworden sein sollen. **68**

Die Befürchtung, die Höhe des vom Vergewaltiger zu zahlenden Schmerzensgeldes (in der Regel viel zu gering bemessen) könne für diesen eine unbillige Härte bedeuten, zeigt eine verkehrte Denkweise. Das Mitleid mit dem Täter verhöhnt das Opfer. **69**

Auch zur Höhe sind die von den Strafkammern im Adhäsionsverfahren ausgeurteilten Schmerzensgelder unzureichend. **70**

Das *LG Landau* verurteilte den Angeklagten wegen Vergewaltigung in zwei Fällen, davon in einem Fall in Tateinheit mit sexuellem Missbrauch eines Kindes, zu einer Gesamtfreiheitsstrafe von sechs Jahren und sechs Monaten und sprach der Adhäsionsklägerin ein Schmerzensgeld i. H. v. nur 5 000 Euro zu, was der *BGH*[84] nicht beanstandete. **71**

Das *LG Wiesbaden* verurteilte den Angeklagten wegen Vergewaltigung in zwei Fällen und zur Zahlung eines Schmerzensgeldes i. H. v. 2 500 Euro. Der *BGH*[85] meinte dazu vollmundig: Da die Höhe des Schmerzensgeldes durch den Antrag, »ein angemessenes Schmerzensgeld« zuzusprechen, in das Ermessen des Gerichts gestellt wurde, ist in der Zuerkennung eines Betrages von 2 500 Euro von einem vollen Erfolg der Antragstellerin im Adhäsionsverfahren auszugehen. **72**

---

80 Jeweils zitiert nach Kölner Stadtanzeiger vom 5.1.2007 und vom 1.2.2007.
81 *Jaeger/Luckey* Rn. 315 ff. und 330.
82 *BGH* NStZ 1999, 108 (2 StR 436/98).
83 *OLG Köln* VersR 1992, 330; in dieser Entscheidung trat die Genugtuungsfunktion in den Hintergrund, weil der Schädiger nur über geringes Einkommen verfügte und erheblichen Regressforderungen des Krankenversicherers des Verletzten ausgesetzt war.
84 *BGH* Urt. v. 29.7.2003 – 4 Str 222/03 n. v.
85 *BGH* Urt. v. 3.7.2003 – 4 Str 173/03 n. v.

73 Das *LG Erfurt* verurteilte den Angeklagten wegen Vergewaltigung und wegen versuchter Nötigung zu einer Gesamtfreiheitsstrafe von fünf Jahren und sechs Monaten sowie zur Zahlung eines Schmerzensgeldes von 10 000 Euro an die Nebenklägerin. Der *BGH*[86] hob das Urteil wegen einer Verfahrensrüge auf.

74 Das *LG Wuppertal* verurteilte den Angeklagten wegen unter anderem wegen Vergewaltigung zu einer Gesamtfreiheitsstrafe von vier Jahren und sprach im Adhäsionsverfahren der Nebenklägerin ein Schmerzensgeld von 5 000 Euro zu. Auch diese Entscheidung bestätigte der *BGH*.[87]

75 Die Zahl der Entscheidungen, die im Adhäsionsverfahren viel zu niedrige Schmerzensgelder aussprechen, ließe sich fortsetzen. Entscheidungen mit auch nur als vertretbar zu bezeichnenden angemessenen Schmerzensgeldern sind bislang nicht bekannt.

76 ▶ Hinweis:

Soweit – trotz der Schutzvorschrift des § 167 ZPO – Bedenken an einer rechtzeitigen Zustellung der zivilrechtlichen Klage (§§ 253 Abs. 1, 261 Abs. 1 ZPO, § 204 Nr. 1 BGB) bestehen, mag es allerdings angeraten sein, die Hemmung der Verjährung mittels einer Antragstellung in einem laufenden Strafprozess zu erreichen.

4. Neubeginn der Verjährung

77 Die Verjährung wird nicht nur gehemmt, sondern beginnt neu, wenn der Schuldner den Anspruch des Gläubigers anerkennt oder wenn er eine Vollstreckungshandlung vornimmt, § 212 BGB n. F. Der bisherige Terminus Unterbrechung der Verjährung ist ersetzt worden durch den Begriff des Neubeginns der Verjährung. Handlungen, die bisher die Verjährung unterbrochen haben, haben grundsätzlich nur noch hemmende Wirkung. Es gibt nur noch diese beiden Fälle des Neubeginns der Verjährung.

▶ Hinweis:

Das bedeutet aber nur, dass die **kurze Verjährungsfrist von drei Jahren** neu zu laufen beginnt.

Zudem hat nur ein Anerkenntnis, was in unverjährter Zeit abgegeben wurde, diese Wirkung; gibt der Schuldner ein **Anerkenntnis** zu einem Zeitpunkt ab, zu dem die **Forderung bereits verjährt** ist, kann das Anerkenntnis die Verjährung **nicht** nach § 212 BGB neu beginnen lassen.[88] Die bereits eingetretene Verjährung kann nicht beseitigt werden. Allenfalls kann das Anerkenntnis als (konkludenter) Verzicht auf die Verjährungseinrede aufgefasst werden; hierzu ist aber erforderlich, dass der Schuldner den Eintritt der Verjährung kannte.[89]

Aus Schuldnersicht ist sinnvoll, ein Anerkenntnis **explizit** auf die noch nicht verjährten Forderungen zu begrenzen, um die Diskussion über etwaige konkludente Einredeverzichte gar nicht erst aufkommen zu lassen:

»**Die Forderungen ... werden anerkannt, soweit sie zum (heutiges Datum) noch nicht verjährt sind**«.

78 Zu beachten ist, dass **jede Zahlung** eines Versicherers grundsätzlich ein **Anerkenntnis** darstellt, das einen Neubeginn der Verjährung auslöst.[90] Dieses Anerkenntnis erfasst zu Lasten des Versicherungs-

---

86 *BGH* Urt. v. 21.5.2003 – 2 Str 112/03 n. v.
87 *BGH* NStZ 2003, 480 (3 Str 435/03).
88 *OLG Celle* NJW-Spezial 2010, 717.
89 *OLG Celle* NJW-Spezial 2010, 717.
90 *BGH* VersR 1960, 949. Erfüllt der Schädiger daher einen Einzelanspruch, etwa durch weitere Zahlung einer Mehrbedarfsrente, stellt dies eine Leistung auf den Gesamtanspruch dar, dessen Verjährung dann neu beginnt. Das *OLG Köln*, Beschl. v. 5.8.2009 – 5 W 23/09, unveröffentlicht, verweist aber zu Recht darauf, dass die Leistung eines Einzelanspruchs nur Anerkenntniswirkung auf den Gesamtanspruch, nicht aber

nehmers (§ 10 Abs. 5 AKB) auch den Teil der Ansprüche, für den der Versicherer nicht einzustehen hat, weil er die Deckungssumme übersteigt.[91]

▶ Hinweis:

Ist die Schadensersatzpflicht tituliert festgestellt worden und verjährt daher nach **30 Jahren**, gehen Teile der Rechtsprechung[92] davon aus, dass eine Zahlung, die nach o. g. einen Neubeginn der Verjährung auslöst, dann konkret diese **30-jährige Verjährung neu** zum Laufen bringt. Eine Versicherung kann sich daher zumal bei der Schädigung jugendlicher Verletzter nicht darauf einrichten, nach 30 Jahren sei »Schluss«; vielmehr kann diese Frist durch Hemmungen oder Neubeginnstatbestände (denkbar ist auch eine an vor Verjährungsende **erneut** erhobene **Feststellungsklage**, deren Feststellungsinteresse sich dann aus der bald ablaufenden 30-Jahres-Frist des alten Titels begründet) hinausgeschoben werden.[93]

5. Vereinbarungen zur Verjährung

Nach § 202 BGB sind im Gegensatz zum bisherigen § 225 a. F. BGB sowohl Erleichterungen, als auch Erschwerungen der Verjährung zulässig. So kann z. B. die Verjährung durch Rechtsgeschäft auf 30 Jahre ausgedehnt werden. 79

Sind sich die Parteien einig, dass eine Ersatzpflicht auch für künftige Schäden besteht, kann also ein Feststellungsurteil durch eine vertragliche Vereinbarung ersetzt werden. Die Wirkung eines Feststellungsurteils lässt sich dann dadurch erreichen, dass der Schädiger beziehungsweise sein Haftpflichtversicherer den Schmerzensgeldanspruch schriftlich anerkennt und das Anerkenntnis vom Geschädigten angenommen worden ist. Dazu reicht aber ein einfaches Anerkenntnis i. S. d. § 208 BGB a. F., das lediglich die – dreijährige – Verjährungsfrist neu beginnen lässt, nicht aus. In dem Anerkenntnis muss vielmehr zum Ausdruck kommen, dass es einem erstrebten Feststellungsurteil gleichsteht, dass das Anerkenntnis ein Feststellungsurteil ersetzen soll. Fehlt ein solcher Zusatz, handelt es sich nur um ein einfaches Anerkenntnis, mit dem die Verjährungsfrist nur neu beginnt, während ein gerichtlich festgestellter Anspruch oder ein dem Feststellungsausspruch gleichstehendes Anerkenntnis gem. §§ 201, 197 Abs. 1 Nr. 3 BGB n. F., § 218 Abs. 1 BGB a. F., erst in 30 Jahren verjährt. 80

Formulierungsvorschlag: 81

Mit Wirkung eines heute rechtskräftigen Urteils stellen die Parteien fest, dass der Versicherer verpflichtet ist, einen hier nicht abgefundenen weiteren Schmerzensgeldbetrag zu zahlen, wenn es zu einer unfallbedingten ... (z. B. Amputation) kommen sollte.

6. Sicherung von Spätfolgen durch Feststellungsklage[94]

a) Anwendungsbereiche der Feststellungsklage

Für die Frage der Verjährung ist es wichtig zu sehen, dass der Schmerzensgeldanspruch als Einheit begriffen wird. Das gilt sowohl für die Höhe als auch für die künftige Entwicklung, also auch für Schäden, die noch gar nicht eingetreten sind und deren Eintritt ungewiss ist. Der Schmerzensgeldanspruch umfasst also auch Spätschäden, deren Eintritt möglich und vorhersehbar ist. **Vorhersehbarkeit** liegt allerdings dann nicht vor, wenn sich aus ganz leichten Verletzungen, bei denen generell 82

---

    auf weitere spätere Einzelansprüche hat; die (gesondert, § 197 Abs. 2 BGB!) laufende Verjährung einzelner wiederkehrender Leistun-gen beginnt also nicht dadurch neu, dass Einzelansprüche erfüllt werden (d. h. Zahlung für Januarbetrag hat keine Wirkung auf Verjährung des Februarbetrags).
91 *BGH* MDR 2005, 90; *BGH* NJW 2008, 2776.
92 *OLG Celle* NJW 2008, 1088 (1089). Kritisch NJW-Spezial 2008, 331. Offen (lediglich feststellend, dass Zahlungen mit Anerkenntniswirkung über die 30-Jahres-Frist Ansprüche bestehen lassen) *BGH* VersR 2009, 230.
93 *OLG Celle* NJW 2008, 1088.
94 Vgl. ausführlich Rdn. 611–618.

keine Folgeschäden zu erwarten sind,[95] schwere Folgezustände ergeben oder wenn atypische Verletzungsfolgen auftreten, mit denen nach dem Verletzungsbild nicht gerechnet werden konnte.[96]

83 Dabei kommt es nicht darauf an, ob der Verletzte selbst die Spätfolgen als möglich vorausgesehen hat oder hätte voraussehen können. Maßgeblich ist die **Sicht eines Mediziners**. Sind Spätfolgen aus medizinischer Sicht nicht auszuschließen, können nur die Feststellungsklage oder ein Anerkenntnis in Form einer Vereinbarung zwischen dem Verletzten und dem Versicherer die Verjährung verhindern. Bei der Beurteilung der Vorhersehbarkeit ist die Rspr. Streng.[97]

84 ▶ Hinweis:

Aus diesem Grund muss in allen Fällen, in denen Spätfolgen nicht von vornherein ausgeschlossen werden können, neben der Leistungsklage zugleich eine Feststellungsklage erhoben werden, durch die festgestellt werden soll, dass sich die Haftung des Schädigers auch auf künftige immaterielle Schäden erstreckt.[98] Dann greift § 197 Abs. 1 Nr. 3 BGB n. F. ein, wonach rechtskräftig festgestellte Ansprüche in 30 Jahren verjähren.

b) Insbesondere: das Feststellungsinteresse

85 Deshalb hat der Verletzte auch und gerade nach neuem Verjährungsrecht ein berechtigtes Interesse an der alsbaldigen Feststellung der Einstandspflicht, wenn die Möglichkeit, die Gefahr künftiger Schäden besteht, die derzeit mit der Gewährung eines einheitlichen Schmerzensgeldes nicht ausgeglichen werden können. Das nach § 256 ZPO geforderte Feststellungsinteresse und die Verjährung stehen in einem inneren Zusammenhang.

86 Das *OLG Oldenburg*[99] geht noch weiter und meint, dass bei der Schätzung des angemessenen Schmerzensgeldes die denkbaren zukünftigen immateriellen Beeinträchtigungen unberücksichtigt zu bleiben hätten, wenn der Kläger einen Feststellungsantrag für zukünftige immaterielle Beeinträchtigungen gestellt habe; denn aus der Antragstellung ergebe sich, dass er keinen alle immateriellen Zukunftsschäden umfassenden Schmerzensgeldantrag stelle.

87 Dem ist nicht zuzustimmen, denn dadurch wird die Bemessung des Schmerzensgeldes weiter unnötig kompliziert. Der Grundsatz, dass das Schmerzensgeld einheitlich zu bemessen ist, sollte auch in Fällen mit möglichen Zukunftsschäden nicht aufgegeben werden.

88 So hat das *OLG Köln*[100] wegen der Wahrscheinlichkeit zukünftiger immaterieller Beeinträchtigungen eine Erhöhung des ohne Berücksichtigung dieser Zukunftsschäden geschuldeten Schmerzensgeldes um 25 % für angemessen gehalten. Eine solche pauschalierte Erhöhung ist jedoch nicht zulässig, wenn nur die Möglichkeit besteht, dass ein künftiger materieller Schaden entsteht. Erst wenn sich Zukunftsschäden verwirklichen, muss ein zusätzliches Schmerzensgeld gezahlt werden. Durch einen pauschalierten Zuschlag kann das angemessene Schmerzensgeld, das bei Realisierung der Spätschäden zu zahlen ist, nicht schon vorab mit einem Teilbetrag abgegolten werden, unabhängig davon, ob sich Spätfolgen überhaupt realisieren.

89 Das rechtliche Interesse i. S. d. § 256 ZPO kann nur dann verneint werden, wenn aus der Sicht des Geschädigten bei vernünftiger Betrachtung kein Grund ersichtlich ist, mit Spätfolgen wenigstens zu

---

95 *BGH* VersR 1967, 1092, 1094; *BGH* VersR 1973, 371.
96 *OLG Köln* OLGR 1993, 54 = NJW-RR 1993, 601; *OLG Hamburg* VersR 1978, 546.
97 *BGH* VersR 1982, 703; *BGH* VersR 1983, 735.
98 RGRK/*Kreft* § 847 Rn. 19; *Deutsch/Ahrens* Rn. 512 ff.
99 *OLG Oldenburg* VersR 1997, 1109 (1 U 83/96).
100 *OLG Köln* VersR 1992, 975 (2 U 191/91).

rechnen.[101] Lediglich wenn z. B. ein Sachverständiger an später eintretende Folgen nicht einmal zu denken brauchte, werden diese von der Rechtskraft nicht erfasst.[102]

Das *OLG Celle*[103] hat ein Feststellungsinteresse bejaht bei einer Bänderruptur im Fußgelenk, weil 90 selbst dann, wenn das Behandlungsergebnis gut sei, ein ruptiertes Band erfahrungsgemäß eine »Schwachstelle« bleibe mit der Folge der erhöhten Verletzungsanfälligkeit, so dass die Gefahr weiterer Schäden bestehe.

c) Begründetheit der Feststellungsklage

Begründet ist der Feststellungsantrag schon dann, wenn Spätschäden mit einer gewissen Wahrschein- 91 lichkeit entstehen können, wenn mit dem späteren Eintritt von Schadensfolgen überhaupt, wenn auch nur entfernt, gerechnet werden kann. Dabei kommt es nicht darauf an, ob der Verletzte selbst diese Spätschäden vorhersehen kann; entscheidend ist vielmehr, ob ein Mediziner, also ein Fachmann, aufgrund des Schadensbildes mögliche Spätschäden nicht ausschließen kann.[104]

Kurz gefasst: Ist die Feststellungsklage zulässig, dann ist sie auch begründet; denn die Argumente, die 92 für die Zulässigkeit sprechen, müssen auch zur Begründetheit führen.[105]

d) Prozessuale Besonderheiten

Kann der Kläger mit der Klage überhaupt noch keinen auf Leistung gerichteten Antrag stellen, muss 93 er **zur Hemmung der Verjährung** eine **Feststellungsklage erheben**. Er ist bei zulässig erhobener Feststellungsklage nicht zum Übergang zur Leistungsklage verpflichtet, auch dann nicht, wenn er den Anspruch im Laufe des Rechtsstreits beziffern kann. Allerdings ist es dem Kläger unbenommen, **im Laufe des Verfahrens von der Feststellungsklage zur Leistungsklage überzugehen**, wenn die Voraussetzungen gegeben sind. Übersieht er dabei Spätfolgen, sind sie von der ursprünglichen Feststellungsklage nicht mehr erfasst.

Eine **Berufung trotz obsiegenden Urteils** allein zum Zweck der Klageerweiterung oder des Über- 94 gangs vom Feststellungs- auf einen Leistungsantrag ist unzulässig.[106]

Erweist sich die Leistungsklage als unbegründet, entspricht aber der Erlass eines Feststellungsurteils 95 dem Interesse des Klägers, kann das Gericht dem im Leistungsbegehren enthaltenen Antrag auf Feststellung auch dann stattgeben, wenn er nicht ausdrücklich hilfsweise gestellt worden ist.[107]

Der zusätzliche Feststellungsantrag ist der sicherste Weg, den der Anwalt zur Vermeidung der Ver- 96 jährung beschreiben muss, will er sich nicht einem späteren Regress aussetzen.

Hier muss auf die Tendenz der Gerichte hingewiesen werden, mit der Zulässigkeit der Feststellungs- 97 klage engherzig zu verfahren, was aber nicht die Billigung des *BGH* findet.[108]

▶ Hinweis: 98

Dem muss der Anwalt vorsorglich energisch entgegentreten. Dem Antrag wird das erstinstanzliche Gericht stattgeben, wenn der Anwalt Spätschäden nennt und diese durch Sachverständigengutachten unter Beweis stellt. Kaum ein Richter wird diesem Beweisantritt nachgehen, sondern sogleich das Feststellungsinteresse bejahen und der Feststellungsklage stattgeben.

---

101 *BGH* MDR 2001, 448.
102 *OLG Schleswig* Urt. v. 23.1.2002 – Az. 9 U 4/01 n. v.
103 *OLG Celle* OLGR 2001, 162 (9 W 21/01).
104 Dazu *v. Gerlach* VersR 2000, 525, 531 f.; *OLG Celle* OLGR 2003, 264.
105 *V. Gerlach* VersR 2000, 525, 532.
106 *BGH* VersR 1992, 1110; *Müller* VersR 1998, 129, 136.
107 *Müller* VersR 1998, 129, 136.
108 Vgl. die Nachweise bei *v. Gerlach* VersR 2000, 525, 529.

V. Schutzumfang

99 Für einen Anspruch ist Voraussetzung, dass eines der in § 253 Abs. 2 BGB genannten Rechtsgüter verletzt ist. Eine »*Bagatellgrenze*«, die minimale Verletzungen von einem Schmerzensgeldanspruch ausnimmt, ist nicht ins Gesetz aufgenommen worden: zwar war eine solche zunächst vorgesehen, um ein sprunghaftes Ansteigen der Haftpflichtprämien zu verhindern. Grundsätzliche Haftungserweiterungen (insbes. Anhebung der Ersatzleistungen für Schwerstverletzte) wurden aber durch Haftungsbegrenzungen z. T. ausgeglichen. Die Praktizierung einer Bagatellgrenze bleibt daher wie bisher der Rspr. vorbehalten, welche auch schon vorher bei geringfügigen Verletzungen ein Schmerzensgeld abgelehnt hatte.[109]

100 Nicht von § 253 Abs. 2 BGB umfasst ist das Leben als solches. Es gibt also **kein Schmerzensgeld für Tod**, sondern allenfalls für die vorangegangenen Schmerzen; dieses können dann die Erben geltend machen.[110] Auch Verwandte erhalten nur Schmerzensgeld, wenn ihr Schock über den Tod des nahen Angehörigen das »übliche« Maß übersteigt und pathologischen Charakter (= Gesundheitsbeschädigung) annimmt (sog. **Schockschaden**[111]).

101 Ebenfalls nicht von § 253 Abs. 2 BGB umfasst ist das **allgemeine Persönlichkeitsrecht**. Die Rspr. arbeitete schon nach altem Recht ohnehin nicht mehr mit einer Analogie zu § 847 BGB a. F., sondern erkannte das allgemeine Persönlichkeitsrecht als sonstiges Recht i. S. d. § 823 Abs. 1 BGB an und gewährte Entschädigung in Geld wegen Verletzung des allgemeinen Persönlichkeitsrechts über eine wegen Artt. 2 Abs. 1, 1 Abs. 1 GG verfassungsrechtlich gebotene Reduktion des § 253 Abs. 1 BGB. An dieser Lösung hat die Schadensrechtsreform nichts geändert.

VI. Bemessungsumstände/»Tabellen«

102 Die Bemessung des angemessenen Schmerzensgeldes erfolgt unter **Berücksichtigung aller den konkreten Fall kennzeichnenden Besonderheiten**.

1. Bemessungsumstände

103 Für die Verletzung der in § 253 Abs. 2 BGB genannten Rechtsgüter ist eine »**billige Entschädigung in Geld**« zu leisten. Bei der Bemessung des für eine Verletzung angemessenen Schmerzensgeldes sind Ausgleichs- und Genugtuungsfunktion, die zwei Elemente des Schmerzensgeldanspruchs, relevant, die der *BGH* in der hierzu richtungsweisenden Entscheidung des großen Zivilsenats aus dem Jahre 1955[112] wie folgt umreißt:

104 »*Der Anspruch auf Schmerzensgeld ... ist kein gewöhnlicher Schadensersatzanspruch, sondern ein Anspruch eigener Art mit einer doppelten Funktion: Er soll dem Geschädigten einen angemessenen Ausgleich für diejenigen Schäden bieten, die nicht vermögensrechtlicher Art sind, und zugleich dem Gedanken Rechnung tragen, dass der Schädiger dem Geschädigten Genugtuung schuldet für das, was er ihm angetan hat.*«

105 Diese beiden Funktionen, nämlich Ausgleich der erlittenen Schäden (**Ausgleichsfunktion**) und Genugtuung für das Erlittene (**Genugtuungsfunktion**) haben im Grundsatz auch heute noch Gültigkeit bei der Bemessung von Schmerzensgeldern.[113]

---

109 Ausführlich *Jaeger/Luckey* Rn. 21–26. Plastisch auch *BGH* NJW 1993, 2173: eine 1 cm lange Platzwunde, die die Klägerin erlitt, als sie sich in einer unwillkürlichen Schreckreaktion auf NATO-Tiefflieger auf die Wiese warf, ist eine entschädigungslos hinzunehmende Bagatellverletzung. Anders dagegen das *LG Frankfurt* NJW 2002, 2253, das einem Benutzer der DB AG ein Schmerzensgeld in Höhe von 400 Euro zuerkannte, weil dieser sich zwei Stunden mit einem dringenden Bedürfnis quälen musste, da keine funktionsfähige Toilette im Zug war.
110 Ausführlich Rdn. 382–437.
111 Ausführlich Rdn. 310–381.
112 *BGH* BGHZ 18, 149 = NJW 1955, 1675 (GSZ 1/55).
113 Ausführlich zu beiden Funktionen des Schmerzensgeldes *Jaeger/Luckey* Rn. 959–1342.

a) Ausgleichsfunktion

Der Umfang des Schadens, das Ausmaß der konkreten Beeinträchtigung, sind für die Bemessung des Schmerzensgeldes in *erster Linie* ausschlaggebend. Diesen Gesichtspunkt hat der *BGH* schon in einer Entscheidung von 1952[114] hervorgehoben. Beeinträchtigungen sind nicht nur Körperschäden im eigentlichen Sinne, etwa der Verlust des Augenlichtes oder die Unfähigkeit zum Springen und Laufen nach einer Amputation. Es sind auch subjektive Empfindungen, die soziale und berufliche Stellung, die nicht selbstständigen Krankheitswert erreichen müssen, wenn eine Verletzung von Körper und/oder Gesundheit, die sog. Primärverletzung, vorliegt. Auch der Beschluss des großen Senats vom 6.7.1955[115] sieht im Ausgleich eine wesentliche, wenn auch nicht die einzige Funktion des Schmerzensgeldes. Das Ausmaß der Lebensbeeinträchtigung stehe bei der Bemessung des Ausgleichs an erster Stelle; die Größe, Heftigkeit und Dauer der Schmerzen bleibe vor der Genugtuung die wirtschaftliche Grundlage für die Bemessung der Entschädigung.

106

Kriterien zur Bemessung des Schmerzensgeldes sind daher etwa:
– Schmerzen
– Schwere der Verletzungen
– Verletzungsbedingtes Leiden (Verlauf des Heilungsprozesses)
– Dauer des Leidens; Dauerschäden (Verlust von Gliedern; Behinderungen[116]).

107

Eine Geldsumme, die als Ausgleich gezahlt wird, soll es nach dem historischen Verständnis der Ausgleichsfunktion dem Verletzten ermöglichen, sich Annehmlichkeiten und Erleichterungen zu verschaffen[117] oder einer Liebhaberei nachzugehen, die ihm bisher nicht zugänglich war. Es soll nicht einmal ausgeschlossen sein, dass der Verletzte Befriedigung einfach durch den Besitz der Geldsumme empfindet und dadurch von seinen Schmerzen abgelenkt wird. Die Entschädigung soll ihm die Möglichkeit geben, sein seelisches Gleichgewicht wieder zufinden, soweit die Schwere seiner Verletzung und seines Leidens dies überhaupt gestattet.[118] Das bedeutet aber nicht, dass der Geschädigte darlegen muss, wie er mit dem Schmerzensgeldbetrag umgehen will.

108

In der Entscheidung vom 6.7.1955[119] hat der *BGH* zwar die Bedeutung der Ausgleichsfunktion deutlich herausgestellt, er hat aber dann doch wieder auf den Gesichtspunkt der Buße oder Genugtuung zurückgegriffen. Hierzu heißt es, das alleinige Abstellen auf den Ausgleichsgedanken sei unmöglich, weil immaterielle Schäden sich nie und Ausgleichsmöglichkeiten nur beschränkt in Geld ausdrücken ließen. In Fällen weitgehender Zerstörung der Persönlichkeit sei ein Ausgleich in dem Sinne nicht möglich, weil der Verletzte subjektiv das Bewusstsein seiner Schädigung nicht besitze. Aus diesem Grund ist die Entscheidung allgemein so verstanden worden, dass die Ausgleichsfunktion des Schmerzensgeldes das Bewusstsein des Geschädigten von der Beeinträchtigung voraussetzt.[120]

109

Dabei wurde übersehen, dass in diesen Fällen vom Verletzten eine Genugtuung erst recht nicht empfunden werden konnte. In den Fällen der völligen Zerstörung der Persönlichkeit mussten folglich sowohl die Ausgleichsfunktion als auch die Genugtuungsfunktion nach damaligem Verständnis gleichermaßen ins Leere laufen.

110

In neueren Entscheidungen des *BGH* wird die Ausgleichsfunktion daher wesentlich *weiter* verstanden.[121] Er lässt das Erfordernis fallen, dass von einem Ausgleich nur die Rede sein könne, wenn der Verletzte die Beeinträchtigung auch empfinde. Die Beeinträchtigung bestehe in diesen Fällen näm-

111

---

114 *BGH* BGHZ 7, 223, 225 (III ZR 340/51).
115 *BGH* BGHZ 18, 149 = NJW 1955, 1675 (GSZ 1/55).
116 *BGH* VersR 1988, 1034.
117 *RG* Urt. v. 14.6.1934 – Az. VI 126/34 n. v.
118 *Jaeger/Luckey* Rn. 960.
119 *BGH* BGHZ 18, 149 = NJW 1955, 1675 (GSZ 1/55).
120 *Müller* VersR 1993, 909, 912 m. w. N.
121 *BGH* BGHZ 120, 1.

lich gerade in der mehr oder weniger vollständigen **Zerstörung der Persönlichkeit**, was bei der Bemessung des Ausgleichs zu berücksichtigen sei.

112 Möglicherweise kann sich bei einem solchen erweiterten Verständnis der Ausgleichsfunktion die Genugtuungsfunktion als entbehrlich erweisen.[122] Im Urteil des *BGH* aus dem Jahre 1992[123] wird sie nur noch unter dem Blickpunkt erwähnt, dass sie bei den die Empfindungsfähigkeit ausschließenden Schwerstschäden keine Rolle spielen könne. Ob sie bei anderen Fallgruppen, in denen der Schadensausgleich ohnehin im Vordergrund steht, noch eine eigenständige Bedeutung hat, erscheint jedenfalls bei fahrlässigen Rechtsverletzungen fraglich.[124]

b) Genugtuungsfunktion

113 Die geschichtliche Entwicklung des Schmerzensgeldes zeigt, dass lange vor dem Inkrafttreten des BGB die herrschende Meinung für einen **reinen Entschädigungscharakter** des Schmerzensgeldes eintrat.[125] Moralisierende oder strafrechtliche Gesichtspunkte sollten bei der Bestimmung der zivilrechtlichen Folgen unerlaubten Handelns unberücksichtigt bleiben.

114 Bis zur Entscheidung des großen Zivilsenats vom 6.7.1955[126] war es daher einhellige Auffassung, dass ein Schmerzensgeldanspruch ausschließlich Ausgleichsfunktion haben sollte.

115 Die Genugtuungsfunktion rückt das Schmerzensgeld in die Nähe der **Strafe**, so dass es eine irrationale Funktion erhält. Das Schmerzensgeld soll nach dieser Lehre die Verbitterung des Verletzten über das ihm angetane Unrecht besänftigen und seine Gefühle vom Gefühl des Hasses und dem Wunsch nach Vergeltung entlasten. Allerdings geht auch die Genugtuungslehre nicht davon aus, dass das Schmerzensgeld alleine der Genugtuung dienen soll, es soll die Kompensation nur erleichtern; denn Verbitterung oder Hass sind keine ausschlaggebenden rechtlichen Argumente.[127]

116 Sein hauptsächliches Anwendungsgebiet hat die Genugtuungsfunktion bei (vorsätzlichen) **Straftaten** oder **verzögerter Regulierung** durch die Haftpflichtversicherung.

aa) Vorsätzliche Straftaten

117 Vorsätzliche **Straftaten** sind im Verkehrsunfallrecht eher selten; die überwiegende Zahl der Verkehrsunfälle geschieht fahrlässig. Da für das Bestehen des Anspruchs auf Schmerzensgeld nach der Änderung des § 253 Abs. 2 BGB kein Verschulden mehr erforderlich ist, dürfte eine schmerzensgelderhöhende Wirkung nur fahrlässigen Verhaltens ohnehin kontraproduktiv sein; würde das Verschulden nämlich bei der Höhe des Schmerzensgeldes gleichwohl berücksichtigt, wäre die erwünschte Rationalisierung nicht eingetreten.[128] Andererseits entfällt der Genugtuungsaspekt nicht etwa deshalb, weil der Schädiger strafrechtlich verurteilt wurde.[129]

118 Die Rspr.[130] vertritt daher die Auffassung, dass jedenfalls eine fahrlässige Begehung die Höhe des Schmerzensgeldes nicht beeinflusst, um die Verkehrsunfallprozesse und die Abwicklung über §§ 7 StVG, 253 Abs. 2 BGB nicht mit Verschuldenserwägungen zu »belasten«.

---

122 *Müller* VersR 1993, 909, 913; *Küppersbusch* Rn. 274.
123 *BGH* BGHZ 120, 1 = NJW 1993, 781 (VI ZR 201/91).
124 *Müller* VersR 1993, 909, 913.
125 *RG* RGZ 8, 117 f.
126 *BGH* BGHZ 18, 149 = NJW 1955, 1675 (GSZ 1/55).
127 *Jaeger/Luckey* Rn. 964.
128 *Jaeger/Luckey* Rn. 1159 ff. (inbes. Rn. 1162).
129 *BGH* VersR 1995, 351; *Ludovisy/Kuckuk* S. 391; *v. Bühren/Jahnke* S. 365.
130 Beispielhaft *OLG Celle* VersR 2005, 91. In diese Richtung (»Zurücktreten der Genugtuungsfunktion« im Verkehrsrecht) auch *OLG Düsseldorf* VersR 1996, 1508. Zustimmend etwa Himmelreich/Halm/*Luckey* Kap. 8 Rn. 32; Kritisch und ablehnend *Ferner/Bachmeier* S. 460; *Geigel/Pardey* S. 237. Differenzierend *Geigel/Kunschert* S. 880: Berücksichtigung umso eher, je gravierender das Verschulden ist. Kritisch *Diederichsen* VersR 2005, 433, 435; *Müller* VersR 2003, 1, 4; *Pauker* VersR 2004, 1391, 1395.

bb) Verzögerte Regulierung

Häufiger ist die Erhöhung des Schmerzensgeldes wegen **verzögerter Regulierung**.[131] In diesem Falle wird die Ausnutzung der wirtschaftlichen Machtstellung[132] durch den Ersatzpflichtigen, die Herabwürdigung des Verletzten, die Nichtberücksichtigung seiner durch die Verletzung herbeigeführten existenzbedrohenden Situation usw. durch einen Zuschlag zu dem an sich geschuldeten Schmerzensgeld »bestraft«, um dem Geschädigten einen Ausgleich dafür zu verschaffen, dass der Ersatzpflichtige den Ausgleich insgesamt verzögert hat. Ein solcher Zuschlag wird gewährt, weil die Rspr. unterstellt, dass durch ein verzögerliches Regulierungsverhalten das Leid des Verletzten erhöht wird, so dass diese zusätzlich entstandene Beeinträchtigung auch zusätzlich zu entschädigen, also ein zusätzlicher Ausgleich zu gewähren ist.[133]

> **Hinweis:**
>
> Da es um den Ausgleich des weiteren Leidens des Verletzten geht, erfolgt keine Berücksichtigung verzögerter Regulierung, wenn bei einem ererbten Ersatzanspruch die Regulierungsverhandlungen erst nach dem Tod stattfanden.[134]

Letztlich ist daher auch denkbar – so etwa das *OLG Hamm*[135] – die Erhöhung des Schmerzensgeldes bereits aus der Ausgleichsfunktion abzuleiten. Maßgebend ist, ob – etwa bei einfacher Rechtslage – die Zahlung des Schmerzensgeldes grundlos besonders lange hinausgezögert worden ist.[136]

Dabei ist es selbstverständlich, dass gerade Versicherer sorgfältig beobachten, wie sie den zu leistenden Schadensersatz möglichst gering halten können. Insbesondere wenn ein hoher Zinsschaden oder wenn hohe Kosten der Rechtsverfolgung drohen, werden sie diese Positionen durch hohe Teilzahlungen zu reduzieren suchen. Eine verzögerliche Regulierung liegt daher nicht schon dann vor, wenn der Ersatzpflichtige sich aus nachvollziehbaren Gründen – und nicht nur »ins Blaue« – hinein – gegen eine Schadensersatzforderung zur Wehr setzt. Dieses Recht, eine seiner Auffassung nach zum Grund und/oder Höhe unbegründete Ersatzforderung gerichtlich überprüfen zu lassen, darf einem Versicherer nicht dadurch beschnitten werden dass er mit höherem Schmerzensgeld bestraft wird, weil sich seine (zulässigen) Einwände nicht halten lassen.[137] Eine Regulierungsverzögerung liegt somit ebenfalls nicht schon dann vor, wenn sich der Versicherer im Prozess auf Umstände beruft, die er letztlich nicht beweisen kann.[138]

---

131 Kritisch zu dieser Fallgruppe insgesamt *Schellenberg* VersR 2006, 878.
132 Deswegen kommt bei der Vorenthaltung kleinerer Beträge die Annahme von Regulierungsverzögerung regelmäßig nicht in Betracht. So hat das *OLG Brandenburg* SP 2011, 141, Regulierungsverzögerung in einem Fall verneint, wo vier Monate lang der Betrag von 5.000,00 € nicht gezahlt wurde: es gehe bei dieser Summe »nicht um eine Existenzbedrohung« der Klägerin, aufgrund derer sie auf eine unverzügliche Zahlung angewiesen sei. Ebenso *OLG Saarbrücken* Urt. v. 7.6.2011 – 4 U 451/10, unveröffentlicht: »Die Schwere der Verletzungen und die Höhe des zuzuerkennenden Schmerzensgeldes sind zu gering, um eine psychische Beeinträchtigung des Klägers durch den verzögerten Ausgleich der vollen Schadensersatzleistung plausibel erscheinen zu lassen«.
133 *Jaeger/Luckey* Rn. 976 ff.
134 *OLG Koblenz* NJW-RR 2008, 1055.
135 *OLG Hamm* OLGR 2003, 167 (9 W 7/02).
136 *Müller* VersR 1993, 909, 916; Der *BGH* VersR 2005, 1559 hat zwar die Frage offen gelassen, ob ein verzögerliches Regulierungsverhalten bei der Bemessung des Schmerzensgeldes Berücksichtigung finden kann, er hat die Frage aber ausdrücklich nicht verneint; zur Schmerzensgeldbemessung bei verzögerlichem Regulierungsverhalten vgl. auch *OLG Köln* VersR 2007, 259.
137 *OLG Dresden* VersR 2001, 868; *v. Bühren/Jahnke* S. 368. Sehr weitgehend daher *OLG Naumburg* VersR 2002, 1569 und *OLG Nürnberg* VersR 1998, 731, die den Versicherer bereits dann für verzögerte Regulierung haften lassen, wenn sich seine verfahrensverzögernden Einwände letzten Endes als unzutreffend erweisen.
138 *OLG Brandenburg* NZV 2010, 154.

121 Eine Erhöhung setzt also ein über das Maß der »üblichen« Rechtsverteidigung hinausgehendes **ablehnendes Verhalten** der Versicherung voraus. So hat das *OLG Naumburg*[139] das Regulierungsverhalten eines Versicherers bei der Bemessung des Schmerzensgeldes berücksichtigt, weil dieser vorprozessual ein Schmerzensgeld in ersichtlich **unzureichender Höhe** angeboten und im Prozess verfahrensverzögernde unzutreffende Einwände gegen die Schmerzensgeldhöhe erhoben hatte. Das *OLG Nürnberg*[140] spricht bei vorprozessualer Zahlung von (nur) 2.000 € trotz klarer Haftung und eines Schmerzensgeldbetrags von letztlich 35.000 € von »Zermürbungsversuchen« der Versicherung. Das *OLG München*[141] hielt – bei »eindeutigem Unfallgeschehen« und einer Vielzahl schwerer Verletzungen, die vom Senat mit 100.000,00 € Schmerzensgeld bemessen wurden – den vorprozessual gezahlten Betrag von (immerhin) 35.000,00 € für »offensichtlich zu niedrig« und nahm ein »kleinliches Regulierungsverhalten« an. Auch das völlige Fehlen von Abschlagszahlungen über einen Zeitraum von vier Jahren trotz klarer Haftungslage kann den Vorwurf verzögerter Regulierung begründen.[142] Das *OLG Schleswig*[143] erhöhte den »an sich« angemessenen Betrag von 60.000,00 € um weitere 10.000,00 €, weil trotz Differenzen der gesamtschuldnerisch haftenden Beklagten nur über den Innenausgleich über sieben Jahre keinerlei Zahlungen geleistet worden waren, und wertete dies als »hartnäckige Verweigerung«.

122 Den Vorwurf **grundlos herabwürdigenden Sachvortrags** behandelt ein Urteil des *OLG Nürnberg*[144], welches dem Verletzten eine zusätzliche Genugtuung gewährt, weil die Beklagte dem Kläger grundlos entgegengehalten hatte, er sei bei dem Unfall mit 0,5 bis 0,8 ‰ alkoholisiert gewesen. Eine solche Prozessführung gehe über eine verständliche Rechtsverteidigung hinaus.

123 Zum **Verhalten im Prozess** und dem Leugnen einer Einstandspflicht entschied der 19. Zivilsenat des *OLG Köln*,[145] dass ein Schädiger, der seine Verantwortung über einen Zeitraum von fünf Jahren geleugnet hatte, wegen dieses Verhaltens ein höheres Schmerzensgeld zu zahlen habe.

124 Denkbare Indizien sind ferner[146]
– das vorsätzliche und »arglistige« Ablehnen einer Einstandspflicht
– das Hinauszögern der Regulierung
– den herabwürdigenden Prozessvortrag und zuletzt
– die unzureichende vorprozessuale Zahlung.

125 Die Gerichte differieren in den »Zuschlägen«, die wegen verzögerter Regulierung zuerkannt werden. Häufig ist auch eine quotenmäßige Bestimmung des »Zuschlags« nicht möglich, weil aufgrund der Rechtsnatur des Schmerzensgeldes als einheitliche Entschädigung für den konkreten Einzelfall richtigerweise in der Bemessung die Summe nicht aufgespalten werden darf in den »an sich« geschuldeten und den »erhöhten« Betrag. Wo Gerichte sich gleichwohl zu dem **Maß der Erhöhung** äußern, bewegt sich diese von 25 % bis 50 %.[147]

---

139 *OLG Naumburg* VersR 2002, 1569; so auch *OLG Naumburg* NJW-RR 2002, 672.
140 *OLG Nürnberg* VersR 2007, 1137.
141 *OLG München* NJW-Spezial 2010, 617.
142 *KG* MDR 2010, 1318.
143 *OLG Schleswig* Urt. v. 23.2.2011 – 7 U 106/09, unveröffentlicht.
144 *OLG Nürnberg* VersR 1997, 1108 f.
145 *OLG Köln* OLGR 2003, 214 (19 U 102/02).
146 *OLG Naumburg* SVR 2004, 315.
147 *OLG Köln* NJW-RR 2002, 962: 25 %; *OLG Naumburg* NZV 2002, 459: $^1/_3$; *OLG Frankfurt* NJW 1999, 2447 f.: 50 %; *OLG Naumburg* SVR 2004, 315: 50 %. Geigel/*Pardey* S. 238, plädiert für eine Erhöhung um maximal 20 %. Sehr angreifbar hat *OLG Schleswig* Urt. v. 23.2.2011 – 7 U 196/09, unveröffentlicht, ein Schmerzensgeld von 60.000,00 € ausdrücklich um 10.000,00 € für Regulierungsverzögerung erhöht, obwohl die Klägerin keinen unbezifferten Antrag, sondern (nur) Zahlung von 60.000,00 € verlangt hatte. Die Klägerin hatte noch den weiteren Fehler gemacht, trotz eines Unfalls aus Mai 2004 Zinsen erst ab Rechtshängigkeit (20.12.2007) zu verlangen, weil die Inverzugsetzung unterblieben war, und hier letztlich mehr an Zinsen verschenkt, als sie an Zuschlag bekommen hat.

2. Beispiele

Kriterien, die bei der Bemessung des Schmerzensgeldes von der Rspr. berücksichtigt werden, sind etwa: 126
- Art der erlittenen Verletzungen
- Intensität der Schmerzen
- Umfang und Anzahl operativer Maßnahmen, evtl. stationäre Behandlung und Therapie
- Heilungsverlauf, etwaige Komplikationen, zusätzliche Therapieerfordernisse[148]
- Alter des Geschädigten[149]
- Dauer und Grad der Minderung der Erwerbstätigkeit (MdE)
- etwaige Dauerschäden (berufliche Beeinträchtigungen, Behinderungen, Verlust von Gliedern, Einschränkungen im Sexualleben)
- psychische Beeinträchtigungen,[150] u. a. durch entstellende Narben
- Verminderung der Heiratschancen
- etwaige Geburtsprobleme durch Beckenverletzungen
- psychische Schäden wie Angstzustände, Wesensveränderungen
- Einschränkung der Berufswahl
- entgangene Lebensfreuden, wie z. B. Sport; Autofahren etc.
- entgangene Urlaubsfreuden.[151]

▶ **Hinweis:**

Im Deliktsrecht besteht ansonsten **kein** Schadensersatzanspruch wegen entgangenen Urlaubs.[152] Anders dagegen im Reiserecht, wo ein derartiger Anspruch gegeben ist (§ 651f Abs. 2 BGB).

- »Weihnachtszuschlag« für durch das schädigende Ereignis verdorbene Feiertage[153]
- Regulierungsverzögerung auf Versichererseite (zögerliche Regulierung, Zermürbungstatik) kann zur Erhöhung des Schmerzensgeldes führen[154]

▶ **Hinweis:**

Regulierungsverzögerung liegt auch dann vor, wenn ein völlig unzureichender Vorschussbetrag entrichtet wird.

- Maß des Verschuldens auf Schädigerseite; eine strafrechtliche Verurteilung führt aber nicht dazu, dass das Schmerzensgeld nun geringer ausfallen würde.[155]

Mindernd bei der Bemessung zu berücksichtigen sind: 127
- Mitverschulden
  Vertiefung: aufgrund der Rechtsnatur des Schmerzensgeldes als **einheitliche** Entschädigungssumme für die konkret erlittene immaterielle Beeinträchtigung darf keine »Addition« oder »Quotelung« stattfinden. Das heißt, bei Verletzung mehrerer Körperteile wird nicht etwa für jede Ver-

---

148 *Ludovisy/Kuckuk* S. 393.
149 *OLG Köln* ZfS 2011, 259: Ein und dieselbe Beeinträchtigung wird nicht in jedem Lebensalter als gleich gravierend empfunden. Etwa *OLG Saarbrücken* OLGR 2006, 819: Ein Krankenhausaufenthalt wird im kindlichen Alter als besonders belastend empfunden. Vgl. auch *Ludovisy/Kuckuk* S. 394; *Jaeger/Luckey* Rn. 1044 ff.
150 Etwa auch *LG Bochum* NJOZ 2011, 33 (3 O 454/07): Psychische Beeinträchtigungen einer schwangeren Geschädigten (19. SSW) nach leichten Beckenverletzungen wegen der Sorge um das ungeborene Kind.
151 *BGH* NJW 1975, 40; *BGH* NJW 1980, 1947.
152 *BGH* NJW 1983, 1107.
153 *LG Itzehoe* zfs 1983, 261: 150 Euro.
154 *BGH* VersR 1970, 134; *OLG Braunschweig* zfs 1995, 90; *OLG Köln* SP 1995, 267.
155 Hierzu auch *OLG Frankfurt* OLGR 1998, 257: Selbst die »Selbstjustiz« von Freunden des Opfers einer Schlägerei, die sich danach den Täter »vornehmen«, führt nicht zum Entfallen der Genugtuungsfunktion.

letzung gesondert ein Betrag festgelegt und dann addiert, sondern ein einheitlicher Betrag für das Gesamtbild der Verletzungen ausgeworfen. Ebenso wird – häufig bei Verkehrsunfällen – bei einem Mitverschulden des Klägers nicht etwa abstrakt ein »angemessenes« Schmerzensgeld festgelegt und dieses sodann quotal gekürzt, sondern es wird ein Betrag zuerkannt, der bereits »unter Berücksichtigung des Mitverschuldens« gebildet wurde. Dass dies in der Praxis dennoch häufig durch Quotelung geschieht, liegt auf der Hand.

▶ **Antragsbeispiel (Mitverschulden):**

»Es wird festgestellt, dass die Beklagten gesamtschuldnerisch dem Kläger den infolge des Unfalls entstandenen und noch entstehenden immateriellen Schaden zu ersetzen haben, wobei zu berücksichtigen ist, dass den Kläger hinsichtlich der Unfallursache ein Mitverschulden von $^1/_3$ trifft«.

– Gefälligkeitsfahrt.[156]

3. Sonderproblem: wirtschaftliche Verhältnisse der Beteiligten

128 Seit der Entscheidung des großen Zivilsenats im Jahre 1955[157] ist anerkannt, dass die wirtschaftlichen Verhältnisse beider Beteiligten als eine der möglichen Grundlagen der Bemessung des Schmerzensgeldes berücksichtigt werden können.[158] Hierbei muss unterschieden werden:
– die wirtschaftliche Leistungsfähigkeit des **Schädigers** kann zu berücksichtigen sein.[159] Hat dieser keinen Haftpflichtversicherungsschutz, kann seine finanzielle Leistungsfähigkeit die Höhe des Schmerzensgeldes beeinflussen.[160] Die (schlechten) wirtschaftlichen Verhältnisse des Schädigers dürfen jedoch nicht automatisch zu einer Kürzung des Schmerzensgeldes führen;[161] und das Be-

---

156 Str. *BGH* NJW 1955, 1175; dagegen *OLG Hamm* RuS 1998, 236. Die Berücksichtigung bei der Bemessung des Schmerzensgeldes hat nichts mit der (streitigen) Frage zu tun, wie dem Grunde nach für Unfälle bei Gefälligkeitsfahrten gehaftet wird: nach altem § 8a StVG wurde nämlich gegenüber einem Fahrzeuginsassen nicht aus StVG gehaftet (Ausnahme nur: entgeltliche Beförderung). Um in den Fällen eines Unfalls bei Gefälligkeitsfahrten oder Fahrgemeinschaften gleichwohl eine – als billig empfundene – Haftung des Fahrers zu erreichen, hat der BGH § 823 BGB angewandt und sämtliche von der Literatur für die Haftungseinschränkung bei Gefälligkeitsfahrten entwickelten Vorschläge (insbes.: analoge Anwendung der §§ 521, 599 BGB; stillschweigender Haftungsausschluss) verworfen (*BGH* BGHZ 30, 40, 46; *BGH* BGHZ 43, 72, 76). Das Problem ist durch die Neufassung des § 8a StVG zum 1.8.2002 entschärft; nunmehr wird gegenüber jedem Insassen aus §§ 7, 18 StVG gehaftet mit der Möglichkeit der Vereinbarung eines Haftungsausschlusses im nichtgewerblichen Bereich.
157 *BGH* BGHZ 18, 149 = NJW 1955, 1675 (GSZ 1/55).
158 *Küppersbusch* Rn. 278; *Müller* VersR 1993, 909, 916; *Diederichsen* VersR 2005, 433, hält es auch heute noch für geboten, im Rahmen der Billigkeit die wirtschaftlichen Verhältnisse des Schädigers und des Verletzten zu berücksichtigen. Zur Begründung verweist sie auf o. g. BGH-Entscheidung und auf die die frühere Bedeutung der §§ 829 und 1300 BGB. A. A. *Knöpfel* AcP 155 (1956), 135, 149, weil bei Berücksichtigung der wirtschaftlichen Verhältnisse des Schädigers die Höhe des Schmerzensgeldes vom Zufall abhängen würde.
159 *BGH* RuS 1993, 180 f.; *BGH* VersR 1993, 585; in der Entscheidung *BGH* BGHZ 7, 223, 225 hatte der *BGH* noch ausgeführt, dass bei der Bemessung der Höhe des Schmerzensgeldes die Vermögensverhältnisse des Verpflichteten nicht zu berücksichtigen seien und dass es auf das Bestehen einer Haftpflichtversicherung zu Gunsten des Verpflichteten nicht ankomme. Diese Auffassung des *BGH* hat der große Zivilsenat in der Entscheidung vom 6.7.1955 (BGHZ 18, 149) aufgegeben und ausdrücklich ausgeführt, dass die wirtschaftlichen Verhältnisse des Schädigers, insbesondere eine Haftpflichtversicherung, zu berücksichtigen seien. Dazu auch *Jaeger/Luckey* Rn. 1317 ff.; *Ludovisy/Kuckuk* S. 394.
160 *OLG Hamburg* VersR 1980, 1029 f.; *OLG Celle* OLGR 2003, 62; *Geigel/Pardey* S. 239 – a. A. *OLG Hamm* VersR 1998, 1392: eine Verminderung des Schmerzensgeldanspruchs bei bestehenden familiären Beziehungen zwischen dem Schädiger und dem Verletzten (Vater/Sohn) komme auch dem Haftpflichtversicherer des Vaters zugute. Vgl. auch *OLG Köln* VersR 2002, 65; *OLG Stuttgart* NJW-RR 1998, 534. Das Fehlen einer Haftpflichtversicherung kann zu einem niedrigeren Schmerzensgeld führen, *OLG Hamm* RuS 2002, 501.
161 Die Berücksichtigung der wirtschaftlichen Verhältnisse eines vermögenslosen Schädigers darf jedenfalls

stehen einer Haftpflichtversicherung kann nicht bedeuten, dass der Schmerzensgeldanspruch überhaupt erst entsteht oder höher ausfällt.[162] Es gilt, dass das Schmerzensgeld Schadensersatz ist; es ist dazu bestimmt, dem Verletzten für die erlittenen körperlichen und seelischen Leiden einen Ausgleich zu geben. Mögen die wirtschaftlichen Verhältnisse des Schädigers dazu führen, dass es im unteren Bereich des Angemessenen angesiedelt wird, jedenfalls bei **Vorsatztaten** darf es auf die wirtschaftlichen Verhältnisse des Schädigers in der Regel **nicht** ankommen.[163]
– Die wirtschaftlichen Verhältnisse des Verletzten sind grundsätzlich für die Bemessung irrelevant. Dass ein Grundsatz »höheres Schmerzensgeld bei höherem Einkommen« nicht richtig sein kann,[164] folgt schon daraus, dass einem vielfachen Millionär durch ein noch so hohes Schmerzensgeld kein Ausgleich gewährt werden könnte. Schon das *Reichsgericht*[165] hat hervorgehoben, dass ein Gericht den Grundsatz der Gleichheit und Billigkeit verletzt, wenn es wegen einer entstellenden Augenverletzung ein Schmerzensgeld in Höhe von 125 000 DM mit der Begründung zuspricht, dass »die Klägerin als Tochter eines reichen Mannes bei ihrer guten körperlichen und geistigen Veranlagung ohne die Schädigung die größten Anforderungen an das Leben hätte stellen können«. Ein Schmerzensgeld kann aber auch nicht völlig versagt werden, weil der Reiche durch materielle Güter so »abgestumpft« ist, dass ihm ein Vermögenszuwachs nicht die geringste Freude bereiten könnte.[166] Nicht gefolgt werden kann daher der Auffassung,[167] »besonders günstige Vermögensverhältnisse des Geschädigten könnten etwa die Ausgleichsfunktion zurücktreten lassen und seine schlechte wirtschaftliche Lage könne zu einer Erhöhung des Schmerzensgeldes führen«.

Besondere wirtschaftliche Lebensumstände des Verletzten sind daher von der Rspr. nur vereinzelt bei der Bemessung berücksichtigt worden. Ist der Verletzte **Ausländer**[168] und beabsichtigt er, in sein Heimatland mit geringem Standard zurückzukehren, so genügt nach Ansicht des *OLG Köln* auch bei schweren Verletzungen ein verhältnismäßig **geringes** Schmerzensgeld, um ihm dort den Aufbau einer Existenz zu ermöglichen und den erlittenen Schaden auszugleichen.[169] Umgekehrt hat das *KG Berlin*[170] jedoch ein **höheres** Schmerzensgeld für einen US-Amerikaner mit der Begründung abgelehnt, dass bei der Bemessung von Schmerzensgeldansprüchen, die deutschem Recht unterliegen, der Umstand nicht zu berücksichtigen ist, dass es nach dem Recht des Heimatlandes einen nach hiesigem Verständnis besonders hohen Ausgleich gibt. Auch das *OLG Koblenz*[171] hat einem in der BRD leben-

---

nicht dazu führen, dass von der Verhängung eines Schmerzensgeldes ganz abgesehen oder nur ein symbolisches, der Tat und ihren Folgen unangemessenes Schmerzensgeld verhängt wird, vgl. *OLG Köln* VersR 2002, 65.

162 Bei dieser Betrachtung geriete man in einen Widerspruch zum versicherungsrechtlichen Trennungsprinzip. Dieses besagt, dass die Eintrittspflicht des Versicherers dem jeweiligen Schadensersatzanspruch zu folgen hat und nicht umgekehrt. Vgl. *Nixdorf* NZV 1996, 89 f. m. w. N.
163 *KG Berlin* KGR 2004, 510, 513.
164 So schon *RG* JW 1925, 2599 mit zustimmender Anm. von *Blume*. Das *RG* meint, die guten Vermögensverhältnisse der Familie der Geschädigten dürften allenfalls zu deren Nachteil, zu deren Ungunsten, berücksichtigt werden; s. a. *Berger* VersR 1977, 877, 879 und *Huber* NZV 2006, 169, 173.
165 *RG* JW 1925, 2599 Nr. 11.
166 *Knöpfel* AcP 155 (1956), 135, 145 f.
167 *Budewig/Gehrlein* S. 446, mit Nachweisen aus der früheren Rspr.
168 Nach *BGH* BGHZ 93, 214, 218; *BGH* BGHZ 119, 137, 142 sind die wirtschaftlichen Gegebenheiten am gewöhnlichen Aufenthaltsort des Verletzten zu beachten.
169 *OLG Köln* zfs 1994, 47: geringeres Kaufkraftniveau und geringeres Einkommen in Polen – Kürzung um 25 %. Zustimmend *Huber* NZV 2006, 169, 173, da das Schmerzensgeld sonst zum »unverdienten Glücksfall« werde, welcher die »Sippe für Jahrzehnte« miternähre; ebenfalls *v. Bühren/Jahnke* S. 361. Allerdings hat das *OLG Düsseldorf* NJW 2008, 530, einem polnischen Geschädigten die fiktive (!) **Sach**schadensabrechnung nach **deutschen** Preisen zuerkannt. Und der *BGH* NZV 2008, 451 sieht in den niedrigen Lebenshaltungskosten in Polen keinen Grund die nach § 115 Abs. 3 ZPO maßgebenden Vermögensbeiträge herabzusetzen.
170 *KG Berlin* VersR 2002, 1567, der *BGH* hat die Revision durch Beschl. v. 9.4.2002 – Az. VI ZR 280/01 – nicht angenommen.
171 *OLG Koblenz* SP 2002, 239.

den US-Amerikaner ein höheres Schmerzensgeld verweigert und ihm nicht das Gefühl erspart, er werde durch das im Vergleich zu dem in den USA weitaus höheren Schmerzensgeldniveau »rückständige« deutsche Rechtssystem benachteiligt.

130 Ein anderer Gesichtspunkt, nämlich das (hohe) **Preisniveau** im Raum Frankfurt/M., in dem der Kläger wohnte, ist bei der Bemessung des Schmerzensgeldes vom *OLG Frankfurt*[172] herangezogen worden. Unter Berufung auf den Ausgleichsgedanken führt das *OLG Frankfurt* aus, ein Schmerzensgeldbetrag müsse jedenfalls so bemessen sein, dass er dem Geschädigten auf Dauer die Möglichkeit gebe, materielle Bedürfnisse, wenn auch nicht in uneingeschränktem Maße, so doch soweit zu befriedigen, dass er wenigstens in diesem Bereich keine Entbehrungen auf sich nehmen müsse und in dem Bewusstsein einer materiell gesicherten Existenz leben könne, um die Entbehrungen, die sich für die Dauer des Lebens aufgrund der Querschnittslähmung einstellten, wenigstens auf diese Weise »auszugleichen«. Das zuerkannte Schmerzensgeld von 200 000 Euro sei zu einem solchen Ausgleich in jedem Fall erforderlich. Hierbei sei auch das (hohe) Preisniveau im Raum Frankfurt/M., in dem der Kläger wohne, zu berücksichtigen.[173]

VII. Umgang mit Präjudizien im Schmerzensgeldrecht

1. Vorgaben der Rechtsprechung

131 Grundsätzlich ist es Sache des Tatrichters, alle für die Höhe des Schmerzensgeldes maßgeblichen Umstände zu erfassen und zu berücksichtigen. Hierbei unterliegt er der vollen Kontrolle durch das Berufungsgericht.[174] Er muss jedoch darlegen, dass er sich bei der Ausübung seines Ermessens um ein angemessenes Verhältnis der Entschädigung zu Art und Dauer der Verletzung bemüht hat. Wenngleich grundsätzlich für bestimmte Verletzungen keine festen Bewertungskategorien (»Gliedertaxe«) zugrunde zu legen sind, muss der Tatrichter doch jedenfalls dann, wenn er von den üblichen Bemessungssätzen abweichen will, den besonderen Grund hierfür darlegen.[175] Den Orientierungsrahmen – nicht ein starres Schema[176] – für den Tatrichter bilden Urteile vergleichbarer Fälle; die Praxis arbeitet mit Schmerzensgeldtabellen,[177] in denen Vergleichsentscheidungen aufgelistet sind.

132 Es besteht jedoch **keine Bindung** an diese Entscheidungen. Sie bilden nicht etwa für die Bemessung des Schmerzensgeldes eine obere und untere Grenze; ebenso wenig legen die Schmerzensgeldtabellen mit den zitierten Präjudizien einen Rahmen fest, der das richterliche Ermessen begrenzt. Pointiert formuliert das *OLG Frankfurt:*[178]

> »Eine unkorrigierte Übernahme der ausgewiesenen Beträge älterer Entscheidungen verbietet sich. Vielmehr ist zu Gunsten der Geschädigten die seit dem Entscheidungszeitpunkt verstrichene Geldentwertung ebenso zu berücksichtigen, wie die allgemeine Tendenz, bei der Bemessung von Schmerzensgeld höhere Beträge zuzusprechen als noch in früheren Zeiten«

Schmerzensgeldtabellen sind Mittel der **Information** und der *Rechtsfindung*, haben nur informativen Charakter und erlauben es dem Richter, die Präjudizien zu verwerfen und den aus der Tabelle ersicht-

---

172 *OLG Frankfurt* OLGR 1994, 29.
173 In ähnlicher Weise hat das *LG München I* NJW-RR 2001, 1246 u. a. auf die Preise für ein Einfamilienhaus im Raum München abgestellt.
174 *BGH* MDR 2006, 1123: auch nach dem neuen Berufungsrecht i. d. F. der ZPO-Novelle 2002 unterliegt die Bemessung des Schmerzensgeldes der vollen und nicht eingeschränkten Prüfung durch das Berufungsgericht. Dem folgend *OLG Köln* VersR 2008, 364.
175 Geigel/*Pardey* S. 239; *Küppersbusch* Rn. 280; *Müller* VersR 1993, 909, 916.
176 Himmelreich/Halm/*Luckey* Kap. 8 Rn. 49.
177 In der Praxis werden derzeit überwiegend eingesetzt die »ADAC-Schmerzensgeldtabelle« von *Hacks/Ring/Böhm* »Schmerzensgeld von Kopf bis Fuß« von *Slizyk* und »Schmerzensgeld« von *Jaeger/Luckey*.
178 *OLG Frankfurt* NJW-RR 2009, 1684.

A. Schmerzensgeld – Allgemeines

lichen Rahmen zu verlassen.[179] Ob die Entscheidung anerkannt wird, hängt von der Überzeugungskraft der Argumente ab. Hierbei ist insbesondere der »darin enthaltenen Vergleichbarkeit« mit Bedenken zu begegnen, wenn etwa für den Massenfall der HWS-Verletzung Tabellen zu Beträgen von 100 Euro bis 1 000 Euro in Schritten zu 50 Euro Nachweise enthalten.

Nach den Grundsätzen der Entscheidung des großen Zivilsenats[180] sind bei der Bemessung des Schmerzensgeldes alle Begleitumstände auf Seiten des Schädigers und des Geschädigten zu berücksichtigen. Für die Höhe sind maßgebend der Grad der Beeinträchtigung bzw. Verletzung (wie Größe, Heftigkeit, Dauer der Schmerzen, Leiden und Entstellungen), die im Vordergrund stehen. Ferner müssen berücksichtigt werden das Maß des Verschuldens und die wesentlichen Verhältnisse der Beteiligten. 133

Der *BGH* postuliert, dass bei den unter dem Gesichtspunkt der Billigkeit zu berücksichtigenden Umständen die Rücksicht auf Größe, Heftigkeit und Dauer der Schmerzen und Leiden stets das ausschlaggebende Moment zu bilden hat. Der angerichtete immaterielle Schaden, die Lebensbeeinträchtigung, stehe im Verhältnis zu den anderen zu berücksichtigenden Umständen immer an der Spitze.[181] Im Übrigen – so der *BGH* weiter – lasse sich ein Rangverhältnis der zu berücksichtigenden Umstände nicht allgemein aufstellen, weil diese Umstände ihr Maß und Gewicht für die vorzunehmende Ausmessung der billigen Entschädigung erst durch ihr Zusammenwirken im Einzelfall erhielten. Es sei daher auf den jeweiligen Einzelfall abzustellen.[182] 134

In welchem Maße die angeführten und sonst noch in Betracht kommenden Umstände die Bemessung des Schmerzensgeldes beeinflussen, ist dabei unter dem Gesichtspunkt der Billigkeit zu ermitteln. 135

Dass diese Bemessung sich an vergleichbaren Entscheidungen orientiert, hat der *BGH* nicht nur zugelassen, sondern sogar ausdrücklich eingefordert: da immaterielle Schäden in Geld überhaupt nicht unmittelbar messbar sind, müssten die durch Übereinkunft der Rspr. bisher gewonnenen Maßstäbe in der Regel den Ausgangspunkt für die tatrichterlichen Erwägungen zur Schmerzensgeldbemessung bilden.[183] Ein Urteil, was auf eine Orientierung an den sonst von der Rspr. bei der Bemessung des Schmerzensgeldes angewandten Maßstäben verzichtet, wäre »bedenklich«.[184] 136

Was unter der Schwere der Verletzungen und unter der Dauer des verletzungsbedingten Leidens genau zu verstehen ist, bleibt in vielen Entscheidungen offen. Ebenso wenig wird darin erläutert, ob unter »Leiden« der körperliche und/oder der seelische Schmerz verstanden wird. 137

Es ist bemerkenswert, wie dürftig die Begründungen fast aller Entscheidungen zum Schmerzensgeld ausfallen, soweit es um die Höhe des Schmerzensgeldes geht. In der Regel werden die Verletzungen und deren Folgen emotionslos dargestellt. Dabei werden schwerste Schädigungen neben Bagatellverletzungen (Schädelhirntrauma neben multiplen Prellungen oder Hautabschürfungen) genannt. Es folgt sodann die »Summe«, und der Spruch, »dass dem Gericht ein Schmerzensgeld in Höhe von X-tausend DM/Euro angemessen erscheint«. Die Aussage, dass das ausgeurteilte Schmerzensgeld »angemessen *ist*«, findet sich fast nie. 138

Umso wichtiger ist daher, die Klageschrift so zu verfassen, dass auch ein »Richter im Erledigungsdruck« sich noch gedanklich in die Psyche des Geschädigten hineinversetzen kann. Zu schildern sind plastische Folgen der konkreten Beeinträchtigungen, die Empathie wecken können und die Beteiligten zwingen, die Leiden und den Verzicht an Lebensfreude etwa einer Querschnittslähmung emotional nachzuempfinden.[185]

---

179 *KG Berlin* KGR 2003, 140, 142; *KG Berlin* KGR 2004, 510, 512.
180 *BGH* BGHZ 18, 149 = NJW 1955, 1675 (GSZ 1/55).
181 *BGH* BGHZ 18, 149, 154 = NJW 1955, 1675 f. (GSZ 1/55).
182 *BGH* BGHZ 18, 149, 156 = NJW 1955, 1675, 1678.
183 *BGH* VersR 1970, 134.
184 *BGH* VersR 1970, 134.
185 So zu Recht *Jaeger*, VersR 2009, 159 (164).

2. Wichtige Vergleichskriterien

139 Wie bei der Berücksichtigung von Vergleichsfällen zu verfahren ist, ergibt sich aus gerichtlichen Entscheidungen etwa des *OLG Köln*,[186] des *KG*[187] oder des *OLG Frankfurt*.[188] Danach sind bei der **Ermittlung des angemessenen Schmerzensgeldes** unter Heranziehung der durch die Rspr. entschiedenen Vergleichsfälle
- der **Zeitablauf** seit diesen Entscheidungen zu berücksichtigen;
- zugunsten des Geschädigten ist die seit früheren Entscheidungen eingetretene **Geldentwertung** ebenso in Rechnung zu stellen wie die in der Rspr. zu beobachtende
- **Tendenz**, bei der Bemessung des Schmerzensgeldes nach gravierenden Verletzungen **großzügiger** zu verfahren als früher.[189]

140 Ein gerichtlicher Kardinalfehler wäre daher, die in Präjudizentscheidungen für vergleichbare Fälle zuerkannten Beträge sogar ungerechtfertigt zu unterschreiten. Hierzu führt das *OLG Celle* aus:[190]

141 *»Die bei vergleichbaren Verletzungen und Verletzungskombinationen gezahlten Schmerzensgelder sind für den Richter ein unverzichtbarer Anhaltspunkt, an dem er sich bei der Entwicklung der eigenen Angemessenheitsvorstellungen nicht nur **orientieren kann**, sondern **muss** (so auch MüKo/Stein § 847 BGB Rn. 18)... Die praktisch weitgehende Anlehnung der Rspr. an die auf der Zusammenstellung von Entscheidungen beruhenden Schmerzensgeldtabellen ist deshalb unumgänglich. Das Schmerzensgeld muss sich am allgemeinen Schmerzensgeldniveau orientieren und vergleichbare Verletzungen müssen annähernd gleiche Schmerzensgelder zur Folge haben.«*

142 Zu dieser Klarstellung sah sich das *OLG Celle* veranlasst, weil das Landgericht einer Klägerin Prozesskostenhilfe für den Antrag auf Zahlung eines angemessenen Schmerzensgeldes nur für einen Betrag in Höhe von 250 Euro gewährt hatte; die Klägerin hatte eine Außenbandruptur erlitten, die zunächst (vier Wochen) mit einem Unterschenkelliegegips und anschließend (acht Wochen) mit einer Schiene versorgt wurde. Die Klägerin hatte behauptet, auch anschließend sei sie 10–20 % erwerbsunfähig und monatelang auf Gehhilfen angewiesen gewesen. Das *OLG Celle* bewilligte der Klägerin Prozesskostenhilfe für einen Antrag auf Zahlung von 2500 Euro, das Zehnfache der vom Landgericht zuerkannten Summe.

143 Entscheidend über den Erfolg oder Misserfolg bei der Anwendung einer Tabelle ist daher zunächst das *Auffinden richtiger »Typen«* als Präjudizien, sodann die richtige *Übertragung* dieser Präjudizien auf den gegenwärtigen Fall. So ist der Betrag, der einem erwachsenen Verletzten zugebilligt worden ist, nur bedingt übertragbar auf die Verletzung eines Kindes oder eines jugendlichen Geschädigten. Ein Urteil, in welchem z. B. ein Nasenbeinbruch nach vorsätzlicher Körperverletzung beurteilt wird, unterscheidet sich von einer identischen, aber nur fahrlässig – etwa bei Sturz vom Rad – herbeigeführten Verletzung.

144 Schmerzensgeldentscheidungen, die **älter als zehn Jahre** sind, sind häufig schon wegen der Geldentwertung nicht mehr aussagekräftig.[191] Es ist gleichwohl nicht zu übersehen, dass ein einmal in eine Tabelle eingegangenes Urteil sich mit all seinen Unzulänglichkeiten in der Praxis fortsetzt und sich so gewissermaßen durch spätere Urteile »verewigt«. Auch gilt zu bedenken, ob bei Berufungsurteilen nur der Beklagte Berufung eingelegt hat; in einem solchen Fall ist das Gericht gehindert, über das in der ersten Instanz zuerkannte Schmerzensgeld hinauszugehen, selbst wenn es für zu niedrig erach-

---

186 *OLG Köln* VersR 1992, 1013.
187 *KG Berlin* KGR 2004, 356 f.
188 *OLG Frankfurt* NJW-RR 2009, 1684: »Eine unkorrigierte Übernahme der ausgewiesenen Beträge älterer Entscheidungen verbietet sich.«.
189 *KG Berlin* KGR 2003, 140, 142.
190 *OLG Celle* OLGR 2001, 162.
191 *KG* OLGR 2006, 749 (751). Hier kann allenfalls mit einer Preisindexanpassung gearbeitet werden, die jedoch die Tendenz der Gerichte zur großzügigeren Schmerzensgeldbemessung gerade bei Schwerstschädigungen nicht abbilden kann, vgl. *Ludovisy/Kuckuk* S. 396.

tet wird,¹⁹² zuletzt, dass die Vielzahl außergerichtlich wie gerichtlich geschlossener Vergleiche in einer »Urteilssammlung« naturgemäß nicht auftauchen kann, auch die dort vereinbarten Summen aber das Schmerzensgeldgefüge in der Regulierung abbilden.¹⁹³

Hinzu tritt, dass in solchen Entscheidungen vielfach noch (irrig) der Antrag als Obergrenze des vom Gericht zuzusprechenden Betrages angesehen wurde,¹⁹⁴ der Antrag aber seinerseits i. d. R. schon aus Gründen anwaltlicher Vorsicht an Präjudizien orientiert, die wiederum noch älter waren – und die wegen des Kostenrisikos bei Teilunterliegen nicht überschritten wurden.¹⁹⁵ 145

Dennoch machen die Gerichte von der Möglichkeit, die klägerische Betragsvorstellung zu überschreiten, nur selten Gebrauch.¹⁹⁶ 146

Daraus folgt: Da die Gerichte die Rspr. des *BGH* aus dem Jahre 1996 nicht immer umsetzen, muss der Anwalt mit der Klage auf Zahlung des Schmerzensgeldes den Antrag auf Streitwertfestsetzung verbinden. Dann kann er erkennen, ob das Gericht sich der Möglichkeit bewusst ist, den in der Klage genannten Mindestbetrag beliebig zu überschreiten. Fehlt diese Erkenntnis, kann ein höherer Streitwert mit der Beschwerde durchgesetzt werden. 147

3. Checkliste für die Schmerzensgeldbemessung¹⁹⁷

a) Schmerzen

- **Körperliche Schmerzen** 148
  - Art, Dauer und Heftigkeit
  - Dauerschmerzen
  - Beweis:
    - Anhörung des Verletzten
    - Wiedergabe medizinischer Gutachten
    - Vorlage von Lichtbildern/Augenscheineinnahme
- **Seelische Schmerzen**
  - Aufgrund Schadensentstehung
    - Schrecksituation/Erlebnis der Verletzung/Bewusstlosigkeit
  - Während ärztlicher Behandlung
    - (Todes-)Ängste/Krankenhausaufenthalt/Sorge und Depressionen/Suchtgefahr aufgrund schmerzstillender Mittel
  - Nach der Behandlung:
    - Verlust/Beeinträchtigung von Organen oder Körperteilen/Berufsbeeinträchtigung oder -unfähigkeit/Entstellung/Schamgefühle, Depressionen/Suizidale Tendenzen

---

192 Hierauf weist *Jaeger* VersR 2009, 159 (161) zu Recht hin.
193 *Ziegler/Ehl* JR 2009, 1 (3).
194 (Erst) seit *BGH* (Az. VI ZR 55/95) VersR 1996, 990 = NJW 1996, 2425 ist klargestellt, dass das Gericht bei einem unbezifferten Schmerzensgeldantrag auch Summen über die Klägervorstellung hinaus zuerkennen kann.
195 Obgleich § 92 Abs. 2 Nr. 2 ZPO eine volle Kostentragung des Beklagten ermöglicht, wenn der vorgestellte Betrag bis ca. 25 % abweicht; eine Norm, die leider oft übersehen wird.
196 So z. B. *OLG Hamm* zfs 2005, 122, das dem Kläger über den genannten Mindestbetrag von 50 000 bis 60 000 DM hinaus ein Schmerzensgeld in Höhe von insgesamt 150 000 DM zubilligte. Demgegenüber hat das *KG* VersR 2006, 1366 mit Anm. *Jaeger* ausgeführt, dass der Klägerin der geltend gemachte Schmerzensgeldanspruch in Höhe von 50 000 Euro zustehe. Die Klägerin hatte aber nicht beantragt, ihr ein Schmerzensgeld von 50 000 Euro zuzuerkennen, sondern sie hatte ein Schmerzensgeld begehrt, das 50 000 Euro nicht unterschreiten sollte, so dass das *KG* »nach oben« freie Hand hatte. In den Entscheidungsgründen des *KG* kommt das Wort »Ermessen« nicht vor, und es fehlt jede Darstellung vergleichbarer Entscheidungen.
197 Für eine ausführliche Darstellung nebst Checklisten muss auf *Jaeger/Luckey* dort insbes. Rn. 1342, verwiesen werden.

b) Schwere der Verletzungen

149 – Körperschäden
– Schmerzen
– Heilbehandlungsmaßnahmen
– Dauerfolgen

c) Verletzungsbedingtes Leiden

150 – Alter des Verletzten
– Wissen um die Schwere der Verletzung
– Sorge um eigenes Schicksal und das der Familie
– Verlauf des Heilungsprozesses
– Lange Dauer des Krankenhausaufenthaltes

d) Dauerschäden

151 – Berufliche Nachteile
– Minderung der Erwerbsfähigkeit
– Berufswunschvereitelung
– Einschränkungen bei Freizeitaktivitäten, Sport
– Einschränkungen im Sexualleben
– Verlust von Gliedern, Organen, Funktionen
– Behinderungen
– Entstellungen
– Narben

e) Schweres Verschulden des Schädigers

152 – Vorsatz
– grobe Fahrlässigkeit/rücksichtsloser Tathergang

153 *f) Wirtschaftliche Verhältnisse der Beteiligten*

B. Schmerzensgeld – Sonderfälle

Schrifttum

Bachmeier, Die aktuelle Entwicklung bei der HWS-Schleudertrauma-Problematik DAR 2004, 421; *Backu,* Schmerzensgeld bei Verkehrsunfallschäden in Frankreich, Spanien und Portugal DAR 2001, 587; *v. Bar,* Das Schadensersatzrecht nach dem zweiten Schadensersatzrechtsänderungsgesetz Karlsruher Forum 2003, VersR Schriftenreihe; *Becke/Castro/Hein/Schimmelpfennig,* »HWS-Schleudertrauma« 2000 – Standortbestimmung und Vorausblick NZV 2000, 225; *Berger,* Tendenzen bei der Bemessung des Schmerzensgeldes VersR 1977, 877; *Bischoff,* Schmerzensgeld für Angehörige von Verbrechensopfern MDR 2004, 557; *Born,* Lohnt es sich, verrückt zu werden? – Neue Entwicklungen beim psychischen Folgeschaden OLGReportKommentar 2003, alle Hefte Nr. 4; *Born/Rudolf/Becke,* Die Ermittlung des psychischen Folgeschadens – der »BoRuBeck-Faktor« NZV 2003, 1 ff.; *Castro,* HWS-Distorsion und Erforderlichkeit eines Sachverständigengutachtens SVR 2007, 451; *Claussen,* Medizinische neurootologische Wege zum Lösen von Beweisfragen beim HWS-Schleudertrauma DAR 2001, 337 ff.; *Clemens/Hack/Schottmann/Schwab,* Psychische Störungen nach Verkehrsunfällen – Implikationen für das Personenschadenmanagement DAR 2008, 9 ff.; *Dahm,* Die Behandlung von Schockschäden in der höchstrichterlichen Rechtsprechung NZV 2008, 187 ff.; *Dannert,* Rechtsprobleme bei der Feststellung und Beurteilung unfallbedingter Verletzungen der Halswirbelsäule NZV 1999, 453; *Danzl/Gutiérrez-Lobos/Müller,* Das Schmerzensgeld in medizinischer und juristischer Sicht, 8. Aufl. 2004; *Dauner-Lieb/Langen/Huber,* AK-Schuldrecht; *Deubner,* Rechtsanwendung und Billigkeitsbekenntnis JuS 1971, 622; *Deutsch,* Medizinrecht 4. Aufl. 1999; *Deutsch/Ahrens,* Deliktsrecht 4. Aufl. 2002; *Diederichsen,* Die Rechtsprechung des BGH zum Haftpflichtrecht DAR 2004, 301; *dies.,* Die Rechtsprechung des BGH zum Haftpflichtrecht DAR 2006, 301; *dies.,* Die Rechtsprechung des BGH zum Haftpflichtrecht DAR 2008, 301 ff.; *Ebbing,* Ausgleich immaterieller Schäden ZGS 2003, 223; *Eggert,* HWS-Verletzungen in der aktuellen gerichtlichen Praxis, Verkehrsrecht aktuell 2004, 204; *Erdmann,* Schleuderverletzung der Halswirbelsäule, Erkennung und Begutachtung, 1973; *Geier,* Neugewichtung bei den Schadensersatzleistungen für Personen- und Sachschäden? zfs 1996, 321; *Geigel/ Rixecker,* Der Haftpflichtprozess 25. Aufl. 2008; *Gelhaar,* Zur Bemessung des Schmerzensgeldes NJW 1953, 1281; *v. Hadeln/Zuleger,* Die HWS-Verletzung im Niedriggeschwindigkeitsbereich NZV 2004, 273; *Halm,* Überschreitung der 1 Millionen-Schmerzensgeldgrenze DAR 2001, 430; *Halm/Scheffler,* Schmerzensgeldrente und Abänderungsklage nach § 323 ZPO DAR 2004, 71; *Haupfleisch,* Forderung aus der Praxis für menschengerechten Schadensersatz DAR 2003, 403; *Henke,* Die Schmerzensgeldtabelle München 1969; *Heß,* Das Schmerzensgeld zfs 2001, 532; *Huber,* Schmerzensgeld ohne Schmerzen bei nur kurzzeitigem Überleben im Koma – eine sachlich gerechtfertigte Transferierung von Vermögenswerten an die Erben NZV 1998, 345; *M. Huber,* Psychische Unfallfolgen SVR 2008, 1 ff.; *Jaeger,* Höchstes Schmerzensgeld – ist der Gipfel erreicht?, VersR 2009, Heft 4; *ders.,* Höhe des Schmerzensgeldes bei tödlichen Verletzungen im Lichte der neueren Rechtsprechung des BGH VersR 1996, 1177; *ders.,* Schmerzensgeldbemessung bei Zerstörung der Persönlichkeit und bei alsbaldigem Tod MDR 1998, 450; *ders.,* Entwicklung der Rechtsprechung zum HWS-Schleudertrauma VersR 2006, 1611; *Jaeger/Luckey,* Schmerzensgeld 5. Aufl. 2010; *Jaeger/Luckey,* Das neue Schadensersatzrecht 2002 (zitiert: *Jaeger/Luckey,* Schadensersatzrecht); *Janssen,* Das Angehörigenschmerzensgeld in Europa und dessen Entwicklung ZRP 2003, 156; *Kern,* Schmerzensgeld bei totalem Ausfall aller geistigen Fähigkeiten und Sinnesempfindungen in: Festschrift für Wolfgang Gitter 1995, S. 454; *Kuhn,* HWS-Verletzungen in der Schadensregulierung DAR 2001, 344; *Kuklinski,* Das HWS-Trauma, Ursachen, Diagnose und Therapie, Aurum Verlag 2007; *Leibholz/Rinck/Hesselberger,* Grundgesetz Stand 2006; *Lemcke,* Unfallbedingte HWS-Beschwerden und Haftung r+s 2003, 177; *Lieberwirth,* Das Schmerzensgeld 3. Aufl. 1965; *Löhle,* Verletzung der HWS neuester Stand zfs 2000, 524; *ders.,* HWS-Problematik zfs 1997, 441; *ders.,* HWS-Problematik aus technischer Sicht, 1997; *Lorenz,* Immaterieller Schaden und »billige Entschädigung in Geld«, eine Untersuchung auf der Grundlage des § 847 BGB, Berlin 1981; *Ludolph,* Die Bedeutung des ersten Verletzungserfolgs für das sogenannte Schleudertrauma SP 2005, 86; *Ludovisy,* Rechtsprechungsübersicht zum Straßenverkehrsrecht ZAP, Fach 9 R, S. 245 ff.; *Mazzotti/Castro,* Bedarf es zur Beurteilung des HWS-Schleudertraumas eines medizinischen Sachverständigen? NZV 2002, 499 Fn. 32; *dies.,* Die Belastbarkeit des Fahrzeugführers NZV 2008, 16 ff.; *Mazzotti/ Kandauroff/Castro,* »Out of position« – ein verletzungsfördernder Faktor für die HWS bei der Heckkollision? Gibt es neue Erkenntnisse? NZV 2004, 561; *Mergner,* Kausalitätsprobleme bei HWS-Distorsion und Bandscheibenvorfall, NZV 2011, 326 ff.; *Müller,* Das reformierte Schadensersatzrecht. VersR 2003, 1; *dies.,* Das neue Schadensersatzrecht DRiZ 2003, 167; *dies.,* Besonderheiten der Gefährdungshaftung nach dem StVG VersR 1995, 489; *dies.,* Zum Ausgleich des immateriellen Schadens nach § 847 BGB VersR 1993, 909; *dies.,* Aktuelle Fragen des Haftungsrechts zfs 2005, 54 ff.; *Nehls,* Kapitalisierung und Verrentung von Schadensersatzforderungen zfs 2004, 193; *Nehlsen-v. Stryk,* Schmerzensgeld ohne Genugtuung JZ 1987, 119; *Nixdorf,* Mysterium Schmerzensgeld NZV 1996, 89; *Notthoff,* Voraussetzungen der Schmerzensgeldzahlung in Form einer Geldrente VersR 2003, 966; *Odersky,* Schmerzensgeld bei Tötung naher Angehöriger; Palandt/*Bearbeiter,* BGB-Kommentar 66. Aufl. 2007; Prütting/Wegen/Weinreich/*Bearbeiter,* BGB 2. Aufl. 2007 (zitiert: PWW); *Rochow,* Psychische Schäden als Unfallfolge ACE 2008, 3 f.; *Scheffen/Pardey,* Schadensersatz bei Unfällen mit Minderjährigen 2. Aufl. 2003; *Scheffen,* Tendenzen bei der Bemessung des Schmerzensgeldes für Verletzungen aus Verkehrsunfällen, ärztlichen Kunstfehlern und Produzentenhaftung ZRP 1999, 189; *ders.,* Umdenken im Haftungsrecht, NZV 1995, 218; *Schmid,* Neue Haftungsrisiken bei Personenschäden im Luftfahrtbereich VersR 2002, 26; *Schmidt/Senn/Wedig/Baltin/Grill,* Schleudertrauma – neuester Stand: Medizin, Biomechanik, Recht und Case Management, Zürich 2004; *Schmidt,* Schockschäden Dritter und adäquate Kausalität MDR 1971, 538; *Schmitt,* Vorsätzliche Tötung und vorsätzliche Körperverletzung JZ 1962, 389; Schönke/Schröder/*Bearbeiter,* Strafgesetzbuch, Kommentar 26. Aufl. 2001; *Staab,* Psychisch vermittelte und überlagerte Schäden VersR 2003, 1216; Staudinger/*Bearbeiter,* BGB, 12. Aufl. 1986; Staudinger/*Bearbeiter,* BGB, 13. Aufl. 1998; *Steffen,* Das Schmerzensgeld im Wandel eines Jahrhunderts, DAR 2003, 201; *ders.,* Schmerzensgeld bei Persönlichkeitsrechtsverletzungen durch Medien – Ein Plädoyer gegen formelhafte Berechnungsmethoden bei der Geldentschädigung NJW 1997, 10; *ders.,* Die Aushilfeaufgaben des Schmerzensgeldes in: Festschrift für Odersky 1996, S. 723; *Vorndran,* Schmerzensgeld für Hinterbliebene bei Tötung naher Angehöriger ZRP 1988, 293; Vorwerk/ *Freyberger,* Prozessformularbuch 7. Aufl. 2002; *Wagner,* Prominente und Normalbürger im Recht der Persönlichkeitsrechtsverletzung VersR 2000, 1305; *Wedig,* Harmlosigkeitsgrenze bei HWS-Verletzungen DAR 2003, 393; *Wessels/Castro,* Ein Dauerbrenner: Das »HWS-Schleudertrauma« – Haftungsfragen im Zusammenhang mit psychisch vermittelten Gesundheitsbeeinträchtigungen VersR 2000, 284; *Wussow/Kürschner,* Unfallhaftpflichtrecht 14. Aufl. 1996.

I. Das HWS-Schleudertrauma als Körperverletzung

1. Einleitung

154 Bei Verletzungen der Halswirbelsäule (HWS) nach einem Autounfall werden dem Schweregrad nach i. d. R. **drei Gruppen** unterschieden.[198]

> Grad I: Leichte Fälle mit Nacken-Hinterkopfschmerz und geringer Bewegungseinschränkung der HWS, kein röntgenologisch oder neurologisch abnormer Befund, u. U. längere Latenzzeit.
>
> Grad II: Mittelschwere Fälle mit röntgenologisch feststellbaren Veränderungen der HWS (z. B. Gefäßverletzungen oder Gelenkkapseleinrissen), Latenzzeit max. 1 Stunde.
>
> Grad III: Schwere Fälle mit Rissen, Frakturen, Verrenkungen, Lähmungen und ähnlich schweren Folgen, keine Latenzzeit.
>
> *Eggert*[199] ergänzt:
>
> Grad I: Dauer der Beschwerden ca. 2–3 Wochen
>
> Grad II: Dauer 4 Wochen bis 1 Jahr
>
> Grad III: Dauer über 1 Jahr

a) Wie entsteht ein HWS-Schleudertrauma?

155 HWS-Verletzungen entstehen typischerweise, aber nicht nur, bei Unfällen mit Heckaufprall; Auslöser können auch Frontal-, Seiten- oder Mischkollisionen sein. Gleichzeitig oder posttraumatisch kann es zu Verletzungen der BWS und der LWS kommen (Kombinationsfälle).[200]

156 Die Fahrzeughersteller Volvo, Mercedes-Benz und Saab haben zur Verbesserung des Unfallschutzes von Fahrzeuginsassen Systeme entwickelt, die die Zahl der HWS-Verletzungen reduzieren. Bei Volvo bewegen sich bei einem Heckaufprall die Lehnen der Vordersitze kontrolliert nach hinten und leiten die auftretende Energie ab.

157 Mercedes-Benz wirbt:

> »Um das Risiko eines Schleudertraumas zu minimieren hat Mercedes-Benz die crashaktive NECK-PRO-Komfortkopfstütze entwickelt. Sie wird durch einen Sensor aktiviert: Sobald dieser eine Heckkollision mit definierter Aufprallschwere erkennt, gibt er vorgespannte Federn im Innern der Kopfstützen von Fahrer und Beifahrer frei. Dadurch werden die Kopfstützen sekundenschnell um rd. 40 mm nach vorn und 30 mm nach oben geschoben – und der Abstand zwischen Kopf und Kopfstütze reduziert. Das Ergebnis: Der Kopf wird deutlich früher und besser abgestützt, die Halswirbel und Nervenstränge werden entlastet und das Risiko eines Schleudertraumas wird spürbar herabgesetzt.«

158 Auch Saab hat den Weg der »aktiven Kopfstütze« beschritten, um die Verletzungsfolgen gering zu halten. Die technischen Einzelheiten dieses Insassenschutzes sind näher dargelegt bei *Schmidt/Senn/Wedig/Baltin/Grill*,[201] die die ablehnende Rspr. zum Schleudertrauma bei geringer Differenzgeschwindigkeit heftig kritisieren. Zudem werden in diesem Buch die Entstehung des Schleudertraumas, die Verformung der Halswirbelsäule, die Möglichkeit der Verletzung von Nerven und Gefäßen

---

198 In Anlehnung an *Erdmann* S. 72 ff.; krit. dazu: *Schmidt/Senn/Wedig/Baltin/Grill* S. 3, bezeichnen diese Einteilung als völlig überholt, weil *Erdmann* die Auffassung vertreten habe, ein Schleudertrauma ohne röntgenologisch nachweisbaren Schaden heile innerhalb weniger Wochen folgenlos aus. Ausführlich dazu auch *Dannert* NZV 1999, 453, 456 m. w. N.
199 *Eggert* Verkehrsrecht aktuell 2004, 204 ff.
200 *Eggert* Verkehrsrecht aktuell 2004, 204 ff.
201 *Schmidt/Senn/Wedig/Baltin/Grill* S. 3 ff.

und vieles andere mehr eingehend geschildert. Insgesamt stützt das Buch die These des *BGH*,[202] dass die medizinische Forschung noch viele Fragen zur Entstehung des HWS-Schleudertraumas offen lässt.

Löhle[203] erklärt die Entstehung eines Schleudertraumas damit, dass in einem Fahrzeug, das einen Heckaufprall erfahre, zwar der Körper des Insassen zusammen mit dem Fahrzeug beschleunigt werde, der Kopf des Insassen diese Beschleunigung aber trägheitsbedingt nicht sofort mitmache. Dies führe zu knickenden und scherenden Belastungen der HWS (whiplash) und damit zu HWS-Verletzungen. 159

b) Beweislast und Beweismaß

Bestreitet der Schädiger/Versicherer die Existenz der behaupteten HWS-Verletzung und/oder den ursächlichen Zusammenhang mit dem Unfall, trifft den Anspruchsteller in beiden Punkten die Beweisführungspflicht und die Beweislast. 160

Insoweit gilt das strenge Beweismaß des § 286 ZPO, das einen für das praktische Leben brauchbaren Grad von Gewissheit verlangt.[204] Die Feststellung der haftungsausfüllenden Kausalität und damit der Ursächlichkeit des Unfalls für alle weiteren (Folge-)Schäden einschließlich der Frage einer unfallbedingten Verschlimmerung von Vorschäden richtet sich hingegen nach § 287 ZPO; hier kann zur Überzeugungsbildung eine überwiegende Wahrscheinlichkeit genügen.[205] 161

Es liegt auf der Hand, dass bei Verletzungen der HWS mit dem Schweregrad I die Diagnosemöglichkeiten erheblich eingeschränkt sind, weil bildgebende Verfahren per definitionem keine Erkenntnisse liefern.[206] Deshalb werden insbesondere leichte Verletzungen der HWS in der Rspr. unterschiedlich behandelt. 162

Zahllose Entscheidungen verweigern den Anspruchstellern ein Schmerzensgeld,[207] andere Gerichte gewähren Entschädigungen von bis zu 1 000 Euro. 163

c) Die wirtschaftliche Bedeutung des HWS-Schleudertraumas nach leichten Auffahrunfällen

Zu Unrecht wird die wirtschaftliche Bedeutung der HWS-Verletzungen als ungemein groß bezeichnet. Diese Behauptung soll das Verhalten der Versicherungswirtschaft rechtfertigen, die bei sog. Bagatellunfällen häufig bestreitet, dass eine solche Verletzung überhaupt vorliegen kann. Es ist natürlich nicht zu bestreiten, dass HWS-Schäden in großer Zahl geltend gemacht werden und dass die Aufwendungen der Versicherungswirtschaft zur Regulierung enorm sind. *Dannert*[208] weist 1999 darauf hin, dass die Versicherungswirtschaft jährlich von rund 400 000 Fällen spricht, in denen HWS-Verletzungen geltend gemacht werden. Neuere Zahlen liefert *Lemcke*:[209] Nach einer CEA-Studie sol- 164

---

202 *BGH* Urt. v. 28.1.2003 – Az. VI ZR 139/02 – VersR 2003, 474 mit eingehender Anm. von *Jaeger* = NJW 2003, 1116 = BGHR 2003, 487 ff. = NZV 2003, 167.
203 *Löhle* S. 8 ff.
204 So zuletzt *BGH* Urt. v. 12.2.2008 – Az. VI ZR 221/06 – VersR 2008, 644, unter Hinweis auf BGHZ 53, 245, 255 f.; *BGH* Urt. v. 9.5.1989 – Az. VI ZR 268/88 – VersR 1989, 758 f. und v. 18.1.2000 – Az. VI ZR 375/98 – VersR 2000, 503, 505; *BGH* Urt. v. 14.1.1993 – Az. IX ZR 238/91 – NJW 1993, 935, 937.
205 So zuletzt *BGH* Urt. v. 12.2.2008 – Az. VI ZR 221/06 – VersR 2008, 644, unter Hinweis auf *BGH* Urt. v. 24.6.1986 – Az. VI ZR 21/85 – VersR 1986, 1121, 1122 f.; *BGH* Urt. v. 21.10.1987 – Az. VI ZR 15/85 – VersR 1987, 310; *BGH* Urt. v. 22.9.1992 – Az. VI ZR 293/91 – VersR 1993, 55 f. und *BGH* Urt. v. 21.7.1998 – Az. VI ZR 15/98 – VersR 1998, 1153 f.
206 *Castro* SVR 2007, 451.
207 Vgl. die eingehende Darstellung dieser Spruchkörper bei *Kuhn* DAR 2001, 344 f.
208 *Dannert* NZV 1999, 453, 460; vgl. auch *Schmidt/Senn/Wedig/Baltin/Grill* S. 7 ff. zum Anteil der HWS-Distorsion an allen Unfall-Verletzungen und den jährlichen Kosten im Vergleich zu den Kosten für Verkehrsunfälle.
209 *Lemcke* Anm. zum Urteil des *OLG München* v. 15.9.2006 – Az. 10 U 3622/99 = r+s 2006, 474, 477.

len sich 2003 in Deutschland rd. 4 Mio. Schadensfälle mit Personenschaden ereignet haben, davon 200 000 mit leichteren HWS-Verletzungen. Die Aufwendungen je Schadensfall hätten rd. 2 500 Euro betragen, in der Summe also 500 Mio. Euro. Mit dieser Begründung lässt sich die Regulierung aber ebenso wenig verweigern wie die leichter Karosserieschäden. Hier werden für Kratzer und daumennagelgroße Dellen ebenfalls im Einzelfall mehr als 1 000 Euro aufgewendet, ohne dass der Gesamtaufwand von der Versicherungswirtschaft beklagt wird. Der Unterschied liegt einfach darin, dass Kratzer und Dellen objektiv feststellbar sind, ein HWS-Syndrom Schweregrad I per definitionem weder röntgenologisch noch neurologisch nachzuweisen ist[210].

2. Harmlosigkeitsgrenze

a) Ausgangspunkt von Rechtsprechung und Literatur

165 Es wird nachhaltig die These vertreten, dass bei kollisionsbedingten Geschwindigkeitsänderungen von bis zu 10 km/h[211] – zeitweise bis zu 15 km/h – neuerdings etwas rückläufig mit etwa 13 km/h – allein unter biomechanischen Aspekten normalerweise keine Körperverletzung eintreten könne (sog. **Harmlosigkeitsgrenze**).[212] Das bedeutet, dass bei strikter Anwendung der Harmlosigkeitsgrenze rd. 70 % aller behaupteten HWS-Verletzungen nicht entschädigt werden müssten, denn 27 % der Unfälle mit Körperschaden ereignen sich bei einer Geschwindigkeitsänderung von 0–8 km/h und weitere 43 % bei einer Geschwindigkeitsänderung von 8–15 km/h.[213]

166 Gerichte, die die These der Harmlosigkeitsgrenze vertreten, nehmen nicht zur Kenntnis, dass die wissenschaftlichen Diskussionen über die zur Auslösung für ein HWS-Trauma erforderliche Differenzgeschwindigkeit derzeit noch nicht abgeschlossen sind und dass es naturwissenschaftlich[214] nicht feststeht, dass ein Aufprall mit einem Geschwindigkeitsunterschied von unter 15 km/h ein HWS-Trauma nicht hervorrufen kann.[215]

167 Zu Recht weist *Müller*[216] darauf hin, dass es problematisch sei, die HWS-Verletzungen als Bagatellen anzusehen, weil über kaum einen Verletzungstypus so viel Unklarheit tatsächlicher und rechtlicher Natur bestehe.

b) Versuchsreihen und ihre Ergebnisse (Heckaufprall)

168 Viele Richter berücksichtigen auch nicht, dass Versuchsreihen ergeben haben, dass auch bei einem simulierten Heckaufprall bei den Versuchspersonen zwar keine Verletzungen, wohl aber typische Symptome eines HWS-Schleudertraumas auftraten.

---

210 *Castro* SVR 2007, 451.
211 Gerichte verneinen die Möglichkeit eines HWS-Syndroms bei bestimmten Geschwindigkeiten: 10 km/h: *AG Bielefeld* Urt. v. 9.11.2001 – Az. 5 C 915/00 – SP 2002, 418 f. und *AG Wetzlar* Urt. v. 31.5.2001 – Az. 32 C 46/01 – SP 2002, 384 f.; *OLG Hamburg* Urt. v. 3.4.2002 – Az. 14 U 168/01 – OLGR 2003, 6 f.; 11 km/h bei einem Frontaufprall: *OLG Hamm* Urt. v. 13.5.2002 – Az. 6 U 197/01 – SP 2002, 383 – dieser 6. Zivilsenat des *OLG Hamm* sieht im Unfallereignis auch keinen Anlass, psychische Reaktionen mit Krankheitswert hervorzurufen; anders der 13. Zivilsenat des *OLG Hamm* Urt. v. 20.6.2001 – Az. 13 U 136/99 – SP 2002, 381 f.; 13 km/h: *AG Hamburg-Wandsbek* Urt. v. 20.10.1999 – Az. 714A C 178/99 – SP 2001, 14, 15; 15 km/h: *LG Aachen* Urt. v. 15.11.2000 – Az. 7 S 217/00 – SP 2001, 92 f. Weitere Nachweise bei *Halm* PVR 2003, 145 f.; zuletzt *Eggert* Verkehrsrecht aktuell 2004, 204, 206.
212 *Löhle* zfs 2000, 524 ff.; *Becke/Castro/Hein/Schimmelpfennig* NZV 2000, 225 ff.; *OLG Hamm* Urt. v. 4.6.1998 – Az. 6 U 200/96 – DAR 1998, 392 = VersR 1999, 990 f.; *AG Köln* Urt. v. 13.8.2001 – Az. 264 C 236/00 – SP 2002, 383 f. unter Berufung auf *Löhle* zfs 1997, 441 ff.; kritisch dazu: *Schmidt/Senn/Wedig/Baltin/Grill* S. 129 ff.
213 *Schmidt/Senn/Wedig/Baltin/Grill* S. 129.
214 *Claussen* DAR 2001, 337 ff.
215 *AG Hanau* Urt. v. 19.3.1998 – Az. 34 C 3401/97 – zfs 1998, 376; dagegen: *Schmidt/Senn/Wedig/Baltin/Grill* S. 129 ff.
216 *Müller* VersR 2003, 1, 4.

Mazzotti/Castro und Lemcke[217] verweisen auf eine Studie, die ergeben haben soll, dass bis zu einer kollisionsbedingten Geschwindigkeitsänderung von 11 km/h bei keinem der Probanden ein traumatisch bedingter physischer Schaden festgestellt worden sei und auch keine HWS-assoziierten Beschwerden vorgetragen worden seien.

169

Andererseits berichten *Schmidt/Senn*[218] von **realistischen** Freiwilligenversuchen zum (nicht simulierten) Heckaufprall, bei denen je nach Vorgaben unterschiedliche Ergebnisse festgestellt wurden. Die Verletzungswahrscheinlichkeit war drastisch höher, wenn die Freiwilligen vom **Crash** völlig überrascht wurden. Solche Versuche liegen den Studien in Deutschland nicht zugrunde.

170

Mazzotti/Castro[219] schildern, wie bei einer Studie zu einem simulierten Heckaufprall vorgegangen wurde: Es wurden 52 Probanden einer Situation ausgesetzt, die visuell, akustisch und sensorisch einer Heckkollision entsprach, eine relevante biomechanische Belastung wirkte jedoch nicht ein. Bei diesen angeblichen crash-Versuchen wurden den Probanden nur vorgegaukelt, einen Auffahrunfall zu erleiden. Innerhalb von drei Tagen litten 19,6 % der Teilnehmer an »schleudertrauma-ähnlichen« Beschwerden (wie z. B. Nacken- oder Kopfschmerzen). Die psychologische Auswertung soll ergeben haben, dass mit über 80 %iger Vorhersehbarkeit eine Zuordnung der Teilnehmer in die symptomatische und asymptomatische Personengruppe habe vorgenommen werden können.

171

Auch *Lemcke*[220] verweist auf diese Studie, die gezeigt habe, dass durch eine simulierte Heckkollision ohne jede biomechanische Einwirkung, allein durch das Unfallerlebnis Befindlichkeitsstörungen im Nackenbereich ausgelöst werden konnten, die von den Betroffenen organisch als typische HWS-Beschwerden im Sinne eines HWS-Schleudertraumas gedeutet wurden.

172

Lemcke folgert daraus, dass es dann umgekehrt nicht möglich sei, von den geklagten HWS-Beschwerden auf eine organische HWS-Verletzung zu schließen. Eventuell sei dem Betroffenen nur »der Schreck in die Glieder gefahren«, die Erkenntnis, dass auch dieses möglich sei, sei älter als der motorisierte Verkehr.

173

Andererseits müsse nach seinen Erfahrungen davon ausgegangen werden, dass auch diese Probanden gegebenenfalls problemlos einen medizinischen Gutachter gefunden hätten, der ihnen bescheinigt hätte, dass sie bei dem (tatsächlich nur simulierten) Unfall organische Verletzungen erlitten hätten und dass diese organischen Verletzungen Ursache ihrer Beschwerden seien.

174

Der Umkehrschluss, den *Lemcke* zieht, ist nicht zulässig, der Rest ist Spekulation.

175

c) Autoscooter

Ferner verweist *Lemcke*[221] auf das Phänomen Autoscooter: Bei Scooter-Kollisionen auf Jahrmärkten träten ebenfalls kollisionsbedingte Geschwindigkeitsänderungen von bis zu 15 km/h auf; HWS-Verletzungen in der Art, wie sie nach Verkehrsunfällen geklagt würden, kämen hier offensichtlich nicht oder allenfalls äußerst selten vor. Wäre es anders, würden die Betreiber schon aus haftungsrechtlichen Gründen die Anlagen mit niedrigeren Geschwindigkeiten betreiben.

176

---

217 *Mazzotti/Castro* NZV 2002, 499; die Beschreibung der simulierten Heckkollision findet sich auch bei *Wessels/Castro* VersR 2000, 284 f. und bei *Lemcke* r+s 2003, 177 ff., 180 f.; *Becke/Castro/Hein/Schimmelpfennig* NZV 2000, 225 ff.; *Mazzotti/Castro* NZV 2002, 499 ff.; vgl. auch *Schmidt/Senn/Wedig/Baltin/Grill* S. 129 ff.
218 *Schmidt/Senn/Wedig/Baltin/Grill* S. 138 ff.
219 *Mazzotti/Castro* NZV 2002, 499; die Beschreibung der simulierten Heckkollision findet sich auch bei *Wessels/Castro* VersR 2000, 284 f. und bei *Lemcke* r+s 2003, 177 ff., 180 f.; *Becke/Castro/Hein/Schimmelpfennig* NZV 2000, 225 ff.; *Mazzotti/Castro* NZV 2002, 499 ff.; vgl. auch *Schmidt/Senn/Wedig/Baltin/Grill* S. 129 ff.
220 *Lemcke* r+s 2003, 177, 180 f.
221 *Lemcke* r+s 2003, 177, 180 f.

177 *Lemcke* irrt: **kollisionsbedingte Geschwindigkeitsänderungen** beim Heckaufprall von bis zu 15 km/h können im Autoscooter nicht vorkommen. Diese erreichen nur deutlich geringere Geschwindigkeiten als 15 km/h und bei einem Zusammenstoß eines auffahrenden Scooters ist die Beschleunigung des vorderen Scooters (die Differenzgeschwindigkeit) nur minimal. Stöße von hinten sind beim Autoscooter nicht das Problem. Versucht wird von den meist jugendlichen Benutzern, andere Scooter von vorne (frontal) oder von vorne/seitlich zu rammen. Das führt aber nicht zu nennenswerten Geschwindigkeitsänderungen i. S. e. whiplash (Peitschenschlagsyndrom). Zudem rollen die Scooter nach einem Anstoß auch nicht weg, sie werden kaum beschleunigt, weil die Räder elektrisch angetrieben werden. Die Scooter lassen sich nur sehr schwer ohne Antriebsenergie bewegen.

178 Der immer wieder strapazierte Vergleich mit dem Autoscooter ist nicht realistisch

d) Zwischenergebnis

179 Der »simulierte Heckaufprall« und das Phänomen Autoscooter sollten zum Anlass genommen werden, die Erkenntnisse über psychische Folgen von Verkehrsunfällen nachzudenken, ohne jedoch ungeprüft davon auszugehen, dass ein Heckaufprall im Bereich der Harmlosigkeitsgrenze eine Bagatelle sei und dass etwaige gesundheitliche Folgen zu diesem Anlass außer Verhältnis stünden. Denn es entspricht der ständigen Rspr. des *BGH* zu den psychischen Folgeschäden, die häufig als Folge von HWS-Verletzungen geltend gemacht werden, dass sich die Einstandspflicht des für einen Körper- oder Gesundheitsschaden verantwortlichen Schädigers grundsätzlich auch auf sie erstreckt.[222] Das gilt auch für eine psychische Fehlverarbeitung des Unfallgeschehens aufgrund einer psychischen Anfälligkeit, wenn eine hinreichende Gewissheit besteht, dass diese Folge ohne den Unfall nicht eingetreten wäre. Eine Ausnahme gilt nur, wenn es sich bei dem Anlass um eine Bagatelle handelt.[223] Das ist der Fall, wenn entweder das Schadensereignis ganz geringfügig ist und nicht gerade speziell auf die Schadensanlage des Verletzten trifft, oder wenn die psychische Reaktion – weil in einem groben Missverhältnis zum Anlass stehend – schlechterdings nicht mehr verständlich ist.

3. Medizinische Beurteilung

a) HWS-Verletzungen auch bei Geschwindigkeitsänderungen unterhalb der Harmlosigkeitsgrenze möglich – Rechtsprechung des BGH

180 Anfang 2003 hat der *BGH* einen weiteren Schritt bei der Beurteilung von Auffahrunfällen und zugleich in der Entwicklung der Schmerzensgeldrechtsprechung gemacht und entschieden, dass die Unfallursächlichkeit für HWS-Verletzungen auch bei **Geschwindigkeitsänderung unterhalb der Harmlosigkeitsgrenze** nicht schlechthin ausgeschlossen ist.[224] Auch die Instanzgerichte hatten vermehrt diesen Schluss gezogen. Es nehmen die Entscheidungen zu, die auch bei unter der Harmlosigkeitsgrenze liegenden Differenzgeschwindigkeiten HWS-Verletzungen anerkennen.[225] Sie begründen dies damit, dass neuere medizinische Erkenntnisse, die von der Schulmedizin noch nicht anerkannt werden, als relevant anzusehen sind.[226] Insbesondere spielen dabei
– die Körpergröße,
– die Sitzposition und
– vorhandene Gesundheitsstörungen des Verletzten eine Rolle[227].

---

222 *Diederichsen* DAR 2005, 301 m. w. N.
223 *Diederichsen* DAR 2005, 301 m. w. N.
224 *BGH* Urt. v. 28.1.2003 – Az. VI ZR 139/02 – VersR 2003, 474 ff. m. eingehender Anm. von *Jaeger* = NJW 2003, 1116 ff. = BGHR 2003, 487 ff.
225 *LG Kempten* Urt. v. 20.7.2005 – Az. 5 S 1124/05 – DAR 2006, 512; *OLG Schleswig* Urt. v. 6.7.2006 – Az. 7 U 148/01 – NJW-RR 2007, 101.
226 *Kuhn* DAR 2001, 344 f.; *LG Saarbrücken* Urt. v. 17.11.1992 – Az. 14 O 1301/89 – zitiert nach *Kuhn* DAR 2001, 344 f.
227 *AG Norderstedt* Urt. v. 19.5.1998 – Az. 42 C 20/97 – DAR 1998, 396.

So schon vor der *BGH*-Entscheidung das *LG Offenburg*:[228]

181

Ein HWS-Syndrom ist grundsätzlich auch bei leichten Auffahrunfällen nicht auszuschließen, sodass ein Verletzter selbst bei einer Differenzgeschwindigkeit von 8 bis 9 km/h ein HWS-Schleudertrauma erleiden kann.

Dennoch verweigern einige Gerichte auch nach der Entscheidung des *BGH* aus Januar 2003 den Opfern von Auffahrunfällen nach wie vor die Anerkennung eines HWS-Schleudertraumas. Auch Teile der Anwaltschaft, d. h. die die Versicherungsseite bundesweit vertretenden Sozietäten, wenden sich massiv gegen die *BGH*-Entscheidung und argumentieren, dass »nach überwiegender wissenschaftlicher Ansicht feststehe, dass bei Geschwindigkeitsänderungen von bis zu 13 km/h in der Regel keinerlei Verletzungen der Halswirbelsäule auftreten können«. Dafür liefern sie einen Block Zitate, die überwiegend aus der 1. Hälfte der 90er Jahre des 20. Jahrhunderts stammen und bezeichnen die zitierten Gutachten als »aktuelle Untersuchungen«. Mitgeliefert wird mit solchen Schriftsätzen dann ein DEKRA-Gutachten, das feststellt, dass Geschwindigkeitsänderungen von bis zu 10 km/h als sogenannte Harmlosigkeitsgrenze bezeichnet werden kann, in deren Grenzen ein HWS-Schleudertrauma nicht auftreten könne.

182

Auch in der Literatur hat die *BGH*-Entscheidung nicht nur Zustimmung gefunden.[229] Von verschiedenen Autoren[230] wird die Auffassung vertreten, dass sich aufgrund der *BGH*-Entscheidung keine grundsätzliche Änderung bei der Beurteilung von HWS-Verletzungen im Niedriggeschwindigkeitsbereich ergeben habe. Klargestellt habe der *BGH* nur, dass sich in diesen Fällen eine schematische Betrachtungsweise verbiete und somit immer der Einzelfall mit seinen individuellen Besonderheiten zu würdigen sei.

183

b) Belastbarkeit der Fahrzeuginsassen

aa) Unfallanalytisches und medizinisches Gutachten immer erforderlich[231]

Die Bedeutung der Belastbarkeit der Fahrzeuginsassen für die Entscheidung, ob diese ein HWS-Schleudertrauma erlitten haben können, haben – als Folge der *BGH*-Entscheidung – auch die Autoren erkannt, die in der Vergangenheit stets entscheidend auf die Differenzgeschwindigkeit und damit auf die Harmlosigkeitsgrenze abgestellt haben.

184

Castro[232] schreibt in einer Anmerkung zu einem Urteil des *AG Saarbrücken*[233], dass es zur Entscheidung der Frage, ob ein Fahrzeuginsasse bei einem Unfall ein HWS-Schleudertrauma erlitten hat, grundsätzlich einer gutachtlichen medizinischen Bewertung bedürfe, weil aus dem Verhältnis der biomechanischen Belastung, welche auf den Insassen während des Unfalls eingewirkt habe, und aus der Belastbarkeit dieser Person nur ein medizinischer Sachverständiger feststellen könne, ob die unspezifischen Beschwerden und Befunde nicht doch mit einem hohen Maß an Wahrscheinlichkeit als Symptomatik einer durch den Unfall hervorgerufenen HWS-Distorsion zu bewerten sei; einem technischen Sachverständigen beziehungsweise einem Juristen fehle hierfür die fachliche Kompetenz. Entscheidend sei nicht die Höhe der biomechanischen Belastung als solche, sondern das Verhältnis dieser Belastung und der Belastbarkeit des Insassen. Er bezeichnet es als grundsätzlich falsch, nur ein Gutachten zur Bestimmung der Höhe der einwirkenden biomechanischen Belastung einzuholen.

---

228 *LG Offenburg* Urt. v. 16.7.2002 – Az. 1 S 169/01 n. v.
229 Vgl. die eingehende Besprechung *Diederichsen* DAR 2004, 301 ff.; vgl. auch *Staab* VersR 2003, 1216 ff. in einer sehr eingehenden Analyse der *BGH*-Entscheidung und *v. Hadeln/Zuleger* NZV 2004, 273 f.
230 *V. Hadeln/Zuleger* NZV 2004, 273, 277; *Staab* VersR 2003, 1216 ff.; *Lemcke* r+s 2003, 177 ff., 185; *Eggert* Verkehrsrecht aktuell 2004, 204 (205 unten); *Bachmeier* DAR 2004, 421 ff.
231 *Mergner*, NZV 2011, 326 ff.
232 *Castro* SVR 2007, 451.
233 *AG Saarbrücken* Urt. v. 31.8.2006 – Az. 5 C 152/06 – SVR 2007 Heft 10 – VI f.

185 Ähnlich äußern sich *Mazotti/Castro*[234] und stellen die These auf, dass es nach einer orthopädisch-traumatologischen Grundregel nur dann zu einer Verletzung kommen kann, wenn die bei einem Unfallgeschehen einwirkende biomechanische Belastung die Belastbarkeit des Unfallopfers übersteigt. Das hänge von äußeren und inneren Faktoren ab. Zu den äußeren Faktoren zählten die passiven Sicherheitsvorrichtungen des Fahrzeugs wie Airbag, Sicherheitsgurt, Kopfstütze, deren korrekte Anwendung, aber auch die Sitzposition[235] im Sinne von Körper- und Kopfhaltung des Insassen im Fahrzeug. Zu den inneren Faktoren rechnen sie bestehende Erkrankungen, das Alter des Verletzten, den Zustand nach einer Operation oder Medikamenteneinnahme.

bb) Die Bedeutung des Äv-Wertes

186 Trotz dieser besseren Erkenntnis bleibt es aber dabei, dass derzeit als Beurteilungsmaßstab für die Belastung des Fahrzeuginsassen der sog. Äv-Wert, also die kollisionsbedingte Geschwindigkeitsänderung, international anerkannt ist.[236] Wird ein Fahrzeug verzögert oder beschleunigt, so handelt es sich um eine kollisionsbedingte Geschwindigkeitsänderung. Dies ist eine sehr grobe Beschreibung der Belastung eines Fahrzeuginsassen, weil es sich nicht etwa um einen Messwert handelt, der am Fahrzeuginsassen selbst ermittelt wird, sondern um einen Wert, der letztlich nur die Belastung des Fahrzeugs beschreibt. Letztlich ist für die Belastung der Halswirbelsäule nicht der Äv-Wert der Fahrgastzelle maßgeblich, sondern beispielsweise Beschleunigungen im Bereich des Kopfes, der Brustwirbelsäule, Zugkräfte im Hals und dergleichen mehr.[237] Für die Messung der Belastung des Fahrzeuginsassen ist ferner die Einwirkungsrichtung von besonderer Bedeutung, da es nicht gleichgültig ist, ob die Geschwindigkeitsänderung direkt von hinten oder möglicherweise unter einem bestimmten Winkel von hinten oder von der Seite oder schräg von vorn einwirkt. In all diesen Fällen ist die Belastung der Fahrzeuginsassen grundverschieden[238]. Schließlich spielt auch die Kollisionsdauer eine Rolle, ohne dass darauf hier näher eingegangen werden kann.

c) Sonderfaktoren zur Ermittlung der Belastbarkeit der Fahrzeuginsassen

187 Bleibt man bei der Heckkollision, so spielt zunächst die Körpergröße der Fahrzeuginsassen eine Rolle.

aa) Die Größe

188 Die Größe der Fahrzeuginsassen ist unbestritten ein Faktor, der für die Beurteilung einer möglichen HWS-Verletzung von Bedeutung ist. Hier spielen aber auch die Größe des Innenraums des Fahrzeugs, die Art und Einstellung der Sitze (Lehnen), die Art und Einstellung der Kopfstützen und die Körperhaltung des Insassen eine große Rolle[239]. Das gilt in besonderem Maß für die Seitenkollision, wenn das Fahrzeug flach gestaltet ist und schon bei sehr geringer Belastung in Querrichtung ein Kopfanstoß erfolgen kann mit der Folge einer seitlichen Abknickung der Halswirbelsäule.

bb) Die Sitzposition

189 Auf besonderen Widerstand ist in der Literatur die Aussage des *BGH* gestoßen, die Sitzposition des Verletzten spiele für die Entscheidung, ob bei einem Heckaufprall im Harmlosigkeitsbereich eine HWS-Verletzung eintreten könne, eine besondere Rolle. Dabei liegt es auf der Hand, dass in Zukunft die Sitzposition zur Beurteilung der biomechanischen Belastung der Fahrzeuginsassen herangezogen werden wird.[240] Die Sitzposition kann für den Fahrzeuginsassen ungünstig, aber auch günstig sein.

---

234 *Mazotti/Castro* NZV 2008, 16 ff.; ähnlich *Mazzotti/Castro* NZV 2002, 499.
235 Anders noch *Mazzotti/Kandaouroff/Castro* NZV 2004, 561 ff.
236 *Born/Rudolf/Becke* NZV 2008, 1, 3 m. w. N.
237 *Born/Rudolf/Becke* NZV 2008, 1, 4.
238 *Born/Rudolf/Becke* NZV 2008, 1, 4 m. w. N.
239 *Born/Rudolf/Becke* NZV 2008, 1, 4.
240 *Born/Rudolf/Becke* NZV 2008, 1, 4.

So hat eine Untersuchung ergeben, dass bei stark vorgebeugter Sitzposition die Belastung der Halswirbelsäule des Fahrzeuginsassen besonders gering sein kann.[241]

Eine ablehnende Haltung zur Bedeutung der Sitzposition nimmt vor allem das Orthopädischen Forschungsinstituts (OFI) ein. Eine retrospektive Untersuchung dieses Instituts ist der Bedeutung der Sitzposition von Fahrzeuginsassen gewidmet.[242] Das Institut weist einleitend darauf hin, dass bereits 2002 festgestellt worden sei, dass die zur Verfügung stehende Literatur zur These der verletzungsfördernden Wirkung der »out of Position« (ooP) eher Zweifel begründe, obwohl keine neueren Publikationen zu diesem speziellen Thema vorlägen. Dies sei auch zu vereinbaren mit den Erkenntnissen aus dem Autoscooter; abweichende beziehungsweise verdrehte Kopfhaltungen seien im Autoscooter sicherlich keine Ausnahme, dennoch werde auch nach Teilnahme im Autoscooterbetrieb nicht gehäuft über HWS-Beschwerden berichtet. 190

Das Orthopädische Forschungsinstitut hat seine Erkenntnisse gestützt auf bereits vorliegende eigene interdisziplinäre Gutachten über jeweils 55 Personen – vergleichbar nach Alter und Geschlecht – mit und ohne Kopfhaltung ooP. Als ooP werden folgende Körperhaltungen genannt: 191
– Beobachtung des Querverkehrs mit deutlicher Kopfdrehung 192
– Blick auf einen Insassen in gleicher Reihe
– Blick durch die Heckscheibe
– Blick in den toten Winkel
– Blick auf die seitlich vom Auto befindliche Ampel und
– Blick in den fernen Fußraum in derselben Reihe.

Dagegen soll der Blick in den Innenspiegel keine »out of position« darstellen.[243] 193

Das Orthopädische Forschungsinstitut ist zu dem Ergebnis gekommen, dass die beiden Personengruppen keine signifikanten Unterschiede aufwiesen. In nahezu allen Fällen klagten die Probanden über Nackenschmerzen (93 % beziehungsweise 98 %) und über Kopfschmerzen (75 % beziehungsweise 71 %). Die Differenzgeschwindigkeit betrug in der Gruppe ooP 2 bis 21 km/h, bei der Vergleichsgruppe 3 bis 19 km/h. Die Autoren wollen keine signifikanten Unterschiede festgestellt haben. Selbst wenn man dieses Ergebnis respektiert, fällt doch auf, dass weit über 90 % der begutachteten Personen über Nackenschmerzen, Kopfschmerzen und/oder Bewegungsbeeinträchtigungen geklagt haben. Man hätte erwarten müssen, dass bis zu 20 % der untersuchten Personen keine Beschwerden gehabt hätten, nämlich die, bei deren Fahrzeug eine ganz geringe Differenzgeschwindigkeit von 2 oder 3 km/h oder eine nur geringfügig höhere vorgelegen hat, vertreten die Verfasser doch auch die These, dass bei geringer Differenzgeschwindigkeit HWS-Schleudertrauma nicht auftreten kann. Diesen Widerspruch haben sie nicht erkannt. 194

Es fällt auch auf, dass *Mazzotti/Castro*[244] zwei Jahre zuvor eine gegenteilige Auffassung vertreten haben, nämlich dass bei Unfällen eine abnormale Sitzposition ebenso berücksichtigt werden müsse, wie die Tatsache, dass ein Anstoß aufgrund einer überlagerten Querkomponente stattgefunden habe. Auch sonstige potenziell die Verletzung fördernden Faktoren, die gegebenenfalls die Belastbarkeit der Halswirbelsäule im Einzelfall verringern könnten, wie z. B. Voroperationen, angeborene Anomalien, die darüber hinaus nur von einem medizinischen Sachverständigen beurteilt werden könnten, müssten beachtet werden. Die Autoren kommen 2002 – im Gegensatz zur Studie aus dem Jahre 2004 – zu dem Ergebnis, dass bei herabgesetzter Belastbarkeit des Betroffenen eine Verletzung auch bereits bei geringer Differenzgeschwindigkeit möglich sei. Um im Einzelfall überhaupt beurteilen zu können, ob verletzungsfördernde Faktoren insbesondere vonseiten der Konstitution des Betroffenen vorliegen würden, bedürfe es immer einer medizinischen Begutachtung, da sich diese Beurteilung eindeutig dem technischen und juristischen Sachverstand entziehe. 195

---

241 *Born/Rudolf/Becke* NZV 2008, 1, 4 m. w. N.
242 *Mazzotti/Kandaouroff/Castro* NZV 2004, 561 ff.
243 *KG Berlin* Urt. v. 9.5.2005 – Az. 12 U 14/04 – NZV 2005, 470 ff.
244 *Mazzotti/Castro* NZV 2002, 499.

196 Wenn aber der *BGH* Recht hat, dann kann das Ergebnis der retrospektiven Betrachtung der jeweils 55 bereits vorliegenden Gutachten so nicht zutreffen, weil in dieser Studie zu etwaigen verletzungsfördernden Faktoren der Untersuchten keine Feststellungen getroffen wurden.

197 Als Ergebnis bleibt: Wissenschaftlich verwertbare Untersuchungen zur Frage ooP fehlen.

198 Bei geringer Differenzgeschwindigkeit sollte beim Sachverständigen hinterfragt werden, ob bei der Beurteilung der Verletzungsmöglichkeiten auch der Sitzposition des Verletzten Rechnung getragen worden sei, wie es der *BGH* (schräg nach rechts oben gewendeter Kopf, um eine Ampel zu beobachten) vorgegeben hat[245].

cc) Vorhandene Gesundheitsstörungen des Verletzten

199 Der Ansicht des **BGH**, neben der Sitzposition spielten vorhandene Gesundheitsstörungen eine Rolle, wird nicht widersprochen. Vorhandene Gesundheitsstörungen können sich sowohl zugunsten, als auch zulasten des Verletzten auswirken. Dabei können die Konstitution und das Alter des Verletzten ebenso eine Rolle spielen wie Vorerkrankungen und Vorschädigungen der HWS z. B. durch einen früheren Unfall oder infolge degenerativer Veränderungen oder Verschleißerscheinungen.

200 Zur Beurteilung der Belastbarkeit der Fahrzeuginsassen sind Feststellungen zu vorhandenen Gesundheitsstörungen unverzichtbar, weil eine geringe Differenzgeschwindigkeit ein HWS-Schleudertrauma gerade bei vorgeschädigter HWS nicht ausschließt.

201 Stimmen der **Literatur** stützen den *BGH*.

Sehr lesenswert ist zu dieser Frage *Kuklinski*[246], der jede Gewalteinwirkung für geeignet hält, die Symptome eines Schleudertraumas hervorzurufen und der insbesondere der Kopfhaltung eine besondere Bedeutung beimisst.

202 Folgerichtig fordert nunmehr auch *Castro*,[247] der dem Orthopädischen Forschungsinstitut (OFI) angehört, dass zur Feststellung von Verletzungen von Fahrzeuginsassen ein medizinisches Gutachten in der Regel unbedingt notwendig sei; die Entscheidung, auf ein medizinisches Gutachten zu verzichten, könne weder ein Jurist, noch ein technischer Sachverständiger treffen.[248] Nur ein Mediziner könne beurteilen, ob die Symptomatik einer HWS-Distorsion vorliege, indem er die Belastbarkeit des Verletzten zum Zeitpunkt der biomechanischen Belastung prüfe.

203 Auch in der **Rspr.** wird der Gesundheitszustand des Verletzten bei der Beurteilung eines möglichen HWS-Schleudertraumas beachtet.

---

245 *Ludovisy* ZAP, Fach 9 R, S. 245, 249.
246 *Kuklinski* stellt ausführlich dar, welche Ereignisse HWS-Läsionen auslösen können. Er nennt die im Leben eines jeden Menschen auftretenden Unfälle mit Gewalteinwirkungen, die zu Schleuderungen und Verdrehungen des Kopfes führten, aber auch unnatürliche Geburtsverläufe, unsachgemäße HWS-Behandlungen (»Einrenken«), schwere Hebe- und Tragearbeiten oder Bagatellunfälle. Allgemeinverständlich beschreibt er den Aufbau der HWS und die Funktionen der HWS-Gelenke und deren hohe Ausstattung mit nervalen Sensoren. Als Ergebnis hält er fest, dass das Genickgelenk ein Sinnesorgan ist, das bei allen Formen der Gewalteinwirkung eine Schwachstelle ist. Man muss mit dem Verfasser realisieren, dass Stürze auf den Rücken, das Gesäß, auf Schultern oder Arme und Kniegelenke zu massiven Beschwerden im HWS-Bereich führen können, weil die Gewalteinwirkungen die Weichteile im HWS-Bereich dehnen oder verletzen. Gravierend sind nach seiner Feststellung unerwartete Traumatisierungen, die auf eine entspannte, lockere HWS-Muskulatur treffen, z. B. bei plötzlichen Schlägen oder Stürzen, typischerweise aber bei Auffahrunfällen, besonders wenn der Kopf gedreht ist. Dabei träfen die auftretenden Kräfte auf die gespannten Ligamenta alaria und überdehnten oder verletzten sie. Als besonders gefährlich bezeichnet er Traumatisierungen bei geneigtem Kopf zur Seite und gleichzeitiger Rotation. Die dabei auftretenden Symptome sind die des bekannten HWS-Schleudertraumas.
247 *Castro* Anm. zum Urteil des *AG Saarbrücken* v. 31.8.2006 – Az. 5 C 152/06 – SVR 2007, 451.
248 *Castro* Anm. zum Urteil des *AG Saarbrücken* v. 31.8.2006 – Az. 5 C 152/06 – SVR 2007, 451.

B. Schmerzensgeld – Sonderfälle Kapitel 19

Das *OLG Stuttgart*[249] hat eine beim Verletzten bestehende Veränderung der knöchernen Band- und Bandscheibenstrukturen dafür verantwortlich gemacht, dass bei ihm durch eine bloße Schonhaltung eine muskuläre Dysbalance auftrat, die zu den beklagten Beschwerden führte. Auf dieser Basis konnte sich der Senat von der Ursächlichkeit des Unfalls für die geklagten Beschwerden und somit von der Arbeitsunfähigkeit des Verletzten überzeugen. Weil der Gesundheitsstatus für die Beurteilung, ob ein Unfallbeteiligter ein Schleudertrauma erlitten hat, wichtig ist, sind *Mazzozzi/Castro*[250] und *Castro* in ihrer jüngsten Aussage zuzustimmen, soweit sie gefordert haben, zur Klärung dieser Frage, immer ein medizinisches Gutachten einzuholen. 204

Soweit bereits **Gesundheitsstörungen** des Fahrzeuginsassen festzustellen sind, können diese dazu führen, die Ansprüche auf Schadensersatz und/oder Schmerzensgeld zu **mindern**. Das gilt allerdings nur, wenn festgestellt werden kann, dass der Verletzte auch ohne den Unfall gleichartige oder ähnliche Gesundheitsschäden erlitten hätte, ein Umstand, der von den Gerichten nicht immer beachtet wird. 205

Wenn auch das *OLG Schleswig*[251] ausdrücklich herausstellt hat, die neue *BGH*-Rspr. zum HWS-Schleudertrauma, insbesondere die Berücksichtigung etwaiger vorhandener Gesundheitsstörungen, zu befolgen, berücksichtigt es eine beim Verletzten vorhandene Schadensanlage ohne festzustellen, ob der Verletzte auch ohne den Unfall gesundheitliche Schäden erlitten hätte. Das Gericht meint, dass die auf einer Prädisposition beruhende endgültige Fehlverarbeitung eines relativ harmlosen Unfallgeschehens eine Kürzung der Ansprüche um 50 % rechtfertige. Dabei sieht das *OLG Schleswig* zwar, dass nach der ständigen Rspr. des *BGH* den Schädiger die volle Haftung für seelisch bedingte Folgeschäden trifft, wenn der Unfall der Auslöser für die pathologische Entwicklung war. Die Kürzung beruht jedoch auf der durch nichts belegten Feststellung, dass eine psychische Fehlentwicklung früher oder später auch ohne den Unfall aufgetreten wäre. 206

Schon lange ist in der Rspr.[252] des *BGH* anerkannt, dass der Schädiger keinen Anspruch darauf hat, so gestellt zu werden, als habe er einen in jeder Hinsicht völlig gesunden Menschen geschädigt. Beruht der Schaden danach also auf einer schon vorhandenen Krankheitsanlage und wird diese durch den Unfall ausgelöst (aktiviert), liegt grundsätzlich ein ausreichend adäquater Kausalzusammenhang vor. Das *OLG Düsseldorf*[253] kürzt bei erwiesener Distorsion der HWS das Schmerzensgeld von an sich für berechtigt gehaltenen 3 800 Euro auf 2 000 Euro, weil bei der Klägerin unfallunabhängig ein degenerativer Verschleiß der HWS vorgelegen habe. Der 1. Zivilsenat des *OLG Düsseldorf* weiß zwar, dass nach der ständigen Rspr. des *BGH* der Schädiger in vollem Umfang schadensersatzpflichtig ist, wenn der Unfall für den Folgeschaden kausal ist. Unter dem Gesichtspunkt, das die Klägerin nur Anspruch auf ein angemessenes Schmerzensgeld habe, dass zudem nach Billigkeitsgesichtspunkten zu bemessen sei, sei es gerechtfertigt, das Schmerzensgeld auf einen Betrag zu kürzen, der etwas mehr als die Hälfte dessen ausmache, was der Klägerin ohne Vorschäden zugestanden hätte; eine Begründung dafür gibt es nicht. 207

Auch das *AG Waldkirch*[254] verneint den Zurechnungszusammenhang der HWS-Distorsion bei massiver Vorschädigung oder erheblicher Schadensanlage nicht. Allerdings führt nach seiner Auffassung die Schadensbereitschaft zu einer deutlichen Kürzung des Schmerzensgeldes;[255] eine Begründung dafür gibt es nicht. 208

---

249 *OLG Stuttgart* Urt. v. 5.10.2004 – Az. 1 U 59/04 – NZV 2004, 582 f. = DAR 2005, 33 f.
250 *Mazzozzi/Castro* NZV 2002, 499 ff.
251 *OLG Schleswig* Urt. v. 2.6.2005 – Az. 7 U 124/01 – OLGR 2006, 5 ff.
252 *BGH* Urt. v. 29.2.1956 – Az. VI ZR 352/54 – NJW 1956, 1108; *BGH* Urt. v. 11.3.1986 – Az. VI ZR 64/85 – VersR 1986, 812 = NJW 1986, 2762; *BGH* Urt. v. 30.4.1996 – Az. VI ZR 55/95 – VersR 1996, 990 = NJW 1996, 2426.
253 *OLG Düsseldorf* Urt. v. 29.3.2005 – Az. I-1 U 176/03 n. v.
254 *AG Waldkirch* Urt. v. 28.9.1998 – Az. 1 C 271/98 – DAR 1999, 129.
255 *OLG Hamm* Urt. v. 31.1.2000 – Az. 13 U 90/99 – OLGR 2000, 232 ff. = SP 2000, 337 f. = DAR 2000, 263.

209 Der 6. Zivilsenat des *OLG Hamm*[256] sieht trotz der Beweiserleichterung des § 287 ZPO den Beweis dafür, dass die Beschwerden unfallbedingt sind, als nicht geführt an, wenn beim Verletzten alterentsprechende degenerative Veränderungen der HWS vorliegen; es sei dann davon auszugehen, dass die gesundheitliche Entwicklung nur vorübergehend durch das HWS-Syndrom überlagert gewesen sei; eine Begründung dafür gibt es nicht.

210 Das *OLG Saarbrücken*[257] billigt dem Verletzten trotz vorgeschädigter Wirbelsäule das volle Schmerzensgeld zu. Das Gericht stellte fest, dass der Kläger unfallbedingt ein HWS-Schleudertrauma 1. Grades erlitten hatte und dass vor dem Unfall bereits degenerative Veränderungen der Wirbelsäule vorlagen. Die Beweisaufnahme ergab, dass der Kläger vor dem Unfall keine Beschwerden hatte, dass die Veränderungen der Wirbelsäule »klinisch stumm« waren. Der Senat verneinte eine Herabsetzung des Schmerzensgeldes, weil eine sichere Aussage darüber, ob und wann der stumme Bandscheibenvorfall ohne das Unfallereignis aktiviert worden wäre, nicht möglich sei.

211 Auch der 13. Zivilsenat des *OLG Hamm*[258] kürzt den Schmerzensgeldanspruch des Verletzten mit arthrotisch vorgeschädigtem Kniegelenk nicht wesentlich, weil der Verletzte bis zum Unfall beschwerdefrei war.

212 Der *BGH*[259] hält es zwar für zulässig, bei der Bemessung des Schmerzensgeldes zu berücksichtigen, dass die zum Schaden führende Handlung des Schädigers nur eine bereits vorhandene Schadensbereitschaft in der Konstitution des Verletzten ausgelöst hat und die Gesundheitsbeeinträchtigungen Auswirkungen dieser Schadensanfälligkeit sind[260]. In einem solchen Fall trifft der Unfall zwar keinen gesunden, aber doch einen – im Vergleich zum derzeitigen Zustand – beschwerdefreien Menschen.

213 Im Rahmen der **haftungsausfüllenden Kausalität** ist nach § 287 ZPO die wahrscheinliche Entwicklung maßgebend. Gelingt es dem Schädiger, konkrete Anhaltspunkte dafür aufzuzeigen, dass Fehlentwicklungen gleichen Ausmaßes auch ohne den Unfall eingetreten wären, können Abschläge aufgrund der besonderen Schadensanfälligkeit gemacht werden.[261]

214 ▶ Hinweis:

Ergeben sich keine konkreten Anhaltspunkte für einen negativen Verlauf, muss der Richter im Rahmen der Wahrscheinlichkeitsprognose einen gleichbleibenden Zustand zugrunde legen. Die verbleibende Unsicherheit, die jeder gesundheitlichen Prognose innewohnt, darf sich nicht schmerzensgeldmindernd auswirken.

215 Der einmal festgestellte Kausalzusammenhang zwischen dem Unfall und bestimmten Beschwerden entfällt nicht durch bloßen Zeitablauf. Der Schädiger kann aber gegebenenfalls nachweisen, dass ab einem bestimmten Zeitpunkt tatsächlich eine überholende Kausalität eingetreten wäre; alle Unsicherheiten insoweit gehen zu Lasten des Schädigers.

216 ▶ Hinweis:

Der Schädiger (Haftpflichtversicherer) sollte geltend machen, dass aufgrund der Vorschäden auch ohne den Unfall das Schadensbild jedenfalls in absehbarer Zeit demjenigen entsprochen hätte, welches nach dem Unfall vorliegt.

---

256 *OLG Hamm* Urt. v. 26.1.1998 – Az. 6 U 128/94 – r+s 1999, 64 f.
257 *OLG Saarbrücken* Urt. v. 25.1.2005 – Az. 4 U 72/04 – SP 2005, 268.
258 *OLG Hamm* Urt. v. 31.1.2000 – Az. 13 U 90/99 – OLGR 2000, 232 ff. = SP 2000, 337 f. = DAR 2000, 263.
259 *BGH* Urt. v. 5.11.1996 – Az. VI ZR 275/95 – VersR 1997, 122 ff.
260 *BGH* Urt. v. 16.11.1961 – Az. III ZR 189/60– NJW 1962, 243; *BGH* Urt. v. 2.4.1968 – Az. VI ZR 156/66 – VersR 1968, 648, 650; *BGH* Urt. v. 19.12.1969 – Az. VI ZR 111/68 – VersR 1970, 281, 284; *BGH* Urt. v. 29.9.1970 – Az. VI ZR 74/69 – VersR 1970, 1110 f.; *BGH* Urt. v. 22.9.1981 – Az. VI ZR 144/79 – VersR 1981, 1178, 1180; *Born* OLGR 2003, K 4.
261 *Born* OLGR 2003, K 4.

▶ Hinweis: 217

Der Verletzte dagegen sollte sich darauf berufen, dass auch ein Sachverständiger nicht sicher sagen könnte, dass dieselben Beschwerden auch ohne den Unfall zeitnah eingetreten

4. Abwehrhaltung in Literatur und Rechtsprechung gegen die BGH-Entscheidung

Auch nach der *BGH*-Entscheidung vom 28.1.2003 und nach Ablehnung und Anerkennung in der Literatur ist nicht zu erwarten, dass die Rspr. generell die Theorie der Harmlosigkeitsgrenze aufgeben wird. Zu bequem ist doch der Weg, der u. a. vom 6. Zivilsenat des *OLG Hamm*[262] seit vielen Jahren extensiv beschritten wurde. 218

Liest man die nach der *BGH*-Entscheidung ergangenen instanzgerichtlichen Entscheidungen, so stellt man fest, dass der *BGH* die Betrachtungsweise und den Umgang der Richter mit HWS-Verletzungen nicht verändert, sondern – wie *Eggert*[263] bereits prognostiziert hat – nur verfeinert hat. Viele Gerichte bleiben dabei, dass alleine dem unfallanalytischen Gutachten Bedeutung beigemessen wird. Weist es eine kollisionsbedingte Geschwindigkeitsänderung < = 15 km/h aus, wird pro forma ein medizinisches Gutachten eingeholt, um sodann zu entscheiden, dass wegen der festgestellten geringen Geschwindigkeitsänderung ein Schleudertrauma mit an Sicherheit grenzender Wahrscheinlichkeit ausgeschlossen werden kann. 219

a) Logikfehler des KG Berlin

Nur beispielhaft seien zwei Entscheidungen genannt, die nur vorgeben, dem *BGH* zu folgen: Das *KG Berlin*[264] führt aus, dass nach seiner Rspr. eine unfallbedingte Verletzung der HWS nur bejaht werden könne, wenn die kollisionsbedingte Geschwindigkeitsänderung > 15 km/h sei. In dem zur Entscheidung anstehenden Fall betrug diese nur 7 bis 12,9 km/h jedoch kam eine Querbeschleunigung des Kopfes von etwa 3 km/h hinzu. Das *KG Berlin* beruft sich auf die Entscheidung des *BGH* und hält sich für verpflichtet, einen Mediziner als Sachverständigen zu befragen. Diesem folgt es dann in seiner Aussage, dass der Ursachenzusammenhang deshalb nicht gegeben sei, weil bei einer bewiesenen kollisionsbedingten Geschwindigkeitsänderung von nur 7 km/h eine Verletzungsmöglichkeit der HWS mit an Sicherheit grenzender Wahrscheinlichkeit nicht vorgelegen habe. Auch bei einer kollisionsbedingten Geschwindigkeitsänderung von 13 km/h sei eine Verletzungsmöglichkeit der HWS weder mit an Sicherheit grenzender noch mit überwiegender Wahrscheinlichkeit zu bejahen, weil die von der Klägerin gemachten Angaben über Beschwerden sowie die in den Attesten und Durchgangsberichten festgehaltenen Beschwerden und Befunde in Bezug auf die HWS im Wesentlichen unspezifisch seien, d. h. sie könnten sowohl bei unfallunabhängigen als auch bei unfallabhängigen Erkrankungen der HWS vorliegen. Das gelte auch für die bei der Röntgenaufnahme festgestellte Steilstellung der Halswirbelsäule, denn nach medizinischen Untersuchungen läge eine steilgestellte HWS bei 42 % der Normalbevölkerung vor.[265] 220

Die Querbeschleunigung des Kopfes wird sodann ebenfalls mit an Sicherheit grenzender Wahrscheinlichkeit alleine als nicht ausreichend angesehen, ein Schleudertrauma auszulösen. 221

Ohne jede Kritik hat das *KG Berlin* sogar die Aussage des Mediziners übernommen, dass 42 % der Normalbevölkerung eine steilgestellte HWS vorweisen können, eine unglaubliche Aussage, die auch 222

---

262 Nach dem Ausscheiden des früheren Vorsitzenden des 6. Zivilsenats des *OLG Hamm* hat der Senat unter neuem Vorsitz diese Rspr. unverändert beibehalten.
263 *Eggert* Verkehrsrecht aktuell 2004, 204 f.
264 *KG Berlin* Urt. v. 12.2.2004 – Az. 12 U 219/02 – NZV 2004, 460 f.; *KG Berlin* Urt. v. 19.9.2005 – Az. 12 U 288/01 – VersR 2006, 1233 = NZV 2006, 145 f.; *KG Berlin* Urt. v. 21.11.2005 – Az. 12 U 285/03 – NZV 2006, 146 f.; *KG Berlin* Urt. v. 6.6.2005 – Az. 12 U 55/04 – KGReport 2005, 740.
265 *Ludolph* SP 2005, 86 meint sogar, die Steilstellung der Wirbelsäule sei kein Verletzungszeichen, weil sie bei Röntgenaufnahmen untersuchungstechnisch bedingt sei; Verspannungen seien alleine anlagebedingt.

in anderen Entscheidungen des 12. Zivilsenats des *KG Berlin*[266] vorkommt, aber nicht belegt wird. Eine Addition der hier festgestellten Umstände, nämlich der maximalen Differenzgeschwindigkeit von 13 km/h, der sich aus den Angaben der Klägerin ergebenden Nackenschmerzen, Schwindel, Übelkeit und Kopfschmerzen, der durch Röntgenaufnahmen festgestellten Steilstellung der Halswirbelsäule und der festgestellten Querbeschleunigung des Kopfes, die normalerweise für den Beweis eines Schleudertraumas ausreichen müssten, hat das Gericht einfach nicht vorgenommen.

b) Logikfehler des LG Lüneburg

223 Das *LG Lüneburg*[267] hatte einen Fall zu entscheiden, in dem der technische Sachverständige eine kollisionsbedingte Geschwindigkeitsänderung von 7–11 km/h festgestellt hatte. Es verweist sodann ausdrücklich auf die Aussage des *BGH*, dass bei Heckunfällen im Niedriggeschwindigkeitsbereich ein medizinisches Gutachten eingeholt werden müsse und fährt dann fort, dass der medizinische Sachverständige in seinem Gutachten dargelegt habe, dass eine Verletzung der Klägerin im Bereich der Halswirbel durch den Auffahrunfall mit großer Wahrscheinlichkeit ausgeschlossen werden könne. Zu diesem Ergebnis sei der Sachverständige unter Berücksichtigung der geringen Geschwindigkeitsänderung und aufgrund des Fehlens verletzungsfördernder Faktoren in der gesundheitlichen Gesamtkonstitution der Klägerin gelangt.

c) Zwischenergebnis

224 Liegt ein unfallanalytisches Gutachten vor, wird der Mediziner nur noch eingeschaltet, um dem Anspruch des *BGH* Genüge zu tun. Der Logikfehler, der darin liegt, dass der Mediziner seine medizinische Beurteilung mit dem Ergebnis des unfallanalytischen Gutachtens begründet, wird nicht erkannt.

225 Wozu soll dann das medizinische Gutachten dienen? Wenn für das Gericht und den (ständig vom Gericht beauftragten) Sachverständigen (vielfach DEKRA) klar ist, dass bei geringer Differenzgeschwindigkeit ein HWS-Schleudertrauma nicht auftreten kann, bedarf es des medizinischen Gutachtens nicht, dann reicht (wie bisher) ein unfallanalytisches Gutachten.

226 Die *BGH*-Entscheidung hat die Rspr. zum Schleudertrauma vielfach nicht geändert, sondern nur die Begründungen. Es wird jedoch nicht mehr lange dauern, dann wird auch dieser Fehler nicht mehr all zu oft vorkommen. Der Mediziner wird künftig zusätzlich zu der Frage der Belastbarkeit der Wirbelsäule des Verletzten Stellung nehmen müssen. In der Regel wird diese – trotz einem wohl fast immer vorkommenden altersbedingten Verschleiß der Wirbelsäule – als so hoch bezeichnet werden, dass die festgestellte Differenzgeschwindigkeit zu gering ist, um eine Verletzung der Wirbelsäule medizinisch zu erklären.

5. Der Beweis des HWS-Schleudertraumas

a) Indizwirkung der Differenzgeschwindigkeit

227 Bei geringer Differenzgeschwindigkeit kann durchaus bezweifelt werden, dass beim Verletzten ein HWS-Schleudertrauma aufgetreten ist. Es darf nicht der Eindruck entstehen, als sei die Differenzgeschwindigkeit bedeutungslos für die Beurteilung der Frage, ob ein HWS-Schleudertrauma vorliegt.

228 Aber: Die Indizwirkung der Differenzgeschwindigkeit kann in zwei Richtungen gehen:
– Ist die Differenzgeschwindigkeit > 15 km/h, kann dies ein Indiz für eine unfallbedingte Verletzung sein,[268] dann greift u. U. sogar ein Anscheinsbeweis zugunsten des Verletzten ein.

---

266 Z. B. *KG Berlin* Urt. v. 9.5.2005 – Az. 12 U 14/04 – NZV 2005, 470, 472 oder Urt. v. 4.9.2006 – Az. 12 U 204/04 – NZV 2007, 146.
267 *LG Lüneburg* Urt. v. 23.2.2004 – Az. 1 S 45/01 – SVR 2004, 348 f.
268 *KG Berlin* Urt. v. 12.2.2004 – Az. 12 U 219/02 – NZV 2004, 460 f.

– Umgekehrt kann eine geringe Differenzgeschwindigkeit indiziell gegen eine Verletzung sprechen.

Das bedeutet, dass bei geringer Differenzgeschwindigkeit durchaus bezweifelt werden kann, dass beim Verletzten ein HWS-Schleudertrauma aufgetreten ist. Indizwirkung[269] kommt dem zu, aber das bedeutet nicht, dass der Verletzte nicht die Möglichkeit hätte, diese indizielle Wirkung durch Zeugnis des behandelnden Arztes und durch Zeugen aus seinem Umfeld zu widerlegen. 229

Nach *Eggert*[270] gibt es keinen Anscheinsbeweis dahin, dass unter bestimmten Umständen ein Unfall für eine HWS-Verletzung ursächlich ist[271]. Auch umgekehrt könne eine HWS-Verletzung als Unfallfolge nicht qua Anscheinsbeweis ausgeschlossen werden, etwa bei einer Kollision im Harmlosigkeitsbereich. Für Heckkollisionen soll nach *Eggert* aber der Satz gelten: 230
– Ein gesunder Erwachsener, normale Sitzhaltung im Zeitpunkt der Kollision vorausgesetzt, kann eine kollisionsbedingte Geschwindigkeitsänderung bis zu 10 km/h problemlos ohne Verletzungsfolgen tolerieren. Mit Hilfe dieser Erkenntnis werde in der Rspr. eine Hürde aufgebaut, die der Kläger nur bei nachgewiesenen Sonderfaktoren – Schadensanlage, atypische Sitz-/Kopfposition – überwinden könne, ihn zumeist aber scheitern lasse. Sein Fazit ist: Durch die neue *BGH*-Entscheidung haben sich nur die Urteilsbegründungen geändert, nicht die Ergebnisse.[272]

b) Nachweismöglichkeiten des HWS-Schleudertraumas

Eggert[273] sieht folgende Nachweismöglichkeiten für den Verletzten, wenn es keinen objektiven Befund einer HWS-Verletzung gibt: 231
– unfallanalytisches Gutachten zur biomechanischen Belastung,
– ärztliches Gutachten – Orthopädie, Unfallchirurgie, Neurologie, Psychologie,
– Zeugenaussagen – Fahrzeuginsassen, Angehörige, Bekannte, Kollegen,
– Feststellungen des Hausarztes beziehungsweise behandelnder Ärzte – Atteste und Arztberichte oder deren Aussagen als sachverständige Zeugen,
– Fotos vom Unfallfahrzeug,
– Parteianhörung nach den §§ 141, 287 ZPO – Parteivernehmung nach § 448 ZPO.[274]

c) Ärztliche Atteste

Der Verletzte ist auch bei entsprechenden Angaben des behandelnden Arztes dennoch nicht auf der sicheren Seite. Nur wenige Gerichte messen einem ärztlichen Attest ernsthaft Bedeutung zu. Das *OLG Brandenburg*[275] bejaht einen gewissen Beweiswert der ärztlichen Diagnose, wenn diese unverzüglich nach dem Unfall getroffen wurde und wenn der Verletzte zuvor beschwerdefrei war. 232

aa) Attestierte Beschwerden sollen unspezifisch sein

Selbst wenn ein Arzt die Beschwerden des Patienten attestiert hat, werden diese jedoch oft abgetan mit der Begründung, die Beschwerden seien im Wesentlichen unspezifisch, d. h. derartige Beschwerden würden häufig auch bei unfallunabhängigen Erkrankungen der HWS beklagt.[276] Deswegen reiche der zeitliche Zusammenhang des Auftretens der Beschwerden mit dem Unfall nicht aus, um mit 233

---

269 So auch *Staab* VersR 2003, 1216, 1221.
270 *Eggert* Verkehrsrecht aktuell 2004, 204 f.
271 A. A. *KG Berlin* Urt. v. 12.2.2004 – Az. 12 U 219/02 – NZV 2004, 460: ab > 15 km/h.
272 *Eggert* Verkehrsrecht aktuell, 2004, 204 f.; *Lemcke* r+s 2003, 177, 185.
273 *Eggert* Verkehrsrecht aktuell 2004, 204, 206.
274 So auch *OLG Saarbrücken*, Urt. v. 8.6.2010 – 4 U 468/09, NZV 2011, 340.
275 *OLG Brandenburg* Urt. v. 15.1.2004 – Az. 12 U 117/03 – VersR 2005, 237.
276 *OLG Hamm* Urt. v. 23.6.2003 – Az. 6 U 99/02 – SP 2003, 380 f.; *LG Köln* Urt. v. 9.7.2003 – Az. 26 S 244/02 – SP 2003, 345 f. = NZV 2003, 580 f.; so auch *AG Kleve* Urt. v. 19.9.2002 – Az. 2 C 33/02 – SP 2003, 200; *LG Saarbrücken* Urt. v. 13.3.2003 – Az. 11 S 147/02 – SP 2003, 199 f.

einem für das praktische Leben brauchbaren Grad von Gewissheit eine unfallbedingte Primärverletzung im orthopädischen Bereich festzustellen.[277]

234 Ebenso entschied das *LG Köln*,[278] das das Amtsgericht als Vorinstanz rügte, allein auf die von der Klägerin selbst geschilderten und von deren Mutter bestätigten Beschwerden (Kopf-, Nackenschmerzen sowie Schwindel) und die vom behandelnden Arzt festgestellte Verhärtung der Muskulatur mit Bewegungseinschränkung im Nacken und Schultergürtel abgestellt zu haben. Die Kammer weist den Vorderrichter zusätzlich darauf hin, dass sie in ständiger Rspr. die Auffassung vertritt, dass eine Verletzung der HWS bei einer Differenzgeschwindigkeit unter 10 km/h i. d. R. ausgeschlossen sei.[279] Daran ändere auch die Entscheidung des *BGH*[280] nichts, die einen anderen Fall betreffen soll.

bb) Attestierte Beschwerden beruhen nur auf Angaben des Verletzten

235 Andere Gerichte versuchen, den Beweiswert eines ärztlichen Attestes auszuhebeln und lehnen Schmerzensgeldansprüche mit der Begründung ab, dass ein **ärztliches Attest**, das die Diagnose »HWS-Schleudertrauma« bescheinige, keine Gewissheit über das Vorliegen einer solchen Verletzung gebe, wenn es auf der Schilderung des Verletzten beruhe, die behaupteten Schäden nicht objektivierbar seien und die Umstände des Falles und der Unfallablauf (leichter Auffahrunfall, Differenzgeschwindigkeit zwischen 5 und 11 km/h eher gegen eine solche Verletzung sprächen.[281]

236 Das **OLG Hamburg**[282] meinte, es erschließe sich dem erkennenden Einzelrichter nicht, wie ein Arzt aufgrund bloßer Mitteilungen des Patienten »sowie dessen Untersuchung« solle feststellen können, ob geklagte Beschwerden und festgestellten Diagnosen gegebenenfalls unfallbedingt, beziehungsweise auf »einen bestimmten« Unfall zurückzuführen seien. Dieser Richter hätte den Arzt anhören sollen, vielleicht hätte sich ihm die offene Frage dann erschlossen.

cc) Grenzen der Aufgaben des Arztes

237 Das *LG Hanau*[283] hat eine Entscheidung auf ein medizinisches Gutachten gestützt, das ein Schleudertrauma, unter Berufung auf eine 13 Tage nach dem Unfall gefertigte Computertomografie und

---

277 *OLG Hamm* Urt. v. 23.6.2003 – Az. 6 U 99/02 – SP 2003, 380 f.; *LG Lüneburg* Urt. v. 22.10.2002 – Az. 6 S 119/02 – zfs 2003, 123 m. Anm. *Diehl*.
278 *LG Köln* Urt. v. 9.7.2003 – Az. 26 S 244/02 – SP 2003, 345 f. = NZV 2004, 580 f.
279 So auch *OLG Hamburg* Urt. v. 21.6.2002 – Az. 14 U 147/01 – SP 2003, 55 f. = NZV 2002, 503 f.
280 *BGH* Urt. v. 28.1.2003 – Az. VI ZR 139/02 – VersR 2003, 474 ff. m. eingehender Anm. von *Jaeger* = NJW 2003, 1116 ff. = NZV 2003, 167 ff. = BGHR 2003, 487 ff.
281 Die Attestierung einer HWS-Verletzung und die Einleitung der Behandlung durch den Hausarzt reichen nicht: *AG Bielefeld* Urt. v. 9.11.2001 – Az. 5 C 915/00 – SP 2002, 418 f.; ein ärztliches Attest, das nur die vom Patienten geschilderten Beschwerden wiedergibt, ist ohne Beweiswert: *LG Berlin* Urt. v. 29.4.2002 – Az. 58 S 315/01 – SP 2002, 272; *OLG Hamm* Urt. v. 13.1.2000 – Az. 6 U 39/99 – SP 2000, 338 = OLGR 2000, 341 ff.; *AG Berlin-Mitte* Urt. v. 9.11.1998 – Az. 103 C 266/98 – SP 2000, 49; *OLG Stuttgart* Urt. v. 19.3.1999 – Az. 2 U 150/98 – SP 1999, 232 f., ärztliche Atteste sind als Beleg für eine Gesundheitsbeschädigung i. S. e. strukturellen Veränderung wertlos; *OLG Frankfurt* Urt. v. 16.12.1998 – Az. 23 U 55/98 – zfs 1999, 516 f.; ebenso *LG Berlin* Urt. v. 20.11.2000 – Az. 58 S 7/00 – zfs 2001, 108 ff.; *LG Stralsund* Urt. v. 30.6.2000 – Az. 5 O 72/99- DAR 2001, 368; *AG Gummersbach* Urt. v. 16.8.2001 – Az. 2 C 724/00 – SP 2002, 15; *AG Düsseldorf* Urt. v. 9.7.2001 – Az. 58 C 17116/00 – SP 2002, 14 f.; geradezu prophetische Gaben hatte das *OLG Hamm* Urt. v. 18.10.1994 – Az. 27 U 101/94 – DAR 1995, 76 f.; ebenso nach sachverständiger Beratung der 9. Zivilsenat des *OLG Hamm* Urt. v. 21.10.1994 – Az. 9 U 85/94 – DAR 1995, 74 f. = OLGR 1995, 15 f.; *OLG Frankfurt* Urt. v. 22.1.1999 – Az. 24 U 61/97 – r+s 2001, 65 f.; ähnlich *OLG Hamm* Urt. v. 2.7.2001 – Az. 13 U 224/00 – SP 2002, 11 ff. = r+s 2002, 371 ff.; sämtliche Beweisantritte blockte das *AG Oberhausen* ab, Urt. v. 28.4.2004 – Az. 31 C 3176/03 – SP 2005, 50. Demgegenüber reicht demselben 13. Zivilsenat das ärztliche Attest bei einer Schulterverletzung aus, *OLG Hamm* Urt. v. 28.2.2001 – Az. 13 U 191/00 – SP 2001, 377 f.
282 *OLG Hamburg* Urt. v. 3.4.2002 – Az. 14 U 168/01 – OLGR 2003, 6 f.
283 *LG Hanau* Urt. v. 8.4.2005 – Az. 2 S 276/04 – SP 2005, 267 f.

Arztberichte verneint hat mit der Begründung, dass die Computertomografie keine unfallbezogenen Verletzungen erkennen lasse und dass die am Tag nach dem Unfall ausgestellte ärztliche Bescheinigung ohne Überzeugungskraft sei, weil sie ersichtlich nur auf den Angaben des Verletzten beruhe. Ärztlichen Bescheinigungen sei kein entscheidendes Gewicht beizumessen, weil es **nicht Aufgabe des** behandelnden **Arztes** sei, eine Kausalität zwischen dem Unfallereignis und den beklagten Beschwerden herzustellen oder die subjektiven **Angaben des Patienten** über Beschwerden **kritisch infrage zu stellen**. Die Bewertung eines ärztlichen Attestes hänge davon ab, welche objektiven Feststellungen der Arzt getroffen habe; in dem Attest sei aber nur festgestellt, dass die HWS leicht druckschmerzhaft und ohne wesentliche Einschränkung der Beweglichkeit sei. Daraus hat das *LG Hanau* gefolgert, dass dem Verletzten lediglich eine leichte Zerrung ärztlich bescheinigt worden sei, eine Bagatellverletzung, bei der eine Entschädigung zu versagen sei.

Das *LG Hanau* hat bei seiner Entscheidung nicht bedacht, dass bei einer HWS-Verletzung mit dem **Schweregrad I** per definitionem selbst am Unfalltag durchgeführte **bildgebende Verfahren nichts hergeben**. Aus einer 13 Tage nach dem Unfall gefertigten Computertomografie durfte deshalb erst recht nichts Nachteiliges für den Kläger geschlossen werden. Zwar stellt das Gericht zu Recht fest, dass es nicht Aufgabe des behandelnden Arztes ist, eine Kausalität zwischen dem Unfallereignis und den beklagten Beschwerden herzustellen oder die subjektiven Angaben des Patienten über Beschwerden kritisch infrage zu stellen. Es ist aber Aufgabe des Gerichts, diesen Arzt als Zeugen zu hören und festzustellen, ob dieser die Angaben des Patienten für glaubhaft gehalten hat und ob sein Attest gar auf eigenen, objektivierbaren Feststellungen beruht. Richter sollten eigene medizinische Feststellungen – wie hier: leichte Zerrung – ohne sachverständige Unterstützung unterlassen. 238

dd) Flucht in die Bagatelle

Auch das *AG Böblingen*[284] hat festgestellt, dass die Diagnose des behandelnden Arztes allein auf den Angaben der Klägerin beruhe. Angesichts der festgestellten Beschleunigungswerte von 5–7 km/h könne die Klägerin bei dem Unfall nur geringfügig verletzt worden sein, sodass ihr Wohlbefinden allenfalls nur kurzfristig unerheblich beeinträchtigt gewesen sei. In diesen Fällen, in denen eine Bagatellschwelle nicht überschritten sei, entfalle ein Anspruch auf Schmerzensgeld. 239

In einer anderen Entscheidung befindet das *AG Böblingen*,[285] dass die subjektiven Befunde (eines Arztes oder des Verletzten?) zwar nicht von vornherein ungeeignet seien, als Folge eines HWS-Schleudertraumas angesehen zu werden. Für sich alleine seien sie jedoch bei geringer Differenzgeschwindigkeit nicht geeignet, den dem Kläger obliegenden Beweis zu führen. 240

▶ **Hinweis:** 241

Die hier geschilderte richterliche Einstellung lohnt sich besonders für Berufungszivilkammern. Halten sie diese Linie einige Zeit bei, können sie sicher sein, dass die Vorderrichter irgendwann einknicken und sich dieser Rspr. anschließen, denn welcher Amtsrichter will die Versicherer ständig in die Berufung schicken mit der Folge, dass seine Entscheidungen kassiert werden.

ee) Bagatelle und nicht ganz unübliche Schwindeleien

Das *LG Berlin*[286] wertet dagegen einen Auffahrunfall bei einer nur geringen Differenzgeschwindigkeit der Einfachheit halber ebenfalls als Bagatelle, mit der Folge, dass eine Belastungsreaktion des Unfallopfers als unangemessene Überreaktion anzusehen sei. Der Anlass sei für das Erleiden eines psychischen Schadens zu geringfügig gewesen. Damit war das Gericht aller Sorgen um eine vertiefte Begründung enthoben. 242

---

284 *AG Böblingen* Urt. v. 27.7.2004 – Az. 11 C 1450/04 – SP 2005, 272.
285 *AG Böblingen* Urt. v. 10.1.2005 – Az. 19 C 2735/04 – SP 2005, 412.
286 *LG Berlin* Beschl. v. 4.4.2005 – Az. 58 S 54/05 – SP 2005, 229 f.; so auch *AG Böblingen* Urt. v. 27.7.2004 – Az. 11 C 1450/04 – SP 2005, 272.

243 Und wenn sich eine Bagatelle nicht begründen lässt, weist ein Gericht die Klage ab, weil doch einiges dafür spreche, dass für die Beschwerden nicht der Verkehrsunfall verantwortlich gewesen sei, sondern eine der **leider nicht ganz unüblichen Schwindeleien** mit einer HWS-Verletzung nach einem Unfall[287].

ff) Zwischenergebnis

244 Die entscheidende Frage für den Nachweis eines HWS-Syndroms ist, ob der ärztliche Befund ausreichend in einem Attest objektiviert worden ist. Das Attest darf sich (natürlich) nicht in einer ungeprüften Übernahme der Angaben des Patienten erschöpfen, sondern muss eigenständige Feststellungen enthalten. Mit einem solchen Attest kann der Nachweis des HWS-Syndroms geführt werden.[288]

245 Diese Auffassung vertritt auch *Müller*,[289] die das Ergebnis einer medizinischen Erstuntersuchung durchaus für bedeutsam hält, allerdings nur als eines von mehreren Indizien, das regelmäßig alleine zum Nachweis des Ursachenzusammenhangs zwischen Unfall und HWS-Schaden nicht ausreichen werde, zumal eine solche Verletzung erfahrungsgemäß oft nur vorsorglich bescheinigt werde.

246 Dennoch wird der *BGH* bei einer Überzeugungsbildung des Tatrichters aufgrund eines ärztlichen Attestes diese Feststellung in der Regel zu akzeptieren haben. Erforderlich ist nur, dass der erstbehandelnde Arzt sorgfältig begründet und sich mit den Angaben des Verletzten kritisch auseinander setzt. So hat das *OLG Düsseldorf*[290] ausdrücklich festgestellt, dass die bei der Erstuntersuchung des Verletzten erhobenen medizinischen Befunde nicht einfach als nicht objektivierbare Angaben marginalisiert werden dürften. Eine leichte Distorsionsbeeinträchtigung der HWS dürfe differenzialdiagnostisch nicht alleine aufgrund der Tatsache ausgeschlossen werden, weil sich in einem bildgebenden Verfahren kein morphologisches Korrelat für eine Verletzung finde. Druckschmerzangaben des Verletzten dürften nicht unberücksichtigt bleiben, weil ein Facharzt unterscheiden könne, ob es sich lediglich um eine subjektive Angabe des Untersuchten handele oder um die in der klinischen Untersuchung feststellbare Befundkonstellation eines HWS-Schleudertraumas, wenn kein Verdacht in Richtung einer Simulation oder Aggravation besteht.

247 Nunmehr hat der *BGH*[291] im Rahmen einer Entscheidung zur Harmlosigkeitsgrenze bei einer Frontalkollision auch zur Bedeutung ärztlicher Atteste Stellung genommen. Er hat anerkannt, dass einem ärztlichen Attest ein eigenständiger Beweiswert zukommt und dass es eines unter mehreren Indizien für den Zustand des Geschädigten nach dem Unfall sein kann und dass es dem Tatrichter die Überzeugungsbildung von einem HWS-Schleudertrauma ermöglichen kann. Allerdings meint der BGH immer noch, dass das ärztliche Attest **alleine** schwerlich zum Beweis der Kausalität genügen könne.

Als Revisionsinstanz hat er aber wenig Möglichkeiten, die auf einem ärztlichen Attest beruhenden tatsächlichen Feststellungen des Instanzgerichts in Zweifel zu ziehen, auch dann, wenn die Überzeugungsbildung des Tatrichters (nur) auf einem Attest beruht. – Es ist alles eine Frage der Begründung zur Überzeugungsbildung des Richters.

248 ▶ Praxistipp

— Der sichere Weg bei der Geltendmachung von Schmerzensgeldansprüchen wegen eines HWS-Syndroms nach einem Auffahrunfall verlangt es, dass der Verletzte – trotz der gegenteiligen Bestrebungen der Gesundheitsreform – so oft wie möglich zum Arzt geht und jede ihm angebotene Möglichkeit von Heilbehandlungsmaßnahmen wahrnimmt.
— Er sollte ferner den Arbeitgeber, Arbeitskollegen, Familie und Freunde über seine Beschwerden informieren, damit er sie als Zeugen benennen kann.

---

287 *AG Berlin-Mitte* Urt. v. 16.8.2004 – Az. 113 C 3366/02 – SP 2005, 122.
288 *Diel* in Anm. zu *LG Lüneburg* Urt. v. 22.10.2002 – Az. 6 S 119/02 – zfs 2003, 123.
289 *Müller* zfs 2005, 54, 59.
290 *OLG Düsseldorf* Urt. v. 29.8.2005 – Az. I-1 U 11/05 n. v.
291 *BGH* Urt. v. 8.7.2008 – Az. VI ZR 274/07 – VRR 2008, 342 mit Anm. *Jaeger*.

- Das Gericht muss unbedingt auf die Beweiserleichterung des § 287 ZPO im Bereich der haftungsausfüllenden Kausalität hingewiesen werden. Steht die Körperverletzung oder Gesundheitsverletzung fest, ist zur Feststellung des Kausalzusammenhangs keine an Sicherheit grenzende Wahrscheinlichkeit (§ 286 ZPO) erforderlich, sondern eine überwiegende (höhere bzw. deutlich höhere) Wahrscheinlichkeit ist ausreichend.[292]
- Ganz dringend ist auch ein Hinweis an das Gericht auf die Entscheidung von *Müller* VersR 2003, 1 und auf die Entscheidung des *BGH* Urt. v. 28.1.2003 – Az. VI ZR 139/02 – VersR 2003, 474 mit eingehender Anm. von *Jaeger* = NJW 2003, 1116 = BGHR 2003, 487 = SP 2003, 162 und auf den Aufsatz von *Jaeger* VersR 2006, 1611.
- Wichtig ist auch ein Hinweis auf den Beitrag von *Diederichsen* DAR 2004, 301, in dem diese Entscheidung des *BGH* mit weiterführenden Hinweisen besprochen worden ist.

d) Neurootologisches Gutachten

In jüngerer Zeit wird die Frage diskutiert, ob Unfallopfer mithilfe eines neurootologischen Gutachtens[293] den Nachweis führen können, dass infolge des Unfalls eine Verletzung eingetreten ist. Mit einem solchen Beweisantrag wird ein Unfallopfer künftig kaum Erfolg haben, nachdem das *OLG Hamm*[294] ein solches Gutachten vollmundig als ungeeignetes Beweismittel bezeichnet hat. Der vom *OLG Hamm* angehörte Orthopäde hatte dem Gericht erläutert, dass es sich bei der Neurootologie »bestenfalls um einen medizinischen Wissenschaftszweig handele, der noch in den Kinderschuhen und am Beginn der Forschung stecke«, eine Meinung, die von Neurologen und HNO-Ärzten auf Fachkongressen geteilt werde. Das *OLG München*[295] verneint ebenfalls die Tauglichkeit eines neurootologischen Gutachtens für den Nachweis der Ursächlichkeit eines Unfalls für einen Tinnitus.

Die Behauptung, dass die Neurootologie noch in den Kinderschuhen und am Beginn der Forschung stecke, ist nachweislich falsch. Während und nach dem 2. Weltkrieg nahm sie einen starken luftfahrt- und weltraummedizinischen anwendungsbezogenen Aufschwung, der in viele andere theoretische und klinische Bereiche ausstrahlte.[296]

6. Das HWS-Schleudertrauma als Gesundheitsverletzung

a) HWS-Symptome können Gesundheitsverletzung sein

Die Richter, die unbeirrt ein Schmerzensgeld auch dann verweigern, wenn Verkehrsopfer zwar erheblich gelitten haben, was durch Zeugenbeweis feststellbar ist, aber die Differenzgeschwindigkeit über 10 km/h nicht beweisen können, mögen Recht haben, dass der Verletzte eine Verletzung des Körpers nicht beweisen kann. Wenn feststeht, dass nur ein geringfügiger – im Test des simulierten Heckaufpralls sogar kein – Aufprall stattgefunden hat, kann eine objektiv feststellbare Körperverletzung fehlen. Die unzweifelhaft vorhandenen Symptome können deshalb nicht auf einer Körperverletzung im eigentlichen Sinne beruhen.

Die so begründeten Klageabweisungen übersehen aber, dass zwar keine **Körper**verletzung vorliegen mag, wohl aber eine **Gesundheits**verletzung, die gerade nicht in einem HWS-Syndrom besteht, sondern in den durch den Verkehrsunfall ausgelösten gleichartigen Beschwerden. Diese können und müssen in der Tat nicht auf einer **Verletzung** der HWS beruhen, sie sind aber kausal auf den Verkehrsunfall zurückzuführen und es ist nur eine Frage der Beweiswürdigung, ob die Schilderungen

---

292 Vgl. *OLG Hamm* Urt. v. 21.10.1994 – Az. 9 U 85/94 – DAR 1995, 74.
293 Otologie: Ohrenheilkunde; neuro: Wortteil mit der Bedeutung Nerv, Sehne, Muskelband.
294 *OLG Hamm* Urt. v. 25.2.2003 – Az. 27 U 211/01 – OLGR 2003, 213 ff. = NZV 2003, 331 ff. m. abl. Anm. von *Forster* NZV 2004, 314 ff., der m. zahlreichen N. belegt, dass die Neurootologie weltweit anerkannt ist.
295 *OLG München* Urt. v. 15.9.2006 – Az. 10 U 3622/99 – r+s 2006, 474.
296 Nähere Einzelheiten finden sich unter: http://de.wikipedia.org/wiki/Neurootologie.

des Opfers gegenüber dem Arzt, den Angehörigen und/oder Freunden und sein Verhalten im Übrigen ausreichen, die **Beschwerden als bewiesen anzusehen.** Unter eine Gesundheitsverletzung fällt nämlich jedes Hervorrufen oder Steigern eines von den normalen körperlichen Funktionen abweichenden Zustandes, wobei es unerheblich ist, ob Schmerzzustände auftreten oder ob bereits eine tiefgreifende Veränderung der Befindlichkeit eingetreten ist.[297]

b) Definition der Gesundheitsverletzung

253 Um aber nicht in jeder Beeinträchtigung des allgemeinen Wohlbefindens eine Gesundheitsverletzung zu sehen, versucht der *BGH*[298] die Verantwortlichkeit im Rahmen des § 823 Abs. 1 BGB durch eine einschränkende Interpretation einer Haftungsvoraussetzung, nämlich des **Begriffs der Gesundheitsverletzung**, abzubauen. Es ist nämlich allgemein anerkannt, dass eine Gesundheitsbeeinträchtigung auch in psychischen Schäden bestehen kann. Kommt es also nach einem Auffahrunfall zu Beschwerden, können diese ohne weiteres eine psychische Ursache haben. Als Gesundheitsschaden werden sie aber von der Rspr. nur anerkannt, wenn ein **Gesundheitsschaden im medizinischen Sinne** vorliegt, d. h., wenn die psychischen Befindlichkeitsstörungen **eigenen Krankheitswert haben;**[299] nur dann ist der Tatbestand der Gesundheitsverletzung erfüllt.[300] Hier fallen zahlreiche Sachverhalte durch das »Haftungsraster«, weil die Rspr. noch keinen Krankheitswert bei bloßer seelischer Erschütterung (z. B. von Angehörigen bei Todesnachricht) annimmt, sondern erst bei sog. psychischen Schäden mit körperlichen Ausfallerscheinungen.

254 Eine Haftung kommt damit nur in Betracht, wenn die psychische Reaktion über das Normale hinausgeht und pathologisch fassbar ist, also selbst Krankheitswert besitzt.[301] Der Schutzzweck des § 823 Abs. 1 BGB deckt nach der Rspr. des *BGH* nur Gesundheitsbeschädigungen, die nach Art und Schwere diesen Rahmen überschreiten. Der psychische Schaden muss über das hinausgehen, was im Bereich normaler Reaktion anzusiedeln ist, er muss unmittelbar zu einer traumatischen Schädigung der physischen und psychischen Gesundheit geführt haben.[302] Zwar ist in der Rspr. seit langem anerkannt, dass eine Gesundheitsstörung im Sinne des § 823 Abs. 1 BGB nicht nur bei physischer Einwirkung vorliegt, sondern auch psychisch vermittelt werden kann.[303] Indes werden Ersatzansprüche für seelischen Schmerz versagt, wenn dieser nicht Auswirkung der Verletzungen des eigenen Körpers oder der eigenen Gesundheit ist. Kommt es allerdings zu gewichtigen psychopathologischen Ausfällen, die auch nach der allgemeinen Verkehrsauffassung als Verletzung des Körpers oder der Gesundheit betrachtet werden, wird eine Ersatzpflicht bejaht.

255 Nach der grundlegenden Entscheidung des *BGH*[304] hat der Schädiger zudem für seelisch bedingte Folgeschäden einer Verletzungshandlung einzustehen, wenn sie auf einer psychischen Anfälligkeit des Verletzten, der vorher nicht manifest seelisch krank war, oder sonst auf einer neurotischen Fehlverarbeitung beruhen.

256 Eine Zurechnung kommt nur dann nicht in Betracht, wenn
– entweder das Schadensereignis ganz geringfügig ist (Bagatelle) und nicht gerade speziell auf die Schadensanlage des Verletzten trifft,

---

297 *BGH* Urt. v. 20.12.1952 – Az. II ZR 141/51 – BGHZ 8, 243, 245 = NJW 1953, 417 f.; Urt. v. 4.11.1988 – Az. 1 StR 262/88 – NJW 1989, 781 ff.; Urt. v. 12.10.1989 – Az. 4 StR 318/89 – NJW 1990, 129 f. = MDR 1990, 65 f.; vgl. zu dieser Frage auch *Dauner-Lieb/Langen/Huber* § 253 Rn. 39.
298 *BGH* Urt. v. 11.5.1971 – VI ZR 78/70 – MDR 1971, 919 = JuS 1971, 657.
299 *Staab* VersR 2003, 1216, 1223 m. zahlreichen Nachweisen aus der Rspr.
300 *BGH* Urt. v. 30.4.1996 – Az. VI ZR 55/95 – VersR 1996, 990 = NZV 1996, 353 = NJW 1996, 2426.
301 *Born/Rudolf/Becke* NZV 2008, 1 f.
302 *Dahm* NZV 2008, 187 ff.
303 *BGH* Urt. v. 31.1.1984 – Az. VI ZR 56/82 – VersR 1984, 439; *BGH* Urt. v. 12.11.1985 – Az. VI ZR 103/84 – VersR 1986, 240.
304 *BGH* Urt. V. 30.4.1996 – Az. VI ZR 55/95 – VersR 1996, 990 = NZV 1996, 353 = NJW 1996, 2426.

Zur Bestimmung der Geringfügigkeit (Bagatelle) werden die gleichen Grundsätze angewandt wie bei der Versagung des Ersatzes von immateriellem Schaden bei Bagatellverletzungen. 257

Unter diesem Gesichtspunkt bleibt abzuwarten, aus welchem Grund der *BGH* ausdrücklich erwähnt hat, dass ein HWS-Schleudertrauma keine Bagatellverletzung sei. Das war in dem der *BGH*-Entscheidung zugrunde liegenden Fall an sich klar; möglicherweise wird der *BGH* den Bagatellcharakter einer Gesundheitsverletzung verneinen, wenn die Symptome einer HWS-Verletzung vorliegen. Dann kann er argumentieren, dass ein Gesundheitsschaden im medizinischen Sinne vorliegt, dass die Befindlichkeitsstörung eigenen Krankheitswert hat und nicht auf einer Bagatellverletzung beruht. 258

Besonders eingehend widmet sich *Lemcke*[305] psychogenen HWS-Beschwerden und meint, dass aus juristischer Sicht alles dafür spreche, dass es sich bei HWS-Beschwerden nach geringer biomechanischer Belastung häufig nur um psychische Befindlichkeitsstörungen handle. Dann gehe es um unfallbedingte psychische Primärfolgen, die den Tatbestand der Gesundheitsverletzung erfüllen, also Krankheitswert haben müssten. Selbst wenn sie Krankheitswert hätten, könne aber die Grenze überschritten sein, von der ab eine Belastung des Schädigers mit den Unfallfolgen unbillig wäre und deshalb nicht mehr vertretbar sei. . . . Während bei demselben Unfall die Psyche des einen Betroffenen in der Lage sei, daran mitzuwirken, dass er ihn schnell und folgenlos verkrafte, könne die Psyche eines anderen Betroffenen hier »aus der Mücke einen Elefanten« machen. Dies rechtfertige es, unfallbedingte psychische Primärfolgen eher dem allgemeinen Lebensrisiko zuzurechnen; es fehle der haftungsrechtliche Zurechnungszusammenhang, weil sich aus einem Bagatellunfall eine psychische Erkrankung entwickelt habe und Unfallerlebnis und Unfallfolge so sehr außer Verhältnis stünden, dass die psychische Reaktion wegen des groben Missverhältnisses zum Anlass nicht mehr nachvollziehbar sei. Also sei ein Erlebnis von hinreichender Schwere und Intensität erforderlich und Erlebnis und Verletzung müssten in einem inneren und nicht nur äußeren Zusammenhang stehen. Auch ein letztlich harmloses Unfallereignis könne für den Betroffenen ein hochdramatisches Erlebnis gewesen sein. 259

Diese Ausführungen *Lemckes* sind vor dem Hintergrund der *BGH*-Entscheidung, die er damit bespricht, nicht nachvollziehbar. Er **unterstellt**, dass einzelne von einem Unfall Betroffene »aus einer Mücke einen Elefanten« machen. In dieser Allgemeinheit kann eine etwaige psychische Fehlverarbeitung nicht abgestraft werden. Unfallneurosen aufgrund psychischer Fehlverarbeitung sind nicht wegzudiskutieren; es ist unzulässig, sie pauschal »als vom Anlass her nicht mehr verständlich« zu bezeichnen.[306] 260

Denn in solchen Fällen bedarf es immer der Prüfung, ob die psychischen Folgeschäden auf einer konstitutiven Schwäche des Verletzten beruhen, weil sich der Schädiger nach ständiger Rspr. nicht darauf berufen kann, dass der Schaden nur deshalb eingetreten ist oder ein besonderes Ausmaß erlangt hat, weil der Verletzte infolge körperlicher Anomalien oder Dispositionen für die aufgetretene Krankheit besonders anfällig gewesen ist. Dies gilt besonders für psychische Schäden, die aus einer besonderen seelischen Labilität des Geschädigten erwachsen.[307] 261

---

305 *Lemcke* r+s 2003, 177, 182.
306 *Lemcke* r+s 2003, 177, 185, geht sogar soweit, den haftungsrechtlichen Zurechnungszusammenhang zwischen einem Verkehrsunfall und der anschließenden ärztlichen Behandlung zu verneinen, weil der Unfall und der Körperschaden nur in einem äußeren, nicht inneren Zusammenhang stünden. Diesen Gedanken hat der 6. Zivilsenat des *OLG Hamm* (nach dem Ausscheiden von *Lemcke*) aufgegriffen und den Zurechnungszusammenhang zwischen einem Diagnosefehler und einem darauf beruhenden psychischen Schaden verneint, *OLG Hamm* Urt. v. 8.9.2005 – Az. 6 U 185/04 – r+s 2006, 394.
307 *BGH* Urt. v. 11.11.1997 – VI ZR 146/96-VersR 1988, 200 f. = NJW 1988, 813 f. = MDR 1998, 159; *KG* Urt. v. 12.6.2003 – Az. 22 U 82/02 – KGR 2004, 323 ff.

c) Seelisch bedingte Folgeschäden einer Verletzungshandlung

262 Psychische Unfallfolgen rücken vermehrt in das Blickfeld von Medizin und Rspr. Schon seit Jahren leiden rd. 25 % der erwachsenen Durchschnittsbevölkerung in Deutschland unter Beschwerden, die eine seelische Ursache haben oder psychisch mitbestimmt sind.[308] Bei den Opfern von Verkehrsunfällen mit schweren Personenschäden soll der Anteil derer, die eine klinisch relevante psychische Störung entwickeln, bei einem Drittel liegen.[309]

263 Mit zunehmender Tendenz werden Rechtsanwälte und Versicherer mit der Regulierung von Ansprüchen wegen unfallbedingter psychischer Schäden befasst. Diese führten im Jahre 2007 zu Krankheitskosten in Höhe von fast 30 Milliarden Euro. Das Problem liegt in der Schwierigkeit der Feststellung eines psychischen Schadens, der Beweisbarkeitseiner Ursache und schließlich der Zurechenbarkeit zu einem bestimmten Unfallereignis. Zusätzlich ist zu unterscheiden zwischen dem Primärschaden und dem Folgeschaden.

264 Beim haftungsbegründenden Primärschaden handelt es sich um eine Reaktion auf das Unfallereignis, ohne dass eine körperliche Schädigung vorliegen muss. Es gilt das strenge Beweismaß des § 286 ZPO. Die gesundheitliche Beeinträchtigung muss Krankheitswert haben und muss für den Schädiger vorhersehbar gewesen sein. Das Ereignis selbst muss von hinreichender Schwere und Intensität gewesen sein und die psychische Beeinträchtigung darf nicht außer Verhältnis zur Ursache stehen. Fehlt eine dieser Voraussetzungen, wird der haftungsrechtliche Zurechnungszusammenhang verneint.[310]

265 Der Schädiger kann sich nicht darauf berufen, dass der psychische Schaden – bei fehlendem Körperschaden – auf der besonders labilen Veranlagung des Verletzten beruht. Zwar soll im Rahmen der haftungsausfüllenden Kausalität zu prüfen sein, ob die psychischen Folgen auf Grund der psychischen Labilität des Verletzten später ohnehin eingetreten wären. Das ist zwar richtig, aber der Schädiger wird dies wohl kaum beweisen können, weil kein Arzt eine solche Prognose wagen kann.

266 Nicht von ungefähr hat der 46. Deutsche Verkehrsgerichtstag 2008 in Goslar psychische Folgeschäden von Verkehrsunfällen in verschiedenen Arbeitskreisen thematisiert.[311] Die besondere Bedeutung von Verletzungshandlungen auf die Psyche wird in diesen Themen deutlich. Insbesondere die Beiträge von *Born/Rudolf/Becke*[312] und von *Mazzotti/Castro*[313] zeigen, dass psychische Schäden nicht mehr bagatellisiert werden dürfen. Der Schädiger hat für seelisch bedingte Folgeschäden einer Verletzungshandlung auch dann einzustehen, wenn sie auf einer psychischen Anfälligkeit des Verletzten, der vorher noch nicht manifest seelisch krank war, oder sonst wie auf einer neurotischen Fehlverarbeitung beruhen.[314] Es können also psychische Schäden aufgrund von psychischen Störungen und auf Grund von Neurosen eintreten, die dem Schädiger zuzurechnen sind.

267 Der Verkehrsgerichtstag hat zu den psychischen Schäden als Unfallfolge folgende Empfehlungen ausgesprochen:
1. Psychische Schäden als Unfallfolge können eine eigenständige Gesundheitsschädigung darstellen, die zum Schadensersatz verpflichten kann, wenn sie sich nicht als Folge des allgemeinen Lebensrisikos darstellt.
2. Psychische Schäden werden zunehmend als Unfallfolge geltend gemacht. Diese Schäden sind oft schwer objektivierbar. Deshalb müssen durch geeignete standardisierte Untersuchungsverfahren Fälle der Simulation und Aggravation ausgeschlossen werden.
3. Die sichere Beurteilung solcher Schäden bedarf über die subjektiven Angaben des Geschädigten hinaus einer möglichst frühzeitigen und fachlich qualifizierten ärztlichen Befunderhebung.

---

308 *Born/Rudolf/Becke* NZV 2008, 1 f.
309 *Clemens/Hack/Schottmann/Schwab* DAR 2008, 9.
310 *Rochow* ACE 2008, 3.
311 Vgl. die dazu erfolgten Abhandlungen in NZV 2008, 1 ff.
312 *Born/Rudolf/Becke* NZV 2008, 1 ff.
313 *Mazotti/Castro* NZV 2008, 16 ff.
314 BGH Urt. v. 30.4.1996 – Az. VI ZR 55/95 – VersR 1996, 990 = NZV 1996, 353 = NJW 1996, 2426.

4. Zu diesem Zweck müssen brauchbare Vorgaben für den Ablauf von Begutachtungen und den Inhalt von Gutachten entwickelt werden, um deren Qualität und Überprüfbarkeit zu sichern.
5. An diesen Vorgaben sollten sich bei der außergerichtlichen Schadensregulierung und in einem Prozess die Beweisfragen orientieren.
6. Eine schnelle Schadensregulierung hat auch therapeutischen Wert. Deshalb ist ein vertrauensvolles und konstruktives Zusammenwirken zwischen dem Geschädigten, seinem Anwalt und dem Haftpflichtversicherer des Schädigers erforderlich.

Auch der Mediziner *Michael Huber*[315] beschäftigt sich intensiv mit den posttraumatischen Belastungsstörungen nach Verkehrsunfällen.[316] | 268

Diese posttraumatischen Belastungsstörungen werden von der ICD 10[317] wie folgt definiert: | 269

Die Betroffenen sind einem kurz oder lang anhaltenden Ereignis oder Geschehen von außergewöhnlicher Bedrohung oder katastrophalem Ausmaß ausgesetzt, das nahezu bei jedem Menschen eine tief greifende Verzweiflung auslösen würde.

Diese Definition zeigt, dass die ICD 10 das Trauma überindividuell definiert, so dass kein Spielraum für eine individualisierte Abstufung bleibt, etwa in dem Sinne, dass auch ein Auffahrunfall mit HWS-Schleudertrauma, der subjektiv nur ein heftiges Erschrecken ausgelöst hat, Anlass für die Entwicklung einer posttraumatischen Belastungsstörung geben könnte.[318] | 270

M. Huber zeigt prädikative Faktoren auf, aus denen sich das Risiko einer posttraumatischen Belastungsstörung ableiten lässt. Zu diesen Faktoren gehört unter anderem aus der Zeit nach einem Unfall die mangelnde soziale oder therapeutische Unterstützung und die Erwartung schwerer körperlicher oder materieller Dauerfolgen. Daraus leitet Huber die Notwendigkeit ab, im Rahmen der Erstversorgung eines Unfallopfers frühzeitig ein qualitativ überzeugendes medizinisch-psychologisches Assessment anzubieten, das helfe, eine Risikoeinschätzung vorzunehmen. | 271

Wenn *M. Huber* die Auffassung vertritt, dass nach der Definition ICD 10 ein HWS-Schleudertrauma keine posttraumatische Belastungsstörung hervorrufen kann, so mag dies zutreffend sein. Dennoch gibt es eine Gruppe von Personen, die ein Unfallgeschehen in nicht adäquater Weise verarbeiten, so dass es zu einem Persistieren der akuten seelischen Unfallfolgen und zur Entwicklung psychiatrischer Krankheitsbilder kommt.[319] | 272

Am häufigsten sind sog. somatoforme Störungen (ICD 10: F 45) zu beobachten, deren Entstehung komplexer Natur ist. Bei einer Kollision wird ein Fahrzeuginsasse durch die auf ihn übertragenen mechanischen Kräfte in unterschiedlicher Intensität körperlich irritiert. Das reicht von unbedenklichen, vom Körper tolerierten passiven Bewegungsabläufen bis zu schweren Verletzungen. Der Fahrzeuginsassen reagiert primär seelisch, dann auch körperlich-vegetativ. Grundsätzlich erlebt der Insasse sich ungewollt und plötzlich in einer Gefahrensituation, deren Ausmaß er nicht sofort erkennen kann. Seelische unmittelbare Reaktion und gegebenenfalls körperliche Traumatisierung führen zu einer Mischung aus psychischen (subjektiven), nicht konkret messbaren und objektiven, d. h. medizinisch und technisch messbaren akuten Traumafolgen. | 273

Die meisten Menschen überstehen derartige körperliche und seelische Traumatisierungen ohne seelische Folgeschäden. Es gibt aber auch eine Gruppe von Personen, die ein Unfallgeschehen in nicht adäquater Weise verarbeiten, so dass es zu einem Persistieren der akuten seelischen Unfallfolgen und zur Entwicklung psychiatrischer Krankheitsbilder kommt. | 274

---

315 *M. Huber* Psychische Unfallfolgen SVR 2008, 1 ff.
316 Vgl. dazu auch *Clemens/Hack/Schottmann/Schwab* DAR 2008, 9 ff.
317 Weltgesundheitsorganisation (WHO): Internationale Klassifikation psychischer Störungen. ICD-10 Internationale Klassifikation der Krankheiten 10. Revision Ab dem 1.1.2008 ist zur Verschlüsselung von Diagnosen in der ambulanten und stationären Versorgung die ICD-10-GM Version 2008 anzuwenden.
318 *M. Huber* SVR 2008, 1 f.
319 *Born/Rudolf/Becke* NZV 2008, 1, 5.

275 Am häufigsten sind sog. somatoforme Störungen (ICD-10: F45) zu beobachten, deren Entstehungsfaktoren komplexer Natur sind.[320] Dabei soll feststehen, dass die Schmerzwahrnehmung in jedem Fall stark durch psychosoziale Faktoren moderiert wird und dass unverarbeitete traumatische Unfallerfahrungen, eine depressive Stimmungslage, aber auch das Gefühl der Nichtanerkennung des Leidens durch andere die Schmerzintensität verstärken.[321]

276 Gleichgültig, wie das HWS-Schleudertrauma nach ICD 10 einzuordnen ist, ist die zutreffende Einschätzung und Bewertung des psychischen Folgeschadens, d. h. der akuten seelischen Reaktion und der weiteren (Fehl-) Verarbeitung des Unfallereignisses von erheblicher Bedeutung und zwar nicht nur für den Verletzten, sondern auch für die Gegenseite, den Haftpflichtversicherer, auf den angesichts des deutlich erweiterten Haftungsumfangs durch die *BGH*-Rspr. erhebliche zusätzliche Belastungen zukommen können. Deshalb ist es für beide Seiten vorteilhaft, wenn frühzeitig »Kurskorrekturen« in Bezug auf psychische Fehlentwicklungen durch baldige therapeutische Intervention vorgenommen werden.[322]

277 Auch in der Rspr. spielt die Haftung des Schädigers für posttraumatische Belastungsstörungen in jüngster Zeit eine bedeutsame Rolle, ohne dass diese Störung im Sinne des ICD 10 definiert wird. Der *BGH*[323] hat sich mit dem Schaden der Kläger nicht näher befassen müssen, weil er die Haftung des Unfallverursachers für posttraumatische Belastungsstörungen von zwei Polizeibeamten verneint hat, die – ohne selbst in den Unfall verwickelt gewesen zu sein – gleichsam nur zufällig Zeugen eines Verkehrsunfalls waren.

278 Bedauerlicherweise geht der *BGH* in dieser Entscheidung nicht näher darauf ein, wieso nahen Angehörigen, die nicht einmal »zufällige Zeugen« eines tödlichen Verkehrsunfalls waren, dennoch als »Dritten« ein Schmerzensgeldanspruch wegen eines Schockschadens zustehen kann. Nahe Angehörige unterscheiden sich allerdings von »zufällig anwesenden Zeugen dadurch, dass ihnen zwar nicht die Rolle eines unmittelbar Unfallbeteiligten, wohl aber die Unfallfolgen aufgezwungen werden.

d) Zwischenergebnis:

279 Gibt ein Unfallbeteiligter Beschwerden im Sinne eines HWS-Schleudertraumas an, die nicht durch einen organischen Schaden zu erklären (zu beweisen) sind, bleiben zwei Möglichkeiten:
 – Der Unfallbeteiligte leidet infolge seelischer Störungen oder
 – der Unfallbeteiligte täuscht die Beschwerden nur vor, er simuliert.

280 Letzteres vermuten (widerleglich) einige Richter,[324] insbesondere *Lemcke*. Die psychische Fehlverarbeitung muss dagegen stets als real angesehen werden. Das Gericht muss alle Möglichkeiten zur Klärung ausschöpfen und darf einem Kläger nicht ohne weiteres Simulation unterstellen.

e) Psychische Folgen des Unfalls

aa) Simulation und Neurose

281 Zu unterscheiden von einer unfallbedingten Neurose ist die Simulation, das ist die dem Verletzten bewusste und von ihm beabsichtigte Vortäuschung nicht vorhandener Symptome. Es geht allerdings zu weit, wenn ganz allgemein die Notwendigkeit gesehen wird, Ansprüche von »Trittbrettfahrern« abzuwehren, die in der haftungserweiternden *BGH*-Rspr. ein Einfallstor für die Realisierung sachlich unberechtigter Begehrensvorstellungen sehen.[325]

---

320 *Born/Rudolf/Becke* NZV 2008, 1, 5 m. w. N.
321 *Clemens/Hack/Schottmann/Schwab* DAR 2008, 9, 12.
322 *Born/Rudolf/Becke* NZV 2008, 1, 3; *Clemens/Hack/Schottmann/Schwab* DAR 2008, 9, 12.
323 BGH Urt. v. 22.5.2007 – Az. VI ZR 17/06 – VersR 2007, 1093 = NJW 2007, 2764.
324 AG Berlin-Mitte Urt. v. 9.11.1998 – Az. 103 C 266/98 – SP 2000, 49.
325 *Born/Rudolf/Becke* NZV 2008, 1; *AG Berlin-Mitte* Urt. v. 9.11.1998 – Az. 103 C 266/98 – SP 2000, 49.

B. Schmerzensgeld – Sonderfälle   Kapitel 19

Bei einer Aktualneurose stellt der Verletzte die Folgen des Unfalls und seines Schadens zwar anders **282**
(größer) dar, als es der Wirklichkeit entspricht, aber nicht in betrügerischer Absicht, sondern weil er
(in etwa) selbst daran glaubt.

bb) Fehlverarbeitung des Unfallgeschehens

Nicht selten stellen medizinische Sachverständige fest, dass das Unfallopfer zur psychischen Fehlver- **283**
arbeitung des Unfallgeschehens geneigt hat und dass die Krankheitssymptome auf diese Fehlverarbeitung zurückzuführen sind. So in einem Fall[326], in dem das Fahrzeug einer Frau durch ein Polizeifahrzeug beschädigt wurde. Die Klägerin erlitt jedenfalls eine Ellenbogenprellung (Primärschaden).
Dieses Geschehen löste bei der Klägerin eine psychische Störung aus oder es vertiefte eine bereits vorhandene psychische Störung nachhaltig mit der Folge, dass sie für den Zeitraum von etwa einem Jahr
unfallbedingte Verspannungen unterhalb der Halswirbelsäule mit starken Kopfschmerzen, spora-
disch auftretendem Schwindel, Nackenschmerzen und Schmerzen im Brustkorbbereich erlitten hat.

Das *KG*[327] hat den Beweis der Ursächlichkeit des Unfalls für die psychischen Beschwerden als Pri- **284**
märverletzung als geführt angesehen. Es hat ferner eine Renten- oder Begehrensneurose verneint.
Es hat das Unfallereignis nicht als Bagatelle gewertet und eine unverhältnismäßige Reaktion der Klägerin verneint.

Der Umstand, dass eine bereits vorhandene psychische Störung deutlich vertieft wurde, sei unerheb- **285**
lich. Ein Sachverständigengutachten habe der Klägerin ein phobisches Syndrom mit Panikattacken
und kognitiven Störungen bescheinigt und habe die von der Klägerin geklagten Schmerzen bestätigt.

cc) Konversionsneurose

Adäquate Folge einer Körperverletzung kann auch eine durch einen Unfall hervorgerufene **Konver-** **286**
sionsneurose[328] sein, die im Gegensatz zur Begehrens- oder Rentenneurose auf **unbewussten**
Wunsch- oder Zweckvorstellungen des Verletzten beruht. Der Geschädigte nimmt den Unfall in
dem neurotischen Bestreben nach Versorgung und Sicherheit lediglich zum Anlass, den Schwierigkeiten und Belastungen des Erwerbslebens auszuweichen. In solchen Fällen kann ein Schmerzensgeld nur verneint werden, wenn die seelische Störung erst durch eine Begehrensvorstellung ihr
Gepräge erhält, weil ein Unfall nur zum Anlass genommen wird, z. B. den Schwierigkeiten des Ar-
beitslebens auszuweichen. Solche Fälle von Renten- oder Begehrensneurosen sind in der höchstrichterlichen Rspr. des *BGH*[329] seit langem (1979) nicht mehr vorgekommen, dagegen mehren sich in der
Rspr. des *BGH* die Fälle der Konversionsneurose, die eine Entschädigung auslöst.[330]

---

326 *KG Berlin* Urt. v. 15.3.2004 – Az. 12 U 103/01 – VersR 2005, 372 = KGR 2004, 403, 406; Urt. v.
     16.10.2003 – Az. 12 U 58/01 – VersR 2004, 1193 = KGR 2004, 159; Urt. v. 9.9.2004 – Az. 12 U 326/01
     – KGR 2005, 270.
327 *KG Berlin* Urt. v. 15.3.2004 – Az. 12 U 103/01 – VersR 2005, 372 = KGR 2004, 403, 406; Urt. v.
     16.10.2003 – Az. 12 U 58/01 – VersR 2004, 1193 = KGR 2004, 159; Urt. v. 9.9.2004 – Az. 12 U 326/01
     – KGR 2005, 270.
328 Staudinger/*Schäfer* § 847 Rn. 36.
329 Anders die *OLG*: Das *OLG Düsseldorf* Urt. v. 8.1.2001 – Az. 1 U 87/99 – SP 2001, 412 f., hat zwar eine
     Rentenneurose erwogen, aber letztlich verneint; ebenso *OLG Köln* Urt. v. 26.7.2001 – Az. 7 U 188/99 – SP
     2001, 343, 345. Das *OLG Stuttgart* Urt. v. 20.7.1999 – Az. 12 U 231/98 – SP 2001, 198 f. hatte den Fall zu
     entscheiden, dass der Geschädigte, der psychisch vorgeschädigt war (ängstlicher, depressiver Hypochon-
     der) nach einem HWS-Syndrom 2. Grades einen psychischen Folgeschaden erlitt, infolge dessen er arbeits-
     unfähig wurde. Es bejahte die Kausalität des Unfalls, lehnte aber eine Haftung ab, da eine Rentenneurose
     vorliege, der Geschädigte den Unfall daher nur zum Vorwand nehme, sich und seine Familie zu versorgen
     und zu sichern.
330 *Müller* VersR 1998, 129, 133; *BGH* Urt. v. 8.5.1979 – Az. VI ZR 58/78 – VersR 1979, 718 f.; *OLG Schles-
     wig* Urt. v. 19.12.2002 – Az. 7 U 163/01 – OLGR 2003, 155 f.

287 Da die Sachverständigen oft nicht über die von der Rspr. herausgearbeiteten Differenzierungen informiert sind, ja sogar Fragen der Kausalität danach beurteilen, ob sich eine Vorschädigung **richtungsweisend**[331] verschlimmert hat, müssen sie durch richtiges Befragen zu brauchbaren Antworten gebracht werden, etwa durch die Frage, ob der Verletzte bei gutem Willen die Beschwerden unterdrücken oder überwinden könnte oder ob es bei einem beliebigen anderen Ereignis ebenfalls (wann? wann genau?) zur Konversion gekommen wäre.

288 Der *BGH*[332] hat mit Nachdruck darauf hingewiesen, dass im Rahmen der haftungsausfüllenden Kausalität nicht die Feststellung einer »richtungsweisenden Veränderung« gefordert werden kann, sondern dass eine bloße Mitverursachung ausreicht, um einen Ursachenzusammenhang zu bejahen. Wird deshalb in Gutachten oder Urteilen einer der Begriffe »richtungsweisende Veränderung« oder »richtungsweisend verstärkt« verwendet, ist dies ein krasser Fehler und die das Urteil aufhebende Entscheidung des *BGH* ist vorprogrammiert.

dd) Borderline-Störung

289 Eine **Borderline-Störung** kann im Einzelfall dazu führen, die Kausalität einer HWS-Verletzung für psychisch bedingte Folgeschäden zu verneinen.[333]

290 *M. Huber*[334] definiert die Borderline-Störung als eine Persönlichkeitsstörung mit der ihr eigenen Neigung zu katastrophisierender Verarbeitung von Lebensereignissen und raschen Wechseln zwischen Gefühlszuständen bei allgemeiner Unsicherheit der psychosozialen Orientierung. Diese Störungen trügen zur individuellen Ausformung des Zustandsbildes bei psychischen Unfallfolgen wesentlich bei.

291 Der psychiatrische Sachverständige hatte bei dem 25 Jahre alten Kläger, einem seit sieben Monaten arbeitslosen Instandhaltungsmechaniker, der bei einem Verkehrsunfall eine leichte bis mittlere Distorsion der HWS erlitten hatte, eine Borderline-Störung festgestellt. Bei einer Borderline-Persönlichkeit sei ein von der Norm abweichendes Erlebens- und Verhaltensmuster vorhanden, das im Laufe des Lebens zwangsläufig weitere Beeinträchtigungen/Erkrankungen nach sich ziehe. Bei einer Borderline-Persönlichkeit könne ein Verkehrsunfall als Auslöser für eine psychische Erkrankung zufälligen Charakter haben. Ein beliebiges anderes Ereignis, welches mit einer zeitweisen Beeinträchtigung der körperlichen Funktionen verbunden sei und welches zum normalen Lebensrisiko gehöre, hätte eben diese Folgen auch auslösen können.

292 All dies mag richtig sein, es fragt sich aber, ob eine zeitweise Beeinträchtigung der körperlichen Funktionen in der heutigen Zeit wirklich zum allgemeinen Lebensrisiko gehört. Insbesondere aber muss immer die Frage beantwortet werden, wann, wann genau, eine solche Beeinträchtigung eingetreten wäre, die die psychischen Folgen ausgelöst hätte. Ein solider Sachverständiger wird eine entsprechende Frage mit der Gegenfrage beantworten: »Bin ich ein Prophet?«

293 ▶ Praxistipp:

– Der Verletzte beruft sich darauf, dass nur »ein Prophet« sagen könnte, dass dieselben Beschwerden auch ohne den Unfall zeitnah eingetreten wären.
– Der Schädiger (Haftpflichtversicherer) macht geltend, dass aufgrund der Vorschäden auch ohne den Unfall das Schadensbild jedenfalls in absehbarer Zeit demjenigen entsprochen hätte, welches nach dem Unfall vorliegt.

---

331 Die Verwendung dieses Begriffs in Sachverständigengutachten beanstandet der 12. Zivilsenat des *KG Berlin* Urt. v. 12.5.2005 – Az. 12 U 187/04, NZV 2005, 469 f. nicht, verwendet ihn sogar zur Begründung seiner klageabweisenden Entscheidung. Eine »richtungsgebende« Verstärkung wird für die Kausalität nicht gefordert. Der Begriff stammt aus dem Sozialrecht, vgl. *Diederichsen* DAR 2006, 301.
332 *BGH* Urt. v. 19.4.2005 – Az. VI ZR 175/04 – NZV 2005, 461.
333 *KG Berlin* Urt. v. 12.6.2003 – Az. 22 U 82/02 – KGR 2004, 323 ff.
334 *M. Huber* SVR 2008, 1, 3.

– Auch hier gilt: Niemand kann vorhersagen, wann ein Unfallopfer eine vergleichsweise zeitweise Beeinträchtigung der körperlichen Funktionen in Zukunft erleiden wird. Eine solche zeitweise Beeinträchtigung der körperlichen Funktionen widerfährt nicht jedem Menschen. Es kann sein, dass man »unfallfrei« durchs Leben geht, dass vergleichbare Folgen nicht ausgelöst werden.

▶ Hinweis: 294

– Ein Verletzter, der bis zum Unfall keine akuten Beschwerden hatte, muss lediglich nachweisen, dass er nach dem Unfall unter Beschwerden leidet. Für die Feststellung, dass die in der Folgezeit geklagten Beschwerden auf den Unfall zurückzuführen sind, gilt der Beweismaßstab des § 287 ZPO, nicht des § 286 ZPO. Es ist Sache des Schädigers, nachzuweisen, dass die nach dem Unfall geklagten Beschwerden genau jetzt oder zu einem späteren Zeitpunkt und genau im selben Umfang auch ohne den Unfall eingetreten wären.
– Ergeben sich keine konkreten Anhaltspunkte für einen negativen Verlauf, muss der Richter im Rahmen der Wahrscheinlichkeitsprognose einen gleich bleibenden Zustand zugrunde legen. Die verbleibende Unsicherheit, die jeder gesundheitlichen Prognose innewohnt, darf sich nicht schmerzensgeldmindernd auswirken.
– Jedenfalls derzeit ist noch größte Zurückhaltung geboten, das HWS-Schleudertrauma oder die HWS-Schleudertrauma-ähnlichen Beschwerden von den angeblich nicht vorhandenen physischen Verletzungsformen in den Bereich der psychischen Verletzungsformen zu verlagern[335].

7. Ersatzfähigkeit von Schadensermittlungskosten

Es ist im Schadensersatzrecht allgemein anerkannt, dass auch Schadensermittlungskosten dem Schädiger zur Last fallen. 295

a) Ärztliche Behandlungskosten

Die Frage ist, ob das auch für die Kosten ärztlicher Behandlung gilt, wenn ein HWS-Schleudertrauma letztlich nicht nachgewiesen werden kann. 296

Fest steht, dass es einen Auffahrunfall gegeben hat. Wenn der Verletzte aufgrund der Symptomatik eines HWS-Schleudertraumas einen Arzt aufsucht, stellt dies eine sachgerechte Reaktion dar. Der materiell Geschädigte darf (von Ausnahmefällen abgesehen) z. B. auch einen Sachverständigen einschalten, um feststellen zu lassen, ob an seinem Fahrzeug verborgene Schäden entstanden sind.[336] Ähnlich ist es im Baurecht, wenn es um die Feststellung von Baumängeln geht. Hat der Verletzte aber Schmerzen, so hat er eine Gesundheitsverletzung erlitten. Dann kann es nicht vom Nachweis des HWS-Schleudertraumas abhängen, ob er ärztliche Behandlungskosten ersetzt verlangen kann. 297

Zuzugeben ist, dass eine Anspruchsgrundlage nicht ohne weiteres ersichtlich ist. Zunächst kann aber angenommen werden, dass niemand einen Arzt aufsucht, ohne Beschwerden zu haben. Geht aber ein Unfallbeteiligter zum Arzt und klagt über HWS-Beschwerden, so hat er in Form der Beschwerden auch einen Gesundheitsschaden erlitten und zwar auch dann, wenn sich ein HWS-Schleudertrauma letztlich nicht feststellen lässt. Diese Beschwerden in Form von HWS-Symptomen reichen für die Annahme einer Gesundheitsverletzung aus, mag diese dann letztlich als so gering angesehen werden, dass sie (als Bagatelle) für ein Schmerzensgeld nicht ausreicht. Die Beschwerden medizinisch ungeprüft zu lassen, kann der Schädiger nicht verlangen, zumal er dem Unfallgegner ein Mitverschulden vorwerfen würde, wenn sich später durch Nichtbehandlung der Gesundheitsschaden verschlimmern würde. 298

---

335 Eingehend dazu *Wessels/Castro* VersR 2000, 284 ff.
336 *Geigel/Knerr* § 3 Rn. 112; *LG Berlin* Urt. v. 11.3.2004 – Az. 59 S 512/03 – SP 2004, 244.

299 Daraus folgt: Geht ein Unfallbeteiligter, der Beschwerden hat, zum Arzt haftet der Schädiger gemäß § 823 BGB, § 7 StVG, für die Behandlungskosten.

300 *Lemcke*[337] will diese Fälle dem allgemeinen Lebensrisiko zurechnen. Der haftungsrechtliche Zurechnungszusammenhang fehle, weil sich aus einem Bagatellunfall eine psychische Erkrankung entwickele und Unfallerlebnis und Unfallfolge so sehr außer Verhältnis stünden, dass die psychische Reaktion wegen des groben Missverhältnisses zum Anlass nicht mehr nachvollziehbar sei.[338]

301 *Lemcke* geht sogar soweit, dass er den erstbehandelnden Ärzten einen Behandlungsfehler vorwirft, der einen therapiebedingten Primärschaden zur Folge habe. Diesen Schaden sieht er darin, dass sich ein nach einem Unfall im juristischen Sinne nicht körperlich Verletzter Betroffener in ärztliche Behandlung begibt und jetzt durch Falschbehandlung (z. B. durch Verordnung einer Schanz'schen Krawatte) einen Schaden erleidet; dann fehle der haftungsrechtliche Zurechnungszusammenhang, weil Unfall und Körperschaden nur in einem äußeren, nicht inneren Zusammenhang stünden.[339]

302 Dass die Verordnung einer Schanz'schen Krawatte einen Behandlungsfehler darstellt, ist die Auffassung eines Juristen, nicht eines Mediziners. In der Medizin wird diese Behandlungsmethode – wenn auch zurückhaltender als früher – immer noch als die Behandlung der Wahl angesehen. Jedoch hat *Lemcke* nicht Unrecht, wenn er den Stimmen folgt, die von Schonung und Ruhigstellung der HWS abraten und stattdessen dazu raten, sich normal zu bewegen; ob dann nach einigen Tagen die Beschwerden verschwinden,[340] ist allerdings nicht sicher. Sicherlich aber ist es nicht richtig, wenn vielen tatsächlich Geschädigten früher gesagt wurde, sie sollten sich »zusammenreißen« und dass sie trotz manifester Beschwerden als Simulanten behandelt wurden, weil objektive Feststellungen z. B. in bildgebenden Verfahren fehlten.[341]

303 Ohne die Frage der Anspruchsgrundlage zu problematisieren führt das *LG Verden*[342] aus, dass es für die Annahme des ursächlichen Zusammenhangs zwischen dem Unfallereignis und dem Verdienstausfall ausreiche, dass der Arztbesuch durch den Unfall veranlasst worden sei und dass die Krankschreibung durch den Arzt adäquat kausal für den Verdienstausfall geworden sei. Dazu brauche der volle Beweis für das behauptete HWS-Schleudertrauma nicht geführt werden. Der Anspruch entfalle nicht deshalb, weil sich nach Beweisaufnahme im Rechtsstreit ergeben habe, dass der Verletzte die behaupteten und zunächst als unfallbedingt diagnostizierten Beschwerden nicht wegen des Unfalls erlitten habe. Es stelle eine sachgerechte Reaktion und damit einen adäquat kausalen Schaden dar, dass er aufgrund von Beschwerden infolge des Unfalls ärztlichen Rat gesucht habe.[343]

304 Dagegen meint das *AG Dresden*,[344] Schadensersatzansprüche wegen Aufwendungen für Medikamente, Physiotherapie und Krankentransport wären nicht erstattungsfähig. Denn wenn die geklagten Beschwerden nicht auf den Unfall zurückgeführt werden könnten, könne auch nicht davon ausgegangen werden, dass die Aufwendungen zur Beseitigung der Beschwerden unfallkausal sein könnten.

---

337 *Lemcke* r+s 2003, 177, 185.
338 Eingehend dazu auch *Born* OLGR 2003, K 4.
339 Dieser Auffassung hat das *AG Idar-Oberstein* Urt. v. 8.7.2004 – Az. 3 C 155/01 – SP 2005, 121, eine Absage erteilt. Es hat unterstellt, dass der Heilungsverlauf durch das Tragen einer Schanz'schen Krawatte negativ beeinflusst wurde, hat aber die falsche Therapie dem Beklagten als Ersatzpflichtigem zugerechnet und die dadurch verursachten zusätzlichen Schmerzen in ein Gesamt-Schmerzensgeld von 2 000 Euro einfließen lassen.
340 *Lenzen-Schulte* FAZ v. 27.12.2001, Schleichender Abschied von der Halskrause.
341 *Born/Rudolf/Becke* NZV 2008, 1.
342 *LG Verden* Urt. v. 29.10.2003 – Az. 2 S 222/03 – zfs 2004, 207 f. Auch das *KG Berlin* Urt. v. 27.2.2003 – Az. 12 U 8408/00 – KGR 2003, 156 f. = NZV 2003, 281 hat den Anspruch auf Kostenerstattung für Attest- und Fahrtkosten für ärztlich verordnete Behandlungen bejaht.
343 *KG Berlin* Urt. v. 27.2.2003 – Az. 12 U 8408/00 – KGR 2003, 156 f. = NZV 2003, 281.
344 *AG Dresden* Urt. v. 14.11.2003 – Az. 112 C 5359/02 – SP 2004, 122 f.

b) Verdienstausfall

Zwei Amtsgerichte, die über Ansprüche von Berufsgenossenschaften aus übergegangenem Recht zu entscheiden hatten, haben Ersatzansprüche verneint[345]. In beiden Fällen musste die Berufsgenossenschaft nachweisen, dass ihr Mitglied ein HWS-Schleudertrauma erlitten hatte, das die Heilbehandlungskosten ausgelöst hatte. Beide Gerichte sahen den Nachweis nicht als geführt, weil die Differenzgeschwindigkeit jeweils 8–9 km/h beziehungsweise 5–6 km/h betragen hatte. 305

Beide Gerichte argumentierten damit, dass in jüngerer Zeit Versuchsreihen stattgefunden hätten, in denen festgestellt worden sei, dass bis zu einer Geschwindigkeitsänderung von 10 km/h der Eintritt einer HWS-Distorsion statistisch als sehr gering einzustufen sei. Der jeweilige Kläger wurde deshalb bei der non-liquet-Situation als beweisfällig angesehen. Das *AG Annaberg* hielt eine Vernehmung der behandelnden Ärzte für nicht erforderlich, weil die klagende Berufsgenossenschaft nicht vorgetragen hatte, dass diese Ärzte den Unfall selbst beobachtet hätten (?!). 306

Beide Entscheidungen sind zumindest unzutreffend begründet. Die Mitglieder der Berufsgenossenschaft hatten sich nach einem Verkehrsunfall in ärztliche Behandlung begeben, weil sie Beschwerden hatten. Solche Beschwerden sind eine Gesundheitsverletzung i. S. d. § 823 Abs. 1 BGB und verpflichten den Verursacher zum Schadensersatz. Ob die Beschwerden auf ein HWS-Schleudertrauma zurückzuführen waren oder ob sie milderer Natur waren, spielt keine Rolle, sie waren Anlass für die ärztliche Behandlung, die damit kausal auf dem Unfall beruhte. Der den Verletzten zustehende Schadensersatzanspruch, der kraft Gesetzes auf die Berufsgenossenschaften übergegangen war, wurde deshalb zu Recht geltend gemacht. 307

▶ **Hinweis:** 308

Die bisher auf dem Markt befindlichen **Schmerzensgeldtabellen** widmen sich der Thematik des HWS-Schleudertraumas – jedenfalls was die Zahl der mitgeteilten Entscheidungen angeht – mit völlig übertriebenen Darstellungen, indem sie einige hundert (meist alte) Entscheidungen, zahllose nicht veröffentlichte Entscheidungen und eine Vielzahl von Entscheidungen mitteilen, in denen ein Schmerzensgeldanspruch verneint wurde. Diese Entscheidungen sollen es dem Anwalt offenbar ermöglichen, herauszufinden, wie »sein Richter« im Einzelfall entscheiden wird.

8. Übersicht: Schmerzensgeldbeträge für ein HWS-Syndrom

Gericht	Fundstelle	Schmerzensgeld in Euro	Schwere der HWS-Verletzung Haftungsquote 100 %	309
AG Langen	zfs 1995, 332	250	100 %. Arbeitsunfähigkeit 4 Wochen, 50 %. 1 Woche und Schmerzen in Schultergelenken, versäumter Urlaub	
LG Lübeck	zfs 2000, 436	375	10 Tage Beschwerden, Schanz'sche Krawatte, 4 Arztbesuche, 12$^{1}/_{2}$ krankengymnastische Übungen	
LG Heidelberg	DAR 1999, 75	400	2 mal ärztlich behandelt, Schanz'sche Krawatte, Arbeitsunfähigkeit ca. 5 Wochen	
AG Köln	DAR 2003, 425	400	HWS I, Beschwerdedauer 6 Wochen	
LG Bonn	DAR 2003, 72	400	1 Woche arbeitsunfähig, gelegentlich noch Schmerzen	
OLG Köln	Az. 19 U 85/03 n. v.	600	leichtes HWS-Schleudertrauma – 2 Wochen Schanz'schen Krawatte	

---

345 *AG Köln* Urt. v. 27.12.2002 – Az. 261 C 393/01 – SP 2005, 377; *AG Annaberg* Urt. v. 12.6.2002 – Az. 4 C 281/00 – SP 2005, 377.

Gericht	Fundstelle	Schmerzensgeld in Euro	Schwere der HWS-Verletzung Haftungsquote 100 %
AG Neunkirchen	SVR 2004, 276 mit Anm. *Luckey*	700	leichte HWS-Verletzung, Kopf- und Nackenschmerzen, 2 Wochen Schanz'sche Krawatte
AG Weinheim	zfs 1995, 252	750	4 Wochen Schanz'sche Krawatte, 2 Wochen krank geschrieben, unkomplizierter Heilungsverlauf
AG Dillingen	DAR 2000, 368	750	unterdurchschnittliches HWS-Syndrom = Arbeitsunfähigkeit 12 Tage, 3 ärztliche Behandlungen, Fango, Massagen und Schanz'sche Krawatte
LG Braunschweig	DAR 1999, 218	1 000	durchschnittliches HWS-Syndrom
OLG Bamberg	DAR 2001, 121	1 000	Arbeitsunfähigkeit 7 Wochen, Schanz'sche Krawatte, Verspannungen
OLG Brandenburg	VRS 2004, 85	7 500	mittelschweres HWS-Schleudertrauma, langjährige Beschwerden, zahllose Arztbesuche
KG Berlin	KG-Report 2003, 142	5 000	Schleudertrauma 2.–3. Grades – Frakturen des Halswirbels 7 und des Sternums, psychische Beeinträchtigung, 5 Monate arbeitsunfähig – MdE 10–20 %.

II. Schock

1. Einleitung

310 Unter einem Schockschaden, vom *Reichsgericht* auch Fernwirkungsschaden genannt, versteht man im Allgemeinen die seelische Erschütterung, die ein bei einem Unfall selbst nicht Verletzter erleidet durch
– das Miterleben des Unfalls,
– den Anblick von Unfallfolgen oder
– die Nachricht von einem Unfall und seinen Folgen.

311 Ein **Schockschaden** ist ein psychischer Schaden, der durch eine Konfrontation mit einem plötzlichen, lebensbedrohlichen oder Angst einjagenden Geschehnis entsteht und eine Person dadurch so erschreckt, dass die psychischen Folgen das Leben des Opfers negativ beeinflussen.

312 Ein so definierter Schockschaden kann unterschiedliche Personen treffen. Dabei ist zu unterscheiden, welches Ereignis den Schockschaden ausgelöst hat. In der Vergangenheit wurde ein Schockschaden in der Regel nur in Zusammenhang mit der Tötung oder schwerwiegenden Verletzung eine nahen Angehörigen diskutiert, z. B. nach dem Absturz der Concorde in Paris, dem Bundesbahnunglück bei Eschede oder dem Seilbahnunglück von Cavalese.

313 In jüngerer Zeit werden aber auch Menschen als Opfer eines Schockschadens gesehen, die bei schweren und schwersten Katastrophen durch Verletzungen und/oder durch seelische Erschütterungen schwer betroffen sind. Nach terroristischen Anschlägen, Naturkatastrophen (Tsunami) oder Unfällen mit zahlreichen Toten und Verletzten wird immer wieder davon berichtet, dass auch nicht (körperlich) Verletzte psychologisch und seelsorgerisch betreut werden. Auf diese Personen ist die Betreuung jedoch nicht beschränkt, sie wird erstreckt auf die Helfer vor Ort, die nicht selten nach geleisteter Hilfe an unmittelbare Unfallopfer selbst der psychologischen Betreuung bedürfen.

314 Ein Schockschaden kann deshalb eintreten:
a) bei Unfallbeteiligten, die selbst körperlich nicht verletzt wurden,

b) bei Unfallhelfern und Betreuern, die nach dem Ende der unmittelbaren Anspannung auf das Geschehene/Erlebte reagieren,

c) bei Angehörigen, die durch den Tod oder die Verletzung des (nahen) Angehörigen mit einem psychischen Schaden reagieren.

Zu den Geschädigten der Gruppe b) gab es bis Mitte 2007 keine Rspr. Für die drei Fallgruppen gilt jedoch allgemein: 315

Derjenige, der einen Schock erlitten hat, macht keinen Drittschaden, sondern grundsätzlich einen eigenen Gesundheitsschaden geltend.[346] Zum Schadensausgleich gehört wie bei allen Gesundheitsverletzungen ein Schmerzensgeld.[347]

Das Schmerzensgeld für Schockschäden ist dogmatisch und rechtspolitisch unbedenklich, da auch sonst die Gewährung von Schmerzensgeld nicht davon abhängt, wie die Gesundheitsverletzung herbeigeführt worden ist[348]. Hinzukommt, dass der Schmerzensgeldanspruch nicht mehr auf die unerlaubte Handlung begrenzt ist, sondern dass § 253 BGB auch in Fällen der Gefährdungshaftung z. B. nach §§ 7, 11 StVG eingreift. 316

Die seelische und nervliche Belastung durch und infolge eines Schocks hängt u. a. davon ab, wie sensibel der betroffene Dritte reagiert. Erst eine gewisse Schadensanfälligkeit kann überhaupt zu einem Schaden führen. Diese Schadensanfälligkeit kann dann Anlass sein, das Schmerzensgeld niedriger anzusetzen, als es ohne Prädisposition auffallen würde. 317

So hat das *OLG Köln*[349] bei der Bemessung des Schmerzensgeldes bei einem Schock nach dem Tod eines Ehemannes berücksichtigt, dass der Schock die Ehefrau zu einer Zeit traf, in der sie sich bereits in einer instabilen psychischen Verfassung befunden habe. 318

2. Schockschaden

a) Schockschaden eines Unfallopfers bei eigenen Verletzungen

Auch der (körperlich) Verletzte selbst kann einen Schock erleiden, der aber dann als Teil seines Körperschadens anzusehen ist. Liegt eine Körperverletzung vor, muss dem zusätzlich eingetretenen Schock kein eigenständiger Krankheitswert zukommen; er ist vielmehr als ein Kriterium bei der Bemessung des Schmerzensgeldes zu berücksichtigen. 319

So der 6. Zivilsenat des *OLG Hamm*,[350] einem Verkehrsunfallopfer ein höheres Schmerzensgeld zugebilligt, weil die beste Freundin bei dem Unfall ums Leben gekommen war. Das Unfallopfer litt darunter, ohne dass die psychische Beeinträchtigung einen selbständigen Krankheitswert erreichte. Weil das Unfallopfer aber selbst verletzt worden sei, sei Voraussetzung für ein Schmerzensgeld wegen der zusätzlichen Beeinträchtigung nicht, dass diese selbständigen Krankheitswert habe.[351] 320

---

346 *Schmidt* MDR 1971, 538, 538; *Deubner* JuS 1971, 622 f.; so auch für das österreichische Recht: *Danzl/Gutiérrez-Lobos/Müller* S. 142.
347 Staudinger/*Schiemann* BGB, § 249 Rn. 43 ff.; *Deutsch* Rn. 913 ff., 916; MüKo/*Mertens* BGB Vor § 249 Rn. 137.
348 Staudinger/*Schiemann* § 249 Rn. 43 f.
349 *OLG Köln* Urt. v. 18.12.2006 – Az. 16 U 40/06 – OLGR 2007, 363 = RRa 2007, 65.
350 *OLG Hamm* Urt. v. 23.3.1998 – Az. 6 U 191/97 – r+s 1999, 21 = OLGR 1998, 225; vgl. hierzu *Scheffen/Pardey* S. 503, Rn. 937.
351 Diese Einstellung erinnert an die Rspr. zum Nachweis eines HWS-Schleudertraumas (§§ 286, 287 ZPO). Gelingt dem Verletzten der Nachweis der Primärverletzung, werden durch den Unfall ausgelöste psychische Schäden bei der Bemessung des Schmerzensgeldes auch dann berücksichtigt, wenn sie keinen selbständigen Krankheitswert erreichen.

321 In anderen Fällen, in denen ein Primärschaden vorliegt, wird seelisches Leid beispielsweise bei der Bemessung des Schmerzensgeldes berücksichtigt, wenn verzögerliches Regulierungsverhalten vorliegt.[352]

b) Schockschaden bei Helfern und Betreuern

322 Auch Unfallhelfern und Betreuern kann ein Schmerzensgeld im Grunde nicht versagt werden.

323 Der 6. Zivilsenat des *BGH* hat jedoch anders entschieden.

Nach der Pressemitteilung des *BGH* lautet der Tenor dieser Entscheidung sinngemäß: »Geisterfahrer haftet nicht für posttraumatisches Belastungssyndrom von Polizeibeamten«.[353] Ein Geisterfahrer hatte einen Frontalzusammenstoß. Beide Fahrzeuge fingen Feuer und sämtliche Insassen verbrannten. Die beiden Polizeibeamten, die zufällig an die Unfallstelle kamen, mussten dies mit ansehen, ohne nachhaltig helfen zu können. Die Vorinstanzen hatten eine Haftung des Versicherers des Geisterfahrers verneint, weil die Tätigkeit der Polizeibeamten unter das allgemeine Lebensrisiko falle.

324 Der *BGH* begründete etwas anders:

Eine Haftung des Schädigers kommt bei einer psychischen Gesundheitsbeeinträchtigung, die auf das Miterleben eines schweren Unfalls zurückzuführen ist, regelmäßig nicht in Betracht, wenn der Geschädigte nicht selbst unmittelbar am Unfall beteiligt war.[354] Trotz psychischer Störungen von Krankheitswert könne zwar eine Verletzung der Gesundheit im Sinne des § 823 BGB vorliegen. Die Gesundheitsbeeinträchtigungen könne dem Schädiger aber nicht zugerechnet werden. Eine Haftung des Unfallverursachers sei nur in den Fällen anerkannt, in denen der Geschädigte als direkt am Unfall Beteiligter infolge einer psychischen Schädigung eine schwere Gesundheitsstörung erlitten habe. Maßgeblich für die Zurechnung sei in diesen Fällen gewesen, dass der Schädiger dem Geschädigten die Rolle eines unmittelbaren Unfallbeteiligten aufgezwungen habe und dieser das Unfallgeschehen psychisch nicht verkraften konnte. Hier seien die Polizeibeamten an dem eigentlichen Unfallgeschehen nicht beteiligt gewesen. Sie seien eher wie zufällige Zeugen anzusehen, für die ein solches Ereignis dem allgemeinen Lebensrisiko zuzurechnen sei.

325 Die Fallgruppen a) und b) bieten noch eine weitere Besonderheit:

Während es bei der Gruppe c) um die Verletzung oder den Verlust eines nahen Angehörigen geht, so dass Trauer und Mitleid eine Rolle spielen, sind Menschen der Gruppe a) in der eigenen Person betroffen und die der Gruppe b) sind zunächst nur mittelbar betroffen, weil bei dem Unfall unmittelbar nur Dritte (Fremde) verletzt wurden.

c) Schockschaden auf Grund von Verletzung oder Tod eines nahen Angehörigen

326 Für Angehörige, die einen psychischen Schaden erleiden, gilt die bisherige Rspr. Im Grundsatz gilt: Kein Schmerzensgeld für Angehörige des tödlich Verletzten.[355] Allerdings kann sich die Entschädigung für den Schockschaden wie ein Schmerzensgeld für den Verlust des nahen Angehörigen auswirken. Bis auf gesetzlich geregelte Ausnahmen (§ 844 BGB) sollen aber nur unmittelbare Schäden des Opfers ausgeglichen werden. Erleidet jedoch ein Angehöriger bei einem schweren Unfall einen nachvollziehbaren Schock oder psychische Beeinträchtigungen, kann dies eine Verletzung der Gesundheit sein, die einen Schmerzensgeldanspruch auslöst.[356]

---

352 *Danzl/Gutiérrez-Lobos/Müller* S. 122; *OLG Köln* Urt. v. 29.9.2006 – Az. 19 U 193/05 – VersR 2007, 259.
353 *BGH* Urt. v. 22.5.2007 – Az. VI ZR 17/06 – VersR 2007, 1093 = SP 2007, 248.
354 *Diederichsen* DAR 2008, 301.
355 *Diederichsen* VersR 2005, 433, 438. Allerdings wird auch für die deutsche Rechtsordnung ein sog. Trauergeld bei Verlust eines nahen Angehörigen gefordert, ohne dass eine Gesundheitsbeeinträchtigung vorliegen muss: *Haupfleisch* DAR 2003, 403 ff.
356 Auch im Sozialversicherungsrecht, §§ 104 ff. SGB VII, hat der *BGH* Urt. v. 6.2.2007 – Az. VI ZR 55/06 – VersR 2007, 803, der Ehefrau eines getöteten Arbeitnehmers ein Schmerzensgeld zuerkannt, obwohl dem

Däubler[357] fragt zu Recht: Warum ist »kaputte Lebensqualität« kein ernsthaft in Betracht zu ziehender Schaden? Einige Tage auf das Auto verzichten zu müssen, stellt einen ersatzfähigen Schaden dar, auf Dauer ohne die Mutter oder den Partner leben zu müssen, soll ohne Bedeutung sein. 327

Deutsch[358] meint dagegen, dass beim Tod eines Angehörigen das »Angehörigenschmerzensgeld« Substitutionscharakter habe und auf ein noch beim unmittelbar Verletzten entstandenes und auf den Schockgeschädigten als Erben übergegangenes Schmerzensgeld anzurechnen sei. Dies ist jedoch abzulehnen, da dann der Schockgeschädigte gleichsam dafür bestraft würde, dass er gleichzeitig Erbe ist, was er keineswegs immer sein muss.[359] 328

Ein Schockschaden wird nach nahezu allen europäischen Rechtsordnungen ersetzt.[360] Zwar sind die gesetzlichen Regelungen innerhalb Europas keineswegs einheitlich[361] und es bestehen zahlreiche Besonderheiten im Einzelnen. Hinterbliebenenschmerzensgeld wird aber gewährt in der Schweiz, in Frankreich, in Belgien, in Spanien, in Italien, in Griechenland und in Großbritannien.[362] Aus dem Lager derjenigen, die das Angehörigenschmerzensgeld grundsätzlich ablehnen, sind mit Österreich und Schweden bereits zwei maßgebliche Vertreter zum Lager derjenigen gewechselt, die einen Ersatz für Trauerschaden anerkennen.[363] Die Niederlande werden bald folgen.[364] 329

Die deutsche Rspr. verfolgt beim Ersatz von Kraftfahrzeugschäden europaweit die großzügigste Regelung, bei Schockschäden die europaweit restriktivste.[365] 330

Der *BGH und die Oberlandesgerichte* machen die Ersatzfähigkeit von Schockschäden für nahe Angehörige jedoch von einer besonderen Voraussetzung abhängig: 331
– Eine die Haftung auslösende Gesundheitsverletzung soll nicht schon immer dann vorliegen, wenn medizinisch fassbare Auswirkungen gegeben sind; es müssen vielmehr Gesundheitsschäden vorliegen, die nach Art und Schwere den Rahmen dessen überschreiten, was an Beschwerden bei einem solchen Erlebnis aufzutreten pflegt.

Das bedeutet: Ein Schockschaden, den jemand durch den Tod oder die Verletzung eines anderen erleidet, soll grundsätzlich dem allgemeinen Lebensrisiko zuzuordnen sein.[366] Ein Schmerzensgeldanspruch naher Angehöriger ist i. d. R. ausgeschlossen, wenn deren Trauer (nur) dem entspricht, was normalerweise beim Tod eines nahen Angehörigen empfunden wird. 332

Getöteten selbst nach diesen Bestimmungen kein Schmerzensgeld zustand. Den Ausschluss des Schmerzensgeldes nach diesen Bestimmungen auf den Personenschaden des Getöteten begrenzt. Vgl. dazu auch *Dahm* NZV 2008, 187 ff.
Die Rechtslage ist vergleichbar in Österreich, wo ebenfalls ein »krankheitswertiger« Schock gefordert wird, um einen Schadensersatzanspruch zu begründen, OGH Urt. v. 8.6.2010, 4 Ob 71/10 k, Zivilrecht 2011, 13 ff.

357 *Däubler* NJW 1999, 1611 f.
358 *Deutsch* Rn. 913 ff., 916.
359 Staudinger/*Schiemann* § 249 Rn. 43 f.; MüKo/*Grunsky* BGB Vor § 249 Rn. 53.
360 *Janssen* ZRP 2003, 156 ff.; vgl. auch *Danzl/Gutiérrez-Lobos/Müller* S. 130 mit Fn. 346 und S. 138 mit Fn. 364 und 365.
361 *Backu* DAR 2001, 587 ff.; in Österreich sieht der *OGH Wien* Urt. v. 16.5.2001 = ZVR 2001, 73 = NZV 2002, 26, zugunsten der trauernden Angehörigen den Anspruch auf Schmerzensgeld wegen ihrer seelischen Beeinträchtigungen auch ohne eigene Gesundheitsschädigung als begründet an, wenn der Schädiger vorsätzlich oder grob fahrlässig gehandelt hat.
362 *Ebbing* ZGS 2003, 223, 227.
363 *Haupfleisch* DAR 2003, 403, verweist darauf, dass in Österreich die Rspr. des *OGH* das »Trauergeld für nahe Angehörige« bei schwerem Verschulden des Schädigers (Vorsatz und grobe Fahrlässigkeit) begründet hat. Die Frage der Höhe und des Begriffs »nahe Angehörige« solle ebenfalls der Rspr. überlassen bleiben. Vgl. auch *Geigel/Pardey* Kap. 7 Rn. 16.
364 Vgl. zu dieser Problematik grundlegend *Janssen* ZRP 2003, 156 ff.
365 Palandt/*Heinrichs* Vorb. 71 vor § 249; PWW/*Medicus* § 253 Rn. 2.
366 Palandt/*Heinrichs* Vorb. § 249 Rn. 71, 88; PWW/*Medicus* § 253 Rn. 2.

333 Diese Betrachtungsweise dürfte von der Vorstellung geprägt sein, dass seelische Erkrankungen ein Zeichen mangelnder Selbstbeherrschung und deshalb dem Betroffenen selbst zuzurechnen sind. Für die Haftungsbegründung nach § 823 Abs. 1 BGB kommt es aber alleine auf die Gesundheitsverletzung an, darauf, dass die Gesundheit des Dritten verletzt worden ist. Warum für psychische Erkrankungen etwas anderes gelten soll, ist nie recht begründet worden.

334 Die Rspr. fordert also für eine Haftung **mehr als die medizinische Qualifizierung einer Gesundheitsverletzung**, damit Ersatzansprüche das Haftungssystem nicht sprengen. Ansprüche bestehen nur, wenn ein **echter Schockschaden** eine schwerwiegende Gesundheitsverletzung eingetreten ist.

335 Diese Auffassung haben in der Vergangenheit schon *Schmidt*[367] und *Deubner*[368] angegriffen. Beide kommen zu dem Ergebnis, dass der *BGH*[369] versucht, die Verantwortlichkeit im Rahmen des § 823 Abs. 1 BGB durch eine **einschränkende Interpretation** einer Haftungsvoraussetzung, nämlich **des Begriffs der Gesundheitsverletzung**, abzubauen. Sie machen deutlich, dass jemand, der psychisch geschädigt ist, selbst und unmittelbar eine Gesundheitsverletzung erlitten hat, dass die unmittelbare Verletzung zu einem originären Anspruch des Verletzten führt und dass es für die Frage der Haftung und die Zahlung eines Schmerzensgeldes darüber hinaus nur darauf ankommen kann, ob den Schädiger ein Verschulden trifft[370], auf das es in Fällen der Gefährdungshaftung nicht einmal ankommt.

336 Der Schockschaden muss die Schwelle zur vom *BGH* **neu definierten Gesundheitsverletzung** überschreiten.[371] Ob diese sehr hohen Anforderungen gerechtfertigt sind, erscheint mehr als zweifelhaft.[372]

337 Ebenso fehlt eine rechtliche Grundlage für die Beschränkung des Kreises der Anspruchsberechtigten. Zwar spricht manches dafür, dass bei Verletzung entfernter Angehöriger eine Gesundheitsbeschädigung des mittelbar Betroffenen weniger wahrscheinlich ist, andererseits lässt sich eine Beschränkung des Personenkreises dem Wortlaut des § 823 Abs. 1 BGB nicht entnehmen.[373] Aus diesem Grund lässt sich kaum prognostizieren, wie der BGH die oben genannten Fallgruppen a) und b) in Rdn. 314 entscheiden wird.

338 Als Angehöriger wird wohl auch der (gleichgeschlechtliche?) **Lebensgefährte** und der **Partner einer Liebesbeziehung**[374] (wie lange muss die Beziehung bestehen?) anzusehen sein, nicht aber eine sonstige Bezugsperson. Einzusehen ist das nicht.

aa) Trauer über das normale Maß hinaus

339 Da ein Angehörigenschmerzensgeld als solches nicht gewährt wird, ist Voraussetzung für ein Schmerzensgeld, dass die **Trauer** nach Art und Schwere deutlich über das hinausgeht, was Angehörige als mittelbar Betroffene in derartigen Fällen erfahrungsgemäß an Beeinträchtigungen erleiden;[375] erst wenn die Trauer **über das normale Maß hinausgeht**, erreicht sie Krankheitswert,[376] erst dann liegt darin eine Verletzung der Gesundheit, die einen Schmerzensgeldanspruch auslöst. Das ist z. B. dann der Fall, wenn die **seelische Erschütterung** zu **nachhaltigen traumatischen Schädigungen** führt, zu **psychopathologischen Zuständen**, die in der Medizin als traumatische Neurosen, Psychosen oder

---

367 *Schmidt* MDR 1971, 538 ff.
368 *Deubner* JuS 1971, 622 ff.
369 *BGH* Urt. v. 11.5.1971 – Az. VI ZR 78/70 – MDR 1971, 919 = JuS 1971, 657.
370 *Schmidt* MDR 1971, 538 f.; *Deubner* JuS 1971, 622 f.
371 Ebenso bei psychisch bedingten Symptomen einer HWS-Verletzung, s. o. Rdn. 262–278.
372 Eingehend *Bischoff* MDR 2004, 557 f.
373 So auch *Bischoff* a. a. O. S. 558.
374 Palandt/*Heinrichs* Vorb. § 249 Rn. 71; PWW/*Medicus* § 253 Rn. 2.
375 *BGH* Urt. v. 11.5.1971 – Az. VI ZR 78/70 – BGHZ 56, 163; *BGH* Urt. v. 4.4.1989 – Az. VI ZR 97/88 – NJW 1989, 2317; *OLG Nürnberg* Urt. v. 27.2.1998 – Az. 6 U 3913/97 – NJW 1998, 2293; Palandt/*Heinrichs* Vorb. § 249 Rn. 71; PWW/*Medicus* § 253 Rn. 2; *Ebbing* ZGS 2003, 223, 227.
376 *BGH* Urt. v. 30.4.1996 – Az. VI ZR 55/95 – BGHZ 132, 351 f. = VersR 1996, 990 ff. = NJW 1996, 2425.

Depressionen eingeordnet werden, ferner bei Angstzuständen, schreckhaften Träumen oder Panikattacken, oder seelischen Erschütterungen,[377] die zu anderen massiven Folgen führen, wie z. B. zur Verschlimmerung eines Herzleidens oder zu einem Schlaganfall.[378]

Krankheitswert haben dagegen nicht als pathologisch zu verifizierende Beeinträchtigungen, wie Depressionen, Verzweiflung und andauernde Leistungsminderung. Sie sollen dem allgemeinen Lebensrisiko zuzurechnen sein und ein Schmerzensgeld nicht rechtfertigen.[379] Dasselbe gilt für bloße Aufregungen, Verärgerungen oder Empörungen, für einen bloßen Schrecken (ohne Gesundheitsschaden) oder psychische Beeinträchtigungen, die allein in Unbehagen und Unlustgefühlen bestehen.[380] 340

bb) Trauerschmerz mit eigenem Krankheitswert

Die Frage, ob dem **Trauerschmerz** ein eigener Krankheitswert zukommt, ist medizinisch nicht ohne weiteres zu beantworten. Aus psychiatrischer Sicht gilt beim Verlust eines nahen Angehörigen zumindest ein Zeitraum von sechs Monaten als »natürliche« Trauer und nicht als Krankheit. Ende des 19. Jahrhunderts und bis nach dem 2. Weltkrieg hielt man allgemein ein Trauerjahr ein. Erst wenn sich die Dauer der Depression über diese Zeitspanne hinaus erstreckt, spricht man von einer krankhaften Reaktion.[381] Diese Betrachtung zeigt, dass der von der Rspr. geforderte eigenständige Krankheitswert willkürlich ist. 341

Born[382] führt aus prozesstaktischer Sicht dazu aus: »Zusätzlich notwendig ist die Feststellung, dass die psychische Reaktion einen **eigenständigen Krankheitswert** hat. Damit befinden wir uns auf der Anforderungsebene des HWS-Schleudertraumas. Pathologisch zu verifizierende Beeinträchtigungen wie Depressionen oder Verzweiflung oder dauernde Leistungsminderung sollen nicht ausreichen, sondern dem allgemeinen Lebensrisiko zuzuordnen sein. Das lässt sich auch unter Bezugnahme auf den Ausnahmecharakter des Schmerzensgeldanspruchs für mittelbar betroffene Angehörige von Verbrechens- oder Verkehrsopfern nicht rechtfertigen«.[383] 342

cc) Darlegung und Beweis

Die **Beweislast** für die Voraussetzungen des Schmerzensgeldanspruchs hat der mittelbar verletzte Angehörige. Streitig sind meist das Vorliegen einer Gesundheitsverletzung und die Kausalität. Für die Beweisführung kommt es i. d. R. auf ein medizinisches Gutachten an. 343

Für den Verletzten ist im Rahmen der Rspr. eine **zeitnahe Untersuchung** wichtig; ohne diese wird man psychische Schäden später kaum zuordnen können. Der Geschädigte, der eher verschlossen ist, nicht zum Arzt geht und sich auch seinen Angehörigen nicht mitteilt, dürfte später Beweisprobleme bekommen. 344

Allerdings darf der Dritte das Geschehen nicht als Freibrief begreifen und sich in seiner Depression hemmungslos gehen lassen. Auch für ihn gilt, dass er zur **Schadensminderung** verpflichtet ist und gegebenenfalls psychiatrischen oder geistlichen Beistand einholen muss, sofern er dazu psychisch in der Lage ist. 345

---

377 *Danzl/Gutiérrez-Lobos/Müller* S. 121 f.
378 *Steffen* in: FS für Odersky 723, 731; *BGH* Urt. v. 11.5.1971 – Az. VI ZR 78/70 – VersR 1971, 1883 = BGHZ 56, 163, 167; *Vorwerk/Freyberger* Kap. 84, Rn. 198; *OLG Nürnberg* Urt. v. 1.8.1995 – Az. 3 U 468/95 – DAR 1995, 447 = NZV 1996, 367 ff. – 35 000 Euro bzw. 20 000 Euro nach dem Tod aller drei Kinder; *OLG Nürnberg* Urt. v. 27.2.1998 – Az. 6 U 3913/97 – VersR 1999, 1501 – 5 000 Euro für Kinder, die den Unfalltod der Mutter mit angesehen haben und dadurch einen Schockschaden erlitten.
379 *OLG Düsseldorf* Urt. v. 19.1.1995 – Az. 8 U 17/94 – zfs 1996, 176 = NJW-RR 1996, 214.
380 *Danzl/Gutiérrez-Lobos/Müller* S. 120.
381 *Danzl/Gutiérrez-Lobos/Müller* S. 143.
382 *Born* OLGReport 2003 alle Hefte Nr. 4.
383 *Bischoff* MDR 2004, 557 f.

346 Der Schädiger wird hier in erster Linie zu überprüfen haben, ob die Reaktion überhaupt ärztlich dokumentiert ist; falls nein, bestehen Bedenken, sie im Nachhinein allein aufgrund behaupteter Schilderungen von Verwandten anzunehmen (wobei angesichts der Entscheidung des *BGH*[384] eine Beweiserleichterung zugunsten des Geschädigten besteht).

347 So hat das *KG Berlin*[385] dennoch die bloße Behauptung, die Eltern hätten in Folge der Nachricht vom Tod ihres einzigen Sohnes mit gesundheitlichen Problemen zu kämpfen gehabt und an einer geistig-seelischen Gesundheitsbeschädigung gelitten, der Krankheitswert zukomme, nicht genügen lassen, weil die Eltern **nicht konkretisiert** hätten, wie oft sie sich deswegen in ärztlicher Behandlung befunden hätten, was der behandelnde Arzt diagnostiziert hätte und welche Therapiemaßnahmen durchgeführt worden seien. Die allgemeinen Angaben der Eltern seien einer Beweisaufnahme durch Sachverständigengutachten nicht zugänglich.[386]

d) Beispiele aus der Rechtsprechung

348 Die Rspr. soll an einigen Beispielen verdeutlicht werden:

aa) Kein Schmerzensgeld

349 Das *OLG Koblenz*[387] hatte sich mit einem Fall zu befassen, in welchem die Eltern eines 40 Jahre alten Mannes nach Begehung eines Totschlags vom Täter Schmerzensgeld mit der Begründung verlangten, die bei ihnen diagnostizierte schwere Depression sei auf die Tötung zurückzuführen. Ein Schmerzensgeldanspruch der Eltern wurde verneint, weil die gesetzgeberische Entscheidung für eine grundsätzliche Beschränkung der Delikthaftung auf den Schaden des unmittelbar Verletzten andernfalls unterlaufen werde, wenn bereits psychisch/seelische Auswirkungen aus dem Durchleben solcher Todesfälle als Gesundheitsverletzung i. S. d. § 823 Abs. 1 BGB zu entschädigen wären. Anderes gelte nur, wenn es zu gewichtigen psychosomatischen Ausfällen von einiger Dauer komme, die die auch sonst nicht leichten Nachteile eines schmerzlich empfundenen Trauerfalls für das gesundheitliche Allgemeinbefinden erheblich übersteige und die deshalb auch nach der allgemeinen Verkehrsauffassung als Verletzung des Körpers oder der Gesundheit angesehen werde.

350 Das **OLG Koblenz**[388] kam zu dem Ergebnis, dass der Tod eines neun Jahre alten Jungen durch Ertrinken im Freibad weder bei den Eltern noch bei der Schwester des Jungen bewirkt habe, dass diese Schwelle überschritten wurde. Schwere Träume, psychosomatische Störungen bzw. Konzentrationsschwäche erreichten noch keinen Krankheitswert, der einen Ausgleich durch Schmerzensgeld möglich mache.

351 Ähnlich das **OLG Hamm**,[389] das einer Ehefrau, die die Nachricht vom Tod ihres Mannes erhalten hatte und danach unter Schweißausbrüchen, beschleunigtem Puls und zitternden Beinen litt, kein Schmerzensgeld zubilligte.

352 Auch das Leid eines Angehörigen, der mit ansehen muss, wie ein Patient unter dem Verfall der Persönlichkeitsstruktur dahinsiecht und bei dem sich zusätzlich wegen unzureichender Pflege ein Dekubitus entwickelt hat, ist nicht durch ein Schmerzensgeld zu entschädigen, weil es regelmäßig nicht möglich ist, einen Teil der **pathologisch fassbaren Missempfindungen** auf Mängel der medizinischen Versorgung zurückzuführen und das hierfür verantwortliche Krankenhauspersonal zur Zahlung von Schmerzensgeld heranzuziehen.[390]

---

384 *BGH* Urt. v. 1.10.1985 – Az. VI ZR 19/84 – NJW 1986, 1541 f.
385 *KG Berlin* Urt. v. 30.10.2000 – Az. 12 U 5120/99 – NZV 2002, 38.
386 Ähnlich *OLG Hamm* Urt. v. 22.2.2001 – Az. 6 U 29/00 – NZV 2002, 234.
387 *OLG Koblenz* Urt. v. 17.10.2000, OLGReport 2001, 9 ff.; *OLG Hamm* Urt. v. 20.1.2003 – Az. 6 W 45/02 n. v.
388 *OLG Koblenz* Urt. v. 22.11.2000 – Az. 1 U 1645/97 – OLGR 2001, 50 ff. = NJW-RR 2001, 318 f.
389 *OLG Hamm* Urt. v. 22.2.2001 – Az. 6 U 29/00 – OLGR 2002, 169 f.
390 *OLG Düsseldorf* Urt. v. 19.1.1995 – Az. 8 U 17/94 – NJW-RR 1996, 214.

Ebenso wenig steht einer Ehefrau gegenüber einer Krankenschwester ein Schmerzensgeldanspruch   353
zu, weil diese vor der Polizei wahrheitswidrig erklärt hatte, den Ehemann umgebracht zu haben.[391]

bb) Schmerzensgeld

In der Öffentlichkeit bekannt geworden ist ein Unfall, bei dem Eltern durch einen Verkehrsunfall   354
ihre drei Kinder verloren haben. Das *LG* billigte dem Vater ein Schmerzensgeld i. H. v. insgesamt
35 000 Euro zu, der Mutter insgesamt 20 000 Euro. Das **OLG Nürnberg**[392] hat diese Beträge als ausreichend und angemessen bestätigt, der *BGH* hat die Revision der Kläger, die ein wesentlich höheres
Schmerzensgeld begehrten, nicht angenommen. Diese Entscheidung ist wiederholt in Beziehung gesetzt worden zu Fällen der Persönlichkeitsrechtsverletzung (Fall: Caroline von Monaco) und kritisiert
worden.[393]

Das *BVerfG* hat die Verfassungsbeschwerde der Eltern nicht angenommen.[394] Es hat (völlig zu Recht)   355
den Vergleich mit Fällen der Verletzung des allgemeinen Persönlichkeitsrechts nicht gelten lassen
und die Auffassung des *BGH* bestätigt, dass der geltend gemachte Anspruch aus § 847 BGB a. F.
von dem besonderen Entschädigungsanspruch wegen Verletzung des Persönlichkeitsrechts zu unterscheiden sei, und dass zwischen den beiden Fallkonstellationen sachlich begründete Unterschiede
bestünden, die eine unterschiedliche Behandlung rechtfertigen.[395] Die Entscheidung des *BVerfG*
enthält jedoch einen deutlichen Hinweis, die Entschädigungssummen für beide Fallgruppen nicht
zu sehr auseinander laufen zu lassen. Das kann natürlich nur gelten, soweit die Entschädigung für
den immateriellen Schaden gewährt wird, nicht aber, soweit kommerzielle Aspekte (Gewinnabschöpfung aus der Vermarktung des Persönlichkeitsrechts) darin enthalten sind.[396]

Auch das *LG Köln*[397] sprach den Eltern und zwei Geschwistern eines 11 Jahre alten Jungen, der in   356
Griechenland im Schwimmbad einer Hotelanlage ertrunken war, mit je 20 000 Euro für den psychischen Schaden ein relativ hohes Schmerzensgeld zu.

Der Ehemann und drei Kinder einer US-Bürgerin wurden mit 15 000 Euro beziehungsweise mit   357
5 000 Euro und 2 500 Euro für einen Schockschaden entschädigt.[398] Die Frau war vor den Augen
(nur) des Ehemannes vor einen Zug gefallen und ihr Körper wurde in zwei Hälften geteilt. Das Mitverschulden der Frau betrug 50 %.

Einen Sonderfall bildet der Tod eines Arbeitnehmers auf einem Betriebsweg. Dem Arbeitnehmer   358
selbst steht gemäß. §§ 104 ff. SGB VII kein Schmerzensgeldanspruch zu, der auf die Erben übergehen könnte. Erleidet jedoch die Ehefrau auf Grund des Unfalltodes des Ehemanns einen Schock, ist
ihr Schmerzensgeldanspruch nach diesen Bestimmungen nicht ausgeschlossen.[399] Der Umstand,
dass die Unfallversicherung nicht für jede Schadensart einen Ausgleich vorsieht, rechtfertigt nicht
die Erstreckung des Haftungsausschlusses auf Schockschäden nicht versicherter Angehöriger, weil
der Ausschluss von Ersatzansprüchen durch die §§ 104, 105 SGB VII durch das Leistungssystem

---

391 *OLG Düsseldorf* Urt. v. 13.1.1994 – Az. 13 U 78/93 – NJW-RR 1995, 159.
392 *OLG Nürnberg* Urt. v. 1.8.1995 – Az. 3 U 468/95 – VersR 1997, 328 (L); zfs 1995, 370 f. = NZV 1996, 367.
393 *Wagner* VersR 2000, 1305 ff.
394 *BVerfG* Beschl. v. 8.3.2000 – Az. 1 BvR 1127/96 – VersR 2000, 897 f. = NJW 2000, 2187 f.
395 So auch *Steffen* NJW 1997, 10 f.
396 *Müller* VersR 2003, 1, 5.
397 *LG Köln* Urt. v. 17.3.2005 – Az. 8 O 264/04 – NJW-RR 2005, 704; die Berufung der Beklagten zum *OLG Köln* Urt. v. 12.9.2005 – Az. 16 U 25/05 – VersR 2006, 941 und die Revision beim *BGH* Urt. v. 18.7.2006 – Az. X ZR 142/05 – VersR 2006, 1653 hatten keinen Erfolg. Für den Tod des Kindes selbst waren vorprozessual an die Mutter aus eigenem (ererbten) Recht und aus abgetretenem Recht des Ehemannes 15 000 Euro gezahlt worden.
398 *OLG Frankfurt* Urt. v. 11.3.2004 – Az. 26 U 28/98 – zfs 2004, 452.
399 *BGH* Urt. v. 6.2.2007 – Az. VI ZR 55/06 – VersR 2007, 803 = DAR 2007, 511 = NJW-RR 2007, 1395 = NZV 2007, 453 = SP 2007, 208 = r+s 2007, 307 = MDR 2007, 953.

der gesetzlichen Unfallversicherung nicht kompensiert wird, was sonst der Fall ist. So treten in Fällen der Tötung eines versicherten Angehörigen und Hinterbliebenen unfallversicherungsrechtliche Ansprüche gemäß §§ 39 Abs. 2, 54, 55 bzw. 63 ff., 69 SGB VII an die Stelle der Ansprüche aus den §§ 844, 845 BGB. Fehlt aber eine Kompensation mit Ansprüchen gegen die Unfallversicherung, gibt es keine Rechtfertigung für einen Ausschluss solcher Ansprüche.[400]

e) Verschulden

359 Soweit Ansprüche aus unerlaubter Handlung geltend gemacht werden, muss der Schädiger wenigstens fahrlässig gehandelt haben. Das Verschulden des Ersatzpflichtigen hinsichtlich der Gesundheitsbeschädigung des mittelbar Verletzten Angehörigen wird in der Rspr. nicht weiter vertieft. In der Regel liegt ein fahrlässiges Handeln des Ersatzpflichtigen vor, auch wenn die Rechtsgutverletzung gegenüber dem unmittelbar Verletzten vorsätzlich war. So wird bei einem vorsätzlichen Tötungsdelikt mindestens fahrlässig mit verursacht, dass es zu einer gesundheitlichen Beeinträchtigung der Angehörigen des Opfers kommt.[401]

Im Übrigen spielt das Verschulden bei der Verwirklichung von Gefährdungshaftungstatbeständen keine Rolle.

f) Kausalität

360 Auch die Kausalität der Verletzungshandlung für die Gesundheitsverletzung des mittelbar betroffenen Angehörigen ergibt sich in Anwendung der Adäquanztheorie. Sie ist zu bejahen, wenn nach der Lebenserfahrung die Beeinträchtigung des mittelbar Betroffenen zu erwarten ist. Das ist bei Tötungsdelikten und bei schwerer Körperverletzung immer der Fall, auch wenn die Tat nur fahrlässig begangen wurde.

361 Das gilt nicht nur bei einem Schockschaden, den ein naher Angehöriger erleidet, sondern auch dann, wenn ein Helfer oder Betreuer das Unfallgeschehen nicht verkraftet; denn nach der Verursachung eines schweren Verkehrsunfalls mit erheblichem Personenschaden liegt es nach der Lebenserfahrung nicht fern, dass dritte Personen die in das Unfallgeschehen einbezogen werden, einen Schockschaden erleiden (Adäquanz).

362 **Keine bloße Bagatelle**

Weitere Voraussetzung der Rspr. ist, dass der **Anlass** für den Schock **verständlich**[402] erscheinen muss, d. h. der Anlass muss geeignet sein, bei einem durchschnittlich Empfindenden eine entsprechende Reaktion auszulösen. Auch hier werden gewichtige psychopathologische Ausfälle von einiger Dauer gefordert,[403] die bei **tödlicher**[404] oder **schwerer Verletzung** des Unfallopfers[405] angenommen worden sind.

363 Allerdings kann sich der Schädiger auch in diesem Rahmen nicht dadurch entlasten, dass er sich auf **besondere Schadensanfälligkeit des Geschädigten** beruft. Auch bei einem – ohne vorhergehende körperliche Verletzung eintretenden – Schockschaden des Verletzten muss der Schädiger das Risiko einer Verschlechterung des Gesundheitszustandes des Geschädigten tragen, wenn dieser – wie etwa im Lokführer-Fall[406] – durch mehrere Vorunfälle psychisch bereits so geschwächt ist, dass ein erneuter – weniger schwerer – Unfall sozusagen »das Fass zum Überlaufen« bringt und beim Geschädigten zum endgültigen psychischen Zusammenbruch und zur Berufsunfähigkeit führt.

---

400 *Diederichsen* DAR 2008, 301, 304.
401 So auch *Bischoff* MDR 2004, 557 f.
402 *Vorwerk/Freyberger* Kap. 84 Rn. 249; Palandt/*Heinrichs* Vorb. § 249 Rn. 11 f.
403 *KG Berlin* Urt. v. 30.10.2000 – Az. 12 U 5120/99 – NZV 2002, 38.
404 *BGH* Urt. v. 12.11.1985 – Az. VI ZR 103/84 – VersR 1986, 240.
405 *OLG Hamm* Urt. v. 5.3.1998 – Az. 27 U 59/97 – NZV 1998, 413.
406 *OLG Hamm* Urt. v. 2.4.2001 – Az. 6 U 231/00 – NZV 2002, 36.

Innerhalb der psychischen Gesundheitsverletzungen nach Art der Verursachung und der Nähe zum 364
körperlich Verletzten zu differenzieren, ist dagegen in keiner Weise gesetzlich vorgesehen. Der allgemeine Grundsatz, dass der Ersatzpflichtige den Geschädigten so nehmen muss, wie er ist, gilt
für psychische Schäden ebenso wie für somatische. Die Herkunft des Schocks kann daran ebenso
wenig ändern wie die **labile Verfassung des Verletzten.**

Einen anderen Weg ging das *OLG Köln*[407] in einem Fall, in dem die Beklagte einer Lehrerin im Rah- 365
men einer Auseinandersetzung, in deren Verlauf es zu Beleidigungen kam, einen Stoß vor die Brust
versetzte und ihr Kratzer und Prellungen zufügte. In der Folgezeit entwickelte sich bei der Lehrerin
eine psychische Störung von Krankheitswert, eine Anpassungsstörung, die zur Dienstunfähigkeit der
Lehrerin führte. Das *OLG Köln* bejahte die Kausalität der Verletzungshandlung für den Verletzungserfolg, die Anpassungsstörung sei Folge des Angriffs der Beklagten. Es verneinte jedoch ein Verschulden der Beklagten mit der Begründung, dass das Verschulden die Vorhersehbarkeit und Vermeidbarkeit des Erfolgs voraussetze. Ein psychisch vermittelter Gesundheitsschaden sei haftungsrechtlich nur
zurechenbar, wenn er vorhersehbar sei; sei er das nicht, könne er nur zugerechnet werden, wenn er sich
als schadensausfüllende Folgewirkung einer anderweitigen schuldhaften Körperverletzung oder Gesundheitsschädigung darstelle. Hier liege es außerhalb der Erfahrung des täglichen Lebens, dass der
geringfügige Angriff der Beklagten eine psychische Störung von Krankheitswert auslösen könne.

g) Schadenminderungspflicht, Mitverschulden

Schließlich ist zu berücksichtigen, dass der Getötete aus Verschulden oder Gefährdung mitverant- 366
wortlich gewesen sein kann; dies muss sich der Angehörige jedoch entgegen halten lassen.[408] Zwar
wird dem Angehörigen das Mitverschulden des Verletzten nicht über § 846 BGB (unmittelbar
oder analog) angerechnet, er muss es sich jedoch nach § 242 BGB entgegen halten lassen. Sieht
man genauer hin, so haften für den Schockschaden offenbar beide, Verletzter und Getöteter.[409]
Auch dieser Rspr. des *BGH* treten *Schmidt*[410] und *Deubner*[411] entgegen, denn der unmittelbar verletzte Angehörige muss sich ein **Mitverschulden des Opfers** nicht zurechnen lassen. Insbesondere
die Bestimmung des § 846 BGB als Ausnahmeregelung biete keine hinreichende der Analogie fähige
Basis für ein solches Vorgehen. Das BGB kennt keine Sippenverantwortlichkeit.

▶ **Hinweis:** 367

   Als Ergebnis bleibt: Keine der Einschränkungen der Rspr. für den Ersatz der Schockschäden ist
   berechtigt. Entscheidend ist nicht die allgemeine Verständlichkeit der Reaktion des nahen Angehörigen, sondern die medizinisch fachliche Beurteilung. Auch die Zugehörigkeit zum Kreis der
   nahen Angehörigen – wer immer dazu gehören mag – ist keine für dieses medizinische Urteil taugliche Kategorie.[412]

▶ **Praxistipp:** 368

   Im streitigen Verfahren dient eine sachlich richtige Einschätzung des Schockschadens auch in
   Form des psychischen Folgeschadens der gerechten Urteilsfindung. Anerkannt ist seit langem,
   dass die individuellen Verhältnisse des Geschädigten besonders zu berücksichtigen sind;[413] bei
   der Beurteilung des psychischen Folgeschadens wird man das nicht anders sehen können.

---

407 *OLG Köln* Urt. v. 12.12.2006 – Az. 3 U 48/06 n. v.
408 *BGH* Urt. v. 11.5.1971 – Az. VI ZR 78/70 – NJW 1971, 1883; *KG* Urt. v. 10.11.1997 – Az. 12 U 5774/96
– VersR 1999, 504.
409 *Deutsch* Rn. 913, 917.
410 *Schmidt* MDR 1971, 540.
411 *Deubner* JuS 1971, 622, 625, 626.
412 Staudinger/*Schiemann* § 249 Rn. 43, 46.
413 *BGH* Urt. v. 24.5.1988 – Az. VI ZR 159/87 – VersR 1988, 943; *OLG Düsseldorf* Urt. v. 9.5.1994 – Az. 1 U
87/93 – DAR 1995, 159.

h) Schlussfolgerungen

369 Was sich im Rahmen des **Haftungsgrundes** in Gestalt einer erweiterten Zurechnung auf den ersten Blick dramatisch anhören mag, wird im Rahmen der Höhe deutlich relativiert; denn der *BGH* lässt sowohl beim materiellen[414] als auch beim immateriellen Schaden[415] Abschläge aufgrund besonderer Schadensanfälligkeit zu. Hier kann der Geschädigte nur versuchen, im Falle der Vorschädigung (im Sinne einer Reaktionsdisposition ohne aktuelle Auffälligkeiten) entgegenzuhalten, dass vor dem Unfall Beschwerdefreiheit vorgelegen hat;[416] der Schädiger muss dann konkrete Anhaltspunkte dafür darlegen, dass Fehlentwicklungen vergleichbaren Ausmaßes auch ohne den Unfall aufgetreten wären.[417]

370 Dass sich die Rspr. bei der Zubilligung von Schmerzensgeld für einen Schockschaden schwer tut, ergibt sich aus den zuerkannten Beträgen. Selbst bei Tötungsdelikten, bei denen man jedenfalls bisher um einen Ansatz für die Genugtuungsfunktion nicht herumkommt, bewegt sich das Schmerzensgeld auf niedrigem Niveau.

371 Einer Mutter, die die Tötung ihrer 17 Jahre alten Tochter durch Messerstiche teilweise miterlebte, hat das *LG Heilbronn*[418] ein Schmerzensgeld i. H. v. 2 500 Euro zugesprochen, weil sie in erheblichem Ausmaß aus dem seelischen Gleichgewicht gebracht worden sei und erheblich länger und intensiver als üblich unter den Folgewirkungen gelitten habe.

372 Beim Eintritt einer schweren neurotischen Depression nach vorsätzlicher Tötung der Mutter wurde dem Sohn ein Schmerzensgeld von nur 3 000 Euro gewährt.[419]

373 Großzügiger war da schon das *LG Münster*, das in einem ähnlichen Fall der Mutter einer missbrauchten und anschließend ermordeten Tochter wegen eines Nervenschocks und weiter andauernder schwerer psychischer Beeinträchtigungen ein Schmerzensgeld von 10 000 Euro zugesprochen hat.

374 Das *OLG Nürnberg*[420] hält die Zurückhaltung der Rspr. bei der Höhe des Schmerzensgeldes für »wohlbegründet«, sie liege im wohlverstandenen Interesse der Betroffenen. Solche zynischen Bemerkungen in dem »einmaligen Fall« des gleichzeitigen Verlustes von drei Kindern haben in obergerichtlichen Urteilen nichts zu suchen.

375 Für die Höhe des Schmerzensgeldes genügt es nicht, auf die Tabellen von *Hacks* oder *Slizyk* zu verweisen, denn diese geben für ein angemessenes Schmerzensgeld nicht genügend her. Hier ist mit Phantasie des Opfers und des Anwalts zu arbeiten. Schwere und Ausmaß der erlittenen Beeinträchtigungen sind maßgebend, aber auch die Argumentation, dass der Umstand, dass der Verletzte nur mittelbar betroffen ist, nicht zu einer Kürzung des Schmerzensgeldes führen darf.

376 Zu der Frage, ob ein Angehörigenschmerzensgeld de lege lata möglich ist, ist vieles im Fluss. Der 6. Zivilsenat des *BGH* hat ein solches Angehörigenschmerzensgeld nicht über das allgemeine Persönlichkeitsrecht eingeführt. *Huber*[421] favorisiert unter Berufung auf *Kern*[422] die Lösung, dass die Rspr. zu Schockschäden gelockert wird und von einer pathologisch fassbaren Beeinträchtigung absieht.

---

414 *BGH* Urt. v. 11.11.1997 – Az. VI ZR 376/96 – NZV 1998, 65.
415 *BGH* Urt. v. 30.4.1996 – Az. VI ZR 55/95 – NZV 1996, 353 f.; *BGH* Urt. v. 5.11.1996 – Az. VI ZR 275/95 – VersR 1997, 122 f. = NJW 1997, 455 = NZV 1997, 69.
416 *BGH* Urt. v. 5.11.1996 – Az. VI ZR 275/95 – VersR 1997, 122 f. = NJW 1997, 455 = NZV 1997, 69; *OLG Hamm* Urt. v. 31.1.2000 – Az. 13 U 90/99 – OLGR 2000, 232.
417 *OLG Hamm* Urt. v. 20.6.2001 – Az. 13 U 136/99 – NZV 2002, 37.
418 *LG Heilbronn* Urt. v. 16.11.1993 – Az. 2 O 2499/92 – VersR 1994, 443.
419 *OLG Celle* OLGReport 1998, 125.
420 *OLG Nürnberg* Urt. v. 1.8.1995 – Az. 3 U 468/95 – DAR 1995, 447 = NZV 1996, 367 ff.
421 *Huber* NZV 1998, 345, 353.
422 *Kern* FS für Gitter S. 454.

▶ Anregung für die Rspr.: 377

Immer wieder war die Rede davon, dass die seelische Reaktion des nahen Angehörigen über das hinausgehen müsse, was normalerweise beim Tod eines nahen Angehörigen empfunden werde. Diese Forderung wird stereotyp wiederholt, nachgebetet; darüber nachgedacht hat vermutlich niemand.

i) Was hätte denn ein Betroffener ...

»normalerweise beim Tod des nahen Angehörigen empfunden«? 378

Z. B.:
– eine Mutter, deren kleines Kind von einem PKW erfasst und getötet wird,
– eine Ehefrau, deren Ehemann tödlich verunglückt,
– ein Ehemann, dessen Ehefrau tödlich verunglückt,
– ein Kind, dessen Vater/Mutter verunglückt oder ermordet wird?

Wer diese Frage stellt, kann darauf keine Antwort erwarten, denn 379
– normalerweise wären all diese Opfer zum Zeitpunkt des Unglücks nicht gestorben,
– normalerweise wären sie alt/älter geworden und
– normalerweise wären sie eines natürlichen Todes gestorben.
– Normalerweise hätten Kinder ihre Eltern überlebt und es wäre nicht zum Trauerfall gekommen.

Normalerweise wären die Angehörigen auch auf den Tod des nahen Angehörigen vorbereitet gewesen, denn ein plötzlicher Tod ist doch seltener als ein Tod im Alter oder nach (oft längerer) Krankheit. 380

Die Frage, was normalerweise beim Tod eines nahen Angehörigen empfunden wird, darf also normalerweise gar nicht gestellt werden, sie ist zynisch und muss die nahen Angehörigen zusätzlich kränken. 381

Jede seelische Reaktion nach dem Tod eines nahen Angehörigen stellt deshalb eine Gesundheitsverletzung dar, es sei denn, der Schädiger weist nach, dass ein naher Angehöriger den Tod des Opfers »emotionslos weggesteckt« hat.

Weil der Gesetzgeber nicht bereit ist, dieses heiße Eisen anzufassen, sollte die Rspr. das Problem behutsam aufgreifen und auf den Einzelfall bezogene angemessene Schmerzensgelder zuerkennen.

III. Leben und Tod

1. Tod

Bei einem Unfall kann der Tod »sofort« oder sehr schnell eintreten. Wird beispielsweise die Verbindung des Gehirns zum Körper getrennt oder reißen die Gefäße zum Herzen, tritt der Tod »sofort« ein, die Hirnströme erlöschen alsbald. 382

a) Kein Schmerzensgeld für Tod

Auch der neue § 253 BGB gewährt kein Schmerzensgeld für die Verletzung des Lebens, worin er sich mit § 847 BGB a. F. deckt. Anders als in § 823 Abs. 1 BGB wird in § 253 Abs. 2 BGB »das Leben« nicht genannt. Das ist richtig, denn derjenige, dem das Leben genommen wird, erleidet selbst keinen ersatzfähigen Schaden. Die Bestimmung des § 823 Abs. 1 BGB ist insoweit offenkundig unrichtig, als sie davon spricht, dass derjenige, der vorsätzlich oder fahrlässig das Leben eines anderen rechtswidrig verletzt, »dem anderen« zum Ersatz des daraus entstehenden Schadens verpflichtet ist.[423] 383

---

423 *V. Bar* Karlsruher Forum 2003 S. 11 Fn. 4.

384 Für den **Tod** und für die **Verkürzung des Lebens** sieht das Gesetz kein Schmerzensgeld und keine Entschädigung vor.[424] Die Bestimmung des § 253 Abs. 2 BGB nennt das Leben als Rechtsgut ebenfalls nicht, so dass der Eintritt des Todes keinen Schmerzensgeldanspruch begründet.[425] Eine Gesetzeslücke liegt nicht vor.

385 So hat das *OLG Karlsruhe*[426] (zum alten Recht) entschieden, dass die Erben einer Frau, die bei einer Bootsfahrt über Bord gegangen, dann gegen einen Dalben geschleudert und dabei verletzt worden war, keinen Anspruch auf Schmerzensgeld haben. Das Gericht war davon überzeugt, dass die Verletzte unmittelbar, nachdem sie über Bord geschleudert wurde, im Wasser verstorben ist.

386 Schon zuvor wurde in der Rspr. ein Schmerzensgeldanspruch verneint in den Fällen, in denen der Tod infolge der Verletzung sofort oder sehr schnell eintrat.[427]

b) Kein Schmerzensgeld für den Tod naher Angehöriger – Regelungsbedarf bei Unfalltod

387 *Schmid*[428] weist am Beispiel des Absturzes der Concorde am 25.7.2000 darauf hin, wie veraltet das deutsche Schadensersatzrecht ist:

Weil die Opfer dieses Flugzeugunglücks mehrheitlich in der sog. zweiten Lebenshälfte standen, d. h. von wenigen Ausnahmen abgesehen keine unterhaltsberechtigten Kinder hinterließen, wäre aus dem Blickwinkel deutschen Rechts nahezu kein Schaden auszugleichen gewesen. Und das ist zweifellos nicht befriedigend. Die Bevölkerung hat wenig Verständnis dafür gezeigt, dass Eltern, Kinder und Ehepartner die schreckliche seelische Leere, die bei ihnen der Verlust des Nächsten bewirkt hat, entschädigungslos hinzunehmen hatten.

388 Im Vergleichswege wurde die überwiegende Anzahl der Hinterbliebenen entschädigt, weil durch den vereinbarten Zielflughafen New York in den Verhandlungen ein sog. »American-risk-factor« ins Spiel gebracht, d. h. eine Haftungssumme erreicht werden konnte, die über den in Europa zu erreichenden Haftungsbeiträgen liegt.[429]

389 Dass ein Bedürfnis besteht, auch für den (Unfall-)Tod ein Schmerzensgeld zu zahlen, zeigt sich auch daran, dass die **Deutsche Bahn AG** den Erben der Opfer des ICE-Unglücks bei Eschede (unter Betonung der Freiwilligkeit der Leistung) bislang je 15 000 Euro gezahlt hat.[430] Die durchschnittliche Entschädigung lag bei 125 000 Euro und im Fall Brühl bei 50 000 Euro. Dagegen zahlte der EU-Staat Italien (mit Rechtsanspruch auf Kapital) je Opfer des Seilbahnunglückes von Cavalese 1,9 Mio Euro.[431]

---

424 *BGH* Urt. v. 12.5.1998 – Az. VI ZR 182/97 – MDR 1998, 1029 f. (mit Anm. *Jaeger*) = NZV 1998, 370 f. = VersR 1998, 1034 ff. = r+s 1998, 332 f.
425 *OLG Karlsruhe* Urt. v. 25.1.2000 – Az. U 5/99 BSch – OLGR 2000, 192 = VersR 2001, 1123 f.; *OLG München* Urt. v. 11.5.2000 – Az. 1 U 1564/00 – OLGR 2000, 352; *Deutsch/Ahrens* Rn. 483.
426 *OLG Karlsruhe* Urt. v. 25.1.2000 – Az. U 5/99 BSch – OLGR 2000, 192 = VersR 2001, 1123 f.
427 *OLG Düsseldorf* Urt. v. 15.11.1996 – Az. 14 U 25/96 – r+s 1997, 159 f.; *OLG Düsseldorf* Urt. v. 11.3.1996 – Az. 1 U 52/95 – zfs 1996, 253 f.; *OLG Koblenz* Urt. v. 22.11.2000 – Az. 1 U 1645/97 – OLGR 2001, 50 ff.; *OLG München* Urt. v. 11.5.2000 – Az. 1 U 1564/00 – OLGR 2000, 352; *LG Nürnberg-Fürth* Urt. v. 12.1.1994 – Az. 2 S 7142/93 – r+s 1994, 418 f.; *Deutsch/Ahrens* Rn. 483; *Heß* zfs 2001, 532 f.
428 *Schmid* VersR 2002, 26, 28.
429 *Schmid* VersR 2002, 26, 28; vgl. *Berger* VersR 1977, 877 ff., der darauf hinweist, dass die in Amerika gezahlten Schmerzensgeldbeträge Globalentschädigungen sind und dass Kosten der Rechtsverfolgung nicht erstattet werden. Angesichts der Tatsache, dass die Erfolgshonorare der Anwälte bis zu 50 % betragen und dass der gesamte materielle Schaden einschließlich Krankheitskosten, vermehrte Bedürfnisse, behindertengerecht umgestaltete Wohnung, Verdienstausfall und anderes abgegolten sind, relativieren sich die Unterschiede zwischen den in den USA und den in der Bundesrepublik gezahlten Schmerzensgeldern erheblich.
430 *Schmid* VersR 2002, 26, 28; *Mayenburg* VersR 2002, 278, 282.
431 *Nehls* zfs 2004, 193.

Auch ein europaweiter Vergleich zeigt, dass Deutschland den Anschluss an die **internationale Entwicklung**[432] verpasst hat, weil der Gesetzgeber im 2. Gesetz zur Änderung schadensersatzrechtlicher Vorschriften zum **Angehörigenschmerzensgeld** geschwiegen hat. Gelegentlich wurde erwogen, bei einer Neuregelung des Schmerzensgeldes einen Anspruch wegen des Verlustes eines Angehörigen zu gewähren.[433]   390

Der Gesetzgeber hat jedoch die Forderung nach der Schaffung einer eigenständigen Entschädigung für den Verlust naher Angehöriger nicht aufgegriffen. Ein besonderes Problem würde dabei auch die Definition der Anspruchsberechtigten darstellen, worauf unter anderem *Huber*[434] hingewiesen hat.   391

Zwar sind die **gesetzlichen Regelungen innerhalb Europas** keineswegs einheitlich[435] und es bestehen zahlreiche Besonderheiten im Einzelnen. Hinterbliebenenschmerzensgeld wird aber gewährt in der Schweiz, in Frankreich, in Belgien, in Spanien, in Italien, in Griechenland und in Großbritannien.[436] Aus dem Lager derjenigen, die das Angehörigenschmerzensgeld grundsätzlich ablehnen, sind mit Österreich und Schweden bereits zwei maßgebliche Vertreter zum Lager derjenigen gewechselt, die einen Ersatz für Trauerschaden anerkennen. Die Niederlande sollen folgen.[437]   392

Nach deutschem Recht wird auch künftig kein Schmerzensgeld für die Tötung eines Menschen geschuldet.[438] Der Ausschluss für Schmerzensgeld gilt aber nicht für den Fall, dass **der Verletzte noch eine (kurze) Zeit gelebt hat**[439] und (mittelbar) nicht, wenn ein naher **Angehöriger** infolge eines Schocks einen erheblichen Gesundheitsschaden erlitten hat.[440] Hinterbliebene haben nur dann einen Anspruch auf Schmerzensgeld, wenn durch den Verlust des Angehörigen bei dem Hinterbliebenen eine Beeinträchtigung mit Krankheitswert aufgetreten ist, nämlich eine Störung der Gesundheit i. S. d. § 847 BGB a. F., § 253 BGB   393

c) Ereignisschäden oder Schäden per se

Gar nicht erst erwogen worden ist offenbar auch, wenigstens im Bereich der Körper- und Gesundheitsschäden neben den Vermögens- und Nichtvermögensschäden noch eine dritte Schadenskategorie zu akzeptieren, nämlich die in einigen europäischen Rechtsordnungen lange schon anerkannten Ereignisschäden oder Schäden per se. Die führende Rechtsordnung ist insoweit die italienische. Sie hat den danno biologico, den »biologischen Schaden«, aus der Taufe gehoben. Sie operiert inzwischen noch mit weiteren Schadenskategorien, insbesondere dem danno esistenziale. Die Figur des biologischen Schadens beruht auf der Überzeugung, dass schon die Verletzung der körperlichen Integrität als solche, unabhängig von vermögensrechtlichen und immateriellen Folgeschäden, einen Schaden darstelle, der zusätzlich und unabhängig von den beiden anderen Schadensformen ersetzt werden müsse.   394

---

432 Vgl. aber *Scheffen* ZRP 1999, 189 f., die darlegt, im Vergleich mit anderen europäischen Staaten liege die Bundesrepublik Deutschland bei der Zubilligung von Schmerzensgeldern mit an führender Stelle.
433 *Müller* VersR 1995, 489, 494 m. w. N.; *Vorndran* ZRP 1988, 293 ff.; *Stürner* DAR 1986, 7, 11.
434 *Huber* NZV 1998, 345, 352.
435 *Backu* DAR 2001, 587 ff.; in Österreich sieht der *OGH Wien* Urt. v. 16.5.2001 – Az. 2 0 6 84/01 – NZV 2002, 26 f., zugunsten der trauernden Angehörigen den Anspruch auf Schmerzensgeld wegen ihrer seelischen Beeinträchtigungen auch ohne eigene Gesundheitsschädigung als begründet an, wenn der Schädiger vorsätzlich oder grob fahrlässig gehandelt hat.
436 *Ebbing* ZGS 2003, 223, 227.
437 Vgl. zu dieser Problematik grundlegend *Janssen* ZRP 2003, 156 ff.
438 *Müller* DRiZ 2003, 167 f.
439 *BGH* Urt. v. 12.5.1998 – Az. VI ZR 182/97 – MDR 1998, 1029 f. (mit Anm. *Jaeger*) = NZV 1998, 370 f. = VersR 1998, 1034 ff. = r+s 1998, 332 f. Diese Entscheidung und die dazu ergangenen Besprechungen von *Huber* NZV 1998, 345 ff.; *Jaeger* VersR 1996, 1177 ff. und *Jaeger* MDR 1998, 450 ff. dürften dazu beigetragen haben, die Grundlagen für die Schmerzensgeldbemessung dieser eigenständigen Fallgruppe zu klären und Bemessungskriterien herauszuarbeiten.
440 *Müller* VersR 2003, 1, 4 f. unter Hinweis auf die Rspr. des *BGH*; Palandt/ *Heinrichs* Vorb. § 249 Rn. 11 f.; *Nixdorf* NZV 1996, 89, 94; *Odersky* S. 19, 28.

395 Weil § 253 Abs. 2 BGB sich an § 847 BGB a. F. anlehnt, gibt es auch **keinen Ersatz immaterieller Schäden infolge einer Eigentumsverletzung**. Auch hierin unterscheidet sich das deutsche Recht von mehreren Rechtsordnungen der Europäischen Union.[441] Eine rechtspolitisch sinnvolle Regelung ist nicht einfach. Bei einem Tätigwerden des Gesetzgebers auf diesem Gebiet wird wohl zugleich eine **Regelung zum Nutzungsausfallrecht** getroffen werden müssen. In den Ländern, in denen in Fällen einer Sachbeschädigung ein Ausgleich immaterieller Unbill vorgesehen ist, ist dieser so gering, dass man sich fragen kann, ob sich ein Streit in dieser Frage überhaupt lohnt. Andererseits sollte aber wenigstens in den Fällen ein fühlbarer immaterieller Ausgleich gewährt werden, in denen der Schädiger den anderen durch vorsätzliche Eigentumsverletzung kränken wollte.[442]

2. Schmerzensgeld bei tödlichen Verletzungen

396 Anders ist die Rechtslage, wenn der Verletzte noch eine gewisse – wenn auch nur kurze – Zeit gelebt hat. Die Todesangst und/oder die Erkenntnis einer deutlich verkürzten Lebenserwartung können einen Schmerzensgeldanspruch begründen oder deutlich erhöhen.[443] Insofern ist mit den Rechtsgütern Körper und Gesundheit auch das durch beide repräsentierte Leben geschützt.[444]

397 Durch Gesetz vom 14.3.1990 – in Kraft seit dem 1.7.1990 – wurde die Regelung des § 847 Abs. 1 S. 2 BGB gestrichen. Nach dieser Bestimmung ging der Schmerzensgeldanspruch nur dann auf die **Erben** des Verletzten über, wenn er rechtshängig gemacht oder durch Vertrag anerkannt worden war.

398 Unberührt von der Gesetzesänderung ist dagegen die Kernaussage des § 847 BGB a. F., dass Schmerzensgeld für Körperverletzung und Gesundheitsbeschädigung zu leisten ist, nicht aber für Tod, weil der Verletzte die durch den Tod bewirkte Zerstörung der Persönlichkeit entschädigungslos hinzunehmen hat; Verletzungsfolge bei Tod des Verletzten ist nicht die Zerstörung der Persönlichkeit als Durchgangsstadium bis zum Tod, sondern der Tod.

399 Schon in der Vergangenheit wurde beim Eintritt des Todes innerhalb eines Monats nach einem Unfall ein Schmerzensgeld zwischen 400 Euro und 2 500 Euro gewährt.[445]

400 Die **Zahl der veröffentlichten Entscheidungen**, die sich mit der Zuerkennung von Schmerzensgeld bei tödlichen Verletzungen befassen, ist seit der grundlegenden Darstellung von *Jaeger* im Jahre 1996[446] und zur weiteren Entwicklung dieser Rspr. bis 1998[447] doch recht gering geblieben. Dabei fällt auf, dass ab 1996 Entscheidungen fehlen, in denen es um **Schmerzensgelder für längere Überlebenszeiten** geht. Es hat den Anschein, als ob die Versicherer diese Fälle auf der Basis früherer Entscheidungen erledigen und nicht daran interessiert sind, eine Rspr. mit »der Tendenz zu höherem Schmerzensgeld«[448] zuzulassen.

401 Es kommt hinzu, dass es nicht einmal bei Juristen – erst recht nicht bei Journalisten – zum Allgemeinwissen gehört, dass der Schmerzensgeldanspruch seit nunmehr fast zwei Jahrzehnten vererblich ist, so dass veröffentlichte Entscheidungen hier nur Begehrlichkeiten wecken können, wenn sie in juristischen Fachzeitschriften und/oder der Regenbogenpresse erscheinen.

---

441 *V. Bar* Gemeineuropäisches Deliktsrecht Bd. II Rn. 150–154.
442 *V. Bar* Karlsruher Forum 2003 S. 13 f.
443 *Huber* NZV 1998, 345, 353.
444 *Deutsch/Ahrens* Rn. 483.
445 *Lieberwirth* S. 73; *Henke* 1969 S. 17.
446 *Jaeger* VersR 1996, 1177 ff.
447 *Jaeger* MDR 1998, 450 ff.
448 Vgl. nur *OLG Köln* Urt. v. 3.3.1995 – Az. 19 U 126/94 – VersR 1995, 549 f.

B. Schmerzensgeld – Sonderfälle

Kapitel 19

a) Die Entscheidung des BGH zum Schmerzensgeld bei baldigem Tod

Die Entscheidung des *BGH* vom 12.5.1998 zum Schmerzensgeld bei baldigem Tod[449] und die dazu ergangenen Besprechungen[450] dürften dazu beigetragen haben, die Grundlagen für die Schmerzensgeldbemessung dieser eigenständigen Fallgruppe zu klären und Bemessungskriterien herauszuarbeiten. 402

Die Entscheidung beruht auf folgendem Sachverhalt: Die Eltern des Klägers verunglückten mit dem PKW. Der Vater erlitt u. a. ein Schädelhirntrauma ersten Grades. Er war unmittelbar nach dem Unfall bei Bewusstsein und ansprechbar, erhielt nach etwa 20 Minuten ein schmerzstillendes Medikament und wurde kurz darauf in ein künstliches Koma versetzt. Er starb neun Tage nach dem Unfall. Die Mutter des Klägers erlitt so schwere Verletzungen, dass sie bei durchgehender Empfindungslosigkeit etwa eine Stunde nach dem Unfall verstarb. 403

Das *OLG* bestätigte für den Vater ein Gesamtschmerzensgeld von 14 000 Euro und für die Mutter ein Schmerzensgeld i. H. v. 1 500 Euro. 404

Der *BGH* hat die auf Zahlung weiteren Schmerzensgeldes gerichtete Revision zurückgewiesen. 405

In den Leitsätzen der Entscheidung heißt es, dass die Bemessung des Schmerzensgeldes bei einer Körperverletzung, an deren Folgen der Verletzte alsbald verstirbt, eine Gesamtbetrachtung der immateriellen Beeinträchtigung unter besonderer Berücksichtigung von Art und Schwere der Verletzungen, des hierdurch bewirkten Leidens und dessen Wahrnehmung durch den Verletzten wie auch des Zeitraums zwischen Verletzung und Eintritt des Todes erfordert und dass ein Anspruch auf Schmerzensgeld zu verneinen sein kann, wenn die Körperverletzung nach den Umständen des Falles gegenüber dem alsbald eintretenden Tod keine abgrenzbare immaterielle Beeinträchtigung darstellt, die aus Billigkeitsgesichtspunkten einen Ausgleich in Geld erforderlich macht.

b) Tod nach zehn Tagen im Koma – Schmerzensgeld 14 000 Euro

Die erste Aussage betrifft den Tod des Vaters. Hierzu führt der *BGH* in den Gründen u. a. aus, dass maßgebend für die Höhe des Schmerzensgeldes nach wie vor die bekannten Kriterien der Entscheidung des Großen Zivilsenats des *BGH*[451] sind, nämlich im Wesentlichen 406
– die Schwere der Verletzungen,
– das durch diese bedingte Leiden,
– dessen Dauer,
– das Ausmaß der Wahrnehmung der Beeinträchtigung durch den Verletzten und
– der Grad des Verschuldens des Schädigers.

Der Umstand, dass die Verletzungen so schwer waren, dass der Verletzte nur kurze Zeit überlebt hat, sei selbst dann schmerzensgeldmindernd zu berücksichtigen, wenn der Tod gerade durch das Schadensereignis verursacht worden sei.[452] Eine abweichende Betrachtungsweise sei nicht gerechtfertigt, falls sich der Verletzte bis zu seinem Tode durchgehend oder überwiegend in einem Zustand der Empfindungsunfähigkeit oder Bewusstlosigkeit befunden habe. Die fehlende Empfindungsfähigkeit des Vaters des Klägers sei die Folge des künstlichen Komas als einer Heilmaßnahme, die mit einer Zerstörung der Persönlichkeit nichts zu tun habe. 407

Mit Rücksicht darauf, dass nach der ständigen Rechsprechung des *BGH* keine gesonderten Schmerzensgeldbeträge für die unterschiedlichen Bewusstseinsphasen des Verletzten angesetzt werden dür- 408

---

449 *BGH* Urt. v. 12.5.1998 – Az. VI ZR 182/97 – MDR 1998, 1029 f. (mit Anm. *Jaeger*) = NZV 1998, 370 f. = VersR 1998, 1034 ff. = r+s 1998, 332 ff.
450 *Huber* NZV 1998, 345 ff.; *Jaeger* MDR 1998, 450 ff.
451 *BGH* Beschl. v. 6.7.1955 – GSZ 1/55 – VersR 1955, 615 ff. = NJW 1955, 1675 ff. = BGHZ 18, 149 ff.
452 *BGH* Urt. v. 12.5.1998 – Az. VI ZR 182/97 – MDR 1998, 1029 f. (mit Anm. *Jaeger*) = NZV 1998, 370 f. = VersR 1998, 1034 ff. = r+s 1998, 332 f.; *BGH* Urt. v. 16.12.1975 – Az. VI ZR 175/74 – MDR 1976, 752 = VersR 1976, 660, 662 m. w. N.

fen, vielmehr die Leidenszeit einer Gesamtbetrachtung zu unterziehen und auf dieser Grundlage eine einheitliche Entschädigung für das sich insgesamt darbietende Schadensbild festzusetzen ist, darf die Zeit, in der sich der Vater des Klägers im künstlichen Koma befand, nicht nur symbolisch in die Bemessung des Schmerzensgeldes einbezogen werden. Auch diese Zeit ist bei der Bemessung des Schmerzensgeldes berücksichtigt worden, führte aber nicht zur Zuerkennung eines höheren Schmerzensgeldes als 14 000 Euro.

c) Tod nach einer Stunde – Schmerzensgeld nicht mehr als 1 500 Euro

409 Zu der zweiten Aussage des *BGH*, die den Tod der Mutter betrifft, ist in den Gründen u. a. ausgeführt, dass die Zubilligung eines Schmerzensgeldes nicht stets voraussetze, dass der Geschädigte die ihm zugefügten Verletzungen empfunden habe. Vielmehr könne nach den Grundsätzen des Senatsurteils vom 13.10.1992[453] in den Fällen schwerster Schädigung eine ausgleichspflichtige immaterielle Beeinträchtigung gerade darin liegen, dass die Persönlichkeit ganz oder weitgehend zerstört und hiervon auch die Empfindungsfähigkeit des Verletzten betroffen sei.

410 Der Fall hat aber mit den Fällen, in denen die immaterielle Beeinträchtigung gerade darin besteht, dass der Geschädigte mit ihr weiterleben muss, nichts zu tun. Hier geht es nämlich darum, ob der das Bewusstsein des Verletzten auslöschenden Körperverletzung gegenüber dem alsbald und ohne zwischenzeitliche Wiedererlangung der Wahrnehmungsfähigkeit eintretenden Tod überhaupt noch die Bedeutung einer abgrenzbaren immateriellen Beeinträchtigung zukommt. Dies ist jedoch nach Ansicht des *BGH* für einen Anspruch auf Schmerzensgeld vorauszusetzen, weil § 847 BGB a. F. weder für den Tod noch für die Verkürzung der Lebenserwartung (wohl aber für die Erkenntnis, dass der Tod bald eintreten wird und/oder dass die Lebenserwartung verkürzt ist) eine Entschädigung vorsieht.

411 Es kommt deshalb darauf an, ob die Körperverletzung gegenüber dem nachfolgenden Tod eine immaterielle Beeinträchtigung darstellt, die nach Billigkeitsgrundsätzen einen Ausgleich in Geld erforderlich macht. Das kann ebenso wie in Fällen, in denen die Verletzung sofort zum Tode führt, selbst bei schwersten Verletzungen dann zu verneinen sein, wenn diese **bei durchgehender Empfindungslosigkeit** des Geschädigten **alsbald den Tod zur Folge** haben, und der Tod nach den konkreten Umständen des Falles, insbesondere wegen der Kürze der Zeit zwischen Verletzung und Tod sowie nach dem Ablauf des Sterbevorgangs derart **im Vordergrund steht**, dass eine immaterielle Beeinträchtigung durch die Körperverletzung als solche nicht fassbar ist und folglich auch die Billigkeit keinen Ausgleich in Geld gebietet.

412 Der *BGH* hat damit – wenn auch nicht abschließend – erkennen lassen, dass eine Überlebenszeit von einer Stunde eher dem Sterbevorgang zuzurechnen sein dürfte mit der Folge, dass eine immaterielle Beeinträchtigung durch die Körperverletzung als solche nicht fassbar ist und folglich auch die Billigkeit keinen Ausgleich in Geld gebietet.

413 Nur in Fällen, in denen der Verletzte noch eine gewisse Zeit gelebt hat, kann ein Schmerzensgeldanspruch entstehen.[454]

414 ▶ Hinweis:

Kläger waren die Erben der tödlich verunglückten Eltern. Diese hatten Revision eingelegt mit dem Ziel, ein höheres Schmerzensgeld zu erhalten. Der *BGH* war nur berufen, über eine Erhöhung des Schmerzensgeldes zu entscheiden. Es stand ihm nicht zu, das Schmerzensgeld herabzusetzen.

In der Begründung der Entscheidung macht der *BGH* allerdings deutlich, dass er den Betrag von 14 000 Euro als zu hoch ansieht und dass er der Mutter des Klägers kein Schmerzensgeld zugebil-

---

453 BGH Urt. v. 13.10.1992 – Az. VI ZR 201/91 – BGHZ 120, 1, 8 f. = MDR 1993, 123 f.
454 *Wussow/Kürschner* Tz. 18336.

ligt hätte. Beides hätte er allerdings auch bei einer Revision der Beklagten auf der Grundlage seiner bisherigen Rspr. kaum ändern können, weil die Bemessung des Schmerzensgeldes Aufgabe des Tatrichters ist. Nur in Ausnahmefällen, wenn der Tatrichter »daneben« gegriffen hat, kann der *BGH* korrigieren.

Deshalb sind *BGH*-Entscheidungen immer unter diesem Gesichtspunkt zu lesen und auszuwerten. Die Tatsache, dass der *BGH* ein zuerkanntes Schmerzensgeld »bestätigt« hat, bedeutet nicht, dass es der Höhe nach »richtig« ist. 415

d) Dauer des Sterbevorgangs – Sekundentod

Ist diese Entscheidung des *BGH* nun das »letzte Wort«? Dauert der Sterbevorgang eine Stunde? Oder gibt es gar den »Sekundentod«[455] mit der Folge, dass auch für ganz kurze Zeiträume des Überlebens bis zum Tod ein Schmerzensgeld zu zahlen ist? 416

Die bisherige Rspr. bietet dazu u. a. folgende Entscheidungen an: 417
– Unmittelbar eintretender Tod – kein Schmerzensgeld[456]
– Überlebenszeit sieben Minuten – Schmerzensgeld 1 000 Euro[457]
– Überlebenszeit 3$^{1}/_{2}$ Stunden – Schmerzensgeld – Betrag wird nicht genannt[458]
– Überlebenszeit ein Tag – Schmerzensgeld 5 000 Euro[459]
– Überlebenszeit fünf Tage bzw. acht Tage im Koma – Schmerzensgeld 5 000 Euro[460]
– Überlebenszeit 32 Tage – Schmerzensgeld 15 000 Euro[461]
– fünf Wochen Koma – Schmerzensgeld 67 500 Euro.[462]

Übersicht: Schmerzensgeld bei baldigem Tod 418

– *Unmittelbar eintretender Tod – kein Schmerzensgeld* 419
 Das *OLG Karlsruhe*[463] nimmt unter Hinweis auf eine Entscheidung eines anderen Senats des *OLG Karlsruhe*[464] die Abgrenzung danach vor, ob die Körperverletzung nach den Umständen

---

455 *Lemcke* Anm. zu *OLG Düsseldorf* Urt. v. 11.3.1996 – Az. 1 U 52/95 – r+s 1996, 228, 230, führt dazu aus, dass jeder bei einem Unfall Getötete zwischenzeitlich, mindestens eine juristische Sekunde, ein »Verletzter« ist. Mit einer Tötung konkurriert deshalb auch immer eine Körperverletzung, die jedoch hinter jener als subsidiär zurücktritt, weil und soweit ihr Unrechtsgehalt in dem der Tötung bereits mitenthalten ist; so auch Schönke/Schröder/*Eser* § 212 Rn. 18; für den Regelfall so auch Tröndle/*Fischer* § 211 Rn. 50; *Schmitt* JZ 1962, 389. Würde man in jedem Fall der Tötung für die vorangegangene Körperverletzung einen Schmerzensgeldanspruch zubilligen, wäre das mit dem Willen des Gesetzgebers nicht vereinbar, wie sich aus der unterschiedlichen Fassung der §§ 823 und 847 a. F. BGB ergibt. Stirbt der Verletzte sofort, ist Verletzung und Tod ein einheitlicher Vorgang, wobei der Tod im Vordergrund steht. *Huber* NZV 1998, 345, 348.
456 *OLG Karlsruhe* Urt. v. 25.1.2000 – Az. U 5/99 BSch – VersR 2001, 1123 f. = OLGR 2000, 192.
457 *OLG Rostock* Beschl. v. 23.4.1999 – Az. 1 W 86/98 – OLGR 2000, 67 ff.
458 *OLG Hamburg* Urt. v. 8.12.1998 – Az. 9 U 111/98 – OLGR 1999, 206 ff. – der Betrag wird nicht genannt.
459 *KG Berlin* 20.11.1998 – Az. 25 U 8244/97 – VersR 2000, 734 ff. = NJW-RR 2000, 242 ff.
460 *OLG Köln* Urt. v. 28.4.1999 – Az. 5 U 15/99 – OLGR 2000, 256 ff. = VersR 2000, 974 ff. und *OLG Schleswig* Urt. v. 14.5.1998 – Az. 7 U 87/96 – OLGR 1999, 46 f. = VersR 1999, 632 = NJW-RR 1998, 1404 f.
461 Vgl. ferner: *OLG Düsseldorf* Urt. v. 11.3.1996 – Az. 1 U 52/95 – OLGR 1996, 170 ff. = MDR 1996, 915 f. = NJW 1997, 806 f.: 750 Euro bei einer Überlebenszeit von drei Stunden; *KG Berlin* Urt. v. 25.4.1994 – Az. 22 U 2282/93 – NJW-RR 1995, 91 f.: 2 400 Euro bei Überlebenszeit von einem Tag. Dabei spielt das Wissen um das bevorstehende Ende ebenso wie die Furcht des Verletzten vor dem Tod eine für die Bemessung des Schmerzensgeldes bedeutsame Rolle, vgl. Staudinger/*Schäfer* BGB, § 847 Rn. 80. Ebenso MüKo/*Stein* BGB, § 847 Rn. 8 und 31, der zusätzlich die Verkürzung der Lebensaussichten bei der Bemessung des Schmerzensgeldes berücksichtigt wissen will.
462 *OLG Düsseldorf* Urt. v. 24.4.1997 – Az. 8 U 173/96 – OLGR 1998, 31.
463 *OLG Karlsruhe* Urt. v. 25.1.2000 – Az. U 5/99 BSch – VersR 2001, 1123 f. = OLGR 2000, 192.
464 *OLG Karlsruhe* Urt. v. 12.9.1997 – 10 U 121/97 – OLGR 1997, 20 ff. = r+s 1998, 375 ff.

des Falles gegenüber dem alsbald eintretenden Tod eine abgrenzbare immaterielle Beeinträchtigung darstellt, die aus Billigkeitsgesichtspunkten einen Ausgleich in Geld erforderlich macht. Es hat einen Schmerzensgeldanspruch verneint, weil die Mutter der Kläger, unmittelbar nachdem sie von Bord einer Motoryacht gegen einen Dalben geschleudert wurde und dabei Verletzungen erlitten hatte, im Wasser verstarb.

420 – Überlebenszeit sieben Minuten – Schmerzensgeld 1 000 Euro
Das *OLG Rostock*[465] hält im Rahmen einer PKH-Entscheidung die Verletzung, die nach sieben Minuten zum Tode führt, für entschädigungspflichtig, wenn auch »nur« mit einem Betrag von 1 000 Euro. Die Entscheidung des *BGH*[466] (Tod der Eltern, Mutter nach einer Stunde, Vater nach neun Tagen) wird dabei nicht angesprochen. Eine Zeitspanne von sieben Minuten muss wohl dem Sterbevorgang zugerechnet werden, denn dieser dauert immer eine gewisse Zeit.[467]

421 – Überlebenszeit 3½ Stunden – Schmerzensgeld
Wie lange der Sterbevorgang wirklich dauert, kann wohl kaum generell beantwortet werden. Eine Überlebenszeit von 3½ Stunden dürfte aber nicht alleine dem Sterbevorgang zugerechnet werden können. Dementsprechend hat das *OLG Hamburg*[468] ein Schmerzensgeld zuerkannt.

422 – Überlebenszeit ein Tag – Schmerzensgeld 5 000 Euro
Ein Schüler, Nichtschwimmer, wurde bewusstlos auf dem Boden eines Schwimmbades gefunden. Er starb am nächsten Tag.[469]

423 – Überlebenszeit fünf Tage bzw. acht Tage im Koma – Schmerzensgeld 5 000 Euro
Für fünf Tage und für acht Tage Koma ist ein Schmerzensgeld i. H. v. jeweils 5 000 Euro zuerkannt worden.[470] Das *OLG Köln*, Arzthaftungssenat, hat zur Bemessung des Schmerzensgeldes darauf hingewiesen, dass nach der jüngeren Rspr. bei schwerster Beeinträchtigung gerade für die weitgehende Zerstörung der Persönlichkeit des Patienten ein Schmerzensgeld zu leisten ist; es wäre vom Ergebnis her in höchstem Maße unbefriedigend, einen Anspruch auf Zahlung eines Schmerzensgeldes zu versagen, weil der Verletzte so schwer verletzt ist, dass er den Verfall seiner Persönlichkeit nicht mehr bewusst wahrnehmen kann. Zusätzlich hat das *OLG Köln* berücksichtigt, dass nicht ausgeschlossen werden konnte, dass der Patient trotz seines Zustandes gelitten hat, und im Rahmen der Genugtuungsfunktion, dass das beklagte Krankenhaus versucht hatte, die wahre Todesursache zu verschleiern.

424 – Überlebenszeit 32 Tage – Schmerzensgeld 15 000 Euro
In Kenntnis der *BGH*-Entscheidung[471] und unter Berufung auf *Jaeger*[472] hält das *OLG Hamm*[473] ein Schmerzensgeld i. H. v. 15 000 Euro für einen Verletzten für angemessen, der 32 Tage nach dem Unfall verstarb. Die Besonderheit des Falles lag darin, dass das schwer verletzte Unfallopfer 32 Tage auf der Intensivstation verbringen musste und während dieser Zeit ansprechbar und über

---

465 *OLG Rostock* Beschl. v. 23.4.1999 – 1 W 86/98 – OLGR 2000, 67 ff.
466 *BGH* Urt. v. 12.5.1998 – Az. VI ZR 182/97 – MDR 1998, 1029 f. (mit Anm. *Jaeger*) = NZV 1998, 370 f. = VersR 1998, 1034 ff. = r+s 1998, 332 f.
467 *OLG Düsseldorf* Urt. v. 11.3.1995 – Az. 1 U 52/95 – r+s 1996, 228 ff.
468 *OLG Hamburg* Urt. v. 8.12.1998 – Az. 9 U 111/98 – OLGR 1999, 206 ff.
469 *KG Berlin* Urt. v. 20.11.1998 – Az. 25 U 8244/97 – VersR 2000, 734 ff. = NJW-RR 2000, 242 ff.
470 *OLG Köln* Urt. v. 28.4.1999 – Az. 5 U 15/99 – OLGR 2000, 256 ff. = VersR 2000, 974 ff. und *OLG Schleswig* Urt. v. 14.5.1998 – Az. 7 U 87/96 – OLGR 1999, 46 f. = VersR 1999, 632 = NJW-RR 1998, 1404 f.
471 *BGH* Urt. v. 12.5.1998 – Az. VI ZR 182/97 – MDR 1998, 1029 f. (mit Anm. *Jaeger*) = NZV 1998, 370 f. = VersR 1998, 1034 ff. = r+s 1998, 332 f.
472 *Jaeger* VersR 1996, 1177, 1180.
473 *OLG Hamm* Urt. v. 20.3.2000 – Az. 6 U 184/99 – OLGR 2000, 226 f. = r+s 2000, 458 f. = MDR 2000, 1190 f.

seinen Zustand orientiert war.[474] Ein anderer Senat des *OLG Hamm*[475] hat den Betrag von 15 000 Euro bei Tod nach Organversagen acht Tage nach dem Unfall zuerkannt, dessen Opfer zumindest phasenweise Schmerzempfindungen hatte.

– **5 Wochen Koma – Schmerzensgeld 67 500 Euro** 425

hielt das *OLG Düsseldorf*[476] für einen 5½ Jahre alten Jungen für ausreichend, der infolge eines ärztlichen Behandlungsfehlers nach einer Injektion das Bewusstsein verlor und ins Koma fiel. Der Haftpflichtversicherer zahlte vorprozessual diesen Betrag von 67 500 Euro. Die Klage der Eltern auf Zahlung eines weiteren Schmerzensgeldes i. H. v. mindestens 57 500 Euro wurde abgewiesen, das Gericht wies nicht darauf hin, dass das freiwillig gezahlte Schmerzensgeld weit über dem angemessenen und üblichen Betrag lag.

e) Bemessungskriterien für Schmerzensgeld bei baldigem Tod

Es stellt sich die Frage, welche Bemessungskriterien für die Höhe des Schmerzensgeldes in den Fällen 426 des baldigen Todes des Verletzten heranzuziehen sind. Erneut hat der *BGH*[477] formelhaft herausgestellt, dass für die Höhe des Schmerzensgeldes im Wesentlichen maßgebend sind:
– Schwere der Verletzungen,
– Leiden (Schmerzen) und deren Dauer,
– das Ausmaß der Wahrnehmung der Beeinträchtigung durch den Verletzten und
– das Verschulden des Schädigers.

▶ **Übersicht:** 427

Anwendung der Bemessungskriterien bei baldigem Tod des Verletzten nach einem Verkehrsunfall

– Schwere der Verletzungen: Verletzungen, die alsbald, sei es in Minuten, Stunden oder Tagen zum Tode führen, sind wohl immer sehr schwer und dürften kaum unterschiedlich zu gewichten sein.[478]
– Die durch die Verletzungen bedingten Schmerzen sind i. d. R. zu vernachlässigen, weil die schwer Verletzten entweder sofort sediert werden oder nach sehr kurzer Zeit bewusstlos sind oder in ein künstliches Koma versetzt werden.[479]
– Ausschlaggebend ist bisher für die Höhe des Schmerzensgeldes die Dauer der Schmerzen und des Leidens. Die Schmerzensgeld-Beträge liegen danach für fünf oder acht Tage Koma bei 5 000 Euro und für neun Tage Koma bei 14 000 Euro (ein Betrag, den der *BGH* für zu hoch ansieht).

---

474 Vgl. ferner: *OLG Düsseldorf* Urt. v. 11.3.1996 – Az. 1 U 52/95 – OLGR 1996, 170 ff. = MDR 1996, 915 f. = NJW 1997, 806 f.: 750 Euro bei einer Überlebenszeit von drei Stunden; *KG Berlin* Urt. v. 25.4.1994 – Az. 22 U 2282/93 – KGR 1994, 126 = NJW-RR 1995, 91 f.: 2 400 Euro bei Überlebenszeit von einem Tag. Dabei spielt das Wissen um das bevorstehende Ende ebenso wie die Furcht des Verletzten vor dem Tod eine für die Bemessung des Schmerzensgeldes bedeutsame Rolle, vgl. Staudinger/*Schäfer* § 847 Rn. 80. Ebenso MüKo/*Stein* § 847 Rn. 8 und 31, der zusätzlich die Verkürzung der Lebensaussichten bei der Bemessung des Schmerzensgeldes berücksichtigt wissen will.
475 *OLG Hamm* Urt. v. 9.8.2000 – Az. 13 U 58/00 – SP 2001, 268 f.
476 *OLG Düsseldorf* Urt. v. 24.4.1997 – Az. 8 U 173/96 – OLGR 1998, 31.
477 *BGH* Urt. v. 12.5.1998 – Az. VI ZR 182/97 – VersR 1998, 1034 ff. und schon in der Entscheidung des großen Zivilsenats, Urt. v. 6.7.1955 – GSZ 1/55 – VersR 1955, 615 ff. = NJW 1955, 1675 ff. = BGHZ 18, 149 ff.
478 *BGH* Urt. v. 12.5.1998 – Az. VI ZR 182/97 – VersR 1998, 1034.
479 *BGH* Urt. v. 12.5.1998 – Az. VI ZR 182/97 – VersR 1998, 1034, nach 20 Minuten Schmerzstillung, 15 Minuten später künstliches Koma; *OLG Rostock* Urt. v. 23.4.1999 – Az. 1 W 86/98 – OLGR 2000, 67 ff., Tod nach sieben Minuten.

- Dagegen kann der Verletzte – auch ohne Schmerzen – erheblich leiden, wenn er (sediert) bei Bewusstsein ist und über seinen Zustand, insbesondere den baldigen Tod, informiert wurde. Dieses Leid(en) muss in die Schmerzensgeldbemessung einfließen.
- Ob und in welchem Umfang die **Wahrnehmung der Beeinträchtigung durch den Verletzten**, sein Leiden die Höhe des Schmerzensgeldes beeinflussen, ist nach der Entscheidung des *BGH*[480] (Tod der Eltern, s. o.) völlig offen.

428 Obwohl er die Wahrnehmung als maßgebend für die Höhe des Schmerzensgeldes bezeichnet, führt er später aus, es dürften keine gesonderten Schmerzensgeldbeträge für die unterschiedlichen Bewusstseinsphasen des Verletzten angesetzt werden, vielmehr sei die Leidenszeit einer Gesamtbetrachtung zu unterziehen und auf dieser Grundlage eine einheitliche Entschädigung für das sich insgesamt anbietende Schadensbild festzusetzen. In diesem Fall war die fehlende Wahrnehmung des Verletzten nicht unmittelbare Unfallfolge, sondern beruhte darauf, dass der Verletzte durch die behandelnden Ärzte in ein »künstliches Koma« versetzt worden war. Es erscheint selbstverständlich, dass dies dem Schädiger nicht zugute kommen darf, zumal das Koma, in das der Verletzte versetzt wurde, eine »Heilmaßnahme« war und nicht auf der Zerstörung seiner Persönlichkeit beruhte. Richtig ist auch, dass das Schmerzensgeld in jeder Entscheidung nur für den zu beurteilenden Sachverhalt ermittelt werden kann und nicht etwa Beträge »mit« und »ohne« Koma vorgerechnet werden dürfen. Dennoch müssen die Wahrnehmung der Schmerzen und die Situation des bevorstehenden Todes durch den Verletzten sich in der Höhe des Schmerzensgeldes widerspiegeln.

429 So ist denn auch die Entscheidung des *OLG Hamm*[481] zu verstehen, die sich ausdrücklich auf die zuvor genannte Entscheidung des *BGH* beruft und bei der Bemessung des Schmerzensgeldes hervorhebt, dass der Verletzte bis zu seinem Tod ansprechbar und über seinen Zustand orientiert war. Abgesehen davon, dass seine Leidenszeit mehr als drei Mal solange dauerte wie im Fall des *BGH* und ca. fünf bis sieben Mal solange wie in den Fällen *OLG Köln*[482] und *OLG Schleswig*,[483] ist der Betrag von 15 000 Euro unter Berücksichtigung des Kriteriums der Wahrnehmung angemessen.[484]

430 Das *OLG München*[485] betont, dass es nicht darauf ankommen dürfe, dass der Verletzte nur noch wenige Wochen gelebt habe. Es will der Rspr. des *BGH* entnehmen, dass die Verkürzung der Lebenszeit dem Schädiger nicht zugute kommen dürfe. Zur Begründung führt das *OLG München* aus, wenn es dem Verletzten noch vor seinem Tode gelänge, selbst auf Schmerzensgeld zu klagen, könne ihm grundsätzlich nicht entgegengehalten werden, dass er nur noch kurze Zeit zu leben habe und deshalb nur ein besonders niedriges Schmerzensgeld zu beanspruchen habe. Dieser Ansatz ist falsch; selbstverständlich bemisst sich die Bemessung des Schmerzensgeldes immer auch danach, wie lange der Verletzte zu leiden haben wird. Das Alter des Verletzten – und damit seine Lebenserwartung – spielt bei der Bemessung des Schmerzensgeldes eine besondere Rolle.

431 Verschulden des Schädigers: Nur vereinzelt wird in den Entscheidungen ein besonders schweres Verschulden des Schädigers erwähnt. I. d. R. werden Verkehrsunfälle im Straßenverkehr fahrlässig herbeigeführt, grobes Verschulden – etwa Trunkenheit – ist in den entschiedenen Fällen eher die Ausnahme.

---

480 *BGH* Urt. v. 12.5.1998 – Az. VI ZR 182/97 – VersR 1998, 1034.
481 *OLG Hamm* Urt. v. 20.3.2000 – Az. 6 U 184/99 – OLGR 2000, 226.
482 *OLG Köln* Urt. v. 28.4.1999 – Az. 5 U 15/99 – OLGR 2000, 256 = r+s 2000, 457.
483 *OLG Schleswig* Urt. v. 14.5.1998 – Az. 7 U 87/96 – VersR 1999, 632 = NJW-RR 1998, 1404.
484 Vgl. dazu *OLG Karlsruhe* Urt. v. 25.1.2000 – Az. U 5/99 BSch – OLGR 2000, 192.
485 *OLG München* Beschl. v. 4.10.1995 – Az. 24 U 265/95 – zfs 1996, 370.

B. Schmerzensgeld – Sonderfälle   Kapitel 19

f) Auswertung der Rechtsprechung zur Höhe des Schmerzensgeldes

Übersicht: Schmerzensgeld bei Bewusstlosigkeit – Tabelle[486]   432

Jahr der Entscheidung und Fundstelle	Art der Verletzung	zuerkanntes Schmerzensgeld in Euro
1977: OLG Schleswig Urt. v. 26.4.1977 – Az. 9 U 92/75 – VersR 1978, 353	Tod nach 6 Wochen Bewusstlosigkeit	2 500
1978: OLG Koblenz Urt. v. 16.10.1978 – Az. 12 U 2/77 – VersR 1979, 873	Tod eines 18 Jahre alten Mädchens nach 3 Monaten, Schädelhirntrauma	10 000
1980: LG Saarbrücken Urt. v. 12.2.1980 – Az. 3 O 417/79 – zfs 1980, 330	Tod einer jungen Frau nach 18 Tagen nach schwerem Schädelhirntrauma	2 500
1980: LG München II Urt. v. 28.5.1980 – Az. 4 O 3770/79 – VersR 1981, 69	Tod nach 12 Tagen ohne Bewusstsein	5 000
1981: LG Kaiserslautern Urt. v. 27.5.1981 – Az. 4 O 5/81 – zfs 1982, 261	Tod nach 11 Tagen ohne Bewusstsein	10 000
1981: BGH Urt. v. 3.1.1981 – Az. VI ZR 180/79 – BGHZ 80, 8	Tod eines Schwerstverletzten nach Verkehrsunfall	1 750
1984: OLG Koblenz Urt. v. 22.10.1984 – Az. 12 U 290/84 – VRS (1984) 67, 409	Tod eines 17 Jahre alten Jungen nach Hirnverletzung mit 19 Tage dauernder Bewusstlosigkeit, kein erhebliches Verschulden des Schädigers	2 500
1985: LG Saarbrücken Urt. v. 25.10.1985 – Az. 10 O 379/84 n. v.	Tod eines jungen Mannes nach 3 Wochen bei dauernder Bewusstlosigkeit	5 000
1987: OLG Schleswig Urt. v. 22.10.1987 – Az. 5 U 88/86 – VersR 1988, 523	Tod nach 16 Tagen ohne Bewusstsein	3 750
1988: OLG Hamm Urt. v. 19.4.1988 – Az. 27 U 279/87 – NJW-RR 1988, 1301	Tod einer Frau nach 3 Tagen an den Folgen einer Schädel- und Hirnverletzung	2 500
1989: LG Aachen Urt. v. 3.8.1989 – Az. 2 O 97/89 – r+s 1990, 121	Tod nach 11 Tagen, Schädelhirntrauma, $1/3$ Mitverschulden	bei Vollhaftung rechnerisch 6 000
1993: AG Aurich Urt. v. 18.5.1993 – Az. 12 C 45/93 – SP 1993, 315	Tod eines Mädchens durch Ertrinken in einem PKW bei Bewusstlosigkeit	500[487]
1993: LG Heilbronn Urt. v. 16.11.1993 – Az. 2 O 2499/92 – VersR 1994, 443	Tod wenige Minuten nach einem Herzstich	5 000
1994: KG Urt. v. 25.4.1994 – Az. 22 U 2282/93 – NJW-RR 1995, 91	Kurzzeitiges Überleben nach einem Verkehrsunfall bei Bewusstlosigkeit bei $1/4$ Mitverschulden	2 400, bei Vollhaftung: 3 200
1994: OLG Stuttgart Urt. v. 2.5.1994 – Az. 20 U 69/94 – VersR 1994, 736 = NJW 1994, 3016	Tod nach 3 1/2 Stunden	1 250

---

486 Die Tabelle enthält auch ältere Entscheidungen, so dass die Entwicklung zur Höhe des Schmerzensgeldes deutlich wird.
487 Beim Tod durch Ertrinken handelt es sich möglicherweise um den eigentlichen Sterbevorgang, aber wäre das Kind doch noch in letzter Sekunde gerettet worden, hätte es für die erlittenen Qualen ebenfalls ein Schmerzensgeld bekommen.

Jahr der Entscheidung und Fundstelle	Art der Verletzung	zuerkanntes Schmerzensgeld in Euro
1997: *OLG Karlsruhe* Urt. v. 12.9.1997 – Az. 10 U 121/97 – OLGR 1997, 20	Überlebenszeit für einen bewusstlosen Mann von 10 Minuten	Jedenfalls nicht mehr als 1 500
1997: *OLG Hamm* Urt. v. 21.1.1997 – Az. 9 U 161/96 – NZV 1997, 233	Tod nach 1 Stunde Bewusstlosigkeit, Mitverschulden 50 %.	1 250
1998: *BGH* Urt. v. 12.5.1998 – Az. VI ZR 182/97 – VersR 1998, 1034	Tod nach einer Stunde Bewusstlosigkeit	1 500
1998: *LG Gera* Urt. v. 29.5.1998 – Az. 6 O 303/97 – NZV 1999, 473	Tod nach 12 Tagen (2 Tage bei Bewusstsein)	3 500
1998: *OLG Schleswig* Urt. v. 14.5.1998 – Az. 7 U 87/96 – VersR 1999, 632 = NJW-RR 1998, 1404	Tod nach 7 Tagen ohne Bewusstsein	5 000
1999: *OLG Braunschweig* Urt. v. 27.5.1999 – Az. 8 U 45/99 – DAR 1999, 404	Tod nach 23 Tagen nach einem Verkehrsunfall im künstlichen Koma	10 000
1999: *AG Spandau* Urt. v. 15.4.1999 – Az. 9 C 613/98 – SP 2000, 87	Tod nach Körperverletzung und 4 Tagen Koma	2 500
2002: *OLG Bremen* Urt. v. 26.3.2002 – Az. 3 U 84/01 – VersR 2003, 779	Tod 3 Tage nach der Geburt infolge eines ärztlichen Behandlungsfehlers	5 112,92

433 Bei einer anderen Gruppe von Entscheidungen fällt auf, dass Schmerzensgelder von mindestens 5 000 Euro – eher 10 000 Euro bis 15 000 Euro –, gelegentlich aber auch mehr – zuerkannt wurden und werden, wenn der Verletzte mindestens noch einige Wochen bei Bewusstsein war und oft unter erheblichen Schmerzen gelitten hat. Wenn im Folgenden nichts zu Schmerzen gesagt ist, dürfte davon ausgegangen werden können, dass die moderne Medizin die Schmerzen des Verletzten weitgehend ausgeschaltet hatte. Die Beeinträchtigung des Verletzten bestand in diesen Fällen eher darin, dass er sein Schicksal kannte und über den baldigen Tod informiert war.

434 Übersicht: Tod des Verletzten nach einigen Wochen – Tabelle

Jahr der Entscheidung und Fundstelle	Art der Verletzung	Zuerkannt in Euro
1978: *OLG Saarbrücken* Urt. v. 22.12.1978 – Az. 3 U 191/77 – VersR 1980, 242	Tod nach 7 Wochen, phasenweise starke Schmerzen, qualvoller Todeskampf	10 000
1980: *OLG München* Urt. v. 4.7.1980 – Az. 10 U 1923/80 n. v.	Tod eines 40 Jahre alten Mannes nach 16 Tagen, erhebliche Schmerzen, Bewusstsein, sterben zu müssen, $^1/_4$ Mitverschulden	6 000
1982: *OLG Nürnberg* Urt. v. 2.3.1982 – Az. 11 U 2998/81 – VersR 1983, 469	Tod einer Frau nach 2$^1/_2$ Monaten, Schmerzen und seelischen Belastungen	5 000
1985: *LG Koblenz* Urt. v. 20.2.1985 – Az. 5 O 97/84 – zfs 1987, 262	Tod einer Frau nach 5$^1/_2$ Wochen, war sich der Situation voll bewusst	3 000
1985: *OLG Koblenz* Urt. v. 9.12.1985 – Az. 12 U 394/85 n. v.	Tod einer 57 Jahre alten Frau nach 4 Wochen, Kenntnis der Situation	3 000
1987: *OLG Karlsruhe* Urt. v. 24.4.1987 – Az. 10 U 219/84 – VersR 1988, 59	Tod 4 Wochen nach Verkehrsunfall, bewusstes Erleben des Zustandes, 40 % Mitverschulden	5 000 rechnerisch 12 500

B. Schmerzensgeld – Sonderfälle   Kapitel 19

Jahr der Entscheidung und Fundstelle	Art der Verletzung	Zuerkannt in Euro
1989: *LG Münster* Urt. v. 11.10.1989 – Az. 16 O 279/89 n. v.	Tod einer 27 Jahre alten Frau nach 13 Monaten schweren Leidens	25 000
1990: *KG* Urt. v. 3.12.1990 – Az. 12 U 5356/89 n. v.	Tod einer 66 Jahre alten Frau nach 24 Tagen, sediert, aber nicht komatös	7 500
1990: *OLG Schleswig* Urt. v. 5.12.1990 – Az. 9 U 165/88 – VersR 1992, 714	Unfallursächlicher Tod eines 82 Jahre alten Mannes nach knapp 2 Jahren bewussten Leidens	25 000
1991: *OLG Frankfurt* Urt. v. 15.1.1991 – Az. 8 U 178/89 – zfs 1991, 150	Tod eines jungen Mannes nach 1 3/4 Jahren, Koma bis zum Tod	12 500
1991: *LG Ellwangen* Urt. v. 8.1.1991 – Az. 4 O 192/90 n. v.	Tod nach 98 Tagen Intensivstation mit Bewusstsein	15 000
1991: *OLG Köln* Beschluss v. 14.11.1991 – Az. 2 W 186/91 – VersR 1992, 197	Tod nach 1/2 Jahr, vorsätzliche Tötung einer Frau, Verurteilung des Täters wegen Mordes	20 000
1993: *OLG Köln* Urt. v. 2.6.1993 – Az. 13 U 18/93 – r+s 1994, 13	Tod eines 5 1/2 Jahre alten Kindes nach 1 1/4 Jahr an den Folgen eines apallischen Syndroms (Funktionsausfall des Gehirns)	30 000
1993: *LG Dortmund* Urt. v. 22.7.1993 – Az. 15 W 157/92 n. v.	Unfall, Tod nach 18 Monaten bei Bewusstlosigkeit	60 000
1993: *OLG Saarbrücken* n. v.	Tod nach 7 Wochen Leidensweg auf Intensivstation	10 000
1994: *LG Augsburg* Urt. v. 23.3.1994 – Az. 7 S 3483/93 – r+s 1994, 419	Unfalltod nach 30 Minuten, Verletzter war bei Bewusstsein und hat vor Schmerzen geschrien, Mitverschulden 30 %	1 500

Zu zwei Entscheidungen soll kritisch Stellung genommen werden, zum Schmerzensgeld von 7 500 Euro bei Tod eines Mannes, der nach neun Minuten im brennenden Fahrzeug starb[488] und zum Schmerzensgeld von 1 500 Euro für einen Verletzten, der nach 30 Minuten starb, in denen er vor Schmerzen geschrien hat.[489]   435

Mag das Schmerzensgeld von 7 500 Euro im ersten Fall noch annähernd vertretbar sein (für einen derart grauenvollen Tod ist auch sehr viel höheres Schmerzensgeld vorstellbar), im zweiten Fall ist der Betrag sicher falsch. Solche Entscheidungen sind nur verständlich vor dem Hintergrund, dass das Gericht den Tod des Verletzten für die Erben nicht zum »Glücksfall« machen will. Dieser Gesichtspunkt ist aber falsch,[490] nachdem der Gesetzgeber die Vererblichkeit des Schmerzensgeldes normiert hat.   436

▶ **Praxistipp:**   437

Um in Fällen extremer Schmerzen solchen Fehlentscheidungen vorzubeugen, muss das Gericht auf neueste Entscheidungen hingewiesen werden und darauf, dass solche Schmerzensgelder dem Leiden des Verletzten nicht entsprechen. Das Ausmaß des Leidens ist nach der *BGH*-Rspr. ein Bemessungskriterium, das sich in solchen Extremfällen deutlich auf die Höhe des Schmerzensgeldes auswirken muss.

---

488 *OLG Saarbrücken* Urt. v. 30.7.1993 n. v.
489 *LG Augsburg* Urt. v. 23.3.1994 – Az. 7 S 3483/93 – r+s 1994, 419.
490 *Huber* NZV 1998, 345, 351.

IV. Schwerste Verletzungen

1. Vorbemerkung

438 Das Schmerzensgeld für schwerste Verletzungen fällt in jüngerer Zeit deutlich höher aus als früher. Diese Entwicklung ist als sehr erfreulich zu bezeichnen. Die dafür angegebenen Begründungen überzeugen. Die Anhebungen der Höchstbeträge wird dem weit verbreiteten Anliegen gerecht, schwere und schwerste Personenschäden sehr viel großzügiger auszugleichen, als dies bisher und vor allem früher der Fall war und damit dem Personenschaden im Vergleich zum Sachschaden ein steigendes Gewicht beizumessen. In Deutschland liegt der Anteil des für den Sachschaden geleisteten Aufwandes sehr viel höher als der für Personenschaden.[491]

439 Eine Klage auf Zahlung von Schmerzensgeld in Fällen schwerster Verletzungen sollte sich deshalb unbedingt an den zuletzt zuerkannten Beträgen orientieren und im Einzelfall gegebenenfalls ein noch höheres Schmerzensgeld anstreben. Das Kostenrisiko für den Verletzten ist dabei kalkulierbar, wenn der Kläger einen Mindestbetrag nennt, im Übrigen die Höhe des Schmerzensgeldes in das Ermessen des Gerichts stellt, aber auf die Tendenz der Rspr. zu höherem Schmerzensgeld bei schwersten Verletzungen hinweist und Entscheidungen zum Beleg anführt.

440 Ein Antrag auf Streitwertfestsetzung schafft dann Klarheit über die Vorstellung des Richters/Spruchkörpers von der Höhe des zu erwartenden Schmerzensgeldes, wenn sich der Sachvortrag des Klägers in vollem Umfang als zutreffend erweist.

441 Die Streitwertfestsetzung klärt auch, ob dem Gericht die Entscheidung des *BGH* aus dem Jahre 1996 bekannt ist, wonach der vom Kläger genannte Mindestbetrag vom Gericht beliebig überschritten werden darf.

442 Immer wieder sollten Richter darauf hingewiesen werden, dass sie bei der Bemessung des Schmerzensgeldes eine große Verantwortung tragen. Sie können sich die Entscheidung durch Benutzung von Entscheidungssammlungen und durch EDV erleichtern, abwälzen können sie die Verantwortung dadurch nicht. Der dem Richter eingeräumte Ermessensspielraum muss künftig schmerzensgelderweitend gerecht genutzt werden.[492]

443 In jüngster Zeit werden besonders hohe Schmerzensgeldbeträge bei folgenden Fallgestaltungen zuerkannt:
- schwere innere Verletzungen nach einem Verkehrsunfall,
- hohe Querschnittslähmung,[493]
- Zerstörung der Persönlichkeit.

444 Es liegt auf der Hand, dass bei solch schweren Gesundheitsverletzungen zur Begründung des Schmerzensgeldes nicht zum Vergleich auf ältere Entscheidungen zurückgegriffen werden darf. Bei diesen Verletzungen kann man aus jeder Schmerzensgeldtabelle getrost alle Entscheidungen streichen, die älter als zwei oder drei Jahre sind. Jedenfalls müssen die früher zugesprochenen Beträge sehr deutlich angehoben werden. Hier müssen Richter und Rechtsanwälte den Blick nach vorn richten.

445 Selbst die Schmerzensgeldbeträge aus jüngsten Entscheidungen müssen überboten werden, beruhen diese doch wieder auf einem Vergleich mit früheren Entscheidungen, deren Schmerzensgeldausspruch nach der bis heute vertretenen Auffassung der Rspr. nur in vertretbarem Umfang überboten werden durfte. Um hier zu angemessenen Beträgen zu gelangen, muss auch auf die jüngste Schmerzensgeldentscheidung ein deutlicher Aufschlag erfolgen.

---

491 *Scheffen* ZRP 1999, 189 ff. und *Scheffen* NZV 1995, 218 ff.
492 *Berger* VersR 1977, 877, 881.
493 *OLG Stuttgart* Urt. v. 29.4.1997 – Az. 10 U 260/93 – VersR 1998, 1169 – 100 000 Euro und 250 Euro Schmerzensgeldrente bei Tetraspastik und inkomplettem Locked-in-Syndrom bei 70 % Mitverschulden des Verletzten.

2. Zerstörung der Persönlichkeit

Bis zur Entscheidung vom 13.10.1992 vertrat der *BGH*[494] die Auffassung, dass bei Zerstörung der Persönlichkeit des Verletzten, bei weitgehendem Verlust der Wahrnehmungs- und Empfindungsfähigkeit, nur ein symbolisches Schmerzensgeld geschuldet werde.[495]

446

Bei einer **Zerstörung der Persönlichkeit** infolge schwerster Hirnverletzung hat der *BGH* ursprünglich nur den Sühne-Charakter des Schmerzensgeldes berücksichtigt und sich darauf beschränkt, dem Schädiger ein fühlbares Geldopfer aufzuerlegen.[496] Fehlendes Leiden nach körperlicher oder seelischer Beeinträchtigung ist also bei der Bemessung der Höhe des Schmerzensgeldes mindernd berücksichtigt worden.

447

Diese Auffassung hat der *BGH* aufgegeben[497] und dazu ausgeführt:

448

»Das Berufungsgericht verkürzt die Funktion des Schmerzensgeldes, wenn es selbst in Fällen, in denen die Persönlichkeit fast vollständig zerstört oder ihr, wie hier, durch ein Verschulden des Geburtshelfers die Basis für ihre Entfaltung genommen worden ist, dem Empfinden dieses Schicksals die zentrale Bedeutung für die Bemessung des Schmerzensgeldes beilegt und gerade diesen Zustand, der die besondere Schwere der zu entschädigenden Beeinträchtigung für den Betroffenen ausmacht, zum Anlass für eine entscheidende Minderung des Schmerzensgeldes nimmt. Fälle, in denen der Verletzte durch den weitgehenden Verlust der Sinne in der Wurzel seiner Persönlichkeit getroffen worden ist, verlangen nach einer **eigenständigen Bewertung**. Eine Reduzierung des Schmerzensgeldes auf eine lediglich symbolhafte Entschädigung hält der Senat nach erneuter Prüfung nicht mehr für gerechtfertigt und gibt seine bisherige Rspr. auf.«

Nunmehr soll in Fällen, in denen die Zerstörung der Persönlichkeit durch den **Fortfall der Empfindungsfähigkeit** geradezu im Mittelpunkt steht, ein Schmerzensgeld nicht nur als symbolischer Akt der Wiedergutmachung gerechtfertigt sein; die Einbuße der Persönlichkeit, der **Verlust an personaler Qualität** infolge der Verletzung stellt schon für sich einen auszugleichenden immateriellen Schaden dar, **unabhängig davon, ob der Betroffene die Beeinträchtigung empfindet**, und muss deshalb bei der Bemessung der Entschädigung nach § 847 BGB a. F. einer eigenständigen Bewertung zugeführt werden, die der zentralen Bedeutung dieser Einbuße für die Person gerecht wird.

449

Das wirft die Frage nach der Funktion des Schmerzensgeldes bei Zerstörung der Persönlichkeit, bei Verlust personaler Qualität auf.

450

Der *BGH* ging vor der Änderung seiner Rspr. davon aus, dass das herkömmliche Verständnis von der Ausgleichsfunktion bedeutet, dass bei Empfindungsunfähigkeit des Verletzten ein Ausgleich nicht empfunden werden kann, denn in diesen Fällen kann die Ausgleichsfunktion die erlittenen Schmerzen und insbesondere die entgangene Lebensfreude nicht kompensieren.[498] Dieses Verständnis vom Ausgleich geht zurück auf die Kompensationsformel von *Windscheid*: Ausgleich von Unlustgefühlen

451

---

494 *BGH* Urt. v. 13.10.1992 – Az. VI ZR 201/91 – BGHZ 120, 1 ff. = VersR 1993, 327 ff. = NJW 1993, 781 = r+s 1993, 781; vgl. auch die bald danach ergangene *BGH*-Entscheidung, Urt. v. 16.2.1993 – Az. VI ZR 29/92 – VersR 1993, 585 und im Anschluss an die *BGH*-Entscheidung *OLG Nürnberg* Urt. v. 18.6.1993 – Az. 8 U 569/91 – VersR 1994, 735; vgl. auch *Müller* VersR 1993, 909, 911.
495 *BGH* Urt. v. 16.12.1975 – Az. VI ZR 175/74 – VersR 1976, 660 ff. = NJW 1976, 1147; *BGH* Urt. v. 22.6.1982 – Az. VI ZR 247/80 – VersR 1982, 880.
496 Beispiele bei Staudinger/*Schäfer* § 847 Rn. 46.
497 *BGH* Urt. v. 13.10.1992 – Az. VI ZR 201/91 – BGHZ 120, 1 ff. = VersR 1993, 327 ff. = NJW 1993, 781 = r+s 1993, 781; s. dazu *Leibholz/Rinck/Hesselberger* Art. 2 Rn. 26.
498 Ob eine Geldentschädigung überhaupt in der Lage sein kann, in dem Geschädigten dauerhaft Lustgefühle und Lebensfreude hervorzurufen und ihn dadurch in die Seelenlage versetzen kann, die ohne die Verletzung bestehen würde, wird von Lorenz S. 116 ff., mit eingehender Begründung in Frage gestellt. Die Unmöglichkeit, mit Hilfe einer Geldzahlung in dem Geschädigten eine bestimmte Gefühlslage zu erzeugen, ist einer der Gründe, aus denen Lorenz ein Schmerzensgeld für den Gefühlsschaden des Geschädigten ablehnt, S. 92, 116 ff.

durch Verschaffung von Lustgefühlen[499] oder anders ausgedrückt, die Ausgleichsfunktion soll die erlittenen Schmerzen und entgangene Lebensfreude kompensieren. Dem Verletzten sollen für seine immateriellen Einbußen anderweit Annehmlichkeiten geboten werden.

452   In dieser früheren Rspr. hatte der *BGH* in solchen Fällen, in denen er gleichwohl die Zahlung eines Schmerzensgeldes für notwendig hielt, dieses (aufgrund der Genugtuungsfunktion) aus der Erwägung heraus zuerkannt, dass dem Verletzten als zeichenhafte Sühne wenigstens eine symbolische Wiedergutmachung zugebilligt werden müsse.

453   Nunmehr wird die Funktion des Schmerzensgeldes auch vom *BGH* anders verstanden:

Der *BGH* hat diese frühere Rspr. aufgegeben, aufgeben müssen,[500] weil er erkannt hat, dass dem für das zivilrechtliche Haftungs- und Schadensersatzrecht allgemein nicht tragfähigen Gedanken der Sühne, der bei Fahrlässigkeitstaten ohnehin nur eine untergeordnete Rolle spielen kann, weniger Bedeutung zukommt.[501]

Kommt nun der Genugtuungsfunktion jedenfalls insoweit keine Bedeutung zu, als der Verletzte keine Genugtuung empfinden kann, und ist der Sühnegedanke im Zivilrecht nicht tragfähig, **bleibt als Begründung für das Schmerzensgeld bei Verlust der Empfindungsfähigkeit zunächst nur die Ausgleichsfunktion**, obwohl dem Verletzten ein Ausgleich ebenso wenig zu vermitteln ist wie eine Genugtuung. Der *BGH*[502] führt dazu aus:

454   Anzuknüpfen ist vielmehr an den immateriellen Schaden, den jemand durch eine Körperverletzung oder Gesundheitsschädigung erleidet und der nach § 847 BGB durch eine Geldzahlung zu ersetzen ist. Ein solcher Schaden besteht nicht nur in körperlichen oder seelischen Schmerzen, also in Missempfindungen oder Unlustgefühlen als Reaktion auf die Verletzung des Körpers oder die Beschädigung der Gesundheit. Vielmehr stellt die Einbuße der Persönlichkeit, der Verlust an personaler Qualität infolge schwerer Hirnschädigung, schon für sich einen auszugleichenden immateriellen Schaden dar, unabhängig davon, ob der Betroffene die Beeinträchtigung empfindet. Das bedeutet nicht, dass der immaterielle Schaden generell nur in der körperlichen Beeinträchtigung zu sehen ist. Eine wesentliche Ausprägung des immateriellen Schadens kann darin bestehen, dass der Verletzte sich seiner Beeinträchtigung bewusst ist und deshalb in besonderem Maß unter ihr leidet. Dieser Gesichtspunkt kann daher für die Bemessung des Schmerzensgeldes durchaus von Bedeutung sein.

455   Dementsprechend erschöpft sich auch die Ausgleichsfunktion des Schmerzensgeldes nicht in der Förderung des psychischen Wohlbefindens zur Kompensation seelischen Leids oder sonstiger psychischer Missempfindungen. Es wird dem Wesen des Schmerzensgeldes daher nicht ausreichend gerecht, wenn das Berufungsgericht lediglich darauf abstellt, dass das Leben der Klägerin in gewissem Umfang erleichtert und ihr insbesondere durch menschliche Zuwendungen Freude bereitet werden könne. Über das bloße Zuteil werden lassen von Annehmlichkeiten hinaus ist vielmehr der in der mehr oder weniger weitgehenden Zerstörung der Persönlichkeit bestehende Verlust, der für sich einen immateriellen Schaden darstellt, durch eine billige Entschädigung in Geld auszugleichen.[503]

---

499   *Nehlsen-v. Stryk* JZ 1987, 119, 125.
500   Vgl. hierzu *Jaeger* VersR 1996, 1177, 1180.
501   Es ist deshalb angesichts dieser Darlegung des *BGH* nicht richtig, wenn andere Gerichte in diesen Fällen immer noch und ohne sich mit der Begründung des *BGH* auseinander zu setzen, die Genugtuungsfunktion in Gestalt einer Sühnefunktion in den Vordergrund stellen, weil die Ausgleichsfunktion entfalle; *OLG Stuttgart* Urt. v. 2.5.1994 – 20 U 69/94 – VersR 1994, 736 = NJW 1994, 46 ff.; in den Fällen, in denen der Schädiger schuldhaft gehandelt habe, stehe die Sühnefunktion des Schmerzensgeldes im Vordergrund, die eine Buße für die Beeinträchtigung der in der Rechtsordnung bedingungslos geschützten Person darstelle; vgl. zu der gesamten Thematik: *Jaeger* VersR 1996, 1177 ff.
502   *BGH* Urt. v. 13.10.1992 – Az. VI ZR 201/91 – BGHZ 120, 1 ff. = VersR 1993, 327 ff. = NJW 1993, 781 = r+s 1993, 781; die Entscheidung des *BGH* wird auszugsweise wörtlich wiedergegeben, weil es auf den Wortlaut entscheidend ankommt.
503   *Kern in FS für Gitter* S. 454 f., hält diese neue Rspr. sowohl in methodischer Hinsicht als auch inhaltlich für

B. Schmerzensgeld – Sonderfälle   Kapitel 19

Auch wenn der *BGH* davon spricht, der immaterielle Schaden sei durch eine Entschädigung in Geld auszugleichen, ist damit nicht (nur) die Ausgleichsfunktion im Sinne einer Kompensation angesprochen. Da der Verletzte die Schmerzensgeldzahlung nicht als Ausgleich empfinden kann, stellt der Ausgleich des Schadens in den Fällen der Zerstörung der Persönlichkeit eine zusätzliche Komponente innerhalb der Ausgleichsfunktion des Schmerzensgeldes dar.   456

Ob der *BGH* an der weiteren Aussage in dieser Entscheidung aus dem Jahre 1992 festhalten wird, dass dem Verschulden des Täters bei der Schmerzensgeldbemessung keine Bedeutung zukomme, weil beim Verletzten ein Empfinden der Genugtuung durch eine Schmerzensgeldzahlung nicht vorhanden sei,[504] und ob er damit sagen wollte, die Genugtuungsfunktion entfalle völlig, erscheint angesichts der Erweiterung des Begriffs der Ausgleichsfunktion nicht sicher.   457

Das sieht auch *Pauker*[505] ähnlich, denn er will gerade bei Fahrlässigkeitsdelikten und Ansprüchen aus Gefährdungshaftung das Schmerzensgeld nicht ermäßigen, vielmehr bei erheblichem Verschulden des Schädigers dieses schmerzensgelderhöhend berücksichtigen.   458

Das revidierte Verständnis von der Aufgabe des Schmerzensgeldes hat es dem VI. Zivilsenat dann auch erlaubt, einer Auffassung entgegenzutreten, die das Schmerzensgeld in Abhängigkeit zu einer strafrechtlichen Verurteilung des Schädigers sieht.[506] Fällt das Schmerzensgeld deshalb höher aus, weil der Verletzte (noch) eine Genugtuung empfinden kann, hat die Erhöhung nichts mit Strafe zu tun, insbesondere nicht mit dem Bedürfnis der Allgemeinheit nach Sühne und Prävention. Deshalb beeinflusst eine Bestrafung des Schädigers die Höhe des Schmerzensgeldes nicht.[507]   459

Steffen[508] leitet aus dieser neueren Rspr. ab, dass der *BGH* das Schmerzensgeld nicht nur zum Ausgleich für die gefühlten Verluste gewährt, sondern primär für die **Verluste am objektiven Wert des Schutzgutes**. Die immateriellen Einbußen seien nicht wegen der Zerstörung aller Empfindungen geringer, sondern die Zerstörung der Persönlichkeit mache den Verlust besonders schwer. Ausgleich ist nach Steffen auch die Bestätigung, die das verletzte Recht in der Entschädigung findet. Wenn der Verletzte Genugtuung darüber empfinden könne, so diene selbst das im weiteren Sinne dem Ausgleich und könne deshalb ein höheres Schmerzensgeld rechtfertigen.   460

Die folgende Zusammenstellung betrifft weitgehend Schadensfälle aus dem Arzthaftungsrecht, weil vergleichbare Entscheidungen aus dem Verkehrsunfallrecht bisher nicht vorliegen.   461

---

noch weniger überzeugend als die ältere. Er stellt die Frage, ob die Menschenwürde einem Schwerstbehinderten überhaupt zukommt, ob sie konkret verletzt ist und ob die Versagung eines Schmerzensgeldes eine Verletzung der Menschenwürde darstellt; er meint, der *BGH* hätte eher den Gleichheitssatz aus Art. 3 Abs. 3 GG als Argumentationshilfe heranziehen sollen, stellt jedoch sogleich fest, dass es sich im Verhältnis zu einem empfindungsfähigen Verletzten um einen bedeutenden Unterschied handelt, die die Anwendung des Gleichheitssatzes nur in der Form zulasse, dass Ungleiches ungleich zu behandeln sei.

504 *BGH* Urt. v. 13.10.1992 – Az. VI ZR 201/91 – BGHZ 120, 1 ff. = VersR 1993, 327 ff. = NJW 1993, 781 = r+s 1993, 781. Zumindest sind die kurzen Ausführungen missverständlich, denn sowohl *Kern FS für Gitter* S. 454 und 456, als auch *LG Nürnberg-Fürth* Urt. v. 12.1.1994 – Az. 2 S 7142/93 – r+s 1994, 418 f., haben den *BGH* dahin (miss-)verstanden, dass in Fällen der Zerstörung der Persönlichkeit, bei Verlust personaler Qualität letztendlich die Genugtuungsfunktion das Schmerzensgeldes überhaupt in Wegfall käme. So aber hat der *BGH* das nicht gesagt. Mit der Formulierung des *BGH*, dass dem Verschulden des Täters bei der Schmerzensgeldbemessung keine Bedeutung zukomme, ist nur ein Teil der Genugtuungsfunktion angesprochen.
505 *Pauker* VersR 2004, 1391 f.
506 *BGH* Urt. v. 29.11.1994 – Az. VI ZR 93/94 – VersR 1995, 351 = NJW 1995, 781; *BGH* Urt. v. 16.2.1993 – Az. VI ZR 29/92 – VersR 1993, 585; *OLG Celle* Urt. v. 26.11.1992 – Az. 5 U 245/91 – VersR 1993, 976; *OLG Köln* Beschl. v. 14.10.1991 – Az. 2 W 186/91 – VersR 1992, 197.
507 *Steffen* DAR 2003, 201, 203.
508 *Steffen* a. a. O.

462 Das *OLG Naumburg*[509] erkannte auf ein Schmerzensgeld von rd. 322 000 Euro (Kapital 250 000 Euro, monatliche Rente 300 Euro) in einem Fall frühkindlicher Hirnschädigung (unter anderem Kleinhirnatrophie – Verkleinerung des Kleinhirns) mit der Folge, dass das Kind lebenslang auf umfassende Hilfe und Pflege angewiesen war. Dabei zitiert das *OLG* Vergleichsfälle aus den Jahren 1995 und 1996, obwohl neuere Entscheidungen vorlagen, die wesentlich höhere Schmerzensgelder auswiesen. Hinzu kommt, dass das **verzögerliche Regulierungsverhalten des Versicherers** das Schmerzensgeld angeblich »signifikant« erhöht haben soll.

463 Ähnlich entschied das *OLG Brandenburg*,[510] das einem schwerst hirngeschädigt geborenen Kind ein Schmerzensgeld in Höhe von rd. 320 000 Euro (230 000 Euro zuzüglich monatliche Rente 360 Euro) zubilligte. Obwohl die Entscheidung erst zehn Jahre nach der Geburt erging, meinte das Gericht, dem Kläger sei spät, aber noch nicht zu spät, **Gerechtigkeit** widerfahren.

464 Ähnlich das *OLG Braunschweig*,[511] das für ein geistig und körperlich schwerst behindertes Kind ein Schmerzensgeld in Höhe von 350 000 Euro gab. Ein darüber hinausgehendes Schmerzensgeld von bis zu 500 000 Euro, das das *OLG Hamm*[512] in zwei vergleichbaren Entscheidungen zuerkannt hatte, hielt das Gericht für überhöht.

465 Zurückhaltender das *OLG Bremen*,[513] das einem Kind, das in der Geburt eine hypoxisch-ischämische Hirnschädigung erlitten hatte, abweichend vom Landgericht statt 300 000 Euro nur 250 000 Euro zubilligte. Obwohl das Kind eine schwerwiegende irreversible Gesundheitsverletzung erlitten hatte, in seiner Mobilität, Wahrnehmungs- und Äußerungsfähigkeit äußerst eingeschränkt und ein Leben lang auf umfassende Pflege angewiesen war, setzte der Senat das Schmerzensgeld herab. Der Kläger sei in der Lage, Kontakt zu seiner Umwelt aufzunehmen und durch Weinen und Lachen Affekte zu äußern. Er leidet unter Sehstörungen, gelegentlichen Aspirationspneumonien und muss zeitweise über eine Magensonde ernährt werden. Erhöhte Krampfbereitschaft wird zurzeit medikamentös beherrscht. Ein höheres Schmerzensgeld würde dem Kläger nur zustehen, wenn er sich seiner Beeinträchtigungen bewusst wäre und deshalb besonders unter ihnen leiden würde, was nicht festgestellt werden kann. Auf das Maß des Verschuldens des Arztes soll es nicht ankommen, weil der Kläger keine Genugtuung empfinden könne. In dieser Entscheidung vom 26.11.2002 werden Entscheidungen aus 1995 und 1998 als vergleichbar bezeichnet.

3. Ausgeprägte Hirnleistungsstörung und Lähmung

466 Erleidet ein Verkehrsteilnehmer infolge eines Verkehrsunfalls ein offenes Schädelhirntrauma, leidet er infolgedessen an ausgeprägten Hirnleistungsstörungen und spastischer Lähmung aller Glieder, ist dies ein Zustand, der ein besonders hohes Schmerzensgeld rechtfertigt. In diesem Fall hat das *OLG Düsseldorf*[514] ein Schmerzensgeld von 204 000 Euro (Kapital 150 000 Euro und monatliche Rente 250 Euro) zuerkannt.

467 Es fällt jedoch auf, dass das Schmerzensgeld in diesen Fällen oft niedriger ausfällt als in den Fällen der völligen Zerstörung der Persönlichkeit, in denen der Geschädigte nie Empfindungen gehabt hat und auch künftig nichts empfinden wird.

468 Ähnlich entschied das *OLG Hamm*,[515] das einem jungen Mann bei einer Haftungsquote von 75 % ein Schmerzensgeld von 187 500 Euro (Kapital 100 000 Euro und monatliche Rente 400 Euro) zuerkannt hat.

---

509 *OLG Naumburg* Urt. v. 28.11.2001 – Az. 1 U 161/99 – NJW-RR 2002, 672 ff.
510 *OLG Brandenburg* Urt. v. 9.10.2002 – Az. 1 U 7/02 – VersR 2004, 199 f. = OLGR 2004, 7 ff.
511 *OLG Braunschweig* Urt. v. 22.4.2004 – Az. 1 U 55/03 – MDR 2004, 1185.
512 *OLG Hamm* Urt. v. 21.5.2003 – Az. 3 U 122/02 – OLGR 2002, 324 = MDR 2003, 1291 = VersR 2004, 386; *OLG Hamm* Urt. v. 16.1.2002 – Az. 3 U 156/00 – VersR 2002, 1163.
513 *OLG Bremen* Urt. v. 26.11.2002 – Az. 3 U 23/02 – NJW-RR 2003, 1255.
514 *OLG Düsseldorf* Urt. v. 27.6.1994 – Az. 1 U 276/90 – r+s 1995, 293 f.
515 *OLG Hamm* Urt. v. 25.9.1995 – Az. 6 U 231/92 – r+s 1996, 349 f.

4. Höchstes Schmerzensgeld[516]

Lag die Grenze der Schmerzensgelder bis 1979 bei bis zu 50 000 Euro, so stieg sie dann recht schnell im Jahre 1981 auf 100 000 Euro. Seit 1985 wurden 150 000 Euro und mehr zuerkannt.[517] Später lag eine unsichtbare Grenze bei 250 000 Euro und erst 2001 hat das *LG München I*[518] die Schallmauer von 500 000 Euro durchbrochen. Es hat in einem Fall von Querschnittslähmung ein Schmerzensgeld i. H. v. etwa 500 000 Euro (375 000 Euro Kapital und 750 Euro monatliche Rente zugesprochen. Dies blieb bis 2003 das höchste zuerkannte Schmerzensgeld. Dabei hat die Kammer erkannt, dass sie mit dieser Entscheidung der Höhe nach über die bisher bekannte Rspr. bei der Bemessung des Schmerzensgeldes hinausgeht und sie erwähnt auch Fälle der Querschnittslähmung und der Erblindung, in denen die Schmerzensgelder deutlich niedriger lagen. Die Kammer wolle aber weder einen Markstein setzen noch Rechtspolitik betreiben.

469

Das Gericht begründete, dass die Schmerzensgeldhöhe über sonstige Vergleichsfälle hinausgehe, weil ein Bedürfnis nach höheren Schmerzensgeldern bestehe und der inflationären Entwicklung der Lebenshaltungskosten Rechnung getragen werden müsse. Da es sich nur um Einzelfälle handele, werde die Gemeinschaft aller Versicherten nicht übermäßig belastet. Auch außerprozessual würden höhere Schmerzensgeldbeträge anerkannt.

470

Was war geschehen?

471

Der Kläger, ein 48 Jahre alter Hauptschullehrer, wurde bei einem Verkehrsunfall sehr schwer verletzt. Er erlitt ein Schädelhirntrauma 3. Grades und leidet an einem schweren organischen Psychosyndrom, einem Funktionsausfall der Großhirnrinde, einer zentralen Sprachstörung und einer inkompletten Lähmung aller Extremitäten sowie den Folgen multipler Frakturen. Er ist meist nicht ansprechbar und unfähig zu sprechen. Obwohl er wach ist, steht er auf der geistigen Stufe eines Kleinstkindes. Sein Leben ist total zerstört und auf primitivste Existenzzustände reduziert.

Der hohe Betrag beruht auf folgenden **Erwägungen:**

472

Es ist der schwerste Fall, den die Kammer seit 16 Jahren zu entscheiden hatte. Schmerzensgelder müssen in gewisser Weise mit der inflationären[519] Entwicklung Schritt halten. Ein höheres Schmerzensgeld wird in Fällen schwerster Verletzungen allgemein befürwortet. Die Versichertengemeinschaft wird nicht über Gebühr belastet, weil solch schwere Verletzungen nur selten vorkommen und das Schmerzensgeld, das insgesamt für HWS-Schleudertraumen gezahlt wird, um ein Vielfaches höher liegt.

Dieser Entscheidung ist *Halm*[520] entgegengetreten. Letztlich beruft er sich auf die 15 und 25 Jahre zurückliegenden Entscheidungen des *BGH*,[521] in denen dieser vor einer Aufblähung der Schmerzensgeldzahlungen zu Lasten der Versichertengemeinschaft gewarnt hat. Dieses Argument verwendet der *BGH* aber schon lange nicht mehr und es ist auch falsch.

473

Ein Schmerzensgeld von 500 000 Euro sprach auch das *OLG Hamm*[522] zu für einen Hirnschaden infolge eines Behandlungsfehlers bei der Geburt des Klägers.

474

---

516 *Jaeger* VersR 2009 Heft 4.
517 *Scheffen* ZRP 1999, 189 ff.
518 *OLG München I* Urt. v. 29.3.2001 – Az. 19 O 8647/00 – VersR 2001, 1124 f. = NJW-RR 2001, 1246 = zfs 2001, 356 = DAR 2000, 368 (L); das Verfahren wurde durch Vergleich beendet.
519 Vgl. dazu auch *Deutsch/Ahrens* Rn. 495: Bei Urteilen, die älter als fünf Jahre sind, ist auf den ausgeurteilten Betrag regelmäßig ein Zuschlag zum Ausgleich der inflationären Entwicklung zu machen.
520 *Halm* DAR 2001, 430 f.
521 *BGH* Urt. v. 8.6.1976 – Az. VI ZR 216/74 – VersR 1976, 967, 968 und *BGH* Urt. v. 1.10.1985 – Az. VI ZR 195/84 – VersR 1986, 59.
522 *OLG Hamm* Urt. v. 16.1.2002 – Az. 3 U 156/00 – VersR 2002, 1163 = OLGR 2002, 324 = NJW-RR 2002, 1604.

475 Die Betreuung der Geburt des Klägers wurde über Stunden hin einem Arzt im Praktikum und einer Hebamme überlassen, ohne dass ein Facharzt im Hintergrunddienst anwesend war. Der Kläger stand als Folge der fehlerhaften Geburtsleitung »knapp vor dem Hirntod«. Er erlitt eine schwere ausgeprägte, als malignes Hirnödem bezeichnete Hirnschwellung, musste intubiert und beatmet werden. Es stellte sich ein schweres neonatales neurologisches Durchgangssyndrom ein. Der derzeitige Zustand des Klägers ist durch eine sekundäre Mikrozephalie schwersten Ausmaßes gekennzeichnet. Eine aktive Fortbewegung ist nicht möglich. Es findet sich das ausgeprägte Bild einer schwersten Tetraspastik. Der Kläger ist blind. Trotz antikonvulsiver Medikation treten täglich kaum zählbare tonische Anfälle auf, in denen der Kläger plötzlich die Arme auseinander reißt und einen starren Blick bekommt. Der Kläger ist in der Wurzel seiner Persönlichkeit getroffen. Unter Berücksichtigung des Umstandes, dass die Schädigung durch eine grob fehlerhafte Behandlung verursacht worden ist und angesichts des Bestehens einer Haftpflichtversicherung hält der Senat insgesamt ein Schmerzensgeld von 500 000 Euro für gerechtfertigt.

476 In einem weiteren Fall erkannte das *OLG Hamm*[523] ebenfalls auf ein Schmerzensgeld von 500 000 Euro wiederum nach einem Behandlungsfehler bei einer Geburt. Der Kläger hat eine schwerste hypoxisch-ischämische Enzephalopathie Grad II–III erlitten. Seit der Geburt treten therapieresistente cerebrale Anfälle auf. Das Gehirn des Kindes hat sich praktisch nicht entwickelt. Nach den Ausführungen des Neuropädiaters ist ein schlechterer Zustand nicht vorstellbar. Dem Kläger ist jede Möglichkeit einer körperlichen und geistigen Entwicklung genommen. Er wird nie Kindheit, Jugend, Erwachsensein und Alter bewusst erleben und seine Persönlichkeit entwickeln können. Sein Leben ist weitgehend auf die Aufrechterhaltung vitaler Funktionen, die Bekämpfung von Krankheiten und die Vermeidung von Schmerzen beschränkt. Der Kläger ist in der Wurzel seiner Persönlichkeit getroffen.

477 Ein Schmerzensgeld in Höhe von 500 000 Euro hat inzwischen auch das *OLG Köln*[524] zuerkannt.

478 Diese Entscheidungen werden hier dargestellt, obwohl sie keine Schäden nach einem Verkehrsunfall betreffen. Der Grund liegt darin, dass Kinder, die von Geburt an niemals eine Empfindung gehabt haben und eine solche niemals haben werden, durchweg höher entschädigt werden, als Menschen, die das Leben bereits kennen gelernt haben, noch mehr oder weniger stark empfinden und oft unter der empfundenen Veränderung leiden. Ein solches empfundenes Leid(en), die tägliche oder gar stündliche Qual sollte mindestens gleich hoch entschädigt werden. Mit dem Hinweis auf die hohen Schmerzensgeldbeträge bei schwerst hirngeschädigt geborenen Kindern sollte versucht werden, ein höheres Schmerzensgeld für Verkehrsunfallopfer zu erreichen.

479 In diese Richtung geht eine Entscheidung des *LG Kiel*[525], das in einem Fall hoher Querschnittslähmung nach einem Verkehrsunfall ein Schmerzensgeldkapital in Höhe von 500 000 Euro und eine Schmerzensgeldrente von monatlich 500 Euro zusprach, so dass sich mit dem Kapitalwert der Rente von rd. 114 000 Euro ein Gesamtschmerzensgeld von 614 000 Euro ergibt. Dies ist das bisher höchste Schmerzensgeld.

5. Hohe Querschnittslähmung

480 Es fällt auf, dass das Schmerzensgeld »bei unfallbedingter Reduktion auf primitivste Existenzzustände«, bei Verlust der Persönlichkeit, unter Umständen höher ausfallen kann als das Schmerzensgeld bei hoher Querschnittslähmung.[526] Bei hoher Querschnittslähmung gibt es Zustände, in denen der Verletzte nur noch den Kopf bewegen kann und auf Unterstützung bei der Atmung angewiesen

---

[523] *OLG Hamm* Urt. v. 21.5.2003 – Az. 3 U 122/02 – OLGR 2003, 282 = MDR 2003, 1291 = VersR 2004, 386.
[524] *OLG Köln* Urt. v. 20.12.2006 – Az. 5 U 130/01 – VersR 2007, 219.
[525] *LG Kiel* Urt. v. 11.7.2003 – Az. 6 O 13/03 – VersR 2006, 279.
[526] Vgl. *Jaeger* VersR 2009, Heft 4.

B. Schmerzensgeld – Sonderfälle

ist. Er kann in Panik geraten und häufig unter extremer Existenzangst leiden. Unter diesen Gesichtspunkten muss das Schmerzensgeld an sich höher ausfallen als bei Verlust der Persönlichkeit.

481 Schon 1992 hat das *OLG Düsseldorf*[527] bei schwerster Querschnittslähmung eines 36 Jahre alten Mannes unterhalb des Halswirbels C 3 ein Schmerzensgeld (Kapital und Rente) von rd. 300 000 Euro zugesprochen (Kapital 225 000 Euro, Rente 375 Euro), ohne dass der aus der Rspr. ersichtliche Rahmen gesprengt werde.

482 Einem knapp zwei Jahre alten Mädchen, das bei einem Verkehrsunfall eine Querschnittslähmung zwischen den letzten Hals- und Brustwirbel erlitt, bewilligte das *OLG Hamm*[528] Prozesskostenhilfe für eine Klage auf Zahlung eines Schmerzensgeldkapitals von 250 000 Euro und Gewährung einer Rente von 400 Euro monatlich, die kapitalisiert einem Betrag von 145 000 Euro entsprechen soll.[529] Hinzu kam ein Zuschlag für verzögerliches Regulierungsverhalten in Höhe von 20 000 Euro. Das Kind konnte nach dem Unfall nur noch den rechten Arm einschließlich der rechten Schulter und den Kopf bewegen.

V. Alter des Verletzten

1. Das Alter des Verletzten

483 Das Alter des Verletzten kann sowohl auf die Höhe des Schmerzensgeldes, als auch auf die Höhe der Schmerzensgeldrente und den sich daraus zu errechnenden Kapitalwert einen Einfluss haben.

484 Die Schmerzempfindlichkeit des Verletzten ist von dessen Alter unabhängig. Es kann nicht gesagt werden, dass jugendliche Personen Schmerzen weniger empfinden, als ältere und umgekehrt kann nicht gesagt werden, dass Erwachsene und ältere Personen weniger schmerzempfindlich sind. Auch bei einem Kleinkind, bei dem das Schmerzerlebnis (angeblich) nicht so in der Erinnerung haften bleiben soll wie bei einem Erwachsenen, ist das Schmerzensgeld nach herrschender Meinung nicht geringer zu bemessen als bei einem Erwachsenen.[530]

485 Dagegen werden Krankenhausbehandlungen zumindest bei Kindern, Jugendlichen und betagten Personen häufig als besonders belastend empfunden. Ältere sind besonders belastet durch die Gewöhnung bei der Benutzung von Hilfsmitteln, Gehhilfen, Rollstuhl u. a. Manche seelischen Belastungen – z. B. Heiratschancen, Familienplanung, berufliche Aufstiegschancen – treten bei älteren Menschen in den Hintergrund.

2. Literaturstimmen

486 Unverständlich ist allerdings die Einstellung von *Huber*[531] und *Koziol*,[532] die meinen, bei der Bemessung des Schmerzensgeldes für junge Menschen müsse ein Dämpfungsfaktor eingebaut werden, weil mit der Zeit eine gewisse Gewöhnung eintrete, die dazu führe, dass die Beeinträchtigung nicht mehr als so gravierend empfunden werde, weil sich der Verletzte irgendwann einmal in sein Schicksal füge oder sich gar damit abfinde. Künftige Nachteile sollen weniger schwer wiegen, als gegenwärtige und es sei ungewiss, ob der Verletzte die Schmerzen in der Zukunft überhaupt noch erlebe. Würde man darauf verzichten, müsste das Schmerzensgeld bei einem jungen Menschen ein Vielfaches von dem für einen betagten Menschen betragen.

---

527 *OLG Düsseldorf* Urt. v. 10.2.1992 – Az. 1 U 218/90 – VersR 1993, 113.
528 *OLG Hamm* Beschl. v. 11.9.2002 – Az. 9 W 7/02 – VersR 2003, 780 = OLGR 2003, 167 = DAR 2003, 172.
529 Zur Bemessung des Schmerzensgeldkapitals vgl. unten Rdn. 541–543.
530 *Scheffen/Pardey* Rn. 631.
531 *Huber* ZVR 2000, 218, 231. *Huber* hat diese strenge Linie inzwischen verlassen und sich weitgehend *Jaeger/Luckey* angeschlossen.
532 *Koziol* FS Hausheer 2002, 597, 599.

487 Letztlich wollen aber auch *Koziol*[533] und insbesondere *Danzl*[534] eine Abhängigkeit der Höhe des Schmerzensgeldes von der restlichen Lebenszeit des Verletzten herstellen, so dass im Ergebnis das Schmerzensgeld für einen jungen Menschen erheblich höher ausfallen müsse, als für einen alten Menschen, aber sicher nicht ein Vielfaches erreichen könne. Damit besteht insgesamt Einigkeit darüber, dass das durch eine lebenslange (irreparable) Behinderung zugefügte körperliche und seelische Leid zwischen einem jungen Menschen einerseits und einem betagten Menschen andererseits nicht schlechterdings gleich, sondern durchaus unterschiedlich zu gewichten ist.

3. Ergebnis

488 Das Alter des Verletzten ist somit ein wichtiges Kriterium bei der Bemessung des Schmerzensgeldes, es muss als **besonderes Bemessungskriterium** anerkannt und berücksichtigt werden.[535]

▶ Hinweis:

Es gibt kein einheitliches Schmerzensgeld, wenn für die Bemessung das **Zeitmoment** eine (nicht nur untergeordnete) Rolle spielt.

489 Der Auffassung des *BGH*, der Kapitalwert der Schmerzensgeldrente müsse dem sonst festgesetzten Schmerzensgeldkapitalbetrag für vergleichbare Verletzungen entsprechen,[536] ist deshalb in dieser Allgemeinheit nicht zu folgen, dies umso mehr, als für Menschen mit geringerer Lebenserwartung ein geringeres Schmerzensgeld angemessen sein soll. Gerade dann, wenn die Lebenserwartung nicht mehr hoch ist, kann eine Schmerzensgeldrente den angemessenen Ausgleich darstellen. In der Entscheidung aus dem Jahre 1991 hält der ***BGH*** für einen 73 Jahre alten Kläger, der **keinen so langen Leidensweg** mehr vor sich habe wie ein jüngerer Mensch, ein **geringeres Schmerzensgeld** für angemessen. Er verweist darauf, dass wegen der geringeren Lebenserwartung des Klägers eine Schmerzensgeldrente die angemessene Entschädigung darstellen könnte.

VI. Kapital und Rente

1. Vorbemerkung

490 Nach der Rspr. ist regelmäßig ein Kapitalbetrag geschuldet. Daneben kann – aber nur bei entsprechendem **Antrag des Klägers** – ein Teil des Schmerzensgeldes als Rente gewährt werden. Eine **Schmerzensgeldrente kommt neben einem Kapitalbetrag i. d. R. nur bei schweren**[537] **oder schwersten Dauerschäden** in Betracht.[538] Eine Schmerzensgeldrente wird nur gewährt, wenn ein erheblicher Dauerschaden vorliegt, wenn die Beeinträchtigungen des Verletzten sich immer wieder erneuern und immer wieder als schmerzlich empfunden werden.[539] Eine Rente entspricht dem »Zeitmoment des

---

533 *Koziol* FS Hausheer 2002, 597, 600 f.
534 *Danzl/Gutiérrez-Lobos/Müller* S. 78.
535 *Danzl/Gutiérrez-Lobos/Müller* S. 79 m. w. N.
536 *BGH* Urt. v. 8.6.1976 – Az. VI ZR 216/74 – VersR 1976, 967, 969; *OLG Düsseldorf* Urt. v. 28.6.1984 – Az. 8 U 37/83 – VersR 1985, 291, 293; *OLG Frankfurt* Urt. v. 25.2.1986 – Az. 8 U 87/85 – VersR 1987, 1140, 1142; *OLG Bamberg* Urt. v. 15.12.1992 – Az. 5 U 55/92 n. v.; *OLG Hamm* Urt. v. 7.11.1996 – Az. 27 U 104/96 – NZV 1997, 182.
537 So z. B. schon *Gelhaar* NJW 1953, 1281 f., der die Rspr. des *BGH* auswertet; vgl. ferner: *BGH* Urt. v. 8.6.1976 – Az. VI ZR 216/74 – MDR 1976, 1012 = VersR 1976, 967, 969; *OLG Frankfurt* Urt. v. 21.2.1991 – Az. 12 U 42/90 – VersR 1992, 621 f.
538 *BGH* Urt. v. 15.3.1994 – Az. VI ZR 44/93 – NJW 1994, 1592 ff.; *OLG Hamm* Urt. v. 9.2.1986 – Az. 6 U 451/86 – VersR 1990, 865 f.; *Scheffen-Pardey* Rn. 960.
539 *BGH* Urt. v. 6.7.1955 – GZS 1/55 – BGHZ 18, 149, 167; *BGH* Urt. v. 13.3.1959 – Az. VI ZR 72/58 – MDR 1959, 568; *OLG Frankfurt* Urt. v. 11.11.1982 – Az. 3 U 13/80 – VersR 1983, 545 f. und *OLG Frankfurt* Urt. v. 21.2.1991 – Az. 12 U 42/90 – VersR 1992, 621 f. So zuletzt: *OLG Stuttgart* Urt. v. 4.1.2000 – Az. 14 U 31/98 – VersR 2001, 1560 ff.

B. Schmerzensgeld – Sonderfälle

Leidens« am ehesten. Solange der Verletzte unter den Verletzungen leidet, soll er eine immer wiederkehrende Entschädigung für immer wiederkehrende Lebensbeeinträchtigungen erhalten.[540]

Was unter schweren und schwersten Dauerschäden zu verstehen ist, wird nicht recht deutlich. Der *BGH* hat den Verlust des Geruchs- und Geschmacksinns – zu Recht – genügen lassen.[541]

491

2. Keine Bagatellrenten

Die Gewährung von Schmerzensgeldrenten i. H. v. **25 bis 50 Euro monatlich** wird von der Rspr. mehrheitlich abgelehnt und dürfte auch dem Zweck des Schmerzensgeldes, einen spürbaren Ausgleich für entgangene Lebensfreude zu ermöglichen, nicht gerecht werden.[542] Monatliche Renten von 50 Euro widersprechen der Grunderwägung für die Zubilligung einer Rente überhaupt.[543]

492

Eine gewisse Richtgröße, von der an eine Rente anzusetzen sein kann, kann der kapitalisierte Betrag von 100 000 Euro sein.[544] Es kann auch an eine Grenze bei einer dauerhaften MdE von mindestens 40 % gedacht werden.

493

Eine Rente ist zu versagen, wenn der Verletzte während des Rechtsstreits stirbt. Dann steht den Erben nur ein Kapitalbetrag zu.[545]

494

3. Kapitalwert der Rente

Der *BGH* achtet darauf, dass Kapital und (Kapitalbetrag der) Rente in einem ausgewogenen Verhältnis stehen und insgesamt die bisher in der Rspr. zuerkannten Kapitalbeträge nicht übersteigen.[546] Die in dieser Entscheidung angestellten **Berechnungen** dürften jedoch einen **Denkfehler** enthalten, soweit der *BGH* beanstandet, dass das einer 16-Jährigen zuerkannte Schmerzensgeld (Rente von 150 Euro monatlich = rd. 33 500 Euro plus Kapital 12 500 Euro) »zu reichlich« und deshalb durch das Revisionsgericht korrekturfähig sei. Das Schmerzensgeld für einen jungen Menschen, der schwere Dauerschäden erlitten hat (u. a. Verlust des Geruchs- und des Geschmackssinns) ist notwendigerweise um ein Mehrfaches höher als für einen alten Menschen, bei dem sich (auch) die Kapitalisierung der Rente weitaus weniger auswirkt und der die Beeinträchtigungen (nur noch) wenige Jahre zu (er-)tragen hat.[547]

495

4. Argumente gegen die Rente

a) Schmerzensgeldrente nur bei Schwerstschäden

Wiederholt wird eine Schmerzensgeldrente verneint, weil als Voraussetzung **schwerste** und nicht nur schwere **Schäden** gefordert werden[548] oder weil der Verletzte sich an die Verletzung gewöhnt habe.[549]

496

---

540 *KG Berlin* Urt. v. 24.1.1978 – Az. 9 U 2592/76 – VersR 1979, 624 ff.; an sehr strenge Voraussetzungen knüpft *Notthoff* VersR 2003, 966 die Gewährung einer Schmerzensgeldrente, die nur in Ausnahmefällen gewährt werden soll.
541 *BGH* Urt. v. 8.6.1976 – Az. VI ZR 216/74 – VersR 1976, 967 f.
542 *OLG Thüringen* Urt. v. 15.10.2002 – Az. 8 U 164/02 – SP 2002, 415; *Slizyk* S. 79 ff.; das *OLG Nürnberg* Urt. v. 19.12.1996 – Az. 8 U 1795/96 – VersR 1997, 1540 f., sprach allerdings einem 16-Jährigen ein Schmerzensgeld i. H. v. 22 500 Euro und zusätzlich eine monatliche Rente von 50 Euro zu – Kapitalwert 10 000 bis 11 000 Euro.
543 *Geigel/Pardey* Kap. 7 Rn. 14.
544 *Geigel/Pardey* Kap. 7 Rn. 14.
545 *OLG Köln* Urt. v. 9.1.2002 – Az. 5 U 91/01 – NJW-RR 2003, 308.
546 *BGH* Urt. v. 8.6.1976 – Az. VI ZR 216/74 – VersR 1976, 967, 969; *BGH* Urt. v. 1.10.1985 – Az. VI ZR 195/84 – VersR 1986, 59; *OLG Thüringen* Urt. v. 12.8.1999 – Az. 1 U 1622/98 – zfs 1999, 419.
547 So z. B. *BGH* Urt. v. 15.1.1991 – Az. VI ZR 163/90 – VersR 1991, 350 ff.
548 *OLG Hamm* Urt. v. 12.2.2001 – Az. 13 U 147/00 – SP 2001, 267 f.; *OLG Düsseldorf* Urt. v. 13.11.2000 – Az. 1 U 12/00 – SP 2001, 200 f.
549 *OLG Düsseldorf* Urt. v. 13.11.2000 – Az. 1 U 12/00 – SP 2001, 200 f.

Diese Einschränkung ist nicht gerechtfertigt. Auch weniger extreme Verletzungen können immer wieder als schmerzlich empfunden werden. Möglicherweise beruht die Forderung nach »schwerster Verletzung« auf der Entscheidung des *BGH* vom 4.6.1996.[550] In dem dieser Entscheidung zugrunde liegenden Fall hatte die zehn Jahre alte Klägerin, die bei einem Unfall schwer verletzt worden war, neben einem Schmerzensgeldkapital eine Schmerzensgeldrente eingeklagt. Das *LG* hatte die Beklagten zur Zahlung von Kapital und Rente verurteilt, das *OLG* hatte der Klägerin lediglich ein Schmerzensgeldkapital zugesprochen, aber nicht auf eine Rente erkannt. Der *BGH* führt dann aus, dass die einmalige Kapitalzahlung der Normalfall sei; bei schwersten Dauerschäden komme indes eine Schmerzensgeldrente neben einem Kapitalbetrag in Betracht.[551] Möglicherweise handelt es sich um ein obiter dictum, weil die Klägerin ja schwerste Verletzungen erlitten hatte.

497 Unverständlicher Weise verweigerte das *OLG Hamm*[552] einer 70 Jahre alten Frau, die bei einem Verkehrsunfall schwerste Verletzungen erlitt, rd. $^{1}/_{2}$ Jahr im Krankenhaus behandelt wurde und schwere Dauerschäden davongetragen hat, die beantragte Schmerzensgeldrente mit der Begründung, eine Schmerzensgeldrente komme in erster Linie bei jungen Menschen in Betracht, deren weitere gesundheitliche Entwicklung noch nicht überschaubar sei und die aus der normalen Lebensbahn geworfen worden seien. Bei einer alten Frau, die vielleicht 10 % ihres restlichen Lebens im Krankenhaus verbringen musste und nun schwer behindert ist, dürften diese Voraussetzungen ohne weiteres vorliegen.

498 Auch das *OLG Oldenburg*[553] griff daneben, als es einem 33 Jahre alten Mann neben einem Schmerzensgeldkapital von 120 000 Euro eine monatliche Schmerzensgeldrente von nur 150 Euro zubilligte, die einen Kapitalwert von rd. 30 000 Euro hat. Der Kläger hatte bei einem Verkehrsunfall schwere Schädelverletzungen davongetragen. Aus einem jungen Mann, der voll im Leben stand, Fußball spielte, jung verheiratet war und gerade erst ein Haus gebaut hatte, war ein Proband geworden, der der ständigen Beaufsichtigung und Pflege bedurfte. Potenz und Libido waren erloschen, so dass er ständig fürchtete, seine Frau werde ihn verlassen. Er litt unter Wortfindungsstörungen und rannte mit dem Kopf gegen die Wand, schlug mit den Fäusten gegen den Kopf, um die Worte, die er nicht fand, herauszuprügeln.

Ein Gesamtschmerzensgeld in Höhe von 150 000 Euro ist ebenso unangemessen wie die sehr geringe Rente.

b) Interessen der Versicherungswirtschaft

499 Die **Versicherungswirtschaft** hat am Abschluss der Schadensfälle ein enormes wirtschaftliches Interesse und ist schon deshalb gegen eine Rentenzahlung neben Schmerzensgeldkapital. Dieses Interesse ist (natürlich) kein beachtliches Argument gegen die Zubilligung einer Schmerzensgeldrente. Es ermöglicht es dem Richter aber, einen für den Verletzten günstigen Vergleich herbeizuführen, weil der Versicherer dadurch den Fall abschließen kann.

500 ▶ Hinweis:

Aber Achtung: Wenn Zukunftsschäden, die auch einen weiteren Schmerzensgeldanspruch begründen können, nicht auszuschließen sind, sollte nicht zu einem Vergleich zum Ausgleich aller gegenseitigen Ansprüche geraten werden.[554]

---

550 *BGH* Urt. v. 4.6.1996 – Az. VI ZR 227/94, NJWE-VHR 1996, 141 ff.
551 So auch *BGH* Urt. v. 15.3.1994 – Az. VI ZR 44/93 – NJW 1994, 1592, 1594.
552 *OLG Hamm* Urt. v. 12.2.2001 – Az. 13 U 147/00 – SP 2001, 267.
553 *OLG Oldenburg* Urt. v. 7.5.2001 – Az. 15 U 6/01 – SP 2002, 56.
554 S. Rdn. 650 ff.

B. Schmerzensgeld – Sonderfälle   Kapitel 19

c) Störung des Rechtsfriedens

Es wird der Einwand erhoben, dass durch die Rentenzahlung die **Störung des Rechtsfriedens** auf- 501
rechterhalten werde, weil sowohl der Schädiger als auch der Geschädigte fortlaufend an das schädigende Ereignis erinnert würden.

Für den Schädiger sei dies eine unnötige Härte. Es ist fraglich, ob dieser Einwand zieht. Er überzeugt 502
jedenfalls nicht, wenn ein Versicherer für den Schädiger eintritt. Für den Geschädigten gilt dies schon
deshalb nicht, weil dieser nicht durch die monatliche Überweisung, sondern durch die fortdauernde
Beeinträchtigung an das schädigende Ereignis erinnert wird. Die monatliche Rente erinnert ihn allenfalls daran, wie wenig seine körperliche Unversehrtheit »wert« ist.

Dieser Einwand wird berechtigterweise bei der Erörterung des Abfindungsvergleichs gebracht. Hier 503
kann es auch für den Geschädigten vorteilhaft sein und Auswirkungen auf den Heilungsprozess haben, wenn er die mit jeder Regulierung verbundenen Belastungen und Risiken durch einen Vergleich
beenden kann.

d) Schutz der Versichertengemeinschaft

Auf den **Schutz der Versichertengemeinschaft** hat der *BGH*[555] im Jahre 1985 abgestellt, als er sich 504
gegen die Festsetzung eines unter Berücksichtigung des Kapitalwertes der Rente zu reichlich bemessenen Schmerzensgeldes aussprach.

Er befürchtete, dass solche Entscheidungen Eingang in Tabellen finden könnten, an denen die Praxis 505
sich orientiert; dies würde zu einer **Aufblähung des allgemeinen Schmerzensgeldgefüges** beitragen,
die der Versichertengemeinschaft nicht zugemutet werden dürfe.

Auch in der Entscheidung des *BGH* zur Abänderungsklage[556] taucht dieser Schutzgedanke zu Guns- 506
ten der Versicherer wieder auf. Bei der Entscheidung über eine Abänderungsklage müsse auch berücksichtigt werden, ob die Zahlung einer höheren Rente dem Schädiger billigerweise zugemutet
werden könne.

e) Vorsterblichkeitsrisiko bei Schwerstverletzten

Als völlig verfehlt wird das Argument des **Vorsterblichkeitsrisikos bei Schwerstverletzten** – insbeson- 507
dere Gehirngeschädigten – für eine Rente neben dem Kapitalbetrag abgelehnt.[557] Zwar trifft es zu,
dass sich z. B. das bei der Geburt geschädigte Kind der schweren Dauerschäden nicht immer wieder
neu und schmerzlich bewusst werden kann. Weil aber ein erhebliches Vorsterblichkeitsrisiko besteht,
wäre gerade eine Rentenzahlung neben dem Schmerzensgeldkapital **geboten**, damit das verletzte
Kind nicht nach Rechtskraft des Urteils in ein Pflegeheim abgeschoben wird, dort alsbald verstirbt
und die Erben das volle Schmerzensgeldkapital »kassieren«.[558] Da aber nur der Kläger den Antrag auf

---

555 *BGH* Urt. v. 1.10.1985 – Az. VI ZR 195/84 – VersR 1986, 59: Bei deutlichem Überschreiten der Beträge,
    die von der Rspr. bisher in vergleichbaren Fällen zuerkannt worden sind, bedarf das einer ausreichenden
    Begründung, die u. a. erkennen lässt, dass (der Tatrichter) sich der Bedeutung seiner Entscheidung und
    seiner Verantwortung gegenüber der Gemeinschaft aller Versicherten bewusst ist.
556 *BGH* Urt. vom 15.5.2007 – Az. VI ZR 150/06 – VersR 2007, 961.
557 *OLG Celle* Urt. v. 23.2.1998 – Az. 1 U 1/97 n. v.
558 *OLG Köln* Urt. v. 23.7.1997 – Az. 5 U 44/97 – VersR 1998, 244 f. hält eine Aufteilung $1/3$ Kapital und $2/3$
    Rente für angemessen. Dabei ist zu berücksichtigen, dass der 5. Zivilsenat des *OLG Köln* einen hohen Rentenanteil insbesondere dann befürwortet, wenn das Schmerzensgeld schwerst hirngeschädigt geborenen
    Kindern zu zahlen ist. Dadurch werde vermieden, dass diese Kinder nach der Rechtskraft des Urteils in
    ein Heim abgeschoben würden, wo das Sterblichkeitsrisiko wesentlich erhöht sei. Durch die hohe Rente
    bestehe für die Angehörigen ein besonderes Interesse, den Rentenberechtigten möglichst lange am Leben
    zu erhalten. Diesem Gedanken widmet sich auch *Huber* NZV 1998, 345, 351; vgl. auch *Notthoff* VersR
    2003, 966 f., der eine Bereicherung der Erben als dem Billigkeitscharakter des Schmerzensgeldes zuwiderlaufend ansieht.

Zahlung einer Schmerzensgeldrente neben dem Schmerzensgeldkapital stellen kann, sind den Versicherern und dem Gericht die Hände gebunden, wenn die Eltern des schwerst hirngeschädigt geborenen Kindes keinen Rentenantrag stellen.

f) Sonderfall

508 Es gibt aber auch andere Fälle, in denen eine Schmerzensgeldrente geradezu geboten ist. Ertaubt z. B. ein Säugling infolge eines Behandlungsfehlers, so ist überhaupt nicht abzusehen, wie die **Geldwertentwicklung** sein wird. Neben einem Schmerzensgeldkapital muss ihm eine Schmerzensgeldrente mit der Möglichkeit der Abänderungsklage zugebilligt werden, damit er auch mit fortschreitendem Alter überhaupt noch eine angemessene Entschädigung erhält.

5. Abänderungsklage

509 Für junge Menschen kann eine Rente günstiger sein, wenn die Möglichkeit der **Abänderungsklage** nach § 323 ZPO bejaht wird.[559]

510 Ob eine zuerkannte Schmerzensgeldrente im Wege der **Abänderungsklage** nach § 323 ZPO später erhöht werden kann, ist nicht unbestritten.[560] Der *BGH*[561] setzt dies (obiter dictum) als selbstverständlich voraus, indem er einem jungen Geschädigten im Hinblick auf die Laufzeit der Rente die Möglichkeit zur Anpassung an die veränderten Verhältnisse nach § 323 ZPO zubilligt. Auch die Verschlimmerung des Leidens, eine bedeutsame Verbesserung der wirtschaftlichen Verhältnisse auf Seiten des Schädigers, eine exorbitante Änderung der in der Praxis vorgestellten Wertgrößen zum Schmerzensgeld oder gravierende Veränderungen des Lebenshaltungskostenindex sollen im Wege der Abänderungsklage geltend gemacht werden können.[562]

511 Das *LG Hannover*[563] hat dazu entschieden: Hat allerdings das Gericht bei der Bestimmung der Schmerzensgeldrente deren Kapitalbetrag errechnet und ist der Gesamtbetrag bestehend aus Kapital und laufender Rente an den Geschädigten ausbezahlt worden, so scheidet ab diesem Zeitpunkt eine Abänderungsklage aus, weil der Schmerzensgeldanspruch erfüllt ist. Diese Begründung ist nicht haltbar. Es geht nicht an, die Summe der Rentenzahlungen zu addieren, weil die monatlichen Zahlungen auch einen Zinsertrag enthalten. Das Gericht hätte allenfalls darauf abstellen dürfen, dass die Klägerin die statistische Lebenserwartung überschritten hat, was aber nicht der Fall war. Auch das wäre aber unerheblich. Die **Verurteilung zu einer Rente** ist **für beide Seiten ein Risiko**. Stirbt der Berechtigte früher, als nach der Statistik anzunehmen war, erhält er nicht den vollen Kapitalbetrag, der für die Rente errechnet wurde; stirbt er später, muss der Schädiger (Versicherer) über diesen Betrag hinaus leisten.

512 Auch die weitere Begründung der Kammer, bei einer Abänderung der Rente wäre die Klägerin besser gestellt als ein Geschädigter, dem nur ein Kapitalbetrag zugesprochen worden sei, stimmt so nicht. Die Klägerin hatte das volle Schmerzensgeld noch nicht erhalten und das *LG* hat nicht berücksichtigt, dass gerade bei Unfallopfern, die noch jung sind, ein Teil des Schmerzensgeldes als Rente zugesprochen wird, gerade um dem Verletzten die Möglichkeit der Abänderungsklage offen zu halten. Genau

---

559 Vgl. das Kap. Unfälle von Kindern und Minderjährigen im Straßenverkehr Kap. P Rdn. 136–148; *Vorwerk/Freyberger* Kap. 84 Rn. 184 und Kap. 86 Rn. 42.
560 Vgl. *Vorwerk/Freyberger* Kap. 84 Rn. 184 und Kap. 86 Rn. 42; *Notthoff* VersR 2003, 966, 970.
561 BGH Urt. v. 8.6.1976 – Az. VI ZR 216/74 – VersR 1976, 967, 969.
562 *Halm/Scheffler* DAR 2004, 71 f. m. w. N.
563 LG Hannover Urt. v. 3.7.2002 – Az. 7 S 1820/01 – NJW-RR 2002, 1253 = zfs 2002, 430. Die Revision wurde vom *BGH* durch Beschl. v. 28.11.2002 – Az. VI ZR 283/02 – nicht angenommen, woraus *Notthoff* VersR 2003, 966, 970 zu Unrecht folgert, der *BGH* habe auch die Argumentation des *LG Hannover* gebilligt; kritisch *Halm/Scheffler* DAR 2004, 71, 76, die die Entscheidung des *LG Hannover* letztlich billigen, ohne dass die Begründung der Entscheidung etwas für die Höhe des Zinsanteils in der monatlichen Rente hergibt.

dagegen wendet sich *Notthoff*⁵⁶⁴, der eine gewisse Besserstellung des Verletzten, der einen Teil des Schmerzensgeldes als Schmerzensgeldrente bezieht, nicht hinnehmen will.

Nach Auffassung des *OLG Nürnberg*⁵⁶⁵ kann die Erhöhung einer Schmerzensgeldrente im Wege der Abänderungsklage gem. § 323 ZPO nur verlangt werden, wenn 513
- sich die Bemessungsgrundlagen für die Rente, insbesondere die schweren Dauerschäden verändern haben und
- eine wesentliche Erhöhung des Lebenshaltungskostenindex eingetreten ist; eine Erhöhung um 10 % genügt nicht.

Eine **Verbesserung der Einkommensverhältnisse** des Schädigers kann zur Begründung der Abänderungsklage nur herangezogen werden, wenn diese bei der Bemessung des Schmerzensgeldes eine Rolle gespielt haben. 514

Die in dieser Entscheidung genannten Voraussetzungen sind nicht vollständig, denn eine Abänderungsklage muss bei einer Schmerzensgeldrente auch dann möglich sein, wenn z. B.
- feststeht, dass die Tendenz der Rspr. zu höherem Schmerzensgeld fortschreitet und das Schmerzensgeldniveau sich deutlich erhöht hat oder
- wenn die technische Entwicklung dem schwer Geschädigten neue Möglichkeiten eröffnet, durch eine höhere monatliche Rente einen besseren Ausgleich zu erlangen.

Die Tendenz der Rspr. zu höherem Schmerzensgeld ist vergleichbar einer Änderung der Rspr., für die der *BGH*⁵⁶⁶ die Abänderungsklage zugelassen hat.⁵⁶⁷ Die Literatur stand jedenfalls bisher einer Abänderungsklage, gestützt auf einen Wandel in der Rspr., ablehnend gegenüber. Da aber die Abänderungsklage nach einer Gesetzesänderung zugelassen wird, ist es nur konsequent, auch einen Wandel der höchstrichterlichen Rspr. als Abänderungsgrund zuzulassen. 515

Dabei ist richtigerweise kein Unterschied zwischen Parteivereinbarungen und gerichtlichen Urteilen zu machen.⁵⁶⁸

– Abänderungsklage nach Gesetzesänderung 516

Eine Gesetzesänderung hat schon das *RG*⁵⁶⁹ als Begründung für eine Abänderungsklage zugelassen und auch in Art. 6 Nr. 1 des Unterhaltsänderungsgesetzes von 1989 ist eine Abänderungsklage ausdrücklich zugelassen.

Ein Beispiel aus jüngerer Zeit ist § 828 Abs. 2 BGB. Nach dieser Bestimmung sind Kinder, die das siebte, aber noch nicht das zehnte Lebensjahr vollendet haben, für den Schaden, den sie bei einem Unfall mit einem Kfz usw. einem anderen zufügen, nicht verantwortlich. Auch diese Gesetzesänderung kann Anlass zu einer Abänderungsklage geben, sofern ein Kind zu künftig fällig werdenden wiederkehrenden Leistungen verurteilt worden ist. Auch Urteile auf Leistung einer Kapitalabfindung anstelle einer Rente sollen abänderbar sein.⁵⁷⁰ 517

– Abänderungsklage nach Änderung der Rspr. 518

Es bleibt zu fragen, welcher Zeitpunkt für eine Abänderung gerichtlicher Entscheidungen maßgebend ist.

Folgende Konstellation:

---

564 *Notthoff* VersR 2003, 966, 970.
565 *OLG Nürnberg* Urt. v. 16.1.1991 – Az. 9 U 2804/90 – zfs 1992, 115; so auch *Halm/Scheffler* DAR 2004, 71 ff. mit eingehender Darstellung der Rspr.
566 *BGH* Urt. v. 5.2.2003 – Az. XII ZR 29/00 – MDR 2003, 876.
567 Eingehend hierzu *Knoche/Biersack* MDR 2005, 12 f.
568 *Knoche/Biersack* S. 18.
569 *RG* Urt. v. 19.3.1941 – Az. IV 305/40 – RGZ 166, 303 f.
570 *Zöller/Vollkommer* § 323 Rn. 25.

Eine Partei betreibt seit längerem eine Abänderungsklage. Während des Verfahrens ändert sich die Rspr. Man könnte nun wie folgt argumentieren:

Die frühere Rspr. wurde wegen ihrer Fehlerhaftigkeit korrigiert, daher wird § 323 ZPO rückwirkend angewandt. Dies wird für die Fälle vertreten, in denen die Korrektur aus verfassungsrechtlichen Gründen geboten war. Diese Sichtweise verkennt aber, dass Änderungen in der Rspr. i. d. R. nicht wegen einer Fehlerhaftigkeit der früheren Judikatur erfolgen, sondern Ausfluss der von § 323 ZPO vorausgesetzten Änderung der tatsächlichen gesellschaftlichen Verhältnisse sind. Auch das (neue) Verfassungsverständnis beruht gegebenenfalls auf Änderungen infolge gesellschaftlicher Verhältnisse.

519 Maßgebender Zeitpunkt für die Abänderung einer gerichtlichen Entscheidung ist also der Zeitpunkt der Verkündung der Entscheidung, durch welche die Änderung einer bisherigen Judikatur bewirkt wird.

520 ▶ Hinweis:

Ob die Abänderungsklage alleine auf den Kaufkraftschwund gestützt werden kann, ist fraglich, erscheint aber möglich, wenn die Rente über ein oder zwei Jahrzehnte unverändert geblieben ist. Aussichtsreicher ist eine Abänderungsklage, mit der geltend gemacht werden kann, dass die Bemessungsfaktoren sich verändert haben, insbesondere wenn sich die Verletzungen verschlimmert oder die wirtschaftlichen Verhältnisse des Schädigers sich verbessert haben. Aussichtsreich ist nun auch eine Abänderungsklage mit der Begründung, dass die Gerichte heute höhere Schmerzensgeldbeträge zuerkennen.

521 Nunmehr hat der *BGH*[571] die Frage entschieden: Eine Schmerzensgeldrente kann im Hinblick auf den gestiegenen Lebenshaltungskostenindex abgeändert werden, wenn eine Abwägung aller Umstände des Einzelfalles ergibt, dass die bisher gezahlte Rente ihre Funktion eines billigen Schadensausgleichs nicht mehr erfüllt.

522 In diesem Leitsatz verbergen sich in mehrfacher Hinsicht Ausweichmöglichkeiten, die der *BGH* im nächsten Leitsatz auch andeutet: Falls nicht besondere zusätzliche Umstände vorliegen, ist eine Abänderung einer Schmerzensgeldrente bei einer unter 25 % liegenden Steigerung des Lebenshaltungskostenindexes in der Regel nicht gerechtfertigt. Im Streitfall konnte die Klägerin nur eine Steigerung des Lebenshaltungskostenindexes um 16,25 % in der Zeit von 1994 bis 2005 vortragen, eine Steigerung, die deutlich hinter der Forderung des *BGH* von 25 % zurückblieb.

523 Daraus folgt aber noch nicht, dass damit die Grenze aufgezeigt ist, oberhalb derer eine Abänderungsklage Erfolg haben wird. Zusätzlich müssen alle Umstände abgewogen werden und die Funktion des Schmerzensgeldes als Schadensausgleich darf nicht mehr gegeben sein.

524 Zu diesen Umständen sollen beispielsweise gehören die Rentenhöhe, der zugrunde liegende Kapitalbetrag und die bereits gezahlten und voraussichtlich noch zu zahlenden Beträge. Was damit genau gemeint ist, wird nicht deutlich, zumal der *BGH* (zu Recht) in dieser Entscheidung auch herausgestellt hat, dass die Summe der gezahlten Rentenbeträge völlig unerheblich ist.

525 Maßgebend für die Belastung des Schädigers ist nicht die Summe der gezahlten Rentenbeträge, sondern allein der Kapitalwert der Rente, denn die Zahlungen fließen aus den mit 5 % pauschal angenommenen Zinsen und dem danach ermittelten Kapitalwert.

526 Nur wenn der Schädiger vortragen kann, dass die Rentenzahlungen aus den Erträgen des Kapitalwertes nicht mehr aufgebracht werden können, weil die Gewinne aus der Kapitalanlage hinter den Erwartungen zurückgeblieben sind, können die Rentenzahlungen eine Rolle spielen. Dafür kann die Versicherungswirtschaft aber nicht vortragen, weil sie auch in der Vergangenheit Zinsen in Höhe von durchschnittlich 5 % erwirtschaftet hat.

---

571 *BGH* Urt. v. 15.5.2007 – Az. VI ZR 150/06 – VersR 2007, 961.

Natürlich spielt es für die Zukunft eine Rolle, wie lange die Schmerzensgeldrente noch gezahlt werden muss, denn für den Erhöhungsbetrag muss ein neuer Kapitalwert – wieder nach einem Zinsertrag von 5 % – ermittelt werden. Auch wenn ergänzend ausgeführt wird, es sei auch zu berücksichtigen, ob die Zahlung einer höheren Rente dem Schädiger billigerweise zugemutet werden könne[572], folgt daraus nicht, dass die berechtigten Interessen des Geschädigten in diesem Kontext überhaupt gesehen werden. 527

Es ist richtig, dass eine Schmerzensgeldrente nicht der täglichen Deckung eines konkret ermittelten Bedarfs dient und deshalb im Allgemeinen nicht unmittelbar an das Niveau der Lebenshaltungskosten angebunden ist. Das Schmerzensgeld, das in der Vergangenheit – und um solche Schmerzensgeldrenten geht es bei der Abänderungsklage – meist viel zu niedrig bemessen wurde, dient der Befriedigung von Bedürfnissen und der Verschaffung von Erleichterungen für den Verletzten. Gerade in diesem Bereich sind die Kostensteigerungen sicher nicht hinter der Steigerung von Lebenshaltungskosten zurückgeblieben. 528

In der Entscheidung (des *BGH*) für die Zulässigkeit einer Abänderungsklage zeigt sich ein Widerspruch zum angeblich einheitlichen Schmerzensgeld. Wurde der Verletzte mit einem Kapitalbetrag abgefunden, kommt eine Erhöhung aus Gründen der Rechtskraft nicht in Betracht. Wurde dagegen zum Kapitalbetrag eine Schmerzensgeldrente zuerkannt, kann das insgesamt zu zahlende Schmerzensgeld über den Weg der Abänderungsklage nachträglich erhöht werden. 529

Ergebnis: 530

Eine Abänderungsklage ist ein wenig taugliches Mittel, ein meist viel zu niedriges Schmerzensgeld angemessen zu erhöhen. In Zeiten geringer Inflation müssen viele Jahre, oft fast zwei Jahrzehnte, vergehen, bis die vom *BGH* errichtete Hürde der Steigerung um mindestens 25 % überwunden werden kann.

Schaut man auf die seit vielen Jahren niedrige Inflationsrate von rd. 2 %, bedeutet dies, dass eine Abänderungsklage erst nach mehr als 12 Jahren Aussicht auf Erfolg haben kann. Bevor das Gericht dann rechtskräftig entschieden hat, gehen weitere Jahre ins Land, so dass die Inflationsrate bis zur Entscheidung schließlich mehr als 30 % betragen wird. Die Anpassung wird aber nicht so hoch ausfallen, weil diese nicht mathematisch vorgenommen wird. Der Verletzte wird dann allenfalls mit einer Erhöhung der Schmerzensgeldrente um rd. 15–20 % rechnen können.

6. Dynamische Schmerzensgeldrente

Die **Gewährung einer »dynamischen« Schmerzensgeldrente**, z. B. durch Koppelung mit dem amtlichen Lebenshaltungskostenindex, hat der *BGH*[573] verneint. 531

Eine solche dynamische Rente würde die Funktion der Rente als eines billigen Ausgleichs in Geld nicht gewährleisten. Auf eine »dynamische« Schmerzensgeldrente habe der Verletzte schon deshalb keinen Anspruch, weil es im pflichtgemäßen Ermessen des Tatrichters stehe, ob er die Zubilligung einer Rente überhaupt für angemessen halte. Gegen eine »dynamische« Schmerzensgeldrente spreche auch, dass das Urteil das Schmerzensgeld im Grundsatz endgültig feststellen solle. Genau das wäre das Argument gegen die Zulässigkeit einer Abänderungsklage, die der *BGH* aber problemlos als zulässig ansieht. 532

---

572 *Diederichsen* DAR 2008, 301, 310.
573 *BGH* Urt. v. 3.7.1973 – Az. VI ZR 60/72 – VersR 1973, 1067 = NJW 1973, 1653 f.; vgl. auch *Notthoff* VersR 2003, 966, 969, der meint, dass die Schmerzensgeldrente keinesfalls dynamisiert werden dürfe, weil der Wert der Gesundheit und des seelischen Wohlbefindens inkommensurabel seien, eine Regel, an die sich § 253 BGB aber gerade nicht hält. Vgl. hierzu auch das Kap. Unfälle mit Kindern und Minderjährigen im Straßenverkehr, Kap. P Rdn. 113–118.

533 Gegner der Dynamisierung[574] machen ferner geltend, eine Dynamisierung könne dem Schädiger unter Berücksichtigung volkswirtschaftlicher Argumente nicht zugemutet werden. Die Geldentwertung wirke sich auch auf die wesentlichen Verhältnisse des Schädigers aus und mit zunehmender Geldentwertung bestehe die Gefahr, dass die Haftungshöchstgrenzen erreicht würden. Dem Schädiger könne doch nicht zugemutet werden, noch nach Jahren sein Einkommen auf Grund der monatlichen Schmerzensgeldrente nunmehr etwa auf die Pfändungsgrenzen zu beschränken. Eine solche Folgerung missachtet die Interessen des Verletzten. Der Schädiger soll seine Schuld bezahlen. Er ist nicht zu bedauern, weil ihm die Flucht in die Pfändungsgrenze lästig sein könnte.

534 Diese Argumentation, wenn sie denn je zutreffend war, überzeugt heute nicht (mehr). Oft ist abzusehen, dass Schmerzensgeldrenten über Jahrzehnte hinweg gezahlt werden müssen. Mit einer Abänderungsklage mag der Geschädigte zwar eine gewisse Steigerung erreichen, dies aber nur in großen zeitlichen Abständen und mit Sicherheit nicht i. H. d. Steigerung der Lebenshaltungskosten. Das weitere Argument des *BGH*,[575] eine dynamische Schmerzensgeldrente könne dem Schädiger wirtschaftlich unter Berücksichtigung allgemeiner volkswirtschaftlicher Gesichtspunkte nicht zugemutet werden, ist heute ebenfalls nicht mehr gültig.

535 ▶ Praxistipp:
- Eine Schmerzensgeldrente neben einem Schmerzensgeldkapital wird nur zuerkannt, wenn sie vom Kläger **beantragt**[576] wird.
- Ob ein Antrag auch auf Schmerzensgeldrente gestellt werden soll, lässt sich nicht allgemein verbindlich beantworten, das hängt vom Einzelfall ab. Ein Antrag auf Schmerzensgeldrente kann sinnvoll sein, um die Vergleichsbereitschaft des hinter dem Schädiger stehenden Haftpflichtversicherers zu erhöhen. Kommt es nicht zu dem angestrebten Vergleich, kann der Kläger den Antrag immer noch auf Zahlung eines Schmerzensgeldkapitals (ohne Rente) umstellen, wenn der Kapitalbetrag der Rente relativ hoch ist.
- Sinnvoll ist ein Antrag auch, wenn der Verletzte schon älter ist, der Kapitalbetrag der Rente also relativ gering ist.
- Riskant ist ein Antrag auf Schmerzensgeldrente, wenn der Verletzte jung ist. Zwar mag nach längerer Zeit eine Abänderungsklage möglich sein, zunächst aber fällt die Rente (meist) niedrig aus, weil der Kapitalbetrag der Rente relativ hoch ist, z. B. bei schwerst hirngeschädigt geborenen Kindern, bei denen die Lebenserwartung vermutlich nur wenige Jahre beträgt. Zu erwägen bleibt jedoch, dass die Rente derzeit eine Verzinsung von $6^2/_3$ % vor Steuern für die gesamte Dauer der Laufzeit garantiert (s. u. Abschnitt VII.).

7. Kapitalisierung

536 Um eine angemessene Rente zusprechen zu können, ist es geboten, die zuerkannte Rente zu kapitalisieren. Hierfür ist die Zeit maßgeblich, die der Geschädigte die Rente erhalten wird, vereinfacht gesagt also der Rest seines Lebens. Um einen Kapitalbetrag errechnen zu können, wird daher auf die vom statistischen Bundesamt herausgegebenen Sterbetabellen[577] zurückgegriffen, mit Hilfe derer die Restlebenszeit prognostiziert werden kann. Die Summe des zuerkannten Schmerzensgeldkapitals und des Kapitalwertes der Rente ergibt das zuerkannte Schmerzensgeld.

537 Erfreulicherweise wird bei Schmerzensgeldrenten mit einem Kapitalisierungszinssatz von 5 % gerechnet und nicht mit einem der derzeitigen Zinslage entsprechenden Zinssatz von maximal rd.

---

574 *Notthoff* VersR 2003, 966, 969.
575 *BGH* Urt. v. 3.7.1973 – Az. VI ZR 60/72 – VersR 1973, 1067 = NJW 1973, 1653 f.
576 *Geigel/Pardey* Kap. 7 Rn. 19 und 26; *BGH* Urt. v. 21.7.1998 – Az. VI ZR 276/97 – NJW 1998, 3411; *Haupfleisch* DAR 2003, 403, 405, schlägt vor, dass eine Schmerzensgeldrente nicht nur vom Antrag des Klägers abhängen dürfe, sondern auch auf Antrag des Beklagten zuerkannt werden können soll.
577 Im Internet erhältlich unter http://www.destatis.de. Die derzeit maßgebliche Sterbetabelle datiert von 2003/2005, *Küppersbusch* Nachtrag S. 44 f.; *Himmelreich/Halm* Rn. 5295 ff.

B. Schmerzensgeld – Sonderfälle

3 %. Dies hat zur Folge, dass der Kapitalwert der Rente deutlich niedriger ausfällt als bei einem niedrigeren Zinssatz. Diese Praxis wird angegriffen, wenn es darum geht, eine Rente zu kapitalisieren und in einem Betrag auszuzahlen; hier wirkt sich der hohe Zinssatz so aus, dass der auszuzahlende Betrag viel zu niedrig ausfällt. Bei der Errechnung des Kapitalwertes des Schmerzensgeldes wirkt sich dies umgekehrt aus, so dass die Geschädigten einen bisher nicht erkannten – jedenfalls nicht diskutierten – Vorteil erfahren.[578] Wird weiter berücksichtigt, dass auf die Schmerzensgeldrente keine Kapitalertragsteuer (ab 2009 25 %) erhoben wird, bedeutet dies wirtschaftlich eine Verzinsung von $6^2/_3$% nach Steuern, eine Rendite, die ohne jede Verwaltungsaufwand für die Dauer der Laufzeit der Rente sicher und derzeit als recht hoch anzusehen ist.

Die nachfolgende Tabelle dient zur Kapitalisierung von Renten. Ihr liegt der regelmäßig angesetzte Langzeitzins von 5 % zugrunde.[579] Zur Berechnung ist zunächst der Monatsbetrag der angemessenen Rente mit zwölf (Jahressumme) und dann mit dem sich aus der Tabelle ergebenden Multiplikator zu multiplizieren.

538

▶ **Beispiel:**

539

Ein 25 Jahre alter Geschädigter soll eine monatliche Rente von 350 Euro erhalten. Aus der Tabelle (25 Jahre, männlich) ergibt sich ein Multiplikator von 19,208.

Berechnet wird mithin: 350 Euro × 12 × 19,208 = 80 673,60 Euro kapitalisiert.

Sterbetafel	Verzinsung 5 %		Sterbetafel	Verzinsung 5 %	
Lebensalter	männlich	weiblich	Lebensalter	männlich	weiblich
0	20,444	20,588	46	16,311	17,365
1	20,427	20,574	47	16,105	17,195
2	20,400	20,554	48	15,888	17,174
3	20,370	20,532	49	15,667	16,837
4	20,339	20,509	50	15,435	16,646
5	20,307	20,484	51	15,197	16,446
6	20,272	20,459	52	14,948	16,240
7	20,236	20,432	53	14,695	16,026
8	20,199	20,404	54	14,431	15,803
9	20,159	20,374	55	14,163	15,569
10	20,117	20,343	56	13,884	15,328
11	20,074	20,311	57	13,597	15,077
12	20,028	20,276	58	13,306	14,817
13	19,980	20,231	59	13,004	14,546
14	19,929	20,203	60	12,694	14,262

540

---

578 *Nehls* zfs 2004, 193 ff. Ohne Begründung rechnet der 9. Zivilsenat des *OLG Hamm* Beschl. v. 11.9.2002 – Az. 9 W 7/02 – VersR 2003, 780 = DAR 2003, 172, mit 4 %, wodurch sich der Kapitalwert der Rente um 25 % erhöht.

579 Der *BGH* hat Zinsen von 5 % bis 5,5 % als Langzeitzins für akzeptabel gehalten. Weitergehende ausführliche Zinstabellen zur Kapitalisierung von Renten finden sich etwa bei *Xanke* und *Küppersbusch* S. 287 ff. und in der Zeitschrift VersR, 2004, 1528 ff.

Sterbetafel	Verzinsung 5 %		Sterbetafel	Verzinsung 5 %	
Lebensalter	männlich	weiblich	Lebensalter	männlich	weiblich
15	19,876	20,164	61	12,380	13,974
16	19,821	20,122	62	12,059	13,673
17	19,764	20,079	63	11,734	13,362
18	19,704	20,034	64	11,408	13,043
19	19,643	19,987	65	11,075	12,714
20	19,580	19,937	66	10,740	12,380
21	19,512	19,885	67	10,399	12,032
22	19,442	19,830	68	10,062	11,675
23	19,368	19,773	69	9,727	11,314
24	19,290	19,712	70	9,386	10,943
25	19,208	19,649	71	9,041	10,568
26	19,123	19,583	72	8,692	10,185
27	19,034	19,514	73	8,338	9,798
28	18,939	19,440	74	7,988	9,403
29	18,840	19,364	75	7,640	9,006
30	18,737	19,284	76	7,304	8,607
31	18,628	19,200	77	9,966	8,208
32	18,515	19,112	78	6,647	7,822
33	18,397	19,019	79	6,321	7,430
34	18,272	18,923	80	6,010	7,041
35	18,142	18,821	81	5,685	6,647
36	18,007	18,716	82	5,383	6,271
37	17,866	18,606	83	5,106	5,907
38	17,719	18,490	84	4,480	5,557
39	17,565	18,370	85	4,594	5,230
40	17,406	18,244	86	4,360	4,903
41	17,241	18,112	87	4,148	4,586
42	17,068	17,975	88	3,949	4,295
43	16,890	17,831	89	3,782	4,032
44	16,705	17,682	90	3,647	3,782
45	16,510	17,527			

8. Fehler bei der Ermittlung des Kapitalwertes der Rente

Das *OLG Hamm*[580] bewilligte einem knapp zwei Jahre alten Mädchen, das bei einem Verkehrsunfall eine Querschnittslähmung zwischen dem letzten Hals- und Brustwirbel erlitt, Prozesskostenhilfe für eine Klage auf Zahlung eines Schmerzensgeldkapitals von 250 000 Euro und für eine monatliche Schmerzensgeldrente von 500 Euro, woraus der Senat ein Schmerzensgeld von insgesamt rd. 395 000 Euro errechnete. Zusätzlich sollten der Klägerin noch 20 000 Euro zustehen, weil dem Versicherer ein verzögerliches Regulierungsverhalten zur Last fiel. Das Argument der Klägerin, ihre Lebenserwartung sei infolge der schweren körperlichen Schäden wesentlich geringer als die statistische Lebenserwartung, so dass der Kapitalbetrag nur bei einer höheren Rente erreicht würde, ließ das Gericht nicht gelten. Fehler in der Prognose der Lebenserwartung könnten sich zugunsten oder zu Lasten der Klägerin auswirken. Der Senat hat sich bei der Berechnung des Kapitalwertes der Rente eine nicht vorhandene Sachkunde angemaßt, denn die Frage, ob die Lebenserwartung eines im Alter von zwei Jahren querschnittsgelähmten Mädchens auch nur annähernd der eines gesunden Kindes entsprechen kann, kann nur ein medizinischer Sachverständiger beantworten. Bei den schweren Verletzungen des Kindes, das unfallbedingt äußerst anfallgefährdet immer wieder unter schweren Lungenerkrankungen litt und künstlich beatmet werden musste, liegt es auf der Hand, dass das Kind in jungen Jahren sterben kann, so dass in diesen Fällen immer ein Sachverständigengutachten eingeholt werden muss.

541

Wenn das *OLG Hamm* der Klägerin also ein Schmerzensgeld i. H. v. 395 000 Euro zukommen lassen wollte, hätte es entweder diesen Betrag zusprechen oder über die konkrete Lebenserwartung Beweis erheben müssen oder es hätte eine nach seinem Ermessen angemessene monatliche Rente ohne Rücksicht auf die Höhe des kapitalisierten Betrages festsetzen sollen. Der Klägerin wäre dann für die Dauer des Leidens der Ausgleich gewährt worden.

542

Fehlerhaft ist auch die Entscheidung des *LG Hannover*,[581] das die Auffassung vertreten hat, dass eine Abänderungsklage ausscheide, wenn die Summe der Rentenzahlungen den Kapitalwert der Rente erreicht habe, wenn der Gesamtbetrag bestehend aus Kapital und laufender Rente an den Geschädigten ausbezahlt worden, dann sei der Schmerzensgeldanspruch erfüllt. Diese Begründung ist nicht haltbar. Es geht nicht an, die Summe der Rentenzahlungen zu addieren, weil die monatlichen Zahlungen auch einen Zinsbetrag enthalten. Das Gericht hat nicht verstanden, wie der Kapitalwert einer Rente ermittelt wird.

543

C. Prozessrecht

Schrifttum
van Bühren, Anwaltshandbuch Verkehrsrecht 2003; *Budewig/Gehrlein*, Haftpflichtrecht nach der Reform 2003; *Dauner-Lieb/*Bearbeiter, Anwaltskommentar Schuldrecht 2002; *Deutsch/Ahrens*, Deliktsrecht 4. Aufl. 2002; *Diederichsen*, Die Rechtsprechung des BGH zum Haftpflichtrecht DAR 2003, 241; *dies.*, Die Rechtsprechung des BGH zum Haftpflichtrecht DAR 2004, 301; *dies.*, Die Rechtsprechung des BGH zum Haftpflichtrecht, DAR 2005, 301; *dies.*, Neues Schadenersatzrecht; Fragen der Bemessung des Schmerzengeldes und seiner prozessualen Durchsetzung VersR 2005, 433; *Euler*, Der Abfindungsvergleich SVR 2005, 10; *Gerken*, Probleme der Anschlussberufung nach § 524 ZPO NJW 2002, 1095; *v. Gerlach*, Die prozessuale Behandlung von Schmerzensgeldansprüchen VersR 2000, 525; *Grunsky*, Der Tatsachenstoff im Berufungsverfahren nach der Reform der ZPO NJW 2002, 800; *Jaeger*, Klageantrag bei der Geltendmachung von Schmerzensgeld, MDR 1996, 888; *ders.*, Kapitalisierung von Renten im Abfindungsvergleich VersR 2006, 597 und 1328; *ders.*, Vorteile und Fallstricke des neuen Adhäsionsverfahrens VRR 2005, § 287 ZPO; *Jaeger/Luckey*, Schmerzensgeld 5. Aufl.

---

580 *OLG Hamm* Beschl. v. 11.9.2002 – Az. 9 W 7/02 – VersR 2003, 780 = OLGR 2003, 167 = DAR 2003, 172. Auffallend ist der hohe Kapitalwert der Schmerzensgeldrente von rd. 145 000 Euro. Dieser errechnet sich aus einem Zinsfuß von 4 %, den – soweit ersichtlich – bundesweit nur der 9. Zivilsenat des *OLG Hamm* annimmt. Alle anderen OLG berechnen den Kapitalwert einer Schmerzensgeldrente nach einem Zinsfuß von 5 %, was für den Verletzten 20 % günstiger ist.
581 *LG Hannover* Urt. v. 3.7.2002 – Az. 7 S 1820/01 – NJW-RR 2002, 1253 = zfs 2002, 430.

2010; *Küppersbusch*, Ersatzansprüche bei Personenschaden 10. Aufl. 2010; *Kornes*, Flexibler Realzins statt 5%-Tabellenzins r+s 2003, 485 und r+s 2004, 1 ff.; *Lang*, Der Abfindungsvergleich beim Personenschaden VersR 2005, 894 ff.; *Langenick/Vatter*, Aus der Praxis für die Praxis: Die aufgeschobene Leibrente – ein Buch mit sieben Siegeln? NZV 2005, 10 ff.; *Luckey*, Neues Schadensersatzrecht – neue Probleme? PVR 2005, 44; *Müller*, Spätschäden im Haftpflichtrecht VersR 1998, 129; *dies.*, Zum Ausgleich des immateriellen Schadens nach § 847 BGB VersR 1993, 909; *Musielak*, ZPO Kommentar 5. Aufl. 2007; *Nehls*, Kapitalisierung und Verrentung von Schadensersatzforderungen zfs 2004, 193; *ders.*, Der Abfindungsvergleich beim Personenschaden SVR, 2005, 161 ff.; *ders.*, Kapitalisierung von Schadensersatzrenten VersR 1981, 407; *Schneider*, Die Klage im Zivilprozess 2. Aufl. 2004; *Steffen*, Das Schmerzensgeld im Wandel eines Jahrhunderts DAR 2003, 201; *Vorwerk/Freyberger*, Prozessformularbuch, 7. Aufl. 2002; *Weiner/Ferber*, Handbuch des Adhäsionsverfahrens 1. Aufl. 2008; *Zöller*/Bearbeiter, Kommentar zur ZPO 28. Aufl. 2010.

I. Verfahrensrechtliche Besonderheiten

1. Beweislast

544   Grundsätzlich gilt, dass der Geschädigte den Nachweis zum Grund und zur Höhe des Schadens führen muss.

a) Beweismaß des § 286 ZPO

545   Der Geschädigte muss für die Rechtsgutverletzung durch den Schädiger, für die haftungsbegründenden Kausalität gem. § 286 ZPO den sog. Voll- oder Strengbeweis führen. Das bedeutet, dass der Richter vom Ergebnis der Beweisaufnahme überzeugt sein muss; weniger als die Überzeugung von der Wahrheit, bloßes Glauben, Wähnen, Für Wahrscheinlichhalten, reicht nicht aus.[582]

546   Mehr als die Überzeugung wird aber nicht gefordert, absolute, über jeden Zweifel erhabene Gewissheit ist nicht erforderlich. Für den Richter genügt die persönliche Gewissheit, die den Zweifeln Schweigen gebietet, ohne sie völlig auszuschließen.

547   Besondere Bedeutung hat die Beweislast bei der Geltendmachung von Schadensersatzansprüchen nach einem behaupteten HWS-Schleudertrauma[583] oder aus einem Schockschaden.[584]

548   Dabei ist zu berücksichtigen, dass sich schwierige Beweislagen ohne Eingriff in das Beweisrecht häufig dadurch lösen lassen, dass auf den Anscheinsbeweis, die Beweislastumkehr oder auf tatsächliche Vermutungen zurückgegriffen werden kann.

549   Die Regeln des Anscheinsbeweises greifen ein bei einem typischen Geschehensablauf, der in eine typische Gefährdung mündet und dabei einen typischen Schaden hervorruft. Verstößt der Geschädigte gegen ein Schutzgesetz, greift der Anscheinsbeweis ein, wenn sich gerade die Gefahr verwirklicht hat, der das Schutzgesetz entgegenwirken sollte.

550   Greift ein Anscheinsbeweis ein, muss der Schädiger diesen entkräften und darlegen und beweisen, dass ein atypischer Geschehensablauf vorliegt.

b) Beweismaß des § 287 ZPO

551   Die Bestimmung ist anwendbar auf die Höhe von Schadensersatz- und sonstigen vermögensrechtlichen Ansprüchen, deren Aufklärung unverhältnismäßig schwierig ist. Nach dieser Bestimmung tritt an die Stelle des Vollbeweises das Ermessen des Gerichts. Dabei wird in Kauf genommen, dass die richterliche Schätzung unter Umständen mit der Wirklichkeit nicht übereinstimmt. Das Gericht kann und muss gelegentlich bei besonderer Schwierigkeit des Schadensnachweises zur Schätzung eines bloßen Mindestschadens greifen.

---

582 Zöller/*Greger* § 286 ZPO Rn. 18.
583 Rdn. 227–250.
584 Rdn. 343–347.

2. Rentenzahlung und Kapitalisierung

Beim Erwerbsschaden, beim Unterhaltsschaden, beim Schmerzensgeld[585] und beim Mehrbedarf kommt eine Rentenzahlung in Betracht. Dabei ist darauf zu achten, dass jede Rente gesondert beantragt und zuerkannt werden muss. Das gilt nicht zuletzt deshalb, weil Beginn, Dauer und Höhe unterschiedlich und Abänderungen unterworfen sein können.

553

Die Laufzeit einer Rente richtet sich danach, welcher Schaden ausgeglichen werden soll.

554

Eine Erwerbsschadensrente ist i. d. R. für die Dauer der restlichen Erwerbstätigkeit zu entrichten. Das ist auch in Zeiten hoher Arbeitslosigkeit bei einem nicht selbständig Tätigen grundsätzlich bis zur Vollendung des 65. Lebensjahres.[586] Bestehen allerdings gesicherte Anhaltspunkte dafür, dass der Verletzte oder Getötete vor Erreichung der Altersgrenze aus dem Erwerbsleben ausgeschieden wäre, ist dieser Zeitpunkt zugrunde zu legen.

555

Bei einer Unterhaltsrente ist zu berücksichtigen, dass sich die Höhe des Unterhaltsanspruchs mit dem voraussichtlichen Ausscheiden des Getöteten aus dem Erwerbsleben verändert und der Rente ab diesem Zeitpunkt nicht mehr das zuletzt erzielte Nettoeinkommen des Getöteten zugrunde gelegt werden kann. Das ist jedenfalls mit Vollendung des 65. Lebensjahres der Fall. Im Übrigen ist die Dauer der Unterhaltsverpflichtung zu beachten, z. B. bei Waisen die voraussichtliche Aufnahme einer Erwerbstätigkeit. Bei der Witwen/r-Rente spielt neben der Lebenserwartung des Getöteten das mögliche Vorversterben des Berechtigten oder eine Wiederverheiratung für das Ende das Anspruchs eine Rolle.

556

Die Grenze der Unterhaltspflicht wird also bestimmt durch:
– das statistisch ermittelte mutmaßliche Lebensende des Unterhaltsverpflichteten,
– den Tod des Unterhaltsberechtigten,
– Wegfall oder Verringerung der Unterhaltsverpflichtung infolge Leistungsunfähigkeit oder Wegfall der Unterhaltsbedürftigkeit.

557

Demgegenüber ist eine Rente wegen Mehrbedarfs i. d. R. ein Leben lang zu zahlen, so dass bei einer Kapitalisierung der Rente die mutmaßliche Lebenserwartung des Verletzten zu berücksichtigen ist.

3. Voraussetzung der Kapitalisierung von Renten im Abfindungsvergleich

Der Abfindungsvergleich beim Personenschaden, insbesondere die damit verbundene Kapitalisierung von Renten, war in den Jahren 2004 und 2005 Thema mehrerer Abhandlungen.[587] Von diesen Autoren bekennen sich Lang (Allianzversicherung) und Euler (R+V Versicherung) zur Versicherungswirtschaft, während *Nehls* (seit Jahrzehnten) den Gegenpart spielt.[588]

558

a) Voraussetzungen der Kapitalisierung

Ausgangspunkt sind immer die §§ 843 Abs. 3, 844 Abs. 2 BGB: Kapitalisierung nur, wenn ein wichtiger Grund vorliegt. Alle Autoren sind sich einig, dass ein wichtiger Grund (fast) nie gegeben ist,

559

---

585 Die folgenden Ausführungen zur Kapitalisierung von Renten beziehen sich nicht auf Schmerzensgeldrenten, denn beim Schmerzensgeld wird der Verletzte in Vergleichsverhandlungen nur einen Kapitalbetrag fordern und gerade keine Rente.
586 *BGH* Urt. v. 27.1.2004 – Az. VI ZR 342/02 – BGH-Report 2004, 872.
587 *Kornes* r+s 2003, 485 (Teil II) r+s 2004, 1; *Nehls* zfs 2004, 193; *Langenick/Vatter* NZV 2005, 10.; *Euler* SVR 2005, 10; *Nehls* SVR 2005, 161; *Lang* VersR 2005, 894; *Jaeger* VersR 2006, 597 und 1328.
588 *Nehls* VersR 1981, 407.

dass insoweit obergerichtliche Entscheidungen (weitgehend) fehlen, dass aber in der (außergerichtlichen!) Praxis Personenschäden nahezu ausnahmslos durch Abfindungsvergleiche reguliert werden.

b) Gelebte Kapitalisierung

560 Die Versicherungswirtschaft weiß, dass heute nahezu ausnahmslos kapitalisiert wird und *Nehls*[589] hat Recht, wenn er behauptet: zu den Bedingungen der Haftpflichtversicherer. Kommt es nicht zu einer Einigung, bleibt es bei der Rentenzahlung.[590] Klagen auf Kapitalisierung gab und gibt es praktisch nicht. *Lang*[591] bestätigt dies und bezeichnet die Praxis als »gelebte« Kapitalisierung, die aktuell in einer Vielzahl der schweren Personenschäden einvernehmlich gelinge. Sie sei eindrucksvoller Beleg für eine funktionierende und bewährte Regulierungspraxis; dies gelte für die persönlichen Ansprüche des Geschädigten, aber auch für die Abfindung der Sozialversicherungsträger.

c) Anspruch des Verletzten auf Kapitalisierung bei wichtigem Grund[592]

561 Nun hat die Literatur erhebliche Schwierigkeiten zu definieren, was ein wichtiger Grund ist. Rspr. dazu gibt es nämlich fast nicht.[593] *Lang*[594] kann sich nur auf eine *RG*-Entscheidung[595] und auf *OLG Stuttgart*[596] berufen. Das *RG* hat eine obergerichtliche Entscheidung bestätigt, in der ein wichtiger Grund angenommen worden ist, weil eine junge Frau den Wunsch nach Kapitalisierung damit begründete, dass sie schadensbedingt Kapitalbedarf habe, um eine Existenz aufzubauen, statt ein Leben lang untätig herumzusitzen. Das *OLG Stuttgart*[597] akzeptierte den Wunsch der Eltern eines schwerbehindert geborenen Kindes nach Kapitalisierung, um eine Verbesserung der Ausstattung und die Schaffung des räumlichen Mehrbedarfs des Hauses zu ermöglichen. Ansonsten soll ein wichtiger Grund vorliegen in dem Fall, dass der Schädiger, nachdem die Deckungssumme erschöpft war und der Haftpflichtversicherer die Zahlungen eingestellt hatte, sein Vermögen durchbringen wollte, um nicht länger Schadensersatz leisten zu müssen.[598] *Langenick/Vatter*[599] sehen als wichtige Gründe nach ständiger Rechtsprechung etwa einen zu erwartenden günstigen Einfluss einer Abfindung auf den Zustand des Geschädigten oder den Wunsch, sich mit dem Kapital eine neue Existenz zu schaffen.[600]

562 Eine neuere Entscheidung des *LG Stuttgart*[601] bejaht einen wichtigen Grund, wenn der Geschädigte unfallbedingt
– unter der bisherigen Wohnungssituation leidet,
– unfallbedingt ein Haus in ruhiger Wohnlage benötigt,
– durch das Regulierungsverhalten des Haftpflichtversicherers über mehr als 20 Jahre (!) zermürbt ist und
– die wirtschaftliche Zukunft des Geschädigten durch die Kapitalabfindung nicht gefährdet ist.

563 In dieser Kumulation kann kein Zweifel bestehen, dass ein wichtiger Grund vorlag.

---

589 *Nehls* zfs 2004, 193 f.; *Euler* SVR 2005, 10.
590 *Lang* VersR 2005, 894 f.
591 *Lang* VersR 2005, 894.
592 Vgl. dazu grundlegend: *Jaeger* VersR 2006, 597 und 1328.
593 *Nehls* zfs 2004, 193 ff.
594 *Lang* VersR 2005, 894 f.
595 *RG* Urt. v. 26.1.1933 – Az. VI 352/32 – JW 1933, 840.
596 *OLG Stuttgart* Urt. v. 30.1.1997 – Az. 14 U 45/95 – VersR 1998, 366.
597 *OLG Stuttgart* Urt. v. 30.1.1997 – Az. 14 U 45/95 – VersR 1998, 366.
598 *BGH* Urt. v. 8.1.1981 – Az. VI ZR 128/79 – VersR 1981, 283 f.
599 *Langenick/Vatter* NZV 2005, 10, 12.
600 S. o. und *RG* Urt. v. 26.1.1933 – Az. VI 352/32 – JW 1933, 840.
601 *LG Stuttgart* Urt. v. 15.12.2004 – Az. 14 O 542/01 – SVR 2005, 186 f.

Unabhängig davon, ob ein genereller Anspruch auf Kapitalisierung bejaht werden kann oder soll, muss bei der Entscheidung ob für die Kapitalisierung ein wichtiger Grund vorliegt, zugleich die Feststellung getroffen werden, dass der Kapitalisierung ein wichtiger Grund nicht entgegensteht. 564

Als solche Gründe, die einer Kapitalisierung entgegenstehen können kommen in Betracht: 565
– Die wirtschaftliche Zukunft des Geschädigten ist bei einer Kapitalisierung gefährdet.[602]
– Der Geschädigte ist minderjährig, so dass die Gefahr besteht, dass der Kapitalbetrag nicht (nur) für ihn verwendet wird.
– Die Schadensentwicklung ist noch nicht überschaubar, weil
– Dauerfolgen einer schweren Verletzung noch unklar sind,[603] oder weil
– bei Kinderunfällen regelmäßig Anhaltspunkte dafür fehlen, wie sich die berufliche Entwicklung ohne die Schädigung gestaltet hätte und wie sie sich gestalten wird.

Aus alledem folgt, dass in vielen Fällen mit Personenschaden ein wichtiger Grund vorliegen kann, der einen Anspruch auf Kapitalisierung begründen kann, dass also auf die Kapitalisierung ohne weiteres ein Anspruch bestehen kann. Hat der Geschädigte dieses Tor erst einmal aufgestoßen, ist seine Verhandlungsposition deutlich gestärkt. 566

d) Notwendige Prognosen bei der Kapitalisierung

Von zentraler Bedeutung bei der Kapitalisierung ist die von den Parteien eines Abfindungsvergleichs anzustellende Prognose bezüglich der weiteren Entwicklung des Geschädigten. Offen sind dabei vor allem zwei Punkte, nämlich die Schadenshöhe und die Laufzeit des zu leistenden Schadensersatzes. Prognostiziert werden muss nicht nur, welchen beruflichen Werdegang dieser in einem manchmal recht langen Zeitraum genommen hätte, sondern auch die mutmaßliche Dauer der Erwerbstätigkeit und die mutmaßlichen Lebensdauer des Verletzten. Die Lebensumstände des Verletzten und sein wirtschaftliches Umfeld spielen dabei eine wichtige Rolle. Die Prognosen müssen aber sein und müssen auch in einem Rechtsstreit vom Richter gewagt werden.[604] Davon ist auch der *BGH*[605] ausgegangen, der sogar von »Spekulation« gesprochen hat. Werden Gerichte angerufen, um über eine Kapitalisierung zu entscheiden, müssen die Richter die notwendigen Prognosen wagen. 567

Bis es zum Abschluss eines Abfindungsvergleichs kommt, werden häufig Meinungsverschiedenheiten bestehen z. B. 568
– zu etwaigen Einkommenssteigerungen,
– zu den Berufschancen,
– zum Unterhaltsschaden,
– zum Umfang vermehrter Bedürfnisse,
– über die Höhe des Schmerzensgeldes und
– zum Mitverschulden.

Erst wenn zu all diesen Punkten, insbesondere auch zum Mitverschulden Einigkeit erzielt ist, kann es endlich zur Kapitalisierung kommen. 569

4. Durchführung der Kapitalisierung

a) Laufzeit der Renten

Temporären Leibrenten und Zeitrenten ist gemein, dass sie eine maximale Laufzeit haben. Während temporäre Leibrenten durch den Tod des Berechtigten vorzeitig beendet werden können, müssen Zeitrenten auch nach dem Tod des Berechtigten weiter gezahlt werden. So ist z. B. der Erwerbsscha- 570

---

602 *LG Stuttgart* Urt. v. 15.12.2004 – Az. 14 O 542/01 – SVR 2005, 186 f.
603 *Lang* VersR 2005, 894 (895 linke Spalte unten).
604 *BGH* Urt. v. 8.1.1981 – Az. VI ZR 128/79 – VersR 1981, 283 f.
605 *BGH* Urt. v. 8.1.1981 – Az. VI ZR 128/79 – VersR 1981, 283 f.

den längstens bis zu dem Zeitpunkt zu zahlen, in welchem der Verletzte voraussichtlich aus dem Erwerbsleben ausgeschieden wäre.

571 Demgegenüber sind die sog. Leibrenten (z. B. Schmerzensgeld) lebenslänglich zu zahlen.

b) Vorgang der Kapitalisierung

572 Die Kapitalisierung geht von der Idee aus, dass der Geschädigte mit dem Kapitalbetrag die ihm zustehende Rente für die Rentendauer erwirtschaften kann, und zwar nicht nur durch Verbrauch des Kapitalbetrages, sondern auch durch Nutzung der Zinsen aus dem Kapital, was natürlich – weil es anteilig mitverbraucht wird – immer weniger wird.

573 Idealerweise, das ist Grundlage der Berechnung, ist der Kapitalbetrag am Ende der (sonst zuerkannten) Rentendauer aufgebraucht, und der Geschädigte hat bis dahin einen stets gleich bleibenden Rentenbetrag monatlich dadurch verbraucht, dass er zum einen von den Zinsen, zum zweiten vom Kapitalstock profitiert hat.

c) Zinsfuß

574 Die Beantwortung der weiteren Frage, mit welchem Zinsfuß der Barwert der Rente zu berechnen ist, setzt voraus, dass der Begriff »Abzinsung« geklärt ist.

d) Abzinsung

575 Der Geschädigte hat keinen Anspruch auf die Summe der Rentenbeträge, die während der prognostizierten Laufzeit anfallen. Er ist durch das auszuzahlende Kapital lediglich so zu stellen, dass er aus den zu erwirtschaftenden Zinsen und dem Kapital nach und nach die Rentenbeträge entnehmen kann, so dass dieses am Ende der Laufzeit verbraucht ist. Die Abzinsung bedeutet, dass der vor Fälligkeit zur Auszahlung kommende Betrag um die Höhe der erzielbaren Zinsen zu reduzieren ist.[606]

576 ▶ **Hinweis:**

Die häufige Klage der Versicherungen in Vergleichsverhandlungen, die (addierte!) Summe der Renten von ein paar Jahren sei doch schon höher als der nun geforderte Kapitalbetrag, man habe also »genug geleistet«, ist daher nicht reell: die Versicherung ist (natürlich) gehalten, den auf den Unfallzeitpunkt ermittelten Kapitalwert der Rente verzinslich anzulegen, und kann nicht einfach ihre bisherigen Zahlungen aufaddieren, ohne die inzwischen angefallenen Zinsen zu berücksichtigen.

577 Der gegenwärtige Wert künftiger Rentenzahlungen wird als Barwert bezeichnet; dieser ist der Kapitalbetrag, der erforderlich ist, um zusammen mit dem Zinsertrag während einer bestimmten Zeit (Zeitrente) oder der durchschnittlich noch zu erwartenden Lebensdauer (Leibrente) die Rente zahlen zu können.[607]

578 Dabei ist folgende Regel zu beachten: Je niedriger der Zinsfuß, desto größer der Barwert oder umgekehrt, je höher der Zinsfuß, desto kleiner der Barwert. Daraus folgt: Der Geschädigte muss auf einen niedrigen Zinsfuß drängen, während die Versicherungswirtschaft an einem hohen Zinsfuß interessiert ist.

e) Praxis

579 Praxis ist die Berechnung mit einem Zinsfuß von 5 %. Allerdings ist die Versicherungswirtschaft im Unrecht, wenn sie behauptet, dass die obergerichtliche Rspr. von einem Zinsfuß in Höhe von 5 % als Orientierungspunkt ausgehe.

---

606 *Lang* VersR 2005, 894, 898.
607 *Langenick/Vatter* NZV 2005, 10; so auch *Kornes* r+s 2003, 485.

C. Prozessrecht

Zwar ist es richtig, dass der *BGH*[608] im Jahre 1981 diesen Zinsfuß, von dem noch die Verwaltungskosten von (nach *BGH* nur) 0,1 % abzuziehen seien, als üblich bezeichnet hat. Falsch ist jedoch die sodann folgende Aussage, dass in einem weiteren Urteil des *BGH*[609] zur Deckungssummenüberschreitung gemäß § 155 VVG eine Abzinsung in Höhe von 8 % akzeptiert worden sei.[610] In dieser Entscheidung des *BGH* ging es darum, welchen Kapitalertrag ein Versicherer aus Vermögensanlagen im letzten Jahrzehnt vor 1986, also während einer Hochzinsphase, mühelos erzielen konnte.[611] Zu Recht meint *Nehls*,[612] die Versicherer seien »Weltmeister« im Geldanlegen. Zinserträge, die Versicherer erzielen könnten, erwirtschaftet ein durchschnittlicher, auf Sicherheit bedachter Geschädigter nicht. Dabei hat der *BGH* ausdrücklich darauf abgestellt, dass die Kapitalanlage besonders sicher sein müsse und hat eine Kapitalanlage in börsengängigen Anleihen als untere Grenze dessen bezeichnet, was Versicherer als Rendite erzielen könnten. Im Übrigen hatte der Versicherer in jenem Rechtsstreit vorgetragen, es sei eine Durchschnittsverzinsung in Höhe von 7–7,5 % zu erzielen. **580**

Sind die Parameter – Laufzeit, Rentenhöhe und Zinsfuß – festgelegt, kann mit Hilfe der gängigen Kapitalisierungstabellen[613] der Kapitalbetrag errechnet werden. Diese Tabellen berücksichtigen die statistische Lebenserwartung und das Geschlecht. **581**

5. Rentensteigerungen

Kommt es nicht zur Kapitalisierung der Rente, kann eine Erhöhung mit Hilfe der Abänderungsklage erreicht werden. Das gilt bei einer Rente wegen des Erwerbsschadens bei deutlichen Einkommenssteigerungen, bei Unterhaltsrenten bei Änderungen des Unterhaltbedarfs, bei Mehrbedarfsrenten bei Änderungen des Mehrbedarfs und bei Schmerzensgeldrenten bei Steigerung der Lebenshaltungskosten oder (bisher nicht entschieden) bei Änderung der Rspr. zur Höhe des Schmerzensgeldes. **582**

Dagegen wird eine Dynamik bei den Renten durchweg abgelehnt. Das gilt insbesondere für die Schmerzensgeldrente, weil die Dynamik mit dieser Rentenart unvereinbar sei. Bei der Kapitalisierung der übrigen Renten soll für einen Dynamisierungszuschlag kein Raum sein, weil Änderungen beim Einkommen oder die inflatorische Entwicklung, soweit sie das übliche Maß nicht überstiegen, bereits bei der Kapitalisierung eingearbeitet worden seien, was falsch ist. **583**

II. Die Schmerzensgeldklage

1. Gerichtsstand

Zunächst ist zu klären, aus welchem Rechtsgrund der Schmerzensgeldanspruch hergeleitet wird, aus Vertrag, unerlaubter Handlung oder Gefährdungshaftung. Überlegungen zum Gerichtsstand sind insbesondere dann angebracht, wenn mehrere Beklagte als Gesamtschuldner in Anspruch genommen werden sollen. **584**

---

608 *BGH* Urt. v. 8.1.1981 – Az. VI ZR 128/79 – VersR 1981, 283.
609 *BGH* Urt. v. 22.1.1986 – Az. IVa ZR 65/84 – VersR 1986, 392.
610 *Langenick/Vatter* NZV 2005, 10, 11 meinen gar, es handele sich um eine von mehreren Grundsatzentscheidungen des *BGH* zur Berechnung des Kapitalwertes einer Schmerzensgeldrente. Weitere *BGH*-Entscheidungen zitieren sie allerdings nicht, es gibt auch keine.
611 Die Interessenlage der Parteien in dieser Entscheidung ist jedoch eine ganz andere. Je höher der Zinsfuß, desto geringer ist das Kapital, das für den Schadensfall im Laufe der Zeit verbraucht wird. Geht es um die Frage, ob die Deckungssumme durch ratierliche Zahlungen erschöpft ist, ist dem Geschädigten ein hoher Zinsfuß günstig! Vgl. insoweit auch *Langenick/Vatter* NZV 2005, 10, 13. Außerdem geht es hier darum, welchen Ertrag Versicherer aus einem Kapital erzielen können, und nicht darum, welche Möglichkeiten ein durchschnittlicher Geschädigter hat.
612 *Nehls* zfs 2004, 193.
613 Abgedruckt z. B. in VersR 2004, 1528; *Küppersbusch* Ersatzansprüche bei Personenschaden; abrufbar auch z. T. unter www.destatis.de.

Kapitel 19

585 Der Kläger hat z. B. die Wahl, einen Beklagten am allgemeinen Gerichtsstand, § 12 ZPO, oder am besonderen Gerichtsstand der unerlaubten Handlung, § 32 ZPO, zu verklagen. Nach Einfügung des § 17 Abs. 2 GVG ist in der Rechtsprechung allgemein anerkannt, dass an dem gewählten Gerichtsstand der Rechtsstreit unter allen in Betracht kommenden rechtlichen Gesichtspunkten zu entscheiden ist.[614]

2. Kläger

586 Kläger ist i. d. R. der Verletzte selbst. Natürlich kann auch ein Dritter aus abgetretenem Recht klagen, insoweit bestehen keine Besonderheiten.

3. Klagegegner – Beklagter

587 Die Klage ist gegen den Schädiger zu richten. Beruht der Körperschaden auf einem Verkehrsunfall, müssen i. d. R. Fahrer, Halter und Versicherer als Gesamtschuldner verklagt werden. Das gilt auch dann, wenn die Haftung ausschließlich aus dem Straßenverkehrsgesetz hergeleitet wird, denn seit dem 1.8.2002 wird Schmerzensgeld auch aus den Tatbeständen der Gefährdungshaftung geschuldet.

4. Inhalt des Anspruchs

588 Der Schmerzensgeldanspruch ist unteilbar. Der Anspruch ist i. d. R. für Vergangenheit und Zukunft geltend zu machen. Unter bestimmten Voraussetzungen ist es allerdings zulässig, eine Schmerzensgeldteilklage zu erheben, wenn z. B. die Schadensfolgen für die Zukunft noch nicht überschaubar sind. In diesem Fall ist es dem Verletzten gestattet, neben der Leistungsklage eine Feststellungsklage für künftige Beeinträchtigungen zu erheben.

589 In einem solchen Fall hat der Geschädigte auch die Wahl, ob er hinsichtlich etwaiger Zukunftsschäden einen immateriellen Vorbehalt machen will (aufgedeckte Teilklage) oder ob er einen alle immateriellen Zukunftsschäden umfassenden Feststellungsantrag stellen will.[615]

5. Klageantrag

590 Der Klageantrag bei der Geltendmachung von Schmerzensgeldansprüchen hat Rspr. und Literatur jahrzehntelang beschäftigt. Dabei ging es einmal darum, ob ein unbezifferter Klageantrag dem Bestimmtheitserfordernis des § 253 Abs. 2 Nr. 2 ZPO gerecht wird, zum anderen aber auch darum, ob und wie aufgrund eines unbezifferten Klageantrages der Streitwert beziffert werden konnte. Diese beiden Fragen und die in der Diskussion dazu vorgetragenen Argumente sind im Laufe der Entwicklung auf die weitere Frage erstreckt worden, ob dem Kläger, der außerhalb des Klageantrags (der auf Zahlung eines angemessenen, in das Ermessen des Gerichts gestellten Betrages lautet) in der Klagebegründung oder in der Angabe des Streitwertes einen bestimmten Schmerzensgeldbetrag nennt, wegen der Bindung des Gerichts an den Antrag, § 308 ZPO, auch ein darüber hinausgehender Betrag zuerkannt werden dürfe.

591 Auf diese Frage hat der *BGH*[616] im Jahre 1996 die Antwort gegeben,

---

614 Zöller/*Vollkommer* § 12 Rn. 21 und § 32 Rn. 20. Der *BGH* hat dies mit Beschl. v. 10.12.2002 – ARZ 208/02 – BGHZ 153, 173 ff. = NJW 2003, 828 ff. ausdrücklich bestätigt. S. auch *Luckey* PVR 2005, 44, 45.
615 So schon OLG *Saarbrücken* Urt. v. 18.11.2003 – Az. 3 U 804/01–27 – zfs 2005, 287 ff.
616 BGH Urt. v. 30.4.1996 – Az. VI ZR 55/95 – BGHZ 132, 341 ff. = VersR 1996, 990 ff. = NJW 1996, 2425 ff.; vgl. dazu die Besprechung: *Jaeger* MDR 1996, 888 f. Für *Steffen* DAR 2003, 201, 205, gibt es keinen Grund darauf hinzuweisen, dass der *BGH* dem Richter heute »sogar gestatte«, ein wesentlich höheres Schmerzensgeld zuzuerkennen als den genannten Mindestbetrag; der *BGH* folgte damit (endlich) einer seit langem von – allerdings nur wenigen – Oberlandesgerichten vertretenen Rechtsauffassung.

- dass der Kläger eine Größenordnung für das Schmerzensgeld nennen muss, damit die Zuständigkeit des Gerichts und nach dessen Entscheidung die Höhe der Beschwer des Klägers festgestellt werden können,
- dass der Kläger dem Gericht die tatsächlichen Grundlagen vortragen muss, die die Feststellung der Höhe des Klageanspruchs ermöglichen, um den Streitwert zu schätzen, und
- dass der Kläger nicht verpflichtet ist, die Größenordnung des Schmerzensgeldes nach oben zu begrenzen, weil der Beklagte seine Interessen durch Antrag auf Streitwertfestsetzung selbst wahren kann.
- Hält der Kläger den Antrag nicht nach oben offen, er einen bestimmten Schmerzensgeldbetrag nennt. ohne die Höhe des Schmerzensgeldes in das Ermessen des Gerichts zu stellen, wird ihm der im Antrag genannte Betrag zugesprochen. Ausdrücklich hat das *LG Stuttgart*[617] ausgeführt, es könne dem Kläger nicht mehr als die beantragten 20 000 Euro zuerkennen, weil es daran durch den bestimmten Klageantrag (§ 308 ZPO) gehindert sei.

592

▶ **Praxistipp:**

593

Hier lauern vielfältige Gefahren wie Verjährung, Präklusion durch Rechtskraft oder Verlust von Rechtsmitteln.[618]

Es genügt, wenn der Kläger eine Größenordnung für das Schmerzensgeld nennt, damit die Zuständigkeit des Gerichts und nach dessen Entscheidung die Höhe der Beschwer des Klägers festgestellt werden kann.

Es genügt, dass der Kläger dem Gericht die tatsächlichen Grundlagen vorträgt, die für die Bemessung des Schmerzensgeldes von Bedeutung sind.

Der Kläger ist nicht verpflichtet, die Größenordnung des Schmerzensgeldes nach oben zu begrenzen, weil das Gericht bei einem Klageantrag, der die Höhe des Schmerzensgeldes in das Ermessen des Gerichts stellt, die vom Kläger genannte Größenordnung überschreiten darf.[619] Auf diese Weise lässt sich das Kostenrisiko für den Kläger begrenzen, ohne dass er einen Teil seines Anspruchs aufgibt.

Bei bestimmtem Klageantrag, der die Höhe des Schmerzensgeldes nicht in das Ermessen des Gerichts stellt, besteht die Gefahr, dass ein Teil des begründeten Anspruchs verloren geht.

Durch die Angabe der Größenordnung läuft der Kläger andererseits Gefahr, das erstinstanzliche Urteil mangels Beschwer nicht mit der Berufung angreifen zu können, wenn ihm ein der angegebenen Größenordnung entsprechender Betrag zugesprochen worden ist.

6. Zulässigkeit einer Teilklage

Die Frage der Zulässigkeit einer Teilklage auf Zahlung von Schmerzensgeld korrespondiert mit den Voraussetzungen der Feststellungsklage. Im Grundsatz gilt, dass das Schmerzensgeld aufgrund einer ganzheitlichen Betrachtung der den Schadensfall prägenden Umstände unter Einbeziehung der absehbaren künftigen Entwicklung des Schadensbildes zu bemessen ist. Mit dem auf eine unbeschränkte Klage insgesamt zuzuerkennenden Schmerzensgeld werden nicht nur alle bereits eingetretenen, sondern auch alle erkennbaren und objektiv vorhersehbaren künftigen unfallbedingten Verletzungsfolgen abgegolten.[620] Lässt sich jedoch nicht endgültig sagen, welche Änderungen des gesundheitlichen Zustandes noch eintreten können, so hat es schon das *RG*[621] für zulässig erachtet, den

594

---

617 *LG Stuttgart* Urt. v. 4.12.2003 – Az. 27 O 388/03 – NJW-RR 2004, 888 = NZV 2004, 409, insoweit aber jeweils nicht abgedruckt.
618 *v. Gerlach* VersR 2000, 525 ff.
619 Dazu *Jaeger* MDR 1996, 888 f.
620 *BGH* Urt. v. 20.1.2004 – Az. VI ZR 70/03 – BGHR 2004, 683 ff. m. w. N. und Anm. *Jaeger* = NJW 2004, 1243 ff.
621 *RG* Urt. v. 4.12.1916 – Az. IV 328/16 – Warn. Rspr. 1917 Nr. 99, 143 f.

Betrag des Schmerzensgeldes zuzusprechen, der dem Verletzten zum Zeitpunkt der Entscheidung mindestens zusteht und später den zuzuerkennenden Betrag auf die volle Summe zu erhöhen, die der Verletzte aufgrund einer ganzheitlichen Betrachtung der für den immateriellen Schaden maßgeblichen Umstände beanspruchen kann, wenn sich nicht endgültig sagen lässt, welche Änderungen des gesundheitlichen Zustandes noch eintreten können. Dieser Auffassung des *RG* hat sich der *BGH* angeschlossen. Er hat für den Fall, dass mit dem Eintritt weiterer Schäden zu rechnen ist, die letztlich noch nicht absehbar sind, das Feststellungsinteresse für die Feststellung der Ersatzpflicht zukünftiger immaterieller Schäden bejaht, wenn aus der Sicht des Geschädigten bei verständiger Würdigung Grund besteht, mit dem Eintritt eines weiteren Schadens wenigstens zu rechnen.[622] In einem solchen Fall bedarf es der (offenen) Teilklage nicht, weil der Geschädigte seinen (weiteren) Anspruch auch durch eine Feststellungsklage für die künftig zu erwartenden Beeinträchtigungen sichern kann.

595 Gegen die Zulässigkeit einer (offenen) Teilklage im Übrigen bestehen allerdings keine rechtlichen Bedenken. Ist die Höhe des Anspruchs im Streit, kann grundsätzlich ein ziffernmäßig oder sonst wie individualisierter Teil davon Gegenstand einer Teilklage sein, sofern erkennbar ist, um welchen Teil des Gesamtanspruchs es sich handelt. Macht der Kläger nur einen Teilbetrag eines Schmerzensgeldes geltend und verlangt er bei der Bemessung der Anspruchshöhe nur die Berücksichtigung der Verletzungsfolgen, die bereits im Zeitpunkt der letzten mündlichen Verhandlung eingetreten sind, ist eine hinreichende Individualisierbarkeit gewährleistet.

7. Beschwer des Klägers

596 Konsequenzen hat die Angabe der Größenordnung für die Beschwer des Klägers: Hat der Kläger ein angemessenes Schmerzensgeld unter Angabe einer Betragsvorstellung verlangt und hat das Gericht ihm ein Schmerzensgeld in eben dieser Höhe zuerkannt, so ist er durch dieses Urteil nicht beschwert und kann es nicht mit dem alleinigen Ziel eines höheren Schmerzensgeldes anfechten. Spricht also das Gericht den Betrag zu, den der Kläger als der Größenordnung nach angemessen oder als Mindestbetrag genannt hat, ist der Kläger nicht beschwert.[623] Er ist nur beschwert, wenn das Gericht einen Schmerzensgeldbetrag zuerkennt, der unter diesem Betrag liegt. Die Angabe eines Mindestbetrages hat nicht zur Folge, dass das nach der Vorstellung des Klägers in Wirklichkeit angemessene Schmerzensgeld diesen Betrag immer überschreiten müsste. Eine klagende Partei ist durch eine gerichtliche Entscheidung nur insoweit beschwert, als diese von dem in der unteren Instanz gestellten Antrag zum Nachteil der Partei abweicht, ihrem Begehren also nicht voll entsprochen worden ist. Erhält der Kläger das zugesprochen, was er mindestens verlangt hat, besteht kein Anlass, den Zugang zur Rechtsmittelinstanz mit dem Ziel der Durchsetzung einer höheren Klageforderung zu eröffnen.[624]

597 Nennt der Geschädigte in der Klagebegründung jedoch einen bestimmten Betrag und wird dieser Betrag zuerkannt, kann er gleichwohl beschwert sein, wenn sich aus seinem sonstigen Klagevortrag eine erkennbare höhere Mindestvorstellung des verlangten Schmerzensgeldes ergibt.[625]

---

622 *BGH* Urt. v. 16.1.2001 – Az. VI ZR 381/99 – VersR 2001, 874 ff. = MDR 2001, 448 f. = BGHR 201, 234 f.; *BGH* Urt. v. 20.3.2001 – Az. VI ZR 325/99 – VersR 2001, 876 f. = BGHR 2001, 480 f.
623 *BGH* Urt. v. 30.3.2004 – Az. VI ZR 25/03 – VersR 2004, 1018 f. = NJW-RR 2004, 863; *BGH* Beschl. v. 25.1.1996 – Az. III ZR 218/95 – NZV 1996, 194.
624 *BGH* Beschl. v. 30.9.2003 – Az. VI ZR 78/03 – VersR 2004, 70 f. = NJW-RR 2004, 102 f.; *Diederichsen* DAR 2004, 301, 318 m. w. N.
625 *OLG Hamm* Urt. v. 17.12.1997 – Az. 13 U 202/96 – VersR 1998, 1392 ff.

▶ **Hinweis:**

Der Kläger ist selbst dann nicht beschwert, wenn das Gericht den Betrag zuspricht, den der Kläger als Mindestbetrag genannt hat, dabei aber – anders als der Kläger selbst – von einem Mitverschulden des Klägers ausgeht.[626]

Eine Beschwer des Klägers liegt nicht einmal dann vor, wenn das objektiv Angemessene um ein Vielfaches höher liegt als vom Kläger angegeben, z. B. 75 000 Euro oder mehr statt der vom Kläger genannten und vom Gericht zuerkannten 20 000 Euro.[627] Das bedeutet, dass eine Beschwer selbst dann zu verneinen ist, wenn der Kläger und das Instanzgericht das Angemessene verfehlen, das Gericht also von seinem Ermessen einen unrichtigen Gebrauch macht. Der Fehler des Gerichts kann nach Auffassung des *BGH* ohne Vorliegen einer Beschwer nicht durch ein Rechtsmittelverfahren korrigiert werden.

▶ **Hinweis:**

Will sich der Kläger die Möglichkeit der Berufung oder der Revision erhalten, muss er die Größenordnung so präzise wie möglich angeben und deutlich machen, dass er mit einer Unterschreitung nicht einverstanden sein wird.[628]

Hat der Kläger aber in erster Instanz eine Größenordnung genannt, die im Urteil unterschritten wurde, so ist er insoweit beschwert.[629] Der Kläger ist in einem solchen Fall nicht gehindert, in der Berufungsinstanz neben dem ursprünglich verlangten Betrag im Wege der Klageerweiterung einen höheren Betrag geltend zu machen. Das ist nicht einmal eine Änderung des Streitgegenstandes i. S. d. § 253 Abs. 2 ZPO, so dass daran auch keine selbstständigen verjährungsrechtlichen Folgen geknüpft werden können.[630]

Ist nämlich der Anspruch durch die Angabe einer Größenordnung nicht begrenzt, weil das Gericht diese Größenordnung im Urteil überschreiten darf, so ist auch der Streitgegenstand durch die Angabe der Größenordnung nicht begrenzt und es liegt keine (verdeckte) Teilklage vor.

8. Checkliste für Klageantrag und Beschwer

☐ Vorprozessual muss der Schmerzensgeldanspruch frühzeitig in Verzug begründender Weise geltend gemacht, d. h. auch beziffert werden.
☐ Der Schmerzensgeldanspruch kann als einheitlicher Anspruch grundsätzlich nicht im Wege der Teilklage geltend gemacht werden.[631]

---

626 *BGH* Urt. v. 2.10.2001 – Az. VI ZR 356/00 – NJW 2002, 212 f. = MDR 2002, 49 f.
627 *BGH* Urt. v. 20.9.1983 – Az. VI ZR 111/82 – VersR 1983, 1160 f. m. w. N.; *BGH* Urt. v. 24.9.1991 – Az. VI ZR 60/91 – NJW 1992, 311 f. = VersR 1992, 374 f.
628 *BGH* Urt. v. 2.2.1999 – Az. VI ZR 25/98 – BGHZ 140, 335 ff. = VersR 1999, 902 f.; *v. Gerlach* VersR 2000, 525, 527.
629 *BGH* Urt. v. 10.10.2002 – III ZR 205/01 – NJW 2002, 3769 ff. m. w. N. = BGHR 2003, 64 ff. = VersR 2002, 1521 ff. = zfs 2003, 14 ff. Wird die Berufung gegen ein solches Urteil als unzulässig verworfen, ist diese Entscheidung zwar krass falsch, aber unanfechtbar, auch nicht mit einem im Gesetz nicht vorgesehenen Rechtsmittel wegen greifbarer Gesetzwidrigkeit, *OLG Hamm* Beschl. v. 30.12.1999 – Az. 6 W 20/99 – OLGR 2000, 279 f. = RuS 2000, 286, eine Entscheidung, gegen deren Verfassungsmäßigkeit ernsthafte Zweifel bestehen.
630 *BGH* Urt. v. 10.10.2002 – Az. III ZR 205/01 – NJW 2002, 3769 ff. m. w. N. = BGHR 2003, 64 ff. = VersR 2002, 1521 ff. = zfs 2003, 14 f.
631 Eine Ausnahme hat der *BGH* Urt. v. 20.1.2004 – Az. VI ZR 70/03 – NJW 2004, 1243 ff. = VersR 2004, 1334 f., zugelassen in einem Fall, in dem sich nicht endgültig sagen ließ, welche Änderungen des gesundheitlichen Zustandes noch eintreten könnten. In einem solchen Fall ist es zulässig, den Betrag des Schmerzensgeldes zuzusprechen, der dem Verletzten zum Zeitpunkt der Entscheidung mindestens zusteht. Dane-

- Im Prozess ist ein angemessenes Schmerzensgeld (nebst Zinsen[632]) unter Angabe eines Mindestbetrages zu fordern.
- Das Gericht sollte unbedingt darauf hingewiesen werden, dass es über diesen Mindestbetrag (auch ganz erheblich) hinausgehen darf.
- Das Gericht sollte auch auf die Bestimmung des § 92 Abs. 2 ZPO hingewiesen werden, also darauf, dass bei einer Unterschreitung des vom Kläger genannten Mindestbetrages in gewissen Grenzen der Beklagte die gesamten Kosten des Rechtsstreits zu tragen hat.
- Weil bei dieser Verfahrensweise die Beschwer fehlt, wenn der Mindestbetrag zugesprochen wird, muss der Kläger ein gewisses Prozessrisiko eingehen, indem er einen hohen Betrag fordert, dessen Unterschreitung ihm die Möglichkeit eines Rechtsmittels gibt.[633]
- Ist die zukünftige Entwicklung des immateriellen Schadens ungewiss, muss die Leistungsklage mit einer Feststellungsklage verbunden werden. Das gilt auch dann, wenn der Schmerzensgeldanspruch bereits dem Grunde nach anerkannt ist.[634]

9. Schmerzensgeldkapital und/oder Schmerzensgeldrente

603 Schmerzensgeld kann nicht nur in Form eines Kapitalbetrages begehrt werden. Es kann auch nur eine Rente verlangt werden oder eine Rente neben einem Kapitalbetrag.

604 Die »billige Entschädigung in Geld« wird normalerweise als einmaliger Kapitalbetrag zugesprochen. Das Schmerzensgeld in einer Summe ist die Regel. Sie greift insbesondere dann ein, wenn es sich um Verletzungen ohne Dauerfolgen oder um solche mit Dauerfolgen handelt, deren künftige Auswirkung überschaubar ist. Lässt sich die künftige Entwicklung des immateriellen Schadens noch nicht genau bestimmen, kann neben dem Kapitalbetrag im Urteil die Feststellung der Ersatzpflicht künftigen Nichtvermögensschadens ausgesprochen werden oder neben dem Kapitalbetrag eine Rente zuerkannt werden.[635]

605 ▶ Hinweis:

> Verlangt der Verletzte neben einem Kapitalbetrag eine Rente, ist zu beachten, dass die Gerichte i. d. R. nur ein Schmerzensgeld zusprechen, dessen Gesamthöhe einen vergleichbaren Kapitalbetrag nicht überschreitet. Das bedeutet, dass der Kapitalwert der Rente nach dem in den letzten Jahren für den Verletzten günstigen (hohen) Zinssatz von 5 % ermittelt wird, der in der Summe mit dem Schmerzensgeldkapital den Gesamtbetrag des Schmerzensgeldes bildet.[636]
>
> Üblich ist es auch, dass die Gerichte zunächst das als angemessen angesehene Schmerzensgeld ermitteln, sodann die Schmerzensgeldrente kapitalisieren und diesen Renten-Kapitalwert vom Schmerzensgeldbetrag abziehen.
>
> Unter diesem Gesichtspunkt muss der Anwalt prüfen, ob es für den Mandanten überhaupt günstig ist, eine Schmerzensgeldrente zu beantragen.

---

ben besteht die Möglichkeit der Klage auf Schmerzensgeld und auf Feststellung der Verpflichtung des Schädigers, für Zukunftsschäden einzustehen.

632 Zinsen auf Schmerzensgeld werden geschuldet mit Verzug des Schädigers, jedenfalls mit Rechtshängigkeit und zwar i..H. v. 5 Prozentpunkten über dem Basiszinssatz (§ 247 BGB). Verzug tritt jedoch nur ein, wenn der geforderte Schmerzensgeldbetrag realistisch und nicht (erheblich) überzogen ist. Das gilt für das gesamte Schmerzensgeld, auch dann, wenn die Höhe in das Ermessen des Gerichts gestellt wird und das Gericht über den genannten Mindestbetrag hinausgeht. Wird bezüglich der Zinsen eine (verdeckte) Teilklage erhoben, können die restlichen Zinsen verjähren; vgl. hierzu *Vorwerk/Freyberger* Kap. 84, Rn. 186.

633 *BGH* Urt. v. 2.2.1999 – Az. VI ZR 25/98 – BGHZ 140, 335 ff. = VersR 1999, 902 f.; *BGH* Urt. v. 2.10.2001 – Az. VI ZR 356/00 – NJW 2002, 212 f. = MDR 2002, 49 f.

634 *BGH* Urt. v. 20.3.2001 – Az. VI ZR 325/99 – NJW 2001, 3414 f. = MDR 2001, 764 f.

635 *Deutsch/Ahrens* Rn. 493 ff.; Dauner-Lieb/*Huber* § 253 Rn. 108 ff.

636 *OLG Hamm* Beschl. v. 11.9.2002 – Az. 9 W 7/02 – OLGR 2003, 167 ff. = VersR 2003, 780 ff.

Aber: 606

Auch beim Vorliegen eines schweren Dauerschadens mit fortlaufender Beeinträchtigung ist es dem Schädiger und/oder dem Gericht nicht gestattet, dem Verletzten gegen dessen Willen anstelle oder neben dem Schmerzensgeldkapital eine Schmerzensgeldrente aufzudrängen.[637] Das gilt auch für den Fall, dass das *LG* antragsgemäß einen Kapitalbetrag zuerkannt hat; auch dann darf das *OLG* diesen Betrag nicht in Kapital und Rente aufteilen, wenn der Verletzte dies nicht beantragt und das Urteil im Berufungsverfahren verteidigt.

Ist der Verletzte bereits älter, kann die Rente relativ hoch ausfallen, weil sich der Kapitalwert nach der (verbleibenden) Lebenserwartung richtet. Genau umgekehrt ist es bei jungen Menschen oder bei Kindern. Diese haben noch eine hohe Lebenserwartung, so dass der Kapitalwert auch einer relativ niedrigen Rente erheblich zu Buche schlägt. Das Gesamtschmerzensgeld wird dann durch den Kapitalwert der Rente sehr hoch sein, und der *BGH* kann das Gesamtschmerzensgeld dann ohne weiteres als »zu reichlich« bemessen beanstanden. Diese Betrachtung ist falsch, weil das Schmerzensgeld bei einem jungen Menschen, die einen erheblichen Dauerschaden erlitten haben, höher ausfallen muss, als bei älteren Menschen, die das Leid nicht mehr so lange ertragen müssen. Das Schmerzensgeld für einen jungen Menschen kann in einem solchen Fall durchaus ein Mehrfaches des allgemein als angemessen angesehenen Schmerzensgeldes betragen. Stirbt der Berechtigte im Verlauf des Rechtsstreits, kommt eine Rente zusätzlich zu einem Kapitalbetrag auch für die Vergangenheit nicht mehr in Betracht. 607

Dass eine zuerkannte Schmerzensgeldrente im Wege der Abänderungsklage nach § 323 ZPO später erhöht werden kann, ist inzwischen unbestritten.[638] Der *BGH*[639] setzt dies (obiter dictum) als selbstverständlich voraus, indem er einem jungen Geschädigten im Hinblick auf die Laufzeit der Rente die Möglichkeit zur Anpassung an die veränderten Verhältnisse nach § 323 ZPO zubilligt. In einer neuen Entscheidung hat der *BGH*[640] eine Abänderungsklage, die auf den gestiegenen Lebenshaltungskostenindex abstellt, für möglich gehalten, wenn die Steigung nicht unter 25 % liegt. 608

▶ **Praxistipp:** 609

Eine Forderung des Verletzten nach Kapital und Rente gegenüber einer Versicherung kann unter dem Gesichtspunkt vorteilhaft sein, dass die Versicherer einen Schadensfall abschließen möchten, was bei einer auf Lebenszeit gewährten Rente nicht möglich ist. Im Interesse einer abschließenden Regelung kann die Versicherung bereit sein, einen höheren Kapitalbetrag zu zahlen.

▶ **Formulierungsbeispiel: Klageantrag[641] einer Klage auf Zahlung von Kapital und Rente** 610

Der/Die Beklagte(n) werden (als Gesamtschuldner) verurteilt,

an den Kläger für die Zeit seit dem Schadenstag (Datum) bis zur Klagezustellung (Datum) ein angemessenes Schmerzensgeld – mindestens aber (Kapital und rückständige Rente) … Euro nebst Zinsen i. H. v. fünf Prozentpunkten über dem Basiszinssatz seit dem (Datum des Verzugs oder der Klagezustellung) …

---

637 *BGH* Urt. v. 21.7.1998 – Az. VI ZR 276/97 – NJW 1998, 3411 f. = VersR 1998, 1565 f.; *OLG Schleswig* Urt. v. 9.1.1991 – Az. 9 U 40/89 – VersR 1992, 462 f.; van Bühren/*Jahnke* Teil 4 Rn. 249; *Scheffen/Pardey* Rn. 959.
638 *Vorwerk/Freyberger* Kap. 84, Rn. 184 und Kap. 86, Rn. 42.
639 *BGH* Urt. v. 8.6.1976 – Az. VI ZR 216/74 – VersR 1976, 967, 969.
640 *BGH* Urt. v. 15.5.2007 – Az. VI ZR 150/06 – VersR 2007, 961.
641 Bei sehr schwerwiegenden Schäden durch einen Verkehrsunfall ist zu bedenken, dass die Höchstgrenzen der Haftung nach dem StVG und dem vom Halter abgeschlossenen Vertrag möglicherweise nicht ausreichen, den Gesamtschaden abzudecken. Dann ist im Antrag des/der Beklagten auszudrücken, dass der Halter nur im Rahmen der Haftungshöchstgrenzen des § 12 StVG und der Versicherer nur im Rahmen der (möglicherweise höheren) Deckungssumme des Versicherungsvertrages verurteilt wird.

sowie ab Klagezustellung eine Schmerzensgeldrente i. H. v. . . . EUR je Monat (oder Vierteljahr), zahlbar monatlich (vierteljährlich) im Voraus, zu zahlen.

10. Feststellungsklage

611 Bei noch nicht abgeschlossenem Schadensbild hat der Anwalt zwei Probleme: das der Verjährung und das der Rechtskraft.

612 ▶ Hinweis:

Daran muss der Anwalt immer denken, wenn überhaupt mit Spätfolgen zu rechnen ist. Die Leistungsklage betrifft nur den bereits eingetretenen Schaden und hemmt die Verjährung nicht hinsichtlich der künftigen materiellen und immateriellen Ansprüche, § 204 Abs. 1 Nr. 1 BGB n. F. Um die Verjährung künftiger Ansprüche zu verhindern, muss der Anwalt also Feststellungsklage erheben. Dann greift § 197 Abs. 1 Nr. 3 BGB n. F. ein, wonach rechtskräftig festgestellte Ansprüche in 30 Jahren verjähren.

613 Künftige Ansprüche verjähren nämlich nach neuem Schuldrecht grundsätzlich in drei Jahren, wenn Schädiger und Schaden dem Geschädigten bekannt sind. Die 30-jährige Verjährungsfrist des § 199 Abs. 2 BGB n. F. gilt nur für den Fall, dass dem Geschädigten diese Kenntnis fehlt oder dass er die Kenntnis ohne grobe Fahrlässigkeit nicht erlangt hat.

614 Deshalb hat der Verletzte auch nach neuem Verjährungsrecht ein berechtigtes Interesse an der alsbaldigen Feststellung der Ersatzpflicht, wenn die Möglichkeit bzw. die Gefahr künftiger Schäden besteht, die derzeit mit der Gewährung eines einheitlichen Schmerzensgeldes nicht ausgeglichen werden können. Das nach § 256 ZPO geforderte Feststellungsinteresse und die Verjährung stehen in einem engen inneren Zusammenhang.[642]

615 ▶ Hinweis:

Der ausgeurteilte Schmerzensgeldbetrag umfasst die in der Vergangenheit liegenden und alle vorhersehbaren und zwangsläufigen künftigen Beeinträchtigungen. Die künftige Entwicklung, insbesondere Verschlechterungen des Gesundheitszustandes, die bei der Bemessung des Schmerzensgeldes nicht berücksichtigt werden können, weil ihr Eintritt zwar möglich, aber nicht sicher ist, werden nicht erfasst. Für Spätfolgen, auch soweit sie nicht sicher vorhersehbar, aber auch nicht völlig ausgeschlossen sind, kann der Verletzte nur durch einen Feststellungsausspruch oder ein diesem gleichstehendes Anerkenntnis erreichen, dass diese Ansprüche 30 Jahre lang nicht verjähren. Die Verjährungsfrist läuft für Zukunftsschäden nur dann nicht, wenn diese nicht – auch nicht durch einen Mediziner – vorhersehbar sind.

616 ▶ Hinweis:

Begründet ist der Feststellungsantrag schon dann, wenn Spätschäden mit einer gewissen Wahrscheinlichkeit entstehen können, wenn mit dem späteren Eintritt von Schadensfolgen überhaupt, wenn auch nur entfernt, gerechnet werden kann. Dabei kommt es nicht darauf an, ob der Verletzte selbst diese Spätschäden vorhersehen kann; entscheidend ist vielmehr, ob ein Mediziner, also ein Fachmann, aufgrund des Schadensbildes mögliche Spätschäden nicht ausschließen kann.[643] Lediglich wenn z. B. ein Sachverständiger an später eintretende Folgen nicht einmal zu denken brauchte, werden diese von der Rechtskraft nicht erfasst.[644]

---

642 *Müller* VersR 1998, 129, 136.
643 Dazu *v. Gerlach* VersR 2000, 525, 531 f.; *OLG Celle* Urt. v. 25.4.2002 – Az. 14 U 28/01 – OLGR 2003, 264 f.
644 *OLG Schleswig* Urt. v. 23.1.2002 – Az. 9 U 4/01 – OLGR 2002, 140 = MDR 2002, 1068.

▶ Hinweis: 617

Kann der Kläger mit der Klage überhaupt noch keinen auf Leistung gerichteten Antrag stellen, muss er zur Hemmung der Verjährung eine Feststellungsklage erheben. Er ist bei zulässig erhobener Feststellungsklage nicht zum Übergang zur Leistungsklage verpflichtet, auch dann nicht, wenn er den Anspruch im Laufe des Rechtsstreits beziffern kann. Allerdings ist es dem Kläger unbenommen, im Laufe des Verfahrens von der Feststellungsklage zur Leistungsklage überzugehen, wenn die Voraussetzungen gegeben sind. Übersieht er dabei Spätfolgen, sind sie nach Übergang von der ursprünglichen Feststellungsklage von der nunmehrigen Leistungsklage nicht mehr erfasst.

▶ Praxistipp: 618

Der zusätzliche Feststellungsantrag ist der sicherste Weg, den der Anwalt beschreiten muss, will er sich nicht einem Regress aussetzen.

Hier muss auf die Tendenz der Gerichte hingewiesen werden, mit der Zulässigkeit der Feststellungsklage engherzig zu verfahren, was aber nicht die Billigung des *BGH* findet.[645] Dem muss der Anwalt vorsorglich energisch entgegentreten. Dem Antrag wird das erstinstanzliche Gericht stattgeben, wenn der Anwalt Spätschäden nennt und diese durch Sachverständigengutachten unter Beweis stellt. Kein Richter wird diesem Beweisantritt nachgehen, sondern sogleich das Feststellungsinteresse bejahen und der Feststellungsklage stattgeben.

11. Streitwert

Nennt der Kläger keinen Mindestbetrag, der den Streitwert nach unten begrenzt,[646] ist für die Instanz letztlich maßgebend, was das angerufene Gericht für angemessen hält. Das Gericht ist (nach oben) nicht an die Größenordnung gebunden, die der Kläger nennt. Maßgebend ist allein das angemessene Schmerzensgeld, das sich aus der Sachverhaltsschilderung des Klägers ergibt.[647] Die gegenteilige Auffassung,[648] wonach das Gericht bei der Streitwertfestsetzung über den vom Kläger genannten Mindestbetrag nicht hinausgehen dürfe, weil Streitgegenstand dieser vom Kläger genannte Betrag sei, ist unzutreffend. Die zur Begründung zitierte *BGH*-Entscheidung[649] enthält diese Aussage gerade nicht. Im Gegenteil, schon in der grundlegenden Entscheidung vom 30.4.1996 hatte der *BGH*[650] ausdrücklich betont, dass sich der Streitwert am angemessenen Schmerzensgeld auszurichten hat und dass er gegebenenfalls höher festzusetzen ist, als dies der Größenvorstellung des Klägers entspricht. 619

Anders liegt der Fall jedoch, wenn das Gericht – um seine Zuständigkeit zu verneinen – trotz eines vom Kläger genannten Mindestbetrages den Streitwert nach seinem Ermessen niedriger festsetzt. Das ist unzulässig, weil ein bezifferter Antrag vorliegt und der vom Kläger genannte Mindestbetrag den Streitwert bildet.[651] 620

---

645 *Von Gerlach* VersR 2000, 525, 529.
646 *Von Gerlach* VersR 2000, 525, 529.
647 *BGH* Urt. v. 30.4.1996 – Az. VI ZR 55/95 – BGHZ 132, 341 ff. = VersR 1996, 990 ff. = NJW 1996, 2425 ff.; *BGH* Urt. v. 2.2.1999 – Az. VI ZR 25/98 – BGHZ 140, 335 ff. = VersR 1999, 902 f.; *v. Gerlach* VersR 2000, 525, 527.
648 *Vorwerk/Freyberger* Kap. 86 Rn. 21.
649 *BGH* Urt. v. 2.2.1999 – Az. VI ZR 25/98 – BGHZ 140, 335 ff. = VersR 1999, 902 f.
650 *BGH* Urt. v. 30.4.1996 – Az. VI ZR 55/95 – BGHZ 132, 341 ff. = VersR 1996, 990 ff. = NJW 1996, 2425 ff.
651 *KG Berlin*, Beschl. v. 17.4.2008 – 2 AR 19/08 – mit Anm. *Jaeger*, VersR 2008, 1234.

621 ▶ **Hinweis:**
> Die Angabe einer Größenordnung durch den Kläger ist nützlich und ratsam, zumal höchstrichterlich nicht eindeutig geklärt ist, ob die Zulässigkeit der Klage nicht schon an der fehlenden Angabe einer Größenordnung scheitern kann.[652] Die in der Literatur geäußerte Auffassung, die Angabe einer Größenordnung sei für die Zulässigkeit der Klage irrelevant,[653] ist in dieser Klarheit vom *BGH* noch nicht bestätigt worden. Schon aus Gründen anwaltlicher Vorsicht erscheint daher die Angabe der Größenordnung geboten.[654]

622 Bei einer auf Kapital und Rente gerichteten Klage berechnet sich der für die Zuständigkeit und die Beschwer maßgebende Streitwert gemäß § 9 ZPO nach dem
 – geforderten Schmerzensgeldkapital,
 – der Summe der bis zur mündlichen Verhandlung fällig gewordenen monatlichen Rentenbeträge und
 – dem 3½-fachen Jahresbetrag der Rente.

623 Für die Kosten ist gemäß § 42 Abs. 2 GKG der 5-fache Jahresbetrag der Rente anzusetzen.

Dieser Streitwert liegt immer niedriger als der Schmerzensgeldbetrag, der sich aus der Summe von Schmerzensgeldkapital und Kapitalwert der Schmerzensgeldrente ergibt, es sei denn, der Verletzte sei mindestens 83 (Mann) bzw. 85 (Frau) Jahre alt.

Für die Feststellungsklage gilt der übliche Abschlag von 20 %.

12. Urteil

a) Endurteil

624 Geht man davon aus, dass die Quotierung des Schmerzensgeldes bei Mitverschulden des Geschädigten nicht zulässig ist,[655] so kann auch kein Grundurteil mit dem Inhalt ergehen, dass der Schädiger dem Geschädigten für den immateriellen Schaden mit einer Quote haftet. Mit Rücksicht darauf, dass der Schmerzensgeldanspruch nur einheitlich festgestellt werden kann, nicht aber ein gedachter Schmerzensgeldbetrag um die Mitverschuldensquote gekürzt werden darf, tenoriert die Praxis, dass der/die Beklagte/n zur Zahlung eines Schmerzensgeldes unter Berücksichtigung einer Mitverschuldensquote des Klägers verurteilt wird/werden.

b) Teilurteil

625 Ein Teilurteil über den Schmerzensgeldanspruch darf (im Arzthaftungsprozess)[656] nicht ergehen, wenn nicht gleichzeitig ein Grundurteil über die Schadensersatzfrage hinsichtlich weiterer Ansprüche ergeht. Die materielle Schadensersatzfrage und der Schmerzensgeldantrag sind untrennbar miteinander verknüpft. Von einem Teilurteil geht bezüglich der Haftungsfrage keine Bindungswirkung aus, so dass der Anspruch auf Ersatz des materiellen Schadens mit der Begründung verneint werden

---

652 Der *BGH* hat vielmehr in – wenngleich schon älteren – Urteilen eine Klage, der eine Größenvorstellung fehlte, ausdrücklich für unzulässig gehalten, vgl. *BGH* Urt. v. 24.4.1975 – Az. III ZR 7/73 – VersR 1975, 856; Urt. v. 13.10.1981 – Az. VI ZR 162/80 – VersR 1982, 96 f.; Urt. v. 9.11.1982 – Az. VI ZR 23/81 – VersR 1983, 151 f. = NJW 1983, 332 f.; Urt. v. 28.2.1984 – Az. VI ZR 70/82 – VersR 1984, 538, 540. Zuletzt ausdrücklich *BAG* Urt. v. 20.11.2003 – Az. 8 AZR 608/02 – EzA § 628 BGB 2002 Nr. 3 = DB 2004, 1272 (L).
653 *Von Gerlach* VersR 2000, 525, 527.
654 *Schneider* Rn. 509.
655 *Dauner-Lieb/Huber* § 253 Rn. 33, hält dies für änderungswürdig, weil die Praxis sich über die vor 50 Jahren geäußerte Ansicht des *BGH* hinweggesetzt habe.
656 *OLG Koblenz* Urt. v. 5.6.2003 – Az. 5 U 219/03 – zfs 2003, 449.

C. Prozessrecht

könnte, dass eine entsprechende Haftung des Beklagten ausscheide. Nur ein Grundurteil neben dem Teilurteil könnte diesem Widerspruch wirksam begegnen.

c) Feststellungsurteil

Im Feststellungsurteil wird ausgesprochen, dass der/die Beklagte/n verurteilt wird/werden, künftigen immateriellen Schaden zu ersetzen. Damit ist der Schaden umfasst, der bei der letzten mündlichen Verhandlung als mögliche Schadensfolge gesehen wurde, dessen Eintritt möglich, aber keineswegs sicher ist und der die Höhe des Schmerzensgeldes nicht beeinflusst hat.[657]

▶ **Hinweis:**

Der Anwalt des Beklagten muss auch hier darauf achten, den Antrag zu stellen, die Haftung von Halter und Versicherer auf die Haftungshöchstgrenzen zu begrenzen.

13. Rechtskraft

Ist das Urteil zum Schmerzensgeld rechtskräftig geworden, sind i. d. R. Nachforderungen des Verletzten ausgeschlossen. Das gilt dann auch für Spätschäden, denn mit dem Schmerzensgeld werden grundsätzlich alle objektiv vorhersehbaren unfallbedingten Verletzungsfolgen abgegolten. Das folgt aus dem Prinzip der Gesamtbetrachtung des Schadens, bei der für die Festsetzung des angemessenen Schmerzensgeldes eine umfassende Würdigung des gesamten Schadensbildes vorzunehmen ist und bei der infolgedessen alle gegenwärtigen und künftigen Umstände, mit deren Eintritt sicher gerechnet werden muss, zu berücksichtigen sind. Nur solche Verletzungsfolgen werden nicht erfasst, mit denen ernstlich nicht zu rechnen war, die bei der Bemessung des Schmerzensgeldes berücksichtigt werden konnten.[658]

▶ **Hinweis:**

Ist die Einstandspflicht des Schädigers für Spätschäden nicht festgestellt, neigen die Gerichte dazu, die frühere Entscheidung über das Schmerzensgeld als endgültig anzusehen, so dass auch etwaige Spätschäden erfasst sind. Hier wird dem Anwalt entgegengehalten, er hätte eben Feststellungsklage erheben müssen, um die Rechtskraft zu vermeiden.

Der Anwalt muss also versuchen, die in der Zukunft liegenden ungewissen Schäden auszuklammern und diese Ansprüche durch eine Feststellungsklage vor der Verjährung und Rechtskraft schützen.[659]

Rechtskraft ist aber nicht eingetreten, wenn der Geschädigte vortragen kann, auch ein Mediziner hätte die künftig eingetretenen Gesundheitsbeeinträchtigungen nicht vorhersehen können.[660] Dann läuft auch keine Verjährungsfrist, weil der Verletzte insoweit keine Kenntnis vom Schaden hatte.

---

[657] Zu weiteren Einzelheiten vgl. auch *Jaeger/Luckey* Rn. 1405 ff.
[658] *Von Gerlach* VersR 2000, 525, 530; *Müller* VersR 1993, 909, 915; vgl. die Ausführungen zur Verjährung in Rdn. 82–84.
[659] Vgl. dazu *v. Gerlach* VersR 2000, 525, 531 f.; *BGH* Urt. v. 7.2.1995 – Az. VI ZR 201/94 – MDR 1995, 357 f.; *OLG Köln* Urt. v. 27.6.1996 – Az. 1 U 2/96 – VersR 1997, 1551 f. und Rdn. 82–98.
[660] *OLG Köln* Urt. v. 9.1.1991 – Az. 13 U 219/90 – zfs 1992, 82; *OLG Frankfurt* Urt. v. 18.3.1992 – Az. 23 U 68/91 – zfs 1992, 225 f.

630 ▶ **Hinweis:**

Es ist zwar richtig, dass es für Zukunftsschäden nicht auf den Kenntnisstand des Verletzten (Laien) ankommt, sondern darauf, ob sie durch einen Arzt als möglich hätten vorhergesehen können. Dabei geht es um mögliche weitere Folgen einer dem Geschädigten bekannten Verletzung.

Wird aber zeitnah eine Verletzung überhaupt übersehen, fehlt es an der Kenntnis des Verletzten vom Schaden, so dass die Verjährungsfrist nach altem und neuem Recht nicht zu laufen beginnt.

631 Kaum vertretbar ist die Meinung des *OLG Hamm*,[661] dass weiteres Schmerzensgeld auch dann nicht verlangt werden könne, wenn im Zeitpunkt des Ersturteils eine Kreuzbandruptur vom Arzt nicht festgestellt worden sei, aber bei sorgfältiger Untersuchung hätte festgestellt werden können.

14. Kosten

632 Stellt der Kläger die Höhe des Schmerzensgeldes in das Ermessen des Gerichts, kommt § 92 Abs. 2 ZPO zur Anwendung, wenn die Urteilssumme nach unten nicht wesentlich von der Vorstellung des Klägers abweicht.[662]

633 ▶ **Hinweis:**

Es muss dem Kläger aber auch ohne Kostennachteile gestattet sein, in einem weiten Rahmen einen Schmerzensgeldbetrag zu nennen, den er für angemessen hält; er darf ihn nur nicht als Mindestbetrag fordern.

Wenn der Kläger einen bestimmten Schmerzensgeldbetrag fordert, das Gericht allerdings nur einen Teilbetrag zuspricht, ist zu berücksichtigen, dass der Kläger auf eine Schätzung des angemessenen Schmerzensgeldbetrages angewiesen war und dass ihm nicht jede Fehleinschätzung kostenmäßig angelastet werden kann.

15. Prozesskostenhilfe

634 Prozesskostenhilfe für eine Schmerzensgeldklage kann nach allgemeinen Grundsätzen beantragt werden, wenn Bedürftigkeit besteht, die Rechtsverfolgung hinreichende Aussicht auf Erfolg bietet und nicht mutwillig erscheint, § 114 ZPO.

635 Wenngleich auch die (eher theoretische[663]) Möglichkeit besteht, einen Schmerzensgeldanspruch im Adhäsionsverfahren des Strafprozesses geltend zu machen, ist es z. B. nicht mutwillig i. S. v. § 114 ZPO, wenn der Antragsteller sich stattdessen für die Verfolgung seiner Rechte im Zivilprozess entscheidet und entsprechend Prozesskostenhilfe beantragt.[664]

636 Der Weg über einen vorgeschalteten Prozesskostenhilfeantrag macht zudem Sinn, um die Rechtsauffassung des Gerichts, insbesondere in Bezug auf einen angemessenen Schmerzensgeldbetrag, ohne großes Kostenrisiko »auszutesten«. Ganz sicher ist dieses Verfahren dennoch nicht, denn wenn der Abteilungsrichter, der Berichterstatter oder der (dominante) Vorsitzende einer Kammer oder eines Senats wechseln, kann die Höhe des Schmerzensgeldes unvorhergesehen anders beurteilt werden, so dass der Kläger – auch bei bewilligter Prozesskostenhilfe – jedenfalls mit einem Teil der Kosten des Beklagten belastet werden kann.

---

661 *OLG Hamm* Urt. v. 27.2.1996 – Az. 9 U 192/94 – OLGR 1996, 91 f.
662 *Von Gerlach* VersR 2000, 525, 528: *v. Gerlach* spricht von einem vertretbaren Rahmen; vgl. auch *Vorwerk/ Freyberger* Kap. 86, Rn. 20 f.
663 Schon weil der Strafrichter auf diesem Wege eine Zivilsache »begleitend« bearbeiten muss, die nicht als Erledigung gezählt wird, hält sich die Bereitschaft zur Durchführung von Adhäsionsverfahren in Grenzen. Diese sind ohnehin für Schmerzensgeldprozesse aus mehreren Gründen problematisch; vgl. ausführlich *Jaeger/Luckey* Rn. 1283 ff. Eingehend zu diesen Fragen auch Weiner/Ferber/*Weiner* Rn. 1 ff.
664 *LG Itzehoe* Urt. v. 2.7.2001 – Az. 1 T 48/01 – SchlHA 2001, 260; vgl. auch *Jaeger* VRR 2005, 287.

Ein solches Austesten kann auch Sinn machen, wenn ein unbezifferter Antrag im Hauptsacheverfahren zunächst nicht gestellt werden kann. So ist in den Fällen des Art. 15a EGZPO (Gütestellen) bzw. der entsprechenden Landesgesetze[665] ein Schlichtungsverfahren erforderlich, welches (u. a.) durch die Einleitung und Durchführung eines Mahnverfahrens vermieden werden kann. Im Mahnverfahren allerdings muss ein betragsmäßig bestimmter Anspruch gestellt werden, § 690 Abs. 1 Nr. 3 ZPO. Hier stellt sich – schon zur Vermeidung eines teilweisen Unterliegens – die Frage nach dem »richtigen« Betrag, zumal, weil die Mahnsache nach Widerspruch in dem Umfang rechtshängig wird, den der Mahnbescheid vorgibt, § 696 ZPO.[666] Allerdings bleibt auch bei »Vorschalten« des Prozesskostenhilfeverfahrens die Festlegung eines genauen Schmerzensgeldbetrages dem Hauptsacheverfahren vorbehalten.[667]

Schmerzensgeldzahlungen sind grundsätzlich kein einzusetzendes Vermögen im Rahmen der Prozesskostenhilfe.[668] 637

Bereits erhaltene Schmerzensgeldzahlungen müssen also i. d. R. nicht zur Finanzierung eines Rechtsstreits eingesetzt werden. Eine Ausnahme von diesem Grundsatz gilt allenfalls, wenn unter Berücksichtigung des Streitwertes des zu führenden Rechtsstreits und des Anteils des Schmerzensgeldes, der dem Verletzten verbleibt, der Einsatz zumutbar ist.[669]

▶ **Hinweis:** 638

Der Einsatz des Schmerzensgeldkapitals zur Zahlung von Gerichts- und Anwaltskosten ist aber z. B. nicht zumutbar, wenn die Partei Verletzungen mit ganz erheblichen Dauerfolgen erlitten und sie den Betrag erhalten hat, um hiermit einen gewissen Ausgleich für berufsbedingte, sie existentiell betreffende Nachteile zu schaffen.[670]

16. Rechtskraft

Bei entsprechender Beschwer kann der Kläger ein Rechtsmittel einlegen. Die Berufung setzt eine Beschwer des Klägers i. H. v. über 600 Euro voraus. Nennt der Kläger einen Mindestbetrag für das Schmerzensgeld, ist er nur dann beschwert, wenn das zuerkannte Schmerzensgeld hinter diesem Betrag zurückbleibt.[671] Eine klagende Partei ist durch eine gerichtliche Entscheidung nur insoweit beschwert, als diese von dem in der unteren Instanz gestellten Antrag zum Nachteil der Partei abweicht, ihrem Begehren also nicht voll entsprochen worden ist. Erhält der Kläger das zugesprochen, was er mindestens verlangt hat, besteht kein Anlass, den Zugang zur Rechtsmittelinstanz mit dem Ziel der Durchsetzung einer höheren Klageforderung zu eröffnen.[672] 639

Das Berufungsgericht kann und muss nach eigenem Ermessen über den dem Einzelfall angemessenen Schmerzensgeldbetrag befinden.[673] In § 513 ZPO wird nicht allein auf § 546 ZPO, sondern 640

---

665 Vgl. etwa § 1 SchlGBW; Art. 1 BaySchlG; § 1 BdbSchlG; § 1 GüSchlG Hess; § 10 GüSchlG NRW; § 37a Saar LSchlG; § 34a SchStG LSA; § 1 SHLSchliG.
666 Z. T. wird daher auch vertreten, die Durchführung eines Mahnverfahrens sei nicht möglich, und es müsste ein Schlichtungsversuch durchgeführt werden.
667 *OLG Celle* Beschl. v. 1.2.2001 – Az. 9 W 21/01 – OLGR 2001, 162.
668 *OLG Oldenburg* Beschl. v. 27.1.1995 – Az. 8 W 10/95 – zfs 1995, 332; *OLG Düsseldorf* Beschl. v. 17.5.1991 – Az. 1 W 18/91 – NJW-RR 1992, 221 f. = VersR 1992, 514 f.
669 *OLG Köln* Beschl. v. 8.11.1993 – Az. 27 W 20/93 – MDR 1994, 406 f.: Ein gezahltes Schmerzensgeld von 30 000 DM ist nicht für die weitere Prozessführung über materiellen Schadensersatz mit einem Streitwert von rd. 40 000 DM einzusetzen; auch etwa *OLG Hamm* Beschl. v. 16.6.1987 – Az. 10 WF 278/87 – FamRZ 1987, 1283 f.
670 *OLG Zweibrücken* Beschl. v. 17.7.2001 – Az. 5 W 1/01 – VersR 2003, 526 ff. m. w. N.
671 *BGH* Urt. v. 30.3.2004 – Az. VI ZR 25/03 – VersR 2004, 1018; *BGH* Urt. v. 30.4.1996 – Az. VI ZR 55/95 – BGHZ 132, 341 ff. = VersR 1996, 990 ff. = NJW 1996, 2425 ff.
672 *BGH* Beschl. v. 30.9.2003 – Az. VI ZR 78/03 – DAR 2004, 29 = VersR 2004, 219; *Diederichsen* DAR 2004, 301, 318 m. w. N.
673 *Diederichsen* DAR 2005, 301, 313; *BGH*, Urt. v. 14.7.2004 – Az. VIII ZR 164/03 – BGHR 2004, 1366 ff.

auch auf § 529 ZPO Bezug genommen. Danach obliegt dem Berufungsgericht neben einer Rechtsfehlerkontrolle auch die Würdigung des nach § 529 Abs. 1 ZPO berücksichtigungsfähigen Tatsachenstoffes. Die Berufung ist keine »Unterrevisionsinstanz«; sie dient der umfassenden Kontrolle der erstinstanzlichen Entscheidung sowohl auf Rechtsfehler, als auch in tatsächlicher Hinsicht.

641 Diese Auffassung vertritt der *BGH*[674] in einer breit angelegten Entscheidung zur Auslegung eines Vertrages:

Auch nach In-Kraft-Treten des ZPO-RG habe das Berufungsgericht die erstinstanzliche Auslegung einer Individualvereinbarung gem. §§ 513 Abs. 1, 546 ZPO auf der Grundlage der nach § 529 ZPO maßgeblichen Tatsachen in vollem Umfang darauf zu überprüfen, ob die Auslegung überzeuge. Dabei reiche es nicht aus, dass das Berufungsgericht die erstinstanzliche Auslegung lediglich für eine zwar vertretbare, letztlich aber – bei Abwägung aller Gesichtspunkte – nicht für eine sachlich überzeugende Auslegung gehalten habe. In diesem Fall habe es selbst die Auslegung vorzunehmen, die es als Grundlage einer sachgerechten Entscheidung des Einzelfalles für geboten halte.

642 Die von den Instanzgerichten[675] und der Literatur vertretene Gegenmeinung, dass nach der Reform des Rechtsmittelrechts die erstinstanzliche Auslegung einer Individualvereinbarung vom Berufungsgericht nur noch in den Grenzen zu überprüfen sei, in denen die zweitinstanzliche Auslegung von Individualvereinbarungen der Überprüfung durch das Revisionsgericht unterliege[676] folgt der *BGH* nicht. Er führt aus, dass die neuen Bestimmungen über die Berufung eine derartige Einschränkung der Prüfungsbefugnis, die auch nicht der Zielsetzung der Reform entspräche, nicht enthielten. Auch aus der Bezugnahme in § 513 ZPO auf die im Revisionsrecht angesiedelte Vorschrift des § 546 ZPO und auf die neue Bestimmung des § 529 ZPO sei nicht herzuleiten, dass die Prüfungsbefugnis des Berufungsgerichts bezüglich der erstinstanzlichen Auslegung von Individualvereinbarungen durch die Neuregelung des § 513 ZPO auf den Umfang beschränkt werden solle, in dem eine vom Berufungsgericht selbst vorgenommene Auslegung durch das Revisionsgericht überprüfbar sei. Das Berufungsgericht habe vielmehr auf der Grundlage der nach § 529 ZPO maßgeblichen Tatsachen in vollem Umfang zu überprüfen, ob die Auslegung unter dem Gesichtspunkt einer materiell gerechten Entscheidung überzeuge. Die Inhaltsbestimmung einer Individualvereinbarung im Wege juristischer Auslegung sei keine empirische Tatsachenfeststellung, sondern verstehende Interpretation von Tatsachen. Halte es die Auslegung lediglich für zwar vertretbar, letztlich aber nicht für sachlich überzeugend, so habe es selbst die Auslegung vorzunehmen. Eine Reduzierung der Prüfungskompetenz auf einen revisionsrechtlich beschränkten Umfang, also darauf, ob das erstinstanzliche Gericht gegen die Denk- und Erfahrungsgesetze verstoßen habe, erfolge nicht.

643 Eine vergleichbare Konstellation ergibt sich bei der Überprüfung von Schmerzensgeldentscheidungen. Hat das erstinstanzliche Gericht das Schmerzensgeld auf der Grundlage vergleichbarer Entscheidungen festgesetzt, soll das Berufungsgericht gebunden sein, wenn sich das Schmerzensgeld in einem vertretbaren Rahmen hält, der von den vergleichbaren Entscheidungen vorgegeben werde. Beim Schmerzensgeld ist dies sicher zu kurz gedacht, müssen doch zur Ermittlung des angemessenen Schmerzensgeldes nicht nur ältere Entscheidungen zum Vergleich herangezogen werden, sondern auch andere Kriterien bedacht werden, wie etwa die Tendenz der Rechtsprechung zu höherem Schmerzensgeld, die Zeit, die seit dem Vorfall, der den als vergleichbar bezeichneten Entscheidun-

---

mit ablehnender Anm. *Burgermeister; OLG Brandenburg* Urt. v. 28.9.2004 – Az. 1 U 14/04 – VersR 2005, 953 f. = OLGR 2005, 68 ff.
674 *BGH* Urt. v. 14.7.2004, – Az. VIII ZR 164/03 – BGHReport 2004, 1366 ff. mit ablehnender Anm. *Burgermeister; Diederichsen* DAR 2005, 301, 313.
675 *OLG Karlsruhe* Urt. v. 7.4.2004 – Az. 7 U 219/02 – OLGR 2004, 398.
676 *BGH* Urt. v. 14.7.2004, – Az. VIII ZR 164/03 – BGHReport 2004, 1366 ff. unter Hinweis auf *OLG Celle* Urt. v. 1.8.2002 – Az. 2 U 57/02 – OLGR 2002, 2338; *OLG München* Urt. v. 12.3.2003 – Az. 21 U 4945/02 – OLGR 2003, 310 = MDR 2003, 952; Zöller/*Gummler/Hessler* § 513 Rn. 12 m. w. N.

C. Prozessrecht   Kapitel 19

gen zugrunde liegt, verstrichen ist, die Inflation und die Vorstellungen der sensibler gewordenen Bürger vom Wert des Geldes und von der körperlichen Unversehrtheit.[677]

▶ **Praxistipp:**   644

Kündigt das Berufungsgericht einen Beschluss gemäß § 522 ZPO mit der Begründung an, das erstinstanzliche Gericht habe das Schmerzensgeld nach Auswertung vergleichbarer Entscheidungen vertretbar festgesetzt, muss der Anwalt angreifen mit Hinweis darauf, dass
– die Entscheidungen nicht vergleichbar sind,
– die vom erstinstanzlichen Gericht genannten Entscheidungen älteren Datums sind,
– dass es neuere Entscheidungen gibt, die benannt werden müssen,
– dass es weitere einschlägige Entscheidungen gibt,
– dass die Inflation ebenso berücksichtigt werden muss, wie die geänderten Vorstellungen vom Geldwert und gegebenenfalls
– dass nicht alle Schmerzensgeldkriterien wie Alter, Narben und psychische Auswirkungen berücksichtigt wurden.

Der Kläger kann neben der Berufung auch den Weg der Anschlussberufung wählen, wenn der Beklagte gegen die Verurteilung zur Zahlung von Schmerzensgeld seinerseits Berufung eingelegt hat. Hier ist er jedoch nach der ZPO-Novelle vielfältigen Gefahren ausgesetzt.[678] Es gibt keine selbstständige Anschlussberufung mehr und die Anschlussberufung ist befristet, § 524 ZPO n. F.[679]   645

Die Anschlussberufung verliert ihre Wirksamkeit, § 524 Abs. 4 ZPO, wenn die Berufung zurückgenommen, § 516 ZPO, wenn darauf verzichtet, § 515 ZPO, oder wenn die Berufung durch einstimmigen Beschluss gemäß § 522 Abs. 2 ZPO zurückgewiesen wird. Der frühere Schutz des Anschlussberufungsführers, der einer Rücknahme der Berufung nach Stellung der Anträge zustimmen musste oder dessen Anschlussberufung zur Berufung wurde, wenn sie innerhalb der Berufungsfrist eingelegt worden war, ist mit der ZPO-Reform beseitigt worden. Zwar wird die derzeitige Regelung auch als »offenkundiger Unsinn« bezeichnet,[680] sie ist jedoch Gesetz.   646

▶ **Hinweis:**   647

Zur Anschlussberufung kann es im Schmerzensgeldprozess wie folgt kommen:

Der zur Zahlung verurteilte Schädiger legt Berufung ein; ein ärztliches Gutachten ergibt jedoch, dass die Verletzungen des Klägers weit schwerer sind als bisher angenommen. Der Schädiger wird die Berufung zurücknehmen, der Kläger kann dagegen nichts machen. Die Frist für eine eigene Berufung ist abgelaufen und die vor oder nach Ablauf der für ihn geltenden Berufungsfrist eingelegte, als Anschlussberufung bezeichnete Berufung verliert ihre Wirkung.

In einem neuen Prozess kann er eine Schmerzensgeld-Nachforderung nur durchsetzen, wenn er seine erste Klage als verdeckte Teilklage erhoben hat,[681] was bei Schmerzensgeldklagen ohne zeitliche Begrenzung im Urteilstenor nicht gelingen kann.[682] Außerdem müsste gegebenenfalls noch das Verjährungshindernis des § 852 BGB a. F., §§ 195, 199 BGB n. F. überwunden werden,[683] was voraussetzt,   648

---

677 *Jaeger/Luckey* Rn. 1528 ff.
678 Vgl. zu den folgenden Ausführungen *Schneider* Rn. 945 ff.
679 Zum Problem der Befristung der Anschließung s. *Gerken* NJW 2002, 1095 f. Durch das JModG (BGBl. I, 2198 v. 30.8.2004) ist allerdings der Missstand einer unzureichenden Frist behoben worden, vgl. § 524 Abs. 2 S. 2 ZPO n. F.
680 *Grunsky* NJW 2002, 800 f.
681 Siehe zu dieser Problematik *Musielak* § 322 Rn. 67 ff.
682 *Jaeger/Luckey* Rn. 277.
683 *Jaeger/Luckey* Rn. 277.

dass Verschlimmerungen eingetreten sind, mit denen nicht nur der Verletzte, sondern auch ein Mediziner nicht rechnen konnte.[684]

649 ▶ Hinweis:

Auch im umgekehrten Fall bietet die Anschlussberufung keine Hilfe.

Legt der Verletzte Berufung ein, um zu einem höheren Schmerzensgeld zu kommen und kommt ein Sachverständigengutachten zu dem Ergebnis, dass die Verletzung des Klägers weniger schlimm ist, könnte der Beklagte mit der Anschlussberufung eine Herabsetzung des Schmerzensgeldes erreichen. Hat der Beklagte fristgerecht Anschlussberufung eingelegt, wird der Kläger seine Berufung zurücknehmen, so dass die Anschlussberufung ihre Wirkung verliert.

D. Abfindungsvergleich

650 Ein besonderes – auch verjährungsrechtliches – Problem stellt der Abfindungsvergleich dar.

I. Vorbemerkung – Umfang eines Abfindungsvergleichs

651 Ein Abfindungsvergleich kann natürlich nicht nur einen Anspruch des Verletzten auf Zahlung von Schmerzensgeld umfassen, sondern alle Positionen des Personenschadens, also insbesondere auch Verdienstausfall und Ansprüche wegen vermehrter Bedürfnisse. Bei allen Positionen können Unsicherheiten bestehen, die in die Vergleichssumme einfließen müssen.

Welche Bedeutung dem Abfindungsvergleich in der Praxis zukommt, ergibt sich auch daraus, dass Fragen der Kapitalisierung von Renten in einem Abfindungsvergleich im Arbeitskreis III auf dem 43. Deutschen Verkehrsgerichtstag (2005) in Goslar zu folgender Empfehlung geführt hat:

652 Der Abfindungsvergleich beim Personenschaden
1. Der Arbeitskreis hält eine Änderung des § 843 Abs. 3 BGB nicht für erforderlich.
2. Beim Abfindungsvergleich bleibt es grundsätzlich der Vereinbarung der Parteien überlassen, mit welchen Rechenparametern der Kapitalbetrag errechnet wird.
3. Der Abfindungsvergleich betrifft regelmäßig alle zu erwartenden Ansprüche des Geschädigten auf Ersatz materiellen und immateriellen Schadens.
Sollen bestimmte Ansprüche nicht vom Vergleich erfasst sein, sondern einer späteren Regelung vorbehalten bleiben, müssen sie so genau wie möglich bezeichnet werden.
Im Hinblick auf die kurze Verjährung empfiehlt es sich, eine Verlängerung der Verjährungsfrist für die vorbehaltenen Ansprüche ausdrücklich zu vereinbaren.
In den Abfindungsvergleich sollte ein Vorbehalt hinsichtlich des gesetzlichen Anspruchsübergangs auf Dritte aufgenommen werden.
4. Der Anwalt des Geschädigten hat seinen Mandanten vor Abschluss des Vergleichs über den Inhalt sowie über die Vor- und Nachteile des vorgesehenen Abfindungsvergleichs und über die alternative Rentenzahlung aufzuklären.

Die folgende Darstellung geht vornehmlich auf einen Abfindungsvergleich bezüglich des Anspruchs auf Zahlung von Schmerzensgeld ein.

II. Die Rechtsnatur des Abfindungsvergleichs

653 Der Vergleich ist ein gegenseitiger Vertrag i. S. d. § 779 BGB.

Nicht nur der außergerichtliche Vergleich, auch der Prozessvergleich des § 794 Abs. 1 Nr. 1 ZPO ist bürgerlich-rechtlicher Vertrag i. S. d. § 779 BGB. Daneben ist der Prozessvergleich auch Prozesshandlung, was prozessuale Folgen hat.

---

684 *Jaeger/Luckey* Rn. 277.

D. Abfindungsvergleich

Auf den Vergleich finden neben § 779 BGB die allgemeinen Vorschriften über Rechtsgeschäfte Anwendung. Danach bestimmt sich auch, ob ein Vergleich wirksam ist oder nicht.

Es liegt auf der Hand, dass ein Abfindungsvergleich zunächst im Interesse des hinter dem Geschädigten stehenden Haftpflichtversicherers abgeschlossen wird. Aber auch der Verletzte selbst – mag er Jugendlicher oder Erwachsener sein – kann ein elementares Interesse am Abschluss eines Vergleichs haben, denn damit kann er sich von dem Unfallgeschehen innerlich lösen. Das psychologische und zusätzlich das wirtschaftliche Argument sollte nicht unterschätzt werden. Obwohl Jugendliche noch ein Leben lang mit den Schadensfolgen zurecht kommen müssen, ist für sie auch bei schweren Verletzungen ein Abfindungsvergleich sinnvoll.

1. Nichtigkeit eines Vergleichs

Vielfach wird geltend gemacht, ein Vergleich sei nichtig. 654
– Nichtig ist ein Vergleich, der mit einem Geschäftsunfähigen abgeschlossen wird. Hierbei kann es auch vorkommen, dass eine Geschäftsunfähigkeit wegen schwerer Hirnverletzungen »unerkannt« eintritt. Zwar muss der Geschäftsunfähige bereits erhaltene Abfindungen zurückleisten, wenn der Vergleich unwirksam ist (§ 812 BGB), diesen Anspruch kann der Versi-cherer aber im Haftungsprozess der Klage auf Renten nicht entgegenhalten (§ 394 BGB, § 850b ZPO). Umgekehrt kann es für den Geschädigten ärgerlich sein, wenn ein Vergleich an dem Einwand der Geschäftsunfähigkeit scheitert. Bestehen also Zweifel an der Geschäftsfähigkeit, sollte vor Vergleichsschluss ein ärztliches Attest über die Geschäftsfähigkeit eingeholt werden.[685]
– Ein für einen beschränkt Geschäftsfähigen durch dessen Vertreter abgeschlossener Vergleich ist nicht ohne weiteres wirksam.

Sind die Eltern selbst an der Schadensentstehung beteiligt, gelten die §§ 1629 Abs. 2 S. 1, 1795 BGB, 655 die Eltern können das Kind insoweit nicht vertreten.

Zu beachten ist auch, dass ein Vergleich mit Minderjährigen in Einzelfällen der vormundschafts- 656 gerichtlichen Genehmigung bedarf, wenn der geschädigte Minderjährige unter Vormundschaft steht und der Vergleich den Wert von 3 000 Euro übersteigt. Im letzten Fall entfällt die Genehmigungspflicht, wenn ein Gericht den Vergleich vorgeschlagen hat.[686] Vgl. hierzu im Einzelnen §§ 1643, 1822 BGB. Die Eltern sind in ihrer Vertretungsmacht allenfalls dann beschränkt, wenn der Vergleich – aufgrund des Verzichts der Geltendmachung weiterer Ansprüche – im Einzelfall eine »Verfügung über das Vermögen im Ganzen« nach §§ 1643, 1822 Nr. 1 BGB darstellt.

– Nichtig ist auch ein Vergleich, der gegen ein gesetzliches Verbot oder gegen die guten Sitten (§ 138 657 BGB) verstößt, was bei Vergleichen zwischen einem Versicherer und dem anwaltlich vertretenen Geschädigten kaum vorkommen dürfte.
– Jedoch kann wegen zu geringer Abfindung Sittenwidrigkeit behauptet werden. Geschieht dies, ist 658 für die Beurteilung der Vergleichssumme als sittenwidrig auf den Zeitpunkt des Abschlusses des Vergleichs abzustellen. Maßgebend ist, welche Vorstellungen die Parteien zu diesem Zeitpunkt von den Erfolgsaussichten und Risiken hatten. Danach bestimmt sich der Umfang des gegenseitigen Nachgebens. Auch wenn die Ausgangsposition des Geschädigten objektiv gut war, er aber subjektiv die Rechtslage zu ungünstig beurteilt hat, kann die Abfindung als ausreichend anzusehen sein. Hat der Geschädigte z. B. wegen befürchteter Beweisschwierigkeiten mit einer Klageabweisung gerechnet, ist auch bei hohem Schaden eine geringe Abfindung nicht sittenwidrig.
– Einen seltsamen Weg geht Nehls,[687] der einen Abfindungsvergleich über eine nach § 843 Abs. 3 659 BGB oder nach § 844 Abs. 2, 2. HS BGB zu zahlende Rente für unwirksam hält, weil die Vereinbarung gegen ein gesetzliches Verbot verstoße. Dieses gesetzliche Verbot sieht er in der Regelung,

---

685 *Euler*, SVR 2005, 10 (13); aus Schutzgesichtspunkten für eine weite Auslegung des »Vermögens im Ganzen« auch *Motzer*, FamRZ 1996, 844
686 *Euler* SVR 2005, 10, 13.
687 *Nehls* SVR 2005, 161, 167 f.

dass eine Kapitalisierung der Rente nur bei Vorliegen eines wichtigen Grundes verlangt werden kann. Liege ein solcher wichtiger Grund nicht vor, habe der Verletzte keinen Anspruch auf den Kapitalbetrag mit der Folge, dass ein entsprechender Vergleich unwirksam sei. Diese Rechtsauffassung ist nicht haltbar, der *BGH* geht in zahlreichen Entscheidungen selbstverständlich von der Wirksamkeit solcher Abfindungsvergleiche aus.[688]

2. Anfechtbarkeit eines Vergleichs

660 Wird ein Vergleich durch arglistige Täuschung oder widerrechtliche Drohung erreicht, dann ist er nach § 123 BGB anfechtbar. Eine solche Drohung kann sogar vom Vorsitzenden des Gerichts ausgehen, wenn er bei einem Prozessbeteiligten unzutreffend den Eindruck erweckt, das Urteil sei bereits unabänderlich beraten und werde verkündet, wenn die Partei den gerichtlichen Vergleichsvorschlag nicht annehme.[689]

661 Eine Irrtumsanfechtung nach § 119 BGB kommt wohl kaum einmal in Betracht. Ein Irrtum über die künftige Entwicklung des Gesundheitszustandes oder der Verdienstmöglichkeiten ist allenfalls ein unbeachtlicher Motivirrtum; hinzukommt, dass man über künftige Entwicklungen nicht irren, sondern nur mutmaßen kann.

3. Unwirksamkeit eines Vergleichs nach § 779 Abs. 1 BGB

662 § 779 BGB: Ein Vertrag, durch den der Streit oder die Ungewissheit der Parteien über ein Rechtsverhältnis im Wege gegenseitigen Nachgebens beseitigt wird (Vergleich), ist unwirksam, wenn der nach dem Inhalt des Vertrags als feststehend zugrunde gelegte Sachverhalt der Wirklichkeit nicht entspricht und der Streit oder die Ungewissheit bei Kenntnis der Sachlage nicht entstanden sein würde.

Dabei geht es um den Sachverhalt, nicht um die Rechtslage.

663 Auch hier ist ein Irrtum über die künftige Entwicklung des Gesundheitszustandes oder der Verdienstmöglichkeiten unerheblich, denn die Ungewissheit darüber bildet den Gegenstand des Streits und damit des Vergleichs. Diese künftige Entwicklung kann jedoch eine Rolle spielen für die Auslegung des Vergleichs. Liegt der nach Abschluss des Vergleichs eingetretene weitere Schaden des Verletzten (Gesundheitsverschlechterung) völlig außerhalb dessen, was die Parteien sich bei Vergleichsabschluss vorgestellt haben und war die negative Entwicklung für die Parteien unvorhersehbar und ist zusätzlich der nach Vergleichsabschluss eingetretene Schaden so erheblich, dass beide Parteien bei Kenntnis hiervon nach den Grundsätzen des redlichen Verkehrs den Vergleich nicht abgeschlossen hätten und der Schädiger dem Verletzten den Abschluss eines solchen Vergleichs nicht zugemutet hätte, dann kann der Vergleich so auszulegen sein, dass sich der in dem Abfindungsvergleich enthaltene Verzicht des Verletzten sich nicht auf diese Spätfolgen erstreckt. Dann ist der Verletzte durch den Abfindungsvergleich nicht gehindert, über die Vergleichssumme hinaus Spätschäden geltend zu machen. Das Festhalten des Versicherers an dem Vergleich kann dann gegen Treu und Glauben verstoßen.

664 Eine solche Auslegung ist aber nur ausnahmsweise möglich, denn bei Abfindungsvergleichen ist es die Regel, dass ein Verzicht für alle künftigen Schäden verlangt und ausgesprochen wird. Es ist nicht anstößig, wenn der Versicherer den VN zur Unterzeichnung eines Abfindungsvertrags dadurch bewegt, dass er im Fall der Nichtunterzeichnung keinerlei Zahlungen leisten werde.[690]

Ergebnis: Die Abgeltung sämtlicher Ansprüche, welcher Art auch immer, umfasst keine Ansprüche, die die Parteien bei Abschluss des Vergleichs in so großem Ausmaß nicht für möglich gehalten haben und der zur Abfindungssumme in einem krassen, unzumutbaren Missverhältnis steht.

---

688 *Jaeger* VersR 2006, 597 und 1328.
689 *BGH* Urt. v. 6.7.1966 – Az. Ib ZR 83/64 – NJW 1966, 2399 ff.
690 *LG Bremen* Urt. v. 7.2.1991 – Az. 2 S 1026/90 – VersR 1992, 230.

4. Störung der Geschäftsgrundlage

Treten also unvorhergesehene Spätschäden auf, können diese unter dem Gesichtspunkt der Störung der Geschäftsgrundlage (§ 313 BGB n. F.), zu behandeln sein. Bei einem Vergleich führt die Störung der Geschäftsgrundlage in aller Regel nicht zur Nichtigkeit des Vergleichs, sondern zu einem Anspruch auf Anpassung. Deshalb kann sich ein Festhalten am Vergleich nur dann als unzulässige Rechtsausübung darstellen, wenn sich später schwerwiegende Spätschäden herausstellen, die im Vergleich nicht berücksichtigt sind. 665

Wird Anpassung verlangt, geht dies gegebenenfalls nur im Wege einer Klage.

In solchen Fällen ist zunächst nach Sinn und Wortlaut zu ermitteln, ob die Schadensersatzansprüche endgültig erledigt und auch unvorhergesehene Schäden mit bereinigt werden sollten. Das ist z. B. dann der Fall, wenn der Abfindungsvergleich die Klausel enthält, dass die Abgeltung alle künftigen Schäden umfasst, seien sie vorhersehbar oder unvorhersehbar, erwartet oder unerwartet. Will der Geschädigte vom Vergleich abrücken und Nachforderungen stellen, muss er darlegen, dass ihm ein Festhalten am Vergleich nach Treu und Glauben trotz der Klausel nicht zumutbar ist, weil entweder die Geschäftsgrundlage für den Vergleich gestört ist oder sich geändert hat, so dass eine Anpassung an die geänderten Verhältnisse erforderlich geworden ist, oder dass eine erheblichen Äquivalenzstörung in den Leistungen der Parteien eingetreten ist, die für den Geschädigten eine ungewöhnliche Härte bedeutet.[691] 666

Das ist dann nicht der Fall, wenn die seinerzeit vereinbarte Abfindungssumme nicht in krassem Missverhältnis zum tatsächlich entstandenen Schaden steht.[692] 667

Aber selbst wenn eine Abfindungserklärung bezüglich des immateriellen Schadens einen Vorbehalt enthält, bedeutet dies nicht, dass immaterielle Folgeschäden unbegrenzt geltend gemacht werden können. Wenn alle Ansprüche aus einem Unfallereignis abgegolten sein sollen, kann auch bei immateriellem Vorbehalt nur wegen solcher Folgen noch nachgebessert werden, die bei Abgabe der Erklärung nicht vorhersehbar waren. Alles, was vorhersehbar war und einer normalen Entwicklung des Schadens entspricht, ist von der Abfindungserklärung erfasst.[693] 668

Dem entspricht eine Entscheidung des *OLG Frankfurt*:[694] Wird nach einem Unfall ein Abfindungsvergleich geschlossen, in dem auch nicht absehbare Schäden abgegolten werden sollen, können nur krasse Äquivalenzstörungen (um den Faktor 10) eine Nachforderungen von Schmerzensgeld rechtfertigen. In diesem Fall hatte der Verletzte im Alter von zehn Jahren eine inkomplette Querschnittslähmung erlitten und im Alter von 18 Jahren im Jahre 1993 einen Abfindungsvergleich über 660 000 DM geschlossen. 669

Das *OLG Frankfurt* geht davon aus, dass der Berechtigte in einem Abfindungsvergleich das Risiko übernimmt, dass die für die Berechnung der Kapitalabfindung maßgebenden Faktoren auf Unsicherheiten beruhen, eine Auffassung, die so nicht geteilt werden kann. Den Abfindungsvergleich wünschen i. d. R. die Versicherer und zwar ausschließlich aus wirtschaftlichen Erwägungen. Wenn sie dann einen Abfindungsvergleich erreichen, sollte darin ausgewiesen werden, mit welchem (Teil-)Betrag der Verletzte für das Risiko von Spätschäden abgefunden wurde. 670

I. d. R. setzen sich die Richter im Prozess nicht genügend für einen angemessenen Zuschlag ein, so dass dieser zu gering ausfällt. Nach Erledigung des Rechtsstreits durch Vergleich verweigern sie dann 671

---

691 BGH Urt. v. 19.6.1990 – Az. VI ZR 255/89 – VersR 1990, 984; *Müller* VersR 1998, 129, 137.
692 OLG Celle Urt. v. 25.4.2002 – Az. 14 U 28/01 – OLGR 2003, 264; so auch *OLG Koblenz* Urt. v. 29.9.2003 – Az. 12 U 854/02 – NZV 2004, 197 = NJW 2004, 782 = SVR 2004, 115.
693 *OLG Hamm* Urt. v. 18.10.2000 – Az. 13 U 115/00 – r+s 2001, 505 f.; *LG Hannover* Urt. v. 10.12.2001 – Az. 20 O 2450/01 – SP 2002, 126.
694 *OLG Frankfurt* Urt. v. 14.8.2003 – Az. 1 W 52/03 – zfs 2004, 16.

im Folgeprozess ein weiteres Schmerzensgeld mit der Begründung, es fehle an einer Äquivalenzstörung mit dem Faktor 10.

672 Das *OLG Köln*[695] hat ein krasses Missverhältnis zwischen Schaden und Abfindungssumme angenommen, weil der Zukunftsschaden bei der Festlegung der Abfindungssumme nur eine untergeordnete Rolle gespielt hatte. Im Interesse der Aufrechterhaltung solcher Vergleiche – insoweit ist das Interesse des Schädigers an einer abschließenden Regelung zu berücksichtigen – werden strenge Anforderungen gestellt,[696] ein »krasses Missverhältnis« wird nicht schnell bejaht.[697]

673 Einen Sonderfall hatte das *OLG Oldenburg*[698] zu beurteilen. Der Geschädigte hatte einen Abfindungsvergleich geschlossen, in dem der Vorbehalt enthalten war, dass der Kläger »einen Anspruch auf zukünftigen Ersatz des immateriellen Schadens unter Zugrundelegung der Rechtsprechung des *BGH* (VersR 1980, 975) besitzt«. In jener Entscheidung hat der *BGH* ausgeführt, dass weiteres Schmerzensgeld nur für solche Verletzungsfolgen verlangt werden könne, »die bei der ursprünglichen Bemessung des immateriellen Schadens noch nicht eingetreten waren oder mit deren Eintritt nicht oder nicht ernstlich zu rechnen war«. Nun hatten sich beim Kläger eine Arthrose und Hüftkopfnekrose entwickelt, die das Implantieren eines künstlichen Hüftgelenks erforderlich machten. Das *OLG Oldenburg* half dem Kläger mit der Feststellung, dass die Hüftkopfnekrose bereits bei Abschluss des Vergleichs vorgelegen habe, ein Fall der künftigen Entwicklung gar nicht vorliege. Vielmehr hätten die Parteien bei Abschluss des Vergleichs eine bereits vorhandene Verletzungsfolge nicht bedacht, so dass die Vergleichssumme in krassem Missverhältnis zum Schaden liege. Deshalb könne sich die Beklagte nach dem Einwand des Klägers auf unzulässige Rechtsausübung nicht auf ein Festhalten am Vergleich berufen.

674 Das *OLG Jena*[699] hat für eine identische Klausel noch einmal klargestellt (was sich aber auch aus dem Wortlaut ergibt), dass der Vorbehalt sich nur auf solche Folgen, mit deren Eintritt »nicht oder nicht ernstlich zu rechnen war« bezog; es also nicht darauf ankommt, ob die Folgen eingetreten sind, sondern allein, ob diese (objektiv!) vorhersehbar waren. Wenn dies der Fall ist, sind sie abgegolten. Diesen Vergleich dann wegen Äquivalenzstörung anzugreifen, weil angesichts der vorhersehbaren Spätfolgen die Vergleichssumme als zu gering erscheint, ist so gut wie aussichtslos.

675 Der *BGH*[700] hat einen umfassenden Abfindungsvergleich, in welchem »für alle bisherigen und möglicherweise künftig noch entstehenden Ansprüche, seien sie vorhersehbar oder nicht vorhersehbar« »endgültig und vorbehaltlos« eine Abfindung gezahlt wurde, wobei die Parteien bei einer angefügten Aufstellung möglicher unfallbedingter Drittleistungen u. a. angegeben hatten, dass der unfallbedingt erblindete Kläger Leistungen des **Landesblindengeldes** erhalte, für wirksam gehalten – auch dann, wenn tatsächlich, von beiden Parteien unvorhergesehen, diese Blindenleistungen dann gestrichen wurden. Der Kläger hatte Zahlung der Differenzbeträge zum nun weggefallenen Blindengeld verlangt. Obwohl eine SGG nahelag, hat der *BGH* angenommen, durch die umfassende Abfindung trage der Kläger das Risiko späterer auch für ihn nachteiliger Veränderungen. Es könne auch nicht ohne weiteres davon ausgegangen werden, dass das Blindengeld stets und in gleicher Höhe fortbezahlt werde – eine Behauptung, für die der *BGH* keine Begründung anführt.[701] Letztlich mag

---

695 *OLG Köln* Urt. v. 3.7.1987 – Az. 13 U 230/86 – NJW-RR 1988, 924 f. 6 000 DM Vergleich, 25 000 DM angemessene Summe.
696 *Müller* VersR 1998, 129, 138.
697 *OLG Hamm* Urt. v. 20.2.1997 – Az. 27 U 216/96 – VersR 1998, 631 f.
698 *OLG Oldenburg* Urt. v. 28.2.2003 – Az. 6 U 231/01 – zfs 2003, 590.
699 Vgl. *OLG Jena* NJW-RR 2007, 605.
700 *BGH* VersR 2008, 686. Gegen diese Entscheidung kann zudem kritisch eingewandt werden, dass der Versicherer dem Land das gezahlte Blindengeld ohnehin erstatten musste, also durch eine Zahlung an den Geschädigten nicht in höherem Umfang belastet worden wäre. Es geht also nicht um eine »zusätzliche Last« für den Versicherer, sondern um die Vermeidung einer (unbilligen?) Entlastung, so richtig auch *Huber*, NZV 2008, 431 (434).
701 Zumal die Fortleistung des Blindengeldes, welches wegen der geringen Zahl der Blinden die Landeskasse

D. Abfindungsvergleich

eine Rolle gespielt haben, dass das Land Niedersachsen nach zwei Jahren das (allerdings nun reduzierte) Blindengeld wieder einführte.

Das Berufungsgericht (*OLG Oldenburg*[702]) hatte indes schon in einem vergleichbaren früheren Fall[703] entschieden, der Wegfall des Blindengeldes rechtfertige nicht die Aufhebung oder Anpassung des Vertrags. Das *OLG München*[704] indes hatte eine Störung der Geschäftsgrundlage angenommen, wenn aufgrund sozialrechtlicher Änderungen nicht mehr 100 %, sondern nur noch 90 % der Heilbehandlungskosten erstattet werden, und einen Anspruch des Geschädigten auf Freistellung aller nicht erstatteten Heilbehandlungskosten aus Störung der Geschäftsgrundlage gegen den Versicherer bejaht.

▶ **Hinweis:** 676

Folge für den beratenden Anwalt muss sein, bei der »Anrechnung« von Drittleistungen in einen Abfindungsvergleich eine Klausel des Inhalts aufzunehmen, dass Änderungen in der Leistungshöhe (beispielsweise) eine entsprechende (prozentuale?) Anpassung der Vergleichssumme zur Folge haben sollen, um darzulegen, dass der Leistungsbezug Geschäftsgrundlage geworden ist.

Alternativ können übergehende Ansprüche ganz ausgenommen werden:

»Ausgenommen sind solche Schadensersatzansprüche, die auf Dritte übergegangen sind oder noch übergehen werden, auch wenn sie nach – auch teilweiser – Leistungseinstellung durch den Dritten beim Geschädigten verbleiben oder an diesen zurückfallen.«[705]

Diese rigide Linie hat der *BGH*[706] wenig später »aufgeweicht«: 677

Nach einem Verkehrsunfall hatten die Parteien einen Abfindungsvergleich geschlossen, in welchem »Schadensersatzansprüche aus dem Schaden, seien sie bekannt oder nicht bekannt, vorsehbar oder nicht vorsehbar, nach Erhalt des genannten Betrages« abgefunden seien. Ferner verzichtete der Kläger auf jede weitere Forderung, »gleich aus welchen Gründen, auch aus noch nicht erkennbaren Unfallfolgen«. Weitere Regelungen betreffen die Erstattung von Verletzten- und Erwerbsunfähigkeitsrente durch den Kläger und die Erstattung der Einkommensteuer durch die Beklagte.

In den Verhandlungen stellten die Parteien für die Abgeltung des Verdienstausfalles u. a. eine von der Berufsgenossenschaft an den Kläger für die Berufsunfähigkeit gezahlte Rente in Höhe von 1.081,65 € in ihre Berechnungen ein. Nach Abschluss des Vergleichs zahlte die Berufsgenossenschaft dem Kläger indes eine monatliche Rente in Höhe von nur noch 755,79 € mit der Begründung, ein Schreibfehler in der Mitteilung des Arbeitgebers des Klägers habe zu einer falschen Rentenberechnung geführt; das Bruttoentgelt sei seinerzeit unrichtig mit 88.836 DM statt 58.836 DM angegeben worden.

Der Kläger verlangte nun von der Beklagten die Anpassung des Vergleichs dergestalt, dass er sie auf die gekürzte Summe der Rentenzahlung der BG in Anspruch nimmt.

Das Berufungsgericht hatte die Klage abgewiesen, weil die Geschäftsgrundlage nicht entfallen sei; kalkulatorische Irrtümer fielen in die Risikosphäre des Klägers, der auch deren Folgen zu tragen habe. Der *BGH* hat diese Entscheidung aufgehoben und zurückverwiesen.

Der *BGH* stellt zunächst klar, dass es im Streitfall nicht um einen Wegfall oder eine Änderung der Geschäftsgrundlage (§ 313 Abs. 1 BGB) im Hinblick auf die reduzierte Zahlung der Berufsgenossenschaft geht, sondern um ein Fehlen der Geschäftsgrundlage von Anfang an, weil wesentliche Vorstel-

---

ohnehin kaum nennenswert belastet haben dürfte, möglicherweise »vertrauensfester« wäre als sonstige allgemeine Sozialleistungen.
702 Berufungsentscheidung: *OLG Oldenburg* r+s 2007, 522.
703 *OLG Oldenburg* NJW 2006, 3152.
704 *OLG München* ZfS 1992, 263.
705 Ähnlicher Vorschlag bei *Huber*, NZV 2008, 431 (435).
706 *BGH* VersR 2008, 1648.

lungen, die zur Grundlage des Vertrages geworden sind, sich als falsch herausgestellt haben (§ 313 Abs. 2 BGB).

Er führt weiter aus:

> »Denn beide Parteien sind bei Abschluss des Abfindungsvergleichs davon ausgegangen, der Kläger erhalte von der Berufsgenossenschaft eine – von dem der Kapitalisierung zugrunde zu legenden Verdienstausfall abzuziehende – Rente in Höhe von 1.081,65 €, während dieser Betrag in Wahrheit auf einem Schreibfehler in der Gehaltsmitteilung des Arbeitgebers des Klägers beruht und die Rente bei Zugrundelegung des richtigen Bruttoeinkommens nur 755,79 € betrug.
>
> Bei einem solchen gemeinsamen Irrtum über die Berechnungsgrundlagen geht es nicht darum, dass der Geschädigte das Risiko in Kauf nimmt, dass die für die Berechnung des Ausgleichsbetrages maßgebenden Faktoren auf Schätzungen und unsicheren Prognosen beruhen und sie sich demgemäß unvorhersehbar positiv oder negativ verändern können. Vielmehr spielt eine spezifische Risikobetrachtung hier für die Parteien überhaupt keine Rolle, denn beide gehen davon aus, sich auf einer vermeintlich sicheren Grundlage zu bewegen. Eine einseitige Risikozuweisung ist auch hier denkbar, wird aber nur unter besonderen Umständen in Betracht kommen, etwa wenn eine der Vertragsparteien eine Gewähr für die Richtigkeit der Berechnungsgrundlagen übernommen hat.
>
> Wenn die Parteien den Irrtum seinerzeit nicht bemerkt haben, müssen Anhaltspunkte dafür, wie sie den Vergleich in Kenntnis der wahren Umstände abgeschlossen hätten, naturgemäß fehlen und es kann dazu auch nicht konkret vorgetragen werden. Die Anpassung ist dann unter wertender Berücksichtigung aller sonstigen Umstände vorzunehmen.«

▶ **Praxistipp:**

Für Anwälte ist beim Abschluss eines Abfindungsvergleichs höchste Vorsicht geboten. Es besteht eine umfassende Beratungspflicht und der Anwalt kann verpflichtet sein, von einem Abfindungsvergleich abzuraten. Richter sollten nur sehr zurückhaltend zu einem Abfindungsvergleich raten.

5. Prozessuale Fragen

678 Der Prozessvergleich beendet den materiellen Streit der Parteien und den Prozess. Er ist durch Aufnahme in das Protokoll festzustellen, § 160 Abs. 3 Nr. 1 ZPO. Wird nicht ordnungsgemäß protokolliert, ist der Vergleich (nur) materiell-rechtlich wirksam, denn insoweit bedarf er keiner Form. Der Prozess ist dann allerdings nicht beendet. Um einen Vollstreckungstitel zu erlangen, muss der Kläger den Prozess fortsetzen mit einem Antrag, der dem Vergleichsinhalt entspricht. Anspruchsgrundlage ist dann der materiell wirksame Vergleich.

679 Bei einem Prozessvergleich mit Widerrufsvorbehalt ist die Wirksamkeit des Vergleichs aufschiebend bedingt. Bei Streit über die Wirksamkeit des Vergleichs, über seinen Umfang und Inhalt, wird der bisherige Prozess fortgesetzt.

Soll ein Dritter in den Vergleich einbezogen werden, tritt er dem Rechtsstreit bei. Insoweit besteht kein Anwaltszwang. Bezüglich der Kosten gilt die gesetzliche Auslegungsregel des § 98 ZPO = gegeneinander aufgehoben.

680 War im Verfahren ein gerichtlicher Sachverständiger eingeschaltet und ist dessen Gutachten Grundlage für den Prozessvergleich, so ist zu beachten, dass mögliche Schadensersatzansprüche gegen den Sachverständigen wegen eines vorsätzlich oder grob fahrlässig erstatteten unrichtigen Gutachtens mit Abschluss des Vergleichs verloren gehen. Denn mit Abschluss des Vergleichs beruht der Schaden der Partei, zu deren Ungunsten das Gutachten ausgefallen ist, auf dem Vergleich und nicht auf einer gerichtlichen Entscheidung (§ 839a BGB).

> Hinweis: 681

Auf diese Rechtsfolge muss der Anwalt die Partei hinweisen. Besteht nur die geringste Möglichkeit, dass der Sachverständige (vorsätzlich oder grob fahrlässig) ein falsches Gutachten erstattet hat, darf der Prozess nicht durch Vergleich beendet werden.

Dieses Risiko sollte aber nicht überbewertet werden. Ein vorsätzlich oder grob fahrlässig erstattetes unrichtiges Gutachten ist von den Gerichten kaum einmal festgestellt worden.[707]

Der außergerichtliche Vergleich beendet den materiell-rechtlichen Streit, nicht aber den Prozess. 682
Dazu ist die Rücknahme der Klage oder der Berufung erforderlich. Wird im außergerichtlichen Vergleich vereinbart, dass der Kläger die Klage zurücknimmt, muss der Kläger dies auch tun. Erfolgt die Klagerücknahme nicht, wird die Klage als unzulässig abgewiesen.

> Hinweis: 683

Die Bestimmung des § 323 ZPO ist auf außergerichtliche Vergleiche nicht anwendbar. Jedoch gelangt man über § 242 BGB und clausula rebus sic stantibus zu einer angemessenen Änderung des Vergleichs.

Der Anwaltsvergleich wird von den Rechtsanwälten in Vollmacht der Parteien abgeschlossen und 684
enthält eine Unterwerfung des Schuldners unter die sofortige Zwangsvollstreckung (vgl. §§ 796a ff. ZPO).

6. Inhaltliche Sonderfragen

a) Aktivlegitimation/Passivlegitimation

Zu beachten ist, dass gerade im Personenschadensbereich eine sozial- und privatversicherungsrechtliche »Überlagerung« besteht: nach § 116 SGB X geht ein Anspruch, für den ein Sozialversicherungsträger eintrittspflichtig ist, bereits im Unfallzeitpunkt auf den SVT über.[708] Es fehlt also von vornherein (bis auf die »logische Sekunde« im Unfall) die Aktivlegitimation des Geschädigten, sich über diese Ansprüche zu vergleichen. Im Sozialhilferecht, wonach ein Anspruch erst bei Bedürftigkeit überhaupt besteht, kann es daher – da der SHT nicht schon im Unfallzeitpunkt »Leistungen zu erbringen hat« – zu einer erst späteren Zession (bei Bedürftigkeit) kommen.[709] 685

Dies zu beachten, liegt im Interesse des Schädigers bzw. seiner Versicherung, die regelmäßig durch die Zahlung an den Geschädigten **nicht** nach §§ 407, 412 BGB frei wird, da der BGH[710] nur sehr »maßvolle« Anforderungen an die Kenntnis eines solchen gesetzlichen Forderungsüberganges stellt.

Um eine **doppelte Inanspruchnahme** zu vermeiden, wird oft versucht, bei Zahlungen an den Geschädigten selbst dessen Inanspruchnahme von Sozialleistungen zu verhindern. Hier ist aber zu beachten, dass privatrechtliche Vereinbarungen, die zum Nachteil eines Sozialleistungsberechtigten vom SGB abweichen, nichtig sind (§ 32 SGB I). In Betracht kommen

---

707 *OLG Köln* Urt. v. 5.2.1993 – Az. 19 U 104/92 – VersR 1994, 611.
708 Dieser Übergang setzt voraus, dass der SVT »kongruente«, also – kurz gesagt – entsprechende Leistungen zu dem Ersatzanspruch erbringt, also z. B. Krankengeld führt zum Übergang des Erwerbsschadensanspruchs; Pflegeleistungen zum Übergang des Anspruchs auf Ausgleich vermehrter Bedürfnisse usw.
709 Vgl. *BGH* NJW 2002, 292 (293); *BGH* VersR 1996, 349. Ein Abfindungsvergleich kann daher auch Forderungen umfassen, die später erst auf den SHT übergehen würden; der BGH hat zur Vermeidung von Unklarheiten eine Auslegung eines solchen Abfindungsvergleiches angedacht, nach dem unter die vom Vergleich ausgenommenen »Ansprüche, die kraft Gesetzes auf einen SVT übergegangen sind«, auch die fallen sollen, die erst künftig übergehen: *BGH* VersR 1996, 349.
710 *BGH* VersR 1996, 349; *BGH* NJW 1984, 607: es genügt die Kenntnis der ein Sozialversicherungsverhältnis begründenden Tatsachen, um Kennenmüssen der Zession nach § 116 SGB X anzunehmen.

- Der **Verzicht** auf Leistungen; dieser ist nach **§ 46 Abs. 1 SGB I** zwar möglich, aber für die Zukunft widerruflich. Der Versicherer hat also keine Handhabe, einen solchen Widerruf – mit der Folge von Leistungen des SVT und des anschließenden Regresses – zu vermeiden. Eine Freistellungsverpflichtung des Geschädigten für diesen Fall ist rechtlich sinnvoll, kann aber wirtschaftlich leerlaufen.
- Die **Abtretung** von Ansprüchen an den Haftpflichtversicherer: dies ist nach **§ 53 Abs. 2 SGB I** möglich, wenn der zuständige Leistungsträger feststellt, dass die Übertragung »im wohlverstandenen Interesse des Berechtigten« liegt. Diese Zustimmung zu bekommen – zumal zeitnah – ist nicht einfach.

686 Eine häufige Haftungsfalle ist die Norm des § 86 VVG, wonach im Privatversicherungsrecht (also: der privaten Kranken- und Pflegeversicherung) eine Zession erst dann stattfindet, wenn geleistet wird.[711] Dies hat zur Folge, dass der Geschädigte zur Zeit des Abfindungsvergleichs noch aktivlegitimiert ist, sich also über seine Heilbehandlungs- und Aufwendungskosten vergleichen kann. Weil aber – durch den Vergleich – seine Ansprüche auf Schadensersatz erloschen sind, kann auch der Anspruch gegen seinen Krankenversicherer unter den Voraussetzungen des § 86 Abs. 2 S. 2, 3 VVG erlöschen.[712] Ähnliches gilt nach §§ 6, 7 EFZG.

687 Ein Abfindungsvergleich ohne entsprechende Vorbehaltserklärung kann also dazu führen, dass der Geschädigte Leistungsansprüche gegen seine Privatversicherung verliert und dann im Regressweg gegen den Anwalt vorgeht, der hierüber nicht aufgeklärt bzw. diesen Umstand nicht vermieden hat!

688 Im Bereich der **Passivlegitimation** ist insbesondere daran zu denken, dass möglicherweise weitere Schädiger **gesamtschuldnerisch** neben dem Haftpflichtversicherer einstehen müssen.

Ein **Vergleich**, der die Forderung des Gläubigers gegen **einen Gesamtschuldner** erledigt, hat aber im Zweifel keine Wirkung auf den Anspruch des Gläubigers gegenüber anderen Gesamtschuldnern; vielmehr, vgl. §§ 423, 425 BGB, hat dieser Vergleich nur **Einzelwirkung**.[713]

Nur im Einzelfall kann die Auslegung ergeben, dass der Wille der Vertragsparteien dahin geht, das Schuldverhältnis insgesamt aufzuheben, etwa, wenn der Erlass gerade mit dem Gesamtschuldner vereinbart wird, der im Innenverhältnis der Gesamtschuldner den Schaden allein zu tragen hätte.[714]

Greift ein solcher Sonderfall nicht, besteht für den am Vergleich beteiligten Gesamtschuldner die Gefahr, dass er – da der Vergleich keine Wirkung gegenüber den anderen Gesamtschuldnern entfaltet – im Regressweg in Anspruch genommen wird, wenn die anderen Gesamtschuldner geleistet haben. Die anderen Gesamtschuldner bleiben dann nämlich in vollem Umfang in der Haftung; und auch ihr Regressanspruch ist vom Vergleich unberührt.[715] Auch hier sind entsprechend absichernde Formulierungen (s. u.) nötig.

b) Umfang/Steuern

689 Eine Abfindung ist als Einkommen zu versteuern, §§ 24, 34 EStG, soweit damit ein Verdienstausfall entschädigt werden soll.

---

711 *Küppersbusch* Rn. 842.
712 Nur ausnahmsweise kann eine – dann auch sehr wohlwollende – Auslegung dazu führen, die Konsequenzen eines Anspruchsverlustes der privaten Versicherung zum Anlass einer Auslegung zu nehmen, die dahin geht, dass dann nicht gewollt sein sollte, diese mit zu vergleichen, so aber *OLG Karlsruhe* OLGR 2006, 47.
713 BGHZ 58, 216 (219); *BGH* NJW 2000, 1942; *OLG Celle* MDR 2008, 917.
714 *BGH* NJW 2000, 1942; *OLG Köln* NJW-RR 1992, 1398; *OLG Dresden* BauR 2005, 1954; *OLG Karlsruhe* NJW-RR 2010, 1672. Der Vergleich verlöre nämlich seinen Sinn, wenn der weitere Gesamtschuldner im Falle der Inanspruchnahme vollen Regress bei dem Vergleichspartner nehmen könnte.
715 Sehr weitgehend und wohl auch entgegen dem *BGH* (NJW 2000, 1942) hat das *OLG Celle* OLGReport 2007, 797 angenommen, dass sich einem Vergleich mit einem der Gesamtschuldner entnehmen lasse, dass der Gläubiger insoweit – also soweit dieser Gesamtschuldner im Innenausgleich hätte haften müssen – nicht mehr gegen die anderen Gesamtschuldner vorgehen könne.

Wenn der Geschädigte eine Schadensersatzzahlung als Einkommen versteuern muss, umfasst die materielle Ersatzpflicht des Schädigers auch die Steuer, mit der der Geschädigte belastet wird, wenn er die Zahlung des Nettoverdienstausfallschadens erhalten hat.[716]

Der Haushaltsführungsschaden ist jedoch steuerfrei.[717]

▸ **Hinweis:**

da die Steuerpflicht auf den Erwerbsschaden i. d. R. nicht bezifferbar ist, wenn die Sache **prozessual** entschieden wird, genügt ein entsprechender **Feststellungsantrag**, gerichtet auf die Ersatzpflicht dem Grunde nach.[718]

Sonstige Zahlungen, wie Mehrbedarf,[719] Heilbehandlungskosten,[720] Unterhaltsschaden,[721] Beerdigungskosten[722] oder Schmerzensgeld[723] sind steuerfrei, so dass sich hier die Frage der Steuerpflicht für die Abfindung nicht stellt.

Die Haftpflichtversicherer tendieren zu Nettovergleichen, ohne dass die Frage einer Versteuerung offen thematisiert wird. Selten wird ein Vergleich des Inhalts geschlossen, dass der Geschädigte einen Nettobetrag erhält und diesen versteuert und ihm dann anschließend die Steuerlast ersetzt werden soll. 690

Allerdings besteht auch in diesem Fall die Gefahr, dass der Zufluss der Summe, die die Einkommenssteuer abdeckt, die auf die Abfindungssumme entfällt, nach dem steuerrechtlichen Zuflussprinzip wiederum als Einkommen eingeordnet wird und so eine neue Steuerpflicht auslöst, so dass sich der Ausgleich »auffrisst«. 691

Wer den vollen Steuernachteil ausgleichen will, wäre daher besser beraten, intern die Nettoabfindung festzulegen und dann mithilfe einer amtlichen Auskunft des Finanzamtes oder eines Steuerberaters festzulegen, welcher Bruttobetrag diesem Nettobetrag entspricht. Gezahlt wird dann diese Summe, die vom Geschädigten nach § 34 EStG versteuert wird. 692

▸ **Hinweis:** 693

In all diesen Fällen gilt: Bei jedem Vergleich ist eine Dokumentation der entsprechenden Beratung des Mandanten nötig, um haftungsrechtlich auf der sicheren Seite zu sein!

c) Anwaltskosten

Die vom Schädiger zu erstattenden Anwaltskosten werden auch dann von einem Abfindungsvergleich umfasst, wenn sie im Text nicht gesondert erwähnt werden.[724] Zur Sicherheit empfiehlt sich aber stets deren ausdrückliche Erwähnung. 694

Gegenstandswert ist in der außergerichtlichen Regulierung der vom Schädiger bezahlte Betrag.[725] Häufig wird allerdings auch nach den geltend gemachten Ansprüchen abgerechnet. Auch hier sollte 695

---

716 *BGH* NJW 2006, 499.
717 *BFH* DB 2009, 485 = FamRZ 2009, 424.
718 Der *BGH* lässt einen flankierenden Feststellungsantrag des Inhalts, dass der Schädiger verpflichtet ist, dem Geschädigten eine auf die Schadensersatzzahlung zu zahlende Steuer zu ersetzen, zu (*BGH* VersR 1988, 490 (492)).
719 *BFH* NJW 1995, 1238: da wirtschaftlich betrachtet nur »durchlaufendes Geld«; *BFH* NJW 2004, 2616; *BFH* DB 2009, 485 = FamRZ 2009, 424 für den Haushaltsführungsschaden.
720 *BFH* NJW 2004, 2616.
721 *BFH* DB 2009, 485 = FamRZ 2009, 424.
722 *Jahnke* NJW-Spezial 2009, 601 (602).
723 *BFH* NJW 2004, 2616.
724 *Küppersbusch* Rn. 837; *OLG Köln* Urt. v. 26.11.1962 – Az. 10 U 125/62 – VersR 1963, 468.
725 *BGH* Urt. v. 13.4.1970 – Az. III ZR 75/69 – NJW 1970, 1122.

Kapitel 19

der Mandant – so nicht rechtsschutzversichert – vorab belehrt werden, um nicht nachher bei der Kostennote feststellen zu müssen, dass er infolge einer (aus taktischen Gründen) überhöhten Ersatzforderung einen Teil der tatsächlich erreichten Abfindungssumme an den Rechtsanwalt zahlen muss.

7. Musterformulierungen

696 Einem rechtskräftigen Feststellungsurteil in seiner Wirkung gleichgestellt, schließen die Parteien heute, ... (Datum), folgenden

Abfindungsvergleich

697 Zur Abgeltung des Unfallereignisses vom ... zahlt ... (Gegner) an ... (Mandanten) einen Kapitalbetrag von ... Euro. Damit sind sämtliche immateriellen Ersatzansprüche des ... (Mandanten) abgegolten und erledigt.

Hiervon unberührt und daher vorbehalten bleiben künftig auftretende Verschlechterungen,

698 ▶ **Hinweis:**

Schon um einen weiteren Prozess um die Reichweite des Vorbehalts vorzubeugen, sollte dieser möglichst präzise gefasst werden. Es empfiehlt sich, wegen der in der Natur der Sache liegenden Unklarheit künftiger Schadensentwicklung, die Abgrenzung dergestalt vorzunehmen, dass der bekannte Schaden möglichst genau definiert und der Vorbehalt in Bezugnahme hierauf gefasst wird.

die von dem als Anlage zum Vergleich angefügten fachärztlich attestierten Verletzungsbild abweichen.

..., den ...

699 Baustein 1: Endgültige Beilegung

Die Abgeltung umfasst alle künftigen Schäden, seien sie vorhersehbar oder unvorhersehbar, erwartet oder unerwartet.

Soweit steuerliche Konsequenzen einer Kapitalabfindung nicht endgültig beurteilt werden können, sollte auch insoweit ein Vorbehalt in den Abfindungsvergleich aufgenommen werden.

700 Baustein 2: Vorbehalt bezüglich steuerlicher Konsequenzen

Die Versicherung übernimmt ferner die Erstattung etwaiger steuerlicher Belastungen, die sich aus dieser Kapitalisierungsvereinbarung ergeben.

Der Vergleich muss gedanklich in alle Richtungen »abgesichert« werden. Häufige Fehlerquelle sind rechtliche Hindernisse auf Mandantenseite.

Ist der Mandant etwa im Güterstand der Gütergemeinschaft verheiratet, müssen beide Ehegatten einem Vergleich zustimmen, der das Gesamtgut betrifft. Ebenso bedarf ein Vormund in den Fällen des § 1822 Nr. 12 BGB der vormundschaftlichen Genehmigung für einen Vergleich, es sei denn, dieser bliebe unter 3 000 Euro oder sei vom Gericht vorgeschlagen. Für die Eltern – gesetzliche Vertreter des minderjährigen Mandanten – gilt diese Beschränkung nicht, da § 1643 Abs. 1 BGB nicht hierauf verweist. Der Haftpflichtversicherer auf der Gegenseite handelt bei Abschluss eines Vergleichs als Bevollmächtigter seines Versicherungsnehmens (§ 10 Abs. 5 AKB), im Hinblick auf einen etwaigen Direktanspruch (§ 3 PflVG) auch im eigenen Namen.

Bei schweren (insbesondere: Gehirn-)Verletzungen kann es auch vorkommen, dass der Mandant im Laufe des Prozesses oder der außergerichtlichen Auseinandersetzung geschäftsunfähig wird. Diese Geschäftsunfähigkeit muss nicht immer sofort offen zutage treten. Ein Vergleich, den ein unerkannt Geschäftsunfähiger schließt, ist nichtig. Im Prozess fehlt zudem die Prozessfähigkeit, § 52 ZPO. Bestehen daher Zweifel an der Geschäftsfähigkeit des Mandanten, so empfiehlt es sich, vor Abschluss des Vergleichs ein ärztliches Zeugnis über die Geschäftsfähigkeit einzuholen. Ansonsten bedarf es eines Betreuers sowie eventuell des Vormundschaftsgerichts, §§ 1915, 1822 Nr. 12 BGB.

Zuletzt ist (soweit es um sonstige Schadensersatzansprüche über die immateriellen Schäden hinausgeht) daran zu denken, dass nicht nur dem Mandanten als unmittelbar Geschädigtem, sondern oft auch mittelbar Verletzten Ansprüche zustehen können (§§ 844, 845 BGB); umgekehrt existieren vielleicht neben dem Vergleichsgegner noch andere Anspruchsgegner, die gesamtschuldnerisch mit diesem haften. Um diese Dritten sinnvoll in einen Vergleich einzubeziehen, bietet sich folgende Formulierung an:

> Baustein 3: Andere Anspruchsgegner neben dem Vergleichsgegner 701
>
> Der ... (Gegner) zahlt zur Abfindung aller Ansprüche, die dem ... (Mandanten) aus dem Unfall vom ... gegen den ... (Gegner) oder gegen irgendwelche dritte Personen, die als Gesamtschuldner in Betracht kommen, zustehen, einen Betrag von ... Euro.
>
> Der ... (Mandant) tritt hiermit alle Ansprüche, die ihm aus dem Unfall vom ... etwa gegen dritte Personen, die als Gesamtschuldner in Betracht kommen, zustehen, an den ... (Gegner) ab; dieser nimmt die Abtretung hiermit an.

▶ **Hinweis:** 702

> Zwar ordnet § 426 BGB eine cessio legis für den Gesamtschuldnerinnenausgleich an, ein Vergleich wirkt aber grundsätzlich nicht gegenüber allen Gesamtschuldnern, § 423 BGB. Es tritt daher nur in Höhe der tatsächlich gezahlten Beträge Erfüllung ein; der Geschädigte könnte die anderen Gesamtschuldner in übersteigender Höhe in Anspruch nehmen, und diese könnten möglicherweise den Vergleichsgegner in Regress nehmen. Um dieses ungewünschte Ergebnis zu vermeiden, bietet sich eine rechtsgeschäftlich vereinbarte Abtretung ab.

Die Parteien sind sich darüber einig, dass mit diesem Vergleich alle künftig etwa noch entstehenden 703 Ansprüche des ... (Mandanten) abgefunden sind, auch solche, die aus unerwarteten und unvorhergesehenen Folgen des Unfalls entstehen sollten.

Die Rechtswirksamkeit des Vergleichs ist davon abhängig, dass der ... (Mandant) binnen einer Wo- 704 che eine Erklärung folgender unterhalts- oder dienstberechtiger Personen: ... beibringt, dass auch sie gegenüber dem (Gegner) auf ihre etwaigen Ansprüche verzichten und an den ... (Gegner) ihre etwaigen Ansprüche gegen dritte Personen, die als Gesamtschuldner in Betracht kommen, abtreten.

E. Schmerzensgeld – Tabelle

Die nachfolgend dargestellten Entscheidungen sollen einen Anhaltspunkt für die Bemessung be- 705 stimmter, im Straßenverkehr typischer Verletzungen geben. Zu diesem Zweck sind ausschließlich Urteile aufgeführt, die Straßenverkehrsunfälle behandeln. Auch sind nur jüngere Entscheidungen dargestellt.[726]

Die Entscheidungen sind nach Körperteilen geordnet, innerhalb einzelner Körperteile dann nach Be- 706 trägen aufsteigend. Über die Mitteilung der Verletzung hinaus ist eine geraffte Sachverhaltsdarstellung mitgeteilt. Für einen sinnvollen Umgang mit den Präjudizien ist aber gleichwohl i. d. R. erforderlich, den vollen Sachverhalt der Entscheidungen anhand der dargestellten Kriterien mit dem jeweils zu entscheidenden Fall zu vergleichen.

---

[726] Die Entscheidungen sind entnommen aus *Jaeger/Luckey* Schmerzensgeld, 6. Aufl. (2012), auf den für weitere Entscheidungen und ausführliche Sachverhaltsdarstellungen sowie Angaben von Doppelfundstellen verwiesen wird.

707

Arm

Betrag (€)	Verletzung/Unfallhergang	Quelle
500	Stauchungen, Prellungen und Schürfungen am *Unterarm*.	*OLG Brandenburg* NZV 2011, 253
600	*Schulter-Arm-Syndrom* und HWS-Distorsion, 43 Jahre alte Klägerin.	*OLG Saarbrücken* NJW-RR 2011, 178
1.500	¹/₂ Mitverschulden; Abrissbruch am rechten *Oberarmkopf*. 7 Wochen arbeitsunfähig, weiterhin Bewegungseinschränkungen und Schmerzen in der Schulter.	*AG Halle* SP 2007, 207
2.000	*Ellbogenprellung* und psychische Störung (1 Jahr).	*KG* VersR 2005, 372
3.500	Speichenköpfchenfraktur *Unterarm*, Schürfwunden und weitere Frakturen.	*KG* NZV 2007, 308
3.500	*Unterarm-* und Mittelhandfraktur, 10 Tage stationär.	*OLG Brandenburg* SP 2008, 100
5.000	*Radiusköpfchenfraktur*, 26 Tage stationär und 3 Wochen Gipsschiene; morbus sudeck.	*LG Kassel* SP 2010, 325
6.000	*Unterarmfraktur* mit Speichenabriss; 2 Operationen, posttraumatische Arthrose und eingeschränkte Beweglichkeit der Hand.	*OLG Karlsruhe* SP 2010, 325
8.000	*Radiustrümmerfraktur der Hand*; 10 Tage stationär und fortdauernde Beschwerden.	*LG Traunstein* SP 2010, 220
10.000	*Humeruskopfluxationsfraktur* und diverse Prellungen; MdH 20 %.	*KG* VersR 2005, 237
10.000	*Oberarmkopf*-Mehrfragmentfraktur; es verbleibt eine Bewegungseinschränkung der Schulter.	*LG Bochum*, SP 2005, 194
12.000	Dislozierte *Armfraktur* der Speiche in Gelenknähe.	*OLG Celle* MDR 2005, 504
20.000	knöcherner Abbruch am Griffelfortsatz der *Elle*; eingeschränkte Beweglichkeit der Hand und Verlust der Sehkraft auf einem Auge; MdE 10 %.	*LG Dortmund* SP 2009, 290
20.451	¹/₅ Mitverschulden. *Unterarmfraktur*; Beeinträchtigung von Kraft und Greiffunktion. MdE 20 %.	*OLG Celle* OLGR 2007, 218
36.000	Mehrfachtrümmerfraktur des *Oberarms*, Beeinträchtigung der Armfunktion.	*OLG Braunschweig* OLGR 2008, 442
70.000	*Abriss* des rechten *Arms*, Ausriss von Schlüsselbein und Schulterblattgelenk.	*OLG Celle* OLGR 2005, 22
75.000	*Ausriss* des linken *Arms* aus der Schulter.	*LG Lübeck* SP 2010, 431

Augen

Betrag (€)	Verletzung/Unfallhergang	Quelle
20.000	*Verlust der Sehkraft* auf einem Auge	*LG Dortmund* SP 2009, 290

Betrag (€)	Verletzung/Unfallhergang	Quelle
250.000 zzgl. 200 Rente	Schwerbehinderung, erhebliche Gehbehinderung, Verlust von Geruchs- und Geschmackssinn und *Erblindung*.	*OLG Frankfurt* SP 2008, 11

Bauch/Innere Organe

Betrag (€)	Verletzung/Unfallhergang	Quelle
6.500	1/2 Mitverschulden. Kreuzbandriss, Rippenserienfraktur und *Nierenverlust*. MdE 30%.	*OLG Celle* OLGR 2008, 274
13.000	*Nierenschädigung*, Nierenbeckenentzündung war die Folge. Neprozirrhose.	*OLG Koblenz* OLGR 2007, 892
16.500	1/4 Mitverschulden. *Bauchtrauma*, *Leberriss* und *Pankreas*- und Lungenkontusion, Rippenserienfrakturen.	*OLG Düsseldorf* r+s 2006, 85
20.000	Stumpfes *Bauchtrauma* mit Milzkapseleinriss; Narben, posttraumatische Belastungsstörung.	*OLG Brandenburg* VRR 2007, 468
30.000	*Milzruptur*, Polytrauma, *Leberriss*, *Nierenparenchymruptur*, Rippenserienfrakturen. Narben und Verwachsungen des Darms.	LG Dortmund ZfS 2008, 87
35.000	Schwere Verletzungen innerer Organe und diverse Frakturen. Narbenbruch.	*OLG München* VersR 2008, 799
100.000	Stumpfes *Bauchtrauma* mit Darmverletzungen, multiple Frakturen im Bein. Rollstuhlpflichtigkeit und ständige erhebliche Schmerzen. Zögerliches Regulierungsverhalten.	*OLG München* AGS 2011, 46
250.000	Zerreißung der linken Flanke und der *Bauchdecke*; Verlust von großen Teilen des Darms, der Niere und der Milz. Erhebliche Dauerschäden.	*OLG Frankfurt* NZV 2011, 39

Bein

Betrag (€)	Verletzung/Unfallhergang	Quelle
625	3/4 Mitverschulden. *Außenknöchelfraktur*; 2 Tage stationär, 4 Wochen krankgeschrieben.	*OLG Koblenz* VRS 104 (2003), 241
1.000	*Knieverletzung*, die folgenlos ausheilte; Prellungen.	KG KGR 2009, 415
1.333	1/3 Mitverschulden. Zerrung des *Knieinnenbandes*, Kniegelenksdistorsion und Prellungen. 17 ambulante Behandlungen, 54 Tage arbeitsunfähig.	*AG Essen* SP 2008, 280
1.500	Schnittwunde am Zeh, Prellung des *Kniegelenks*.	*OLG Frankfurt* RRa 2006, 217
2.000	2/3 Mitverschulden. Mehrfache Frakturen des *Oberschenkelknochens* sowie multiple Prellungen; 6 Monate arbeitsunfähig.	*OLG Hamm* NZV 2010, 566
2.200	7 Jahre alter Kläger. *Schienbeinfraktur* und eine Schädelfraktur. Objektiv ungefährliche Kopfoperation.	*OLG Koblenz* OLGR 2004, 405
3.000	Offene Wunde an *Unterschenkel*; Prellungen und Narben. 3 Wochen arbeitsunfähig.	*OLG Jena* NJW-RR 2009, 1248
3.000	*Mittelfußfraktur*, kompliziert; 42 Tage arbeitsunfähig.	LG Hagen SP 2008, 394
3.500	*Außenknöchelfraktur* und Fraktur des Speichenköpfchens.	KG NZV 2007, 308

Kapitel 19

Betrag (€)	Verletzung/Unfallhergang	Quelle
5.000	*Großzehenendgliedfraktur* mit Gelenkbeteiligung.	*OLG Oldenburg* VersR 2009, 797
5.000	Absplitterungen im Bereich des *Mittelfußknochens*; drei Wochen Gipsschiene. 11 Jahre alter Kläger.	*LG Aachen* NJW-RR 2011, 752
5.000	*Kniegelenksprellung*; Schleimbeutelentzündung und Rippeninfraktion.	*OLG Schleswig* SP 2011, 4
6.500	*Kniegelenksverletzung*; 8 Wochen Bewegungseinschränkungen.	*LG Bonn* NJW-RR 2008, 1344
6.500	¹/₂ Mitverschulden; *Kreuzbandriss, Innenbandriss* am Knie; Meniskusriss und *Innenbandruptur* am anderen Knie. Rippenserienfraktur und Nierenverlust. MdE 30 %.	*OLG Celle* OLGR 2008, 274
10.000	*Kniescheibenfraktur* und Gelenkknorpelverschleißerkrankung. Kniebeugebelastungsschmerzen.	*LG Köln* SP 2008, 395
10.000	*Unterschenkelschafttrümmerfraktur*; Pseudoarthrose. 2 ¹/₂ Jahre Heilbehandlung wegen nachfolgender ärztlicher Behandlungsfehler.	*OLG Naumburg* NJW-RR 2008, 407
13.500	Offene *Unterschenkelfraktur*, Thoraxtrauma und Hirnquetschung. 16 Jahre alter Junge, Dauerschaden durch Hirnbeeinträchtigung.	*OLG Frankfurt* OLGR 2006, 673
15.000	65 Jahre alter Kläger. *Oberschenkelhalsbruch* mit der Folge eines künstlichen Hüftgelenks.	*OLG Frankfurt* NJW-RR 2004, 1167
15.000	Stark dislozierte *Unterschenkelfraktur*, 10 OP wegen Keiminfektion.	*OLG Saarbrücken* OLGR 2008, 2
15.000	¹/₃ Mitverschulden. Offene *Unterschenkelfraktur*, beginnendes Kompartmentsyndrom. Beeinträchtigung des Gangbildes und Narben; MdE 10 %.	*OLG Brandenburg* DAR 2008, 620
20.000	*Sprunggelenks*-Luxations-Fraktur; postoperative Beschwerden durch Wundheilstörungen und Infekten (81 Jahre alter Kläger).	*LG Gießen* SP 2010, 394
20.000	Multiple *Knieverletzungen*, Fingerfraktur. Mehrwöchiger stationärer Aufenthalt, beeinträchtigte Bewegung.	*OLG Brandenburg* SP 2008, 47
20.000	*Kniefalltrauma*, Knorpelfrakturen, kaum Dauerschäden.	*LG Duisburg* SP 2009, 11
25.000	Komplexe *Kniegelenksverletzung*; *Schienbeinverletzung*; Kreuzbandriss. Dauerschaden: Beugeverlust des Knies von 20 %.	*OLG Frankfurt* SP 2010, 66
25.000	¹/₄ Mitverschulden. *Oberschenkelhalsfraktur*, subdurales Hämatom und Zerstörung der Großhirnrinde. Tod nach 4 Jahren (77 Jahre alter Geschädigter).	*OLG Saarbrücken* SP 2011, 13
30.000	32 Jahre alte Klägerin. *Schienbeinkopftrümmerfraktur*, 3-mal an insgesamt 33 Tagen in stationärer Behandlung, 5 Operationen, postoperative Beschwerden. 7 Monate arbeitsunfähig. Dauerschäden: umfängliche Narben am Schenkel, eingeschränkte Bewegung des Knies, mittelgradige Instabilität. Muskeln haben sich zurückgebildet, Bein um 2 cm verkürzt. 40 % MdE.	*KG Berlin* KGR 2004, 356
30.000	*Oberschenkelfraktur, Kreuzbandruptur, Unterschenkelfraktur* und Schädelhirntrauma. Dauerschaden: schmerzhaftes Ziehen in Bein und Wirbelsäule.	*OLG Saarbrücken* OLGR 2008, 296

Betrag (€)	Verletzung/Unfallhergang	Quelle
35.000	*Oberschenkelfraktur*, zahlreiche Knochenbrücke und schwere Verletzungen innerer Organe.	*OLG München* VersR 2008, 799
40.000	¹/₂ Mitverschulden. Kompartmentsyndrom *Unterschenkel*; Polytrauma und multiple Frakturen auch des Gesichts. Verheilung des Unterschenkels in Fehlstellung, unregelmäßiges Gangbild und Fußfehlstellung.	*OLG Köln* VerkMitt 2010, Nr. 42
40.000	*Unterschenkelfraktur*, Hüftkopfluxation sowie Rippenserienfrakturen. 81 Jahre alte Klägerin.	*OLG Karlsruhe* NZV 2010, 16
100.000	Schädelhirntrauma, mit Kalottenmehrfachfraktur, *Femurschaftfraktur* und isolierte proximale Fibulafraktur. 2 ¹/₂ Monate stationär, länger als 1 Jahr arbeitsunfähig. Es verbleiben Kopfschmerzen und Bewegungseinschränkungen des Ellenbogengelenkes, Herabsetzung der groben Kraft des Armes und der Hand, Muskelminderung im Bereich des Ober- und Unterarmes sowie Bewegungseinschränkungen der Hüfte.	*OLG Rostock* SVR 2008, 468
101.355	*Unterschenkelfraktur* mit Beinverkürzung; Hirn- und Mundverletzungen, feste Nahrungsaufnahme ist unmöglich.	*OLG Jena* VRR 2008, 464
149.000	*Unterschenkelfraktur*, Femurschaftfraktur, Tibiakopffraktur sowie weitere Frakturen und Skalpierungsverletzung der Kopfhaut.	*OLG Brandenburg* VersR 2010, 274

Brust

Betrag (€)	Verletzung/Unfallhergang	Quelle
700	³/₁₀ Mitverschulden. *Rippenfrakturen* und Thoraxprellung.	*OLG Frankfurt* OLGR 2007, 932
933	¹/₃ Mitverschulden. *Rippenfraktur*, Schulterprellungen und 10 Tage arbeitsunfähig.	*LG Mannheim* SP 2008, 143
1.200	Fraktur von drei *Brustwirbeln*. 15 Jahre alter Kläger.	*AG Mayen* NZV 2008, 624
1.750	¹/₂ Mitverschulden. *Rippenserienfraktur*, Schädelhirntrauma, Pneumothorax und Pleuraerguss. 5 Tage stationär.	*OLG Brandenburg* SP 2010, 173
2.000	HWS-Distorsion, *Brustbeinprellung*, Prellungen an Knie und Ellenbogen sowie offene Wunde am linken Ringfinger. Ambulante Behandlung, 6 Wochen arbeitsunfähig, weitere sechs Wochen 50 % MdE, danach noch »einige Zeit« 25–20 % MdE.	*LG Aachen* NZV 2003, 137
2.000	Prellungen an *Brustbein*, Brustkorb und *Rippen*.	*OLG Naumburg* NJW-RR 2011, 245
5.000	¹/₃ Mitverschulden. Motorradunfall. *Rippenserienfraktur* (9. und 10. Rippe links), dislozierte Mittelhandfrakturen des linken Mittelhandknochens sowie stumpfes Bauchtrauma mit Nierenkontusion und multiple Schürfungen und Prellungen. 10 Tage stationäre Behandlung mit der Notwendigkeit von 2 Operationen. Anschließend ambulante ärztliche sowie krankengymnastische Behandlung. 6 Wochen arbeitsunfähig. Dauerschaden: Faustschluss der linken Hand eingeschränkt, Schwierigkeiten und erhebliche Schmerzen beim Greifen (Linkshänder). Schmerzen am linken Schultergelenk und im Brustbereich und Beeinträchtigung bei Arbeit und sportlichen Aktivitäten in der Freizeit.	*OLG Saarbrücken* ZfS 2003, 118

Betrag (€)	Verletzung/Unfallhergang	Quelle
14.000	*Brustwirbelfraktur* und Prellungen; MdE 30 %. Anhaltende Schmerzen.	*OLG Brandenburg* SP 2009, 71
15.000	¹/₂ Mitverschulden. *Rippenserienfraktur*, Schädelhirntrauma und Schienbeinfraktur mit Kreuzbandanriss. 2 Monate stationäre Behandlung, 7 Wochen Rehabilitation. Dauer-MdE 25 %.	*KG* ZfS 2001, 203
20.000	*Rippenserienfraktur*, Beckenringfraktur und Skalpierungsverletzungen.	*LG Wiesbaden* SP 2008, 216
22.500	*Beckenschaufelfraktur*, Schlüsselbeinfraktur; *Rippenfraktur*, Prellungen und Schürfwunden. Dauerschaden; Bewegungseinschränkungen der Beine und des Arms sowie Gesichtsnarben.	*OLG Saarbrücken* NZV 2010, 77
24.000	*Brustwirbelfraktur*, klinische Instabilität und Schmerzen.	*OLG Köln* SP 2008, 364
30.000	¹/₂ Mitverschulden. Kniegelenksluxattion, Kreuzbandrisse, Thoraxtrauma, Lungenkontusion und *Rippenserienfraktur* sowie dislozierte *Beckenfraktur*. 8 Wochen stationär, 13 Monate arbeitsunfähig.	*KG* MDR 2010, 1049
40.000	Unterschenkelfraktur, *Hüftkopfluxation* sowie *Rippenserienfrakturen*. 81 Jahre alte Klägerin.	*OLG Karlsruhe* NZV 2010, 26

Gesicht

Betrag (€)	Verletzung/Unfallhergang	Quelle
4.000	Glassplitterverletzung im *Gesicht*. Glassplitter im Augenlid wurden nicht entfernt.	*LG Köln* SP 2008, 108
4.500	Schwere *Schädelprellung*; Glassplitterverletzungen im Gesicht, *Gesichtsödem* und Narbe auf der Stirn.	*LG München*,SP 2009, 10
10.409,95	¹/₂ Mitverschulden. Polytrauma mit komplexen *Mittelgesichtsfrakturen*, beidseitigen *Orbitaboden-*, *Unterkiefer-* und *Kieferwinkelfrakturen*, eine *Collumfraktur* rechts, eine *Frontobasisfraktur* mit Hinterwandbeteiligung, eine Carlottenfraktur, Rippenfrakturen der 5., 6. und 7. Rippe rechts und ein Schädelhirntrauma zweiten Grades mit Hirnödem. Der Ober- und Unterkiefer wurden geschient; das Jochbein und der Unterkiefer mussten mittels Plattenosteosynthese repositioniert werden, und es wurden zwei Platten neben der Wirbelsäule implantiert. 19 Tage Intensivstation, 1 Monat Rehaklinik. Schwerbehinderung 40 %; Dauerschäden: Rückenbeschwerden, Erfordernis eines Korsetts. Klinikaufenthalt und eine weitere Reha-Maßnahme.	*OLG Braunschweig* OLGR 2003, 185
22.500	*Gesichtsnarbe*, diverse Frakturen und Schnittwunden. Dauerschäden: Bewegungseinschränkungen an Arm und Bein.	*OLG Saarbrücken* NZV 2010, 77
40.000	¹/₂ Mitverschulden. Verlust des Geruchssinns, Tibiakopfmehrfragmentfraktur, TIbiaschaftfraktur, Kompartmentsyndrom des Unterschenkels und *Gesichtsfrakturen*. Verheilung des Unterschenkels in Fehlstellung.	*OLG Köln* VerKMitt 2010, Nr. 42

Hals, HWS

Betrag (€)	Verletzung/Unfallhergang	Quelle
0	Leichte *HWS*-Zerrung (wie Muskelkater).	*LG Karlsruhe* SP 2008, 263

E. Schmerzensgeld – Tabelle

Betrag (€)	Verletzung/Unfallhergang	Quelle
120	$^1/_5$ Mitverschulden. *HWS*-Distorsion, Verspannungen und Muskelschmerzen für 1 Woche	*OLG Saarbrücken* OLGR 2009, 394
250	$^1/_2$ Mitverschulden. Zerrung der *HWS* und Prellungen, 1 Woche arbeitsunfähig.	*OLG Celle* OLGR 2009, 354
300	*HWS*-Distorsion, Nackenschmerzen, 2 Wochen arbeitsunfähig.	*OLG Oldenburg* NJW-RR 2007, 522
400	$^1/_5$ Mitverschulden. *HWS*-Schleudertrauma, 1 Woche krankgeschrieben.	*OLG Saarbrücken* MDR 2007, 1190
500	*HWS*-Schleudertrauma; 1 Woche arbeitsunfähig.	*KG* NZV 2010, 624
600	*HWS*-Distorsion; Erbrechen, 1 Woche Beschwerden.	*OLG Saarbrücken* NJW-RR 2011, 178
700	*HWS*-Verletzung I. Grades, Kopfschmerzen und Übelkeit, 17 Tage arbeitsunfähig.	*LG Weiden* NZV 2009, 41
750	$^1/_4$ Mitverschulden. *HWS*-Distorsion und Prellungen, 6 Wochen krankgeschrieben.	*OLG Saarbrücken* NJW-RR 2008, 1611
1.000	39 Jahre alte Klägerin. *HWS-Distorsion* ersten Grades nach Auffahrunfall; drei Monate arbeitsunfähig.	*OLG München* r+s 2006, 474
1.000	*HWS*-Distorsion I. Grades mit Prellungen; 16 Tage arbeitsunfähig, 4 Wochen Beschwerden.	*KG* KGR 2009, 415
1.250	*HWS*-Distorsion, sieben Monate Schwankschwindel und ein »Glockengefühl« im Kopf.	*OLG Frankfurt* ZfS 2008, 264
1.500	*HWS*-Syndrom, Brust- und Wirbelsäulenprellungen, 6 Wochen Beschwerden.	*LG Köln* DAR 2008, 388
1.700	*HWS*-Zerrung, Schwindel, Kopfschmerzen; 1 Monat arbeitsunfähig, Schlafstörungen.	*AG Erkelenz* SP 2009, 221
2.500	*HWS*-Verletzungen I.-II. Grades; 3 Monate Beschwerden.	*LG Traunstein* SP 2009, 13
2.500	$^1/_2$ Mitverschulden. *HWS*-Schleudertrauma, Prellungen. Psychische Folgen.	*OLG Saarbrücken* OLGR 2009, 126
3.000	*HWS*-Distorsion, Kopfschmerzen, Schwindel; 2 Monate Arbeitsunfähig. Zeitlich begrenzte Belastungsstörung.	*KG* SP 2011, 10
5.000	*HWS*-Verletzung; Verschlechterung von HWS-Beschwerden und Bandscheibenprolaps. 3 Wochen arbeitsunfähig, Dauer-MdE 20 %.	*OLG Brandenburg* SP 2011, 141
5.500	HWS-Verletzung; Prellungen; somatoforme Schmerzstörung mit Übelkeit, Kopfschmerzen, Schlafstörungen.	*OLG Saarbrücken* OLGR 2009, 897
8.500	*HWS*-Schleudertrauma, seitdem Schwindelattacken und Kopfschmerzen.	*OLG Schleswig* OLGR 2007, 210

Betrag (€)	Verletzung/Unfallhergang	Quelle
25.000	*HWS-Schleudertrauma* nach Auffahrunfall; der Kläger leidet nun unter einem chronifizierten Schmerzsyndrom, einem neurasthischen Syndrom mit Ermüdbarkeit, Reizbarkeit und Schwäche, einer stark eingeschränkten Beweglichkeit im Kopf- und Halsbereich durch eine schmerzhafte muskuläre Verspannung, einer Commotio labyrinthi mit Hochtoninnentorschwerhörigkeit und ständigem Tinnitus sowie Vertigo bei persistierender Schallempfindlichkeitsschwerhörigkeit, einem vegetativen Syndrom mit Schwindel, Übelkeit, Erbrechen und Obstipation und schließlich einem mittelgradigem gehemmt-depressiven Syndrom mit Rückzugstendenz und Interessenverlust. Eine Besserung des Zustandes ist nicht zu erwarten.	*OLG Saarbrücken* OLGR 2006, 761

Hand

Betrag (€)	Verletzung/Unfallhergang	Quelle
4.000	*Handgelenkfraktur*; Bewegungseinschränkungen als Dauerschaden.	*LG Leipzig* NZV 2011, 41
4.000	*Mittelhandfraktur*, Schwellungen und Prellungen über dem Nasenbein, Gehirnschütterung und HWS-Distorsion.	*LG Köln* SP 2011, 16
7.000	*Handgelenksfraktur*; völlige Durchtrennung des Handgelenks sowie offene Nasenbeinfraktur, Schnittwunden und Gehirnschütterung. 6 Tage stationär.	*LG Wiesbaden* SP 2008, 216
8.000	*Daumengrundgliedfraktur*; Ellbogenprellung. Es bestehen noch Beschwerden der Hand.	*LG Traunstein* SP 2010, 220
20.000	*Ringfingergrundgliedmehrfragmentfraktur*, schwere Knieverletzungen. Mehrere mehrwöchige Krankenhausaufenthalte, mehrere Operationen, nachhaltige Bewegungsbeeinträchtigungen.	*OLG Brandenburg* SP 2008, 47
25.000	*Kahnbeinfraktur*; Schmerzen bei bestimmten Bewegungen; Schädelhirntrauma und HWS-Verletzung mit psychischen Folgeschäden.	*OLG Celle* DAR 2011, 136

Hüfte

Betrag (€)	Verletzung/Unfallhergang	Quelle
2.000	*Beckenverwringung*, Lendenwirbelsäulenzerrung und Prellungen.	*OLG Hamm* VersR 2006, 1281
2.500	Schürfwunden an Rücken und *Becken*, Prellungen.	*OLG Düsseldorf* RRa 2005, 121
4.000	³/₅ Mitverschulden. *Hüftpfannenfraktur* und diverse Prellungen.	*OLG Celle* OLGR 2007, 585
12.000	*Beckenprellung*, Steißbeinfraktur, erhebliche Narben am Gesäß.	*OLG Celle* SP 2006, 278
15.000	65 Jahre alter Kläger. *Oberschenkelhalsbruch*; in der Folge musste ein künstliches Hüftgelenk eingesetzt werden. Dauerschaden: Bewegungseinschränkungen.	*OLG Frankfurt* OLGR 2004, 228
15.000	*Hüftluxation* mit Acetabulumfraktur. MdE 10 %.	*OLG Naumburg* OLGR 2008, 537

Betrag (€)	Verletzung/Unfallhergang	Quelle
20.000	70 % Mitverschulden. Verletzung, als ein vorausfahrender LKW wegen Übermüdung des Fahrers Holzpaletten, die er geladen hatte, verlor. Kläger, der ohne Fahrerlaubnis unterwegs war, fuhr ohne hinreichenden Abstand und war nicht angeschnallt. Bruch des ersten *Lendenwirbels*, einen *Hüftpfannenbruch*, eine *Beckenringfraktur*, einen Schienbeinkopfbruch mit Ausriss des vorderen Kreuzbandes, eine Kniegelenksluxation mit Bänderrissen und ein Schädelhirntrauma. Er kann sich nur mühsam über geringe Strecken mit Gehstützen bewegen und ist ansonsten dauerhaft auf einen Rollstuhl angewiesen.	*OLG Koblenz* NZV 2006, 198
20.000	*Beckenringfraktur* und Rippenserienfraktur sowie Skalpierungsverletzung.	*LG Wiesbaden* SP 2008, 216
22.000	*Beckenfraktur*, Lendenwirbelsäulenfraktur; Deformation des Hüftgelenks, Narben, MdE 40 %.	*OLG Brandenburg* SP 2008, 105
25.000	*Hüftgelenkpfannenvielfragmentfraktur* und Ileosacralfugensprengung. 9 Operationen. Bakterielle Infektion, daher Tod 9 Wochen nach dem Unfall.	*OLG Celle* OLGR 2007, 465
25.000	*Beckenbruch*, Schädel- und Kieferverletzungen sowie Verbrennungen am rechten Oberschenkel. Schmerzen, Taubheitsgefühle und Narben. Vorsatztat.	*OLG Saarbrücken* NJW 2008, 1166
60.000	*Hüftpfannenfraktur*, Oberschenkeltrümmerfraktur und Unterschenkelfraktur sowie Schädelhirntrauma. 2 Monate stationäre Behandlung. Dauernde Schmerzen in Hüfte und Beinen. MdE 50 %.	*LG Kleve* SP 2006, 60
90.000	*Hüftluxationsfraktur* mit Beteiligung der Hüftgelenkspfanne, Verlust der Milz und diverse Frakturen. Künstliches Hüftgelenk, Bewegungseinschränkungen.	*LG Duisburg* SP 2008, 362

Konversionsneurose

Betrag (€)	Verletzung/Unfallhergang	Quelle
5.500	*Konversionsneurose* eines 56 Jahre alten Klägers nach HWS-Schleudertraume und Prellungen; gesundheitliche Prädisposition.	*OLG Saarbrücken* NJW-Spezial 2009, 761
14.000	*Konversionsneurose* eines 54 Jahre alten Klägers nach HWS-Schleudertrauma; Dauer-MdE 20 %.	*OLG München*, Urt. v. 29.06.2006 – 10 U 4379/01
20.000	Lendenwirbelsäulenkontusion, Daumenbruch. 3 Tage stationäre Behandlung, 2 Monate arbeitsunfähig, dann erneuter Auffahrunfall mit erstgradiger HWS-Distorsion und Rückenprellung. In der Folgezeit durch Krankschreibungen verschiedentlich dienstunfähig. Wegen anhaltender Schmerzsymptomatik unterschiedliche Untersuchungen und Therapiemaßnahmen, u. a. auch auf neurologischem und psychiatrischem Gebiet. Drei Jahre nach dem ersten Unfall Versetzung in den Ruhestand wegen Dienstunfähigkeit. Schmerzbedingte Bewegungseinschränkungen im Bereich der Hals- und Lendenwirbelsäule, Schwindel und Nystagmus bei schnellen Drehbewegungen des Kopfes. Anhaltende *somatoforme Schmerzstörungen* mit mittelgradigen depressiven Episoden mit somatischen Symptomen (*Konversionsneurose*).	*OLG Celle* OLGR 2001, 280

Lunge

Betrag (€)	Verletzung/Unfallhergang	Quelle
2.500	*Lungenkontusion* und Rippenserienfraktur; 2 Monate Schmerzen.	*LG Dortmund* SP 2004, 301
6.000	$^1/_2$ Mitverschulden. *Pneumothorax*, Rippenserienfraktur.	*OLG Celle* OLGR 2004, 609
9.000	*Lungenschädigung*, Schlüsselbein-, Rippen- und Brustbeinfrakturen.	*LG Kassel* SP 2007, 11
15.000	Schädelhirntrauma 3. Grades mit Kontusionsblutungen, Frakturen der Stirnhöhlenwand und des Felsenbeins sowie inkompletter Fazialparese, Clavicula- und Beckenkompressionsfraktur mit vorderer Schmetterlingsfraktur sowie Rippenserienfraktur mit *Pneumothorax*.	*OLG Celle* SP 2003, 54
22.000	*Lungenkontusion*, Becken- und Lendenwirbelsäulenfrakturen und Schädelhirntrauma. Hüfte ist nur eingeschränkt beweglich, MdE 40 %.	*OLG Brandenburg* SP 2008, 105
45.000	70 Jahre alte Klägerin. Thoraxtrauma, *Lungenquetschung*, Bauchtrauma, Oberschenkel- und Gelenkfrakturen und -quetschungen sowie schwere Depressionen durch Verlust des Ehemanns. 4 Operationen, 1 Monat Intensivstation (Lebensgefahr), 4 Monate Krankenhaus, 1 $^1/_2$ Monate Rehabilitation. Dauerschaden: starke Gehbehinderung (bereits vor dem Unfall 70 % schwerbehindert).	*OLG Hamm* VersR 2002, 499

Nase

Betrag (€)	Verletzung/Unfallhergang	Quelle
4.000	Mittelhandfraktur, Schwellungen und Prellungen über dem *Nasenbein*, Gehirnerschütterung und HWS-Distorsion.	*LG Köln* SP 2011, 16
5.000	*Nasenbeinfraktur*, Schädelhirntrauma, Oberarmfraktur. Operation, 5 Monate arbeitsunfähig.	*OLG Naumburg* NJW-RR 2003, 677
11.500	*Nasenbeinfraktur*, Schädelhirntrauma und periodisch auftretender Narben- und Wetterfühligkeitskopfschmerz.	*LG Heilbronn* SP 2005, 233
20.000	60 % Mitverschulden. 11 Jahre alter Kläger wurde von einem Auto erfasst. Erhebliche Kopfverletzungen, schweres Schädelhirntrauma, *Nasengerüstfraktur*. Operationen und stationärer Aufenthalt; Notwendigkeit der Wiederholung eines Schuljahres. Es verblieb eine deutliche Narbe am Kopf und die Möglichkeit von Spätschäden aufgrund der Kopfverletzungen.	*OLG Hamm* DAR 2006, 272
30.000	*Nasenbeinfraktur*, multiple Prellungen und Radiusfraktur; posttraumatische Belastungsstörung.	*OLG Schleswig* NJW-RR 2009, 1325

Nerven

Betrag (€)	Verletzung/Unfallhergang	Quelle
11.300	*Nervverletzungen* an der Hand.	*OLG Braunschweig* SP 2004, 334

Betrag (€)	Verletzung/Unfallhergang	Quelle
12.500	$^1/_2$ Mitverschulden. 30 Jahre alter Kläger. Trümmerfraktur des 5. Lendenwirbelkörpers mit kompletter Verlegung des Spinalkanals. 23 Tage in stationärer Behandlung, drei Monate Korsett und Gehstützen. Als Dauerschäden verblieb eine verschmächtigte Muskulatur im Bereich der Lendenwirbelsäule sowie eine druckempfindliche, 18 cm lange Narbe (Dauer-MdE 30 %). 2 Jahre lang zeigte der Kläger ein hinkendes Gangbild, was auf neurogenen Schädigungen beruhte (*Fußheberparese* Grad III und eine *Großzehen-* und *Zehenheberparese* Grad II).	*OLG Saarbrücken* OLGR 2005, 701
50.000 zzgl. 50 Rente	*Beinnervenschädigung* nach Unterschenkelbruch. Dauerschaden: Funktionsbeeinträchtigung des Beines.	*LG Bückeburg* DAR 2004, 274

Platzwunden, Prellungen, Quetschungen

Betrag (€)	Verletzung/Unfallhergang	Quelle
150	*Brustprellung.*	*OLG Celle* OLGR 20065, 164
250	3 Jahre altes Mädchen; *Schädelprellung* und Angst und Schrecken.	*OLG Naumburg* VersR 2009, 373
500	*Schulterprellung, Ellenbogenprellung.* Wegen Frühschwangerschaft keine schmerzstillenden Mittel. 18 Tage arbeitsunfähig, Halskrawatte.	*KG* NZV 2002, 79
500	*Prellungen, Schock.* Drei Jahre alte Kläger, die Verletzungen erlitten, als der beklagte Fahrer ihre Mutter anfuhr und diese über die Motorhaube abrollte.	*OLG Köln* VersR 2006, 416
500	$^1/_2$ Mitverschulden; *Thoraxprellungen*, Hautabschürfungen an Gesicht und Schulter; 2 Wochen arbeitsunfähig.	*OLG Brandenburg* NZV 2011, 26
600	*Kopfplatzwunde, Prellungen.* Mehrere Tage arbeitsunfähig.	*LG Stuttgart* NVwZ-RR 2005, 364
700	$^3/_{10}$ Mitverschulden, *Thoraxprellung* und Fraktur zweier Rippen.	*OLG Frankfurt* OLGR 2007, 932
800	$^1/_4$ Mitverschulden. *Prellungen* an der linken Schulter, Ellbogen und Becken; langwieriger und schmerzhafter Heilungsprozess.	*LG Waldshut-Tiengen* SP 2010, 109
1.000	Halsprellmarke von 20 cm; Schürfwunden und Schwellungen in Augenhöhe. Hohes Mitverschulden.	*OLG Jena* NZV 2011, 31
1.100	$^1/_4$ Mitverschulden. *Kniegelenksprellungen* und Stauchungen des Fersenbeins sowie HWS-Distorsion III. Grades. 20 Tage arbeitsunfähig.	*LG Wiesbaden* SP 2008, 155
1.200	*Schädelprellung, Knieprellung*, Schürfwunden an Unterarm und Hand.	*AG Kempten* DAR 2008, 271
1.250	*Prellungen* an Schädel, Ellbogen und Oberschenkel; 4 Wochen arbeitsunfähig, 11 Massagetermine.	*LG Aachen* SP 2010, 113
1.500	*Prellungen* im *Hals-* und *Brustbereich, Kopfplatzwunden.* Längere Zeit im verunfallten Auto eingeklemmt, mehrtägiger Krankenhausaufenthalt.	*OLG Celle* OLGR 2003, 33

Betrag (€)	Verletzung/Unfallhergang	Quelle
2.000	*Platzwunden* am Hinterkopf, schwere *Prellungen* und Hämatome an Gesicht und Beinen, Knorpelschaden am Knie, leichtere Verletzungen der Hände. Mehrtägiger Krankenhausaufenthalt.	*OLG Celle* OLGR 2003, 33
2.000	*Prellung* der linken Thoraxhälfte, Gehirnerschütterung und Gesichtsschürfwunden; 3 Tage stationäre Behandlung. 35 Jahre alte Klägerin.	*OLG Saarbrücken* DAR 2010, 23
2.500	Erhebliche *Prellungen* an der rechten Hüfte, dem rechten Knie und dem rechten Unterarm; Bruch des Mittelfußknochens und Schürfwunden.	*LG Darmstadt* DAR 2008, 89
3.000	*Platzwunde* an der linken Augenbraue, diverse *Prellungen*; Dauerschaden: Narbenkeloid über der Augenbraue. 19 Jahre alter Kläger.	*AG Waldshut-Tiengen* SP 2005, 89
4.000	*Nasenprellung*, Wintersteinfraktur und HWS-Distorsion. 2 Tage stationär und OP der Fraktur. 4 Wochen wurde Hilfe im Alltag benötigt.	*LG Köln* SP 2011, 16

Schädel

Betrag (€)	Verletzung/Unfallhergang	Quelle
1.200	*Schädelprellung* und Schürfwunden, 4 Wochen arbeitsunfähig.	*AG Kempten* DAR 2008, 271
2.200	7 Jahre alter Kläger; *Schädelfraktur* und eine Schienbeinfraktur. Kopfoperation, kaum erkennbare Narben.	*OLG Koblenz* OLGR 2004, 405
3.000	*Schädelhirntrauma*; Kalottenfraktur. 4 Tage stationär, 4 Jahre alter Kläger.	*KG* VersR 2011, 274
4.000	*Gehirnerschütterung*, Mittelhandfraktur, Schwellungen und Prellungen über dem Nasenbein und HWS-Distorsion.	*LG Köln* SP 2011, 16
4.500	$1/10$ Mitverschulden. Schwere *Schädelprellung*, Prellungen an Schulter, Arm und Knie und Schnittverletzungen im Gesicht.	*LG München II* SP 2009, 10
8.000	$1/2$ Mitverschulden. Ausrutschen mit dem Motorrad auf landwirtschaftsbedingt verschmutzter Fahrbahn. *Schädelhirntrauma* mit Einblutungen in Form eines ausgeprägten *Frontalhirnsyndroms*, Kopfplatzwunde an der rechten Stirnseite, Schenkelhals- und Schambeinfraktur rechts, Schlüsselbeinfraktur rechts sowie Thoraxtrauma mit erheblicher Lungenprellung. Zwei Wochen Koma, 1 $1/2$ Monate stationäre Behandlung, viermonatige stationäre neurologische Rehabilitation. Kognitive Einschränkungen (geminderte Aufmerksamkeit) und Wesensänderungen (vermehrte Reizbarkeit) sowie körperliche Dauerschäden (Bewegungseinschränkung Hüfte und Schulter, Schulterschiefstand).	*OLG Celle* OLGR 2007, 43
9.000	*Gehirnerschütterung*, Gehörgangsblutung, Schlüsselbeinfraktur. 2 OP, 3 Wochen arbeitsunfähig, Narbe in Dekolletébereich und in Fehlstellung verheiltes Schlüsselbein.	*OLG Hamm* SP 2010, 361
10.000	*Schädelhirntrauma* 1. Grades; Innenknöchelfraktur des Sprunggelenks. Dauerschaden: Bewegungsbeeinträchtigungen.	*KG* MDR 2010, 1318
17.000	*Gehirnerschütterung*, Wadenbeinfraktur, Kreuzbandriss, Schleimbeutelentzündung im Knie sowie Prellungen.	*OLG Frankfurt* SP 2010, 220
20.000	$3/5$ Mitverschulden. *Schädelbasis*- und Kalottenfraktur, Nasengerüstfraktur und deutliche Kopfnarbe.	*OLG Hamm* NZV 2006, 151

Betrag (€)	Verletzung/Unfallhergang	Quelle
22.000	*Schädelhirntrauma* 2. Grades; Lungenkontusion, Leberruptur und Nierenparenchymruptur sowie Beckenfrakturen. Lebensgefahr, diverse Operationen. MdE 40 %.	*OLG Brandenburg* SP 2008, 105
23.000	*Schädelhirntrauma* 1. Grades, multiple Schnittverletzungen im Kopfbereich. Erhebliche Wesensveränderung, die auf einem *hirnorganischen Psychosyndrom* beruhte. Der Kläger ist schnell reizbar, aggressiv und ungeduldig geworden. Orientierungsschwierigkeiten, tägliche Kopfschmerzen, beidseitiger Tinnitus in Form eines lauten, hohen Pfeiftons, Erschöpfung, Müdigkeit und Sprachschwierigkeiten.	*OLG Dresden* DAR 2003, 35
25.000	Kahnbeinfraktur; Schmerzen bei bestimmten Bewegungen; *Schädelhirntrauma* und HWS-Verletzung mit psychischen Folgeschäden.	*OLG Celle* DAR 2011, 136
30.000	$1/4$ Mitverschulden. Schwerste *Schädel-*, Gesichts- und Kieferverletzungen; Kopfschmerzen, Verlust des Geruchssinns und epileptische Anfälle.	*OLG Frankfurt* SP 2007, 275
30.000	$1/2$ Mitverschulden. *Schädelhirntrauma*, Rippenserienfraktur, Kniegelenksverletzungen mit Kreuzbrandrissen, Beckenfraktur und Thoraxtrauma mit Lungenkontusion. 13 Monate arbeitsunfähig.	*KG* MDR 2010, 1049
35.000	$3/10$ Mitverschulden. *Schädelhirntrauma*, Herzkontusion mit Abriss der Trikuspidalklappe, Leber- und Pankreasruptur. Verwachsungen im Bauchraum und geschwächtes Immunsystem.	*OLG Nürnberg* NZV 2007, 301
50.000	$10\,1/2$ Jahre alte Klägerin. *Schädelhirntrauma* mit zahlreichen Einblutungen (anfangs ein apallisches Syndrom), erhebliche innere Verletzungen. 9 Monate stationäre Behandlung. Dauerschaden: spastische Halbseitenlähmung, Ataxie des Rumpfes, insbesondere einer Hand und komplexe Sprachstörung. Die Klägerin ist auf ständige Hilfe und auf einen Rollstuhl angewiesen.	*KG* KGR 2003, 23
60.000	$1/5$ Mitverschulden. 15 Jahre alter Kläger. *Schädelhirntrauma* 2. Grades mit schweren Hirnschädigungen sowie später auftretende Epilepsie und Fußheber- und Zehenheberparese. 11 Monate stationäre und Rehabilitationsmaßnahme-Behandlungen. Nach mehr als einem Jahr konnte er erstmals mit Gehhilfen einige Schritte machen und vorerst weitgehend einen Rollstuhl benutzen. Umschulung erfolgreich abgeschlossen.	*OLG Hamm* OLGR 2003, 70
60.000	*Schädelhirntrauma*; Kalottenmehrfragmentfraktur; diverse Gesichts- und Armfrakturen. 1 Jahr arbeitsunfähig; zentral-vegetative Störungen und Muskelminderung des Arms, Beckenschiefstand. MdE 50 %.	*OLG Rostock* OLGR 2009, 115
200.000	*Schädelhirntrauma*, diverse Frakturen; Stammhirnkontusion mit Übergang in ein apallisches Syndrom.	*LG Freiburg* DAR 2008, 29

Schlüsselbein

Betrag (€)	Verletzung/Unfallhergang	Quelle
1.000	$3/5$ Mitverschulden. *Trümmerbruch* des *Schlüsselbeins* (folgenlos verheilt). 12 Tage stationäre Behandlung, 6 Wochen ambulante Physiotherapie.	*OLG Hamm* MDR 2003, 329
1.500	$1/4$ Mitverschulden. *Schlüsselbeinfraktur* und Prellungen.	*OLG Saarbrücken* OLGR 2005, 481

Betrag (€)	Verletzung/Unfallhergang	Quelle
9.000	*Schlüsselbeinbruch*, Brust- und Brustbeinbruch sowie Lungenschädigung.	*LG Kassel* SP 2007, 11
9.000	Gehirnerschütterung, Gehörgangsblutung, Schlüsselbeinfraktur. 2 OP, 3 Wochen arbeitsunfähig, Narbe in Dekolletébereich und in Fehlstellung verheiltes *Schlüsselbein*.	*OLG Hamm* SP 2010, 361
20.000	*Schlüsselbein-* und *Schulterblattfraktur*, HWS-Schleudertrauma, Zertrümmerung der Kniescheibe, Verlust mehrerer Schneidezähne. Dauerschaden: gefühllose Unterlippe mit wellenartigen Schmerzen, Beschwerden beim Treppensteigen und beim Aufstehen aus dem Sitzen, Wetterfühligkeit.	*OLG Düsseldorf* SP 2004, 157
22.500	Beckenschaufelfraktur, Rippen- und *Schlüsselbeinfraktur* sowie Gesichtsnarben. Dauerschäden durch Bewegungseinschränkungen des Arms und der Beine.	*OLG Saarbrücken* NZV 2010, 77
90.000	*Schlüsselbeinbruch*, Hüftgelenksluxationsfraktur mit Beteiligung der Hüftgelenkspfanne, Beckenverletzung und Milzverlust. Bewegungseinschränkungen.	*LG Duisburg* SP 2008, 362

Schulter

Betrag (€)	Verletzung/Unfallhergang	Quelle
1.500	¹/₂ Mitverschulden. Abrissbruch am rechten Oberarmkopf, Schmerzen in der *Schulter*.	*AG Halle* SP 2007, 207
4.000	*Schulterverletzung* bei erheblichen degenerativen Vorschäden durch Verschleiß.	*OLG Schleswig* NJW-RR 2004, 238
8.000	*Schulterverletzung* bei erheblichen Vorschäden (schwere degenerative Veränderungen – erheblicher Verschleiß) und voriger Beschwerdefreiheit.	*OLG Schleswig* OLGR 2004, 86
15.000	*Schultereckgelenksprengung* mit Verletzung der Kapselbandstrukturen. Wiederholte ärztliche Behandlung wegen akuter Schmerzen. Dauerschaden: posttraumatische Schultersteife und Kraftminderung der Hand bei Arbeiten über der Horizontalen.	*OLG Hamm* OLGR 2000, 290
65.000	*Schulterluxation*; Morbus Sudeck; Rippenserienfraktur und contusio cordis mit Herzrhythmusstörungen.	*OLG Köln* MDR 2011, 290
70.000 zzgl. 200 Rente	Ausriss von Schlüsselbein- und *Schulterblattgelenk*, Abriss des rechten Arms. MdE 80 % und Funktionsbeeinträchtigungen des Arms.	*OLG Celle* NZV 2006, 95

Schürfwunden, Schnittwunden

Betrag (€)	Verletzung/Unfallhergang	Quelle
250	³/₄ Mitverschulden. Die Klägerin erlitt Hämatome und *Schwellungen* an den Unter- und Oberschenkeln. Es kam zu blutenden *Schürfwunden* an beiden Händen	*AG Köln* SP 2006, 7
500	¹/₂ Mitverschulden. Schürfwunden an der rechten Wange bis zum Ohr und an der Schulter; 2 Wochen arbeitsunfähig.	*OLG Brandenburg* SP 2011, 67
1.000	*Schürfwunden* in Gesicht und Ellbogen sowie Halsprellmarke; hohes Mitverschulden.	*OLG Jena* NZV 2011, 31

E. Schmerzensgeld – Tabelle

Betrag (€)	Verletzung/Unfallhergang	Quelle
1.200	*Schürfwunden* an Unterarm und Hand; Prellungen an Knie und Schädel.	*AG Kempten* DAR 2008, 271
1.500	*Schürfwunden* an Knie und Unterschenkeln sowie HWS-Syndrom und Prellungen an BWS und Hüfte. 6 Wochen Beschwerden.	*LG Köln* DAR 2008, 388
2.000	*Schürfwunden* im Gesicht sowie Prellungen und Gehirnerschütterung; 3 Tage stationär. 35 Jahre alte Klägerin.	*OLG Saarbrücken* DAR 2010, 23
3.500	Multiple *Schürfungen*, Knöchelbruch, Handprellung und Schultergelenkzerrung.	*KG* NZV 2007, 308
4.500	*Glassplitterverletzungen* im Gesicht; wegen der Schnittwunden verbleibt eine Narbe, ferner diverse Prellungen.	*LG München II* SP 2009, 10

Schwerstverletzungen

Betrag (€)	Verletzung/Unfallhergang	Quelle
50.000 zzgl. 266 Rente	$1/4$ Mitverschulden. Schädelhirntrauma Hirnverletzungen und spastische Halbseitenlähmung sowie Ataxie des Rumpfes. 10 $1/2$ Jahre alter Kläger.	*KG* VersR 2003, 606
75.000	2/3 Mitverschulden. Querschnittslähmung ab dem 6. Brustwirbel; 25 Jahre alter Kläger.	*OLG Koblenz* DAR 2005, 403
101.355	*Hirnverletzungen*, Unterschenkelfraktur mit Wadenbeinlähmung. 60 % Schwerbehinderung; Migräne, Kopfschmerzen, Mund kann nur 1,5 cm geöffnet werden. Koordinations-, Gedächtnis- und Konzentrationsstörungen.	*OLG Jena* VRR 2008, 464
175.000	*Apallisches Syndrom und Wachkoma.* 30 % Mitverschulden.	*LG Landshut*, Urt. v. 03.02.2004 – 72 U 402/00
200.000	Hirnverletzungen, traumatische Subarachnoidalblutung, Stammhirnkontusion. Übergang ins *apallische Syndrom*.	*LG Freiburg* DAR 2008, 29
250.000	5 Jahre alter Kläger. Schweres *Schädelhirntrauma* mit offener Keilbeinfraktur. Er kann weder sprechen noch laufen und leidet unter einer *spastischen linksseitigen Lähmung*.	*OLG Celle* OLGR 2003, 205
300.000 zzgl. 375 Rente	$1/5$ Mitverschulden. 24 Jahre alter Kläger. *Locked-In-Syndrom* (Unterschied zu einem apallischen Syndrom besteht darin, dass ein am Locked-In-Syndrom leidender Patient, der sich nicht mehr bewegen kann und bewusstlos wirkt, seine Umgebung wahrnehmen und achtlos gemachte Kommentare und Bemerkungen verstehen kann). Kläger weist in gewissen Grenzen Empfindungen wie Angst, Freude und Schmerz auf und ist in der Lage, auf Aufforderung die Augen zu öffnen und zu schließen, er kann derartigen Befehlen folgen. *Nekrotische Defektzonen* am linken Fuß und an der linken Kniekehle, vereiterter Lungenflügel musste entfernt werden.	*OLG Naumburg* VersR 2003, 332

Betrag (€)	Verletzung/Unfallhergang	Quelle
500.000 zzgl. 500 Rente	Der 3 Jahre alte Kläger wurde bei einem Verkehrsunfall, bei welchsem seine Großeltern verstarben, verletzt. Er ist vom ersten Halswirbel abwärts querschnittsgelähmt und nicht mehr in der Lage, sich selbst zu bewegen. Neben zahlreichen inneren Verletzungen erlitt der Kläger ein vorübergehendes *Mittelhirnsyndrom* mit *Kreislaufregulierungsstörungen* und zentralen *Temperaturregulationsstörungen*; er leidet unter erheblichen Schmerzen. Wegen einer Atemlähmung ist er auf den Dauereinsatz eines Beatmungsgeräts und auf ständige Pflege angewiesen. Geistig ist er nicht beeinträchtigt, er kann nur noch über Laute oder die Augen mit der Umwelt kommunizieren. Er ist sich seiner Situation bewusst und weint, wenn er andere Kinder sieht, die sich bewegen können.	*LG Kiel* VersR 2006, 279 m. Anm. *Jaeger*

Tod, baldiger

Betrag (€)	Verletzung/Unfallhergang	Quelle
0	Getöteter kann den Unfall jedenfalls nicht um mehr als *11 Minuten* überlebt haben, wobei ungeklärt blieb, wann genau der Tod eingetreten war und ob das Bewusstsein wiedererlangt wurde.	*KG Berlin* KGR 2001, 245
500	¹/₂ Mitverschulden. Unfallopfer verstarb etwa *7 Minuten* nach dem Unfall an dessen Folgen, ohne vorher das Bewusstsein wiedererlangt zu haben.	*OLG Rostock* OLGR 2000, 67
1.250	¹/₂ Mitverschulden. So schwere Verletzungen, dass Geschädigte nach *einer Stunde* Bewusstlosigkeit starb.	*OLG Hamm* NZV 1997, 233
1.500	Geschädigter verlor durch die Unfallverletzungen das Bewusstsein, das er vor seinem Tod nicht wiedererlangte. Etwa *zehn Minuten* vergingen, bis der Tod im brennenden Wagen eintrat.	*OLG Karlsruhe* OLGR 1997, 20
2.500	¹/₃ Mitverschulden. Der Geschädigte erlitt u. a. schwere Schädelverletzungen und verstarb nach *30 Minuten* an der Unfallstelle. Versuche, ihn anzusprechen, blieben erfolglos.	*OLG Hamm* NZV 2002, 234
3.750	¹/₂ Mitverschulden. 82 Jahre alter Geschädigter; Polytrauma. Tod nach *18-tägiger stationärer Behandlung*. Das Gericht hat die gesamte Leidensphase einer Gesamtbetrachtung unterzogen und den Umstand, dass der Verletzte nicht unter Schmerzen gelitten hat und dass ihm die Verletzungen nicht zum Bewusstsein gekommen sind, nicht mindernd berücksichtigt.	*OLG Hamm* VersR 2003, 1055
4.000	*Tod* nach *drei Stunden* bei Bewusstsein.	*LG Limburg* SP 2007, 389
6.000	Schädelhirntrauma mit Einblutungen in den Hirnstamm und ein Hirnödem; Bewusstseinsverlust an der Unfallstelle, Tod nach *8 Tagen* ohne Wiedererlangung des Bewusstseins.	*OLG Koblenz* NJW 2003, 442
6.000	Tod nach *2 Stunden* bei Starken Schmerzen.	*OLG Frankfurt* VRR 2009, 402
15.000	Unfallopfer (schwere Kopfverletzungen, Knochenbrüche und Durchspießungsverletzungen der Lunge) war lebensgefährlich verletzt, aber ansprechbar und über seinen Zustand orientiert. Tod nach *32 Tagen* auf der Intensivstation.	*OLG Hamm* MDR 2000, 1190

E. Schmerzensgeld – Tabelle

Betrag (€)	Verletzung/Unfallhergang	Quelle
25.000	50 Jahre alter Mann starb 5 1/2 *Monate* nach einem Unfall, bei dem er irreversible Hirnschädigungen erlitten hatte. Er war weder ansprechbar noch in der Lage, Nahrung aufzunehmen.	*OLG München* OLGR 1997, 51

Wirbelsäule

Betrag (€)	Verletzung/Unfallhergang	Quelle
2.500	1/2 Mitverschulden. *Lendenwirbelsäulenprellung*, Prellungen an Gesäß und Unterarm und psychische Folgen (Antriebsschwäche, Anpassungsstörung).	*OLG Saarbrücken* OLGR 2009, 126
2.500	HWS-Schleudertrauma; *BWS*-Distorsion; Schädelprellung. 1 Woche krankgeschrieben, danach unter Schmerzen wieder zur Arbeit aus Sorge um Arbeitsplatzverlust.	*AG Erkelenz* SP 2009, 221
2.600	Verletzung der Halswirbelkörper 5–6 mit der Folge eines *Bandscheibenvorfalls*. 9 Monate arbeitsunfähig, 20 % MdE.	*AG Frankenberg-Eder* SP 2003, 56
3.500	2/5 Mitverschulden. Impressionsfraktur des 6. *Brustwirbelkörpers*, Thoraxtrauma und Schürfwunden.	*OLG Düsseldorf* NZV 2006, 415
8.000	*Brustwirbelkörperfraktur*; 4 Wochen Reha und chronische Rückenschmerzen.	*OLG Celle* SP 2011, 215
10.000	*Brustwirbelkörperbruch*, Fehlstatik der Wirbelsäule mit Dauerschäden.	*OLG Celle* VuR 2007, 158
14.000	*Brustwirbelfraktur* (Kneifzangenbruch) und Prellungen. Dauerschmerzen im Brustwirbelsäulenbereich, MdE 30 %.	*OLG Brandenburg* SP 2009, 71
16.500	1/4 Mitverschulden. Luxationsfraktur des 2. *Halswirbelkörpers*, Rippenserienfraktur und Bauchtrauma. Schmerzhafte Bewegungseinschränkung.	*OLG Düsseldorf* r+s 2006, 85
22.000	*LWS*-Fraktur, Schädelhirntrauma und Lungenkontusion sowie Typ III Beckenfraktur. Narben und eingeschränkte Beweglichkeit, MdE 40 %.	*OLG Brandenburg* SP 2008, 105
24.000	*Brustwirbelfraktur*, klinische Instabilität und Schmerzen.	*OLG Köln* SP 2008, 364

Kapitel 20 Posttraumatische Belastungsstörung als juristisches Problem

Übersicht

		Rdn.
	Einleitung	1
A.	Problemdarstellung	2
B.	Lösungsansätze der Rechtsprechung	7
I.	PTBS als Folgeschaden	12
	1. Beweismaß	12
	2. Kausalitäts- und Zurechnungsgesichtspunkte	14
	a) Bagatellausnahme	17
	b) Renten- oder Begehrensneurose/überholende Kausalität	18
	c) Zweitunfall	21
	3. Schadensbemessung	22
II.	PTBS als Primärschaden	29
	1. Beweismaß	29
	2. Körperverletzung/Gesundheitsbeeinträchtigung bei psychischen Primärschäden	30
	3. Zurechnungskorrekturen	31
	4. Psychische Primärschäden neben körperlichen (physischen) Primärschäden	38
	5. Schadensbemessung	43
C.	Würdigung der Rechtsprechung	45
I.	Zu weiter Kausalitätsbegriff	47
II.	Unzureichende Zurechnungskorrekturen	48
	1. Fehlende Praxisrelevanz	49
	2. Zu restriktive Handhabung der Bagatellausnahme	51
III.	Richtige Richtung bei der Zurechnung psychischer Primärschäden	57
D.	Lösungsmöglichkeiten	60
I.	Beweislastumkehr und Ausweitung des Bagatellbegriffs	61
II.	Stärkere Berücksichtigung des Verschuldens	66
III.	Einschränkungen im Rahmen der Schadensbemessung	68
IV.	Anspruchskürzung über § 254 BGB	74
	1. Mitverschulden bei der Entstehung des Schadens	75
	2. Verstoß gegen die Schadensminderungspflicht	77
E.	Fazit	80

Schrifttum

Bischoff Psychische Schäden als Unfallfolgen, zfs 2008, 122; *Burmann/Heß* Die Ersatzfähigkeit psychischer (Folge-)schäden nach einem Verkehrsunfall, NJW-Spezial 2004, 15; *Eilers* Psychische Schäden als Unfallfolgen, zfs 2009, 248; *Elsner* Anmerkung zu BGH Urteil VI ZR 17/06 vom 22.05.2007, NJW 2007, 2766; *Geigel* Der Haftpflichtprozess, 25. Aufl., München 2008; *Himmelreich/Halm* Handbuch des Fachanwalts Verkehrsrecht, 3. Aufl., Köln 2009; *Himmelreich/Halm* Handbuch der Kfz-Schadenregulierung, 1. Aufl., Köln 2009; *Heß* Noch einmal: Psychische Erkrankungen nach Unfallereignissen: HWS und die posttraumatische Belastungsstörung, NZV 2001, 287; *Luckey* Anmerkung zu OLG Koblenz Urteil 1 U 1137/06 vom 08.03.2010, VersR 2011, 940; *Müller* Schäden im Haftpflichtrecht, VersR 1998, 129; *Palandt* Bürgerliches Gesetzbuch, 69. Aufl., München 2010; *Staab* Psychisch vermittelte und überlagerte Schäden, VersR 2003, 474; *Stöhr* Psychische Gesundheitsschäden und Regress, NZV 2009, 161; *Wessels/Castro* Ein Dauerbrenner: das »HWS-Schleudertrauma« Haftungsfragen im Zusammenhang mit psychisch vermittelten Gesundheitsbeeinträchtigungen –, VersR 2000, 284.

Einleitung

1 Seit Beginn der 1990-er Jahre wird im Haftungsrecht diskutiert, wie psychische Folgeschäden juristisch zu behandeln sind. Zahlreiche Entscheidungen des *BGH* Mitte der 1990-er Jahre haben sich mit dieser Problematik beschäftigt und haben die Diskussion kurzzeitig verstummen lassen. Nunmehr ist die Frage, ob und inwieweit eine Haftung bei einer rein psychischen Beeinträchtigung angenommen werden kann, wieder neu entflammt. Dies hat nicht zuletzt damit etwas zu tun, dass in der jüngsten Vergangenheit eine posttraumatische Belastungsstörung (PTBS) häufig diagnostiziert wurde, ein solches Syndrom zeitweise sogar »in Mode« geraten war.[1] Zunehmend werden bei »Bagatellunfällen« Schäden bis hin zu einer Berufsunfähigkeit geltend gemacht.[2] Dementsprechend war diese Thematik auch Gegenstand der Erörterungen auf dem 46. VGT 2008[3] in Goslar.

A. Problemdarstellung

Symptomatik, Diagnosekriterien und Entstehung einer posttraumatischen Belastungsstörung sind unter Medizinern umstritten.[4] Nach einer gängigen Umschreibung der Weltgesundheitsorganisation (WHO) liegt eine solche immer dann vor, wenn ein Betroffener einem kurz oder lang anhaltendem Ereignis oder Geschehen von außergewöhnlicher Bedrohung oder katastrophalem Ausmaß ausgesetzt ist, das nahezu bei jedem Menschen eine tiefgreifende Verzweiflung auslösen würde.[5] 2

Der Begriff der posttraumatischen Belastungsstörung wurde in der Rechtsprechung ursprünglich im Zusammenhang mit zwei Fragestellungen verwendet: 3
- Greift durch die Krankheit ein Abschiebungsverbot zugunsten eines Kriegsflüchtlings nach dem Aufenthaltsgesetz ein?
- Sind einem Betroffenen Versorgungsleistungen nach dem Opferentschädigungsgesetz zu gewähren?

Demzufolge wurde der Begriff in zahlreichen Entscheidungen der Verwaltungs- und Sozialgerichte erwähnt.[6]

Immer häufiger werden psychische Belastungen aber nunmehr auch als Folge eines Verkehrsunfalls thematisiert, wenn sich Rechtsanwälte und Versicherer mit der Regulierung von Ansprüchen wegen unfallbedingter Folgeschäden befassen.[7] Die posttraumatische Belastungsstörung bzw. PTSD[8] ist diejenige psychische Folgestörung, die am häufigsten nach Verkehrsunfällen auftritt.[9] Nachdem in der Rechtsprechung lange Zeit nur allgemein von psychischen Folgeschäden gesprochen wurde,[10] wird der Begriff der posttraumatischen Belastungsstörung mittlerweile auch vermehrt in der Rechtsprechung zum Haftungsrecht verwendet[11], ohne ihn allerdings im Sinne der WHO zu definieren[12]. 4

Die Schwierigkeiten bei psychischen Erkrankungen nach Unfallereignissen beginnen aufgrund der weit gefassten Definition bereits bei der Feststellung solcher psychischer Leiden. Oft gibt es zwar subjektiv geäußerte Beschwerden, jedoch keine objektiven Befunde. 5

Die Probleme liegen in der Folge bei der Beweisbarkeit einer Ursache und der Zurechenbarkeit zu einem bestimmten Ereignis. Darüber hinaus ist die Unterscheidung zwischen Primär- und Folgeschaden zu beachten. 6

---

1 *Bischoff* zfs 2008, 122; *Heß* NZV 2001, 287; Himmelreich/Halm/*Nickel* Hdb. des Fachanwalts Verkehrsrecht Kap. 27 S. 1328.
2 Vgl. *Becke* NZV 2000, 230 f.
3 Empfehlungen des AK II: Psychische Schäden als Unfallfolgen, bei Himmelreich/Halm/*Jäger/Luckey* Hdb. der Kfz-Schadensregulierung S. 999 Rn. 267.
4 Vgl. *Clemens, Schottmann und Fokkink* Die Posttraumatische Belastungsstörung, Teil A: Medizinische Klassifizierung, in Himmelreich/Halm, Handbuch des Fachanwalts Verkehrsrecht, 4. Aufl. 2011, Kapitel 9a.
5 Sog. Diagnosekriterien nach ICD-10; vgl. dazu auch *Echterhoff* Jahrbuch VerkehrsR von Himmelreich (Hrsg.) 2000, 335.
6 *SG Frankfurt* Urt. v. 25.2.1998 – S 24 Vg 4486/96; *OVG des Saarlandes* Beschl. v. 20.9.1999 – 9 Q 286/98.
7 Himmelreich/Halm/*Jäger/Luckey* Hdb. der Kfz-Schadensregulierung S. 999 Rn. 263.
8 PTSD ist eine Abkürzung für post-traumatic stress disorder und damit die englische Bezeichnung für eine posttraumatische Belastungsstörung (PTBS).
9 *Clemens/Hack/Schottmann/Schwab* DAR 2008, 10; *Eilers* zfs 2009, 248.
10 Der Begriff wurde selbst in ADAJUR bis 2005 nicht einmal erwähnt.
11 Vgl. *BGH* NJW 2007, 2764; *OLG Celle* Urt. v. 22.5.2008 – 8 U 5/08; *OLG Brandenburg* VersR 2006, 1251; *OLG Schleswig* NZV 2010, 96.
12 Himmelreich/Halm/*Jaeger/Luckey* Hdb. der Kfz-Schadenregulierung S. 1001 Rn. 277.

B. Lösungsansätze der Rechtsprechung

7 Grundsätzlich steht jeder Versuch, die eingangs geschilderten Probleme mit juristischen Instrumenten zu lösen, vor einem Dilemma. Ähnlich der Problematik beim behaupteten Auftreten eines Tinnitus, äußert der Betroffene in der Regel subjektive Beschwerden, die oftmals schwierig zu objektivieren sind. Hinzukommt, dass die Frage, ob ein Ereignis traumatisierend wirkt, nicht nur von der Art und Stärke des Ereignisses, sondern auch von der Person, die dem Ereignis ausgesetzt ist, abhängt.[13] Der Jurist soll sich nun um eindeutige Lösungen bemühen, obwohl medizinisch nicht immer genau zwischen psychischer Fehlverarbeitung und Simulation, d. h. einer dem Verletzten bewussten und von ihm beabsichtigten Vortäuschung nicht vorhandener Symptome, unterschieden werden kann. Das Kernproblem ist daher häufig nicht juristischer Art.[14]

8 Da für einen »Geschädigten« die Versuchung besteht, sich die fehlende Objektivierbarkeit seiner »Verletzungen« in einem Prozess zu Nutze zu machen und aus einem banalen Unfallereignis die lebenslange Zahlung einer Schadensrente zu erstreiten,[15] müssen jedoch, um einer unberechtigten Ausuferung der Behauptung eines unfallbedingten posttraumatischen Belastungssyndroms entgegenzuwirken und gleichzeitig die Fälle mit tatsächlich unfallbedingtem Krankheitswert zu ermitteln, mit juristischen Mitteln eindeutige Grenzen gezogen werden.

9 Bei dem Versuch, praxistaugliche Entschädigungskriterien aufzustellen, wird grundsätzlich danach unterschieden, ob es sich bei der psychischen Erkrankung um eine Primärverletzung[16] oder Sekundärverletzung[17] handelt.[18] Diese Differenzierung bestimmt nach der im Folgenden näher skizzierten Rechtsprechung des *BGH* das Beweismaß und welchen Grad psychische Beschwerden annehmen müssen, um einen Schadensersatzanspruch zu begründen.[19]

10 Der *BGH* hat zu der Frage der Haftung für psychische Folgeschäden in der Vergangenheit mehrfach Stellung genommen. Die grundlegenden Entscheidungen vom 30.4.1996[20] und vom 11.11.1997[21] sind dabei zum Zurechnungszusammenhang bei psychischen Folgeschäden ergangen. Dies hat nicht zuletzt etwas damit zu tun, dass psychische Schäden in der Praxis überwiegend[22] als Reaktion auf eine vorangegangene Körper- oder Gesundheitsverletzung geschildert werden. Da die Besonderheiten der psychischen Beschwerden bei Primär- und Sekundärverletzung insoweit gleich sind, werden die vom *BGH* entwickelten Grundsätze von den Obergerichten[23] auch angewendet, wenn es um die Auseinandersetzung mit einem psychischen Primärschaden geht.[24]

11 Unter Berücksichtigung dessen lassen sich aus der bisher ergangenen Rechtsprechung folgende Grundsätze für den rechtlichen Umgang mit psychischen Erkrankungen nach Unfallereignissen ableiten:

I. PTBS als Folgeschaden

1. Beweismaß

12 Die Geltendmachung eines Folgeschadens verlangt zuerst, dass ein Primärschaden unstreitig vorliegt oder nachgewiesen werden kann. Hinsichtlich der Primärverletzung gilt der Maßstab des § 286

---

13 *OLG Koblenz* Urt. v. 2.7.2007 – 12 U 1812/05.
14 So auch *Elsner* NJW 2007, 2766.
15 *Elsner* NJW 2007, 2766.
16 D. h., es liegt eine psychische Beeinträchtigung ohne vorhergehende organische Verletzung vor.
17 D. h., ein psychischer Schaden wird als Folge einer Körper- oder Gesundheitsverletzung geltend gemacht.
18 *Eilers* zfs 2009, 249; *Heß* NZV 2001, 287; *Staab* VersR 2003, 1223.
19 *Staab* VersR 2003, 1223; *Geigel/Knerr* Der Haftpflichtprozess Kap. 1 Rn. 23.
20 BGHZ 132, 341 = NZV 1996, 353 = r+s 1996, 303.
21 BGHZ 137, 142 = NZV 1998, 65 = r+s 1998, 20.
22 *Eilers* zfs 2009, 251.
23 *OLG Nürnberg* VersR 1999, 1117; *OLG Hamm* VersR 2002, 992.
24 *Heß*, NZV 2001, 289.

ZPO.²⁵ Nachweisschwierigkeiten können insbesondere bei HWS-Verletzungen auftreten, da es bei diesen Verletzungen oftmals an objektiven Befunden fehlt. Eine Bescheinigung über HWS-Verletzungen vom Unfalltag genügt jedenfalls nicht, um den entsprechenden Nachweis zu führen, wenn diese allein aufgrund der von dem Geschädigten subjektiv geschilderten Schmerzsymptomatik ausgestellt worden war.²⁶ Vielmehr muss eine solche Bescheinigung im Rahmen der Beweiswürdigung unter Berücksichtigung der jeweiligen Umstände des Einzelfalles bewertet werden.²⁷ Ein gewichtiges Indiz gegen eine HWS-Verletzung liegt vor, wenn der Aufprall nur gering war, was etwa bei einer Differenzgeschwindigkeit von weniger als 10 km/h der Fall sein soll.²⁸ Kann die Primärverletzung letztlich nicht bewiesen werden, wird der Anwalt des Geschädigten gegebenenfalls die psychischen Beschwerden ihrerseits als Primärzustand darstellen, da eine HWS-Symptomatik auch rein psychisch soll vermittelt werden können.²⁹ Allerdings gelten für die Einstufung einer HWS-Verletzung als Gesundheitsschaden hohe Anforderungen.³⁰ Da es nicht ausgeschlossen werden kann, dass der Mandant darauf beharren wird, ausschließlich körperliche Verletzungen erlitten zu haben,³¹ wird der Anwalt sich eine derartige »Umstellung« auf einen psychischen Primärschaden sorgfältig zu überlegen haben.

Kann eine unfallbedingte körperliche Primärverletzung festgestellt werden, ist in ständiger Rechtsprechung anerkannt, dass der Schädiger, der für eine unfallbedingte Körper- oder Gesundheitsverletzung verantwortlich ist, auch für deren weitere (Schadens-)Folgen einzustehen hat.³² Diese Folgeschäden müssen für sich gesehen keine Körper- oder Gesundheitsverletzung darstellen. Gleichwohl bedarf es einer (nachzuweisenden) Verbindung zwischen dem eingetretenen Verletzungserfolg und dem geltend gemachten Schaden, sog. haftungsausfüllende Kausalität.³³ Für den Nachweis der Entstehung eines psychischen Folgeschadens kommt dem Geschädigten die Beweiserleichterung des § 287 ZPO zu Gute.³⁴ Demnach reicht für die Beweisführung eine erhebliche Wahrscheinlichkeit aus. Beruft sich der Schädiger auf einen der unten noch näher beschriebenen Ausnahmefälle »Bagatellunfall«, »Begehrensneurose« oder »überholende Kausalität«, trägt er hierfür nach den allgemeinen Grundsätzen des Zivilprozesses die Beweislast.³⁵ 13

2. Kausalitäts- und Zurechnungsgesichtspunkte

Bei psychischen Folgeschäden entstehen die Probleme in erster Linie deshalb, weil der Schädiger regelmäßig³⁶ auf eine bereits vorher vorhandene Krankheitsanlage beim Geschädigten trifft. 14

Wird eine solche Prädisposition durch das Unfallereignis »aktiviert«, berührt dies die Haftung nach der Rechtsprechung unter Äquivalenz und Adäquanzgesichtspunkten nicht. Eine Mitursächlichkeit reicht in diesem Zusammenhang aus,³⁷ denn niemand hat einen Anspruch darauf »auf die Gesunden und Starken der Gesellschaft zu treffen«.³⁸ Im Ergebnis bedeutet dies, dass der Schädiger für den Gesamtschaden haftet, wenn der schädigende Erfolg durch das mitursächliche Unfallereignis herbeigeführt wurde bzw. sich ein bestehender Schaden durch das Hinzutreten einer Mitursache vergrö- 15

---

25 *BGH* VersR 1998, 1153; *BGH* VersR 2009, 1213; *OLG München* NZV 2003, 474.
26 *OLG Frankfurt* zfs 2008, 264; *AG Brandenburg* NZV 2011, 91.
27 *OLG Hamm* VersR 2002, 994.
28 *OLG Hamburg* NZV 2002, 503.
29 *Wessels/Castro* VersR 2000, 284.
30 *Himmelreich/Halm/Jäger/Luckey* Kap. 9 Rdn. 71 m. w. N.
31 *Eilers* zfs 2009, 252.
32 *BGH* NJW 1993, 1523; *Müller* VersR 1998, 129 ff.
33 Vgl. dazu *Geigel/Knerr* Der Haftpflichtprozess Kap. 1 Rn. 21.
34 *BGH* VersR 1998, 201; *OLG Saarbrücken* OLGR 2009, 897.
35 *Thomas/Putzo* Vorbem. § 284 Rn. 23; zur Beweislast bei der überholenden Kausalität: *Dannert* zfs 2001, 55.
36 *Heß* NZV 2001, 288.
37 *BGH* NJW 1956, 1108; *BGH* VersR 1989, 924.
38 *BGH* r+s 1998, 22.

ßern sollte.[39] Für einen seelisch bedingten Folgeschaden, der auf einer psychischen Prädisposition des Geschädigten beruht, muss der Schädiger daher grundsätzlich einstehen.[40]

16 Die Rechtsprechung, welche mittlerweile erkannt hat, dass es aufgrund bestehender Prädispositionen durchaus in relevanter Häufigkeit zu einer psychischen Fehlverarbeitung eines für den gesunden Menschen folgenlos bleibenden Unfallgeschehens kommen kann,[41] versucht, den Folgen dieses extrem weiten Kausalitätsbegriffs entgegenzuwirken, indem sie die Haftung des Schädigers unter Zurechnungsgesichtspunkten wieder einschränkt.

a) Bagatellausnahme

17 Verneint wird eine Haftung, wenn die Primärverletzung eine Bagatelle war und die psychische Reaktion hierauf nicht verständlich ist.[42] Eine sog. Bagatellverletzung liegt in Anlehnung an die zu § 847 BGB bei Bagatellverletzungen entwickelten Grundsätze vor, wenn die Beeinträchtigungen sowohl von der Intensität als auch von der Art der Verletzung her nur ganz geringfügig sind und den Verletzten üblicherweise nicht nachhaltig beeindrucken.[43] Bei der Beurteilung gelten strenge Anforderungen,[44] es wird nur ausnahmsweise eine sogenannte Bagatelle bejaht.[45] Denn die Grenze zu einer sog. Bagatellverletzung soll bereits bei einer Ohrfeige überschritten sein.[46] Ebenso hat der *BGH* bei einer 5-tägigen Arbeitsunfähigkeit wegen einer Schädelprellung und HWS-Distorsion einen Bagatellfall verneint.[47] Gebilligt hat der *BGH* jedoch eine Entscheidung des *OLG Nürnberg*[48] vom 22.11.2001 zu einem Bagatellgeschehen. Gegenstand dieses Urteils war ein Auffahrunfall, bei dem die von einem Sachverständigen festgestellte Geschwindigkeitsänderung max. 6 km/h betragen hatte.[49] Da das schädigende Ereignis nach Ansicht des Gerichts deshalb als geringfügig anzusehen war, verneinte es den Zurechnungszusammenhang.[50] Trotz Bagatellverletzung bejaht der *BGH*[51] die Zurechnung ausnahmsweise aber, wenn der Schädiger auf eine besondere Krankheitsanlage beim Verletzten trifft. Dies soll aber wiederum nicht gelten, wenn diese Schadensanlage nach objektivem Maßstab unvorhersehbar war.[52]

b) Renten- oder Begehrensneurose/überholende Kausalität

18 Neben der Bagatellverletzung führen nach dem *BGH* auch die Fälle der sog. Renten- oder Begehrensneurose zu einer Haftungsbefreiung. Bei einer solchen nimmt der Geschädigte in dem neurotischen Streben nach Versorgung und Sicherheit den Unfall nur zum Anlass, um sich aus dem Erwerbsleben zu verabschieden. Die Zurechnung wird verneint, weil sich letztlich nur das allgemeine Lebensrisiko verwirklicht.[53] Eine ebenfalls nicht unfallbedingte Neurose stellt die Simulation, also die vom Verletzten bewusste und beabsichtigte Vortäuschung nicht vorhandener Symptome, dar.[54]

---

39 *OLG Stuttgart* NJW 1959, 2308.
40 *BGH* NJW 1996, 2425.
41 *OLG Saarbrücken* OLGR 2009, 897.
42 *BGH* NZV 1996, 353; *BGH* NJW 1998, 811; *BGH* NJW 2004, 1945; *OLG Hamm* VersR 2002, 78; *OLG Celle* SVR 2011, 215.
43 *BGH* VersR 1992, 505; *Heß/Burmann* NJW-Spezial 2004, 15.
44 *BGH* zfs 1998, 93 = Jahrbuch Verkehrsrecht von Himmelreich (Hrsg.) 1999, 92; *KG* NZV 2002, 38.
45 *Stöhr* NZV 2009, 163.
46 *Eilers* zfs 2009, 252.
47 *BGH* NJW 1998, 810 = Jahrbuch Verkehrsrecht von Himmelreich (Hrsg.) 1999, 92.
48 *OLG Nürnberg* zfs 2002, 524.
49 Ausführliche Besprechung des Urteils bei *Staab* VersR 2003, 1224.
50 Ebenso *OLG Hamm* NZV 2002, 457.
51 BGHZ 137, 143, 145 f.
52 Zum Beispiel bei einer ganz außergewöhnlichen Disposition des Geschädigten, vgl. *OLG Köln* NJW 2007, 1757.
53 *KG* NZV 2002, 173; *Gerlach* DAR 1994, 227; *Staab* VersR 2003, 1226 m. w. N.
54 Himmelreich/Halm/*Jäger/Luckey* Kap. 9 Rdn. 83j.

Davon abzugrenzen sind die sog. Konversionsneurosen, bei denen zwar auch seelische Konflikte in 19
körperliche Symptome umgewandelt werden, aber nicht der Wunsch dominiert, nicht mehr arbeiten
zu müssen.[55] Nach Verkehrsunfällen können des Weiteren sog. Aktual- oder Unfallneurosen auftreten. Bei diesen bauscht der Geschädigte die Folgen seines Unfalls auf. Dies geschieht jedoch nicht in
betrügerischer Absicht, sondern, weil er in Wirklichkeit selbst daran glaubt. Beide Neurosen führen
grundsätzlich nicht zu einem Haftungsausschluss.[56]

Wäre die Beeinträchtigung ohne das Unfallereignis sowieso bald eingetreten, erfolgt eine Zurech- 20
nungskorrektur unter dem Gesichtspunkt der überholenden Kausalität. So hat das *OLG Hamm*
in einer Entscheidung berücksichtigt, dass der Geschädigte wegen einer Grunderkrankung ohnehin
arbeitsunfähig geworden wäre.[57]

c) Zweitunfall

Erleidet der durch eine frühere Verletzung Vorgeschädigte einen Zweitunfall, gelten nach der Recht- 21
sprechung folgende Grundsätze[58]: Der Erstschädiger haftet für den durch den Zweitunfall eingetretenen Schaden, wenn die Erstverletzung die Schadensanfälligkeit geschaffen oder wesentlich erhöht
hat.[59] Waren die Folgen des Erstunfalls jedoch beim zweiten Schadensereignis bereits ausgeheilt oder
hat der Erstschaden die anlagebedingte Schadensanfälligkeit für den eingetretenen Zweitschaden nur
unwesentlich verstärkt, entfällt eine Haftung des Erstschädigers.[60] Denn in diesem Fall war das Schadensrisiko des Ersteingriffs bereits gänzlich abgeklungen.[61] Die Haftung des Zweitschädigers ist daher bei massiven Vorschäden in der Regel ausgeschlossen, wenn neue Beeinträchtigungen durch den
Folgeunfall nicht feststellbar sind.[62]

3. Schadensbemessung

Greift keiner der vorgenannten Ausnahmefälle ein, ist der Schädiger bzw. der dahinter stehende Haft- 22
pflichtversicherer grundsätzlich eintrittspflichtig. Bei der folgenden Bestimmung des Umfangs bzw.
der Länge der Schadensersatzverpflichtung muss der Tatrichter – im Gegensatz zu den Anforderungen
des § 286 ZPO – nicht allen Beweisanträgen nachgehen, sondern kann sich etwa mit einer Schadensschätzung nach § 287 ZPO begnügen, wenn er hinreichende Anhaltspunkte für eine solche hat.[63]

Insoweit ist auch zu beachten, dass der Tatrichter die Höhe des Ersatzanspruches zu beschränken hat, 23
wenn sich aus der psychischen Struktur des Geschädigten mit einer für § 287 ZPO ausreichenden Wahrscheinlichkeit ernsthaft unfallunabhängige Risiken für die gesundheitliche Entwicklung ergeben.[64]

Bei der Bestimmung der Schadenshöhe verfährt die Rechtsprechung folgendermaßen: 24

Geht es um die Bestimmung eines Erwerbsschadens, werden teilweise Abschläge vorgenommen, um 25
das Zukunftsrisiko angemessen zu berücksichtigen.[65] Vereinzelt wird neuerdings auch von der Möglichkeit Gebrauch gemacht, die Zahlungen auf ein geringes Zeitintervall zu begrenzen.[66]

---

55 *Müller* VersR 1998, 133.
56 *BGH* VersR 1997, 752; *BGH* VersR 1994, 695.
57 *Heß* NZV 2001, 289 m.w.N.
58 Vgl. dazu auch *Geigel/Knerr* Der Haftpflichtprozess Kap. 1 Rn. 25.
59 *BGH* NJW 2002, 504.
60 *BGH* NJW 2004, 1945.
61 *OLG Bremen* r+s 2003, 478.
62 *OLG Koblenz* vom 18.04.2005 -12 U 609/02 – unveröffentlicht.
63 *BGH* VersR 1995, 469.
64 *BGH* NJW 1998, 810; *OLG Schleswig* OLGR 2006, 5; *OLG Köln* DAR 2006, 325.
65 *BGH* NZV 1998, 65 ff; *BGH* NZV 1995, 183; *AG Köln* NJW-RR 2001, 1393; *OLG Schleswig* NJW-RR 2007, 171; vgl. unten Rdn. 72.
66 *OLG Saarbrücken* OLGR 2009, 897; vgl. unten Rdn. 72.

26 Zieht ein Unfallereignis tatsächlich unfallbedingte, nachhaltige psychische Störungen nach sich, steht dem Betroffenen in der Regel ein Anspruch auf Schmerzensgeld zu.[67] Das *OLG Schleswig*[68] hat dem Geschädigten in einer aktuellen Entscheidung für das Erleiden einer unfallbedingten posttraumatischen Belastungsstörung, infolge dessen er seinen Beruf aufgeben musste und in seiner Lebensqualität erheblich eingeschränkt ist, ein Gesamtschmerzensgeld von 30.000 € zuerkannt.

27 Bei der Schmerzensgeldbemessung wird sich eine spezielle Schadensanfälligkeit[69] oder eine unangemessene Erlebnisverarbeitung[70] des Geschädigten in der Regel anspruchskürzend auswirken. Das *LG Hamburg*[71] kürzte das Schmerzensgeld einer Geschädigten wegen psychischer Prädispositionen etwa um 2/3, das *OLG Saarbrücken*[72] deutlich um 80 %. Richtigerweise muss eine Korrektur der Schadenshöhe auch unterhalb der Schwelle des Mitverschuldens möglich sein. Ein solcher Abschlag lässt sich mit dem *OLG Celle*[73] einmal damit begründen, dass bei psychisch vermittelten Beschwerden die Genugtuungsfunktion gegenüber den üblicherweise für vergleichbare Schäden anzusetzenden Beträgen zurücktritt. Andere Gerichte[74] stellen zur Legitimation einer Kürzung des Schmerzensgeldes für seelische Fehlreaktionen, die durch psychische Prädisposition mitverursacht worden sind, auf die Billigkeit als Bemessungsfaktor ab. Dem entspricht es, »die Erwartungshaltung des Geschädigten als Faktor bei der Bemessung der Schmerzensgeldhöhe zu eliminieren«. Spricht aber lediglich eine ganz geringe Wahrscheinlichkeit dafür, dass später auch ohne den Unfall eine Fehlverarbeitung eingetreten wäre, wird keine Reduzierung des Schmerzensgeldanspruchs vorgenommen.[75]

28 Ein Haushaltsführungsschaden, gestützt ausschließlich auf psychische Beeinträchtigungen, wird von den Gerichten in der Regel verneint und zwar auch dann, wenn der Betroffene wegen der Fehlverarbeitung nunmehr längere Zeit benötigt, seine Arbeiten zu verrichten.[76]

II. PTBS als Primärschaden

1. Beweismaß

29 Nach dem *BGH* kommt eine Haftung auch dann in Betracht, wenn unfallbedingt allein aufgrund des Unfallerlebnisses durch psychische Vermittlung eine Primärverletzung eingetreten ist.[77] Ob ein psychischer Primärschaden vorliegt, hat der Geschädigte nach dem strengen Maßstab des § 286 ZPO zu beweisen.[78] Ein Anscheinsbeweis scheidet in diesem Zusammenhang aus, weil es sich bei den geschilderten Vorgängen um individuelle Geschehensabläufe handelt.[79]

2. Körperverletzung/Gesundheitsbeeinträchtigung bei psychischen Primärschäden

30 Eine haftungsrelevante psychische Primärverletzung verlangt, dass ein Gesundheitsschaden im medizinischen Sinne vorliegt.[80] Dafür ist erforderlich, dass die psychische Beeinträchtigung einen me-

---

67 *AG Köln* NJW-RR 2001, 1393.
68 *OLG Schleswig* OLGR 2009, 206; vgl. auch die Übersicht bei *Geigel/Pardey* Der Haftpflichtprozess Kap. 7 Rn. 72.
69 *BGH* NJW 1997, 455; *OLG Schleswig* NJW-RR 2004, 239; *OLG Celle* SP 2007, 320; *OLG Köln* OLGR 2006, 36; *Geigel/Pardey* Der Haftpflichtprozess Kap. 7 Rn. 71 m. w. N.
70 *OLG Köln* DAR 2006, 325; Palandt/*Heinrichs* § 253 Rn. 16.
71 SP 2010, 361.
72 4 U 649/07 = NJW-Spezial 2009,761 = OLGR 2009, 897.
73 *OLG Celle* NJWE-VHR 98, 6.
74 *BGH* NJW 96, 2427; *OLG Braunschweig* VersR 1999, 201; *OLG Frankfurt/M.* NZV 1993, 67; *LG Hamburg* SP 2010, 361, *OLG Saarbrücken* (FN 98).
75 *OLG Hamm* NZV 2002, 57.
76 *OLG Saarbrücken* NJW-Spezial 2009, 11.
77 *BGH* NZV 1996, 353.
78 Vgl. Fn. 51.
79 *OLG München* NZV 2003, 473.
80 *BGH* NZV 1996, 353; *OLG Hamm* VersR 2002, 78.

dizinischen Krankheitswert besitzt. Ein solcher wurde von der Rechtsprechung[81] in der Vergangenheit etwa für einen Schockschaden[82] anerkannt. Erst recht der durch einen Schock erlittene Schlaganfall[83] sowie zu Tage tretende ängstliche Erregtheit, Unruhe, Schlafstörungen, Kopfschmerzen und Schweißausbrüche genügen in diesem Zusammenhang; zitternde Knie, Übelkeit mit Erbrechen sowie Nackenschmerzen dagegen nicht.[84] Ebenso wenig wurde in einer leicht depressiven Stimmungslage des Geschädigten eine Verletzung mit Krankheitswert erblickt.[85]

3. Zurechnungskorrekturen

Einschränkungen der Haftung nimmt die Rechtssprechung[86] auch hier unter Zurechnungsgesichtspunkten vor. Um einer uferlosen Haftung bei Unfällen, die lediglich mit einem »alltäglichen« Schreckerlebnis einhergehen, entgegenzuwirken, hat etwa das *OLG Köln*[87] in seiner Entscheidung vom 29.7.1999 Ansprüche der damaligen Klägerin unter Verweis auf das allgemeine Lebensrisiko zurückgewiesen. Diese hatte in einem Fahrzeug gesessen, auf welches das Kabel einer Baustellenampel gefallen war, und litt seitdem nach eigenen Angaben unter Schlafstörungen und Angstzuständen. Das *AG Betzdorf*[88] gelangte so richtigerweise zu der Auffassung, dass ein Unfallverursacher nicht für die Folgen eines Selbstmordversuchs haftet, den der Unfallgegner unternommen hatte, nachdem er einen Auffahrunfall unverletzt überstanden hatte. Es liege eine unangemessene Erlebnisverarbeitung vor, die einen Haftungsausschluss nach sich ziehe. 31

Gleiches gilt, wenn jemand nur mittelbar[89] an dem Unfallgeschehen beteiligt ist. Denn die zufällige Anwesenheit bei einem schrecklichen Ereignis ist ebenso dem allgemeinen Lebensrisiko zuzurechnen.[90] Dementsprechend hat der *BGH*[91] die Haftung des Unfallverursachers für posttraumatische Belastungsstörungen von zwei Polizeibeamten, die zufällig Zeugen eines Verkehrsunfalls waren, mit der Begründung verneint, es habe sich lediglich das allgemeine Lebensrisiko verwirklicht. Dies erscheint deshalb nachvollziehbar, als dass die Schädigung der Polizeibeamten nicht auf einem Rettungsversuch beruhte und sie deshalb wie zufällige Zeugen des Unfallereignisses zu behandeln waren,[92] welchen nach dem oben Gesagten keine Ansprüche zustehen. Folgerichtig konnte erst recht ein LKW-Fahrer keine Ansprüche geltend machen, der eine posttraumatische Belastungsstörung dadurch erlitten hatte, dass er als Unfallhelfer den Tod eines Unfallbeteiligten miterleben musste.[93] 32

Nicht zu beantworten hatte der *BGH* seinerzeit die Frage, was gegolten hätte, wenn die Polizisten im Rahmen eines Einsatzes zu dem Unfallort gerufen worden wären.[94] *Stöhr*[95] hatte kürzlich die Frage aufgeworfen, ob dann nicht die Grundsätze der sog. »Herausforderungsfälle«[96] Anwendung finden müssten, diese aber letztlich wieder zutreffend mit der Erwägung verneint, dass es für Polizisten, Feuerwehrleute und Notärzte zu Ausbildung und Beruf gehört, solche Einsätze zu verarbeiten, so dass die psychische Fehlverarbeitung solcher Erlebnisse sozusagen zu deren »Berufsrisiko« zu zählen ist. 32a

---

81 *BGH* NJW 1989, 2317.
82 Der Betroffene erlebt mit, wie ein Verwandter schwer verletzt oder getötet wird; näher dazu unten.
83 *OLG Nürnberg* NZV 2008, 38.
84 Vgl. *Staab* VersR 2003, 1223 m. w. N. und Beispielen.
85 *OLG Düsseldorf* SP 2001, 412.
86 *BGH* VersR 1989, 923; *OLG Hamm* r+s 2000, 62.
87 NJW-RR 2000, 760.
88 SP 2009, 41; vgl. hierzu auch *OLG Nürnberg* VersR 1999, 1117.
89 Derjenige, der nur zufällig am Unfallort anwesend ist oder später dort eintrifft.
90 *Diehl* zfs 2007, 627.
91 *BGH* NJW 2007, 2764.
92 *Stöhr* NZV 2009, 164.
93 *LG Bochum* SP 2009, 400.
94 Vgl. zu dieser Problematik auch die Anmerkung von *Luckey* zu OLG *Koblenz* – 1 U 1137/06, VersR 2011, 940.
95 *Stöhr* NZV 2009, 161.
96 *BGH VersR 2007, 1093,*

In Übereinstimmung dazu versagte das *OLG Celle*[97] einem bei einem Unglücksfall eingesetzten Berufsretter Ansprüche aufgrund einer erlittenen posttraumatischen Belastungsstörung, da sich sein allgemeines »Berufsrisiko« realisiert habe. Mit Spannung zu erwarten ist in diesem Zusammenhang auch die Entscheidung in einem aktuellen Verfahren vor dem *LG Trier*.[98] Dieses hat sich derzeit mit der Frage zu befassen, inwieweit ein Straßenwärter im Rahmen seines Berufsbildes in weit überdurchschnittlichem Maße damit rechnen muss, Unfallzeuge oder -beteiligter zu werden bzw., ob er Ersatzansprüche aufgrund einer als Nothelfer erlittenen posttraumatischen Belastungsstörung geltend machen kann. Da etwa nach den Angaben der Stabstelle »Arbeitssicherheit im Landesbetrieb Straßenbau NRW« das Risiko für Straßenwärter, tödlich zu verunglücken, 48 × höher als das durchschnittliche Risiko eines in der gewerblichen Wirtschaft tätigen ist, dürfte letztlich aber kein Zweifel daran bestehen, dass das Berufsbild des Straßenwärters sehr belastend ist. Demgegenüber geht das *OLG Koblenz*[99] in einer aktuellen Entscheidung davon aus, dass es keinen Anlass gibt, in bestimmten Berufsgruppen psychische Belastungen entschädigungslos hinzunehmen und sprach einem Polizeibeamten, der nach einem massiven und aggressiven Angriff im Dienst eine posttraumatische Belastungsstörung erlitten hatte, Ersatzansprüche gegen die Schädiger zu. Obgleich diese Entscheidung nicht im Zusammenhang mit einem Verkehrsunfallereignis ergangen war, bestehen nichtsdestotrotz offensichtlich zwischen den Obergerichten divergierende Auffassungen darüber, ob ein Haftungsausschluss aufgrund eines sog. »Berufsrisikos« anzuerkennen ist, so dass eine höchstrichterliche Entscheidung in dieser Angelegenheit wünschenswert[100] wäre.

33 Als weitere Zurechnungsschranke können die vom *BGH* aufgestellten Grundsätze zur Bewertung des Zurechnungszusammenhangs bei Bagatellunfällen herangezogen werden.[101]

34 Während bei den psychischen Folgeschäden auf die primäre Verletzung abgestellt werden kann, muss im Falle einer psychischen Primärverletzung an den eigentlichen Unfall angeknüpft werden.[102] Als Bagatellunfall, für dessen Vorliegen der Schädiger beweisbelastet ist,[103] werden dabei zum Teil[104] immer solche Unfälle eingestuft, die ausschließlich mit geringen Blechschäden bei unfallbedingten Geschwindigkeitsänderungen von unter 5 km/h einhergehen, mithin die typischen Parkplatzunfälle. Das *LG Würzburg*[105] verneint die Zurechnung von psychischen Schäden, die nach einer Vollbremsung ohne Kollision aufgetreten sind.

35 Nach alledem erkennt die Rechtssprechung den haftungsrechtlichen Zusammenhang bei psychischen Primärschäden in zwei Fällen in der Regel an.[106]

36 Einmal, wenn sich eine psychische Gesundheitsbeeinträchtigung als Folge bei einem direkt am Unfall Beteiligtem zeigt, dem Geschädigten mithin die Rolle eines unmittelbaren Unfallopfers aufgezwungen wurde.[107]

37 Darüber hinaus, wenn ein sog. Schock- oder Fernwirkungsschaden vorliegt, also der Tod eines nahen Angehörigen miterlebt[108] wird. Dass ein Anspruch auf Ersatz eines sog. Schockschadens nur nahen Angehörigen zusteht, hat etwa das *LG Bochum*[109] noch einmal ausdrücklich klargestellt. Da es sich

---

97 VersR 2006, 1376.
98 6 O 339/09
99 VersR 2011, 938.
100 Ebenso *Luckey* VersR 2011, 940.
101 *OLG Celle* SVR 2011, 215; *OLG Nürnberg* zfs 2002, 524; vgl. dazu auch *Staab* VersR 2003, 1226 und Rdn. 17.
102 *OLG Nürnberg* VersR 2002, 1434; *Stöhr* NZV 2009, 163.
103 *KG Berlin* DAR 2002, 211.
104 *Eilers* zfs 2009, 252 m. w. N.
105 *LG Würzburg* NJW-Spezial 2008, 75.
106 Vgl. *Elsner* NJW 2007, 2766.
107 *BGH* VersR 2007, 1093.
108 Bzw. Hinterbliebene werden über den Tod des Angehörigen unterrichtet.
109 SP 2009, 400.

um einen Ausnahmetatbestand handelt, ist diese Fallgruppe auch ansonsten eng auszulegen.[110] Trauer, Kummer, Aufregung, Ärger oder Schrecken gehören zum allgemeinen Lebensrisiko.[111] Erforderlich ist daher nicht nur, dass der Familienangehörige psychische Beschwerden erleidet, denen ein medizinischer Krankheitswert innewohnt, sondern auch, dass die Ausfälle zu einer pathologisch fassbaren Beeinträchtigung von einigem Gewicht und einiger Dauer führen,[112] also über eine »übliche« Trauerreaktion hinausgehen.[113] Ist dies zu bejahen, kann der Geschädigte Folgen, die im Zusammenhang mit seinen diesbezüglichen außergewöhnlichen psychischen Beschwerden einhergehen, ersetzt verlangen.[114]

4. Psychische Primärschäden neben körperlichen (physischen) Primärschäden

Psychische Primärverletzungen können sich, wie gerade die Rechtsprechung zu den Schockschäden zeigt, neben und unabhängig von organischen Verletzungen entwickeln. Grundsätzlich ist bei psychischen Beschwerden nach einem Unfall also denkbar, dass sie sich entweder direkt aus dem Geschehen als Primärschaden oder mittelbar (falls vorhanden) aus den organischen Unfallverletzungen entwickeln. Dies zeigen auch die vielen Urteile zu beiden Arten von Kausalverläufen.[115] Im »Polizistenfall« war sogar unstreitig, dass trotz vorhandener anderweitiger physischer Verletzungen, ein sich daraus entwickelnder psychischer Folgeschäden nicht vorlag.[116] 38

Damit muss man bei psychischen Beschwerden nach einem Unfall eigentlich immer eine Aussage vom medizinischen Sachverständigen, der sich mit den Kausalverläufen beschäftigt, dazu verlangen, ob sich die vorliegenden/behaupteten Beschwerden unmittelbar oder mittelbar (über eine körperliche Verletzung) aus dem Unfallgeschehen entwickelt haben. Wenn er hierzu keine Wahrscheinlichkeitsaussagen treffen kann oder wenn er beide Kausalverläufe grundsätzlich für gleich wahrscheinlich hält, dann kann § 287 ZPO selbst bei unstreitiger Primärschädigung nicht zugunsten des Geschädigten eingreifen. Man kann dann nicht von mittelbaren/vermittelten psychischen Beschwerden ausgehen. Die psychischen Beschwerden müssen dann trotz einer anderweitigen Verletzung als Primärschaden behandelt werden. 39

Wenn die Beschwerden aufgrund »gleicher Wahrscheinlichkeiten« nur als Primärschaden gewertet werden können, ist damit der Beweis nach § 286 ZPO aber noch nicht gelungen. Für die haftungsbegründende Kausalität reichen Wahrscheinlichkeiten nicht aus. Es muss vielmehr zur vollen Überzeugung des Tatrichters nach § 286 ZPO nachgewiesen werden, dass ein Kausalzusammenhang zwischen Unfallereignis und Primärschaden besteht. Dass dieser Zusammenhang möglicherweise sogar überwiegend wahrscheinlich ist, reicht – im Rahmen des § 286 ZPO anders als bei § 287 ZPO – nicht aus.[117] 40

Deshalb haben wir bei streitigen psychischen Schäden grundsätzlich – gerade auch bei vorhandenen anderweitigen Verletzungen – eine zweistufige Prüfung: 41
- Ist das Vorhandensein der psychischen Schäden streitig und ist es überwiegend wahrscheinlich, dass sich die Art der vorgetragenen psychischen Schäden grundsätzlich aus vorhandenen Primärschäden entwickeln kann, dann muss die Primärverletzung unstreitig oder bewiesen sein, um für die konkrete Prüfung der Kausalität den Rückgriff auf § 287 ZPO zu ermöglichen (abgesenktes Beweismaß).

---

110 Vgl. *Bischoff* zfs 2008, 125.
111 *Wessels/Castro* VersR 2000, 287.
112 *BGH* NJW 1971, 1883; *BGH* NJW 1989, 2317.
113 *Geigel/Knerr* Der Haftpflichtprozess Kap. 1 Rn. 24.
114 *Bischoff* zfs 2008, 125.
115 Vgl. auch *BGH* VersR 1971, 905; *Heß* NZV 2001, 287 (288); *Wessels/Castro* VersR 2000, 284; jeweils mit Rechtsprechungsnachweisen.
116 *BGH* NZV 2007, 510 = r+s 2007, 388 = NJW 2007, 2764 mit Anm. *Elsner*.
117 *BGH* VersR 2004, 118.

- Ist dagegen unklar oder grundsätzlich gleichermaßen wahrscheinlich, dass sich die Art der vorgetragenen psychischen Schäden auch unabhängig von vorhandenen Primärschäden entwickeln kann, dann ist selbst bei Vorhandensein von Primärschäden, rechtlich von einem zweiten Primärschaden auszugehen, für den § 286 ZPO gilt. Können das Vorliegen des psychischen Primärschadens oder der Kausalzusammenhang zum haftungsauslösenden Ereignis nicht zur vollen Überzeugung des Tatrichters nachgewiesen werden, besteht kein Ersatzanspruch.

42 Es versteht sich von selbst, dass zu Frage der möglichen Eigenständigkeit einer psychischen Verletzung als Primärschaden jedenfalls vom Schädiger und/oder seinem Haftpflichtversicherer – unter Beweisantritt – vorgetragen werden muss.

5. Schadensbemessung

43 Ist die Primärschädigung nachgewiesen, geht es im haftungsausfüllenden Tatbestand hauptsächlich um die Bestimmung der konkreten Schadenshöhe. Die diesbezüglichen Bemessungsgrundsätze der Rechtsprechung wurden oben[118] bereits eingehend erläutert.

44 Überlegungen, die beim Folgeschaden im Rahmen der haftungsausfüllenden Kausalität angestellt wurden, waren beim Primärschaden bereits im haftungsbegründenden Tatbestand vorzunehmen.

C. Würdigung der Rechtsprechung

45 Leiden Unfallbeteiligte nachgewiesenermaßen unter einer Posttraumatischen Belastungsstörung aufgrund des Unfallereignisses muss der Schädiger bzw. der Versicherer natürlich den entstandenen finanziellen Schaden ausgleichen. Wenn man bedenkt, dass eine posttraumatische Belastungsstörung ursprünglich (nur) im Zusammenhang mit traumatisierenden Ereignissen wie Krieg, Misshandlung und Vergewaltigung vermehrt thematisiert wurde, wird deutlich, dass bei vergleichbar harmloseren Verkehrsunfällen ein PTBS nicht vorschnell bejaht werden sollte.

46 Die Ansatzpunkte der Rechtsprechung genügen jedoch nicht, um die eingangs geschilderten Probleme zu lösen bzw. den ausufernden Behauptungen eines unfallbedingten posttraumatischen Belastungssyndroms entgegenzuwirken.

I. Zu weiter Kausalitätsbegriff

47 Für die haftungsausfüllende Kausalität beim Folgeschaden und für die haftungsbegründende Kausalität beim Primärschaden gilt gleichermaßen, dass in der Rechtsprechung oftmals vorschnell die Kausalität im Sinne der Äquivalenz und Adäquanz bejaht wird. Liegen Vorerkrankungen vor, ist es im Einzelfall wichtig, vorbestehende Belastungen voneinander abzugrenzen und zu hinterfragen, ob ein Unfallereignis geeignet war, eine latent und unfallunabhängig bestehende Vorbelastung, die entweder noch nicht akut geworden war oder medizinisch erfolgreich behandelt wurde, (wieder) ausbrechen zu lassen. Allerdings muss an dieser Stelle eingeräumt werden, dass die Frage, welche Ereignisse überhaupt geeignet erscheinen, das posttraumatische Belastungssyndrom auszulösen, letztlich nur mit medizinischer Hilfe zu beantworten sein wird und diesbezüglich noch keine einheitlichen (medizinischen und psychologischen) Kriterien existieren. Es ist zu vermuten, dass in der Rechtsprechung nicht zuletzt aus diesem Grund an einem weiten Kausalitätsverständnis festgehalten wird. Einen anderen Weg geht das *OLG Koblenz*,[119] wenn es nach einer umfassenden Würdigung und Sachaufklärung mangels Überzeugung von dem Vorliegen einer PTBS die Klage folgerichtig wegen Beweisfälligkeit abgewiesen hat.

---

118 Vgl. unter Rdn. 22 ff.
119 *OLG Koblenz* NJW-RR 2004, 1318.

C. Würdigung der Rechtsprechung Kapitel 20

II. Unzureichende Zurechnungskorrekturen

Aufgrund dieses weiten Kausalitätsbegriffes kommen Einschränkungen im Rahmen der Zurechnung besondere Bedeutung zu. Die in diesem Zusammenhang von der Rechtsprechung entwickelten Zurechnungsschranken kommen allerdings nur selten zur Anwendung. 48

1. Fehlende Praxisrelevanz

Eine reine Begehrensneurose hat der *BGH* – soweit ersichtlich – letztmalig 1979 in Betracht gezogen und letztlich auch verneint[120], so dass die praktische Bedeutung dieser Ausnahme als gering einzustufen ist. Dies hat vermutlich damit zu tun, dass die Sachverständigen oftmals nicht über die von der Rechtsprechung vorgenommene Differenzierung zwischen den einzelnen Neurosen informiert sind und es somit gezielter Nachfragen bedarf, welche Neurose in konkreten Fall vorliegt.[121] 49

Der Einwand, dass die psychische Beeinträchtigung auch ohne das Unfallereignis zeitnah eingetreten wäre, wird selten durchgreifen. Denn den Nachweis einer überholenden Kausalität wird man nur erbringen können, wenn man nachweist, dass schon Jahre vor dem Unfall eine Grunderkrankung ausgebrochen war, sich diese bis zum Unfallereignis kontinuierlich verschlimmert hat und diese Entwicklung ohne das schädigende Ereignis weiter gegangen wäre. 50

2. Zu restriktive Handhabung der Bagatellausnahme

Bleibt noch die Fallgruppe des Bagatellunfalls. Hierzu betont der *BGH* in einer seiner Grundentscheidungen zur Zurechnung psychischer Folgeschäden, dass die Annahme eines Bagatellunfalls die Ausnahme bleiben soll.[122] Die aufgestellten Geringfügigkeits- und Unverhältnismäßigkeitsschranken sollen noch nicht unterschritten sein, wenn eine vergleichsweise leichte körperliche Beeinträchtigung vorliegt.[123] Diese Zurechnungsschranke ist damit allenfalls geeignet, Extremfälle auszuschließen. 51

Während eine restriktive Haltung bei der Annahme einer Begehrensneurose bzw. bei der Bejahung der überholenden Kausalität aufgrund ihrer Seltenheit eher nachzuvollziehen ist, entspricht der zurückhaltende Umgang bei der Annahme eines Bagatellunfalls nicht der Lebenswirklichkeit. 52

Tagtäglich kommt es zu unzähligen Unfällen mit geringer Aufprallgeschwindigkeit, bei denen die Polizei im Unfallaufnahmeprotokoll folgerichtig »Bagatellunfall« vermerkt. Ein Bagatellunfall ist daher die Regel, schwerere Unfälle bleiben die Ausnahme. 53

Erfreulicherweise lässt sich mittlerweile in der land- und obergerichtlichen Rechtsprechung[124] eine extensivere Auslegung des Begriffs »Bagatellunfall« feststellen. So bejahte das *OLG Hamm*[125] 2002 ein Bagatellgeschehen bei einem Unfall, der mit einer maximalen Geschwindigkeitsänderung von 4 km/h einherging. Das *LG Bonn*[126] ging in einer Entscheidung aus dem Jahre 2005 bei einer Geschwindigkeitsänderung von weniger als 10 km/h von einer Bagatelle aus. Bei Unfällen mit allenfalls geringen Aufprallgeschwindigkeiten wird daher oftmals ein Bagatellunfall anzunehmen sein. 54

Aber auch andere Unfälle, die nicht in die Kategorie »Parkplatzunfall« oder »Auffahrunfall« fallen, haben meistens den Charakter eines Bagatellunfalls. In diesen Konstellationen bleibt die Rechtspre- 55

---

120 Vgl. *Müller* VersR 1998, 133, die generell die Abgrenzung zwischen Begehrens- und Konversionsneurose in Frage stellt.
121 Himmelreich/Halm/*Jäger*/Luckey Kap. 9 Rdn. 84.
122 *BGH* VersR 1998, 202.
123 Geigel/*Knerr* Der Haftpflichtprozess Kap. 1 Rn. 25.
124 *OLG Nürnberg* zfs 2002, 524; *OLG Hamm* r+s 2002, 371; *OLG München* NZV 2003, 474; *LG Würzburg* NJW-Spezial 2008, 75.
125 *OLG Hamm* VersR 2002, 994.
126 *LG Bonn* VersR 2005, 1097.

chung jedoch nach wie vor bei ihrer restriktiven Haltung. So hat das *Kammergericht Berlin*[127] noch in einem 2004 entschiedenen Fall, indem ein Polizeifahrzeug an der in einer Engstelle stehenden Klägerin vorbeigefahren war und diese am Ellenbogen verletzte, einen Bagatellunfall verneint.

56 Auswirkungen dieser Rechtsprechung zeigen sich vor allem bei der Haftung für psychische Folgeschäden. Der Schädiger wird den Beweis, es handelte sich um einen Bagatellunfall, in der Regel nicht erbringen können. Für die Darlegung der Folgeschäden hilft dem Geschädigten dann die Beweiserleichterung des § 287 ZPO. Ist danach ein unfallbedingter psychischer Folgeschaden nicht auszuschließen, wird dies im Regelfall zu Lasten des Schädigers gehen. Verhindern, dass zu Unrecht aus geringfügigen Schadensereignissen enorme Schadensersatzforderungen bis hin zu einem langjährigen Erwerbsschaden bei Berufsunfähigkeit zugesprochen werden, kann der Tatrichter dann nur noch im Rahmen der Schadensbemessung. Hierbei spiegelt sich jedoch nur gelegentlich wider, dass eine Vorerkrankung des Geschädigten einen Risikofaktor darstellt, der bei der Schadensbemessung zu berücksichtigen ist. Zu selten kommt es insbesondere bei der Bemessung von künftigen Ansprüchen zu einer Quotenbildung.[128]

III. Richtige Richtung bei der Zurechnung psychischer Primärschäden

57 Geht es um die Haftung für einen psychischen Primärschaden, verhält sich die Rechtsprechung restriktiver. Zumindest, wenn es um Ansprüche wegen psychischer Fehlverarbeitung eines nur mittelbar am Unfallgeschehen Beteiligten geht, hat die Rechtsprechung höhere Hürden geschaffen und folgerichtig die Haftung eines nur zufällig am Unfallort anwesenden Polizeibeamten verneint.[129] Diese Entscheidung des *BGH* ist in der Folge zu Unrecht auf Kritik gestoßen. Wenn Teichmann[130] kritisiert, dass der Senat pauschal ganze Gruppen von Erkrankten ausschließt, vernachlässigt er, dass durch eine Aufweichung des Erfordernisses einer unmittelbaren Unfallbeteiligung der Kreis der Anspruchsberechtigten nicht mehr einzugrenzen wäre. Dies gilt nicht nur unter Berücksichtigung des unsicheren Befunds einer PTBS, sondern auch angesichts der Tatsache, dass mittels eines Handys gefertigte Filmaufnahmen in kurzer Zeit massenhaft verbreitet werden können. Eine Ausuferung der Haftung hätte für den Unfallverursacher bzw. den dahinter stehenden Schadensregulierer weitreichende finanzielle Folgen. Aus diesem Grund muss den direkten Unfallopfern ein diesbezüglicher Ersatzanspruch vorbehalten bleiben.[131]

58 Auch Ansprüche eines unmittelbar am Unfall beteiligten können nach der Rechtsprechung an der Zurechnung scheitern. Die (restriktive) Bagatellausnahme gilt hier ebenso. Zwar lassen sich Fälle denken, in denen bei Beinaheunfällen eine psychische Fehlverarbeitung nicht ausgeschlossen erscheint,[132] jedoch sind dies die Ausnahmefälle. Richtigerweise verneint deshalb das *LG Würzburg*[133] in einer aktuellen Entscheidung die Zurechnung von psychischen Schäden, die nach einer Vollbremsung ohne Kollision aufgetreten sind.

59 Oben[134] wurde bereits angeführt, dass bei Unfällen mit geringer Aufprallgeschwindigkeit nun zu recht vermehrt von einem Bagatellunfall gesprochen wird. Richtigerweise sollte dies dann ebenso für die »Unfälle« gelten, bei denen es zu gar keiner Kollision gekommen war.

---

127 *KG Berlin* NZV 2005, 311.
128 *Bischoff* zfs 2008, 125.
129 *BGH* NJW 2007, 2764.
130 *Teichmann* JZ 2007, 1156.
131 Ebenso: *Elsner* NJW 2007, 2764.
132 Beispiel bei *Wessels/Castro* VersR 2000, 289.
133 *LG Würzburg*, NJW-Spezial 2008, 75.
134 Vgl. unter Rdn. 51.

D. Lösungsmöglichkeiten

Um das »Massenphänomen« PTBS zutreffend beurteilen zu können, sind verschiedene Ansatzpunkte denkbar. 60

I. Beweislastumkehr und Ausweitung des Bagatellbegriffs

Richtigerweise wird man hierzu sein Augenmerk verstärkt auf die Frage richten müssen, ob das Unfallereignis erheblich über eine Belastung des täglichen Lebens hinausgegangen ist.[135] Der Weg, den die Rechtsprechung mit der Zurechnungsschranke des Bagatellunfalls eingeschlagen hat, ist in diesem Zusammenhang grundsätzlich zu begrüßen. Gleichwohl muss diese Fallgruppe noch weiter entwickelt werden, um vor allem bei der Haftung für psychische Folgeschäden ein praxistaugliches Gegengewicht zu dem weiten Kausalitätsverständnis der Rechtsprechung zu schaffen. 61

Hierbei gilt es zu berücksichtigen, dass eine »blinde« schematische Bagatellisierung nicht stattfinden darf. Grundsätzlich sind daher immer die konkreten Besonderheiten des Einzelfalls zu beachten.[136] Gleichwohl erscheint es aufgrund der Häufigkeit von Unfällen, die nur mit geringen Personen- oder Blechschäden einhergehen und keine Fehlverarbeitung nach sich ziehen, unangemessen, von dem Schädiger zu verlangen, das Vorliegen eines Bagatellunfalls nachzuweisen. Durch die gegenwärtige Beweislastverteilung wird dem Geschädigten suggeriert, nach einem geringfügigen Unfallereignis sei die Möglichkeit einer unfallbedingten psychischen Fehlverarbeitung ungleich größer als diejenige, sich mit dem Unfall unbeschadet auseinandersetzen zu können. Insbesondere bei bestehenden Vorerkrankungen ist davon auszugehen, dass sich bei vielen Unfallereignissen für den Geschädigten letztlich das allgemeine Lebensrisiko verwirklicht hat bzw. jedes Ereignis vergleichbarer Stärke ebenfalls eine bestehende Vorerkrankung hätte auslösen können. Demnach ist es sinnvoll, hinsichtlich des Vorliegens eines Bagatellunfalls eine Beweislastumkehr vorzunehmen. Der Anspruchssteller hätte demnach – beim Primärschaden im Rahmen der haftungsbegründenden Kausalität, beim Folgeschaden innerhalb der haftungsausfüllenden Kausalität – nicht nur darzulegen, dass sich bei den Verletzungen die Gefahren des Unfallereignisses verwirklicht haben, sondern auch, dass kein Bagatellunfall vorgelegen hat. 62

Damit ist allerdings noch nicht die Frage beantwortet, wann ein solcher Bagatellunfall vorliegt. Beließe man es bei der bisherigen restriktiven Auslegung der Rechtsprechung, würde die angeregte Beweislastumkehr weitestgehend ins Leere laufen, da nach dieser gegenwärtig Bagatellunfälle (noch) die Ausnahme bilden. Um dies zu verhindern, muss die bisherige Bagatellgrenze deutlich angehoben werden. 63

Bei der Beurteilung könnte auf folgende Indizien zurückgegriffen werden, die einen Bagatellunfall nahe legen: 64
- Unfall mit geringer Aufprallgeschwindigkeit oder Beinaheunfall
- Keine oder nur geringfügige Verletzungen
- Polizei vermerkt bei der Unfallaufnahme »Bagatellunfall« bzw. es wurde ganz von einer Einschaltung der Polizei abgesehen

Bei Vorliegen eines oder mehrerer dieser Indizien steht die Annahme einer psychischen Fehlverarbeitung im Regelfall völlig außer Verhältnis zum Unfallereignis, so dass es nicht unangemessen erscheint, dass der Geschädigte den absoluten Ausnahmefall einer widererwarteten Fehlverarbeitung zu beweisen hat. Bei objektiv schwerwiegenden Unfallerlebnissen wird dem Geschädigten der Nachweis, es lag kein Bagatellunfall vor, grundsätzlich leichter gelingen, so dass ihm im Ergebnis kein nennenswerter Nachteil gegenüber der jetzigen Beweislastverteilung, die es dem Schädiger auferlegt, nachzuweisen, dass sich eine psychische Disposition auch ohne den Unfall in erheblicher bzw. gleicher Weise ausgewirkt hätte,[137] entstehen wird. 65

---

135 *Sittaro* VW 2000, 931.
136 Für eine entsprechende Wertung: *Heß* NZV 2001, 291; *Castro/Wessels* VersR 2000, 287.
137 *OLG Hamm* NZV 2002, 171.

II. Stärkere Berücksichtigung des Verschuldens

66 Teilweise wird überlegt, eine Eingrenzung der Haftung unter Verschuldensgesichtspunkten vorzunehmen.[138] So hat das *OLG Köln*[139] einen Anspruch wegen fehlender Vorhersehbarkeit der posttraumatischen Belastungsstörung verneint. Es hat ausgeführt, dass es allgemein bekannt sei, dass es bei schwerwiegenden Bedrohungen oder Unglücksfällen zu psychischen Störungen mit Krankheitswert kommen könne. Dass sich aufgrund einer Auseinandersetzung, die mit einem Stoß vor die Brust und am Oberarm erlittenen Prellungen einhergeht, eine psychische Störung von Krankheitswert entwickelt, liege jedoch außerhalb der Erfahrung des täglichen Lebens. Dieser Ansatz lässt sich auf den Straßenverkehr übertragen.

67 Bei Verkehrsunfällen mit geringen Differenzgeschwindigkeiten wird es nämlich ebenfalls regelmäßig der Fall sein, dass der Schädiger nicht mit der Entwicklung einer psychischen Störung von Krankheitswert aufgrund des Unfallereignisses gerechnet haben wird. Allerdings gilt es, wie Teichmann[140] zutreffend feststellt, zu bedenken, dass in den meisten Fällen ohnehin eine Gefährdungshaftung zugunsten des Geschädigten eingreift. Hinzukommt, dass die Vorhersehbarkeit des Erfolgs nur im Rahmen einer Primärverletzung eine Rolle spielt. Ist die psychische Beeinträchtigung weitere Folge einer verschuldeten Erstschädigung, muss sich die Vorhersehbarkeit nicht mehr auf die Verletzungsfolge erstrecken.[141]

III. Einschränkungen im Rahmen der Schadensbemessung

68 Jedenfalls hat der Tatrichter, um zu verhindern, dass zu Unrecht aus geringfügigen Schadensereignissen enorme Schadensersatzforderungen bis hin zu einem langjährigen Erwerbsschaden bei Berufsunfähigkeit zugesprochen werden, der Schadensbemessung besondere Aufmerksamkeit zu schenken und die bestehende Rechtsprechung zu beachten.

69 Insbesondere muss er im konkreten Einzelfall genau bestimmen, in welchem Umfang tatsächlich von einem unfallbedingten Schaden ausgegangen werden kann.

70 Während bei der Bemessung von Schmerzensgeld eine teils erhebliche[142] Minderung bei entsprechender Disposition des Anspruchstellers nach der Rechtssprechung generell für möglich gehalten[143] und Schmerzensgeld für psychische Schäden regelmäßig ohnehin zurückhaltend zugesprochen wird[144] bzw. ein Haushaltsführungsschaden im Normalfall auch verneint wird, werden andererseits bei der Bemessung eines Erwerbsschadens Zugeständnisse an den Geschädigten gemacht. Dies erscheint auch aufgrund der hohen finanziellen Belastung des Schädigers wenig nachvollziehbar.

71 Insbesondere bei der Entscheidung über künftige Ansprüche eines Vorgeschädigten muss der fiktive Lebenslauf des Geschädigten unter Berücksichtigung aller Risikofaktoren beurteilt werden und sich ein eventuelles Risikopotenzial in einem Risikoabschlag bzw. einer Quote angemessen wiederspiegeln.[145] Aber auch bei gesunden Geschädigten darf nicht unterstellt werden, dass es in Zukunft zu keinerlei beruflichen Schwierigkeiten gekommen wäre. Denn eine einmal erlittene Verletzung darf letztlich nicht dazu führen, dass der Geschädigte – gerade in Krisenbranchen – auf einmal einen »fiktiven« krisenfesten Arbeitsplatz bis zur Pensionierung erhält.[146] Hier gilt es zu berücksichtigen, ob der Geschädigte eine neue Anstellung gefunden hätte, falls der derzeitige Arbeitgeber etwa Insolvenz

---

138 *OLG Köln* NJW 2007, 1757; dafür auch: *Schmidt* MDR 1971, 539.
139 NJW 2007, 1757.
140 *Teichmann* JZ 2007, 1159.
141 *BGH* NJW 1996, 2425; *BGH* VersR 1976, 639.
142 *LG Hamburg* SP 2010, 361 [2/3], *OLG Schleswig* und *OLG Saarbrücken*, a. a. O. (Rdn. 27).
143 *BGH* NJW 1997, 455; *OLG Schleswig* NJW-RR 2004, 239; *OLG Saarbrücken* OLGR 2009, 897; vgl. dazu auch unter Rdn. 27.
144 *Eilers* zfs 2009, 253.
145 Vgl. dazu auch *Bischoff* zfs 2008, 123 und *Stöhr* NZV 2009, 165.
146 *Bischoff* zfs 2008, 123.

D. Lösungsmöglichkeiten

anmelden müsste. Bei derzeit immer noch über 3 Millionen Arbeitslosen und bestehender Wirtschaftskrise keine Frage, die immer ohne weiteres bejaht werden kann.

Naturgemäß ist eine exakte Bemessung des konkreten Schadensersatzes wegen oben erwähnter Unwägbarkeiten nicht immer erreichbar. Ist es nicht möglich, den Schadensersatz zeitlich zu begrenzen –, weil etwa keine verlässliche gutachterliche Angabe zu der Frage, wann die bestehende Schadensanfälligkeit sowieso zu einer Erwerbslosigkeit geführt hätte, vorliegt – ist jedenfalls eine quotenmäßige Kürzung vorzunehmen. Die Quote sollte dann das ganze »Risikopotenzial« des Geschädigten angemessen berücksichtigen. Dieser Gedanke ist grundsätzlich nicht neu,[147] wurde von der Praxis jedoch bisher kaum aufgenommen.[148] Zu begrüßen ist in diesem Zusammenhang die Entscheidung des *OLG Schleswig*, welches einen 50%-igen Abschlag auf die zu erbringenden Schadensersatzleistungen für gerechtfertigt erachtet,[149] und damit ein erstes richtiges Zeichen gesetzt hat. Erfreulicherweise ist dieser Ansatz, dass eine psychische Prädisposition sich auch bei der Berechnung des Verdienstausfallschadens anspruchsmindernd auszuwirken hat, mittlerweile auch bei anderen Obergerichten auf Zustimmung gestoßen. Unter ausdrücklicher Bezugnahme auf vorgenannte Entscheidung des *OLG Schleswig* hatte das *OLG Saarbrücken*[150] dem Geschädigten in seiner Entscheidung aus dem Jahr 2009 zwar einen vollen Verdienstausfallschaden zuerkannt, diesen mit Blick auf bestehende Vorerkrankungen jedoch auf drei Jahre beschränkt.

Nur auf diesem Wege wird es gelingen, sachgerechte Entschädigungshöhen zu bestimmen, die die Zukunftsrisiken des Geschädigten angemessen wiederspiegeln.

IV. Anspruchskürzung über § 254 BGB

Wenn ein bestehender Schaden durch ein negatives Verhalten des Geschädigten vergrößert wird, kann dies zu einer Minderung des Schmerzensgeldes führen.[151] Es wird darüber hinaus erwogen, bestehende Ansprüche unter dem Gesichtspunkt des § 254 BGB zu begrenzen.

1. Mitverschulden bei der Entstehung des Schadens

Einmal kann den Geschädigten ein Mitverschulden bei der Schadensentstehung treffen, wenn er selber zur Verursachung des Unfalls, etwa durch einen Verstoß gegen verkehrsrechtliche Bestimmungen, beigetragen hat. Zum Teil wird auch vorgeschlagen, die Haftung für einen psychischen Primärschaden unter Berücksichtigung von § 254 BGB gänzlich zu versagen, wenn sich jemand unaufgefordert und ohne Absicht, Hilfe zu leisten, einer Unglücksstelle nähert bzw. von einem schweren Unfall aus den Nachrichten erfährt und diese Geschehnisse dann fehl verarbeitet.[152] Jedoch bedarf es in den beiden letztgenannten Konstellationen keines Rückgriffs auf § 254 BGB, da der *BGH*[153] sehr restriktive Anforderungen an die Bejahung eines Schockschadens stellt.

§ 254 BGB kann den Ersatzanspruch auch dann ausschließen, wenn sich ein gesundheitlich Geschwächter einer vermeidbaren Gefahr aussetzt.[154] Dass der Geschädigte sich trotz einer latenten Schadensanfälligkeit in ein Fahrzeug setzt, kann ihm jedoch in der Regel nicht zum Vorwurf gemacht werden. Denn entweder ist diesem seine Schadensanfälligkeit nicht bewusst oder die erforderliche[155] Vorhersehbarkeit der Schädigung entfällt. Unabhängig davon, dass ein Fahrzeugführer ohnehin nicht davon ausgeht, in einen Unfall verwickelt zu werden, geht ein solcher erst recht nicht davon

---

147 Vgl. *BGH* NJW 1998, 810.
148 *Bischoff* zfs 2008, 125.
149 *OLG Schleswig*, OLGR 2006, 5–8, NJW-RR 2007, 171.
150 *OLG Saarbrücken* OLGR 2009, 897.
151 *OLG Koblenz* NZV 2005, 317; vgl. dazu auch unter Rdn. 27.
152 *Teichmann* JZ 2007, 1159; *Schmidt* MDR 1971, 540.
153 *BGH* NJW 2007, 2764.
154 *OLG Celle* VersR 1981, 1058.
155 *Palandt/Heinrichs* § 254 Rn. 9.

aus, ein solches Ereignis psychisch fehl zu verarbeiten. Jedenfalls wird dem beweisbelasteten[156] Schädiger dieser Nachweis selten bis überhaupt nicht gelingen.

2. Verstoß gegen die Schadensminderungspflicht

77 Aus diesem Grunde wird die Frage des Mitverschuldens an einer psychischen Fehlverarbeitung hauptsächlich im Zusammenhang mit der Schadensabwendungspflicht des Geschädigten thematisiert. Nach einem Unfallereignis ist der Geschädigte grundsätzlich verpflichtet, sich bei nicht ganz geringfügigen Verletzungen in ärztliche Behandlung zu begeben.[157]

78 Demnach wird zu Recht gefordert, einen bestehenden Anspruch zu mindern, wenn ein Erkrankter nicht alles Mögliche und Erforderliche getan hat, um seine traumatische Verletzung behandeln zu lassen.[158] Insbesondere kommt eine Anspruchskürzung wegen eines Verstoßes gegen die Schadensminderungspflicht in Betracht, wenn der Geschädigte eine notwendige[159] therapeutische Behandlung ablehnt und es aus diesem Grund zu einer Ausweitung des Schadens kommt.[160] Vor diesem Hintergrund dürfte das *OLG Schleswig*[161] unzutreffend davon ausgegangen sein, dass die Tatsache, dass Therapiemöglichkeiten nur in unzureichendem Maße ergriffen worden waren, eine typische Folge einer unfallbedingten psychischen Erkrankung sei und dem Geschädigten im Rahmen von § 254 BGB nicht zum Vorwurf gemacht werden könne. Denn in der Rechtsprechung ist es anerkannt, dass ein Geschädigter grundsätzlich[162] sogar zur Duldung einer Operation verpflichtet ist.[163] Dann ist ihm erst recht zuzumuten, frühzeitig Begehrensvorstellungen zu bekämpfen und an etwaigen Reha-Maßnahmen mitzuwirken.[164] Alles andere würde letztlich auf die Ausstellung eines »Freibriefes« hinauslaufen. Voraussetzung für die Wahrnehmung von Therapiemöglichkeiten dürfte allerdings sein, dass eine therapeutische Maßnahme zumindest zu einer wesentlichen Besserung der Beschwerden geführt hätte.[165] Zweifelhaft könnte dies in den Fällen sein, in denen die Beschwerden des Geschädigten chronisch sind. Ob eine Behandlung dann noch erfolgversprechend ist, kann aber letztlich nur medizinisch beantwortet werden. Wird die frühzeitig angebotene und erfolgversprechende Hilfe allerdings abgelehnt und kommt es deswegen zu einer Schadensausweitung bzw. zur Chronifizierung, sollte die gebotene Anwendung des § 254 BGB zu einer erheblich anspruchskürzenden Quote führen.

79 Zwar ist der Geschädigte erforderlichenfalls verpflichtet, darzulegen, was er alles zur Schadensminderung unternommen hat,[166] jedoch gilt es ihm Rahmen des Mitverschuldens immer zu berücksichtigen, dass der Schädiger für das Mitverschulden des Geschädigten und dessen Ursächlichkeit die Beweislast trägt,[167] und damit etwa auch dafür, dass durch die unterlassene Reha-Maßnahme tatsächlich eine Verbesserung eingetreten wäre. Des Weiteren ist es regelmäßig Aufgabe des Schädigers, geeignete Rehabilitationsmaßnahmen vorzuschlagen.[168] Aus diesen Gründen lässt sich der Ausuferung von Schadensersatzansprüchen wegen behaupteter psychischer Schäden über § 254 BGB vermutlich in der Praxis weniger entgegenwirken, als dies bei Einschränkungen im Rahmen der Zurechnung

---

156 *Palandt/Heinrichs* § 254 Rn. 72.
157 *Palandt/Heinrichs* § 254 Rn. 38.
158 *Schiemann* JZ 1998, 685; *Brandt* VersR 2005, 618; *Eilers* zfs 2009, 253.
159 Zur Frage der Notwendigkeit wird in der Regel ein Sachverständiger Stellung beziehen müssen.
160 *Eilers* zfs 2009, 253.
161 Vgl. NZV 2010, 96.
162 Sofern sie gefahrlos und nicht mit besonderen Schmerzen verbunden ist und sichere Aussicht auf Heilung oder wesentliche Besserung bietet.
163 *BGH* NJW 1953, 1098; *BGH* NJW 1994, 1593.
164 Vgl. *Palandt/Heinrichs* § 254 Rn. 39.
165 *Palandt/Heinrichs* § 254 Rn. 38.
166 *BGH* VersR 2006, 286.
167 *Palandt/Heinrichs* § 254 Rn. 72.
168 *BGH* VersR 1970, 274.

oder der Schadensbemessung der Fall wäre. Gleichwohl sollten Mitverschuldensgesichtspunkte bei der Beurteilung psychischer Schäden ergänzend berücksichtigt werden.

E. Fazit

Nach alledem erscheint es aus juristischer Sicht geboten, durch dogmatisch zutreffende Gesetzesanwendung Zurechnungsschranken zu bestimmen und im haftungsausfüllenden Tatbestand bestehende Vorerkrankungen noch stärker als bisher zu berücksichtigen.

Mit einer Ausweitung des Bagatellbegriffs samt Beweislastumkehr und einer stärkeren Berücksichtigung von bestehenden Prädispositionen des Betroffenen im Rahmen der Bemessung des Schadensersatzes würde sichergestellt werden, dass der Ausdehnung vermeintlicher psychischer Folgeschäden vernünftig entgegengewirkt werden kann, ohne berechtigte Ansprüche ablehnen zu müssen.

Dieser Ansatz stünde einer dem Einzelfall angemessenen und sachgerechten Entscheidung nicht entgegen, da er lediglich das Regel-Ausnahmeverhältnis bei Bagatellunfällen umkehrt und eine Haftung nicht per se ausgeschlossen wird.

Mehr als 10 Jahre nach den ergangenen Grundsatzentscheidungen zur Haftung bei psychischen Folgeschäden sollte sich die Rechtsprechung nun noch einmal mit den Schwierigkeiten im Umgang mit psychischen Erkrankungen nach Unfallereignissen auseinandersetzen. Entsprechende höchstrichterliche »Leitlinien« würden nicht nur dem Tatrichter helfen, zu einer sachgerechten Entscheidung zu gelangen, sondern sich letztlich auch positiv auf das sich nach einem Unfall ergebende natürliche Spannungsverhältnis zwischen dem Geschädigten und dem Rechtsgutverletzter bzw. dessen Haftpflichtversicherung auswirken. Bei bestehender Rechtssicherheit wird der Weg zu einer schnellen und außergerichtlichen Regulierung eher gangbar sein. Eine solche wird auch einem Betroffenen, der die Belastung durch den Schadensfall dann zumindest insoweit abschließen kann, helfen, seine psychischen Belastungen loszuwerden.[169] Es ist nicht auszuschließen, dass derzeitige Abfindungsverhandlungen oftmals an der Frage, wie überhaupt eine unfallbedingte psychische Belastung zu erkennen bzw. juristisch zu werten ist, frühzeitig scheitern.

Aber auch die medizinische Praxis ist angehalten, auf das »Massenphänomen« PTBS zu reagieren, um es dem Juristen – insbesondere im Bereich der Kausalität – zu ermöglichen, zur Klärung der Unfallbedingtheit die richtigen Beweisfragen zu stellen. Denkbar wäre es in diesem Zusammenhang, dass unter Medizinern, Psychologen und Psychiatern einheitliche Risikogruppen bestimmt werden, bei denen vermehrt mit einer Fehlverarbeitung zu rechnen ist.[170] Auch könnte ein standardisiertes Untersuchungsverfahren geschaffen werden, mit dem die charakteristischen Symptome einer Posttraumatischen Belastungsstörung glaubhaft festgestellt werden können. Die Rechtsprechung wäre dann gehalten, unter Berücksichtigung dieser medizinischen Erkenntnisse, Abgrenzungskriterien zu schaffen, die eine Unterscheidung zwischen erheblichen und unerheblichen Beschwerden ermöglichen.

---

169 *Bischoff* zfs 2008, 126; *Clemens/Hack/Schottmann/Schwab* DAR 2008, 12.
170 Anders: *Sittaro* VW 2000, 930.

Teil 5 Öl- und Umweltschäden

Kapitel 21 Sonderprobleme bei Öl- und Umweltschäden

Übersicht

	Rdn.
A. **Begriff**	1
I. Umweltschaden in der Kraftfahrthaftpflichtversicherung	1
1. Versuche einer Definition	1
2. Waldschadenurteil	5
3. Unfallgeräusche	6
II. Kfz-Haftpflichtschäden mit Umweltbezug	7
1. Fallgruppe: »normaler« Verkehrsunfall	8
2. Fallgruppe: Abkommen von der Fahrbahn – Alleinunfälle	9
3. Fallgruppe: Gefahrgutfahrzeuge	10
4. Fallgruppe: Nichtgefahrgüter mit Gefahrenpotenzial	11
5. Fallgruppe: Immobilien und Gegenstände mit Gefahrenpotenzial	12
6. Fallgruppe: Hydrauliköl	13
7. Fallgruppe: Werkstattmängel und mangelnde Wartung	14
8. Fallgruppe: Treibstoffdiebstahl	15
9. Fallgruppe: Schäden durch Gegenstände auf der Fahrbahn und Schäden an der Fahrbahn	16
10. Fallgruppe: Schäden durch verlorene Ladung	17
11. Fallgruppe: Spritzschäden in der Landwirtschaft	18
12. Fallgruppe: Überfüll- und Befüllschäden	19
13. Fallgruppe: Tankwagenunfall	20
14. Fallgruppe: Vermischungsschäden	21
15. Fallgruppe: Brandschäden	22
16. Fallgruppe: Radioaktive Stoffe	23
III. Versicherungsfall	24
B. **Versicherungsverhältnis**	29
I. Deckung von Öl- und Umweltschäden durch die Kraftfahrthaftpflichtversicherung	29
1. Gesetzliche Haftpflichtbestimmungen privatrechtlichen Inhalts	29
2. Relevanz öffentlich-rechtlicher Vorschriften	30a
a) Grundsätzlich Relevanz gegeben	30a
b) Störerauswahl	32
c) Rechtsschutz bei Leistungsbescheiden	34
d) Konfliktfeld Feuerwehreinsätze	37
e) Kostendeckelung durch Zivilrecht	39c
f) Argumente gegen überhöhte Kostenbescheide	41
3. Gebrauch des Fahrzeugs bei Öl- und Umweltschäden	45
4. Sonderproblem: Entsorgungskosten für kontaminierte Ladung des versicherten Fahrzeugs	46
a) Freistellungsanspruch ohne Haftung?	46
b) Orangen-Urteil	55
II. Direktanspruch gegen den Kfz-Haftpflichtversicherer in Öl- und Umweltschäden	57
4. Öffentlicher Verkehrsraum	57
2. Nichtöffentlicher Verkehrsraum und sonstige Räume	57l
3. Helfer bei Öl- und Umweltschäden	58
4. Sonderbereich Arbeitsrisiko	60
C. **Anspruchsgrundlagen**	61
I. Anspruchsgrundlagen zivilrechtlicher Art	61
1. Vertragliche Ansprüche	62
2. PVV bzw. PFV – Schadensersatz wegen Pflichtverletzung nach § 280 BGB	63
3. Geschäftsführung ohne Auftrag nach den §§ 677 ff. BGB bei Umweltschäden	74
4. Unerlaubte Handlung nach § 823 Abs. 1 BGB	84
5. Verstoß gegen Schutzgesetze nach § 823 Abs. 2 BGB	107
6. § 831 Abs. 1 BGB	124

			Rdn.
	7. § 7 Abs. 1 StVG		130
	8. § 89 Abs. 1 WHG – Haftung für Handlungen nach dem Wasserhaushaltsgesetz		138
	9. § 89 Abs. 2 WHG – Haftung für Anlagen		155
	10. § 1 UmweltHG		177
		a) Allgemeines	177
		b) Fahrzeuge im räumlichen Zusammenhang einer UmweltHG-Anlage	182
		c) Fahrzeuge im betriebstechnischen Zusammenhang einer UmweltHG-Anlage	186
		d) Inhaber als Haftpflichtiger	190
	11. § 2 Abs. 1 Satz 1 Haftpflichtgesetz		198
	12. § 24 Abs. 2 Bundesbodenschutzgesetz		207
II.	Anspruchsgrundlagen öffentlich-rechtlicher Art		212
	1. § 4 Abs. 3 BBodSchG		212
		a) Schädliche Bodenveränderung	213
		b) Umfang der Sanierungspflicht	214
	2. Öffentlich-rechtliche Verantwortlichkeit nach dem Umweltschadensgesetz		216
		a) Beruflich tätiger Fahrer	217
		b) Maßstab für Verantwortlichkeit	218
		c) Art der Schäden	221
		d) Pflichten der Verantwortlichen	222
		e) Beispiele für Schäden	223
		f) Versicherungsschutz durch die Kfz-USV	226
D.	**Beweissicherung in Umweltschäden**		**235**
I.	Selbstständiges Beweissicherungsverfahren?		235
II.	Ergänzende Mittel zur Sachverhaltsaufklärung		242
	1. Gefahrgutführerschein – ADR-Bescheinigung		242
	2. Bondruck		243
	3. Fahrtenschreiberblatt		244
	4. Schlussfolgerungen		245
E.	**Sorgfaltspflichten**		**247**
I.	Sorgfaltspflichten des Tankwagenfahrers		247
	1. Einleitung		247
		a) Privatverbraucher	247
		b) Professionelle Empfänger	247a
		c) Versicherungsschutz des Empfängers	247b
		d) Folgen eines schadenursächlichen Sorgfaltsverstoßes	247c
	2. Die Ausbildung des Tankwagenfahrers zum »Fachmann«		249
		a) Fachmann?	249
		b) Kraftfahrer	250
		c) Gefahrgutfahrer	250a
		aa) Allgemein	250a
		bb) Basis-Ausbildungsinhalte	251
		cc) Aufbaukurs Tankwagenfahrer	252
		d) Wissensstand	253
	3. Gesetzliche Vorschriften, Verordnungen und sonstige Vorschriften, die sich maßgeblich an das Befüllpersonal (Tankwagenfahrer) wenden		255
	4. Rechtsprechung und eigene Einschätzungen		261
		a) Die einzelnen Sorgfaltspflichten gemäß zeitlicher Abfolge	264
		aa) Vor dem Befüllen	264
		bb) Während des Befüllvorgangs	305
		cc) Nach der Befüllung	335
		dd) Pflichten des Fahrers, wenn ein Schaden entstanden ist	336
		b) Sonstige Pflichten des Tankwagenfahrers	344
		aa) Aus dem Straßenverkehrsrecht	345
		bb) Aus dem Gefahrgutrecht ergeben sich	346
II.	Techniküberblick: Grenzwertgeber		349
	1. Aufbau und Wirkung		349
	2. Fehlerquellen		357

			Rdn.

	3. Besonderheiten	358
III.	Rechtsprechungsübersicht zu Einzelfallgruppen:	361
	1. Einfüllstutzen bricht ab	361
	2. Füllleitung wird undicht oder bricht; Sicherungsschellen fehlen	362
	3. Tankanlage wird später undicht	363
	4. Undichte Auffangwanne	364
	5. Überlaufschaden, weil Tankinnenhülle nicht anliegt – Vakuumpumpe fiel aus	365
	6. Defekter Grenzwertgeber	366
	7. Probleme durch mangelhafte Belüftungsleitungen	367
	8. Defektes Vakuumgerät einer Tankanlage mit Innenhülle, Folge: effektiv kleineres Tankvolumen	371
	9. Anlagenspezifischer Peilstab/Peiltabelle fehlt	372
IV.	Die Auswirkung von Anlagenmängeln auf die Haftungsbeurteilung	373
F.	**Besondere Schadenspositionen bei Öl- und Umweltschäden**	**380**
I.	Wert von Grundstücken nach Umweltschadensfällen	380
	1. Minderwert bei Veräußerungsgeschäften	380
	a) Acker- und Wiesengrundstücke	385
	b) Bebaute Grundstücke zu Renditezwecken	388
	c) Privates Wohngrundstück	390
	2. Ertragsminderung durch Mietminderung oder Kündigung	401
	a) Minderung	402
	b) Kündigung des Mietverhältnisses	405
	3. Technischer Minderwert	409
II.	Besondere Einzelpositionen	410
	1. Grundstücksvertiefung	410
	2. Wertverbesserungen	411
G.	**Dispositionsfreiheit, Behörden, Verwaltungsverfahren und Verwaltungsvertrag**	**412**
I.	Eingeschränkte Dispositionsfreiheit des Geschädigten	412
II.	Behörden, Verwaltungsverfahren und Verwaltungsvertrag	424
H.	**Anzeige-, Melde- und Unterrichtungspflichten**	**434**
I.	Einleitung	434
II.	Anzeigepflichten gegenüber dem Versicherer	435
	1. Allgemeine Anzeigepflicht nach den AKB	435
	2. Besondere Anzeigepflicht nach der Kfz-USV	436
III.	Meldepflichten gegenüber Umweltbehörden	437
	1. Meldepflichten nach den Wassergesetzen	438
	a) Grundsätzliche Unterschiede	439
	b) Anzeige- und Unterrichtungspflicht nach § 17 Abs. 2 Bundes-VAUwS-Entwurf	439a
	c) Die einzelnen Normen nach Landeswasserrecht	440
	2. Meldepflichten nach Landesbodenschutzrecht	441
	a) Fehlende bundeseinheitliche Regelung	441
	b) Übersicht Meldenormen nach den jeweiligen Landesbodenschutzgesetzen	442
	3. Informationspflicht nach dem USchadG	443
	4. Meldepflichten nach Gefahrgutrecht	445
	5. Verstoß gegen die Meldepflicht	447

Schrifttum

Abram, Der Direktanspruch des Geschädigten gegen den Pflicht-Haftpflichtversicherer seines Schädigers außerhalb des PflVG – »Steine statt Brot«? VP 2008, 77 ff.; *Appel/Schlarmann*, Haftungsprobleme bei Ölschäden, VersR 1973, 993 ff.; *Beaucamp/Ringemuth*, Empfiehlt sich die Beseitigung des Widerspruchverfahrens? DVBl. 2008, 426 ff.; *Bode*, Unzulässigkeit der Berücksichtigung von betriebswirtschaftlich ermittelten Jahresgesamtkosten in einer Feuerwehrgebührensatzung, BrandSchutz 2008, 530 f.; *Brenner*, Klagen im Zusammenhang mit Umweltzonen DAR 2008, 260 ff.; *Brenner/Seifarth*, Das Recht des Bürgers auf saubere Luft durch Planung, DAR 2008, 601 ff.; *Breuer*, Wasserrechtliche Gefährdungshaftung und Aufwendungen der Gefahrenerforschung, NVwZ 1988, 992 ff.; *Cosack/Enders*, Das Umweltschadensgesetz im System des Umweltrechts DVBl. 2008, 405 ff.; *Dörr*, Gefährdungshaftung – Der Betriebsbegriff bei abgestellten Kraftfahrzeugen, MDR 2011, 1083 ff.; *Engelbrecht/Nover*, Das Selbständige Beweissicherungsverfahren bei Werkstattmängeln DAR 2008,

444 ff.; *Faßbender*, Das neue Wasserhaushaltsgesetz, ZUR 2010, 181 ff.; *v. Falkenhausen/Dehghani*, Bericht der Europäischen Kommission über die Umwelthaftungsrichtlinie – Haftungsgefahren durch die Umsetzung der Umwelthaftungsrichtlinie, VersR 2011, 853 ff.; *Feldhaus*, Umwelthaftungsgesetz und Bundesimmissionsschutzgesetz UPR 1992, 16 ff.; *Fell*, Ansprüche aus positiver Vertragsverletzung und Delikt aufgrund der Missachtung der Sorgfaltsanforderungen beim Befüllen von Öltanks VersR 1988, 1222 ff.; *Frank*, Die Selbstaufopferung des Kraftfahrers im Straßenverkehr JZ 1982, 737 ff.; *Gawel*, E10 – Ist die Klimapolitik mit Agrarkraftstoffen auf der richtigen Spur?, ZUR 2011, 337 ff.; *Geiger*, Aktuelle Rspr. zur Feinstaubproblematik DAR 2007, 181 ff.; *Gellermann*, Umweltschaden und Biodiversität, NVwZ 2008, 828 ff.; *v. Gerlach*, Der merkantile Minderwert in der Rspr. des BGH DAR 2003, 49 ff.; *Goering*, Unbefugtes Parken durch Besitzstörer – Abschleppkosten und mehr, DAR 2009, 603 ff.; *Grell*, Versicherungsmäßige Deckung bei Umweltschäden ZfV 1976, 82 f.; *Heinrichs*, Synopse für das Versicherungsrecht im Verkehrsrecht bedeutsamsten Auswirkungen der VVG Reform, zfs 2009, 187 ff.; *Hellriegel/Schmitt*, Aufwertung des bodenschutzrechtlichen Ausgleichsanspruchs – die BGH-Rechtsprechung zur Inanspruchnahme des Verursachers von Altlasten durch den Grundstückseigentümer, NJW 2009, 1118 ff.; *Heuer*, Zur außervertraglichen Haftung des Frachtführers (und seines Kfz- Haftpflichtversicherers) für Güterschäden TranspR 2002, 334 f.; *Hofmann*, Die Abgrenzung der Haftpflichtversicherung von der Kraftfahrtversicherung durch die Kraftfahrzeugklausel NVersZ 1998, 54 ff.; *Horst*, Umwelt- und Umfeldmängel im Mietrecht, MDR 2011, 1022 ff.; *Koch/Herrmann*, Rechtsgutachten im Auftrage der Hamburgischen Bürgerschaft, Kostentragung bei der Sanierung kontaminierter Standorte, Anhang zur Drucksache 11/3774; *Kotulla*, Das novellierte Wasserhaushaltsgesetz, NVwZ 2010, 79 ff.; *Leutzbach*, Verkehr und Umweltschutz; gekürzte Fassung des Festvortrags aus Anlass des Verkehrsgerichtstages 1996 in Goslar DAR 1996, 492 ff.; *Mielchen/Meyer*, Anforderungen an die Führerscheinkontrolle durch den Arbeitgeber bei Überlassung von Firmenfahrzeugen an den Arbeitnehmer, DAR 2008, 5; *Mohr*, Altlasten im Boden: Haftungsrisiken, DS 2011, 240 ff.; *Oellers*, Die Krux mit den Ölspuren, VBl.BW 2004, 371 ff.; *Rebler*, Verkehrsbeschränkungen aus Gründen des Immissionsschutzes SVR 2005, 211 ff.; *Rebler*, Die Außerbetriebsetzung von Fahrzeugen bei fehlendem Versicherungsschutz, SVR 2010, 206 ff.; *Rebler*, Verschmutzungen und Hindernisse auf der Fahrbahn, VD 2011, 154 ff.; *Salje*, Umwelthaftung und Straßenverkehr DAR 1998, 373; *Scheidler*, Anspruch auf behördliche Maßnahmen gegen Feinstaub? – Die Haltung des Bundesverwaltungsgerichts DAR 2008, 121 ff.; *Schimikowski*, Haftung und Versicherungsschutz für Umweltschäden durch landwirtschaftliche Produktion VersR 1992, 923 f., 928 ff.; *Siegel*, Der Abzug »neu für alt«, SVR 2011, 289 ff.; *Schlemminger/Böhn*, Betragsmäßige Höchstbegrenzung der Sanierungsverpflichtung in Sanierungsverträgen, NVwZ 2010, 354 ff.; *M. Schmidt*, Sachmängelhaftung für Hersteller- und Händlerangaben über den Kraftstoffverbrauch und die CO^2-Emissionen neuer Personenkraftfahrzeuge NJW 2005, 329 ff.; *Schwab*, Feuerwehrkosten – Erstattungspflicht in der Kraftfahrthaftpflichtversicherung PVR 2002, 243 ff.; *Schwab*, Unsere Klientel macht keine Umweltschäden – oder doch? VW 2002, 1017; *Schwab*, Ölspurbeseitigung – die rechtliche und wirtschaftliche Seite bei der Schadensabwicklung DAR 2010, 347 ff.; *Schwab*, Betrieb und Gebrauch eines Kraftfahrzeugs, DAR 2011, 11 ff.; *Schwab*, § 8 Nr. 1 StVG – eine Streichung ist überfällig, DAR 2011, 129 f.; *Schwab*, Aktuelle Rechtsprechung des BGH zu Ölspurschäden, DAR 2011, 610 ff.; *Staab*, Der Gebrauch des Kraftfahrzeugs – Versicherungsrechtliche Probleme, insb. Deckungsumfang und Opferschutz, DAR 2011, 181 ff.; *Steffen*, Der normative Verkehrsunfallschaden NJW 1995, 2057; *Steiner*, Umwelt- und planungsrechtliche Fragen alter und neuer Verkehrssysteme DAR 1996, 121 ff.; *Stöber*, Ansprüche des Grundstücksbesitzers gegen den unbefugt Parkenden auf Ersatz der Abschleppkosten, DAR 2009, 539 ff.; *Stollenwerk*, Schutz vor Lärmbelästigungen durch Schwerlastfahrzeuge DAR 2005, 357 f.; *Templin*, Ursachen von thermischen Überfüllungen an erdgedeckten Lagerbehältern in Form liegender Zylinder, TÜ Bd. 45 (2004) Nr. 7/8, S. 28; *Terno*, Abgrenzungsprobleme zwischen KH-Versicherung und Allgemeiner Haftpflichtversicherung, r+s 2011, 361 ff.; *Thole*, Die Geschäftsführung ohne Auftrag auf dem Rückzug – Das Ende des »auch fremden« Geschäfts?, NJW 2010, 12443 ff.; *Thum*, Das WHG 2010 – Weichenstellung oder Interimslösung? – Trierer Wasserwirtschaftstag 2010 –, ZUR 2010, 332 ff.; *Thume*, Die Rechte des Empfängers bei Vermischungsschäden in Tanks oder Silos als Folge verunreinigt angelieferter Güter, VersR 2002, 267 ff.; *Thume*, Ansprüche des geschädigten Dritten im Frachtrecht, TranspR 2010, 45 ff.; *Tollmann*, Die Zustandsverantwortlichkeit des früheren Grundeigentümers gemäß § 4 Abs. 6 BBodSchG: ein Irrläufer der Geschichte?, ZUR 2008, 5 ff.; *Troidl*, Zehn Jahre Bundes-Bodenschutzgesetz – rechtswidrige Sanierungsverfügungen, NVwZ 2010, 154 ff.; *Vierhaus*, Das Bundes-Bodenschutzgesetz NJW 1998, 1262; *Vogel/Kitsch*, Verkehrsunfälle mit Umweltbezug und Entsorgungsfragen VersR 1996, 1476, 1479; *v. Westerholt*, Nochmals: Ausgleichsansprüche bei der Sanierung kontaminierter Grundstücke NJW 2000, 931 ff.; *Wagner*, Das neue Umweltschadensgesetz, VersR 2008, 565 ff.; *Willand/Buchholz*, Feinstaub: Die ersten Gerichtsentscheidungen NJW 2005, 2641 ff.; *Wilms*, Anhänger-Streitfragen entschieden, DAR 2011, 71 ff.; *Wussow*, Grenzfälle der Schadensentstehung durch den Gebrauch eines Fahrzeugs i. S. v. § 10 AKB VersR 1996, 668 ff.

A. Begriff

I. Umweltschaden in der Kraftfahrthaftpflichtversicherung

1. Versuche einer Definition

Eine Definition des Umweltschadens zu fassen ist schwierig. Für die Kfz-Haftpflichtversicherung[1] gilt dies umso mehr, als der Begriff weder in § 2 KfzPflVV noch in den alten[2] oder den neuen AKB[3] erwähnt wird. **1**

Die Schwierigkeiten beginnen bereits mit dem Begriff der Umwelt. Darin nur die natürlichen Lebensgrundlagen nach Art. 21a GG sehen zu wollen, erscheint mit Blick auf die hierzu behandelnden Probleme zu eng. *Salje*[4] versucht den Begriff zu beschreiben als: »alle natürlich vorkommenden, also nicht von Menschenhand geschaffenen Sachen und Materien gleich welchen Aggregatzustandes, die mit Ausnahme des Menschen selbst auf und unterhalb der Erdoberfläche existieren.« **1a**

Unberücksichtigt bleibt bei dieser Definition, dass der Mensch in einer technisierten Welt lebt und sich einen Großteil seines Umfeldes selbst schafft und gestaltet. **1b**

Näher liegt da schon die Beschreibung nach dem Umwelthaftungsgesetz.[5] Danach werden die Rechtsgüter Leben, Körper, Gesundheit und Sachen geschützt, wenn sie über die Umweltpfade Boden, Luft und Wasser durch eine Umwelteinwirkung geschädigt werden, § 1 UmweltHG. Zu den Umwelteinwirkungen können danach gehören: Stoffe, Erschütterungen, Geräusche, Druck, Strahlen, Gase, Dämpfe, Wärme und sonstige Erscheinungen, § 3 Abs. 1 UmweltHG. **2**

Am 14.11.2007 ist das Umweltschadensgesetz[6] in Kraft getreten. Darin geht es nicht um individuelle Rechtsgüter oder zivilrechtliche Ansprüche. Stattdessen geht es ausschließlich um öffentlich-rechtliche Verantwortlichkeiten für als besonders schützenswert erachtete Bereiche unserer Umwelt. **3**

Darunter fallen nach § 2 Nr. 1 USchadG in abschließender Aufzählung:
– Arten und natürliche Lebensräume nach Maßgabe des § 19 BNatSchG,
– Gewässer im Sinne des § 90 WHG
– und der Boden im Sinne einer Funktionsbeeinträchtigung nach § 2 Abs. 2 BBodSchG.

In Verbindung mit § 2 Nr. 2 USchadG wird sodann der Umweltschaden definiert als »eine direkt oder indirekt eintretende feststellbare nachteilige Veränderung einer natürlichen Ressource (Arten und natürliche Lebensräume, Gewässer und Boden) oder Beeinträchtigung der Funktion einer natürlichen Ressource«.

Es wird deutlich, dass es sich um juristisches Neuland handelt. Nur mit neuen angepassten Versicherungsbedingungen[7] kann dies sachgerecht[8] behandelt werden.

Bezogen auf den Gebrauch eines Fahrzeuges bedarf hier besonders klarer Trennstriche zwischen rein[9] öffentlichem-rechtlichen Verantwortlichkeiten und zivilrechtlichen Ansprüchen. Allein im Privatrecht kommt man schon schnell in uferlose Bereiche. Fahrzeuge, nicht nur mit den üblichen Ver- **4**

---

1 § 741 Abs. 2 HGB enthält eine Definition für den See- und Schiffsverkehr.
2 § 10 Abs. 1 AKB (alt).
3 A.1.1.1 Muster AKB 2008 des GDV.
4 *Salje* DAR 1998, 373.
5 UmweltHG v. 10.12.1990 BGBl. I, 2634 seit 1.1.1991 in Kraft.
6 Gesetz zur Umsetzung der Richtlinie des Europäischen Parlaments und des Rates über die Umwelthaftung zur Vermeidung und Sanierung von Umweltschäden v. 10.5.2007 BGBl. I 2007, 666 ff.; kurz: USchadG.
7 Muster-Kfz-USV des GDV Stand 29.10.2007.
8 Kritisch kommentiert in Halm/Kreuter/*Schwab* AKB-Kommentar, Kfz-USV.
9 Im Gegensatz zu bloßen Formfragen bei Feuerwehrkostenbescheiden *BGH* v. 20.12.2006 – VI ZR 325/05, DAR 2007, 142 mit Anm. *Weinsberger* und DAR 2007, 269 mit Anm. *Schwab*.

brennungsmotoren, erzeugen z. B. Geräusche, Gase und Wärme sowie beim Fahren Erschütterungen[10] und Druck.

4a Zwei extreme Beispiele sollen zwar die generelle Problematik aufzeigen, dabei jedoch den Blick auf die in der Praxis relevanten Vorgänge einschränken.

2. Waldschadenurteil

5 Der *BGH*[11] hatte sich mit einer Klage von einem Waldeigentümer zu befassen, der Schäden an seinem Baumbestand zu verzeichnen hatte, die er auf Emissionen u. a. auch von Kraftfahrzeugen zurückführte.[12] Das *OLG Stuttgart* als Vorinstanz hatte bereits die Ursachenbehauptung als wahr unterstellt. Einen Schadensersatzanspruch gegen die öffentliche Hand wurde dem Kläger jedoch nicht zugesprochen.

5a Dabei wurde erkannt, dass eine unübersehbare Vielzahl von Emissionsbeiträgen, die sich ununterscheidbar vermischt haben, es dem Geschädigten unmöglich machen, einen Schädiger zur Verantwortung zu ziehen. Der Rückgriff auf den Emissionen in einem gewissen Umfang duldenden Staat, sei es durch Genehmigung von Anlagen oder den Straßenbau, wurde versagt. Die nachbarrechtliche Norm des § 14 S. 2 BImSchG war hier ebenso wenig anwendbar wie der enteignende oder enteignungsgleiche Eingriff. Es fehlte an einer Unmittelbarkeit des Eingriffs. Letztlich wurde der Gesetzgeber aufgerufen, tätig zu werden.

5b Schlägt sich das Risiko des Schadstoffausstoßes von Kraftfahrzeugen nicht konkret und individualisierbar nieder, können weder der einzelne Schädiger noch der Staat zum Schadensersatz herangezogen werden. In gewissem Umfang sind folglich Umweltbelastungen hinzunehmen, sofern diese nicht unnötig erzeugt werden, § 30 Abs. 1 StVO. Unter Umständen ist im Einzelfall an eine Rückgriffshaftung gegen den Hersteller zu denken, da bereits über eine Sachmängelhaftung hinsichtlich Kraftstoffverbrauch und CO^2-Emissionen nachgedacht wird.[13]

5c Seit dem 1.1.2005 schreibt die EU in einer Richtlinie[14] Grenzwerte für die Luftreinhaltung vor. Die Grenzen für den Feinstaub[15] wurden schnell von vielen Städten[16] überschritten. Die Städte und Gemeinden, die oft zu lange zugewartet haben, sind nun aufgefordert, zu reagieren.[17] Das Thema findet seinen Schwerpunkt weiterhin allein im Öffentlichen[18] Recht. Betroffene Anwohner eines Stadtviertels ziehen[19] gegen die Verwaltung vor Gericht und bemühen dabei sogar den *EuGH*.[20] Nach ersten Einschätzungen[21] haben sich Umweltzonen allerdings nicht bewährt, auch wenn ein grundsätzlicher Nutzen[22] nicht abgesprochen werden kann.

---

10 *OLG Frankfurt* zfs 1987, 35 Erschütterungen durch vorbeifahrende Panzer beschädigen Haus.
11 BGH v. 10.12.1987 – III ZR 220/86, BGHZ 102, 350 = NJW 1988, 478.
12 Generell zum Ausstoß von Kraftfahrzeugen *Leutzbach* DAR 1996, 492 ff.
13 *OLG Brandenburg* v. 14.2.2007 – 13 U 92/06 (EURO 4-Norm); *OLG Stuttgart* DAR 2008, 477 (Dieselpartikelfilter); *M. Schmidt* NJW 2005, 329 ff.
14 Richtlinien 1999/30/EG und 2000/69/EG.
15 *Geiger* DAR 2007, 181 ff.
16 Umweltbundesamt unter http://www.env-it.de/luftdaten/trsyear.fwd.
17 *Steiner* DAR 1996, 121 ff.; *Rebler* SVR 2005, 211 ff.
18 Verwaltungsrechtsweg, s. beispielsweise *VGH München* zfs 2005, 474 = NJW 2005, 3163; *OVG Münster* VRS 120, 365 = DÖV 2011, 413 = NZV 2011, 319.
19 Überblicke bei *Willand/Buchholz* NJW 2005, 2641 ff.; *Scheidler* DAR 2008, 121 ff.; *Brenner* DAR 2008, 260 ff.
20 *EuGH* v. 25.7.2008 – (C-237/07), DAR 2008, 585; *Brenner/Seifarth* DAR 2008, 601.
21 ADAC-Motorwelt 7/2009 S. 12 (Umweltzonen zeigen keine Wirkung).
22 *VG Berlin* DAR 2010, 156.

A. Begriff

Der schädigende Beitrag eines einzelnen Fahrzeugs ist von völlig untergeordneter Bedeutung mit der Folge, dass sich hieraus keine individuellen Ansprüche ableiten lassen. Zu beachten ist allerdings, dass auch die Schadstoffemissionen bei der Gesamtproblematik deutlich an Gewicht zunehmen. 5d

3. Unfallgeräusche

Bei einem Verkehrsunfall kam es zu einem lauten Knall. Dieser erschrak Zuchtschweine in einer nahegelegenen Stallung zum Unfallort dermaßen, dass es zu Panikreaktionen unter den Tieren kam. 6

Der *BGH*[23] hat die Klage des Landwirts zurückgewiesen, da sich letztlich die Gefahren der besonderen Art der Schweinehaltung mit ihrer Intensivzucht ausgewirkt haben. Der sich dort gebildete eigene Gefahrenkreis muss dieses Risiko allein tragen, auch wenn der Schaden mit dem Betrieb des Kraftfahrzeugs in adäquat kausalem Zusammenhang steht. Der Schutzzweck[24] der Gefährdungshaftung aus dem Betrieb des Kraftfahrzeugs geht mithin nicht so weit, als dass jede Verursachung hiervon mit umfasst wäre. 6a

Im Einzelfall kann hierbei sogar eine Ordnungswidrigkeit[25] vorliegen und geahndet werden. Einen messbaren Schaden im zivilrechtlichen Sinne wird jedoch wohl niemand erleiden. Wichtiger ist der Anwohnerschutz vor nächtlichen Lärmbelästigungen durch Fahrzeuge, insbesondere durch den Schwerlastverkehr.[26] Gegen zu erwartende Verkehrsgeräusche durch an- und abfahrende LKW im Zusammenhang mit der Genehmigung von Anlagen können öffentlich-rechtliche Gefahrenabwehransprüche erhoben werden.[27] 6b

II. Kfz-Haftpflichtschäden mit Umweltbezug

In der Kfz-Haftpflichtversicherung gibt es eine ganze Reihe von Fallkonstellationen, die unmittelbar oder mittelbar zu Umweltschäden führen können. Nicht jedes schadenauslösende Moment wird zudem gleich mit dem Risiko eines Umweltschadens in Verbindung gebracht. Dies kann zu einer deutlichen Schadenvertiefung führen. Hier sollen entsprechend Fallgruppen anhand von Beispielen aufgeführt werden, um eine Sensibilisierung für die Problemstellung zu erhalten. 7

1. Fallgruppe: »normaler« Verkehrsunfall

Bei einem Zusammenstoß von PKWs tritt Kühlflüssigkeit und Motorenöl aus. Aus dem deformierten Kraftstofftank läuft Vergaserkraftstoff oder Diesel aus. 8

Es handelt sich um alltägliche und kleinere Gefahren für die Umwelt, da die ausgetretenen Mengen relativ gering sind und die Verschmutzungen sich meist auf die Fahrbahn beschränken. 8a

In diesen Fällen wird ein Umweltschaden oft von der Feuerwehr im Rahmen technischer Hilfeleistung[28] – heutzutage vermehrt durch private Dienstleister[29] – beseitigt. 8b

2. Fallgruppe: Abkommen von der Fahrbahn – Alleinunfälle[30]

Geraten Fahrzeuge (aus welchen Gründen auch immer) von der Fahrbahn ab, bestehen besondere Gefahren, dass der Treibstofftank aufreißt und die Betriebsstoffe auf unbefestigtem Erdreich ver- 9

---

23 *BGH* v. 2.7.1991 – VI ZR 6/91, BGHZ 115, 84 = NJW 1991, 2568.
24 *LG Düsseldorf* SP 2011, 208 bejaht den Schutzzweck bei angefahrenem, beißendem Tier.
25 Geschwindigkeitsüberschreitungen in Lärmschutzzone, *OLG Karlsruhe* NZV 2004, 369.
26 *Stollenwerk* DAR 2005, 357 f.
27 *OVG Lüneburg* ZUR 2011, 484 = NVwZ-RR 2011, 677.
28 Siehe zur Problematik der Feuerwehrkosten *Schwab* PVR 2002, 243 ff.
29 Zum Konfliktpotential siehe *Schwab* DAR 2010, 347.
30 Etwa 35 % der Unfälle auf Landstraßen sind Alleinunfälle; Bundesanstalt für Straßenwesen, s. http://www.bast.de/htdocs/veroeffentlichung/bastinfo/info2001/info0801.htm.

sickern. Nahe am Straßenrand liegende Gräben, Vorfluter und Regenrückhaltebecken können betroffen werden wie auch die Kanalisation.

9a Die Risiken steigen mit dem Mengenvolumen, z. B. Dieseltank eines LKW, sowie auch beim PKW bei Eintritt von Benzin in die Kanalisation. Dort besteht Explosionsgefahr.

3. Fallgruppe: Gefahrgutfahrzeuge[31]

10 Beim Austritt von Gefahrgut bekommen die jeweiligen Risikopotenziale der Stoffe Bedeutung. Gefahrgut tritt nicht nur bei Verkehrsunfällen auf der Straße während des Beförderungsvorgangs aus. Zu beachten ist, dass nach Erfahrungen in der Regulierungspraxis ein Vielfaches der Unfälle beim Be- und Entladen entstehen.[32] Da es dabei nicht um Verkehrsunfälle im öffentlichen Verkehrsraum geht, tauchen sie in der Verkehrsunfallstatistik nicht auf.

4. Fallgruppe: Nichtgefahrgüter mit Gefahrenpotenzial

11 Auch Güter, die keine Gefahrgüter sind, bergen unter bestimmten Bedingungen und bei größeren Mengen Gefahren in sich. So kann es beispielsweise auch durch Lebensmittel, wie etwa Milch, zu Schäden kommen. Ein Milchsammeltankwagen, der mehrere tausend Liter Milch verliert, die in einen Teich oder ein kleineres fließendes Gewässer gelangen, kann ein Fischsterben auf mehreren Kilometern verursachen.

5. Fallgruppe: Immobilien und Gegenstände mit Gefahrenpotenzial

12 Insbesondere ist an Tankstellen zu denken. Einerseits passiert es nicht selten, dass Zapfsäulen angefahren oder gar umgestoßen werden. Andererseits geschehen auch Unfälle beim Hantieren mit dem Füllschlauch,[33] wenn dieser sich an anderen Fahrzeugen, etwa an der Stoßstange, verhakt oder beim Überfahren mitgerissen wird. Läuft gerade die Pumpe und schaltet der Automat nicht ab, sprudelt Benzin oder Diesel unkontrolliert ins Freie. Durch die zwischenzeitlich flüssigkeitsdicht ausgebildeten Abfüllplätze[34] vermindert sich das Risiko, da die Flüssigkeiten dem vorgeschriebenen Öl- und Benzinabscheider zufließen.

12a Nicht gleich ersichtlich sind Gefahren bei älteren Tankstellen, die dadurch entstehen, dass ein Tankstellendach oder die Standsäule eines solchen Daches angefahren wird. Die das Dach tragenden Säulen sind im Boden verankert. In manchen Fällen ist nicht auszuschließen, dass sie im Boden bewegt werden und im ungünstigen Fall die Zuleitungen vom Tank zur Zapfsäule beschädigen. Es könnten zunächst unbemerkt Leckagen an den Leitungen entstehen und Flüssigkeiten im Boden versickern.

12b Aber nicht nur Tankstellen, auch Transformatorenhäuschen[35] am Straßenrand können bei auslaufender Säure Umweltschäden entstehen lassen.

12c Auch in Fällen, in denen die Abgrenzung zur allgemeinen Haftpflicht schwierig ist, etwa bei Baugeräten (Ladegreifer) oder landwirtschaftlichen Geräten (Ackerschlepper mit Pflug) kann es zu Schäden kommen, wenn Rohrleitungen getroffen werden.[36]

---

31 1998 kam es zu 1 189 Unfällen beim Transport wassergefährdender Stoffe mit einem ausgelaufenen Gesamtvolumen von 545 000 Litern; Statistisches Bundesamt (8–17), s. http://www.umweltdaten.de/utk/kapitel08/A-8-3.pdf.
32 Be- und Entladen gehört zum Gebrauch des Fahrzeugs nach A.1.1.1 S. 2 AKB 2008.
33 *OLG Düsseldorf* v. 25.4.2001 – Az. 1 U 123/00.
34 Tankstellensanierungen, z. B. § 3 Abs. 1 der Hess. Tankstellenverordnung v. 27.4.1994 Hess. GVBl. I, 219.
35 *OLG Hamm* NJW-RR 1993, 914.
36 *OLG Düsseldorf* v. 19.4.1991 – 22 U 263/90 (beim Pflügen wurde Ölpipeline beschädigt).

6. Fallgruppe: Hydrauliköl

Viele Nutzfahrzeuge verfügen über Nebenantriebe, Ladehilfen und Arbeitsgeräte, die über eine Hydraulik angetrieben oder gesteuert werden. Hier haben Hydraulikschläuche enorme Drücke auszuhalten. Wenn sie platzen, kommt es bei kleinen Löchern zu einem feinen öligen Sprühnebel oder bei größeren Öffnungen zu einem punktuellen, aber massiven Auslaufen von Öl.

Ähnlich ist es bei entsprechenden Silofahrzeugen, Hubfahrzeugen oder Kippern, wenn dort der Stempel das Öl verliert. Je nach Fahrzeug können sogar mehrere hundert Liter Öl auslaufen.

7. Fallgruppe: Werkstattmängel und mangelnde Wartung

Ist die Ölwanne nicht dicht, wurde die Ölablassschraube nicht mit neuer Dichtung versehen oder wurde der Ölfilter nicht richtig angezogen, geht es um kleinere Mengen und damit zum Glück nur um kleinere Schäden.

Anders sieht es aus, wenn die Benzin- oder Dieselleitung[37] nicht dicht ist und permanent während der Fahrt Treibstoff ausläuft. Oft sind dann kilometerlange Ölspuren auf der Fahrbahn zu beseitigen. Bei Sprühregen bildet sich zudem ein spiegelglatter Film, der kaum von anderen Verkehrsteilnehmern zu erkennen ist und häufig zu Folgeunfällen führt.

Probleme bereiten auch gelegentlich während der Fahrt herabfallende Kardanwellen von Lkws, die gegen Leitungen und Tanks schlagen.

8. Fallgruppe: Treibstoffdiebstahl

An geparkten LKWs oder Ackerschleppern[38] entfernen Diebe den Tankdeckel und saugen mittels Schlauch den Dieselkraftstoff an und füllen ihn in Kanister ab. Dabei gibt es Fälle, in denen der Dieb überrascht wurde und weglief oder sogar mutwillig den Tank leer laufen ließ. Der nicht aufgefangene Treibstoff versickert im Boden oder läuft in die Kanalisation.

Zudem gibt es Fälle, bei denen an abgestellten Fahrzeugen offenkundig Sabotageakte durchgeführt werden oder es unklar bleibt, wie es zu dem Schadensfall kam. *Beispiel:* Unbekannte öffnen zwei Ventile an einem Tankwagen für Estol-Haftkleber[39]. Der 1.000 Liter-Inhalt verunreinigt ein Gewässer und verursacht ein Fischsterben.

9. Fallgruppe: Schäden durch Gegenstände auf der Fahrbahn und Schäden an der Fahrbahn

Verlieren vorausfahrende Fahrzeuge Gegenstände (Auspuff, Unterlegkeil etc.), liegen Steine auf der Straße und werden gegen die Unterseite der nachfolgenden Fahrzeuge geschleudert, können Risse und Löcher in Ölwannen und Tanks entstehen. Ähnlich sieht es aus bei ungesicherten Kanaldeckeln[40] oder zu hohen Bodenschwellen, muldenförmigen Vertiefungen[41] und tiefen Schlaglöchern. Fahrzeuge mit niedriger Bodenfreiheit können dann leicht aufsetzen, ebenso beim Überfahren von Torschienen[42] mit anschließend starkem Fahrbahngefälle. Sensible Fahrzeugteile kommen beim Rangieren auf Parkplätzen oder Einfahrten mit Findlingen oder Felsbrocken[43] in Berührung.

---

37 *OLG Celle* NJW-RR 2008, 1635 = SVR 2008, 418 bespr. v. *Merrath* = SVR 2008, 465, bespr. v. *Hardung*.
38 Fall des *OLG Dresden* v. 18.10.2000 – 12 U 1457/00.
39 *VG Neustadt a. d. W.* v. 18.1.2010 – 4 K 803/09.NW.
40 *OLG Hamm* OLGR 2005, 431.
41 *LG Aurich* DAR 2011, 205.
42 *LG Lübeck* PVR 2003, 60, besprochen von *Schwab*.
43 *AG München* v. 13.11.2007 – 232 C 37976/05.

10. Fallgruppe: Schäden durch verlorene Ladung

17 Aufgrund mangelnder Ladungssicherung können Paletten mit Farbeimern von der Ladefläche fallen; fehlerhafte Verpackungen oder beschädigte Kanister können dazu führen, dass letztlich gefährliche Stoffe von der Ladefläche tropfen. Ähnliches gilt beim Abschleppen oder Abtransportieren defekter Fahrzeuge.[44] Schäden entstehen auch beim unangemessenen Umgang mit der ehemaligen Ladung, wenn beispielsweise der Fahrer eines Betonmischers Reste in einem Eimer sammelt und in die Kanalisation schüttet. Dies liegt jedoch außerhalb des Gebrauchs des Fahrzeugs.[45]

11. Fallgruppe: Spritzschäden in der Landwirtschaft

18 In der Landwirtschaft kommt es zu Spritzschäden auf Nachbargrundstücken durch Windverfrachtungen sowie Überdosierungen von Spritzmitteln auf Anbauflächen.

18a Beim Ausbringen von Gülle bei Frost, bei ungenügender Vegetation oder bei Regenfällen, kann Gülle unkontrolliert in Gewässer abfließen und diese schädigen.

12. Fallgruppe: Überfüll- und Befüllschäden

19 Eine herausragende Fallgruppe sind die Überfüll- und Befüllschäden. Insbesondere die Lieferung von Heizöl aus Straßentankwagen birgt besondere Gefahren. Angefangen von am Fahrzeug auftretenden Defekten am Schlauch- und Abgabesystem über Mängel am Einfüllstutzen, dem Rohrleitungssystem der Haustankanlage, den Tankbehältern, bis zur Auffangwanne und der verschlossenen Entlüftung, eröffnet sich eine Reihe von Fehlerquellen, die zu erheblichen und sehr kostenträchtigen Schäden führen können.

19a Gelegentlich kommen sogar Personen unmittelbar zu Schaden, wenn Sie mit Öl aus undichten Leitungen oder durch Ausströmen aus der Tankentlüftung »geduscht« werden.

19b Darüber hinaus ist in dieser Fallgruppe auch an Schäden im Zusammenhang mit Silofahrzeugen zu denken, wenn Schläuche platzen oder Silos überblasen werden.

13. Fallgruppe: Tankwagenunfall

20 Bei Auffahrunfällen auf Tankfahrzeuge und beim Umstürzen von Tankwagen besteht immer die Gefahr, dass eine oder mehrere Tankkammern auslaufen. Dann sind gleich mehrere tausend Liter, sogar bis über 30 000 Liter, im Spiel. Nach dem Tankwagenunfall von Herborn 1987 sind viele Verbesserungen eingetreten, dennoch sind ähnliche Unfälle keine Seltenheit.

14. Fallgruppe: Vermischungsschäden

21 Gefahren für die Umwelt können auch dadurch entstehen, dass wegen Falschbefüllung oder mangelnder Tankreinigung Stoffe miteinander vermischt werden, die zu einem neuen schädlichen Stoff reagieren. Es kann vorkommen, dass das neue Produkt entsorgt werden muss.

15. Fallgruppe: Brandschäden

22 Fahrzeugbrände und brennende Ladung können nicht nur dazu führen, dass Gase und Dämpfe in die Umgebung abgegeben werden, auch das Löschwasser kann mit Schadstoffen belastet sein.

22a Darüber hinaus kann es beim Abladen von Schüttgütern zu erheblicher Rauchentwicklung kommen.[46]

---

44 Betriebsgefahr des transportierenden Fahrzeugs, *OLG Düsseldorf* MDR 1968, 669.
45 *AG Hanau* v. 27.9.2002 – 37 C 1782/02–17.
46 *OLG Düsseldorf* VRS 63, 248.

A. Begriff

16. Fallgruppe: Radioaktive Stoffe

Auch nukleare Stoffe werden im Straßenverkehr transportiert. Sie sind zum Glück nur sehr schwach radioaktiv sind. Meist geht es dabei um Probentransport oder Klinikbedarf. Werden derartige Transporte in Verkehrsunfälle verwickelt, löst dies sofort weitgehende Sicherungsmaßnahmen der Behörden aus. Zu beachten ist jedoch, dass der Teil, der auf die Radioaktivität zurückzuführen ist, von der Kfz-Haftpflichtversicherung nicht gedeckt wird, A.1.5.9 AKB 2008. Es ist auf das Atomgesetz zurückzugreifen. 23

III. Versicherungsfall

In der Kraftfahrthaftpflichtversicherung ist Versicherungsfall sinngemäß das Ereignis, das einen unter die Versicherung fallenden Schaden verursacht oder Ansprüche gegen den Versicherungsnehmer zufolge haben könnte, E.1.1 und E.2.1 AKB 2008. 24

Mit dem Eintritt des Versicherungsfalles beginnt auch die Rettungspflicht. Der Versicherungsnehmer hat alles zu tun, was zur Aufklärung des Tatbestandes und zur Minderung des Schadens dienlich sein kann, E.1.4 S. 1 AKB 2008 und § 82 Abs. 1 VVG. Nach E.1.4 S. 2 AKB 2008 und § 82 Abs. 2 VVG unterliegt der Versicherungsnehmer den Weisungen des Versicherers und erhält einen Aufwendungsersatzanspruch, wenn ihm die Rettung Kosten verursacht hat, die er für erforderlich halten durfte, § 83 Abs. 1 VVG. 24a

Wie noch darzustellen sein wird, gewinnen gerade in Umweltschäden diese Vorschriften eine besondere Bedeutung. Noch am Schadensort und noch lange, bevor der Versicherer vom Schaden unterrichtet wird/werden kann, kann der Versicherungsnehmer und mögliche Schadenverursacher häufig von weiteren Beteiligten oder Behördenvertretern aufgefordert oder gar dazu gedrängt werden, Sanierungsfirmen zu beauftragen. 25

In den seltensten Fällen wird der Versicherungsnehmer selbst über die notwendigen Kenntnisse verfügen, sachgerechte Entscheidungen an der Unfallstelle zu treffen. Er ist dringend auf die Weisungen des Versicherers angewiesen, der sich fachkundig beraten lassen kann. 25a

Der informierte Versicherer ist allerdings nicht zur Erteilung von Weisungen[47] verpflichtet. Überlässt er daher die Entscheidung, ob und welche Maßnahmen vor Ort zu treffen sind, dem Versicherungsnehmer, so hat er auch für die Aufwendungen als Rettungskosten aufzukommen, die objektiv nicht erforderlich waren, vom Versicherungsnehmer aber subjektiv[48] für geboten gehalten werden durften, § 83 Abs. 1 VVG.[49] Nach h. M.[50] soll dem Versicherungsnehmer nur ein grob fahrlässiger Irrtum über die Gebotenheit schaden. 26

In der Praxis wird im Umweltschadensfall der Nachweis grober Fahrlässigkeit für den Versicherer äußerst schwierig. Ein Versicherungsnehmer oder Fahrer ist der in der Schrecksituation eines Unfalles oftmals hoffnungslos mit den Spezialproblemen eines Umweltschadens überfordert. Kann er unter Schock nicht klar denken, wird aus seiner eingeschränkten Sicht Vieles für geboten halten, was objektiv bei ruhiger Betrachtung mit dem nötigen Abstand zum Geschehen gar nicht geboten ist. Unter massivem Zeitdruck und zusätzlichem Drängen von Behördenvertretern und Dienstleistern kann es schnell zu Fehlentscheidungen kommen. 26a

Für Versicherer empfiehlt sich daher, den Versicherungsnehmer, der bekanntermaßen mit Gefahrgut in Berührung kommt, dazu anzuhalten, bei möglichen Umweltschäden ohne Zeitverlust den Ver- 26b

---

47 *OLG Jena* OLGR 2009, 202 = NJW-RR 2009, 965 = 2009, 28; Looschelders/Pohlmann/*Schmidt-Kessel*, VVG-Kommentar, § 82 VVG Rn. 26; *Prölss/Martin/Voit* VVG-Kom., § 82 VVG Rn. 22.
48 Looschelders/Pohlmann/*Schmidt-Kessel*, § 83 VVG, Rn. 9.
49 *Römer/Langheid* a. a. O. Rn. 7 (damals: ohne grobe Fahrlässigkeit).
50 Looschelders/Pohlmann/*Schmidt-Kessel*, § 83 VVG, Rn. 9 m. w. N.

sicherer zu informieren. Der Versicherer kann sodann bei Bedarf umgehend einen Sachverständigen zur Unfallstelle schicken.[51]

27 ▶ **Tipp für die Praxis**

Makler und Rechtsanwälte mit entsprechender Klientel gewinnen Vorteile für Ihre Kunden und Mandanten, wenn sie und die Versicherungsnehmer bereits vor dem Schadenfall die richtigen Ansprechpartner beim Versicherer kennen. Das spart nicht nur Zeit, auch der Entscheidungsdruck und die Risiken, etwas falsch in die Wege zu leiten, entfallen. Schließlich wirkt sich ein schneller und kompetenter Einsatz des Versicherers keinesfalls negativ auf das Verhältnis Behörde/Versicherungsnehmer aus, was über den Schadenfall hinaus für das betreute Unternehmen von erheblicher Bedeutung sein kann.

28 Nicht vergleichbar sind die Regelungen aus dem Kraftfahrthaftpflichtbereich mit den besonderen Vorschriften für die Gewässerschadenhaftpflichtversicherung in der Allgemeinen Haftpflichtversicherung.

28a Insbesondere werden dort Rettungskosten auch dann erstattet, wenn das Schadensereignis noch gar nicht eingetreten ist, aber bereits unmittelbar bevorsteht.

28b Des Weiteren können dort auch Eigenschäden unter den Deckungsumfang fallen.

28c Schließlich ist es im Übrigen ausdrücklich unerheblich, aus welchem Rechtsgrund der Versicherungsnehmer zur Zahlung verpflichtet ist. Ein Rechtsgrund aus dem Öffentlichen Recht[52] genügt.

28d Dies hat zur Folge, dass sich Entscheidungen zum Thema Rettungskosten auf dem Gebiet der Gewässerschadenhaftpflichtversicherung nur unter großem Vorbehalt auf die Schadensfälle durch Kraftfahrzeuge übertragen lassen.

B. Versicherungsverhältnis

I. Deckung von Öl- und Umweltschäden durch die Kraftfahrthaftpflichtversicherung

1. Gesetzliche Haftpflichtbestimmungen privatrechtlichen Inhalts

29 Der Umfang der Versicherung ergibt sich aus § 2 KfzPflVV und A.1. AKB 2008.[53] Danach umfasst die Kraftfahrthaftpflichtversicherung die Befriedigung begründeter und die Abwehr unbegründeter Schadensersatzansprüche, die aufgrund gesetzlicher Haftpflichtbestimmungen privatrechtlichen Inhalts gegen den Versicherungsnehmer oder mitversicherte Personen erhoben werden, wenn durch den Gebrauch des im Vertrag bezeichneten Fahrzeugs
- Personen verletzt oder getötet werden,
- Sachen[54] beschädigt oder zerstört werden oder abhanden kommen,
- Vermögensschäden herbeigeführt werden, die weder mit einem Personen- noch mit einem Sachschaden mittelbar oder unmittelbar zusammenhängen.

30 Gesetzliche Haftpflichtbestimmungen sind solche, die auf eine gesetzliche Grundlage zurückgeführt werden können. Insbesondere kommen Bestimmungen aus folgenden Bereichen in Betracht:
- allgemein bei allen Unfallarten:
Unerlaubte Handlung (§§ 823 Abs. 1 BGB)
§ 7 StVG

---

51 *Vogel/Kitsch* VersR 1996, 1476, 1479; *Schwab* VW 2002, 1017.
52 *Bruck/Möller/Sieg* § 62 VVG a.F Anm. 31; *Grell* ZfV 1976, 82 f.
53 Zuvor § 10 Abs. 1 AKB 2007.
54 Tiere als Mitgeschöpfe nach § 90a BGB wurden auch in den AKB 2008 vergessen; Halm/Kreuter/*Schwab*, AKB-Kommentar A.1.1.1 AKB 2008, Rn. 42 u. 43.

- und speziell bei Umweltschäden:
  § 823 Abs. 2 BGB i. V. m. einem Schutzgesetz
  § 89 Abs. 2 Wasserhaushaltsgesetz (WHG)
  § 2 Haftpflichtgesetz (HPflG)
  §§ 1; 3 Abs. 3 Nr. 3a Umwelthaftungsgesetz (UmweltHG)
- zudem relevant aus dem Privatrecht:
  Ansprüche aus Geschäftsführung ohne Auftrag bei unfreiwilligen Aufwendungen mit Schadensersatzcharakter[55]
  Ansprüche aus positiver Vertragsverletzung/Forderungsverletzung, soweit der Risikobereich des Kraftfahrzeugs berührt wird[56]
  Nachbarschaftsansprüche aus § 904 BGB
  Folgenbeseitigungsansprüche aus § 1004 BGB
  Aufopferungsansprüche § 110 SGB VII, früher § 640 RVO

2. Relevanz öffentlich-rechtlicher Vorschriften

a) Grundsätzlich Relevanz gegeben

Bei Umweltschäden schaltet sich oft die Behörde ein und erlässt polizeiliche Verfügungen. Es kommt damit Öffentliches Recht zur Anwendung. Dennoch besteht für die Kfz-Haftpflichtversicherung eine Relevanz, da auch öffentlich-rechtliche Normen im Grenz- und Überschneidungsbereich zu privatrechtlichen Anspruchsnormen liegen können. Entscheidend ist dann nicht die Form der Geltendmachung von Ansprüchen, sondern ob auch tatsächlich ein privatrechtlicher Anspruch besteht.[57] **30a**

Möglich ist aber auch, dass kein privatrechtlicher Haftungsgrund besteht und die Behörde allein nach Öffentlichem Recht handelt. Leistet der Versicherer in diesem Fall rechtsgrundlos, also ohne dass er Deckung zu gewähren hat, kann er aus eigenem Recht gegen den Versicherungsnehmer nach den §§ 812, 818 Abs. 2 BGB vorgehen.[58] **30b**

▶ **Tipp für die Praxis** **31**

Es ist immer exakt zu prüfen, ob tatsächlich ein privatrechtlicher Haftungsgrund gegeben ist und wie weit dieser reicht.

Insbesondere sind hier die Fälle zu bedenken, in denen nach Eintritt des Versicherungsfalles entfernt mit einem sehr großen Schaden gerechnet werden muss.

Aus behördlicher Sicht kann schon dann wegen der schweren Folgen ein Einschreiten nach Öffentlichem Recht geboten sein, auch wenn der tatsächliche Schadenseintritt nicht unmittelbar bevorsteht.

Da der Schadenseintritt nicht unmittelbar bevorsteht, wird sich schwerlich ein privatrechtlicher Anspruch begründen lassen; auch nicht wegen vorgezogener Rettungskosten.[59]

Der Unterschied besteht darin, dass öffentlich-rechtliche Normen bereits dann greifen, wenn schadensersatzrechtlich noch nicht die Schwelle zum Einschreiten überschritten ist. Die öffentlich-rechtliche Verpflichtung setzt früher ein.[60]

---

55 Stiefel/*Maier* A.1.1.1 AKB, Rn. 4; Feyock/*Jacobsen*/Lemor § 10 AKB Rn. 19; Halm/Kreuter/*Schwab*, AKB-Kommentar A.1.1.1 AKB 2008, Rn. 5.
56 WI 1975, 206.
57 BGH v. 20.12.2006 – VI ZR 325/05, VersR 2007, 200 = DAR 2007, 142 mit Anm. *Weinsdörfer*.
58 OLG Düsseldorf NJW 1966, 738 f.
59 Siehe oben Versicherungsfall, Rdn. 24.
60 Koch/Herrmann a. a. O., 17 und 21.

b) Störerauswahl

32 Wenn die Behörde sich sodann nach Öffentlichem Recht zum Einschreiten entschließt, wird sie auch eine Störerauswahl treffen müssen. Dabei wird sie sich von dem Grundsatz leiten lassen, dass der Handlungsstörer vor dem Zustandsstörer in Anspruch zu nehmen ist.[61] Gerade bei Tankwagenunfällen wird meist der Fahrer[62] als Handlungsstörer vor dem Grundstückseigentümer als Zustandsstörer in Anspruch genommen, der sich oft nur in der Rolle des Opfers[63] befände.

33 Wird der Fahrer nach Öffentlichem Recht in Anspruch genommen, so bedeutet dies aber noch nicht, dass in jedem Fall auch Haftpflichtansprüche privatrechtlichen Inhalts gegeben sind.

33a *Beispiel:* Der Grundstückseigentümer betreibt eine mit Mängeln behaftete Haustankanlage. Diese waren für den Fahrer nicht erkennbar. Kommt es zu einem Befüllschaden, befindet sich der Betreiber nicht in einer »Opferrolle«. Er ist dann nicht nur Zustands-, sondern zugleich Handlungsstörer[64] durch Unterlassen. Der Tankwagenfahrer wird mitunter (dann auch völlig schuldlos) als Handlungsstörer angesehen, wenn er die letzte Ursache – Prinzip der unmittelbaren Verursachung im öffentlichen Recht – für den Schadenseintritt setzte.

33b Oftmals stellt sich erst nach weiteren Ermittlungen der wahre Sachverhalt – insbesondere der Zustand der Haustankanlage oder etwa Altschäden – heraus. Zu diesem Zeitpunkt kann die Behörde jedoch schon Ordnungsverfügungen gegen den Handlungsstörer (Befüller) ausgesprochen haben.

33c Aus der Tatsache heraus, dass der Versicherungsnehmer des Tankwagens oder eine mitversicherte Person per Verwaltungsakt verpflichtet wird, lässt sich daher nicht ableiten, dass diese Person auch nach privatrechtlichen Vorschriften haften müsste.[65]

c) Rechtsschutz bei Leistungsbescheiden

34 Gegen Verwaltungsakte der Behörden und später gegen Leistungsbescheide wegen der entstandenen Kosten für die Ersatzvornahme ist im Verwaltungsverfahren und im Verwaltungsgerichtswege vorzugehen.

34a Gegen den Leistungsbescheid kann – soweit nicht bereits[66] abgeschafft – **Widerspruch** nach § 68 VwGO erhoben werden. Je nach Bundesland erfolgt nach Anhörung durch den Kreisrechtsausschuss der Widerspruchsbescheid. Gegen den Kostenbescheid in der Gestalt des Widerspruchsbescheides kann sodann Anfechtungsklage vor dem Verwaltungsgericht nach § 42 Abs. 1 VwGO erhoben werden.

35 Zu bedenken hat man allerdings, dass der Widerspruch und die Anfechtungsklage keine aufschiebende Wirkung haben, § 80 Abs. 1 VwGO. Zugleich ist daher auch der Antrag auf Aussetzung der sofortigen Vollziehung nach § 80 Abs. 4 VwGO zu stellen.

35a Bei Nichtabhilfe und drohender Vollstreckung kann noch auf den vorläufigen Rechtsschutz nach § 80 Abs. 5 VwGO durch Antrag auf Anordnung der aufschiebenden Wirkung beim Verwaltungsgericht zurückgegriffen werden.

35b Nach der im Vordringen befindlichen zutreffenden Meinung neigen teilweise Verwaltungsgerichte[67] dazu, ausdrücklich als Kostenbescheide bezeichnete Bescheide der Gemeinden doch nicht als solche

---

61 *Koch/Herrmann* a. a. O., 18.
62 Oder der Betrieb/Halter des Fahrzeugs, für den er tätig wurde.
63 *Koch/Herrmann* a. a. O., 18.
64 *OVG Lüneburg* ZUR 2007, 432 = NVwZ-RR 2007, 666 (eigene Überwachungspflicht).
65 Siehe hierzu unten Rdn. 247.
66 Abschaffung für den hier interessierenden Themenkreis bereits in Bayern, Nordrhein-Westfalen und Niedersachsen. Darüber hinaus Einschränkungen in Hessen, Mecklenburg-Vorpommern und Sachsen-Anhalt. Kritisch: *Beaucamp/Ringermuth* DVBl. 2008, 426 ff.
67 *VG Neustadt a. d. W.* v. 19.3.2002 – 7 L 413/02.NW; Auffassung wiederholt am 5.2.2003 in Verfahren 7 L

anzuerkennen. Die Folge ist, dass nach dieser Rechtsansicht allein die Klageerhebung schon aufschiebende Wirkung entfaltet. Das Rechtsschutzinteresse für den Eilantrag besteht dann nicht.

Um hier nicht mit den Verfahrenskosten des Eilverfahrens belastet zu werden, ist der Eilantrag bei der geäußerten Rechtsmeinung des Verwaltungsgerichts sofort zurückzunehmen. 35c

Risikoärmer erscheint es hier sogar, den Eilantrag nach § 80 Abs. 5 VwGO als Hilfsantrag zu stellen, für den Fall, dass das Gericht in dem als Kostenbescheid bezeichneten Verwaltungsakt keinen Bescheid im Sinne des § 80 Abs. 2 Nr. 1 VwGO erblicken will. 35d

Unterschiede können sich auch bei dem Umfang der zu erstattenden Kosten bzw. Aufwendungen ergeben. 36

Die Behörde wählt leider nicht immer den günstigsten Weg der Gefahrenbeseitigung; oft wird nur ein teurer Weg als optimal erachtet. Der öffentlich-rechtliche Kostenerstattungsanspruch bei Ersatzvornahme gegen den Störer ist jedoch begrenzt auf die Maßnahmen einer verhältnismäßigen Gefahrenabwehr.[68] Schon nach Öffentlichem Recht sind somit nicht unbedingt alle Kosten erstattungsfähig. 36a

Die privatrechtlichen Haftungsnormen enthalten eigene teilweise unterschiedliche Regelungen zum Umfang und zur Höhe der maximalen Ersatzpflicht. In einigen Fällen werden sie daher unter der Grenze der nach öffentlich-rechtlichen Maßstäben noch verhältnismäßigen Kosten liegen. 36b

d) Konfliktfeld Feuerwehreinsätze

Zu denken ist insbesondere auch an die Fälle, in denen zivilrechtlich keine Haftungsnorm greift, der Fahrer oder Halter jedoch allein aufgrund öffentlich-rechtlicher Normen in Anspruch genommen werden kann. Beispiele für eine uneingeschränkte verschuldens- und gefährdungsunabhängige[69] Haftung gab es in den landesrechtlichen Vorschriften zur Erstattung der Kosten für Feuerwehreinsätze bei der Beseitigung von Ölspuren.[70] 37

Kontrovers ist die Situation bei Fahrzeugbränden, wenn sich Fahrzeuge[71] nicht im Betrieb befinden. Je nach Situation und Bundesland[72] kann der Halter öffentlich-rechtlich für Feuerwehrkosten verantwortlich gemacht werden, obwohl er privatrechtlich nicht haftet.[73] Dies mag an der Fehlinterpretation[74] der tatbestandlichen Voraussetzungen der §§ 7 ff. StVG liegen. Entsprechend hat der Kfz-Haftpflichtversicherer auch keine Deckung zu gewähren.[75] 38

Extrem wird der Fall dann, wenn Feuer auf ein ordnungsgemäß geparktes Fahrzeug überspringt und dann Benzin oder Öl verliert. Das *VG Frankfurt*[76] meinte, der Halter sei Zustandsstörer, weswegen er die Straßenreinigungskosten entsprechend Landesstraßenrecht und Satzung der Gemeinde tragen 38a

---

286/03.NW; *OVG Weimar* ThürVwBl. 2008, 274 = = KStZ 2010, 258; *OVG Magdeburg* v. 14.5.2002 – 2 M 132/01; *OVG Frankfurt/Oder* LKV 2000, 313; *VG Cottbus* NVwZ-RR 1998, 174; *VGH München* v. 18.8.2011 – 4 Cs 11.504; anders *VGH Kassel* v. 7.11.1991 – STH 2973/90; HSGZ 1992, 406; *OVG Greifswald* v. 26.6.2002 – 1 M 23/02.
68 *Koch/Herrmann* a. a. O., 19 (bzgl. wünschenswerter Sanierung).
69 Unabwendbares Ereignis nach altem Recht.
70 *OVG Koblenz* NJW 1992, 2653.
71 *OVG Koblenz* NVwZ-RR 2001, 382 mit extrem weiten »Betriebsbegriff« nach dem RhPfBKG für abgeschalteten Bagger.
72 Nicht in Nordrhein-Westfalen: *OVG Münster* NZV 1995, 125 = NVwZ-RR 1995, 85; zuletzt *VG Aachen* DAR 2008, 227 (L); aber in Hessen bei Gefahrgut nach § 62 HessBKG.
73 *BGH* v. 27.11.2007 – VI ZR 210/06, DAR 2008, 336 = WI 2008, 76 = NZV 2008, 285 = zfs 2008, 374 = VersR 2008, 656.
74 *VG Neustadt a. d. W.* DAR 2010, 223 m. Anm. *Schwab* (Bescheid wurde auf Hinweis des *OVG Koblenz* zurückgenommen.)
75 *LG Hamburg* SP 2008, 28.
76 *VG Frankfurt* NVwZ-RR 2002, 601.

müsse. Tatsächlich ging der gefahrenträchtige Zustand aber nicht von dem Fahrzeug aus, sondern vom Benzin auf dem Bürgersteig. Damit ist Zustandsstörer nicht der Fahrzeughalter, der ja keinen Schaden verursacht und somit keinen versicherungsrechtlichen Deckungsschutz hat, sondern die Gemeinde selbst.

38b Für den Schaden am eigenen Fahrzeug kann der Versicherungsnehmer natürlich seine Kaskoversicherung in Anspruch nehmen. Steht das Fahrzeug in der Garage, besteht über die Wohngebäudeversicherung[77] kein Anspruch auf Ersatz der öffentlich-rechtlichen Löschkosten, sollten diese tatsächlich verlangt werden. Jedenfalls ist ein geparkter PKW nicht[78] in Betrieb, sodass auch nicht ausnahmsweise Löschkosten von der Feuerwehr zu beanspruchen wären.[79]

39 Gerade im Bereich der Feuerwehrkosten ergeben sich insbesondere zur Höhe der nach Satzungsrecht festgelegten Gebühren gravierende Unterschiede, wenn es um die technische Hilfeleistung geht.[80]

39a Die Gebühren sind zwar gelegentlich offensichtlich nicht kostendeckend ermittelt und damit auch zu niedrig bemessen. Dann entstehen keine Probleme für den Versicherer bezüglich der Deckung, da bei alternativer Inanspruchnahme eines Unternehmers vom freien Markt sogar etwas höhere Preise zu zahlen wären.

39b Anders sieht es aber dann aus, wenn öffentlich-rechtliche Gebührensatzungen Stundenpreise vorgeben, die sich weder mit Vergleichszahlen aus anderen Satzungen erklären lassen, noch dem Vergleich mit Stundensätzen anderer Behörden, wie dem Technischen Hilfswerk (THW), den Autobahnbetriebsämtern und erst recht nicht mit denen von privaten Unternehmen standhalten. Dazu ist anzumerken, dass die Privatwirtschaft schließlich auf die Erwirtschaftung eines Unternehmergewinns ausgerichtet ist und zudem noch Steuern anfallen. Dagegen darf die öffentliche Hand nicht auf Gewinnzielung ausgerichtet arbeiten und erhebt keine Umsatzsteuer.

e) Kostendeckelung durch Zivilrecht

39c In derartigen, gar nicht einmal so seltenen Fällen, ist der Deckungsumfang der Höhe nach auf die Kosten begrenzt,[81] die der Versicherer maximal auf privatwirtschaftlicher **Basis** ausgeben müsste. Nur diese Höhe entspricht dem, was versicherungsvertraglich geschuldet ist. Alles andere sprengt den Rahmen, da die gesetzlichen Haftpflichtbestimmungen privatrechtlichen Inhalts nach § 2 Abs. 1 KfzPflVV zugleich implizieren, dass sich der Aufwand der Höhe nach nur an zivilrechtlichen Grundsätzen zu richten hat.

39d Wird diese Grenze überschritten, bleibt der Versicherungsnehmer auf dem ungedeckten Teil des Schadens sitzen; es sei denn, der Versicherer leistet aus Kulanz.

40 ▶ **Tipp für die Praxis**

Als Rechtsanwalt und Schadenbearbeiter der Versicherung muss man sich klar darüber sein, dass Kostenbescheide zum Öffentlichen Recht gehören und hier auch andere Verfahrensschritte einzuleiten sind, wie bereits oben erwähnt.

Wichtig ist insbesondere, dass man schnell Aufschluss über die Angemessenheit der Kosten erhält, um bei Bedarf innerhalb der von der Behörde gesetzten Fristen durch Rechtsbehelfe[82] und Rechtsmittel reagieren zu können.

---

77 *AG Schleiden* NJOZ 2003, 2964.
78 Anders *OLG Düsseldorf* DAR 2011, 24 = MDR 2011, 28; als Grenzfall betrachtend *Dörr*, MDR 2011, 1083 (1087); abl. *Schwab* DAR 2011, 11 (17).
79 *OVG Münster* NJW-RR 1995, 84; *OVG Münster* NZV 1995, 125 = NVwZ-RR 1995, 85.
80 Ausführliche Darstellung mit Kostenbeispielen: *Schwab* PVR 2002, 243 ff.
81 *Schwab* DAR 2007, 269.
82 Siehe oben Rdn. 34.

Es sollte daher schnellstmöglich eine Abstimmung mit dem Versicherer erfolgen.

Dabei kann dann auch abgestimmt werden, ob der Versicherer im Rahmen der ihm nach A.1.1.4 AKB 2008[83] gegebenen Vollmacht selbst im Namen des Versicherungsnehmers bzw. der mitversicherten Personen[84] oder der Anwalt tätig werden soll. In diesem Zusammenhang sei erwähnt, dass sich die Vollmacht des Versicherers nach den Musterbedingungen des GDV nach wie vor ausdrücklich nur auf den privatrechtlichen Teil bezieht. Eine erweiternde Auslegung der Vollmacht auch auf öffentlich-rechtliche Bereiche ist jedoch notwendig und zutreffend.[85] Ohne eine entsprechende Vollmachtserweiterung auch auf öffentlich-rechtliche Feuerwehrkosten, wie sich diese bereits bei bestimmten Versicherern[86] finden lassen, muss in der Praxis leider trotzdem noch oft mit der Krücke einer Duldungs- oder Anscheinsvollmacht gearbeitet werden. Notfalls ist dann dort unter Zeit- und Erklärungsdruck eine individuelle Vollmacht schriftlich nachzureichen.

f) Argumente gegen überhöhte Kostenbescheide

Bei der Begründung des Widerspruchs ist auf das Äquivalenzprinzip besonders hinzuweisen. Die Abrechnungspraxis der Gemeinde darf nicht außer jedem Verhältnis stehen. Wesentliche Bedeutung gewinnt hierbei die Entscheidung des *OVG Koblenz*,[87] das ausdrücklich dem *OVG Münster* folgt.[88] Das Gericht rügt die Abrechnungspraxis der Gemeinde, wonach die Gesamtkosten des Fahrzeugs auf die tatsächlichen Einsatzstunden, nicht aber auf die Gesamtstunden eines Jahres umgelegt werden. Diesem Ansatz haben sich nun Oberverwaltungsgerichte[89] und Verwaltungsgerichte[90] verschiedener Länder angeschlossen. Es ist anzunehmen, dass sich Verwaltungsgerichte weiterer Bundesländer dieser zutreffenden Rechtsauffassung anschließen werden, sofern die landesrechtlichen Bestimmungen hierfür die Voraussetzungen[91] liefern. 41

In diesem Zusammenhang sei erwähnt, dass, aufgrund der abweichenden Regelungen in Bayern, keine Umlegung auf die Gesamtstunden des Jahres erfolgen kann. Anderseits schränkte der *VGH München*[92] die Ansätze zu einer Kostenerhebung auf die rein fahrzeugbezogenen Kosten mit Blick auf die zu erwartende effektive und nicht nur rechnerisch dargestellte Nutzungsdauer ein. Zudem hält er zu Recht eine anteilige Umlegung des Gerätehauses/Garage nebst Verwaltung und Verzinsung für unzulässig. Dies hatte nach der Entscheidung wirtschaftlich zur Folge, dass die Kostensätze nun in die Nähe der schadensersatzrechtlichen Erforderlichkeit reduziert werden konnten. 41a

Neuerdings wird nun vom *OVG Münster*[93] und *OVG Berlin-Brandenburg*[94] auch die häufig anzutreffende Praxis der satzungsgebenden Gemeinden für rechtswidrig gehalten, angefangene Stunden voll abzurechnen. Es liegt ein Verstoß gegen den Grundsatz der Leistungsproportionalität vor. Notwendig ist eine minutengenaue Abrechnung, da ansonsten bei Pauschalregelungen gravieren Preisunter- 41b

---

83 Bzw. § 10 Abs. 5 AKB a. F.
84 *Maier/Stadler* Rn. 85.
85 *VGH Kassel* NZV 2009, 256 = NVwZ-RR 2008, 785 (LS.).
86 R+V Allgemeine Versicherung AG; R+V Direktversicherung AG; KRAVAG Allgemeine Versicherung AG; KRAVAG-Logistic Versicherung AG; QBE Insurance (Europe) Limited.
87 *OVG Koblenz* mit zustimmender Anm. *Schwab* DAR 2005, 111 f.
88 *OVG Münster* OVGE 44, 184 = ZKF 1995, 280 = GemHH 1996, 69.
89 *VGH Kassel* LKRZ 2007, 426 = DVBl. 2007, 1572 = ESVGH 58, 77 = KStZ 2008, 36 = GemHH 2008, 91; *VGH Mannheim* v. 16.11.2010 – 1 S 2402/09, DÖV 2011, 168 = GemHH 2011, 45 Ls.
90 *VG Göttingen* v. 9.4.2008 – 1 A 140/07 u. 1 A 301/06, zust. *Bode* BrandSchutz 2008, 530; *VG Greifswald* v. 11.3.2008 – 1898/05; *VG Schwerin* v. 13.8.2009 – 4 A 277/07.
91 *Aussprung/Siemers/Holz* § 6 Punkt 20.
92 *VGH München* DAR 2008, 540 mit Anm. *Schwab*.
93 *OVG Münster* v. 15.9.2010 – 9 A 1582/08, DÖV 2011, 38.
94 *OVG Berlin-Brandenburg* v. 10.02.2011 – 1 B 72/09; *OVG Berlin-Brandenburg* v. 10.2.2011 – 1 B 73/09, NVwZ-RR 2011, 629.

schiede entstehen, die mit Art. 3 Abs. 1 GG unvereinbar[95] sind. Eine Satzung, die dies nicht berücksichtigt, kann als nichtig[96] eingestuft werden.

42 Zu prüfen ist ferner, ob die Inanspruchnahme des Versicherungsnehmers eine unbillige Härte beinhaltet. Dazu ist darzustellen, dass der Schaden letztlich wegen der auf gesetzliche Haftpflichtbestimmungen privatrechtlichen Inhalts begrenzten Deckung mit dem überschießenden Teil vom Mandanten/Versicherungsnehmer selbst zu tragen ist. Auf die Möglichkeit der Gemeinde, den überhöhten Anteil nach § 227 AO zu erlassen, sollte mit Nachdruck hingewiesen werden.

42a Um so mehr gewinnt dieses Argument an Bedeutung, wenn sich der Versicherungsnehmer im Prämienverzug befindet oder sonst bereits einem Regress ausgesetzt ist. Konsequenterweise wird der Versicherer hier nicht in Vorleistung treten müssen, da dieser nicht Adressat eines öffentlich-rechtlichen Kostenbescheides sein kann. Der Versicherer wird durch einen gesetzlichen (zivilrechtlichen) Schuldbeitritt nicht zum öffentlich-rechtlichen (Mit-) Störer und Kostenschuldner. Es besteht weder ein Direktanspruch nach § 115 Abs. 1 Nr. 1 VVG[97], noch ist der Versicherer nach § 117 Abs. 1 VVG vorleistungspflichtig.

43 Schließlich sollte man auch rügen, dass die Feuerwehr, die oftmals mit bescheidenen Mitteln und nach heutigen Maßstäben gemäß DWA-M 715 oftmals mit völlig unzureichender Ausstattung[98] lediglich technische Hilfe[99] leistet, es versäumt hat, auf die hohen zu erwartenden Kosten hinzuweisen. Sie darf ja schließlich nicht gewinnorientiert arbeiten und muss nach § 25 VwVfG auch in diesem Bezug ihrer Aufklärungs- und Beratungspflicht nachkommen. Notfalls muss sie auf andere leistungsfähige Unternehmer verweisen, die die gleiche Arbeit günstiger oder heute[100] vielfach auch noch besser erledigen könnten. Es besteht letztlich kein Grund, den Maßstab der Sorgfalt bei Behördenvertretern geringer einzustufen als im normalen Geschäftsleben. Es lassen sich entsprechende Parallelen zu den Informationspflichten des Mietwagenunternehmers[101] ziehen.

44 Es zeigt sich somit, dass jedenfalls in der Kraftfahrthaftpflichtversicherung Bereiche gegeben sind, in denen die Inanspruchnahme aufgrund öffentlich-rechtlicher Normen weiter gehen kann, als hierfür Deckung zu gewähren ist.

44a Nicht vergleichbar dazu ist die Gewässerschadenhaftpflichtversicherung aus dem allgemeinen Haftpflichtbereich. Dort wurde die Deckung ausdrücklich auch auf den öffentlich-rechtlichen Bereich ausgeweitet.[102]

3. Gebrauch des Fahrzeugs bei Öl- und Umweltschäden

45 Schließlich muss das Unfallereignis auf den Gebrauch[103] des Fahrzeugs zurückzuführen sein. Zum Haftpflichtgefahrenbereich, für den die Kraftfahrthaftpflichtversicherung deckungspflichtig ist, gehört regelmäßig auch der Einsatz des Kraftfahrzeugs als Arbeitsmaschine beim Be- und Entladen; so nun ausdrücklich in A.1.1.1 Satz 2 AKB 2008.

---

95 *VG Arnsberg* v. 17.3.2011 – 7 K 331/10.
96 *VG Köln* v. 3.8.2011 – 27 K 4162/10.
97 Anm. *Schwab* in DAR 2007, 269 zu *BGH* DAR 2007, 142.
98 Zum Stand der Technik für eine qualifizierte Fahrbahnreinigung s. Himmelreich/Halm/*Borchardt* Kap. 7, Rn. 285 ff.
99 Bereits – trotz Anforderung durch die Polizei – die fehlende Zuständigkeit der Feuerwehr für die Ölspurbeseitigung rügend: *VG Neustadt a. d. W.* v. 28.8.2007 – 5 K 5/07.NW (rechtskräftig nach Berufungsrücknahme auf Hinweis des *OVG Koblenz* – 7 A 11284/07.OVG); s. a. LT-Drucksache 14/666 Baden-Württemberg.
100 *VG Mainz* LKRZ 2008, 26; veraltet noch *VG Braunschweig* v. 23.9.2005 – 5 A 149/00.
101 *BGH* v. 28.6.2006 – XII ZR 50/04, BGHZ 168, 168 = DAR 2006, 571 = VersR 2006, 1274; *BGH* v. 21.11.2007 – XII ZR 128/05, SP 2008, 109; *Fitz* Rdn. 204.
102 Siehe oben Rdn. 24.
103 Schaubild zum normspezifischen Gebrauchsbegriff in Halm/Kreuter/*Schwab*, AKB-Kommentar, A.1.1.1 AKB 2008, Rn. 47.

B. Versicherungsverhältnis

Es ist darauf hinzuweisen, dass der Anwendungsbereich der AKB nicht durch die AHB bestimmt[104] wird. Umgekehrt wird heute ebenso der Anwendungsbereich der AHB mit den sogenannten Benzinklauseln nicht mehr[105] durch die AKB bestimmt. Ein unmittelbarer Anschluss der Deckungsbereiche ist nicht zwingend.   45a

Nach der Rspr. Des *IV. Senats des BGH*[106] gehört das Entladen von Öl aus dem Tanklastzug mittels einer darauf befindlichen Pumpe zum Gebrauch des Kraftfahrzeugs. Darauf hat der *VI. Senat des BGH*[107] noch in einer neueren Entscheidung hingewiesen. Zu beachten ist jedoch, dass das reine Arbeitsrisiko nicht Inhalt der Pflicht-Haftpflichtversicherung[108] ist. Unbeachtet blieb, dass seit der Deregulierung Mitte der 1990er Jahre die Bedingungen nicht mehr amtlich genehmigt und für allgemeinverbindlich erklärt werden müssen. Ein Rückgriff auf Rechtsprechung, die zu einer überholten Gesetzeslage ergangen ist, führt heute zu falschen[109] Ergebnissen.   45b

Das hat zur Folge, dass, in (zulässiger) Abweichung von den unverbindlichen Muster-AKB 2008 des GDV, immer die individuellen[110] AKB des Versicherers zu prüfen sind.   45c

Der Versicherer hat auch entsprechend dem Versicherungsnehmer den Sanierungsaufwand als Aufwendungsersatz im Rahmen von Rettungskosten zu ersetzen.[111]   45d

4. Sonderproblem: Entsorgungskosten für kontaminierte Ladung des versicherten Fahrzeugs

a) Freistellungsanspruch ohne Haftung?

Entsorgungskosten für kontaminierte Ladung des versicherten Fahrzeugs sind regelmäßig ein Problem der Regulierungspraxis, da neben A.1.1.1 AKB 2008 auch die Ausschlussklauseln in A.1.5 AKB 2008 zu beachten sind.   46

Nach A.1.5.5 AKB 2008 sind transportierte Sachen von der Haftpflicht ausgenommen. Folglich kann weder der Versicherungsnehmer, ein Insasse noch der Eigentümer des transportierten Gutes eine Entschädigung für die untergegangene oder beschädigte Ware aus dem Versicherungsvertrag gegen den eigenen[112] Kfz-Haftpflichtversicherer geltend machen.   46a

Für diesen Fall besteht schließlich die Möglichkeit, Versicherungsschutz über die Transportversicherung[113] zu erlangen. Im Werkverkehr – beim Transport eigener Waren – geschieht dies durch Versicherung des Warenschadens (auch Eigenschadens)[114]. Beim gewerblichen Güterverkehr nach § 7a GüKG ist die Verkehrshaftungsversicherung[115] als Pflicht-Haftpflichtversicherung[116] einschlägig.   46b

---

104 Halm/Kreuter/*Schwab*, AKB-Kommentar, A.1.1.1 AKB 208, Rn. 72 ff.
105 *Terno* r+s 2011, 361 (365).
106 *BGH* v. 26.6.1979 – IV ZR 122/78, BGHZ 75, 45 = NJW 1979, 2408 = VersR 1979, 956, 958, 959.
107 *BGH* v. 8.4.2008 – VI ZR 229/07.
108 Halm/Kreuter/*Schwab*, AKB-Kommentar, § 1 PflVG, Rn. 37 ff.
109 Kritisch *Schwab* DAR 2011, 11 (18).
110 *Heinrichs* zfs 2009, 187; *Kärger* Kfz-Versicherung nach dem neuem VVG Rn. 8; *Bauer* Die Kraftfahrtversicherung, Vorwort; *Terno* r+s 2011, 361 (zu den AHB).
111 *OLG Hamburg* VersR 1969, 223.
112 Ansprüche gegen sonstige Schädiger bleiben natürlich hiervon unberührt.
113 Näheres Halm/Engelbrecht/Krahe/*Schmitt/Suhr*, Handbuch des Fachanwalts Versicherungsrecht, Kap. 8.
114 DTV-Güter 2000/2011, Musterbedingungen des GDV.
115 DTV-VHV 2003/2011, Musterbedingungen des GDV.
116 Auflistung zu verschiedenen Pflicht-Haftpflichtversicherungen rund um das Fahrzeug in Halm/Kreuter/*Schwab*, AKB-Kommentar, Vorb. zu §§ 113 bis 124 VVG.

47 Offen blieb die Frage, ob damit zugleich auch Ansprüche auf Ersatz der Kosten für die Entsorgung von mit dem Fahrzeug beförderten und darauf zerstörten Sachen unter die Ausschlussklausel fallen.

47a Der *IV. Senat* des *BGH*[117] hat dies in seinem »Fernseh-Urteil« im Rahmen einer Deckungsklage bejaht.

47b Der Lastzug eines Frachtführers (beladen mit Fernsehgeräten) geriet in Brand, da die Reifen mit der Ladefläche in Kontakt kamen und Feuer fingen. Das Feuer griff auf die Ladung über. Der Frachtführer wurde in der Folge mit Ansprüchen zur Beseitigung des Brandschuttes auf der Ladefläche konfrontiert. Er verklagte seinen Kfz-Haftpflichtversicherer auf Übernahme auch dieser Kosten.

47c Der *BGH* stützt sich bei der Auslegung der Ausschlussklausel zunächst auf den Wortlaut. Maßgebend ist, was ein durchschnittlicher Versicherungsnehmer bei verständiger Würdigung und aufmerksamer Durchsicht der Bedingungen und unter Berücksichtigung des erkennbaren Sachzusammenhangs[118] darunter verstehen werde. Folglich kommt es auch auf die Sichtweise des Versicherungsnehmers an. Des Weiteren hat er sich auf den Sinn und Zweck der eng auszulegenden Ausschlussklausel bezogen. Sie beinhalte nur eine Ausnahme hinsichtlich der Sache selbst, nicht aber auch von dadurch bedingten anderweitigen Schäden. Der Ausschluss solle lediglich verhindern, dass das Unternehmerrisiko für den Untergang der transportierten Ware auf den Kfz-Haftpflichtversicherer verlagert werde.

48 Die Entscheidung ist nicht unbedenklich und muss mit Blick auf die tatsächliche Relevanz behandelt werden.

49 Es sei vorausgeschickt, dass in keinem Fall eine Übertragung auf die Fälle erfolgen kann, in denen der Versicherungsnehmer eigene statt fremde Sachen transportiert. Bei eigenen Sachen handelt es sich nie um den Fremdschaden eines Dritten, sondern immer um einen nicht gedeckten Eigenschaden. Entstehen aufgrund dieses Eigenschadens Entsorgungskosten, ist dies bloß eine Folge[119] des Eigenschadens.

49a Schließlich sei in diesem Zusammenhang darauf hingewiesen, dass für den Transport eigener Waren regelmäßig eine Eingruppierung zum günstigeren Werkverkehrstarif erfolgt, gegenüber der höheren Versicherungsprämie beim Güterverkehrstarif.

50 Aber auch hinsichtlich der Konstellation »Transport fremder Sachen« muss erst einmal hinterfragt werden, ob überhaupt ein Anspruch eines Geschädigten gegen den Versicherungsnehmer gegeben ist oder überhaupt bestehen könnte.

50a Das *LG Stuttgart*,[120] als erstinstanzliches Gericht zur obigen Entscheidung des *BGH*, hat bereits ausgeführt, dass das Ob und Wann ein solcher Anspruch begründet ist, für die Frage der Deckungsklage keine Rolle spielt. Die Parteien des Rechtsstreits haben offenkundig das Bestehen einer Anspruchsgrundlage unterstellt.

51 Eine Haftung nach § 7 StVG scheidet nach altem und auch nach heutigem Recht[121] aus. Die Anwendung des § 7 StVG scheitert schon am Unfallbegriff[122] des Abs. 2, da durch die allmähliche Brandentstehung am Fahrzeug kein auf einer äußeren Einwirkung beruhendes, plötzliches, örtlich und zeit-

---

117 *BGH* v. 23.11.1994 – IV ZR 48/94, VersR 1995, 162 = DAR 1995, 156.
118 Unter Hinweis auf *BGH* v. 23.06.1993 – IV ZR 135/92, BGHZ 123, 83, 85 = NJW 1993, 2369 = VersR 1993, 957.
119 Entsorgungskosten werden nach den ergänzenden unverbindlichen Musterbedingungen des GDV – Güterfolgeschadenklausel – zur DTV-Güter 2000/2011 nicht ersetzt.
120 *LG Stuttgart* v. 19.4.1993 – 18 O 55/92.
121 Zweites Gesetz zur Änderung schadensersatzrechtlicher Vorschriften vom 19.7.2002.
122 Himmelreich/Halm/*Luckey*, Handbuch des Fachanwalts Verkehrsrecht, Kap. 1 Rn. 13; Geigel/*Kaufmann*, Kap. 25 Rn. 6 u. 65; ebenso für allmähliche Betriebsmittelverluste *VG Köln* v. 13.5.2011 – 18 K 7475/10 u. *VG Köln* v. 13.05.2011 – 18 K 7476/10.

lich begrenztes Schadenereignis vorliegt. Zudem wird der Anwendungsbereich durch § 8 Nr. 3 StVG eingeschränkt. Eine Haftung für den Sachschaden besteht nur dann, wenn eine Person die beförderte Sache an sich trägt oder mit sich führt. In den relevanten Fällen geht es aber nie um persönliche Sachen von Insassen, die entgeltlich und geschäftsmäßig befördert wurden, sondern um transportierte Güter.

Da der Gesetzgeber nur ausnahmsweise der beförderten Person einen eingeschränkten Ersatzanspruch auch für den Sachschaden gewährt, hat dies zur Folge, dass umgekehrt erst recht kein Anspruch für transportierte Güter bestehen kann. 51a

Selbst wenn man insoweit anderer Auffassung sein sollte und dennoch eine Haftungsgrundlage für den Eigentümer der transportierten Ware befürworten, so dürfte dieser Anspruch durch privatrechtliche Vereinbarung regelmäßig ausgeschlossen sein. Nach § 8a Abs. 2 StVG a. F. und § 8a S. 1 StVG n. F. waren und sind entsprechende Vereinbarungen bereits für den Sachschaden bei entgeltlicher und geschäftsmäßiger Personenbeförderung möglich.[123] Erst recht gilt dies bei Transportverträgen. Gewöhnlich werden dort allgemeine Geschäftsbedingungen mit Haftungsbeschränkungen Vertragsbestandteil. Man denke nur an die ADSp.[124] 52

Die genauen Umstände der Brandentstehung sind nicht bekannt. Es dürfte sich jedoch um einen technischen Defekt am Fahrzeug handeln. Ein Verschulden des Fahrers wird unter diesen Umständen bereits ausscheiden, sodass auch § 823 Abs. 1 BGB als Anspruchsgrundlage ausscheiden dürfte. 53

Aber auch in den Fällen, in denen sich ein Verschulden nachweisen ließe, ergeben sich Besonderheiten. Praxisrelevant sind ja gerade die Fälle, in denen größere kontaminierte Warenmengen zu hohen Kosten zu entsorgen[125] sind. Man denke hier nicht nur an verbrannte Fernsehapparate und Computerschrott, sondern auch beispielsweise an verbranntes Knäckebrot, Schweinehälften und Fälle mit verdorbenen Lebensmitteln, die unfallbedingt nicht weiter durch das Zusatzaggregat des Fahrzeugkühlaufbaus temperiert werden konnten und somit ungenießbar wurden. 53a

In den meisten Fällen werden sich bereits die oben erwähnten vereinbarten Haftungsbeschränkungen auswirken. Wurden keine entsprechenden wirksamen Vereinbarungen getroffen, so ist noch das Frachtführerrecht nach § 425 ff. HGB zu beachten, das Einschränkungen zur Haftung und zum Haftungslimit enthält. 53b

Unabhängig von dieser Fragestellung sei dann noch auf das Problem einer möglichen Doppel- bzw. Mehrfachversicherung nach den §§ 77 ff. VVG hingewiesen. Das sind hier Fälle, in denen eine Transportversicherung abgeschlossen wurde. Mitunter sind dort Entsorgungskosten der zerstörten Ladung in den Versicherungsschutz aufgenommen, teils jedoch subsidiär, falls von einem anderen Versicherer nichts zu erhalten ist. 54

b) Orangen-Urteil

In seinem »Orangen-Urteil« ist nun der *VI. Senat* des *BGH*[126] davon ausgegangen, dass der Straßeneigentümer einen eigenen Schaden dadurch erleidet, dass er die Entsorgung der weitgehend unbrauchbaren Ladung veranlasst. Dabei unterstellt er, dass der Brandschutt seine Sache (Straße) beeinträchtige. 55

Die Beeinträchtigung endet jedoch objektiv bereits dann, wenn der Brandschutt aufgenommen und die Straße gereinigt wurde. Es darf erwartet werden, dass der *BGH* wegen der Worte »*jedenfalls im vorliegenden Fall*« an geeigneter Stelle eine Korrektur[127] vornehmen wird. 55a

---

123 Hentschel/*König*/Dauer § 8a StVG Rn. 2.
124 Allgemeine Deutsche Spediteurbedingungen.
125 Größenordnungen nach Fallgestaltung von 250 bis 800 EUR/t sind nicht ungewöhnlich.
126 *BGH* v. 6.11.2007 – VI ZR 220/06, VersR 2008, 230 = DAR 2008, 82 m. abl. Anm. *Schwab*.
127 Siehe im Gegensatz zum *BGH*, den österreichischen *OGH* v. 24.9.2008 – 7 Ob 197/08 h; dem *OGH* zustimmend *Zehetbauer* TranspR 2009, 46 u. *Huber* VersR 2009, 570.

55b Dem Sachverhalt lag ein frachtrechtlicher Transport zu Grunde. Damit war auch kein Weg über die Geschäftsführung ohne Auftrag gegen Halter, Fahrer und Kfz-Haftpflichtversicherer eröffnet, da schließlich nur der Eigentümer der beschädigten Ware Geschäftsherr war. Nur gegen ihn könnte der Straßeneigentümer als Geschäftsführer Ansprüche erheben.

55b Hätte es sich um einen Werkverkehr gehandelt, wären also Waren des Versicherungsnehmers verbrannt, stünde die Entsorgung allein im Interesse des Versicherungsnehmers, nicht aber im Interesse des Kfz-Haftpflichtversicherers. Es handelt sich dort um einen Folgeschaden in Bezug auf den nicht versicherten Eigenschaden. Solche Schäden sind über die Warenversicherung zu versichern.

55c

	Geschädigter	Werkverkehr	Güterverkehr
Regelung		§ 1 Abs. 2 GüKG	§ 1 Abs. 1 GüKG
Tarif		Werkverkehrstarif, da Transport eigener Güter	Güterverkehrstarif, da Transport fremder Güter
Eigenschäden an der Ladung Lösung:	selbst	= kein Dritter = kein Haftpflichtfall, zudem Ausschluss A.1.5.5 AKB 2008 in KH	entfällt
		Warenversicherung DTV-Güter 2000/2011	entfällt
Fremdschäden an der Ladung Lösung:	Verlader/Eigentümer	entfällt	Ausschluss A.1.5.5 AKB 2008 in KH
			Verkehrshaftungsversicherung Pflicht-Haftpflichtversicherung nach § 7a GüKG DTV-VHV 2003/2011
Folgeschäden durch die Ladung			
Fall 1 Lösung:	selbst	Eigenfolgeschaden = kein Haftpflichtfall *Güterfolgeschadenklausel DTV-Güter 2000/2011*	entfällt
Fall 2 Lösung:	Verlader/ Eigentümer	entfällt	Folge eines nicht in KH versicherten Fremdschadens *Individuelle Güterfolgeschadenklausel*
Fall 3 Lösung:	am Transport unbeteiligter Dritter, wegen Ölspur etc.	kein Ausschluss – typischer Kfz-Haftpflichtfall, da Dritter in eigenen Rechten verletzt	
Fall 4 Lösung:	am Transport unbeteiligter Dritter wegen Entsorgung der Ladung *(Orangenfall des BGH)*	Ausschluss, da Eigenfolgeschaden Dritter ist <u>nicht</u> geschädigt, sondern besorgt nur fremdes Geschäft des Eigentümers *Güterfolgeschadenklausel DTV-Güter 2000/2011*	Ausschluss, da Folge eines nicht in KH versicherten Fremdschadens Dritter ist <u>nicht</u> geschädigt, sondern besorgt nur fremdes Geschäft des Eigentümers *Individuelle Güterfolgeschadenklausel*

Schaubild: Ladungsschäden und hierdurch verursachte Folgeschäden im Werk- und Güterverkehr

> **Tipp für die Praxis**   56

Um eine Verpflichtung des Kfz-Haftpflichtversicherers bezüglich der Entsorgungskosten kontaminierter Ladung prüfen zu können, sind umfangreiche Vorarbeiten und Ermittlungen notwendig. Insbesondere sind die genauen vertraglichen Verhältnisse und die handelsrechtlichen Auswirkungen mit in die Überlegungen einzubeziehen.

Vor einer voreiligen Selbst-Regulierung des Versicherungsnehmers an einen vermeintlich Schadensersatzberechtigten ist nicht nur mit Blick auf den Deckungsumfang in der Kfz-Haftpflichtversicherung, sondern auch gerade wegen der vertraglichen Seite zum geschädigten Verlader zu warnen.

II. Direktanspruch gegen den Kfz-Haftpflichtversicherer in Öl- und Umweltschäden

4. Öffentlicher Verkehrsraum

Bei Umweltschäden gilt nichts anderes, als bei sonstigen Personen- und Sachschäden auch. Da wir es   57
jedoch bei Umweltschäden mit besonderen Schadenarten und besonderen Geschädigten zu tun
haben, treten weitere Probleme auf, die zu einer vertieften inhaltlichen Auseinandersetzung veranlassen.

Nur der unmittelbar Geschädigte hat einen Direktanspruch gegen den Kfz-Haftpflichtversicherer[128]   57a
nach § 115 Abs. 1 VVG.

Zu beachten ist, dass nach der Intension des Gesetzgebers der Schutz des Verkehrsopfers[129] im Vor-   57b
dergrund steht. Dies erschließt sich aus den Gesetzesmaterialien – als auch nochmals deutlicher – aus
Art. 12 Abs. 1 u. 3 der 6. KH-Richtlinie[130] vom 16.9.2009. Danach sind die Teilnehmer am Straßenverkehr, sei es als Insassen motorisierter Fahrzeuge, Fußgänger, Radfahrer oder in sonstiger Weise am
Straßenverkehr teilnehmend, mit einem Direktanspruch zu versehen.

Weder der Grundstückseigentümer mit seinem Grundstücksstreifen am Fahrbahnrand noch der Ei-   57c
gentümer der Straße nehmen jedoch aktiv am Straßenverkehr teil. Nach § 12 Abs. 1 Satz 5 PflVG
wird neben anderen[131] der Straßeneigentümer den Verkehrsteilnehmern ausdrücklich nicht gleichgestellt. Ein Anspruch gegen den Entschädigungsfond (Verkehrsopferhilfe e.V.) besteht nicht, da
sie nach dem ausdrücklichen Willen des Bundesgesetzgebers[132] nicht zu den eigentlichen Verkehrsopfern zu zählen sind. Die auf den Verkehrsopferschutz bezogene Einschränkung hatte 2002 der
Bundesgesetzgeber[133] auf bestimmte Privatunternehmen ausgedehnt.

Tankstelleneinrichtungen befinden sich häufig im öffentlichen[134] Verkehrsraum. Schäden hieran fal-   57d
len ebenfalls nicht unter den Verkehrsopferschutz und sollen nach zutreffender Auffassung[135] auch
nicht über den Entschädigungsfond ersetzt werden.

---

128 Nur in der Pflichtversicherung gibt es einen echten Direktanspruch. Kritisch zum neuen Recht daher *Abram* VP 2008, 77 ff.
129 Ausführlich Halm/Kreuter/*Schwab*, AKB-Kommentar, § 115 VVG, Rn. 34 ff.
130 Richtlinie 2009/103/EG des Europäischen Parlaments und des Rates vom 16.9.2009, Amtsblatt der Europäischen Union vom 7.10.2009, L 263/11.
131 Einschränkend schon *BGH* v. 27.11.1984 – VI ZR 256/82, VersR 1985, 185 = DAR 1985, 77 = MDR 1985, 661.
132 BT-Drucksache 7/2506 S. 18.
133 BT-Drucksache 14/8778 S. 12 u.15.
134 *OLG Düsseldorf* zfs 1981, 323 = VRS 59, 282; *OLG Düsseldorf* DAR 2002, 68 = VersR 2002, 208 = NZV 2002, 87; *OLG Dresden* NZV 2007, 152 = zfs 2007, 172.
135 Feyock/Jacobsen/Lemor/*Elvers*, KfzVers, § 12 PflVG, Rn. 86, 86a; Himmelreich/Halm/*Elvers*/Schwarz, Handbuch des Fachanwalts Verkehrsrecht, Kap. 29, Rn. 162.

Direktanspruch der Verkehrsopfer
für Geschädigte als Teilnehmer des öffentlichen Straßenverkehrs:
    für Fahrzeug- und Personenschaden
dagegen nur Schadensersatzanspruch, aber kein Direktanspruch für sonstige Geschädigte:
    z. B. Öl läuft aus

Öl auf Fahrbahn

Öl auf Seitenstreifen

Öl im Grünstreifen

Öl im Grundwasser

57e Dennoch gewährt die Rechtsprechung[136] ohne sachlichen Grund regelmäßig einen Direktanspruch gegen den Kfz-Haftpflichtversicherer. Dies sogar in ganz kuriosen[137] Fällen ohne zu prüfen, ob der vom Gesetz vorgegebene Schutzbereich der Pflichtversicherung[138] bereits verlassen wurde.

57f Der Direktanspruch wird in der Praxis kaum bestritten. Solange der Versicherer bei gesundem Versicherungsverhältnis Deckungsschutz zu gewähren hat, ist dies letztlich – mit Ausnahme der zusätzlichen Verfahrenskosten – unproblematisch, da der Versicherer zugleich seinen Versicherungsnehmer freizustellen hat.

57g Besteht jedoch kein Versicherungsschutz, müsste der Haftpflichtversicherer in Vorlage treten und das Regressrisiko tragen. Solche weitgehenden Eingriffe begünstigen in den meisten Fällen die öffentliche Hand als Geschädigte, wie etwa bei Ölspuren.[139] Sie benachteiligen aber den Kfz-Haftpflichtversicherer ohne sachlichen Grund sogar gegenüber anderen Haftpflichtversicherern,[140] Art. 3 GG.

57h In gleicher Weise ist es ungerechtfertigt, den Kfz-Haftpflichtversicherer gegenüber denjenigen schlechter zu behandeln, die nach § 2 PflVG von der Versicherungspflicht befreit sind. Es ist kein sachlicher Grund ersichtlich, wieso der Kfz-Haftpflichtversicherer weiter, als »Quasiversicherer« wie der Bund, die Länder, die großen Gemeinden oder der kommunale Schadensausgleich haften müsste. Deren direkte Haftung ist auf den absoluten Mindestschutz nach dem PflVG[141] auch dann begrenzt, wenn es sich um den Unfall eines städtischen Schadstoffmobils auf einem Wertstoffhof handelt.

57i Eine weitere Parallele findet sich bei der Amtspflichtverletzung nach § 25 Abs. 4 Satz 1 FZV. Danach haben die Zulassungsbehörden auch auf eine unberechtigte[142] Anzeige des Versicherers unverzüglich durch eigene[143] Bemühungen zu verhindern, dass nicht versicherte zulassungspflichtige Fahrzeuge am öffentlichen Straßenverkehr[144] teilnehmen. Nach zutreffender Auffassung des *BGH*[145] ist der Umfang des Amtshaftungsanspruchs auf den gesetzlichen Mindestschutz begrenzt.

---

136 *BGH* v. 08.04.2008 – VI ZR 229/07, NJW-Spezial 2008, 298 zu *OLG Frankfurt* NJOZ 2008, 2864 = zfs 2008, 377 = r+s 2008, 437.
137 *OLG Düsseldorf* DAR 2011, 24 = MDR 2011, 28 = NJW – 2011, 317 (Brand in Einzelgarage); abl. *Schwab* DAR 2011, 11 (17).
138 Aufschlussreich dagegen der österreichische *OGH Wien* VersR 2011, 287 (Umfang der Pflicht-BHV).
139 *OLG Brandenburg* zfs 2011, 379 = DÖV 2011, 124 = SP 2011, 171; *Schwab* DAR 2010, 347.
140 *Schwab* DAR 2011, 11 (18).
141 Nach Prölss/Martin/*Knappmann*, VVG-Kommentar, § 2 PflVersG Rn. 4 Begrenzung nach § 2 KfzPflVV.
142 *Rebler* SVR 2010, 2006.
143 *OLG Karlsruhe* VersR 2011, 351.
144 *OVG Saarbrücken* v. 3.2.2009 – 1 B 10/09.
145 *BGH* v. 17.5.1990 – III ZR 191/88, BGHZ 111, 272 = DAR 1990, 383 = NZV 1990, 427 = VersR 1991, 73; Hentschel/König/*Dauer*, § 25 FZV Rn. 10.

Die ungerechtfertigte Inanspruchnahme des Kfz-Haftpflichtversicherers betrifft zudem den Kernbereich der beruflichen Tätigkeit nach Art. 12 GG und das Eigentum nach Art. 14 GG. 57j

Im Ergebnis wird der Kfz-Haftpflichtversicherer die ihm aufgebürdeten Lasten betriebswirtschaftlich auf den redlichen Beitragszahler abwälzen können. Richtigerweise wäre das Risiko jedoch volkswirtschaftlich von der Allgemeinheit, also dem Steuerzahler, zu tragen. 57k

2. Nichtöffentlicher Verkehrsraum und sonstige Räume

Umweltschäden treten zudem häufig beim Fahrzeuggebrauch im nicht öffentlichen Verkehrsraum auf. Nach einer unter anderen versicherungsrechtlichen Vorzeichen[146] ergangenen Entscheidung des *BGH*[147] komme auch dort der Direktanspruch zum Tragen. Dies wird von der aktuellen Kommentarliteratur[148] und Teilen der Rechtsprechung[149] abgelehnt. 57l

3. Helfer bei Öl- und Umweltschäden

Es treten in der Praxis immer wieder Fragen auf, ob nicht doch bestimmte Personen, die zur Umweltschadenbehebung gerufen wurden oder gar Behörden Ansprüche unmittelbar gegen den Versicherer geltend machen können. Zu diesen Themenbereichen sind zwischenzeitlich einige Entscheidungen ergangen, die obige Grundaussage belegen. 58

So hat der *BGH*[150] noch zum § 3 PflVG a. F. klargestellt, dass der Direktanspruch lediglich dem Verkehrsopfer, nicht aber auch dem Unternehmer Vorteile verschaffen soll, der einen Schaden behebt.[151] Zwischen Haftpflichtversicherer und Unternehmer besteht allenfalls eine mittelbare Beziehung,[152] die jedoch nicht so weit reicht, dass der Geschäftsführer einen unmittelbaren Anspruch erhält. Schließlich führt er ja nur ein Geschäft für den Schädiger. Aufwendungsersatz ist kein Schadensersatz. 58a

Dies gilt auch in den Fällen, in denen die Feuerwehr Beschädigungen am eingesetzten Equipment erleidet und die Kosten direkt beim Haftpflichtversicherer abzurechen gedenkt. Bezieht sich ein landesrechtlich geregelter Aufwendungsersatzanspruch auf die tatbestandlichen Voraussetzungen einer Gefährdungshaftungsnorm, wie etwa § 7 StVG, ist dieser nicht mit der Rechtsfolge des Schadensersatzanspruchs zu behandeln.[153] 58b

---

146 Vor der Deregulierung waren die AKB behördlich zu genehmigen und wurden per Rechtsakt für allgemeinverbindlich erklärt; § 4 Abs. 1 Satz 5 PflVG a. F.
147 *BGH* v. 25.10.1994 – VI ZR 107/94, VersR 1995, 90 = NJW-RR 1995, 215 (Galopprennbahn); *BGH* v. 8.4.2008 – VI ZR 229/07 (Heizölbefüllung).
148 Looschelders/*Pohlmann*/*Schwartze*, VVG-Kommentar § 115 VVG, Rn. 9; Stiefel/Maier/*Jahnke*, Kraftfahrtversicherung, § 115 VVG, Rn. 81; Halm/Kreuter/*Schwab*, AKB-Kommentar § 115 VVG, Rn. 18; Halm/Engelbrecht/Krahe/*Euler*, Handbuch FA VersR, Kap. 25, Rn. 128.
149 *OLG Koblenz* NJW 2003, 2100 = VersR 2003, 658 = NZV 2004, 80 (84).
150 *BGH* v. 04.07.1978 – VI ZR 95/77, BGHZ 72, 151 = NJW 1978, 2030 = VersR 1978, 870; fast identisch mit *BGH* v. 04.07.1978 – VI ZR 96/77, VersR 1978, 962, da wohl dieselbe Klägerin – ein Ölschadendienst aus München; anders *BGH* im Nichtannahmebeschluss NJW-Spezial 2008, 298 zu *OLG Frankfurt* NJOZ 2008, 2864 = zfs 2008, 377 = r+s 2008, 437 zum Gebrauchsbegriff über den Anwendungsbereich des PflVG hinaus.
151 Im Ergebnis aber Anspruch dennoch bejaht *OLG München* v. 16.7.2003 – 3 U 5482/02.
152 *BGH* v. 22.5.1970 – IV ZR 1008/68, BGHZ 54, 157, 160 = VersR 1970, 952 f. = NJW 1970, 1848, *BGH* v. 28.9.2011 – IV ZR 294/10.
153 Falsch daher *OLG Celle* r+s 2010, 170 zum § 26 Abs. 1 S. 2 NBrandSchG, wenn auch durch *BGH* v. 20.10.2009 – VI ZR 239/08 (mit unzutreffendem Hinweis auf den *BGH* v. 20.12.2006 – IV ZR 325/06, DAR 2007, 142 = VersR 2007, 200) bestätigt.

58c Die Bezugnahme auf Gefährdungshaftungstatbestände bedeutet dabei zugleich den Einbezug[154] der weiteren tatbestandlichen Ausnahmen. So ist neben dem Unfallbegriff[155] nach § 7 Abs. 2 StVG auch § 8 StVG entsprechend zu prüfen. Es ist festzustellen, ob die verkehrsbezogene[156] Betriebsgefahr überhaupt bestehen kann und objektiv noch[157] gegeben ist.

58d Der Direktanspruch nach § 3 Nr. 1 PflVG a. F. bezog sich, wie jetzt § 115 Abs. 1 S. 1 VVG, ausdrücklich nur auf Schadensersatzansprüche Dritter. Die Feuerwehr ist jedoch nur ein öffentlich-rechtlicher Dienstleister,[158] dem nicht durch das Unfallereignis, sondern erst während der Schadenbehebung für einen anderen, ein Schaden am freiwillig eingesetzten Equipment entstanden ist. Die Feuerwehr ist damit noch nicht einmal ein Dritter im Sinne des Gesetzes.

59 Zudem weist der *BGH*[159] für den privaten Unternehmer noch darauf hin, dass er sich nicht in der Situation des sich aufopfernden Geschädigten befindet, der in Ausführung der Geschäftsbesorgung Schäden erleidet.[160] Der Unternehmer setzt freiwillig Mitarbeiter, Maschinen und Material ein. Es geht also von vornherein nicht um unfreiwillige Vermögensopfer und Verluste, die eine anderweitige Überlegung nahe legten. Hieran angeschlossen hat sich auch das *OLG Frankfurt*.[161]

4. Sonderbereich Arbeitsrisiko

60 Zur Klarstellung ist noch darauf hinzuweisen, dass der Versicherungsnehmer nach den Musterbedingungen des GDV auch in Öl- und Umweltschäden einen Deckungsanspruch gegen seinen Kfz-Haftpflichtversicherer hat, wenn es z. B. um das Entladen[162] von Heizöl geht. Er kann Ersatz seiner Aufwendungen zur Schadenbeseitigung vom Versicherer verlangen.[163]

60a Individuelle Kfz-Haftpflichtverträge können jedoch das Arbeitsrisiko[164] in zulässiger Weise[165] ausklammern, sofern damit nicht der Kernbereich der Anforderungen aus dem PflVG tangiert wird. Theoretisch ist es daher möglich, dass genau dieses Arbeitsrisiko im Rahmen einer hierzu angepassten[166] Betriebshaftpflichtversicherung[167] gedeckt wird.

60b Zweckmäßiger ist es, den nicht durch das PflVG vorgeschriebenen Mindestinhalt über eine selbstständige KH-Zusatzdeckung zu versichern. Diese Leistungen lassen sich outsourcen[168].

---

154 Anm. *Schwab* zu *VG Neustadt a. d. W.* (n. r. geworden), DAR 2010, 223.
155 Himmelreich/Halm/*Luckey*, Handbuch des FA VerkR, Kap. 1 Rn. 13; Geigel/*Kaufmann*, Kap. 25 Rn. 6 u. 65; *VG Köln* v. 13.5.2011 – 18 K 7475/10 u. 18 K 7476/10.
156 Berufungsannahmebeschluss *OVG Koblenz* v. 22.3.2010 – 7 A 10071/10.OVG (zu DAR 2010, 223); *VGH München* v. 7.5.2009 – 4 BV 08.166 (Mähdrescher); ähnlich *OLG Brandenburg* v. 18.2.2010 – 12 U 142/09 (Mähdrescher).
157 *BGH* v. 15.1.1963 – VI ZR 75/62, NJW 1963, 711 (Keine Betriebsgefahr der Eisenbahn bei Vollsperrung); *BGH* v. 10.2.2004 – VI ZR 218/03, DAR 2004, 265 = VersR 2004, 529 = NZV 2004, 243 (Teil- oder Vollsperrung einer Autobahn).
158 *BGH* v. 4.7.1978 – VI ZR 95/77, BGHZ 72, 151 = VersR 1978, 870; *BGH* v. 4.7.1978 – VI ZR 96/77, VersR 1978, 962 (zum privaten Dienstleister).
159 *BGH* v. 4.7.1978 – VI ZR 95/77, BGHZ 72, 151 = NJW 1978, 2030 = VersR 1978, 870.
160 Wie im Falle *BGH* v. 27.11.1962 – VI ZR 217/61, BGHZ 38, 270 = VersR 1963, 142; s. a. *Frank* JZ 1982, 737 ff.
161 *OLG Frankfurt* zfs 1981, 117 f.
162 Das Be- und Entladen wird nun ausdrücklich in A.1.1. S. 2 AKB 2008 erwähnt.
163 *OLG Hamburg* VersR 1969, 223; Halm/Kreuter/*Schwab*, AKB-Kommentar, A.1.1.1 AKB 2008, Rn. 58 m. w. N.
164 VerBAV 1971, 320 (Sonderbedingung 11).
165 Halm/Kreuter/*Schwab*, AKB-Kommentar, § 1 PflVG, Rn. 51 ff.
166 Insoweit ist eine Einschränkung der sog. Benzinklausel notwendig.
167 Rechtsvergleichend: in Österreich ist grundsätzlich auch die Kfz-Haftpflichtversicherung zuständig, *OGH* v. 7.11.1995 – 4 Ob 578/95; in der Schweiz dagegen nicht.
168 Halm/Kreuter/*Schwab*, AKB-Kommentar, § 115 VVG, Rn. 27 ff.

C. Anspruchsgrundlagen

I. Anspruchsgrundlagen zivilrechtlicher Art

Es folgt ein Überblick über die wesentlichen Anspruchsgrundlagen, mit denen man sich häufig und teilweise aber auch nur gelegentlich bei der Diskussion von Haftungsfragen auseinanderzusetzen hat. Die seltener angesprochenen Anspruchsgrundlagen dürften hierbei die größeren Probleme bereiten. Das Prüfungsschema stellt die Punkte heraus, die bei Umweltschäden von besonderer Relevanz sein können. 61

1. Vertragliche Ansprüche

Vertragliche Ansprüche sind zwar denkbar, betreffen jedoch unmittelbar das Verhältnis der Vertragspartner. Sie fallen, sollten sie weiter reichen als gesetzliche Haftpflichtbestimmungen, nicht unter die Deckung der Kraftfahrthaftpflichtversicherung,[169] sodass der Versicherer sich hiermit grundsätzlich nicht zu befassen hat. 62

Ausnahmsweise besteht jedoch dann ein Klärungsbedarf, wenn ein Kunde glaubt, dies gehöre noch zum Inhalt des Haftpflichtvertrages (Deckungsprozess) oder der von ihm geschädigte Vertragspartner meint, er habe einen Direktanspruch gegen den Versicherer (Haftpflichtprozess). 62a

2. PVV bzw. PFV – Schadensersatz wegen Pflichtverletzung nach § 280 BGB

Solche Ansprüche fallen unter den Deckungsumfang der Kraftfahrthaftpflichtversicherung, sofern der Vertrag den Risikobereich der Versicherung berührt, wie beispielsweise bei der Personenbeförderung.[170] Erfüllungsansprüche und Erfüllungssurrogate sind jedoch ausgenommen.[171] 63

Speziell bei Umweltschäden ist an Transporte von Abfällen und Gefahrgütern zu denken. 64

Hohe Praxisrelevanz hat der Öllieferungsvertrag.[172] 64a

Generell muss ein Vertrag bestehen, aus dem sich Nebenpflichten herleiten lassen. Das Vertragsverhältnis muss unmittelbar zwischen den Vertragsparteien bestehen. Fehlt es hieran, ist allenfalls ein Vertrag mit Schutzwirkung für Dritte[173] zu prüfen. Gegen eine Pflicht muss verstoßen worden sein, die dem Geschädigten zu Gute[174] kommen soll. Der Verstoß hat einen Schaden zur Folge. Er hat auf einem Verschulden des Fahrers oder des ebenfalls mitversicherten »echten« Beifahrers[175] zu beruhen. Zur Klarstellung sei darauf hingewiesen, dass es sich nur um einen echten Beifahrer handeln kann, der seinerseits Aufgaben im Zusammenhang mit dem Transport, sei es als ablösender Ersatzfahrer oder als Gehilfe beim Be- und Entladen zu übernehmen hat. Der bloße Insasse oder Mitfahrer aus Zeitvertreib oder ein mitgenommener Anhalter ist keine mitversicherte Person.[176] 64b

Der Geschädigte hat den Sachverhalt und den sich daraus ergebenden Pflichtverstoß darzulegen, der seinen Rechtskreis schützen soll. Damit reicht es nicht aus, lediglich pauschal zu behaupten, der Fahrer habe allgemein gegen Pflichten verstoßen. 64c

---

169 *BGH* v. 20.9.1962 – II ZR 171/61, NJW 1962, 2106 = VersR 1962, 1049 zur ähnlichen AHB; *BGH* v. 28.11.1979 – IV ZR 68/78, VersR 1980, 177 = VRS 58, 401 zur AKB; Ausschlussklausel des A.1.5.8 AKB; s. hierzu auch oben zum Deckungsumfang unter R. Rdn. 29 ff.; *OLG Düsseldorf* SP 2007, 81; Halm/Kreuter/*Schwab*, AKB-Kommentar, A.1.1.1 AKB 2008, Rn. 29.
170 Siehe oben Deckungsumfang unter Rdn. 29; WI 1975, 206.
171 *BGH* v. 28.11.1979 – IV ZR 68/78, VersR 1980, 177 = VRS 58, 401.
172 *BGH* v. 26.6.1979 – VI ZR 122/78, BGHZ 75, 45 = VersR 1979, 956, 958 = NJW 1979, 2408 = MDR 1979, 1010; zu den Sorgfaltspflichten des Tankwagenfahrers, s. u. Rdn. 247 ff.
173 *LG Bamberg* v. 30.10.2009 – 1 O 509/08.
174 PWW/*Schmidt-Kessel* § 280 BGB Rn. 8.
175 A.1.2.d AKB 2008; § 2 Abs. 2 Nr. 4 KfzPflVV.
176 Umkehrschluss aus A.1.2.d AKB 2008 und § 2 Abs. 2 Nr. 4 KfzPflVV.

64d Nach § 280 Abs. 1 Satz 2 BGB kann sich der Schädiger entlasten. Dies gelingt, wenn er nicht fahrlässig gehandelt hat, da dies regelmäßig Mindestvoraussetzung für ein »Vertretenmüssen« ist.[177]

65 Es wird entsprechend zu prüfen sein, wer unter den Schutzbereich fällt und wie weit dieser Schutzbereich tatsächlich geht. Bei entsprechendem Anlass wird man zu prüfen haben, ob vertraglich eine Haftungsbeschränkung vereinbart wurde und wie weit diese reicht. Insbesondere sind hier etwaige Allgemeine Geschäftsbedingungen zu beachten, wobei diese wirksam vereinbart sein müssen. Die Maßstäbe richten sich nach allgemeinen Regeln. Entsprechend ist auch hier für Privat- und Geschäftskunden zu differenzieren. Nach *BGH*[178] kann die Haftung für Verstöße gegen Kardinalspflichten nicht wirksam ausgeschlossen werden.

66 Darüber hinaus können sich Haftungseinschränkungen und Haftungslimits aus dem Gesetz, namentlich dem Transportrecht,[179] §§ 407 ff. HGB, oder aus vereinbartem CMR[180] und anderen speziellen Bedingungswerken ergeben. Dies ist nun in besonderem Maße bei Umweltschäden als Folge eines Güterschadens zu beachten, nachdem sich der erste Senat des *BGH*[181] in seiner Richtung weisenden und viel beachteten Entscheidung zum neuen[182] Transportrecht der herrschenden Auffassung und Meinung des *OLG Bremen*[183] gefolgt ist.

67 Ist ein Umweltschaden durch einen Güterschaden bedingt, handelt es sich folglich um einen Güterfolgeschaden, hat dies gravierende haftungsrechtliche Auswirkungen.

67a Ein Güterfolgeschaden ist ein Schaden, der als weiterer Schaden infolge des Güterschadens eintritt. Im Gegensatz dazu liegt – mangels auch nur kurzer zeitlicher Zäsur – kein Folgeschaden vor, wenn Güterschaden und Folgeschaden gleichzeitig eintreten; *Beispiel:* Vermischung von Gut mit andersartigem Restbestand im Empfängertank.[184] Diese Schäden sind Kumulschäden[185].

67b Zum leichteren Einstieg in die Prüfung sollte untersucht werden, ob Werkverkehr, also der Transport eigener Waren oder gewerblicher Güterkraftverkehr vorliegt. Beim gewerblichen Güterkraftverkehr transportiert der Frachtführer fremde Güter. Die Unterscheidungsmerkmale finden sich in § 1 GüKG. Diese sind auch für die richtige Policierung des Kfz-Haftpflichtvertrages und der vertragsgemäßen Verwendung des Fahrzeugs von Bedeutung. Unabhängig von der Grenze von 3,5 t zulässigem Gesamtgewicht nach dem GüKG gelten jedoch auch unterhalb dieser Grenzen im innerstaatlichen Verkehr die Bestimmungen des Frachtrechts nach den §§ 407 ff. HGB.

68 Der Frachtführer ist seit dem 1.7.1998 durch die Änderung des Frachtrechts einem besonderen Schutz unterstellt, sodass er für einen Güterfolgeschaden nur dann haftet, wenn ihm Vorsatz oder Leichtfertigkeit zur Last gelegt werden kann.

---

177 PWW/*Schmidt-Kessel* § 280 BGB, Rn. 16.
178 *BGH* v. 24.2.1971 – VIII ZR 22/70, VersR 1971, 515 = NJW 1971, 1036 m. Anm. *Schmidt-Salzer*.
179 *Thume* VersR 2002, 267 ff.; kritisch dazu *Heuer* TranspR 2002, 334 f.; dagegen wieder *Thume* TranspR 2004, Sonderbeilage zu Heft 3, XL ff.
180 Übereinkommen über den Beförderungsvertrag im internationalen Straßengüterverkehr (CMR), vom 19.5.1956 BGBl. 1961, 1119 (Convention on the Contract for the International Carriage of Goods by Road) (Convention relative au Contract de transport international de marchandises par route – CMR).
181 *BGH* v. 5.10.2006 – I ZR 240/03, BGHZ 169, 187 = TranspR 2006, 454 m. Anm. *Heuer* = SVR 2006, 466 bespr. von *Schwab* = VersR 2007, 86 m. Anm. *Boettge* = NJW 2007, 58 = DB 2006, 2570 = NZV 2007, 135 = MDR 2007, 413 = WI 2007, 40.
182 *BGH* v. 13.5.1955 – I ZR 137/53, BGHZ 17, 214 hat noch zum alten Recht einen Anspruch gegen die Bahn als Frachtführer bejaht (Bleireste aus Vorladung verunreinigen Rübenschnitzel, an denen später Kühe verenden).
183 *OLG Bremen* VersR 2004, 222 = OLGR Bremen 2004, 8 = TranspR 2005, 69 ff. mit ablehnender Anm. von *Heuer*.
184 *OLG Saarbrücken* v. 8.10.2009 – 8 U 446/08.
185 *Thume* TranspR 2010, 45 (46).

C. Anspruchsgrundlagen

Kommt nun bei einem Unfall auch Frachtrecht zur Anwendung, lassen sich drei unterschiedliche Fallgestaltungen bilden: 69

▶ **Beispielsfall 1** 69a

Der Frachtführer sichert fahrlässig eine Palette mit einem gefährlichen Gut nicht ausreichend. Noch bevor er das Gelände des Verladers verlässt, rutsch die Palette gegen die Bordwand. Das Gut tritt aus dem Behältnis aus, läuft auf die Ladefläche, tropft ab und verunreinigt das Betriebsgelände des Verladers.

Der Frachtführer hat hier lediglich für den Untergang des Gutes, nicht aber für die Folgeschäden aufzukommen.

▶ **Beispielsfall 2** 69b

Der Frachtführer schafft es wie im Fall 1 nun allerdings noch bis zum Empfänger. Es entsteht ein Güterfolgeschaden auf dem Gelände des Empfängers. Soweit der Empfänger mit einer Beförderung durch einen Frachtführer einverstanden war, ist er nicht schutzwürdig[186]. Ihm haftet der Frachtführer für den Güterfolgeschaden nicht.

▶ **Beispielsfall 3** 69c

Bei sonst gleicher Fallgestaltung kommt es zum Unfall im öffentlichen Verkehrsraum. Das transportierte Gut verunreinigt das Grundstück eines am Frachtvertrag unbeteiligten Dritten.

Gegenüber dem Dritten kann sich der Frachtführer nun nicht auf seine Haftungsbeschränkung berufen.

Der Verlader haftet im Außenverhältnis für seinen Frachtführer als Verrichtungsgehilfen unter den Voraussetzungen des § 831 BGB. Diese haften dem unbeteiligten Dritten dann nach § 840 Abs. 1 BGB als Gesamtschuldner.

§ 840 Abs. 2 BGB wird jedoch nun durch die speziellen Haftungseinschränkungen der Frachtführerhaftung für Güterfolgeschäden modifiziert. Im Innenverhältnis hat somit nicht der Verrichtungsgehilfe dem Geschäftsherrn, sondern der Geschäftsherr dem Frachtführer von dem Güterfolgeschaden freizustellen.

Die Lösung mag verblüffen, vielleicht sogar auf den ersten Blick als ungerecht empfunden werden, hat doch der Frachtführer schuldhaft gehandelt; der Verlader dagegen nicht.

Hier ist jedoch zu berücksichtigen, dass der Verlader das Risiko, ein gefährliches Gut sicher auf den Weg zu bringen, nicht gänzlich dem Frachtführer aufhalsen kann. Die Frachtkosten decken heutzutage kaum den Aufwand, um als Frachtführer noch gewinnbringend arbeiten zu können. Mit Recht sieht der *BGH* den Frachtführer als schutzwürdig an.

Der Verlader kann zudem durch eigene Kontrollen, durch eine höherwertige Verpackung als vorgeschrieben sowie durch eine verstärkte Parzellierung auf einzelne Chargen das Risiko selbst einschränken. Schließlich weiß er selbst am Besten, was er für ein Gut auf den Weg bringt und kann entsprechend dafür Sorge tragen, die Folgen gering zu halten. Ergänzende Maßnahmen kosten dem Verlader aber zusätzliches Geld. Entschließt er sich zulasten der Sicherheit hierauf aus Kostengründen zu verzichten, soll er auch das sich hieraus ergebende wirtschaftliche Risiko tragen.

Möglich ist, dass erheblich kürzere Verjährungsfristen zu beachten sind. Diese gelten auch, wenn es sich um Umweltschäden handelt, wie Beispiele aus der Rspr. zeigen.[187] 70

---

186 Vom *BGH* v. 5.10.2006 – I ZR 240/03, BGHZ 169, 187 offen gelassen; streitig *Thume* TranspR 2010, 45.
187 *OLG Düsseldorf* NJW 1976, 1594 zu Art. 32 Abs. 1 CMR; *BGH* v. 17.3.1980 – II ZR 1/79 BGHZ 76, 312, 317 zur Haftung des Schiffseigners für Ölverschmutzungen nach § 117 Abs. 1 Nr. 7 BinnSchG analog;

71 Zur nötigen rechtlichen Gesamtbetrachtung kann folglich eine umfangreiche Recherche erforderlich werden, die über das reine Tatgeschehen weit hinausgeht. Geschädigte ohne anwaltliche Hilfe wie auch Versicherungsnehmer ohne eine fachspezifische Betreuung durch einen Makler erkennen die Notwendigkeit selten auf Anhieb, sodass der Informationsfluss leidet und wichtige Details oft nicht sofort erkannt werden.

72 Wirksam vereinbarte Haftungsausschlüsse oder -begrenzungen gelten dann auch für alle anderen Anspruchsgrundlagen. Wirkungen entfalten sie jedoch nur zwischen den Vertragsparteien und denen, die in den Schutzbereich mit aufgenommen wurden, jedoch nicht zu deren Lasten, es sei denn, es liegt ein besonderer Fall[188] vor.

73 Unbeteiligte Dritte bleiben hiervon also unberührt. Möglicherweise bestehen sodann aber Freistellungsansprüche gegen den Vertragspartner oder Sonderregelungen für den Gesamtschuldnerausgleich nach den §§ 426 ff. BGB.

3. Geschäftsführung ohne Auftrag nach den §§ 677 ff. BGB bei Umweltschäden

74 Es liegt keine Beauftragung vor, dennoch führt jemand für eine andere Person ein Geschäft. Der Geschäftsführer handelt mit oder mit dem mutmaßlichen Willen des Geschäftsherrn, wobei er zumindest auch[189] ein Geschäft des Geschäftsherrn führen will.[190]

74a Dabei muss das ausgeführte Geschäft zum Rechtskreis eines anderen gehören. Eine nur mittelbare Beziehung reicht nicht aus.

74b Insbesondere wird fälschlicherweise in der Praxis immer wieder versucht, den Kraftfahrthaftpflichtversicherer auch in diesen Fällen unmittelbar in Anspruch zu nehmen. Doch sind weder das Befüllen eines Tanks noch das Beseitigen von ausgelaufenem Öl an der Unfallstelle ein originäres Geschäft des Kfz-Haftpflichtversicherers.[191] Schließlich hat der Versicherer nach § 115 Abs. 1 S. 3 VVG ja auch nur Geldersatz zu leisten, ist aber gerade nicht verpflichtet, selbst tätig zu werden.

75 Die Übernahme des Geschäfts hat dem Interesse und zumindest dem mutmaßlichen Willen des Geschäftsherrn zu entsprechen. Ein Kraftfahrer der ein Ausweichmanöver unternimmt, um einen entgegenkommenden Verkehrsteilnehmer aus einer brenzligen Situation zu retten und neben der Fahrbahn auf einem Acker gegen einen Baum fährt, konnte sich nach altem Recht nach § 7 Abs. 2 StVG entlasten. Im »Vorgriff« auf die Gesetzeslage ab dem 1.8.2002[192] hatte der *BGH*[193] aber auch bereits in diesen Fällen trotz Entlastungsbeweis auch schon mal keinen vollen Aufwendungsanspruch zugesprochen, sondern die generell mitwirkende Betriebsgefahr aus Billigkeitsgründen berücksichtigt.

76 Soweit es um die Entsorgung von unbrauchbarer Ladung geht, die im Rahmen eines frachtrechtlichen Transportes Schaden genommen hat, ging das *LG Stuttgart*[194] noch davon aus, der Eigentümer der Straße könne hier zumindest auch[195] ein Geschäft des Frachtführers und des Kfz-Haftpflichtversicherers betreiben. Dieser Auffassung wurde zu Recht nicht gefolgt. Im Ergebnis besitzt

---

BGH v. 18.9.1986 – III ZR 227/84, BGHZ 98, 235 = BB 1986, 2289 f. für den Tankstellenpächter nach § 558 BGB analog; hierzu auch *OLG Düsseldorf* NJW-RR 1993, 712; *OLG Hamm* NJW-RR 1993, 914, 916.
188 Siehe oben Rdn. 69.2.
189 Das »Auch-fremde-Geschäft« angreifend *Thole* NJW 2010, 1243 ff.
190 *BGH* v. 24.10.1974 – VII ZR 223/72, BGHZ 63, 167, 169.
191 *BGH* v. 22.5.1970 – IV ZR 1008/68, BGHZ 54, 157, 160 f.; *BGH* v. 4.7.1978 – VI ZR 95/77, BGHZ 72, 151, 153 = VersR 1978, 870 Ölschadendienst ist kein privilegiertes Verkehrsopfer; *BGH* v. 4.7.1978 – VI ZR 96/77, VersR 1978, 962; *OLG Frankfurt* zfs 1981, 117 f.
192 Zweites Gesetz zur Änderung schadensersatzrechtlicher Vorschriften v. 19.7.2002.
193 *BGH* v. 27.11.1962 – VI ZR 217/61, BGHZ 38, 270, 278 = JZ 1963, 547 = NJW 1963, 390 = VersR 1963, 143; kritisch *Frank* JZ 1982, 737 ff.
194 *LG Stuttgart* v. 25.04.2006 – 5 O 70/06.
195 *BGH* v. 8.3.1990 – III ZR 81/88, BGHZ 110, 313 = NJW 1990, 2058 = VersR 1990, 904.

der Frachtführer auch nur für den Wareneigentümer und kann als bloßer Besitzdiener nicht Geschäftsherr sein. Den Fall hat der *BGH*[196] über den Umfang des Schadensersatzanspruchs nach § 7 StVG gelöst, da die beförderte Sache eine andere Sache (hier: die Straße) beeinträchtige.

Daneben sei bemerkt, dass ein Anspruch aus § 670 BGB oder aus § 683 BGB nicht auch auf Schmerzensgeld gerichtet ist.[197] Zwar hat der Aufwendungsersatz oft Schadensersatzcharakter; dennoch handelt es sich nicht um einen Schadensersatzanspruch. Geändert hat sich folglich hieran nach dem 1.8.2002 nichts, da in § 253 Abs. 2 BGB ausdrücklich nur der Schadensersatzanspruch erwähnt ist.[198] Andernfalls hätte der Gesetzgeber das bekannte Problem in Bezug auf § 670 BGB bei der Reform ebenfalls ändern können. 77

▶ **Praxisproblem: gestohlenes Fahrzeug** 78

Häufig weisen wieder aufgefundene Fahrzeuge nach einem Diebstahl oder einer Gebrauchsentwendung erhebliche Schäden auf.

Durch Schäden am Unterboden, Kraftstoffdiebstahl oder durch vorsätzliches Inbrandsetzen,[199] um Spuren zu verwischen, entstehen darüber hinaus oft auch Bodenverunreinigungen auf dem Grundstück, auf dem das Kraftfahrzeug von dem Täter zurückgelassen wurde. Da auf den Dieb nur selten zurückgegriffen werden kann, wird für die Kosten der Bodensanierung versucht, den Eigentümer/Halter des Fahrzeugs in Anspruch zu nehmen.

Ansprüche nach den §§ 823 BGB und 7 Abs. 1 StVG gegen den Halter bzw. den Eigentümer scheiden regelmäßig aus.[200] Für Ansprüche aus § 823 BGB fehlt es insbesondere an einem Verschulden von Eigentümer/Halter, sofern er nicht aus einem sich aufdrängenden Verdacht heraus zu einer besonderen Verkehrssicherung verpflichtet war.[201] Gegen den Halter dürften Ansprüche nach § 7 Abs. 1 StVG – falls öffentlicher Verkehrsraum – letztlich an § 7 Abs. 3 StVG scheitern.[202] 79

Das *LG Bielefeld*[203] bejahte statt dessen einen Anspruch gegen den Eigentümer des Fahrzeugs[204] aus der Kombination von § 1004 Abs. 1 S. 1 mit § 683 BGB. Der Eigentümer sei Zustandsstörer, der den rechtswidrigen Zustand zu beseitigen habe. Statt seiner, könne der Grundstückseigentümer handeln und die erforderlichen Aufwendungen für die Beseitigung des Fahrzeugs und der Bodenverunreinigung verlangen. 80

Die Entscheidung stößt bei *Schimikowski* auf Ablehnung, da der Beseitigungsanspruch in einen Schadensersatzanspruch umfunktioniert werde.[205] 80a

---

196 *BGH* v. 6.11.2007 – VI ZR 220/06, DAR 2008, 82 mit kritischer Anm. *Schwab* = NZV 2008, 83 = r+s 2008, 36 = VersR 2008, 230.
197 *BGH* v. 19.5.1969 – VII ZR 9/67, BGHZ 52, 115, 117 = NJW 1969, 1665.
198 Jauernig/*Mansel* § 670 BGB Rn. 10 (kein Schmerzensgeld); dagegen PWW/*Fehrenbacher* § 670 BGB Rn. 8.
199 *BGH* v. 27.11.2007 – VI ZR 210/06, DAR 2008, 336 = VersR 2008, 656 in Abgrenzung zur Betriebsgefahr; Zurückverweisung an *OLG Rostock* zfs 2005, 605.
200 *Schimikowski* Umwelthaftungsrecht und Umwelthaftungsversicherung Rn. 41.
201 *BGH* v. 6.2.2007 – VI ZR 274/05, VersR 2007, 659 (abgestellter Heuwagen unter Brücke); zur Verkehrssicherungspflicht bei der Einlagerung von frischem Heu *OLG Schleswig* v. 21.2.2008 – 7 U 28/07; *OLG Karlsruhe* VRS 83, 34 (unverschlossen, falsch geparkter PKW).
202 Ebenso bei Treibstoffdiebstahl *LG Chemnitz* v. 25.4.2000 – 1 O 4629/99; dagegen den Gebrauch des Kfz bei Treibstoffdiebstahl ohne nähere Begründung bejahend *OLG Dresden* v. 18.10.2000 – 12 U 1457/00.
203 *LG Bielefeld* r+s 1995, 180 f.
204 Gegen »Eigentümer von Abfällen«-Abfallerzeuger *OLG Dresden* VersR 1995, 836; kritisch hierzu *Schimikowski* Rn. 22 und 41.
205 *Schimikowski* Rn. 41.

80b Eigene Einschätzung

81 Der Auffassung von *Schimikowski* ist auch heute noch zuzustimmen, auch wenn der *BGH*[206] mittlerweile im Rahmen von privaten Abschleppmaßnahmen den Beseitigungsanspruch zu einem Schadensersatzanspruch (beschränkt auf den Fahrzeugführer) macht.

81a Darüber hinaus ist jedoch bereits festzuhalten, dass der Eigentümer des Kraftfahrzeugs allenfalls Zustandsstörer in Bezug auf das Stehen des Fahrzeugs auf dem Grundstück sein kann. In keiner Weise ist er jedoch auch Zustandsstörer des Grundstücks, wie das *LG Bielefeld* meint. Der Eigentümer des Fahrzeugs erlangte weder die tatsächliche noch die rechtliche Herrschaft über das Grundeigentum bzw. den Boden als das Fahrzeug dort abgestellt wurde. Dass dort Öl aus dem Fahrzeug ausgelaufen und in den Boden des Grundstücks eindrang, ist lediglich eine weitere Folge des Diebstahls.

81b Jeder Eigentümer ist nur für den Zustand seiner Sache bzw. seines Grundstücks verantwortlich. Nur weil aus dem Fahrzeugs Öl ausgelaufen ist, wird der Fahrzeugeigentümer nicht auch noch verantwortlich für die Beseitigung des kontaminierten Bodens. Hier ist auch die Parallele zu ziehen, wenn ein Fahrzeug vorsätzlich in Brand gesetzt wurde, da der Halter schon nicht nach öffentlichem Recht für die Löschkosten[207] in Anspruch genommen werden kann.

82 Der Dieb hat nicht nur den Eigentümer des Fahrzeugs in seinem Besitz gestört, sondern auch den Eigentümer des Grundstücks in dessen Besitz. Dies tat er durch sein strafbares Verhalten. Er ist der Verhaltensstörer, der auch den Schaden am Boden des Grundstücks verursacht hat.

82a Der Eigentümer des Fahrzeugs mag allenfalls für die Fortschaffung seines Fahrzeugs vom fremden Grundstück in Anspruch genommen werden.

82b Schließlich ist zu beachten, dass der Eigentümer/Halter des Fahrzeugs, wollte man der Auffassung des *LG Bielefeld* folgen, neben seinem Fahrzeugschaden[208] auch noch den Schaden am Grundstück letztlich selbst zu tragen hätte. Das vorsätzliche Beschädigen oder Zerstören eines Fahrzeugs, um Spuren auf die Identität des Täters zu beseitigen, wobei die Kontamination des Grundstücks billigend in Kauf genommen wird, gehört nicht zum Gebrauch[209] des Fahrzeugs nach A.1.1.1 AKB 2008. Es hat sich darin keine typische, unmittelbar vom Fahrzeug ausgehende Gefahr verwirklicht.[210] Das strafbare Verhalten widerspricht nicht nur dem Verwendungszweck, es scheint sogar eher ein Verbrauch (oder »Missbrauch«) statt ein Gebrauch des Fahrzeugs vorzuliegen.

82c Das *OLG Saarbrücken*[211] hat in einem Fall, bei dem das Fahrzeug vor einer Garagenanlage stehend von außen in Brand gesetzt wurde, wobei durch das Feuer ein Kurzschluss im Motorraum entstand, der das Fahrzeug in Bewegung setzte, Gebrauch und Betrieb bejaht. Es hat dabei den Blick verkürzt nur auf den reinen Bewegungsvorgang gerichtet. Dies kann nicht richtig sein.

82d Zündet jemand ein Haus an, wird dieses irgendwann umfallen und zusammenbrechen. Für die Folgen dieser Bewegung haftet der Grundstücksbesitzer als Opfer einer Tat nicht, § 836 Abs. 1 BGB.

82e Man sollte sich klarmachen, dass schon keine Straftat mit einem Fahrzeug vorliegt, also das Fahrzeug gebraucht wird, sondern an einem Gegenstand eine Straftat verübt wurde, der zufällig ein Fahrzeug ist.

82f Als Vergleich dazu hat das *OLG Frankfurt*[212] bei einem Brand eines Fahrzeugs in einer Tiefgarage sowohl den Betrieb, als auch den Gebrauch des Fahrzeugs verneint, da eine fahrlässige Inbrandsetzung durch eine achtlos weggeworfene Zigarettenkippe nicht auszuschließen war.

---

206 BGH v. 5.6.2009 – V ZR 144/08, BGHZ 181, 233 = DAR 2009, 515, = VersR 2009, 1121; dazu *Stöber* DAR 2009, 539 und *Goering* DAR 2009, 603.
207 OVG Münster NZV 1995, 125 = NVwZ-RR 1995, 85.
208 Sofern keine Kaskoversicherung besteht; in jedem Fall hat er die Selbstbeteiligung zu tragen.
209 Halm/Kreuter/*Schwab* AKB-Kommentar, A.1.1.1 AKB 2008, Rn. 105.
210 *Jagusch/Hentschel* § 7 StVG Rn. 8a (ab 37. Aufl. 2003 von Kommentierung abgesehen); *OLG Koblenz* VersR 1985, 232 zum Brand eines Wohnwagens.
211 *OLG Saarbrücken* NZV 1998, 327f = NJW-RR 1998, 822.
212 *OLG Frankfurt* SP 1995, 315.

Schließlich hat auch das *OLG Nürnberg*[213] in einem Garagenfall, in dem aus einer Benzinleitung eines abgestellten PKW Benzin tropfte und ein Benzin-Luft-Gemisch erzeugte, das von einem anderen startendem Fahrzeugmotor zur Explosion gebracht wurde, die Betriebsgefahr verneint. Da auch eine Verschuldenshaftung nicht festgestellt wurde, spielte die Frage des Gebrauchs keine Rolle. 82e

Es bleibt anzumerken, dass Ansprüche gegen den Dieb als Fahrer bestehen. So hat der Kfz-Haftpflichtversicherer dem Geschädigten Ersatz zu leisten, soweit noch ein Gebrauch des Fahrzeugs vorliegt und der Halter über § 7 Abs. 3 StVG einzustehen hat. Dies ist zum Beispiel dann denkbar, wenn der Täter bei der »Spritztour« die Kontrolle über das Fahrzeug verliert und mit aufgerissenem Fahrzeugtank auf einem Grundstück »landet«. 83

Bei einer Vorsatztat nach § 103 VVG hat der Geschädigte hingegen keine Ansprüche gegen den Versicherer, sofern Fahrer und Halter identisch sind. Da der Dieb nicht gleich dem Halter ist, bleibt bei einem Verkehrsgeschehen möglicherweise die Halterhaftung[214] nach § 7 StVG bestehen. Dann muss der Versicherer den Halter freistellen. Der Grundstückseigentümer ist kein Verkehrsopfer und hat daher nach dem Sinn und Zweck der Ausnahmevorschrift keinen Direktanspruch[215] gegen den Versicherer. 83a

Völlig anders ist die Situation, wenn es gar nicht mehr um den Gebrauch des Fahrzeugs geht, sondern das Fahrzeug absichtlich angezündet wird, um die Spuren der Entwendungstat zu verdecken. Dann sind nur Ansprüche gegen den Täter gegeben. 83b

4. Unerlaubte Handlung nach § 823 Abs. 1 BGB

Neben den Rechtsgütern Leben und Körper, kann in Umweltschäden gerade auch die Gesundheit durch eine nachhaltige Beeinträchtigung betroffen sein. 84

In erster Linie wird man hier an ein Austreten von Gefahrgut an der Unfallstelle denken müssen, wobei Personen giftige Substanzen einatmen. Des Weiteren sind Fahrzeug- oder Ladungsbrände zu berücksichtigen. 84a

Ausgelaufene Gefahrgüter und größere Mengen von Betriebsmitteln wie Öl und Kraftstoffe können Grundwasser und Quellen beeinträchtigen. Dadurch bedingt kann bei der Lieferung von gesundheitsschädlichem Wasser[216] ein Personenschaden eintreten. Folglich sind Betreiber von Wasserwerken und Brunnen über den nach der Trinkwasserverordnung vorgeschriebenen Beprobungsturnus hinaus gehalten, bei konkretem Anlass, also einem relevanten Schadensfall im unmittelbaren Einzugsgebiet der Quelle/des Leiters, zusätzliche Proben zu nehmen und Analysen zu fahren. Die hierdurch anfallenden Mehrkosten sind dann noch als Schadens- bzw. Gefahrermittlungskosten anzusehen. Dabei müssen die Wasserwerke jedoch genau prüfen, inwieweit ein Kontrollbedarf besteht, und ob die unmittelbare Gefahrenlage weiter fortbesteht.[217] 84b

Nicht nur bei der Trinkwasserversorgung, auch bei der Abwasserbehandlung kann ein unberechtigtes Einleiten zu erhöhten Kosten bei der Abwasserbehandlung führen. Die Kosten für Proben sind zumindest in Nordrhein-Westfalen[218] nicht per Verwaltungsakt, sondern per Leistungsklage geltend zu machen. 84c

---

213 *OLG Nürnberg* NZV 1997, 482 f. = SP 1997, 422.
214 Noch zu § 152 VVG a. F.: *BGH* v. 03.07.1962 – VI ZR 184/61, BGHZ 37, 311 = DAR 1962, 295 = NJW 1962, 1676 = VersR 1962, 829; *OLG Köln* VersR 1982, 382; Feyock/Jacobsen/Lemor/*Elvers* § 12 PflVG Rn. 58.
215 Halm/Kreuter/*Schwab*, AKB-Kommentar, § 115 VVG, Rn. 41 ff.
216 *RG* v. 26.6.1936 – II 23/36, RGZ 152, 129.
217 *BGH* v. 21.1.1988 – III ZR 180/86, BGHZ 103, 129, 141 = BB 1988, 1844 = VersR 1988, 353 = NJW 1988, 1593; kritisch *Breuer* NVwZ 1988, 992 ff.
218 *OVG Münster* NWVBl. 2011, 320.

85 Sogar das Rechtsgut Freiheit,[219] darunter wird die körperliche Bewegungsfreiheit verstanden,[220] kann in Umweltschäden betroffen sein.

85a Als Beispiel nennt *Schimikowski*[221] den Fall einer Giftgaswolke, wobei den Bewohnern benachbarter Wohn- und Bürohäuser durch die Behörde untersagt wird, die Gebäude zu verlassen.[222]

86 Das am häufigsten betroffene Rechtsgut ist wohl das Eigentum. Eine Verletzung liegt dann vor, wenn der Eigentümer aufgrund der Einwirkung auf die Sache nicht mehr seinem Wunsch entsprechend verfahren kann.[223] Vorrangig geht es dabei um Schädigungen von Sachen und Gebrauchsstörungen.

86a Als Beispiele in der Rspr. im Zusammenhang mit Umweltschäden lassen sich hierzu finden:
- die Einwirkung auf ein Grundstück durch Grundwasserverseuchung[224]
- ölverseuchtes Grundstück[225]
- behördliche Räumung von Gebäuden wegen Brand- und Explosionsgefahr[226]
- behördliche Verzehr- und Veräußerungsverbote bei drohender Vergiftung von Nahrungsmitteln[227]
- neben der Beseitigung von der Fahrbahn, die Entsorgung der sich auf der Fahrbahn befindlichen Gegenstände.[228]

87 ▶ **Praxisproblem: Ölspur auf der Fahrbahn**[229]

Ölspuren entstehen, wenn der Tankdeckel nicht richtig aufgesetzt wurde und besonders im Kurvenbereich Treibstoff aus dem Tank schwappt. Defekte Treibstoffleitungen, undichte Ölwannen und nicht richtig montierte Öl- oder Treibstofffilter bieten beispielhaft andere Ursachen. Sehr häufig sind es schon bei Neufahrzeugen[230] konstruktive Mängel oder eine schlampige Verarbeitung, die zu Schäden führen. Weitere Probleme bestehen, da 10 % aller PKW mit Ottomotoren[231] das klimapolitisch fragwürdige[232] und für unsere Fahrzeuge aggressive E 10 nicht vertragen, was nachweislich[233] sogar den Leichtmetall-Guss von Benzinpumpen durchkorrodieren lässt.

Wodurch auch immer, die Folge ist meist eine mehr oder weniger breite Spur auf der Fahrbahn.

Abhängig von der Fahrbahnbeschaffenheit – Asphalt oder Betondecke – und der Außentemperatur sowie den sonstigen Wetterbedingungen, können Ölspuren nicht nur Gefahren für den nachfolgenden Verkehr bedeuten, sondern auch die Fahrbahn als solche schädigen. Besonders gefähr-

---

219 Zum Deckungsschutz siehe Halm/Kreuter/*Schwab*, AKB-Kommentar, A.1.1.1 AKB 2008, Rn. 37 u. 38.
220 PWW/*Schaub* § 823 BGB, Rn. 29 f.
221 *Schimikowski* Rn. 47.
222 Zum umgekehrten Fall bei behördlich angeordneter Räumung von Gebäuden, BGH v. 21.6.1977 – VI ZR 58/76, NJW 1977, 2264 = VersR 1977, 965.
223 BGH v. 21.12.1970 – II ZR 133/68, BGHZ 55, 153, 159 = VersR 1971, 418 = NJW 1971, 886.
224 BGH v. 23.3.1966 – V ZR 126/63, NJW 1966, 1360, wegen »Nassauskiesungsbeschluss« des *BVerfG* v. 15.7.81 – 1 BvL 77/78, BVerfGE 58, 300 = NJW 1982, 745 kritisch zu sehen.
225 BGH v. 21.12.1971 – VI ZR 137/70, VersR 1972, 274 = NJW 1972, 445 = MDR 1972, 508 (Montagefehler an Ölfeuerungsanlage führt zu Schaden am Erdreich und Schlossteich).
226 BGH v. 21.6.1977 – VI ZR 58/76, NJW 1977, 2264 = VersR 1977, 965.
227 BGH v. 25.10.1988 – VI ZR 344/87, BGHZ 105, 346 = NJW 1989, 707 = VersR 1989, 91 = MDR 1989, 244.
228 BGH v. 6.11.2007 – VI ZR 220/06, DAR 2008, 82 mit kritischer Anm. *Schwab* = VersR 2008, 230 = NZV 2008, 83.
229 Zum heutigen Stand der Technik und den Qualitätsanforderungen bei der Beseitigung insbesondere von Ölspuren s. Himmelreich/Halm/*Borchardt* Kap. 7 Rn. 285 ff.
230 LG Hagen v. 29.7.2011 – 2 O 50/10 (Neuwagen mit massivem Ölverbrauch); zu Rückrufaktionen der Hersteller in der ADAC-Motorwelt 8/2007, 8; 1/2008, 15; 3/2008, 17; 6/2008, 15; 8/2008, 13; 9/2008, 11; 2/2009, 14; 3/2009, 12; 4/2009, 10; 5/2009, 12; 9/2009, 18; 10/2009,12; 11/2009, 11.
231 ADAC-Motorwelt 4/2011, 27.
232 *Gawel*, ZUR 2011, 337.
233 ADAC-Motorwelt 9/2011, 10.

det ist offenporiger Asphalt[234] (OPA), so genannter Flüsterasphalt. Biokraftstoffe und andere Zusätze reagieren dabei häufig noch aggressiver. Durch eine unsachgemäße Reinigung und Weiternutzung der Fahrbahn kann es zu einer erheblichen Schadensvertiefung kommen.

Bleibt der Verursacher unentdeckt, haben die Straßenbaulastträger und die Feuerwehren die Kostentragung zu klären. Dies kann landesspezifisch unterschiedlich[235] sein. In keinem Fall können die Versicherer in Anspruch genommen werden.

Für eine Eigentumsverletzung reicht dabei entgegen *LG Siegen*[236] nach zutreffender Auffassung des *BGH*[237] auch bei einer Ölspur die der Substanzverletzung vorverlagerte Gebrauchsstörung der Fahrbahn aus. 88

Eine Gebrauchstörung liegt bei der Ölspur vor, wenn sich ein Schmierfilm auf der Fahrbahn befindet, der die gewöhnliche Griffigkeit der Fahrbahn aufhebt und die Befahrbarkeit beeinträchtigt.[238] 88a

Demgegenüber ist eine Substanzverletzung beispielsweise dann gegeben, wenn etwa Öl unter der Sommerhitze in den erwärmten Asphalt eindringt und so die Festigkeit der oberen Schicht aufweicht. Wird die Fahrbahn nicht gesperrt oder verfrüht freigegeben, schadet ein Überfahren dem Belag nachhaltig. 88b

In der überwiegenden Zahl der Fälle kommt es aber nicht zu einer Substanzverletzung. Selbst bei offenporigem Asphalt kann diese noch durch schnelle und geeignete Maßnahmen verhindert werden. 89

Droht wegen des ausgetretenen Stoffes und/oder der Menge und Verteilung auf dem Fahrbahnbelag keine Substanzverletzung, ist erst zu prüfen, ob überhaupt eine Reinigung durchzuführen ist. 89a

Dies richtet sich, ähnlich der Räum- und Streupflicht[239] im Winter, insbesondere nach der Verkehrsbedeutung, den Nutzergruppen, der Stärke des Verkehrs und dem Streckenverlauf. Der erforderliche Umfang einer Reinigung ist individuell nach der üblichen Nutzung[240] zu betrachten. 89b

So kann der Umfang bei der Fahrbahn einer Ortsdurchgangsstraße ein anderer sein als bei einer Sackgasse in einer Gemeindestraße. 89c

Selbst bei Autobahnen ist zu differenzieren, ob sich die Verunreinigung auf dem Fahrstreifen oder dem Seitenstreifen (Standspur) befindet. Der Fahrbahnbelag der Standspur entspricht häufig schon nicht[241] dem, des Fahrverkehrs. Die Standspur ist nach § 2 Abs. 2 Satz 2 StVO nicht Bestandteil der Fahrbahn und darf nicht befahren werden[242]. Was für den Seitenstreifen auf Autobahnen gilt, gilt selbstverständlich auch für alle anderen Seitenstreifen. 89d

Die Beseitigung der Ölspur durch eine Reinigung der Fahrbahn ist in fast allen Fällen – mit und ohne Bindemitteleinsatz – technisch möglich und fachlich ausreichend. Ein Abfräsen der Fahrbahn und eine Erneuerung der Fahrbahndecke stellen in fast allen Fällen demgegenüber eine nicht erforderliche und gemessen an dem Schaden und Zeitaufwand völlig unverhältnismäßige Maßnahme dar. In jedem Falle sollte zwingend zuvor eine qualifizierte Reinigung nach DWA-M 715 durchgeführt 89e

---

234 *BVerwG* v. 5.9.2008 – 9 B 10.08; *OVG Lüneburg* ZUR 2009, 329.
235 *VG Potsdam* v. 18.1.2011 – 3 K 367/06, LKV 2011, 190 m. Anm. *Neubauer/Lörincz*.
236 *LG Siegen* v. 14.6.2010 – 3 S 124/09, VRR 2010, 387 m. Anm. *Klaws*.
237 *BGH* v. 28.6.2011 – VI ZR 184/10 und VI ZR 191/10, SP 2011, 279 = NJW-Spezial 2011, 489 = DAR 2011, 573 m. Anm. *Schwab* DAR 2011, 610 ff.
238 *OLG Köln* VersR 1983, 287 unter Berufung auf *BGH* v. 21.12.1970 – II ZR 133/68, BGHZ 55, 153 = NJW 1971, 886 = VersR 1971, 418 (Fleetfall).
239 *BGH* v. 5.7.1990 – III ZR 217/89, BGHZ 112, 74 = VersR 1990, 1148 = NJW 1991, 33; *OLG Koblenz* v. 27.10.2010 – 1 U 170/10 (Parkplatz).
240 *OLG Celle* SVR 2007, 22 bespr. v. *Schwab*.
241 Hentschel/*König*/Dauer § 18 StVO, Rn 14b.
242 *BGH* v. 6.5.1981 – 4 StR 530/79, BGHSt 30, 85 = MDR 1981, 687 = NJW 1981, 1968; *BVerfG* v. 22.8.1994 – 2 BvR 1884/93, DAR 1995, 154 = NJW 1995, 315 = VRS 88, 84.

werden, bevor man zum letzten Mittel greift. Von einem Straßenbaulastträger darf erwartet werden, dass die Fachbehörde sich nicht nur mit dem Bau und der Unterhaltung einer Straße, sondern sich auch mit Reinigungsverfahren nach dem Stand der Technik auskennt.

89f Dabei ist zu beachten, dass an die Qualität der Reinigung bzw. an das ggf. verwendete Ölbindemittel durch die Behörden besondere Anforderungen gestellt werden.[243] Für Fahrbahnen kommen insbesondere grobkörnige Materialien als Sonderformen »SF« der Typen II oder III mit dem Zusatz »R« für **Rutschfestigkeit** in Betracht.

89g Kurz gesagt, ist – falls ein sinnvoller Einsatz von Bindemitteln möglich ist – der Ölbinder dicht über der Fahrbahn auszustreuen, einzukehren, einwirken zu lassen und wieder komplett aufzunehmen. Bei entsprechenden Witterungsbedingungen ist dann nass nachzubehandeln, um überhaupt die volle Wirksamkeit des Bindemittels eintreten zu lassen. Dabei ist die gesamte Flüssigkeit wieder aufzunehmen.

90 Leider kann häufig beobachtet werden, dass das Bindemittel zu üppig ausgebracht und zu lange liegen gelassen wird ohne nass nachzubehandeln. Das Bindemittel wird dann vom Wind in die Straßenrandbereiche getragen wird. Durch den unqualifizierten Umgang mit Ölbindern – ohne Beachtung der Herstellerangaben und des Merkblattes DWA-M 715 – werden die beabsichtige Wirkung nicht erreicht und zusätzliche Gefahren geschaffen.

90a Passanten und Anwohner tragen die Giftstoffe an ihren Schuhen mit ins Fahrzeug und in die Wohnung. Aufgewirbelte belastete Bindemittel werden eingeatmet.

90b Eine unzureichende **Nassreinigung** ohne richtige Trocknung birgt weitere Gefahrenquellen in sich. Jedoch hat der Kraftfahrer auch hiermit zu rechnen.[244]

91 Bei ordnungsgemäßer Verarbeitung darf erwartet werden, dass die Menge des verbrauchten Bindemittels im Verhältnis zur Ölverlustmenge steht. Wird aber zu viel **Ölbinder** verwendet, steigen auch gleich der Personalbedarf und die Einsatzstunden an. Das führt wiederum zu einer unnötigen Verteuerung.

91a Die Ölbinder haben eine produktspezifische Aufnahmekapazität. Natürlich kann man nicht verlangen, dass diese voll ausgeschöpft wird. Bei einem Ölverlust von fünf Litern Motorenöl wird also eine Mehrmenge an Bindemitteln verbraucht werden, als für theoretisch fünf Liter erforderlich sind. Dennoch wird man erwarten können, dass der Bindemittelverbrauch nicht ein Mehrfaches der erforderlichen Aufnahmekapazität ausmacht. Schließlich kostet nicht nur der Ölbinder Geld; auch bei der Entsorgung könnten unnötige Mehrkosten anfallen. Grotesk wird es dort, wo Gerichte[245] den planlosen und exzessiven Umgang mit Bindemitteln durch Feuerwehren decken, obwohl den Behörden die technischen Unzulänglichkeiten seit vielen Jahren[246] bekannt sein müssten.

92 Problematisch ist auch, wenn der ölgetränkte Binder zu lange liegt und nicht sofort nach der Einwirkung aufgenommen wird. Durch später einsetzenden Regen kann dann das Öl wieder aus dem Binder ausgeschwemmt werden. Das kann zu einem neuen, größeren Schadensbereich führen. Hieraus entstehen nicht nur erneute Gefahren für Folgeunfälle, sondern auch für die Umwelt. Dazu kommt das Risiko für Verantwortlichkeiten nach dem USchadG, insbesondere bei einer Schadstoffverfrachtung in sensible Bereiche neben der Fahrbahn.

93 Schließlich bleibt zu beachten, dass auch sonst der betriebene Aufwand im Verhältnis zur ausgelaufenen Menge und sonstigen Bedingungen[247] stehen muss. Dazu gehört es auch zu prüfen, welcher Stoff[248] ausgelaufen ist und ob und wie damit qualifiziert umzugehen ist. Die Verwendung von Ölbindemitteln ist z. B. dann sinnlos, wenn Gülle oder Pflanzenschutzmittel abgetropft ist.

---

243 Siehe im Detail Himmelreich/Halm/*Borchardt* Kap. 7 Rn. 285 ff. unter Hinweis auf das DWA-Merkblatt 715 Stand Juni 2007.
244 *BGH* v. 2.6.1958 – III ZR 20/57, VersR 1958, 609.
245 *VGH Mannheim* v. 24.2.2011 – 1 S 2902/10 (über 2 Tonnen Bindemittel).
246 *Oellers* VBl.BW 2004, 371.
247 *VG Gießen* VRS 120, 377 = LKRZ 2011, 265 = DÖV 2011, 495.
248 *OLG Zweibrücken* v. 29.11.2010 – 7 U 168/09 (Kühlflüssigkeit oder Motoröl).

C. Anspruchsgrundlagen Kapitel 21

Leistet in diesen Fällen die Feuerwehr technische Hilfe, wird sie den Einsatzbericht und die Liste der verwendeten Materialien an die Gemeinde weiterleiten, die dann die Kosten per Bescheid einfordert.[249] Die pauschale Inanspruchnahme einer Spedition[250] als Halter von Fahrzeugen scheidet aus, wenn sich keine konkrete Verursachung durch ein Fahrzeug nachweisen lässt. **93a**

In manchen Regionen werden private Unternehmer im Auftrag von Behörden[251] – sei es durch die Feuerwehr oder durch den Straßenbaulastträger[252] – tätig. **93b**

Dem wird in Niedersachsen[253] und Nordrhein-Westfalen[254] begegnet, da im Rahmen des Kostenersatzes nur eigene Einsätze, nicht aber die von beauftragten Dritten abzurechnen sind. **93c**

Heute wird andernorts[255] schon die originäre Zuständigkeit der Feuerwehr für die Beseitigung von Ölspuren verneint, selbst wenn sie von der Polizei gerufen wurde. **93d**

Von den Behörden werden leider häufig die rechtlichen Vorgaben übersehen. Nach VV Nr. 2 zu § 32 StVO ist zu beachten, dass in erster Linie der Verursacher selbst die Ölspur zu beseitigen hat. Dies ergibt sich zudem in gleicher Weise aus den jeweiligen Straßengesetzen der Bundesländer und § 7 Abs. 3 FStrG für die Bundesstraßen und Autobahnen. **93e**

Erforderlichenfalls ist die Ölspur im Namen des Verursachers[256] und für dessen Rechnung durch eigenes Personal oder per Verpflichtung von Privatfirmen in seinem Namen beseitigen zu lassen. **93f**

Bestreitet allerdings der Verursacher eine ihn bindende Beauftragung eines Privatunternehmens hat die Behörde als Vertreter ohne Vertretungsmacht nach § 179 BGB die vertragliche Vereinbarung zu erfüllen. Die mit Kosten belastete Behörde kann diesen Aufwand beim Verursacher nach den Straßengesetzen als eigenen Aufwand per Bescheid geltend machen. Selbst im verwaltungsgerichtlichen Verfahren kann der Verursacher noch die Höhe des Anspruchs – substantiiert – bestreiten.[257] **93g**

Problematisiert wird, ob private Dienstleister unmittelbar[258] oder nach Abtretungsvereinbarung mit dem Eigentümer der Straße mit dem Verursacher bzw. dessen Haftpflichtversicherer abrechnen dürfen. Der Forderungsinhaber[259] wird dabei tatsächlich abtreten dürfen,[260] da auch bei einem schlichten (hoheitlichen) Verhalten der Behörde als geschädigtem Grundstückseigentümer kein Schutzbedürfnis durch einen verwaltungsrechtlichen Verfahrensweg eröffnet ist. Nach weitgehender Abschaffung des verwaltungsrechtlichen Vorverfahrens in Niedersachsen, Bayern, Nordrhein-Westfalen und Sachsen-Anhalt ist dies gegenüber dem zivilrechtlichen Verfahren sogar erheblich nachteiliger für den Bürger. Der *BGH*[261] hat zutreffend die Abtretbarkeit gebilligt und insoweit Rechtssicherheit für die Beteiligten geschaffen. **93h**

---

249 Zu den Feuerwehrkosten s. Rdn. 39; sowie *Schwab* PVR 2002, 243 ff.
250 OVG Bautzen DAR 2011, 100 (Ls).
251 *VG Braunschweig* v. 23.9.2002 – Az. 5 A 149/00; *VG Gießen* VRS 120,377 = LKRZ 2011, 265 = DÖV 2011, 495; LT-Drucks. 14/666 Baden-Württemberg; *OLG Karlsruhe* VergabeR 2010, 685 (Ausschreibung für Bundesautobahnabschnitte); *OLG Zweibrücken* v. 29.11.2001 – 7 U 168/09.
252 *Rebler* VD 2011, 154.
253 *VG Minden* v. 21.2.2002 – 9 K 618/01.
254 *VG Arnsberg* SP 2009, 426; *VG Düsseldorf* v. 10.12.2010 – 26 K 1603/09; *VG Arnsberg* v. 21.2.2011 – 7 K 866/10.
255 *VG Neustadt a. d. W.* Urt. v. 28.8.2007 – 5 K 5/07; rechtskräftig nach Berufungsrücknahme *OVG Koblenz* 7 A 11284/07; *VG Halle* v. 27.8.2010 – 3 A 197/09 (Ackerlehm); *VG Arnsberg* v. 17.3.2011 – 7 K 331/10.
256 *Schwab* DAR 2010, 347 ff.
257 *VG Köln* v. 13.5.2011 – 18 K 7475 u. *VG Köln* v. 13.5.2011 – 18 K 7476.
258 *LG Bielefeld* SP 2010, 4; *LG Bochum* v. 23.11.2009 – I-8 O 647/08; insoweit zustimmend *Schwab* DAR 2010, 347 ff.
259 Schadensersatzanspruch (jedoch kein Direktanspruch, da kein Verkehrsteilnehmer).
260 *OLG Zweibrücken* v. 29.11.2010 – 7 U 168/09. *LG Siegen* v. 14.6.2010 – 3 S 124/09 n. r. und *LG Karlsruhe* v. 12.11.2010 – 9 S 574/09 hielten dagegen eine Abtretung für rechtlich unwirksam.
261 *BGH* v. 28.6.2011 – VI ZR 184/10 und VI ZR 191/10, SP 2011, 279 = NJW-Spezial 2011, 489 = DAR 2011, 573 m. Anm. *Schwab* DAR 2011, 610 ff.

93i Der Kfz-Haftpflichtversicherer stellt in der Praxis den versicherten Verursacher von berechtigten Forderungen frei, die der Schadenbehebung dienen.

94 Privatanbieter, wie auch vermehrt Feuerwehren,[262] verfügen über Spezialfahrzeuge und spezielle Maschinen. Sie kommen mit weniger, weil entsprechend qualifiziertem Personal für die Reinigung aus. Insbesondere zertifizierte[263] Fachbetriebe, die nach entsprechender Prüfung dazu in der Lage sind, nicht nur 80 % nach der Mindestvorgabe des DWA-Merkblattes M 715, sondern sogar 90 % des ursprünglichen Reibwiderstandes[264] wiederherzustellen, leisten hervorragende Arbeit.

95 Für den Einsatz der Spezialfahrzeuge werden gelegentlich Preise[265] verlangt, die sich nicht allein mit dem Verschleiß an Bürsten begründen lassen. Dann sind Rechnungsprüfungen durch hierfür geeignete Sachverständige angezeigt, die sowohl die Bausubstanz, das chemische Reaktionsverhalten des ausgelaufen Stoffes, die Wirkungsweisen von Bindemitteln und vertiefte Kenntnisse zu den speziellen Reinigungstechniken besitzen.

96 Manche Unternehmer versuchen, ihre Werkleistung beim Schädiger oder Versicherer geltend zu machen, ohne von diesen beauftragt worden zu sein. Schadensersatzansprüche bzw. einen Direktanspruch gegen den Versicherer haben sie nicht, da sie nicht Geschädigte sind.[266] Die Abrechnung im Rahmen einer Geschäftsführung ohne Auftrag scheidet dann aus, wenn offenkundig ein wirksamer Auftrag durch die Behörde vorliegt, die sich selbst verpflichten[267] wollte.

96a Hat sich ein Fahrer persönlich[268] in einem Werkvertrag mit einem privaten Unternehmer verpflichtet, kann der Unternehmer gegenüber dem Halter, der zugleich Arbeitgeber des Fahrers ist, weder Ansprüche aus Vertrag noch aus Geschäftsführung ohne Auftrag geltend machen.

96b Ob vor Ort ein wirksamer Vertrag mit dem Fahrer zustande gekommen ist, kann bei der formularmäßigen Beauftragung mit inhaltlichen Lücken und kleingedruckten Passagen[269] allerdings erheblichen Zweifeln unterliegen.

96c Mit der Übernahme von Aufgaben der örtlichen Verwaltungsbehörde und dem Eintreiben der Kosten für Dritte bewegen sich diese Unternehmen oftmals in einer rechtlichen Grauzone. Nur selten wird ein klar abgegrenzter, fallbezogener Abtretungsvertrag mit dem Baulastträger oder besser der Eigentümerin des jeweiligen Straßenabschnitts vorliegen. Zudem kann eine wirksame Abtretung daran scheitern, dass die für die Behörde handelnde Person für den Straßenabschnitt nicht handlungsbefugt[270] ist. Insoweit dürfte die Entscheidung des *BGH*[271] bezüglich der Ortsdurchfahrt problematisch[272] sein.

96b Tritt der zuständige Baulastträger als Eigentümer der Straße Schadensersatzansprüche ab, so steht der Wirksamkeit der Abtretung grundsätzlich[273] nichts entgegen. Selbst die Abtretung einer Forderung

---

262 Feuerwehr Düsseldorf mit »ÖWSF«, Feuermelder 2007, 28; z. B. Aalen, Braunschweig, Darmstadt, Düsseldorf, Hagen, Hanau, Mannheim, Remscheid, Wedel, Wuppertal.
263 Nach Güte- und Prüfbestimmungen LKM gemäß RAL GZ899 (RAL= Reichsausschuss für Lieferbedingungen; GZ = Gütezeichen).
264 SRT-Wert (Skid-Resistance-Tester = Griffigkeitsmessgerät).
265 *LG Siegen* v. 14.6.2010 – 3 S 124/09 n. r. (Im Tatbestand ist von einer unterschiedlichen Abrechnungspraxis – Behörde oder Privatmann – die Rede, wobei im letzten Fall behauptet wurde, dass fünffach höhere Preise abgerechnet werden).
266 *BGH* v. 4.7.1978 – VI ZR 95/77, BGHZ 72, 151 = VersR 1978, 870 = NJW 1978, 2030; *BGH* v. 4.7.1978 – VI ZR 96/77, VersR 1978, 962; *LG Limburg* v. 23.12.2010 – 3 S 156/10.
267 *OLG Zweibrücken* v. 29.11.2010 – 7 U 168/09; *AG Kusel* SP 2010, 72; *AG Idar-Oberstein* DAR 2010, 587 m. Anm. *Schwab*.
268 *LG Regensburg* v. 12.7.2011 – 4 O 214/11 (1).
269 *LG Wuppertal* v. 30.6.2011 – 9 S 154/10.
270 *LG Limburg* v. 23.12.2010 – 3 S 156/10.
271 *BGH* v. 28.6.2011 – VI ZR 184/10, DAR 2011, 573 = SP 2011, 279 = VersR 2011,
272 *Schwab*, DAR 2011, 610.
273 *BGH* v. 28.6.2011 – VI ZR 184/10 und VI ZR 191/10, SP 2011, 279 = NJW-Spezial 2011, 489 = DAR 2011, 573 m. Anm. *Schwab* DAR 2011, 610 ff.; *OLG Zweibrücken* v. 29.11.2010 – 7 U 168/09.

C. Anspruchsgrundlagen

mit ursprünglich öffentlich-rechtlichem Charakter ist möglich. Sie nimmt mit Rechtsübergang auf einen Privaten privatrechtliche[274] Gestalt an.

96c

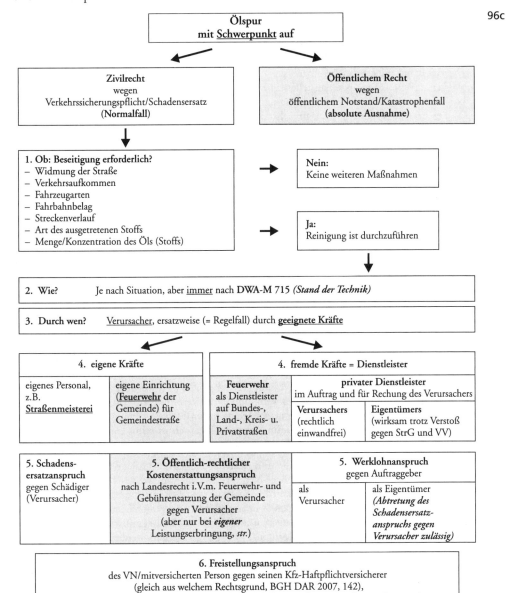

Schaubild: Rechtliche Rahmenbedingungen Ölspurbeseitigung

---

274 *BGH* v. 18.6.1979 – VII ZR 84/78, BGHZ 75, 23 = NJW 1979, 2198 (Steuerschuld); *BGH* v. 10.7.1995 – II ZR 75/94, MDR 1995, 1271; PWW/*H. F. Müller* § 398 BGB, Rn. 3.

97 Bei größeren Ölmengen oder Chemikalien, die konzentriert auf den Fahrbahnbelag einwirken konnten, stellt sich das Risiko, dass sich die Fahrbahn mit der Zeit auflöst. Dies ist beispielsweise dann der Fall, wenn Diesel in die stark poröse Schicht des Asphalts eindringen konnte oder bei einem Fahrzeugbrand es durch die enorme Hitzeentwicklung zu Schmelzprozessen kommt.

97a Neben dem Wegreißen und Neuerstellen als teuerste Alternative bietet es sich an, die oberste Schicht abzufräsen und eine neue Feinschicht aufzutragen. Da auch diese Maßnahmen bei entsprechenden Flächen nicht nur mit erheblichen Baukosten und Kosten für die Verwertung des Fräsgutes, sondern mit weiteren Nebenkosten wie Baustelleneinrichtung mit Ampelschaltung oder Verkehrsumleitung verbunden sind, muss die Erforderlichkeit der Arbeiten sicher nachgewiesen sein. Vor einer übereilten Sanierung kann es sinnvoll sein, zunächst den Fahrbahnbelag durch eine Gutachtenstelle bewerten zu lassen. Ein aus der Fahrbahn entnommener Bohrkern kann hierzu von einer Materialprüfanstalt getestet werden.

98 Der Schädiger hat dann auch diese Schadenermittlungskosten zu tragen, selbst wenn sich später abzeichnet, dass kein Schaden am Belag eingetreten ist. Etwas anderes gilt nur, wenn es auf der Hand liegt, dass die Fahrbahn nicht beschädigt worden sein kann. Vertreter der Straßenbauverwaltung im Außendienst werden hier ein geschulteres Auge haben, als der private Unternehmer, dessen geteerte Hoffläche ölverschmiert wurde. Zudem werden sie über Griffigkeitsmessgeräte (SRT-Messung) zur Beurteilung der Fahrbahngriffigkeit verfügen.

99 Gewerbliche Verkehrsflächen sowie Zufahrten und Abstellplätze im privaten Bereich sind häufig mit Verbundsteinpflastern versehen.

99a Ölspuren und -flecken lassen sich meist bereits im ersten Versuch durch Auftrag, Einarbeitung und Absaugung einer Tensidlösung professionell beseitigen. Durch die kostengünstige und zeitnahe Reinigung wird die Fläche wiederhergestellt, ohne dass ein Eingriff in die bauliche Substanz erforderlich ist.

100 Aus Unkenntnis wird leider oft falsch gehandelt. So lässt sich der Schaden mit zur Schadenbehebung untauglichen Hochdruckreinigern leicht vergrößern, indem man Öl in die Fugen schwemmt oder presst. Wird vorschnell gehandelt und ein unnötiger, hohe Kosten auslösender Austausch der Steine angestrebt, ist dies mit weiteren Nachteilen verbunden: Alte Verbundpflastersteinformen sind kaum noch im Handel zu bekommen oder die neuen Steine haben Farbabweichungen, die sich bei den Übergängen optisch bemerkbar machen. Ein Komplettaustausch ist selbst bei Verschulden wegen unverhältnismäßigem Aufwand[275] unzumutbar.

100a Öffentliche und private Verkehrsflächen[276] und Abstellplätze haben nur eine begrenzte Nutzungsdauer. Damit stellt sich das Problem Abzüge »Neu für Alt«. Richtigerweise ist auch für öffentliche Straßen[277] ein Vorteilsausgleich vorzunehmen. Zudem werden sich durch den ständigen Gebrauch Fahrspuren und gelegentliche Absenkungen[278] herausgebildet haben. Schließlich ist zu berücksichtigen, dass ein Austausch der Steine mit einer vorübergehenden Nutzungseinschränkung einhergeht und die ölverschmierten Steine der Verwertung/Entsorgung zugeführt werden müssen.

101 Soweit möglich, ist demnach eine Reinigung vorzuziehen. Dabei ist zu beachten, dass bei Temperaturen um den Gefrierpunkt die Reinigung kaum durchführbar ist. Wird vermutet, dass punktuell eine größere Menge Öl zwischen die Fugen der Verbundpflastersteine gelaufen ist, z. B. wegen einer Pfützenbildung in der Fahrspur, so kann die Einschaltung eines Umweltsachverständigen erforderlich sein. Dieser nimmt einen Stein aus dem Schadenzentrum herausnimmt und sichert eine Bodenprobe. Erst danach kann entschieden werden, ob eine Reinigung dann noch als kostengünstigere und

---

275 *OLG Köln* VersR 1993, 758 (Werkvertragsrecht).
276 *BGH* v. 10.11.2005 – VII ZR 137/04, MDR 2006, 566 = NJW-RR 2006, 453 (Asphaltdecke einer Bundesstraße mit 16 Jahren).
277 *VG Lüneburg* v. 9.7.2008 – 5 A 134/06; *Siegel* SVR 2011, 289.
278 *OLG Oldenburg* v. 16.6.1999 – 2 U 56/99.

weniger einschneidende Maßnahme Erfolg versprechend ist. Bei einer Oberflächenreinigung kann nämlich Öl im darunter liegenden Sandbett verbleiben und mit dem nächsten Regen ausgetrieben werden. Die gesäuberte Fläche kann so erneut verschmutzen.

In jedem Fall sollte sich nach einer erfolgten Reinigung der Geschädigte vorbehalten, Nachbesserung zu verlangen, falls durch die Fugen Öl hochkommen könnte. 101a

Unter den sonstigen Rechten im Sinne des § 823 Abs. 1 BGB sind umweltrelevant: Aneignungsrechte,[279] wie das Fischereirecht[280] und das Wassergebrauchsrecht[281] sowie das Recht des Grundstückseigentümers auf Grundwasserförderung.[282] 102

Allgemeine Umweltgüter sind demgegenüber keine sonstigen privatrechtsfähigen Rechte.[283] 103

Das Recht am eingerichteten und ausgeübten Gewerbebetrieb dürfte in kaum einem der Fälle betroffen sein, da es an einem betriebsbezogenen Eingriff fehlen wird.[284] Mittelbare Beeinträchtigungen, wie etwa durch die Sperrung der öffentlichen Zufahrtsstraße[285] an der der Betrieb liegt oder durch Beschädigung von Versorgungskabeln[286] bleiben außen vor. 104

In diesem Zusammenhang sei darauf hingewiesen, dass es im Rahmen von Sanierungsarbeiten bei der Erdauskofferung neben der Fahrbahn immer mal wieder zu Kabelschäden an Telefon- und Stromkabeln kommen kann. Oftmals wird die Lage etwaiger Kabel nur vermutet weil Kabelpläne nicht schnell genug herbeizuschaffen sind oder selbst nur ungenaue Angaben enthalten. Im Kabelmerkblatt[287] der Deutschen Bahn wird gar auf die fahrlässige Sachbeschädigung nach § 317 StGB hingewiesen. Im Zuge von dringenden Sanierungsarbeiten, die ein schnelleres Fortkommen erfordern, kann eine Güterabwägung dazu führen, dass ein möglicher Kabelschaden in Kauf genommen werden muss. Dies ist notwendig, um den Eintritt eines Grundwasserschadens zu verhindern. Auch in diesen Fällen liegt kein zielgerichteter Eingriff vor, da nicht beabsichtigt ist, einen bestimmten Betrieb von der Versorgung abzuschneiden. 105

Die Behebung des Schadens am Kabel selbst, gehört natürlich wiederum zum Ersatzanspruch des Kabeleigentümers. Dies auch dann, wenn die Beschädigung gerechtfertigt war, § 904 S. 2 BGB. 105a

Weitere Voraussetzungen sind Rechtswidrigkeit und Verschulden. 106

5. Verstoß gegen Schutzgesetze nach § 823 Abs. 2 BGB

Es muss ein Verstoß gegen eine Rechtsnorm vorliegen, die ein bestimmtes Individualinteresse schützt. Unfallverhütungsvorschriften sind keine Rechtsnormen.[288] Für Umweltschäden aus dem Kfz-Bereich kommen insbesondere folgende Normen in Betracht: 107
- die TA-Lärm bei lärmender Standheizung eines Fahrzeugs[289] 108
- oder eine GaragenVO[290] zum Schutz vor gefährlichen Emissionen und Bränden, 108a

---

279 *OLG Frankfurt* NJW 1959, 2218.
280 *BGH* v. 31.5.2007 – III ZR 158/06, NJW-RR 2007, 1319 = VersR 2007, 1281; *BGH* v. 22.7.1969 – III ZR 215/66, VersR 1969, 928; BVerwG v. 3.5.2011 – 7 A 9.09, ZUR 2011, 549; *Schimikowski* Rn. 56.
281 Palandt/*Sprau* § 823 BGB Rn. 16.
282 *BGH* v. 22.12.1976 – III ZR 62/74, BGHZ 69, 1, 4 = NJW 1977, 1770 = MDR 1977, 1002; *BGH* v. 7.10.1975 – VI ZR 43/74, VersR 1976, 62 = NJW 1976, 46; *Schimikowski* Rn. 55.
283 PWW/*Schaub* § 823 BGB Rn. 78.
284 Ansonsten wohl auch Vorsatztat nach § 103 VVG.
285 *BGH* v. 21.6.1977 – VI ZR 58/76, NJW 1977, 2264 = VersR 1977, 965.
286 H. M. vgl. Jauernig/*Teichmann* § 823 BGB Rn. 98.
287 Kabelmerkblatt richtet sich an Betriebe mit Erd- und Maurerarbeiten im Bahnbereich.
288 Bedenklich daher *OLG Celle* VersR 2010, 666; *OLG Zweibrücken* VersR 2010, 664.
289 *AG München* NJW 2005, 760 f.; Kfz-Werkstatt siehe *OVG Schleswig* NVwZ-RR 2011, 312.
290 *BGH* v. 5.5.1987 – VI ZR 181/86, VersR 1987, 1014 = NJW-RR 1987, 1311 (Großbrand).

108b • die Trinkwasserverordnung[291]
109 • die Normen der Gefahrgutverordnung Straße und Schiene, Eisenbahn (GGVSEB),[292] die sich mit der Verpackung, Bezettelung, Versendung, Beförderung, Empfangnahme etc. von gefährlichen Gütern befasst,
110 • § 5 Nr. 1 und 2 i. V. m. § 38 BImSchG hat nachbarschützende Wirkung[293] auch in Bezug auf Kraftfahrzeuge, dürfte jedoch für die hierzu behandelnden Fälle in der Praxis keine Rolle spielen,[294]
111 • das Ausbringen von Düngemitteln nach § 2 DüngeV und von Pflanzenschutzmitteln nach § 6 Abs. 1 und 2 PflSchG geschieht häufig unter Einsatz landwirtschaftlicher Fahrzeuge. Die Normen fordern eine gute fachliche Praxis und haben ebenfalls drittschützende Wirkung.[295]

112 Neben der Haftung des Fahrers nach diesen Vorschriften stellt sich generell die Frage nach der gesamtschuldnerischen Haftung des Kfz-Haftpflichtversicherers und der Deckung aus dem Kfz-Haftpflichtvertrag.

112a Zwar gehören verschiedene Tätigkeiten im Bereich des Fahrzeugs zum Gebrauch des Kraftfahrzeugs nach A.1.1.1 AKB 2008, wie beispielsweise das Be- und Entladen. Beim Ausbringen von Dünger und Pflanzenschutzmitteln steht jedoch das Fahrzeug lediglich als reine Arbeitsmaschine in Nutzung. Dieser Gebrauchsteil kann in zulässiger Weise vom Versicherungsschutz ausgeschlossen sein. Entsprechend sind immer die individuellen[296] AKB zu prüfen, da Abweichungen von den Muster-AKB des GDV vereinbart sein könnten.

113 Beim Einsatz des Fahrzeugs als reine Arbeitsmaschine wird ein ergänzender Deckungsbereich[297] in der Kfz-Haftpflichtversicherung angesprochen, der begrifflich über das hinausgeht, was der Gesetzgeber nach dem PflVG als Gebrauch – auf öffentlichen Wegen und Plätzen – verlangt.

113a Entsprechend konnte das *BAV* es auch zugelassen, dass Versicherungsunternehmen durch Verwendung von Sonderbedingungen[298] das Arbeitsrisiko aus der Kfz-Haftpflichtversicherung ausschließen. Daraus folgt, dass diejenigen, die nicht Verkehrsopfer nach dem Zweckgedanken des Pflichtversicherungsgesetzes sind, auch keinen Direktanspruch gegen den Kfz-Haftpflichtversicherer nach § 115 Abs. 1 Nr. 1 VVG haben.[299]

114 Beruht jedenfalls das falsche Ausbringen von Dünger oder Pflanzenschutzmitteln nicht auf einem technischen Mangel des Fahrzeugs oder einem Fahrfehler, ist der Schaden nur gelegentlich des Gebrauchs des Fahrzeugs eingetreten.

114a Beispiele hierfür bieten fachliche Fehler[300] des Landwirts,[301] weil er die Wetterprognose missachtet, es ihm schlicht egal ist, ob es stürmt und das Spritzmittel fortgeweht wird, der Boden noch gefroren ist und so das Mittel nicht in den Boden eindringen kann und dann fortgespült wird. Gefährlich ist

---

291 *BGH* v. 25.1.1983 – ZR 24/82, MDR 1983, 742 = VersR 1993, 441 = NJW 1983, 2935.
292 *OLG Hamm* NJW-RR 1993, 914; *OLG Frankfurt* TranspR 2008, 472 m. Anm. *Boettge* (NZB zurückgewiesen *BGH* v. 4.3.2008 – VI ZR 137/07).
293 *Schimikowski* Rn. 77.
294 Ggfs. bei bestimmungsgemäßem Betrieb unter Missachtung von Verkehrsbeschränkungen nach den §§ 40, 47 BImSchG (Smog).
295 *Schimikowski* Rn. 78.
296 *Heinrichs* zfs 2009, 187.
297 Einzelheiten zur normbezogenen Auslegung des Gebrauchsbegriffs mit Fallgruppen, Halm/Kreuter/Schwab AKB-Kommentar, A.1.1.1 AKB 2008, Rn. 61 ff.; *Schwab* DAR 2011, 11 ff.
298 Sonderbedingungen 11, VerBAV 1971, 320 f.; VerBAV 1975, 299 f.
299 Anders der für Haftungsfragen zuständige 6. Senat des *BGH* v. 8.4.2008 – Az. VI ZR 229/07, NJW-Spezial 2008, 298 zum Heizölbefüllschaden *OLG Frankfurt* NJOZ 2008, 2864 = zfs 2008, 377 = r+s 2008, 437.
300 Unwissenheit mangels Ausbildung und fehlender Spritzprüfung; Sachkundelehrgang im Pflanzenschutz.
301 Fall mit Unkrautvernichtungsmittel des *OLG Celle* VersR 1981, 66 f.

auch das Reinigen der Spritze auf dem Feld. Dadurch können hoch konzentrierte Restbestände in den Boden eindringen oder in Gewässer gespült werden.

Bei derartigem Fehlverhalten ist der Gebrauch des Fahrzeugs nicht kausal für den eingetretenen Schaden. **114b**

Vergleichbar ist dies mit einer Fehlbefüllung durch Verwechslung der Anschlüsse an den stationären Tankbehältern[302] des Empfängers. **114c**

Kein dem Fahrzeugrisiko zurechenbarer Gebrauch liegt auch dann vor, wenn ein verplombter, mit Gefahrgut beladener und vom Fahrzeug transportierter Wechselbrückencontainer in Brand gerät. Die chemische Reaktion im Inneren des Containers ist allein durch den Versender veranlasst. **114d**

In den vorgenannten Beispielsfällen fehlt es an dem Merkmal »durch den Gebrauch«, da der Schaden nur »gelegentlich« der Fahrzeugverwendung eintritt. **114e**

Schimikowski[303] diskutiert mit Blick auf die Landwirtschaft die unterschiedliche Praxis der Kfz-Haftpflicht- bzw. Betriebshaftpflichtversicherer. Er kommt ebenfalls zu dem Ergebnis, dass sich weder die Betriebsgefahr nach § 7 StVG noch eine dem Kfz innewohnende Gefahr verwirklicht hat, sondern lediglich allgemeine betriebliche Gefahren zum Schaden beigetragen haben. Diese habe folgerichtig der Betriebshaftpflichtversicherer zu übernehmen.[304] **115**

Zur früheren großen Kraftfahrzeugausschlussklausel in der Betriebshaftpflichtversicherung führte der *BGH*[305] entsprechend aus, dass eine bloße zusätzliche Ursache, die durch den Gebrauch eines Kraftfahrzeugs gesetzt wird, kein Umstand sei, dem gegenüber der Verwirklichung der allgemeinen betrieblichen Haftpflichtgefahr eine selbstständige Bedeutung zukommt. **115a**

Der vierte Senat des *BGH* unterschied bei einem technischen Versagen der Arbeitsmaschine – also keinem fachlichen Versagen des Landwirts – danach, ob der Fehler in der vorübergehend montierten Anbauspritze oder dem Fahrzeug als solchem zu suchen ist.[306] Er unterteilte dabei danach, dass praktisch einem beliebigen Kraftfahrzeug mit den gängigen Funktionen erst durch das Zusatzaggregat eine weitere Aufgabe zukomme, mit der dann Arbeitseinsätze gefahren werden könnten. **116**

Die Sachlage wird hier folglich anders bewertet, als etwa bei einem Silo- oder Tankfahrzeug, das gerade mit dieser Spezialausstattung dauerhaft ausgestattet ist, um damit ständig die entsprechenden Güter transportieren zu können. Dennoch muss sich gerade auch da die fahrzeugtypische Gefährlichkeit auswirken.[307] **117**

Auch die *Paritätische Kommission*[308] (Kommission zur Beilegung von Meinungsverschiedenheiten unter den Versicherern, besetzt mit Vertretern aus Haftpflicht und Kraftfahrt beim GDV. Die Entscheidungen der Kommission sind für die Parteien nicht bindend,[309] sodass eine gerichtliche Klä- **118**

---

302 *OLG Hamburg* OLGR 2008, 895 = DAR 2010, 699, von *BGH* v. 27.7.2010 – VI ZB 49/08, DAR 2010, 639 u. DAR 2010, 698 = VersR 2010, 1360 = r+s 2010, 433 = MDR 2010, 1322 im Ergebnis bestätigt; *LG Koblenz* DAR 2009, 468.
303 *Schimikowski* VersR 1992, 923 f., 928 ff.
304 Zur Abgrenzung von allgemeiner Haftpflicht und Kraftfahrthaftpflicht s. a.: *Wussow* VersR 1996, 668 ff.; *Hofmann* NVersZ 1998, 54 ff.; *Halm/Kreuter/Schwab* AKB-Kommentar, A.1.1.1 AKB 2008, Rn. 68 ff.; *Staab* DAR 2011, 181 ff.
305 *BGH* v. 17.2.1966 – II ZR 103/63, BGHZ 45, 168 (172) = NJW 1966, 929 = MDR 1966, 482.
306 *BGH* v. 27.10.1983 – IV ZR 243/92, VersR 1994, 83 = MDR 1993, 44 = NZV 1994, 66.
307 Richtig daher *OLG Hamburg* OLGR 2008, 895 = DAR 2010, 699, von *BGH* v. 27.7.2010 – VI ZB 49/08, DAR 2010, 639 u. DAR 2010, 698 = VersR 2010, 1360 = r+s 2010, 433 = MDR 2010, 1322 im Ergebnis bestätigt; *LG Koblenz* DAR 2009, 468.
308 Kommission zur Beilegung von Meinungsverschiedenheiten unter den Versicherern, besetzt mit Vertretern aus Haftpflicht und Kraftfahrt beim GDV. Die Entscheidungen der Kommission sind für die Parteien nicht bindend, sodass eine gerichtliche Klärung (theoretisch) dennoch möglich ist.
309 Kein Schiedsgericht im Sinne der §§ 1025 ff. ZPO, *Staab* DAR 2011, 181 (186).

rung theoretisch dennoch möglich ist) – trifft nun eine entsprechende Unterscheidung[310] nach zweckgebundenem Sonderaufbaufahrzeug und nur vorübergehender Verbindung von Spezialeinrichtungen an einem Fahrzeug. Je nach dem sieht sie den Pflichtenkreis des Fahrers in der Kraftfahrthaftpflicht oder in der Betriebshaftpflicht angesiedelt.

119 Die Unterscheidung nach festem Anbau der Spritze an dem Fahrzeug »ja oder nein«, wurde zwischenzeitlich aufgegeben. Das *OLG Schleswig*[311] stellt allein darauf ab, ob die Gefahren des Gewerbebetriebes oder die Gefahren des Fahrzeuggebrauchs überwiegen. Diese Auffassung wurde nun durch Nichtannahmebeschluss vom *BGH*[312] bestätigt.

120 Bei der unerlaubten Handlung muss die Widerrechtlichkeit gegeben sein und ein Verschulden in Form von Fahrlässigkeit oder Vorsatz vorliegen. Bei Vorsatz besteht allerdings nach § 103 VVG kein Haftpflichtversicherungsschutz.

120a Der Geschädigte hat alle Umstände darzulegen und zu beweisen, aus denen sich die Verwirklichung der einzelnen Tatbestandsmerkmale[313] eines Schutzgesetzes ergeben. Er muss somit auch den ursächlichen Zusammenhang zwischen Verstoß und Schaden beweisen. Ihm kommen jedoch Beweiserleichterungen[314] zugute, wenn der Verstoß objektiv festgestellt wurde.

121 Dies wirkt sich insbesondere bei konkreten Verstößen gegen die GGVSEB aus.

121a ▶ **Beispiel:**

Ein LKW-Fahrer fährt aus Unachtsamkeit auf den vor ihm fahrenden und bremsenden Tankwagen auf, Gefahrgut läuft aus dem Transporttank aus und schädigt Dritte.

Die GGVSEB schreibt vor, dass Tankwagen am Heck einen Anfahrschutz[315] haben müssen. Dieser soll verhindern, dass bei Auffahrunfällen das nachfolgende Fahrzeug gegen den Tank schlägt und diesen so weit verformt, dass er aufreißt und undicht wird. Der Anfahrschutz ist, anders als der nach § 32b StVZO vorgeschriebene Unterfahrschutz, so stark ausgebildet, dass er kleinere und mittlere Anstöße aufnehmen kann. So wird verhindert dass der Transporttank selbst beschädigt wird oder sich nur soweit verformen kann, dass kein Gefahrgut auszutreten vermag.

122 Bei fehlendem Anfahrschutz[316] hat folglich der Halter des Tankwagens zu beweisen, dass es auch mit vorgeschriebenem Anfahrschutz zu einem ähnlich großen Austritt von Gefahrgut gekommen wäre. Hier kann der Auffahrende Beweiserleichterungen zur gesamtschuldnerischen Haftung mit dem Tankwagenhalter geltend machen.

122a Die Beweiserleichterungen gelten jedoch nur in Bezug auf den Zweck des Gesetzes, also dem besonderen Schutz Dritter und der Umwelt beim Umgang mit Gefahrgütern. Sollte es darum gehen, dass der Schaden am Tankwagen kostengünstiger ausgefallen wäre, wenn statt des teuren Tankbehälters nur der Anfahrschutz deformiert worden wäre, hat dies der Auffahrende zu beweisen, da dies nicht mit dem Schutzzweck der GGVSEB im Zusammenhang steht.

---

310 Entscheidung der Paritätischen Kommission, Fall 147 (abgedruckt Seite 206 bei *Hock* Die Benzinklausel (Kraftfahrzeugklausel) in der Allgemeinen Haftpflichtversicherung).
311 *OLG Schleswig* SP 2002, 253.
312 *BGH* v. 25.9.2002 – IV ZR 286/01, SP 2003, 28.
313 *BGH* v. 19.7.2011 – VI ZR 367/09, MDR 2011, 1101 = VersR 2011, 127.
314 Jauernig/*Teichmann* § 823 BGB Rn. 63.
315 Anlage B 9.7.6 des Europäischen Übereinkommens v. 30.9.1957 über die internationale Beförderung gefährlicher Güter auf der Straße (ADR) i. V. m. § 1 Abs. 4 Gefahrgutverordnung Straße, Eisenbahn und Binnenschifffahrt (GGVSEB) i. V. m. §§ 3, 5 Gefahrgutbeförderungsgesetz (GGBefG).
316 Auffällig geworden sind Fahrzeuge, die meist im Ausland zugelassen sind. Bei grenzüberschreitendem Verkehr gilt die ADR als europäische Norm zur GGVSEB mit weitgehend gleichem Inhalt und Zielsetzung.

C. Anspruchsgrundlagen Kapitel 21

Nebenbei sei hier erwähnt, dass in jedem Fall die Geltendmachung von Nutzungsausfall bzw. von Vorhaltekosten oder Gewinnentgang durch den Halter des Tankwagen kritisch zu sehen ist, da ein solches Fahrzeug nicht zum Gefahrguttransport eingesetzt werden darf.[317] Fahrzeugbezogene rechtliche Hindernisse[318] stehen dann auch einem Nutzungsausfall entgegen. 123

6. § 831 Abs. 1 BGB

Es darf zunächst auf die allgemeinen Ausführungen zur Geschäftsherrenhaftung[319] verwiesen werden. Für die Problematik bei Umweltschäden ist jedoch hier noch näher auf den Gefahrguttransport einzugehen, da sich dort Besonderheiten ergeben können. 124

Zunächst sei darauf hingewiesen, dass weder eine Spedition noch ein Fahrzeugvermieter, die einem anderen Unternehmen Gefahrgutfahrzeuge zur Verfügung stellen, Geschäftsherren dieses Unternehmens und deren Fahrer werden.[320] Allenfalls ist in diesem Zusammenhang an § 31 Abs. 2 StVZO zu denken, sofern diese Unternehmen Halter des Fahrzeugs sind. 124a

An einen Geschäftsführer, der durch Fahrer Gefahrguttransporte durchführen lässt, sind selbst strengere Sorgfaltsanforderungen zu stellen, als diese sonst bei Fuhrunternehmen üblich sind.[321] In diesem Zusammenhang ist zu beachten, dass solche Unternehmen bereits einer strengeren behördlichen Aufsicht unterliegen. Die Bezeichnungen der Behörden sind dabei in den Bundesländern unterschiedlich. Sie können z. B. Gefahrgutaufsicht in Hessen, Wirtschaftskontrolldienst in Baden-Württemberg oder schlicht Gewerbeaufsicht lauten. Werden die strengen Anforderungen von den Unternehmen erfüllt, sind also auch der beaufsichtigenden Behörde keine ständigen und nachhaltigen Unregelmäßigkeiten im Geschäftsbetrieb bekannt, wird dies bereits ein Indiz dafür sein, dass generell in diesem Betrieb die Auswahl und Schulung der Mitarbeiter sowie die Kontrolle funktionieren. 125

Erforderlich für den Entlastungsbeweis ist natürlich nach wie vor, dass die Anforderungen in Bezug auf den jeweilig tätig gewordenen Verrichtungsgehilfen abgestellt und nachgewiesen werden. 126

Bei der Auswahl und Einstellung der Gefahrgutfahrer wird der sorgfältige Geschäftsherr nicht nur die Vorlage des Führerscheins, sondern auch die des »Gefahrgutführerscheins«[322] verlangen. 126a

In zeitlichen Abständen wird sich der Geschäftsherr diese Papiere wiederholt[323] vorlegen lassen müssen. Hierbei wird er auch zu kontrollieren haben, wann sein Fahrer zur nächsten Schulung muss. Er wird ihn entsprechend anmelden. 126b

Auf die alleinigen externen Schulungen wird er sich aber auch nicht verlassen können. Für Heizöltransporte fordert der *BGH*[324] eine Belehrung über die Gefahren und eine Einweisung in die Technik durch den Geschäftsherrn. Dies hat allerdings nur im zumutbaren[325] Umfang zu erfolgen. Über Details zu jedem am Markt vorhandenen Befüllsystem (mit arbeitstäglich neuestem Stand) braucht der Unternehmer den Fahrer nicht informiert zu halten. 127

---

317 Zum Erlöschen der Betriebserlaubnis (schon) bei falscher Reifengröße s. *OLG Karlsruhe* NZV 1993, 322.
318 *Schäpe/Heberlein* Kap. 12 Rdn. 345.
319 *Halm/Hörle* Kap. 4. Rdn. 250 und *Schwab* Kap. 21. Rdn. 74.
320 BGH v. 8.1.1981 – III ZR 157/79, BGHZ 80, 1 = NJW 1981, 1516 = VersR 1981, 458 = ZfW 1981, 156 für Zugmaschine mit Tankauflieger.
321 *BGH* v. 30.1.1996 – VI ZR 408/94, TranspR 1996, 201 = VRS 96, 165 = VersR 1996, 469 (470) = NJW-RR 1996, 867 = NZV 1996, 191.
322 ADR-Bescheinigung über die Schulung der Führer von Kraftfahrzeugen zur Beförderung gefährlicher Güter, Anlage B 8.2.2.8.3 – Muster unten Rdn. 242.
323 *Mielchen/Meyer* DAR 2008, 5.
324 *BGH* v. 15.10.1971 – I ZR 27/70, DAR 1972, 71 = VersR 1972, 67 = NJW 1972, 42 = DB 1972, 234 = MDR 1972, 122; Palandt/*Sprau* § 831 BGB Rn. 18.
325 *LG Zwickau* v. 21.4.2009 – 2 O 625/07.

127a Dagegen kann der Unternehmer sich nicht darauf berufen, dass ihm das Wissen hierzu fehlt. Nach der Gefahrgutbeauftragtenverordnung hat er selbst oder statt seiner eine hierzu schriftlich bestellte »beauftragte Person« über das erforderliche Wissen zu verfügen.

127b Bei der Kontrolle wird ein Unternehmer nicht nur Fahrtenschreiberblätter bzw. Fahrerkarten seiner Fahrer auf die Einhaltung der Lenk- und Ruhezeiten anzusehen haben. Er wird auch regelmäßige Prüfungen des Fahrzeugs durch sein Personal verlangen und sich nachweisen lassen. Dabei kann er prüfen, ob vor Fahrtantritt mit dem Gefahrgutfahrzeug ein Check durchgeführt wurde. Es gilt dabei der Grundsatz, dass bei einem länger andauernden gefahrträchtigen Zustand, der Geschäftsherr seiner Überwachungspflicht nicht ausreichend nachgekommen ist.[326]

128 Wenn der Fahrer verbotswidrig einen Bekannten auf der Fahrt mitnimmt, der dann bei der Fahrt verunfallt, ist der Geschäftsherr nach dem *BGH*[327] nicht mehr nach § 831 BGB verantwortlich. Dies sollte bei Gefahrguttransporten selbst dann gelten, wenn der Geschäftsherr dies nicht ausdrücklich untersagt hat. Dies ist bereits nach den Gefahrgutbestimmungen[328] verboten.

129 Unabhängig von einer Halterhaftung nach § 7 Abs. 1, Abs. 3 S. 2 StVG, entfällt bei Schwarzfahrten des Personals die Geschäftsherrenhaftung.[329] Dies gilt insbesondere, wenn der Heizölfahrer auf eigene Rechnung[330] mit dem Firmenfahrzeug Ware ausfährt, die er sich z. B. beim Heizölbetrug[331] beschafft hat.

7. § 7 Abs. 1 StVG

130 Voraussetzung ist zunächst, dass das Kraftfahrzeug und seit der Neuregelung des Schadensersatzrechts[332] auch der so gezogene Anhänger im Unfallzeitpunkt dauerhaft schneller als 20 km/h gefahren werden konnte, § 8 Nr. 1 StVG. Die haftungseinschränkende Vorschrift stößt seit Jahrzehnten auf Kritik und begegnet verfassungsrechtlichen[333] Bedenken. Ohne gesetzgeberische Änderung ist sie weiterhin zu beachten.

Es gilt nicht die bauartbedingte Höchstgeschwindigkeit, sondern die Höchstgeschwindigkeit, die das Fahrzeug im Unfallzeitpunkt erreichen konnte.[334]

130a Die Vorschrift genießt besondere Beachtung in Umweltschäden, da viele Schäden im Zusammenhang mit einem Arbeitseinsatz des Fahrzeugs stehen. Zu denken ist beispielhaft an folgende Situationen:
- Eine landwirtschaftliche Zugmaschine erreicht ohne Anhänger problemlos 40 km/h. Werden jedoch von der Maschine zwei[335] sehr schwere Gülletankanhänger gezogen, steht infrage, ob technisch noch eine Geschwindigkeit von 20 km/h auf ebener Strecke erreicht werden kann.
- Ein Brückenunterfahrsichtgerät, also ein Spezialfahrzeug, das ganz langsam auf der Straße fährt, wobei seitlich nach unten unter die Brücke ein Ausleger mit einem Korb greift, in dem ein Prüfingenieur die Unterseite der Brücke inspizieren kann, wird höchstwahrscheinlich über eine technische Sperre verfügen, die ein schnelleres Fahren bei ausgefahrenem Ausleger verhindert.

---

326 *BGH* v. 30. 1.1996 – VI ZR 408/94, TranspR 1996, 201 = VRS 96, 165 = VersR 1996, 469 (470) = NJW-RR 1996, 867.
327 *BGH* v. 3.11.1964 – VI ZR 82/64, DAR 1965, 78 = NJW 1965, 391.
328 Anlage B.8.3.1 (ADR).
329 Palandt/*Sprau* § 831 BGB Rn. 10.
330 *OLG Köln* zfs 1993, 232 f. = VersR 1994, 108.
331 http://www.wdr.de/tv/markt/sendungsbeitraege/2010/0802/00_heizoel.jsp.
332 Zweites Gesetz zur Änderung schadensersatzrechtlicher Vorschriften vom 19.7.2002.
333 *Schwab* DAR 2011, 129 ff.
334 Hentschel/*König*/Dauer § 8 StVG Rn. 2.
335 Nach § 32a S. 2 StVZO möglich.

C. Anspruchsgrundlagen

- Ein Autokran, dessen Räder den Boden nicht berühren, da die Standbeine ausgefahren sind und das Fahrzeug anheben, kann gar nicht fahren.[336] Gleiches gilt für Teleskop- und LKW-Scheren-Arbeitsbühnen,[337] sowie gelegentlich bei Betonpumpenfahrzeugen und Fahrzeugen der Containerdienste, die zum Ab- und Aufladen Tragstützen ausfahren müssen. Steht der Autokran auf seinen Rädern und ist der Ausleger ausgefahren, kann eine technische Sperre ein schnelleres Fahren als langsames Schritttempo verhindern.
- Von praktischer Bedeutung sind aber gerade Fälle, die sich beim Rangieren und Rückwärtsfahren ereignen, wo an Findlingen[338] oder niedergelegten Pollern[339] der Tank beschädigt wird. Ein LKW ist technisch nicht in der Lage, rückwärts wesentlich schneller als Schrittgeschwindigkeit zu fahren. LKW-Kupplungen halten bauartbedingt[340] diese enormen Belastungen nicht aus. Ein PKW kann auch rückwärts regelmäßig schneller fahren. PKW mit Elektroantrieb könnten grundsätzlich rückwärts so schnell fahren wie vorwärts. Sie sind aber durch eine Elektronik gedrosselt.

Aus § 7 Abs. 2 StVG ergibt sich, dass es sich um einen Unfall handeln muss. Der Unfallbegriff[341] verlangt ein auf einer äußeren Einwirkung beruhendes, plötzliches, örtlich und zeitlich begrenztes Schadenereignis. **131**

Weiterhin muss sich der Unfall beim Betrieb des Kraftfahrzeugs oder Anhängers ereignet haben. Dabei ist nach unzutreffender,[342] aber herrschender Meinung nicht Voraussetzung, dass das Fahrzeug sich im öffentlichen Verkehrsraum befand. Die herrschende Meinung[343] wird der Tatsache nicht gerecht, dass der Anwendungsbereich des StVG vom Gesetzgeber auf den öffentlichen Verkehrsraum ausgerichtet wurde. Die Gefährdungshaftung als Ausnahmetatbestand darf nicht erweiternd ausgelegt werden. Der unzulässigen Ausweitung der Haftung steht neben der Systematik des StVG auch das fehlende Schutzbedürfnis entgegen. **131a**

Wichtig ist, dass sich die Betriebsgefahr verkehrsbeeinflussend ausgewirkt hat. Dies ist beispielsweise dann der Fall, wenn beim Entladen von Heizöl ein Schlauch undicht wird und das Öl auf die Straße läuft oder ein Passant auf dem Gehweg über den nicht gesicherten Schlauch stolpert und sich verletzt.[344] **131b**

Ebenfalls noch zum Betrieb des Kfz wird gerechnet, wenn Öl aus einem transportierten Fahrzeug auf die Ladefläche des Tiefladers[345] und von dort auf die Straße ausläuft. Dabei wirkt sich die Betriebsgefahr des transportierenden Kraftfahrzeugs aus. Das transportierte Fahrzeug stellt nur noch Ladung dar, die nicht selbst »aktiv« am Verkehr teilnimmt. **131c**

Schließlich gehört nach der Rspr. auch eine Vorbereitungshandlung, wie das Betanken eines Kfz noch zum Betrieb.[346] Soweit es um ein Betanken wirklich nur des Fahrzeugtanks an einer öffentlichen Tankstelle geht, die sich zwar auf Privatgelände befindet, aber wie gewünscht vom Verkehr **132**

---

336 Daher auch kein Betrieb: *OLG Frankfurt* VersR 1996, 1403 f.
337 *OLG Hamm* VersR 1991, 1399 = NJW-RR 1991, 992.
338 *AG München* v. 13.11.2007 – 232 C 37976/05 (kein Verstoß gegen Verkehrssicherungspflicht bei klar erkennbarem Felsbrocken, der dem Schutz der Bepflanzung dient).
339 *AG Aschaffenburg* v. 29.4.2008 – 23 C 2132/07 (Alleinhaftung des Verkehrssicherungspflichtigen).
340 Im Zweifel ist eine Anfrage beim Hersteller unter Angabe der Seriennummer erforderlich.
341 Himmelreich/Halm/*Luckey*, Handbuch des Fachanwalts Verkehrsrecht, Kap. 1 Rn. 13; Geigel/*Kaufmann*, Kap. 25 Rn. 6 u. 65; *VG Köln* v. 13.05.2011 – 18 K 7475 u. *VG Köln* v. 13.05.2011 – 18 K 7476.
342 Kritsch *Schwab* DAR 2011, 11 (15); so auch Himmelreich/Halm/*Luckey* Kap. I, Rn. 14.
343 Ludovisy/*Eggert*/Burhoff, Praxis des Straßenverkehrsrechts, Teil 4 Rn. 41; *Bachmeier*, Verkehrszivilsachen, Rn. 97.
344 *BGH* v. 23.5.1978 – VI ZR 150/76, BGHZ 71, 212 = VersR 1978, 827 = NJW 1978, 1582 = DAR 1978, 227.
345 *OLG Düsseldorf* MDR 1968, 669.
346 *OLG Köln* VersR 1983, 287 f.; *LG Köln* SP 2008, 160 (Falschbetankung eines Mietfahrzeugs); *VG Koblenz* v. 22.7.2008 – 6 K 255/08 (Beamter betankt Dienstwagen falsch); *VG Minden* v. 16.4.2009 – 4 K 1835/08 (Rettungswagen wird falsch betankt).

frequentiert wird, ist dem selbst dann gerade noch zuzustimmen, wenn der Reservekanister – im körperlichen Bezug zum Kraftfahrzeug – gefüllt wird.

133 Anders sieht es jedoch aus, wenn Benzin oder Gemisch für den Rasenmäher geholt wird und beim Füllen der Kanister überläuft, noch bevor er mit dem Fahrzeug abtransportiert wird. Gerade im Bereich von Bauunternehmen und Landschaftsgärtnern, die häufig einen großen Maschinenpark (Stromerzeuger, Rüttelmaschine, Pressluftanhänger, Rasenmäher, Kettensägen, Freischneider, Motorhächsler, etc.) mitführen und diese Maschinen auch zu betanken haben, werden diverse Kanister für die jeweiligen Betriebsstoffe benötigt. Schäden durch das Betanken der Gerätschaften gehören nicht zum Betrieb des Kfz und auch nicht mehr zum Gebrauch, da es nur um das motorgetriebene Handgerät geht, das zufällig mit einem Fahrzeug transportiert wurde.

134 Die Sache ist ebenso zu sehen, wenn eine noch auf der Ladefläche stehende Maschine aus einem Kanister betank und der Tank überfüllt wird. Das Fahrzeug selbst wirkt in diesem Fall nicht verkehrsbeeinflussend. Es wird allenfalls als Arbeitsfläche, nicht einmal als Arbeitsmaschine genutzt, wobei der Betankende ja auch nicht notwendigerweise der Fahrer[347] des Fahrzeugs ist. Der Unterschied zum Fall des *OLG Düsseldorf*[348] besteht darin, dass dort ein Transport im Vordergrund stand und der Fahrer sich in diesem Rahmen auch um die Sicherung der Ladung und um die Vermeidung von Schäden durch die transportierte Ladung zu kümmern hatte.

135 Schließlich sei noch auf die Betankungsfälle auf den Feldern und Ackerflächen hingewiesen. Landwirte haben vielfach eigene Dieseltankstellen, da das Dieselöl für landwirtschaftliche Betriebe steuerbegünstigt ist und die Geräte nicht alle zu weit entfernten Tankstellen gefahren werden können. In der Erntezeit kann immer wieder beobachtet werden, dass z. B. Mähdrescher, auch mit amtlicher Zulassung als Kraftfahrzeuge, auf dem Feld und nicht an der Betriebstankstelle[349] betankt werden. Dies geschieht teils unzulässigerweise[350] in der Form, dass mehrere große Kanister abgefüllt und dann in einem PKW oder Traktor mit Ladefläche zum Einsatzort gefahren werden. Dort wird dann aus den Kanistern die Erntemaschine auf unbefestigtem Boden betankt. Dies wird gemacht, da die Miete des Erntefahrzeugs bzw. die Lohnfuhrunternehmerkosten pro Stunde sehr hoch sind und oft nur innerhalb weniger Stunden und Tage aufgrund der Wetterbedingungen die Ernte überhaupt eingefahren werden kann. Selbst eine Unterbrechung, um an der Betriebstankstelle aufzutanken, wird dann aus Kosten- und Zeitgründen gescheut.

135a In diesen Fällen geht es ausschließlich um den Einsatz der Erntemaschine als Arbeitsmaschine auf dem Feld, sodass auch die Vorbereitungshandlung »Betanken der Maschine« nicht zum Betrieb des Kfz zu zählen ist.

136 Das Be- und Entladen zählt zwar noch zum Gebrauch[351] des Fahrzeugs und fällt damit unter den Deckungsumfang der Kraftfahrthaftpflichtversicherung nach A.1.1.1 AKB 2008. Das Abladen von Öl[352] oder Chemikalien[353] gehört dagegen nicht mehr zum Betrieb nach § 7 StVG, wenn nur der Einsatz als Arbeitsmaschine und nicht als Verkehrsmittel im Vordergrund steht.[354] Der umge-

---

347 *LG Duisburg* VersR 2007, 56 (»Beifahrer« betankt Fahrzeug fehlerhaft).
348 *OLG Düsseldorf* MDR 1968, 669.
349 Häufig oft ohne Anfahrschutz des Tanks und flüssigkeitsdichtem Abfüllplatz mit Abscheideranlage anzutreffen.
350 Sofern beim Gefahrguttransport Grenzmengen überschritten werden, Anlage A 1.1.3.3. Freistellungen ADR.
351 *BGH* v. 26.6.1979 – VI ZR 122/78, BGHZ 75, 45 = NJW 1979, 2408 = VersR 1979, 956 (958) = MDR 1979, 1010 = VRS 57, 253 = r+s 1979, 250.
352 *BGH* v. 23.5.1978 – VI ZR 150/76, BGHZ 71, 212 = VersR 1978, 827 = NJW 1978, 1582 = DAR 1978, 227.
353 *BGH* v. 19.9.1989 – VI ZR 301/88, DAR 1989. 418 = VersR 1989, 1187 = MDR 1990, 143 = zfs 1990, 22.
354 *BGH* v. 27.5.1975 – VI ZR 95/74, NJW 1975, 1886 = VersR 1975, 945 = DAR 1975, 271 zum Silofahrzeug; *BGH* v. 28.11.1979 – IV ZR 68/78 VersR 1980, 177 = VRS 58, 401 zum langsam fahrenden Autokran.

C. Anspruchsgrundlagen Kapitel 21

kehrte Fall, das Aufladen, ist entsprechend zu behandeln.[355] Der Schutzgedanke bei der Betriebsgefahr bezieht sich eben nicht auf die gewerbebetrieblichen Risiken.

Zuzustimmen ist daher *Schimikowski*,[356] der eine Haftung des Landwirts als Halter oder Fahrer einer Zugmaschine für Spritzschäden ablehnt. Dort geht es im Wesentlichen um die gefährliche Substanz oder die Vorrichtung zum richtigen Ausbringen des Pflanzenschutzmittels, also um einen Gefahrenkreis, bei dem das Fahrzeug nur eine untergeordnete Rolle spielt. Ebenso sieht dies das *OLG Hamm* für das Versprühen von Klärschlamm mit einem Miststreufahrzeug[357] oder das *LG Waldshut-Tiengen*[358] für einen Dungstreuer, der auf einem Ackergelände eingesetzt wird. 137

Unanwendbar ist die Haftungsnorm bei so genannten »Allmählichkeitsschäden« oder Umweltschäden aufgrund innerer Ursachen. § 7 Abs. 1 StVG erfordert nach dem Sinnzusammenhang eine äußere Einwirkung, die auf einem plötzlich, örtlich und zeitlich begrenztem Ereignis beruht. Das Tatbestandsmerkmal ist zwar ungeschrieben, es ergibt sich jedoch aus dem Bezug zu § 7 Abs. 2 StVG.[359] Zweifelhaft sind z. B. diejenigen Fälle, bei denen sich durch eine innere Ursache ein Fahrzeugbrand entwickelt und als mittelbare Folge des Brandes erst dann Dritte geschädigt werden. Allmählichkeitsschäden liegen z. B. vor, wenn ein Bauteil eines langfristig geparkten Fahrzeugs durchrostet und dann langsam Öl austritt. 137a

8. § 89 Abs. 1 WHG – Haftung für Handlungen nach dem Wasserhaushaltsgesetz

Die Grundgesetzänderung zum 1.9.2006 im Zuge der Föderalismusreform I[360] hat auch das alte Wasserhaushaltsgesetz erfasst. Zum 1.3.2010 gilt das neue[361] WHG in allen Teilen.[362] 138

Die frühere Rahmengesetzgebungskompetenz des Bundes wurde zu Gunsten einer konkurrierenden Gesetzgebungskompetenz von Bund und Ländern verlagert, Art. 74 Abs. 1 Nr. 32 GG.

Für das Fachrecht bedeutet dies, dass der Bund – unter Einschränkungen[363] – nun selbst fachliche Regeln aufstellen darf, was er mit dem neuen WHG zum 1.3.2010 umgesetzt hat. Allerdings eröffnet Art. 72 Abs. 3 GG dem Landesgesetzgeber die Möglichkeit, abweichende und damit dem Bundesrecht vorrangige Regelungen zu schaffen. In diesen Fällen gilt der Grundsatz »Bundesrecht bricht Landesrecht« aus Art. 31 GG dann ausnahmsweise nicht. 138a

Durch eine zeitlich nachfolgende Reform des WHG-Bundesrechts, geht allerdings das Bundesrecht wieder vor. Aktualisieren die Länder daraufhin ihr Landesrecht, verdrängen sie wiederum das Bundesrecht, Art. 72 Abs. 3 S. 3 GG. 138b

Eine ausdrückliche Einschränkung für den Landesgesetzgeber besteht jedoch dort, wo es um »stoff- oder anlagenbezogene« Regelungen geht, Art. 72 Abs. 3 Nr. 5 GG. Gemeint sind damit nach dem Willen des Grundgesetzgebers offenkundig nur alle technischen[364] Vorgaben des Bundesgesetzgebers. 138c

Der Bundesregierung war es zeitlich nicht möglich, bis zum Stichtag des Inkrafttretens des WHG zum 1.3.2010, fachlich tiefer gehend die näheren Vorgaben per Rechtsverordnung nach Anhörung 138d

---

355 Im Fall der Grubenentleerung letztlich offengelassen: *OLG Düsseldorf* VersR 1993, 602 f.
356 *Schimikowski* Rn. 13.
357 *OLG Hamm* SP 1996, 310 = NZV 1996, 23.
358 *LG Waldshut-Tiengen* VersR 1985, 117.
359 *Geigel/Kaufmann*, Kap. 25 Rn. 6 u. 65; *Himmelreich/Halm/Luckey*, Kap. I, Rn. 13; eindrucksvoll *VG Köln* v. 13.5.2011 – 18 K 7476/10.
360 BT-Drucksache 16/813.
361 Gesetz zur Ordnung des Wasserhaushalts – Wasserhaushaltsgesetz – WHG vom 31.7.2009, BGBl. I S. 2585.
362 Übergangsvorschriften für Bayern bis 29.2.2012.
363 *Thum* ZUR 2010, 332.
364 BT-Drucks. 16/813, S. 11.

der beteiligten Kreise zu fassen, § 23 WHG.[365] Es entstand ein Rechtsvakuum.[366] Als Übergangslösung[367] für die unabdingbar vorab zu regelnden Teilbereiche (Betreiberpflichten, Besondere Pflichten beim Befüllen und Entleeren, Fachbetriebe) erließ die Bundesregierung unter Zustimmung des Bundesrates eine Verordnung über Anlagen zum Umgang mit wassergefährdenden Stoffen[368] (Bundes-VAwS). Sie trat am 10.4.2010 in Kraft.[369] Eine Ablösung der Bundes-VAwS durch eine Verordnung zum Umgang mit wassergefährdenden Stoffen (Bundes-VUmwS) wird 2012 erwartet.

138e Übersicht: zeitlicher Geltungsbereich im Wasserrecht

	bis 29.04.2007	ab 30.04.2007	bis 28.02.2010	01.03.2010– 09.04.2010	10.04.2010– Mitte 2012?	*Ab Mitte 2012?*
WHG		*alt*			neu	
Zivilrechtliche Haftungsnorm		*§ 22 WHG a. F.*		§ 89 WHG		
Verantwortlich-keit n. USchadG	*keine Regelung*	*§ 22a WHG a. F.*		§ 90 WHG		
Betreiberpflichten		*§ 19i WHG a. F.*		*keine Regelung*	Bundes-VAwS	*Bundes-VAUwS (?)*
Befüllen u. Entleeren		*§ 19k WHG a. F.*				
Fachbetrieb		*§ 19l WHG a. F.*				
Sachverständige		VAwS der Länder				
Regelungen zur Technik		VAwS der Länder				
Anzeige-/Meldepflicht		Wassergesetze der Länder				§ 17 Abs. 2 B-VAUwS?

138f Für das Haftungsrecht verbleibt es bei der Regelungskompetenz[370] des Bundes. Diese wird allein aus Art. 72 Abs. 1, 74 Abs. 1 Nr. 1 GG abgeleitet, da dort das bürgerliche Recht und somit das Haftungsrecht unter Privatpersonen angesprochen wird. Eine eigenständige Regelungskompetenz der Länder für das Haftungsrecht wird dagegen durch Art. 72 Abs. 3 GG nicht eröffnet.

Soweit Landesgesetze bundesrechtliche Haftungsnormen wiederholen, hat dies nur deklaratorische[371] Bedeutung. Weicht die Landesvorschrift im Wortlaut dagegen ab, gilt nur Bundesrecht, Art. 31 GG. Im Ergebnis wird damit eine Verkomplizierung durch unterschiedliches Haftungsrecht in den 16 Bundesländern vermieden.

138g Die Regelungen des § 22 Abs. 1 WHG a. F. wurden von dem fast wortgleichen § 89 Abs. 1 S. 1 WHG übernommen.

138h Schutzgut der Norm ist das Gewässer. Unverändert zur früheren Rechtslage gehören hierzu alle oberirdischen Gewässer und die Küstengewässer, wie auch das Grundwasser.[372] Sie werden über die Begriffsbestimmungen in § 3 WHG erfasst. Demgegenüber zählen nicht zum Gewässer die gefassten

---

365 *Kotulla* NVwZ 2010, 79 ff. hält die »Blankettermächtigung« gemessen an Art. 80 Abs. 1 S. GG für »verfassungsrechtlich hochgradig bedenklich«.
366 *Kotulla* NVwZ 2010, 79 ff.; *Faßbender* ZUR 2010, 181 ff.
367 BR-Drucks. 82/10
368 BGBl. I S. 377 vom 31.3.2010.
369 Folge: keine Rechtsgrundlage bei Schadensfällen im Zeitraum 1. 3. bis 9.4.2010. Das neuere Bundesrecht geht sämtlichen landesrechtlichen Regelungen vor.
370 BT-Drucks. 16/12275, S. 41.
371 Giesberts/Reinhardt/*Hilf* § 89 WHG, Rn. 3 m. w. N.
372 *BGH* v. 21.1.1988 – III ZR 252/86, BGHZ 103, 129, 132.

C. Anspruchsgrundlagen   Kapitel 21

Anlagen, wie etwa die Wässer der Wasserversorgungsanlagen, also in Leitungen oder Behältern[373] und insbesondere nicht das Wasser in der Gemeindekanalisation[374]. Dient jedoch eine Verrohrung allein der Verbindung zweier Gewässer, ohne dass eine anderweitige technische Nutzung gegeben ist, bleibt nunmehr[375] ausnahmsweise die Gewässereigenschaft bestehen.

Die Rechtsprechung hat die Vorschrift einengend ausgelegt, um einem sprachlich zu weiten Anwendungsbereich zu begegnen. Anspruchsvoraussetzung ist daher des Weiteren ein zielgerichtetes Handeln[376] oder Unterlassen. Folglich wird die bloße Verursachung des Hineingelangens schädlicher Stoffe[377] ausgenommen. 139

▶ **Beispiele:** 139a

Das vorschriftsmäßige Ausbringen[378] von Dünge-, Pflanzenschutz- und Unkrautvernichtungsmitteln[379] geschieht nicht zu dem Zweck, das Grundwasser zu verschmutzen. Dies gilt selbst dann nicht, wenn man weiß, dass die Risiken für eine Verunreinigung – über Jahre gesehen – mit jedem einzelnen Vorgang steigen.

Der Räum- und Streudienst verwendet im Winter Salz, das letztlich dann auch die Flüsse belastet. Es handelt sich dabei um eine unerwünschte und nicht beabsichtigte Nebenfolge bei der Aufrechterhaltung der Verkehrssicherheit (Rechtfertigungsgrund). Eine Gewässerbenutzung wird damit nicht bezweckt.[380]. Der schonende Umgang mit Salz auch in harten und langen Wintern steht zudem auch ganz im ökonomischen Interesse der Gemeinden.

Ein Handeln kann damit in einem Einbringen, Einleiten, Verrieseln oder Versickern lassen oder sonstigem Einwirken bestehen. 139b

▶ **Beispiel:**[381]

Ein Autofahrer tankt 60 Liter Normalbenzin statt Diesel, bemerkt seinen Fehler und lässt das Benzin, da man ihm an der Tankstelle nicht helfen konnte, einfach auf einem Baustellengelände ab.

Auf einem Baustellengelände mit unbefestigtem Boden und Erdvertiefungen kann es in der Folge schnell zu einem Grundwasserschaden kommen.

Auch das mittelbare Hineingelangen über den Boden reicht begrifflich aus.[382]

▶ **Praxisproblem: Autowäsche** 139c

Bei einer Fahrzeugwäsche werden chemische Stoffe, die dem Fahrzeug anhaften konzentriert gelöst und abgespült. Dies geschieht unabhängig davon, ob nur mit klarem Wasser, mit Schaum oder sonstigen Reinigungsmitteln gearbeitet wird. Eine Wäsche auf unbefestigtem Grund (Vorgarten, Wald, Wiese) führt regelmäßig zu einer potentiellen Belastung des Grundwassers und ist daher nicht erlaubnisfähig, §§ 47 Abs. 1, 48 Abs. 1 WHG i. V. m. Anlage 8 Nr. 8 zu § 13 Abs. 2 139d

---

373 *Czychowski/Reinhardt* § 89 WHG Rn. 7.
374 *Czychowski/Reinhardt* § 2 WHG Rn. 8.
375 *BVerwG* v. 27.1.2011 – 7 C 3/10, NVwZ 2011, 696 = DÖV 2011, 454.
376 *BGH* v. 21.1.1988 – III ZR 252/86, BGHZ 103, 129, 134.
377 *Czychowski/Reinhardt* § 89 WHG Rn. 16 m. w. N.
378 Dünge- und Pflanzenschutzmittel dürfen sogar im Gewässerrandstreifen nach § 38 Abs. 4 Nr. 3 WHG eingesetzt werden; zu Recht Bedenken bei *Fassbender* ZUR 2010, 181 ff. und *Kotulla* NVwZ 2010, 79 ff.
379 *BGH* v. 31.5.2007 – III ZR 3/09, BGHZ 172, 287 = VersR 2007, 1416.
380 *BGH* v. 20.1.1994 – III ZR 166/92, BGHZ 124, 394 = NJW 1994, 1006 = VersR 1994, 565 = r+s 1994, 173.
381 Aus Wiesbadener Kurier vom 16.8.2002: »Falschtanker wird zum Umweltsünder«; schlimmer: Wiesbadener Kurier v. 5.3.2007, 14, »Mit Staubsauger Tank geleert«.
382 *BGH* v. 21.1.1988 – III ZR 252/86, BGHZ 103, 129, 136; *Czychowski/Reinhardt* § 89 WHG Rn. 26.

| GrwV. Das Waschen an diesen Plätzen kann eine Ordnungswidrigkeit nach § 103 Abs. 1 Nr. 1 WHG darstellen.

139e Die Autowäsche auf befestigtem Grund ist selbst unter Verwendung von Reinigungsmitteln grundsätzlich nicht durch das WHG ausgeschlossen. Die Kommunen können jedoch in den örtlichen Satzungen ein Waschen[383] verbieten.

139f Autowaschanlagen[384] und spezielle Autowaschplätze verfügen über Abscheideranlagen, die die wassergefährdenden Stoffe zurückhalten. Umweltrisiken werden hierdurch vermieden.

140 Ein Unterlassen ist dann relevant, wenn eine Pflicht zum Handeln besteht und der Erfolg objektiv verhindert[385] werden kann.

140a Unterlässt der Tankwagenfahrer Rettungsmaßnahmen bei einem Unfall, so besteht nur dann eine Haftung, wenn er mit an Sicherheit grenzender Wahrscheinlichkeit[386] das Hineingelangen des einmal ausgelaufenen Gefahrstoffes in ein Gewässer verhindern konnte.[387] Dies wird beispielsweise dann nicht möglich sein, wenn eine Tankkammer mit mehreren tausend Litern aufgeschlitzt wird. Anders sieht es demgegenüber dann aus, wenn er sowohl aufgrund der örtlichen Gegebenheiten (z. B. befestigte Fläche) und der noch beherrschbaren ausgelaufenen Menge[388] trotzdem nichts unternimmt.

141 Es ist in diesem Zusammenhang zu bemerken, dass bei einem pflichtwidrigen Unterlassen von Rettungsmaßnahmen eine Obliegenheitsverletzung nach Eintritt des Schadensfalles im Sinne des E.1.4 AKB 2008 vorliegt. Die Folge ist eine beschränkte Regressmöglichkeit.

142 Es muss darüber hinaus eine nachteilige Veränderung der Wasserbeschaffenheit eingetreten sein. Dabei ist auf die Begriffsbestimmungen »Wasserbeschaffenheit« in § 3 Nr. 9 WHG und »schädliche Gewässerveränderungen« in § 3 Nr. 10 WHG zurückzugreifen.

142a Mit Blick auf die frühere Rechtslage darf die Veränderung auch heute nicht völlig unbedeutend sein.[389] Werden lediglich giftige Stoffe durch das Wasser transportiert oder an das Ufer geschwemmt, greift die Norm nicht.[390] Schwimmt Öl auf dem Wasser oder sinken schwere Bestandteile zu Boden, wird eine Änderung der Beschaffenheit des Wassers nach überwiegender Meinung bejaht.[391] Bei deutlich mehr als nur vereinzelten Ölschlieren wird man dieser Auffassung zustimmen müssen. Die Erfahrung zeigt leider, dass Mikroorganismen und Kleinlebewesen, die Fischen als Nahrung dienen, mit den neuen Bedingungen nicht mehr zurechtkommen und absterben.

142b Mit fortschreitender Technik können sich die Parameter jedoch ändern und zu einem schärferen Maßstab führen.

142c Festzuhalten ist, dass auch ein bereits geschädigtes Gewässer nachteilig verändert werden kann.

143 Anspruchsinhaber ist derjenige, der in den Schutzbereich des § 89 WHG fällt und als persönlich Betroffener einen Schaden erleidet.[392] Darunter fallen somit unstreitig der Gewässereigentümer und Nutzungsberechtigte, wie Wasserwerke, Fischzuchtbetriebe, Fischerei- und Fischereiausübungs-

---

383 Z. B. Waschverbot von Fahrzeugen in öffentlichen Anlagen, § 5 Abs. 3e Wiesbadener Gefahrenabwehrsatzung.
384 Zu Fahrzeugschäden durch Autowaschanlagen siehe oben *Halm/Hörle* Kap. 4, C. Rdn. 349 ff.
385 BVerwG v. 16.11.1973 – 4 C 44.69, DVBl. 1974, 953 = NJW 1974, 815.
386 BGH v. 30.1.1961 – III ZR 225/59, BGHZ 34, 206 = NJW 1961, 868 = VersR 1961, 353.
387 *Czychowski/Reinhardt* § 89 WHG Rn. 18.
388 Siehe hierzu unten E. Sorgfaltspflichten des Tankwagenfahrers, Rdn. 336 ff.
389 BGH v. 21.1.1988 – III ZR 252/86, BGHZ 103, 129, 136.
390 Czychowski/Reinhardt § 89 WHG Rn. 32.
391 Czychowski/Reinhardt § 89 WHG Rn. 32 m. w. N.
392 BGH v. 8.1.1981 – III ZR 125/79, ZfW 1982, 214, 216 = VersR 1981, 652 = NJW 1981, 241.

betriebe sowie der Anglerverein.³⁹³ Nicht geschützt sind nur mittelbar Betroffene, wie etwa Endverbraucher von Wasser.³⁹⁴

Grundeigentum³⁹⁵ und Gewässereigentum werden getrennt voneinander betrachtet. Dies trifft jetzt insbesondere ausdrücklich³⁹⁶ für das Grundwasser zu, § 4 Abs. 2 WHG. Der Eigentümer des Grundstücks ist nicht Eigentümer des sich darunter befindlichen Grundwassers. In früheren *BGH*-Entscheidungen³⁹⁷ ist hiervon ausgegangen worden. Er hat Ansprüche bejaht. Diese Auffassung ist überholt³⁹⁸, seitdem das *BVerfG* im Nassauskiesungsbeschluss³⁹⁹ das Grundwasser vom Grundeigentum gelöst und einer öffentlich-rechtlichen Benutzungsordnung unterstellte. Später hat sich der *BGH*⁴⁰⁰ dieser Auffassung angeschlossen. 144

In diesem Zusammenhang ist darauf hinzuweisen, dass nicht nur der Straßenkörper, sondern auch häufig ein Streifen von mehreren Metern neben der Straße im Eigentum der Bundesrepublik Deutschland, eines Bundeslandes oder einer Gemeinde steht. Als geschädigter Grundstückseigentümer ist der Bund mit seinem Geländestreifen neben der Autobahn folglich nicht automatisch anspruchsberechtigt nach § 89 WHG. Ist kein Wassernutzungsberechtigter ersichtlich, kann sich diese Erkenntnis gegebenenfalls auch auf den Umfang der erforderlichen Sanierungsmaßnahmen auswirken. 144a

Ein Haftungsausschluss besteht bei höherer Gewalt. Normiert ist dies ausdrücklich für die Anlagenhaftung nach § 89 Abs. 2 S. 3 WHG. Für die Haftung nach § 22 Abs. 1 WHG a. F. wurde dies berechtigterweise fast einhellig ebenso anerkannt,⁴⁰¹ auch wenn dies nur in der Anlagenhaftung nach § 22 Abs. 2 WHG a. F. normiert war. 145

Da dem Gesetzgeber die Regelungslücke bekannt sein musste, er jedoch aktuell keine textliche Klarstellung⁴⁰² vornahm, kann dieses Schweigen für den gesetzgeberischen Willen sprechen, Handlungs- und Anlagenhaftung unterschiedlich behandeln zu wollen. Zudem könnte er daran gedacht haben, dass auch die Landesgesetzgeber womöglich noch korrigierend eingreifen werden. Die Gesetzesbegründung⁴⁰³ lässt jedoch darauf schließen, dass der Problempunkt tatsächlich übersehen wurde. 145a

Ob ein rechtswidriger Eingriff eines Dritten einen Fall der höheren Gewalt darstellt, ist umstritten. *Hilf*⁴⁰⁴ sieht zumindest einen terroristischen Anschlag als solch einen Fall an. 145b

Problematisch in der Praxis sind aber auch ganz alltägliche Fälle, bei denen Treibstoffdiebe den Tank eines Fahrzeugs⁴⁰⁵ oder einen oberirdischen Lagertank absichtlich, z. B. mit einem Akkuschrauber, beschädigen, um den Tank anzapfen zu können. Dabei kommt es zwangsweise zu erheblichen Umweltschäden, da nach dem Füllen der Kanister, der Rest des Tankinhalts ausläuft und versickert. Soll hier das Opfer einer Straftat, das ja nicht nur den Verlust des Treibstoffs, sondern auch einen kaput- 145c

---

393 *BGH* v. 21.1.1988 – III ZR 252/86, BGHZ 103, 129, 133; *Czychowski/Reinhardt* § 89 WHG Rn. 34.
394 SZDK/*Schwendner* § 22 WHG a. F. Rn. 48.
395 Zur Klarstellung: Der Eigentümer eines Grundstücks, das einen Gewässerrandstreifen nach § 38 WHG bildet, ist nach wie vor Grundstückseigentümer. Lediglich seine Rechte als Eigentümer werden eingeschränkt.
396 Regelung dient der Klarstellung, BT-Drucks. 16/12275, S. 54; *Kotulla* NVwZ 2010, 79 ff.
397 *BGH* v. 8.1.1981 – III ZR 157/79, BGHZ 80, 1 = NJW 1981, 1516 = VersR 1981, 458.
398 *Reuter* BB 1988, 1847 f. mit einer Anm. zum Wasserprobenurteil des *BGH* v. 21.1.1988 – III ZR 252/86, BB 1988, 1844 = BGHZ 103, 129.
399 *BVerfG* v. 15.7.1981 – 1 BvL 77/78, BVerfGE 58, 300 = NJW 1982, 745 = MDR 1982, 543.
400 *BGH* v. 21.1.1988 – III ZR 252/86, BGHZ 103, 129, 133; *Reuter* BB 1988, 1848.
401 Gieseke/Reinhardt/Wiedemann/*Czychowski* § 22 WHG a. F. Rn. 21; heute in *Czychowski/Reinhardt* § 89 WHG Rn. 93 nicht mehr thematisiert.
402 § 89 Abs. 2 S. 3 WHG müsste nur hinter Abs. 1 Satz 2 vorgerückt werden. § 89 Abs. 2 S. 2 müsste dann lauten: »Abs. 1 Satz 2 und 3 gelten entsprechend.«
403 BT-Drucks. 16/12275, S. 78.
404 Giesberts/Reinhardt/*Hilf* § 22 WHG a. F. Rn. 60.
405 Der Betriebstank ist keine Anlage i. S. d. WHG, *Czychowski/Reinhardt* § 89 WHG Rn. 72.

146 Eine Haftungsbegrenzung ist auch im neuen Wasserhaushaltsgesetz nicht vorgesehen. Selbst Normen mit Haftungslimits, wie hier der relevanten §§ 12 und 12a StVG, gehen jedoch der Spezialvorschrift des § 89 WHG nicht vor.[406] Die Haftung ist folglich unbegrenzt.

147 Bislang wurde der Umfang des zu leistenden Schadensersatzes nach den allgemeinen Vorschriften (§§ 249 ff., 842, 843, 848–851 BGB) behandelt. Das Schmerzensgeld bleibt wegen des Schutzzwecks dabei ausgeklammert.[407] Die klareren Zielsetzungen aus der Neuregelung stehen einem Schmerzensgeldanspruch entgegen.

147a Daneben ist an die – vorgezogenen – Rettungskosten zu denken, sofern eine Beeinträchtigung des Wassers bereits eingetreten ist oder sicher bevorsteht.[408]

147b Der *BGH*[409] hat auch für den Bereich der Rettungskosten ausgeführt, dass voller Schadensersatz zu leisten ist und der Berechtigte daher so zu stellen sei, wie er ohne die erforderlichen Rettungsmaßnahmen einschließlich der Vor- und Nacharbeiten gestanden hätte.[410]

148 *Reuter*[411] bestreitet demgegenüber, dass der Anspruch so weitgehend ist. Rettung bedeute nicht vorverlagerte Schadenbeseitigung, da die Rettung gemeinnützig sei. Bei § 22 WHG a. F. handele es sich jedoch nur um einen zivilrechtlichen Individualanspruch. Er geht davon aus, dass auch gerade mit Bezug zum Nassauskiesungsbeschluss des *BVerfG*[412] die Rettungskostenentscheidung nicht mehr gelten könne.

149 Der Auffassung von *Reuter* ist zuzustimmen. Die Interessen der Allgemeinheit, des Wassernutzungsberechtigten und des Grundstückseigentümers können differieren. Die Rettung kann nur soweit gehen, eine Schadenausbreitung oder Schadenvertiefung zu verhindern. Es gilt hier doch vorrangig, die Situation zu entschärfen und zu sichern. Das Auskoffern von Bodenmaterial mag verhindern, dass ein schädliches Produkt in das Grundwasser gelangt. Dass man den Boden auch abtransportiert, wenn es an einem genehmigten Zwischenlager fehlt, wird man ebenfalls einsehen. Wird aber Ersatzboden angeliefert und eingebaut, hat dies nichts mehr mit der eigentlichen Rettungsaktion zu tun. Hat man lediglich Sorgen, jemand könnte in die offene Grube fallen und sich verletzen, kann auch anderweitig durch geeignete Absperrung ein Folgeschaden verhindert werden.

149a Gerade in Fällen einer Anlagenhaftung nach § 89 Abs. 2 WHG könnten nicht gewollte Schieflagen entstehen.

150 ▶ Hierzu ein Beispiel:

> Ein Tankwagen[413] mit Chemikalien fährt ordnungsgemäß auf der Bundesstraße durch eine Kurve. Aus der untergeordneten Straße kommt unvorhersehbar ein Radfahrer und nimmt dem Tankwagenfahrer die Vorfahrt, der sehr scharf bremsen muss, um einen Zusammenstoß mit ihm zu verhindern. Wegen des harten Bremsvorgangs wird der Tankwagen aufgrund des Schwalls der flüssigen Chemikalie instabil und kippt auf den Seitenstreifen. Eine Tankkammer reißt auf

---

406 Noch zu § 22 WHG a. F. *BGH* v. 23.12.1966 – V ZR 144/63, BGHZ 47, 1, 7 = ZfW 67, 100 = VersR 1967, 374 = NJW 1967, 1131 = DVBl. 1967, 77; Geigel/*Münkel* Kap. 24 Rn. 21.
407 letztlich folgenloser Fall in Arztpraxis *AG Aachen* SVR 2008, 71, bespr. von *Schwab*; dagegen, ohne Angabe von Gründen jedoch *Czychowski/Reinhardt* § 89 WHG Rn. 48; Giesberts/Reinhardt/*Hilf* § 22 WHG a. F. Rn. 34.
408 *BGH* v. 8.1.1981 – III ZR 157/79, BGHZ 80, 1, 7 = NJW 1981, 1516 = VersR 1981, 458 = ZfW 1981, 156.
409 Nichtannahme der Revision *BGH* v. 18.11.1982 – III ZR 59/82, VersR 1983, 184.
410 Sich hieran anschließend m. w.N *Gieseke/Wiedemann/Czychowski* § 22 WHG Anm. 30.
411 *Reuter* BB 1988, 184.
412 *BVerfG* v. 15.7.1981 – 1 BvL 77/78, BVerfGE 58, 300 = NJW 1982, 745 = MDR 1982, 543.
413 Anlage im Sinne des WHG, s. *BGH* v. 23.12.1966 – V ZR 144/63, BGHZ 47, 1, 7 = ZfW 1967, 100 = VersR 1967, 374 = NJW 1967, 1131 = DVBl. 1967, 77.

und die Flüssigkeit versickert im Boden. Das Grundstück liegt im näheren Einzugsbereich einer Wassergewinnungsanlage. Zur Abwehr einer Vergiftung des Grundwassers ist eine Bodenauskofferung erforderlich.

Der Radfahrer haftet hier aus unerlaubter Handlung dem Eigentümer des Tankwagens für dessen Schaden am Fahrzeug, dem Grundstückseigentümer und dem Wassernutzungsberechtigten. 150a

Der Anlagenbetreiber – Anlage auf dem Fahrzeug – haftet lediglich dem Wassernutzungsberechtigten. 150b

Wird der Anlagenbetreiber in Anspruch genommen, kann dieser einen Ausgleichsanspruch nach § 426 BGB beim Radfahrer geltend machen. Ob er ihn realisieren kann, ist jedoch fraglich. Soweit es hier um reine Kosten zur Verhinderung eines Grundwasserschadens eines Wassernutzungsberechtigten geht, mag dies angehen, dass der Anlagenbetreiber dieses Risiko trägt. Schließlich hat er ja durch den von ihm transportierten Stoff eine Gefahrenlage für das Gut Wasser geschaffen. 150c

Nicht einzusehen ist jedoch, wenn der Anlagenbetreiber aus § 89 Abs. 2 WHG zusätzlich das Regressrisiko für die Kosten zur Wiederverfüllung des Grundstücks tragen müsste. Es handelt sich allein um ein Risiko, das der Grundstückseigentümer gegenüber dem Radfahrer zu tragen hat. Schließlich hat er nur ihm gegenüber einen Anspruch auf Schadensersatz.[414] 151

Durch die »überzogene« Rettung, die einer Sanierung gleichkommt, wird der eine Mitgeschädigte zu Gunsten des anderen ohne Grund willkürlich belastet. 151a

Die praktische Bedeutung der Fallgestaltung sollte nicht unterschätzt werden. Häufig ist gerade in den ersten Stunden nach dem Unfall eine abschließende Haftungsbeurteilung nicht möglich. Trotzdem besteht jedoch das dringende Gebot, zu handeln. Wer hier, meist als Behördenvertreter im vermeintlichen Rahmen einer Ersatzvornahme oder unmittelbaren Ausführung, vorschnell zu weitgehende Maßnahmen durchführen lässt, verstößt nicht nur gegen den öffentlich-rechtlichen Verhältnismäßigkeitsgrundsatz, sondern hat auch Probleme, diesen Kostenaufwand regressieren zu dürfen. 152

Der Anlagenbetreiber und damit der Versicherer[415] des Tankwagens werden bereits aus eigenem Interesse bei unklarer Haftungslage, aber sicherer Haftung nach § 89 Abs. 2 WHG, Notfallmaßnahmen zur Verhinderung eines Gewässerschadens in Abstimmung mit der Behörde einleiten wollen, um Kosten zu sparen. Mehr ist jedoch bis dahin nicht zu tun. 152a

Wegen des besonderen Schutzgutes folgen Einzelbeispiele von Ersatzpositionen bei Kraftfahrthaftpflichtfällen, die zum Teil bereits auch im Rahmen von Rettungskosten beansprucht werden können: 153
- Kosten einer Ölsperre
- Aufsaugen von Öl und Chemikalien mittels Tüchern und Bindemittel
- Abskimmen
- Nutzung einer Abscheideranlage
- Ausbaggern und Abtransport von verseuchtem Erdreich
- Ersatzanlieferung und Einbau des entnommenen Erdreichs
- Kosten für (ggfs. vorsorgliche) Wasseranalyse
- Kosten der Probennahme[416] und des Probentransports
- Kosten für die Stilllegung von Brunnen
- Kosten für Bau eines Ersatzbrunnens
- Wasserersatzbeschaffungskosten
- Kosten für Wasseraufbereitung
- Gewässerbettsanierung
- Ersatz für verendete Fische unter Abzug ersparter weiterer Zuchtkosten

---

414 Das Risiko trägt er jedoch dann, wenn er schon nach § 7 Abs. 1 StVG haften sollte.
415 Siehe auch Himmelreich/Halm/*Schwab* Kap. 28: Umweltschadensmanagement.
416 *BGH* v. 21.1.1988 – III ZR 180/86, BGHZ 103, 129 = NJW 1988, 1593.

- Kosten für »Abfischen« und Beseitigung
- Untersuchungskosten
- Kosten für Neubesatz und Gewinnentgang.[417]

154 Die Fallgestaltungen für eine Haftung nach § 89 Abs. 1 WHG dürften oft in einem Grenzbereich liegen, in dem in Bezug auf die gesamtschuldnerische Haftung des Kfz-Haftpflichtversicherers mit besonderem Augenmerk zu prüfen ist, ob überhaupt ein Unfallereignis oder gar eine Vorsatztat nach § 103 VVG gegeben ist.

154a Schwierig gestalteten sich dabei auch die Fälle beim Ausbringen von Dünge-, Unkrautvernichtungs- und Pflanzenschutzmitteln, wenn sie ausgewaschen und in ein Gewässer abgeschwemmt werden. Hier kommt insbesondere die Abgrenzung[418] von Fällen der Allgemeinen und der Kfz-Haftpflicht zum Tragen.

9. § 89 Abs. 2 WHG – Haftung für Anlagen

155 Auf die Ausführungen unter 8. zu § 89 Abs. 1 WHG wird verwiesen. Soweit sie nicht das reine Handeln oder Unterlassen betreffen, sind sie auch für die Haftung für Anlagen relevant. Beide Normen können zudem parallel[419] zur Anwendung kommen.

156 Zu den Anlagen im Sinne der Vorschrift gehören neben ortsgebundenen Anlagen, wie beispielsweise der Heizöltank in Privathäusern,[420] auch ortsveränderliche Anlagen, wie der Tankwagenaufbau zum Transport von Heizöl.[421]

156a Da der Anlagenbegriff weit[422] auszulegen ist, betrifft er nicht allein die Gesamtanlage, sondern auch Anlagenteile aus einer Gesamtanlage. Relevant wird dies bei einer Rohrleitungsanlage, die dazu bestimmt ist, Stoffe zu befördern oder wegzuleiten. Hierzu kann auch eine Rohrleitungsanlage gehören, die im Rahmen einer Grunddienstbarkeit dazu dient, die Versorgung des Nachbarhauses[423] mit Öl zu ermöglichen.

156b Besondere Bedeutung gewinnt dies bei einer stillgelegten Anlage,[424] z. B. wenn die Tankanlage nur unvollständig abgebaut wurde, ohne auch den Einfüllstutzen und die Füllleitung ordnungsgemäß zu entfernen. Die Risiken einer Befüllung trotz fehlendem Tank bleiben nicht nur bestehen, sie können ungleich größere Folgen[425] nach sich ziehen, weil der Verkehrssicherungspflicht nicht genüge getan wurde.

157 Ob auch landwirtschaftliche Geräte, wie etwa ein Dungstreuer hierzu gehören, ist streitig, wird wohl aber überwiegend bejaht[426]. Dem ist gerade mit Blick auf die Tanks von Feldspritzen auf Ackerschleppern zuzustimmen.

---

417 Ebenfalls Abzüge wegen ersparter Kosten; gleichzeitig Ersatz für verendete Fische und Gewinnentgang in Grenzen möglich.
418 Halm/Kreuter/*Schwab*, AKB-Kommentar, A.1.1.1 AKB 2008, Rn. 72 ff.
419 Giesberts/Reinhardt/*Hilf*, Vorm. zu § 89 WHG; anwendbar z. B. bei der Fallgestaltung des *VGH Kassel* v. 2.3.1988 – 5 UE 897/86, bei der ein Heizöl-Wassergemisch aus Fässern in einen Abfluss gekippt werden, der unmittelbar in einem Fluss endet.
420 *OLG Frankfurt* ZfW 1987, 195 f. = NJW-RR 1987, 668.
421 *BGH* v. 23.12.1966 – V ZR 144/63, BGHZ 47, 1, 7 = ZfW 1967, 100 = VersR 1967, 374 = NJW 1967, 1131 = DVBl. 1967, 77.
422 Giesberts/Reinhardt/*Hilf*, § 89 WHG, Rn. 47.
423 *LG Bamberg* v. 30.10.2009 – 1 O 509/08.
424 *BGH* v. 22.7.1999 – III ZR 198/98, BGHZ 142, 227 = NJW 1999, 3633 (3634) = MDR 1999, 1316 = DVBl. 1999, 1504 = DÖV 1999, 999 = VersR 2001, 67; Giesberts/Reinhardt/*Hilf*, § 89 WHG, Rn. 48.
425 *LG Berlin* v. 8.6.2001 – 5 O 162/00.
426 Czychowski/Reinhardt § 89 WHG Rn. 71.

Bei den relevanten Anlagen handelt es sich immer nur um die Transporttanks, nicht aber um die Fahrzeugtanks, die wie bei jedem anderen Fahrzeug auch, lediglich der Fortbewegung dienen.[427] Somit müssen die Behälter (vom Fahrzeug gelöst) eigenständig und abgeschlossen[428] sein. Da auch zu transportierende Fässer[429] Anlagen sein können, es zudem Fässer in verschiedener Größe gibt[430], stellt sich die Frage, ab welcher Größe von einer Anlage[431] zu sprechen ist. Sicherlich wird es nicht der Reservekanister sein, schon gar nicht, wenn der Kanister Kraftstoff für das Fahrzeug enthält. Wenn es um Kraftstoff für den Rasenmäher geht, wird die Menge noch gering sein, auch wenn man sich möglicherweise schon im Bereich des Gefahrguttransportes bewegt. 158

Unbegreiflich ist es, wenn ein Kraftstofftank eines PKW mit 50 Litern oder eines LKW mit 500 Litern nicht als Anlagen aufzufassen sind, dafür aber bereits der Benzinkanister mit 5 Litern. 158a

Besser ist es m. E. gleich auf die Gefährlichkeit[432] der Anlage abzustellen. Ein Kanister mit Kraftstoff beinhaltet für sich genommen noch keine typischen und erheblichen Gefahren für die Wasserbeschaffenheit. Bei der relativ geringen Menge wird ein solcher Kanister erst durch den falschen Umgang zur Gefahr. Dann steht jedoch nicht die Anlagenhaftung, sondern die Haftung für Handlungen nach § 89 Abs. 1 WHG im Vordergrund. 159

Dabei ist es wohl auch nicht angebracht, auf verschiedene Stofftypen und Wassergefährdungsklassen[433] zu verweisen. Milch aus einem Milchsammeltankwagen kann zu einem Fischsterben in einem kleineren Gewässer führen. In der Liste des Umweltbundesamtes[434] ist Milchsäure (unter Suchbegriff Milch) in der Wassergefährdungsklasse 1 eingestuft. Milch ist somit schwach wassergefährdend. Milch ist jedoch kein Gefahrgut. 160

M. E. sollte sich erst dann, wenn sich aus dem Sicherheitsdatenblatt für den transportierten Stoff ergibt, dass eine Wassergefährdung potentiell möglich ist, unter Berücksichtigung der als gefährlich eingestuften Menge, eine Anlagenhaftung nach § 89 Abs. 2 WHG bejaht werden. Zur Einstufung der Gefährlichkeit bestimmter Stoffe für das Grundwasser dienen nunmehr die Anlage 7 zu § 13 Abs. 1 GrwV[435] und die Anlage 8 zu § 13 Abs. 2 GrwV. 160a

Der wassergefährdende Stoff muss aus der Anlage tatsächlich in das Gewässer hineingelangt sein. Ein mittelbares Hineingelangen über den Umweg einer Kanalisation reicht für die Anlagenhaftung aus.[436] Dabei ist es nicht Voraussetzung, dass dem Schadensfall eine Betriebsstörung[437] zugrunde liegt. 161

In Verkehrsunfällen, in denen aus der Anlage auf dem Fahrzeug der wassergefährdende Stoff austritt, beispielsweise, weil die Domdeckel nicht schließen oder die Tankwandung aufgeschlitzt ist, wird sich leicht der Weg vom Wasser zum Fahrzeug zurückverfolgen lassen. 162

Schwieriger zu beurteilen sind Betankungsunfälle. 163

---

427 *Czychowski/Reinhardt* § 89 WHG Rn. 72.
428 *Giesberts/Reinhardt/Hilf*, § 89 WHG, Rn. 48; damit nicht nur ein Eimer mit wassergefährdenden Stoffen (streitig).
429 BGH v. 22.11.1971 – III ZR 112/69, BGHZ 57, 257, 259 = ZfW 1972, 231 (Güllefass); *OLG Saarbrücken* r+s 1970, 195 (200 Liter-Fass); *LG Ravensburg* VersR 1982, 203 (400 Liter Rollreifen-Ölfass).
430 *OLG Frankfurt* v. 5.5.2004 – 19 U 184/03 (200 Liter Ölfass kontaminiert Grundstück); *OLG Düsseldorf* v. 15.1.2010 – I-22 U 129/09 n. r. (defektes 20 Liter Ölfass im Kofferraum).
431 Grundsätzlich keine bestimmte Größe: *Czychowski/Reinhardt* § 89 WHG, Rn. 72.
432 BGH v. 29.11.1979 – III ZR 101/77, BGHZ 76, 35, 42 = VersR 1980, 280 = NJW 1980, 943; *Czychowski/Reinhardt* § 89 WHG Anm. 73.
433 Einstufung noch nach der (Verwaltungsvorschrift wassergefährdender Stoffe) VwVwS vom 27.7.2005. Neuerungen künftig auf Basis des § 62 Abs. 4 Nr. 1 WHG.
434 www.umweltbundesamt.de/wgs/4.
435 Grundwasserverordnung v. 9.11.2010, BGBl. I S. 1513.
436 BGH v. 30.5.1974 – III ZR 190/71; BGHZ 62, 351, 353 = NJW 1974, 1770.
437 BGH v. 31.7.2007 – III ZR 3/06, BGHZ 172, 287 = VersR 2007, 1413.

163a Diskutiert wird dabei die Anlagenhaftung für die Fälle, in denen zwischen einem Tankwagen und einer Haustankanlage über den Befüllschlauch vorübergehend eine feste Verbindung hergestellt wird.[438] Kommt es zu einem Schaden, etwa wegen einer Überfüllung mit Austritt von Gefahrstoff über die Entlüftungsleitung der Haustankanlage, ergeben sich drei Möglichkeiten:
- Anlagenhaftung bezüglich Tankwagen
- Anlagenhaftung bezüglich Heizöltank
- aus zwei getrennten Anlagen wird vorübergehend eine zusammengesetzte Gesamtanlage

163b Abgestellt wird darauf, wer die tatsächliche Gewalt über die verbundene Gesamtanlage hat.[439] Voraussetzung dafür ist allerdings, dass dann ein Anlagenbetreiber zugunsten eines anderen seine tatsächliche Gewalt zumindest vorübergehend aufgibt.

164 Das *OLG Hamburg*[440] sah den allein anwesenden Tankwagenfahrer als Inhaber der Gesamtanlage und somit als alleinigen Haftpflichtigen an, da der Fahrer es in der Hand habe, die Pumpe laufen zu lassen oder abzustellen. Zur Überfüllung kam es, da der defekte Grenzwertgeber der Haustankanlage nicht abschaltete. Das *hanseatische OLG* sprach dem klagenden Versicherungsnehmer und Tankwagenhalter die Kosten für den Bodenaustausch bei dessen Kundin zu.

165 Offenbar hat die Klägerin in dem Fall ihrer Kundin den Schaden ersetzt und im Anschluss die Kosten bei ihrem Versicherer eingeklagt. Wesentliche Dinge wurden im Urteil leider nicht wiedergegeben, wurden schlichtweg nicht geprüft oder übersehen.

165a Sachverhalt und die Entscheidungsgründe behandeln die Sorgfaltspflichten des Tankwagenfahrers[441] nicht. Das Gericht unterstellt praktisch eine Garantiehaftung des Öllieferanten, die der Gesetzgeber nicht vorgesehen hat.

165b Darüber hinaus unterstellt der Senat eine Haftung der Klägerin aus § 22 Abs. 2 WHG a. F. gegenüber ihrer Heizölkundin. Dabei bleibt – den Nassauskiesungsbeschluss[442] des *BVerfG* nicht beachtend – ungeprüft, ob die Kundin Wassernutzungsberechtigte des Grundwassers ist und überhaupt Anspruchsinhaberin sein kann.

165c Es findet sich ferner kein Hinweis, ob bei bestehender Wassernutzungsberechtigung eine unmittelbare Gefahr für das Grundwasser bestand. Ein bloßer Hinweis, dass Öl in den Boden eingedrungen ist, besagt noch nicht, dass ein Schadenseintritt für das Grundwasser bevorsteht.

166 Demgegenüber stellt das *OLG Köln*[443] richtigerweise[444] darauf ab, in wessen Sphäre der schadenursächliche Fehler letztlich lag. Für die Schifffahrt hat der *BGH*[445] bereits in einem vergleichbaren Fall entschieden, dass ein Tankschiff, das mit einer Tankerlöschbrücke beim Abladen verbunden ist, keine einheitliche Anlage bildet.

166a **Eigene Einschätzung**

167 Die Überlegungen zur verbundenen Anlage und der Inhaberschaft der tatsächlichen Gewalt über die Gesamtanlage, wenn auch nur vorübergehend, treffen das Problem nicht.

167a Jedermann kann nur für den Bereich möglicher Fehler einstehen, den er beherrschen kann. Eine Gefährdungshaftung bezüglich der eigenen Haustankanlage lässt sich doch nicht dadurch ausschließen, dass man seine Anlage durch einen Dritten befüllen lässt, der versteckte Mängel dieser Anlage nicht

---

438 *Czychowski/Reinhardt* § 89 WHG Rn. 83.
439 BGH v. 29.11.1979 – III ZR 101/77, BGHZ 76, 35, 42 = NJW 1980, 943; *Czychowski/Reinhardt* § 89 WHG Rn. 83.
440 *OLG Hamburg* MDR 1988, 323 = NJW-RR 1988, 474.
441 Siehe unten Rdn. 247 Sorgfaltspflichten des Tankwagenfahrers.
442 BVerfG v. 15.7.1981 – 1 BvL 77/78, BVerGE 58, 300 = NJW 1982, 74 = MDR 1982, 543.
443 *OLG Köln* ZfW 1990, 356 f. = VersR 1989, 402 = NZV 1989, 276.
444 So auch Geigel/*Münkel* Kap. 24 Rn. 23 und Geigel/*Kaufmann* Kap. 26 Rn. 58.
445 BGH v. 29.11.1979 – III ZR 101/77, BGHZ 76, 35 = NJW 1980, 943.

erkennen kann. Wer also die fremde Anlage im Detail nicht kennt, kann sie auch nicht beherrschen.[446] Dies kann er schon gar nicht, wenn sie mit versteckten Fehlern behaftet ist.

Der Begriff »Inhaber der vorübergehenden Gesamtanlage« sollte daher aufgegeben werden. Schließlich bleiben es ja auch tatsächlich zwei getrennte Anlagen. Sie haben voneinander unabhängige Funktionen und sind auch nicht dazu bestimmt, eine gemeinsame Arbeit zu verrichten. Sie sind ledig für die Befüllung mit einem Schlauch miteinander verbunden; mehr nicht. 167b

Mit dem neuen § 89 Abs. 2 WHG hat sich zudem die Begrifflichkeit geändert. Statt dem »Inhaber« nach § 22 Abs. 2 WHG a. F. wird nunmehr der »Betreiber« genannt, auch wenn damit keine grundlegenden inhaltlichen Veränderungen[447] beabsichtigt wurden. 167c

Vergleichbar ist die Situation im Umwelthaftungsrecht. Dort können Fahrzeuge ausnahmsweise nach § 3 Abs. 3a UmweltHG Zubehör einer Umwelthaftungsanlage sein und somit eine Gesamtanlage bilden. Das Zubehör hat untergeordnete Bedeutung. Die Fahrzeuge müssen in diesem Fall in einem räumlichen und betriebstechnischen Zusammenhang stehen. 168

Angemessen ist es daher, denjenigen tatsächlich dafür haften zu lassen, aus dessen Anlage der gewässerschädliche Stoff ausgetreten ist. Mag er sich ggfs. bei seinem Lieferanten im Innenverhältnis schadlos halten. Dabei wird es dann darauf anzukommen haben, ob dieser zumindest Teile der für ihn fremden Anlage besichtigen und die Erkenntnisse für sein weiteres Vorgehen berücksichtigen konnte und musste.[448] 168a

Andere Fallgestaltungen beim Befüllen können rechtlich einfacher bewertet werden: 169

Sofern nur die Schlauchleitung von einem Benzintankwagen zu einem Bodentank an einer Tankstelle betroffen ist, weil eine Schlauchverlängerung nicht ganz passgenau ist oder der Schlauch durch einen PKW[449] überfahren und abgerissen wird, steht immer die Anlagenhaftung des Tankwagens im Raum. Zumindest gilt dies, wenn mit bordeigenem Schlauch entladen wird. Dabei ist schließlich aus dem Warentransporttank und dem Zubehör zur Anlage das gefährliche Produkt ausgetreten. Darüber hinaus wäre in jedem Fall auch an ein mittelbares Hineingelangen über den »Umweg« Zubehör zu denken.[450] 169a

Im umgekehrten Fall, wenn ein Saugfahrzeug wassergefährdende Stoffe aufnimmt oder der Tankwagen am Depot seinerseits mit der Ware befüllt wird, fließt das Gefahrgut aus einer anderen Anlage in Richtung Fahrzeug. 170

Dann ist zu klären, in wessen Verantwortungsbereich der defekte Saugschlauch oder der Befüllschlauch gehört. 170a

Der Saugschlauch wird regelmäßig zur Anlage des Fahrzeugs gehören. Saugfahrzeuge[451] sind so eingerichtet, dass sie aus Tanks und sonstigen Behältnissen, aber auch aus Bächen und Regenrückhaltebecken, Flüssigkeiten und fließfähige Schüttgüter aufnehmen können. Der Saugschlauch ist somit notwendiger Teil der mobilen wassergefährdenden Anlage. Ist der Schlauch dieser Anlage undicht und es kommt zum Schaden, ist der Betreiber der mobilen Anlage in der Pflicht. 170b

Wird das Behältnis des Saugwagens oder sonstigen Tankwagens durch eine andere Anlage mit Fremdschlauch befüllt, ist dagegen die mobile Anlage bei der Betrachtung völlig außen vor. Der wassergefährdende Stoff kann dann immer nur aus der stationären Anlage ausgetreten sein. 170c

---

446 *LG Zwickau* v. 21.4.2009 – 2 O 625/07.
447 Giesberts/Reinhardt/*Hilf*, § 89 WHG, Rn. 53.
448 Rdn. 264.
449 Die Haftung des PKW-Fahrers soll hier nicht beleuchtet werden.
450 Siehe auch Rdn. 107 f. und Rdn. 167.
451 Zu technischen Details siehe *VG Köln* v. 20.5.2011 – 14 K 7547/09 (Autobahnmaut).

170d Beim Umpumpen von einem Tankfahrzeug in ein anderes, beispielsweise anlässlich einer Bergungsaktion nach einem Unfall, kann man ebenso verfahren.

171 Schließlich ist in der Praxis noch an den Fall zu denken, in dem beim Umpumpen vom Anhänger in den Motorwagen der Gefahrstoff austritt. Interessant ist die Frage allerdings nur, wenn einzig § 89 Abs. 2 WHG als Anspruchsgrundlage in Betracht kommt.

171a Straßenverkehrsrechtlich besteht eine Betriebseinheit.[452] Damit handelt es sich aber dennoch um zwei selbstständige Anlagen im Sinne des WHG[453] und auch weiterhin um zwei Fahrzeuge.

171b Ist die Schlauchleitung zum Umpumpen defekt und tritt der Gefahrstoff aus, ist wieder darauf abzustellen, zu welcher der Anlagen dieser Schlauch gehört. Da Tankwagenanhänger fast[454] ausschließlich ohne eigene Pumpe und Abgabevorrichtung im Verkehr sind, werden sie betriebsnotwendig nur mit einem Motorwagen, der über diese Einrichtungen verfügt, benutzbar. Die erforderliche Anschlussschlauchleitung wird daher überwiegend als betriebsnotwendiges Zubehör zum Anhänger gehören.

171c Sofern der Zug von einem Inhaber betrieben wird und sowohl Motorwagen und Tankanhänger beim gleichen Versicherer in Deckung genommen wurden, besteht ggfs. wegen des Schadensfreiheitsrabattes[455] Klärungsbedarf, auf welchen Versicherungsvertrag der Schaden anzulegen ist. Sollte eine gesamtschuldnerische Haftung vorliegen, ist auch dort der Gesamtschuldnerausgleich bei der Anhängerhaftung[456] zu prüfen. Dabei sind allerdings die spezifischen Besonderheiten zu beachten.

172 Haftpflichtig ist im neuen § 89 Abs. 2 WHG der Betreiber der Anlage. Die Definition des *BGH*[457] zum § 22 Abs. 2 WHG a. F. hinsichtlich des Inhabers kann noch herangezogen werden, da der Gesetzgeber keine tief greifenden Veränderungen[458] beabsichtigte. Als Inhaber/Betreiber ist derjenige anzusehen, der die Anlage in Gebrauch hat und die Verfügungsgewalt[459] besitzt, die ein solcher Gebrauch voraussetzt. Dies kann auf mehrere Beteiligte zugleich und in einem gewissen Rangverhältnis[460] zueinander zutreffen. Neben dem Eigentümer kommen somit auch Pächter[461] oder Mieter[462] in Betracht. Zu denken ist auch an die Besonderheiten einer Wohnungseigentümergemeinschaft[463] in Bezug auf das Gemeinschaftseigentum. Zudem können selbst Franchisenehmer, Leasingnehmer und Fahrzeughalter Betreiber sein.

172a Negativ ausgedrückt ist derjenige kein Betreiber oder Mitbetreiber, der nur untergeordnete Tätigkeiten in Bezug auf die Anlage ausübt, wie der Lieferant der Anlage[464], der Installateur sowie der Reinigungs- und Wartungsdienst.[465] Im Detail werden allerdings die Fälle zu betrachten sein, bei denen es bei der Erstbefüllung in Anwesenheit des Installateurs[466] zu einem Schaden kommt. War die werk-

---

452 Fall des *KG Berlin* VersR 1973, 665.
453 Sofern jede zur Aufnahme wassergefährdender Stoffe bestimmt ist.
454 Ausnahmefall des *KG Berlin* VersR 1973, 665; ggf. heute noch Kuriositäten auf den Nordseeinseln, wo nur Elektrozugmaschinen erlaubt sind oder in Zermatt (Schweiz), wo es einen Tankwagen mit Elektroantrieb und Benzinmotor für die Pumpe gibt.
455 Zum SFR-System siehe Halm/Kreuter/*Schwab*, AKB-Kommentar I. AKB 2008, Rn. 2220 ff.
456 BGH v. 27.10.2010 – IV ZR 297/08, DAR 2011, 80; *Wilms* DAR 2011, 71 ff.
457 *BGH* v. 8.1.1981 – III ZR 157/79, BGHZ 80,1, 4 = NJW 1981, 1516 = VersR 1981, 458 = ZfW 1981, 15.
458 Giesberts/Reinhardt/*Hilf*, § 89 WHG, Rn. 53.
459 *BGH* v. 6.5.1999 – III ZR 89/97, UPR 1999, 305 = NJW 1999, 3203
460 *BGH* v. 22.7.1999 – III ZR 1998/98, BGHZ 142, 227 = NJW 1999, 3633 = VersR 2001, 67 = zfs 1999, 506.
461 *BGH* v. 17.10.1985 – III ZR 99/84, NJW 1986, 2312 f.
462 *OLG Frankfurt* NJW-RR 1987, 668.
463 *VG Neustadt a. d. W.* v. 28.11.2005 – Az. 3 K 1549/05 (Zwangsverwalter).
464 *OLG Karlsruhe* ZfW 1965, 46.
465 Beispiele (noch zum Inhaber, statt Betreiber) bei *Schwendner* in SZDK § 22 WHG a. F. Rn. 41a.
466 Fall des *LG Halle* SVR 2004, 30, bespr. von *Schwab*.

vertragliche Abnahme noch nicht erfolgt, sollte etwa noch an Bauteilen nachjustiert werden, dann hatte der künftige Betreiber womöglich noch gar keine Verfügungsgewalt über die Anlage erhalten.

Bedeutend schwieriger ist die Frage nach dem Betreiber, wenn es nicht um den Tankaufbau am Fahrzeug oder einen Aufsetztank geht, die schon in der besonderen Zulassung des Fahrzeugs eingetragen sind, sondern Gefahrgüter in Versandstücken mit Anlagenqualität transportiert werden. 173

Czychowski/Reinhardt[467] bejahen beim Transport von entsprechenden Fässern und Containern oder ähnlichem eine Mitinhaberschaft des Eigentümers der Behältnisse und des Inhabers des Fahrzeugs[468] nebeneinander, sofern der bisherige Inhaber (Eigentümer) z. B. durch Weisungen oder die Art des Verschlusses die tatsächliche Verfügungsgewalt ausüben könne. Dies entspräche dem Sinn des § 22 Abs. 2 WHG a. F. und der typischen Betriebsgefahr sowohl von Fahrzeug und Behälter. 173a

Dem ist zu widersprechen. 174

Die typische Betriebsgefahr des Kraftfahrzeugs hat mit der Betriebsgefahr des transportierten Behälters nichts zu tun. Die Gefährdungshaftung des Kraftfahrzeugs richtet sich allein nach § 7 StVG. Fällt beim Transport ein Behälter von der Ladefläche und schlägt so unglücklich auf, dass der gefährliche Inhalt ausläuft, ist an die Betriebsgefahr des Fahrzeugs zu denken. Steht hingegen das Behältnis nur auf der Ladefläche, wobei beispielsweise ein Dichtring porös wird und der wassergefährdende Stoff ausläuft und von der Ladefläche tropft, so hat dies nichts mit der typischen Betriebsgefahr des Fahrzeugs zu tun.[469] Dieser allmähliche Vorgang steht zudem im Widerspruch zum Unfallbegriff nach § 7 Abs. 2 StVG. 174a

Hat sich in einem Fall einmal die Betriebsgefahr nach § 7 StVG verwirklicht,[470] so bedeutet dies aber nicht, dass automatisch auch § 89 Abs. 2 WHG für den Fahrzeughalter greift, nur weil der Schaden beim Betrieb des eine wassergefährdende Anlage transportierenden Kraftfahrzeugs erfolgte. 174b

Zudem greifen die Haftungshöchstgrenzen[471] nach den §§ 12 und 12a StVG. Daneben mag wegen des Gefahrguttransportes eine verschuldensabhängige Haftung nach den § 823 Abs. 1 und Abs. 2 i. V. m. der GGVSEB als Schutzgesetz[472] zu prüfen sein. 175

Wer die unbegrenzte Gefährdungshaftung nach § 89 Abs. 2 WHG auch auf den »Inhaber/Betreiber« des Fahrzeugs ausdehnen will, schielt letztlich auf die gesamtschuldnerische Haftung des Kraftfahrthaftpflichtversicherers, um diesen möglicherweise direkt in Anspruch nehmen zu können, § 115 Abs. 1 S. 1 Nr. 1 und S. 4 VVG. Dabei ist jedoch zu beachten, dass der Versicherer nur die typischen Gefahren eines Kraftfahrzeugs versichert hat und nicht die einer wassergefährdenden Anlage, die zufällig mit dem Fahrzeug transportiert wurde. Zwar geht der Begriff des »Gebrauchs«[473] des Kraftfahrzeugs über den des Betriebs nach § 7 Abs. 1 StVG hinaus, dennoch muss jedoch der Schaden durch den Gebrauch des Fahrzeugs entstanden sein, folglich hierauf beruhen. Dies ist bei einem porös werdenden Dichtungsring an einem lediglich transportierten Behältnis zu verneinen. Der Schaden ist nur gelegentlich dem Gebrauch des Kraftfahrzeugs eingetreten. 176

---

467 *Czychowski/Reinhardt* § 89 WHG Anm. 84.
468 Ähnlich auch *Schwendner* in SZDK § 22 WHG a. F. Rn. 41a und Giesberts/Reinhardt/*Hilf* § 89 WHG Rn. 54.
469 *RG* v. 8.3.1939 RGZ 160, 129; *Becker/Böhme* Rn. A19.
470 *OLG Düsseldorf* MDR 1968, 669.
471 Anders beim Tankwagen als Anlage *BGH* Urt. v. 23.12.1966 – Az. V ZR 144/63, BGHZ 47, 1, 7 = ZfW 1967, 100 = VersR 1967, 374.
472 *OLG Hamm* NJW-RR 1993, 914; *OLG Frankfurt* TranspR 2008, 472 m. Anm. *Boettge* (NZB zurückgewiesen *BGH* v. 4.3.2008 – VI ZR 137/07).
473 § 1 PflVG bezogen auf den öffentlichen Verkehrsraum (enger Bereich des Gebrauchs); dagegen A.1.1.1 AKB darüber hinaus (erweiterter Bereich des Gebrauchs); s. a. Rdn. 113; Halm/Kreuter/*Schwab* AKB-Kommentar, A.1.1.1 AKB 2008, Rn. 61 ff.

176a Bei Tankfahrzeugen zum Transport wassergefährdender Stoffe hingegen, wie beispielsweise Heizöl oder Benzin, steht die Verwendung von vornherein fest. Das zusätzlich übernommene höhere Risiko kann hier entsprechend kalkuliert werden und schlägt sich in einem Aufschlag auf die Normalprämie nieder.

176b Mit der immer stärker werden Kontrolle der Fahrer und Fahrzeuge durch Telematiksysteme mit Zugriffen auf die Befüll- und Abgabeventile, wird zumindest im Frachtgeschäft zu überlegen sein, wer die tatsächliche Verfügungsgewalt ausübt und ob es mehrere Inhabern einer Anlage dann tatsächlich wie früher[474] noch gibt.

10. § 1 UmweltHG

a) Allgemeines

177 Mit dem am 1.1.1991 in Kraft getretenen Umwelthaftungsgesetz gibt es in § 1 UmweltHG eine weitere privatrechtliche Anspruchsgrundlage, die die Reihe der Gefährdungshaftungstatbestände erweitert. Unter engen Voraussetzungen kann diese Haftungsnorm auch in den Kraftfahrthaftpflichtfällen Relevanz entwickeln, da Fahrzeuge in § 3 Abs. 3a UmweltHG gesondert aufgeführt werden.

177a Nur wenige Entscheidungen sind ergangen, sodass weiterhin mit einer Entwicklung in den offenen Fragen gerechnet werden kann.

178 Vorausgesetzt wird zunächst eine Rechtsgutverletzung, wonach ein Mensch getötet, eine Körper- oder Gesundheitsverletzung vorliegen oder eine Sache beschädigt sein muss. Nach dem UmweltHG sind folglich nur individuelle Güter betroffen.

178a Ausgeklammert wird demgegenüber der reine ökologische Schaden. Dort kommt allein eine öffentlich-rechtliche Verantwortlichkeit nach dem USchadG[475] in Betracht, die nicht mit dem privatrechtlichen UmweltHG verwechselt werden darf.

179 Ferner ausgeklammert sind das Recht am eingerichteten und ausgeübten Gewerbebetrieb und die Freiheit. Es besteht also kein Anspruch aus dem Umwelthaftungsgesetz, wenn Personen Häuser nicht verlassen dürfen, weil sich giftige Gase in der Luft befinden.[476]

180 Es muss eine Umwelteinwirkung vorliegen, also eine physikalische Veränderung, die durch Stoffe, Erschütterungen, Geräusche, Druck, Strahlen,[477] Gase, Dämpfe, Wärme oder sonstige Erscheinungen eingetreten ist, § 3 Abs. 1 UmweltHG.

180a Die Wirkung muss über einen Umweltpfad – Luft, Boden oder Wasser – eingetreten sein. Sie kann auch immer nur nach außen, also aus der Anlage heraus auf andere Rechtsgüter wirken. Ausgeschlossen ist damit z. B., wenn jemand in einen Schadstoffbehälter fällt.[478] Dabei kann eine Anlage auch in einem Gebäude stehen, ohne dass das gesamte Gebäude zur Anlage wird.

181 Welche Anlagen als entsprechend gefährlich eingestuft werden, ergibt sich aus dem Gesetzesanhang. Der erste Anhang betrifft die generell gefährlichen Anlagen. Der zweite Anhang listet zusätzlich die als besonders gefährlich geltenden Anlagen auf. Sie sind besonders zu versichern.

---

474 *BGH* v. 8.1.1981 – III ZR 157/79, BGHZ 80, 1 = NJW 1981, 1516 = VersR 1981, 458; Giesberts/Reinhardts/*Hilf* § 22 WHG Rn. 54.
475 Siehe Rdn. 216.
476 *Landberg/Lülling* § 1 UmweltHG Rn. 24 und Rn. 17; zum umgekehrten Fall – Platzverweis – *BGH* v. 21.6.1977 – VI ZR 58/76, NJW 1977, 2264 = VersR 1977, 965.
477 Gefahren durch Radioaktivität sind vom Deckungsumfang der KH-Versicherung ausgeschlossen A.1.5.9 AKB 2008; § 4 Nr. 6 KfzPflVV.
478 *Landsberg/Lülling* § 3 UmweltHG Rn. 6.

C. Anspruchsgrundlagen

Aus den Anhängen wird ersichtlich, dass es sich oft um recht große Anlagen handelt, die die verschiedensten Bereiche betreffen. In § 3 Abs. 2 UmweltHG werden diese als ortsfeste Einrichtungen wie Betriebsstätten und Lager definiert.

181a

b) Fahrzeuge im räumlichen Zusammenhang einer UmweltHG-Anlage

Hervorzuheben gilt es, dass nach § 3 Abs. 3a UmweltHG auch Fahrzeuge zu den Anlagen gehören können, wenn sie in einem räumlichen oder betriebstechnischen Zusammenhang stehen.

182

Was unter räumlichem Zusammenhang zu verstehen ist, wird in der Literatur unterschiedlich gesehen:

182a

Am weitesten geht *Paschke*.[479] Er zieht einen Vergleich zu § 1 Abs. 3 der vierten BImSchVO, nach der ein enger räumlicher Zusammenhang gefordert wird. Da § 3 Abs. 3 UmweltHG keinen engen, sondern lediglich einen räumlichen Zusammenhang fordere, sei ein räumlicher Zusammenhang auch dann noch gegeben, wenn das Fahrzeug sich auf dem Nachbargrundstück befände.

182b

Salje[480] erwägt mit Blick auf die §§ 97 f. BGB, dass ein räumlicher Zusammenhang auf dem Betriebsgrundstück gegeben sei. Eine bloße Verbindung über Kabel oder Funk auf mehrere Kilometer sprenge die Voraussetzung des räumlichen Zusammenhangs.

182c

Landsberg/Lülling[481] wollen grundsätzlich nicht die gesamte Betriebsstätte, sondern nur die Einrichtung zur Anlage zählen, halten aber eine Erweiterung durch § 3 Abs. 3 UmweltHG für möglich. In Einzelfällen könne dies zu einer bedenklichen Ausweitung des Anlagenbegriffs führen.[482]

182d

Schmidt-Salzer[483] kommt über eine funktionale Betrachtung zu dem Ergebnis, dass nicht die gesamte Betriebsstätte der Verursachungshaftung unterliege, sondern nur die konkrete Einzelanlage – einschließlich des funktional damit in Verbindung stehenden Zubehörs und Nebeneinrichtungen.

182e

Eigene Einschätzung:

182f

Es ist auf den Sinn und Zweck des Gesetzes abzustellen. Danach sollen Betreiber besonders gefährlicher, enumerativ aufgeführter Anlagen für Umwelteinwirkungen einer besonderen Haftung unterzogen werden. Es kann nicht beabsichtigt sein, die Haftung räumlich mittels des Zubehörs auszudehnen. Das Zubehör kann als solches ebenfalls gefährlich sein. Hätte es der Gesetzgeber aber bereits als besonders gefährlich einstufen und einer verschärften Haftung unterwerfen wollen, hätte er beispielsweise bestimmte Fahrzeuge generell mit in den Anhang 1 aufnehmen können. Tut er dies aber nicht, muss der räumliche Zusammenhang doch so nahe sein, dass sich die besonderen Gefahren der Anlage noch über das Zubehör auswirken können. Dies wird im Regelfall nur bei unmittelbarer räumlicher Nähe zur Anlage gegeben sein.

183

Werden beispielsweise aus einem Lagertank mit 8 Tonnen[484] Schädlingsbekämpfungsmittel 500 Liter in einen Tank eines landwirtschaftlichen Fahrzeugs gepumpt und läuft etwas daneben, so wird deutlich, dass hierfür wegen der Größe der Anlage besonders große Gefahren für die Umwelt lauern. Ist das Betanken hingegen abgeschlossen und hat das Fahrzeug die unmittelbare Nähe zum Lagertank verlassen, stellt das Fahrzeug mit seiner Ladung keine größere Gefahr dar, als Fahrzeuge die zuvor von einem 4-Tonnen-Tank befüllt wurden. Dies gilt selbst dann, wenn sich das Fahrzeug noch auf dem Betriebsgelände befindet.

184

---

479 *Paschke* § 3 UmweltHG Rn. 26.
480 *Salje* § 3 UmweltHG Rn. 52.
481 *Landsberg/Lülling* § 3 UmweltHG Rn. 17.
482 *Landsberg/Lülling* § 3 UmweltHG Rn. 17.
483 *Schmidt-Salzer* § 3 UmweltHG Rn. 21.
484 Beispiel zu Nr. 86 des Anhang 1 zum UmweltHG; Lagertank ab 5 t.

184a Dass das Betriebsgelände nicht der geeignete Begriff für eine räumliche Abgrenzung sein kann, zeigt überdies folgendes Beispiel: Der Landwirt lagert 5 t Schädlingsbekämpfungsmittel. Er befüllt den Tank seines Spritzfahrzeugs mit 50 Litern. Er verlässt das Hofgelände und fährt zum 3 km entfernten Feld. Dort verspritzt er das Schädlingsbekämpfungsmittel. Da man das Feld zum »Betriebsgelände« zählen muss, dürfte nach *Paschke* und *Salje* bei einem Schaden auf dem Feld das UmweltHG greifen; nicht aber, wenn etwas auf dem Weg zum Feld auf der Straße verloren geht.

185 Meines Erachtens ist der Auffassung von *Schmidt-Salzer* zu folgen, um nicht über den Weg des Zubehörs zu einer nicht gewollten Ausweitung der Haftung für Schäden allein durch nicht so besonders gefährliches Zubehör zu kommen. Andernfalls wäre dies eine Ungleichbehandlung gegenüber denjenigen, die zwar ebenfalls mit gleichgefährlichem Zubehör hantieren, jedoch keine UmweltHG-Anlage besitzen. Auch wenn im UmweltHG eine ähnlich klingende Regelung getroffen wurde, wie in § 1 Abs. 3 der 4. BImSchVO, so besagt dies noch nicht, dass sich die Auslegung des Begriffs »räumlicher Zusammenhang« hieran zu messen habe. Bei der BImSchVO geht es um öffentliches Recht und die Notwendigkeit eines immissionsschutzrechtlichen Verfahrens. Im UmweltHG geht es um die Voraussetzungen einer ganz besonderen zivilrechtlichen Haftung. Beide Normen haben einen Bezug zur Umwelt; die Ansatzpunkte sind jedoch grundverschieden. Einmal geht es um Schadensverhütung durch staatliche Kontrolle und ein anderes Mal um Ersatz für eingetretene Schäden. Allein über das Druckmittel einer exzessiven haftungsrechtlichen Inanspruchnahme die Maßnahmen zur Schadenverhütung forcieren zu wollen, darf nicht zur Haftungsbegründung dienen.

c) Fahrzeuge im betriebstechnischen Zusammenhang einer UmweltHG-Anlage

186 Alternativ zum »räumlichen« kann auch ein »betriebstechnischer Zusammenhang« genügen.

186a Der betriebstechnische Zusammenhang ist dann gegeben, wenn (hier:) das Fahrzeug dem betriebstechnischen Zweck dient und zur Aufrechterhaltung des Betriebes erforderlich ist[485] oder produktionsnotwendig ist.[486]

186b Der betriebstechnische Zusammenhang muss dabei nicht von Dauer sein.[487] Ein gegebener betriebstechnischer Zusammenhang kann aber unterbrochen sein, wenn das Zubehör vorübergehend anlagenbetriebsfremden Zwecken zugeführt wird.[488]

186c *Landsberg/Lülling* stellen demgegenüber darauf ab, ob überwiegend ein betriebstechnischer Zusammenhang gegeben ist. Wird dies bejaht, so scheint es nach ihrer Ansicht keine Rolle zu spielen, wenn der konkrete Einsatz nicht dem Betriebszweck der Anlage dient.[489] Sie nennen hier als Beispiel einen LKW, der vorübergehend dazu benutzt wird, bestimmte Stoffe innerhalb der Anlage, z. B. von einem Kessel zu einem anderen zu transportieren, auch wenn er zwischenzeitlich auch außerhalb des Werkverkehrs[490] für Ferntransporte genutzt wird.

186d Eigene Einschätzung

187 Die Sichtweise von *Landsberg/Lülling* widerspricht dem Sinn und Zweck des Gesetzes. Es gilt das bereits zu oben »räumlicher Zusammenhang« Dargelegte.[491]

188 Der Haftungstatbestand verlangt ferner eine mögliche Bedeutung für das Entstehen von Umwelteinwirkungen.

---

485 *Paschke* § 3 UmweltHG Rn. 27.
486 *Salje* § 3 UmweltHG Rn. 52.
487 *Paschke* § 3 UmweltHG Rn. 27.
488 *Paschke* § 3 UmweltHG Rn. 27; *Schmidt-Salzer* § 3 UmweltHG Rn. 24.
489 *Landsberg/Lülling* § 3 UmweltHG Rn. 20.
490 Gemeint ist wohl das Werksgelände und nicht die Begrifflichkeit nach § 1 Abs. 2 GüKG.
491 Siehe Rdn. 182.

Paschke[492] hält dieses Tatbestandsmerkmal für überflüssig, da die Haftung nach dem UmweltHG sowieso eine Umwelteinwirkung voraussetze. 188a

Salje[493] will jede schädliche Umwelteinwirkung durch das Zubehör hierfür heranziehen, auch wenn von der Anlage unmittelbar keine schädliche Umwelteinwirkung ausgegangen ist. Als Beispiel nennt er die Lärm- und Abgasemissionen eines dieselbetriebenen Lkws. 188b

Schmidt-Salzer[494] und *Landsberg/Lülling*[495] wollen einer systemwidrigen Ausweitung einer allgemeinen Gefährdungshaftung begegnen. Sie verlangen daher die Möglichkeit, dass sich typische Umweltrisiken durch das Zubehör verwirklichen. 188c

Eigene Einschätzung 188d

Es sollte *Schmidt-Salzer* und *Landsberg/Lülling* gefolgt werden, da nur die Forderung bezüglich typischer Umweltrisiken dem Gesetzeszweck gerecht wird. Zwar hat auch der LKW im Beispiel von Salje Umweltrelevanz; es verwirklichen sich jedoch Gefahren, die bei jedem dieselbetriebenen LKW, gleich ob er Zubehör einer UmweltHG-Anlage ist oder nicht, zu finden sind. Die bloße Zubehöreigenschaft rechtfertigt daher keine weiter gehende Haftung. 189

Anders ist es z. B. aber dann zu sehen, wenn der Inhaber der (stationären) Umwelthaftungsanlage nur deswegen Tanksattelauflieger[496] anmietet, um damit seine (rechtlich) begrenzten Lagerkapazitäten auszuweiten. In diesem Falle schafft er quantitativ eine Risikosteigerung des Umweltgefährdungspotentials[497] aus der Gesamtanlage, die über das Risiko eines einzelnen Fahrzeugs hinausgeht. 189a

d) Inhaber als Haftpflichtiger

Schadensersatzverpflichtet ist der Inhaber. 190

Inhaber ist der Herr der Gefahr,[498] also derjenige, der die tatsächliche Verfügungsgewalt über die Anlage besitzt und auf ihren Betrieb Einfluss nehmen kann. 190a

Sofern der Inhaber der Anlage mit dem Inhaber des Fahrzeugs identisch ist, ergeben sich insoweit keine Probleme. 190b

Was geschieht jedoch, wenn sich ein Fremdfahrzeug der UmweltHG-Anlage nähert? 191

Der Fahrer eines Gefahrguttransporters wird wohl kaum Inhaber der UmweltHG-Anlage.[499] Fälle, wonach für die WHG-Haftung kurzfristig die Inhaberschaft der Haustankanlage auf den Tankwagenfahrer überging,[500] sind nicht nur rechtlich zweifelhaft,[501] sie sind auch nicht vergleichbar, da dort der Tankwagen bereits eine WHG-Anlage darstellte und mit einer anderen WHG-Anlage verbunden wurde. 191a

Anders als bei den Betreibern einer Haustankanlage wird man bei einem Inhaber einer UmweltHG-Anlage erwarten dürfen, dass er um die Gefahren der Anlage weiß und sie beherrscht. Von einem überlegenen Wissen des Tankwagenfahrers wird man nicht sprechen können. 191b

---

492 *Paschke* § 3 UmweltHG Rn. 28.
493 *Salje* § 3 UHG Rn. 53.
494 *Schmidt-Salzer* § 3 UmweltHG Rn. 24.
495 *Landsberg/Lülling* § 3 UmweltHG Rn. 18.
496 *LG Itzehoe* v. 25.5.2010 – 5 O 39/07 n. r., Vergleich (Lagerung von produktionsbedingt angefallenem Glyzerin in angemieteten Aufliegern).
497 *OVG Münster* DVBl. 2009, 456 = DÖV 2009, 422 = NVwZ-RR 2009, 462 = ZUR 2009, 268 (zur Anlage nach der BImSchVO).
498 *BGH* v. 8.1.1981 – III 157/79, BGHZ 80, 1, 4 = NJW 1981, 1516 = VersR 1981, 458 = ZfW 1981, 156; *Landsberg/Lülling* § 1 UmweltHG Rn. 58.
499 So aber *Landsberg/Lülling* § 3 UmweltHG Rn. 58 .
500 *OLG Hamburg* NJW-RR 1988, 474 = MDR 1988, 323.
501 Siehe Rdn. 163.

192 Es stellt sich jedoch an dieser Stelle die umgekehrte Frage, ob der Inhaber der UmweltHG-Anlage auch für das Fahrzeug verantwortlich zeichnet.

192a Für das BImSchG unterscheidet das *OVG Münster*[502] nicht zwischen eigenen und fremden Fahrzeugen. *Feldhaus*[503] scheint grundsätzlich von einer Haftungsmöglichkeit auszugehen, bezweifelt jedoch, dass eine derartige Haftungserweiterung gewollt und sachgerecht ist.

192b Eigene Einschätzung

193 Nach dem UmweltHG kommen für den Geschädigten erhebliche Beweiserleichterungen zugute. Hier wollte der Gesetzgeber im Vergleich zu anderen Haftungsnormen gerade mit Blick auf die oft sehr komplizierten Prozesse in einer Anlage, eine günstigere Basis zur Rechtsverfolgung schaffen. Da der Gesetzgeber ausdrücklich Zubehör und Fahrzeuge als Zubehörstücke erwähnt, können diese nicht über die Differenzierung nach der Eigentümerstellung bzw. Inhaberschaft ausgeklammert werden. Für das Außenverhältnis Betreiber der stationären Anlage zum Geschädigten muss es daher unerheblich sein, wem das Zubehör bei näherer Betrachtung rechtlich zuzurechnen ist, zumal auch nach dem Sachenrecht fremde Sachen zum Zubehör gezählt werden können.[504]

194 Eine andere Frage mag es dann sein, wie das Innenverhältnis zwischen Betreiber der UmweltHG-Anlage zum Fahrzeugeigentümer gestaltet ist, und ob sich der Anlagenbetreiber im Regresswege schadlos halten kann.

194a In diesem Zusammenhang sei darauf hingewiesen, dass nach dem Umwelthaftpflichtmodell[505] unter Ziffer 6.15 Ansprüche wegen Schäden durch den Gebrauch von Kraftfahrzeugen und Anhängern ausgeschlossen sind. Folglich genießt der Anlagenbetreiber keinen Deckungsschutz über die Haftpflichtversicherung der Anlage.[506]

194b Darüber hinaus hat aber auch der Kraftfahrthaftpflichtversicherer dem Anlagenbetreiber selbst keinen Deckungsschutz für die Schäden, die letztlich durch den Gebrauch des Kfz herrühren, zu gewähren, da der Anlagenbetreiber nicht zu den mitversicherten Personen des Kfz-Haftpflichtvertrages gehört. Die Aufzählung in A.1.2 AKB 2008 ist abschließend.

195 Ersatzberechtigter ist der unmittelbar Geschädigte. Ihm kommen die oben angesprochenen Beweiserleichterungen zu Gute, die wie folgt aussehen:

195a Bei einem Störfall wird die Ursächlichkeit für den Schaden vermutet, § 6 Abs. 1 UmweltHG.

195b Die Ursachenvermutung ist beim Normalbetrieb ausgeschlossen, § 6 Abs. 2 UmweltHG. Der Normalbetrieb knüpft daran an, dass die besonderen Betreiberpflichten eingehalten wurden, was dieser zu beweisen hat.

195c Darüber hinaus hat der Geschädigte einen Auskunftsanspruch gegen den Anlagenbetreiber im Rahmen des § 8 UmweltHG.

195d Der Haftungsumfang bemisst sich nach der Unterscheidung von Normalbetrieb und Störfall. Eine Haftung für höhere Gewalt ist ausgeschlossen, § 4 UmweltHG.

195e Die Haftungsgrenzen liegen bei 85 Mio. Euro für den Personenschaden und 85 Mio. Euro für den Sachschaden. Beim Sachschaden gelten zudem die Besonderheiten, dass im Rahmen des § 5 Um-

---

502 *OVG Münster* DVBl. 1979, 31.
503 *Feldhaus* UPR 1992, 16.
504 *BGH* v. 19.4.1972 – VIII ZR 24/70, BGHZ 58, 309 = NJW 1972, 1187.
505 In Abweichung von 7.10 a/b AHB 2010, nach dem Schäden durch Umwelteinwirkung in der allgemeinen Haftpflichtversicherung ausgeschlossen sind, können diese Risiken unter besonderen Bedingungen wieder in den Vertrag eingeschossen werden. Generell: »Umwelthaftpflichtmodell«; speziell für die Betriebs- und Berufshaftpflicht: »Umwelthaftpflicht-Basisversicherung«.
506 *Gawlik/Michel* S. 193.

weltHG kleinere Schäden ggfs. hinzunehmen sind und dafür jedoch bei ökologischen Schäden die Sachwertgrenze aus § 251 Abs. 2 BGB nicht gilt.

▶ **Tipp für die Praxis** 196

Die Beweiserleichterungen und die Regelungen zum Haftungsumfang stärken die Position des Geschädigten im Vergleich zu anderen Haftungsnormen erheblich.

Bei Schäden, die im Zusammenhang mit einer Anlage nach dem UmweltHG stehen könnten, sind daher bei der Sachverhaltsaufnahme auch Fragen nach der Einstufung der Anlage bzw. des Betriebes zu stellen.

Obwohl Fahrzeuge in § 3 Abs. 3a UmweltHG ausdrücklich erwähnt werden, stellt die Anwendung des UmweltHG nach der hier vertretenen Auffassung erhebliche Probleme dar, wenn über diese Norm auf Fahrer und Halter unmittelbar zurückgegriffen werden soll.

Insbesondere beim Abweichen von Fahrzeughalter und Betreiber der ortsfesten Anlage sind die vertraglichen Beziehungen, die Art der Haftungsnormen und die Tragweite der Haftungsnormen zu prüfen, da sie im Rahmen eines Regresses im Innenverhältnis zu anderen Bewertungen führen können.

Zu beachten bleibt auch, dass bei einem Schaden des Anlagenbetreibers, der ihm ggf. unter Beteiligung eines Fahrzeuges entstanden ist, nicht nur Mithaftungsgesichtspunkte nach § 11 UmweltHG heranzuziehen sind. Der strengere Haftungsmaßstab nebst Entlastungsbeweis des Anlagenbetreibers hat auch hier sinngemäß zu gelten. Schließlich setzt derjenige, der sein Fahrzeug gerade im betriebsnotwendigen Interesse des Anlagenbetreibers einsetzt, sich damit den besonderen Risiken dieser Anlage nach dem UmweltHG aus. 197

11. § 2 Abs. 1 Satz 1 Haftpflichtgesetz

Im Bereich des Haftpflichtgesetzes wird für Kraftfahrzeuge § 2 Abs. 1 S. 1 HaftPflG relevant. 198

Voraussetzung ist eine Rechtsgutverletzung in Bezug auf Leben, Körper, Gesundheit oder Sachen. 198a

Diese muss durch eine gefährliche Anlage verursacht worden sein. Im Gesetz wird dabei die auch für Fahrzeuge relevante Rohrleitungsanlage erwähnt. Über 100 Jahre nach der Einführung des HaftPflG wurde die Gefährdungshaftung für Rohrleitungsanlagen 1978 in das Gesetz[507] aufgenommen. Der Gesetzgeber dachte zunächst nur an die Gefahren einer Pipeline, bei der über eine größere Entfernung erhebliche Mengen von einem Ort zu einem anderen Ort abgegeben werden. 198b

Der *BGH* hat dann den Anwendungsbereich weder allein auf stationäre Anlagen noch auf starre Rohrsysteme und Kanäle begrenzt. Unter Rohrleitungsanlage wird daher nun begrifflich auch ein Schlauch als flexible Rohrleitungsanlage verstanden, sodass der Abgabeschlauch eines Tankwagens als eine solche Rohrleitungsanlage angesehen wird.[508] Tankwagen unterliegen bezügliches dieses Bauteils somit der Anlagenhaftung.[509] 198c

Zur Anlage werden generell auch Nebeneinrichtungen gezählt.[510] Da der Schlauch betriebsnotwendiges Zubehör ist, aber nicht die Hauptsache des Tankwagens ausmacht, sollten allenfalls die Schlauchanschlussstücke am Abgabeschlauch (Zapfpistole) zu den Nebeneinrichtungen gezählt werden, nicht aber das eigentliche Fahrzeug. 198d

---

507 BT-Drucks. 8/108 v. 09.02.1977.
508 *BGH* v. 14.6.1993 – III ZR 135/92, VersR 1993, 1155 f. = DAR 1993, 465, 467 = NJW 1993, 2740 f. zum Abgabeschlauch am Einfüllstutzen; *LG Mainz* v. 29.5.1990 – 2 O 20/90 zum geplatzten Abgabeschlauch.
509 *Filthaut* § 2 HPflG Rn. 5.
510 *Filthaut* § 2 HPflG Rn. 14.

198e Da Silofahrzeuge ebenfalls mit Schläuchen ausgerüstet sind, wird man dies auf diese Fahrzeuge bei der Abgabe von Stoffen übertragen können.

198f Keine Übertragbarkeit besteht allerdings bei Silofahrzeugen die Transportgut lediglich ansaugen. Dies gilt entsprechend für Saugfahrzeuge. Die Schlauchleitung dient dabei in keinem Fall der Abgabe, sondern nur der Aufnahme von fließfähigen Stoffen.

199 ▶ **Tipp für die Praxis**

Schläuche von Tankwagen müssen nicht notwendigerweise solche von Chemie- oder Heizöltankwagen sein. Es kommt darauf an, dass die Anlage als solche gefährlich ist. Bei Schläuchen, die bis zu mehreren Hundert Litern Flüssigkeit pro Minute durchfließen lassen, ist die Gefahrenlage durch ein Platzen und ein unkontrolliertes Herumschlagen nachvollziehbar. Ähnliches kann jedoch auch bei anderen Flüssigkeiten, wie etwa Milch oder Wasser vorkommen. Bei fließfähigen Schüttgütern, wie Getreide, Mehl, Zement etc. kann es unter Druck ebenfalls zu entsprechenden Gefahrenlagen kommen.

Unter diesen Voraussetzungen wird deutlich, dass der Benzinschlauch für die Treibstoffzufuhr vom Tank zum Motor nicht als gefährlich einzustufen ist.

200 Bei zusammengesetzten Fahrzeugen, wie Sattelzugmaschine mit Auflieger oder Zugmaschine mit Anhänger kommt es darauf an, wo die Fehlerquelle[511] liegt, denn es können damit zwei unterschiedliche Fahrzeughalter und zwei unterschiedliche Versicherer angesprochen sein. Wegen der spezifischen Haftungsvoraussetzungen sind an dieser Stelle Überlegungen zum Gesamtschuldnerausgleich wegen Halterhaftung[512] nach § 7 StVG nicht einschlägig.

201 Viele Nutzfahrzeuge sind mit Zusatzeinrichtungen ausgestattet, die über den Hydrauliköldruck gesteuert werden. Zu denken ist beispielsweise an Kippvorrichtungen und Ladebordkräne an Fahrzeugen. Die unter sehr hohem Druck stehenden Hydraulikschläuche können platzen und erhebliche Mengen Öl verspritzen. Durch einen um sich schlagenden Schlauch kann es zu Personenschäden kommen.

201a Zu berücksichtigen ist aber bei diesen Einrichtungen, dass sie nicht wie eine Pipeline dem Transport und der Abgabe von Stoffen dienen, sondern nur ein Glied einer mechanischen Bewegungsapparatur sind, ähnlich einem Bremsschlauch beim Auto oder einem Bowdenzug an der Fahrradbremse. Die Gefährlichkeit von fahrzeuginternen Schläuchen oder Hydraulikschläuchen endet schlagartig mit dem Druckabbau. Es kann allenfalls die im Leitungssystem befindliche Menge ausfließen. Ein lange Zeit unbemerktes Auslaufen größerer Flüssigkeitsmengen wie bei einer Kanalisation oder einem unbeaufsichtigten Abgabeschlauch eines Tankwagens kann nicht erfolgen.

201b Eine weitere Ausdehnung der Gefährdungshaftung ist daher bedenklich. Im öffentlichen Verkehrsraum kann auf § 7 Abs. 1 StVG (§ 17 Abs. 3 S. 1 StVG) zurückgegriffen werden. Der Anscheinsbeweis einer Verschuldenshaftung sollte ausreichen, insgesamt zu sachgerechten Lösungen zu kommen. Der Fahrzeughalter bzw. sonstige Maschinenbetreiber wird sich entlasten, wenn er das Zusatzaggregat regelmäßig hat warten lassen und die Prüfungen ausreichend dokumentiert wurden.

202 Schließlich muss die Wirkung, insbesondere von Flüssigkeiten, die von einer Anlage ausgehen, zu dem Schaden geführt haben (Wirkungshaftung). Es reicht nicht aus, wenn wegen der mangelnden Qualität des Stoffes eine Funktion ausbleibt.

202a Alternativ kann ein nicht ordnungsgemäßer Zustand vorliegen (Zustandshaftung). Ordnungsgemäß ist ein Zustand, wenn die Anlage den anerkannten Regeln der Technik entspricht und unversehrt ist.

---

511 GDV-Sonderrundschreiben K 01/2006 vom 18.1.2006; Auswirkungen der Schadensersatzrechtsreform auf die Anhängerhaftung.
512 *BGH* v. 27.10.2010 – IV ZR 297/08, DAR 2011, 80; *Wilms* DAR 2011, 71 ff.

C. Anspruchsgrundlagen Kapitel 21

Ausgenommen von der Haftung sind Schäden, die innerhalb eines Gebäudes eingetreten und auf eine 203
darin befindliche Anlage zurückzuführen sind, § 2 Abs. 3 Nr. 1 Alt. 1 HaftPflG. Beispiel: Ein Tankfahrzeug entlädt mittels Abgabeschlauch innerhalb einer Lagerhalle oder Garage.

Ferner sind Schäden ausgenommen, die innerhalb eines im Besitz des Inhabers der Anlage stehenden 203a
befriedeten Besitztums entstehen, § 2 Abs. 3 Nr. 1 Alt. 2 HaftPflG. Beispiel: Unfall auf Betriebsgelände des Fahrzeughalters.

Schließlich sind wiederum Fälle höherer Gewalt ausgenommen, § 2 Abs. 3 Nr. 3 HaftpflG. 203b

Ersatzverpflichtet ist der Inhaber der Anlage. Der Inhaber muss Herr der Gefahr sein.[513] Es muss sich 204
dabei um eine eigenverantwortliche und wirtschaftliche Herrschaft handeln.[514] Ein kurzfristiges Überlassen oder nur in einer untergeordneten Funktion führt nicht zur Inhaberschaft.[515]

Ersatzberechtigt ist der unmittelbar Geschädigte, aber nicht der Mitinhaber[516] der Anlage. 205

Der Haftungsumfang ist in den §§ 5–10 HaftPflG geregelt. Für den Sachschaden nach § 10 206
HaftPflG ist hervorzuheben, dass ab 1.8.2002 das Haftungslimit von 300 000 Euro gilt. Davon ausgenommen sind Schäden an Grundstücken.

12. § 24 Abs. 2 Bundesbodenschutzgesetz[517]

Das Gesetz zum Schutz des Bodens vom 17.3.1998 ist mit allen Einzelvorschriften am 1.3.1999 in 207
Kraft getreten. Das Bundesbodenschutzgesetz zählt zwar zum öffentlichen Recht, enthält aber einen zivilrechtlichen Ausgleichsanspruch[518] in § 24 Abs. 2 BBodSchG. Somit ist die Norm relevant im Umweltschadensfall mit Kraftfahrzeugen bei denen der Fahrer einen solchen Schaden verursacht.

Ziel des Gesetzes ist es, nachhaltig die Funktionen des Bodens zu sichern und wiederherzustellen 207a
(§ 1 BBodSchG).

In § 4 Abs. 1 BBodSchG wendet es sich mit einem Vermeidungsgebot an jedermann. 207b

Nach § 4 Abs. 2 BBodSchG kommen Abwehrpflichten für den Grundstückseigentümer und den 207c
Inhaber des Grundstücks zum Tragen.

Nach § 4 Abs. 3 BBodSchG wird der Verursacher einer schädlichen Bodenveränderung mit Sanie- 207d
rungspflichten belegt. Da dieser jedoch nicht allein verantwortlich ist, greift das Gesetz auf weitere Sanierungspflichtige zurück.

Diese können sein: 207e

Diese können sein:
– der Gesamtrechtsnachfolger des Verursachers[519]
– der Grundstückseigentümer
– der nicht schutzwürdige frühere Eigentümer[520] des Grundstücks nach § 4 Abs. 6 BBodSchG

---

513 *BGH* v. 8.1.1981 – III ZR 157/79, BGHZ 80,1 = VersR 1981, 458 = NJW 1981, 1516.
514 *OLG Brandenburg* v. 30.4.2008 – 4 U 159/07, *Filthaut* § 2 HPflG Rn. 44.
515 *Filthaut* § 2 HPflG Rn. 44; *OLG Schleswig* VersR 1979, 999.
516 *OLG Düsseldorf* v. 6.4.2006 – I 5 U 134/05; *Filthaut* § 2 HPflG Rn. 53.
517 Umfassend *Steenbuck*, Die Sanierungs- und Kostenverantwortlichkeit nach dem Bundes-Bodenschutzgesetz.
518 *Versteyl/Sondermann/Henke* § 24 BBodSchG Rn. 16.
519 *VGH Baden-Württemberg* UPR 2001, 274 (Abgrenzung zur Altlast – Recht vor Anwendbarkeit des BBodSchG).
520 Zu den verfassungsrechtlichen Problemen siehe *Tollmann* ZUR 2008, 5 ff.

— der Inhaber der tatsächlichen Gewalt über das Grundstück,[521] aber nicht ein OHG-Gesellschafter nach § 128 HGB.[522]

207f Damit erschließt sich auch der Kreis der potenziell Ausgleichsberechtigten. Wer von der Behörde in Anspruch genommenen wurde, kann nach § 24 Abs. 2 BBodSchG einen zivilrechtlichen[523] Ausgleichsanspruch haben.

208 Für den Ausgleichsanspruch gegen Mitverpflichtete findet § 426 Abs. 1 S. 2 BGB entsprechende Anwendung.[524] Nach § 24 Abs. 2 S. 5 BBodSchG wird der Rechtsweg zu den ordentlichen Gerichten eröffnet.

208a Der Verpflichtete nach § 4 Abs. 3 BBodSchG ist Gläubiger des Anspruchs, wenn ein anderer im Innenverhältnis Ausgleich zu leisten hat. Dies ist dann der Fall, wenn die Gefahr oder der Schaden ganz oder vorwiegend von einem anderen Verpflichteten verursacht wurde, § 24 Abs. 2 S. 2 BBodSchG. Dabei darf die Beweislast nicht zu Lasten des Ausgleichsberechtigten überspannt werden.[525]

208b Bei der Bewertung, wer im Innenverhältnis eher die Kostenlast zu tragen hat, bleibt die Erwägung, »wer von der Behörde in Anspruch genommen wurde, ist auch eher verantwortlich«, außen vor, § 24 Abs. 1 S. 1 BBodSchG.

209 Zunächst ist zu prüfen, ob eine vertragliche Vereinbarung vorgeht oder beispielsweise wegen eines Güterschadens,[526] der eine Umweltschädigung zur Folge hat, Haftungsprivilegien zu berücksichtigen sind. Sofern insbesondere keine anderslautende vertragliche Vereinbarung[527] entsprechend § 24 Abs. 2 S. 2 BBodSchG vorliegt, können sich nun nach den Vorgaben grundsätzlich drei Konstellationen ergeben:
- Volle Ausgleichberechtigung haben[528] der Grundstückseigentümer sowie dessen gutgläubiger Rechtsnachfolger und der Inhaber gegenüber dem Verursacher und dessen Gesamtrechtsnachfolger.
- Eine teilweise Ausgleichsberechtigung haben[529] mehrere Verursacher untereinander, entsprechend ihrer Verursachungsanteile.
- Nach wohl herrschender Meinung wird eine teilweise Anspruchsberechtigung auch bei mehreren verpflichteten Zustandsstörern untereinander[530] angenommen.

209a Diese Auslegung wird durch den Wortlaut zwar nicht gedeckt, da ein Zustandsstörer begrifflich schon kein Verursacher sein kann. Nach dem Sinn und Zweck der Regelung sollte aber eine gerechte Lastenverteilung durch den Ausgleichsanspruch erreicht werden. Die h. M. sieht daher zutreffend

---

521 *BGH* v. 22.7.1999 – III ZR 198/98, BGHZ 142, 227 = NJW 1999, 3633 = VersR 2001, 67 für den Zeitpunkt der Emmision.
522 *VGH München* NVwZ-RR 2005, 465.
523 *Giesberts/Reinhardt/Hilf* § 24 BBodSchG Rn. 1.
524 Ein Anspruch des Zustandsstörers gegen den Verhaltensstörer wurde früher nach alter Rechtslage von Rspr. und h. L. abgelehnt. Nachweise bei *Schimikowski* VersR 1998, 1452, 1455 und *Versteyl/Sondermann/Henke* § 24 BBodSchG Rn. 15.
525 *LG Hannover* UPR 2003, 395.
526 Siehe oben Rdn. 65; *BGH* v. 5.10.2006 – I ZR 240/03, TranspR 2006, 454 mit Anm. *Heuer* = SVR 2006, 466 bespr. von *Schwab* = VersR 2007, 86 mit Anm. *Boettge* = NJW 2007, 58 = DB 2006, 2570 = NZV 2007, 135 = MDR 2007, 413 = WI 2007, 40.
527 Zur Problematik des vertragsgemäßen Gebrauch eines Tankstellenpachtgrundstücks s. *BGH* UPR 2002, 440 = NJW 2002, 3234 und *BGH* 1.10.2008 – XII ZR 52/07; zu den Risiken entsprechender Formulierungen s. *v. Westerholt* NJW 2000, 931, 933; zum Rückgriffsanspruch gegenüber der Behörde siehe Schlemminger/Böhn NVwZ 2010, 354 ff.
528 *Versteyl/Sondermann/Henke* § 24 BBodSchG Rn. 18.
529 *Versteyl/Sondermann/Henke* § 24 BBodSchG Rn. 18.
530 *Versteyl/Sondermann/Henke* § 24 BBodSchG Rn. 19f; gegen Analogie vgl. *VG Trier* NJW 2000, 531; zu Verteilungsmaßstäben s. Giesberts/Reinhardt/*Hilf* § 24 BBodSchG Rd. 37.2.

die Voraussetzungen für eine analoge Anwendung für gegeben. Dem ist in Grenzen zuzustimmen.[531]

In der Literatur wird diskutiert, ob für den Ausgleichsanspruch eine tatsächliche behördliche Heranziehung erforderlich ist oder ob es nach h. M.[532] ausreicht, dass ein Verpflichteter potenziell behördlicherseits in Anspruch genommen werden könnte. Der letzteren Auffassung hat sich der *BGH*[533] mit Recht angeschlossen. Nur so ist gewährleistet, dass schnellstmöglich und ohne zusätzliche bürokratische Hürden die Sanierung vorangetrieben wird.[534] Bei Altlasten mag eine Verzögerung noch hingenommen werden können; bei akuten Schadensfällen, wo eine Ausbreitung des Schadens möglicherweise noch im Gange ist, verursacht eine Verzögerung nur eine Kostensteigerung. 210

Das *LG Landau in der Pfalz* hat in einem ähnlich gelagerten Fall einen Ausgleichsanspruch nach § 426 BGB bejaht.[535] Bei einem Ölunfall anlässlich einer Betankung war zunächst die genaue Schadenursache unklar. Die Heizölfirma leitete dennoch Sofortmaßnahmen zur Schadenminimierung ein. Neben einem Ausgleichsanspruch sah das *LG Landau* Ansprüche aus Geschäftsführung ohne Auftrag wegen eines »auch-fremden Geschäftes« für gegeben, da letztlich dem beklagten Kunden als Betreiber der defekten Tankanlage die Sanierungspflicht nach § 4 Abs. 2 BBodSchG oblag. Das Urteil wurde durch das *OLG Zweibrücken* bestätigt.[536] 210a

Da der zivilrechtliche Ausgleichsanspruch seine Grundlage in einer öffentlich-rechtlichen Verpflichtung hat, mag bezweifelt werden, ob dieser Anspruch vom Kfz-Haftpflichtversicherer zu decken ist, geht es doch in A.1.1.1 AKB 2008 bzw. § 2 KfzPfVV um gesetzliche Haftpflichtbestimmungen privatrechtlichen Inhalts. 211

Zu berücksichtigen ist jedoch, dass der Berechtigte oft nicht nur einen Sachschaden am eigenen Grundstück zu beklagen, sondern auch Vermögenseinbußen erlitten hat. Es sind Parallelen zur Feuerwehrkostenentscheidung des *BGH*[537] zu ziehen. 211a

II. Anspruchsgrundlagen öffentlich-rechtlicher Art

1. § 4 Abs. 3 BBodSchG

Zunächst ist auf die vorangegangenen Ausführungen zu verweisen.[538] Ausgehend davon, dass auch ein Fahrzeugführer ein Verursacher[539] einer schädlichen Bodenveränderung sein kann, sind die Begriffe und der Umfang der ihn treffenden öffentlich-rechtlichen Sanierungspflicht vorrangig zu klären. 212

Bei Befüllschäden mittels Tankfahrzeugen ist darauf zu achten, dass der Befüller nicht bei jedem kausalen Handeln als polizeipflichtiger Verursacher anzusehen ist. Ist allein der Betreiber für die Standsicherheit einer Anlage verantwortlich und sind dem Fahrer Anlagenmängel nicht ersichtlich, ist sein Befüllen lediglich eine Handlung in rechtlich und sozialüblich zulässiger Weise. Der Befüller ist nicht als Störer anzusehen.[540] Er überschreitet nicht die Gefahrengrenze und setzt keine unmittelbare Ursache[541] für den Eintritt der Gefahr. 212a

---

531 Zur weiteren Problematik s. Halm/Engelbrecht/Krahe/*Schwab* Kap. 30 Rn. 63.
532 *Versteyl/Sondermann/Henke* § 24 BBodSchG Rn. 22.
533 *BGH* v. 1.10.2008 – XII ZR 52/07, BGHZ 178, 137 = NJW 2009, 139 = VersR 2009, 548; bespr. v. *Hellriegel/Schmitt* NJW 2009, 1118 ff.
534 Dagegen mit Blick auf die kaufvertragliche Seite *Drasdo* NJW-Spezial 2007, 97 f.
535 *LG Landau in der Pfalz* PVR 2003, 257.
536 *OLG Zweibrücken* SVR 2004, 279, bespr. von *Schwab*; *OLG Hamm* v. 23.11.2006 – 10 U 116/05.
537 *BGH* v. 20.12.2006 – IV ZR 325/05, VersR 2007, 200 = DAR 2007, 142 mit Anm. *Weinsdörfer* = NZV 2007, 233 = r+s 2007, 94 = zfs 2007, 273
538 S. Rdn. 207.
539 Hierzu kann auch der Geschäftsführer einer GmbH zu rechnen sein, vgl. *OVG Münster* UPR 2007, 315.
540 *OVG Koblenz* NVwZ-RR 2009, 280 = LKRZ 2009,59 = GewA 2009, 131 = AbfallR 2009, 95; *OVG Münster* NVwZ 1985, 355 f.
541 *Troidl* NVwZ 2010, 154 ff.

212b Andererseits reicht für eine Inanspruchnahme schon eine Mitverursachung aus. Die bloße Vermutung[542] einer Mitverursachung ist unzureichend. Die tatsächliche Mitverursachung – das »ob« – ist anhand objektiver Indizien mit ausreichender Gewissheit festzustellen. Den konkreten Handlungsbeitrag – das »wie«- muss die Behörde dann allerdings nicht[543] mehr nachweisen.

a) Schädliche Bodenveränderung

213 Grundlage für ein behördliches Einschreiten ist das Vorliegen einer schädlichen Bodenveränderung im Sinne der Legaldefinition des § 2 Abs. 3 BBodSchG. Der Boden wird nicht durch die reine Humusschicht bestimmt. Zu ihm gehört auch das darunter befindlich Erdreich oder Gestein und neben der Bodenluft auch der Übergangsbereich zum Grundwasser,[544] die Bodenlösung, § 2 Abs. 1 BBodSchG.

213a Den schädlichen Bodenveränderungen gleichgestellt sind Altlasten[545] nach § 2 Abs. 5 BBodSchG. Das sind Altablagerungen und Altstandorte. Sie haben mit den stets sofort entdeckten Schäden durch den Gebrauch von Kfz nichts zu tun. Relevant werden Altlasten aber dann, wenn gelegentlich der Sanierungen akuter Schäden solche Vorschäden entdeckt werden. Gegenüber dem Betrug beim Fahrzeugschaden[546] ist eine böse Absicht des Geschädigten im Umweltschaden eher selten anzutreffen.

b) Umfang der Sanierungspflicht

214 Der Umfang der Sanierungspflicht richtet sich bei festgestellter Kontamination nach den örtlichen Verhältnissen. Maßgebend ist die planungsrechtlich zulässige Nutzung des Grundstücks. Hilfsweise kann auf das Gepräge des Gebietes nebst absehbarer Entwicklung zurückgegriffen werden, § 4 Abs. 4 BBodSchG.

214a Das Öffentliche Recht orientiert sich an der Verhältnismäßigkeit. In weiten Teilen kommt es zu einer Übereinstimmung mit der im Zivilrecht geltenden Erforderlichkeit. Es hat sich um eine bedarfsgerechte und nicht um eine Luxussanierung zu handeln.[547]

214b Es werden Maßnahmen-, Prüf- und Vorsorgewerte nach Nutzergruppen (Mensch/Pflanze/Wasser) und Nutzungsarten (Spielflächen/Wohngebiete/Park- und Freizeitanlagen/Industrie- und Gewerbegrundstücke) festgelegt, die der BBodSchV entsprechen.[548] Im Ergebnis muss die Maßnahme das Ziel erreichen, dass dauerhaft keine Gefahren, erhebliche Nachteile oder erhebliche Belästigungen für den Einzelnen oder die Allgemeinheit verbleiben, § 4 Abs. 3 BBodSchG. Dieses Ziel kann durch Dekontaminationsmaßnahmen und möglicherweise mit reinen Sicherungsmaßnahmen erreicht werden.[549]

214c Sicherungsmaßnahmen sind weniger als die Naturalrestitution im Schadensersatzrecht. Bei einer Mithaftung des Geschädigten kann dies dazu verhelfen, dessen finanziellen Beitrag einzuschränken.

214d Bei drohender Verlagerung von Schadstoffen aus dem Boden in das Grundwasser besteht zusätzlich eine Grundwassersanierungspflicht.[550] Diese richtet sich nach wasserrechtlichen Vorschriften, § 4 Abs. 3 S. 1 und Abs. 4 S. 2 BBodSchG.

---

542 *OVG Münster* DVBl. 1997, 570 = NVwZ 1997, 503; *VG Düsseldorf* ZUR 2010, 85 m. Anm. *Hellriegel*.
543 *VG Düsseldorf* ZUR 2010, 85 m. Anm. *Hellriegel*.
544 Begriffsdefinition in § 3 Nr. 3 WHG.
545 Begrifflichkeit gilt auch für Fälle vor 1999, *OLG Karlsruhe* v. 03.03.2003 – 1 U 67/02.
546 Hierzu *Homp/Mertens* Kap. 23 Rdn. 87 ff.
547 *Schimikowski* VersR 1998, 1452, 1454; Beispiel: 100 ug/l im Wasserschutzgebiet sind keine Luxussanierung, *VG Göttingen* v. 17.3.2005 – 4 A 20/03.
548 Bundes-Bodenschutz- und Altlastenverordnung vom 12.7.1999.
549 Zur Verhältnismäßigkeit: *Versteyl/Sondermann* § 4 BBodSchG Rn. 83.
550 Verfassungsrechtlich nachvollziehbare Bedenken hiergegen wegen der eigentumsrechtlichen Trennung von Grundstück und Grundwasser bei *Vierhaus* NJW 1998, 1262, 1266; *Schimikowski* VersR 1998, 1452, 1454.

C. Anspruchsgrundlagen Kapitel 21

Im Eilverfahren nach § 80 Abs. 5 VwGO kommt eine Abwägung der widerstreitenden Interessen in 215
Betracht. Nur bei drohendem Verlust der wirtschaftlichen Existenz des Sanierungspflichtigen bestehen Chancen, eine Umsetzung zu verhindern. Das Interesse der Allgemeinheit an einer zeitnahen Erkundung und Sanierung haben Vorrang.[551]

Soweit Deckungsschutz in der Kfz-Haftpflichtversicherung aufgrund einer inhaltsgleichen[552] Geset- 215a
zeskonkurrenz von öffentlich-rechtlichem und privatrechtlichem Anspruch[553] besteht, wird für das Argument »wirtschaftliche Existenz« kein Raum verbleiben. Ein Direktanspruch[554] gegen den Kfz-Haftpflichtversicherer besteht unter keinen Umständen.

Dem Deckungsschutz können allerdings dann Grenzen gesetzt sein, wenn Summationsschäden 215b
durch mehrfache Verunreinigungsbeiträge festgestellt werden. Die öffentlich-rechtliche Verantwortung des Schädigers betrifft in diesen Fällen den Gesamtschaden, selbst wenn er nur einen Verursachungsbeitrag gesetzt hat. Die öffentlich-rechtliche Inanspruchnahme auf den Gesamtschaden ist dann verhältnismäßig,[555] wenn der Beitrag für sich allein betrachtet die Pflicht zur Sanierung[556] begründet. Zivilrechtlich und somit deckungsrechtlich kann es sich dagegen um ein vorgeschädigtes Grundstück handeln, so dass der wirtschaftliche Schaden sich nur auf den zusätzlichen Schaden beziehen kann.

2. Öffentlich-rechtliche Verantwortlichkeit nach dem Umweltschadensgesetz

Das am 14.5.2007 verkündete USchadG trat im November 2007 in Kraft.[557] Das Gesetz gilt nach 216
§ 13 Abs. 1 USchadG rückwirkend schon[558] für Schadensfälle ab dem 30.4.2007. Es handelt sich um eine allgemeine Haftungsnorm aus dem Umweltschadenbereich, die aufgrund ihrer besonderen Ausprägung nicht nur bei Verkehrsunfällen, sondern auch bei sonstigen Unfällen mit Kraftfahrzeugen Relevanz erlangt.

a) Beruflich tätiger Fahrer

Zum Kreis der Verantwortlichen zählen alle beruflich Tätigen, § 3 Abs. 1 USchadG. Auf eine wirt- 217
schaftliche Tätigkeit oder eine Gewinnerzielung kommt es dabei nicht an, § 2 Nr. 3 USchadG. Damit fällt nicht nur der Gewerbetreibende unter diese Haftungsnorm. Auch ganz andere Bereiche werden einbezogen. Beispielhaft sei der ambulante Pflegedienst und der Arzt auf dem Weg zum Patienten oder der Seelsorger bei der Fahrt zu einer Beerdigung erwähnt. Selbst der Rechtsanwalt, unterwegs zum Gericht oder zum Mandanten, kann wegen seiner beruflichen Tätigkeit genauso als Verantwortlicher für entsprechende Schäden in Anspruch genommen werden wie der Richter, der unterwegs zu einem Ortstermin mit dem Kraftfahrzeug verunglückt.

Der rein private Bereich, selbst bei einem unerlaubten Ölwechsel,[559] fällt nicht hierunter. 217a

---

551 *VGH Mannheim* NVwZ-RR 2003, 103 f.
552 *Wagner* VersR 2008, 565, 578.
553 *BGH* v. 20.12.2006 – IV ZR 325/05, NJW 2007, 1205 = VersR 2007, 200 = DAR 2007, 142 mit Anm. *Weinsdörfer*.
554 Halm/Kreuter/*Schwab*, AKB-Kommentar, § 115 VVG, Rn. 38 ff.
555 *BVerwG* v. 16.3.2006 – 7 C 3.05, BVerwGE 125, 325 = NJW 2006, 3018 = NVwZ 2006, 928.
556 *VG Düsseldorf* ZUR 2010, 85 m. Anm. *Hellriegel*.
557 Art. 4 Gesetz zur Umsetzung der Richtlinie der Europäischen Parlaments und des Rates über die Umwelthaftung zur Vermeidung und Sanierung von Umweltschäden vom 10.05.2007, BGBl. I Nr. 19, 666; Art. 72 Abs. 3 GG.
558 Entgegen Gesetzeswortlaut, auf Ereignisse erst ab dem 1.5.2007 abstellend *Wagner* VersR 2008, 565.
559 Fahrzeugbezogenes Beispiel von *Wagner* VersR 2008, 565, 568.

b) Maßstab für Verantwortlichkeit

218 Im Grundsatz gilt eine Verantwortlichkeit für Verschulden. Neben Vorsatz kommt dabei jede Form der Fahrlässigkeit in Betracht, § 3 Abs. 1 Nr. 2 USchadG.

218a Von der Quantität der zu erwartenden Schäden – und somit viel wichtiger – ist jedoch die Gruppe von beruflich Tätigen, die unter die Anlage 1 zu § 3 Abs. 1 Nr. 1 USchadG fallen. Sie trifft nach der abschließenden Aufzählung sogar eine Gefährdungsverantwortlichkeit. Zudem wird der Schutz über den Bereich Natur hinaus auch auf Gewässer und den Boden ausgeweitet.

219 Bezogen auf den Umgang mit Kraftfahrzeugen sind aus dieser Gruppe nicht nur der Gefahrguttransport nach Nr. 8, also die Beförderung gefährlicher oder umweltschädlicher Güter auf der Straße i. S. v. § 2 Nr. 9 GGVSEB herauszustellen.

219a An vielen Stellen sind berufliche Tätigkeiten aufgeführt, die mit Fahrzeugen bewältigt werden, so:
– die Abfallsammlung oder -beförderung nach den Nr. 2 und 12
– der außerbetriebliche Transport gentechnisch veränderter Mikroorganismen nach Nr. 10
– und schließlich sogar der innerbetriebliche[560] Verkehr mit Fahrzeugen sowie das Abfüllen von Chemikalien und Biozid-Produkten aus Tank- und Silofahrzeugen nach der Nr. 7, soweit es um bestimmte Chemikalien, Pflanzenschutzmittel und Biozid-Produkte geht.

219b Im Ergebnis wird damit, über den engen Gefahrgutbereich hinaus, vielfach der Nutzfahrzeugeinsatz angesprochen.

220 Höhere Gewalt ist begrifflich im Gesetzestext nicht vorhanden. In engen Grenzen sieht § 3 Abs. 3 Nr. 1 und 2 USchadG einen Ausschluss der Verantwortlichkeit vor. Entgegen *Wagner*[561] kann dies nach dem Wortlaut nicht unbedingt mit höherer Gewalt gleichgesetzt werden.

220a Entscheidend ist, dass Sabotageakte und Umweltschäden durch Treibstoffdiebstähle an Fahrzeugen und Baumaschinen in den üblicherweise eng auszulegenden Ausnahmevorschriften nicht erwähnt sind. Damit verbleibt für eine zahlenmäßig wachsende[562] Fallgruppe das Risiko beim Fahrzeughalter und Transportunternehmer bestehen, als Einzelperson auch noch für die Folgen einer fremden Straftat aufkommen zu müssen. Wo der Staat machtlos und im Zuge steigender Benzin- und Dieselpreise nicht dazu in der Lage ist, den Bürger vor einschlägigen Straftaten zu schützen, bedarf es hier dringend eines gesetzgeberischen Korrektivs.

220b Das österreichische B-UHG[563] könnte für den deutschen Gesetzgeber ein Vorbild sein. Das Berliner Ausführungsgesetz[564] zum Umweltschadensgesetz hat für die drei Bereiche Artenschutz nach § 43b Abs. 6 BerlNatG, Wasser nach § 71 Abs. 7 BerlWasG und Boden nach § 8a Abs. 5 BerlBodSchG jeweils eine Lösung gefunden und in die jeweiligen Landesgesetzen Ausnahmen von der Kostentragung zugelassen. Dies betrifft insbesondere den Fall, dass der Verpflichtete nachweisen kann, dass er geeignete Sicherheitsvorkehrungen getroffen hat, die aber trotzdem einen Schaden durch einen dritten Verursacher nicht verhindern konnten.

c) Art der Schäden

221 Nach § 2 Nr. 2 USchadG gilt »eine direkt oder indirekt eintretende feststellbare nachteilige Veränderung einer natürlichen Ressource (Arten und natürliche Lebensräume, Gewässer und Boden) oder Beeinträchtigung der Funktion einer natürlichen Ressource« als Umweltschaden.

---

560 Gegensatz: Gefahrguttransport bezieht sich immer nur auf außerbetriebliche Transporte.
561 *Wagner* VersR 2008, 565, 570.
562 Wiesbadener Kurier v. 11.8.2008.
563 Österreichisches Bundes-Umwelthaftungsgesetz vom 19.6.2009, verkündet nach Verurteilung durch *EuGH* v. 18.6.2009 – C-422/08; Überblick zur unterschiedlichen Umsetzung in Europa bei *v. Falkenhausen/Dehghani* VersR 2011, 853 ff.
564 Gesetz v. 20.5.2011, GVBl. 2011, 209.

C. Anspruchsgrundlagen Kapitel 21

Damit kommt es nicht mehr darauf an, dass individuelle Rechtsgüter verletzt werden, sondern allgemeine Umweltgüter wie die Biodiversität,[565] das Gewässer allgemein[566] und der Boden.[567] Hieraus wird der rein öffentlich-rechtliche Charakter deutlich. **221a**

Wesentlich ist, dass immer bestimmte Erheblichkeitsschwellen[568] an Beeinträchtigungen zu überwinden sind, um Maßnahmen oder einen Schadenausgleichsanspruch auslösen zu können. **221b**

Abb. Verantwortlichkeiten nach dem USchadG **221c**

	Verschulden	Art der Schäden		
		Arten/Lebensraum	Gewässer	Boden
Privatfahrt	Unerheblich	Nie verantwortlich	Nie verantwortlich	Nie verantwortlich
Berufliche Fahrt	Leichte Fahrlässigkeit genügt	Immer verantwortlich	Nie verantwortlich	Nie verantwortlich
Besondere Risiken der Anlage 1	Nicht erforderlich	Immer verantwortlich	Immer verantwortlich	Immer verantwortlich

d) Pflichten der Verantwortlichen

Das Gesetz schreibt bei Gefahr nach § 4 USchadG bereits eine Informationspflicht gegenüber der Behörde, nach § 5 USchadG eine Gefahrenabwehrpflicht und nach den §§ 6 und 8 USchadG eine Sanierungspflicht und nach § 9 USchadG eine umfassende Kostentragungspflicht vor. Die Grenzen des § 251 Abs. 1 BGB gelten, wie schon nach dem privatrechtlich orientierten UmweltHG, beim öffentlich-rechtlichen USchadG erst recht. **222**

e) Beispiele für Schäden

Beispiele für diese reinen Ökoschäden sind seit Jahren aus dem Planungsrecht bekannt, wo es um Schutzmaßnahmen[569] und die Umsiedlung von geschützten Feldhamstern,[570] Baumstümpfen mit Hirschkäferbrut[571] oder Eidechsen[572] geht. Entsprechende Schadenspotenziale nach Unfallereignissen mit Tankwagen lassen sich daraus leicht übertragen. Der bekannte dramatische Unfall auf der Wiehltalbrücke hätte womöglich noch zu ökologischen Schäden, z. B. an der geschützten Bachnelkenwurz führen können. **223**

Mehr als dies bietet aber bereits das einfache Verkehrsgeschehen genügend Konfliktpotenzial. Ist der Zusammenstoß mit Wild oft nur in der Kaskofrage von Interesse, stellt sich dies bei einem Unfall mit einem Wolf ganz anders dar. Der Wolf (nicht so der Schäferhund) gehört zu den geschützten Arten. Er darf sich frei bewegen und wird nicht bejagt, selbst wenn er Nutztiere reißt. Dafür werden seit 2011 Entschädigungssummen im Haushaltsplan[573] bereitgestellt. Es hat bereits vermehrt Verkehrsunfälle nach der Wiederansiedlung von Wölfen in Brandenburg gegeben. **223a**

---

565 § 19 BNatSchG.
566 § 90 WHG.
567 § 2 Abs. 2 BBodSchG.
568 *Gellermann* NVwZ 2008, 828.
569 *EuGH* v. 9.6.2011 – C-383/09 (Feldhamster im Elsass), NUR 2011, 498 = NVwZ-RR 2011, 675.
570 Der Hamsterflüsterer in Spiegel v. 19.4.2004 Heft 17; *Frömel* Die Rache der Hamster in Die Zeit 18/2004.
571 Wartungshalle am Frankfurter Flughafen für den A 380: Wiesbadener Kurier v. 24.5.2006 »Käferlarven am Flughafen geschlüpft«.
572 Wiesbadener Kurier v. 8.3.2007: 200 000 Euro teurer Umzug von Eidechsen für Güterverkehrszentrum in Budenheim.
573 Haushaltsplan für Brandenburg, Band X, Einzelplan 10, Titel 683 11, FZ 623.

224 Aber auch »ohne eigentlichen« Unfall kann sich ein Risikopotenzial einstellen. So, wenn in der Nähe eines Biotops das Schild »Krötenwanderung« nicht beachtet wird und der Kraftfahrer, der beruflich unterwegs ist, eine Reihe von Exemplaren der geschützten Amphibien »platt« fährt.

224a Um es auf die Spitze zu treiben: Der Schattenwurf auf eine sensible Pflanzenart oder eine Bruchsteinmauer, in der Eidechsen leben, kann durch einen »achtlos« längerfristig geparkten LKW-Anhänger Ökoschäden hervorrufen.

224b Die Risiken bestehen vermehrt dort, wo der Straßenverkehr besonders sensible Bereiche wie FFH-Gebiete, Naturschutz- oder Vogelschutzgebiete tangiert oder bereits staatlich geförderte Renaturierungsmaßnahmen wie bei »Lachs 2000« greifen.[574] Nach dem unklaren[575] Gesetzesverständnis sind zudem nicht nur Arten geschützt, die im Schutzgebiet leben.

225 Ob es in der Zukunft zu hohen Schadenaufwendungen kommen wird, ist noch[576] zweifelhaft. Jedoch besteht gerade mit Blick auf die Tatsache, dass nach den §§ 10, 11 Abs. 2 USchadG anerkannte Umweltverbände nun erhebliche Mitwirkungsrechte haben, eine Situation, in der man sich verstärkt und bereichsübergreifend mit den vielfältigen Problemen drohender ökologischer Schäden auseinanderzusetzen hat.

225a Kann dies der Transporteur von Gefahrgütern leisten? Kann dies der Friseur als normaler Kraftfahrer, der zu seinen Kunden ins Altenheim unterwegs ist und mit seinem etwas zu schnellen Wagen in den Graben rutscht, sich die Ölwanne aufreißt und in der Folge Frösche in einem Biotop schädigt? Wohl kaum!

225b Da, wo der Anlagenbetreiber Risiken noch besser beherrschen kann und wissen sollte, ob er in der Nähe eines besonders sensiblen Bereichs sein Gewerbe ausübt, kann der Einzelne noch Vorsorge,[577] auch tatsächlicher Art, treffen. Bei der Verwendung von Fahrzeugen kommt man deutlich schneller an Grenzen.

f) Versicherungsschutz durch die Kfz-USV

226 Da es sich um rein öffentlich-rechtliche Verantwortlichkeiten handelt und eine Gesetzeskonkurrenz zu privatrechtlichen Haftungsnormen in dem speziellen Bereich ausgeschlossen ist, deckt die übliche Kfz-Haftpflichtversicherung Verantwortlichkeiten nach dem USchadG nicht.

227 Anders als im Haftpflichtrecht[578] sah man wohl überwiegend[579] in der Versicherungswirtschaft anfangs keinen entsprechenden Bedarf, eine Grundlage für eine Deckungserweiterung anzubieten. Möglicherweise war zunächst die Vorstellungskraft nicht auf entsprechende Schadenszenarien mit Fahrzeugen ausgerichtet. Auch die damals gerade zum Kraftfahrzeug aktuell ergangene Entscheidung des *BGH*[580] zur Deckung von öffentlich-rechtlichen Ausgleichsansprüchen nach einem Feuerwehreinsatz könnte missverstanden worden sein.

---

574 Vgl. http://www.bmu.de/reden/archiv/parl_staatssekretaerin_gila_altmann/doc/1854.php.
575 *Cosack/Enders* DVBl. 2008, 405 ff.
576 Zu den großen Wissenslücken siehe *Berkenkopf*, Umweltschäden bleiben billig, Financial Times Deutschland vom 12.5.2010.
577 *Wagner* VersR 2008, 565, 578: Deckungsvorsorge wurde entgegen dem ursprünglichen Gesetzentwurf nicht verpflichtend.
578 Erste USV-Musterbedingungen des GDV bereits im April 2007; zur Umwelthaftpflicht s. Halm/Engelbrecht/Krahe/*Schwab* Kap. 30.
579 Vorreiter Spezialversicherer Kravag-Logistic Versicherung AG.
580 *BGH* v. 20.12.2006 – IV ZR 325/05, NJW 2007, 1205 = VersR 2007, 200 = DAR 2007, 142 mit Anm. *Weinsdörfer.*

C. Anspruchsgrundlagen   Kapitel 21

Erst kurz vor Inkrafttreten des USchadG am 14.11.2007 wurden Musterbedingungen, die Kfz-   227a
USV,[581] vom Verband herausgegeben.[582]

Sie ergänzen nun die durch die AKB 2008[583] nicht gedeckte rein öffentlich-rechtliche Seite. Soweit   228
ein Versicherer sie nicht in seine AKB inhaltlich einarbeitet, handelt es sich um eine Zusatzdeckung,
für die auch entsprechend Prämie genommen werden kann.

Das Konzept der Kfz-USV orientiert sich an der USV der Haftpflichtversicherer.[584]   228a

Die Formulierungen sind stark den Bedürfnissen und Bedingungen des Haftpflichtrechtes nachgebil-   228b
det. Dies erhöht zwar die Wiedererkennbarkeit und schafft Orientierung im Regelungswerk, wird
aber weder den Besonderheiten des Öffentlichen Rechts noch denen des Kfz-Gebrauchs ausreichend
gerecht.

Als Beispiele seien hier aufgezählt: 228c
- Das USchadG spricht von Verantwortlichkeiten; die Kfz-USV von öffentlich-rechtlichen Ansprüchen.
- Die Kfz-USV beschränkt den Anwendungsbereich auf Unfälle, Pannen und Betriebsstörungen. Allmähliche Schadenseintritte – z. B. wegen Durchrosten – oder Schäden durch Sabotageakte, Treibstoff- und Warendiebstähle sowie die Krötenwanderung werden nicht erfasst.
- Die Kfz-USV ist auf eine Ersatzleistung in Geld gerichtet, sofern ein Anspruch begründet ist. Dies wird in den meisten Fällen unzureichend sein, da im Vorfeld bereits eine fachübergreifende naturwissenschaftliche Unterstützung erforderlich sein wird. Zudem ist durch geeignete aktive Maßnahmen auch negativen psychologischen Wirkungen und damit einer Geschäftsschädigung beim Versicherungsnehmer zu begegnen.
- Auch die Kfz-USV wehrt Forderungen bei unberechtigter Inanspruchnahme ab. Der Rechtsschutz ist passiv, analog dem Zivilrechtsschutz, ausgebildet. Da es jedoch nach dem USchadG um öffentlich-rechtliche Verantwortlichkeiten geht, wird nicht der Fahrer von der Verwaltungsbehörde verklagt, sondern er muss sich aktiv gegen eine Heranziehung als Störer im Verwaltungs- und Verwaltungsgerichtsverfahren wehren.
Im Eilverfahren wird dabei eine Güterabwägung meist dazu führen, dass er dennoch zunächst leistungspflichtig ist, auch wenn sich ggf. nach Jahren erst im Hauptsacheverfahren herausstellt, dass eine Inanspruchnahme unbegründet war. Soll der Versicherungsnehmer hier solange selbst die Sanierung finanzieren müssen?
- Die Höhe der zu vereinbarenden Versicherungssumme kann von den üblichen Deckungssummen abweichen. Der Anlagenhaftpflicht nachgebildet, steht die Versicherungssumme für alle Schadensereignisse eines Jahres zur Verfügung und nicht – wie sonst im Bereich der Kraftfahrthaftpflicht – mehrfach pro Jahr.

Erfreulich ist, dass die Musterbedingungen nicht nur für den Geltungsbereich des USchadG gelten,   229
sondern auch im europäischen Ausland sinngemäß Anwendung finden.

Selbst dann, wenn abweichend von den Empfehlungen des GDV die Kfz-USV in die AKB eingearbei-   230
tet sein sollten, wird sich hieraus kein Direktanspruch gegen den Kfz-Haftpflichtversicherer nach
§ 115 Abs. 1 Nr. 1 VVG ergeben. Die Kfz-USV ist keine Pflichtversicherung. Das Pflichtversicherungsgesetz enthält in § 1 PflVG einen abschließenden Regelungsumfang, der nur Rechte bestimmter privater Dritter (Verkehrsunfallopfer) betrifft. Er kann daher nicht auf rein öffentlich-rechtliche
Verantwortlichkeiten ausgeweitet werden.

---

581 Unverbindliche Musterbedingungen für eine Kfz-Umweltschadensversicherung (Kfz-USV) des GDV vom 29.10.2007.
582 Kommentierung in Halm/Kreuter/*Schwab*, AKB-Kommentar, Kfz-USV.
583 Auch nach aktuellem Stand der Muster-AKB des GDV vom 17.3.2010 weiterhin ohne unmittelbaren Einbezug der Kfz-USV.
584 Siehe hierzu in Halm/Engelbrecht/Krahe/*Schwab* Kap. 30 Rn. 116 ff.

230a Auch eine analoge Anwendung kommt nicht in Betracht. Sie würde nicht nur dem Schutzzweck der Norm (Verkehrsunfallopfer)[585], sondern auch der Entstehungsgeschichte des USchadG entgegenstehen. So wurde die ursprüngliche Deckungsvorsorge aus dem Regierungsentwurf[586] herausgenommen.[587] Es verbietet sich daher, quasi über die »Hintertür« der Analogie die gesetzgeberische Absicht zu unterlaufen.

230b Schließlich ist zu beachten, dass dies letztlich auch einen Eingriff in Art. 14 GG bedeuten würde, da so Dritten der Zugriff auf das Vermögen eines Versicherungsunternehmens ermöglichen würde. Allein durch einen privatrechtlichen Versicherungsvertrag mit Deckungsschutz bei öffentlich-rechtlichen Verantwortlichkeiten wird der Versicherer nicht zum öffentlich-rechtlichen »Mit-Störer«, gegen den unmittelbar vorgegangen werden könnte.

231 Dem Versicherungsvermittler kommt eine sehr schwierige Aufgabe zu, die einschlägigen Themenkreise bei seinem Kunden genau abzuklopfen und auf die speziellen Risiken bei Gewerbetreibenden und Freiberuflern hinzuweisen. Sehr leicht kann es zu Beratungsfehlern[588] kommen, die dazu führen, dass der Versicherungsnehmer so gestellt werden muss, als hätte er den Bereich mit eingedeckt.

232 Aber auch für den Anwalt ergeben sich nun neue Risiken bei der alltäglichen Schadenregulierung. Insbesondere dann, wenn ein Ersatzfahrzeug während der Reparatur angemietet werden muss und der Mietwagen nicht mit einer zusätzlichen Kfz-USV versichert ist, wie der beschädigte Firmenwagen. Kommt es nun zu einem Umweltschaden entsprechend USchadG mit dem Mietfahrzeug, steht der Mandant plötzlich ohne Schutz da, sofern die eigene Kfz-USV sich standardmäßig nur auf das eigene Fahrzeug und nicht (entsprechend einer »Mallorca-Police«[589]) auch auf einen vorübergehend genutzten Ersatzwagen erstreckt.

233 Mancher Unternehmer wird zudem mit zusätzlichen arbeitsrechtlichen Freistellungsansprüchen seiner Mitarbeiter belastet werden, die im Betriebsinteresse mit dem privaten PKW beruflich unterwegs waren. Kommt es nun zu einem entsprechenden Unfall, der Verantwortlichkeiten nach dem USchadG auslöst, wird der Arbeitnehmer im Zweifel selbst keine Deckung aus einer Kfz-USV für seinen Privatwagen haben.

233a Der Arbeitgeber ist dann in einem Dilemma. Selbst wenn er eine USV-Deckung[590] abgeschlossen hat, so greift diese nicht beim Gebrauch eines solchen Fahrzeugs, 1.3 USV.[591]

233b An dieser Stelle schütz ihn nur eine Deckungserweiterung über seine Kfz-USV, die untypisch, da über die Kfz-USV des *GDV*[592] hinausgehend, genau auch diese Fallkonstellation mit abdeckt.

---

585 Art. 12 Abs. 1 u. 3 der 6. KH-Richtlinie v. 16.09.2009.
586 § 12 des USchadG-Reg.-Entwurfs in BT-Drucks. 16/3806.
587 *Wagner* VersR 2008, 565, 578.
588 *OLG Köln* r+s 1993, 134 (vergessener Öltank).
589 Zur »Mallorca-Police« Halm/Kreuter/*Schwab*, A.1.1 AKB 2008, Rn. 14.
590 Halm/Engelbrecht/Krahe/*Schwab* Kap. 30 Rn. 116 ff.
591 Unverbindliche Musterbedingungen des GDV Stand April 2008 (veröffentlicht).
592 Unverbindliche Musterbedingungen des GDV Stand 29.10.2007.

D. Beweissicherung in Umweltschäden

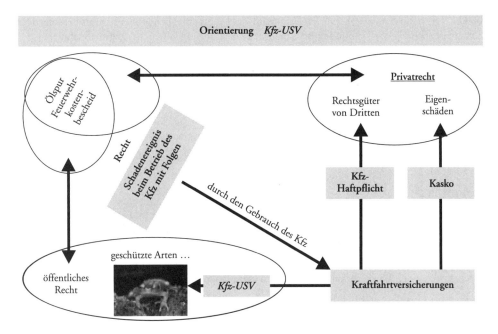

Abb. 1 Schaubild Kfz-USV

D. Beweissicherung in Umweltschäden

I. Selbstständiges Beweissicherungsverfahren?

Ein **gerichtliches Beweissicherungsverfahren** in Umweltsachen ist sehr kostspielig, insbesondere, wenn noch Probebohrungen niedergebracht, Analysen gezogen und Pläne zu zeichnen sind.[593]

Die Auswahl des Sachverständigen obliegt dem Gericht, das oftmals in Bezug auf die speziellen Anforderungen an den Sachverständigen bei der Industrie- und Handelskammer und sonstigen Stellen nachfragen muss, wer überhaupt für die Aufgabe infrage kommt. Die dadurch entstehende zeitliche Spanne bis zur Auftragsvergabe kann beträchtlich sein.

Weitere Schwierigkeiten bereiten die Formulierung des Beweisthemas und der speziellen Fragen. Sie erfordern ein technisches Verständnis.

Das Beweisverfahren gibt immer nur Antworten auf die Schadensursache und den Schadensumfang. Keine Aussage wird jedoch darüber getroffen, welche Sanierungsverfahren alternativ in Betracht kommen und wie sicher, schnell und aufwendig sich das Sanierungsziel erreichen lässt.

Offen gesagt, ist das selbstständige Beweissicherungsverfahren in Umweltschäden kein[594] geeignetes Mittel, schnelle Hilfe für den Geschädigten zu erwirken.

Es besteht sogar die Gefahr, dass durch die hierdurch unweigerlich entstehende zeitliche Verzögerung der Schaden noch vergrößert wird. Anders als beim unfallbeschädigten Fahrzeug, wo allenfalls weiterer Nutzungsausfall droht, aber die Zerstörung nicht voranschreitet, kann ein Umweltschaden weiterfressen. So können Schadstoffe tiefer in den Boden eindringen und sich auch horizontal aus-

---

[593] *LG Waldshut-Tiengen* v. 23.5.2002 – 4 O 175/01, hatte sich mit Kosten aus einem selbstständigen Beweisverfahren in Höhe von 15.712,17 Euro zu befassen.
[594] Anders als etwa bei Werkstattmängeln *Engelbrecht/Nover* DAR 2008, 444 ff.

breiten. Der dann erst entstehende Sanierungsaufwand kann erheblich größer sein, als bei sofortiger Schadensbehebung oder zumindest bei schneller Durchführung von Sicherungsmaßnahmen.

238 Das Unterlassen oder gar Untersagen einer zeitnahen Sanierung kann damit sogar Konsequenzen für den Geschädigten haben. Es kann ein Verstoß gegen die Schadensminderungspflicht vorliegen. Dem Geschädigten ist aber unzumutbar, einen hohen Kredit[595] aufnehmen, selbst wenn hierdurch der Schaden erst teurer wird.

238a Des Weiteren besteht manchmal die Gefahr, dass Dritte durch die Untätigkeit Schaden nehmen, sei es der Grundstücksnachbar oder der Wassernutzungsberechtigte.

238b Bei dieser Sachlage ist der genau abgewogene Rat des Rechtsanwaltes gefragt, um nicht durch eine Verzögerung Nachteile für den geschädigten Mandanten heraufzubeschwören.

239 ▶ **Tipp für die Praxis:**

Wegen der Tatsachenfeststellung zur Beurteilung der Haftungsfrage und in zweiter Stufe zur Abgrenzung des Schadenumfangs sowie letztlich zur Bestimmung der Sanierungsvarianten ist es sinnvoll, sich mit den weiteren Beteiligten auf einen geeigneten Sachverständigen zu einigen.

Informationen erhält man von den Wasserbehörden und Umweltämtern, die meistens Listen von entsprechenden Büros vorhalten, die in dem betreffenden Raum tätig sind.

Darüber hinaus ist an öffentlich bestellte und vereidigte Sachverständige für Unfälle mit wassergefährdenden Stoffen und speziell bei Betankungsunfällen an Tanksachverständige zu denken. Mitunter deckt ein Büro auch beide Bereiche ab.

240 Es ist empfehlenswert, sich über den genauen Tätigkeitsbereich zunächst telefonisch oder wenigstens auf der Homepage im Internet zu informieren und abzuklären, ob das erwartete Schadenbild zum Aufgabengebiet passt.

241 In jedem Fall sollte man sofort den Versicherer ansprechen und auf Vorschläge für einen Sachverständigen warten. Letztlich sollte dann eine Einigung auf ein Büro herbeigeführt werden, wobei auch gleich die Kostentragung mit abzuklären ist. Zu beachten ist, dass je nach Fallgestaltung, Umfang und Risiko für die Allgemeinheit die Behörde mitwirken möchte oder gar muss.

241a Es sollte abgestrebt werden, dass der Sachverständige sofort tätig wird und umgehend alle Beteiligten informiert, damit die Wege einer schnellen, kostengünstigen und erfolgreichen Sanierung abgestimmt werden können.

II. Ergänzende Mittel zur Sachverhaltsaufklärung

1. Gefahrgutführerschein – ADR-Bescheinigung

242 Die Bescheinigung[596] gibt an, ob der Fahrer die Prüfung abgelegt hat und wann die nächste Prüfung fällig ist.

242a Auf Seite 1 und 3 sind die Gefahrgutklassen[597] vermerkt. Des Weiteren ist ersichtlich, ob der Fahrer Tankfahrzeuge führen darf.

242b Heizöl, Diesel und Benzin fallen zum Beispiel unter die Klasse 3, also »Entzündbare flüssige Stoffe«.

242c Die Bescheinung sieht so aus:

---

595 *BGH* v. 26.5.1988 – III ZR 42/87, VersR 1988, 1178 = MDR 1989, 45 = NJW 1989, 290.
596 Anlage B 8.2.2.8.3 (ADR).
597 Anlage A 2.1.1.1 (ADR).

D. Beweissicherung in Umweltschäden Kapitel 21

Muster der Bescheinigung

Seite 1	Seite 2
ADR-Bescheinigung über die Schulung der Führer von Kraftfahrzeugen zur Beförderung gefährlicher Güter	

Seite 1
ADR-Bescheinigung
über die Schulung der Führer
von Kraftfahrzeugen
zur Beförderung gefährlicher Güter

in Tanks[1]   anders als in Tanks[1]

Nr. der Bescheinigung ....
Kennzeichen des die Bescheinigung
ausstellenden Staates ....
Gültig für Klasse(n)[1)2)]

in Tanks	anders als in Tanks
1	1
2	2
3	3
4.1, 4.2, 4.3	4.1, 4.2, 4.3
5.1, 5.2	5.1, 5.2
6.1, 6.2	6.1, 6.2
7	7
8	8
9	9

bis zum[3] ....

[1] Nichtzutreffendes bitte streichen
[2] Erweiterung der Gültigkeit auf andere Klassen siehe Seite 2
[3] Verlängerung der Gültigkeit siehe Seite 2

Seite 2

Name ....
Vornamen(n) ....
geboren am ....
Staatsangehörigkeit ....
Unterschrift des Fahrers ....
Ausgestellt durch ....
Datum ....
Unterschrift[4] ....
Verlängert bis ....
durch ....
Datum ....
Unterschrift[4] ....

[4] und/oder Stempel der die Bescheinigung ausstellenden Behörden

Seite 3
Gültigkeit erweitert auf Klasse(n)[5]

	in Tanks
1	
2	
3	
4.1, 4.2, 4.3	Datum ....
5.1, 5.2	
6.1, 6.2	Unterschrift
7	und/oder Stempel ....
8	
9	

	anders als in Tanks
1	
2	
3	
4.1, 4.2, 4.3	Datum ....
5.1, 5.2	
6.1, 6.2	Unterschrift
7	und/oder Stempel ....
8	
9	

[5] Nichtzutreffendes bitte streichen

Seite 4
Nur für nationale Vorschriften

Abb. 2

2. Bondruck

243 Bei der Abgabe der Flüssigkeiten wird eine Art Kassenzettel erstellt. Dieser wird »Bondruck« genannt. Es handelt sich rechtlich um eine technische Aufzeichnung i. S. d. § 268 Abs. 2 StGB. Die Menge wird über einen geeichten Messzähler festgestellt.

243a Die Anschrift des Kunden, die bestellte Menge und die gemessene Menge kann darauf abgelesen werden.

243b ▶ **Tipp für die Praxis:**

Die beim Endverbraucher abgegebene Menge bezieht sich immer auf ein umgerechnetes Volumen bei 15 °C. Bei kälterem Öl ist das tatsächliche Volumen geringer – bei wärmerem Öl dagegen größer. Der Rechenfaktor beträgt 0,00084/°C.

15 °C-Menge Bondruck	effektiv bei 0 °C Heizöltemperatur	effektiv bei 5 °C Heizöltemperatur	effektiv bei 25 °C Heizöltemperatur
1.000 Liter	987,4 Liter	991,6 Liter	1.008,4 Liter
3.000 Liter	2.962,2 Liter	2.974,8 Liter	3.025,2 Liter
5.000 Liter	4.937,0 Liter	4.958,0 Liter	5.042,0 Liter
10.000 Liter	9.874,0 Liter	9.916,0 Liter	10.084,0 Liter

243c ▶ **Tipp für die Praxis:**

Die gemessene und vom Bondruck dokumentierte Menge bei 15 °C kann tatsächlich geringer gewesen sein als die tatsächlich abgegebene Menge, die die Zapfpistole verlassen hat. War der Schlauch vor Beginn der Messung leer und nach Abschluss der Befüllung voll, befindet sich das gemessene Volumen noch im Schlauch. Dabei sind Schlauchlängen von 40 Metern keine Seltenheit.

Innendurchmesser Mineralölschlauch	Innenfläche Radius^2 X 3,14...	Innenvolumen bei 25 Metern	Innenvolumen bei 40 Metern
2,5 cm	4,900 cm^2	ca. 12 Liter	ca. 20 Liter
5,0 cm	19,625 cm^2	ca. 49 Liter	ca. 78 Liter
7,5 cm	44,156 cm^2	ca. 110 Liter	ca. 177 Liter

243d Oftmals findet sich ein Hinweis auf die Uhrzeit für Beginn und Ende des Pumpenlaufs. Daraus ist jedoch nicht zu folgern, dass in der gesamten Zeitspanne auch tatsächlich das Öl lief, denn in diesen Zeitraum können auch Vor- und Nachbereitungsarbeiten fallen.

243c Es ist aber mit Sicherheit zu sagen, dass der Pumpvorgang jedenfalls nicht länger als die dort angegebene Zeit dauerte.[598]

243d Schließlich ergeben sich aus dem Bondruck Hinweise für die Empfangnahme/Abnahme der Ware und etwaige AGB's.

243e Er sieht üblicherweise etwa so aus:

---

[598] Die Dauer kann maßgeblich sein für die Anzahl der Kontrollgänge, s. Rdn. 316 ff.

Absender:

Lieferdatum : 25.02.2010

Lieferschein-Nr. :
Bestelldatum : 24.02.2010
Auftrags-Nr. :
Verkäufer-Nr. :
Kunden-Nr. :

Bestellung:

25.02.2010 08:00 - 20:00

37 cbm / 000 s

Artikel-Nr.	A.-Bezeichnung	B.-Menge	ME	P	MinSt	Bemerkung
	schwefelarm					

Tankwagen-Nr. ....
WL-2M610
Abgabedatum 25.02.2010
Abgabe-Start 13:27
Zähler/Zapfst. ... 013973
Lfd.Nr. Abgabe ... 7896
HEL
Anfangsst. ... 0 1 *
Menge 15 Grad C ... 601 1 *

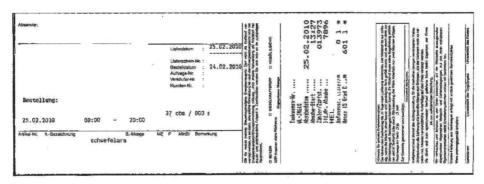

Abb. 3

3. Fahrtenschreiberblatt

Unter Umständen lohnt es sich, auch eine Kopie des Fahrtenschreiberblattes nach § 57a Abs. 2 StVZO anzufordern. Auf dem Blatt werden nämlich nicht nur die Fahrzeiten und die Geschwindigkeiten aufgenommen. Es lässt sich häufig feststellen, ob sich das Fahrzeug in Bewegung befand und ob etwa der Motor in Betrieb gesetzt war. Bei laufendem Motor kommt es zu einem Rüttelaufschrieb. 244

Die Details kann man auf dem folgenden Beispiel erkennen: 244a

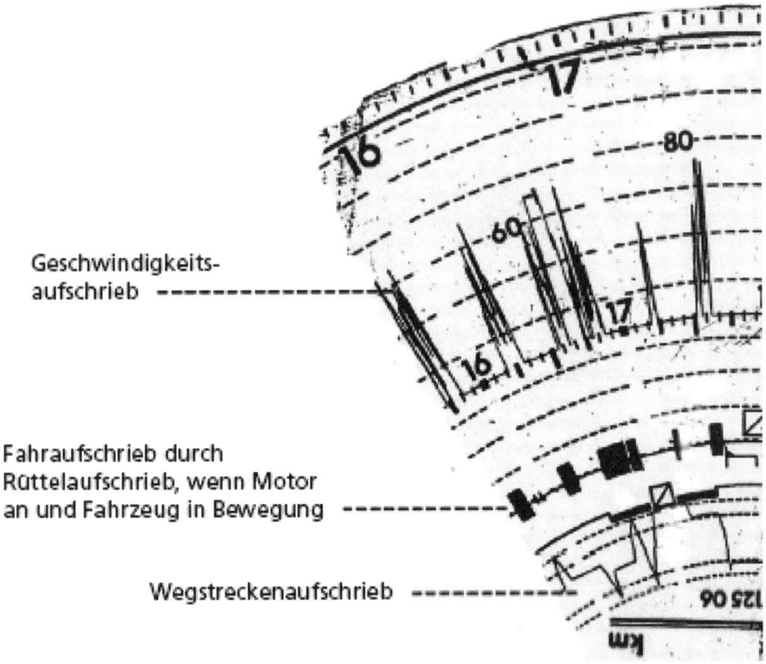

Abb. 4

4. Schlussfolgerungen

245 Uhrzeiten auf dem Bondruck und auf dem Fahrtenschreiberblatt müssen nicht ganz deckungsgleich sein. Es kann zu Verschiebungen wegen vor- und nachgehender Uhren kommen; ggfs. wurde auch vergessen, von Sommer- auf Winterzeit und umgekehrt, umzustellen.

245a In jedem Fall lässt sich über diese Hilfsmittel ein Zeitfenster erstellen, innerhalb dessen
- das Fahrzeug heranfuhr
- abgestellt wurde
- der Schlauch ausgerollt und angeschlossen werden musste
- ggf. das Grenzwertgeberkabel ausgerollt und angeschlossen wurde
- ggf. der Blick in den Kellerraum zu tätigen war
- die Armaturen zu kontrollieren waren
- der technische Messvorgang der Steuerkette Grenzwertgeber – Abfüllsicherung ablief
- nach Öffnen des Ventils am Fahrzeug der eigentliche Füllvorgang ablief.

245b Ggf. sind darüber hinaus noch Zeiten für das Abstellen der Pumpe, das Aufrollen von Schlauch und Kabel zu berücksichtigen.

245c Neben den Zeiten kann im Einzelfall für die Ursachenermittlungen auch noch der Lieferschein/Versandanzeige von Bedeutung sein, dem ansonsten nur kauf-, fracht-, gefahrgut- und steuerrechtliche Bedeutung zukommt. Aus ihm ist ablesbar, von welcher Raffinerie das Produkt stammt, mit dem der Tankwagen beladen wurde. Dabei werden immer der Tag mit Uhrzeit und die Menge bei entsprechender Verladetemperatur mit angegeben. Bei extremen Abweichungen zur Berechnungsgrundlage bei 15°C lassen sich erhebliche Unterschiede bei den Volumina feststellen.

245d Beispiel Lieferschein/Versandanzeige:

D. Beweissicherung in Umweltschäden   Kapitel 21

                     TKW-Versandanzeige   Nr.:   :/:   /09:54:02 Uhr

Lieferstelle:
Frankfurt

Tel.: 069 -

Einlagerer:	Freistellung:
Rechnungsempfänger:	Sonderanschr.:
Abholer:	Prüfdatum: ADR bis 25.04.2009
Spediteur:	für KFZ:
Fahrzeug:	

Sorte: Heizöl EL gefärbt
Steuerart 1: HEL Steuerfrei auf ERL.Schein / E-Schein: DE
Steuerart 2:

Zähler Nr.: 2	Urbeleg Nr.:		Tank Nr.: 10	
Volumen V15:	12029 Liter	Dichte 15:	639,8 kg/m³	Temp: 7,2°C
Volumen VT:	11850 Liter	Gewicht:	10083 kg	VCF: 1,0085

Empfänger
Steuerbegünstigtes Energieerzeugnis!
Darf nicht als Kraftstoff verwendet werden, es sei denn, eine solche Verwendung ist nach dem Energiesteuergesetz oder der Energiesteuer-Durchführungsverordnung zulässig. Jede andere Verwendung als Kraftstoff hat steuer- und strafrechtliche Folgen!
In Zweifelsfällen wenden Sie sich bitte an Ihr zuständiges Hauptzollamt.
Es wird empfohlen, für den Fall einer Heizölbewirtschaftung, die Rechnung als Bezugsmengennachweis 4 Jahre lang aufzubewahren.

Bei Unfällen und sonstigen Vorkommnissen, bei denen
Mineralölprodukte austreten, die Polizei unter dem Stichwort
„ÖLALARM" benachrichtigen.

Abb. 5

Die gewonnenen Informationen können Grundlagen zur Haftungsbeurteilung und Gefährdungs-   **246**
abschätzung wegen der durchzuführenden Sanierung bilden, da man die ausgelaufene Menge hierüber näher eingrenzen kann.

Im Nachhinein sind Feststellungen immer nur sehr schwer zu treffen. Über Indizienketten sind Re-   **246a**
serveursachen, warum es zu dem (verspätet) festgestellten Schaden gekommen ist, sei es beispielsweise
– durch Handlungen Dritter am allgemein zugänglichen Tank
– verschiedene Ölanlieferer im überschaubaren Zeitraum
– Hauswand nur durch Ölschaum verunreinigt
– Defekte im Rücklaufleitungssystem

sehr schwierig. Die Tatsachengerichte[599] haben gerade in den schwierigen Fällen von Betankungsunfällen die Sachkunde eines Sachverständigen hinzuzuziehen, es sei denn, sie sind selbst ausreichend sachkundig.

---

599 *BGH* v. 11.7.1990 – VIII ZR 231/89 (Ursachenermittlung für Ölschaden).

E. Sorgfaltspflichten

I. Sorgfaltspflichten des Tankwagenfahrers

1. Einleitung

a) Privatverbraucher

247 Unter dem Stichwort »Sorgfaltspflichten des Tankwagenfahrers« werden vorwiegend die Fälle abgehandelt, die sich mit dem Abladevorgang von Heizöl an Privatverbraucher befassen. Die hierzu geltenden Normen sowie die dazu ergangene Rspr. lässt sich weitgehend auf andere Konstellationen – andere flüssige Gefahrgüter und Kundenkreise – übertragen.

b) Professionelle Empfänger

247a Handelt es sich um einen professionellen Empfänger, vielleicht sogar ein Betrieb mit eigenem Chemikalienlager oder eigener Weiterverarbeitung, sind erheblich höhere Anforderungen auch an den Empfänger zu stellen. Beispiele sind:
– der Gewässerschutzbeauftragte im Gewerbebetrieb[600] und bei öffentlichen Einrichtungen nach den §§ 64 Abs. 2 Nr. 3 i. V. m. 62 Abs. 1 WHG
– der Gefahrgutempfänger im Allgemeinen nach § 4 Abs. 1 GGVSEB
– der Gefahrgutempfänger im Besonderen nach § 20 Abs. 2 GGVSEB i. V. m. Anlage 2 Nr. 3.2 Satz 2

c) Versicherungsschutz des Empfängers

247b Lässt der Empfänger dabei objektiv gegen Sorgfaltspflichten beim Befüllen seiner mangelhaften Tankanlage durch einen Fahrer verstoßen, führt dies nicht zwingend zum Verlust seines Versicherungsschutzes[601] aus der Gewässerschadenhaftpflicht- bzw. Umwelthaftpflichtversicherung.

d) Folgen eines schadenursächlichen Sorgfaltsverstoßes

247c Die jeweiligen Sorgfaltsanforderungen können sich daher jedoch immer nur danach richten, um was für eine Tankanlage es sich im speziellen Fall handelt, welche technischen Einrichtungen vorhanden sind und wie die örtlichen Gegebenheiten aussehen.

248 Nicht jeder Verstoß gegen Sorgfaltspflichten führt automatisch zu einer zivilrechtlichen Haftung. Bedingung ist, dass die Sorgfaltspflichtverletzung für den eingetretenen Schaden[602] kausal geworden ist.

248a Daneben kann ein Sorgfaltspflichtverstoß auch eine Ordnungswidrigkeit oder gar eine Straftat sein. Die strafrechtliche Verfolgung – allein schon bei Fahrlässigkeit – wird über die §§ 324 ff. StGB[603] erfasst. Die strafrechtliche Verantwortlichkeit trifft aber nicht allein den Befüller, sondern auch den Betreiber.[604]

248b Bei einem Überfüllschaden, der ein Nachbargrundstück betrifft, kann der Nachbar kaum mit Erfolg ein Strafverfahren wegen Verstoßes gegen das WHG erzwingen,[605] da es regelmäßig an einer persönlichen Betroffenheit fehlt.

---

600 Maßgebend ist der weite steuerrechtliche Begriff aus § 15 EStG. Damit wird nur die Urproduktion ausgenommen, *Czychowski/Reinhardt* § 62 WHG, Rn. 28.
601 *OLG Koblenz* v. 15.1.1999 – 10 U 1802/97 (geplatzter 2000 Liter Heizöltank ohne Grenzwertgeber und Entlüftung im Winzerbetrieb).
602 *OLG Düsseldorf* VersR 1989, 1095 f.; *LG Bamberg* v. 30.10.2009 – 1 O 509/08.
603 *BayObLG* NJW 1995, 540 = VersR 1996, 1031 ff., unter Umständen auch für den Anlagenbetreiber.
604 *OLG Celle* NJW 1995, 3197 (Durchrostung des Behälters und undichte Auffangwanne); *OLG Hamm* v. 23.12.1991 – 3 Ss 311/91.
605 *OLG Köln* NJW 1972, 1338.

E. Sorgfaltspflichten Kapitel 21

Bei einer Ordnungswidrigkeit galt früher § 41 Abs. 1 Nr. 6d WHG a. F. 248c

Nunmehr ist die Ordnungswidrigkeit – beim Befüllen – in einer Rechtsverordnung geregelt. In dem 248d seit dem 01.03.2010 geltenden neuen WHG findet sich in § 103 Abs. 1 Nr. 3a) WHG der Verweis auf § 23 Abs. 1 Nr. 6 WHG als Ermächtigungsgrundlage für eine solche Rechtsverordnung. Weder in der Gesetzesbegründung[606] noch im Gesetz selbst finden sich allerdings klare Aussagen zum ordnungswidrigen Verhalten.

2. Die Ausbildung des Tankwagenfahrers zum »Fachmann«

a) Fachmann?

Nach der schon Jahrzehnte alten Rspr. des *BGH*[607] ist der Öllieferant als Fachmann anzusehen, der 249 die Gefahren des Betankens von Heizölanlagen kennt und in aller Regel besser beherrschen kann, als der Besteller. Es war die Zeit, als es noch kaum Selbstbedienungstankstellen[608] gab.

Es ist unbestritten, dass ein Tankwagenfahrer bessere Kenntnisse haben wird als die meisten Privatleu- 249a te, die einmal im Jahr Öl bestellen. Die Formulierung ist jedoch gefährlich, da sie den Anschein erweckt, man habe hier einen Spezialisten oder gar Experten vor sich, der jeder Situation gewachsen ist.

Dem ist nicht so, wie die Schadensfälle zeigen. So wenig ein Justizwachtmeister oder Gerichtsvoll- 249b zieher richterliche Aufgaben wahrnehmen kann, ist der »Fachmann« Tankwagenfahrer einem mehrjährig geschulten Fachbetriebsmitarbeiter[609] nach § 3 Abs. 2 VAwS i. V. m. § 62 Abs. 1 und 4 Nr. 4 WHG oder gar einem Tanksachverständigen vergleichbar.

Es soll daher zunächst das Berufsbild näher dargestellt werden. 249c

b) Kraftfahrer

Der Tankwagenfahrer ist Kraftfahrer. Heute ist es möglich, diesen Beruf nach einer dreijährigen Aus- 250 bildung und einem Abschluss als Berufskraftfahrer[610] zu erlernen. Spätestens seit dem Stichtag 10.9.2009 haben neu hinzukommende Fahrer eine entsprechende Qualifikation nach dem BKrFQG[611] zu erwerben.

c) Gefahrgutfahrer

aa) Allgemein

Heizöl ist ein Gefahrgut. Folglich benötigt der Fahrer einen Gefahrgutführerschein bzw. die ADR- 250a Bescheinigung. Über diese Kenntnisse hinaus verfügt er über ein besonderes Wissen durch eine tankwagenspezifische Weiterbildung.

Diese Kenntnisse ermöglichen es ihm, ohne überhöhtes Risiko, Tankanlagen zu befüllen. Bei noch so 250b perfekter Vorsorge bleibt ein Restrisiko beim Umschlag von Gefahrgütern immer bestehen.

Die gesetzlichen Lerninhalte werden in wenigen Tagen in Fachkursen ohne praktische Übungen ver- 250c mittelt. Für die Basisinformation sind 18 Unterrichtseinheiten je 45 Minuten und für den Aufbaukurs 12 Unterrichtseinheiten je 45 Minuten vorgeschrieben.[612]

---

606 BT-Drucks. 16/12275 zu § 103 WHG, S. 80.
607 *BGH* v. 15.10.1971 – I ZR 27/70, NJW 1972, 42 = VersR 1972, 67 f.; *BGH* v. 18.1.1983 – VI ZR 97/81, NJW 1983, 1108 = VersR 1983, 394 = MDR 1983, 654; *BGH* v. 12.3.1985 – VI ZR 192/83, VersR 1985, 575.
608 *LG Hannover* zfs 1981, 3; *LG Limburg* zfs 1981, 3.
609 *LG Düsseldorf* SP 2010, 247.
610 http://berufenet.arbeitsamt.de/bnet2/B/B7140100ausbildung_a.html.
611 Berufskraftfahrerqualifizierungsgesetz vom 14.8.2006, BGBl. 2006 I S. 1958.
612 Anlage B 8.2.2.4.1 (ADR).

250d Den Schein erhält der Fahrer nach einer bestandenen Prüfung vor der IHK. Es wird lediglich theoretisches Wissen abgefragt, aber keine praktische Prüfung verlangt.

bb) Basis-Ausbildungsinhalte

251 Die Basis-Ausbildungsinhalte[613] für den Gefahrgutfahrer sind:
- allgemeine Vorschriften für die Beförderung gefährlicher Güter
- wesentliche Gefahrenarten
- Informationen über den Schutz der Umwelt durch die Überwachung der Beförderung von Abfällen
- nach Gefahrenarten abgestimmte Vorsorge- und Sicherheitsmaßnahmen
- Verhalten nach dem Unfall, insbesondere Erste Hilfe, Verkehrssicherung, Umgang mit Schutzausrüstungen etc.
- Kennzeichnung, Bezettelung, Placards und Warntafeln
- was er bei der Beförderung gefährlicher Güter zu tun und zu unterlassen hat
- Zusammenladeverbote
- Vorsichtsmaßnahmen beim Be- und Entladen gefährlicher Güter
- Informationen zur zivilrechtlichen Haftung
- Informationen über multimodulare Transportvorgänge
- Handhabung und Verstauung von Versandstücken
- Verkehrsbeschränkungen in Tunneln.

cc) Aufbaukurs Tankwagenfahrer

252 Der Aufbaukurs für Tankwagenfahrer umfasst zusätzlich folgende Inhalte:[614]
- Fahrverhalten der Fahrzeuge, einschließlich der Bewegung der Ladung
- besondere Vorschriften hinsichtlich der Fahrzeuge
- allgemeine theoretische Kenntnisse über die verschiedenen Befüllungs- und Entleerungssysteme
- besondere zusätzliche Vorschriften für die Verwendung der Fahrzeuge (Zulassung, Placards, Warntafeln etc.).

d) Wissensstand

253 Die Rspr.[615] fordert zunächst, dass der Befüller die notwendigen technischen Normen kennt, die ihm ggfs. in Ausbildungskursen vermittelt wurden. Diese sollen sein Handeln bestimmen. Dann stellt sie darauf ab, was von einem – durchschnittlichen Anforderungen entsprechenden, gewissenhaft und sorgfältig arbeitenden – Tankwagenfahrer erwartet werden kann. Dabei sei die jeweilige Situation zu berücksichtigen.

254 Hieraus wird deutlich, dass die Fahrer Kenntnisse hinsichtlich des Abfüllvorgangs haben müssen. Unmöglich ist es jedoch, hinsichtlich aller technischen Details zu Aufbau und Betrieb der verschiedenen Tankanlagen sowie zu den physikalischen und chemischen Eigenschaften der abzufüllenden Stoffe ein vertieftes Wissen vorzuhalten.

254a Folglich sind derartige Spezialkenntnisse lediglich von Fachfirmen für den Bau von Tankanlagen nach § 3 Abs. 2 VAwS i. V. m. § 62 Abs. 1 und 4 Nr. 4 WHG oder Tanksachverständigen zu erwarten. Die Sorgfaltsanforderungen an den Tankwagenfahrer dürfen, gemessen an der sehr kurzen Ausbildungszeit und den gesetzlichen – nur theoretischen – Inhalten des Schul- und Prüfstoffs, nicht überspannt[616] werden.

---

613 Anlage B 8.2.2.3.2 des Europäischen Übereinkommens vom 30.9.1957 über die internationale Beförderung gefährlicher Güter auf der Straße (ADR) i. V. m. § 1 Abs. 4 Gefahrgutverordnung Straße, Eisenbahn und Binnenschifffahrt (GGVSEB) i. V. m. §§ 3, 5 Gefahrgutbeförderungsgesetz (GGBefG).
614 Anlage B 8.2.2.3.3 (ADR).
615 *BGH* v. 13.12.1994 – VI ZR 283/93, BGH NJW 1995, 1150 f. = MDR 1995, 365 = NZV 1995, 185 = r+s 1995, 135 = TranspR 1995, 313 = VersR 1995, 427 = VRS 1995, 404.
616 Ebenso *Sieder/Zeitler* Bd. 1 § 19k WHG a. F. Rn. 4.

E. Sorgfaltspflichten

3. Gesetzliche Vorschriften, Verordnungen und sonstige Vorschriften, die sich maßgeblich an das Befüllpersonal (Tankwagenfahrer) wenden

Entsprechende Normen, die sich u. a. an den Tankwagenfahrer wenden, finden sich insbesondere im Wasserrecht. — 255

Allerdings ist zu beachten, dass durch die Grundgesetzänderung zum 1.9.2006 im Zuge der Föderalismusreform I[617] zum 1.3.2010 nunmehr das neue WHG[618] in allen Teilen gilt.[619] (Die seit Jahrzehnten geplante gleichzeitige Übernahme der Inhalte des WHG in das UGB[620] ist zunächst gescheitert). — 255a

Die frühere Rahmengesetzgebungskompetenz des Bundes wurde zu Gunsten einer konkurrierenden Gesetzgebungskompetenz von Bund und Ländern verlagert, Art. 74 Abs. 1 Nr. 32 GG. Dies hat Folgen für das wasserrechtliche[621] Fachrecht. — 255b

Es hat aber auch Konsequenzen für die Gültigkeit der anzuwendenden Normen: — 255c
- bis zum 28.2.2010 gilt fortwährend altes Recht
- vom 1.3.2010 bis zum 9.4.2010 galt nur das neue WHG, das selbst allerdings keinen Pflichtenkatalog enthält
- ab dem 10.4.2010 gilt neben dem WHG als Übergangsvorschrift[622] die Bundes-VAwS, die dieses Rechtsvakuum ausfüllt[623]
- ab 2011 sollte zunächst eine Bundes-VUmwS die Übergangsvorschrift ersetzen; zur Zeit existiert der Entwurf einer Bundes-VAUwS

Die näheren Einzelheiten finden sich dann in den jeweiligen Landeswassergesetzen, die zwar von Bundesland zu Bundesland Unterschiede aufweisen, aber dennoch die gleiche Richtung verfolgen. — 255d

Basierend auf den Ermächtigungsgrundlagen in den Landeswassergesetzen sind Verordnungen erlassen worden. Auch diese enthalten Abweichungen in Details, lassen sich aber durchaus vergleichen. Diese Verordnungen über Anlagen zum Umgang mit wassergefährdenden Stoffen und über Fachbetriebe (Anlagenverordnung-VAwS) präzisieren die Pflichten jedoch auch nur zum Teil. — 255e

Darüber hinaus bestehen vom Bundesministerium für Arbeit und Sozialordnung[624] herausgegebene »Technische Regeln brennbarer Flüssigkeiten« (TRbF), die technische Anforderungen an Konstruktion, Bau, Wartung, Prüfung etc. und das Verhalten im Umgang mit den Stoffen aufstellen. — 255f

Im Einzelnen kommen insbesondere folgende Vorschriften zur Anwendung: — 255e

§ 2 BundesVAwS – Besondere Pflichten beim Befüllen und Entleeren[625] — 256

Wer eine Anlage zum Lagern wassergefährdender Stoffe befüllt oder entleert, hat diesen Vorgang zu überwachen und sich vor Beginn der Arbeiten vom ordnungsgemäßen Zustand der dafür erforderlichen Sicherheitseinrichtungen zu überzeugen. Die zulässigen Belastungsgrenzen der Anlagen und der Sicherheitseinrichtungen sind beim Befüllen oder Entleeren einzuhalten.

---

617 BT-Drucksache 16/813.
618 Gesetz zur Ordnung des Wasserhaushalts – Wasserhaushaltsgesetz – WHG vom 31.7.2009, BGBl. I, 2585.
619 Übergangsvorschriften für Bayern bis 29.2.2012.
620 Nach dem Referentenentwurf zum Umweltgesetzbuch 2009 vom 20.5.2008 in Abschnitt II.
621 Siehe oben Rdn. 138 ff.
622 BR-DS 82/10.
623 *Kotulla* NVwZ 2010, 79 ff.; *Faßbender* ZUR 2010, 181 ff.
624 Unter Beratung des »Deutschen Ausschuss für brennbare Flüssigkeiten«, § 25 VbF (Verordnung brennbare Flüssigkeiten).
625 Entspricht im Wortlaut dem § 19k WHG a. F.; § 16 Abs. 1 VAUwS-Entwurf ist abweichend.

257 **§ 20 Hess. VAwS – Befüllen –**[626]

(1) Behälter in Anlagen zum Lagern und Abfüllen wassergefährdender flüssiger Stoffe dürfen nur mit festen Leitungsanschlüssen und unter Verwendung einer Überfüllsicherung befüllt werden. Dies gilt nicht für das Befüllen
1. *einzeln benutzter ortsfester oberirdischer Behälter mit einem Rauminhalt von nicht mehr als 1 000 Litern mit einer selbsttätig schließenden Zapfpistole,*
2. *von Sammelbehältern aus kleineren ortsbeweglichen Behältern, wenn die Füllhöhe des Sammelbehälters im Bereich des zulässigen Füllstandes während des Befüllens durch Augenschein deutlich sichtbar ist, sodass der Befüllvorgang rechtzeitig vor Erreichen des zulässigen Füllstandes unterbrochen werden kann, und*
3. *ortsbeweglicher Behälter in Abfüllanlagen, wenn*
    a) diese mit einer selbsttätig schließenden Zapfpistole befüllt werden,
    b) bei Behältern mit einem Rauminhalt von nicht mehr als 1 000 Litern durch Erfassung des abgefüllten Rauminhaltes oder des jeweiligen Gewichts der Behälter sichergestellt wird, dass die Befüllung rechtzeitig und selbsttätig vor Erreichen des höchstzulässigen Füllstandes unterbrochen wird, oder
    c) Behälter von Tankfahrzeugen oder Eisenbahnkesselwagen oder Transportbehältern mit einem Rauminhalt von mehr als 450 Litern (Tankcontainer) über offene Dome befüllt werden und mit einer Schnellschlusseinrichtung in Verbindung mit einer selbsttätigen Aufmerksamkeitsüberwachung eine Überfüllung verhindert wird.

(2) Behälter in Anlagen zum Lagern von Heizöl EL,[627] *Dieselkraftstoff und Ottokraftstoffen dürfen aus Straßentankwagen und Aufsetztanks nur unter Verwendung einer Abfüllsicherung befüllt werden.*

(3) Abtropfende Flüssigkeiten sind aufzufangen.

258 **TRbF 020 Nr. 9.3.2.1**[628] **– Vermeidung von Überfüllungen, Allgemeines –**

(1) Das Befüllen von Behältern muss so vorgenommen werden, dass Überfüllungen nicht auftreten.

(2) Vor dem Befüllen muss der Flüssigkeitsstand im Behälter festgestellt werden. Es muss ermittelt werden, wie viel brennbare Flüssigkeit der Behälter noch aufnehmen kann.

Bei diskontinuierlicher Befüllung (z. B. Befüllen von Sammelbehältern) von Tanks mit einem Rauminhalt bis 1 000 l und ortsbeweglichen Gefäßen mit kleinen Mengen (Altöltank oder anderen Abfallstoffen) genügt das Peilen in angemessenen Zeitabständen.

(3) Beim Befüllen von Tanks zur Lagerung von Ottokraftstoff, Dieselkraftstoff oder Heizöl EL aus Straßentankfahrzeugen oder Aufsetztanks muss der Grenzwertgeber des Tanks an die Abfüllsicherung des Tankfahrzeugs angeschlossen sein.

(4) Der Befüllvorgang muss beobachtet werden.

259 **TRbF 020 Nr. 9.3.1 Flüssigkeitsanzeiger**

(1) Jeder Tank muss mit einer Einrichtung zur Feststellung des Flüssigkeitsstandes versehen sein. Diese Einrichtung kann bei oberirdischen Tanks mit ausreichend durchscheinenden Wandungen (z. B. aus Kunststoff) entfallen.

(2) Die Einrichtung nach Satz 1 von Abs. 1 kann z. B. eine elektronische Peileinrichtung oder ein Peilstab sein.

---

626 Hier beispielhaft die Hessische VAwS. Entsprechende Vorschriften gelten in den anderen Bundesländern. Sie werden inhaltlich voraussichtlich durch die Bundes-VAUwS ersetzt, § 16 Abs. 2 u. 3 VAUwS-Entwurf.
627 EL = extra leicht.
628 Vorläufer: TRbF 280.

E. Sorgfaltspflichten

(3) Peilöffnungen müssen verschließbar und so ausgeführt sein, das ein unbeabsichtigtes Öffnen ausgeschlossen ist. ...

TRbF 020 Nr. 9.3.2.3 Überfüllsicherung 259a

(1) Jeder Tank muss mit einer Überfüllsicherung ausgestattet sein, die rechtzeitig vor Erreichen des zulässigen Füllungsgrades den Füllvorgang unterbricht oder akustischen Alarm auslöst. Tanks zur Lagerung von Ottokraftstoff und Tanks mit einem Rauminhalt von mehr als 1 000 l zur Lagerung von Dieselkraftstoff oder Heizöl EL (Extra Leicht), die aus Straßentankfahrzeugen oder Aufsetztanks befüllt werden, müssen mit einem Grenzwertgeber ausgerüstet sein, der die Funktion einer Abfüllsicherung an Straßentankfahrzeugen oder Aufsetztanks ermöglicht. ...

(2) Absatz 1 gilt nicht für oberirdische Tanks mit einem Rauminhalt von nicht mehr als 1 000 l zur Lagerung von Dieselkraftstoff oder Heizöl EL.

(3) Einzeltanks mit einem Rauminhalt bis 1 000 l zur Lagerung von Dieselkraftstoff oder Heizöl EL dürfen aus Straßentankwagen, Aufsetztanks oder Tankcontainern im Vollschlauchsystem mit einem nach dem Totmannprinzip schließenden Zapfventil mit Füllraten von nicht mehr als 200 l/min im freien Auslauf befüllt werden.

(6) Füllanschlüsse und Anschlüsse für den Grenzwertgeber sind eindeutig zuzuordnen.

4. Rechtsprechung und eigene Einschätzungen

Die dargestellten Normen sind als grobe Richtschnur für ein richtiges Verhalten des Befüllers zu verstehen. Zur Klärung sämtlicher Detailfragen taugen sie offenkundig nicht. Folglich hat sich, insbesondere gestützt auf zwei wesentliche Entscheidungen des *BGH*, eine Rspr. entwickelt, die einerseits den Grund für die besondere Verpflichtung des Tankwagenfahrers liefert und andererseits Einzelfälle wertet. 261

Ausgangspunkt der Kernüberlegung des *BGH* ist die Tatsache, dass der Fahrer für die Tätigkeit geschult wurde und sie – weil beruflich – mit größerem Erfahrungsschatz, ausübt.[629] Der *BGH*[630] – ihm folgend der österreichische *OGH*[631] - hat herausgestellt, dass an die Sorgfaltspflichten des die Heizöltanks befüllenden Personals strenge Anforderungen zu stellen sind, weil es durch Auslaufen größerer Ölmengen zu schweren Schäden kommen kann. Es sei Sache des Öllieferanten als des Fachmannes, der die Gefahren des Betankens von Heizölanlagen kennt und sie in aller Regel besser beherrschen kann als der Besteller, alle zumutbaren Vorsichtsmaßnahmen zu ergreifen, um solche Schäden zu vermeiden. 261a

In den oben erwähnten *BGH*-Entscheidungen wurde der Ablauf des Betankungsvorgangs zur Gliederung der einzelnen Pflichten gewählt. Nach Zeitabschnitten lassen sich Pflichten vor, während und nach dem Befüllen einordnen. Diese Unterscheidung ist sehr nützlich, um einerseits eine leichtere Übersicht zu gewinnen und anderseits festzustellen, ob eine Pflichtverletzung für den eingetretenen Schaden kausal geworden ist. 262

In den letzten Jahrzehnten hat sich dem folgend zu manchen Unfallsachen eine Rspr. herausgebildet, die sich sehr gut in das zeitliche Schema einbauen lässt. 262a

Eine Reihe von Fallgestaltungen sind jedoch bislang noch nicht von Gerichten behandelt worden. Grund dafür kann sein, dass dies oft eine besonders präzise Darstellung technisch-physikalischer Zusammenhänge erfordert und nicht jeder Jurist bereit und dazu in der Lage ist, sich mit den tech- 263

---

629 Zum Umfang der Ausbildung s. jedoch oben Rdn. 249.
630 *BGH* v. 18.1.1983 – VI ZR 97/81, NJW 1983, 1108 = VersR 1983, 394 = MDR 1983, 654; *BGH* v. 12.3.1985 – VI ZR 192/83, VersR 1985, 575; aber schon *BGH* v. 15.10.1971 – I ZR 27/70, NJW 1972, 42 = VersR 1972, 67 f.
631 *OGH Wien* v. 7.11.1995 – 4 Ob 578/95.

nischen Vorfragen näher zu befassen. Möglicherweise besteht aufgrund dessen eine gewisse Scheu vor einer streitigen Auseinandersetzung.

263a Eine juristische Beurteilung ohne technische Grundkenntnisse dürfte schon im Ansatz scheitern. In der Folge werden daher technische Details – soweit erforderlich und dem Autor möglich – aufgegriffen und erläutert, um die Zusammenhänge verstehen und werten zu können.

a) Die einzelnen Sorgfaltspflichten gemäß zeitlicher Abfolge

aa) Vor dem Befüllen

264 Der Fahrer muss sich vor dem Befüllen – in ihm als Tankwagenfahrer zumutbarer Weise – vom einwandfreien Funktionieren der Tankanlage überzeugen. Damit scheiden berufs- und tätigkeitsfremde Kontrollpflichten in technischen Spezialfragen[632] aus.

264a Der Fahrer tut dies, indem er sich zunächst die Tankanlage ansieht. Kann er den Tankraum nicht betreten, darf er nicht befüllen.[633] Kennt der Fahrer die Anlage aus früheren Befüllungen, sollte er dennoch nachsehen, da sich die Gegebenheiten geändert haben könnten.

265 Welche Art von Tankanlagen kann der Fahrer vorfinden und welche Bestandteile haben diese Tanktypen?

265a – unterirdische Tankanlagen

266 Unterirdische Tankanlagen sind Erdtanks. Es handelt sich um Tankanlagen, die unter Erdniveau liegen und von der Seite nicht zugänglich sind. Die Tanks sind meist kugel- oder zylinderförmig und liegen in einem Sandbett. Tanks aus Stahl haben eine gegen Stauwasser schützende Bitumenschicht. Die Tanks sollten heute doppelwandig sein, was auch durch eine Tankinnenhülle mit Vakuumpumpe (Hülle liegt dicht an der Tankwand an) und Leckwarngerät gewährleistet ist. Sie sind von der Erde überdeckt oder überbaut. Die Anschlüsse für den Tank befinden sich in einem so genannten Domschacht. Dieser ist entweder aufgemauert oder auf dem Tank aufgeschweißt. Der Domschacht wird von einem Domdeckel (z. B. Metallplatte) abgedeckt. In dem Domschacht befinden sich:
- der Anschluss für die Befüllleitung/Stutzen
- Abgang der Belüftungsleitung[634] seitlich, z. B. an Hauswand nach oben geführt
- ein Grenzwertgeberanschluss
- eine verschließbare Peilöffnung mit Peilstab (sofern keine andere Messeinrichtung)
- Abgänge für Entnahmeleitungen
- Zugänge für eventuelle Rücklaufleitungen (bei alten Systemen).

266a **Schlussfolgerung:** Erkennen kann der Fahrer folglich nur, was sich im Domschacht befindet.

267 – oberirdische Tankanlagen

267a Oberirdische und unterirdische Anlagen sind genau zu unterscheiden, da dies Auswirkungen auf den jeweils zulässigen maximalen Füllgrad hat.

267b Oberirdische Tankanlagen sind von der Seite zugänglich und stehen in Nebengebäuden oder im Keller. Dabei ist unbeachtlich, wenn der Keller unter Erdniveau liegt.

267c Steht die Anlage im Freien, muss Sie durch einen Anfahrschutz[635] gesichert sein, damit kein Fahrzeug beim Rangieren den Tank beschädigt.

---

632 *LG Zwickau* v. 21.4.2009 – 2 O 625/07; *LG Düsseldorf* SP 2010, 247.
633 *OLG Düsseldorf* v. 10.5.2007 – I-12 U 22/07; *LG Dortmund* VersR 1979, 455 f.
634 Belüftungsleitung, da beim Befüllen Luft verdrängt wird (Überdruckabbau) und beim Verbrauch von Öl wieder Luft in den Tank zurückströmt (Unterdruckabbau).
635 Eine Mithaftungsquote bei fehlendem Anfahrschutz an stationärem Druckbehälter von lediglich 15 % wird dem tatsächlichen Risiko nicht hinreichend gerecht, so aber *OLG München* v. 9.6.2010 – 28 U 2310/10.

E. Sorgfaltspflichten   Kapitel 21

Die Tankanlage besteht entweder aus einem einzigen Behälter oder aus mehreren Behältern. Letztere nennt man dann Batterietankanlage oder Mehrzellentankanlage[636]. Diese kann in Reihe oder in Gruppen aufgebaut sein. 267d

Stahl, Polyäthylen (PE) oder glasfaserverstärkter Kunststoff (GfK) kommen als Werkstoffe für die Behälter in Betracht. 267e

Die Behälter können ein- oder doppelwandig sein. Einwandige Behälter müssen in einer flüssigkeitsdichten Auffangwanne stehen. Ausnahmen werden im Einzelfall zugelassen. 267f

Die Auffangwanne besteht dabei entweder aus einem mit Spezialfarbe beschichtetem bzw. mit einer Folie ausgekleidetem und abgemauertem Raum oder einem sonstigen Material, das aufstehendes Öl für mindestens 90 Tage zurückhalten kann. 267g

Ob ein dreimaliger Schutzanstrich auf einem tragfähigen Mauerwerk aufgetragen wurde, lässt sich objektiv durch Augenscheinnahme erfahrungsgemäß kaum feststellen. 267h

Weitere für den Füllvorgang wichtige Bestandteile der Anlage sind: 268
- Einfüllstutzen (außerhalb des Gebäudes)
- Befüllleitung vom Einfüllstutzen zum Tank
- ggf. Verzweigung der Befüllleitung bei mehreren Behältern
- das tief in den Behälter hineinragende Füllrohr
- Belüftungsleitung[637] nach oben und draußen geführt (mit Schutzkappe und Sieb)
- Grenzwertgeber (für Anlagen ab 1.000 Liter vorgeschrieben)
- einer Möglichkeit für die Kontrolle des Flüssigkeitsstandes entweder durch eine Tankuhr und/oder verschließbarem Peilrohr mit Peilstab/Peilkette oder Sichtkontrolle bei durchsichtigem Tank

Bei Batterietankanlagen kommen noch hinzu: 269
- Befüllsammelleitung zu den jeweiligen Tanks (mit Reduzierstücken/Stauscheiben bei Von-Oben-Befüllung)
- Sammelbelüftungsleitung
- ggfs. Abstandshalter zwischen den Tanks

Nicht befüllrelevant, aber als Fehlerquellen beim Betrieb der Anlage sind insbesondere noch folgende Bauteile: 270
- Saugleitung und Abgang für die Entnahme zum Ölbrenner
- Verbindungen der jeweiligen Saugleitungen
- eventuelle Rücklaufleitung[638] vom Brenner zum Tankbehälter.

Der Fahrer kann objektiv nicht erkennen, was sich in den Tanks oder Rohrleitungen befindet. So kann er auch nicht feststellen, ob sich im Behälter eine Einströmleitung[639] befindet, die ein Aufschäumen beim Befüllvorgang verhindern soll. 271

Grundsätzlich kann der Tankwagenfahrer darauf vertrauen, dass die Einfüllanlage funktionstauglich ist. Eine optische Kontrolle – ähnlich der Kontrolle von Verkehrsschildern[640] – ist ausreichend. Es ist nicht erforderlich, dass der Fahrer an den Leitungen rüttelt, um sie auf Festigkeit zu prüfen.[641] Eine vollständige Kontrolle der Anlage bis in jede technische Einzelheit in Bezug auf ihre Sicherheit wird 272

---

636 *LG Zwickau* v. 21.4.2009 – 2 O 625/07.
637 Tank könnte sonst beim Befüllen Platzen.
638 Veraltete Technik, s. *OLG Zweibrücken* NJW-RR 2000, 1554 = VersR 2001, 472.
639 *OGH Wien* v. 26.2.2009 – 1 Ob 1/09 t.
640 *OLG Nürnberg* v. 31.7.1996 – 4 U 1494/96; *LG Bielefeld* v. 15.5.2009 – 8 O 573/08.
641 *BGH* v. 18.1.1983 – VI ZR 146/82, NJW 1984, 233 = VersR 1984, 65; *OLG Saarbrücken* VersR 1988, 356 = zfs 1988, 166; *LG Freiburg* VersR 1988, 357 = zfs 1988, 166.

ausdrücklich vom Befüller nicht verlangt.[642] Die ältere Rspr.,[643] die teilweise eine Erfolgshaftung des Befüllers angenommen hatte, wird heute zu Recht abgelehnt.[644]

272a Dies würde ansonsten bedeuten: »Der Betreiber eines Heizöltanks ist für den ordnungsgemäßen Zustand seiner Anlage verantwortlich, es sei denn, sie wird gerade befüllt.«[645] Eine derartige unsinnige Folge widerspricht jedem Rechtsempfinden.

273 Zur Prüfung der Funktionstauglichkeit gehört auch die Standsicherheit[646] der Anlage, falls sich erkennbare Anhaltspunkte dem Fahrer aufdrängen. Ansonsten liegt die Verantwortung allein beim Betreiber der Anlage,[647] sodass auch nur dieser als Störer im polizeirechtlichen Sinne anzusehen ist. Wer eine erkennbar unter gravierenden Sicherheitsmängeln leidenden Öltank befüllt, kann wegen einer hierauf beruhenden Gewässerverunreinigung verwaltungsrechtlich als Verhaltensstörer herangezogen werden.[648] Weist ein Stahltank erhebliche Verschmutzungen, Farbabriebe und oberflächliche Lackabplatzungen auf, ist dies unschädlich, solange kein intensiver Rostbefall sichtbar ist und Hinweise für eine materialmäßige Überalterung vorliegen.[649]

273a **Eigene Einschätzung:**

274 Eine Kontrolle durch Rütteln wäre letztlich auch kaum tauglich, da auf diese Weise ja nur leichte seitliche Bewegungen ausgeführt werden könnten, die im (notwendigen) Toleranzbereich liegen. Leichte Bewegungen der Tankbehälter lassen sich konstruktiv kaum vermeiden, da sich der Tank je nach Füllgrad und Temperatur verformt. Dieses »Arbeiten« überträgt sich auf die Leitungssysteme, weswegen häufig Entlastungsbögen notwendig werden, um die Bewegungen abzufangen und Spannungen abzubauen.

274a Zugkräfte durch einen Druckaufbau im Füllrohr, an Verschraubungen und Dichtungen lassen sich durch ein Rütteln nicht simulieren.

274b Was Leitungen betrifft, hat die Sichtkontrolle zu genügen. Aber auch da sind die Grenzen der Zumutbarkeit zu beachten. So ist es dem Fahrer nicht zumutbar, eine Befüllleitung durch das gesamte Haus bis zum Tank zu verfolgen, wenn sich ein Großteil der Leitung über versteckte Winkel von mehr oder weniger aufgeräumten Kellerräumen[650] oder gar Kriechkellern erstreckt.

274c Der Tankwagenfahrer muss vor dem Befüllen entsprechend auch nicht die Belüftungsleitung[651] (z. B. mit Stickstoff) abdrücken, um festzustellen, ob diese durchlässig ist.

274d Ein leichtes Rütteln am Einfüllstutzen[652] kann dagegen vom Fahrer verlangt werden, zumal er mit diesem Bereich beim Anschließen sowieso in Kontakt kommt.

275 Wichtig ist, dass die Konstruktion und die Beschaffenheit der Anlage bei der Prüfung einen soliden Eindruck machen. Haarrisse[653] in Verschraubungen, fehlende Dichtungen, ungenügend befestigte oder fehlende Sicherungsschellen an Leitungen lassen sich dabei kaum feststellen. Anders, wenn

---

642 *OLG Karlsruhe* NJW-RR 1997, 1247 f. = OLGR 1998, 42; *OLG Köln* VersR 1995, 1105 f.; *LG Dortmund* VersR 1979, 455 f; *LG Düsseldorf* SP 2010, 247.
643 *LG Krefeld* VersR 1978, 1050.
644 *BGH* v. 18.1.1983 – VI ZR 146/82, NJW 1984, 233 f. = VersR 1984, 65.
645 Zitat *Josef Hernig*, Kiedrich.
646 *LG Hanau* v. 30.3.1995 – 7 O 217/95 (später durch Vergleich erledigt).
647 *OVG Koblenz* DÖV 2009, 213 = GewArch 2009, 133 = LKRZ 2009, 95 = DVBl. 2009, 204 Ls. = AbfallR 2009, 95 =NVwZ-RR 2009, 280.
648 *OVG Bremen* v. 13.8.1996 – 1 BA 35/95.
649 *LG Göttingen* v. 3.7.2002 – 5 (6) S 62/01 (Tankanlage eines Rechtsanwaltes wurde fünf Wochen nach der Befüllung undicht).
650 *LG Düsseldorf* SP 2010, 247.
651 *AG Waldbröl* v. 22.6.1998 – 3 C 35/98.
652 *LG Zwickau* v. 21.4.2009 – 2 O 625/07.
653 *LG Hildesheim* v. 27.6.2003 – 7 S 99/03.

E. Sorgfaltspflichten   Kapitel 21

der Fahrer im Nachhinein[654] behauptet, er hätte dies erkennen können, wenn er doch tatsächlich nachgeschaut hätte. Vom Fahrer werden keine installationstechnischen und physikalischen Kenntnisse gefordert, um hierauf beruhende Schlussfolgerungen für die Gefahrenlage zu ziehen.[655]

Anders ist es jedoch dann, wenn deutliche Tropfstellen bereits auf Defekte hinweisen. **275a**

Auszugehen ist dabei von dem geschulten Blick eines Fahrers, der täglich etwa ein Dutzend Tankanlagen zu Gesicht bekommt. Zum Glück sind die Anlagen doch weitgehend funktionstüchtig. **276**

Die Rspr. hat in den letzten Jahren sogar Zumutbarkeitsgrenzen für die Sichtprüfung der Tankanlage anhand von Einzelfällen herausgearbeitet. Der Tankwagenfahrer muss beispielsweise nicht in einen Kriechkeller[656] steigen, um die Leitungen auch dort zu überprüfen, die zum Tankbehälter hin verlegt sind. **277**

Er kann auch nicht prüfen, ob Sicherungsschellen aus Leitungen im Mauerwerk[657] vorhanden sind. Er muss nicht erkennen, ob Sicherungsschellen[658] notwendig sind und ob Rohre ggf. falsch verlegt sind. **277a**

Läuft die Befüllleitung – ungewöhnlich – erst durch ein Nachbarhaus[659], besteht weder eine Nachfragepflicht wegen der abnormen Verlegung, noch eine Pflicht des Befüllers, auch diesen Leitungsabschnitt optisch zu prüfen. **277b**

Kann er die hinteren Tanks einer Batterietankanlage nicht einsehen, sollte er bei erkennbar leerem vorderen Behälter darauf vertrauen dürfen, dass die nicht sichtbaren Behälter ebenfalls leer[660] sind. Er sollte sich nicht zusätzlich selbst über den Füllstand der hinteren Behälter vergewissern müssen, indem er über eine vorhandene seitliche Luke in den hinteren Raumteil einsteigt, wenn zuvor bereits eine Fachfirma berichtete, dass die Anlage leer ist. Das *OLG Hamm*[661] sah hierin jedoch ein Mitverschulden des Fahrers. Das *OLG Frankfurt*[662] geht sogar genau umgekehrt – entgegen der Vorinstanz – von einer Alleinhaftung des Tankwagenfahrers aus. Dem Fahrer wird zugemutet zu erkennen, was dem Besteller seinerseits verborgen blieb. **278**

Dies ist bedenklich, da der Fahrer nicht mit zusätzlichen zeitraubenden und beschwerlichen Arbeiten überfrachten werden sollte. Im Verhältnis zu Drittgeschädigten mag dies angehen, nicht aber im Verhältnis zu demjenigen, der als Besteller und Betreiber der Anlage erst die Voraussetzungen für eine mögliche Fehleinschätzung schafft, aber dennoch die Befüllung wünscht. **278a**

Schließlich ist eine umfassende und fachgerechte Tankanlagenprüfung weder vom Befüllpersonal zu fordern, noch besitzt es die entsprechende fachliche Ausbildung. Wer seine Tankanlage nicht durch einen Fachbetrieb warten lässt und die Kosten einer Prüfung durch einen Tanksachverständigen scheut, trägt nun einmal persönlich das Risiko, dass seine Anlage fehlerhaft funktioniert. **278b**

Zutreffend ist daher das Urteil vom *AG Philippsburg*.[663] Es sei für den Fahrer unzumutbar, auf die Tankbehälter zu klettern, um mit einem Halogenscheinwerfer oder einer Starklichtlampe zu versuchen, den Füllstand im letzten Behälter festzustellen. Das dem Tankbetreiber bekannte Risiko, den Füllstand nicht exakt feststellen zu können, liegt allein in dessen Risikosphäre. **278c**

---

654 *OLG Düsseldorf* v. 10.5.2007 – I-12 U 22/07.
655 *OLG Köln* VersR 1995, 1106 f.; *OLG Frankfurt* VersR 1988, 355 f. = r+s 1987, 280 f.
656 *AG Westerstede* v. 13.2.2004 – 25 C 1095/03 (VII).
657 *LG Heidelberg* v. 1.2.2000 – 2 O 66/99.
658 *LG Düsseldorf* SP 2010, 247; *LG Duisburg* v. 18.1.2008 – 10 O 201/06.
659 *LG Bamberg* v. 30.10.2009 – 1 O 509/08.
660 So noch *LG Detmold* SVR 2006, 33, bespr. von *Schwab*.
661 *OLG Hamm* v. 23.11.2006 – 10 U 116/05.
662 *OLG Frankfurt* NJOZ 2008, 2864 = zfs 2008, 377 = r+s 2008, 437.
663 *AG Philippsburg* v. 8.1.2010 – 1 C 376/09.

279 Im Gegensatz dazu stehen der Wissensvorsprung und die besondere Erfahrung von Tanksachverständigen, die die baulichen Besonderheiten und die Schwachpunkte an Tankanlagen ständig untersuchen. Dabei ist zu beachten, dass selbst sie oftmals nicht auf Anhieb die genaue Schadenursache erkennen können.

279a In fachlicher Hinsicht darf folglich der Fahrer ebenfalls nicht überfordert werden. Entsprechend seiner Ausbildung kann und muss er nicht wissen, ob etwa die verwendeten Materialien bei der Erstellung der Anlage den damaligen Bauvorschriften entsprachen und ob ggf. eine Nach- oder Umrüstung heute vorgeschrieben ist.

279b Dies hat auch für Sicherungsschellen an Befüllleitungen zu gelten, die nicht in allen Zeiträumen vorgeschrieben waren.[664]

280 Vom Befüller kann nicht das Wissen verlangt werden, beurteilen zu können, ob der Grenzwertgeber auf dem richtigen Tankbehälter einer Batterietankanlage montiert ist.[665] Dies kann je nach Konstruktion der Anlage ganz unterschiedlich sein. Sogar Fachbetrieben nach § 3 Bundes-VAUmwS[666] unterlaufen Fehler, die teilweise selbst von Sachverständigen nicht bemerkt werden. Solange der Gesetzgeber in dieser Richtung keine umfassende Schulung nach dem Gefahrgutrecht verlangt, dürfen die Gerichte vom Fahrer dieses Wissen nicht fordern, da sie ihn damit maßlos überfordern.

281 Hat der Befüller einen Mangel an der Tankanlage erkannt, so ist die Betankung nicht von vornherein unzulässig. Er muss den Defekt beanstanden und sorgfältig prüfen, ob gleichwohl ein Befüllen gefahrlos möglich ist.[667]

281a Der Betreiber der Anlage kann mit dem Befüller daher grundsätzlich vereinbaren, das trotz des Mangels, auf Risiko des Betreibers befüllt werden soll.

281b Unzulässig bleibt dagegen eine Befüllung, wenn trotz weiterer Vorsichtsmaßnahmen eine erhöhte Gefahr besteht, dass Rechte Dritter verletzt werden könnten. Dritte sind Nachbarn und Wassernutzungsberechtigte. Entsprechendes gilt für Risiken, die Gefahren für die Umwelt nach öffentlich-rechtlichen Normen betreffen.

---

664 So *LG Heidelberg* v. 1.2.2000 – Az. 2 O 66/99; dagegen ohne Begründung *LG Saarbrücken* v. 7.4.2005 – Az. 2 S 158/04.
665 Anders *LG Dortmund* VersR 1979, 455 f.
666 § 19l WHG a. F.; § 36 Bundes-VAUwS-Entwurf.
667 *OLG Köln* zfs 1993, 232 = VersR 1994, 108.

E. Sorgfaltspflichten   Kapitel 21

281c

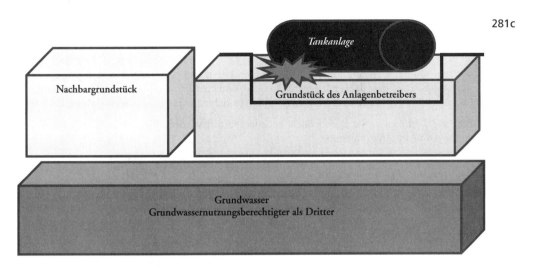

Schaubild: Risikosphären

Eigene Einschätzung: 282

Nähere Beispielsfälle lassen sich hierzu in der Rspr. nicht finden. Ausgehen muss man jedoch von der   282a
Überlegung, dass entweder der Mangel für die Befüllvorgang als solchen keine Bedeutung beizumessen ist oder durch zusätzliche Sicherheitsvorkehrungen ein Schadenseintritt nach menschlichem Ermessen auszuschließen ist.

Hat beispielsweise eine Auffangwanne erkennbar nur einen teilweisen Anstrich oder werden darin   282b
vom Anlagenbetreiber Gegenstände gelagert, so hat dies für den Befüllvorgang keinerlei Relevanz. Bedeutung hat der Sachverhalt lediglich für die Lagerung, für den Fall, dass der Tank einmal durchrostet oder unten liegende Verschraubungen undicht werden. Ist der Tank vor dem Befüllen vollkommen leer, kann der Fahrer natürlich nicht sicher sein, dass er tatsächlich dicht ist. Ist er hingegen noch teilweise gefüllt und ist kein Öl am Boden zu sehen, wird man berechtigterweise annehmen können, dass er dicht ist. Im Fall der Gegenstände im Auffangraum sollte dies unschädlich sein, da sie ja wieder vom Betreiber der Anlage entfernt werden könnten und sollten.

Es ist sicherlich gut und richtig, wenn der Tankwagenfahrer den Anlagenbetreiber auf die Mängel   283
hinweist. Bei nicht betankungsrelevanten Mängeln dagegen bereits eine Pflicht des Fahrers zu sehen, von der Befüllung ganz Abstand zu nehmen, erscheint mir unangemessen. Ihm würde man sonst zumuten, sich ggf. mit dem Kunden zu streiten und sich gegenüber seinem Disponenten und Chef rechtfertigen zu müssen mit dem Risiko, eventuell sogar den Arbeitsplatz zu verlieren. Seine Aufgabe kann es nicht sein, anstelle des Staates[668] auch bei älteren Anlagen Überwachungsaufgaben wahrzunehmen und andere durch Nichtbelieferung zu »maßregeln«.

Als nächsten Vorgang muss der Fahrer sich vergewissern, dass die bestellte Menge auch tatsächlich in   284
den Tank passt. Er muss folglich eine so genannte Freiraummengenmessung vornehmen.[669] Hierzu gibt es eine historische Entwicklung. Man muss sie kennen, um die aktuelle Relevanz älterer Gerichtsentscheidungen richtig bewerten zu können.

---

668 *VGH Kassel* NJOZ 2007, 1529.
669 *BGH* v. 27.10.1981 – VI ZR 66/80, NJW 1982, 1049 f. = VersR 1982, 146; *BGH* v. 18.1.1983 – VI ZR 97/81, NJW 1983, 1108 f. = VersR 1983, 394 = MDR 1983, 654 = zfs 1983, 163 nur Hinweis; *BGH* v. 18.10.1983 – VI ZR 146/82, NJW 1984, 233 f. = VersR 1984, 65.

284a In der Zeit, in der es noch keine automatischen Abfüllsicherungen/Grenzwertgeber gab, war die Füllstandprüfung selbstverständlich. Die frühere Tankpfeife in der Belüftungsleitung konnte eine Überfüllung nicht verhindert.

284b Später, nachdem sich als Abfüllsicherung[670] die Grenzwertgeber eingebürgert hatten, ging der *BGH* zunächst davon aus, dass das Gerät generell so sicher und genau arbeite, dass keine Freiraummengenmessung mehr erforderlich sei.[671] Daran orientierten sich dann auch die Instanzgerichte.[672]

284c Davon abgekommen ist der *BGH* jedoch, nachdem immer wieder Fälle auftraten, in denen Abfüllsicherungen nicht funktionierten.[673]

284d Der Grenzwertgeber diente fortan richtigerweise nur als zusätzliche Sicherung, die die Freiraummengenmessung nicht gänzlich unnötig macht.

284e Hieran haben die Instanzgerichte[674] bis heute fast[675] ausnahmslos festgehalten, unabhängig davon, ob es sich um einen privaten oder gewerblichen Kunden des Befüllers handelt.[676]

284f **Eigene Einschätzung:**

285 Die Rspr. des *BGH* erging, da in den 80er Jahren deutlich wurde, dass Grenzwertgeber oft zu verpilzen drohen. Die organischen Bestandteile des Öls werden nämlich durch Mikroorganismen langsam zersetzt. So kann es an bestimmten Stellen im Tankinneren zum Ausblühen kommen.

285a Viele Tankanlagenbetreiber verzichten auf eine regelmäßige Tankreinigung. Sie erhöhen dadurch das Befüll- und Betriebsrisiko ihrer Anlage. Dies geschieht selbst bei vermieteten Objekten, da bislang Rechtsunsicherheit bestand, ob die anfallenden Kosten als Betriebs- oder Instandhaltungskosten umlagefähig sind. Der *BGH*[677] hat nun klargestellt, dass es sich auch dann um Betriebskosten nach § 556 Abs. 1 BGB i. V. m. § 2 Nr. 4a BetrKV handelt, auch wenn sie nicht jedes Jahr, sondern nur alle fünf bis sieben Jahre anfallen.

285b Grenzwertgeber der ersten Generation hatten nur punktförmige Ein- und Auslässe. Diese können mit den Jahren verstopfen, sodass das Öl gar nicht bis an die eigentliche Schaltvorrichtung gelangen kann. Die Schadenpraxis zeigt, dass immer noch Anlagen mit diesen veralteten Grenzwertgebern ausgerüstet sind, die verpilzt[678] sein können. Das Risiko besteht also nach wie vor, ohne dass ein Fahrer zudem gleich erkennen könnte, ob es sich um einen Grenzwertgeber alter oder neuer Bauart handelt.

286 Die neueren Grenzwertgeber haben einen durchgehenden Schlitz, der ein vollständiges Verkleben oder Verpilzen ausschließen soll. Trotz dieser Verbesserungen bestehen selbst dort noch Fehlerquellen. So entstehen Funktionsstörungen, wenn das Gerät mit einem Schleim überzogen ist. Häufig ist der Grenzwertgeber auch nicht in der für den Tank vorgesehenen Einbautiefe eingestellt. Dies mag an einer nachlässigen Installation oder einer nachträglichen Manipulation liegen, etwa, um möglichst viel von dem geradeso günstigen Heizöl tanken zu können, bevor die Preise wieder steigen.

---

670 TRbF 512.
671 *BGH* v. 6.6.1978 – VI ZR 156/76, NJW 1978, 1576 = VersR 1978, 840.
672 *LG Darmstadt* zfs 1980, 163.
673 *BGH* v. 27.10.1981 – VI ZR 66/80, NJW 1982, 1049 f. = VersR 1982, 146; *BGH* v. 18.1.1983 – VI ZR 97/81, NJW 1983, 1108 f. = VersR 1983, 394 = MDR 1983, 654 = zfs 1983, 163 nur Hinweis; *BGH* v. 18.10.1983 – VI ZR 146/82, NJW 1984, 233 f. = VersR 1984, 65.
674 *LG München II* zfs 1989, 5; *LG Stuttgart* r+s 1987, 281; *LG Karlsruhe* VersR 1990, 1015; *LG Trier* NJW-RR 1992, 1377; *LG Essen* v. 29.6.1992 – 8 O 427/91 (auch bei einer Fern-Füllstandsanzeige).
675 *OLG Köln* VersR 1995, 806 = OLGR 94, 272 zur elektronischen Füllstandsanzeige; kritisch hierzu *Schwab* VersR 1995, 1250; doppelte Sicherheit gerade auch in der Fliegerei erforderlich, s. *OLG Brandenburg* v. 28.9.2006 – 12 U 82/05.
676 *OLG Köln* NJW-RR 1990, 927 f.
677 *BGH* v. 11.11.2009 – VIII ZR 221/08, NJW 2010, 226 = NZM 2010, 79.
678 *OLG Hamm* v. 11.1.2011 – I-19 U 117/09.

E. Sorgfaltspflichten Kapitel 21

Ist der Grenzwertgeber zu tief eingebaut, ist dies unschädlich, da ein noch größerer Freiraum verbleibt. Ist die Abschaltvorrichtung dagegen zu hoch installiert, ist der verbleibende Freiraum entsprechend geringer und ggf. zu gering. Möglicherweise kann dann schon aufschäumendes Öl aus der Entlüftung ausgetreten. 287

Darüber hinaus findet man in der Praxis gerade bei älteren, nachgerüsteten Anlagen gelegentlich die Situation vor, dass der Grenzwertgeber in einem früheren Peilrohr eingebaut wurde. Dann kann sich ein Luftpolster im geschlossen Rohr bilden, was dazu führt, dass die Flüssigkeit die Abschaltvorrichtung gar nicht erreichen kann. 288

Sämtliche technischen Details und Fehlerquellen werden dem Fahrer nicht bekannt sein. Er muss sie für seine tägliche Arbeit nicht kennen. 288a

Der Fahrer ist nicht verpflichtet, vor einer Befüllung den Grenzwertgeber auszubauen[679] und zusätzlich einer optischen Prüfung zu unterziehen. Hierzu ist er nicht einmal berechtigt, da er kein Mitarbeiter eines Fachbetriebes im Sinne des § 3 Bundes-VAUmwS[680] ist. 288b

Nicht nur unter den Fahrern[681] dürfte jedoch allgemein bekannt sein, dass Grenzwertgeber verpilzen können und somit die Abschaltfunktion verhindert wird. Bereits dieses Risiko muss zu der Einsicht führen, dass eine Kontrolle des Freiraums unumgänglich ist. Durch den verstärkten Verkauf von höherwertigem Heizöl, das mit Additiven versetzt wird, um die Zersetzung zu verhindern, die Fließfähigkeit bei tiefen Temperaturen zu erhalten, die Korrosion zu mindern und die Geruchsbelastung zu reduzieren etc., mag nebenbei auch das Risiko einer Verpilzung zurückgehen. Offen bleibt die Frage, ob man wirklich weiß, was tatsächlich im Tank ist. 288c

Das »Wie?« der Freiraummengenmessung hängt vom Tanktyp, den Messeinrichtungen und Behältermaterialien ab. 289

Behälter aus glasfaserverstärktem Kunststoff oder Polyäthylen sind, wenn sie neu sind, durchsichtig. Sie werden jedoch mit den Jahren immer trüber. Mit Hilfe einer Lampe oder aufgesetzten Taschenlampe kann man grob die Füllhöhe abschätzen. 289a

Stahlbehälter oder blechummantelte Kunststoffbehälter besitzen meist eine Tankuhr mit Angabe der Liter oder der Füllstandshöhe in Zentimetern bzw. Prozenten. Diese Messeinrichtungen sind nicht immer zuverlässig. 289b

Gerade bei Erdtanks sollte man eine Peilvorrichtung vorfinden. Es handelt sich um eine verschließbare obere Öffnung am Tank, über die der Füllstand gemessen werden kann. Dies geschieht entweder über eine Kette bzw. ein Zentimetermaß jeweils in Verbindung mit einer für den Tank vorgesehenen Peiltabelle oder einem für den Tank bestimmten Peilstab. Ist ein Peilstab nicht auffindbar, darf der Fahrer nicht auf Verdacht befüllen.[682] 290

Manche Erdtanks oder oberirdische Tankanlagen verfügen jedoch nur über elektronische Füllstandsanzeiger oder einen elektronischen Peilstab. Im Tanklagerraum bzw. in einem Vorraum zum Tank oder bei Großanlagen in einer Leitwarte wird der Füllstand auf einer Anzeige oder am Bildschirm dargestellt. 291

Bei allen Verfahren bestehen Fehlerquellen, die der Fahrer nicht unbedingt beherrschen kann. 292

So kann es sein, dass Batterietankanlagen unterschiedliche Füllstände in den Einzelbehältern aufweisen. Sind die Behälter aus glasfaserverstärktem Kunststoff oder Polyäthylen und stehen diese hintereinander, wird es von Tankelement zu Tankelement schwerer, den Füllstand genau zu bestimmen.[683] 292a

---

679 *AG Lahnstein* v. 11.11.2008 – 26 C 365/08.
680 § 19l WHG a. F.; § 36 Bundes-VAUwS-Entwurf.
681 Stiftung Warentest Heft 1/1992, 10 und 2/1995, 13.
682 *LG Stuttgart* r+s 1987, 281; *OLG Köln* NJW-RR 1990, 927 f.; *LG Ravensburg* v. 26.4.1988 – 1 O 324/88.
683 Fall des *LG Detmold* SVR 2006, 33 bespr. von *Schwab*.

293 Zeigt eine vorhandene Tankuhr[684] oder elektronische Füllstandsanzeige zu wenig an und gibt es keine sonstige Peilvorrichtung, hat der Befüller keine andere Wahl, als sich auf die Technik zu verlassen. Allerdings darf auch er nicht blind darauf vertrauen,[685] sondern es ist besondere Vorsicht geboten.

293a In diesem Zusammenhang sei darauf hingewiesen, dass eine sonstige verschließbare Öffnung, nicht zum Peilen benutzt werden darf. Es besteht die Gefahr, dass z. B. eine Tankinnenhülle beschädigt wird. Der Tankwagenfahrer ist daher nicht verpflichtet, eine unzulässige Öffnung[686] zum Peilen zu benutzen.

294 Peiltabellen und Peilstäbe müssen zum Tank passen. Typenschilder oder zumindest Bezettelungen fehlen häufig. Der Fahrer kann nur darauf vertrauen, dass die vom Betreiber vorgehaltenen Berechnungsgrundlagen richtig sind.

294a Mögen auch die angegebenen Dimensionen der Tankanlage zutreffen, so besteht bei unterirdischen zylindrischen Tankbehältern[687] die Möglichkeit, dass der Tank nicht genau waagrecht in das Sandbett eingelassen wurde oder durch Setzungen im Boden seine ursprüngliche Lage im Laufe der Jahre unbemerkt verändert hat. Ein derart schräg liegender Tank kann ein tatsächlich geringeres Nutzvolumen vorweisen, als auf den Tankbeschreibungen angegeben ist.

294b Die Peilung selbst und die Berechnung nach der Peiltabelle hat er gewissenhaft durchzuführen. Grob danebenliegen darf er mit seinen Feststellungen nicht und muss notfalls wiederholt peilen.[688]

295 Das Peilrohr hat der Fahrer vor Beginn der Befüllung wieder zu schließen[689] und darf es auch später nicht mehr öffnen.[690] Hier könnte ansonsten Luft entweichen, die über das Entlüftungsrohr abgeleitet werden soll. Schließlich sollten Entlüftungsrohre ja mindestens einen Meter über der Tankoberkante ins Freie münden, was ansonsten unterlaufen würde. Es gilt dabei auch zu verhindern, dass aufschäumendes Öl aus der unzulässigen Öffnung austritt.

296 Der Fahrer hat im Anschluss an die Freiraummengenmessung zu beachten, dass auch nach dem Auffüllen der Tankanlage noch ein genügender Freiraum im Tank verbleibt. Wie groß nun dieser restliche Luftraum zu sein hat, richtet sich nach dem Tanktyp und dem einzufüllenden Produkt. Für Heizöl, Diesel, Benzin sowie flüssige Chemikalien gibt es je nach Tankanlage, ob oberirdisch oder unterirdisch, und Behälterart unterschiedliche maximal erlaubte Füllgrade. Sie sollten sich aus den Tankunterlagen entnehmen lassen.

296a Sinn und Zweck der Anforderung ist es, eine Überfüllung zu verhindern. Diese könnte nämlich durch die temperaturabhängigen Volumina der Mineralölprodukte entstehen. Der Befüller kann den Freiraum im Tank nur ungefähr ermitteln, muss sich hierbei aber Mühe geben und darf sich nicht auf eine pauschale Schätzung einlassen.[691]

297 Die Temperatur im Tank muss er dabei unberücksichtigt lassen. Die über die geeichte Messarmatur am Tankwagen abgegebene Menge bezieht sich immer auf das Volumen bei 15 °C, um eine einheitliche Abrechnungsbasis für die Ware zu erhalten. Das bedeutet, dass bei kälterem Öl im Winter effektiv weniger Liter über die Armatur abgegeben werden, diese Literzahl jedoch der berechneten Menge bei 15 °C entspricht.

---

684 *OLG Zweibrücken* SVR 2004, 471 bespr. von *Schwab*.
685 *BGH* v. 27.2.1964 – VI ZR 207/62, VersR 1964, 632; *LG Bielefeld* NJW 1969, 512 = VersR 1969, 672 (L).
686 *OLG Zweibrücken* SVR 2004, 471 bespr. von *Schwab*.
687 Templin TÜ Bd. 45 2004 Nr. 7/8, 28.
688 *LG Koblenz* v. 14.5.1985 – 11 O 155/83.
689 *BGH* v. 12.3.1985 – VI ZR 192/83, VersR 1985, 575; *OLG Karlsruhe* VersR 1978, 47 f.
690 *AG Waldbröl* Urt. v. 22.6.1998 – Az. 3 C 35/98; alte Nr. 5.1 Abs. 2 TRbF 280.
691 *OLG Düsseldorf* NJW-RR 1997, 1246 f.

E. Sorgfaltspflichten   Kapitel 21

Ist es im Keller wärmer als es das Öl im Tankwagen ist, wird sich dieses Öl langsam erwärmen und dabei ausdehnen.[692] Umgekehrt muss bei warmem Öl im Tankwagen effektiv etwas mehr an Volumen über die Armatur laufen, um das Volumen bei 15 °C zu erreichen. 297a

Die festgelegten Sicherheitsmargen für den zu verbleibenden Freiraum sollen folglich eine spätere Überfüllung durch Ausdehnung des kalten Öls verhindern. Entsprechendes gilt für das warme und damit verglichen zur Temperatur von 15 °C volumenreichere Öl. Zum Aufgabenbereich des Befüllers gehört es nicht, noch komplizierte Berechnungen bezüglich der möglichen Ausdehnung anzustellen, da man gewöhnlich davon ausgehen kann, dass die eingestellten Sicherheitsmargen zutreffend sind.[693] 297b

▶ **Beispiel für eine Berechnung bei oberirdischem Heizöltank:** 298

Ermitteltes Gesamttankvolumen:	5.000 Liter
./. ermittelter Füllstand	2.200 Liter
./. zu verbleibender Freiraum 5 % von 5 000	250 Liter
maximal zu befüllen	2.550 Liter

In der Folge hat der Fahrer seine Instrumente am Fahrzeug zu überprüfen. Nähere Ausführungen was dies beinhaltet, sagt die Rspr. jedoch nicht. 299

Man wird jedoch davon ausgehen können, dass sofern das Fahrzeug über eine entsprechende Armatur zur Volumenvorwahl verfügt, diese auf das maximale Maß (im obigen Beispielsfall 2.550 Liter) eingestellt werden sollte. Auch wenn dies nicht vorgeschrieben ist, verhindert dies, dass zumindest nicht mehr Öl von der Pumpe gefördert wird, als vorher eingestellt wurde. 299a

Bei oberirdischen Heizöltankanlagen ab 1.000 Liter Fassungsvermögen und allen unterirdischen Anlagen ist mit Grenzwertgeber zu befüllen, also das Grenzwertgeberkabel am Strecker der Haustankanlage anzuschließen.[694] 299b

Das *OLG Hamm*[695] fordert zusätzlich bei einer Tankanlage mit Innenhülle, dass sich der Fahrer von der Funktionstüchtigkeit des Leckschutzanzeigegerätes überzeugt und er entsprechend auch die Räumlichkeiten aufsucht, in denen sich das Gerät befindet. Ist die Betriebsanzeige erloschen, soll er nicht befüllen dürfen. 300

Sieder/Zeitler[696] rechnen das Leckanzeigegerät zu den Sicherheitseinrichtungen. Es sei speziell für das Befüllen oder Entleeren vorhanden, da es mit die Aufgabe habe, durch Warnung ein weiteres Befüllen und damit die Zunahme des Schadens zu verhindern. 300a

Eigene Einschätzung: 300b

Es ist eine Tatsache, dass die Betriebsanzeigen von Leckanzeigegeräten nicht gerade selten ausfallen, weil die Glühbirne durchgebrannt ist. Es ist Aufgabe des Anlagenbetreibers, für die Funktion der Glühbirne zu sorgen. 301

Dagegen gehören der Bau und die Funktion des Leckanzeigegerätes nicht zum Schulungsumfang,[697] den der Fahrer zur Erlangung des Gefahrgutführerscheins beherrschen muss. 301a

Allein der Ausfall des Gerätes führt nicht automatisch zu einem Schaden. *Sieder/Zeitler* mag dann zuzustimmen sein, dass es zu einer Zunahme des Schadens kommt, wenn der doppelwandige Tank insgesamt undicht ist. 301b

---

692 Siehe Tabelle unter Rdn. 243b.
693 *OLG Celle* zfs 1991, 184 (Fall handelt bei –15 °C Außentemperatur).
694 Beschreibung und Funktion des Grenzwertgebers s. Rdn. 349.
695 *OLG Hamm* v. 19.5.2000 – 19 U 101/99, Nichtannahmebeschluss *BGH* v. 13.2.2001 – VI ZR 248/00.
696 *Sieder/Zeitler* Bd. 1 § 19k WHG a. F. Rn. 4.
697 Anlage B 8.2.2.3.2 und 8.2.2.3.3 (ADR).

301c Ist der Tank nur in der äußeren Schicht durchrostet, die Innenhülle aber noch stabil, tritt noch keine Flüssigkeit aus. Allerdings erhöht das Einfüllen von Öl in einen vorgeschädigten Tank das Risiko eines größeren Schadens, wenn bei fortschreitender Lagerung auch noch die Innenhülle kaputt geht.

301c Vorschriften, die das Thema Leckanzeige betreffen, richten sich allesamt an den Betreiber[698] der Tankanlage und die Fachbetriebe[699] nach § 3 Abs. 2 VAwS i. V. m. § 62 Abs. 1 und 4 Nr. 4 WHG,[700] die für den Betreiber tätig werden. Die Regelungen betreffen damit insbesondere das sichere Lagern, nicht aber das sichere Befüllen.

301d In der Nr. 2.3 der TRbF 280, die sich mit dem Befüllen von Anlagen befasst, sind umgekehrt Leckanzeigegeräte nicht erwähnt. Nichts anderes ist im Entwurf zum VAUmS[701] vorgesehen. Wird aber durch entsprechende Regelungen nur der Betreiber angesprochen, kann dies für den Befüller keine negativen Konsequenzen haben.[702]

302 Wegen des Schutzzweckes versucht man, den Begriff Anlage weit auszulegen und zählt hierunter auch Anlagenteile und Sicherheitseinrichtungen. Zu diesen werden dann auch die Leckanzeigegeräte gezählt,[703] auch wenn es an einer ausdrücklichen Regelung fehlt,[704] welche Sicherheitseinrichtungen eigentlich gemeint sind. Das *OLG Düsseldorf*[705] hat in einem Ordnungswidrigkeitsverfahren erkannt, dass die Regelung des § 19k WHG a. F. unzureichend ist. Es hat dennoch gefordert, dass der Prüfende (also der Befüller) sachkundig genug sein muss, um einen äußerlich erkennbaren Falschanschluss eines Grenzwertgebers sofort feststellen zu können.

302a Es besteht die Gefahr, dass die Sorgfaltspflichten des Fahrers überspannt werden. Zwar ist eine ausgefallene Glühbirne an der Betriebsanzeige ein leicht zu erkennendes Indiz dafür, dass etwas nicht stimmen könnte. Wenn jedoch auch kein akustisches Signal ertönt, mag man kaum darauf schließen, dass nicht nur die Glühbirne durchgebrannt ist, sondern der Stromfluss gänzlich unterbunden ist.

303 Schließlich hat der Fahrer, bevor er die Befüllung startet, auch die individuellen Hinweise des Bestellers zu berücksichtigen.[706] Das Gefahrgutrecht weist hierauf jetzt in § 20 Abs. 2 GGVSEB i. V. m. Anlage 2 Nr. 3.2 Satz 2 hin.

304 Sämtliche Verstöße gegen Sorgfaltspflichten im Zeitraum vor Beginn der Befüllung bedingen, sofern sie für den Eintritt des Schadens zumindest mitursächlich sind, erst die Entstehung des Schadens.

304a Dies klingt banal. Es soll aber vor Augen führen, dass hierin ein gewichtiger Faktor für eine etwaige Haftungsabwägung zu sehen ist.

bb) Während des Befüllvorgangs

305 Der Fahrer hat nach der Rspr. zu prüfen, dass die höchstzulässige Fördermenge pro Minute und der höchstzulässige Förderdruck nicht überschritten werden.

305a *Sieder/Zeitler*[707] gehen sogar davon aus, dass eine wesentliche Ursache von Befüllschäden in der Wahl zu hoher Befülldrücke gesehen werden müsse. Es werde häufig versucht, den Füllvorgang durch

---

698 § 62 Abs. 2 WHG i. V. m. Nr. 5.5 GP 131 (Güte- und Prüfbestimmungen).
699 Nr. 3 GP 131; s. a. TRbF 503 (spezielle Überwachung der Fachbetriebe durch Sachverständige in Bezug auf Leckanzeigegeräte).
700 Entspricht § 19l WHG a. F. bzw. § 36 VAUwS-Entwurf.
701 § 16 VAUwS-Entwurf (Befüllen und Entleeren); dagegen § 15 Abs. 2 VAUmS-Entwurf (Anlagenbetrieb und Leckanzeige).
702 *OVG Koblenz* DÖV 2009, 213 = GewArch 2009, 133 = LKRZ 2009, 95 = DVBl. 2009, 204 Ls. = AbfallR 2009, 95 =NVwZ-RR 2009, 280; *OVG Münster* NVwZ 1985, 355 f.
703 *Czychowski/Reinhardt* § 62 WHG Rn. 19 und § 63 WHG Rn. 11.
704 *Sieder/Zeitler* Bd. 1 § 19k WHG a. F. Rn. 4.
705 *OLG Düsseldorf* VersR 1989, 1095.
706 *OLG Karlsruhe* NJW-RR 1997, 1247 f.
707 *Sieder/Zeitler* Bd. 1 § 19k a. F. WHG Rn. 6.

E. Sorgfaltspflichten   Kapitel 21

eine höhere Durchsatzmenge zu beschleunigen, um damit einen Zeitgewinn zu erzielen. Die zulässigen Belastungsgrenzen seien regelmäßig auf den betreffenden Anlagenteilen durch einen dauerhaften und gut sichtbaren Ausdruck bzw. einer Beschilderung angegeben.

Eigene Einschätzung: 306

Die höchstzulässige Fördermenge kann erfahrungsgemäß nicht überschritten werden, da die Leistung der Fahrzeugpumpe regelmäßig deutlich unter der Aufnahmekapazität der Tankanlage liegt.[708] Die Pumpen schaffen zwischen 5 bis 7 bar am Austritt hinter der Pumpe. Durch die Widerstände im Schlauchsystem und bei Überbrückung von Höhenunterschieden bis zum Tank fällt der Druck weiter ab. Dagegen haben die Füllleitungen einem Druck von 10 bar Stand zu halten.   306a

Allenfalls bei neuen und größeren Tankanlagen, die von einem Fachbetrieb nach § 3 Bundes-UAUmwS[709] errichtet wurden und nicht etwa vom Heizungsbauer, der eben mal zwischendurch eine Tankanlage mit aufstellt, werden sich genaue Angaben auf Tafeln am Tank finden lassen. Die Erfahrung aus Hunderten von Schadensfällen zeigt jedoch, dass die Masse der Haustankanlagen kaum über entsprechende oder noch lesbare Hinweise verfügt. Eine bundeseinheitliche[710] Regelung, die entsprechende Hinweise im Tankraum vorschreibt, ist zu begrüßen.   306b

Zu hohe Füllgeschwindigkeiten sind ebenfalls nicht denkbar, da nach TRbF 020 Nr. 9.1.2.3 Abs. 6 Tankanlagen 1.200 l/min auszuhalten haben. Gewöhnlich wird mit 250 bis 350 l/min befüllt.[711] Moderne Pumpen haben gewöhnlich eine Höchstleistung von 400 bis 700 l/min.   307

Schwierigkeiten sind schon eher dann denkbar, wenn eine Batterietankanlage zu langsam, also mit zu geringer Fördermenge befüllt wird. Hier plätschert das Öl in den ersten Behälter und die hinteren Tanks werden kaum gefüllt. Erst bei einer Mindestfüllgeschwindigkeit[712] ist über das Befüllsystem mit den Stauscheiben gewährleistet, dass die jeweiligen Behälter annähernd gleichmäßig befüllt werden. Eine weiter gehende Gefahr dürfte hieraus nur selten entstehen.   308

Zu Beginn des Tankvorgangs hatte sich der Fahrer vom ordnungsgemäßen Funktionieren der Tankanlage zu überzeugen.   309

Da jetzt das Öl fließt, ist es ihm möglich zu erkennen, ob Undichtigkeiten am Befüllsystem vorliegen. Zum Kontrollumfang bei einer Anlage im Keller gehört es, diesen Keller nochmals aufzusuchen.[713]   309a

In diesem Zusammenhang ist zu betonen, dass es dem Tankwagenfahrer nicht obliegt, den Befüllvorgang im Keller neben dem Behälter stehend per Funk einzuschalten.[714] Dies ist heute teilweise möglich, wenn Fahrzeuge über die gesetzlich noch nicht vorgeschriebene[715] Funkfernschaltung verfügen. Diese Geräte bieten also zwar grundsätzliche Vorteile,[716] wenn es um das schnelle Abschalten geht. Jedoch ist nicht immer gewährleistet, dass bei dicken Wänden und abgeschirmten Gebäudeteilen überhaupt eine jederzeitige Funktion gegeben ist. Das *LG Hildesheim*[717] hat zutreffend keine überwiegenden Gründe dafür gesehen, dass sich der Fahrer hierzu im Kellerraum aufhalten sollte.   309b

---

708 *LG Landau in der Pfalz* PVR 2003, 257, bespr. von *Schwab*; *AG Peine* v. 10.3.2003 – 24 C 20/02.
709 § Entspricht § 19l WHG a. F. bzw. § 36 VAUwS-Entwurf.
710 § 24 Abs. 3 VAUwS-Entwurf.
711 *AG Neresheim* SVR 2006, 429 bespr. von *Schwab* (280 l/min); *LG Trier* v. 7.5.2010 – 2 O 142/09 (300 -330 l/min); *LG Stade* v. 4.2.1999 – 4 S 78/99 (240 l/min).
712 *AG Freiburg* SVR 2006, 429, bespr. von *Schwab* (125 bis 300 l/min); *LG Stade* v. 4.2.1999 – 4 S 78/99 (200 l/min notwendig) .
713 *BGH* v. 18.1.1983 – VI ZR 97/83, NJW 1983, 1108 f. = VersR 1983, 394 = MDR 1983, 654 = zfs 1983, 163 nur Hinweis.
714 *AG Peine* v. 10.3.2003 – 24 C 20/02.
715 *OLG Düsseldorf* v. 10.5.2007 – I-12 U 22/07.
716 Sinnvolle »Pflicht« laut *LG Frankenthal* v. 10.11.2004 – 1 S 286/04.
717 *LG Hildesheim* v. 27.6.2003 – 7 S 99/03.

310 Die Pflichten aus dem Bereich der Ölanlieferung lassen sich nicht auf sämtliche Spezialfahrzeuge übertragen. So hat der Fahrer eines Silotankfahrzeugs,[718] mit dem über Druckluft Schüttgüter in ein Silo eingeblasen werden, das Fahrzeug nicht zu verlassen. Dieser Fahrer darf folglich gar keine Kontrollgänge durchführen, da er die Fließgeschwindigkeit am Fahrzeugstutzen ständig zu überwachen hat, um schnell eingreifen zu können.

311 **Eigene Einschätzung:**

311a Ein sofortiger Kontrollgang beim Start der Befüllung ist sehr wichtig. Erst in Aktion lässt sich prüfen, was zuvor nur durch Sichtprüfung in Ordnung erschien.

311b Dem Fahrer ist eine angemessene Zeit für diese erste Prüfung einzuräumen. Diese muss sich nach der Art der Tankanlage und den Örtlichkeiten richten.

311c Dies soll nicht heißen, dass er zuerst seine Papiere ordnet und alles für den Bondruck bzw. die Abnahmequittung vorbereitet. Hierfür hat er noch später ausreichend Zeit.

312 Es darf verlangt werden, dass er zügig die Armaturen am Schrank seines Fahrzeugs überprüft. Dort erkennt er, ob die Leitungen zu den einzelnen Elementen im Armaturenschrank dicht sind. Am Manometer kann er den von der Pumpe aufgebauten Druck ablesen und prüfen, ob er eventuell die Einstellung noch zu regulieren hat. Des Weiteren sieht er nach Anlaufen der Pumpe, welche Fördermenge pro Minute sich nun einstellt. Der Befüller kann nicht von vornherein wissen, welcher Druck an der Pumpe entsteht und welche Füllgeschwindigkeit aufgebaut wird. Dies ist physikalisch abhängig von der Pumpenleistung, dem Höhenunterschied von Tankwagen zum Füllstutzen, dem Schlauchquerschnitt und der ausgerollten Schlauchlänge.

312a Hat er also zunächst am Fahrzeug geprüft und nachjustiert, schreitet er den Füllschlauch ab und überprüft etwaige Kupplungen zu Verlängerungsstücken. Die Zapfarmatur prüft er sodann am Füllstutzen auf Dichtheit. Dabei sollte sich eine ungewöhnliche Bewegung eines unzureichend befestigten Tankeinfüllstutzens bemerken lassen.

313 Liegt das Ende der Belüftungsleitung in erreichbarer Nähe – oftmals liegen Einfüllstutzen und Belüftung unmittelbar nebeneinander –, kann der Fahrer am Geräusch und eventuell auch am Luftstrom feststellen, dass Luft austritt. Dies zeigt ihm an, dass offenbar Öl den Tank erreicht und die sich dort befindliche Luft verdrängt. Auf eine hörbare ungewöhnliche Änderung des Geräuschs[719] sollte er reagieren.

314 Erst jetzt legt er den restlichen Weg zum Keller oder Öllagerraum zurück. Dort kann er Feststellungen treffen, ob die sichtbaren Leitungen dicht sind.

315 Sofern der Befüller sich auf dem Kontrollgang befindet und einen Teil inspiziert, der andere Teil der Anlage aber gerade undicht wird, schadet ihm dies nicht. Erst, wenn er statt auf einer Kontrollrunde zu sein, sich abgewandt und unaufmerksam im Fahrzeug oder sonst wo aufhält, ohne die Situation im Auge zu behalten, beispielsweise, um Pause zu machen, verliert er wertvolle Reaktionszeit. Diese Verzögerung vergrößert den Schaden und begründet seine Mithaftung.[720]

316 Dauert der Tankvorgang länger, sind weitere kurze Kontrollgänge vorzunehmen. Wie oft diese stattzufinden haben, ist weder geregelt noch wird von der Rspr. eine konkrete Zeitvorgabe gemacht. Der *BGH*[721] spricht nur davon, dass innerhalb einer halben Stunde weitere kurze Kontrollgänge vorzunehmen sind. *Fell*[722] lässt unter Berufung auf das *LG Köln*[723] zwei Kontrollgänge innerhalb einer

---

718 *LG Fulda* PVR 2003, 256, bespr. von *Schwab*.
719 *LG Düsseldorf* SP 2010, 247.
720 *OLG Braunschweig* v. 21.2.2002 – 2 U 107/01.
721 *BGH* v. 18.1.1983 – VI ZR 97/83, NJW 1983, 1108 f. = VersR 1983, 394 = MDR 1983, 654 = zfs 1983, 163 nur Hinweis.
722 *Fell* VersR 1988, 1222, 1224.
723 *LG Köln* VersR 1985, 673 (L) = BB 1984, 2025 = MDR 1984, 1023.

halben Stunde genügen. Das *LG Gera*[724] hat entsprechend den ersten weiteren Kontrollgang nach 17 Minuten 26 Sekunden als rechtzeitig angesehen.

Eigene Einschätzung: 316a

Weitere Kontrollgänge über den nach Füllbeginn hinaus sind bei längerer Fülldauer sicherlich angezeigt und zumutbar. Die Frage ist nur: Wann ist wieder ein Kontrollgang fällig? 317

Zwei weitere Kontrollgänge innerhalb einer halben Stunde kann man sofort nach Abschluss des ersten Kontrollgangs durchführen. Dies dürfte genauso wenig sinnvoll sein, wie schnell zwei weitere Überprüfungen erst nach 25 Minuten. Besser ist es da schon, nach zehn[725] und 20 Minuten nach Abschluss des Eingangscheck Prüfungen anzusetzen. 317a

Offen ist aber, wenn man für einen Zeitraum von einer halben Stunde zwei weitere Kontrollgänge verlangt, ab wann dann zumindest ein weiterer Prüfturnus bei insgesamt kürzerer Befülldauer als einer halben Stunde durchzuführen ist. 317b

Moderne Heiztechnik und verbesserte Wärmedämmung lassen den Verbrauch und den Bedarf an Heizenergie sinken. Folglich ist in den letzten Jahrzehnten nicht nur der Verbrauch an Heizöl, sondern bei Neu- und Umbauten auch der Bedarf an Lagerkapazität deutlich zurückgegangen. Haustankanlagen haben ein Fassungsvermögen von üblicherweise 1.500 bis 5.000 und selten 10.000 Litern; bei Mehrfamilienhäusern entsprechend mehr. Erfahrungsgemäß liegen die gefahrenen Leistungen der Pumpen heute je nach Tankanlage zwischen 250 und 350 Litern pro Minute. Dies macht deutlich, dass durchschnittliche Füllmengen von 3.000 bis 4.000 Litern im Rahmen von acht bis 16 Minuten abgefüllt werden können. 318

Bei diesen kurzen Füllzeiten ist zu berücksichtigen, dass bereits ein Kontrollgang bei Füllbeginn stattgefunden hat. Gegen Ende der Befüllung, worauf noch weiter unten zu kommen sein wird, hat sich der Fahrer oft am Fahrzeug aufzuhalten. Zwischen Ende des Kontrollgangs bei Füllbeginn und Endphase des Füllvorgangs liegt bei den meisten Abfüllvorgängen nur ein recht kurzer Zeitraum von wenigen Minuten. 318a

Es sollte meines Erachtens nicht eine schematische Überwachung nach der Stoppuhr erfolgen, sondern bedarfsgerecht geprüft werden, wenn sich ein besonderer Anlass für eine Nachschau bietet. Dies sollte von der Größe, vom Alter und der Bauart der Tankanlage abhängen. 319

▶ **Beispiel 1: alte Tankanlage** 319a

Es ist auch den Fahrern bekannt, dass Tankuhren nicht immer den richtigen Füllstand zeigen. Ein entsprechendes Misstrauen sollte einen weiteren Kontrollgang auslösen, sofern man nicht selbst den ursprünglichen Freiraum durch manuelle Peilung feststellen konnte und daher auf die Funktionstüchtigkeit der Uhr angewiesen ist. So kann wenigstens durch einen ungefähren Vergleich von bislang abgegebener Menge nach der Messeinrichtung am Fahrzeug zum nun aktuell angezeigten Niveau der Tankuhr der Rückschluss gezogen werden, dass die Uhr zumindest nicht gänzlich versagt. Feststellungen dahin gehend lassen sich je nach Tankvolumen aber erst dann treffen, wenn schon eine entsprechende repräsentative Menge abgefüllt wurde. Führt der Befüller aufgrund dieser Überlegungen einen Kontrollgang durch, um die Ölkontrolluhren in Augenschein zu nehmen, so sollte man ihm hierin nicht auch noch einen Vorwurf machen, wenn dabei die Pumpe läuft und er nicht gleichzeitig auch am Fahrzeug verbleibt um die Pumpe im Moment des Ölaustritts aus der Entlüftung – schneller – abschalten zu können.

---

724 *LG Gera* v. 13.3.2002 – 1 S 414/01.
725 *AG Freiburg i.Br.* v. 28.7.2006 – 4 C 2012/05.

319b Das *OLG Düsseldorf*[26] meint, der Fahrer hätte unter den Bedingungen des obigen Beispiels eine Person zur Aufsicht einweisen oder den Tankvorgang unterbrechen müssen. Das ist allerdings gefahrgutrechtlich verboten und kann den Schadenseintritt nicht verhindern.

320 ▶ **Beispiel 2: durchsichtige Batterietankanlage**

Bei einer Batterietankanlage aus glasfaserverstärktem Kunststoff oder Polyäthylen lässt sich nach geraumem Füllprozess erkennen, ob die Befüllung weitgehend gleichmäßig auf die Behälter erfolgt. Wird erkennbar, dass der Behälter mit dem installierten Grenzwertgeber langsamer das maximale Niveau erreicht, besteht noch die Möglichkeit eines vorzeitigen Abbruchs des Füllvorgangs. Nicht gefeit ist der Fahrer vor einer Unregelmäßigkeit, die sich erst in der letzten Phase einstellt.

321 ▶ **Beispiel 3: Erstbefüllung**

Schließlich als wichtigstes Beispiel für weitere Kontrollgänge sollte eine neu errichtete Tankanlage, folglich deren Erstbefüllung dienen. Beim ersten Kontrollgang zeigt sich zwar, ob die Verbindungselemente dicht schließen, offen ist aber immer noch, wie die Anlage auf die wachsende Gesamtbelastung auf dem Boden reagiert und ob ungewöhnliche Spannungsgeräusche auftreten. Bei bereits wiederholt befüllten Anlagen kann die bisherige Tauglichkeit unterstellt werden. Meist werden daher Erstbefüllungen sogar in Anwesenheit des Tankanlagenbauers[727] durchgeführt, damit er sofort notwendige Nachbesserungen durchführen kann. Vorgeschrieben ist dies für den Tankanlagenbauer entgegen *LG Bamberg*[728] jedoch nicht.

322 Das *OLG Frankfurt*[729] hatte sich mit einem Schadensfall zu befassen, der im Rahmen einer Erstbefüllung einer Haustankanlage entstand. Ein Architekt als Bauherr von Reihenhäusern hatte in Kenntnis der Tatsache, dass die Tankanlage zumindest in Bezug auf die Auffangwanne noch nicht fertiggestellt war, die Erwerberin eines Hauses veranlasst, vorzeitig Heizöl zu bestellen. Trotz offenkundiger weiterer Mängel der Anlage – sie war zum Teil noch mit einer Folie abgedeckt und der Grenzwertgeber war noch nicht eingebaut – begann der Tankwagenfahrer die Befüllung. Eine nicht genügend befestigte Sicherungsschelle verschob sich und Öl spritzte in den noch nicht ölresistenten Auffangraum, der zudem noch über einen unzulässigen Ablauf verfügte. Das Öl drang über die Bodenplatte ins Nachbarhaus und verursachte gerade dort erhebliche Schäden. Aufgrund der gravierenden Verstöße aufseiten des Befüllers als auch aufseiten des Architekten ist das *OLG Frankfurt* dem *LG Frankfurt*[730] in der Beurteilung der Verantwortungsanteile gefolgt und hat diese mit je 50 % bewertet.

323 Der Einschätzung dieser Haftungsanteile ist im Ergebnis zuzustimmen. Zwar ist im konkreten Fall die Befüllung unter Umgehung des (nicht vorhandenen) Grenzwertgebers nicht kausal für den eingetretenen Schaden geworden, da es letztlich zu keiner Überfüllung der Haustankanlage kam, dennoch hätte es sich dem Fahrer aufdrängen müssen, dass die Anlage noch nicht fertiggestellt und damit nicht betriebsbereit war.

323a Der Architekt, der seinerseits auch die Planung der Tankanlage durchführt und sämtliche Arbeiten am Bauwerk überwachen soll, handelt leichtfertig, wenn er sich allen baulichen Bestimmungen zum Trotz darüber hinwegsetzt.

324 Umgekehrt steht auch zur Überlegung, aus welchem Grund in sonstigen Fällen ein weiterer Kontrollgang in den Keller durchgeführt werden sollte, wenn weiterhin am Entlüftungsstutzen ein Luftstrom

---

726 *OLG Düsseldorf* NJW-RR 1991, 1178 f. = VersR 1992, 1478 f. = OLGR 1993, 9.
727 *LG Halle* SVR 2004, 30 bespr. von *Schwab*.
728 *LG Bamberg* v. 30.10.2009 – 1 O 509/08.
729 *OLG Frankfurt* v. 25.10.2000 – 7 U 128/99.
730 *LG Frankfurt* v. 1.6.1999 – 2–10 O 448/97.

E. Sorgfaltspflichten Kapitel 21

wahrgenommen wird und die von der Tankanlage herrührenden Geräusche nicht ungewöhnlich sind. Bei abreißendem Luftstrom und ungewöhnlichen Geräuschen kann der Befüller, durch Ziehen des Grenzwertgebersteckers, durch Abschalten der Pumpe am Armaturenschrank oder durch Ausschalten/Abwürgen des Fahrzeugmotors noch schneller die weitere Ölzufuhr unterbrechen, als wenn er erst vom Keller wieder nach oben laufen müsste. In diesem Zusammenhang sei erwähnt, dass es zwar heute auch Funkfernabschaltungen[731] gibt, mit denen sich die Pumpe am Fahrzeug auch vom Keller ausschalten lässt. Diese zusätzlichen Notfallinstrumente sind jedoch nicht gesetzlich vorgeschrieben und gelegentlich durch Störeinflüsse (abgeschirmter Raum; zu weite Entfernung) funktionsbehindert.

Der *BGH*[732] diskutiert die Frage, ob der Fahrzeugmotor beim Kontrollgang abzustellen ist oder nicht. Er kommt zu dem Schluss, dass dies nicht erforderlich sei, wenn entsprechende technische Einrichtungen des Fahrzeugs etwa bei Manipulationen Dritter die weitere Ölzufuhr automatisch unterbrechen. Im Übrigen könne eine vertrauenswürdige Person das Fahrzeug kurzfristig beaufsichtigen. Eine Aufsicht könne sich erübrigen, wenn sich das Fahrzeug auf einem Privatgelände befände und mit unbefugt auftauchenden Personen nicht zu rechnen sei. 325

Eigene Einschätzung: 325a

Die Überlegung des *BGH* dürfte daraus entstanden sein, dass sich der Fahrer womöglich darauf berufen hat, er habe keinen Kontrollgang durchführen können, da er das Fahrzeug nicht unbeaufsichtigt habe alleine lassen dürfen. 326

Hieraus nun eine Verhaltensvorschrift für den Fahrer, ob Abschalten oder Nichtabschalten der Pumpe während des Kontrollgangs, ableiten zu wollen, geht entschieden zu weit. 326a

Technische Einrichtungen am Tankwagen, die automatisch bei Störungen oder Manipulation unbefugter Personen die Ölzufuhr unterbrechen, existieren nicht. 326b

Vertrauenswürdige Personen, die kurzfristig aufpassen, können allenfalls den Fahrer herbeiholen, sollte sich eine Störung einstellen. Zu eigenen Handlungen am Fahrzeug sind sie weder befähigt noch berufen, da nach Anlage B 8.3.1 ADR bereits die Mitnahme von Personen im Fahrzeug verboten ist. Im Ergebnis würde eine Störung am Fahrzeug auch nur dazu führen, dass Öl nicht mehr in üblicher Weise im Tankraum ankommt. Dies würde der Fahrer selbst bemerken und könnte umkehren. 327

Die Pumpe hingegen vor dem Kontrollgang abzustellen würde bedeuten, dass die Kontrolle nicht vollständig sein könnte. In diesem Fall arbeitet das Befüllsystem nicht unter Last. 328

Es bleibt folglich nur die Frage, ob die Heizöllieferung mit einer zweiten eingewiesenen Person anzuliefern ist. 328a

Der *BGH* hat richtigerweise nicht moniert, dass die Anlieferung durch eine Einzelperson erfolgte. Auch die Gefahrguttransportvorschriften enthalten keine Regelung, die einen Beifahrer hierfür vorsehen. Eine zweite Person mag beim Entladen gefährlicher Chemikalien,[733] wie Perchlorethylen, erforderlich sein. Nach den gefahrgutrechtlichen Vorschriften muss dies aber bereits durch den Empfänger sichergestellt werden. Der professionelle Empfänger sollte sich mit seiner Anlage besser auskennen als der Fahrer. 329

Zu berücksichtigen ist, dass der Nutzen eines Beifahrers sich nur auf das Schadensausmaß, nicht aber auf den Schadenseintritt beziehen kann. Platzt ein Schlauch oder geht das Schauglas im Armaturen- 330

---

731 *OLG Düsseldorf* v. 10.5.2007 – I-12 U 22/07.
732 *BGH* v. 18.1.1983 – VI ZR 97/83, NJW 1983, 1108 f. = VersR 1983, 394 = MDR 1983, 654 = zfs 1983, 163 nur Hinweis.
733 *VG Hannover* VersR 1994, 552.

schrank kaputt, kann der Beifahrer etwas früher reagieren als der Fahrer, der sich gerade auf Kontrollgang im Keller befindet. Verhindern kann aber auch der Beifahrer eine solche Störung nicht.

330a Die Heizölpreise richten sich gewöhnlich nach Abnahmemenge und Lieferung per Straßentankwagen bis 20 km. Dabei wird hart kalkuliert und je Liter um Bruchteile eines Cents gefeilscht. Die generelle Mitnahme eines Beifahrers nur für etwaige Notfälle würde die Kosten der Anlieferung weiter verteuern.

330b Unter den Gesamtumständen sollte weder eine zweite Person zur Besatzung gefordert, noch dem Befüller aufgegeben werden, vor dem Kontrollgang die Pumpe abzuschalten.

331 Kurz vor Ende der Befüllung sollte sich der Fahrer im Bereich des Fahrzeugs aufhalten, da er die Messuhr ablesen sollte, um die bestellte Menge (gemessen bei 15 °C) exakt liefern zu können. Ein Aufenthalt im Keller wird demgegenüber nicht gefordert.[734]

331a Handelt es sich um einen unterirdischen Tank, so verlangt die Rspr., dass der Domschacht in dieser Phase überwacht wird.[735]

331b In jedem Fall soll er die Pumpe gegen Ende der Betankung drosseln, da gerade gegen Ende das Risiko einer Überfüllung steige.[736]

332 **Eigene Einschätzung:**

332a Was die oberirdische Tankanlage, den Kellertank, angeht, so ist dem zuzustimmen. Umgekehrt darf aber daraus nicht gefordert werden, dass sich der Fahrer in dieser Phase am Fahrzeug aufhalten muss. Hat er eine Vorwahl bezüglich der Menge am Fahrzeug einstellen können und dies getan, muss er am Ende nichts mehr ablesen. Solange schließlich der maximal zulässige Füllstand der Tankanlage nicht überschritten wird, liegt in dem Befüllen mit einer größeren Menge als der tatsächlich bestellten, kein Verstoß gegen Sorgfaltspflichten, die die Sicherheit des Tankvorgangs und der Anlage betreffen könnten. Es geht nachher nur um die Frage der Abrechnung mit dem Kunden.

333 Was den unterirdischen Tank angeht, so ist dies nicht ganz nachvollziehbar. Die Anschlüsse im unmittelbaren Bereich des Domschachtes sollten kraftschlüssig mit dem Tank verbunden sein. Eine undichte Kupplung zwischen Füllstutzen und Schlauch konnte bereits beim früheren Kontrollgang bemerkt werden und das etwaig vorhandene Peilrohr war ja bereits vor Beginn der Befüllung zu verschließen.[737]

333a Ein Austreten von Öl ist daher allenfalls aus dem Entlüftungsrohr zu befürchten. Regelmäßig liegt die Entlüftung aber nicht im Domschacht.

333b Sinnvoll erscheint es hingegen, zum Ende der Betankung die Pumpe zu drosseln, sofern nicht sowieso bereits nur mit niedriger Füllrate gepumpt wurde.

334 Fazit: Sämtliche Sorgfaltspflichtverstöße, die der Fahrer nach Beginn der Betankung begeht, können sich nur auf den Umfang des Schadens auswirken. Die entscheidende Ursache für die Schadensentstehung setzt er hierdurch demgegenüber nicht.

---

734 *OLG Saarbrücken* VersR 1988, 356 = NJW-RR 1986, 1416; *Fell* VersR 1988, 1222.
735 *BGH* v. 12.3.1985 – VI ZR 192/83, VersR 1985, 575.
736 *BGH* v. 12.3.1985 – VI ZR 192/83, VersR 1985, 575.
737 *BGH* v. 12.3.1985 – VI ZR 192/83, VersR 1985, 575; *OLG Karlsruhe* VersR 1978, 47 f.

E. Sorgfaltspflichten

cc) Nach der Befüllung

Nach Abschluss des Füllvorgangs hat der Fahrer noch einen Blick in den Tankraum zu werfen.[738] Hierbei hat er Gelegenheit sich davon zu überzeugen, dass alles in Ordnung ist. Notfalls kann er entsprechend reagieren. **335**

Die Schlauchkupplung an einem Erdtank hat er vorsichtig erst eine Vierteldrehung zu lösen, anstatt sie in einem Zuge abzuschlagen, um hierbei auf einen etwaigen Überdruck aufgrund einer verstopften Entlüftungsleitung reagieren zu können.[739] Ob er bei einem Überdruck dann hierzu noch die erforderliche Kraft hat, wieder zurückzudrehen, wird man in der Praxis aber bezweifeln müssen. **335a**

Hat der Befüller die Betankung unterbrochen, da er ein ungewöhnliches Pfeifen wahrgenommen hat, muss er mit einem Druckaufbau im Tank rechnen. Weiß er persönlich keinen Rat, wie der Druck gefahrlos abzubauen ist, muss er Hilfe holen und darf den Schlauch nicht einfach abschlagen.[740] **335b**

Fazit: Auch in diesem Falle kann das Unterlassen nur zu einer Vertiefung, nicht aber zur Entstehung des Schadens führen. **335c**

dd) Pflichten des Fahrers, wenn ein Schaden entstanden ist

Neben dem oben dargestellten Zeitablauf stellt sich die Frage, was der Befüller zu tun hat, wenn tatsächlich etwas passiert ist. **336**

Konkrete Verhaltensgebote hängen vornehmlich davon ab, was für ein Schaden bislang eingetreten ist und welcher weitere Schaden bei ungehindertem Verlauf der Dinge droht. **336a**

Wenn noch nicht geschehen, ist zunächst die weitere Ölzufuhr zu stoppen, die Pumpe abzustellen. **336b**

Fließt trotzdem aus anscheinend unerklärlichen Gründen – z. B. großes Luftpolster hinter einer nicht dicht anliegenden Innenhülle bildet Gegendruck – noch Öl aus der Entlüftungsleitung nach, sollte es der Befüller tunlichst unterlassen, den Schlauch abzuschlagen. Andernfalls kann aus dem tiefer gelegenen Einfüllstutzen das Öl zurücklaufen. Dann könnte ein zweiter Schadenherd entstehen. Damit muss der Befüller aber nicht rechnen.[741] **336c**

Des Weiteren muss der Fahrer versuchen, nach Möglichkeit ein etwaiges Leck abzudichten, gefährdete Kanaleinläufe zu sichern, Auffangbehälter einzusetzen und mit Bindemitteln eine weitere Ausbreitung oder Verschleppung zu verhindern.[742] **337**

Gesetzliche Verhaltensvorschriften gibt es nicht. **337a**

Einfaches technisches Wissen erfährt der Fahrer in Gefahrgutfahrerschulungen.[743] Praktische Übungen werden weder vom Gesetzgeber verlangt noch bei bei Schulungen und Prüfungen durchgeführt. Im Vergleich zu den Sofortmaßnahmen am Unfallort nach § 19 Abs. 1 Satz 2 FeV oder den Erste-Hilfe-Kursen nach § 19 Abs. 2 Satz 2 FeV besteht bei der Gefahrgutschulung ein großes Manko. **337b**

Geeignetes Aufsaugmittel und einen kleinen Auffangbehälter muss der Fahrer mitführen, sofern entsprechende Anweisungen in den stoffbezogenen Unfallmerkblättern[744] enthalten sind. Sollte dem so sein, ist zu beachten, dass es nicht möglich ist, auf dem sehr begrenzten Stauraum am Fahrzeug tatsächlich größere Mengen mitzuführen. Der Fahrer kann somit objektiv nur sehr kleine Schäden wirksam eindämmen. **337c**

---

738 *BGH* v. 18.1.1983 – VI ZR 97/81, NJW 1983, 1108 f. = VersR 1983, 394 = MDR 1983, 654 = zfs 1983, 163 nur Hinweis; *BGH* v. 18.10.1983 – VI ZR 146/82, NJW 1984, 233 = VersR 1984, 65.
739 *BGH* v. 13.12.1994 – VI ZR 283/93, NJW 1995, 1150 = MDR 1995, 365 = VersR 1995, 427.
740 *LG Bad Kreuznach* v. 18.6.1997 – 3 O 275/93; anders *OLG Hamm* v. 19.5.2000 – 19 U 101/99.
741 *OLG Hamm* v. 19.5.2000 – 19 U 101/99.
742 *AG Hanau* v. 20.1.2004 – 5910 Js-Owi 5106/03.
743 Anlage B 8.2.2.4.5 (ADR).
744 Schriftliche Weisungen nach Anlage B 8.1.5 und Anlage A 5.4.3 (ADR).

338 Umso wichtiger wird dann die Beachtung der Melde-[745] bzw. Anzeigepflicht.[746]

338a Der Fahrer hat je nach Landesrecht[747] gegenüber der Behörde unterschiedliche Meldepflichten, wenn wassergefährdende Stoffe aus der Anlage ausgetreten sind. Dies ist beispielsweise bei einem geplatzten Schlauch am Fahrzeug mit einem Eindringen von Öl in den Boden oder die Kanalisation gegeben. Ebenso besteht eine Meldepflicht, wenn ein Tank überfüllt wurde und das Produkt aus der Entlüftungsleitung heraus an der Hauswand herunter und dort in die Drainage oder das Erdreich läuft.

338b Diese öffentlich-rechtliche Pflicht besteht unabhängig von der Frage, wer für den Schaden letztlich zivilrechtlich verantwortlich ist.

339 Die Schwelle zur Meldepflicht nach Wasserrecht wird immer dann überschritten, wenn es sich nicht nur um Vertropfungen handelt. Sofern sich das Schadensausmaß allein auf die Tankanlage begrenzt, besteht grundsätzlich noch keine Meldepflicht gegenüber der Behörde. Ein Beispiel dafür ist die undichte Zuleitung am Tank im Bereich des Auffangraumes. Ist Öl in den Auffangraum gelaufen, liegt zwar eine Störung vor, die Anlage als solche hat das Öl aber noch nicht verlassen.

339a Erst, wenn sich abzeichnet, dass das Öl von der Auffangwanne nicht zurückgehalten werden kann, muss der Schaden unter dem Begriff »Ölalarm« gemeldet werden. Das ist dann erforderlich, wenn der weitere Anlagendefekt dazu führt, dass nun das Produkt in den tieferen Untergrund in Richtung Grundwasser versickert.

339b Die Meldepflicht besteht unabhängig davon, ob es sich um ein Wasserschutzgebiet handelt.

340 Bei mängelbehafteter Tankanlage widerspricht eine solche Meldung nicht selten dem Interesse des Heizölkunden und Bestellers. Für ihn entstehen infolge der Information an die Umweltbehörde ggfs. weitere Kosten und Unannehmlichkeiten, die über die reine Schadenbeseitigung hinausgehen.

340a Der Fahrer verstößt mit seiner Meldung nicht gegen eine vertragliche Nebenpflicht des Heizölliefervertrages. Aufgrund der entstandenen Risiken – auch für Rechtsgüter Dritter und der Allgemeinheit – darf keine falsch verstandene Rücksicht genommen werden. Schließlich geschieht die Information letztlich auch im wohlverstandenen Interesse des Kunden, da dieser für die ordnungsgemäße Schadenbehebung bisweilen eine Zustimmung der Behörde benötigt. Nur mit Genehmigung der Behörden kann er besonders überwachungsbedürftige Abfälle entsorgen lassen.

341 Versäumt der Befüller die Meldung und entstehen erst durch das Unterlassen Schäden an Rechtsgütern Dritter, bedingt dies eine Mitverantwortung des Fahrers. Dies gilt selbst dann, wenn er ansonsten nichts für den originären Eintritt des Schadens kann.

341a In diesem Zusammenhang ist zu unterscheiden, ob die Meldepflicht zugunsten eines unbeteiligten Dritten Wirkung entfalten soll oder es nur um Ansprüche des Betreibers der Haustankanlage geht. Handelt es sich um einen Fall, bei dem der Fahrer sich nichts hat zu Schulden kommen lassen und liegt allein ein Anlagenmangel vor, kann bei einer unterlassenen Meldung des Schadens an die Behörde der letztlich für den Schaden allein verantwortliche Tankanlagenbetreiber keine Ansprüche gegen den Tankwagenfahrer geltend machen.

341b Die Überlegung beruht darauf, dass der Betreiber der Tankanlage seinerseits verpflichtet ist, den Schaden zu melden. Tut er es nicht, obwohl er davon weiß, so schützt ihn dies nicht. Entsprechend hatte in einem Regressverfahren, in dem der Befüller sanieren ließ und später den Anlagenbetreiber auf Aufwendungsersatz verklagte, das *LG Detmold*[748] den Einwand des Beklagten nicht gelten lassen, der Fahrer sei seinerseits verpflichtet gewesen, den Schaden zu melden.

---

745 Zu den unterschiedlichen Meldepflichten und Zuständigkeiten nach Landesrecht s. u. Rdn. 434.
746 Bundeseinheitliche Regelung für das Wasserrecht in Planung, siehe § 17 Abs. 2 Bundes-VAUwS-Entwurf.
747 Fahrer fehlt in Aufzählung nach § 18 Abs. 3 LWG NRW.
748 *LG Detmold* SVR 2006, 33, bespr. von *Schwab*; *OLG Hamm* v. 23.11.2006 – 10 U 116/05 insoweit zustimmend, hat aber Mithaftung aus anderen Gründen gesehen.

E. Sorgfaltspflichten Kapitel 21

Wie der Fahrer den Schaden der Behörde zu melden hat, gehört es auch zur nebenvertraglichen Pflicht, den Heizölkunden zu informieren. Er muss auf einen etwaigen Schaden hinweisen, damit auch dieser zeitnah reagieren kann. 342

Die vertragliche Nebenpflicht geht jedoch nicht so weit, dass er den Schaden auch selbst beheben müsste, schon gar nicht, wenn er für den Schadenseintritt keine Verantwortung trägt. Es reicht aus, wenn er die begrenzten, ihm zur Verfügung stehenden Mittel nutzt, um eine Verschlechterung der Situation zu verhindern. 343

Steht das Öl in der dichten Auffangwanne, wovon der Fahrer erst einmal ausgehen kann,[749] reicht der Hinweis, dass das Öl alsbald von einer Tankreinigungsfirma oder der Feuerwehr abgesaugt werden müsse. Auffangräume sind schließlich so zu gestalten, dass sie das Heizöl nicht nur Stunden, sondern sogar Monate zurückzuhalten haben. 343a

b) Sonstige Pflichten des Tankwagenfahrers

Zur Vervollständigung des Pflichtenkreises sei noch auf einige spezielle Normen hingewiesen, die sich gerade an den Tankwagenfahrer bzw. Gefahrgutfahrer richten. 344

aa) Aus dem Straßenverkehrsrecht

Bei Schneefall und Glätte sowie sonstigen widrigen Witterungsverhältnissen müssen Gefahrgutfahrer extrem vorsichtig fahren und notfalls einen Parkplatz anfahren, § 2 Abs. 3a Satz 4 StVO. 345

Des Weiteren gelten besondere Vorschriften für die Benutzung bestimmter Straßen, Zeichen 261 und 269. 345a

bb) Aus dem Gefahrgutrecht ergeben sich

- das Rauchverbot, Anlage A 7.5.9 und Anlage B 8.3.5 (ADR)
- das Mitnahmeverbot von Fahrgästen, Anlage B 8.3.1
- das Verbot, beim Be- und Entladen den Motor laufen zu lassen; Ausnahme: Pumpenbetrieb, Anlage B 8.3.6
- das Gebot, Maßnahmen zur Vermeidung elektrostatischer Aufladung zu ergreifen, Anlage A 7.5.10
- das Gebot, nur mit angezogener Feststellbremse zu halten und zu parken, Anlage 8.3.7
- das Gebot, mindestens einen Unterlegkeil mitzuführen, Anlage B 8.1.5; aus den stoffbezogenen schriftlichen Weisungen kann sich ergeben, dass ein weiterer Unterlegkeil mitzuführen ist, Anlage A 5.4.3

346

Zum Unterlegkeil ist anzuführen, dass während des Abfüllvorgangs durch den Betrieb der Pumpe und dem Produktstrom Schwingungen am Fahrzeug entstehen. Dies kann bei entsprechendem Gefälle und einem Versagen der Feststellbremse dazu führen, dass sich das Fahrzeug unbeabsichtigt in Bewegung setzt. Der Unterlegkeil dient der Sicherung. 347

Zwei Schäden sind dem Autor beim Abtanken im Winter auf schneebedeckter Fläche bekannt geworden, bei denen sogar ein Unterlegkeil nicht ausreiche, das Fahrzeug zu halten. Im ersten Fall kam es zu einem Umweltschaden, als sich das Fahrzeug von der Entladestelle langsam fortvibrierte und der unter Spannung geratene Schlauch an der Verbindung zum Einfüllstutzen abriss. Im tragischen zweiten Fall rutschte der Tankwagen rückwärts und verletzte ein Kind auf einem Dreirad lebensgefährlich. In diesem Extremfall hat das Strafgericht[750] die Verwendung eines zweiten Unterlegkeils oder von Schneeketten gefordert. 348

---

749 *LG Darmstadt* zfs 1980, 163.
750 *AG Meschede* v. 15.8.1969 – 4 Cs 109/69.

II. Technikübersicht: Grenzwertgeber

1. Aufbau und Wirkung

349 Vielfach wird vom Grenzwertgeber als der Abfüllsicherung oder Überfüllsicherung gesprochen. Es soll die Funktionsweise zum besseren Verständnis dargestellt werden. Gleichzeitig werden die maßgeblichen technischen Normen genannt, die die Standards hierfür setzen.[751]

350 Der auf dem Tank eingebaute Grenzwertgeber ist Teil einer Steuerkette, den er zusammen mit der Abfüllsicherung[752] am Tankfahrzeug bildet.[753]

350a Aufgabe ist es, unmittelbar vor Erreichen des zulässigen Füllgrades des Tanks ein Signal zum Unterbrechen des Füllvorgangs zu setzen. Bei korrekter Positionierung und einwandfreier Funktion mit entsprechender Abschaltzeit läuft dann nur noch so viel Öl aus dem Leitungssystem nach, dass der maximal zulässige Füllgrad der Tankanlage nicht überschritten wird.[754]

351 Herz des Grenzwertgebers ist ein Fühler (Kaltleiter). Von Strom durchflossen heizt er sich auf. Wird er von Öl umspült, kühlt er sich schlagartig ab. Dabei ändert sich gleichzeitig der elektrische Widerstand. Die Änderung des elektrischen Widerstands wird im Schaltverstärker der Abfüllsicherung am Tankwagen registriert. Das Abgabeventil wird automatisch geschlossen und die weitere Ölzufuhr damit gestoppt. Es läuft nur noch das im Leitungssystem befindliche Öl nach.

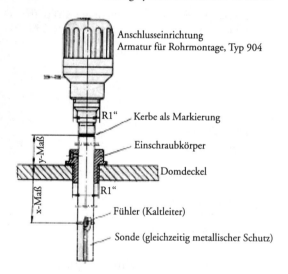

(Grenzwertgeber neuerer Bauart mit Stecker und Kappe) Abb. 5

---

751 Technische Regeln für brennbare Flüssigkeiten, TRbF 511 – Richtlinien für den Bau von Grenzwertgebern.
752 TRbF 512 – Richtlinien für den Bau von Abfüllsicherungen.
753 Nr. 1.1 Abs. 2 TRbF 511.
754 Nr. 1.1 Abs. 3 TRbF 511.

E. Sorgfaltspflichten   Kapitel 21

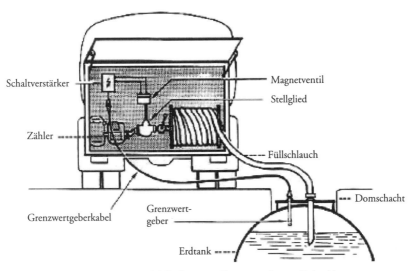

(Steuerkette: Tankwagen mit Abfüllsicherung – Grenzwertgeber am Erdtank)

(Steuerkette: Tankwagen mit Abfüllsicherung – Grenzwertgeber am Erdtank) Abb. 6

Um dies zu erreichen, benötigt man zunächst eine elektrische Abfüllsicherung am Tankwagen. Von dort wird über das Grenzwertgeberkabel eine Verbindung zum Grenzwertgeberanschluss hergestellt. Das ist ein Steckanschluss. — 352

Bei einem Erdtank sitzt dieser Stecker unmittelbar auf dem Grenzwertgeber im Domschacht. — 352a

Bei oberirdischen Tanks sitzt der Stecker in einer Halterung an der Hauswand, wegen der eindeutigen Zuordnung möglichst direkt neben dem Einfüllstutzen. Sind zwei oder mehr Stutzen und zwei oder mehr Grenzwertgeber vorhanden, sind diese zu markieren, um eine Verwechslung zu vermeiden. Eine Kabelverbindung vom Stecker zum Grenzwertgeber sorgt für den weiteren Stromfluss. — 352b

Der Strom durchflossene Fühler wird von einer Sonde – einer metallischen Hülse – umgeben. Sie schützt den Kaltleiter vor mechanischer Einwirkung, Zugluft sowie aufspritzendem oder schäumendem Produkt beim Befüllen. — 353

Grenzwertgeber alter Bauart, wie sie leider noch[755] anzutreffen sind, haben punktförmige Einlässe. Die neuen und gängigen Grenzwertgeber besitzen an der Seite einen durchgängigen Schlitz in der Hülse. Dies soll gewährleisten, dass das Öl ungehindert und störungsfrei den Kaltleiter erreichen kann. — 353a

Auf dem Rohr bzw. der Sonde des Grenzwertgebers befinden sich Markierungen für den Einbau. Danach kann das untere Maß (X-Maß), das die Einbautiefe des Kaltleiters gemessen zur Tankoberkante angibt, und das obere Maß (Y-Maß), das Kontrollmaß zwischen Tankoberkante und restlicher Sondenlänge, abgelesen werden.[756] — 354

Beim Einbau und der Justierung des Grenzwertgebers hat der Fachmonteur die Angaben des Behälterherstellers zu beachten, um die tankspezifische Einbautiefe des Kaltleiters genau zu wählen, also das X-Maß richtig zu bestimmen. Über die Sondenlänge minus Y-Maß kann dann festgestellt werden, wie tief der Kaltleiter im Tank sitzt (Sondenlänge minus Y-Maß = X-Maß). — 354b

---

755 *AG Lahnstein* v. 11.11.2008 – 26 C 365/08.
756 Nr. 2.42 Abs. 3 TRbF 511.

355 Der Ablauf gestaltet sich nun wie folgt:

355a Ist das Grenzwertgeberkabel von der Abfüllsicherung des Tankwagens kommend am Stecker angeschlossen, wird der Fühler/Kaltleiter aufgeheizt.

355b Der Grenzwertgeber gibt nun über den Schaltverstärker am Tankwagen die Betätigung des Stellgliedes frei. Das Abgabeventil wird dadurch geöffnet und die Pumpe kann das Öl fördern.

355c Sobald das Öl den Kaltleiter erreicht und dadurch abkühlt, lässt der Grenzwertgeber binnen 2 Sekunden[757] einen Spannungssprung entstehen.

355d Binnen weiterer 3 Sekunden[758] schaltet nun die Abfüllsicherung am Fahrzeug (über die Kette: Stellglied – Schaltverstärker – Absperrventil) ab. Die Pumpe kann kein weiteres Öl fördern; es läuft nur noch die Restmenge im Rohrleitungssystem nach.

356 Die Bauteile sind aufeinander so abgestimmt, dass ein Befüllen nur mit angeschlossenem und nicht in einer Flüssigkeit stehenden Grenzwertgeber möglich ist. Bei etwaigen Defekten wird die Abgabe selbsttätig unterbrochen.[759]

2. Fehlerquellen

357 Verpilzte oder mit Schleim überzogene Grenzwertgeber lassen die Flüssigkeit nicht rechtzeitig oder erst gar nicht an den Fühler herankommen. Es kommt dadurch erst verspätet oder überhaupt nicht zum Abschaltvorgang.

357a Ein tief eingebauter Grenzwertgeber ist unschädlich. Ist er jedoch zu hoch eingebaut, wurde also das für den Behälter bzw. die Tankanlage vorgesehene X-Maß unterschritten, gibt der Kaltleiter sein Signal zum Abschalten zu spät.

357b Wichtig ist, dass der Grenzwertgeber an einer zulässigen Stelle im Tank eingebaut ist. Steckt er etwa nach einem Umbau der Anlage oder infolge einer Nachrüstung im ehemaligen Peilrohr, kann sich unter ungünstigen Bedingungen ein Luftpolster im Rohr bilden, das ein Abschalten verhindert.

357c Ähnliche Probleme sind denkbar, wenn nachträglich eine Innenhülle eingezogen wurde, die Hindernisse für ein Abschalten erzeugt. Zudem wird sich das Aufnahmevolumen des Behälters reduzieren, so dass nicht nur das geänderte Volumen am Tank zu vermerken, sondern auch die Einbautiefe des Grenzwertgebers wegen der gleichbleibenden Nachlaufmenge aus dem Rohrleitungssystem anzupassen ist.

357d Nicht auszuschließen ist zudem, dass bei der Montage das Entfernen einer Schutzhülse um den Kaltleiter vergessen wird. Dies kann ein Abschalten verzögern oder ganz verhindern. Dann ist es wichtig, die entsprechenden Beweise sorgfältig zu sichern. Wegen etwaiger Regressansprüche gegen den Montagebetrieb ist es zweifelhaft, genau diesen Betrieb für die Fehlersuche zu beauftragen.

357e Schließlich nutzt ein Grenzwertgeber nur, wenn er auch tatsächlich eingebaut ist und nicht nur elektrisch angeschlossen auf dem Tank aufliegt.[760] Das führt nicht nur dazu, dass ein Abschalten nicht möglich ist. Aus dem unzulässig offenen Einbauloch an der Tankoberseite kann nun ungehindert Flüssigkeit austreten.

357f Möglich ist auch ein Defekt an der Abfüllsicherung des Fahrzeugs. Der Schaltverstärker verfügt über Signalleuchten, die die Spannung (weiß), die betriebsbereite Abfüllsicherung (grün) und eine Störung (rot) anzeigen.[761] Obwohl oder gerade weil das Gerät gewöhnlich mehrfach täglich im Einsatz

---

[757] Nr. 2.41 Nr. 7 TRbF 511 und 2.42 Nr. 5 TRbF 512.
[758] Nr. 2.41 Abs. 4 TRbF 512.
[759] Nr. 2.2 TRbF 511 und Nr. 2.1 TRbF 512.
[760] *LG Lüneburg* v. 15.11.1995 – 2 O 166/95.
[761] Nr. 2.42 Abs. 10 TRbF 512.

E. Sorgfaltspflichten

ist und auch der Fahrzeugaufbau der regelmäßigen Überwachung obliegt, sind hierauf beruhende Überfüllschäden erfahrungsgemäß eher unwahrscheinlich.

3. Besonderheiten

Sämtliche Tankanlagen müssen mit einer Überfüllsicherung ausgestattet sein. 358

Ausnahmsweise benötigen nur oberirdische Tankanlagen für Heizöl oder Diesel, deren Rauminhalt 1.000 Liter nicht übersteigt, keine Überfüllsicherung. 358a

Um oberirdische Anlagen, kleiner als 1.000 Liter Rauminhalt, ohne Grenzwertgeber ebenfalls mit einem Vollschlauch-Abfüllsystem befüllen zu können, kann das Stellglied durch einen Bypass umgangen werden. Die Füllgeschwindigkeit wird dabei auf maximal 200 l/min begrenzt.[762] Die Befüllung erfolgt dabei mit einem selbsttätig schließenden Zapfventil.[763] 358b

Es sei betont, dass nur so ein ordnungsgemäßes Befüllen erfolgen kann. 359

Durch Manipulation kann die Steuerungskette und damit das Sicherungssystem umgangen werden. Dies ist dadurch möglich, wenn ein »Hosentaschen-Grenzwertgeber« benutzt wird, um so die Freigabe für das Stellglied zu überbrücken. 359a

Gelegentlich werden derartige Geräte von Tankwagenfahrern mitgeführt. Dies muss jedoch nicht in der Absicht erfolgen, Manipulationen vorzunehmen. Schaltet ein eingebauter Grenzwertgeber bei nachweislich nicht vollem Tank nicht frei, lässt sich so prüfen, ob der Fehler an diesem Grenzwertgeber oder an der Abfüllsicherung des Fahrzeugs liegt. Befüllen darf der Fahrer jedoch dann nicht. 359b

Die Funktionstauglichkeit eines Grenzwertgebers lässt sich zuverlässig durch ein Grenzwertgeber-Prüfgerät kontrollieren, das sowohl die Aufheiz- und Abschaltzeiten festhält. 360

Ein Grenzwertgeber-Testgerät dient lediglich dem Nachweis, dass der Kaltleiter stromdurchgängig ist. 360a

III. Rechtsprechungsübersicht zu Einzelfallgruppen:

1. Einfüllstutzen bricht ab

Hier wird grundsätzlich die Verantwortung beim Tankanlagenbetreiber gesehen.[764] Der Fahrer haftet nur dann anteilig mit, wenn er den Mangel bemerken musste.[765] 361

2. Füllleitung wird undicht oder bricht; Sicherungsschellen fehlen

Die Verantwortung liegt wiederum beim Betreiber der Haustankanlage.[766] 362

---

762 Nr. 2.6 TRbF 512 und Nr. 6.3 Abs. 2 TRbF 220.
763 TRbF 513.
764 *BGH* v. 18.10.1983 – VI ZR 146/82, NJW 1984, 233 = VersR 1984, 65; *BGH* v. 14.6.1993 – III ZR 135/92, VersR 1993, 1155 = MDR 1994, 258; *OLG Saarbrücken* NJW-RR 1986, 1416 = VersR 1988, 356; *OLG Hamm* VersR 1989, 48 (L) = ESUR 67/16 BGB; *OLG Köln* ZfW 1990, 356 = VersR 1989, 402 f. = NZV 1989, 276; *OLG Nürnberg* zfs 1990, 117 = VersR 1991, 433; *AG Kempten* v. 25.6.1997 – 1 C 576/97; *AG Peine* v. 10.3.2003 – 24 C 20/02.
765 *OLG Köln* zfs 1993, 232, 234 = VersR 1994, 108, 110 (Fahrer haftet zu 2/3).
766 *BGH* v. 14.6.1993 – III ZR 135/92, VersR 1993, 1155 = MDR 1994, 258; *OLG Frankfurt* VersR 1988, 355 f. = r+s 1987, 280 (*BGH* v. 10.2.1987 – VI ZR 179/86); *OLG Köln* VersR 1995, 1105 f.; *LG Freiburg* VersR 1988, 357; *LG Gera* Urt. v. 13.3.2002 – 1 S 414/01; *LG Landau in der Pfalz* PVR 2003, 257, bespr. von *Schwab*; bestätigt durch *OLG Zweibrücken* SVR 2004, 471, bespr. von *Schwab*; *AG Westerstede* v. 13.2.2004 – 25 C 1095/03 (VII); *LG Heidelberg* v. 1.12.2000 – 2 O 66/99; *LG Frankenthal* v. 10.11.2004 – 2 S 286/04; *LG Duisburg* v. 18.1.2008 – 10 O 201/06; *LG Zwickau* v. 21.4.2009 2 O 625/07; *LG Bamberg* v. 30.10.2009 – 1 O 509/08; *LG Düsseldorf* SP 2010, 247; dagegen ohne Begründung *LG Saarbrücken* v. 7.4.2005 – 2 S 158/04.

Kapitel 21 — Sonderprobleme bei Öl- und Umweltschäden

362a An eine Mithaftung ist zu denken, wenn optisch erkennbare Mängel übersehen[767] werden. Ein unterlassener Kontrollgang führt zur Mithaftung des Befüllers, sofern dies kausal für eine Schadensvergrößerung[768] wurde.

3. Tankanlage wird später undicht

363 Ohne irgendwelche hinreichenden Anhaltspunkte haftet der Betreiber der Tankanlage allein. Dies gilt auch, wenn der Behälter beim Befüllen aufgrund eines Produktionsfehlers platzt. Allerdings hat der private Anlagenbetreiber einen Anspruch gegen den Hersteller[769] des mangelhaften Behälters nach §§ 1 Abs. 1; 11 ProdHaftG. Bei erkennbarem Konstruktionsmangel wegen fehlender Entlüftungsleitung kann auch eine alleinige Haftung des Befüllers in Betracht kommen, wenn der sich aufbauende Überdruck den Behälter zum Platzen[770] bringt.

4. Undichte Auffangwanne

364 Gleich aus welchen Gründen Öl in die Auffangwanne gerät, das Risiko einer undichten Auffangwanne trägt heute der Anlagenbetreiber.[771] Die ältere[772] Rspr. ist überholt.

5. Überlaufschaden, weil Tankinnenhülle nicht anliegt – Vakuumpumpe fiel aus

365 Manche Gerichte fordern – allerdings zu Unrecht[773] – auch eine Prüfung der Leckwarnanzeige/Vakuumpumpe durch den Tankwagenfahrer, da er Fachmann sei. Eine Mithaftung des Anlagenbetreibers zumindest aus Betriebsgefahr wird generell bejaht.[774]

6. Defekter Grenzwertgeber

366 Dass heute (wieder) eine Freiraummengenmessung zu erfolgen hat, wurde bereits dargelegt.

366a Die ältere Rspr.[775] sah keine Veranlassung für eine Mithaftung des Tankanlagenbetreibers. Nunmehr wird jedoch die erhöhte Betriebsgefahr[776] der Anlage mitbewertet.

---

767 *OLG Frankfurt* v. 25.10.2000 – 7 U 128/99 (50 % Haftung).
768 *OLG Stuttgart* Urt. v. 3.2.1987 – 10 U 95/86; *OLG Braunschweig* v. 21.2.2002 – 2 U 107/01 (dort alleinige Haftung des Fahrers, da Anlagenmangel nicht sicher nachgewiesen).
769 *LG Halle* SVR 2004, 30 besprochen von Schwab.
770 *OLG Koblenz* zfs 1999, 478 = NVersZ 1999, 580 = VersR 2000, 174 = r+s 2000, 192.
771 *LG Darmstadt* zfs 1980, 163; *LG Aachen* v. 29.6.2001 – 8 O 90/01 (Betriebsgefahr 20 % plus Anlagenmängel 10 % = 30 % Mithaftung – Tankwagenfahrer 70 %, da er bei desolater Anlage ohne Grenzwertgeber die Sicherheitseinrichtung überbrückt hatte); (*OGH Wien* v. 7.11.1995 – 4 Ob 578/95 – hälftige Schadensteilung wegen Versäumnis des Befüllers).
772 *LG Krefeld* VersR 1978, 1050 f.
773 Rdn. 301 ff.
774 *OLG Düsseldorf* NJW-RR 1991, 1178 f. = VersR 1992, 1478 f. = OLGR 1993, 9 ¹/₃ Mithaftung Tankanlagenbetreiber; *LG Ravensburg* v. 26.4.1988 – 1 O 324/88 (Fahrer haftet hier allein, da er weder peilte noch die Warnleuchte beachtete noch den Vorgang beobachtete und schließlich den Grenzwertgeber kurzgeschlossen hatte).
775 *OLG Bremen* VersR 1979, 450; *LG Karlsruhe* VersR 1990, 1015 (mit Farbresten verstopfter Fühler; Fahrer hat nicht gepeilt); *LG Essen* v. 29.6.1992 – 8 O 427/91 (zu hoch eingebauter Grenzwertgeber; Fahrer hat nicht gepeilt).
776 *OLG Hamm* v. 11.1.2011 – I-19 U 117/09 (1/3 Mithaftung wegen defektem Grenzwertgeber und Auffangwanne); *OLG Köln* v. 14.1.2011 – 1 U 47/08 (Defekt allerdings nicht nachweisbar; *LG Hamburg* SP 1994, 431 (1/3 Mithaftung; Fahrer hat nicht gepeilt); *LG Trier* v. 7.5.2010 – 2 O 142/09, (Fehler bei Grenzwertgeber und Tankanzeige, Berufung zurückgenommen); *AG Lahnstein* v. 11.11.2008 – 26 C 365/08 (Alleinhaftung des Anlagenbetreibers, da Tankuhr und Grenzwertgeber versagten).

E. Sorgfaltspflichten

7. Probleme durch mangelhafte Belüftungsleitungen

Die Entlüftungsleitung soll die entweichende Luft beim Befüllen nach außen führen. Wird der Tank entleert, kehrt sich der Vorgang um und Luft strömt zum Tank. Daher ist es richtiger, von einer Belüftungsleitung zu sprechen.

Entscheidend ist die Erkennbarkeit für den Fahrer. Ist die Leitung verstopft und der Mangel nicht bemerkbar, haftet der Anlagenbetreiber allein.[777]

Hat sich Druck aufgebaut und schlägt der Fahrer den Füllschlauch trotz erkanntem Überdruck mit einem Zug ab, so ist eine Haftungsteilung möglich.[778]

Ist die Leitung verdeckt und peilt der Fahrer nachlässig, kommt es zu einer Haftungsquote.[779]

Die Belüftungsleitung darf nicht in den Tank hineinragen. Für den Fahrer ist ein solcher Fehler von außen nicht erkennbar. Der Anlagenbetreiber haftet allein.[780]

Sehr problematisch sind Belüftungsleitungen, die im Mauerwerk enden. Ist die Austrittsöffnung nicht vollständig zum Mauerwerk gekapselt, können Gase auch ins Mauerwerk eindringen. Nach den Vorgaben in den TRbF 220 darf die Austrittsöffnung nicht in geschlossenen Räumen enden. Tritt nun bei einer Überfüllung der Anlage Öl aus der Entlüftungsleitung aus, so wird dies meist nicht so schnell erkannt, als wenn das Rohr ins Freie mündet. Das Öl läuft dann im Mauerwerk oder der Dämmschicht herunter. Der Sanierungsaufwand ist dadurch bedingt oft um ein Vielfaches größer.

Soweit ersichtlich ist die Frage der Mithaftung noch nicht entschieden. Bei einer bestehenden Haftung des Fahrers wegen einer Verletzung einer Sorgfaltspflicht bietet es sich an, eine angemessene Beteiligung des Anlagenbetreibers an den Gesamtkosten zu vereinbaren. Derjenige, der die Anlage so konstruiert oder ohne die Kapselung im Mauerwerk errichtet hat, mag dann vom Betreiber der Tankanlage oder dessen Haftpflichtversicherer in Regress genommen werden.

8. Defektes Vakuumgerät einer Tankanlage mit Innenhülle, Folge: effektiv kleineres Tankvolumen

In diesen Fällen wird eine erhöhte Betriebsgefahr angenommen, die nicht hinter einem Verschulden des Fahrers bei Sorgfaltspflichtverstößen zurücktritt.[781]

9. Anlagenspezifischer Peilstab/Peiltabelle fehlt

Bei Großtankanlagen, deren Entlüftung zudem nicht beobachtet werden kann, haftet der Betreiber mit.[782] Der Befüller muss nicht zusätzlich[783] peilen, wenn eine Uhr vorhanden ist und er keinen Peilstab nutzen kann.

IV. Die Auswirkung von Anlagenmängeln auf die Haftungsbeurteilung

Anlagenbedingte Schadenursachen oder Mitursachen wurden nach früherer Auffassung nicht berücksichtigt, da man davon ausging, dass der Betreiber der Tankanlage keine schuldhafte Kenntnis

---

777 *AG Waldbröl* v. 22.6.1998 – 3 C 35/98; *AG Kassel* v. 1.4.2003 – 424 C 6600/02.
778 *LG Bad Kreuznach* v. 18.6.1997 – 3 O 275/93.
779 *LG Koblenz* v. 14.5.1985 – 11 O 155/83 (30 % Mithaftung des Anlagenbetreibers).
780 *AG Tuttlingen* SVR 2004, 31, bespr. von *Schwab*; (Regress des Garagenmieters nach Schaden am PKW wegen defekter Abwasserleitung, *KG Berlin* NJW-RR 2008, 890).
781 *OLG Düsseldorf* NJW-RR 1991, 1178 f. ($^1/_3$ Mithaftung) = OLGR 1993, 9 = VersR 1992, 1478 f.; *OLG Hamm* r+s 2002, 15 ($^1/_3$ Mithaftung), (*BGH* v. 13.02.2001 – VI ZR 248/00).
782 *LG Koblenz* v. 14.5.1985 – 11 O 155/83.
783 *LG Trier* v. 7.5.2010 – *2 O 142/09.*

von dem Mangel hatte.⁷⁸⁴ Selbst eine Gefährdungshaftung als Öltankbesitzer⁷⁸⁵ nach § 836 BGB wurde verneint. Die ganze Last der Verantwortung für die Funktionsfähigkeit wurde dem Tankwagenfahrer als Fachmann – gegenüber dem Betreiber der Anlage als Laien – aufgebürdet.

373a Selbst dann, wenn sich der Laie kompetenter Hilfe von Tankanlagenbauern oder Tanksachverständigen bediente, die seine Anlage konstruierten, bauten, warteten und prüften, also deutlich mehr taten, als nur zu befüllen, wurde eine Zurechnung der Versäumnisse verneint.⁷⁸⁶

374 Zwar ist zuzugeben, dass die beauftragten Fachleute keine Erfüllungsgehilfen des Anlagenbetreibers sind, schließlich fehlt es schon an einem entsprechenden Vertragsverhältnis. Dennoch befremdet es, wenn, gleich dem Zustand der Anlage, nur der Befüller zivilrechtlich verantwortlich sein soll. Dies steht im Gegensatz zur öffentlich-rechtlichen Verantwortung für den Betrieb, die eigene Überwachung⁷⁸⁷ und Verkehrssicherung⁷⁸⁸ der eigenen Anlage.

375 Die heutige Meinung in der Literatur⁷⁸⁹ und die der herrschenden Rspr. geht davon aus, dass den Anlagenbetreiber sehr wohl auch eine zivilrechtliche Mitverantwortung trifft. Sie besteht, wenn er bereits Kenntnis von Mängeln hat oder vor der Betankung vom Fahrer darauf hingewiesen wurde und trotzdem das Risiko eingeht.⁷⁹⁰

375a Einerseits wird dies damit begründet, dass § 254 BGB analog⁷⁹¹ heranzuziehen sei.

375b Andererseits sei dies aus der Betriebsgefahr der Tankanlage heraus begründet.⁷⁹² Schließlich wäre noch darauf abzustellen, dass der Betreiber der Anlage nach § 89 WHG dem Wassernutzungsberechtigten aus der Betriebsgefahr heraus haftet, ähnlich wie es der Tankwagenfahrer/Unternehmer wegen des Fahrzeugs bzw. aus Verschulden tut. Entsprechendes gelte in Bezug auf den geschädigten Nachbarn.⁷⁹³ Haften Anlagenbetreiber und Fahrer Dritten gegenüber als Gesamtschuldner, ist nicht einzusehen, warum im Verhältnis Betreiber/Fahrer Mithaftungsgesichtspunkte unbeachtlich sein sollten.⁷⁹⁴

375c Schließlich wird hervorgehoben, dass nicht nur dem Fahrer und Befüller die Gefahren im Umgang mit Heizöl bekannt sind, sondern heute jedermann weiß, dass mit dem Stoff sorgfältig umzugehen ist und dieser sorgfältig gelagert werden muss. Die Anlagenhaftung des Betreibers kann dabei hinter dem Verschulden des Fahrers zurücktreten.⁷⁹⁵

376 Eigene Einschätzung:

376a Wer eine Tankanlage betreibt und damit Gefahrstoffe lagert und umschlagen lässt, darf nicht von jedem Risiko ausgeschlossen werden. Ein sorgfältiger Umgang kann und darf von jedermann erwartet werden, selbst wenn sich darunter vorwiegend Laien befinden.

376b Würde man eine Mithaftung bei Anlagenmängeln versagen, hätte dies die traurige Konsequenz, dass noch nachlässiger mit gefährlichen Stoffen umgegangen wird. Es darf nicht angehen, dass die Zielset-

---

784 *OLG Bremen* VersR 1979, 450; *LG Bielefeld* NJW 1969, 512 f. = VersR 1969, 672 (L).
785 *BGH* v. 14.6.1976 – III ZR 81/74, WM 1976, 1056 = VersR 1976, 1084; dagegen PWW/*Schaub* § 836 BGB Rn. 7 m. w. N.
786 *BGH* v. 18.1.1983 – VI ZR 97/81, NJW 1983, 1108 = VersR 1983, 394 = MDR 1983, 654 = zfs 1983, 163 nur Hinweis; *BGH* v. 12.3.1985 – VI ZR 192/83, VersR 1985, 575; so auch heute noch *OGH Wien* v. 26.2.2009 – 1 Ob 1/09.
787 *OVG Lüneburg* ZUR 2007, 432 = NVwz-RR 2007, 666.
788 *VGH München* v. 5.5.2011 – 22. ZB 10.214 (unter Bezug zu *BGH* v. 6.2.2007 – VI ZR 274/06, NJW 2007, 1683 = VersR 2007, 659 = VRS 112, 431).
789 *Appel/Schlarmann* VersR 1973, 993, 995; *Fell* VersR 1988, 1222, 1226.
790 *OLG Köln* zfs 1993, 232, 234 = VersR 1994, 108, 110 = OLGR 1993, 180.
791 *OLG Düsseldorf* NJW-RR 1991, 1178 f. = VersR 1992, 1478 f. = OLGR 1993, 9.
792 *OLG Braunschweig* v. 21.2.2002 – 2 U 107/01; *OLG Hamm* v. 11.1.2011 – I-19 U 117/09.
793 *OLG Frankfurt* zfs 1982, 2 f. = VersR 1981, 1084; bestätigt von *BGH* v. 18.1.1983 – VI ZR 97/81, NJW 1983, 1108 = VersR 1983, 394 = MDR 1983, 654 = zfs 1983, 163 nur Hinweis.
794 *LG Bad Kreuznach* v. 18.6.1997 – 30 O 275/93.
795 *OLG Köln* NJW-RR 1990, 927 f. = VersR 1990, 976 f.

E. Sorgfaltspflichten Kapitel 21

zungen des Gesetz- und Verordnungsgebers durch die Rechtsprechung unterlaufen werden. Schließlich werden die strengen Anforderungen – auch an den Betreiber der Anlage – nicht ohne sachlichen Grund aufgestellt.

Hat der Betreiber – trotz öffentlich-rechtlicher Verantwortlichkeit – noch nicht einmal eine Mithaftung zu befürchten, weil ihn die Zivilgerichte für einen Laien und deswegen für entschuldbar verantwortungslos halten, besteht wenig Anreiz, eine intakte Anlage zu unterhalten. Da reicht es dann auch, wenn ein Hobby-Heimwerker eine Tankanlage selbst errichtet, die Anlage vom fachfremden Heizungsbauer mitinstalliert oder diese durch einen Schwarzarbeiter zusammengebastelt wird, statt einen Fachbetrieb nach § 3 Bundes-VAwS[796] zu beauftragen.   376c

Heizöl ist ein vergleichsweise günstiger Energieträger. Die wirtschaftlichen Vorteile der Unabhängigkeit von einem Anbieter und Möglichkeit, dann zu kaufen, wenn Heizöl günstig ist, liegen auf der Hand. Umgekehrt muss der Betreiber dann selbst in ein Mindestmaß an Sicherheit (Prüfung durch Sachverständige, Wartung und Tankreinigung durch Fachbetriebe, freiwilliger Abschluss einer Haftpflichtversicherung) investieren. In ähnlicher Weise muss der Halter eines Kraftfahrzeuges es schließlich auch tun (Hauptuntersuchung, Inspektion in Kfz-Fachwerkstatt, Abschluss einer Kfz-Haftpflichtversicherung).   376d

Da reicht es nicht aus, wenn man dem Befüller einen Regressanspruch gegen den sorgfaltswidrig handelnden Tankanlagenbauer oder weiterer Personen aus gesamtschuldnerischer Haftung als Nebentäter zugesteht. Deren Haftung kann durch eine Vertragsklausel oder bloßen Zeitablauf bereits beendet sein. Gegenüber dem Anlagenbetreiber müsste sich der Befüller dann mit gleichem Ergebnis auf eine gestörte Gesamtschuld berufen können.   376e

Dass der Tankanlagenbetreiber gegenüber dem Wassernutzungsberechtigten nach § 89 Abs. 2 WHG haftet, ist gesetzlich geregelt. Die Grenzfälle, wo es gar nicht zu einer Schädigung des Gewässers kommen kann, können jedoch nicht dazu führen, dass sich damit sogleich eine Zurechnung der sich nicht in einem Gewässerschaden realisierenden Schaden verbietet.[797]   377

Umgekehrt ist zu überlegen: Sind Rechte Dritter von dem Schadensfall nicht betroffen, geht es letztlich um einen Schaden im Zusammenhang mit einer Warenlieferung nach Kaufrecht. Dabei ist auch zu erwägen, ob die kaufvertragliche Leistungspflicht des Lieferanten nicht schon beim Anschluss des Schlauches am Einfüllstutzen endet.[798] Dies ist unabhängig davon zu betrachten, welche Sorgfaltspflichten den Befüller insgesamt treffen.   378

Es ließe sich dann wohl vertreten, dass alle anderen Tätigkeiten, die der Fahrer im Inneren des Gebäudes und bei Sichtung der Tankanlage vornimmt, nur der Abnahme der Ware dienen. Die Abnahme der Ware ist jedoch eine Hauptpflicht des Bestellers und Anlagenbetreibers. Hier ist der Fahrer als Erfüllungsgehilfe bei der Abnahme der Ware tätig.   378a

Schließlich wird er in dessen (Tank-)Lager tätig, für das der Betreiber nach § 1 Bundes-VAwS allein verantwortlich ist. Der zufällig anliefernde Befüller ist keine Person, der sich der Betreiber bedienen darf, wenn er nicht persönlich seinen Betreiberpflichten nachkommen kann. Dies sind allein Fachbetriebe nach § 3 Bundes-VAwS[799] oder der Sachverständige.   378b

Die tägliche Praxis zeigt, dass leider ein erheblicher Teil der Tankanlagen in schlechtem Zustand ist. Dies bestätigen sowohl Tankwagenfahrer als auch Vertreter von Umwelt- und Wasserbehörden. Es ist zu wünschen, dass für sämtliche Tankanlagen eine Pflicht-Haftpflichtversicherung[800] eingeführt wird. Dies hätte nicht nur in der Schadenabwicklung Vorteile. Auch im Vorfeld sollte dies dazu füh-   379

---

796 § 19l WHG a. F.; § 36 Bundes-VAUwS-Entwurf.
797 *Appel/Schlarmann* VersR 1973, 993, 996, 997.
798 Ähnlich im Frachtrecht *Koller* § 412 HGB Anm. 30; *Fremuth/Thume* § 425 HGB Rn. 20.
799 § 19l WHG a. F.; § 36 Bundes-VAUwS-Entwurf.
800 Zu Pflicht-Haftpflichtversicherungen siehe Halm/Kreuter/*Schwab*, AKB-Kommentar, § 113 VVG Rn. 2 ff.

F. Besondere Schadenspositionen bei Öl- und Umweltschäden

I. Wert von Grundstücken nach Umweltschadensfällen

1. Minderwert bei Veräußerungsgeschäften

380 Der merkantile Minderwert stellt eine allgemeingültige Schadensposition im Schadensersatzrecht dar.

380a Bei unfallbeschädigten Kraftfahrzeugen[803] spielt der merkantile Minderwert[804] eine besondere Rolle und hat dort zu Recht seine umfassende Ausprägung erfahren. Immer dann, wenn ein Unfallschaden von einer gewissen Erheblichkeit vorlag, hat ein Fahrzeugverkäufer trotz vollständiger Reparatur auf den Vorschaden hinzuweisen. Dies senkt seine Verkaufschancen, sodass er Abschläge hinzunehmen hat.

380b Bei Fahrzeugen gilt die beendete Instandsetzung und die Möglichkeit, das Fahrzeug wieder in Gebrauch zu nehmen,[805] als der Zeitpunkt, der maßgeblich für die Berechnung des Schadens in Form einer Wertminderung heranzuziehen ist. Manchmal wird bereits schon der Zeitpunkt des Schadenseintritts als Bemessungsgrundlage angesehen.

380c Es wird jeweils auf den objektiv geminderten Verkehrswert des Fahrzeugs abgestellt.

381 Für bebaute und unbebaute Grundstücke wird zutreffend ebenfalls grundsätzlich die Möglichkeit einer Wertminderung erwogen.

381a Eine pauschale Übertragung der für Mobilien entwickelten Grundsätze auch auf Immobilien erscheint bedenklich. Es gibt gravierende Unterschiede. Man muss daher genau unterscheiden, welche Ursachen der Schaden hat und welche Auswirkungen tatsächlich bestehen bleiben.

382 Der Umfang der Offenbarungspflicht wegen früherer Schäden am Grundstück ist jedoch parallel zum Fahrzeugschaden zu sehen. Auch bei Grundstücken besteht regelmäßig eine Hinweispflicht des Verkäufers, wenn für möglich gehalten wird, dass schädliche Folgen verblieben sind.[806] Bei positiver Kenntnis reicht es dann nicht aus, auf eine nur mögliche Altlast zu verweisen.[807] Notfalls ist ein Grundstückskaufvertrag dann sogar rückabzuwickeln.[808] Im Zwangsversteigerungsverfahren[809] können sich Amthaftungsansprüche ergeben, wenn ernstzunehmenden Anhaltspunkten nicht nachgegangen wird.

383 Der *BGH* hat zu Schäden an Bauwerken durch eine mangelnde Architektenleistung[810] oder durch Einwirkungen beim Bau einer U-Bahn[811] für die Festlegung eines verminderten Verkehrswertes auf den Zeitpunkt der beendeten Instandsetzung abgestellt.

---

801 § 19l WHG a. F.; § 36 Bundes-VAUwS-Entwurf.
802 Ansonsten Gefahrerhöhung, § 23 VVG.
803 BGH v. 03.10.1961 – VI ZR 238/60, BGHZ 35, 396 = DAR 1961, 334 = NJW 1961, 2253; umfassend *Halm/Fitz* Kap. 10, Rdn. 77 ff.
804 *Von. Gerlach* DAR 2003, 49 ff.
805 BGH v. 2.12.1966 – VI ZR 72/65, DAR 1967, 82 = NJW 1967, 552 = VersR 1967, 183; *OLG Karlsruhe* NJW-RR 1997, 1247 f.
806 *OLG Köln* v. 28.11.2001 – 11 U 15/99; *OLG Nürnberg* OLGR 2006, 85 (Altlast durch verbliebene Diesel- und Benzintanks).
807 BGH v. 20.10.2000 – V ZR 285/99, NJW 2001, 64 = MDR 2001, 149 (Altlast); BGH v. 22.2.2002 – V ZR 113/01, NJW 2002, 1867 = VersR 2002, 1380 (Tankstelle).
808 *OLG Celle* Urt. v. 21.8.2008 – Az. 8 U 49/08; (Holzschutzmitteltank).
809 *OLG Karlsruhe* DS 2011, 250 m. Anm. *Mohr* DS 2011, 240 ff.
810 BGH v. 24.2.1969 – VII ZR 173/66, VersR 1969, 473 = DB 1969, 1014.
811 BGH v. 2.4.1981 – III ZR 186/79, NJW 1981, 1663 = MDR 1981, 915 = DVBl. 1982, 1198.

F. Besondere Schadenspositionen bei Öl- und Umweltschäden   Kapitel 21

Die meisten Fälle befassen sich jedoch bei Grundstücken nur mit den wesentlichen Bestandteilen wie Sträuchern und Bäumen. 383a

Umweltschäden an Grundstücken und Ölschäden in Gebäuden lassen sich glücklicherweise meist vollständig beheben. Jedoch gibt es Ausnahmen, bei denen eine komplette Sanierung technisch[812] nicht möglich ist oder die zu erwartenden Kosten außer Verhältnis zum möglichen Erfolg stehen. 384

Es lassen sich daher nur wenige Urteile zum merkantilen Minderwert bei Umweltschäden finden. Dennoch ist es notwendig, Fallgruppen zu bilden, da Grundstücke nach Lage, Bebauung und Nutzung immer individuell und somit differenziert betrachtet werden müssen. Grundstücke sind – anders als Fahrzeuge[813] – schließlich keine Erzeugnisse aus der Massenproduktion, sondern eher mit Unikaten vergleichbar. 384a

a) Acker- und Wiesengrundstücke

▶ **Fallbeispiel: Wiesengrundstück neben Fahrbahn** 385

Bei einem Tankwagenunfall liefen 16.000 Liter Heizöl aus und ergossen sich über ein steiles Wiesengrundstück neben der Fahrbahn einer Bundesstraße. Es wurde umfangreich saniert. Dennoch verblieben mit behördlicher Genehmigung Restbelastungen im Boden, die sich mit einer beachtlichen Menge von etwa 770 Litern quantifizieren ließen. Das Grundstück wurde neu angesät und rekultiviert. Es kam sogar zu einem aktiveren Bodenleben als zuvor. Die Bodenbedingungen ließen erwarten, dass die Restbelastungen durch mikrobiologischen Abbau innerhalb von fünf Jahren verschwunden sein werden.

Der Grundstückseigentümer klagte dennoch einen vermeintlichen Schaden ein.

Das zuständige LG Waldshut-Tiengen[814] hat jedoch einen merkantilen Minderwert verneint. Bei seiner Entscheidung stützte es sich darauf, dass weder eine Nutzungsbeeinträchtigung des Grundstücks noch ein merkantiler Minderwert vorlägen. Derartige Grundstücke unterlägen sowieso nur einem eingeschränkten Markt, falls überhaupt von einer Verkäuflichkeit gesprochen werden könne.

Dies ist richtig, wenn man bedenkt, wie selten Wiesen- und Ackergrundstücke den Eigentümer wechseln. Dies geschieht gewöhnlich im Rahmen der Gesamtrechtsnachfolge nach einem Erbfall. Noch seltener sind Veräußerungsgeschäfte; vielleicht erst nach vielen Jahrzehnten. 386

Wertbildende Faktoren bei einem Wiesen- und Ackergelände sind die Nutzungsmöglichkeit des Grundstücks und der landwirtschaftliche Ertrag. Der Verkehrswert[815] hat bei Grundstücken, die gewöhnlich kaum oder gar nicht veräußert werden, keine Bedeutung. 386a

Bei landwirtschaftlich nutzbaren Grundstücken ist das zum 1.1.2008 in Kraft getretene Bodenschätzungsgesetz[816] zu beachten, das Bemessungsgrundlagen für Acker- und Grünlandflächen enthält. Bereits der Vorläufer, das Bodenschätzgesetz vom 16.10.1934, diente ursprünglich dazu, den unterschiedlichen Bodenwert nach Lage, Art, Nährstoffgehalt etc. zusammenzustellen, um darauf basierend eine steuerliche Grundlage für eine Bodenbesteuerung zu veranlassen. Durch die bis in die 50er Jahre durchgeführte Gesamterfassung aller Grundstücke gibt es hier nun nähere Aufschlüsse auch für weitere Anwendungsbereiche, insbesondere die Planung, Wasserschutzgebietsausweisung, Um- 387

---

812 *OLG Koblenz* OLGR 99, 178.
813 Anders ggf. bei Oldtimern; zum Oldtimerrecht s. Himmelreich/Halm/*Remsperger* Kap. 46.
814 *LG Waldshut-Tiengen* v. 23.5.2002 – 4 O 175/01.
815 *LG Frankfurt/M.* v. 27.6.2000 – 2/10 O 174/97 legte ebenfalls das Schwergewicht auf die eingeschränkte künftige Nutzung wegen der bei der Sanierung entstandenen Bodenverdichtung durch schweres Gerät; einen kleinen Anteil bzgl. des sanierten Grundstücksteiles ließ es wegen der Ungewissheit für potenzielle Käufer gelten.
816 Gesetz zur Schätzung des landwirtschaftlichen Kulturbodens v. 20.12.2007 BGBl. I, 3150 f.

weltverträglichkeitsprüfung, Belange des Naturschutzes, Flurbereinigungsverfahren, Bodenschutz und Ackerbau.[817]

387a § 11 BodSchätzG lässt ein Nachschätzungsverfahren zu, wenn sich die Ertragsbedingungen für das Grundstück ändern. Diese können auch auf künstlichen Maßnahmen beruhen, wenn sie zu einer wesentlichen und nachhaltigen Veränderung führen. Hierdurch werden auch der Umweltschadensfall und die Folgen von Sanierungsmaßnahmen angesprochen.

387b Im Fall des *LG Landshut-Tiengen*, bei dem Tausende Tonnen Boden bewegt wurden und Ölreste im Boden verblieben, ist ein Nachschätzungsverfahren zu erwägen. Zu beachten ist, dass sich dabei ergebende Wertminderungen auch die steuerliche Basis verändern. Somit könnten auch weniger Steuern zu entrichten sein, denn nach § 1 Abs. 1 S. 1 BodSchätzG dient das Gesetz vornehmlich der einheitlichen Bestimmung von Grundlagen für die Besteuerung. Im Wege der Vorteilsausgleichung wird dies wiederum zu berücksichtigen sein. Für die Gewerbesteuer wurde dies bereits so entschieden.[818]

b) Bebaute Grundstücke zu Renditezwecken

388 ▶ **Fallbeispiel: Wohn- und Geschäftsgebäude**

Das OLG Karlsruhe[819] hatte es mit einem Wohn- und Geschäftsgebäude eines Öl- und Gasheizungsinstallationsbetriebes zu tun, bei dem es zu einem Ölschaden im Hause kam. Der Schaden ließ sich komplett sanieren. Das Gericht hat einen merkantilen Minderwert verneint. Eine vollständige Sanierung hinterlässt keine Einschränkung der Nutzung. Folglich war nichts auszugleichen.

389 Darüber hinaus war aber noch zu bedenken, unter welchen Umständen ein solches Grundstück veräußert werden könnte.

389a Bei Wohn- und Geschäftshäusern spielen Renditegesichtspunkte die wesentliche Rolle. Kaufentscheidungen werden häufig emotionsfrei nach Lage und Vermietbarkeit getroffen. Wurde ein Schaden vollständig saniert und kann dies dokumentiert und belegt werden, so schreckt dies einen potenziellen Käufer nicht ab.

389b Nur dann, wenn es tatsächlich zu einer Eintragung in das Altlastenregister kommen sollte oder ein Grundstück wegen eines begründeten Altlastenverdachtes nur als »B«- statt als »A«-Grundstück von der Behörde eingestuft werden sollte, ist ein möglicher merkantiler Minderwert zu diskutieren. Ob aber hierfür allein der Streitwert bei Kostenentscheidung eines Gerichtes[820] maßgeblich gemacht werden kann,[821] erscheint mangels Anknüpfungspunkt fraglich. Dieser ist entscheidend vom Antrag der Parteien abhängig.

c) Privates Wohngrundstück

390 ▶ **Fall: Reines Wohngrundstück**

Das OLG Celle[822] kam bei einem reinen Wohngrundstück mit erheblicher Restbelastung zu einem anderen Ergebnis. In diesem Fall konnte ein bebautes Wohngrundstück nur teilweise saniert werden, da tief unter dem Gebäude, aber weit entfernt vom Grundwasser, 400 bis maximal 2.500 Liter Heizöl in Öl rückhaltendem Bodenmaterial verblieben sind. Behörde und Umweltsachverständige sahen trotz dieser ungewöhnlich hohen Restbelastung wegen der örtlichen Gege-

---

817 *Pfeiffer/Sauer/Engel*, 5.
818 *OLG Hamm* VersR 1976, 765.
819 *OLG Karlsruhe* NJW-RR 1997, 1247 f.
820 VGH Mannheim v. 29.11.2005 – 10 S 758/05, UPR 2006, 311 mit Anm. *Mohr* UPR 2006, 299.
821 Pauschal 10 % des Bodenwertes, so *Osberghaus/Crocoll/Lehmann* unter http://www.crocoll-consult.de/downloads/CC_%20Merkantiler%20Minderwert.pdf.
822 *OLG Celle* v. 25.8.1992 – 16 U 162/90.

F. Besondere Schadenspositionen bei Öl- und Umweltschäden   Kapitel 21

benheiten keine Gefahr für das Grundwasser. Trotzdem hatten die Schadenverursacher ein Anerkenntnis abgegeben, etwaige weitere Sanierungskosten zu übernehmen.

Auf Basis eines Gutachtes über den Verkehrswert,[823] das einen merkantilen Minderwert von 30 % feststellte, hat das OLG Celle eine entsprechende Schadensersatzsumme zugesprochen.

Für den Senat war die Einschätzung eines Grundstückssachverständigen ausschlaggebend, der angab, dass die Zahl der potenziellen Kaufinteressenten für ein solches Wohngrundstück geringer sei und die verbleibenden Interessenten aufgrund des Risikos, vielleicht doch später in Anspruch genommen zu werden, nur dann zum Kauf bereit wären, wenn sie jetzt weniger zu zahlen hätten.

Sicherlich spielen beim Kauf von Wohngrundstücken Emotionen eine weitaus größere Rolle als beim Erwerb eines Renditeobjekts durch einen kühl rechnenden Anleger. Dies darf aber nicht der einzige Punkt sein, der an dieser Stelle in die Beurteilung einfließt. 391

Eine Sanierungszusage, sogar gesichert durch ein gerichtliches Anerkenntnisurteil, das auch gegenüber den Rechtsnachfolgern des Grundstücks weitergegeben werden kann, sollte etwaige Bedenken abmildern. Der Geschädigte ist geschützt, wenn die Zusage von einem großen Versicherer abgegeben wurde.[824] 391a

Wichtig ist es aber zu überlegen, ob der richtige Zeitpunkt für die Bemessung des Verkehrswertes gewählt wurde. Zweifel kommen auf, da der geschädigte Eigentümer des Grundstücks sein Haus aktuell weder verkaufen wollte oder musste. Ist zudem ein weiterer biologischer Abbau der Schadstoffe zu erwarten und wird in einigen Jahrzehnten immer weniger auf das Unfallereignis hinweisen, so reduziert sich auch das Risiko der erschwerten Verkäuflichkeit. Es kann durchaus sein, dass bis dahin das Grundstück auch gar nicht veräußert werden soll. Wenn dem so ist, hat der Geschädigte Schadensersatz für etwas erhalten, was sich als Schaden niemals in barer Münze realisiert hat. 392

Grundstücke sind daher anders zu behandeln als Kraftfahrzeuge, die gegenüber einem Grundstück nur eine begrenzte Nutzungsdauer aufweisen, beliebig austauschbar sind und deutlich häufiger den Eigentümer wechseln. 393

Erst wenn tatsächlich das Wohngrundstück zum Verkauf ansteht und dabei ein schlechteres Verkaufsergebnis erzielt wird, tritt möglicherweise auch effektiv ein Schaden ein. 393a

Da bei dieser Betrachtungsweise die Schadensposition »merkantiler Minderwert« noch nicht fällig ist, kann sie noch nicht zugesprochen werden. Anders ist es jedoch mit einem Feststellungstitel für den Fall, dass das Grundstück später einmal unter seinem Verkehrswert veräußert werden müsste. Aufwendungen zur späteren Schadenfeststellung durch einen Grundstücksgutachter sowie für etwaige weitere Bodenuntersuchungskosten, um den erreichten Stand des biologischen Abbaus festzuhalten, fallen dabei ebenfalls dem Schädiger zur Last. 394

Mit Blick auf die wesentliche Anzahl der Anwendungsfälle, die Wertminderung bei Kraftfahrzeugen, stellt der *BGH*[825] allerdings auf den Zeitpunkt der beendeten Instandsetzung ab. Nachvollziehbar in seiner Argumentation ist, dass der Schädiger nicht dadurch einen Vorteil erhalten soll, dass er die Leistung verzögert, um letztlich einen geringeren Schadensersatzbetrag leisten zu müssen.[826] Der 394a

---

823 Verkehrswert statt Ertragswert bei Hausgrundstücken ist auch im öffentlich-rechtlichen Entschädigungsrecht anzuwenden, *BVerwG* v. 25.11.1970 – IV C 119/68, BVerwGE 36, 301 (Hausschwamm nach Fliegerbombe).
824 Parallele zum Feststellungstitel statt Leistungstitel, *BGH* v. 28.9.1999 – VI ZR 195/98, DAR 2000, 31 = NJW 1999, 3774 = VersR 1999, 1555; *BGH* v. 30.3.2004 – VI ZR 25/03, DAR 2004, 386 = NZV 2004, 347 = SP 2004, 227 = SVR 2004, 354, bespr. v. *Hernig/Schwab*.
825 *BGH* v. 2.12.1966 – VI ZR 72/65, NJW 1967, 552 f. (betr. PKW); *BGH* v. 24.02.1969 – VII ZR 173/66, VersR 1969, 473 = DB 1969, 1014; *BGH* v. 2.4.1981 – III ZR 186/79, NJW 1981, 1663 = MDR 1981, 915 = DVBl. 1982, 1198.
826 *BGH* v. 2.12.1966 – VI ZR 72/65, DAR 1967, 82 = NJW 1967, 552 = VersR 1967, 183.

Überlegung liegt die Tatsache zugrunde, dass Kraftfahrzeuge allein durch Zeitablauf einem Wertverlust ausgesetzt sind, auch wenn sie nicht benutzt werden. Je älter das Fahrzeug, desto weniger ist es wert und desto geringer ist dann auch der sich einstellende Wertverlust.

395 Beachtet man, dass die Entscheidung[827] weit über 40 Jahre alt ist, so hat sich zwischenzeitlich in der Regulierungspraxis der Versicherer doch sehr viel getan. Vorrangiges Ziel ist es heute, ohne zusätzlichen oder gar noch erschwerenden Aufwand einen Schaden möglichst zeitnah und abschließend zu erledigen. Es widerspricht dem Gebot, den Verwaltungsaufwand klein und damit die Schadenkosten gering zu halten, um allein wegen der Wertminderung einen gewöhnlichen Fahrzeugschaden über Jahre offen halten und Rückstellungen bilden zu müssen. Ein solches unpraktikables Vorgehen erwartet weder der Geschädigte noch der Versicherungsnehmer.

395a Für den Fahrzeugschaden mag daher auch heute noch aus ganz anderen Erwägungen der Praxis zu folgen sein. Auf bestimmte Gewerbeimmobilien, die als reine Renditeobjekte einfache Zweckbauten mit nur kurz bemessener Nutzungsdauer darstellen und dabei schnell an Wert verlieren, mag dies ebenso zutreffen.

396 Etwas anderes muss aber bei bebauten und unbebauten Grundstücken gelten, bei denen umgekehrt mit einer Wertsteigerung im Laufe von Jahrzehnten zu rechnen ist. Diese Grundstücke haben nach vielen Jahren eben keinen Schrottwert oder müssen nicht wie Altfahrzeuge mit zusätzlichen Kosten entsorgt werden. Die unterschiedliche Ausgangslage bedarf folglich einer unterschiedlichen Betrachtung der zeitlichen Schadensfeststellung.

397 Dennoch hat der *BGH* im Fall einer mangelhaften Betonplatte[828] oder wegen des Einbringens von Beton[829] auf dem Grundstück eine merkantile Wertminderung selbst dann bejaht, wenn keinerlei Absicht bestand, das Grundstück zu veräußern.

397a Dem *BGH* war offenbar bewusst, dass es zu ungerechten Ergebnissen kommen kann, denn er hat offengelassen, inwieweit ein merkantiler Minderwert zu verneinen ist, wenn sich später beim Verkauf herausstellen sollte, dass der Mangel für den Kaufpreis irrelevant war.[830]

398 Ansatz: Merkantiler Mehrwert im Bundes-Bodenschutz-Gesetz

398a Im Öffentlichen Recht findet sich für den Fall ehemals kontaminierter Grundstücke ein vorzugswürdiger Lösungsansatz. Dieser sollte bei entsprechenden Schäden an Grundstücken ebenso im zivilrechtlichen Schadensersatzrecht Beachtung finden.

398b Das Ziel der öffentlich-rechtlichen Norm ist es, Wertsteigerungen in voller Höhe abzuschöpfen. Diese entstehen durch behördlich veranlasste Bodensanierungen nach dem Bundes-Bodenschutz-Gesetz (BBodSchG) und kommen dem Grundstückseigentümer zugute. Geregelt ist dies in § 25 Abs. 2 BBodSchG,[831] der auf die Wertermittlungsverordnung (WertV) Bezug nimmt. Diese ist zur Ermittlung heranzuziehen. Eine andersartige Berechnung ist unzulässig.[832]

398c Die WertV sieht bedarfsgerecht verschiedene Bewertungsverfahren vor. Es handelt sich dabei um das Vergleichswertverfahren,[833] das Ertragswertverfahren[834] und das Sachwertverfahren.[835]

---

827 *BGH* v. 2.12.1966 – VI ZR 72/65, DAR 1967, 82 = NJW 1967, 552 = VersR 1967, 183.
828 *BGH* v. 10.10.1985 – VII ZR 292/84, BGHZ 96, 124 = NJW 1986, 427 = VersR 1986, 41.
829 *BGH* v. 27.06.1997 – V ZR 197/96, NJW 1997, 2595 = VersR 1997, 1495.
830 *BGH* v. 10.10.1985 – VII ZR 292/84, BGHZ 96, 124 = NJW 1986, 427 = VersR 1986, 41.
831 Ähnlich § 194 BauGB.
832 *VGH Kassel* NJW 2011, 2314.
833 §§ 4 ff. WertV.
834 §§ 8 ff. WertV.
835 §§ 15 ff. WertV.

F. Besondere Schadenspositionen bei Öl- und Umweltschäden

Auf die schadensersatzrechtlichen Regelungen entsprechend übertragen, ist nach verschiedenen Grundstücksarten und Nutzungen zu unterscheiden. Je nach individueller Besonderheit ist das zutreffende Wertverfahren anzuwenden. 398d

Wertermittlungsstichtag ist nach § 2 Abs. 1 WertV i. V. m. § 25 Abs. 3 S. 1 BBodSchG der Zeitpunkt, in dem die Sanierung abgeschlossen ist und die Behörde den Ausgleichsbetrag festsetzt. Erst dann wird die Forderung fällig. 398e

Die Wertausgleichspflicht erlischt, wenn nicht bis zum Abschluss des vierten Jahres nach Abschluss der Sanierung eine Festsetzung erfolgte (Festsetzungsverjährung), § 25 Abs. 3 S. 2 BBodSchG. Zur Vermeidung von unbilligen Härten kann von der Festsetzung ganz abgesehen werden, § 25 Abs. 5 BBodSchG. 398f

Will man die Grundsätze auf das Schadensersatzrecht zur Schadensposition »merkantiler Minderwert« übertragen, so ist für den Bewertungs- und Fälligkeitszeitpunkt auf den Zeitpunkt der Veräußerung abzustellen. 398g

Ist eine Restbelastung bekannt, dürfen zur Schadensfeststellung nicht einfach nur Pauschalen angesetzt werden. Der Schaden ist konkret zu ermitteln. 399

Die Anforderungen an ein Gutachten werden dabei von der Rspr. unterschiedlich hoch angesetzt. So meint das *OLG Naumburg*,[836] ein Verkehrswertgutachter müsse nicht selbst Mängel erforschen und auch kein Bodengutachten anfertigen lassen. Er könne sich auf augenscheinlich erkennbare Mängel beschränken. 399a

Der *BGH*[837] hält dagegen richtigerweise bei einem Altlastenverdacht eine Bodenuntersuchung als Anknüpfungstatsache für ein zu erstellendes Verkehrswertgutachten für erforderlich. 399b

	unbebaute Grundstücke			bebaute Grundstücke	
	Wiesen und Ackerland	Wohn- und Geschäftsgrundstück	reines Wohngrundstück	Wohn- und Geschäftsgebäude	reines Wohngrundstück
Wert bildender Maßstab	landwirtschaftlicher Ertrag	Rendite/Verkehrswert	Verkehrswert	Rendite	Verkehrswert
vollständige Sanierung	kein Schaden	kein Schaden	Schaden fraglich	kein Schaden	Schaden fraglich
Teilsanierung/ verbleibende Restbelastung	Schaden vorhanden, sofern Ertragsminderung, dann Vorteilsausgleich wegen niedrigerer Besteuerung möglich; Feststellungsanspruch	Schaden fraglich Problem: Fälligkeit; Feststellungsanspruch	Schaden fraglich Problem: Fälligkeit; Feststellungsanspruch	Schaden vorhanden, sofern Nutzungseinschränkung, dann Vorteilsausgleich bei niedriger Besteuerung möglich; Feststellungsanspruch	Schaden vorhanden Problem: Fälligkeit; Feststellungsanspruch

Abb. 7

---

836 *OLG Naumburg* v. 3.8.2005 – 11 U 100/04, (*BGH* v. 1.6.2006 – III ZR 207/05, NZB als unzulässig zurückgewiesen).
837 *BGH* v. 18.5.2006 – V ZB 142/05, NJW-RR 2006, 1389 = MDR 2007, 110.

2. Ertragsminderung durch Mietminderung oder Kündigung

401 In der Praxis spielen gelegentlich auch Mietminderung und Kündigung eine Rolle, wenn ein Mieter wegen des Heizölgeruchs die Miete gegenüber dem Vermieter mindert oder sogar auszieht.

401a Im gesamten Mietrecht gilt nach § 536 Abs. 1 BGB der subjektive[838] Fehlerbegriff. Eine Abweichung der Ist-Beschaffenheit von der Soll-Beschaffenheit ist bereits mietvertraglich ein Mangel. Somit kann selbst der bei Einhaltung von DIN-Normen[839] ein Mangel vorliegen.

401b Schadensersatzrechtlich relevant in Bezug auf den Schadenverursacher ist allerdings nur die Abweichung von der üblichen Beschaffenheit. Nur diese Mängel und daraus folgende Schäden sind sozialadäquat. Extreme Empfindlichkeiten von Sachgütern[840] oder ein vertraglich vereinbartes, übersteigertes Leistungsniveau, beschränken nach allgemeinen Regeln[841] den Ersatzanspruch.

401c Sachmängel an der Mietsache können sich z. B. durch Ölgeruch nach Überfüllung des Kellertanks unmittelbar aus der Mietsache ergeben. Umweltmängel können aber auch von außen[842] auf die Mietsache einwirken.

a) Minderung

402 Häufig ist eine Minderung nicht berechtigt, sodass der Vermieter die Minderung nicht hinzunehmen hat. Er hat die unberechtigte Reduzierung der Miete im Rahmen seiner Schadenminderungspflicht abzuwehren, statt sie an den Schädiger durchzureichen.

402a Eine berechtigte Mietminderung kann er dagegen als Schadensposition erfolgreich beim Schädiger geltend machen, sofern es sich nach objektiven Kriterien um eine relevante Abweichung von der üblichen Beschaffenheit handelt.

402b Wichtig ist es, die genauen Kriterien zu erkennen, ab wann eine Mietminderung bei einem umweltrelevanten Schaden verlangt werden kann.

402c Zunächst ist festzustellen, dass der Mieter gegenüber dem Vermieter beweispflichtig ist. In welcher Qualität der Beweis zu erbringen ist, ob durch gutachterliche Messungen[843] oder allein durch die »Nase« des Gutachters,[844] ist in der Rspr. uneinheitlich. Tatsächlich bewegt sich dies in einer Bandbreite von Hysterie, berechtigter Gefahrbesorgnis, objektiver Gefährdung und tatsächlichem Schadenseintritt.[845]

403 Nimmt der Mieter über einen längeren Zeitraum (sechs Monate)[846] eine an sich gerechtfertigte Beeinträchtigung der Mietsache hin, verliert er sogar sein Recht auf eine Minderung. Die nur potenziell mögliche Vermögenseinbuße durch Mietminderung hat sich dann beim Vermieter nicht realisiert. Auf einen hypothetischen Vermögensschaden des Vermieters hat der Schädiger keinen Ersatz zu leisten.

403a Die Minderung der Miete richtet sich nach den §§ 536 Abs. 1, 578 Abs. 2, 581 Abs. 2 BGB. Voraussetzung ist eine Geruchsbelästigung in Wohn-, Aufenthalts- und Pachträumen, bei denen Menschen

---

838 *BGH* v. 26.9.1990 – VII ZR 205/89, MDR 1991, 329 = ZMR 1991, 19 (Fahrzeugmiete); *BGH* v. 16.2.2000 – XI ZR 279/97, NJW 2000, 1714 = MDR 2000, 821 = ZMR 2000, 508 (Gewerbe).
839 *OLG Celle* ZMR 1985, 10; PWW/*Feldhahn* § 536 BGB, Rn. 7.
840 *BGH* v. 2.7.1991 – VI ZR 6/91, BGHZ 115, 84 = NJW 1991, 2568 (Panik unter Schweinen nach Unfallknall); *RG* v. 4.7.1938 – V ZR 17/38, RGZ 158, 34 (Silberfüchse).
841 PWW/*Medicus* § 249 BGB, Rn. 68 ff.
842 *Horst* MDR 2011, 1022.
843 *KG Berlin* v. 1.10.2001 – 8 U 3861/00 (Luftkonzentrationsmessung nach Gasaustritten).
844 *OLG Köln* v. 17.12.2002 – 3 U 66/02 (Parkettversiegelung).
845 Beispiele bei *Horst* MDR 2011, 1022 (1023).
846 *BGH* v. 18.6.1997 – XII ZR 63/95, NJW 1997, 2674 = WM 1997, 2002; *BGH* v. 31.3.2000 – XII ZR 41/98, NJW 2000, 2663 zum altem Recht.

F. Besondere Schadenspositionen bei Öl- und Umweltschäden

dauerhaft der Belastung ausgesetzt sind. Beschränkt sich der Geruch lediglich auf den Kellerraum, berechtigt dies nicht zu einer Minderung.

Zudem kommt es auf die Qualität der Belastung an, insbesondere, welcher Stoff ausgast. So kann eine bereits geringe Belastung mit Lösungsmitteln[847] ausreichen, wohingegen es bei Heizöl[848] zu einem dauerhaften und intensiven Geruch[849] in Wohn- und Arbeitsräumen kommen muss. Im letzten Fall wurde eine Minderung von 15 % der Nettomiete veranschlagt; heute ist allerdings auf die Bruttomiete[850] abzustellen. Bei massivem[851] Ölgeruch ohne Gesundheitsbeeinträchtigung wurde auch schon einmal eine Mietzinsminderung von 20 % erwogen.   404

b) Kündigung des Mietverhältnisses

Nach § 569 Abs. 1 S. 1 BGB ist eine Kündigung des Mietvertrages aus wichtigem Grund möglich, sofern nicht nur eine Beeinträchtigung, sondern eine erhebliche Gefährdung[852] vorliegt, die über einzelne Wohnräume und Aufenthaltsräume[853] hinausgeht.[854]   405

An dieser Stelle wird eine technische Bewertung umso wichtiger. Dabei ist zu beachten, dass sich Richt- und Grenzwerte im Laufe der Zeit ändern können. So hat beispielsweise das BGA (Bundesgesundheitsamt) den Richtwert für PCP (Pentachlorphenol) bis 1989 bei 60 g/m³ veranschlagt, dann aber drastisch auf nur 1 g/m³ gesenkt.   405a

Wesentlich ist, dass auch mehrere Stoffe negativ zusammenwirken können. Dies hat zur Folge, dass ein einzelner Parameter nicht allein betrachtet werden darf. Dies gilt auch dann, wenn noch kein Grenzwert existiert.[855]   405b

Zum Schutz des Bürgers vor Gesundheitsgefahren ist immer auf die aktuelle Sichtweise und nicht auf die bei Vertragsschluss abzustellen. Dies gilt auch und gerade für Dauerschuldverhältnisse wie der Miete.[856]   406

Bei entsprechenden Indizien für eine Gefährdung kann es unzumutbar sein, vor einer Kündigung erst noch eine Bestätigung vom Gesundheitsamt[857] einzuholen. Daran ist zu denken, wenn unstreitig aus dem Keller in die Wohnräume eines atemwegserkrankten Mieters Öldämpfe eindringen. Dabei ist es streitig, ob tatsächlich auf die besonderen Verhältnisse des Mieters abzustellen ist.[858]   406a

Besondere Personengruppen leiden oft erheblich mehr und bereits früher als der Durchschnittsbürger. Nicht nur die körperliche Konstitution von Säuglingen, Kleinkindern, alten Menschen, Kranken[859] und Schwangeren ist schlechter, sie halten sich z. B. mangels Berufstätigkeit auch viele Stunden des Tages in diesen Räumen auf. Damit inhalieren sie intensiver als es für gesunde Arbeitnehmer nach der MAK[860] für einen 8-Stunden-Arbeitstag berechnet sein mag. Bei einer Güterabwägung von   406b

---

847 *AG Torgau* WM 2003, 316.
848 *AG Augsburg* WM 2002, 605.
849 *OLG Naumburg* v. 27.11.2001 – 9 U 186/01(Schimmelbildung und Fäkaliengeruch).
850 *BGH* v. 6.4.2005 – XII ZR 225/03, BGHZ 163, 1 = NJW 2005, 1713 = MDR 2005, 979.
851 *AG Paderborn* Az. 53 C 178/98 aus Mieterzeitung 2/2000.
852 *LG Augsburg* v. 1.3.2006 – 7 S 4877/05 (hat entgegen eindeutigem Gesetzeswortlaut eine starke Ölgeruchsbelästigung als Kündigungsgrund ausreichen lassen).
853 PWW/*Elzer* § 569 BGB Rn. 3.
854 Staudinger/*Emmerich* § 569 BGB Rn. 11.
855 *OLG Nürnberg* v. 15.1.1992 – 9 U 3700/89 (Formaldehyd und Lindan im Fertighaus).
856 *BVerfG* v. 4.8.1998 – 1 BvR 1711/94, NJW-RR 1999, 519 = ZMR 1999, 687; *BayObLG* NJW-RR 1999, 1533.
857 *AG Flensburg* WM 2003, 328.
858 Streitstand bei Staudinger/*Emmerich* § 569 BGB Rn. 9.
859 Extremfall: *AG Aachen* SVR 2008, 71, bespr. von *Schwab* (Überfüllschaden in Arztpraxis; Haftung verneint).
860 MAK = maximale Arbeitsplatzkonzentration.

gesundheitlicher Integrität für bestimmte Personengruppen zu den wirtschaftlichen Interessen des Vermieters ist den individuellen Bedürfnissen des Mieters Vorrang einzuräumen.

407 Es bedarf keines Verschuldens[861] des Vermieters, um das Kündigungsrecht ausüben zu können. Der Wortlaut des § 569 BGB sieht dies nicht vor. Der Mieter verliert sein Kündigungsrecht, wenn er den die Gesundheit gefährdenden Zustand zu vertreten[862] hat.

408 Hysterie ist entgegen zu wirken, aber nicht durch Vertuschen.[863] Nur da, wo echte Gefahren drohen, besteht ein Kündigungsrecht.

408a Der Nachweis von Gesundheitsbeschädigungen[864] ist allgemein sehr schwierig.

3. Technischer Minderwert

409 Nach der Rspr. zu Bauschäden sind auch technische Minderwerte[865] zu berücksichtigen. Dies insbesondere dann, wenn Materialien beim Bau verwendet wurden, die die Nutzungsdauer oder Belastungsgrenzen mindern.

409a Im Rahmen von Umweltschäden wird es schwerlich zu solchen Schadensposition kommen können. Wird nach dem Ausbau von kontaminiertem Material gleichwertiges, sauberes Bodenmaterial mit gleicher Bodenklasse wieder fachgerecht eingebaut, verbleibt objektiv kein Nachteil. Eine eingeschränkte Nutzung kann sich daher kaum einstellen.[866]

II. Besondere Einzelpositionen

1. Grundstücksvertiefung

410 Je nach dem, wo und wie die Sanierung stattfindet, kann es erforderlich sein darauf zu achten, dass Gebäude oder Straßenanlagen in der Nachbarschaft des Unglücksortes nicht geschädigt werden. Insbesondere besteht bei unsachgemäßem Aushub und fehlender Absicherung die Gefahr, dass durch eine Bodenvertiefung die Standfestigkeit[867] gefährdet wird.

410a Entsprechend sind beim Ausschachten die Rechte Dritter durch im Boden verlegte Kabel und Leitungen zu beachten.

2. Wertverbesserungen

411 Wertverbesserungen können bei der Sanierung entstehen, wenn Anlagen und Gebäudeteile nicht mehr so errichtet werden können und dürfen, wie es damals nach aktuellem Baurecht noch zulässig war. Der Geschädigte sieht sich nun Mehrkosten gegenübergestellt, wenn er für die neue, aber auch deutlich bessere Anlage, die den gleichen Zweck wie zuvor die alte Anlage erfüllt, auch mehr Geld aufwenden muss. Liegen behördliche Wiederherstellungsbeschränkungen vor, sind diese zu beachten. Regelungen aus der Feuerversicherung[868] sind nicht auf das Schadensersatzrecht übertragbar. Abzüge Neu für Alt[869] sind daher zu berücksichtigen, zumal nicht nur der potenzielle Wiederver-

---

861 Bamberger/Roth/*Wöstmann* § 569 BGB Rn. 6.
862 *BGH* v. 17.12.2003 – XII ZR 308/00, BGHZ 157, 233 = NJW 2004, 848 = ZMR 2004, 338.
863 *OLG Düsseldorf* v. 16.5.2003 – 3 Wx 98/03 (Geruchsvernichter in WEG).
864 *SG Dortmund* v. 26.7.2004 – S 23 U 12/03 n. r. (Tankwart/Tankwagenfahrer mit einer Multi-System-Atrophie = ähnlich Parkinson: keine Berufskrankheit); *LSG Schleswig-Holstein* v. 20.7.2000 – L 5 U 114/99 (Top-Loading-Verfahren führte nicht zur Berufskrankheit).
865 *BGH* v. 17.12.2003 – XII ZR 308/00, BGHZ 157, 233 = NJW 2004, 848 = ZMR 2004, 338.
866 Unklar insofern *OLG Koblenz* OLGR 1999, 178.
867 *BGH* v. 25.2.2008 – V ZR 17/07, VersR 2008, 1116 = NJW-RR 2008, 969.
868 *BGH* v. 30.4.2008 – IV ZR 241/04, VersR 2008, 816 = NJW-RR 2008, 1123 = r+s 2008, 292.
869 *AG Betzdorf* v. 10.11.1999 – 3 C 64/99 (50 % bei Tankanlage mit abgelaufener halber Lebensdauer).

G. Dispositionsfreiheit, Behörden, Verwaltungsverfahren und Verwaltungsvertrag

kaufswert des Grundstücks gesteigert wird, sondern Sicherheitsaspekte und eine erweiterte Lebensdauer echte Vorteile für den Geschädigten bringen.

G. Dispositionsfreiheit, Behörden, Verwaltungsverfahren und Verwaltungsvertrag

I. Eingeschränkte Dispositionsfreiheit des Geschädigten

Die Beteiligten im Rahmen eines Schadenereignisses mit Umweltbezug sind nicht unbedingt völlig frei in ihrer Entscheidung, ob und wenn ja, was getan werden muss, um den Schaden zu beheben. 412

Nur der Fahrzeugeigentümer und der Geschädigte eines »normalen« Sachschadens haben weitgehend Verwendungsfreiheit. 412a

Beim Personenschaden ist der Grundsatz bereits durchbrochen. Richtigerweise hat der Geschädigte nach Rspr.[870] und h. L.[871] die hierfür erhaltenen Mittel zweckentsprechend zu verwenden. 413

Einschränkungen bestehen zudem beim Grundeigentümer.[872] Zwar sieht § 249 S. 2 BGB vor, dass der Geschädigte statt der Naturalrestitution auch einen monetären Ausgleich für seinen Vermögensverlust beanspruchen kann – Kompensation –; dennoch muss gerade hier nach der Art des Schadens unterschieden werden. Grundeigentümer können nicht einfach einen Abfindungsvergleich mit dem Schädiger schließen und es beim Geldersatz belassen. Sie können auch nicht ganz auf Ansprüche verzichten, weil ihnen die Verunreinigung des Bodens egal ist. 413a

Der Geschädigte eines Umweltschadens ist nur insoweit in seiner Entscheidung frei, wie Rechte Dritter nicht tangiert werden oder künftig einmal tangiert werden könnten. Geht es lediglich um Ölflecken, etwa auf dem mitvermieteten Parkplatz einer Wohnung,[873] die nur den optischen Eindruck eines Grundstücks schmälern, führt dies allein[874] nicht schon zu möglichen Risiken für Dritte. 414

Anders sieht es dann aber aus, wenn ein kontaminierter Bereich durch Regen ausgewaschen und Schadstoffe auf das Nachbargrundstück gespült oder in tiefere Erdschichten und das Grundwasser verfrachtet werden könnten. Dann sind die Interessen nicht nur auf das Grundstück des Geschädigten beschränkt. Neben dem Allgemeininteresse kann auch der Schädiger selbst betroffen sein, will er von Ansprüchen als Schadenverursacher nach § 4 Abs. 3 BBodSchG befreit werden. 415

In diesen Fällen ist die Dispositionsbefugnis des Berechtigten einzuschränken. Die Grenze hierzu wird spätestens dann erreicht, wenn bereits nach öffentlich-rechtlichen Vorschriften oder aufgrund einer hierauf beruhenden Anordnung der Behörde eine Pflicht zum Tätigwerden besteht. 415a

Durch das Umweltschadensgesetz bekommt die Pflicht zur Sicherung bzw. Sanierung noch einen weiteren Aspekt. Man stelle sich vor, eine Verunreinigung auf dem Grundstück des Geschädigten beruht auf einem Verschulden eines Kraftfahrers, der beruflich unterwegs war. 416

Befinden sich auf dem Grundstück z. B. geschützte Arten im Sinne des § 2 Nr. 1a USchadG i. V. m. § 19 BNatSchG, könnten diese, wenn sie nicht unmittelbar durch den Unfall geschädigt wurden, auch später noch durch das Unterlassen geeigneter Schutzmaßnahmen Schaden nehmen. Schließlich 416a

---

870 *BGH* v. 14.1.1986 – VI ZR 48/85, BGHZ 97, 14 = NJW 1986, 1538 = VersR 1986, 550; *OLG Köln* VersR 2000, 1021; zu Einschränkungen der Dispositionsfreiheit beim Verlust vertretbarer Sachen s. *BGH* v. 15.5.2008 – III ZR 170/07, NJW 2008, 2430 = VersR 2008, 1414.
871 PWW/*Medicus* § 249 BGB Rn. 24; Palandt/*Heinrichs* § 249 BGB Rn. 6; Jauernig/*Teichmann* § 249 BGB Rn. 6; kritisch *Steffen* NJW 1995, 2057 und Himmelreich/Halm/*Jaeger*, Kap. 13, Rn. 15 ff.
872 *BGH* v. 2.10.1982 – V ZR 147/80, BGHZ 81, 385; *BGH* v. 4.5.2001 – V ZR 435/99, BGHZ 147, 320 (Voraussetzungen zum Erlöschen des Herstellungsanspruchs).
873 Ölflecken auf Parkflächen und in Garagen lassen sich häufig finden und bieten Anlass zu Streitigkeiten beim Auszug des Mieters. Zur Beweiskraft eines Abnahmeprotokolls zu diesem Thema beim Auszug des Mieters s. *AG Köln* v. 11.12.2001 – 205 C 345/01.
874 *KG Berlin* NJW-RR 2007, 374 (Rutschgefahr an Tiefgarageneinfahrt durch Ölfleck).

haben Umweltschäden zeitliche Komponenten und fressen sich weiter. Die Pflicht zum Handeln wendet sich aber zunächst einmal an den Verursacher, hier den beruflich tätigen Kraftfahrer.

417 Die Situation kann sich auch dadurch ergeben, dass ein Geschädigter eine nicht akut gefährliche Kontamination im Boden belassen möchte. Obwohl man technisch zur Sanierung in der Lage ist und dies auch mit einem verhältnismäßigen Kostenaufwand zu leisten wäre, begehrt der Geschädigte aber lieber Geld. Er spekuliert zudem auf einen merkantilen Minderwert seines Grundstücks, das er womöglich gar nicht veräußern möchte, der erwartete unverhoffte Geldsegen ist ihm aber wichtiger als die Umwelt.

418 Die sich abzeichnenden Veränderungen des heimischen Klimas mit extremer werdenden Naturereignissen wie Dürreperioden und heftigen Niederschlägen lassen erwarten, dass diese zu vermehrten Schwankungen des Grundwasserspiegels führen werden. Daraus wächst das Potenzial, dass über die Jahrzehnte hinweg schlummernde Gefahren durch Verunreinigungen plötzlich zu einer akuten Gefahr für Schutzgüter nach dem USchadG werden könnten.

419 Diese Gefahr hat der nach dem USchadG verantwortliche Schädiger dringend mit zu beachten. Das Öffentliche Recht entlässt ihn nach § 13 Abs. 2 USchadG erst nach 30 Jahren aus der Verantwortung.

419a Womöglich leistet der Schädiger zunächst Schadensersatz in Geld, muss dann aber ggf. nochmals für einen Ökoschaden aufkommen, der bei einer Sanierung erst gar nicht entstanden wäre.

420 Der Schädiger hat ein berechtigtes Interesse, von Weiterungen durch eine unterlassene Sanierung freigestellt zu werden. Es kommt noch hinzu, dass der zivilrechtliche Schaden zwar über seine Kfz-Haftpflichtversicherung gedeckt, der in Zukunft drohende Ökoschaden im Sinne des USchadG aber kein gesetzlicher Haftpflichtanspruch privatrechtlichen Inhalts ist.

421 Wie kann in einem solchen Fall dem berechtigen Interesse des Schädigers entsprochen werden?

421a Im Grunde vereitelt[875] der Grundstückseigentümer die Sanierung. Er setzt dadurch den Schädiger bei entsprechender Kenntnis erheblichen Risiken für Vermögensverluste aus. Dieses Verhalten sollte im Sinne des § 826 BGB zu missbilligen sein. Zudem ist ja auch nicht auszuschließen, dass später sogar noch bei einem Ausfall des Schädigers Kosten auf den Staat zukommen.

422 Sollte sich der geschädigte Grundstückseigentümer privatrechtlich gegenüber dem Schädiger verpflichten, ihn bei einer Inanspruchnahme für den möglichen Ökoschadens während der kommenden 30 Jahre freizustellen, stellt sich die Frage nach dem wirtschaftlichen Wert. Selbst eine grundbuchrechtliche Sicherung ist nicht hilfreich, da eine noch bestehende Kontamination des Grundstücks dessen Wert herabsetzt.

423 Sinnvoller könnte es da sein, einen Vertrag zusammen mit der zuständigen Verwaltungsbehörde zu schließen, wonach einerseits der Grundstückseigentümer verpflichtet wird und andererseits der Schädiger aus der potenziellen Verantwortung entlassen wird. Ob sich dies tatsächlich realisieren lässt, muss die künftige Praxis zeigen. Im Bodenschutzrecht sind bei Altlasten derartige öffentlich-rechtliche Sanierungsverträge nach § 13 Abs. 4 BBodSchG i. V. m. §§ 54 ff. VwVfG durchaus an der Tagesordnung,[876] zumal sich die Vorschrift mit einer Appellfunktion an die Behörde wendet.[877]

---

875 Ähnlich Sanierungsvereitlung im Aktienrecht *BGH* v. 20.3.1995 – II ZR 205/94, BGHZ 129, 136 = NJW 2005, 1739.
876 *Schlemminger/Böhn* NVwZ 2010, 354.
877 Giesberts/Reinhardt/*Spieth* BBodSchG, § 13, Rn. 27.

G. Dispositionsfreiheit, Behörden, Verwaltungsverfahren und Verwaltungsvertrag

II. Behörden, Verwaltungsverfahren und Verwaltungsvertrag

Immer dann, wenn schützenswerte Güter der allgemeinen Lebensgrundlage betroffen sind, sei es der Boden,[878] das Wasser[879] oder die Luft,[880] können Interessen der Allgemeinheit berührt sein. Ein staatliches Eingreifen nach pflichtgemäßem Ermessen durch die zuständige Behörde kann erforderlich werden. 424

Gegenüber der Generalklausel »Störung der öffentlichen Sicherheit und Ordnung« geht es hier um spezielle Normen des Polizei- und Ordnungsrechts. Aus dem Über-/Unterordnungsverhältnis von Staat und Bürger ergibt sich bei bestehender Gefahrenlage das Recht bzw. die Pflicht, Forderungen der Behörde nachzukommen. Dabei wird zunächst nicht danach gefragt, wer den Schaden verursacht hat. So kann basierend auf einer Ermächtigungsgrundlage die sachlich und örtlich zuständige Behörde[881] auch den geschädigten Grundstückseigentümer polizeirechtlich als Zustandsstörer in Anspruch nehmen, obwohl dieser für den gefährlichen Zustand nichts kann. Beispiel: Ein PKW kommt von der Fahrbahn ab, durchbricht einen Zaun, fährt gegen eine Hausmauer und reißt sich dabei den Tank oder die Ölwanne auf. 424a

Die Behörde ist folglich in ihrer Störerauswahl frei, muss aber folgende Grundsätze beachten: 425
- Welcher Verantwortliche kann die Störung oder Gefahr am schnellsten und wirksamsten beseitigen?
- Ist jemand sowohl Zustands- als auch Verhaltensstörer?
Wenn ja, soll der »Doppelstörer« vor dem einfachen Störer beansprucht werden?
- Der Verhaltensstörer ist vor dem Zustandsstörer als Verantwortlicher auszuwählen. Bestehen Schwierigkeiten, den Verhaltensstörer schnell festzustellen und verantwortlich zu machen, so kann auch auf den Zustandsstörer unmittelbar zurückgegriffen werden. Dies gilt auch für den Kfz-Halter vor dem flüchtigen Fahrer.[882]
- Selbst wenn Verschuldensgesichtspunkte im Öffentlichen Recht außen vor bleiben, spielen Zurechnungs- und Billigkeitsgesichtspunkte bei der Störerauswahl eine Rolle. So ist derjenige, der sich sozialadäquat verhält, sein Tun aber die letzte Ursache für einen Schaden gesetzt hat, dann nicht als Störer heranzuziehen, wenn sich sein Verhalten im Rahmen der Rechtsordnung bewegte.[883]

Die Behördenvertreter werden regelmäßig den Kontakt zu den Betroffenen und Verantwortlichen herstellen und versuchen, zunächst im Dialog die Sachlage zu klären. 426

Erst danach werden sie eine Ordnungsverfügung in mündlicher oder schriftlicher Form gem. § 37 Abs. 2 VwVfG erlassen. Es handelt sich dabei um einen Verwaltungsakt im Sinne des § 35 S. 1 VwVfG, also um eine Verfügung, Entscheidung oder andere hoheitliche Maßnahme, die eine Behörde zur Regelung eines Einzelfalles auf dem Gebiet des Öffentlichen Rechts trifft und die auf eine unmittelbare Rechtswirkung nach außen gerichtet ist. 426a

In eilbedürftigen Fällen wird die Behörde zusätzlich die sofortige Vollziehung des Verwaltungsaktes nach § 80 Abs. 2 Nr. 4 VwGO anordnen. Hierzu hat zwingend eine weitere Begründung nach §§ 39 VwVfG; 80 Abs. 2 Nr. 4, Abs. 3 VwGO zu erfolgen. 426b

Gegen den belastenden Verwaltungsakt ist der Widerspruch nach den §§ 68 ff. VwGO und danach die Anfechtungsklage nach § 42 Abs. 1 VwGO möglich. Länderspezifisch bedarf es erst noch einer Anhörung durch den Kreisrechtsausschuss. 427

---

878 Z. B. §§ 1, 9 und 10 BBodSchG.
879 WHG mit Wassergesetzen der Länder.
880 BImSchG.
881 *VG Neustadt a. d. W.* v. 12.12.2003 – 7 K 1592/03.NW (schwierige Klärung bei Straßenrandstreifen).
882 *BayVGH* BayVBl. 1984, 16.
883 *OVG Koblenz* DÖV 2009, 213 = DVBl. 2009, 204 = NVwZ-RR 2009, 280.

427a Im vorläufigen Rechtsschutz kann bereits die Behörde nach § 80 Abs. 4 VwGO oder das Gericht nach § 80 Abs. 5 VwGO die aufschiebende Wirkung des Widerspruchs anordnen oder wiederherstellen.

428 Das oben dargestellte förmliche Verfahren bezieht sich in der Praxis eher auf die Fälle, in denen zumindest auf einer Seite mit Uneinsichtigkeit und Konfrontation gerechnet werden muss. Hier verhärten sich die Fronten, was einer schnellen Lösung des Problems entgegenstehen wird.

429 In besonderen Ausnahmefällen – bei Gefahr im Verzuge – kann die Behörde dann auch noch zur unmittelbaren Ausführung, der Ersatzvornahme,[884] greifen. Sie wird durch eigene Leute oder durch von ihr beauftragte Firmen Maßnahmen anordnen und durchführen lassen, die eine Vergrößerung des Schadens verhindern. Die Kosten der Ersatzaufnahme darf sie dann wiederum dem Störer auferlegen.

430 Für alle Beteiligten günstiger ist es, eine einvernehmliche Lösung zu suchen. Auch das Verwaltungsrecht bietet eine Möglichkeit über den öffentlich-rechtlichen Vertrag nach den §§ 54 ff. VwVfG. Verträge dieser Art sind nicht nur im Verhältnis von Gemeinden untereinander, sondern auch im Über–/Unterordnungsverhältnis als subordinationsrechtliche Verträge möglich. Im Rahmen des Bodenschutzrechtes besteht sogar eine Appellfunktion[885] an die Behörde, entsprechend zu agieren.

431 Das bereits vom Gesetz her vorgesehene Miteinander von Staat und Bürger, statt strikter Ausübung der Über-/Unterordnung per Bescheid, bietet im Zusammenwirken der Beteiligten erhebliche Vorteile für alle. Dazu ist es notwendig, sich die verschiedenen Interessenlagen[886] von Geschädigten, der Allgemeinheit – vertreten durch die Fachbehörde –, und dem oder der Versicherer vor Augen zu führen. Man wird erkennen, dass die Hauptinteressenlagen doch in die gleiche Richtung gehen und gar nicht so entschieden gegensätzlich sind:

431a Allen ist daran gelegen, dass nicht nur Leib und Leben geschützt, sondern auch Umwelt und Sachwerte vor Schaden bewahrt werden.

431b Es liegt in der Natur des Menschen, bei einem eingetretenen Schaden zu hinterfragen, wie es zu dem Schaden kommen konnte. Folglich liegt auch die genaue Sachverhaltsaufklärung meist in allseitigem Interesse.

432 Bei allem, was die Behörde veranlasst, muss sie den Grundsatz der Verhältnismäßigkeit beachten.

432a Er besagt, dass unter mehreren rechtlich und tatsächlich möglichen Maßnahmen diejenige auszuwählen ist, die den Betroffenen am wenigsten beeinträchtigt. Die Maßnahme darf zudem nicht weiter gehen, als zur Erreichung des Zwecks erforderlich. Darüber hinaus darf ein zu erwartender Schaden nicht in grobem Missverhältnis zum angestrebten Erfolg stehen.

432b Diese Vorgabe schützt nicht nur den Schädiger, sondern auch den Geschädigten als Zustandsstörer vor überzogenen Forderungen.

433 Gegenüber dieser Regelung aus dem Öffentlichen Recht hält das privatrechtliche Schadensersatzrecht mit dem Gebot der Erforderlichkeit der Aufwendungen einen ähnlich gelagerten Grundsatz vor.

433a Zu beachten ist jedoch, dass der fünfte Senat des *BGH*[887] diesen Grundsatz weiter aufgebrochen hat, indem er einen Anspruch auf Folgenbeseitigung im Sinne des § 1004 BGB so weit auslegt, dass der in seinen Rechten Verletzte quasi wie ein Geschädigter auch die Wiederherstellung seines Grundstücks vom Handelnden verlangen kann. Die Entscheidung, bei der es um die Beseitigung einer Bodenkontamination ging, ist auch für Versicherer nicht unproblematisch. Die Entscheidung des fünften Se-

---

884 Ersatzvornahme ist bereits Vollstreckung, § 10 VwVG.
885 Giesberts/Reinhardt/*Spieth* BBodSchG, § 13, Rn. 27.
886 Siehe auch Halm/Engelbrecht/Krahe/*Schwab* Kap. 30 Rn. 8 ff.
887 *BGH* v. 2.4.2005 – V ZR 142/04, NJW 2005, 1366 = VersR 2005, 839 = zfs 2005, 332.

nats des *BGH* fand schnell auch bei Schadensersatzrechtlern aufmerksame Beachtung,[888] sodass künftig mit einer verstärkten Argumentation in dieser Richtung zu rechnen sei wird, stehe man zu der Entscheidung, wie immer man will.

H. Anzeige-, Melde- und Unterrichtungspflichten

I. Einleitung

Ein Schadenereignis, das Öl- und Umweltschäden zur Folge haben kann, löst diverse Meldepflichten aus. Schädiger, Geschädigter, Fahrzeughalter, Anlagenbetreiber und eine Reihe anderer mit der Sache in Berührung kommender Personen werden nach unterschiedlichen Normen und vertraglichen Regelungen zur Meldung bzw. Information verpflichtet. 434

▶ **Tipp für die Praxis:** 434a

Es ist wichtig, über die einzelnen, häufig im jeweiligen Landesrecht nur schwer auffindbaren Bestimmungen, informiert zu sein, um keine Fehler bei der Abarbeitung des Schadens zu machen. Zudem muss ein Schadensfall oft zugleich mehreren Behörden, Versicherern und sogar Dritten gemeldet werden. Wer als Rechtsanwalt ein Mineralölunternehmen oder eine Spedition berät, sollte sich dieser Besonderheiten bewusst sein und die Mandantschaft darauf hinweisen. Ein sorgfältiger Plan mit entsprechenden Ansprechpartnern im Wirkungskreis des Unternehmens ist nützlich, um im Schadensfalle den Pflichten zeitnah nachzukommen.

II. Anzeigepflichten gegenüber dem Versicherer

1. Allgemeine Anzeigepflicht nach den AKB

Der Versicherungsnehmer eines Kraftfahrthaftpflichtvertrages hat dem Versicherer den Schadensfall binnen einer Woche anzuzeigen, E.1.1 AKB 2008.[889] Eine ähnliche Bestimmung gibt es im Bereich der Allgemeinen Haftpflichtversicherung, 25.1 AHB,[890] die von einer unverzüglichen Meldung spricht. Relevant ist dies dort insbesondere beim Betreiben von stationären Tankanlagen. 435

2. Besondere Anzeigepflicht nach der Kfz-USV

Abweichend von der gerade bei Umweltschäden viel zu langen Meldefrist in den AKB, hält die Kfz-USV[891] eine kürzere Meldepflicht parat. In E.1.1 der Kfz-USV heißt es: »*Sie sind verpflichtet, uns jedes Schadensereignis, das zu einer Leistung nach dem USchadG führen könnte, – soweit zumutbar – sofort anzuzeigen, auch wenn noch keine Sanierungs- oder Kostentragungsansprüche erhoben worden sind.*« 436

Nur eine sofortige Meldung an den Versicherer versetzt diesen in die Lage, tatsächlich über eine Zahlung hinaus, aktiv in das Geschehen eingreifen zu können. So kann er weitergehende Schäden durch Ansteuern oder Unterstützen professioneller Hilfe vermeiden oder begrenzen.[892] Die verschärfte Anzeigepflicht ist zulässig[893] und steht nicht im Widerspruch zu den §§ 104, 105 VVG. 436a

---

888 Zustimmend *Mohr* Wenn vom Nachbargrundstück eine üble Flüssigkeit Erde und Pflanzen vergiftet, FAZ vom 27.05.2005; *Schimikowski* bringt es auf den Punkt und spricht nun davon, dass sich § 1004 BGB mit der jetzigen Entscheidung zu einem »Quasi-Schadensersatzanspruch gemausert« hat und hebt hervor, dass die Wiederherstellungspflicht nach *BGH* nicht den Zustandsstörer trifft, sondern allein den Handlungsstörer oder denjenigen, der eine gebotene Handlung wissentlich unterlassen hat, r+s 2005, 329.
889 Genaueres unter Halm/*Kreuter*/Schwab, AKB-Kommentar, E.1.1 AKB 2008, Rn. 1944 ff.
890 Siehe Halm/Engelbrecht/Krahe/*Halm/Fitz*, Handbuch FA VersR, Kap. 23 Rn. 79 ff.
891 Musterbedingungen des GDV v. 29.10.2007.
892 Zum Umweltschadenmanagement: Himmelreich/Halm/*Schwab* Handbuch FA VerkR, Kap. 28, Rn. 1 ff.
893 Halm/Kreuter/*Schwab*, AKB-Kommentar, E.1.1 Kfz-USV, Rn. 139.

III. Meldepflichten gegenüber Umweltbehörden

437 Landesgesetzlich geregelt gibt es Meldepflichten gegenüber bestimmten Umweltbehörden. Die Einhaltung der Meldepflicht ist wichtig, da sich hieraus bereits Haftungsgesichtspunkte bei einer Pflichtverletzung ableiten lassen können. Die Ausgestaltung in den einzelnen Ländern ist sehr unterschiedlich. Betroffen sind nicht nur Anlagenbetreiber, sondern auch Fahrzeugführer und Halter. Zu beachten sind parallel das Wasserrecht und das Bodenschutzrecht. Aufgrund der Anforderungen durch das am 14.11.2007 in Kraft getretene USchadG ist daneben nun auch das Naturschutzrecht mit zu berücksichtigen.

1. Meldepflichten nach den Wassergesetzen

438 Das Wasserhaushaltsgesetz ist ein Bundesgesetz. Bedingt durch die Föderalismusreform I wurde im Grundgesetz die frühere Rahmengesetzgebungskompetenz des Bundes in eine konkurrierende Gesetzgebungskompetenz umgewandelt. Dies schlägt sich in dem seit dem 1.3.2010 geltenden Recht nieder.

438a In Bezug auf Anzeigepflichten enthält § 62 Abs. 4 Nr. 3 WHG eine Regelung, die auf die Ermächtigung für Rechtsverordnungen nach § 23 Abs. 1 Nr. 5 bis 11 WHG – hier relevant Nr. 6 – verweist.

438b Die am 10.4.2010 in Kraft getretene Bundes-VAwS ist eine Übergangsregelung, die sich nicht mit den Meldepflichten befasst. Folglich gilt das Landesrecht bezüglich der Meldepflicht derzeit noch fort.

438c Eine entsprechende Rechtsverordnung des Bundes, die die Meldepflichten mitregelt, liegt im Entwurfsstadium vor. § 17 Abs. 2 Bundes-VAUwS-Entwurf beinhaltet nicht nur eine Zusammenfassung der Regelungen in den Ländern, sondern geht noch deutlich darüber hinaus. Es werden Anzeigepflichten gegenüber Behörden und der Polizei sowie Unterrichtungspflichten gegenüber Drittbetroffenen aufgestellt.

438d Sollte der Entwurf in einer entsprechenden Verordnung münden, wird der Drittbetroffene ein Schutzgesetz im Sinne des § 823 Abs. 2 BGB reklamieren können. Da nicht nur der Verursacher anzeige- und unterrichtungspflichtig ist, drohen selbst Sachverständige und Dienstleister Regressforderungen ausgesetzt zu werden.

438e Fast alle Bundesländer haben ihre Wassergesetze zwischen 2009 und 2011 dem neuen WHG angepasst. Meldepflichten wurden in diesem Zuge teils erheblich erweitert. Allerdings finden sich redaktionelle Fehler bei den Verweisen und unbeabsichtigte Auslassungen.

438f Die Länder regeln bislang die Meldepflichten in den Landeswassergesetzen. In Bayern erfolgt dies ausnahmsweise in einer Landesverordnung. Eine bundeseinheitliche Regelung ist dringend notwendig und wird für 2012 erwartet. Solange – und dann noch für Altfälle – ist auf die landesrechtlichen Regelungen zurückzugreifen.

a) Grundsätzliche Unterschiede

439 Abweichungen der einzelnen Landesgesetze beruhen insbesondere auf:
– unterschiedlichen »Meldeschwellen«
– Abweichungen bei den zur Meldung Verpflichteten
– Unterschiede bei den örtlich und sachlich zuständigen Behörden zur Entgegennahme der Meldung.

b) Anzeige- und Unterrichtungspflicht nach § 17 Abs. 2 Bundes-VAUwS-Entwurf

439a *Wer eine Anlage betreibt, befüllt, entleert, ausbaut, stilllegt, instand hält, instand setzt, reinigt, überwacht oder überprüft, hat das Austreten wassergefährdender Stoffe in einer nicht nur unerheblichen Menge unverzüglich der zuständigen Behörde oder einer Polizeidienststelle anzuzeigen. Die Verpflichtung besteht auch beim Verdacht, dass wassergefährdende Stoffe in nicht nur unerheblichen Mengen*

H. Anzeige-, Melde- und Unterrichtungspflichten   Kapitel 21

bereits ausgetreten sind und eine Gefährdung eines Gewässers oder von Abwasseranlagen nicht auszuschließen ist. Anzeigepflichtig ist auch, wer das Austreten wassergefährdender Stoffe verursacht hat oder Maßnahmen zur Ermittlung oder Beseitigung wassergefährdender Stoffe durchführt, die aus Anlagen ausgetreten sind.

Falls Dritte, insbesondere Betreiber von Abwasserbehandlungsanlagen oder Wasserversorgungsunternehmen, betroffen sein können, sind diese unverzüglich zu unterrichten.

c) Die einzelnen Normen nach Landeswasserrecht

1. Baden-Württemberg

440

§ 25 Abs. 3 LWG BW[894]

(3) Wer eine Anlage, in der mit wassergefährdenden Stoffen im Sinne von § 19g Abs. 5 WHG[895] umgegangen wird, betreibt, befüllt oder entleert, in Stand hält, reinigt, überwacht oder prüft, hat das Austreten von wassergefährdenden Stoffen unverzüglich der Wasserbehörde anzuzeigen, sofern eine Verunreinigung oder Gefährdung eines Gewässers nicht auszuschließen ist. Ist die in Satz 1 genannte Behörde nicht erreichbar, ist die Anzeige bei der nächsterreichbaren Polizeidienststelle zu erstatten. Die Anzeigepflicht entfällt, wenn der Vorgang der zu ständigen Behörde bekannt ist.

2. Bayern

§ 1 VAwS Bayern[896]

Diese Verordnung gilt für Anlagen zum Umgang mit wassergefährdenden Stoffen nach § 19g Abs. 1 und 2 Wasserhaushaltsgesetz (WHG),[897] ausgenommen oberirdische Anlagen mit maßgebenden Volumina bzw. Massen nach § 6 Abs. 3 von nicht mehr als 0,2 m³ bzw. 0,2 t außerhalb von Schutzgebieten. Für die nach Satz 1 vom Anwendungsbereich der Verordnung ausgenommenen Anlagen entfällt die Anzeigepflicht nach Art. 37 Abs. 1 BayWG, die Eignungsfeststellungspflicht nach § 19h Abs. 1 WHG, die Fachbetriebspflicht nach § 19i Abs. 1 WHG und die Prüfpflicht nach § 19i Abs. 2 Satz 3 WHG. Auf Anlagen zum Lagern und Abfüllen von Jauche, Gülle und Silagesickersäften und auf Anlagen zum Lagern von Festmist sind nur die §§ 3, 4, 7, 8, 9, 20 und 25 Abs. 1 anzuwenden.

§ 8 Abs. 2 VAwS Bayern

Wer eine Anlage betreibt, befüllt oder entleert, stilllegt, ausbaut oder beseitigt, instandhält, instandsetzt, reinigt, überwacht oder überprüft, hat das Austreten eines wassergefährdenen Stoffes von einer nicht nur unbedeutenden Menge unverzüglich der Kreisverwaltungsbehörde oder der nächsten Polizeidienststelle anzuzeigen, sofern die Stoffe in ein oberirdisches Gewässer, eine Abwasseranlage oder in den Boden eingedrungen sind oder aus sonstigen Gründen eine Verunreinigung oder Gefährdung eines Gewässers nicht auszuschließen ist. Die Verpflichtung besteht auch beim Verdacht, dass wassergefährdende Stoffe bereits aus einer Anlage ausgetreten sind und eine Gefährdung eines Gewässers entstanden ist.

§ 8 Abs. 3 VAwS Bayern

Anzeigepflichtig nach Abs. 2 ist auch, wer das Austreten wassergefährdender Stoffe aus einer Anlage verursacht hat oder Maßnahmen zur Ermittlung, Eingrenzung und Beseitigung von Verunreinigungen bei Anlagen durchführt.

---

894 Zuletzt geändert 29.7.2010, GBl. S. 565.
895 Gemeint ist das WHG in der bis zum 28.2.2010 geltenden Fassung.
896 VO v. 18.1.2006, GVBl. 2006, 63, zuletzt geändert 3.12.2009. Verordnungsermächtigung in Art. 37 BayWG a. F. ist außer Kraft; VO wurde durch Art. 79 Abs. 2 BayWG nicht aufgehoben, Gesetz v. 25.2.2010, GVBl S. 66, 130.
897 Gemeint ist das WHG in der bis zum 28.2.2010 geltenden Fassung.

3. Berlin

§ 23a Abs. 2 Berliner WG[898]

(2) Das Austreten wassergefährdender Stoffe in nicht unerheblicher Menge ist unverzüglich der nächsten Polizeidienststelle, der Feuerwehr, der Wasserbehörde oder dem örtlich zuständigen Bezirksamt zu melden, insbesondere, wenn die Stoffe in ein oberirdisches Gewässer, in den Untergrund oder in die Kanalisation eingedrungen sind oder einzudringen drohen oder aus sonstigen Gründen eine Verunreinigung oder Gefährdung eines Gewässers nicht auszuschließen ist. Meldepflichtig sind die nach § 4 Abs. 3 des Bundes-Bodenschutzgesetzes Verpflichteten. Die Behörde, der das Austreten wassergefährdender Stoffe gemeldet wurde, hat die Berliner Wasserbetriebe (BWB) zu benachrichtigen, sofern deren Anlagen von dem Austreten betroffen sein könnten.

§ 4 Abs. 3 BBodSchG

(3) Der Verursacher einer schädlichen Bodenveränderung oder Altlast sowie dessen Gesamtrechtsnachfolger, der Grundstückseigentümer und der Inhaber der tatsächlichen Gewalt über ein Grundstück sind verpflichtet, den Boden und Altlasten sowie durch schädliche Bodenveränderungen oder Altlasten verursachte Verunreinigungen von Gewässern so zu sanieren, dass dauerhaft keine Gefahren, erheblichen Nachteile oder erheblichen Belästigungen für den Einzelnen oder die Allgemeinheit entstehen. Hierzu kommen bei Belastungen durch Schadstoffe neben Dekontaminations- auch Sicherungsmaßnahmen in Betracht, die eine Ausbreitung der Schadstoffe langfristig verhindern. Soweit dies nicht möglich oder unzumutbar ist, sind sonstige Schutz- und Beschränkungsmaßnahmen durchzuführen. Zur Sanierung ist auch verpflichtet, wer aus handelsrechtlichem oder gesellschaftsrechtlichem Rechtsgrund für eine juristische Person einzustehen hat, der ein Grundstück, das mit einer schädlichen Bodenveränderung oder einer Altlast belastet ist, gehört, und wer das Eigentum an einem solchen Grundstück aufgibt.

4. Brandenburg

§ 21 BbgWG[899]

(1) Sind wassergefährdende Stoffe aus ortsfesten oder beweglichen Behältern, sonstigen Anlagen oder aus Wasser-, Land- oder Luftfahrzeugen in ein oberirdisches Gewässer, eine Entwässerungsleitung oder in den Boden gelangt oder drohen sie, dorthin zu gelangen, so sind der Eigentümer oder Besitzer der Anlage oder des Fahrzeuges, der Eigentümer oder Besitzer des wassergefährdenden Stoffes sowie derjenige, der die Anlage betreibt, unterhält oder überwacht oder das Fahrzeug führt, verpflichtet, unverzüglich die erforderlichen Maßnahmen zu treffen, um eine schädliche Verunreinigung des Wassers oder eine sonstige nachteilige Veränderung seiner Eigenschaften zu verhindern bzw. unverzüglich zu beseitigen.

(2) Das Austreten wassergefährdender Stoffe ist unverzüglich der nächsten Polizeidienststelle, der Feuerwehr oder der Wasserbehörde zu melden, wenn die Stoffe in ein oberirdisches Gewässer, in den Untergrund oder in die Kanalisation eingedrungen sind oder einzudringen drohen oder aus sonstigen Gründen eine Verunreinigung oder Gefährdung eines Gewässers nicht auszuschließen ist. Die Verpflichtung zur Meldung besteht auch bei einem begründeten Verdacht, dass wassergefährdende Stoffe mit den in Satz 1 genannten Folgen ausgetreten sind oder auszutreten drohen. Meldepflichtig ist neben den im Absatz 1 bezeichneten Personen auch derjenige, der die Anlage oder das Fahrzeug befüllt oder entleert, in Stand setzt, reinigt oder prüft sowie derjenige, der das Austreten wassergefährdender Stoffe verursacht hat.

(3) Wird bei Baugrundsondierungen, Baumaßnahmen, Ausschachtungen oder ähnlichen Eingriffen in den Untergrund das Vorhandensein möglicher wassergefährdender Stoffe im Boden oder im Grundwasser festgestellt, so ist dies unverzüglich der nächsten Polizeidienststelle, der Feuerwehr oder der Wasserbehörde zu melden. Meldepflichtig sind der Grundstückseigentümer, der Grundstücksbesitzer, der Bauherr, der Bauleiter und der Unternehmer.

---

898 Zuletzt geändert 6.6.2008, GVBl. S. 139.
899 Zuletzt geändert 14.7.2010, GVBl. I Nr. 28.

(4) Ist durch das Aus- oder Auftreten wassergefährdender Stoffe die Verunreinigung oder sonstige nachteilige Veränderung eines Gewässers eingetreten oder zu besorgen, so kann die Wasserbehörde die zur Untersuchung und Sanierung des Gewässers und des Bodens erforderlichen Anordnungen treffen. Besteht der begründete Verdacht, dass wassergefährdende Stoffe mit der Folge ausgetreten sind, dass eine Verunreinigung oder sonstige nachteilige Veränderungen eines Gewässers nicht auszuschließen ist, so kann die Wasserbehörde die zur Untersuchung des Gewässers und des Bodens erforderlichen Anordnungen treffen.

5. Bremen

§ 102 Bremer WG[900]

Treten wassergefährdende Stoffe im Sinne von § 62 Absatz 3 des Wasserhaushaltsgesetzes aus Rohrleitungen, Anlagen zum Umgang mit wassergefährdenden Stoffen oder aus Fahrzeugen oder Schiffen aus und ist zu befürchten, dass diese in den Untergrund, in die Kanalisation oder in ein oberirdisches Gewässer gelangen, so ist dies unverzüglich der zuständigen Wasserbehörde oder der nächsten Polizeidienststelle anzuzeigen. Dies gilt auch im Fall eines Verdachts.

6. Hamburg

§ 28a Hamburger WG[901]

(1) Liegen konkrete Anhaltspunkte dafür vor, dass wassergefährdende Stoffe, insbesondere aus Anlagen im Sinne von § 28 Abs. 1, aus Betriebsanlagen, aus Wasser-, Land- oder Luftfahrzeugen in ein Gewässer, in eine Abwasseranlage ohne geeignete Rückhalteeinrichtungen oder in den Boden gelangt sind oder zu gelangen drohen, so hat der Eigentümer oder Besitzer der Anlage oder des Fahrzeugs, der Eigentümer oder Besitzer des wassergefährdenden Stoffes sowie derjenige, der die Anlage betreibt, unterhält oder überwacht oder das Fahrzeug führt, unverzüglich alle notwendigen Maßnahmen zu ergreifen, um ein Austreten oder Ausbreiten zu verhindern. Ausgetretene wassergefährdende Stoffe sind so zu beseitigen, dass eine schädliche Verunreinigung des Wassers oder der Abwasseranlage nicht mehr zu besorgen ist. Diese Verpflichtungen treffen auch den Eigentümer oder Besitzer des Grundstückes, auf dem der wassergefährdende Stoff ausgetreten ist, sowie denjenigen, der sein Eigentum an den wassergefährdenden Stoffen aufgegeben oder nach §§ 946 bis 950 BGB verloren hat.

(2) Das Austreten wassergefährdender Stoffe in nicht unerheblicher Menge aus Anlagen oder Fahrzeugen im Sinne des Absatzes 1 ist unverzüglich der Wasserbehörde oder der nächsten Polizeidienststelle anzuzeigen. Anzeigepflichtig ist neben den in Absatz 1 genannten Personen auch derjenige, der eine Anlage oder ein Fahrzeug füllt oder entleert, in Stand setzt, reinigt oder prüft, sowie derjenige, der das Austreten wassergefährdender Stoffe verursacht hat.

7. Hessen

§ 41 Abs. 2 Hess. WG[902]

Wer Anlagen nach Abs. 1 betreibt, befüllt oder entleert, instand hält, reinigt, überwacht oder prüft oder auf andere Weise mit wassergefährdenden Stoffen umgeht, hat das Austreten von nicht nur unbedeutender Mengen wassergefährdender Stoffe unverzüglich der Wasserbehörde oder, soweit dies nicht oder nicht rechtzeitig möglich ist, der nächsten Polizeibehörde anzuzeigen, sofern die Stoffe in ein oberirdisches Gewässer, eine Abwasseranlage oder in den Boden eingedrungen sind oder aus sonstigen Gründen eine Verunreinigung oder Gefährdung eines Gewässers oder einer Abwasseranlage nicht auszuschließen ist. Die Verpflichtung besteht auch bei Vorliegen eines Verdachts, dass wassergefährdende Stoffe bereits ausgetreten sind und eine Gefährdung entstanden ist.

---

900 Gesetz v. 12.4.2011, BremGBl. S. 262 (im geänderten Gesetz fehlt, wer melden muss).
901 Zuletzt geändert 14.12.2007, HmbGVBl. S. 501.
902 Gesetz v. 14.12.2010, GVBl. I S. 548.

8. Mecklenburg-Vorpommern

§ 20 Abs. 5 u. 6 LWG Mecklenburg-Vorpommern[903]

(5) Gelangen wassergefährdende Stoffe aus Anlagen nach § 62 Abs. 1 des Wasserhaushaltsgesetzes oder aus Schiffen in ein Gewässer, in eine Abwasseranlage oder in den Boden, so hat derjenige, der die Anlage betreibt, unterhält, überwacht oder das Schiff führt, unverzüglich geeignete Maßnahmen zu treffen, die ein weiteres Austreten verhindern und Auswirkungen mindern. Ausgetretene wassergefährdende Stoffe hat er so zu beseitigen, dass eine schädliche Verunreinigung des Gewässers nicht mehr zu besorgen ist.

(6) Das Austreten von wassergefährdenden Stoffen ist unter den Voraussetzungen des Absatzes 5 unverzüglich der Wasserbehörde oder der nächsten Polizeidienststelle anzuzeigen. Anzeigepflichtig ist neben den in Absatz 5 genannten Personen auch derjenige, der eine Anlage befüllt oder entleert, in Stand setzt, reinigt oder prüft, sowie derjenige, der das Austreten wassergefährdender Stoffe verursacht hat. Die Verpflichtung zur Anzeige besteht auch bei dem Verdacht, dass wassergefährdende Stoffe aus einer Anlage oder einem Schiff ausgetreten sind.

9. Niedersachsen

§ 130 NWG[904]

1) ¹Das Austreten wassergefährdender Stoffe im Sinne von § 62 Abs. 3 WHG in nicht nur unbedeutender Menge aus Leitungen, Anlagen zum Lagern, Abfüllen, Herstellen, Behandeln, Umschlagen oder Verwenden wassergefährdender Stoffe oder aus Fahrzeugen oder Schiffen ist unverzüglich der Wasserbehörde, bei Anlagen, die der Bergaufsicht unterliegen, der Bergbehörde anzuzeigen. ²Dies gilt auch dann, wenn lediglich der Verdacht besteht, dass wassergefährdende Stoffe im Sinne des Satzes 1 ausgetreten sind. ³Die Anzeigpflicht kann auch gegenüber der nächsten Polizeidienststelle erfüllt werden.

(2) Anzeigepflichtig ist, wer eine Leitung, eine Anlage im Sinne des Absatzes 1, ein Fahrzeug oder ein Schiff betreibt, befüllt, entleert, instand hält, instand setzt, reinigt, überwacht oder prüft oder wer das Austreten wassergefährdender Stoffe verursacht hat.

10. Nordrhein-Westfalen

§ 18 Abs. 1 und 3 LWG NRW[905]

(1) ¹Die oberste Wasserbehörde und die oberste Bauaufsichtsbehörde werden ermächtigt, im Einvernehmen mit der für die Wirtschaft, für die Arbeit, für den Verkehr, für die Energie und für die Gesundheit jeweils zuständigen obersten Landesbehörde durch Rechtsverordnung zu bestimmen, wie Anlagen nach §§ 19a und 19g des Wasserhaushaltsgesetzes[906] beschaffen sein, hergestellt, errichtet, eingebaut, aufgestellt, geändert und betrieben werden müssen und wo diese Anlagen nicht errichtet, eingebaut oder aufgestellt und betrieben werden dürfen. ²In der Rechtsverordnung können insbesondere Vorschriften erlassen werden über ...

(3) Treten wassergefährdende Stoffe aus einer Anlage im Sinne des Absatzes 1 aus und ist zu befürchten, dass diese in ein oberirdisches Gewässer, in den Untergrund oder in die Kanalisation eindringen, so ist dies unverzüglich der zu ständigen Behörde anzuzeigen. Anzeigepflichtig ist, wer die Anlage betreibt, instandhält, instandsetzt, reinigt oder prüft.

---

903 Zuletzt geändert 11.6.2010, GVOBl. M-V S. 353.
904 Zuletzt geändert 17.12.2010, Nds. GVBl. S. 631.
905 Zuletzt geändert 16.3.2010, GV. NRW. S. 185.
906 Gemeint ist das WHG in der bis zum 28.2.2010 geltenden Fassung.

11. Rheinland-Pfalz

§ 20 Abs. 7 LWG RP[907]

(7) Tritt ein wassergefährdender Stoff aus einer Anlage nach Absatz 1 Satz 1 Nr. 1 und 2, bei Maßnahmen nach Absatz 1 Satz 1 Nr. 3 oder beim Transport aus, so ist dies unverzüglich der unteren Wasserbehörde oder der nächsten allgemeinen Ordnungsbehörde oder der Polizei anzuzeigen, wenn der wassergefährdende Stoff in ein Gewässer, in eine Abwasseranlage oder in den Boden eingedrungen ist oder einzudringen droht; bodenschutzrechtliche Bestimmungen bleiben unberührt. Anzeigepflichtig ist der Betreiber, der Fahrzeugführer oder wer die Anlage instandhält, instandsetzt, reinigt, überwacht oder prüft oder das Austreten des wassergefährdenden Stoffes verursacht hat. Die obere Wasserbehörde kann im Benehmen mit der unteren Wasserbehörde im Einzelfall gegenüber dem Anzeigepflichtigen eine abweichende Verfahrensweise bestimmen.

12. Saarland

§ 39 Abs. 2 Saarländisches WG[908]

(2) Wer eine Anlage, in der mit wassergefährdenden Stoffen im Sinne des § 62 Abs. 3 WHG umgegangen wird, betreibt, befüllt oder entleert, instandhält, reinigt, überwacht oder prüft, hat das Austreten von wassergefährdenden Stoffen unverzüglich dem Landesamt für Umwelt- und Arbeitsschutz anzuzeigen, sofern eine Verunreinigung oder Gefährdung eines Gewässers nicht auszuschließen ist. Ist die in Satz 1 genannte Behörde nicht erreichbar, ist die Anzeige bei der nächst erreichbaren Polizeidienststelle zu erstatten.

13. Sachsen

§ 55 Sächsisches WG[909]

Das Austreten von wassergefährdenden Stoffen aus Anlagen nach § 19a WHG oder § 19g Abs. 1 und 2 WHG[910] ist unverzüglich der unteren Wasserbehörde oder der nächsten Polizeidienststelle des Freistaates Sachsen anzuzeigen. Gleichzeitig sind Maßnahmen zur Beseitigung der Ursachen, zur Minderung der Auswirkungen und zur Beseitigung von Schäden einzuleiten, sofern die Stoffe in ein Gewässer, eine Wasserversorgungsanlage, eine Abwasseranlage oder in den Boden eingedrungen sind oder eindringen können. Die Verpflichtung besteht auch beim Verdacht, dass wassergefährdende Stoffe bereits aus einer solchen Anlage ausgetreten sind und eine Gefährdung entstanden oder zu besorgen ist.

14. Sachsen-Anhalt

§ 86 LWGSA[911]

(1) Das Austreten wassergefährdender Stoffe im Sinne des § 62 Abs. 3 des Wasserhaushaltsgesetzes in nicht nur unbedeutender Menge aus Rohrleitungen, Anlagen zum Lagern, Abfüllen, Herstellen, Behandeln, Umschlagen oder Verwenden wassergefährdender Stoffe oder aus Fahrzeugen oder Schiffen ist unverzüglich der Wasserbehörde, bei Anlagen, die der Bergaufsicht unterliegen, der Bergbehörde, anzuzeigen. Dies gilt auch dann, wenn lediglich der Verdacht besteht, dass wassergefährdende Stoffe im Sinne des Satzes 1 ausgetreten sind. Die Anzeigepflicht kann auch gegenüber der nächsten Polizeidienststelle erfüllt werden.

(2) Anzeigepflichtig ist, wer eine Rohrleitung, eine Anlage im Sinne des Absatzes 1, ein Fahrzeug oder ein Schiff betreibt, befüllt, entleert, instand hält, instand setzt, reinigt, überwacht oder prüft oder wer das Austreten wassergefährdender Stoffe verursacht hat.

---

907 Zuletzt geändert 9.3.2011, GVBl. S. 47.
908 Zuletzt geändert 18.11.2010, Amtsbl. I S. 2588.
909 Zuletzt geändert 23.9.2010, SächsGVBl. S. 270.
910 Gemeint ist das WHG in der bis zum 28.2.2010 geltenden Fassung.
911 Gesetz v. 16.3.2011, GVBl. LSA S. 492.

15. Schleswig-Holstein

§ 5 Abs. 3 WasG SH[912]

(2) Gelangen wassergefährdende Stoffe aus Anlagen im Sinne von Absatz 1 Satz 1 oder aus Schiffen in ein Gewässer, in eine Abwasseranlage oder in den Untergrund, so haben diejenigen, die die Anlage betreiben, unterhalten, überwachen oder das Schiff führen, unverzüglich geeignete Maßnahmen zu treffen, die ein weiteres Austreten verhindern. Ausgetretene wassergefährdende Stoffe haben sie so zu beseitigen, dass eine schädliche Verunreinigung des Gewässers nicht mehr zu besorgen ist. Diese Verpflichtungen treffen auch die nach § 219 des Landesverwaltungsgesetzes Verantwortlichen.

(3) Das Austreten einer nicht nur unbedeutenden Menge von wassergefährdenden Stoffen ist unter den Voraussetzungen des Absatzes 2 unverzüglich der Wasserbehörde, der örtlichen Ordnungsbehörde oder der nächsten Polizeidienststelle anzuzeigen. Anzeigepflichtig sind neben den in Absatz 2 genannten Personen auch diejenigen, die eine Anlage befüllen oder entleeren, instandsetzen, reinigen oder prüfen sowie diejenigen, die das Austreten wassergefährdender Stoffe verursacht haben. Die Verpflichtung zur Anzeige besteht auch bei dem Verdacht, dass wassergefährdende Stoffe aus einer Anlage oder einem Schiff ausgetreten sind.

16. Thüringen

§ 54 Abs. 5 Thüringer WG[913]

(5) Wer eine Anlage nach § 19g Abs. 1 und 2 WHG[914] *betreibt, befüllt oder entleert, instand hält, reinigt, überwacht oder prüft, hat das Austreten von wassergefährdenden Stoffen unverzüglich der Wasserbehörde oder der nächsten Polizeibehörde anzuzeigen, sofern die Stoffe in ein oberirdisches Gewässer, eine Abwasseranlage oder in den Boden eingedrungen sind oder aus sonstigen Gründen eine Verunreinigung oder Gefährdung eines Gewässers oder einer Abwasseranlage nicht auszuschließen ist. Die Verpflichtung besteht auch beim Verdacht, dass wassergefährdende Stoffe bereits aus einer solchen Anlage ausgetreten sind und eine Gefährdung entstanden ist. Die Verpflichtung besteht nicht, soweit es sich nur um unbedeutende Mengen handelt.*

---

912 Zuletzt geändert 17.12.2010, GVOBl. Schl.-H. S. 789.
913 Gesetz vom 18.8.2009, GVBl. S. 648.
914 Gemeint ist das WHG in der bis zum 28.2.2010 geltenden Fassung.

Übersicht Meldenormen nach jeweiligem Landeswasserrecht

Tab. 2

Meldepflichten nach Wasserrecht		Wohin?			bei Gefahr?	bei Verdacht?	Wieviel?	Wer?										Wem?			
Bundesland	Norm	Gewässer	Boden	Abwasseranlage, Kanal				Betreiber	Befüller	Entleerer	Reparierer	Instandhalter	Reiniger	Überwacher	Prüfer	Verursacher	Sonstige	Wasserbehörde	Feuerwehr	Polizei	Sonstige
§ 17 Abs. 2 Bundes-VAwS-Entwurf		genereller Austritt aus Anlage			ja	nicht auszuschließen	nicht nur unerheblich	Jeder, der weitestgehend in einer rechtlichen oder tatsächlichen Beziehung zur Anlage steht.										Zuständige Behörde, Polizei Drittbetroffenen			
Baden-Württemberg	§ 25 Abs. 3 LWG-BW	ja	nein	nein	ja		Menge	ja	ja	ja	nein	ja	ja	ja	ja	nein	nein	ja	nein	ja	nein
Bayern	§ 8 Abs. 2 u. 3 BayVAwS	ja	ja	ja	ja	nicht auszuschließen	kein Limit	ja	ja	ja	ja	ja	ja	ja	ja	ja	Ermittler, Eingrenzer und Beseitiger	nein	nein	ja	Kreisverwaltung
Berlin	§ 23a Abs. 2 Berliner WG	ja	ja	ja	ja	nicht auszuschließen	nicht nur unbedeutende Menge	(ja)	(?)	(?)	nein	ja	nein	nein	nein	ja	nach § 4 Abs. 3 BBodSchG: Gesamtrechtsnachfolger Grundstückseigentümer Inhaber der tats. Gewalt rechtl. Vertreter jur. Personen	ja	ja	ja	Bezirksamt
Brandenburg	§ 21 Abs. 2 LWG Bbg	ja	ja	ja	ja	ja	nicht unerhebliche Menge	ja	ja	ja	ja	ja	ja	ja	ja	ja	ja Fahrzeuge!	ja	ja	ja	nein
Bremen	§ 102 Brem. WG	ja	ja	ja	ja	ja	kein Limit										Fahrzeuge!	ja	nein	ja	nein
								(gegenüber § 155 Bremer WG a. F. fehlt, wer meldepflichtig ist)													

Kapitel 21 — Sonderprobleme bei Öl- und Umweltschäden

Tab. 2

Meldepflichten nach Wasserrecht		Wohin?			bei Gefahr?	bei Verdacht?	Wieviel?	Wer?							Wem?		
Hamburg	§ 28a Abs. 2 Hamb. WG	(ja)	(ja)	(ja)	(ja)	nein	nicht nur unerhebliche Menge	ja	ja	(ja)	ja	ja	ja	früherer Eigentümer, Fahrzeuge!	ja	nein	nein
Hessen	§ 41 Abs. 2 Hess. WG	ja	ja	ja	ja	ja	nicht nur unbedeutende Menge	ja	ja	(ja)	ja	ja	nein	wer mit Stoffen umgeht	ja	nein	nein
Mecklenburg-Vorpommern	§ 20 Abs. 5 u.6 LWG MVP	ja	ja	ja	ja	ja	kein Limit	ja	ja	ja	ja	ja	ja	nein	ja	nein	nein
Niedersachsen	§ 130 NWG	(ja)	(ja)	(ja)	(ja)	ja	nicht nur unbedeutende Menge	ja	ja	ja	ja	ja	ja	Fahrzeuge!	ja	nein	Bergbehörde
Nordrhein-Westfalen	§ 18 Abs. 3 LWG NRW	ja	ja	ja	ja	nein	kein Limit	ja	ja	ja	ja	nein	ja	nein	nein	nein	zuständige Behörde
Rheinland-Pfalz	§ 20 Abs. 7 LWG RP	ja	ja	ja	ja	nein	kein Limit	nein	nein	ja	ja	ja	ja	nein	ja	nein	Allgemeine Ordnungsbehörde
Saarland	§ 39 Abs. 2 Saarl. WG	ja	(ja)	(ja)	(ja)	nein	(wenn Gefahr für Gewässer nicht auszuschließen)	ja	ja	(ja)	ja	ja	nein	Fahrzeug!	ja	nein	Landesamt für Umwelt- und Arbeitsschutz
Sachsen	§ 55 Sächs. WG	(ja)	(ja)	(ja)	(ja)	ja	kein Limit	ja	(im Gesetz fehlt eine Regelung, wer anzeigepflichtig ist)					nein	ja	nein	nein
Sachsen-Anhalt	§ 86 LWG SA	(ja)	(ja)	(ja)	(ja)	ja	nicht nur unbedeutende Menge	ja	ja	ja	ja	ja	ja	nein	ja	nein	Bergbehörde

Tab. 2

Meldepflichten nach Wasserrecht	Wohin?	bei Gefahr?	bei Verdacht?	Wieviel?	Wer?							Wem?			
Schleswig-Holstein § 5 Abs. 2 u. 3 WasG SH	(ja)	(ja)	ja	nicht nur unbedeutende Menge	?	ja	(ja)	ja	ja	nein	ja	nein	ja	nein	örtliche Ordnungsbehörde
Thüringen § 54 Abs. 5 Thüringer WG	ja	ja	ja	nicht nur unbedeutende Menge	ja	ja	ja	ja	ja	ja	nein	ja	nein	ja	nein

Kapitel 21

2. Meldepflichten nach Landesbodenschutzrecht

a) Fehlende bundeseinheitliche Regelung

441 Die einzelnen Bundesländer sind aufgerufen, Landesbodenschutzgesetze zu erlassen und darin auch die Meldepflichten zu regeln. Trotz etlicher Jahre und fast dreier Legislaturperioden sind noch nicht alle Bundesländer dem nachgekommen. Warum dies so schwierig sein soll, kann kaum nachvollzogen werden, zumal die bereits bestehenden Landesgesetze sich nicht wesentlich voneinander unterscheiden.

b) Übersicht Meldenormen nach den jeweiligen Landesbodenschutzgesetzen

442

Land	Normen	Meldepflichtiger	Behörde
Baden-Württemberg	§ 3 Abs. 1 BodSchG BW[915]	Verursacher Grundstückseigentümer Inhaber der tatsächlichen Gewalt Gesamtrechtsnachfolger Handels- oder gesellschaftsrechtlich Verantwortliche früherer Eigentümer Also z. B.: Fahrer Grundstückseigentümer (Verpächter) Pächter (Unternehmer) Erbe Erbengemeinschaften Unternehmensnachfolge/Umwandlung (Insolvenzverwalter) (nicht bei Gefahr strafrechtlicher Selbstbelastung)	Bodenschutz- und Altlastenbehörde
Bayern	Art. 1 BayBodSchG		Kreisverwaltung
Berlin	§ 2 Abs. 1 Berliner BodSchG		Bezirksamt
Brandenburg	§ 31 Abs. 1 BbgAbfBodG		Landkreis als untere Bodenschutzbehörde
Bremen	§ 3 Abs. 1 Bremer BodSchG[916]		Bodenschutzbehörde
Hamburg	§ 1 Abs. 1 HmBodSchG		Bodenschutzbehörde
Hessen	§ 4 Abs. 1 S. 1 HAltBodSchG		Bodenschutzbehörde beim Kreisausschuss oder Magistrat kreisfreier Städte
Mecklenburg-Vorpommern	fehlt noch		Landrat und Oberbürgermeister kreisfreier Städte
Niedersachsen	§ 1 Nds. BodSchG		Landkreise und kreisfreie Städte als untere Bodenschutzbehörde
Nordrhein-Westfalen	§ 2 Abs. 1 LBodSchG NRW		Kreise als unter Bodenschutzbehörde
Rheinland-Pfalz	§ 5 Abs. 1 BodenSchG RP		Kreisverwaltung als untere Bodenschutzbehörde
Saarland	§ 2 Abs. 1 BodSchG		Bodenschutzbehörde
Sachsen	§ 10 Abs. 2 Sächs. Abfall- und BodSchG		Abfall- und Bodenschutzbehörde
Sachsen-Anhalt	§ 3 BodSchAG SA		untere Bodenschutzbehörde
Schleswig-Holstein	§ 2 Abs. 1 LBodSchG SH		Landrat oder Bürgermeister kreisfreier Städte als untere Bodenschutzbehörde
Thüringen	§ 2 Abs. 1 Thür. BodSchG		Landkreis oder kreisfreie Stadt als untere Bodenschutzbehörde

---

[915] Meldepflichtig ist auch der Sachverständige.
[916] Gutachter und Bauunternehmer müssen Verpflichtete auf deren Meldepflicht hinweisen.

3. Informationspflicht nach dem USchadG

Nach § 4 USchadG hat der Verantwortliche schon bei einer unmittelbaren Gefahr unverzüglich die zuständigen Behörde zu unterrichten. Welche Behörde zuständig ist, richtet sich nach dem Landesrecht. Dabei kann auch hier die örtliche und sachliche Zuständigkeit sehr unterschiedlich geregelt sein. Sofern bislang überhaupt eine Zuständigkeitsregelung getroffen wurde, ist diese häufig nur mit Hindernissen auffindbar.   443

▶ **Tipp für die Praxis:**   443a

Aufgrund der Ungewissheiten werden sich im Eilfall erhebliche Schwierigkeiten ergeben. Man sollte hilfsweise den Beamten der Vollzugspolizei die Gefahr melden und dies dokumentieren lassen, um sich wenigstens auf diese Weise etwas abzusichern.

Zuständigkeitsregelungen in den Ländern nach dem USchadG: 444

Tab. 4

Bundesland	Artenvielfalt § 2 Nr. 1a USchadG	Gewässer § 2 Nr. 1b USchadG	Boden § 2 Nr. 3c USchadG
Baden-Württemberg			
Bayern Art. 59 BayNatSchG[917]	höhere Naturschutzbehörde	Wasserbehörden	Bodenschutzbehörden
Berlin AG[918]	Naturschutzbehörde,	Wasserbehörde,	Bodenschutzbehörde,
	sofern keine sachnähere Behörde		
Brandenburg § 1 UmwelrZV[919]	Landesamt für Umwelt, Gesundheit u. Verbraucherschutz als Fachbehörde für Naturschutz u. Landschaftspflege	Landkreise und kreisfreien Städte als untere Wasserbehörden	unteren Bodenschutzbehörden
Bremen § 1 USchadZBek[920]	oberste Naturschutzbehörde	Wasserbehörde	untere Bodenschutz- und Altlastenbehörde
Hamburg			
Hessen AnpassungsG[921]	Obere Naturschutzbehörde nach § 2 Abs. 2 Nr. 6 HAGBNatSchG	Untere Wasserbehörde nach § 65 Abs. 1 S. 1 HWG	Obere Bodenschutzbehörde nach § 16 HAltBodSchG v. 28.9.2007
Mecklenburg-Vorpommern USchadGZustLVO M-V[922]	Naturschutzbehörde	Wasserbehörde	Bodenschutzbehörde
Niedersachsen			
Nordrhein-Westfalen ZustVO Umwelt[923]	Umweltschutzbehörde = Bezirksregierung mit der jeweiligen Fachbehörde		

---

917 v. 23.2.2011, GVBl., S. 82.
918 v. 20.5.2011, Berliner GVBl. 2011, S. 209.
919 v. 28.3.2011, GVBl.II/11, Nr. 18.
920 Bekanntmachung v. 1.11.2008, Brem. GBl. 2008, S. 336
921 v. 19.11.2007, GVBl. 2007, 792 ff.
922 v. 18.5.2010, GVOBl. M-V 2010, S. 266.
923 v. 11.12.2007, GV. NRW 2007, 662.

Bundesland	Artenvielfalt § 2 Nr. 1a USchadG	Gewässer § 2 Nr. 1b USchadG	Boden § 2 Nr. 3c USchadG
Rheinland-Pfalz § 1 USchadZVO[924]	Struktur- und Genehmigungsdirektion	Wasserbehörde	Struktur- und Genehmigungsdirektion
Saarland § 1 USchadZVO[925]	Landesamt für Umwelt und Arbeitsschutz		
Sachsen			
Sachsen-Anhalt			
Schleswig-Holstein			
Thüringen TVRZU[926]	Landesverwaltungsamt		

4. Meldepflichten nach Gefahrgutrecht

445 Nach § 14 Abs. 1 der GGVSEB[927] wird die Zuständigkeit des Bundesamtes für Güterverkehr begründet. Nach Unterabschnitt 1.8.5.1 ADR sind schwere Unfälle und Zwischenfälle vom Beförderer zu melden, § 27 Abs. 1 GGVSEB. Verantwortlich ist also der Unternehmer, der Gefahrgüter vom Versender abholt und zum Empfänger bringt. Man sollte man sich darüber im Klaren sein, dass damit nicht nur der reine Straßentransport gemeint ist, sondern auch die Be- und Entladevorgänge außerhalb des öffentlichen Verkehrsraumes.

445a Das Bundesamt für Güterverkehr hält im Internet ein dreiseitiges Formular[928] sowie eine Ausfüllanleitung bereit.[929] Das Formular kann online ausgefüllt, heruntergeladen und ausgedruckt werden. Aus der Ausfüllanleitung wird deutlich, dass erst Schäden ab einer gewissen Relevanz zu melden sind.

446 Die Meldeschwelle bei einem Sachschaden liegt bei einer geschätzten Schadenshöhe von über 50 000 Euro. Personenschäden sind erst dann zu melden, wenn diese eine Arbeitsunfähigkeit von mindestens drei Tagen zur Folge haben.

446a Zu erwähnen sind aber auch Schäden, bei denen es zu behördlich angeordneten Evakuierungen von mindestens drei Stunden kommt. Dies dürfte bei einem Fahrzeugbrand eines Gefahrgutfahrzeugs häufig eintreten.

446b Durch die Meldepflicht wird auch das Ziel verfolgt, Erfahrungen aus den Schadensfällen zu sammeln, um bessere Vorsorge treffen zu können.

5. Verstoß gegen die Meldepflicht

447 Ein Verstoß gegen die Meldepflicht kann ordnungsrechtliche Folgen nach sich ziehen. Insbesondere ist es möglich, dass der Pflichtige wegen seines Unterlassens mit einer Geldbuße oder einem Verwarnungsgeld bedacht wird.

447a Wichtig ist in diesem Zusammenhang, immer zu ergründen, ob neben der Verpflichtung als solcher tatsächlich nach der jeweiligen Norm die Schwelle zum »Melden-Müssen« überschritten wurde.

---

924 V. 6.10.2010, GVBl. 2010, 314.
925 V. 17.9.2009, Saarl. Amtsbl. 2009, 1568.
926 V. 4.11.2008, Thür GVBl. 2008, 426.
927 GGVSEB = GefahrGutVerordnungStraßeEisenbahnBinnenschifffahrt.
928 http://www.bag.bund.de.
929 http://www.bag.bund.de.

H. Anzeige-, Melde- und Unterrichtungspflichten Kapitel 21

▶ **Tipp für die Praxis:** 447b

Aus taktischen Gründen empfiehlt es sich, lieber einmal mehr zu melden, als zu wenig. Ist offenkundig, dass man für einen eingetretenen Schaden nichts kann, sollte es einem leicht fallen, trotzdem oder gerade deswegen seiner Meldepflicht nachzukommen.

Bei Befüllschäden mit Mängeln an der Tankanlage darf nicht falsche Rücksicht auf vermeintliche 448
Kundeninteressen genommen werden. Gerade, wenn später noch belasteter Boden zu entsorgen ist, wird man ansonsten fragen, woher und von welchem Ereignis dieser stammt.

Zivilrechtlich kann ein Verstoß gegen die Meldepflicht von Bedeutung sein, wenn allein dadurch der 448a
Schaden vergrößert wurde, weil nicht rechtzeitig Gegenmaßnahmen eingeleitet werden konnten.

Sind zwei Personen parallel verpflichtet, den Schaden der Behörde zu melden, etwa nach Landesrecht 448b
der Anlagenbetreiber und der Befüller der Anlage, und beruht der eingetretene Schaden allein auf einem Anlagenmangel, so ist der Anlagenbetreiber im Innenverhältnis allein verpflichtet.

Der Verstoß gegen die Meldepflicht allein begründet kein Mitverschulden im Verhältnis zu demje- 448c
nigen, der seinerseits ebenfalls verpflichtet ist, den Schaden zu melden.[930]

---

[930] *LG Detmold* SVR 2006, 33, bespr. von *Schwab*; *OLG Hamm* v. 23.11.2006 – 10 U 116/05.

Teil 6 Versicherungsvertrag

Kapitel 22 Kfz-Haftpflichtversicherung/Deckungssummen

Übersicht

	Rdn.
Einleitung	1
A. Vorbemerkung	4a
I. VVG 2007 bzw. VVG 2008	4a
II. AKB n. F.	5
III. PflVG	6
B. Zulassungspflicht/Versicherungspflicht	7
I. Zulassungspflicht	7
II. Versicherungspflicht	8
C. Rechtsgrundlagen	10
I. Versicherungsvertragsgesetz (VVG)	11
II. PflVG	12
1. Exkurs Haftungsrecht	13
2. Innenverhältnis/Außenverhältnis	14
3. Kraftfahrzeug-Pflichtversicherungsverordnung (KfzPflVV)	22
III. BGB	23
IV. Sonstige Bestimmungen	24
D. Vertragliche Grundlagen	25
I. Allgemeine Bedingungen für die Kraftfahrversicherung	25
1. Aufbau AKB n. F.	27
2. Bekanntgabe der AKB	28
4. Geschäftsplanmäßige Erklärungen	29
5. Ergänzungen zu den AKB (ab 1.7.1994)	30
II. Die Tarifbedingungen	31
1. Typenklassen	32
2. Regionalklassen	33
3. Rabattstufen	34
4. Sondernachlässe (sog. weiche Tarifmerkmale)	35
E. Der Versicherungsvertrag	37
I. Beginn/Ende des Vertrages	37
1. Beginn des Vertrages	38
2. Neues Angebot durch Versicherung	39
3. Kontrahierungszwang	40
4. Ende des Vertrages	41
5. Nachhaftung	42
II. Vertragspflichten des Versicherers	50
III. Vertragspflichten des Versicherungsnehmers	52
1. Pflicht zur Prämienzahlung (Leistungspflicht)	53
2. Obliegenheiten des Versicherungsnehmers	55
IV. Die versicherungsrechtlichen Folgen des Verkehrsunfalls	57
1. Inanspruchnahme der Kraftfahrzeug-Versicherung	58
a) KH-Höherstufung	59
b) Rückkaufsmöglichkeit	61
2. Vorsorgliche Inanspruchnahme	62
3. Unverschuldeter Verkehrsunfall	63
4. Fahrzeugversicherung	64
a) Vollkasko	64
b) Teilkaskoversicherung	65
5. Fehlerhafte/Falsche Regulierung des Schadens	68
F. Die Deckung	69
I. Deckungsumfang	70

		Rdn.
II.	Deckungsausschluss	76
III.	Vorläufige Deckung §§ 49 ff. VVG	89
	1. Beginn	90
	2. Ende	91
	3. Prämienzahlungspflicht	92
G.	**Versicherungsschutz**	93
I.	Begriff	93
II.	Voraussetzungen	94
	1. Beginn des Versicherungsschutzes	95
	2. Ende des Versicherungsschutzes	96
	3. Kein Versicherungsschutz	97
H.	**Risikoumfang**	98
I.	Die versicherten Risiken	98
II.	Versichertes Fahrzeug:	102
	1. Kraftfahrzeug	102
	2. Anhänger	103
	3. Selbstfahrende Arbeitsmaschinen/Besondere Fahrzeuge	108
	4. Fahrzeuge mit Versicherungskennzeichen, § 26 FZV	111
	5. Fahrzeuge mit Kurzzeitkennzeichen, § 16 FZV	117
	6. Oldtimerkennzeichen, § 9 FZV	119
	7. Saisonkennzeichen, § 9 FZV	120
III.	Versicherte Personen	121
	1. Der Halter	122
	2. Der Eigentümer	123
	3. Der Fahrer	124
	4. Beifahrer	126
	5. Omnibusschaffner	127
	6. Arbeitgeber oder öffentlich-rechtlicher Dienstherr	128
	7. Insassen, Einweiser, Bediener	129
	8. Nicht versicherte Personen	131
IV.	Die versicherten Handlungen	133
	1. Betrieb	134
	2. Gebrauch	136
	3. Einzelfälle	140
	a) Abschleppen	140
	b) Anhänger	147
	c) An- und Abhängen eines Anhängers	150
	d) Arbeitsmaschinen	157
	e) Ein- und Aussteigen	165
	f) Be- und Entladen	168
	g) Einkaufswagen	173
	h) Haftung auch für Auf- und Anbauten am Fahrzeug	174
	i) Geplatzter Reifen	175
	j) Herabfallende Ladung auf der Straße liegend	176
	k) Reparatur des Fahrzeuges/Lackieren/Schweißarbeiten	177
	l) Ölschäden/Vermischungsschäden/Befüllungsfolgeschäden	184
	m) Spritzmittelverbreitung/Schädlingsbekämpfungsgerät	186
	n) Tanken	192
	o) Wagen waschen	193
	p) Benutzung einer Waschanlage	195
V.	Benzinklauseln zur Abgrenzung AH/KH	196
I.	**Risikoausschlüsse**	202
I.	Europaklausel	203
II.	Vorsatz	204
III.	Beteiligung an behördlich genehmigten Fahrveranstaltungen	208

Kapitel 22: Kfz-Haftpflichtversicherung/Deckungssummen

	Rdn.
IV. Ausschluss von Schäden am versicherten Kfz	209
V. Schäden an abgeschleppten Fahrzeugen oder Anhängern	211
VI. Ausschluss von Ladungsschäden	212
VII. Haftpflichtansprüche des VN	215
VIII. Ausschluss von Vermögensschäden	216
IX. Ausschluss vertraglicher Ansprüche	217
X. Schäden durch Kernenergie	218
J. **Verkehrsopferhilfe (VOH), § 12 PflVG**	219
K. **Systematik der Leistungspflicht und der Obliegenheiten**	226
I. Prämienzahlungspflicht des Versicherungsnehmers (Leistungspflicht)	227
1. Nichtzahlung der Erstprämie	228
2. Nichtzahlung der Folgeprämie	251
II. Obliegenheiten	258
1. Voraussetzungen für die Leistungsfreiheit	279
2. Folgen der Obliegenheitsverletzungen	288
III. Die Obliegenheiten im Einzelnen	298
1. Verwendungsklausel	298
2. Schwarzfahrt	311
3. Führerscheinklausel	327
4. Alkoholklausel	351
5. Behördlich nicht genehmigte Rennveranstaltungen	364
6. Objektive Gefahrerhöhung	370
7. Personenbezogene Gefahrerhöhung	398
8. Nichtmeldung des Schadens	404
9. Aufklärungspflicht	414
10. Schadenminderungspflicht	437
11. Anerkenntnisverbot	438
12. Anzeigepflicht von Anspruchsanmeldungen	454
13. Prozessführungsverbot	455
14. Vorübergehende Stilllegung	462
15. Nichtanzeige der Veräußerung	473
IV. Die Verweisung	484
1. Schadensersatzpflicht des Versicherers trotz Leistungsfreiheit	485
2. Das Verweisungsprivileg	489
3. Andere Schadensversicherer	490
4. Sozialversicherungsträger	492
5. Verweisungshöhe	495
6. Ausschluss und Beschränkung der Verweisung	498
L. **Versicherungssummenüberschreitung oder Überschreitung der Haftungshöchstgrenzen des § 12 StVG**	503
I. Überschreitung der Versicherungssumme	511
1. Die Versicherungssumme	511
2. Rechtsgrundlagen	515
3. Die Beteiligten	520
4. Verteilungsplan	524
5. Verteilungsverfahren	533
6. Rentenkürzung	540
7. Kürzungsverfahren nach § 155 Abs. 1 VVG 2007 bzw. § 107 Abs. 1 VVG 2008	542
II. Überschreitung der Haftungshöchstbeträge des § 12 StVG	544
1. Rechtsgrundlagen	544
2. Verhältnismäßige Kürzung	548

Schrifttum

Bauer, Günter Die Kraftfahrtversicherung 6. Aufl. 2010; *Feyock/Jacobsen/Lemor*, Kraftfahrtversicherung mit PflVG 3. Aufl. 2009; *Halm/Kreuter/Schwab* AKB-Kommentar, 2010; *Hentschel*, Straßenverkehrsrecht, 41. Aufl. 2011; *K. D. Hock*, Die Benzinklausel in der Allgemeinen Haftpflichtversicherung VVW 2001; *Mesch-*

Kapitel 22 — Kfz-Haftpflichtversicherung/Deckungssummen

kat/Nauert, Betrug in der Kraftfahrzeugversicherung 2008; *Römer/Langheid*, VVG 2. Aufl. 2003 (Die 3. Auflage lag bei Skriptabgabe noch nicht vor); *Prölss/Martin*, 28. Aufl. 2010; *Schneider/Schlund/Haas*, Kapitalisierungs- und Verrentungstabellen, Verlag Recht und Wirtschaft Heidelberg; *Stiefel/Hofmann*, Kraftfahrtversicherung 18. Aufl. 2010; *Ulmer/Brandner/Jensen*, AGBG 2006; *Himmelreich/Halm* Handbuch, FA für Verkehrsrecht 4. Aufl. 2011; *Maier/Stadler*, AKB 2008 und VVG-Reform, 2008.

Aufsätze

Albrecht, Begleitetes Fahren ab 17 und neue Straftatbestände im StVG SVR 2005, 283; *Biela*, VersR 1993, 1390, 1392; *Blum/Weber*, Wer ist Führer des Fahrschulwagens NZV 2007, 228 f.; *Deichl/Küppersbusch/Schneider*, Kürzungs- und Verteilungsverfahren nach §§ 155 Abs. 1 und 156 Abs. 3 VVG (2007) in der Kfz-Haftpflichtversicherung, VVW Karlsruhe; *Diederichsen*, Die Rechtsprechung des BGH zum Haftpflichtrecht, DAR 2007, 302 ff.; *Diederichsen*, BGH-Haftpflichtrecht DAR 2007, 312; *Dauer*, Wenig Bewegung in Sachen Führerscheintourismus NJW 2008, 2381; *Felsch*, Die Rechtsprechung des BGH zum Versicherungsrecht, Haftpflicht und Sachversicherung r+s 2010, 265, 271; *Geiger*, Die Umsetzung der 3. Führerscheinrichtlinie in Deutschland, DAR 2010, 557 ff; *Geiger*, Aktuelle Rechtsprechung zum Fahrerlaubnisrecht, DAR 2010, 61 ff; *Geiger*, Die unendliche Geschichte des Führerscheintourismus, DAR 2010, 121 ff; *Gehrmann*, Grenzwerte für Drogeninhaltsstoffe und die Beurteilung der Eignung im Fahrerlaubnisrecht in NZV 2008, 377 ff.; *Gitzel*, Die Beendigung eines Vertrages über vorläufige Deckung bei Prämienzahlungsverzug nach dem Regierungsentwurf eines Gesetzes zur Reform des Versicherungsvertragsrechts r+s 2007, 322 ff.; *Grabolle*, Gebrauch roter Kennzeichen bei Probefahrten in DAR 2008, 173 f.; *Gregor*, Die Übertragung des Schadenfreiheitsrabattes, VersR 2006, 485 ff.; *Günter/Spielmann*, Vollständige und teilweise Leistungsfreiheit nach dem VVG 2008 am Beispiel der Sachversicherung Teil 1 und Teil 2 in r+s 2008, 133 ff. und 177 ff.; Haftpflichtrecht DAR 2007, 302 kein Regress gegen den Gehilfen beim Diebstahl des KFZ; *Halm/Fitz*, Versicherungsschutz bei entgeltlichen Probefahrten DAR 2006, 433 ff.; *Halm/Fitz* Versicherungsverkehrsrecht 2010/2011, DAR 2011, 437 ff.; *Halm/Fitz*, Versicherungsschutz bei entgeltlichen Probefahrten DAR 2006, 433 ff.; *Halm/Steinmeister*, »Arbeitsrecht und Straßenverkehr« in DAR 2005, 481 ff.; Halm in DAR 2007, 617; *Heß*, Die VVG-Reform: Alles oder nichts – das ist (nicht mehr) die Frage, NJW-Spezial, 2007, 159 f.; *Himmelreich*, Nichtbemerkbarkeit durch »Ablenkung« im Rahmen der Verkehrsunfallflucht, DAR 2010, 45 ff.; *Himmelreich/Mahlberg* Unfallflucht und Fahreignungsgutachten, DAR 2011, 288 f; *Höffmann* »Neue Haftungshöchstgrenzen bei große Unfälle«, DAR 2011, 447 ff. *Huppertz*, Das Erlöschen der Betriebserlaubnis im Lichte der neuen FZV in DAR 2008, 172 ff.; *Knappmann*, Rechtsfragen der neuen Kraftfahrtversicherung in VersR 1996, 401 ff.; Kraatz Dogmatische Probleme bei der Sanktionierung von Drogenrauschfahrten – eine Bestandsaufnahme, DAR 1011, 1 ff.; *Krumm/Himmelreich/Staub*, Die »OWI-Unfallflucht« – eine wenig bekannte Vorschrift in DAR 2011, S. 6 ff; *Maier*, Die vorläufige Deckung nach dem Regierungsentwurf der VVG-Reform r+s 2006, 485 ff.; *Maier*, Die Leistungsfreiheit bei Obliegenheitsverletzungen nach dem Regierungsentwurf zur VVG-Reform, r+s 2007, 89 f.; *Mielchen/Meyer*, Anforderungen an die Führerscheinkontrolle durch den Arbeitgeber bei Überlassung von Firmenfahrzeugen an den Arbeitnehmer in DAR 2008, 5 ff.; *Mitsch*, § 142 Abs. 2 StGB und Wartezeitirrtum NZV 2005, 347 ff.; *Muschner*, Zur fortdauernden Anwendbarkeit der Klagefrist des § 12 Abs. 3 VVG a. F. im Jahr 2008 in VersR 2008, 317; *Neuhaus*, Neues VVG: Überlebt die Klagefrist des § 12 Abs. 3 VVG trotz Streichung im Gesetz in r+s 2007, 177; *Schirmer*, Neues VVG und die Kraftfahrzeughaftpflichtversicherung – Teil 1 in DAR 2008, 181 ff.; *Schirmer*, Neues VVG und die Kraftfahrzeughaftpflichtversicherung – Teil II in DAR 2008, 319 ff.; *Schimikowski*, VVG-Reform: die vorvertraglichen Informationspflichten des Versicherers und das Rechtzeitigkeitserfordernis r+s 2007, 133 ff.; *Rixecker*, Neufassung des Versicherungsvertragsgesetzes – Verursachung eines Versicherungsfalles zfs 2007, 15; *Römer*, Änderung des Versicherungsvertragsrechts Teil 1 in VersR 2006, 740 f.; *Römer*, Gerichtliche Kontrolle Allgemeiner Versicherungsbedingungen nach den §§ 8, 9 AGBG in NVersZ 1999, 97; *Sapp*, »Das Modell begleitetes Fahren ab 17 im Haftungsrecht« in NJW 2006, S. 408 f.; *Schimikowski* VVG-Reform: die vorvertraglichen Informationspflichten des Versicherers und das Rechtzeitigkeitserfordernis r+s 2007, 133 ff.; *Schirmer* Neues VVG und die Kraftfahrzeughaftpflicht- und Kasko-Versicherung Teil 1 DAR 2008, 181; *Schmidt-Salzer*, EG-Richtlinie über missbräuchliche Klauseln in Verbraucherverträgen, Inhaltskontrolle von AVB und Deregulierung der Versicherungsaufsicht in VersR 1995, 1261 ff.; *Schünemann*, Deutsche Bekämpfung des »Führerscheintourismus« scheitert am Europäischen Recht der gegenseitigen Anerkennung in DAR 2007, 282 f.; *Schwab*, Betrieb und Gebrauch eines Kraftfahrzeuges, DAR 2011, S. 11 ff; *Staab*, Der Gebrauch des Kraftfahrzeugs, DAR 2011, 181 ff.; *Stamm*, »Trunkenheitsklausel« in der KH-Versicherung in VersR 1995, 261 ff.; *Warzelhan* und *Krämer*, Führerschein und Epilepsie in NJW 1984, 2620; *Weimar*, Die KFZ-Haltereigenschaften bei Personengesellschaften DAR 1976, 65 f.; *Uyanik*, Die Klageausschlussfrist nach § 12 Abs. 3 VVG a. F. – oder Totgesagte leben länger VersR 2008, 468 ff.

Kapitel 22

Einleitung

Das Versicherungsrecht bezogen auf Kraftfahrzeuge spaltet sich in mehrere Bereiche: zum einen den allseits bekannten Bereich der Kraftfahrzeughaftpflichtversicherung, einer Pflichtversicherung. Die Pflichtversicherung bezieht sich nur auf die Schäden, die durch das versicherte Fahrzeug im öffentlichen Verkehrsraum verursacht werden. Daneben können zusätzliche Versicherungen, die Fahrzeugvoll- oder Teilversicherung (im Volksmund Voll- oder Teilkasko genannt), die Umwelthaftpflichtversicherung, die Fahrerschutzversicherung, Unfallversicherung und Schutzbriefversicherungen abgeschlossen werden.

Diese Zusatzversicherungen stellen freiwillige, selbstständig neben der Kraftfahrzeughaftpflichtversicherung bestehende Versicherungen dar, die isoliert vereinbart und gekündigt werden können. Allerdings können diese Zusatzversicherungen nicht ohne den Abschluss des Hauptvertrages in der Kraftfahrzeughaftpflichtversicherung abgeschlossen werden. Es besteht auch kein Rechtsanspruch auf Abschluss dieser Zusatzversicherungen, da insoweit kein Kontrahierungszwang besteht.

Gegenstand dieses Kapitels sind ausschließlich die versicherungsrechtlichen Besonderheiten, soweit sie den Bereich Pflichtversicherung der Kraftfahrzeughaftpflichtversicherung betreffen.

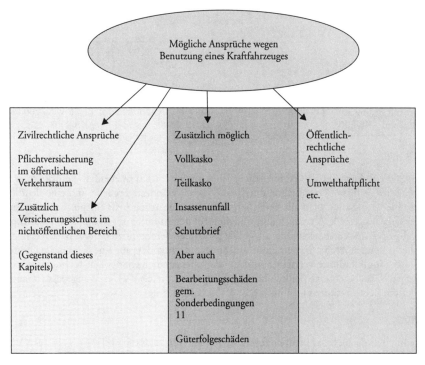

Abb. 1

Kapitel 22

A. Vorbemerkung

I. VVG 2007 bzw. VVG 2008

Das VVG wurde in wesentlichen Teilen reformiert, es gilt seit dem 1.1.2008 gelten.[1] Inhaltlich hat sich in der Kraftfahrzeughaftpflichtversicherung[2] wenig verändert. Die Änderungen werden an gegebener Stelle entsprechend gekennzeichnet. Für Verträge, die vor dem 1.1.2008 geschlossen wurden, gilt die Übergangsregelung des Art. 1 Abs. 1 EG-VVG bis zum 31.12.2008. Nach diesem Zeitraum ist auf alle Verträge das VVG n. F. anzuwenden. Das VVG a. F. bleibt anwendbar in allen Schadenfällen aus Altverträgen, die sich bis zum 31.12.2008 ereignet haben. Die Versicherer haben ihre Allgemeinen Vertragsbedingungen geändert und können diese den Versicherungsnehmern der Altverträge ebenfalls anbieten, Art. 1 Abs. 3 EG-VVG.

4a Die nachfolgende Übersicht soll die unterschiedlichen Anwendungen verdeutlichen:

Tab. 1

VVG-Reform	Schäden im Jahr 2007	Schäden im Jahr 2008	Schäden im Jahr 2009
Verträge mit Beginn bis 31.12.2007 und AKB 2007	Es gilt immer VVG 2007 mit AKB 2007	Es gilt immer VVG 2007 mit AKB 2007	Es gilt VVG 2008, Übergangsregelung AKB erforderlich ansonsten AKB 2008
Verträge mit Beginn ab 1.1.2008 und AKB 2007		Es gilt VVG 2008 mit AKB 2007	Es gilt VVG 2008, Übergangsregelung AKB erforderlich ansonsten AKB 2008
Verträge mit Beginn ab 1.1.2008 und AKB 2008		Es gilt VVG 2008 mit AKB 2008	Es gilt VVG 2008 mit AKB 2008

II. AKB n. F.

5 Die durch die Reform des VVG erforderliche Anpassung der AKB ist ebenfalls berücksichtigt.[3] Die AKB zeichnen sich im Wesentlichen durch eine leicht veränderte Sprache und eine deutlich veränderte Gliederung aus. Nicht alle Versicherer haben auf die neuen AKB entsprechend der Empfehlung des GdV umgestellt. Aber auch dort sind die AKB den Anforderungen des Gesetzes anzupassen. Es sind die AKB des Versicherers zu prüfen. Die Paragrafen der modifizierten AKB nach dem Muster der bisher geltenden AKB a. F. werden sich nicht verändern, sodass auf eine gesonderte Darstellung auch dieser Modifikationen verzichtet wird, um die Übersichtlichkeit der Darstellung zu gewährleisten. Hat ein Versicherer seine Bedingungen allerdings nicht an das VVG n. F. angepasst, kann er sich nicht auf die Leistungskürzungen nach § 28 VVG berufen.[4]

III. PflVG

6 Folgerichtig wurde auch das PflVG reformiert, und die Inhalte des § 3 PflVG a. F. in das VVG n. F. übergeführt.

---

1 Auf eine weitere Darstellung der alten Rechtslage wird –abgesehen von dem Abschnitt Überschreitung der Versicherungssummen – in dieser zweiten Auflage abgesehen.
2 Im Folgenden KH-Versicherung genannt.
3 Es liegen die AKB des GDV Stand März 2010 zugrunde.
4 *OLG Köln* 9 U 41/10 in r+s 2010, 406 f. für die Sachversicherung.

B. Zulassungspflicht/Versicherungspflicht

I. Zulassungspflicht

Kraftfahrzeuge müssen, um am öffentlichen Straßenverkehr teilnehmen zu können, zugelassen werden, § 1 StVG. Als Kraftfahrzeuge gelten Landfahrzeuge, die mit Maschinenkraft bewegt werden, ohne an Schienen gebunden zu sein.

II. Versicherungspflicht

Das Kraftfahrzeug unterliegt gem. § 1 PflVG der Versicherungspflicht, d. h. es muss, um am öffentlichen Verkehr teilnehmen zu können, haftpflichtversichert sein.

§ 7 PflVG[5] verlangt einen Versicherungsnachweis für die Zulassung des Kraftfahrzeuges. Diese Ermächtigungsnorm erfasst auch die Einführung neuer Zulassungsformen wie z. B. den Saison-Kennzeichen. Die Zulassung des Kraftfahrzeuges erfolgt nur gegen Vorlage einer entsprechenden Versichererbestätigung eines Versicherungsunternehmens, welches zum Betrieb der KH-Versicherung in Deutschland berechtigt ist. Adressat dieser Verpflichtung ist der Halter,[6] also derjenige, der das Fahrzeug für eigene Rechnung gebraucht und die Verfügungsgewalt hat. Dies muss nicht derselbe sein, für den das amtliche Kennzeichen zugeteilt wurde.[7]

Von der Versicherungspflicht sind gem. § 2 PflVG nur die BRD, die Länder, Gemeinden mit mehr als 100 000 Einwohnern, Gemeindeverbände, Zweckverbände sowie juristische Personen, die durch § 1 Abs. 3 Nr. 3 des Versicherungsaufsichtsgesetzes erfasst werden. § 2 Abs. 1 Ziff. 1–5 PflVG. Sie sind gem. § 2 Abs. 2 PflVG gehalten, die gegen sie gerichteten Schadenersatzansprüche wie ein KH-Versicherer zu befriedigen. Wurde eine KH-Versicherung nicht abgeschlossen, hat der Fahrzeughalter gem. § 2 Abs. 2 PflVG die Schäden zu regulieren, als sei er selbst KH-Versicherer und muss dem Fahrer und den sonstigen mitversicherten Personen Versicherungsschutz gewähren. Die Verpflichtung beschränkt sich auf die Mindestversicherungssummen.[8] Diese Beschränkung gilt jedoch nur, soweit der befreite Halter als Quasiversicherer[9] nicht auch noch gem. § 831 BGB aus der Verschuldenshaftung für die mitversicherten Personen[10] in Anspruch genommen wird und dann summenmäßig unbeschränkt haftet.[11] Der Quasi-Versicherer ist außerdem berechtigt, in analoger Anwendung des § 116 VVG die versicherten Personen in Regress zu nehmen bei Verletzung von Obliegenheiten. Hierbei sind jedoch die von der Rechtsprechung gezogenen Grenzen bei gefahrgeneigter Arbeit bzw. Regress gegen den Mitarbeiter zu beachten.[12] Eine über die Beschränkung des § 2 Abs. 2 PflVG hinausgehende Regressmöglichkeit ist durch die Beschränkung des § 2 Abs. 2 PflVG letzter Satz ausgeschlossen.[13]

---

[5] Aus dem sich i. V. m. einer dazu zu erlassenen Rechtsverordnung die Aufgaben der Zulassungsstelle ergeben.
[6] *BGH* v. 30.3.1960, IV ZR 249/59, BGHZ 32, 132; *BGH* v. 22.3.1983, VI ZR 108, 81. BGHZ 87, 133; *BGH* v. 8.12.1971. – IV ZR 102/70, BGHZ 116, 200 u. v. m.
[7] Vgl. *Prölss/Martin/Prölss* VVG § 1 Rn. 2.
[8] *Feyock/Jacobsen/Lemor*/Feyock § 2 PflVG Rn. 8; *Halm/Kreuter/Schwab/Schwab* a. a. O. PflVG § 2 Rn. 8.
[9] Vgl. *Prölss/Martin/Prölss* VVG, § 2 Rn. 3.
[10] *BGH* v. 19.12.1979 – IV ZR 91/78 VersR 1986, 180, 182.
[11] Soweit *Prölss/Martin/Prölss* VVG § 2 Rn. 3 dem Halter die unbegrenzte Haftung zuweist, ist dem nicht zu folgen, da dieser nur im Rahmen des § 7 StVG als Halter in den Grenzen des § 12 StVG haftet, nicht aber unbegrenzt. Ein unbegrenzter Schadenersatzanspruch nach §§ 823 BGB ff. ist nur gegen den Verursacher selbst zu richten und ggf. über die Pfändung des arbeitsrechtlichen Freistellungsanspruchs des Arbeitnehmers gg. den Halter, soweit er mit diesem identisch ist! Beachte aber Urteil *LAG Hamm* vom 23.3.2011, 3 SA 1824/20 (ADAJUR) zur Haftung des AN bei Schädigung des Linienbusses mit mittlerer Fahrlässigkeit.
[12] Vgl. hierzu u. a. *BGH* v. 8.12.1971. – IV ZR 102/70, BGHZ 116, 200, 207 m. w. N.
[13] allerdings ist nach neuerer Rechtsprechung ein Regress gegen den Fahrer wegen grob fahrlässiger Obliegen-

8c Hinsichtlich der Versicherungsfreiheit der Gemeinden ist darauf zu achten, dass diese bei einem Absinken der Einwohnerzahl unter 100 000 unmittelbar versicherungspflichtig werden. Bei Gemeinden, deren Einwohnerzahl sich unmittelbar an der Grenze bewegt, ist der Abschluss einer KH-Versicherung zu empfehlen, um nicht durch das Absinken der Einwohnerzahl unter 100 000 plötzlich gegen die Versicherungspflicht zu verstoßen. Außerdem sollte von den Gemeinden angesichts der desolaten Finanzsituation eine genaue Wirtschaftlichkeitsbetrachtung durchgeführt werden, da schon ein schwerer Unfall mit einem Schwerverletzten die Einsparungen der Versicherungsprämien auf Jahre hinaus gefährden kann.

9 Diejenigen Fahrzeuge, die gem. § 2 Abs. 1 Ziff. 6 von der Versicherungspflicht ausgenommen werden, unterfallen nicht der Regelung des § 2 Abs. 2 PflVG mit der Folge, dass diese nicht versichert werden müssen und der Halter auch nicht nach § 2 Abs. 2 als Quasi-Versicherer angesehen wird. Sofern ein solches Fahrzeug einen Schaden verursacht (eine StVG-Haftung aus dem Betrieb von Fahrzeugen, welche bauartbedingt nicht mehr als 6 km/h fahren, bzw. selbstfahrende Arbeitsmaschinen, die bauartbedingt nicht mehr als 20 km/h fahren können, gibt es nicht, § 8 StVG) können nur Ansprüche aus § 823 ff. BGB gegen den Halter (über den arbeitsrechtlichen Freistellungsanspruch des Fahrers gegen den Halter) bzw. den Fahrer geltend gemacht werden, die dieser dann, wenn eine KH-Versicherung[14] nicht abgeschlossen wurde, mit seinem Vermögen oder einer Allgemeinen Haftpflichtversicherung abdecken muss.[15]

9a Um sicherzustellen, dass keine Fahrzeuge ohne Versicherungsschutz zugelassen sind, besteht als Gegenpol zur Pflichtversicherung ein sog. Kontrahierungszwang[16] des KH-Versicherers, § 5 Abs. 3 PflVG. Unter bestimmten, engen, Voraussetzungen kann er den Antrag auf Abschluss eines Versicherungsvertrages ablehnen, ist dann aber verpflichtet, den Antrag auf Abschluss einer Haftpflichtversicherung innerhalb einer Ausschlussfrist von zwei Wochen abzulehnen,[17] oder diesen zu geänderten Bedingungen annehmen. Eine Ablehnung des Antrages auf Abschluss eines Versicherungsvertrages kann nur erfolgen, wenn sachliche oder örtliche Beschränkungen im Geschäftsplan des Versicherers dem Abschluss entgegenstehen oder wenn der Antragsteller bereits bei diesem Versicherungsunternehmen versichert war und der Versicherer den Vertrag wegen Drohung oder arglistiger Täuschung angefochten, wegen Verletzung der vorvertraglichen Anzeigepflicht oder Nichtzahlung der ersten Prämie vom Vertrag zurückgetreten war, oder wegen Prämienverzuges oder nach Eintritt des Schadenfalles gekündigt hat.[18]

9b Kontrahierungszwang besteht nur für die gesetzliche Haftpflichtversicherung und nur im Rahmen der geltenden Mindestversicherungssumme.[19] Dies bedeutet, dass Versicherer nicht verpflichtet sind, Anträge auf Abschluss einer Fahrzeugvoll- bzw. Fahrzeugteilversicherung anzunehmen[20]. Fer-

---

heitsverletzung möglich, *LAG Hamm* v. 23.3.2011, 3 SA 1824/20 (ADAJUR) zur Haftung des AN bei Schädigung des Linienbusses mit mittlerer Fahrlässigkeit.

14 Der Abschluss einer solchen Versicherung ist aber nicht ausgeschlossen, wurde eine Mindestversicherung abgeschlossen, entfällt eine Eigenhaftung, vgl. *Prölss/Martin*/Prölss VVG § 2 Rn. 7, wobei hier wieder fälschlicherweise die Halterhaftung auf die Mindestversicherungssumme begrenzt ist, der Halter haftet immer nur nach § 7 StVG, ist der Halter = dem Fahrer, erweitert sich die Haftung gem. § 823 BGB auf den verursachten Schaden. Dann hat der Halter für den Fahrer nur im Rahmen der Mindestversicherungssummen einzustehen.

15 Vgl. hierzu unten »Benzinklauseln« Rn. 218 ff.

16 Vgl. hierzu Rdn. 49; *Römer/Langheid/Römer* VVG § 5 PflVG Rn. 2; *Halm/Kreuter/Schwab/Kreuter-Lange* a. a. O., AKB Rn. 1756 ff.; *EUGH* v. 28.4.2009 RS C-518/06 zur Zulässigkeit des Kontrahierungszwanges für Kfz-Haftpflichtversicherer.

17 § 5 Abs. 3 PflVG.

18 § 5 Abs. 4 Ziff. 1–3 PflVG.

19 § 5 Abs. 3 PflVG.

20 Der Versicherer muss bei Ablehnung auf die Differenzen zum Antrag hinweisen, es reicht jedoch aus, wenn er schon vor Antragstellung den Abschluss einer Kasko-Versicherung abgelehnt hat, *OLG Saarbrücken* 5 U 481/08-58, VersR 2010, 63 f.; *Halm/Kreuter/Schwab/Kreuter-Lange* a. a. O. AKB Rn. 1756 ff.

ner bedeutet Kontrahierungszwang nicht, dass Versicherer verpflichtet sind, Anträge auf Abschluss einer Haftpflichtversicherung mit unbegrenzter Deckung anzunehmen. Während der Annahmezwang früher für alle Kraftfahrzeuge galt, besteht eine solche Pflicht für Versicherer jetzt nur noch für Zweiräder, Personenkraftwagen und LKW bis 1 t Nutzlast. Wird aber eine Versicherungsbestätigung eines Versicherers für einen LKW über 1 t Nutzlast bei der Zulassungsstelle vorgelegt, haftet der Versicherer im Rahmen der vorläufigen Deckung, auch wenn ein Zwang zum Abschluss des Hauptvertrages nicht besteht. Jeder Fahrzeughalter eines Kraftfahrzeuges kann gegen das Versicherungsunternehmen seiner Wahl den Anspruch geltend machen, von diesem zu den Mindestversicherungssummen gegen Haftpflicht im Kraftfahrzeugschaden versichert zu werden.

C. Rechtsgrundlagen

Nachfolgend werden diejenigen Rechtsquellen aufgezeigt, die für das Versicherungsvertragsrecht maßgeblich sind. Außer Betracht bleiben Rechtsnormen, die beispielsweise für die Haftung oder für Regresse von Bedeutung sind. Das Versicherungsvertragsrecht wird zum einen durch gesetzliche Rechtsquellen, in besonderem Maße jedoch auch durch vertragliche Rechtsquellen bestimmt.

I. Versicherungsvertragsgesetz (VVG)

Das VVG ist die wichtigste gesetzliche Rechtsquelle des Versicherungsvertragsrechts. Es gilt für alle Versicherungszweige, auch soweit diese nicht in ihm geregelt sind.[21] Das VVG regelt Zustandekommen sowie Inhalt von Versicherungsverträgen. Es gelten die §§ 1–42, 49–78 aus dem allgemeinen Teil sowie im besonderen Teil der einzelnen Versicherungszweige für die KH-Versicherung die Vorschriften über die Pflichtversicherung in §§ 113–124 VVG. Wegen der Details sei auf die nachfolgenden Kapitel verwiesen.

II. PflVG

Das PflVG verpflichtet in § 1 den Halter eines Kraftfahrzeugs oder Anhängers mit regelmäßigem Standort im Inland für sich, den Eigentümer und den Fahrer eine Haftpflicht-Versicherung zur Deckung der durch den Gebrauch des Fahrzeugs verursachten Personen-, Sach- und sonstigen Vermögensschäden abzuschließen und aufrechtzuerhalten, wenn das Fahrzeug auf öffentlichen Wegen oder Plätzen verwendet wird. Hintergrund dieser Versicherungspflicht ist der Schutz der übrigen Verkehrsteilnehmer. Sie können sich nach einem Schadenereignis nicht nur an den Schädiger, sondern auch an den jeweiligen Versicherer halten. Zweck der Pflichtversicherung ist, dem Geschädigten seine Schadenersatzansprüche zu sichern. Es wird verhindert, dass der Geschädigte sich allein an den Schädiger halten und das Risiko der Vermögenslosigkeit des Schädigers am Ende selbst tragen muss.

Das PflVG enthält Spezialvorschriften, durch die die Regelungen der Pflicht-Haftpflichtversicherung im VVG (§§ 113–124 VVG) teilweise ergänzt (§ 1–3 PflVG).

1. Exkurs Haftungsrecht

Folgerichtig zu seinem Auftrag, den Geschädigten zu schützen, erhält dieser durch § 115 VVG einen **Direktanspruch** gegen den Versicherer bzw. den gem. § 2 PflVG von der Versicherungspflicht befreiten Halter als »Quasi-Versicherer« das Recht, dort unmittelbar seine Ansprüche, ggf. auch klageweise, geltend zu machen. Durch § 116 VVG ist ein gesetzlich angeordneter Schuldbeitritt des Versicherers geregelt, sodass dem geschädigten Dritten durch den Versicherer ein weiterer Schuldner an die Hand gegeben wird.

---

21 Vgl. *Bauer* Die Kraftfahrtversicherung Rn. 18.

13a Der Schädiger und der Versicherer haften als Gesamtschuldner (§ 116 VVG). Dem Geschädigten steht das Wahlrecht zu, nur einen oder alle gemeinsam in Anspruch zu nehmen. Als Anspruchsberechtigte kommen in Betracht:
- unmittelbar Geschädigte
- mittelbar Geschädigte (z. B. unterhaltsberechtigte Angehörige)
- Rechtsnachfolger (z. B. Sozialversicherungsträger)
- sonstige Ausgleichsberechtigte (vgl. § 426 BGB).

2. Innenverhältnis/Außenverhältnis

14 Im **Außenverhältnis** hat der anspruchsberechtigte Dritte die Möglichkeit, gegen den Versicherungsnehmer, den Fahrer und den Versicherer vorzugehen. Im **Innenverhältnis** zwischen Versicherungsnehmer und Versicherer ist bei intaktem Versicherungsverhältnis alleine der Versicherer verpflichtet (§ 116 VVG). Anspruchsberechtigter Dritter kann auch der Versicherungsnehmer sein, wenn er gegenüber der mitversicherten Person einen Anspruch auf Schadensersatz wegen Personenschäden hat (Beispiel: Versicherungsnehmer als Insasse im eigenen Fahrzeug). Der Direktanspruch gegen den Versicherer ist einerseits durch die Höhe des Schadensersatzanspruches und zum anderen i. d. R. durch die Höhe der vertraglich vereinbarten Versicherungssumme (A.1.3 AKB) begrenzt.

14a Die Frist des § 3 Nr. 7 PflVG a. F. zur Geltendmachung von Schadensersatzansprüchen beim Versicherer ist entfallen. Der Direktanspruch gibt dem Geschädigten auch die Pflicht, seine Ansprüche zu belegen und insoweit an der Schadenfeststellung mitzuwirken. Er unterliegt den gleichen Verjährungsfristen, wie die Schadensersatzansprüche gegen den Versicherungsnehmer.

15 Probleme im Innenverhältnis haben nur in ganz wenigen Ausnahmefällen Auswirkung auf das Außenverhältnis zum Geschädigten.[22] Bei einem »defekten« oder »kranken« Versicherungsverhältnis[23] (d. h. wenn der Versicherte keinen Versicherungsschutz hat, z. B. wegen Nichtzahlung der Erstprämie oder einer Obliegenheitsverletzung) kann der Versicherer die Leistungsfreiheit gegenüber dem Versicherungsnehmer dem Anspruch des geschädigten Dritten nicht entgegenhalten (Ausnahme: Verweisungstatbestände). Er hat die Ansprüche des Geschädigten zu regulieren.[24] Seine Haftung ist bei **vollständiger** Leistungsfreiheit, wie bei der Nachhaftung, auf die Mindestversicherungssumme beschränkt.[25] Diese Grenzen gelten, wenn dem Versicherungsnehmer ein Fehlverhalten vorgeworfen werden kann und sind dann auch auf den Mitversicherten anzuwenden.[26] Die Haftung besteht auch nur insoweit im Rahmen der vertraglich übernommenen Gefahr. Wenn nur teilweise Leistungsfreiheit besteht, soll nach Auffassung des *BGH* eine Begrenzung auf die Mindestdeckungssumme nicht gegeben sein, wenn sich diese nicht in den Bedingungen vorbehalten wurde.[27] Als Beispiel wird hier E.x AKB mit den vertraglichen Obliegenheiten angeführt. Soweit das Gesetz eine vollständige Leistungsfreiheit bei gesetzlichen Obliegenheiten vorsieht, bleibt es bei der Beschränkung auf die Mindestversicherungssumme, auch wenn diese Obliegenheit in die AKB aufgenommen wurde. In den Muster-AKB des GDV ist bei allen Obliegenheitsverletzungen die Haftung auf die Mindestversicherungssumme begrenzt. Die Beschränkung auf die Mindestversicherungssumme gilt auch gegenüber dem mitversicherten Fahrer, der einen Vertrauensschutz nur in diesen Grenzen geltend machen kann. Im Streitfall sind die dem Vertrag zugrunde liegenden AKB zu prüfen.

---

22 Vgl. insoweit unten zu Risikoausschlüssen Rdn. 202 ff.; Nachhaftung Rdn. 42.
23 *BGH* v. 30.4.1975, IV ZR 190/73, NJW 1975, 1277 f.
24 § 117 Abs. 1 VVG; *Halm/Kreuter/Schwab/Schwab* a. a. O. VVG § 117 Rn. 6.
25 § 117 Abs. 3 VVG.
26 *Römer/Langheid/Langheid* VVG a. F. § 158i Rn. 9; *Halm/Kreuter/Schwab/Kreuter-Lange* a. a. O. VVG Rn. 22.
27 *BGH* v. 10.5. 1983 – VI ZR 252/81, VersR 1983, 688; *BGH* v. 7.2.1984, VI ZR 188/82, VersR 1984, 226; *BGH* v. 16.9.1986 VI ZR 151/85, VersR 1986, 1231; 23.02.1983, VIII ZR 325/81, BGHZ 87, 37 *OLG Hamm* VersR 1988, 1122.

C. Rechtsgrundlagen

Die vormals im PflVG geregelte Gesamtschuldnerschaft zwischen Versicherungsnehmer und Versicherer wurde in das VVG aufgenommen, § 116 VVG. Im Fall eines kranken Versicherungsverhältnisses, d. h., wenn der Versicherer keinen Versicherungsschutz gewährt, ist der Versicherungsnehmer alleine verpflichtet. Aus § 116 Abs. 1 S. 2 VVG ergibt sich der Rückgriffsanspruch des Versicherers gegenüber dem Versicherungsnehmer hat. Es läuft die normale Verjährungsfrist von 3 Jahren. Hierbei ist nicht auf die abschließende Leistung abzustellen, vielmehr läuft die Verjährung bei mehreren Teilzahlungen für jede einzelne Teilzahlung gesondert.[28] **15a**

Das PflVG enthält weiterhin allgemeine Versicherungsbedingungen, § 4, sowie in der Anlage zu § 4 Abs. 2 die Mindestversicherungssummen. Mindestversicherungssumme bedeutet in diesem Zusammenhang, dass die Versicherungssumme der gem. § 1 PflVG vorgesehenen Pflichtversicherung mindestens die in dieser Anlage vorgeschriebenen Summen erreichen muss. Diese Summen gelten auch für das »kranke Versicherungsverhältnis«.[29] Üblicherweise wird die unbegrenzte Deckung vereinbart, die jedoch eine Summe von 8 Mio. € je geschädigter Person nicht überschreiten darf. Im Einzelfall können auch höhere Versicherungssummen vertraglich vereinbart werden. **16**

Da es bei schweren Verkehrsunfällen vor 1997 häufig dazu kam, dass die vereinbarte Mindestversicherungssumme in der Schadenregulierung überschritten,[30] und der Geschädigte mit seinen Ansprüchen an den Verursacher direkt verwiesen wurde (mit der Gefahr, dass der Schädiger die weiteren Leistungen nicht erbringen konnte), wurden ab 1.7.1997 die Versicherungssummen erhöht. **16a**

Die Mindestversicherungssummen ergeben sich aus § 4 Abs. 2 PflVG mit Anlage. Sie betragen derzeit: **17**

Tab. 2				
	Bis 30.6.1997 in DM	1.7.1997– 31.12.2001 in DM	1.1.2002– 31.12.2007 in €	Ab 1.1.2008 in €
Personenschaden	1 Mio.	5 Mio.	2,5 Mio.	7,5 Mio.
Sachschäden	400 000	1 Mio.	500 000	1 Mio.
reine Vermögensschäden	40 000	100 000	50 000	50 000
Tötung/Verletzung mehrerer Personen	1,5 Mio.	15 Mio.	7,5 Mio.	7,5 Mio.

Besondere Grenzen gelten bei Schäden mit Fahrzeugen, die zur Beförderung von mehr als 9 Personen zugelassen sind. Hier sind max. pro Person ab dem 10.–81. Platz je 50 000 € für den Personenschaden, 2 500 € für Sachschäden und 500 € für reine Vermögensschäden zu ersetzen. Ab dem 81. Platz halbieren sich die Summen.

Für Schäden, die bei dem Betrieb von Anhängern, die nicht mit dem Betrieb eines KFZ i. S. d. § 7 StVG zusammenhängen entstehen, gelten die Mindestversicherungen wie für ein KFZ, Anlage zu § 4 Abs. 2 PflVG R 3. **18**

Diese Mindestversicherungssummen sollen in jedem Fall die möglichen Schäden, die durch ein KFZ verursacht werden, abdecken. Dies ist mit allen Novellen seit der Verabschiedung des § 12a StVG nur teilweise gelungen, da vom Gesetzgeber zwar immer die Haftungshöchstgrenzen des § 12 StVG und die Mindestversicherungssummen angehoben wurden, er aber vergessen hat, die Mindestversicherungssummen diesen neuen Gegebenheiten anzupassen. Im »normalen« Schadenfall wird **18a**

---

28 *Prölss/Martin* § 3 Nr. 10 PflVG a. F. in der Vorauflage; in der aktuellen Auflage nicht an passender Stelle übernommen; *OLG Hamm* VersR 1981, 645 (L); *OLG Zweibrücken*, VersR 1976, 57.
29 Vgl. § 117 Abs. 2 VVG.
30 Vgl. hierzu unten Rdn. 503 ff., Deckungssummenüberschreitung.

die Mindestversicherungssumme wohl für die Ansprüche eines Geschädigten ausreichen, auch wenn dieser ernster verletzt worden sein sollte. Anders sieht dies jedoch aus, wenn es zu einem Unfall mit einem Gefahrguttransporter kommt und sich bei diesem Schadenfall auch die besondere Gefährlichkeit der transportierten Ladung ausgewirkt hat. Wenn in diesem Fall nur die Haftung aus der Betriebsgefahr des versicherten Fahrzeuges besteht, dem Fahrer also kein Verschulden am eingetretenen Schaden vorzuwerfen ist und das Versicherungsverhältnis wegen Obliegenheitsverletzungen belastet ist (und gem. § 117 Abs. 3 VVG die Haftung auf die Mindestversicherungssummen beschränkt ist),[31] geht der Geschädigte wegen eines großen Teils seiner Schäden leer aus. Die Einführung des § 12a StVG hätte zwingend auch eine Anpassung der Mindestversicherungssummen erfordert, da schon reine Sachschäden, welche durch einen Gefahrguttransport verursacht werden, leicht den Betrag von 1 Mio. € übersteigen können.

18b Für den personenverschiedenen Halter (wenn Halter = Versicherungsnehmer, was i. d. R. der Fall ist) beschränkt sich die Haftung des Versicherers gem. §§ 7, 12 und 12a StVG, immer auf die Betriebsgefahr im Rahmen der Haftungshöchstgrenzen des § 12 StVG. Es kommt für Schadenfälle bei der Ermittlung der Grenze der Eintrittspflicht des Versicherers darauf an, ob es sich um »normale« Sach- oder Personenschäden handelt bzw. ob der Schaden im Rahmen eines Gefahrguttransportes eintrat, für den die höheren Grenzen des § 12a StVG gelten. Im Fall eines »normalen« Sach- oder Personenschadens gilt weiter die Grenze des § 12 als (unterste) Haftungshöchstgrenze. Soweit jedoch im Rahmen eines Gefahrguttransportes ein Sachschaden entstanden oder eine Person geschädigt wurde, liegt die Grenze mit 6 Mio. € deutlich über der gesetzlichen Mindestversicherungssumme für Sachschäden, sodass hier die Begrenzung auf die Mindestversicherungssumme wirksam wird, insoweit geht § 117 VVG dem StVG vor.[32] Der Gesetzgeber hat bei dem zweiten Schadenrechtsänderungsgesetz leider nicht berücksichtigt, dass die Mindestversicherungssummen ebenfalls hätten angehoben werden müssen.

18c Die Problematik wird anhand der nachfolgenden Beispiele deutlich:

18d Es ereignet sich ein Unfall, der Versicherungsnehmer hat keinen Versicherungsschutz wegen Nichtzahlung der Erstprämie. Es gelten die Grenzen des § 12 StVG (Sachschaden 1 Mio. €, Personenschaden 5 Mio. €). Der Fahrer hat Versicherungsschutz, es gelten für ihn als Höchstgrenze die Mindestversicherungssummen (Sachschaden 1 Mio. €; Personenschaden 7,5 Mio. €).

18e **Folge:** Der Geschädigte erhält maximal im Fall des Sachschadens 1 Mio. €, im Fall eines Personenschadens 7,5 Mio. € von der KH-Versicherung, wenn der Fahrer den Unfall verschuldete. Soweit diesem ein Verschulden nicht vorzuwerfen ist, bleibt es bei den Grenzen des § 12 StVG, die in diesem Fall unter denen der Mindestversicherungssumme liegen, also kein Risiko für den Versicherungsnehmer und den Fahrer.

18f Es ereignet sich ein Unfall mit einem Gefahrguttransporter:

18g Der Versicherungsnehmer hat keinen Versicherungsschutz wegen Nichtzahlung der Erstprämie. Es besteht Eintrittspflicht in den Grenzen des § 12a StVG (Sachschaden 10 Mio. €, Personenschaden 10 Mio. €). Der Fahrer hat Versicherungsschutz. Wegen § 117 Abs. 3 VVG erfolgt die Regulierung im Rahmen der Mindestversicherungssummen: (Sachschaden 1 Mio. €, Personenschaden 7 500 000 €). Dies hat im Fall eines Sachschadens fatale Folgen: Der durch einen Gefahrguttransport Geschädigte erhält maximal 1 Mio. € für seinen Sachschaden von der KH-Versicherung, da damit die Mindestversicherungssumme für den Sachschaden erschöpft ist, hinsichtlich des Restes ist er auf den Regress beim Verursacher mit allen Risiken angewiesen.

19 Dieser Fall wurde bei der Neuschaffung des § 12a StVG nicht ausreichend berücksichtigt. Der eigentliche Zweck des § 12a StVG, den Schutz der anderen Verkehrsteilnehmer in jedem Fall sicher zu stellen, geht damit ins Leere.

---

31 Näheres hierzu unter Rdn. 544.
32 *Römer/Langheid/Langheid* VVG a. F. § 158i Rn. 8. *Halm/Kreuter/Schwab/Schwab* a. a. O. VVG Rn. 26.

C. Rechtsgrundlagen Kapitel 22

Haftungshöchstsummen/Mindestversicherungssummen 19a

Tab. 3 20

	§ 12 StVG a.F.	§ 12 StVG ab 1.1.2002	StVG ab 1.1.2008	bis 30.6.1997	ab 1.7.1997	ab 1.1.2002	ab 1.1.2008
	StVG-Haftung			Mindestversicherungssummen			
ein Geschädigter, Kapitalbetrag	500 000 DM	600 000 €	5 Mio. €	1. Mio. DM	5 Mio. DM	2,5 Mio. €	7,5 Mio. €
ein Geschädigter, Jahresrente	30 000 DM	36 000 €	entfällt				
mehrere Geschädigte, Kapitalbetrag insgesamt	750 000 DM	3 Mio. €	5 Mio. €	1. Mio. DM	15 Mio. DM	7,5 Mio. €	7,5 Mio. €
mehrere Geschädigte, Jahresrenten insgesamt	45 000 DM	180 000 €	Entfällt			500 000 €	7,5 Mio. €
Sachschäden	100 000 DM	300 000 €	1 Mio. €	400 000 DM	1 Mio. DM	50 000 €	1 Mio. €
Vermögensschäden				40 000 DM	100 000 DM	50 000 €	50 000 €

Dabei sollen die Höchstbeträge, die für die Tötung einer oder mehrerer Personen vorgesehen sind, auch für den Kapitalwert einer als Schadenersatz zu leistenden Rente. 20a

Tab. 4 21

Transport gefährlicher Güter	§ 12 StVG a. F.	neu: § 12a StVG	§ 12a StVG 2008	01.01.2002	01.01.2008
	StVG-Haftung			Mindestversicherungssumme	
ein Geschädigter	w. o.	600 000 €	10 Mio. €	2,5 Mio. €	7,5 Mio. €
mehrere Geschädigte	w. o.	6 Mio. €	10 Mio. €	7,5 Mio. €	7,5 Mio. €
Sachschäden	w. o.	6 Mio. €	10 Mio. €	500 000 €	1 Mio. €

(Soweit in § 114 VVG die Mindestversicherungssumme von 250 000 € je Schadenfall, max. aber 1 Mio. € pro Versicherungsjahr als Maximalgrenze angegeben wird, kommt diese Vorschrift im Bereich der Pflichtversicherung nicht zur Anwendung. Im KH-Schaden gilt nach wie vor § 4 Abs. 2 PflVG i. V. m. der in der Anlage zum PflVG abgedruckten RechtsVO. Es ergibt sich daher insoweit keine Änderung). 21a

Das PflVG enthält weiterhin Vorschriften über die Verkehrsopferhilfe, VOH, §§ 12 ff. PflVG.[33] 21b

3. Kraftfahrzeug-Pflichtversicherungsverordnung (KfzPflVV)

Nach dem Wegfall einheitlicher Bedingungen für die Kraftfahrtversicherung (AKB), die vom Bundesaufsichtsamt für alle in Deutschland zugelassenen Versicherungsgesellschaften genehmigt waren, hat das Bundesministerium der Justiz im Einvernehmen mit dem Bundesministerium der Finanzen und dem Bundesministerium für Verkehr einen Mindestinhalt und Mindestumfang für die Kraftfahrt-Versicherung zum 1.7.1994 in der KfzPflVV bestimmen müssen. Die allgemeinen Geschäfts- und Vertragsbedingungen in der KH-Versicherung müssen sich an dieser Verordnung orientieren. 22

---

33 Vgl. hierzu Rdn. 219.

III. BGB

23 Versicherungsschutz wird grundsätzlich nur aufgrund eines bestehenden Versicherungsvertrages gewährt.

23a Ein Versicherungsvertrag ist ein gegenseitiger schuldrechtlicher Vertrag, der seinem Typ nach jedoch im BGB nicht geregelt ist. Soweit VVG und PflVG jedoch keine Vorschriften enthalten, kommt ergänzend das BGB zur Anwendung. Insbesondere die Vorschriften über das Zustandekommen von Verträgen (Zugang, Fristen etc.) sind anwendbar. Die einzelnen Vorschriften in den AKB sind begrifflich Allgemeine Geschäftsbedingungen.

23b Der allgemeine Teil des Schuldrechts ist anwendbar, z. B. die Vorschriften über die Voraussetzungen des Verzugs, §§ 284 ff. BGB.

23c Die Rechtsfolgen des Prämienverzuges in der KH-Versicherung bestimmen sich ausschließlich nach den Vorschriften des VVG, (§§ 37, 38 VVG), welche auch in B.x und C.x AKB aufgenommen sind. Auch die Verjährungsregeln des BGB kommen jetzt zur Anwendung.

IV. Sonstige Bestimmungen

24 Da der Versicherer Kaufmann ist, § 1 Abs. 2 Nr. 3 HGB, gelten ergänzend die Vorschriften über den Kaufmann im Handelsgesetzbuch.

24a Weiterhin betreffen Vorschriften des Versicherungsaufsichtsgesetzes (VAG) die Organisation von Versicherungsunternehmen.

24b Je nach Rechtsform des Versicherungsunternehmens gelten bestimmte weitere Gesetze, z. B. Aktiengesetz (AktG) sowie das **Genossenschaftsgesetz** (GenG).

D. Vertragliche Grundlagen

I. Allgemeine Bedingungen für die Kraftfahrtversicherung[34]

25 Die AKB sind ein Mittel, das die Versicherer in die Lage versetzt, einen bestimmten Versicherungszweig schnell an geänderte rechtliche, wirtschaftliche und technische Verhältnisse anzupassen. Sie sind aus diesem Grund einer gesetzlichen Regelung überlegen. Daneben dienen die AVB/AKB der Rationalisierung und Vereinheitlichung der Versicherungsverträge.[35]

26 *(unbesetzt)*

1. Aufbau AKB n. F.

27 Die AKB n. F. sind wie folgt gegliedert:
- Welche Leistungen umfasst Ihre Kfz-Versicherung?
  - Kfz-Haftpflichtversicherung – für Schäden, die Sie anderen zufügen
  - Kasko-Versicherung – für Schäden an Ihrem Fahrzeug
  - Autoschutzbrief – Hilfe für unterwegs
  - Kfz-Unfallversicherung – wenn Insassen verletzt oder getötet werden
- Beginn des Vertrages und vorläufiger Versicherungsschutz
  - Wann beginnt der Versicherungsschutz?
  - Vorläufiger Versicherungsschutz
- Beitragszahlung
- Zahlung des ersten oder einmaligen Beitrags
  - Zahlung des Folgebeitrags
  - Nicht rechtzeitige Zahlung bei Fahrzeugwechsel

---

34 Im Folgenden AKB genannt.
35 Vgl. *Bauer* Rn. 25 ff.

D. Vertragliche Grundlagen   Kapitel 22

- Welche Pflichten haben Sie beim Gebrauch des Fahrzeugs?
  - Bei allen Versicherungsarten
  - Zusätzlich in der Kfz-Haftpflichtversicherung
  - Welche Folgen hat eine Verletzung dieser Pflichten?
- Welche Pflichten haben Sie im Schadenfall?
  - Bei allen Versicherungsarten
  - Zusätzlich in der Kfz-Haftpflichtversicherung
  - Zusätzlich in der Kaskoversicherung
  - Zusätzlich beim Autoschutzbrief
  - Zusätzlich in der Kfz-Unfallversicherung
  - Welche Folgen hat eine Verletzung dieser Pflichten?
- Rechte und Pflichten mitversicherter Personen
- Laufzeit des Vertrages, Veräußerung des Fahrzeugs
  - Wie lange läuft der Versicherungsvertrag?
  - Wann und aus welchem Anlass können Sie den Vertrag kündigen?
  - Wann und aus welchem Anlass können wir den Vertrag kündigen?
  - Kündigung einzelner Versicherungsarten
  - Form und Zugang der Kündigung
  - Beitragsabrechnung nach Kündigung
  - Was ist bei Veräußerung des Fahrzeugs zu beachten?
  - Wagniswegfall (z. B. durch Fahrzeugverschrottung)
- Außerbetriebsetzung, Saisonkennzeichen, Fahrten mit ungestempelten Kennzeichen
  - Was ist bei Außerbetriebsetzung zu beachten?
  - Welche Besonderheiten gelten bei Saisonkennzeichen?
  - Fahrten mit ungestempelten Kennzeichen
- Die Tarifbedingungen als Teil der AKB

2. Bekanntgabe der AKB

Der Versicherer ist grundsätzlich gehalten, dem Versicherungsnehmer die **Vertragsbedingungen** 28 (hier: AKB (Allgemeine Bedingungen für die Kraftfahrtversicherung) und die TB (Allgemeinen Tarifbedingungen),[36] die in den AKB ab I.x aufgeführt sind, zur Verfügung zu stellen. Dies erfolgte je nach Modell entweder bei Antragsaufnahme oder (beim Policenmodell) mit Übersendung des Versicherungsvertrages. Durch die VVG-Reform soll das sog. Policenmodell die Ausnahme sein. (Hintergrund dieser Neuerungen sind weniger die AKB der KH-Versicherer als vielmehr die Bedingungen in den Personenversicherungen (Lebens-, Unfall-, Kranken-, Rentenzusatzversicherungen etc., da dort die Unterschiede erheblich sein können.) Aufgrund der gesetzlichen Rahmenbedingungen sind in der KH-Versicherung eher wenige Gestaltungsmöglichkeiten des Versicherers gegeben. Auch bei elektronischer Vertragsanbahnung können die AKB schon vor Vertragsübersendung zur Verfügung gestellt werden. Damit hat der Versicherungsnehmer auch hier bei Übersendung der Police erst mit dem Vertrag die Möglichkeit, die Bedingungen zu prüfen und diesen ggf. zu widersprechen oder den Vertrag noch zu widerrufen.[37]

Die AKB stellen die Basis für den jeweiligen Versicherungsvertrag dar und regeln – neben Vorschrif- 28a ten des VVG – das Miteinander zwischen VN und Versicherer.[38] Der Versicherungsnehmer hat die Prämien fristgerecht zu zahlen, der Versicherer im Gegenzug die gegen den Versicherungsnehmer gerichteten Ansprüche für diesen zu befriedigen bzw. unbegründete Ansprüche abzuwehren. Neben diesen Hauptpflichten bestehen noch einige Nebenpflichten des Versicherungsnehmers oder des Fahrers, die sich abhängig vom Pflichtenkreis in die Pflichten vor dem Schadenfall, welche sich in

---

36 Vgl. hierzu ausführlich Rdn. 31.
37 Vgl. hierzu *Halm/Kreuter*/Schwab/Kreuter-Lange a. a. O. AKB Rn. 1762 ff.
38 Vgl. hierzu ausführlich unten Rdn. 50 ff.

die Pflichten vor Eintritt des Schadenfalles, D.x AKB und in die Pflichten im Schadenfall, E.x AKB teilen. Hierzu gehören außerdem noch gesetzliche Pflichten, wie z. B. §§ 23 ff. VVG etc.

28b Vorliegend werden die Musterbedingungen des Bundesaufsichtsamtes für das Versicherungswesen als Basis für die Darstellung der einzelnen Problembereiche verwendet. Diese dienen den jeweiligen Versicherern nur als Muster; im Einzelfall können sich Abweichungen oder Änderungen ergeben. Die AKB müssen dem VN bekannt gemacht werden (vgl. §§ 7 und 7a VVG). Die §§ 7 und 7a VVG sehen dabei vor, dass dem Versicherungsnehmer vor dem eigentlichen Vertragsschluss die Bedingungen zur Verfügung gestellt werden, damit er diese prüfen kann. Dies erfolgt in Anlehnung an die in anderen Europäischen Ländern üblichen Regelungen.[39] Für den Bereich der Kfz-Versicherung gestaltet sich diese Regelung als problematisch, da bereits bei Einholung eines Angebotes die Bedingungen zur Verfügung gestellt werden und nach dem Willen des Gesetzgebers dem Kunden auch Zeit gegeben werden soll, die Bedingungen vollständig zur Kenntnis zu nehmen. Da es im Bereich der KH-Versicherung üblich ist, sich eine Versicherungsbestätigung telefonisch oder elektronisch beim Versicherer anzufordern, bleibt nur, an die Versicherungsbestätigung die AKB anzuhängen. Soweit aber die Versicherungsbestätigungen auf elektronischem Weg versendet werden und der Kunde sich diese ausdruckt, ist in § 7 VVG geregelt, dass der Versicherer die Vertragsbedingungen unverzüglich nach Vertragsschluss vorlegt. Außerdem kann der Kunde auch ausdrücklich durch gesonderte schriftliche Erklärung auf die Übergabe der AKB vor Vertragsschluss verzichten. Dies darf allerdings nicht formularmäßig (beispielsweise im Antragsformular) geschehen. Auch können die AKB auf elektronischem Wege – wie z. B. bei Internetkäufen – bekannt gemacht und online die Kenntnisnahme bestätigt werden.

4. Geschäftsplanmäßige Erklärungen

29 In der Zeit vor 1994, als die AKB der Versicherungswirtschaft noch der Genehmigungspflicht des BAV unterlagen, haben sich die Versicherer im Rahmen einer geschäftsplanmäßigen Erklärung u. a. der Verpflichtung unterworfen, im Fall der Leistungsfreiheit gegenüber dem Versicherungsnehmer oder seinen Familienmitgliedern den Regress auf 5 000 DM maximal zu beschränken. Durch die Einführung der KfzPflVV ist diese Regelung obsolet geworden.

▶ Beispiel:

Der führerscheinlose Sohn des Versicherungsnehmers hat das Fahrzeug ohne dessen Wissen an sich genommen, um damit eine Fahrt zu unternehmen und es anschließend zurückzubringen.

29a Die Annahme, dass es sich hierbei um eine strafbare Handlung gehandelt habe, wurde vom *BGH* abgelehnt. Es käme auch hier die geschäftsplanmäßige Erklärung mit der Regressbeschränkung der Versicherung auf 5 000 DM zur Anwendung. Der *BGH* argumentierte, dass es dem Sprachgebrauch des täglichen Lebens widerspreche, wenn man annehmen würde, dass ein Sohn/eine Tochter das Fahrzeug durch »strafbare Handlung« erlangt habe.[40] In den AKB ab 1994 ist der Regress lediglich für den Dieb unbegrenzt. Ob man stillschweigend davon ausgehen kann, dass Sohn oder Tochter nicht Dieb sind, erscheint im Hinblick auf § 248b StGB fraglich. Allerdings sind keine neueren Entscheidungen, die auch in der Kraftfahrzeug-Haftpflicht-Versicherung eine vollständige Leistungsfreiheit des Versicherers vorsähen, ergangen. Dies mag daran liegen, dass der jugendliche Fahrer in aller Regel nur das versicherte Fahrzeug schädigt und der Sachschaden im Haftpflichtbereich eher gering ausfällt. Für die Kasko-Versicherung kommt dann § 86 VVG (Familienprivileg mit Regressausschluss) zur Anwendung mit der Folge, dass eine Entscheidung vom Versicherer gar nicht abgefordert werden kann.

---

39 Vgl. hierzu weiterführend *Schimikowski*, r+s 2007, 133 ff.
40 *BGH* 13.7.1988, IVa ZR 55/87, NJW 1988, 2734.

5. Ergänzungen zu den AKB (ab 1.7.1994)

Seit dem 1.7.1994 ist die Genehmigungspflicht für die AKB entfallen. Die AKB gelten, wenn sie in den Vertrag mit einbezogen wurden und der Versicherungsnehmer damit einverstanden ist. Es gelten immer die zum Zeitpunkt des Vertragsschlusses gültigen AKB eines Versicherers. Diese müssen dem Versicherungsnehmer zugänglich gemacht werden, sei es durch Übersenden mit dem Vertrag oder durch Anhang an die Versicherungsdoppelkarte oder durch Aushang (vgl. die Regelungen der Banken). Die Form der Bekanntmachung kann durch das BGB geprüft werden. 30

Ein neuer Vertrag liegt auch vor, wenn das bisherige Fahrzeug veräußert und ein neues Fahrzeug versichert wird. Sollten in diesem Zeitpunkt geänderte AKB gelten, sind diese neueren AKB auf den neuen Vertrag anzuwenden, auch wenn er die alte Versicherungsscheinnummer erhält. 30a

Die AKB n. F. und das VVG n. F. sehen eine solche Günstigkeitsregelung im Gegensatz zu früheren Änderungen nicht mehr vor, was die Bearbeitung einfacher macht, aber den Versicherungsnehmer nicht zwingend besser stellt. Abgesehen von der Übergangsfrist des Jahres 2008 ist für Schadenfälle ab dem 1.1.2009 ausschließlich VVG n. F. anwendbar. Die Versicherer sind verpflichtet worden, ihre AKB entsprechend anzupassen, sodass insoweit Unterschiede nicht mehr bestehen. 30b

II. Die Tarifbedingungen

In den Tarifbedingungen, die unter I–N in den AKB aufgenommen sind, werden die Voraussetzungen für die Einstufung der einzelnen Fahrzeuge geschaffen. Obwohl sie keine Allgemeinen Geschäftsbedingungen im eigentlichen Sinne darstellen, können sie der Kontrolle des BGB unterworfen sein, da dieses unter dem Begriff der Vorformulierung eine ganze Reihe von vertraglichen Werken, so auch Tarifbedingungen, umfasst. Es kommt darauf an, ob es sich um unmittelbar den Preis regelnde Vereinbarungen handelt, die keiner Inhaltskontrolle zugänglich sind,[41] oder ob sich der Preis nur unter Zuhilfenahme von einseitig aufgestellten Tarif- oder Gebührenordnungen ermitteln lässt. Letztere sind den §§ 305 ff. BGB unterworfen, wenn der Preis und Preisänderungen klauselartig vorformuliert sind und die Einzelpreisabrede ergänzen oder ersetzen.[42] Soweit sich die TB darauf beschränken, das Feststellen der tariflichen Wagnisgruppe und damit das Auffinden des zutreffenden Beitrags in Prämientabellen zu ermöglichen, sind sie der Inhaltskontrolle des BGB entzogen.[43] Eine pauschale Unterordnung aller TB unter die Kontrolle des BGB wäre verfehlt.[44] Die Schadenfreiheitsrabattsysteme hingegen unterliegen wegen ihrer Preisänderungsmechanismen der inhaltlichen Kontrolle des BGB, wobei die Inhaltskontrolle nicht die Preishöhe betreffen kann. Sie beschränkt sich vielmehr auf die Prüfung, ob diese TB-Änderung dem Kunden in der formal richtigen Weise bekannt gegeben wurde (und damit überhaupt erst Vertragsinhalt geworden ist) und die eindeutige Berechenbarkeit des Preises sichergestellt ist.[45] 31

1. Typenklassen

Hierbei werden die einzelnen Fahrzeuge entsprechend der statistischen Angaben zu Schadenhäufigkeit und zur Höhe der Reparaturkosten in so genannte Typenklassen eingestuft. Je höher die Typenklasse, desto höher der Tarifbeitrag. Es wird zwischen den einzelnen Vertragsarten unterschieden. Es kann also durchaus zu unterschiedlichen Typenklasseneinstufungen kommen, je nachdem, ob es sich um die Haftpflicht, die Vollkasko oder die Teilkasko handelt. Maßgeblich für die Eingruppierung in der Kraftfahrzeughaftpflicht sind u. a. die PS-Zahl und die Schadenhäufigkeit einzelner 32

---

41 *BGH* v. 31.1.2001 – IV ZR 185/99, NJW-RR 2001, 743.
42 *Ulmer/Brandner/Jensen* AGBG § 8 Rn. 14; § 305 Abs. 1 BGB.
43 *BGH* IV ZR 185/99 in r+s 2001, 230; vgl. hierzu *BGH* v. 13.7.2005 – IV ZR 83/04, VersR 2005, 1417 f. hinsichtlich der Prüfbarkeit der Prämiennachlassklausel; *Halm/Kreuter/Schwab/Schwab* a. a. O. AKB Rn. 2267.
44 A. A. *Römer* NVersZ 1999, 97.
45 *Schmidt-Salzer* VersR 1995, 1261 ff.

Fahrzeugtypen. So kann es dazu kommen, dass Fahrzeuge, die zwar wenig PS-Leistung haben, dafür aber beliebte Anfänger-Autos sind, in der Typenklasse relativ hoch eingestuft sind, dagegen aber höherklassige Fahrzeuge, die üblicherweise von routinierten Fahrern gesteuert werden und dementsprechend in der Unfallstatistik nicht so häufig auftauchen, in den Typenklassen relativ niedrig eingestuft sind.

32a In der Fahrzeugvollversicherung spielen neben der Schadenhäufigkeit die Ersatzteilpreise eine erhebliche Rolle, da diese die Ausgaben des Fahrzeugversicherers erheblich mitbestimmen. Die von Fahranfängern geführten Kfz nicht zwingend in eine hohe Typenklasse aufgenommen sind, da diese Fahrzeuge häufig alt sind und eine Fahrzeugvollversicherung nicht mehr abgeschlossen wird. In der Fahrzeugteilversicherung hingegen spielt die Frage, wie häufig dieses Fahrzeug gestohlen wird, eine erhebliche Rolle bei der Eingruppierung.

32b Die Eingruppierungen sind bei allen Versicherungen relativ gleich, da die gleichen Statistiken zugrunde gelegt werden.

2. Regionalklassen

33 Daneben wird auch noch eine regionale Unterscheidung getroffen, welche ebenfalls von der Schadenhäufigkeit in dieser Region abhängt, so sind in Ballungsräumen die Regionalklassen höher als in ländlichen Regionen. Maßgebend für die Einstufung ist der an den Wohnsitz des Versicherungsnehmers/Halters geknüpfte Zulassungsort.

33a Änderungen in diesen Stufen fallen wegen ihres AVB-Charakters unter § 40 VVG und berechtigen den Versicherungsnehmer zu einer außerordentlichen Kündigung, sie unterliegen der inhaltlichen Kontrolle des Bundesaufsichtsamtes für das Versicherungswesen.[46]

3. Rabattstufen

34 Außerdem sind hier die einzelnen **Rabattstufen** und der Umfang einer Rückstufung im Schadenfall geregelt. Die Rabattstufen, nachfolgend SF-Klassen genannt, beginnen bei 260 % (= S 2) und gehen in zunächst jährlichen Schritten bis auf 35 % bzw. 30 % (= SF 18) abhängig vom Anbieter herab. Sie können auch auf Familienangehörige übertragen werden.[47] Nachfolgend ein Beispiel für die einzelnen Rabattstufen bei Pkws in der Kategorie PKW-Eigenverwendung:

34a In der Kraftfahrzeug-Haftpflichtversicherung

Tab. 5
S 2	=	245 %
S 1	=	155 %
S 0	=	230 % als Startklasse
SF ½	=	140 %
SF 1	=	100 % (als Basisbeitrag)
SF 2	=	85 %
SF 3	=	70 %
SF 4	=	60 %
SF 5	=	55 %
SF 6	=	55 %
SF 7	=	50 %
SF 8	=	50 %
SF 9	=	45 %
SF 10	=	45 %
SF 11	=	45 %
SF 12	=	40 %

---

46 §§ 5V Nr. 1, 13d Nr. 7, 110a Abs. 2 Nr. 2 VAG.
47 Vgl. hierzu *Gregor* VersR 2006, 485 ff.; I.6.2.3 AKB.

SF 13 = 40 %
SF 14 = 40 %
SF 15 = 40 %
SF 16 = 35 %
SF 17 = 35 %
SF 18 = 35 %
SF 19 = 35 %
SF 20 = 35 %
SF 21 = 35 %
SF 22 = 30 %
SF 23 = 30 %
SF 24 = 30 %
SF 25 = 30 %

Diese Aufstellung kann bei einzelnen Anbietern variieren, insbesondere werden teilweise für Fahranfänger andere Einstiegsstufen angeboten, wie z. B. die Übernahme der SF-Klasse, wenn dieser den Zweitwagen des Vaters genutzt hat. Teilweise wird damit geworben, dem Zweitwagen, der üblicherweise mit SF $1/2$ eingestuft wird, die SF-Klasse zuzuordnen, die auch der Erstwagen hat. Diese ist dann auch von anderen Versicherungen bei einem eventuellen Wechsel zu übernehmen. Auch die Einstufung in der Vollkasko kann von dieser Einstufung abweichen, indem beispielsweise für die Vollkasko-Versicherung höhere Startklassen und andere Abstiegsstufen gewählt werden. 34b

Für jedes unfallfreie Jahr steigt der Versicherungsnehmer eine SF Klasse höher und sein Beitrag wird reduziert. SF-Klasse 1 entspricht 100 %, d. h. dem normalen Jahresbeitrag als Bezugsgröße, für jedes unfallfreie Jahr wird der Versicherungsnehmer mit einem Nachlass auf den normalen Jahresbeitrag belohnt. Üblicherweise wird der Versicherungsvertrag zu Beginn des neuen Kalenderjahres in eine niedrigere SF-Klasse eingestuft, wenn der Vertrag zu diesem Zeitpunkt mindestens 6 Monate bestanden hat. Es kann sich also im Einzelfall lohnen, den Vertragsbeginn zurückzudatieren. Es wird derjenige belohnt, der am längsten unfallfrei gefahren ist. 34c

Außerdem werden für Krafträder, Personenmietwagen, Selbstfahrer-Vermietfahrzeuge, Taxen, Campingbusse, LKW bis 1 t Nutzlast und LKW über 1 t Nutzlast andere Rabattstufen angeboten. Dies ist im Einzelfall zu prüfen. 34d

4. Sondernachlässe (sog. weiche Tarifmerkmale)

Neben den Rabattstufen werden immer mehr Sondernachlässe, die von Versicherer zu Versicherer verschieden sind, angeboten. Dabei werden diese teilweise nur in der Vollkasko-Versicherung, vermehrt aber auch in der KH-Versicherung angeboten. 35

Änderungen in diesen sog. weichen Tarifen sind dem Versicherer vom Versicherungsnehmer spontan und unverzüglich mitzuteilen.[48] Wenn Änderungsmitteilungen nicht erfolgen, oder gar wissentlich falsche Angaben gemacht werden, um den Sondernachlass zu erhalten, kann es zu unterschiedlichen Konsequenzen kommen: Neben der Tatsache, dass der Rabatt – je nach Anbieter – von Anbeginn an wegfällt und u. U. eine Vertragsstrafe (hier sind die jeweiligen Tarifbedingungen zu prüfen) fällig wird, kann, soweit der Versicherer nicht auf seine Regressmöglichkeiten nach den AKB verzichtet, hier auch der Versicherungsschutz gefährdet werden. 35a

Im Einzelnen sind dies folgende Nachlässe, wobei die Aufzählung keinerlei Anspruch auf Vollständigkeit erhebt: 35b

- **Garagenwagen**
  Voraussetzung für diesen Nachlass ist, abhängig von weiteren Spezifikationen, mindestens, dass das Fahrzeug am Wohnort des Versicherungsnehmers auf einem umfriedeten Grundstück bzw. in einer Garage abgestellt wird. Dabei reicht es nicht aus, wenn die Garage über einen km von

---

[48] *Stiefel/Maier* AKB K.4 Rn. 1 f.; *Halm/Kreuter/Schwab/Schwab* a. a. O. AKB Rn. 2276 f.

der Wohnung des Versicherungsnehmers entfernt ist.[49]
Problematisch wird es dann, wenn dieses Fahrzeug innerhalb der Familie an ein nicht bei dem Versicherungsnehmer wohnendes Mitglied weitergereicht wird, das nicht über einen solchen Abstellplatz verfügt und es dann zu einem Schadenfall kommt. Ein nur kurzfristiges Ausleihen dürfte unproblematisch sein, da auch der Versicherungsnehmer gelegentlich (z. B. im Urlaub) sein Fahrzeug im öffentlichen Verkehrsraum abstellen kann, ohne dass dies für ihn negative Folgen haben darf. Es wird zu prüfen sein, ob lediglich der Differenzbetrag zu der ohne diesen Rabatt geschuldeten Prämie zuzüglich einer eventuell vereinbarten Vertragsstrafe vom Versicherungsnehmer zu erstatten ist, oder ob der Versicherer gar – wegen entsprechender Klausel in seinen Tarifbestimmungen – von der Verpflichtung zur Leistung frei ist. Dies kann sich u. U. auch nur in der Fahrzeugvoll- oder Teilversicherung auswirken, wenn der Rabatt nur für diese Versicherungszweige gewährt wurde und nicht in den Tarifbestimmungen auf den Regress bzw. für die Kasko-Versicherung auf den Einwand der groben Fahrlässigkeit verzichtet wird.

- **Nur der Versicherungsnehmer ist als Fahrer zugelassen**
  Diese Klausel ist mit Vorsicht zu genießen, da dann nie ein anderer das Fahrzeug führen darf, wenn der Versicherungsschutz nicht gefährdet werden soll. Im Fall eines Schadens wird dann zweierlei zu prüfen sein: zum einen muss der Vertrag nachtarifiert werden, da ein weiterer Fahrer nicht in der Risikokalkulation des Versicherers enthalten war. Eine Vertragsstrafe, die den Tarifbedingungen zu entnehmen ist, wird fällig (üblicherweise der fünffache Jahresbetrag) und es wird die Frage der Verletzung der Obliegenheiten nach D.1.2 AKB »unberechtigter Fahrer« zu prüfen sein.[50] Zwar kommt es nach der Formulierung in den Musterbedingungen des GDV nur auf den Willen des Verfügungsberechtigten an, dies kann aber ggf. in den AKB des Verwenders auch anders ausgestaltet sein. Etwas anderes gilt bei Mietfahrzeugen, in denen sich der Mieter vertraglich verpflichtet, das Fahrzeug nur selbst zu nutzen oder nur einem benannten weiteren Fahrer zur Verfügung zu stellen. Dort beinhaltet die Weitergabe an einen nicht benannten Fahrer gleichzeitig auch den Verstoß gegen die Obliegenheit. Ausnahmen können vorgesehen sein für den Kaufinteressenten, den Hotelangestellten, den Reparateur bzw. im Notfall.

- **Junge Familie**
  Dieser Nachlass wird teilweise gewährt, wenn das Familienoberhaupt das 40. Lebensjahr nicht erreicht hat. Dieser Tarif erledigt sich also irgendwann durch Zeitablauf, spätestens mit einem Fahrzeugwechsel.

- **Treuenachlass**
  Um die Kundenanbindung zu stärken, wird ein Treuenachlass gewährt, wenn der Versicherungsnehmer mehr als X Verträge bei dem gleichen Versicherungsunternehmen abgeschlossen hat.

- **Neuwagenrabatt**
  Hier wird der Nachlass gewährt, wenn ein Neufahrzeug im klassischen Sinne (Erstbesitzer) zugelassen wird. Dies gilt nicht mehr, wenn das Fahrzeug bereits auf die Werkstatt zugelassen war (auch nicht bei Tageszulassungen).

- **Frauenrabatt**
  Dieser Rabatt wird nur gewährt, wenn das Fahrzeug ausschließlich von einer Frau genutzt wird. Auch dieser Tarif ist, wie der oben genannte »Fahrertarif« mit Vorsicht zu genießen, da auch hier die gleichen Probleme mit dem Vertrag und den Obliegenheiten bestehen können.

- **Gruppentarife für Großkunden**
  Für Kunden, die ihren gesamten Fuhrpark bei einem Versicherer versichern, können sog. Blockpolicen abgeschlossen werden, wobei für einzelne Fahrzeuge günstige Tarife gewährt werden können und dann insgesamt – ausgehend von der Höhe der geleisteten Schadenersatzleistungen – die Kundenverbindung bewertet wird. Ggf. erfolgt dann zum Jahresende eine Beitragsanpassung entsprechend der Schadenhäufigkeit.

---

49 *LG Dortmund* v. 17.6.2009, 2 O 424/08.
50 Vgl. hierzu Rdn. 311 ff.: Schwarzfahrt.

- Selbstbeteiligung im KH-Schadenfall
  Vermehrt wird inzwischen eine sog. Selbstbeteiligung im Schadenfall angeboten, die zur Senkung der Haftpflichtprämien führt. Diese Regelung steht grundsätzlich dem Pflichtversicherungsgesetz nicht entgegen. Der Versicherer muss auch in diesen Verträgen die Ansprüche der Geschädigten vollumfänglich regulieren und fordert nach Abschluss der Regulierung die Selbstbeteiligung beim Kunden ein. Er kann den Geschädigten nicht bis zur Höhe der vereinbarten Selbstbeteiligung mit seinem Schadenersatzanspruch an den Versicherungsnehmer verweisen. Dies wurde ausdrücklich in § 114 Abs. 2 VVG aufgenommen. In der Praxis hat sich aber diese Regelung als sehr arbeitsaufwändig und wenig erfolgreich erwiesen, sodass dieses Angebot nicht von jedem Versicherer gemacht wird. Die Vereinbarung eines Selbstbehaltes ist freiwillig. Auf die Schadenregulierung darf sich dieser Selbstbehalt allerdings nicht auswirken. Der Geschädigte kann auch in diesen Fällen seine Ansprüche vollständig bei dem KH-Versicherer einfordern. Der Selbstbehalt wird dann vom KH-Versicherer bei seinem VN zurückgefordert.

Alle diese Rabatte können nur eingeschränkt geprüft werden, da sie von Versicherer zu Versicherer schwanken und allein dem Zweck dienen, möglichst viele Kunden zu günstigen Tarifen zu gewinnen. Soweit diese Rabatte nicht an ein konkretes Risiko anknüpfen, werden sie als »Social underwriting« bezeichnet. Als weitere Beispiele seien hier Cross-selling-Rabatt, Öko-Rabatt, Bahn-Card-Rabatt, Kündigungsabwendungsrabatt, Wohngebäudebesitzer-Rabatt u. Ä. genannt. Daneben gibt es sog. Pauschalrabatte, die von einzelnen Versicherern ausgewählten Maklern gewährt werden. Diese stehen ebenfalls nicht in konkretem Bezug zu einem Risiko. Auch die Beliebigkeitsrabatte dienen allein der Kundenanbindung und dem Ziel, billiger zu sein als der Wettbewerber. 36

Eine rechtliche Würdigung dieser Preisgestaltungspolitik ist bisher nicht hinreichend erfolgt, sodass auch eine Überprüfung einer Eingruppierung nur eingeschränkt möglich ist. Allein die Frage der Einhaltung des Gleichheitsgrundsatzes kann geprüft werden,[51] wobei hier aber auf die Mitwirkung des Versicherers gesetzt werden muss, um die erforderlichen Informationen zu erhalten. In aller Regel wird der Versicherer aber bei entsprechender Anfrage auch den bereits bestehenden Vertrag mit den »neuen« Rabatten ausstatten, um eine gute Kundenverbindung zu halten. 36a

E. Der Versicherungsvertrag

I. Beginn/Ende des Vertrages

Der Versicherungsvertrag kommt, wie jeder andere Vertrag, durch Angebot (Anfrage des Versicherungsnehmers) und Annahme (Übersendung des Versicherungsscheins durch den Versicherer) zustande und endet durch Kündigung. Im KH-Versicherungsrecht besteht jedoch die Besonderheit, dass in aller Regel vor dem eigentlichen Vertragsbeginn schon Versicherungsschutz im Rahmen der Vorläufigen Deckung gewährt wird, der Versicherer also im Außenverhältnis eine Vorleistung, die Gewährung seiner vertraglichen Leistungen, erbringt. Dabei treffen den Versicherer besondere Beratungs- und Hinweispflichten.[52] Diese waren früher nach Treu und Glauben geschuldet und sind jetzt im Gesetz verankert. Diese Neuregelung hat aber in der KH-Versicherung nur wenige Auswirkungen. Sie beschränkt sich auf die Grenzen und Erweiterungsmöglichkeiten des Versicherungsschutzes, wobei aber darauf hinzuweisen ist, dass der Versicherer zwar verpflichtet ist, den Versicherungsschutz zu den Mindestversicherungssummen zu gewähren, nicht aber sonstige Zusatzvereinbarungen mit dem Kunden zu schließen.[53] Weiterhin muss der Versicherer dem Kunden die Vertragsbedingungen vor dem Vertragsschluss zur Verfügung stellen, um diesem die Möglichkeit der 37

---

51 *Feyock/Jacobsen/Lemor/Feyock* PflVG Vor § 5 Rn. 11; *Halm/Kreuter/Schwab/Kreuter-Lange* a. a. O. AKB Rn. 2265 ff.
52 Zum Unfang der Beweislast und zur Beweislastverteilung vgl. *OLG Brandenburg* r+s 2008, 220; *OLG Saarbrücken*, r+s 2009, 319 zum Hinweis auf mögliche Kasko-Versicherung; *Halm/Kreuter/Schwab/Kreuter-Lange* a. a. O. AKB Rn. 1751 f.
53 *Schirmer* DAR 2008, 181; *Halm/Kreuter/Schwab/Kreuter-Lange* a. a. O. AKB Rn. 1756.

Prüfung zu geben. Davon kann im Einzelfall abgewichen werden, insbesondere bei Verträgen, die eine vorläufige Deckung vorsehen, reicht es aus, wenn die AKB mit der Versicherungspolice übersandt werden. Danach hat der Versicherungsnehmer ein zweiwöchiges Widerrufsrecht nach § 8 Abs. 1 VVG. Die Frist beginnt mit der Übersendung des Versicherungsscheins zu laufen. Die Frist endet bei ordnungsgemäßer Belehrung zwei Wochen nach Zugang des Versicherungsscheins oder nach Zahlung der Erstprämie im Antragsmodell (§ 8 Abs. 4 S. 4 VVG). Im Policenmodell entfällt das Widerrufsrecht erst, wenn eine der Parteien die Vertragspflichten vollständig erfüllt hat, § 8 Abs. 3 letzter Satz VVG. Für die Rückabwicklung ist zu beachten, dass mit Ausübung des Widerrufs der Versicherungsvertrag unmittelbar beendet ist, der Versicherungsnehmer genießt keinen Versicherungsschutz mehr,[54] der Versicherer bleibt wegen der Regelungen in § 117 Abs. 2 VVG in der Nachhaftung und muss ggf. eingetretene Schäden regulieren. Dem Versicherungsnehmer droht dann der Regress in voller Höhe,[55] wenn er nicht rechtzeitig eine Versicherungsbestätigung eines anderen VR bei der Zulassungsstelle vorlegt.

1. Beginn des Vertrages

38 Durch die Aushändigung der Versicherungsbestätigung (sog. Deckungskarte)[56] an den Kunden erklärt die Versicherung, dass sie diesem Kunden ab der Aushändigung der Versicherungsbestätigung Versicherungsschutz gewähren will. Soll etwas anderes gelten, etwa »ab Datum der Zulassung«, so muss dies auf der Versicherungsbestätigung extra vermerkt werden. Ist dies nicht der Fall, haftet der ausstellende Versicherer ab dem Zeitpunkt der Aushändigung, § 9 KfzPflVV.[57]

38a Mit der Vorlage der Versicherungsbestätigung bei der Zulassungsstelle dokumentiert der Halter des Fahrzeuges, dass die ausstellende Versicherung bereit ist, mit ihm einen Versicherungsvertrag über das zuzulassende Fahrzeug abzuschließen. Der Umfang der Deckungszusage durch Vorlage der Versicherungsbestätigung bestimmt sich nach dem PflVG. Der Versicherer ist in jedem Fall verpflichtet, Versicherungsschutz nach den gesetzlichen Vorschriften zu gewähren.[58] Seit dem 1.4.2008 gibt es elektronische Versicherungsbestätigungen die der Kunde im Internet online eine Versicherungsbestätigung anfordern kann. Er gibt seine Daten ein, welche direkt über die Versicherung an die Zulassungsstelle übermittelt werden. Er selbst erhält eine Nummer, mit der er bei der Zulassungsstelle dann sein Fahrzeug anmelden kann. Dabei werden seine Daten schon automatisch an die Zulassungsstelle überspielt und er muss bei der Zulassungsstelle nur noch den Ausdruck mit der Nummer des Versicherers vorlegen. Es ist davon auszugehen, dass in diesem formalisierten Verfahren, das hauptsächlich online abgewickelt werden soll, nur die Mindestvoraussetzungen dem Kunden zugesagt werden können.

38b Das Angebot auf Abschluss eines Versicherungsvertrages geht i. d. R. vom Versicherungsnehmer aus. Der Antrag auf Abschluss eines Versicherungsvertrages erfolgt mit der Vorlage der Versicherungsbestätigung bei der Zulassungsstelle, spätestens aber mit der Abgabe des Antrages bei der Versicherung. Die Annahme erfolgt durch den Versicherer in Form der Vertragsausfertigung (Policierung). Der Versicherer kann einen Antrag nur binnen 2 Wochen nach Eingang des Antrages dem Antragsteller gegenüber schriftlich ablehnen (Absendung der Ablehnung genügt zur Fristwahrung!). Nach Ablauf dieser 2 Wochen gilt der Vertrag als angenommen, § 5 Abs. 3 PflVG. Um keine unnötigen Schwebezustände herbeizuführen und um den übrigen Verkehrsteilnehmern Schutz zu gewähren,

---

54 *Schirmer* Neues VVG und die KFZ-Haftpflicht- und Kaskoversicherung DAR 2008, 181 f.; *Halm/Kreuter/Schwab/Kreuter-Lange* a. a. O. AKB Rn. 1762 ff.
55 Vgl. insoweit unten Rdn. 42 ff.
56 Im Zuge der Internetvermarktung von Versicherungsverträgen gibt es die Möglichkeit, sich bei der Versicherung eine elektronische Versicherungsbestätigung geben zu lassen. Der Kunde erhält dann eine Versicherungsbestätigung, die mit einer Nummer versehen ist. Diese druckt er sich aus und legt sie bei der Zulassungsstelle vor. Die insoweit sich ergebenden Besonderheiten werden an den jeweiligen Stellen dargestellt.
57 *Halm/Kreuter/Schwab/Schwab* a. a. O. KfzPflVV Rn. 2.
58 § 5 Abs. 2 PflVG.

E. Der Versicherungsvertrag

wurde eine kurze Ablehnungsfrist für Versicherer eingerichtet und darüber hinaus eine Annahmefiktion installiert.

2. Neues Angebot durch Versicherung

Eine Änderung des Versicherungsantrages durch den Versicherer gilt als Ablehnung des ursprünglichen Antrages verbunden mit einem neuen Angebot an den Antragsteller.[59] Dieser hat es nun in der Hand, den Vertrag zu den vom Versicherungsunternehmen geänderten Bedingungen durch seine Annahme zustande kommen zu lassen oder davon Abstand zu nehmen.

3. Kontrahierungszwang

Der Abschluss eines **Kraftfahrzeughaftpflicht**-Versicherungsvertrages darf nur aus wenigen Gründen abgelehnt werden.[60] Diese Gründe sind in § 5 Abs. 4 PflVG abschließend aufgezählt: Wenn der Antragsteller schon einmal bei der Versicherung versichert war und diese den Vertrag wegen Drohung oder arglistiger Täuschung angefochten hat; wenn der Versicherer bereits vom Versicherungsvertrag wegen Verletzung der vorvertraglichen Anzeigepflicht oder wegen der Nichtzahlung der Erstprämie zurückgetreten ist; der Versicherer den Versicherungsvertrag wegen Prämienverzuges oder nach Eintritt eines Versicherungsfalles gekündigt hat. Dieser Kontrahierungszwang bezieht sich allerdings nur auf die Pflichtversicherung im Bereich Kraftfahrzeughaftpflicht[61] für PKW, Kombis bis 1 t. Nutzlast und Zweiräder.[62]

Der allgemeine Kontrahierungszwang begründet eine vorvertragliche Rechtspflicht der Versicherung, ein Verstoß hiergegen ist als Vertragspflichtverletzung (culpa in contrahendo) zu bewerten. Soweit eine sachlich nicht begründete Ablehnung des Versicherungsvertrages vorliegt, kann der Antragsteller auf dem Klagewege diesen Anspruch **nicht** durchsetzen, da bereits durch die gesetzliche Annahmefiktion ein Vertrag zustande gekommen ist.[63] Für die Feststellung, dass ein Versicherungsvertrag zustande gekommen ist, fehlt das besondere Feststellungsinteresse. Vielmehr wird die Prüfung des Vertragsschlusses als prozessuale Vorfrage immer dann vorzunehmen sein, wenn Ansprüche aus dem Vertrag geltend gemacht werden.

Dabei ist jedes Versicherungsunternehmen zunächst verpflichtet, dem Antragsteller ein Antragsformular auszuhändigen. Diesen gestellten Antrag kann der Versicherer dann entweder so annehmen oder ein Gegenangebot abgeben.

Da in aller Regel der Antragsteller zu diesem Zeitpunkt bereits sein Fahrzeug mithilfe der Versicherungsdoppelkarte zugelassen hat, besteht bis zur Annahme oder Ablehnung oder Modifizierung des Versicherungsvertrages für alle KFZ Versicherungsschutz im Rahmen der vorläufigen Deckung.[64] Selbst wenn der Versicherer dann den Vertragsschluss ablehnt, muss er für den Zeitraum der vorläufigen Deckung im Außenverhältnis vorläufigen Versicherungsschutz gewähren. Der Antragsteller ist verpflichtet, für diesen Zeitraum die einmalige Prämie zu zahlen, um auch im Innenverhältnis Versicherungsschutz zu erhalten.

4. Ende des Vertrages

Der Vertrag wird beendet durch

---

59 Der Versicherer muss bei Ablehnung auf die Differenzen zum Antrag hinweisen, es reicht jedoch aus, wenn er schon vor Antragstellung den Abschluss einer Kasko-Versicherung abgelehnt hat, OLG Saarbrücken 5 U 481/08–58, VersR 2010, 63 f; *Halm/Kreuter/Schwab/Schwab* a. a. O. AKB Rn. 1754
60 *EUGH* v. 28.4.2009 RS C-518/06 zur Zulässigkeit des Kontrahierungszwanges für Kfz-Haftpflichtversicherer; *Römer/Langheid/Römer* VVG a. F. PflVG § 5 Rn. 2.
61 *BGH* v. 30.9.1981, IVa ZR 187/80 in VRS 1982 Bd. 62, 6= BeckRS 1981 30405065.
62 *Römer-Langheid/Römer* VVG a. F. PflVG § 5 Rn. 2.
63 *Feyock/Jacobsen/Lemor/Feyock* § 5 PflVG, Rn. 46
64 Vgl. hierzu Rdn. 89 ff.

- Kündigung des Versicherungsnehmers (zum Jahresende),
- Kündigung des Versicherungsnehmers im Schadenfall,
- Kündigung der Versicherung im Schadenfall,
- Kündigung wegen Prämienverzugs,
- Kündigung wegen Obliegenheitsverletzung,
- Ende des Vertrages wegen Wagniswegfalls (Totalschaden, Abmeldung des Kfz),
- Vertragsablauf (zeitlich befristet).

5. Nachhaftung

42 § 117 Abs. 2 VVG

42a Allgemeines:

42b Wegen der Versicherungspflicht für Kraftfahrzeuge hat der Gesetzgeber die Nachhaftung des KH-Versicherers bestimmt, um der Zulassungsstelle die Möglichkeit zu geben, die Zulassung eines nicht versicherten Kfz zu widerrufen.[65] Die Nachhaftung des Versicherers ergibt sich aus § 117 Abs. 2 VVG.

42c Erforderlich ist, um die Nachhaftungsfrist auszulösen, die Beendigung bzw. das Erlöschen des Versicherungsverhältnisses. Dieser Umstand muss gem. § 25 FZV der zuständigen Zulassungsstelle angezeigt werden. Einen Monat nach Zugang dieser Anzeige bei der Zulassungsstelle endet die Nachhaftung des KH-Versicherers. Es handelt sich insoweit um eine starre Frist. Die Monatsfrist läuft, auch wenn das Kennzeichen zuvor entstempelt, die Zulassung zurückgenommen und das Fahrzeug aus dem Verkehr gezogen wird. Hinsichtlich der Monatsfrist ist § 193 BGB nicht anwendbar, falls das Fristende auf einen Sonn-/Feiertag fällt, ist dieser Tag für das Fristende maßgebend. Für die Zeit der Nachhaftung hat der Versicherer Anspruch auf die anteilige Prämie.[66]

42d Die Versicherer haben sich verpflichtet, die Anzeige erst nach Beendigung des Versicherungsverhältnisses zu machen. Auch wenn der Versicherungsnehmer in Kenntnis des Vertragsendes in der Zeit der Nachhaftung ohne Versicherungsschutz das Fahrzeug führt, wird eine Strafbarkeit verneint.[67] Der Zweck der Nachhaftung liegt einerseits darin, der Zulassungsstelle Zeit zu geben, das Kennzeichen zu entstempeln und die Zulassung zurücknehmen (§ 25 Abs. 4 FZV) und andererseits, den geschädigten Dritten zu schützen. Diese Anzeige ist nach § 25 FZV zu unterlassen, wenn der Zulassungsstelle bereits eine Versicherungsbestätigung eines anderen Versicherers vorgelegt wurde und der Versicherer darüber von der Zulassungsstelle informiert wurde.

43 § 117 Abs. 2 VVG ist nur anwendbar, wenn sich der Versicherer auf Beendigung des Versicherungsschutzes beruft. Nach Ablauf der Nachhaftung haftet der Versicherer nicht mehr.[68] Soweit es nach Ablauf des Monates nicht zu einer Stilllegung des nicht mehr versicherten Fahrzeuges gekommen ist, und sich ein Unfall ereignet, kommt ggf. ein Schadensersatzanspruch gegen die Zulassungsstelle wegen Amtspflichtverletzung in Betracht, falls sie ihrer Verpflichtung nicht nachgekommen ist, das Kennzeichen zu entstempeln und die Zulassung zurückzunehmen.[69] Der Anspruch ist auf die Mindestversicherungssumme begrenzt,[70] die Ausweitung auf die adäquaten Schadenfolgen[71] wurde aufgegeben.

---

65 Eine Prüfung der Rechtmäßigkeit der Mitteilung des Versicherers wird von der Zulassungsstelle dabei zu Recht nicht durchgeführt, *OVG Saarlouis* v. 3.2.2009, 1 B 10/09 (Adajur #83416).
66 C.4 AKB.
67 *BGH* v. 11.3.1959, 2 StR 29/59, NJW 1959, 949.
68 *Halm/Kreuter/Schwab/Schwab* a. a. O. VVG Rn. 14 ff.
69 *BGH* 24.05.2007, III ZR 176/06, NJW 1987, 2737; zum Umfang der Pflichten der Zulassungsstelle vgl. *OLG Karlsruhe*, MDR 2010, 1449; Eine Prüfung der Rechtmäßigkeit der Mitteilung des Versicherers wird von der Zulassungsstelle dabei zu Recht nicht durchgeführt, *OVG Saarlouis* v. 3.2.2009, 1 B 10/09 (Adajur #83416).
70 *BGH* 17.5.1990, III ZR 191/88, NJW 1990, 2615.
71 *BGH* v. 22.4.1965, III ZR 162/64, NJW 1965, 1524.

E. Der Versicherungsvertrag   Kapitel 22

Während der Nachhaftung haftet der Versicherer nur im Rahmen der Mindestversicherungssumme[72] zum jeweiligen Unfalldatum, dies kann u. U. für Altfälle bedeuten, dass die Versicherungssumme nicht ausreichen wird[73] und der Geschädigte den Verursacher direkt in Anspruch nehmen muss mit allen damit verbundenen Risiken (z. B. Insolvenz oder schlicht auch Tod des Verursachers). 43a

Die Monatsfrist des § 25 FZV kann nur durch den Versicherungsnehmer verkürzt werden, indem er der Zulassungsstelle eine neue Versicherungsbestätigung vorlegt. Ab diesem Zeitpunkt erlischt auch der Direktanspruch des Geschädigten gegen den ursprünglichen Versicherer. 43b

Bei den Anzeigen an die Zulassungsstelle wird zwischen der sog. echten Anzeige gemäß § 25 FZV, in der der Versicherer der Zulassungsstelle anzeigt, dass das Versicherungsverhältnis beendet wurde und der unechten Anzeige unterschieden. Soweit eine Verkaufsmitteilung an die Zulassungsstelle versandt wurde, wenn das Fahrzeug des Versicherungsnehmers lediglich veräußert wurde, löst diese Anzeige nicht die Folgen des § 25 FZV aus. Sie wird deshalb auch »unechte« Anzeige genannt. Wie bereits oben dargestellt, kommt eine Nachhaftung nur in den Fällen in Betracht, in denen das Versicherungsverhältnis tatsächlich beendet ist. Im Fall der Veräußerung des Fahrzeuges bleibt der Versicherungsvertrag jedoch bestehen und geht gemäß G.7.1 AKB, § 95 VVG auf den Erwerber über. Da das Versicherungsverhältnis also nicht beendet ist, kann diese unechte Anzeige auch keine Nachhaftung auslösen. Der Versicherer haftet in diesen Fällen aufgrund des noch bestehenden Versicherungsvertrages. 44

Nur im Fall der echten Anzeige beginnt die Nachhaftungsfrist ab Zugang der Anzeige bei der Zulassungsstelle zu laufen. Ist die Monatsfrist verstrichen, ist auch die Nachhaftung beendet, unabhängig davon, ob hier ein anderer Versicherer eintrittspflichtig ist oder nicht. 44a

Wurde der Zulassungsstelle das Ende des Vertrages nicht angezeigt, beginnt die Nachhaftungsfrist nicht zu laufen und der VR haftet zeitlich nahezu unbegrenzt weiter. Die Eintrittspflicht des zuletzt bei der Zulassungsstelle benannten VR bleibt – schlimmstenfalls bis zum Wagniswegfall – bestehen. 44b

In Betracht kommt nach Ablauf der Nachhaftungsfrist die Amtshaftung[74] der Zulassungsstelle, wenn dieser in der Zwischenzeit die Stilllegung des KFZ nicht gelungen ist. 45

Objektive Kriterien: 45a

Das versicherte KFZ wurde trotz Beendigung des Versicherungsvertrages im öffentlichen Verkehrsraum weiter benutzt. Der Zulassungsstelle wurde das Vertragsende angezeigt und eine neue Versicherungsbestätigung eines anderen Versicherers liegt nicht vor. 46

Gem. § 117 VI VVG kann dies einem (gutgläubig) unwissenden Fahrer nicht entgegengehalten werden.[75] Er ist durch § 123 VVG geschützt, solange eine Meldung nach § 25 FZV an die Zulassungsstelle nicht erfolgte.[76] 46a

Rechtsfolge: 47

Da ein Vertrag nicht mehr besteht und der Versicherer lediglich dem gesetzlichen Anspruch genügt, ist er in voller Höhe leistungsfrei. Es besteht für den Versicherer ein Regressanspruch gegen den Versicherungsnehmer in Höhe seiner Aufwendungen. 48

Eine Kündigung ist nicht mehr erforderlich, da der Vertrag bereits beendet ist. 48a

---

72 § 117 Abs. 3 VVG, derzeit 7,5 Mio. € für den Personenschaden und 1 Mio € für den Sachschaden, vgl. Rdn. 17, 503.
73 Zur Deckungssummenüberschreitung vgl. Rdn. 503 ff.
74 BGH v. 22.4.1965, III ZR 162/64, NJW 1965, 1524.
75 Halm/Kreuter/Schwab/Schwab a. a. O. VVG § 117, Rn. 22; § 123 Rn. 3 ff.; OLG Düsseldorf VersR 1996, 1269; a. A. Biela Besprechung von AG Köln in VersR 1993, 1390, 1392.
76 BGH v. 14.1.2004 IV ZR 127/03 r+s 2004, 226 f.; Prölss/Martin/Knappmann VVG, § 123 Rn. 5.

Die Leistungspflicht des Versicherers ist auf die Mindestversicherungssumme beschränkt![77]

48c Verweisung:

49 Der Versicherer kann den Drittversicherer in Höhe von dessen Leistungen an den Versicherungsnehmer verweisen.[78]

II. Vertragspflichten des Versicherers

50 Der Versicherer ist verpflichtet, für die versicherten Risiken[79] Versicherungsschutz in dem im Vertrag versprochenen Umfang auch für die mitversicherten Personen[80] zu gewähren. Dazu gehören insbesondere die Befriedigung begründeter Schadenersatzansprüche und die Abwehr unbegründeter Ansprüche, die aus versicherten Tätigkeiten[81] resultieren.

50a Für die Befriedigung begründeter Ansprüche steht dem Versicherer dann eine nach den Regeln der Tarifbedingungen erhöhte Prämie zu (Höherstufung).

51 Gemäß § 1 VVG ist bei der Schadensversicherung der Versicherer verpflichtet, nach dem Eintritt des Versicherungsfalles dem Versicherungsnehmer den Schaden nach Maßgabe des Vertrages zu ersetzen. Nach A.1 AKB ist die Versicherung verpflichtet, begründete Schadenersatzansprüche Dritter gegen den Versicherungsnehmer zu befriedigen und unbegründete abzuwehren, der Versicherer muss sich direkt mit dem Dritten befassen, § 115 Abs. 1 VVG.

III. Vertragspflichten des Versicherungsnehmers

52 Zu den Pflichten des Versicherungsnehmers gehören neben der Prämienzahlungspflicht auch gesetzliche und vertragliche Obliegenheit.

1. Pflicht zur Prämienzahlung (Leistungspflicht)

53 Die Pflicht des Versicherungsnehmers zur Zahlung der vereinbarten Prämie ergibt sich aus § 1 S. 2 VVG und ist ein wesentlicher Bestandteil jedes Versicherungsvertrages.

53a Die mit der Prämienzahlungspflicht zusammenhängenden Fragen sind in §§ 33–42 VVG geregelt und werden durch die Bestimmungen der AKB ergänzt.

53b Die Prämie besteht aus
- Nettoprämie,
- Gebühr, die sich aus dem Tarif des Versicherers ergibt,
- Versicherungsteuer, die der Versicherungsnehmer schuldet, aber der Versicherer zu entrichten hat (vgl. § 7 Abs. 1, 4 VersStG).

54 In § 33 VVG ist zwischen der **einmaligen** und der *laufenden* Prämie unterschieden. Eine einmalige Prämie wird während der Dauer des Versicherungsvertrages nur einmal erhoben, während eine laufende Prämie wiederholt für bestimmte Zeitabschnitte (= Versicherungsperioden, § 12 VVG) zu zahlen ist. Normale Versicherungsperiode ist der Zeitraum eines Jahres.

54a In der Kraftfahrtversicherung sind laufende Prämien üblich, jedoch können bei kurzfristigen Versicherungsverträgen auch einmalige Prämien vereinbart werden, die aber nicht höher sein darf als

---

77 *Prölss/Martin/Knappmann* VVG § 117 VVG Rn. 19–21; *Halm/Kreuter/Schwab/Schwab* a. a. O. VVG § 117 Rn. 27; *OLG Düsseldorf* VersR 1996, 1269; a. A. *Biela* Besprechung *AG Köln* in VersR 1993, 1392; *OLG Celle* r+s 2003, 275.
78 Vgl. hierzu ausführlich *BGH* v. 02.10.2002, IV ZR 309/01 NJW 2003, 514 f. für den Vertragsschluss durch einen Minderjährigen mit Unwirksamkeit des Vertrages m. w. H.
79 Vgl. insoweit Rdn. 98 ff.
80 Vgl. insoweit Rdn. 121 ff.
81 Vgl. insoweit Rdn. 133 ff.

E. Der Versicherungsvertrag

die Jahresprämie. Die Höhe der Einmalprämien sind den Tarifbestimmungen des jeweiligen Versicherers zu entnehmen. Auch bei einer vorzeitigen Vertragsbeendigung steht dem Versicherer nur noch der Teil der Prämie zu, der dem Zeitraum entspricht, in dem Versicherungsschutz bestand, § 39 VVG.

2. Obliegenheiten des Versicherungsnehmers

Neben der Prämienzahlungspflicht ist der Versicherungsnehmer verpflichtet, sowohl die vertraglichen als auch die gesetzlichen Obliegenheiten zu erfüllen. Dies sind **Verhaltensvorschriften** zu, die sich unmittelbar oder mittelbar auf die versicherte Gefahr beziehen und als Obliegenheiten bezeichnet werden. Obliegenheiten sind keine echten, d. h. unmittelbar erzwingbare Verbindlichkeiten, sondern bloße Verhaltensnormen, die jeder Versicherungsnehmer beachten muss, wenn er seinen Anspruch auf Erhalt der Versicherungsleistung behalten will.[82]

Begriffsdefinition:

Das dem Versicherungsnehmer obliegende Tun oder Unterlassen bezieht sich bei den Obliegenheiten immer auf die versicherte Gefahr, vor oder nach Eintritt des Versicherungsfalles; es soll eine bestimmte Gefahrenlage klarstellen, festhalten, vermindern und verbessern oder den eingetretenen Schaden abwenden und mindern oder den eingetretenen Schaden anzeigen und aufdecken.[83]

Die Obliegenheiten sind nicht nur vom Versicherungsnehmer sondern auch von den mitversicherten Personen zu beachten! Eine Obliegenheitsverletzung einer mitversicherten Person ist dem Versicherungsnehmer nur dann zuzurechnen, wenn er von dieser Obliegenheitsverletzung Kenntnis hatte, oder es sich um seinen Repräsentanten handelte.[84]

Es erfolgt eine Einteilung in gesetzliche und vertragliche Obliegenheiten (gesetzlich: z. B. § 23 VVG; vertraglich: z. B. C.x, D.x, E.x AKB).

IV. Die versicherungsrechtlichen Folgen des Verkehrsunfalls

Im Fall eines Schadenfalles, für den die Versicherung Entschädigungsleistungen zu erbringen hat, wird der Vertrag nur in den Bereichen höher gestuft, die in Anspruch genommen werden, dies bedeutet,[85] dass im Fall eines Haftpflichtschadens nur der Beitrag in der Haftpflichtversicherung angehoben wird. Umgekehrt kann es natürlich auch zu Vollkaskoschäden kommen, denen kein Haftpflichtschaden korrespondiert, mit der Folge, dass der SFR[86] in der Haftpflichtversicherung nicht angehoben wird, sondern nur derjenige der Vollkasko. Wurde nach dem Vollkaskoschaden die Vollkasko-Versicherung beendet und soll erst nach längerer Zeit nach einem Fahrzeugwechsel erneut eine Vollkasko-Versicherung abgeschlossen werden, wird diese in aller Regel in der gleichen SFR-Klasse eingestuft wie der KH-Vertrag; diese Entscheidung obliegt jedoch dem Versicherer.

1. Inanspruchnahme der Kraftfahrzeug-Versicherung

Wenn der Versicherungsnehmer einen Kraftfahrzeug-Haftpflichtschaden meldet, den er verschuldet hat, wird von der Versicherung eine Schadenakte angelegt und eine Rückstellung über den voraussichtlich zu erwartenden Schadenaufwand gebildet. Schon diese Rückstellung belastet den Vertrag

---

82 Vgl. u. a. *BGH* v. 13.06.1957, II ZR 35/57, BGHZ 24, 378 m. Hinweisen auf *RG*-Rspr.; *OLG Nürnberg* VersR 1979, 561; *BGH* v. 9.12.1987 – IVa ZR 155/86, VersR 1988, 267; *BGH* v. 15.01.1987, III ZR 17/85, NJW 1987, 2738.
83 *BGH* v. 26.02.1969 – IV ZR 541/68, VersR 1969, 507.
84 Vgl. insoweit zur Definition des Repräsentanten in diesem Buch Teil 2 Kap. 3 Rn. 18; *LG Paderborn* v. 25.08.2010, 4 O 96/10 wegen unterlassener Angabe des Alkoholkonsums des Repräsentanten bei vorhandener Kenntnis.
85 *Halm/Kreuter/Schwab/Schwab* a. a. O. AKB Rn. 2220 ff.
86 SFR = Schadenfreiheitsrabatt.

mit der Folge, dass der KH-Vertrag im Folgejahr belastet wird. Wenn der Versicherungsnehmer den Schaden nur vorsorglich meldet, obwohl er nicht an dem Verkehrsunfall schuld war, sind oftmals auch keine Rückstellungen erforderlich, sodass eine Vertragsbelastung entfällt. Sollte im Einzelfall dennoch eine Rückstufung des Vertrages erfolgen, empfiehlt sich eine Nachfrage, ob und in welcher Höhe Entschädigungsleistungen erbracht wurden, wobei hier aber Versicherungsnehmer, Rechtsanwälte und Makler aufgefordert sind, nicht leichtfertig eine Haftung abzulehnen, da diese Haltung oftmals zu vermeidbaren Mehrkosten führt, sondern eine ausführliche Schadenschilderung abzugeben, um dem Versicherer die Haftungsprüfung zu ermöglichen.

a) KH-Höherstufung

59 Der Umfang der Höherstufung richtet sich danach, in welcher Rabattstufe der Vertrag eingestuft war. Die nachfolgend skizzierte Höherstufungstabelle soll den Umfang der Höherstufung verdeutlichen, jedoch kann im Einzelfall die Höherstufung von dieser Aufstellung differieren, da auch diese von den Versicherern in eigener Regie gefertigt werden und lediglich der Kontrolle des Bundesaufsichtsamtes unterliegen.

59a Höherstufung bei Einstufung in die folgende SF Gruppe erfolgt im Schadenfall:

Tab. 6
Höherstufung nach in einem Kalenderjahr

	1 Schaden	2 Schäden	3 Schäden	4 Schäden
S 1	nach S 2	S 2	S 2	S 2
SF 0	nach S 2	S 2	S 2	S 2
SF ½	nach S 1	S 2	S 2	S 2
SF 1	nach S 1	S 2	S 2	S 2
SF 2	nach SF ½	S 1	S 2	S 2
SF 3	nach SF 1	S 1	S 2	S 2
SF 4	nach SF 2	SF ½	S 1	S 2
SF 5	nach SF 2	SF ½	S 1	S 2
SF 6	nach SF 3	SF ½	S 1	S 2
SF 7	nach SF 3	SF ½	S 1	S 2
SF 8	nach SF 4	SF 1	S 1	S 2
SF 9	nach SF 4	SF 1	S 1	S 2
SF 10	nach SF 4	SF 1	S 1	S 2
SF 11	nach SF 5	SF 1	S 1	S 2
SF 12	nach SF 5	SF 1	S 1	S 2
SF 13	nach SF 5	SF 2	SF ½	S 2
SF 14	nach SF 6	SF 2	SF ½	S 2
SF 15	nach SF 6	SF 2	SF ½	S 2
SF 16	nach SF 6	SF 2	SF ½	S 2
SF 17	nach SF 7	SF 2	SF ½	S 2
SF 18	nach SF 7	SF 3	S 1	S 2
SF 19	nach SF 9	SF 3	S 1	S 2
SF 20	nach SF 9	SF 3	S 1	S 2
SF 21	nach SF 10	SF 4	SF 2	S 2
SF 22	nach SF 10	SF 4	SF 2	S 2
SF 23	nach SF 10	SF 4	SF 2	S 2
SF 24	nach SF 11	SF 4	SF 2	S 2
SF 25	nach SF 22	SF 4	SF 2	S 2

59b Je nach Anbieter werden auch ab einer bestimmten SF-Klasse Sonderregelungen angeboten, die einen »folgenlosen Unfall« im Jahr gestatten, sog. Rabattretter. Eine **Höherstufung** erfolgt zwar, jedoch im Rahmen der Beitragsklasse, sodass ein finanzieller Verlust nicht entsteht. Erst bei einem weiteren Schadenfall wird hier der SF-Klassenverlust spürbar. Es kann daher im Einzelfall empfehlenswert sein, einen Schadenfall »zurückzukaufen«, um den Rabatt zu erhalten, insbesondere dann, wenn ein **zweiter Unfall im gleichen Jahr** verursacht wird, da dann eine weitere Höherstufung erfolgt. In dem obigen Beispiel für die Höherstufungen im Schadenfall ist der sog. »freie Unfall« enthalten, da der Versicherungsnehmer bei einem Schaden in der SF-Klasse 25 lediglich in die SF-Klasse 22 hoch gestuft wird und nach wie vor einen Beitragssatz von 35 % zahlt. Erst in einem zweiten Schadenfall wird er so hoch gestuft, als ob es diesen Rabattretter nicht gegeben hätte und wird in SF-Klasse 4 eingestuft, die er auch ohne den Rabattretter bei einem zweiten Schaden erreicht hätte.

Der Umfang der Höherstufung ist den Tarifbedingungen[87] des jeweiligen Versicherers zu entnehmen, wobei die Höherstufung bei zwei Schäden in einem Kalenderjahr höher ausfällt als bei zwei Unfällen in zwei Kalenderjahren hintereinander. (Vgl. beispielsweise oben: ein Unfall bei SF-Klasse 20 zieht eine Höherstufung in SF-Klasse 9 nach sich. Bei einem weiteren Unfall im gleichen Kalenderjahr wird der Vertrag in SF-Klasse 3 eingestuft, ereignet sich der nächste Schadenfall aber erst im Jahr darauf, erfolgt die weitere Höherstufung nur in SF-Klasse 4.). 59c

Zwischenzeitlich bieten einzelne Versicherer sog. Rabattretter an, die man gesondert vereinbaren kann, dann bleibt ein Unfall im Kalenderjahr folgenlos. Der oft geringe Aufpreis macht sich i. d. R. schon bei einem Unfall bezahlt. 60

b) Rückkaufsmöglichkeit

Grundsätzlich muss der Versicherer bei Kleinstschäden bis 500 €[88] die Höhe der Entschädigungszahlung bei Abschluss der Schadenakte an den Versicherungsnehmer mitteilen, dieser hat dann 6 Monate ab Erhalt der Regulierungsmitteilung Zeit, um zur Erhaltung seines Schadenfreiheitsrabattes die Entschädigungsleistung an die Versicherung zurückzuzahlen. 61

Teilweise wird bei Kleinschäden bereits mit der Erledigungsmitteilung Auskunft darüber erteilt, ob sich eine Rückzahlung der geleisteten Entschädigung lohnt, wobei in dieser Berechnung der Zeitraum betrachtet wird, bis der Versicherungsnehmer (wieder) die letzte Schadensfreiheitsrabattstufe (mit und ohne Unfall) erreicht hat. Es wird dabei von weiteren unfallfreien Jahren ausgegangen, sodass sich bei einem weiteren Schaden eine neue Anfrage lohnt. U. U. wird der Versicherer auch bei Überschreitung der Halbjahresfrist nach Erhalt der sog. Schlussmeldung eine Schadenrückzahlung akzeptieren und den Vertrag insoweit freistellen (d. h. die Belastung des Vertrags durch den Unfall zurücknehmen). Zu erstatten sind nur die Entschädigungsleistungen des Versicherers. Soweit der Versicherer nach Erstellen der sog. Schlussmitteilung nochmals in die Regulierung eintritt, kann er nach I.4.2.2 AKB den Erstattungsbetrag, der mitgeteilt wurde, nicht mehr erhöhen. Bei Rückzahlung des bekannt gegebenen niedrigeren Betrages muss der Vertrag wieder entlastet werden. 61a

Es kann auch im Einzelfall interessant werden, die Regulierungsquote bei geteilter Haftung zu erfragen, insbesondere, wenn eigene Ansprüche beim Unfallgegner geltend gemacht wurden und dort der Haftung eine höhere Quote zugrunde gelegt wurde und durch eine veränderte Quote unter Umständen eine Rückzahlung der Entschädigungsleistung interessant werden könnte. Da die Entscheidungen der regulierenden Versicherung Ermessensentscheidungen sind, sind diese nur eingeschränkt überprüfbar. Sinnvoll ist es daher, hier eine kulanzweise Einigung herbeizuführen. (z. B. Bei einem Schadenfall mit beiderseitigen Verschuldensanteilen werden von beiden Unfallbeteiligten die Schadenersatzansprüche in getrennten Verfahren klageweise geltend gemacht. Es kommt zu zwei rechtskräftigen Urteilen, in denen jeder der Unfallbeteiligten 60 % seines Schadens zugesprochen erhält. In diesem Fall ist eine Reduzierung der Quote nicht mehr möglich, die Urteile müssen auch insoweit akzeptiert werden.) 61b

Sofern im Folgejahr ein weiterer Unfall verursacht wird, der in den Aufwendungen höher ist als der vorherige, sollte – wenn dies aufgrund der geleisteten Schadenersatzsumme sinnvoll ist – der erste Schaden zurückgekauft werden. 61c

---

87 *Halm/Kreuter/Schwab/Schwab* a. a. O. AKB Rn. 2220 ff.
88 Vgl. I. 5 AKB, dieser Betrag ist variabel.

61d Grundsätzlich kann innerhalb eines halben Jahres nach Erhalt der Schlussmitteilung der Schadenaufwand an den KH-Versicherer zurückgezahlt werden. Der Versicherer ist verpflichtet, dem Versicherungsnehmer die Höhe des regulierten Entschädigungs-Betrages nach Abschluss der Schadenregulierung mitzuteilen, wenn diese einen bestimmten Betrag nicht übersteigt. Auf Anfrage teilt die Versicherung in jedem Fall mit, ob sich die Rückzahlung dieses Schadens lohnt. Teilweise wird dies bei der Übersendung der Vertragspolice mitgeteilt, dieser Betrag reduziert sich aber, je weiter die SF-Klassen ansteigen. Wurde allerdings der Versicherungsnehmer wegen Obliegenheitsverletzung in Regress genommen, hat er keinen Anspruch auf Rückstufung in die günstigere SFR-Klasse, wenn er den Schaden vollständig zurückzahlt.[89]

2. Vorsorgliche Inanspruchnahme

62 Auch wenn der Versicherungsnehmer den von ihm verursachten Schaden von Anfang an selbst bezahlen möchte, kann er ihn doch der KH-Versicherung melden und die Regulierung der Versicherung überlassen, ohne dass ihm dadurch Nachteile entstehen. Die Arbeitsleistung der Versicherung (Regulierung des Schadens) ist mit der Prämienzahlung abgedeckt. Nach der erfolgten Regulierung kann der Schadenfreiheitsrabatt durch Rückzahlung der gezahlten Entschädigungsleistung wieder zurück erlangt werden. Der Zeitaufwand der Versicherung ist durch die gezahlte Prämie abgedeckt.

3. Unverschuldeter Verkehrsunfall

63 Im Fall eines unverschuldeten Verkehrsunfalls, den der Versicherungsnehmer meldet, entstehen ihm keine Prämiennachteile. Sollte durch eine Meldung zum Jahreswechsel wegen der Prüfungspflicht doch eine Höherstufung erfolgt sein, so hat der Versicherungsnehmer die Möglichkeit, nach geklärter Haftung die Freistellung des Vertrages und die Rückzahlung der zu viel gezahlten Prämie zu verlangen. In keinem Fall sollte die Prämienzahlung wegen der (tatsächlich oder angeblich) unberechtigten Forderung zurückgehalten werden, da u. U. der Verlust des Versicherungsschutzes wegen der Versäumung der Fristen nach § 38 VVG droht.

4. Fahrzeugversicherung

a) Vollkasko

64 Sofern der Versicherungsnehmer eine Vollkasko-Versicherung abgeschlossen hat und dieser einen Schaden meldet, wird auch dort für den zu erwartenden Aufwand eine Rückstellung gebildet, die den Vertrag belastet.

64a Eine Inanspruchnahme der Kasko-Versicherung zieht – wie auch im Haftpflichtbereich – eine Höherstufung des Schadenfalles nach sich, es sei denn, es werden Leistungen wegen § 117 Abs. 3 VVG (Verweisung aufgrund Leistungsfreiheit eines Schadenversicherers)[90] erbracht, dann wird der Vertrag nicht belastet, I.4.1.2 AKB.

64b Sofern der Versicherungsnehmer im Schadenfall seine Vollkasko-Versicherung zur Schadenregulierung in Anspruch nimmt, wird dieser Vertragsteil höher gestuft. Diese Höherstufung entspricht im Wesentlichen derjenigen in der KH-Versicherung, wobei hier jedoch die Tarifbestimmungen des zugrunde gelegten Vertrages zu prüfen sind.

b) Teilkaskoversicherung

65 Für die Inanspruchnahme der Teilkasko-Versicherung wegen Diebstahls, Brand oder Glasschadens am versicherten Fahrzeug entsteht keine Höherstufung, da in der Teilkasko-Versicherung ein solches Rabattsystem nicht vorgesehen ist.

---

89 *LG Dortmund* v. 24.5.2007 – Az. 2S 43/06 in NJW-RR 2007, 1402.
90 Vgl. hierzu Rdn. 484 ff.

Im Gegensatz zum Kraftfahrzeug-Haftpflichtschaden ist eine Rückzahlung des Schadenaufwandes 66
in der Vollkasko-Versicherung nicht möglich, da dies einer Darlehensgewährung durch den Versicherer gleichkäme, dieses Geschäft ist jedoch ausdrücklich den Banken vorbehalten. Aus diesem Grund ist eine Rückkaufsmöglichkeit auch nicht in den Tarifbedingungen vorgesehen. Teilweise wird in den AKB n. F. den Kunden aber nun die Möglichkeit des Rückkaufes gewährt. In den Fällen, in denen nicht klar ist, ob es wirtschaftlich sinnvoll ist, die Vollkasko-Versicherung in Anspruch zu nehmen, wird der Versicherer auf Anfrage jederzeit den Verlust im SFR ausrechnen. Dabei kann er natürlich nur von den Voraussetzungen gleiches Fahrzeug und nachfolgend unfallfreie Jahre ausgehen. Er ermittelt dann den Betrag, den der Versicherungsnehmer bis zum Erreichen entweder der derzeit innegehabten SF-Klasse oder der Endstufe der Vollkasko mehr zahlen würde. Zu diesem Betrag muss dann auch noch die Selbstbeteiligung im Schadenfall hinzugerechnet werden.

Nimmt der Versicherungsnehmer wegen eines unverschuldeten Schadenfalls wegen verzögerter Regulierung durch den Verursacher seine Vollkasko-Versicherung in Anspruch, kann er nicht verlangen, dass der KH-Versicherer nach Feststellung seiner Eintrittspflicht den Fahrzeugschaden an die Kasko-Versicherung erstattet, um seinen SFR zu erhalten. Er kann dann nur noch Erstattung des nachgewiesenen jährlichen Mehrbetrags vom Unfallgegner verlangen,[91] eine Entlastung des Vertrages entfällt, auch wenn der Vollkasko-Versicherer den vollen Regress durchführt. 67

5. Fehlerhafte/Falsche Regulierung des Schadens

Der Versicherer ist nach den AKB[92] berechtigt, eigenständig über den Umfang der Regulierung bzw. 68
Zurückweisung der gegen ihn gerichteten Schadenersatzansprüche zu entscheiden. Auch ein Regulierungsverbot des Versicherungsnehmers bindet den Versicherer nicht.[93] Daher kann eine Prüfung dieser Entscheidung nur eingeschränkt erfolgen. Einer gerichtlichen Prüfung kann daher nur bei fehlerhafter Ausübung des pflichtgemäßen Ermessens[94] Erfolg beschieden sein. Eine pflichtwidrige Regulierung liegt dann vor, wenn der Versicherungsnehmer jegliche Verursachung des Schadenfalls bestreitet; vom Dritten fragwürdige Angaben gemacht werden; bei Regulierung ohne Berücksichtigung des erkennbaren Mitverschuldens des Geschädigten.[95] Die pflichtwidrige Regulierung muss vom VN bewiesen werden, der aber gem. § 666 BGB Auskunftserteilung verlangen kann. Steht fest, dass der Versicherer pflichtwidrig reguliert hat, muss er den dem Versicherungsnehmer entstandenen Schaden ersetzen und ggf. den Prämiennachteil erstatten.[96] Der Antrag ist auf Feststellung, dass die Regulierung des Schadens unberechtigt oder falsch war und zum anderen die Verpflichtung des Versicherers, den Vertrag zu entlasten, zu richten. Eine Feststellung oder Prüfung des Regulierungsverhaltens macht aber nur insoweit Sinn, als der Versicherungsnehmer eine vollständige Freistellung des Vertrages erreichen kann. Bei Mithaftungsquoten kommt es wohl eher darauf an, in den Bereich zu kommen, in dem eine Rückzahlung des quotierten Aufwandes den Schadenfreiheitsrabatt erhalten kann. Dies ist oftmals ohne die Inanspruchnahme gerichtlicher Hilfe im Gespräch mit dem Versicherer zu erreichen.

F. Die Deckung

Der Begriff Deckung wird in Rechtsprechung und Literatur nicht einheitlich verwandt. Häufig wird 69
er mit dem Begriff »Versicherungsschutz« vermischt. Im Folgenden sollen die Begriffe jedoch deutlich auseinander gehalten werden.

---

91 *OLG Düsseldorf* – Az. 1 U 159/05 v. 15.1.2006 in BeckRS 2006, 04480.
92 Vgl. Rdn. 50.; *AG Düsseldorf*, SP 2011, 230.
93 *LG Coburg* v. 25.5.2009, 32 S 15/09; *AG Düsseldorf* SP 2009, 374.
94 *AG Gelsenkirchen-Buer*, SP 2010, 304; *AG Köln*, SP 2009, 302; *Halm/Fitz* DAR 2010, 437, 441; *AG Düsseldorf* SP 2002, 254 = r+s 2001, 45.
95 *OLG Köln* r+s 1992, 261; *BGH* v. 9.12.1987 – IVa ZR 155/86, VersR 1981, 180; *OLG Bamberg* VersR 1964, 254.
96 Vgl. hierzu *Feyock/Jacobsen/Lemor/Jacobsen* A.1. RN 22 m. Rückverweis auf § 10 AKB Rn. 91 m.w.N.

69a Unter **Deckung** versteht man, dass der eingetretene Schadenfall vom Umfang einer abgeschlossenen Versicherung umfasst wird.

69b Deckung besteht somit, wenn sich die versicherte Gefahr realisiert hat.

69c **Versicherungsschutz** hingegen betrifft das Vertragsverhältnis zwischen Versicherer und Versicherungsnehmer sowie den Umfang der beiderseitigen Pflichten aus dem Vertrag, bezieht sich also nur auf das Innenverhältnis zwischen Versicherungsnehmer, Versicherer und mitversicherten Personen.

I. Deckungsumfang

70 Aus A.1 AKB ergibt sich der Deckungsumfang[97] in der KH-Versicherung.

71 Versichert sind Personenschäden, Sachschäden (Beschädigung, Zerstörung, Abhandenkommen) und sonstige Vermögensschäden, die durch den Gebrauch des Fahrzeugs, welches im Vertrag bezeichnet ist, verursacht werden.

72 Als Anspruchsgrundlage für Ansprüche im Kraftfahrzeugschadenersatzrecht kommen nur gesetzliche Schadenersatzregelungen in Betracht. Gemäß A.1.1.1 AKB sind nur solche Schadenersatzansprüche vom Umfang der KH-Versicherung gedeckt, die sich **aus dem Gesetz** selbst ergeben. Es handelt sich dabei im Wesentlichen um die Vorschriften der §§ 823 ff. BGB, 7 StVG, Normen des Haftpflichtgesetzes, des Luftverkehrsgesetzes (LuftVG) sowie Ansprüche aus dem Wasserhaushaltsgesetz (z. B. Überlaufen von Öl beim Auffüllen von Heizöltanks)[98] (Schutzgesetze i. S. d. § 823 Abs. 2 BGB). Teilweise wird in den AKB n. F. auch die Berechtigung des Versicherers aufgenommen, für den VN gegen öffentlich-rechtliche Bescheide Widerspruch einzulegen und den VN in dem Verwaltungsverfahren zu vertreten, soweit es sich um Feuerwehr-Gebührenbescheide handelt. Wird die Autobahnmeisterei bspw. im Rahmen der Vorsorge zur Verhütung von Schadenfällen tätig, indem sie einen liegengebliebenen LKW absichert, sind die Kosten nicht im Rahmen des Schadenersatzes nach den §§ 823 BGB, 7 StVG erstattungsfähig, da ein Schaden gerade nicht eingetreten ist. Die Inanspruchnahme des Fahrzeughalters über den Umweg der Kraftfahrzeug-Haftpflicht-Versicherung bzw. das Büro Grüne Karte ist falsch, vielmehr hätte der Fahrzeugeigentümer nach landesrechtlichen Vorschriften als »Zustandsstörer« in Anspruch genommen werden müssen. Der Versuch des BGH, der falsch geltend machenden Behörde über die Geschäftsführung ohne Auftrag einen Schadenersatzanspruch zu ermöglichen, ist schadenersatzrechtlich nicht zu billigen.[99]

73 Grundsätzlich nicht zu den gesetzlichen Anspruchsgrundlagen gehören Ansprüche aus der sog. pVV. Diese Anspruchsnorm tritt ein bei Vertragsstörungen, ist somit eine »quasi vertragliche« Anspruchsgrundlage. Dennoch, dies sei lediglich der Vollständigkeit halber erwähnt, werden auch Ansprüche, die aus pVV hergeleitet werden, von der KH-Versicherung gedeckt.[100]

73a Ersetzt werden grundsätzlich die Sachschäden, die mit dem Schadenereignis in ursächlichem Zusammenhang stehen. Beim Abhandenkommen ist dies anzunehmen, wenn der Verletzte bewusstlos ist und ihm nunmehr in diesem Zustand aus seinem Wagen oder aus seinen Taschen Sachen gestohlen werden oder herausfallen, die später nicht wieder zu beschaffen sind.[101]

74 Es sind auch sonstige Vermögensschäden von der KH-Versicherung gedeckt. Hierbei besteht die Besonderheit, dass nach §§ 823 BGB, 7 StVG reine Vermögensschäden, die nicht Folge von Sachbeschädigungen/-entziehungen bzw. Personenschäden (Verletzung, Tötung) sind, nicht ersetzt wer-

---

97 vgl. hierzu ausführlich *Halm/Kreuter/Schwab/Schwab* a. a. O. AKB Rn. 10 ff.
98 Vgl. hierzu Kap. 21 Umweltschaden.
99 *BGH* IV ZVR 294/10 v. 28.9.2011; *H/K/S/Schwab* AKB Rn. 22 ff.
100 *Stiefel/Maier/Maier* a. a. O. A.1 Rn. 4 m. w. N.; *Halm/Kreuter/Schwab/Schwab* a. a. O. AKB Rn. 22 ff.
101 *Stiefel/Maier/Maier* a. a. O. A.1 Rn. 14 f.; *Halm/Kreuter/Schwab/Schwab* a. a. O. AKB Rn. 40 ff.; *OLG Naumburg* PVR 2003, 158.

F. Die Deckung

den. Wenn sie dennoch in A.1 AKB aufgeführt sind, hängt das damit zusammen, dass § 1 PflVG den Abschluss einer Haftpflichtversicherung gegen Personenschäden, Sachschäden und sonstige Vermögensschäden vorschreibt.

Da die KH-Versicherung neben der Funktion, den Geschädigten zu entschädigen, auch die Funktion hat, unberechtigte Schadenersatzansprüche vom Versicherungsnehmer abzuwehren, kann bei den reinen Vermögensschäden grundsätzlich nur die Abwehrfunktion der KH-Versicherung zum Tragen kommen.[102] 75

Insoweit fungiert die KH-Versicherung als eine Art Rechtsschutzversicherung, die auch für den Versicherungsnehmer im Fall einer Klage die Anwaltskosten und Gerichtskosten übernimmt. Dafür gewährt eine evtl. abgeschlossene Rechtsschutzversicherung in diesen Fällen keinen Versicherungsschutz, da die Interessen des VN – auch in den Fällen, in denen u. U. zwei Anwälte beauftragt werden müssen, um die gegenläufigen Interessen (z. B. im Betrugsfalle) beider Parteien ausreichend zu vertreten –, durch die KH-Versicherung kostenmäßig abgedeckt sind.[103] Anspruchsberechtigt ist der Dritte, d. h. jemand, der außerhalb des Versicherungsvertrages steht. Schäden, bei denen aus dem KH-Vertrag der VN Leistungen erhielte, weil Schädiger und Geschädigter personenidentisch sind, sind ausgeschlossen.[104] 75a

II. Deckungsausschluss

Keine Deckung besteht, wenn der eingetretene Schaden unter den Umfang der Allgemeinen Haftpflicht-Versicherung[105] fällt, oder wenn der Schadenfall vom Versicherungsnehmer vorsätzlich herbeigeführt wurde, § 103 VVG. 76

Es besteht darüber hinaus keine Deckung, wenn die Voraussetzungen der A.1.5.3–8 AKB vorliegen. Wichtig ist in diesem Zusammenhang, dass eine Vorleistungspflicht des Versicherers nicht besteht. Dem Geschädigten bleibt selbstverständlich in diesen Fällen die Möglichkeit, sich direkt an den Schädiger zu wenden, um Ersatz seines Schadens zu erhalten. 77

(unbesetzt) 77–88

III. Vorläufige Deckung §§ 49 ff. VVG

Durch die VVG-Reform wird die vorläufige Deckung als eigener Vertrag auch im VVG erwähnt, §§ 49 ff. VVG anzuwenden. Wird eine vorläufige Deckung gewünscht, sieht § 49 VVG vor, dass die AKB nach § 7 Abs. 1 VVG nur auf Anforderung und spätestens mit dem Versicherungsschein zu übermitteln sind. Gem. § 49 Abs. 2 werden bei Nichtübersendung der AKB die vom Versicherer üblicherweise verwendeten Bedingungen als die dem Vertrage zugrunde liegenden angesehen. Im Streitfalle sollen die jeweils für den Versicherungsnehmer günstigeren AKB angewendet werden. Damit wird der Verbraucherschutz auch in diesem Bereich ausgeweitet, um den Versicherungsnehmer vor unliebsamen Überraschungen zu schützen. 89

1. Beginn

Der Vertrag über die Vorläufige Deckung beginnt vor Überlassung des Versicherungsscheins, kann aber von der Zahlung der Prämie abhängig gemacht werden, wenn der Versicherer den Versicherungsnehmer besonders und auffällig im Versicherungsschein darauf hingewiesen hat. Auch hier ist ein Abweichen zulasten des Versicherungsnehmers nicht möglich. 90

---

102 *BGH* IV ZR 149/03, VersR 2007, 1116.
103 *Stiefel/Maier* a. a. O. E.2 Rn. 17 f.; *Halm/Kreuter/Schwab/Schwab* a. a. O. AKB Rn. 163 ff.; *Kreuter-Lange* AKB Rn. 2025.
104 *OLG Nürnberg* VersR 2004, 905.
105 Vgl. Rdn. 196 f.

2. Ende

91 Der Vertrag über die vorläufige Deckung endet bei Zustandekommen des Hauptvertrages automatisch. Er kann aber auch wie jeder andere Vertrag gekündigt werden (z. B. durch Vertragsschluss mit einem anderen Versicherer[106]).

91a § 52 Abs. 4 VVG gibt ein Kündigungsrecht, wenn der Vertrag auf unbestimmte Zeit geschlossen wurde, dies dürfte in der KH-Versicherung nur ausnahmsweise vorkommen.

91b Auch ist hier nach § 52 VVG der Widerruf des Vertrages nach § 8 VVG möglich. Der Vertrag endet dann spätestens mit dem Zugang des Widerrufs oder des Widerspruchs beim Versicherer (§ 52 Abs. 3 VVG). Wenn der Versicherer dann die Anzeige nach § 29c StVZO abschickt, läuft die Nachhaftungsfrist wie bei der Kündigung eines normalen Vertrages.[107]

3. Prämienzahlungspflicht

92 § 51 VVG regelt die Prämienzahlung. Da in der KH-Versicherung die Erstprämie auch den Zeitraum der vorläufigen Deckung umfasst, werden hier keine gesonderten Rechnungen erstellt, sofern der Hauptvertrag zustande kommt. Der Prämienverzug regelt sich daher nach § 37 VVG. Auch in der Neufassung des VVG wird grundsätzlich davon ausgegangen, dass die Regelung über die vorläufige Deckung die Ausnahme (allerdings in der KH-Versicherung die Regel) darstellt. Der Versicherer auf die Möglichkeit des Wegfalls der vorläufigen Deckung augenfällig hinweisen[108], um der auch schon jetzt bestehenden Hinweispflicht nachzukommen.[109] Kommt der Hauptvertrag nicht zustande, gebührt dem Versicherer gem. § 50 VVG für den Zeitraum der Vorläufigen Deckung die anteilige Prämie.

G. Versicherungsschutz

I. Begriff

93 Unter Versicherungsschutz versteht man allgemein die im Vertrag versprochene Leistung des Versicherers, A.1.1 AKB.[110] Für die KH-Versicherung bestimmt A.1.1 AKB nochmals detaillierter, was der Versicherer zu leisten hat. Der Versicherer schuldet die Befriedigung begründeter Schadenersatzansprüche und die Abwehr unbegründeter Schadenersatzansprüche, die dem Versicherungsnehmer oder einer mitversicherten Person gegenüber geltend gemacht werden.

II. Voraussetzungen

94 Die Gewährung von Versicherungsschutz setzt unter anderem voraus, dass ein Versicherungsvertrag besteht oder vorläufige Deckungszusage erteilt wurde. Ein solcher Vertrag wird nach den normalen Regeln des BGB geschlossen.[111]

1. Beginn des Versicherungsschutzes

95 Nach B.1 AKB beginnt der Versicherungsschutz mit Einlösung des Versicherungsscheines. Dies geschieht durch Zahlung des Beitrages und der Versicherungsteuer. Teilweise ist in AKB auch vereinbart, dass der Versicherungsschutz bereits mit dem Vertragsschluss beginnt, der durch die Annahme des Antrages durch den Versicherer durch Übersendung des Versicherungsscheines zustande kommt. Dabei beginnt der Versicherungsschutz mit dem im Versicherungsschein angegebenen Datum, spätestens aber mit der Zulassung des Fahrzeuges.

---

106 *AG Bremen* v. 11.1.2011, 4 C 332/10 (Adajur # 92553).
107 Wegen der Details vgl. dort.
108 Der Hinweis auf der Rückseite des Versicherungsscheins reicht nicht aus, um die Belehrungspflicht zu erfüllen, LG Dortmund 2 O 192/10 v. 19.01.2011 (Adajur # 93898).
109 *Maier*, r+s 2006, 485 ff.
110 Vgl. *Prölss/Martin/Knappmann* A.1 Rn. 3; *Halm/Kreuter/Schwab/Schwab* a. a. O. AKB Rn. 10 ff.
111 Wegen der einzelnen Voraussetzungen zum Zustandekommen vgl. Rdn. 23.

2. Ende des Versicherungsschutzes

Der Versicherungsschutz endet im **Innenverhältnis**, wenn auch der zugrunde liegende Versicherungsvertrag endet.

Beendigungsgründe sind:
- Ablauf der vereinbarten Vertragsdauer,
- Kündigung des Vertrages,
- Rücktritt vom Vertrag,
- Anfechtung des Versicherungsvertrages,[112]
- Wagniswegfall.

Im **Außenverhältnis** gilt § 117 VVG, d. h. alle Probleme im Innenverhältnis, die für den Versicherungsnehmer bzw. die mitversicherten Personen den ganzen oder teilweisen Verlust des Versicherungsschutzes zur Folge haben, wirken sich auf die Schadenersatzansprüche des Geschädigten nicht aus, soweit es sich nicht um die Risikoausschlüsse handelt. Erst nach Ablauf der Nachhaftungsfrist kann sich der Versicherer auch im Außenverhältnis wirksam auf die Beendigung des Versicherungsvertrages berufen. Problematisch sind hierbei die Schadenfälle, die sich außerhalb des öffentlichen Verkehrsraumes ereignen, da hier der Schutz des PflVG nicht greift. Es entfällt der Direktanspruch gegen die KH-Versicherung und deren Vorleistungspflicht.[113] Dies hat für den Geschädigten dann keine Konsequenzen, wenn der Schädiger Anspruch auf Versicherungsschutz hat. Ist der Versicherer hingegen ganz oder teilweise leistungsfrei, wird sich der Versicherer darauf berufen: es entfällt der Direktanspruch des Geschädigten gegen den KH-Versicherer, da dieser ein Ausfluss des PflVG ist, welches nun – außerhalb des öffentlichen Verkehrsraumes – nicht zur Anwendung kommt. Der Geschädigte muss daher seine Ansprüche gegen den Schädiger direkt richten, der diese dann auch befriedigen muss. Der Versicherer kann in diesen Fällen dann folgerichtig auch die Leistung an den Geschädigten verweigern.[114] Dies stellt auch eine entscheidende Haftungsfalle für den Anwalt dar, der den KH-Versicherer direkt und allein verklagt. Er wird – wenn der Versicherer den fehlenden Direktanspruch rügt – mit seiner Klage abgewiesen werden müssen. Gleiches gilt, wenn bei einem Schaden außerhalb des öffentlichen Verkehrsraums der Halter mitverklagt wird, gegenüber diesem besteht wegen mangelnder Anwendbarkeit von § 7 StVG (der gleichfalls den Betrieb im öffentlichen Verkehrsraum voraussetzt) kein Anspruch. Es bleibt in diesen Fällen allein der Fahrer als Anspruchsgegner, soweit er aus § 823 BGB haftet. Dieser hat nun bei gesundem Versicherungsverhältnis seinerseits einen Freistellungsanspruch gegen den KH-Versicherer des von ihm genutzten Fahrzeuges.

3. Kein Versicherungsschutz

Versicherungsschutz (nur im Innenverhältnis) besteht nicht bei den nachfolgend unter XI. aufgezählten Pflichtverletzungen.

H. Risikoumfang

I. Die versicherten Risiken

Nach A.1 AKB ist der Versicherer verpflichtet, berechtigte Ansprüche zu befriedigen und unberechtigte abzuwehren.

Damit wird der Versicherer bevollmächtigt, alle zweckdienlichen Erklärungen und Handlungen für und gegen den Versicherungsnehmer vorzunehmen, um seiner Pflicht nachzukommen.[115] Insbesondere kann er den Anspruch des Geschädigten i. V. m. dem aus § 115 VVG resultierenden Direktanspruch direkt und ohne weitere Rücksprache mit dem Versicherungsnehmer befriedigen (durch

---

112 *AG Bremen* NJOZ 2007, 1868, Anfechtung wg. falscher Angaben zur Tarifklasse.
113 *Halm/Kreuter/Schwab/Schwab* a. a. O. PflVG § 1 Rn. 4 ff.
114 Vgl. hierzu ausführlich *Schwab* FA für Verkehrsrecht Kap. 2.
115 *Halm/Kreuter/Schwab/Schwab* a. a. O. AKB Rn. 162 ff.

Anerkenntnis, Vergleich oder nach einem Gerichtsverfahren) und muss den Versicherungsnehmer nicht darüber informieren.[116] Die Rechtsposition des Versicherungsnehmers, eine Regulierung eventuell selbst in die Hand zu nehmen, wird dadurch nicht geschwächt, da er nach Abschluss der Regulierung die geleistete Entschädigung an den Versicherer zurückzahlen kann, ohne sich schlechter zu stellen.

99 Zu den Pflichten des Versicherers gehört auch die Abwehr unbegründeter Ansprüche. Die Tätigkeit des Versicherers darf sich aber in diesem Fall nicht auf die bloße Negierung der Ansprüche beschränken, vielmehr ist er verpflichtet, alle geeigneten Abwehrmaßnahmen zu ergreifen wie z. B. die Einholung von Sachverständigengutachten zum Unfallhergang oder zum Fahrzeugschaden, die Führung von Prozessen u. U. auch die aktive Prozessführung, wenn das Vermögen des VN bedroht ist.

100 Ist hingegen der Versicherer gegenüber dem VN vollständig von der Verpflichtung zur Leistung frei, ist er weder verpflichtet, noch berechtigt, den gegen den Versicherungsnehmer gerichteten Anspruch abzuwehren,[117] gegenüber mitversicherten Personen gilt dies nur, wenn er ihnen ebenfalls die Leistungsfreiheit gem. § 123 VVG entgegenhalten kann. In Fällen beschränkter Leistungsfreiheit entfällt dieses Recht des Versicherers nur, wenn die Höhe des unbegründeten Anspruchs den Betrag, bis zu dem der Versicherer leistungsfrei ist, nicht überschreiten kann. Es ist nicht mit der Arbeit des Versicherers vereinbar, den unbegründeten Anspruch in zwei Teile zu spalten. Gleichwohl ist der Versicherer natürlich weiter berechtigt, unmittelbar gegen ihn gerichtete Ansprüche auch in diesem Bereich abzuwehren.

101 Die Abwehrpflicht des Versicherers beinhaltet auch die Kostenübernahme für Anwaltskosten, soweit der VN und der Fahrer im Klageverfahren mit in Anspruch genommen werden. Nicht übernommen werden müssen allerdings die Kosten des Anwaltes des VN im Strafverfahren, es sei denn, die Beauftragung erfolgte auf Weisung des Versicherers. Gleichwohl kann dies im Einzelfall im Interesse der Regulierung des KH-Schadens sinnvoll sein (allerdings nicht in dem Umfang, den nicht Rechtsschutz versicherte Versicherungsnehmer gerne annehmen möchten).

II. Versichertes Fahrzeug:

1. Kraftfahrzeug

102 Die Definition für den Begriff Kraftfahrzeug ergibt sich aus § 1 StVG: Es muss ein Landfahrzeug sein, welches mit Maschinenkraft betrieben wird und nicht an Bahngleise gebunden ist. Es muss darüber hinaus auf öffentlichen Straßen und Plätzen in Betrieb genommen werden.

102a Versichert ist das Fahrzeug, wie es im Versicherungsantrag beschrieben wurde (amtliches Kennzeichen, Fahrzeugidentifizierungsnummer (FIN), PS, Verwendungszweck etc.). Maßgeblich sind für die Identifikation des versicherten Fahrzeuges insbesondere die FIN und das Kennzeichen. Soweit ein Kennzeichen an ein anderes Fahrzeug montiert wurde, ist der Versicherer für das Fahrzeug zuständig, der für die FIN bei der Zulassungsstelle registriert wurde.[118] Wird z. B. ein rotes Kennzeichen, das bei der Zulassungsstelle für ein bestimmtes, durch die FIN zu identifizierendes KFZ, herausgegeben wurde, an ein anderes Fahrzeug montiert, welches ebenfalls nicht zugelassen ist, so fährt der Fahrer ohne Versicherungsschutz. Im Fall eines Schadens ist der Geschädigte auf das Vermögen des Schädigers bzw. die VOH mit beschränkt, welche bei nicht versicherten Fahrzeugen wie ein KH-Versicherer (in den Grenzen der Mindestversicherungssummen) reguliert.

---

116 So Römer/Langheid/*Langheid* VVG § 156 Rn. 1 für die alte Rechtslage.
117 *BGH* v. 3.6.1987 – IV a ZR 292 /85, VersR 1987, 924.
118 *AG Witten* v. 25.6.2009, 2 C 365/09 (Adajur #84148); ebenso *AG Grimma* NJW-RR 2005, 978, allein die Verwendung eines falschen Kennzeichens führt nicht ohne weiteres zur Annahme, dass das KFZ nicht versichert war.

H. Risikoumfang

Zu dem versicherten Fahrzeug gehören gemäß A.1 AKB auch der mit dem versicherten Fahrzeug verbundene Anhänger oder Auflieger sowie ein abgeschlepptes oder geschlepptes nicht versichertes Kraftfahrzeug.[119]

102b

Darüber hinaus sind auch betriebsunfähige, bei einem anderen Versicherer versicherte Kfz ausdrücklich über die Ausnahmeregel in A.1.5.4 AKB bzw. A.1 AKB mitversichert, wenn sie im Rahmen der Nothilfe abgeschleppt werden.

102c

2. Anhänger

Gemäß § 1 PflVG unterliegen auch Anhänger der Versicherungspflicht, wenn sie im öffentlichen Verkehr gebraucht werden. Soweit Schäden durch den Gebrauch eines Anhängers verursacht werden, sind sie nach der Regelung des A.1.1.5 AKB zu erstatten, wenn sich der Anhänger am Zugfahrzeug befunden hat oder sich von diesem gelöst hat, aber noch nicht endgültig zum Stehen gekommen ist oder das Risiko des Zugfahrzeuges noch fortdauert. Der Anhänger ist über die KH-Versicherung des Zugfahrzeuges mitversichert, da die größere Gefahr von dem Zugfahrzeug ausgeht, welches üblicherweise auch die Ursache für den Schadenfall gesetzt haben wird.

103

Der Umfang der Eintrittspflicht der Anhängerhaftpflichtversicherung ist nicht auf die Schäden beschränkt, in denen sich der Anhänger von der Zugmaschine gelöst hat und zum Stillstand gekommen ist, oder nie mit einem Zugfahrzeug in Verbindung war. Der in Anspruch genommener Anhänger-Versicherer muss sich auch mit den Ansprüchen auseinandersetzen, die entstanden sind, als der Hänger noch mit dem Zugfahrzeug verbunden war. Ihm verbleibt natürlich der Regress gegen den Versicherer des Zugfahrzeugs, wenn der Schadenfall ursächlich oder mitursächlich auf den Gebrauch des Zugfahrzeuges zurückzuführen war.[120]

104

Dem Geschädigten wird lediglich ein zweiter Ansprechpartner für seine Schadenersatzansprüche an die Hand gegeben, da oftmals bei einem Gespann nur das Hängerkennzeichen bekannt war, nicht aber das des Zugfahrzeuges.

105

Daneben gibt es jedoch weiterhin nicht zulassungspflichtige Anhänger,[121] die dann nur entweder über die KH-Versicherung der Zugmaschine versichert sind[122] (sofern sie mit dieser verbunden sind oder waren, von dieser gelöst haben und noch nicht endgültig zum Stillstand gekommen sind) oder, wenn sie abgehängt wurden und zum Stillstand gekommen sind, über die private oder Betriebshaftpflichtversicherung des Eigentümers.

106

Der Direktanspruch des § 115 VVG bezieht sich auf versicherungspflichtige Fahrzeuge i. S. d. § 1 PflVG.[123] Soweit eine Versicherungspflicht nicht besteht, werden diese Fahrzeuge in § 2 PflVG den versicherungspflichtigen Fahrzeugen gleichgestellt und den Geschädigten gleichfalls gegen den Halter als Quasi-Versicherer ein Direktanspruch eingeräumt.

107

3. Selbstfahrende Arbeitsmaschinen/Besondere Fahrzeuge

Selbstfahrende Arbeitsmaschinen sind Kraftfahrzeuge i. S. v. § 1 StVG. Es besteht daher gemäß § 1 PflVG Versicherungspflicht.

108

Ausgenommen von der Versicherungspflicht sind solche selbstfahrenden Arbeitsmaschinen, die nicht schneller als 20 km/h fahren können und als Arbeitsmaschinen im Sinne von §§ 2 Ziff. 17; 3 Abs. 2 Ziff. 1a FZV gelten. Für diese besteht eine Versicherungspflicht nicht, § 2 (1) Nr. 6b PflVG.

108a

---

119 *Halm/Kreuter/Schwab/Schwab* a. a. O. AKB Rn. 114 ff.
120 *BGH* v. 26.10.2010 v. 27.10.2010 – IV ZR 279/08; *LG Dortmund* NJOZ 2008, 589; zum Gesamtschuldnerausgleich.
121 Vgl. insoweit § 3 Abs. 2 Ziff. 1a FZV.
122 *Halm/Kreuter/Schwab/Kreuter-Lange* a. a. O. AKB Rn. 244 ff.
123 *Halm/Kreuter/Schwab/Schwab* a. a. O. VVG § 115 Rn 4 ff.

Sie sind im Rahmen einer Betriebshaftpflicht-Versicherung versicherbar. Da jedoch keine Versicherungspflicht und kein Direktanspruch bestehen, sind Ansprüche an den Eigentümer der Arbeitsmaschine zu richten.

108b Arbeitsmaschinen, die nicht § 3 Abs. 2 Ziffer 1a FZV unterfallen, sind versicherungspflichtig, wenn sie schneller als 6 km/h fahren können, § 2 S. 1 Nr. 6a PflVG, § 2 Ziff. 17 FZV. Selbstverständlich kommen Ersatzansprüche aus der KH-Versicherung nur dann in Betracht, wenn die Arbeitsmaschine entweder versicherungspflichtig ist oder aber eine freiwillige KH-Versicherung abgeschlossen wurde.

108c Selbstfahrende Arbeitsmaschinen sind z. B. Bagger, Straßenwalzen, selbstfahrende Schneepflüge, selbstfahrende Kräne, selbstfahrende Planiermaschinen, Gabelstapler,[124] selbstfahrende Rasenmäher usw.

108d Der Geschädigte hat sowohl im Fall einer Pflichtversicherung als auch im Fall einer freiwilligen Versicherung dem Versicherer gegenüber einen Direktanspruch,[125] wenn sich der Schadenfall im öffentlichen Verkehrsbereich ereignet. Findet das schadenstiftende Ereignis hingegen außerhalb des öffentlichen Verkehrsraumes statt, entfallen sowohl die ggf. (vgl. insoweit unten) gegebene Halterhaftung wie auch der Direktanspruch nach § 115 VVG.

109 Bezüglich der Haftung ist bei selbstfahrenden Arbeitsmaschinen zu berücksichtigen, dass gemäß § 8 StVG die verschuldensunabhängige Haftung nach StVG nicht gilt, wenn das Fahrzeug weniger als 20 km/h fahren kann. Bei solchen Fahrzeugen kommen daher nur Ansprüche aus Verschuldenshaftung in Betracht. Auch wenn diese Fahrzeuge versicherungspflichtig sind i. S. d. StVG (beispielsweise landwirtschaftliche Zugmaschinen) ist hier, auch wenn sie im öffentlichen Verkehrsraum benutzt werden, nicht von einer Haftung aus der Betriebsgefahr auszugehen. Sofern diese wegen der geringeren Geschwindigkeit als 6 km/h nicht versicherungspflichtig sind, aber eine KH-Versicherung abgeschlossen wurde, steht den durch diese Fahrzeuge Geschädigten ebenfalls ein Direktanspruch gegen den KH-Versicherer zu.[126] D. h. der Versicherer muss sich auch mit diesen Schadenersatzansprüchen auseinandersetzen.

110 Bei selbstfahrenden Arbeitsmaschinen ist – wie auch bei sonstigen KFZ, die auch als Arbeitsmaschinen genutzt werden – zu prüfen, ob der Schadenfall tatsächlich dem Gebrauch des KFZ und dem besonderen – ausschließlich daraus resultierenden Risiko eines KFZ zuzurechnen ist. Abzugrenzen ist hier nämlich zur Allgemeinen oder Betriebshaftpflichtversicherung immer dann, wenn der Schaden zwar beim Gebrauch eines KFZ aber wesentlich durch eine unternehmerische Fehlentscheidung verursacht wurde.[127]

4. Fahrzeuge mit Versicherungskennzeichen, § 26 FZV

111 Im Versicherungsrecht werden mehrere Unterscheidungen getroffen:

111a Es wird unterschieden zwischen versicherungspflichtigen und versicherungsfreien Fahrzeugen, die Versicherungspflicht ergibt sich aus dem PflVG und dem VVG.

111b Darüber hinaus gibt es auch Fahrzeuge, die der Versicherungspflicht **nicht** unterliegen, weil sie bauartbedingt nicht mehr als 6 km/h Höchstgeschwindigkeit erreichen (§ 2 Ziff. 6a PflVG), selbstfah-

---

124 Der Gabelstapler unterfällt nach Ansicht von *OLG Koblenz* v. 21.2.2011, 10 U 1049/10 (Jurion) nicht unter die Regelung der PHV, da es sich dabei nach Auffassung des Gerichtes nicht um eine selbstfahrende Arbeitsmaschine handele.
125 *BGH* v. 17.2.1987, VI ZR 75/86, VersR 1987, 1034.
126 *Feyock/Jacobsen/Lemor/Feyock* § 2 PflVG Rn. 11;
127 Vgl. insoweit *BGH* v. 17.2.1966 II ZR 103/63, BGHZ 45, 168, dort war eine Kellerwand beim Zuschütten der Außenmauer eingestürzt, weil trotz Anweisung vergessen worden war, diese Mauer abzustützen. Hier liegt die Schadenursache in dem Unterlassen der Bauarbeiter, die Wand entsprechend zu sichern.

rende Arbeitsmaschinen, die nicht schneller als 20 km/h fahren können sowie nicht zulassungspflichtige Anhänger (§§ 6b und c PflVG).

Außerdem kennt das Versicherungsrecht noch die Fahrzeuge mit sog. Versicherungskennzeichen 111c
nach § 26 FZV. Danach dürfen die nachfolgend aufgezählten Fahrzeuge, die dem Pflichtversicherungsgesetz unterliegen, dann im öffentlichen Straßenverkehr in Betrieb gesetzt werden, wenn sie über ein gültiges Versicherungskennzeichen verfügen:

- zweirädrige oder dreirädrige Kleinkrafträder (Mofas und Moped, Vespa) (§ 3 Abs. 2 Ziff. 1c FZV: die bauartbedingt nicht mehr als 45 km/h fahren und einem Hubraum von nicht mehr als 50 ccm aufweisen);
- Motorisierte Krankenfahrstühle;
- Vierrädrige Leichtkraftfahrzeuge (§ 3 Abs. 2 Ziff. 1f FZV: zul. Gewicht max. 350 kg, bauartbedingte Geschwindigkeit max. 45 km/h, Hubraum max. 50 ccm);
- Mofas und Mopeds aus der Produktion der ehemaligen DDR (Höchstgeschwindigkeit bis 60 km/h), die vor dem 1.3.1992 bereits versichert waren;
- Quads und Trikes[128] mit einer durch die Bauart bestimmten Höchstgeschwindigkeit von max. 45 km/h und einem Hubraum von max. 50 ccm;
- E-Roller, die über eine Betriebserlaubnis verfügen.

Hierbei ergeben sich folgende Besonderheiten: 112

Versicherungszeitraum: Als Zeitraum ist fest das Verkehrsjahr (vom 1.3. eines Kalenderjahres bis 112a
zum 28./29.2. des Folgejahres) gesetzlich verankert, § 26 Abs. 1 FZV). Das Versicherungskennzeichen wird zum 1.März von den Versicherungen ausgegeben und gilt maximal ein Jahr. Jedes Jahr ändert sich die Farbe: Es ist abwechselnd blau, grün oder schwarz; im Versicherungsjahr 2010/2011 war es grün, für 2011/2012 ist es schwarz.

Auch für Oldtimer-Mofas und Mopeds gibt es besondere Kennzeichen zur Teilnahme an Veranstal- 113
tungen für Oldtimertreffen, Prüf-, Probe-, Überführungsfahrten[129] etc., die immer mit dem Buchstaben Z beginnen, um einen Missbrauch mit anderen Versicherungskennzeichen zu vermeiden, da in den Begleitpapieren keine näheren Fahrzeugdaten eingetragen sind. Die dreistellige Nummer beginnt mit einer 0.

Die Kennzeichen dürfen gem. § 26 Abs. 1 S. 2 FZV erst dann an den Halter ausgegeben werden, 113a
wenn der Halter die Versicherungsprämie gezahlt hat.

Der Vertrag ist von vornherein auf 1 Jahr begrenzt. Eine Kündigung ist daher nach alter Regelung 114
nicht erforderlich. Will der Versicherer allerdings im VVG die Nachhaftung nach § 117 Abs. 2 VVG beenden, muss er eine Anzeige nach § 25 FZV an die Zulassungsstelle geben. § 117 Abs. 2 S. 2 VVG.

Aus diesem Grund ist auch eine Anzeige nach § 29c StVZO an die Zulassungsstelle nicht erforder- 114a
lich, um die Nachhaftungsfrist laufen zu lassen.

Ein Prämienverzug i. S. d. §§ 37, 38 VVG ist aufgrund der gesetzlichen Regelung nicht möglich! 115

Auch ein Verstoß gegen § 97 VVG, die Meldepflicht beim Verkauf, kommt nicht in Betracht, da 15a
§ 34 Abs. 4 StVG diese Fahrzeuge von der Meldepflicht bei Eigentümerwechsel ausdrücklich ausnimmt.

Zur Anwendung kommen hier allerdings sowohl die Vorschriften über die **Gefahrerhöhung**, objek- 116
tiv und subjektiv, **Führerscheinklausel** wie auch die **Alkoholklausel**. Auch von den Führern von Fahr-

---

128 Trikes sind als PKW einzustufen, so zumindest *FG Bremen* 11.6.2003 in BeckRS 2003, 26015090 lesenswert zur Abgrenzung Motorrad – PKW.
129 Zur Definition vgl. § 2 Nr. 24–26 FZV.

zeugen mit Versicherungskennzeichen wird erwartet, dass die Pflichten nach den D.x und E.x AKB erfüllt werden vor und im Schadenfall.

5. Fahrzeuge mit Kurzzeitkennzeichen, § 16 FZV

117 Neben den üblichen Verwendungsarten gibt es noch die sog. roten Kennzeichen,[130] die gem. § 16 Abs. 1 FZV für Prüf-, Probe- und Überführungsfahrten genutzt werden können. Sie werden regelmäßig für fünf Tage von der Zulassungsstelle ausgegeben. Soweit diese Kennzeichen gem. § 16 Abs. 3 FZV an Kfz-Händler herausgegeben wurden, unterliegen sie den Sonderbedingungen für Kfz-Handel- und Handwerk V Nr. 3.[131]

118 Grundsätzlich besteht Versicherungsschutz nur für den Ausgabezeitraum von 5 Tagen. Die Kennzeichen beginnen mit 06 und werden einem bestimmten Fahrzeug konkret zugeordnet. Nach Ablauf der Frist sind Kennzeichen und das dazugehörige Fahrtenbuch unverzüglich an die Zulassungsstelle zurückzugeben. Bei Beantragung ist der Haftpflichtversicherungsschutz nachzuweisen, § 16 Abs. 4 FZV. In aller Regel sind die Prämien für die Kurzzeitkennzeichen unmittelbar zu erstatten, sodass ein Prämienverzug nicht gegeben ist. Das Fahrzeug darf allerdings nur zu Probefahrten etc. verwendet werden. Bei andersartiger Nutzung liegt ein Verstoß gegen die Verwendungsklausel vor (wegen der Details vgl. dort). Bei einer Nutzung nach Ablauf der 5 Tage besteht im Innenverhältnis kein Versicherungsschutz, jedoch ist von der Nachhaftung des KH-Versicherers auszugehen, allerdings ist abweichend von § 117 Abs. 2 VVG weder eine Kündigung des Vertrages noch eine Anzeige nach § 25 FZV an die Zulassungsstelle erforderlich. Nach Ablauf der Nachhaftungsfrist von einem Monat ist ausschließlich die VOH für die Regulierung von Schäden zuständig. § 117 VVG Abs. 2 S. 2, dass die Frist des § 25 FZV auch gilt, wenn der Vertrag durch Zeitablauf endet!

6. Oldtimerkennzeichen, § 9 FZV

119 Es können auch Oldtimerkennzeichen nach § 9 FZV herausgegeben werden von der Zulassungsstelle. Erforderlich ist die Vorlage eines Gutachtens nach § 23 StVZO. Ansonsten gelten für diese Fahrzeuge die gleichen Regeln im Bereich Versicherungsschutz. Oldtimer dürfen mit diesem Kennzeichen an Oldtimerveranstaltungen teilnehmen, können Prüf-, Probe- und Überführungsfahrten[132] mit diesem Kennzeichen vornehmen, § 17 FZV. Das Kennzeichen wird einem konkreten Fahrzeug zugeordnet und darf auch nur an diesem verwendet werden. Soweit mit diesem Kennzeichen auch sonstige Fahrten durchgeführt werden, liegt ein Verstoß gegen die Verwendungsklausel vor. Kommt es zu einem Schadenfall, verliert der Fahrer den Versicherungsschutz. In aller Regel dürfte dort bei einem Verstoß von einer Vorsatztat auszugehen sein, da die Kennzeichen sich deutlich von den üblicherweise zu verwendenden Kennzeichen unterscheiden.

7. Saisonkennzeichen, § 9 FZV

120 Gem. § 9 FZV können auch Saisonkennzeichen herausgegeben werden. Diese Kennzeichen gelten jedes Jahr für den gleichen Zeitraum, ohne dass die Fahrzeuge in der Zwischenzeit abgemeldet und vorübergehend stillgelegt werden müssten. Verwendet werden diese Kennzeichen i. d. R. bei Motorrädern, Cabrios, Wohnwagen, Campingmobilen etc., die nicht das ganze Jahr benutzt werden. Die Zulassungsdauer ist auf diesen Kennzeichen vermerkt. Benutzt werden dürfen die Kfz grundsätzlich nur in diesen Zeiträumen, außerhalb dieser Zeiten besteht eine Ruheversicherung für die Kfz.

---

[130] Vgl. *LG Berlin* SP 2004, 349 (für die Vollkasko-Versicherung, aber auf KH übertragbar).
[131] *BGH* v. 28.8.2006, IV ZR 316/04 in SP 2006, 361, mit Anm. *Terno* in DAR 2007, 318; zum Umfang der Werkstattobhut zuletzt *OLG Köln*, VersR 2010, 1309; *LG Dortmund* v. 10.7.2008, 2 O 3/08; *OLG Stuttgart* r+s 2001, 104, bei missbräuchlicher Verwendung besteht kein Versicherungsschutz in der Handel- und Handwerkversicherung, *Halm/Kreuter/Schwab/Kreuter-Lange* a. a. O. SB H+H KH I Rn. 9–15.
[132] § 2 Nr. 24–26 FZV.

III. Versicherte Personen

Nach A.1.2 AKB sind neben dem Versicherungsnehmer mitversicherte Personen:[133] **121**

1. Der Halter

Halter ist, wer das Fahrzeug für eigene Rechnung in Gebrauch hat und die Verfügungsgewalt darüber **122**
besitzt.[134] Das ist dann gegeben, wenn das Fahrzeug nicht nur vorübergehend genutzt wird und der Halter den Einsatz bestimmen kann. Versicherungsnehmer oder Eigentümer muss er nicht zwangsläufig sein, jedoch sind dies Anhaltspunkte für die Haltereigenschaft.[135] Auch mehrere Personen können Halter sein.[136]

Der Leasingnehmer ist i. d. R. alleiniger Halter des Leasingfahrzeugs.[137] Der Mieter eines KFZ wird **122a**
bei nur kurzer Mietdauer nicht zum Mithalter,[138] vgl. aber hierzu auch *OLG Hamm*, wenn der Mieter sich der Verfügungsgewalt des Vermieters mehrtägig entzieht und sich über den Mietzins hinaus an allen Unterhaltskosten beteiligt.[139]

Kein Halter ist, wem das Fahrzeug nur zeitlich begrenzt zur Nutzung überlassen wird.[140] Auch ein **122b**
unberechtigter Halter ist mitversichert. Der Dieb, der das Fahrzeug in Zueignungsabsicht entwendet, wird allerdings erst nach Begründung eigener dauerhafter und ungestörter Verfügungsmacht Halter.[141]

2. Der Eigentümer

Eigentümer ist, wer gem. BGB im vollen Umfang das Eigentum an dem Fahrzeug erworben hat. Der **123**
Erwerb unter Eigentumsvorbehalt reicht hierzu nicht aus, jedoch ist die Sicherungsübereignung ausreichend.[142]

3. Der Fahrer

Der Begriff des Fahrers geht weiter als der Fahrzeugführer in den §§ 23 StVO und 18 Abs. 1 StVG, **124**
welche sich ausschließlich auf das Lenken des KFZ beschränken.[143] Fahren i. S. d. D.1.3 AKB hingegen ist jede Tätigkeit, die ein Lenker eines Fahrzeuges im Zusammenhang mit einer durchzuführenden oder durchgeführten Fahrt vornimmt und die in seinen Aufgabenbereich als Kraftfahrer fällt.[144] Fahren ist grundsätzlich jeder Gebrauch des KFZ im Sinne von A.1 AKB.[145] Der Beifahrer, der während der Fahrt in das Lenkrad greift, wird nur dann Fahrer, wenn er die ausschließliche Herrschaft über das Lenkrad erlangt hat.[146]

Der Fahrschüler gilt im Rahmen von Übungs- und Prüfungsfahrten ebenfalls als Fahrer. Daneben **125**
gilt der Fahrlehrer als Fahrer,[147] jedenfalls bei einem Fahrschüler auf dem Motorrad, der dem Fahr-

---

133 *Halm/Kreuter/Schwab/Schwab* a. a. O. AKB Rn. 282–320.
134 *Halm/Kreuter/Schwab/Schwab* a. a. O. AKB Rn. 285.
135 BGH v. 11.7.1969 – VI ZR 49/68, VersR 1969, 907; *OLG Hamm* VersR 1981, 1021; *OLG Schleswig* r+s 1994, 90.
136 *OLG Hamm* VersR 1981, 1021 und *Weimar* DAR 1976, 65.
137 BGH v. 22.3.1983, VI ZR 108/81, VersR 1983, 656 (Leasingfahrzeug).
138 BGH v. 3.12.1991, VI ZR 378/90 r+s 1992, 185.
139 *OLG Hamm* VersR 1991, 220.
140 *LG Frankfurt/M.* r+s 1987, 35; *OLG München* VersR 1977, 580.
141 KG NZV 1989, 273.
142 Vgl. hierzu *Stiefel/Maier* A.1 Rn. 7; *Halm/Kreuter/Schwab/Schwab* a. a. O. AKB Rn. 287.
143 *Halm/Kreuter/Schwab/Schwab* a. a. O. AKB Rn. 288 ff.
144 *OLG Stuttgart* VersR 1988, 707; *OLG Celle* r+s 1990, 224.
145 Vgl. auch *OLG Hamm* r+s 1988, 71; BGH v. 15.10.1962, II ZR 25/60 VersR 1962, 1147.
146 BGH v. 26.4.1956 II ZR 209/54, VersR 1956, 283; *OLG Köln* DAR 1982, 30.
147 *OLG Köln* r+s 1989, 313.

schulwagen nachfolgt. Soweit nun das Fahren ab 17 in einzelnen Bundesländern eingeführt wurde, ist die rechtliche Würdigung problematisch. Man könnte hier einerseits der Auffassung sein, dass analog zu den Regelungen bezüglich des Fahrschülers auch die zwingend vorgeschriebene Begleitperson als Fahrer anzusehen ist. Zumindest in der Literatur wird auch die Auffassung vertreten, dass nur der sich hinter dem Lenkrad befindliche 17-jährige als Fahrer zu betrachten sei und der Pflichtbeifahrer sei bloßer Beifahrer, den im Schadenfall auch keine Haftung träfe.[148] Ob diese Haltung auch auf die Frage des Versicherungsschutzes auszuweiten ist, erscheint zweifelhaft, da der Gesetzgeber bei dem Führerschein ab 17 eine Begleitperson nur in bestimmten Fällen als »die Richtige« ansieht. Der Beifahrer muss ein bestimmtes Alter haben und darf max. drei Punkte im Verkehrszentralregister haben. Es soll ihm also eine bestimmte Aufgabe zukommen, die sich ggf. auch im Vertrag niederschlagen muss. Hierfür müssen aber im Zweifel auch die AKB der jeweiligen KH-Versicherung angepasst werden. Zu beachten ist auch, welche Fahrer im Vertrag als zugelassen gelten. Wurden beispielsweise nur Fahrer ab 25 vereinbart, sind auch hier die entsprechenden Meldepflichten zu beachten, da ansonsten ggf. Vertragsstrafen fällig werden.[149]

4. Beifahrer

126 D. h. Personen, die im Rahmen ihres Arbeitsverhältnisses zum Versicherungsnehmer oder Halter den berechtigten Fahrer zu seiner Ablösung oder zur Vornahme von Lade- und Hilfsarbeiten nicht nur gelegentlich begleiten.[150]

126a Es muss sich hierbei um angestellte, d. h. berufsmäßige Beifahrer[151] handeln, ein bloßer Insasse im KFZ fällt nicht unter diese Regelung.[152] Gelegentliche Tätigkeiten reichen ebenfalls nicht aus.

5. Omnibusschaffner

127 soweit sie im Rahmen ihres Arbeitsverhältnisses zum Versicherungsnehmer oder Halter tätig werden.[153]

127a Ein Arbeitsverhältnis zum Versicherungsnehmer muss auch hier vorliegen,[154] auch Kontrolleure gehören dazu.

6. Arbeitgeber oder öffentlich-rechtlicher Dienstherr

128 des Versicherungsnehmers, wenn das versicherte Fahrzeug mit Zustimmung des Versicherungsnehmers für dienstliche Zwecke gebraucht wird.

128a Die Einbeziehung des Arbeitgebers soll verhindern, dass dieser gem. §§ 278, 831, 839 BGB, Art. 34 GG haftet, wenn der Versicherungsnehmer sein eigenes KFZ für Dienstreisen verwendet und dabei einen Schaden verursacht. Die Deckung besteht auch, wenn ein Dritter mit Zustimmung des Versicherungsnehmers das Fahrzeug für eine Dienstreise nutzt.[155]

128b Die Mitversicherung des Arbeitgebers hat auch zur Folge, dass Ansprüche des Versicherungsnehmers auf Freistellung wegen gefahrgeneigter Arbeit nicht auf den schadenregulierenden KH-Versicherer § 86 VVG übergehen können, der ansonsten Regress nehmen könnte.[156] Dabei war die Rechtspre-

---

148 Vgl. hierzu auch *Albrecht*, SVR 2005, 283; *RiOLG Sapp* NJW 2006, 408 f.
149 Vgl. hierzu oben Rdn. 35a.
150 *Halm/Kreuter/Schwab/Schwab* a. a. O. AKB Rn. 292 ff.
151 KG VM 1996, 21, zu den Sorgfaltspflichten des Einweisers, gemeint ist hier aber der berufsmäßige Beifahrer, den es heutzutage kaum noch gibt!
152 *Feyock/Jacobsen/Lemor/Jacobsen* A.1 Rn. 32 m. Rückverweis auf § 10 AKB Rn. 64 f.
153 *Halm/Kreuter/Schwab/Schwab* a. a. O. AKB Rn. 307 ff.
154 *Prölss/Martin/Knappmann* VVG A.1.2 AKB Rn. 8.
155 *Halm/Kreuter/Schwab/Schwab* a. a. O. AKB Rn. 297–306.
156 Vgl. hierzu auch *VerwG Oldenburg* zfs 1991, 311; *BGH* r+s 2001, 271.

chung aber uneinheitlich, wenn es um die Frage der durch die Zivildienstleistenden verursachten Schäden einer Beschäftigungsstelle ging, z. T. wurde die Auffassung vertreten, ein Anspruch gegen den öffentlich-rechtlichen Dienstherren bestünde, weil in jedem Fall dieser für den Mitarbeiter einzustehen habe und dieser sei auch nicht mitversichert in dem Versicherungsvertrag der Beschäftigungsstelle.[157] Demgegenüber existiert eine neuere Entscheidung des *OLG Köln*, welches diese Einschränkung jetzt nicht mehr gelten lässt und die Rückgriffsmöglichkeit gegen die BRD verneint,[158] aber leider die Frage unbeantwortet lässt, aus welchem Grund der Anspruch gegen die BRD entfällt. Dass der Fahrer mitversicherte Person ist, ist unstreitig. Gleichwohl entfällt deshalb die Eintrittspflicht der BRD nicht, allerdings sei diese auch nach der Auffassung des *BGH* mitversicherte Person in den AKB des KH-Versicherers, sodass insoweit ein Ausgleich ausfiele.[159] Diese neuerliche Entscheidung, die einen ähnlichen Sachverhalt aufwies, bedeutet eine Abkehr von der bisherigen Rechtsprechung des BGH insoweit. Wollten die Versicherer hieran etwas ändern, müssten sie die AKB insoweit genauer fassen und den Versicherungsschutz auf den Arbeitgeber des Versicherungsnehmers beschränken, was i. Ü. die KfzPflVV, § 2 Abs. 2 Ziff. 6 [xxx]»der Arbeitgeber... des Versicherungsnehmers, wenn... das versicherte Kfz mit Zustimmung des Versicherungsnehmers für dienstliche Zwecke verwendet wird, zuließe«. Dann haften sowohl die KH-Pflichtversicherung des VN wie auch der Dienstherr oder Arbeitgeber nebeneinander, die Frage einer analogen Anwendung des § 10 Abs. 2f AKB a. F. auf den Arbeitgeber der mitversicherten Person wurde in diesem Verfahren nicht entschieden, da hier im Wesentlichen auf die Ungleichbehandlung eines angestellten Fahrers des Pflegedienstleisters im Verhältnis zum Zivildienstleistenden abgestellt wurde. Soweit *Lorenz*[160] die Versicherungswirtschaft aufruft, die Lösung in den AKB zu überdenken, verkennt er, dass zuvörderst der Gesetzgeber aufgerufen ist, diese unbefriedigende Regelung im KfzPflVV, das immerhin den Rahmen für die AKB vorgibt, ändert!

7. Insassen, Einweiser, Bediener

129 Üblicherweise sind Insassen im Fahrzeug **nicht** in der KH-Versicherung mitversichert. Werden durch diese Fahrzeuginsassen Schäden verursacht, haben sie selbst dafür einzustehen. Eine Haftung der KH-Versicherung ist nur in den Fällen gegeben, wenn den Fahrzeugführer eine besondere Aufsichts- oder Fürsorgepflicht für den Insassen aufgrund seines Alters oder seines Geistes- oder Gesundheitszustandes trifft (Ältere, Kinder, Hochschwangere, Gebrechliche, Betrunkene, Geisteskranke, etc.).[161]

129a Seit der Schadenrechtsreform ist aber darüber hinaus hinsichtlich des Geschädigten zu unterscheiden: Fügt der **Fahrzeuginsasse** einem anderen Fahrzeug einen Schaden zu (beim Ein- oder Aussteigen den Lack des daneben stehenden KFZ beschädigt, die Tür unachtsam geöffnet, ein vorbeifahrendes KFZ kann der Kollision nicht mehr ausweichen, u. v. m.), ist eine Halterhaftung aus der Betriebsgefahr nicht gegeben, der Halter und der Fahrer des »verursachenden« KFZ können sich gegenüber dem anderen Fahrzeughalter auf Unabwendbarkeit berufen, §§ 17, 18 StVG. Wird hingegen beim Aus- oder Einsteigen ein anderer Verkehrsteilnehmer geschädigt, der seinerseits nicht aus der Betriebsgefahr haftet (z. B. Fußgänger, Radfahrer), so kann sich auch der Halter des KFZ nicht auf die Unabwendbarkeit berufen, seine Haftung ist allerdings nach § 7 Abs. 2 StVG ausgeschlossen, da dort auch der von Dritten verursachte Schaden ausgeschlossen ist.[162]

130 Es können auch sonstige Personen innerhalb und außerhalb des Fahrzeuges (**Insassen, Einweiser, Bediener**) dann mitversichert sein (abhängig von den AKB des jeweiligen Versicherers), wenn sie einen Schaden zu vertreten haben, der überwiegend durch den Gebrauch des Fahrzeuges verursacht wurde.

---

157 So *OLG Köln* VW 1995, 526 ff.
158 *OLG Köln* VW 2000, 1409 ff.
159 *BGH* III ZR 120/00 in r+s 2001, 835.
160 *Lorenz* Anm. zu *OLG Köln* VersR 2000, 1410 f.
161 *Halm/Kreuter/Schwab/Schwab* a. a. O. AKB Rn. 312 ff.
162 Vgl. hierzu auch *Luckey* Handbuch FA für Verkehrsrecht Kap. 1 Rn. 58.

Versicherungsschutz wird jedoch nur für den Fall gewährt, dass dieser Personenkreis nicht über eine eigene Haftpflichtversicherung verfügt, um dem Geschädigten in jedem Fall einen finanzstarken Schuldner zur Verfügung zu stellen. Die Regelung führt zu einer nur subsidiären Eintrittspflicht des KH-Versicherers für diesen Personenkreis. Anspruchsgegner der von diesen Personen geschädigten Anspruchsteller ist regelmäßig deren Allgemeine Haftpflichtversicherung. Erst wenn eine solche nicht besteht, ist der KH-Versicherer zur Regulierung verpflichtet. Gleiches gilt, wenn der AH-Versicherer wegen eines kranken Versicherungsverhältnisses die Regulierung verweigert.

8. Nicht versicherte Personen

131 Der bloße Besitz des Kraftfahrzeuges reicht nicht aus, wenn der Besitzer nicht zusätzlich zu dem Personenkreis des A.1 AKB gehört. Nicht versichert sind der Reparateur des KFZ[163] und derjenige, der den Schlüssel an sich bringt, um den alkoholisierten VN vom Fahren abzuhalten.[164]

131a Neu in den AKB n. F.:

132 der Halter, Eigentümer, Fahrer, Beifahrer und Omnibusschaffner eines nach A.1.1.5 mitversicherten Fahrzeugs. (= Halter, VN oder Führer eines Anhängers, Aufliegers oder abgeschleppten Fahrzeuges).

132a Damit ist klar gestellt, dass Zugmaschine und Anhänger jeder Art, die an dem Zugfahrzeug hängen, mit diesem eine Einheit bilden und die ggf. durch diese verursachten Schäden im Rahmen des Versicherungsvertrages der Zugmaschine mitversichert sind.

IV. Die versicherten Handlungen

133 Der Gebrauch des Kraftfahrzeuges ist zu versichern. Dieser Begriff entstammt dem Pflichtversicherungsgesetz und schließt den Betrieb i. S. d. § 7 StVG ein. Nach A.1 AKB sind alle Schäden zu versichern, die durch den Gebrauch des Kraftfahrzeugs verursacht werden.

1. Betrieb

134 Nach der h. M. ist ein Fahrzeug solange in Betrieb, solange es sich im öffentlichen Verkehrsbereich bewegt, oder dort in verkehrsbeeinflussender Weise ruht.[165] Der Betrieb beginnt mit dem Anlassen des Motors und dauert an, solange die durch das KFZ geschaffene Betriebsgefahr fortbesteht und das KFZ im öffentlichen Verkehrsraum verbleibt. Dazu gehört das Öffnen der Tür, Aus- und Einsteigen,[166] Parken (sofern damit der Verkehr in irgendeiner Weise beeinflusst wird). Auch das Aus- und Einladen gehören dazu, soweit es im Schutzbereich des § 7 Abs. 1 StVG liegt, also bei manueller Handhabung oder mittels Motorbenutzung. Soweit die Schäden beim Be- oder Entladen nur aufgrund Haftung aus der Betriebsgefahr zu ersetzen sind, sollten auch die Grenzen des § 12 und des § 12a StVG beachtet werden (was eigentlich von Amts wegen erfolgen muss), um hier nicht zu falschen Ergebnissen zu kommen.[167]

135 Der Betrieb endet, wenn das Fahrzeug in einer Garage oder auf einem privaten nicht allgemein zugänglichen Gelände endgültig abgestellt wird.[168] Ereignete sich aber ein Brandschaden infolge des durch den Betrieb des Kfz erhitzten Auspuffrohres, soll dies dem Betrieb des Kfz noch zugerechnet werden.[169] Wird aber ein Kfz zu Inspektions- oder Instandsetzungsarbeiten aus dem Verkehr gezogen und auf ein Gelände einer Fachwerkstatt verbracht, ist der Brandschaden auch dann nicht von der

---

163 *OLG Celle* r+s 1990, 224; *LG Saarbrücken* zfs 2007, 18 (Explosion des Motors).
164 *OLG Hamm* r+s 1991, 38.
165 *BGH* v. 28.6.1966, VI ZR 239/64, VersR 1966, 934; *BGH* v. 27.5.1975, VI ZR 95/74, VersR 1975, 945.
166 *OLG Celle* v. 22.9.2010, 14 U 63/10, MDR 2010, 1448 zur Dauer des Aus-/Einsteigens. Der Vorgang beginnt bereits mit dem Öffnen der Tür und endet mit dem Schließen der Tür und der Weiterfahrt.
167 Wie das *OLG Hamm* PVR 2002, 259; das trotz Haftung aus Betrieb die Höchstgrenzen nicht beachtete.
168 *Hentschel* § 7 StVG Rn. 8 m. w. N.
169 *OLG Düsseldorf* 1 U 105/09, NJW-RR 2011, 317.

»Betriebsgefahr« umfasst, wenn der Brand auf einen technischen Defekt in der Elektronik des Kfz zurückzuführen ist.[170]

Teilweise wird auch ein Ende des Betriebs angenommen, wenn das KFZ am Straßenrand[171] zulässigerweise abgestellt wurde und sich der Unfall aufgrund außergewöhnlicher Umstände[172] ereignete. Wird ein Mähdrescher auf Getreidefeld gebraucht, ist die Haftung aus dem »Betrieb des Kfz« nicht gegeben, da keine Verwendung als »Verkehrsmittel« vorliegt.[173]

2. Gebrauch

Unter den Begriff des Gebrauchs fallen alle bestimmungsgemäßen Tätigkeiten der **versicherten Personen**, die im Zusammenhang mit der Benutzung eines Kraftfahrzeuges stehen.[174] Der Gebrauchsbegriff schließt auch den Betrieb des Kraftfahrzeuges i. S. d. § 7 StVG ein, geht aber darüber hinaus. Abgedeckt werden soll die vom KFZ selbst und unmittelbar ausgehende Gefahr. Gebraucht wird ein Kraftfahrzeug auch dann, wenn es nur als Arbeitsmaschine eingesetzt wird. Auch dann kann bei Verursachung von Schäden eine Eintrittspflicht des Kraftfahrzeughaftpflichtversicherers gegeben sein. Im Gegensatz zu den Anforderungen »bei Betrieb« ist bei dem Schadeneintritt durch den Gebrauch des Fahrzeuges ein enger zeitlicher und räumlicher Zusammenhang nicht unbedingt erforderlich. Ausreichend ist, dass sich die unmittelbar vom Kraftfahrzeug ausgehende Gefahr verwirklicht hat. So kann beispielsweise auch das Öffnen des Garagentores zur Vorbereitung der Ein-/Ausfahrt schon zum Gebrauch des KFZ gehören.[175] Ausreichend ist, dass sich die vom Kfz ausgehende Gefahr verwirklicht hat.[176]

136

Versichert ist immer nur der Gebrauch durch die versicherten Personen. Soweit Schäden durch Tiere verursacht werden, ist zu unterscheiden, ob das Auto lediglich als »Hundezwinger« genutzt wurde, dann hat sich das Risiko des KFZ nicht verwirklicht und eine Haftung des KH-Versicherers entfällt,[177] oder rannte das Tier aufgrund eines vorangegangenen Unfalles auf der Fahrbahn herum und verursachte einen weiteren Schadenfall.[178]

136a

Unter den Gebrauchsbegriff fallen alle Handlungen und Vorgänge, die mit dem Verwendungszweck des Kraftfahrzeuges oder seiner Einrichtungen in unmittelbarem Zusammenhang stehen. Die im Rahmen des Haftungsumfanges vorgenommene Unterscheidung zwischen dem Betrieb und dem Gebrauch des Fahrzeuges hat für den Versicherungsschutz aus A.1 AKB keine Bedeutung.

137

Zum Gebrauch des Fahrzeuges gehören ebenfalls Fahren, Parken, Herabfallen von beförderten Gegenständen, Aus- und Einsteigen etc.

138

Schäden an der Ladung, die verladen werden soll, sind nicht vom Versicherungsschutz der KH-Versicherung umfasst, A.1.5.5 AKB. Ersatz für die beschädigte Ladung kann nur bei einer eventuell bestehenden Transportversicherung oder bei einem Versicherer geltend gemacht werden. Nicht vom

138a

---

170 *OLG Düsseldorf* 1 U 6/10, NJW-RR 2011, 318; *LG Saarbrücken* v. 23.4.2010, 13 S 197/09 bei Entzündung der Batterie und Brandschaden; *Halm/Fitz* Versicherungsverkehrsrecht 2010/2011, DAR 2011, 437 m. w.H; *Halm/Fitz* DAR 2010, 437.
171 Kein Betrieb des Kfz beim Abstellen auf einem Parkplatz *OLG Karlsruhe* zfs 2005, 538 f.
172 *OLG Karlsruhe* VersR 1978, 647.
173 *OLG Brandenburg* v. 18.2.2010, 12 U 142/09 (Adajur #90114).
174 *OLG Saarbrücken* r+s 2002, 405 (kein Gebrauch, wenn der Fahrer nach einem Unfall den Gegner tätlich angreift).
175 *LG Saarbrücken* r+s 2005, 415 f, das Öffnen des Garagentors per Funkfernbedienung.
176 Vgl. hierzu ausführlich *Schwab* Betrieb und Gebrauch eines Kraftfahrzeuges, DAR 2011, 11 ff.; es reicht aus, wenn die Zündung aktiviert wird, um das Radio einzuschalten, dabei aber der Schlüssel soweit gedreht wird, dass auch die Zündung aktiviert wird und das Kfz infolge nicht getretener Kupplung in Bewegung gerät; *Staab* DAR 2011, 181 ff. m. w. N.; *AG Berlin-Mitte* SP 2011, 139.
177 *OLG Karlsruhe* zfs 2007, 160 f.
178 *BGH* v. 9.2.1988, VI ZR 168/87, VersR 1988, 640.

Gebrauch des KFZ umfasst ist allerdings das Enteisen der Scheiben eines Transporters durch einen Heizlüfter, der in Brand gerät und Schäden am KFZ verursacht.[179]

139 Bei Streitfällen, ob der Schadenfall etwa der Privaten bzw. Betriebs-Haftpflichtversicherung oder der KH-Versicherung zugeordnet werden soll, entscheidet die von den Versicherern besetzte Paritätische Kommission, die von den Versicherern bei Streitfragen angerufen werden kann.[180]

3. Einzelfälle

a) Abschleppen

140 Grundsätzlich ist auch das Abschleppen von anderen Fahrzeugen (egal ob versichert oder nicht) mitversichert, Schäden werden dann wie bei einem Gespann (Zugmaschine und Anhänger) durch die KH-Versicherung des Zugfahrzeuges reguliert. Dies gilt immer dann, wenn das abgeschleppte Fahrzeug nicht versichert ist. Auch Vorbereitungshandlungen gehören – wie beim An- oder Abhängen eines Anhängers – dazu.

141 Soweit das abgeschleppte Fahrzeug zugelassen und dementsprechend haftpflichtversichert war, ist zu prüfen, ob es sich bei dem beschädigten Fahrzeug noch um ein betriebsfähiges Fahrzeug handelt. Wenn dieses Fahrzeug nicht mehr betriebsfähig war, gelten die gleichen Grundsätze wie bei einem nicht zugelassenen Fahrzeug, es besteht die Haftung des Zugfahrzeuges, A.1.1.5 AKB.[181]

142 Sofern das Fahrzeug noch betriebsfähig war, sind die Schadenersatzansprüche eines geschädigten Dritten wahlweise gegen die Haftpflichtversicherung des abschleppenden oder des abgeschleppten Fahrzeuges zu richten, je nachdem, wer für den Eintritt des Schadens verantwortlich ist.[182] Eine bestehende Betriebsgefahr des geschleppten Fahrzeuges geht nicht in der Betriebsgefahr des ziehenden Fahrzeuges unter. Unter Umständen sind beide Versicherer nebeneinander für die Regulierung zuständig, ein Ausgleich zwischen den beiden Versicherern erfolgt dann nach den Grundsätzen der Doppelversicherung.

143 Teilweise wird aber die Auffassung vertreten, dass es nur darauf ankommt, wer in Anspruch genommen wird, nicht aber, wer den Schaden verschuldet hat.[183]

143a Entscheidendes Kriterium für die Betriebsfähigkeit des Fahrzeuges ist, ob dieses Fahrzeug noch selbstständig gelenkt und abgebremst werden kann, dann besteht auch eine Halterhaftung des Halters des abgeschleppten Fahrzeuges. Wenn dies nicht mehr möglich ist, liegt nur eine Haftung des ziehenden Fahrzeuges vor.[184]

144 Wenn der Führer des abgeschleppten, betriebsfähigen Fahrzeuges durch einen Lenkfehler einen Zusammenstoß mit einem entgegenkommenden Kraftfahrzeug verursacht, ist der Fahrer des geschleppten Fahrzeuges als Verkehrsteilnehmer gemäß § 7 StVG und § 823 BGB zum Schadenersatz verpflichtet mit der Folge, dass der KH-Versicherer des abgeschleppten Fahrzeuges den Schaden re-

---

179 *BGH* IV ZR 120/05, DAR 2007, 207 f.; *Halm/Kreuter/Schwab/Kreuter-Lange* a. a. O. AKB Rn 370 ff.
180 Eine Zusammenfassung findet sich in *K. D. Hock* Die Benzinklausel in der Allgemeinen Haftpflichtversicherung VVW 2001.
181 *Stiefel/Maier* AKB § 3 KfzPflVV Rn. 10 ff. und A.1.1 Rn. 84; *Halm/Kreuter/Schwab/Schwab* a. a. O. AKB Rn. 77 ff.
182 Vgl. für die Haftungsverteilung zwischen den beiden Kfz OLG Hamm, NJW-RR 2009, 1031 f.
183 *LG Berlin* DAR 1991, 341. Diese Auffassung trifft für die Schadenfälle nach dem 1.8.2002 (nach der Schadenrechtsreform) sicher zu, ist aber für die Schäden vor diesem Zeitpunkt bedenklich, da dem Fahrer und Halter der Unabwendbarkeitsnachweis abgeschnitten werden, der bis dahin mit § 7 StVG möglich war. Auch heute ist jedoch, wenn lediglich Fahrzeuge und Fahrzeugführer beteiligt waren, die Frage der Unabwendbarkeit – jetzt aus §§ 17 und 18 StVG zu prüfen, mit der Folge, dass auch hier es nicht allein auf die Inanspruchnahme ankommen kann.
184 *OLG Köln* DAR 1986, 321; *OLG Koblenz* VersR 1987, 707; *LG Nürnberg-Fürth* DAR 1993, 232; *BGH* v. 30.10.1962, VI ZR 4/62, NJW 1963, 251; *BGH* v. 3.3.1971, IV ZR 134/49, NJW 1971, 940.

gulieren muss.¹⁸⁵ Ist nicht mehr aufklärbar, wie es zu den Beschädigungen kam, ist eine Abwägung der Betriebsgefahren sachgerecht.¹⁸⁶

Hierbei können sich Probleme auch hinsichtlich des Versicherungsschutzes ergeben: **145**

Es hat für die Prüfung, ob dem Fahrer des ziehenden KFZ Versicherungsschutz zu gewähren ist, eine **145a** Abgrenzung zwischen Notfallhilfe und dauerhaftem Abschleppen zu erfolgen. Im Rahmen der sog. Nothilfe, d. h. bis zur nächsten Werkstatt, entfällt sogar die Führerscheinklausel, soweit ein weiteres Abschleppen erforderlich wird, muss der Abschleppende über einen LKW-Führerschein verfügen, mit dem Gespanne mit mehr als 3 Achsen geführt werden dürfen (entweder FS-Klassen 2 oder C1E, CE oder D1E, DE).

Bestand für das geschleppte Fahrzeug kein Haftpflichtversicherungsschutz, so ist die KH-Versiche- **146** rung des Zugfahrzeuges eintrittspflichtig. Hierbei soll es nicht darauf ankommen, ob überhaupt eine Haftpflichtversicherung abgeschlossen wurde, oder ob nur kein Versicherungsschutz in der vorhandenen Versicherung besteht.¹⁸⁷

b) Anhänger

Es ist zwischen zulassungspflichtigen und nicht zulassungspflichtigen Anhängern zu unterscheiden. **147** Für beide gilt zunächst Folgendes:

Zum Kfz-Risiko der Zugmaschine gehören nur die Schäden, die beim Ziehen des Hängers durch das **147a** Kfz verursacht werden, sowie die Schäden, die beim An- und Abhängen des Anhängers verursacht werden. Der Anhänger muss sich bei Eintritt des Schadenereignisses entweder am ziehenden Kraftfahrzeug befunden haben oder sich zwar von diesem gelöst haben, aber noch in Bewegung sein. Ein enger räumlicher und zeitlicher Zusammenhang ist erforderlich. Soweit der Hänger abgestellt wurde und sich nicht mehr bewegt, ist die Anhänger-Haftpflichtversicherung bei versicherungspflichtigen Anhängern oder die Allgemeine Haftpflichtversicherung des Eigentümers bei nicht versicherungspflichtigen Anhängern für den Ersatz von durch den Hänger verursachten Schäden zuständig.

Werden Insassen eines Anhängers verletzt, können sie gemäß A.1.1.5 AKB ihre Ansprüche gegen den **148** Kraftfahrzeughaftpflichtversicherer des Anhängers (soweit es sich um einen zugelassenen handelt) geltend machen. Soweit sich der Anhänger noch an einer Zugmaschine befindet, können die Insassen ihre Ansprüche wahlweise an den KH-Versicherer der Zugmaschine oder des Anhängers richten. Der Ausgleich zwischen den Versicherern erfolgt dann nach den Grundsätzen der Auflösung der Mehrfachversicherung (§ 78 VVG).

Der Geschädigte kann sich wahlweise an den Versicherer der Zugmaschine oder des Anhängers wen- **149** den, auch wenn sich der Hänger noch am Zugfahrzeug befunden hat. Der Ausgleich zwischen den beiden Versicherern (des Zugfahrzeuges und des Anhängers) erfolgt dann nach § 78 VVG, wobei man nach Auffassung des BGH mangels weiterer Erkenntnisse von einer Teilung der Aufwendungen zwischen Zugmaschine und Anhänger auszugehen ist.¹⁸⁸ Im Einzelfall kann aber auch durch die erhöhte Betriebsgefahr des Gespannes gegenüber der Betriebsgefahr der Zugmaschine ein Teil des Schadens von der Anhänger-Haftpflichtversicherung zu übernehmen sein. Hier wird es entscheidend auf die Umstände des Einzelfalles ankommen. Insbesondere ist dabei an die Fälle zu denken, in denen der Schaden allein aufgrund Versagens von technischen Vorrichtungen des Anhängers verursacht wurde. In diesen Fällen dürfte das Risiko allein von der Betriebsgefahr des Anhängers zu tragen sein.

---

185 *LG Berlin* VersR 1992, 69.
186 *OLG Hamm* 9 U 73/08 (ADAJUR-Archiv, # 83533)
187 So *Stiefel/Maier/Maier* A.1 Rn. 84.; *Halm/Kreuter/Schwab/Schwab* a. a. O. AKB Rn 77 ff.
188 *BGH* v. 27.10.2010, IV ZR 279/08, r+s 2011, 60 = NZV 2011, 128.

c) An- und Abhängen eines Anhängers

150 Auch diese Vorgänge gehören zum Gebrauch der Zugmaschine: Es ist für die nicht zulassungspflichtigen Anhänger zwischen dem unmittelbaren An- und Abhängevorgang und den Vorbereitungshandlungen zu trennen. Bei den zulassungspflichtigen Anhängern besteht auf jeden Fall eine Eintrittspflicht der Anhängerversicherung, ggf. ist diese Frage für die Durchführung eines Regresses gegen den Versicherer der Zugmaschine von Bedeutung. Die bloße Vorbereitungshandlung gehört noch nicht bzw. nicht mehr zum Risiko des Zugfahrzeuges.

150a Eine Ausnahme besteht dann, wenn der Anhänger nur vorübergehend abgestellt wurde und sich dann ein Schaden ereignet. Wegen des noch bestehenden Zusammenhangs mit dem Gebrauch der Zugmaschine ist dann dieser Schaden durch den KH-Versicherer der Zugmaschine zu regulieren.[189]

151 Auch Schäden, die dadurch entstehen, dass der Anhänger im öffentlichen Verkehrsraum abgestellt und nicht ordnungsgemäß abgesichert wurde, gehören zur KH-Versicherung der Zugmaschine.[190]

> **▶ Beispiel:**
>
> Der Versicherungsnehmer will an seine Zugmaschine einen Anhänger anhängen. Dieser Anhänger befindet sich auf einem Obstgrundstück. Mit seiner Zugmaschine kann er wegen der engen Einfahrt nicht auf das Obstgrundstück fahren. Er muss deswegen den Anhänger per Hand von dem Grundstück auf den Feldweg ziehen. Nachdem er dies getan hat, vergisst er, das Tor zum Obstgrundstück zu schließen. Ein Pferd dringt ein, frisst das Obst und verendet.
>
> Dieses Öffnen und Nichtschließen des Gatters gehört noch zu den Vorbereitungshandlungen und ist dementsprechend über die PHV des Versicherungsnehmers zu regulieren.[191]

152 So auch der Fall der PK Nr. 84, wobei ein Hänger zum Beladen mit Erde an den endgültigen Beladeort per Menschenkraft geschoben wurde. Damit das spätere Anhängen leichter gehen sollte, wurde der nicht versicherungspflichtige Hänger mit nach links eingeschlagener Deichsel abgestellt. Beim Beladen bekam der Hänger das Übergewicht und begrub einen Arbeiter.

152a Dieser Fall war der Allgemeinen Haftpflicht zuzurechnen, da sich der Hänger außerhalb des öffentlichen Verkehrsraums befand und eine Betriebseinheit auch nach der sehr weit gehenden Rechtsprechung des *BGH*[192] zwischen Zugfahrzeug und Hänger nicht mehr anzunehmen war.

153 Etwas anderes gilt, wenn etwa der Versicherungsnehmer den Hänger aufgrund der räumlichen Verhältnisse in seinem Grundstück per Hand zur Zugmaschine zieht und stolpert. Er kann den Anhänger nicht mehr halten, dieser rollt auf ein im Hof abgestelltes Fremdfahrzeug. Dieser Schaden gehört zum An- und Abhängen des Hängers und ist daher über das Risiko der Zugmaschine mitversichert.[193]

154 Die Abgrenzung kann nur mithilfe der Erwägungen der PK vorgenommen werden, indem auf die Einzelfallumstände abgestellt wird. Für die Eintrittspflicht der KH-Versicherung für einen nicht versicherten Hänger ist maßgeblich, wo sich der Schaden ereignete. War es außerhalb des öffentlichen Verkehrsraumes und die Betriebseinheit war längere Zeit unterbrochen, kommt eine Zuständigkeit der KH-Versicherung des Zugfahrzeuges nicht mehr in Betracht. Bleibt der Hänger jedoch – aus welchem Grund auch immer – im öffentlichen Verkehrsraum, wirkt das Risiko des Gebrauchs der Zugmaschine fort und die Eintrittspflicht der KH-Versicherung des Zugfahrzeuges bleibt bestehen.

---

189 *BGH* v. 21.3.1960, VI ZR 88/60, VersR 1961, 473= DAR 1961, 199.
190 *BGH* 21.3.1960, VI ZR 88/60, VersR 1961, 473 = DAR 1961, 199.
191 *OLG Hamm* VersR 1991, 218 (Herausziehen aus einer Wiese).
192 *BGH* v. 21.3.1960, VI ZR 88/60, VersR 1961, 473, 47= DAR 1961, 1994.
193 *OLG Hamm* VersR 1991, 218.

Bei versicherungspflichtigen Anhängern hingegen ist die Abgrenzung nur noch für die Frage der internen Ausgleichung zwischen den beiden KH-Versicherern von Bedeutung, um die Aufwendungen zu regressieren. 155

Schäden, die durch die Kollision zwischen Hänger und Zugfahrzeug entstehen, sind als nicht versicherter Betriebsschaden von der Haftung ausgeschlossen. Dies verstößt auch nicht gegen die §§ 305 ff. BGB.[194] 156

d) Arbeitsmaschinen

Wie bereits ausgeführt, unterliegen **selbstfahrende Arbeitsmaschinen** nicht der Versicherungspflicht, sie können in der KH-Versicherung versichert werden, müssen es aber unter den Voraussetzungen des § 3 Abs. 2 Ziff. 2d FZV nicht. Sie können in Betriebshaftpflichtversicherungen eingeschlossen werden (vgl. unten unter Gabelstapler), müssen es jedoch nicht sein. Sofern die Arbeitsmaschinen auch im öffentlichen Verkehr gebraucht werden, empfiehlt sich immer der Abschluss auch einer KH-Versicherung, da zwar die Schäden mit solchen Arbeitsmaschinen seltener sind, aber auch des Öfteren an erheblichen Schäden beteiligt sind (ein Radfahrer stürzt wegen der Gabel des Gabelstaplers und verletzt sich schwer am Kopf). 157

Allen Arbeitsmaschinen gemein ist, dass für sie wegen der fehlenden Versicherungspflicht i. V. m. § 8 StVG auch eine StVG-Haftung nicht besteht. Gehaftet wird immer nur bei vorwerfbarem Verhalten i. S. d. § 823 BGB. Eine Haftung des Halters gibt es nicht. Soweit der Fahrer eines Gabelstaplers einen Schadenfall verursacht und dieser nicht versichert ist (weder über eine KH-Versicherung noch über eine Betriebshaftpflicht) hat er gegen seinen Arbeitgeber einen Freistellungsanspruch wegen gefahrgeneigter Arbeit.[195] Der Arbeitgeber haftet darüber hinaus gem. § 831 BGB für seinen Mitarbeiter. 158

Bei den Arbeitsmaschinen ist zwischen den einzelnen Arbeitsmaschinen zu unterscheiden. Als häufige Schadenstifter sind der Gabelstapler und der Kranwagen zu nennen. 159

Gabelstapler sind als KFZ, die nicht mehr als 20 km/h fahren, selbstfahrende Arbeitsmaschinen i. S. d. § 3 FZV. Sie sind als solche nicht in der Betriebshaftpflicht mitversichert. Im amtlichen Verzeichnis sind Gabelstapler unter dem Oberbegriff LKW (LKW-Stapler) eingeordnet. In einer Betriebshaftpflicht sind Gabelstapler nur dann mitversichert, wenn sie nur auf nicht öffentlichen Wegen und Plätzen verkehren. 159a

Diese Voraussetzung ist regelmäßig dann nicht gegeben, wenn der Gabelstapler auch auf öffentlichen Plätzen oder Wegen gebraucht wird und dort ein Schaden eintritt,[196] beispielsweise beim Entladen eines auf der Straße parkenden LKW. 160

Wenn ein Schaden durch einen Gabelstapler verursacht wird, der nur auf privatem Gelände gebraucht wird und sich der Schaden auch dort ereignet, kann der Schaden über die Betriebshaftpflichtversicherung abgedeckt sein. Es sind die Klauseln zu prüfen: Der Text könnte lauten »Mitversicherung der gesetzlichen Haftpflicht aus Halten und Führen von nicht zulassungs- und nicht versicherungspflichtigen KFZ (KFZ mit nicht mehr als 6 km/h, selbstfahrende Arbeitsmaschinen mit nicht mehr als 20 km/h; KFZ und Anhänger, die nur auf nicht öffentlichen Plätzen und Wegen verkehren). Für diese KFZ gelten nicht die Ausschlüsse in ... (Benzinklauseln)«. Der Text der Klausel ist genau zu prüfen, wenn die Einschränkung auf die nicht zulassungspflichtigen Arbeitsmaschinen 160a

---

194 So zuletzt *OLG Stuttgart* v. 8.10.2006 – Az. 7 U 73/06, zfs 2007, 93 f.
195 *BGH* v. 3.12.1991, VI ZR 378/90, BGHZ 116, 201, 207; *BAG* v. 12.10.1989 8 AZR 276/88, MDR 1990, 274 fordert eine Begrenzung, wenn Schaden in deutlichem Missverhältnis zu Gehalt steht; *LG Potsdam* zfs 2010, 97 m. Anm. Rixecker: Begrenzung auf 3 Brutto-Monatsgehälter; aber *ARBG Mönchengladbach* SP 2007, 247, wonach der Mitarbeiter auf Schadenersatz haftet bei grob fahrlässiger Verursachung eines Verkehrsunfalls (Überfahren von Rotlicht).
196 *OLG Hamm* r+s 1986, 31.

fehlt, sind alle Gabelstapler, auch die zulassungspflichtigen, in der Betriebshaftpflicht mitversichert.[197]

161 Die Abschaffung des § 18 StVZO, vgl. § 4 FZV, ändert an den Gesamtumständen nichts: Wenn nicht versicherungspflichtige Fahrzeuge in der KH-Versicherung freiwillig versichert sind, wird nach den üblichen Regulierungsgrundsätzen der durch diese Fahrzeuge verursachte Schaden reguliert. Besonderheiten ergeben sich nur, soweit ein Verschulden des Fahrzeugführers nicht gegeben ist, da eine Haftung aus der Betriebsgefahr gem. § 7 StVG wegen § 8 StVG entfällt. In den Fällen des kranken Versicherungsverhältnisses entfällt jedoch die Vorleistungspflicht, da es wegen der Freiwilligkeit der Versicherung und der fehlenden Zulassungspflicht keine Pflichtversicherung i. S. d. § 115 VVG ist!

162 Bei Kranwagen handelt es sich entweder um einen LKW, auf dem ein Kran fest montiert wurde, oder um einen »selbstfahrenden Kran«. Im Vordergrund steht in beiden Fällen die Lastenbewegung, aber auch die eigenständige Fortbewegung ohne weitere Zugfahrzeuge.

162a Auch wenn die Rechtsprechung teilweise davon ausgeht, dass hier immer die KH-Versicherung eintrittspflichtig ist, wenn ein Schaden beim Gebrauch des Kranwagens eintritt,[198] muss doch geprüft werden, ob der Kran beim Schadeneintritt – insbesondere auf der Baustelle – nicht nur in seiner Funktion als »Lasttransportgerät« genutzt wurde und das eigentliche KH-Risiko sich im konkreten Schadenfall nicht verwirklicht hat. Ist der Kran beispielsweise auf der Baustelle fest aufgestellt für mehrere Monate und es ereignet sich dann ein Schaden, weil der Kran nicht ordnungsgemäß auf Stützen abgesichert wurde, so steht regelmäßig nicht der Betrieb des Kraftfahrzeuges im Vordergrund sondern der Gebrauch des Krans als Arbeitsmaschine. Schadenursache hierbei dürfte dann eher die unternehmerische Fehlentscheidung, die im Rahmen der Betriebshaftpflichtversicherung abgedeckt ist, als der Gebrauch des KFZ.[199] Hierbei ist zu differenzieren zwischen der Halterhaftung nach § 7 StVG, die regelmäßig für selbstfahrende Arbeitsmaschinen wegen § 8 StVG (Geschwindigkeitsbeschränkung) nicht zur Anwendung kommt und der verschuldensabhängigen Haftung nach § 823 BGB.

163 Grundsätzlich ist nach Auffassung des *BGH*[200] bei selbstfahrenden Arbeitsmaschinen auch das Risiko mit umfasst, welches aus dem typischen Arbeitsbereich dieser Maschinen herrührt, auch wenn sich diese, wie beispielsweise bei Kranwagen nicht in Bewegung befinden, da nach Auffassung des *BGH* die Fortbewegung eher ein untergeordnetes Mittel zur Erfüllung des Hauptzweckes ist.

163a Hiervon sind aber die Gefahren abzugrenzen, die nach Auffassung des BGH nur noch zu den typischen Risiken des Gewerbebetriebes gehören.[201] Unter diesen Bereich fallen jedoch nur solche Auf- bzw. Anbauten an die Zugmaschine, die leicht nach Bedarf an- oder abgebaut werden können.

164 Außerdem ist zu beachten, dass ein Direktanspruch gegen den Halter und den Versicherer nur aus dem Pflichtversicherungsgesetz (PflVG) in Verbindung mit § 115 VVG resultiert, wenn sich der Schaden im öffentlichen Verkehrsraum ereignet hat. Nur in diesem Rahmen gilt das PflVG und auch das StVG ist nur für den öffentlichen Verkehrsraum anwendbar. Dies bedeutet im Umkehrschluss, dass ein Schadenersatzanspruch nur gegen den Fahrer gerichtet werden kann, den am Schadenseintritt ein Verschulden trifft. Dieser wiederum hat ggf. einen Freistellungsanspruch gegen den KH-Versicherer, wenn sich ein typisches Risiko des Kraftfahrzeuges verwirklicht hat. Soweit es sich bei dem schadenstiftenden Ereignis aber um die Folge einer unternehmerischen Fehlentscheidung handelt, ist eine Haftung der KH-Versicherung nicht gegeben. Dann ist vielmehr die Betriebshaftpflichtversicherung für die Schadenregulierung zuständig. Eine unternehmerische Fehlentscheidung kann dabei sein, den Kran mit den falschen Gewichten zu sichern, der infolge von Überladung umstürzt.

---

197 *BGH* v. 5.7.1995, IV ZR 133/94, VersR 1995, 951 = r+s 1995, 332.
198 *OLG Frankfurt* VersR 1996, 1403.
199 *Schwab* in FA für Verkehrsrecht Kap. 2 Rn. 60.
200 *BGH* v. 28.11.1979, IV ZR 68/79, VersR 1980, 177.
201 *BGH* v. 27.10.1993, IV ZR 243/92, VersR 1994, 83.

e) Ein- und Aussteigen

In diesen Fällen ist auf denjenigen, der aus dem Fahrzeug ein- oder aussteigt, abzustellen. Soweit es sich um eine der mitversicherten Personen (Fahrer, Halter, Versicherungsnehmer) handelt, sind Schäden, die diese Personen beim Ein- oder Aussteigen verursachen, als Gebrauch des KFZ über die KH-Versicherung abgedeckt und zwar unabhängig davon, welche Tür des Fahrzeuges geöffnet wird. Der Fahrer verliert nicht schon durch das Öffnen der Beifahrertür seine Fahrereigenschaft. Der Gebrauch endet mit dem endgültigen Abstellen des KFZ.[202] Wenn also der Fahrer das Fahrzeug nur vorübergehend verlässt und dabei einen Unfall verursacht, ist dies noch dem Gebrauch des KFZ zuzurechnen.[203] 165

Hingegen sind bloße Beifahrer, die nicht Versicherungsnehmer oder Halter sind, nicht vom Deckungsbereich der KH-Versicherung umfasst. Schäden, die von ihnen verursacht werden, sind nur dann von der KH-Versicherung des Fahrzeuges umfasst, wenn den Fahrer des Fahrzeuges eine besondere Sorgfaltspflicht wegen des Alters, Gesundheits- oder Geisteszustandes des Insassen trifft und er diese nicht hinreichend beachtet hat. Die Schäden können auch in der KH-Versicherung mitversichert sein, die jeweiligen AKB sind insoweit zu prüfen.[204] Allerdings nur dann, wenn diese Insassen nicht über eine eigene private Haftpflichtversicherung verfügen, die die verursachten Schäden abdeckt. 166

Einzelfälle:

Bringt das Kind des VN beim Öffnen der Beifahrertür eine Radfahrerin zu Fall, ist nicht von einer Eintrittspflicht der KH-Versicherung auszugehen, da es nicht zu dem geschützten Personenkreis der KH-Versicherung des Fahrzeuges gehört. Selbst wenn dem Fahrer eine Aufsichtspflichtverletzung vorzuwerfen wäre, könnte ein Schadenersatzanspruch daraus niemals einen Anspruch gegen die KH-Versicherung des Fahrzeuges auslösen.[205] 167

Wenn der geltend gemachte Schaden durch eine der mitversicherten Personen verursacht wird, ist zwischen den Vorbereitungshandlungen und dem »unmittelbaren Ansetzen« zu unterscheiden. Die Handlung des Fahrers muss in unmittelbarem zeitlichen und örtlichen Zusammenhang mit dem Fahren bzw. dem Einsteigen stehen.[206] Dazu gehört dann auch das Vortreten auf die Fahrbahn, um die Fahrertür zu erreichen, da ohne diese Handlung ein Fortsetzen der Fahrt nicht möglich gewesen wäre. 167a

Nicht zum Gebrauch des KFZ gehört es jedoch, wenn ein Fahrgast eines Taxis auf der gegenüberliegenden Seite der mehrspurigen Fahrbahn beim Überqueren der Fahrbahn einen Schadenfall verursacht. Solche Konstrukte resultieren i. d. R. aus der Tatsache, dass der Unfallverursacher nicht über eine Private Haftpflichtversicherung verfügt oder von dieser keinen Versicherungsschutz erhält. 167b

Das Abgrenzen der Eintrittspflicht kann im Einzelfall Schwierigkeiten bereiten, wenn zum Beispiel der VN nach einer Alkoholfahrt sich den verfolgenden Polizisten entzieht, die ihm in seine Garage folgen, die Verfolger irrtümlich für Einbrecher hält. Die im Zuge der darauf folgenden Rangelei entstehenden Schäden sind in diesem Fall von der Allgemeinen Haftpflichtversicherung zu übernehmen.[207] 167c

Nicht jeder Fall, in dem der Fahrer des KFZ an dem Schadenfall beteiligt ist, ist jedoch dem Gebrauch des KFZ zuzurechnen. So wurde zwar von der PK der Gebrauch eines KFZ angenommen, als ein LKW-Fahrer einen Fußgänger überfuhr. Bei der nachfolgenden Prüfung wurde dessen 167d

---

202 PK Fall 101, *Hock* a. a. O. S. 88 f.
203 PK Fall 126, *Hock* a. a. O. S. 89 f., *KG Berlin* NZV 2008, 245 zum ersten Anschein für eine fahrlässige Sorgfaltsverletzung des Aussteigenden bei geöffneter Fahrzeugtür.
204 Vgl. oben Rdn. 129.
205 PK Fall 78, *Hock* a. a. O.
206 PK Fall 79, *Hock* a. a. O. S. 68.
207 PK Fall 136, *Hock* a. a. O. S. 93 ff. (lesenswert).

KFZ in einer Entfernung von 30 m am rechten Fahrbahnrand unbeleuchtet und ohne Warnblinker jedoch voll funktionstüchtig abgestellt gefunden. Die Eltern des Getöteten berichteten von Selbstmordgedanken des Getöteten. Für die Schäden an dem LKW war gleichwohl die KH-Versicherung des Getöteten eintrittspflichtig, weil von der PK in dem Unterlassen der ordnungsgemäßen Absicherung des KFZ an der Unfallstelle ein Zusammenhang mit dem Gebrauch des KFZ gesehen wurde. Eine Selbstmordabsicht konnte dabei jedoch nicht festgestellt werden, vielmehr war aufgrund der Gesamtumstände eine Eintrittspflicht der KH-Versicherung anzunehmen.[208]

167e Aber wenn sich der Versicherungsnehmer in ca. 250 m Entfernung vom KFZ in Selbsttötungsabsicht vor ein Fahrzeug wirft, wird der Gebrauch verneint.[209]

167f Auch wenn der VN tatsächlich Selbstmord mit dem KFZ in seiner Garage durch Einleiten der Abgase in das Fahrzeuginnere begeht und infolge der Überhitzung dann die Garage abbrennt, gehört dies zum Risikobereich der KH-Versicherung, da das konkret vom KFZ ausgehende Risiko durch das Anlassen des Motors ausgelöst wurde.[210]

f) Be- und Entladen

168 Unter diesen Oberbegriff fallen alle Handlungen, bei denen Waren aus dem Fahrzeug entladen oder eingeladen werden.

168a Das Beladen eines KFZ durch versicherte Personen unter Benutzung seiner Motorkraft gehört immer zum Gebrauch des KFZ, wobei hier die Frage der Haftung aus der Betriebsgefahr[211] immerzu prüfen sein wird. Wenn also ein LKW mithilfe einer Blechplatte beladen werden soll, diese mit einem Seil mit dem LKW verbunden wird und eine weitere Person durch Anheben der Platte helfen soll, ist es der KH-Versicherung des LKW zuzurechnen, wenn dieser zu früh losfährt und den helfenden Dritten verletzt.[212] Hierbei ist aber in jedem Fall die Eingliederung in den Gewerbebetrieb des LKW zu prüfen mit der Folge, dass hier im Zweifel ein Haftungsausschluss gem. §§ 104 ff. SGB VII gegeben sein wird.

169 Zum Beladen als solchem gehören selbstverständlich auch solche Vorbereitungshandlungen,[213] die den Beladevorgang erst ermöglichen können (Herabfahren der Laderampe, Öffnen der Fahrzeugtür etc.).

169a Aber auch beim Beladen sind die genauen Umstände des Einzelfalls zu prüfen. Wenn sich im Fall des Beladens gerade nicht das Risiko des KFZ verwirklicht hat, weil eine zum Zwecke des Beladens und der Stabilisierung des Ladegutes verwendete Planke gebrochen ist, ist dies auch nicht dem Risikobereich der KH-Versicherung zuzurechnen.[214] Gleiches gilt, wenn Fahrer und Beifahrer beim Entladen von Sägespänen in ein Silo durch Rauchen fahrlässig einen Brand verursachen. Diese Handlung ist ebenfalls nicht dem konkreten Risiko des Kfz-Gebrauchs zuzurechnen.[215] Auch das sonstige Hantieren mit Transportgut ist nur dann dem Gebrauch des Transportfahrzeuges zuzurechnen, wenn es an dem schadenstiftenden Ereignis schon oder noch beteiligt war.[216]

170 Wie das Beladen gehört auch das Entladen eines KFZ durch versicherte Personen[217] zum Gebrauch des KFZ, sodass daraus entstehende Schäden zu ersetzen sind. Dazu gehören in jedem Fall das Öff-

---

208 PK Fall 140, *Hock* a. a. O. S. 101 f.
209 *OLG Frankfurt* VersR 1991, 458.
210 PK Fall 155; *Hock* a. a. O. S. 105 f.
211 Vgl. oben Rdn. 157 ff.
212 PK Fall 7, *Hock* a. a. O. S. 48.
213 PK Fall 128, *Hock* a. a. O. S. 52 f.
214 PK Fall 74, *Hock* a. a. O. S. 48.
215 PK Fall 103, *Hock* a. a. O. S. 49 f.
216 *BGH* v. 23.02.1977, IV ZR 59/76, VersR 1977, 418.
217 PK Fall 59, *Hock* a. a. O. S. 73.

nen der Fahrzeugtür[218] als unmittelbare Vorbereitungshandlung oder das Abrutschen der Ladung während des Entladevorganges.[219]

Als beendet gilt der Entladevorgang dann, wenn die Ladung erstmalig den Höhenunterschied zwischen dem Transportfahrzeug und dem Boden überwunden hat.[220] Wenn die auf der Straße abgestellte Ladung dann einen Schaden verursacht, ist dies nicht mehr von der KH-Versicherung gedeckt. Nicht in den Risikobereich des KH-Versicherers gehören auch die Schäden, die der Fahrer gelegentlich des Beladens eines KFZ verursacht;[221] sowie solche Schäden, die dem Risikobereich des Gewerbebetriebes zuzurechnen sind.[222] 170a

Soweit aber der Fahrer eines KFZ in dem Bestreben sein KFZ zu entladen, auftragsgemäß Reifekammern öffnet und eine bereits gefüllte Reifekammer nicht wieder ordnungsgemäß verschließt, sind die Schäden an der Ware in dieser Reifekammer dem Entladevorgang zuzurechnen und von der KH-Versicherung zu erstatten.[223] Auch wenn ein Gepäckstück auf der Hafenmole abgestellt wird und beim weiteren Hantieren des Fahrers mit anderen Gepäckstücken versehentlich ins Wasser fällt, ist dieser Schaden an dem Gepäckstück der KH-Versicherung wegen des engen Zusammenhangs mit dem weiteren Hantieren mit der restlichen Ladung des PKW zuzurechnen.[224] 170b

Das Entladen von Chemikalien aus einem Tankwagen durch Einsatz des auf dem Tankwagen befindlichen und durch den Motor des KFZ getriebenen Kompressors gehört zu dem Gebrauch des Tankwagens.[225] 171

Beim Entladen von Tieren besteht i. d. R. die Tierhalterhaftung, da diese unberechenbar sind, aber nach *OLG Stuttgart*[226] ist der Gebrauch des KFZ gegeben, wenn ein Schaf beim Abladen von dem Hänger springt und einen Radfahrer verletzt. 172

g) Einkaufswagen

Auch das Beladen und Entladen von Einkaufswagen in das KFZ gehören zum Gebrauch des KFZ durch Be- oder Entladen. Dabei kommt es nicht darauf an, ob die entstandenen Schäden durch die KH-Versicherung gedeckt sind.[227] Dabei verwirklicht sich schon das Beladerisiko, wenn sich der Einkaufwagen während des Umladens der Ware in das KFZ oder beim Öffnen/Aufschließen der Tür selbstständig macht und z. B. gegen ein daneben geparktes KFZ rollt.[228] Ausreichend sind auch hier unmittelbare Vorbereitungshandlungen, die das KFZ am eigentlichen Vorgang zeitnah und unmittelbar beteiligen. Eine Eintrittspflicht der Allgemeinen Haftpflicht kommt nur dann in Betracht, wenn der Entladevorgang noch gar nicht begonnen war, also der Fahrer auf dem Weg zum KFZ stolpert und der Einkaufswagen sich selbstständig macht[229] oder aber der Entladevorgang schon vollständig beendet[230] war und sich der Fahrer auf dem Rückweg zur »Parkstation für Einkaufswagen« befindet. 173

---

218 PK Fall 3, *Hock* a. a. O. S. 72.
219 PK Fall 27, 35 *Hock* a. a. O. S. 72.
220 PK Fall 57, *Hock* a. a. O. S. 72; *OLG Hamm* VersR 1991, 652; *OLG Köln* VersR 1996, 49; PK Fall 147, *Hock* a. a. O. S. 86.
221 Beschädigen einer Leuchtstoffröhre PK Fall 61, *Hock* a. a. O. S. 74.
222 Platzen eines Siloschlauches beim Entladen, PK Fall 196, *Hock* a. a. O. S. 75.
223 PK Fall 108, *Hock* a. a. O. S. 75 f.
224 *OLG Saarbrücken* zfs 1988, 366.
225 BGH v. 19.9.1989, VI ZR 301/88, VersR 1989, 1187.
226 *OLG Stuttgart* VersR 1995, 1042.
227 *AG München* zfs 1990, 136.
228 *LG Aachen* zfs 1990, 274, *AG Bamberg* VersR 1992, 1460.
229 Z. B. *LG Limburg* VersR 1994, 94; *LG Marburg* NJW-RR 1986, 221, abgedruckt in *Hock* a. a. O. S. 64 und 66.
230 *AG Lünen* NJW RR 1994, 26.

173a Die genaue Abgrenzung bereitet in der Rechtsprechung jedoch Schwierigkeiten: Es werden auch Fälle der Allgemeinen Haftpflicht hinzugerechnet, in denen lediglich die Ware aus dem Einkaufswagen angehoben wurde und sich dann der Wagen, noch bevor er entladen war, selbstständig machte.[231] Diese Entscheidung widerspricht jedoch den Grundsätzen, wie sie von der PK bei der Abgrenzung im allgemeinen Be- und Entladen festgelegt wurden. Hiernach kommt es auf das endgültige Überwinden des Höhenunterschiedes zwischen Be- und Entladeort an. Dies ist im obigen Fall nicht gegeben gewesen, sodass diese Entscheidung nur zu Unsicherheiten führt.

173b Als Abgrenzungskriterien lassen sich festhalten:
- der Be-/Entladevorgang hat noch nicht begonnen und
- er steht auch nicht unmittelbar bevor oder
- der Be-/Entladevorgang wurde bereits vollständig abgeschlossen und
- das KFZ war bereits wieder verschlossen,
- als sich der Einkaufswagen selbstständig machte,

173c dann ist eine Eintrittspflicht der Allgemeinen Haftpflicht gegeben.

173d Wenn aber
- der Be-/Entladevorgang noch andauert oder
- eine unmittelbare Vorbereitungshandlung (Aufschließen des KFZ) vorliegen und
- sich der Einkaufswagen selbstständig macht,

173e ist eine Eintrittspflicht der KH-Versicherung zu bejahen.

h) Haftung auch für Auf- und Anbauten am Fahrzeug

174 Kommt jemand infolge fehlerhafter Aufbauten am KFZ zu Schaden, ist dies ebenfalls dem Gebrauch des KFZ zuzurechnen.[232] Die KH-Versicherung ist damit eintrittspflichtig.

i) Geplatzter Reifen

175 Schäden, die verursacht werden, weil an dem versicherten KFZ ein Reifen platzt, gehören ebenfalls zum Gebrauch des Fahrzeuges und sind von der KH-Versicherung umfasst. Der Fahrzeughalter kann sich nicht auf ein Versagen der technischen Einrichtungen des KFZ berufen, um eine Eintrittspflicht zu bestreiten.

j) Herabfallende Ladung auf der Straße liegend

176 Grundsätzlich sind die Schäden, die durch die Ladung des KFZ verursacht werden, versichert. Bei der Ladung hat der Fahrzeugführer darauf zu achten, dass von dieser beim Betrieb/Gebrauch des KFZ keine Gefährdung anderer ausgeht. Hierzu gehört auch das ordentliche Sichern der Ladung vor dem Transport.

176a Die Schäden, die durch die herabfallende Fahrzeugladung verursacht werden, sind nur dann von der KH-Versicherung gedeckt, wenn Ursache für das Herabfallen die Bewegung bzw. die von dem bewegten KFZ ausgehende Erschütterung des Ladegutes bzw. die unsachgemäße Sicherung des Ladegutes sind.

> ▶ **Beispiel:**
>
> Wenn ein Kradfahrer seine unsachgemäß befestigte Tasche auf der Straße verliert und es zu einem Unfall kommt, während der Kradfahrer seine Tasche holt, ist der KH-Versicherer des Krades zuständig, diese Tätigkeit wird noch zum Gebrauch gezählt.[233]

---

231 *AG Bad Homburg* NJW RR 1992, 538.
232 *OLG Hamm* r+s 1999, 55.
233 PK Nr. 94, *Hock* a. a. O. S. 289.

Hingegen ist es nicht mehr dem Gebrauch des KFZ hinzuzurechnen, wenn ein Container für Bauschutt nachmittags vor einer Baustelle abgestellt wurde und abends ein Kradfahrer gegen diesen ungesicherten Container fährt. Ursache für den Unfall war nicht mehr die Verletzung einer Sicherungspflicht des Fahrers sondern die fehlende Sicherung durch den Baustelleninhaber.[234]

Verliert ein LKW eine Palette mit Waren und fährt ein nachfolgendes Fahrzeug in diese Palette, sind die Schäden am nachfolgenden Fahrzeug durch die KH-Versicherung abgedeckt (wegen Verletzung der Sicherungspflichten durch den Fahrer). Die Schäden, die an der Ladung[235] entstehen, können nur beim Transportversicherer geltend gemacht werden. Die Reinigungskosten der Straße hingegen gehören noch zu dem durch die unsachgemäße Befestigung der Ladung verursachten Schadenbereich und sind von der KH-Versicherung zu übernehmen. Die Kosten für die Bergung der verlorenen Ladung sind von der KH-Versicherung nur dann zu übernehmen, wenn sie als Rettungskosten i. S. d. §§ 82, 83 VVG zu werten sind.

k) Reparatur des Fahrzeuges/Lackieren/Schweißarbeiten

Zu unterscheiden ist zwischen Reparaturen durch die versicherten Personen und Reparaturen durch sonstige Personen (z. B. in einer Werkstatt).[236]

177

Wenn die versicherten Personen Reparaturen am Kraftfahrzeug ausführen und dabei Schäden am Eigentum Dritter verursacht werden, sind diese Schäden vom KH-Versicherer zu übernehmen.[237] Maßgebend ist, dass das schadenstiftende Ereignis unmittelbar in Zusammenhang mit den Reparaturarbeiten steht.

178

▶ **Beispiel:**

Der Halter führt Schweißarbeiten[238] durch, dabei brennt die angemietete Halle, in der er die Arbeiten durchführt, ab. Dieser Schaden ist von der KH-Versicherung zu regulieren.[239]

Ein Schaden, der nur gelegentlich der beabsichtigten Reparatur entsteht, ist nicht dem Gebrauch des KFZ zuzurechnen, da der innere Zusammenhang fehlt. Wenn der Versicherungsnehmer beabsichtigt, Reparaturen an seinem Fahrzeug in einer Garage durchzuführen, und schaltet dabei versehentlich eine Heizlampe an, die in Abwesenheit des Versicherungsnehmers einen Brand verursacht, ist dieser Schaden nicht dem Gebrauch zu zurechnen und unterfällt dem Versicherungsbereich der Allgemeinen Haftpflicht.[240] So auch, wenn anlässlich der Reparatur versehentlich eine Stativlampe umgestoßen wird und diese gegen ein drittes KFZ fällt.[241]

179

Werden bei Lackierarbeiten durch den Lacknebel, der auf ein Nachbargrundstück[242] weht, Schäden am Eigentum Dritter verursacht, sind diese Schäden nicht über den Gebrauch des KFZ abgedeckt, da sich nicht die konkreten Gefahren des Kfz-Gebrauchs verwirklicht haben. Der Lacknebel wäre auch beim Lackieren eines anderen Gegenstandes auf das Nachbargrundstück geweht.[243]

180

Etwas anderes gilt jedoch dann, wenn man sein Fahrzeug in der Werkstatt abgibt und ein Mitarbeiter auf der Probefahrt mit diesem Fahrzeug einen Schaden verursacht. In diesem Fall ist der Mitarbeiter der Werkstatt zwar berechtigter Fahrer i. S. d. AKB; eine Fachwerkstatt hat aber i. d. R. eine Betriebs-

181

---

234 Vgl. Entscheidung PK 114, *Hock* a. a. O. S. 159.
235 *OLG München* VersR 1991, 456; *OLG Hamm* VersR 1996, 967.
236 Vgl. *LG Koblenz* r+s 2004, 97, ebenso *LG Saarbrücken* zfs 2007, 18 f. (Explosion des Motors).
237 *BGH* v. 27.6.1984, IV A ZR 7/83, VersR 1984, 854; PK Nr. 16, vgl. *Hock* a. a. O.
238 *BGH* v. 26.10.1988, IVa ZR 73/87, VersR 1988, 1283.
239 Vgl. hierzu auch andere Beispiele PK Nr. 111, 122, *Hock* a. a. O. S. 221 f.
240 *LG Augsburg* VersR 1991, S. 653, abgedr. in *Hock* S. 222.
241 *LG Karlsruhe* r+s 1990, 334.
242 PK Nr. 107, *Hock* a. a. O. S. 154, so auch *LG Köln* zfs 1983, 119.
243 A. A. *AG Dinslaken* VersR 1985, 983 aber im Ergebnis nicht haltbar.

haftpflicht, die sog. Handel- und Handwerkversicherung, in der eine Kraftfahrzeug-Haftpflichtversicherung für in Obhut befindliche Fahrzeuge eingeschlossen ist. Diese würde dann die Regulierung des Unfallschadens vornehmen. Wenn eine solche Versicherung jedoch nicht besteht, bleibt es bei der Eintrittspflicht der KH-Versicherung des Halters. Dem Halter bleibt dann nur noch der Regress des Prämienschadens.

182 Sofern die Handel- und Handwerkversicherung der Werkstatt den Schaden reguliert, wird diese mit der KH-Versicherung gem. § 78 VVG die Auflösung der Doppelversicherung vornehmen und den Schadenaufwand zu 50 % bei dieser Versicherung regressieren. Ein eventueller Höherstufungsschaden wäre dann bei dem Werkstattinhaber bzw. dem Verursacher des Schadens einzufordern. Ob eine Handel- und Handwerkversicherung besteht, kann man im Gegensatz zur normalen Haftpflichtversicherung nicht bei der Zulassungsstelle erfragen, da es sich nicht um eine Pflichtversicherung handelt. Dies kann man im Zweifel nur vom Firmeninhaber erfahren. Hinsichtlich der Regulierung des KH-Schadens bestehen keine Unterschiede zur normalen KH-Versicherung, wobei aber diese Versicherung, die im Rahmen einer sog. Betriebshaftpflichtversicherung abgeschlossen ist, im Fall des Prämienverzuges im Zweifel nicht eintritt, da noch ein anderer Schadenversicherer vorhanden ist, der in die Regulierung im Rahmen des § 115 VVG eintreten muss.

183 Ereignet sich ein Schaden, nachdem eine versicherte Person Teile des Fahrzeugs in größerer Entfernung vom Fahrzeug verbracht hat, um diese dort zu bearbeiten, so fehlt es am inneren Zusammenhang mit dem Gebrauch des Fahrzeuges. Zuständig ist dann die PHV.[244]

183.1 ▶ **Beispiel:**

Der Halter baut die Ölwanne aus, um sie in einiger Entfernung vom Fahrzeug zu reparieren. Als er einen Moment die Ölwanne aus den Augen lässt, trinkt der Hund des Nachbars aus der Ölwanne und verendet an dem Öl. Dieser Schaden ist nicht mehr von der KH-Versicherung zu ersetzen, sondern von der PHV.

l) Ölschäden/Vermischungsschäden/Befüllungsfolgeschäden

184 Soll Öl von einem LKW in einen Tank umgefüllt werden und es kommt dabei zu einem Schaden, gehört dieser zum Gebrauch des KFZ (Be- und Entladen) mit der Folge, dass der KH-Versicherer zuständig ist.[245] Dazu gehören auch diejenigen Schäden, die dadurch verursacht werden, dass der Fahrer eines Tankwagens nicht den Füllstand (und den Grenzwertgeber) der zu befüllenden Anlage prüft und dann zu viel Öl einfüllt.[246]

184a Kriterium für die Abgrenzung muss auch in diesen Fällen sein, ob die Ladung das KFZ vollständig verlassen hat. Wenn also der Fahrer sein Öl entladen hat, bereits den Kunden verlassen hat und danach ein Tank platzt, ist dies nicht mehr dem Entladevorgang des KFZ zuzurechnen und unterfällt dem Zuständigkeitsbereich der Privaten Haftpflichtversicherung.[247] Festzuhalten bleibt, dass der Fahrer des Tankwagens in jedem Fall den Entladevorgang zu beobachten hat.[248]

184b Neben den Schäden beim Befüllen der Tanks kann es auch – sowohl bei Tanklastern, Öltransportern wie auch bei Lebensmitteltransportern zu Vermischungen kommen und damit zu Befüllungsfolgeschäden, wenn der Tank vor dem Befüllen nicht ordnungsgemäß gereinigt wurde oder gar die Ladung in die falsche Kammer/Tank (Benzin statt Diesel) gefüllt wurde. Hierbei ist regelmäßig die Betriebshaftpflichtversicherung eintrittspflichtig. Es fehlt nämlich am Zusammenhang mit dem Ge-

---

244 Entscheidung der PK Nr. 104 (ein Motor wurde in den Kellerraum verbracht, dabei tropfte Öl aus und eine Hausbewohnerin stürzte dabei, Zuständigkeit der Allgemeinen Haftpflichtversicherung).
245 PK Fall 46, *Hock* a.a.O. S. 171.
246 PK Fall 51, *Hock* a.a.O. S. 171.
247 PK Fall 51, *Hock* a.a.O. S. 171.
248 *OLG Frankfurt* – Az. 2–2 O 263/04: Kein Betrieb des KFZ und zu den Überwachungspflichten des Bestellers. Zur Vertiefung dieser Problematik sei auf das Kap. 21 (Umweltschaden) verwiesen, dort Rdn. 247 ff.

brauch des KFZ, wenn es lediglich noch als Arbeitsmaschine verwendet wird. Das Entladen des Tanks in falsche Kammern einer Tankstelle z. B. hat mit dem Verwenden des KFZ nichts mehr zu tun.[249]

Eine Haftung aus der Betriebsgefahr scheidet jedenfalls dann aus, wenn der Vorgang sich auf dem Tankstellengelände ereignete. Die Gefahren eines KFZ haben sich durch einen Fehler des Fahrers beim Befüllen des Tanks jedenfalls nicht konkretisiert.[250] Soweit das verunreinigte Benzin (mit Diesel) in den Verkehr gebracht wird und sodann Folgeschäden bei den Kunden der Tankstelle entstehen, haben diese nichts mehr mit dem Entladen des KFZ zu tun. Dies sind mittelbare Schäden, die vom KH-Versicherer nicht zu ersetzen sind. Eintrittspflichtig ist allein die Versicherung der Tankstelle.[251] Nur der Vollständigkeit halber sei darauf hingewiesen, dass sich solche Schäden immer nur dann ereignen können, wenn der Betreiber der Tankstelle nicht den ihn selbst treffenden Sorgfalts- und Überwachungspflichten nachkommt und dem Fahrer die Einfüllstellen zeigt und das Einfüllen überwacht. Im Hinblick auf die Häufung der Schadenfälle mit Umweltzusammenhang hat der Gesetzgeber reagiert und ein Umweltschadengesetz verabschiedet. Das Umweltschadensgesetz betrifft die breite Masse der landwirtschaftlich oder gewerblich Tätigen und Selbstständigen, die durch ihre berufliche Tätigkeit die Artenvielfalt, natürliche Lebensräume, Gewässer oder den Boden schädigen könnten. Folgerichtig bietet die Assekuranz den Abschluss einer sog. Umwelthaftpflichtversicherung für die Risikogruppen an.[252] 185

m) Spritzmittelverbreitung/Schädlingsbekämpfungsgerät

Die Abgrenzung, ob hier die KH-Versicherung oder die Allgemeine Haftpflichtversicherung für Schäden eintrittspflichtig ist, die beim Verbreiten von Spritzmitteln verursacht werden, bereitet immer wieder Probleme. Grundsätzlich kann aber für die Beurteilung der Eintrittspflicht des KH-Versicherers folgende Aufstellung der paritätischen Kommission dienen: 186

Der KH-Versicherer hat sich mit dem Schaden zu befassen, wenn er im Zusammenhang mit dem Gebrauch des Kfz entstanden ist. Dies ist dann gegeben, wenn er ursächlich auf den Kraftantrieb oder auf den Beförderungsvorgang durch die Zugmaschine zurückzuführen ist. Dies sind Schäden, die auf 187

- unsachgemäße Bedienung des Kfz;
- zu schnelles oder zu langsames Fahren;
- eine unterschiedliche Geschwindigkeit des Kfz oder

das nicht ordnungsgemäße Funktionieren der Kraftübertragung (Zapfwelle) zurückzuführen sind. 187a

Darüber hinaus hat sich der KH-Versicherer auch mit Schäden zu befassen, wenn diese auf einem sonstigen Verschulden des Fahrers oder Halters beruhen: 188

Spritzen obwohl der Wind zunimmt und der Spritznebel auf das Nachbargrundstück weht (nicht zu verwechseln mit dem Fall, dass das Fahrzeug lackiert wird und der Lacknebel Schäden verursacht, s. o.). 189

Die Betriebshaftpflicht oder die Privathaftpflichtversicherung[253] ist eintrittspflichtig, wenn die Spritze oder das Aufbaugerät nicht mit dem Zugfahrzeug verbunden ist und auch nicht durch die Kraft der Zugmaschine betrieben wird. Sie ist ferner eintrittspflichtig, wenn das KFZ lediglich als Arbeitsmaschine verwendet wird. Es müssen die typischen Risiken des KFZ verwirklicht sein, um 189a

---

249 *Halm/Kreuter/Schwab/Schwab* a. a. O. AKB Rn. 109–111.
250 So *LG Hamburg* Beschl. v. 7.2.2008 – Az. 331 O 182/07., bestätigt durch *Hanseatisches OLG* – Az. 15 W 4/08.
251 So *LG Hamburg* Beschl. v. 7.2.2008 – Az. 331 O 182/07., bestätigt durch *Hanseatisches OLG* – Az. 15 W 4/08.
252 Wegen der Details wird auf das Kap. 21 Umweltschaden Rdn. 247b ff. verwiesen.
253 Im Folgenden AH-Versicherer genannt.

eine Eintrittspflicht der Allgemeinen Haftpflichtversicherung auszuschließen.[254] Die Allgemeine Haftpflichtversicherung ist auch dann eintrittspflichtig, wenn der Schaden zurückzuführen ist
- auf das Unterlassen einer vorangehenden notwendigen Säuberung der Spritze;
- die Verwendung eines falschen Spritz- oder Düngemittel oder Saatgutes;
- oder der Verwendung eines falsch zusammengesetzten Spritzmittels bzw.
- das nicht ordnungsgemäße Funktionieren der Spritze, das seine Ursache in der Spritze selbst hat (Düse zu groß oder zu klein) oder
- die mangelhafte Funktion des die Spritze betreibenden eigenen Spritzmoduls.

190 In diesen Fällen ist die unternehmerische Fehlentscheidung ursächlich für den Schadeneintritt. Der Gebrauch des KFZ ist eher nebensächlich. Das Risiko eines Kraftfahrzeuges hat sich dann gerade nicht konkretisiert. Vielmehr sind diese Ursachen dem Gewerbebetrieb zuzurechnen.[255]

191 Soweit die Schäden durch falsche Verwendung des Spritzmittels (Nichtbeachtung der Gebrauchsanweisung) oder durch die Verwendung eines verunreinigten Spritzmittels verursacht werden, ist die Betriebshaftpflicht eintrittspflichtig,[256] da sich hier nicht das allgemeine Risiko des KFZ und die von diesem typischerweise ausgehenden Gefahren realisiert haben.

▶ Beispiel:

Der Versicherungsnehmer verwendet zur Schädlingsbekämpfung ein Mittel, welches auch für den von ihm beabsichtigten Zweck, nämlich seinen Weizen rein zu halten, unbrauchbar ist und beschädigt dabei auch angrenzende Felder. Die Ernte der Nachbarfelder ist unbrauchbar. Der Schaden wurde nicht durch das Kraftfahrzeug verursacht, sondern durch die falsche Auswahl des Spritzmittels. Eintrittspflichtig ist somit die Betriebshaftpflichtversicherung.[257]

Der AH-Versicherer ist auch für die Schäden verantwortlich, die durch eine Spritze verursacht wird, die zwar durch die Motorkraft eines Zugfahrzeuges betrieben werden kann, jedoch im Zeitpunkt des Schadens nicht mit der Zugmaschine verbunden ist. Dies gilt auch für verliehene Auf- oder Anbauspritzen.

Die Betriebshaftpflicht des Verleihers einer Spritzanlage ist insbesondere für Schäden eintrittspflichtig, die durch Fehler an den ausgeliehenen Spritzen und durch mangelhafte Säuberung oder Wartung der Spritzen vor dem Ausleihen entstehen. Dies ist beispielsweise dann gegeben, wenn zuvor mit einem Schädlingsbekämpfungsmittel gespritzt wird und danach Saatgut aufgebracht werden soll, welches durch die unterbliebene Reinigung durch das Schädlingsmittel verunreinigt wird und danach nicht mehr zu gebrauchen ist.

n) Tanken

192 Auch das Tanken gehört zum Gebrauch des KFZ, sodass Schäden, die bei dem Tanken verursacht werden, zum Gebrauch gehören.[258]

o) Wagen waschen

193 Das Wagenwaschen gehört zum Gebrauch des Kfz.[259]

---

254 *BGH* v. 26.6.1979, VI ZR 122/78, BGHZ 75, 45, 40 = NJW 1979, 2408; *BGH* v. 27.10.1993, IV ZR 243/92, NJW-RR 1994, 218 f. = VersR 1994, 83 ff., so auch *LG Hamburg* Beschl. v. 7.2.2008 – Az. 331 O 182/07 n. v.
255 *BGH* v. 27.10.1993, IV ZR 243/92, NJW-RR 1994, 218 f. = VersR 1994, 83 ff.
256 *BGH* v. 27.10.1993, IV ZR 243/92, NJW-RR 1994, 218 f. = VersR 1994, 83 ff.
257 *OLG Schleswig* SP 2002, 253.
258 Vgl. insoweit *Hock*, a. a. O. S. 56 f.
259 *LG Hamburg* VersR 1988, 260.

Wird der Wagen im Winter auf der Straße oder einem öffentlichen Parkstreifen gewaschen und der Versicherungsnehmer übersieht, dass sich an dieser Stelle Glatteis bildet und wird dadurch ein Schadenfall verursacht, gehört dieses Risiko noch mit zum Gebrauch des Fahrzeuges.[260] In diesen Fällen wird unter Umständen auch eine zeitliche Grenze dahin gehend zu ziehen sein, dass nach einer längeren Zeit nach dem Wagenwaschen, wenn z. B. aufgrund der abendlichen Dämmerung ohnehin mit Glatteisbildung zu rechnen ist, eine Kausalität des Wagenwaschens für den Sturz nicht mehr gegeben ist.[261]   193a

Dies ist im Einzelfall zu entscheiden. Soweit bei den Vorbereitungs- oder Abschlusshandlungen Dritte geschädigt werden, wird auch beim   194
- Wagenwaschen außerhalb des öffentlichen Verkehrsraums (auf einem Betriebsgelände)[262] mit nachfolgendem Platzen des Schlauches infolge Frost, wobei der Keller des Betriebes einen Wasserschaden erlitt oder
- bei Benutzung einer Hochdruckdüse, wenn vergessen wird, den eigentlichen Stromverbraucher wieder ans Netz anzuschließen und dadurch ein Schaden entsteht,[263]

die Allgemeine Haftpflicht eintrittspflichtig.   194a

p) Benutzung einer Waschanlage

Auch die Benutzung einer Waschanlage für Kraftfahrzeuge gehört zum Gebrauch. Wenn also durch eine nicht eingezogene Antenne die Waschanlage beschädigt wird, ist dieser Schaden dem Gebrauch des Kraftfahrzeuges zuzurechnen.[264]   195

V. Benzinklauseln zur Abgrenzung AH/KH

Zur Abgrenzung der Zuständigkeiten, ob der Schaden von der KH-Versicherung oder der Privathaftpflicht zu regulieren ist, wurden die AH oder KH für die Regulierung eines Schadens zuständig ist, werden auch die »Kleine Benzinklausel« und die »Große Benzinklausel« verwendet.   196

– Kleine Benzinklausel[265]   196a

Nach der »Kleinen Benzinklausel«,[266] die der Abgrenzung zwischen der KH-Versicherung und der Privathaftpflicht-Versicherung dient, ist in der PHV die Haftpflicht des Eigentümers, Besitzers, Halters oder Fahrers eines Kraftfahrzeuges für Schäden, die durch den Gebrauch eines Kraftfahrzeuges verursacht werden, nicht versichert.[267]   197

Versichert sind aber die Schäden, die durch den Gebrauch von nicht zulassungspflichtigen und nicht versicherungspflichtigen Aufsitzrasenmähern, -schneeräumgeräten und -kehrmaschinen mit nicht mehr als 20 km/h Höchstgeschwindigkeit; selbstfahrende Kranken- und Rollstühle mit einer bauartbedingten Höchstgeschwindigkeit von nicht mehr als 6 km/h; Flugmodelle, unbemannte Ballone etc. verursacht werden.   197a

Der Fahrer des Versicherungsnehmers kann also für einen Verkehrsunfall, den er mit dem versicherten Fahrzeug verursacht hat, nicht seine PHV in Anspruch nehmen. Diese Klausel wurde geschaffen, um Doppelversicherungen zu vermeiden, da die Schäden des Fahrers, die durch den Gebrauch des versicherten Fahrzeuges entstehen, bereits über die KH-Versicherung abgedeckt sind. Soweit der   198

---

260 PK Nr. 44 und Nr. 70, *Hock* a. a. O. S. 302.
261 *OLG Hamm* VersR 1988, 732.
262 PK Nr. 85, *Hock* a. a. O. S. 303.
263 *LG Hamburg* VersR 1988, 260.
264 *LG Kiel* zfs 1984, 259.
265 Abgedruckt in *Hock* a. a. O. S. 3; *BGH* v. 27.6.1984, IVa ZR 7/83, VersR 1984, 854.
266 In der Allgemeinen Haftpflichtversicherung »Kleine Kraft-, Luft- und Wasserfahrzeugklausel« genannt.
267 Vgl. insoweit auch *BGH* IV ZR 120/05 mit Anm. *Terno* in *BGH* Kraftfahrtversicherungsrecht DAR 2007, 323 f.

Schaden durch ein nicht versichertes, aber versicherungspflichtiges Fahrzeug verursacht wurde, führt die fehlende KH-Versicherung nicht zu einer Eintrittspflicht der Privaten Haftpflichtversicherung.[268]

199 Die nicht versicherungspflichtigen Fahrzeuge sind demgegenüber aufgenommen, da ansonsten eine Lücke entstünde, soweit von diesen Fahrzeugen ein Schadenfall verursacht wird. Wird umgekehrt ein Kfz durch ein Garagentor beschädigt, greift der Ausschluss der Benzinklausel nicht.[269] Ebenso greift der Ausschluss nicht, wenn ein Hund aus einem PKW springt und ein Pferd beißt.[270]

– **Große Benzinklausel**[271]

200 Die »große Benzinklausel« (Neufassung Ende 1974) dient der Abgrenzung der KH-Versicherung zur Betriebshaftpflicht-Versicherung. Sie schließt die Eintrittspflicht des Betriebshaftpflicht-Versicherers für Schäden, die der Versicherungsnehmer, ein Mitversicherter oder eine von ihm bestellte oder beauftragte Person durch den Gebrauch eines Kraftfahrzeuges oder eines Kraftfahrzeuganhängers verursachen, aus.

200a Dabei wird in Ziff. 4 der Klausel klargestellt, dass eine Tätigkeit der genannten Personen an einem Kraftfahrzeug, Kraftfahrzeuganhänger oder Wasserfahrzeug kein Gebrauch im Sinne dieser Bestimmung ist, wenn keine dieser Personen Halter oder Besitzer des Fahrzeuges ist und wenn das Fahrzeug hier nicht in Betrieb gesetzt wird.

▶ **Beispiel:**
Der Versicherungsnehmer bringt sein Fahrzeug in die Werkstatt, um dort Reparaturen an dem Fahrzeug durchführen zu lassen. Wenn bei der Reparatur Schäden am Eigentum Dritter verursacht werden, ohne dass das Fahrzeug in Betrieb genommen wurde, sind diese über eine eventuell abgeschlossene Betriebshaftpflichtversicherung abgedeckt.

201 Eventuelle Deckungslücken, die durch Anwendung der großen Benzinklausel in der Haftpflichtversicherung und durch die Begrenzung der mitversicherten Personen in A.1 AKB entstehen, werden durch eine geschäftsplanmäßige Erklärung geschlossen.

201a Danach wird sich der Betriebshaftpflichtversicherer nicht auf die Klausel (und somit auf mangelnde Zuständigkeit) berufen, wenn der Schaden bei dem Gebrauch eines Kraftfahrzeuges oder eines Kraftfahrzeuganhängers überwiegend durch eine betriebliche Tätigkeit verursacht wurde. Demgegenüber wird sich der KH-Versicherer nicht darauf berufen, dass der Schädiger nicht zu den in A.1 AKB genannten versicherten Personen gehört, wenn der Schaden überwiegend durch den Gebrauch des Kraftfahrzeuges verursacht wurde.

I. Risikoausschlüsse

202 Grundsätzlich ist alles, was nicht von A.1 AKB erfasst wird, nicht versichert. Dies wird modifiziert durch D.x AKB, A.1.5.x AKB.

202a Wenn einer der nachfolgend benannten Risikoausschlüsse (Deckungsausschlüsse) vorliegt, besteht auch kein Direktanspruch des Geschädigten gegen den Haftpflichtversicherer. Eine Vorleistungspflicht des Versicherers besteht ebenfalls nicht.

I. Europaklausel

203 A.1.4 AKB

203a Der räumliche Geltungsbereich der Kraftfahrzeughaftpflichtversicherung ist begrenzt auf das landkartenmäßige Europa; auch der europäische Teil der Türkei gehört dazu, jedoch nicht der asiatische.

---

268 *LG Köln* zfs 1990, 208; *BGH* VersR 1992, 47.
269 AG Frankenberg v. 3.9.2008, 6 C 204/08 (Adajur #83975).
270 *BGH* v. 25.6.2008, SP 2008, 338; *Felsch*, r+s 2010, 265, 271.
271 Abgedruckt in *Hock* a. a. O. S. 4.

I. Risikoausschlüsse

Gleiches gilt beispielsweise für Zypern, nur der griechische Teil ist vom Versicherungsschutz umfasst, der türkische Teil zählt zu Asien und muss ggf. separat vereinbart werden.

Soweit dieser Geltungsbereich auf das Gebiet der europäischen Wirtschaftsgemeinschaft ausgedehnt wird, bleibt der asiatische Teil der Türkei nach wie vor ausgeschlossen. Die zu den europäischen Ländern gehörenden Inselstaaten wie Kanaren, Madeira, Niederländische Antillen, Französisch Guyana usw. zählen zum europäischen Bereich.   203b

Weitere Erweiterungen können im Einzelfall mit dem jeweiligen Versicherer vereinbart werden. Fragt der Versicherungsnehmer wegen einer Urlaubsreise in die Türkei hinsichtlich seines Versicherungsschutzes nach, muss er vom Versicherer besonders darauf hingewiesen werden, dass der asiatische Teil der Türkei nicht eingeschlossen ist. Der pauschale Hinweis auf der Grünen-Karte reicht hierfür nicht aus.[272] Der Geltungsbereich der KH-Versicherung kann in jedem Fall der Grünen Versicherungskarte entnommen werden, dieser sind die Länder angefügt, für die Versicherungsschutz gewährt wird. Wenn in einzelnen Ländern kein Versicherungsschutz gewährt wird, sind sie auf der Liste durchgestrichen. Ist also auf der Liste das Länderkennzeichen TR durchgestrichen, muss der Versicherungsnehmer dieses so verstehen, dass eine Gewährung von Versicherungsschutz für Fahrten in die gesamte Türkei nicht gewollt ist.[273]   203c

II. Vorsatz

§ 103 VVG, A.1.5.1 AKB   204

Der KH-Versicherer haftet nicht, wenn der Versicherungsnehmer den Schaden vorsätzlich herbeigeführt hat.[274] Es entfällt auch der Direktanspruch gegen die Versicherung.[275] Zur Definition des Vorsatzes sei hier auf die einschlägigen strafrechtlichen Bestimmungen verwiesen. Vorsätzlich handelt derjenige, der einen bestimmten Erfolg/Schaden bewusst und gewollt herbeiführt. Erforderlich ist, dass der Versicherungsnehmer die Möglichkeit der Schädigung erkannt hat und dies billigend in Kauf nimmt (bedingter Vorsatz). Dabei ist zu beachten, dass sich der Vorsatz auch auf den eingetretenen Erfolg beziehen muss, um Leistungsfreiheit nach sich zu ziehen.[276] Die weit verbreitete Unsitte der Geschädigten, anzugeben, der Schädiger habe dies absichtlich getan, birgt das nicht zu unterschätzende Risiko in sich, dass sich der in Anspruch genommene Versicherer darauf beruft und die Leistung verweigert.   204a

Es gelten auch hier die allgemeinen Beweisregeln.[277]   204b

§ 103 VVG gilt auch für einen gestellten Unfall;[278] es besteht dann ebenfalls Leistungsfreiheit. Auch wenn der Versicherungsnehmer und der Fahrer personenverschieden sind, da der Unfallbeteiligte in die Schädigung eingewilligt hat.[279]   204c

---

272 *OLG Saarbrücken* r+s 2005, 14; für die Vollkasko-Versicherung, der *BGH* hat jetzt in einer anderen Sache allerdings entschieden, dass die AKB hinsichtlich ihrer Transparenz den Anforderungen des § 307 Abs. 1 S. 2 BGB standhalten *BGH* v.13.4.2005, IV ZR 86/04, r+s 2005, 455.
273 *BGH* v.13.4.2005, IV ZR 86/04, r+s 2005, 455 (München).
274 Vgl. *OLG Düsseldorf* SP 2003, 288; *BGH* 4 StR 594/05 in NZV 2006, 553 Vorsätzliche Geisterfahrt als Mord; *OLG Nürnberg*, zfs 2005, 503 = DAR 2005, 341 Abbremsen im Stadtverkehr von 40 km/h auf Stillstand; *Halm/Kreuter/Schwab/Kreuter-Lange* a. a. O. AKB Rn. 346 ff.
275 Vgl. *AG Berlin-Mitte* SP 2004, 243.
276 *BGH* v. 26.5.1971, IV ZR 28/71, VersR 1971, 806 f.; *OLG Hamm* VersR 1987, 88.
277 Zu den Beweisregeln vgl. auch in *Meschkat/Nauert/Staab* a. a. O. Rn. 285 ff.
278 Vgl. hierzu auch *Staab* a. a. O. Rn. 258, 263 f.; *Richter/Staab* Handbuch FA Verkehrsrecht, Kap. 25, Rn. 54 ff
279 *OLG Celle* NZV 2006, 267.

205 Der manipulierte Unfall[280] fällt nicht unter die Regelungen des § 103 VVG, da die Manipulation in aller Regel von dem Geschädigten ausgeht und der Schädiger nach dem Zufallsprinzip vom zukünftigen Geschädigten ausgewählt wird.[281]

205a Hat sich der Vorsatz des Versicherungsnehmers generell auf die Schädigung des Unfallgegners bezogen, so gilt § 103 VVG auch bezüglich der Schäden,[282] die vom Versicherungsnehmer nicht gewollt waren.[283]

206 Wenn bei einem gestellten Auffahrunfall der Beteiligte durch das Auffahren eine HWS-Verletzung erleidet, fehlt es an der Eintrittspflicht, da es nicht außer jeder Wahrscheinlichkeit liegt, dass bei einem Auffahrunfall ein leichter Personenschaden eintreten kann.[284] Auch wenn der Versicherungsnehmer mit seinem Fahrzeug Selbstmord begeht, ist von einer Vorsatztat hinsichtlich der eingetretenen Schäden auszugehen.

207 Ist jedoch der Fahrer vom Versicherungsnehmer personenverschieden und der Versicherungsnehmer weiß vom Plan nichts, besteht Eintrittspflicht der KH-Versicherung aus § 7 StVG, da der Halter bzw. Versicherungsnehmer für sich Versicherungsschutz beanspruchen kann.[285] Es besteht dann lediglich im Innenverhältnis Leistungsfreiheit gegenüber dem »Vorsatztäter«.

207a Die Halter-Haftung aus der Betriebsgefahr ist jedoch durch § 12 StVG der Höhe nach begrenzt.[286] Soweit hier die Mindestversicherungssummen unterhalb der Grenze des § 12 StVG liegen, sind diese anzuwenden (dies wäre z. B. bei einem Gefahrgutunfall möglich!).

III. Beteiligung an behördlich genehmigten Fahrveranstaltungen

208 A.1.2 AKB, § 4 Ziff. 4 KfzPflVV

208a Die Teilnahme an behördlich genehmigten Rennen ist ebenfalls nicht versichert. Dazu gehören nach dem Text beider AKB auch die dazugehörigen Übungsfahrten. Es muss bei diesen Fahrveranstaltungen auf die Erzielung einer Höchstgeschwindigkeit ankommen.

208b Ein Ausschluss ist gegeben, da bei behördlich genehmigten Fahrveranstaltungen eine Versicherung durch den Veranstalter abgeschlossen wird und diese in der Teilnahmegebühr enthalten ist. Ohne eine solche Versicherung wird die Genehmigung nicht erteilt. Der Schutz des unbeteiligten Dritten ist damit gewährleistet.[287]

IV. Ausschluss von Schäden am versicherten Kfz

209 A.1.5.3 AKB, § 4 Ziff. 2 KfzPflVV

209a Schäden an dem versicherten Fahrzeug sind nicht von der Haftpflichtversicherung umfasst.

---

280 Vgl. hierzu auch *Staab* a. a. O. Rn. 256.
281 Zu den Indizien für einen manipulierten Unfall *LG Köln*, SP 2010, 355.
282 Bloßes Abbremsen nach Überholvorgang, um and. zur Rede zu stellen, reicht nicht aus, *AG Frankfurt/M.* zfs 2004, 32. Vgl. aber *OLG Celle* v. 21.2.2006 – Az. 14 U 149/05 zum Vorliegen des sog. »Berliner Modells«.
283 *OLG Hamm* SP 2004, 30 f., zur Frage des Tötungsvorsatzes beim Fahrzeugverkehr BGHSt in NZV 2005, 538 in schadenersatzrechtlicher Hinsicht müsste hier ein Leistungsverweigerungsrecht des Versicherers angenommen werden.
284 *KG* VersR 1989, 1188.
285 *OLG Köln* r+s 2000, 316; *OLG Hamm* r+s 2006, 33 = NZV 2006, 253.
286 *OLG Oldenburg* VersR 1999, 482; *BGH* DAR 1957, 129; *OLG Schleswig* r+s 1995, 84.
287 *BGH* v. 1.4.2003, VI ZR 321/02, VersR 2003, 775 = DAR 2003, 410, *OLG Karlsruhe* r+s 2007, 502 f. (Touristenfahrt auf dem Hockenheimring ist mangels Platzierung und Zeitmessung kein Rennen (für die Kasko-Versicherung) vgl. insoweit auch *BGH* VI ZR 98/07, r+s 2008, 256 f. für den Umfang der Haftung bei kraftsportlichen Veranstaltungen (hier war Haftung für den Fall ausgeschlossen, dass eine KH-Versicherung nicht eintrittspflichtig sei).

Hierfür gibt es die besondere Fahrzeugversicherung. Will der Versicherungsnehmer auch für den Fall, dass sein Fahrzeug beschädigt wird, abgesichert sein, muss er eine Fahrzeugvollversicherung abschließen (Vollkasko). 209b

Diese Bestimmung findet keine Anwendung auf das nicht gewerbsmäßige Abschleppen betriebsunfähiger Fahrzeuge im Rahmen der ersten Hilfe aus Gefälligkeit. 209c

In den Fällen, in denen der Versicherungsnehmer ein betriebsunfähiges Fahrzeug abschleppt und durch das Verschulden des Führers des ziehenden Fahrzeuges beim Abschleppen beschädigt, kann der Halter des abgeschleppten Fahrzeuges sehr wohl Ansprüche gegen die Haftpflichtversicherung des Zugfahrzeuges geltend machen. In diesem besonderen Fall wird dann nicht von einer Einheit zwischen gezogenem und ziehendem Fahrzeug ausgegangen. Die ansonsten auch für das abgeschleppte Fahrzeug geltende »Anhängerregelung« würde einen Schaden an dem geschleppten Fahrzeug zum nicht erstattungsfähigen Betriebsschaden machen.[288] 210

Außerdem sind Ansprüche wegen Beschädigung, Abhandenkommen oder Zerstörung von mit dem versicherten Fahrzeug beförderten Gegenständen ausgeschlossen, hierfür könnte eine Transportversicherung abgeschlossen werden. 210a

V. Schäden an abgeschleppten Fahrzeugen oder Anhängern

A.1.5.4 AKB 211

Wird der Schaden am geschleppten Fahrzeug vom ziehenden Fahrzeug verursacht, ist dieser Schaden nicht von dem Ausschluss nach A.1.5.3 AKB umfasst, der Schaden muss von der Kraftfahrzeug-Haftpflicht-Versicherung ersetzt werden.[289] Zu differenzieren ist zwischen versicherten und nicht versicherten Fahrzeugen. Der Schaden, den das geschleppte versicherte Fahrzeug am Zugfahrzeug verursachte, ist von dessen Kraftfahrzeug-Haftpflicht-Versicherung zu ersetzen. Das nicht versicherte Fahrzeug hingegen fällt unter die Anhängerregelung.[290] 211a

VI. Ausschluss von Ladungsschäden

A.1.5.5 AKB, § 4 Ziff. 3 KfzPflVV 212

Auch die Haftung für Beschädigung von beförderten Gegenständen ist grundsätzlich ausgeschlossen.[291] Ausgenommen sind lediglich die Gegenstände, die beförderte Personen üblicherweise an sich tragen. Im Rahmen der Personenbeförderung wurden auch die Gegenstände mit aufgenommen, die Personen üblicherweise mit sich führen.[292] 212a

Diese Regelung führt dazu, dass auch Schäden an Kleidungsstücken, die beim Herausnehmen aus dem Kofferraum beschädigt werden, bei der KH-Versicherung geltend gemacht werden können mit der Folge auch der Höherstufung des Vertrages. Allein vor diesem Hintergrund empfiehlt es sich, den Insassen das »Ausladen« ihrer Sachen zu überlassen, wenn der Fahrer beim Ausladen beispielsweise die Lederjacke beschädigt und der Insasse diese bei der KH-Versicherung ersetzt verlangt, werden die Kosten zu übernehmen sein. 213

Schäden an gewerbsmäßig transportierter Ladung können über eine Transportversicherung abgesichert werden. Nicht abgedeckt sind dabei auch die Schäden an Gegenständen, die der Versicherungsnehmer oder der Fahrer im Fahrzeug mit sich führen (Bsp. der LKW-Fahrer, der in der Schlaf- 214

---

288 *OLG Düsseldorf* SP 2007, 145 Hänger und Zugfahrzeug bilden eine Einheit, es handelt sich dann um einen Betriebsschaden, ob allerdings eine Böschung den Unfallbegriff in der Tat rechtfertigen kann, ist mehr als fraglich; LG Nürnberg-Fürth, r+s 2011, 204.
289 *Halm/Kreuter/Schwab/Kreuter-Lange* a. a. O. AKB Rn 362 ff.
290 *Halm/Kreuter/Schwab/Schwab* a. a. O. AKB Rn. 369.
291 *OLG Hamm* r+s 1992, 259 ff.
292 Vgl. insoweit auch *OLG Karlsruhe* v. 12.10.2007 – Az. 10 U 100/06 in SP 2008, 305.

kabine neben Kleidung auch einen Fernseher und sonstige Unterhaltungselektronik mit sich führt), da hier nicht das Merkmal der Beförderung im Vordergrund steht.[293] Dieses Merkmal ist regelmäßig bei den eigenen Bedarfsgegenständen nicht gegeben.

VII. Haftpflichtansprüche des VN

215 A.1.5.6 AKB, § 4 Ziff. 1 KfzPflVV

215a Aus A.1.5.6 AKB ergibt sich, dass Haftpflichtansprüche des Versicherungsnehmers, Halters oder Eigentümers gegen mitversicherte Personen wegen Sach- oder Vermögensschäden von der KH-Versicherung ausgeschlossen sind.[294]

▶ Beispiel:

Versicherungsnehmer, Eigentümer mehrerer Fahrzeuge, verleiht eines seinem Freund F. Dieser beschädigt beim Rangieren fahrlässig ein anderes, dem Versicherungsnehmer gehörendes, geparktes Fahrzeug.

Der Versicherungsnehmer hat gegenüber F. einen Anspruch auf Schadenersatz sowohl wegen Beschädigung des von F. gesteuerten Fahrzeuges als auch wegen Beschädigung des geparkten Fahrzeuges gem. § 823 BGB. F. ist außerdem mitversicherte Person i. S. d. A.1.1 AK.

Gleichwohl hat der KH-Versicherer keinen Ersatz zu leisten: Bezüglich des von F. gesteuerten Fahrzeuges ergibt sich dies aus A.1.5.3 AKB, da es sich um eine Beschädigung des im Vertrag bezeichneten Fahrzeuges handelt. Zuständig hierfür wäre die Kaskoversicherung. Bezüglich des geparkten Fahrzeuges ergibt sich obiges Ergebnis aus A.11.2 AKB i. V. m. A.1.1 AKB (Sie schädigen einen Dritten). Es handelt sich bei diesem Sachschaden um einen Eigenschaden des Versicherungsnehmers, der von der KH-Versicherung ausgeschlossen ist.

Gemäß A.1.5.6 AKB bezieht sich der Ausschluss lediglich auf Sach- oder Vermögensschäden. Nicht ausgeschlossen sind Personenschäden (Heilbehandlungskosten, Verdienstausfall, Schmerzensgeld etc.).

▶ Beispiel:

In dem von F. gesteuerten Fahrzeug befindet sich der Versicherungsnehmer als Beifahrer. Bei der Kollision mit dem geparkten Fahrzeug erleidet er eine Platzwunde, die behandelt werden muss.

Wegen dieser Verletzung hat der Versicherungsnehmer gegenüber F. Ansprüche aus § 823 ff. BGB. F. ist mitversicherte Person in der KH-Versicherung. Die Kosten, die im Zusammenhang mit der Körperverletzung des Versicherungsnehmers anfallen, müssen von der KH-Versicherung erstattet werden, ein Ausschluss liegt insoweit nicht vor.

VIII. Ausschluss von Vermögensschäden

216 A.1.5.7 AKB, § 4 Ziff. × KfzPflVV

216a Haftpflichtansprüche aus reinen Vermögensschäden, die auf der Nichteinhaltung von Liefer- und Beförderungsfristen basieren, sind ebenfalls ausgeschlossen.

216b Damit wird klargestellt, dass Schadenersatzansprüche wegen Nichteinhaltung von Liefer- oder Beförderungsfristen durch den Versicherten nicht von der Deckung umfasst sind. Es ist dabei unerheblich, warum die Fristen nicht eingehalten werden konnten. Diese Klausel bezieht sich vorrangig auf den gewerblichen Güterverkehr, da in diesem Bereich häufig Vertragsstrafen für verspätete Lieferung

---

293 *BGH* v. 29.6.1994, IV ZR 229/03, VersR 1994, 1058 = zfs 1994, 368, denkbar wäre auch Versicherungsschutz für diese Gegenstände über die Hausratversicherung des LKW-Fahrers.
294 *Halm/Kreuter/Schwab/Kreuter-Lange* a. a. O. AKB Rn 377 ff.

vereinbart werden, wenn die Lieferung zu einem bestimmten Termin erfolgen sollte. Diese sind auch über den weiteren Ausschluss von Leistungen aufgrund vertraglicher Vereinbarungen ausgeschlossen.[295]

IX. Ausschluss vertraglicher Ansprüche

A.1.5.8 AKB 217

A.1.5.8 AKB sind alle Haftpflichtansprüche, soweit sie aufgrund Vertrags oder besonderer Zusage über den Umfang der gesetzlichen Haftpflicht hinausgehen, ausgeschlossen. 217a

Es sind nur diejenigen Schäden zu ersetzen, die in A.1.1 AKB geregelt sind. Soweit der Versicherungsnehmer dem Geschädigten auch dann Regulierung des Schadens zusagt, wenn dieser von der KH-Versicherung überhaupt nicht umfasst ist, sind diese Ansprüche ausgeschlossen. Gleiches gilt, wenn der Verursacher Schadenersatz über den Umfang des nach § 249 BGB Geschuldeten verspricht. Besteht der Geschädigte auf der Erfüllung dieser Vereinbarung, muss er seine Ansprüche gegen den VN direkt geltend machen. Eine Eintrittspflicht der KH-Versicherung ist insoweit nicht gegeben, auch keine Vorleistungspflicht.[296] 217b

X. Schäden durch Kernenergie

A.1.5.9 AKB; § 4 Ziff. 6 KfzPflVV 218

Diese Schäden sind gemäß A.1.5.9 AKB ausgeschlossen. Schadenersatzansprüche sind ausschließlich durch das Atomgesetz[297] geregelt. 218a

J. Verkehrsopferhilfe (VOH), § 12 PflVG

Die VOH hat nach § 12 Abs. 1 PflVG einzutreten, wenn das schädigende Fahrzeug nicht ermittelt werden kann; wenn der Schadensfall vorsätzlich herbeigeführt wurde; wenn der Schadensfall durch ein pflichtwidrig nicht versichertes Kfz verursacht wurde oder bei Konkurs des leistungspflichtigen Versicherers. Nach § 12 Abs. 1 (2–5) PflVG haftet die VOH nur subsidiär und (nach IV (1)) nur in Höhe der amtlich festgesetzten Mindestdeckungssummen, wenn: 219
- das schädigende Fahrzeug nicht ermittelt werden kann;
- wenn für dieses schadenstiftende KFZ ein Haftpflichtversicherungsschutz nicht besteht oder
- der Halter von der Versicherungspflicht durch einen anderen Mitgliedstaat befreit ist, oder
- wenn für den Schaden, der durch den Gebrauch des ermittelten oder nicht ermittelten Fahrzeugs verursacht worden ist, eine Haftpflichtversicherung deswegen keine Deckung gewährt oder gewähren würde, weil der Ersatzpflichtige den Eintritt der Tatsache, für die er dem Ersatzberechtigten verantwortlich ist, vorsätzlich und widerrechtlich herbeigeführt hat,
- wenn die Versicherungsaufsichtsbehörde den Antrag auf Eröffnung eines Insolvenzverfahrens über das Vermögen des leistungspflichtigen Versicherers stellt oder, sofern der Versicherer seinen Sitz in einem anderen Mitgliedstaat der europäischen Union oder einem Vertragsstaat des Abkommens über den europäischen Wirtschaftsraum hat, von der zuständigen Aufsichtsbehörde eine vergleichbare Maßnahme ergriffen wird.

Nur in den Fällen vorsätzlicher Schädigung[298] bzw. Schädigung durch nicht versicherte Fahrzeuge haftet die VOH wie ein KH-VR im Rahmen der Mindestversicherungssummen (§ 12 Abs. 1 PflVG).[299] 220

---

295 *Halm/Kreuter/Schwab/Kreuter-Lange* a. a. O. AKB Rn. 383.
296 *Halm/Kreuter/Schwab/Kreuter-Lange* a. a. O. AKB Rn 384
297 § 31 AtomG.
298 Zu den Anforderungen vgl. auch *LG Hamburg* SP 2003, 323.
299 Vgl. hierzu ausführlich *Elvers* in Handbuch FA Verkehrsrecht Kap. 29.

221 Nur bei Schadensverursachung durch nicht zu ermittelnde Fahrzeuge ist die Leistungspflicht der VOH beschränkt (§ 12 Abs. 2): Es wird Schmerzensgeld nur bei besonders schweren Verletzungen und auch dann nur, soweit Zahlung zur Vermeidung einer groben Unbilligkeit erforderlich ist, gezahlt. Es erfolgt kein Ersatz des gesamten Fahrzeugschadens, der Ersatz sonstiger Sachschäden nur, wenn und soweit er 500 € übersteigt.

222 Ausländische Staatsangehörige können nur dann Ansprüche gegen die VOH geltend machen, wenn im Heimatland umgekehrt auch ein Deutscher von einer ähnlichen Institution eine Entschädigung erhalten könnte. Wenn sie allerdings bereits seit längerer Zeit in Deutschland ihren Lebensmittelpunkt haben, werden sie wie Deutsche behandelt. Die Ansprüche gegen die VOH müssen innerhalb von 3 Jahren dort geltend gemacht werden (§ 12 Abs. 3 [1] PflVG). Die Frist beginnt erst zu laufen, wenn der Geschädigte neben seinem Schaden auch die Umstände kennt, aus denen sich ein Ersatzanspruch gegen die VOH ergibt.

223 Von der VOH (Grüne-Karte-Büro) wird ein inländischer KH-Versicherer mit der Regulierung des Schadens beauftragt.

224 Die Ansprüche gegen die VOH verjähren innerhalb von drei Jahren, sind die Ansprüche rechtzeitig angemeldet, so ist die Verjährung gehemmt bis zur Entscheidung der VOH, § 12 Abs. 3 PflVG. Hinsichtlich der weiteren Verfahrensweisen sei auf §§ 13 und 14 PflVG verwiesen. Unter www.verkehrsopferhilfe.de können weitere Informationen, Schadenmeldeformulare, Entschädigungsstellen und die Listen der Internationalen Garantiefonds abgerufen werden.

225 Nach geltendem europäischem Recht hätte die Eintrittspflicht der VOH auf die Schäden ausgeweitet werden müssen, die durch nicht versicherungspflichtige KFZ verursacht werden. Diese Regelung hat der Gesetzgeber jedoch nicht mit aufgenommen, sodass nach wie vor diese Fahrzeuge zwar im Rahmen einer KH-Versicherung versichert werden können. Soweit Schäden durch diese Fahrzeuge verursacht werden und sie nicht versichert sind, oder in der Betriebshaftpflicht keinen Versicherungsschutz genießen, geht der Geschädigte leer aus.

K. Systematik der Leistungspflicht und der Obliegenheiten

226 Im Versicherungsrecht wird – wie schon oben dargestellt – unterschieden zwischen Leistungspflichten und Obliegenheiten. Eine Verletzung einer vertraglich vereinbarten Leistungspflicht (Prämienzahlung) hat die vollständige Leistungsfreiheit des Versicherers zur Folge.[300] Demgegenüber hat die Verletzung einer vertraglichen Obliegenheit eine eingegrenzte Leistungsfreiheit des Versicherers zur Folge.

I. Prämienzahlungspflicht des Versicherungsnehmers (Leistungspflicht)

227 Im Rahmen der **laufenden Prämie** wird unterschieden zwischen **Erstprämie** und **Folgeprämie**.

227a Erstprämie ist hierbei diejenige, die als zeitlich erste Prämie zu zahlen ist, während Folgeprämien die zeitlich später fällig werdenden Prämien sind.

227b Die Erstprämie ist gem. § 33 VVG unverzüglich nach Ablauf von zwei Wochen ab Erhalt des Versicherungsscheins zu zahlen. Diese Regelung ist auch in C.1 AKB so aufgenommen.

1. Nichtzahlung der Erstprämie

228 § 37 VVG

228a Eine **Erstprämie/Einmalprämie** setzt den Abschluss eines neuen Versicherungsvertrages voraus.

---

[300] Wegen der Details vgl. unten Rdn. 228 ff.

K. Systematik der Leistungspflicht und der Obliegenheiten   Kapitel 22

Gemäß C.1 AKB muss die Erstprämie/Einmalprämie sofort nach Zugang des Versicherungsscheines 228b gezahlt werden. Die Zahlung hat spätestens innerhalb von 14 Tagen nach Erhalt des Versicherungsscheines zu erfolgen (§ 33 VVG).

Diese Frist kann sich verlängern, wenn dem Versicherungsnehmer erst mit Übersendung des Ver- 229 sicherungsscheins die AKB bekannt gegeben wurden, da ihm dann zunächst ein Widerspruchsrecht von zwei Wochen nach Erhalt der AKB zusteht. Die Frist zur Prämienzahlung ist dann um die Widerspruchsfrist zu verlängern.[301]

Bei Barzahlung ist die Zahlung durch Übergabe erfüllt. Bei einem Überweisungsauftrag ist der Ein- 230 gang bei dem Bankinstitut[302] der maßgebliche Zeitpunkt (bei der Post der Einzahlungstag). Da sich dies in der Sphäre des Versicherungsnehmers befindet, ist er hierfür beweispflichtig.

Problematisch sind die Fälle, in denen sich am Tag der Überweisung/Einzahlung der Schadenfall 231 ereignet. Hier kommt es darauf an, wann die Zahlung erfolgte. Kann der Beweis der Einzahlung/Abgabe der Überweisung vor dem Schadenfall geführt werden, hat der Versicherer Versicherungsschutz für diesen Schadenfall zu gewähren. Das Leistungshandeln ist rechtzeitig, wenn der Auftrag vor Fristablauf (d. h. vor dem Schadenfall) bei der Bank eingeht und das Konto die erforderliche Deckung ausweist, damit der Auftrag auch ohne weitere Verzögerung ausgeführt wird.[303] Auf den Zeitpunkt der Gutschrift auf das Konto des Versicherers kommt es nicht an.[304]

Bei Vereinbarung des Lastschriftverfahrens hat der Versicherer für die rechtzeitige Abbuchung zu 232 sorgen, der Versicherungsnehmer hingegen muss für ausreichende Deckung des Kontos Sorge tragen.[305]

Diese Pflicht des Versicherungsnehmers besteht jedoch nur hinsichtlich der Erstprämie, bucht der 233 Versicherer bei vereinbarter vierteljährlicher Zahlung nach 3 Monaten Erst- und Folgeprämie zusammen ab und weist das Konto keine ausreichende Deckung für beide Prämien auf, ist der Versicherer gleichwohl leistungspflichtig.[306]

Bei einer unzureichenden Teilzahlung auf einen zusammengesetzten Vertrag (Kasko/Haftpflicht) ist 234 der Versicherer gehalten, die Zahlung zunächst auf die objektiv wichtigste Versicherung (in der Regel die KH-Versicherung) zu verrechnen, wenn es um den Verlust der vorläufigen Deckung geht.

Bei einem Teilrückstand ist die Höhe des Rückstandes entscheidend. Ein Zahlungsrückstand, der 235 fast 1/4 der zu zahlenden Prämie ausmacht, ist nicht mehr geringfügig.[307] Geringfügig ist jedoch eine Minderleistung von 2,70 DM bei einer Erstprämie von 162 DM.[308] Allerdings ist nach Auffassung des BGH eine eigenmächtige Kürzung der ordnungsgemäßen Beitragsanforderung der Versicherung nicht zulässig, will man ungekürzte Leistungen aus dem Vertrag erhalten.[309]

Es muss eine **ordnungsgemäße Zahlungsanforderung** des Versicherers vorliegen. Die Erst- oder Ein- 236 malprämienanforderung muss mit **zutreffender Bezifferung** und richtiger Kennzeichnung desjenigen Betrages ausgewiesen sein, den der Versicherte zur Erlangung bzw. Erhaltung des Versicherungsschutzes aufwenden muss. Zudem ist in der Zahlungsaufforderung auf die Rechtsfolgen hinzuweisen, die bei Nichteinhalten der Zahlungsfrist eintreten. Der Versicherungsnehmer muss da-

---

301 *LG Köln* r+s 2005, 98 f. die Frist läuft erst nach dem Ablauf des möglicherweise bestehenden Widerrufsrechts des § 8 VVG, *Halm/Kreuter/Schwab/Kreuter-Lange* a. a. O. AKB Rn 1762 ff., 1809 f.
302 *OLG Düsseldorf* DAR 1997, 112.
303 *OLG Düsseldorf* DB 1984, 2686; *OLG Koblenz* NJW-RR 1993, 583; *OLG Nürnberg* NJW-RR 2000, 800.
304 *BGH* v. 5.12. 1963, II ZR 219/62, NJW 1964, 499; *OLG Karlsruhe* NJW-RR 1998, 1483; *OLG Düsseldorf* DAR 1997, 112.
305 *BGH* v. 19.10.1977, IV ZR 149/76, VersR 1977, 1153.
306 *OLG Hamm* VersR 1984, 377.
307 *OLG Koblenz* VersR 1966, 1128.
308 *OLG Düsseldorf* VersR 1976, 429.
309 *BGH* v. 9.3.1988, IVa ZR 225/86 in VersR 1988, 484.

rauf hingewiesen werden, dass bei nicht rechtzeitiger Zahlung der Erstprämie der **Versicherungsschutz rückwirkend** auch für den Zeitraum der vorläufigen Deckungszusage entfällt, wenn der VN die Prämie nicht innerhalb von 14 Tagen nach Ablauf dieser ersten Frist gezahlt hat.[310] Der VN ist auf die Rechtsfolgen des Prämienverzuges **ausdrücklich** hinzuweisen,[311] aber auch, dass bei geforderter KH- und Kaskoprämie er auch Versicherungsschutz erhält, wenn nur eine Prämie gezahlt wurde.[312] Unverständliche Belehrungen erfüllen ihren Zweck nicht.[313]

237 Eine nicht rechtzeitige Zahlung der Erstprämie liegt nur vor, wenn der Versicherungsnehmer dies zu vertreten hat. Das *OLG Köln* hat dieses Vertretenmüssen bejaht, wenn der Versicherungsnehmer am Tag vor dem Schadenfall nach Geschäftsschluss der Bank die Überweisung für die Prämie einwirft, der nächste Tag ein Feiertag ist und erst am darauf folgenden Montag die Überweisung der Bank überhaupt zugehen konnte.[314]

238 Der Versicherer ist beweispflichtig, dass der Versicherungsnehmer den Versicherungsschein nicht rechtzeitig eingelöst hat. Er muss den Zugang der korrekten Erstprämienforderung beweisen, wobei von der Absendung nicht zwangsläufig auf den Zugang geschlossen werden kann.[315] Der Versicherer kann die vorauszusehenden Beweisschwierigkeiten nur vermeiden, wenn er die Zahlungsaufforderung per Einschreiben mit Rückschein übermittelt.[316]

239 Der Versicherungsnehmer hat die Verspätung zu vertreten, wenn er z. B. bei urlaubsbedingter Abwesenheit keine Vorsorge für die Möglichkeit rechtzeitiger Zahlung getroffen hat.

240 Als Nachweis für den Zugang gelten aber auch:
- Anrufe der Versicherungsnehmer zur Rechnung
- Zahlung inkl. Mahngebühr.

241 Probleme treten bei folgendem Sonderfall auf:

241a Der Versicherungsnehmer hat sowohl eine Vollkasko- als auch eine KH-Versicherung abgeschlossen. Die Erstprämie war noch nicht (rechtzeitig) gezahlt. Während der Zeit des vorläufigen Deckungsschutzes ereignete sich ein Verkehrsunfall, aus dem der Versicherungsnehmer Leistungen aus der Kasko-Versicherung beansprucht. Bei dem Verkehrsunfall wurden auch Dritte geschädigt. Der Schaden wurde vor Ablauf der Frist zur Einlösung des Versicherungsscheines ordnungsgemäß gemeldet.

242 Hier kann sich der Versicherer weder in KH noch in der Vollkasko auf die Leistungsfreiheit gemäß § 37 VVG berufen, da das Interesse des Versicherers an der Erlangung der Erstprämie dadurch sichergestellt ist, dass er wegen des eingetretenen Kaskoschadens hinsichtlich der Erstprämie die Aufrechnung erklären oder eine Verrechnung vornehmen kann. Voraussetzung ist selbstverständlich, dass die Höhe der Kaskoentschädigung den Betrag der Erstprämie übersteigt.[317]

243 Besteht Versicherungsschutz aufgrund einer vorläufigen Deckungszusage, entfällt dieser Schutz rückwirkend für alle Unfälle vor oder während der Einlösungsfrist nach B.2.4 AKB, § 51 Abs. 1

---

310 Vgl. *LG Köln* r+s 2005, 99.
311 *BGH* v. 26.4.2006, IV ZR 248/06 in r+s 2006, 272 f.; Der Hinweis auf der Rückseite des Versicherungsscheins reicht nicht aus, um die Belehrungspflicht zu erfüllen, *LG Dortmund* 2 O 192/10 v. 19.1.2011 (Adajur # 93898)
312 Vgl. *OLG Hamm* VersR 1991, 220 = r+s 1990, 41.
313 Darauf weist *OLG Düsseldorf* in VersR 1993, 737 unmissverständlich hin, ebenso *OLG Saarbrücken* VersR 2005, 515.
314 *OLG Köln* r+s 2002, 357.
315 *BGH* v. 13.12.1995, IV ZR 30/95, NZV 1996, 143 ff.; *LG Dortmund* VR Kompakt 2011, 57.
316 *OLG Köln* VersR 1990, 1261 – hier entschieden für die qualifizierte Mahnung nach § 39 VVG a. F., aber auf die Erstprämienforderung übertragbar. Tw. wird aber auch die Auffassung vertreten, dass der Zugangsnachweis durch Indizien möglich sein kann, *LG Köln* und *AG Köln* r+s 2001, 228 ff.; bzgl. des automatisierten Mahnverfahrens der Folgeprämie *LG Düsseldorf* r+s 2003, 445 f.
317 Vgl. *BGH* v. 12.6.1985, IVa ZR 108/83, VersR 1985, 877 und *OLG Koblenz* VersR 1995, 527.

VVG (der Versicherer kann den Beginn des Versicherungsschutzes an die Prämienzahlung anknüpfen und muss dann augenfällig darauf hinweisen. Bei Prämienverzug ist der Versicherer von der Verpflichtung zur Leistung frei, § 37 Abs. 2 VVG.

Die **Leistungsfreiheit** des Versicherers besteht in voller Höhe, § 37 Abs. 2 VVG. 244

Wegen der erbrachten Leistungen steht dem Versicherer gegen den Versicherungsnehmer ein Rückgriffsrecht zu (Regress), § 116 Abs. 1 VVG, § 426 BGB. 245

Verweisung: 246

Soweit der Geschädigte in der Lage ist, von einem anderen Schadensversicherer oder von einem Sozialversicherungsträger Ersatz seines Schadens zu erlangen, kann er von dem Versicherer gemäß § 3 PflVG i. V. m. § 117 Abs. 3 VVG **in vollem Umfange verwiesen** werden. Verwiesen werden kann natürlich nur in Höhe der bedingungsgemäßen Leistungsverpflichtung des jeweiligen Sozialversicherungsträgers oder Schadenversicherers. 246a

Etwas anderes gilt jedoch bei dem vom Versicherungsnehmer personenverschiedenen Fahrer, der über A.1 AKB mitversichert ist: Er genießt trotz Prämienverzuges Versicherungsschutz, es sei denn, dass er den Prämienverzug positiv kannte oder grob fahrlässig nicht kannte, § 123 VVG. Es gibt keine Erkundungspflicht des Fahrers, ob die Erstprämie gezahlt ist. 247

Bei Vorliegen der Voraussetzung des § 37 VVG ritt der Zahlungsverzug ohne weiteres ein, insbesondere ist keine Mahnung des Versicherers mehr erforderlich. Zwar wird häufig in der Praxis ein Mahnschreiben an den Versicherungsnehmer geschickt, dieses ist jedoch nicht Voraussetzung für die Herbeiführung des Prämienverzuges. 248

Wegen § 117 Abs. 1 VVG ist der Versicherer dem Geschädigten gegenüber trotz Prämienverzuges vorleistungspflichtig. 249

Im Fall der Nichtzahlung der Erstprämie versagt der Versicherer den Versicherungsschutz wegen Nichtzahlung der Erstprämie gem. § 37 VVG. Dabei kann gleichzeitig festgestellt werden, dass die vorläufige Deckung rückwirkend wegen Nichtzahlung der Erstprämie entfallen ist. Dies hat lediglich feststellende Wirkung, da die Wirkungen automatisch durch nicht rechtzeitige Zahlung eintreten. Eine Rechtsmittelbelehrung ist nicht mehr erforderlich, da auch für die Klage auf Gewährung von Versicherungsschutz jetzt die üblichen Verjährungsfristen gelten. 250

Die Verweisung ist in Höhe der Leistungen der Drittversicherer möglich. 250a

2. Nichtzahlung der Folgeprämie

§ 38 VVG 251

Folgeprämien im Sinne dieser Vorschrift sind Prämien, deren Fälligkeit zeitlich der der Erstprämie nachfolgt. Kommt ein Versicherungsnehmer mit der Zahlung einer Folgeprämie in Rückstand, so hat er aufgrund der vorangegangenen Prämienzahlung bereits Versicherungsschutz erworben, mit der Folge, dass nur der zukünftige Versicherungsschutz gefährdet ist. 251a

Der Versicherungsnehmer muss mit der Zahlung der Folgeprämie in Verzug kommen. Der nicht fristgerechten Zahlung der Folgeprämie muss eine qualifizierte Mahnung des Versicherers folgen. 252

Der Versicherer kann dem Versicherungsnehmer auf dessen Kosten schriftlich eine Zahlungsfrist von mindestens 2 Wochen setzen (vgl. § 38 Abs. 1 S. 1 VVG). In dieser Zahlungsaufforderung müssen die Rechtsfolgen angegeben sein, die mit dem Ablauf der Frist verbunden sind (§ 38 Abs. 1 S. 2 VVG).[318] Ansonsten ist die Mahnung unwirksam (§ 38 Abs. 1 S. 2 VVG, der zusätzlich eine Aufschlüsselung der offenen Beträge nach Prämien, Zinsen und Kosten fordert)! 252a

---

318 *BGH* v. 6.10.1999, IV ZR 119/98, VersR 1999, 1525.

253 Im Rahmen der Belehrung muss der Versicherungsnehmer nicht nur über einzelne, sondern über sämtliche Rechtsfolgen der Nichtbeachtung der gesetzlichen Zahlungsfrist belehrt werden.[319]

253a Eine qualifizierte Mahnung umschließt die exakte Aufschlüsselung des Beitragsrückstandes und die richtige Verrechnung bereits geleisteter Beträge.

254 Hinsichtlich des Zugangs des Mahnschreibens wird auf die Ausführungen zum Erstprämienverzug verwiesen.[320]

254a Der Versicherer ist gemäß § 38 Abs. 2 VVG leistungsfrei, wenn der Versicherungsfall nach Ablauf der – mindestens – zweiwöchigen Zahlungsfrist eintritt und der Versicherungsnehmer beim Eintritt des Versicherungsfalles mit der Zahlung der Prämie oder der geschuldeten Kosten und Zinsen (§ 38 Abs. 3 VVG) in Verzug ist.

254b Der Zeitraum, für den nach der Mahnung nach § 38 VVG noch Versicherungsschutz gewährt wird, dauert die Frist (14 Tage) und die Postlaufzeit von 3 Tagen an. Erst nach Ablauf von weiteren 17 Tagen ab Mahnungsdatum verliert der Versicherungsnehmer also bei Verzug mit der Folgeprämie frühestens seinen Versicherungsschutz.

255 Auch nach Ablauf der Zahlungsfrist hat der Versicherungsnehmer die Möglichkeit, sich durch nachträgliche Zahlung Versicherungsschutz für die Zukunft zu sichern. Dieser lebt unmittelbar nach Zahlung (Einzahlung, Abgabe der Überweisung) wieder auf, für die Einzahlung/Überweisungsabgabe ist der VN beweispflichtig. Allerdings lebt der Versicherungsschutz nur dann wieder auf, wenn vom Versicherer nicht schon die Kündigung nach § 38 Abs. 3 VVG ausgesprochen wurde[321] und die Monatsfrist des § 38 Abs. 3 VVG noch nicht verstrichen ist.

256 Die Leistungsfreiheit des Versicherers besteht in voller Höhe[322] für die Zeit zwischen dem 18. Tag nach der qualifizierten Mahnung bis zur Übersendung der geschuldeten Prämie bzw. dem Ende der Nachhaftung. Der Versicherer kann seine Aufwendungen beim Versicherungsnehmer regressieren. Auch im Fall des § 38 VVG besteht ein Verweisungsrecht in voller Höhe (§ 37 VVG). Er kann das Versicherungsverhältnis ohne Einhaltung einer Kündigungsfrist kündigen, wenn der Versicherungsnehmer nach Ablauf der Zahlungsfrist mit der Zahlung in Verzug ist (§ 38 Abs. 3 S. 1 VVG).

257 Der Versicherungsnehmer kann nach Ablauf der Zahlungsfrist durch Zahlung dem Versicherer dieses Kündigungsrecht nehmen, sofern nicht bereits gekündigt wurde.

257a Auch in diesem Fall kann in voller Höhe der Leistungen des Drittversicherers verwiesen werden.

II. Obliegenheiten

258 Als Obliegenheiten werden die vertraglich und gesetzlich normierten Pflichten der versicherten Personen bezeichnet, die nicht die vollständige Leistungsfreiheit nach sich ziehen. Hier hat die VVG-Reform erhebliche Auswirkungen in Bezug auf die Voraussetzungen der Leistungsfreiheit.

259 Neben dem Vorliegen der objektiven Kriterien der jeweiligen Obliegenheitsverletzung, auf die unten im Einzelnen eingegangen werden soll, ist auch das Verschulden des Versicherungsnehmers an dieser Obliegenheitsverletzung, die subjektive Komponente zu prüfen. Nur wenn beides gegeben ist, kann der Versicherer sich auf die Leistungsfreiheit berufen.[323]

260 Die Obliegenheitsverletzung muss für den Eintritt des Schadenfalles kausal gewesen sein. Mitverursachung reicht für die Feststellung der Kausalität aus.[324] Der Versicherer ist jedoch nicht leistungs-

---

319 Prölss/Martin/*Knappmann* § 39 VVG Rn. 14; *BGH* VersR 1988, 484; *OLG Hamm* r+s 1991, 362.
320 *OLG Köln* r+s 2001, 447.
321 *BGH* NJW 1984, 877.
322 § 38 Abs. 2 VVG.
323 § 28 Abs. 1 VVG.
324 *BGH* v. 6.7.1967, II ZR 16/65, VersR 1967, 944.

frei, wenn der Schadenfall auch bei Erfüllung der Obliegenheit eingetreten wäre.[325] Etwas anderes gilt nur, wenn die zu erfüllende Obliegenheit arglistig verletzt wurde. Dies wird von der Rechtsprechung bei der Unfallflucht schon dann bejaht, wenn der Fahrer seine Alkoholisierung verbergen möchte.[326]

Das Verschulden definiert sich auch im VVG nach den Grundsätzen des Zivilrechtes und den Begriffen Vorsatz, Fahrlässigkeit und grobe Fahrlässigkeit. Vorsätzlich handelt der Versicherungsnehmer, der eine Obliegenheit im Bewusstsein des Vorhandenseins der Verhaltensnorm verletzt.[327] Für die Fahrlässigkeit gilt § 276 BGB, die im Verkehr erforderliche Sorgfalt muss außer Acht gelassen werden. Grob fahrlässig handelt, wer die im Verkehr erforderliche Sorgfalt gröblich, in hohem Maße außer Acht lässt und das missachtet, was in der konkreten Situation jedem einleuchten musste.[328] Beweisbelastet ist der Versicherer, will der Versicherungsnehmer gleichwohl Versicherungsschutz behalten, muss er beweisen, dass kein oder ein geringeres Verschulden vorliegt.[329] Die Obliegenheiten richten sich sowohl an den Versicherungsnehmer wie auch an den Fahrer. Der Versicherungsnehmer muss sich Obliegenheitsverletzungen seines Fahrers nur dann zurechnen lassen, wenn er davon Kenntnis hatte (Alkoholkonsum, fehlende Fahrerlaubnis). Auch das Verhalten seines Repräsentanten muss er sich zurechnen lassen.[330]

Auflistung der Obliegenheiten:
- Verwendungsklausel
- Schwarzfahrt
- Führerschein
- Alkoholklausel
- Rennveranstaltung
- Gefahrerhöhung durch verkehrsunsicheres Fahrzeug
- Personenbezogene Gefahrerhöhung
- Nichtmeldung des Schadens
- Aufklärungspflicht (zumeist begangen durch Unfallflucht)
- Schadenminderungspflicht
- Prozessführungsbefugnis
- Vorübergehende Stilllegung
- Nachhaftung
- Anzeigepflicht bei Veräußerung.

(unbesetzt)

1. Voraussetzungen für die Leistungsfreiheit

§ 28 VVG bezieht sich ausschließlich auf die vertraglichen Obliegenheitsverletzungen: Soweit nach Abs. 1 der VN eine vertragliche Obliegenheit vor Eintritt des Schadenfalles verletzt hat, entfällt die Kündigungspflicht des Versicherers zur Wahrung der Leistungsfreiheit. Der Versicherer kann die Kündigung aussprechen, muss es aber nicht mehr.

Es gelten folgende Regeln:
- Das Kündigungserfordernis ist entfallen und für die Leistungsfreiheit bei vertraglichen Obliegenheitsverletzungen nicht mehr erforderlich.

---

325 *LG Berlin* VersR 1985, 1136 (sog. Kausalitätsgegenbeweis).
326 Halm/Fitz, DAR 2011, 437, 443, 444 m. w. H.
327 *BGH* v. 2.6.1993, IV ZR 72/92, VersR 1993, 960= BGHZ 122, 388; *BGH* NJW-RR 1993, 1049.
328 *BGH* v. 14.7.1983, I ZR 128/81, NJW 1984, 565.
329 *BGH* v. 21.4.1993, IV ZR 34/92, VersR 1993, 828, *BGH* v. 2.6.1993, IV ZR 72/92, VersR 1993, 960.
330 *LG Paderborn* v. 25.8.2010, 4 O 96/10.

- Die fristlose Kündigung bleibt möglich bei vorsätzlicher oder grob fahrlässiger Verletzung einer vertraglichen Obliegenheit vor dem Schadenfall.
- Vollständige Leistungsfreiheit des Versicherers nach § 28 Abs. 2 VVG besteht nur, wenn der VN die Obliegenheit vorsätzlich verletzt hat und sie Auswirkungen auf die Eintrittspflicht des Versicherers hatte.
- In jedem Fall besteht Leistungsfreiheit, wenn der Versicherungsnehmer die Obliegenheit arglistig verletzte.

281 Der Gesetzgeber geht im Regelfall von der grob fahrlässigen Obliegenheitsverletzung aus. Dies ergibt sich schon aus der Formulierung des Abs. 2, der dem Versicherungsnehmer für den Fall des Nichtvorliegens der groben Fahrlässigkeit die Möglichkeit der Exkulpation gibt (Abs. 2 S. 2 letzter Hs.). Gleichzeitig gibt der Gesetzgeber die Verpflichtung auf, die Leistungsfreiheit entsprechend der Schwere der Vorwerfbarkeit zu quotieren. Nur für den Fall der vorsätzlichen oder arglistigen Obliegenheitsverletzung soll vollständige Leistungsfreiheit bestehen bleiben. Dabei ist zu beachten, dass von der vorsätzlichen Verletzung einer vertraglichen Obliegenheit ausgegangen wird, nicht von der vorsätzlichen Herbeiführung des Versicherungsfalls (dann besteht gem. § 103 VVG vollständige Leistungsfreiheit).

282 Die möglichen Quoten der Leistungsfreiheit rangieren von 10er bis 25er Schritten, die Rechtsprechung ist insoweit uneinheitlich.[331] Nur leicht fahrlässige Obliegenheitsverletzung ist unschädlich, die Leistungspflicht des Versicherers bleibt bestehen.[332]

283 Für den Fall der grob fahrlässigen Verletzung einer vertraglichen Obliegenheit – den neuen Regelfall – hingegen ist abzuwägen:
- Hat der VN die Obliegenheit zwar grob fahrlässig verletzt, trifft ihn aber nur ein leichtes Verschulden, so könnte die Leistungskürzung 25 % betragen.
- Bei mittlerer Vorwerfbarkeit der groben Fahrlässigkeit könnte die Leistungskürzung 50 % betragen.
- Bei schwerer Vorwerfbarkeit der groben Fahrlässigkeit könnten 75 % der Leistung gekürzt werden.
- Bei besonders schwerer Vorwerfbarkeit steht nach der Rechtsprechung auch einer Leistungskürzung auf Null nichts entgegen[333].

283a Die Besonderheiten werden bei den jeweiligen Obliegenheitsverletzungen dargestellt. Dabei gibt es allerdings auch Obliegenheitsverletzungen, die per se schon nur vorsätzlich begangen werden können, wie zum Beispiel der Verstoß gegen die Führerscheinklausel. Für die Abstufung in 25 % Schritten mit Zu- und Abschlägen für Besonderheiten des Einzelfalles spricht sich LG Münster aus.[334]

283b **Höhe der Leistungsfreiheit in der KH-Versicherung:**

284 Es ist der Schaden zu ermitteln, dann die Quote der Leistungsfreiheit.[335]

▶ **Beispiel:**

Grobe Fahrlässigkeit und mittleres Verschulden, Leistungsfreiheit 50 %, Schadenaufwand 5 000,00 €: Leistungsfreiheit besteht in Höhe von 2 500,00 € Schadenaufwand 20 000,00 € Leistungsfreiheit 10 000 €. In der KH-Versicherung kommt jetzt § 5 Abs. 3 KfzPflVV (für die Obliegenheitsverletzungen vor dem Schadenfall) bzw. § 6 Abs. 3 KfzPflVV (für die Obliegenheitsver-

---

331 *Halm/Kreuter/Schwab/Kreuter-Lange* a.a.O. VVG, § 28 Rn. 10 AKB Rn. 1942 ff.
332 *Günter/Spielmann* r+s 2008, 133 ff. und 177 ff.
333 *OLG Stuttgart* DAR 2011, 204 (»vorsatznaher Grad des Verschuldens rechtfertigt Leistungskürzung auf Null); *LG Kleve* r+s 2011, 206 (für die Kasko-Versicherung zu Fahrzeugdiebstahl).
334 *LG Münster* VersR 2009, 1615 = DAR 2009, 705.
335 *Schirmer* DAR 2008, 181 f.

K. Systematik der Leistungspflicht und der Obliegenheiten   Kapitel 22

letzungen im Schadenfall) zur Anwendung mit der Folge, dass bei Verletzung von nur einer der beiden Obliegenheiten die maximale Leistungsfreiheit 5 000 € beträgt.[336]

Darüber hinaus hat der VN im Falle der grob fahrlässigen oder vorsätzlichen Verletzung der Obliegenheit noch die Möglichkeit (wie auch in § 6 Abs. 2 VVG a. F. ausschließlich für die Fälle der Obliegenheitsverletzungen im Schadenfall sowie der Gefahrerhöhung vorgesehen), sich gem. § 28 Abs. 3 VVG zu entlasten, wenn er den Kausalitätsgegenbeweis führt, also nachweist, dass die Obliegenheitsverletzung weder für den Eintritt oder die Feststellung des Versicherungsfalls noch für die Feststellung oder den Umfang der Leistungspflicht des Versicherers ursächlich ist. Lediglich bei der arglistig begangenen Obliegenheitsverletzung kommt es auf die Schadenausweitung nicht mehr an. 285

Für den Fall der Verletzung von Aufklärungs- oder Anzeigeobliegenheiten tritt Leistungsfreiheit nur ein, wenn der Versicherer augenfällig auf diese Rechtsfolge in Textform hingewiesen hat. 286

Der Versicherer kann sich gem. § 28 Abs. 5 VVG auch nicht mehr das Recht zum Rücktritt vom Vertrag wegen der Verletzung einer vertraglichen Obliegenheit ausbedingen. (Diese Regelung ist in der KH-Versicherung als Pflichtversicherung jedoch ohne Bedeutung, diese Regelung ist mehr für den Bereich der Personenversicherung gedacht und trägt den Anforderungen der Rechtsprechung der letzten Jahre Rechnung.). 287

Es gelten nunmehr die Verjährungsfristen des BGB, §§ 195, 199 BGB (Verjährungsfrist 3 Jahre beginnend mit dem Jahresschluss, in dem der Anspruch entstand).

2. Folgen der Obliegenheitsverletzungen

In den Fällen, in denen der Versicherungsnehmer bzw. die mitversicherte Person ihre Obliegenheiten nicht erfüllt, gewährt der Versicherer gegenüber dieser Person keinen Versicherungsschutz. Es erfolgt eine sog. Versicherungsschutzversagung durch den Versicherer. Diese Versicherungsschutzversagung betrifft nur das **Innenverhältnis** zwischen Versicherer und Versicherungsnehmer bzw. mitversicherter Person. 288

Der Anspruch des Geschädigten gegen den Versicherer[337] bleibt grundsätzlich bestehen. Ausgenommen sind lediglich die Fälle, in denen verwiesen werden kann (§ 117 Abs. 3 VVG). 289

Hat der Versicherer im Außenverhältnis Leistungen an den Geschädigten zu erbringen, besteht ein **Rückforderungsrecht** der Versicherung gegenüber dem Versicherungsnehmer (Regress).[338] Dabei geht der Anspruch auf Ersatz des Regressbetrags (Aufwendungen die der KH-Versicherer zum Ersatz des verursachten Schadens hatte) nach den Vorschriften des § 426 BGB (Ausgleich unter Gesamtschuldnern) über. Eine Anwendung des § 86 VVG entfällt, auch in analoger Anwendung, da der Versicherer nicht Ansprüche des Versicherungsnehmers gegen den Schädiger sondern des **Geschädigten** gegen den Schädiger auf Schadenersatz erhält, wenn er aufgrund der ihm obliegenden gesetzlichen Verpflichtung den Schaden reguliert hat.[339] Auch § 86 Abs. 3 VVG (Familienprivileg) kommen daher nicht zur Anwendung.[340] 290

Dieser Regress, der nach den **bis 1994** allgemeingültigen AKB auch bei Obliegenheiten vor dem Versicherungsfall von einer vollständigen Leistungsfreiheit des Versicherers gegenüber dem Versicherungsnehmer bzw. der mitversicherten Person ausging, wurde durch die **Geschäftsplanmäßige Erklärung**[341] der Versicherer gegenüber dem Bundesaufsichtsamt für das Versicherungswesen auf einen 291

---

336 Vgl. hierzu auch *Maier* r+s 2007, 89 f.
337 § 3 PflVG §§ 115, 117 VVG.
338 § 116 VVG, 426 BGB.
339 *BGH* v. 28.11.2005, VI ZR 136/05; zfs 2007, 195 ff.
340 Zutreffend insoweit *OLG Hamm* – Az. 20 U 212/05, VersR 2006, 965.
341 Vgl. insoweit oben Rdn. 29.

eigenen Rückforderungsbetrag von 5 000 DM begrenzt. Die Geschäftsplanmäßige Erklärung bewirkte jedoch nicht, dass im Fall einer Verweisung[342] der Versicherungsnehmer vor weiteren Regressforderungen, beispielsweise der Krankenkassen, geschützt war. Um den Versicherungsnehmer und die mitversicherten Personen insoweit zu schützen, wurde gleichzeitig mit der Freigabe der Gestaltung der AKB an die einzelnen Versicherer durch die Einführung der KfzPflVV ein Mindestinhalt der AKB festgeschrieben. Zu beachten ist auch, dass vor der Einführung des § 3 Nr. 6 PflVG a. F. auch in den dort (jetzt § 3 PflVG) vollständig verwiesen werden konnte und der andere Schadenversicherer dann vollen Regress genommen hat, obwohl in der Kraftfahrzeug-Haftpflicht-Versicherung eine Regressbeschränkung auf 5.000 DM vereinbart war.[343]

291a § 5 Abs. 3 KfzPflVV (Obliegenheiten vor dem Schadenfall) limitiert auch die Regresshöhe durch Einschränkung der Leistungsfreiheit des Versicherers auf einen Betrag von 5 000 €. Gemäß § 6 KfzPflVV (Obliegenheiten im Schadenfall) ist der Rückgriffsanspruch des Versicherers in minderschweren Fällen auf 2 500 € bzw. in schweren Fällen auf 5 000 € beschränkt.

292 Diese Umgestaltung schützt den VN und die mitversicherten Personen insoweit, als der Versicherer bei Verletzung von Obliegenheiten lediglich bis zu einem maximalen Gesamtbetrag (abhängig von seiner Entschädigungsleistung) in Höhe von 5 000 € Regress nehmen oder verweisen kann. Sobald die Leistungen des Versicherers darüber hinausgehen, muss er diese allein tragen.

293 Der Versicherer kann den Regress nur gegenüber der Person geltend machen, die gegen eine Pflicht verstoßen hat,[344] da er auch nur gegenüber dieser Person den Versicherungsschutz versagen kann.

293a Sofern bei einem Schadenfall mehrere Obliegenheiten verletzt wurden, gilt die sog. »**Bündeltheorie**«. Versicherungsschutz ist wegen jeder in Betracht kommenden Obliegenheitsverletzung zu versagen, der Regress ist zu bündeln. Es kann aber gleichwohl nicht für jede verletzte Obliegenheit einmal der Regressbetrag gefordert werden, es ist nur der höchste Betrag der jeweils für eine verletzte Obliegenheit vorgesehen ist zu regressieren. Fährt zum Beispiel der führerscheinlose Fahrer unter Alkoholeinfluss und verursacht einen Unfall, so kann nur einmal der Höchstbetrag von 5 000 € gefordert werden.[345]

294 Auch bei dem Zusammentreffen von Rechtspflichtverletzung und Obliegenheitsverletzungen ist wegen aller möglichen Verletzungen der Versicherungsschutz zu versagen. Die Gesamtregresshöhe richtet sich auch hier nach der jeweils höchsten Rückforderungssumme.

295 In einzelnen AKB ist festgeschrieben, dass im Fall des Zusammentreffens von Obliegenheitsverletzungen vor dem Schadenfall und Obliegenheitsverletzungen im Schadenfall (z. B. Alkoholkonsum und Unfallflucht) die Regressansprüche kumuliert werden und max. 10 000 € regressiert werden können. Diese Addition ist zulässig, da die Regelungen in § 5 und § 6 KfzPflVV gleichberechtigt nebeneinander stehen und durch das Unfallereignis eine Zäsur eintritt, die die Addition insoweit erlaubt.[346]

296 Generell kann festgehalten werden, dass der Rückgriffsanspruch des Versicherers gegenüber demjenigen, der das Kfz durch eine Straftat erhält, unbeschränkt ist. Eine Ausnahme hierfür galt nach der Rechtsprechung des *BGH* lediglich für den Fall, dass Sohn oder Tochter das Fahrzeug gegen den Willen des Berechtigten geführt haben. In diesen Fällen gilt eine Beschränkung des Rückgriffs bzw. der Leistungsfreiheit, obwohl an sich der Tatbestand des Diebstahls bzw. der Unterschlagung

---

342 Vgl. Rdn. 29, 226, 484.
343 Diese Regelung ist für alte Schadenfälle immer noch von Bedeutung!
344 § 103 VVG.
345 *LG Gießen* r+s 2001, 184 ff.
346 *BGH* v. 14.9.2005,. IV ZR 216/04 in r+s 2006, 144; *BGH* v. 9.11.2005, IV ZR 146/04, r+s 2006, 99 f.; *OLG Hamm* VersR 2000, 843; *OLG Nürnberg* r+s 2000, 443; *Schleswig-Holsteinisches OLG* PVR 2003, 194, *LG Frankfurt* SP 2011, 85; *LG Berlin* r+s 2005, 145 ff.; *LG Gießen* r+s 2001, 184; *Knappmann* VersR 1996, 401 ff.; *Stamm* VersR 1995, 261 ff.;

erfüllt ist.³⁴⁷ Diese Rechtsprechung ist angesichts der Regelung des § 248b StGB nicht korrekt, auch der unbefugte Gebrauch eines Kfz stellt einen Straftatbestand dar. Eine neuere Entscheidung ist wohl nur deshalb nicht ergangen, weil die Schäden idR. nur das versicherte Fahrzeug betreffen und dort der Regress wegen des Familienprivilegs ausgeschlossen war. Die beim Abkommen von der Straße verursachten Schäden dürften den Betrag von 5.000 € nur in Ausnahmefällen übersteigen, so dass bisher offenbar kein Bedürfnis bestand, diese Regelung zu prüfen.³⁴⁸

III. Die Obliegenheiten im Einzelnen

1. Verwendungsklausel

D.1.1 AKB; § 5 Ziff. 1 KfzPflVV   298

Allgemeines: 298a

Der Versicherungsnehmer muss in seinem Antrag auch den beabsichtigten Verwendungszweck für das zu versichernde Fahrzeug angeben. In den Tarifbestimmungen werden die einzelnen möglichen Verwendungsarten nochmals näher beschrieben. Üblicherweise liegen die folgenden Verwendungsmöglichkeiten den Verträgen zugrunde: 298b
- PKW Eigenverwendung oder PKW ohne Vermietung
- Selbstfahrervermietfahrzeuge (Mietwagen)
- Landwirtschaftliche Zugmaschine
- Taxi oder Kraftdroschken
- Kraftomnibus
- Kraftomnibus im Gelegenheitsverkehr
- LKW bis 1 t Nutzlast
- LKW im Werknahverkehr
- LKW im Werkfernverkehr
- LKW im Europaverkehr
- Gefahrguttransporte etc.
- Rotes Kennzeichen für Prüf-, Probe- und Überführungsfahrten.

Nach den Tarifbestimmungen können LKW, welche im Werkverkehr versichert sind, nach Abstimmung mit dem Versicherer unter bestimmten Voraussetzungen auch anderweitig eingesetzt werden. Erforderlich ist, dass der Versicherungsnehmer dies dem KH-Versicherer vorher mitteilt und nachweist, dass die anders verwendeten Fahrzeuge entsprechend versichert sind. Gleiches kann auch durch eine besondere Vereinbarung³⁴⁹ für sonstige Fahrzeuge erreicht werden. Ausreichend ist, dass der Versicherungsnehmer dies vor der ersten Fahrt anzeigt. Der Versicherer kann sodann seine Prämienkalkulation prüfen und ggf. eine andere Prämie fordern.   299

Am häufigsten wird bei der Verwendung der sog. »Roten Kennzeichen« gegen die Verwendungsklausel verstoßen. Rote Kennzeichen können gem. § 16 FZV für Prüf-,³⁵⁰ Probe- und Überführungsfahrten an jedermann für einen Zeitraum von 5 Tagen von der Zulassungsstelle gegen Vorlage einer Versicherungsbestätigung eines KH-Versicherers ausgegeben werden.³⁵¹ Erforderlich ist außerdem, dass das Rote Kennzeichen an dem Fahrzeug befestigt wurde. Ein im Fahrzeugraum liegendes Kennzeichen erfüllt diesen Zweck nicht, das Fahrzeug war dann nicht mit einem Roten Kennzeichen »versehen«.³⁵² Fehlt es an diesem Merkmal ist das Fahrzeug überhaupt nicht versichert! Für diesen begrenzten Zeitraum erlangt man mit der Zahlung der Gebühr die Berechtigung, mit einem nicht zu-   300

---

347 *BGH* v. 13.7.1988, IVa ZR 55/87, VersR 1988, 1062.
348 *Halm/Kreuter/Schwab/Kreuter-Lange* a. a. O. AKB Rn. 1891.
349 VerBAV 1990, 176.
350 Vgl. hierzu *LG Köln* r+s 2005, 325 bei Fahrt mit für Rennen getuntem Kfz konnte Probecharakter nicht bewiesen werden; *Halm/Kreuter/Schwab/Kreuter-Lange* a. a. O. AKB Rn. 1881.
351 *Grabolle*, DAR 2008, 173 f.
352 *OLG Koblenz* v. 4.4.2011, 10 U 1258/10 (ADAJUR-Dok.Nr. 94821).

gelassenen KFZ am öffentlichen Straßenverkehr teilzunehmen, allerdings auch hier nur für Prüf-, Probe- und Überführungsfahrten.[353] Wenn der Prüfcharakter durch den Einsatz beispielsweise als Taxi spätestens bei der zweiten Fahrt entfällt, liegt ab diesem Zeitpunkt ein Verstoß gegen die Verwendungsklausel vor.

301 Gem. § 16 Abs. 3 FZV werden rote Kennzeichen an Kfz-Händler herausgegeben und unterliegen damit den Bestimmungen der Sonderbedingungen für Kfz-Handel und -Handwerk V Nr. 3.[354] Werden sonstige Fahrten durchgeführt, ist von einem Verstoß gegen die Verwendungsklausel auszugehen. Auch bei sog. Oldtimerkennzeichen ist die Verwendung grundsätzlich beschränkt auf Oldtimer-Veranstaltungen, Prüf-, Probe- und Überführungsfahrten. Ein Verstoß gegen diese Regeln stellt ebenfalls einen Verstoß gegen die Verwendungsklausel dar.[355]

302 Rote Kennzeichen können aber auch gem. § 17 FZV für Oldtimerfahrzeuge ausgegeben werden. Sie dürfen dann nur für Fahrten verwendet werden, um an solchen Veranstaltungen teilnehmen zu können, die der Darstellung von Oldtimer-Fahrzeugen und der Pflege des kraftfahrzeugtechnischen Kulturgutes dienen sowie den dazu erforderlichen An- und Abfahrten bzw. den notwendigen Fahrten für Reparatur und Wartung.[356]

302a **Objektiver Tatbestand:**

303 Die vom Versicherungsnehmer angegebene Verwendung muss vertraglich vereinbart worden sein, damit der Versicherer sich auf einen Verstoß gegen die Verwendungsklausel berufen kann. Er ist nur von der Verpflichtung zur Leistung frei, wenn das Fahrzeug zu einem anderen, als dem im Antrag angegebenen Zweck verwendet wird.

303a Hierfür ist erforderlich, dass die tatsächliche Verwendung von der im Versicherungsantrag angegebenen Verwendung abweicht und die tatsächliche Verwendung eine höhere Einstufung im Versicherungstarif zur Folge hätte, da diese Obliegenheit den Versicherer vor höheren Risiken schützen soll.

303b ▶ **Beispiel:**

Ein PKW wird als PKW-Eigenverwendung versichert und tatsächlich als Taxi oder Selbstfahrer-Vermietfahrzeug genutzt. Hier wäre ein höherer Tarif zu zahlen. Gleiches gilt auch, wenn ein LKW als LKW-Werknahverkehr versichert wird und dann im Fernverkehr eingesetzt wird.

304 Ein einmaliger Verstoß gegen die Verwendungsklausel reicht aus, um die Leistungsfreiheit zu begründen.[357] Als Verstöße gelten:
- Geschäftsfahrzeuge einer Werkstatt werden den Kunden während der Reparatur als Ersatzfahrzeug vermietet;[358]
- ein KFZ wird kostenlos weitergegeben, um den Fahrer leichter zum Verkauf zu bewegen;[359]
- ein LKW »Werknahverkehr« wird zum Wohnmobil umgerüstet;[360]
- eine landwirtschaftliche Zugmaschine wird mit Anhänger bei Fastnachtsumzug genutzt;[361]

---

353 OLG *Dresden* DAR 2005, 522 das Tanken eines Oldtimers gehört nicht zu den versicherten Wartungsfahrten.
354 VerBAV 1990, 177; *OLG Stuttgart* r+s 2001, 104; *OLG Düsseldorf* NJOZ 2004, 3532 zur Verwendung roter Kennzeichen, die dem Käufer eines KFZ die Heimfahrt ermöglichen sollen.
355 Vgl. hierzu auch *Halm/Fitz*, DAR 2006, 433 ff; *Halm/Kreuter/Schwab/Kreuter-Lange* a. a. O. SB-HH I Rn. 1.
356 *OLG Dresden* DAR 2005, 522 das Tanken eines Oldtimers gehört nicht zu den versicherten Wartungsfahrten.
357 *BGH* v. 21.3.1963, II ZR 148/60, VersR 1963, 527; *OLG Hamm* VersR 1998, 1498 (einmalige Vermietung des KFZ).
358 *OLG Köln* VersR 1970, 513.
359 *AG Nürnberg* r+s 1984, 229.
360 *LG Mönchengladbach* zfs 1985, 179.
361 *OLG Karlsruhe* VersR 1986, 1180.

- LKW mit Verwendungsart »Werkverkehr« wird im Güterverkehr eingesetzt;[362]
- das rote Kennzeichen wird zu einem anderen Zweck verwendet;[363]
- im Fall eines Kfz-Händlers läge dann ein Verstoß vor, wenn er fremde Fahrzeuge, welche bei ihm untergestellt werden sollen oder wurden, mit roten Kennzeichen versieht;
- die Verwendung des Oldtimer-Kennzeichens zu Probe-, Prüf- oder Überführungsfahrten stellt ebenfalls einen Verstoß gegen die Verwendungsklausel dar.

Ein Verstoß wurde verneint: 304a
- Mietwagen wird Kunden vorübergehend unentgeltlich zur Verfügung gestellt;[364]
- wenn ständig mitfahrende Kollegen sich zwar an den Kosten beteiligen, der Halter dabei aber keinen Gewinn erzielt (Taxi);[365]
- das KFZ an einen anderen verliehen wird;[366]
- Einsatz einer landwirtschaftlichen Zugmaschine beim Feuerlöschdienst;[367]
- mehr Personen befördert werden, als beantragt.[368]

Subjektiver Tatbestand: 304b

Wie in allen Fällen, die den Regelungen des § 28 VVG unterliegen, ist es dem Versicherungsnehmer 305 oder dem von dem Verstoß wissenden mitversicherten Fahrer möglich, sich bei vorsätzlicher oder grob fahrlässiger Obliegenheitsverletzung zu exkulpieren. Dies gilt als gelungen, wenn kein Kausalzusammenhang zwischen dem veränderten Verwendungszweck und dem eingetretenen Schaden vorliegen.

▶ **Beispiel:** 305a

Ein PKW in Eigenverwendung wird als Taxi genutzt. Der Unfall mit diesem PKW ereignet sich jedoch während einer Privatfahrt. Hier hat sich die mit der vertragswidrigen Verwendung verbundene erhöhte Gefahr nicht konkretisiert. Vielmehr ist der Unfall in einem Zeitraum geschehen, als das Fahrzeug vertragsgemäß genutzt wurde. Der Versicherungsnehmer kann sich auf fehlendes Verschulden oder fehlende Kausalität[369] berufen, muss dies aber auch beweisen. Dies ist in jedem Fall gegeben, wenn sich der Unfall als unabwendbares Ereignis für den VN darstellt.[370]

Rechtsfolgen: 305b

Folge dieser Obliegenheitsverletzung ist Leistungsfreiheit, wenn die tatsächliche Verwendung des 306 Kraftfahrzeuges eine höhere Prämie nach sich ziehen würde.

Die Leistungsfreiheit besteht dann nicht, wenn beispielsweise ein als Taxi versichertes Fahrzeug zu 307 einer Privatfahrt verwendet wird (= Fall der Risikoverringerung).

Nach § 28 VVG kann der Versicherer kündigen, er muss es aber nicht, um die Leistungsfreiheit zu 308 erreichen. Außerdem ist gem. § 28 Abs. 2 VVG zu prüfen, ob die Obliegenheitsverletzung arglistig, vorsätzlich oder grob fahrlässig begangen wurde. Im Fall der grob fahrlässigen Begehung der Obliegenheitsverletzung – vom Gesetzgeber als Regelfall angenommen – ist entsprechend dem Grad der Vorwerfbarkeit die Leistungsfreiheit zu quotieren. Welche Grenzen und welche Tatbestandsmerkmale in diesem Bereich anzuwenden sind, bleibt der Rechtsprechung überlassen. Soweit es sich um den Halter des Fahrzeuges handelt, der die Verwendung des versicherten Fahrzeuges ändert,

---

362 *BGH* v. 1.3.1972, IV ZR 107/70, VersR 1972, 530.
363 *OLG Köln* VersR 1987, 1004.
364 *OLG Nürnberg* VersR 1969, 31.
365 *BGH* v. 14.7.1960, II ZR 228/58, VersR 1960, 726.
366 *BGH* v. 21.4. 1966, II ZR 239/63, VersR 1966, 577.
367 GB BAV 1966, 63.
368 *BGH* v. 12.12.1963, II ZR 38/61, VersR 1964, 156.
369 *BGH* v. 17.4.2002, IV ZR 91/01, NJW-RR 2002, 1101.
370 *BGH* 1.3.1972, IV ZR 107/70, VersR 1972, 530.

wird von einer Vorsatztat auszugehen sein, da er Kenntnis von dem Versicherungsumfang hat. Etwas anderes kann aber bei mitversicherten Personen gelten, die nicht ohne weiteres Erkennen können, wie ein KFZ versichert ist.[371]

309 Soweit ein Verstoß gegen die Verwendungsklausel mit roten Kennzeichen verursacht wurde, kann auch die mitversicherte Person den Verstoß vorsätzlich begehen, da diese Kennzeichen sich deutlich von den sonstigen Kennzeichen unterscheiden. Hier dürfte die Tatbestandsverwirklichung ausreichen. Beweisbelastet ist der Versicherer.

309a Die Leistungsfreiheit besteht bis 5 000 €.

309b Verweisung:

310 Auch hier besteht das Recht des Versicherers, den Geschädigten an andere Schadenversicherer bzw. SVT bis zu einem Betrag von 5 000 € zu verweisen.

2. Schwarzfahrt

311 D.1.2 AKB; § 5 Ziff. 3 KfzPflVV

311a Ein unberechtigter Fahrer gebraucht das Fahrzeug. Unberechtigt ist ein Fahrer, der die Fahrt ohne oder gegen den ausdrücklichen oder stillschweigenden Willen desjenigen durchführt, der selbstständig über die Benutzung des Fahrzeugs bestimmen kann.[372] Hierbei ist auf den Willen des wahren Berechtigten abzustellen. Wurde im Versicherungsvertrag ein besonderer Rabatt vereinbart, der den Kreis der Fahrzeugführer einschränkt (nur Frauen, nur Fahrer über 23 Jahre o. ä.), bedeutet ein Verstoß gegen diese Klausel nicht, dass der Fahrzeugführer nun zum »Schwarzfahrer« wird. Die Weitergabe des KFZ hat hier – bezogen auf den Versicherungsschutz – keine Konsequenzen. Allerdings muss der VN im Fall des Bekanntwerdens der Verletzung der vertraglich vereinbarten Einschränkung mit dem Verlust des Rabattes sowie einer Vertragsstrafe rechnen (die Höhe der Vertragsstrafe ist den TB des jeweiligen Versicherers zu entnehmen).

312 Hierbei können verschiedene Varianten vorliegen:
- die Gebrauchsüberschreitung durch den eigentlich berechtigten Fahrer;
- die Benutzung des KFZ durch einen unberechtigten Fahrer (Sohn oder Tochter des VN, vgl. hierzu unten) und
- demjenigen unberechtigten Fahrer, der das Fahrzeug durch eine Straftat erlangt hat.
- Ermöglichen der Schwarzfahrt[373] durch den Versicherungsnehmer, hierzu sei auf die Rechtsprechung zur Ermöglichung bei Diebstahlsdelikten[374] verwiesen.

313 **Beispiele für ein konkludentes (mutmaßliches) Einverständnis:**
- Übergabe der Kfz-Schlüssel mit exakten Anweisungen hinsichtlich der Benutzung;[375]
- wenn der angestellte Fahrer[376] aus Sachzwängen heraus von der genehmigten Route abweicht.[377]

---

371 *Maier/Stadler* a. a. O. Rn. 170 f.
372 BGH v. 28.10.1981, IVa ZR 202/80, VersR 1963, 770.
373 Vgl. *AG Krefeld* r+s 2000, 275; *OLG Nürnberg* r+s 2005, 366 ff.
374 *Diederichsen*, DAR 2007, 302 kein Regress gegen den Gehilfen beim Diebstahl des KFZ; *BGH* v. 28.11.21006, VI ZR 316/05, DAR 2007, 330 f.; *OLG Celle* SP 2010, 19, keine Grobe Fahrlässigkeit, wenn der Schlüssel in der Jackentasche im Kfz verblieben war, wenn Kfz gestohlen wird; ebenso *OLG Koblenz* vom 13.3.2009, 10 U 1038/08.
375 *BGH* v. 13.6.1984, IVa ZR 139/82, VersR 1984, 834. Bei bloßem Verstoß gegen den Willen in der Art der Benutzung liegt keine Schwarzfahrt vor.
376 Vgl. zum Regress gegen den Arbeitnehmer wg. eventuell bestehendem Freistellungsanspruch gegen den Arbeitgeber *Halm/Steinmeister*, DAR 2005, 481 ff.; beachte aber Urteil *LAG Hamm* v. 23. 3.2011, 3 SA 1824/20 (ADAJUR) zur Haftung des AN bei Schädigung des Linienbusses mit mittlerer Fahrlässigkeit.
377 *BGH* v. 12.12.1963, II ZR 30/61, VersR 1964, 231; v. 13.6.1984, IVa ZR 139/82, VersR 1984, 834; *OLG Köln* r+s 2000, 186.

K. Systematik der Leistungspflicht und der Obliegenheiten Kapitel 22

Keine Schwarzfahrt liegt vor, wenn bei erlaubter Probefahrt zur technischen Überprüfung zusätzlich geschäftliche und persönliche Angelegenheiten erledigt wurden, die nicht Hauptzweck der Fahrt waren.[378] **314**

Kein Einverständnis liegt hingegen vor, **315**
- wenn der angestellte Fahrer[379] aus rein privaten Gründen in größerem Umfang von der vorgeschriebenen Route abweicht,[380]
- der Fahrer das Fahrzeug zu einem anderen Zweck verwendet (private Reise statt nur Weg von und zur Arbeitsstätte).[381]

Der Berechtigte (in aller Regel der Fahrzeughalter) kann nachträglich die Schwarzfahrt zwar genehmigen, hierdurch wird der Fahrer jedoch nicht zwangsläufig zum berechtigten Fahrer.[382] Bedeutung hat dies vor allem bei Firmen- und Mietfahrzeugen, wenn dort nur der Mitarbeiter[383] bzw. Mieter und sonstige namentlich benannte Personen als Fahrer vorgesehen sind. Eine nachträgliche Genehmigung kann jedoch unwirksam sein, z. B. wegen Volltrunkenheit.[384] Trotz Zustimmung des Berechtigten ist der Fahrer unberechtigter Fahrer, wenn die Zustimmung im Zustand der Geschäftsunfähigkeit, z. B. der Volltrunkenheit, erteilt wird.[385] **316**

In diesem Zusammenhang ist jedoch zu berücksichtigen, dass eine zur Nichtigkeit von Willenserklärungen führende Volltrunkenheit eine ganz erhebliche Alkoholmenge voraussetzt.[386] In diesem Fall bleibt der Versicherungsschutz für den Versicherungsnehmer (und Halter) bestehen.[387] Die Tatsache, dass der Fahrer irrtümlich davon ausgeht, dass er den Schlüssel von dem wahren Berechtigten erhalten hat, macht ihn noch nicht zum berechtigten Fahrer i. S. d. AKB.[388] **316a**

Bei der Schwarzfahrt handelt es sich um eine vertragliche Obliegenheitsverletzung vor Eintritt des Versicherungsfalles, auf die § 28 Abs. 1 und 2 VVG anwendbar sind. Leistungsfreiheit tritt nur ein, wenn die Verletzung **verschuldet** ist. Der Verschuldensbegriff des VVG entspricht dem des BGB. **317**

Als Verschuldensformen kommen daher Vorsatz und **Fahrlässigkeit** in Betracht. Vorsatz liegt vor, wenn der unberechtigte Fahrer weiß, dass er nicht berechtigt ist und dennoch die Fahrt bewusst vornimmt (typischer Fall: Dieb). Fahrlässigkeit liegt vor, wenn der unberechtigte Fahrer hätte erkennen können, dass er unberechtigt ist und dennoch fährt. **318**

Das Verschulden ist dann ausgeschlossen, wenn der Fahrer aufgrund vorangegangener ähnlicher Situationen davon ausgehen konnte, dass eine entsprechende Genehmigung vorlag, weil der Halter in der Vergangenheit ähnliche Fahrten gebilligt hatte. **318a**

---

378 *LG Passau* VersR 1978, 813.
379 Vgl. zum Regress gegen den Arbeitnehmer wg. eventuell bestehendem Freistellungsanspruch gegen den Arbeitgeber *Halm/Steinmeister*, DAR 2005, 481 ff.; beachte aber Urteil LAG Hamm vom 23.3.2011, 3 SA 1824/20 (ADAJUR) zur Haftung des AN bei Schädigung des Linienbusses mit mittlerer Fahrlässigkeit.
380 *OLG Koblenz* VersR 1977, 30.
381 *OLG Karlsruhe* VersR 1983, 236; Einkaufsfahrt.
382 *BGH* v. 1.12.1982, IVa ZR 145/81, VersR 1983, 233.
383 Vgl. aber *OLG Köln* r+s 2000, 186 (keine Schwarzfahrt, wenn Kollege in einem 400 m entfernten Restaurant Essen holt und den Dienstwagen benutzt und eine konkrete Nutzungseinschränkung des Arbeitgebers nicht vorlag); vgl. zum Regress gegen den Arbeitnehmer wg. eventuell bestehendem Freistellungsanspruch gegen den Arbeitgeber *Halm/Steinmeister* Arbeitsrecht und Straßenverkehr in DAR 2005, 481 ff.
384 *BGH* v. 6.2.1967, II ZR 135/64, VersR 1967, 341; *OLG Nürnberg* VersR 1978, 339; *OLG Hamm* VersR 1978, 1107.
385 *OLG Nürnberg* VersR 1978, 339.
386 *OLG Köln* VersR 1995, 205.
387 *OLG Hamm* VersR 1978, 1107.
388 *BGH* v. 11.7.1963, II ZR 188/62, VersR 1963, 771.

318b Hat der Versicherungsnehmer die Schwarzfahrt schuldhaft ermöglicht, besteht auch ihm gegenüber **Leistungsfreiheit**.[389]

318c Der **unberechtigte Fahrer** muss **fehlendes Verschulden**[390] oder eine **Zurechnungsunfähigkeit**, welche ein Verschulden ausschließt,[391] beweisen, also den **Kausalitätsgegenbeweis**[392] führen.

319 Es ist auf die Frage des Verschuldens des unberechtigten Fahrers einzugehen. Unkritisch ist in all den Fällen von einer vorsätzlichen Begehung der Schwarzfahrt auszugehen, wenn der Fahrer die Schlüssel ohne Einverständnis des wahren Berechtigten an sich nimmt und die Fahrt antritt (so auch der Dieb). Die Leistungsfreiheit besteht dann in voller Höhe begrenzt durch § 5 KfzPflVV auf 5 000 € (gilt nicht für den Dieb!). Beweisbelastet ist der Versicherer. Hat hingegen der Fahrer vom wahren Berechtigten das Fahrzeug erhalten und es liegt der Fall einer Gebrauchsüberschreitung vor, weil das Fahrzeug zu einem nicht genehmigten Umweg oder zu einer Privatfahrt genutzt wurde, ist eine Quotierung nach der Schwere des Verschuldens vorzunehmen, § 28 Abs. 2 S. 2 VVG. Die Kriterien hierfür sind nicht objektiv feststellbar, sodass den zukünftigen Rechtsstreitigkeiten – jedenfalls bei dem durchschnittlichen Schadenfall mit Aufwendungen bis 10 000 € – Tür und Tor geöffnet wurden. Für den Fall, dass Privatfahrten grundsätzlich untersagt waren und auch nicht nachträglich eine Genehmigung des wahren Berechtigten erteilt wurde, ist von einem schweren Fall der grobfahrlässig begangenen Obliegenheitsverletzung auszugehen. Die Leistungsfreiheit könnte dann bei 75 % liegen. Es ist dann an dem Fahrer, einen minderschweren Fall oder gar nur leicht fahrlässige Obliegenheitsverletzung nachzuweisen.

320 Nach A.1.2.c AKB ist auch der unberechtigte Fahrer mitversicherte Person. Daher muss der Versicherer im Außenverhältnis, d. h. dem Geschädigten gegenüber, dessen Ansprüche befriedigen. Die Haftung ist auch in diesem Fall auf die Mindestversicherungssumme beschränkt.[393]

321 Zu beachten ist, dass in den Fällen des unberechtigten Gebrauchs **keine Halterhaftung** besteht, es sei denn, dieser hat die unbefugte Benutzung schuldhaft ermöglicht.[394] Wenn also im Fall einer Schwarzfahrt den Fahrer – aus welchen Gründen auch immer – kein Verschulden trifft, entfällt jede Leistungspflicht des Versicherers. Im Innenverhältnis zum unberechtigten Fahrer ist der Versicherer in jedem Fall leistungsfrei. Sofern der Versicherer Direktansprüche des Geschädigten befriedigen muss, hat er gegenüber dem unberechtigten Fahrer einen Rückgriffsanspruch.[395] Es ist auf die genaue Formulierung in den AKB zu achten, da verschiedentlich jetzt die Formulierung verwendet wird: »Der Versicherungsnehmer hat sicher zu stellen, dass Unberechtigte sein Kfz nicht nutzen können.« Diese Formulierung hat zur Folge, dass grundsätzlich bei jedem Verstoß gegen diese Obliegenheit davon ausgegangen werden muss, dass der Halter nicht ausreichend Sorge getragen hat, dass eine unberechtigte Nutzung verhindert wurde. Er muss in diesem Fall beweisen, dass er die Schwarzfahrt nicht ermöglicht hat.

322 Gem. § 28 Abs. 1 VVG kann der Versicherer kündigen, er muss es aber nicht, um die Leistungsfreiheit zu erreichen.

322a Die Beweislast für das Vorliegen der Schwarzfahrt liegt beim Versicherer, zusätzlich gegenüber dem Versicherungsnehmer ggf. das Ermöglichen der Schwarzfahrt.

322b Leistungsfreiheit besteht gegenüber dem unberechtigten Fahrer und gegenüber dem Versicherungsnehmer, soweit er die Schwarzfahrt ermöglicht hat. Sofern aufgrund des Direktanspruchs des Ge-

---

[389] *AG Krefeld* r+s 2000, 275.
[390] *BGH* v. 24.11.1966, II ZR 182/64, VersR 1967, 50.
[391] *BGH* v. 9.2.1972, IV ZR 122/71, VersR 1972, 342.
[392] *BGH* v. 4.5.1964, II ZR 153/61, VersR 1964, 709.
[393] *OLG Stuttgart* r+s 2001, 312.
[394] *BGH* v. 20.4.1961, II ZR 258/58, VersR 1961, 529, § 7 Abs. 3 StVG; *OLG Nürnberg* r+s 2004, 366 f.
[395] § 116 VVG, § 426 BGB.

schädigten Entschädigungsleistungen erbracht werden müssen, besteht diesen Personen gegenüber ein Rückgriffsanspruch § 116 VVG, § 426 BGB.

Zum Schutz der Familie des Versicherungsnehmers wurde für den Sohn oder die Tochter, welche unberechtigt das Fahrzeug benutzten, eine Sonderregelung geschaffen.[396] Da der Sohn/die Tochter das Fahrzeug ohne Wissen des Versicherungsnehmers genommen hat, war er zum Zeitpunkt des Unfalles unberechtigter Fahrer. Der *BGH* ging davon aus, dass die Geschäftsplanmäßige Erklärung[397] ähnlich wie die AKB zu behandeln und auszulegen ist. Weiterhin führte der *BGH* aus, dass nach dem Sprachgebrauch des täglichen Lebens Sohn oder Tochter, die das Fahrzeug, wenn auch ohne Wissen des Halters, an sich nehmen, keine strafbare Handlung begehen. Daher ist in diesen Fällen der Regress auf 5 000 € beschränkt. Dies gilt jedoch nur für die AKB vor dem 1.7.1994. Die Fälle danach unterfallen ausschließlich den neuen AKB, soweit diese auf das Verursacherfahrzeug anzuwenden sind. 322c

Nach D.1.2 AKB besteht bei einer Schwarzfahrt nunmehr lediglich Leistungsfreiheit in Höhe von 5 000 €. Das bedeutet, dass über einen Betrag von 5 000 € der Versicherer auch dem unberechtigten Fahrer gegenüber zur Leistung verpflichtet ist und daher Rückgriffsansprüche lediglich bis zu 5 000 € geltend machen kann. Weder die KfzPflVV noch die AKB treffen für Kinder des Versicherungsnehmers Sonderregelungen. Diese Grenze gilt jedoch nur für den unberechtigten Fahrer (Sohn/Tochter, Mitarbeiter der das Nutzungsrecht überschreitet). In diesen Fällen gilt eine Beschränkung des Rückgriffs bzw. der Leistungsfreiheit, obwohl an sich der Tatbestand des Diebstahls bzw. der Unterschlagung erfüllt ist.[398] Gegenüber demjenigen, der das Fahrzeug durch eine **strafbare** Handlung (wohl auch § 248b StGB) erlangt hat, ist in den AKB üblicherweise die volle Leistungsfreiheit vorbehalten. 323

Wenn der führerscheinlose 15-jährige Fahrer die Fahrzeugschlüssel an sich bringt, das Fahrzeug ohne Wissen und Zustimmung des Halters (Freund der Mutter) im Zustand der die Schuldfähigkeit ausschließenden Trunkenheit nutzt (glaubt, er spiele Playstation), bei der Fahrt von der Fahrbahn abkommt, in ein Grundstück einfährt und dabei einen Dritten anfährt und erheblich verletzt, führt diese Konstellation zur vollständigen Leistungsfreiheit des Versicherers. Den Fahrer trifft an dem Zustandekommen kein Verschulden, eine Halterhaftung scheidet nach § 7 Abs. 3 StVG ebenfalls aus. 324

Beweislast: 324a
- Versicherer: Vorliegen der Schwarzfahrt gegenüber Versicherungsnehmer: Ermöglichen der Schwarzfahrt 325
- unberechtigter Fahrer: fehlendes Verschulden,[399] Zurechnungsunfähigkeit, welches ein Verschulden ausschließt,[400] **Kausalitätsgegenbeweis**.[401]

Verweisung: 325a

Bei einer Versicherungsschutzversagung wegen Schwarzfahrt kann der Geschädigte nicht an andere Schadenversicherer bzw. Sozialversicherungsträger verwiesen werden. Die Verweisungsmöglichkeit ist ausdrücklich in § 3 PflVG ausgeschlossen. 326

---

396 *BGH* v 13.7.1988, IVa ZR 55/87, VersR 1988, 1062.
397 Der Wortlaut der geschäftsplanmäßigen Erklärung ist abgedruckt bei *Stiefel/Hofmann* a. a. O. § 2 Rn. 40 (in alten Auflagen), in der neueren wird in Vor § 1 AKB Rn. 9 der 17. Auflage lediglich Bezug genommen m. w.N, die aktuelle Auflage differenziert nicht mehr nach Familienangehörigen oder Fremden!
398 *BGH* v 13.7.1988, IVa ZR 55/87, VersR 1988, 1062 ff.
399 *BGH* v. 24.11.1966, II ZR 182/64, VersR 1967, 50.
400 *BGH* v. 9.2.1972, IV ZR 122/71, VersR 1972, 342.
401 *BGH* v. 4.5.1964, II ZR 153/61, VersR 1964, 709.

3. Führerscheinklausel

327 D.1.3 AKB, § 5 Abs. 1 Nr. 4 KfzPflVV

327a Der Versicherer ist von der Verpflichtung zur Leistung frei, wenn der Fahrer des Fahrzeugs bei Eintritt des Versicherungsfalles nicht die vorgeschriebene Fahrerlaubnis hat. Gemeint ist der Fahrer des versicherten Fahrzeugs. Dieser kann, muss aber nicht identisch mit dem Versicherungsnehmer, Halter oder Eigentümer sein.

327b Gegenüber Versicherungsnehmer, Halter oder Eigentümer besteht Leistungspflicht nach D.1.3 AKB, letzter Satz, wenn diese beweisen können, dass sie
- beim berechtigten Fahrer das Vorliegen einer Fahrerlaubnis schuldlos annehmen durften (1. Alternative)
- **oder** es sich bei dem Fahrer ohne Fahrerlaubnis um einen unberechtigten Fahrer gehandelt hat (2. Alternative).

327c Auch hier kommt es auf den Text der jeweiligen AKB an, sofern in diesen die Formulierung aufgenommen ist »der Versicherungsnehmer hat sicherzustellen, dass das Fahrzeug nicht von einem Fahrer ohne vorgeschriebene Fahrerlaubnis benutzt wird«, ist der Versicherungsnehmer mit einer höheren Sorgfaltspflicht belastet. Besondere Sorgfalts- und Überwachungspflichten treffen die Arbeitgeber, insbesondere Fuhrunternehmen, diese müssen regelmäßig die Führerscheine ihrer Mitarbeiter kontrollieren, aber auch der Arbeitgeber, der seinen Mitarbeitern Firmenfahrzeuge zum privaten Gebrauch zur Verfügung stellt, muss diese überwachen.[402] Wenn ein führerscheinloser Fahrer das Fahrzeug benutzte, spricht der erste Anschein dafür, dass der Versicherungsnehmer seine Obliegenheit insoweit verletzt hat. Welche Fahrerlaubnis im Einzelnen erforderlich ist, ist in den §§ 4 ff. StVZO geregelt.

328 Weiterhin muss der Fahrer im Besitz der **erforderlichen** Fahrerlaubnis sein.[403] Eine Fahrerlaubnis ist nur bei Fahrten auf öffentlichen Wegen und Plätzen vorgeschrieben, §§ 2 Abs. 1 S. 1 StVG, 4 Abs. 1 S. 1 FeV. Auch ein Privatgelände, welches bestimmungsgemäß einer Vielzahl von Personen zugänglich ist (der Parkplatz eines Supermarktes), gilt als öffentliches Gelände im Sinne dieser Vorschrift.[404]

329 Handelt es sich jedoch nicht um einen öffentlichen Platz oder um einen Privatplatz, der einer unbestimmten Vielzahl von Personen zugänglich ist, ist eine Fahrerlaubnis nicht vorgeschrieben. Ein Verstoß gegen die Führerscheinklausel kann dann nicht vorliegen.

330 Im Fahrschulwagen gilt der Fahrlehrer als Führer,[405] da sonst der Fahrschüler während seiner Ausbildung ständig gegen die Führerscheinklausel verstoßen würde

331 Im Fall der Sonderregel »begleitetes Fahren ab 17«[406] muss – ähnlich wie beim Fahrschüler – zum einen der Fahrzeugführer (der 17-jährige) über die entsprechende Fahrerlaubnis verfügen, zum anderen auch der Begleiter im Besitz einer gültigen Fahrerlaubnis sein und darüber hinaus auch die sonstigen Kriterien (Mindestalter 30 Jahre, Fahrerlaubnis Klasse B, nicht mehr als 3 Punkte im Verkehrszentralregister) erfüllen.[407] Sind diese Kriterien erfüllt, besteht Versicherungsschutz, sind sie nicht erfüllt, stellt sich die Frage, inwieweit beiden Fahrzeugführern der Versicherungsschutz zu versagen ist, ggf. auch dem Personen verschiedenen Versicherungsnehmer, der dieses zu prüfen hätte.

332 Besonderheiten in Zusammenhang mit der gültigen Fahrerlaubnis ergeben sich, wenn ein **ausländischer** Führerschein im Bereich von Deutschland gebraucht wird:[408]

---

402 Vgl. insoweit auch *Mielchen/Meyer* DAR 2008, 5 ff.
403 *OLG Nürnberg* r+s 2003, 7 (Verstoß durch Entdrosselung eines Krades, Frage der Gefahrerhöhung wurde nicht erörtert).
404 Feyock/Jacobsen/Lemor/*Jacobsen* AKB D Rn. 32 ff. m. Verweis auf § 2b AKB Rn. 32.
405 *Blum/Weber* NZV 2007, 228 f.
406 § 48a FeV.
407 Vgl. hierzu auch *Albrecht* SVR 2005, 283.
408 *Geiger* DAR 2010, 557 ff.; § 28 Abs. 1 FeV, § 4 Abs. 1 S. 3 und 4 IntKfzVO; *BGH* v. 2.11.1968, IV ZR

K. Systematik der Leistungspflicht und der Obliegenheiten — Kapitel 22

Für einen Ausländer, der seinen ständigen Aufenthalt in Deutschland begründet, gilt seine ausländische Fahrerlaubnis nur 1 Jahr lang ab Grenzübertritt; dann braucht er einen deutschen Führerschein.[409]

332a

Seit 1.7.1996 brauchen Inhaber einer Fahrerlaubnis aus Mitgliedstaaten der europäischen Union oder EWR-Staaten ihren Führerschein nicht mehr in einen deutschen Führerschein umschreiben lassen,[410] wenn sie ihren ständigen Aufenthalt in die Bundesrepublik Deutschland verlegen. Der Führerschein wird solange anerkannt, wie er gültig ist. Die entsprechende Bestimmung der Zweiten EU-Führerscheinrichtlinie wird in deutsches Recht übernommen. Bisher galt der mitgebrachte Führerschein in diesen Fällen längstens ein Jahr. Personen, die es versäumt haben, ihre Fahrerlaubnis umschreiben zu lassen und die deshalb in Deutschland nicht mehr fahren dürfen, können ab 1.7.1996 wieder mit ihrem ausländischen Führerschein am Straßenverkehr teilnehmen, sofern dieser noch gültig ist. Ein Umtausch ist nicht mehr erforderlich. Eine Fahrerlaubnis aus einem Staat außerhalb der EU und der EWR gilt nur für die Dauer von 6 Monaten ab Begründung des ständigen Aufenthaltes in der BRD und kann auf Antrag um weitere 6 Monate verlängert werden, wenn der Inhaber glaubhaft macht, seinen Wohnsitz nicht länger als insgesamt 12 Monate im Inland zu behalten. Wird dieser Zeitraum überschritten, wird die Fahrerlaubnis nicht mehr anerkannt.[411] Der Inhaber muss sich um eine deutsche Fahrerlaubnis bemühen. Eine Umschreibung gem. § 31 FeV ist möglich.

332b

Personen, die ihre ausländische Fahrerlaubnis noch nicht länger als zwei Jahre besitzen, unterliegen auch den Regelungen des Führerscheins auf Probe und sind deshalb verpflichtet, ihre Fahrerlaubnis innerhalb von drei Monaten nach Begründung des ständigen Aufenthaltes bei der zuständigen Führerscheinstelle registrieren zu lassen.

332c

Eine Besonderheit hat die EU-Erweiterung in Bezug auf Führerscheine mit sich gebracht, die nicht auf viel Gegenliebe gestoßen ist: Wenn jemand, dem in Deutschland der Führerschein entzogen wurde (z. B. wegen Alkoholfahrten), kann er nach derzeitigem Recht eine Fahrerlaubnis in einem EU-Mitgliedsstaat erwerben und mit diesem in Deutschland ein Kraftfahrzeug führen, da durch EU-Recht die Anerkennung ausländischer Führerscheine im Inland zwingend vorgegeben wird.[412] Bisher lagen Entscheidungen vor, die jedenfalls dann Anerkennung einer ausländischen Fahrerlaubnis (und damit die Teilnahme am öffentlichen Straßenverkehr) zuließen, wenn die Sperrfrist für den Antrag auf Wiedererteilung abgelaufen war.[413] Umstritten war insoweit, ob die Anerkennung eines während der Sperrfrist erworbenen ausländischen Führerscheins jedenfalls nach Ablauf der Sperrfrist anerkannt werden könnte. Die Rechtsprechung hierzu war uneinheitlich.[414] Zwischenzeitlich wurde entschieden, dass die Führerscheine, die während der Sperrfristen erworben wurden, auch nicht nach Ablauf der Sperrfristen in Deutschland anzuerkennen sind. Dabei kommt es nicht darauf an, ob der Entzug auf Alkohol- oder Drogenkonsum zurückzuführen ist oder ob wegen des Erreichens von 18 Punkten im Verkehrszentralregister die Fahrerlaubnis entzogen wurde.[415]

332d

Führerscheine der Bundeswehr sind nur auf die Dauer des Dienstverhältnisses beschränkt und können auf Antrag umgeschrieben werden.

333

775/68, VersR 1970, 464, *OLG Nürnberg* SP 2002, 207; *OLG Naumburg* zfs 2005, 22 f. für indische FE und Unkenntnis der deutschen Verkehrsvorschriften.
409 Vgl. *BGH* v. 2.11.1968, IV ZR 775/68, VersR 1970, 464.
410 § 28 Abs. 1 FeV.
411 § 4 Abs. 1 S. 3 und 4 IntKfzVO.
412 *Geiger* DAR 2010, 121 ff.
413 *EuGH* v. 29.4.2004, C 476/01, NJW 2004, 1725; *VG Chemnitz* DAR 2006, 637; *VG Sigmaringen* DAR 2006, 640.
414 *OLG Stuttgart* NJW 2008, 243 m. w. N., Verwendung =Verbotsirrtum.
415 *EUGH* v. 26.6.2008, C 329/06, NJW 2008, 2403; *Dauer* Wenig Bewegung in Sachen Führerscheintourismus NJW 2008, 2381 f. m. w. N., *Schünemann* DAR 2007, 382 f.; bei Verstoß gegen die »Wohnsitz-Regelung« besteht keine Anerkennungspflicht EuGH v. 19.5.2011, RS C-184/10, DAR 2011, 385.

334 Zu beachten ist, dass bei Fahrgastbeförderung zusätzliche Fahrerlaubnisse erforderlich sind, §§ 6 Abs. 1, 10, 48 FeV.

334a Ein Verstoß gegen die Führerscheinklausel liegt vor, wenn das Führerscheinpapier von der zuständigen Verwaltungsbehörde noch nicht ausgehändigt wurde. Das gilt sogar dann, wenn die Sperrfrist für die Wiedererteilung der Fahrerlaubnis bereits abgelaufen ist und der Fahrer bereits einen Antrag auf Wiedererteilung gestellt hat.[416]

334b Steuert jemand ein Fahrzeug, obwohl sein – vorhandener – Führerschein von der Polizei beschlagnahmt wurde, liegt ebenfalls ein Verstoß gegen die Führerscheinklausel vor.[417]

335 Gegen die Führerscheinklausel verstößt auch derjenige, der gegen eine im Führerschein eingetragene **Beschränkung** verstößt.[418] Beschränkungen sind beispielsweise in § 17 Abs. 6 FeV enthalten. Hiernach ist die Fahrerlaubnis auf das Führen von Automatikfahrzeugen zu beschränken, wenn auch die Prüfungsfahrt mit einem Automatikfahrzeug durchgeführt wurde. Weitere Beschränkungen sind möglich aufgrund von §§ 12 ff. FeV.

336 Kein Verstoß gegen die Führerscheinklausel liegt vor, wenn jemand trotz eines ausgesprochenen Fahrverbotes ein Kfz führt.[419] Ein Fahrverbot kann angeordnet werden nach §§ 44 StGB oder 25 StVG. Die entsprechenden Vorschriften der AKB erwähnen das Fahrverbot nicht. Nach dem Sinn und Zweck der Führerscheinklausel geht nur von einem ungeeigneten Fahrer eine erheblich höhere Verkehrs- und Haftpflichtgefahr aus. Beim Fahrverbot wird aber die Ungeeignetheit des Fahrers im Gegensatz zur Entziehung der Fahrerlaubnis gerade nicht festgestellt.[420]

337 Nicht unter die Führerscheinklausel fällt ferner ein Verstoß gegen Auflagen in einem Führerschein.[421] Auflagen können beispielsweise bestimmen, dass ein Fahrer eine Brille tragen muss oder eine bestimmte Höchstgeschwindigkeit einhalten muss.

338 Da es sich bei der Führerscheinklausel um eine vertragliche Obliegenheit handelt, ist § 28 Abs. 1 VVG anwendbar. Dies bedeutet, dass der Fahrer schuldhaft gehandelt haben muss.

338a Es reicht aus, dass der Fahrer fahrlässig gegen die Führerscheinklausel verstößt. Die Anwendbarkeit des § 28 VVG ermöglicht dem Fahrer, den Kausalitätsgegenbeweis, dass die fehlende Fahrerlaubnis keinen Einfluss auf den Schaden hatte, zu führen.[422] Der Beweis ist geführt, wenn der Versicherungsfall auf einem unabwendbaren Ereignis, § 7 Abs. 2 StVG oder ausschließlich auf einem Fehler in der Beschaffenheit des Kfz oder dem Versagen seiner Einrichtungen beruht.[423] Der Unabwendbarkeitsnachweis orientiert sich am Leitbild eines Idealfahrers, der sich in der konkreten Situation geistesgegenwärtig optimal verhalten hätte.

339 Neben dem Nachweis eines unabwendbaren Ereignisses oder dem Versagen technischer Einrichtungen ist der Kausalitätsgegenbeweis auch führbar durch den sog. Schutzzweck der Norm.

339a Fehlt beispielsweise eine zusätzliche Fahrerlaubnis, z. B. die zur Fahrgastbeförderung, dann kommt es maßgeblich darauf an, ob die besondere Fahrerlaubnis die Vermeidung von Unfällen der eingetretenen Art bezweckt: Ein Omnibusfahrer ohne Fahrerlaubnis zur Fahrgastbeförderung fährt auf haltende Fahrzeuge auf. Es entstand lediglich Sachschaden. In diesem Fall hielt der *BGH* den Kausali-

---

416 *LG Köln* VersR 1977, 951.
417 *BGH* v. 28.10.1981, IVa ZR 202/80, VersR 1982, 84.
418 *BGH* v. 9.4.1969, IV ZR 612/68, VersR 1969, 603 (Schutzbrille).
419 *BGH* v. 11.2.1987, IVa ZR 144/85, VersR 1987, 897.
420 Vgl. *BGH* v. 11.2.1987, IVa ZR 144/85, VersR 1987, 897.
421 *BGH* v. 9.4.1969, IV ZR 612/68, VersR 1969, 603; *BGH* v. 24.9.1969, IV ZR 1033/68, LNR 1969, 11572; *BGH* v. 30.8.1983, 4 Str 114/82, NJW 1984, 65.
422 *BGH* VI ZR 115/05, VersR 2007, 263 (zur Regelung nach den AKB a. F.).
423 *BGH* v. 27.2.1976, IV ZR 20/75, VersR 1976, 531.

tätsgegenbeweis für erbracht, da die zusätzlich vorgeschriebene Fahrerlaubnis ausschließlich dem Schutz und der Sicherheit der Fahrgäste diente.[424]

Kommt es hingegen zu Personenschäden, ist der Kausalitätsgegenbeweis nicht zu führen, es sei denn, es liegt ein unabwendbares Ereignis vor.

Die Verpflichtung des Versicherers zur Leistung bleibt gegenüber Versicherungsnehmer, Halter oder Eigentümer bestehen. Voraussetzung hierfür ist, dass es sich um einen berechtigten Fahrer (ohne Fahrerlaubnis) gehandelt hat und der Versicherungsnehmer, Halter oder Eigentümer schuldlos vom Vorliegen einer Fahrerlaubnis ausgehen durfte. Es genügt regelmäßig nicht, sich auf Erklärungen des Fahrers zu verlassen.[425] Der Halter handelt nur dann schuldlos, wenn er weiß, dass der Fahrer die Fahrerlaubnis tatsächlich bereits erworben hat und wenn keine Gründe zu der Annahme bestehen, dass ihm die Fahrerlaubnis inzwischen entzogen worden sein könnte. Weitere Voraussetzung ist, dass der Halter in der Vergangenheit die Fahrerlaubnis zumindest einmal überprüft hat.

Die Überprüfungspflicht des Versicherungsnehmers, Eigentümers, Halters geht sogar soweit, dass er sich nicht darauf verlassen darf, dass ein Parkwächter auf einem öffentlichen Parkplatz im Besitz einer Fahrerlaubnis ist.[426] In dem entschiedenen Fall hatte der Versicherungsnehmer einem Parkwächter auf einem öffentlichen Parkplatz den Zündschlüssel überlassen, um das Fahrzeug bei Bedarf umzusetzen. Nach ständiger Rechtsprechung des *BGH* muss ein Fahrzeughalter, der einem anderen die Führung seines Fahrzeuges überlässt, sich stets, und zwar i. d. R. durch Einsicht in den Führerschein, vergewissern, dass der andere die vorgeschriebene Fahrerlaubnis hat.[427]

Die Leistungspflicht gegenüber Versicherungsnehmer, Halter oder Eigentümer bleibt auf jeden Fall bestehen,
- wenn es sich bei dem Fahrer ohne Fahrerlaubnis um einen unberechtigten Fahrer gehandelt hat. Dieser Personenkreis verliert auch dann nicht den Anspruch auf Versicherungsschutz, wegen Verstoßes gegen die Führerscheinklausel, wenn er die unberechtigte Fahrt des führerscheinlosen Schwarzfahrers schuldhaft ermöglicht hat;[428]
- wenn der Versicherungsnehmer schuldlos von dem Vorliegen der Fahrerlaubnis ausgehen durfte.

Auch hier ist auf die Frage des Verschuldens des führerscheinlosen Fahrers einzugehen. Unkritisch ist in all den Fällen von einer vorsätzlichen Begehung auszugehen, wenn der Fahrer auch Halter des Fahrzeuges ist, da dann sicher die Kenntnis vom Führerscheinerfordernis besteht.[429] Wird ein von einem Deutschen erworbene ausländische Führerschein während der Sperrfrist in Deutschland verwendet, liegt zumindest in strafrechtlicher Hinsicht ein fahrlässiges Fahren ohne Fahrerlaubnis vor.[430] In versicherungsrechtlicher Hinsicht ist auch in diesem Fall von einer Vorsatztat auszugehen.

Gleiches gilt bei dem Schwarzfahrer, der ohne Einverständnis des wahren Berechtigten an sich nimmt und die Fahrt antritt (so auch der Dieb). Die Leistungsfreiheit besteht dann in voller Höhe begrenzt durch § 5 KfzPflVV auf 5 000 €. Beweisbelastet ist der Versicherer. In aller Regel wird von einer vorsätzlichen Obliegenheitsverletzung auszugehen sein.

Nur in Ausnahmefällen, beispielsweise beim »frisierten Krad«,[431] könnte der unwissende Fahrer gegen die Führerscheinklausel verstoßen. Hier stellt sich die Frage, wie diese Unkenntnis zu werten ist.

---
424 *BGH* v. 13.12.1972, IV ZR 156/71, VersR 1973, 172 ff.
425 Vgl. *BGH* v. 6.7.1988, IVa ZR 90/87, VersR 1988, 1017.
426 *BGH* v. 22.11.1968, IV ZR 516/68, VersR 1969, 124.
427 Vgl. *BGH* v. 6.7.1988, IVa ZR 90/87, VersR 1988, 1017.
428 *BGH* v. 14.5.1986, IV a ZR 191/84, NJW-RR 1986, 1082.
429 So auch *Martin/Stadler* a. a. O. Rn. 169.
430 *OLG Oldenburg* v. 16.3.2011, 1 SS 32/11, bei Vortäuschen eines Studienplatzes im Ausland.
431 *OLG Köln* in r+s 1992, 79 ff. zur Leistungsfreiheit bei »frisiertem« Mofa wegen Gefahrerhöhung, die Frage der Führerscheinklausel wurde nicht geprüft, da hier eine Schwarzfahrt vorlag; *OLG Koblenz* VersR 2007, 534 f. (Tuning als Gefahrerhöhung).

Hätte er es erkennen können und hat dennoch die Fahrt fortgesetzt, ist auch insoweit von einer Vorsatztat auszugehen. Beweisbelastet ist der Versicherer.

345 Sollte der Verstoß gegen die Führerscheinklausel nur grob fahrlässig erfolgt sein, wäre auch hier eine Quotierung vorzunehmen. Anhand welcher Tatumstände man hier von geringerer Vorwerfbarkeit ausgehen könnte, ist noch offen. Die Kriterien hierfür sind nicht objektiv feststellbar, sodass den zukünftigen Rechtsstreitigkeiten – jedenfalls bei dem durchschnittlichen Schadenfall mit Aufwendungen bis 10 000 € – Tür und Tor geöffnet wurden.

346 Leistungsfreiheit besteht gegenüber dem Fahrer ohne Fahrerlaubnis. Es besteht Leistungsfreiheit bis zu 5 000 €.

347 *(unbesetzt)*

348 Bei Personenidentität zwischen Fahrer und Halter, kann der Vertrag wegen Obliegenheitsverletzung gekündigt werden. Eine Kündigungspflicht besteht nicht.

348a Es gilt folgende **Beweislast**:

349 Tab. 7

Versicherer:	Fahrer zum Unfallzeitpunkt ohne gültige Fahrerlaubnis fristgerechte Kündigung des Vertrages (incl. Zugang der Kündigung), soweit Kündigung möglich/erforderlich.
	Außerdem ist der Versicherer beweispflichtig für das Verschulden des Versicherungsnehmers.
Fahrer ohne Fahrerlaubnis:	fehlendes Verschulden, Kausalitätsgegenbeweis
Versicherungsnehmer:	dass er ohne Verschulden vom Vorliegen einer Fahrerlaubnis ausgehen durfte, bzw. dass es sich um eine Schwarzfahrt gehandelt hat

349a **Exkurs Haftungsrecht:**

349b Der Versicherungsnehmer überlässt seinem bekanntermaßen betrunkenen und führerscheinlosen Freund sein Kfz, er selbst nimmt auf dem Beifahrersitz Platz. Grundsätzlich hat der VN als Insasse im versicherten Fahrzeug Anspruch auf Ersatz seiner Personenschäden, allerdings muss er sich hier als mitversicherte Person seine eigenen Obliegenheitsverletzungen aus D.1 und D.2. AKB entgegenhalten lassen und mit einer deutlichen Anspruchskürzung nicht nur wegen des Mithaftungseinwandes sondern auch wegen der Obliegenheitsverletzungen. Schirmer[432] ist insoweit nicht zuzustimmen, als er dem geschädigten VN das Überlassen des KFZ an einen fahruntüchtigen Fahrer nicht mehr entgegenhalten will. D.2.1 führt zwar nicht zu einer Bündelung des Regresses und damit zu einer Erhöhung des Leistungsfreibetrages, aber gleichwohl wird der geschädigte VN sich diese Nachlässigkeiten haftungsrechtlich entgegenhalten lassen müssen.

349c **Verweisung:**

350 Bei einer Versicherungsschutzversagung wegen Führerscheinmangels kann der Geschädigte **nicht** an andere Schadenversicherer bzw. SVT verwiesen werden.[433]

4. Alkoholklausel

351 D.2.1 AKB; § 5 Ziff. 5 KfzPflVV

351a Der Versicherer ist von der Leistung frei, wenn der Fahrer des Fahrzeugs bei Eintritt des Versicherungsfalles infolge des Genusses alkoholischer Getränke oder anderer berauschender Mittel nicht in der Lage ist, das Fahrzeug sicher zu führen.

---

432 *Schirmer*, DAR 2008, 319 f.
433 § 3 PflVG.

K. Systematik der Leistungspflicht und der Obliegenheiten — Kapitel 22

Die Alkoholklausel gilt wegen des Günstigkeitsprinzips nur für nach dem 1.7.1994 abgeschlossene Neu- und Ersatzverträge.[434] — 351b

Der objektive Tatbestand ist erfüllt, wenn der Fahrer das Fahrzeug infolge Alkoholgenusses oder Konsums sonstiger berauschender Mittel nicht sicher führen kann. Dies ist immer der Fall bei einer Blutalkoholkonzentration von 1,1 ‰[435] (absolute Fahruntüchtigkeit)[436] und bei einer BAK ab 0,3 ‰[437] (relative Fahruntüchtigkeit, liegt immer dann vor, wenn die BAK weder im Schadenfall noch zu einem späteren Zeitpunkt den Bereich von 0,3‰ bis 1,1 ‰ überschreitet)[438] Verbindung mit einem alkoholtypischen Fahrfehler, der den Schaden verursachte. Nicht erforderlich ist, dass das Fahrzeug auf öffentlichen Plätzen oder Wegen geführt wurde, dies ergibt sich aus der Formulierung der AKB, welche diese Einschränkung nur für die Fahrerlaubnis vorsieht. — 352

Damit bei Blutalkoholkonzentrationen ab 0,3 ‰ bis 1,1 ‰ i. V. m. alkoholtypischen Fahrfehlern die Alkoholklausel zur Anwendung kommt, müssen weitere Informationen/Indizien hinzukommen.[439] Diese sind zum Beispiel: — 353

überhöhte Geschwindigkeit,[440] Übermüdung,[441] ungewöhnliche Fahrfehler, Abkommen von gerader Fahrbahn,[442] Geradeausfahrt in einer Kurve, leichtsinniges Überholen, Vorfahrtsverletzungen[443] und Einbiegen trotz Gegenverkehrs. — 353a

Dabei sind die Anforderungen an die Begleitumstände umso höher, je geringer die BAK war. — 353b

Hinsichtlich der Fahruntüchtigkeit aufgrund anderer berauschender Mittel (Medikamente, Drogen), bleibt wegen der noch nicht genügend gesicherten Grenzwerte die weitere Entwicklung abzuwarten.[444] Erforderlich ist jedenfalls, dass diese in ihrer Wirkung der des Alkohols vergleichbar sind und die intellektuellen und motorischen Fähigkeiten und das Hemmungsvermögen beeinträchtigten.[445] Darunter fallen sicherlich die Stoffe, die § 1 BtMG unterliegen.[446] — 354

Zu den berauschenden Mitteln zählen auch Medikamente,[447] die Alkohol enthalten oder durch sonstige rauschartige Auswirkungen die Fahrsicherheit beeinträchtigen.[448] — 354a

Zu den berauschenden und damit dem § 2b unterfallenden Medikamenten zählen u. a. Mandrax, Dolviran, Hustenmittel mit Alkohol, Valium, Phanodorm, Captagon, promazepamhaltige Mittel, — 355

---

434 Beachte hierzu aber *OLG Hamm* r+s 2000, 140 zur Frage, ob bei Folgefahrzeug die neuen AKB vereinbart wurden.
435 *BGH* Beschl. v. 28.6.1990, 4 StR 297/90, VersR 1990, 1177 = NJW 1990, 2393.
436 *BGH* v. 1.12.1973, 4 StR 130/73, NJW 1974, 246 es reicht aus, wenn nach der Anflutungsphase der Wert erreicht wird.
437 *BGH* v. 26.2.1964, 4 Str. 496/63, BGHSt 19, 243; *OLG Köln* r+s 2003, 315.
438 *BGH* v. 22.4.1982, 4 Str. 43/82 in BGHSt 31, 44 = *BGH* NJW 1982, 2612, bei einer BAK über 1,1 Promille ist der Anscheinsbeweis der Kausalität der Alkoholisierung gegeben; *OLG Düsseldorf* SP 2007, 402.
439 *BGH* v. 22.4.1982, 4 Str. 43/82, BGHSt 31, 44 = *BGH* NJW 1982, 2612; *LG Frankfurt/M.* r+s 2003, 143.
440 *OLG Hamm* VersR 1987, 89; *OLG München* NJW-Spezial 2008, 555.
441 *OLG Hamm* VRS 30, 119.
442 *OLG Hamm* r+s 2003, 188.
443 *OLG Köln* r+s 1992, 114, bei 0,8 ‰.
444 *Kraatz* DAR 2011, 1 ff.; *Gehrmann* NZV 2008, 377 ff. zu den Grenzwerten für Drogeninhaltsstoffen; *Stamm* VersR 1995, 261, 266.
445 *BayObLG* NZV 1990, 317.
446 *OLG Düsseldorf* NZV 1993, 276.
447 *OLG Düsseldorf* r+s 2001, 54.
448 *Hentschel* § 316 StGB Rn. 3 m. w. N.

Melissengeist, Haschisch,[449] EXTACY[450] und OPIATE (Heroin), die vor allem durch Beeinträchtigung von Urteils- und Kritikvermögen bzw. Entzugserscheinungen zur Fahruntüchtigkeit führen.[451]

355a Voraussetzung für die Versicherungsschutzversagung ist auch die **Kausalität** zwischen der Trunkenheitsfahrt und dem Schadenfall. Nach einhelliger Rechtsprechung ist dieser Zusammenhang dann gegeben, wenn absolute Fahruntüchtigkeit vorliegt. Der Kausalitätsgegenbeweis, dass bei einer BAK von 1,1 ‰ eine Fahrunsicherheit nicht vorgelegen hat, wird dann nicht gelingen, wenn die absolute Fahruntüchtigkeit vorgelegen hat. Allein Fahren mit überhöhter Geschwindigkeit reicht hierfür nicht aus.[452]

355b In dem Bereich zwischen 0,3 ‰ und 0,8 ‰ muss für die Kausalität noch Weiteres hinzukommen, vgl. insoweit oben 2.

356 Zum Nachweis des Verschuldens reicht es aus, dass der Fahrer vor Fahrtantritt Alkohol oder sonstige berauschende Mittel zu sich genommen hat, da heute jeder Kraftfahrer um die Risiken der Trunkenheitsfahrten weiß. Allerdings ist ein pauschaler Rückschluss von hoher BAK auf die vorsätzliche Tatbegehung nicht zulässig.[453] Dies gilt auch hinsichtlich der Gefahr des Restalkohols. Bei Medikamenteneinnahme muss sich der Fahrer über deren Auswirkungen auf die Fahrtüchtigkeit informieren, ansonsten handelt er fahrlässig.[454] Exkulpationsmöglichkeiten sind nur insoweit gegeben, als der Alkoholgenuss für den Unfall nicht ursächlich war.

357 Der Alkoholgenuss alleine, ohne dass der Kausalzusammenhang mit dem Unfallereignis besteht, reicht für eine Versicherungsschutzversagung nicht aus. Auch die Unzurechnungsfähigkeit des alkoholisierten Fahrers muss dieser beweisen, um dem Regress zu entgehen. Dies ist in aller Regel nicht einfach.[455]

357a ▶ Beispiel:

Der alkoholisierte Versicherungsnehmer steht ordnungsgemäß an einer roten Ampel als ein Dritter auf das Fahrzeug auffährt. Dieser Schadenfall ist für den Versicherungsnehmer unabwendbar, der Kausalitätsgegenbeweis ist geführt.

Beweislast:

358 Der KH-Versicherer muss beweisen, dass es sich um eine Trunkenheitsfahrt i. S. d. AKB handelte, und – in den Fällen der relativen Fahruntüchtigkeit – ein alkoholtypischer Fahrfehler vorgelegen hat.

358a Der Versicherungsnehmer kann sich dadurch entschuldigen, dass er den Nachweis erbringt, dass der Alkoholkonsum des Fahrers für ihn nicht erkennbar war.[456] Nach dieser Rechtsprechung handelt der Versicherungsnehmer aber bereits dann schuldhaft, wenn er weiß, dass der Fahrer Alkohol zu sich genommen hat, es sei denn, er hat definitive Kenntnis davon, dass die Alkoholmenge so gering war, dass von einer Beeinträchtigung nicht ausgegangen werden kann. Der alkoholisierte Fahrer kann den Kausalitätsgegenbeweis nur erbringen, wenn er nachweist, dass der Unfall unabwendbar war.[457]

---

449 *BGH* v. 25.5.2000, 4 Str. 171/00, VersR 2000, 1033, wobei aber Ausfallerscheinungen zur Annahme der Fahruntüchtigkeit erforderlich sind; *BGH* Beschl. v. 3.11.1998, 4 StR 395/98; *BayObLG* NZV 1994, 285, DAR 1997, 76; *Hentschel* § 316 StGB Rn. 4 m. w. N.
450 *Harbort* NZV 1998, 14.
451 *Hentschel* § 316 StGB Rn. 5 m. w. N.
452 *BGH* v. 25.9.2002, IV ZR 212/01, zfs 2003, 25 f.; *BGH* v. 3.4.1985, IVa ZR 111/83, VersR 1985, 779; vgl. hierzu aber *OLG Frankfurt* v. 3.2.2010, 12 U 47/08, das trotz einer BAK von 1,38 0/00 die Kausalität der Alkoholisierung für den Unfall verneinte.
453 OLG Düsseldorf v. 30.6.2010, 1 RVS 59/10 (Adajur › 90616).
454 *OLG Frankfurt* DAR 1970, 162.
455 Zuletzt *LG Köln*, r+s 2006, 62 f. m. w. N.; *BGH* v. 9.11.2005, IV ZR 146/04, r+s 2006, 232 f.
456 *OLG München* VersR 1965, 1089.
457 *LG Gera* v. 10.2.2009, 6 O 1613/07, Juris

K. Systematik der Leistungspflicht und der Obliegenheiten

Rechtsfolgen:

(unbesetzt) 359

§ 28 Abs. 1 VVG lässt das Kündigungserfordernis entfallen, es kann gekündigt werden. Darüber 360 hinaus ist die Leistungsfreiheit des Versicherers in voller Höhe nur noch bei vorsätzlicher oder arglistiger Obliegenheitsverletzung gegeben. Bei grob fahrlässiger Obliegenheitsverletzung ist die Leistungsfreiheit entsprechend der Vorwerfbarkeit zu quotieren. Dabei dürfte der Verstoß gegen die Alkoholklausel als einziger ein Anknüpfen an objektive Kriterien ermöglichen, nämlich die BAK.

Dabei könnte folgende Aufteilung sinnvoll sein: 360a

Tab. 8

Grad der Alkoholisierung	Vorwerfbarkeit	Regressquote/Leistungsfreiheit
00,29 ‰	Leichte Fahrlässigkeit	0 %, kein Regress
0,3 bis 0,49 ‰	Grobe Fahrlässigkeit, leichtes Verschulden	25 %, max. 5 000 €
0,5 bis 0,79 ‰[458]	Grobe Fahrlässigkeit, mittleres Verschulden	50 %, max. 5 000 €
0,8 bis 1,09 ‰	Grobe Fahrlässigkeit, schweres Verschulden	75 %, max. 5 000 €
ab 1,1 ‰[459]	Grobe Fahrlässigkeit, besonders schweres Verschulden	100 %, max. 5 000 €

Das Beginnen bei einer BAK von 0,3 ‰ ist sachgerecht, da sich der Alkoholgenuss schon dort aus- 361 wirken kann. Dem Fahrer bleibt immer noch die Möglichkeit, sich zu entlasten, indem er beweist, dass der Alkoholkonsum keinen Einfluss auf den Schadenhergang und die Schadenhöhe hatte. Für eine Quotierung in 5 Stufen hat sich auch das LG Münster ausgesprochen.[460]

Die Annahme der vorsätzlichen Obliegenheitsverletzung bei einer Grenze von 1,1 ‰ rechtfertigt sich durch die *BGH*-Rechtsprechung, die bei einer BAK von 1,1 ‰ von absoluter Fahruntüchtigkeit ausgeht.[461] In seiner jüngsten Entscheidung[462] geht der *BGH* auch bei einer BAK von 2,7 ‰ von einer grob fahrlässigen Verursachung des Schadenfalles aus. In diesem Fall wurde auch die Schuldfähigkeit bejaht. Eine mögliche Schuldunfähigkeit komme erst ab einer BAK von über 3,0 ‰ in Betracht. Aber auch insoweit verdient der alkoholisierte Fahrer keinen Schutz, weil er die Möglichkeit nicht wahrgenommen hat, gegen seine mögliche Alkoholfahrt Vorsorge zu treffen.[463] Nach Auffassung des KG soll aber eine pauschale Leistungskürzung auf O bei 1,1 ‰ nicht erfolgen.[464]

Der Versicherer ist leistungsfrei. Die Leistungsfreiheit ist jedoch auf 5 000,00 € beschränkt. Bei vom 362 Fahrer personenverschiedenen Versicherungsnehmer, Halter oder Eigentümer bleibt die Verpflichtung zur Leistung gegenüber diesen versicherten Personen bestehen, soweit sie ohne Verschulden annehmen durften, der Fahrer habe keine alkoholischen Getränke zu sich genommen.[465] Haben sowohl

---

458 *OLG Hamm* r+s 2010, 506 bejaht eine Leistungskürzung um 60 % bei 0,59 Promille.
459 *BGH* v. 22.6.2011, IV ZR 225/10; *OLG Dresden* BA 2011, 180; *AG Berlin-Mitte* zfs 2010, 576 (für die Vollkasko-Versicherung).
460 *LG Münster* r+s 2010, 322 f., das dann Zu- oder Abschläge für besondere Umstände vornimmt.
461 So auch *Heß* NJW-Spezial, 2007, 159 f. bzw. *Rixecker* zfs 2007, 15 und *Römer* Änderung des Versicherungsvertragsrechts Teil 1 in VersR 2006, 740 f.
462 *BGH* v. 22.6.2011, IV ZR 225/10 (für die Vollkasko-Versicherung).
463 *OLG Dresden* 7 U 0466/10, BA 2011, 189.
464 *KG* DAR 2011, 23 für die Kasko-Versicherung; *LG Oldenburg* v. 24.9.2010, 13 O 1964/10 (Adajur # 90864) lässt eine vollständige Leistungskürzung ab 1,1 Promille zu.
465 *LG Bonn* DAR 2010, 24 f. zum Ermöglichen der Trunkenheitsfahrt durch den Versicherungsnehmer, Leistungsfreiheit in Höhe von 75 % in der Fahrzeugversicherung.

Fahrer als auch Versicherungsnehmer die Obliegenheit verletzt, besteht Leistungsfreiheit gegenüber jedem in Höhe von 5 000 €.

Verweisung:

363 Die Alkoholklausel gehört zu den Obliegenheitsverletzungen mit Verweisungsmöglichkeit. Die Höhe der Verweisung ist auf die Höhe der Leistungsfreiheit (5 000 €/10 000 € bei Zusammentreffen mit Verkehrsunfallflucht) beschränkt.

5. Behördlich nicht genehmigte Rennveranstaltungen

364 D.2.2 AKB; § 5 Ziff. 2 KfzPflVV

364a Rennen sind gem. § 29 StVO grundsätzlich im öffentlichen Verkehrsraum verboten, im Einzelfall kann für nichtöffentliche Veranstaltungen gem. § 46 StVO eine Ausnahmegenehmigung erteilt werden. Die Genehmigung wird nur unter strengen Auflagen erteilt. Dazu gehört auch der Abschluss entsprechender Versicherungen, um die Teilnehmer zu schützen. Aus diesem Grunde wurde in den AKB eine Trennung vorgenommen zwischen behördlich genehmigten Rennveranstaltungen (als Risikoausschluss) und behördlich nicht genehmigten Rennveranstaltungen. Diese Trennung und die im Umkehrschluss daraus resultierende Verpflichtung der KH-Versicherung, Schäden Dritter aus einem durch ein nicht genehmigtes Rennen verursachten Schaden zu ersetzen, soll dem Opferschutzgedanken Rechnung tragen.

365 Bei Teilnahme an behördlich nicht genehmigten Rennveranstaltungen besteht Leistungsfreiheit wegen Verletzung einer Obliegenheit vor Eintritt des Schadenfalles.

365a Rennen i. S. d. § 29 StVO sind Fahrtveranstaltungen, bei denen es auf die Erzielung einer Höchstgeschwindigkeit[466] ankommt. Die Erzielung einer möglichst hohen Geschwindigkeit muss das Haupt- und Endziel sein, nach ihr richtet sich die Platzierung der Teilnehmer. Das gilt sinngemäß auch für die dazugehörigen Übungsfahrten.[467] Die Teilnahme an reinen Zuverlässigkeitsfahrten stellt keine Verletzung einer vertraglichen Obliegenheit dar.[468] Problematisch kann auch die Abgrenzung zwischen Rennen und Fahrtraining sein.[469]

366 Probleme kann es geben, wenn kombinierte Rallye- und Zuverlässigkeitsfahrten stattfinden. Bei Teilnahme an einer solchen Fahrt stellt sich die Frage, ob nur der Teil vom Versicherungsschutz ausgenommen werden soll, in dem es auf die Erzielung einer Höchstgeschwindigkeit ankommt, oder für die gesamte Veranstaltung. Eine Beschränkung nur auf den Rallye-Teil würde der Regelung des § 29 StVO entsprechen, ob sich diese jedoch in der Praxis durchführen lässt, soll vorliegend dahingestellt bleiben. Zu den behördlich nicht genehmigten Rennveranstaltungen gehören auch Sprints an der Ampel,[470] oder Jagden auf der Autobahn, da es auch hier auf die Erzielung von Höchstgeschwindigkeiten ankommt. Werden hierbei die Beteiligten verletzt, hat die jüngste Rechtsprechung einen Schadenersatzanspruch verneint unter Hinweis auf die Grundsätze der Schadensersatzpflicht bei Sportveranstaltungen, wonach auch dort nur Schadensersatz gefordert werden kann bei grob unsportlichem und regelwidrigem Verhalten.[471] Die Entscheidung des OLG Bamberg ist in-

---

466 *OLG Köln* NZV 2007, 75 f.
467 *Hentschel* § 29 StVO Rn. 2.
468 Vgl. *Hentschel* § 29 StVO Rn. 2.
469 Vgl. hierzu *OLG Köln* 9 U 76/06, SP 2007, 185; das Fahrsicherheitstraining gefährdet den Versicherungsschutz nicht, *OLG Koblenz* 12 U 1529/08 (ADAJUR-Archiv).
470 *OLG Hamm* v. 28.2.2011, III-5 RBS 267/10; lesenswert insbesondere auch zu den Schadenersatzansprüchen eines bei einem solchen Rennen verletzten Teilnehmers *LG Duisburg* NZV 2005, 262 f.; *OLG Hamm* zfs 2007, 692 ff.
471 Nochmals *LG Duisburg* NZV 2005, 262 f., vgl. insoweit auch *BGH* VI ZR 98/07, r+s 2008, 256 f. für den Umfang der Haftung bei kraftsportlichen Veranstaltungen (hier war Haftung für den Fall ausgeschlossen, dass eine KH-Versicherung nicht eintrittspflichtig sei).

soweit widersprüchlich, danach soll eine »Fahrtveranstaltung« dann nicht vorliegen, wenn sich das Ereignis auf öffentlichen Straßen abspielt und nur den Zweck haben soll, eine höhere Durchschnittsgeschwindigkeit zu erreichen, wenn das Motorrad noch lange nicht an seiner Leistungsgrenze angekommen war.[472] Ob auch eine Touristenfahrt auf einer Rennstrecke unter die Rennklausel fällt, kommt auf die Ausgestaltung an.[473]

Beweisbelastet ist der KH-Versicherer, der Kausalitätsgegenbeweis dürfte hier schon aufgrund der äußeren Umstände nicht möglich sein. 367

Sofern der Versicherungsnehmer an der Veranstaltung teilgenommen hat, kann der Vertrag gekündigt werden, § 28 VVG. Sofern eine andere mitversicherte Person die Obliegenheitsverletzung begangen hat, ist eine Kündigung nicht erforderlich. Auch hier ist eine Prüfung vorzunehmen, ob die Obliegenheitsverletzung vorsätzlich oder grob fahrlässig begangen wurde. Im Fall der fahrlässigen Obliegenheitsverletzung bleibt es bei der Leistungspflicht, dies muss der VN oder Fahrer nachweisen. Den Vorsatz hat der Versicherer zu beweisen. Dabei wird in aller Regel bei einem verabredeten Rennen von einer Vorsatztat auszugehen sein. 368

Leistungsfreiheit besteht in Höhe von 5 000 €. 368a

Die Verweisung an andere Schadenversicherer oder SVT ist möglich, sie ist begrenzt auf den Leistungsfreibetrag. 369

6. Objektive Gefahrerhöhung

§ 23 ff. VVG 370

Die Gefahrerhöhung allgemein ist in den §§ 23 ff. VVG geregelt. 370a

Nach § 23 Abs. 1 VVG darf der Versicherungsnehmer nach Abschluss des Versicherungsvertrages ohne Einwilligung des Versicherers eine Erhöhung der Gefahr nicht vornehmen oder deren Vornahme durch einen Dritten gestatten. Dem Wortlaut des § 23 Abs. 1 VVG nach kommt es auf den Zeitpunkt des Abschlusses des Vertrages an. Dieser liegt regelmäßig in dem Zugang der Annahmeerklärung durch den Versicherer. 370b

Das Gesetz unterscheidet nicht deutlich zwischen objektiver und subjektiver Gefahrerhöhung. Dennoch soll im Folgenden eine Unterscheidung vorgenommen werden, da sich beide Varianten der Gefahrerhöhung in ihren Auswirkungen voneinander unterscheiden. 371

Auch in § 3 PflVG wird Bezug darauf genommen, dass »die Leistungsfreiheit des Versicherers darauf beruht, dass das Fahrzeug den Bau- und Betriebsvorschriften der StVZO« nicht entspricht. Hiermit ist die objektive Gefahrerhöhung gemeint. 371a

Die objektive Gefahrerhöhung knüpft an den StVZO-widrigen Zustand des Fahrzeuges an. Eine Gefahrerhöhung liegt vor, wenn sich die vom Versicherer bei Vertragsabschluss vorausgesetzte Gefahrenlage für ihn nach dem Vertragsabschluss erheblich verschlechtert. 372

Wie sich insbesondere aus § 27 VVG ergibt, muss die Gefahrerhöhung eine erhebliche sein. Als Faustformel kann gelten, dass eine Gefahrerhöhung dann vorliegt, wenn sie bei Kenntnis des Versicherers diesem hätte Anlass bieten können, den Versicherungsvertrag aufzuheben, nicht abzuschließen oder nur gegen erhöhte Prämie fortzusetzen.[474] 372a

Weiterhin muss durch die Gefahrerhöhung ein neuer Zustand erhöhter Gefahr geschaffen werden, der seiner Natur nach geeignet ist, von so langer Dauer zu sein, dass er die Grundlage eines neuen 372b

---

472 *OLG Bamberg* 1 U 161/09 (LS), r+s 2010, 527 für die AUB.
473 *OLG Karlsruhe* zfs 2007, 635 = r+s 2007, 502 f. (Touristenfahrt auf dem Hockenheimring ist mangels Platzierung und Zeitmessung kein Rennen (für die Kasko-Versicherung).
474 *BGH* v. 13.1.1982, IVa ZR 197/80, VersR 1983, 466 zur Anzeigepflicht.

natürlichen Gefahrenverlaufes bilden und damit den Eintritt des Versicherungsfalles generell fördern kann. Der *BGH* nimmt als Richtschnur an, dass der neue Zustand erhöhter Gefahr seiner Natur nach solange andauern muss, dass die in § 23 Abs. 2 und 3 VVG vorgesehene Anzeige an den Versicherer nicht schon aus zeitlichen Gründen sinnlos ist.[475] Allerdings muss der Zustand der Gefahrerhöhung auch nicht lange angedauert haben, um die Folgen des § 23 VVG auszulösen.

373 Der Versicherungsnehmer begeht erst dann eine Obliegenheitsverletzung, wenn er das Fahrzeug nach Vertragsabschluss in Kenntnis[476] des Mangels oder arglistiger Nichtkenntnis weiterbenutzt. Das Verschweigen der Gefahrerhöhung bei Vertragsschluss oder danach als solches schadet nicht, erst wenn das KFZ mit dieser Gefahrerhöhung in Betrieb genommen wird, löst dies die Folgen aus.

373a ▶ **Beispiel:**

Der Versicherungsnehmer hat noch keine Gefahrerhöhung vorgenommen, wenn er trotz eines allmählich eintretenden Lenkdefektes seine Fahrt zunächst weiter fortsetzt und bei Inbetriebnahme des Pkws den Defekt nicht erkannt hat.[477]

Der Versicherungsnehmer hat erst dann eine Gefahrerhöhung vorgenommen, wenn er das verkehrsunsichere Kfz wiederholt benutzt und sich des Mangels bewusst ist. Gleiches gilt, wenn er den Mangel hätte erkennen müssen und sich dieser Erkenntnis arglistig entzogen hat. Dabei kommt es nicht darauf an, dass er sich des Gefahr erhöhenden Charakters des Mangels bewusst war.[478]

374 Für die Gefahrerhöhung ist es gleichgültig, ob der Mangel am Fahrzeug durch normalen Verschleiß bzw. normale Abnutzung eingetreten ist, oder durch einen sonstigen Defekt.[479]

374a Die Gefahrerhöhung liegt nicht im Eintritt der Verkehrsunsicherheit des Fahrzeuges, sondern vielmehr in der Weiterbenutzung des Fahrzeuges in verkehrsunsicherem Zustand nach Vertragsabschluss. Aus diesem Grunde ist es unerheblich, ob die Verkehrsunsicherheit bereits vor Abschluss des Versicherungsvertrages vorhanden gewesen ist oder erst nach dessen Abschluss eintritt.[480]

Der mitversicherte Fahrer:

375 Da sich die Obliegenheit an objektiven Kriterien, nämlich dem Zustand des KFZ orientiert, richtet sie sich auch gegen den mitversicherten Fahrer, der sich vor Fahrtantritt vergewissern muss, dass sich das Fahrzeug in verkehrssicherem Zustand befindet.[481] §§ 23 ff. VVG wenden sich zwar dem Wortlaut nach ausschließlich an den Versicherungsnehmer. Über die Regelung des § 123 VVG kann jedoch dem Mitversicherten der vom Versicherten vorgenommene Verstoß vorgehalten werden. In den AKB n. F. wurden ausdrücklich Pflichten der mitversicherten Personen aufgenommen, vgl. insoweit Abschnitt F Rechte und Pflichten der mitversicherten Personen.

376 Unter der Voraussetzung, dass der Fahrer des Kfz die Gefahrerhöhung vorgenommen hat oder das Kfz in Kenntnis der Gefahrerhöhung weiterbenutzt oder sich dieser Kenntnis arglistig entzogen hat, ist der Versicherer gegenüber dem Fahrer leistungsfrei. Wenn der Versicherungsnehmer Kenntnis von der durch den Fahrer vorgenommenen Gefahrerhöhung hatte, ist der Versicherer auch dem Versicherungsnehmer gegenüber leistungsfrei.

---

475 *BGH* v. 22.1.1971, IV ZR 121/69, VersR 1971, 407.
476 *OLG Düsseldorf* NZV 2005, 155.
477 *OLG Nürnberg* VersR 1982, 460.
478 *BGH* v. 25.9.1968, IV ZR 514/68, VersR 1968, 1153; *BGH* v. 18.12.1968, IV ZR 523/68; VersR 1968, 1131; BGH v. 17.3.1992, VI ZR 62/91, VersR 1982, 793.
479 Vgl. *Bauer* Rn. 395, *BGH* v. 22.6.1967, II ZR 154/64, NJW 1967, 1758; *BGH* v. 18.10.1989, IVa ZR 29/88, VersR 1970, 412; *BGH* v. 18.10.1989, IVa ZR 29/88, VersR 1990, 80.
480 *BGH* v. 22.6.1967, II Z_R 154/64, VersR 1967, 746.
481 *BGH* v. 21.4.1971, IV ZR 162/69, VersR 1971, 558.

Soweit auch der Fahrer von der fehlenden Verkehrssicherheit des Fahrzeuges Kenntnis hatte (z. B. abgefahrene Reifen)[482] und er das Fahrzeug gleichwohl benutzt, kann auch er in Regress genommen werden. Die Regelung des § 123 VVG schützt ihn insoweit nicht mehr als in allen anderen Fällen.[483] In dieser Obliegenheit sind beide, Versicherungsnehmer und Fahrer, gleichermaßen verpflichtet und es wird dem Versicherungsnehmer nur im Ausnahmefall gelingen, sich von der Verantwortlichkeit für eine Gefahrerhöhung zu befreien, wenn er beispielsweise nachweisen kann, dass der Fahrer allein für die Gefahrerhöhung verantwortlich war. 377

Die Beweislast für die positive Kenntnis bzw. das arglistige Entziehen trägt der Versicherer. 377a

Besteht gegenüber dem Fahrer Leistungsfreiheit und muss der Versicherer dennoch Entschädigungsleistungen an den geschädigten Dritten erbringen, so entstehen auch gegenüber dem Fahrer Rückgriffsansprüche. 378

Die Rückgriffsansprüche gegenüber dem Fahrer bestehen in gleicher Höhe, wie sie, bei gleicher Obliegenheitsverletzung, dem Versicherungsnehmer gegenüber bestanden hätten bzw. bestehen. 379

Beispiele: 380

Objektive Gefahrerhöhung liegt beispielsweise vor (vorausgesetzt, dass der Versicherungsnehmer davon positive Kenntnis hatte, oder sich dieser Kenntnis arglistig entzogen hatte):
- Bei Benutzung eines Fahrzeuges mit Reifen, deren Profiltiefe geringer als 1,6 mm ist, auch wenn nur ein Reifen mangelhaft ist (§ 36 Abs. 2 S. 4 StVZO);[484]
- bei Benutzung eines Fahrzeuges mit mangelhafter Bremsanlage;[485]
- bei Benutzung eines Fahrzeuges, dessen Handbremse nicht betriebssicher ist, auch wenn die Fußbremse funktioniert;[486]
- bei Benutzung eines manipulierten Fahrzeuges, dessen zulässige Höchstgeschwindigkeit durch Eingriffe erheblich vergrößert worden ist;[487]
- Benutzung eines »frisierten« Mofas oder Krades[488]
- bei regelmäßiger Überschreitung des zulässigen Gesamtgewichtes eines Krades durch Mitnahme eine Beifahrers.[489]

Keine Gefahrerhöhung wurde angenommen: 381
- Bei Benutzung eines Fahrzeuges, dessen Bremsanlage nach Sachverständigengutachten plötzlich versagt hat, sodass die defekte Bremsanlage dem Versicherten verborgen geblieben ist;[490]

---

482 *OLG Köln* SP 2006, 429 zur positiven Kenntnis.
483 A. A. *Feyock/Jacobsen/Lemor/Jacobsen* § 2b AKB Rn. 82.
484 *BGH* v. 26.10.1967, II ZR 6/65, VersR 1967, 1169; *OLG Köln* SP 2006, 429 zur positiven Kenntnis.
485 *BGH* v. 15.1.1986, IVa ZR 30/84, VersR 1986, 255; vgl. auch hierzu *BGH* v. 13.1.2011, I ZR 188/08, bei blockierenden Bremsen eines Hängers mit nachfolgendem Brand reichte es aus, dass bei der Funktionsprüfung vor Fahrtantritt keine Mängel erkannt werden konnten. Eine mangelhafte Wartung konnte nicht nachgewiesen werden. (Im Rahmed er Frachtführerhaftung wurde die Gefahrerhöhung nicht erörtert, wobei diese dann zu verneinen gewesen wäre).
486 *BGH* v. 5.7.1972, IV ZR 37/71, VersR 1972, 872.
487 *BGH* v. 25.2.1979, IV ZR 639/68, VersR 1970, 412.
488 *BGH* v. 5.7.1988, IVa ZR 29/88, r+s 1990, 8 ff., *OLG Köln* in r+s 1992, 79 ff. zur Leistungsfreiheit bei »frisiertem« Mofa wegen Gefahrerhöhung, die Frage der Führerscheinklausel wurde nicht geprüft, da hier eine Schwarzfahrt vorlag. Dort wird die Leistungsfreiheit verneint, da eine Risikoprüfung bei den Mofas nicht erfolge. Verkannt wird aber, dass die Betriebserlaubnis mit der Veränderung am Mofa erlischt und es schon aus diesem Grund nicht mehr im öffentlichen Verkehr geführt werden darf. Aufgrund der Überwachung der Fahrzeuge durch den TÜV darf sich der Versicherer darauf verlassen, dass das Fahrzeug den StVO-Vorschriften entspricht und eine Betriebserlaubnis vorhanden ist. Daher ist das Urteil m. E. so nicht korrekt. Vgl. insoweit auch *Huppertz* DAR 2008, 172 f.; *OLG Koblenz* VersR 2007, 534 f. (Tuning als Gefahrerhöhung).
489 *BGH* v. 20.3.1967, II ZR 186/64, VersR 1967, 493.
490 *OLG Düsseldorf* zfs 1989, 417.

- wenn der Versicherte das Fahrzeug, das noch eine erhebliche Bremswirkung aufwies, erst 5 Tage besitzt und für einen Laien der lange Bremsweg auch auf einer fehlerhaften Einstellung der Bremsen beruhen kann;[491]
- bei Benutzung eines Fahrzeuges, das lediglich einen mangelhaften Reservereifen besitzt;[492]
- bei Durchführung einer einmaligen, zeitlich begrenzten Fahrt zur Reparaturwerkstatt;[493]
- wenn der Polizei am Unfallort die mangelnde Profiltiefe auch nicht aufgefallen ist;[494]
- wenn die Haftung der abgefahrenen Reifen auf trockener Straße nicht schlechter war als bei intakten Reifen;[495]
- wenn nur ein Reifen nicht genügend Profil aufwies, die anderen Reifen aber genügend Profil aufwiesen und nicht ersichtlich ist, dass der Versicherungsnehmer davon Kenntnis hatte, oder sich dieser Kenntnis arglistig entzogen hatte.[496]

Beweislast:

382 Der Versicherer, der dem Versicherungsnehmer die Vornahme oder Gestattung einer Gefahrerhöhung vorwirft, ist hierfür beweispflichtig.[497] Dies bedeutet zunächst, dass der Versicherer nachweisen muss, dass im Fall der objektiven Gefahrerhöhung das Fahrzeug den StVZO-Vorschriften nicht entsprochen hat. Auch die willentliche Vornahme muss nachgewiesen werden.[498]

382a Aus dem Merkmal in § 23 VVG, »Vornehmen oder deren Vornahme ... gestatten« schließt die Rechtsprechung, dass der Versicherungsnehmer die Gefahrenänderung willentlich, mit natürlichem Handlungswillen vornimmt oder gestattet.[499]

383 Nach Auffassung der Rechtsprechung muss der Versicherungsnehmer die Umstände kennen, aus denen sich die Gefahrenänderung ergibt. Nicht erforderlich ist, dass der Versicherungsnehmer weiß, dass diese Umstände einen gefahrerhöhenden Charakter haben.[500]

384 Auch ein Kfz-Händler, der rote Kennzeichen verwendet, muss sich über die Verkehrssicherheit des Fahrzeuges vergewissern, überlässt er diese Aufgabe einem Angestellten, so gilt dieser als sein Repräsentant.[501] Da er auch als Zulassungsstelle fungiert, soweit er nicht zugelassene Fahrzeuge mit einem roten Kennzeichen versieht, sind an ihn höhere Anforderungen zu stellen.

385 Dem Fall des positiven Wissens stellt der *BGH* den Fall gleich, dass sich der Versicherungsnehmer dieser Kenntnis arglistig verschließt. Dies ist jedoch nur möglich, wenn der Versicherungsnehmer positiv mit der Möglichkeit eines gefahrändernden Umstandes rechnet. Macht er sich hingegen keine Gedanken in dieser Richtung, so reicht es nicht aus, selbst wenn sein Verhalten grob fahrlässig, leichtsinnig, ja sogar bodenlos leichtsinnig war.[502] Es müssen folgende Voraussetzungen erfüllt sein, um von arglistiger Kenntnisverhinderung zu sprechen:
- Der Versicherungsnehmer muss mit der Möglichkeit gerechnet haben, dass das Fahrzeug Mängel aufweist.
- Er muss weiterhin damit gerechnet haben, dass es für den Versicherungsschutz auf seine Kenntnis von diesen Mängeln ankommt.

---

491 *BGH* v. 15.1.1986, IVa ZR 30/84, VersR 1986, 255.
492 *BGH* v. 3.6.1968, IV ZR 531/68, VersR 1968, 1033.
493 *BGH* v. 22.5.1967, II ZR 96/65, VersR 1967, 745.
494 *OLG Frankfurt* zfs 1985, 179.
495 *BGH* v. 4.6.1969, VI ZR 618/68, VersR 1969, 748.
496 *OLG Düsseldorf* NZV 2005, 155 (zwar für die Vollkasko entschieden, aber auf die KH-Versicherung übertragbar).
497 *BGH* v. 25.9.1968, IV ZR 514/68, BGHZ 50, 385.
498 Positive Kenntnis, *OLG Köln* 9 U 175/05, SP 2006, 429.
499 *BGH* v. 12.3.1975, IV ZR 97/73, VersR 1968, 1153.
500 Vgl. *BGH* v. 12.3.1975, IV ZR 97/73, VersR 1968, 1153.
501 *BGH* 18.12.1974, IV ZR 123/73, VersR 1975, 229, 231.
502 *BGH* v. 26.5.1982, IVa ZR 76/80, VersR 1982, 793.

K. Systematik der Leistungspflicht und der Obliegenheiten

- Er muss, um seinen Versicherungsschutz nicht zu gefährden, von einer Überprüfung des Kraftfahrzeuges Abstand genommen haben.[503]

Die Beweispflicht umfasst neben dem objektiven Vorliegen der erhöhten Gefahrenlage auch die Kenntnis bzw. das arglistige Nichtkennen durch die versicherte Person. Da dieser Beweis in der Praxis jedoch häufig misslingt, hat die Rechtsprechung zugunsten des Versicherers Beweiserleichterungen geschaffen: 386

Ist die Gefahrerhöhung so offensichtlich und bedeutsam, dass auch ein Laie sie nicht übersehen kann, spricht eine tatsächliche Vermutung für die Kenntnis, und es ist Sache des Versicherungsnehmers, diese Vermutung zu erschüttern. 386a

Im Fall der Gefahrerhöhung ist der Versicherungsnehmer grundsätzlich verpflichtet, die Einwilligung des Versicherers einzuholen. Dieser kann dann entscheiden, ob er das Fahrzeug zu den bestehenden Konditionen noch weiter versichern will. 387

Auch in §§ 23 ff. VVG wird dem Versicherungsnehmer die Möglichkeit gegeben, sich zu exkulpieren, sofern er gem. § 26 Abs. 3 VVG den Kausalitätsgegenbeweis führen kann. Die Verpflichtung des Versicherers zur Erbringung der vereinbarten Leistung bleibt trotz Vorliegen einer Gefahrerhöhung bestehen, wenn die Erhöhung der Gefahr keinen Einfluss auf den Eintritt des Versicherungsfalles und auf den Umfang der Leistung des Versicherers gehabt hat.[504] Hiermit wird ausgedrückt, dass dem Versicherten der sog. Kausalitätsgegenbeweis möglich ist. 388

Für den Kausalitätsgegenbeweis ist, wie bei anderen Obliegenheitsverletzungen, der Versicherungsnehmer beweispflichtig,[505] er muss vor Fahrtantritt auch als technischer Laie die Verkehrssicherheit prüfen und muss im Rahmen dieses Gegenbeweises jede mögliche Mitursächlichkeit der vorgenommenen Gefahrerhöhung für den Eintritt des Versicherungsfalles und den Umfang der Leistung des Versicherers ausschließen.[506] 388a

Beispiele für einen gelungenen Kausalitätsgegenbeweis: 389

- bei trockener Fahrbahn ist nach wissenschaftlichen Erkenntnissen ein Reifen, dessen Profiltiefe geringer als 1,6 mm ist, gegenüber einem gut profilierten Reifen gleichwertig, sodass die Verwendung eines abgefahrenen Reifens bei trockener Fahrbahn keinen Einfluss auf den Versicherungsfall und den Umfang der Versicherungsleistung haben kann;[507]
- ist bei regennasser Straße das vorhandene Wasser auf der Straßenoberfläche so tief, dass es bei der vom Versicherungsnehmer eingehaltenen Geschwindigkeit auch bei ordnungsgemäßen Reifen nicht aufgenommen und verdrängt worden wäre, ist der Kausalitätsgegenbeweis ebenfalls geführt;[508]
- ist der Unfall unabwendbar i. S. d. § 17 Abs. 3 StVG (§ 7 Abs. 2 a. F.), so ist der Kausalitätsgegenbeweis ebenfalls geführt.[509]

Unterlässt der Versicherungsnehmer das Anzeigen der Gefahrerhöhung und tritt der Versicherungsfall nach Erhöhung der Gefahr ein, ist der Versicherer leistungsfrei, § 26 Abs. 1 VVG. Die Leistungspflicht bleibt jedoch gemäß § 26 Abs. 2 VVG bestehen, sofern der Versicherungsnehmer ohne Verschulden gehandelt hat. Der Versicherungsnehmer, der sich auf mangelndes Verschulden beruft, ist hierfür beweispflichtig. Mangelndes Verschulden kann beispielsweise dann angenommen werden, 390

---

503 *BGH* v. 26.5.1982, IVa ZR 76/80, VersR 1982, 793.
504 § 26 Abs. 3 VVG.
505 *BGH* v. 19.9.1966, II ZR 237/64, VersR 1966, 1022; *BGH* v. 22.6.1967, II ZR 154/64, NJW 1967, 1758 f.
506 *BGH* v. 10.4.1068, IV ZR 512/68, VersR 1968, 590.
507 *BGH* v. 4.6.1969, IV ZR 618/68, VersR 1968, 785.
508 *BGH* v. 17.9.1969, IV ZR 1041/68, VersR 1969, 987 auch zur Frage des Kennenmüssens einer Gefahrerhöhung.
509 Wegen weiterer Einzelfälle zum Kausalitätsgegenbeweis s. *Prölss/Martin/Knappmann* VVG § 26 Rn. 3 mit Verweis auf § 28 Rn. 112 ff. und 143 ff.

wenn der Versicherungsnehmer weder den Zustand erhöhter Gefahr gekannt hat noch sich dieser Kenntnis arglistig verschlossen hat. Für ein Verschulden im Rahmen dieser Obliegenheitsverletzung reicht leichte Fahrlässigkeit aus. § 26 Abs. 1 VVG sieht einen – abhängig vom Schweregrad des Verschuldens – abgestuften Regress vor, wie § 28 VVG für die vertraglichen Obliegenheiten. Es gelten die gleichen Regeln.

391 Der Versicherer ist berechtigt, den Versicherungsvertrag fristlos zu kündigen, sobald der Versicherungsnehmer eine Gefahrerhöhung nach Vertragsschluss vorgenommen hat. Das fristlose Kündigungsrecht besteht nur, wenn der Versicherungsnehmer diese Gefahrerhöhung verschuldet hat. Hat der Versicherungsnehmer diese Gefahrerhöhung nicht verschuldet, so kann der Versicherer gleichwohl den Vertrag kündigen. Diese Kündigung wird jedoch erst mit einer Frist von einem Monat dem Versicherungsnehmer gegenüber wirksam. Eine Kündigungspflicht entfällt ebenfalls, wenn der personenverschiedene Fahrer die objektive Gefahrerhöhung alleine vorgenommen hat und der VN hiervon nichts wissen konnte.

392 Hatte der Versicherer vor einem Schadenereignis Kenntnis von der objektiven Gefahrerhöhung, so muss er dem Versicherungsnehmer, um leistungsfrei zu sein, den Versicherungsschutz versagen und kündigen. Hierfür hat er einen Monat ab Kenntnis Zeit.

392a Die Leistungsfreiheit der Versicherer ergibt sich aus § 26 Abs. 1 VVG, danach ist der Versicherer von der Verpflichtung zur Leistung frei.

393 Nach § 26 Abs. 1 VVG braucht in dem Fall, in dem der Versicherer erst durch oder nach dem Versicherungsfall Kenntnis von der Gefahrerhöhung erlangt, eine Kündigung nicht mehr ausgesprochen zu werden. Der Versicherer ist nur in diesem Fall auch ohne Kündigung für diesen Schaden leistungsfrei.[510]

394 Die Leistungspflicht des Versicherers für künftige Schadenfälle bleibt bestehen, wenn dieser nach Kenntnis von der Gefahrerhöhung nicht binnen eines Monats gekündigt hat (§ 26 Abs. 3 VVG). In diesen Fällen ist der Versicherer in der Lage gewesen, das Risiko neu zu kalkulieren. Hiervon hat er keinen Gebrauch gemacht. Er hat sich auch nicht vom Vertrag gelöst, sodass eine Eintrittspflicht gerechtfertigt ist. Diese Kündigungspflicht macht jedoch nur dann Sinn, wenn der Versicherer von der Gefahrerhöhung nicht in einem Schadenfall Kenntnis erlangt hat, oder das versicherte Fahrzeug durch den infolge der Gefahrerhöhung verursachten Schaden zum Totalschaden wird und verschrottet wird. Kein Kündigungsrecht besteht für den Fall, dass der ursprüngliche Gefahrenzustand wiederhergestellt wird, d. h. die Gefahrerhöhung beseitigt wird.

394a Im Fall der KH-Versicherung wird diese Leistungsfreiheit jedoch durch die AKB und durch die KfzPflVV modifiziert und seit 1.7.1994 auf den Betrag von 5 000 € begrenzt.

395 Leistungsfreiheit besteht nicht in vollem Umfange, sondern lediglich in den Grenzen bis zu 5 000 €. Die jeweiligen AKB sind zu prüfen, soweit dort die Gefahrerhöhung in die AKB mit aufgenommen wurde und die Formulierung gewählt wurde »Der Versicherungsnehmer hat sicherzustellen, dass ...« ist der Versicherungsnehmer in der Pflicht, zu beweisen, dass er seiner Verpflichtung aus den AKB, »sicherzustellen, dass« nachgekommen ist.

396 Auch in § 26 Abs. 2 VVG wurde die Neuregelung aus § 28 VVG für die vertraglichen Obliegenheiten aufgenommen, sodass auch im Fall der Gefahrerhöhung die Frage des Verschuldens zu klären ist. Dabei geht auch hier der Gesetzgeber davon aus, dass die Gefahrerhöhung lediglich grob fahrlässig begangen wurde. Für die vorsätzliche Begehung der Obliegenheitsverletzung ist der Versicherer beweispflichtig, während der Versicherungsnehmer oder die mitversicherte Person das Vorliegen lediglich leichter Fahrlässigkeit (mit der Folge der Leistungspflicht des Versicherers) beweisen muss.

---

510 *OLG Celle* r+s 1991, 117.

K. Systematik der Leistungspflicht und der Obliegenheiten Kapitel 22

Nach dem ausdrücklichen Wortlaut des § 3 PflVG ist eine Verweisung im Fall der Gefahrerhöhung 397 durch ein Fahrzeug, welches den Bau- und Betriebsvorschriften der StVZO nicht entspricht, nicht möglich. Eine Verweisung scheidet daher im Rahmen der objektiven Gefahrerhöhung aus.

7. Personenbezogene Gefahrerhöhung

§ 23 VVG 398

Hinsichtlich der allgemeinen Grundsätze sei auf die obigen Ausführungen verwiesen. Die Tatbestände, 398a die zur Annahme einer Gefahrerhöhung in der Fahrzeugversicherung führen, sind überwiegend in der Person des Versicherungsnehmers oder Fahrers liegende, wie z. B. die Diskussion über die Frage der Gefahrerhöhung bei Aufbewahrung des Kfz-Scheins im Fahrzeuginneren zeigt.[511]

Objektiver Tatbestand: 398b

Bei personenbezogenen Gefahrerhöhungen handelt es sich um gefahrerhöhende Umstände, die in 398c der Person des Fahrers begründet sind.

Beispiel: 398d

- sehbehinderter Fahrer fährt ständig ohne Brille;[512]
- Fernfahrer verletzt ständig (wochenlang) die Ruhezeitvorschriften;[513]
- Fahrer leidet an Epilepsie und fährt trotz Fahrverbotes des Arztes und es kommt dann infolge eines Anfalles zu einem Unfall.[514]

Eine Gefahrerhöhung ist jedoch nicht gegeben bei:
- einer einmaligen Fahrt infolge eines psychotischen Schubes[515] oder
- zwei aufeinander folgenden Fahrten eines Versicherungsnehmers mit nur seltenen Anfällen;[516]
- der Fahrer hat Diabetes, ein Unfall wegen einer Bewusstseinsstörung durch Unterzuckerung ist jedoch nur dann eine Gefahrerhöhung, wenn dies bereits einmal aufgetreten ist;[517]
- dauerhaftes alkoholisiertes Fahren stellt eine Gefahrerhöhung dar;[518]
- das Überlassen des KFZ an einen häufig betrunkenen Fahrer ebenso.[519]

Die Gefahrerhöhung muss von gewisser Dauer sein. So reicht zum **Beispiel:** 399

das einmalige Fahren ohne Brille,[520] die einmalige Verletzung der Ruhezeitvorschriften[521] oder die 399a einmalige Trunkenheit[522] nicht aus. In der Praxis ergeben sich hieraus nahezu unüberwindliche Beweisschwierigkeiten. Eine der häufigsten Unfallursachen, die Trunkenheitsfahrt, ist seit 1994 selbstständig in den AKB aufgenommen, sodass die Bedeutung der subjektiven Gefahrerhöhung als von

---

511 *OLG Bremen* v. 20.9.2010, 3 U 77/09 (ADAJUR-Dok.Nr. 94157): keine vorwerfbare Gefahrerhöhung, wenn der Kfz-Schein hinter der Sonnenblende aufbewahrt wurde; ebenso *OLG Oldenburg* v. 23.6.2010, 5 U 153/09 für die Aufbewahrung im Handschuhfach; aber OLG Celle bejaht die Gefahrerhöhung bei dauerhaftem Verbleib des Kfz-Scheins im Fahrzeug, r+s 2011, 107 f.
512 *BGH* v. 1.10.1969, IV ZR 1002/68, VersR 1969, 1011.
513 *BGH* v. 28.6.1965, II ZR 31/63, VersR 1965, 846; *OLG Karlsruhe* VersR 1957, 477; *OLG Düsseldorf* VersR 1963, 941.
514 *OLG Stuttgart* VersR 1997, 1141; *Warzelhan/Krämer* NJW 1984, 2620.
515 *OLG Hamm* VersR 1985, 751.
516 *OLG Nürnberg* VersR 2000, 46.
517 *OLG Oldenburg* zfs 1985, 55; vgl. auch *VG Mainz* zum Thema Führerscheinentzug bei Diabetes mit schwerer Stoffwechselentgleisung, NZV 2010, 218.
518 *OLG Frankfurt* VersR 1962, 222.
519 *OLG Düsseldorf* VersR 1964, 179.
520 *OLG Koblenz* VersR 1992, 921.
521 *OLG Düsseldorf* VersR 1963, 941, oder der Schaden danach beim Entladen eintritt *OLG Hamm* VersR 1978, 221.
522 *BGH* v. 18.10.1952, II ZR 72/52, BGHZ 7, 311.

der Rechtsprechung geschaffene Möglichkeit der Sanktionierung von Alkoholunfällen zurückgegangen ist. Gleichwohl besteht auch heute noch die Möglichkeit, dem ständig unter Alkoholeinfluss fahrenden Versicherungsnehmer wegen subjektiver Gefahrerhöhung den Versicherungsschutz zu versagen und die daraus resultierenden Rechtsfolgen einzuleiten.

400 Für die Dauerhaftigkeit der Gefahrerhöhung ist der Versicherer beweispflichtig. Dies ist im Einzelfall zu prüfen und nahezu unmöglich, allein durch medizinischen Untersuchungen (Blut- und Leberwertkontrollen) dürfte nur der Nachweis von häufigem Alkohol- oder Drogenkonsum gelingen. Indes ist dadurch noch nicht bewiesen, dass der Versicherungsnehmer/Fahrer überdies immer unter Alkoholeinfluss ein Fahrzeug geführt hat.

401 Rechtsfolge ist gemäß § 26 VVG Leistungsfreiheit des Versicherers, wobei diese den Rechtsfolgen, wie sie oben[523] beschrieben wurden, gleich stehen.

401a Die einzige Besonderheit, die hierbei zu beachten ist, liegt darin, dass eine Kündigung nur dann erforderlich ist (ebenfalls nur, um zukünftige Leistungsfreiheit zu erreichen, wenn die Kenntnis erst durch den Schadenfall erfolgte), wenn der vom Fahrer personenverschiedene Versicherungsnehmer von den Gefahr erhöhenden Umständen wusste und gleichwohl sein Fahrzeug weitergab.

402 Die Leistungsfreiheit der Versicherer ergibt sich aus § 26 VVG. Die volle Leistungsfreiheit ist bei vorsätzlicher Obliegenheitsverletzung gegeben, in den Fällen der fahrlässigen Obliegenheitsverletzung ist unter Berücksichtigung der Schwere des Verschuldens des Versicherungsnehmers nur ein abgestufter Regress möglich), danach ist der Versicherer von der Verpflichtung zur Leistung frei. Im Fall der KH-Versicherung wird diese Leistungsfreiheit jedoch durch die AKB und durch die KfzPflVV modifiziert und ist auf den Betrag von 5 000 € begrenzt.

403 Die Verweisung des Geschädigten ist gemäß § 3 PflVG, § 117 VVG möglich. Der Ausschluss in § 3 PflVG bezieht sich nur auf die objektive Gefahrerhöhung.

403a Es kann nur bis zur Höhe der Leistungsfreiheit, 5 000 €, verwiesen werden.

8. Nichtmeldung des Schadens

404 E.1.1 AKB

404a Gemäß E.1.1 AKB ist jeder **Versicherungsfall** dem Versicherer vom Versicherungsnehmer innerhalb einer Woche anzuzeigen. Versicherungsfall im Sinne dieser Vorschrift ist jedes Ereignis, das einen unter die Versicherung fallenden Schaden verursacht haben könnte.[524] Beweisbelastet für die (rechtzeitige) Absendung der Schadenmeldung ist der Versicherungsnehmer.[525] Nicht erforderlich ist, dass Ansprüche gegen den Versicherungsnehmer oder die KH-Versicherung zu befürchten sind. Grundsätzlich empfiehlt es sich daher, auch die Schäden anzuzeigen, die keine Schadensersatzpflicht des KH-Versicherers auslösen.

405 Darüber hinaus sind auch sonstige Informationen unverzüglich an den KH-Versicherer weiterzugeben. Nach E.1.2 AKB hat der Versicherungsnehmer ebenfalls die Einleitung eines Ermittlungsverfahrens, den Erlass eines Strafbefehls oder Bußgeldbescheides dem Versicherer unverzüglich anzuzeigen, auch wenn er den Versicherungsfall selbst bereits angezeigt hat.

405a Die Erhebung einer Klage, der Erlass eines Mahnbescheides, Antrag auf Prozesskostenhilfe oder gerichtliche Streitverkündung hat der Versicherungsnehmer dem Versicherer ebenfalls unverzüglich anzuzeigen, ebenso einen Arrest bzw. eine einstweilige Verfügung oder die Einleitung eines Beweissicherungsverfahrens, E.2.3 und E.2.4 AKB.

---

523 Vgl. insoweit Rdn. 394 ff.
524 *OLG Hamm* v. 3.12.2010, 20 U 16/10, geht von einer Leistungsfreiheit aus, wenn die Anzeige des Schadenfalles erst drei Monate nach dem Ereignis angezeigt wird (PHV).
525 *AG Düsseldorf* VersR 2009, 1102.

Einer Anzeige bedarf es nicht, wenn der Versicherungsnehmer einen Schadenfall nach Maßgabe der Sonderbedingung[526] zur Regelung von kleinen Sachschäden selbst regelt, E.2. AKB. Es handelt sich hierbei um Schäden, die einen voraussichtlichen Betrag, der in den jeweiligen AKB zu regeln ist, nicht übersteigen. Der Versicherungsnehmer muss diesen Schaden selbst reguliert haben. 406

Bei reinen Sachschäden von voraussichtlich nicht mehr als 500 €[527] bedarf es einer Anzeige nicht, wenn sich der Versicherungsnehmer mit allen am Versicherungsfall Beteiligten zur Höhe des Schadens einigt, zur vollständigen Selbstregulierung verpflichtet und von den Beteiligten keine weiter gehenden Ansprüche geltend gemacht werden. Gem. E.2.2 AKB kann der Versicherungsnehmer ohne Nachteile für den Versicherungsschutz den Schaden melden, wenn die Selbstregulierung nicht gelingt. 406a

Über den Wortlaut hinaus bedarf es einer Anzeige auch dann nicht, wenn der Versicherer in anderer Weise rechtzeitig Kenntnis vom Versicherungsfall erlangt hat,[528] §§ 30 Abs. 2, 104 VVG. Sinn dieser Vorschrift ist es, den Versicherer von der drohenden Leistungspflicht in Kenntnis zu setzen und ihm die Möglichkeit zu eröffnen, den Sachverhalt näher aufzuklären. 407

Alle Fälle der Anzeigenobliegenheiten setzen Kenntnis des Versicherungsnehmers vom anzeigepflichtigen Umstand voraus, ein Kennenmüssen genügt nicht.[529] Weiterhin muss der Versicherungsnehmer vorsätzlich bzw. grob fahrlässig seiner Anzeigepflicht nicht genügt haben. 408

Eine vorsätzliche Obliegenheitsverletzung ist gegeben, wenn der Versicherungsnehmer im Bewusstsein der Verhaltensnorm die Obliegenheitsverletzung will,[530] er muss dabei Kenntnis von dem Versicherungsfall haben, welcher die Obliegenheit auslöst,[531] wobei bedingter Vorsatz ausreicht[532] und verminderte Zurechnungsfähigkeit diesen nicht ausschließt.[533] Es ist nicht erforderlich, dass der Vorsatz einen Schaden des Versicherers mit umfasst.[534] 409

Fahrlässig handelt der Versicherungsnehmer oder Fahrer, wenn er die im Verkehr erforderliche Sorgfalt außer Acht lässt. Der Fahrlässigkeitsbegriff entspricht dem des § 276 BGB. Grob fahrlässig handelt derjenige, der die im Verkehr erforderliche Sorgfalt im hohen Maße außer Acht lässt, gar gröblich missachtet; wer nicht beachtet, was unter den gegebenen Umständen jedermann einleuchten musste, schlechthin unentschuldbare Pflichtverletzung muss vorgelegen haben. Als Maßstab wird das Verhalten des besonnenen und umsichtigen Autofahrers angelegt. Dieser wird jedoch unter Berücksichtigung auf die Verschiedenheit im Hinblick auf Bildung, Lebensstellung und Lebenstätigkeit, Alter und ähnliche Umstände dem jeweiligen Menschen angepasst werden müssen.[535] Ob eine grob fahrlässige Obliegenheitsverletzung vorliegt, ist keine reine Tatsachenfrage und unterliegt auch insoweit der revisionsrechtlichen Prüfung, als das Berufungsgericht entweder den Rechtsbegriff verkannt oder nicht alle festgestellten Umstände des Geschehens in seine Wertung einbezogen hat.[536] Es gibt keinen Anscheinsbeweis für das Vorliegen der groben Fahrlässigkeit.[537] Im Fall einer grob fahrlässigen Verletzung der Obliegenheiten des E.x AKB bleibt der Versicherer insoweit zur Leistung verpflichtet, als aus der Verletzung der Obliegenheit keine weiterer Schaden entstanden ist als derjenige, den der Versicherer auch bei ordnungsgemäßem Verhalten des Versicherten hätte regulieren müssen. 410

---

526 Abgedruckt bei *Stiefel/Hoffmann* § 7 Rn. 262 (Vorauflagen).
527 Den jeweiligen AKB zu entnehmen, i. d. R. 250,00 € bis 500,00 €.
528 *LG Saarbrücken* VersR 1973, 513.
529 BGH v.10.6.1970, IV ZR 1086/68, VersR 1970, 1045.
530 BGH v. 2.6.1993, IV ZR 72/92, r+s 1993, 281.
531 BGH v. 29.5.1970, IV ZR 148/69, VersR 1970, 732.
532 BGH v. 12.7.1972, IV ZR 23/71, VersR 1972, 1039.
533 BGH v. 15.3.1972, IV ZR 38/71, VersR 1970, 801.
534 *OLG Saarbrücken* VersR 1976, 157.
535 BGH v. 30.4.1981, IVa ZR 129/80, VersR 1981, 948.
536 BGH v. 10.2.1999, IV ZR 60/98, VersR 1999, 1004.
537 BGH v. 5.2.1974, VI ZR 52/72, VersR 1974, 593.

411 Bei festgestelltem Verstoß gegen die Schadenmeldepflicht und vorsätzlichem Verstoß wird der Versicherungsschutz versagt und der Versicherungsnehmer bzw. der Fahrer, ggf. sogar beide, bis zu einem Betrag in Höhe von je 2 500 € in Regress genommen.[538] Bei besonders schwerwiegender vorsätzlicher Verletzung einer Obliegenheit nach E.6 AKB erhöht sich der Regress auf 5 000 €, § 6 Abs. 3 KfzPflVV.

411a In den Fällen der Verletzung der Schadenmeldepflicht wird nicht von einem besonders schweren Fall ausgegangen werden können, da diese sich nur auf die Informationspflicht des Versicherungsnehmers bezieht, die schon mit einem Anruf des Geschädigten letztlich obsolet wird.

412 § 28 VVG trifft keine gesonderte Regelung für die Obliegenheitsverletzungen nach Eintritt des Versicherungsfalles. Es bleibt daher bei der bekannten Regelung, die auch in E.6.2 AKB aufgenommen wurde. Sofern ein solcher Schaden entstanden ist, beschränkt sich der Regress des Versicherers auf Ersatz dieses weiter gehenden Schadens auf einen Maximal-Betrag in Höhe von 2 500 €.

412b Eine Kündigung seitens des Versicherers ist nicht erforderlich.

Verweisung:

413 Auch die Fälle des E.x AKB können verwiesen werden, bis zur Höhe der Regressgrenze.

9. Aufklärungspflicht

414 E.1.3 AKB

414a Der Versicherungsnehmer wie auch der Fahrer sind verpflichtet, alles zu tun, was zur Aufklärung des Tatbestandes und zur Minderung des Schadens dienlich sein kann.[539] Auf diese Pflicht ist ausdrücklich und ggf. mehrmals hinzuweisen, wobei die Gesamtschau des Einzelfalles hier auch nach längerer Dauer einen erneuten Hinweis erfordern kann.[540]

415 Die Aufklärungspflichten werden bei zwei Fallgruppen relevant:
- Beantwortung von Fragen des Versicherers,
- Unfallflucht.

416 Der Versicherungsnehmer muss die Fragen des Versicherers unverzüglich, richtig und vollständig beantworten.[541] Im Gegensatz zur Schadenmeldepflicht genügt es hier nicht, dass der Versicherer von dem Schadenfall Kenntnis erlangt,[542] vielmehr muss der Versicherungsnehmer aktiv an der Aufklärung des Schadenherganges mitwirken.

417 Der Versicherer soll in die Lage versetzt werden, sachgemäße Entscheidungen über die Abwicklung des Versicherungsfalles zu treffen.

418 Ist die Schadenschilderung des VN unklar, z. B. bei Beschreibung von Vorschäden kann aber auch den VR eine Nachfrageobliegenheit treffen. Er muss durch geeignete Fragen den Sachverhalt weiter aufklären.[543] Der Versicherer muss damit ausdrücklich auf die Wahrheitspflicht hinweisen, wenn er insoweit Regress nehmen will, §§ 31, 104 VVG.

---

538 *LG Braunschweig* VersR 1980, 837; *LG Frankenthal* zfs 1981, 18.
539 BGH v. 13.12.2006, VI ZR 252/05, DAR 2007, 332 f., zur Frage der Kenntnis mitteilungspflichtiger Umstände; *OLG Karlsruhe* zu Angaben »ins Blaue hinein« (Frage nach Vorsteuerabzug nicht verstanden) in BeckRS 2007, 16974.
540 BGH Beschl. v. 20.2.2007, IV ZR 152/05, DAR 2007, 332.
541 Vgl. aber *OLG Karlsruhe* SP 2006, 427 f. zur Eintrittspflicht trotz falscher Unfallschilderung bezogen auf einen herbeigeführten Kasko-Schadenfall, sowie zur Beweislastverteilung.
542 BGH v. 24.6.1981, IVa ZR 133/80, VersR 1982, 182 ff.
543 *OLG Hamm* NZV 2005, 153 zum Umfang von Parkierschäden, wenn VR nicht weiter nachfragt, wurde die Verletzung der Aufklärungspflicht des VN nicht bejaht und die Leistungsfreiheit des KF-VR verneint.

K. Systematik der Leistungspflicht und der Obliegenheiten　　　　Kapitel 22

Beantwortung von Fragen des Versicherers:

Die Auskunftspflicht des Versicherungsnehmers erfasst auch Fragen, die für ihn peinlich oder mit der Gefahr strafrechtlicher Verfolgung verbunden sind.[544] Ein Auskunftsverweigerungsrecht wegen der Gefahr strafrechtlicher Verfolgung steht dem Versicherungsnehmer bezüglich Fragen des Versicherers nicht zu. Hat der Versicherungsnehmer Fragen der Strafverfolgungsbehörde falsch beantwortet, liegt hierin, auch wenn sie dem Versicherer zur Kenntnis gelangen, kein Verstoß gegen die Aufklärungsobliegenheit, da sich der Versicherungsnehmer staatlichen Stellen gegenüber nicht selbst belasten muss,[545] insbesondere wenn er der Versicherung gegenüber seiner Auskunftspflicht nachkommt. Daraus ergibt sich auch für die Prozessbevollmächtigten des Versicherungsnehmers oder des mitversicherten Fahrers, dass sich diese ebenfalls gegenüber der Versicherung nicht auf ein Schweigerecht berufen können, ein Parteiverrat kommt in Bezug auf die Versicherung nicht in Betracht, da im Gegenzug der Versicherer oder seine Mitarbeiter zur Verschwiegenheit verpflichtet sind. Sie dürfen die erhaltenen Unterlagen insbesondere nicht Strafverfolgungsbehörden zur Kenntnis geben.[546] Wird der Mitarbeiter hingegen als Zeuge im Strafverfahren vernommen, ist er gem. § 161 StPO zur Wahrheit und zur Auskunft verpflichtet, nicht jedoch gegenüber der Polizei. Von diesem Grundsatz kann nur abgewichen werden, wenn eigene Interessen des Versicherers betroffen sind oder der Betroffene ausdrücklich zustimmt. (z. B. bei BAV-Beschwerden, Deckungsprozessen oder Ermittlungs- und Strafverfahren wegen Versicherungsbetruges). Bei unklaren Angaben kann auch der Versicherer verpflichtet sein, seinerseits weiter nachzufragen.[547]

419

Hat der Versicherungsnehmer vorsätzlich falsche Angaben gemacht, so kann er sich später nicht darauf berufen, dass der Versicherer den korrekten Sachverhalt noch rechtzeitig genug erfahren habe, oder dass er sich die erforderlichen Informationen anderweitig hätte beschaffen können.[548] Die Grundsätze, die bei der Anzeigepflicht gelten, sind auf die Aufklärungspflichten **nicht** übertragbar. Das Verschweigen von Umständen, die dem Versicherer bereits positiv bekannt sind, führt nicht zur Obliegenheitsverletzung.[549]

420

Für die Sachverhaltsermittlung wesentlich sind insbesondere folgende Punkte, deren Nichtbeachtung bzw. Falschbeantwortung dann auch zur Verletzung der Aufklärungsobliegenheit führt:
- Alkoholgenuss vor dem Unfall, Möglichkeit der alkoholbedingten Fahruntüchtigkeit muss mitgeteilt werden;[550]
- Verschweigen der Blutentnahme und des Promillewertes;[551]
- Nachtrunk,[552] nicht jedoch, wenn der Nachtrunk von der Menge her nicht geeignet ist, den vor dem Unfall genossenen Alkoholgehalt zu verschleiern;[553]
- Stand und Verlauf des Strafverfahrens (Verschweigen der Verurteilung wegen Verkehrsunfallflucht);[554]
- Benennung von Unfallzeugen, ohne Bekanntgabe der Anschriften;[555]
- Fahrgeschwindigkeit;

421

544　Vgl. *OLG Köln* VersR 1965, 1045.
545　*BGH* v. 15.12.1982, IVa ZR 33/81, VersR 1983, 258.
546　*BVerfG* zfs 1982, 213.
547　*BGH* v. 11.5.2011, IV ZR 148/09, r+s 2011, 324 (zu § 19 VVG).
548　Vgl. *BGH* v. 11.3.1965, II ZR 25/63, VersR 1965, 451.
549　*BGH* vom 11.7.2007, IV ZR 332/05, r+s 2007, 366 = NJW 2007, 2700–2701.
550　*OLG Nürnberg* zfs 1985, 118.
551　*OLG Köln* zfs 1986, 214; *OLG München* VersR 1967, 342.
552　*BGH* v. 22.5.1970, IV ZR 1084/68, VersR 1970, 826; *OLG Karlsruhe* Beck RS 2008, 12466; KG v. 26.10.2010, 6 U 209/09 (ADAJUR-Dok.Nr. 95181).
553　*BGH* v. 12.5.1971, IV ZR 35/70, VersR 1971, 659.
554　*LG Köln* VersR 1958, 293.
555　*OLG Hamm* VersR 1986, 882.

- Unfallhergang;[556] Unfallort;[557]
- wiederholtes Nichtbeantworten von Fragen des Versicherers;[558]
- Angaben zum Schadenbild;[559]
- falsche Angaben zum Unfallzeitpunkt;[560]
- falsche Angaben gegenüber Strafverfolgungsbehörden nur, wenn damit das Aufklärungsinteresse des Versicherers tangiert wird;[561]
- Fahrer im Unfallzeitpunkt;[562]
- besonders schwerwiegend: falscher Unfallhergang um Wendemanöver zu vertuschen.[563]
- Von Interesse ist auch ein Verbraucherinsolvenzverfahren, welches gegen den Versicherungsnehmer eingeleitet wurde, wenn Zahlungen nicht mehr an ihn, sondern unmittelbar an einen Treuhänder zu leisten sind und der Versicherungsnehmer Zahlung des Entschädigungsbetrages oder eines Vorschusses an sich verlangt.[564]

422 Hat der Versicherungsnehmer die Schadenanzeige einem Versicherungsagenten gegenüber abgegeben und auf dessen Fragen mündlich richtig geantwortet, der Agent jedoch falsche Antworten in die Schadenanzeige eingetragen, liegt keine Verletzung der Aufklärungsobliegenheit vor. Es gilt hier die so genannte »Auge-und-Ohr-Rechtsprechung«.[565] Nach dieser Rechtsprechung ist der Agent Auge und Ohr des Versicherers, der Versicherer muss sich somit ein Fehlverhalten seines Agenten zurechnen lassen. Wenn der Fahrer bei der Polizei falsche Angaben macht, aber bei der Versicherung die Fragen korrekt beantwortet, hat dies keine Auswirkungen auf die Aufklärungspflicht.[566]

423 An die Hinweise des Versicherers werden – je nach Gesamtumständen – besondere Anforderungen gestellt. Insbesondere ist der Versicherer ggf. verpflichtet, auch mehrfach auf die Aufklärungsobliegenheit hinzuweisen.[567] Soweit der Versicherte in mehreren Versicherungsfällen die Aufklärungspflichten verletzt, wird der Versicherer in jedem einzelnen Fall leistungsfrei bis zur Höchstgrenze.[568]

Unfallflucht:

424 Gegen die Aufklärungsobliegenheiten verstößt der Versicherungsnehmer bzw. die mitversicherte Person auch dann, wenn er nach dem Unfall Unfallflucht begeht.[569] Bei der **Unfallflucht** vereitelt der Versicherungsnehmer alle notwendigen Feststellungen über Unfallverlauf, Verantwortlichkeit der Beteiligten und Umfang des Schadens. Er vereitelt weiter, dass geeignete Beweise gesichert werden können, auch gegen ihn selbst (Alkohol, Fahrerlaubnis).[570]

---

556 BGH v. 15.11.1965, II ZR 164/63, VersR 1965, 1190; *OLG Hamm* VersR 1985, 957; *LG Hamburg* v. 5.8.2011, 331 O 160/09 (ADAJUR-Dok.Nr. 94469).
557 *OLG München* v. 5.5.2011, 10 U 2362/10, ADAJUR-Doc.Nr. 93132; *OLG Brandenburg* zfs 2009, 450.
558 *OLG Düsseldorf* VersR 1994, 41.
559 OLG Köln, DAR 2011, 478.
560 *OLG Frankfurt* VersR 1974, 738; *LG Koblenz* zfs 1990, 385.
561 BGH v. 15.12.1982, IVa ZR 33/81, VersR 1968, 385; BGH v. 12.11.1975, IV ZR 5/74 VersR 1968, 885; 1995, 1043; *BGH* v. 1.12.1999, IV ZR 71/99, NJW-RR 2000, 553.
562 BGH v. 1.12.1999, IV ZR 71/99, r+s 2000, 94; BGH v. 12.3.1976, IV ZR 79/73, VersR 1976, 383; BGH v. 15.12.1982, IVa ZR 33/81, VersR 1983, 258; BGH v. 7.12.1983, IVa ZR 231/81, VersR 1983, 333; *OLG Hamm* VersR 1995, 165; *LG Nürnberg-Fürth* r+s 1988, 326; KG r+s 2010, 460 f.; KG r+s 2010, 460.
563 *OLG Köln* r+s 2003, 406.
564 *OLG Frankfurt* v. 9.11.2010, 3 U 68/09, VUR 2011, 158 (LS)= ADAJUR-Archiv # 93341.
565 *OLG Saarbrücken* r+s 2011, 325 zur Frage des blinden Unterschreibens einer Schadenanzeige; *OLG Hamm* r+s 2002, 316, Erkennen der falschen Aufzeichnung durch Außendienstmitarbeiter und Grenzen der Auge-und-Ohr-Rechtsprechung; *OLG Hamm* VersR 1992, 729.
566 BGH v. 18.4.1963, II ZR 176/60, VersR 1963, 517; BGH v. 12.3.1976, IV ZR 79/73 VersR 1976, 383.
567 BGH v. 13.12.2006, IV ZR 252/05, DAR 2007, 332.
568 BGH v. 9.11.2005, IV ZR 146/04, DAR 2006, 89 =VersR 2006, 108.
569 Wegen der versicherungsrechtlichen Konsequenzen vgl. auch *Halm*, DAR 2007, 617.
570 *OLG Saarbrücken* zfs 2009, 396, Obliegenheitsverletzung auch dann, wenn er Kfz mit Papieren an der Un-

K. Systematik der Leistungspflicht und der Obliegenheiten　　Kapitel 22

Die Pflichten, die einen Unfallbeteiligten nach einem Unfall treffen, ergeben sich insbesondere aus § 142 StGB.[571] **424a**

Ein Unfallbeteiligter darf sich erst dann von einem Unfallort im Straßenverkehr entfernen, nachdem er die Feststellung seiner Person, seines Fahrzeugs und der Art seiner Beteiligung ermöglicht hat, § 142 Abs. 1 Nr. 1 StGB. Der Unfallbeteiligte ermöglicht diese Feststellungen durch seine Anwesenheit und durch die Angabe, dass er an dem Unfall beteiligt war. Unfallflucht liegt auch vor, wenn der Versicherungsnehmer den Unfallort unerlaubt verlässt, ohne die polizeiliche Unfallaufnahme abzuwarten.[572] **424b**

Auch die Frage, ob wegen Beihilfe zur Unfallflucht Leistungsfreiheit bestehen kann, war schon Gegenstand richterlicher Prüfung.[573]

Ein Unfallbeteiligter darf sich weiterhin erst dann von einem Unfallort entfernen, wenn er eine »nach den Umständen angemessene Zeit gewartet hat, ohne dass jemand bereit war, die Feststellungen zu treffen«, § 142 Abs. 1 Nr. 2 StGB. Hiermit sind die Fälle gemeint, in denen der Versicherungsnehmer beispielsweise nachts von der Straße abkommt und einen fremden Gartenzaun beschädigt. Er muss hier eine angemessene Zeit warten, ob jemand die vorgenannten Feststellungen zur Person und zur Unfallbeteiligung treffen möchte. Diese Zeitspanne reicht von ca. 15 min bis 30 min, wenn keine wesentlichen Schäden verursacht wurden.[574] **425**

Hat der Versicherungsnehmer bzw. die mitversicherte Person eine angemessene Zeit gewartet und sich sodann vom Unfallort entfernt, so treffen ihn nachträglich Pflichten der Feststellung. Er hat unverzüglich den Berechtigten (Geschädigten) oder einer nahe gelegenen Polizeidienststelle mitzuteilen, dass er an dem Unfall beteiligt war. Weiterhin hat er seine Anschrift, seinen Aufenthaltsort sowie das Kennzeichen und den Standort seines Fahrzeugs anzugeben und dieses für weitere Feststellungen zur Verfügung zu halten, § 142 Abs. 3 StGB.[575] Auch die unmittelbare »tätige Reue« in Form von Anzeige des Schadenfalles bei der Versicherung lässt die Unfallflucht nicht entfallen, da letztlich nur die Meldeobliegenheit erfüllt wird.[576] **425a**

Ein Verstoß gegen die Aufklärungspflicht ist jedenfalls dann anzunehmen, wenn der Versicherungsnehmer oder Fahrer nachdem zwei Personen bei einem Schadenfall erheblich verletzt wurden, zwei Stunden wartet, bis er die Polizei verständigt.[577] Auch wenn er nach einem Leitplankenschaden um 5.30 Uhr nachts erst mittags die Polizei verständigt,[578] ist ein Verstoß anzunehmen. Soweit der Versicherungsnehmer mehrfach Unfallflucht begeht, kann er hinsichtlich jeder Rechtsgutverletzung bis zur Regressgrenze in Anspruch genommen werden.[579] **426**

---

fallstelle zurücklässt, da dann die Feststellung des Alkoholkonsums beispielsweise nicht mehr möglich ist; *OLG Nürnberg* r+s 2001, 15, *OLG Karlsruhe* 12 U 13/08 = BeckRS 12466.

571　Die Auffassung des *LG Düsseldorf* v. 6.5.2011, 19 NS 3/11 (Adajur › 94352), dass es bei einem wegrollenden Einkaufswagen an dem Unfallbegriff fehle, kann nicht geteilt werden, da für die versicherungsrechtliche Bewertung der Unfallbegriff (»plötzlich, von außen, mit mechanischer Gewalt«) verwirklicht ist, und angesichts auch der Höhe der Lackierkosten ist diese Haltung nach Auffassung des Verfassers nicht angebracht

572　*LG Düsseldorf* NJW-Spezial 2010, 555, eine Ursächlichkeit der Obliegenheitsverletzung für die Schadenhöhe soll dabei entfallen.

573　*OLG Bremen* VersR 2007, 1692 ff.

574　*OLG Frankfurt* VersR 1987, 927, 15 min. bei Leitplankenschaden; *OLG Zweibrücken* NZV 1991, 479 20 min. und Zurücklassen des KFZ mit Papieren am Unfallort und telegraphische Benachrichtigung der Polizei.

575　Vgl. zur irrtümlichen Nichterfüllung der Wartezeit *Mitsch*, NZV 2005, 347 ff.

576　*OLG Celle* 8 U 79/09, SP 2010, 118 f.

577　*BGH* v. 18.2.1970, IV ZR 1089/68, VersR 1970, 410.

578　*OLG Karlsruhe* r+s 1993, 5.

579　*BGH* v. .11.2005, IV ZR 146/04, r+s 2006, 99.

426a Verletzt der Versicherungsnehmer bzw. die mitversicherte Person eine dieser Pflichten, so liegt ein Verstoß gegen die Aufklärungsobliegenheit vor.

427 Die Leistungsfreiheit tritt ein, wenn der Versicherungsnehmer oder die mitversicherte Person die Obliegenheit arglistig,[580] vorsätzlich oder grob fahrlässig verletzt.[581]

427a Eine vorsätzliche Obliegenheitsverletzung ist dann gegeben, wenn der Versicherungsnehmer im Bewusstsein der Verhaltensnorm die Obliegenheitsverletzung will,[582] er muss dabei Kenntnis von dem Versicherungsfall haben, welcher die Obliegenheit auslöst,[583] wobei bedingter Vorsatz ausreicht[584] und verminderte Zurechnungsfähigkeit diesen nicht ausschließt.[585] Es ist nicht erforderlich, dass der Vorsatz einen Schaden des Versicherers mit umfasst.[586] Auch das Entfernen von der Unfallstelle kann u. U. entschuldbar sein.[587]

428 Bei elementaren grundsätzlich bekannten Pflichten ist es jedoch nicht erforderlich, dass sich der Versicherungsnehmer bewusst ist, dass er mit seiner Zuwiderhandlung auch eine versicherungsrechtliche Obliegenheit verletzt. Diese sind zum Beispiel Unfallflucht, Nachtrunk, die Beseitigung von Unfallspuren, eine falsche Anzeige, und der Verstoß gegen das Anerkenntnisverbot.

Rechtsbelehrung:

429 Als zusätzliche Voraussetzung für die Leistungsfreiheit hat die Rechtsprechung die Verpflichtung des Versicherers aufgestellt, den Versicherungsnehmer bzw. die mitversicherte Person auf die Folgen der Verletzung von Aufklärungspflichten hinzuweisen,[588] auch wenn diese für den Versicherer keine Folgen gehabt hat.

429a Üblicherweise ist auf den Schadenmeldeformularen der entsprechende Hinweis auf die Folgen von falschen Angaben eingefügt. Problematisch ist dies bei telefonischer Schadenmeldung, wenn ein weiterer schriftlicher Kontakt nicht erfolgt. Auch dabei muss grundsätzlich auf die Wahrheitspflicht hingewiesen werden, ein entsprechender Hinweis ist zu dokumentieren. Grundsätzlich wird man aber wohl davon ausgehen dürfen, dass gemeinhin bekannt ist, dass auch gegenüber der Versicherung wahrheitsgemäße Ankünfte zu machen sind.

430 Lediglich bei vorsätzlicher bzw. grob fahrlässiger Verletzung der Aufklärungsobliegenheit ist der Versicherer leistungsfrei bis zu einem Betrag von 2 500 € (grob fahrlässig) bzw. 5 000 € (vorsätzlich).

430a Im Fall der Verletzung der Aufklärungspflicht wird man nicht zwangsläufig von einer vorsätzlichen Tat ausgehen können, vielmehr kommt es bei der Prüfung, ob hier eine vorsätzliche Obliegenheitsverletzung vorliegt, darauf an, ob der Versicherungsnehmer sich der Tragweite seiner fehlenden Mitwirkung bewusst war.

430b Anders ist jedoch die Unfallflucht[589] zu bewerten. Sofern diese im Strafverfahren rechtskräftig festgestellt wurde, liegt eine **Vorsatztat** vor, mit der Folge, dass, der Versicherungsnehmer bzw. der per-

---

580 *LG Saarbrücken* SP 2010, 443; *LG Düsseldorf* v. 18.6.2010, 20 S 7/10 (Adajur #89294); *Halm/Fitz* DAR 2011, 437 m. w. N.
581 BGH v. 20.4.2005, IV ZR 293/03, r+s 2005, 282–283: der VR muss sich darauf berufen; Umstände, die der VN zwar verschwiegen hat, der VR aber bereits kannte, berechtigen nicht zur Versicherungsschutzversagung wg. Aufklärungspflichtverletzung; *Fitz* DAR 2008, 668, 670.
582 BGH v. 2.6.1993, IV ZR 72/92, r+s 1993, 323.
583 BGH v. 29.5.1970, IV ZR 148/69, VersR 1970, 732.
584 BGH v. 12.7.1972, IV ZR 23/71, VersR 1972, 1039.
585 BGH v. 24.6.1970, IV ZR 140/69, VersR 1970, 801.
586 *OLG Saarbrücken* VersR 1976, 157.
587 *OLG Naumburg* r+s 2006, 273 f.; *Himmelreich* DAR 2010, 45 ff.; *Himmelreich/Mahlberg* DAR 2011, 288 ff. zur strafrechtlichen Seite.
588 *OLG Hamm* r+s 2001, 12; *OLG Koblenz* r+s 2001, 12; *OLG Karlsruhe* v. 3.8.2010, 12 U 86/10.
589 Zu den Anforderungen an die Wahrnehmung eines Unfallschadens vgl. *OLG Köln* v. 3.5.2011, III-1 RVS 80/11 (Adajur # 93550).

sonenverschiedene Fahrer in Regress genommen werden kann. Hier wird es auch darauf ankommen, ob es sich um einen besonders schweren Fall handelt. Dies ist anzunehmen, wenn ein nicht unerheblicher Personenschaden oder erheblicher Sachschaden verursacht wurde. Aber auch eine Einstellung des Verfahrens nach § 153b StPO schützt vor Regress nicht, da auch in diesem Fall eine Verurteilung nach anderen Vorschriften, so z. B. § 34 StVO, möglich bleibt.[590] Der Versicherungsnehmer kann sich nur dann entlasten, wenn er im Fall der vorsätzlichen Obliegenheitsverletzung nachweisen kann, dass eine Schadenausweitung nicht erfolgt ist. Eine grob fahrlässige Unfallflucht kennt das Gesetz nicht.[591] Hat der Fahrer die Kollision mit dem Fahrzeug des Geschädigten – eine touchierende Berührung beider Fahrzeuge – unmittelbar während des Unfallgeschehens nicht bemerkt und wurde er erst bei dem späteren Halt an einer Ampel von dem Geschädigten auf den Unfall hingewiesen, erfüllt das daran anschließende Entfernen nicht den Tatbestand der Unfallflucht, wenn sich der Fahrer in Unkenntnis von der Unfallstelle entfernt hatte.[592] Das Entfernen nicht vom Unfallort selbst, sondern von einem anderen Ort, an welchem der Täter erstmals vom Unfall erfahren hat, erfüllt nicht den Tatbestand des § 142 Abs. 1 Nr. 1 StGB.[593]

Dabei geht die Rspr. aber davon aus, dass der Versicherungsnehmer arglistig handelt, der sich von der Unfallstelle entfernt, wenn ihm bewusst ist, dass er durch sein Verhalten die Schadenregulierung des Versicherers erschwert.[594]

Die von der Rechtsprechung zu entscheidenden Fälle beziehen sich zumeist auf die Unfallflucht. 430c

Kein besonders schwerer Fall liegt vor, 431
- wenn an der Alleinschuld des Versicherungsnehmers kein Zweifel bestand und dieser später bei der polizeilichen Vernehmung einräumt, unter starkem Alkoholeinfluss gestanden zu haben;[595]
- wenn der Versicherungsnehmer die Unfallstelle verlässt und nachtrinkt, dann jedoch an die Unfallstelle zurückkehrt;[596]
- wenn der Versicherungsnehmer die Unfallstelle verlässt und bei einer nachträglichen Blutprobe nicht ausgeschlossen werden kann, dass er zum Unfallzeitpunkt nicht alkoholisiert war.[597]

Nach der Rechtsprechung muss, um bis zu 5 000 € leistungsfrei zu sein, die Obliegenheitsverletzung 432 generell geeignet sein, die berechtigten Interessen des Versicherers ernsthaft zu gefährden und den Versicherungsnehmer ein besonders schwerwiegendes Verschulden treffen (nicht nur ein erhebliches).[598]

Ein besonders schwerer Fall wird angenommen, 432a
- wenn bei einem Auffahrunfall erheblicher Sach- und Personenschaden entstanden ist und sich der Eindruck der Mitverantwortlichkeit am Unfallgeschehen aufdrängt;[599]
- wenn der Versicherungsnehmer sein durch den Unfall beschädigtes Fahrzeug versteckt, um seine Unfallbeteiligung zu verschleiern und am nächsten Morgen bei der Polizei eine Diebstahlsanzeige erstattet;[600]
- wenn der Versicherungsnehmer eine Person anfährt, sich über das Verlangen des Beifahrers, an der Unfallstelle zu bleiben mit dem Hinweis auf Alkoholkonsum hinwegsetzt und Spuren und Hinweise auf seine Beteiligung am Unfallereignis planvoll verwischt;[601]

---

590 Vgl. hierzu ausführlich *Krumm/Himmelreich/Staub* DAR 2011, 6 ff.
591 *BVerfG* NZV 2007, 368.
592 *BGH* v. 15.11.2010, 4 Str 413/10; *OLG Düsseldorf* 2 SS 142/07 – 69/07 (Adajur # 90561).
593 *BGH* Beschl. v. 30.8.1978, 4 StR 682/77, BGHSt 28, 129, 131.
594 *LG Saarbrücken* SP 2010, 443
595 *BGH* v. 21.4.1982, IVa ZR 26780. VersR 1982, 742.
596 *OLG Bamberg* VersR 1983, 1021.
597 *OLG Köln* VersR 1993, 45.
598 *BGH* v. 21.4.1982, IVa ZR 26780, VersR 1982, 742.
599 *AG Darmstadt* zfs 1992, 341.
600 *BGH* v. 7.12.1983, IVa ZR 231/81, VersR 1983, 333; *OLG Karlsruhe* r+s 2000, 4.
601 *LG Saarbrücken* r+s 1990, 260.

- wenn der Versicherungsnehmer sich standhaft weigert, den Namen des Fahrers bzw. der Person zu nennen, an den er das Fahrzeug verliehen hat.[602]

433 Die Leistungsfreiheit tritt nicht ein, wenn der Versicherungsnehmer bzw. die mit versicherte Person
- grob fahrlässig die Aufklärungspflicht verletzt hat und
- diese Obliegenheitsverletzung weder Einfluss auf die Feststellung des Versicherungsfalles noch auf die Feststellung oder den Umfang der Versicherungsleistung gehabt hat.

434 Leistungsfreiheit des Versicherers besteht somit lediglich in folgenden Fällen:
- bei erfolgter korrekter Rechtsbelehrung und
- bei vorsätzlicher Verletzung der Aufklärungspflicht oder
- bei grob fahrlässiger Verletzung der Aufklärungspflicht, sofern die Verletzung eine Schadenausweitung zur Folge hatte.

435 Darüber hinaus ist der Leistungsumfang der KH-Versicherung auf die gesetzlich festgelegten Mindestversicherungssummen beschränkt.

Verweisung:

436 Unter den Voraussetzungen der §§ 3 PflVG, 117 Abs. 3 VVG kann der leistungsfreie Versicherer den Geschädigten bis zu einem Betrag von 2 500 € (grob fahrlässige Obliegenheitsverletzung) bzw. 5 000 € (vorsätzliche Obliegenheitsverletzung) an einen anderen Schadenversicherer oder einen SVT verweisen.

10. Schadenminderungspflicht

437 E.1.4 AKB

437a Die Schadenminderungspflicht, die den Versicherungsnehmer nach den AKB trifft, hat eher untergeordnete Bedeutung in der Schadenregulierung. Denkbar sind die Fälle, in denen eine frühzeitige Meldung des Schadens auch die Höhe beeinflusst hätte (z. B. bei Ölschäden). Ob diese jedoch erfolgreich im Regresswege durchgesetzt werden können, erscheint zweifelhaft.

11. Anerkenntnisverbot

438 Das Anerkenntnisverbot ist im Rahmen der VVG-Reform aufgehoben worden, § 105 VVG. Der Versicherungsnehmer kann durch ein Anerkenntnis den Kraftfahrzeug-Haftpflicht-Versicherer ohnehin nicht verpflichten, da dieser nur Freistellung von Schadenersatzansprüchen aufgrund gesetzlicher Haftpflichtbestimmungen gewährt. Eine Vereinbarung des Versicherungsnehmers ist nicht zu berücksichtigen. Der Versicherungsnehmer belastet sich durch eine solche -anerkennende- Erklärung ggf. nur selbst.

12. Anzeigepflicht von Anspruchsanmeldungen

454 E.2.1 AKB

454a Zusätzlich zur eigentlichen Schadenmeldepflicht ist der Versicherungsnehmer auch verpflichtet, innerhalb einer Woche anzuzeigen, wenn Ansprüche gegen ihn angemeldet sind. Ob diese berechtigterweise angemeldet wurden oder nicht, ist dabei ohne Belang. Dies korrespondiert auch mit der Befugnis des KH-Versicherers, berechtigte Ansprüche zu befriedigen und unberechtigte Ansprüche abzuwehren. Die Anzeige des Schadens nach angedrohtem Regress und Regulierung des Kraftfahrzeug-Haftpflicht-Versicherers an den Unfallgegner ist jedenfalls verspätet.[603]

---

602 *AG München* zfs 1992, 342.
603 *AG Solingen*, SP 2008, 408 f.

K. Systematik der Leistungspflicht und der Obliegenheiten Kapitel 22

13. Prozessführungsverbot

E.2.3 und E.2.4 AKB 455

Ein weiterer Ausfluss des Anerkenntnisverbotes ist, dass der Versicherungsnehmer, sollte es zu einem 455a
Rechtsstreit kommen, die Führung dieses Rechtsstreits dem Versicherer zu überlassen hat. Er muss diesen unverzüglich[604] über den Erhalt einer Klage informieren und ihm das weitere Vorgehen überlassen. Die Prozessführungsbefugnis ist geregelt in E.2.3 und 4 AKB. Dabei ist es unerheblich, ob sich der Schadenfall im öffentlichen Verkehrsraum oder außerhalb des öffentlichen Verkehrsraumes ereignet hat. Der Versicherer ist in jedem Fall zu informieren. Auch wenn u. U. keine Halterhaftung und kein Direktanspruch gegen den Versicherer bestehen, wird sich dieser wegen des Freistellungsanspruches, den der Versicherungsnehmer oder Fahrer bei gesundem Versicherungsverhältnis hat, mit dem Verfahren befassen.

Dies bedeutet auch, dass der Versicherer einen Anwalt seiner Wahl bestellt, der ihn, den Versicherer, 456
und die mitversicherten Personen (den Versicherungsnehmer, ggf. den Fahrer) gemeinsam vertritt. Diesem Prozessbevollmächtigten gegenüber hat der Versicherungsnehmer jede verlangte Aufklärung zu geben. Der Versicherer trägt auch die Kosten des gesamten Verfahrens (zusätzliche Funktion als Quasi- Rechtsschutzversicherung mit der Folge, dass in diesen Fällen die Deckung aus der Rechtsschutzversicherung nicht gewährt wird).

Die Kosten eines vom Versicherungsnehmer ohne Rücksprache mit dem Versicherer gewählten An- 457
waltes werden vom Versicherer nicht ersetzt[605]. Er muss diese selbst tragen, es sei denn, der Versicherer entschließt sich, mit diesem Anwalt den Prozess zu führen.

Selbstverständlich bleibt der Versicherungsnehmer berechtigt, einen eigenen Anwalt mit der Wah- 457a
rung seiner Interessen auf eigene Kosten zu beauftragen. In besonderen Ausnahmefällen kann es sogar dazu kommen, dass die Versicherung einen eigenen Anwalt für den Versicherungsnehmer beauftragt bzw. darauf hinweist, dass sie den Versicherungsnehmer bzw. eine mitversicherte Person im Prozess gegen den Geschädigten nicht mit vertreten wird (beispielsweise bei Betrugsfällen). Sofern die Versicherung den Anwalt für den Versicherungsnehmer beauftragt, ist sie auch kostentragungspflichtig. Sie muss auch den Fahrer, dem sie Betrug vorwirft, von den Kosten seines Rechtsanwaltes freistellen, wenn sie im Rahmen der Nebenintervention dem Verfahren beitritt und der Anwalt der Versicherung für beide Prozessbeteiligte die Klageabweisung beantragt.[606]

Im Fall des Verstoßes einer Verletzung der Prozessführungsbefugnis durch den Versicherungsneh- 457b
mer ist keine Kündigung des Versicherungsvertrages erforderlich, um Leistungsfreiheit herbeizuführen.

Der Versicherer ist bei vorsätzlichem oder grob fahrlässigem Verstoß leistungsfrei. Die Leistungsfrei- 458
heit richtet sich hier gemäß E.6.6 AKB nicht nach dem pauschalen Leistungsfreibetrag, sondern ausschließlich danach, ob durch diesen Verstoß der Versicherer Mehrleistungen in erheblicher Höhe erbringen musste.[607] Eine prozentuale Bewertung ist nicht geboten, vielmehr muss nach der Auffassung des *BGH* auf die Umstände des Einzelfalles abgestellt werden. Jedenfalls ist ein Mehraufwand von weniger als 15 % nicht erheblich.

Sofern der Versicherer bei rechtzeitiger Information den Prozess nicht geführt hätte, kann er Ersatz 459
der Prozesskosten – soweit sie von ihm verauslagt wurden – verlangen bzw. unter Hinweis auf die Obliegenheitsverletzung die Erstattung der Prozesskosten an den Versicherungsnehmer verweigern.

Eine Kündigung des Vertrages ist nicht erforderlich. 460

---

604 *BGH* v. 16.5.2007, IV ZR 101/04, VersR 2007, 979 f.
605 *LG Dortmund* DAR 2009, 591 (LS) = zfs 2009, 453 f.
606 *BGH* v. 15.9.2010, IV ZR 107/09, r+s 2010, 504 ff. und *BGH* v. 6.7.2010, VI ZB 31/08, r+s 2010 411 (Anspruch des Versicherungsnehmer auf PKH).
607 *BGH* v. 1.4.1987, IVa ZR 139/85, VersR 1987, 601.

461 Unter den Voraussetzungen der §§ 3 PflVG, § 117 Abs. 3 VVG kann der Geschädigte bis zu dem leistungsfreien Betrag verwiesen werden, wobei eine Verweisung an die Rechtsschutzversicherung nicht in Betracht kommt, da es sich hier nicht um einen Schadenversicherer handelt.

14. Vorübergehende Stilllegung

462 H.1 AKB

462a Ein Versicherungsnehmer, der sein Fahrzeug für mehr als zwei Wochen, aber weniger als ein Jahr nicht benutzen will, kann es vorübergehend stilllegen lassen. Dazu muss er den Kraftfahrzeugschein bei der Zulassungsstelle abliefern und das amtliche Kennzeichen entstempeln lassen; die Stilllegung muss im Fahrzeugbrief vermerkt werden (§ 14 FZV).

463 Gemäß H.1 AKB wird der Versicherungsvertrag durch die vorübergehende Stilllegung nicht berührt. Um Prämien einzusparen, kann der Versicherungsnehmer jedoch die Unterbrechung des Versicherungsschutzes verlangen, wenn die Stilllegung mindestens zwei Wochen, aber weniger als ein Jahr beträgt und er eine Abmeldebescheinigung der Zulassungsstelle vorlegt (H.1 AKB). Der Versicherungsvertrag läuft als sog. Ruheversicherung beitragsfrei für diesen Zeitraum weiter. Bei einigen Versicherern wurde der Zeitraum jetzt auf 18 Monate verlängert. In dieser Zeit genießt er nur einen eingeschränkten Teilkasko-Versicherungsschutz gem. H.1.4 AKB, sowie den Versicherungsschutz nach H.1.4 AKB, wobei hier nur auf die Verschuldenshaftung und die Schäden Dritter abzustellen ist, da das Fahrzeug in dieser Zeit nicht außerhalb des Einstellraumes oder des umfriedeten Abstellplatzes[608] gebraucht werden darf. (Das Risiko eines KH-Schadens ist bei Beachtung der Vorschriften nahezu ausgeschlossen.) Bei Wiederanmeldung des Fahrzeuges zum Verkehr lebt der Versicherungsschutz eingeschränkt auf, H.1.6 AKB. Das Ende der Stilllegung ist dem Versicherer unverzüglich anzuzeigen, H.1.6 AKB.

464 Das im Rahmen der Ruheversicherung versicherte KFZ darf nicht außerhalb des Einstellraumes oder des umfriedeten Abstellplatzes gebraucht oder nicht nur vorübergehend abgestellt werden.

464a Von dieser Einschränkung ausgenommen sind die Fahrten im Zusammenhang mit der Abstempelung des Kennzeichens bzw. Wiederzulassung eines KFZ, wobei nicht nur Fahrten zur Zulassungsstelle, sondern auch vorbereitende Fahrten darunter fallen (Tankstelle, Werkstatt usw.).[609] Hier wird voller Versicherungsschutz gewährt. Der Versicherungsnehmer ist verpflichtet, das Wiederaufleben des Vertrages unverzüglich anzuzeigen.

465 Bei Benutzung des Fahrzeugs außerhalb des Einstellraumes oder des umfriedeten Abstellplatzes ist der Versicherer von der Verpflichtung zur Leistung frei. Die Muster-AKB verweisen auf D.3 AKB, allerdings ist dies nicht zwingend, da die KfzPflVV nur für die bestehenden Verträge gilt und der Fall der Ruheversicherung ein freiwilliges Angebot der Versicherer ist. Es besteht keine Pflicht, eine Ruheversicherung zu gewähren, oder vom Versicherungsnehmer, diese anzunehmen.[610]

466 Der Versicherungsnehmer ist verpflichtet, sein KFZ so abzustellen, dass es dem unberechtigten Zugriff Dritter entzogen ist.

466a Sofern der Versicherungsnehmer den Verstoß begangen hat (auch indem er das Fahrzeug stillgelegt am Straßenrand nicht nur vorübergehend stehen lässt), ist eine Entschuldigungsmöglichkeit nicht mehr gegeben. Beweisbelastet für den Verstoß ist der Versicherer.[611]

467 Wurde der Verstoß von einer mitversicherten Person begangen, behält der Versicherungsnehmer Versicherungsschutz, wenn er weder vorsätzlich noch grob fahrlässig die Verletzung der Vertragspflich-

---

[608] *OLG Köln* NJOZ 2006, 1669, Carport jedenfalls dann, wenn er durch massive Ketten zwischen den Holzbalken gesichert ist.
[609] H.1.6 AKB; *OLG Hamburg* VersR 1971, 925.
[610] *Stiefel/Maier/Stadler* a. a. O. H.1 Rn. 17 f.
[611] *Stiefel/Maier/Stadler* H.1 Rn. 26.

ten ermöglicht hat. Das ist vom Versicherungsnehmer zu beweisen. Im Fall eines Verkaufs des stillgelegten Fahrzeuges an einen Dritten, der den Verstoß begeht, ist der Versicherer diesem gegenüber unter den Voraussetzungen des § 28 VVG leistungsfrei, wenn der Erwerber die Verletzung verschuldet hat. Sofern der Kausalitätsgegenbeweis geführt werden kann, bleibt der KH-Versicherer zur Leistung verpflichtet.

Es handelt sich um eine Obliegenheit, die vor Eintritt des Versicherungsfalles zu erfüllen ist. § 28 VVG ist daher anwendbar. **468**

Der Versicherer kann den noch bestehenden und ruhenden Vertrag innerhalb eines Monats kündigen, nachdem er von der Obliegenheitsverletzung Kenntnis erlangt hat. Dies gilt jedoch nur für den Fall, dass der Versicherungsnehmer entweder selbst gefahren ist oder die Benutzung durch einen anderen Fahrer zumindest grob fahrlässig ermöglicht hat. **469**

Gemäß § 117 Abs. 2 VVG besteht im Verhältnis zum Geschädigten die volle Leistungspflicht des Versicherers. **469a**

Der Verstoß gegen die Ruheversicherung ist in den Vorschriften des § 5 KfzPflVV nicht aufgenommen, da er nicht in den vom PflVG geschützten Bereich gehört.[612] Der Versicherer ist daher grundsätzlich in voller Höhe leistungsfrei. Die Haftung beschränkt sich auch in diesem Fall auf die Mindestversicherungssumme. **470**

Sofern aber diese Obliegenheit in den AKB in den Bereich des D.3 AKB aufgenommen wurde, beschränkt sich auch die Leistungsfreiheit auf die dort festgelegten Grenzen von maximal 5 000 €. Die jeweiligen AKB sind daher zu prüfen. **470a**

Da § 28 VVG die grob fahrlässige Obliegenheitsverletzung als Regelfall ansieht, ist auch hier die Frage der Leistungsfreiheit am Grad des Verschuldens zu messen und ggf. zu quotieren. Unproblematisch wird von einer vorsätzlichen Obliegenheitsverletzung auszugehen sein, wenn der VN selbst das Fahrzeug außerhalb des umfriedeten Raumes nutzt. Bei dem mitversicherten Fahrer stellt sich dann die Frage, ob und inwieweit er Kenntnis von der Abmeldung hätte haben müssen. Sicher wird die Kenntnis zu bejahen sein, wenn die Kennzeichen nicht am Fahrzeug befestigt sind. Außerdem hat sich jeder vor Fahrtantritt über die Verkehrssicherheit des von ihm geführten Fahrzeuges zu vergewissern, daher müsste auch das Fehlen der Plakette der Zulassungsstelle auffallen und dementsprechend auch hier von einer vorsätzlichen Obliegenheitsverletzung ausgegangen werden. In diesem Fall besteht vollständige Leistungsfreiheit, ggf. durch die AKB beschränkt. Der VN oder Fahrer kann sich auch hier entlasten, wenn er nachweist, dass nur geringes Verschulden oder leichte Fahrlässigkeit vorgelegen hat. **471**

Die Leistungspflicht ist auch hier auf die gesetzlich festgelegten Mindestversicherungssummen begrenzt. **471a**

Verweisung

Das Recht des Versicherers den Geschädigten an andere Schadenversicherer bzw. SVT zu verweisen besteht daher je nach Ausgestaltung der AKB in Höhe der Leistungen des jeweiligen Versicherers oder ist wegen der Aufnahme der Obliegenheit in H.1 i. V. m. D.3 AKB auf dessen Grenze von 5 000 € beschränkt. **472**

15. Nichtanzeige der Veräußerung

§ 97 VVG **473**

Gemäß G.7 AKB ist die Veräußerung des Fahrzeugs dem Versicherer unverzüglich anzuzeigen. **473a**

Es handelt sich hierbei um eine gesetzliche Obliegenheit vor Eintritt des Versicherungsfalles, auf die mangels näherer Bestimmungen in G.7 AKB die Vorschrift von § 97 VVG anwendbar ist. Die An- **473b**

---

612 *Stiefel/Maier/Stadler* H.1. Rn. 16 f.

zeigepflicht trifft sowohl den Fahrzeugveräußerer wie auch den Fahrzeugerwerber, wobei die Anzeige eines von ihnen genügt. Die Veräußerungsanzeige ist formlos möglich, G.7.4 AKB. Für den Inhalt der Veräußerungsanzeige sind keine bestimmten Vorschriften gegeben, jedoch muss sich aus der Anzeige ergeben, dass eine Veräußerung des Fahrzeugs erfolgt ist und wer der Erwerber ist. Eine nur namentliche Nennung des Erwerbers genügt nicht, da der Versicherer dann mit dem Erwerber nicht in Kontakt treten kann, um den Vertrag mit diesem fortzuführen.

473c Eine vorzeitige Anzeige der Veräußerung vor Eigentumsübergang ist rechtlich bedeutungslos, da das Datum und Uhrzeit im Augenblick der Veräußerung für den Versicherer von Bedeutung sind.

473d Gemäß § 97 VVG ist die Veräußerung unverzüglich anzuzeigen, die Anzeige muss ohne schuldhaftes Verzögern erfolgen.

474 Wird die Anzeige nicht unverzüglich gemacht, tritt die Leistungsfreiheit des Versicherers ein, wenn der Versicherungsfall später als einen Monat nach dem Zeitpunkt eintritt, in welchem die Anzeige dem Versicherer hätte zugehen müssen, § 97 Abs. 1 S. 2 VVG.

474a Die Schadensersatzpflicht des Veräußerers beschränkt sich jährlich höchstens auf eine Geschäftsgebühr, da daneben noch die Leistungsfreiheit besteht. Nennt der Versicherungsnehmer den Erwerber doch noch, so haftet der Veräußerer nach einer Kündigung noch auf die offene volle Jahresprämie. § 97 Abs. 1 VVG sieht als weitere Voraussetzung für die Leistungsfreiheit vor, dass der Versicherer den Vertrag mit dem Erwerber nicht weitergeführt hätte.

475 Es tritt keine Leistungsfreiheit des Versicherers ein, wenn ihm die Veräußerung in dem Zeitpunkt bekannt war, in dem ihm die Anzeige hätte zugehen müssen, § 97 Abs. 2 VVG, oder wenn zur Zeit des Eintritts des Versicherungsfalles die Kündigungsfrist des Versicherers abgelaufen und eine Kündigung nicht erfolgt ist, § 97 Abs. 2 VVG.

476 Wenn der Versicherungsnehmer ein Folgefahrzeug anmeldet, wird er dem Versicherer spätestens zur Rabatterhaltung den Verkauf mitteilen. Sofern dies jedoch nicht erfolgt und auch eine Abmeldung des veräußerten Fahrzeuges unterbleibt, bleibt die Veräußerung u. U. auch lange unentdeckt. In aller Regel erfährt der Versicherer es dann, wenn mit dem verkauften Fahrzeug ein Unfall verursacht wurde und er seinen Versicherungsnehmer wegen einer Schadenanzeige kontaktiert. Wird aber ein nicht versichertes KFZ verkauft (nach Kündigung des Versicherungsvertrages, und nach Ablauf der Nachhaftungsfrist) und dieses von dem Erwerber ohne Versicherungsschutz benutzt, hat der Verkäufer für die dort verursachten Schäden nicht einzustehen.[613]

477 Dem geschädigten Dritten gegenüber bleibt die Haftung des Versicherers gemäß § 117 Abs. 1 VVG bestehen. Wegen der vollständigen Leistungsfreiheit ist die Leistungspflicht des Versicherers gem. § 117 Abs. 3 VVG auf die Mindestversicherungssummen begrenzt.

478 Da die Rechtsfolge der Leistungsfreiheit nicht in den AKB, sondern in der gesetzlichen Bestimmung des § 97 VVG normiert ist, finden § 28 Abs. 1 und 2 VVG keine Anwendung. Auf die Relevanzrechtsprechung kommt es daher insoweit nicht an.[614] Die Kündigung ergibt sich aus § 97 VVG, für die Leistungsfreiheit kommt es nicht auf die Kündigung an.[615] Die Leistungsfreiheit bleibt auch dann bestehen, wenn die Kündigungsfrist von einem Monat ungenutzt verstreicht. Aber das ungenutzte Verstreichen lassen der Frist ist ein starkes Indiz dafür, dass der Versicherer das Risiko des Vertrages mit dem Erwerber als nicht sonderlich hoch bewertete, sodass sein Interesse an der Leistungsfreiheit als gering anzusehen ist.[616]

---

613 *BGH* v. 5.2.1980, VI ZR 169/79, NJW 1980, 1792 zur Haftung des Verkäufers eines unversicherten PKW; *BGH* v. 24.4.1979, VI ZR 73/78, VersR 1979, 766.
614 *BGH* v. 20.5.1987, IVa ZR 227/85, VersR 1987, 705.
615 *BGH* v. 20.5.1987, IVa ZR 227/85, VersR 1987, 705 = r+s 1987, 234; *AG Limburg* VersR 1953, 73.
616 *BGH* v. 11.2.1987, IVa ZR 194/85, BGHZ 100, 60; *OLG Hamm* r+s 1990, 8.

K. Systematik der Leistungspflicht und der Obliegenheiten   Kapitel 22

Die Rechtsfolge der Leistungsfreiheit gemäß § 97 VVG tritt nur ein, falls die Unterlassung der Anzeige für Veräußerer **oder** Erwerber nicht entschuldbar ist. Die Verletzung dieser Obliegenheit führt nur dann zur Leistungsfreiheit des Versicherers, wenn die Rechtsfolge nicht außer Verhältnis zur Schwere des Verstoßes steht. 478a

Demgemäß sind grundsätzlich auf der Seite des Versicherungsnehmer die Schwere seines Verschuldens und die möglichen Folgen und aufseiten des Versicherers die Veränderung der Vertragsgefahr abzuwägen. 479

Der Versicherer kann den Erwerber in Höhe seiner Aufwendungen in Regress nehmen. 480

Die **Verweisungsmöglichkeit** besteht hier in Höhe der Leistungen des Drittversicherers. 481

Für Kraftfahrzeuge, die gemäß § 26 FZV ein Versicherungskennzeichen führen müssen (Fahrräder mit Hilfsmotor, Kleinkrafträder bis 50 km/h), haben die Versicherer in einer geschäftsplanmäßigen Erklärung auf die Leistungsfreiheit gemäß § 97 VVG bei Unterbleiben einer Veräußerungsanzeige durch Veräußerer und Erwerber verzichtet. 482

Dem mitversicherten Fahrer gegenüber kann die Verletzung der Anzeigepflicht nicht eingewendet werden. Demgemäß besteht ihm gegenüber auch kein Rückgriffsanspruch des Versicherers. 483

Auch bei unterlassener Veräußerungsanzeige tritt der Erwerber des Fahrzeugs mit dem Eigentumsübergang in die Vertragspflichten (insbesondere Prämienzahlung) ein, wobei aber Versicherungsnehmer und Erwerber gesamtschuldnerisch haften. 483a

IV. Die Verweisung

In den obigen Obliegenheits- und Leistungspflichtverletzungen war bereits die Rede von der Möglichkeit einen Geschädigten an einen anderen Schadenversicherer zu verweisen. Dies Verweisung ist in § 3 PflVG erwähnt und in § 117 Abs. 3 VVG aufgenommen: »Der Versicherer der Pflichtversicherung haftet, wenn nicht der Dritte (Geschädigte) in der Lage ist, Ersatz von einem anderen Schadenversicherer zu erlangen.« Die folgenden Voraussetzungen müssen vorliegen. 484

1. Schadensersatzpflicht des Versicherers trotz Leistungsfreiheit

Der Versicherer haftet gegenüber dem Geschädigten mit dem Versicherungsnehmer bzw. einer schadenersatzpflichtigen mitversicherten Person gemäß § 116 VVG als Gesamtschuldner. Diesem Anspruch kann nicht entgegengehalten werden, dass der Versicherer dem Versicherungsnehmer oder der mitversicherten Person gegenüber ganz oder teilweise von der Verpflichtung zur Leistung frei sei, § 117 Abs. 1 VVG. 485

§ 117 Abs. 1 VVG bezieht sich auf die Fälle, in denen eine materielle Leistungspflicht des Versicherer aus dem Versicherungsvertrag ganz oder teilweise nicht gegeben ist: 485a
- Leistungsfreiheit des Versicherers aufgrund der Verletzung einer gesetzlichen vertraglichen, vor oder nach dem Versicherungsfall zu erfüllenden Obliegenheit;
- Leistungsfreiheit des Versicherers wegen nicht fristgerechter Prämienzahlung §§ 37, 38 VVG.

Das Gleiche gilt für einen Umstand, der das Nichtbestehen oder die Beendigung des Versicherungsverhältnisses zur Folge hat (z. B. Kündigung). Dieser Umstand kann dem Anspruch des Dritten nur entgegengehalten werden, wenn das Schadenereignis später als einen Monat nach dem Zeitpunkt eingetreten ist, in dem der Versicherer diesen Umstand der hierfür zuständigen Stelle angezeigt hat, § 117 Abs. 2 VVG. Dies gilt auch, wenn das Versicherungsverhältnis durch Zeitablauf endet, § 117 Abs. 2 VVG. Der Lauf der Frist beginnt nicht vor Beendigung des Versicherungsverhältnisses, § 117 Abs. 2 VVG (Nachhaftung). 486

Der Versicherer kann sich bei Beendigung des Versicherungsverhältnisses im Rahmen seiner Nachhaftung gegenüber dem Dritten nicht auf seine Leistungsfreiheit berufen. Etwas anderes gilt nur, wenn der Zulassungsstelle vor dem Schadenereignis die Bestätigung einer entsprechend § 1 PflVG 487 für das Fahrzeug abgeschlossenen neuen Versicherung zugegangen ist, § 117 Abs. 2 VVG. Dann kann sich der Versicherer gegenüber dem Dritten unabhängig vom Ablauf der Monatsfrist auf seine Leistungsfreiheit berufen.

488 § 117 Abs. 2 VVG bezieht sich vor allem auf:
- Kündigung des Versicherungsvertrages durch den Versicherer oder den Versicherungsnehmer;
- Rücktritt des Versicherers vom Versicherungsvertrag z. B. §§ 19, 21, 37 VVG;
- Nichtigkeit des Versicherungsvertrages wg. Geschäftsunfähigkeit oder beschränkter Geschäftsfähigkeit des Versicherungsnehmers oder aufgrund einer Anfechtung wegen arglistiger Täuschung.

2. Das Verweisungsprivileg

489 Grund für die weitreichende Regelung des § 117 Abs. 1 u. 2 VVG ist der dem PflVG zugrunde liegende Schutzgedanke. Die durch das schädigende Ereignis entstandenen Folgen sollen auf jeden Fall aufgefangen werden.

489a Dieses Schutzes bedarf der Geschädigte jedoch nicht, wenn er anderweitig den Ersatz seines Schadens erlangen kann. § 3 PflVG verweist deshalb § 117 Abs. 3, 4 VVG.

489b Danach kann der Geschädigte mit seinen Ansprüchen verwiesen werden, wenn und soweit er in der Lage ist, von einen anderen Schadensversicherer oder einem Sozialversicherungsträger Ersatz seines Schadens zu erhalten. Der Versicherer haftet insoweit nur subsidiär.

3. Andere Schadensversicherer

490
- Haftpflichtversicherer eines Zweitschädigers oder Doppelversicherer (Beispiel Handel-Handwerk);
- Kaskoversicherer;
- privater Krankenversicherer;
- Unfallversicherer, soweit sie mit ihren Leistungen tatsächlich entstandene Kosten einer Kranken- oder Krankenhausbehandlung ersetzen;
- Rechtsschutzversicherer; aber nicht hinsichtlich der eigenen Gerichtskosten des beklagten Versicherers.[617]

491 Summenversicherer, die sich nicht am konkreten Schaden orientieren, fallen nicht unter den Begriff der Schadensversicherer § 117 Abs. 3 VVG (Tagegeld-, Lebens-, Insassenunfallversicherung).

4. Sozialversicherungsträger

492
- Träger der gesetzlichen Kranken-, Unfall- und Rentenversicherung;
- Bundesanstalt für Arbeit: aber nur bei Arbeitslosengeld oder Reha-Maßnahmen.

492a Nicht unter den Begriff Sozialversicherungsträger i. S. d. § 117 Abs. 3 VVG fallen die Träger der Sozial- und Arbeitslosenhilfe, an die der Geschädigte nicht verwiesen werden kann.

493 Erlangt der Geschädigte im Rahmen des § 117 Abs. 3 VVG von einem anderen Schadensversicherer oder SVT Ersatz seines Schadens, entsteht kein Direktanspruch gegen den Versicherer des Schädigers. Ein solcher Anspruch kann daher auch nicht gemäß § 86 VVG, § 116 SGB X auf Schadensversicherer oder Sozialversicherer übergehen. Nimmt der Geschädigte sie in Anspruch, können sie somit nicht beim KH-Versicherer regressieren. Sie müssen die auf sie übergegangenen Schadenersatzansprüche unmittelbar beim Schädiger geltend machen.

494 Zu beachten ist, dass der Geschädigte – unabhängig vom Verweisungsprivileg – Leistungen, für die SVT eintrittspflichtig sind, ohnehin nicht im Wege des Direktanspruchs persönlich beim Versicherer

---

617 Vgl. *Prölss/Martin/Knappmann* § 117 VVG Rn. 27.

geltend machen kann. Gemäß § 116 SGB X findet der Übergang des Direktanspruchs auf den SVT bereits im Zeitpunkt des Schadeneintritts statt.

5. Verweisungshöhe

Eine Verweisung kann immer nur im Rahmen der bedingungsgemäßen Leistungspflichten der anderen Schadensversicherer oder SVT stattfinden. Soweit die Leistungsfreiheit des KH-Versicherers wegen einer Verletzung einer Obliegenheit der Höhe nach begrenzt ist, kann Verweisung nur bis zu dieser Höhe erfolgen. Hinsichtlich des diesen Betrag übersteigenden Restschadens bleibt der KH-Versicherer entsprechend der Haftungsquote vollumfänglich zur Leistung verpflichtet. Soweit der KH-Versicherer verweisen konnte, steht ihm selbst ein weiter gehender Regressanspruch nur insoweit zu, als der leistungsfreie Betrag nicht ausgeschöpft werden konnte. War der KH-Versicherer vollständig von der Verpflichtung zur Leistung frei, kann er alle weiteren Schadenersatzzahlungen, die er aufgrund seiner Vorleistungspflicht erbringen musste, natürlich weiterhin beim Versicherungsnehmer regressieren. 495

▶ **Beispiel:** 496

Wird der Geschädigte wegen seiner Reparatur- und Abschleppkosten an seinen Kaskoversicherer verwiesen, ist die vereinbarte Selbstbeteiligung vorher in Abzug zu bringen. Insoweit bleibt es bei der Leistungspflicht des Versicherers des Schädigers.

Gemäß I.4.1.2e AKB erleidet der Geschädigte bei Inanspruchnahme seiner Kaskoversicherung aufgrund Verweisung keinen Verlust des Schadensfreiheitsrabattes.

Regressbeschränkungen gegenüber dem Versicherungsnehmer aufgrund geschäftsplanmäßiger Erklärungen haben keinen Einfluss auf die Höhe der Verweisung. Der Regressverzicht der Versicherer ändert nichts an ihrer Leistungsfreiheit gegenüber dem Versicherungsnehmer oder den mitversicherten Personen. Diese erlangen durch den Regressverzicht keinen Anspruch auf Gewährung von Versicherungsschutz. 497

6. Ausschluss und Beschränkung der Verweisung

Gemäß § 3 PflVG ist die Verweisung nur in folgenden Fällen der Leistungsfreiheit des Versicherer ausgeschlossen: 498
- objektive Gefahrerhöhung,
- Führerscheinmangel,
- Schwarzfahrt.

Gemäß § 117 Abs. 3 VVG steht dem Versicherer das Verweisungsprivileg nicht mehr zu, soweit Schadenersatzansprüche auch gegen mitversicherte Personen geltend gemacht werden, in deren Person die der Leistungsfreiheit des Versicherers zugrunde liegenden Umstände nicht vorlagen oder wenn diese Umstände den mitversicherten Personen nicht bekannt oder nicht grob fahrlässig nicht bekannt waren. Eine Ausnahme besteht nur dann, wenn ein Versicherungsvertrag nicht mehr besteht, da § 123 VVG einen bestehenden Vertrag voraussetzt.[618] 499

▶ **Beispiel:**

Der vom Versicherungsnehmer personenverschiedene Fahrer steuert das Fahrzeug und verursacht einen Unfall. Der Versicherungsnehmer befand sich mit der Zahlung der Folgeprämie in Verzug, § 38 VVG. Dieser Umstand war dem Fahrer weder bekannt noch grob fahrlässig unbekannt.

Folge: Der Geschädigte kann mit seinen Ansprüchen nicht verwiesen werden. Diese Verweisungsbeschränkung gilt für alle Schadenfälle ab 1.1.1991.

---
618 *OLG Celle* r+s 2003, 275.

500 Eine Verweisung ist auch dann zulässig, wenn dem Versicherungsnehmer zwei Obliegenheitsverletzungen vorgeworfen werden, von denen nur eine die Verweisung ermöglicht.[619]

500a Die Beweislast dafür, dass der Geschädigte von einem anderen Versicherer Ersatz verlangen kann, trägt der KH-Versicherer,[620] allerdings ist der Geschädigte hier zur Mitwirkung insoweit verpflichtet, als er offen legen muss, welche Versicherungen er abgeschlossen hat und welche Sozialleistungen er aufgrund eines Unfalles erhält.[621]

501 *(unbesetzt)*

502 Sofern die Versicherung, an die verwiesen wird, ihrerseits wegen Obliegenheitsverletzung oder aus sonstigen Gründen leistungsfrei ist (z. B. Vollkasko- oder Transportversicherung) bleibt die Leistungsverpflichtung des KH-Versicherers bestehen.

502a Tab. 9

Schutzversagung wegen	Regresshöhe	Verweisung	Kündigung	Beweislast VN/ mitversicherte Person	Beweislast VR
Erstprämienverzug § 37 VVG, C.1. AKB	In Höhe der Aufwendungen	In Höhe der Leistungen des Dritt-VR		Kein Verschulden bei Prämienzahlungsverzug (VN) Rechtzeitige Einzahlung (VN)	Zugang des Versicherungsscheins, korrekte Prämienanforderung
Folgeprämienverzug § 38 VVG C.2 AKB	In Höhe der Aufwendungen	In Höhe der Leistungen des Dritt-VR		Kein Verschulden bei Prämienzahlungsverzug (VN) Rechtzeitige Einzahlung (VN)	Zugang der qualifizierten Mahnung, korrekte Prämienanforderung
Verwendungsklausel D.1.1 AKB Taxi, Werk-Nah-/Fernverkehr	abh. vom Grad der Vorwerfbarkeit bis 5 000 €	Bis 5 000 €	wenn VN = FA X	Kein Verschulden sowohl bei Fahrer und Versicherungsnehmer oder led. leichte Fahrlässigkeit, ggf. auch Nachweis geringerer Vorwerfbarkeit	Falsche Verwendung und höherer Prämienanspruch

---

619 *OLG Hamm* VersR 2000, 1139.
620 *BGH* v. 28.10.1982, III ZR 206/80 VersR 1983, 84.
621 *Feyock/Jacobsen/Lemor/Jacobsen* a. a. O. § 117 VVG Rn. 23.

K. Systematik der Leistungspflicht und der Obliegenheiten — Kapitel 22

Schutzversagung wegen	Regresshöhe	Verweisung	Kündigung	Beweislast VN/ mitversicherte Person	Beweislast VR
Personenbezogene Gefahrerhöhung §§ 23 ff. Brille; Drogen (immer)	abh. vom Grad der Vorwerfbarkeit bis 5 000 €	Bis 5 000 €	wenn VN = FA X	Kein dauerhafter Verstoß, lediglich einmaliges Ereignis, kein Verschulden; Versicherungsnehmer: keine Kenntnis, kein Verschulden oder led. leichte Fahrlässigkeit, ggf. auch Nachweis geringerer Vorwerfbarkeit	Ggü. Fahrer: wiederholter Verstoß Ggü. Versicherungsnehmer: Verschulden, Wissen von G.
Objektive Gefahrerhöhung §§ 23 ff. abgefahrene Reifen/Bremsen	abh. vom Grad der Vorwerfbarkeit bis 5 000 €	Keine Verweisung möglich	wenn VN = FA X	Keine Kenntnis von Gefahrerhöhung, kein Verschulden oder led. leichte Fahrlässigkeit, ggf. auch Nachweis geringerer Vorwerfbarkeit	Zustandsveränderung, Gefahrerhöhung, Verschulden, Kenntnis des Versicherungsnehmers oder Fahrers
Führerscheinmangel D.2.1 AKB	abh. vom Grad der Vorwerfbarkeit bis 5 000 €	Keine Verweisung möglich	wenn VN = FA X	Fahrer: kein Verschulden, Kausalitätsgegenbeweis; VN: Schwarzfahrt oder kein Verschulden bei Übergabe oder led. leichte Fahrlässigkeit, ggf. auch Nachweis geringerer Vorwerfbarkeit	Fahrer ohne Fahrerlaubnis; Verschulden des Versicherungsnehmers
Schwarzfahrt D.1.2 AKB	Dieb: In Höhe der Aufwendungen! Sonst abh. vom Grad der Vorwerfbarkeit bis 5 000 €	Keine Verweisung möglich	wenn VN = FA X	Fahrer: fehlendes Verschulden, Zurechnungsunfähigkeit, Kausalitätsgegenbeweis; Versicherungsnehmer: Entlastung oder led. leichte Fahrlässigkeit, ggf. auch Nachweis geringerer Vorwerfbarkeit	Schwarzfahrt (ggü. Fahrer) Ermöglichen der Schwarzfahrt (ggü. Versicherungsnehmer)

Kreuter-Lange

Schutzversagung wegen	Regresshöhe	Verweisung	Kündigung	Beweislast VN/ mitversicherte Person	Beweislast VR
Rennveranstaltung D.2.2 AKB	abh. vom Grad der Vorwerfbarkeit bis 5 000 €	Bis 5 000 €	wenn VN = FA X	Kein Rennen, kein Verschulden, kein Verabreden oder led. leichte Fahrlässigkeit, ggf. auch Nachweis geringerer Vorwerfbarkeit	Fahrtveranstaltung zur Erzielung von Höchstgeschwindigkeiten
Alkohol D.2.1 AKB	abh. vom Grad der Vorwerfbarkeit bis 5 000 €	Bis 5 000 €	wenn VN = FA X	Kausalitätsgegenbeweis, kein Verschulden (Fa), kein Verschulden (VN). Oder led. leichte Fahrlässigkeit, ggf. auch Nachweis geringerer Vorwerfbarkeit	Alkoholgehalt und ggf. weitere Indizien für Trunkenheitsfahrt
Obliegenheitsverletzung nach Versicherungsfall E.x AKB Aufklärungspflicht, Unfallflucht, Prozessführung	2 500 € bzw. 5 000 €	Bis 2 500 € bzw. 5 000 €		Fehlendes Verschulden, rechtzeitige Anzeige, keine Unfallflucht oder Aufklärungspflichtverletzung	Verschulden, Verletzung der Aufklärungs- oder sonstigen Pflichten
Nachhaftung des Versicherers § 117 Abs. 2 VVG	In Höhe der Aufwendungen	In Höhe der Leistungen des Dritt-VR		Weiterbestehen des Vertrages (VN)	Beendigung des Vertrages, Zugang bei der Zulassungsstelle
Nichtanzeige der Veräußerung § 97 VVG, G.7.4 AKB	In Höhe der Aufwendungen	In Höhe der Leistungen des Dritt-VR		Anzeige war entbehrlich, Kenntnis des Versicherers	Fehlende Anzeige
Vorübergehende Stilllegung H.1.5 AKB	abh. vom Grad der Vorwerfbarkeit bis 5 000 €	bis 5 000 €	wenn VN = FA X	Kein Verwenden des KFZ außerhalb des Verkehrsraums, Wiederzulassung oder Schwarzfahrt, fehlendes Verschulden	Verwendung außerhalb des umfriedeten Stellplatzes; keine vorbereitende Fahrt zur Wiederzulassung

L. Versicherungssummenüberschreitung oder Überschreitung der Haftungshöchstgrenzen des § 12 StVG

Jeder Fahrzeughalter bzw. Fahrzeugführer geht davon aus, dass die in seinem Versicherungsvertrag vereinbarte Versicherungssumme immer ausreichen wird, wenn ein Unfall geschieht. Die Vergangenheit hat gezeigt, dass dies zwar häufig der Fall ist, aber leider nicht immer. Wenn es beispielsweise bei einem Verkehrsunfall zu schweren Verletzungen, Querschnittslähmung, schweren Gehirnschädigungen oder ähnlichem kommt und dann ein hoher pflegerischer Aufwand zu den sonstigen Schadenersatzansprüchen hinzukommt, kann es schnell geschehen, dass die Mindestversicherungssummen erreicht sind. Ob dies der Fall ist und wann die Deckungssummenüberschreitung eintreten wird, bedarf einer besonderen Prüfung. 503

Grundsätzlich stellt die Zahlung des KH-Versicherers ein Anerkenntnis auch zulasten des VN über die Deckungssumme hinaus dar, wenn nicht von der Versicherung klar zum Ausdruck gebracht wird, dass sie nur bis zur Deckungssumme anerkennen will und nicht darüber hinaus.[622] Auch der Direktanspruch gilt nur, soweit die Versicherungssumme reicht.[623] 503a

Die Vorgehensweise im Fall der unzureichenden Versicherungssumme oder der Begrenzung der Haftung nach § 12 StVG soll nachfolgend möglichst allgemein verständlich dargestellt werden.[624] 504

Die VVG-Reform bringt hier durch die Einführung einer Rangfolge in § 118 VVG n. F. eine entscheidende Erleichterung für den unverschuldet Geschädigten. Soweit der Geschädigte den Unfall mit verschuldet hat, verstößt die in § 118 VVG n. F. vorgenommene Rangfolge zulasten der Sozialversicherungsträger gegen § 116 SGB X. Denn dort ist das Quotenvorrecht des Verletzten nur für den Fall vorgesehen, dass ihn ein Verschulden an dem gegenständlichen Unfall nicht trifft. Hat hingegen der SGB-Versicherte den Schadenfall mit verursacht, entfällt das Quotenvorrecht und die Ansprüche des Sozialversicherungsträgers werden gleichberechtigt neben die Ansprüche des Geschädigten gestellt! Diese Regelung wurde vom Gesetzgeber offensichtlich übersehen! 505

Von der Überschreitung der Mindestversicherungssummen zu trennen ist die Beschränkung der Haftung nach dem StVG, dort § 12, für die verschuldensunabhängige Haftung aus der Betriebsgefahr. Da nach dem SchadenrechtsänderungsG seit dem 1.8.2002 auch die verschuldensunabhängige Haftung für die Schädigung von Fußgängern und insbesondere Kindern bis 10 Jahre aufgenommen wurde, kann es durchaus zu erheblichen Forderungen auch nach Schmerzensgeld im Rahmen der StVG-Haftung kommen. In diesem Bereich ist das Risiko der Überschreitung der Haftungshöchstgrenzen des StVG bei schwer verletzten Kindern besonders hoch, deshalb sollte diesem Bereich insoweit besondere Aufmerksamkeit geschenkt werden. Wegen der unterschiedlichen Auswirkungen wird dieser Themenbereich gesondert dargestellt. 506

Da die Fälle der Deckungssummen-Überschreitung aus Schadenfällen vor dem 31.12.2007 in jedem Fall nach der Regelung des VVG a. F. behandelt werden müssen, werden die unterschiedlichen Regelungen getrennt nach VVG 2007 und 2008 gesondert dargestellt. 507

VVG 2007

Wenn im Schadenfall im Rahmen der Regulierung die Versicherungssumme nicht ausreichen wird, kommt es entweder zu einem Kürzungs- oder einem Verteilungsverfahren. Soweit nur ein Geschädigter (Dritter) vorhanden ist, wird lediglich ein Kürzungsverfahren nach § 155 Abs. 1 VVG 2007 eingeleitet, sofern mehrere Geschädigte (Dritte) Ansprüche angemeldet haben, kommt es zu einem Verteilungsverfahren nach § 156 Abs. 3 VVG 2007. Dritter i. S. d. VVG 2007 ist nicht nur der un- 508

---

622 Vgl. *BGH* v. 22.7.2004, IX ZR 482/00, zfs 2005, 10 ff. Auch zur Verjährungsunterbrechung einer solchen Zahlung.
623 Vgl. auch *Diederichsen* DAR 2007, 312.
624 Zur Vertiefung sei auf *Deichl/Küppersbusch/Schneider* a. a. O. verwiesen.

mittelbar aus dem Unfallereignis geschädigte Anspruchsteller sondern auch die Sozialversicherungsträger, auf die Ansprüche übergegangen sind.

VVG 2008

509 Die VVG-Reform hat mit Einführung einer Rangordnung der Anspruchsberechtigten in § 118 VVG 2008 versucht, die Fälle des Verteilungsverfahrens zu minimieren. Danach sind zunächst die Ansprüche aus den Personenschäden (§ 118 Abs. 1 Ziff. 1 VVG 2008) zu ersetzen, soweit die Geschädigten nicht von dem Schädiger, anderen Versicherern als des KH-Versicherers des Schädigers, Sozialversicherungsträgern oder sonstigen Dritten Schadenersatz verlangen können. Mit dieser Platzierung an erster Stelle ist mit Sicherheit der alleinige Schwerverletzte eines Schadenfalls vollständig abgesichert. Soweit dann noch eine restliche Versicherungssumme zur Verfügung steht, wird diese nach Ziff. wegen sonstiger Schäden natürlicher und juristischer Personen des Privatrechts, die gleichfalls nicht von anderen Ersatz verlangen können, ausgekehrt.

510 Erst unter Ziff. 3 werden dann die Versicherer oder sonstige Personen genannt, auf die die Ansprüche nach § 86 VVG 2008 übergegangen sind (z. B. Kasko-Versicherer, Arbeitgeber, private Krankenkasse). Unter Ziff. 4 erst werden die Sozialversicherungsträger bedacht, sodass diese bei Schäden, die nur im Rahmen der Mindestversicherungssumme ersetzt werden müssen, ggf. leer ausgehen.

510a Es bleibt jedoch auch nach der neuen Regelung dabei, dass ein Verteilungsverfahren bei mehreren Schwerverletzten und unzureichender Versicherungssumme schon unter den Direktgeschädigten erfolgen muss.

I. Überschreitung der Versicherungssumme

1. Die Versicherungssumme

511 Die Versicherungssummen sind erst in den letzten Jahren deutlich angehoben worden. Die Mindestversicherungssummen sind seit 1965 kontinuierlich angehoben und der Inflation angepasst worden. Es galten in der Vergangenheit folgende Grenzen:

511a Bis zum 30.9.1965 100 000 DM, wobei 1973 die meisten KH-Versicherer für die noch nicht abgeschlossenen Schäden, die sich vor dem 1.10.1965 ereigneten, in Ansehung der Verkehrsopfer vom Zeitpunkt der Abgabe der Erklärung an eine Personenschaden-Mindestversicherungssumme von 250 000 DM zugrunde legen wollen, wenn dies zur Vermeidung einer unbilligen Härte erforderlich erscheint; diese Erklärung umfasst nur die Schäden, in denen eine Rente gezahlt wird, die auch nach Abgabe der Erklärung weitergezahlt wird. Alle anderen Fälle, in denen entweder die Ansprüche durch Kapitalbetrag auch für die Zukunft abgefunden wurden oder die Ansprüche auf Dritte übergegangen sind, sind davon nicht erfasst;[625]

511b Tab. 10

bis zum 31.7.1971	250 000 DM,
bis zum 30.6.1981	500 000 DM (für Sachschäden 100 000 DM)
	750 000 DM bei Verletzung mehrerer Personen
bis zum 30.8.1997	1 000 000 DM für Personenschäden
	1 500 000 DM bei mehreren Verletzten,
	400 000 DM für Sachschäden

511c Für Omnibusse sind der Mindestversicherungssumme von 1,5 Mio. DM ab dem 10. bis zum 80. Platz je Person DM 15 000 und ab dem 81. Platz je Person 8 000 DM hinzuzurechnen. Die Sachschadenversicherungssumme erhöht sich ab dem 10. Platz je weiterem Platz um 1 000 DM.

---

625 *Deichl/Küppersbusch/Schneider* a. a. O. Rn. 12.

L. Versicherungssummenüberschr. o. Überschr. d. Haftungshöchstgrenzen d. § 12 StVG Kapitel 22

Da diese Summen in aller Regel nicht ausreichen, wurden zum 1.9.1997 die Mindestversicherungssummen deutlich erhöht, diese Erhöhung gilt nach § 10 KfzPflVV auch für bestehende Verträge. Die Beträge sind in der Anlage zu § 4 Abs. 2 PflVG veröffentlicht. Sie betragen: 512

Tab. 11				512a
	ab 1.7.1997	ab 1.1.2002	seit 1.1.2008	
bei Personenschäden	DM 5 Mio.	2,5 Mio. €.	7,5 Mio. €	
bei Sachschäden	DM 1 Mio.	500 000 €	1 Mio. €	
bei reinen Vermögensschäden	DM 100 000	50 000 €	50 000 €	
bei Tötung oder Verletzung mehrerer Personen	DM 15 Mio.	7,5 Mio. €	7,5 Mio. €	

Besondere Grenzen gelten bei Schäden mit Fahrzeugen, die zur Beförderung von mehr als 9 Personen zugelassen sind. Hier sind pro Person ab dem 10.–81. Platz je 50 000 € für den Personenschaden und 500 € für reine Vermögensschäden hinzuzusetzen. Ab dem 81. Platz halbieren sich die Summen. Doch auch mit diesen deutlich erhöhten Versicherungssummen wird sich das Problem der Überschreitung der Versicherungssumme nicht in jedem Fall ausschließen lassen, man denke nur an ein schwer verletztes Kind oder Jugendlichen, für die erhebliche Pflegekosten lebenslang aufgewendet werden müssen. 513

Zu beachten ist, dass bei Vereinbarung von Pauschalen als Versicherungssummen (z. B. 8,5 Mio. € pauschal) jeweils der Mindestbetrag pro Schadenart auch zur Verfügung steht. Hat ein Geschädigter Ansprüche auf insgesamt 9 Mio. € und der Sachschaden beläuft sich auf 1 Million €, so ist dieser Betrag im Vorfeld abzuziehen, sodass für den Personenschaden nur noch 7,5 Mio. € zur Verfügung stehen. 513a

Diese Versicherungssumme kann durch vertragliche Vereinbarung erhöht werden, muss aber nicht, der Kontrahierungszwang[626] des Versicherers ist auf diesen Betrag der Mindestversicherungssumme begrenzt. Auch im Fall von Obliegenheitsverletzungen durch den VN oder Fahrer kann es zu einer Begrenzung der Eintrittspflicht auf die Mindestversicherungssumme kommen, da nur insoweit der Geschädigte geschützt werden muss.[627] Auch die Eintrittspflicht des sog. Grüne-Karte-Büros ist auf die Mindestversicherungssumme beschränkt, wenn ein ausländisches Kfz einen Inländer schädigt.[628] Auch die VOH haftet nur im Rahmen der Mindestversicherungssummen (§ 12 StVG). 514

2. Rechtsgrundlagen

Bei Überschreitung der Versicherungssummen ist das weitere Vorgehen gesetzlich vorgeschrieben und unterliegt keinem Verhandlungsspielraum. Die rechtlichen Grundlagen ergeben sich aus den §§ 155 und 156 VVG 2007 für einen bzw. mehrere Geschädigte, § 10 Abs. 7 AKB 2007 nimmt diese Formulierung auf und nimmt außerdem Bezug auf **die Geschäftsplanmäßige Erklärung der Versicherer zu § 10 Abs. 7 AKB 2007 vom 16.12.1970:** 515

»Wir werden den nach § 10 Abs. 7 AKB 2007 für Rentenverpflichtungen zu ermittelnden Rentenbarwert in der Kraftfahrzeug-Haftpflichtversicherung für Versicherungsfälle, die nach dem 1.1.1969 eingetreten sind, aufgrund der Allgemeinen Sterbetafel für die Bundesrepublik Deutsch- 515a

---

626 *Römer/Langheid/Römer* VVG a. F. PflVG § 5 Rn. 2.
627 In den neuen Muster-AKB des GDV ist für den Fall der Obliegenheitsverletzung durch den Versicherungsnehmer die Begrenzung der Eintrittspflicht auf die Mindestversicherungssummen vorgesehen.
628 § 2 Abs. 1a PflversAusl; diese Regelung gilt auch umgekehrt, wenn ein deutsches Kfz im Bereich des Londoner Abkommens einen Schaden verursacht, dann ist auch höchstens mit der dort geltenden Mindestversicherungssumme einzutreten, wenn kein Deckungsschutz besteht; *BGH* v. 23.11.1971, VI ZR 97/70, NJW 1972, 387, 390; *OLG Hamm* VersR 1979, 926.

land 1949/1961 – Männer bzw. Frauen – und eines Zinsfußes von jährlich 3,5 % berechnen. Nachträgliche Erhöhungen oder Ermäßigungen der Rente werden wir zum Zeitpunkt des ursprünglichen Rentebeginns mit dem Barwert einer aufgeschobenen Rente nach der vorher genannten Rechnungsgrundlage berücksichtigen. Bei einer Berechnung von Waisenrenten werden wir das vollendete 18. Lebensjahr als Endalter festlegen. Bei der Berechnung von Geschädigtenrenten werden wir bei unselbstständiger Tätigkeit das vollendete 65. Lebensjahr, bei selbstständiger Tätigkeit das vollendete 68. Lebensjahr als Endalter festlegen, sofern nicht durch Urteil, Vergleich etc. etwas anderes bestimmt wird oder sich die der Feststellung zugrunde gelegten Umstände ändern.

515b Bei der Prüfung der Frage, ob der Kapitalwert der Rente die Versicherungssumme bzw. die nach Abzug sonstiger Leistungen verbleibende Rest-Versicherungssumme übersteigt und mit welchem Betrag sich der Versicherungsnehmer an laufenden Rentenzahlungen beteiligen muss, werden wir eine um 25 v. H. erhöhte Versicherungssumme zugrunde legen. Die sonstigen Leistungen werden wir bei dieser Berechnung mit ihrem vollen Betrag von der Versicherungssumme absetzen.«

516 Diese Erklärung wird auch von der Rechtsprechung als den allgemein gültigen Grundsätzen entsprechend anerkannt.[629] Die Behandlung der Altschäden vor dem 1.1.1969 bereitet insoweit Probleme: Wurde in einem solchen Schadenfall keine Erhöhung der Versicherungssumme um 25 % vorgenommen, so kann auch nicht von einem Zinsfuß von 3,5 % ausgegangen werden. Nach Auffassung des *BGH* dürfte in diesen Fällen ein Zinsfuß von 8 % angemessen sein.[630] Die Anwendung der Kapitalwertberechnung kann jedoch in diesen Fällen nur dann erfolgen, wenn sie für den Versicherungsnehmer günstiger ist oder wenn er sich mit ihrer Anwendung einverstanden erklärt hat.[631]

517 Für die ab dem 1.1.1995 abgeschlossenen KH-Versicherungsverträge richtet sich die Rentenberechnung nach § 8 KfzPflVV und den §§ 155, 156 Abs. 3 VVG 2007.

517a Wie bereits oben ausgeführt, gibt es zum einen nur einen Kontrahierungszwang des KH-Versicherers in Höhe der Mindestversicherungssumme, sodass diese Beträge auch einem Vertrag ganz normal zugrunde liegen können, aber auch im Fall der Verletzung der Prämienzahlungspflichten oder von vertraglichen oder gesetzlichen Obliegenheiten vor dem Schadenfall reduziert sich die vereinbarte Versicherungssumme auf die Mindestversicherungssumme. Außerdem gelten diese Grenzen bei Schadenfällen mit ausländischen Fahrzeugen in Deutschland, im Rahmen der Vereinbarungen der Mitglieder des Londoner Abkommens (Grüne-Karte-System) garantiert neben dem ausländischen Versicherer der HUK-Verband (jetzt das Grüne-Karte-Büro) die Haftpflichtdeckung im Rahmen der deutschen Pflichtversicherung. Eine höhere Eintrittspflicht des Grüne-Karte-Büros ist auch dann nicht gegeben, wenn für das ausländische Fahrzeug mit dessen KH-Versicherer eine höhere Deckungssumme vereinbart war. Sonstige ausländische Fahrzeuge, für die das Londoner Abkommen nicht gilt, müssen bei Grenzübertritt eine sog. Grenzversicherung abschließen,[632] die mindestens den Mindestversicherungsschutz der deutschen Pflichtversicherung beinhaltet. Diese Regelung gilt auch umgekehrt, wenn ein deutsches KFZ im Bereich des Londoner Abkommens einen Schaden verursacht, dann ist auch höchstens mit der dort geltenden Mindestversicherungssumme einzutreten, wenn kein Deckungsschutz besteht.[633] Die dortigen Versicherungssummen sind teilweise extrem niedrig.

518 Außerdem haftet das Grüne-Karte-Büro in den Fällen der §§ 12 ff. PflVG (Verkehrsopferhilfe) auch nur im Rahmen der Mindestversicherungssummen.

519 Eine dem § 10 Abs. 7 AKB 2007 entsprechende Regelung fehlt daher in den AKB 2008.

---

629 *BGH* v. 22.1.1986, IVa ZR 65/84, VersR 1986, 392.
630 *BGH* v. 28.11.1990, IV ZR 233/89, VersR 1991, 172.
631 *BGH* v. 22.1.1986, IVa ZR 65/84, VersR 1986, 392 f.
632 § 2 Abs. 1a PflversAusl.
633 *BGH* v. 23.11.1971, VI ZR 97/70, NJW 1972, 387, 390; *OLG Hamm* VersR 1979, 926.

3. Die Beteiligten

Versicherter und Versicherer

Der Versicherer und der Versicherte haften als Gesamtschuldner, wobei der Geschädigte einen 520 Direktanspruch gegen den Versicherer hat. Dieser kann jedoch nur soweit gelten, als die Versicherungssumme ausreicht. Die Abwicklungsvollmacht des Versicherers gilt grundsätzlich über die Versicherungssumme hinaus,[634] er kann sie jedoch in seinen Erklärungen auf die Versicherungssumme beschränken.[635] Die nach § 3 Ziff. 3 PflVG 2007 bzw. § 115 Abs. 2 VVG 2008 eingetretene Verjährungshemmung kann nur von dem Versicherer, nicht aber vom Versicherungsnehmer beendet werden.[636] Der Versicherer muss das Kürzungs- und Verteilungsverfahren durchführen, er kann nicht hinterlegen. Der Versicherungsnehmer ist, wie auch der Geschädigte, zum frühestmöglichen Zeitpunkt hinzuzuziehen. Alle Möglichkeiten (Vergleich, Kapitalabfindung), die eine Regulierung des Schadens ohne Deckungssummenüberschreitung ermöglichen, sind auszuschöpfen.

Hat der Versicherer voll reguliert, ohne die Ansprüche zu kürzen, obwohl er die Deckungssummen- 520a überschreitung hätte erkennen können, so steht ihm ein Bereicherungsanspruch[637] gegen Versicherungsnehmer und Geschädigten oder dessen Rechtsnachfolger[638] zu.

Geschädigte und deren Rechtsnachfolger

Die Begrenzung der Eintrittspflicht muss dem Geschädigten möglichst frühzeitig entgegengehalten 521 werden,[639] wobei dann der Geschädigte Anspruch auf Durchführung des Kürzungs- und Verteilungsverfahrens hat. Er hat außerdem das Wahlrecht zwischen der Zahlung einer einmaligen Kapitalabfindung und Rentenzahlung. Die Überschreitung der Versicherungssumme ist ein wichtiger Grund i. S. d. § 843 BGB. Dem Geschädigten steht ein Befriedigungsvorrecht gegenüber seinen Rechtsnachfolgern (Kaskoversicherter gegenüber dem Kasko-Versicherer gem. § 67 Abs. 1 S. 2 VVG 2007; verletzter Beamter bzw. seine Hinterbliebenen gem. § 87a BBG; verletzter Arbeitnehmer gem. § 6 EFZG) zu.

Bei den Regressansprüchen der Sozialversicherungsträger ist zu unterscheiden zwischen den Scha- 522 denfällen vor dem 1.7.1983, in denen nur die kongruenten Leistungen auf den SVT übergehen konnten mit der Folge, dass auch nur insoweit ein Vorrecht des Geschädigten besteht, und den Fällen danach, welche durch § 116 Abs. 4 SGB X dem Geschädigten das Befriedigungsvorrecht einräumen, dieses bezieht sich dann auf sämtliche Schadenersatzansprüche des Geschädigten einschließlich des Schmerzensgeldes. Vorher konnte nur, soweit die Ansprüche des Geschädigten denen des Sozialversicherungsträges kongruent waren (z. B. Krankengeld und Verdienstschaden) ein Befriedigungsvorrecht geltend gemacht werden. **Dieses Befriedigungsvorrecht gilt aber nur, soweit den Geschädigten kein Mitverschulden an dem Unfallereignis trifft, § 116 Abs. 3 SGB X.**[640]

Ansprüche aus Teilungsabkommen

Ansprüche aus Teilungsabkommen können nicht in die gesetzlichen oder vertraglichen Rechte Drit- 523 ter eingreifen, sodass diese in der Höhe einzurechnen sind, die bei einer Abrechnung nach Sach- und Rechtslage gegeben wäre.[641] Soweit hier unterschiedliche Beträge zu veranschlagen sind, sind alle Ansprüche, die sich berechtigterweise gegen den Schädiger richten und diese, die nur aus Teilungs-

---

634 *BGH* v. 11.4.1978, VI ZR 29/76, VersR 1978, 533; *BGH* v. 12.12.1978, VI ZR 159/77, VersR 1979, 284; *BGH* NJW-RR 1986, 650; *OLG Frankfurt* VersR 1982, 98.
635 *BGH* v. 12.12.1978, VI ZR 159/77, VersR 1979, 284.
636 *BGH* v. 15.11.1977, VI ZR 250/76, VersR 1978, 93; 1978, 423.
637 *BGH* v. 12.6.1980, IVa ZR 9/80, VersR 1980, 817.
638 *BGH* v. 22.1.1986, IVa ZR 65/84, VersR 1986, 392 = *BGH* MDR 1986, 295 = r+s 1985, 272.
639 *BGH* v. 26.5.1982, VI ZR 203/80, VersR 1982, 791.
640 *BGH* v. 21.11.2000, VI ZR 120/99, VersR 2001, 387.
641 *BGH* 13.12.1977, VI ZR 14/76, VersR 1978, 278.

abkommen bestehen, zusammenzurechnen und zueinander ins Verhältnis zu setzen und nach Maßgabe des § 156 VVG 2007 im Verhältnis zur zu kürzen.[642]

523a Gem. § 118 VVG 2008 werden die Forderungen in der Rangfolge befriedigt, eine Verteilung ist erst dann erforderlich, wenn auch die direkt Geschädigten nach § 118 Abs. 1 Ziff. 1 nicht vollständig befriedigt werden können.

4. Verteilungsplan

524 Sobald die Möglichkeit der Überschreitung der Deckungssumme feststeht, sind alle bisherigen und zukünftigen möglichen Forderungen (Renten- und Kapitalforderungen) festzustellen. Es ist dann ein Verteilungsplan zu erstellen. Wenn der Versicherer diesen nicht zum frühestmöglichen Zeitpunkt erstellt hat, ist er hinsichtlich der Rückforderung der ohne Vorbehalt gezahlten Ansprüche auf die §§ 812 f. BGB beschränkt.[643]

525 Hatte ein Dritter seine Ansprüche zu diesem Zeitpunkt nicht angemeldet und hatte der Versicherer gem. § 156 Abs. 3 VVG 2007 entschuldbarerweise nicht mit dessen Ansprüchen rechnen müssen, sind seine Ansprüche nicht mehr zu berücksichtigen, wenn die Versicherungssumme erschöpft ist. Sofern diese noch nicht erschöpft war, ist ein neuer, die Ansprüche dieses Dritten berücksichtigender Verteilungsplan zu erstellen.[644] Wenn der Versicherer nicht die erforderliche Sorgfalt angewandt hat, muss er – auch bei bereits erschöpfter Versicherungssumme – einen neuen, die weiteren Ansprüche berücksichtigenden Verteilungsplan erstellen und die Ansprüche des weiteren Geschädigten entsprechend befriedigen.

525a Der Verteilungsplan beinhaltet sämtliche Kapitalforderungen und Rentenforderungen mit ihrem Barwert, soweit diese noch nicht feststehen, sind sie vom Versicherer zu schätzen.[645] Die Rente wird dann bis zum vereinbarten Ende (beim Erwerbsschaden Eintritt in die Altersrente, bei Renten wegen Pflege bis zum Tod des Berechtigten) gezahlt, auch wenn dann bei Auszahlung der gekürzten Rente ggf. die Versicherungssumme, die dem Geschädigten anteilig zustünde, in Summe überschritten wird.[646] Bei jeder wesentlichen Änderung der Rentenhöhe ist erneut ein Verteilungsplan zu erstellen.

Kosten:

526 Aufwendungen für Strafaktenauszüge, Sachverständigengutachten und Bearbeitungskosten sind von dem Versicherer voll zu übernehmen, § 10 Abs. 6 S. 2 AKB 2007, und sind über die Versicherungssumme hinaus zu zahlen. Auch Prozesskosten sind im Verteilungsplan nicht aufzunehmen, wobei hier Versicherer und Versicherungsnehmer sich diese Position entsprechend der im Verteilungsplan ermittelten Quote teilen. Auch Zinsen wegen verzögerter Regulierung sind nicht zu berücksichtigen.

526a Demgegenüber sind jedoch diejenigen Kosten, die dem Geschädigten entstanden sind (Anwaltskosten und weitere Kosten) im Verteilungsverfahren zu berücksichtigen und aufzunehmen.

Kapitalforderungen:

527 Es ist im Folgenden zwischen Kapitalforderungen und Rentenforderungen zu unterscheiden, da die Kapitalforderungen, abgesehen von der Grenze für Sachschäden, in der erstatteten Höhe von der Versicherungssumme abgezogen werden und damit die Versicherungssumme reduzieren, während bei Rentenforderungen umfangreiche Berechnungen vorzunehmen sind.

---

642 *BGH* v. 22.1.1986, IVa ZR 65/84, VersR 1986, 392, 395; *OLG Hamm* (*BGH*) VersR 1986, 899 zur Überschreitung der Teilungsabkommens-Haftungsgrenze.
643 *BGH* v. 12.6.1980, IVa ZR 9/80, VersR 1980, 817.
644 *Prölss/Martin* Anm. 9 zu § 156 VVG a. F.
645 *BGH* v. 26.5.1982, VI ZR 203/80, VersR 1982, 791.
646 Vgl. hierzu ausführlich *BGH* v. 10.10.2006, VI ZR 44/05, DAR 2007, 203 ff. = NZV 2007, 127 ff.

Sachschäden:

Soweit eine Sachschadenversicherungssumme vereinbart wurde, beschränkt sich die Leistungspflicht des Versicherers auf diesen Betrag. Übersteigen die Sachschäden diesen Betrag oder sind mehrere Anspruchsteller vorhanden, ist der Betrag quotenmäßig zu kürzen. 528

Wenn eine pauschale Versicherungssumme vereinbart wurde, so ist der Sachschaden bis zur Höhe der jeweiligen Mindestversicherungssumme für Sachschäden (vgl. oben, derzeit 1 Mio. €) auszugleichen, soweit nur ein Geschädigter vorhanden ist, bei mehreren ist auch hier eine quotenmäßige Verteilung vorzunehmen. 528a

Dies bereitet keine größeren Schwierigkeiten, da die Sachschäden in aller Regel einfach zu ermitteln sind. Zu beachten ist hier, dass zwar im Fall eines Gefahrguttransportes bisher die Grenzen des § 12 StVG durch den § 12a StVG seit dem 1.8.2002 erweitert wurden, der Gesetzgeber jedoch übersehen hat, diese Grenzen auch für die Mindestversicherungssummen zu erweitern. Gerade bei Gefahrguttransporten kommt es häufig zu erheblichen Schadenssummen, die bei den vorliegenden Grenzen im Fall einer Beschränkung der Regulierung auf die Mindestversicherungssummen dazu führen kann, dass der Geschädigte nicht oder nur unzureichenden Schadenersatz erhält. Hier ist der Gesetzgeber aufgefordert, sein Regelwerk nachzubessern. 528b

Sonstige Kapitalforderungen:

Hierunter fallen alle nicht regelmäßig wiederkehrenden Leistungen: Heilbehandlung, Kuren, orthopädische Versorgung, Schuherhöhungen, Zahnersatz, behindertengerechter Hausumbau, Fahrzeugschaden, Schmerzensgeld, Rechtsanwaltskosten (unter Umständen auch für vorübergehend vermehrte Bedürfnisse oder einen – nicht laufenden – Erwerbsschaden). Sofern der Geschädigte von seinem Wahlrecht Kapital statt Rente Gebrauch gemacht hat, fallen auch diese Beträge mit ihrem Kapitalwert darunter. Auch Rentenabfindungen sind dann als Kapitalleistungen zu behandeln. 529

Rentenforderungen:

Bei den Rentenforderungen handelt es sich um periodisch wiederkehrende Leistungen, die nach dem Barwert (= Kapitalwert) zu berechnen sind. Die korrekte Einstellung der Rentenforderungen in den Verteilungsplan ist komplizierter, da hier von dem Rentenbarwert ausgegangen werden muss, der nicht den tatsächlich gezahlten Rentenbeträgen entspricht. Es sind Rentenbeginn, Rentenende, Rentenhöhe und Zahlungsweise festzustellen, notfalls zu schätzen. 530

Der **Rentenbeginn** deckt sich nicht notwendig mit dem Unfalldatum, da der Anspruch auf wiederkehrende Leistungen auch wegen Verschlimmerung der Unfallfolgen erst nach Jahren entstehen kann. Nach der Auffassung des *BGH*[647] sollte im Regelfall vom Unfalltag als unabhängigem Ansatzpunkt ausgegangen werden. Für die **Rentenlaufzeit** gelten die durch Vergleich, Urteil oder sonst getroffenen Bestimmungen. Soweit diese fehlen, ist von den Laufzeiten der Geschäftsplanmäßigen Erklärung (Angestellter bis 65. Lj. Selbstständiger bis zum 68. Lj. beim Verdienstschaden) auszugehen.[648] Die Rentenhöhe ergibt sich aus dem eingetretenen Unterhalts- oder Erwerbsschaden.[649] Künftige Veränderungen wie z. B. die weitere berufliche Entwicklung des Verletzten/Getöteten (Beförderungen, Pensionierung, Gehaltserhöhungen) sind zu schätzen, auch die Veränderung des Unterhaltsschadens durch Wegfall eines Unterhaltsberechtigten (Kind) sind zu berücksichtigen. 531

Diese Veränderungen werden mit dem Barwert einer aufgeschobenen Rente berücksichtigt. Künftige allgemeine Gehaltserhöhungen bleiben bei der Berechnung unberücksichtigt. 531a

---

647 *BGH* v. 22.1.1986, IVa ZR 65/84, VersR 1986, 392 = MDR 1986, 565 = DAR 1986, 216 = zfs 1986, 182.
648 *BGH* v. 28.11.1979, IV ZR 83/78, VersR 1980, 132 f.
649 *BGH* v. 28.11.1979, IV ZR 83/78, VersR 1980, 132, 134.

531b ▶ Beispiel:

Der Verletzte hatte im Unfallzeitpunkt ein Netto-Einkommen von 1 500 €. Dieses ist mangels anderer Vereinbarung entsprechend der Geschäftsplanmäßigen Erklärung bis zum Eintritt in das Rentenalter zu kapitalisieren. Dieser Betrag ist zu den Kapitalforderungen zu addieren.

532 Bei jeder Erhöhung der Rente wird der neu festgestellte Betrag in zwei Teile, nämlich die ursprüngliche Höhe und die Erhöhung, aufgeteilt. Für die Erhöhung der Rente wird ein selbstständiger Kapitalwert errechnet, Bezugspunkt Stichtag ist nicht der Zeitpunkt der Rentenerhöhung, sondern der Unfalltag. Nur wenn durch den neu hinzukommenden Kapitalwert die Versicherungssummen nicht überschritten werden, ist die Rentenerhöhung im vollen Umfang zu erstatten. War die Versicherungssumme bereits durch die Basisrente und die geleisteten Kapitalzahlungen ausgeschöpft, bleibt für eine Rentenerhöhung kein Raum. Wenn jedoch noch ein Restbetrag der Versicherungssumme verblieben war, ist die Erhöhung im gleichen Verhältnis zu erstatten, wie der verbleibende Teil der Versicherungssumme zum Kapitalwert der Rentenerhöhung.

5. Verteilungsverfahren

533 nach § 156 Abs. 3 VVG 2007 bzw. 109 VVG 2008

533a Grundsätze:

533b Das Verteilungsverfahren nach § 156 Abs. 3 VVG 2007 bzw. § 109 VVG 2008 ist immer dann anzuwenden, wenn mehrere Geschädigte Ansprüche stellen, auch, wenn der Geschädigte und seine Rechtsnachfolger Ansprüche stellen, und die vereinbarte Versicherungssumme zur Deckung dieser Ansprüche nicht ausreicht. Kapital und Rente stehen hierbei gleichwertig nebeneinander, die Versicherungssumme, die Kapitalzahlungen und der Rentenbarwert sind der Berechnung zugrunde zu legen. Soweit dem Geschädigten gegenüber dem Sozialversicherer ein Quotenvorrecht zusteht, ist gleichwohl zunächst das Verteilungsverfahren durchzuführen und dann ggf. die Anteile, die gem. § 116 Abs. 4 SGB X dem Geschädigten zustehen, wieder dessen Anteil zuzuschlagen, bis entweder der Schaden ausgeglichen oder aber der Anteil des Sozialversicherungsträgers aufgebraucht ist.[650]

534 Von der Versicherungssumme werden zunächst die Leistungen in Abzug gebracht, die vor dem Erkennbarwerden der möglichen Überschreitung der Deckungssumme erbracht wurden, außerdem die schon erbrachten Kapitalforderungen sowie die Rentenforderungen mit ihrem Rentenbarwert. Der Rentenbarwert entspricht nicht der Summe der bereits erbrachten Rentenleistungen, sondern errechnet sich wie folgt:

Tab. 12

Jahresrente 12 000,00 €	
Alter des Geschädigten zum Unfallzeitpunkt	25 J.
Alter des Geschädigten zum Rentenbeginn	40 J.

534a Die Formel lautet:

Tab. 13

Jahresrente × KF (Lebenslang ab Rentenbeginn) ×	DF[1] ab RB
	DF Unfallzeitpunkt

1 DF = Dynamisierungsfaktor, zu entnehmen z. B. Schneider/Schlund/Haas Kapitalisierungs- und Verrentungstabellen, dort auch ausführliche Berechnungsbeispiele zur Ermittlung der mathematischen Grundlagen.

---

650 *BGH* v. 8.7.2003, VI ZA 9/03, VersR 2003, 1295 f.

L. Versicherungssummenüberschr. o. Überschr. d. Haftungshöchstgrenzen d. § 12 StVG Kapitel 22

Es ergibt sich damit folgende Berechnung: 534b

$$\frac{12\,000 \times \text{KF } 15{,}981 \times \text{DF } 6\,358{,}6275}{\text{DF } 17\,951{,}3974} = 67\,928{,}21 = \text{Rentenbarwert}$$

Abb. 2

In den obigen Fällen ist nicht die Versicherungssumme, sondern nur die nach Abzug der obigen Positionen verbleibende restliche Versicherungssumme dem Verteilungsverfahren zugrunde zu legen. Konnte hingegen der Versicherer die Deckungssummenüberschreitung erkennen, sind auch die beglichenen Kapitalforderungen als »offene Kapitalforderungen« in die Quotierung einzubeziehen. 534c

▶ Beispiel: 534d

Tab. 14

Versicherungssumme alt:	2 500 000 €
Sachschaden:	400 000 €
Kapitalforderungen beglichen	800 000 €
Kapitalforderungen offen	1 500 000 €
Rentenbarwert	150 000 €
Gesamtschaden	2 950 000 €

Die Versicherungssumme reicht bei diesem Gesamtschaden nicht aus.

Sofern der Versicherer die Gefahr der Deckungssummenüberschreitung erst erkennen konnte, nachdem die Kapitalforderungen in Höhe von 800 000 € beglichen wurden, sind diese schlicht von der Versicherungssumme in Abzug zu bringen und die restlichen noch offenen Positionen im Verhältnis zu kürzen. 535

Sofern der Versicherer schon von Anbeginn an (beispielsweise wegen der Verletzungen des Geschädigten) hätte erkennen müssen, dass die Versicherungssumme nicht ausreichen wird, wird der Geschädigte so gestellt, als ob dies von Anfang an bekannt gewesen wäre und die Zahlung der Versicherung wird nur nach der Quote, die sich nach Durchführung des Kürzungs- oder Verteilungsverfahrens ergibt, in die Berechnung eingestellt. 535a

Neuregelung für Schadenfälle ab dem 1.1.2008:

Die VVG-Reform i. V. m. der deutlichen Erhöhung der Versicherungssummen wird zumindest im Personenschadenrecht die Fälle des Kürzungs- und Verteilungsverfahrens minimieren. In den Fällen des § 12a StVG verbunden mit einer Versicherung nur zu den Mindestversicherungssummen folgt jedoch, dass bei größeren Schäden mit Gefahrguttransportern auch ein Kürzungs- und Verteilungsverfahren erforderlich wird. Dies hat der Gesetzgeber erneut nicht bedacht. Die neue Rangordnung soll sicherstellen, dass zunächst der direkt Geschädigte vorrangig befriedigt wird, bevor die Ansprüche aus übergegangenen Rechten geltend gemacht werden können. 536

Das Kürzungsverfahren wird u. U. auch schon bei nur einem Verletzten erhalten bleiben. Es ist die neue Rangordnung wie folgt zu beachten, § 118 VVG 2008: 537

§ 118 Abs. 1 Ziff. 1: zunächst werden Ansprüche aus den Personenschäden, soweit die Geschädigten nicht von dem Schädiger, anderen Versicherern als des KH-Versicherers des Schädigers, Sozialversicherungsträgern oder sonstigen Dritten Schadenersatz verlangen können; sodann 537a

§ 118 Abs. 1 Ziff. 2 wegen sonstiger Schäden natürlicher und juristischer Personen des Privatrechts, die gleichfalls nicht von anderen Ersatz verlangen können, ausgekehrt; an dritter Stelle dann gem. 537b

§ 118 Abs. 1 Ziff. 3 werden dann die Versicherer oder sonstige Personen genannt, auf die die Ansprü- 537c che nach § 86 VVG 2008 übergegangen sind (z. B. Kasko-Versicherer, Arbeitgeber, private Krankenkasse);

537d Unter § 118 Abs. 1 Ziff. 4 erst werden die Sozialversicherungsträger bedacht, sodass diese bei Schäden, die nur im Rahmen der Mindestversicherungssumme ersetzt werden müssen, ggf. leer ausgehen.

537e Es bleibt jedoch auch nach der neuen Regelung dabei, dass ein Verteilungsverfahren bei mehreren Schwerverletzten und unzureichender Versicherungssumme schon unter den Direktgeschädigten erfolgen muss.

Erhöhung der Versicherungssumme:

538 Nach der Geschäftsplanmäßigen Erklärung ist der Teil der Versicherungssumme, der zur Befriedigung der Rentenforderung zur Verfügung steht, um 25 % zu erhöhen.

539 Die Formel[651] hierfür lautet:

$$\text{Rentenbarwert} \times \frac{\text{Versicherungssumme}}{\text{Kapitalforderungen} + \text{Rentenbarwerte}}$$

Abb. 3

539a ▶ **Beispiel:**

Tab. 15
Versicherungssumme	2 500 000 €
Rentenbarwert	2 000 000 €
Kapitalforderungen	1 000 000 €

Ausgehend von einer Quote von 0,833 steht für die Rentenleistungen ein Betrag in Höhe von 1 666 600 € zur Verfügung. Die Versicherungssumme ist um 25 % (416 615 €) zu erhöhen auf 2 916 615 €.

539b Zu beachten ist, dass die Erhöhung nicht erfolgt, wenn die Berechnung nach § 8 KfzPflVV vorzunehmen ist.

6. Rentenkürzung

540 Die festgestellten Kapitalforderungen sowie die Rentenbarwerte sind der erhöhten Versicherungssumme gegenüber zu stellen und der Kürzungsfaktor zu errechnen.

540a In obigem Fall ergibt sich folgende Berechnung:

$$\text{Kürzungsfaktor} = \frac{\text{Restversicherungssumme}}{\text{Offene Kapital-Rentenforderung}}$$

$$= \frac{2\,916\,615 \text{ Euro}}{2\,000\,000 + 1\,000\,000 \text{ Euro}} = 0{,}972205$$

Abb. 4

540b Mit diesem Kürzungsfaktor sind die Kapitalforderungen mit 1 944 410 € und die Rentenforderungen mit 972 205 € zu erstatten.

540c Soweit Kapitalforderungen bereits fällig sind, sind diese gekürzt auszuzahlen, künftige werden in Höhe des Kürzungsfaktors ausgeglichen. Gleiches gilt auch für die Rentenforderungen.

---

651 Vgl. *Deichl/Küppersbusch/Schneider* Rn. 91.

Es ist das Vorbefriedigungsrecht des Geschädigten zu berücksichtigen, der Rechtsnachfolger kann erst dann Ansprüche geltend machen, wenn die Ansprüche des Geschädigten voll befriedigt sind. 540d

Es empfiehlt sich daher, für jeden Geschädigten bzw. Rechtsnachfolger einzeln die jeweiligen Schadensersatzpositionen aufzustellen. 541

7. Kürzungsverfahren nach § 155 Abs. 1 VVG 2007 bzw. § 107 Abs. 1 VVG 2008

Grundsätze

Das Kürzungsverfahren nach § 155 VVG 2007 bzw. § 107 VVG 2008 wird nur dann zur Anwendung kommen, wenn nur **ein** Geschädigter Ansprüche geltend machen kann und für dessen Ansprüche die Versicherungssumme nicht ausreicht. Im Gegensatz zur Regelung des § 156 VVG 2007 bzw. § 109 VVG 2008 sind hier die Rentenforderungen und die Kapitalforderungen nicht gleichrangig. Es ist vom Vorrecht der Rente auszugehen.[652] Von der Versicherungssumme sind auch hier die Positionen abzusetzen, die vor Erkennen der Deckungssummenüberschreitung beglichen wurden, auch hier sind die Kapitalforderungen in der beglichenen Höhe und die gezahlten Renten mit ihrem Rentenbarwert abzuziehen. Übersteigt der Rentenbarwert die restliche Versicherungssumme, so bleibt für weitere Kapitalzahlungen kein Raum.[653] 542

Erhöhung der Versicherungssumme:

Auch hier ist die Versicherungssumme um 25 % des Rentenbarwertes zu erhöhen und dieser Betrag der Restversicherungssumme zuzuschlagen, soweit die Berechnung nicht nach § 8 KfzPflVV erfolgt. 543

Rentenkürzung 543a

Soweit die Restversicherungssumme nicht zur Abdeckung des Rentenbarwertes ausreicht, so ist eine gekürzte Rente zu erbringen nach der folgenden Formel:

$$\frac{\text{Erhöhte Restversicherungssumme}}{\text{Barwert der Rente}} = \text{Kürzungsfaktor}$$

Abb. 5

II. Überschreitung der Haftungshöchstbeträge des § 12 StVG

1. Rechtsgrundlagen

Für die Haftung aus der sog. Betriebsgefahr nach dem StVG schreibt dieses in § 12 die Höchstgrenzen vor, die jetzt (ab dem 1.8.2002) deutlich angehoben sind im Vergleich zum Vorjahr. Es gelten die Haftungshöchstgrenzen fort, die zum Zeitpunkt des Unfallereignisses bestanden. Ein Verweis auf Art. 2 des Gesetzes zur Änderung der Haftungshöchstgrenzen aus dem Jahr 1965, der eine rückwirkende Ausweitung der Halterhaftung zuließ, »soweit es dem Halter des Schädigerfahrzeuges aus Billigkeitsgründen zugemutet werden kann«,[654] sodass nun folgende Grenzen gelten: 544

Tab. 16		
Sachschäden gem. § 12 StVG	50 000,00 €	Neu: 1 Mio. €
Personenschäden, 1 Pers. gem. § 12 StVG	600 000 €	Neu: 5 Mio. €
Gefahrtransporte § 12a StVG Sachschaden	6 Mio. €	Neu: 10 Mio. €
Personenschaden, 1 Person	600 000 €	Neu: 10 Mio. €
Verletzung mehrerer Personen		Neu: 10 Mio. €

544a

---

652 *Deichl/Küppersbusch/Schneider* Rn. 107.
653 *OLG Düsseldorf* NJW-RR 1987, 799.
654 BGBl. 1965, Nr. 53, S. 1362; *Höffmann* DAR 2011, 447 ff.

545 Bei der Prüfung, ob im Einzelfall die in §§ 12 und 12a StVG festgelegten Grenzen erreicht sind, ist auf alle möglichen Anspruchsteller, nicht nur den unmittelbar Geschädigten, sondern – wie oben – auch auf seine Rechtsnachfolger abzustellen.[655]

545a Auch eine Schadenausgleichung nach § 17 StVG unterliegt den Grenzen der §§ 12 und 12a StVG.

546 Die Haftungshöchstgrenzen sind abhängig von der Schadenart (Personen- oder Sachschaden) und sind bei Zusammentreffen beider Schadenarten getrennt zu berücksichtigen, sodass in einem Schadenfall durchaus nach der StVG-Haftung eine Zahlung in Höhe von 650 000 € (Regelung 2007) erfolgen kann (600 000 € für den Personenschaden, 50 000 € für den Sachschaden). Etwaige Anwaltskosten zählen nicht dazu, sondern sind gesondert abzurechnen.[656]

547 Eine Begrenzung der Ansprüche des Geschädigten auf die Haftungshöchstgrenzen sollte auch im Urteil deutlich zum Ausdruck gebracht werden, wobei es ausreicht, wenn dies in den Urteilsgründen zweifelsfrei erkennbar ist, eine Urteilsergänzung nach § 321 ZPO ist möglich.[657]

2. Verhältnismäßige Kürzung

548 Auch hier gilt, wie bei der Überschreitung der Haftungssumme, dass die Geschädigten möglichst frühzeitig, d. h. sobald die Überschreitung der Versicherungssumme zu unterrichten und einen Verteilungsplan zu erstellen,[658] der auch die Ansprüche der Rechtsnachfolger berücksichtigt.[659] Dabei ist jedoch davon auszugehen, dass den Geschädigten bzw. deren Anwälten schon im Rahmen der Haftungsdiskussion die Begrenzung der Eintrittspflicht auf die Betriebsgefahr entgegengehalten wird. Hierbei sind auch die Gerichte aufgerufen, die Besonderheiten einer Haftung aus der Betriebsgefahr zu beachten und nicht statt einer Beschränkung der gesamten Ansprüche auf die Betriebsgefahr zu glauben, dass nur der Versicherer aus der Betriebsgefahr haftet, der personenidentische Fahrer und Halter jedoch voll.[660] Auch sind die richtigen Grenzen der Haftungshöchstsummen anzuwenden.[661]

548a § 12 Abs. 2 StVG regelt wie folgt:»Übersteigen die Entschädigungen, die mehreren aufgrund desselben Ereignisses zu leisten sind, insgesamt die in Abs. 1 bezeichneten Höchstbeträge, so verringern sich die einzelnen Entschädigungen in dem Verhältnis, in welchem ihr Gesamtbetrag zu dem Höchstbetrag steht.« Dabei ist auch zu beachten, dass entweder Rente oder Kapitalwert von wiederkehrenden Leistungen verlangt werden kann, nicht aber beides nebeneinander. Soweit neben der Rente auch noch Kapitalbeträge zu zahlen sind, sind die Renten mit ihrem Kapitalwert hinzuzurechnen. Dabei sind die bereits erbrachten Kapitalbeträge zunächst von der Haftungshöchstsumme in Abzug zu bringen und dann 6 % des verbleibenden Betrags zu ermitteln, diese entsprechen dann dem Höchstbetrag der zusätzlich jährlich zu zahlenden Rente.[662]

549 Beispiel für § 12 StVG 2007:

Zur Berechnung werden die gesamten Sachschäden aller Beteiligten aufaddiert und der Haftungshöchstsumme gegenübergestellt: 6 Fahrzeuge weisen Sach- und Sachfolge-Schäden auf in Höhe

---

655 *BGH* v. 9.1.1962, VI ZR 78/61, VersR 1962, 374.
656 *BGH* v. 27.6.1968, III ZR 63/65, VersR 1968, 997; *BGH* v. 7.11.1978, VI ZR 86/77, VersR 1979, 30; *BGH* v. 24.9.1996, VI ZR 315/95, DAR 1997, 24.
657 *BGH* v. 22.9.1981, VI ZR 170/80, VersR 1981, 1180; *BGH* v. 21.1.1986, VI ZR 63/85, NJW 1986, 2703; *BGH* v. 25.6.1996, VI ZR 300/95, VersR 1996, 1299.
658 *BGH* v. 25.5.1982, VI ZR 203/80, VersR 1982, 791.
659 *BGH* v. 18.1.1966, IV ZR 147/64, VersR 1966, 256; *BGH* v. 26.03.1968, VI ZR 188/66, VersR 1968, 786, die Ansprüche verringern sich in dem Verhältnis, in dem ihr Gesamtbetrag zum Höchstbetrag des § 12 StVG steht.
660 *OLG Köln* 2 U 34/00, mit diese Problematik nicht richtig berücksichtigender Besprechung von *Jaeger* in PVR 2002, 136 ff.
661 Richtigerweise differenzierend *OLG Celle* SVR 2008, 219; *OLG Köln* 2 U 34/00.
662 *OLG Celle* SVR 2008, 219.

von 50 000 €, 20 000 €, 20 000 €, 10 000 €, 30 000 €, 20 000 € = Gesamtbetrag 150 000 €, Haftungshöchstgrenze 50 000 €. Die Beträge stehen im Verhältnis 3:1 zueinander, sodass jeder Geschädigte seinen Schadenersatz nur zu $1/3$ erstattet erhält.

Bei Personenschäden sind sämtliche Ansprüche eines jeden Geschädigten zu ermitteln und ggf. zu schätzen. 550

Die höchste jährliche Rente beträgt gem. § 12 Abs. 1 Ziff. 1 und 2 StVG 2007 maximal 6 % des Höchstbetrages der Kapitalentschädigung. Bei der Berechnung, ob der Kapitalhöchstbetrag überschritten werden wird, ist die Rente unter Zugrundelegung eines Zinssatzes von 6 % (100/6 = 16 666 als Multiplikator) zu kapitalisieren und in die Berechnung einzustellen. Bei einer monatlichen Rentenforderung in Höhe von 500 € beträgt der Kapitalbetrag gerundet 100 000 € (500 × 12 × 16,666).[663] 550a

Dieser ist sodann in die Gesamtberechnung einzustellen. Die Addition aller Beträge ergibt sodann eine Gesamtsumme, die ins Verhältnis zur Haftungshöchstsumme gesetzt wird. Sodann werden die einzelnen Positionen entsprechend dem Anteil an der Gesamtsumme gekürzt ausgezahlt. 550b

▶ **Beispiel:** 550c

Die Geschädigte wird bei dem Unfall schwer verletzt, das neue Schadenrecht kommt zur Anwendung, sie hat folgende Ansprüche:

Tab. 17
Schmerzensgeld	*50 000,00 €*
Verdienstschaden p. M.	*1 000,00 €*
Sonstiger Sachschaden	*3 000,00 €*
Vermehrte Bedürfnisse durchschnittlich jährlich	*200,00 €*

Hier sind zunächst der Verdienstschaden und die jährlichen vermehrten Bedürfnisse hinsichtlich ihres Kapitalwertes zu berechnen:

Tab. 18
Verdienstschaden:	*12 × 1 000 × 100 dividiert durch 6 =*	*200 000 €*
Vermehrte Bedürfnisse:	*200 × 100 dividiert durch 6 =*	*3 333,33 €*

Es ergibt sich somit für den Direktanspruch folgende Aufstellung:

Tab. 19
Schmerzensgeld	*50 000,00 €*
Verdienstschaden p. M.	*200 000,00 €*
Sonstiger Sachschaden	*3 000,00 €*
Vermehrte Bedürfnisse durchschnittlich jährlich	*3 333,33 €*
Gesamt	**256 333,33 €**

Hinzu kommen hier noch die Regressbeträge der Sozialversicherungsträger:

Tab. 20
Leistungen der Krankenkasse für stationäre Behandlung	*50 000,00 €*
Leistungen der Krankenkasse zusätzlich für sonstige Behandlungen	*20 000,00 €*
Leistungen der Pflegekasse monatlich Pflegegeld	*205,00 €*
Erwerbsunfähigkeitsrente des Deutschen Rentenversicherers mtl.	*700,00 €*
Beitragsregress nach § 119 SGB X des DRV jährlich	*1 000,00 €*

Auch hier muss bei den wiederkehrenden Forderungen der Kapitalbetrag ermittelt werden:

---

663 *BGH* v. 16.12.1968, III ZR 109/68, VersR 1969, 284.

Tab. 21

	205,00 × 12 × 100 dividiert durch 6	
Pflegegeld:	=	*41 000,00 €*
Erwerbsunfähigkeitsrente	700 × 12 × 100 dividiert durch 6 =	*140 000,00 €*
Beitragsregress	1 000 × 100 dividiert durch 6 =	*16 666,67 €*

Für den SVT ergibt sich damit folgende Aufstellung:

Tab. 22

Leistungen der Krankenkasse für stationäre Behandlung	*50 000,00 €*
Behandlungskosten der Krankenkasse in der Vergangenheit zus.	*20 000,00 €*
Leistungen der Pflegekasse monatlich Pflegegeld	*41 000,00 €*
Erwerbsunfähigkeitsrente des Deutschen Rentenversicherers mtl.	*140 000,00 €*
Beitragsregress nach § 119 SGB X des DRV jährlich	*16 666,67 €*
Gesamtaddition aller Beträge:	
Ansprüche des Geschädigten insgesamt	*256 333,33 €*
Ansprüche der Sozialversicherungsträger	
insgesamt	*267 666,67 €*
Gesamtaufwand	*524 000,00 €*

Es ergibt sich damit folgende Rechnung:

500 000 € ./. 524 000 € = 0,9542.

Die Ansprüche sowohl der Geschädigten als auch der SVT sind zu 0,9542 (= 95,42 %) auszuzahlen. Ein Quotenvorrecht des Geschädigten gibt es insoweit nicht, wenn ihm ein Verschulden an dem Verkehrsunfall anzulasten ist, was regelmäßig dann der Fall sein wird, wenn nur eine StVG-Haftung besteht.

§ 12 StVG a.F.:

551 Bei mehreren Geschädigten ist zwar die Haftungshöchstgrenze für Sachschäden auch begrenzt auf 500 000 €, jedoch wird diese Höchstgrenze bei Personenschäden von mehreren Personen auf einen Kapitalbetrag in Höhe von 3 000 000 € bzw. eine jährliche Rente von max. 180 000 € begrenzt. Diese Erhöhung führt jedoch nicht dazu, dass für den einzelnen Verletzten mehr als der Kapitalbetrag in Höhe von 600 000 € bzw. 36 000 € jährliche Rentenleistungen erbracht werden. Nach § 12 Abs. 2 StVG ist ggf. eine anteilsmäßige Kürzung der Forderungen vorzunehmen.

551a Mehrere Hinterbliebene müssen sich bei Überschreitung des Kapitalbetrages in Höhe von 500 000 € in entsprechender Anwendung des § 12 StVG die genannten Beträge teilen.

551b Problematisch wird dies beim Zusammentreffen einer Haftungsbeschränkung nach § 12 StVG und einer Mithaftung des Geschädigten. Soweit Ansprüche eines SVT zu erwarten sind, steht dem Geschädigten ein Quotenvorrecht nach Auffassung des *BGH* nicht zu.[664] Dann sind alle Ansprüche im Verhältnis zueinander zu kürzen. Ein Übergang soll nur dann ausgeschlossen sein, wenn der Geschädigte dadurch der Sozialhilfe anheim fiele.

§ 12 StVG neu:

552 Die Beträge wurden erhöht. Die Höhe der Rente wird jetzt begrenzt durch den Kapitalwert der Rente i. V. m. den Haftungshöchstbeträgen. Dies gilt auch im Zusammentreffen mit den Renten nach § 13 StVG 2008 für vermehrte Bedürfnisse etc. Die Beträge werden daher alle kapitalisiert und dann aufaddiert. Soweit die Grenzen des § 12 StVG damit nicht überschritten werden, steht einer Regulierung nichts mehr im Wege.

553 Synopse VVG a. F. – VVG n.F.

---

664 *BGH* v. 21.11.2000, VI ZR 120/99, VersR 2001, 387.

L. Versicherungssummenüberschr. o. Überschr. d. Haftungshöchstgrenzen d. § 12 StVG **Kapitel 22**

KH-Schaden 553a

Tab. 23					
Keine Vorleistung	AKB 2007	AKB 2008	VVG alt	VVG 2008	KfzPflVV
Vorsatz	§ 2c c AKB 2007	A.1.5.1 AKB 2008	§ 152 VVG a. F.	§ 103 VVG n. F.	
Europaklausel	§ 2a AKB 2007	A.1.4.1 AKB 2008			§ 1 Abs. 1 S. 1 KfzPflVV
Behördl. gen. Rennen	§ 2c a AKB 2007	A.1.5.2 AKB 2008			§ 4 Nr. 4 Kfz PflVV
Schäden durch Atomenergie	§ 2c b AKB 2007	A.1.5.9 AKB 2008			§ 4 Nr. 6 KfzPflVV
Ausschluss vertraglicher Haftpflichtansprüche	§ 11 Ziff. 1 AKB 2007	A.1.5.8 AKB 2008			§ 2 Abs. 1 S. 1 KfzPflVV
Ausschluss Sach- oder Vermögensschäden bei mitversicherten Personen	§ 11 Ziff. 2 AKB 2007	A.1.5.6 AKB 2008			§ 4 Nr. 1 KfzPflVV
Ausschluss Beschädigung des versicherten Fahrzeugs etc.	§ 11 Ziff. 3 AKB 2007	A.1.5.3 AKB 2008; A.1.5.4 AKB 2008			§ 4 Nr. 2 KfzPflVV
Ausschluss Ladungsschäden	§ 11 Ziff. 4 AKB 2007	A.1.5.5 AKB 2008			§ 4 Nr. 3 KfzPflVV
Ausschluss Lieferungs- und Beförderungsfristen	§ 11 Ziff. 5 AKB 2007	A.1.5.7 AKB 2008			§ 4 Nr. 5 KfzPflVV

Tab. 24					
Kein VS aber Vorleistungspflicht	AKB 2007 und älter	AKB 2008	VVG alt	VVG 2008	KfzPflVV
Erstprämienverzug	§ 1a AKB 2007	C.1. AKB 2008	§ 38 VVG a. F.	§ 37 VVG n. F.	
Folgeprämienverzug	§ 1b AKB 2007	C.2 AKB 2008	§ 39 VVG a. F.	§ 38 VVG n. F.	
Obliegenheiten vor dem Schadenfall					
Alkoholklausel	§ 2b (1) d AKB 2007	D.2.1 AKB 2008			§ 5 Nr. 5 KfzPflVV
Führerscheinklausel	§ 2b (1) c AKB 2007	D.1.3 AKB 2008			§ 5 Abs. 1 Nr. 4 KfzPflVV
Behördl. nicht gen. Rennen	§ 2b·(1) a AKB 2007	D.2.2 AKB 2008			§ 5 Nr. 2 KfzPflVV
Schwarzfahrt	§ 2b (1) b AKB 2007	D.1.2 AKB 2008			§ 5 Nr. 3 KfzPflVV

Kapitel 22

Kein VS aber Vorleistungspflicht	AKB 2007 und älter	AKB 2008	VVG alt	VVG 2008	KfzPflVV
Verwendungsklausel	§ 2b (1) a AKB 2007	D.1.1 AKB 2008			§ 5 Nr. 1 KfzPflVV
Objektive Gefahrerhöhung	§ 2b Abs. 2 AKB 2007	D.3.3 AKB 2008	§ 23 VVG a. F.	§ 23 VVG n. F.	5 Abs. 3 KfzPflVV
Subjektive Gefahrerhöhung	§ 2b Abs. 2 AKB 2007	D.3.3 AKB 2008	§ 23 VVG a. F.	§ 23 VVG n. F.	5 Abs. 3 KfzPflVV

Tab. 25

Obliegenheiten im Schadenfall	AKB 2007 und älter	AKB 2008	VVG alt	VVG 2008	KfzPflVV
Nichtmeldung des Schadenfalles	§ 7 II Abs. 2a AKB 2007	E.1.1 AKB 2008			§ 6 KfzPflVV
Aufklärungspflichtverletzung Unfallflucht	§ 7 II Abs. 1 AKB 2007	E.1.3 AKB 2008			§ 6 KfzPflVV
Anerkenntnisverbot	§ 7 III Abs. 1 AKB 2007	Entfällt, da Ausschluss A.1.5.8 AKB 2008	Keine Regelung	§ 105 VVG n. F.	§ 6 KfzPflVV
Prozessführungsbefugnis	§ 7 III Abs. 2 AKB 2007	E.2.3 und E.2.4 AKB 2008			§ 6 KfzPflVV

Pflichten nach Verkauf des Kfz oder Beendigung des Vertrages

Tab. 26

	AKB 2007 und älter	AKB 2008	VVG alt	VVG 2008	KfzPflVV/ PflVG
Vorüberg. Stilllegung und Ruhevers.	§ 5 AKB 2007 Regress: § 2b e AKB 2007	H.1 AKB 2008			
Anzeigepflicht bei Veräußerung	§ 6 AKB 2007	G.7.4 AKB 2008	§ 71 VVG a. F.	§ 122 VVG n. F.	
Nachhaftung				117 VVG n. F.	§ 3 Nr. 5 PflVG a. F.

Verweisung:

§ 158c Abs. 4 VVG a. F. bzw. § 117 VVG n. F. (unzul. bei Gefahrerhöhung, Führerschein und unberechtigter Fahrer! § 3 PflVG n. F.)

Der Regress wegen Obliegenheitsverletzungen

553b **Kündigungspflicht**, § 6 Abs. 1 S. 3 VVG a. F. bzw. § 28 Abs. 1 VVG n. F. **(jetzt nur Kündigungsmöglichkeit!)**

553c **Schadenausweitung** durch Obliegenheitsverletzung, § 6 Abs. 2 VVG a. F. bzw. § 28 Abs. 3 VVG n. F.

Der Anspruchsübergang nach § 86 VVG n. F. bzw. § 67 VVG a.F. 553d

Familienprivileg, Regressausschluss, § 67 Abs. 2 VVG a. F. bzw. § 86 Abs. 3 VVG n. F. (häusliche Gemeinschaft)

Ausschluss des Ersatzanspruchs bei Aufgabe des Anspruchs gg. Schädiger, § 67 Abs. 1 S. 3 VVG a. F. bzw. § 86 Abs. 2 VVG n. F.

Kapitel 23 Kaskoversicherung

Übersicht

		Rdn.
A.	**Grundlagen**	1
I.	AKB 2008	2
II.	VVG 2008	8
B.	**Der Kasko-Versicherungsvertrag**	13
I.	Zustandekommen des Versicherungsvertrages	13
II.	Inhaltliche und förmliche Anforderungen an den Abschluss des Versicherungsvertrages	19
III.	Das Widerrufsrecht nach § 8 VVG 2008	30
IV.	Versicherungsbeginn	37
V.	Geltungsbereich des Versicherungsschutzes	51
VI.	Vertragsdauer und Kündigung	58
VII.	Prämienrecht	64
	1. Fälligkeit der Erst- und Folgeprämie	65
	2. Erfüllung der Prämienschuld	68
	3. Rechtsfolgen bei Prämienverzug	84
	4. Prämienzahlung pro rata temporis	109
VIII.	Vorläufiger Versicherungsschutz	111
	1. Zustandekommen des Vertrages	116
	2. Ende des vorläufigen Versicherungsschutzes	136
C.	**Umfang der Kaskoversicherung**	146
I.	Allgemeines	146
II.	Teilkaskoversicherung	153
	1. Brand und Explosion	154
	2. Entwendung	169
	a) Diebstahl/Raub	176
	b) Unterschlagung	189
	c) Unbefugter Gebrauch	199
	d) Beweisführung	208
	e) Zusammentreffen Entwendung/Brand	240
	3. Naturereignisse	249
	4. Wildschaden	266
	a) Kausalität zwischen Wildberührung und Schaden	275
	b) Durch Ausweichmanöver verursachter Schaden/Rettungskosten	282
	5. Glasbruch	294
	6. Kabelschäden	302
III.	Vollkaskoversicherung	307
	1. Unfall	308
	a) Unmittelbarkeit	309
	b) Von außen wirkendes Ereignis	313
	c) Plötzliches Ereignis	315
	d) Mechanische Gewalt	318
	e) Beweislast	323
	2. Ausschlüsse	325
	a) Betriebsvorgang	326
	b) Bremsvorgänge	343
	c) Bruchschäden	346
	d) Gespannschäden	350
	3. Mut- oder böswillige Beschädigung	356
IV.	Risikoausschlüsse	362
	1. Rennen, A.2.16.2 AKB 2008	365
	2. Reifenschäden	371a
	3. Schäden durch Erdbeben, Kriegsereignisse, innere Aufruhr, Maßnahmen der Staatsgewalt	372
	4. Schäden durch Kernenergie	381
D.	**Leistungsbefreiungstatbestände**	382

Kaskoversicherung　　　　　　　　　　　　　　　　　　　　　Kapitel 23

		Rdn.
I.	Subjektiver Risikoausschluß nach § 81 VVG 2008	382
	1. Vorsatz	388
	2. Grobe Fahrlässigkeit	391
	a) Augenblickversagen	397
	b) Fallkonstellationen grober Fahrlässigkeit	406
	aa) Alkohol am Steuer	406
	bb) Medikamente/Drogen	422
	cc) Rotlichtverstoß	429
	dd) Bücken oder Greifen nach (heruntergefallenen) Gegenständen	447
	ee) Bedienung Radio/CD-Wechsler	455
	ff) Ablenkung durch Mobiltelefon/Navigationsgerät	465
	gg) Übermüdung/Sekundenschlaf	471
	hh) Geschwindigkeitsüberschreitung	478
	ii) Verkehrsverstöße allgemein	500
	jj) Schlüsselaufbewahrung	517
	kk) Sicherung des Fahrzeugs/mitversicherter Teile	543
	ll) Aufbewahrung der Fahrzeugpapiere	551
	mm) Sonstige Fälle	555
II.	Leistungsfreiheit wegen gesetzlicher Obliegenheitsverletzungen	567
	1. Allgemeines	567
	2. Zurechenbares Handeln Dritter	574
	a) Repräsentant	577
	b) Wissenserklärungsvertreter	586
	c) Wissensvertreter	600
	3. Die vorvertragliche Anzeigepflicht, § 19 VVG 2008	606
	4. Gefahrerhöhung, § 23 VVG 2008	616
	a) Rechtsfolgen von Verstößen	621
	b) Voraussetzungen der Leistungsfreiheit	622
	c) Einzelfälle der Gefahrerhöhung	637
	aa) Fahrzeugmängel	637
	bb) Fahrermängel	642
	5. Anzeigepflicht der Fahrzeugveräußerung, § 97 VVG 2008	648
III.	Leistungsfreiheit wegen vertraglicher Obliegenheitsverletzungen	652
	1. Allgemeines	653
	2. Rechtsfolgen der Obliegenheitsverletzung	658
	3. Voraussetzungen der Leistungsfreiheit	664
	a) Obliegenheiten vor Eintritt des Versicherungsfalls	664
	b) Obliegenheiten nach Eintritt des Versicherungsfalls	677
	4. Einzelfälle der Obliegenheitsverletzungen vor Eintritt des Versicherungsfalls	684
	a) Vereinbarter Verwendungszweck, sog. Verwendungsklausel, D.1.1 AKB 2008	685
	b) Berechtigter Fahrer, sog. Schwarzfahrerklausel, D.1.2 AKB 2008	704
	c) Fahren mit Fahrerlaubnis, sog. Führerscheinklausel, D.1.3 AKB 2008	708
	d) Außerbetriebssetzung, H.1 AKB 2008	735
	5. Einzelfälle der Obliegenheitsverletzung nach Eintritt des Versicherungsfalls	744
	a) Anzeigeobliegenheit, E.1.1 AKB 2008	746
	b) Aufklärungsobliegenheiten, E.1.3 AKB 2008	756
	aa) Beantwortung von Fragen des Versicherers	759
	bb) Vorschäden	765
	cc) Fahrzeugdaten	770
	dd) Personendaten	775
	ee) Unfallflucht	790
	ff) Veränderung der Unfallspuren	800
	gg) Nachtrunk	801
	hh) Einholen von Weisungen des Versicherers	803
	ii) Schadenminderungspflicht	805

		Rdn.
IV.	Kürzung bei mehreren Obliegenheitsverletzungen	813a
E.	**Umfang der Ersatzleistung**	814
I.	Totalschaden, Zerstörung oder Verlust	820
	1. Wiederbeschaffungswert	823
	2. Neupreisentschädigung	833
	3. Wiederherstellungsvorbehalt	841
	4. Restwert	849
II.	Beschädigung	851
III.	Sachverständigenkosten	856
IV.	Mehrwertsteuer	860
V.	Sonderregelung bei Wiederauffinden des Fahrzeugs	862
VI.	Selbstbeteiligung	873
VII.	Nicht ersatzfähige Teile/Kosten	874
VIII.	Sachverständigenverfahren	876
	1. Zusammensetzung	881
	a) Kraftfahrzeugsachverständige	886
	b) Obmann	889
	2. Verfahren	893
	3. Kosten	895
	4. Verbindlichkeit der Feststellungen	898
	5. Prozessuale Bedeutung des Sachverständigengutachtens	902
IX.	Entschädigung	913
	1. Fälligkeit	913
	2. Vorschusspflichten	918
	3. Verzug	922
X.	Prozessuales	927
	1. Klageart	927
	2. Verjährung	931
	3. Gerichtsstand	935
XI.	Forderungsübergang	939
	1. Kongruenzprinzip	941
	2. Regressverzicht des Kaskoversicherers	945
	3. Quotenvorrecht des Versicherungsnehmers, § 86 Abs. 1 S. 2 VVG 2008	951

Schrifttum

Bauer, Die Kraftfahrtversicherung, 5. Aufl., München 2002; *Feyock/Jacobsen/Lemor*, Kommentar zur Kraftfahrtversicherung, 3. Aufl., München 2009; *Halm/Kreuter/Schwab*, AKB-Kommentar, Köln 2010; *Halm/Engelbrecht/Krahe*, Handbuch des Fachanwalts Versicherungsrecht, 4. Aufl., Köln 2010; *Himmelreich/Halm*, Handbuch des Fachanwalts Verkehrsrecht, 2. Aufl., Köln 2008; *Nugel*, Kürzungsquoten nach dem VVG, 1. Auflage 2011; Maier/Stadler, AKB 2008 und VVG Reform, München 2008; *Marlow/Spuhl*, Das neue VVG Kompakt, 2. Aufl., Karlsruhe 2007; *Prölss/Martin*, Kommentar zum Versicherungsvertragsgesetz, 28. Aufl., München 2010; *Stiefel/Maier*, AKB-Kommentar, 18. Aufl., München 2010

Allgemeine Bedingungen für die Kfz-Versicherung

AKB 2008 – Stand 17.03.2010

Unverbindliche Musterbedingungen des Gesamtverbandes der Deutschen Versicherungswirtschaft e. V. – GDV Wilhelmstr. 43/43 G, 10117 Berlin in der Fassung der Bekanntgabe vom 17.03.2010.

Die Verwendung ist rein fakultativ.

Kaskoversicherung — Kapitel 23

Inhaltsverzeichnis

- **A Welche Leistungen umfasst Ihre Kfz-Versicherung?**
- A.1 Kfz-Haftpflichtversicherung – für Schäden, die Sie mit Ihrem Fahrzeug Anderen zufügen
- A.1.1 Was ist versichert?
- A.1.2 Wer ist versichert?
- A.1.3 Bis zu welcher Höhe leisten wir (Versicherungssummen)?
- A.1.4 In welchen Ländern besteht Versicherungsschutz?
- A.1.5 Was ist nicht versichert?
- A.2 Kaskoversicherung – für Schäden an Ihrem Fahrzeug
- A.2.1 Was ist versichert?
- A.2.2 Welche Ereignisse sind in der Teilkasko versichert?
- A.2.3 Welche Ereignisse sind in der Vollkasko versichert?
- A.2.4 Wer ist versichert?
- A.2.5 In welchen Ländern besteht Versicherungsschutz?
- A.2.6 Was zahlen wir bei Totalschaden, Zerstörung oder Verlust?
- A.2.7 Was zahlen wir bei Beschädigung?
- A.2.8 Sachverständigenkosten
- A.2.9 Mehrwertsteuer
- A.2.10 Zusätzliche Regelungen bei Entwendung
- A.2.11 Bis zu welcher Höhe leisten wir (Höchstentschädigung)?
- A.2.12 Selbstbeteiligung
- A.2.13 Was wir nicht ersetzen und Rest- und Altteile
- A.2.14 Fälligkeit unserer Zahlung, Abtretung
- A.2.15 Können wir unsere Leistung zurückfordern, wenn Sie nicht selbst gefahren sind?
- A.2.16 Was ist nicht versichert?
- A.2.17 Meinungsverschiedenheit über die Schadenhöhe (Sachverständigenverfahren)
- A.2.18 Fahrzeugteile und Fahrzeugzubehör
- A.3 Autoschutzbrief – Hilfe für unterwegs als Service oder Kostenerstattung
- A.3.1 Was ist versichert?
- A.3.2 Wer ist versichert?
- A.3.3 Versicherte Fahrzeuge
- A.3.4 In welchen Ländern besteht Versicherungsschutz?
- A.3.5 Hilfe bei Panne oder Unfall
- A.3.6 Zusätzliche Hilfe bei Panne, Unfall oder Diebstahl ab 50 km Entfernung
- A.3.7 Hilfe bei Krankheit, Verletzung oder Tod auf einer Reise
- A.3.8 Zusätzliche Leistungen bei einer Auslandsreise
- A.3.9 Was ist nicht versichert?
- A.3.10 Anrechnung ersparter Aufwendungen, Abtretung
- A.3.11 Verpflichtung Dritter
- A.4 Kfz-Unfallversicherung – wenn Insassen verletzt oder getötet werden
- A.4.1 Was ist versichert?
- A.4.2 Wer ist versichert?
- A.4.3 In welchen Ländern besteht Versicherungsschutz?
- A.4.4 Welche Leistungen umfasst die Kfz-Unfallversicherung?
- A.4.5 Leistung bei Invalidität
- A.4.6 Leistung bei Tod
- A.4.7 Krankenhaustagegeld, Genesungsgeld, Tagegeld
- A.4.8 Welche Auswirkungen haben vor dem Unfall bestehende Krankheiten oder Gebrechen?
- A.4.9 Fälligkeit unserer Zahlung, Abtretung
- A.4.10 Was ist nicht versichert?

B	**Beginn des Vertrags und vorläufiger Versicherungsschutz**
B.1	Wann beginnt der Versicherungsschutz?
B.2	Vorläufiger Versicherungsschutz
C	**Beitragszahlung**
C.1	Zahlung des ersten oder einmaligen Beitrags
C.2	Zahlung des Folgebeitrags
C.3	Nicht rechtzeitige Zahlung bei Fahrzeugwechsel
C.4	Zahlungsperiode
C.5	Beitragspflicht bei Nachhaftung in der Kfz-Haftpflichtversicherung
D	**Welche Pflichten haben Sie beim Gebrauch des Fahrzeugs?**
D.1	Bei allen Versicherungsarten
D.2	Zusätzlich in der Kfz-Haftpflichtversicherung
D.3	Welche Folgen hat eine Verletzung dieser Pflichten?
E	**Welche Pflichten haben Sie im Schadenfall?**
E.1	Bei allen Versicherungsarten
E.2	Zusätzlich in der Kfz-Haftpflichtversicherung
E.3	Zusätzlich in der Kaskoversicherung
E.4	Zusätzlich beim Autoschutzbrief
E.5	Zusätzlich in der Kfz-Unfallversicherung
E.6	Welche Folgen hat eine Verletzung dieser Pflichten?
F	**Rechte und Pflichten der mitversicherten Personen**
G	**Laufzeit und Kündigung des Vertrags, Veräußerung des Fahrzeugs, Wagniswegfall**
G.1	Wie lange läuft der Versicherungsvertrag?
G.2	Wann und aus welchem Anlass können Sie den Versicherungsvertrag kündigen?
G.3	Wann und aus welchem Anlass können wir den Versicherungsvertrag kündigen?
G.4	Kündigung einzelner Versicherungsarten
G.5	Form und Zugang der Kündigung
G.6	Beitragsabrechnung nach Kündigung
G.7	Was ist bei Veräußerung des Fahrzeugs zu beachten?
G.8	Wagniswegfall (z. B. durch Fahrzeugverschrottung)
H	**Außerbetriebsetzung, Saisonkennzeichen, Fahrten mit ungestempelten Kennzeichen**
H.1	Was ist bei Außerbetriebsetzung zu beachten?
H.2	Welche Besonderheiten gelten bei Saisonkennzeichen?
H.3	Fahrten mit ungestempelten Kennzeichen
I	**Schadenfreiheitsrabatt-System**
I.1	Einstufung in Schadenfreiheitsklassen (SF-Klassen)
I.2	Ersteinstufung
I.2.1	Ersteinstufung in SF-Klasse 0
I.2.2	Sonderersteinstufung eines Pkw in SF-Klasse $1/2$ oder SF-Klasse 2
I.2.3	Anrechnung des Schadenverlaufs der Kfz-Haftpflichtversicherung in der Vollkaskoversicherung
I.2.4	Führerscheinsonderregelung
I.2.5	Gleichgestellte Fahrerlaubnisse
I.3	Jährliche Neueinstufung
I.3.1	Wirksamwerden der Neueinstufung
I.3.2	Besserstufung bei schadenfreiem Verlauf
I.3.3	Besserstufung bei Saisonkennzeichen
I.3.4	Besserstufung bei Verträgen mit SF-Klassen [2], $1/2$, S, 0 oder M
I.3.5	Rückstufung bei schadenbelastetem Verlauf

I.4	Was bedeutet schadenfreier oder schadenbelasteter Verlauf?
I.4.1	Schadenfreier Verlauf
I.4.2	Schadenbelasteter Verlauf
I.5	Wie Sie eine Rückstufung in der Kfz-Haftpflichtversicherung vermeiden können
I.6	Übernahme eines Schadenverlaufs
I.6.1	In welchen Fällen wird ein Schadenverlauf übernommen?
I.6.2	Welche Voraussetzungen gelten für die Übernahme?
I.6.3	Wie wirkt sich eine Unterbrechung des Versicherungsschutzes auf den Schadenverlauf aus?
I.6.4	Übernahme des Schadenverlaufs nach Betriebsübergang
I.7	Einstufung nach Abgabe des Schadenverlaufs
I.8	Auskünfte über den Schadenverlauf
J	**Beitragsänderung aufgrund tariflicher Maßnahmen**
J.1	Typklasse
J.2	Regionalklasse
J.3	Tarifänderung
J.4	Kündigungsrecht
J.5	Gesetzliche Änderung des Leistungsumfangs in der Kfz-Haftpflichtversicherung
J.6	Änderung des SF-Klassen-Systems
[J.6	xx Änderung der Tarifstruktur]
K	**Beitragsänderung aufgrund eines bei Ihnen eingetretenen Umstands**
K.1	Änderung des Schadenfreiheitsrabatts
K.2	Änderung von Merkmalen zur Beitragsberechnung
K.3	Änderung der Regionalklasse wegen Wohnsitzwechsels
K.4	Ihre Mitteilungspflichten zu den Merkmalen zur Beitragsberechnung
K.5	Änderung der Art und Verwendung des Fahrzeugs
L	**Meinungsverschiedenheiten und Gerichtsstände**
L.1	Wenn Sie mit uns einmal nicht zufrieden sind
L.2	Gerichtsstände
M	

Allgemeine Bedingungen für die Kfz-Versicherung (AKB 2008)

Die Kfz-Versicherung umfasst je nach dem Inhalt des Versicherungsvertrags folgende Versicherungsarten:
- Kfz-Haftpflichtversicherung (A.1)
- Kaskoversicherung (A.2)
- Autoschutzbrief (A.3)
- Kfz-Unfallversicherung (A.4)

Diese Versicherungen werden als jeweils rechtlich selbstständige Verträge abgeschlossen. Ihrem Versicherungsschein können Sie entnehmen, welche Versicherungen Sie für Ihr Fahrzeug abgeschlossen haben.

Es gilt deutsches Recht. Die Vertragssprache ist deutsch.

A Welche Leistungen umfasst Ihre Kfz-Versicherung?

A.1 Kfz-Haftpflichtversicherung – für Schäden, die Sie mit Ihrem Fahrzeug Anderen zufügen

A.1.1 Was ist versichert?

Sie haben mit Ihrem Fahrzeug einen Anderen geschädigt

A.1.1.1 Wir stellen Sie von Schadenersatzansprüchen frei, wenn durch den Gebrauch des Fahrzeugs

a Personen verletzt oder getötet werden,

b Sachen beschädigt oder zerstört werden oder abhanden kommen,

c Vermögensschäden verursacht werden, die weder mit einem Personen- noch mit einem Sachschaden mittelbar oder unmittelbar zusammenhängen (reine Vermögensschäden), und deswegen gegen Sie oder uns Schadenersatzansprüche aufgrund von Haftpflichtbestimmungen des Bürgerlichen Gesetzbuchs oder des Straßenverkehrsgesetzes oder aufgrund anderer gesetzlicher Haftpflichtbestimmungen des Privatrechts geltend gemacht werden. Zum Gebrauch des Fahrzeugs gehört neben dem Fahren z. B. das Ein- und Aussteigen sowie das Be- und Entladen.

Begründete und unbegründete Schadenersatzansprüche

A.1.1.2 Sind Schadenersatzansprüche begründet, leisten wir Schadenersatz in Geld.

A.1.1.3 Sind Schadenersatzansprüche unbegründet, wehren wir diese auf unsere Kosten ab. Dies gilt auch, soweit Schadenersatzansprüche der Höhe nach unbegründet sind.

Regulierungsvollmacht

A.1.1.4 Wir sind bevollmächtigt, gegen Sie geltend gemachte Schadenersatzansprüche in Ihrem Namen zu erfüllen oder abzuwehren und alle dafür zweckmäßig erscheinenden Erklärungen im Rahmen pflichtgemäßen Ermessens abzugeben.

Mitversicherung von Anhängern, Aufliegern und abgeschleppten Fahrzeugen

A.1.1.5 Ist mit dem versicherten Kraftfahrzeug ein Anhänger oder Auflieger verbunden, erstreckt sich der Versicherungsschutz auch hierauf. Der Versicherungsschutz umfasst auch Fahrzeuge, die mit dem versicherten Kraftfahrzeug abgeschleppt oder geschleppt werden, wenn für diese kein eigener Haftpflichtversicherungsschutz besteht. Dies gilt auch, wenn sich der Anhänger oder Auflieger oder das abgeschleppte oder geschleppte Fahrzeug während des Gebrauchs von dem versicherten Kraftfahrzeug löst und sich noch in Bewegung befindet.

A.1.2 Wer ist versichert?

Der Schutz der Kfz-Haftpflichtversicherung gilt für Sie und für folgende Personen (mitversicherte Personen):

a den Halter des Fahrzeugs,

b den Eigentümer des Fahrzeugs,

c den Fahrer des Fahrzeugs,

d den Beifahrer, der im Rahmen seines Arbeitsverhältnisses mit Ihnen oder mit dem Halter den berechtigten Fahrer zu seiner Ablösung oder zur Vornahme von Lade- und Hilfsarbeiten nicht nur gelegentlich begleitet,

e Ihren Arbeitgeber oder öffentlichen Dienstherrn, wenn das Fahrzeug mit Ihrer Zustimmung für dienstliche Zwecke gebraucht wird, f den Omnibusschaffner, der im Rahmen seines Arbeitsverhältnisses mit Ihnen oder mit dem Halter des versicherten Fahrzeugs tätig ist,

g den Halter, Eigentümer, Fahrer, Beifahrer und Omnibusschaffner eines nach A.1.1.5 mitversicherten Fahrzeugs.

Diese Personen können Ansprüche aus dem Versicherungsvertrag selbstständig gegen uns erheben.

A.1.3 Bis zu welcher Höhe leisten wir (Versicherungssummen)?

Höchstzahlung

A.1.3.1 Unsere Zahlungen für ein Schadenereignis sind jeweils beschränkt auf die Höhe der für Personen-, Sach- und Vermögensschäden vereinbarten Versicherungssummen. Mehrere zeitlich zusammenhängende Schäden, die dieselbe Ursache haben, gelten als ein einziges Schadenereignis. Die Höhe Ihrer Versicherungssummen können Sie dem Versicherungsschein entnehmen.

A.1.3.2 Bei Schäden von Insassen in einem mitversicherten Anhänger gelten xx < *die gesetzlichen Mindestversicherungssummen oder höhere individuell vereinbarte Versicherungssummen; ist keine Begrenzung gewünscht, entfällt Klausel A.1.3.2* >.

Übersteigen der Versicherungssummen

A.1.3.3 Übersteigen die Ansprüche die Versicherungssummen, richten sich unsere Zahlungen nach
den Bestimmungen des Versicherungsvertragsgesetzes und der Kfz-Pflichtversicherungsverordnung.
In diesem Fall müssen Sie für einen nicht oder nicht vollständig befriedigten
Schadenersatzanspruch selbst einstehen.

A.1.4 In welchen Ländern besteht Versicherungsschutz?

Versicherungsschutz in Europa und in der EU

A.1.4.1 Sie haben in der Kfz-Haftpflichtversicherung Versicherungsschutz in den geographischen Grenzen Europas sowie den außereuropäischen Gebieten, die zum Geltungsbereich der Europäischen Union gehören. Ihr Versicherungsschutz richtet sich nach dem im Besuchsland gesetzlich vorgeschriebenen Versicherungsumfang, mindestens jedoch nach dem Umfang Ihres Versicherungsvertrags.

Internationale Versicherungskarte (Grüne Karte)

A.1.4.2 Haben wir Ihnen eine internationale Versicherungskarte ausgehändigt, erstreckt sich Ihr Versicherungsschutz in der Kfz-Haftpflichtversicherung auch auf die dort genannten nichteuropäischen Länder, soweit Länderbezeichnungen nicht durchgestrichen sind. Hinsichtlich des Versicherungsumfangs gilt A.1.4.1 Satz 2.

A.1.5 Was ist nicht versichert?

Vorsatz

A.1.5.1 Kein Versicherungsschutz besteht für Schäden, die Sie vorsätzlich und widerrechtlich herbeiführen.

Genehmigte Rennen

A.1.5.2 Kein Versicherungsschutz besteht für Schäden, die bei Beteiligung an behördlich genehmigten kraftfahrt-sportlichen Veranstaltungen, bei denen es auf die Erzielung einer Höchstgeschwindigkeit ankommt, entstehen. Dies gilt auch für dazugehörige Übungsfahrten.

Hinweis: Die Teilnahme an behördlich nicht genehmigten Rennen stellt eine Pflichtverletzung nach D.2.2 dar.

Beschädigung des versicherten Fahrzeugs

A.1.5.3 Kein Versicherungsschutz besteht für die Beschädigung, die Zerstörung oder das Abhandenkommen des versicherten Fahrzeugs.

Beschädigung von Anhängern oder abgeschleppten Fahrzeugen

A.1.5.4 Kein Versicherungsschutz besteht für die Beschädigung, die Zerstörung oder das Abhandenkommen eines mit dem versicherten Fahrzeug verbundenen Anhängers oder Aufliegers oder eines mit dem versicherten Fahrzeug geschleppten oder abgeschleppten Fahrzeugs. Wenn mit dem versicherten Kraftfahrzeug ohne gewerbliche Absicht ein betriebsunfähiges Fahrzeug im Rahmen üblicher Hilfeleistung abgeschleppt wird, besteht für dabei am abgeschleppten Fahrzeug verursachte Schäden Versicherungsschutz.

Beschädigung von beförderten Sachen

A.1.5.5 Kein Versicherungsschutz besteht bei Schadenersatzansprüchen wegen Beschädigung, Zerstörung oder Abhandenkommens von Sachen, die mit dem versicherten Fahrzeug befördert werden. Versicherungsschutz besteht jedoch für Sachen, die Insassen eines Kraftfahrzeugs üblicherweise mit sich führen (z. B. Kleidung, Brille, Brieftasche). Bei Fahrten, die überwiegend der Personenbeförderung dienen, besteht außerdem Versicherungsschutz für Sachen, die Insassen eines Kraftfahrzeugs zum Zwecke des persönlichen Gebrauchs üblicherweise mit sich führen (z. B. Reisegepäck, Reiseproviant). Kein Versicherungsschutz besteht für Sachen unberechtigter Insassen.

Ihr Schadenersatzanspruch gegen eine mitversicherte Person

A.1.5.6 Kein Versicherungsschutz besteht für Sach- oder Vermögensschäden, die eine mitversicherte Person Ihnen, dem Halter oder dem Eigentümer durch den Gebrauch des Fahrzeugs zufügt. Versicherungsschutz besteht jedoch für Personenschäden, wenn Sie z. B. als Beifahrer Ihres Fahrzeugs verletzt werden.

Nichteinhaltung von Liefer- und Beförderungsfristen

A.1.5.7 Kein Versicherungsschutz besteht für reine Vermögensschäden, die durch die Nichteinhaltung von Liefer- und Beförderungsfristen entstehen.

Vertragliche Ansprüche

A.1.5.8 Kein Versicherungsschutz besteht für Haftpflichtansprüche, soweit sie aufgrund Vertrags oder besonderer Zusage über den Umfang der gesetzlichen Haftpflicht hinausgehen.

Schäden durch Kernenergie

A.1.5.9 Kein Versicherungsschutz besteht für Schäden durch Kernenergie.

A.2 Kaskoversicherung – für Schäden an Ihrem Fahrzeug

A.2.1 Was ist versichert?

Ihr Fahrzeug

A.2.1.1 Versichert ist Ihr Fahrzeug gegen Beschädigung, Zerstörung, Totalschaden oder Verlust infolge eines Ereignisses nach A.2.2 (Teilkasko) oder A.2.3 (Vollkasko). Vom Versicherungsschutz umfasst sind auch dessen unter A.2.1.2 und A.2.1.3 als mitversichert aufgeführte Fahrzeugteile und als mitversichert aufgeführtes Fahrzeugzubehör, sofern sie straßenverkehrsrechtlich zulässig sind (mitversicherte Teile).

Beitragsfrei mitversicherte Teile

A.2.1.2 Soweit in A.2.1.3 nicht anders geregelt, sind folgende Fahrzeugteile und folgendes Fahrzeugzubehör des versicherten Fahrzeugs ohne Mehrbeitrag mitversichert:
a fest im Fahrzeug eingebaute oder fest am Fahrzeug angebaute Fahrzeugteile,
b fest im Fahrzeug eingebautes oder am Fahrzeug angebautes oder im Fahrzeug unter Verschluss verwahrtes Fahrzeugzubehör, das ausschließlich dem Gebrauch des Fahrzeugs dient (z. B. Schonbezüge, Pannenwerkzeug) und nach allgemeiner Verkehrsanschauung nicht als Luxus angesehen wird,
c im Fahrzeug unter Verschluss verwahrte Fahrzeugteile, die zur Behebung von Betriebsstörungen des Fahrzeugs üblicherweise mitgeführt werden (z. B. Sicherungen und Glühlampen),
d Schutzhelme (auch mit Wechselsprechanlage), solange sie bestimmungsgemäß gebraucht werden oder mit dem abgestellten Fahrzeug so fest verbunden sind, dass ein unbefugtes Entfernen ohne Beschädigung nicht möglich ist,
e Planen, Gestelle für Planen (Spriegel),
f folgende außerhalb des Fahrzeugs unter Verschluss gehaltene Teile:
– ein zusätzlicher Satz Räder mit Winter- oder Sommerbereifung,
– Dach-/Heckständer, Hardtop, Schneeketten und Kindersitze,
– nach a bis f mitversicherte Fahrzeugteile und Fahrzeugzubehör während einer Reparatur.

Abhängig vom Gesamtneuwert mitversicherte Teile

A.2.1.3 Die nachfolgend unter a bis e aufgeführten Teile sind ohne Beitragszuschlag mitversichert,
wenn sie im Fahrzeug fest eingebaut oder am Fahrzeug fest angebaut sind:
– bei Pkw, Krafträdern, xx < *Alle gewünschten WKZ aufführen* > bis zu einem Gesamtneuwert der Teile von xx EUR (brutto) und
– bei sonstigen Fahrzeugarten (z. B. Lkw, xx < *Als Beispiele gewünschte WKZ aufführen* >) bis zu einem Gesamtneuwert der Teile von xx EUR (brutto)

a Radio- und sonstige Audiosysteme, Video-, technische Kommunikations- und Leitsysteme (z. B. fest eingebaute Navigationssysteme),
b zugelassene Veränderungen an Fahrwerk, Triebwerk, Auspuff, Innenraum oder Karosserie (Tuning), die der Steigerung der Motorleistung, des Motordrehmoments, der Veränderung des Fahrverhaltens dienen oder zu einer Wertsteigerung des Fahrzeugs führen,
c individuell für das Fahrzeug angefertigte Sonderlackierungen und -beschriftungen sowie besondere Oberflächenbehandlungen,
d Beiwagen und Verkleidungen bei Krafträdern, Leichtkrafträdern, Kleinkrafträdern, Trikes, Quads und Fahrzeugen mit Versicherungskennzeichen,
e Spezialaufbauten (z. B. Kran-, Tank-, Silo-, Kühl- und Thermoaufbauten) und Spezialeinrichtungen (z. B. für Werkstattwagen, Messfahrzeuge, Krankenwagen). Ist der Gesamtneuwert der unter a bis e aufgeführten Teile höher als die genannte Wertgrenze, ist der übersteigende Wert nur mitversichert, wenn dies ausdrücklich vereinbart ist. Bis zur genannten Wertgrenze verzichten wir auf eine Kürzung der Entschädigung wegen Unterversicherung.

Nicht versicherbare Gegenstände

A.2.1.4 Nicht versicherbar sind alle sonstigen Gegenstände, insbesondere solche, deren Nutzung nicht ausschließlich dem Gebrauch des Fahrzeugs dient (z. B. Handys und mobile Navigationsgeräte, auch bei Verbindung mit dem Fahrzeug durch eine Halterung, Reisegepäck, persönliche Gegenstände der Insassen).

A.2.2 Welche Ereignisse sind in der Teilkasko versichert?

Versicherungsschutz besteht bei Beschädigung, Zerstörung, Totalschaden oder Verlust des Fahrzeugs einschließlich seiner mitversicherten Teile durch die nachfolgenden Ereignisse:

Brand und Explosion

A.2.2.1 Versichert sind Brand und Explosion. Als Brand gilt ein Feuer mit Flammenbildung, das ohne einen bestimmungsgemäßen Herd entstanden ist oder ihn verlassen hat und sich aus eigener Kraft auszubreiten vermag. Nicht als Brand gelten Schmor- und Sengschäden. Explosion ist eine auf dem Ausdehnungsbestreben von Gasen oder Dämpfen beruhende, plötzlich verlaufende Kraftäußerung.

Entwendung

A.2.2.2 Versichert ist die Entwendung, insbesondere durch Diebstahl und Raub. Unterschlagung ist nur versichert, wenn dem Täter das Fahrzeug nicht zum Gebrauch in seinem eigenen Interesse, zur Veräußerung oder unter Eigentumsvorbehalt überlassen wird.

Unbefugter Gebrauch ist nur versichert, wenn der Täter in keiner Weise berechtigt ist, das Fahrzeug zu gebrauchen. Nicht als unbefugter Gebrauch gilt insbesondere, wenn der Täter vom Verfügungsberechtigten mit der Betreuung des Fahrzeugs beauftragt wird (z. B. Reparateur, Hotelangestellter). Außerdem besteht kein Versicherungsschutz, wenn der Täter in einem Näheverhältnis zu dem Verfügungsberechtigten steht (z. B. dessen Arbeitnehmer, Familien- oder Haushaltsangehörige).

Sturm, Hagel, Blitzschlag, Überschwemmung

A.2.2.3 Versichert ist die unmittelbare Einwirkung von Sturm, Hagel, Blitzschlag oder Überschwemmung auf das Fahrzeug. Als Sturm gilt eine wetterbedingte Luftbewegung von mindestens Windstärke 8. Eingeschlossen sind Schäden, die dadurch verursacht werden, dass durch diese Naturgewalten Gegenstände auf oder gegen das Fahrzeug geworfen werden. Ausgeschlossen sind Schäden, die auf ein durch diese Naturgewalten veranlasstes Verhalten des Fahrers zurückzuführen sind.

Zusammenstoß mit Haarwild

A.2.2.4 Versichert ist der Zusammenstoß des in Fahrt befindlichen Fahrzeugs mit Haarwild im Sinne von § 2 Abs. 1 Nr. 1 des Bundesjagdgesetzes (z. B. Reh, Wildschwein).

Glasbruch

A.2.2.5 Versichert sind Bruchschäden an der Verglasung des Fahrzeugs. Folgeschäden sind nicht versichert.

Kurzschlussschäden an der Verkabelung

A.2.2.6 Versichert sind Schäden an der Verkabelung des Fahrzeugs durch Kurzschluss. Folgeschäden sind nicht versichert.

A.2.3 Welche Ereignisse sind in der Vollkasko versichert?

Versicherungsschutz besteht bei Beschädigung, Zerstörung, Totalschaden oder Verlust des Fahrzeugs einschließlich seiner mitversicherten Teile durch die nachfolgenden Ereignisse:

Ereignisse der Teilkasko

A.2.3.1 Versichert sind die Schadenereignisse der Teilkasko nach A.2.2.

Unfall

A.2.3.2 Versichert sind Unfälle des Fahrzeugs. Als Unfall gilt ein unmittelbar von außen plötzlich mit mechanischer Gewalt auf das Fahrzeug einwirkendes Ereignis. Nicht als Unfallschäden gelten insbesondere Schäden aufgrund eines Brems- oder Betriebsvorgangs oder reine Bruchschäden. Dazu zählen z. B. Schäden am Fahrzeug durch rutschende Ladung oder durch Abnutzung, Verwindungsschäden, Schäden aufgrund Bedienungsfehler oder Überbeanspruchung des Fahrzeugs und Schäden zwischen ziehendem und gezogenem Fahrzeug ohne Einwirkung von außen.

Mut- oder böswillige Handlungen

A.2.3.3 Versichert sind mut- oder böswillige Handlungen von Personen, die in keiner Weise berechtigt sind, das Fahrzeug zu gebrauchen. Als berechtigt sind insbesondere Personen anzusehen, die vom Verfügungsberechtigten mit der Betreuung des Fahrzeugs beauftragt wurden (z. B. Reparateur, Hotelangestellter) oder in einem Näheverhältnis zu dem Verfügungsberechtigten stehen (z. B. dessen Arbeitnehmer, Familien- oder Haushaltsangehörige).

A.2.4 Wer ist versichert?

Der Schutz der Kaskoversicherung gilt für Sie und, wenn der Vertrag auch im Interesse einer weiteren Person abgeschlossen ist, z. B. des Leasinggebers als Eigentümer des Fahrzeugs, auch für diese Person.

A.2.5 In welchen Ländern besteht Versicherungsschutz?

Sie haben in Kasko Versicherungsschutz in den geographischen Grenzen Europas sowie den außereuropäischen Gebieten, die zum Geltungsbereich der Europäischen Union gehören.

A.2.6 Was zahlen wir bei Totalschaden, Zerstörung oder Verlust?

Wiederbeschaffungswert abzüglich Restwert

A.2.6.1 Bei Totalschaden, Zerstörung oder Verlust des Fahrzeugs zahlen wir den Wiederbeschaffungswert unter Abzug eines vorhandenen Restwerts des Fahrzeugs. Lassen Sie Ihr Fahrzeug trotz Totalschadens oder Zerstörung reparieren, gilt A.2.7.1.

< *Achtung! Es folgen zwei Varianten der Neupreisentschädigung* >

Neupreisentschädigung bei Totalschaden, Zerstörung oder Verlust

A.2.6.2 Bei Pkw (ausgenommen Mietwagen, Taxen und Selbstfahrervermiet-Pkw) zahlen wir den Neupreis des Fahrzeugs gemäß A.2.11, wenn innerhalb von xx Monaten nach dessen Erstzulassung ein Totalschaden, eine Zerstörung oder ein Verlust eintritt. Voraussetzung ist, dass sich das Fahrzeug bei Eintritt des Schadenereignisses im Eigentum dessen befindet, der es als Neufahrzeug vom Kfz-Händler oder Kfz-Hersteller erworben hat. Ein vorhandener Restwert des Fahrzeugs wird abgezogen.

[xx Neupreisentschädigung

A.2.6.2 Bei Pkw (ausgenommen Mietwagen, Taxen und Selbstfahrervermiet-Pkw) zahlen wir den Neupreis des Fahrzeugs gemäß A.2.11, wenn innerhalb von xx Monaten nach dessen Erstzulassung eine Zerstörung oder ein Verlust eintritt. Wir erstatten den Neupreis auch, wenn bei einer Beschädigung innerhalb von xx Monaten nach der Erstzulassung die erforderlichen Kosten der Reparatur mindestens xx % des Neupreises betragen. Voraussetzung ist, dass sich das Fahrzeug bei Eintritt des Schadenereignisses im Eigentum dessen befindet, der es als Neufahrzeug vom Kfz-Händler oder Kfz-Hersteller erworben hat. Ein vorhandener Restwert des Fahrzeugs wird abgezogen.]

A.2.6.3 Wir zahlen die über den Wiederbeschaffungswert hinausgehende Neupreisentschädigung nur in der Höhe, in der gesichert ist, dass die Entschädigung innerhalb von zwei Jahren nach ihrer Feststellung für die Reparatur des Fahrzeugs oder den Erwerb eines anderen Fahrzeugs verwendet wird.

Abzug bei fehlender Wegfahrsperre im Falle eines Diebstahls

A.2.6.4 Bei Totalschaden, Zerstörung oder Verlust eines Pkw, xx < *gewünschte WKZ aufführen* > infolge Diebstahls vermindert sich die Entschädigung um xx %. Dies gilt nicht, wenn das Fahrzeug zum Zeitpunkt des Diebstahls durch eine selbstschärfende elektronische Wegfahrsperre gesichert war.

Die Regelung über die Selbstbeteiligung nach A.2.12 bleibt hiervon unberührt.

Was versteht man unter Totalschaden, Wiederbeschaffungswert und Restwert?

A.2.6.5 Ein Totalschaden liegt vor, wenn die erforderlichen Kosten der Reparatur des Fahrzeugs dessen Wiederbeschaffungswert übersteigen.

A.2.6.6 Wiederbeschaffungswert ist der Preis, den Sie für den Kauf eines gleichwertigen gebrauchten Fahrzeugs am Tag des Schadenereignisses bezahlen müssen.

A.2.6.7 Restwert ist der Veräußerungswert des Fahrzeugs im beschädigten oder zerstörten Zustand.

A.2.7 Was zahlen wir bei Beschädigung?

Reparatur

A.2.7.1 Wird das Fahrzeug beschädigt, zahlen wir die für die Reparatur erforderlichen Kosten bis zu folgenden Obergrenzen:

a Wird das Fahrzeug vollständig und fachgerecht repariert, zahlen wir die hierfür erforderlichen Kosten bis zur Höhe des Wiederbeschaffungswerts nach A.2.6.6, wenn Sie uns dies durch eine Rechnung nachweisen. Fehlt dieser Nachweis, zahlen wir entsprechend A.2.7.1.b.

b Wird das Fahrzeug nicht, nicht vollständig oder nicht fachgerecht repariert, zahlen wir die erforderlichen Kosten einer vollständigen Reparatur bis zur Höhe des um den Restwert verminderten Wiederbeschaffungswerts (siehe A.2.6.6 und A.2.6.7).

< Folgender Hinweis passt nur zur zweiten Variante von A.2.6.2 (Neupreisentschädigung mit Prozent-Beschränkung): >

[Hinweis: Beachten Sie auch die Regelung zur Neupreisentschädigung in A.2.6.2]

Abschleppen

A.2.7.2 Bei Beschädigung des Fahrzeugs ersetzen wir die Kosten für das Abschleppen vom Schadenort bis zur nächstgelegenen für die Reparatur geeigneten Werkstatt, wenn nicht ein Dritter Ihnen gegenüber verpflichtet ist, die Kosten zu übernehmen. Das gilt nur, soweit einschließlich unserer Leistungen wegen der Beschädigung des Fahrzeugs nach A.2.7.1 die Obergrenze nach A.2.7.1.a oder A.2.7.1.b nicht überschritten wird.

Abzug neu für alt

A.2.7.3 Werden bei der Reparatur alte Teile gegen Neuteile ausgetauscht oder das Fahrzeug ganz oder teilweise neu lackiert, ziehen wir von den Kosten der Ersatzteile und der Lackierung einen dem Alter und der Abnutzung der alten Teile entsprechenden Betrag ab (neu für alt). Bei Pkw, Krafträdern und Omnibussen ist der Abzug neu für alt auf die Bereifung, Batterie und Lackierung beschränkt, wenn das Schadenereignis in den ersten xx Jahren nach der Erstzulassung eintritt. Bei den übrigen Fahrzeugarten gilt dies in den ersten xx Jahren.

A.2.8 Sachverständigenkosten

Die Kosten eines Sachverständigen erstatten wir nur, wenn wir dessen Beauftragung veranlasst oder ihr zugestimmt haben.

A.2.9 Mehrwertsteuer

Mehrwertsteuer erstatten wir nur, wenn und soweit diese für Sie bei der von Ihnen gewählten Schadenbeseitigung tatsächlich angefallen ist. Die Mehrwertsteuer erstatten wir nicht, soweit Vorsteuerabzugsberechtigung besteht.

A.2.10 Zusätzliche Regelungen bei Entwendung

Wiederauffinden des Fahrzeugs

A.2.10.1 Wird das Fahrzeug innerhalb eines Monats nach Eingang der schriftlichen Schadenanzeige wieder aufgefunden und können Sie innerhalb dieses Zeitraums mit objektiv zumutbaren Anstrengungen das Fahrzeug wieder in Besitz nehmen, sind Sie zur Rücknahme des Fahrzeugs verpflichtet.

A.2.10.2 Wird das Fahrzeug in einer Entfernung von mehr als 50 km (Luftlinie) von seinem regelmäßigen Standort aufgefunden, zahlen wir für dessen Abholung die Kosten in Höhe einer Bahnfahrkarte 2. Klasse für Hin- und Rückfahrt bis zu einer Höchstentfernung von 1.500 km (Bahnkilometer) vom regelmäßigen Standort des Fahrzeugs zu dem Fundort.

Eigentumsübergang nach Entwendung

A.2.10.3 Sind Sie nicht nach A.2.10.1 zur Rücknahme des Fahrzeugs verpflichtet, werden wir dessen Eigentümer.

A.2.10.4 Haben wir die Versicherungsleistung wegen einer Pflichtverletzung (z. B. nach D.1, E.1 oder E.3 oder wegen grober Fahrlässigkeit nach A.2.16.1 Satz 2) gekürzt und wird das Fahrzeug wieder aufgefunden, gilt Folgendes: Ihnen steht ein Anteil am erzielbaren Veräußerungserlös nach Abzug der erforderlichen Kosten zu, die im Zusammenhang mit der Rückholung und Verwertung entstanden sind. Der Anteil entspricht der Quote, um die wir Ihre Entschädigung gekürzt haben.

A.2.11 Bis zu welcher Höhe leisten wir (Höchstentschädigung)?

Unsere Höchstentschädigung ist beschränkt auf den Neupreis des Fahrzeugs. Neupreis ist der Betrag, der für den Kauf eines neuen Fahrzeugs in der Ausstattung des versicherten Fahrzeugs oder – wenn der Typ des versicherten Fahrzeugs nicht mehr hergestellt wird – eines vergleichbaren Nachfolgemodells am Tag des Schadenereignisses aufgewendet werden muss. Maßgeblich für den Kaufpreis ist die unverbindliche Empfehlung des Herstellers abzüglich orts- und marktüblicher Nachlässe.

A.2.12 Selbstbeteiligung

Ist eine Selbstbeteiligung vereinbart, wird diese bei jedem Schadenereignis von der Entschädigung abgezogen. Ihrem Versicherungsschein können Sie entnehmen, ob und in welcher Höhe Sie eine Selbstbeteiligung vereinbart haben.

A.2.13 Was wir nicht ersetzen und Rest- und Altteile

Was wir nicht ersetzen

A.2.13.1 Wir zahlen nicht für Veränderungen, Verbesserungen und Verschleißreparaturen. Ebenfalls nicht ersetzt werden Folgeschäden wie Verlust von Treibstoff und Betriebsmittel (z. B. Öl, Kühlflüssigkeit), Wertminderung, Zulassungskosten, Überführungskosten, Verwaltungskosten, Nutzungsausfall oder Kosten eines Mietfahrzeugs.

Rest- und Altteile

A.2.13.2 Rest- und Altteile sowie das unreparierte Fahrzeug verbleiben bei Ihnen und werden zum Veräußerungswert auf die Entschädigung angerechnet.

A.2.14 Fälligkeit unserer Zahlung, Abtretung

A.2.14.1 Sobald wir unsere Zahlungspflicht und die Höhe der Entschädigung festgestellt haben, zahlen wir diese spätestens innerhalb von zwei Wochen.

A.2.14.2 Haben wir unsere Zahlungspflicht festgestellt, lässt sich jedoch die Höhe der Entschädigung nicht innerhalb eines Monats nach Schadenanzeige feststellen, können Sie einen angemessenen Vorschuss auf die Entschädigung verlangen.

A.2.14.3 Ist das Fahrzeug entwendet worden, ist zunächst abzuwarten, ob es wieder aufgefunden wird. Aus diesem Grunde zahlen wir die Entschädigung frühestens nach Ablauf eines Monats nach Eingang der schriftlichen Schadenanzeige.

A.2.14.4 Ihren Anspruch auf die Entschädigung können Sie vor der endgültigen Feststellung ohne unsere ausdrückliche Genehmigung weder abtreten noch verpfänden.

A.2.15 Können wir unsere Leistung zurückfordern, wenn Sie nicht selbst gefahren sind?

Fährt eine andere Person berechtigterweise das Fahrzeug und kommt es zu einem Schadenereignis, fordern wir von dieser Person unsere Leistungen nicht zurück. Dies gilt nicht, wenn der Fahrer das Schadenereignis grob fahrlässig oder vorsätzlich herbeigeführt hat. Lebt der Fahrer bei Eintritt des Schadens mit Ihnen in häuslicher Gemeinschaft, fordern wir unsere Ersatzleistung selbst bei grob fahrlässiger Herbeiführung des Schadens nicht zurück, sondern nur bei vorsätzlicher Verursachung.

Die Sätze 1 bis 3 gelten entsprechend, wenn eine in der Kfz-Haftpflichtversicherung gemäß A.1.2 mitversicherte Person, der Mieter oder der Entleiher einen Schaden herbeiführt.

A.2.16 Was ist nicht versichert?

Vorsatz und grobe Fahrlässigkeit

A.2.16.1 Kein Versicherungsschutz besteht für Schäden, die Sie vorsätzlich herbeiführen. Bei grob fahrlässiger Herbeiführung des Schadens, sind wir berechtigt, unsere Leistung in einem der Schwere Ihres Verschuldens entsprechenden Verhältnis zu kürzen.

Rennen

A.2.16.2 Kein Versicherungsschutz besteht für Schäden, die bei Beteiligung an Fahrtveranstaltungen entstehen, bei denen es auf Erzielung einer Höchstgeschwindigkeit ankommt. Dies gilt auch für dazugehörige Übungsfahrten.

Reifenschäden

A.2.16.3 Kein Versicherungsschutz besteht für beschädigte oder zerstörte Reifen. Versicherungsschutz besteht jedoch, wenn die Reifen aufgrund eines Ereignisses beschädigt oder zerstört werden, das gleichzeitig andere unter den Schutz der Kaskoversicherung fallende Schäden

bei dem versicherten Fahrzeug verursacht hat.

Erdbeben, Kriegsereignisse, innere Unruhen, Maßnahmen der Staatsgewalt

A.2.16.4 Kein Versicherungsschutz besteht für Schäden, die durch Erdbeben, Kriegsereignisse, innere Unruhen oder Maßnahmen der Staatsgewalt unmittelbar oder mittelbar verursacht werden.

Schäden durch Kernenergie

A.2.16.5 Kein Versicherungsschutz besteht für Schäden durch Kernenergie.

A.2.17 Meinungsverschiedenheit über die Schadenhöhe (Sachverständigenverfahren)

A.2.17.1 Bei Meinungsverschiedenheit über die Höhe des Schadens einschließlich der Feststellung des Wiederbeschaffungswerts oder über den Umfang der erforderlichen Reparaturarbeiten entscheidet ein Sachverständigenausschuss.

A.2.17.2 Für den Ausschuss benennen Sie und wir je einen Kraftfahrzeugsachverständigen. Wenn Sie oder wir innerhalb von zwei Wochen nach Aufforderung keinen Sachverständigen benennen, wird dieser von dem jeweils Anderen bestimmt.

A.2.17.3 Soweit sich der Ausschuss nicht einigt, entscheidet ein weiterer Kraftfahrzeugsachverständiger als Obmann, der vor Beginn des Verfahrens von dem Ausschuss gewählt werden soll. Einigt sich der Ausschuss nicht über die Person des Obmanns, wird er über das zuständige Amtsgericht benannt. Die Entscheidung des Obmanns muss zwischen den jeweils von den beiden Sachverständigen geschätzten Beträgen liegen.

A.2.17.4 Die Kosten des Sachverständigenverfahrens sind im Verhältnis des Obsiegens zum Unterliegen von uns bzw. von Ihnen zu tragen.

A.2.18 Fahrzeugteile und Fahrzeugzubehör

Bei Beschädigung, Zerstörung, Totalschaden oder Verlust von mitversicherten Teilen gelten A.2.6 bis

A.2.17 entsprechend.

A.3 Autoschutzbrief – Hilfe für unterwegs als Service oder Kostenerstattung

A.3.1 Was ist versichert?

Wir erbringen nach Eintritt der in A.3.5 bis A.3.8 genannten Schadenereignisse die dazu im Einzelnen aufgeführten Leistungen als Service oder erstatten die von Ihnen aufgewendeten Kosten im Rahmen dieser Bedingungen.

A.3.2 Wer ist versichert?

Versicherungsschutz besteht für Sie, den berechtigten Fahrer und die berechtigten Insassen, soweit nachfolgend nichts anderes geregelt ist.

A.3.3 Versicherte Fahrzeuge

Versichert ist das im Versicherungsschein bezeichnete Fahrzeug sowie ein mitgeführter Wohnwagen-, Gepäck- oder Bootsanhänger.

A.3.4 In welchen Ländern besteht Versicherungsschutz?

Sie haben mit dem Schutzbrief Versicherungsschutz in den geographischen Grenzen Europas sowie den außereuropäischen Gebieten, die zum Geltungsbereich der Europäischen Union gehören, soweit nachfolgend nicht etwas anderes geregelt ist.

A.3.5 Hilfe bei Panne oder Unfall

Kann das Fahrzeug nach einer Panne oder einem Unfall die Fahrt aus eigener Kraft nicht fortsetzen, erbringen wir folgende Leistungen:

Wiederherstellung der Fahrbereitschaft

A.3.5.1 Wir sorgen für die Wiederherstellung der Fahrbereitschaft an der Schadenstelle durch ein Pannenhilfsfahrzeug und übernehmen die hierdurch entstehenden Kosten. Der Höchstbetrag für diese Leistung beläuft sich einschließlich der vom Pannenhilfsfahrzeug mitgeführten und verwendeten Kleinteile auf xx Euro.

Abschleppen des Fahrzeugs

A.3.5.2 Kann das Fahrzeug an der Schadenstelle nicht wieder fahrbereit gemacht werden, sorgen wir für das Abschleppen des Fahrzeugs einschließlich Gepäck und nicht gewerblich beförderter Ladung und übernehmen die hierdurch entstehenden Kosten. Der Höchstbetrag für diese Leistung beläuft sich auf xx Euro; hierauf werden durch den Einsatz eines Pannenhilfsfahrzeugs entstandene Kosten angerechnet.

Bergen des Fahrzeugs

A.3.5.3 Ist das Fahrzeug von der Straße abgekommen, sorgen wir für die Bergung des Fahrzeugs einschließlich Gepäck und nicht gewerblich beförderter Ladung und übernehmen die hierdurch entstehenden Kosten.

Was versteht man unter Panne oder Unfall?

A.3.5.4 Unter Panne ist jeder Betriebs-, Bruch- oder Bremsschaden zu verstehen. Unfall ist ein unmittelbar von außen plötzlich mit mechanischer Gewalt auf das Fahrzeug einwirkendes Ereignis.

A.3.6 Zusätzliche Hilfe bei Panne, Unfall oder Diebstahl ab 50 km Entfernung

Bei Panne, Unfall oder Diebstahl des Fahrzeugs an einem Ort, der mindestens 50 km Luftlinie von Ihrem ständigen Wohnsitz in Deutschland entfernt ist, erbringen wir die nachfolgenden Leistungen, wenn das Fahrzeug weder am Schadentag noch am darauf folgenden Tag wieder fahrbereit gemacht werden kann oder es gestohlen worden ist:

Weiter- oder Rückfahrt

A.3.6.1 Folgende Fahrtkosten werden erstattet:

a Eine Rückfahrt vom Schadenort zu Ihrem ständigen Wohnsitz in Deutschland oder

b eine Weiterfahrt vom Schadenort zum Zielort, jedoch höchstens innerhalb des Geltungsbereichs nach A.3.4 und

c eine Rückfahrt vom Zielort zu Ihrem ständigen Wohnsitz in Deutschland,

d eine Fahrt einer Person von Ihrem ständigen Wohnsitz oder vom Zielort zum Schadenort, wenn das Fahrzeug dort fahrbereit gemacht worden ist. Die Kostenerstattung erfolgt bei einer einfachen Entfernung unter 1.200 Bahnkilometern bis zur Höhe der Bahnkosten 2. Klasse, bei größerer Entfernung bis zur Höhe der Bahnkosten 1. Klasse oder der Liegewagenkosten jeweils einschließlich Zuschlägen sowie für nachgewiesene Taxifahrten bis zu xx Euro.

Übernachtung

A.3.6.2 Wir helfen Ihnen auf Wunsch bei der Beschaffung einer Übernachtungsmöglichkeit und übernehmen die Kosten für höchstens drei Übernachtungen. Wenn Sie die Leistung Weiter- oder Rückfahrt nach A.3.6.1 in Anspruch nehmen, zahlen wir nur eine Übernachtung. Sobald das Fahrzeug Ihnen wieder fahrbereit zur Verfügung steht, besteht kein Anspruch auf weitere Übernachtungskosten. Wir übernehmen die Kosten bis höchstens xx Euro je Übernachtung und Person.

Mietwagen

A.3.6.3 Wir helfen Ihnen, ein gleichwertiges Fahrzeug anzumieten. Wir übernehmen anstelle der Leistung Weiter- oder Rückfahrt nach A.3.6.1 oder Übernachtung nach A.3.6.2 die Kosten, des Mietwagens, bis Ihnen das Fahrzeug wieder fahrbereit zur Verfügung steht, jedoch höchstens für sieben Tage und höchstens xx Euro je Tag.

Fahrzeugunterstellung

A.3.6.4 Muss das Fahrzeug nach einer Panne oder einem Unfall bis zur Wiederherstellung der Fahrbereitschaft oder bis zur Durchführung des Transports in einer Werkstatt untergestellt werden, sind wir Ihnen hierbei behilflich und übernehmen die hierdurch entstehenden Kosten, jedoch höchstens für zwei Wochen.

A.3.7 Hilfe bei Krankheit, Verletzung oder Tod auf einer Reise

Erkranken Sie oder eine mitversicherte Person unvorhersehbar oder stirbt der Fahrer auf einer Reise mit dem versicherten Fahrzeug an einem Ort, der mindestens 50 km Luftlinie von Ihrem ständigen Wohnsitz in Deutschland entfernt ist, erbringen wir die nachfolgend genannten Leistungen. Als unvorhersehbar gilt eine Erkrankung, wenn diese nicht bereits innerhalb der letzten sechs Wochen vor Beginn der Reise (erstmalig oder zum wiederholten Male) aufgetreten ist.

Krankenrücktransport

A.3.7.1 Müssen Sie oder eine mitversicherte Person infolge Erkrankung an Ihren ständigen Wohnsitz zurücktransportiert werden, sorgen wir für die Durchführung des Rücktransports und übernehmen dessen Kosten. Art und Zeitpunkt des Rücktransports müssen medizinisch notwendig sein. Unsere Leistung erstreckt sich auch auf die Begleitung des Erkrankten durch einen Arzt oder Sanitäter, wenn diese behördlich vorgeschrieben ist. Außerdem übernehmen wir die bis zum Rücktransport entstehenden, durch die Erkrankung bedingten Übernachtungskosten, jedoch höchstens für drei Übernachtungen bis zu je xx Euro pro Person.

Rückholung von Kindern

A.3.7.2 Können mitreisende Kinder unter 16 Jahren infolge einer Erkrankung oder des Todes des Fahrers weder von Ihnen noch von einem anderen berechtigten Insassen betreut werden, sorgen wir für deren Abholung und Rückfahrt mit einer Begleitperson zu ihrem Wohnsitz und übernehmen die hierdurch entstehenden Kosten. Wir erstatten dabei die Bahnkosten 2. Klasse einschließlich Zuschlägen sowie die Kosten für nachgewiesene Taxifahrten bis zu xx Euro.

Fahrzeugabholung

A.3.7.3 Kann das versicherte Fahrzeug infolge einer länger als drei Tage andauernden Erkrankung oder infolge des Todes des Fahrers weder von diesem noch von einem Insassen zurückgefahren werden, sorgen wir für die Verbringung des Fahrzeugs zu Ihrem ständigen Wohnsitz und übernehmen die hierdurch entstehenden Kosten. Veranlassen Sie die Verbringung selbst, erhalten Sie als Kostenersatz bis xx Euro je Kilometer zwischen Ihrem Wohnsitz und dem Schadenort. Außerdem erstatten wir in jedem Fall die bis zur Abholung der berechtigten Insassen entstehenden und durch den Fahrerausfall bedingten Übernachtungskosten, jedoch höchstens für drei Übernachtungen bis zu je xx Euro pro Person.

Was versteht man unter einer Reise?

A.3.7.4 Reise ist jede Abwesenheit von Ihrem ständigen Wohnsitz bis zu einer Höchstdauer von fortlaufend sechs Wochen. Als Ihr ständiger Wohnsitz gilt der Ort in Deutschland, an dem Sie behördlich gemeldet sind und sich überwiegend aufhalten.

A.3.8 Zusätzliche Leistungen bei einer Auslandsreise

Ereignet sich der Schaden an einem Ort im Ausland (Geltungsbereich nach A.3.4 ohne Deutschland), der mindestens 50 km Luftlinie von Ihrem ständigen Wohnsitz in Deutschland entfernt ist, erbringen wir zusätzlich folgende Leistungen:

A.3.8.1 Bei Panne und Unfall:

Ersatzteilversand

a Können Ersatzteile zur Wiederherstellung der Fahrbereitschaft des Fahrzeugs an einem ausländischen Schadenort oder in dessen Nähe nicht beschafft werden, sorgen wir dafür, dass Sie diese auf schnellstmöglichem Wege erhalten, und übernehmen alle entstehenden Versandkosten.

Fahrzeugtransport

b Wir sorgen für den Transport des Fahrzeugs zu einer Werkstatt und übernehmen die hierdurch entstehenden Kosten bis zur Höhe der Rücktransportkosten an Ihren Wohnsitz, wenn
– das Fahrzeug an einem ausländischen Schadenort oder in dessen Nähe nicht innerhalb von drei Werktagen fahrbereit gemacht werden kann und
– die voraussichtlichen Reparaturkosten nicht höher sind als der Kaufpreis für ein gleichwertiges gebrauchtes Fahrzeug.

Mietwagen

c Wir helfen Ihnen, ein gleichwertiges Fahrzeug anzumieten. Mieten Sie ein Fahrzeug nach A.3.6.3 an, übernehmen wir die Kosten hierfür bis Ihr Fahrzeug wieder fahrbereit zur Verfügung steht unabhängig von der Dauer bis zu einem Betrag von xx Euro.

Fahrzeugverzollung und -verschrottung

d Muss das Fahrzeug nach einem Unfall im Ausland verzollt werden, helfen wir bei der Verzollung und übernehmen die hierbei anfallenden Verfahrensgebühren mit Ausnahme des Zollbetrags und sonstiger Steuern. Lassen Sie Ihr Fahrzeug verschrotten, um die Verzollung zu vermeiden, übernehmen wir die Verschrottungskosten.

A.3.8.2 Bei Fahrzeugdiebstahl:

Fahrzeugunterstellung

a Wird das gestohlene Fahrzeug nach dem Diebstahl im Ausland wieder aufgefunden und muss es bis zur Durchführung des Rücktransports oder der Verzollung bzw. Verschrottung untergestellt werden, übernehmen wir die hierdurch entstehenden Kosten, jedoch höchstens für zwei Wochen.

Mietwagen

b Wir helfen Ihnen, ein gleichwertiges Fahrzeug anzumieten. Mieten Sie ein Fahrzeug nach A.3.6.3 an, übernehmen wir die Kosten hierfür bis Ihr Fahrzeug wieder fahrbereit zur Verfügung steht unabhängig von der Dauer bis zu einem Betrag von xx Euro.

Fahrzeugverzollung und -verschrottung

c Muss das Fahrzeug nach dem Diebstahl im Ausland verzollt werden, helfen wir bei der Verzollung und übernehmen die hierbei anfallenden Verfahrensgebühren mit Ausnahme des Zollbetrags und sonstiger Steuern. Lassen Sie Ihr Fahrzeug verschrotten, um die Verzollung zu vermeiden, übernehmen wir die Verschrottungskosten.

A.3.8.3 Im Todesfall

Im Fall Ihres Todes auf einer Reise mit dem versicherten Fahrzeug im Ausland sorgen wir nach Abstimmung mit den Angehörigen für die Bestattung im Ausland oder für die Überführung nach Deutschland und übernehmen die Kosten. Diese Leistung gilt nicht bei Tod einer mitversicherten Person.

A.3.9 Was ist nicht versichert?

Vorsatz und grobe Fahrlässigkeit

A.3.9.1 Kein Versicherungsschutz besteht für Schäden, die Sie vorsätzlich herbeiführen. Bei grob fahrlässiger Herbeiführung des Schadens sind wir berechtigt, unsere Leistung in einem der Schwere Ihres Verschuldens entsprechenden Verhältnis zu kürzen.

Rennen

A.3.9.2 Kein Versicherungsschutz besteht für Schäden, die bei Beteiligung an Fahrtveranstaltungen entstehen, bei denen es auf Erzielung einer Höchstgeschwindigkeit ankommt. Dies gilt auch für dazugehörige Übungsfahrten.

Erdbeben, Kriegsereignisse, innere Unruhen und Staatsgewalt

A.3.9.3 Kein Versicherungsschutz besteht für Schäden, die durch Erdbeben, Kriegsereignisse, innere Unruhen oder Maßnahmen der Staatsgewalt unmittelbar oder mittelbar verursacht werden.

Schäden durch Kernenergie

A.3.9.4 Kein Versicherungsschutz besteht für Schäden durch Kernenergie.

A.3.10 Anrechnung ersparter Aufwendungen, Abtretung

A.3.10.1 Haben Sie aufgrund unserer Leistungen Kosten erspart, die Sie ohne das Schadenereignis hätten aufwenden müssen, können wir diese von unserer Zahlung abziehen.

A.3.10.2 Ihren Anspruch auf Leistung können Sie vor der endgültigen Feststellung ohne unsere ausdrückliche Genehmigung weder abtreten noch verpfänden.

A.3.11 Verpflichtung Dritter

A.3.11.1 Soweit im Schadenfall ein Dritter Ihnen gegenüber aufgrund eines Vertrags oder einer Mitgliedschaft in einem Verband oder Verein zur Leistung oder zur Hilfe verpflichtet ist, gehen diese Ansprüche unseren Leistungsverpflichtungen vor.

A.3.11.2 Wenden Sie sich nach einem Schadenereignis allerdings zuerst an uns, sind wir Ihnen gegenüber abweichend von A.3.11.1 zur Leistung verpflichtet.

A.4 Kfz-Unfallversicherung – wenn Insassen verletzt oder getötet werden

A.4.1 Was ist versichert?

A.4.1.1 Stößt Ihnen oder einer anderen in der Kfz-Unfallversicherung versicherten Person ein Unfall zu, der in unmittelbarem Zusammenhang mit dem Gebrauch Ihres Fahrzeugs oder eines damit verbunden Anhängers steht (z. B. Fahren, Ein- und Aussteigen, Be- und Entladen), erbringen wir unter den nachstehend genannten Voraussetzungen die vereinbarten Versicherungsleistungen.

A.4.1.2 Ein Unfall liegt vor, wenn die versicherte Person durch ein plötzlich von außen auf ihren Körper wirkendes Ereignis (Unfallereignis) unfreiwillig eine Gesundheitsschädigung erleidet.

A.4.1.3 Als Unfall gilt auch, wenn durch eine erhöhte Kraftanstrengung an den Gliedmaßen oder der Wirbelsäule ein Gelenk verrenkt wird oder Muskeln, Sehnen, Bänder oder Kapseln gezerrt oder zerrissen werden.

A.4.2 Wer ist versichert?

A.4.2.1 Pauschalsystem

Mit der Kfz-Unfallversicherung nach dem Pauschalsystem sind die jeweiligen berechtigten Insassen des Fahrzeugs versichert. Ausgenommen sind bei Ihnen angestellte Berufsfahrer und Beifahrer, wenn sie als solche das Fahrzeug gebrauchen.

Bei zwei und mehr berechtigten Insassen erhöht sich die Versicherungssumme um xx Prozent und teilt sich durch die Gesamtzahl der Insassen, unabhängig davon, ob diese zu Schaden kommen.

A.4.2.2 Kfz-Unfall-Plus-Versicherung

Mit der Kfz-Unfall-Plus-Versicherung sind die jeweiligen berechtigten Insassen des Fahrzeugs mit der für Invalidität und Tod vereinbarten Versicherungssumme versichert. Wird der jeweilige Fahrer verletzt und verbleibt eine unfallbedingte Invalidität von xx Prozent, erhöht sich die für Invalidität vereinbarte Versicherungssumme für ihn um xx Prozent.

A.4.2.3 Platzsystem

Mit der Kfz-Unfallversicherung nach dem Platzsystem sind die im Versicherungsschein bezeichneten Plätze oder eine bestimmte Anzahl von berechtigten Insassen des Fahrzeugs versichert. Ausgenommen sind bei Ihnen angestellte Berufsfahrer und Beifahrer, wenn sie als solche das Fahrzeug gebrauchen. Befinden sich in dem Fahrzeug mehr berechtigte Insassen als Plätze oder Personen im Versicherungsschein angegeben, verringert sich die Versicherungssumme für den einzelnen Insassen entsprechend.

A.4.2.4 Was versteht man unter berechtigten Insassen?

Berechtigte Insassen sind Personen (Fahrer und alle weiteren Insassen), die sich mit Wissen und Willen des Verfügungsberechtigten in oder auf dem versicherten Fahrzeug befinden oder in unmittelbarem Zusammenhang mit ihrer Beförderung beim Gebrauch des Fahrzeugs tätig werden.

A.4.2.5 Berufsfahrerversicherung

Mit der Berufsfahrerversicherung sind versichert

a die Berufsfahrer und Beifahrer des im Versicherungsschein bezeichneten Fahrzeugs,

b die im Versicherungsschein namentlich bezeichneten Berufsfahrer und Beifahrer unabhängig von einem bestimmten Fahrzeug oder

c alle bei Ihnen angestellten Berufsfahrer und Beifahrer unabhängig von einem bestimmten Fahrzeug.

A.4.2.6 Namentliche Versicherung

Mit der namentlichen Versicherung ist die im Versicherungsschein bezeichnete Person unabhängig von einem bestimmten Fahrzeug versichert. Diese Person kann ihre Ansprüche selbstständig gegen uns geltend machen.

A.4.3 In welchen Ländern besteht Versicherungsschutz?

Sie haben in der Kfz-Unfallversicherung Versicherungsschutz in den geographischen Grenzen Europas sowie den außereuropäischen Gebieten, die zum Geltungsbereich der Europäischen Union gehören.

A.4.4 Welche Leistungen umfasst die Kfz-Unfallversicherung?

Ihrem Versicherungsschein können Sie entnehmen, welche der nachstehenden Leistungen mit welchen Versicherungssummen vereinbart sind.

A.4.5 Leistung bei Invalidität

Voraussetzungen

A.4.5.1 Invalidität liegt vor, wenn

- die versicherte Person durch den Unfall auf Dauer in ihrer körperlichen oder geistigen Leistungsfähigkeit beeinträchtigt ist,
- die Invalidität innerhalb eines Jahres nach dem Unfall eingetreten ist und
- die Invalidität innerhalb von 15 Monaten nach dem Unfall ärztlich festgestellt und von Ihnen bei uns geltend gemacht worden ist.

Kein Anspruch auf Invaliditätsleistung besteht, wenn die versicherte Person unfallbedingt innerhalb eines Jahres nach dem Unfall stirbt.

Art der Leistung

A.4.5.2 Die Invaliditätsleistung zahlen wir als Kapitalbetrag.

Berechnung der Leistung

A.4.5.3 Grundlage für die Berechnung der Leistung sind die Versicherungssumme und der Grad der unfallbedingten Invalidität.

a Bei Verlust oder völliger Funktionsunfähigkeit eines der nachstehend genannten Körperteile und Sinnesorgane gelten ausschließlich die folgenden Invaliditätsgrade:
Arm 70 %
Arm bis oberhalb des Ellenbogengelenks 65 %
Arm unterhalb des Ellenbogengelenks 60 %
Hand 55 %
Daumen 20 %
Zeigefinger 10 %
anderer Finger 5 %
Bein über der Mitte des Oberschenkels 70 %
Bein bis zur Mitte des Oberschenkels 60 %
Bein bis unterhalb des Knies 50 %
Bein bis zur Mitte des Unterschenkels 45 %
Fuß 40 %
große Zehe 5 %
andere Zehe 2 %
Auge 50 %
Gehör auf einem Ohr 30 %
Geruchssinn 10 %
Geschmackssinn 5 %
Bei Teilverlust oder teilweiser Funktionsbeeinträchtigung gilt der entsprechende Teil des jeweiligen Prozentsatzes.

b Für andere Körperteile und Sinnesorgane bemisst sich der Invaliditätsgrad danach, inwieweit die normale körperliche oder geistige Leistungsfähigkeit insgesamt beeinträchtigt ist. Dabei sind ausschließlich medizinische Gesichtspunkte zu berücksichtigen.

c Waren betroffene Körperteile oder Sinnesorgane oder deren Funktionen bereits vor dem Unfall dauernd beeinträchtigt, wird der Invaliditätsgrad um die Vorinvalidität gemindert. Diese ist nach a und b zu bemessen.

d Sind mehrere Körperteile oder Sinnesorgane durch den Unfall beeinträchtigt, werden die nach a bis c ermittelten Invaliditätsgrade zusammengerechnet. Mehr als 100 % werden jedoch nicht berücksichtigt.

e Stirbt die versicherte Person aus unfallfremder Ursache innerhalb eines Jahres nach dem Unfall oder, gleichgültig aus welcher Ursache, später als ein Jahr nach dem Unfall, und war ein Anspruch auf Invaliditätsleistung entstanden, leisten wir nach dem Invaliditätsgrad, mit dem auf Grund der ärztlichen Befunde zu rechnen gewesen wäre.

A.4.6 Leistung bei Tod

Voraussetzung

A.4.6.1 Voraussetzung für die Todesfallleistung ist, dass die versicherte Person infolge des Unfalls innerhalb eines Jahres gestorben ist.

Höhe der Leistung

A.4.6.2 Wir zahlen die für den Todesfall versicherte Summe.

A.4.7 Krankenhaustagegeld, Genesungsgeld, Tagegeld

Krankenhaustagegeld

A.4.7.1 Voraussetzung für die Zahlung des Krankenhaustagegelds ist, dass sich die versicherte Person wegen des Unfalls in medizinisch notwendiger vollstationärer Heilbehandlung befindet. Rehabilitationsmaßnahmen (mit Ausnahme von Anschlussheilbehandlungen) sowie Aufenthalte in Sanatorien und Erholungsheimen gelten nicht als medizinisch notwendige Heilbehandlung.

A.4.7.2 Wir zahlen das Krankenhaustagegeld in Höhe der versicherten Summe für jeden Kalendertag der vollstationären Behandlung, längstens jedoch für xx Jahre ab dem Tag des Unfalls an gerechnet.

Genesungsgeld

A.4.7.3 Voraussetzung für die Zahlung des Genesungsgelds ist, dass die versicherte Person aus der vollstationären Behandlung entlassen worden ist und Anspruch auf Krankenhaustagegeld nach A.4.7.1 hatte.

A.4.7.4 Wir zahlen das Genesungsgeld in Höhe der vereinbarten Versicherungssumme für die selbe Anzahl von Kalendertagen, für die wir Krankenhaustagegeld gezahlt haben, längstens jedoch für xx Tage.

Tagegeld

A.4.7.5 Voraussetzung für die Zahlung des Tagegelds ist, dass die versicherte Person unfallbedingt in der Arbeitsfähigkeit beeinträchtigt und in ärztlicher Behandlung ist.

A.4.7.6 Das Tagegeld berechnen wir nach der versicherten Summe. Es wird nach dem festgestellten Grad der Beeinträchtigung der Berufstätigkeit oder Beschäftigung abgestuft.

A.4.7.7 Das Tagegeld zahlen wir für die Dauer der ärztlichen Behandlung, längstens jedoch für ein Jahr ab dem Tag des Unfalls.

A.4.8 Welche Auswirkungen haben vor dem Unfall bestehende Krankheiten oder Gebrechen?

A.4.8.1 Wir leisten nur für Unfallfolgen. Haben Krankheiten oder Gebrechen bei der durch ein Unfallereignis verursachten Gesundheitsschädigung oder deren Folgen mitgewirkt, mindert sich entsprechend dem Anteil der Krankheit oder des Gebrechens
– im Falle einer Invalidität der Prozentsatz des Invaliditätsgrads,
– im Todesfall sowie in allen anderen Fällen die Leistung.

A.4.8.2 Beträgt der Mitwirkungsanteil weniger als 25 %, unterbleibt die Minderung.

A.4.9 Fälligkeit unserer Zahlung, Abtretung

Prüfung Ihres Anspruchs

A.4.9.1 Wir sind verpflichtet, innerhalb eines Monats – beim Invaliditätsanspruch innerhalb von drei Monaten – zu erklären, ob und in welcher Höhe wir einen Anspruch anerkennen. Die Fristen beginnen mit dem Zugang folgender Unterlagen:
– Nachweis des Unfallhergangs und der Unfallfolgen,

- beim Invaliditätsanspruch zusätzlich der Nachweis über den Abschluss des Heilverfahrens, soweit er für die Bemessung der Invalidität notwendig ist.

A.4.9.2 Die ärztlichen Gebühren, die Ihnen zur Begründung des Leistungsanspruchs entstehen, übernehmen wir
- bei Invalidität bis zu xx ‰ der versicherten Summe,
- bei Tagegeld bis zu einem Tagegeldsatz,
- bei Krankenhaustagegeld mit Genesungsgeld bis zu einem Krankenhaustagegeldsatz.

Fälligkeit der Leistung

A.4.9.3 Erkennen wir den Anspruch an oder haben wir uns mit Ihnen über Grund und Höhe geeinigt, zahlen wir innerhalb von zwei Wochen.

Vorschüsse

A.4.9.4 Steht die Leistungspflicht zunächst nur dem Grunde nach fest, zahlen wir auf Ihren Wunsch angemessene Vorschüsse.

A.4.9.5 Vor Abschluss des Heilverfahrens kann eine Invaliditätsleistung innerhalb eines Jahres nach dem Unfall nur bis zur Höhe einer vereinbarten Todesfallsumme beansprucht werden.

Neubemessung des Grades der Invalidität

A.4.9.6 Sie und wir sind berechtigt, den Grad der Invalidität jährlich, längstens bis zu drei Jahren nach dem Unfall, erneut ärztlich bemessen zu lassen. Bei Kindern bis zur Vollendung des xx. Lebensjahres verlängert sich diese Frist von drei auf xx Jahre. Dieses Recht muss
- von uns zusammen mit unserer Erklärung über die Anerkennung unserer Leistungspflicht nach A.4.9.1,
- von Ihnen vor Ablauf der Frist ausgeübt werden.

Leistung für eine mitversicherte Person

A.4.9.7 Sie können die Auszahlung der auf eine mitversicherte Person entfallenden Versicherungssumme an sich nur mit deren Zustimmung verlangen.

Abtretung

A.4.9.8 Ihren Anspruch auf die Leistung können Sie vor der endgültigen Feststellung ohne unsere ausdrückliche Genehmigung weder abtreten noch verpfänden.

A.4.10 Was ist nicht versichert?

Straftat

A.4.10.1 Kein Versicherungsschutz besteht bei Unfällen, die der versicherten Person dadurch zustoßen, dass sie vorsätzlich eine Straftat begeht oder versucht.

Geistes- oder Bewusstseinsstörungen/Trunkenheit

A.4.10.2 Kein Versicherungsschutz besteht bei Unfällen des Fahrers durch Geistes- oder Bewusstseinsstörungen, auch soweit diese auf Trunkenheit beruhen, sowie durch Schlaganfälle, epileptische Anfälle oder andere Krampfanfälle, die den ganzen Körper des Fahrers ergreifen. Versicherungsschutz besteht jedoch, wenn diese Störungen oder Anfälle durch ein Unfallereignis verursacht sind, das unter diesen Vertrag oder unter eine für das Vorfahrzeug bei uns abgeschlossene Kfz-Unfallversicherung fällt.

Rennen

A.4.10.3 Kein Versicherungsschutz besteht bei Unfällen, die sich bei Beteiligung an Fahrtveranstaltungen ereignen, bei denen es auf Erzielung einer Höchstgeschwindigkeit ankommt. Dies gilt auch für dazugehörige Übungsfahrten.

Erdbeben, Kriegsereignisse, innere Unruhen, Maßnahmen der Staatsgewalt

A.4.10.4 Kein Versicherungsschutz besteht bei Unfällen, die durch Erdbeben, Kriegsereignisse, innere Unruhen oder Maßnahmen der Staatsgewalt unmittelbar oder mittelbar verursacht werden.

Kernenergie

A.4.10.5 Kein Versicherungsschutz besteht bei Schäden durch Kernenergie.

Bandscheiben, innere Blutungen

A.4.10.6 Kein Versicherungsschutz besteht bei Schäden an Bandscheiben sowie bei Blutungen aus inneren Organen und Gehirnblutungen. Versicherungsschutz besteht jedoch, wenn überwiegende Ursache ein unter diesen Vertrag fallendes Unfallereignis nach A.4.1.2 ist.

Infektionen

A.4.10.7 Kein Versicherungsschutz besteht bei Infektionen. Bei Wundstarrkrampf und Tollwut besteht jedoch Versicherungsschutz, wenn die Krankheitserreger durch ein versichertes Unfallereignis sofort oder später in den Körper gelangen. Bei anderen Infektionen besteht Versicherungsschutz, wenn die Krankheitserreger durch ein versichertes Unfallereignis, das nicht nur geringfügige Haut- oder Schleimhautverletzungen verursacht, sofort oder später in den Körper gelangen. Bei Infektionen, die durch Heilmaßnahmen verursacht sind, besteht Versicherungsschutz, wenn die Heilmaßnahmen durch ein unter diesen Vertrag fallendes Unfallereignis veranlasst waren.

Psychische Reaktionen

A.4.10.8 Kein Versicherungsschutz besteht bei krankhaften Störungen infolge psychischer Reaktionen, auch wenn diese durch einen Unfall verursacht wurden.

Bauch- und Unterleibsbrüche

A.4.10.9 Kein Versicherungsschutz besteht bei Bauch- oder Unterleibsbrüchen. Versicherungsschutz besteht jedoch, wenn sie durch eine unter diesen Vertrag fallende gewaltsame, von außen kommende Einwirkung entstanden sind.

B Beginn des Vertrags und vorläufiger Versicherungsschutz

Der Versicherungsvertrag kommt dadurch zustande, dass wir Ihren Antrag annehmen. Regelmäßig geschieht dies durch Zugang des Versicherungsscheins.

B.1 Wann beginnt der Versicherungsschutz?

Der Versicherungsschutz beginnt erst, wenn Sie den in Ihrem Versicherungsschein genannten fälligen Beitrag gezahlt haben, jedoch nicht vor dem vereinbarten Zeitpunkt. Zahlen Sie den ersten oder einmaligen Beitrag nicht rechtzeitig, richten sich die Folgen nach C.1.2 und C.1.3.

B.2 Vorläufiger Versicherungsschutz

Bevor der Beitrag gezahlt ist, haben Sie nach folgenden Bestimmungen vorläufigen Versicherungsschutz:

Kfz-Haftpflichtversicherung und Autoschutzbrief

B.2.1 Händigen wir Ihnen die Versicherungsbestätigung aus oder nennen wir Ihnen bei elektronischer Versicherungsbestätigung die Versicherungsbestätigungs-Nummer, haben Sie in der Kfz-Haftpflichtversicherung und beim Autoschutzbrief vorläufigen Versicherungsschutz zu dem vereinbarten Zeitpunkt, spätestens ab dem Tag, an dem das Fahrzeug unter Verwendung der Versicherungsbestätigung zugelassen wird. Ist das Fahrzeug bereits auf Sie zugelassen, beginnt der vorläufige Versicherungsschutz ab dem vereinbarten Zeitpunkt.

Kasko- und Kfz-Unfallversicherung

B.2.2 In der Kasko- und der Kfz-Unfallversicherung haben Sie vorläufigen Versicherungsschutz nur, wenn wir dies ausdrücklich zugesagt haben. Der Versicherungsschutz beginnt zum vereinbarten Zeitpunkt.

Übergang des vorläufigen in den endgültigen Versicherungsschutz

B.2.3 Sobald Sie den ersten oder einmaligen Beitrag nach C.1.1 gezahlt haben, geht der vorläufige in den endgültigen Versicherungsschutz über.

Rückwirkender Wegfall des vorläufigen Versicherungsschutzes

B.2.4 Der vorläufige Versicherungsschutz entfällt rückwirkend, wenn wir Ihren Antrag unverändert angenommen haben und Sie den im Versicherungsschein genannten ersten oder einmaligen Beitrag nicht unverzüglich (d. h. spätestens innerhalb von 14 Tagen) nach Ablauf von zwei Wochen nach Zugang des Versicherungsscheins bezahlt haben. Sie haben dann von Anfang an keinen Versicherungsschutz; dies gilt nur, wenn Sie die nicht rechtzeitige Zahlung zu vertreten haben.

Kündigung des vorläufigen Versicherungsschutzes

B.2.5 Sie und wir sind berechtigt, den vorläufigen Versicherungsschutz jederzeit zu kündigen. Unsere Kündigung wird erst nach Ablauf von zwei Wochen ab Zugang der Kündigung bei Ihnen wirksam.

Beendigung des vorläufigen Versicherungsschutzes durch Widerruf

B.2.6 Widerrufen Sie den Versicherungsvertrag nach § 8 Versicherungsvertragsgesetz, endet der vorläufige Versicherungsschutz mit dem Zugang Ihrer Widerrufserklärung bei uns.

Beitrag für vorläufigen Versicherungsschutz

B.2.7 Für den Zeitraum des vorläufigen Versicherungsschutzes haben wir Anspruch auf einen der Laufzeit entsprechenden Teil des Beitrags.

C Beitragszahlung

C.1 Zahlung des ersten oder einmaligen Beitrags

Rechtzeitige Zahlung

C.1.1 Der im Versicherungsschein genannte erste oder einmalige Beitrag wird zwei Wochen nach Zugang des Versicherungsscheins fällig. Sie haben diesen Beitrag dann unverzüglich (d. h. spätestens innerhalb von 14 Tagen) zu zahlen.

Nicht rechtzeitige Zahlung

C.1.2 Zahlen Sie den ersten oder einmaligen Beitrag nicht rechtzeitig, haben Sie von Anfang an keinen Versicherungsschutz, es sei denn, Sie haben die Nichtzahlung oder verspätete Zahlung nicht zu vertreten. Haben Sie die nicht rechtzeitige Zahlung jedoch zu vertreten, beginnt der Versicherungsschutz erst ab der Zahlung.

C.1.3 Außerdem können wir vom Vertrag zurücktreten, solange der Beitrag nicht gezahlt ist. Der Rücktritt ist ausgeschlossen, wenn Sie die Nichtzahlung nicht zu vertreten haben. Nach dem Rücktritt können wir von Ihnen eine Geschäftsgebühr verlangen. Diese beträgt xx % des Jahresbeitrags für jeden angefangenen Monat ab dem beantragten Beginn des Versicherungsschutzes bis zu unserem Rücktritt, jedoch höchstens xx % des Jahresbeitrags.

C.2 Zahlung des Folgebeitrags

Rechtzeitige Zahlung

C.2.1 Ein Folgebeitrag ist zu dem im Versicherungsschein oder in der Beitragsrechnung angegebenen Zeitpunkt fällig und zu zahlen.

Nicht rechtzeitige Zahlung

C.2.2 Zahlen Sie einen Folgebeitrag nicht rechtzeitig, fordern wir Sie auf, den rückständigen Beitrag zuzüglich des Verzugsschadens (Kosten und Zinsen) innerhalb von zwei Wochen ab Zugang unserer Aufforderung zu zahlen.

C.2.3 Tritt ein Schadenereignis nach Ablauf der zweiwöchigen Zahlungsfrist ein und sind zu diesem Zeitpunkt diese Beträge noch nicht bezahlt, haben Sie keinen Versicherungsschutz. Wir bleiben jedoch zur Leistung verpflichtet, wenn Sie die verspätete Zahlung nicht zu vertreten haben.

C.2.4 Sind Sie mit der Zahlung dieser Beträge nach Ablauf der zweiwöchigen Zahlungsfrist noch in Verzug, können wir den Vertrag mit sofortiger Wirkung kündigen. Unsere Kündigung wird unwirksam, wenn Sie diese Beträge innerhalb eines Monats ab Zugang der Kündigung zahlen. Haben wir die Kündigung zusammen mit der Mahnung ausgesprochen, wird die Kündigung unwirksam, wenn Sie innerhalb eines Monas nach Ablauf der in der Mahnung genannten Zahlungsfrist zahlen.

Für Schadenereignisse, die in der Zeit nach Ablauf der zweiwöchigen Zahlungsfrist bis zu Ihrer Zahlung eintreten, haben Sie keinen Versicherungsschutz. Versicherungsschutz besteht erst wieder für Schadenereignisse nach Ihrer Zahlung.

C.3 Nicht rechtzeitige Zahlung bei Fahrzeugwechsel

Versichern Sie anstelle Ihres bisher bei uns versicherten Fahrzeugs ein anderes Fahrzeug bei uns (Fahrzeugwechsel), wenden wir für den neuen Vertrag bei nicht rechtzeitiger Zahlung des ersten oder einmaligen Beitrags die für Sie günstigeren Regelungen zum Folgebeitrag nach C.2.2 bis C.2.4 an.

Außerdem berufen wir uns nicht auf den rückwirkenden Wegfall des vorläufigen Versicherungsschutzes nach B.2.4. Dafür müssen folgende Voraussetzungen gegeben sein:
– Zwischen dem Ende der Versicherung des bisherigen Fahrzeugs und dem Beginn der Versicherung des anderen Fahrzeugs sind nicht mehr als sechs Monate vergangen,
– Fahrzeugart und Verwendungszweck der Fahrzeuge sind gleich.

Kündigen wir das Versicherungsverhältnis wegen Nichtzahlung, können wir von Ihnen eine Geschäftsgebühr entsprechend C.1.3 verlangen.

C.4 Zahlungsperiode

Beiträge für Ihre Versicherung müssen Sie entsprechend der vereinbarten Zahlungsperiode bezahlen. Die Zahlungsperiode ist die Versicherungsperiode nach § 12 Versicherungsvertragsgesetz. Welche Zahlungsperiode Sie mit uns vereinbart haben, können Sie Ihrem Versicherungsschein entnehmen. Die Laufzeit des Vertrags, die sich von der Zahlungsperiode unterscheiden kann, ist in Abschnitt G geregelt.

C.5 Beitragspflicht bei Nachhaftung in der Kfz-Haftpflichtversicherung

Bleiben wir in der Kfz-Haftpflichtversicherung aufgrund § 117 Abs. 2 Versicherungsvertragsgesetz gegenüber einem Dritten trotz Beendigung des Versicherungsvertrages zur Leistung verpflichtet, haben wir Anspruch auf den Beitrag für die Zeit dieser Verpflichtung. Unsere Rechte nach § 116 Abs. 1 Versicherungsvertragsgesetz bleiben unberührt.

D Welche Pflichten haben Sie beim Gebrauch des Fahrzeugs?

D.1 Bei allen Versicherungsarten

Vereinbarter Verwendungszweck

D.1.1 Das Fahrzeug darf nur zu dem im Versicherungsvertrag angegebenen Zweck verwendet werden.

< xx *Alternativformulierung für die Versicherer, die den Anhang verwenden:* >

[xx siehe Tabelle zur Begriffsbestimmung für Art und Verwendung des Fahrzeugs]

Berechtigter Fahrer

D.1.2 Das Fahrzeug darf nur von einem berechtigten Fahrer gebraucht werden. Berechtigter Fahrer ist, wer das Fahrzeug mit Wissen und Willen des Verfügungsberechtigten gebraucht. Außerdem dürfen Sie, der Halter oder der Eigentümer des Fahrzeugs es nicht wissentlich ermöglichen, dass das Fahrzeug von einem unberechtigten Fahrer gebraucht wird.

Fahren mit Fahrerlaubnis

D.1.3 Der Fahrer des Fahrzeugs darf das Fahrzeug auf öffentlichen Wegen oder Plätzen nur mit der erforderlichen Fahrerlaubnis benutzen. Außerdem dürfen Sie, der Halter oder der Eigentümer das Fahrzeug nicht von einem Fahrer benutzen lassen, der nicht die erforderliche Fahrerlaubnis hat.

D.2 Zusätzlich in der Kfz-Haftpflichtversicherung

Alkohol und andere berauschende Mittel

D.2.1 Das Fahrzeug darf nicht gefahren werden, wenn der Fahrer durch alkoholische Getränke oder andere berauschende Mittel nicht in der Lage ist, das Fahrzeug sicher zu führen. Außerdem dürfen Sie, der Halter oder der Eigentümer des Fahrzeugs dieses nicht von einem Fahrer fahren lassen, der durch alkoholische Getränke oder andere berauschende Mittel nicht in der Lage ist, das Fahrzeug sicher zu führen.

Hinweis: Auch in der Kasko-, Autoschutzbrief- und Kfz-Unfallversicherung besteht für solche Fahrten nach A.2.16.1, A.3.9.1, A.4.10.2 kein oder eingeschränkter Versicherungsschutz.

Nicht genehmigte Rennen

D.2.2 Das Fahrzeug darf nicht zu Fahrtveranstaltungen und den dazugehörigen Übungsfahrten verwendet werden, bei denen es auf Erzielung einer Höchstgeschwindigkeit ankommt und die behördlich nicht genehmigt sind.

Hinweis: Behördlich genehmigte kraftfahrt-sportliche Veranstaltungen sind vom Versicherungsschutz gemäß A.1.5.2 ausgeschlossen. Auch in der Kasko-, Autoschutzbrief- und Kfz- Unfallversicherung besteht für Fahrten, bei denen es auf die Erzielung einer Höchstgeschwindigkeit ankommt, nach A.2.16.2, A.3.9.2, A.4.10.3 kein Versicherungsschutz.

D.3 Welche Folgen hat eine Verletzung dieser Pflichten?

Leistungsfreiheit bzw. Leistungskürzung

D.3.1 Verletzen Sie vorsätzlich eine Ihrer in D.1 und D.2 geregelten Pflichten, haben Sie keinen Versicherungsschutz. Verletzen Sie Ihre Pflichten grob fahrlässig, sind wir berechtigt, unsere Leistung in einem der Schwere Ihres Verschuldens entsprechenden Verhältnis zu kürzen. Weisen Sie nach, dass Sie die Pflicht nicht grob fahrlässig verletzt haben, bleibt der Versicherungsschutz bestehen. Bei einer Verletzung der Pflicht in der Kfz-Haftpflichtversicherung aus D.2.1 Satz 2 sind wir Ihnen, dem Halter oder Eigentümer gegenüber nicht von der Leistungspflicht befreit, soweit

Sie, der Halter oder Eigentümer als Fahrzeuginsasse, der das Fahrzeug nicht geführt hat, einen Personenschaden erlitten haben.

D.3.2 Abweichend von D.3.1 sind wir zur Leistung verpflichtet, soweit die Pflichtverletzung weder für den Eintritt des Versicherungsfalls noch für den Umfang unserer Leistungspflicht ursächlich ist. Dies gilt nicht, wenn Sie die Pflicht arglistig verletzen.

Beschränkung der Leistungsfreiheit in der Kfz-Haftpflichtversicherung

D.3.3 In der Kfz-Haftpflichtversicherung ist die sich aus D.3.1 ergebende Leistungsfreiheit bzw. Leistungskürzung Ihnen und den mitversicherten Personen gegenüber auf den Betrag von höchstens je xx Euro beschränkt.[1] Außerdem gelten anstelle der vereinbarten Versicherungssummen die in Deutschland geltenden Mindestversicherungssummen.

Satz 1 und 2 gelten entsprechend, wenn wir wegen einer von Ihnen vorgenommenen Gefahrerhöhung (§§ 23, 26 Versicherungsvertragsgesetz) vollständig oder teilweise leistungsfrei sind.

D.3.4 Gegenüber einem Fahrer, der das Fahrzeug durch eine vorsätzlich begangene Straftat erlangt, sind wir vollständig von der Verpflichtung zur Leistung frei.

E Welche Pflichten haben Sie im Schadenfall?

E.1 Bei allen Versicherungsarten

Anzeigepflicht

E.1.1 Sie sind verpflichtet, uns jedes Schadenereignis, das zu einer Leistung durch uns führen kann, innerhalb einer Woche anzuzeigen.

E.1.2 Ermittelt die Polizei, die Staatsanwaltschaft oder eine andere Behörde im Zusammenhang mit dem Schadenereignis, sind Sie verpflichtet, uns dies und den Fortgang des Verfahrens (z. B. Strafbefehl, Bußgeldbescheid) unverzüglich anzuzeigen, auch wenn Sie uns das Schadenereignis bereits gemeldet haben.

Aufklärungspflicht

E.1.3 Sie sind verpflichtet, alles zu tun, was der Aufklärung des Schadenereignisses dienen kann. Dies bedeutet insbesondere, dass Sie unsere Fragen zu den Umständen des Schadenereignisses wahrheitsgemäß und vollständig beantworten müssen und den Unfallort nicht verlassen dürfen, ohne die erforderlichen Feststellungen zu ermöglichen.

Sie haben unsere für die Aufklärung des Schadenereignisses erforderlichen Weisungen zu befolgen.

Schadenminderungspflicht

E.1.4 Sie sind verpflichtet, bei Eintritt des Schadenereignisses nach Möglichkeit für die Abwendung und Minderung des Schadens zu sorgen.

Sie haben hierbei unsere Weisungen, soweit für Sie zumutbar, zu befolgen.

E.2 Zusätzlich in der Kfz-Haftpflichtversicherung

Bei außergerichtlich geltend gemachten Ansprüchen

E.2.1 Werden gegen Sie Ansprüche geltend gemacht, sind Sie verpflichtet, uns dies innerhalb einer Woche nach der Erhebung des Anspruchs anzuzeigen.

---

[1] Gem. § 5 Abs. 3 KfzPflVV darf die Leistungsfreiheit höchstens auf 5.000 Euro beschränkt werden. AKB 2008 in der Fassung der unverbindlichen Bekanntgabe vom 17.3.2010.

Anzeige von Kleinschäden

E.2.2 Wenn Sie einen Sachschaden, der voraussichtlich nicht mehr als xx Euro beträgt, selbst regulieren oder regulieren wollen, müssen Sie uns den Schadenfall erst anzeigen, wenn Ihnen die Selbstregulierung nicht gelingt.

Bei gerichtlich geltend gemachten Ansprüchen

E.2.3 Wird ein Anspruch gegen Sie gerichtlich geltend gemacht (z. B. Klage, Mahnbescheid), haben Sie uns dies unverzüglich anzuzeigen.

E.2.4 Sie haben uns die Führung des Rechtsstreits zu überlassen. Wir sind berechtigt, auch in Ihrem Namen einen Rechtsanwalt zu beauftragen, dem Sie Vollmacht sowie alle erforderlichen Auskünfte erteilen und angeforderte Unterlagen zur Verfügung stellen müssen.

Bei drohendem Fristablauf

E.2.5 Wenn Ihnen bis spätestens zwei Tage vor Fristablauf keine Weisung von uns vorliegt, müssen Sie gegen einen Mahnbescheid oder einen Bescheid einer Behörde fristgerecht den erforderlichen Rechtsbehelf einlegen.

E.3 Zusätzlich in der Kaskoversicherung

Anzeige des Versicherungsfalls bei Entwendung des Fahrzeugs

E.3.1 Bei Entwendung des Fahrzeugs oder mitversicherter Teile sind Sie abweichend von E.1.1 verpflichtet, uns dies unverzüglich in Schriftform anzuzeigen. Ihre Schadenanzeige muss von Ihnen unterschrieben sein.

Einholen unserer Weisung

E.3.2 Vor Beginn der Verwertung oder der Reparatur des Fahrzeugs haben Sie unsere Weisungen einzuholen, soweit die Umstände dies gestatten, und diese zu befolgen, soweit Ihnen dies zumutbar ist. Dies gilt auch für mitversicherte Teile.

Anzeige bei der Polizei

E.3.3 Übersteigt ein Entwendungs-, Brand- oder Wildschaden den Betrag von xx Euro, sind Sie verpflichtet, das Schadenereignis der Polizei unverzüglich anzuzeigen.

E.4 Zusätzlich beim Autoschutzbrief

Einholen unserer Weisung

E.4.1 Vor Inanspruchnahme einer unserer Leistungen haben Sie unsere Weisungen einzuholen, soweit die Umstände dies gestatten, und zu befolgen, soweit Ihnen dies zumutbar ist.

Untersuchung, Belege, ärztliche Schweigepflicht

E.4.2 Sie haben uns jede zumutbare Untersuchung über die Ursache und Höhe des Schadens und über den Umfang unserer Leistungspflicht zu gestatten, Originalbelege zum Nachweis der Schadenhöhe vorzulegen und die behandelnden Ärzte im Rahmen von § 213 Versicherungsvertragsgesetz von der Schweigepflicht zu entbinden.

E.5 Zusätzlich in der Kfz-Unfallversicherung

Anzeige des Todesfalls innerhalb 48 Stunden

E.5.1 Hat der Unfall den Tod einer versicherten Person zur Folge, müssen die aus dem Versicherungsvertrag Begünstigten uns dies innerhalb von 48 Stunden melden, auch wenn der Unfall schon angezeigt ist. Uns ist das Recht zu verschaffen, eine Obduktion durch einen von uns beauftragten Arzt vornehmen zu lassen.

Ärztliche Untersuchung, Gutachten, Entbindung von der Schweigepflicht

E.5.2 Nach einem Unfall sind Sie verpflichtet,

a unverzüglich einen Arzt hinzuzuziehen,

b den ärztlichen Anordnungen nachzukommen,

c die Unfallfolgen möglichst zu mindern,

d darauf hinzuwirken, dass von uns angeforderte Berichte und Gutachten alsbald erstellt werden,

e sich von einem von uns beauftragten Arzt untersuchen zu lassen, wobei wir die notwendigen Kosten, einschließlich eines Ihnen entstehenden Verdienstausfalls, tragen,

f Ärzte, die Sie – auch aus anderen Anlässen – behandelt oder untersucht haben, andere Versicherer, Versicherungsträger und Behörden von der Schweigepflicht im Rahmen von § 213 Versicherungsvertragsgesetz zu entbinden und zu ermächtigen, uns alle erforderlichen Auskünfte zu erteilen.

Frist zur Feststellung und Geltendmachung der Invalidität

E.5.3 Beachten Sie auch die 15-Monatsfrist für die Feststellung und Geltendmachung der Invalidität nach A.4.5.1.

E.6 Welche Folgen hat eine Verletzung dieser Pflichten?

Leistungsfreiheit bzw. Leistungskürzung

E.6.1 Verletzen Sie vorsätzlich eine Ihrer in E.1 bis E.5 geregelten Pflichten, haben Sie keinen Versicherungsschutz. Verletzen Sie Ihre Pflichten grob fahrlässig, sind wir berechtigt, unsere Leistung in einem der Schwere Ihres Verschuldens entsprechenden Verhältnis zu kürzen.

Weisen Sie nach, dass Sie die Pflicht nicht grob fahrlässig verletzt haben, bleibt der Versicherungsschutz bestehen.

E.6.2 Abweichend von E.6.1 sind wir zur Leistung verpflichtet, soweit Sie nachweisen, dass die Pflichtverletzung weder für die Feststellung des Versicherungsfalls noch für die Feststellung oder den Umfang unserer Leistungspflicht ursächlich war. Dies gilt nicht, wenn Sie die Pflicht arglistig verletzen.

Beschränkung der Leistungsfreiheit in der Kfz-Haftpflichtversicherung

E.6.3 In der Kfz-Haftpflichtversicherung ist die sich aus E.6.1 ergebende Leistungsfreiheit bzw. Leistungskürzung Ihnen und den mitversicherten Personen gegenüber auf den Betrag von höchstens je xx Euro[2] beschränkt.

E.6.4 Haben Sie die Aufklärungs- oder Schadenminderungspflicht nach E.1.3 und E.1.4 vorsätzlich und in besonders schwerwiegender Weise verletzt (insbesondere bei unerlaubtem Entfernen vom Unfallort, unterlassener Hilfeleistung, bewusst wahrheitswidrigen Angaben uns gegenüber), erweitert sich die Leistungsfreiheit auf einen Betrag von höchstens je ... Euro[3].

Vollständige Leistungsfreiheit in der Kfz-Haftpflichtversicherung

E.6.5 Verletzen Sie Ihre Pflichten in der Absicht, sich oder einem anderen dadurch einen rechtswidrigen Vermögensvorteil zu verschaffen, sind wir von unserer Leistungspflicht hinsichtlich des erlangten Vermögensvorteils vollständig frei.

---

2 Gem. § 6 Abs. 1 KfzPflVV darf die Leistungsfreiheit höchstens auf 2.500 Euro beschränkt werden.
3 Gem. § 6 Abs. 3 KfzPflVV darf die Leistungsfreiheit höchstens auf 5.000 Euro beschränkt werden. AKB 2008 in der Fassung der unverbindlichen Bekanntgabe vom 17.3.2010.

Besonderheiten in der Kfz-Haftpflichtversicherung bei Rechtsstreitigkeiten

E.6.6 Verletzen Sie vorsätzlich Ihre Anzeigepflicht nach E.2.1 oder E.2.3 oder Ihre Pflicht nach E.2.4 und führt dies zu einer rechtskräftigen Entscheidung, die über den Umfang der nach Sach- und Rechtslage geschuldeten Entschädigung erheblich hinausgeht, sind wir außerdem von unserer Leistungspflicht hinsichtlich des von uns zu zahlenden Mehrbetrags vollständig frei. Bei grob fahrlässiger Verletzung dieser Pflichten sind wir berechtigt, unsere Leistung hinsichtlich dieses Mehrbetrags in einem der Schwere Ihres Verschuldens entsprechenden Verhältnis zu kürzen.

Mindestversicherungssummen

E.6.7 Verletzen Sie in der Kfz-Haftpflichtversicherung Ihre Pflichten nach E.1 und E.2 gelten anstelle der vereinbarten Versicherungssummen die in Deutschland geltenden Mindestversicherungssummen.

F Rechte und Pflichten der mitversicherten Personen

Pflichten mitversicherter Personen

F.1 Für mitversicherte Personen finden die Regelungen zu Ihren Pflichten sinngemäße Anwendung.

Ausübung der Rechte

F.2 Die Ausübung der Rechte der mitversicherten Personen aus dem Versicherungsvertrag steht nur Ihnen als Versicherungsnehmer zu, soweit nichts anderes geregelt ist. Andere Regelungen sind:
- Geltendmachen von Ansprüchen in der Kfz-Haftpflichtversicherung nach A.1.2,
- Geltendmachen von Ansprüchen durch namentlich Versicherte in der Kfz- Unfallversicherung nach A.4.2.6.

Auswirkungen einer Pflichtverletzung auf mitversicherte Personen

F.3 Sind wir Ihnen gegenüber von der Verpflichtung zur Leistung frei, so gilt dies auch gegenüber allen mitversicherten Personen.

Eine Ausnahme hiervon gilt in der Kfz-Haftpflichtversicherung: Mitversicherten Personen gegenüber können wir uns auf die Leistungsfreiheit nur berufen, wenn die der Leistungsfreiheit zugrunde liegenden Umstände in der Person des Mitversicherten vorliegen oder wenn diese Umstände der mitversicherten Person bekannt oder infolge grober Fahrlässigkeit nicht bekannt waren. Sind wir zur Leistung verpflichtet, gelten anstelle der vereinbarten Versicherungssummen die in Deutschland geltenden gesetzlichen Mindestversicherungssummen.

Entsprechendes gilt, wenn wir trotz Beendigung des Versicherungsverhältnisses noch gegenüber dem geschädigten Dritten Leistungen erbringen. Der Rückgriff gegen Sie bleibt auch in diesen Ausnahmefällen bestehen.

G Laufzeit und Kündigung des Vertrags, Veräußerung des Fahrzeugs, Wagniswegfall

G.1 Wie lange läuft der Versicherungsvertrag?

Vertragsdauer

G.1.1 Die Laufzeit Ihres Vertrags ergibt sich aus Ihrem Versicherungsschein.

Automatische Verlängerung

G.1.2 Ist der Vertrag mit einer Laufzeit von einem Jahr abgeschlossen, verlängert er sich zum Ablauf um jeweils ein weiteres Jahr, wenn nicht Sie oder wir den Vertrag kündigen. Dies gilt auch, wenn für die erste Laufzeit nach Abschluss des Vertrags deshalb weniger als ein Jahr vereinbart ist, um die folgenden Versicherungsjahre zu einem bestimmten Kalendertag, z. B. dem 1. Januar eines jeden Jahres, beginnen zu lassen.

Versicherungskennzeichen

G.1.3 Der Versicherungsvertrag für ein Fahrzeug, das ein Versicherungskennzeichen führen muss (z. B. Mofa), endet mit dem Ablauf des Verkehrsjahres, ohne dass es einer Kündigung bedarf.

Das Verkehrsjahr läuft vom 1. März bis Ende Februar des Folgejahres.

Verträge mit einer Laufzeit unter einem Jahr

G.1.4 Ist die Laufzeit ausdrücklich mit weniger als einem Jahr vereinbart, endet der Vertrag zu dem vereinbarten Zeitpunkt, ohne dass es einer Kündigung bedarf.

G.2 Wann und aus welchem Anlass können Sie den Versicherungsvertrag kündigen?

Kündigung zum Ablauf des Versicherungsjahres

G.2.1 Sie können den Vertrag zum Ablauf des Versicherungsjahres kündigen. Die Kündigung ist nur wirksam, wenn sie uns spätestens einen Monat vor Ablauf zugeht.

Kündigung des vorläufigen Versicherungsschutzes

G.2.2 Sie sind berechtigt, einen vorläufigen Versicherungsschutz zu kündigen. Die Kündigung wird sofort mit ihrem Zugang bei uns wirksam.

Kündigung nach einem Schadenereignis

G.2.3 Nach dem Eintritt eines Schadenereignisses können Sie den Vertrag kündigen. Die Kündigung muss uns innerhalb eines Monats nach Beendigung der Verhandlungen über die Entschädigung zugehen oder innerhalb eines Monats zugehen, nachdem wir in der Kfz-Haftpflichtversicherung unsere Leistungspflicht anerkannt oder zu Unrecht abgelehnt haben.

Das gleiche gilt, wenn wir Ihnen in der Kfz-Haftpflichtversicherung die Weisung erteilen, es über den Anspruch des Dritten zu einem Rechtsstreit kommen zu lassen. Außerdem können Sie in der Kfz-Haftpflichtversicherung den Vertrag bis zum Ablauf eines Monats seit der Rechtskraft des im Rechtsstreit mit dem Dritten ergangenen Urteils kündigen.

G.2.4 Sie können bestimmen, ob die Kündigung sofort oder zu einem späteren Zeitpunkt, spätestens jedoch zum Ablauf des Vertrags, wirksam werden soll.

Kündigung bei Veräußerung oder Zwangsversteigerung des Fahrzeugs

G.2.5 Veräußern Sie das Fahrzeug oder wird es zwangsversteigert, geht der Vertrag nach G.7.1 oder G.7.6 auf den Erwerber über. Der Erwerber ist berechtigt, den Vertrag innerhalb eines Monats nach dem Erwerb, bei fehlender Kenntnis vom Bestehen der Versicherung innerhalb eines Monats ab Kenntnis, zu kündigen. Der Erwerber kann bestimmen, ob der Vertrag mit sofortiger Wirkung oder spätestens zum Ablauf des Vertrags endet.

G.2.6 Schließt der Erwerber für das Fahrzeug eine neue Versicherung ab und legt er bei der Zulassungsbehörde eine Versicherungsbestätigung vor, gilt dies automatisch als Kündigung des übergegangenen Vertrages. Die Kündigung wird zum Beginn der neuen Versicherung wirksam.

Kündigung bei Beitragserhöhung

G.2.7 Erhöhen wir aufgrund unseres Beitragsanpassungsrechts nach J.1 bis J.3 den Beitrag, können Sie den Vertrag innerhalb eines Monats nach Zugang unserer Mitteilung der Beitragserhöhung kündigen. Die Kündigung ist sofort wirksam, frühestens jedoch zu dem Zeitpunkt,

zu dem die Beitragserhöhung wirksam geworden wäre. Wir teilen ihnen die Beitragserhöhung spätestens einen Monat vor dem Wirksamwerden mit und weisen Sie auf Ihr Kündigungsrecht hin.

Zusätzlich machen wir bei einer Beitragserhöhung nach J.3 den Unterschied zwischen bisherigem und neuem Beitrag kenntlich.

Kündigung bei geänderter Verwendung des Fahrzeugs

G.2.8 Ändert sich die Art und Verwendung des Fahrzeugs nach K.5 und erhöht sich der Beitrag dadurch um mehr als 10 %, können Sie den Vertrag innerhalb eines Monats nach Zugang unserer Mitteilung ohne Einhaltung einer Frist kündigen.

<Achtung! Es folgen zwei Varianten. Variante 1 für Versicherer, die nur das SF-System nach J.6 ändern wollen. Variante 2 für Versicherer, die auch die Tarifstruktur nach J.6 ändern wollen.

Kündigung bei Veränderung des Schadenfreiheitsrabatt-Systems

G.2.9 Ändern wir das Schadenfreiheitsrabatt-System nach J.6, können Sie den Vertrag innerhalb eines Monats nach Zugang unserer Mitteilung der Änderung kündigen. Die Kündigung ist sofort wirksam, frühestens jedoch zum Zeitpunkt des Wirksamwerdens der Änderung. Wir teilen Ihnen die Änderung spätestens einen Monat vor Wirksamwerden mit und weisen Sie auf Ihr Kündigungsrecht hin.

[Kündigung bei Veränderung der Tarifstruktur

G.2.9 Ändern wir unsere Tarifstruktur nach J.6, können Sie den Vertrag innerhalb eines Monats nach Zugang unserer Mitteilung der Änderung kündigen. Die Kündigung ist sofort wirksam, frühestens jedoch zum Zeitpunkt des Wirksamwerdens der Änderung. Wir teilen Ihnen die Änderung spätestens einen Monat vor Wirksamwerden mit und weisen Sie auf Ihr Kündigungsrecht hin.]

[Kündigung bei Bedingungsänderung

<Achtung! Nur, wenn Bedingungsänderung gem. N vereinbart>

G.2.10 Machen wir von unserem Recht zur Bedingungsanpassung nach N Gebrauch, können Sie den Vertrag innerhalb von sechs Wochen nach Zugang unserer Mitteilung kündigen. Die Kündigung ist sofort wirksam, frühestens jedoch zum Zeitpunkt des Wirksamwerdens der Bedingungsänderung. Wir teilen Ihnen die Änderung spätestens sechs Wochen vor dem Wirksamwerden mit und weisen Sie auf Ihr Kündigungsrecht hin.]

G.3 Wann und aus welchem Anlass können wir den Versicherungsvertrag kündigen?

Kündigung zum Ablauf

G.3.1 Wir können den Vertrag zum Ablauf des Versicherungsjahres kündigen. Die Kündigung ist nur wirksam, wenn sie Ihnen spätestens einen Monat vor Ablauf zugeht.

Kündigung des vorläufigen Versicherungsschutzes

G.3.2 Wir sind berechtigt, einen vorläufigen Versicherungsschutz zu kündigen. Die Kündigung wird nach Ablauf von zwei Wochen nach ihrem Zugang bei Ihnen wirksam.

Kündigung nach einem Schadenereignis

G.3.3 Nach dem Eintritt eines Schadenereignisses können wir den Vertrag kündigen. Die Kündigung muss Ihnen innerhalb eines Monats nach Beendigung der Verhandlungen über die Entschädigung oder innerhalb eines Monats zugehen, nachdem wir in der Kfz- Haftpflichtversicherung unsere Leistungspflicht anerkannt oder zu Unrecht abgelehnt haben.

Das gleiche gilt, wenn wir Ihnen in der Kfz-Haftpflichtversicherung die Weisung erteilen, es über den Anspruch des Dritten zu einem Rechtsstreit kommen zu lassen. Außerdem können wir in der Kfz-Haftpflichtversicherung den Vertrag bis zum Ablauf eines Monats seit der Rechtskraft des im Rechtsstreit mit dem Dritten ergangenen Urteils kündigen.

Unsere Kündigung wird einen Monat nach ihrem Zugang bei Ihnen wirksam.

Kündigung bei Nichtzahlung des Folgebeitrags

G.3.4 Haben Sie einen ausstehenden Folgebeitrag zuzüglich Kosten und Zinsen trotz unserer Zahlungsaufforderung nach C.2.2 nicht innerhalb der zweiwöchigen Frist gezahlt, können wir den Vertrag mit sofortiger Wirkung kündigen. Unsere Kündigung wird unwirksam, wenn Sie diese Beträge innerhalb eines Monats ab Zugang der Kündigung zahlen (siehe auch C.2.4).

Kündigung bei Verletzung Ihrer Pflichten bei Gebrauch des Fahrzeugs

G.3.5 Haben Sie eine Ihrer Pflichten bei Gebrauch des Fahrzeugs nach D verletzt, können wir innerhalb eines Monats, nachdem wir von der Verletzung Kenntnis erlangt haben, den Vertrag mit sofortiger Wirkung kündigen. Dies gilt nicht, wenn Sie nachweisen, dass Sie die Pflicht weder vorsätzlich noch grob fahrlässig verletzt haben.

Kündigung bei geänderter Verwendung des Fahrzeugs

G.3.6 Ändert sich die Art und Verwendung des Fahrzeugs nach K.5, können wir den Vertrag mit sofortiger Wirkung kündigen. Können Sie nachweisen, dass die Änderung weder auf Vorsatz noch auf grober Fahrlässigkeit beruht, wird die Kündigung nach Ablauf von einem Monat nach ihrem Zugang bei Ihnen wirksam.

Kündigung bei Veräußerung oder Zwangsversteigerung des Fahrzeugs

G.3.7 Bei Veräußerung oder Zwangsversteigerung des Fahrzeugs nach G.7 können wir dem Erwerber gegenüber kündigen. Wir haben die Kündigung innerhalb eines Monats ab dem Zeitpunkt auszusprechen, zu dem wir von der Veräußerung oder Zwangsversteigerung Kenntnis erlangt haben. Unsere Kündigung wird einen Monat nach ihrem Zugang beim Erwerber wirksam.

G.4 Kündigung einzelner Versicherungsarten

G.4.1 Die Kfz-Haftpflicht-, Kasko-, Autoschutzbrief- und Kfz-Unfallversicherung sind jeweils rechtlich selbstständige Verträge. Die Kündigung eines dieser Verträge berührt das Fortbestehen anderer nicht.

G.4.2 Sie und wir sind berechtigt, bei Vorliegen eines Kündigungsanlasses zu einem dieser Verträge die gesamte Kfz-Versicherung für das Fahrzeug zu kündigen.

G.4.3 Kündigen wir von mehreren für das Fahrzeug abgeschlossenen Verträgen nur einen und teilen Sie uns innerhalb von zwei Wochen nach Zugang unserer Kündigung mit, dass Sie mit einer Fortsetzung der anderen ungekündigten Verträge nicht einverstanden sind, gilt die gesamte Kfz-Versicherung für das Fahrzeug als gekündigt. Dies gilt entsprechend für uns, wenn Sie von mehreren nur einen Vertrag kündigen.

G.4.4 Kündigen Sie oder wir nur den Autoschutzbrief, gelten G.4.2 und G.4.3 nicht.

G.4.5 G.4.1 und G.4.2 finden entsprechende Anwendung, wenn in einem Vertrag mehrere Fahrzeuge versichert sind.

G.5 Form und Zugang der Kündigung

Jede Kündigung muss schriftlich erfolgen und ist nur wirksam, wenn sie innerhalb der jeweiligen Frist zugeht. Die von Ihnen erklärte Kündigung muss unterschrieben sein.

G.6 Beitragsabrechnung nach Kündigung

Bei einer Kündigung vor Ablauf des Versicherungsjahres steht uns der auf die Zeit des Versicherungsschutzes entfallende Beitrag anteilig zu.

G.7 Was ist bei Veräußerung des Fahrzeugs zu beachten?

Übergang der Versicherung auf den Erwerber

G.7.1 Veräußern Sie Ihr Fahrzeug, geht die Versicherung auf den Erwerber über. Dies gilt nicht für die Kfz-Unfallversicherung.

G.7.2 Wir sind berechtigt und verpflichtet, den Beitrag entsprechend den Angaben des Erwerbers, wie wir sie bei einem Neuabschluss des Vertrags verlangen würden, anzupassen. Das gilt auch für die SF-Klasse des Erwerbers, die entsprechend seines bisherigen Schadenverlaufs ermittelt wird. Der neue Beitrag gilt ab dem Tag, der auf den Übergang der Versicherung folgt.

G.7.3. Den Beitrag für die laufende Zahlungsperiode können wir entweder von Ihnen oder vom Erwerber verlangen.

Anzeige der Veräußerung

G.7.4 Sie und der Erwerber sind verpflichtet, uns die Veräußerung des Fahrzeugs unverzüglich anzuzeigen. Unterbleibt die Anzeige, droht unter den Voraussetzungen des § 97 Versicherungsvertragsgesetz der Verlust des Versicherungsschutzes.

Kündigung des Vertrags

G.7.5 Im Falle der Veräußerung können der Erwerber nach G.2.5 und G.2.6 oder wir nach G.3.7 den Vertrag kündigen. Dann können wir den Beitrag nur von Ihnen verlangen.

Zwangsversteigerung

G.7.6 Die Regelungen G.7.1 bis G.7.5 sind entsprechend anzuwenden, wenn Ihr Fahrzeug zwangsversteigert wird.

G.8 Wagniswegfall (z. B. durch Fahrzeugverschrottung)

Fällt das versicherte Wagnis endgültig weg, steht uns der Beitrag bis zu dem Zeitpunkt zu, zu dem wir vom Wagniswegfall Kenntnis erlangen.

H Außerbetriebsetzung, Saisonkennzeichen, Fahrten mit ungestempelten Kennzeichen

H.1 Was ist bei Außerbetriebsetzung zu beachten?

Ruheversicherung

H.1.1 Wird das versicherte Fahrzeug außer Betrieb gesetzt und soll es zu einem späteren Zeitpunkt wieder zugelassen werden, wird dadurch der Vertrag nicht beendet.

H.1.2 Der Vertrag geht in eine beitragsfreie Ruheversicherung über, wenn die Zulassungsbehörde uns die Außerbetriebsetzung mitteilt, es sei denn, die Außerbetriebsetzung beträgt weniger als zwei Wochen oder Sie verlangen die uneingeschränkte Fortführung des bisherigen Versicherungsschutzes.

H.1.3 Die Regelungen nach H.1.1 und H.1.2 gelten nicht für Fahrzeuge mit Versicherungskennzeichen (z. B. Mofas), Wohnwagenanhänger sowie bei Verträgen mit ausdrücklich kürzerer Vertragsdauer als ein Jahr.

Umfang der Ruheversicherung

H.1.4 Mit der beitragsfreien Ruheversicherung gewähren wir Ihnen während der Dauer der Außerbetriebsetzung eingeschränkten Versicherungsschutz.

Der Ruheversicherungsschutz umfasst
- die Kfz-Haftpflichtversicherung,
- die Teilkaskoversicherung, wenn für das Fahrzeug im Zeitpunkt der Außerbetriebsetzung eine Voll- oder eine Teilkaskoversicherung bestand.

Ihre Pflichten bei der Ruheversicherung

H.1.5 Während der Dauer der Ruheversicherung sind Sie verpflichtet, das Fahrzeug in einem Einstellraum (z. B. einer Einzel- oder Sammelgarage) oder auf einem umfriedeten Abstellplatz (z. B. einem geschlossenen Hofraum) nicht nur vorübergehend abzustellen und das Fahrzeug außerhalb dieser Räumlichkeiten nicht zu gebrauchen. Verletzen Sie diese Pflicht, sind wir unter den Voraussetzungen nach D.3 leistungsfrei.

Wiederanmeldung

H.1.6 Wird das Fahrzeug wieder zum Verkehr zugelassen (Ende der Außerbetriebsetzung), lebt der ursprüngliche Versicherungsschutz wieder auf. Das Ende der Außerbetriebsetzung haben Sie uns unverzüglich anzuzeigen.

Ende des Vertrags und der Ruheversicherung

H.1.7 Der Vertrag und damit auch die Ruheversicherung enden xx Monate nach der Außerbetriebsetzung, ohne dass es einer Kündigung bedarf.

H.1.8 Melden Sie das Fahrzeug während des Bestehens der Ruheversicherung mit einer Versicherungsbestätigung eines anderen Versicherers wieder an, haben wir das Recht, den Vertrag fortzusetzen und den anderen Versicherer zur Aufhebung des Vertrags aufzufordern.

H.2 Welche Besonderheiten gelten bei Saisonkennzeichen?

H.2.1 Für Fahrzeuge, die mit einem Saisonkennzeichen zugelassen sind, gewähren wir den vereinbarten Versicherungsschutz während des auf dem amtlichen Kennzeichen dokumentierten Zeitraums (Saison).

H.2.2 Außerhalb der Saison haben Sie Ruheversicherungsschutz nach H.1.4 und H.1.5.

H.2.3 Für Fahrten außerhalb der Saison haben Sie innerhalb des für den Halter zuständigen Zulassungsbezirks und eines angrenzenden Bezirks in der Kfz-Haftpflichtversicherung Versicherungsschutz, wenn diese Fahrten im Zusammenhang mit dem Zulassungsverfahren oder wegen der Hauptuntersuchung, Sicherheitsprüfung oder Abgasuntersuchung durchgeführt werden.

H.3 Fahrten mit ungestempelten Kennzeichen

Versicherungsschutz in der Kfz-Haftpflichtversicherung und beim Autoschutzbrief

H.3.1 In der Kfz-Haftpflichtversicherung und beim Autoschutzbrief besteht Versicherungsschutz auch für Zulassungsfahrten mit ungestempelten Kennzeichen. Dies gilt nicht für Fahrten, für die ein rotes Kennzeichen oder ein Kurzzeitkennzeichen geführt werden muss.

Was sind Zulassungsfahrten?

H.3.2 Zulassungsfahrten sind Fahrten, die im Zusammenhang mit dem Zulassungsverfahren innerhalb des für den Halter zuständigen Zulassungsbezirks und eines angrenzenden Zulassungsbezirks ausgeführt werden. Das sind Rückfahrten von der Zulassungsbehörde nach Entfernung der Stempelplakette. Außerdem sind Fahrten zur Durchführung der Hauptuntersuchung, Sicherheitsprüfung oder Abgasuntersuchung oder Zulassung versichert, wenn die Zulassungsbehörde vorab ein ungestempeltes Kennzeichen zugeteilt hat.

I Schadenfreiheitsrabatt-System

I.1 Einstufung in Schadenfreiheitsklassen (SF-Klassen)

In der Kfz-Haftpflicht- und der Vollkaskoversicherung richtet sich die Einstufung Ihres Vertrags in eine SF-Klasse und der sich daraus ergebende Beitragssatz nach Ihrem Schadenverlauf. Siehe dazu die Tabellen in Anhang 1.

Dies gilt nicht für Fahrzeuge mit Versicherungskennzeichen, ... < xx *alle gewünschten WKZ und Kennzeichenarten aufführen* >

I.2 Ersteinstufung

I.2.1 Ersteinstufung in SF-Klasse 0

Beginnt Ihr Vertrag ohne Übernahme eines Schadenverlaufs nach I.6, wird er in die SF-Klasse 0 eingestuft.

I.2.2 Sonderersteinstufung eines Pkw in SF-Klasse $^1/_2$ oder SF-Klasse 2

I.2.2.1 Sonderersteinstufung in SF-Klasse $^1/_2$

Beginnt Ihr Vertrag für einen Pkw ohne Übernahme eines Schadenverlaufs nach I.6., wird er in die SFKlasse $^1/_2$ eingestuft, wenn a auf Sie bereits ein Pkw zugelassen ist, der zu diesem Zeitpunkt in der Kfz-Haftpflichtversicherung mindestens in die SF-Klasse $^1/_2$ eingestuft ist, oder b auf Ihren Ehepartner, Ihren eingetragenen Lebenspartner oder Ihren mit Ihnen in häuslicher Gemeinschaft lebenden Lebenspartner bereits ein Pkw zugelassen ist, der zu diesem Zeitpunkt in der Kfz-Haftpflichtversicherung mindestens in die SF-Klasse $^1/_2$ eingestuft ist, und Sie seit mindestens einem Jahr eine gültige Fahrerlaubnis zum Führen von Pkw oder Krafträdern besitzen, die von einem Mitgliedstaat des Europäischen Wirtschaftsraums (EWR) erteilt wurde oder diesen nach I.2.5 gleichgestellt ist, oder c Sie nachweisen, dass Sie aufgrund einer gültigen Fahrerlaubnis, die von einem Mitgliedstaat des Europäischen Wirtschaftsraums (EWR) erteilt wurde oder diesen nach I.2.5 gleichgestellt ist, seit mindestens drei Jahren zum Führen von Pkw oder von Krafträdern, die ein amtliches Kennzeichen führen müssen, berechtigt sind.

Die Sondereinstufung in die SF-Klasse $^1/_2$ gilt nicht für Pkw, die ein Ausfuhrkennzeichen, ein Kurzzeitkennzeichen oder ein rotes Kennzeichen führen.

I.2.2.2 Sonderersteinstufung in SF-Klasse 2

Beginnt Ihr Vertrag für einen Pkw ohne Übernahme eines Schadenverlaufs nach I.6, wird er in die SFKlasse 2 eingestuft, wenn
– auf Sie, Ihren Ehepartner, Ihren eingetragenen Lebenspartner oder Ihren mit Ihnen in häuslicher Gemeinschaft lebenden Lebenspartner bereits ein Pkw zugelassen und bei uns versichert ist, der zu diesem Zeitpunkt in der Kfz-Haftpflichtversicherung mindestens in die SF-Klasse 2 eingestuft ist, und
– Sie seit mindestens einem Jahr eine gültige Fahrerlaubnis zum Führen von Pkw oder von Krafträdern besitzen, die von einem des Europäischen Wirtschaftsraums (EWR) erteilt wurde, und
– Sie und der jeweilige Fahrer mindestens das xx. Lebensjahr vollendet haben.

Die Sondereinstufung in die SF-Klasse 2 gilt nicht für Pkw, die ein Ausfuhrkennzeichen, ein Kurzzeitkennzeichen oder ein rotes Kennzeichen führen.

I.2.3 Anrechnung des Schadenverlaufs der Kfz-Haftpflichtversicherung in der Vollkaskoversicherung

Ist das versicherte Fahrzeug ein Pkw, ein Kraftrad oder ein Campingfahrzeug und schließen Sie neben der Kfz-Haftpflichtversicherung eine Vollkaskoversicherung mit einer Laufzeit von einem Jahr ab (siehe G.1.2), können Sie verlangen, dass die Einstufung nach dem Schadenverlauf der Kfz- Haftpflichtversicherung erfolgt. Dies gilt nicht, wenn für das versicherte Fahrzeug oder für ein Vorfahrzeug im Sinne von I.6.1.1 innerhalb der letzten 12 Monate vor Abschluss der Vollkaskoversicherung bereits eine Vollkaskoversicherung bestanden hat; in diesem Fall übernehmen wir den Schadenverlauf der Vollkaskoversicherung nach I.6.

I.2.4 Führerscheinsonderregelung

Hat Ihr Vertrag für einen Pkw oder ein Kraftrad in der Klasse SF 0 begonnen, stufen wir ihn auf Ihren Antrag besser ein, sobald Sie drei Jahre im Besitz einer Fahrerlaubnis für Pkw oder Krafträder sind und folgende Voraussetzungen gegeben sind:
- Der Vertrag ist schadenfrei verlaufen und
- Ihre Fahrerlaubnis ist von einem Mitgliedsstaat des Europäischen Wirtschaftsraums (EWR) ausgestellt worden oder diesen nach I.2.5. gleichgestellt.

I.2.5 Gleichgestellte Fahrerlaubnisse

Fahrerlaubnisse aus Staaten außerhalb des Europäischen Wirtschaftsraums (EWR) sind im Rahmen der SF-Ersteinstufung Fahrerlaubnissen aus einem Mitgliedsstaat des EWR gleichgestellt, wenn diese nach den Vorschriften der Fahrerlaubnisverordnung ohne weitere theoretische oder praktische Fahrprüfung umgeschrieben werden können oder nach Erfüllung der Auflagen umgeschrieben sind.

I.3 Jährliche Neueinstufung

Wir stufen Ihren Vertrag zum 1. Januar eines jeden Jahres nach seinem Schadenverlauf im vergangenen Kalenderjahr neu ein.

I.3.1 Wirksamwerden der Neueinstufung

Die Neueinstufung gilt ab der ersten Beitragsfälligkeit im neuen Kalenderjahr.

I.3.2 Besserstufung bei schadenfreiem Verlauf

Ist Ihr Vertrag während eines Kalenderjahres schadenfrei verlaufen und hat der Versicherungsschutz während dieser Zeit ununterbrochen bestanden, wird Ihr Vertrag in die nächst bessere SF-Klasse nach der jeweiligen Tabelle im Anhang 1 eingestuft.

I.3.3 Besserstufung bei Saisonkennzeichen

Ist das versicherte Fahrzeug mit einem Saisonkennzeichen zugelassen (siehe H.2), nehmen wir bei schadenfreiem Verlauf des Vertrags eine Besserstufung nach I.3.2 nur vor, wenn die Saison mindestens sechs Monate beträgt.

I.3.4 Besserstufung bei Verträgen mit SF-Klassen [2], $^1/_2$, S, 0 oder M

Hat der Versicherungsschutz während des gesamten Kalenderjahres ununterbrochen bestanden, stufen wir Ihren Vertrag aus der SF-Klasse, $^1/_2$, S, 0 oder M bei schadenfreiem Verlauf in die SF-Klasse 1 ein.

Hat Ihr Vertrag in der Zeit vom 2. Januar bis 1. Juli eines Kalenderjahres mit einer Einstufung in SFKlasse [2], $^1/_2$ oder 0 begonnen und bestand bis zum 31. Dezember mindestens sechs Monate Versicherungsschutz, wird er bei schadenfreiem Verlauf zum 1. Januar des folgenden Kalenderjahres wie folgt eingestuft:

[von SF-Klasse 2 nach SF-Klasse]
von SF-Klasse $^1/_2$ nach SF-Klasse,
von SF-Klasse 0 nach SF-Klasse .

I.3.5 Rückstufung bei schadenbelastetem Verlauf

Ist Ihr Vertrag während eines Kalenderjahres schadenbelastet verlaufen, wird er nach der jeweiligen Tabelle in Anhang 1 zurückgestuft. Maßgeblich ist der Tag der Schadenmeldung bei uns.

I.4 Was bedeutet schadenfreier oder schadenbelasteter Verlauf?

I.4.1 Schadenfreier Verlauf

I.4.1.1 Ein schadenfreier Verlauf des Vertrags liegt vor, wenn der Versicherungsschutz von Anfang bis Ende eines Kalenderjahres ununterbrochen bestanden hat und uns in dieser Zeit kein Schadenereignis gemeldet worden ist, für das wir Entschädigungen leisten oder Rückstellungen bilden mussten. Dazu zählen nicht Kosten für Gutachter, Rechtsberatung und Prozesse.

I.4.1.2 Trotz Meldung eines Schadenereignisses gilt der Vertrag jeweils als schadenfrei, wenn

a wir nur aufgrund von Abkommen der Versicherungsunternehmen untereinander oder mit Sozialversicherungsträgern oder wegen der Ausgleichspflicht aufgrund einer Mehrfachversicherung Entschädigungen leisten oder Rückstellungen bilden oder

b wir Rückstellungen für das Schadenereignis in den drei auf die Schadenmeldung folgenden Kalenderjahren auflösen, ohne eine Entschädigung geleistet zu haben oder

c der Schädiger oder dessen Haftpflichtversicherung uns unsere Entschädigung in vollem Umfang erstattet oder

d wir in der Vollkaskoversicherung für ein Schadenereignis, das unter die Teilkaskoversicherung fällt, Entschädigungen leisten oder Rückstellungen bilden oder

e Sie Ihre Vollkaskoversicherung nur deswegen in Anspruch nehmen, weil eine Person mit einer gesetzlich vorgeschriebenen Haftpflichtversicherung für das Schadenereignis zwar in vollem Umfang haftet, Sie aber gegenüber dem Haftpflichtversicherer keinen Anspruch haben, weil dieser den Versicherungsschutz ganz oder teilweise versagt hat.

I.4.2 Schadenbelasteter Verlauf

I.4.2.1 Ein schadenbelasteter Verlauf des Vertrags liegt vor, wenn Sie uns während eines Kalenderjahres ein oder mehrere Schadenereignisse melden, für die wir Entschädigungen leisten oder Rückstellungen bilden müssen. Hiervon ausgenommen sind die Fälle nach I.4.1.2.

I.4.2.2 Gilt der Vertrag trotz einer Schadenmeldung zunächst als schadenfrei, leisten wir jedoch in einem folgenden Kalenderjahr Entschädigungen oder bilden Rückstellungen für diesen Schaden, stufen wir Ihren Vertrag zum 1. Januar des dann folgenden Kalenderjahres zurück.

I.5 Wie Sie eine Rückstufung in der Kfz-Haftpflichtversicherung vermeiden können

Sie können eine Rückstufung in der Kfz-Haftpflichtversicherung vermeiden, wenn Sie uns unsere Entschädigung freiwillig, also ohne vertragliche oder gesetzliche Verpflichtung erstatten. Um Ihnen hierzu Gelegenheit zu geben, unterrichten wir Sie nach Abschluss der Schadenregulierung über die Höhe unserer Entschädigung, wenn diese nicht mehr als 500 € beträgt. Erstatten Sie uns die Entschädigung innerhalb von sechs Monaten nach unserer Mitteilung, wird Ihr Kfz-Haftpflichtversicherungsvertrag als schadenfrei behandelt.

Haben wir Sie über den Abschluss der Schadenregulierung und über die Höhe des Erstattungsbetrags unterrichtet und müssen wir danach im Zuge einer Wiederaufnahme der Schadenregulierung eine weitere Entschädigung leisten, führt dies nicht zu einer Erhöhung des Erstattungsbetrags.

I.6 Übernahme eines Schadenverlaufs

I.6.1 In welchen Fällen wird ein Schadenverlauf übernommen?

Der Schadenverlauf eines anderen Vertrags – auch wenn dieser bei einem anderen Versicherer bestanden hat – wird auf den Vertrag des versicherten Fahrzeugs unter den Voraussetzungen nach I.6.2 und I.6.3 in folgenden Fällen übernommen:

Fahrzeugwechsel

I.6.1.1 Sie haben das versicherte Fahrzeug anstelle eines anderen Fahrzeugs angeschafft.

Rabatt-Tausch

I.6.1.2 a Sie besitzen neben dem versicherten Fahrzeug noch ein anderes Fahrzeug und veräußern dieses oder setzen es ohne Ruheversicherung außer Betrieb und beantragen die Übernahme des Schadenverlaufs.

I.6.1.2 b Sie versichern ein weiteres Fahrzeug, das überwiegend von demselben Personenkreis benutzt werden soll, wie das bereits versicherte und beantragen, dass der Schadenverlauf von dem bisherigen auf das weitere Fahrzeug übertragen wird.

Schadenverlauf einer anderen Person

I.6.1.3 Das Fahrzeug einer anderen Person wurde überwiegend von Ihnen gefahren und Sie beantragen die Übernahme des Schadenverlaufs.

Versichererwechsel

I.6.1.4 Sie sind mit Ihrem Fahrzeug von einem anderen Versicherer zu uns gewechselt.

I.6.2 Welche Voraussetzungen gelten für die Übernahme?

Für die Übernahme eines Schadenverlaufs gelten folgende Voraussetzungen:

Fahrzeuggruppe

I.6.2.1 Die Fahrzeuge, zwischen denen der Schadenverlauf übertragen wird, gehören derselben Fahrzeuggruppe an, oder das Fahrzeug, von dem der Schadenverlauf übernommen wird, gehört einer höheren Fahrzeuggruppe an als das Fahrzeug, auf das übertragen wird.

a Untere Fahrzeuggruppe:
Pkw, Leichtkrafträder, Krafträder, Campingfahrzeuge, Lieferwagen, Gabelstapler, Kranken- und Leichenwagen.

b Mittlere Fahrzeuggruppe:
Taxen, Mietwagen, Lkw und Zugmaschinen im Werkverkehr.

c Obere Fahrzeuggruppe:
Lkw und Zugmaschinen im gewerblichen Güterverkehr, Kraftomnibusse sowie Abschleppwagen.

Eine Übertragung ist zudem möglich
- von einem Lieferwagen auf einen Lkw oder eine Zugmaschine im Werkverkehr bis xx kW,
- von einem Pkw mit 7 bis 9 Plätzen einschließlich Mietwagen und Taxen auf einen Kraftomnibus mit nicht mehr als xx Plätzen (ohne Fahrersitz).

Gemeinsame Übernahme des Schadenverlaufs in der Kfz-Haftpflicht- und der Vollkaskoversicherung

I.6.2.2 Wir übernehmen die Schadenverläufe in der Kfz-Haftpflicht- und in der Vollkaskoversicherung nur zusammen.

Zusätzliche Regelung für die Übernahme des Schadenverlaufs von einer anderen Person nach I.6.1.3

I.6.2.3 Wir übernehmen den Schadenverlauf von einer anderen Person nur für den Zeitraum, in dem das Fahrzeug der anderen Person überwiegend von Ihnen gefahren wurde, und unter folgenden Voraussetzungen:

a Es handelt sich bei der anderen Person um Ihren Ehepartner, Ihren eingetragenen Lebenspartner, Ihren mit Ihnen in häuslicher Gemeinschaft lebenden Lebenspartner, ein Elternteil, Ihr Kind oder Ihren Arbeitgeber;

b Sie machen den Zeitraum, in dem das Fahrzeug der anderen Person überwiegend von Ihnen gefahren wurde glaubhaft; hierzu gehört insbesondere
– eine schriftliche Erklärung von Ihnen und der anderen Person; ist die andere Person verstorben, ist die Erklärung durch Sie ausreichend;
– die Vorlage einer Kopie Ihres Führerscheins zum Nachweis dafür, dass Sie für den entsprechenden Zeitraum im Besitz einer gültigen Fahrerlaubnis waren;

c die andere Person ist mit der Übertragung ihres Schadenverlaufs an Sie einverstanden und gibt damit ihren Schadenfreiheitsrabatt in vollem Umfang auf;

d die Nutzung des Fahrzeugs der anderen Person durch Sie liegt bei der Übernahme nicht mehr als xx Monate zurück.

I.6.3 Wie wirkt sich eine Unterbrechung des Versicherungsschutzes auf den Schadenverlauf aus?

Im Jahr der Übernahme

I.6.3.1 Nach einer Unterbrechung des Versicherungsschutzes (Außerbetriebsetzung, Saisonkennzeichen außerhalb der Saison, Vertragsbeendigung, Veräußerung, Wagniswegfall) gilt:

a Beträgt die Unterbrechung höchstens sechs Monate, übernehmen wir den Schadenverlauf, als wäre der Versicherungsschutz nicht unterbrochen worden.

b Beträgt die Unterbrechung mehr als sechs und höchstens zwölf Monate, übernehmen wir den Schadenverlauf, wie er vor der Unterbrechung bestand.

c Beträgt die Unterbrechung mehr als zwölf Monate, ziehen wir beim Schadenverlauf für jedes weitere angefangene Kalenderjahr seit der Unterbrechung ein schadenfreies Jahr ab.

d Beträgt die Unterbrechung mehr als sieben Jahre, übernehmen wir den schadenfreien Verlauf nicht.

Sofern neben einer Rückstufung aufgrund einer Unterbrechung von mehr als einem Jahr gleichzeitig eine Rückstufung aufgrund einer Schadenmeldung zu erfolgen hat, ist zunächst die Rückstufung aufgrund des Schadens, danach die Rückstufung aufgrund der Unterbrechung vorzunehmen.

Im Folgejahr nach der Übernahme

I.6.3.2 In dem auf die Übernahme folgenden Kalenderjahr richtet sich die Einstufung des Vertrags nach dessen Schadenverlauf und danach, wie lange der Versicherungsschutz in dem Kalenderjahr der Übernahme bestand:

a Bestand der Versicherungsschutz im Kalenderjahr der Übernahme mindestens sechs Monate, wird der Vertrag entsprechend seines Verlaufs so eingestuft, als hätte er ein volles Kalenderjahr bestanden.

b Bestand der Versicherungsschutz im Kalenderjahr der Übernahme weniger als sechs Monate, unterbleibt eine Besserstufung trotz schadenfreien Verlaufs.

I.6.4 Übernahme des Schadenverlaufs nach Betriebsübergang

Haben Sie einen Betrieb und dessen zugehörige Fahrzeuge übernommen, übernehmen wir den Schadenverlauf dieser Fahrzeuge unter folgenden Voraussetzungen:
– Der bisherige Betriebsinhaber ist mit der Übernahme des Schadenverlaufs durch Sie einverstanden und gibt damit den Schadenfreiheitsrabatt in vollem Umfang auf,
– Sie machen glaubhaft, dass sich durch die Übernahme des Betriebs die bisherige Risikosituation nicht verändert hat.

I.7 Einstufung nach Abgabe des Schadenverlaufs

I.7.1 Die Schadenverläufe in der Kfz-Haftpflicht- und der Vollkaskoversicherung können nur zusammen abgegeben werden.

I.7.2 Nach einer Abgabe des Schadenverlaufs Ihres Vertrags stufen wir diesen in die SF-Klasse ein, die Sie bei Ersteinstufung Ihres Vertrages nach I.2 bekommen hätten. Befand sich Ihr Vertrag in der SF-Klasse M oder S, bleibt diese Einstufung bestehen.

I.7.3 Wir sind berechtigt, den Mehrbeitrag aufgrund der Umstellung Ihres Vertrags nachzuerheben.

I.8 Auskünfte über den Schadenverlauf

I.8.1 Wir sind berechtigt, uns bei Übernahme eines Schadenverlaufs folgende Auskünfte vom Vorversicherer geben zu lassen:
– Art und Verwendung des Fahrzeugs,
– Beginn und Ende des Vertrags für das Fahrzeug,
– Schadenverlauf des Fahrzeugs in der Kfz-Haftpflicht- und der Vollkaskoversicherung,
– Unterbrechungen des Versicherungsschutzes des Fahrzeugs, die sich noch nicht auf dessen letzte Neueinstufung ausgewirkt haben,
– ob für ein Schadenereignis Rückstellungen innerhalb von drei Jahren nach deren Bildung aufgelöst worden sind, ohne dass Zahlungen geleistet worden sind und
– ob Ihnen oder einem anderen Versicherer bereits entsprechende Auskünfte erteilt worden sind.

I.8.2 Versichern Sie nach Beendigung Ihres Vertrags in der Kfz-Haftpflicht- und der Vollkaskoversicherung Ihr Fahrzeug bei einem anderen Versicherer, sind wir berechtigt und verpflichtet, diesem auf Anfrage Auskünfte zu Ihrem Vertrag und dem versicherten Fahrzeug nach I. 8.1 zu geben.

Unsere Auskunft bezieht sich nur auf den tatsächlichen Schadenverlauf. Sondereinstufungen – mit Ausnahme der Regelung nach I.2.2.1 – werden nicht berücksichtigt.

J Beitragsänderung aufgrund tariflicher Maßnahmen

J.1 Typklasse

Richtet sich der Versicherungsbeitrag nach dem Typ Ihres Fahrzeugs, können Sie Ihrem Versicherungsschein entnehmen, welcher Typklasse Ihr Fahrzeug zu Beginn des Vertrags zugeordnet worden ist.

Ein unabhängiger Treuhänder ermittelt jährlich, ob und in welchem Umfang sich der Schadenbedarf Ihres Fahrzeugtyps im Verhältnis zu dem aller Fahrzeugtypen erhöht oder verringert hat. Ändert sich der Schadenbedarf Ihres Fahrzeugtyps im Verhältnis zu dem aller Fahrzeugtypen, kann dies zu einer Zuordnung in eine andere Typklasse führen. Die damit verbundene Beitragsänderung wird mit Beginn des nächsten Versicherungsjahres wirksam.

[Die Klassengrenzen können Sie der Tabelle im Anhang 3 entnehmen.]

J.2 Regionalklasse

Richtet sich der Versicherungsbeitrag nach dem Wohnsitz des Halters, wird Ihr Fahrzeug einer Regionalklasse zugeordnet. Maßgeblich ist der Wohnsitz, den uns die Zulassungsbehörde zu Ihrem Fahrzeug mitteilt. Ihrem Versicherungsschein können Sie entnehmen, welcher Regionalklasse Ihr Fahrzeug zu Beginn des Vertrags zugeordnet worden ist.

Ein unabhängiger Treuhänder ermittelt jährlich, ob und in welchem Umfang sich der Schadenbedarf der Region, in welcher der Wohnsitz des Halters liegt, im Verhältnis zu allen Regionen erhöht oder verringert hat. Ändert sich der Schadenbedarf Ihrer Region im Verhältnis zu dem aller

Regionen, kann dies zu einer Zuordnung in eine andere Regionalklasse führen. Die damit verbundene Beitragsänderung wird mit Beginn des nächsten Versicherungsjahres wirksam.

[Die Klassengrenzen können Sie der Tabelle im Anhang 4 entnehmen.]

J.3 Tarifänderung

< *Redaktioneller Hinweis: Ein Mustertext wie zu § 9a AKB a. F. wird nicht bekannt gemacht.* >

J.4 Kündigungsrecht

Führt eine Änderung nach J.1 bis J.3 in der Kfz-Haftpflichtversicherung zu einer Beitragserhöhung, so haben Sie nach G.2.7 ein Kündigungsrecht. Werden mehrere Änderungen gleichzeitig wirksam, so besteht Ihr Kündigungsrecht nur, wenn die Änderungen in Summe zu einer Beitragserhöhung führen.

Dies gilt für die Kaskoversicherung entsprechend.

J.5 Gesetzliche Änderung des Leistungsumfangs in der Kfz-Haftpflichtversicherung

In der Kfz-Haftpflichtversicherung sind wir berechtigt, den Beitrag zu erhöhen, sobald wir aufgrund eines Gesetzes, einer Verordnung oder einer EU-Richtlinie dazu verpflichtet werden, den Leistungsumfang oder die Versicherungssummen zu erhöhen.

< *Achtung! Es folgen zwei Varianten. Variante 1 für Versicherer, die nur das SF-System nach Anlage 1 verwenden wollen. Variante 2 für Versicherer, die auch die Tarifmerkmale nach Anhang 2 verwenden wollen.* >

J.6 Änderung des SF-Klassen-Systems

Wir sind berechtigt, die Bestimmungen für die SF-Klassen nach Abschnitt I und Anhang 1 zu ändern, wenn ein unabhängiger Treuhänder bestätigt, dass die geänderten Bestimmungen den anerkannten Grundsätzen der Versicherungsmathematik und Versicherungstechnik entsprechen. Die geänderten Bestimmungen werden mit Beginn des nächsten Versicherungsjahres wirksam.

In diesem Fall haben Sie nach G.2.9 ein Kündigungsrecht.

[J.6 Änderung der Tarifstruktur]

Wir sind berechtigt, die Bestimmungen für SF-Klassen, Regionalklassen, Typklassen, Abstellort, jährliche Fahrleistung, < *ggf. zu ergänzen* > zu ändern, wenn ein unabhängiger Treuhänder bestätigt, dass die geänderten Bestimmungen den anerkannten Grundsätzen der Versicherungsmathematik und Versicherungstechnik entsprechen. Die geänderten Bestimmungen werden mit Beginn des nächsten Versicherungsjahres wirksam.

In diesem Fall haben Sie nach G.2.9 ein Kündigungsrecht.

K Beitragsänderung aufgrund eines bei Ihnen eingetretenen Umstands

K.1 Änderung des Schadenfreiheitsrabatts

Ihr Beitrag kann sich aufgrund der Regelungen zum Schadenfreiheitsrabatt-System nach Abschnitt I ändern.

K.2 Änderung von Merkmalen zur Beitragsberechnung

Welche Änderungen werden berücksichtigt?

K.2.1 Ändert sich während der Laufzeit des Vertrags ein im Versicherungsschein unter der Überschrift xx aufgeführtes Merkmal zur Beitragsberechnung, berechnen wir den Beitrag neu.

Dies kann zu einer Beitragssenkung oder zu einer Beitragserhöhung führen.

< Alternativformulierung für Versicherer, die die Anhänge 2 und 5 verwenden:

K.2.1 Ändert sich während der Laufzeit des Vertrags ein Merkmal zur Beitragsberechnung gemäß Anhang 2 »Merkmale zur Beitragsberechnung« und Anhang 5 »Berufsgruppen (Tarifgruppen)« berechnen wir den Beitrag neu. Dies kann zu einer Beitragssenkung oder zu einer Beitragserhöhung führen. >

Auswirkung auf den Beitrag

K.2.2 Der neue Beitrag gilt ab dem Tag der Änderung.

K.2.3 Ändert sich die im Versicherungsschein aufgeführte Jahresfahrleistung, gilt abweichend von K.2.2 der neue Beitrag rückwirkend ab Beginn des laufenden Versicherungsjahres.

K.3 Änderung der Regionalklasse wegen Wohnsitzwechsels

Wechselt der Halter seinen Wohnsitz und wird dadurch Ihr Fahrzeug einer anderen Regionalklasse zugeordnet, richtet sich der Beitrag ab der Ummeldung bei der Zulassungsbehörde nach der neuen Regionalklasse.

AKB 2008 in der Fassung der unverbindlichen Bekanntgabe vom 17.03.2010

K.4 Ihre Mitteilungspflichten zu den Merkmalen zur Beitragsberechnung

Anzeige von Änderungen

K.4.1 Die Änderung eines im Versicherungsschein unter der Überschrift < xx *konkrete Bezeichnung eintragen* > aufgeführten Merkmals zur Beitragsberechnung müssen Sie uns unverzüglich anzeigen.

Überprüfung der Merkmale zur Beitragsberechnung

K.4.2 Wir sind berechtigt zu überprüfen, ob die bei Ihrem Vertrag berücksichtigten Merkmale zur Beitragsberechnung zutreffen. Auf Anforderung haben Sie uns entsprechende Bestätigungen oder Nachweise vorzulegen.

Folgen von unzutreffenden Angaben

K.4.3 Haben Sie unzutreffende Angaben zu Merkmalen zur Beitragsberechnung gemacht oder Änderungen nicht angezeigt und ist deshalb ein zu niedriger Beitrag berechnet worden, gilt rückwirkend ab Beginn des laufenden Versicherungsjahres der Beitrag, der den tatsächlichen Merkmalen zur Beitragsberechnung entspricht.

K.4.4 Haben Sie vorsätzlich unzutreffende Angaben gemacht oder Änderungen vorsätzlich nicht angezeigt und ist deshalb ein zu niedriger Beitrag berechnet worden, ist zusätzlich zur Beitragserhöhung eine Vertragsstrafe in Höhe von xx zu zahlen.

Folgen von Nichtangaben

K.4.5 Kommen Sie unserer Aufforderung, Bestätigungen oder Nachweise vorzulegen, schuldhaft nicht innerhalb von xx Wochen nach, wird der Beitrag rückwirkend ab Beginn des laufenden Versicherungsjahres für dieses Merkmal zur Beitragsberechnung nach den für Sie ungünstigsten Annahmen berechnet.

K.5 Änderung der Art und Verwendung des Fahrzeugs

Ändert sich die im Versicherungsschein ausgewiesene Art und Verwendung des Fahrzeugs < xx *bei*

Verwendung des Anhangs: »gemäß der Tabelle in Anhang 6«>, müssen Sie uns dies anzeigen. Bei der Zuordnung nach der Verwendung des Fahrzeugs gelten ziehendes Fahrzeug und Anhänger als Einheit, wobei das höhere Wagnis maßgeblich ist.

Wir können in diesem Fall den Versicherungsvertrag nach G.3.6 kündigen oder den Beitrag ab der Änderung anpassen.

Erhöhen wir den Beitrag um mehr als 10 %, haben Sie ein Kündigungsrecht nach G.2.8.

L Meinungsverschiedenheiten und Gerichtsstände

L.1 Wenn Sie mit uns einmal nicht zufrieden sind

Versicherungsombudsmann

L.1.1 Wenn Sie als Verbraucher mit unserer Entscheidung nicht zufrieden sind oder eine Verhandlung mit uns einmal nicht zu dem von Ihnen gewünschten Ergebnis geführt hat, können Sie sich an den Ombudsmann für Versicherungen wenden (Ombudsmann e. V., Postfach 080632, 10006 Berlin; E-Mail: beschwerde@versicherungsombudsmann.de; Tel.: 0180 4224424, Fax 0180 4224425 (jeweils 0,20 EUR je Anruf aus dem Festnetz; Anrufe aus Mobilfunknetzen max. 042, EUR pro Minute bei Abrechnung im 60 Sekunden-Takt). Der Ombudsmann für Versicherungen ist eine unabhängige und für Verbraucher kostenfrei arbeitende Schlichtungsstelle. Voraussetzung für das Schlichtungsverfahren vor dem Ombudsmann ist aber, dass Sie uns zunächst die Möglichkeit gegeben haben, unsere Entscheidung zu überprüfen.

Versicherungsaufsicht

L.1.2 Sind Sie mit unserer Betreuung nicht zufrieden oder treten Meinungsverschiedenheiten bei der Vertragsabwicklung auf, können Sie sich auch an die für uns zuständige Aufsicht wenden.

Als Versicherungsunternehmen unterliegen wir der Aufsicht der Bundesanstalt für Finanzdienstleistungsaufsicht (BAFin), Sektor Versicherungsaufsicht, Graurheindorfer Straße 108, 53117 Bonn; E-Mail: poststelle@bafin.de; Tel.: 0228 4108-0; Fax 0228 4108-1550.

Bitte beachten Sie, dass die BAFin keine Schiedsstelle ist und einzelne Streitfälle nicht verbindlich entscheiden kann.

Rechtsweg

L.1.3 Außerdem haben Sie die Möglichkeit, den Rechtsweg zu beschreiten.

Hinweis: Beachten Sie bei Meinungsverschiedenheiten über die Höhe des Schadens in der Kaskoversicherung das Sachverständigenverfahren nach A.2.17.

L.2 Gerichtsstände

Wenn Sie uns verklagen

L.2.1 Ansprüche aus Ihrem Versicherungsvertrag können Sie insbesondere bei folgenden Gerichten geltend machen:
– dem Gericht, das für Ihren Wohnsitz örtlich zuständig ist,
– dem Gericht, das für unseren Geschäftssitz oder für die Sie betreuende Niederlassung örtlich zuständig ist.

Wenn wir Sie verklagen

L.2.2 Wir können Ansprüche aus dem Versicherungsvertrag insbesondere bei folgenden Gerichten geltend machen:
– dem Gericht, das für Ihren Wohnsitz örtlich zuständig ist,

— dem Gericht des Ortes, an dem sich der Sitz oder die Niederlassung Ihres Betriebs befindet, wenn Sie den Versicherungsvertrag für Ihren Geschäfts- oder Gewerbebetrieb abgeschlossen haben.

Sie haben Ihren Wohnsitz oder Geschäftssitz ins Ausland verlegt

L.2.3 Für den Fall, dass Sie Ihren Wohnsitz, Geschäftssitz oder gewöhnlichen Aufenthalt außerhalb Deutschlands verlegt haben oder Ihr Wohnsitz, Geschäftssitz oder gewöhnlicher Aufenthalt im Zeitpunkt der Klageerhebung nicht bekannt ist, gilt abweichend der Regelungen nach L.2.2 das Gericht als vereinbart, das für unseren Geschäftssitz zuständig ist.

M

— Abschnitt gestrichen —

A. Grundlagen

1 Die Fahrzeugversicherung (Kaskoversicherung) ist im Gegensatz zur Kraftfahrzeughaftpflichtversicherung nicht gesetzlich vorgeschrieben. Sie dient vorwiegend dem wirtschaftlichen Schutz des Fahrzeugwertes bzw. den wirtschaftlichen Eigeninteressen des Versicherungsnehmers. Demzufolge deckt die Kaskoversicherung keine unfallbedingten Drittschäden, sondern nur Schäden am versicherten Fahrzeug. Sie untergliedert sich in die Fahrzeugteilversicherung, die so genannte Teilkasko und in die als Vollkaskoversicherung bezeichnete Fahrzeugvollversicherung (A.2 AKB 2008).

I. AKB 2008

2 Verträgen in der Kaskoversicherung liegen Versicherungsbedingungen, die sog. AKB[4] zugrunde. Es handelt sich um vertragsrechtliche Normen, nicht um hoheitliche Rechtsnormen. Die Versicherer können daher ihre Bedingungen im Rahmen der Kraftfahrzeugversicherungsordnung und der §§ 305 ff. BGB frei gestalten.[5]

3 Obwohl die Kaskoversicherung durch die VVG Reform 2008 keine eigenständige Regelung erfahren hat, gehörte sie zu den von der Gesetzesnovelle am stärksten betroffenen Versicherungssparten. Zudem hatte der Gesamtverband der deutschen Versicherungswirtschaft (GDV) die VVG-Reform zum Anlass genommen, neue Musterbedingungen für Kfz-Versicherung, die AKB 2008[6] zu entwickeln. Diese unterschieden sich in Aufbau, Gliederung und Sprache sehr stark von den bisherigen AKB. Dabei wurde der Versicherungsschutz kaum verändert, Ziel war es jedoch, die Verständlichkeit und Lesbarkeit des Bedingungswerkes zu verbessern, auch die verwendeten Begriffe sind dem Sprachgebrauch der Versicherungsnehmer angepasst worden. So heißt die Kaskoversicherung in den AKB 2008 nun auch tatsächlich »Kaskoversicherung« (A.2 AKB 2008) und nicht mehr – wie in den alten AKB – »Fahrzeugversicherung«.

4 Neben den in den AKB enthaltenen Regelungen sind die Normen des VVG zu beachten.

5 Bestimmungen in den AKB dürfen nicht gegen zwingende Vorschriften des VVG verstoßen. Dies würde die Unwirksamkeit dieser Bestimmungen nach sich ziehen. Sind in den AKB allerdings bestimmte Sachverhalte erschöpfend geregelt, welche nicht gegen zwingendes VVG-Recht verstoßen, finden die abdingbaren Vorschriften des VVG daneben keine Anwendung.

6 Den nachfolgenden Ausführungen liegen die AKB-Muster-Bedingungen in der Fassung der Empfehlung des Gesamtverbandes der Deutschen Versicherungswirtschaft e. V. (GDV) vom 9.7.2008 zugrunde.

---

4 Seit dem 21.7.1994 unterliegen die Versicherungsbedingungen nicht mehr der Aufsicht des Bundesaufsichtsamtes für das Versicherungswesen.
5 Vgl. zu dieser Problematik auch die Darstellung von *Wolfram-Korn* PVR 2001, 188.
6 Download der Musterbedingungen unter www.gdv.de.

A. Grundlagen   Kapitel 23

Eine darüber hinausgehende Angebotsvielfalt ist insbesondere bei den Tarifbestimmungen[7] der Versicherungsunternehmen zu beobachten. Exemplarisch seien nur folgende Sondertarife genannt:[8]   7
– Garagentarif
 »... Der Beitrag für Versicherungsverträge von Personenkraftwagen in der Kraftfahrzeug-Haftpflicht-, Fahrzeugteilversicherung wird ermäßigt, wenn ausschließlich für den versicherten Personenkraftwagen ein Abstellplatz in einer abschließbaren Einzel- oder Doppelgarage vorhanden ist und der Personenkraftwagen dort in der Regel abgestellt wird ...«
– Fahrer- und Partner-Nachlass
 »... Der Beitrag für Versicherungsbeiträge von Personenkraftwagen in der Kraftfahrzeug-Haftpflicht-, Fahrzeugvoll- und Fahrzeugteilversicherung wird ermäßig, wenn der Versicherungsnehmer den Personenkraftwagen alleine oder nur zusammen mit seinem Ehepartner bzw. mit seinem mit ihm in häuslicher Gemeinschaft lebenden Lebenspartner fährt ...«
– Fahrleistungstarif
 »... Der Beitrag für Versicherungsbeiträge von Personenkraftwagen in der Kraftfahrzeug-Haftpflicht-, Fahrzeugvoll- und Fahrzeugteilversicherung richtet sich nach der vom Versicherungsnehmer anzugebenden jährlichen Fahrleistung ...«
– Ladytarif
 »... Kraftfahrzeughalterinnen, die gleichzeitig Versicherungsnehmerinnen sind, erhalten für Personenkraftwagen bei privater Nutzung einen Nachlass von x-Prozent auf den Beitrag ...«

II. VVG 2008

Das VVG 2008 gilt für alle ab dem 1.1.2008 abgeschlossenen Neu- und Ersatzverträge (sog. Neugeschäft).   8

Für vor dem 1.1.2008 abgeschlossene Verträge (sog. Bestandsverträge), sah das Gesetz eine Übergangsfrist von einem Jahr vor. Für diese Verträge galt das VVG 2008 daher erst ab dem 1.1.2009.   9

Viele Kaskoversicherer haben die Möglichkeit genutzt, die für den Versicherungsnehmer meist (aber   10
nicht immer) günstigeren Regelungen des neuen VVG auch auf sog. Bestandsverträge anzuwenden. Während des Übergangszeitraums bis zum 1.1.2009 mussten aber z. B. Belehrungstexte sowie Form- und Kündigungserfordernisse noch dem alten VVG entsprechen, da dieses kraft Gesetzes auf Bestandsverträge in diesem Zeitraum Anwendung fand. Mithin konnte der Versicherer im Übergangszeitraum einseitig nur die für den Versicherungsnehmer günstigeren Regelungen des VVG 2008 vorziehen. So musste der Versicherer im Fall einer Obliegenheitsverletzung vor dem Versicherungsfall im Übergangszeitraum das Kündigungserfordernis nach § 6 Abs. 1 VVG a. F. beachten, welches im VVG 2008 nunmehr weggefallen ist.

Mit Inkrafttreten des VVG 2008 zum 1.1.2009 auch für Bestandsverträge ergab sich die Gefahr, dass   11
einige Regelungen in den den Bestandsverträgen zugrunde liegenden alten AKB nicht mit dem VVG 2008 übereinstimmen, daher also unwirksam sein konnten.

Der Gesetzgeber hatte den Versicherern daher die Möglichkeit eingeräumt, AVB für Altverträge,   12
soweit diese von den Vorschriften des VVG 2008 abweichen, einseitig ohne Zustimmung des Versicherungsnehmers an das neue VVG 2008 anzupassen; Voraussetzung für diese Umstellung war lediglich, dass der Versicherer dem Versicherungsnehmer die geänderten Versicherungsbedingungen unter Kenntlichmachung der Unterschiede spätestens einen Monat vor dem 1.1.2009 mitteilte (Artikel 1 Abs. 2 EGVVG).

---

7 So genannte weiche Tarifmerkmale.
8 Vgl. etwa unter www.ruv.de; www.thuringia-generali.de; www.helvetia.de.

B. Der Kasko-Versicherungsvertrag

I. Zustandekommen des Versicherungsvertrages

13 Für das Zustandekommen des Kasko-Versicherungsvertrages bedarf es zweier übereinstimmender Willenserklärungen, § 151 BGB.

14 Während der Vertragsschluss nach altem VVG meist durch das in der Praxis bewährte Policenmodell zustande kam – der Versicherer übersendete dem Kunden auf dessen Antrag hin die Versicherungsbedingungen und die Verbraucherinformationen erst mit der Police – hat sich der Gesetzgeber in § 7 VVG 2008 für das sog. Antragsmodell entschieden.

15 § 7 Abs. 1 VVG 2008 sieht vor, dass Versicherungsinformation, Produktinformation und Versicherungsbedingungen dem Versicherungsnehmer nunmehr rechtzeitig vor Abgabe dessen Vertragserklärung auszuhändigen sind.[9]

16 Dem Versicherungsnehmer müssen also in der Regel alle Informationsunterlagen bereits bei seiner Antragstellung vorliegen.

17 Allerdings kann der Versicherungsnehmer nach § 7 Abs. 1 S. 3 VVG 2008 auf die Aushändigung der umfangreichen Informationsunterlagen bei Antragstellung verzichten, diese müssen dem Versicherungsnehmer jedoch unverzüglich nach Abschluss des Vertrages – also praktischerweise mit Übersendung der Police – nachgereicht werden.

18 Der Vertrag kommt mit Zugang der annehmenden Vertragserklärung des anderen Teils, in der Regel also der Police des Versicherers beim Versicherungsnehmer, zustande.

II. Inhaltliche und förmliche Anforderungen an den Abschluss des Versicherungsvertrages

19 Weder Antrag des Versicherungsnehmers noch Annahme des Versicherers als auch der Versicherungsvertrag selber bedarf einer bestimmten Form. Der Versicherungsvertrag kann nach den Regelungen des BGB auch durch mündliche oder konkludente Willenserklärungen zustande kommen.

20 Der Versicherer muss dem Versicherungsnehmer jedoch den Versicherungsschein nach § 3 Abs. 1 VVG 2008 aushändigen.

21 In der Kaskoversicherung existiert keine gesetzliche Frist, binnen derer der Versicherer den Versicherungsantrag annehmen muss. Die Parteien können jedoch eine solche Bindungsfrist vertraglich vereinbaren.

22 Nimmt der Versicherer den Antrag nicht innerhalb der Bindungsfrist an, erlischt das Vertragsangebot des Versicherungsnehmers.

23 Nach den Regelungen des BGB gilt eine verspätete Annahmeerklärung des Versicherers gemäß § 150 Abs. 1 BGB grundsätzlich als neues Vertragsangebot an den Versicherungsnehmer.

24 Ist der Antrag auf Abschluss eines Versicherungsvertrages erloschen, weil ihn der Versicherer nicht innerhalb dieser Bindungsfrist angenommen hat, zieht der Versicherer aber danach aufgrund einer im Antrag erteilten Einzugsermächtigung die Erstprämie ein, liegt darin ein konkludent abgegebenes neues Vertragsangebot des Versicherers auf Abschluss des Versicherungsvertrages mit dem Inhalt des erloschenen Angebots.[10]

25 Selbst wenn der Versicherungsnehmer in solchen Fällen keine ausdrückliche Annahmeerklärung mehr abgibt, aber auch der getätigten Prämienabbuchung nicht widerspricht, kommt der Vertrag durch konkludentes Verhalten zustande.

---

9 *Römer* VersR 2006, 740 ff.; *Schimikowski* r+s 2007, 133 ff.; *Maier/Stadler* Rn. 24.
10 *BGH* MDR 1992, 238 = NJW-RR 1991, 1177 = r+s 1991, 325.

Dies gilt nicht, wenn für den Versicherer erkennbare Umstände vorliegen, denen zufolge der Versicherungsnehmer seinen Entschluss zum Abschluss des Versicherungsvertrages geändert hat.[11] 26

Der Versicherungsnehmer kann sich bei Antragstellung durch eine andere Person vertreten lassen. 27

Sofern der Versicherungsnehmer eine andere Person[12] beauftragt, für ihn im Rahmen der Antragstellung Wissenserklärungen abzugeben, muss er schuldhafte Nicht- und Falschanzeigen gegen sich gelten lassen.[13] 28

Ehegatten sind nach § 1357 BGB im Rahmen der gesetzlichen Vollmacht grundsätzlich nicht berechtigt, einen Versicherungsvertrag mit Verpflichtungswirkung für den anderen Ehegatten abzuschließen, da ein solcher Vertrag nicht mehr zur Besorgung von Geschäften zur Deckung des Lebensbedarfs gehört. Eine Ausnahme lässt der *BGH*[14] zu, wenn der Versicherungsvertragsabschluss erkennbar auf einer vorherigen Abstimmung der Ehegatten untereinander beruht. 29

III. Das Widerrufsrecht nach § 8 VVG 2008

Durch die Neufassung des VVG 2008 wurden die unübersichtlichen Regelungen aus verschiedenen Widerrufs- und Widerspruchsrechten[15] vereinheitlicht. 30

Dem Versicherungsnehmer steht – unabhängig von Laufzeit und Abschlussweg – nunmehr ein einheitliches Widerrufsrecht nach § 8 VVG 2008 zu. 31

Der Versicherungsnehmer kann seine Vertragserklärung nach § 8 Abs. 1 VVG 2008 innerhalb von 2 Wochen nach Zugang des Versicherungsscheins widerrufen, maßgeblich ist die rechtzeitige Absendung des Widerrufs. 32

Der Versicherungsnehmer muss den Widerspruch in Textform erklären, also in einer in § 126b BGB erwähnten Art und Weise. 33

Die Widerrufsfrist beginnt allerdings erst, wenn dem Versicherungsnehmer die in § 8 Abs. 2 VVG 2008 erwähnten Unterlagen ausgehändigt wurden. Unterlaufen dem Versicherer bei der vorgeschriebenen Belehrung oder der Aushändigung der Informationsunterlagen Fehler, kann ein sog. »ewiges Widerrufsrecht« entstehen[16]. 34

Ein Widerrufsrecht ist nach § 8 Abs. 3 VVG 2008 ausgeschlossen bei Verträgen mit einer Laufzeit unter einem Monat und bei Großrisiken. 35

Kein Widerrufsrecht besteht im Falle der vorläufigen Deckung, dieser Ausschluss bezieht sich aber nur auf den rechtlich selbständigen Vertrag der vorläufigen Deckung, das Widerrufsrecht für den Hauptvertrag bleibt bestehen. 36

IV. Versicherungsbeginn

Zu unterscheiden ist zwischen technischem, formellen und materiellen Versicherungsbeginn.[17] 37

Als technischer Versicherungsbeginn wird das Datum bezeichnet, welches im Versicherungsschein als Beginn des Versicherungsschutzes angegeben wird. 38

Ab diesem Zeitpunkt werden die vom Versicherungsnehmer geschuldeten Prämien berechnet. 39

---

11 *BGH* VersR 1955,738.
12 Dies kann auch der Agent des Versicherers sein.
13 *Feyock/Jakobsen/Lemor/Jacobsen* Vorbem. AKB Rn. 5.
14 *BGH* VersR 1985, 545 = NJW 1985, 1349.
15 Für im Policenmodell geschlossene Verträge galt ein 14-tägiges Widerspruchsrecht, § 5a VVG a. F., für im Fernabsatz geschlossene Verträge ein zweiwöchiges Widerrufsrecht, § 48c VVG a. F.
16 *Maier/Stadler* Rn. 51.
17 Vgl. hierzu *Feyock/Jacobsen/Lemor/Jacobsen* § 1 AKB Rn. 1.

40 Mit dem Begriff »formeller Versicherungsbeginn« bezeichnet man den Zeitpunkt, in dem der Versicherungsvertrag zustande kommt.

41 Der materielle Versicherungsbeginn beschreibt den Zeitpunkt, von dem ab der Versicherer Versicherungsschutz zu gewähren hat, vgl. B.1 AKB 2008.

42 Grundsätzlich beginnt der Versicherungsschutz mit der Zahlung des Beitrages und der Versicherungssteuer; es kann allerdings auch ein späterer Zeitpunkt als materieller Versicherungsbeginn vereinbart werden.

43 Nach B.1 AKB 2008, § 37 Abs. 2 VVG 2008 beginnt der Versicherungsschutz mit der Einlösung des Versicherungsscheins durch Zahlung der Erstprämie.

44 Nach dem sog. Einlösungsprinzip soll dem Versicherer keine Gefahrtragungspflicht zugemutet werden, solange nicht der Versicherungsnehmer seiner Hauptpflicht, der Prämienzahlungspflicht, nachgekommen ist.

45 Allerdings kann sich der Versicherungsnehmer nach § 37 Abs. 2 VVG 2008 nunmehr für die Nichtzahlung exkulpieren, zudem knüpft § 37 VVG 2008 die Leistungsfreiheit des Versicherers des weiteren generell an eine ordnungsgemäße Belehrung hinsichtlich der Rechtsfolgen der Nichtzahlung.

46 Eine Rückwärtsversicherung im Sinne des § 2 VVG 2008 liegt vor, wenn der im Versicherungsschein ausgewiesene Zeitpunkt des Beginns der Versicherung zeitlich vor dem Datum des formellen Vertragsschlusses liegt.[18]

47 Eine solche Regelung steht zunächst im Widerspruch zu B.1 AKB 2008, nach dem der Versicherungsschutz erst mit Einlösung des Versicherungsscheins durch Zahlung der Prämie und der Versicherungssteuer beginnt.

48 Berücksichtigt man aber, dass es sich bei den AKB um Allgemeine Geschäftsbedingungen handelt, denen individuell getroffene Abreden vorgehen, können die Vertragsparteien aufgrund individueller Vereinbarungen eine Rückwärtsversicherung auch in der Kraftfahrtversicherung abschließen.[19]

49 In der Kaskoversicherung kommt eine Rückwärtsversicherung in Betracht, wenn eine vorläufige Deckung vom Versicherungsnehmer nicht beantragt oder vom Versicherer nicht gewährt worden ist, der Versicherungsnehmer aber ab einem bestimmten Zeitpunkt vor Vertragsannahme – also z. B. in der Phase zwischen Antragsstellung und Antragsannahme – Versicherungsschutz haben möchte.

50 Nach *OLG Düsseldorf*[20] liegt eine Rückwärtsversicherung vor, wenn der Versicherungsantrag- und der Versicherungsschein in der Fahrzeugversicherung einen bestimmten vor Schließung des Vertrages liegenden Versicherungsbeginn benennen und später die Kaskoprämie auch von diesem Tag an berechnet und abgebucht wurde. Diese Rückwärtsversicherung ist weder durch die Einlösungsklausel noch durch die Regeln über die Zusage vorläufiger Deckung ausgeschlossen.

V. Geltungsbereich des Versicherungsschutzes

51 Gemäß A.2.5 AKB 2008 bietet die Kaskoversicherung Versicherungsschutz in den geographischen Grenzen Europas sowie den außereuropäischen Gebieten, die zum Geltungsbereich der Europäischen Union gehören.

52 Um die Länder zu ermitteln, in denen Versicherungsschutz besteht, muss zunächst zwischen Mitgliedern und Nichtmitgliedern der Europäischen Union differenziert werden.

---

18 *BGH* VersR 1982, 841; *BGH* VersR 1990, 618 = NJW 1990, 1851.
19 *OLG Karlsruhe* VersR 1991, 1125; so auch *OLG Köln* VersR 1976, 284; *OLG Nürnberg* VersR 1975, 228; *OLG Hamm* VersR 1974, 557.
20 *OLG Düsseldorf* r+s 1994, 85; so auch *OLG Hamm* NJW-RR 1993, 995 = zfs 1993, 307.

B. Der Kasko-Versicherungsvertrag

Aus Art. 3 Abs. 1 und Abs. 2, 1. Spiegelstrich der 1. Kraftfahrzeughaftpflicht-Richtlinie folgt, dass bei den Mitgliedsstaaten der Europäischen Wirtschaftsgemeinschaft das politische Gebiet des jeweiligen Staates maßgebend ist.[21] Insofern erstreckt sich der Geltungsbereich gem. A.2.5 AKB 2008 beispielsweise auf Madeira und die Azoren als portugiesisches Staatsgebiet, die Kanarischen Inseln, Ceuta und Melilla als spanisches Hoheitsgebiet, sowie Guadeloupe, Martinique, Französisch-Guayana und Réunion als französisches Staatsgebiet. 53

Bei Nicht-Mitgliedsstaaten ist allein die geographische Zugehörigkeit zu Europa maßgeblich. Dementsprechend gelten sowohl der asiatische Teil der Türkei als auch die anatolischen Vororte von Istanbul als außereuropäisches Gebiet.[22] 54

Ein Versicherer muss einen türkischen Versicherungsnehmer nicht generell auf die Beschränkungen des Versicherungsschutzes auf Europa im vorgenannten Sinne hinweisen.[23] Etwas anderes wird aber wohl dann anzunehmen sein, wenn es für den Versicherer erkennbar und nahe liegend ist, dass der Versicherungsnehmer von falschen Vorstellungen hinsichtlich des Geltungsbereichs der Kaskoversicherung ausgeht.[24] 55

Die in § 2 AKB (alt) noch aufgenommene Möglichkeit einer Einschränkung des örtlichen Geltungsbereichs in der Kaskoversicherung ist in den Musterbedingungen des GDV zur AKB 2008 nicht mehr erhalten, erscheint aber in Unternehmensbedingungen nach wie vor zulässig. 56

Viele Fahrzeugversicherer machen hiervon Gebrauch, um das in einigen Ländern erfahrungsgemäß besonders hohe Diebstahlrisiko auszuschließen. 57

VI. Vertragsdauer und Kündigung

Die Dauer des Kasko-Versicherungsvertrages beträgt in der Regel ein Jahr, ein kürzerer Zeitraum ist möglich. Der Vertrag verlängert sich automatisch um ein Jahr, wenn er nicht spätestens einen Monat vor Ablauf des jeweiligen Versicherungsjahres schriftlich gekündigt wird, G.1 AKB 2008. 58

Nach G.1.3 AKB 2008 gilt die Verlängerungsklausel nicht für Fahrzeuge mit Versicherungskennzeichen. 59

Fahrzeuge mit Versicherungskennzeichen i. S. d. § 26 FZV sind z. B. zweirädrige und dreirädrige Kleinkrafträder (Mofas und Moped, Vespa, § 3 Abs. 2 Ziff. 1c FZV), motorisierte Krankenfahrstühle, § 3 Abs. 2 Ziff. 1e FZV und vierrädrige Leichtkraftfahrzeuge, § 3 Abs. 2 Ziff. 1f FZV. 60

Bei diesen Fahrzeugen muss Kaskoschutz jeweils neu beantragt werden.[25] 61

Die Kündigungstatbestände für den Versicherungsnehmer sind unter G.2 AKB 2008 erschöpfend aufgelistet (gängig: Kündigung zum Ablauf des Versicherungsjahres mit einmonatiger Kündigungsfrist, nach einem Schadensereignis, nach einer Beitragserhöhung). 62

Die dem Versicherer zustehenden Kündigungsmöglichkeiten sind unter G.3 AKB 2008 aufgezählt (Kündigung zum Ablauf des Versicherungsjahres, nach einem Schadenereignis, bei Nichtzahlung des Folgebeitrages, bei Verletzung der Pflichten beim Gebrauch des Fahrzeugs durch den Versicherungsnehmer, bei geänderter Verwendung des Fahrzeugs sowie bei Veräußerung oder Zwangsversteigerung des Fahrzeugs). 63

---

21 Aus diesem Grunde sind auch die außereuropäischen Gebiete in A.2.5 AKB 2008 genannt.
22 So schon *BGH* VersR 1963, 768 = NJW 1963, 1978.
23 *OLG Hamm* VersR 2000, 1010.
24 *OLG Koblenz* VersR 1999, 438 = NVersZ 1999,430; *OLG Oldenburg* MDR 2000, 450 = NJW-RR 2000, 245 = NVersZ 2000, 388 = VersR 2000, 1010.
25 Der Haftpflichtvertrag für solche Fahrzeuge endet automatisch mit dem Ablauf des Monats Februar; gemäß § 26 Abs. 1 S. 3 FZV ist das jährlich zu wechselnde Versicherungskennzeichen in der Zeit vom 1. März bis Ende Februar des folgenden Jahres gültig.

VII. Prämienrecht

64 Die Hauptpflicht des Versicherungsnehmers besteht darin, die vereinbarte Prämie zu zahlen. Die nähere Ausgestaltung dieser Prämienzahlungspflicht bezüglich Erst- und Folgeprämie findet sich in §§ 33 ff. VVG 2008 bzw. unter C.1-C.4 AKB 2008.

1. Fälligkeit der Erst- und Folgeprämie

65 Im bisherigen Recht war die Erstprämie sofort nach Abschluss des Vertrages fällig, § 35 VVG a. F. Nunmehr ist gem. § 33 VVG 2008 die Erstprämie unverzüglich nach Ablauf von 2 Wochen nach Zugang des Versicherungsscheins zu zahlen.

66 Der Begriff »unverzüglich« wird durch die Versicherungsbedingungen in C.1 AKB 2008 als »spätestens innerhalb von 14 Tagen« definiert. Die AKB 2008 haben also die Zahlungsfrist für die Erstprämie auf 2 plus 2 Wochen festgelegt.

67 Nach C.2.1 AKB 2008 ist die Folgeprämie zu dem im Versicherungsschein oder in der Beitragsrechnung angegebenen Zeitpunkt fällig und zu zahlen.

2. Erfüllung der Prämienschuld

68 Die Tilgungswirkung, d. h. die Schuldbefreiung tritt ein, wenn die Zahlung beim Versicherer eintrifft.

69 Der Zeitpunkt des Zahlungseintreffens ist abhängig von der Art der Zahlung. Bei der Überweisung zählt der Zeitpunkt, zu dem der Prämienbetrag auf dem Konto des Versicherers gutgeschrieben wird.[26] Im Gegensatz dazu genügt beim Lastschriftverfahren eine Gutschrift gerade nicht, denn in diesem Fall ist es zudem erforderlich, dass das Konto des Versicherungsnehmers auch tatsächlich und wirksam belastet wird.[27] Handelt es sich demgegenüber um eine Einzugsermächtigung, ist die Erfüllung bis zum Ablauf der Widerspruchsfrist auflösend bedingt. Bei Schecks und Wechsel wiederum tritt die Tilgungswirkung erst beim Erhalt des Gegenwertes ein, da Scheck und Wechsel nur erfüllungshalber angenommen werden.[28]

70 Für die Rechtzeitigkeit der Zahlung kommt es jedoch nicht auf den Zeitpunkt der Tilgung an, sondern darauf, ob der Versicherungsnehmer am Erfüllungsort alles Erforderliche getan hat, um die Forderung des Versicherers zu befriedigen.[29]

71 Rechtzeitig erfolgen muss also die Leistungshandlung des Versicherungsnehmers.

72 Bei der Prämie als Geldschuld handelt es sich um eine qualifizierte Schickschuld, die der Versicherungsnehmer auf seine Gefahr und Kosten dem Versicherer zu übermitteln hat, § 36 Abs. 1 VVG 2008. Leistungsort für die Entrichtung der Prämie ist hierbei der Wohnsitz bzw. der Ort der gewerblichen Niederlassung des Versicherungsnehmers, § 36 Abs. 1 und 2 VVG 2008.

73 Zwischen der Leistungshandlung und dem Zeitpunkt der Tilgungswirkung kann durchaus eine Zeitspanne von mehreren Tagen liegen.

74 Wie bei der Tilgungswirkung kommen auch für die Frage der Rechtzeitigkeit der Zahlungshandlung des Versicherungsnehmers verschiedene Zeitpunkte in Betracht.

75 Die Einzahlung bei der Post ist auch außerhalb der offiziellen Öffnungszeiten ausreichend, wenn es sich um eine Zahlung mittels Postanweisung, Wertbriefes, Zahlkarte, telegraphische Überweisung,

---

[26] *BGH* VersR 1964, 129 = NJW 1964, 499.
[27] *BGH* NJW 1979, 2143; *BGH* NJW 1983, 220; in diesem Fall hat die Bank das Einlösungsrisiko übernommen, insofern war nicht mehr erforderlich, dass das Schuldnerkonto tatsächlich auch belastet wurde.
[28] Vgl. § 364 Abs. 2 BGB und *BGH* VersR 1965, 1141.
[29] *BGH* NJW 1971, 380 = VersR 1971, 216.

Übersendung von Geld oder Bareinzahlung handelt. Weitere Voraussetzung ist zudem, dass das Geld »demnächst« beim Versicherer ankommt und diesem gutgeschrieben wird.[30]

Bei Bank- oder Postscheckübersweisungen ist für die Rechtzeitigkeit spätestens der Zeitpunkt maßgebend, zu dem der Prämienbetrag vom Konto des Versicherungsnehmers abgebucht wurde.[31] Nach anderer Auffassung reicht es aus, wenn der Versicherungsnehmer den Überweisungsauftrag rechtzeitig an seine Bank übergibt.[32] Nach *OLG Köln*[33] kommt es immer dann maßgeblich auf den Zeitpunkt der Abbuchung vom Konto des Versicherungsnehmers an, wenn dieser nicht beweisen kann, wann er seiner Bank den Überweisungsauftrag erteilt hat. 76

Haben die Parteien die Prämienzahlung mittels Lastschriftverfahrens[34] vereinbart, verwandelt sich die Prämienzahlungspflicht des Versicherungsnehmers von einer qualifizierten Schickschuld in eine Holschuld.[35] Der Versicherungsnehmer hat seine erforderliche Leistungshandlung mit dem Vorhandensein ausreichender Kontodeckung im Abbuchungszeitpunkt erbracht.[36] Damit der Versicherungsnehmer auch dafür sorgen kann, dass sein Konto zum Zeitpunkt der Abbuchung gedeckt ist, muss der Versicherer die Höhe und den voraussichtlichen Zeitpunkt der Abbuchung ankündigen.[37] 77

Erfolgt die Abbuchung aus in der Sphäre des Versicherers liegenden Gründen nicht oder erst mehrere Wochen nach Prämienfälligkeit, hat dies keine Auswirkungen auf den Versicherungsschutz. 78

Hat der Versicherungsnehmer eine neue Versicherung abgeschlossen und dem Versicherer eine Prämieneinzugsvollmacht erteilt, wird die Auffassung vertreten, dass der erste Lastschrifteinzug des Versicherers gegenüber dem Kreditinstitut als »Erstprämie« gekennzeichnet sein muss.[38] Verweigert sodann das Kreditinstitut die Lastschrifteinlösung, ist der Versicherer dem Versicherungsnehmer gegenüber insoweit hinweispflichtig, dass die vorläufig erteilte Deckung nur dann rückwirkend entfällt, wenn die Weigerung des Kreditinstituts berechtigterweise auf einer fehlenden Deckung bzw. Überziehungsbefugnis oder auf dem Unvermögen des Versicherungsnehmers beruht, auf Rückfrage Deckung zu beschaffen.[39] 79

Bei Nichteinlösung der Lastschrift durch die Bank des Versicherungsnehmers muss diese den Versicherungsnehmer informieren. Das Kreditinstitut kann sogar einer Schadensersatzpflicht ausgesetzt sein, wenn aufgrund der Nichteinlösung die Versicherung im Schadenfall leistungsfrei werden sollte.[40] 80

Zahlt der Versicherungsnehmer mittels Scheck oder Wechsel, ist die Zahlungshandlung erfolgt, sobald sich der Versicherungsnehmer der uneingeschränkten Verfügungsmacht über die Scheckurkunde begeben hat.[41] Auch bei vordatierten Schecks ist für die Rechtzeitigkeit alleine der Übergangszeitpunkt entscheidend, denn auch vordatierte Schecks sind nach Art. 28 Absatz 2 ScheckG bei Vorlage zahlbar. 81

---

30 *Prölss/Martin/Knappmann* § 33 Rn. 15; *Bauer*, Rn. 169; *BGH* NJW 1964, 499 = *BGH* VersR 1964, 129 = NJW 1964, 499.
31 *BGH* VersR 1971, 216 = NJW 1971, 380; *BayObLG* zfs 1986, 317.
32 *Prölss/Martin/Knappmann* § 33 Rn. 16; *Bauer*, Rn. 170; *Stiefel/Maier/Stadler* § 33 VVG Rn. 11; *OLG Hamburg* DAR 1997, 112 = zfs 1997, 457; *BGH* NJW 1971, 380 = VersR 1971, 216; *OHG Wien* zfs 1997, 376.
33 *OLG Köln* r+s 1997, 179.
34 Abbuchungsauftrag oder Einzugsermächtigung.
35 Vgl. *BGH* VersR 1985, 447 = MDR 1985, 472; *BGH* VersR 1996, 445; *OLG Hamm* zfs 1993, 306.
36 *BGH* VersR 1977, 1153 = NJW 1978, 215.
37 *BGH* VersR 1985, 447 = MDR 1985, 472; anders jedoch, wenn es sich um eine kurzfristige Kaskoversicherung handelt, in diesem Fall sei nach *OLG Köln* eine vorherige Ankündigung entbehrlich, da hier der Versicherungsnehmer mit einer jederzeitigen Abbuchung rechnen müsste, *OLG Köln* r+s 1995, 286.
38 Urteil des *LG Saarbrücken* v. 20.01.1999, 12 O 473/97.
39 *LG Saarbrücken* a. a. O.
40 *BGH* NJW 1989, 1671.
41 *Prölss/Martin/Knappmann* § 33 VVG Rn. 18.

82 Der Versicherungsnehmer kann seine Schuld auch per Aufrechnung tilgen, wenn eine Aufrechnungslage ohne Aufrechnungsverbote vorliegt.

83 Eine wirksame Aufrechnungslage ist beispielsweise anzunehmen, wenn dem Versicherungsnehmer eine Entschädigungsforderung aus der Kaskoversicherung gegen den Versicherer zusteht und die Prämienforderung für diese Versicherung erst nach dem Eintritt des Versicherungsfalls, welcher sich während der vorläufigen Deckung ereignet hat, fällig wird.[42] Die Erfüllung tritt rückwirkend zu dem Zeitpunkt ein, zu dem die Forderungen sich erstmals aufrechenbar gegenüber standen.[43]

3. Rechtsfolgen bei Prämienverzug

84 Zahlt der Versicherungsnehmer die fällige Erstprämie nicht, ist der Versicherer grundsätzlich von der Verpflichtung zur Leistung frei, ebenso kann er den Rücktritt erklären, § 37 Abs. 2 Satz 2 VVG 2008.

85 Neu eingeführt wurde die Regelung, dass der Versicherer trotz Nichtzahlung der Erstprämie durch den Versicherungsnehmer zur Leistung verpflichtet bleibt, wenn der Versicherungsnehmer die Nichtzahlung nicht zu vertreten hat, zudem wird stets eine ordnungsgemäße Belehrung über die Rechtsfolgen der Nichtzahlung gefordert, § 37 Abs. 2 S. 1 VVG 2008.

86 Fallgruppen zu denkbaren Fällen fehlenden Verschuldens auf Seiten des Versicherungsnehmers (Krankheit, Urlaub, Unklarheit über die Rechnungshöhe[44]) wird die Rechtsprechung herausarbeiten müssen.

87 Zahlt der Versicherungsnehmer eine fällige Folgeprämie nicht, bleibt der Versicherungsschutz hiervon zunächst unberührt.

88 Der Versicherer kann dem Versicherungsnehmer nach § 38 Abs. 1 S. 1 VVG 2008 in Textform eine Zahlungsfrist von mindestens zwei Wochen setzen. Tritt der Versicherungsfall nach Ablauf der gesetzten Zahlungsfrist ein, hat der Versicherer den Versicherungsnehmer ordnungsgemäß über die Folgen weiterer Nichtzahlung belehrt und befindet sich der Versicherungsnehmer mit der Zahlung in Verzug, ist der Versicherer von der Leistungspflicht frei, § 38 Abs. 2 VVG 2008.

89 Der Versicherer kann nach fruchtlosem Ablauf der Zahlungsfrist darüber hinaus das Versicherungsverhältnis fristlos kündigen, § 38 Abs. 3 S. 1 VVG 2008. Nach der Reformierung des VVG kann der Versicherungsnehmer die Kündigung durch Zahlung der Prämie binnen bestimmter Frist auch dann verhindern, wenn der Versicherungsfall bereits eingetreten ist, an der Leistungsfreiheit des Versicherers ändert dies jedoch nichts, § 38 Abs. 3 S. 3 VVG 2008.

90 Die Rechtsfolge der Leistungsfreiheit bzw. die Wirksamkeit der Kündigung tritt nur ein, wenn der Versicherer den Versicherungsnehmer über die Rechtsfolgen der Nichtzahlung ordnungsgemäß belehrt hat – sog. qualifizierte Mahnung – und der Versicherungsnehmer sich mit der Zahlung in Verzug befindet.

91 Der Inhalt und die Gestaltung einer qualifizierten Mahnung muss den von der Rechtsprechung[45] entwickelten hohen Anforderungen entsprechen.

92 Diesbezüglich kann auf die bisherige Rechtsprechung zu § 39 VVG a. F. zurückgegriffen werden.

93 Eine qualifizierte Mahnung muss den Prämienrückstand »Heller und Pfennig« nennen,[46] eine Zahlungsfrist von mindestens zwei Wochen enthalten, verbunden mit einer ausdrücklichen Zahlungsauf-

---

42 *BGH* VersR 1985, 877.
43 *OLG Hamm* VersR 1967, 249; *OLG Hamm* VersR 1987, 354.
44 *Maier/Stadler*, Rn. 74.
45 Ständige Rechtsprechung seit *BGH* VersR 1964, 375.
46 Dies umfasst sowohl Zinsen als auch Kosten.

forderung,⁴⁷ mehrere fällige Prämien gesondert ausweisen und einen deutlichen Hinweis erhalten, dass auch Zahlungen nach Fristablauf, aber vor Eintritt des Versicherungsfalls den Versicherungsschutz erhalten, d. h. dass der Versicherungsschutz auch für die Vergangenheit erhalten bleibt.⁴⁸

Sie darf auch nicht den Eindruck erwecken, dass jedwede Versäumung der Zweiwochenfrist zum Verlust des Versicherungsschutzes führt, weil nur eine schuldhafte Verletzung der Zahlungspflicht schadet.⁴⁹ **94**

Bei zusammengefassten Verträgen muss die qualifizierte Mahnung nach § 39 VVG a. F. den Hinweis erhalten, dass der Versicherungsnehmer durch vollständige Teilzahlung auf nur einen dieser Verträge die Leistungsfreiheit wenigstens für diesen Vertrag abwenden kann. Die Mahnung darf nicht den Eindruck erwecken, dass der Versicherungsschutz im Hinblick auf alle Einzelverträge nur durch die Gesamtzahlung erhalten werden kann.⁵⁰ **95**

Hat ein Versicherungsnehmer sowohl eine Kasko- als auch eine Haftpflichtversicherung abgeschlossen, muss der Versicherer die Belehrung über die Folgen der nicht rechtzeitigen Prämienzahlung für beide Versicherungsarten gesondert darstellen, damit der Versicherungsnehmer entscheiden kann, ob und ggf. welchen Versicherungsschutz er sich durch rechtzeitige Zahlung aufrechterhalten will.⁵¹ **96**

Eine unzureichende, missverständliche Belehrung führt zur Unwirksamkeit der Fristsetzung, unabhängig davon, ob der Versicherungsnehmer die Mahnung tatsächlich falsch verstanden hat oder nicht.⁵² **97**

Das Vorliegen einer wirksamen und ordnungsgemäßen Belehrung als auch deren Zugang beim Versicherungsnehmer hat der Versicherer zu beweisen.⁵³ **98**

Nach ständiger Rechtsprechung⁵⁴ steht dem Versicherer kein Anscheinsbeweis dahingehend zu, dass Postsendungen nach einer bestimmten Frist den Empfänger erreichen. Der Versicherer hat es allerdings in der Hand, solche Beweisschwierigkeiten zu vermeiden, da er eine Zustellform mit Zugangsnachweis wählen kann. Den Versicherer kann solche Beweisschwierigkeiten z. B. durch Einschreiben mit Rückschein oder Eingangsbestätigungen durch den Versicherungsnehmer umgehen.⁵⁵ Als nicht ausreichend wird es hingegen angesehen, wenn lediglich ein Benachrichtigungszettel an den Versicherungsnehmer vorgewiesen werden kann, da dieser keinen Hinweis auf den Absender und den Inhalt der Sendung enthält.⁵⁶ **99**

Aus Indizgründen ist der Nachweis des Zugangs der Mahnung zu bejahen, wenn die Versendung des Mahnschreibens nachgewiesen ist, der Versicherungsnehmer drei weitere Schreiben der Versicherung erhalten hat und die Prämienzahlung zwei Tage nach dem Schadenseintritt erfolgte.⁵⁷ **100**

Steht das Beweismittel eines Rückscheins nicht zur Verfügung, muss der Versicherer den Zugang des Mahnschreibens durch andere geeignete Tatsachen beweisen. **101**

---

47 *OLG Hamm* VersR 1999, 1229 = SP 1999, 284 = r+s 1999, 357 = NZV 2000, 84 = NJW-RR 1999, 1331.
48 *OLG Hamm* r+s 1998, 489 = MDR 1998, 1412 = NJW-RR 1999, 535 = VersR 1999, 957; *OLG Hamm* r+s 1991, 366 = VersR 1992, 558 = SP 1992, 224 = NJW-RR 1992, 479 = zfs 1991, 419; *OLG Schleswig* r+s 1992, 112 = VersR 1992, 731 =zfs 1992, 202 = NZV 1992, 152; *BGH* VersR 1988, 484 = NZV 1988, 178.
49 Ständige Rechtsprechung vgl. *OLG Oldenburg* VersR 1999, 1486; *OLG Hamm* r+s 1998, 489 = MDR 1998, 1412 = VersR 1999, 957; *OLG Hamm* r+s 1995, 403 = zfs 1995, 378.
50 *LG Berlin* r+s 2005, 95.
51 Urteil des *OLG Hamburg* v. 20.2.1998, Az.: 14 U 197/96.
52 *Prölss/Martin/Knappmann* § 38 Rn. 25.
53 So schon *BGH* VersR 1964, 375; *BVerfG* NJW 1991, 2757; *OLG Frankfurt* VersR 1996, 90; *OLG Nürnberg* VersR 1992, 602; *OLG Köln* VersR 1990, 1231; *LG Düsseldorf* r+s 2006, 13.
54 *BGH* a. a. O.
55 *OLG Köln* r+s 2004, 316.
56 *BGH* VersR 1998, 472.
57 *OLG München* VersR 2005, 674.

102 Erwähnt z. B. der Versicherungsnehmer in seiner Korrespondenz Tatsachen, welche er nur aus dem Mahnschreiben gewonnen haben kann, stellt dies einen tauglichen Zugangsbeweis dar. Bestreitet der Versicherungsnehmer zwar, das Mahnschreiben bekommen zu haben, zahlt er aber dennoch den darin angemahnten Gesamtbetrag, bestehend aus Folgeprämie und Mahnzuschlag, kann der Zugangsnachweis als geführt angesehen werden.[58] In einer Einzelfallentscheidung – der Versicherungsnehmer wollte in einem relativ kurzen Zeitraum mehrere Schreiben angeblich nicht bekommen haben – hat das *LG Hamburg*[59] sogar eine Umkehr der Beweislast zu Lasten des Versicherungsnehmers angenommen.

103 Neuere Entscheidungen tragen vermehrt den Beweisproblemen der Versicherungsunternehmen Rechnung.

104 Das *OLG Köln*[60] geht davon aus, dass im Zuge des Zeitalters der EDV-geschützten Briefversendungen bei Versicherern die Vorlage einer Kopie des Mahnschreibens nicht mehr erforderlich ist. Es reiche die Vorlage eines entsprechenden Blanko-Mahnformulars und eine entsprechende EDV-Kontoauskunft, aus der der Ablauf des EDV-Mahnprogramms gegenüber dem Versicherungsnehmer erkennbar sei.

105 Zwar sei damit noch nicht der Zugang dieses Schreibens beim Versicherungsnehmers bewiesen, dieser könne aber durch Indizien bewiesen werden.

106 Diesen Zugangsnachweis durch Indizien sieht das *OLG Köln*[61] als geführt an, wenn für den Zugang eine derart hohe Wahrscheinlichkeit besteht, dass Zweifeln Schweigen geboten ist, ohne sie gänzlich auszuschließen.

107 Das *OLG Koblenz*[62] gesteht dem Versicherer ebenfalls zu, dass der Zugangsbeweis über Indiztatsachen geführt werden kann, lehnt aber eine Beweiserleichterung für den Zugang der qualifizierten Mahnung im Sinne eines Anscheinsbeweises ab.

108 Der Versicherungsnehmer ist wiederum beweisbelastet, dass er die von ihm geschuldeten Versicherungsprämien rechtzeitig gezahlt hat.[63]

4. Prämienzahlung pro rata temporis

109 Nach § 40 Abs. 2 S. 1 VVG a. F. konnte der Versicherer, auch wenn er den Vertrag wegen nicht rechtzeitiger Zahlung der Prämie nach § 39 VVG a. F. gekündigt hat, die Prämie bis zum Ende der laufenden Versicherungsperiode verlangen.

110 Diese Regelung wurde vielfach kritisiert, nach der Neuregelung in § 39 VVG 2008 hat der Versicherungsnehmer nur noch eine zeitanteilige Prämie zu zahlen, also die auf die tatsächliche Laufzeit entfallende Prämie.

VIII. Vorläufiger Versicherungsschutz

111 Die gerade in der KFZ-Versicherung praktisch wichtige vorläufige Deckung wird erstmals in den §§ 49 ff. VVG 2008 gesetzlich geregelt, wobei der Gesetzgeber weitestgehend die von der Rechtspraxis bis dato entwickelten Grundsätze übernommen hat.

112 In den AKB 2008 sind die Regelungen zur vorläufigen Deckung unter dem umgangssprachlich besser bekannten Begriff »vorläufiger Versicherungsschutz« unter B.2 enthalten.

---

58 *LG Frankfurt/M.* SP 1992, 226; *AG Köln* SP 1992, 31; *LG Bochum* SP 1992, 226.
59 *LG Hamburg* SP 1992, 96 = VersR 1992, 85.
60 *OLG Köln* VersR 1990, 1261.
61 *OLG Köln* r+s 1999, 228 = VersR 1999, 1357 =NVersZ 1999, 143.
62 *OLG Koblenz* zfs 2000, 493.
63 *LG Köln* r+s 1992, 147 = SP 1992, 229.

B. Der Kasko-Versicherungsvertrag

Die vorläufige Deckungszusage ist ein vom Versicherungsvertrag losgelöster rechtlich selbständiger Versicherungsvertrag, der schon vor Beginn eines endgültigen Versicherungsvertrages und unabhängig von ihm einen Anspruch auf Versicherungsschutz entstehen lässt.[64]

113

Im Unterschied zur Rückwärtsversicherung, die dem Versicherungsnehmer nur Versicherungsschutz gewährt, wenn der Hauptvertrag später zustande kommt, gewährt eine vorläufige Deckung Versicherungsschutz unabhängig vom Schicksal des Hauptvertrages.[65]

114

Ob der Versicherungsnehmer eine vorläufige Deckung oder eine Rückwärtsversicherung beantragen wollte, ist einzelfallbezogen durch Auslegung zu ermitteln, hierbei können der erkennbare Wille des Versicherungsnehmers sowie Wortlaut und Gestaltung des Antragsformulars entscheidend sein.

115

1. Zustandekommen des Vertrages

Die Beantragung einer vorläufigen Deckungszusage kann mündlich oder telefonisch durch den Versicherungsnehmer erfolgen, die Antragstellung bedarf grundsätzlich keiner Form.[66]

116

Eine vorläufige Deckung im Kaskobereich kann sogar zustande kommen, wenn der Versicherungsnehmer noch keinen Antrag auf Abschluss eines Hauptvertrages gestellt hat.[67]

117

Der Versicherungsnehmer trägt die Beweislast für den ausgesprochenen und ausdrücklichen Wunsch auf Abschluss einer vorläufigen Deckung im Kaskobereich.[68]

118

Die Aushändigung der für die Zulassung eines Kraftfahrzeuges notwendigen Versicherungsbestätigung (sog. »Doppelkarte«) gilt als Zusage einer vorläufigen Deckung für die Kraftfahrzeug-Haftpflichtversicherung, nicht jedoch für die Kaskoversicherung.

119

Dieser Grundsatz wird in B.2.2 AKB 2008 nunmehr deutlich herausgestellt.

120

Nur bei ausdrücklicher Zusage durch den Versicherer besteht ein vorläufiger Schutz auch in der Kaskoversicherung.

121

Die Aushändigung der Versicherungsbestätigung an einen Versicherungsnehmer, der einen einheitlichen Antrag auf Abschluss einer Haftpflicht- und einer Kaskoversicherung gestellt hat, führt nach ständiger Rechtsprechung jedoch regelmäßig dazu, dass der Versicherer auch zur Gewährung vorläufiger Deckung in der Fahrzeugversicherung verpflichtet ist, wenn er nicht deutlich im Antrag darauf hinweist, dass vorläufige Deckung nur in der Haftpflichtversicherung gewährt werde.[69]

122

Die Hinweispflicht trifft grundsätzlich auch Direktversicherer. Der Versicherer muss schon beim ersten Kundenkontakt eine umfassende Beratung bezüglich der Möglichkeiten einer vorläufigen De-

123

---

64 So genannte Trennungstheorie vgl. *BGH* VersR 1951, 114; *OLG Bamberg* SP 1996, 392; *BGH* NJW 1999, 3560 = DAR 1999, 499 = MDR 1999, 314 = NVersZ 2000, 233 = r+s 2000, 491 = VersR 1999, 1274 = zfs 1999, 522; *OLG Köln* zfs 2001, 120; *OLG Düsseldorf* r+s 2000,359.
65 So schon *BGH* VersR 1956, 482; *OLG Düsseldorf* r+s 1999, 52 = VersR 1999, 829; zwar hat das *OLG Düsseldorf* dies für die Lebensversicherung festgestellt, das Urteil ist aber ohne weiteres auf die Kaskoversicherung übertragbar.
66 *OLG Bamberg* SP 1996, 392; *OLG Hamm* VersR 1992, 1462.
67 *BGH* zfs 1999, 522 = NJW 1999, 3560 = DAR 1999, 499 = MDR 1999, 1383 = NVersZ 2000, 233 = r+s 2000, 491.
68 *BGH* VersR 1986, 541.
69 Ständige Rechtsprechung, vgl. z. B. *OLG Köln* VersR 2002, 970; *OLG Frankfurt* VersR 2002, 969; *OLG Frankfurt* zfs 2001, 21 = NVersZ 2001, 130 = r+s 2001, 103; *BGH* VersR 1999, 1274 = DAR 1999, 499 = MDR 1999, 1383 = NJW 1999, 3560 = NVersZ 2000, 233 = r+s 2000, 491 = zfs 1999, 522; *OLG Koblenz* VersR 1998, 311 = r+s 1997, 404; *OLG Hamm* NZV 1990, 74; *Halm* PVR 2001, 136; *OLG Saarbrücken* VersR 2006, 1353; *OLG Karlsruhe* r+s 2006, 414.

ckung im Kaskobereich durchführen, wenn konkrete Anhaltspunkte dafür bestehen, dass der Antragsteller diesen Versicherungsschutz wünscht.[70]

124 Ein Hinweis nur auf der Doppelkarte selber, die ja nicht Teil des Versicherungsvertrages ist, genügt den Anforderungen an eine deutliche Belehrung nicht.[71]

125 Diese Auffassung beruht auf dem Gedanken, dass bei dem Versicherungsnehmer nach Treu und Glauben, § 242 BGB, die Vorstellung erweckt wird, der Versicherer behandele die kombinierten Versicherungen (Haftpflicht – und Kasko) im Stadium vorläufigen Deckungsschutzes einheitlich, solange dem Versicherungsnehmer nichts Gegenteiliges mitgeteilt wird.

126 Ein Vermittlungsvertreter ist nach § 43 VVG a. F. grundsätzlich nicht bevollmächtigt, einen Vertrag über die Gewährung einer vorläufigen Deckung abzuschließen. Natürlich kann der Versicherer ihn rechtsgeschäftlich zur Abgabe einer solchen Erklärung bevollmächtigen.

127 Nimmt jedoch ein Versicherungsvertreter einen Antrag auf Abschluss einer Kfz-Vollkaskoversicherung, welche für den am Folgetag beginnenden Urlaub des Versicherungsnehmers bestimmt ist, samt Scheck für die Prämie entgegen, kann von dem Zustandekommen eines Vertrages über die vorläufige Vollkasko-Deckung ausgegangen werden, und zwar unabhängig davon, ob der Agent hierzu eine ausdrückliche Vollmacht besaß.

128 Denn bei fehlender Vollmacht des Agenten kann das Vertragsverhältnis aufgrund versicherungsrechtlicher Vertrauenshaftung begründet werden.[72]

129 Der Versicherer muss sich jedenfalls Erklärungen des Agenten oder Maklers zurechnen lassen, die er mit Antragsformularen ausgestattet hat und die befugt sind, Anträge entgegen zu nehmen und Prämien auszurechnen.[73]

130 Das *OLG Hamburg*[74] hat eine Nachfragepflicht des Versicherers verneint, wenn der Versicherungsnehmer telefonisch einen Antrag für den Abschluss eines Vertrages mit Haftpflicht und Vollkaskoschutz anforderte, im Antragsformular aber nur der Antrag auf Haftpflichtschutz angekreuzt war.

131 Der Versicherer könne dann von einem Antrag lediglich auf Haftpflichtversicherung ausgehen. Widerspreche der Versicherungsnehmer alsdann nicht der nur auf Haftpflicht ausgestellten Police, schließe sein überwiegendes Mitverschulden an dem unzureichend zustande gekommenen Versicherungsschutz ein eventuell mangels Rückfrage gegebenes Mitverschulden des Versicherers aus. Zu beachten sei nämlich, dass das Kraftfahrt-Versicherungsgeschäft ein Massengeschäft sei, bei dem sich der Versicherer grundsätzlich auf die Angaben des Versicherungsnehmers im Versicherungsantrag verlassen können muss.

132 Am sichersten erscheint es, wenn der potentielle Versicherungsnehmer, welcher ein Auto erworben hat und dieses sofort nach der Zulassung mit Kaskoversicherungsschutz nutzen will, die vorläufige Deckung für die Kaskoversicherung vom Versicherer bzw. dem insoweit vertretungsberechtigten Vertreter auf dem Versicherungsantrag ausdrücklich bestätigen lässt.[75]

133 Verlangt der Versicherer nicht ausdrücklich sofortige Zahlung der Prämie, gilt § 38 Abs. 2 VVG a. F. als stillschweigend abbedungen, so dass der materielle Versicherungsschutz nicht von der Zahlung der Erstprämie abhängt. Die Prämienzahlung für die vorläufige Kaskodeckung wird dem Versicherungsnehmer bis zum Zugang der Prämienrechnung vielmehr gestundet.[76]

---

70 *OLG Köln* SP 1997, 402 = VersR 1998, 180.
71 Himmelreich/Halm/*Oberpriller* 15. Kapitel, Rn. 8.
72 *OLG Koblenz* VersR 1998, 311.
73 *OLG Hamm* NJW-RR 1992, 1054 = NZV 1992, 491 = SP 1992, 315 = VersR 1992, 1462 = zfs 1992, 376.
74 *OLG Hamburg* NVersZ 2000, 438 = VersR 2001, 363.
75 Halm/Engelbrecht/Krahe/*Oberpriller* 15.Kapitel, Rn. 8.
76 BGH VersR 1967, 569.

B. Der Kasko-Versicherungsvertrag

Macht der Versicherer seine »vorläufige Einstandspflicht« allerdings von einer Zahlung des Versicherungsnehmers abhängig, beginnt der Versicherungsschutz erst mit Zahlung der verlangten Prämie. 134

Während der Dauer der vorläufigen Deckung treffen den Versicherungsnehmer die gleichen Obliegenheiten wie nach Abschluss des Hauptvertrages, selbst wenn dieser Hauptvertrag letztlich nicht zustande kommt.[77] 135

2. Ende des vorläufigen Versicherungsschutzes

Die Beendigungstatbestände der vorläufigen Deckung (Beginn des Versicherungsschutzes im Hauptvertrag, Abschluss eines Vertrages bei einem anderen Versicherer, Widerruf des Hauptvertrages, Kündigung) sind in § 52 VVG 2008 und in den AKB 2008 unter B.2.3-B.2.6 geregelt. 136

Der für den Versicherungsnehmer gefährliche Umstand eines rückwirkenden Wegfalls auch des vorläufigen Versicherungsschutzes, wenn der Versicherer den Antrag auf Abschluss des Hauptvertrages unverändert angenommen und der Versicherungsnehmer die dann fällige Erstprämie nicht gezahlt hat, ist in § 52 VVG 2008 nicht explizit erwähnt. 137

Allerdings kann man aus der Formulierung in § 52 Abs. 1 VVG 2008, dass der Versicherungsschutz »spätestens« endet, wenn der Versicherungsnehmer mit der Zahlung der Erstprämie für den Hauptvertrag in Verzug ist, den Schluss ziehen, dass auch eine frühere Beendigung des vorläufigen Versicherungsschutzes durch den Versicherer möglich ist. 138

Gegen die Wirksamkeit der vertraglichen Vereinbarung – vgl. B.2.4 AKB 2008 – des rückwirkenden, also von Anfang an wirkenden Wegfalls des vorläufigen Versicherungsschutzes bei Nichtzahlung der Erstprämie bestehen keine Bedenken. 139

Da der rückwirkende Wegfall des Versicherungsschutzes – insbesondere natürlich in der KH-Versicherung –, für den Versicherungsnehmer existenzbedrohend sein kann, wenn er zwischenzeitlich einen Schaden verursacht hat, muss der Versicherungsnehmer auf den drohenden Verlust des Versicherungsschutzes durch gesonderte Mitteilung oder auffälligen Vermerk im Versicherungsschein besonders hingewiesen werden. 140

Der Versicherer muss die Voraussetzungen des rückwirkenden Wegfalls der vorläufigen Deckung beweisen, also neben dem Verschulden des Versicherungsnehmers hinsichtlich der verspäteten Zahlung zunächst den Zugang von Versicherungsschein und Prämienrechnung beim Versicherungsnehmer.[78] 141

Bestreitet der Versicherungsnehmer den Zugang, ist der Versicherer für diese Tatsache voll beweispflichtig.[79] 142

Häufig umstritten ist die Frage, ob die Nichteinlösung des Versicherungsscheins vom Versicherungsnehmer zu vertreten gewesen sei. 143

Der Versicherungsnehmer muss – ggf. auch während seines Urlaubs – zumutbare Vorkehrungen und Vorsorge dafür treffen, dass der Versicherungsschein rechtzeitig eingelöst wird. Den Versicherungsnehmer trifft an der verspäteten Zahlung jedenfalls ein Verschulden, wenn die Zwei-Wochen-Frist während seiner Urlaubszeit abgelaufen ist, er aber auch noch nach Urlaubsrückkehr zwei weitere Wochen zuwartet, bis er den Versicherungsschein einlöst.[80] 144

Kein Verschuldensvorwurf kann dem Versicherungsnehmer gemacht werden, wenn die Zahlungsverspätung auf einer fehlenden oder unrichtigen Belehrung des Versicherers bezüglich der Gefahr des Außerkrafttretens der vorläufigen Deckung beruht.[81] Die Belehrung muss darüber hinaus den 145

---

77 Vgl. *BGH* VersR 1956, 482 = NJW 1956, 1634.
78 Vgl. z. B. *BGH* VersR 1996, 445.
79 *OLG Köln* r+s 1997, 406 = VersR 1998, 1104; *BGH* VersR 1996, 445.
80 *LG Frankfurt* VersR 1991, 655 = zfs 1991, 278.
81 *BGH* DAR 1991, 14.

Hinweis erhalten, dass der Versicherungsnehmer, wenn er unverschuldet versäumt hat, die Erstprämie zu zahlen, sich den Versicherungsschutz durch nachträgliche Zahlung auch für die Vergangenheit aufrechterhalten kann.[82]

C. Umfang der Kaskoversicherung

I. Allgemeines

146 Vom Versicherungsschutz umfasst ist in der Kaskoversicherung der unmittelbar am Fahrzeug durch Beschädigung, Zerstörung oder Verlust entstandene Sachschaden.

147 Mitversichert sind neben dem Fahrzeug als Ganzes bestimmte an dem Fahrzeug befestigte und unter Verschluss verwahrte Fahrzeugteile und Fahrzeugzubehör, die früher in einer sog. Teileliste erfasst waren, bei der jedes Versicherungsunternehmen Gestaltungsspielraum walten ließ.

148 Durch die AKB 2008 haben sich einige Veränderungen im Deckungsumfang ergeben. So wurden Definitionen zu wichtigen Kaskotatbeständen wie z. B. Brand und unbefugter Gebrauch oder mut- und böswillige Beschädigung verändert, die sog. Teileliste wurde vollständig überarbeitet.

149 Die AKB 2008 in ihrer Musterversion unterscheiden nunmehr
– beitragsfrei mitversicherte Teile, A.2.1.2 AKB 2008
– abhängig vom Gesamtneuwert mitversicherte Teile, A.2.1.3 AKB 2008
– nicht versicherbare Teile, A.2.1.4 AKB 2008

150 Mitversicherte Fahrzeugteile sind vom Fahrzeugzubehör abzugrenzen, letzteres ist nur versichert, wenn es in der sog. Teileliste enthalten ist.

Fahrzeugteile, die mit dem Fahrzeug fest verbunden sind, sind immer mitversichert.

150a Ein Fahrzeugteil ist das Stück eines Ganzen. Das Fahrzeug wäre ohne dieses unvollständig. Fahrzeugzubehör ist hingegen ein zusätzliches Stück, so dass das Fahrzeug selbst bei fehlendem Zubehör vollständig bleibt.[83]

151 In der Teilkaskoversicherung sind folgende Schadenereignisse versichert:
– Brand und Explosion, A.2.2.1 AKB 2008
– Entwendung, A.2.2.2 AKB 2008
– Sturm, Hagel, Blitzschlag, Überschwemmung, A.2.2.3 AKB 2008
– Zusammenstoß mit Haarwild, A.2.2.4 AKB 2008
– Glasbruch, A.2.2.5 AKB 2008
– Kurzschlussschäden an der Verkabelung, A.2.2.6 AKB 2008

152 Zusätzlich sind in der Vollkaskoversicherung gedeckt:
– Unfälle des Fahrzeugs, A 2.3.2 AKB 2008
– Mut- oder böswillige Handlungen betriebsfremder Personen, A.2.3.3 AKB 2008

II. Teilkaskoversicherung

153 Die in der Teilkaskoversicherung versicherten Ereignisse haben durch die AKB 2008 zwar keine inhaltlichen Veränderungen, jedoch eine systematische Neuregelung sowie Erläuterungen und Ergänzungen erfahren.

1. Brand und Explosion

154 Erstmals in den AKB 2008 wurden die Tatbestände Brand und Explosion definiert. Die bisherigen AKB hatten auf eigene Definition verzichtete, damit aber auch Auslegungsprobleme hervorgerufen.

---

[82] *Beckmann Matusche-Beckmann*, Versicherungshandbuch 2004, *Heß/Höke* § 30 Rn. 78.
[83] *Halm/Kreuter/Schwab/Stomper* AKB, Rn. 395.

C. Umfang der Kaskoversicherung   Kapitel 23

Als Brand gilt ein Feuer mit Flammenbildung, das ohne einen bestimmungsmäßigen Herd entstanden ist oder ihn verlassen hat und sich aus eigener Kraft auszubreiten vermag, insoweit entspricht die Definition weitestgehend auch jener aus den Feuerversicherungsbedingungen.[84]   155

Seng- oder Schmorschäden fallen ausdrücklich nicht unter den Versicherungsschutz, da es an einer Glut- oder Flammenbildung fehlt.[85]   156

Mangels selbständiger Ausbreitungsfähigkeit des Feuers liegt daher kein versichertes Schadensereignis vor, wenn dieses durch einen glimmenden Feuerwerkskörper am Dach eines Cabrios entsteht.[86] Entwickelt sich aus dem Schmoren jedoch ein Brand, besteht Deckung für die Brandschäden nur, wenn diese nicht schon durch das vorherige Schmoren entstanden sind.[87]   157

Die Zerstörung des Radlagers durch Heißlaufen[88] sowie das Durchbrennen eines Katalysators[89], das auf einem Schmelzvorgang des Keramikkörpers beruht, sind ebenfalls nicht versichert.   158

Wird das Fahrzeug durch Feuerwerkskörper jedoch in Brand gesetzt oder durch eine Explosion beschädigt, muss der Versicherer eintreten.   159

Unerheblich ist es auch, wenn ein versichertes Schadenereignis mehrere adäquate Ursachen hat, der Schaden aber auch auf die versicherte Ursache Brand zurückgeht.[90]   160

Grobe Fahrlässigkeit bei der Brandherbeiführung

Eine die Leistungspflicht des Versicherers ausschließende grobe Fahrlässigkeit i. S. d. § 61 VVG a. F./§ 81 VVG 2008 bei der Herbeiführung eines Brandschadens liegt vor, wenn ein Versicherungsnehmer einen Kanister mit Benzin für einen auf der Autobahn liegen gebliebenen PKW-Führer erworben, den Kanister vor den Beifahrersitz gelegt hat, Benzin daraus auslief und das Fahrzeug in Brand geriet.[91]   161

Grobe Fahrlässigkeit wurde einem Versicherungsnehmer vorgeworfen, der unbeaufsichtigt einen Heizlüfter über 15 Minuten in seinem PKW betrieben hatte[92] oder Schweißarbeiten am Fahrzeug ohne ausreichende Brandschutzvorkehrungen durchgeführt hatte.[93]   162

Keine grobe Fahrlässigkeit soll hingegen vorliegen, wenn ein müder und betrunkener Versicherungsnehmer in seinem LKW-Führerhaus vor dem Einschlafen noch eine Zigarette raucht und sich dafür – um nicht einzuschlafen – nicht in die Schlafkoje legt, sondern noch auf dem Beifahrersitz sitzen bleibt.[94]   163

Eine Explosion ist eine auf dem Ausdehnungsbestreben von Gasen oder Dämpfen beruhende, plötzlich verlaufende Kraftäußerung[95], gleichgültig, ob die Gase oder Dämpfe bereits bei der Explosion vorhanden waren oder erst bei derselben gebildet worden sind.   164

Versicherungsschutz besteht, wenn ein Brand als Explosionsfolge, eine Explosion als Brandfolge oder einfach nur eine Explosion auftritt.   165

---

84 Vgl. z. B. die Definition in § 1 Nr. 2 S. 1 AFB 87.
85 *AG Köln* VersR 1981, 826; *OLG München* zfs 1988, 323; *AG Bernkastel-Kues* zfs 1990, 277.
86 *AG Pforzheim* VersR 1994, 1336 = zfs 1995, 22.
87 *AG Saarlouis* SP 1998, 331; *AG Mannheim* zfs 1991, 383.
88 *OLG Oldenburg* zfs 1989, 315.
89 *Stiefel/Maier/Stadler* AKB A.2.2, Rn. 10.
90 *OLG Nürnberg* NJW 1995, 862 = r+s 1995, 9 = VersR 1995, 206 = zfs 1994, 331, in der Kaskoversicherung gilt der Grundsatz der Gesamtkausalität des Versicherungsfalls.
91 *OLG Hamm* r+s 2001, 185.
92 *OLG Hamm* NZV 1997, 313 = r+s 1998, 187 = VersR 1997, 1480; a. A. *LG Bremen* r+s 1992, 404; in dieser Entscheidung wird auch noch differenziert, ob es sich um einen normalen Heizlüfter handelt oder um einen Heizlüfter mit einer Heizspirale. Im letzteren Fall liege grobe Fahrlässigkeit vor.
93 *AG Düsseldorf* SP 2006, 73.
94 *OLG Stuttgart* MDR 2001, 329 = NVersZ 2001, 170.
95 Vgl. die Definition in § 1 Nr. 4 AFB 87.

166 Im Gegensatz dazu sind Implosionsschäden nicht vom Versicherungsschutz erfasst.[96] Zudem stellt der auf einen Bedienungsfehler des Fahrers zurückzuführende Implosionsschaden am Tankbehälter eines Milchsammeltankwagens einen nicht versicherten Betriebsschaden dar.[97]

167 Treten angebliche Explosionsschäden am Fahrzeug in größerer Entfernung vom Explosionsort auf, muss der Versicherungsnehmer die Ursächlichkeit der Explosion für den Fahrzeugschaden beweisen.

168 Eine Motorexplosion fällt nicht unter den Explosionstatbestand, sonder unter den Begriff des Betriebsschadens.[98]

2. Entwendung

169 Unter dem Oberbegriff Entwendung werden in A.2.2.2 AKB 2008 vier Tatbestände besonders hervorgehoben, die den Großteil aller Entwendungsfälle abdecken.

170 Die Aufzählung der Entwendungstatbestände ist jedoch nicht abschließend. Unter A.2.2.2 AKB 2008 sollen alle Tatbestände mit Entwendungscharakter im Sinne des Strafgesetzbuches subsumiert werden.

171 Die Entwendung selbst ist ein im Strafgesetzbuch nicht definierter Tatbestand. Er setzt die widerrechtliche Sachentziehung und damit eine wirtschaftliche Entrechtung des Fahrzeugeigentümers voraus.[99]

172 Ausreichend ist die Verwirklichung der objektiven Tatbestände der Entwendungsdelikte, deren Prüfung nach den Maßstäben des Strafrechts vorzunehmen ist.[100] Unerheblich bleibt, ob der Täter schuldhaft gehandelt hat oder nicht.[101]

173 Unter A.2.2.2 Abs. 1 AKB 2008 werden die Tatbestände des Diebstahls, § 242 StGB, und des Raubes, § 249 StGB hervorgehoben.

174 Die Unterschlagung i. S. d. § 246 StGB ist nur unter eingeschränkten Voraussetzungen versichert, nämlich nur dann, wenn dem Täter das Fahrzeug nicht zum Gebrauch im eigenen Interesse, zur Veräußerung oder unter Eigentumsvorbehalt überlassen wird, A.2.2.2 Abs. 2 AKB 2008.

175 Den Versicherungsschutz bei unbefugtem Gebrauch des Fahrzeugs i. S. d. § 248b StGB konkretisieren die AKB 2008 unter A.2.2.2 Abs. 3.

a) Diebstahl/Raub

176 Ein Diebstahl i. S. d. § 242 StGB liegt vor, wenn der Täter eine fremde bewegliche Sache wegnimmt, um sie sich selbst zuzueignen; beim Raub i. S. d. § 249 StGB muss hinzukommen, dass die Wegnahme mit Gewalt gegen eine Person oder unter Anwendung von Drohungen mit gegenwärtiger Gefahr für Leib und Leben erfolgt.

177 Da die Entwendung in der Form des Diebstahls und Raubes Bruch fremden und Begründung neuen Gewahrsams voraussetzt, existieren aus dem Strafrecht bekannte Abgrenzungsprobleme bei Gewahr-

---

96 Vgl. § 1 Nr. 4 S. 4 AFB; *Stiefel/Maier/Stadler* AKB A.2.2, Rn. 21.
97 *OLG Hamm* NJW-RR 1998, 988 = NZV 1995, 154 = SP 1995, 149 = VersR 1995, 1345 = zfs 1995, 182.
98 *Stiefel/Maier/Stadler* AKB A.2.2, Rn 24; dies ergebe sich daraus, dass eine Motorexplosion nicht im Sinne der Ausdehnung von Gasen entstehen würde, sondern darauf, dass ein Pleuellager sich heißlaufe und festfresse, hiernach breche die Pleuelstange und der abgerissene Stangenstumpf werde sodann das Kurbelgehäuse infolge seiner kinetischen Energie durchschlagen.
99 Vgl. *BGH* r+s 1993, 169.
100 *Prölss/Martin/Knappmann* AKB 2008 A.2.2, Rn. 6; *Stiefel/Maier/Stadler* AKB A.2.2, Rn. 27 f.; *OLG Köln* r+s 1996, 13 = SP 1996, 57 = VersR 1996, 1271; *BGH* VersR 1975, 225.
101 *BGH* r+s 1995, 125.

samserlangung durch einen Betrug.[102] Denn die Erlangung des Gewahrsams durch eine Täuschungshandlung fällt nicht unter den Versicherungsschutz der AKB.[103]

Ob bereits ein Bruch fremden Gewahrsams oder nur eine Gewahrsamslockerung vorliegt, ist in vielen Fällen zweifelhaft. 178

Durch die zeitweilige Überlassung eines Kfz an einen Fahrer wird vielfach nur eine Gewahrsamlockerung eintreten, während der Mitgewahrsam des Eigentümers erhalten bleibt. Willigt der später Geschädigte nur in eine Gewahrsamslockerung ein und muss der Täter durch eine weitere, eigenmächtige Handlung den verbliebenen Gewahrsamsrest brechen, liegt eine versicherte Diebstahlshandlung vor. 179

Der angestellte Fahrer, der vorgegebene Fahraufträge erhält, bricht durch eine eigenmächtige Handlung den verbliebenen Mitgewahrsam des Eigentümers, so dass ein versicherter Diebstahl vorliegt.[104] 180

Etwas anderes gilt, wenn der Eigentümer damit einverstanden ist, dass der Fahrer den LKW zur privaten Nutzung über das Wochenende mit nach Hause nimmt.[105] Der Fahrer erlangt dann Alleingewahrsam an dem LKW, weil dem Eigentümer keine realen Einwirkungsmöglichkeiten auf das Fahrzeug verbleiben. Nimmt der Fahrer das Fahrzeug weg, liegt kein Gewahrsamsbruch, sondern allenfalls Unterschlagung vor. 181

Ein Gewahrsamsbruch – mangels Gewahrsam des Ehemanns – ist zu verneinen, wenn die Ex-Ehefrau den PKW, den sie vormals berechtigt besessen hat, im Rahmen des Scheiterns der Ehe an sich bringt und nicht mehr zurückgibt.[106] 182

Zu ersetzen sind auch die Schäden, die vom Täter bei der Benutzung des entwendeten Fahrzeugs verursacht werden, also z. B., ein beschädigtes Lenkradschloss.[107] 183

Reine Vandalismusschäden sind nicht von der Teilkaskoversicherung gedeckt.[108] Bei Vandalismusschäden handelt es sich um der Vollkasko unterliegenden Haftungstatbestand der mut- oder böswilligen Beschädigung durch betriebsfremde Personen.[109] 184

Schlagen unbekannte Täter die Fensterscheibe eines PKW's ein, entwenden einen CD-Player und verursachen im übrigen Beulen und Kratzer, ist der Vandalismusschaden nicht »durch« die Entwendung erstanden, sondern beruht auf einem von der Entwendungshandlung unabhängigen, regelmäßig spontanen Handeln des Täters.[110] 185

Beschädigt der Täter das Fahrzeug jedoch bei dem Versuch, es selbst oder mitversicherte Teile zu stehlen, besteht bezüglich dieser Schäden eine Ersatzpflicht des Versicherers[111], mutwillige Beschädigungen anlässlich eines fehlgeschlagenen Versuchs sind wiederum nicht ersatzfähig.[112] Auch Schä- 186

---

102 *OLG Düsseldorf* VersR 2001, 1551; *OLG Jena* VersR 1999, 305 = NVersZ 1998, 86 = zfs 1999, 24; *OLG Karlsruhe* NVersZ 1998, 129 = zfs 1999, 251; *LG Bonn* VersR 1996, 1139; *LG Dortmund* zfs 1984, 84.
103 Vgl. hierzu auch *OLG Karlsruhe* NVersZ 1998, 129 = zfs 1999, 251 »Die durch den Bruch fremden Gewahrsams gekennzeichnete Wegnahme als Tatbestandsvoraussetzung des Diebstahls wird durch das Einverständnis mit dem vom Täter erstrebten und erlangten Gewahrsam ausgeschlossen.«
104 *OLG Hamm* SP 2006, 109.
105 *OLG Köln* r+s 1996, 13 = SP 1996, 57 = VersR 1996, 1271.
106 *AG Coburg* Az. 12 C 768/99; *LG Coburg* Az. 32 S 131/01.
107 *Prölss/Martin/Knappmann* AKB 2008 A.2.12, Rn. 36; *LG Mainz* zfs 1992, 18; *Maier/Stadler*, Rn. 104; a. A. *Bauer* Rn. 964; *LG Karlsruhe* VersR 1984, 979.
108 *BGH* Urt. v. 24.11.2010, IV ZR 248/08.
109 *Bauer*, Rn. 964; a. A. *Prölss/Martin/Knappmann* AKB 2008 A.2.2, Rn. 7.
110 *BGH* VersR 2006, 968.
111 *OLG Köln* VersR 1995, 1350; *LG Karlsruhe* VersR 1984, 979; *OLG Köln* VersR 1966, 358.
112 *OLG Frankfurt* NVersZ 2002, 226; *LG Dortmund* SP 1998, 329; *AG Essen* r+s 1998, 12 = VersR 1997, 352; *LG Mainz* VersR 1991, 806; a. A. *Maier* r+s 1999, 50; *Prölss/Martin/Knappmann* AKB 2008 A.2.2, Rn. 8; *Rhode* VersR 1995, 971.

den anlässlich der versuchten Entwendung von im Fahrzeug aufbewahrten oder transportierten Gegenständen liegen außerhalb des Versicherungsschutzes.[113]

187 Bei versuchten Entwendungen trifft den Versicherungsnehmer die Beweislast, dass der Täter nicht allein mut- oder böswillig in Vandalismusabsicht gehandelt hat.

188 Ob Fahrzeugschäden beim Versuch des Diebstahls verursacht oder mut- oder böswillig herbeigeführt wurden, lässt sich aber vielfach an der Art der Schäden erkennen.

b) Unterschlagung

189 Eine Unterschlagung i. S. d. § 246 StGB liegt vor, wenn sich der Täter das Fahrzeug oder seine Teile rechtswidrig zueignet. Im Gegensatz zum Diebstahl ist eine Wegnahme nicht erforderlich, weil sich der Täter bereits im Besitz der Sache befindet.

190 Die Musterbedingungen sehen einen Risikoausschluss für den Fall vor, dass die Unterschlagung durch einen Vorbehaltskäufer oder denjenigen begangen wird, dem das Fahrzeug zum Gebrauch im eigenen Interesse oder zur Veräußerung überlassen wurde.

191 Für die Normalfälle einer Fahrzeugunterschlagung, also die Unterschlagung von Miet- und Leasingfahrzeugen besteht demgemäß kein Versicherungsschutz in der Kaskoversicherung.

192 Die Benutzung des Fahrzeugs »im eigenen Interesse« – diese Formulierung wurden in die AKB 2008 neu eingefügt – setzt aber voraus, dass der Fahrer eine selbständige Verfügungsmacht über das Fahrzeug hat, also selbst entscheiden kann, wann und wohin er das Fahrzeug bewegt.

193 Bei einer nur kurzfristigen Überlassung des Fahrzeugs an einen Dritten zur Durchführung eines konkreten (Abhol-)Auftrages greift der Ausschlusstatbestand nicht ein, wohl aber bei dem Mieter eines Fahrzeugs.[114]

194 Versicherungsschutz besteht bei einer nur kurzfristigen Überlassung eines versicherten Kraftrads an einen unbekannten Dritten zu einer Probefahrt.[115] Die Überlassung zur Probefahrt sei eben nicht »zur Veräußerung«, sondern in Vorbereitung einer Veräußerung erfolgt.[116]

195 Abgrenzungsprobleme ergeben sich bei Fallkonstellationen, in denen die Probefahrt durch einen »Trick« eingeleitet wurde, also gar kein Kaufinteresse bestand und eine in der Kaskoversicherung nicht versicherte Gewahrsamserlangung durch Betrug vorliegen könnte.

196 Die Abgrenzung zwischen Betrug und Trickdiebstahl erfolgt bei Probefahrt-Fällen anhand der Frage, ob durch die Täuschung nur eine Gewahrsamslockerung mit dem Einverständnis des Verfügungsberechtigten erzielt wurde und der Täter durch eine weitere Handlung noch den Gewahrsamsrest brechen muss oder ob aufgrund der Täuschung bereits eine völlige Gewahrsamsaufgabe vorliegt.[117]

197 Ein solcher Gewahrsamsrest wird nicht durch den Verbleib des Kfz-Briefes beim Versicherungsnehmer dokumentiert. Wird der Besitz des Fahrzeugs vom Eigentümer freiwillig auf den Täter übertragen, soll der Verlust des Fahrzeugs auch dann nicht versichert sein, wenn der Eigentümer noch im Besitz des Kfz-Briefes geblieben ist, für die allein relevante tatsächliche Einwirkungsmöglichkeit auf das Fahrzeug ist der Brief nämlich ohne Bedeutung.[118]

---

113 *OLG Köln* OLGR 1995, 67.
114 *BGH* NJW 1993, 1014.
115 *OLG Düsseldorf* NVersZ 2000, 336 = r+s 1999, 230 = VersR 1999, 1142 = zfs 1999, 297; falls der Versicherungsnehmer sich jedoch von dem unbekannten Dritten keinen Ausweis oder sonstiges Legitimationspapier bzw. eine Kaution geben lässt, ist ein Fall der groben Fahrlässigkeit gegeben.
116 *OLG Frankfurt* PVR 2001, 115.
117 *OLG Frankfurt* PVR 2001, 115; *OLG München* VersR 1995, 954.
118 *OLG Saarbrücken* OLGR Saarbrücken 2006, 900.

C. Umfang der Kaskoversicherung

Dies führt in der Praxis dazu, dass Probefahrten nur in Begleitung einer gewahrsamsbereiten Person oder z. B. nur auf einem eingefriedeten Gelände durchgeführt werden sollten. 198

c) Unbefugter Gebrauch

Der Begriff »unbefugter Gebrauch« erfasst den Gebrauchsdiebstahl aus § 248b StGB oder jede andere Schwarzfahrt. 199

Im Unterschied zum Diebstahl und der Unterschlagung will sich der Täter die Sache nicht auf Dauer zueignen. 200

Der Versicherungsschutz ist eingeschränkt, bestimmte Personen werden vom potentiellen Täterkreis für versicherte Taten ausgeschlossen. 201

Während in den alten AKB's der Personenkreis, der den versicherten Tatbestand verwirklichen konnte, mit dem Begriff »betriebsfremde Personen« umschrieben wurde, konkretisieren die AKB den Personenkreis jener, deren Tat nicht versichert ist, nämlich Personen, die mit der Betreuung des Fahrzeugs beauftragt waren oder in einem Näheverhältnis zum Versicherungsnehmer stehen. 202

Der Versicherungsnehmer soll also den Schaden tragen, wenn er das Fahrzeug nicht vertrauenswürdigen Personen überlässt. 203

Als Auslegungshilfe, wer dem »versicherten« Personenkreis unterfällt, kann auf die bisherige Rechtsprechung zu dem Begriff »betriebsfremde Person« zurückgegriffen werden. 204

Darunter versteht man eine Person, die mit dem Betrieb oder der Betreuung des Fahrzeugs nichts zu tun hat,[119] das Fahrzeug ohne Wissen und Willen des Fahrzeughalters benutzt, es sei denn, sie ist für den Betrieb angestellt oder das Fahrzeug ist ihr vom Halter überlassen worden.[120] 205

Nicht betriebsfremd ist also eine Person, die zwar nicht mit dem Fahrzeug fahren darf, es aber mit dem Willen des Halters besitzt. Unternimmt eine solche Person eine Schwarzfahrt, besteht für dabei verursachte Schäden am Fahrzeug in der Teilkaskoversicherung keine Deckung. 206

Der Versicherer muss beweisen, dass die Person, die das Fahrzeug unbefugt gebraucht hat, nicht betriebsfremd war.[121] 207

d) Beweisführung

Der Versicherungsnehmer ist für die tatsächlichen Voraussetzungen einer Entwendung in der Form des Diebstahls oder in der Form der Unterschlagung darlegungs- und beweisbelastet.[122] 208

Muss der Versicherungsnehmer den Diebstahl des Fahrzeugs nachweisen, gerät er häufig in Beweisnot, wenn es keine unmittelbaren Zeugen für den Vorfall gibt. 209

Aus diesem Grunde hat die Rechtsprechung verschiedene Beweiserleichterungen entwickelt, deren theoretische Grundlagen durch Auslegung des Versicherungsvertrages gewonnen wurden. Der *BGH*[123] verwendet den Terminus »vertragliche Verschiebung der Eintrittspflicht«. 210

Die vom *BGH* geschaffene Beweiserleichterung wird durch ein 3-Stufen-Modell verkörpert. 211

Auf der ersten Stufe muss der Versicherungsnehmer Tatsachen vortragen und beweisen, aus denen sich mit hinreichender Wahrscheinlichkeit Anzeichen für das äußere Bild einer versicherten Entwen- 212

---

119 *Bauer* Rn. 966.
120 *OLG Köln* NJW 1994, 60 = NZV 1993, 397 = r+s 1996, 14 = SP 1993, 250 = VersR 1994, 593 = zfs 1993, 307.
121 BGHZ 79, 54 = NJW 1981, 684.
122 Z. B. *OLG Düsseldorf* zfs 2002, 81.
123 *BGH* VersR 1984, 29 = DAR 1984, 57 = r+s 1984, 24 = zfs 1984, 20 = MDR 1984, 209.

dung ergeben.[124] Gelingt dieser Beweis, muss der Versicherer – der von einem vorgetäuschten Entwendungsfall ausgeht – konkrete Tatsachen darlegen und beweisen, die die Annahme einer Vortäuschung des Versicherungsfalls mit erheblicher Wahrscheinlichkeit nahe legen.[125]

213 Gelingt ihm dies, gilt die klassische Beweislastverteilung, d. h. der Versicherungsnehmer muss den Vollbeweis der Entwendung führen.[126]

Erste Stufe

214 Auf der ersten Stufe muss der redliche Versicherungsnehmer nur das äußere Bild einer Fahrzeugentwendung nachweisen, also Tatsachen, die nach der Lebenserfahrung darauf schließen lassen, dass das Fahrzeug entwendet wurde.

215 Der Versicherungsnehmer muss also darlegen, zu welcher Zeit und an welchem Ort er sein – später dort nicht wieder aufgefundenes Fahrzeug – abgestellt hat.[127] Für diesen Mindestsachverhalt muss der Versicherungsnehmer den Vollbeweis erbringen.[128]

216 Der Beweis kann durch Zeugen[129] erbracht werden, welche in Begleitung des Versicherungsnehmers das Abstellen und/oder Nichtwiederauffinden des Fahrzeugs gesehen haben. Stehen solche Zeugen nicht zur Verfügung, kann der Versicherungsnehmer durch eigene Angaben im Rahmen einer Anhörung nach § 242 ZPO den erforderlichen Beweis für das äußere Bild führen.[130]

217 Kann der Versicherungsnehmer für das Abstellen und das spätere Nichtwiederauffinden seines Fahrzeugs nicht eine Person benennen, bleibt ihm die Möglichkeit, unterschiedliche Zeugen für einerseits das Abstellen und andererseits das Nichtwiederauffinden zu benennen.

218 Der Beweis des äußeren Bildes eines Diebstahls ist geführt, wenn die Zeugenaussagen zuverlässig ergeben, dass sich ihre Beobachtungen auf ein- und dieselbe Örtlichkeit beziehen.[131]

219 Wenn die Angaben des Versicherungsnehmers und die des beim Abstellen des Kfz anwesenden Zeugen über die Zeit des Abstellens erheblich voneinander abweichen, hat der Versicherungsnehmer den Beweis des äußeren Bildes der behaupteten Entwendung nicht geführt.[132]

220 Von diesen Mindestanforderungen können keine weiteren Abstriche gemacht werden, reine »Rahmentatsachen« sind für das Vorliegen des äußeren Bildes nicht ausreichend.[133]

221 Das äußere Bild entfällt nicht, wenn keine Einbruchspuren festgestellt werden. Solche Spuren gehören nicht zum äußeren Bild, können aber bei der Beurteilung der Glaubwürdigkeit des Versicherungsnehmers und der Frage der erheblichen Wahrscheinlichkeit einer vorgetäuschten Entwendung eine Rolle spielen.[134]

---

124 Ständige Rechtsprechung seit *BGH* VersR 1984, 29; s. a. *OLG Naumburg* VersR 2001, 500; *OLG Köln* SP 2000, 241; *OLG Frankfurt* NJWE-VHR 1998, 103; *OLG Düsseldorf* NJWE-VHR 1997, 244 = VersR 1998, 753; *OLG Düsseldorf* NJW-RR 1996, 408 = r+s 1995, 404 = VersR 1996, 880; *OLG Köln* NJW 1993, 605 = NZV 1993, 32; *OLG Köln* r+s 1991, 222; *OLG Köln* r+s 2006, 15.
125 *BGH* NJW-RR 1993, 719 = VersR 1993, 571.
126 *BGH* NJW 1996, 993 = VersR 1996, 319.
127 Als nicht ausreichend wird es jedoch angesehen, wenn lediglich dargetan wird, dass der PKW mit Aufbruchspuren gefunden wurde, vgl. *OLG Hamm* OLGR 1998, 352 oder, dass eine Diebstahlsanzeige bei der Polizei erstattet wurde, vgl. *BGH* VersR 1993, 571.
128 *OLG Köln* VersR 2005, 349; *OLG Köln* r+s 2006, 103, 104.
129 *OLG Köln* r+s 2006, 15.
130 *BGH* VersR 1993, 571 = r+s 1993, 169; *OLG Hamm* OLGR 1998, 279.
131 *BGH* MDR 1998, 1027.
132 *OLG Köln* r+s 2006, 15.
133 *BGH* VersR 2002, 431; *BGH* VersR 1997, 691 = NJW-RR 1997, 663 = zfs 1997, 259 = DAR 1997, 248.
134 *OLG Köln* r+s 2006, 103, 104.

C. Umfang der Kaskoversicherung

Zur Darlegung des äußeren Bildes gehört es auch nicht, dass der Versicherungsnehmer alle Originalschlüssel vorlegen oder das Fehlen eines Schlüssels plausibel erklären kann.[135] Dies ist erst recht nicht erforderlich, wenn der Versicherungsnehmer sein Fahrzeug als Gebrauchtwagen erworben hat.[136] 222

Das äußere Bild eines Diebstahls ist auch dann nicht widerlegt, wenn das Fahrzeug mit passendem Schlüssel gefahren worden ist und der Versicherungsnehmer alle Originalschlüssel ohne Duplizierspuren vorweisen kann.[137] 223

Kann der Versicherungsnehmer mit den nach der ZPO zur Verfügung stehenden Beweismitteln den Beweis des äußeren Bildes nicht führen, kann das Gericht aufgrund der objektiven Beweisnot eine Parteivernehmung gem. § 448 ZPO oder eine Anhörung des Versicherungsnehmers nach § 141 ZPO in Betracht ziehen.[138] 224

Die Parteivernehmung nach § 448 ZPO setzt voraus, dass das Ergebnis der bisherigen Verhandlung oder Beweisaufnahme noch nicht ausreicht, um die Überzeugung des Tatrichters von der Wahrheit oder Unwahrheit einer zu beweisenden Tatsache zu begründen. Es muss ein gewisser Anfangsbeweis[139] gegeben sein, also Anhaltspunkte, welche die Behauptungen des Versicherungsnehmers wahrscheinlich machen. 225

In der Gerichtspraxis häufiger ist die Parteivernehmung des Versicherungsnehmers, bei der der Versicherungsnehmer im Vorfeld nach § 141 ZPO als Partei angehört wird. 226

Wichtigste Voraussetzung ist in beiden Fällen die Redlichkeit und Glaubwürdigkeit des Versicherungsnehmers. Im Regelfall ist von der Redlichkeit des Versicherungsnehmers auszugehen.[140] 227

Von der Erhebung dieser Beweismittel wird das Gericht absehen, wenn der Versicherer Tatsachen nachweisen kann, die den Versicherungsnehmer unglaubwürdig erscheinen lassen oder wenn es als zumindest zweifelhaft erscheint, dass der Versicherungsnehmer glaubwürdig[141] ist und seine Behauptungen der Wahrheit entsprechen. Für diesen Nachweis dürfte bereits ausreichen, wenn der Versicherungsnehmer unterschiedliche Angaben zum Zeitpunkt des behaupteten Diebstahls und zur Laufleistung des entwendeten PKW macht. An der für einen Beweis der Entwendung eines Kfz erforderlichen Glaubwürdigkeit fehlt es, wenn die Angaben des Versicherungsnehmers bei Anhörung vor dem Senat Widersprüche und Ungereimtheiten aufweisen, insbesondere in Bezug auf seine Angaben in der Vorinstanz, wenn er diese Widersprüche nicht überzeugend erklären kann.[142] 228

Bei einem Fahrzeug, das mit stimmigen Spuren einer professionellen Entwendung verunfallt aufgefunden wird, kann der Nachweis des Diebstahls hingegen auch bei einem ansonsten unglaubwürdigen Versicherungsnehmer als geführt angesehen werden.[143] 229

In einer neueren Entscheidung hat der *BGH*[144] hervorgehoben, dass hinsichtlich der Glaubwürdigkeit auch das Verhalten bei einem früheren Versicherungsfall eine Rolle spielen kann.[145] 230

Zwar kann ein früheres unredliches Verhalten des Versicherungsnehmers im Rechtsverkehr ein Indiz für eine Vortäuschung sein, Voraussetzung ist aber eine eigene Prüfung des Tatrichters, dass das 231

---

135 *BGH* NJW 1995, 2169.
136 *BGH* NJW-RR 1997, 152 = DAR 1997, 241 = r+s 1996, 474 = zfs 1997, 60 = VersR 1997, 60; *BGH* VersR 2002, 431; a. A. z. B. *OLG Hamm* OLGR 1993, 43.
137 *BGH* VersR 1997, 102.
138 *Halm* PVR 2001, 136; *BGH* zfs 2000, 18; *BGH* MDR 1999, 1502; *OLG Köln* r+s 2006, 103.
139 *Baumbach/Lauterbach/Albers/Hartmann/Hartmann* § 448 Rn. 3.
140 Z. B. *OLG Köln* OLGR 1997, 279.
141 Z. B. *OLG Rostock* OLGR 1998, 79.
142 *OLG Köln* r+s 2005, 241.
143 *OLG Hamm* VersR 2006, 211
144 *BGH* VersR 2002, 431; *BGH* NVersZ 2002, 220.
145 So auch Urteil des *OLG Schleswig* v. 24.10.2001, Az. 16 U 65/01.

behauptete unredliche Verhalten des Versicherungsnehmers auch tatsächlich bewiesen ist.[146] Bestanden bei einem früheren Versicherungsfall ernsthafte Bedenken an der Glaubwürdigkeit des Versicherungsnehmers, so ist dies durchaus als Indiz zu werten, dass die Glaubwürdigkeit des Versicherungsnehmers auch bei dem Versicherungsfall in Zweifel gezogen werden kann. Diese Vorgehensweise stellt auch keinen Verstoß gegen die Unschildsvermutung nach Art. 6 EMRK dar.[147]

Zweite Stufe

232 Die »bedingungsgemäße Beweiserleichterung« für den Versicherungsnehmer findet gleichsam sachlogisch ihr Spiegelbild darin, dass dem Versicherer – weil er vor einem Missbrauch der dem Versicherungsnehmer einzuräumenden Beweiserleichterung geschützt werden muss – die Möglichkeit gegeben ist, seinerseits in erleichterter Form erhebliche Zweifel an der Richtigkeit der Darstellung des Versicherungsnehmers darzutun und nachzuweisen.

233 Für den erfolgreichen Gegenbeweis des Versicherers ist keine erhebliche Wahrscheinlichkeit für die Vortäuschung des Versicherungsfalls erforderlich, es reicht der Beweis von Tatsachen aus, die einer erhebliche Wahrscheinlichkeit der Vortäuschung hierfür nahe legen.[148] Die erhebliche Wahrscheinlichkeit der Vortäuschung kann sich sowohl aus den Tatumständen allgemein als auch aus erheblichen Zweifeln an der Glaubwürdigkeit des Antragsstellers und aus seinem Verhalten ergeben.[149]

234 Eine erhebliche Wahrscheinlichkeit für die Vortäuschung des behaupteten PKW-Diebstahls liegt demnach vor, wenn einer der beiden vom Hersteller ausgelieferten Sender für die Wegfahrsperre nach dem angeblichen Diebstahl nicht vorgelegt werden kann.

235 Die Rechtsprechung des *BGH*, nach der Auffälligkeiten bei den Schlüsselverhältnissen, wie etwa das Fehlen eines Originalschlüssels, allein in der Regel noch nicht die erhebliche Wahrscheinlichkeit einer vorgetäuschten Tat nahe legen, sondern weitere Verdachtsumstände hinzukommen müssen,[150] kann auf elektronische Wegfahrsperren nicht übertragen werden. Denn im Gegensatz zu einem Schlüssel ist das Wegfahren ohne Sender praktisch unmöglich.[151]

236 Das Vorliegen einer erheblichen Wahrscheinlichkeit für einen Täuschungsfall kann aus allgemeinen Ungereimtheiten bei der Sachverhaltsdarstellung folgen, wenn Versicherungsnehmer und Zeugen zahlreiche Vorstrafen wegen Vermögensdelikten aufweisen,[152] wenn der Versicherungsnehmer vor Zeugen in einer Kneipe erklärt hat, dass er seinen PKW nicht verkaufen könne und er deswegen daran denke, ihn verschwinden zu lassen,[153] wenn der Versicherungsnehmer behauptet, mit mehreren Freunden unterwegs gewesen zu sein, ohne dass er auch nur einen benennen konnte,[154] wenn unklare Angaben zum Verbleib des Zweitschlüssels, der Fahrzeugpapiere und hinsichtlich der gefahrenen Kilometer getätigt werden,[155] eine Vorverurteilung wegen Vortäuschung einer Entwendung,[156] widersprüchliche und falsche Angaben zu Vorschäden und Kilometerleistung,[157] unrichtige Angaben in

---

146 Z. B. *OLG Köln* NVersZ 2002, 83, es muss aber Feststehen, dass hinsichtlich der Vorstrafen kein Verwertungsverbot besteht, §§ 51, 52 BZRG; *BGH* NJW-RR 1997, 152.
147 *BGH* VersR 2002, 431; *OLG Düsseldorf* r+s 1998, 453 = NVersZ 1998, 85 = zfs 1998, 383.
148 *BGH* VersR 1989, 587 = r+s 1990, 130.
149 Grundsatzurteil: *BGH* NJW 1996, 1348 = VersR 1996, 575 = r+s 1996, 125; *Prölss/Martin/Knappmann* AKB 2008 A.2.2, Rn. 25; *LG Düsseldorf* r+s 2006, 187.
150 *BGH* VersR 1995, 909 = r+s 1995, 288; *BGH* VersR 1991, 1047.
151 *OLG Köln* VersR 2002, 225.
152 *OLG Düsseldorf* NJW-RR 2000, 839; *OLG Hamm* VersR 1995, 1046 = r+s 1995, 245; *OLG Celle* VersR 1990, 152; *OLG Köln* VersR 1980, 1051; *OLG Koblenz* VersR 1979, 807; zu beachten ist hier aber auch, dass nicht bereits getilgte oder tilgungsreife Vorstrafen berücksichtigt werden, § 51 BZRG.
153 *OLG Celle* zfs 1996, 383.
154 *OLG Celle* VersR 1990, 518.
155 *OLG Karlsruhe* OLGR 1997, 51; *OLG Frankfurt* OLGR 1994, 89; *OLG Frankfurt* VersR 1977, 1022.
156 *OLG Köln* VersR 1985, 77.
157 *OLG Köln* r+s 1986, 116.

C. Umfang der Kaskoversicherung

der Schadensanzeige[158] gemacht werden, wenn kurz vor dem behaupteten PKW Diebstahl ein Nachschlüssel angefertigt wurde, der vom Versicherungsnehmer nicht vorgelegt wird[159] oder wenn der Diebstahl in professioneller Tatausführung begangen wurde, es sich bei dem gestohlenen PKW aber um einen nur scher absetzbaren PKW von bescheidenen Wert handelt.[160]

Eine hinreichende Wahrscheinlichkeit der Vortäuschung eines Diebstahls ergibt sich allerdings nicht alleine daraus, dass ein Versicherungsnehmer sich schon seit einem Jahr vor dem Diebstahl vergeblich bemüht hat, seinen PKW zu verkaufen.[161] 237

Einen Versicherungsnehmer kann es auch nicht entlasten, wenn er sich darauf beruft, unklare Angaben hinsichtlich der Entwendung eines Fahrzeugs habe er nur gemacht, weil er die Versicherungsbögen nicht richtig verstanden habe. Es muss von jedem Versicherungsnehmer, der sein Fahrzeug in Deutschland versichert, erwartet werden, dass er sich ggf. durch Übersetzung hinreichende Kenntnis über die wesentlichen Grundlagen des Versicherungsverhältnisses verschafft und sich insbesondere den Inhalt wichtiger Fragebögen klar macht.[162] 238

Dritte Stufe

Ergibt sich eine hinreichende Wahrscheinlichkeit für ein unredliches Verhalten des Versicherungsnehmers, so ist der »bedingungsgemäßen Beweiserleichterung« die Vertrauensgrundlage entzogen, und der Versicherungsnehmer ist – nun doch – an seiner grundsätzlichen, den Vollbeweis des Eintritts des Versicherungsfalles betreffenden Beweislast nach den allgemeinen Grundsätzen festzuhalten.[163] 239

e) Zusammentreffen Entwendung/Brand

Das in der Praxis nicht seltene Zusammentreffen von Entwendung und nachfolgendem Brand[164] des Fahrzeugs lässt häufig vermuten, dass es sich um einen vorgetäuschten Versicherungsfall handelt, bei dem der Versicherungsnehmer zunächst seinen PKW »entwendet« und ihn hiernach dem Feuer übergibt, um eventuelle Spuren zu beseitigen. 240

Aus diesem Grunde wird vielfach die Auffassung vertreten, dass der Versicherungsnehmer zwingend auch den Entwendungstatbestand beweisen müsse, wenn er sich auf den Versicherungsfall Brand berufen wolle. Der BGH geht hingegen in ständiger Rechtsprechung davon aus, dass beide Tatbestände voneinander unabhängig sind. Demnach könne sich der Versicherungsnehmer unproblematisch auch nur auf den Brand berufen und müsse das äußere Bild des Diebstahls nicht beweisen.[165] 241

Auf Basis dieser Rechtsprechung muss der Versicherer also beweisen, dass der Versicherungsnehmer den Brand vorsätzlich herbeigeführt hat. 242

Kann der Versicherer die Vortäuschung der Entwendung beweisen, kommt diesem Gesichtspunkt insoweit indizielle Bedeutung zu, als damit auch eine hohe Wahrscheinlichkeit für die Eigenbrandstiftung des Versicherungsnehmers vorliegt. So kann eine erhebliche Wahrscheinlichkeit der Diebstahlvortäuschung angenommen werden, wenn das Fahrzeug unmittelbar nach der Entwendung 243

---

158 *OLG Hamm* VersR 1992, 819; *OLG Stuttgart* r+s 1992, 331.
159 *OLG Köln* OLGR 1995, 316.
160 *OLG Düsseldorf* OLGR 1997, 319.
161 *OLG Düsseldorf* VersR 2003, 57; obwohl in diesem Fall sogar noch eine Wegfahrsperre eingerichtet war, der Rückkaufpreis deutlich unter dem Wiederbeschaffungswert lag und der Versicherungsnehmer in der Schadensanzeige eine falsche Uhrzeit hinsichtlich des Abstellens des Fahrzeugs genannt hatte.
162 *LG Bonn* zfs 2001, 363.
163 *BGH* VersR 1989, 587; *BGH* VersR 1991, 1047.
164 Zum Nachweis der Eigenbrandstiftung s. z. B. *OLG Köln* r+s 2007, 274.
165 Seit *BGH* VersR 1979, 805; so auch LG Gießen r+s 1996, 257 = NJWE-VHR 1996, 35; *OLG Saarbrücken* SP 1996, 94; *OLG Karlsruhe* r+s 1991, 333.

in Brand gesetzt wurde, keine Aufbruchspuren festgestellt wurden und der Eigentümer in finanziellen Schwierigkeiten war.[166]

244 Eine vorsätzliche Brandherbeiführung durch den Versicherungsnehmer i. S. d. § 61 VVG a. F./§ 81 VVG 2008 wurde z. B. bejaht,[167] wenn sich der Versicherungsnehmer nach seinen eigenen Angaben nach Abstellen des Kfz mit einer Frau in dem Fahrzeug aufgehalten und kurz danach Rauch bzw. Feuer aus den Lüftungsschlitzen des Armaturenbretts ausgetreten sei. Aufgrund der Bewertung der Gesamtumstände ist davon auszugehen, dass dieser Vorgang vom Versicherungsnehmer frei erfunden wurde. Dies folgt aus der Tatsache, dass sich vor Einsetzen der Rauchentwicklung ein so starker Geruch (freigesetzte Salzsäure) entwickelt haben müsste, dass der Versicherungsnehmer diesen hätte bemerken müssen.[168]

245 Gleiches gilt, wenn ein LKW mit einem passenden Schlüssel weggefahren wurde, das Fahrzeug mit einer Wegfahrsperre der zweiten Generation versehen war, bei der die Übertragung des Bedienungscodes von einem Originaltransponder auf einen anderen Chip nur über eine Werkstatt des LKW-Herstellers bewerkstelligt werden kann und zugleich mit angeblicher Entwendung des LKW eine größere Anzahl billiger Topf- und Messersets gestohlen wurde, für die es eigentlich keinen Absatzmarkt mehr gab. Der LKW wurde völlig ausgebrannt wiedergefunden.[169]

246 Für eine vorsätzliche Inbrandsetzung des Kfz spricht, dass der Versicherungsnehmer widersprüchliche Angaben zum Geschehen macht, insbesondere die Einlassung zu einem im Fahrzeug befindlichen Benzinkanister unglaubwürdig ist und er den Fragebogen des Versicherers nur zögerlich beantwortet hat.[170]

247 Für eine vorsätzliche Herbeiführung des Brandes spricht auch, wenn ein Brand sich wenige Stunden (3–4 Stunden) nach dem behaupteten Diebstahl in einer Entfernung von 15 km vom Diebstahlort ereignet hat. Die Sperreinrichtung des Lenkradschlosses unbeschädigt war und der Versicherungsnehmer sich in wirtschaftlichen Schwierigkeiten befand.[171]

248 Der Nachweis der Eigeninbrandsetzung des PKW und die Vortäuschung der Entwendung wurden als geführt angesehen, wenn ein passender Schlüssel benutzt wurde, kurze Zeit vor der Entwendung eine Nachschlüsselanfertigung erfolgte und die Brandstiftung kurz vor Beendigung des Leasingvertrages und Ablauf der Zweijahresgrenze für Neuwertentschädigung geschah.[172]

3. Naturereignisse

249 Der Versicherungsschutz der Kaskoversicherung umfasst auch Schäden durch enumerativ aufgelistete Naturereignisse wie Sturm, Hagel, Blitzschlag oder Überschwemmungen, A.2.2.3 AKB 2008.

250 Schäden durch Lawinenabgänge, Erdrutsch, Erdbeben oder Vulkanausbruch sind nicht versichert.[173]

251 Sturm ist in A.2.2.3 S. 2 AKB 2008 definiert als eine wetterbedingte Luftbewegung von mindestens Windstärke 8. Stärke 8 bedeutet nach der maßgeblichen Beaufortskala »stürmischer Wind, der Zweige von Bäumen bricht und das Gehen im Freien erheblich erschwert«.

---

166 *KG* VersR 2004, 998.
167 So z. B. *OLG Hamm* r+s 2002, 1101; *OLG Köln* r+s 2002, 360.
168 *OLG Köln* r+s 2001, 142.
169 *OLG Düsseldorf* r+s 2001, 142.
170 *LG Dortmund* SP 2000, 239.
171 *OLG Hamm* NVersZ 1999, 431 = r+s 1999, 144 = SP 1999, 137 = zfs 1999, 157.
172 *OLG Hamm* VersR 1996, 1362 = zfs 1996, 100.
173 *BGH* NJW 1984, 369 = VersR 1984, 28 = DAR 1984, 56.

C. Umfang der Kaskoversicherung

Hagel ist definiert als Niederschlag in Form von Eisstücken. Die unterschiedliche Größe der Hagelkörner verursacht unterschiedlich tiefe, aber charakteristische Eindellungen an Fahrzeugoberflächen. 252

Durch Blitzschlag entsteht ein Schaden, wenn ein in der Atmosphäre entstandener Blitz auf das Fahrzeug durch natürliche Entladung einwirkt, der Blitz muss auch nicht notwendig zur Erde niedergehen.[174] 253

Der Blitzschlag ist eine selbständige Schadensursache, ein nachfolgender Brand ist nicht erforderlich. 254

Auch Schäden, die durch auf das Fahrzeug fallende, vom Blitz »gefällte« Bäume oder Teile eines Gebäudes entstehen, sind versichert. 255

Eine Überschwemmung wird angenommen, wenn Wasser in erheblichen Mengen sein natürliches Gelände verlässt und nicht auf normalem Wege abfließt. Nicht nur Wasser, welches über die Ufer getreten ist, sondern auch die wetterbedingte oder aufgrund eines Rohrbruchs verursachte Überflutung einer Straße stellt eine Überschwemmung dar.[175] Auch wenn auf einen Berghang so starker Regen niedergeht, dass er weder versickert noch geordnet abfließt, sondern sturzbachartig den Hang herabfließt, liegt eine Überschwemmung vor.[176] 256

Unmittelbarkeitserfordernis

Erforderlich, aber in der Praxis häufig streitig, ist ein unmittelbarer Zusammenhang zwischen Naturereignis und Schadenseintritt. Unmittelbarkeit wird bejaht, wenn zwischen Ursachenereignis und Erfolg keine weitere Ursache tritt.[177] 257

Wird ein Fahrzeugführer vom Wasser eingeschlossen, ist die Überflutung die letzte Ursache für den Überschwemmungsschaden, so dass dem Unmittelbarkeitserfordernis Genüge getan ist.[178] 258

Ein unmittelbarer Zusammenhang wird bejaht, wenn während der Fahrt unvorhersehbar eine Überschwemmung auftritt, die zu einem Wasserschlag[179] im Motor führt,[180] wenn der Sturm einen Ast so plötzlich vor das Fahrzeug wirft, dass dieses nicht mehr abgebremst werden kann[181] oder wenn ein windempfindlicher Kastenwagen trotz verkehrsgerechten Gegenlenkens bei Sturm nicht mehr auf der Fahrbahn gehalten werden kann.[182] 259

Eine unmittelbare Einwirkung eines Naturereignisses i. S. d. § 12 Abs. 1c AKB a. F. liegt jedoch nicht mehr vor, wenn der Versicherungsnehmer mit seinem Fahrzeug gegen Felsbrocken fährt, welche zuvor infolge eines heftigen Sturms auf die Fahrbahn gerollt sind.[183] 260

Eine nur mittelbare Einwirkung wird angenommen, wenn durch Sturmeinwirkung ein Baum umstürzt, auf diesen ein PKW und der Versicherungsnehmer wiederum auf dieses Fahrzeug auffährt,[184] wenn der versicherte PKW infolge eines durch einen Sturm umgestürzten Anhängers beschädigt 261

---

174 *Feyock/Jacobsen/Lemor/Jacobsen* § 12 AKB Rn. 89.
175 *Prölss/Martin/Knappmann* AKB 2008 A.2.2, Rn. 37; *BGH* VersR 1964, 712; *LG Kassel* VersR 1963, 670.
176 *BGH* VersR 2006, 966.
177 *BGH* VersR 1984, 28 = NJW 1984, 56 = MDR 1984, 297; das *OLG Köln* und das *OLG Düsseldorf* stellen darauf ab, ob die Naturgewalt die zeitlich letzte Ursache ist vgl. dazu *OLG Köln* NJW-RR 1999, 468 = NVersZ 1999, 485 = r+s 1999, 451 = SP 1999, 138 = zfs 1999, 338; *OLG Düsseldorf* VersR 1985, 1035.
178 *LG Kiel* DAR 2000, 220 = VersR 2000, 1234.
179 Hierunter versteht man ein plötzliches Auftreten einer Überschwemmung, so dass der Motor nicht mehr rechtzeitig ausgestellt werden kann.
180 *OLG Stuttgart* VersR 1974, 234; *OLG Hamm* NZV 1989, 3960 = VersR 1990, 85; *OLG Frankfurt/M.* VersR 1966, 437.
181 *OLG München* DAR 1969, 103; *OLG Celle* VersR 1979, 178.
182 *OLG Köln* zfs 1986, 119.
183 *AG Iserlohn* VersR 1996, 1272; *AG Hamburg* VersR 1992, 1509.
184 *OLG Hamburg* VersR 1972, 241.

wird,[185] wenn ein Fahrer bewusst eine überschwemmte Straße befährt und es durch Wasser zu einem Fahrzeugschaden kommt[186] oder wenn ein Sturm eine andere Naturgewalt auslöst, wie etwa eine Lawine, ohne selbst das Fahrzeug zu zerstören.[187]

262 A.2.2.3 S. 3 AKB 2008 enthält eine Erweiterung der primären Risikobegrenzung. Als »unmittelbar« gelten danach auch Schäden, welche dadurch entstehen, dass aufgrund eines Naturereignisses Gegenstände auf oder gegen das Fahrzeug geworfen werden.

263 Ausgeschlossen sind nach A.2.2.3 S. 4 AKB 2008 Schäden, die auf ein durch diese Naturgewalten veranlasstes (Fehl-) Verhalten des Fahrers zurückzuführen sind.

264 Dieser Ausschluss bestätigt lediglich, dass nur unmittelbare Schäden ersetzt werden, da es im Falle der Schadensrückführung auf ein Fehlverhalten des Fahrers schon an dem Unmittelbarkeitserfordernis fehlen wird.[188]

265 Fällt sturmbedingt ein Ast auf die Motorhaube des Fahrzeugs und kommt dieses aufgrund eines Fehlverhaltens des Fahrers, bei dem Versuch, das Kfz zum Stehen zu bringen, von der Fahrbahn ab und überschlägt sich, greift der Ausschlusstatbestand ein.[189]

4. Wildschaden

266 Versichert sind nach A.2.2.4 AKB 2008 Schäden durch den Zusammenstoß des in Bewegung befindlichen Fahrzeugs mit Haarwild i. S. d. § 2 Abs. 1 Nr. 1 des Bundesjagdgesetzes.[190] Hierbei muss das Wild selbst nicht in Bewegung sein.[191] Die Beweislast für einen Zusammenstoß des Fahrzeugs mit Wild trägt der Versicherungsnehmer.[192]

267 Unter Wild im Sinne des § 2 Abs. 1 Nr. 1 Bundesjagdgesetz versteht man:

268 »... Wisent, Elch-, Rot-, Dam-, Sika-, Reh-, Gams-, Stein-, Muffel- und Schwarzwild, Feldhase, Schneehase, Wildkaninchen, Murmeltier, Wildkatze, Luchs, Steinmarder, Baummarder, Iltis, Hermelin, Mauswiesel, Dachs, Fischotter und Seehunde ...«

269 Die in § 2 Bundesjagdgesetz genannten Wildarten können durch landesrechtliche Vorschriften erweitert oder eingeengt werden.

269a Eine Kollision mit einem Eichhörnchen ist nicht als Wildunfall einzuordnen.[193]

270 Einige Versicherer haben die Wildklausel dahingehend erweitert, dass auch Zusammenstöße mit Nutz- oder Haustieren dem Versicherungsschutz unterfallen. Die entsprechenden Formulierungen in den AKB's lauten dann:

271 »... Haarwild im Sinne von § 2 Absatz 1 Nr. 1 Bundesjagdgesetzes oder Pferden, Rindern, Schaden oder Ziegen; ...« oder

272 »... Haarwild im Sinne von § 2 Absatz 1 Nr. 1 Bundesjagdgesetzes, darüber hinaus mit sonstigen Wirbeltieren, wie z. B. Hunden, Katzen oder Pferden ...«

273 Der Leistungskatalog einiger Versicherer wurde auch auf Schäden durch Marderbiss erweitert. Solche Schäden sind nicht grundsätzlich mitversichert,[194] da der Marder sich am abgestellten, also nicht

---

185 *LG Karlsruhe* DAR 1995, 489.
186 *LG Mühlhausen* zfs 2002, 590; *OLG Frankfurt* VersR 1966, 437; *LG Mönchengladbach* r+s 2006, 490.
187 *BGH* VersR 1984, 28.
188 *Prölss/Martin/Knappmann* AKB 2008 A.2.2, Rn. 40; *Stiefel/Maier/Stadler* AKB A.2.2, Rn. 159.
189 *AG Hamburg* SP 1993, 59 = VersR 1992, 1509.
190 Vgl. auch hierzu *Schröder* PVR 2001, 296.
191 *LG Stuttgart* r+s 2008, 150; *OLG Nürnberg* VersR 1994, 929.
192 *OLG Hamm* r+s 2004, 318.
193 *LG Coburg* Urt. v. 29.6.2010, 23 O 256/09.
194 *AG Zittau* r+s 2007, 318.

in Bewegung befindlichen Fahrzeug zu Schaffen macht. Für die Abdeckung dieses Risikos besteht ein Bedürfnis, weil sich Marder vor allem nachts von dem noch warmen Motorraum eines kurz vorher abgestellten Kfz angezogen fühlen und bevorzugt Gummiteile anknabbern. In den Musterbedingungen ist diese Deckungserweiterung nicht enthalten.[195]

In der Praxis wird häufig übersehen, dass den Versicherungsnehmer nach E.3.3 AKB 2008 die Obliegenheit trifft, einen Wildschaden ab einer in den AKB's unterschiedlich geregelten Schadenshöhe unverzüglich der Polizei zu melden. 274

a) Kausalität zwischen Wildberührung und Schaden

Zwischen Wildberührung und erstattungsfähigem Schaden muss ein Kausalzusammenhang bestehen. 275

Der Zusammenstoß muss das auslösende Moment für den weiteren Schaden sein, nicht nur ein Begleitumstand.[196] Wird der PKW durch die Wildberührung derart beschädigt, dass eine verkehrsgerechte Bedienung nicht mehr möglich ist und dadurch weiterer Fahrzeugschaden auftritt[197] oder entsteht durch die Wildberührung ein nachfolgender Schaden aufgrund falscher Bedienung des PKW[198] ist der erforderliche Kausalzusammenhang noch gegeben. Beweisverpflichtet ist der Versicherungsnehmer, es gilt der Maßstab des § 286 ZPO.[199] 276

Verneint wird der Kausalzusammenhang, wenn die Wildberührung nur zufällig stattfindet, beispielsweise sich der Versicherungsnehmer im Schleudern befindet und im Zuge dieses Schleudervorgangs eine Wildberührung stattgefunden hat.[200] 277

Der Unfall darf zudem nicht auf andere Ursachen zurückgeführt werden können. So wird der Kausalzusammenhang als unterbrochen angesehen, wenn der Versicherungsnehmer Alkohol oder Drogen zu sich genommen hatte und die Wildberührung aufgrund seiner eingeschränkten Fahrfähigkeit stattfand.[201] 278

Streit herrscht hinsichtlich der Frage, ob die Kollision mit totem Wild vom Versicherungsschutz erfasst wird. 279

Teilweise wird die Auffassung vertreten, es bestehe kein Versicherungsschutz, da die AKB auf § 2 Abs. 1 Nr. 1 Bundesjagdgesetz verweise und hierunter nur jagdbare Tiere fallen. Tote Tiere seien aber nicht mehr jagdbar.[202] 280

Vielfach gewähren Gerichte jedoch auch bei Kollisionen mit totem Wild Versicherungsschutz, zumindest dann, wenn das Wild unmittelbar vor dem Zusammenstoß durch einen anderen PKW überfahren wurde.[203] 281

---

195 *Halm/Engelbrecht/Krahe/Oberpriller*, 15. Kapitel, Rn. 72.
196 *OLG Brandenburg* VersR 2002, 1274; *OLG Düsseldorf* VersR 2002, 1275; *BGH* VersR 1997, 351 = DAR 1997, 158 = MDR 1997, 348 = NJW 1997, 1012 = NZV 1997, 176 = r+s 1997, 98 = SP 1997, 168; *Prölss/Martin/Knappmann* AKB 2008 A.2.2, Rn. 42; als Grund für dieses Kausalerfordernis wird auch immer darauf hingewiesen, dass ansonsten dem Versicherungsbetrug Tür und Tor geöffnet sei, vgl. z. B. *LG Halle* r+s 1997, 171.
197 *OLG Koblenz* r+s 1989, 246; *LG Düsseldorf* VersR 1990, 300.
198 *OLG Jena* VersR 1998, 623; *BGH* NJW-RR 1992, 469 = DAR 1992, 179 = NZV 1992, 109 = r+s 1992, 77 = VersR 1992, 349 = zfs 1992, 85; *OLG Celle* zfs 1990, 423; *Bauer* Rn. 1003.
199 *OLG Hamm* OLGR Hamm 2008, 344.
200 *OLG Düsseldorf* VersR 1985, 851; *OLG München* zfs 1989, 206.
201 *OLG Schleswig* zfs 1990, 95; *LG Münster* VersR 1988, 1174; *LG Limburg* zfs 1987, 375; *LG Augsburg* zfs 1987, 150.
202 *Bauer* Rn. 1002; *OLG München* VersR 1986, 863.
203 *OLG Nürnberg* DAR 1994, 279 = zfs 1994, 214; *OLG Düsseldorf* VersR 1985, 851; *LG Stuttgart* r+s 2008, 150.

b) Durch Ausweichmanöver verursachter Schaden/Rettungskosten

282 Kommt es nicht zu einem Zusammenstoß mit Haarwild, liegt kein Wildschaden i. S. d. A.2.2.4 AKB 2008 vor.

283 Entstehen durch Ausweichmanöver vor einem Haarwild Schäden am PKW, kommt allenfalls Ersatz unter dem Begriff der Rettungskosten i. S. d. §§ 82, 83 VVG 2008 in Betracht.

284 Die in § 82 VVG 2008 normierte Schadenabwendungs- und Rettungspflicht beginnt nicht erst, wenn der Versicherungsfall schon eingetreten ist, sondern bereits dann, wenn er unmittelbar bevorsteht, sog. Vorerstreckungstheorie.[204]

285 Der Versicherungsnehmer, der Rettungskostenersatz in den sogenannten Wildschadenfällen aus der Teilkaskoversicherung beansprucht, muss darlegen und beweisen, dass die Beschädigung des Fahrzeugs auf ein Ausweichmanöver zurückzuführen ist, das vorgenommen wurde, um eine unmittelbar bevorstehende Kollision mit Wild zu vermeiden.[205]

286 Der Versicherungsnehmer muss insoweit den Vollbeweis führen.[206]

287 Der Versicherungsnehmer hat einen Anspruch auf Rettungskostenersatz, wenn
 – der Schaden im Falle eines Zusammenstoßes versichert wäre,[207] also kein Rettungskostenersatz bei Schäden infolge eines Ausweichmanövers zur Vermeidung einer Kollision mit einem anderen Fahrzeug
 – der Versicherungsnehmer die Gefahrenlage, welcher er durch das Ausweichmanöver entgehen will, nicht grob fahrlässig herbeigeführt hat;[208] wäre der Versicherer bei erfolgtem Zusammenstoß leistungsfrei, gilt gleiches natürlich auch im Rahmen des Rettungskostenersatzes
 – ein bewusstes und gezieltes Ausweichen vorliegt, kein reiner Reflex oder eine reine Schreckreaktion[209]
 – die Maßnahme objektiv erforderlich und geeignet war, den Wildschaden zu vermeiden.[210]
 Der Versuch einem Kleintier auszuweichen, wie z. B. einem Hasen oder Marder,[211] aber auch einem Fuchs[212] (str.) ist in aller Regel nicht objektiv erforderlich.
 Erleidet der Versicherungsnehmer dadurch einen Verkehrsunfall, dass er einem vom links kommend, die Fahrbahn überquerenden Fuchs ausweicht, kann er seinen Schaden weder unter

---

204 *BGH* VersR 1991, 459 = NJW 1991, 1609 = zfs 1991, 135 = r+s 1991, 165.
205 *Ferner* Straßenverkehrsrecht 2005; *Wolfram-Korn* S. 363 Rn. 41.
206 *OLG Köln* r+s 2004, 228.
207 OLGR Düsseldorf 2002, 370 = VersR 2002, 1275; *OLG Karlsruhe* VersR 1995, 1088 = NZV 1994, 443; *Bauer* Rn. 1009.
208 *OLG Karlsruhe* VersR 1995, 1088 = NZV 1994, 443; *Stiefel/Maier/Maier* § 83 VVG Rn. 15; *Prölss/Martin/Voit* § 83 VVG Rn. 7.
209 *OLG Koblenz* VersR 2004, 464.
210 *BSG* NWB 1999, Fach 1, 363; *BGH* DAR 1997, 158 = MDR 1997, 348 = NZV 1997, 176 = NJW 1997, 1012 = VersR 1997, 351 = SP 1997, 168.
211 *Xanke* PVR 2002, 178 Anmerkung zum Urteil des *OLG Frankfurt* v. 29.8.2001, 7 U 187/00 (grobe Fahrlässigkeit ist in diesem Fall immer gegeben); *OLG Zweibrücken* r+s 2000, 366 = NVersZ 2000, 34 = NZV 2000, 87 = VersR 2000, 884 hat in einem ähnlichen Fall die grobe Fahrlässigkeit verneint, da immer zu berücksichtigen sei, dass der Fahrer eine Schreckreaktion haben kann; *OLG Nürnberg* NZV 1997, 313 = r+s 1997, 359 = SP 1997, 259; *LG Halle* r+s 1998, 57; *OLG Köln* NZV 1993, 155 = r+s 1992, 295 = SP 1992, 353 = VersR 1992, 1508 = zfs 1992, 378; *OLG Hamburg* NZV 1993, 155 = SP 1993, 58 = VersR 1992, 1508 = zfs 1992, 377; *OLG Düsseldorf* VersR 1994, 592; *OLG Hamm* r+s 1994, 167; etwas anderes gilt jedoch, wenn es sich nicht um einen PKW, sondern um einen Motorradfahrer handelt, hier ist auch schon ein Marder ein »großes Tier«, so z. B. *OLG Hamm* NJW-RR 2001, 1317.
212 Dafür: *OLG Köln* r+s 1998, 365 = NVersZ 1999, 79; *LG Ellwangen* SP 1998, 223; *LG Kempten* SP 1998, 222; *OLG Nürnberg* Urt. v. 29.7.1999, Az. 8 U 1477/99, ADAJUR Dok.-Nr. 42971; dagegen: *OLG Karlsruhe* SP 1999, 386; *LG Verden* NVersZ 1998, 90 = SP 1998, 221 = zfs 1998, 263; *LG Marburg* r+s 2006, 188; BGH DAR 2007, 641.

C. Umfang der Kaskoversicherung — Kapitel 23

dem Aspekt der Rettungskosten noch aus der Vollkaskoversicherung ersetzt verlangen. Das Ausweichmanöver ist angesichts der geringen Gefahren, die mit einer Kollision verbunden sind, nicht geboten und stellt sich als grob fahrlässiges Fehlverhalten dar.[213]

– oder bei fehlender objektiver Erforderlichkeit der Versicherungsnehmer die Aufwendungen nach den Umständen aber für geboten halten durfte.[214]

Der Versicherungsnehmer darf einen Rettungsversuch für geboten halten, wenn der sicher oder möglicherweise entstehende Aufwand in angemessenem Verhältnis zu dem möglichen Erfolg steht oder der Versicherungsnehmer diese Relation zumindest subjektiv annehmen darf.[215]

Hält der Versicherungsnehmer das Ausweichen vor einem Hasen oder ähnlichem Kleintier zur Vermeidung eines Schadens für erforderlich, irrt er in grob fahrlässigem Umfang.[216] Das Ausweichen, um eine drohende Kollision mit einem Reh oder Hirsch zu vermeiden, darf der Versicherungsnehmer aufgrund der Körpermasse des Tieres für erforderlich halten, da bei einer Kollision erheblicher Schaden für das versicherte Fahrzeug droht.[217]

288 Der Versicherungsnehmer muss sämtliche objektive Voraussetzungen des Anspruchs aus § 63 VVG a. F./§ 83 VVG 2008 beweisen.

289 Beweiserleichterungen kommen ihm nicht zugute, insbesondere nicht jene, die ihm bei einem Kraftfahrzeugdiebstahl zugestanden werden.[218]

290 Es existiert auch kein Anscheinsbeweis dahingehend, dass ein Wild ursächlich dafür ist, wenn ein Versicherungsnehmer auf einer geraden Strecke von der Fahrbahn abkommt.[219] Ein solches Abkommen kann viele andere denkbare Ursachen haben, z. B. einen Sekundenschlaf.

291 Gerät der Versicherungsnehmer in objektive Beweisnot, weil er z. B. alleine im Fahrzeug war und anderweitige Zeugen nicht existieren, kann das Gericht ihm aufgrund seiner Vernehmung nach § 448 ZPO Glauben schenken. Die Parteivernehmung setzt jedoch eine gewisse Anfangswahrscheinlichkeit für die Richtigkeit der Behauptung voraus.[220]

292 Eine solche Anfangswahrscheinlichkeit ist zu bejahen, wenn die widerspruchsfreie Aussage vor der Polizei mit den festgestellten objektiven Spuren am Unfallort übereinstimmt,[221] also z. B. Brems- und Wildwechselspuren.

293 Der Höhe nach sind Rettungskosten wie bei der Kaskoentschädigung bis zur Grenze des Wiederbeschaffungswertes oder, falls keine Zerstörung vorliegt, bis zur Höhe der Reparaturkosten ohne Restwertabzug zu ersetzen.[222]

---

213 *OLG Koblenz* r+s 2004, 11, 12; *LG Marburg* r+s 2006, 188.
214 *OLG Schleswig* VRundsch 2000, 44; *OLG Köln* r+s 2000, 16 = SP 1999, 133 = zfs 1999, 339.
215 *OLG Köln* r+s 2000, 16 = SP 1999, 133 = zfs 1999, 339.
216 *BGH* VersR 1997, 351 = DAR 1997, 158 = MDR 1997, 348 = NJW 1997, 348 = NZV 1997, 176 = r+s 1997, 98; etwas anderes kann sich jedoch dann wieder ergeben, wenn es sich bei dem Versicherungsnehmer nicht um einen PKW-Fahrer handelt, sondern um einen Motorradfahrer vgl. hierzu auch *OLG Köln* NVersZ 1999, 137 = SP 1999, 25.
217 *OLG Koblenz* r+s 2000, 97; *OLG Jena* r+s 2001, 357; *OLG Köln* r+s 2006, 147; *OLG Koblenz* r+s 2006, 412.
218 *Halm* PVR 2001, 136; *OLG Düsseldorf* NVersZ 2000, 579 = VersR 2001, 322 = zfs 2000, 493; *AG Nordhorn* SP 2000, 66; *OLG Koblenz* r+s 2000, 97 = VersR 2000, 1359; *OLG Köln* NVersZ 1999, 137 = SP 1999, 25; *OLG Jena* NZV 1999, 384 = NJW-RR 1999, 1258 = r+s 1999, 403; *AG Stade* MDR 1997, 242.
219 *AG Nordhorn* SP 2000, 66.
220 *Baumbach/Lauterbach/Albers/Hartmann/Hartmann* § 448 Rn. 3.
221 *OLG Schleswig* r+s 1994, 450.
222 *OLG Koblenz* VersR 2002, 90; vgl. hierzu auch die Ausführungen unter »Umfang der Ersatzleistungen«.

293a Der Versicherungsnehmer hat keinen Anspruch auf Rettungskostenersatz, wenn er den Schlüssel seines Fahrzeugs verloren hat und die Schließanlage auswechseln lässt. Ein Versicherungsfall steht in diesem Fall nicht unmittelbar i. S. d. § 90 VVG bevor.[223]

5. Glasbruch

294 Bruchschäden an der Verglasung unterfallen dem Versicherungsschutz (Teil- und Vollkaskoversicherung) gemäß A.2.2.5 AKB 2008.

295 A.2.2.5 AKB 2008 bietet Versicherungsschutz nur für Fahrzeugteile, deren Funktion durch die Lichtdurchlässigkeit des Glases oder eine Spiegelwirkung bestimmt wird.[224] Fahrzeugteile aus Kunststoff, auch Fenster aus Kunststoff, fallen nicht unter den Versicherungsschutz.[225]

294a Unter den Versicherungsschutz fallen somit Windschutz- und Seitenscheiben, Scheinwerfer, Schlusslichter, Außen- und Innenrückspiegel, jedoch nicht Glühbirnen oder Scheinwerferreflektoren.

296 Die Ursache des Glasschadens ist ohne Bedeutung für den Versicherungsschutz.[226] Es muss sich jedoch um Bruchschäden handeln. Ein Kratzer ist kein Bruchschaden.[227]

297 Nach A.2.7.3 AKB 2008 ist bei einer Reparatur, bei der alte Teile gegen Neuteile ausgetauscht werden, ein dem Alter und der Abnutzung entsprechender Abzug »neu für alt« vorzunehmen, Glasteile unterliegen aber i. d. R. keiner gebrauchsbedingten Abnutzung,[228] so dass der Zeitwert i. d. R. dem Neuwert entspricht.[229]

298 Eine andere Betrachtungsweise ist bei einer Windschutzscheibe gerechtfertigt.

299 Windschutzscheiben unterliegen bereits nach allgemeiner Lebenserfahrung einer Abnutzung mit zunehmendem Alter des Fahrzeugs. Auf der Oberfläche lagern sich häufig Schmutzpartikel ab, beim Betätigen der Scheibenwischer kann die Scheibe zerkratzt werden. Auch wenn diese Schäden häufig gering und mit bloßem Auge nicht oder nur sehr schwer zu erkennen sind, haben sie zur Folge, dass beim Fahren in der Dunkelheit die Streuwirkung des Lichts entgegenkommender Fahrzeugen größer ist als bei einer neuen Scheibe. Zudem treten bei Windschutzscheiben nicht selten Steinschlagschäden auf. Bezogen auf die Kilometerlaufleistung eines Fahrzeugs kann eine lineare Zunahme der Steinschlagschäden und sogar eine überproportionale Zunahme der Scheibenwischschäden festgestellt werden. Bei der Frontscheibe ist demzufolge ein Abzug neu für alt vorzunehmen und der Zeitwert gesondert zu ermitteln.[230]

300 Wird ein Glasbruchschaden durch einen Tierunfall verursacht, also gerade nicht durch einen Zusammenstoß mit einem Tier i. S. d. § 2 Bundesjagdgesetz, kommt Ersatz nicht über die Wildschadenklausel, wohl aber durch die Glasbruchklausel in Betracht.

301 Erleidet ein lediglich teilkaskoversichertes Fahrzeug einen Totalschaden, kann Ersatz eines Glasschadens grundsätzlich über die Teilkasko verlangt werden.[231]

---

223 *AG Köln* r+s 2008, 66.
224 *AG Stuttgart* VersR 1988, 1019.
225 *LG Köln* SP 1999, 322; *AG Köln* VersR 2000, 1412.
226 *OLG Hamburg* VersR 1972, 241; *Bauer* Rn. 740.
227 *AG Köln* SP 1999, 322.
228 *OLG München* MDR 1988, 147; *OLG Karlsruhe* r+s 1993, 447 = SP 1993, 220 = VersR 1993, 1144 = zfs 1994, 20; *AG Lingen* zfs 1991, 136; a. A. *AG Karlsruhe* SP 1992, 319.
229 A. A. *AG Dresden* DAR 2002, 172 insbesondere für den Fall, dass der Versicherungsnehmer den Schaden nicht reparieren lässt. Der Schaden des Versicherungsnehmers beschränkt sich in diesem Fall auf das, was er durch den Eintritt des Versicherungsfalls verloren hat. Dies ist der Zeitwert des Materials, der sich nach dem Verhältnis vom Neuwert zum Wiederbeschaffungswert ermitteln lässt.
230 *AG Lingen* zfs 1991, 136.
231 *LG Verden* MDR 1994, 897 = VersR 1995, 166; *OLG Karlsruhe* r+s 1993, 447 = SP 1993, 220 = VersR 1993, 1144 = zfs 1994, 20.

6. Kabelschäden

Schäden an der Verkabelung durch Kurzschluss werden gem. A.2.2.6 AKB 2008 vom Versicherungsschutz erfasst. 302

Kabelschäden sind unabhängig davon versichert, ob sie durch einen Brand mit offener Flammenbildung oder lediglich durch einen Schmorvorgang verursacht wurden.[232] 303

Bei reinen Schmorschäden sind durch Kurzschluss bedingte Schäden an den angrenzenden Aggregaten wie Lichtmaschine, Anlasser, Batterie nicht gedeckt, es sei denn, die gedeckte Schadenursache Brand könnte nachgewiesen werden.[233] 304

Durch Kabelschäden bedingte Folgeschäden fallen nicht unter den Versicherungsschutz,[234] dies wird durch A.2.2.6 S. 2 AKB 2008 klargestellt. 305

Der Versicherungsschutz für Kabelschäden erstreckt sich nicht auf Halbleitertechnologie im Fahrzeug wie etwa Steuergeräte, Bestandteile der Zündung, Kraftstoffeinspritzung, des Antiblockiersystems, aber auch der Geschwindigkeitsüberwachung.[235] Sie werden im technischen Sinne nicht zur Verkabelung des Fahrzeugs gewählt. 306

III. Vollkaskoversicherung

Die Vollkaskoversicherung umfasst nach A.2.3.1 AKB 2008 alle Schäden, die im Rahmen der Teilkaskoversicherung mitversichert sind. Zusätzlich sind nach A.2.3.2 AKB 2008 Unfallschäden am Fahrzeug sowie nach A.2.3.3 AKB 2008 Schäden durch mut- und böswillige Handlungen von Personen, die in keiner Weise berechtigt sind, das Fahrzeug zu gebrauchen, versichert. 307

1. Unfall

A.2.3.2. S. 2 AKB 2008 definiert den Unfall durch fünf Begriffsmerkmale, nämlich als ein durch unmittelbar von außen her plötzlich mit mechanischer Gewalt einwirkendes Ereignis; Brems- oder Betriebsvorgänge und reine Bruchschäden sind keine Unfallschäden. 308

a) Unmittelbarkeit

Unmittelbar ist ein einwirkendes Ereignis nur, wenn es ohne Dazwischentreten einer anderen wesentlichen Ursache den Unfall bewirkt.[236] Das Merkmal der Unmittelbarkeit hat in den meisten Fällen keine eigenständige Bedeutung, da die Einwirkung auf das Kfz zumeist mit dem Unfallereignis in seiner letzten Phase identisch ist.[237] 309

Folgen einer unmittelbaren Einwirkung sind gedeckt, soweit sie adäquat kausal sind. 310

Ein Motorschaden, der nach Auslaufen von Öl aufgrund einer Beschädigung der Ölwanne eintritt, oder ein Kühlerschaden nach Auslaufen von Wasser aus dem Kühlkreislauf sind noch unmittelbare Folge, die Schäden unterliegen dem Versicherungsschutz.[238] 311

Eine nicht unmittelbare Einwirkung ist dann gegeben, wenn eine Werkstatt einen Unfallschaden nicht bemerkt und später der Motor beschädigt wird.[239] 311a

---

232 Dies ist grundsätzlich anders bei § 12 Abs. 1 Ia) AKB a. F. Vgl. hierzu auch *Stiefel/Maier/Stadler* AKB A.2.2, Rn. 189 ff.; *van Bühren/Boudon* § 2 Rn. 103.
233 PVR 2001, 350.
234 *LG Heidelberg* v. 14.4.2000, 5 S 18/00 Adajur-Archiv.
235 *Stiefel/Maier/Stadler* AKB A.2.2, Rn. 192.
236 So z. B. *OLG Koblenz* NVersZ 1999, 485; r+s 1999, 359; SP 1999, 426.
237 *Prölss/Martin/Knappmann* AKB 2008 A.2.3, Rn. 4; *AG Münster* VersR 2002, 227.
238 *Prölss/Martin/Knappmann* AKB 2008 A.2.3, Rn. 4, a. A. *LG Mannheim* r+s 1988, 288.
239 *OLG Frankfurt* zfs 1990, 95.

312 Begeht ein berechtigter Fahrer in einem Fahrzeug einen Suizid und führt sein Blut zu Beschädigungen am Fahrzeug, besteht kein Versicherungsschutz.[240] Durch die Selbsttötung ist keine unmittelbare Einwirkung auf den PKW verursacht worden, sondern erst mittelbar durch das Ausfließen von Blut.

b) Von außen wirkendes Ereignis

313 Das Schadenereignis muss von außen auf das Fahrzeug einwirken, es darf also nicht auf einem inneren Betriebsvorgang beruhen.

314 Dringen Teile des Reifens oder andere Fahrzeugteile in die Karosserie ein, liegt kein von außen wirkendes Ereignis vor, da diese Gegenstände integrale Bestandteile des Kfz sind.[241] Gleiches gilt für einen Motorschaden durch fehlendes Öl,[242] einen platzenden Reifen eines Wohnwagens und dadurch verursachte Beschädigungen,[243] sowie während der Fahrt verlorene Radmuttern, infolgedessen das Rad abriss und den PKW beschädigte.[244]

c) Plötzliches Ereignis

315 Von einem plötzlichen Ereignis spricht man, wenn sich das Geschehen innerhalb eines kurzen Zeitraums verwirklicht hat.[245]

316 Es reicht aus, wenn die Schadenursache schon längere Zeit vorliegt oder sich allmählich verwirklicht, das dadurch ausgelöste Schadenereignis aber für den Versicherungsnehmer objektiv unvorhersehbar war.[246]

317 Ein plötzliches Ereignis liegt auch dann vor, wenn der andere Verkehrsteilnehmer den Zusammenstoß bewusst herbeiführt, dieses Geschehen aber für den Versicherungsnehmer unerwartet war.[247]

d) Mechanische Gewalt

318 Das Schadensereignis muss durch mechanische Gewalt verursacht worden sein, also durch Druck oder Zug nach den Gesetzen der Mechanik.

319 Ereignisse, die auf psychischen, elektrischen oder chemischen Ursachen beruhen, werden allgemein[248] nicht als Unfälle i. S. d. AKB angesehen.[249]

---

240 *AG Münster* VersR 2002, 227.
241 *OLG Düsseldorf* NJW-VHR 1998, 128 = r+s 1998, 318 = zfs 1998, 180.
242 *OLG Frankfurt* zfs 1993, 197.
243 *AG Düren* r+s 2008, 12.
244 *AG Nürnberg* r+s 2008, 13.
245 *BGH* VersR 2002, 227.
246 Das hierin liegende subjektive Moment des Begriffs der Plötzlichkeit geht zurück auf die des Ereignisses bestritten, da der Getötete eine Kohlenmonoxydvergiftung bei Betrieb eines defekten Gasbadeofens erlitten hatte und damit allmählich vergiftet worden war. Dieser Grundsatz ist durch das Urteil des *BGH* v. 6.2.1954, II ZR 65/53 = VersR 1954, 113 auch für die Fahrzeugversicherung nutzbar gemacht worden. Im dort entschiedenen Fall war ungeklärt, wann Schrauben, Stoffreste und Ventilteile, die schließlich zum Motorschaden führten, in die Ölwanne des Fahrzeugs geraten waren. Hierauf kam es nicht an, weil dem Versicherungsnehmer nicht bekannt war, dass Fremdkörper in der Ölwanne des Motors vorhanden waren, der Schaden damit später für ihn unerwartet, unvorhergesehen und unentrinnbar eintrat, so auch *BGH* VersR 1981, 450; *OLG Düsseldorf* VersR 1973, 49.
247 *BGH* VersR 1986, 177; *BGH* VersR 1981, 450; *BGH* VersR 1978, 862; *AG Göppingen* SP 1996, 27.
248 *Bruck/Möller/Johannsen* VVG § 12 J 66; *Johannsen* (a. a. O., J 66) will in den Fällen, in denen eine chemische Schädigung durch Ruß eingetreten ist, der auf ein Fahrzeug gefallen ist, auf das erste schadensauslösende Ereignis abstellen und die spätere chemische Schädigung dem Unfallbegriff zuordnen. Anderseits schließt er sich ausdrücklich den Entscheidungen des *AG* und *LG Köln* (VersR 1970/344) an, die in einem ähnlichen Fall – herabtropfendes, säurehaltiges Wasser hatte den Lack beschädigt – einen bedingungsgemäß versicherten Unfall nicht angenommen haben.
249 Z. B. *Stiefel/Maier/Stadler* AKB A.2.3, Rn. 8, 15; *Prölss/Martin/Knappmann* AKB 2008 A.2.3, Rn. 8; *LG Köln* VersR 1970, 344; *OLG Oldenburg* VersR 1994, 1335.

C. Umfang der Kaskoversicherung Kapitel 23

Gefordert wird das Vorliegen einer spürbaren Kraftwirkung äußerlicher Vorgänge auf den PKW oder eine von ihm selbst ausgehende Krafteinwirkung auf andere sich passiv verhaltende Objekte.[250] 320

Demzufolge stellt weder das Eindringen von Wasser,[251] noch die Einwirkung von anderen flüssigen Substanzen, noch das Herabtropfen von säurehaltigem Wasser von einer Brücke, noch chemische Einwirkungen[252] einen mechanischen Vorgang dar.[253] 321

Witterungs- und Temperatureinflüsse, Schäden durch Rost, Substanzveränderungen in Batterien, Verbrauch von elektrischem Strom und Zerstörung von Maschinenteilen durch Stichflammen sind mangels mechanischer Gewaltauswirkung nicht durch die Vollkaskoversicherung gedeckt, ebensowenig die bloße Verunreinigung eines Fahrzeugs durch Staub, Vogeldreck, sauren Regen sowie das Hochschlagen von Sprit und auch Spritzer von Farbpartikeln, wenn das Fahrzeug eine Baustelle passiert, an der mit Farbe gearbeitet wird.[254] 322

e) Beweislast

Der Versicherungsnehmer trägt die volle Beweislast für das Vorliegen eines Unfalls im Sinne der AKB,[255] Beweiserleichterungen gewährt die Rechtsprechung nicht. 323

Kann der Sachverhalt nicht weiter aufgeklärt werden, lassen aber Art und Beschaffenheit der Schäden nur auf eine Verursachung durch einen Unfall schließen, hat der Versicherungsnehmer den ihm obliegenden Beweis erbracht.[256] Stoßen zwei Fahrzeuge zusammen, ist immer von einem Unfall auszugehen, unabhängig davon, ob dieser vorsätzlich oder unverschuldet verursacht wurde.[257] Bleibt es ggf. nach Beweisaufnahme offen, ob ein versicherter Unfall oder ein nicht versicherter Betriebsschaden vorliegt, ist der beweispflichtige Versicherungsnehmer als beweisfällig anzusehen.[258] 324

2. Ausschlüsse

Bei den in A.2.3.2 Abs. 2 AKB 2008 genannten Ausschlüssen handelt es sich nicht um echte Deckungsausschlüsse. Im Falle eines Brems-, Bruch- oder Betriebsschadens ist in der Regel der Unfallbegriff bereits nicht erfüllt, weil keine mechanische Einwirkung von außen vorliegt. Der Formulierung kommt daher nur deklaratorische Wirkung zu. 325

a) Betriebsvorgang

Die in bisherigen AKB enthaltene Formulierung »Betriebsschaden« wurde in den AKB 2008 duch den Begriff »Betriebsvorgang« ersetzt, um eine bessere Unterscheidung zu den in der KH-Versicherung versicherten Schäden »beim Betrieb des Fahrzeugs« zu gewährleisten. 326

Unter den Begriff des Betriebsvorgangs fallen alle Schäden, die durch Bedienungsfehler entstehen und solche, mit deren Eintritt stets zu rechnen ist, die Auswirkungen des normalen Betriebsrisikos sind und die deshalb in die Betriebskostenkalkulation aufgenommen werden müssen.[259] 327

---

250 *OLG Koblenz* NVerZ 1999, 329; *Stiefel/Maier/Stadler* AKB A.2.3, Rn. 6.
251 A. A. *OLG Hamm* VersR 1990, 85; *OLG Hamm* zfs 1989, 422.
252 *LG Düsseldorf* SP 1999, 211.
253 *AG Münster* VersR 2002, 227.
254 *OLG Celle* OLGR 1994, 55.
255 *LG Düsseldorf* SP 1999, 211; *Prölss/Martin/Knappmann* AKB 2008 A.2.3, Rn. 2.
256 BGHZ 40, 296, so auch *OLG Hamm* NJW-RR 1998, 1556 = r+s 1998, 455 = zfs 1998, 466.
257 *OLG Köln* r+s 2002, 321.
258 *OLG Köln* r+s 1995, 404 = SP 1995, 413.
259 *OLG Koblenz* NVersZ 1999, 485; r+s 1999, 359; SP 1999, 426.

328 Ein Bedienungsfehler liegt vor, wenn der Fahrer bei hoher Geschwindigkeit in den ersten Gang zurückschaltet[260] oder bei einem Automatikgetriebe von der vierten auf die erste Stufe herunterschaltet.[261]

329 Als Betriebsvorgänge gelten Schäden durch Mangel an Betriebsflüssigkeiten[262], Motorschaden durch falschen Kraftstoff[263], Achs- oder Federbruch wegen schlechten Straßenzustands[264] und Schäden am Lack aufgrund Waschens mit einem sandbeschmutzten Schwamm.[265]

330 Hingegen liegt ein Unfallereignis vor, wenn beim Überfahren einer Gleisanlage an einer schwer beladenen Zugmaschine ein Schaden entsteht, weil das Niveau zwischen Gleiskörper und Fahrbahn nicht durch Stahlplatten ausgeglichen war, die Gleise aber üblicherweise abgedeckt waren und Zwischenstücke nur ausnahmsweise gefehlt haben.[266]

331 Überrollt ein Trecker seine wegen unzureichender Befestigung herabgestürzte Schaufel, fährt er deshalb in den Graben und wird beschädigt, liege kein Betriebsschaden, sondern ein Unfall vor.[267]

332 Besondere Bedeutung erlangt die Abgrenzungsproblematik zwischen Betriebsvorgang- und Unfallschaden bei den Schlaglochschäden und Schäden durch aufspringende Motorhauben.

Schlaglochschäden

333 Schäden durch Schlaglöcher können nur zu einem Unfallschaden führen, wenn die Schlaglöcher nicht zu erwarten waren, d. h. nicht objektiv vorhersehbar waren.[268]

334 Anderenfalls werden die Schäden als nicht versicherte Betriebsschäden qualifiziert.

335 Voraussetzung für die Bejahung des Unfallsbegriffs ist also u. a., dass nicht durch Schilder auf die Schlaglöcher aufmerksam gemacht wurde und sie auch aufgrund anderer Umstände nicht zu erwarten waren.[269] Selbst bei Vorhandensein von Straßenschildern die auf Fahrbahnschäden hinweisen, muss ein Versicherungsnehmer allerdings nicht mit erheblichen Schlaglöchern von 12 cm rechnen.[270]

336 Das *LG Coburg* hat als Indiz für das Vorliegen von Schlaglöchern (und Bejahung eines Unfalls) die Tatsache herangezogen, dass in dem streitigen Fall beide Hinterreifen geplatzt waren. Nach seiner Auffassung platze bei einem Betriebsschaden in der Regel nur ein Reifen. Platzen beide Reifen gleichzeitig, spreche dies dafür, dass das Platzen nicht verschleiß- oder altersbedingt war, sondern aufgrund der schlechten Straßenverhältnisse herbeigeführt wurde.[271]

337 Einen nicht versicherten Betriebsschaden nahm das *OLG Köln* in Zusammenhang mit der Beschädigung des versicherten Fahrzeugs durch einen Kanaldeckel an.

338 Der versicherte Abschleppwagen war in einem Baustellenbereich mit der Heckhubvorrichtung an diesem Kanaldeckel hängen geblieben, der erheblichen Fahrzeugschaden verursachte. Aufgrund

---

260 *OLG Stuttgart* r+s 1994, 450.
261 *OLG Stuttgart* VersR 1995, 1044.
262 *OLG Koblenz* NVersZ 1999, 485; r+s 1999, 359; SP 1999, 426; *OLG Celle* r+s 1991, 330.
263 *BGH* VersR 2003, 1031.
264 *BGH* VersR 1998, 179.
265 *AG Göppingen* SP 1996, 27.
266 *OLG Hamm* VersR 1991, 1048 = zfs 1991, 58.
267 *OLG Hamm* Urt. v. 31.7.2001, 20 U 10/01 (nicht veröffentlicht).
268 *LG Stuttgart* zfs 1993, 198 = SP 1993, 298.
269 *LG Koblenz* DAR 1971, 78.
270 *OLG Nürnberg* DAR 1996, 59 = NJW 1996, 1481 = NZV 1996, 149 = VersR 1996, 733; in diesem Urteil ging es zwar um die Verletzung der Verkehrssicherungspflicht eines Bundeslandes, die Entscheidung kann aber trotzdem zur Beantwortung der Frage herangezogen werden, mit was ein Versicherungsnehmer noch rechnen muss.
271 *AG Coburg* 11 C 587/00; *LG Coburg* 32 S 5/01.

der im Unfallbereich ausreichend vorhandenen, auf die Gefahrenanlage hinweisenden Verkehrszeichen ging das Gericht von einem vorhersehbaren Betriebsschaden aus.[272]

Werden Nutzfahrzeuge bei schlechten Straßenverhältnissen oder auf Baustellen eingesetzt, ist bei solchen Einsätzen aufgrund zu erwartender Unebenheiten und Hindernissen immer mit Beschädigungen zu rechnen. In diesem Rahmen entstandene Schäden sind fast immer als Betriebsschäden anzusehen.[273]

Aufspringende Motorhauben

Kann das Aufspringen einer Motorhaube während der Fahrt alleine auf die mit dem normalen Fahrbetrieb verbundenen physikalischen Einwirkungen auf das Fahrzeug zurückgeführt werden, z. B. Fahrtwind, ist der dadurch entstehende Schaden als Betriebsvorgang einzuordnen.[274]

Lässt sich das Aufspringen im gewöhnlichen Fahrbetrieb auf ein außergewöhnliches Ereignis zurückzuführen, liegt ein Unfallschaden vor.

Demnach ist das Aufspringen der Motorhaube als Unfall einzuordnen, wenn die Motorhaube durch einen vorausgegangenen Auffahrunfall aufspringt, bei dem die Motorhaubenverriegelung für den Fahrer nicht erkennbar beschädigt wurde.[275]

b) Bremsvorgänge

Bremsschäden sind Schäden, die allein durch das Bremsen unmittelbar am Fahrzeug entstehen.[276] Damit sind im Wesentlichen die an den Bremsen und Reifen auftretenden Schäden gemeint.

Wird bei einer Notbremsung eines Sattelzuges die Bordwand durch Verrutschen der Ladung beschädigt, liegt ein nicht ersatzpflichtiger Bremsvorgang vor. In einem solchen Schaden verwirklicht sich das normale Betriebsrisiko, das der Eigentümer des Fahrzeugs kalkulierbar in Kauf genommen hat und dem er durch eine bessere Sicherung der Ladung hätte vorbeugen können.[277]

Folgeschäden beim Bremsvorgang können dagegen den Unfallbegriff erfüllen, wenn z. B. durch einen Bremsschaden anschließend eine Fahrzeugkollision verursacht wird.[278]

c) Bruchschäden

Kein Versicherungsschutz besteht für reine Bruchschäden, dabei wird zwischen verschleißbedingtem Dauerbruch und Gewaltbruch unterschieden.

Schäden durch Dauerbruch unterfallen als Abnutzungsschaden (Ermüdungsbruch) nicht dem Versicherungsschutz. Ein Gewaltbruch kann demgegenüber durchaus unter den Begriff des »Unfalls« subsumiert werden.[279]

So liegt kein bloßer Bruchschaden vor, wenn der Achsbruch einer Holzrückmaschine auf eine Kollision mit einem am Wegesrand befindlichen Baumstumpf zurückzuführen ist.[280]

---

272 *OLG Köln* r+s 1995, 405 = SP 1995, 413.
273 *OLG Frankfurt* NJW-RR 1993, 216 = zfs 1993, 198; *LG München* VersR 1967, 794; *LG Köln* VersR 1978, 914; *BGH* VersR 1963, 772.
274 *AG Herne* SP 2000, 423.
275 *LG Landau* NJW-RR 2000, 838 = NVersZ 2000, 341 = VersR 2000, 1536 = VRundsch 37/00/74.
276 *Stiefel/Maier/Stadler* AKB A.2.3, Rn. 60.
277 *OLG München* MDR 1999, 481 = VersR 2000, 96 = VP 2000, 227.
278 *BGH* VersR 1969, 940 = DAR 1969, 272 = MDR 1970, 31; *OLG Stuttgart* MDR 1955, 235; *OLG Hamm* VersR 1976, 626; so auch *Stiefel/Maier/Stadler* AKB A.2.3, Rn. 62; *Prölss/Martin/Knappmann* AKB 2008 A.2.3, Rn. 12.
279 *Prölss/Martin/Knappmann* AKB 2008 A.2.3, Rn. 12; *Stiefel/Maier/Stadler* AKB A.2.3, Rn. 66.
280 *OLG Stuttgart* r+s 2007, 276.

349 Ebenso wie beim Bremsvorgang unterfällt es dem Unfallbegriff, wenn durch einen Bruchschaden anschließend ein Unfallereignis verursacht wird.[281]

d) Gespannschäden

350 Eine materiell-rechtliche Veränderung zu den bisherigen AKB gilt nach den AKB 2008 für Gespannschäden.

351 Die frühere obergerichtliche Rechtsprechung hat Schäden, die beim Betrieb eines LKW-Zuges, bestehend aus Zugmaschine und Auflieger, durch das Umstürzen[282] oder Aufprallen eines Teils des Zuges auf den anderen eintraten,[283] als Betriebsschäden eingestuft.

352 Es wurde die Auffassung vertreten, bei Zugfahrzeug und Anhänger handele es sich um eine »Betriebseinheit«, deswegen stelle ein Bremsvorgang ein »inneres Ereignis« dar,[284] also kein von außen wirkendes Ereignis und damit auch keinen Unfall.

353 Von dieser Meinung hat das *OLG Hamm*[285], dem sich später auch der *BGH*[286] angeschlossen hat, Abstand genommen und entschieden, dass Anhänger und Zugmaschine aufeinander mechanisch wirken und das Fahrverhalten beeinflussen, somit Unfallereignisse vorliegen können.[287]

354 Diese Rechtsprechung ist auf die AKB 2008 nicht mehr anwendbar.

355 Denn die AKB 2008 schließen Schäden zwischen ziehendem und gezogenem Fahrzeug ohne Einwirkung von außen ausdrücklich vom Versicherungsschutz aus, A.2.3.2 Abs. 2 S. 2 AKB 2008.

3. Mut- oder böswillige Beschädigung

356 Nach A.2.3.3 AKB 2008 wird Versicherungsschutz für Schäden durch mut- oder böswillige Handlungen gewährt, wobei die Tatbegehung durch bestimmte Personenkreise vom Versicherungsschutz ausgenommen ist.

357 Dieser Personenkreis ist identisch mit der Personenauflistung zum unbefugten Gebrauch in A.2.2.2 AKB 2008.

358 Der Begriff »mutwillige Handlung« bezieht sich auf solche Täter, deren Vorsatz eher auf Verübung eines dummen Streiches gerichtet ist, während sich der Begriff »böswillig« durch die Freude des Täters an der Schädigung auszeichnet.[288]

---

281 *BGH* VersR 1969, 940 = DAR 1969, 272 = MDR 1970, 31; *OLG Stuttgart* MDR 1955, 235; *OLG Hamm* VersR 1976, 626; so auch *Stiefel/Maier/Stadler* AKB A.2.3, Rn. 65; *Prölss/Martin/Knappmann* AKB 2008 A.2.3, Rn. 12.
282 *BGH* VersR 1969, 940.
283 *OLG Schleswig* VersR 1974, 1093; *OLG Hamm* VersR 1983, 1124; *OLG Hamm* VersR 1990, 413; *OLG Nürnberg* VersR 1992, 180 = RuS 1991, 297; *OLG Stuttgart* r+s 2007, 238.
284 *OLG München* NJW-RR 1998, 537 = NJWE-VHR 1998, 129 = Vrundsch 31/98 44; *OLG Schleswig* VersR 1974, 1093; *LG Ansbach* VersR 1995, 1044; *OLG Nürnberg* r+s 1991, 297; anders war der Fall zu beurteilen, dass der Anhänger zuerst gegen eine Leitplanke oder ähnliches und erst danach gegen die Zugmaschine stößt und diese beschädigt, *OLG Nürnberg* VersR 1992, 487 = zfs 1992, 234.
285 *OLG Hamm* VersR 1996, 447 = NJW-RR 1995, 861 = NZV 1995, 323 = r+s 1995, 861.
286 *BGH* VersR 1996, 622 = NJW-RR 1996, 857 = NZV 1996, 233 = DAR 1996, 320 = MDR 1996, 1240 = r+s 1996, 169 = zfs 1996, 261.
287 Im Ergebnis haben dem auch z. B. *AG Hamburg* NZV 1998, 379; *LG Hanau* VP 1996, 229 = zfs 1994, 56 zugestimmt, vgl. auch *OLG Düsseldorf* OLGR Düsseldorf 2007, 546; OLGR Stuttgart 2007, 83.
288 *Stiefel/Maier/Stadler* AKB A.2.3, Rn. 78.

Der Versicherer muss zur Ablehnung des Schadens beweisen, dass der Täter zum ausgeschlossenen 359
Täterkreis gehört (früher: betriebsfremde Person),[289] oder die Schäden mit Wissen und Wollen des
Versicherungsnehmers herbeigeführt worden sind.[290]

Dieser Beweis ist erbracht, wenn sich aus dem vom Versicherungsnehmer vorgebrachten Sachverhalt 360
erhebliche Unstimmigkeiten ergeben und dieser bereits früher in mehrere Vandalismusschäden verwickelt war.[291]

Im Rahmen der so genannten »Speerwurfschäden« bei Wohnwagen und -mobilen sieht die Recht- 361
sprechung[292] bei Vorliegen gewisser Indizien (gezielte Beschädigung nur der Außenhaut, Abstellen
des beschädigten Wohnwagen/Kfz an einer viel frequentierten Stelle) den Beweis als erbracht an,
dass die Schäden nicht durch »betriebsfremde Personen« i. S. d. früheren AKB verursacht wurden.

IV. Risikoausschlüsse

Versicherungsschutz wird in der Fahrzeugkasko nicht gewährt für Schäden durch Vorsatz (A.2.16.1 362
AKB 2008), durch Rennen (A.2.16.2 AKB 2008), Reifenschäden (A.2.16.3 AKB 2008), Erdbeben,
Kriegsereignisse, innere Unruhen, Maßnahmen der Staatsgewalt (A.2.16.4 AKB 2008) und Schäden
durch Kernenergie (A.2.16.5 AKB 2008).

Diese Regelungen enthalten echte Risikoausschlüsse, liegen die Voraussetzungen der genannten Nor- 363
men vor, ist der Versicherer von seiner Leistung frei.

Die Beweislast für das Vorliegen der Ausschlussgründe trägt der Versicherer. 364

1. Rennen, A.2.16.2 AKB 2008

Rennveranstaltungen sind aufgrund des immens hohen Risikos eines Schadenseintritts vom Ver- 365
sicherungsschutz ausgenommen.

Rennverantstaltungen i. S. d. AKB sind Rennen jeder Art, nicht nur Rennen im Rahmen einer sport- 366
lichen Veranstaltung.[293] Der Rennveranstaltung ist immanent, dass immer die Erzielung einer
Höchstgeschwindigkeit angestrebt wird,[294] die Erreichung einer möglichst hohen Geschwindigkeit
muss den Character der Veranstaltung prägen und gleichsam das Haupt- oder Endziel sein.

Unter den Begriff fallen somit Wettfahrten einzelner PKW als auch Probefahrten von Fahrzeugfabri- 367
ken.[295]

Ein rein privates Zusammentreffen von Fahrern mit dem Ziel, den schnellsten PKW zu ermitteln, ist 368
keine Rennveranstaltung i. S. d. AKB. Diese Fallgruppe ist vielmehr der groben Fahrlässigkeit mit der
Folge des § 61 VVG a. F./§ 81 VVG 2008 zuzuordnen.

Die Teilnahme an einem Lehrgang einer Sportfachschule auf einer Rundstrecke zur Verbesserung 369
des Fahrkönnens fällt nicht unter den Risikoausschluss,[296] ebenso wenig ein Training zur Optimierung des Fahrkönnens und der Fahrsicherheit.[297] Bei einer Gleichmäßigkeitsprüfung wird der Renn-

---

289 *BGH* VersR 1997, 1095 = r+s 1997, 446 = MDR 1997, 931; *OLG Köln* r+s 1996, 93 = SP 1993, 155; *OLG Oldenburg* OLGR 2000, 86.
290 *OLG Köln* OLGR 1998, 359.
291 *OLG Köln* r+s 1998, 232 = SP 1998, 329 = zfs 1998, 257.
292 *OLG Hamm* NJW-RR 1996, 542 = NJWE-VHR 1996, 81 = NZV 1996, 201 = VersR 1996, 881; *OLG Düsseldorf* NJW-RR 1996, 408 = NJWE-VHR 1996, 33 = r+s 1995, 880 = zfs 1996, 42.
293 *BGH* DAR 1991, 172 = NJW-RR 1991, 472.
294 *OLG Köln* r+s 2007, 12.
295 *Prölss/Martin/Knappmann* AUB 2008 Nr. 5, Rn. 47.
296 *OLG Hamm* zfs 1990,23.
297 *OLG Köln* r+s 2007,12.

character bejaht, wenn eines der Wertungskriterien die erzielte Geschwindigkeit ist,[298] einer sog. »Touristenfahrt« mangelt es hingegen am Renncharacter.[299]

370 Maßgeblich ist weiterhin, dass der Veranstaltungsbegriff erfüllt wird, zu denken ist neben reinen Rennveranstaltungen auch an Tourenfahrten, Sternfahrten etc.

371 Die Veranstaltung muss nicht nach § 29 StVO genehmigt worden sein, dem Ausschlusstatbestand unterfallen also genehmigte und nicht genehmigte Veranstaltungen gleichermaßen.

2. Reifenschäden

371a Der Ausschluss von Reifenschäden ergibt sich aus dem Umstand, dass es sich bei Reifen um besonders gefährdete Fahrzeugteile handelt. Das damit verbundene hohe Beschädigungsrisiko kann von dem Versicherer im Rahmen der normalen Prämie nicht getragen werden.

371b Versicherungsschutz besteht nur dann, wenn gleichzeitig mit der Beschädigung des Reifens auch andere Fahrzeugteile beschädigt werden.

Wenn ein Reifen durch eine Vollbremsung beschädigt wird und dies zeitlich einem Unfall vorausgeht, hat der Versicherer den Schaden am Reifen nicht zu tragen.[300]

3. Schäden durch Erdbeben, Kriegsereignisse, innere Aufruhr, Maßnahmen der Staatsgewalt

372 Der Versicherer wird von seiner Leistung frei, wenn der Schaden durch Erdbeben, Kriegsereignisse, innere Aufruhr oder Maßnahmen der Staatsgewalt (Verfügungen von hoher Hand) unmittelbar oder mittelbar verursacht wurde.

373 Unter Erdbeben ist nur das naturwissenschaftliche Ereignis einer Erschütterung des Erdbodens zu verstehen, bei dem Spannungen in der Erdkruste ausgeglichen werden.

374 Der Ausschluss gilt nicht für andere Arten von Naturkatastrophen.

375 Der Begriff der inneren Unruhen ist erfüllt, wenn bei einer öffentlichen Zusammenrottung eine Menschenmenge mit vereinten Kräften Gewalttätigkeiten gegen Personen oder Sachen begeht.[301]

376 Der Risikoausschluss des Kriegsereignisses gewinnt mit jeder internationalen Krise wieder Bedeutung.

377 Während der Krieg aus völkerrechtlicher Sicht mit einer Kriegserklärung beginnt und einer Kapitualtion oder einem Friedensschluss enden kann, zieht das Versicherungsrecht die Grenzen des Kriegsbegriffs weiter. Es versteht unter Krieg den »tatsächlichen Kriegszustand«.[302] Danach ist ein Kriegsereignis im Sinne der Bedingungen zunächst jedes Ereignis, das mit ihm in ursächlichem Zusammenhang steht.

378 Räumlich allen darunter auch Schäden außerhalb des Staatsgebietes der kriegsführenden Länder, allerdings muss der Schadenfall adäquat kausal auf die durch den Krieg enstandene besondere Gefahrenanlage zurückzuführen sein.[303]

379 Ob ein Terroranschlag als Kriegsereignis anzusehen ist, muss im Einzelfall entschieden werden.[304]

---

298 *BGH* MDR 2003, 869; *OLG Nürnberg* OLGR Nürnberg 2007, 889.
299 *OLG Karlsruhe* r+s 2007, 502; r+s 2008, 64.
300 *AG Gütersloh* VersR 1988, 57.
301 *BGH* VersR 1975, 175.
302 Vgl. RGZ 90, 378; *Prölss* DRZ 46, 48; *Haidinger* VW 47, 93; *Boldt* Die Feuerversicherung 5. Aufl. S. 97; *Stiefel/Maier/Stadler* AKB A.2.16, Rn. 64; *Krahe* VersR 1991, 634.
303 *Krahe* VersR 1991, 634.
304 *Ehlers* r+s 2002, 133.

D. Leistungsbefreiungstatbestände

Maßnahmen der Staatsgewalt (Verfügungen von hoher Hand) sind Maßnahmen einer in- oder ausländischen Staatsgewalt, gleich, ob diese zu Recht oder Unrecht ergehen.[305] Die Sicherstellung eines gestohlenen PKW fällt nicht hierunter,[306] jedoch eine Beschlagnahmeverfügung bei einem Auslandsaufenthalt durch die dortigen Staatsorgane.[307]

4. Schäden durch Kernenergie

Schäden, welche durch Atomenergie enstehen, sind nicht ersatzfähig. Der Ersatz entstandener Schäden regelt sich ausschließlich über §§ 25 ff. AtomG.

D. Leistungsbefreiungstatbestände

I. Subjektiver Risikoausschluß nach § 81 VVG 2008

Nach dem bisherigen § 61 VVG a. F. war der Versicherer von der Leistungspflicht befreit, wenn der Versicherungsnehmer den Versicherungsfall vorsätzlich oder grob fahrlässig herbeigeführt hat, sog. Alles-oder-Nichts-Prinzip. Diese Vorschrift hatte in der Kaskoversicherung – geprägt durch eine Vielzahl teils widersprechender gerichtlicher Entscheidungen – eine herausragende Bedeutung.

Nunmehr ordnet § 81 VVG 2008 als gesetzlicher Risikoausschluss an, dass der Versicherer nur dann nicht zur Leistung verpflichtet ist, wenn der Versicherungsnehmer den Schaden vorsätzlich herbeiführt. Einfache Fahrlässigkeit schadet dem Versicherungsnehmer – wie auch bisher – nicht. Bei grober Fahrlässigkeit tritt nun nicht mehr automatisch vollständige Leistungsfreiheit des Versicherers ein, vielmehr ist der Versicherer berechtigt, seine Leistung in einem der Schwere des Verschuldens des Versicherungsnehmers entsprechenden Verhältnis zu kürzen.

Durch die Aufgabe des »Alles-oder-Nichts-Prinzips« hin zu einem »Mehr-oder-Weniger« kann der Versicherungsnehmer auch bei extrem grober Fahrlässigkeit noch mit einer – geringen – Quote rechnen, die Fälle, in denen die Quote »0« lautet, werden äußerst selten sein.

Die Literaturmeinungen zur Quotenbildung sind so vielfältig wie uneinheitlich.[308] Vernünftig erscheint der Vorschlag, grundsätzlich eine Quote von 50 % als Basis für eine Regulierung anzusetzen und diese im Einzelfall anzuheben oder herabzusetzen.[309]

Die Quotenbildung wird einem langen Prozess der Rechtsprechung vorbehalten bleiben. Erste Entscheidungen liegen vor,[310] sie werden in den nachfolgenden Fallkonstenallationen zitiert.

In der heftig umstrittenen Frage, ob der Versicherer bei der Feststellung grober Fahrlässigkeit den entstandenen Schaden immer zumindest anteilig ersetzen muss oder ob er auch berechtigt sein kann, seine Leistung insgesamt zu versagen hat der *BGH* mit seiner Entscheidung vom 22.6.2011[311] Klarheit geschaffen. Anlässlich einer Trunkenheitsfahrt hat der *BGH* im Rahmen grundsätzlicher Ausführungen dargelegt, dass eine Kürzung auf Null in Ausnahmefällen zulässig ist.

Die Auswirkungen auf die Regulierungspraxis in der Kaskoversicherung werden möglicherweise geringer sein als in anderen Sachversicherungssparten, weil viele Kaskoversicherer schon in der Vergangenheit – bis auf die Fallgestaltungen Alkohol/Drogen und grob fahrlässige Ermöglichung der Entwendung – auf den Einwand der groben Fahrlässigkeit grundsätzlich verzichtet haben. Die Muster – AKB enthalten einen solchen Verzicht allerdings nicht.

---

305 *LG Göttingen* VersR 1994, 1180.
306 *LG Detmold* zfs 1952, 28.
307 *LG Göttingen* VersR 1994, 1180.
308 Vgl. nur *Weidner* r+s 2006, 363 f.; *Baumann* r+s 2005, 1, 9; *Himmelreich/Halm/Oberpriller* Kapitel 20, Rn 123; *Felsch* r+s 2007, 485; sehr instruktiv *Maier/Stadler* Rn. 131 ff.
309 *Weidner* r+s 2007, 363, 364.
310 Informativ hierzu *Nugel* Kürzungsquoten nach dem VVG.
311 *BGH* v. 22.6.2011, IV ZR 225/10, zfs 2011,511–514, VersR 2011,1037–1040,

387 Auf die Darstellung der bisherigen Rechtsprechung zur groben Fahrlässigkeit kann nicht verzichtet werden, weil sich die Gerichte auch weiterhin an den in der Rechtsprechung herausgebildeten Fallgruppen orientieren werden, um im Einzelfall zu einer Quotenbildung zu gelangenfinden zu können.

1. Vorsatz

388 Vorsatz ist die eine Tätigkeit begleitende Vorstellung ihres Erfolges und dessen Billigung,[312] der Versicherungsnehmer muss zumindest mit dolus eventualis und ohne Rechtfertigungsgrund gehandelt haben.

389 Beruft sich der Versicherer auf Leistungsfreiheit wegen vorsätzlicher Schadensherbeiführung, muss er beweisen, dass der Versicherungsnehmer vorsätzlich gehandelt hat und dessen Verhalten ursächlich für den Schadenseintritt war. Ein Anscheinsbeweis für Vorsatz ist zu verneinen, menschliches Verhalten ist unwägbar.[313] In der Regel muss der Versicherer auf beweisbare Indizien zurückgreifen,[314] die in ihrer Gesamtheit das Gericht von der vorsätzlichen Schadensherbeiführung überzeugen.

390 In der Kaskoversicherung ereignen sich Vorsatztaten überwiegend im Rahmen der versicherten Gefahr des Brandes, des Diebstahls als auch des gestellten Unfalls.[315] Eine Unfallmanipulation kann vom Versicherer z. B. durch den Nachweis einer ungewöhnlichen Häufung von Beweiszeichen erbracht werden, die zwar jeweils für sich genommen zum Beweis nicht ausreichen mögen, in ihrer Gesamtheit bei umfassender Würdigung aber beim Gericht zu einer vernünftige Zweifel ausschließenden Gewissheit führen.[316]

2. Grobe Fahrlässigkeit

391 Grobe Fahrlässigkeit setzt einen objektiv schwerwiegenden und subjektiv unentschuldbaren Verstoß gegen die im Verkehr erforderliche Sorgfalt voraus.[317]

392 Der Versicherungsnehmer muss durch sein Verhalten das Risikopotential vergrößern oder den bei Vertragsschluss bestehenden Sicherheitsstandard deutlich unterschreiten.[318]

393 Grobe Fahrlässigkeit liegt demgemäß vor, wenn die im Verkehr erforderliche Sorgfalt in besonderem Maße verletzt wird, wenn der Versicherungsnehmer das nicht beachtet, was im gegebenen Fall jedem einleuchten musste, wenn einfache, ganz naheliegende Überlegungen vernachlässigt werden.[319]

394 Wird das Fahrzeug in üblicher Weise genutzt, kann i. d. Regel also kein Fall der groben Fahrlässigkeit vorliegen.[320]

395 Steht ein objektiv grober Pflichtverstoß fest, rechtfertigt dies noch nicht die Feststellung, den Versicherungsnehmer treffe auch der Vorwurf eines gesteigerten personalen Verschuldens.[321] Vielmehr

---

312 *BGH* VersR 1955, 340; *BGH* VersR 1958, 389 = NJW 1958, 993; *BGH* VersR 1960, 1033; *BGH* VersR 1967, 547.
313 BGHZ 100, 214 = VersR 1987, 503 = NJW 1987, 1944; *BGH* VersR 1988, 683 = NJW 1988, 2024.
314 *BGH* r+s 1996, 146.
315 Vgl. hierzu die Abschnitte »Teilkasko – Brand/Entwendung« und »Vollkasko – Unfall«.
316 Urteil des *OLG Köln* v. 10.9.2002, 28 O 171/00.
317 *BGH* VersR 1980, 180; *OLG München* VersR 1970, 828; 1985, 355; 1986, 585; *OLG Saarbrücken* VersR 1996, 580; *Prölss/Martin/Prölss* § 28 VVG Rn. 121.
318 *BGH* VersR 1989, 141; *BGH* VersR 1997, 613; *OLG Hamm* VersR 1989, 803; *OLG Hamm* VersR 1996, 576; *OLG Köln* VersR 1990, 383.
319 BGHZ 10, 14 = NJW 1953, 1139; *BGH* VersR 1969, 848; *OLG Köln* r+s 1997, 296; *BGH* NJW 2005, 457.
320 *BGH* VersR 1996, 576; *BGH* VersR 1998, 44; *BGH* VersR 1997, 489; *Stiefel/Maier/Halbach* spricht hier von Unterschreitung des vertragsgemäß im Hinblick auf die versicherte Gefahr vorausgesetzten Sicherheitsstandards § 81 VVG Rn. 6.
321 *BGH* VersR 1988, 474.

sind Umstände denkbar, die den Grund des momentanen Versagens erkennbar machen und dieses Versagen in einem milderen Licht erscheinen lassen.[322]

Bei der Überprüfung, ob auch ein subjektiv nicht entschuldbares Fehlverhalten, also ein grobes Verschulden vorliegt,[323] sind auch die persönlichen Fähigkeiten und Geschicklichkeiten, die berufliche Stellung, die Lebenserfahrung und der Bildungsgrad des Versicherungsnehmers maßgeblich.[324] 396

a) Augenblickversagen

Über den Begriff des »Augenblickversagens« haben Gerichte Fälle zugunsten der Versicherungsnehmer entschieden, bei denen ein objektiver Pflichtverstoß vorlag, dem Versicherungsnehmer aber ein subjektiv entschuldbares Fehlverhalten attestiert wurde, wenn der Schaden durch eine unbewusst fahrlässige Handlung, umgangssprachlich also ein Versehen eingetreten war, welches auch einem ansonsten sorgfältigen und pflichtbewussten Versicherungsnehmer als »Ausrutscher« hätte unterlaufen können.[325] Insbesondere eine momentane Unaufmerksamkeit in einem zur Routine gewordenen Handlungsablauf war nach früherer Auffassung des *BGH* der Ausdruck eines bei der menschlichen Unzulänglichkeit typischen einmaligen Versagens.[326] 397

Die neuere Rechtsprechung des *BGH* lässt nicht mehr bei jeder unbewussten Fahrlässigkeit den Vorwurf eines groben Verschuldens entfallen.[327] Verlangt wird nunmehr, dass besondere individuelle Umstände eine Minderung des Schuldvorwurfs zu rechtfertigen vermögen,[328] die gestellten Anforderungen sind hoch. 398

Die Feststellung, der Versicherungsnehmer habe nur für einen Augenblick oder nur einmalig versagt, reicht also nicht mehr aus, um sein Verhalten in einem milderen Licht zu sehen.[329] 399

Zu der Konzentrationsschwäche müssen weitere Anhaltspunkte für eine Entschuldbarkeit hinzutreten, etwa Krankheit, Alterserscheinungen oder eine nachvollziehbare Ablenkung, wobei einerseits deren Grund, andererseits aber auch der Gefährlichkeitsgrad der Handlung zu werten sind. 400

Die Anforderungen sind umso höher, je gefahrträchtiger das Versagen bei Routineabläufen typischer Weise ist.[330] 401

Der Versicherer ist sowohl für die objektive als auch die subjektive Seite der groben Fahrlässigkeit beweispflichtig, Beweiserleichterungen kommen ihm nicht zugute.[331] 402

Ebenso liegt es am Versicherer, die Kausalität zwischen grob fahrlässiger Verhaltensweise und Schadeneintritt zu beweisen.[332] 403

---

322 Z. B. *LG Duisburg* SP 2000, 392; *OLG Koblenz* DAR 2001, 168; *OLG Frankfurt/M.* ADA-JUR Archiv Az. 3 U 5/99, Urt. v. 21.10.1999; *OLG Braunschweig* DAR 1999, 273 = NZV 1999, 303 = VRS 97, 59.
323 *BGH* VersR 1989, 840; *BGH* NJW 1992, 2418 = DAR 1993, 220 = MDR 1992, 945 = NZV 1992, 402 = r+s 1992, 292 = SP 1992, 252 = VersR 1992, 1085.
324 *BGH* NJW-RR 1989, 340 = DAR 1989, 219 = MDR 1989, 617 = NJW 1989, 1354 = r+s 1989, 209 = zfs 1989, 278; s. hierzu auch *Hubert* in Himmelreich Jahrbuch Verkehrsrecht 2000, S. 305.
325 *BGH* VersR 1986, 962.
326 *BGH* VersR 1989, 582; *BGH* VersR 1992, 1095.
327 *BGH* VersR 2003, 364.
328 *BGH* r+s 1992, 292; *Römer* VersR 1992, 1187.
329 So hat das *BayObLG* PVR 2001, 56 ein Augenblickversagen bei einem Fahrer abgelehnt, der eine ihm bekannte, nur nachts geltende Geschwindigkeitsbeschränkung übersehen hatte.
330 *OLG Hamm* r+s 2000, 259.
331 *Prölss/Martin/Prölss* § 81 VVG Rn. 30; *BGH* VersR 1970, 568; *BGH* VersR 1972, 944; *BGH* VersR 1986, 254; *OLG Hamm* VersR 1988, 370 = NJW-RR 1987, 609; *OLG Karlsruhe* r+s 1990, 364; *OLG Köln* r+s 1991, 82; *OLG Koblenz* r+s 1990, 12.
332 *OLG Jena* NVersZ 1998, 87; *OLG Celle* VersR 1998, 314; *OLG Köln* VersR 1998, 1233.

404 Der Versicherungsnehmer hat allerdings die Darlegungs- und Beweislast für Entschuldigungsgründe, wenn er sich auf solche berufen will.[333] Er muss dartun, wie es zu dem groben Verstoß gekommen ist bzw. eventuelle Entschuldigungsgründe aufzeigen.

405 Sind die Entschuldigungsgründe geeignet, den groben Schuldvorwurf zu entkräften, muss der Versicherer die Entschuldigungsgründe widerlegen.

b) Fallkonstellationen grober Fahrlässigkeit

aa) Alkohol am Steuer[334]

406 In der Praxis spielen die Fälle der auf Trunkenheit beruhenden Fahruntüchtigkeit eine große Rolle.

407 Die Rechtsprechung geht davon aus, dass derjenige grundsätzlich objektiv und subjektiv grob fahrlässig handelt, der sich in absolut fahruntüchtigem Zustand an das Steuer eines Kraftfahrzeugs setzt, hierin liegt einer der schwerwiegendsten Verstöße eines Kraftfahrers im Straßenverkehr. Absolute Fahruntüchtigkeit beginnt bei einer Blutalkoholkonzentration von 1,1 Promille im Unfallzeitpunkt,[335] bei ihrem Vorliegen wird die Fahruntüchtigkeit unwiderlegbar vermutet.

408 Bei einer Blutalkoholkonzentration von weniger als 1,1 Promille kommt es zum Nachweis der relativen Fahruntüchtigkeit als Voraussetzung der groben Fahrlässigkeit darauf an, ob alkoholbedingte Fahrfehler oder Ausfallerscheinungen festgestellt wurden. Alkoholbedingtes Fehlverhalten wurde angenommen bei zu spätem oder zu starkem Bremsen,[336] Abkommen von schnurgerader Fahrbahn,[337] Geradeausfahren in einer Rechtskurve[338] oder Auffahren auf ein stehendes bzw. geparktes Fahrzeug.[339]

408a Der Versicherer muss alkoholbedingte Fahrfehler oder Ausfallerscheinungen beweisen.

409 Je näher der BAK an 1,1 Promille heranreicht, desto geringer werden die Anforderungen an den Nachweis der alkoholtypischen Ausfallerscheinungen.[340]

410 Bei der relativen Fahruntüchtigkeit kann der Versicherungsnehmer für ihn entlastende Umstände vortragen,[341] natürlich ist er für deren Vorliegen voll beweispflichtig.[342]

411 Für eine Kausalität zwischen Alkoholbeeinflussung und Versicherungsfall spricht der – widerlegbare – Beweis des ersten Anscheins.[343]

412 Beruft sich ein Versicherungsnehmer auf Unzurechnungsfähigkeit infolge Trunkenheit, muss er dies beweisen.[344] Ein BAK-Wert von 3 Promille führt nicht gezwungenermaßen zur Schuldunfähigkeit.[345]

---

333 *OLG Oldenburg* VersR 1996, 841.
334 Zur Bestimmung der Alkoholisierung eines Fahrzeugführers vgl. *BGH* zfs 2003, 25.
335 Ständige Rspr. seit *BGH* VersR 1991, 1367.
336 *OLG Hamm* r+s 1995, 244.
337 *OLG Köln* r+s 2003, 315; *OLG Saarbrücken* VersR 2004, 1262.
338 *OLG Oldenburg* r+s 1995, 331; *OLG Hamm* r+s 1995, 374.
339 *OLG Hamm* r+s 1995, 373; *OLG Karlsruhe* r+s 1995, 375.
340 *BGH* IV ZR 293/03.
341 *OLG Karlsruhe* zfs 1986, 309; *OLG Köln* VersR 1986, 229; *OLG Hamm* r+s 1989, 6; *OLG Karlsruhe* zfs 1993, 161; *KG* NZV 1996, 200 = zfs 1996, 421.
342 *Thiele* PVR 2002, 372 Anmerkung zum Urteil des *OLG Koblenz* v. 26.4.2002, 10 U 1109/01.
343 *OLG Hamm* VersR 1986, 1185; *OLG Köln* r+s 1993, 407.
344 *BGH* VersR 1989, 469; *OLG Hamm* VersR 1992, 818; *OLG Köln* r+s 1994, 329.
345 *OLG Hamm* VersR 1992, 818; *OLG Hamm* r+s 1992, 42; *OLG Hamm* r+s 1998, 10; *OLG Köln* r+s 1994, 329; *OLG Frankfurt* NVersZ 1999, 573.

D. Leistungsbefreiungstatbestände

Grobe Fahrlässigkeit bejaht:

Ein Versicherungsnehmer, der sich mit einem Restalkoholgehalt im Blut von 1,5 Promille an das Lenkrad seines Wagens setzt und bei einer Geschwindigkeit von 230 km/h auf der Autobahn durch das plötzliche Ausscheren eines anderen Fahrzeugs in einen Auffahrunfall verwickelt wird, hat diesen Unfall grob fahrlässig verursacht. Es ist unerheblich, dass ein nüchterner Fahrer diesen Unfall ebenfalls verursacht hätte.[346,347] 413

Mit einer Blutalkohol-Konzentration von 1,5 Promille verlor der Versicherungsnehmer auf der Autobahn die Kontrolle über seinen Porsche Carrera und prallte gegen die Mittelleitplanke. Das *LG Oldenburg*[348] sah hierin einen eindeutigen Fall grober Fahrlässigkeit. 413a

Grobe Fahrlässigkeit liegt vor, wenn der Versicherungsnehmer mit 1,14 Promille in einer langgezogenen Rechtskurve von der Fahrbahn abkommt und auf 100 Meter an der Leitplanke entlang streift. 414

Bei einem BAK-Wert von 2,68 Promille ist von einer grob fahrlässigen Herbeiführung eines Unfalls auszugehen.[349] 415

Wer bei Trinkbeginn damit rechnet oder rechnen muss, sein Kfz noch zu benutzen, hat trotz Schuldunfähigkeit zur Tatzeit keinen Versicherungsschutz.[350] 416

Ein zum Unfall führender, typischer durch Alkoholgenuss bedingter Fahrfehler führt zur Leistungsfreiheit des Versicherers.[351] 417

Kommt der Versicherungsnehmer 5 Stunden nach Trinkende mit einem BAK-Wert von 0,65 Promille mit seinem PKW von der Fahrbahn ab, ist von einer grob fahrlässigen Unfallherbeiführung auszugehen.[352] 418

Fährt ein mit 0,83 Promille alkoholisierter Autofahrer trotz nasser Fahrbahn mit erhöhter Geschwindigkeit in eine Kurve ein und verursacht dadurch einen Unfall, liegt nach Auffassung des Landgerichts Memmingen[353] ein grob fahrlässiges Verhalten vor. 419

Grobe Fahrlässigkeit verneint:

Aus der bloßen Überschreitung der Geschwindigkeit bei einwandfreien Sicht- und Witterungsverhältnissen kann nicht ohne weiteres auf eine alkoholbedingte Fahruntüchtigkeit – die zur Anwendung des § 61 VVG a. F. führen könnte – geschlossen werden.[354] 420

Kürzungsquoten:

Aufgrund des erheblichen objektiven Gewichts der Pflichtverletzung bei Alkoholfahrten wird im Rahmen des § 81 VVG 2008 eine Kürzung für im Zustand der absoluten Fahruntüchtigkeit verursachte Schäden um 100 % i. d. R. angezeigt sein,[355] bei relativer Fahruntüchtigkeit dürfte sich 421

---

346 *OLG Düsseldorf* PVR 2001, 26; *OLG Düsseldorf* r+s 2000, 445.
347 *OLG Düsseldorf* DAR 2008, 9.
348 *LG Oldenburg* Urt. v. 24.9.2010, 13 O 1964/10.
349 *OLG Hamm* r+s 2001, 55.
350 *OLG Hamm* NZV 2001, 172; *OLG Oldenburg* VersR 1996, 1270.
351 *OLG Koblenz* NZV 2002, 272.
352 *OLG Karlsruhe* NZV 2002, 227 = VersR 2002, 969.
353 Urteil des *LG Memmingen* v. 25.1.2000, Az. 2 O 1855/98.
354 *BGH* VersR 1985, 779.
355 *Maier/Stadler* Rn. 133; ebenso *Römer* VersR 2006, 740; *Rixecker* zfs 2007, 15; *Schirmer* DAR 2008, 181, 185.

die Leistungsfreiheit zwischen 50 und 100 % bewegen;[356] entscheidend wird dabei sein, inwieweit sich der Alkohol auf den Unfall ausgewirkt hat.[357]

421a Kürzung um 50 % bei 0,59 Promille BAK und alkoholtypischem Fahrfehler[358]

Kürzung um 75 %, wenn nicht der Versicherungsnehmer selbst alkoholisiert fährt, sondern einem alkoholisierten Bekannten durch Übergabe der Schlüssel die Fahrt ermöglicht.[359]

421b Kürzung um 100 % bei 1,29 Promille BAK,[360] bei 1,5 Promille BAK,[361] bei 1,67 Promille BAK[362] und 2,9 Promille BAK.[363]

bb) Medikamente/Drogen

422 Ähnlichen Einfluss auf die Fahruntüchtigkeit wie Alkohol können Medikamente und Drogen hervorrufen, ohne dass die Rechtsprechung bislang Grenzwerte für die Fahruntüchtigkeit vorgegeben hat.

423 Es gibt jedoch keinen allgemeinen Erfahrungssatz, dass bei Fahruntüchtigkeit wegen eingenommener Medikamente ein Unfall stets grob fahrlässig herbeigeführt wurde.[364]

424 Bei Beweisanzeichen wird daher von relativer Fahruntüchtigkeit auszugehen sein, so dass der Versicherer für eine grob fahrlässige Schadensverursachung stets konkrete drogentypische Ausfallerscheinungen nachweisen muss.

Grobe Fahrlässigkeit bejaht:

425 Wenn ein Versicherungsnehmer zusätzlich zu Medikamenten gegen Durchblutungsstörungen bei starkem Unwohlsein Alkohol zu sich nimmt, hat er einen dadurch verursachten Unfall grob fahrlässig herbeigeführt.[365]

426 Dies gilt grundsätzlich, wenn dem Versicherungsnehmer die Wirkung der Medikamente bekannt war oder hätte bekannt sein müssen.[366]

Grobe Fahrlässigkeit verneint:

427 Die Einnahme von Medikamenten begründet als solche noch nicht den Vorwurf grober Fahrlässigkeit, wenn der Beipackzettel keinen Hinweis auf die Gefahr der Beeinträchtigung der Fahruntüchtigkeit enthält.[367]

428 Es liegt keine grobe Fahrlässigkeit vor, wenn der Versicherungsnehmer die Medikamente zu Therapiezwecken bereits über einen längeren Zeitraum eingenommen, Ausfallerscheinungen nicht verspürt und Warnhinweise auf dem Beipackzettel nicht ernst genommen hat.[368]

---

356 *KG* DAR 2011, 23, 24.
357 Eine tabellarische Kürzung schlägt *Oberpriller* in Himmelreich/Halm/Oberpriller, Kapitel 20, Rn. 107 vor.
358 *OLG Hamm* DAR 2011, 25, 26, zfs 2010, 634.
359 *LG Bonn* DAR 2010,24.
360 *OLG Stuttgart* DAR 2011, 204, 205; *LG Tübingen* zfs 2010, 394.
361 *LG Oldenburg* r+s 2010, 461, 462.
362 *LG Münster* DAR 2010, 473, 474.
363 *OLG Dresden* VersR 2011, 205, 206.
364 *OLG Düsseldorf* r+s 2001, 54.
365 *BGH* VersR 1985, 440 = DAR 1985, 222 = BB 1985, 697 = MDR 1985, 557 = r+s 1985, 80.
366 *LG Fulda* zfs 1991, 21; *LG Dortmund* zfs 1991, 22; *OLG Köln* VersR 1986, 229; *OLG Karlsruhe* zfs 1993, 127.
367 *OLG Hamm* VersR 1988, 126.
368 *OLG Düsseldorf* VersR 2002, 477.

D. Leistungsbefreiungstatbestände Kapitel 23

cc) Rotlichtverstoß

Bei Rotlichtverstößen mit nachfolgenden Schäden gehen die meisten Gerichte[369] von grob fahrlässiger Schadensverursachung aus, weil ein Rotlichtverstoß auch immer mit einer erheblichen Gefährdung anderer Verkehrsteilnehmer verbunden ist. 429

Grobe Fahrlässigkeit bejaht:

Das Überfahren einer roten Ampel an einer stark befahrenen innerstädtischen Kreuzung begründet ein das gewöhnliche Maß erheblich übersteigendes Fehlverhalten. Persönliche Sorgen des Fahrers können ihn nicht entlasten.[370] 430

Keine Entlastung vom Vorwurf der groben Fahrlässigkeit, wenn der Versicherungsnehmer ortsfremd ist und deshalb die Ampel übersehen hat. Die Beachtung der Verkehrsampel hat absoluten Vorrang vor der Ausschau nach Hinweisschildern.[371] 431

Keine Entlastung für einen Fahrer, der bei Rot zunächst anhält, dann aber infolge eines so genannten Augenblicksversagens trotz anhaltendem Rotlicht wieder anfährt.[372] Der Vorwurf der groben Fahrlässigkeit greift ebenfalls ein, wenn der Fahrer eines Kfz 60 bis 90 Sekunden an einer roten Ampel hält, jedoch trotz roter Ampel wieder anfährt, in dem Glauben, die Ampel sei zwischenzeitlich auf grün umgeschaltet.[373] 432

Es ist grob fahrlässig, in eine ampelgeregelte einzufahren, wenn man sich aufgrund von Sonneneinwirkung nicht sicher sein kann, was die für die beabsichtigte Fahrtrichtung zuständige Ampel genau anzeigt[374] und wenn man zusätzlich den Verdacht äußert, die maßgebliche Ampel könnte defekt gewesen sein.[375] 433

Wenn der Fahrer auf eine grüne Welle vertraut und ein Rotlich überfährt, ist dies grob fahrlässig.[376] 433a

Der Vorwurf der groben Fahrlässigkeit durch Überfahren eines Rotlichts wird nicht dadurch gemildert, dass Äste von Straßenbäumen die Lichtzeichenanlage gelegentlich verborgen haben.[377] 434

Es ist grob fahrlässig, wenn ein Versicherungsnehmer 9 Sekunden Zeit hatte, die rote Ampel zu bemerken, er aber trotzdem in den Kreuzungsbereich einfuhr und einen Unfall verursachte.[378] 435

Grobe Fahrlässigkeit ist zu bejahen, wenn der Fahrer innerorts den Tempomaten einstellt und einen Rotlichtverstoß an einer T-förmigen Kreuzung begeht, die kein problemloses Abbiegen erlaubt.[379] 436

Es ist ebenfalls als grob fahrlässig anzusehen, wenn der Versicherungsnehmer mit dem versicherten Fahrzeug bei klarer und eindeutiger Verkehrssituation trotz Rotlicht in die Kreuzung einfährt und dort mit einem sich von rechts nährenden Kfz zusammenstößt.[380] 437

---

369 *BGH* VersR 1992, 1085 = r+s 1992, 292; dieser Entscheidung haben sich z. B. angeschlossen *OLG Frankfurt/M.* v. 21.10.1999 ADAJUR Archiv Az. 3 U 5/99; *OLG Köln* SP 1997, 81; *OLG Oldenburg* VersR 1995, 1346; *OLG Hamm* r+s 2002, 5.
370 *OLG Jena* VersR 2004, 464.
371 *OLG Nürnberg* zfs 1994, 216 = VersR 1994, 1335; *OLG Koblenz* DAR 2001, 168.
372 *LG Duisburg* SP 2000, 392.
373 *OLG Karlsruhe* zfs 2004, 269.
374 *OLG Celle* PVR 2002, 232 m. Anm. v. *Balke*.
375 *LG Essen* r+s 2006, 492.
376 *AG Pinneberg* SP 2006, 73.
377 *OLG Köln* zfs 2002, 568.
378 *OLG Hamm* zfs 2002, 82.
379 *OLG München* NZV 2002, 562.
380 *OLG Nürnberg* r+s 2005, 101.

438 Weiterhin ist es grob fahrlässig, wenn der Fahrer eines versicherten Kfz im Kreuzungsbereich mit einem aus der entgegen gesetzten Richtung kommenden Fahrzeugs, welches nach links abbog, zusammenstößt. Die Linksabbiegerampel zeigte für das abgebogene Fahrzeug grün.[381]

Grobe Fahrlässigkeit verneint:

439 Hält ein Fahrer vor einer Ampel zunächst an und fährt dann aufgrund falscher Einschätzung, er habe grün, weiter, kann grobe Fahrlässigkeit entfallen.[382]

440 Hält ein Fahrer vor der Ampel, bemerkt im Fahrzeug neben sich einen Arbeitskollegen, grüßt diesen und fährt trotz anhaltenden Rotlichts in die Kreuzung ein, soll keine grobe Fahrlässigkeit vorliegen.[383]

441 Grobe Fahrlässigkeit ist ebenfalls zu verneinen, wenn der Versicherungsnehmer, abgelenkt durch seine Kinder auf der Rückbank, aufgrund eines Hupsignals in den Kreuzungsbereich hinein fährt, ohne zuvor nochmals auf die Ampel zu schauen.[384]

442 Ein Rotlichtverstoß begründet keine grobe Fahrlässigkeit, wenn der Fahrer in einer nicht einfachen Verkehrssituation durch das Fahrverhalten eines Gelenkbusses, das für ihn gefahrträchtig ist, abgelenkt wird.[385]

443 Keine grobe Fahrlässigkeit, wenn der Versicherungsnehmer abbiegt, nachdem er zehn Sekunden vor der roten Ampel gestanden hat und glaubhaft darlegt, dass er die auf Grün umspringende Fußgängerampel mit der für ihn maßgeblichen Ampel verwechselt hat, eine Gefährdung Dritter war nicht zu befürchten.[386]

444 Das Überfahren einer roten Ampel wurde nicht als grob fahrlässig angesehen, wenn der Versicherungsnehmer ortsfremd ist, die Lichtzeichenanlage unübersichtlich gestaltet war und ein Wahrnehmungsfehler hinzukam;[387] der Versicherungsnehmer die Ampelanlage übersieht, weil er sich gedanklich bereits auf der Parkplatzsuche befand[388] oder wenn der Versicherungsnehmer aufgrund von Glätte nicht mehr rechtzeitig anhalten konnte.[389] An grober Fahrlässigkeit fehlt es, wenn die rote Ampel in der konkreten Situation verdeckt und nur schwer zu erkennen war.[390]

445 Keine grobe Fahrlässigkeit, wenn winterliche Straßenverhältnisse herrschen, der Versicherungsnehmer auch seine Geschwindigkeit reduziert, ihm aber die Tatsache, dass das ABS in diesem Fall zu einer Bremsverlängerung führt, nicht bekannt war.[391]

446 Keine grobe Fahrlässigkeit, wenn besonders schlechte Sicht- und Witterungsverhältnisse an diesem Tag geherrscht haben.[392]

---

381 *OLG Köln* r+s 2004, 101.
382 *OLG Hamm* NZV 2001, 38.
383 *OLG Frankfurt* NVersZ 2001, 417 = r+s 2001, 313; bestätigt durch *BGH* IV ZR 173/01.
384 *OLG Koblenz* r+s 2004, 55.
385 *Schmarsli* PVR 2001, 161 Anmerkung zum Urteil des *OLG Hamm* v. 25.10.2000, 20 U 66/00.
386 Beschluss des *AG Kiel* v. 22.2.2002, 41 OWi 2/02; s. a. *LG Kiel* v. 9.3.2000, 8 S 184/99; in dieser Entscheidung hat ein Versicherungsnehmer die für den Geradeausverkehr anzeigende Ampel, welche Grünlicht zeigte, mit der für ihn geltenden Rotlicht zeigenden Ampel für Linksabbieger verwechselt, war deswegen losgefahren und im Kreuzungsbereich mit einem entgegenkommenden Fahrzeug kollidiert; so auch *OLG Hamm* NJW-RR 2000, 1477; a. A. hingegen *AG Kiel* v. 3.6.1999, 108 C 95/99.
387 *OLG Stuttgart* DAR 1999, 88.
388 *OLG Stuttgart* NStZ-RR 2000, 279.
389 *OLG Dresden* DAR 1998, 280.
390 *OLG Köln* DAR 2007, 647.
391 *OLG Dresden* DAR 2001, 318.
392 *OLG Köln* NVersZ 1999, 331 = r+s 1998, 493 = SP 1998, 430.

D. Leistungsbefreiungstatbestände   Kapitel 23

Kürzungsquoten:

Kürzung um 50 % bei Überfahren einer bereits einige Sekunden auf Rot geschalteten Ampel trotz   446a
(vorgetragener) Blendung durch Sonnenlicht.³⁹³

Kürzung um 50 %, wenn VN zunächst an der roten Ampel hält und beim Umspringen des separaten   446b
und gut erkennbaren Abbiegepfeils auf »grün« geradeaus losfährt.³⁹⁴

dd) Bücken oder Greifen nach (heruntergefallenen) Gegenständen

Wer sich als Fahrer derart Ablenken lässt, dass er den Verkehr nicht mehr in gebotenem Umfang be-   447
obachten und/oder sein Fahrzeug nicht mehr unter Kontrolle halten kann, handelt in der Regel grob
fahrlässig.

Grobe Fahrlässigkeit bejaht:

Greift der Fahrer mit der Hand in den Fußraum, um dort eine sich hinter dem Bremspedal verfan-   448
gene Kaffeekanne zu entfernen, führt er den Unfall grob fahrlässig herbei.³⁹⁵

Grob fahrlässig handelt, wer sich nach einem heruntergefallenen Mobiltelefon bückt.³⁹⁶   448a

Das Wühlen nach Papier in einem Handschuhfach während der Fahrt bei einer Geschwindigkeit von   449
100 km/h auf nasser Straße begründet den Vorwurf der groben Fahrlässigkeit.³⁹⁷

Grobe Fahrlässigkeit wurde bejaht, wenn ein Fahrer in einer Verkehrssituation, die seiner ganzen Auf-   450
merksamkeit bedurft hätte, nach einer Pflanze greift, die umzufallen drohte.³⁹⁸

Grob fahrlässig ist das Bücken nach einer Zigarette, welche dem Versicherungsnehmer zwischen die   451
Beine gefallen ist, wenn hierbei der Verkehr außer Acht gelassen wird.³⁹⁹

Grob fahrlässig ist das Greifen nach einer Flasche und der Trinkvorgang, wenn der Versicherungs-   452
nehmer während des Trinkvorgangs von der Straße abkommt.⁴⁰⁰

Auch das Verstellen des Fahrersitzes während der Fahrt ist ein grob fahrlässiges Handeln.⁴⁰¹   452a

Grobe Fahrlässigkeit verneint:

Das Bücken nach einer heruntergefallenen Zigarette stellt keine grobe Fahrlässigkeit dar, da diese   453
Bewegung reflexartig geschieht und Ausdruck der menschlichen Schwäche ist.⁴⁰²

---

393 *LG Münster* r+s 2009, 501, VersR 2009, 1615 ähnlich *AG Duisburg* 50 C 2567/09.
394 *AG Essen* r+s 2010,320, bestätigt durch Hinweisbeschluss *LG Essen* 10 S 32/10.
395 *OLG Köln* VersR 2001, 1531 = DAR 2000, 571; allgemein dazu auch *OLG Frankfurt* r+s 1997, 101 =
     VersR 1996, 372; *OLG Celle* r+s 1994, 127 = VersR 1994, 1221.
396 *OLG Frankfurt* VersR 2001, 1105.
397 *OLG Stuttgart* VersR 1999, 1359 = r+s 1999, 56.
398 *OLG Koblenz* PVR 2002, 105; *OLG Düsseldorf* VersR 1997, 836, in diesem Fall hat sich der Versicherungs-
     nehmer nach einem heruntergefallenen Handy gebückt und ist dabei gegen ein geparktes Fahrzeug gefah-
     ren.
399 *LG Lüneburg* zfs 2002, 439; *OLG Hamm* r+s 2000, 229; *OLG Köln* r+s 1998, 273; *OLG Karlsruhe* VersR
     1993, 1096 = r+s 1993, 248; *KG* VersR 1983, 494; *OLG Düsseldorf* VersR 1980, 1020; *OLG Karlsruhe*
     VersR 1979, 758; *LG Würzburg* VersR 1977, 275; *OGH Wien* VersR 1981, 768.
400 *OLG Hamm* r+s 2002, 145.
401 *OLG Saarbrücken* VersR 2004, 1308.
402 *OLG Dresden* r+s 2003, 8; *OLG Dresden* DAR 2001, 498.

454 Keine grobe Fahrlässigkeit, wenn der Fahrer nach dem vom Armaturenbrett fallenden Führerschein gegriffen hat,[403] ebenso bei einem Griff nach dem Zigarettenanzünder,[404] nach einem Bonbon im Handschuhfach,[405] beim Suchen nach einer heruntergefallenen Kassette.[406]

ee) Bedienung Radio/CD-Wechsler

455 Die Bedienung eines Autoradios, unabhängig davon, ob es sich um eine Sendersuche oder Lautstärkenregelung handelte, gehört zum normalen Autobetrieb und kann deshalb in der Regel keine grobe Fahrlässigkeit begründen.[407]

456 Erfordert die Strecke jedoch die erhöhte Aufmerksamkeit des Fahrers wegen hoher Geschwindigkeit, kurviger Streckenführung, kritischen Fahr- oder Wettersituationen, kann eine andere Beurteilung greifen.[408]

<u>Grobe Fahrlässigkeit bejaht:</u>

457 Wechseln der Kassette im Recorder während der Fahrt ohne Beobachtung der Fahrbahn.[409]

458 Kassettenwechsel und Fahren mit Abblendlicht bei überhöhter Geschwindigkeit.[410]

459 Betätigung des Sendersuchlaufes bei Kurvenfahrt und hoher Geschwindigkeit.[411]

460 Kassettenwechsel bei kurvenreicher Straße.[412]

461 Bücken nach einer beim Kassettenwechsel heruntergefallenen Kassette.[413]

<u>Grobe Fahrlässigkeit verneint:</u>

462 Keine grobe Fahrlässigkeit liegt vor, wenn ein PKW-Fahrer beim Bedienen eines CD-Wechslers von der Fahrbahn abkommt.[414]

463 Gerät der ca. 50 km/h fahrende Versicherungsnehmer infolge der Bedienung des Autoradios auf eine Verkehrsinsel, liegt keine grobe Fahrlässigkeit vor. Der Versicherer kann sich nicht auf Leistungsfreiheit berufen, wenn nicht weitere Anhaltspunkte für ein Fehlverhalten des Versicherungsnehmers hinzukommen.[415]

464 Unschädlich ist es, wenn ein Fahrer während der Fahrt die Kassette wechselt.[416]

ff) Ablenkung durch Mobiltelefon/Navigationsgerät

465 Beim Telefonieren mit einem Handy – in bestimmten Situationen aber auch mit einer Freisprecheinrichtung – während der Fahrt wird eine grobe Fahrlässigkeit überwiegend bejaht, unabhängig davon, ob der Fahrer gegen § 23 Abs. 1a StVO verstoßen hat.

---

403 *OLG München* VersR 1981, 952.
404 *LG Hamburg* zfs 1992, 54.
405 *LG Ansbach* zfs 1990, 828.
406 *OLG Hamm* VersR 1982, 796; *OLG Hamm* VersR 1986, 1119.
407 Urteil des *AG Düsseldorf* v. 30.11.2000, Az. 49 C 12117/99.
408 *OLG Celle* zfs 1994, 52; *OLG Nürnberg* zfs 1992, 166.
409 *OLG Nürnberg* NJW-RR 1992, 360 = NZV 1992, 193 = zfs 1992, 166.
410 *OGH Wien* VersR 1994, 379.
411 *OGH Wien* zfs 1994, 52.
412 *OLG Celle* zfs 1984, 184.
413 *OLG Nürnberg-Fürth* zfs 1989, 313 = r+s 1989, 58.
414 *OLG Hamm* DAR 2001, 128 = zfs 2002, 294; *OLG München* NJW-RR 1992, 538 = r+s 1993, 49 = SP 1992, 221 = zfs 1992, 273.
415 *OLG Nürnberg* VersR 2006, 356 = r+s 2005, 372.
416 *OLG München* zfs 1992, 273 = r+s 1993, 49 = SP 1992, 221 = NJW-RR 1992, 538.

D. Leistungsbefreiungstatbestände   Kapitel 23

Danach ist das Telefonieren während der Fahrt oder bei einem verkehrsbedingten Halt mit laufendem Motor verboten, wenn der Fahrer das Mobiltelefon oder den Hörer des Autotelefons aufnehmen oder halten muss, das Verbot bezieht sich auf alle Tätigkeiten mit einem Mobiltelefon, auch das Versenden von SMS oder die Nutzung als mobiles Navigationsgerät. 466

Grobe Fahrlässigkeit bejaht:

Telefonieren mit dem Handy ohne Freisprechanlage, obwohl die Fahrbahn nass und die Sichtverhältnisse schlecht waren.[417] 467

Aufnahme des Handys vom Beifahrersitz und anschließendes Telefonat ohne Freisprechanlage bei 120 km/h und Nebel.[418] 468

Telefonieren bei einer Geschwindigkeit von 170 km/h.[419] 468a

Der Versicherer ist wegen grob fahrlässiger Herbeiführung des Versicherungsfalls von der Leistung frei, wenn der Versicherungsnehmer wegen überhöhter Geschwindigkeit in eine Doppelkurve eingefahren ist, während er mit einer Hand das Kfz steuerte und gleichzeitig mit der anderen Hand telefonierte, infolge dessen von der Fahrbahn abkam und sich mehrfach überschlug.[420] 469

Selbst ein eingebautes Telefon mit Freisprecheinrichtung kann zu Ablenkungen des Fahrers in kritischen Fahrtsituationen führen, die in eine grob fahrlässige Schadenverursachung münden.[421] 470

Grob fahrlässig handelt, wer das Navigationsgerät programmiert, wenn er sich bereits auf der Autobahn befindet und während der Bedienung des Navigationsgeräts einen Auffahrunfall verursacht.[422] 479a

gg) Übermüdung/Sekundenschlaf

Das Einschlafen am Steuer, der befürchtete Sekundenschlaf, ist ein vom Versicherer als Unfallursache nur schwer zu beweisender Umstand. Eine grob fahrlässige Schadensursache wird vorliegen, wenn der Versicherungsnehmer sich über erkennbare Anzeichen einer drohenden Fahruntüchtigkeit bewusst hingesetzt oder diese ignoriert.[423] 471

Grobe Fahrlässigkeit bejaht:

Tritt eine Krankenschwester nach 16 Stunden Dienst die Heimfahrt an und verursacht einen Unfall, ist ihr Verhalten als grob fahrlässig einzustufen.[424] 472

Wer an einem Tag von Süddeutschland nach Holland fährt und gleich in der Nacht die Rückfahrt antritt, handelt grob fahrlässig.[425] 473

Grobe Fahrlässigkeit verneint:

Das Ignorieren eines Gähnens oder einer Lidschwere reicht für den Vorwurf einer groben Fahrlässigkeit nicht aus, wenn die vom Fahrer zurückgelegte Strecke sehr kurz ist und dieser wegen Arbeiten im Schichtdienst gewöhnt ist, nachts aufzubleiben.[426] 474

---

417 *OLG Köln* r+s 2000, 494.
418 *OLG Köln* NVersZ 2001, 26 = NJW-RR 2001, 22 = r+s 2000, 494 = SP 2001, 60 = VersR 2001, 580.
419 *OLG Koblenz* MDR 1999, 481.
420 *AG Berlin-Mitte* r+s 2006, 242.
421 *LG Frankfurt* NZV 2001, 480.
422 *LG Potsdam* Urt. v. 26.6.2009, 6 O 32/09.
423 *BGH* VersR 1974, 593; *BGH* VersR 1977, 619; *OLG Koblenz* r+s 2007, 151.
424 *OLG Nürnberg* zfs 1987, 277.
425 *LG Köln* r+s 1996, 91.
426 *OLG Schleswig* DAR 2001, 464.

475 Hat der Fahrer ausreichend geschlafen und ist er erst eine kurze Strecke gefahren, liegt keine grobe Fahrlässigkeit vor, wenn er sich trotz deutlicher Anzeichen von Übermüdung nicht sogleich zur Unterbrechung der Fahrt entschließt.[427]

476 Ein Einschlafen im Sinne eines »Sekundenschlafs« ist nur dann grob fahrlässig, wenn der Fahrer Ermüdungserscheinungen missachtet hatte oder aufgrund besonderer Umstände mit einem Einschlafen am Steuer rechnen musste.[428] Grobe Fahrlässigkeit liegt nicht vor, wenn der sonst »geübte Nachtfahrer« eines Kfz ohne äußeren Anlass (keine Übermüdungskennzeichen oder Gefühl der Fahruntauglichkeit) aufgrund eines Sekundenschlafs auf die Gegenfahrbahn geraten ist.[429]

477 Dem Versicherungsnehmer sind Lenkzeitüberschreitungen seines Fahrers nur dann zuzurechnen, wenn er bewusst Fahrten angeordnet hat, die unter Beachtung der vorgeschriebenen Lenk- und Ruhezeiten nicht zu absolvieren waren oder wenn er sich dieser Kenntnis arglistig verschlossen hat.[430]

hh) Geschwindigkeitsüberschreitung

478 Bei Geschwindigkeitsüberschreitungen hat es die Rechtsprechung bislang vermieden, sich auf feste Prozentsätze einer Überschreitung der zulässigen Höchstgeschwindigkeit festzulegen, die Geschwindigkeitsüberschreitung muss jedenfalls erheblich sein, bevor eine grobe Fahrlässigkeit angenommen werden kann.

479 Die Überschreitung der Richtgeschwindigkeit auf Autobahnen rechtfertigt alleine keine Versagung des Versicherungsschutzes, für die Bejahung der groben Fahrlässigkeit müssen weitere Umstände hinzutreten.

Grobe Fahrlässigkeit bejaht:

480 Überschreiten der zulässigen Höchstgeschwindigkeit um 100 %.[431]

481 Grob fahrlässig ist ein Überholmanöver mit 100 km/h, wenn der Vorausfahrende ca. mit 70 km/h fährt, und es sich bei der Überholstrecke um ein grades Teilstück zwischen 2 Bergkuppen mit einer Sichtweite von 160 Metern handelt.[432]

482 Eine Geschwindigkeit von 150 km/h statt 100 km/h auf nächtlicher Landstraße stellt eine grobe Fahrlässigkeit dar.[433]

483 Es ist als grob fahrlässig zu sehen, wenn ein Versicherungsnehmer eine Wettfahrt auf der Autobahn mit 150 km/h veranstaltet.[434]

484 Das Fahren mit 80 km/h bei einer Sichtweite von lediglich 20 bis 30 m ist grob fahrlässig.[435]

485 Eine Geschwindigkeit von 94 km/h bei einer Geschwindigkeitsgrenze von 70 km/h begründet den Vorwurf der groben Fahrlässigkeit, wenn beim Versicherungsnehmer erheblicher Restalkohol festgestellt wird.[436]

---

427 *OLG München* VersR 1995, 288.
428 *OLG Düsseldorf* r+s 2003, 10; *Xanke* PVR 2002, 143 Anmerkung zum Urteil des OLG Düsseldorf v. 26.10.2001, 1 U 73/01; so auch *BGH* VersR 1974, 593 = NJW 1974, 948 = DAR 1974, 162; *OLG Hamm* zfs 1994, 250; *OLG Koblenz* NVersZ 1998, 122.
429 *OLG Celle* r+s 2005, 456.
430 *OLG Köln* zfs 1997, 306.
431 *OLG München* zfs 1983, 150; *OLG Köln* r+s 1993, 129 = SP 1993, 121; *OLG Karlsruhe* VersR 1995, 1182; *OLG Nürnberg* r+s 2000, 365.
432 *OLG Hamm* r+s 1991, 154.
433 *OLG Koblenz* 2000, 720.
434 *OLG Köln* MDR 2001, 29; *OLG Köln* zfs 2000, 450 = NVersZ 2001, 82 = VersR 2001, 454 = SP 2000, 391.
435 *OLG Nürnberg* DAR 1989, 342.
436 *OLG Hamm* VersR 1987, 89.

D. Leistungsbefreiungstatbestände

Der Versicherungsnehmer, der mit seinem PKW bei einer Höchstgeschwindigkeit von 140 km/h auf einer Bundesstraße mit einer zulässigen Höchstgeschwindigkeit von 100 km/h einen Überholvorgang einleitet, diesen abbrechen muss, weil er ein entgegenkommendes Fahrzeug übersehen oder sich verschätzt hat, deshalb scharf bremsen muss und infolgedessen ins Schleudern und von der Straße gerät, handelt grob fahrlässig.[437] **486**

Der Fahrer eines versicherten Kfz handelt grob fahrlässig, wenn er im Bereich einer kurvenreichen Strecke wegen überhöhter Geschwindigkeit – 90 km/h statt erlaubter 50 km/h – die Gewalt über sein Kfz verloren hat, mit dem Kfz ins Schleudern geraten ist, umgekippt und in den rechten, etwa einen Meter tiefen Straßengraben gerutscht ist, ohne vom Gegenverkehr behindert worden zu sein.[438] **487**

Startet der Fahrer nach einem Ampelstopp mit weit überhöhter Geschwindigkeit, so dass durch Reifenabrieb eine Qualmwolke entsteht, hat er den nachfolgenden Unfall durch grobe Fahrlässigkeit verursacht.[439] **488**

Grobe Fahrlässigkeit verneint:

Die Überschreitung der zulässigen Geschwindigkeit um 90 % führt nicht immer zum Ausschluss des Versicherungsschutzes wegen grober Fahrlässigkeit, weil es auf den Einzelfall, insbesondere auch auf Besonderheiten der Straßenführung und der Beschilderung ankommt.[440] **489**

Befahren einer lang gezogenen Rechtskurve mit 165 km/h bei trockener Fahrbahn und guter Sicht ist nicht grob fahrlässig, selbst wenn der Versicherungsnehmer gegen das Sichtfahrgebot verstoßen hat.[441] **490**

Fahren bei nasser Fahrbahn mit unangemessen hoher Geschwindigkeit ist dann nicht grob fahrlässig, wenn die Wasserflächen auf der Fahrbahn nicht erkennbar waren.[442] **491**

Fahren auf einer gut ausgebauten Bundesstraße mit 120 km/h im Einmündungsbereich ist nicht grob fahrlässig.[443] **492**

Fahren mit 45 km/h statt erlaubter 30 km/h und Begehen einer Vorfahrtsverletzung (rechts vor links) stellen kein grob fahrlässiges Verhalten dar.[444] **493**

Auch bei starkem Regen ist eine Geschwindigkeit von 110 km/h nicht grob fahrlässig.[445] **494**

Keine grobe Fahrlässigkeit bei Fahren mit 85 km/h statt der erlaubten 50 km/h im Kurvenbereich und Ablenkung durch plötzlich auftauchendes Verkehrshindernis.[446] **495**

Fahren mit 165 km/h bei guter Sicht und Witterung auf BAB ist nicht grob fahrlässig.[447] **496**

Das Überschreiten der Höchstgeschwindigkeit um fast 100 % an der Unfallstelle, die ca. 93 m hinter der angeordneten Geschwindigkeitsbegrenzung von 70 km/h auf 50 km/h liegt, stellt keine grobe Fahrlässigkeit dar.[448] **497**

---

437 *Halm* PVR 2001, 183, Anmerkung zum Urteil des OLG Düsseldorf v. 28.9.2000, 4 U 198/99.
438 *OLG Köln* r+s 2004, 11.
439 *OLG Hamm* r+s 2007, 453.
440 *Xanke* PVR 2002, 181 Anmerkung zum Urteil des OLG Frankfurt v. 31.10.2001, 7 U 83/01.
441 *OLG Hamm* VersR 1987, 1206.
442 *OLG Hamm* zfs 2000, 496.
443 *OLG Karlsruhe* r+s 1993, 130.
444 *OLG Düsseldorf* r+s 1996, 429.
445 *OLG Nürnberg* VersR 1977, 659.
446 *OLG Hamm* VersR 1994, 42.
447 *OLG Hamm* VersR 1987, 1206.
448 *OLG Frankfurt* VersR 2002, 703.

498 Fahren mit einer Geschwindigkeit von 100 bis 130 km/h bei Regen und nasser Straße mit anschließendem Schleudern aufgrund Aquaplaning und Zusammenstoß mit einem anderen Fahrzeug ist nicht grob fahrlässig.[449]

499 Keine grobe Fahrlässigkeit bei Geschwindigkeit von ca. 200 km/h auf trockener Fahrbahn, wenn 4–5 vergleichbare Unfälle im Schadenbereich darauf schließen lassen, dass der unterschiedliche Straßenbelag im Unfallbereich den Unfall begünstigt hat.[450]

ii) Verkehrsverstöße allgemein

500 Die Rechtsprechung zu Fällen grob fahrlässiger Schadenherbeiführung bei allgemeinen Verkehrsverstößen ist unübersichtlich und uneinheitlich. Sie kann nur im Sinne einer Kasuistik beispielhaft aufgelistet werden.

Grobe Fahrlässigkeit bejaht:

501 Wer bei 10 %igem Gefälle einen PKW ohne Einlegen des Rückwärts- oder 1. Ganges abstellt, verstößt gegen § 14 Abs. 2 S. 1 StVO und handelt grob fahrlässig.[451]

502 Missachtung eines Vorfahrtsschildes, obwohl der Fahrer ortskundig, das Vorfahrtsschild aber so vereist war, dass der Fahrer die Schrift auf dem Schild nicht lesen konnte.[452]

503 Der Versicherungsnehmer handelt grob fahrlässig, wenn er mit der hochgestellten Kippermulde seines LKW gegen die Unterkante einer Brücke prallt, auch wenn er angenommen hatte, er habe die Mulde heruntergelassen. Im konkreten Fall hatte der Versicherungsnehmer Anlass, der Zuverlässigkeit der Kontrollleuchte zu misstrauen, auf die er sich verlassen haben will.[453]

504 Wer durch grobe Unaufmerksamkeit die in Funktion befindlichen Warn- und Sicherungseinrichtungen einer Autobahnbaustelle nicht beachtet und ungebremst auf ein gut sichtbares Baustellenfahrzeug auffährt, verursacht den Unfall grob fahrlässig.[454]

505 Wenn ein Versicherungsnehmer seinen LKW in unmittelbarer Nähe einer stark abschüssigen Abfahrtsrampe abstellt und das Fahrzeug kurze Zeit nach dem Aussteigen die Rampe hinabrollt, weil weder die Handbremse angezogen noch ein Gang eingelegt war, ist der Vorwurf der groben Fahrlässigkeit gerechtfertigt.[455]

506 Der Versicherer ist von der Leistung frei, wenn der Versicherungsnehmer das Kfz auf einer stark abschüssigen Rampe wenige Meter vor ihrer Einmündung in einen Fluss mit geradeaus stehender Lenkung abgestellt, die Handbremse höchstens bis zu $^3/_4$ angezogen und keinen Gang eingelegt hat;[456] gleiches gilt, wenn das Fahrzeug in einem Bereich mit einem Gefälle von 10 % abgestellt und nur die Handbremse eingelegt war, nicht aber auch der erste Gang.[457]

507 Grob fahrlässig ist das Überholen im Nebel oder vor unübersichtlichen Kurven.[458]

508 Überholvorgänge im Baustellenbereich und der Versuch einen anderen Verkehrsteilnehmer auszubremsen, sind grob fahrlässig.[459]

---

449 *OLG Hamm* r+s 2001, 403.
450 *OLG Köln* r+s 2006, 415.
451 *OLG Karlsruhe* DAR 2007, 646.
452 *AG Groß-Gerau* zfs 2000, 496.
453 *Halm* PVR 2001, 183 Anmerkung zum Urteil des OLG Düsseldorf v. 28. 9.2000, 4 U 206/99; vgl. auch *OLG Düsseldorf* zfs 2002, 438.
454 *OLG Köln* zfs 2002, 295.
455 *OLG Düsseldorf* zfs 2002, 295 = VersR 2002, 1503; so auch *LG Frankfurt* VersR 1991, 1050.
456 *OLG Hamburg* r+s 2005, 57.
457 *OLG Karlsruhe* r+s 2007, 190.
458 *OLG Hamm* NJW-RR 1998, 262.
459 *OLG Hamm* OLGR 2000, 299.

D. Leistungsbefreiungstatbestände

Grob fahrlässig handelt, wer eine Einbahnstraße in falscher Richtung befährt,[460] das Linksfahrgebot in England missachtet,[461] auf einer Autobahnausfahrt wendet[462] bzw. leichtfertige Überholvorgänge tätigt.[463] **509**

Grobe Fahrlässigkeit liegt ebenfalls vor, wenn der Fahrer eines Kfz trotz Gegenverkehr zum Überholvorgang ansetzt und infolge dessen mit einem ihm entgegenkommenden Fahrzeug kollidiert.[464] **510**

Ein Stoppschild ist eines der wichtigsten Straßenverkehrsschilder, es beinhaltet eine der wichtigsten Grundregeln des Straßenverkehrs. Bei Missachtung des Schildes greift der Vorwurf der groben Fahrlässigkeit.[465] **511**

Befindet sich neben dem Stoppschild noch eine ausgeschaltete Lichtzeichenanlage, die gelbes Blinklicht zeigte und fährt der Versicherungsnehmer mit unverminderter Geschwindigkeit in die Kreuzung hinein, trifft ihn der Vorwurf der groben Fahrlässigkeit.[466] **512**

Wenn der Versicherungsnehmer infolge von Unaufmerksamkeit ein an der Einmündung einer Landstraße auf eine vorfahrtsberechtigte Autobahn befindliches Stoppschild missachtet, liegt grobe Fahrlässigkeit vor.[467] **513**

Kürzungsquoten:

Kürzung um 33,3 %, wenn VN die begrenzte Höhe einer Autobahnunterführung missachtet und einen Kraftfahrzeugschaden verursacht.[468] **513a**

Grobe Fahrlässigkeit verneint:

Der Kaskoversicherer ist nicht wegen grob fahrlässiger Herbeiführung des Versicherungsfalls leistungsfrei, wenn der von dem Versicherungsnehmer auf einer 2 bis 3 % Gefälle aufweisenden Straße mit – unzureichend – angezogener Handbremse abgestellte PKW sich nach 10 Minuten in Bewegung setzt und gegen eine Hauswand prallt, der Wagen aber ohne Sicherung sofort davon gerollt wäre.[469] **514**

Ein Wegrollen des Fahrzeugs wegen nicht ausreichend angezogener Handbremse begründet dann jedenfalls nicht den Vorwurf grober Fahrlässigkeit, wenn der Versicherungsnehmer oder sein Repräsentant unwiderlegt der Meinung gewesen sind, dass die Handbremse ausreichend angezogen war.[470] **515**

Ohne zusätzliche Warnhinweise begründet die Nichtbeachtung eines Stoppschildes, selbst wenn es gut sichtbar aufgestellt ist, nicht generell den Vorwurf grober Fahrlässigkeit. Dies folgt aus dem Umstand, dass das Stoppschild nicht mit einer Verkehrsampel vergleichbar ist, insbesondere nicht, den gleichen optischen Effekt wie das Rotlicht einer Verkehrsampel hervorruft.[471] **516**

---

460 *OLG Hamm* r+s 1999, 188 = SP 1999, 136.
461 *LG Mainz* VersR 1999, 438 = NJW-RR 2000, 31 = NVersZ 2000, 138.
462 *OLG Hamm* r+s 1992, 42 = NZV 1992, 321 = SP 1992, 122 = VersR 1992, 866.
463 *OLG Karlsruhe* SP 1999, 230; *OLG Celle* SP 1996, 221; *OLG Hamm* DAR 1998, 393.
464 *OLG Karlsruhe* VersR 2004, 776.
465 *Halm* PVR 2002, 369 Anmerkung zum Urteil des *OLG Bremen* v. 23.4.2002, 3 U 72/01; *OLG Zweibrücken* VersR 1993, 218; *LG Zweibrücken* VersR 1991, 804.
466 *OLG Köln* r+s 2002, 57 = zfs 2001, 417; vgl. hierzu auch *Halm* PVR 2002, 196.
467 *OLG Köln* r+s 2005, 149.
468 *LG Göttingen* zfs 2010, 213.
469 *Halm* PVR 2001, 183 Anmerkung zum Urteil des *OLG Düsseldorf* v. 11.7.2000, 4 U 80/99.
470 *OLG Stuttgart* VersR 1991, 1049.
471 *Halm* PVR 2002, 369 Anmerkung zum Urteil des *OLG Bremen* v. 23.0.2002, 3 U 72/01 = VersR 2002, 1503.

jj) Schlüsselaufbewahrung

517 Der Versicherungsnehmer hat es in der Hand, sein Fahrzeug gegen Wegnahme zu sichern, indem er z. B. die Fenster schließt, die Fahrzeugtüren verriegelt und das Lenkradschloss einrastet. Lässt der Versicherungsnehmer einen Reserveschlüssel im Handschuhfach zurück, werden diese getroffenen Sicherheitsmaßnahmen nutzlos, der gebotene und durch § 14 Abs. 2 StVO sogar gesetzlich vorgeschriebene Sicherheitsabstand des Fahrzeugs ist zumindest herabgesetzt.

518 Das Aufbewahren eines Reserveschlüssels – auch im verschlossenen[472] – Handschuhfach begründet i. d. R. den Vorwurf der groben Fahrlässigkeit, da es wohl jedermann einleuchtet, dass das Handschuhfach der denkbar ungeeigneteste und unsicherste Ort für die Aufbewahrung eines Reserveschlüssels ist. Entwendet der Dieb das Fahrzeug unter Verwendung des aufgefundenen Reserveschlüssels, liegt auch die erforderliche Kausalität vor.[473]

519 Voraussetzung für die Annahme einer groben Fahrlässigkeit ist natürlich das bewusste Zurücklassen des Reserveschlüssels im Auto, das Bewusstsein der Gefahren, die aus diesem Umstand resultieren, ist hingegen nicht erforderlich.

520 Verliert der Versicherungsnehmer den Schlüssel unbemerkt im Auto oder belässt eine andere Person, deren Verhalten dem Versicherungsnehmer nicht zuzurechnen ist, den Schlüssel im oder am Auto, liegt keine grobe Fahrlässigkeit vor.[474]

521 Auch an die Verwahrung bzw. Beaufsichtigung der Schlüssel außerhalb des Fahrzeugs werden durch die Rechtsprechung überwiegend hohe Anforderungen gesetzt, allerdings existieren auch Urteile mit vollkommen gegenläufigen Ansichten.

Grobe Fahrlässigkeit bejaht:

522 Grobe Fahrlässigkeit ist zu bejahen, wenn Fahrzeugschlüssel in einen ungesicherten, problemlos zu öffnenden Briefkasten einer Werkstatt geworfen werden, auf dessen Funktion durch Schilder hingewiesen wird.[475]

523 Der Versicherungsnehmer, der seinen Kfz-Schlüssel in einer Jacke verstaut und diese unbeaufsichtigt in einer Diskothek belässt, handelt grob fahrlässig bei der Obhut über ein ihm anvertrautes Kfz, sodass der Versicherer von der Verpflichtung zur Leistung frei wird.[476]

524 Die Aufbewahrung eines Ersatzschlüssels im Handschuhfach ist als grob fahrlässig zu beurteilen, selbst wenn Lenkradschloss und Wagentür verriegelt gewesen sind.[477]

525 Grobe Fahrlässigkeit ist ebenfalls zu bejahen, wenn ein Zweitschlüssel in einer Handtasche oder unter dem Beifahrersitz[478] oder in einer im Fahrzeug zurückgelassenen Jacke[479] aufbewahrt wird und diese unter den Sitz geschoben wurde.[480]

526 Trifft ein Kraftfahrzeughändler mit den Fahrern der Fahrzeuge, die zu seinem Betrieb überführt und dort abgestellt werden, die Absprache, die Fahrzeugschlüssel und -papiere durch den Briefschlitz in

---

[472] *OLG Celle* VersR 1980, 425; *OLG Hamm* VersR 1984, 151, a. A. aber *BGH* VersR 1989, 582.
[473] Keine Kausalität allerdings, wenn der Dieb den PKW ohne Benutzung des Schlüssels entwendet, weil er ihn z. B. nicht findet.
[474] *OLG Hamm* VersR 1984, 229; *OLG München* VersR 1995, 1046 = r+s 1995, 246 = NJW-RR 1994, 1446.
[475] *OLG Hamm* zfs 2004, 213, 214.
[476] *OLG Rostock* VersR 2006, 210 = r+s 2006, 104.
[477] *BGH* VersR 1981, 40.
[478] *OLG Frankfurt* r+s 1996, 15.
[479] *LG Koblenz* r+s 2007, 414.
[480] *OLG Hamm* NJW-RR 1995, 1367 = r+s 1996, 15.

einer Glastüre zu werfen, handelt der Händler grob fahrlässig, da die Diebstahlgefahr erheblich erhöht wird.[481]

Grobe Fahrlässigkeit ist zu bejahen, wenn ein teures Fahrzeug auf einem Firmengelände unverschlossen und mit steckendem Zündschlüssel abgestellt wurde.[482] 527

Der Versicherungsnehmer handelt grob fahrlässig, wenn er sein unverschlossenes Fahrzeug mit steckendem Schlüssel auf einem Hof abstellt. Möglicher Zeitdruck des Versicherungsnehmers, infolge dessen er vergessen hat, den Schlüssel abzuziehen oder das Kfz abzuschließen, hat keinen Einfluss auf den Vorwurf der groben Fahrlässigkeit.[483] 528

Wenn dem Versicherungsnehmer bei einem Diskothekenbesucht der Autoschlüssel entwendet wurde und er seinen PKW trotzdem unmittelbar vor dem Eingang der Diskothek stehen lässt, trifft ihn der Vorwurf der groben Fahrlässigkeit.[484] 529

Wer einen Fahrzeugschlüssel in einer Jacke aufbewahrt, diese in einer unbeaufsichtigten Umkleidekabine aufhängt und seinen Wagen direkt vor der Turnhalle parkt, handelt grob fahrlässig.[485] 530

Grob fahrlässig ist das unbeaufsichtigte Zurücklassen der Fahrzeugschlüssel im Nebenraum eines Bordells[486] oder im Sattelraum eines Reiterhofes.[487] 531

Ein Diebstahl wird auch dann grob fahrlässig herbeigeführt, wenn ein Versicherungsnehmer seinen PKW in Polen kurz abstellt, ohne den Zündschlüssel abzuziehen.[488] 532

Grobe Fahrlässigkeit wurde angenommen, wenn der Versicherungsnehmer den Zündschlüssel stecken lässt und das Fahrzeug verlässt, um sich zu einem 3 m entfernten Obststand zu begeben.[489] 533

Das Überlassen des Schlüssels und des Fahrzeugs an einen Fremden für eine Probefahrt, ohne auch nur irgendwelche Sicherheitsvorkehrungen zu treffen, stellt eine grobe Fahrlässigkeit dar.[490] 534

Auch der Einwurf des Fahrzeugschlüssels in einen nicht gesicherten Außenbriefkasten einer Werkstatt ist grob fahrlässig.[491] 534a

Grob fahrlässig ist die Aufbewahrung von Kfz-Schlüsseln an einer am Kfz angebrachten Schlüsselbox.[492] 535

Grobe Fahrlässigkeit verneint:

Das Belassen eines Ersatzschlüssels im abgeschlossenen Handschuhfach eines auf einem einsichtigen Parkplatz abgestellten Wohnmobils stellt kein besonders sorgloses und mithin kein grob fahrlässiges Verhalten dar.[493] 536

(unbesetzt) 537

Der Vorwurf der groben Fahrlässigkeit ist nicht gerechtfertigt, wenn ein PKW entwendet wird, in dem sich die Originalschlüssel eines anderen PKW des Versicherungsnehmers befinden, dieser geeig- 538

---

481 *OLG Düsseldorf* zfs 2000, 543, so auch *OLG Köln* OLGR 2001, 29.
482 *OLG Köln* zfs 2001, 21.
483 *LG Itzehoe* VersR 2004, 192.
484 *OLG Frankfurt* NJW-RR 1992, 537 = VersR 1992, 817.
485 *OLG Köln* zfs 2000, 112.
486 *OLG Hamm* r+s 1994, 328 = VersR 1995, 205.
487 *OLG Köln* r+s 1996, 392.
488 *OLG Köln* r+s 2000, 404 = NJW-RR 2001, 21 = NVersZ 2001, 23.
489 *OLG Köln* VersR 2002, 842, vgl. zu einem ähnlichen Sachverhalt *OLG Koblenz* r+s 2008, 11.
490 *OLG Düsseldorf* zfs 1999, 297 = r+s 1999, 230 = VersR 1999, 1142.
491 *OLG Hamm* VersR 2006, 403.
492 *OLG Frankfurt* PVR 2002, 225.
493 *Halm* PVR 2002, 371 Anmerkung zum Urteil des *OLG Koblenz* v. 15.4.2002, 2 U 1513/01.

nete Schutzmaßnahmen zur Vermeidung des Diebstahls des weiteren versicherten Fahrzeugs unterlässt und das zweite Fahrzeug noch am selben Tag mit dem Originalschlüssel entwendet wird.[494]

539 Wird im Rahmen einer völlig automatisierten Handlung infolge einer Unkonzentriertheit ein Handgriff vergessen, nämlich das Abziehen des Fahrzeugschlüssels vom Kofferraumschloss, liegt keine grobe Fahrlässigkeit vor.[495]

540 Das Anbringen eines Zweitschlüssels unter dem Querträger des Fahrzeugs,[496] hinter dem Reserverad[497] oder in der Verkleidung unter dem Radkasten[498] rechtfertigt nicht den Vorwurf der groben Fahrlässigkeit.

541 Ein Restaurantbesitzer hat den Diebstahl des in der Nähe des Restaurants geparkten Kfz nicht grob fahrlässig herbeigeführt, wenn er den Schlüsselbund, an dem sich auch der Kfz-Schlüssel befand, auf den Tresen abgelegt hat und die Schlüssel sich die ganze Zeit in seinem Zugriffsbereich befanden.[499]

542 Verlässt ein Versicherungsnehmer unter Steckenlassen des Zündschlüssels sein Fahrzeug, um bei einer Autopanne eines anderen Fahrzeugs Hilfe zu leisten, so begründet dies den Vorwurf grober Fahrlässigkeit dann nicht, wenn sich die Möglichkeit einer nur vorgetäuschten Panne nicht aufdrängen musste.[500]

542a Grober Fahrlässigkeit ist auch dann nicht gegeben, wenn der Fahrzeugschlüssel unter dem Kopfkissen aufbewahrt wird, selbst wenn der Sohn des Versicherungsnehmers das Fahrzeug bereits wiederholt unbefugt benutzt hat.[501]

Kürzungsquoten:

542b Kürzung um 100 %, wenn VN Fahrzeugschlüssel mit Funksensor auf dem Weg zwischen Stellplatz und Wohnung verliert und keine Schutzmaßnahmen ergreift[502]

kk) Sicherung des Fahrzeugs/mitversicherter Teile

Grobe Fahrlässigkeit bejaht:

543 Das Abstellen eines zweiachsigen Anhängers für mehrere Tage und Nächte auf einem von der Straße einsehbaren und frei zugänglichen Grundstück ohne Wegfahrsicherung ist grob fahrlässig.[503]

544 Kurzzeitiges Verlassen eines Taxis mit laufendem Motor, um in einer Kneipe den Fahrgast ausfindig zu machen[504], wurde als grob fahrlässig bewertet. Bleibt ein bereits aufgebrochenes Fahrzeug weiterhin auf einem unbewachten Parkplatz stehen, trifft den Versicherungsnehmer bezüglich der dann folgenden Entwendung des Fahrzeugs der Vorwurf der groben Fahrlässigkeit.[505]

545 Grob fahrlässig handelt, wer sein Fahrzeug in einer europäischen Großstadt unverschlossen und mit laufendem Motor zurücklässt und sich ca. 100 m entfernt, ohne das Fahrzeug derart im Blickwinkel zu haben.[506]

---

494 *OLG Koblenz* PVR 2002, 105 = zfs 2002, 91.
495 *LAG Mainz* SP 2000, 427.
496 *OLG Köln* r+s 1992, 263.
497 *OLG Jena* zfs 1999, 23; *LG Stuttgart* zfs 1990, 203.
498 *LG Gießen* VersR 1994, 170.
499 *OLG Schleswig* r+s 2004, 150.
500 Urteil des *LG Frankfurt/M.* v. 15.10.2001, 2/26 O 414/00.
501 *OLG Celle* OLGR 2008, 7.
502 *LG Kleve* r+s 2011, 206.
503 *OLG Oldenburg* NJW-RR 1996, 1310 = r+s 1996, 431 = VersR 1997, 997 = zfs 1997, 423.
504 *LG Köln* VersR 1993, 348.
505 *OLG Hamm* zfs 1995, 379.
506 *OLG Koblenz* zfs 2004, 368.

D. Leistungsbefreiungstatbestände

Grobe Fahrlässigkeit verneint:

Ein Versicherungsnehmer hat die Wegnahme eines versicherten PKW nicht durch grobe Fahrlässigkeit i. S. d. § 61 VVG a. F. herbeigeführt, wenn er Gepäckstücke gut sichtbar auf dem Rücksitz seines ordnungsgemäß geparkten Fahrzeugs lagert.[507]

Von einer grob fahrlässigen Herbeiführung der Entwendung des als Zubehör des Kfz mitversicherten Mobiltelefons ist nicht auszugehen, wenn der Versicherungsnehmer das Telefon nachts in dem abgeschlossenen PKW zurückgelassen hat.[508]

Keine grob fahrlässige Herbeiführung des Versicherungsfalls, wenn der Versicherungsnehmer den PKW auf erleuchteter Hauptstraße einer europäischen Großstadt mit eingeschalteter Alarmanlage abstellt.[509]

Ebenfalls nicht grob fahrlässig handelt, wer sein Fahrzeug in einer ländlichen Gegend unverschlossen abstellt.[510]

Nicht grob fahrlässig, sondern nur fahrlässig, handelt eine Versicherungsnehmer, der das versicherte Kfz während einer Urlaubsreise nach Ungarn am Plattensee auf einem gebührenpflichtigen, aber unbewachten Parkplatz in Strandnähe abgestellt hat, wenn er und seine Frau ihre Sachen mit dem Kfz-Schlüssel in einer Hosentasche etwa 15 m vom Wasser entfernt am Strand in unmittelbarer Nähe von zahlreichen Badegästen abgelegt und einen Rucksack darauf gestellt haben, wenn sie sich nicht länger als zwei Minuten ans Wasser begeben haben und von dort freie Sicht auf die abgelegten Sachen hatten und bei ihrer Rückkehr Rucksack, Hose, Schlüssel und PKW gestohlen waren.[511]

Beim Abstellen eines Motorrads sind hohe Sicherheitsvorkehrungen durch den Versicherungsnehmer zu beachten. Grobe Fahrlässigkeit wurde bereits bejaht, wenn der Versicherungsnehmer nur den Zündschlüssel abgezogen, aber keine anderen Sicherheitsvorkehrungen getroffen hat.[512]

II) Aufbewahrung der Fahrzeugpapiere

Grob fahrlässig ist es, den Kraftfahrzeugbrief (heute Zulassungsbescheinigung Teil II) im Fahrzeug zurückzulassen.[513]

Zwar wird das Zurücklassen des – von außen nicht sichtbaren – Fahrzeugbriefs im Kfz nicht ursächlich für den Fahrzeugdiebstahl selber, aber der Fahrzeugbrief eröffnet dem Dieb die Möglichkeit, das Fahrzeug an einen gutgläubigen Dritten zu veräußern oder selbst den berechtigten Besitz am Fahrzeug zu behaupten.

Demgegenüber stellt das Zurücklassen des Fahrzeugscheins (heute Zulassungsbescheinigung Teil I) im Handschuhfach ohne Hinzutreten weiterer Umstände – etwa einem im Fahrzeug zurückgelassenen Schlüssel[514] – grundsätzlich keine grobe Fahrlässigkeit[515] dar, weil sich der Täter nur mit dem

---

507 *OLG München* NJWE-VHR 1998, 150 = VersR 1999, 1360 = zfs 1998, 218.
508 *OLG Frankfurt/M.* NJW-RR 1994, 1117 = r+s 1994, 48 = SP 1994, 1336 = VP 1994, 178 = zfs 1994, 248.
509 BGHZ 132, 79 = VersR 1996, 576 = NZV 1996, 232 = NJW 1996, 1411 = DAR 1996, 237 = zfs 1996, 262 = MDR 1996, 470; grobe Fahrlässigkeit wurde auch verneint beim Abstellen eines PKW auf unbewachtem Flughafen für die Dauer einer Urlaubsreise, *OLG Bamberg* zfs 1995, 422.
510 *OLG Saarbrücken* zfs 2008, 96.
511 *OLG Naumburg* r+s 2003, 11; zum Diebstahl eines Fahrzeugs am Plattensee auch *OLG Karlsruhe* r+s 2007, 54.
512 *OLG Hamburg* VersR 1953. 357; *LG Hannover* 1956, 237; *LG Köln* VersR 1957, 817; *LG Mannheim* VersR 1956, 760; Abstellen von 6 Tagen am gleichen Ort ist grob fahrlässig *OLG Köln* r+s 1991, 118.
513 *OLG Köln* VersR 1995, 456 = r+s 1994, 405; *OLG Köln* r+s 1995, 286, in dieser Fallgruppe wird es dann aber meist an der erforderlichen Kausalität fehler, vgl. hierzu *BGH* VersR 1995, 909 = NJW 1995, 2169 = DAR 1995, 366; *BGH* VersR 1996, 621 = zfs 1996, 262 = NJW-RR 1996, 734.
514 *LG Traunstein* zfs 1983, 340.
515 *OLG Köln* VersR 1995, 456 = r+s 1994, 405; *OLG Köln* VersR 1983, 847; *LG Münster* DAR 1982, 16; *OLG*

Fahrzeugschein nicht als Eigentümer gerieren und das Fahrzeug auch – zumindest im Inland – nicht verkaufen kann.

554 Die unterschiedliche sachenrechtliche Bedeutung des Fahrzeugbriefs und des Fahrzeugscheins rechtfertigen auch eine differenzierte Betrachtung unter dem Gesichtspunkt der groben Fahrlässigkeit.

554a Die dauernde Aufbewahrung des Fahrzeugscheins im Handschuhfach des Fahrzeugs begründet[516] keine grob fahrlässige Herbeiführung des Versicherungsfalls.

mm) Sonstige Fälle

555 Es existiert eine Vielzahl weiterer Lebenssachverhalte, bei denen eine grob fahrlässige Herbeiführung des Versicherungsfalls in Betracht kommt. Daher können die nachfolgenden Entscheidungen nur exemplarisch erwähnt werden.

Grobe Fahrlässigkeit bejaht:

556 Grobe Fahrlässigkeit liegt vor, wenn der Versicherungsnehmer infolge eines Ausweichmanövers wegen eines Fuchs einen Unfall erleidet.[517]

557 Das Durchführen von Schweißarbeiten am Fahrzeug mit gefülltem Kraftstofftank begründet den Vorwurf der groben Fahrlässigkeit.[518]

558 Überlässt ein PKW-Fahrer seinem Bruder, der keine Fahrerlaubnis besitzt und auch über keinerlei Vorkenntnisse im Gebrauch eines PKW verfügt, die Fahrzeugschlüssel, damit dieser unter Betätigung der Zündung Radio hören kann, handelt er grob fahrlässig, wenn der ungeschickte Benutzer des Kfz-Schlüssels die Zündung zu weit nach rechts dreht, dadurch das Fahrzeug startet, es hierdurch in Bewegung gerät und ein Unfall verursacht wird.[519]

559 Das Mitführen eines Hundes im ungesicherten Fußraum kann grob fahrlässig sein.[520]

560 Ein Autofahrer handelt grob fahrlässig, wenn er mit seinem kaskoversicherten PKW in eine überflutete Straßenunterführung hinein fährt, im aufgestauten Wasser eine Strecke von 26 Metern zurücklegt und dadurch einen Motorschaden an seinem PKW verursacht.[521]

561 Grobe Fahrlässigkeit liegt vor, wenn der Fahrer eines LKW mit einer Höhe von 3,45 m Verkehrszeichen und einen rot-weißen Anstrich an der Unterseite einer Brücke, welche eine Höhe der Brücke von lediglich 2,70 m kenntlich macht, nicht beachtet.[522] Die Missachtung dreier Verkehrszeichen, die auf eine Brückenhöhe von 2,50 m hinweisen, ist ebenfalls grob fahrlässig, wenn der Fahrer eines 3,08 m hohen Wohnmobils unter der Brücke hindurch fährt und somit das Dach des Wohnmobils mit der Brücke kollidiert.[523]

562 Ruckartiges Verschieben des Fahrersitzes während einer Autobahnfahrt birgt die naheliegende Gefahr, den Kontakt zum Lenkrad oder zu den Pedalen zu verlieren und kann somit den Vorwurf der groben Fahrlässigkeit begründen.[524]

Bamberg VersR 1996, 969; *OLG Karlsruhe* zfs 1995, 259; *OLG Düsseldorf* VersR 1997, 305; *Prölss/Martin/Knappmann* AKB 2008 A.2.16, Rn. 56; anders *LG Augsburg* VersR 1975, 1018.
516 *OLG Oldenburg* r+s 2010, 367.
517 *OLG Koblenz* zfs 2004, 221.
518 *LG Göttingen* VersR 1984, 130.
519 *AG Bremen* VersR 2001, 1509.
520 *OLG Nürnberg* r+s 1994, 49 = zfs 1994, 94.
521 *OLG Frankfurt/M.* NJW-RR 2000, 1419.
522 *OLG Karlsruhe* VersR 2004, 1305.
523 *OLG Oldenburg* VersR 2006, 920.
524 *OLG Saarbrücken* VersR 2004, 1308.

D. Leistungsbefreiungstatbestände   Kapitel 23

Grobe Fahrlässigkeit ist gegeben, wenn der Unfall durch abruptes, grundloses Bremsen auf regennasser Fahrbahn eintritt.⁵²⁵   563

Grobe Fahrlässigkeit verneint:

Nicht grob fahrlässig ist das Verscheuchen eines Insekts aus dem Gesicht mit der Hand⁵²⁶ oder mit einer Akte vom Beifahrersitz.⁵²⁷   564

Es liegt kein grob fahrlässiges Verhalten des Versicherungsnehmers vor, wenn er sein Fahrzeug auf seinem eigenen bewohnten Grundstück mit geöffneten Fenstern abstellt und ein unbekannter Dritter das Fahrzeug in Brand setzt.⁵²⁸   565

Nach Auffassung des *BGH* entspricht es der natürlichen Reaktion eines Menschen einem plötzlich auf der Fahrbahn auftauchenden Hindernis auszuweichen, um einen Zusammenstoß zu vermeiden. Dies gelte auch beim unvermittelten Auftauchen eines Fuchses. Ein durch ein Ausweichmanöver herbeigeführter Schaden ist daher nicht als subjektiv völlig unentschuldbares Fehlverhalten zu werten.⁵²⁹   566

Ebenfalls nicht grob fahrlässig ist es nach Ansicht des *LG Hamburg*,⁵³⁰ wenn der Versicherungsnehmer mit einem mit Sommerreifen bestückten Fahrzeug auf einer abschüssigen Straße einen Unfall verursacht und die Witterungsverhältnisse am Tag des Unfalls wechselhaft waren und auch mit Winter- oder Ganzjahresreifen der Unfall nicht hätte verhindert werden können.   566a

Kürzungsquoten:

Kürzung um 50 %, wenn der Versicherungsnehmer mit seinem mit Sommerreifen versehenen Fahrzeug auf der mit Schnee bedeckten Straße ins Schleudern kommt und gegen eine Grundstücksmauer prallt.⁵³¹   566b

Kürzung um 70 %, wenn der Versicherungsnehmer während eines Einkaufs im Fahrzeug ein Notebook sichtbar auf der Rückbank liegen lässt.⁵³²   566c

Kürzung um 75 %, wenn sich der Versicherungsnehmer als Fahrer eines Gefahrguttransporters auf frostbedingt rutschiger Fahrbahn und bei der Displayanzeige »durchdrehende Räder« unmittelbar vor dem Abkommen von der Fahrbahn eine Zigarette angezündet hat.⁵³³   566d

II. Leistungsfreiheit wegen gesetzlicher Obliegenheitsverletzungen

1. Allgemeines

Der *BGH* hat den Begriff »Obliegenheiten« sinngemäß folgendermaßen umschrieben: 567

»Das dem Versicherungsnehmer obliegende Tun oder Unterlassen mit Bezug auf die versicherte Gefahr, vor oder nach Eintritt des Versicherungsfalles, welches eine bestimmte Gefahrenlage klarstellen, festhalten, vermindern und verbessern oder den eingetretenen Schaden anzeigen und aufdecken soll«.⁵³⁴   568

---

525 *LG Bielefeld* VersR 1973, 612.
526 *OLG Bamberg* zfs 1991, 61; *OLG Bamberg* zfs 1992, 55.
527 *LG Mönchengladbach* zfs 1991, 387.
528 *LG Fulda* DAR 1996, 406 = VersR 1997, 229.
529 *BGH* DAR 2007, 641.
530 *LG Hamburg* Urt. v. 2.7.2010, 331 S 137/09.
531 *AG Hamburg* St. Georg, r+s 2010, 323.
532 *AG Langenfeld* Urt. v. 27.4.2010, 12 C 9/10.
533 *OLG Naumburg* r+s 2010, 319, 320.
534 *BGH* NJW 1969, 1116 = VersR 1969, 507.

569 Verletzt der Versicherungsnehmer eine Obliegenheit, kann er seinen Anspruch aus dem Versicherungsvertrag verlieren. Die aus einer Obliegenheitsverletzung resultierende Leistungsfreiheit muss das Gericht, wenn die tatsächlichen Grundlagen bekannt sind, von Amts wegen beachten.[535]

570 Obliegenheiten sind also nicht einklagbare Pflichten des Versicherungsnehmers gegenüber dem Versicherer, die jeder Versicherungsnehmer beachten muss, um seinen Versicherungsschutz zu erhalten.

571 Das Obliegenheitsrecht hat durch die VVG-Reform einschneidende Veränderungen erfahren, – z. B. Wegfall der Leistungsfreiheit bei nur einfacher Fahrlässigkeit, veränderte Regelungen zur Kausalität, der Wegfall des Alles-oder-Nichts-Prinzips hin zur Quotelung bei grober Fahrlässigkeit –, die auf die Bearbeitung von Schadenfällen gravierenden Einfluss haben werden.

572 Geblieben ist die grundsätzliche Unterteilung in gesetzliche und vertragliche Obliegenheiten.

573 Die gesetzlichen Obliegenheiten sind im VVG 2008 geregelt:
§ 19 VVG 2008 – vorvertragliche Anzeigepflicht (§§ 16, 17 VVG a. F.)
§ 26 VVG 2008 – Leistungsfreiheit wegen Gefahrerhöhung (§ 23 VVG a. F.)
§ 30 VVG 2008 – Anzeigepflicht des Versicherungsfalles (§ 33 VVG a. F.)
§ 31 VVG 2008 – Auskunftspflicht des Versicherungsnehmers (§ 34 VVG a. F.)
§ 97 VVG 2008 – Anzeigepflicht der Veräußerung (§ 71 VVG a. F.)

2. Zurechenbares Handeln Dritter

574 Das Versicherungsvertragsgesetz erwähnt die Zurechnung fremder Kenntnis und fremden Fehlverhaltens nur in den §§ 2 Abs. 3, 20 VVG 2008. Diese beiden Normen sind in der Praxis unzureichend. Eine Anwendung des § 278 BGB kommt nicht in Betracht, da Obliegenheiten keine vom Versicherungsnehmer zu erfüllenden Vertragspflichten sind, sondern ihre Beachtung lediglich im Interesse des Versicherungsnehmers zwecks Erhaltung seines Leistungsanspruchs steht.[536]

575 Ohne jegliche Zurechnungsnorm für fremdes Verhalten wären Missbräuche denkbar, so dass die Rechtsprechung – meist aus Billigkeitsgesichtspunkten heraus – Fallgruppen entwickelt hat, bei denen eine Zurechnung des Verhaltens und der Erklärungen Dritter zum Versicherungsnehmer erfolgt.

576 Das Verhalten oder Erklärungen Dritter kann dem Versicherungsnehmer zugerechnet werden, wenn es sich dabei um
– Repräsentanten
– Wissenserklärungsvertreter
– Wissensvertreter
handelt.

a) Repräsentant

577 Bei Obliegenheiten, die nicht wie Anzeige- und Auskunftsobliegenheiten »verbal« durch Erklärungen zu erfüllen sind, also bei tatsächlichem Handeln oder Unterlassen, hat der Versicherungsnehmer das Verhalten seiner Repräsentanten wie sein eigenes zu vertreten.[537]

578 Die Repräsentantenhaftung beruht auf dem Gedanken, dass die Lage des Versicherers sich nicht dadurch verschlechtern soll, dass der Versicherungsnehmer sich der Obhut über die versicherte Sache

---

[535] *BGH* VersR 1990, 384; *Prölss/Martin/Prölss* § 28 VVG Rn. 108.
[536] *Bauer* Rn. 270; *Stiefel/Maier/Halbach* § 81 VVG Rn. 13; *Prölss/Martin/Prölss* § 28 VVG Rn. 38 mit einer Vielzahl von Rechtsprechung hierzu, wobei *Prölss/Martin* sich für die analoge Anwendung des § 278 BGB ausspricht.
[537] Der *BGH* wendet den Repräsentantenbegriff allerdings auch im Zusammenhang mit der Erfüllung von Anzeige- und Auskunftsobliegenheiten an.

vollständig »entschlägt«,⁵³⁸ also die Risiko- und Vertragsverwaltung in die Hände eines dem Versicherer nicht bekannten Dritten legt.

Repräsentant ist nach gefestigter Rechtsprechung derjenige, der im Geschäftsbereich, zu dem das versicherte Risiko gehört, auf Grund eines Vertretungs- oder ähnlichen Verhältnisses an die Stelle des Versicherungsnehmers getreten ist und an seiner Stelle die laufende Betreuung der versicherten Sache bzw. Interessen selbständig in nicht ganz geringem Umfang vornimmt.⁵³⁹ 579

Hat der Versicherungsnehmer also einem Dritten die alleinige Risikoverwaltung der versicherten Sache anvertraut, sich der Verfügungsbefugnis und der Verantwortlichkeit für den versicherten Gegenstand mithin vollständig begeben, tritt der Dritte an die Stelle des Versicherungsnehmers und ist als dessen Repräsentant anzusehen. 580

Im Bereich der Kaskoversicherung setzt das damit umschriebene Erfordernis einer Übertragung der »Risikoverwaltung« voraus, das dem Dritten Obhut und Sorge bezüglich des Fahrzeugs übertragen werden, dieser muss befugt sein, die versicherte Sache selbständig in nicht ganz geringem Umfang zu betreuen und die Rechte und Pflichten des Versicherungsnehmers wahrzunehmen.⁵⁴⁰ Die bloße Obhutsüberlassung allein reicht noch nicht aus, um eine Repräsentantenstellung zu begründen.⁵⁴¹ 581

Der Lebensgefährte des Versicherungsnehmers ist nur dann als Repräsentant anzusehen, wenn er alleiniger Inhaber der Verfügungsbefugnis über das versicherte Fahrzeug ist, dafür die Verantwortlichkeit trägt und ebenso aus dem Versicherungsvertrag berechtigt und verpflichtet sein soll.⁵⁴² 582

Gleiches gilt, wenn der Lebensgefährte das Fahrzeug des anderen zumindest überwiegend nutzt und selbständig die Schadenregulierung mit der Versicherung durchführt.⁵⁴³ 583

Ebenfalls als Repräsentant einzustufen ist 584
— der Betriebsleiter einer GmbH, wenn dieser nicht nur in unbedeutendem Umfang für die GmbH befugt ist zu handeln, er die alleinige berufliche und private Nutzung des versicherten PKW hat, er bei der Anschaffung des PKW einen gewissen Teil zugezahlt hat und er die Geschäftsanteile der GmbH übernimmt und als Einzelfirma weiterführt.⁵⁴⁴
— der Rechtsanwalt des Versicherungsnehmers.⁵⁴⁵
— der Ehegatte, der das Fahrzeug des anderen überwiegend nutzt und die Schadensregulierung mit dem Kaskoversicherer selbständig vornimmt.⁵⁴⁶
— der Ehegatte der Versicherungsnehmer, der Leasingnehmer, Besitzer und Halter des Fahrzeugs ist.⁵⁴⁷
— der Handelsvertreter, der vertraglich die Kraftfahrzeughaltung übernommen hat.⁵⁴⁸

---

538 *LG Hamburg* SP 2000, 210.
539 *BGH* VersR 1996, 1229 = r+s 1996, 385; *LG Hamburg* SP 2000, 210; *OLG Düsseldorf* SP 2000, 175; *OLG Hamm* NJW-RR 1995, 482 = VersR 1995, 1348; *BGH* NJW 1993, 1862; *Prölss/Martin/Prölss* § 28 VVG Rn. 65 mit weiterer Rechtsprechung.
540 *OLG Düsseldorf* SP 2000, 175; *BGH* NJW 1993, 1862.
541 *LG Hamburg* SP 2000, 210.
542 *OLG Karlsruhe* SP 1993, 24 = VersR 1992, 1391.
543 *OLG Köln* r+s 1994, 245.
544 *OLG Köln* r+s 2002, 104 = NVersZ 2002, 272; in *OLG Frankfurt* zfs 1989, 62 wurde auch der Geschäftsführer einer GmbH hinsichtlich seines Dienstfahrzeugs als Repräsentant angesehen.
545 *LG Hannover* r+s 2002, 69; der Rechtsanwalt ist hingegen kein Repräsentant in Bezug auf die Anzeigeobliegenheit des § 7 AKB; *BGH* VersR 1981, 321.
546 *OLG Hamm* VersR 1995, 1086; keine Repräsentantenstellung ist gegeben, wenn beide Eheleute das versicherte Fahrzeug abwechselnd und auch gemeinsam geschäftlich wie privat nutzen.
547 *OLG Hamm* VersR 1996, 225 = DAR 1996, 60.
548 *OLG Saarbrücken* zfs 1987, 278; *OLG Hamm* VersR 1988, 509; ebenfalls als Repräsentant ist ein selbständiger Handelsvertreter anzusehen, dem ein Firmenwagen zur eigenverantwortlichen Nutzung überlassen war, *OLG Frankfurt/M.* VersR 1996, 838 = zfs 1996, 341; *OLG Köln* VersR 1996, 839 = r+s 1995, 402 = zfs 1996, 20; *OLG Koblenz* zfs 2001, 364 = VersR 2001, 1507.

- der Prokurist, wenn ihm auch die Risikoverwaltung für das Dienstfahrzeug übertragen war.[549]
- der Kfz-Käufer, dem das Fahrzeug vom Verkäufer zu Eigentum übertragen und unter Überlassung eines roten Kennzeichens übergeben wurde.[550]
- der Sohn des Versicherungsnehmers, wenn der Vater als Versicherungsnehmer das Fahrzeug von vornehrein für den Sohn, der auch Eigentümer des Kfz ist, angeschafft hat.[551]
- der Arbeitnehmer, wenn ihm arbeitsvertraglich die Verpflichtung übertragen wurde, für die Betriebs- und Verkehrssicherheit des Fahrzeugs zu sorgen, es termingerecht zur Hauptuntersuchung vorzuführen, Wartungs- und Inspektionsdienste ausführen zu lassen und Unfälle der Versicherung zu melden.[552]
- der Leasingnehmer während der Dauer des Vertrages.[553]

585 Eine Repräsentantenstellung wurde verneint bei
- einem weisungsgebundenen Angestellten, welcher zugleich Ehemann der Versicherungsnehmerin ist und dessen Initialen im Kennzeichen des PKW enthalten sind[554], denn die bloße Mitobhut, die ein Ehegatte aufgrund der ehelichen Lebensgemeinschaft an den Sachen des anderen Ehegatten hat, begründet noch kein Repräsentantenverhältnis,[555]
- einem Sohn bei einmaliger Überlassung des Kfz,[556] einem Mieter, dem nicht die völlig eigenverantwortliche Nutzung des Fahrzeugs überlassen wurde,[557]
- einem angestellten Fahrer in einem Speditionsunternehmen,[558]
- der Ehefrau des Versicherungsnehmers, die das Fahrzeug zu 60 % mitbenutzt.[559]

b) Wissenserklärungsvertreter

586 Der Versicherungsnehmer muss sich im Rahmen der Auskunfts- und Anzeigeobliegenheiten Erklärungen seiner Wissensvertreter und der Wissenserklärungsvertreter zurechnen lassen.[560]

587 Der Wissenserklärungsvertreter soll, autorisiert vom Versicherungsnehmer, gegenüber dem Versicherer Anzeige- und Auskunftsobliegenheiten aus eigenem Wissen erfüllen, er gibt also eine eigene Erklärung ab.[561] Eine Zurechnung erfolgt hinsichtlich aller Erklärungen, selbst solcher, welche der Versicherungsnehmer nicht kennt und billigt,[562] entsprechend § 166 Abs. 1 BGB.

588 Füllt der Versicherungsagent im Auftrag des Versicherungsnehmers das Schadenanzeige-Formular aus, handelt es sich nicht um eine Erklärung des Versicherungsnehmers, sondern um eine solche des Agenten, die sich der Versicherungsnehmer zurechnen lassen muss.

589 In diesem Fall kommt es grundsätzlich auf den Kenntnisstand des Wissenserklärungsvertreters an, nicht den des Versicherungsnehmers.[563]

---

549 *BGH* DAR 1996, 460 = NJW 1996, 2935 = NZV 1996, 447 = r+s 1996, 385 = VersR 1996, 1229 = ZVR 1997, 139; *OLG Hamm* VersR 1995, 1086 = NJW-RR 1995, 602 = r+s 1995, 41.
550 *OLG Düsseldorf* VersR 1963, 351.
551 *OLG Frankfurt/M.* r+s 1994, 367 = SP 1994, 425 = VersR 1995, 164 = zfs 1995, 105.
552 *BGH* VersR 1996, 1229 = r+s 1996, 385.
553 *OLG Nürnberg* NJW-RR 1992, 360; *OLG Hamm* VersR 1996, 225 = r+s 1996, 170.
554 *OLG Düsseldorf* SP 2000, 175.
555 *OLG Karlsruhe* VersR 1991, 1048.
556 *OLG Hamm* VersR 1995, 1348 = NJW-RR 1995, 482.
557 *BGH* VersR 1969, 695.
558 *LG Frankfurt* WJ 1997, 109.
559 *LG Paderborn* r+s 2008, 65.
560 *Halm/Engelbrecht/Krahe/Oberpriller* 15. Kapitel, Rn. 125; *OLG Köln* r+s 2005, 240.
561 Z. B. *OLG Köln* r+s 1994, 245 = SP 1994, 125.
562 *OLG Düsseldorf* zfs 1999, 166.
563 *OLG Nürnberg* zfs 1997, 378.

Unterschreibt ein Versicherungsnehmer ein Schadenanzeigeformular blanko und lässt es sodann 590
durch einen befreundeten Versicherungsvertreter eines anderen Versicherers ausfüllen, muss er
sich dessen wahrheitswidrige Angaben als die seines Wissenserklärungsvertreters zurechnen lassen.[564]

Hat der Versicherungsnehmer das Schadensanzeigeformular selbst ausgefüllt, aber auf Nachfragen 591
des Kaskoversicherers zu Vorschäden des versicherten Fahrzeugs auf seinen besser informierten
Sohn verwiesen, der sodann mündlich einem Außendienstmitarbeiter gegenüber falsche Angaben
macht, gilt der Sohn als Wissenserklärungsvertreter.[565]

Lässt ein Versicherungsnehmer den Zeugen, der das versicherte Fahrzeug vor dem behaupteten Diebstahl abgestellt hat, das Schadensanzeige-Formular des Versicherers ausfüllen und unterschreiben, so 592
ist dieser sein Wissenserklärungsvertreter.[566]

Ein Rechtsanwalt, der vom Versicherungsnehmer mit der Beantwortung von Fragen des Versicherers[567] oder der mit der Schadenregulierung und allen damit einhergehenden Erklärungen betraut 593
ist,[568] ist Wissenserklärungsvertreter.

Wissenserklärungsvertreter ist auch der Ehepartner eines im Koma liegenden Ehegatten, selbst wenn 594
er weder ausdrücklich noch konkludent vor dem Versicherungsfall mit der Abgabe von Erklärungen
betraut war, da ein entsprechender mutmaßlicher Wille anzunehmen ist.[569]

Ebenfalls Wissenserklärungsvertreter ist die Lebensgefährtin, wenn sie die gesamten versicherungs- 595
rechtlichen Angelegenheiten des Versicherungsnehmers mit dessen generellem Einverständnis erledigt.[570]

Keine Stellung als Wissenserklärungsvertreter kommt einem Fahrer zu, der die Schadensanzeige aus- 596
füllt, weil der Versicherungsnehmer beim Unfall nicht zugegen war, wenn der Versicherungsnehmer
als »VN« und der Fahrer als »Fahrer im Zeitpunkt des schädigenden Ereignisses« die Schadensanzeige
unterzeichnen.[571]

Der Wissenserklärungsvertreter ist vom sog. Schreibhelfer abzugrenzen, der keine eigene Erklärung 597
gegenüber dem Versicherer abgibt.

Eine Schreibhelfereigenschaft ist z. B. anzunehmen, wenn der Versicherungsmakler das Schaden- 598
anzeigeformular nach Angaben des Versicherungsnehmers ausfüllt und dieser das ausgefüllte Formular sodann unterschreibt.[572]

Erklärender ist nur der Versicherungsnehmer, weil er selbst die Schadensanzeige unterzeichnet hat. 599

c) Wissensvertreter

Wissensvertreter ist derjenige, der vom Versicherungsnehmer damit betraut worden ist, Tatsachen, 600
deren Kenntnis von Rechtserheblichkeit ist, an seiner Stelle entgegenzunehmen.

---

564 *OLG Frankfurt* r+s 2002, 37; diese Entscheidung stößt deswegen auf Bedenken, da der Versicherungsnehmer das Formular selbst unterschrieben hat, insofern bedarf es gar keiner Zurechnung mehr, das der Versicherungsnehmer eine eigene Erklärung abgegeben hat.
565 *OLG Hamm* zfs 2002, 79 = *OLG Hamm* NVersZ 2001, 563.
566 *OLG Köln* r+s 2000, 448.
567 *OLG Hamm* NJWE-VHR 1997, 52 = NZV 1997, 80.
568 *OLG Hamm* NJW-RR 1997, 91 = r+s 1996, 296.
569 *Wussow* WJ 1999, 63.
570 *OLG Köln* r+s 2006, 240.
571 *OLG Hamm* NJW-RR 1998, 1556 = r+s 1998, 455 = zfs 1998, 466.
572 *OLG Köln* r+s 2002, 5; *OLG Köln* r+s 1999, 315.

601 Wissensvertreter sind Personen, die kraft ihrer tatsächlichen Stellung rechtserhebliche Kenntnis nehmen und intern weiterleiten sollen.[573] Es muss eine Beauftragung seitens des Versicherungsnehmers vorliegen, auf Grund derer der Wissensvertreter von den betreffenden Tatsachen Kenntnis erlangt.[574]

602 Die Beauftragung muss nicht ausdrücklich geschehen. Es genügt, dass der Wissensvertreter im Rahmen des Betriebs oder des Haushalts des Versicherungsnehmers eine Stellung einnimmt, aus der sich ergibt, dass er anstelle oder zumindest neben dem Versicherungsnehmer Kenntnis von Dingen erlangt und dieser ihm auch bewusst diese Stellung überlassen hat.[575] Die Stellung muss zudem einige Bedeutung haben.[576]

603 In diesem Umfang erfolgt sodann auch die Zurechnung, d. h. die Kenntnis des Wissensvertreters muss sich der Versicherungsnehmer als eigene anrechnen lassen.

604 Wissensvertreter ist z. B. der Mitarbeiter eines Mietwagenunternehmens, welcher mit der Prüfung der Fahrerlaubnis des jeweiligen Mieters bei Vertragsschluss betraut war. Hatte der Mieter keine Fahrerlaubnis und hatte der Mitarbeiter vergessen, dies zu überprüfen, wird sein Kenntnisstand dem Versicherungsnehmer zugerechnet.[577]

605 Wissensvertreter ist auch der Leiter des Fuhrparks, welcher für die Verkehrssicherheit zu sorgen hat.[578]

3. Die vorvertragliche Anzeigepflicht, § 19 VVG 2008

606 Die ordnungsgemäße Erfüllung der vorvertraglichen Anzeigepflicht dient dem Versicherer dazu, das zu versichernde Risiko einzuschätzen und die sachgerechte Prämie zu ermitteln.

607 Die VVG-Reform hat die Stellung des Versicherungsnehmers im Bereich der vorvertraglichen Anzeigepflicht deutlich verbessert.[579]

608 So muss der Versicherungsnehmer nur noch angeben, wonach er schriftlich gefragt wird und was objektiv gefahrerheblich ist, diese Obliegenheit gilt nur bis zur Abgabe seiner Vertragserklärung, eine Nachmeldeobliegenheit besteht nur bei schriftlichen Nachfragen, das Rücktrittsrecht und die daran anknüpfende Leistungsfreiheit des Versicherers nach § 21 Abs. 2 VVG 2008 setzt vorsätzliches oder grob fahrlässiges Verhalten voraus, einfache Fahrlässigkeit des Versicherungsnehmers reicht nicht mehr aus.

609 In der Kaskoversicherung spielt die vorvertragliche Anzeigepflicht nur eine untergeordnete Rolle, da im Antrag für die Fahrzeugversicherung nur wenige Fragen enthalten sind. Diese Beantwortung muss naturgemäß wahrheitsgetreu erfolgen.

610 Die für den Versicherer wichtige Frage nach der Verwendung des Fahrzeugs ist in den AKB als vertragliche Obliegenheit ausgestaltet und wird dort behandelt.

611 Vielfach füllt nicht der Versicherungsnehmer, sondern ein Versicherungsagent die Antragsformulare aus.

612 Hat der Versicherungsagent mit dem Antragsteller allgemein über versicherungsrechtliche Fragen gesprochen, sich sodann das Antragsformular blanko vom Antragsteller unterschreiben lassen und

---

573 *BGH* VersR 1970, 613; *BGH* VersR 1971, 538; *OLG Hamm* VersR 1981, 227; *OLG Hamm* VersR 1995, 1437.
574 *OLG Hamm* VersR 1981, 227.
575 *BGH* NJW 1992, 1099.
576 A. A. *Prölss/Martin/Prölss* § 28 Rn. 86; *BGH* VersR 1970, 613.
577 *BGH* VersR 1970, 613; hier liegt ein Verstoß gegen die Führerscheinklausel vor, da die Kenntnis des Mitarbeiters dem Versicherungsnehmer zugerechnet wird, wird der Versicherer von seiner Leistung frei sein.
578 *BGH* VersR 1971, 538.
579 *Marlow/Spuhl* S. 26.

anschließend die Antragsfragen selber ausgefüllt, sind die Fragen des Versicherers aus dem Antragsformular dem Versicherungsnehmer gar nicht zur Kenntnis gelangt, so dass der Versicherer sich auch nicht auf eine Verletzung der Anzeigeobliegenheit berufen kann.[580]

Hat der Versicherungsnehmer die gestellten Fragen mündlich ordnungsgemäß dem Agenten beantwortet, der Agent die Antworten aber falsch eingetragen, liegt bereits kein objektiver Verstoß gegen die Anzeigepflicht vor.[581] Grundsätzlich muss der Versicherer beweisen, dass der Versicherungsnehmer die Fragen schon mündlich falsch beantwortet hat.[582] 613

Relevanz hat bis zur VVG-Reform in diesem Zusammenhang häufig die obergerichtlich entwickelte Rechtsprechung zum Versicherungsvertreter als sog. Auge und Ohr des Versicherers gewonnen.[583] Nach ihr ist der Versicherungsagent Auge und Ihr des Versicherungsnehmers mit der Folge, dass alle Kenntnisse, die der Versicherungsagent z. B. bei der Antragsaufnahme erlangt hat, dem Versicherer zugerechnet werden. Eine Ausnahme besteht lediglich dann, wenn Agent und Versicherungsnehmer zum Nachteil des Versicherers zusammenwirken.[584] 614

Die bei dieser Thematik aufgetretenen Probleme dürften künftig obsolet sein, da die Auge- und Ohr-Rechtsprechung inklusive der vom *BGH* entwickelten Beweislastverteilung in das neue VVG aufgenommen wurde, §§ 69, 70 VVG 2008. 615

4. Gefahrerhöhung, § 23 VVG 2008

Gemäß § 23 VVG 2008 darf der Versicherungsnehmer nach Abgabe seiner Vertragserklärung keine Gefahrerhöhung vornehmen oder durch einen Dritten gestatten, wenn er nicht zuvor die Einwilligung des Versicherers erhalten hat. 616

Die Vorschriften über die Gefahrerhöhung dienen der Stabilisierung des vom Versicherer übernommenen Risikos.[585] 617

Als Gefahrerhöhung wird eine nachträgliche Änderung der bei Vertragsschluss tatsächlich vorhandenen gefahrerheblichen Umstände bezeichnet, die den Eintritt des Versicherungsfalls oder eine Vergrößerung des Schadens wahrscheinlicher macht.[586] Der Zustand der erhöhten Gefahr muss zumindest so lange andauern, dass die in § 23 Abs. 2 VVG 2008 vorgesehene Anzeige an den Versicherer nicht schon aus zeitlichen Gründen sinnlos ist,[587] einmalige, kurzzeitig wirkende Gefahrenvorgänge, sog. Gefahrsteigerungen, reichen nicht aus. 618

§ 23 VVG 2008 differenziert zwischen der vom Versicherungsnehmer selbst veranlassten oder einem Dritten gestattete Gefahrerhöhung (subjektive Gefahrerhöhung) und der Gefahrerhöhung, die ohne den Willen des Versicherungsnehmers eingetreten ist (objektive Gefahrerhöhung), im Rahmen der Kaskoversicherung aber nur selten von Relevanz ist (eine ungewollte Gefahrerhöhung liegt z. B. vor, wenn der Versicherungsnehmer, nachdem ihm der Zweitschlüssel für seinen PKW entwendet wurde, keinerlei Sicherungsmaßnahmen ergreift und ihm dann das Kfz gestohlen wird[588]). 619

Die weiteren Ausführungen beziehen sich daher auf die gewollte, subjektive Gefahrerhöhung. 620

---

580 Z. B. *OLG Hamm* r+s 2002, 126, hier für den Fall einer Lebensversicherung.
581 In einem Fall, in dem ein Arzt den Fragebogen ausgefüllt hat, *BGH* VersR 1990, 77 = NJW 1990, 767; vgl. auch *OLG Hamm* r+s 2001, 354.
582 BGHZ 107, 322; *BGH* VersR 1990, 77 = NJW 1990, 767.
583 Z. B. *BGH* NVersZ 2002, 59 = r+s 2002, 97; *BGH* VersR 1993, 1098 = MDR 1993, 957 = r+s 1993, 21 = zfs 1993, 314; BGHZ 107, 322.
584 Vgl. z. B. *OLG Hamm* NVersZ 2002, 108.
585 *Bauer* Rn. 343.
586 Seit BGHZ 42, 295; *BGH* VersR 1951, 67.
587 BGHZ 23, 142 = NJW 1957, 503; *BGH* VersR 1971, 407.
588 *OLG Celle* VersR 2005, 641.

a) Rechtsfolgen von Verstößen

621 Verstößt der Versicherungsnehmer gegen die gesetzliche Obliegenheit aus § 23 VVG 2008, kann der Versicherer unter den weiteren Voraussetzungen des § 24 VVG 2008 den Vertrag kündigen, nach § 25 VVG 2008 den Beitrag erhöhen oder sich nach § 26 VVG 2008 leistungsfrei stellen.

b) Voraussetzungen der Leistungsfreiheit

622 Die Leistungsbefreiung des Versicherers aufgrund gewollter Gefahrerhöhung wurde in der Gesetzesnovelle umgestaltet.

623 Die Voraussetzungen für eine Leistungsfreiheit nach § 26 VVG 2008 lauten wie folgt:

Tatbestand der Gefahrerhöhung

624 Der Versicherungsnehmer muss eine Gefahrerhöhung vorgenommen oder deren Vornahme durch Dritte gestattet haben.

Positive Kenntnis

625 Aus der Begriffsverwendung »Vornahme« in § 23 VVG – alt wie auch VVG 2008 – folgert der *BGH*,[589] dass der Versicherungsnehmer positive Kenntnis von dem gefahrerhöhenden Umstand gehabt haben muss.

Er muss die Umstände kennen, aus denen die Gefahrerhöhung resultiert.[590] Er muss hingegen nicht den gefahrerhöhenden Charakter der Umstände kennen.[591]

626 Die Beweislast für die positive Kenntnis trägt der Versicherer.

627 Verschließt sich der Versicherungsnehmer der Kenntniserlangung der gefahrerhöhenden Umstände arglistig, wird er so behandelt, als habe er Kenntnis erlangt. Muss der Versicherungsnehmer mit der Möglichkeit gerechnet haben, dass das Kraftfahrzeug Mängel aufweist, muss er weiterhin damit gerechnet haben, dass es für den Versicherungsschutz auf seine Kenntnis von diesen Mängeln ankommt und hat er, um seinen Versicherungsschutz nicht zu gefährden, von einer Überprüfung abgesehen, wird ihm die Kenntnis der relevanten Umstände unterstellt.[592]

Erheblichkeit der Gefahrerhöhung

629 Die Gefahrerhöhung darf nicht unerheblich sein, § 27 VVG 2008.

Verschulden

630 Vollständige Leistungsfreiheit kommt bei Eintritt des Versicherungsfalles nach subjektiver Gefahrerhöhung nur noch bei vorsätzlicher Gefahrerhöhung in Betracht, § 26 Abs. 1 S. 1 VVG 2008. Bei grober Fahrlässigkeit steht dem Versicherer ein quotales Leistungskürzungsrecht nach der Schwere des Verschuldens des Versicherungsnehmers zu.

631 Bei leichter Fahrlässigkeit bleibt der Versicherer leistungsverpflichtet.

632 Einen behaupteten Vorsatz des Versicherungsnehmers hat der Versicherer zu beweisen. Beim Versicherungsnehmer liegt die Beweislast für geringeres als grob fahrlässiges Verschulden, § 26 Abs. 1 a. E. VVG 2008.

633 Die Schwere des Verschuldens innerhalb der groben Fahrlässigkeit muss wiederum der Versicherer beweisen.

---

589 *BGH* VersR 1968, 1153.
590 *LG Stuttgart* DAR 2006, 514.
591 *OLG Köln* VersR 1990, 1226; *BGH* VersR 1977, 341.
592 *BGH* NJW 1983, 121.

D. Leistungsbefreiungstatbestände   Kapitel 23

Kausalität

Zwischen nachgewiesener Gefahrerhöhung und dem Schadenfall muss ein kausaler Zusammenhang 634
bestehen. Die Kausalität wird vermutet, dem Versicherungsnehmer steht der Kausalitätsgegenbeweis
offen, § 26 Abs. 3 Nr. 1 VVG 2008.

Kündigung des Versicherers

Es besteht keine Kündigungspflicht, wenn der Versicherer – wie in der Praxis üblich – erst mit dem 635
Schadenfall von der Gefahrerhöhung erfährt.

Die Leistungsfreiheit entfällt mangels Kündigung nur dann, wenn der Versicherer mehr als einen 636
Monat vor Schadensfall von der Gefahrerhöhung Kenntnis erlangt hatte, ohne zu kündigen.

c) Einzelfälle der Gefahrerhöhung

aa) Fahrzeugmängel

Die Verkehrstauglichkeit des Fahrzeugs stellt eine Gefahrerhöhung dar, wenn gegen Normen der 637
StVZO verstoßen[593] und der PKW nicht sofort aus dem Verkehr gezogen wird.[594] Es ist unerheblich,
ob die Verkehrsunsicherheit des Fahrzeugs bereits vor Abschluss des Versicherungsvertrages vorgelegen hat oder ob dieser Zustand erst danach eintrat,[595] da die Gefahrerhöhung in der Weiterbenutzung trotz vorhandener Mängel liegt.

Insbesondere das Fahren mit abgefahrenen Reifen stellt im Rahmen der Kaskoversicherung eine er- 638
hebliche Gefahrerhöhung dar (»Dauergefahr«).[596]

Eine Gefahrerhöhung ist anzunehmen, wenn ein Versicherungsnehmer mit mangelhaften Brem- 639
sen[597] oder mit einem frisierten Mofa[598] fährt.

Weitere Fälle der Gefahrerhöhung wurden bejaht: 640
– beim Mitführen eines 2. Anhängers hinter einer landwirtschaftlichen Zugmaschine ohne Anbringung der nach § 58 StVZO geforderten Geschwindigkeitsschilder[599]
– beim Tuning eines Fahrzeugs[600]
– beim dauerhaften Verwahren des Kfz-Scheins im Handschuhfach des PKW.[601]

Verneint wurden die Voraussetzungen einer Gefahrerhöhung jedoch in folgenden Fällen: 641
– wenn der Käufer eines gebrauchten, für den Straßenverkehr zugelassenen PKW nicht überprüft hatte, ob die Bereifung des PKW für diesen zugelassen war[602] und es aufgrund der falschen Bereifung zu einem Unfall kam,
– wenn der Versicherungsnehmer den versicherten PKW in seinem Jagdrevier in hängigem Gelände parkt, die Handbremse angezogen, nicht aber zusätzlich einen Gang eingelegt hatte und das Kfz rückwärtig gegen einen Baum rollt,[603]
– wenn an einem Kfz durch eine Überschwemmung ein Schaden eingetreten ist, der Versicherungsnehmer sein Fahrzeug im Gewerbegebiet einer Stadt geparkt hatte, das nicht als besonders gefähr-

---

593 *OLG Düsseldorf* VersR 1963, 941.
594 *BGH* NJW 1957, 123; *BGH* NJW-RR 1990, 93; *OLG Düsseldorf* VersR 2004, 1409.
595 *BGH* NJW-RR 1990, 93.
596 *OLG Köln* VersR 1963, 1217; *OLG Frankfurt* VersR 1966, 179; *OLG Köln* OLGR Köln 2006, 755.
597 *BGH* VersR 1986, 255; *OLG Hamm* r+s 1989, 2.
598 *BGH* VersR 1990, 80 = NJW-RR 1990, 93.
599 *LG Koblenz* r+s 1998, 7.
600 *OLG Koblenz* r+s 2007, 236.
601 *OLG Celle* DAR 2008, 207.
602 *OLG Karlsruhe* NJWE-VHR 1998, 121 = SP 1998, 251 = zfs 1998, 427.
603 *OLG Hamm* r+s 1996, 50 = SP 1996, 60 = OLGR 1996, 33.

detes Gebiet gekennzeichnet war und er sich auch nicht um Information bemüht hatte, ob eine Sturmflut droht.[604]

bb) Fahrermängel

642 Grundsätzlich kann die Gefahrerhöhung auch durch subjektive Mängel des Fahrers herbeigeführt werden. In diesem Zusammenhang ist insbesondere das Fahren des Versicherungsnehmers im betrunkenen Zustand von Bedeutung.

643 Seit der Grundsatzentscheidung des *BGH* v. 18.10.1952[605] reicht eine einmalige Trunkenheitsfahrt nicht aus, um den Versicherer unter dem Aspekt der Gefahrerhöhung leistungsfrei zu stellen.

644 Die Grundsätze, die bei alkoholbedingter Fahruntüchtigkeit ihre Geltung finden, können auch auf die medikamentenbedingte Fahruntüchtigkeit übertragen werden.

645 Eine einmalige Fahrt unter Medikamenteneinfluss stellt daher noch keine Gefahrerhöhung dar.[606]

646 Allerdings können Erkrankungen des Fahrers, die zu einer dauernden Verkehrsuntauglichkeit führen, z. B. eine epileptische Erkrankung, einen gefahrerhöhenden Umstand begründen.[607]

647 Eine Gefahrerhöhung kann vorliegen, wenn ein sehbehinderter Fahrer ständig ohne Brille fährt[608] oder wenn ein Fernfahrer überwiegend gegen die Ruhezeitvorschriften verstößt.[609]

5. Anzeigepflicht der Fahrzeugveräußerung, § 97 VVG 2008

648 Die Veräußerung des versicherten Fahrzeugs ist dem Versicherer unverzüglich anzuzeigen, unterbleibt die Anzeige, ist der Versicherer leistungsfrei, wenn der Versicherungsfall später als einen Monat nach dem Zeitpunkt eintritt, zu dem die Anzeige dem Versicherer hätte zugehen müssen und der Versicherer den mit dem Veräußerer bestehenden Vertrag mit dem Erwerber nicht geschlossen hätte, § 97 Abs. 1 VVG 2008.

649 War dem Versicherer die Veräußerung bekannt oder war zur Zeit des Eintritts des Versicherungsfalles die Frist für die Kündigung des Versicherers aus § 96 VVG 2008 abgelaufen und eine Kündigung nicht erfolgt, bleibt die Leistungsverpflichtung des Versicherers bestehen § 97 Abs. 2 VVG 2008.

650 Unter Veräußerung ist jede Art der rechtsgeschäftlichen Eigentumsübertragung im Sinne des bürgerlichen Rechts zu verstehen.[610]

651 Keine Anwendung findet § 97 VVG 2008 auf den Wechsel des Leasingnehmers, durch die Übertragung des Leasingvertrages findet gerade keine Veräußerung des Leasinggegenstandes statt, trotz des Wechsels des Leasingnehmers bleibt der Leasinggeber Eigentümer der Sache.[611]

III. Leistungsfreiheit wegen vertraglicher Obliegenheitsverletzungen

652 Die vom Versicherungsnehmer zu beachtenden vertraglichen Obliegenheiten sind in den jeweiligen AKB geregelt. Die AKB 2008 enthalten keine inhaltlichen Veränderungen zu den bisherigen AKB,

---

604 *LG Hamburg* DAR 1995, 333.
605 BGHZ 7, 321 = *BGH* VersR 1952, 399.
606 *OLG Düsseldorf* VersR 2005, 348.
607 *OLG Nürnberg* NVersZ 1999, 437 = r+s 2001, 52 = VersR 2000, 46; hiernach stellt eine durch äußere Umstände ausgelöste Epilepsie nur dann einer Gefahrerhöhung dar, wenn wiederholte Fahrten des Versicherungsnehmers in Kenntnis des seine Fahruntüchtigkeit beeinträchtigenden Umstands vorgenommen werden.
608 *OLG Schleswig* VersR 1971, 118.
609 *BGH* VersR 1971, 433; hier wird aber wieder das Problem relevant, ob der Fernfahrer Repräsentatin ist, wenn er Angestellter ist.
610 *BGH* VersR 1963, 516; *BGH* VersR 1965, 425; *BGH* VersR 1987, 477; *BGH* VersR 1987, 704.
611 *Halm* PVR 2001, 136; *OLG Saarbrücken* r+s 2000, 405 = VersR 2001, 323.

D. Leistungsbefreiungstatbestände   Kapitel 23

allerdings werden die vertraglichen Obliegenheiten vor dem Versicherungsfall unter Abschnitt E als »Pflichten beim Gebrauch des Fahrzeugs« und die Obliegenheiten nach dem Versicherungsfall unter Abschnitt E als »Pflichten im Schadenfall« bezeichnet.

1. Allgemeines

Durch die VVG-Gesetzesnovelle wurde auch im Rahmen der vertraglich vereinbarten Obliegenheiten eine Vereinheitlichung herbeigeführt, insbesondere bestehen zwischen Obliegenheitsverletzungen vor und nach dem Schadenereignis nur noch marginale Unterschiede. 653

Die Gesetzesreform hat zudem einen bislang nur von der Rechtsprechung »aufgehobenen« gesetzlichen Wertungswiderspruch beseitigt. Nach altem Recht war bei einer vorsätzlich begangenen Obliegenheitsverletzung keine Kausalität erforderlich, der Versicherer konnte also auch bei vorsätzlicher folgenloser Obliegenheitsverletzung leistungsfrei werden. 654

Diese gesetzliche Regelung wurde durch die sog. Relevanzrechtsprechung des BGH eingeschränkt[612], um der Härte des aus der Obliegenheitsverletzung folgenden »Alles-oder-Nichts-Prinzips« zu entgehen. 655

Nach den vom *BGH* entwickelten Kriterien kann sich der Versicherer nicht auf Leistungsfreiheit berufen, wenn die Verletzung der Obliegenheit generell ungeeignet war, die Interessen des Versicherers ernsthaft zu gefährden, oder den Versicherungsnehmer subjektiv kein schweres Verschulden trifft.[613] 656

Weil dem Versicherungsnehmer nach der VVG-Reform sowohl bei vorsätzlichen als auch grob fahrlässigen Obliegenheitsverletzungen der Kausalitätsgegenbeweis offensteht, ist die Relevanzrechtsprechung des *BGH* hinfällig geworden. 657

2. Rechtsfolgen der Obliegenheitsverletzung

Bei vorsätzlicher oder grob fahrlässiger Obliegenheitsverletzung kann der Versicherer den Vertrag fristlos kündigen, § 28 Abs. 1 VVG 2008, allerdings nur innerhalb Monatsfrist nach Kenntniserlangung. 658

Unter den Voraussetzungen des § 28 Abs. 2 VVG 2008 i. V. m. Abschnitt D.3 oder E.6 kann der Versicherer leistungsfrei sein. 659

Der Versicherer ist für das objektive Vorliegen einer Obliegenheitsverletzung beweispflichtig. 660

Es reicht nicht aus, wenn der Versicherer beweist, dass er keine Schadenanzeige bekommen hat, er muss auch beweisen, dass der Versicherungsnehmer eine solche gar nicht abgeschickt hat.[614] 661

Die entsprechende Obliegenheit hat der Versicherungsnehmer bereits mit dem Abschicken der Anzeige erfüllt. Zwar kann der Versicherer Vorgänge, die sich in der Sphäre des Versicherungsnehmers abspielen, nur schwerlich beweisen, diese Probleme rechtfertigen aber keine Beweislastumkehr. Den Interessen der Versicherer ist Genüge getan, wenn dem Versicherungsnehmer auferlegt wird, zur Erfüllung der Obliegenheit im Einzelnen substantiiert und glaubhaft vorzutragen.[615] 662

Trägt der Versicherungsnehmer vor, dass er den Vermittlungsagenten vollständig und richtig informiert, dieser aber das Formular falsch ausgefüllt habe, muss der Versicherer beweisen, dass der Vermittlungsagent das Formular entsprechend den Weisungen des Versicherungsnehmers ausgefüllt 663

---

612 Ständige Rechtsprechung seit *BGH* VersR 1984, 228, vgl. hierzu auch *OLG Hamm* DAR 2001, 79 = NJW-RR 2000, 172 = NVersZ 2000, 299 = NZV 2000, 125 = r+s 1999, 493 = zfs 2000, 70; *OLG Frankfurt* OLGR 1999, 251; *OLG Karlsruhe* OLGR 1997, 91; *OLG Köln* OLGR 1997, 60; *OLG Köln* OLGR 2000, 197; *OLG München* OLGR 1996, 200; *OLG Nürnberg* OLGR 2000, 316; *BGH* VersR 2004, 1117.
613 *BGH* VersR 2004, 1118.
614 *OLG Hamm* VersR 1991, 49; *OLG Hamburg* VersR 1994, 668; *OLG Köln* VersR 1995, 567.
615 *OLG Köln* VersR 1995, 567.

hat.[616] Der Versicherungsnehmer muss lediglich spezifiziert behaupten, dass er wahre Angaben gemacht hat, um den Versicherer meist in erhebliche Beweisnot zu bringen.

3. Voraussetzungen der Leistungsfreiheit

a) Obliegenheiten vor Eintritt des Versicherungsfalls

Tatbestand

664 Nach wie vor muss zunächst der Tatbestand einer der in Abschnitt D der AKB 2008 aufgeführten Obliegenheiten verletzt sein.

665 Die Beweislast liegt beim Versicherer.

Verschulden

666 Nach § 28 Abs. 2 S. 1 VVG 2008, D.3.1/3.2 AKB 2008 setzt die vollständige Leistungsfreiheit eine vorsätzliche Obliegenheitsverletzung voraus.

667 Der Versicherer trägt die Beweislast für den Vorsatz des Versicherungsnehmers, also dafür, dass der Versicherungsnehmer die Obliegenheit im Bewusstsein des Vorhandenseins der Verhaltensnorm verletzt hat.[617]

668 Im Falle einer grob fahrlässigen Obliegenheitsverletzung ist die Leistung entsprechend der Schwere des Verschuldens des Versicherungsnehmers zu kürzen, § 28 Abs. 3 S. 2 VVG 2008.

669 Grobe Fahrlässigkeit wird angenommen, wenn ein objektiv schwerer und subjektiv nicht entschuldbarer Verstoß gegen die Anforderungen der verkehrserforderlichen Sorgfalt vorliegt. Die erforderliche Sorgfalt muss in einem ungewöhnlich hohen Maß verletzt worden sein, es muss dasjenige unbeachtet geblieben sein, was im gegebenen Fall jedem hätte einleuchten müssen.[618] Dies muss sowohl für die objektive als auch für die subjektive Seite festgestellt werden.[619]

670 Bei leichter Fahrlässigkeit bleibt der Versicherer zur Leistung verpflichtet.

Kündigung

671 Während nach altem Recht, § 6 Abs. 1 VVG a. F. der Versicherer binnen Monatsfrist nach Kenntnis von der Obliegenheitsverletzung kündigen musste, um sich leistungsfrei zu stellen, ist das Kündigungserfordernis im neuen Recht entfallen.

Kausalität

672 Nach § 28 Abs. 3 S. 1 VVG 2008/D.3.2 AKB 2008 bleibt der Versicherer zur Leistung verpflichtet, »soweit die Verletzung der Obliegenheit weder für den Eintritt oder die Feststellung des Versicherungsfalls noch für die Feststellung oder den Umfang der Leistungspflicht des Versicherers ursächlich ist«.

673 Dies gilt nach § 28 Abs. 3 S. 2 VVG 2008 nicht, wenn der Versicherungsnehmer die Obliegenheit arglistig verletzt hat.

674 Dem Versicherungsnehmer steht nun generell der von ihm zu führende Kausalitätsgegenbeweis offen, auch im Falle vorsätzlicher Obliegenheitsverletzung, er muss beweisen, dass sich die Obliegenheitsverletzung gar nicht oder nur begrenzt auf den Versicherungsfall ausgewirkt hat.

---

616 *BGH* VersR 1993, 1089; *BGH* VersR 1989, 833 = NJW-RR 1989, 2060 = r+s 1989, 242 = zfs 1989, 344.
617 Ständige Rechtsprechung, s. z. B. *OLG Düsseldorf* VersR 1995, 1301 = r+s 1995, 401.
618 Ständige Rechtsprechung, s. z. B. *OLG Düsseldorf* VersR 1995, 1301 = r+s 1995, 401.
619 *BGH* VersR 1985, 440 = NJW 1985, 2648 = MDR 1985, 557 = DAR 1985, 222 = BB 1985, 697 = r+s 1985, 80.

D. Leistungsbefreiungtatbestände Kapitel 23

Nur bei arglistigem Verhalten des Versicherungsnehmers ist Kausalität entbehrlich und demgemäß auch kein Kausalitätsgegenbeweis zulässig, dies wird ausdrücklich in § 28 Abs. 3 S. 2 VVG 2008 hervorgehoben. **675**

Beweispflichtig für das arglistige Verhalten ist der Versicherer. **676**

b) Obliegenheiten nach Eintritt des Versicherungsfalls

Tatbestand

Es muss der Tatbestand einer der in Abschnitt E der AKB 2008 aufgeführten Obliegenheiten verletzt sein. **677**

Verschulden

Nach § 28 Abs. 2 VVG 2008, E.6.1/6.2 AKB 2008 ist die für die Obliegenheitsverletzung vor Eintritt des Versicherungsfalls dargestellte Rechtslage auch bei Obliegenheitsverletzungen beim bzw. nach dem Versicherungsfall einschlägig. **678**

Kündigung

Es besteht kein Kündigungserfordernis. **679**

Kausalität

Es bestehen grundsätzlich keine Unterschiede zur Rechtslage bei Obliegenheitsverletzungen vor dem Schadenfall. **680**

Es ist jedoch der konkrete Versicherungsfall zu betrachten. Eine bloß abstrakte Geeignetheit, die Aufklärung zu erschweren, löst keine Leistungsfreiheit des Versicherers aus.[620] **680a**

Belehrungspflicht

Gemäß § 28 Abs. 4 VVG 2008 muss der Versicherer den Versicherungsnehmer auf die ihm drohenden Folgen einer nach Eintritt des Versicherungsfalls bestehenden Auskunfts- oder Aufklärungsobliegenheit hinweisen, und zwar durch gesonderte Mitteilung in Textform. **681**

Diese Belehrungspflicht erfasst ausdrücklich nur Auskunfts- und Aufklärungsobliegenheiten, also nicht z. B. Sicherheitsvorschriften. **682**

Bei sog. Spontanobliegenheiten, die meist unmittelbar nach dem Versicherungsfall zu erfüllen sind, z. B. die Pflicht, keinerlei Unfallspuren zu verändern, keinen Nachtrunk zu sich zu nehmen und vor allem keine Unfallflucht zu begehen, ist eine Belehrung nach wie vor entbehrlich. **683**

4. Einzelfälle der Obliegenheitsverletzungen vor Eintritt des Versicherungsfalls

Die in der Kaskoversicherung beim Gebrauch des Fahrzeugs zu erfüllenden vertraglichen Obliegenheiten sind in Abschnitt D.1 AKB 2008. **684**

a) Vereinbarter Verwendungszweck, sog. Verwendungsklausel, D.1.1 AKB 2008

In der Fahrzeugversicherung ist der Verwendungszweck des Fahrzeugs ein entscheidendes Kriterium für die Beurteilung des Risikos und die Bemessung der Versicherungsprämie. Alle Antragsformulare enthalten daher die Frage nach dem Verwendungszweck.[621] **685**

---

620 *Maier* r+s 2007, 89, 91.
621 Halm/Engelbrecht/Krahe/*Oberpriller* 15. Kapitel, Rn. 142.

686 Nach D.1.1 AKB 2008 darf das Fahrzeug nur zu dem im Versicherungsvertrag angegebenen Zweck verwendet werden. Die Verwendungsklausel ist eine spezielle Ausgestaltung der Gefahrerhöhung,[622] schließt aber als lex specialis die Anwendung der Vorschriften über die Gefahrerhöhung aus.[623]

687 Fehlen in einem Versicherungsvertrag Angaben zum Verwendungszweck und nimmt der Versicherer den Antrag gleichwohl an, kann er sich grundsätzlich nicht auf Leistungsfreiheit wegen einer zweckwidrigen Verwendung des versicherten Fahrzeugs berufen,[624] er hätte dann nachfragen müssen.

688 Die Beschreibung der unterschiedlichen Verwendungszwecke ergibt sich für Altverträge aus den jeweiligen Tarifbestimmungen (TB) des Versicherers.

689 Bei Neuverträgen sind die unterschiedlichen für die Tarifierung relevanten Verwendungsarten in Anhang 6 zu den AKB 2008 nachzulesen.

690 Einschlägige Bestimmungen können exemplarisch wie folgt lauten:[625]

Personenkraftwagen

691 Personenkraftwagen im Sinne des Tarifs sind als Personenkraftwagen zugelassene Kraftfahrzeuge, mit Ausnahme von Mietwagen, Taxen und Selbstfahrervermietfahrzeugen.

Mietwagen

692 Mietwagen sind Personenkraftwagen, mit denen ein nach § 49 Abs. 4 PBefG vom 21.3.1961 in der Fassung vom 25.2.1983 genehmigungspflichtiger Gelegenheitsverkehr gewerbsmäßig betrieben wird (unter Ausschluss der Taxen und Selbstfahrervermietfahrzeuge).

Taxen

693 Taxen sind Personenkraftwagen, die der Unternehmer an behördlich zugelassenen Stellen bereithält und mit denen er – auch am Betriebssitz oder während einer Fahrt entgegengenommene – Beförderungsaufträge zu einem vom Fahrgast bestimmten Ziel ausführt (§ 47 Abs. 1 PBefG).

Selbstfahrervermietfahrzeuge

694 Selbstfahrervermietfahrzeuge im Sinne des Tarifs sind Kraftfahrzeuge und Anhänger, die gewerbsmäßig ohne Gestellung eines Fahrers vermietet werden (§ 1 Selbstfahrervermiet-VO v. 4.4.1955 i. d. F. vom 21.7.1969).

Leasingfahrzeuge

695 Leasingfahrzeuge im Sinne des Tarifs sind Kraftfahrzeuge und Anhänger, die gewerbsmäßig ohne Gestellung eines Fahrers vermietet werden und dem Mieter durch Vertrag mindestens 6 Monate überlassen werden.

Kraftomnibusse

696 Kraftomnibusse sind Kraftfahrzeuge und Anhänger, die nach ihrer Bauart und Ausstattung zur Beförderung von mehr als neun Personen (einschließlich Führer) geeignet und bestimmt sind (§ 4 Abs. 4 Nr. 2 und Abs. 5 PBefG).

---

[622] *BGH* VersR 1986, 693 = MDR 1986, 1005 = r+s 1986, 197 = zfs 1986, 277; *OLG Köln* VersR r+s 1990, 111; *OLG Karlsruhe* VersR 1995, 568 = SP 1995, 49.
[623] *BGH* r+s 1997, 148; *OLG Köln* r+s 1990, 111.
[624] Allgemeine Meinung vgl. z. B. *OLG Karlsruhe* VersR 1995, 568 = SP 1995, 49.
[625] Ausführlich zu sämtlichen Verwendungsarten und deren Definition *Stiefel/Maier/Maier* AKB D.1, Rn. 11 ff.

Hotelomnibusse

Hotelomnibusse im Sinne des Tarifs sind Kraftomnibusse, die auf den Eigentümer oder Pächter des 697
Hotels zugelassen sind und die ausschließlich zur Beförderung von Hotelgästen und ihrem Gepäck
zwischen Bahnhof, Flugplatz oder Schiffanlegestation und dem Hotel oder für Ausflugsfahrten mit
Hotelgästen verwendet werden.

Werkomnibusse

Werkomnibusse im Sinne des Tarifs sind Kraftomnibusse, die dem Werk selbst oder einem dem Werk 698
vertraglich verpflichteten Unternehmen gehören und ausschließlich zur Beförderung der Belegschaft
dieses Werkes und deren Angehörigen zu und von der Arbeitsstätte und aus Anlass von Belegschafts-
veranstaltungen verwendet werden. Als Werkomnibusse gelten auch Schulomnibusse, die ausschließlich zur Beförderung von Schülern und deren Aufsichtsperson zu und von der Schule oder aus Anlass
von schulischen Veranstaltungen verwendet werden.

Campingfahrzeuge bzw. Wohnmobile

Campingfahrzeuge bzw. Wohnmobile sind als sonstige Kraftfahrzeuge/Wohnwagen zugelassene 699
Kraftfahrzeuge.

Verstöße gegen die Verwendungsklausel wurden von der Rechtsprechung in folgenden Fällen bejaht: 700
– Verwendung eines PKW nicht – wie beantragt –, zu eigenen Zwecken, sondern auf die Nachtzeit
  beschränkt gewerblich als Mietfahrzeug für Flughafentransfer,[626]
– Vermietung eines zur Eigenverwendung vorgesehenen Fahrzeugs für 2.000 DM,[627]
– gewerbsmäßige Vermietung eines nur zur Eigenverantwortung versicherten PKW,[628]
– Wochenendspritztour mit einem PKW, der mit einem roten Kennzeichen versehen ist,[629] generell
  die Verwendung eines PKW mit rotem Kennzeichen zu einer anderen als einer Prüfungs-, Probe-
  und Überführungsfahrt,[630]
– abredewidrige Verwendung eines Fahrzeugs im Güterfernverkehr statt im Werkfernverkehr,[631]
– Verwendung eines Traktors beim Fastnachtsumzug.[632]

Kein Verstoß gegen die Verwendungsklausel soll vorliegen, 701
– wenn das Fahrzeug leihweise an einen Dritten überlassen wird[633] oder
– im Rahmen einer Fahrgemeinschaft eingesetzt wird, selbst wenn eine Gebühr für die Unkosten
  von den anderen Teilnehmern verlangt wird.[634] Die Verwendung des Fahrzeugs zur privaten Nutzung findet aber dort ihre Grenzen, wo erkennbares Hauptziel die Erzielung von Gewinn ist.[635]

Will sich der Versicherer erfolgreich auf Leistungsfreiheit wegen Verstoß gegen die Verwendungsklau- 702
sel berufen, muss die abredewidrige Verwendung gefährlicher[636] als die antragsmäßige gewesen sein.

Die höhere Gefährlichkeit der tatsächlichen Verwendung gegenüber der im Antrag angegebenen 703
Verwendungsart wird unwiderleglich vermutet.[637] Eine Ausnahme von dieser Vermutung besteht al-

---

626 *OLG Frankfurt* OLGR 2000, 330.
627 *OLG Koblenz* r+s 1999, 272.
628 *OLG Hamm* r+s 1998, 181 = VersR 1998, 1498 = zfs 1998, 297; *LG Koblenz* NVersZ 2000, 138 = r+s 1999, 271; *OLG Hamm* r+s 1992, 152 = SP 1992, 160 = VersR 1992, 350 = zfs 1993, 127.
629 *OLG Köln* r+s 2000, 189; vgl. auch allgemein dazu *LG Kassel* zfs 1991, 134.
630 *LG Köln* r+s 2005, 325, 326.
631 *OLG Hamm* NJW 1999, 252 = r+s 1998, 140; *BGH* VersR 1972, 530.
632 *OLG Karlsruhe* VersR 1986, 1180.
633 *OLG Saarbrücken* VersR 1968, 1133.
634 *BGH* NJW 1981, 1842 = DAR 1981, 354.
635 *OLG Düsseldorf* r+s 1994, 205 = NJW-RR 1994, 929 = SP 1994, 220 = VersR 1994, 1178.
636 *OLG Stuttgart* zfs 1985, 54; *OLG Hamm* VersR 1975, 223; *BGH* VersR 1963, 527.
637 *OLG Hamm* r+s 1998, 181 = VersR 1998, 1498 = zfs 1998, 297; *OLG Hamm* NZV 1999, 252 = NJWE-VHR 1998, 231 = r+s 1998, 140 = zfs 1998, 296; *OLG Koblenz* r+s 1999, 271 = NVersZ 2000, 138.

lerdings, wenn im Tarif des Versicherers der anderweitige Verwendungszweck nicht höher eingestuft ist als der vereinbarte Verwendungszweck.[638]

b) Berechtigter Fahrer, sog. Schwarzfahrerklausel, D.1.2 AKB 2008

704 Nach D.1.2 AKB 2008 darf das Fahrzeug nur von einem berechtigten Fahrer gebraucht werden.

705 Versicherungsnehmer, Halter und Eigentümer des Fahrzeugs dürfen es nicht wissentlich ermöglichen, dass das Fahrzeug von einem unberechtigten Fahrer gebraucht wird.

706 Während nach § 2b Abs. 1 S. 2 AKB a. F. Leistungsfreiheit seitens des Versicherers gegenüber dem Versicherungsnehmer, Halter oder Eigentümer, bereits bestand, wenn die Schwarzfahrt von diesen durch zum Beispiel leichtsinnigen Umgang mit den Kfz-Schlüsseln, schuldhaft ermöglicht wurde,[639] wird nun erst »wissentliches«, also vorsätzliches, zumindest bedingt vorsätzliches Ermöglichen der Schwarzfahrt sanktioniert.

707 Berechtigter Fahrer ist, wer das Fahrzeug mit Wissen und Wollen des Verfügungsberechtigten gebraucht.

c) Fahren mit Fahrerlaubnis, sog. Führerscheinklausel, D.1.3 AKB 2008

708 Der Versicherer wird gemäß D.3 i. V. m. D.1.3 von seiner Leistungspflicht frei, wenn der Fahrer[640] bei Eintritt des Versicherungsfalls nicht die erforderliche Fahrerlaubnis[641] besitzt.

709 Außerdem darf der Versicherungsnehmer, der Halter oder der Eigentümer das Fahrzeug nicht von einem Fahrer benutzen lassen, der nicht die erforderliche Fahrerlaubnis hat.

710 Bei dieser so genannten »Führerscheinklausel« handelt es sich um eine gefahrmindernde, vor Eintritt des Versicherungsfalls zu erfüllende Obliegenheit i. S. d. § 6 Abs. 1 VVG a. F./§ 28 Abs. 1 VVG 2008,[642] die Anwendung der Bestimmungen zur Gefahrerhöhung kommt nicht in Betracht.

711 Der Tatbestand nach D.1.3 AKB 2008 setzt zunächst die Benutzung des Fahrzeugs auf öffentlichen Wegen und Plätzen (s. § 2 Abs. 1 StVG, § 4 Abs. 1 StVZO) voraus.

712 Fahrer ist, wer das Fahrzeug mit Motorkraft eigen- oder mitverantwortlich in Bewegung setzt. Wird das Fahrzeug nur geschoben, ist der hinter dem Lenker sitzende nicht Fahrer i. S. d. Klausel.[643]

713 Fahrer ist ein Fahrschüler, der aber nach § 2 Abs. 15 StVG keinen Führerschein benötigt, wenn er das Fahrzeug in Anwesenheit eines ihn beaufsichtigenden Fahrlehrers führt. Ein Fahrlehrer verstößt nicht schon dann gegen die Führerscheinklausel, wenn er den Fahrschüler während einer Unterrichtsfahrt mangelhaft oder unzweckmäßig beaufsichtigt, sondern erst dann, wenn er es allgemein an einer wirksamen Beaufsichtigung fehlen lässt.[644]

---

638 *BGH* VersR 1972, 530 = NJW 1972, 822.
639 *OLG Nürnberg* r+s 2004, 366.
640 Wer unter eigener Verantwortung zzt. des Unfalls das Kraftfahrzeug lenkt, also nicht mehr derjenige, der einem anderen das Fahrzeug überlassen hat, vgl. hierzu auch die ausführliche Darstellung bei *Stiefel/Maier/Maier* AKB D.3, Rn. 12 f.
641 Hinsichtlich der Fahrerlaubnis ist allein die StVZO maßgebend; zu beachten ist aber, dass eine Fahrerlaubnis nur bei Fahrten auf öffentlichen Wegen und Plätzen verlangt wird, § 2 Abs. 1 S. 1 StVG; § 4 Abs. 1 S. 1 StVZO. Demzufolge kann die Führerscheinklausel nicht verletzt werden, wenn ein Fahrer ohne Führerschein auf nichtöffentlichen Wegen oder Plätzen fährt.
642 So z. B. *OLG Hamm* VersR 1980, 1018.
643 *BGH* VersR 1977, 624.
644 *BGH* DAR 1972, 186 = NJW 1972, 869 = VersR 1972, 445; zu beachten ist, dass ein Fahrschüler, welcher am Steuer sitzt nach § 2b AKB grundsätzlich als Fahrzeugführer anzusehen ist, er braucht aber keinen Führerschein, wenn er von einem Fahrlehrer beaufsichtigt wird, § 6 Abs. 1 StVZO.

D. Leistungsbefreiungstatbestände   Kapitel 23

Beim sogenannten Führerschein mit 17 ist auch der Minderjährige Fahrer. Mit Aushändigung der 714
»Prüfbescheinigung zum begleiteten Fahren ab 17 Jahre« hat er Versicherungsschutz, soweit ihn
die in der Prüfbescheinigung namentlich genannte Person begleitet. Fährt der 17-jährige ohne eingetragene Begleitperson oder steht die Begleitperson unter Alkohol- oder Rauschgifteinfluss, verstößt
er gegen die Führerscheinklausel.[645]

Im Besitz der »erforderlichen Fahrerlaubnis« ist nur derjenige, dem die Behörde diese nach bestandener Prüfung ausgehändigt hat, die Fahrt zum Abholen des Führerscheins stellt also einen Verstoß 715
gegen die Führerscheinklausel dar.

Ein Fahrer muss nicht nur im Besitz des Führerscheins sein, sondern zusätzlich auch eventuell erforderlicher Zusatzbescheinigungen. Wer jedoch ohne die erforderliche Fahrerlaubnis zur Fahrgast- 716
beförderung Fahrgäste fährt, handelt zwar ordnungswidrig, fährt jedoch nicht ohne Fahrerlaubnis.
Ein Verstoß gegen D.1.3 AKB 2008 liegt somit nicht vor.[646]

An der erforderlichen Fahrerlaubnis fehlt es, wenn die Fahrerlaubnis nach § 111a StPO vom Gericht 717
vorläufig oder durch Urteil mit Sperrfrist entzogen oder der Führerschein nach einer Trunkenheitsfahrt von der Polizei beschlagnahmt wurde.

Liegt lediglich ein Fahrverbot i. S. d. § 44 StGB vor, tangiert dies die erteilte Fahrerlaubnis nicht, so 718
dass eine Fahrt trotz Fahrverbot nicht unter D.1.3 AKB 2008 fällt.[647]

Wer lediglich im Besitz einer Fahrerlaubnis ist, die zum Führen von Kraftfahrzeugen bis zu einer Geschwindigkeit von 80 km/h berechtigt, verletzt die Führerscheinklausel wenn er durch eine von ihm 719
vorgenommene Entdrosselung eine Höchstgeschwindigkeit von 115 km/h erreicht.[648]

Probleme bereiten oft Sachverhalte mit ausländischen Führerscheinen, insbesondere die Frage der 720
Kausalität ist strittig.

Leistungsfreiheit des Versicherers besteht, wenn ein ausländischer Fahrer des versicherten Kfz nicht 721
über eine in Deutschland gültige Fahrerlaubnis verfügt und infolge dessen der Eintritt und Umfang
des Versicherungsfalls auf der Unkenntnis der deutschen Verkehrsvorschriften oder mangelnder Eignung des Fahrers beruht.[649]

War der Unfallverursacher im Besitz einer holländischen Fahrerlaubnis, ohne gleichzeitig Inhaber 722
einer deutschen Fahrerlaubnis zu sein, bedarf es bezüglich der Kausalität der Obliegenheitsverletzung für den Versicherungsfall des Beweises, dass der Unfall durch einen Umstand verursacht wurde,
der es gerechtfertigt hätte, die Erteilung einer Fahrerlaubnis nach deutschem Führerscheinrecht
einem führerscheinlosen Fahrer wegen Eignungsmängeln zu versagen.[650]

So hat auch das *AG Düsseldorf*[651] entschieden, dass ein ausländischer Kraftfahrer, der mit seinem aus- 723
ländischen Führer schein nach Ablauf der 12-Monatsfrist des § 13a IntV ohne Umschreibung in eine
deutsche Fahrerlaubnis weiterhin am inländischen führerscheinpflichtigen Verkehr teilnimmt, den
Kausalitätsgegenbeweis führen kann, wenn feststeht, dass Eintritt und Umfang des Versicherungsfalles nicht auf der Unkenntnis der deutschen Verkehrsvorschriften oder mangelnder Eignung beruhen.

Ausschließlich anhand der Fahrerlaubnisverordnung (FeV), dort die § 28 (Anerkennung von Fahr- 724
erlaubnissen aus EU-Mitgliedsstaaten) bzw. § 31 (Erteilung einer Fahrerlaubnis an Inhaber einer

---

645 Halm/Engelbrecht/Krahe/*Oberpriller* 15. Kapitel, Rn. 146.
646 Vgl. *Stiefel/Maier/Maier* AKB D.1, Rn. 90.
647 *BGH* VersR 1987, 897.
648 Urteil des *OLG Nürnberg* v. 25.7.2002, 8 U 3687/01.
649 *OLG Naumburg* r+s 2005, 280.
650 *OLG Köln* VersR 1999, 704.
651 *AG Düsseldorf* r+s 1997, 96.

Fahrerlaubnis aus Nicht EU-Staaten) ist derzeit zu prüfen, ob der Inhaber eines ausländischen Führerscheins eine auch in Deutschland »erforderliche Fahrerlaubnis« besitzt.

725 Differenziert zu betrachten sind behördliche Auflagen, die körperbehinderten Personen beim Führen eines Kraftfahrzeugs zu beachten haben.

726 Enthält der Führerschein den Hinweis, der Fahrer sei beim Führen des Fahrzeugs verpflichtet, eine Brille zu tragen, verstößt der Fahrer durch ein Fahren ohne Brille nicht gegen die Führerscheinklausel, da der Führerschein durch den Verstoß gegen die Auflage nicht unwirksam wird.[652]

727 Anders ist es zu beurteilen, wenn einem Fahrer Einschränkungen hinsichtlich der Art des Fahrzeugs auferlegt werden. Ist die erteilte Aufgabe bzw. Einschränkung Bedingung für den Erhalt oder das Fortbestehen der Fahrerlaubnis, kommt bei Zuwiderhandlung ein Verstoß gegen die Führerscheinklausel in Betracht.[653]

728 Wird der Versicherer gegenüber dem Fahrer leistungsfrei, bezieht sich die Leistungsfreiheit nicht auch automatisch auf den Anspruch des Versicherungsnehmers, Halters oder Eigentümers. Die Leistungsfreiheit gegenüber diesen Personen besteht nur, wenn sie das Fahrzeug von einem Fahrer nutzen lassen, der nicht die erforderliche Erlaubnis hat, D.1.3 AKB 2008.

729 Die Obliegenheit kann der Versicherungsnehmer z. B. erfüllen, indem er sich durch Einblick in den Führerschein überzeugt, ob ein anderer, dem er sein Fahrzeug überlassen will, die vorgeschriebene Fahrerlaubnis hat.[654]

730 Leistungsfreiheit besteht nicht, wenn der Versicherungsnehmer mit dem noch in der Ausbildung zur Erlangung der Fahrerlaubnis befindlichen Ehegatten vereinbart, dass zunächst nur er selbst das Fahrzeug benutzen darf, und wenn feststeht, dass der andere Ehegatte das Fahrzeug gegen den Willen des Versicherungsnehmers genutzt hat.

731 Dass der Fahrer bei Eintritt des Versicherungsfalls nicht die erforderliche Fahrerlaubnis besaß, gehört zu dem vom Versicherer zu beweisenden objektiven Tatbestand der Obliegenheitsverletzung.[655]

732 Dem Versicherungsnehmer bleibt der Gegenbeweis der fehlenden Kausalität zwischen Obliegenheitsverletzung und Eintritt bzw. Umfang des Versicherungsfalls offen.

733 Der Kausalitätsgegenbeweis kann aber nicht schon allein dadurch geführt werden, dass der Fahrer den Nachweis seines tatsächlichen Fahrkönnens erbringt.

734 Zum Erfolg könnte jedoch der Nachweis führen, dass der Unfall nicht auf einem Fahrfehler des Fahrers beruht.[656] Der Kausalitätsgegenbeweis ist natürlich auch dann geführt, wenn ein Fahrer im Zeitpunkt des Unfalls den Führerschein schon bestanden hat, ihm dieser lediglich noch nicht ausgehändigt wurde, so dass er ihn nicht vorzeigen konnte.[657]

d) Außerbetriebssetzung, H.1 AKB 2008

735 Nach H.1.1 AKB 2008 (Ruheversicherung) wird der Versicherungsvertrag nicht berührt, wenn der Versicherungsnehmer das Fahrzeug vorübergehend außer Betrieb gesetzt hat.

---

[652] *Stiefel/Maier/Maier* AKB D.1, Rn. 79 m. w. N. zur Rechtsprechung; in Betracht käme allerdings eine subjektive, gewollte Gefahrerhöhung, wenn der Fahrer ständig ohne Brille fährt oder grobe Fahrlässigkeit, falls der Fahrer trotz erheblicher Sehschwäche seine Brille nicht trägt.
[653] *BGH* NJW 1978, 2517.
[654] Ständige Rechtsprechung: *BGH* VersR 1968, 443; *BGH* VersR 1982, 589; *BGH* VersR 1988, 1017; *AG Geldern* r+s 1997, 49; in einem Urteil des *OLG Stuttgart* v. 3.9.1984, 5 U 51/84 verneint dieses jedoch eine Kontrollpflicht bei einer guten Bekannten, die in geordneten Verhältnissen lebt.
[655] *OLG Düsseldorf* VersR 1983, 627.
[656] Vgl. hierzu *OGH Wien* ZVR 1997, 116; *OLG Hamm* VersR 1990, 846.
[657] *BGH* VersR 1976, 531.

D. Leistungsbefreiungstatbestände   Kapitel 23

Voraussetzung hierfür ist eine Stilllegung nach § 27 Abs. 6 Nr. 1 StVZO, also Ablieferung des Kraft- 736
fahrzeugscheins, Entstempelung des amtlichen Kennzeichens und Vermerk der Stilllegung im Kraftfahrzeugbrief.

Nach H.1.2 AKB 2008 muss die Dauer der Stilllegung mindestens zwei Wochen betragen und von 737
der Zulassungsbehörde an den Versicherer mitgeteilt werden. Liegen diese Voraussetzungen vor, erhält der Versicherungsnehmer auf sein Verlangen hin den in H.1.4 AKB 2008 beschriebenen Versicherungsschutz, und zwar beitragsfrei.

Die Kaskoversicherung ist dann allerdings auf die Teilkaskorisiken beschränkt. 738

Das Fortbestehen des Teilkaskoschutzes setzt jedoch nach H.1.5 AKB 2008 voraus, dass der Ver- 739
sicherungsnehmer das Fahrzeug nicht außerhalb des Einstellraums oder des umfriedeten Abstellplatzes benutzt bzw. nicht nur vorübergehend abstellt, bei Verletzung dieser Pflicht kann der Versicherer nach D.1.3. AKB 2008 leistungsfrei sein.

Diese Pflicht beginnt nicht schon mit der vorübergehenden Stilllegung, d. h. nicht schon im Zeit- 740
punkt der vorläufigen Abmeldung bei der Kfz-Zulassungsstelle, sondern erst mit Antrag auf eine Ruheversicherung.[658]

Unter Einstellraum versteht man ein mit Seitenwänden und einem Dach versehenen Raum, der be- 741
sondere Sicherheit gegen Diebstahl bietet. Dies sind beispielsweise Garagen, Scheunen oder auch Hallen.[659] Bei einem umfriedeten Abstellplatz handelt es sich um einen Platz, welcher durch Schutzwehren umgrenzt ist und kein Dach besitzt. Eine offene Einfahrt schadet hingegen nicht.[660]

Wird das Fahrzeug erneut zum Verkehr angemeldet, lebt der Versicherungsschutz uneingeschränkt 742
wieder auf.

Das Ende der Stilllegung ist unverzüglich dem Versicherer anzuzeigen.[661] Mit dem Ende der Ruhe- 743
versicherung lebt die Beitragspflicht wieder auf, H.1.6 AKB 2008.

5. Einzelfälle der Obliegenheitsverletzung nach Eintritt des Versicherungsfalls

Die nach Eintritt des Versicherungsfalls u. a. in der Kaskoversicherung zu beachtenden Obliegenhei- 744
ten sind in Abschnitt E AKB 2008 geregelt.

Es handelt sich um Aufklärungs-, Auskunfts- und Belegobliegenheiten des Versicherungsnehmers. 745
Nur in der Kaskoversicherung zu beachtende Obliegenheiten ergeben sich zusätzlich aus Abschnitt E.3 AKB 2008.

a) Anzeigeobliegenheit, E.1.1 AKB 2008

Jeder Versicherungsfall ist dem Versicherer innerhalb einer Woche schriftlich anzuzeigen, E.1.1 AKB 746
2008.[662] Diese Bestimmung entspricht inhaltlich der Regelung des § 30 VVG 2008.

Die Anzeige ist eine empfangsbedürftige Mitteilung, die an die im Versicherungsschein als zuständig 747
bezeichnete Stelle und in der gehörigen Form gerichtet werden muss.

In den Musterbedingungen wird von dem noch in § 7 Abs. 1 S. 2 AKB a. F. vorgesehenen Schrift- 748
lichkeitserfordernis abgesehen, so dass – deren Anwendung unterstellt – auch eine telefonische Schadenmeldung bei einer Schadenzentrale, einem Call-Center oder einer Hotline des jeweiligen

---

658 *OLG Karlsruhe* VersR 1993, 93 = zfs 1993, 199.
659 Vgl. hierzu *Prölss/Martin/Knappmann* AKB 2008 H.2, Rn. 4.
660 *OLG Frankfurt* SP 1994, 90.
661 Hierbei handelt es sich aber keinesfalls um eine Obliegenheit nach § 6 VVG, d. h. der Versicherer wird gerade nicht von seiner Leistungspflicht frei, wenn der Versicherungsnehmer dieser Pflicht nicht nachkommt.
662 Vgl. hierzu z. B. *OLG Hamm* r+s 2005, 102; *OLG Köln* r+s 2005, 194.

Versicherers ausreichend ist, ebenso eine Meldung über eine der ca. 14.000 Notrufsäulen an der Bundesautobahn bzw. ca. 6.000 Notrufsäulen an Bundesstraßen.[663]

749 Die Meldung sollte Ort und Zeit sowie den Unfallhergang enthalten, grundsätzlich genügt aber zunächst die Anzeige, dass ein Schadenereignis eingetreten ist.

750 Eine Verletzung der Anzeigeobliegenheiten bleibt ohne Wirkung, wenn der Versicherer in anderer Weise von dem Eintritt des Versicherungsfalls rechtzeitig Kenntnis erlangt hat, dies folgt aus § 30 Abs. 2 VVG 2008.

751 Die Anzeige eines Haftpflichtfalles ersetzt nicht immer die Anzeige des Kaskoschadens[664] (und umgekehrt), auch wenn die Kenntnis der Haftpflichtabteilung der Kaskoabteilung zuzurechnen ist (und umgekehrt).[665]

Zusätzlich in der Kaskoversicherung

752 In Abschnitt E.3 AKB 2008 werden dem Kasko-Versicherungsnehmer weitere Obliegenheiten auferlegt.

753 Bei Entwendungsfällen bleibt der Versicherungsnehmer nach Abschn. E.3.1 AKB 2008 verpflichtet, das Schadenereignis schriftlich zu melden und die Schadenanzeige eigenhändig zu unterschreiben.

754 Nach E.3.2 AKB 2008 muss der Versicherungsnehmer – soweit zumutbar – vor einer Verwertung oder Reparatur des Fahrzeugs Weisungen des Versicherungsnehmers einholen.

755 Schließlich hat er nach 3.3 AKB 2008 einen Entwendungs-, Brand- oder Wildschaden zusätzlich auch der Polizeibehörde unverzüglich anzuzeigen, wenn der Schaden einen gewissen Betrag[666] übersteigt.

b) Aufklärungsobliegenheiten, E.1.3 AKB 2008

756 Abschnitt E.1.3 AKB 2008 begründet die wichtige Aufklärungsobliegenheit des Versicherungsnehmers, deren ordnungsgemäße und vollständige Erfüllung die Voraussetzung für eine sachgerechte Entscheidung des Versicherers ist.

757 Nach E.1.3 AKB 2008 hat der Versicherungsnehmer alles zu tun, was der Aufklärung des Schadenereignisses dienen kann. Konkretisiert wird die Obliegenheit in E.1.3 S. 2 AKB 2008 in die Pflicht zur Beantwortung von Fragen des Versicherers und die Pflicht, nach einem Unfall nicht unberechtigt die Schadenstelle zu verlassen.

758 Unter die Aufklärungsobliegenheit fallen alle Umstände, die zur Feststellung des Entschädigungsanspruchs von Bedeutung sein können.

758a Liegen objektive Falschangaben vor, hat der Versicherungsnehmer die Pflicht substantiiert plausibel zu machen, warum und wie es zu den objektiv falschen Angaben gekommen ist.[667]

aa) Beantwortung von Fragen des Versicherers

759 Der Umfang der Aufklärungspflicht richtet sich maßgeblich nach den vom Versicherer im Schadenanzeigeformular oder nachfolgend gestellten Fragen.[668]

---

663 Die Notrufsäulen wurden 1999 von der GDV Dienstleistungs GmbH & Co.KG übernommen, eingehende Unfallmeldungen können direkt an die zuständigen Versicherer weitergeleitet werden.
664 *OLG Celle* 1967, 994; *OLG Hamm* r+s 2005, 102.
665 *BGH* VersR 1963, 457.
666 Dieser Betrag liegt in der Disposition der Versicherer, häufig liegt die Grenze bei 500 Euro.
667 *OLG Saarbrücken* VersR 2006, 681; *OLG Köln* SP 2007, 155.
668 *OLG Karlsruhe* NVersZ 1999, 275 = r+s 1999, 57 = SP 1999, 23 = zfs 1999, 250; *OLG Celle* r+s 2006, 447; *OLG Saarbrücken* OLGR Saarbrücken 2007, 847.

D. Leistungsbefreiungstatbestände Kapitel 23

Die in der Schadensanzeige getätigten Angaben des Versicherungsnehmers müssen wahrheitsgemäß 760
und vollständig sein. Nicht als solche erkennbare Angaben des Versicherungsnehmers »ins Blaue hinein« sind wie falsche Angaben zu bewerten.[669]

Die Auskunftsobliegenheit ist z. B. (schon) verletzt, wenn der Versicherungsnehmer in der Schadens- 761
anzeige verschweigt, dass er das Lenkrad bei dem Versuch, den Fahrersitz zu verstellen, verrissen hat.[670]

Gleiches gilt, wenn der Versicherungsnehmer auf dem Fragebogen seiner Kaskoversicherung wahr- 761a
heitswidrig die Frage nach Unfallzeugen verneint, seine Freundin jedoch Beifahrerin war.[671]

Die Auskunftspflicht des Versicherungsnehmers erfasst auch die Beantwortung oder Offenlegung 762
solcher Fragen bzw. Umstände, die für ihn peinlich oder mit der Gefahr strafrechtlicher Verfolgung
verbunden sind,[672] da der Versicherer nicht berechtigt ist, von sich aus diese Angaben der Strafverfolgungsbehörde weiterzugeben.[673]

Besondere Bedeutung erlangt die Auskunftsobliegenheit bei der Entwendung von Kraftfahrzeugen, 763
bei der der Versicherer nur selten eigene Erkenntnismöglichkeiten hat[674] und auf die Richtigkeit und
Vollständigkeit der Angaben des Versicherungsnehmers angewiesen ist.

Eine Vielzahl an Gerichtsurteilen verdeutlicht die Relevanz der Auskunftsobliegenheit in diesem Be- 764
reich.

bb) Vorschäden

Eine Verletzung der Aufklärungsobliegenheit wurde bejaht, wenn der Versicherungsnehmer auf die 765
Nachfrage des Versicherers, in welcher Werkstatt ein »reparierter Vorschaden« behoben worden ist,
wahrheitswidrig angibt, der Name der Werkstatt sei ihm entfallen und eine Rechnung nicht mehr
vorhanden,[675] wenn der Versicherungsnehmer nicht alle Vorschäden genannt hat,[676] selbst wenn
der Versicherer die früheren Schäden reguliert hat,[677] er bei der im Schadenanzeigeformular gestellten Frage nach Vorschäden eine Kfz einige verschweigt und nur den letzten Vorschaden mitteilt[678]
oder die Frage nach unreparierten Vorschäden mit »nein« beantwortet, obwohl das Kfz im Frontbereich einen Wildschaden erlitt, welcher nicht repariert wurde.[679]

Die im Schadenanzeigeformular gestellte Frage nach Vorschäden des versicherten Fahrzeuges ist aus 766
der Sicht eines durchschnittlichen Versicherungsnehmers nur so zu verstehen, dass nach sämtlichen
Vorschäden und nicht nur nach dem letzten Vorschaden gefragt wird. Der Versicherungsnehmer
kann nicht geltend machen, er habe den Unfall vergessen, wenn das Schadensereignis lediglich
drei Jahre zurückliegt und vom Versicherungsnehmer selbst verursacht wurde.[680]

---

669 *OLG Köln* r+s 2004, 229; *OLG Karlsruhe* 12 U 9/07.
670 *OLG Saarbrücken* r+s 2004, 231.
671 *LG Dortmund* Urt. v. 23.4.2010, 22 O 171/08.
672 *OLG Köln* VersR 1965, 128; *LG Marburg* SP 2001, 278.
673 *BGH* VersR 1976, 383.
674 *OLG Koblenz* zfs 2002, 82; *OLG Karlsruhe* NVersZ 1999, 275 = r+s 1999, 57 = SP 1999, 23 = zfs 1999, 250; *OLG Koblenz* r+s 2001, 13 = MDR 2000, 1189 = zfs 2000, 452.
675 *OLG Düsseldorf* NVersZ 2002, 82 = zfs 2002, 225.
676 *OLG Karlsruhe* r+s 2007, 188.
677 Urteil des *LG Coburg* v. 20.2.2002, 12 O 81/01; Urteil des *OLG Bamberg* Beschl. v. 22.7.2002, 1 U 51/02; *OLG Naumburg* SP 2000, 320; *OLG Braunschweig* SP 1999, 244; *OLG Stuttgart* r+s 2006, 64.
678 *Schröder* PVR 2002, 107 Anmerkung zum Urteil des *OLG Koblenz* v. 26.5.2000, 10 U 1627/99; diese Obliegenheitsverletzung kann der Versicherungsnehmer auch nicht dadurch entschuldigen, er sei Halter mehrerer Fahrzeuge und habe den Unfall, welcher den Vorschaden verursachte, vergessen.
679 *LG Coburg* r+s 2006, 16.
680 *OLG Koblenz* MDR 2000, 1190.

767 Auch falsche Angabe des Versicherungsnehmers über eine frühere Unfallbeteiligung des versicherten PKW[681] begründen eine Obliegenheitsverletzung.

768 Eine Obliegenheitsverletzung wurde verneint, wenn der Versicherungsnehmer bei der vom Versicherer gestellten Frage nach der bisherigen Schadensfreiheit des Kfz zwei Unfälle nicht angegeben hat, diese Unfälle zwar erhebliche Fremdschäden, jedoch nur geringfügige Schäden am eigenen PKW verursacht haben.[682]

769 Verschweigt der Versicherungsnehmer die Vorschäden arglistig, steht auch eine alsbaldige Berichtigung der Leistungsfreiheit des Versicherers nicht entgegen.[683]

Kürzungsquoten:

769a Kürzung um 20 %, wenn der Versicherungsnehmer die Höhe eines reparierten Vorschadens mit 108 € angibt, ihm aber ein ein Kostenvoranschlag von deutlich merh als 1000 € vorlag.[684]

cc) Fahrzeugdaten

770 Eine Obliegenheitsverletzung wurde bejaht, wenn ein Versicherungsnehmer in seiner Schadensanzeige nach dem Diebstahl eines kaskoversicherten Fahrzeugs den erfragten Kaufpreis überhöht angibt[685] oder den Versicherer nach dem behaupteten Diebstahl nicht wahrheitsgemäß und vollständig über Abstellort, Vorschäden und Gesamtlaufleistung des PKW informiert.[686]

771 Falsche Angaben zur Kilometerlaufleistung, wenn es sich um mindestens 1.000 km handelt und die Abweichung oberhalb von 10 %,[687] um 15 %[688] bzw. 20 %[689] und sogar 50 %[690] liegt oder eine bewusste Falschangabe der Kilometerlaufleistung, wenn diese als »ungefähre« Laufleistung angegeben wird[691], begründen die Verletzung der Auskunftsobliegenheit ebenso wie die wahrheitswidrige Angabe, einen schriftlichen Kaufvertrag über das versicherte Kfz abgeschlossen zu haben, obwohl diesbezüglich nur mündliche Absprachen vorgelegen haben[692] oder die Angabe eines deutschen Listenpreises, obwohl das Fahrzeug im Wege des Reimports zu einem wesentlich günstigeren Preis erworben wurde.[693] Auch die Vorlage eines nachträglich ausgefertigten, rückdatierten Kaufvertrages nach Entwendung des Kfz stellte eine Verletzung der Aufklärungsobliegenheit dar.[694]

772 Gleiches gilt für die wahrheitswidrige Behauptung, der PKW sei mit einer Wegfahrsperre ausgestattet[695] oder falschen Vortrag des Versicherungsnehmers hinsichtlich der Höhe der begehrten Entschädigung und der Grundlage ihrer Feststellung.[696]

---

681 *OLG Köln* r+s 2000, 55 = SP 1999, 243 = VersR 2000, 224.
682 *Schröder* PVR 2002, 107, Anmerkungen zum Urteil des *OLG Koblenz* v. 26.5.2000, 10 U 1627/99; *OLG Koblenz* VersR 2000, 355.
683 *OLG Saarbrücken* 5 U 614/07.
684 *LG Nürnberg-Fürth* r+s 2010, 412.
685 *AG Ibbenbüren* zfs 2002, 440; *OLG Saarbrücken* OGR Saarbrücken 2006, 481; *LG Coburg* r+s 2007, 278.
686 *OLG Celle* OLGR Celle 2007, 686; *OLG Köln* r+s 2008, 235; *OLG Saarbrücken* r+s 2008, 238.
687 *BGH* VersR 2007, 173; *OLG Saarbrücken* r+s 2005, 322; *OLG Celle* OLGR Celle 2008, 560; *OLG Köln* r+s 2008, 101.
688 *OLG Köln* PVR 2001, 114.
689 *OLG Bamberg* SP 2000, 320.
690 *OLG Köln* r+s 2007, 316.
691 *LG Neuruppin* SP 1999, 234; *LG Görlitz* zfs 2005, 248, 249.
692 *OLG Schleswig* SP 1999, 208.
693 *OLG Hamm* DAR 2000, 217 = NZV 1999, 383.
694 *OLG Hamm* r+s 2008, 64.
695 *OLG Frankfurt/M.* NVersZ 2000, 181 = VersR 2000, 629.
696 *OLG Koblenz* DAR 2000, 67.

D. Leistungsbefreiungstatbestände   Kapitel 23

Auch die Bezeichnung eines durch Brand zerstörten PKW als »Neuwagen« verletzt die Auskunfts- 773
obliegenheit, wenn es sich bei dem Fahrzeug zwar um ein »neu umgebautes« Kfz handelt, dessen wesentliche Teile aber aus dem Baujahr 1982 stammen und dessen Laufleistung 40.000 km betrug.[697]

Schließlich gehört auch die Offenbarung eines eventuellen Herausgabeverlangens des Leasinggebers 774
und die Darlegung der vertraglichen Situation eines in Brand geratenen Leasingfahrzeugs zu den – jedenfalls auf Nachfrage des Versicherers – zu erteilenden Auskünften, weil sich daraus Hintergründe und Motivation für eine eventuelle Eigenbrandstiftung ergeben können.[698]

Der *BGH*[699] hat eine Obliegenheitsverletzung bejaht, weil der Versicherungsnehmer nicht die kor- 774a
rekte Zahl der Schlüssel nach dem Diebstahl des Fahrzeugs mitgeteilt hatte. Die falsche Angabe der Anzahl der Schlüssel ist jedoch folgenlos, da der Versicherungsnehmer zu viele Schlüssel angegeben hatte. Ein Nachteil für den Versicherer gab es somit nicht.

dd) Personendaten

Die falsche Beantwortung der Frage nach der Vorsteuerabzugsberechtigung[700] stellt eine Obliegen- 775
heitsverletzung dar, ebenso unwahre Angaben zum Fahrer im Zeitpunkt des Unfalls,[701] die Nichtangabe von Zeugen trotz deutlicher Frage des Versicherers,[702] die Nichtangabe einer angegebenen eidesstattlichen Versicherung trotz ausdrücklicher Frage des Versicherers[703] und die wahrheitswidrige Behauptung des Versicherungsnehmers, dass er nicht wisse, wo sich der Unfallbeteiligte vor dem Unfall befunden habe.[704]

Die Mitteilung von Verdächtigungen gehört jedoch niemals zur Aufklärungspflicht.[705]   776

Der objektive Tatbestand der Aufklärungsobliegenheit ist erfüllt,[706] wenn die Falschangaben zur 777
Kenntnis des beim Versicherer zuständigen Schadensprüfers oder Sachbearbeiters gelangen.[707]

Berichtigt der Versicherungsnehmer die falschen Angaben so schnell, dass diese den Versicherer gar 778
nicht erst erreichen, sondern die korrigierten Angaben dem Versicherer zu dem Zeitpunkt vorliegen, in dem er sich zum ersten Mal mit dem Vorgang befasst, ist der objektive Tatbestand der Obliegenheitsverletzung nicht erfüllt.[708]

Eine Verletzung der Aufklärungsobliegenheit kann folgenlos bleiben, wenn dem Versicherer die auf- 779
klärungsbedürftigen Tatsachen bereits bekannt sind[709] und insoweit kein Aufklärungsinteresse des Versicherers mehr besteht.[710]

In diesem Fall wären vertragliche Sanktionen wegen Verletzung der Aufklärungspflicht gegenüber 780
dem Versicherungsnehmer nicht gerechtfertigt. Dass eine anderweitige Kenntnis des Versicherers

---

697 *OLG Köln* r+s 1994, 289.
698 *OLG Köln* r+s 2006, 13.
699 *BGH* Urt. v. 6.7.2011, IV ZR 108/07.
700 *OLG Köln* SP 1999, 318; *OLG Saarbrücken* r+s 2007, 413; *OLG Karlsruhe* r+s 2008, 149; *OLG Köln* r+s 2008, 236.
701 *OLG Köln* VersR 2003, 57 = r+s 2003, 10; *OLG Köln* zfs 2002, 585.
702 *KG* NVersZ 1999, 527.
703 *OLG Celle* r+s 2008, 100.
704 *OLG Hamm* r+s 1998, 363.
705 *BGH* NJW-RR 1998, 600 = NJW-VHR 1998, 147 = NZV 1998, 201 = r+s 1998, 228 = VersR 1998, 447 = zfs 1998, 340.
706 *BGH* NVersZ 2002, 122.
707 Siehe auch *OLG Hamm* VersR 2000, 577 = NVersZ 2000, 179 = NJW-RR 2000, 560 = SP 2000, 96.
708 *OLG Stuttgart* r+s 2006, 65.
709 *OLG Hamm* VersR 2000, 577; *OLG Hamm* r+s 2005, 192.
710 *BGH* VersR 1993, 1089 = NJW 1993, 2807; *OLG Hamm* zfs 1993, 161; *OLG Köln* OLGR 1997, 350; *KG* 2002, 703

von den aufklärungspflichtigen Tatsachen gegeben war, hat der Versicherungsnehmer zu beweisen.[711]

781 Leistungsfreiheit des Versicherers kommt daher nicht in betracht, wenn der Versicherungsnehmer bei der Schadenanzeige einen Umstand verschweigt, den der Versicherer bereits positiv kennt, weil er z. B. den Vorschaden im Rahmen des laufenden Versicherungsvertrages selbst reguliert hat.[712] Kenntnis hat der Versicherer von einem Vorschaden auch dann, wenn er im Haus des Versicherers bei der Neuanlage im Schadensystem dem Sachbearbeiter automatisch angezeigt wird.[713]

782 Etwas anderes gilt, wenn der Versicherer nach Eingang des Schadensformulars Kenntnis der aufklärungsbedürftigen Tatsachen nur deshalb erlangt, weil der Sachbearbeiter im Rahmen der Erstbearbeitung des Schadensfalls die fraglichen Angaben im Schadensformular anhand von Datenbeständen überprüft.[714]

783 Daher lassen auch die Erkenntnismöglichkeiten des Versicherers in der Uniwagnis-Datei die Aufklärungsobliegenheit des Versicherungsnehmers nicht entfallen.[715] Grundsätzlich sind dem Versicherer die Daten, die in Datenbanken gespeichert sind, nur dann als bekannt zuzurechnen, wenn Anlass bestand, diese Daten abzurufen.[716]

784 Der Versicherungsnehmer, der vorsätzlich falsche Angaben macht, kann sich später nicht damit verteidigen, der Versicherer habe den zutreffenden Sachverhalt noch rechtzeitig genug erfahren bzw. habe sich die erforderlichen Informationen anderweitig, zum Beispiel aus seinen Datenbeständen beschaffen können.

785 Das Aufklärungsinteresse des Versicherers ist aber erst »erloschen«, wenn ihm detaillierte Kenntnis über die aufklärungsbedürftigen Tatsachen vorliegen, Verdachtsmomente alleine genügen nicht.[717]

786 Der Versicherungsnehmer kann vorsätzlich falsche Angaben nachträglich korrigieren, um durch die freiwillige Berichtigung der Falschangaben die Leistungsfreiheit abzuwenden.[718]

787 Dies gilt nur, wenn der Versicherungsnehmer den wahren Sachverhalt freiwillig vollständig und unmissverständlich offenbart und nichts verschleiert oder zurückhält und dem Versicherer noch kein Nachteil entstanden ist.[719]

788 Die Freiwilligkeit ist zu verneinen, wenn ein Versicherungsnehmer sich erst durch Nachfragen des Versicherers zu Korrekturen gezwungen sieht.[720]

789 Die Aufklärungsobliegenheit des Versicherungsnehmers beginnt mit dem Versicherungsfall und endet mit der endgültigen Ablehnung des Versicherungsschutzes durch den Versicherer.[721]

ee) Unfallflucht

790 Nur wenn der Versicherungsnehmer nach einem Unfall am Unfallort verbleibt, können alle für den Kaskoschaden relevanten Tatsachen gesichert werden. Der Verbleib des Versicherungsnehmers am Unfallort soll dem Versicherer die sachgerechte Prüfung seiner Leistungspflicht ermöglichen, wozu

---

711 *OLG Köln* r+s 2007, 100.
712 *BGH* DAR 2007, 583.
713 *BGH* VersR 2007, 1267.
714 *KG* VersR 2002, 703.
715 *OLG Saarbrücken* r+s 2007, 277; *BGH* DAR 2007, 391.
716 *BGH* DAR 2007, 86.
717 *OLG Hamm* NJW-RR 1990, 1310; *OLG Hamm* zfs 1993, 161; *OLG Köln* VersR 1996, 449 = r+s 1995, 206 = SP 1995, 252.
718 Vgl. hierzu auch *Römer* DAR 2002, 258.
719 *Halm* PVR 2002, 184 Anmerkung zum Urteil des *BGH* v. 5.12.2001, Az. IV ZR 225/00; *BGH* NVersZ 2002, 122.
720 *OLG Düsseldorf* SP 2001, 317; *OLG Köln* zfs 2001, 504; *OLG Köln* NVersZ 2002, 224.
721 *BGH* VersR 1989, 242.

auch die Feststellung solcher mit dem Schadensereignis zusammenhängender Tatsachen gehört, aus denen sich seine Leistungsfreiheit ergeben kann.[722]

Gemäß E.1.3 AKB 2008 ist der Versicherungsnehmer deshalb verpflichtet alles zu tun, was zur Aufklärung des Schadens dienlich sein kann. Deutlicher als in bisherigen AKB's wird der Versicherungsnehmer darauf hingewiesen, dass eine Unfallflucht neben strafrechtlichen auch versicherungsrechtliche Konsequenzen haben kann. [791]

Die Aufklärungsobliegenheit ist i. d. R. verletzt, wenn der Versicherungsnehmer die Unfallstelle verlässt und den objektiven und subjektiven Tatbestand des § 142 StGB erfüllt,[723] soweit nicht lediglich ein Bagatellschaden vorliegt.[724] Denn das Aufklärungsinteresse des Versicherers wird durch § 142 StGB mittels einer Reflexwirkung geschützt, weil die Strafvorschrift mittelbar auch dem Versicherer zugute kommt, indem er das Ergebnis der polizeilichen Ermittlungen verwerten kann.[725] [792]

Aufgrund der Gleichsetzung der Verletzung der Aufklärungspflicht mit der strafrechtlichen Unfallflucht kann die versicherungsrechtliche Aufklärungspflicht nicht weitergehen als die Pflichten des Unfallbeteiligten aus § 142 StGB.[726] [793]

Ist daher an der Unfallstelle niemand in angemessener Zeit bereit, Feststellungen zu treffen, muss der Versicherungsnehmer unverzüglich[727] die nachträglichen Feststellungen ermöglichen, etwa durch eine Meldung bei der Polizei oder dem Geschädigten. Die Verletzung der Aufklärungsobliegenheit scheidet nach einer Mindermeinung aus, wenn der Versicherungsnehmer sich mangels feststellungsbereiter Personen berechtigt nach einem Unfall entfernt, sich dann aber weder an die Polizei noch den Geschädigten wendet, sondern den Versicherer über das Unfallereignis unterrichtet.[728] [794]

Da die Unfallflucht einen Fremdschaden voraussetzt, kann bei einem reinen Eigenschaden am versicherten Fahrzeug schon der objektive Tatbestand des § 142 StGB nicht erfüllt sein. [795]

Ist allerdings ein Mietwagen, ein sicherungsübereignetes oder ein Leasingfahrzeug betroffen, liegt ein Drittschaden und damit eine Wartepflicht i. S. d. § 142 StGB i. d. R.[729] vor, zumindest dann, wenn dem Fremdeigentümer gegen den Fahrer im Schadenfall ein Schadensersatzanspruch zusteht.[730] [796]

Die Beweispflicht für den objektiven und subjektiven Tatbestand der Unfallflucht liegt beim Versicherer.[731] [797]

Dem Versicherungsnehmer steht der Nachweis offen, dass das Verlassen der Unfallstelle z. B. auf einem Schockzustand beruht.[732] [798]

---

722 *BGH* VersR 2000, 222 = DAR 2000, 113 = MDR 2000, 265 = NJW-RR 2000, 553 = NZV 2000, 204 = r+s 2000, 94 = SP 2000, 94 = zfs 2000, 68; vgl. hierzu auch die beiden ausführlichen Darstellungen von *Mulzer* PVR 2001, 269 und *Jung* PVR 2001, 12.
723 OLGR Köln 1995, 101; *BGH* VersR 1998, 389; *BGH* MDR 1996, 1011; OLGR Köln 1999, 151; *OLG Brandenburg* DAR 2007, 643, 644 = r+s 2008, 186.
724 Die Grenze liegt derzeit bei max. 100 € Schaden, das *OLG Köln* geht sogar nur von 25 € aus, vgl. *OLG Köln* zfs 2000, 544.
725 *Halm* PVR 2002, 146; *OLG Köln* OLGR 1999, 151; *OLG Hamm* VersR 2004, 104.
726 *AG Essen* SP 2000, 64; *LG Trier* SP 2005, 139.
727 Unverzüglich ist bei einem Nachtunfall die Unterrichtung am nächsten Morgen. Vgl. z. B. *OLG Köln* VersR 1999, 963 = NJW 1999, 3454 = NVersZ 1999, 170 = NZV 1999, 426 = SP 1999,133.
728 *OLG Karlsruhe* VersR 2002, 1021 = OLGR 2002, 97 = zfs 2002, 583 mit Anmerkung von *Rixecker*.
729 So z. B. *OLG Hamm* VersR 1998, 311; a. A. *OLG Karlsruhe* r+s 1993, 128 = VersR 1992, 691 = zfs 1992, 269 = r+s 1993, 6.
730 *OLG Hamm* zfs 1992, 270.
731 Z. B. *OLG Saarbrücken* zfs 2001, 69.
732 *OLG Frankfurt* NJW 2001, 77; *OLG Koblenz* zfs 2001, 365.

799 Die Leistungsfreiheit wird nicht dadurch tangiert, dass das Strafverfahren gegen den Versicherungsnehmer nach § 153a StPO eingestellt wurde.[733]

ff) Veränderung der Unfallspuren

800 Durch die Veränderung der Unfallspuren z. B. am Unfallort (Endstellung des Fahrzeugs) oder am Unfallfahrzeug erschwert bzw. verhindert der Versicherungsnehmer die Aufklärung der Unfallursache. Durch ein solches Verhalten verletzt er die Aufklärungsobliegenheit.[734]

gg) Nachtrunk

801 Durch den Nachtrunk vereitelt der Versicherungsnehmer die Feststellung, wie hoch sein Blutalkoholgehalt zum Unfallzeitpunkt war, dieser Umstand kann für den Versicherer bei seiner Leistungsentscheidung von Bedeutung sein. Denn durch einen Nachtrunk, also die Zuführung von Alkohol nach dem Unfallereignis, versucht der Versicherungsnehmer, polizeiliche Aufklärungsmaßnahmen zu verhindern.[735]

802 Eine Obliegenheitsverletzung wird jedoch verneint, wenn nach einem Verkehrsunfall ohne Fremdschaden ein Nachtrunk ohne Verschleierungsabsicht eingenommen wird. Es besteht grundsätzlich keine Verpflichtung, sich auf eine nach einem Verkehrsunfall stets denkbare Alkoholkontrolle durch die Polizei einzustellen und etwa jede Alkoholaufnahme so lange zu unterlassen, bis nicht mehr ernsthaft mit einer polizeilichen Kontrolle gerechnet werden muss.[736]

hh) Einholen von Weisungen des Versicherers

803 Gemäß Abschnitt E.3.2 AKB 2008 hat der Versicherungsnehmer die Obliegenheit, vor Beginn der Wiederinstandsetzung die Weisung des Versicherers einzuholen, soweit die Umstände dies gestatten und diese zu befolgen, soweit ihm dies zumutbar ist.

804 Durch diese Obliegenheit – zu deren Erfüllung der Versicherungsnehmer selber aktiv werden und die Weisung des Versicherers einholen muss – soll die Feststellung des Schadens ermöglicht und eine voreilige Beseitigung verhindert werden.

ii) Schadenminderungspflicht

805 Nach Abschnitt E.1.4 AKB 2008 trifft den Versicherungsnehmer – als Spezialregelung zu § 82 VVG 2008 – die Pflicht, alles zu tun, was zur Abwendung und Minderung des Schadens dienlich sein kann, hierbei hat er auch etwaige Weisungen des Versicherers – soweit zumutbar – zu befolgen.

806 Es stellt keinen Verstoß gegen die Schadenminderungspflicht des Versicherungsnehmers dar, wenn dieser trotz klarer Haftungslage zu seinen Gunsten nicht den Schadenverursacher, sondern seinen eigenen Kaskoversicherer in Anspruch nimmt.[737]

807 Wird der Kasko-Versicherungsnehmer in der Vollkaskoversicherung aufgrund des Schadens hochgestuft, kann er diesen Prämiennachteil als Teil seines Haftpflichtschadens beim Unfallgegner geltend machen.[738]

---

733 *AG Hannover* NVersZ 1999, 396.
734 Urteil des *OLG Karlsruhe* v. 4.3.1998, Az. 13 U 15/97; *OLG Karlsruhe* SP 1992, 26; *LG Würzburg* SP 1992, 26; *OLG Hamm* BA 1992, 278 = NJW-RR 1992, 165 = NJW 1992, 1517 = r+s 1997, 101 = SP 1992, 26 = zfs 1995, 105.
735 *OLG Köln* VersR 1997, 1222; *OLG Köln* VersR 1995, 1182 = zfs 1996, 182; *OLG Frankfurt* r+s 1994, 367 = SP 1994, 425 = VersR 1995, 164 = zfs 1995, 105.
736 *OLG Nürnberg* VersR 2001, 711; *LG Darmstadt* VersR 1999, 1011.
737 *LG Bad Kreuznach* SP 2001, 57; *BGH* DAR 2007, 21.
738 *BGH* DAR 2007, 21.

§ 82 VVG 2008 regelt die Folgen einer Verletzung der Rettungsobliegenheit in Anlehnung an § 28 VVG 2008. 808

Neu ist, dass aufgrund der Abschaffung des »Alles – oder – Nichts« Prinzips auch bei Verstößen gegen die Schadenminderungspflicht gequotelt wird. 809

Nur eine vorsätzliche Obliegenheitsverletzung führt zur vollständigen Leistungsfreiheit des Versicherers, bei grob fahrlässiger Obliegenheitsverletzung ist der Versicherer zur Leistungskürzung in einem der Schwere des Verschuldens des Versicherungsnehmers entsprechenden Verhältnis berechtigt. 810

Dem Versicherungsnehmer steht der Kausalitätsgegenbeweis – bis auf den Sonderfall der Arglist – offen. 811

Alle Aufwendungen, die der Versicherungsnehmer in Ausübung der Abwendungs- und Minderungspflicht, auch wenn sie erfolglos bleiben, den Umständen nach für geboten halten durfte, erhält er über § 83 Abs. 1 VVG 2008 ersetzt. Bei grob fahrlässiger Obliegenheitsverletzung steht ihm nur Ersatz seiner Aufwendungen entsprechend der zu bildenden Quote zu. 812

Die von der Rechtsprechung insbesondere für Wildschäden auch im Kaskorecht angewandte »Vorerstreckungstheorie« wurde nun in § 90 VVG 2008 (erweiterter Aufwendungsersatz)) gesetzlich normiert. Mit dem Wortlaut dieser Vorschrift wird klargestellt, dass der Anspruch auf Rettungskostenersatz schon entsteht, wenn der Versicherungsnehmer einen unmittelbar bevorstehenden Versicherungsfall abwenden will. 813

IV. Kürzung bei mehreren Obliegenheitsverletzungen

Sollten, was eher selten ist, mehrere Obliegenheitsverletzungen vor dem Eintritt des Versicherungsfalls (z. B. Führerscheinklausel und Trunkenheitsfahrt) zusammentreffen, so sind die daraus resultierenden quotalen Kürzungsbefugnisse des Versicherers nicht zu addieren, da nur eine Handlung vorliegt.[739] 813a

Gleiches gilt für mehrere Obliegenheitsverletzungen nach dem Eintritt des Versicherungsfalls, wenn diese auf ein und derselben Handlung beruhen. 813b

Eine Addition der Kürzungsquoten ist somit nur möglich, wenn mehrere Obliegenheitsverletzungen nach dem Eintritt des Versicherungsfalls auf mehreren unterschiedlichen Handlungen beruhen oder aber Obliegenheitsverletzungen vor und nach dem Eintritt des Versicherungsfalls vorliegen.[740] 813c

E. Umfang der Ersatzleistung

Die Abschnitte A.2.6 bis A.2.12 AKB 2008 regeln den Umfang der vom Versicherer zu zahlenden Ersatzleistung, wenn ein Versicherungsfall in der Teil- oder Vollkasko eingetreten ist. 814

Grundsätzlich werden zwei Abrechnungsarten unterschieden: 815
– Totalschaden, Zerstörung oder Verlust, A.2.6 AKB 2006
– Beschädigung, A.2.2 AKB 2008.

In vielen Versicherungsbedingungen wurden ergänzende oder abweichende Regelungen zu den Muster-AKB aufgenommen, insbesondere existieren mehrere Varianten zur Neupreisentschädigung. Es ist daher unerlässlich, im konkreten Einzelfall die dem jeweiligen Vertrag zugrundeliegenden AKB heranzuziehen. 816

Die Höhe der Ersatzleistung wird beeinflusst von der Schadenhöhe und dem Versicherungswert des versicherten Fahrzeugs (§ 88 VVG 2008). 817

---

[739] *Stiefel/Maier/Maier* § 28 VVG, Rn. 57.
[740] *BGH* NZV 2006, 78 = r+s 2006, 100.

818 Nach §§ 88 VVG 2008 gilt, soweit nicht etwas anderes vereinbart ist, als Versicherungswert der Betrag, den der Versicherungsnehmer zur Zeit des Eintritts des Versicherungsfalles für die Wiederbeschaffung oder Widerherstellung der versicherten Sache in neuwertigem Zustand unter Abzug des sich aus dem Unterschied zwischen alt und neu ergebenen Minderwertes aufzuwenden hat.

819 Als Versicherungswerte im Kaskovertrag kommen mithin sowohl der Wiederbeschaffungswert als auch der Neupreis des Fahrzeugs in Betracht.

I. Totalschaden, Zerstörung oder Verlust

820 Übersteigen die Reparaturkosten den Wiederbeschaffungswert des Fahrzeugs, liegt ein wirtschaftlicher Totalschaden vor, A.2.6.5 AKB 2008. Diesem ist die vollständige Zerstörung als technischer Totalschaden sowie der Verlust als Unterfall der Entwendung gleichgestellt.

821 Verlust wird angenommen, wenn der PKW dem Herrschaftsbereich des Versicherungsnehmers entzogen wurde.[741]

822 Nach Abschnitt A.2.6.1 AKB 2008 zahlt der Versicherer in diesen Fällen den Wiederbeschaffungswert unter Abzug eines ggf. vorhandenen Restwertes des Fahrzeugs.

822a Ansonsten kann der Versicherungsnehmer den Schaden auf Basis der Reparaturkosten abrechnen, wenn die erforderlichen Kosten der Wiederherstellung den Wiederbeschaffungswert nicht übersteigen (A.2.7.1 AKB 2008).

1. Wiederbeschaffungswert

823 Der Wiederbeschaffungswert des Fahrzeugs bzw. seiner Fahrzeugteile bildet nach vielen AKB's die Entschädigungsobergrenze.

824 Er war in § 13 Abs. 1 S. 2 AKB a. F. definiert als der Kaufpreis, den der Versicherungsnehmer aufwenden muss, um ein gleichwertiges gebrauchtes Fahrzeug oder gleichwertige Teile zu erwerben; in den Musterbedingungen der AKB 2008 ist diese Definition unter A.2.6.6 um die Zeitangabe »am Tag des Schadenereignisses« ergänzt.

825 Der Wiederbeschaffungswert beinhaltet den Wert des Fahrzeugs mit der Ausstattung ab Händler inklusive aller nachträglich eingebauten, versicherten Zubehörteile.

825a Zur Berechnung des Wiederbeschaffungswertes ist jeder Vorgang individuell zu betrachten.[742] Als Privatperson kann der Versicherungsnehmer z. B. einen Betrag ansetzten, den er für den Kauf bei einem seriösen Händler in seiner Region zahlen muss. Umsatzsteuer und die Gewinnmarge des Händlers sind nicht abzuziehen.[743]

826 Kann der Versicherungsnehmer Preisvorteile bei der »Wiederbeschaffung« erlangen, z. B. Rabatte,[744] wird dies berücksichtigt, allerdings nur, soweit diese dem Versucherungsnehmer auch tatsächlich zufließen, wie z. B. ein Barzahlungs- oder Werksangehörigenrabatt.[745]

---

741 *Feyock/Jacobsen/Lemor/Jacobsen* § 13 AKB Rn. 24.
742 *OLG Köln* SP 1993, 357.
743 *OLG Köln* VersR 1994, 95.
744 Vgl. z. B. *OLG Düsseldorf* NJWE-VHR 1996, 179 = r+s 1996, 428 = zfs 1997, 23; *AG Köln* zfs 1985, 87; *OLG Düsseldorf* VersR 1996, 1136.
745 *LG Oldenburg* zfs 1992, 272; a. A. *OLG Düsseldorf* NJWE-VHR 1996, 179 = VersR 1996, 1136 = r+s 1996, 428 = zfs 1997, 23; der Versicherungsnehmer braucht sich im Zusammenhang mit der Zahlung der Versicherungsentschädigung Vorteile nur und insoweit anrechnen lassen, als sie ihm auch ungeschmälert zugeflossen sind. Insofern kann der Werksangehörigenrabatt auch nur unter Abzug des Steueranteils berücksichtigt werden.

E. Umfang der Ersatzleistung   Kapitel 23

Steht dem Versicherungsnehmer ein Werksrabatt nur unter bestimmten Voraussetzungen zu, sind 827
diese im Zeitpunkt des Schadensfalles aber gerade nicht erfüllt, muss er nicht um des Rabattes willen
warten, bis er wieder einen Rabattanspruch hat. Er kann vielmehr auf der Basis des Einzelhandelspreises abrechnen.[746]

Da PKW-Preise Schwankungen unterfallen, ist für die Höhe des Wiederbeschaffungswertes der 828
Kaufpreis am Schadenstag maßgeblich.

Spätere Preiserhöhungen oder Senkungen haben auf die Höhe der Erstattungsleistung keinen Ein- 829
fluss, dies ist nunmehr in A.2.6.6 AKB 2008 klargestellt.

Wurde ein Fahrzeug beschädigt oder zerstört, welches in seiner Art nicht mehr auf dem Markt zu 830
finden ist, kann sich der Wiederbeschaffungswert ausnahmsweise danach richten, wie teuer ein
Nachbau wäre.[747] Keineswegs gilt dies für alle »Oldtimer«, da auch für solche Fahrzeug ein konkreter
Markt, welcher durch Angebot und Nachfrage bestimmt wird, besteht. Das reine Affektionsinteresse
ist gerade ein Bestandteil des Wiederbeschaffungswertes bei Oldtimern.[748]

Der Versicherer kann den Wiederbeschaffungswert eines älteren Fahrzeugteils anhand des Kaufprei- 831
ses für vergleichbare gebrauchte Teile ermitteln, wenn es einen Gebrauchtmarkt gibt. Existiert ein
solcher Markt nicht, hat der Versicherer Ersatz auf der Grundlage des Neupreises zu leisten.[749]

Bei der Ermittlung des Wiederbeschaffungswertes für Leasingfahrzeuge wird auf die Verhältnisse 832
des Leasinggebers, nicht auf die des Leasingnehmers abgestellt. Ist der Leasinggeber zum Vorsteuerabzug berechtigt, muss der Versicherer die auf die Entschädigungsleistung entfallende Mehrwertsteuer nicht erstatten.[750]

2. Neupreisentschädigung

Bis 1993 war in der aufsichtsamtlich genehmigten AKB eine Neuwertentschädigung geregelt. Erlitt 833
das versicherte Fahrzeug innerhalb der beiden ersten Jahre nach der Erstzulassung einen versicherten
Schaden, erhöhte sich die Höchstentschädigung auf den Neupreis des Fahrzeugs. In den nachfolgenden Regelungen bis zur AKB 2008 war grundsätzlich keine Neupreisentschädigung mehr enthalten.
Die Höchstentschädigung wurde durch den Wiederbeschaffungswert begrenzt.

Dem Bedürfnis der Versicherungsnehmer folgend haben einige Versicherer dennoch eine Neuwert- 834
entschädigung angeboten, in den Muster AKB 2008 sind nunmehr zwei Varianten einer Neupreisentschädigung enthalten.

Die Regelungen in A.2.6.2 und A.2.6.3 AKB 2008 knüpfen daran an, dass das Fahrzeug eine fest- 835
zulegende Altersgrenze nicht überschritten hat und sich im Eigentum dessen befindet, der es als Neufahrzeug erworben hat.

Als Neupreis wird in A.2.11 AKB 2008 der Betrag definiert, der vom Versicherungsnehmer für den 836
Kauf eines neuen Fahrzeugs in der Ausstattung des versicherten Fahrzeugs oder – wenn der Typ des
versicherten Fahrzeugs nicht mehr hergestellt wird – eines vergleichbaren Nachfolgemodells am
Schadentag aufgewendet werden muss.

Maßgeblich für den Kaufpreis ist die unverbindliche Empfehlung des Herstellers abzüglich orts- und 837
marktüblicher Nachlässe.

---

746 *LG Stuttgart* SP 1996, 391.
747 *LG Köln* r+s 1991, 119.
748 *BGH* VersR 1994, 554 = NJW 1994, 1290 = DAR 1994, 239 = zfs 1994, 216 = NZV 1994, 224.
749 VersOmbudsmann r+s 2007, 415.
750 *OLG Düsseldorf* DAR 1999, 68.

838 Demzufolge bleiben Preiserhöhungen, welche nach dem Schaden, unberücksichtigt. Rabattansprüche finden nur Berücksichtigung, wenn sie nicht nur am Kauftag, sondern auch am Schadentag orts- und marktüblich sind.

839 Die gängigen Neupreisklauseln setzen voraus, dass das Fahrzeug unmittelbar vom Kraftfahrzeughersteller oder -händler erworben wurde.

840 Ein auf eine juristische Person zugelassener PKW, der aus dem Betriebsvermögen herausgenommen und auf ein Organ oder einen Anteilseigner übertragen wird, erfüllt diese Voraussetzung nicht mehr, es lag vielmehr ein Eigentumswechsel vor, der eine Neupreisschädigung ausschließt.[751] Dies gilt auch dann, wenn der neue Eigentümer das Fahrzeug vorher als Geschäftswagen gefahren hat und es damit wirtschaftlich in derselben Hand bleibt. Die Neupreisregelungen stellen nicht auf eine wirtschaftliche Betrachtungsweise, sondern auf die juristische Eigentumszuordnung ab.

3. Wiederherstellungsvorbehalt

841 Im Rahmen der Neupreisklauseln wird die Entschädigungszahlung häufig davon abhängig gemacht, dass dieser Betrag zur Wiederbeschaffung eines anderen Fahrzeugs bzw. Wiederherstellung des beschädigten Fahrzeugs innerhalb einer bestimmten Frist nach Feststellung der Entschädigung verwendet wird.

842 Auch in den AKB 2008 ist unter A.2.6.3 geregelt, dass die über den Wiederbeschaffungswert hinausgehende Neupreisentschädigung nur gezahlt wird, wenn gesichert ist, das diese innerhalb von zwei Jahren nach ihrer Feststellung für die Reparatur des Fahrzeugs oder den Erwerb eines anderen Fahrzeugs verwendet wird.

843 Der Anspruch auf die Entschädigung entsteht mithin, wenn der Versicherungsnehmer den Nachweis der erforderlichen Verwendung erbracht hat. Dies kann durch Vorlage eines verbindlichen Reparaturauftrages oder durch Nachweis eines Kaufvertrages erfolgen.[752]

844 Für die geforderte Sicherstellung der Verwendung der Entschädigung zum Zwecke der Wiederbeschaffung eines Ersatzfahrzeuges reicht es nicht aus, wenn der Versicherungsnehmer kurz vor dem Schadenfall bereits einen neuen PKW bestellt hatte und diesen als Ersatz für den zerstörten PKW dem Versicherer vorweist.[753]

845 Hat der Versicherer begründete Zweifel an der Richtigkeit des Nachweises, hat er z. B. eine begründete Vermutung, dass der vorgelegte Kaufvertrag lediglich zum Schein abgeschlossen, der Versicherungsnehmer nach Auszahlung des Neupreises das Fahrzeug gar nicht abnehmen muss, ist er berechtigt, die Versicherungsleistung bis zur Erfüllung des Kaufvertrages hinauszuzögern.[754]

846 Den Versicherungsnehmer trifft keine Pflicht, sich das gleiche Fahrzeugmodell neu zu beschaffen, er kann selbst einen gebrauchten PKW anschaffen und diesen reparieren lassen;[755] unerlässlich ist jedoch, dass der Versicherungsnehmer die gesamte Entschädigungssumme, abzüglich einer eventuellen angefallenen Selbstbeteiligung aufwendet.

---

751 *OLG Köln* zfs 1985, 25; *OLG Koblenz* r+s 1992, 402 = NZV 1993, 440; *OLG Hamm* VersR 1994, 593 = zfs 1993, 379 = r+s 1993, 366 = OLGR 1993, 292; bei der Sicherungsübereignung hingegen ist die Neupreisentschädigung nicht ausgeschlossen. Dies liegt daran, dass die Sicherungsübereignung eher dem wegen § 1205 BGB ungebräuchlichen Pfandrecht als einer Vollrechtsübertragung gleichsteht und dass anderenfalls wegen der den Versicherern bekannten Notwendigkeit einer Sicherungsübereignung beinahe bei jedem finanzierten Autokauf die Neuwertklausel weitgehend leer liefe.
752 So auch *OLG Hamm* VersR 1981, 273; *OLG Hamm* VersR 1984, 1140; *OLG Köln* r+s 1991, 11.
753 LG Köln VersR 1984, 1185; a. A. *BGH* NJW 1985, 917 = VersR 1985, 78.
754 *BGH* VersR 1986, 756 = DAR 1986, 316 = MDR 1986, 1005 = NJW 1986, 2645 = DB 1987, 831 = r+s 1986, 224 = zfs 1986, 311.
755 *OLG Hamm* zfs 1991, 168.

E. Umfang der Ersatzleistung

Bei einem Leasingfahrzeug kommt es im Rahmen der Neupreisklausel allein auf die Verhältnisse beim Leasinggeber an.[756] Demzufolge erwirbt der Leasingnehmer den Anspruch auf Neupreisentschädigung nur, wenn der Leasinggeber ein vergleichbar teures Fahrzeug erwirbt.[757] Das *OLG Hamm*[758] fordert zusätzlich, dass der Leasingnehmer beim gleichen Leasinggeber ein vergleichbar teures Fahrzeug least. 847

Werden die Voraussetzungen der Neupreisklausel nicht erfüllt, bleibt die Höhe des Wiederbeschaffungswertes die Obergrenze der Entschädigung. 848

4. Restwert

Das beschädigte Fahrzeug bleibt stets im Eigentum des Versicherungsnehmers. 849

Den Restwert des Fahrzeugs, also gemäß A.2.6.7 AKB 2008 den Veräußerungswert des Fahrzeugs im beschädigten oder zerstörten Zustand, muss sich der Versicherungsnehmer sowohl beim Wiederbeschaffungswert als auch bei der Neupreisentschädigung anrechnen lassen. 850

Der Versicherer kann eine Weisung erteilen, dass der Versicherungsnehmer das Fahrzeug an einen Aufkäufer verkaufen soll. Diese Weisung muss jedoch so konkret sein, dass der Versicherungsnehmer dieser unschwer nachkommen kann.[759] 850a

II. Beschädigung

Im Falle einer Beschädigung des Fahrzeugs oder seiner Teile werden nach A.2.7.1 AKB 2008 die für die Reparatur erforderlichen Kosten bis zu definierten Obergrenzen ersetzt. 851

Wird das Fahrzeug vollständig und fachgerecht repariert, zahlt der Versicherer die hierfür erforderlichen Kosten bis zur Höhe des Wiederbeschaffungswertes (ohne Abzug des Restwerts). 852

Wird das Fahrzeug nicht, nicht vollständig oder nicht fachgerecht repariert, erhält der Versicherungsnehmer die erforderlichen Kosten einer Reparatur bis zur Höhe des um den Restwert verminderten Wiederbeschaffungswertes. 853

Das *OLG Karlsruhe* bejaht eine vollständig ausgeführten Reparatur, wenn alle Arbeiten durchgeführt sind, die technisch erforderlich sind, um die Unfallschäden zu beseitigen, das Fahrzeug also fahrtüchtig und unfallsicher ist.[760] 853a

Von den Kosten der Ersatzteile bzw. Lackierung wird gemäß A.2.7.3 AKB 2008 ein Abzug gemacht, der dem Alter und der Abnutzung dieser Teile entsprechen soll (neu für alt). 854

Der Abzug »neu für alt« ist angebracht, wenn durch den versicherungsfallbedingten Einbau neuer Ersatzteile der Geschädigte Aufwendungen erspart, die er früher oder später selbst getätigt hätte. Ein Abzug »neu für alt« kommt dementsprechend nur bei Teilen in Betracht, die einem Verschleiß unterliegen. Soweit Teile im allgemeinen die gleiche Lebensdauer wie das Fahrzeug selbst haben, ist ein Abzug nicht gerechtfertigt.[761] 855

---

756 *BGH* VersR 1993, 1223 = NJW 1993, 2870 = DAR 1993, 385 = BB 1993, 1831 = NZV 1993, 391 = r+s 1993, 329 = zfs 1993, 344; *BGH* NJW 1994, 585 = SP 1994, 127 = zfs 1994, 54; *OLG Köln* VersR 1997, 870; *OLG Karlsruhe* VersR 1990, 1222; *OLG Hamm* VersR 1995, 1348 = zfs 1995, 181 = SP 1995, 50 = r+s 1995, 87 = NJW-RR 1995, 1057 = DAR 1999, 481.
757 *BGH* VersR 1993, 1223 = r+s 1993, 329.
758 *OLG Hamm* r+s 1995,85.
759 *BGH* NJW 2000, 800 = r+s 2000, 107; *OLG Köln* r+s 2004, 453.
760 *OLG Karlsruhe* Urt. v. 21.10.2010, 9 U 41/10.
761 *OLG Karlsruhe* VersR 1993, 1144.

III. Sachverständigenkosten

856 Sachverständigenkosten zur Ermittlung der Eintrittspflicht bzw. Schadenhöhe übernimmt der Versicherer gemäß A.2.8 AKB 2008 nur, wenn die Beauftragung von ihm veranlasst oder mit ihm abgestimmt war.

857 Hat der Versicherungsnehmer nach einem Kaskoschaden ein Gutachten eingeholt, so sind ihm diese Kosten grundsätzlich nicht zu ersetzen, weil in der Sachversicherung – zu der auch die Kaskoversicherung gehört – keine Privatgutachten ersetzt werden.[762]

857a Wenn der Versicherer allerdings das von dem Versicherungsnehmer eingeholte Gutachten zur Grundlage seiner Entschädigung heranzieht und damit auf die Durchführung des im folgenden näher beschriebenen Sachverständigenverfahrens verzichtet, muss der Versicherer die Kosten des Gutachtens übernehmen.[763]

858 Hat der Versicherer die Erstellung eines Gutachtens und seine Eintrittspflicht zu Unrecht abgelehnt, befindet er sich mit seiner Leistung in Verzug. In diesem Fall besteht ein Kostenerstattungsanspruch des Versicherungsnehmers für das von ihm eingeholte Gutachten.[764]

859 Hat der Versicherungsnehmer zur Durchsetzung seines Anspruchs aus dem Kaskoversicherungsvertrag einen Rechtsanwalt beauftragt, so sind ihm diese Kosten nur dann zu erstatten, wenn sich der Versicherer schon vorher in Verzug befunden hat.[765]

IV. Mehrwertsteuer

860 Nach A.2.9 AKB 2008 wird die Mehrwertsteuer nur erstattet, soweit diese tatsächlich angefallen ist und keine Vorsteuerabzugsberechtigung besteht.

861 Die Klausel ist nahezu inhaltsgleich mit der Mehrwertsteuerregelung in § 13 Abs. 6 AKB a. F., die ihrerseits aufgrund des eindeutigen, verständlichen Wortlautes und der inhaltlichen Übereinstimmung mit der neuen Fassung des § 249 BGB nicht gegen geltendes Recht verstößt.[766]

V. Sonderregelung bei Wiederauffinden des Fahrzeugs

862 Nach A.2.10.1 AKB 2008 ist der Versicherungsnehmer verpflichtet, das entwendete Fahrzeug zurückzunehmen, wenn dieses innerhalb eines Monats nach Eingang der schriftlichen Schadensanzeige wieder aufgefunden wird und der Versicherungsnehmer es innerhalb des Monatszeitraums mit objektiv zumutbaren Anstrengungen, durch Selbstabholung oder Beauftragung eines Abschleppunternehmes, wieder in Besitz nehmen kann.[767]

863 Diese Rücknahmepflicht besteht auch bei einem Totalschaden. Der Umstand, dass ein Totalschaden vorliegt, hat lediglich Auswirkung auf eine Anrechnung des Restwertes.[768]

---

762 *AG Köln* r+s 1998, 408 = SP 1998, 365; *AG Köln* SP 1996, 332.
763 *AG Berlin-Mitte* NJW-RR 2005, 758.
764 *BGH* VersR 1998, 1104.
765 *AG Bensheim* zfs 2000, 552; *OLG Hamm* r+s 1989, 248; *AG Recklingen* r+s 1996, 471; *AG Düsseldorf* r+s 1996, 448; *AG Karlsruhe* r+s 1997, 48.
766 VersOmbudsmann r+s 2002, 232; *AG Düsseldorf* r+s 2002, 231; *AG Lebach* DAR 2002, 461; *AG Nürnberg* DAR 2002, 461; *LG Erfurt* zfs 2002, 140; *Maier* NVersZ 2002, 106; *AG Fürth* SP 2002, 69; *AG Karlsruhe* zfs 2001, 553; *AG Aachen* SP 2001, 174; *LG Aachen* SP 2001, 98; *AG Freiburg* zfs 2000, 498; *LG Freiburg* SP 2000, 206; *LG München* NVersZ 2000, 529; *AG Dortmund* r+s 2000, 190; *OLG Celle* 8 W 19/08.
767 *OLG Hamm* VersR 1992, 566; *OLG Köln* VersR 2001, 976.
768 *OLG München* OLGR 1993, 51; der Versicherungsnehmer kann nach Totalschadenbasis abrechnen selbst wenn er das Fahrzeug nicht repariert.

E. Umfang der Ersatzleistung

864 Die ausschlaggebende Monatsfrist beginnt mit Eingang der Schadensanzeige beim Versicherer.[769] Erforderlich ist eine Schadensanzeige, deren Inhalt den Versicherer in den Stand versetzt, gezielt nach dem Verbleib des Fahrzeugs zu fahnden.[770] Die Regelung in A.2.10.1 AKB 2008 will nämlich dem Versicherer die Möglichkeit geben, eine angemessene Zeit lang nach dem Fahrzeug zu suchen und eine Entschädigungsleistung eventuell zu vermeiden. Die Suche nach dem Fahrzeug setzt aber naturgemäß Kenntnisse über die näheren Umstände seines Abhandenkommens voraus. Diese Kenntnisse kann nur eine detaillierte Schadensanzeige vermitteln, nicht aber schon die bloße Mitteilung, dass das versicherte Fahrzeug gestohlen worden ist.

865 Der Begriff »mit objektiv zumutbaren Anstrengungen« wird – in Anlehnung an die Rechtsprechung zum ähnlich lautenden § 13 Abs. 7 AKB a. F. – dahingehend auszulegen sein, dass das Fahrzeug sich an einem Ort befindet, an dem es dem Versicherungsnehmer zumutbar ist, die Verfügungsgewalt über seinen PKW wiederherzustellen.[771]

866 Es ist sicherlich objektiv zumutbar, dass der Versicherungsnehmer seinen PKW in einer anderen Stadt als dem Entwendungsort (Berlin statt Bochum) abholt,[772] hingegen muss eine »zumutbare Anstrengung« bei einem im Vorderen Orient wiederaufgefundenen Fahrzeug verneint werden.[773]

867 Es muss dem Versicherungsnehmer innerhalb der Monatsfrist noch möglich sein, sein Fahrzeug zu übernehmen.[774] Die Benachrichtigung an einen Versicherungsnehmer eine Woche vor Ablauf der Monatsfrist, sein Fahrzeug sei im Ausland aufgefunden, kann, wenn es sich nicht um das unmittelbar benachbarte Ausland handelt, verspätet sein.

868 Das *LG Detmold* hat die erforderliche Zumutbarkeit abgelehnt, wenn der PKW zwar von der Polizei gefunden wurde, diese aber nicht bereit war, den PKW innerhalb der Monatsfrist herauszugeben.[775]

869 Wird das Fahrzeug innerhalb der Monatsfrist gefunden und ist dem Versicherungsnehmer eine Abholung zumutbar, steht ihm Ersatz für die Kosten einer Bahnfahrkarte 2. Klasse für Hin- und Rückfahrt in einem Bereich von 50–1.500 Kilometer zu, A.2.10.2 AKB 2008.

870 Im Falle einer Wiederbeschaffung des Fahrzeugs oder seiner Teile wird für die Zeit des Verlustes keine Nutzungsausfallentschädigung gezahlt. Ein Anspruch auf Reparatur des Fahrzeugs, falls dieses beschädigt wiedergefunden wurde, bleibt natürlich bestehen.

871 Nach Ablauf der Monatsfrist werden die entwendeten Gegenstände automatisch Eigentum des Versicherers, A.2.10.3 AKB 2008.

872 Dies geschieht rechtstechnisch durch Einigung und Abtretung des Herausgabeanspruchs, da eine Übergabe des gestohlenen Fahrzeugs gerade nicht möglich ist.

VI. Selbstbeteiligung

873 Von der Entschädigung ist nach A.2.12 AKB 2008 die Selbstbeteiligung, sofern eine solche vereinbart ist, in Abzug zu bringen. Die Formulierung »bei jedem Schadenereignis« verdeutlicht, dass der Selbstbehalt bei jedem Schadenfall gesondert abzuziehen ist. tritt z. B. nach einem Vollkaskoschaden bei dessen Reparatur ein weiterer Teilkaskoschaden ein, wird zum einen der Selbstbehalt aus der Vollkasko, aber auch der Selbstbehalt beim Teilkaskoschaden abgezogen.

---

769 Z.B *OLG Köln* VersR 1993, 603 = zfs 1993, 59 = r+s 1992, 366.
770 *OLG Köln* VersR 1987, 1106.
771 *BGH* VersR 1982, 135; *OLG Hamm* r+s 1991, 296; *OLG Celle* VersR 1996, 1360 = NJW-RR 1996, 1176 = NJWE-VHR 1997, 6 = r+s 1996, 92 = zfs 1996, 461.
772 *OLG Hamm* VersR 1992, 566 = zfs 1991, 314.
773 *OLG Frankfurt* VersR 1978, 612.
774 *Prölss/Martin/Knappmann* AKB 2008 A.2.13, Rn. 33.
775 *LG Detmold* zfs 1952, 28.

VII. Nicht ersatzfähige Teile/Kosten

874 Durch die Regelung in A.2.13 AKB 2008 wird ein Entschädigungsanspruch für bestimmte Nachteile und Kosten ausgeschlossen, die mit einem versicherten Ereignis in Zusammenhang stehen.

875 Genannt werden Veränderungen, Verbesserungen, Verschleißreparaturen, Minderungen an Wert, Überführungs- und Zulassungskosten, Verwaltungskosten, Nutzungsausfall[776] oder Kosten eines Mietfahrzeugs.

VIII. Sachverständigenverfahren

876 Bei Meinungsverschiedenheiten der Vertragsparteien über die Schadenshöhe, den Wiederbeschaffungswert oder den Umfang der erforderlichen Reparaturarbeiten entscheidet nach A.2.17 AKB 2008 ein Sachverständigenausschuss.

877 Mit diesem Verfahren soll schnell, kostengünstig und kompetent eine Meinungsverschiedenheit der Vertragspartner über die Höhe der Entschädigungsleistung bereinigt werden, es geht nur um die Feststellung des Schadens und die Bezifferung seiner Höhe.[777]

878 Der Sachverständigenausschuss ist zuständig für Meinungsverschiedenheiten über die Höhe des Schadens einschließlich der Feststellung des Wiederbeschaffungswertes und über den Umfang der erforderlichen Wiederherstellungskosten.[778] Die Feststellung des Neupreises[779] eines PKW, die Höhe des Restwertes,[780] als auch Streitigkeiten über die Höhe eines Abzugs neu für alt[781] fallen ebenfalls in die Zuständigkeit des Sachverständigenverfahrens.

879 Den ordentlichen Gerichten vorbehalten bleibt hingegen die Feststellung der Schadensursache, der Eintrittspflicht des Versicherers, der Verletzung von Obliegenheiten oder die Klärung sonstiger Rechtsfragen.[782]

880 Bei dem Sachverständigenverfahren handelt es sich nicht um ein Schiedsgericht i. S. v. §§ 1025 ff. ZPO, sondern um einen Schiedsgutachtenausschuss, auf dessen Tätigkeit die §§ 317 ff. BGB unmittelbare Anwendung finden. Dessen Entscheidung ist weder vorläufig vollstreckbar noch existieren Rechtsmittel hiergegen i. S. d. §§ 1072 ff. ZPO.

1. Zusammensetzung

881 Der Sachverständigenausschuss besteht aus zwei Mitgliedern, von denen je einer vom Versicherer und Versicherungsnehmer benannt wird, A.2.17.2 S. 1 AKB 2008.

882 Die Benennung des Sachverständigen erfolgt durch Erklärung gegenüber der anderen Partei.

883 Das einer Partei zustehende Recht, für das Verfahren einen Sachverständigen ihres Vertrauens zu benennen, bleibt solange ungeschmälert, als der benannte Sachverständige noch nicht tätig geworden und das Gutachten nicht erstattet ist.[783] Voraussetzung einer wirksamen Benennung ist jedoch, dass

---

776 *OLG Düsseldorf* r+s 2066, 63.
777 Aber nur die Höhe des Schadens und nicht die Höhe der Deckungspflicht.
778 *OLG Hamm* VersR 1989, 960; vgl. auch den Wortlaut des § 14 Abs. 1 AKB.
779 *OLG Saarbrücken* VersR 1996, 882 = zfs 1996, 462 = r+s 1995, 329; *OLG Stuttgart* VersR 1989, 1114; *AG Karlsruhe* VersR 1982, 668.
780 *AG Hagen* zfs 1991, 314; a. A. Urteil des *AG Köln* v. 10.4.2000, 262 C 470/99.
781 *LG Hagen* zfs 1988, 396.
782 *AG Düsseldorf* r+s 2002, 58.
783 *OLG Nürnberg* NJW-RR 1995, 544 = SP 1996, 254 = VersR 1995, 412; demgegenüber vertritt *Stiefel/Maier/Meinecke* AKB A.2.17, Rn. 24 die Meinung, dass hierdurch die Objektivität des Sachverständigenverfahrens nicht mehr gewahrt sei, da durch die Abberufung die Partei in der Lage wäre, den Sachverständigen allein aus dem Grunde auszuwechseln, weil sie nach einem Vorgespräch mit ihm nicht mehr an ein für sie günstiges Gutachten glaubt.

die Benennung der anderen Partei mitgeteilt wird. Der Sachverständige kann selbst seine Benennung der anderen Partei gegenüber nur erklären, wenn er hierzu wirksam bevollmächtigt worden ist.[784]

884 Die Benennung des eigenen Sachverständigen gegenüber dem anderen Vertragspartner ist keine Obliegenheit, die Nichtbenennung löst keine rechtlich nachteiligen Folgen aus.

885 Wird der Sachverständige nicht innerhalb einer von der anderen Partei schriftlich gesetzten Frist von 2 Wochen benannt, geht das Benennungsrecht auf die andere Vertragspartei über, A.2.17.2 S. 2 AKB 2008.

a) Kraftfahrzeugsachverständige

886 Als Sachverständige (und Obmann) kommen nur Sachverständige für Kraftfahrzeuge in Betracht, A.2.17.2 S. 1 AKB 2008.

887 Eine öffentliche Bestellung und Vereidigung wird nicht gefordert, die Personen sollten eine Vorbildung als Ingenieur der Fachrichtung Kraftfahrzeugbau oder Maschinenbauwesen oder als Kraftfahrzeugmeister besitzen, darüber hinaus eine mehrjährige Praxis entweder als Leiter eines Kraftfahrzeug-Reparaturbetriebes oder auf dem Gebiet der Kraftfahrzeugherstellung oder schließlich als freier Gutachter nachweisen können.[785]

888 Der von einer Vertragspartei benannte Sachverständige wird vorrangig und entscheidend im Interesse seines Auftraggebers tätig.[786] Wegen der Beweiskraft des Gutachtens muss er dieses nach bestem Wissen und Gewissen erstellen. Dieser Anforderung wird in der Regel genügt, wenn eine Person über eine besondere vom Staat anerkannte Sachkunde verfügt. Die im Rahmen des Kasko-Sachverständigenverfahrens tätigen Personen werden in der Rechtsprechung überwiegend staatlich anerkannten Sachverständigen gleichgestellt.[787]

b) Obmann

889 Die beiden ernannten Sachverständigen wählen vor Beginn des Verfahrens einen Obmann. Können sich die beiden Sachverständigen nicht auf einen Obmann einigen, wird dieser durch das zuständige Amtsgericht bestimmt, A.2.17.3 S. 2 AKB 2008.

890 Zuständig ist das Amtsgericht, in dessen Bezirk der Schaden entstanden ist, § 84 Abs. 2 S. 1 VVG 2008.

891 Einigen sich die beiden Sachverständigen nicht über die strittigen Punkte, entscheidet der Obmann innerhalb der durch die Sachverständigen ermittelten Werte, A.2.17.3 AKB 2008.

892 Der Obmann kann und darf also erst tätig werden, wenn die Abschätzungen der Sachverständigen vorliegen.

2. Verfahren

893 Die AKB 2008 enthält keine Regelung, wie das Sachverständigenverfahren abläuft, Form- und Verfahrensvorschriften existieren nicht.

894 Dem Verfahren immanent ist allerdings die Übersendung der Gutachten in schriftlicher Form an die Parteien.

---

784 *Stiefel/Maier/Meinecke* AKB A.2.17, Rn. 23.
785 *Stiefel/Maier/Meinecke* AKB A.2.17, Rn. 19.
786 *OLG Nürnberg* NVersZ 2001, 512 = NJW-RR 2001, 1682.
787 Diese Gleichstellung beruht aber vor allem darauf, dass in der Haftpflichtversicherung den Sachverständigengutachten eine Bindungswirkung zukommt, bei der Kaskoversicherung ist dies hingegen gerade nicht gegeben.

3. Kosten

895 Nach A.2.17.4 AKB 2008 werden die Kosten des Sachverständigengutachtens, die sich bei den Sachverständigen grundsätzlich am Zeitaufwand für die Begutachtung orientieren,[788] im Verhältnis des Obsiegens zum Unterliegen von der ein oder anderen Partei getragen.

896 Liegt die Entscheidung letztlich zwischen Angebot der Versicherung und Forderung des Versicherungsnehmers, werden die Verfahrenskosten quotenmäßig verteilt.

897 Diese Quotelung gilt nunmehr auch für die Kosten des Obmanns, soweit sich die im Sachverständigenverfahren tätigen Kraftfahrzeugsachverständigen über die Höhe eines Kaskoschadens nicht einigen können.

4. Verbindlichkeit der Feststellungen

898 Ein Sachverständigengutachten ist nach §§ 84 VVG 2008, 319 BGB nicht verbindlich, wenn das Gutachten nachweislich offenbar unrichtig ist.[789]

899 Die Frage der offensichtlichen Abweichung einer Gutachterbewertung von der wirklichen Sachlage wird meist nach dem prozentualen Grad der Abweichung zu anderen sachkundigen – richtigen – Schadensfeststellungen beurteilt. Eine solche erhebliche Abweichung wird angenommen, wenn beide Werte um 20 bis 25 % differenzieren,[790] oder wenn die Entscheidung des Obmanns um ca. 20 % von den tatsächlichen Reparaturkosten abweicht.[791]

900 Eine offensichtliche Unrichtigkeit wird darüber hinaus angenommen, wenn in der Obmannentscheidung nur eine allgemein gehaltene Begründung gegeben wird und eine Auseinandersetzung mit Empfehlungen des Herstellers fehlt.[792]

901 Im Falle einer erheblichen Abweichung hinsichtlich der Höhe des Schadens von der wirklichen Sachlage sind die getroffenen Feststellungen nicht verbindlich.[793]

5. Prozessuale Bedeutung des Sachverständigengutachtens

902 In der Praxis treten immer wieder Streitfälle auf, in denen der Versicherungsnehmer ohne Vorschaltung des Sachverständigenverfahrens Leistungsklage gegen den Kaskoversicherer erhebt.

903 Die Durchführung des Sachverständigenverfahrens ist Voraussetzung für die Fälligkeit des Anspruchs des Versicherungsnehmers auf Ersatzleistung aus dem Versicherungsvertrag.

904 Klagt der Versicherungsnehmer vor Durchführung oder Abschluss des Sachverständigenverfahrens und erhebt der Versicherer den Einwand des nicht durchgeführten Sachverständigenverfahrens, bestreitet er nicht nur die Zuständigkeit des Gerichts für die Feststellung der Höhe der eingeklagten Ansprüche, sondern erhebt gleichzeitig den Einwand der mangelnden Fälligkeit.[794]

905 Eine solche Klage muss demnach als unbegründet abgewiesen werden.[795]

906 Der Einwand des nicht durchgeführten Sachverständigenverfahrens muss im Gerichtsverfahren vom Versicherer erhoben werden, eine Berücksichtigung von Amts findet nicht statt.[796]

---

788 *AG Hanau* SP 1997, 479.
789 *LG Köln* r+s 2007, 279.
790 *LG Baden-Baden* VersR 1992, 440 = zfs 1992, 415.
791 *LG Landshut* DAR 2000, 70 = NVersZ 2000, 338.
792 *LG Landshut* DAR 2000, 70 = NVersZ 2000, 338; s. a. *OLG Köln* r+s 1998, 405 = zfs 1999, 198.
793 *LG Köln* SP 2000, 29.
794 *AG Köln* SP 1995, 52.
795 *LG Köln* VersR 1983, 385; *LG Essen* zfs 1989, 170; *AG Geldern* SP 193, 219 = zfs 1993, 269.
796 Siehe z. B. *OLG Koblenz* NVersZ 1999, 122 = r+s 1998, 397 = zfs 1998, 425 = VersR 1999, 875.

E. Umfang der Ersatzleistung   Kapitel 23

Es verstößt nicht gegen Treu und Glauben, wenn der Versicherer sich auf das fehlende Sachverständigenverfahren erstmals nach Erhebung der Zahlungsklage beruft,[797] es verstößt auch nicht gegen Treu und Glauben, wenn der Versicherer seine Eintrittspflicht dem Grunde nach anerkennt, er sich aber nach Meinungsverschiedenheiten zur Schadenshöhe erstmals im Klageverfahren auf das fehlende Sachverständigengutachten beruft.[798] 907

Die Berufung auf das fehlende Sachverständigengutachten bleibt dem Versicherer aber verwehrt, wenn er sich in erster Instanz auf die Klage eingelassen hat und den Einwand erst in zweiter Instanz erhebt.[799] 908

Verzichtet der Versicherer auf den Einwand des fehlenden Sachverständigenverfahrens – der Verzicht des Versicherungsnehmers ist konkludent in der Klageerhebung enthalten – ist davon auszugehen, dass beide Parteien die Zuständigkeit des Sachverständigenausschusses einvernehmlich abbedungen haben.[800] 909

Ein konkludenter Verzicht auf die Durchführung des Sachverständigenverfahrens ist nicht darin zu sehen, dass der Versicherer vor Einleitung eines Sachverständigenverfahrens selbst ein Gutachten einholt und auch im Vorfeld über die Schadenshöhe verhandelt hat.[801] 910

Hat der Versicherer allerdings die Deckung dem Grunde nach abgelehnt, so kann er im Falle seines prozessualen Unterliegens den Versicherungsnehmer zur Höhe des Schadens nicht mehr auf das Sachverständigenverfahren verweisen,[802] daran ändert auch der Umstand nichts, dass sich die Parteien vor der Ablehnung des Versicherungsschutzes bereits auf die Durchführung des Sachverständigenverfahrens geeinigt und auch Sachverständige benannt hatten.[803] 911

Ein selbständiges Beweisverfahren über die Höhe des Schadens soll vor Einleitung des Sachverständigenverfahrens zulässig sein,[804] jedoch nicht mehr nach Einleitung des Verfahrens.[805] 912

IX. Entschädigung

1. Fälligkeit

Nach § 14 Abs. 1 VVG 2008 werden Geldleistungen des Versicherers fällig mit der Beendigung der zur Feststellung des Versicherungsfalles und des Umfangs der Leistung notwendigen Erhebung. 913

Nach A.2.14.1 AKB 2008 steht dem Versicherer abweichend von der gesetzlichen Regelung eine Zahlungsfrist von zwei Wochen ab Beendigung der Feststellungen zu. 914

Die zur Herbeiführung der Fälligkeit erforderlichen Feststellungen umfassen die notwendigen Prüfungen und Ermittlungen zum Grunde und zur Höhe des Anspruchs. Sie sind möglich durch Einsicht des Versicherers in die Ermittlungsakten der Polizei,[806] durch die Feststellung der Entschädigungshöhe im Gutachten des Sachverständigenausschusses, durch Anerkenntnis des Versicherers, eine Einigung unter den Parteien oder durch Urteil im ordentlichen Prozess.[807] 915

---

797 *OLG Köln* r+s 2002, 188 = NVersZ 2002, 222 = zfs 2002, 295; etwas anderes gilt jedoch dann, wenn der Versicherer die Leistung schon dem Grunde nach endgültig abgelehnt oder den Versicherungsnehmer seinerseits auf den Klageweg verwiesen hat; *OLG Frankfurt* VersR 1990, 1384.
798 *AG Düsseldorf* r+s 1996, 448.
799 *OLG Düsseldorf* VersR 1956, 587.
800 *OHG Wien* zfs 1996, 338.
801 *OLG Köln* DAR 1997, 53 = NZV 1994, 400 = OLGR 1994, 211 = SP 1995, 309 = zfs 1994, 438.
802 *OLG Hamm* VersR 1986, 567; *OLG Hamm* VersR 1990, 82.
803 *OLG Hamm* MDR 1997, 457 = r+s 1997, 145.
804 *LG München* NJW-RR 1994, 355 = zfs 1994, 217; *OLG Koblenz* MDR 1999, 502.
805 *OLG Hamm* r+s 1998, 102 = zfs 1998, 183; an der fehlenden Fälligkeit des Versicherungsanspruchs vor Durchführung des Verfahrens ändert dies nichts.
806 *OLG Frankfurt* PVR 2002, 146 = VersR 2002, 566 = zfs 2002, 243.
807 *Stiefel/Maier/Meinecke* AKB A.2.14, Rn. 2 ff., m.w.N.

916 Nach ständiger Rechtsprechung[808] tritt Fälligkeit sofort ein, wenn der Versicherer dem Grunde oder der Höhe nach einen Zahlungsanspruch des Versicherungsnehmers verweigert, gibt er doch damit zu erkennen, dass er die für ihn erforderlichen Feststellungen getroffen hat.

917 Beruht der Entschädigungsanspruch des Versicherungsnehmers auf einem Entwendungsfall, tritt die Fälligkeit frühestens nach Ablauf der Monatsfrist des A.2.10 AKB 2008 ein, vgl. A.2.14.3 AKB 2008.

2. Vorschusspflichten

918 Nimmt die Feststellung der Schadenhöhe länger als einen Monat in Anspruch, kann der Versicherungsnehmer einen angemessenen Vorschuss auf die Entschädigungsleistung verlangen, A.2.14.2 AKB 2008.

919 Die Vorschusspflichten greift unabhängig davon ein, warum der Versicherer in der Monatsfrist nicht gezahlt hat, allerdings muss die Zahlungsverpflichtung dem Grunde nach feststehen.[809]

920 Der Versicherer muss einen angemessenen Vorschuss auch dann zahlen, wenn das Sachverständigengutachten noch nicht abgeschlossen ist, selbst wenn der Versicherer alles Erforderliche für eine schnelle Durchführung getan hat.[810] Die Vorschusspflichten stellt keine Strafe für den Versicherer dar, sondern dient allein dem wirtschaftlichen Schutz des Versicherungsnehmers.

921 Die Abschlagszahlung darf die vermutlich zu zahlende Gesamtschädigung nicht übersteigen. Als angemessen i. S. d. gleichlaufenden § 13 Abs. 1 S. 2 AKB a. F. definiert das *OLG Koblenz*[811] die Summe, die im Zeitpunkt der Anforderung nach den bis dahin getroffenen Feststellungen von dem Versicherer mindestens zu zahlen ist.

3. Verzug

922 Der Versicherer gerät mit der Zahlung der Versicherungsleistung in Verzug, wenn er trotz Fälligkeit und Vorliegen der sonstigen Verzugsvoraussetzungen (Mahnung, Verschulden) nicht zahlt.

923 Der Versicherer gerät auch ohne Mahnung in Verzug, wenn er nicht das seinerseits Erforderliche für eine umfassende Aufklärung des Versicherungsfalls veranlasst. Ihm steht diesbezüglich eine angemessene Frist zu, über deren Länge häufig gestritten wird.[812] Bei komplizierten Sachverhalten und hohen Entschädigungen kann eine Überlegungsfrist von 2,5 Monaten noch angemessen sein,[813] bei einfach gelagerten Fällen beträgt diese Frist aber lediglich zwei bis drei Wochen.[814]

924 Kein Verschulden des Versicherers liegt vor, wenn er nicht in vorwerfbarer Weise Zweifel am geltend gemachten Anspruchsgrund hat.[815] Diese Zweifel können sogar auf einen Irrtum, Tatsachen-, als auch Rechtsirrtum, zurückgehen. Rechtsirrtümer sind nur entschuldbar, wenn sie auf eine besonders schwierige Rechtsfrage zurückgehen, die in der Rechtsprechung nicht einheitlich entschieden wird.[816]

---

808 Z. B. *BGH* VersR 1990, 153 = NJW-RR 1990, 160.
809 Vgl. z. B. *BGH* VersR 1986, 77; *OLG Koblenz* NVersZ 1999, 332; *OLG Hamm* VersR 1991, 1369 = NZV 1991, 312 = r+s 1991, 222.
810 *OLG Hamm* zfs 1997, 341.
811 *OLG Koblenz* NVersZ 1999, 332 = zfs 1998, 467.
812 *OLG Hamm* VersR 1988, 1038; *LG Köln* VersR 1983, 385; *LG Düsseldorf* zfs 1991, 245; *LG Traunstein* SP 1992, 348.
813 *AG Mainz* SP 1995, 53.
814 *LG Düsseldorf* zfs 1981, 245.
815 *OLG Köln* SP 1999, 170 = VersR 2000, 96 = VRS 98, 107.
816 *BGH* VersR 1984, 245.

E. Umfang der Ersatzleistung   Kapitel 23

Nach Verzugseintritt[817] entstandene Anwaltskosten sind als Verzugskosten vom Versicherer zu erstatten,[818] dies gilt auch für eine Besprechungsgebühr (nach BRAGO), welche durch ein Gespräch mit der Vollkaskoversicherung angefallen ist.[819] 925

Verzugsbegründende Mahnkosten sind nicht erstattungsfähig. Wurde ein Rechtsanwalt vor Verzugseintritt beauftragt, hat der später eingetretene Verzug keinen Einfluss auf die fehlende Erstattungsfähigkeit bereits vorher entstandener Anwaltsgebühren.[820] 926

Auch Nutzungsausfall ist nicht als Verzugsschaden zu ersetzen.[821] 926a

X. Prozessuales

1. Klageart

Hat der Versicherer seine Einstandspflicht abgelehnt, kann der Versicherungsnehmer Leistungs- oder Feststellungsklage erheben. 927

Der Versicherungsnehmer ist nicht gehalten, sofort eine Leistungsklage zu erheben, da ihm nicht zugemutet werden kann, dass er auf die Durchführung eines Sachverständigenverfahrens verzichtet.[822] Die Zulässigkeit einer Feststellungsklage, dass der Versicherer dem Grunde nach Versicherungsschutz zu gewähren hat, wird allgemein bejaht, wenn der Versicherer die Einstandspflicht dem Grunde nach abgelehnt hat und nach wie vor die Möglichkeit der Durchführung eines Sachverständigenverfahrens nach A.2.17.1 AKB 2008 zur Ermittlung der Schadenshöhe gegeben ist.[823] 928

Will der Versicherungsnehmer nicht nur die Leistungspflicht des Versicherers dem Grunde nach, sondern auch zur Höhe gerichtlich feststellen lassen, kann er unmittelbar eine Leistungsklage erheben. 929

Der Einwand mangelnder Fälligkeit durch den Versicherer wegen Fehlen des Sachverständigenverfahrens muss unbeachtlich bleiben, da die Leistung durch seine endgültige Ablehnung fällig geworden ist.[824] 930

2. Verjährung

Die Ansprüche aus dem Kaskoversicherungsvertrag verjähren nach altem Recht in zwei Jahren, § 12 Abs. 1 VVG a. F. Die Verjährung beginnt mit dem Schluss des Jahres, in welchem die Leistung verlangt werden kann. 931

Im VVG 2008 sind keine Verjährungsfristen enthalten, es greifen daher die allgemeinen Vorschriften und damit für die Verjährungsfrist die durch das Gesetz zur Modernisierung des Schuldrechts eingeführte Regelfrist von drei Jahren ein, § 195 BGB. 932

Für den Beginn der Verjährungsfrist ist im Fall strafrechtlicher Ermittlungen gegen den Versicherungsnehmer nicht auf den formellen Abschluss des Ermittlungsverfahrens, sondern auf den Zeitpunkt abzustellen, zu welchem der Versicherer Gelegenheit hatte, durch Akteneinsicht das Ermittlungsergebnis für seine Entscheidung nutzbar zu machen.[825] Die Verjährungsfrist beginnt mit 933

---

817 *LG Traunstein* SP 1992, 348.
818 *AG Mainz* SP 1995, 53; *AG Ahaus* SP 1992, 291; *LG Kaiserslautern* DAR 1993, 196 = zfs 1993, 279; *AG Recklinghausen* r+s 1996, 471 = SP 1992, 292 = zfs 1991, 199.
819 *AG Bensheim* zfs 2000, 552.
820 *LG Traunstein* SP 1992, 348.
821 *OLG Düsseldorf* NJW-RR 2006, 532 = r+s 2006.
822 *BGH* NJW-RR 1986, 962 = VersR 1986, 675 = MDR 1986, 1006.
823 *OLG Karlsruhe* NVersZ 2000, 337 = SP 1999, 350 = VersR 2000, 176; *Wussow* WJ 1995, 119.
824 *OLG Hamm* VersR 1990, 82; *OLG Hamm* 1986, 567; *Prölss/Martin/Voit* § 84 Rn. 34.
825 *OLG Frankfurt* PVR 2002, 146 = VersR 2002, 566 = zfs 2002, 243.

dem Schluss des Jahres zu laufen, in dem diese Feststellungen dem Versicherer möglich sind und der Zahlungsanspruch fällig wird.

934 Nach § 15 VVG 2008 wird die Verjährung – wenn der Anspruch angemeldet wurde – bis zu dem Zeitpunkt gehemmt, zu dem die Entscheidung des Versicherers dem Versicherungsnehmer in Textform zugeht.

3. Gerichtsstand

935 Nach L.2.1 AKB 2008 bestimmt sich die örtliche gerichtliche Zuständigkeit für Klagen aus dem Versicherungsverhältnis u. a. durch das Gericht, das für den Wohnsitz des Versicherungsnehmers zuständig ist, vgl. auch § 215 VVG 2008 sowie das Gericht, das für den Geschäftssitz des Versicherers oder dessen zuständige Niederlassung zuständig ist.

936 Dem Versicherungsnehmer steht diesbezüglich ein Wahlrecht zu.

937 Der Gerichtsstand der Agentur nach § 48 VVG a. F. ist im VVG 2008 entfallen.

938 Für Klagen gegen den Versicherungsnehmer ist ausschließlich das Gericht seines Wohnsitzes zuständig, § 215 Abs. 1 S. 2 VVG, L.2.2 AKB 2008.

XI. Forderungsübergang

939 Nach § 86 VVG 2008 gehen mit Auszahlung de Entschädigung Ansprüche des Versicherungsnehmers gegen Dritte auf den Versicherer über.

940 Ist ein Dritter i. S. d. § 86 VVG 2008 für den Kaskoschaden verantwortlich, gehen vor allem Schadensersatzansprüche des Versicherungsnehmers aus §§ 823 ff. BGB bzw. §§ 8, 17 StVG auf den Versicherer über.

1. Kongruenzprinzip

941 Auf den Versicherer gehen nur solche Schadensersatzansprüche über, die mit der von ihm erbrachten Versicherungsleistung kongruent sind. In der Kaskoversicherung gehen somit nur Ansprüche auf Ersatz des unmittelbaren Sachschadens über. Dies sind im Wesentlichen Reparaturkosten, Wiederbeschaffungswert und Neupreisentschädigung.[826]

942 Nicht kongruent und damit auch nicht übergangsfähig sind alle Ansprüche, die vom Versicherungsschutz der Kaskoversicherung nicht umfasst sind, z. B. Nutzungsentschädigung, Verdienstausfall und Mietwagenkosten.

943 Obwohl der Kaskoversicherer keine Wertminderung ausgleicht, geht die Rechtsprechung insoweit von einem übergangsfähigen Schaden aus.[827]

944 Da der durch einen Unfall beschädigte Kraftwagen trotz Behebung der unfallbedingt technischen und ästhetischen Schäden im Verkehr allgemein geringer bewertet werde als ein unfallfreier Wagen, Falle der merkantile Minderwert in den Bereich des Sachschadens und sei daher übergangsfähig.[828]

2. Regressverzicht des Kaskoversicherers

945 Da es in der Kaskoversicherung keine mitversicherten Personen gibt, kann auch der Fahrer, wenn er nicht gleichzeitig Versicherungsnehmer ist, Dritter i. S. d. § 86 VVG 2008 sein.

---

826 *BGH* VersR 1982, 383 = NJW 1982, 829 = DAR 1982, 160.
827 *BGH* VersR 1958, 161 = MDR 1958, 329; *BGH* VersR 1964, 966; *BGH* VersR 1982, 283 = NJW 1982, 827 = DAR 1982, 159 = MDR 1982, 398; der dritte Senat hat diesbezüglich jedoch eine andere Meinung und lehnt einen Übergang ab, vgl. *BGH* VersR 1967, 505 = NJW 1967, 1273.
828 Vgl. hierzu *BGH* VersR 1961, 1043.

E. Umfang der Ersatzleistung   Kapitel 23

Nach A.2.15 S. 2 AKB 2008 begrenzt der Kaskoversicherer jedoch die auf ihn übergegangenen Regressansprüche, um in der Regel dem Versicherungsnehmer nahestehende Personen und deren Verhältnis zum Versicherungsnehmer nicht zu belasten. 946

Abweichend von dem Grundsatz, dass einfache Fahrlässigkeit des Dritten für einen Forderungsübergang ausreicht, verzichtet der Kaskoversicherer gegenüber einem bestimmten Personenkreis auf den Regress, wenn der Schaden nur leicht fahrlässig herbeigeführt wurde. 947

Dies gilt für den berechtigten Fahrer sowie die in der KH-Versicherung mitversicherten Personen, vgl. A.1.2 AKB 2008, den Mieter oder Entleiher des Fahrzeugs. 948

Noch weitergehender ist der Regressverzicht gegen den Fahrer, wenn dieser bei Schadeneintritt mit dem Versicherungsnehmer in häuslicher Gemeinschaft lebt; gegen ihn wird nur bei vorsätzlicher Schadensherbeiführung regressiert, A.2.15 S. 3 AKB 2008, § 86 Abs. 3 VVG 2008. 949

Der unberechtigte Fahrer ist hingegen für jeden auch nur leicht fahrlässig verursachten Kaskoschaden regresspflichtig.[829] 950

3. Quotenvorrecht des Versicherungsnehmers, § 86 Abs. 1 S. 2 VVG 2008

Das Quotenvorrecht des Versicherungsnehmers (auch Differenztheorie genannt) besagt, dass der gesetzliche Forderungsübergang nicht zum Nachteil des Versicherungsnehmers vom Versicherer geltend gemacht werden kann. 951

Anwendung findet das Quotenvorrecht, wenn einerseits die Versicherungsleistung aus der Kaskoversicherung zur Deckung des Schadens beim Versicherungsnehmer, z. B. wegen einer vereinbarten Selbstbeteiligung nicht genügt, andererseits die Schadensersatzforderung des Versicherungsnehmers gegen den Dritten nicht ausreicht, um den Regressanspruch des Versicherers und die restliche Forderung des Versicherungsnehmers zu befriedigen. 952

Hat der Versicherungsnehmer einen vertraglichen Selbstbehalt von 2.500,00 €, einen ersatzfähigen Schaden von 5.000,00 € und trägt er an der Unfallverursachung eine Mitverursachungsquote von 50 %, hat er zunächst gegen seinen Kaskoversicherer einen vertraglichen Entschädigungsanspruch in Höhe von 2.500,00 € (Schaden abzüglich Selbstbehalt). 953

Nach Bewirkung dieser Zahlung ginge der Anspruch des Versicherungsnehmers gegen den Dritten in Höhe der bezahlten 2.500,00 € auf den Versicherer über. Dieser könnte gegen den Verursacher wegen der Mitverursachungsquote seines Versicherungsnehmers nur 50 % der Gesamtschadenhöhe regressieren, also 2.500,00 €. 954

Dem Versicherungsnehmer stünde bezüglich des Sachschadens kein eigener Anspruch mehr gegen den Unfallbeteiligten zu. 955

Der Versicherer hätte dadurch seine Versicherungsleistung in vollem Umfang regressiert, der Versicherungsnehmer würde aber aufgrund eines Selbstbehaltes auf einem Schaden in Höhe von 2.500,00 € sitzen bleiben. 956

Nach der heute herrschenden Differenztheorie findet der Forderungsübergang auf den Versicherer daher erst statt, wenn der Schaden des Versicherungsnehmers vollständig ausgeglichen wurde. Dieser kann sich also vor dem Versicherer befriedigen, ihm steht ein sog. Quotenvorrecht zu.[830] 957

Im beschriebenen Sachverhalt findet daher ein Anspruchsübergang auf den Versicherer überhaupt nicht statt.[831] 958

---

829 *OLG Hamm* NJW-RR 1993, 40 = NZV 1993, 71 = zfs 1993, 125.
830 *LG Düsseldorf* r+s 2008, 12.
831 Berechnungsbeispiele finden sich bei *Bauer* Rn. 1135 ff.; *Maier/Stadler* Rn. 229; Himmelreich/Halm/ *Oberpriller* Kapitel 20, Rn. 224.

959 Die konsequente Anwendung dieser Theorie führt für den Versicherer zu durchaus problematischen Konsequenzen.[832] Er erhält z. B. wegen des vertraglich vereinbarten Selbstbehalts vom Versicherungsnehmer nur eine niedrigere Prämie, trägt aber im Regressfall das gleiche wirtschaftliche Risiko, als wenn er mit dem Versicherungsnehmer keinen Selbstbehalt vereinbart hätte.

960 Geht ein Regressanspruch gegen grob fahrlässig den Schaden herbeiführende Dritte auf den Versicherer über, findet im Verhältnis zum Regressschuldner keine Quotelung statt. Weder § 86 VVG noch A.2.15 AKB 2008 sehen vor, dass gegen den grob fahrlässig handelnden Fahrer nur eine gekürzte, also gequotelte Regressforderung in Betracht kommt.

---

832 Sehr instruktiv hierzu *Ebert/Segger* VersR 2001, 143 ff.; *Müller* VersR 1989, 317.

Teil 7 Versicherungsbetrug

Kapitel 24 Betrug in der Kraftfahrtversicherung

Übersicht

		Rdn.
A.	Einführung	1
B.	**Betrug in der Kraftfahrzeug-Haftpflichtversicherung**	7
I.	Betrugsvarianten	7
	1. Provozierter Verkehrsunfall	7
	2. Klassischer abgesprochener Verkehrsunfall	8
	3. Sonderformen des abgesprochenen Verkehrsunfalls	10
	a) Berliner Modell	11
	b) Mietwagen/Firmenfahrzeuge	13
	4. Ausgenutzter Verkehrsunfall	15
	5. Papierunfall/fiktiver Verkehrsunfall	18
	6. Fingierter Verkehrsunfall	21
II.	Aufklärungsansätze	22
	1. Provozierter Auffahrunfall	28
	2. Vorfahrtfalle	30
	3. Spurwechselmethode	37
III.	Haftung und Rechtsfolgen	43
	1. Anspruchsgrundlagen	43
	2. Beteiligung Dritter	55
IV.	Beweislast	67
	1. Äußerer Schadenshergang	67
	2. Einwilligung	70
	3. Schadensumfang	84
V.	Prozessführung	92
	1. Interessenkollision und Streitbeitritt	92
	2. Bindungswirkung	103
C.	**Betrug in der Kaskoversicherung**	116
I.	Voraussetzungen der Leistungsfreiheit bei Obliegenheitsverletzungen nach Eintritt des Versicherungsfalls	124
	1. Belehrung	126
	2. Beweislast	128
	3. Quotale Entschädigung bei grober Fahrlässigkeit	138
II.	Arten der Obliegenheitsverletzungen nach dem Versicherungsfall	160
	1. Anzeigepflicht E. 1.1 AKB 2008	160
	2. Aufklärungsobliegenheit	168
III.	Fallgruppen	182
	1. Gesamtfahrleistung	182
	2. Vorschäden/Altschäden	183
	3. Kaufpreis	188
	4. Fahrzeugschlüssel	190
	5. Weitere denkbare Falschangaben	199

Schrifttum

Born, Der manipulierte Unfall im Wandel der Zeit NZV 1996, 259; *Burmann/Heß/Stahl*, Versicherungsrecht im Straßenverkehr, 2. Aufl. 2010; *Dannert*, Das Vorschieben eines angeblich gutgläubigen Anspruchsstellers bei betrügerischen Verkehrshaftpflichtansprüchen NZV 1993, 13; *Eggert*, Beweisprobleme bei behaupteter Unfallmanipulation r+s- Beil. 2011, 24; *Freyberger*, Die Vertretung des Beklagten beim gestellten Unfall aus standesrechtlicher und prozessualer Sicht VersR 1991, 842; *Günther*, Betrug in der Sachversicherung Karlsruhe 2006; *Halm*, Rechtsprechungsübersicht Versicherungsverkehrsrecht 2005/2006 SVR 2006, 294; *Halm*, Anmerkung zum Urt. *OLG Düsseldorf* DAR 2008, 345; *Halm/Fitz*, Versicherungsverkehrsrecht 2008/2009, DAR 2009, 437; *Halm/Fitz*, Versicherungsverkehrsrecht 2009/2010, DAR 2010, 437; *Halm/Fitz*, Versicherungsverkehrs-

Kapitel 24

recht 2010/2011, DAR 2011, 437; *Halm/Kreuter/Schwab*, AKB-Kommentar, 1. Aufl. 2010; *Halm/Engelbrecht/Krahe*, Handbuch des Fachanwalts Versicherungsrecht, 4. Aufl. 2011; *Hansen*, Der Indizienbeweis JuS 1992, 327; *Hentschel/König/Dauer*, Straßenverkehrsrecht 41. Aufl. 2011; *Hess/Burmann*, Das neue VVG und der Versicherungsbetrug NJW-Spezial 2007, 399; *Heß/Burmann*, Die Stufenlehre des BGH bei der Entwendung eines Fahrzeugs, NJW-Spezial 2006, 351; *Himmelreich/Halm*, Handbuch des Fachanwalts Verkehrsrecht, 3. Aufl. 2010; *Kääb*, Anwalt-Berufsrecht und Behandlung von Kfz-Schäden NZV 1991, 169; *Knappmann*, Anmerkungen zu den AKB 2008, r+s 2011 Beilage Heft 4, 54; *König*, Manipulierte Verkehrsunfälle Hilden 2001; *Krumbholz*, Rechtsfragen zum manipulierten Unfall DAR 2004, 67; *Langheid*, Rechtssprechungsübersicht zum Versicherungsrecht 1990/91 NJW 1992, 661; *Maier* in Münchner Kommentar zum VVG, 1. Aufl. 2011; *Meschkat/Nauert*, Betrug in der Kraftfahrzeugversicherung, 1. Aufl. 2008; *Münchner Kommentar* zum VVG, 1. Aufl. 2010; *Nell/Schiller*, Erklärungsansätze für vertragswidriges Verhalten von Versicherungsnehmern aus Sicht der ökonomischen Theorie, Universität Hamburg, Institut für Versicherungsbetriebslehre 2002; *Prölss/Martin*, Versicherungsvertragsgesetz 28. Aufl. 2010; *Rixecker*, VVG 2008 – Eine Einführung, V. Rettungsobliegenheiten und -kostenersatz zfs 2007, 256; *Seemayer*, Zu den Entwendungstatbeständen in der Kfz- Kaskoversicherung r+s 2010, 6; *Staab*, Betrug in der Kfz-Haftpflichtversicherung 1. Aufl. 1991; *Stahl*, Leistungskürzung nach dem VVG in der Kraftfahrversicherung, r+s 2011 Beilage Heft 4, 115; *Stiefel/Maier*, Kraftfahrtversicherung, 18. Aufl. 2010; *Ulbricht/Fähnrich*, Industrialisierung der Betrugsbekämpfung VW 2005, 1490; *Van Bühren*, Das Verkehrsrechtliche Mandat Band 4 Versicherungsrecht, 2. Aufl. 2010; *Veit/Gräfe*, Versicherungsprozess, 2. Aufl. 2010; *Wörsdorf/Burg*, Gutachten bei Verdacht auf Versicherungsbetrug zfs 2006, 310 (Teil 1) und 372 (Teil 2); *Weber/Schimmelpfennig*, Die Aufdeckung des Kfz-Versicherungsbetruges mittels technischer Beweisführung VersR 1990, 832.

A. Einführung

1   Seit dem Bestehen von Versicherungen existiert auch das Begehren, sich durch Versicherungsleistungen ungerechtfertigt zu bereichern. Definieren kann man den Versicherungsbetrug als das Vortäuschen eines Versicherungsfalles zu dem Zweck, Versicherungsleistungen zu erhalten. Der VN oder ein Dritter, der vermeintlich Geschädigte, beanspruchen aufgrund willentlicher Fehlinformation des VR von diesem eine Geld- oder Sachleistung, sodass ein Vermögensschaden eintritt.

2   Gesetzlich normiert findet sich in § 265 StGB der Versicherungsmissbrauch. Danach wird bestraft, wer eine gegen Untergang, Beschädigung, Beeinträchtigung der Brauchbarkeit, Verlust oder Diebstahl versicherte Sache beschädigt, zerstört, in ihrer Brauchbarkeit beeinträchtigt, beiseiteschafft oder einem anderen überlässt, um sich oder einem Dritten Leistungen aus der Versicherung zu verschaffen. Der Versicherungsbetrüger macht sich nach dem Strafgesetzbuch mehrfach strafbar und muss mit mehrjähriger Haftstrafe, zumindest aber einer Geldstrafe rechnen. Beim nachgewiesenen Versicherungsbetrug kommt hinzu, dass die Versicherungsgesellschaft von der Leistung frei wird und der Versicherungsschutz verloren geht. Es besteht ein Rückforderungsanspruch der bereits ausgezahlten Leistung und darüber hinaus können Schadensersatzforderungen des VR gegeben sein.

3   Dennoch ist der Versicherungsbetrug ein Massenphänomen, das keinen klassischen Tätertypus kennt. Es sind alle gesellschaftlichen Schichten, Altersgruppen oder Geschlechter betroffen. Genauso vielschichtig sind die Erklärungsansätze. Fehlendes Unrechtsbewusstsein und veränderte Moralvorstellungen lassen den Versicherungsbetrug als »Volkssport« oder »Kavaliersdelikt« erscheinen. Die unzutreffende Schilderung des Schadensverlaufes, Angabe überhöhter Forderungen oder das Anmelden von vorsätzlich vernichteten Gegenständen als gestohlen, wird nicht als kriminelles Verhalten aufgefasst. Zudem besteht eine geringe Hemmschwelle, weil Geschädigte lediglich eine große, anonyme Versicherungsgesellschaft mit vermeintlich enormen Geldmitteln sei. Solche Rechtfertigungen sind jedoch ebenso falsch wie kurzfristig gedacht. Die Prämienberechnungen der VR orientieren sich an der Schadenswahrscheinlichkeit. Steigt für die Versicherungswirtschaft also die auszuzahlende Schadenssumme, führt dies früher oder später auch zu einer Erhöhung der Versicherungsprämie. Damit schädigt sich der VN nicht nur selbst, sondern auch jeden anderen VN in der Gemeinschaft.

4   Nach einer Umfrage im Auftrag des GDV steht der Versicherungsbetrug in direktem Zusammenhang mit der Kundenzufriedenheit und der Bindung an das Unternehmen. Ein unzufriedener Kunde

ist eher geneigt, einen Schadensfall vorzutäuschen oder eine überhöhte Schadenssumme geltend zu machen. Vierzig Prozent der Bürger glauben in der Haftpflicht und privaten Hausratversicherung verhältnismäßig leicht betrügen zu können.[1] Die Versicherungswirtschaft geht davon aus, dass in den Bereichen der Sach-, Haftpflicht- und Kfz-Versicherung ca. 10 % der gemeldeten Versicherungsfälle betrügerischen Hintergrund haben.[2] Der volkswirtschaftliche Schaden wird auf rund vier Milliarden Euro im Jahr geschätzt.[3] Zwar ist die Zahl der Betrugsfälle insgesamt rückläufig, das Ausmaß des organisierten Versicherungsbetruges nimmt dagegen zu, mit bedeutend höheren Einzelschäden je Fall und erkennbaren Strukturen organisierter Kriminalität. Häufig vom Versicherungsbetrug betroffen sind die Hausratversicherung oder Reisegepäckversicherung. Genauso die Wohngebäudeversicherung und der Bereich der Kfz-Versicherung, was nachstehend eingehend erörtert werden wird. Weniger betroffen sind die Bereiche der Lebensversicherung, wohl aber die Unfallversicherung, bei der VN sogar vor Selbstverstümmelungen nicht zurückschrecken, um Leistungen zu erhalten.

Zur erfolgreichen Betrugsabwehr setzt die Versicherungswirtschaft auf steigende Qualifizierung und Spezialisierung. Sie richten spezialisierte Betrugsabwehrreferate ein und auf Sachbearbeiterebene liegen Checklisten vor, etwa entsprechend dem durch den HUK-Verband aufgestellten KH-Kriterienkatalog für manipulierte Unfälle. Im technischen Bereich soll Betrugserkennungssoftware helfen, manipulierte Vorgänge zu erkennen. Mit der sog. »Dokubox« lassen sich auf den zum Zwecke des Schadensnachweises eingereichten Belege und Quittungen durch Bestrahlung mit verschiedenen Lichtquellen Veränderungen nachweisen. Das automatisierte Verfahren der intelligenten Schadensprüfung (ISP) soll die Schadensakten anhand von Entscheidungslogiken überprüfen. Nicht zu vergessen das verbandsinterne Hinweis- und Informationssystem (HIS) zur Verhinderung und Aufdeckung von Versicherungsbetrug (Uniwagnis). Das HIS wird seit 1.4.2011 als Auskunftsdatei von der informa insurance Risk and Fraud Prevention GmbH betrieben.[4] Wird beispielsweise häufig die Rechtsschutzversicherung in Anspruch genommen oder ist jemand mehrfach Beteiligter oder auch nur Zeuge von Verkehrsunfallgeschehen, wird dessen Datensatz in die Datei aufgenommen. Im Jahr 2006 wird über die verschiedenen Versicherungszweige hinweg von mehr als drei Millionen Datensätzen ausgegangen. Die einzelnen Verdachtsmomente werden nach einem Punktesystem bewertet. Wird ein für jede Versicherungssparte spezifischer Stellenwert überschritten, erfolgt ein Eintrag in die Datei. Allerdings erfolgt der Eintrag codiert, sodass nicht auf eine konkrete Person zurück geschlossen werden kann. Erst wenn sich eine Übereinstimmung ergibt, kann ein Datenaustausch unter den beteiligten VR erfolgen.[5]

Die nachstehende Darstellung erläutert für den Bereich der Kfz-Versicherung die einzelnen Betrugsvarianten, zeigt Wege zum Erkennen der Verdachtsmomente sowie ihrer Bewertung auf und stellt schließlich die Besonderheiten in der Prozessführung dar.

B. Betrug in der Kraftfahrzeug-Haftpflichtversicherung

I. Betrugsvarianten

1. Provozierter Verkehrsunfall

Bei dieser Betrugskonstellation wird die Arglosigkeit eines nicht eingeweihten, mithin nicht vorsätzlich handelnden Verkehrsteilnehmers ausgenutzt, um diesen, bzw. dessen Haftpflichtversicherer auf Schadensersatz in Anspruch zu nehmen.[6] Hierbei provoziert der angeblich Geschädigte eine Unfallsituation, welche für das Opfer überhaupt nicht vorhersehbar ist, aber auch für den Täter hinsichtlich

---
1 *GDV* Pressemitteilung vom 12.7.2011.
2 *Ulbricht/Fähnrich* VW 2005, 1490; *Günther* S. 5; *Nell/Schiller* S. 2.
3 *GDV*-Magazin »Positionen« Nr. 79 vom 28.8.2011.
4 *GDV* Pressemitteilung vom 12.7.2011.
5 *BGH* zfs 2007, 213 zum Aufklärungsbedürfnis bei Abfrage der Uniwagnis-Datei.
6 *Geigel/Kunschert* Kap. 25 Rn. 14.

des Ausmaßes und des gesundheitlichen Gefährdungspotenzials nicht zu steuern ist.[7] Der angestrebte wirtschaftliche Vorteil besteht in der wiederholten Abrechnung von Vorschäden oder Altschäden, welche bisher gar nicht oder nicht fachgerecht repariert wurden. Die gerichtliche Überzeugungsbildung ist auf die rechtfertigende Einwilligung des Provokateurs in die Beschädigung seines Fahrzeuges gerichtet, welche die Rechtswidrigkeit der Rechtsgutverletzung nach § 823 BGB entfallen lässt. Die Einwilligung beruht auf einem Willensentschluss, der bei der Kategorie »provozierter Unfall« in die Tat umgesetzt wird, ohne den Unfallgegner vorher über die Beschädigungsabsicht informiert zu haben.[8] Eine Nichtigkeit der Einwilligung wegen ihrer Sittenwidrigkeit nach § 138 BGB kommt nicht in Betracht.[9] Kann der Nachweis erbracht werden, so hat der Provokateur dem Opfer für dessen Schaden vollumfänglich unmittelbar ohne Schutz seines Haftpflichtversicherers zu haften,[10] da der Unfall für den tatsächlich Geschädigten unvermeidbar war (§ 17 Abs. 3 StVG).[11] Auch kann der Eigentümer des provozierenden Fahrzeuges keine Ansprüche aufgrund der Betriebsgefahr des Fahrzeuges des arglosen Verkehrsteilnehmers erfolgreich verfolgen. Ist nachgewiesen, dass der Unfall durch ein Fahrverhalten des klägerischen Fahrzeuges provoziert wurde, so tritt die Betriebsgefahr des Fahrzeuges des redlichen Verkehrsteilnehmers komplett hinter der erhöhten Betriebsgefahr des provozierenden Fahrzeuges zurück. Liegt keine Identität zwischen Fahrer und Eigentümer vor, bedarf es keines Nachweises einer Absprache bezüglich des provozierten Unfalles.[12]

Provozierte Unfälle finden sich vornehmlich in der Konstellation eines provozierten Auffahrunfalls, der Vorfahrtfalle oder als Spurwechselmethode.

2. Klassischer abgesprochener Verkehrsunfall

8 Bei dieser Variante führen nach vorheriger genauer Absprache des Unfallverlaufes zwei Personen, die sich zumeist gut kennen, den Zusammenprall zweier Fahrzeuge herbei. Oft organisieren sich Verbrecherbanden, um damit ihren Lebensunterhalt zu bestreiten, was vorrangiger Zweck und Motiv ist.[13] Hierbei achten die Unfallbeteiligten darauf, dass die verursachten Beschädigungen bei erster Betrachtung sowohl plausibel als auch kompatibel erscheinen. Als Unfallörtlichkeit wird der öffentliche Straßenverkehr gewählt. Am Ort des Geschehens wird die Polizei hinzugezogen, um den nötigen offiziellen Anschein zu wahren.[14] Zusätzlich soll noch ein direktes Schuldbekenntnis des vermeintlich alleinigen Unfallverursachers die anschließende Schadensregulierung gegenüber dem VR begünstigen.[15] Den Polizeibeamten wird eine schlüssige Schilderung des Unfallherganges präsentiert, wodurch eine intensive Unfallaufnahme verhindert werden soll. Der vermeintliche Unfallverursacher akzeptiert widerspruchslos ein Verwarnungsgeld und erkennt sein alleiniges Verschulden am Zusammenstoß an.[16] Um nicht durch Unfallhäufigkeit aufzufallen, werden zur Verschleierung Fahrzeuge, Halteranmeldungen und Fahrer gewechselt. Häufig werden die Unfälle selbst von professionellen »Autobumsern« gestellt, welche dann anschließend noch vor dem Erscheinen der Polizei durch unverdächtige Dritte ausgetauscht werden. In den Fällen, in denen kein Aufnahmeprotokoll der Polizei vorliegt, wird der Unfall oft auf einem Privatgelände gestellt, auf dem die Betrüger ungestört die Fahrzeugkollision herbeiführen können. Für die Schadensmeldung an den VR wird der Unfall sodann auf eine für den erdachten Unfallhergang geeignete Straße verlagert.

---

7 Himmelreich/Halm/*M. Halm* Kap. 25 Rn. 22
8 *OLG Düsseldorf* VersR 1997, 337.
9 *BGH* v. 13.12.1977 – VI ZR 206/75, BGHZ 71, 339.
10 *Stiefel/Maier* § 103 VVG Rn. 60
11 *OLG Hamm* NZV 1994, 227; VersR 1998, 734; r+s 2003, 343; r+s 1997, 327; *OLG Düsseldorf* VersR 1997, 337; *OLG Köln* VersR 1999, 1166.
12 *KG* SVR 2011, 225.
13 *Krumbholz* DAR 2004, 67.
14 *Born* NZV 1996, 259.
15 Himmelreich/Halm/*M. Halm* Kap. 25 Rn. 56; *König* S. 44.
16 *König* S. 44.

Zu beachten ist, dass es sich bei dem verabredeten Verkehrsunfall um einen »Unfall« i. S. d. § 7 StVG handelt.[17] Die Einwilligung ist, ebenso wie beim provozierten Verkehrsunfall, nach der Rechtsprechung des *BGH* nur ein die Haftung ausschließender Rechtfertigungsgrund.[18] Eine lückenlose Beweiskette zu bilden ist schwer bis unmöglich. Die Beteiligten sind darauf bedacht, für alle Einzelumstände plausible Erklärungen zu schaffen, so dass das Ereignis wie ein echter Unfall wirkt.[19] Häufen sich jedoch in auffälliger Weise Merkmale, die für gestellte Unfälle typisch sind und bestehen gewichtige Verdachtsgründe, so sind an den Indizienbeweis keine zu strengen Anforderungen zu stellen.[20] Eine Unfallmanipulation kann dadurch auffallen, dass eine außergewöhnliche Häufung von betrugstypischen Umständen, die in ihrem Zusammenwirken vernünftigerweise nur den Schluss zulassen, dass der Eigentümer in die Beschädigung seines Kfz eingewilligt hat, nachgewiesen wird.[21] Es genügt dafür ein für das praktische Leben brauchbarer Grad von Gewissheit, also ein für einen vernünftigen und die Lebensverhältnisse klar überschaubaren Menschen so hoher Grad von Wahrscheinlichkeit, der vernünftigen Zweifeln Schweigen gebietet, ohne sie mathematisch lückenlos auszuschließen.[22] Dieser Grad an Gewissheit kann durch eine Häufung von Beweisanzeichen/Indizien, die für eine Manipulation sprechen, begründet werden, sodass das Gericht überzeugt ist, ein gestellter Unfall (eine Einwilligung) liege vor.[23] Der Anscheinsbeweis für einen manipulierten Unfall wird auch nicht dadurch erschüttert, dass die Schäden an den beteiligten Fahrzeugen kompatibel sind.[24] Besondere Indizwirkung entfaltet ein Umstand dann, wenn es für Ihn bei einem echten Unfall keine nachvollziehbare Erklärung gibt oder wenn dieser Umstand bei einem gestellten Unfall erheblich häufiger vorliegt als bei einem echten Unfall.[25]

3. Sonderformen des abgesprochenen Verkehrsunfalls

Die Besonderheit der folgenden gestellten Unfallkonstellationen besteht darin, dass fremdes Eigentum missbraucht wird, um eine Unfallmanipulation herbeizuführen.

a) Berliner Modell

Diese Betrugsvariante tauchte erstmals Anfang der 1990er Jahre in Berlin mit ca. 250 Fällen auf. Nachdem sie Mitte der 1990er Jahre aufgrund scharfer Kontrolle durch die VR zurückgegangen war, nimmt sie derzeit wieder stark zu. Hierbei werden von einem unbeteiligten Dritten kurz zuvor entwendete Fahrzeuge gegen ein vom angeblich Geschädigten geparktes Fahrzeug gefahren. Der Mittäter fährt, zumeist nachts, mit dem gestohlenen Kfz gegen das geparkte Fahrzeug und beschädigt dieses erheblich. Der Fahrer des entwendeten Fahrzeuges flüchtet nach dem Zusammenstoß von der Unfallstelle und lässt das gestohlene Fahrzeug zurück. Die Flucht wird oft mittels eines geöffneten Fensters sichergestellt, falls die Tür sich nach dem Unfall nicht öffnen lässt.[26] Mit dem zurückgelassenen Fahrzeug wird gewährleistet, dass der Kfz-Haftpflichtversicherer und der Halter feststellbar sind. Zudem wird erreicht, dass eine Verbindung zwischen den Beteiligten nicht hergestellt werden kann. Der große Vorteil für den Betrüger ist, dass ihn die üblichen Nachteile wie Versicherungsrückstufung und Ordnungswidrigkeitsanzeige nicht treffen.[27] Zudem taucht für die Prüfung

---

17 Himmelreich/Halm/*M.Halm* Kap. 25 Rn. 54.
18 *Meschkat/Nauert* Rn. 259.
19 *OLG Hamm* zfs 2005, 539.
20 Geigel/*Kunschert* Kap. 25 Rn. 12; *OLG Köln* VersR 1999, 121; *OLG Köln* VersR 2002, 253; DAR 2000, 67; *OLG Hamm* NZV 2001, 374.
21 *BGH* v. 13.12.1977 – VI ZR 206/75, VersR 1978, 862.
22 *BGH* v. 28.3.1989 – VI ZR 232/88, VersR 1989, 637.
23 *BGH* v. 13.12.1977 – VI ZR 206/75, VersR 1978, 862; *OLG Frankfurt* VersR 1997, 224; *KG* VersR 2003, 613; *KG* VersR 2003, 610; *OLG Hamburg* VersR 1989, 179.
24 Himmelreich/Halm/M. Halm Kap. 25 Rn. 65.
25 Veith/Gräfe/Halbach § 5 Rn 339; *OLG Köln* NZV 2001, 375.
26 *Born* NZV 1996, 259.
27 Himmelreich/Halm/*M.Halm* Kap. 25 Rn. 70.

mit Warndateien nur ein einziger verwertbarer Name, nämlich der des Geschädigten, auf.[28] Widersprüche bei der Unfalldarstellung werden ausgeschlossen.[29] Wird ein Kfz entwendet und verursacht der Dieb anschließen mit dem Kfz einen Unfall, so trifft den (früheren) Halter des entwendetet Fahrzeuges gem. § 7 Abs. 3 S. 1 2. HS. StVG keine Haftung. Er hat mit dem Unfall nichts zu tun und im Allgemeinen gibt es keinen Hinweis dafür, dass er die Entwendung seines Pkw schuldhaft ermöglicht hat. Anderes gilt nur, wenn er die Entwendung durch eigenes Verschulden ermöglicht hat. Demgegenüber ergibt sich die Haftung des Diebes aus § 7 Abs. 1 StVG oder § 7 Abs. 3 S. 1 1. HS. StVG. Da der nicht berechtigte Fahrer mitversichert ist, ist der Kraftfahrzeug-Haftpflichtversicherer auch für den vom Dieb angerichteten Schaden im Außenverhältnis zu dem »Anspruchsteller« eintrittspflichtig (§ 3 S. 1 PflVG i. V. m. § 117 Abs. 1 VVG).[30] Der VR kann sich nur von der Haftung frei zeichnen, wenn entweder festgestellt werden kann, dass der Unfall von dem angeblich Geschädigten mit dem Dieb verabredet war und somit eine Einwilligung in das Unfallgeschehen vorlag,[31] oder aber der Dieb den Schaden vorsätzlich herbeigeführt hat. In diesen Fällen ist der VR, jedenfalls wenn der Halter die Entwendung des Kfz nicht durch sein Verschulden ermöglicht hatte, wegen der vorsätzlichen Herbeiführung des Versicherungsfalls leistungsfrei. Hier muss es dem VR gelingen, den Vollbeweis dafür zu erbringen, dass der Dieb den Versicherungsfall vorsätzlich herbeigeführt hat.. Ein solcher Fall ist beispielsweise in dem Urteil des *KG* vom 6.6.2002 gegeben, in welchem durch einen Zeugen beobachtet wurde, wie der unbekannt gebliebene Dieb gegen das am Straßenrand geparkte Kfz des Klägers fuhr, dann ca. 1 m zurück setzte und ein weiteres Mal gegen das Kfz des Klägers fuhr.[32] Wird beim »Berliner Modell« die Klage allein wegen vorsätzlicher Schadenszufügung durch den Dieb abgewiesen, und nicht auch wegen Einwilligung des Eigentümers, besteht die Möglichkeit der Inanspruchnahme der Verkehrsopferhilfe nach § 12 Abs. 1 S. 1 Nr. 3 PflVG.[33] Die Klageabweisung sollte daher wenn möglich auf die Einwilligung des Geschädigten gestützt werden. Hier kann der Anscheinsbeweis ausreichend sein, wenn es dem VR gelingt, den Richter anhand verschiedener Indiztatsachen von einer Unfallmanipulation zu überzeugen.[34] Weiterhin ist die Konstellation möglich, dass der (gutgläubige) Eigentümer des geschädigten Pkw nicht identisch mit dem (bösgläubigen) Halter ist. Hier muss geprüft werden, ob das Einverständnis des Halters dem Eigentümer zugerechnet werden kann,[35] so z. B., wenn der wirtschaftliche Eigentümer der Halter des Fahrzeuges ist und lediglich aufgrund steuerlicher Vorteile eine Treuhandabsprache besteht.[36] Gelingt eine Zurechnung des Einverständnisses des Halters für den Eigentümer nicht, kann sich der VR nur der Leistungsverpflichtung entziehen, wenn ihm der Vollbeweis für das Vorliegen der Voraussetzungen des § 103 VVG gelingt.

12 Typische Indizien, die erste Hinweise für einen Verlauf nach dem Berliner Modell ergeben[37] sind:
- Obwohl das entwendete Fahrzeug noch fahrtauglich ist, wird dieses am Unfallort zurückgelassen, der Fahrer entkommt unerkannt.
- Die beschädigten Fahrzeuge gehören der gehobenen Preisklasse an, die Vorschäden aufweisen, die im später eingereichten Gutachten keine Erwähnung finden.
- Der Ort des Pkw-Diebstahls und der Ort der Kollision liegen in unmittelbarer Nähe zueinander.
- Einer der Beteiligten war bereits an einem weiteren Unfall, der nach dem gleichen Schema abgelaufen ist, beteiligt.

---

28 *Born* NZV 1996, 259.
29 *OLG Hamm* NZV 1995, 321; r+s 1995, 212.
30 Himmelreich/Halm/*M. Halm* Kap. 25 Rn. 70.
31 *KG* NZV 2003, 529; *KG* NZV 2003, 87; *OLG Köln* NVersZ 2001, 133; *OLG Hamburg* OLGR 98, 120; *OLG Köln* NZV 2000, 260.
32 *KG* NZV 2003, 85 = VersR 2003, 613.
33 Himmelreich/Halm/*M. Halm* Kap. 25 Rn. 32.
34 *Veith/Gräfe/Halbach* § 5 Rn 358.
35 *Veith/Gräfe/Halbach* § 5 Rn 360.
36 *Veith/Gräfe/Halbach* § 5 Rn 361.
37 *OLG Frankfurt* VersR 1997, 1507; *OLG Hamm* VersR 1996, 519; *König* S. 47.

b) Mietwagen/Firmenfahrzeuge

Weitere beliebte Methode betrügerisch gestellter Unfälle sind Unfallkonstellationen unter Zuhilfenahme von Mietfahrzeugen. Bei diesen wird zumeist eine Vollkaskoversicherung bestehen, so dass finanzielle Nachteile des Mieters, sollte er überhaupt seine wahre Identität offen legen, sich allenfalls auf die vereinbarte Selbstbeteiligung belaufen. Ein hoher Selbstbehalt kann grundsätzlich für eine Unfall- Manipulation sprechende Indizien relativieren.[38] Es kommt hinzu, dass ein angemietetes Fahrzeug für den Verursacher keine weiteren versicherungstechnischen Probleme nach sich zieht. Bei den angemieteten Fahrzeugen, mit welchen ein Verkehrsunfall manipuliert werden soll, handelt es sich neben Pkws häufig um angemietete Kleintransporter und Lastkraftwagen. Diese sind ausreichend stabil und schwer, um einerseits hinreichend lukrative Schäden zu verursachen und andererseits den Fahrer vor Verletzungen zu schützen.[39] Um Unfallmanipulationen mit Mietfahrzeugen aufdecken zu können, sollten die Versicherer bei ihren Prüfungen einen Schwerpunkt auf die Gründe der Anmietung des Unfallfahrzeuges legen. Denn wer ein Mietfahrzeug zur Unfallmanipulation anmietet, hat hinterher oft Schwierigkeiten, die Anmietung plausibel zu begründen. So ließ sich das *OLG Hamm* nicht davon überzeugen, dass ein Möbelwagen wegen vier gekaufter Stühle angemietet wurde.[40] Weitere Indizien für einen gestellten Unfall mittels eines Mietfahrzeuges liegen z. B. vor, wenn die wirtschaftliche Situation an sich die Anmietung eines Fahrzeuges nicht zulässt, eine nur kurze Anfahrstrecke vorliegt, der Grund für die Anmietung des Fahrzeuges nicht realisiert wird und die Anmietung erst kurz vor dem Unfall erfolgt. Hingegen spricht gegen ein betrügerisches Vorhaben, wenn ein plausibler Grund für die Anmietung vorliegt, häufigere Anmietungen in der Vergangenheit erfolgten, das Fahrzeug bereits vor dem Unfalltag mehrere Tage angemietet war und es sich um ein kleineres Mietfahrzeug handelt.[41]

So hat etwa das *Hanseatische Oberlandesgericht*[42] es als hinreichende Beweisanzeichen für einen gestellten Unfall erachtet, wenn ein Miet-LKW mit einem abgestellten Fahrzeug der Luxusklasse kollidiert ist und erhebliche Schäden verursacht hat, das beschädigte Fahrzeug gegenüber einer Parkplatzausfahrt abgestellt war und sich eine Kollision bei einem normalen Abbiegen aus der Parkplatzausfahrt nicht erklären lässt. Der Unfall hat sich zudem bei Nachtzeit und Dunkelheit ereignet und die Bekanntschaft des Unfallfahrers mit dem angeblich Geschädigten war nicht auszuschließen. Das beschädigte Fahrzeug wies zudem viele unreparierte Vorschäden auf und wurde kurzzeitig nach dem Unfall unrepariert verkauft.

Firmenfahrzeuge sind analog zu Mietwagen zu sehen. Voraussetzung hier ist, dass der Täter Beschäftigter einer Spedition oder einer anderen Firma ist und Zugriff auf ein solches Fahrzeug hat. Der Täter hat keine Aufwendungen für eine Anmietung zu erbringen und muss keine Selbstbeteiligung zahlen. Der eigene Versicherungsvertrag des Täters bleibt unberührt, da die gesamte Schadensabwicklung über den VR des Arbeitgebers läuft.[43]

Fahrzeuge, die mit Kurzzeitkennzeichen versehen sind oder von der Schadenfreiheitsklasse befreit sind, bieten für betrügerische Absichten die gleichen Vorteile wie Mietwagen und Firmenfahrzeuge. Ein Risiko für den Halter der versicherungstechnischen Höherstufung ist nicht gegeben.

4. Ausgenutzter Verkehrsunfall

Hierbei handelt es sich um die verbreitetste und am schwersten aufzudeckende Art des Versicherungsbetruges. Die Indikatorenlisten der Polizei und der VR versagen, da die üblichen Betrugsindi-

---

38 *OLG Hamm* NJW-Spezial 2008, 139.
39 *Born* NZV 1996, 262.
40 *OLG Hamm* r+s 1999, 320; *KG* NZV 2007, 360.
41 *Born* NZV 1996, 262; Himmelreich/Halm/*M. Halm* Kap. 25 Rn. 91.
42 *Hanseatisches OLG* OLGR 2001, 283.
43 *König* S. 46.

zien nicht gehäuft auftreten.⁴⁴ Bei dem ausgenutzten Verkehrsunfall handelt es sich tatsächlich um einen ungewollten Verkehrsunfall, bei welchem sich die Unfallbeteiligten i. d. R. nicht kennen, zumindest aber nicht gewollt zusammenwirken. Der Betrüger fasst erst nach dem Unfallereignis den Entschluss, die sich bietende Gelegenheit auszunutzen, um eine höhere Entschädigung zu erlangen, als ihm zusteht. Dies geschieht z. B. dadurch, dass vorhandene Altschäden mit in die Abrechnung eingebracht werden. Kommt es in diesen Fällen zu bewusst oder unbewusst fehlerhaften Sachverständigengutachten, welche Vor- oder Altschäden mitkalkulieren, so bietet sich eine Kompatibilitätsanalyse an, mit dem Ergebnis, dass es sogar zu kompletter Klageabweisung mangels Abgrenzbarkeit der unfallbedingten Beschädigungen kommen kann.⁴⁵

16 Eine weitere Möglichkeit der Ausnutzung eines Verkehrsunfalls besteht in der nachträglichen Erweiterung des Schadensbildes. Dies kann entweder durch den Geschädigten selbst oder durch die Werkstatt in Absprache mit dem Geschädigten erfolgen. In den Fällen, in welchen tatsächlich eine Reparatur erfolgen soll, ist ebenfalls eine Schadenserweiterung durch die Reparaturwerkstatt hinter dem Rücken des Geschädigten in Erwägung zu ziehen. Auch in diesen Fällen bietet sich eine technische Nachprüfung an.

16a In einigen Fällen werden, bedingt durch die häufig gegebene Abhängigkeit der Sachverständigen von Geschädigtengruppen oder speziellen Werkstätten, Reparaturkosten weit über dem tatsächlichen Schadensaufwand kalkuliert oder für den Anspruchsteller günstigere Restwerte geliefert.⁴⁶

17 Des Weiteren kann ein Unfall insoweit ausgenutzt werden, dass der Geschädigte nur so tut, als ob er sein Integritätsinteresse ausüben will und eine Reparatur im Rahmen der 130 %-Grenze durchgeführt werden soll. In Wahrheit möchte er jedoch eine Ersatzbeschaffung vornehmen und die Abrechnung hätte daher auf Grundlage einer Ersatzbeschaffung zu erfolgen. Der Wille zur Weiterbenutzung wird nur vorgetäuscht. In diesen Fällen ist die Ersatzbeschaffung häufig schon vollzogen, es wird jedoch mit der Ummeldung des Fahrzeuges bis zum Abschluss der Schadensregulierung gewartet. Diese Variante hat allerdings mit der *BGH*-Rechtsprechung,⁴⁷ wonach bei Ersatz des Reparaturaufwands über dem Wiederbeschaffungswert eine nachgewiesene Weiternutzung von mindestens sechs Monate zu fordern ist, eine erhebliche Einschränkung erfahren.

5. Papierunfall/fiktiver Verkehrsunfall

18 Beim fiktiven Verkehrsunfall handelt es sich um ein tatsächlich nicht existentes Ereignis. Eine Berührung der angeblich unfallbeteiligten Fahrzeuge hat es nie gegeben. In diesen Fällen liegt das Motiv des Täters darin, den Schaden auf den VR des unbeteiligten Fahrzeuges eines Eingeweihten abzuwälzen, obwohl der Schaden nicht bei dem Betrieb oder Gebrauch des versicherten Fahrzeuges entstanden ist.

19 Eine Variante des Papierunfalls ist, dass die Beteiligten einen Zusammenstoß der Fahrzeuge behaupten, und versuchen, einen daraus angeblich resultierenden Schaden über fingierte Reparaturrechnungen oder Kostenvoranschläge abzurechnen. Diese Schadensbelege werden so niedrig gehalten, dass eine Überprüfung seitens des VR unwahrscheinlich ist. Oft gibt es die als beschädigt angegebenen Fahrzeuge in Wirklichkeit gar nicht, vielmehr handelt es sich hierbei um Papierzulassungen von bereits verschrotteten Totalschäden.⁴⁸ Werden Nachweise in Form von Lichtbildern des beschädigten Fahrzeuges gefordert, so fertigt der Täter diese häufig von unfallbeschädigten Fahrzeugen, die zuvor angekauft wurden oder anderweitig dem Täter zur Verfügung stehen.

---

44 *König* S. 54.
45 *OLG Düsseldorf* NZV 2008, 295; *OLG Köln* NZV 1996, 241; *OLG Hamm* r+s 1998, 191; *OLG Frankfurt/M.* SP 2000, 131.
46 *Himmelreich/Halm/M. Halm* Kap. 25 Rn. 93.
47 *BGH* v. 27.11.2007 – VI ZR 56/07, NJW 2008, 439; v. 13.11.2007 – VI ZR 89/07, NZV 2008, 82.
48 *König* S. 55.

Ein fiktiver Unfall kann jedoch auch vorliegen, wenn es schon nach den Ausführungen des angeblich   20
Geschädigten selbst zu keiner Berührung der in den Unfall involvierten Fahrzeuge gekommen ist. In
diesen Fällen liegt zwar tatsächlich eine Beschädigung am eigenen Fahrzeug des angeblich Geschädigten vor, diese Beschädigung ist aber, anders als geschildert, zumeist durch eigenes Fehlverhalten
und Eigenverschulden entstanden. In diesem Zusammenhang findet sich häufig die Schilderung
eines Abdrängungsunfalls. Hierbei wird vorgetragen, dass der angebliche Schädiger den Anspruchsteller durch Schneiden der Kurve, im gleichgerichteten Verkehr durch falsches Überholen[49] oder an
einer Einmündung durch Verletzung der Wartepflicht zum Ausweichen gezwungen habe und so
ohne jeglichen Fahrzeugkontakt verursacht habe, dass der Anspruchsteller von der Straße abkam
und z. B. in eine Leitplanke fuhr[50] oder anderweitig verunfallte. Bei fiktiven Unfällen ohne behauptete Fahrzeugberührung durch die Beteiligten, sind die technischen Aufdeckungsmöglichkeiten
recht hoch.[51]

6. Fingierter Verkehrsunfall

Bei dieser Betrugskonstellation werden zwei bereits beschädigte Fahrzeuge nach vorheriger Absprache des angeblichen Unfallherganges durch die Beteiligten und Auswahl eines geeigneten »Unfallortes« so in Szene gesetzt, als seien beide in einen Unfall verwickelt. Die eingesetzten Fahrzeuge wurden zuvor anhand ihrer Beschädigungen ausgesucht, damit die beschädigten Stellen auf den ersten Blick einen kompatiblen Eindruck machen. Um das Unfallgeschehen möglichst real erscheinen zu lassen, werden vor Ort häufig mitgebrachte Glassplitter und Schmutzteile verstreut.[52]   21

II. Aufklärungsansätze

Da der Täter vollumfänglichen Schadensersatz begehrt, ist für ihn entscheidend, dass die Haftungslage zu seinen Gunsten eindeutig ist. Es bieten sich also Verkehrsgeschehen an, bei denen bereits der äußere Ablauf für die Unfallverursachung des Opfers spricht. Etwa aufgrund von Erfahrungssätzen oder Anscheinsbeweisen, wie Missachtung der Vorfahrt, Auffahren durch Unachtsamkeit oder mangelnde Sorgfalt beim Spurwechsel. Unfälle aufgrund dieses Verkehrsgeschehens führen zu charakteristischen Spurenlagen und Schadensbildern, die Anknüpfungspunkt für die unfallanalytische Betrugsaufklärung sein können. Andererseits verfeinern professionelle Täter ihre Methoden und lernen stetig dazu. Sie wissen, wie man aus Sicht der Betrugsaufklärung versucht, ihnen das Handwerk zu legen und passen ihre Vorgehensweisen daran an. Dies gilt vor allem für die Bereiche Unfallschilderung, Verfügbarkeit von Zeugen, Hinzuziehung der Polizei oder Unfallort/-zeit.   22

Ungleich schwieriger ist es, eine passende Spurenlage am Unfallort mit entsprechendem Schadensbild an den beteiligten Fahrzeugen zu präsentieren. Mit der Unfallanalytik kann nicht selten festgestellt werden, ob ein Wagen im Kollisionszeitpunkt gestanden hat oder gefahren ist bzw. ob die Fahrer eine Ausweichbewegung einleiteten, die zur Vermeidung der Kollision zu erwarten gewesen wäre. Die technische Bewertung orientiert sich zunächst an der Kompatibilitätsbetrachtung, also der Zuordnung von Schadensbildern und Beschädigungsintensität. Es erfolgt die Analyse der Beschädigungen unter Betrachtung der konstruktionsbedingten Besonderheiten der jeweiligen Fahrzeuge, etwa die Struktursteifigkeit der beteiligten Fahrzeugzonen. Ferner erfolgt die Überprüfung der durch die Beteiligten geschilderten Bewegungsabläufe. Diese Plausibilitätsbetrachtung rekonstruiert den Schadenshergang anhand physikalisch-technischer Gesetzmäßigkeiten zum Zeit-Weg-Geschwindigkeitsverhalten der beteiligten Fahrzeuge und Personen.[53] Um zu aussagekräftigen Ergebnissen zu kommen, bedarf es der Erfahrung sowie Spezialisierung der Sachverständigen und zunehmend tech-   23

---

49 *OLG Hamm* r+s 2002, 458.
50 *OLG Köln* OLGR 2001, 88.
51 *OLG Hamm* r+s 2002, 458; *OLG Hamm* r+s 1998, 108.
52 *König* S. 55.
53 Himmelreich/Halm/*Leser* Kap. 39 Rn. 310 ff.; *Wörsdorf/Burg* zfs 2006, 310 (Teil 1) und 372 (Teil 2); *Weber/Schimmelpfennig* VersR 1990, 832.

nischer Unterstützung. Die Schadensbilder lassen sich durch die Inaugenscheinnahme der beteiligten Fahrzeuge bzw. anhand von Fotos, Kostenvoranschlägen und Schadensgutachten noch vergleichsweise gut auf ihre Kompatibilität hin überprüfen. Seitdem das Unterlassen einer Schadensdokumentation oder gar das Verschwinden lassen des beteiligten Fahrzeugs als Betrugsmerkmal bekannt geworden ist, werden auch von professionellen Tätern bereitwillig Schadensbilder zur Verfügung gestellt.

24 Schwieriger ist die Plausibilitätsbetrachtung. Die Sachverständigen bemühen sich um Fotos/Skizzen der Fahrzeuge in Kollisionsstellung, etwa aus der polizeilichen Ermittlungsakte. Diese sollten möglichst maßstabsgerecht mit festen Bezugspunkten wie Leitpfosten, Straßenschilder, Gullideckeln etc. sein. Sie beschaffen sich Luftbilder/Ortophotos und nehmen selbst eine fotogrametische Vermessung des Unfallortes vor, bis hin zum Sonnenstand. Anhand von Simulationsprogrammen (CARAT, PC-Crash) werden die Kollisionen am PC nachgestellt und so aufgedeckt, dass der Unfall nicht so abgelaufen sein kann, wie durch die Betroffenen dargestellt.[54]

25 Natürlich können auch die technischen Ergebnisse nur so zuverlässig sein, wie es die eingegebenen Anknüpfungstatsachen erlauben. Dennoch gewinnt die Rekonstruktionstechnik angesichts der verfeinerten Methoden in der Betrugsaufklärung weiter an Bedeutung und ist im Prozess wesentlicher Bestandteil der richterlichen Überzeugungsbildung.

26 Im Rahmen der sog. Helferringe wo Abschleppunternehmen, Reparaturbetriebe, Gutachter und Anwälte auf Betrugsseite zusammenarbeiten, werden bereits Gutachten vorgelegt, die belegen sollen, dass die Schadensbilder zueinander kompatibel sind. Hier gilt es auf Aufklärungsseite Unstimmigkeiten festzustellen und so die Überprüfung durch einen Sachverständigen zu veranlassen. Umgekehrt muss das im eigenen Auftrag eingeholte Gutachten gegen Angriffe der Täterseite verteidigt werden. Deshalb werden nachstehend einschlägige Unfallkonstellationen mit einem möglichen Aufklärungsansatz kurz dargestellt.

27 Für den Täter bieten sich Verkehrsgeschehen an, bei denen bereits der äußere Ablauf für die Unfallverursachung des Opfers spricht, aus juristischer Sicht also ein Anscheinsbeweis[55] gegen das Opfer spricht, wie bei einem Vorfahrtsverstoß, einem Auffahrunfall oder auch einer Kollision beim Spurwechsel. Es geht um den Nachweis einer Abweichung vom normalen zum erwarteten Verhalten eines redlichen Kraftfahrers in gleicher Situation.

1. Provozierter Auffahrunfall

28 Bei dieser Variante wird das Opfer dazu veranlasst, auf den Täter-Pkw aufzufahren. Hierbei wird das unaufmerksame Unfallopfer z. B. durch ein plötzliches und starkes Bremsmanöver des Vorausfahrenden überrascht. Nach dem Zusammenstoß hat der angeblich Geschädigte zumeist eine nachvollziehbare Erklärung für sein Bremsmanöver parat. Standarderklärungen sind ein Ampelphasenwechsel von Grün auf Gelb oder das vorausfahrende Fahrzeug sei plötzlich ohne Blinkzeichen abgebogen. Auch können noch Helfer herangezogen werden, in Form eines Pkws der sich plötzlich der untergeordneten Seitenstraße nähert, in der sich der Täter befindet oder eines Fußgängers, der spontan den Fußgängerüberweg betritt.

29 Der provozierte Unfall kann auch in den Fällen, in welchen der nachfolgende Verkehrsteilnehmer mindestens ausreichenden Sicherheitsabstand wahrt, praktiziert werden. Hierzu sorgt der Täter dafür, dass die Bremsleuchten seines Fahrzeuges bei seiner Bremsung nicht in Betrieb sind. Das arglose Unfallopfer wird nun immer bestrebt sein, die Kollision noch zu vermeiden. Es kommt zu Abwehrhandlungen durch Ausweichen und/oder Abbremsen. Ergibt die technische Überprüfung ein Fehlen solcher Abwehrreaktionen, liegen Umstände für einen fingierten Unfall vor. Bei der zu erwartenden Ausweichbewegung werden die Fahrzeuge nicht mit voller Überdeckung aufeinander auffahren.

---

54 *Meschkat/Nauert* Rn. 72, Rn. 596.
55 *BGH* v. 19.3.1996 – VI ZR 380/94, NJW 1996, 18284; v. 17.6.1997 – X ZR 119/94, NJW 1998, 79.

Vielmehr hat das Opfer versucht nach rechts oder links auszuweichen. Es ergibt sich also lediglich eine Teilüberdeckung mit entsprechender Winkelstellung. Beim starken Abbremsen neigt sich die Front des Pkw nach unten und das Heck hebt sich an. So ergibt sich nach der Auffahrkollision ein Höhenversatz in den Schadensbildern. Befinden sich die beteiligten Fahrzeuge nach der Kollision wieder in Nulllage, ist das Schadensbild entsprechend höher bzw. tiefer. Schildert der Täter, er habe vor der Lichtzeichenanlage bei Gelblicht noch einmal abgebremst und sei zum Stillstand gekommen, muss sich sein Heckschaden etwa in Höhe der Nulllage befinden. Befindet er sich aber darunter, hat er im Zeitpunkt der Kollision stark abgebremst, wodurch sich das Fahrzeugheck angehoben hat. Das Schadensbild ist nicht kompatibel zur Unfallschilderung. Dies gilt natürlich nicht schematisch. Denn von einem arglosen Opfer ist zu erwarten, dass es als Abwehrreaktion ebenfalls stark abbremst. Dadurch senkt sich die Fahrzeugfront des Opfer-Pkws und der Schaden am Täter-Pkw ergibt sich wiederum unterhalb der Nulllinie. Andererseits muss sich beim abgesprochenen Unfall der Auffahrende die Frage stellen lassen, warum er nicht abgebremst hat, wenn sein Frontschaden nicht unterhalb der Nulllage seines Pkws liegt. Solches ist bei der technischen Betrachtung zu berücksichtigen.

2. Vorfahrtfalle

Beim Ausnutzen der Vorfahrtssituation bietet sich der provozierte oder abgesprochene Unfall an. Der Täter nutzt hier seine Ortskenntnis über besonders unfallträchtige Verkehrsstellen aus. Beim provozierten Unfall kann er zudem die Unerfahrenheit des Opfers ausnutzen. Beim abgesprochenen Unfall kommt nicht so leicht Verdacht auf, weil die Unfallstelle als solche bekannt ist, etwa eine verdeckte Rechts-vor-Links-Einmündung. 30

Der Provokateur führt den Unfall aus einer äußerlich bevorrechtigten Position gezielt herbei. Der Täter versucht dem Opfer möglichst wenig Reaktionszeit zu lassen. Hierbei nutzt er z. B. ein Sichthindernis des Opfers aus, oder verzichtet gegenüber einem dem Vorfahrtsrecht untergeordneten Fahrzeug bewusst auf Abwehrmaßnahmen. 30a

Häufig schafft der Täter auch eine Situation der »psychologischen« Vorfahrt. Hierbei positioniert sich der Täter z. B. in einer Seitenstraße, in welcher er gegenüber dem von links kommenden Verkehr vorfahrtsberechtigt ist. Der von links herannahende oft ortsunkundige Verkehrsteilnehmer geht entweder aufgrund Breite, Ausbau und Verkehrsaufkommen von seiner eigenen Vorfahrtsberechtigung aus oder er vermutet eine unausgesprochen gewährte Vorfahrt des eigentlich Berechtigten und fährt relativ zügig an die von rechts kommende Einmündung heran. Diesen Moment wartet der Provokateur ab und fährt im letzten Moment aus der Seitenstraße heraus. Teils bedient er sich hierbei der Hilfe eines unauffällig postierten Komplizen, welcher ihm das Zeichen zur Beschleunigung erteilt. In manchen Fällen geht der Provokateur sogar so weit, dem untergeordneten Verkehrsteilnehmer per Handzeichen scheinbar die Vorfahrt zu gewähren, um dann durch rasches Beschleunigen den Unfall herbeizuführen. Hierbei steuert er gezielt auf das untergeordnete Fahrzeug zu, wobei in Fällen einer schnellen Reaktion des Getäuschten in Form des Ausweichens auf die Gegenfahrbahn erkannt werden kann, dass der Provokateur dem Getäuschten auf die Gegenfahrbahn folgt. Ein solches Verhalten, bei welchem der Geschädigte dem Opfer geradezu folgt, um den Unfall herbeizuführen, kann nur durch eine vorsätzliche Handlung erklärt werden. 31

Fährt der angeblich Geschädigte zu einem Zeitpunkt an, zu welchem der Unfall bereits unvermeidbar ist und stellt sich hierbei heraus, dass er nicht zügig losfuhr, um die Kollision noch zu vermeiden, sondern fährt er lediglich langsam einen Meter vor, so sind auch aus diesem Verhalten Schlussfolgerungen zu ziehen. Ziel des Provokateurs wird es sein, einen Zusammenstoß an seinem linken vorderen Kotflügel zu bewirken. Auf diese Weise verringert er das eigene Verletzungsrisiko, welches bei einer Kollision mit der Fahrertür bestünde.[56] 32

Eine aktive Herbeiführung der Kollision kann sich also aus einer nicht plausiblen Fahrgeschwindigkeit des Täterfahrzeugs ergeben. Die Fahrgeschwindigkeit wiederum kann aufgrund des Schadens- 33

---

56 *OLG Hamm* DAR 1994, 278 = r+s 1994, 214.

bildes errechnet werden. Auffällig ist etwa ein bewusstes langsam fahren trotz Vorfahrtsrecht, weil der richtige Moment abgepasst werden muss, oder aus Angst einer Selbstgefährdung infolge zu heftigem Aufprall. Beim abgesprochenen Unfall ist dies sogar bis hin zum Stillstand des »Opfer-Fahrzeugs« denkbar.

34 Besser noch gelingt der Nachweis mit den berechneten Fahrlinien, die nicht im Einklang mit der Unfallschilderung der Beteiligten stehen. Je nachdem wie das Opfer noch reagiert oder ausweicht, muss der Täter geradezu hinterhergefahren sein. Hierdurch verlässt er in auffälligem Maße seine natürliche Fahrlinie. So wird der Opfer-Pkw beispielsweise erst im Heckbereich getroffen.

35 Das *OLG Hamm* hat einen Fall entschieden, bei welchem das Opfer an einer schwer einzusehenden Einmündung die Vorfahrt des Provokateurs verletzte. Wie die technische Aufbereitung des Unfallgeschehens ergab, nahm dieser kurz vor dem Zusammenstoß eine Geschwindigkeitserhöhung vor, anstatt die Geschwindigkeit zu mindern. Das *OLG Hamm* hat unter zusätzlicher Berücksichtigung einer Vielzahl von zurückliegenden Unfällen des Provokateurs aus diesen Gründen einen provozierten Verkehrsunfall bejaht.[57]

36 In einem Fall vor dem *OLG Frankfurt/M.*[58] überquerte das wartepflichtige Opfer eine Kreuzung. Nachdem es den Kreuzungsbereich schon fast verlassen hatte, fuhr der von rechts kommende, vorfahrtsberechtigte Provokateur gegen die hintere Ecke des Opfer-Pkws. Der Provokateur behauptete, das Opfer müsse plötzlich vom Fahrbahnrand aus angefahren sein. Nach der Beweisaufnahme stand fest, dass lediglich ein kleiner Teil des Schadens am Täter-Pkw aus dem Ereignis herrühren kann. Das *LG* hatte deshalb nur einen Teilbetrag zugesprochen. Auf die Berufung hin hat das *OLG* die Klage insgesamt aus zwei Gründen abgewiesen. Es stehe fest, dass der Provokateur sowohl zum Unfallverlauf als auch zu den Unfallfolgen falsche Angaben gemacht habe; deshalb sprächen die Umstände dafür, dass er den Unfall gezielt herbeigeführt habe. Damit sei die Beschädigung seines Fahrzeuges nicht rechtswidrig. Abgesehen davon könne angesichts der Tatsache, dass der Provokateur zum Schadensumfang falsche Angaben gemacht habe, auch nicht ausgeschlossen werden, dass auch die kompatiblen Schäden durch ein früheres Ereignis verursacht seien.

3. Spurwechselmethode

37 Auch im Fall der Unfallprovokation während eines Spurwechsels wird die Unerfahrenheit/Ortsunkenntnis des Opfers ausgenutzt. Der Täter weiß, dass sich bei unübersichtlichem Innenstadtverkehr das Opfer falsch einordnet und dann die Fahrspur wechseln möchte. Entweder versucht der Täter sich mit seinem Fahrzeug kurz vor dem Spurwechsel im toten Winkel des Vorausfahrenden zu befinden, um sodann mit Beginn des Spurwechsels durch Beschleunigung eine Streifkollision hervorzurufen. Oder der Täter erweckt bei seinem Opfer durch Handzeichen oder verlangsamte Fahrt den Eindruck, er sei mit dem Spurwechsel des Vorausfahrenden einverstanden. Zwecks Nachweises bei der Polizei stoppt der Täter sofort nach der Kollision mit einer Spur zeichnenden Abbremsung, um damit seine Querposition innerhalb des eigenen Fahrstreifens und den Spurwechselvorgang des Opfers darzulegen.[59]

38 Ebenfalls möglich ist die gezielte Verursachung eines Unfalles, indem der Täter selbst einen Spurwechsel vornimmt.

39 So hatte das *OLG Hamm* einen Fall zu entscheiden, in welchem der Provokateur auf einer dreispurigen Fahrbahn die linke Spur befuhr. Weil die rechte Spur frei war, bog der Wartepflichtigen nach rechts ein. Zum Zeitpunkt des Einbiegens wechselte der Provokateur auf die rechte Spur. Anhand der technischen Rekonstruktion konnte später festgestellt werden, dass der Täter einen für einen Spurwechsel viel zu großen Lenkeinschlag von ganz links nach ganz rechts gefahren war. Der Lenkein-

---

57 *OLG Hamm* r+s 2003, 343.
58 *OLG Frankfurt* zfs 2005, 69.
59 Himmelreich/Halm/*M. Halm* Kap. 25 Rn. 31.

schlag war so stark, dass der Pkw des Provokateurs rechts hochgestiegen und über die linke vordere Ecke des Opferfahrzeuges gerollt war.[60]

Für die Aufklärung gelten die zum Auffahrunfall dargestellten Grundsätze zur Abwehrreaktion in Form von Abbremsen und/oder Ausweichen gleichermaßen. Bei der Beurteilung werden stets auch die Einsichtsmöglichkeiten der betroffenen Fahrer berücksichtigt und wie sich daraus Reaktionsaufforderungen zur Vermeidung der Kollisionen ergeben. 40

Für den Spurwechselunfall ist eine Streifkollision charakteristisch. Sie ist deshalb beliebt, weil sich hohe Reparaturkosten ergeben ohne dass dies für die angestrebte, nicht fachgerechte Reparatur einen hohen Reparaturaufwand bedeutet. Der »Gewinn« kann also gesteigert werden. Auch besteht für den Fahrer nur ein geringes Verletzungsrisiko, da gegenüber einem Auffahrunfall nicht die volle Stoßenergie abgebaut wird, sondern nur ein Abgleiten vorliegt. 41

Für den abgesprochenen Unfall hat sich die Streifkollision mit einem stehenden Pkw herausgebildet, etwa nach dem Berliner Modell. Typisches Schadensbild für die Streifkollision ist, dass die Eindringtiefe aufgrund des sich schnell abbauenden Anstoßwinkels, abnimmt. Die Anstreifrichtung kann anhand der Verformung der Blechteile, aber auch durch Antragungen von Lack, nachvollzogen werden. Anhand der Plausibilitätsanalyse ist wiederum zu prüfen, ob die Unfallschilderung im Einklang mit den Fahrspuren steht und das Fahrverhalten nachvollziehbar ist. 42

III. Haftung und Rechtsfolgen

1. Anspruchsgrundlagen

Bei den unter Haftpflichtgesichtspunkten in Betracht kommenden Anspruchsgrundlagen ist zwischen solchen aus dem zulässigen Betrieb eines Kraftfahrzeuges, der Gefährdungshaftung und der Deliktshaftung zu unterscheiden. 43

Es besteht die Gefährdungshaftung[61] des Fahrzeughalters nach § 7 StVG und bei Personenverschiedenheit daneben die des Fahrers nach § 18 StVG. Liegt Verschulden vor, können weitere Ansprüche aus unerlaubter Handlung nach § 823 BGB gegeben sein. 44

Haftet der Kfz-Halter als VN bzw. der Fahrer als mitversicherte Person, besteht zusätzlich ein Direktanspruch (§ 115 VVG) gegen den Haftpflichtversicherer. 45

Fällt dem Geschädigten ein Mitverschulden oder auch nur eine Mitverursachung zur Last, führt dies zu einer Haftungsabwägung nach § 17 StVG. Er kann dann nicht mehr vollen Schadensersatz verlangen, sondern erhält nur noch quotenmäßige Anspruchsbefriedigung.[62] 46

Voraussetzung ist stets, dass ein Unfall zugrunde liegt. Im Haftpflichtrecht also ein unmittelbar von außen her, plötzlich mit mechanischer Gewalt einwirkendes Ereignis.[63] 46a

Bedeutsamerweise ist die Unfreiwilligkeit also nicht Tatbestandsmerkmal des Unfallbegriffs.[64] In § 7 Abs. 1 StVG findet sich nur das Betriebserfordernis. In den Haftungsausschlüssen nach § 7 Abs. 2 StVG und § 17 Abs. 3 StVG wird bereits der Unfallbegriff verwendet. § 18 Abs. 1 StVG nimmt Bezug auf § 7 Abs. 1 StVG. 47

Wenn nun die Unfreiwilligkeit nicht Tatbestandsmerkmal ist, fragt sich, ob auch der abgesprochene oder provozierte Unfall die Haftungsvoraussetzungen der gesetzlichen Ersatzansprüche erfüllt. 48

---

60 *OLG Hamm* r+s 2000, 66.
61 *BGH* NJW 1992, 1684.
62 Himmelreich/Halm/*Luckey* Kap. 1 Rn. 245 ff.
63 *BGH* NJW 2002, 626; *Hentschel/König/Dauer* § 142 StGB Rn. 24; für die Vollkaskoversicherung A.2.3.2 AKB 2008.
64 In der Unfallversicherung, § 178 VVG; 1.1 AUB 2008.

49 Die Unfreiwilligkeit stellt eine Einwilligung in die Rechtsgutverletzung dar. Damit liegt ein Rechtfertigungsgrund vor, der die Rechtswidrigkeit und im Ergebnis die Haftung entfallen lässt.[65]

50 Dies gilt für die Gefährdungshaftung genauso wie für diejenige aus unerlaubter Handlung.

51 Daraus folgt im Einzelnen, dass beim abgesprochenen Unfall mangels Unfreiwilligkeit die Rechtswidrigkeit fehlt und der provozierte Unfall eine vorsätzliche Selbstschädigung darstellt.

51a Außerdem führt die vorsätzliche Unfallherbeiführung im Rahmen der Haftungsabwägung stets zur Alleinhaftung des Täters. Selbst wenn ein angeblich gutgläubiger Anspruchsteller vorgeschoben wird.[66]

52 Anders beim ausgenutzten Unfall. Hier ist zwar Unfreiwilligkeit gegeben. Vorschäden oder eine nachträgliche Schadensvergrößerung resultieren aber nicht aus dem Unfall. § 7 Abs. 1 StVG erfordert aber einen »daraus« entstandenen Schaden.

53 Beim fiktiven Unfall fehlt es bereits am objektiven Tatbestand der Beschädigung beim Betrieb eines Kfz i. S. d. § 7 StVG bzw. der Eigentumsverletzung nach § 823 BGB.

54 Besteht kein Schadenersatzanspruch, entfällt auch der Direktanspruch gegen den Haftpflichtversicherer.[67]

2. Beteiligung Dritter

55 Bei der Beteiligung Dritter auf Schädigerseite bleibt es in der rechtlichen Beurteilung bei der Haftungsfreistellung.

56 Wird für die Unfallmanipulation ein Dritter als Fahrer eingesetzt und ist der Fahrzeughalter arglos (Beispiel: Einsatz von Mietwagen) oder soll der Dritte als Unbekannter den Verursacher-Pkw gestohlen haben (Berliner Modell) und die Haftung des VR des gestohlenen Pkw nach den §§ 117, 115 VVG hergeleitet werden, fehlt die Eigentumsverletzung oder die Rechtswidrigkeit bzw. der geltend gemachte Schaden ist nicht unfallursächlich.

57 Schwieriger ist die Behandlung Dritter auf Geschädigtenseite:

57a Selbst wenn der Dritte als Fahrer den Unfall manipuliert hat fragt sich, ob auch der Geschädigte beteiligt war, also dessen Einwilligung vorlag. Jedoch besteht zwischen Kfz-Halter und Fahrer bei der Haftungsabwägung nach § 17 StVG eine Haftungseinheit.[68] Das bedeutet, der Halter muss sich die vorsätzliche Unfallherbeiführung wie eigenes Verschulden zurechnen lassen.

57b Die Haftungsabwägung geht beim provozierten Unfall wiederum voll zu seinen Lasten aus. Beim ausgenutzten Unfall fehlt die Schadensverursachung und beim fiktiven Unfall fehlt es an der Eigentumsverletzung, ohne dass es auf den Dritten ankommt.

58 Besonderheiten ergeben sich beim abgesprochenen Unfall:

59 Eindeutig ist noch die Fallgestaltung, wenn der Geschädigte durch den Dritten als Fahrer einverstanden ist. Aufgrund der Einwilligung liegt ein Rechtfertigungsgrund vor.

60 Was aber, wenn die Einwilligung nicht feststeht? Ist der Pkw dem Fahrer dauerhaft und uneingeschränkt zur ständigen Benutzung zur Verfügung gestellt, muss sich der geschädigte Halter das Einverständnis des Fahrers zurechnen lassen.[69] Es sind die Fälle in denen die Eltern oder Partner aus steuerlichen oder versicherungsrechtlichen Gründen Halter sind, aber nicht die Eigentümer der

---

65 *BGH* VersR 1978, 862; *OLG Hamm* VersR 1993, 1372; *Staab* S. 20 ff.
66 *KG* WM 1989, 51; *OLG Hamm* NZV 1994, 224.
67 *Prölss/Martin* VVG/*Knappmann* zu § 115.
68 *Dannert* NZV 1993, 13; *OLG Hamm* r+s 1994, 214 = NZV 1994, 224.
69 *OLG Celle* NZV 1991, 269.

Fahrzeuge. Im professionellen Bereich des Versicherungsbetruges werden auch Fahrzeughalter quasi als Strohmänner vorgeschoben, damit der eigentliche Täter im Hintergrund bleiben kann.

Ähnlich wie bei geleasten oder finanzierten Fahrzeugen bietet sich als Verteidigungsstrategie im Prozess an, zunächst einmal die Eigentümerstellung und damit die Aktivlegitimation zu bestreiten. Steht fest, dass der Eigentümer an der Unfallmanipulation beteiligt war, hilft auch keine Abtretung der Schadensersatzansprüche, weil ja keine Ansprüche bestehen. 61

Noch einmal zu unterscheiden sind die verbleibenden Fälle, in denen der Halter auch Eigentümer ist und seine Beteiligung an der Unfallmanipulation nicht feststeht (Einsatz eines Mietwagens; Probefahrt des Kaufinteressenten). 61a

Zum einen kann die Unfallabsprache zwischen dem Fahrer des Geschädigten und dem Schädiger bestehen. Hier kann der Geschädigte den Schädiger auf vollen Schadensersatz in Anspruch nehmen. Zwar muss er sich das Verhalten des eigenen Fahrers anrechnen lassen (Haftungseinheit). Dieser bildet aber mit dem Schädiger eine Gesamtschuldnerschaft nach den §§ 823, 830, 840 BGB. Damit haftet der Schädiger auch für den Tatbeitrag des Fahrers des Geschädigten, seines Mittäters. Im Rahmen der Haftungsabwägung nach § 17 StVG kann das Verhalten des Fahrers seines Pkws dem Geschädigten nicht angerechnet werden.[70] 62

Der Geschädigte kann von dem Schädiger sowohl nach § 7 StVG als auch nach § 823 BGB vollen Schadensersatz fordern. 63

Nicht aber vom VR des Schädigers. Der Schädiger hat den Unfall vorsätzlich und mangels Einwilligung des Geschädigten auch rechtswidrig herbeigeführt. Damit scheitert der Direktanspruch an dem subjektiven Risikoausschluss aus den § 81 Abs. 1 (Kasko) bzw. § 103 (Haftpflicht) VVG n. F.[71] Zum anderen kann die Unfallabsprache zwischen den beiden Fahrern je auf Schädiger- und Geschädigtenseite vorliegen. Wegen der Haftungseinheit müssen sich die geschädigten Fahrzeug-Halter wieder die Verursachungsbeiträge ihrer Fahrer anrechnen lassen. In der Rechtsprechung wird für diese Fälle eine Haftungsteilung für gerechtfertigt gehalten.[72] 64

Auch die VR haften nach dieser Quote für ihre unbeteiligten VN. Das vorsätzliche Verhalten des Fahrers als mitversicherte Person lässt den Versicherungsschutz nicht entfallen. In der Haftpflichtversicherung gehören Gefahren aus der Überlassung des Fahrzeugs an einen Dritten grundsätzlich zum Versicherungsschutz des VN. Bei nur vorübergehender Überlassung besteht auch keine Repräsentantenhaftung.[73] 65

Für den Fahrer des Schädiger-Pkws haftet dessen Haftpflichtversicherung dagegen nicht. Es greift wieder der subjektive Risikoausschluss. 66

IV. Beweislast

1. Äußerer Schadenshergang

Unabhängig von den üblichen Haftungsfragen wie etwa die Mithaftungsquote oder Einwendungen zur Schadenshöhe, spielen im Unfallmanipulationsprozess der äußere Schadenshergang, die Einwilligung und der Schadensumfang eine besondere Rolle. 67

Voraussetzung für eine Anspruchsbegründung ist zunächst die Darlegung des Unfallgeschehens. Der Anspruchsteller muss darlegen und beweisen, dass sich der Unfall so zugetragen hat, wie von ihm 67a

---

70 *OLG Hamm* VersR 1993, 1372; *OLG Schleswig* NZV 1995, 114.
71 *OLG Düsseldorf* NJW-RR 1993, 1375; *KG* NZV 1990, 30; *OLG Stuttgart* NJW-RR 1990, 527.
72 *OLG Hamm* VersR 1993, 1372; *OLG Hamm* r+s 1994, 412 (Regressprozess); *OLG Schleswig* NZV 1995, 114.
73 *OLG Hamm* a. a. O.; *OLG Schleswig* a. a. O.

vorgetragen. Er hat Beweis zu führen über den äußeren Schadenshergang.[74] Der VN kann jedoch nur mitteilen, was er weiß. Seine Kenntnis über den wirklichen Unfallablauf gehört zum objektiven Tatbestand und ist daher vom VR zu beweisen. Beruft sich dagegen der VN auf eine Bewusstseinsstörung, trägt er hierfür die Beweislast.[75]

68 Eine zurechenbare Beschädigung ist in den Fällen des fiktiven, abgesprochenen oder ausgenutzten Unfalles nicht oder nicht vollumfänglich auf den geschilderten Schadenshergang zurückzuführen. Selbst wenn sich Schädiger und vermeintlich Geschädigter einig sind, kann der in Anspruch genommene VR den behaupteten äußeren Schadenshergang mit Nichtwissen bestreiten (§ 138 Abs. 4 ZPO). Dann muss der Anspruchsteller die Richtigkeit seiner Unfalldarstellung vollumfänglich beweisen.

69 Liegt dem VR etwa bereits ein unfallanalytisches Gutachten vor, kann er den Schadenshergang auch qualifiziert bestreiten. Anhand der Kompatibilitäts- und Plausibilitätsprüfung kann er konkrete Einwendungen formulieren, warum der Unfall technisch nicht so abgelaufen sein kann, wie durch den Anspruchsteller vorgetragen. Dadurch kann der VR sogar den Gegenbeweis führen.[76] Da es sich um eine Frage der haftungsbegründenden Kausalität handelt, gilt der strenge Beweismaßstab des Vollbeweises nach § 286 ZPO.

2. Einwilligung

70 Ist von der Richtigkeit der Unfalldarstellung auszugehen, fragt sich, ob ein unfreiwilliger Schadenshergang vorliegt.

71 Die Einwilligung in die Rechtsgutverletzung stellt einen Rechtfertigungsgrund dar und ist somit durch den VR zu beweisen.[77] Für eine Unfallabrede oder Unfallprovokation stehen i. d. R. aber keine Zeugen zur Verfügung. Die Verabredung wird heimlich geschehen und auch im Nachhinein werden die Akteure nicht mit ihrer Tat prahlen. Dann kommt es schon eher im Rahmen eines Strafverfahrens zum Geständnis eines der Beteiligten.

72 Der VR kann daher seiner Darlegungs- und Beweislast im Wege des Indizien- darüber hinaus als Anscheinsbeweis[78] nachkommen. Es bedarf des Vortrages und der Darlegung von Auffälligkeiten und Merkmalen für eine Unfallmanipulation.[79] Die einzelnen Merkmale sind durch die Vernehmung von Zeugen oder der Einholung eines Sachverständigengutachtens dem Beweis zugänglich. Umgekehrt muss der Anspruchsteller für ihn entlastende Umstände vortragen und ebenso beweisen. Auch hier ist wieder der Vollbeweis nach § 286 ZPO erforderlich.

73 Die Auffälligkeitsmerkmale müssen ihrerseits feststehen. Es schließt sich dann eine Wahrscheinlichkeitsbetrachtung an. Wie wahrscheinlich ist es, dass bei Vorliegen der hier gesuchten Haupttatsache (z. B. Verabredung) auch die feststehenden Hilfstatsachen (Auffälligkeitsmerkmale) vorliegen?[80]

74 Für die Wahrscheinlichkeitsbetrachtung ist auch auf die Lebenserfahrung zurückzugreifen. Dabei sind belastende wie auch entlastende Umstände gleichermaßen zu würdigen.

75 So bedarf es für eine Unfallverabredung beispielsweise der Bekanntschaft zwischen den Beteiligten. Sie müssen in Kontakt miteinander gestanden haben, um die Details der Unfallmanipulation absprechen zu können. Es widerspricht aber der allgemeinen Lebenserfahrung, dass miteinander bekannte Personen in einen Unfall verwickelt werden. Damit streitet ein Anscheinsbeweis gegen die Unfreiwilligkeit des Unfalls. Der Anspruchsteller muss entlastende Merkmale beweisen. Es ist denkbar, dass

---

74 *BGH* r+s 1993, 333 = NZV 1992, 403; *OLG Köln* NJW-RR 1995, 546.
75 *BGH* NJW 2007, 1126.
76 *BGH* VersR 1983, 560.
77 *BGH* VersR 1978, 862; NZV 1992, 403; *Meschkat/Nauert* Rn. 269.
78 *OLG Frankfurt/M.* NJW-RR 2007, 603.
79 *Halm* SVR 2006, 294.
80 *Staab* S. 88 ff.

sich Bekannte mit ihren jeweiligen Fahrzeugen auf einer gemeinsamen Urlaubsfahrt befunden haben und einer aus Unachtsamkeit aufgefahren ist. Oder aber, dass zwei Kollegen kurz vor Erreichen ihrer Arbeitsstelle miteinander kollidieren, weil einer von ihnen in Eile ist und die Vorfahrt nicht beachtet hat.

Fahrer von Miet-, Leasing- und Firmenfahrzeugen sind vertraglich angehalten, bei einem Unfall die Polizei hinzuzuziehen. Andererseits kann die Polizei die Aufnahme einfacher Unfälle ablehnen. Damit stellt das Hinzuziehen der Polizei heute kein sehr gewichtiges Indiz mehr dar. 76

Einzelne Indizien, selbst eine Anhäufung von Merkmalen, die sämtlich voneinander abhängen, reichen für die Überzeugungsbildung des Gerichts nicht aus. Erst eine Reihe voneinander unabhängiger Indizien vermag ein belastendes Gesamtbild zu erzeugen.[81] Die Indizien sind in einer Gesamtschau zu würdigen. Sodann ist zu entscheiden, ob dieses Gesamtbild »einen für das praktische Leben ausreichenden Grad von Gewissheit bietet, der vernünftigen Zweifeln Schweigen gebietet, ohne sie vollständig auszuschließen; es braucht keine mathematische Sicherheit zu bestehen, die jeden möglichen Zweifel und jede denkbare Möglichkeit des Gegenteils ausschließt«.[82] Es kommt nicht auf die Feststellung immer gleicher Erscheinungsbilder an, sondern die Werthaltigkeit der Beweisanzeichen ist entscheidend.[83] 77

Eine fehlende Kompatibilität der Fahrzeugschäden hört sich zunächst nach einem starken Manipulationsindiz an. Für sich alleine rechtfertigt es eine solche Überzeugungsbildung aber nicht. 78

Zum einen achten professionelle Täter auf einen »passenden« äußeren Schadenshergang. Zum anderen hat auch die technische Unfallrekonstruktion Grenzen. Gerade bei geringen Geschwindigkeiten kann es bei der Berechnung der Kollisionsgeschwindigkeit zu Abweichungen kommen, die nur im praktischen Versuch aufgedeckt werden können. 79

Beim ausgenutzten Unfall stellt sich die Frage, ob die geringe Auffahrgeschwindigkeit zu einer Beschädigung nicht nur an der äußeren Stoßfängerverkleidung, sondern auch an der dahinter liegenden Karosserie, etwa dem Heckabschlussblech geführt haben kann. Je nach konstruktionsbedingter Steifigkeit der Fahrzeugpartien, bzw. wie viel Anstoßenergie durch die Stoßfänger abgebaut wurde, zumal noch bei einer Winkelstellung, können sich hier ganz unterschiedliche Ergebnisse zeigen. 80

Beim ausgenutzten Unfall, wo also das Schadensbild vergrößert oder ein Vorschaden mit geltend gemacht wird, steht die Kompatibilitätsanalyse im Vordergrund. 81

Für die Überzeugungsbildung des Gerichts oft aussagekräftiger ist die Plausibilitätsanalyse. Ergibt sich entgegen der Schilderung der Beteiligten, dass der Auffahrende noch beschleunigt anstelle abgebremst hat oder der Fahrer auf das andere Fahrzeug bereits zu einem Zeitpunkt reagiert haben will, als dieses für ihn noch gar nicht sichtbar war, ist der behauptete Geschehensablauf widerlegt. 82

Neben der technischen ist auch eine allgemeine Plausibilitätsanalyse anzustellen. Oft beschränkt sich die Unfallverabredung der Beteiligten auf den eigentlichen Schadenshergang. Nicht umfasst sind das Vor- und Nachverhalten. Es bietet sich an, im Zeugenstand auch nach dem Anlass der Fahrt zu fragen und zu prüfen, ob die geschilderte Fahrstrecke nachvollziehbar ist, etwa weil es die kürzeste oder schnellste ist bzw. Zwischenstopps berücksichtigt. Oder die Frage, ob die Fahrzeuge nach der Kollision den fließenden Verkehr behinderten. Wenn nicht, wie ist dann der fließende Verkehr an der Unfallstelle vorbeigekommen? Oder wie wurden die Fahrzeuge geborgen? Mussten sie abgeschleppt werden und wenn ja, konnte man dies selbst bewerkstelligen oder war ein Abschleppwagen erforderlich? Waren sich die Zeugen bei dem Schadenshergang noch einig, werden an dieser Stelle oft ganz unterschiedliche Versionen geschildert. 83

---

81 *Hansen* JuS 1992, 327.
82 *BGH* NJW 1990, 946; 948; NJW-RR 1989, 983.
83 *KG* NZV 2008, 243.

3. Schadensumfang

84 Schließlich ist zu prüfen, ob das geltend gemachte Beschädigungsbild auch zu dem vorgetragenen Unfallgeschehen passt.

85 Für den Schadenumfang ist der Anspruchsteller darlegungs- und beweispflichtig. Da es sich um die haftungsausfüllende Kausalität handelt, greifen die Beweiserleichterungen (§ 287 ZPO). Nicht notwendig ist die an Sicherheit grenzende Wahrscheinlichkeit, sondern eine erhebliche Wahrscheinlichkeit ist ausreichend.[84] Darüber hinaus kann sich das Gericht der freien Schadensschätzung bedienen.

86 Die Beweiserleichterungen aus § 287 ZPO gelten nur für den redlichen Anspruchsteller. Wird die prozessuale Wahrheitspflicht verletzt, also werden beispielsweise Vorschäden verschwiegen, der Schaden nachträglich vergrößert oder fehlt es an der Schadenskompatibilität, erfordert die Beweisführung wieder den Vollbeweis nach § 286 ZPO.[85]

87 Ist bewiesen, dass nicht sämtliche Schäden am Unfallfahrzeug auf das Unfallereignis zurückzuführen sind und macht der Anspruchsteller zu den nicht kompatiblen Schäden keine Angaben bzw. bestreitet er das Vorliegen irgendwelcher Vorschäden, so ist ihm auch für diejenigen Schäden, die dem Unfallereignis zugeordnet werden können, kein Ersatz zu leisten.[86] Nach der Rechtsprechung ist der Anspruch schon dann zu verneinen, wenn auch nur theoretisch nicht auszuschließen ist, dass Vorschäden geltend gemacht werden.[87] Darlegungs- und beweisbelastet ist derjenige, der behauptet, dass die geltend gemachten Schäden nicht aus einem Vorschaden resultieren.[88]

88 Kann der Anspruchsteller beweisen, dass zumindest ein Teil der Schäden aus dem streitgegenständlichen Unfall stammt, kann das Gericht wieder von der Schadensschätzung nach § 287 ZPO Gebrauch machen, nötigenfalls unter Vornahme eines Sicherheitsabschlages.[89]

88a Unter Umständen spricht sogar der Beweis des ersten Anscheins für die Unfallbedingtheit der festgestellten Schäden. Der Anscheinsbeweis ist bereits dann wieder erschüttert, wenn Umstände für eine Unfallmanipulation vorliegen.[90]

89 In Abkehr zu seiner bisherigen Rechtsprechung[91] und der bisher nahezu einhelligen herrschenden Meinung[92] soll nunmehr nach einer Entscheidung des *OLG Düsseldorf* vom 11.2.2008 eine Klage auf Schadensersatz bei unstreitiger oder nachgewiesener Kollision auch teilweise Erfolg haben können, wenn es dem Kläger nicht gelingt, die Unfallbedingtheit sämtlicher von ihm geltend gemachter Beschädigungen nachzuweisen. Im Rahmen des § 287 ZPO stelle sich nicht die Frage, ob ausgeschlossen werden kann, dass kompatible Beschädigungen die Folgen eines Unfalls sind. Es genüge die überwiegende Wahrscheinlichkeit der Unfallbedingtheit der geltend gemachten Beschädigungen. Bei technischer und rechnerischer Trennbarkeit von unfallbedingten (Neu-) Schäden von tatsächlichen oder nur potenziellen unfallfremden (Alt-) Schäden dürfe dem Geschädigten ein Ersatz nicht vollständig versagt werden. Es handelte sich um einen Unfall im Kreisel, bei dem durch den Sachverständigen nur in einer bestimmten Kollisionsstellung sämtliche Schäden zuordenbar waren,

---

84 Nicht zu verwechseln mit den zum Kasko-Schaden-Recht entwickelten Wahrscheinlichkeitsstufen, vgl. *Langheid* NJW 1992, 661.
85 *BGH* NJW 1981, 1454; *OLG Hamm* NJW-RR 1990, 42; *OLGR Hamm* 1993, 257.
86 *OLG Köln* VersR 1999, 865.
87 *OLG Hamm* r+s 1994, 332; 1995, 60; NJW-RR 1990, 42; *OLG Nürnberg* VersR 1978, 334; *OLG Düsseldorf* VersR 1988, 1191; zfs 1989, 40; VersR 1993, 1123; *OLG Köln* NZV 1996, 241; r+s 1998, 191; *OLG Hamm* r+s 1998, 242.
88 *OLG Frankfurt/M.* SP 2000, 131; *OLG Hamm* SP 1999, 414; *OLG Düsseldorf* SP 2000, 129; *OLG Frankfurt/M.* Urt. v. 10.7.2001 – 9 U 87/00; *OLG Hamburg* Urt. v. 6.5.2003 – 14 U 10/03; *OLG Nürnberg* Urt. v. 18.7.2003 – 6 U 362/03.
89 *BGH* DAR 1990, 224.
90 *BGH* VersR 1978, 862, 865 f.
91 *OLG Düsseldorf* SP 2001, 272.
92 *OLG Frankfurt/M.* zfs 2008, 1990; *KG* SP 2008, 21; *OLG Hamburg* MDR 2001, 1111.

dieser Winkel aber nicht als allein möglicher feststand. Es sei erwiesen, dass durch den Zusammenstoß ein bestimmter, abgrenzbarer Teil von Fahrzeugschäden entstanden ist, auf welchen sich die Schadensersatzverpflichtung beziehe.[93]

In der Literatur wird diese Rechtsprechung des *OLG Düsseldorf* teils sehr kritisch bewertet, da die Abkehr der seit Langem gefestigten Rechtsprechung im Hinblick auf die prozessuale Wahrheitspflicht sehr bedenklich sei und Tür und Tor zum Prozessbetrug öffne. Es sei ein unbilliges Ergebnis, dass dem vorsätzlich gegen § 138 Abs. 1 ZPO verstoßenden Kläger ein Mindestschaden zugesprochen werde und ihm zudem Beweiserleichterungen zugutekommen.[94] 90

Im Rahmen der Gesamtwürdigung können also Zweifel am Schadensumfang zur Überzeugungsbildung führen, dass eine Unfallmanipulation vorliegt. Selbst wenn eine Einwilligung nicht nachgewiesen ist. Daher ist i. d. R. vor Klärung des Schadenumfanges kein Grundurteil zu erlassen.[95] 91

V. Prozessführung

1. Interessenkollision und Streitbeitritt

Nimmt der Geschädigte den VR und den VN bzw. mitversicherten Fahrer auf Schadensersatz in Anspruch und will der VR den Manipulationseinwand erheben, werden sich auf Beklagtenseite zwei getrennte Anwälte bestellen. Zwar obliegt nach den Musterbedingungen AKB 2008 E.2.4 die Prozessführung dem VR, der für die Beklagten einen Rechtsanwalt beauftragen kann. Erklären aber der VN bzw. der mitversicherte Fahrer gegenüber diesem Anwalt, dass keine Unfallmanipulation vorliegt und ist der Rechtsanwalt durch den VR gehalten, dennoch den Manipulationseinwand zu erheben, würde sich der Rechtsanwalt standeswidrig verhalten und unter Umständen sogar wegen Parteiverrats strafbar machen.[96] 92

Daher wird der VR dem Rechtsstreit als Streithelfer (§ 66 ZPO) beitreten.[97] Der VR und der VN bzw. Fahrer sind einfache Streitgenossen, sodass der VR auch nur unselbstständiger Streithelfer i. S. d. § 67 ZPO sein kann. 93

Das nach § 66 Abs. 1 ZPO für den Beitritt erforderliche Interesse des VR am Obsiegen des VN/mitversicherten Fahrers ergibt sich aus der Bindungswirkung der Entscheidung für den etwaigen Deckungsprozess. Es soll sogar dann noch bestehen, wenn die Deckungsklage des Geschädigten gegen den VR bereits abgewiesen wurde. Der Beitritt kann noch in jedem Stadium des Rechtsstreites erfolgen, sogar noch in Verbindung mit der Einlegung eines Rechtsmittels (§ 66 Abs. 2 ZPO). Für die Fristwahrung und den Verspätungseinwand ist dann allerdings auf den Halter und Fahrer abzustellen und nicht etwa auf den VR.[98] 94

Als Streithelfer darf der VR für die unterstützte Partei Angriffs- und Verteidigungsmittel vorbringen und die der Partei zustehenden Prozesshandlungen vornehmen, selbst wenn die unterstützte Partei daran kein Interesse hat. Sonst muss die Partei zum Ausdruck bringen, dass sie die Prozesshandlung nicht gegen sich gelten lassen will. Der Streithelfer darf nicht zum Nachteil der unterstützten Partei handeln. Der VR kann aber die Unfallmanipulation vortragen, weil er damit die Abweisung der Klage erreichen will. Die Beschränkung ergibt sich aus § 67 ZPO, wonach der Streithelfer nicht wirksam für die Partei Prozesshandlungen vornehmen kann, wenn sie im Widerspruch zu dessen Handlung und Erklärung stehen. 95

---

93 *OLG Düsseldorf* DAR 2008, 344 = NZV 2008, 295.
94 *Halm* DAR 2008, 345.
95 *BGH* r+s 1993, 223; *OLG Hamm* VersR 1994, 301.
96 *Kääb* NZV 1991, 169; *OLG Frankfurt/M.* r+s 1991, 329; *BGH* NZV 1991, 350 = VersR 1991, 236.
97 *BGH* DAR 1993, 225; *Freyberger* VersR 1991, 842.
98 *BGH* NJW 1990, 190; *OLG Frankfurt a. M.*, Beschl. v. 11.5.2009 – 19 W 22/09 = NJW- Spezial 2009, 506.

96 Bestätigt der Halter/Fahrer die Unfallversion des Geschädigten, ist der entgegenstehende Vortrag des VR unbeachtlich (§ 67 Hs. 2 ZPO).

97 Ein Geständnis i. S. d. § 288 ZPO oder Anerkenntnis i. S. d. § 307 ZPO kann auch bewusst unwahr abgegeben werden. Erst wenn feststeht, dass es auf einen Betrug zulasten eines Dritten abgegeben wurde, ist es unbeachtlich.[99] Gleiches gilt für die Geständnisfiktion des § 331 ZPO. In diesem Fall ist die Klage also dennoch, trotz Geständnis, Anerkenntnis oder Säumnis abzuweisen.

98 Aus Sicht des Geschädigten ist es damit zweckmäßig, den VR wie auch den Halter und den Fahrer zu verklagen. Dann hat er bei einem obsiegenden Urteil gegen Halter/Fahrer aufgrund der Bindungswirkung sogar bei Abweisung der Direktklage gegen den VR die Chance, über die Direktklage gegen den VR (aus dem Recht des Halters/Fahrers) erfolgreich zu sein.

98a Will der Geschädigte die Klage gegen einen der Streitgenossen weiter verfolgen, darf er gegen einen anderen Streitgenossen ein abweisendes, teilabweisendes Urteil nicht rechtskräftig werden lassen.

99 Der VR dagegen muss wegen der Bindungswirkung eine Verurteilung des Halters/Fahrers verhindern, insbesondere durch Versäumnis- oder Teilurteil. Durch die Beweisaufnahme muss der Nachweis einer Verabredung geführt werden, was sonst nicht mehr möglich wäre.

99a Der Halter/Fahrer kann einen eigenen Rechtsanwalt beauftragen. Hat der mitverklagte Fahrer einen eigenen Anwalt beauftragt und bestätigt sich ihm gegenüber der Manipulationsverdacht nicht, gehen dessen Kosten zu Lasten des VR.[100] Auch angesichts eines Unfallmanipulationsversuchs ist ein Prozesskostenhilfeantrag nicht mutwillig im Sinne des § 114 S. 1 ZPO.[101]

99b Hat der VR zum Nachweis eines Manipulationsverdachts ein Privatgutachten eingeholt, sind die Kosten dafür nur dann im Sinne von § 91 ZPO erstattungsfähig, wenn im Zeitpunkt der Beauftragung bereits ausreichende Verdachtsmomente bestanden.[102]

99c Halter und Fahrer gegenüber kann Schaden abgewendet werden, entweder durch Klageabweisung oder durch Verurteilung gemeinsam mit dem VR. Es kann der Unfallhergang und dessen Unfreiwilligkeit unstreitig gestellt werden. Ein Anerkenntnis oder Geständnis würde eine Obliegenheitsverletzung darstellen mit der Folge, dass der VR im Innenverhältnis von seiner Leistungspflicht befreit wäre. Auch hier kann wie durch den VR, auf jeder Beweisstufe eine Verteidigung aufgebaut werden. Etwa durch Erhebung eines Mithaftungseinwandes bzw. Bestreiten der Unfallfolgen oder der Schadenshöhe.

100 Die als Gesamtschuldner verklagten Fahrer/Halter und der VR sind lediglich einfache Streitgenossen.[103] Damit können sie unterschiedlich vortragen und Prozesshandlungen (bzw. Unterlassungen) wirken nur für und gegen sie selbst. Die Prozesse können nach § 48 ZPO voneinander getrennt werden, oder es kann ein Teilurteil (auch Teil-Versäumnisurteil)[104] gegen beide Streitgenossen ergehen (§ 301 ZPO). Auch kann nur der Prozess gegen den einen Streitgenossen eine Beweisaufnahme erforderlich machen, ohne dass der Prozess gegenüber den anderen abgetrennt oder durch Teilurteil entschieden wird.

101 Die Streitgenossen können in ihren Prozessen nicht gegenseitig als Zeugen auftreten, wohl aber, wenn das Beweisthema nur den anderen Prozess betrifft.[105]

---

99 *BGH* VersR 1970, 826; VersR 1978, 862, 865.
100 *BGH* v. 15.9.2010 – IV ZR 107/09, SVR 2011, 234 = NZV 2011, 21.
101 *BGH* v. 6.7.2010 – VI ZB 30/08 = NJW Spezial 2010, 553.
102 *OLG Celle* NJW-RR 2011, 1057; *OLG Frankfurt/M.* VersR 2009, 1558.
103 *BGH* VersR 1974, 1117; 1981, 1158.
104 *BGH* VersR 1974, 1117.
105 *BGH* MDR 1984, 47.

2. Bindungswirkung

Der Erlass eines Teilurteils ist also zu vermeiden, notfalls ist der Prozess abzutrennen und auszusetzen 102
(§ 148 ZPO).[106] Kommt es dennoch zu einer Vorab-Entscheidung, ist Rechtsmittel einzulegen.

Erschwerend kommt hinzu, dass zwischen dem Haftpflichtprozess und dem Deckungsprozess das 103
Trennungsprinzip gilt.[107] Im Haftpflichtprozess werden ausschließlich Haftungsfragen geklärt und gerade nicht das Versicherungsverhältnis auf die Möglichkeit einer Leistungsfreiheit durch den VR beleuchtet. Dies ist Inhalt eines Deckungsprozesses. In der Kfz-Haftpflichtversicherung ist der VR wegen des dort gegebenen Direktanspruches wenigstens an dem Haftpflichtprozess beteiligt. In der allgemeinen Haftpflichtversicherung noch nicht einmal das. Ausgangspunkt ist die Verpflichtung des VR aus dem Haftpflicht-Versicherungsvertrag, den VN oder die mitversicherte Person gegenüber Anspruchstellern freizustellen. Wird der Anspruch durch den VR nicht anerkannt oder kann keine Regelung getroffen werden, hat der VR den Haftpflichtprozess aufzunehmen (Musterbedingungen AKB 2008 E.2.4, § 101 Abs. 1 VVG, 5.2 AHB 2008). Es widerstreitet seinen Interessen, wenn er den Manipulationseinwand erhebt. Geht der VR wegen vorsätzlicher Schädigung oder Obliegenheitsverletzung von seiner Leistungsfreiheit aus, wird er dem Versicherten oder der mitversicherten Person keinen Rechtsschutz im Haftpflichtprozess des Geschädigten gewähren wollen.

Hinzu kommt die Bindungswirkung, dass die im Haftpflichtprozess getroffene Entscheidung und 103a
deren Grundlagen für den Deckungsprozess feststehen. Sie wird in der Rechtsprechung durch Auslegung aus dem Versicherungsvertrag hergeleitet.[108]

Im Deckungsprozess kann also nicht eingewandt werden, die Feststellungen des Haftpflichtprozes- 104
ses seien unzutreffend. Kommt das Gericht im Haftpflichtprozess zu dem Urteil, es liege eine fahrlässige Schadensverursachung vor und keine vorsätzliche Unfallmanipulation, ist der Versicherer im Deckungsprozess mit dem Einwand aus § 103 VVG ausgeschlossen.

Auch muss sich der Vorsatz nach § 103 VVG nicht nur auf die Unfallverursachung, sondern auch auf 105
die Schadensfolge beziehen. Im Deckungsprozess bleibt also zu prüfen, ob auch die Schadensfolge zumindest bedingt vorsätzlich herbeigeführt wurde.[109]

Das gilt umgekehrt nicht zwingend, sondern nur, wenn die Entscheidung von identischen Voraus- 106
setzungen ausgeht (Grundsatz der Voraussetzungsidentität).[110]

Der Bindungswirkung geht weder ein intaktes Versicherungsverhältnis noch eine gerichtliche Ent- 106a
scheidung, aus der wenigstens mit den Entscheidungsgründen die Grundlagen ersichtlich werden, voraus. Sie gilt genauso bei Versäumnisurteil[111] wie bei Vollstreckungsbescheid[112] oder außergerichtlicher Einigung.[113] Bindungswirkung soll nur dann nicht eintreten, wenn ein Haftungsanerkenntnis zum Zwecke des Betruges abgegeben worden ist.[114]

Ebenso wenig bei einer Annex-Entscheidung des Strafgerichtes (§§ 403 ff. StPO).[115] Erhält das Ur- 107
teil im Haftpflichtprozess nicht die Feststellung des Vorsatzes bezüglich der Schadensfolge, ist hierüber im Deckungsprozess zu entscheiden.

---

106 *OLG Celle* VersR 1988, 1286.
107 *BGH* VersR 1992, 1504; NZV 2001, 462.
108 *BGH* VersR 1992, 1504; NZV 2001, 462; *BGH* zfs 2007, 398 zur Vermögensschaden-Haftpflichtversicherung; *Maier*, MüKo VVG Band 2, 1. Aufl. Rn. 122.
109 *OLG Karlsruhe* r+s 1995, 9; *OLG Köln* r+s 1989, 74; *OLG Nürnberg* VersR 1990, 375; *OLG Hamm* VersR 1981, 178, jeweils zu § 152 VVG.
110 *BGH* zfs 2004, 226; *OLG Hamm* NZV 2004, 35.
111 *OLG Koblenz* r+s 1995, 92.
112 *OLG Hamm* Anwaltsblatt 1986, 374.
113 *OLG Hamm* VersR 1994, 925.
114 *BGH* VersR 1981, 1158.
115 *OLG Saarbrücken* VersR 1993, 1004.

108 Wird der Deckungsprozess vor dem Haftpflichtprozess geführt, sind diejenigen Haftpflichtfragen zu klären, denen versicherungsrechtliche Einwände zugrunde liegen. Trägt der VR die vorsätzliche Herbeiführung des Versicherungsfalles vor, müssen schon im Deckungsprozess hierzu Feststellungen getroffen werden. Hierin liegt kein Grund, den Deckungsprozess bis zur rechtskräftigen Entscheidung des Haftpflichtprozesses auszusetzen. Dies kann höchstens mit Zustimmung des VN erfolgen.[116]

109 Schließlich führt die rechtskräftige Entscheidung im Deckungsprozess keine Bindungswirkung für den nachfolgenden Haftpflichtprozess herbei. Auch wenn in Ersterem die vorsätzliche Herbeiführung des Versicherungsfalles festgestellt wird, kann er im Haftpflichtprozess bestreiten. Er ist offen zu halten, bis der Prozess gegen den VR entschieden ist.

110 Wird der Manipulationsvorwurf ausschließlich gegenüber dem vermeintlich Geschädigten erhoben, kommt es im Haftpflichtprozess zu keinen Besonderheiten. In den Fällen des provozierten oder ausgenutzten Unfalls stehen der VR und seine VN (Halter/Fahrer) auf der gleichen Seite. Wie im Regelfall wird der VR seine Verteidigungsbereitschaft gegen die Klage auch für die mitverklagten VN abgeben und über die gemeinsame Prozessvertretung entscheiden.

111 Anders aber im Fall des abgesprochenen oder fingierten Unfalls. Hier erhebt der VR den Vorwurf der Unfallmanipulation zumindest gegenüber einer mitversicherten Person, wenn nicht sogar gegenüber beiden. Da sich der VR durch eine gemeinsame Abrede zu seinen Lasten betrügerisch geschädigt sieht, vertritt er im Prozess nur die eigenen Interessen. Etwas anderes gilt noch, wenn der Fahrzeughalter für den VR unverdächtig erscheint, beispielsweise das Mietwagenunternehmen beim Berliner Modell. Hier wird der VR noch gemeinsam mit dem Halter auftreten, nicht aber für den Fahrer.

112 Der Manipulationseinwand auch gegenüber dem/den Streitgenossen wirkt sich auch auf die Rechtskrafterstreckung aus. Die rechtskräftige Abweisung der Klage gegen den Kfz-Haftpflichtversicherer wirkt nach § 124 VVG auch zugunsten des Versicherten und umgekehrt.[117] Jedenfalls wenn die Klage wegen Nichtbestehens des Haftpflichtanspruches abgewiesen wurde (und nicht aus anderen Gründen) soll der Geschädigte nicht die gleiche Klage noch einmal gegen den anderen erheben können.[118]

113 Nach der wohl herrschenden Meinung findet § 124 VVG nach seinem Sinn und Zweck auch dann Anwendung, wenn bei gleichzeitiger Entscheidung das abweisende Urteil gegen den VR zwar nicht sogleich rechtskräftig ist, aber dadurch unanfechtbar, da die Revisions- oder Berufungssumme nicht erreicht ist. Dann darf gegen den Halter/Fahrer auch kein Versäumnisurteil ergehen.

114 Der Geschädigte darf also ein abweisendes (Teil-)Urteil nicht rechtskräftig werden lassen, sonst kann er die Klage gegen den anderen wegen der Rechtskrafterstreckung nicht weiter verfolgen.[119] Auch darf der Halter/Fahrer ein stattgebendes (Teil-)Urteil nicht rechtskräftig werden lassen, wenn Aussicht darauf besteht, dass die Klage gegenüber dem VR insgesamt abgewiesen wird. In dem Fall kann er sich auf die Rechtskrafterstreckung aus dem Urteil gegen den VR berufen und ist damit die Klage gegen ihn selbst ebenso abzuweisen.

115 In dem besonderen Fall, in dem nicht der Schädiger (Halter), sondern ein Dritter (mitversicherter Fahrer) den Wagen geführt hat und neben dem VR zunächst nur der Schädiger oder der Fahrer des Schädigers verklagt wurden, kann die Rechtskrafterstreckung, die ja nicht im Verhältnis zwischen dem versicherten Halter und dem mit versicherten Fahrer gilt, umgangen werden.

---

116 *OLG Hamm* VersR 1994, 305.
117 Prölss/Martin/*Knappmann* § 124 VVG.
118 *BGH* VersR 1981, 1158.
119 *BGH* VersR 1981, 1158.

C. Betrug in der Kaskoversicherung

Damit der Versicherungsschutz, gerichtet auf den Schutz des Eigentums des Kaskoversicherten, im Fall eines Schadensfalles nicht entfällt, treffen den VN im Bereich der Kaskoversicherung einige Obliegenheiten vor und nach dem Versicherungsfall. Im Bereich der Teilkaskoversicherung stellt sich der Rückgriff des VR auf eine Obliegenheitsverletzung durch den VN oft als eine effektive Möglichkeit dar, betrügerisch gemeldete Entwendungen aufzudecken. Zu diesem Mittel greift der VR, wenn es ihm bei Betrugsverdacht nicht bereits gelungen ist, durch Bestreiten der Entwendung den Entwendungsnachweis des VN zu verhindern. Gelingt dem VR der Nachweis der Obliegenheitsverletzung nicht bzw. führt diese nicht zur Leistungsfreiheit, wird der VR bei Betrugsverdacht oftmals versuchen, die grob fahrlässige Herbeiführung des Versicherungsfalles nachzuweisen. 116

Im Bereich der Vollkaskoversicherung stellen Obliegenheitsverletzungen ein breites Spektrum an Möglichkeiten für den unredlichen VN dar, unberechtigte Schadenspositionen, welche nach Art (Vor-/Altschaden) oder Ausmaß nicht auf den gemeldeten Versicherungsfall zurückzuführen sind, abzurechnen. 117

Neben den gesetzlichen Obliegenheiten, geregelt im VVG, sind die vertraglichen Obliegenheiten in den Allgemeinen Kraftfahrzeugbedingungen geregelt. Dabei handelt es sich bei der Anzeigepflicht nach § 30 VVG und der Auskunftspflicht nach § 31 VVG zwar um gesetzliche Obliegenheiten, dies jedoch ohne Sanktion, so dass sie als gesetzliche Obliegenheiten nur Warnfunktion haben.[120] Um daher eine Verletzung dieser Obliegenheiten ahnden zu können müssen sie als vertragliche Obliegenheiten in die AKB übernommen werden. 118

Obliegenheiten vor Versicherungsfall sind daher in D. AKB 2008, Obliegenheiten nach Versicherungsfall in E. AKB 2008 normiert. 118a

Hat ein VR jedoch für seine Altverträge, die er bis zum 1.1.2008 abgeschlossen hat, nicht von der Möglichkeit nach Art. 1 Abs. 3 EGVVG Gebrauch gemacht, deren Bedingungen wirksam an die Rechtslage des neuen VVG anzupassen, führt dies zur Unwirksamkeit der Regelungen über die Verletzung von vertraglichen Obliegenheiten . Dies hat der *BGH* aktuell entschieden.[121] 118b

Der Senat führt diesbezüglich aus, dass der VR sich nicht mehr auf die Verletzung vertraglicher Obliegenheiten berufen kann, wenn sich die verwendete Klausel an der alten Rechtslage orientiert und das neue Recht eine für den VN günstigere Regelung vorsieht. 118c

Die dadurch entstehende Vertragslücke für die Rechtsfolgen der Verletzung der vertraglichen Obliegenheit wird auch durch den neuen Gesetzeswortlaut nicht geschlossen, da dieser keine Kürzungsregelung enthält. 118d

Dem VR wäre es lediglich weiter möglich, sich auf die grob fahrlässige Herbeiführung des Versicherungsfalles nach § 81 VVG oder eine Gefahrerhöhung nach § 23 VVG zu berufen, da diese gesetzlich verankert sind. 118e

Dieses Urteil wird bei einer Reihe von Altverträgen ohne wirksame Anpassung der Vertragsbedingungen an das neue Recht seitens des VR dem VN die Möglichkeit eröffnen, sich im Schadenfall darauf zu berufen, dass vertragliche Obliegenheitsverletzungen nicht wirksam vereinbart und daher die jeweilige Rechtsfolge nicht angewandt werden kann. Es wird nur eine Frage der Zeit sein, bis Inhaber von solchen Altverträgen diese Regelungslücke entdecken und ggf. betrügerisch anwenden. 118f

Denn allein aus der Tatsache im Fall der wirksamen Vereinbarung, dass die Erfüllung dieser Obliegenheiten die Grundlage für den VR darstellt, einen Versicherungsfall überhaupt prüfen und sachgerecht beurteilen zu können, ergibt sich das hohe Betrugspotenzial des VN, welches in der Nichterfüllung von Obliegenheiten liegt. Hierbei eröffnet die Verletzung von Obliegenheiten nach dem 119

---

120 *Van Bühren* Rn. 147 und 148.
121 *BGH* v. 12.10.2011 – IV ZR199/210, noch unveröffentlicht.

Versicherungsfall dem VN den größten Spielraum betrügerischer Machenschaften, so dass sich diese Abhandlung mit den betrugsrelevanten Obliegenheitsverletzungen nach Versicherungsfall beschäftigt.

120 Ist es zum Schadensfall gekommen, so treffen den VN die Pflichten gemäß E. AKB 2008, welche durch Individualvereinbarung in Form des jeweiligen Versicherungsvertrages auch mit anderem Regelungsinhalt vereinbart worden sein können. Zu einer Benachteiligung des VN gegenüber den Regelungen des VVG darf es hierbei selbstredend nicht kommen.

121 Zwar handelt es sich bei den Obliegenheiten nicht um unmittelbar erzwingbare Verpflichtungen. Auch ist keine Klage gerichtet auf die Verpflichtung der Einhaltung der Obliegenheiten möglich. Vielmehr hängt die Inanspruchnahme der vertraglich ausbedungenen Leistungsfreiheit von einer Entschließung des VR ab, die gegenüber dem VN zu erklären ist.[122] Die Verletzung der Obliegenheiten führt jedoch unter bestimmten Voraussetzungen zur Leistungsfreiheit des VR.

122 Da sich die wenigen Altfälle, auf die das noch bis zum 31.12.2007 geltende alte VVG noch anzuwenden ist, nur noch in den Instanzgerichten befinden, befassen sich die nachfolgenden Ausführungen ausschließlich mit der Rechtslage nach dem neuen VVG. Die hier zitierte und noch zur alten Rechtslage ergangene Rechtsprechung ist jedoch auch auf Fälle nach dem neuen VVG anzuwenden.

123 Die Problematik der Darlegung und des Beweises des Versicherungsfalls hat sich – auch hinsichtlich der Regeln zur Beweiserleichterung im Bereich der Kaskoversicherung (Entwendung) nach dem diesbezüglich vom BGH entwickelten Drei-Stufen-Modell[123] – gegenüber der alten Rechtslage nicht geändert.

I. Voraussetzungen der Leistungsfreiheit bei Obliegenheitsverletzungen nach Eintritt des Versicherungsfalls

124 Verletzt der VN nach Vertragsschluss Anzeige- bzw. Obliegenheitspflichten, bemessen sich die Folgen danach, wie stark sein Verschulden wiegt. Das bisher geltende Alles-oder-Nichts-Prinzip wurde aufgegeben.

125 Bei vorsätzlichen kausalen Verstößen wird der VR von seiner Pflicht zur Leistung frei. Einfach fahrlässige Verstöße bleiben für den VN folgenlos. Bei grob fahrlässigen Verstößen des VN gegen Obliegenheiten kann die Leistung entsprechend der Schwere des Verschuldens gekürzt werden. Diese Kürzung kann im Einzelfall auch 100 % betragen.[124]

1. Belehrung

126 Es muss durch den VR eine grundsätzlich entsprechende Belehrung erfolgen.

127 Eine solche ist jedoch bei spontan zu erfüllenden Obliegenheiten nach dem Versicherungsfall wie der Anzeige des Versicherungsfalls, der gerichtlichen Geltendmachung von Haftpflichtansprüchen oder aber Rettungspflichten wie der Sicherung eines Fahrzeugs nach Schlüsseldiebstahl oder bei kaputter Scheibe gegen Gesamtdiebstahl nicht notwendig.[125]

2. Beweislast

128 Der Versicherer ist für das Vorliegen der Obliegenheitsverletzung als solcher beweispflichtig.

---

122 *BGH* v. 26.1.2005 – IV ZR 239/03, VersR 2005 493 = SP 2005 134 = NJW 2005 1185.
123 *BGH* v. 5.10.1983 – IV A ZR 19/82, VersR 1984, 29; *BGH* v. 23.10.1996 – IV ZR 93/95, NJW 1997, 589; *Burmann/Heß* NJW-Spezial 2006, 351.
124 *BGH* v. 22.6.2011 – IV ZR 225/10, r+s 2011, 376 für den Fall absoluter Fahruntüchtigkeit aufgrund Alkohol.
125 *Kärger* Rn. 255.

Vorsatz

Will sich der VR auf vollständige Leistungsfreiheit berufen, muss er den Vorsatz des VN beweisen (§ 28 Abs. 2 S. 1 VVG).[126] Anders als nach altem Recht besteht keine Vermutung des Vorsatzes mehr beim Nachweis der objektiven Umstände der Obliegenheitsverletzung.[127]

129

grobe Fahrlässigkeit

Kann der VR keinen Vorsatz beweisen, stellt sich die Frage, ob zumindest der Nachweis der groben Fahrlässigkeit gelingt, für die der VR ebenfalls beweispflichtig ist, § 28 Abs. 2 S. 2 VVG. Der VN wiederum müsste nachweisen, dass er nicht grob fahrlässig gehandelt hat (§ 28 Abs. 2 S. 3 2. Hs. VVG).

130

Kausalitätsgegenbeweis

Der VN kann den Kausalitätsgegenbeweis bei grober Fahrlässigkeit führen[128], dass seine Obliegenheitsverletzung keinen Einfluss auf Grund und Höhe der Entschädigung gehabt hat (§ 28 Abs. 3 S. 1 VVG),[129] wobei die Kausalität zunächst einmal zugunsten des VR vermutet wird.[130]

131

Der Kausalitätsgegenbeweis kann auch beim Vorliegen von Vorsatz durch den VN noch geführt werden kann![131]

132

Keine Leistungsfreiheit besteht, wenn eine Kausalität grundsätzlich nicht denkbar ist.[132] Z. B.:
– Nichtanzeige mehrfacher Versicherungen durch den VN
– Obliegenheiten zur Beurteilung oder Beeinflussung des subjektiven Risikos wie Vorversicherung bzw. Vorschäden.

133

Auf das Kausalitätserfordernis wird jedoch dann verzichtet, wenn dem VN Arglist nachgewiesen werden kann, da diese dann zur Leistungsfreiheit führt.[133]

134

Arglist

Der VR, der Arglist einwendet, müsste dem VN nach § 28 Abs. 3 S. 2 VVG diese nachweisen. Nicht jede bewusst falsche Angabe des VN bedeutet jedoch Arglist. Der VN muss vielmehr einen gegen die Interessen des VR gerichteten Zweck mit seinen Falschangaben verfolgen. Arglistig handelt der VN daher nur dann, wenn er sich bewusst ist, dass sein Verhalten den VR bei der Schadenregulierung beeinflussen kann.[134] Dabei muss nicht zwingend mit dem Verhalten ein rechtswidriger Vermögensvorteil angestrebt werden.[135]

135

So besteht auch dann bei gefälschten Schadensbelegen eine Leistungsfreiheit des VR, wenn die Belege den tatsächlichen Wert des zu ersetzenden Gegenstandes wiedergeben.[136]

136

---

126 Halm/Kreuter/Schwab/*Kreuter-Lange* § 28 VVG Rn. 8; Burmann/Heß/*Stahl* Rn. 152; MüKoVVG/*Looschelders* § 1 Rn. 152.
127 Halm/Engelbrecht/Krahe/*Wandt* Kap. 1 Rn. 577; Halm/Kreuter/Schwab/*Kreuter-Lange* § 28 VVG Rn. 10.
128 *Knappmann* r+s 2011 Beilage zu Heft 4, 54 mit weiteren Ausführungen.
129 Halm/Engelbrecht/Krahe/*Wandt* Kap. 1 Rn. 578.
130 Halm/Engelbrecht/Krahe/*Wandt* Kap. 1 Rn. 580.
131 Halm/Kreuter/Schwab/*Kreuter-Lange* § 28 VVG Rn. 17.
132 *Kärger* Rn. 259.
133 Halm/Engelbrecht/Krahe/*Oberpriller* Kap. 15 Rn. 161.
134 *BGH* v. 2.10.1985 – IVa ZR 18/84, VersR 1986, 77 = r+s 1985, 302; *OLG Düsseldorf* r+s 1996, 319; *OLG Koblenz* zfs 2003, 550; *LG Saarbrücken* NJW-RR 2006, 1406.
135 *OLG Köln* VersR 2004, 907.
136 *OLG Köln* r+s 1999, 518; *OLG München* VersR 1992, 181.

137 Objektiv falsche Angaben sind nach der Rechtsprechung ein Indiz für ein vorsätzliches oder arglistiges Verhalten des VN, der dann gegebenenfalls die gegen ihn sprechende Vermutung entkräften muss.[137]

3. Quotale Entschädigung bei grober Fahrlässigkeit

138 Kann der VR auf der einen Seite den Vorsatz nicht beweisen und kann sich der VN auf der anderen Seite nicht von der groben Fahrlässigkeit entlasten, kommt es zu einer quotalen Entschädigung: Der VR darf nach Maßgabe der Schwere des Verschuldens des VN die Entschädigungsleistung kürzen (§ 28 Abs. 2 VVG).

139 Dabei hat der Gesetzgeber bewusst darauf verzichtet, feste Quoten vorzugeben und dies der Rechtsprechung sowie den VR und deren Versicherungsbedingungen überlassen.[138]

140 Von dieser theoretischen Möglichkeit der festen Quotierung bereits in den Versicherungsbedingungen hat bisher wohl kein VR Gebrauch gemacht.[139]

141 Obwohl die Gesetzesänderung für Neuverträge seit dem 1.1.2008 und für Schadenfälle aus Altverträgen ab dem 1.1.2009 gilt, gibt es bisher nur relativ wenig Gerichtsentscheidungen zum Thema Leistungskürzung bei Pflicht- und Obliegenheitsverletzungen. Die, die bisher ergangen sind, beschäftigen sich vor allem mit der Quotierung bei Trunkenheitsfahrten, Rotlichtverstößen, Missachtungen der Durchfahrtshöhe, Abkommen von der Fahrbahn sowie der Falschbetankung.[140] Der *BGH* hat zu diesem Themenkreis anhand einer Trunkenheitsfahrt bisher grundsätzlich nur entschieden, dass im Einzelfall auch eine Leistungskürzung von 100 % bei schwerwiegenden Verstößen möglich ist.[141]

142–159 *(unbesetzt)*

II. Arten der Obliegenheitsverletzungen nach dem Versicherungsfall

1. Anzeigepflicht E. 1.1 AKB 2008

160 Ein Versicherungsfall ist gemäß E.1.1 AKB 2008 innerhalb einer Woche schriftlich bei der auf dem Versicherungsschein bezeichneten Stelle zu melden.[142]

160a In der Kfz-Versicherung gibt es durchaus Situationen, in welchen der VN bewusst den Schaden beim VR verspätet meldet, um so betrügerisch einen finanziellen Vorteil zu erlangen. So kann eine verspätete Diebstahlsmeldung z. B. erfolgen, um das angeblich gestohlene Kfz samt Schlüsseln ins Ausland zu verschieben um dort die Originalschlüssel kopieren zu lassen. Der VN kann daher zunächst nicht alle Originalschlüssel vorlegen. In diesem Fall macht es aus Sicht des unredlichen VN Sinn, mit der Schadensmeldung zu warten bis alle Schlüssel wieder da sind, wohl wissend, dass der VR die Vorlage sämtlicher Originalschlüssel verlangt. Zudem kann das Interesse des VN darin bestehen, zunächst Zeit für die Umgestaltung des Kfz zu gewinnen um spätere Nachforschungen nach dem Verbleib des Kfz zu erschweren.

161 Mit u. a. dieser Argumentation bestätigte das *OLG Hamm*[143] die Vermutung für den Vorsatz des VN[144] in einem Fall, in welchem der VN den Diebstahl seines Fahrzeuges zwar noch am Tag der

---

137 *OLG Hamm* r+s 1996, 345.
138 Burmann/Heß/*Stahl* Rn. 395f zu den Quotierungsmodellen.
139 *Kärger* Rn. 263.
140 Übersicht bei *Stahl* Leistungskürzung nach dem VVG in der Kraftfahrtversicherung, r+s 2011 Beilage zu Heft 4, 115.
141 *BGH* v. 22.6.2011 – IV ZR 225/10, NJW-Spezial 2011, 489.
142 Halm/Engelbrecht/Krahe/*Oberpriller* Kap. 15 Rn. 155; Burmann/Heß/*Stahl* Rn. 320.
143 *OLG Hamm* NZV 2005, 482 = r+s 2005, 102 = VersR 2005, 974.
144 *BGH* v. 9.2.1972 – IV ZR 122/71,VersR 1972, 342.

behaupteten Entwendung bei der Polizei gemeldet hatte, sich jedoch an den VR erst über zehn Tage später nach dem Tag des behaupteten Versicherungsfalles wandte. Gleiches gilt auch für eine Schadensmeldung erst nach sechs Monaten[145] oder gar zwei Jahren.[146] Dies gilt auch dann, wenn die Inanspruchnahme der Kaskoversicherung zunächst nicht beabsichtigt ist, denn wegen der Verspätung wird der Versicherung die Möglichkeit eigener Untersuchungen genommen.[147]

Vorsätzlich handelt der VN in den Fällen, in denen er die Obliegenheitsverletzung im Bewusstsein der Verhaltensnorm gewollt hat.[148] **162**

Dem VR obliegt die volle Beweislast für das Vorliegen des Vorsatzes, da es keine Vermutung mehr wie nach dem alten Recht gibt. Der Versicherungsnehmer kann jedoch entlastende Umstände vortragen, was häufig gelingen dürfte, da kein vernünftiger VN seinen Versicherungsschutz verlieren will.[149] **163**

In diesem Kontext wurden zudem unter Beachtung der sog. Relevanz-Rechtsprechung des *BGH*[150] die Voraussetzungen der Relevanz der vorsätzlichen Obliegenheitsverletzung zu Recht durch das *OLG Hamm* bejaht. Zu beachten ist, dass die Relevanzrechtsprechung nur die Fahrzeugversicherung betrifft.[151] **164**

Nach der Relevanzrechtsprechung, die der Gesetzgeber in Form des § 28 Abs. 3 S. 1 VVG nunmehr kodifiziert hat,[152] tritt bei vorsätzlichen, aber für den VR folgenlos gebliebenen Verletzungen der Anzeigepflicht Leistungsfreiheit nur in den Fällen ein, in denen die Verletzung generell geeignet war, die Interessen des VR ernsthaft zu gefährden.[153] Zudem muss das Verschulden des VN schwer wiegen. Das Verschulden ist nicht erheblich, wenn es sich um ein Fehlverhalten handelt, welches auch einem ordentlichen VN unterlaufen kann und für das deshalb ein einsichtiger VR Verständnis aufzubringen vermag.[154] **165**

Hier entschied das *OLG Hamm* zu Recht, dass eine verspätete Schadensanzeige generell geeignet ist, die Interessen des VR ernsthaft zu gefährden, weil hierdurch z. B. erforderliche und schnelle Ermittlungen zum Verbleib des Fahrzeuges vereitelt hätten werden können. Eine vorherige Belehrung des VN über die Folgen einer Obliegenheitsverletzung war nicht erforderlich, denn die Anzeigepflicht ist spontan zu erfüllen.[155] **166**

In einem durch das *OLG Naumburg*[156] entschiedenen Fall behauptete der VN die Entwendung seines Fahrzeuges. Der VR hielt jedoch den Nachweis der Entwendung für nicht erbracht. Das Fahrzeug wurde eineinhalb Jahre später ausgebrannt wieder aufgefunden, der Rechtsstreit wegen des behaupteten Diebstahls war noch rechtshängig. Der Rechtsanwalt des VN informierte über das wieder Auffinden des ausgebrannten Fahrzeuges erst knapp zwei Monate nach diesbezüglicher Kenntnisnahme durch den VN. Grundsätzlich konnte dem VN nicht verwehrt werden, sich auf den entschädigungspflichtigen Brandschaden zu berufen, da dieser ein eigenständiges versichertes Risiko darstellte. Jedoch berief sich der VR insoweit, nach Ansicht des Gerichtes zu Recht, auf die Verletzung **167**

---

145 *OLG Koblenz* bei *Halm/Fitz*, DAR 2009, 444.
146 *OLG Karlsruhe* bei *Halm/Fitz* DAR 2010, 442.
147 *OLG Karlsruhe* VersR 2010, 1307; Himmelreich/Halm/*Krahe* Kap. U, Rn. 567 ff.
148 *Prölss/Martin* VVG § 6 Rn. 116.
149 *Van Bühren* Rn. 189.
150 *BGH* v. 7.7.2004 – IV ZR 265/03, r+s 2004, 368 = DAR 2004, 582 = SP 2004, 342 = zfs 2004, 462; *BGH* v. 8.2.1984 – IV a ZR 49/82, VersR 1984, 228; Himmelreich/Halm/*M. Halm* Kap. 25 Rn. 107.
151 *OLG Frankfurt/M.* zfs 2003, 10; *van Bühren* § 3 Rn. 244.
152 Halm/Engelbrecht/Krahe/*Eichler* Kap. 27 Rn. 71.
153 *BGH* v. 20.5.1969 – IV ZR 616/68, VersR 1969, 651 = MDR 1969, 742.
154 Himmelreich/Halm/*M. Halm* Kap. 25 Rn. 107; *BGH* v. 7.12.1983 – IV A ZR 231/81, VersR 1984, 228.
155 *OLG Hamm* NZV 2005, 482 = r+s 2005, 102 = VersR 2005, 974; *BGH* VersR 2004, 1117; *OLG Köln* VersR 2004, 639.
156 *OLG Naumburg* VersR 2004, 1172.

der Anzeigeobliegenheit. Hat der VR die Versicherungsleistung endgültig verweigert, hat der VN keine Obliegenheiten mehr zu erfüllen, die dem VR gerade diese abgelehnte Leistung ermöglichen oder erleichtern sollen.[157] Dies war vorliegend aber gerade nicht der Fall, da die Anzeigenobliegenheit hinsichtlich des Brandschadens nicht im Zusammenhang mit der abgelehnten Regulierung des gemeldeten Diebstahlsschadens stand. Eine solche Obliegenheitspflicht besteht also fort. Auch ging das Gericht von einer vorsätzlichen Verletzung der Anzeigenobliegenheit aus, da im Hinblick auf die unstreitig bestehenden Zweifel an dem Diebstahl des Fahrzeuges der VN ein Interesse an dem möglichst späten bekannt werden des wieder Auffindens haben konnte. Insoweit trug der VN nichts zu seiner Entlastung vor. Genauso, wenn der VN den Versicherungsfall (Unfall) erst ein halbes Jahr später meldet, da er offensichtlich den VR über das Verhalten seines Sohnes, welcher Fahrer war, im Dunkeln lassen wollte.[158]

2. Aufklärungsobliegenheit

168 Die Aufklärungsobliegenheit ist in E.1.3 AKB 2008 geregelt. Wie bereits erläutert, ist der VR bei der Aufklärung des Sachverhaltes im besonderen Maße auf die Hilfe des VN angewiesen und muss sich darauf verlassen können, dass der VN auch für ihn ungünstige Umstände vorträgt.[159] Wird diese Hilfe seitens des VN nicht oder nur unzureichend gewährt, oder macht der VN Angaben, die nicht glaubhaft sind, so wird sich der VR veranlasst sehen, die Angelegenheit unter Betrugsgesichtspunkten zu prüfen.[160] Auch in der Nichtbeantwortung einer im Schadenmeldeformular gestellten Frage kann eine Verletzung der Aufklärungsobliegenheit liegen. Dies gilt jedenfalls dann, wenn der VR hinsichtlich einer nicht beantworteten Frage nachfragt und der VN auch hierauf nicht reagiert.[161] Bei Widersprüchen in der Schadensanzeige besteht wiederum eine Nachfrageobliegenheit des VR[162]. Dem VN muss Gelegenheit gegeben werden zur korrekten Beantwortung bzw. Ergänzung. Andernfalls kann sich der Versicherer nicht nach Treu und Glauben auf die Leistungsfreiheit wegen einer Aufklärungsobliegenheit berufen.[163]

169 Anders als bei der Anzeigepflicht muss der Versicherungsnehmer über den Eintritt der Leistungsfreiheit bei der Verletzung der Aufklärungspflicht belehrt worden sein, § 28 Abs. 4 VVG.[164] Der VN muss mit gesonderter Mitteilung in Textform, die drucktechnisch hervorgehoben ist, über die Leistungsfreiheit auch bei folgenloser vorsätzlicher Obliegenheitsverletzung belehrt worden sein.[165] Wenn der VR keinen Nachteil erleidet, können unrichtige Angaben des VN nur dann einen Anspruchsverlust mit sich bringen, wenn sie vorsätzlich erfolgten.[166] Dies muss in der Belehrung unmissverständlich zum Ausdruck gebracht werden.[167] Des Weiteren muss eine erneute Belehrung über die Rechtsfolgen der Obliegenheitsverletzung erfolgen, wenn zu wesentlich späterem Zeitpunkt vom VR der VN zu ergänzenden Angaben gebeten wird.[168] Ist die Belehrung jedoch z. B. nach § 28 Abs. 4 VVG inhaltlich unrichtig, ist es dem Versicherer verwehrt, sich auf Leistungsfreiheit wegen

---

157 *BGH* v. 17.12.1969 – IV ZR 1007/68, VersR 1970, 169.
158 Himmelreich/Halm/*M. Halm* Kap. 25 Rn. 112; *OLG Köln* SP 2004, 167; *OLG Hamm* r+s 2005, 102; *OLG Köln* r+s 2005, 194.
159 Burmann/Heß/*Stahl* Rn. 325.
160 Halm/Kreuter/Schwab/*Kreuter-Lange* AKB 2008 Rn. 2004.
161 *OLG Hamm* VersR 1996, 53.
162 *OLG Brandenburg* bei Halm/*Fitz* DAR 2009, 445.
163 Van Bühren § 3 Rn. 201; *OLG Karlsruhe* MDR 2003, 809 = NJW-RR 2003, 607.
164 Halm/Engelbrecht/Krahe/*Oberpriller* Kap. 15 Rn. 157; Halm/Kreuter/Schwab/*Kreuter-Lange* AKB 2008 Rn. 2006.
165 *BGH* v. 22.6.2011 – IV ZR 174/09, BeckRS 2011 19478; *OLG Köln* r+s 1999, 362; *OLG Hamm* NZV 1997, 313 = r+s 1997, 146.
166 *Kärger* Rn. 257.
167 Himmelreich/Halm/*M. Halm* Kap. 25 Rn. 107; *BGH* v. 20.12.1972 – IV ZR 57/71, VersR 1973, 174.
168 *BGH* v. 21.1.1998 – IV ZR 10/97, VersR 1998, 447; *OLG Hamm* MDR 1997, 39; *OLG Hamm* zfs 2001, 117.

einer nicht arglistigen Obliegenheitsverletzung zu berufen. In dem entschiedenen Fall hatte sich die Belehrung noch auf das alte Recht bezogen.[169] Umstritten ist auch, ob beim Vorliegen von Arglist gänzlich auf eine Belehrung verzichtet werden kann, was vielfach damit begründet wird, dass der arglistig Handelnde auch nach dem aktuellen VVG diesbezüglich nicht geschützt werden soll.[170]

Korrigiert der VN freiwillig und zeitnah falsche Angaben bevor dem VR ein Nachteil entsteht[171], darf sich der VR nach Treu und Glauben nicht auf Leistungsfreiheit berufen.[172] Es liegt jedoch keine Freiwilligkeit vor, wenn der VR bereits nachgefragt hat und die Korrektur erst auf Nachfrage erfolgt.[173] **170**

Der VR kann sich nicht auf Leistungsfreiheit wegen einer behaupteten Verletzung einer Aufklärungsobliegenheit berufen, wenn die Fragen auf dem von ihm an den Versicherten ausgegebenen Schadenmeldebogen nicht eindeutig oder missverständlich gestellt sind. Diesbezügliche Unsicherheiten gehen zulasten des VR, etwa wenn eine Frage zu einem Duplikatsschlüssel nicht korrekt beantwortet wird, diese durch den VR aber missverständlich formuliert wurde.[174] Anders als bei den meisten Schadensanzeigeformularen anderer VR lautete die Frage in dem zu entscheidenden Fall nicht »sind Duplikatsschlüssel gefertigt worden?«, sondern »existieren Duplikatsschlüssel?«. Ob der oder die von wem auch immer gefertigten Duplikatsschlüssel im Zeitpunkt der Angaben in der Schadensanzeige noch existierten, ist jedoch völlig unklar, jedenfalls nicht bewiesen. Der oder die gefertigten Duplikatsschlüssel können ohne Weiteres auch vorher in Verlust geraten sein. **171**

Sachverhaltsdarstellung durch den VN in der Schadenmeldung **172**

Der VN einer Fahrzeugversicherung ist gehalten, die Versicherung umfassend über die Einzelheiten des Versicherungsfalles und der Schadenhöhe aufzuklären. Beantwortet der VN Fragen des VR hierzu nicht oder nicht richtig, so kann er sich nicht darauf berufen, dass der VR den wahren Sachverhalt von dritter Seite noch zeitig genug erfahren habe, ebenso wenig, dass sich der VR die erforderlichen Informationen anderweitig beschaffen könne.[175] Zudem ist der VN gehalten, keine Angaben ins Blaue hinein zu tätigen[176] und zutreffende Angaben über den Ablauf des Geschehens zu machen.[177] Eine falsche Angabe liegt auch vor, wenn der VN einen Sachverhalt als Tatsache darstellt, obwohl er sich hinsichtlich des zugrunde liegenden Sachverhaltes nicht sicher ist.[178] So z. B. in dem durch das *OLG Köln* entschiedenen Fall, in welchem der Kläger bei der Schadensmeldung angab, dass der Fahrzeugschlüssel abgezogen, das Lenkrad eingerastet und die Türen abgeschlossen waren, obwohl er nicht wusste, ob der Sohn dies tatsächlich getan hatte.[179] **172a**

Weiterhin ist von dem VN zu erwarten, dass er nicht nur eine formalistische Beantwortung des Wortlautes der gestellten Frage vornimmt. Vielmehr soll der VN bei seinen Angaben auf den Sinn der gestellten Frage abstellen und hieraus schließen, in welchem Umfang er zu antworten hat. Die Antwort soll gewährleisten, dass der VR in die Lage versetzt wird, den Versicherungsfall sachgemäß zu entscheiden. Der VN ist daher zu ergänzenden Angaben verpflichtet, wenn die bloße Beantwortung einer Formularfrage den entscheidenden Sachverhalt nicht umfasst, weil der konkrete Einzelfall von den üblichen Standardfällen abweicht.[180] **173**

---

169 *LG Nürnberg-Fürth* v. 20.4.2011 – 8 S 6002/10, unveröffentlicht.
170 *Günther* Anmerkung zu LG Dortmund, FD-VersR 2010, 307506.
171 Halm/Engelbrecht/Krahe/*Oberpriller* Kap. 15 Rn. 160.
172 BGH v. 5.12.2001 – IV ZR 225/00, VersR 2002, 173; *OLG Bamberg* VersR 2003, 1527.
173 *OLG Köln* SP 2004, 130 = DAR 2003, 420.
174 *OLG Köln* SP 2005, 423.
175 *OLG Nürnberg* SP 2004, 59; Himmelreich/Halm/*M. Halm* Kap. 25 Rn. 110.
176 *OLG Köln* r+s 2004, 229; BGH v. 21.4.1993 – IV ZR 34/92, VersR 1993, 828; Himmelreich/Halm/*M. Halm* Kap. 25 Rn. 110.
177 *OLG Saarbrücken* r+s 2004, 231; Himmelreich/Halm/*M. Halm* Kap. 25 Rn. 110.
178 Himmelreich/Halm/*M. Halm* Kap. 25 Rn. 110.
179 *OLG Köln* SP 2004, 270.
180 BGH v. 21.4.1993 – IV ZR 34/92, r+s 1993, 321.

174 Sachverhaltsdarstellung in der Schadenmeldung durch Dritte

174a Bei der Inanspruchnahme eines Dritten bei der Ausfüllung des Schadenmeldeformulars ist zu differenzieren.

175 Sofern der VN einen Dritten mit der Erfüllung von Obliegenheiten betraut hat, die eigentlich von dem VN zu erfüllen sind, können Erklärungen des Dritten dem VN zugerechnet werden. Die Rechtsprechung hat dafür den sog. Wissenserklärungsvertreter entwickelt.[181] Wissenserklärungsvertreter ist derjenige, der von Seiten des VN mit der Erfüllung von Obliegenheiten betraut worden ist, die an sich dem VN obliegen und der Dritte an Stelle des VN Erklärungen abgibt.[182] Wissenserklärungsvertreter können auch Rechtsanwälte und Makler sein. Hierbei unterschreibt der Wissenserklärungsvertreter das Schadenmeldeformular. Konsequenterweise muss sich der VN falsche Angaben eines Wissenserklärungsvertreters gemäß § 166 BGB zurechnen lassen.[183] Ehegatten sind nicht automatisch Wissenserklärungsvertreter, sondern müssen konkret vom anderen mit der Abgabe von Erklärung betraut worden sein.[184]

176 Hingegen ist ein Dritter, der ein Schadensformular aus eigenem Wissen ausfüllt, kein Wissenserklärungsvertreter, wenn der VN selbst das Formular unterschreibt und sich damit die Angaben des Dritten zu eigen macht. Der VN hat damit eine eigene Erklärung abgegeben. Diese Variante findet sich in der Praxis häufig in den Fällen, in denen Fahrer und Halter bzw. VN verschiedene Personen sind.

177 Stützt der Versicherer im Rückforderungsprozess seinen Anspruch auf Leistungsfreiheit wegen einer Obliegenheitsverletzung des VN, muss der VR auch darlegen und beweisen, dass den VN an der Obliegenheitsverletzung ein relevantes Verschulden trifft. Bereitet der Dritte mit dem Ausfüllen des Formulars lediglich eine vom VN abgegebene Erklärung vor, so hat der Dritte die Erklärung nicht selbst anstelle des VN abgegeben. Aus der Sicht des VR erscheint das vom VN unterschriebene Formular als dessen Erklärung und nicht als die eines mit der Erfüllung von Obliegenheiten betrauten Dritten. Für eine entsprechende Anwendung des § 166 BGB ist deshalb kein Raum.[185]

178 Schadenabwicklung durch Agenten

178a Weiterhin sind die Fälle zu beachten, in denen sich der VN bei der Schadenabwicklung der Hilfe des Agenten des VR bedient. In diesen Fällen kommt es z. B. häufig vor, dass der Agent des VR für den VN das Schadenanzeigeformular ausfüllt, welches der VN dann unterschreibt.

178b Enthält das Formular falsche Angaben (z. B. zur Gesamtlaufleistung des Fahrzeugs), beruft sich der VN nicht selten darauf, dem Agenten mündlich die richtige Angabe getätigt zu haben. In diesen Fällen kann sich der VR nicht unter Hinweis auf die falsche Angabe im Formular ohne Weiteres auf Leistungsfreiheit wegen Obliegenheitsverletzung berufen. Denn in den Fällen, in welchen der VN den Agenten mündlich korrekt informiert hat, ist nach der sog. »Auge-und-Ohr-Rechtsprechung« gleichzeitig auch der VR korrekt informiert. Eine Anzeigepflichtverletzung liegt nicht vor.[186]

179 Es verwundert nicht, dass in Prozessen, die sich mit der Frage einer ordnungsgemäßen Schadensanzeige unter Einschaltung eines Agenten des VR beschäftigen, die Frage, was denn nun tatsächlich gesagt worden ist, eigentlich immer streitig ist. Daher hat der *BGH* eine weitere wichtige Entscheidung zur Beweislast nachgeschoben, deren Grundsätze ebenfalls auf Obliegenheitsverletzungen anwendbar sind.[187] Der VR trägt die Beweislast für den objektiven Tatbestand der Obliegenheitsverlet-

---

181 *BGH* v. 2.6.1993 – IV ZR 72/92, r+s 1993, 281 = VersR 1993, 960.
182 Halm/Engelbrecht/Krahe/*Wandt* Kap. 1 Rn. 627; *Ludovisy/Eggert/Burhoff/Nothoff* Teil 3 Rn. 148.
183 *BGH* v. 2.6.1993 – IV ZR 72/92, VersR 1993, 960 = zfs 1993, 305; *OLG Köln* r+s 1994, 245; *OLG Frankfurt* VersR 1994, 927; *OLG Köln* r+s 2003, 10.
184 *BGH* v. 2.6.1993 – IV ZR 72/92, VersR 1993, 960 = r+s 1993, 281 = zfs 1993, 3.
185 *BGH* v. 14.12.1994 – IV ZR 304/93, MDR 1995, 359 = NJW 1995, 662 = r+s 1995, 81 = VersR 1995, 281; *KG* VersR 2004, 1298.
186 *OLG Koblenz* VersR 1997, 352; *OLG Hamm* r+s 1992, 85 = VersR 1992, 729; *OLG Hamm* r+s 1998, 186.
187 *BGH* v. 23.5.1989 – IV a ZR 72/88, r+s 1989, 242 = VersR 1989, 833 (zur vorvertraglichen Anzeigepflicht).

zung. Eine Verletzung der Aufklärungsobliegenheit liegt dann vor, wenn der VN dem Agenten nur die falsche Angabe gemacht hat, die dieser im Formular eingetragen hat. Das muss der VR nachweisen. Behauptet der VN nun substantiiert, den Agenten mündlich zutreffend unterrichtet zu haben, muss der VR nachweisen, dass dies nicht der Fall gewesen ist. Der Nachweis einer Obliegenheitsverletzung lässt sich allein mit den falschen Angaben in dem vom Agenten ausgefüllten Schadenanzeigeformular nicht führen.

Diese Rechtsprechung hat der Gesetzgeber in § 70 VVG kodifiziert. **180**

Mit § 72 VVG hat der Gesetzgeber – die bisherige Rechtsprechung des BGH übernehmend[188] – ausgeschlossen, dass die Vertretungsmacht des Versicherungsvertreters durch Allgemeine Versicherungsbedingungen beschränkt werden kann. **180a**

E.3.1 Musterbedingungen AKB 2008 enthält eine ähnliche, wenn auch etwas abgewandelte Bestimmung. Danach sind Anzeigen und Erklärungen des VN schriftlich abzugeben und sollen an die im Versicherungsschein als zuständig bezeichnete Stelle gerichtet werden; andere als die im Versicherungsschein bezeichneten Vermittler sind zu deren Entgegennahme nicht bevollmächtigt. **180b**

Nach § 70 VVG wird die bisherige »Auge-und-Ohr«-Rechtsprechung des BGH auch in der Kaskoversicherung angewandt, da die vorstehende Klausel die Empfangsvollmacht des Vertreters gerade nicht einschränkt.[189] Eine Zurechnung der Kenntnis des Agenten über die Auge-und-Ohr-Rechtsprechung zulasten des VR kommt jedoch auch bei Obliegenheitsverletzung dann nicht in Betracht, wenn der Agent mit dem VN missbräuchlich zusammenarbeitet, um dem VR die Kenntnis bestimmter Umstände vorzuenthalten oder ihn anderweitig zu täuschen. **181**

III. Fallgruppen

1. Gesamtfahrleistung

Da die Gesamtfahrleistung eines Fahrzeuges neben dessen Baujahr der eigentlich wertbildende Faktor eines Fahrzeugs ist, stellt die wahrheitsgetreue Angabe des VN zur Gesamtfahrleistung im Zeitpunkt des Schadensereignisses auch nach der aktuellen Rechtslage[190] eine Obliegenheit von großer Bedeutung dar.[191] Um insoweit Unklarheiten zu vermeiden, sollte der VR explizit den Begriff der Gesamtlaufleistung des Fahrzeuges verwenden. Jedoch auch in den Fällen, in welchen in einem Schadensmeldeformular der Versicherung die Angabe des Kilometerstandes gefordert wird, bedeutet das für einen aufmerksamen VN, dass nach der tatsächlichen Laufleistung gefragt wird.[192] Dies ergibt sich einerseits aus dem allgemeinen Sprachgebrauch und andererseits aus dem Sinn und Zweck der Frage, nämlich der Feststellung der für die Bemessung der Entschädigungshöhe entscheidenden Umstände.[193] Hinsichtlich der Frage, wann eine Angabe zur Laufleistung des Fahrzeuges falsch und im Sinne einer Verletzung der Obliegenheit nach alter Rechtslage relevant ist, existieren eine Vielzahl von obergerichtlichen Entscheidungen, die auch zur Begründung der Kausalität nach neuer Rechtslage herangezogen werden können: **182**

Ein Laufleistungsunterschied von ca. 23 000 km zwischen den in der Schadensanzeige angegebenen 82 000 km und der tatsächlichen Laufleistung von ca. 105 000 km ist für die Ermittlung des Wiederbeschaffungswertes erheblich.[194] Gibt der VN die Laufleistung seines Fahrzeuges in der Schadensanzeige mit »ca. 40 000 km« an, so wird der VR von der Leistungspflicht frei, wenn die Laufleistung **182a**

---

188 *BGH* v. 10.2.1999 – IV ZR 324/97, r+s 1999, 225 = VersR 1999, 565.
189 Burmann/Heß/*Stahl* Rn. 642.
190 *Van Bühren* Rn. 206.
191 *OLG Saarbrücken* zfs 2005, 446 = r+s 2005, 323; *OLG Hamm* VersR 1993, 473; *OLG Frankfurt* VersR 1986, 229.
192 *OLG Saarbrücken* zfs 2005, 446 = r+s 2005, 323.
193 *BGH* v. 5.12.2001 – IV ZR 225/00, VersR 2002, 173.
194 *OLG Koblenz* VersR 1998, 623.

in Wirklichkeit 48 400 km betragen hat. Die Einschränkung durch den Zusatz »ca.« vor der in der Schadenanzeige angegebenen Laufleistung entlastet den VN nicht.[195] Auch unwesentliche Abweichungen vom tatsächlichen km-Stand werden in der Rechtsprechung als relevanter bzw. kausaler Verstoß angesehen:

39 000 zu   45 000 km[196]
15 000 zu   18 000 km[197]
160 000 zu 260 000 km.[198]
87.000 zu 106.000 km.[199]
116.000 zu 130.000 km.[200]

182b Relevant ist bei Fahrzeugen mit mehr als 100 000 km ebenfalls eine Abweichung von 10 000–20 000 km.[201]

182c Als nicht relevant wurden in der Rechtsprechung Abweichungen von ca. 8 % der tatsächlichen Laufleistung von der angegebenen Laufleistung angesehen,[202] sowie Abweichungen von weniger als 5 %.[203]

182d Nach erster Rechtsprechung zu Falschangaben bei der Laufleistung des gestohlenen Fahrzeuges soll der Kausalitätsgegenbeweis als geführt angesehen werden, wenn dem Versicherer zum Zeitpunkt der Entscheidung über die Versicherungsleistung das Ergebnis der Schlüsselauslesung bekannt ist und er damit die Auswirkungen der höheren Fahrleistung bei Wiederbeschaffungswert berücksichtigen kann.[204] Damit wäre dann die Versicherungsleistung zu erbringen.

2. Vorschäden/Altschäden

183 Im Bereich der vom VR geforderten Angabe zu Vor- oder Altschäden stellen sich die Betrugsmöglichkeiten in verschiedener Form dar. Neben dem gänzlichen Verschweigen von Vorschäden findet sich häufig die Variante, dass Vorschäden zwar benannt werden, aber nicht in ihrem wahren Umfang. Auch werden die Umstände der Beseitigung von Vorschäden häufig wahrheitswidrig geschildert. Bei der allgemein gehaltenen Frage nach »Vorschäden« kann für den durchschnittlichen VN zweifelhaft sein, ob damit nicht nur unreparierte, sondern auch reparierte Vorschäden gemeint sind. Solche Zweifel werden durch eine häufig anzutreffende Fragestellung vermieden: »Vorschäden? Wenn ja, Reparaturrechnungen beifügen.« Daher sind Vorschäden auch immer dann vom VN zu benennen, wenn sie repariert wurden. Denn das Vorhandensein von Vorschäden kann auch bei fachgerechter Reparatur zu einer Wertminderung des Fahrzeuges führen.[205] Die Verpflichtung zur Benennung von bekannten Vorschäden hängt auch nicht davon ab, ob sie in der Sphäre des VN entstanden sind.[206] Da die Aufklärung über Vorschäden dazu dient, den Versicherer in die Lage zu versetzen, einen sachgerechten Zeitwert des Fahrzeuges zu ermitteln, sind Schäden durch Vorbesitzer gleichbedeutend. Kennt allerdings der VR den Vorschaden, bspw. weil er ihn selbst reguliert hat, stellt das Verschweigen keine Verletzung der Aufklärungsobliegenheit dar.[207] Eine präzise Fragestellung ist insoweit wichtig, da die Verpflichtung des VN zur Angabe auch reparierter Vorschäden nur dann besteht,

---

195 *OLG Köln* VersR 1996, 449 = r+s 1995, 206.
196 *OLG Köln* SP 2000, 27 = r+s 2000, 145 = zfs 2000, 19.
197 *OLG Bamberg* SP 2000, 320.
198 *OLG Hamm* r+s 2000, 402 = VersR 2000, 1135.
199 *OLG Saarbrücken* VersR 2008, 1528.
200 *OLG Saarbrücken* VersR 2008, 1528.
201 *OLG Karlsruhe* zfs 1999, 249.
202 *OLG Köln* r+s 1997, 317 = VersR 1997, 1350.
203 *OLG Hamm* VersR 1996, 184.
204 *KG*, BeckRS 2010, 28766.
205 Himmelreich/Halm/*M. Halm* Kap. 25 Rn. 134; *OLG Karlsruhe* zfs 2008, 514.
206 *OLG Hamm* r+s 2003, 317 = VersR 2004, 232.
207 *BGH* v. 11.7.2007 – IV ZR 332/05, NJW 2007, 2700.

wenn er auch tatsächlich nach solchen befragt wird. Bezieht sich die Frage des VR nicht ausdrücklich auch auf reparierte Vorschäden, so kann aus der Nichtangabe von reparierten Vorschäden für den VN kein Nachteil erwachsen.[208]

Die im Schadenmeldeformular gestellte Frage nach Vorschäden eines Kfz ist aus der Sicht eines 184 durchschnittlichen VN so zu verstehen, dass sämtliche Vorschäden und nicht nur der letzte Vorschaden anzugeben sind. Ein besonderes Interesse an der Anzahl der Vorschäden ist insbesondere dann begründet, wenn die Schadensregulierung bezüglich drei nicht angegebener Vorschäden auf der Basis »fiktiver Reparaturkosten« und auch ein weiterer angegebener Schaden auf dieser Abrechnungsbasis erfolgte.

Liegt danach eine Obliegenheitsverletzung mit der Vermutung einer vorsätzlichen Aufklärungs- 185 pflichtverletzung vor, kann sich der VN nicht damit entlasten, dass ein Kfz-Sachverständiger anlässlich der Begutachtung des vierten Schadens nach Reparatur in Eigenleistung keine ersichtlichen Vorschäden festgestellt habe. Genauso ist die Anzahl der Schäden von Bedeutung.[209]

Nicht selten findet man bei falschen Angaben zu Vorschäden auch die Einlassung, es seien nur Blech- 186 schäden gewesen, tragende Teile seien nicht betroffen gewesen. Das Fahrzeug sei dadurch kein Unfall-Kfz und bei einem Verkauf hätte keine Aufklärungspflicht hinsichtlich der nicht angegebenen Vorschäden bestanden. In der Kaskoversicherung hat der VR auch bei Blechschäden – von reinen Bagatellschäden einmal abgesehen – ein schutzwürdiges Aufklärungsinteresse. Der VN hat ihm die Fakten mitzuteilen. Die Bewertung der Bedeutung der Vorschäden ist Sache des VR.

Auch hinsichtlich der Pflicht zu wahrheitsgemäßen Angaben hinsichtlich Vorschäden besteht für den 187 VN die Pflicht, keine Angaben ins Blaue hinein zu tätigen. So hatte das *OLG Köln*[210] entschieden, dass der VN eine Erklärung ins Blaue hinein und somit bedingt vorsätzlich getätigt hat, wenn er die Frage nach Vorschäden in einem Zusatzfragebogen verneint, ohne sich bei seinem Sohn, welcher alleiniger Nutzer des Fahrzeuges war, nach Unfallschäden zu erkundigen. Die Kenntnis allein, dass eine ebenfalls bestehende Vollkaskoversicherung nicht in Anspruch genommen wurde, befreite den VN nicht von seiner Erkundigungspflicht. Ein zwingender Rückschluss auf Unfallfreiheit wegen Nichtinanspruchnahme der Vollkaskoversicherung ist nicht gegeben, da nicht bei jedem Unfallereignis die Vollkaskoversicherung in Anspruch genommen wird.

In Fällen, in denen nachvollzogen werden kann, dass Vorschäden dem VN gedanklich entfallen sind 187a und sich die Obliegenheitsverletzung in einem einmaligen Tun des VN erschöpft, kann im Einzelfall eine Leistungskürzung um nur 20 % angemessen sein. Hier muss der VN selbst durch die Übersendung aller relevanten Unterlagen zur Aufklärung beigetragen haben.[211]

3. Kaufpreis

Die Benennung eines überhöhten Kaufpreises für das Fahrzeug ist eine relevante Obliegenheitsver- 188 letzung, die zur Leistungsfreiheit des VR führt.[212] Zu beachten ist, dass die pauschale Frage nach dem Kaufpreis aus der Sicht eines durchschnittlichen VN in mehrfacher Hinsicht falsch gedeutet werden kann. Es ist daher zwingend notwendig, nach dem gezahlten Kaufpreis zu fragen, um Missverständnissen und Unklarheiten vorzubeugen.[213] Benennt der VN einen höheren Kaufpreis, als er tatsächlich gezahlt hat, so kann er sich in folgenden Fällen nicht damit entschuldigen, dass er einem Missverständnis über die Bedeutung der Frage nach dem Kaufpreis unterlag. Etwa die Behauptung:

---

208 *OLG Hamm* VersR 1991, 1168.
209 *OLG Hamm* zfs 2008, 334; *OLG Koblenz* zfs 2003, 316 = VersR 1999, 1536.
210 *OLG Köln* r+s 2000, 55; VersR 2000, 224; *OLG Karlsruhe* NJW-RR 2008, 44.
211 *LG Nürnberg-Fürth* bei *Halm/Fitz* DAR 2011, 444.
212 *BGH* v. 19.5.1976 – IV ZR 83/75, VersR 1976, 849; *OLG Hamburg* r+s 1998, 229.
213 Himmelreich/Halm/*M. Halm* Kap. 25 Rn. 126.

- die Frage nach dem Kaufpreis sei als Frage nach dem Listenpreis und nicht nach dem Anschaffungspreis verstanden worden[214]
- er habe das Fahrzeug besonders günstig zum Freundschaftspreis erworben, der wirklicher Marktkaufpreis sei genannt worden
- Kosten für Finanzierung werden mit genannt.

189 Zu beachten ist, dass auch unwesentliche Abweichungen vom tatsächlichen Kaufpreis in der Rechtsprechung als relevanter Verstoß angesehen werden:
angegeben 36 000 zu tatsächlichen 30 000 DM[215]
70 000 zu 62 500 DM[216]
40 500 zu 32 000 DM[217]
49 000 zu 44 000 DM[218]
74 500 zu 66 700 DM[219]
28 500 zu 20 000 DM.[220]
28 000 zu 19 500 DM.[221]

4. Fahrzeugschlüssel

190 Hinsichtlich der Fahrzeugschlüssel sind für den VR zwecks sachgerechter Beurteilung eines Versicherungsfalles korrekte Angaben zu den Fragen von vorhandenen, abhanden gekommenen und kopierten Fahrzeugschlüsseln bedeutsam. Der VN ist verpflichtet, diese Fragen wahrheitsgemäß zu beantworten, ebenso hat er korrekte Auskunft über den Personenkreis zu erteilen, welcher möglichen Zugriff auf die Schlüssel hatte, bzw. welcher das als entwendet gemeldete Kfz nutzte.[222] Dem VR sind alle vorhandenen Schlüssel zeitnah zuzusenden. Kommt der VN diesen Pflichten nicht nach, so besteht Leistungsfreiheit des VR.[223] Vorgetragene Entschuldigungen, dass der VN das Vorhandensein eines Schlüssels einfach vergessen habe, können an der Leistungsfreiheit des VR nichts ändern. Abgesehen davon, dass ein Vergessen eines Schlüssels nur schwer nachzuvollziehen ist, besteht für den VN die Pflicht, sich über die Umstände, welche der VR aufgeklärt haben möchte, umfassend Kenntnis zu verschaffen.[224] Fordert der VR eine Zusendung sämtlicher vorhandener Schlüssel postwendend, so soll damit verhindert werden, dass sich der unredliche VN den Schlüssel, welchen er zwecks Beiseiteschaffung des Fahrzeuges zur Vortäuschung eines Diebstahls einem Dritten übergeben hatte, rechtzeitig wieder beschafft.[225]

191 Der VR kann sich zur Aufklärung der Frage, ob Nachschlüssel angefertigt wurden, durch Sachverständige gefertigter Schlüsselgutachten bedienen. Anhand derer kann sowohl beurteilt werden, ob von einem der vorgelegten Schlüssel Kopien gefertigt wurden, als auch, ob ein Originalschlüssel von welchem eine Kopie gefertigt wurde, nach Fertigung der Kopie nochmals benutzt wurde. Jedoch ist zu beachten, dass bei einem behaupteten Kfz-Diebstahl sich die erhebliche Wahrscheinlichkeit für eine Vortäuschung eines Diebstahls nicht allein darauf stützen lässt, dass beweisbar ein Nachschlüssel angefertigt worden war, auch wenn das Fahrzeug mit unversehrten Schlössern wieder aufgefunden wurde.

---

214 Himmelreich/Halm/*M. Halm* Kap. 25 Rn. 130.
215 *OLG Köln* r+s 1996, 298.
216 *OLG Hamburg* r+s 1998, 229.
217 *OLG Hamm* r+s 1997, 271.
218 *OLG Köln* SP 2000, 319.
219 *OLG Frankfurt* NVerZ 2000, 528.
220 *OLG Celle* SP 2001, 245.
221 *OLG Saarbrücken* r+s 2006, 236.
222 *LG Hamburg* SP 2004, 385; *LG Hamburg* SP 2003, 390.
223 *LG Köln* SP 2005, 345.
224 *BGH* v. 19.6.1992 – 317 S 76/91, VersR 1993, 828; *OLG Karlsruhe* VersR 1998, 1229.
225 *BGH* v. 7.7.2004 – IV ZR 265/03, VersR 2004, 1117 = zfs 2004, 462 = r+s 2004, 368.

C. Betrug in der Kaskoversicherung Kapitel 24

Bisher konnte eine Verletzung der Aufklärungsobliegenheit des VN nach alter Rechtslage nicht allein 192 daraus gefolgert werden, dass seine Angaben, ein Nachschlüssel sei nicht gefertigt worden, objektiv unrichtig war.[226] Vielmehr mussten nach der bisherigen Rechtsprechung des *BGH* weitere geeignete Anhaltspunkte festgestellt werden als allein die Tatsache, dass irgendwann und unbekannt von wem und mit wessen Billigung ein Nachschlüssel angefertigt worden sei. Diese Tatsache konnte erst dann ausschlaggebendes Gewicht gewinnen, wenn zudem konkrete Anhaltspunkte zumindest für die Unredlichkeit des VN bewiesen worden seien.[227] Ein solcher konkreter Anhaltspunkte für die Unredlichkeit des VN lag z. B. vor, wenn entgegen der Angaben des VN, der von ihm angeblich immer benutzte Schlüssel die Spuren einer Nachmachung aufweist, danach aber keinerlei Spuren einer weiteren Benutzung auf dem Schlüssel erkennbar sind.[228] Hinsichtlich der Bewertung der Obliegenheitsverletzung in Bezug auf Falschangaben zum Vorhandensein bzw. der Verwendung von Schlüsseln sind nach geltenden neuem Recht verstärkt die rechtlichen Auswirkungen von Schlüsselprüfungen, die Versicherer häufig bei Totalentwendungen veranlassen, von Bedeutung:

Aufgrund der aktuellen Rechtslage, dass auch beim Vorliegen von Vorsatz durch den VN der Kausalitätsgegenbeweis geführt werden kann und dieser nur bei durch den VR nachgewiesener Arglist unmaßgeblich ist, kann dies zur Neubewertung von Falschangaben zu den Schlüssel gegenüber der bisherigen Rechtsprechung führen:[229] 193

Gibt daher z. B. ein VN die Anzahl der Schlüssel falsch an und kann nachgewiesen werden, dass Duplikate erstellt worden sind, lag nach alter Rechtslage Leistungsfreiheit aufgrund Vorsatzes vor. Der VN konnte sich auch nicht darauf berufen, dass der VR vor der Regulierung die tatsächliche Anzahl der Schlüssel durch das Schlüsselgutachten feststellen konnte und daher die Falschangaben unbeachtlich seien. Eine Heilung der Falschangaben durch spätere Korrekturen des Gutachtens war nicht möglich, denn die Gefährdung der Aufklärung des Versicherungsfalls war bereits aufgrund der verstrichenen Zeit und der damit einhergehenden Möglichkeit der Verschleierung eingetreten. 194

Nach neuem Recht ist nun genau zu prüfen, ob und in welchem Umfang die Falschangaben bereits Auswirkungen gezeigt haben. Hier wird die Rechtsprechung neue Grenzen entwickeln müssen, wann Kausalität gegeben ist und wann nicht, was leider bisher noch nicht geschehen ist. 195

Um hier auch im Fall eines durch den VN geführten Kausalitätsgegenbeweises zur Leistungsfreiheit zu kommen, muss der VR sein Augenmerk darauf lenken, eine über den Vorsatz hinausgehende Arglist nachzuweisen, die dann auch zur Leistungsfreiheit führt. 196

Objektive Falschangaben zu den Schlüsseln sind nach der Rechtsprechung zum alten Recht ein Indiz für ein vorsätzliches oder arglistiges Verhalten. Es bleibt daher abzuwarten, wie die Rechtsprechung hier für den Fall der Falschangaben zu den Schlüsseln die Grenze zwischen Vorsatz und Arglist nach neuem Recht ziehen wird. Auch hier liegen bisher noch keine Entscheidungen vor. 197

Liegt weder Vorsatz noch Arglist, sondern nur grobe Fahrlässigkeit vor, ist aufgrund der Abkehr vom Alles-oder-Nichts-Prinzip bei einer grob fahrlässigen Verletzung der Aufklärungsobliegenheit eine Quotierung des Schadens möglich. Dies dürfte insbesondere hier bei nicht aufklärbaren Schlüsselverhältnissen (bei Kopierspuren oder dem Fehlen von Schlüsseln) der Fall sein.[230] 198

5. Weitere denkbare Falschangaben

Auch Falschangaben des VN zu anderen Bereichen können nach alter und neuer Rechtslage zu einer Leistungsfreiheit führen: 199

---

226 *OLG Karlsruhe* VersR 1998, 1229; Himmelreich/Halm/*M. Halm* Kap. 25 Rn. 146.
227 *BGH* v. 13.11.1996 – IV ZR 220/95, zfs 1997, 221= r+s 1997, 6 = VersR 1997, 181.
228 *OLG Celle* zfs 2005, 294.
229 Halm/Engelbrecht/Krahe/*Oberpriller* Kap. 15 Rn. 168.
230 *Hess/Burmann* NJW-Spezial 2007, 399.

Anzahl der Vorbesitzer[231]

Person des Fahrers[232]

Schadenzeitpunkt[233]

Restwerterlös[234]

Vorgeschobene Veräußerung des Fahrzeugs vor dem Schadenfall für überhöhten Preis[235]

Aufenthaltsort des VN beim Schadenfall[236]

Marke und Typ des Autoradios[237]

Unfallhergang, Unfallbeteiligte[238] und Fahrer[239]

Baujahr bzw. Neuwageneigenschaft[240]

Vorsteuerabzugsberechtigung[241]

Eigentum (Sicherungseigentum der Bank)[242]

Werterhöhende Reparaturarbeiten mit fingierten Rechnungen[243]

Art des Erwerbs des Fahrzeugs (Kauf statt Schenkung)[244]

Entleihen des Fahrzeugs kurz vor dem Diebstahl[245]

Vorhandensein einer Wegfahrsperre[246]

Nichtangabe über Fahruntüchtigkeit infolge von Alkoholgenuss[247]

Nicht fachmännisch reparierter Vorschaden[248]

übliche Benutzer des entwendeten Fahrzeugs[249]

Verschweigen oder Nichtbenennen von Unfallzeugen[250]

Vorlage einer Neupreisrechnung für Autoradio bei Gebrauchtkauf[251]

---

[231] *OLG Celle* SP 2000, 318.
[232] *LG München* SP 2006, 19.
[233] *LG Koblenz* zfs 1990, 385.
[234] *OLG Hamm* VersR 1991, 294.
[235] *OLG Düsseldorf* zfs 1992, 55.
[236] *OLG Hamburg* VersR 1992, 179.
[237] *OLG Köln* VersR 1991, 767.
[238] *OLG Düsseldorf* zfs 1984, 244.
[239] *LG Koblenz* r+s 1996, 300.
[240] *OLG Köln* r+s 1994, 289.
[241] *OLG Koblenz* VersR 1986, 1360; *OLG Hamm* r+s 1999, 144 = zfs 1999, 428 = SP 1999, 170; *OLG Köln* zfs 2000, 451; *OLG Jena* r+s 2003, 231.
[242] *OLG Nürnberg* VersR 1997, 428.
[243] *OLG Karlsruhe* DAR 1999, 123; *OLG Celle* SP 2001, 245.
[244] *OLG Bremen* MDR 1999, 224.
[245] *OLG Karlsruhe* VersR 2000, 49; a. A. *OLG Koblenz* r+s 2000, 10.
[246] *OLG Frankfurt* VersR 2000, 629.
[247] *BGH* v. 20.12.1968 – IV ZR 510/68,VersR 1969, 214.
[248] *OLG Düsseldorf* zfs 2000, 158 = NJW-RR 2000, 247 = NVerZ 2000, 90.
[249] *OLG Köln* NVerZ 2002, 67.
[250] *BGH* v. 12.12.2007 – IV ZR 40/06, zfs 2008, 21; *LG Dortmund* DAR 2010, 48; *OLG Schleswig* r+s 1994, 88.
[251] *OLG Düsseldorf* VersR 1991, 1167.

Vorlage rückdatierter Belege[252]

Vorlage gefälschter Belege[253]

Nichtbenennung des Fahrers zum Schutz vor Strafverfolgung[254]

Nichtabgabe der Unfallschilderung bis zur Akteneinsicht durch Rechtsanwalt.[255]

---

[252] *OLG Köln* SP 1997, 204.
[253] *OLG Schleswig* SP 1999, 208.
[254] *OLG Hamm* VersR 1998, 37; *OLG Düsseldorf* r+s 1993, 208 = *OLG Oldenburg* VersR 1995, 952.
[255] *OLG Düsseldorf* VersR 1994, 41; *LG Münster* SP 1996, 398.

Teil 8 Auslandsschäden

Kapitel 25 Kfz-Schadenregulierung Unfälle mit Auslandsbezug

Übersicht

		Rdn.
A.	Einführung	1
B.	Verhalten bei einem Unfall im Ausland	8
I.	Polizeiliche Unfallaufnahme	9
II.	Festhalten wichtiger Daten des Unfallgegners	11
III.	Europäischer Unfallbericht	12
IV.	Eigene Beweissicherung	13
V.	Personenschäden	14
VI.	Fahrzeug-Totalschaden	15
C.	Regulierung eines Verkehrsunfalls in der EU	16
I.	4. Kraftfahrzeug-Haftpflicht-Richtlinie (4. KH-Richtlinie)	16
	1. Anwendungsbereich	21
	2. Auskunftsstelle	23
	3. Schadenregulierungsbeauftragter	26
	4. Entschädigungsstelle	29
II.	Folgen aus der 4. KH-Richtlinie für die anwaltliche Tätigkeit	36
	1. Außergerichtliche Regulierung	36
	2. Gerichtliche Regulierung	42
	3. Rechtsverfolgungskosten	43
III.	5. Kraftfahrzeug-Haftpflicht-Richtlinie (5. KH-Richtlinie)	46
	1. Erhöhung der Kfz-Mindestversicherungssummen	47
	2. Besserer Schutz sog. schwacher Verkehrsteilnehmer	49
	3. Sachschadenerstattung durch den Garantiefonds/Fahrerfluchtfälle	50
	4. Gerichtsstand am Wohnsitz des Geschädigten	53
	5. Zentralstelle für Unfalldokumente	54
	6. Fahrzeuginsassenschutz bei Fahruntauglichkeit des Kfz-Führers	55
	7. Deckung bei Auslandsaufenthalt von Fahrzeugen	56
	8. Schadenverlaufbestätigung	57
	9. Sonstige Neuregelungen	58
IV.	Gerichtsstand (Entscheidung des *EuGH*)	59
	1. Wahlrecht des Geschädigten bzgl. des internationalen Gerichtsstands	65
	2. Passivlegitimation/Klagezustellung	69
V.	Kodifizierung der KH-Richtlinien	70
D.	Regulierung eines Verkehrsunfalls in Nicht-EU-Ländern	71
I.	Verfahren	71
II.	Gerichtsstand	72
III.	Anwendungsbereich des Lugano-Übereinkommens	73
E.	Anwendbares Recht bei Regulierung eines Auslandsunfalls	74
I.	Anzuwendendes Recht	75
	1. Recht des Unfalllandes/Tatortprinzip	75
	2. Ausnahmen vom Tatortprinzip	76
	a) Recht des Erfolgsorts	77
	b) Gemeinsamer gewöhnlicher Aufenthalt	78
	c) Wesentlich engere Verbindung	80
	d) Einvernehmliche nachträgliche Rechtswahl	81
II.	Haager Übereinkommen für Straßenverkehrsunfälle	84
III.	Rom II-Verordnung	87
IV.	Verhältnis Rom II-Verordnung – Haager Übereinkommen	100
F.	Europäisches Bagatellverfahren	101
G.	Adhäsionsverfahren	104

		Rdn.
H.	Grüne Karte-System	105
I.	Grundlagen des Grüne Karte-Systems	105
II.	Regulierung eines Unfalls in Deutschland mit ausländischem Unfallbeteiligtem	109
	1. Zuständigkeit	109
	2. Passivlegitimation	116
III.	Grüne Karte-Fälle im Ausland	117
IV.	Besucherschutzabkommen	121
V.	Grenzversicherung	122
VI.	Unfälle mit Fahrzeugen von in Deutschland stationierten ausländischen Streitkräften	123
	1. Dienstfahrzeuge der Truppen	124
	2. Privatfahrzeuge von Truppenangehörigen	125
I.	Anschriften von Rechtsanwälten im Ausland	129
J.	Anhang:	130
I.	1. KH-Richtlinie	130
II.	2. KH-Richtlinie	131
III.	3. KH-Richtlinie	132
IV.	4. KH-Richtlinie	133
V.	5. KH-Richtlinie	134
VI.	6. Richtlinie 2009/103/EG (Kodifizierung der 1. bis 5. KH-Richtlinie)	135

Schrifttum

Bachmeier, Rechtsfragen bei Verkehrsunfällen mit Auslandsbezug, in: Bundesministerium für Justiz: Zivil- und strafrechtliche Folgen von Verkehrsunfällen – die Rechtslage in Österreich, der Schweiz und Bayern, Wien 2005; *Bachmeier*, Probleme der Auslandsunfallschadenregulierung aus richterlicher Sicht, DAR 2009, 753–758; *Bachmeier*, Auslandsunfallschaden und Wohnsitzzuständigkeit (Forumshopping) DAR 2009, 758–760; *Backu*, Kraftfahrzeug-Unfall in Europa – Rechtsverfolgungskosten, VGT 2002, 201–213; *Backu*, Der grenzüberschreitende Schadensfall: Regulierung im Ausland erlittener Verkehrsunfallschäden nach Umsetzung der 4. KH-Richtlinie, DAR 2003, 145–156; *Backu*, Schadenersatz nach Kfz-Unfällen in Polen, Tschechien und Ungarn, DAR 2005, 378–390; *Backu*, Internationale Kfz-Schadensfälle: Unfälle mit Auslandsbezug und anwendbares Recht, DAR 2009, 742–747; *Bartels*, Verkehrsunfall im Ausland, zfs 2000, 374–376; *Becker*, Die 5. KH-Richtlinie – ihre Umsetzung in Deutschland, DAR 2008, 187–192; *Buschbell*, Straßenverkehrsrecht, 3. Auflage, München 2009; *Buse*, Von Anwalt zu Anwalt – international, DAR 2001, 536–540; *Colin*, Deutsche Versicherer als Schadenregulierungsbeauftragte im Sinne der 4. Krafthaftpflicht-Richtlinie der EU, DAR 2009, 760–762; *Engels*, Europäisches Bagatellverfahren ab 2009, AnwBl. 51–52; *Feyock/Jacobsen/Lemor*, Kfz-Versicherung, 3. Aufl., München 2009; *Floßmann-Rischke*, RA-Gebühren bei Auslandsunfällen/Vorgehen bei Rechtsschutz-Deckungsanfragen, DAR 2009, 763–764; *Haupfleisch/Hirtler*, Die 5.Kraftfahrzeug-Haftpflichtversicherungs-Richtlinie (KH-RL), DAR 2006, 560–562; *Hering*, Die 5. KH-Richtlinie der Europäischen Union, SVR 2006, 209–211; *Heberlein/Königer*, Checkliste Regulierung eines Auslandsunfalls, DAR 2009, 768–769; *Hering*, Die Regulierung von Verkehrsunfällen im Ausland und mit Ausländern in Deutschland, SVR 2008, 475–476; *Himmelreich/Bücken/Krumm*, Verkehrsunfallflucht, 5. Aufl., Heidelberg 2009; *Himmelreich/Halm*, Handbuch des Fachanwalts Verkehrsrecht, 3. Aufl. 2010; *Huber*, Überentschädigung bei einem Verkehrsunfall mit internationalem Bezug – Zulässige Rosinenpickerei des Unfallopfers?, SVR 2009, 9–12; *Kaessmann*, 6. Europäische Verkehrsrechtstage (Trier VI), DAR 2005, 714–717; *Kröger/Tofana*, Schadensersatz nach Verkehrsunfällen in Rumänien, SVR 2007, 325–333; *Krumm*, Das Adhäsionsverfahren in Verkehrsstrafsachen, SVR 2007, 42–46; *Lemke-Geis*, Unfallregulierung in der Europäischen Union, SVR 2009, 241–247; *Lemor*, Road Accidents – The Victim's Guide to Europe, 3. Aufl. 2008; *Lemor/Becker*, 4. KH-Richtlinie: Erste Erfahrungen, DAR 2004, 677–686; *Lemor*, Zinsen bei Ansprüchen aus Verkehrsunfällen im europäischen Vergleich, DAR 2009, 767; *Luckey*, Checkliste: Verkehrsunfälle mit Auslandsberührung, SVR 2010, 415–420; *Ludovisy/Eggert/Burhoff*, Praxis des Straßenverkehrsrechts, 5. Aufl., Münster 2011; *Meier-van Laak*, Internationale Zuständigkeit deutscher Gerichte für Streitigkeiten gegen ausländische Versicherer im EU-Ausland, DAR 2006, 235–237; *Neidhart*, Unfall im Ausland, Band 1: Ost-Europa, 5. Aufl., Bonn 2006; *Neidhart*, Unfall im Ausland, Band 2: West-Europa, 5. Aufl., Bonn 2007; *Neidhart*, Adhäsionsverfahren – ein kurzer Ländervergleich, DAR 2006, 415–418; *Neidhart*, Verkehrsunfälle im Ausland – Schadenabwicklung durch deutsche Anwälte, SVR 2004, 327–332; *Neidhart*, Verkehrs- und Kfz-Schadensrecht in Großbritannien, SVR 2007, 408–413; *Neidhart*, Die westlichen Balkanstaaten – auf dem langen Weg nach Europa, DAR 2008, 568–579; *Neidhart*, Wenn es in Liechtenstein, Andorra oder Gibraltar kracht – Gilt europäisches, nationales oder autonomes Recht – oder von jedem etwas?,

DAR 2009, 770–771; *Nissen*, Auslandsunfall: Erstattungsfähigkeit von Anwaltsgebühren, DAR 2009, 764–766; *Nugel*, Der Verkehrsunfall aus dem Ausland vor der deutschen Gerichtsbarkeit nach der neuen EuGH-Rechtsprechung, zfs 2008, 309–313; *Nugel*, Anzuwendene Recht bei einem Auslandsunfall nach »Rom II«, NJW-Spezial 2009, 537; *Riedmeyer*, Die internationale Zuständigkeit für Klagen aus Verkehrsunfällen, DAR 2004, 203–206; *Riedmeyer*, Praxis der Regulierung von Auslandsunfällen innerhalb Europas, AnwBl. 2008, 17–22; *Riedmeyer*, Die Abwicklung von Auslandsunfällen in der EU in der Anwaltspraxis, DAR 2009, 747–752; *Rudolf*, Internationaler Verkehrsunfall – Das Haager Straßenverkehrsübereinkommen und die Rom II-VO, ZVR 2008, 528–532; *Sieghörtner*, Internationaler Mietwagenunfall – Zulassungsort als relevantes Anknüpfungskriterium?, NZV 2003, 105–117; *Staudinger*, Internationale Verkehrsfälle und die geplante »Rom II«-Verordnung, SVR 2005, 441–450; *Staudinger*, Das Konkurrenzverhältnis zwischen dem Haager Straßenverkehrsübereinkommen und der Rom II-Verordnung, in: FS für Kropholler, Tübingen 2008; *Staudinger*, Internationale Zuständigkeit, Dreiteilung des Internationalen Privatrechts sowie Zustellung der Klageschrift bei Straßenverkehrsunfällen mit grenzüberschreitendem Bezug, DAR 2009, 738–742; *Staudinger*, Rezension zu AG Geldern, Urteil vom 27.10.2010 – 4 C 356/10, DAR 2011, 231–233; *Staudinger*, Straßenverkehrsunfall, Rom II-Verordnung und Anscheinsbeweis, NJW 2011, 650–652; *Tomson*, Der Verkehrsunfall im Ausland vor deutschen Gerichten – Alle Wege führen nach Rom –, EuZW 2009, 204–208; *Wagner*, »Opfer-Gerichtsstand« für die Geschädigten von Auslandsunfällen – Die Entscheidung des EuGH vom 13.12.2007 und die Folgen, SVR 2010, 405–408; *Wittwer*, Direktklage im Inland gegen ausländische Kfz-Haftpflichtversicherung, ZVR 2006, 404–408; *Wittwer*, BGH legt Frage zur internationalen Zuständigkeit bei Direktklagen dem EuGH vor, ZVR 2007, 94

A. Einführung

Die Regulierung von im Ausland erlittenen Verkehrsunfällen spielt aufgrund der wachsenden Internationalisierung des Straßenverkehrs in der anwaltlichen Praxis, vor allem bei der Beratung eine immer größere Rolle. Die Situation nach einem Verkehrsunfall im Ausland ist in vielerlei Hinsicht problematischer als nach einem Unfall in Deutschland. Von einem Auslandsunfall ist im Regelfall auszugehen, wenn der Geschädigte Opfer eines Verkehrsunfalls geworden ist, der außerhalb seines Wohnsitzstaates durch ein im Unfallland oder in einem Drittland zugelassenes Fahrzeug verursacht wurde.

1

Der Standardfall gestaltet sich dabei beispielsweise wie folgt: Ein Autofahrer mit Wohnsitz in Deutschland wird in Italien in einen Verkehrsunfall verwickelt, der

2

- von einem im Unfallland Italien zugelassenen Kraftfahrzeug, oder
- durch ein im Drittland (z. B. Frankreich) zugelassenes Kraftfahrzeug

verursacht wird.[1]

Als Geschädigter muss man selbst (oder über einen Rechtsanwalt) für die Geltendmachung von Schadenersatzansprüchen gegen den Unfallverursacher bzw. dessen Kfz-Haftpflichtversicherung sorgen. Zwar wird man im Ausland häufig an die eigene Kfz-Versicherung verwiesen, da diese in einigen Ländern (z. B. Frankreich, Italien) den Schaden im Rahmen des Direktregulierungsverfahrens mit der gegnerischen Versicherung abwickelt und den Schadenersatz an den eigenen Versicherungsnehmer entrichtet. In Deutschland gibt es dieses Verfahren jedoch nicht. Daher muss der deutsche Geschädigte auch im Ausland selbst oder mit Hilfe eines (dortigen) Rechtsanwalts tätig werden (es sei denn, das Verfahren der 4. Kraftfahrzeug-Haftplichtichtlinie/4. KH-Richtlinie kommt zur Anwendung).[2] Die Schadenregulierung mit ausländischen Haftpflichtversicherern ist – sofern die 4. KH-Richtlinie nicht greift – meist langwierig (mehrere Monate, oft auch über ein Jahr) und schwierig. Die gerichtliche Anspruchsdurchsetzung kann aufgrund der problematischen Situation der Justiz in manchen Ländern (z. B. Italien) sehr viel Zeit, teilweise einige Jahre pro Instanz, in Anspruch nehmen.

3

In der Europäischen Union (EU) gibt es seit geraumer Zeit eine Rechtsentwicklung, die die Abwicklung von Verkehrsunfällen in den Mitgliedstaaten in vieler Hinsicht erleichtert hat. Während früher Schadenersatzansprüche grundsätzlich nur im Rahmen von vielfach zeitaufwendigen Verfahren im Unfallland geltend gemacht werden konnten, besteht seit Inkrafttreten und Umsetzung der 4. KH-

4

---

1 *Backu* DAR 2009, 742 (742).
2 Zur 4. KH-Richtlinie siehe unten Rdn. 16 ff. sowie Textauszug im Anhang Rdn. 133.

Richtlinie der EU im Jahr 2003 die Möglichkeit, die aus einem Verkehrsunfall resultierenden Schadenersatzansprüche bei einem im Wohnsitzland des Geschädigten ansässigen Schadenregulierungsbeauftragten geltend zu machen, der diese innerhalb bestimmter Fristen abwickeln muss.

5 Voraussetzung für die Regulierung sind überzeugende Nachweise zur Schadenshöhe. Der gegnerischen Versicherung ist in manchen Ländern die Besichtigung des beschädigten Fahrzeugs zu ermöglichen (so z. B. in Österreich).[3] Bei kleineren Schäden genügt in der Regel die Vorlage einer Reparaturkostenrechnung (am besten unter Beifügung von Fotos des beschädigten Fahrzeugs). Ein Kostenvoranschlag reicht meist nicht aus; zumindest zieht die gegnerische Haftpflichtversicherung die im Kostenvoranschlag aufgeführte Mehrwertsteuer vom Schadenersatzbetrag ab. Bei hohen Schäden oder bei Totalschaden des Fahrzeugs ist in der Regel ein Sachverständigengutachten erforderlich (allerdings werden Mehrwertsteuer und Gutachterkosten je nach dem Recht des Unfalllandes von der Gegenseite oft nicht erstattet). Erfahrungsgemäß werden quittierte Reparaturrechnungen mit guten Schadensfotos am ehesten als Beweismittel akzeptiert. Häufig muss der Geschädigte hinsichtlich der Reparaturkosten meist in Vorlage treten, wenn er eine schnelle Behebung des Schadens bewirken will.

6 Aufgrund einer Entscheidung des *Europäischen Gerichtshofs (EuGH)* vom 13.12.2007 besteht jetzt auch die Möglichkeit, die ausländische Versicherung des Unfallverursachers im Wohnsitzland des Geschädigten zu verklagen.[4] Gerade diese Möglichkeit eröffnet deutschen Rechtsanwälten neue Perspektiven. Nichtsdestotrotz sind auch bei der Abwicklung von ausländischen Unfallschäden im Inland gute Kenntnisse des ausländischen Schadenersatzrechts unabdingbar: der Unfall wird nämlich weiterhin im Regelfall nach Maßgabe des Haftungs- und Verkehrsrechts des Unfalllandes abgewickelt und deutsche Gerichte müssen dieses Recht im Rahmen ihrer Urteilsfindung berücksichtigen.[5] Hierbei besteht die Gefahr, dass Wertungen aus der deutschen Rechtsordnung auch auf das ausländische Recht übertragen werden.[6] Dies kann sich im Einzelfall erschwerend auswirken, zumal bei im Ausland erlittenen Unfallschäden besonders auf die landesspezifischen Besonderheiten in Recht und Praxis zu achten ist, wie etwa Verkehrsvorschriften, Haftungsgrundsätze, Verjährungsfristen oder Schadensbemessung.

7 Nicht in jedem Fall kann davon ausgegangen werden, dass in Deutschland zugesprochene Entschädigungen höher ausfallen als im Ausland. Gerade in denjenigen Fällen, in denen der deutsche Geschädigte Körperschäden erlitten hat, ist bei der Beratung besonders sorgfältig darauf zu achten, ob die Regulierung nicht besser unter Hinzuziehung eines oder Übertragung auf einen Anwaltskollegen im Unfallland erfolgen sollte:[7] Nicht nur die in vielen Fällen erforderliche Akteneinsicht am Unfallort gestaltet sich schwierig, auch die Bemessung des Personenschadens richtet sich generell nach landesspezifischen Kriterien, die oft nur (wenn überhaupt) wenige Gemeinsamkeiten mit der Schmerzensgeldbemessung in Deutschland aufweisen. Beim immateriellen Personenschaden werden im Ausland vielfach höhere Entschädigungen oder auch das in Deutschland unbekannte Angehörigenschmerzensgeld gewährt.[8] Zufriedenstellende Ergebnisse können hier (auch bei der Regulierung von bloßen Sachschäden) nur mit umfangreicher Kenntnis des einschlägigen Haftungsrechts und der Rechtsprechung im Unfallland erreicht werden.

B. Verhalten bei einem Unfall im Ausland

8 Bereits am Unfallort ist auf einiges zu achten, was die folgende Regulierung des Auslandsunfalls erleichtert und im Einzelfall hierfür auch zwingend erforderlich ist.[9]

---

3 *Neidhart* Unfall im Ausland – West-Europa S. 219.
4 Zum Gerichtsstand bei Auslandsunfällen siehe unten Rdn. 53, 59 ff.
5 Zum Schadenersatzrecht in einzelnen europäischen Ländern vgl. Himmelreich/Halm/*Lemor* Handbuch Verkehrsrecht, Kap. 3 Rn. 74 ff.; *Lemor* Road Accidents – The Victim's Guide to Europe; *Neidhart* Unfall im Ausland, Band 1: Ost-Europa und Band 2: West-Europa; Ludovisy/Eggert/Burhoff/*Neidhart* Rn. 42 ff.
6 Vgl. hierzu eingehend *Buse* DAR 2001, 536 (537), *Huber* SVR 2009, 9 (10).
7 *Neidhart* SVR 2004, 327 (331).
8 *Neidhart* SVR 2004, 327 (331).
9 Vgl. *Heberlein/Königer* DAR 2009, 768.

B. Verhalten bei einem Unfall im Ausland

I. Polizeiliche Unfallaufnahme

Der Unfall sollte – wenn möglich – insbesondere in folgenden Fällen von der Polizei aufgenommen werden: bei Personenschäden, hohem Sachschaden, wenn zwischen den Beteiligten keine Einigung erzielt werden kann, der Unfallgegner sich vom Unfallort unerlaubt entfernt hat[10] oder der Unfallgegner keinen Versicherungsnachweis vorweisen kann. Die Polizei ist in vielen Ländern nicht mehr verpflichtet, sog. Bagatellunfälle zu protokollieren.

In einigen (vorwiegend ost- und südosteuropäischen) Ländern ist die Unfallaufnahme durch die Polizei aber auch dann unabdingbar, wenn nur Sachschäden vorliegen, zumal dadurch auch bei der Ausreise aus dem betreffenden Land mit einem beschädigten Fahrzeug die Schadenursache nachgewiesen werden kann. Darüber hinaus erleichtert die Vorlage eines polizeilichen Unfallprotokolls bei der gegnerischen Versicherung die Schadenregulierung. Der Geschädigte sollte sich in folgenden Ländern auch bei Sachschäden eine polizeiliche Unfallbestätigung bzw. (sofern möglich) die Durchschrift des Unfallprotokolls aushändigen lassen: Albanien (Meldepflicht),[11] Bosnien-Herzegowina (Meldepflicht, Unfallbestätigung für Schadenregulierung erforderlich),[12] Bulgarien (Meldepflicht),[13] Kroatien (Unfallbestätigung empfehlenswert),[14] Mazedonien (Meldepflicht),[15] Montenegro (Meldepflicht, Unfallbestätigung für Schadenregulierung erforderlich),[16] Niederlande (Unfallbestätigung bei Sachschäden über 500 Euro empfehlenswert),[17] Polen (Unfallbestätigung bei schweren Sachschäden empfohlen),[18] Rumänien (Unfallbestätigung empfehlenswert),[19] Russland (Meldepflicht),[20] Serbien (Meldepflicht, Unfallbestätigung für Schadenregulierung erforderlich),[21] Slowakei (Meldepflicht bei höheren Sachschäden),[22] Slowenien (Meldepflicht bei höheren Sachschäden, Unfallbestätigung empfehlenswert),[23] Tschechien (Meldepflicht bei Unfällen mit Personen- und Sachschaden über 20.000 CZK; Unfallbestätigung generell empfehlenswert),[24] Türkei (Meldepflicht; Polizeiprotokoll für Schadensregulierung erforderlich),[25] Ukraine (Meldepflicht),[26] Ungarn (Meldepflicht bei Personenschäden, bei größeren Sachschäden Unfallbestätigung empfohlen)[27].

II. Festhalten wichtiger Daten des Unfallgegners

Am Unfallort sollten alle wichtigen Daten des Unfallgegners notiert werden: Name und Anschrift des Fahrers und des Fahrzeughalters, amtliches Kennzeichen, Nationalitätszeichen, Haftpflichtversicherungsgesellschaft und Versicherungsscheinnummer sowie ggf. Nummer der Grünen Karte.[28] In einigen Ländern (z. B. Italien, Frankreich und Irland) finden sich Angaben zur Haftpflichtversicherung auf einer Plakette an der Windschutzscheibe des gegnerischen Fahrzeugs. Es ist zu bedenken,

---

10 Zu Unfallfluchtfällen im Ausland siehe *Himmelreich/Bücken/Krumm* Verkehrsunfallflucht Rn. 315 ff.
11 *Neidhart* Unfall im Ausland – Ost-Europa S. 25.
12 *Neidhart* a.aO. S. 33.
13 *Neidhart* aa.O. S. 42.
14 *Neidhart* DAR 2008, 568 (571).
15 *Neidhart* Unfall im Ausland – Ost-Europa S. 90.
16 *Neidhart* a. a. O. S. 142.
17 *Neidhart* Unfall im Ausland – West-Europa S. 182.
18 *Backu* DAR 2005, 378 (379).
19 Vgl. *Kröger/Tofana* SVR 2007, 325 (329).
20 *Neidhart* Unfall im Ausland – Ost-Europa S. 129.
21 *Neidhart* a. a. O. S. 142.
22 *Neidhart* a. a. O. S. 154.
23 *Neidhart* a. a. O. S. 166.
24 *Backu* DAR 2005, 378 (383).
25 *Neidhart* Unfall im Ausland – West-Europa S. 334.
26 *Neidhart* Unfall im Ausland – Ost-Europa S. 190.
27 *Backu* DAR 2005, 378 (387).
28 Zum Grüne-Karte-System siehe Rdn. 105 ff.

dass in einigen Ländern die Haftpflichtversicherung im nachhinein nicht oder nur sehr schwer über das amtliche Kennzeichen in Erfahrung gebracht werden kann.

III. Europäischer Unfallbericht

12 Bei Sachschäden sollte möglichst ein Formular des »Europäischen Unfallberichts« verwendet und von den Unfallbeteiligten gemeinsam ausgefüllt und unterschrieben werden. Der »Europäische Unfallbericht« enthält sämtliche Angaben, die für die Regulierung des Schadenfalles erforderlich sind. Eine entsprechende mehrsprachige Version des »Europäischen Unfallberichts« wird vom *ADAC-Verlag* herausgegeben und ist in allen ADAC-Geschäftsstellen gegen eine Schutzgebühr erhältlich; die deutsche Fassung ist dagegen kostenlos und zumeist auch bei der eigenen Kfz-Haftpflichtversicherung zu bekommen.

IV. Eigene Beweissicherung

13 Im Rahmen der eigenen Beweissicherung sollten noch am Unfallort die Anschriften eventuell anwesender Zeugen notiert sowie die Unfallstelle und Fahrzeuge fotografiert werden. Dabei sollten möglichst Übersichtsaufnahmen, jeweils aus Richtung der Fahrzeuge mit eventuellen Bremsspuren und allen Fahrzeug-Beschädigungen angefertigt werden. Dies ist auch dann zu empfehlen, wenn dies möglicherweise im Rahmen einer polizeilichen Unfallaufnahme ohnehin erfolgt: Die nachträgliche Anforderung von Zeugenanschriften oder Fotos bei der ausländischen Polizeibehörden kann sich in der Praxis als äußerst problematisch und zeitaufwendig erweisen.[29]

V. Personenschäden

14 Bei Körperverletzungen sollte – nach der polizeilichen Protokollierung – unverzüglich ein Arzt im Unfallland aufgesucht werden, der für die Geltendmachung von Schadenersatz- bzw. Schmerzensgeldansprüchen ein Attest nach im jeweiligen Land üblicher medizinischer Praxis ausstellt. Ärztliche Atteste von deutschen Ärzten werden von ausländischen Haftpflichtversicherungen oftmals nicht akzeptiert, bzw. sind für die Schmerzensgeldbemessung nach Maßgabe des Rechts des Unfalllandes nur schwer verwertbar.

VI. Fahrzeug-Totalschaden

15 Ist zu erwarten, dass das beschädigte Fahrzeug nicht mehr repariert werden kann oder die Reparaturkosten den Wiederbeschaffungswert übersteigen, ist es wegen der hohen Rücktransportkosten meist sinnvoll, das Kfz vor Ort durch einen Sachverständigen begutachten und anschließend verschrotten zu lassen. Bei der Verschrottung vor Ort ist darauf zu achten, dass in Ländern außerhalb der EU grundsätzlich Zoll fällig wird. Sachverständige vor Ort können im Einzelfall u. a. auch über die im Unfallland ansässigen Notrufstationen von Automobilclubs vermittelt werden.

C. Regulierung eines Verkehrsunfalls in der EU

I. 4. Kraftfahrzeug-Haftpflicht-Richtlinie (4. KH-Richtlinie)

16 Die 4. Kraftfahrzeughaftpflichtrichtlinie des Rates der EU vom 16.5.2000 (sog. 4. KH-Richtlinie),[30] die bis zum 20.1.2003 in das jeweilige nationale Recht der Mitgliedstaaten umgesetzt werden musste, hat zu einer massiven Verbesserung des Verkehrsopferschutzes nach Verkehrsunfällen in der EU geführt. Die außergerichtliche Abwicklung von Auslandsunfällen wurde erheblich erleichtert und be-

---

29 Zur diesbezüglichen Hilfeleistung des Deutschen Büros Grüne Karte im Rahmen des Besucherschutzabkommens siehe Rdn. 121.
30 Richtlinie 2000/26/EG des Europäischen Parlaments und des Rates v. 16.5.2000, ABl. EG 2000 Nr. L 181 vom 20.7.2000, S. 65 ff., siehe Textauszug im Anhang Rdn. 133.

schleunigt.³¹ Nach der 4. KH-Richtlinie können Schäden aus Verkehrsunfällen, die sich in einem EU-Mitgliedstaat ereignen, grundsätzlich auch im Wohnsitzstaat des Geschädigten von einem dort ansässigen Schadenregulierungsbeauftragten der Versicherung des Schädigers reguliert werden. Die Umsetzung der 4. KH-Richtlinie in Deutschland erfolgte bereits zum 1.1.2003 durch das Umsetzungsgesetz vom 10.7.2002.³² Die Vorgaben der 4. KH-Richtlinie finden im Rahmen der EU-Erweiterung in sämtlichen Beitrittsstaaten, so u. a. auch in Bulgarien, Polen, Rumänien, Tschechien und Ungarn Anwendung.³³ Mit der Richtlinie 2009/103/EG über die Kraftfahrzeug-Haftpflichtversicherung und die Kontrolle der Versicherungspflicht vom 16.9.2009 wurden sämtliche KH-Richtlinien in einer kodifizierten Fassung zusammengefasst.³⁴ Gemäß Art. 29 der Richtlinie 2009/103/EG wurden die 1. bis 5. KH-Richtlinie aufgehoben, wobei Verweisungen auf die aufgehobenen Richtlinien als Verweisungen auf die Richtlinie 2009/103/EG gelten. Da sich im allgemeinen Sprachgebrauch der Begriff der »4. KH-Richtlinie« oder »5. KH-Richtlinie« eingebürgert hat, soll dieser auch in den folgenden Ausführungen beibehalten werden. Sofern hierbei auf einzelne Vorschriften der jeweiligen KH-Richtlinien Bezug genommen wird, wird jedoch zusätzlich die jeweils korrespondierende Vorschrift der kodifizierten Fassung angegeben.

Während zuvor nach Auslandsunfällen Schadenersatzansprüche – teilweise unter Inkaufnahme eines erheblichen Zeitaufwands – direkt bei der verantwortlichen Haftpflichtversicherung im Ausland geltend gemacht werden mussten, kann nach Maßgabe der 4. KH-Richtlinie der Geschädigte seit Anfang 2003 die Schadenregulierung auch im eigenen Land über einen Repräsentanten der ausländischen Versicherung abwickeln. Das Gesetz über die Pflichtversicherung für Kraftfahrzeughalter (PflVG), das Versicherungsaufsichtsgesetz (VAG), und das Straßenverkehrsgesetz (StVG) wurden durch das »Gesetz zur Änderung des Pflichtversicherungsgesetzes und anderer versicherungsrechtlicher Vorschriften«³⁵ den Vorgaben der 4. KH-Richtlinie angepasst.

Danach kann ein in Deutschland wohnhafter Geschädigter, der im Ausland durch die Nutzung eines in einem anderen EU- bzw. EWR-Mitgliedstaat versicherten Kfz einen Schaden erlitten hat, seine Ansprüche auch in Deutschland geltend machen. Der Geschädigte erhält also die Alternative, seine Ersatzansprüche im Ausland (ggf. über einen deutschsprachigen ausländischen Anwalt) oder nach den neuen Bestimmungen der 4. KH-Richtlinie im Inland durchzusetzen. Eine direkte Geltendmachung der Schadenersatzansprüche bei der gegnerischen Versicherung im Ausland kann im Einzelfall dann sinnvoll sein, wenn der Geschädigte die Sprache des Unfalllandes beherrscht und mit der dortigen Rechtspraxis vertraut ist oder generell bei Vorliegen komplizierter Sachverhalte wie z. B. Personenschäden, aus denen Schmerzensgeldansprüche resultieren.³⁶

Der für die Schadenregulierung verantwortliche Kfz-Haftpflichtversicherer bzw. sein in Deutschland zuständiger Repräsentant muss binnen drei Monaten auf den Schadenersatzantrag des Geschädigten reagieren, entweder durch Schadenregulierung oder durch eine begründete Antwort, wenn die Voraussetzungen für eine Regulierung des Schadens nach Ansicht des Repräsentanten oder des Kfz-Versicherers nicht gegeben sind.

Seit der Anwendbarkeit der 4. KH-Richtlinie ist es in vielen Fällen zu einer Erleichterung und Beschleunigung der Regulierung von Auslandsschadenfällen gekommen. Allerdings wurde in der 4. KH-Richtlinie ausdrücklich klargestellt, dass sich die Schadenregulierung auch dann, wenn sie über einen Schadenregulierungsbeauftragten im Inland erfolgt, nach dem Recht richtet, das nach

---

31 Vgl. *Lemor/Becker* DAR 2004, 677 (679).
32 Gesetz zur Änderung des Pflichtversicherungsgesetzes und anderer versicherungsrechtlicher Vorschriften, BGBl. I 2002, 2586.
33 Art. 53 der Beitrittsakte (Dok. AA2003/ACT); Übergangsfristen wurden diesbezüglich mit keinem der Beitrittsländer vereinbart.
34 ABl. EU 2009 Nr. L 263 v. 7.10.2009, 11 ff., siehe auch Rdn. 70.
35 BGBl. I 2002, 2586.
36 *Backu* DAR 2003, 145 (147).

1. Anwendungsbereich

21 Die Richtlinie findet in allen EU- und EWR-Staaten Anwendung, also außer in den 27 EU-Staaten auch in Liechtenstein, Island und Norwegen. Die nicht zum EWR gehörende Schweiz hat die Richtlinie zwar weitgehend ins nationale Recht übernommen. Die Umsetzung in der Schweiz erfolgte aber nur in Bezug auf die Benennung von Auskunftsstellen, Schadenregulierungsbeauftragten, Regulierungsverfahren und -fristen, nicht jedoch im Hinblick auf Sanktionen und Entschädigungsstellen.[38]

22 Hinsichtlich des sachlichen Anwendungsbereichs der Richtlinie werden gemäß § 12a Abs. 1 und 4 PflVG zweierlei Unfallkonstellationen erfasst:
- Unfall in einem anderen EU-/EWR-Staat als dem Wohnsitzmitgliedstaat des Geschädigten, verursacht durch Nutzung eines Fahrzeugs, das in einem Mitgliedstaat versichert ist und dort seinen gewöhnlichen Standort hat (Art. 1 Abs. 1 Satz 1 der 4. KH-Richtlinie i. V. m. § 12a Abs. 1 PflVG) (Art. 20 Abs. 1 Satz 1 Richtlinie 2009/103/EG).

    ▶ Beispiele:

    Ein spanischer Autofahrer verursacht mit seinem in Spanien zugelassenen und versicherten Fahrzeug in Barcelona einen Verkehrsunfall, bei dem ein deutscher Kraftfahrer geschädigt wird.

    Ein Norweger verursacht mit seinem in Norwegen (EWR-Staat) zugelassenen und versicherten Fahrzeug verursacht in Mailand (Italien) einen Verkehrsunfall, bei dem ein deutscher Kraftfahrer verletzt wird.

- Unfall in Staaten außerhalb des EU/EWR-Gebietes (Drittstaaten), die Mitglieder des Grüne Karte-Systems sind, wenn der Geschädigte seinen Wohnsitz in einem Mitgliedstaat hatte und das den Unfall verursachende Fahrzeug seinen gewöhnlichen Standort in einem Mitgliedstaat hat und dort versichert war (Art. 1 Abs. 1 Satz 2 der 4. KH-Richtlinie i. V. m. § 12a Abs. 4 PflVG) (Art. 20 Abs. 1 Satz 2 Richtlinie 2009/103/EG).

    ▶ Beispiel:

    Ein Unfall in Rabat (Marokko), den ein Niederländer mit seinem in den Niederlanden zugelassenen Fahrzeug verursacht und bei dem ein in Frankfurt lebender deutscher Autofahrer geschädigt wird. Der Geschädigte kann sich hier (jeweils alternativ) entweder an den Schadenregulierungsbeauftragten der niederländischen Versicherung in Deutschland halten, seine Schadenersatzansprüche beim Grüne Karte-Büro in Marokko geltend machen oder direkt an die niederländische Versicherung des Unfallgegners in Holland herantreten. Die Regulierung erfolgt jedoch in allen Fällen nach Maßgabe des Rechts des Unfalllandes, also dem marokkanischen Recht.[39]

2. Auskunftsstelle

23 Eine zentrale Säule der 4. KH-Richtlinie ist die Vereinfachung der Informationsbeschaffung für Geschädigte (Erwägungsgründe 21 und 22 der 4. KH-Richtlinie bzw. Erwägungsgründe 43 und 44 der Richtlinie 2009/103/EG). Gerade in der Vergangenheit hat sich die Ermittlung des ausländischen Kfz-Haftpflichtversicherers des Unfallverursachers vielfach als derart schwierig erwiesen, so dass zu-

---

37 Erwägungsgrund 13 der 4. KH-Richtlinie bzw. Erwägungsgrund 35 der Richtlinie 2009/103/EG; zum anwendbaren Recht siehe Rdn. 74 ff.
38 Himmelreich/Halm/*Lemor* Handbuch Verkehrsrecht, Kap. 3, Rn. 39
39 Zum anwendbaren Recht bei Auslandsunfällen siehe Rdn. 74 ff.

weilen keine vernünftige Regulierung im Sinne des Geschädigten vorgenommen werden konnte. Im Rahmen der 4. KH-Richtlinie wurde in jedem Mitgliedstaat eine Auskunftsstelle eingerichtet, die dem durch einen Auslandsunfall Geschädigten alle zur Geltendmachung seines Schadenersatzes erforderlichen Angaben zu machen hat (Art. 5 4. KH-Richtlinie i. V. m. § 8a PflVG, Art. 23 Richtlinie 2009/103/EG). Insbesondere zählen hierzu Name, Anschrift und Policenummer der Kfz- Haftpflichtversicherung des Unfallgegners, Angaben zu dem verantwortlichen Schadenregulierungsbeauftragten im Inland sowie die Daten des Kfz-Halters, ggf. die Nummer der Grünen Karte oder der Grenzversicherungspolice.[40] Die Auskunftsstelle erhält die erforderlichen Daten ihrerseits von den Zulassungsbehörden und den in den Mitgliedstaaten der EU und den Vertragsstaaten des Abkommens über den Europäischen Wirtschaftsraum nach Art. 5 Abs. 1 der 4. KH-Richtlinie (Art. 23 Richtlinie 2009/103/EG) errichteten oder anerkannten Auskunftsstellen und koordiniert die Weitergabe der Informationen an die Geschädigten. Zur Feststellung des Versicherers sowie dessen Schadenregulierungsbeauftragten genügt im Regelfall zwar die Angabe des Kfz-Kennzeichens des Schädigers, zusätzliche Informationen wie Angabe des Kfz-Haftpflichtversicherers können die Auskunftserteilung aber beschleunigen.

In Deutschland übernimmt die Funktion der Auskunftsstelle der Zentralruf der Autoversicherer in Hamburg: **24**

> GDV Dienstleistungs-GmbH & Co KG
> »Zentralruf der Autoversicherer«
> Glockengießerwall 1
> 20095 Hamburg
> Tel. 0180/25026,
> Fax 040/33449–7080
>
> www.zentralruf.de<kontakt

Für den Fall, dass die Auskunftsstelle den zuständen Kfz-Haftpflichtversicherer nicht innerhalb von zwei Monaten nach Eingang des Auskunftsersuchens des Geschädigten ermitteln kann, besteht für diesen die Möglichkeit, sich an die Entschädigungsstelle zu wenden, deren Funktion in Deutschland die Verkehrsopferhilfe e. V. in Berlin wahrnimmt.[41] **25**

3. Schadenregulierungsbeauftragter

Eine weitere tragende Säule der 4. KH-Richtlinie ist der Schadenregulierungsbeauftragte. Jeder ausländischer Versicherer, der im EU- oder EWR-Bereich eine Kfz-Haftpflichtversicherung anbietet, ist verpflichtet, sowohl in Deutschland als auch in allen anderen EU-/EWR-Staaten einen Schadenregulierungsbeauftragten zu benennen (Art. 4 4. KH-Richtlinie bzw. Art. 21 Richtlinie 2009/103/EG). Der Schadenregulierungsbeauftragte muss der deutschen Sprache mächtig und in der Lage sein, den Fall zu bearbeiten. In der Praxis bedienen sich ausländische Versicherer hierzu ihrer deutschen Partnerversicherungen oder auch Schadenregulierungsbüros, wobei ein Schadenregulierungsbeauftragter auch für mehrere Versicherungen tätig sein kann (Art. 4 Abs. 3 4. KH-Richtlinie bzw. Art. 21 Abs. 3 Richtlinie 2009/103/EG). Diesem gegenüber können die Schadenersatzansprüche geltend gemacht werden; die Korrespondenz erfolgt in Deutschland in deutscher Sprache. Dem Schadenregulierungsbeauftragten obliegt die Bearbeitung der Ansprüche des Geschädigten in Absprache mit dem von ihm repräsentierten ausländischen Versicherungsunternehmen (Art. 4 4. KH-Richtlinie bzw. Art. 21 Abs. 4 Richtlinie 2009/103/EG). Er hat alle Informationen zur Regulierung der Ansprüche zu sammeln und die notwendigen Maßnahmen für die Schadenregulierung zu ergreifen. Der Schadenregulierungsbeauftragte erbringt die Zahlungen gegenüber dem Geschädigten ei- **26**

---

40 Zur Grünen Karte bzw. Grenzversicherung siehe Rdn. 105 ff.
41 Siehe unten Rdn. 29 ff.

genständig, was für diesen von Vorteil ist, weil er damit nicht von der finanziellen Lage des ausländischen Versicherers abhängig ist.[42]

27 Um eine zügige Bearbeitung der Schadenersatzansprüche zu gewährleisten (Erwägungsgrund 18 der 4. KH-Richtlinie bzw. Erwägungsgrund 40 der Richtlinie 2009/103/EG), muss der Schadenregulierungsbeauftragte innerhalb von drei Monaten ein Regulierungsangebot unterbreiten oder binnen Dreimonatsfrist zumindest eine fundierte Antwort erteilen, sofern die Eintrittspflicht bestritten wird, sie nicht eindeutig feststeht oder der Schaden nicht vollständig beziffert worden ist (§ 3a PflVG). Diese Antwort muss mit einer Begründung für den Fall der Ablehnung der Regulierung versehen sein, wobei allerdings die konkreten Anforderungen an diese Begründung nicht gesetzlich definiert sind, sondern vielmehr einzelfallabhängig sein sollen (Begründung zum Gesetz zur Änderung des Pflichtversicherungsgesetzes und anderer versicherungsrechtlicher Vorschriften vom 20.7.2003 (in Bezug auf § 3a Nr. 1 PflVG)). In der Praxis sind hierzu im Regelfall Ausführungen zur einschlägigen Sach- und Rechtslage erforderlich.[43]

28 Als Alternative zum Schadenregulierungsbeauftragten kann der Geschädigte gemäß Art. 4 Abs. 2 der 4. KH-Richtlinie (Art. 21 Abs. 2 Richtlinie 2009/103/EG) seine Schadenersatzansprüche auch direkt bei der Versicherung des Unfallgegners im Ausland oder beim Unfallgegner (Schädiger) selbst geltend machen. Die direkte Geltendmachung der Ansprüche bei der gegnerischen Versicherung im Ausland dürfte vor allem bei Personenschäden in Betracht kommen, zumal hier mit Hilfe eines Anwaltes vor Ort unter Umständen bessere Ergebnisse im Sinne des Geschädigten erzielt werden können.[44]

4. Entschädigungsstelle

29 Erhält der Geschädigte innerhalb von drei Monaten weder ein Regulierungsangebot noch eine begründete Antwort auf seine Darlegungen, sieht die 4. KH-Richtlinie grundsätzlich Sanktionen vor (Art. 12 4. KH-Richtlinie bzw. Art. 27 Richtlinie 2009/103/EG): Da dem deutschen Recht ein Bußgeld für zivilrechtliche Verstöße fremd ist, hat der deutsche Gesetzgeber keine Sanktionen für den Fall festgesetzt, dass Versicherer oder Schadenregulierungsbeauftragter ihren Pflichten nicht innerhalb der Dreimonatsfrist nachkommen.[45] Der deutsche Geschädigte kann sich stattdessen an die Entschädigungsstelle wenden (§ 12a Abs. 1 Nr. 1 PflVG, Art. 6 Abs. 1 S. 2 lit. a 4. KH-Richtlinie bzw. Art. 24 Abs. 2 lit. a Richtlinie 2009/103/EG). Der Anspruchsteller kann ab diesem Zeitpunkt seinen Anspruch gemäß § 288 Abs. 1 S. 2 BGB mit dem gesetzlichen Zinssatz verzinsen lassen (§ 3a Nr. 2 PflVG).

30 Die Entschädigungsstelle hat innerhalb von zwei Monaten nach Eingang des Schadenersatzantrags tätig zu werden, prüft zunächst ihre Berechtigung zur Regulierung, um nach Ablauf der Zweimonatsfrist ggf. den Anspruch zu regulieren.[46] Sie schließt den Vorgang jedoch ab, wenn das Versicherungsunternehmen oder dessen Schadenregulierungsbeauftragter in dieser Zeit eine mit Gründen versehene Antwort auf das Schadenersatzbegehren erteilt hat oder ein begründetes Angebot vorlegt (§ 12a Abs. 3 PflVG, Art. 6 Abs. 1 S. 4 4.KH-Richtlinie bzw. Art. 24 Abs. 2 S. 4 Richtlinie 2009/103/EG).

31 Aufgabe der Entschädigungsstelle ist es nicht, als »Revisionsinstanz« die Entscheidung des Schadenregulierungsbeauftragten bzw. der gegnerischen Versicherung materiell zu überprüfen, sondern vielmehr die Schadenregulierung vorzunehmen, wenn der Regulierungsbeauftragte seinen in der 4. KH-Richtlinie vorgesehenen formellen Verpflichtungen nicht nachkommt. Die Entschädigungsstelle ist

---

42 *Bachmeier* S. 92; Art. 4 Abs. 5 S. 1 4. KH-Richtlinie bzw. Art. 21 Abs. 5 Richtlinie 2009/103/EG.
43 *Riedmeyer* AnwBl. 2008, 17 (20).
44 Siehe hierzu Rdn. 7 und 39.
45 Art. 4 Abs. 6 4. KH-Richtlinie bzw. Art. 22 Richtlinie 2009/103/EG; Himmelreich/Halm/*Lemor* Handbuch Verkehrsrecht, Kap. 3, Rn. 59.
46 Himmelreich/Halm/*Lemor* Handbuch Verkehrsrecht, Kap. 3, Rn. 69.

deshalb nicht zuständig und kann nicht tätig werden, wenn die vom ausländischen Versicherer bzw. dessen Repräsentanten durchgeführte Schadenregulierung nicht zufrieden stellend ist bzw. Differenzen in der Beurteilung der Berechtigung der Forderungen bestehen.[47]

In Deutschland ist die Entschädigungsstelle die Verkehrsopferhilfe e. V. in Berlin: 32

Verkehrsopferhilfe e. V.
Wilhelmstr. 43/43 G
10117 Berlin

Tel.: (030) 20 20 5858
Fax: (030) 20 20 5722

voh@verkehrsopferhilfe.de

Diese nimmt seit 1.1.2003 die Aufgaben und Befugnisse der Entschädigungsstelle wahr (Schreiben vom 31.6.2002, Bundesanzeiger Nummer 162, Ausgabe 30.8.2002, S. 20981).

Weiterhin ist die Entschädigungsstelle zuständig für die Abwicklung von Schadenersatzansprüchen 33 in allen Fällen, in denen das ausländische Versicherungsunternehmen entgegen Art. 4 Abs. 1 der 4. KH-Richtlinie (bzw. Art. 21 Abs. 1 Richtlinie 2009/103/EG) in der Bundesrepublik Deutschland keinen Schadenregulierungsbeauftragten bestellt hat, es sei denn, der Anspruch des Geschädigten war direkt gegen das ausländische Versicherungsunternehmen gerichtet gewesen und dieses hatte innerhalb von drei Monaten eine mit Gründen versehene Antwort auf das Schadenersatzbegehren erteilt oder ein Regulierungsangebot vorgelegt (§ 12a Abs. 1 Nr. 2 PflVG, Art. 6 Abs. 1 S. 2 lit. b 4. KH-Richtlinie bzw. Art. 21 Abs. 1 S. 2 lit. b Richtlinie 2009/103/EG).

Schließlich tritt die Entschädigungsstelle auch dann ein, wenn das Fahrzeug oder das Versicherungs- 34 unternehmen nicht innerhalb von zwei Monaten nach dem Unfall ermittelt werden kann (§ 12a Abs. 1 Nr. 3 PflVG).

Ein Antrag an die Entschädigungsstelle ist nicht zulässig, wenn der Geschädigte unmittelbar gegen 35 das Versicherungsunternehmen gerichtliche Schritte einleitet (§ 12a Abs. 1 S. 2 PflVG) oder wenn er sich in Fällen, in denen es keinen Schadenregulierungsbeauftragten gibt, direkt an das Versicherungsunternehmen gewandt und von diesem innerhalb der Dreimonatsfrist eine begründete Antwort erhalten hat (§ 12a Abs. 1 S. 1 Nr. 2 PflVG).

II. Folgen aus der 4. KH-Richtlinie für die anwaltliche Tätigkeit

1. Außergerichtliche Regulierung

Der deutsche Anwalt kann die Ansprüche seines geschädigten Mandanten in Deutschland in deut- 36 scher Sprache geltend machen. Er kann aber auch – wie bisher – den Mandanten auf die Möglichkeit der Beauftragung eines ausländischen Anwalts hinweisen bzw. einen ausländischen Kollegen im Rahmen eines Korrespondenzverhältnisses zu beauftragen.

Die Schadenersatzansprüche richten sich nach Haftungsgrund und Höhe des Ersatzanspruchs nach 37 wie vor nach dem Recht des Unfalllandes.[48] Die Unterschiede zum deutschen Recht können beträchtlich sein. Während beim Sachschaden meist geringere Ersatzansprüche bestehen und insbesondere Gutachterkosten, Nutzungsausfall, Wertminderung in vielen Ländern nicht erstattungsfähig sind, kann die Entschädigung beim immateriellen Personenschaden im Ausland höher sein als in Deutschland, so z. B. in Italien und Frankreich. In vielen Ländern gehören außergerichtliche, teils auch gerichtliche Anwaltskosten nicht zum erstattungsfähigen Schaden, z. B. in Frankreich, Spanien und Portugal.[49] Gerade der letzte Punkt sollte den Geschädigten zu einer genauen Beachtung ver-

---

47 Vgl. Merkblatt Grüne Karte, im Internet abrufbar unter www.gruene-karte.de > Praktische Tipps.
48 Zum anwendbaren Recht siehe Rdn. 74 ff.
49 Vgl. *Nissen* DAR 2009, 764 (766) zu den Rechtsverfolgungskosten im Ausland siehe unten Rdn. 43 ff.

anlassen, insbesondere dann wenn er nicht über eine Verkehrsrechtsschutzversicherung verfügt, die das Anwaltskostenrisiko trägt.

38 Die Fristen der 4. KH-Richtlinie bzw. Richtlinie 2009/103/EG finden sowohl bei Geltendmachung des Anspruchs über den Schadenregulierungsbeauftragten im Inland als auch bei direkter Korrespondenz mit der ausländischen Versicherung Anwendung.

39 Ob die Schadenabwicklung im Inland oder im Ausland erfolgen soll hängt von der Schwierigkeit des Falles und der Haftungssituation ab und erfordert eine sorgfältige Vorprüfung. Für eine Mandatsannahme und Abwicklung im Inland über den Schadenregulierungsbeauftragten sprechen u. a. folgende Punkte: Vorliegen eines unstrittigen Unfallhergangs und Unfallberichts bzw. polizeilichen Unfallprotokolls, Vorliegen ausreichender Informationen zum anwendbaren ausländischen Schadenersatz- und Haftungsrecht, problemlose Ermittlung der Schadenhöhe (z. B. bei Sachschäden). Für die Beauftragung eines Anwalts im Unfallland und eine direkte Abwicklung mit der gegnerischen Kfz-Haftpflichtversicherung sprechen hingegen folgende Argumente: strittiger Unfallhergang und unklare Haftungsfrage, Vorliegen eines Personenschadens, Fehlen ausreichender Informationen zum anwendbaren ausländischen Schadenersatz- und Haftungsrecht, absehbare Differenzen in Bezug auf die Schadenhöhe.[50] In schwierigen Fällen, v. a. bei hohen Personenschäden, dürfte die Beauftragung eines ausländischen Anwalts zu empfehlen sein.[51]

40 Die Regulierung von Verkehrsunfallschäden nach Maßgabe der 4. KH-Richtlinie bzw. Richtlinie 2009/103/EG hat sich zumindest bei Sachschäden grundsätzlich bewährt. Probleme ergeben sich aber teilweise dann, wenn die gegnerische Versicherung bzw. deren Schadenregulierungsbeauftragter bei Vorlage eines in Deutschland erstellten Schadennachweises (Kostenvoranschlag, Gutachten oder Reparaturkostenrechnung) nur denjenigen Betrag anerkennt, der nach dem Reparaturkostenniveau des Unfalllandes anfallen würde.

> **Beispiel:**
>
> Nach einem Verkehrsunfall in Ungarn, der durch einen Ungarn mit seinem dort zugelassenen und versicherten Fahrzeug verursacht wurde, lässt der deutsche Geschädigte sein Fahrzeug in seiner Vertragswerkstatt in Deutschland reparieren. Die in der Werkstattrechnung ausgewiesenen Reparaturkosten betragen 3.000 Euro. Der Schadenregulierungsbeauftragte der ungarischen Versicherung bietet aber nur eine Schadenersatzleistung in Höhe von 2.000 Euro an und begründet dies damit, dass eine vergleichbare Reparatur in Ungarn nicht mehr kosten würde.

41 Darüber hinaus ist die Regulierung von Personenschäden nach wie vor problematisch: Aufgrund der teilweise gravierenden nationalen Unterschiede bei der Bemessung von Schmerzensgeldern weigern sich Schadenregulierungsbeauftragte häufig, Personenschäden in Deutschland zu regulieren und verweisen den Geschädigten an die gegnerische Versicherung im Unfallland.

2. Gerichtliche Regulierung

42 Grundsätzlich konnte bislang die ausländische Versicherung nach den Regeln des internationalen Verfahrensrechts nur im Ausland verklagt werden. Nach der entsprechenden Klarstellung in der 5. KH-Richtlinie (bzw. Richtlinie 2009/103/EG) und dem Urteil des *EuGH* vom 13.12.2007 ist nun sichergestellt, dass der Geschädigte die gegnerische ausländische Versicherung auch an seinem Wohnsitz (z. B. in Deutschland) verklagen kann.[52]

---

50 *Backu* DAR 2009, 742 (747).
51 *Neidhart* SVR 2004, 327 (328); *Riedmeyer* DAR 2009, 747.
52 Zum Gerichtsstand siehe unten Rdn. 53, 59 ff.

3. Rechtsverfolgungskosten

Die Erstattungsfähigkeit von außergerichtlichen Rechtsverfolgungskosten im Rahmen einer Aner- 43
kennung als Schadenersatzanspruch ist seit Jahren ein zentraler Gegenstand der Diskussion in Zusammenhang mit der Harmonisierung des Schadenersatzrechts in der EU.[53] Auch wenn es sich bei der Abwicklung über den Schadenregulierungsbeauftragten in Deutschland um eine Verfahrenserleichterung handelt, unterliegt der Schadenersatzanspruch weiterhin im Regelfall dem Recht des Unfalllandes.[54] Danach richtet sich demnach auch, ob die außergerichtlich entstandenen Anwaltskosten erstattungsfähig sind oder nicht. In Bezug auf Höhe und Erstattungsfähigkeit von Rechtsverfolgungskosten weisen die ausländischen Rechtsordnungen erhebliche Unterschiede auf. Während außergerichtliche Vertretungskosten in manchen Ländern nicht der erstattet werden (wie z. B. in Belgien, Frankreich, Portugal und Spanien), werden diese in anderen Ländern ganz, eingeschränkt oder zumindest in Form einer prozentualen Pauschale des Streitwertes ersetzt (z. B. in Italien, den Niederlanden, Österreich oder der Schweiz).[55]

Bei Durchführung eines gerichtlichen Verfahrens werden im Ausland im Obsiegensfall zumeist die 44
anfallenden Gerichtskosten ersetzt. Die Erstattungsfähigkeit der Anwaltskosten durch die Gegenseite ist aber auch hier nur in wenigen Ländern gegeben (wie z. B. in Italien oder Österreich) oder liegt im Ermessen des Gerichts (z. B. in Frankreich, Griechenland und Spanien).[56]

Auch die Honorarfestsetzung ist im Ausland nicht einheitlich geregelt, insbesondere nicht immer auf 45
Grundlage von Gebührenordnungen. Während in Frankreich eine grundsätzliche Freiheit bei der Gebührenbemessung besteht,[57] gibt es in Spanien nur Mindestgebühren ohne feste Obergrenze,[58] in den Niederlanden Stundensatzempfehlungen und in Großbritannien Erfolgshonorare.[59]

III. 5. Kraftfahrzeug-Haftpflicht-Richtlinie (5. KH-Richtlinie)

Die 5. KH-Richtlinie wurde am 11.6.2005 im EU-Amtsblatt veröffentlicht[60] und musste bis zum 46
11.6.2007 in das jeweilige nationale Recht der Mitgliedstaaten umgesetzt werden. Bis Mitte 2008 haben alle EU-Mitgliedstaaten die Vorgaben dieser Richtlinie umgesetzt, zuletzt Tschechien zum 1.6.2008.[61] Die Regelungen der 5. KH-Richtlinie wurden ebenfalls in die kodifizierte Fassung der Richtlinie 2009/103/EG übernommen. Die Richtlinie regelt u. a. folgende Neuerungen:[62]

1. Erhöhung der Kfz-Mindestversicherungssummen

Als wichtigster Punkt der 5. KH-Richtlinie wurden die seit der 2. KH-Richtlinie (von 1983)[63] erst- 47
mals vorgeschriebenen Mindestbeträge folgendermaßen neu festgesetzt:[64]

---

53 Z. B. Resolution im Rahmen der 3. Europäischen Verkehrsrechtstage 2002 (Trier III); *Backu* VGT 2002, 201; *Kaessmann* DAR 2005, 714 (716); *Nissen* DAR 2009, 764 (765).
54 Siehe Rdn. 75.
55 *Nissen* DAR 2009, 764 (766).
56 *Buschbell* § 31 Rn. 47.
57 *Neidhart* Unfall im Ausland – West-Europa, S. 72.
58 *Backu* VGT 2002, 201 (207).
59 *Backu* a. a. O.; *Neidhart* a. a. O. S. 110.
60 Richtlinie 2005/14/EG v. 11.5.2005, ABl. EU 2005 Nr. L 149 v. 11.6.2005, S. 14 ff.; siehe Textauszug in Anlage Rdn. 134.
61 *Himmelreich/Bücken/Krumm* Verkehrsunfallflucht Rn. 482.
62 Vgl. hierzu auch *Neidhart* in: Ludovisy, Teil 11, Rn. 21 ff.; *Haupfleisch/Hirtler* DAR 2006, 560 ff.; *Becker* DAR 2008, 187 ff.
63 Richtlinie 84/5/EWG v. 30.12.1983, siehe Textauszug in Anlage Rdn. 131.
64 Art. 2 sowie Erwägungsgründe 10 und 11 5. KH-Richtlinie, Änderung der Richtlinie 84/5/EWG (2. KH-Richtlinie), ABl. EG 1984 Nr. L 8 v. 11.1.1984, S. 17 ff. bzw. Art. 9 sowie Erwägungsgründe 12 und 13 Richtlinie 2009/103/EG.

- 1 Mio. Euro für Personenschäden pro Unfallopfer
  und 1 Mio. Euro für Sachschäden pro Schadensfall
  oder
- 5 Mio. Euro für Personenschäden
  und 1 Mio. Euro für Sachschäden,
  jeweils pro Schadensfall.

Die EU-Kommission hat zwischenzeitlich die Beträge gemäß des von *Eurostat* veröffentlichten Europäischen Verbraucherpreisindexes an die Inflation angepasst: Die Beträge wurden von 1 Mio. Euro auf 1,12 Mio. Euro bzw. von 5 Mio. Euro auf 5,6 Mio. Euro erhöht.[65]

48   Die EU-Mitgliedstaaten können hierbei entscheiden, ob sie die Mindestdeckungssummen in Bezug auf Personenschäden pro Unfallopfer oder – wie es Deutschland getan hat (Anlage zu § 4 Abs. 2 Nr. 1a PflVG) – pro Schadensfall, also »gedeckelt«, festlegen.[66] Die Mindestbeträge unterliegen einem Verbraucherpreisindex und werden alle fünf Jahre angepasst (und dabei auf volle 10.000 Euro aufgerundet). Binnen 30 Monaten nach dem Ende der o. g. zweijährigen Umsetzungsfrist sind die Deckungssummen mindestens auf die Hälfte der vorgesehenen neuen Beträge anzuheben. Hierbei wird den Mitgliedstaaten eine Ausnahme von der allgemeinen zweijährigen Umsetzungsfrist gewährt: Die Mitgliedstaaten können für die Anpassung der Mindestdeckungssummen eine weitere Frist von fünf Jahren nach Ende der Umsetzungsfrist festsetzen, also bis spätestens 11.6.2012. Folgende Mitgliedstaaten haben hiervon Gebrauch gemacht:[67] Bulgarien, Estland, Italien, Lettland, Litauen, Malta, Polen, Portugal, Slowakei und Ungarn.

2. Besserer Schutz sog. schwacher Verkehrsteilnehmer

49   Für Fußgänger, Radfahrer und andere nicht motorisierte Verkehrsteilnehmer verlangt die Richtlinie einen verbesserten Schutz. Personen- und Sachschäden sind zwingend von der Kfz-Haftpflichtversicherung des Verursacherfahrzeugs zu decken (Art. 4 Z 2 sowie Erwägungsgrund 16 der 5. KH-Richtlinie bzw. Art. 12 Abs. 3 sowie Erwägungsgrund 22 der Richtlinie 2009/103/EG). Unfallgeschädigten darf zudem kein Selbstbehalt auferlegt werden. Ziel ist die Verbesserung der Rechtsstellung schwächerer Verkehrsteilnehmer.

3. Sachschadenerstattung durch den Garantiefonds/Fahrerfluchtfälle

50   Gemäß der EG-Richtlinie 84/5/EWG (Art. 1 Abs. 4 Richtlinie 84/5/EWG (2. KH-Richtlinie) bzw. Art. 10 Abs. 1 Richtlinie 2009/103/EG) sind die Mitgliedstaaten verpflichtet, eine Stelle zu schaffen, die für Sach- oder Personenschäden, welche durch ein nicht ermitteltes oder nicht versichertes Fahrzeug verursacht worden sind, zumindest in den Grenzen der Versicherungspflicht, Ersatz zu leisten hat (sog. Garantiefonds; in Deutschland bei der Verkehrsopferhilfe e.V.).[68] Die Vorschrift enthielt bislang eine Ausnahmeregelung, nach der diese Ersatzleistung im Falle einer Unfallflucht, bei der nur Sachschaden verursacht wurde, beschränkt oder ausgeschlossen werden konnte (Art. 1 Abs. 6 S. 3 Richtlinie 84/5/EWG (2. KH-Richtlinie) bzw. Art. 10 Abs. 3 Richtlinie 2009/103/EG). Die meisten Länder hatten von dieser Ausnahmeregelung Gebrauch gemacht und den Ersatz bei einer Fahrerflucht nur auf den Personenschaden beschränkt (die Ausnahmeregelung wurde aufgrund des – vermeintlich – zu großen Betrugsrisikos bei durch nicht zu ermittelnde Fahrer verursachten Sachschäden aufgenommen).

---

65 Mitteilung der Europäischen Kommission über die Anpassung bestimmter, in der Richtlinie 2009/103/EG über die Kraftfahrzeug-Haftpflichtversicherung festgelegter Beträge an die Inflation, ABl. EU Nr. C 332 v. 9.12.2010, S. 1.
66 *Becker* DAR 2008, 187 (188).
67 Vgl. Übersicht in Himmelreich/Halm/*Lemor* Handbuch Verkehrsrecht, Kap. 3, Rn. 76; *Becker* DAR 2008, 187 (189).
68 Vgl. hierzu Verordnung über den Entschädigungsfonds für Schäden aus Kraftfahrzeugunfällen BGBl. 1965 I, 2093 (VO Verkehrsopferhilfe); Anschrift der Verkehrsopferhilfe e. V. siehe Rdn. 32.

Die 5. KH-Richtlinie hat diesbezüglich jedoch eine wesentliche Änderung mit sich gebracht: Wenn 51
in sog. Fahrerfluchtfällen neben dem Sachschaden auch ein beträchtlicher Personenschaden durch
den gleichen Unfall verursacht wurde, für den der Garantiefonds Ersatz leistet, muss der Garantiefonds jetzt auch den Sachschaden ersetzen (Art. 2 und Erwägungsgrund 12 der 5. KH-Richtlinie
bzw. Art. 10 Abs. 3 sowie Erwägungsgrund 17 Richtlinie 2009/103/EG). Eine klare Definition
des »beträchtlichen Personenschadens« gibt es nicht und bleibt den Mitgliedstaaten vorbehalten; ausschlaggebend hierfür kann z. B. sein, ob aufgrund der Verletzungen eine Krankenhausbehandlung
erforderlich ist.[69] Für den Sachschaden kann allerdings eine Selbstbeteiligung des Geschädigten in
Höhe von maximal 500 Euro vorgesehen werden.

Die Garantiefonds in den EU-Staaten entschädigen im Allgemeinen bei Unfallfluchtfällen keine 52
Sachschäden. Sachschadenersatz ist künftig aber dann zu leisten, wenn gleichzeitig ein »beträchtlicher« Personenschaden eingetreten und zu ersetzen ist. Der Hinweis auf eine Krankenhausbehandlung soll bei der Festlegung helfen, was unter einem beträchtlichen Personenschaden zu verstehen
ist. Der Ausschluss von (reinem) Sachschadenersatz in Unfallfluchtfällen ist aber weiterhin zulässig.[70]

4. Gerichtsstand am Wohnsitz des Geschädigten

Die 5. KH-Richtlinie verweist in Erwägungsgrund 24 auf die Art. 11 Abs. 2 i. V. m. Art. 9 Abs. 1b 53
der Verordnung (EG) Nr. 44/2001 (EuGVVO),[71] wonach die Möglichkeit besteht, die gegnerische
Kfz-Haftpflichtversicherung des Schädigerfahrzeugs am Wohnsitz des Geschädigten direkt zu verklagen. Grundlage hierfür ist eine Ergänzung des Erwägungsgrundes Nr. 16a der 4. KH-Richtlinie
durch den genannten Verweis der 5. KH-Richtlinie. Die Richtlinie stellt damit klar, dass ein Verkehrsopfer bei einem Unfall im Ausland – unter Wahrung der bisherigen Klagemöglichkeiten –
auch im eigenen Wohnsitzland gegen den haftpflichtigen Versicherer klagen kann (Wohnsitzgerichtsstand/Direktes Klagerecht gegenüber Versicherung) (Art. 5 Z 1 und Erwägungsgrund 24 der 5. KH-Richtlinie bzw. Erwägungsgrund 32 Richtlinie 2009/103/EG). Diese zuvor umstrittene Möglichkeit ergibt sich aus dem Rechtsfolgenverweis des Art. 11 Abs. 2 EuGVVO auf die Anwendung
des Art. 9 Abs. 1 lit. b EuGVVO: Danach kann ein Versicherer, der seinen Wohnsitz im Hoheitsgebiet eines Mitgliedstaates hat, auch in einem anderen Mitgliedstaat verklagt werden, und zwar
bei Klagen des Versicherungsnehmers, des Versicherers oder des Begünstigten vor dem Gericht
des Ortes, an dem der Kläger seinen Wohnsitz hat. Damit kann der bei einem Verkehrsunfall im Ausland geschädigte deutsche Autofahrer seinen Direktanspruch gegen das ausländische Versicherungsunternehmen auch bei dem für ihn zuständigen Gericht in Deutschland geltend machen.[72] Dieser
Gerichtsstand am Wohnsitz Geschädigten wurde durch das Urteil des *EuGH* vom 13.12.2007 bestätigt.[73] Die Richtlinie führt damit gleichzeitig die Direktklage gegen den Kfz-Haftpflichtversicherer
generell ein . Dies hat konkret nur für Großbritannien und Irland zwingende gesetzliche Anpassungen zur Folge.[74] Im übrigen Gemeinschaftsgebiet der EU ist dieser Grundsatz schon seit langem geltendes Recht. Passivlegitimiert ist die gegnerische Kfz-Haftpflichtversicherung, ein direktes Klagerecht gegen den Schadenregulierungsbeauftragten ist damit aber nach wie vor nicht gegeben.[75]

---

69 *Becker* DAR 2008, 187 (189); Himmelreich/Halm/*Lemor* Handbuch Verkehrsrecht, Kap. 3, Rn. 92.
70 Zur Verkehrsunfallflucht im Ausland siehe auch *Himmelreich/Bücken/Krumm* Verkehrsunfallflucht Rn. 315 ff.
71 EG-Verordnung Nr. 44/2001, ABl. EG 2001 Nr. L 12, S. 1 ff. bzw. Verweis in Erwägungsgrund 32 Richtlinie 2009/103/EG.
72 Zum Wahlrecht des Geschädigten bzgl. des internationalen Gerichtsstandes siehe Rdn. 65 ff.
73 *EuGH* DAR 2008, 17 = EuZW 2008, 124 mit Anmerkung *Sujecki* = NJW 2008, 819 mit Anmerkung *Leible* = SVR 2008, 108 mit Anmerkung *Müller* = VersR 2008, 111 = ZVR 2008, 107 mit Anmerkung *Wittwer*, siehe hierzu auch *Bachmeier* DAR 2009, 753 und 758; *Riedmeyer* DAR 2009, 747 (751); *Staudinger* DAR 2009, 738; *Tomson* EuZW 2009, 204; *Wagner* SVR 2010, 405.
74 Zu Großbritannien vgl. *Neidhart* SVR 2007, 408 (411).
75 *Haupfleisch/Hirtler* DAR 2006, 560 (562); zur Passivlegitimation und Zustellung der Klageschrift siehe unten Rdn. 69.

5. Zentralstelle für Unfalldokumente

54 Zur Beschleunigung der Schadenregulierung verlangt die Richtlinie die Einrichtung einer Zentralstelle, bei der die Unfalldaten, insbesondere der Polizeibericht, elektronisch verfügbar sein müssen (Art. 5 Z 4 5. KH-Richtlinie bzw. Art. 26 Richtlinie 2009/103/EG). Geschädigte, deren Anwälte und die Versicherer sollen umgehend Einsicht in diese Daten nehmen können.

6. Fahrzeuginsassenschutz bei Fahruntauglichkeit des Kfz-Führers

55 Die Kenntnis von der Fahruntauglichkeit des Lenkers (z. B. wegen Alkohol oder Drogen) führt künftig nicht mehr dazu, dass Mitfahrer von der Versicherungsdeckung ausgeschlossen werden können (Art. 4 Z 1 und Erwägungsgrund 15 der 5. KH-Richtlinie bzw. Erwägungsgrund 23 Richtlinie 2009/103/EG). Entsprechende Versicherungsbestimmungen sind unwirksam. Hingegen sind Deckungsausschlüsse für Mitfahrende in unversicherten Fahrzeugen weiterhin möglich, soweit sie von diesem Umstand nachweisbar Kenntnis hatten.

7. Deckung bei Auslandsaufenthalt von Fahrzeugen

56 Der Versicherungsvertrag muss während der gesamten Laufzeit künftig aufgrund einer einzigen Prämie das gesamte Gemeinschaftsgebiet der EU abdecken (Art. 4 Z 3 und Erwägungsgrund 17 der 5. KH-Richtlinie bzw. Erwägungsgrund 25 Richtlinie 2009/103/EG). Er darf aber auch keine Deckungsausschlüsse mehr beinhalten, wenn sich das Fahrzeug während der Dauer des Vertrags über einen längeren Zeitraum in einem anderen Staat als dem Zulassungsstaat befindet. Allerdings werden nationale Zulassungsvorschriften davon nicht berührt (d. h., dass trotzdem eine Ummeldung erforderlich werden kann).

8. Schadenverlaufbestätigung

57 Versicherungsnehmer, die eine Kfz-Haftpflichtversicherung bei einem anderen als dem bisherigen Versicherungsunternehmen abschließen möchten, können jederzeit eine Bestätigung über die bisherige Schadensfreiheit oder eine Bescheinigung über den Schadensverlauf während des alten Vertrags beantragen (Art. 4 Z 4 und Erwägungsgrund 19 der 5. KH-Richtlinie bzw. Erwägungsgrund 28 Richtlinie 2009/103/EG). Diese Bestätigung muss binnen 15 Tagen nach der Antragstellung beim Versicherungsnehmer eingehen.

9. Sonstige Neuregelungen

58 Weitere Regelungen der 5. KH-Richtlinie betreffen:
 – selbstfahrende Arbeitsmaschinen als unversicherte Fahrzeuge;
 – allgemeine Schadenregulierungspflichten;
 – den generellen Anspruch gegenüber Auskunftsstellen;
 – den Wegfall systematischer Versicherungskontrollen an den Grenzen;
 – die Bestimmung des gewöhnlichen Standorts eines Fahrzeugs (maßgeblich ist das Land, das das Kfz-Kennzeichen ausgegeben hat);
 – die Versicherung von Importfahrzeugen (Erleichterung der Versicherung im Einfuhrland)

IV. Gerichtsstand (Entscheidung des *EuGH*)

59 Mit der Ergänzung des Erwägungsgrundes Nr. 16a der 4. KH-Richtlinie durch den Verweis der 5. KH-Richtlinie[76] besteht jetzt die Möglichkeit, die gegnerische Kfz-Haftpflichtversicherung des Fahrzeugs des Unfallverursachers am Wohnsitz des Geschädigten direkt zu verklagen. Nach Art. 9 Abs. 1b EuGVVO wird nämlich der inländische Geschädigte jetzt als Begünstigter des Haftpflicht-

---

[76] Siehe oben Rdn. 53.

versicherungsvertrags eingestuft und ihm ein Klagerecht an seinem Wohnort im Inland zugesprochen.[77]

Mit der Diskussion über die internationale Zuständigkeit deutscher Gerichte bzw. Gerichte am Wohnsitz des Geschädigten bei Direktklagen gegen ausländische Kfz- Haftpflichtversicherer[78] haben sich die Gerichte mehrfach – mit unterschiedlichen Ergebnissen[79] – auseinandergesetzt. 60

So war das *OLG Köln*[80] der Auffassung, dass bei einem Unfall in einem anderen EU-Staat, in dem ein deutscher Autofahrer geschädigt wurde, die internationale Zuständigkeit deutscher Gerichte gegeben sei. Danach sei eine unmittelbare Klage am Wohnsitz des Geschädigten gegen die ausländische Versicherung zulässig, da Art. 9 Abs. 1b EuGVVO auf den Geschädigten entsprechend anwendbar sei. Gegen dieses Urteil wurde Revision zum *BGH* zugelassen, der die Frage wiederum dem *EuGH* zur Vorabentscheidung vorgelegt hat.[81] 61

Der *EuGH* hat hierzu mit Urteil vom 13.12.2007 (Rechtssache C-463/06) klargestellt, dass der Geschädigte die Möglichkeit habe, auf der Grundlage der zitierten Bestimmungen der EG-Verordnung 44/2001 (EuGVVO) vor dem Gericht des Ortes in einem Mitgliedstaat, an dem er seinen Wohnsitz hat, eine Klage unmittelbar gegen den Versicherer erheben kann, sofern eine solche Klage unmittelbar zulässig und der Versicherer im Hoheitsgebiet eines Mitgliedstaats ansässig ist.[82] Die Entscheidung des *EuGH* hat grundsätzlich keine Auswirkungen auf das anzuwendende Schadenersatz- bzw. Haftungsrecht. Welches Recht als Grundlage für die Schadenregulierung und letztendlich die Entscheidung des angerufenen Gerichts heranzuziehen ist, muss nach den jeweils anwendbaren Regeln des Internationalen Privatrechts (des betreffenden Landes) festgestellt werden.[83] 62

Dem *EuGH* zufolge kann jetzt ein deutscher Geschädigter im Rahmen eines Direktanspruchs seine Schadenersatzansprüche gegen die ausländische Kfz-Haftpflichtversicherung des Unfallverursachers bei einem Gericht in Deutschland einklagen. Zu berücksichtigen ist aber, ein direktes Klagerecht gegen den Schadenregulierungsbeauftragten damit aber nach wie vor nicht gegeben ist. 63

▶ **Beispiel:**

Ein französischer Autofahrer verursacht mit seinem in Frankreich zugelassenen und versicherten Fahrzeug in Paris einen Verkehrsunfall, bei dem ein deutscher Kraftfahrer geschädigt wird. Der deutsche Geschädigte kann die französische Versicherung des Unfallverursachers an dem Gericht seines Wohnsitzes in Deutschland verklagen.

Die Direktklage im Inland steht laut *EuGH* allerdings nicht dem Sozialversicherungsträger zu. Dieser muss auch weiterhin seine auf ihn kraft Abtretung übergegangenen Ansprüche im Ausland einklagen.[84] 64

---

77 *Nugel* zfs 2008, 309 (311).
78 Vgl. hierzu eingehend *Riedmeyer* DAR 2004, 203.
79 Zustimmend: *OLG Köln* DAR 2006, 212 mit Anmerkung *Meier-van Laak* DAR 2006, 235 (236) = IPRax 2007, 325 = NJW-RR 2006, 70 = SVR 2006, 73 = VersR 2005, 1721 = ZVR 2006, 404 mit Anmerkung *Wittwer*; ablehnend: *LG Hamburg* DAR 2006, 575 mit Anmerkung *Rothley* = VersR 2006, 1065.
80 *OLG Köln* a. a. O.
81 *BGH* DAR 2007, 19 mit Anmerkung *Rothley* = EuZW 2007, 159 = NJW 2007, 71 = NZV 2007, 37 = SVR 2006, 471 = VersR 2006, 1677 = zfs 2007, 143 mit Anmerkung *Diehl*; Ludovisy/Eggert/Burhoff/*Neidhart* Teil 11, Rn. 28.
82 *EuGH* a. a. O.
83 Zum anwendbaren Recht siehe Rdn. 74 ff., *Nugel* NJW-Spezial 2009, 537.
84 *EuGH* Urt. v. 17.9.2009 – C-347/08, DAR 2009, 683 = EuZW 2009, 855 = VersR 2009, 1512 = NJW-Spezial 2009, 697.

1. Wahlrecht des Geschädigten bzgl. des internationalen Gerichtsstands

65 Der Geschädigte kann nach einem Auslandsunfall für Klagen gegen den Kfz-Haftpflichtversicherer grundsätzlich zwischen drei verschiedenen internationalen Gerichtsständen wählen:
- am Sitz der Kfz-Haftpflichtversicherung des ausländischen Unfallverursachers (Art. 2 EuGVVO);
- am Deliktsort im Unfallland (Art. 5 Nr. 3 EuGVVO), oder
- am Wohnsitz des Geschädigten (Art. 11 Abs. 2 i. V. m. Art. 9 Abs. 1 lit. b EuGVVO).

66 Für eine Wahl des Gerichtsstandes am Wohnort des Geschädigten sprechen in erster Linie die zeitlichen und sprachlichen Vorteile. Während ausländische Gerichte (insbesondere in südeuropäischen Ländern) häufig überlastet sind und Zivilprozesse sich über mehrere Jahre hinziehen, nehmen vergleichbare Verfahren vor deutschen Gerichten weniger Zeit in Anspruch. Zudem bieten Verfahren hierzulande den Vorteil, dass sie in einer für den deutschen Geschädigten verständlichen Sprache durchgeführt werden und diesem darüber hinaus bei einem angeordneten persönlichen Erscheinen nach § 141 ZPO eine womöglich weite Anreise zum Gericht erspart bleibt.

67 Problematisch ist hingegen, dass auch das deutsche Gericht in materieller Hinsicht im Regelfall das Recht des Unfalllandes, also das ausländische Recht seiner Entscheidung zugrunde legen muss. In der Praxis wird der Richter daher auf Sachverständigengutachten zurückgreifen, die eine materiellrechtliche Lösung nach Maßgabe des anwendbaren ausländischen Rechts anbieten. Derartige Gutachten können (im Rahmen der hierfür zur Verfügung stehenden Kapazitäten) z. B. vom Max-Planck-Institut für ausländisches und internationales Privatrecht[85] oder vom Institut für Ostrecht München e. V.[86] erstellt werden, sind häufig allerdings auch kosten- und zeitaufwändig.

68 Im Einzelfall ist hier dem Geschädigten anzuraten, mit Hilfe eines Anwalts den für ihn günstigsten Gerichtsstand zu wählen. Ausschlaggebend hierfür sind u. a. das anwendbare Recht (im Regelfall grundsätzlich Schadenersatzrecht des Unfallortes), die Komplexität des Falles oder das Vorliegen von Personenschäden. Gerade in letzteren Fällen kann möglicherweise nach den Umständen des Einzelfalles auch die Wahl des Gerichtsstands im Unfallland sinnvoller sein:[87] Rechtsanwälte im Unfallland sind mit den Besonderheiten der dortigen Schmerzensgeldbemessung (die häufig über den in Deutschland üblichen Sätzen liegt (z. B. in Italien)) vertraut und können hier für deutsche Geschädigte optimale Lösungen erreichen. Zudem sind die Rechtsverfolgungskosten nicht zu vernachlässigen: Da die Bedingungen der Rechtsschutzversicherungen häufig nur eine Geltendmachung der Schadenersatzansprüche im Ausland umfassen, kann bei der Inlandsgeltendmachung für den rechtsschutzversicherten Geschädigten möglicherweise eine Regelungslücke bestehen.

2. Passivlegitimation/Klagezustellung

69 Passivlegitimiert ist auch nach dem *EuGH*-Urteil zum Gerichtsstand weiterhin der ausländische Kfz-Haftpflichtversicherer und nicht der Schadenregulierungsbeauftragte. Die Klage muss danach grundsätzlich dem Kfz-Haftpflichtversicherer im Ausland zugestellt werden (mit der hierfür erforderlichen Übersetzung der Klageschrift). Ob hierbei allerdings stattdessen auch eine (kostengünstigere) Zustellung an den Schadenregulierungsbeauftragten mit Wirkung für den ausländischen Kfz-Haftpflichtversicherer möglich ist, ist derzeit noch nicht abschließend geklärt.[88] Für eine Stellung des Regulierungsbeauftragten als zustellungsbevollmächtigten Vertreter spricht jedenfalls der Erwägungsgrund 15 der 4. KH-Richtlinie, wonach der Schadenregulierungsbeauftragte befugt sein soll, den ausländischen Kfz-Haftpflichtversicherer vor Gerichten zu vertreten.[89] Auch wenn der Kfz-Haftpflichtversicherer in die Lage versetzt werden muss, selbst vom Inhalt der Klageschrift Kenntnis zu nehmen, könnte dies grundsätzlich problemlos über deren interne Weiterleitung durch den Scha-

---

85 Im Internet: www.mpipriv.de.
86 Im Internet: www.ostrecht.de.
87 Ludovisy/Eggert/Burhoff/*Neidhart* a. a. O.; *Bachmeier* DAR 2009, 758.
88 Vgl. *Staudinger* DAR 2009, 738 (741).
89 *Becker* DAR 2008, 187 (191); *Riedmeyer* DAR 2004, 203 (206).

denregulierungsbeauftragten erfolgen, da dieser ja als Vertreter der ausländischen Kfz-Versicherung in deren Namen und für deren Rechnung fungiert. Abzuwarten bleibt, ob diesbezüglich noch eine Klarstellung durch den *EuGH* oder im Rahmen einer künftigen KH-Richtlinie erfolgen wird. Für die Praxis empfiehlt es sich daher, ggf. mit dem zuständigen Schadenregulierungsbeauftragten vorab abzuklären, ob eine Klagezustellung an diesen ausreicht. Der *BGH* erachtet im Falle einer Klage gegen einen ausländischen Versicherer allerdings eine Klagezustellung im Ausland nicht für erforderlich, wenn sich im Streitfall bereits ein Rechtsanwalt als Prozessbevollmächtigter für die Beklagte bestellt hat. § 172 Abs. 1 S. 1 ZPO gebiete die Zustellung an diesen, so dass ein Zustellungsmangel gem. § 189 ZPO geheilt werde, wenn das Dokument der Person, an die die Zustellung dem Gesetz gemäß gerichtet war oder gerichtet werden konnte, tatsächlich zugegangen ist.[90]

V. Kodifizierung der KH-Richtlinien

Die Europäische Kommission hat am 27.2.2008 einen Vorschlag für eine Richtlinie des Europäischen Parlaments und des Rates über die Kraftfahrzeug-Haftpflichtversicherung und die Kontrolle der entsprechenden Versicherungspflicht vorgelegt (KOM (2008) 98 endgültig), die am 27.10.2009 in Kraft getreten ist.[91] Diese Richtlinie enthält keine materiell neuen Inhalte, sondern führt lediglich den Inhalt der bislang geltenden fünf Kfz-Haftpflicht-Richtlinien in einem Richtliniendokument zusammen und ersetzt gemäß Art. 29 die bisherigen in den Richtlinien enthaltenen Rechtsakte. Es wurden nur formale, für die Kodifikation erforderliche Änderungen vorgenommen (Erwägungsgrund 1 der Richtlinie 2009/103/EG). Verweisungen auf die aufgehobenen Richtlinien gelten gem. Art. 29 als Verweisungen auf die kodifizierte Fassung.

70

D. Regulierung eines Verkehrsunfalls in Nicht-EU-Ländern

I. Verfahren

Ist aufgrund der Unfallkonstellation kein Anwendungsbereich für die 4. KH-Richtlinie gegeben, kommt regelmäßig nur eine direkte Geltendmachung der Schadenersatzansprüche gegenüber der gegnerischen KH-Versicherung im Ausland in Betracht. Dies ist der Fall bei Unfällen mit einheimischen Kraftfahrern z. B. in Albanien, Bosnien-Herzegowina, Kosovo, Kroatien, Marokko, Mazedonien, Montenegro, Russland, Serbien, Tunesien, Türkei, Ukraine und Weißrussland. In diesem Fall sind die Schadenersatzansprüche direkt an die gegnerische KH-Versicherung zu richten.[92] In diesen Fällen ist es nicht zuletzt im Hinblick auf mögliche Sprachprobleme und die Verfahrensdauer regelmäßig ratsam, unverzüglich einen im Unfallland zugelassenen Rechtsanwalt mit der Schadenregulierung zu beauftragen. Als Beispiele kommen hier Unfälle in Staaten außerhalb des EU/EWR-Gebietes (Drittstaaten) betracht, die durch Nutzung eines Fahrzeugs verursacht werden, das in diesem Drittstaat versichert ist und dort seinen gewöhnlichen Standort hat.

71

▶ Beispiele:

Ein serbischer Autofahrer verursacht mit seinem in Serbien zugelassenen und versicherten Fahrzeug in Belgrad einen Verkehrsunfall, bei dem ein deutscher Kraftfahrer geschädigt wird.

Ein türkischer Autofahrer verursacht mit seinem in der Türkei zugelassenen und versicherten Fahrzeug in Istanbul einen Verkehrsunfall, bei dem ein deutscher Kraftfahrer geschädigt wird.

II. Gerichtsstand

Sofern in Bezug auf die Gerichtsstandsfrage kein internationales Übereinkommen greift, richtet sich die Frage nach der internationalen Zuständigkeit nach den jeweiligen nationalen Verfahrensvorschrif-

72

---

90 *BGH* Urt. v. 7.12.2010 – VI ZR 48/10, DAR 2011, 78 = VersR 2011, 774.
91 Richtlinie 2009/103/EG v. 16.9.2009 über die Kraftfahrzeug-Haftpflichtversicherung und die Kontrolle der entsprechenden Versicherungspflicht (kodifizierte Fassung); siehe auch Rdn. 16 und 135.
92 Siehe oben Rdn. 1 ff.

ten. Die internationale Zuständigkeit deutscher Gerichte ist in derartigen Fällen daher immer dann gegeben, wenn das deutsche Gericht nach den Regeln der ZPO örtlich und sachlich zuständig wäre.

III. Anwendungsbereich des Lugano-Übereinkommens

73 Für die Schweiz, Norwegen und Island ist in diesem Zusammenhang das Abkommen von Lugano vom 16.9.1988 (Lugano-Übereinkommen) von Bedeutung, das mit der EuGVÜ inhaltsgleich ist und der EuGVVO angepasst wurde.[93] Das revidierte Lugano-Übereinkommen ist am 1.1.2010 zwischen der EU und Dänemark sowie Norwegen in Kraft getreten.[94] Seit 1.1.2011 ist es auch im Verhältnis zur Schweiz in Kraft. In der ursprünglichen Fassung des Übereinkommens war das *EuGH*-Urteil vom 13.12.2007 noch ohne Relevanz, da es aufgrund seiner Anlehnung an die EuGVÜ einen anderen Wortlaut als die EuGVVO[95] aufweist. In der neuen revidierten Fassung des Lugano-Übereinkommens entsprechen die dortigen Art. 11 Abs. 2 und 9 den Regelungen der EuGVVO. Nach dem Protokoll Nr. 2 zum Lugano-Übereinkommen sind die Gerichte der von diesem Übereinkommen betroffenen Staaten verpflichtet, den anwendbaren Grundsätzen des EuGH Rechnung zu tragen. Demnach ist davon auszugehen, dass damit auch im Anwendungsbereich des Lugano-Übereinkommens ein Gerichtsstand im Wohnsitzstaat des Geschädigten besteht.[96]

E. Anwendbares Recht bei Regulierung eines Auslandsunfalls

74 Da die vorbezeichnete Entscheidung des *EuGH*[97] grundsätzlich keine Auswirkungen auf das auf die Schadenregulierung anzuwendende Schadenersatz- bzw. Haftungsrecht hat, muss das im Einzelfall anwendbare Recht nach den jeweils anwendbaren Regeln des Internationalen Privatrechts des jeweiligen Landes festgestellt werden.

I. Anzuwendendes Recht

1. Recht des Unfalllandes/Tatortprinzip

75 Rechtsgrundlage für deliktische Ansprüche aus Kfz-Unfällen in Deutschland mit Beteiligung ausländischer Kraftfahrer sind die Art. 40 bis 42 EGBGB und das Haager Übereinkommen vom 4.5.1971 über das auf Straßenverkehrsunfälle anzuwendende Recht.[98] Das Haager Übereinkommen findet allerdings in Deutschland – da hierzulande nicht ratifiziert – u. U. nur im Wege der Zurückverweisung Anwendung (wenn also die anwendbaren Vorschriften des deutschen IPR im Wege der Gesamtverweisung auf das Recht eines Staates verweisen, der das Haager Übereinkommen unterzeichnet hat).[99] Nach Maßgabe des sog. Tatortprinzips des Art. 40 Abs. 1 EGBGB unterliegen Schadenersatzansprüche aus unerlaubter Handlung dem Recht des Staates, in dem sich der Unfall ereignet hat (Recht des Unfalllandes/lex loci delicti). Dies gilt unabhängig davon, ob der Unfall durch einen im Unfallland

---

93 Übereinkommen vom 30.10.2007 über die gerichtliche Zuständigkeit und die Anerkennung und Vollstreckung von Entscheidungen in Zivil- und Handelssachen, ABl. EU 2007 Nr. L 339 v. 21.12.2007, S. 3.
94 BGBl. I Nr. 54 v. 19.8.2009, S. 2862; ABl. EU Nr. L 140 v. 8.6.2010, S. 1.
95 EG-Verordnung Nr. 44/2001, ABl. EG 2001 Nr. L 12 v. 16.1.2001, S. 1 ff.; die am 1.3.2002 in Kraft getretene EuGVVO hat das bis dahin geltende Übereinkommen über die gerichtliche Zuständigkeit und die Vollstreckung gerichtlicher Entscheidungen im Zivil- und Handelssachen (EuGVÜ) abgelöst.
96 *OLG Karlsruhe* DAR 2007, 587 = NJW-RR 2008, 373 = VersR 2008, 202: Trotz der neueren Rechtsprechung muss eine Diskrepanz in der Frage der Zulassung einer Direktklage am Wohnsitz des Geschädigten bis zur Revision des Lugano-Übereinkommens hingenommen werden; a. A. das schweizerische *Bundesgericht* BGE 124 III 382 (im Internet unter www.bger.ch abrufbar) auch Begünstigte (und Versicherte) können den Gerichtsstand des Versicherungsnehmers nach Art. 8 Z 2 Lugano-Übereinkommen in Anspruch nehmen; *Wittwer* ZVR 2008, 107 (110).
97 Siehe oben Rdn. 59.
98 Haager Übereinkommen über das auf Straßenverkehrsunfälle anzuwendende Recht vom 4.5.1971, Text im Internet abrufbar unter www.hcch.net/upload/text19d.pdf; Feyock/Jacobsen/Lemor/*Backu* Rn. 39; siehe hierzu auch Rdn. 84 ff.
99 BGHZ 90, 294 = NJW 1984, 2032; *OLG Frankfurt* NJW 2000, 1202.

oder in einem Drittstaat ansässigen Schädiger verursacht wurde. Unbeachtlich ist in diesem Fall auch, dass bei einer Klage gegen die ausländische Versicherung des Schädigers möglicherweise ein Gerichtsstand in Deutschland gegeben ist.

▶ Beispiele:

Ein österreichischer Autofahrer verursacht mit seinem in Österreich zugelassenen und versicherten Fahrzeug in Wien einen Verkehrsunfall, bei dem ein deutscher Kraftfahrer geschädigt wird.

Ein Pole verursacht mit seinem in Polen zugelassenen und versicherten Fahrzeug in Amsterdam einen Verkehrsunfall, bei dem ein deutscher Kraftfahrer geschädigt wird.

Die Beurteilung der materiellen Rechtslage richtet sich in beiden Sachverhalten nach dem Recht des Landes, in dem sich der Schadensfall ereignet hat und der Erfolg eingetreten ist, also im ersten Beispielsfall nach österreichischem, im zweiten Fall nach niederländischem Recht.

2. Ausnahmen vom Tatortprinzip

In folgenden Fällen gilt jedoch eine Ausnahme von dem Grundsatz der Anwendbarkeit des Rechts 76 des Unfalllandes: Es handelt sich um die Sonderanknüpfungen an den Ort des Erfolgseintritts, an den Ort des gemeinsamen gewöhnlichen Aufenthaltes sowie an die wesentlich engere Bindung zum Recht eines anderen Staates:

a) Recht des Erfolgsorts

Wenn Unfallort und Ort des Schadeneintritts bei einem Verkehrsunfall auseinander fallen kann der 77 Geschädigte verlangen, dass anstelle des Rechts des Unfalllandes das Recht des Landes Anwendung findet, in dem der Schaden eingetreten ist (Recht des Erfolgsorts). Der Geschädigte hat hier ein Wahlrecht (sog. Ubiquitätsprinzip). Nach Art. 40 Abs. 1 S. 3 EGBGB kann der Geschädigte dieses Wahlrecht allerdings nur im ersten Rechtszug ausüben und zwar bis spätestens zum Ende des frühen ersten Termins oder dem Ende des schriftlichen Vorverfahrens. Macht der Geschädigte dagegen von dieser Option keinen Gebrauch, ist für die Schadenregulierung ausschließlich das Recht des Unfalllandes gemäß der Tatortregel des Art. 40 Abs. 1 EGBGB maßgeblich. Der Kläger bzw. sein Anwalt müssen sich daher vorher überlegen, ob gegebenenfalls das ausländische Recht vorteilhafter ist, da der Richter durch den Wegfall des bisher vorgesehenen Günstigkeitsvergleichs nicht mehr von Amts wegen das günstigere Recht bestimmt.[100]

b) Gemeinsamer gewöhnlicher Aufenthalt

Darüber hinaus kann gemäß Art. 40 Abs. 2 EGBGB ein Auslandsunfall ausnahmsweise auch nach 78 dem Recht des Landes reguliert werden, in dem beide Unfallbeteiligte, also Schädiger und Geschädigter einen gemeinsamen gewöhnlichen Aufenthalt haben (die Staatsangehörigkeit ist hierbei unerheblich).

▶ Beispiele:

Verursacht eine in Deutschland ansässige Person in Spanien einen Unfall mit einem in Deutschland ansässigen Spanier, der sich dort auf Urlaubsreise befindet, gelangt deutsches Recht zur Anwendung, da beide Unfallbeteiligten ihren gewöhnlichen Aufenthalt in Deutschland haben.

Sind bei einem Verkehrsunfall in der Türkei nur zwei in Deutschland lebende türkische Staatsangehörige beteiligt, ist auf die Schadenregulierung deutsches Recht anwendbar.

---

100 Palandt/*Thorn* § 40 EGBGB Rn. 5.

79 Die strikte Anwendung des Grundsatzes der Tatortregel wäre in diesem Fall für beide Parteien nicht interessengerecht,[101] so dass im Rahmen dieser Sonderanknüpfung auf das Recht des Landes abgestellt wird, in dem die Beteiligten ihren gemeinsamen gewöhnlichen Aufenthalt haben. Handelt es sich bei dem oder der Unfallbeteiligten um eine Gesellschaft, einen Verein oder eine juristische Person, bestimmt sich der Ort des gewöhnlichen Aufenthaltes nach dem Sitz deren Hauptverwaltung bzw. Niederlassung (Art. 40 Abs. 2 S. 2 EGBGB).

c) Wesentlich engere Verbindung

80 Ergibt sich eine »wesentlich engere Verbindung« zum Recht eines anderen Staates kann gemäß Art. 41 EGBGB vom Grundsatz der Tatortregel abgewichen werden. Nach Art. 41 Abs. 2 S. 1 EGBGB kann sich eine wesentlich engere Beziehung aus rechtlichen oder tatsächlichen Beziehungen zwischen den Beteiligten in Zusammenhang mit dem Schuldverhältnis ergeben (unbeachtlich sind hierbei allerdings familienrechtliche Beziehungen[102] sowie Zulassung und Versicherung des Fahrzeugs des Geschädigten). Diese Anknüpfung ist nur dann gerechtfertigt, wenn die deliktischen Schutz- und Haftungserweiterungen der Beteiligten so stark durch das Vertragsverhältnis geprägt werden, dass die deliktischen Ansprüche des Geschädigten denselben räumlichen Schwerpunkt wie die vertraglichen haben. Eine tatsächliche Beziehung und damit »wesentlich engere Beziehung« der Unfallbeteiligten kann u. a. bei gemeinsam angetretenen Geschäfts- und Urlaubsreisen oder bei Gefälligkeitsfahrten bestehen.[103] Anknüpfungspunkt wäre hier der Ausgangspunkt der Fahrt bzw. Reise, sofern die Beziehung zum Unfallort eher zufällig erscheint und ein gemeinsamer gewöhnlicher Aufenthalt der Unfallbeteiligten (im Sinne von Art. 40 Abs. 2 EGBGB) nicht besteht.[104] Auch bei Massenschäden wie z. B. Massenkarambolagen im Straßenverkehr oder bei Beförderungs- oder Transportverträgen können zwischen den Beteiligten tatsächliche Beziehungen bestehen, die für eine entsprechende Anknüpfung sprechen.[105]

d) Einvernehmliche nachträgliche Rechtswahl

81 Letztendlich ist auch eine einvernehmliche nachträgliche Rechtswahl durch die am Unfall beteiligten Parteien möglich (Art. 42 EGBGB): Im Rahmen einer nachträglichen Vereinbarung können diese nach Schadenseintritt das auf die Abwicklung anzuwendende Recht vereinbaren.[106] Die Wirkungen einer nachträglichen Rechtswahl beschränken sich gemäß Art. 42 S. 2 EGBGB bei Verkehrsunfällen auf die Unfallparteien. Somit werden Nachteile zu Lasten Dritter (z. B. Haftpflichtversicherer) vermieden.

82 Gemäß Art. 40 Abs. 4 EGBGB kann der Geschädigte seinen Anspruch unmittelbar gegen einen Versicherer des Schädigers geltend machen, wenn das auf die unerlaubte Handlung anzuwendende Recht oder das Recht, dem der Versicherungsvertrag unterliegt, dies vorsieht (Alternativanknüpfung). In der Praxis spielte dies bislang nur in Bezug auf Großbritannien und Irland eine Rolle, weil diese Länder keinen Direktanspruch gegen den Versicherer vorsahen. Zwischenzeitlich wurde aber auch hier – nach Umsetzung der 4. KH-Richtlinie – der Direkteinspruch eingeführt.[107]

83 In Bezug auf die möglicherweise bei dem Verkehrsunfall im Ausland verletzten Verkehrsvorschriften ist zu beachten, dass sich diese unabhängig vom Deliktsstatut immer nach dem Recht des Unfalllan-

---

101 *Feyock/Jacobsen/Lemor* S. 1062; zur Problematik bei Mietwagenunfällen im Ausland siehe *Sieghörtner* NZV 2003, 105 ff.
102 BGHZ 119, 137 (145): Familienrechtliche Beziehungen haben bei der Teilnahme am Straßenverkehr außer acht zu bleiben.
103 *Bartels* zfs 2000, 374 (375).
104 Palandt/*Thorn* § 40 EGBGB Rn. 7.
105 Himmelreich/Halm/*Lemor* Handbuch Verkehrsrecht, Kap. 3, Rn. 20.
106 Eine antizipierte Rechtswahl ist dagegen unzulässig, vgl. Begr. RegE BT-Drucks. 14/343 S. 14.
107 *Neidhart* SVR 2007, 408 (411); Himmelreich/Halm/*Lemor* Handbuch Verkehrsrecht, Kap. 3, Rn. 22.

E. Anwendbares Recht bei Regulierung eines Auslandsunfalls   Kapitel 25

des richten.[108] Die Frage, ob der Verkehrsverstoß den Vorwurf grober Fahrlässigkeit begründet oder ob ein Mitverschulden vorliegt, wird hingegen nach Maßgabe des Deliktstatuts beantwortet.[109]

II. Haager Übereinkommen für Straßenverkehrsunfälle

Das Haager Übereinkommen regelt das auf die außervertragliche zivilrechtliche Haftung aus einem Straßenverkehrsunfall anzuwendende Recht. Dieses Übereinkommen ist allerdings von Deutschland nicht unterzeichnet worden, aber u. U. dann zu beachten, wenn nach dem deutschen IPR im Rahmen einer Gesamtverweisung auf das Recht eines Staates verwiesen wird, der diese Konvention unterzeichnet hat.[110] 84

Das Haager Übereinkommen findet in folgenden Ländern Anwendung: Belgien, Bosnien-Herzegowina, Frankreich, Kroatien, Lettland, Luxemburg, Mazedonien, Montenegro, Niederlande, Österreich, Schweiz, Serbien, Slowakische Republik, Slowenien, Spanien, Tschechische Republik und Weißrussland. 85

Auch dieses Übereinkommen sieht den Grundsatz der Anwendbarkeit des Rechts des Unfalllandes vor, allerdings verweist es bei Personenschäden (Art. 4 Haager Übereinkommen), Sachschäden (Art. 5 Haager Übereinkommen) und Schäden an nicht zugelassenen Fahrzeugen (Art. 6 Haager Übereinkommen) auf das Recht des Staates, in dem das Fahrzeug angemeldet ist. Ist dieser nicht feststellbar, so ist das Recht des gewöhnlichen Standortes des Unfallfahrzeuges maßgebend. Darüber hinaus ist ein unmittelbares Klagerecht des Geschädigten gegen die gegnerische Kfz-Haftpflichtversicherung gegeben (Art. 9 Haager Übereinkommen). Kritikpunkte in Zusammenhang mit dem Haager Übereinkommen sind dessen Beschränkung auf die außervertragliche Haftung, wodurch eine akzessorische Anknüpfung ausgeschlossen wird, sowie die komplizierte Kasuistik.[111] Das Haager Übereinkommen wurde von folgenden Staaten unterzeichnet: Belgien, Bosnien-Herzegowina, Frankreich, Kroatien, Luxemburg, Mazedonien, die Niederlande, Österreich, Schweiz, Slowakische Republik, Slowenien, Spanien und Tschechische Republik. 86

III. Rom II-Verordnung

Am 11.1.2009 ist die Verordnung über das auf außervertragliche Schuldverhältnisse anzuwendende Recht (Rom II-Verordnung) in Kraft getreten,[112] die gemäß Art. 32 der Verordnung ab dem 11.1.2009 auf schadensbegründende Ereignisse Anwendung findet, die sich nach ihrem Inkrafttreten ereignen. Die Rom II-VO ersetzt insoweit das IPR der Mitgliedstaaten (Ausschluss der Rück und Weiterverweisung, Art. 24 Rom II-VO). 87

Die Verordnung regelt, welches nationale Recht anzuwenden ist, wenn es um die zivilrechtliche Haftung für Schäden Dritter geht. Hierunter fallen u. a. auch Schadenersatzansprüche aus Verkehrsunfällen mit Auslandsbezug. Der Verordnung in der jetzigen Fassung war eine kontroverse Diskussion zwischen EU-Kommission, dem Europäischen Parlament und dem Rat der EU vorangegangen. Seitens des Europäischen Parlaments wurde eine Sonderregelung für Verkehrsunfälle gefordert, nach der z. B. bei der Regulierung von Personenschäden das Recht des Wohnsitzlandes des Geschädigten zur Anwendung gelangen sollte. Letztendlich sieht die Rom II-VO in Bezug auf die Rechtslage in Deutschland im Wesentlichen die Beibehaltung des Status quo vor, allerdings konnte hinsichtlich bei der Schadenberechnung für Personenschäden ein Kompromiss erzielt werden: 88

---

108 *BGH* DAR 1996, 237 = MDR 1996, 1124 = NJW-RR 1996, 732 = NZV 1996, 272 = zfs 1996, 204; *LG Mainz* NJW-RR 2000, 31.
109 *BGH* MDR 1978, 918 = VersR 1978, 541.
110 Siehe oben Rdn. 75.
111 *Staudinger* SVR 2005, 441 (445).
112 EG-Verordnung Nr. 864/2007 v. 11.7.2007 über das auf außervertragliche Schuldverhältnisse anzuwendende Recht (Rom II), ABl. EU 2007 Nr. L 199 v. 31.7.2007, S. 40 ff.; vgl. auch *Riedmeyer* zfs 2008, 602, 607.

89 Bei der Regulierung von Auslandsunfällen gilt – sofern gemäß Art. 14 Rom II-VO keine vorherige Rechtswahl getroffen wurde – nach Art. 4 Abs. 1 Rom II-VO das Recht des Landes, in dem der Schaden eingetreten ist (in der Regel das Unfallland).

▶ **Beispiel:**

Ein deutscher Kraftfahrer wird mit seinem in Deutschland zugelassenen Kfz in Bulgarien in einen durch einen bulgarischen Kraftfahrer verursachten Verkehrsunfall verwickelt. Auf die Schadenregulierung ist generell bulgarisches Schadenersatzrecht anzuwenden.

90 Ausnahmsweise gilt nach Art. 4 Abs. 2 Rom II-VO das Recht des Landes des gewöhnlichen Aufenthaltes, wenn Schädiger und Geschädigter ihren gewöhnlichen Aufenthalt in demselben Land haben.

▶ **Beispiel:**

Verursacht ein deutscher Kraftfahrer in Griechenland einen Unfall mit einem in Deutschland ansässigen Griechen, der sich dort auf Urlaubsreise befindet, gelangt deutsches Recht zur Anwendung, da beide Unfallbeteiligten ihren gewöhnlichen Aufenthalt in Deutschland haben.

91 Ferner besteht eine weitere Ausnahme, wenn sich aus der Gesamtbetrachtung der Umstände ergibt, dass die unerlaubte Handlung eine offensichtlich engere Verbindung mit einem anderen Staat aufweist, so dass nach Art. 4 Abs. 3 Rom II-VO in diesem Fall das Recht dieses Staates anzuwenden ist. Eine derartige Verbindung kann sich danach insbesondere aus einem bereits bestehenden Rechtsverhältnis zwischen den Parteien – z. B. einem Vertrag – ergeben, das mit der betreffenden unerlaubten Handlung in enger Verbindung steht. Dieses kann u. a. bei einer gemeinsam angetretenen Busreise bestehen. Anknüpfungspunkt wäre hier der Ausgangspunkt der Fahrt bzw. Reise, sofern die Beziehung zum Unfallort eher zufällig erscheint und kein gemeinsamer Aufenthaltsort der Unfallbeteiligten besteht.

92 Zu beachten ist, dass hinsichtlich der Verjährung und der Rechtsverluste (z. B. Beginn, Unterbrechung und Hemmung der Verjährungsfristen) das nach der Rom II-Verordnung maßgebliche Recht Anwendung findet (Art. 15 lit. h Rom II-VO).

93 Die der Haftung zugrundeliegenden Verhaltensvorschriften (z. B. Verkehrsregeln) richten sich nach dem Recht des Unfalllandes (Art. 17 Rom II-VO).

94 Der Geschädigte kann eine Direktklage gegen den Versicherer des Haftenden einreichen, wenn dies nach dem maßgeblichen Schadenersatzrecht oder nach dem auf den Versicherungsvertrag anzuwendenden Recht vorgesehen ist (Art. 18 Rom II-VO). Die Möglichkeit der Direktklage gegen den Kfz-Haftpflichtversicherer wurde in den EU-Mitgliedstaaten bereits im Rahmen der 5. KH-Richtlinie generell eingeführt (Art. 5 Ziff. 1 und Erwägungsgrund 24 der 5. KH-Richtlinie bzw. Verweis in Erwägungsgrund 32 Richtlinie 2009/103/EG). Konkret hatte dies nur für Großbritannien und Irland zwingende gesetzliche Anpassungen zur Folge.

95 Während sich die Beweislastverteilung und gesetzliche Vermutungen nach dem gemäß der Rom II-VO anwendbaren Schadenersatz- und Haftungsrecht richten, wird die Beweisaufnahme nach Maßgabe des Rechts des angerufenen Gerichts durchgeführt (Art. 22 Rom II-VO). Die Frage, ob ein deutsches Gericht trotz anwendbaren Deliktsrechts des Unfalllandes auf die deutschen Grundsätze des Anscheinsbeweises abstellen kann, wurde in Auslegung des Art. 22 Abs. 1 Rom II-VO verneint.[113]

96 Im Rahmen des erzielten Kompromisses ist gemäß Erwägungsgrund Nr. 33 allerdings im Rahmen der Schadensberechnung für Personenschäden bestimmten Besonderheiten der Situation der Verkehrsopfer Rechnung zu tragen: Die mit der Unfallabwicklung befassten Gerichte sollen in Fällen,

---

[113] *AG Geldern* Urt. v. 27.10.2010, 4 C 356/10, DAR 2011, 210 = NJW 2011, 686, zustimmend *Staudinger* DAR 2011, 231 und NJW 2011, 650.

in denen sich der Unfall in einem anderen Land als dem des gewöhnlichen Aufenthalts des Opfers ereignet hat, alle relevanten tatsächlichen Umstände des jeweiligen Opfers berücksichtigen, insbesondere einschließlich tatsächlicher Verluste und Kosten für Nachsorge und medizinische Versorgung. Nach Maßgabe des Erwägungsgrundes Nr. 32 der Rom II-VO können die Gerichte der Mitgliedstaaten unter außergewöhnlichen Umständen auch den Ordre-Public-Vorbehalt anwenden: die Anwendung einer Norm des nach der Rom II-VO anzuwendenden Rechts kann versagt werden, wenn diese zur Folge haben würde, dass ein unangemessener, über den Ausgleich des entstandenen Schadens hinausgehender Schadensersatz mit abschreckender Wirkung – oder Strafschadensersatz – zugesprochen werden könnte.

Die EU-Kommission hatte sich bei der Verabschiedung der Rom II-Verordnung in einer Erklärung dazu verpflichtet, »die spezifischen Probleme zu untersuchen, mit denen EU-Ansässige bei Straßenverkehrsunfällen in einem anderen Mitgliedstaat als dem ihres gewöhnlichen Aufenthalts konfrontiert sind«. Ende Dezember 2007 wurde von der EU-Kommission der Auftrag zur Durchführung der entsprechenden Untersuchung an eine belgische Anwaltskanzlei vergeben, die am 29.1.2009 veröffentlicht wurde.[114] Gegenstand der Studie ist die Untersuchung der verschiedenen, in den Mitgliedstaaten angewandten Praktiken betreffend die Höhe der Entschädigung, die Opfer von Verkehrsunfällen erhalten. Im Rahmen der Studie sollen: 97

- die besonderen Probleme, denen EU-Bürger beggnen, die in Verkehrsunfälle in einem anderen Mitgliedstaat als ihrem Wohnsitzland verwickelt sind, und insbesondere die Wahrscheinlichkeit unzureichender Entschädigungsleistungen analysiert werden;
- die Folgen unterschiedlicher Verjährungsfristen für ausländische Opfer im Falle der Anwendung des Rechts des Unfalllandes, während der Schadenregulierung untersucht werden;
- sämtliche Handlungsoptionen ermittelt und deren Anwendbarkeit untersucht werden (einschließlich versicherungstechnischer Aspekte), die zur Verbesserung der Situation der Opfer grenzüberschreitender Verkehrsunfälle führen;
- insbesondere binnenmarktbezogene Aspekte behandelt werden: Untersuchung von Schadenersatzleistungen und Versicherungsschutz für ausländische Opfer; Untersuchung, Vergleich und Bewertung der Anwendung der lex loci delicti bei grenzüberschreitenden Verkehrsunfällen sowohl in Bezug auf Schadenersatzleistungen als auch auf Verjährungsfristen.

Die EU-Kommission nahm das Ergebnis der Studie zum Anlass für eine Analyse der derzeitigen Praktiken der Mitgliedstaaten betreffend Schadenersatzleistungen für ausländische Opfer, der Folgen unterschiedlicher Verjährungsfristen, der Probleme, die sich aus der derzeitigen Situation für EU-Bürger ergeben sowie der möglichen Optionen zur Behebung dieser Probleme und zur Erreichung der festgelegten politischen Zielsetzungen. Bislang ist allerdings noch offen, ob und welche konkreten Konsequenzen die Kommission daraus ziehen wird (z. B. in Form einer neuen KH-Richtlinie). 98

In Deutschland ist das Gesetz zur Anpassung der Vorschriften des Internationalen Privatrechts an die Rom II-Verordnung am 11.1.2009 in Kraft getreten.[115] Um Fehler bei der Rechtsanwendung zu vermeiden und diese grundlegende Änderung für jedermann verständlich zu machen, wurde Art. 3 EGBGB neu gefasst: Ausgehend vom Anwendungsvorrang des Gemeinschaftsrechts gibt der neue Artikel 3 EGBGB die Prüfungsreihenfolge der möglichen Rechtsgrundlagen wieder und führt in diesem Zusammenhang die Rom II-VO namentlich auf. 99

---

114 ROME II Study on compensation of cross-border victims in the EU – Compensation of victims of cross-border road traffic accidents in the EU: comparison of national practices, analysis of problems and evaluation of options for improving the position of cross-border victims, abrufbar im Internet unter http://ec.europa.eu/internal_market/insurance/motor_en.

115 Gesetz zur Anpassung der Vorschriften des Internationalen Privatrechts an die Verordnung (EG) Nr. 864/2007 v. 10.12.2008, BGBl. I, 2401.

IV. Verhältnis Rom II-Verordnung – Haager Übereinkommen

100 Ungeklärt ist das Verhältnis der Rom II-Verordnung zum Haager Übereinkommen aus dem Jahre 1971: Zum einen beteiligt sich mit Dänemark ein EU-Mitgliedstaat nicht an der Rom II-Verordnung. Zum anderen gilt bei Klagen in einer Reihe von Mitgliedstaaten vorrangig das Haager Übereinkommen. Dieses Nebeneinander von Systemen ist mit dem Binnenmarkt schwer verträglich. Während dem Haager Übereinkommen ein übergeordneter Spruchkörper fehle, hat die Rom II-Verordnung den Vorteil, dass der *EuGH* die letzte Instanz in Zweifelsfällen sei. Gerade die unvollständigen Regelungen des Haager Übereinkommens wie z. B. das Fehlen eines einheitlichen Gerichts haben Deutschland seinerzeit bewogen, diesem Übereinkommen nicht beizutreten. Darüber hinaus ist abzusehen, dass einige Mitgliedstaaten bei Verkehrsunfällen die Rom II-Verordnung anwenden, während andere sich auf die Haager Konvention oder sich – wie im Falle Dänemarks – auf ihre nationalen Vorschriften stützen.[116] Es bleibt daher abzuwarten, ob die Europäische Kommission entsprechende Folgemaßnahmen nach Inkrafttreten der Rom II-Verordnung prüft, insbesondere inwieweit das Haager Übereinkommen in die Verordnung integriert werden kann oder ob eine Revision bzw. sogar Kündigung in Betracht zu ziehen ist.

F. Europäisches Bagatellverfahren

101 Zum 1.1.2009 ist die EG-Verordnung zur Regelung des europäischen Bagatellverfahrens in Zivilsachen in Kraft,[117] die mit den §§ 1097–1108 des neu geschaffenen 6. Abschnitts des 11. Buches der ZPO in das deutsche Recht integriert wurde. Mit dieser Verordnung wird ein einheitliches europäisches Zivilverfahren geschaffen, das die grenzüberschreitende Rechtsverfolgung von Zivilforderungen bis zu einer Höhe von 2.000 Euro verbessern soll. Es handelt sich hierbei um ein schriftliches Verfahren, bei dem kein Anwaltszwang besteht. Der Kläger reicht die Klage mittels eines Formblattes ein. Das Gericht sendet binnen 14 Tagen eine Kopie samt Antwortformblatt an den Beklagten, der innerhalb von 30 Tagen Gelegenheit hat, zu antworten. Maximal 30 Tage nach Vorliegen sämtlicher Entscheidungsgrundlagen und Parteierklärungen erlässt das Gericht sein (sofort vollstreckbares) Urteil. Die in einem solchen Verfahren ergangene Entscheidung ist innerhalb der EU sofort und unmittelbar vollstreckbar;[118] das bisher notwendige Verfahren über die Vollstreckbarkeitserklärung wird nach der neuen Verordnung abgeschafft.

102 Das Verfahren findet in sämtlichen Mitgliedstaaten der EU – mit Ausnahme Dänemarks – Anwendung. Der Kläger hat dabei ein Wahlrecht, ob er – nach Maßgabe der Rechts- und Sachlage – das jeweilige nationale Zivilverfahren oder das Europäische Bagatellverfahren nutzen will.[119]

103 Als Beispiel für die Anwendung des Europäischen Bagatellverfahren wird auch die Regulierung von Auslandsunfällen genannt, bei denen geringfügige Sachschäden eingetreten sind und sich eine Durchsetzung des Reparaturkostenersatzes beim Unfallverursacher im Ausland als problematisch erweist.[120] Ob sich das Verfahren für die Auslandsunfallregulierung als praktikabel erweist, dürfte jedoch eher zweifelhaft sein: Das Verfahren der 4. KH-Richtlinie (Schadensabwicklung über einen Regulierungsbeauftragten im Wohnsitzland des Geschädigten) hat sich gerade bei der Durchsetzung von geringfügigen Sachschadensansprüchen bewährt und ist für den Geschädigten im Regelfall mit einem verhältnismäßig geringen Aufwand zu bewerkstelligen. Darüber hinaus gibt es in der Praxis kaum Fälle, in denen Schadenersatzansprüche nicht gegenüber der Kfz-Haftpflichtversicherung sondern direkt gegenüber dem ausländischen Unfallverursacher geltend zu machen sind. Nicht zuletzt die für den deutschen Geschädigten ohne anwaltliche Hilfe oft unbekannte unterschiedliche

---

116 *Staudinger* SVR 2005, 441 (445); ders. in FS Kropholler; *Rudolf* ZVR 2008, 528 (531).
117 Europäisches Bagatellverfahren oder Small-Claims-Verordnung (EG-Verordnung Nr. 861/2007, ABl. EU 2007 Nr. L 199 v. 31.7.2007, S. 1 ff.).
118 Zu den Einzelheiten dieses Verfahrens vgl. *Engels* AnwBl. 2008, 51 f.
119 *Engels* a. a. O.
120 Vgl. Pressemitteilung des BMJ vom 20.6.2008 »Bundestag bereitet Weg für effektiven Rechtsschutz in Europa«.

G. Adhäsionsverfahren

Im Ausland gibt es in einigen Ländern auch die Möglichkeit, Schadenersatzsprüche, für die normaler- **104** weise die Zivilgerichtsbarkeit zuständig ist, im Rahmen eines Strafprozesses durchzusetzen. Umfasst sind hier insbesondere Schäden, die auf eine Verkehrsstraftat zurückzuführen sind (z. B. fahrlässige Körperverletzung). Üblich sind derartige Adhäsionsverfahren, die im Regelfall zeitnaher und kostengünstiger als reine Zivilverfahren durchzuführen sind, z. B. in Frankreich, Österreich, Spanien und Portugal.[121] Auch in Deutschland ist die Durchführung eines Adhäsionsverfahrens grundsätzlich möglich (§§ 403 ff. StPO), wurde bislang jedoch wegen der Vermischung von Bestrafung und Schadenersatzpflicht kaum praktiziert.[122]

H. Grüne Karte-System

I. Grundlagen des Grüne Karte-Systems

Das Grüne Karte-System ist ein auf Europa und einige wenige Mittelmeeranrainerstaaten begrenztes **105** System, dem derzeit 44 Staaten angehören.[123] Es wurde im Jahre 1949 geschaffen, um den Verkehrsopferschutz im grenzüberschreitenden Verkehr zu verbessern. Zum einen sollte kein Verkehrsopfer dadurch benachteiligt werden, dass der ihm entstandene Schaden durch ein ausländisches Kraftfahrzeug verursacht wurde, zum anderen sollte der grenzüberschreitende Straßenverkehr erleichtert werden, indem der Kraftfahrer von der Pflicht entbunden wurde, sich an der Grenze den erforderlichen Versicherungsschutz für das Reiseland zu beschaffen. Die UNO-Empfehlung Nr. 5 vom 25.1.1949 enthält die Richtlinien des Grüne Karte-Systems.[124]

Nach Maßgabe dieser Empfehlung wurde eine zentrale Organisation, das *Council of Bureaux* (CoB) **106** mit Sitz in London geschaffen, das für die Durchführung der Aufgaben des Grüne Karte-Büros und das Funktionieren des Grüne Karte-Systems zuständig ist. Im CoB sind die nationalen Grüne Karte-Büros zusammengeschlossen.

Die Grüne Karte-Büros geben Internationale Versicherungsbescheinigungen (Farbe grün, daher der **107** Name Grüne Karte) an ihre Mitglieder (Autohaftpflichtversicherer) aus und garantieren gleichzeitig für die Rückerstattung der Aufwendungen des Büros, das sich mit einem Schadenersatzanspruch zu befassen hatte. Die Grüne Karte weist gegenüber ausländischen Behörden das Bestehen einer Versicherungsdeckung im Rahmen der auf ihr angegebenen Gültigkeit nach.[125] Das nationale Grüne Karte-Büro hat die Aufgabe, in seinem Land entstandene Unfallschäden, die durch Kraftfahrzeuge mit bestimmten ausländischen Kennzeichen verursacht werden oder für andere Länder, für die eine zum Unfallzeitpunkt gültige Grüne Karte für das betreffende Besuchsland ausgegeben war, zu bearbeiten. Die Regulierung erfolgt entsprechend den Gesetzen und Verordnungen des Besuchslandes. Die Grundsätze der Zusammenarbeit zwischen den nationalen Grüne Karte-Büros sind in einem Abkommen, den *Internal Regulations* geregelt,[126] die am 1.7.2003 in Kraft getreten sind.

---

121 Zum Adhäsionsverfahren im internationalen Vergleich siehe *Neidhart* DAR 2006, 415 ff. sowie die jeweiligen Länderkapitel in *Neidhart* Unfall im Ausland – West-Europa.
122 *Krumm* SVR 2007, 41.
123 Übersicht im Internet abrufbar unter: www.cobx.org.
124 UNO–Empfehlung Nr. 5, angenommen im Januar 1949, ersetzt durch Anhang 2 des konsolidierten Beschlusses über die Erleichterung des Straßenverkehrs, angenommen durch den Unterausschuss für Straßenverkehr des Binnenverkehrsausschusses der Wirtschaftskommission der Vereinten Nationen für Europa, zuletzt geändert im Jahr 2000.
125 Himmelreich/Halm/*Lemor* Handbuch Verkehrsrecht, Kap. 3, Rn. 27.
126 Im Internet abrufbar unter: www.gruene-karte.de > Abkommen.

108 In Deutschland nimmt das Deutsche Büro Grüne Karte mit Sitz in Berlin die Funktion des Grüne Karte-Büros wahr.

II. Regulierung eines Unfalls in Deutschland mit ausländischem Unfallbeteiligtem

1. Zuständigkeit

109 Das Deutsche Büro Grüne Karte ist zuständig für die Regulierung von Unfallschäden mit Ausländern im Inland.

> **Beispiel:**
>
> Ein in Polen lebender Kraftfahrer verursacht mit seinem in Polen zugelassenen und versicherten Kfz einen Unfall in Berlin, bei dem ein in Deutschland zugelassenes Fahrzeug beschädigt wird. Der deutsche Geschädigte muss sich in diesem Fall nicht an die gegnerische Versicherung in Polen wenden, sondern kann seine Schadenersatzansprüche direkt beim Deutschen Büro Grüne Karte geltend machen.

Bei Vorliegen der Voraussetzungen übernimmt das Deutsche Büro Grüne Karte die Pflichten eines Haftpflichtversicherers für ausländische Kfz. Voraussetzung ist, dass für das beteiligte Kraftfahrzeug eine Grüne Karte ausgestellt war. Dieser Nachweis ist zu erbringen bei Fahrzeugen aus folgenden Ländern: Albanien, Bosnien-Herzegowina, Iran, Israel, Marokko, Mazedonien, Moldawien, Montenegro, Serbien, Tunesien, Türkei, Ukraine und Weißrussland.

110 Bei Fahrzeugen aus folgenden Ländern genügt gemäß § 8a PflVersAusl grundsätzlich das Kfz-Kennzeichen als Nachweis für den Versicherungsschutz: Andorra, Belgien, Bulgarien, Dänemark, Estland, Finnland, Frankreich, Griechenland, Großbritannien, Irland, Island, Italien, Kroatien, Lettland, Liechtenstein, Litauen, Luxemburg, Malta, Monaco, Niederlande, Norwegen, Österreich, Polen, Portugal, Rumänien, Schweden, Schweiz, Slowakische Republik, Slowenien, Spanien, Tschechische Republik, Ungarn und Zypern. Grundlage für diese Garantiefunktion des Kfz-Kennzeichens ist das Multilaterale Garantieabkommen, das auf dem Kennzeichenabkommen von 1973 basiert,[127] sowie die darauf aufbauenden *Internal Regulations* von 2003.[128] Bei letzteren handelt es sich um die Verfahrensvorschriften für die Grüne Karte Büros, aus denen sich keine Rechte für den Geschädigten eines Verkehrsunfalls herleiten.[129]

111 Der Geschädigte bzw. dessen Anwalt muss sich deshalb bei Schadenfällen in Deutschland unter Beteiligung ausländischer Kfz der Schadenfall an das Deutsche Büro Grüne Karte wenden und seinen Schaden dort anmelden.

112 Bei Fahrzeugen aus Ländern, für die eine Mitführpflicht der Grünen Karten vorgesehen ist,[130] kann die Schadenbearbeitung grundsätzlich nur bei Vorlage der Grünen Karte (in Kopie) erfolgen. Kann hingegen diese selbst nicht vorgelegt werden, möglichst vollständige Angaben aus der Grünen Karte einschließlich des Gültigkeitszeitraumes, Namen und Anschriften der am Schadenfall unmittelbar Beteiligten, Unfallort sowie Unfalldatum.[131]

---

127 Multilaterales Garantieabkommen vom 15.3.1991, ABl. EG 1991 Nr. L 177 v. 5.7.1991, S. 27 ff.: dieses musste gemäß der Vorgaben der 1. KH-Richtlinie (72/166/EWG; ABl. EG 1972 Nr. L 103 v. 2.5.1972, S. 1 ff.) von sämtlichen EWR-Staaten unterzeichnet werden; Textauszug der 1. KH-Richtlinie im Anhang Rdn. 130.
128 ABl. EU 2003 Nr. L 192 v. 9.4.2003, S. 23 ff.; siehe auch Rdn. 107.
129 Himmelreich/Halm/*Lemor* Handbuch Verkehrsrecht, Kap. 3, Rn. 28.
130 Siehe Rdn. 109.
131 Vgl. hierzu auch das vom Deutschen Büro Grüne Karte e. V. herausgegebene »Merkblatt Grüne Karte«, im Internet abrufbar unter www.gruene-karte.de > Praktische Tipps.

H. Grüne Karte-System   Kapitel 25

Bei unfallbeteiligten Fahrzeugen aus Ländern, bei denen der Kennzeichennachweis genügt[132] sind **113** folgende Angaben erforderlich: Amtliches Kennzeichen des Schädigerfahrzeugs, Namen und Anschriften der am Schadenfall unmittelbar Beteiligten, Unfallort, Unfalldatum, möglichst Namen des ausländischen Haftpflichtversicherers und die Versicherungsschein-Nummer, sowie möglichst Marke und Typ des unfallverursachenden Kfz.

Das Deutsche Büro Grüne Karte kann dann wie ein Haftpflichtversicherer in Anspruch genommen **114** werden. Im Regelfall überträgt allerdings das Büro die Abwicklung einem deutschen Versicherungsunternehmen oder einem privaten Schadenregulierungsbüro, welches jeweils im Auftrag des Deutschen Büros Grüne Karte tätig wird. Bei telefonischen Kontaktaufnahmen wird die deutsche Regulierungsstelle bekannt gegeben. Unterlagen sollen direkt an die benannte Stelle gesendet werden und nicht mehr den Umweg über das Deutsche Büro Grüne Karte e. V. gehen. Unter www.gruene-karte.de findet man im Internet die Regulierungsstelle in Deutschland (wenn der ausländische Versicherer bekannt ist). Auch das Schadenmeldeformular ist dort hinterlegt.

Die Anschrift des Deutschen Büros Grüne Karte lautet: **115**

Deutsches Büro Grüne Karte e. V.
Wilhelmstraße 43/43 G
10117 Berlin
Telefon (030) 2020 5757
Telefax (030) 2020 6757
Allgemeine Anfragen: dbgk@gruene-karte.de
Meldung von Schadenfällen: claims@gruene-karte.de

2. Passivlegitimation

Übernimmt bei Inlandsschäden mit Auslandsbeteiligung das Deutsche Büro Grüne Karte die Pflichten eines Haftpflichtversicherers, ist es gemäß § 6 Abs. 1 AuslPflVersG und § 3 Nr. 1 PflVersG passivlegitimiert und kann direkt verklagt werden. Nicht verklagt werden kann hingegen der vom Büro in Deutschland mit der Regulierung beauftragte inländische Versicherer bzw. Schadenregulierungsbüro. Daneben besteht der Direktanspruch gegen Fahrer, Halter und Versicherer des schädigenden Fahrzeugs. Das Grüne Karte Büro ist nur zustellungsbevollmächtigt für sich selbst und den Grüne Karte-Inhaber, nicht für weitere Versicherte wie z. B. den ausländischen Versicherer oder Fahrer, wenn dieser mit dem Halter nicht identisch ist. Das folgt unmittelbar aus Ziff. 2 des Textes der Grünen Karte, denn dort wird das Büro lediglich ermächtigt, Zustellungen für den Inhaber der Grünen Karte entgegenzunehmen. **116**

III. Grüne Karte-Fälle im Ausland

Nach Maßgabe des Grüne Karte-Systems können auch Unfallschäden reguliert werden, die sich im **117** Rahmen von Verkehrsunfällen in einem Drittland ereignet haben, in dem Schädiger und Geschädigter nicht ansässig sind. In dieser Fallkonstellation kann u. U. aber auch eine Regulierung nach Maßgabe der 4. KH-Richtlinie bzw. Richtlinie 2009/103/EG in Betracht kommen: Die 4. KH-Richtlinie bzw. Richtlinie 2009/103/EG findet grundsätzlich auf Unfälle Anwendung, die sich in einem Drittstaat ereignen, der Mitglied des Grüne Karte-Systems ist. Voraussetzung ist hier aber, dass der Geschädigte seinen Wohnsitz in einem EU bzw. EWR-Mitgliedstaat und das den Unfall verursachende Fahrzeug seinen gewöhnlichen Standort in einem EU bzw. EWR-Mitgliedstaat hat und dort versichert ist.

Bei Auslandsunfällen zwischen Deutschen und Verkehrsteilnehmern aus Drittländern, also aus anderen Ländern als dem betreffenden Reiseland, hat der Geschädigte also mehrere Möglichkeiten: Er kann sich entweder an das Grüne Karte Büro des Unfalllandes, an die gegnerische Haftpflichtver- **118**

---
132 Siehe Rdn. 110.

sicherung des Unfallverursachers in dessen Herkunftsland oder – sofern die Regelungen der 4. KH-Richtlinie bzw. Richtlinie 2009/103/EG Anwendung finden – an deren Schadenregulierungsbeauftragten in Deutschland wenden.

> **Beispiele:**
>
> Ein Franzose verursacht mit seinem in Frankreich zugelassenen Kfz einen Verkehrsunfall in Genf (Schweiz), bei dem ein in Deutschland zugelassenes Fahrzeug beschädigt wird. Der deutsche Geschädigte kann sich hier entweder an das Grüne Karte-Büro in der Schweiz, an den deutschen Schadenregulierungsbeauftragten der französischen Versicherung des Unfallgegners wenden (nach Maßgabe der Vorgaben der 4. KH-Richtlinie bzw. Richtlinie 2009/103/EG) oder direkt an die gegnerische Versicherung in Frankreich wenden.
>
> Ein Serbe verursacht mit seinem in Serbien zugelassenen Kfz einen Verkehrsunfall in Österreich, bei dem ein in Deutschland zugelassenen Fahrzeug beschädigt wird. In dieser Fallkonstellation kann der deutsche Geschädigte seine Schadenersatzansprüche nur beim Grüne Karte-Büro im Unfallland Österreich oder direkt bei der gegnerischen Versicherung in Serbien geltend machen.

119 Bei Inanspruchnahme des Grüne Karte-Büros in dem Land, in dem sich der Unfall ereignet hat, sollte möglichst die Grüne Versicherungskarte des Unfallgegners vorgelegt werden, auch wenn dies nicht für alle Drittländer Anspruchsvoraussetzung ist.[133] Bei Fahrern aus Ländern, in denen die Grüne Karte Pflicht ist (derzeit Albanien, Bosnien-Herzegowina, Iran, Israel, Marokko, Mazedonien, Moldawien, Montenegro, Serbien, Tunesien, Türkei, Ukraine und Weißrussland), ist deren Vorlage allerdings Voraussetzung für eine erfolgreiche Durchsetzung von Ansprüchen.

120 Ob in derartigen Fällen eine Regulierung der Schadenersatzansprüche über das Grüne Karte-Büro im Unfallland, über die gegnerische Haftpflichtversicherung im Land des Schädigers oder ggf. über den Schadenregulierungsbeauftragten in Deutschland vorzuziehen ist, hängt von den Umständen des Einzelfalles ab.[134] Im Regelfall kann es sich gerade bei ungeklärter Schuldfrage oder beim Vorliegen von Personenschäden empfehlen, den Schaden mit Hilfe eines im Unfallland ansässigen Anwaltes über das dortige Grüne Karte Büro abzuwickeln. In anderen Fällen kann es sich aber auch empfehlen, sich direkt mit der verantwortlichen Haftpflichtversicherung in Verbindung zu setzen, etwa dann, wenn die Kommunikation mit dieser in sprachlicher Hinsicht einfacher erscheint. Der Weg über den Schadenregulierungsbeauftragten in Deutschland sollte – sofern die Vorgaben der 4. KH-Richtlinie bzw. Richtlinie 2009/103/EG Anwendung finden – zumindest dann gewählt werden, wenn die Schuldfrage geklärt ist und beim Unfall nur Sachschaden entstanden ist.

IV. Besucherschutzabkommen

121 Darüber hinaus bietet das Deutsche Büro Grüne Karte auf der Grundlage des sog. Besucherschutzabkommens[135] eine Hilfestellung an, die die Ermittlung des Halters des gegnerischen Fahrzeugs, des zuständigen Kraftfahrzeug-Haftpflichtversicherers, die Weiterleitung von Beschwerden bei unzulänglicher Schadenabwicklung, die Beschaffung von Unterlagen wie polizeilichen Ermittlungsakten sowie medizinischen oder technischen Gutachten umfasst. Darüber hinaus kann auch Hilfe geleistet werden beim Zur Verfügung Stellen von Informationen über den Leistungsumfang eines ausländischen Garantiefonds, der für Schäden durch nicht versicherte oder nicht ermittelbare Kraftfahrzeuge aufkommt. Diese (gebührenpflichtige) Leistung kommt derzeit allerdings nur in Bezug auf Kroatien in Betracht, da dort die Regelungen der 4. KH-Richtlinie bzw. Richtlinie 2009/103/EG nicht anwendbar sind.

---

133 Vgl. Rdn. 109 f.
134 Vgl. Rdn. 6 f.
135 Abkommen des *Council of Bureaux* vom 27.5.1994 zur Gewährung gewisser kostenpflichtiger Hilfeleistungen an Geschädigte bei Auslandsunfällen, insbesondere hinsichtlich der Identifikation des ausländischen Versicherers.

V. Grenzversicherung

Ausländische Kraftfahrer, die nicht über einen anerkannten Haftpflichtdeckungsnachweis verfügen 122 (z. B. Grüne Karte), müssen bei der Einreise eine Grenzversicherung abschließen. Der Abschluss der Grenzversicherung durch den (rosa) Grenzversicherungsschein nachgewiesen. Ist bei einem Verkehrsunfall in Deutschland das Schädigerfahrzeug im Rahmen einer Grenzversicherung versichert, sind die Schadenersatzansprüche unter Vorlage des Versicherungsscheins oder einer Kopie desselben bei der Gemeinschaft der Grenzversicherer anzumelden. Die Anschrift der Gemeinschaft der Grenzversicherer ist identisch mit derjenigen des Deutschen Büros Grüne Karte.[136]

VI. Unfälle mit Fahrzeugen von in Deutschland stationierten ausländischen Streitkräften

Kommt es in Deutschland zu einem Unfall mit hierzulande stationierten ausländischen Streitkräften 123 richtet sich die Zuständigkeit für die Schadenregulierung danach, ob es sich bei dem beteiligten Kfz um ein Fahrzeug der Truppen, also ein Dienstfahrzeug, oder um ein Privatfahrzeug handelt. Rechtsgrundlage für Ersatzansprüche für derartige Schäden sind die Art. VIII Abs. 5 bis 7 NATO-Truppenstatut.[137] Hierbei wird unterschieden, ob der Schaden in Ausübung des Dienstes oder außerdienstlich verursacht worden ist. Der Schadenersatzanspruch für während der Dienstausübung verursachte Schäden ist gemäß Art. VIII Abs. 5 des NATO-Truppenstatuts gegen den Entsendestaat geltend zu machen. Außerhalb der Dienstausübung verursachte Schäden sind hingegen gemäß Art. VIII Abs. 6 NATO-Truppenstatut an den Schädiger zu richten.

1. Dienstfahrzeuge der Truppen

Die Schadenabwicklung bei Unfällen mit Dienstfahrzeugen der Truppen erfolgt über die Schaden- 124 regulierungsstellen des Bundes (SRB), wobei deren Aufgaben von den Oberfinanzdirektionen Erfurt, Koblenz, Magdeburg und Nürnberg nach regionalen Gesichtspunkten wahrgenommen werden. Die Geltendmachung der Schadenersatzansprüche muss hierbei innerhalb von drei Monaten erfolgen.

2. Privatfahrzeuge von Truppenangehörigen

Handelt es sich bei dem unfallbeteiligten Fahrzeug dagegen um ein Privat-Kfz eines Truppenange- 125 hörigen, ist für die Schadenregulierung die für das betreffende Kfz bestehende KH-Versicherung zuständig. Zu beachten ist hierbei, dass die Zulassung privater Kfz und Anhänger von Truppenangehörigen durch die zuständigen Militärbehörden der Truppen erfolgt.[138] Auskünfte über den zuständigen Kfz-Haftpflichtversicherer des Unfallgegners sind daher direkt bei diesen einzuholen.

Privatfahrzeuge von Truppenangehörigen können auch bei einem (ausländischen) Versicherer im 126 Entsendestaat versichert sein. Voraussetzung ist hierfür gemäß Art. 11 des Zusatzabkommens zum NATO-Truppenstatut, dass neben diesem ausländischen Versicherer ein in Deutschland zum Geschäftsbetrieb befugter Versicherer oder ein Verband solcher Versicherer die Pflichten eines Haftpflichtversicherers für Schadenfälle in Deutschland übernommen hat.

Kann für das Schädigerfahrzeug eine Grüne Karte des ausländischen Versicherers vorgelegt werden, 127 besteht auch die Möglichkeit, die Schadenersatzansprüche beim Deutschen Büro Grüne Karte anzumelden.[139] Für Privatfahrzeuge der Truppenangehörigen aus Belgien, Großbritannien und Frankreich genügt hierbei die Angabe des Kfz-Kennzeichens (Bei Privatfahrzeugen von Truppenangehörigen aus diesen Ländern greift nämlich das Kennzeichenabkommen).

Anfragen bezüglich der Kfz-Haftpflichtversicherung bei Privatfahrzeugen von Truppenangehörigen 128 sind an die zuständigen Militärbehörden zu richten:

---

136 Siehe oben Rdn. 115.
137 Ergänzt durch Art. 41 Abs. 6 bis 11 Zusatzabkommen und Art. 6 bis 15 Ausführungsgesetz.
138 Vgl. Art. 10 und 11 Zusatzabkommen zum NATO-Truppenstatut.
139 Zum Verfahren siehe oben Rdn. 109 ff.

Kfz von belgischen Truppenangehörigen:
Belgischer Verbindungsdienst
Germanicusstrasse 5
50968 Köln

Kfz von britischen Truppenangehörigen:
Police Advisory Branch
York Drive 5
41179 Mönchengladbach

Kfz von französischen Truppenangehörigen:
Antenne de Commandement
des Forces Françaises et de l'Elément Civil
stationnés en Allemagne
SAJJ
Postfach 19 62
78159 Donaueschingen

Kfz von US-Truppenangehörigen:
Amerikanische Zulassungsstelle
Havellandstr. 335
68309 Mannheim

I. Anschriften von Rechtsanwälten im Ausland

129 Anschriften von Anwälten im Ausland können bei Rechtsschutzversicherungen, beim *Deutschen Anwaltverein e. V.*,[140] bei Automobilclubs (z. B. beim *ADAC*)[141] oder können bei *Germany Trade & Invest (GTAI)*[142] erfragt werden. Darüber hinaus verfügen im Regelfall auch die Deutschen Vertretungen im Ausland über Listen mit Anwälten im Ausland, die häufig auch deutsch sprechen (oder korrespondieren)[143].

J. Anhang

I. 1. KH-Richtlinie

130 **RICHTLINIE DES RATES**

vom 24. April 1972 betreffend die Angleichung der Rechtsvorschriften der Mitgliedstaaten bezüglich der Kraftfahrzeug-Haftpflichtversicherung und der Kontrolle der entsprechenden Versicherungspflicht (72/166/EWG)

DER RAT DER EUROPÄISCHEN GEMEINSCHAFTEN –

in Erwägung nachstehender Gründe:

Ziel des Vertrages ist es, einen Gemeinsamen Markt zu errichten, der im Wesentlichen einem Binnenmarkt entspricht; eine der Grundvoraussetzungen hierfür ist die Verwirklichung des freien Waren- und Personenverkehrs. Jede Grenzkontrolle der Pflicht zur Kraftfahrzeug-Haftpflichtversicherung bezweckt die Wahrung der Interessen von Personen, die möglicherweise bei einem Un-

---

140 *Deutscher Anwaltverein e. V.*, Littenstr. 11, 10179 Berlin, im Internet: www.anwaltverein.de.
141 Anschriften der *ADAC*-Vertrauensanwälte im Ausland sind für *ADAC*-Mitglieder im Internet abrufbar unter: www.adac.de > Info, Test & Rat > Rechtsberatung.
142 Im Internet: www.gtai.de.
143 Anschriften der deutschen Auslandsvertretungen sind im Internet über: www.auswaertiges-amt.de > Auslandsvertretungen abrufbar.

fall, der von diesen Fahrzeugen verursacht wird, geschädigt werden; sie ist eine Folge der Unterschiede in den einzelstaatlichen Vorschriften auf diesem Gebiet.

Diese Unterschiede sind geeignet, den freien Verkehr von Kraftfahrzeugen und Personen innerhalb der Gemeinschaft zu behindern, und wirken sich daher unmittelbar auf die Errichtung und das Funktionieren des Gemeinsamen Marktes aus.

In der Empfehlung der Kommission vom 21.6.1968 über die zollamtliche Überwachung des Reiseverkehrs an den Binnengrenzen der Gemeinschaft werden die Mitgliedstaaten aufgefordert, Kontrollen von Reisenden und ihren Fahrzeugen nur in Ausnahmefällen vorzunehmen und die vor den Zollstellen befindlichen Schlagbäume zu beseitigen.

Es ist wünschenswert, dass sich die Bevölkerung der Mitgliedstaaten der Wirklichkeit des Gemeinsamen Marktes stärker bewusst wird, und dass zu diesem Zweck Maßnahmen zur weiteren Liberalisierung der Regeln für den Personen- und Kraftfahrzeugverkehr im Reiseverkehr zwischen den Mitgliedstaaten ergriffen werden; die Notwendigkeit solcher Maßnahmen ist wiederholt von Mitgliedern des Europäischen Parlaments unterstrichen worden.

Solche Erleichterungen im Reiseverkehr stellen einen neuen Schritt zur wechselseitigen Öffnung der Märkte der Mitgliedstaaten und zur Schaffung von binnenmarktähnlichen Bedingungen dar.

Die Kontrolle der grünen Karte kann bei Fahrzeugen, die ihren gewöhnlichen Standort in einem Mitgliedstaat haben und die in das Gebiet eines anderen Mitgliedstaats einreisen, auf der Grundlage eines Übereinkommens zwischen den sechs nationalen Versicherungsbüros aufgehoben werden, kraft deren jedes nationale Büro nach den innerstaatlichen Rechtsvorschriften die Deckung der zu Ersatzansprüchen führenden Schäden garantiert, die in seinem Gebiet von einem solchen versicherten oder nichtversicherten Fahrzeug verursacht worden sind.

Dieses Übereinkommen über eine Garantie geht davon aus, dass jedes im Gebiet der Gemeinschaft verkehrende gemeinschaftsangehörige Kraftfahrzeug durch eine Versicherung gedeckt ist; es ist daher geboten, in den nationalen Rechtsvorschriften aller Mitgliedstaaten die Pflicht zur Haftpflichtversicherung dieser Fahrzeuge mit einer im gesamten Gebiet der Gemeinschaft gültigen Deckung vorzusehen; die einzelstaatlichen Rechtsvorschriften können jedoch Abweichungen für bestimmte Personen und Fahrzeugarten vorsehen.

Das in der Richtlinie vorgesehene System könnte auch auf Fahrzeuge angewandt werden, die ihren gewöhnlichen Standort im Gebiet eines Drittlandes haben, für das die nationalen Versicherungsbüros der sechs Mitgliedstaaten ein ähnliches Übereinkommen geschlossen haben -

HAT FOLGENDE RICHTLINIE ERLASSEN:

Artikel 1

Im Sinne dieser Richtlinie ist zu verstehen unter:

1. Fahrzeug: jedes maschinell angetriebene Kraftfahrzeug, welches zum Verkehr zu Lande bestimmt und nicht an Gleise gebunden ist, sowie die Anhänger, auch wenn sie nicht angekoppelt sind;

2. Geschädigter: jede Person, die ein Recht auf Ersatz eines von einem Fahrzeug verursachten Schadens hat;

3. Nationales Versicherungsbüro: Berufsverband, der gemäß der am 25.1.1949 vom Unterausschuss für Straßenverkehr des Binnenverkehrsausschusses der Wirtschaftskommission der Vereinten Nationen für Europa ausgesprochenen Empfehlung Nr. 5 gegründet wurde und der Versicherungsunternehmen umfasst, die in einem Staat zur Ausübung der Kraftfahrzeug-Haftpflichtversicherung zugelassen sind;

4. Gebiet, in dem das Fahrzeug seinen gewöhnlichen Standort hat: – das Gebiet des Staates, in dem das Fahrzeug zugelassen ist, oder,
- soweit es für eine Fahrzeugart keine Zulassung gibt, das betreffende Fahrzeug jedoch eine Versicherungsplakette oder ein dem amtlichen Kennzeichen ähnliches Unterscheidungszeichen trägt, das Gebiet des Staates, in dem diese Plakette oder dieses Unterscheidungszeichen verliehen wurde, oder,
- soweit es für bestimmte Fahrzeugarten weder eine Zulassung noch eine Versicherungsplakette noch ein unterscheidendes Kennzeichen gibt, das Gebiet des Staates, in dem der Fahrzeughalter seinen Wohnsitz hat;

5. Grüne Karte: internationale Versicherungsbescheinigung, die im Namen eines nationalen Versicherungsbüros auf Grund der Empfehlung Nr. 5 des Unterausschusses für Straßenverkehr des Binnenverkehrsausschusses der Wirtschaftskommission der Vereinten Nationen für Europa vom 25.1.1949 ausgestellt wurde.

Artikel 2

(1) Die Mitgliedstaaten verzichten auf eine Kontrolle der Haftpflichtversicherung bei Fahrzeugen, die ihren gewöhnlichen Standort im Gebiet eines anderen Mitgliedstaats haben. Die Mitgliedstaaten verzichten ferner auf eine Kontrolle dieser Versicherung bei Fahrzeugen, die aus dem Gebiet eines anderen Mitgliedstaats in ihr Gebiet einreisen und ihren gewöhnlichen Standort im Gebiet eines dritten Landes haben. Sie können jedoch eine Stichprobenkontrolle durchführen.

(2) Bei Fahrzeugen, die ihren gewöhnlichen Standort im Gebiet eines der Mitgliedstaaten haben, werden die Vorschriften dieser Richtlinie, mit Ausnahme der Artikel 3 und 4, wirksam: – sobald zwischen den sechs nationalen Versicherungsbüros ein Übereinkommen geschlossen worden ist, wonach sich jedes nationale Büro nach Maßgabe der eigenen einzelstaatlichen Rechtsvorschriften betreffend die Pflichtversicherung zur Regelung von Schadensfällen verpflichtet, die sich in seinem Gebiet ereignen und durch den Verkehr von versicherten oder nicht versicherten Fahrzeugen verursacht werden, die ihren gewöhnlichen Standort im Gebiet eines anderen Mitgliedstaats haben;
- von dem Zeitpunkt an, den die Kommission bestimmen wird, nachdem sie in enger Zusammenarbeit mit den Mitgliedstaaten das Bestehen eines solchen Übereinkommens festgestellt hat;
- für die Geltungsdauer dieses Übereinkommens.

Artikel 3

(1) Jeder Mitgliedstaat trifft vorbehaltlich der Anwendung des Artikels 4 alle zweckdienlichen Maßnahmen, um sicherzustellen, dass die Haftpflicht bei Fahrzeugen mit gewöhnlichem Standort im Inland durch eine Versicherung gedeckt ist. Die Schadensdeckung sowie die Modalitäten dieser Versicherung werden im Rahmen dieser Maßnahmen bestimmt.

(2) Jeder Mitgliedstaat trifft alle zweckdienlichen Maßnahmen, um sicherzustellen, dass der Versicherungsvertrag überdies folgende Schäden deckt: – die im Gebiet der anderen Mitgliedstaaten gemäß den Rechtsvorschriften dieser Staaten verursachten Schäden,
- die Schäden, die Angehörigen der Mitgliedstaaten auf den direkten Strecken zwischen einem Gebiet, in dem der Vertrag zur Gründung der Europäischen Wirtschaftsgemeinschaft gilt, und einem anderen solchen Gebiet zugefügt werden, wenn für das durchfahrene Gebiet ein nationales Versicherungsbüro nicht besteht; in diesem Fall ist der Schaden gemäß den die Versicherungspflicht betreffenden Rechtsvorschriften des Mitgliedstaats zu decken, in dessen Gebiet das Fahrzeug seinen gewöhnlichen Standort hat.

Artikel 4

Jeder Mitgliedstaat kann von Artikel 3 abweichen:

a) bei bestimmten natürlichen und juristischen Personen des öffentlichen oder des privaten Rechts, die der betreffende Staat bestimmt und deren Name oder Kennzeichnung er den anderen Mitgliedstaaten sowie der Kommission meldet. In diesem Fall trifft der von Artikel 3 abweichende Mitgliedstaat alle zweckdienlichen Maßnahmen, um sicherzustellen, dass die Schäden, die diesen Personen gehörende Fahrzeuge in anderen Mitgliedstaaten verursachen, ersetzt werden. Er bestimmt insbesondere die Stelle oder Einrichtung in dem Land, in dem sich der Schadensfall ereignet hat, die nach Maßgabe der Rechtsvorschriften dieses Staates den Geschädigten den Schaden zu ersetzen hat, falls das in Artikel 2 Absatz 2 erster Gedankenstrich vorgesehene Verfahren nicht durchführbar ist. Er teilt die getroffenen Maßnahmen den anderen Mitgliedstaaten und der Kommission mit;

b) bei gewissen Arten von Fahrzeugen oder Fahrzeugen mit besonderem Kennzeichen, die dieser Staat bestimmt und deren Kennzeichnung er den anderen Mitgliedstaaten sowie der Kommission meldet. In diesem Fall behalten die anderen Mitgliedstaaten das Recht, bei der Einreise eines dieser Fahrzeuge in ihr Gebiet vom Fahrzeughalter den Besitz einer gültigen grünen Karte oder den Abschluss einer Grenzversicherung nach den von den einzelnen Mitgliedstaaten erlassenen Bestimmungen zu fordern.

Artikel 5

Jeder Mitgliedstaat achtet darauf, dass sich das nationale Versicherungsbüro unbeschadet der in Artikel 2 Absatz 2 erster Gedankenstrich vorgesehenen Verpflichtung bei einem Unfall, der in seinem Gebiet von einem Fahrzeug mit gewöhnlichem Standort im Gebiet eines anderen Mitgliedstaats verursacht worden ist, über folgendes informiert: – über das Gebiet, in dem dieses Fahrzeug seinen gewöhnlichen Standort hat, sowie gegebenenfalls über sein amtliches Kennzeichen,

– soweit möglich über die normalerweise in der grünen Karte enthaltenen, im Besitz des Fahrzeughalters befindlichen Angaben über die Versicherung des betreffenden Fahrzeugs, soweit diese von dem Mitgliedstaat, in dessen Gebiet das Fahrzeug seinen gewöhnlichen Standort hat, verlangt werden;

jeder Mitgliedstaat achtet ebenfalls darauf, dass das genannte Büro diese Auskünfte dem nationalen Versicherungsbüro des Staates mitteilt, in dessen Gebiet das betreffende Fahrzeug seinen gewöhnlichen Standort hat.

Artikel 6

Die Mitgliedstaaten treffen alle zweckdienlichen Maßnahmen, um sicherzustellen, dass Fahrzeuge, die ihren gewöhnlichen Standort im Gebiet eines Drittlandes oder in einem außereuropäischen Gebiet eines Mitgliedstaats haben und in das Gebiet einreisen, in dem der Vertrag zur Gründung der Europäischen Wirtschaftsgemeinschaft gilt, nur dann zum Verkehr in ihrem Gebiet zugelassen werden können, wenn die möglicherweise durch die Teilnahme dieser Fahrzeuge am Verkehr verursachten Schäden im gesamten Gebiet, in dem der Vertrag zur Gründung der Europäischen Wirtschaftsgemeinschaft gilt, nach Maßgabe der einzelnen nationalen Rechtsvorschriften für die Fahrzeug-Haftpflichtversicherung gedeckt sind.

Artikel 7

(1) Jedes Fahrzeug mit gewöhnlichem Standort im Gebiet eines Drittlandes oder in einem außereuropäischen Gebiet eines Mitgliedstaats muss vor der Einreise in das Gebiet, in dem der Vertrag zur Gründung der Europäischen Wirtschaftsgemeinschaft gilt, mit einer gültigen grünen Karte oder mit einer Bescheinigung über den Abschluss einer Grenzversicherung gemäß Artikel 6 versehen sein.

(2) Fahrzeuge, die ihren gewöhnlichen Standort in einem Drittland haben, gelten jedoch als Fahrzeuge mit gewöhnlichem Standort in der Gemeinschaft, wenn sich die nationalen Versicherungsbüros aller Mitgliedstaaten, jedes für sich, nach Maßgabe der eigenen Rechtsvorschrif-

ten betreffend die Pflichtversicherung zur Regelung von Schadensfällen verpflichten, die sich in ihrem Gebiet ereignen und durch die Teilnahme dieser Fahrzeuge am Verkehr verursacht werden.

(3) Sobald die Kommission in enger Zusammenarbeit mit den Mitgliedstaaten festgestellt hat, dass die in Absatz 2 vorgesehenen Verpflichtungen erfüllt sind, bestimmt sie, von welchem Zeitpunkt an und für welche Fahrzeugarten die Mitgliedstaaten nicht mehr die Vorlage der in Absatz 1 genannten Urkunden verlangen.

Artikel 8

Die Mitgliedstaaten setzen die erforderlichen Maßnahmen in Kraft, um dieser Richtlinie spätestens bis zum 31.12.1973 nachzukommen, und setzen die Kommission hiervon unverzüglich in Kenntnis.

Artikel 9

Diese Richtlinie ist an die Mitgliedstaaten gerichtet.

Geschehen zu Luxemburg am 24.4.1972

II. 2. KH-Richtlinie

ZWEITE RICHTLINIE DES RATES

vom 30. Dezember 1983 betreffend die Angleichung der Rechtsvorschriften der Mitgliedstaaten bezüglich der Kraftfahrzeug-Haftpflichtversicherung (84/5/EWG)

DER RAT DER EUROPÄISCHEN GEMEINSCHAFTEN -

in Erwägung nachstehender Gründe:

Mit der Richtlinie 72/166/EWG (4), in der Fassung der Richtlinie 72/430/EWG (5), hat der Rat eine Angleichung der Rechtsvorschriften der Mitgliedstaaten über die Kraftfahrzeug-Haftpflichtversicherung und die Kontrolle der entsprechenden Versicherungspflicht vorgenommen.

Durch Artikel 3 der Richtlinie 72/166/EWG wird jeder Mitgliedstaat verpflichtet, alle zweckdienlichen Maßnahmen zu treffen, um sicherzustellen, dass die Haftpflicht bei Fahrzeugen mit gewöhnlichem Standort im Inland durch eine Versicherung gedeckt ist. Die Schadensdeckung sowie die Modalitäten dieser Versicherung werden im Rahmen dieser Maßnahmen bestimmt.

Allerdings bestehen nach wie vor bezüglich des Umfangs dieser Versicherungspflicht große Unterschiede zwischen den Rechtsvorschriften der einzelnen Mitgliedstaaten. Diese Unterschiede wirken sich unmittelbar auf Errichtung und Funktionieren des Gemeinsamen Marktes aus.

Es ist insbesondere gerechtfertigt, die Versicherungspflicht auch auf Sachschäden zu erstrecken.

Die Summen, bis zu denen die Versicherungspflicht besteht, müssen in jedem Fall gestatten, den Unfallopfern eine ausreichende Entschädigung zu sichern, gleichgültig, in welchem Mitgliedstaat sich der Unfall ereignet hat.

Es ist notwendig, eine Stelle einzurichten, die dem Geschädigten auch dann eine Entschädigung sicherstellt, wenn das verursachende Fahrzeug nicht versichert war oder nicht ermittelt wurde. Die betreffenden Unfallopfer müssen sich unmittelbar an diese Stelle als erste Kontaktstelle wenden können; diese Möglichkeit berührt nicht die von den Mitgliedstaaten hinsichtlich der Frage der Subsidiarität des Eintretens dieser Stelle angewandten Vorschriften sowie die für den Rückgriff geltenden Regeln. Den Mitgliedstaaten sollte jedoch die Möglichkeit gegeben werden, in bestimmten begrenzten Fällen die Einschaltung der betreffenden Stelle auszuschließen und bei von einem nicht ermittelten Fahrzeug verursachten Sachschäden wegen der Betrugsgefahr vorzusehen, dass die Entschädigung bei derartigen Schäden begrenzt oder ausgeschlossen werden kann.

Es liegt im Interesse der Unfallopfer, das die Wirkungen bestimmter Ausschlussklauseln auf die Beziehungen zwischen dem Versicherer und dem für den Unfall Verantwortlichen beschränkt bleiben. Bei gestohlenen oder unter Anwendung von Gewalt erlangten Fahrzeugen können die Mitgliedstaaten jedoch vorsehen, dass zur Entschädigung des Opfers die genannte Stelle eintritt.

Die Mitgliedstaaten können, um die finanzielle Belastung dieser Stelle zu verringern, die Anwendung einer gewissen Selbstbeteiligung in den Fällen vorsehen, in denen die Stelle bei der Entschädigung für Sachschäden eingeschaltet wird, die durch nichtversicherte oder gegebenenfalls gestohlene oder unter Anwendung von Gewalt erlangte Fahrzeuge verursacht worden sind.

Die Familienangehörigen des Versicherungsnehmers, Fahrers oder eines sonstigen Verursachers sollten, jedenfalls bei Personenschäden, einen mit dem anderer Geschädigter vergleichbaren Schutz erhalten.

Voraussetzung für die Abschaffung der Kontrolle der Versicherung ist, dass das nationale Versicherungsbüro des besuchten Landes eine Garantie übernimmt, die von Fahrzeugen mit gewöhnlichem Standort in einem anderen Mitgliedstaat verursachten Schäden zu vergüten. Zur Feststellung, ob ein Fahrzeug seinen gewöhnlichen Standort in einem bestimmten Mitgliedstaat hat, bleibt das amtliche Kennzeichen des betreffenden Staates nach wie vor das einfachste Kriterium. Daher muss Artikel 1 Absatz 4 erster Gedankenstrich der Richtlinie 72/166/EWG entsprechend geändert werden.

In Anbetracht der in bestimmten Mitgliedstaaten gegebenen Ausgangslage sowohl bei den Mindestbeträgen als auch bei der Deckung und den Selbstbeteiligungen, die die genannte Stelle bei Sachschäden anwenden kann, sollten für diese Mitgliedstaaten Übergangsmaßnahmen für die schrittweise Anwendung der Vorschriften der Richtlinie über die Mindestbeträge und die Vergütung von Sachschäden durch diese Stelle vorgesehen werden –

HAT FOLGENDE RICHTLINIE ERLASSEN:

Artikel 1

(1) Die in Artikel 3 Absatz 1 der Richtlinie 72/166/EWG bezeichnete Versicherung hat sowohl Sachschäden als auch Personenschäden zu umfassen.

(2) Unbeschadet höherer Deckungssummen, die von den Mitgliedstaaten gegebenenfalls vorgeschrieben sind, fordert jeder Mitgliedstaat für die Pflichtversicherung folgende Mindestbeträge:
– für Personenschäden 350 000 ECU bei nur einem Unfallopfer; bei mehreren Opfern ein und desselben Unfalls wird dieser Betrag mit der Anzahl der Opfer multipliziert;
– für Sachschäden ungeachtet der Anzahl der Geschädigten 100 000 ECU.

Die Mitgliedstaaten können statt der vorgenannten Mindestbeträge für Personenschäden – bei mehreren Opfern ein und desselben Unfalls – einen Mindestbetrag von 500 000 ECU oder für Personen- und Sachschäden – ungeachtet der Anzahl der Geschädigten und der Art der Schäden – einen globalen Mindestbetrag von 600 000 ECU je Schadensfall vorsehen.

(3) Für die Zwecke dieser Richtlinie ist unter ECU die durch Artikel 1 der Verordnung (EWG) Nr. 3180/78 (1) definierte Rechnungseinheit zu verstehen. Als Gegenwert in Landeswährung gilt für aufeinander folgende Zeiträume von vier Jahren, gerechnet ab 1. Januar des ersten Jahres jedes Zeitraums, der Wert des letzten Tages des vorangegangenen Monats September, für den die Gegenwerte der ECU in sämtlichen Währungen der Gemeinschaft vorliegen. Der erste Zeitraum beginnt am 1.1.1984.

(4) Jeder Mitgliedstaat schafft eine Stelle oder erkennt eine Stelle an, die für Sach- oder Personenschäden, welche durch ein nicht ermitteltes oder nicht im Sinne des Absatzes 1 versichertes Fahrzeug verursacht worden sind, zumindest in den Grenzen der Versicherungspflicht Ersatz zu leisten hat. Das Recht der Mitgliedstaaten, Bestimmungen zu erlassen, durch die der Einschaltung dieser Stelle subsidiärer Charakter verliehen wird oder durch die der Rückgriff dieser Stelle auf

den oder die für den Unfall Verantwortlichen sowie auf andere Versicherer oder Einrichtungen der sozialen Sicherheit, die gegenüber dem Geschädigten zur Regulierung desselben Schadens verpflichtet sind, geregelt wird, bleibt unberührt. Der Geschädigte kann sich jedoch in jedem Fall unmittelbar an diese Stelle wenden, welche ihm – auf der Grundlage der auf ihr Verlangen hin vom Geschädigten mitgeteilten Informationen – eine begründete Auskunft über ihr Tätigwerden erteilen muss. Die Mitgliedstaaten können jedoch von der Einschaltung dieser Stelle Personen ausschließen, die das Fahrzeug, das den Schaden verursacht hat, freiwillig bestiegen haben, sofern durch die Stelle nachgewiesen werden kann, dass sie wussten, dass das Fahrzeug nicht versichert war. Die Mitgliedstaaten können die Einschaltung dieser Stelle bei Sachschäden, die durch ein nicht ermitteltes Fahrzeug verursacht wurden, beschränken oder ausschließen. Sie können ferner für durch ein nicht versichertes Fahrzeug verursachte Sachschäden eine gegenüber dem Geschädigten wirksame Selbstbeteiligung bis zu einem Betrag von 500 ECU zulassen. Im Übrigen wendet jeder Mitgliedstaat bei der Einschaltung dieser Stelle unbeschadet jeder anderen für die Unfallopfer günstigeren Praxis seine Rechts- und Verwaltungsvorschriften an.

Artikel 2

(1) Jeder Mitgliedstaat trifft zweckdienliche Maßnahmen, damit jede Rechtsvorschrift oder Vertragsklausel in einer nach Artikel 3 Absatz 1 der Richtlinie 72/166/EWG ausgestellten Versicherungspolice, mit der die Nutzung oder Führung von Fahrzeugen durch
- hierzu weder ausdrücklich noch stillschweigend ermächtigte Personen oder
- Personen, die keinen Führerschein für das betreffende Fahrzeug besitzen, oder
- Personen, die den gesetzlichen Verpflichtungen in Bezug auf Zustand und Sicherheit des betreffenden Fahrzeugs nicht nachgekommen sind, von der Versicherung ausgeschlossen werden, bei der Anwendung von Artikel 3 Absatz 1 der Richtlinie 72/166/EWG bezüglich der Ansprüche von bei Unfällen geschädigten Dritten als wirkungslos gilt.

Die im ersten Gedankenstrich genannte Vorschrift oder Klausel kann jedoch gegenüber den Personen geltend gemacht werden, die das Fahrzeug, das den Schaden verursacht hat, freiwillig bestiegen haben, sofern der Versicherer nachweisen kann, dass sie wussten, dass das Fahrzeug gestohlen war. Den Mitgliedstaaten steht es frei, bei Unfällen auf ihrem Gebiet Unterabsatz 1 nicht anzuwenden, wenn und soweit das Unfallopfer Schadenersatz von einem Sozialversicherungsträger erlangen kann.

(2) In den Fällen gestohlener oder unter Anwendung von Gewalt erlangter Fahrzeuge können die Mitgliedstaaten vorsehen, dass die in Artikel 1 Absatz 4 bezeichnete Stelle nach Maßgabe von Absatz 1 des vorliegenden Artikels anstelle des Versicherers eintritt; hat das Fahrzeug seinen gewöhnlichen Standort in einem anderen Mitgliedstaat, so hat diese Stelle keine Regressansprüche gegenüber irgendeiner Stelle in diesem Mitgliedstaat.

Die Mitgliedstaaten, die im Falle gestohlener oder unter Anwendung von Gewalt erlangter Fahrzeuge das Eintreten der in Artikel 1 Absatz 4 bezeichneten Stelle vorsehen, können für Sachschäden eine Selbstbeteiligung des Geschädigten bis zu 250 ECU festsetzen.

Artikel 3

Familienmitglieder des Versicherungsnehmers, des Fahrers oder jeder anderen Person, die bei einem Unfall haftbar gemacht werden kann und durch die in Artikel 1 Absatz 1 bezeichnete Versicherung geschützt ist, dürfen nicht aufgrund dieser familiären Beziehungen von der Personenschadenversicherung ausgeschlossen werden.

Artikel 4

Artikel 1 Absatz 4 erster Gedankenstrich der Richtlinie 72/166/EWG erhält folgende Fassung:

»– das Gebiet des Staates, dessen amtliches Kennzeichen das Fahrzeug trägt, oder,«.

Artikel 5

(1) Die Mitgliedstaaten ändern ihre einzelstaatlichen Rechtvorschriften gemäß dieser Richtlinie bis zum 31.12.1987. Sie setzen die Kommission unverzüglich davon in Kenntnis.

(2) Die geänderten Bestimmungen gelangen bis zum 31.12.1988 zur Anwendung.

(3) Abweichend von Absatz 2

a) steht der Republik Griechenland eine Frist bis zum 31.12.1995 zur Verfügung, um die Deckungssummen auf die in Artikel 1 Absatz 2 vorgesehenen Beträge anzuheben. Falls sie von dieser Möglichkeit Gebrauch macht, müssen die Deckungssummen im Verhältnis zu den in dem genannten Artikel vorgesehenen Beträgen folgende Prozentsätze erreichen:
– einen Prozentsatz von mehr als 16 % am 31.12.1988,
– einen Prozentsatz von 31 % spätestens am 31.12.1992;

b) verfügen die übrigen Mitgliedstaaten über eine Frist bis zum 31.12.1990, um die Deckungssummen auf die in Artikel 1 Absatz 2 vorgesehenen Beträge anzuheben. Die Mitgliedstaaten, die von dieser Möglichkeit Gebrauch machen, müssen innerhalb der in Absatz 1 genannten Frist die Deckungssummen um mindestens die Hälfte des Unterschieds zwischen der am 1. Januar 1984 geltenden Deckung und den in Artikel 1 Absatz 2 vorgeschriebenen Beträgen anheben.

(4) Abweichend von Absatz 2

a) kann die Italienische Republik vorsehen, dass die Selbstbeteiligung nach Artikel 1 Absatz 4 Unterabsatz 5 bis zum 31.12.1990 1 000 ECU beträgt;

b) können die Republik Griechenland und Irland vorsehen, dass
– die Einschaltung der in Artikel 1 Absatz 4 genannten Stelle, die für Sachschäden Ersatz leistet, bis zum 31.12.1992 ausgeschlossen wird;
– die Selbstbeteiligung nach Artikel 1 Absatz 4 Unterabsatz 5 und die Selbstbeteiligung nach Artikel 2 Absatz 2 bis zum 31.12.1995 1 500 ECU betragen.

Artikel 6

(1) Die Kommission legt dem Rat bis zum 31.12.1989 einen Bericht über die Lage in den Mitgliedstaaten vor, denen die Übergangsmaßnahmen nach Artikel 5 Absatz 3 Buchstabe a) und Absatz 4 Buchstabe b) gewährt werden, und unterbreitet ihm gegebenenfalls Vorschläge zur Revision dieser Maßnahmen unter Berücksichtigung der Entwicklung der Lage.

(2) Die Kommission legt dem Rat bis zum 31.12.1993 einen Bericht über den Stand der Anwendung dieser Richtlinie vor und unterbreitet ihm gegebenenfalls Vorschläge, insbesondere hinsichtlich der Anpassung der Beträge nach Artikel 1 Absätze 2 und 4.

Artikel 7

Diese Richtlinie ist an die Mitgliedstaaten gerichtet.

Geschehen zu Brüssel am 30.12.1983

III. 3. KH-Richtlinie

DRITTE RICHTLINIE DES RATES 132

vom 14. Mai 1990

zur Angleichung der Rechtsvorschriften der Mitgliedstaaten über die Kraftfahrzeug-Haftpflichtversicherung (90/232/EWG)

DER RAT DER EUROPÄISCHEN GEMEINSCHAFTEN -

in Erwägung nachstehender Gründe:

Mit der Richtlinie 72/166/EWG (4), zuletzt geändert durch die Richtlinie 84/5/EWG (5), hat der Rat Vorschriften zur Angleichung der Rechtsvorschriften der Mitgliedstaaten über die Kraftfahrzeug-Haftpflichtversicherung und die Kontrolle der entsprechenden Versicherungspflicht erlassen.

Nach Artikel 3 der Richtlinie 72/166/EWG hat jeder Mitgliedstaat alle zweckdienlichen Maßnahmen zu treffen, um sicherzustellen, dass die Haftpflicht bei Fahrzeugen mit gewöhnlichem Standort im Inland durch eine Versicherung gedeckt ist. Der Umfang der Schadensdeckung sowie die Modalitäten des Versicherungsschutzes sollten im Rahmen dieser Maßnahmen bestimmt werden.

Mit der Richtlinie 84/5/EWG, geändert durch die Akte über den Beitritt Spaniens und Portugals, wurden die Unterschiede bezüglich Höhe und Inhalt der Pflichtversicherungsverträge zur Deckung der Haftpflicht in den einzelnen Mitgliedstaaten beträchtlich vermindert; erhebliche Unterschiede bestehen jedoch weiterhin hinsichtlich der Schadensdeckung durch eine solche Versicherung.

Den bei Kraftfahrzeug-Verkehrsunfällen Geschädigten sollte unabhängig davon, in welchem Land der Gemeinschaft sich der Unfall ereignet, eine vergleichbare Behandlung garantiert werden.

Lücken bestehen insbesondere in einigen Mitgliedstaaten hinsichtlich der Versicherungspflicht für die Fahrzeuginsassen; sie sollten geschlossen werden, um diese besonders stark gefährdete Kategorie potentieller Geschädigter zu schützen.

Bei der Anwendung von Artikel 3 Absatz 2 erster Gedankenstrich der Richtlinie 72/166/EWG sollten Zweifel darüber beseitigt werden, dass sich alle Kraftfahrzeug-Haftpflichtversicherungspolicen auf das gesamte Gebiet der Gemeinschaft erstrecken.

Im Interesse des Versicherten sollte ferner jede Haftpflichtversicherungspolice im Rahmen einer einzigen Prämie die in jedem Mitgliedstaat gesetzlich vorgeschriebene Deckung bzw., wenn diese höher ist, die gesetzliche Deckung des Mitgliedstaats, in dem das Fahrzeug seinen gewöhnlichen Standort hat, gewährleisten.

Nach Artikel 1 Absatz 4 der Richtlinie 84/5/EWG hat jeder Mitgliedstaat eine Stelle zu schaffen oder anzuerkennen, die für Sach- oder Personenschäden Ersatz zu leisten hat, welche durch ein nicht ermitteltes oder nicht versichertes Fahrzeug verursacht worden sind. Diese Bestimmung berührt jedoch nicht das Recht der Mitgliedstaaten, der Einschaltung dieser Stelle subsidiären Charakter zu verleihen.

Bei einem durch ein nicht versichertes Fahrzeug verursachten Unfall muss der Geschädigte jedoch in einigen Mitgliedstaaten vor Befassung dieser Stelle den Nachweis erbringen, dass der Haftpflichtige nicht in der Lage ist oder sich weigert, Schadenersatz zu leisten. Für die genannte Stelle ist es jedoch leichter als für den Geschädigten, gegen den Haftpflichtigen Rückgriff zu nehmen; diese Stelle sollte daher nicht die Möglichkeit haben, die Zahlung von Schadenersatz davon abhängig zu machen, dass der Geschädigte den Nachweis erbringt, dass der Unfallverursacher nicht in der Lage ist oder sich weigert, Schadenersatz zu leisten.

Können die genannte Stelle und ein Haftpflichtversicherer keine Einigung darüber erzielen, wer dem Unfallgeschädigten Schadenersatz zu leisten hat, so sollten die Mitgliedstaaten, um Verzögerungen bei der Auszahlung des Schadenersatzes an den Geschädigten zu vermeiden, die Partei bestimmen, die bis zur Entscheidung über den Streitfall den Schadenersatz vorläufig zu zahlen hat.

Da es für Unfallgeschädigte zuweilen mit Schwierigkeiten verbunden ist, den Namen des Versicherungsunternehmens zu erfahren, das die Haftpflicht aufgrund der Nutzung eines an einem Unfall beteiligten Fahrzeugs deckt, sollten die Mitgliedstaaten im Interesse dieser Geschädigten die erforderlichen Maßnahmen ergreifen, um sicherzustellen, dass diese Information unverzüglich zur Verfügung steht.

Die beiden bisherigen Richtlinien im Bereich der Kraftfahrzeug-Haftpflichtversicherung sollten unter Berücksichtigung der vorstehenden Erwägungen einheitlich ergänzt werden.

Eine solche Ergänzung, durch die der Schutz der Versicherten und der Unfallgeschädigten verbessert wird, wird das Überschreiten der Binnengrenzen der Gemeinschaft und damit die Errichtung und das Funktionieren des Binnenmarktes weiter erleichtern. Daher ist ein weitgehender Verbraucherschutz zugrunde zu legen.

Nach Artikel 8c des Vertrages ist dem Umfang der Anstrengungen, die einigen Volkswirtschaften mit unterschiedlichem Entwicklungsstand abverlangt werden, Rechnung zu tragen. Daher sollte einigen Mitgliedstaaten eine Übergangsregelung eingeräumt werden, die eine schrittweise Anwendung bestimmter Vorschriften dieser Richtlinie ermöglicht -

HAT FOLGENDE RICHTLINIE ERLASSEN:

Artikel 1

Unbeschadet des Artikels 2 Absatz 1 Unterabsatz 2 der Richtlinie 84/5/EWG deckt die in Artikel 3 Absatz 1 der Richtlinie 72/166/EWG genannte Versicherung die Haftpflicht für aus der Nutzung eines Fahrzeugs resultierende Personenschäden bei allen Fahrzeuginsassen mit Ausnahme des Fahrers.

Im Sinne der vorliegenden Richtlinie entspricht der Begriff »Fahrzeug« dem in Artikel 1 der Richtlinie 72/166/EWG festgelegten Begriff.

Artikel 2

Die Mitgliedstaaten treffen die erforderlichen Maßnahmen, damit alle Pflichtversicherungsverträge zur Deckung der Haftpflicht für die Nutzung von Fahrzeugen
– auf der Basis einer einzigen Prämie das gesamte Gebiet der Gemeinschaft abdecken und
– auf der Grundlage dieser einzigen Prämie den in jedem Mitgliedstaat gesetzlich vorgeschriebenen Versicherungsschutz bzw. den in dem Mitgliedstaat, in dem das Fahrzeug seinen gewöhnlichen Standort hat, gesetzlich vorgeschriebenen Versicherungsschutz gewährleisten, wenn letzterer höher ist.

Artikel 3

Artikel 1 Absatz 4 Unterabsatz 1 der Richtlinie 84/5/EWG wird durch folgenden Satz ergänzt:

»Die Mitgliedstaaten dürfen es der Stelle jedoch nicht gestatten, die Zahlung von Schadenersatz davon abhängig zu machen, dass der Geschädigte in irgendeiner Form nachweist, dass der Haftpflichtige zur Schadenersatzleistung nicht in der Lage ist oder die Zahlung verweigert.«

Artikel 4

Besteht zwischen der in Artikel 1 Absatz 4 der Richtlinie 84/5/EWG genannten Stelle und dem Haftpflichtversicherer Streit darüber, wer dem Geschädigten Schadenersatz zu leisten hat, so ergreifen die Mitgliedstaaten entsprechende Maßnahmen, damit unter den Parteien diejenige bestimmt wird, die dem Geschädigten unverzüglich vorläufigen Schadenersatz zu leisten hat.

Wird zu einem späteren Zeitpunkt entschieden, dass die andere Partei ganz oder teilweise hätte Schadenersatz leisten müssen, so erstattet diese der Partei, die die Zahlung geleistet hat, die entsprechenden Beträge.

Artikel 5

(1) Die Mitgliedstaaten treffen die erforderlichen Maßnahmen, um sicherzustellen, dass die an einem Verkehrsunfall Beteiligten unverzüglich die Identität des Versicherungsunternehmens fest-

stellen können, das die sich aus der Nutzung des jeweiligen an dem Unfall beteiligten Kraftfahrzeugs ergebende Haftpflicht deckt.

(2) Die Kommission legt dem Europäischen Parlament und dem Rat bis zum 31.12.1995 einen Bericht über die Anwendung des Absatzes 1 vor. Die Kommission unterbreitet dem Rat gegebenenfalls entsprechende Vorschläge.

Artikel 6

(1) Die Mitgliedstaaten treffen die erforderlichen Maßnahmen, um dieser Richtlinie bis zum 31.12.1992 nachzukommen. Sie setzen die Kommission unverzüglich davon in Kenntnis.

(2) In Abweichung von Absatz 1
– verfügen die Griechische Republik, das Königreich Spanien und die Portugiesische Republik über eine am 31.12.1995 endende Frist, um den Artikeln 1 und 2 nachzukommen;
– verfügt Irland über eine am 31.12.1998 endende Frist, um Artikel 1 in Bezug auf Motorrad-Soziusfahrer nachzukommen, und über eine am 31.12.1995 endende Frist, um Artikel 1 in Bezug auf die übrigen Fahrzeuge sowie den Bestimmungen des Artikels 2 nachzukommen.

Artikel 7

Diese Richtlinie ist an die Mitgliedstaaten gerichtet.

Geschehen zu Brüssel am 14.5.1990

IV. 4. KH-Richtlinie

133 Richtlinie 2000/26/EG des Europäischen Parlaments und des Rates

vom 16. Mai 2000 zur Angleichung der Rechtsvorschriften der Mitgliedstaaten über die Kraftfahrzeug-Haftpflichtversicherung, und zur Änderung der Richtlinien 73/239/EWG und 88/357/EWG des Rates (Vierte Kraftfahrzeughaftpflicht-Richtlinie)

DAS EUROPÄISCHE PARLAMENT UND DER RAT DER EUROPÄISCHEN UNION -

gestützt auf den Vertrag zur Gründung der Europäischen Gemeinschaft, insbesondere auf Artikel 47 Absatz 2 und Artikel 95,

in Erwägung nachstehender Gründe:

(1) Zwischen den Rechts- und Verwaltungsvorschriften der Mitgliedstaaten über die Kraftfahrzeug-Haftpflichtversicherung bestehen gegenwärtig Unterschiede, die die Freizügigkeit und den freien Verkehr von Versicherungsdienstleistungen beeinträchtigen.

(2) Die genannten Rechtsvorschriften müssen deshalb im Hinblick auf ein ordnungsgemäßes Funktionieren des Binnenmarktes angeglichen werden.

(3) Mit der Richtlinie 72/166/EWG hat der Rat Vorschriften zur Angleichung der Rechtsvorschriften der Mitgliedstaaten über die Kraftfahrzeug-Haftpflichtversicherung und die Kontrolle der entsprechenden Versicherungspflicht erlassen.

(4) Mit der Richtlinie 88/357/EWG hat der Rat Vorschriften zur Koordinierung der Rechts- und Verwaltungsvorschriften für die Direktversicherung (mit Ausnahme der Lebensversicherung) und zur Erleichterung der tatsächlichen Ausübung des freien Dienstleistungsverkehrs erlassen.

(5) Durch das System der Grüne Karte-Büros ist eine problemlose Regulierung eines Unfallschadens im eigenen Land des Geschädigten auch dann gewährleistet, wenn der andere Unfallbeteiligte aus einem anderen europäischen Land kommt.

(6) Das System der Grüne Karte-Büros löst nicht alle Schwierigkeiten eines Geschädigten, der seine Ansprüche in einem anderen Land gegenüber einem dort ansässigen Unfallgegner und

einem dort zugelassenen Versicherungsunternehmen geltend machen muss (fremdes Recht, fremde Sprache, ungewohnte Regulierungspraxis, häufig unvertretbar lange Dauer der Regulierung).

(7) Mit seiner Entschließung vom 26.10.1995 zur Regulierung von Verkehrsunfällen, die außerhalb des Herkunftslandes des Geschädigten erlitten werden, ist das Europäische Parlament nach Artikel 192 Absatz 2 des Vertrags tätig geworden und hat die Kommission aufgefordert, einen Vorschlag für eine Richtlinie des Europäischen Parlaments und des Rates zur Lösung dieser Probleme vorzulegen.

(8) Es ist in der Tat angezeigt, die mit den Richtlinien 72/166/EWG, 84/5/EWG und 90/232/EWG eingeführte Regelung zu vervollständigen, um denjenigen, die bei einem Kraftfahrzeug-Verkehrsunfall einen Sach- oder Personenschaden erleiden, unabhängig davon, in welchem Land der Gemeinschaft sich der Unfall ereignet, eine vergleichbare Behandlung zu garantieren. Es bestehen Lücken hinsichtlich der Schadenregulierung bei Unfällen im Sinne dieser Richtlinie, die sich in einem anderen Staat als dem Wohnsitzstaat des Geschädigten ereignen.

(9) Die Anwendung dieser Richtlinie auf Unfälle, die sich in Drittländern ereignen, die vom System der Grünen Karte für Unfälle abgedeckt sind, und in die Geschädigte mit Wohnsitz in der Gemeinschaft und Fahrzeuge verwickelt sind, die in einem Mitgliedstaat versichert sind und dort ihren gewöhnlichen Standort haben, bedeutet keine Ausdehnung der obligatorischen Gebietsdeckung der Kraftfahrzeugversicherung gemäß Artikel 3 Absatz 2 der Richtlinie 72/166/EWG.

(10) Dies macht es erforderlich, dass die Geschädigten einen Direktanspruch gegen das Versicherungsunternehmen der haftpflichtigen Partei erhalten sollten.

(11) Eine zufriedenstellende Lösung könnte darin bestehen, dass derjenige, der in einem anderen Staat als seinem Wohnsitzstaat bei einem Kraftfahrzeug-Verkehrsunfall im Sinne dieser Richtlinie einen Sach- oder Personenschaden erleidet, seinen Schadenersatzanspruch in seinem Wohnsitzmitgliedstaat gegenüber einem dort bestellten Schadenregulierungsbeauftragten des Versicherungsunternehmens der haftpflichtigen Partei geltend machen kann.

(12) Diese Lösung würde es ermöglichen, dass ein Schaden, der außerhalb des Wohnsitzmitgliedstaats des Geschädigten eintritt, in einer Weise abgewickelt wird, die dem Geschädigten vertraut ist.

(13) Durch dieses System eines Schadenregulierungsbeauftragten im Wohnsitzmitgliedstaat des Geschädigten wird weder das im konkreten Fall anzuwendende materielle Recht geändert noch die gerichtliche Zuständigkeit berührt.

(14) Die Begründung eines Direktanspruchs desjenigen, der einen Sach- oder Personenschaden erlitten hat, gegen das Versicherungsunternehmen ist eine logische Ergänzung der Benennung von Schadenregulierungsbeauftragten und verbessert zudem die Rechtsstellung von Personen, die bei Kraftfahrzeug-Verkehrsunfällen außerhalb ihres Wohnsitzmitgliedstaats geschädigt werden.

(15) Um die betreffenden Lücken zu schließen, sollte vorgesehen werden, dass der Mitgliedstaat, in dem das Versicherungsunternehmen zugelassen ist, von diesem verlangt, in den anderen Mitgliedstaaten ansässige oder niedergelassene Schadenregulierungsbeauftragte zu benennen, die alle erforderlichen Informationen über Schadensfälle zusammentragen, die auf solche Unfälle zurückgehen, und geeignete Maßnahmen zur Schadenregulierung im Namen und für Rechnung des Versicherungsunternehmens, einschließlich einer entsprechenden Entschädigungszahlung, ergreifen. Schadenregulierungsbeauftragte sollten über ausreichende Befugnisse verfügen, um das Versicherungsunternehmen gegenüber den Geschädigten zu vertreten und es auch gegenüber den einzelstaatlichen Behörden und gegebenenfalls, soweit dies mit den Regelungen des interna-

tionalen Privat- und Zivilprozessrechts über die Festlegung der gerichtlichen Zuständigkeiten vereinbar ist, gegenüber den Gerichten zu vertreten.

(16) Die Tätigkeiten der Schadenregulierungsbeauftragten reichen nicht aus, um einen Gerichtsstand im Wohnsitzmitgliedstaat des Geschädigten zu begründen, wenn dies nach den Regelungen des internationalen Privat- und Zivilprozessrechts über die Festlegung der gerichtlichen Zuständigkeiten nicht vorgesehen ist.

(17) Die Benennung der Schadenregulierungsbeauftragten sollte eine der Bedingungen für den Zugang zur Versicherungstätigkeit gemäß Buchstabe A Nummer 10 des Anhangs der Richtlinie 73/239/EWG – mit Ausnahme der Haftpflicht des Frachtführers – und die Ausübung dieser Tätigkeit sein. Diese Bedingung sollte deshalb durch die einheitliche behördliche Zulassung nach Titel II der Richtlinie 92/49/EWG erfasst werden, die die Behörden des Mitgliedstaats des Geschäftssitzes des Versicherungsunternehmens erteilen. Diese Bedingung sollte auch für Versicherungsunternehmen mit Geschäftssitz außerhalb der Gemeinschaft gelten, denen die Zulassung zur Versicherungstätigkeit im Gebiet eines Mitgliedstaats der Gemeinschaft erteilt wurde. Die Richtlinie 73/239/EWG sollte diesbezüglich geändert und ergänzt werden.

(18) Außer der Sicherstellung der Präsenz eines Beauftragten des Versicherungsunternehmens im Wohnsitzstaat des Geschädigten sollte das spezifische Recht des Geschädigten auf zügige Bearbeitung des Anspruchs gewährleistet werden. Die nationalen Rechtsvorschriften müssen deshalb angemessene wirksame und systematische finanzielle oder gleichwertige administrative Sanktionen – wie Anordnungen in Verbindung mit Bußgeldern, regelmäßige Berichterstattung an Aufsichtsbehörden, Kontrollen vor Ort, Veröffentlichungen im nationalen Gesetzblatt sowie in der Presse, Suspendierung der Tätigkeiten eines Unternehmens (Verbot des Abschlusses neuer Verträge während eines bestimmten Zeitraums), Bestellung eines Sonderbeauftragten der Aufsichtsbehörden, der zu überprüfen hat, ob der Geschäftsbetrieb unter Einhaltung der versicherungsrechtlichen Vorschriften erfolgt, Widerruf der Zulassung zur Ausübung von derartigen Versicherungsgeschäften und Sanktionen für Direktoren und Mitglieder der Geschäftsleitung – vorsehen, die dann gegen das Versicherungsunternehmen des Schädigers festgesetzt werden können, wenn dieses oder sein Beauftragter seiner Verpflichtung zur Vorlage eines Schadensersatzangebots innerhalb einer angemessenen Frist nicht nachkommt. Die Anwendung sonstiger, für angemessen erachteter Maßnahmen – insbesondere nach den für die Beaufsichtigung der Versicherungsunternehmen geltenden Rechtsvorschriften – wird dadurch nicht berührt. Voraussetzung ist jedoch, dass die Haftung sowie der erlittene Sach- oder Personenschaden nicht streitig ist, so dass das Versicherungsunternehmen innerhalb der vorgeschriebenen Frist ein mit Gründen versehenes Angebot unterbreiten kann. Ein solches Schadensersatzangebot muss schriftlich und unter Angabe der Gründe erfolgen, auf denen die Beurteilung der Haftung und des Schadens beruht.

(19) Zusätzlich zu diesen Sanktionen sollte vorgesehen werden, dass für die dem Geschädigten vom Versicherungsunternehmen angebotene bzw. ihm gerichtlich zugesprochene Schadensersatzsumme Zinsen gezahlt werden, wenn das Angebot nicht innerhalb dieser vorgeschriebenen Frist vorgelegt wird. Gibt es in den Mitgliedstaaten nationale Regelungen, die dem Erfordernis der Zahlung von Verzugszinsen entsprechen, so könnte diese Bestimmung durch eine Bezugnahme auf jene Regelungen umgesetzt werden.

(20) Für Geschädigte, die Sach- oder Personenschäden aufgrund eines Kraftfahrzeug-Verkehrsunfalls erlitten haben, ist es zuweilen mit Schwierigkeiten verbunden, den Namen des Versicherungsunternehmens zu erfahren, das die Haftpflicht für ein an einem Unfall beteiligtes Fahrzeug deckt.

(21) Im Interesse dieser Geschädigten sollten die Mitgliedstaaten Auskunftsstellen einrichten, um zu gewährleisten, dass diese Information unverzüglich zur Verfügung steht. Die genannten Auskunftsstellen sollten den Geschädigten auch Informationen über die Schadenregulierungsbeauftragten zur Verfügung stellen. Die Auskunftsstellen müssen untereinander zusammenarbeiten

und schnell auf Auskunftsersuchen über Schadenregulierungsbeauftragte reagieren, die Auskunftsstellen anderer Mitgliedstaaten an sie richten. Es erscheint angemessen, dass diese Auskunftsstellen die Informationen über den Zeitpunkt der tatsächlichen Beendigung der Versicherungsdeckung erfassen; nicht angemessen ist hingegen die Erfassung von Informationen über den Ablauf der ursprünglichen Gültigkeitsdauer der Versicherungspolice, sofern sich die Vertragsdauer stillschweigend verlängert hat.

(22) Für Fahrzeuge, für die keine Haftpflichtversicherungspflicht besteht (z. B. Behörden- oder Militärfahrzeuge), sollten besondere Bestimmungen vorgesehen werden.

(23) Der Geschädigte kann ein berechtigtes Interesse daran haben, über die Identität des Eigentümers oder des gewöhnlichen Fahrers oder des eingetragenen Halters des Fahrzeugs Aufschluss zu erhalten, beispielsweise in Fällen, in denen der Geschädigte Schadenersatz nur von diesen Personen erhalten kann, weil das Fahrzeug nicht ordnungsgemäß versichert ist oder der Schaden die Versicherungssumme übersteigt; demnach ist auch diese Auskunft zu erteilen.

(24) Bei einigen der übermittelten Informationen handelt es sich um personenbezogene Daten im Sinne der Richtlinie 95/46/EG des Europäischen Parlaments und des Rates vom 24.10.1995 zum Schutz natürlicher Personen bei der Verarbeitung personenbezogener Daten und zum freien Datenverkehr; dies gilt beispielsweise für den Namen und die Adresse des Fahrzeugeigentümers und des gewöhnlichen Fahrers sowie die Nummer der Versicherungspolice und das Kennzeichen des Fahrzeugs. Die aufgrund der vorliegenden Richtlinie erforderliche Verarbeitung dieser Daten muss daher im Einklang mit den einzelstaatlichen Maßnahmen erfolgen, die gemäß der Richtlinie 95/46/EG ergriffen wurden. Name und Anschrift des gewöhnlichen Fahrers sollten nur mitgeteilt werden, wenn dies nach einzelstaatlichem Recht zulässig ist.

(25) Um dem Geschädigten die ihm zustehende Entschädigung sicherzustellen, ist es notwendig, eine Entschädigungsstelle einzurichten, an die sich der Geschädigte wenden kann, wenn das Versicherungsunternehmen keinen Beauftragten benannt hat oder die Regulierung offensichtlich verzögert oder wenn das Versicherungsunternehmen nicht ermittelt werden kann. Das Eintreten der Entschädigungsstelle sollte auf seltene Einzelfälle beschränkt werden, in denen das Versicherungsunternehmen seinen Verpflichtungen trotz der abschreckenden Wirkung der etwaigen Verhängung von Sanktionen nicht nachgekommen ist.

(26) Da die Entschädigungsstelle die Aufgabe hat, die Entschädigungsansprüche für von dem Geschädigten erlittene Sach- oder Personenschäden nur in objektiv feststellbaren Fällen zu regulieren, hat sie sich auf die Nachprüfung zu beschränken, ob innerhalb der festgesetzten Fristen und nach den festgelegten Verfahren ein Schadenersatzangebot unterbreitet wurde, ohne jedoch den Fall inhaltlich zu würdigen.

(27) Die juristischen Personen, auf die die Ansprüche des Geschädigten gegen den Unfallverursacher oder dessen Versicherungsunternehmen gesetzlich übergegangen sind (z. B. andere Versicherungsunternehmen oder Einrichtungen der sozialen Sicherheit), sollten nicht berechtigt sein, den betreffenden Anspruch gegenüber der Entschädigungsstelle geltend zu machen.

(28) Die Entschädigungsstelle sollte einen Anspruch auf Forderungsübergang haben, soweit sie den Geschädigten entschädigt hat. Um die Durchsetzung des Anspruchs der Entschädigungsstelle gegen das Versicherungsunternehmen zu erleichtern, wenn dieses keinen Schadenregulierungsbeauftragten benannt hat oder die Regulierung offensichtlich verzögert, sollte die Entschädigungsstelle im Staat des Geschädigten automatisch einen – mit dem Eintritt in die Rechte des Geschädigten verbundenen – Anspruch auf Erstattung durch die entsprechende Stelle in dem Staat erhalten, in dem das Versicherungsunternehmen niedergelassen ist. Die letztgenannte Stelle befindet sich in einer günstigeren Lage, einen Regressanspruch gegen das Versicherungsunternehmen geltend zu machen.

(29) Zwar können die Mitgliedstaaten vorsehen, dass der Anspruch gegen die Entschädigungsstelle subsidiären Charakter hat, doch darf der Geschädigte nicht gezwungen sein, seinen Anspruch gegenüber dem Unfallverursacher geltend zu machen, bevor er sich hiermit an die Entschädigungsstelle wendet. Die Stellung des Geschädigten sollte in diesem Fall zumindest dieselbe sein wie im Fall eines Anspruchs gegen den Garantiefonds gemäß Artikel 1 Absatz 4 der Richtlinie 84/5/EWG.

(30) Das Funktionieren dieses Systems kann dadurch bewirkt werden, dass die von den Mitgliedstaaten geschaffenen oder anerkannten Entschädigungsstellen eine Vereinbarung über ihre Aufgaben und Pflichten sowie über das Verfahren der Erstattung treffen.

(31) Für den Fall, dass das Versicherungsunternehmen des Fahrzeugs nicht ermittelt werden kann, ist vorzusehen, dass der Endschuldner der Schadenersatzzahlung an den Geschädigten der Garantiefonds gemäß Artikel 1 Absatz 4 der Richtlinie 84/5/EWG in dem Mitgliedstaat ist, in dem das nicht versicherte Fahrzeug, durch dessen Nutzung der Unfall verursacht wurde, seinen gewöhnlichen Standort hat. Für den Fall, dass das Fahrzeug nicht ermittelt werden kann, ist vorzusehen, dass der Endschuldner der Garantiefonds gemäß Artikel 1 Absatz 4 der Richtlinie 84/5/EWG in dem Mitgliedstaat des Unfalls ist –

HABEN FOLGENDE RICHTLINIE ERLASSEN:

Artikel 1
Anwendungsbereich

(1) Mit dieser Richtlinie werden besondere Vorschriften für Geschädigte festgelegt, die ein Recht auf Entschädigung für einen Sach- oder Personenschaden haben, der bei einem Unfall entstanden ist, welcher sich in einem anderen Mitgliedstaat als dem Wohnsitzmitgliedstaat des Geschädigten ereignet hat und der durch die Nutzung eines Fahrzeugs verursacht wurde, das in einem Mitgliedstaat versichert ist und dort seinen gewöhnlichen Standort hat.

Unbeschadet der Rechtsvorschriften von Drittländern über die Haftpflicht und unbeschadet des internationalen Privatrechts gelten die Bestimmungen dieser Richtlinie auch für Geschädigte, die ihren Wohnsitz in einem Mitgliedstaat haben und ein Recht auf Entschädigung für einen Sach- oder Personenschaden haben, der bei einem Unfall entstanden ist, welcher sich in einem Drittland ereignet hat, dessen nationales Versicherungsbüro im Sinne von Artikel 1 Absatz 3 der Richtlinie 72/166/EWG dem System der Grünen Karte beigetreten ist, und der durch die Nutzung eines Fahrzeugs verursacht wurde, das in einem Mitgliedstaat versichert ist und dort seinen gewöhnlichen Standort hat.

(2) Die Artikel 4 und 6 finden nur Anwendung bei Unfällen, die von einem Fahrzeug verursacht wurden, das

a) bei einer Niederlassung in einem anderen Mitgliedstaat als dem Wohnsitzstaat des Geschädigten versichert ist und

b) seinen gewöhnlichen Standort in einem anderen Mitgliedstaat als dem Wohnsitzstaat des Geschädigten hat.

(3) Artikel 7 findet auch Anwendung bei Unfällen, die von unter die Artikel 6 und 7 der Richtlinie 72/166/EWG fallenden Fahrzeugen aus Drittländern verursacht wurden.

Artikel 2
Begriffsbestimmungen

Im Sinne dieser Richtlinie bezeichnet der Ausdruck

a) »Versicherungsunternehmen« jedes Unternehmen, das gemäß Artikel 6 oder gemäß Artikel 23 Absatz 2 der Richtlinie 73/239/EWG die behördliche Zulassung erhalten hat;

b) »Niederlassung« den Sitz, eine Agentur oder eine Zweigniederlassung eines Versicherungsunternehmens im Sinne von Artikel 2 Buchstabe c) der Richtlinie 88/357/EWG;

c) »Fahrzeug« ein Fahrzeug im Sinne von Artikel 1 Nummer 1 der Richtlinie 72/166/EWG;

d) »Geschädigter« einen Geschädigten im Sinne von Artikel 1 Nummer 2 der Richtlinie 72/166/EWG;

e) »Mitgliedstaat, in dem das Fahrzeug seinen gewöhnlichen Standort hat« das Gebiet, in dem das Fahrzeug im Sinne von Artikel 1 Nummer 4 der Richtlinie 72/166/EWG seinen gewöhnlichen Standort hat.

Artikel 3
Direktanspruch

Die Mitgliedstaaten stellen sicher, dass die in Artikel 1 genannten Geschädigten, deren Sach- oder Personenschaden bei einem Unfall im Sinne des genannten Artikels entstanden ist, einen Direktanspruch gegen das Versicherungsunternehmen haben, das die Haftpflicht des Unfallverursachers deckt.

Artikel 4
Schadenregulierungsbeauftragte

(1) Die Mitgliedstaaten treffen die erforderlichen Maßnahmen, um sicherzustellen, dass jedes Versicherungsunternehmen, das Risiken aus Buchstabe A Nummer 10 des Anhangs der Richtlinie 73/239/EWG – mit Ausnahme der Haftpflicht des Frachtführers – deckt, in allen anderen Mitgliedstaaten als dem, in dem es seine behördliche Zulassung erhalten hat, einen Schadenregulierungsbeauftragten benennt. Die Aufgabe des Schadenregulierungsbeauftragten besteht in der Bearbeitung und Regulierung von Ansprüchen, die aus Unfällen im Sinne von Artikel 1 herrühren. Der Schadenregulierungsbeauftragte muss in dem Mitgliedstaat ansässig oder niedergelassen sein, für den er benannt wird.

(2) Die Auswahl des Schadenregulierungsbeauftragten liegt im Ermessen des Versicherungsunternehmens. Die Mitgliedstaaten können diese Auswahlmöglichkeit nicht einschränken.

(3) Der Schadenregulierungsbeauftragte kann auf Rechnung eines oder mehrerer Versicherungsunternehmen handeln.

(4) Der Schadenregulierungsbeauftragte trägt im Zusammenhang mit derartigen Ansprüchen alle zu deren Regulierung erforderlichen Informationen zusammen und ergreift die notwendigen Maßnahmen, um eine Schadenregulierung auszuhandeln. Der Umstand, dass ein Schadenregulierungsbeauftragter zu benennen ist, schließt das Recht des Geschädigten oder seines Versicherungsunternehmens auf ein gerichtliches Vorgehen unmittelbar gegen den Unfallverursacher bzw. dessen Versicherungsunternehmen nicht aus.

(5) Schadenregulierungsbeauftragte müssen über ausreichende Befugnisse verfügen, um das Versicherungsunternehmen gegenüber Geschädigten in den in Artikel 1 genannten Fällen zu vertreten und um deren Schadenersatzansprüche in vollem Umfang zu befriedigen. Sie müssen in der Lage sein, den Fall in der Amtssprache bzw. den Amtssprachen des Wohnsitzmitgliedstaats des Geschädigten zu bearbeiten.

(6) Die Mitgliedstaaten sehen die durch angemessene, wirksame und systematische finanzielle oder gleichwertige administrative Sanktionen bewehrte Verpflichtung vor, dass innerhalb von drei Monaten nach dem Tag, an dem der Geschädigte seinen Schadenersatzanspruch entweder unmittelbar beim Versicherungsunternehmen des Unfallverursachers oder bei dessen Schadenregulierungsbeauftragten angemeldet hat,

a) vom Versicherungsunternehmen des Unfallverursachers oder von dessen Schadenregulierungsbeauftragten ein mit Gründen versehenes Schadenersatzangebot vorgelegt wird, sofern die Eintrittspflicht unstreitig ist und der Schaden beziffert wurde, oder

b) vom Versicherungsunternehmen, an das ein Antrag auf Schadenersatz gerichtet wurde, oder von dessen Schadenregulierungsbeauftragten eine mit Gründen versehene Antwort auf die in dem Antrag enthaltenen Darlegungen erteilt wird, sofern die Eintrittspflicht bestritten wird oder nicht eindeutig feststeht oder der Schaden nicht vollständig beziffert worden ist.

Die Mitgliedstaaten erlassen Bestimmungen, um sicherzustellen, dass für die dem Geschädigten vom Versicherungsunternehmen angebotene bzw. ihm gerichtlich zugesprochene Schadenersatzsumme Zinsen gezahlt werden, wenn das Angebot nicht binnen drei Monaten vorgelegt wird.

(7) Die Kommission erstattet dem Europäischen Parlament und dem Rat vor dem 20. Januar 2006 einen Bericht über die Durchführung von Absatz 4 Unterabsatz 1 und über die Wirksamkeit dieser Bestimmung sowie über die Gleichwertigkeit der nationalen Sanktionsbestimmungen und unterbreitet erforderlichenfalls Vorschläge.

(8) Die Benennung eines Schadenregulierungsbeauftragten stellt für sich allein keine Errichtung einer Zweigniederlassung im Sinne von Artikel 1 Buchstabe b) der Richtlinie 92/49/EWG dar, und der Schadenregulierungsbeauftragte gilt nicht als Niederlassung im Sinne von Artikel 2 Buchstabe c) der Richtlinie 88/357/EWG oder als Niederlassung im Sinne des Brüsseler Übereinkommens vom 27.9.1968 über die gerichtliche Zuständigkeit und die Vollstreckung gerichtlicher Entscheidungen in Zivil- und Handelssachen.

Artikel 5
Auskunftsstellen

(1) Von jedem Mitgliedstaat wird eine Auskunftsstelle geschaffen oder anerkannt, die mit dem Ziel, Geschädigten die Geltendmachung von Schadenersatzansprüchen zu ermöglichen,

a) ein Register mit den nachstehend aufgeführten Informationen führt:

1. die Kennzeichen der Kraftfahrzeuge, die im Gebiet des jeweiligen Staates ihren gewöhnlichen Standort haben;

2. i) die Nummern der Versicherungspolicen, die die Nutzung dieser Fahrzeuge in Bezug auf die unter Buchstabe A Nummer 10 des Anhangs der Richtlinie 73/239/EWG fallenden Risiken – mit Ausnahme der Haftpflicht des Frachtführers – abdecken, und, wenn die Geltungsdauer der Police abgelaufen ist, auch den Zeitpunkt der Beendigung des Versicherungsschutzes;

ii) die Nummer der grünen Karte oder der Grenzversicherungspolice, wenn das Fahrzeug durch eines dieser Dokumente gedeckt ist, sofern für das Fahrzeug die Ausnahmeregelung nach Artikel 4 Buchstabe b) der Richtlinie 72/166/EWG gilt;

3. die Versicherungsunternehmen, die die Nutzung von Fahrzeugen in Bezug auf die unter Buchstabe A Nummer 10 des Anhangs der Richtlinie 73/239/EWG fallenden Risiken – mit Ausnahme der Haftpflicht des Frachtführers – abdecken, sowie die von diesen Versicherungsunternehmen nach Artikel 4 benannten Schadenregulierungsbeauftragten, deren Namen der Auskunftsstelle gemäß Absatz 2 des vorliegenden Artikels zu melden sind;

4. die Liste der Fahrzeuge, die im jeweiligen Mitgliedstaat von der Haftpflichtversicherung gemäß Artikel 4 Buchstaben a) und b) der Richtlinie 72/166/EWG befreit sind;

5. bei Fahrzeugen gemäß Nummer 4:

i) den Namen der Stelle oder Einrichtung, die gemäß Artikel 4 Buchstabe a) Unterabsatz 2 der Richtlinie 72/166/EWG bestimmt wird und dem Geschädigten den Schaden zu ersetzen hat, in den Fällen, in denen das Verfahren des Artikels 2 Absatz 2 erster Gedankenstrich der Richtlinie

72/166/EWG nicht anwendbar ist, und wenn für das Fahrzeug die Ausnahmeregelung nach Artikel 4 Buchstabe a) der Richtlinie 72/166/EWG gilt;

ii) den Namen der Stelle, die für die durch das Fahrzeug verursachten Schäden in dem Mitgliedstaat aufkommt, in dem es seinen gewöhnlichen Standort hat, wenn für das Fahrzeug die Ausnahmeregelung nach Artikel 4 Buchstabe b) der Richtlinie 72/166/EWG gilt.

b) oder die Erhebung und Weitergabe dieser Daten koordiniert

c) und die berechtigten Personen bei der Erlangung der unter Buchstabe a) Nummern 1, 2, 3, 4 und 5 genannten Informationen unterstützt.

Die unter Buchstabe a) Nummern 1, 2 und 3 genannten Informationen sind während eines Zeitraums von sieben Jahren nach Ablauf der Zulassung des Fahrzeugs oder der Beendigung des Versicherungsvertrags aufzubewahren.

(2) Die in Absatz 1 Buchstabe a) Nummer 3 genannten Versicherungsunternehmen melden den Auskunftsstellen aller Mitgliedstaaten Namen und Anschrift des Schadenregulierungsbeauftragten, den sie in jedem der Mitgliedstaaten gemäß Artikel 4 benannt haben.

(3) Die Mitgliedstaaten stellen sicher, dass die Geschädigten berechtigt sind, binnen eines Zeitraums von sieben Jahren nach dem Unfall von der Auskunftsstelle ihres Wohnsitzmitgliedstaats, des Mitgliedstaats, in dem das Fahrzeug seinen gewöhnlichen Standort hat, oder des Mitgliedstaats, in dem sich der Unfall ereignet hat, unverzüglich die folgenden Informationen zu erhalten:

a) Namen und Anschrift des Versicherungsunternehmens;

b) die Nummer der Versicherungspolice und

c) Namen und Anschrift des Schadenregulierungsbeauftragten des Versicherungsunternehmens im Wohnsitzstaat des Geschädigten.

Die Auskunftsstellen kooperieren miteinander.

(4) Die Auskunftsstelle teilt dem Geschädigten Namen und Anschrift des Fahrzeugeigentümers, des gewöhnlichen Fahrers oder des eingetragenen Fahrzeughalters mit, wenn der Geschädigte ein berechtigtes Interesse an dieser Auskunft hat. Zur Anwendung dieser Bestimmung wendet sich die Auskunftsstelle insbesondere an

a) das Versicherungsunternehmen oder

b) die Zulassungsstelle.

Gilt für das Fahrzeug die Ausnahmeregelung nach Artikel 4 Buchstabe a) der Richtlinie 72/166/EWG, so teilt die Auskunftsstelle dem Geschädigten den Namen der Stelle oder Einrichtung mit, die gemäß Artikel 4 Buchstabe a) Unterabsatz 2 jener Richtlinie bestimmt wird und dem Geschädigten den Schaden zu ersetzen hat, falls das Verfahren des Artikels 2 Absatz 2 erster Gedankenstrich jener Richtlinie nicht anwendbar ist.

Gilt für das Fahrzeug die Ausnahmeregelung nach Artikel 4 Buchstabe b) der Richtlinie 72/166/EWG, so teilt die Auskunftsstelle dem Geschädigten den Namen der Stelle mit, die für die durch das Fahrzeug verursachten Schäden im Land des gewöhnlichen Standorts aufkommt.

(5) Die Verarbeitung personenbezogener Daten aufgrund der vorhergehenden Absätze muss im Einklang mit den einzelstaatlichen Maßnahmen gemäß der Richtlinie 95/46/EG erfolgen.

Artikel 6
Entschädigungsstellen

(1) Von jedem Mitgliedstaat wird eine Entschädigungsstelle geschaffen oder anerkannt, die den Geschädigten in den Fällen nach Artikel 1 eine Entschädigung gewährt.

Die Geschädigten können einen Schadenersatzantrag an die Entschädigungsstelle im Wohnsitzmitgliedstaat richten,

a) wenn das Versicherungsunternehmen oder sein Schadenregulierungsbeauftragter binnen drei Monaten nach der Geltendmachung des Entschädigungsanspruchs beim Versicherungsunternehmen des Fahrzeugs, durch dessen Nutzung der Unfall verursacht wurde, oder beim Schadenregulierungsbeauftragten keine mit Gründen versehene Antwort auf die im Schadenersatzantrag enthaltenen Darlegungen erteilt hat oder

b) wenn das Versicherungsunternehmen im Wohnsitzstaat des Geschädigten keinen Schadenregulierungsbeauftragten gemäß Artikel 4 Absatz 1 benannt hat. In diesem Fall sind Geschädigte nicht berechtigt, einen Schadenersatzantrag an die Entschädigungsstelle zu richten, wenn sie einen solchen Antrag direkt beim Versicherungsunternehmen des Fahrzeugs, durch dessen Nutzung der Unfall verursacht wurde, eingereicht und innerhalb von drei Monaten nach Einreichung dieses Antrags eine mit Gründen versehene Antwort erhalten haben.

Geschädigte dürfen jedoch keinen Schadenersatzantrag an die Entschädigungsstelle stellen, wenn sie unmittelbar gegen das Versicherungsunternehmen gerichtliche Schritte eingeleitet haben.

Die Entschädigungsstelle wird binnen zwei Monaten nach Stellung eines Schadenersatzantrags des Geschädigten tätig, schließt den Vorgang jedoch ab, wenn das Versicherungsunternehmen oder dessen Schadenregulierungsbeauftragter in der Folge eine mit Gründen versehene Antwort auf den Schadenersatzantrag erteilt.

Die Entschädigungsstelle unterrichtet unverzüglich

a) das Versicherungsunternehmen des Fahrzeugs, dessen Nutzung den Unfall verursacht hat, oder den Schadenregulierungsbeauftragten;

b) die Entschädigungsstelle im Mitgliedstaat der Niederlassung des Versicherungsunternehmens, die die Vertragspolice ausgestellt hat;

c) die Person, die den Unfall verursacht hat, sofern sie bekannt ist,

dass ein Antrag des Geschädigten bei ihr eingegangen ist und dass sie binnen zwei Monaten nach Stellung des Antrags auf diesen eingehen wird.

Es bleibt das Recht der Mitgliedstaaten unberührt, Bestimmungen zu erlassen, durch die der Einschaltung dieser Stelle subsidiärer Charakter verliehen wird oder durch die der Rückgriff dieser Stelle auf den oder die Unfallverursacher sowie auf andere Versicherungsunternehmen oder Einrichtungen der sozialen Sicherheit, die gegenüber dem Geschädigten zur Regulierung desselben Schadens verpflichtet sind, geregelt wird. Die Mitgliedstaaten dürfen es der Stelle jedoch nicht gestatten, die Zahlung von Schadenersatz von anderen als den in dieser Richtlinie festgelegten Bedingungen, insbesondere davon abhängig zu machen, dass der Geschädigte in irgendeiner Form nachweist, dass der Haftpflichtige zahlungsunfähig ist oder die Zahlung verweigert.

(2) Die Entschädigungsstelle, welche den Geschädigten im Wohnsitzstaat entschädigt hat, hat gegenüber der Entschädigungsstelle im Mitgliedstaat der Niederlassung des Versicherungsunternehmens, die die Versicherungspolice ausgestellt hat, Anspruch auf Erstattung des als Entschädigung gezahlten Betrags. Die Ansprüche des Geschädigten gegen den Unfallverursacher oder dessen Versicherungsunternehmen gehen dann insoweit auf die letztgenannte Entschädigungsstelle über, als die Entschädigungsstelle im Wohnsitzstaat des Geschädigten eine Entschädigung

für den erlittenen Sach- oder Personenschaden gewährt hat. Jeder Mitgliedstaat ist verpflichtet, einen von einem anderen Mitgliedstaat vorgesehenen Forderungsübergang anzuerkennen.

(3) Dieser Artikel wird wirksam,

a) nachdem die von den Mitgliedstaaten geschaffenen oder anerkannten Entschädigungsstellen eine Vereinbarung über ihre Aufgaben und Pflichten sowie über das Verfahren der Erstattung getroffen haben,

b) und ab dem Zeitpunkt, den die Kommission festlegt, nachdem sie sich in enger Zusammenarbeit mit den Mitgliedstaaten vergewissert hat, dass eine solche Vereinbarung getroffen wurde.

Die Kommission erstattet dem Europäischen Parlament und dem Rat vor dem 20. Juli 2005 einen Bericht über die Durchführung des vorliegenden Artikels und dessen Wirksamkeit und unterbreitet erforderlichenfalls Vorschläge.

Artikel 7

Kann das Fahrzeug nicht ermittelt werden oder kann das Versicherungsunternehmen nicht binnen zwei Monaten nach dem Unfall ermittelt werden, so kann der Geschädigte eine Entschädigung bei der Entschädigungsstelle im Wohnsitzmitgliedstaat beantragen. Diese Entschädigung erfolgt gemäß Artikel 1 der Richtlinie 84/5/EWG. Die Entschädigungsstelle hat dann unter den in Artikel 6 Absatz 2 der vorliegenden Richtlinie festgelegten Voraussetzungen folgenden Erstattungsanspruch:

a) für den Fall, dass das Versicherungsunternehmen nicht ermittelt werden kann: gegen den Garantiefonds nach Artikel 1 Absatz 4 der Richtlinie 84/5/EWG in dem Mitgliedstaat, in dem das Fahrzeug seinen gewöhnlichen Standort hat;

b) für den Fall eines nicht ermittelten Fahrzeugs: gegen den Garantiefonds im Mitgliedstaat des Unfalls;

c) bei Fahrzeugen aus Drittländern: gegen den Garantiefonds im Mitgliedstaat des Unfalls.

Artikel 8

Die Richtlinie 73/239/EWG wird wie folgt geändert:

a) An Artikel 8 Absatz 1 wird folgender Buchstabe angefügt:

»f) Name und Anschrift des Schadenregulierungsbeauftragten mitteilen, der in jedem Mitgliedstaat mit Ausnahme des Mitgliedstaats, in dem die Zulassung beantragt wird, benannt wird, wenn die zu deckenden Risiken unter Buchstabe A Nummer 10 des Anhangs – mit Ausnahme der Haftpflicht des Frachtführers – fallen.«

b) An Artikel 23 Absatz 2 wird folgender Buchstabe angefügt:

»h) es teilt Name und Anschrift des Schadenregulierungsbeauftragten mit, der in jedem Mitgliedstaat mit Ausnahme des Mitgliedstaats, in dem die Zulassung beantragt wird, benannt wird, wenn die zu deckenden Risiken unter Buchstabe A Nummer 10 des Anhangs – mit Ausnahme der Haftpflicht des Frachtführers – fallen.«

Artikel 9

Die Richtlinie 88/357/EWG wird wie folgt geändert:

An Artikel 12a Absatz 4 wird der folgende Unterabsatz angefügt: »Hat das Versicherungsunternehmen keinen Vertreter ernannt, so können die Mitgliedstaaten ihre Zustimmung dazu erteilen, dass der gemäß Artikel 4 der Richtlinie 2000/26/EG benannte Schadenregulierungsbeauftragte die Aufgabe des Vertreters im Sinne dieses Absatzes übernimmt.«

Artikel 10
Umsetzung

(1) Die Mitgliedstaaten erlassen und veröffentlichen vor dem 20. Juli 2002 die Rechts- und Verwaltungsvorschriften, die erforderlich sind, um dieser Richtlinie nachzukommen. Sie setzen die Kommission unverzüglich davon in Kenntnis. Sie wenden diese Vorschriften vor dem 20. Januar 2003 an.

(2) Wenn die Mitgliedstaaten diese Vorschriften erlassen, nehmen sie in den Vorschriften selbst oder durch einen Hinweis bei der amtlichen Veröffentlichung auf diese Richtlinie Bezug. Die Mitgliedstaaten regeln die Einzelheiten der Bezugnahme.

(3) Unbeschadet von Absatz 1 werden die Entschädigungsstellen vor dem 20.1.2002 gemäß Artikel 6 Absatz 1 von den Mitgliedstaaten geschaffen oder anerkannt. Haben die Entschädigungsstellen nicht vor dem 20.7.2002 eine Vereinbarung gemäß Artikel 6 Absatz 3 getroffen, so schlägt die Kommission geeignete Maßnahmen vor, um zu gewährleisten, dass die Bestimmungen der Artikel 6 und 7 vor dem 20.1.2003 zur Anwendung gelangen.

(4) Die Mitgliedstaaten können im Einklang mit dem Vertrag Bestimmungen beibehalten oder einführen, die für den Geschädigten günstiger sind als die Bestimmungen, die zur Umsetzung dieser Richtlinie erforderlich sind.

(5) Die Mitgliedstaaten teilen der Kommission den Wortlaut der wichtigsten innerstaatlichen Rechtsvorschriften mit, die sie auf dem unter diese Richtlinie fallenden Gebiet erlassen.

Artikel 11
Inkrafttreten

Diese Richtlinie tritt am Tag ihrer Veröffentlichung im Amtsblatt der Europäischen Gemeinschaften in Kraft.

Artikel 12
Sanktionen

Die Mitgliedstaaten legen Sanktionen für Verstöße gegen die aufgrund dieser Richtlinie erlassenen innerstaatlichen Rechtsvorschriften fest und treffen die für ihre Anwendung erforderlichen Vorkehrungen. Die Sanktionen müssen wirksam, verhältnismäßig und abschreckend sein. Die Mitgliedstaaten teilen der Kommission die betreffenden Bestimmungen bis zum 20.7.2002 sowie jegliche späteren Änderungen so bald wie möglich mit.

Artikel 13
Empfänger

Diese Richtlinie ist an die Mitgliedstaaten gerichtet.

Geschehen zu Brüssel am 16.5.2000

V. 5. KH-Richtlinie

134 Richtlinie 2005/14/EG des Europäischen Parlaments und des Rates

vom 11. Mai 2005 zur Änderung der Richtlinien 72/166/EWG, 84/5/EWG, 88/357/EWG und 90/232/EWG des Rates sowie der Richtlinie 2000/26/EG des Europäischen Parlaments und des Rates über die Kraftfahrzeug-Haftpflichtversicherung

DAS EUROPÄISCHE PARLAMENT UND DER RAT DER EUROPÄISCHEN UNION –

gestützt auf den Vertrag zur Gründung der Europäischen Gemeinschaft, insbesondere auf Artikel 47 Absatz 2 Sätze 1 und 3, Artikel 55 und Artikel 95 Absatz 1,

in Erwägung nachstehender Gründe:

(1) Die Kraftfahrzeug-Haftpflichtversicherung (Kfz-Haftpflichtversicherung) ist für die europäischen Bürger – sowohl für die Versicherungsnehmer als auch für die Opfer von Verkehrsunfällen – von besonderer Bedeutung. Sie ist auch für die Versicherungsunternehmen von erheblichem Interesse, weil ein wesentlicher Teil des Schadenversicherungsgeschäfts in der Gemeinschaft auf die Kfz-Versicherung entfällt. Die Kfz-Versicherung wirkt sich auch auf den freien Personen- und Kraftfahrzeugverkehr aus. Die Stärkung und Konsolidierung des Binnenmarktes für Kfz-Versicherungen sollte daher ein Hauptziel der gemeinschaftlichen Maßnahmen im Finanzdienstleistungsbereich sein.

(2) Mit der Richtlinie 72/166/EWG des Rates vom 24.4.1972 betreffend die Angleichung der Rechtsvorschriften der Mitgliedstaaten bezüglich der Kraftfahrzeug-Haftpflichtversicherung und der Kontrolle der entsprechenden Versicherungspflicht, der Zweiten Richtlinie 84/5/EWG des Rates vom 30.12.1983 betreffend die Angleichung der Rechtsvorschriften der Mitgliedstaaten bezüglich der Kraftfahrzeug-Haftpflichtversicherung, der Dritten Richtlinie 90/232/EWG des Rates vom 14.5.1990 zur Angleichung der Rechtsvorschriften der Mitgliedstaaten über die Kraftfahrzeug-Haftpflichtversicherung und der Richtlinie 2000/26/EG des Europäischen Parlaments und des Rates vom 16.5.2000 zur Angleichung der Rechtsvorschriften der Mitgliedstaaten über die Kraftfahrzeug-Haftpflichtversicherung (Vierte Kraftfahrzeughaftpflicht-Richtlinie) wurden in dieser Richtung bereits erhebliche Fortschritte erzielt.

(3) Das Kfz-Haftpflichtversicherungssystem der Gemeinschaft muss aktualisiert und verbessert werden. Diese Notwendigkeit wurde im Rahmen der Anhörung der Versicherungswirtschaft, der Verbraucher und der Unfallopferorganisationen bestätigt.

(4) Um mögliche Fehlinterpretationen der Bestimmungen der Richtlinie 72/166/EWG auszuschließen und den Abschluss einer Versicherung für Fahrzeuge mit vorläufigen amtlichen Kennzeichen zu erleichtern, sollte sich die Definition des Gebiets, in dem das Fahrzeug seinen gewöhnlichen Standort hat, auf das Gebiet des Staates beziehen, dessen amtliches Kennzeichen das Fahrzeug trägt, und zwar unabhängig davon, ob es sich um ein endgültiges oder vorläufiges Kennzeichen handelt.

(5) Nach der Richtlinie 72/166/EWG gilt bei Fahrzeugen mit falschen oder rechtswidrigen Kennzeichen als Gebiet, in dem das Fahrzeug seinen gewöhnlichen Standort hat, der Mitgliedstaat, der die ursprünglichen Kennzeichen zugeteilt hatte. Diese Regel führt oft dazu, dass die nationalen Versicherungsbüros verpflichtet sind, sich mit den wirtschaftlichen Folgen von Unfällen auseinander zu setzen, die in keinem Zusammenhang mit dem Mitgliedstaat stehen, in dem sie niedergelassen sind. Ohne das allgemeine Kriterium zu ändern, wonach das amtliche Kennzeichen das Gebiet bestimmt, in dem das Fahrzeug seinen gewöhnlichen Standort hat, sollte für den Fall, dass ein Fahrzeug ohne amtliches Kennzeichen oder mit einem amtlichen Kennzeichen, das dem Fahrzeug nicht oder nicht mehr zugeordnet ist, einen Unfall verursacht, eine besondere Regelung vorgesehen werden. In diesem Fall und ausschließlich für die Zwecke der Schadenregulierung sollte als Gebiet, in dem das Fahrzeug seinen gewöhnlichen Standort hat, das Gebiet gelten, in dem sich der Unfall ereignet hat.

(6) Um die Auslegung und Anwendung des in der Richtlinie 72/166/EWG verwendeten Begriffs »Stichprobenkontrolle« zu erleichtern, sollte die einschlägige Bestimmung präzisiert werden. Das Verbot der systematischen Kontrolle der Kfz-Haftpflichtversicherung sollte für Fahrzeuge gelten, die ihren gewöhnlichen Standort im Gebiet eines anderen Mitgliedstaates haben, sowie für Fahrzeuge, die ihren gewöhnlichen Standort im Gebiet eines Drittlandes haben, jedoch aus dem Gebiet eines anderen Mitgliedstaates in ihr Gebiet einreisen. Nur nichtsystematische Kontrollen, die nicht diskriminierend sind, und im Rahmen einer nicht ausschließlich der Überprüfung des Versicherungsschutzes dienenden Kontrolle stattfinden, sollten zulässig sein.

(7) Nach Artikel 4 Buchstabe a der Richtlinie 72/166/EWG kann ein Mitgliedstaat bei Fahrzeugen, die bestimmten natürlichen oder juristischen Personen des öffentlichen oder des privaten

Rechts gehören, von der allgemeinen Versicherungspflicht abweichen. Bei Unfällen, die durch diese Fahrzeuge verursacht werden, muss der die Ausnahmeregelung anwendende Mitgliedstaat eine Stelle oder Einrichtung für die Entschädigung der Opfer von Unfällen, die in einem anderen Mitgliedstaat verursacht werden, bestimmen. Damit nicht nur Opfer von Unfällen, die durch diese Fahrzeuge im Ausland verursacht werden, sondern auch Opfer von Unfällen, die sich in dem Mitgliedstaat ereignen, in dem das Fahrzeug seinen gewöhnlichen Standort hat, angemessenen Schadenersatz erhalten, unabhängig davon, ob sie ihren Wohnsitz in seinem Hoheitsgebiet haben oder nicht, sollte der genannte Artikel geändert werden. Zudem sollten die Mitgliedstaaten dafür sorgen, dass die Liste der von der Versicherungspflicht befreiten Personen und der Stellen oder Einrichtungen, die den Opfern von durch solche Fahrzeuge verursachten Unfällen den Schaden zu ersetzen haben, der Kommission zur Veröffentlichung übermittelt wird.

(8) Nach Artikel 4 Buchstabe b der Richtlinie 72/166/EWG kann ein Mitgliedstaat bei gewissen Arten von Fahrzeugen oder Fahrzeugen mit besonderem Kennzeichen von der allgemeinen Versicherungspflicht abweichen. In diesem Fall können die anderen Mitgliedstaaten bei der Einreise in ihr Gebiet die Vorlage einer gültigen grünen Karte oder einer Grenzversicherung verlangen, um sicherzustellen, dass die Opfer von Unfällen, die möglicherweise durch diese Fahrzeuge in ihrem Gebiet verursacht werden, Schadenersatz erhalten. Da aufgrund der Abschaffung der Kontrollen an den Binnengrenzen der Gemeinschaft nicht mehr gewährleistet werden kann, dass die die Grenze überschreitenden Fahrzeuge versichert sind, ist die Entschädigung der Opfer von Unfällen, die im Ausland verursacht werden, nicht mehr sichergestellt. Ferner sollte dafür gesorgt werden, dass nicht nur Opfer von Unfällen, die durch diese Fahrzeuge im Ausland verursacht werden, sondern auch Opfer von Unfällen, die in dem Mitgliedstaat verursacht werden, in dem das Fahrzeug seinen gewöhnlichen Standort hat, angemessenen Schadenersatz erhalten. Zu diesem Zweck sollten die Mitgliedstaaten die Opfer von durch diese Fahrzeuge verursachten Unfällen ebenso behandeln wie Opfer von durch nicht versicherte Fahrzeuge verursachten Unfällen. Gemäß der Richtlinie 84/5/EWG sollte nämlich den Opfern von Unfällen, die durch nicht versicherte Fahrzeuge verursacht wurden, Schadenersatz durch die Entschädigungsstelle des Mitgliedstaates geleistet werden, in dem sich der Unfall ereignet hat. Im Fall von Zahlungen an Opfer von Unfällen, die durch Fahrzeuge verursacht wurden, für welche die Befreiung gilt, sollte die Entschädigungsstelle einen Erstattungsanspruch gegen die Stelle des Mitgliedstaates haben, in dem das Fahrzeug seinen gewöhnlichen Standort hat. Nach Ablauf eines Zeitraums von fünf Jahren ab dem Inkrafttreten der vorliegenden Richtlinie sollte die Kommission anhand der Erfahrungen bei der Umsetzung und Anwendung dieser Ausnahmeregelung gegebenenfalls Vorschläge zu deren Ersetzung oder Aufhebung unterbreiten. Ferner sollte die entsprechende Bestimmung der Richtlinie 2000/26/EG gestrichen werden.

(9) Zur Präzisierung des Geltungsbereichs der Richtlinien über die Kfz-Haftpflichtversicherung gemäß Artikel 299 des Vertrags sollte die Bezugnahme auf die außereuropäischen Gebiete der Mitgliedstaaten in Artikel 6 und in Artikel 7 Absatz 1 der Richtlinie 72/166/EWG gestrichen werden.

(10) Die Verpflichtung der Mitgliedstaaten, den Versicherungsschutz zumindest für bestimmte Mindestdeckungssummen zu gewährleisten, ist ein wichtiger Aspekt für den Schutz der Unfallopfer. Die Mindestdeckungssummen gemäß der Richtlinie 84/5/EWG sollten nicht nur zur Berücksichtigung der Inflation aktualisiert, sondern zur Verbesserung des Versicherungsschutzes der Unfallopfer auch real erhöht werden. Die Höhe der Mindestdeckungssumme bei Personenschäden sollte so bemessen sein, dass alle Unfallopfer mit schwersten Verletzungen voll und angemessen entschädigt werden, wobei die geringe Häufigkeit von Unfällen mit mehreren Geschädigten und die geringe Zahl von Unfällen, bei denen mehrere Opfer bei demselben Unfallereignis schwerste Verletzungen erleiden, zu berücksichtigen sind. Eine Mindestdeckungssumme von 1.000.000 Euro je Unfallopfer und 500.0000 Euro je Schadensfall ungeachtet der Anzahl der Geschädigten erscheint angemessen und ausreichend. Um die Einführung dieser Mindestdeckungssummen zu erleichtern, sollte eine Übergangszeit von fünf Jahren nach Ablauf der Frist

für die Umsetzung der vorliegenden Richtlinie vorgesehen werden. Die Mitgliedstaaten sollten die Deckungssummen binnen dreißig Monaten nach Ablauf der Frist für die Umsetzung auf mindestens die Hälfte der Beträge anheben.

(11) Um sicherzustellen, dass die Mindestdeckungssummen nicht mit der Zeit an Wert verlieren, sollte eine Bestimmung zur regelmäßigen Überprüfung eingeführt werden, für die der von Eurostat veröffentlichte Europäische Verbraucherpreisindex (EVPI) nach der Verordnung (EG) Nr. 2494/95 des Rates vom 23.10.1995 über harmonisierte Verbraucherpreisindizes als Richtwert gilt. Für diese Überprüfung sind Verfahrensregeln festzulegen.

(12) Die Richtlinie 84/5/EWG, nach der die Mitgliedstaaten zur Betrugsverhinderung die Zahlung von Schadenersatz durch die Entschädigungsstelle im Fall von durch ein nicht ermitteltes Fahrzeug verursachten Sachschäden beschränken oder ausschließen können, kann die legitime Entschädigung der Unfallopfer in einigen Fällen behindern. Die Möglichkeit, die Entschädigung aufgrund der Tatsache, dass ein Fahrzeug nicht ermittelt wurde, zu beschränken oder auszuschließen, sollte keine Anwendung finden, wenn die Stelle einem Opfer eines Unfalls, bei dem auch Sachschäden verursacht wurden, für beträchtliche Personenschäden Schadenersatz geleistet hat. Die Mitgliedstaaten können bei Sachschäden eine gegenüber dem Geschädigten wirksame Selbstbeteiligung bis zu der in der genannten Richtlinie festgelegten Höhe einführen. Die Bedingungen, unter denen Personenschäden als beträchtlich gelten, sollten in den nationalen Rechts- oder Verwaltungsvorschriften des Mitgliedstaates, in dem sich der Unfall ereignet, festgelegt werden. Bei der Festlegung dieser Bedingungen kann der Mitgliedstaat unter anderem berücksichtigen, ob die Verletzungen eine Krankenhausbehandlung notwendig gemacht haben.

(13) Die Richtlinie 84/5/EWG räumt gegenwärtig den Mitgliedstaaten die Möglichkeit ein, bei Sachschäden, die durch nicht versicherte Fahrzeuge verursacht wurden, bis zu einem bestimmten Betrag eine gegenüber dem Geschädigten wirksame Selbstbeteiligung zuzulassen. Diese Möglichkeit verringert ungerechtfertigterweise den Versicherungsschutz der Unfallopfer und wirkt diskriminierend gegenüber den Opfern anderer Unfälle. Sie sollte deshalb nicht beibehalten werden.

(14) Die Zweite Richtlinie 88/357/EWG des Rates vom 22.6.1988 zur Koordinierung der Rechts- und Verwaltungsvorschriften für die Direktversicherung (mit Ausnahme der Lebensversicherung) und zur Erleichterung der tatsächlichen Ausübung des freien Dienstleistungsverkehrs sollte geändert werden, damit Zweigniederlassungen von Versicherungsunternehmen Beauftragte für das Kraftfahrzeug-Haftpflichtgeschäft werden können, wie es bereits bei anderen Versicherungsdienstleistungen als der Kfz-Haftpflichtversicherung der Fall ist.

(15) Die Einbeziehung aller Fahrzeuginsassen in den Versicherungsschutz ist ein wesentlicher Fortschritt des geltenden Rechts. Dieses Ziel würde in Frage gestellt, wenn nationale Rechtsvorschriften oder Vertragsklauseln in Versicherungspolicen die Fahrzeuginsassen vom Versicherungsschutz ausschließen, weil sie wussten oder hätten wissen müssen, dass der Fahrer des Fahrzeugs zum Zeitpunkt des Unfalls unter dem Einfluss von Alkohol oder einem anderen Rauschmittel stand. Die Fahrzeuginsassen sind gewöhnlich nicht in der Lage, den Grad der Intoxikation des Fahrers einwandfrei zu beurteilen. Das Ziel, Kraftfahrer vom Fahren unter Einfluss von Rauschmitteln abzuhalten, wird nicht dadurch erreicht, dass der Versicherungsschutz für Fahrzeuginsassen, die Opfer von Kraftfahrzeugunfällen werden, verringert wird. Der Schutz dieser Fahrzeuginsassen durch die Haftpflichtversicherung des Fahrzeugs lässt ihre etwaige Haftung nach den anwendbaren einzelstaatlichen Rechtsvorschriften sowie die Höhe eines etwaigen Schadensersatzes bei einem bestimmten Unfall unberührt.

(16) Personen- und Sachschäden von Fußgängern, Radfahrern und anderen nicht motorisierten Verkehrsteilnehmern, die gewöhnlich die schwächsten Unfallbeteiligten sind, sollten durch die Haftpflichtversicherung des an dem Unfall beteiligten Fahrzeugs gedeckt werden, sofern diese Personen nach einzelstaatlichem Zivilrecht Anspruch auf Schadenersatz haben. Diese Bestim-

mung lässt die zivilrechtliche Haftung und die Höhe des Schadenersatzes bei einem bestimmten Unfall nach einzelstaatlichem Recht unberührt.

(17) Einige Versicherungsunternehmen nehmen in ihre Versicherungspolicen Klauseln auf, wonach der Vertrag gekündigt wird, wenn sich das Fahrzeug länger als eine bestimmte Zeit außerhalb des Zulassungsmitgliedstaates befindet. Dieses Vorgehen widerspricht dem in der Richtlinie 90/232/EWG niedergelegten Grundsatz, nach dem die Kfz-Haftpflichtversicherung auf der Basis einer einzigen Prämie das gesamte Gebiet der Gemeinschaft abdeckt. Es sollte deshalb festgelegt werden, dass der Versicherungsschutz während der gesamten Laufzeit des Vertrags unabhängig davon gilt, ob sich das Fahrzeug für einen bestimmten Zeitraum in einem anderen Mitgliedstaat befindet, wobei die Verpflichtungen im Zusammenhang mit der Zulassung von Kraftfahrzeugen gemäß den nationalen Rechtsvorschriften der Mitgliedstaaten nicht berührt werden.

(18) Es sollten Schritte unternommen werden, um die Erlangung von Versicherungsschutz für Fahrzeuge, die von einem Mitgliedstaat in einen anderen eingeführt werden, zu erleichtern, selbst wenn das Fahrzeug im Bestimmungsmitgliedstaat noch nicht zugelassen ist. Es sollte eine zeitlich begrenzte Ausnahme von der allgemeinen Regelung zur Bestimmung des Mitgliedstaates, in dem das Risiko belegen ist, vorgesehen werden. Während eines Zeitraums von dreißig Tagen nach dem Zeitpunkt der Lieferung, der Bereitstellung oder der Versendung des Fahrzeugs an den Käufer sollte der Bestimmungsmitgliedstaat als der Mitgliedstaat angesehen werden, in dem das Risiko belegen ist.

(19) Der Versicherungsnehmer, der mit einem anderen Versicherungsunternehmen eine neue Kfz-Haftpflichtversicherung abschließen möchte, sollte seine Schadensfreiheit oder seinen Schadensverlauf während der Dauer des alten Vertrags nachweisen können. Der Versicherungsnehmer sollte berechtigt sein, jederzeit eine Bescheinigung über die Ansprüche betreffend Fahrzeuge, die durch den Versicherungsvertrag zumindest während der fünf letzten Jahre der vertraglichen Beziehung gedeckt waren, bzw. eine Schadensfreiheitsbescheinigung zu beantragen. Das Versicherungsunternehmen oder eine Stelle, die ein Mitgliedstaat gegebenenfalls zur Erbringung der Pflichtversicherung oder zur Abgabe derartiger Bescheinigungen benannt hat, sollte dem Versicherungsnehmer diese Bescheinigung innerhalb von fünfzehn Tagen nach Antragstellung übermitteln.

(20) Um einen angemessenen Versicherungsschutz der Opfer von Kraftfahrzeugunfällen zu gewährleisten, sollten die Mitgliedstaaten nicht zulassen, dass sich Versicherungsunternehmen gegenüber Geschädigten auf Selbstbeteiligungen berufen.

(21) Das Recht, sich auf den Versicherungsvertrag berufen und seinen Anspruch gegenüber dem Versicherungsunternehmen direkt geltend machen zu können, ist für den Schutz des Opfers eines Kraftfahrzeugunfalls von großer Bedeutung. Nach der Richtlinie 2000/26/EG haben Opfer von Unfällen, die sich in einem anderen Mitgliedstaat als dem Wohnsitzmitgliedstaat des Geschädigten ereignet haben und die durch die Nutzung von Fahrzeugen verursacht wurden, die in einem Mitgliedstaat versichert sind und dort ihren gewöhnlichen Standort haben, bereits einen Direktanspruch gegenüber dem Versicherungsunternehmen, das die Haftpflicht des Unfallverursachers deckt. Zur Erleichterung einer effizienten und raschen Regulierung von Schadensfällen und zur weitest möglichen Vermeidung kostenaufwändiger Rechtsverfahren sollte dieser Anspruch auf die Opfer aller Kraftfahrzeugunfälle ausgedehnt werden.

(22) Um den Schutz der Opfer von Kraftfahrzeugunfällen zu erhöhen, sollte das in der Richtlinie 2000/26/EG vorgesehene Verfahren des mit Gründen versehenen Schadenersatzangebots auf Kraftfahrzeugunfälle aller Art ausgedehnt werden. Dasselbe Verfahren sollte entsprechend auch bei Unfällen angewendet werden, bei denen die Schadenregulierung über das System der nationalen Versicherungsbüros gemäß der Richtlinie 72/166/EWG erfolgt.

(23) Um den Geschädigten die Geltendmachung ihrer Schadenersatzansprüche zu erleichtern, sollten die gemäß der Richtlinie 2000/26/EG geschaffenen Auskunftsstellen nicht nur Informa-

tionen über die unter die genannte Richtlinie fallenden Unfälle bereitstellen, sondern die gleiche Art von Informationen bei allen Kraftfahrzeugunfällen erteilen können.

(24) Nach Artikel 11 Absatz 2 in Verbindung mit Artikel 9 Absatz 1 Buchstabe b der Verordnung (EG) Nr. 44/2001 des Rates vom 22.12.2000 über die gerichtliche Zuständigkeit und die Anerkennung und Vollstreckung von Entscheidungen in Zivil- und Handelssachen kann der Geschädigte in dem Mitgliedstaat, in dem er seinen Wohnsitz hat, den Haftpflichtversicherer verklagen.

(25) Da die Richtlinie 2000/26/EG vor der Annahme der Verordnung (EG) Nr. 44/2001 die für einige Mitgliedstaaten das Brüsseler Übereinkommen vom 27.9.1968 zum gleichen Thema ersetzt, erlassen wurde, sollte die in der genannten Richtlinie enthaltene Bezugnahme auf dieses Übereinkommen entsprechend angepasst werden.

(26) Die Richtlinien 72/166/EWG, 84/5/EWG, 88/357/EWG und 90/232/EWG des Rates sowie die Richtlinie 2000/26/EG des Europäischen Parlaments und des Rates sollten daher entsprechend geändert werden –

HABEN FOLGENDE RICHTLINIE ERLASSEN:

Artikel 1

Änderungen der Richtlinie 72/166/EWG

Die Richtlinie 72/166/EWG wird wie folgt geändert:

1. Artikel 1 Nummer 4 wird wie folgt geändert:

a) Der erste Gedankenstrich erhält folgende Fassung:

»– das Gebiet des Staates, dessen amtliches Kennzeichen das Fahrzeug trägt, unabhängig davon, ob es sich um ein endgültiges oder vorläufiges Kennzeichen handelt, oder«

b) Folgender Gedankenstrich wird angefügt:

»– bei Fahrzeugen, die kein amtliches Kennzeichen oder ein amtliches Kennzeichen tragen, das dem Fahrzeug nicht oder nicht mehr zugeordnet ist, und die in einen Unfall verwickelt wurden, das Gebiet des Staates, in dem sich der Unfall ereignet hat, für die Zwecke der Schadenregulierung gemäß Artikel 2 Absatz 2 erster Gedankenstrich der vorliegenden Richtlinie oder gemäß Artikel 1 Absatz 4 der Zweiten Richtlinie 84/5/EWG des Rates vom 30.12.1983 betreffend die Angleichung der Rechtsvorschriften der Mitgliedstaaten bezüglich der Kraftfahrzeug-Haftpflichtversicherung.

2. Artikel 2 Absatz 1 erhält folgende Fassung:

»(1) Die Mitgliedstaaten verzichten auf eine Kontrolle der Haftpflichtversicherung bei Fahrzeugen, die ihren gewöhnlichen Standort im Gebiet eines anderen Mitgliedstaats haben, und bei Fahrzeugen, die aus dem Gebiet eines anderen Mitgliedstaats in ihr Gebiet einreisen und ihren gewöhnlichen Standort im Gebiet eines Drittlandes haben. Die Mitgliedstaaten können jedoch nichtsystematische Kontrollen der Versicherung unter der Voraussetzung vornehmen, dass diese nicht diskriminierend sind und im Rahmen einer nicht ausschließlich der Überprüfung des Versicherungsschutzes dienenden Kontrolle stattfinden.«

3. Artikel 4 wird wie folgt geändert:

a) In Buchstabe a Unterabsatz 2

i) erhält Satz 1 folgende Fassung:

»In diesem Fall trifft der von Artikel 3 abweichende Mitgliedstaat die zweckdienlichen Maßnahmen, um sicherzustellen, dass die Schäden, die diesen Personen gehörende Fahrzeuge in diesem und in anderen Mitgliedstaaten verursachen, ersetzt werden.«

ii) erhält der letzte Satz folgende Fassung:

»Er übermittelt der Kommission die Liste der von der Versicherungspflicht befreiten Personen und der Stellen oder Einrichtungen, die den Schaden zu ersetzen haben. Die Kommission veröffentlicht diese Liste.«

b) Buchstabe b Unterabsatz 2 erhält folgende Fassung:

»In diesem Fall gewährleisten die Mitgliedstaaten, dass die in Unterabsatz 1 dieses Buchstabens genannten Fahrzeuge ebenso behandelt werden wie Fahrzeuge, bei denen der Versicherungspflicht nach Artikel 3 Absatz 1 nicht entsprochen worden ist. Die Entschädigungsstelle des Mitgliedstaats, in dem sich der Unfall ereignet hat, hat dann einen Erstattungsanspruch gegen den Garantiefonds nach Artikel 1 Absatz 4 der Richtlinie 84/5/EWG in dem Mitgliedstaat, in dem das Fahrzeug seinen gewöhnlichen Standort hat.

Nach Ablauf eines Zeitraums von fünf Jahren ab dem Inkrafttreten der Richtlinie 2005/14/EG des Europäischen Parlaments und des Rates vom 11.5.2005 zur Änderung der Richtlinien 72/166/EWG, 84/5/EWG, 88/357/EWG und 90/232/EWG des Rates sowie der Richtlinie 2000/26/EG des Europäischen Parlaments und des Rates über die Kraftfahrzeug-Haftpflichtversicherung berichten die Mitgliedstaaten der Kommission über die Umsetzung dieses Buchstabens und seine Anwendung in der Praxis. Die Kommission unterbreitet nach Prüfung dieser Berichte gegebenenfalls Vorschläge zur Ersetzung oder Aufhebung dieser Ausnahmeregelung.

4. In Artikel 6 und Artikel 7 Absatz 1 werden die Worte »oder in einem außereuropäischen Gebiet eines Mitgliedstaats« gestrichen.

Artikel 2

Änderungen der Richtlinie 84/5/EWG

Artikel 1 der Richtlinie 84/5/EWG erhält folgende Fassung:

»Artikel 1

(1) Die in Artikel 3 Absatz 1 der Richtlinie 72/166/EWG bezeichnete Versicherung hat sowohl Sachschäden als auch Personenschäden zu umfassen.

(2) Unbeschadet höherer Deckungssummen, die von den Mitgliedstaaten gegebenenfalls vorgeschrieben werden, schreibt jeder Mitgliedstaat die Pflichtversicherung mindestens für folgende Beträge vor:

a) für Personenschäden einen Mindestdeckungsbetrag von 1.000.000 Euro je Unfallopfer und von 5.000.000 Euro je Schadensfall, ungeachtet der Anzahl der Geschädigten;

b) für Sachschäden ungeachtet der Anzahl der Geschädigten 1.000.000 Euro je Schadensfall.

Falls erforderlich, können die Mitgliedstaaten eine Übergangszeit von bis zu fünf Jahren nach Ablauf der Frist für die Umsetzung der Richtlinie 2005/14/EG des Europäischen Parlaments und des Rates vom 11.5.2005 zur Änderung der Richtlinien 72/166/EWG, 84/5/EWG, 88/357/EWG und 90/232/EWG des Rates sowie der Richtlinie 2000/26/EG des Europäischen Parlaments und des Rates über die Kraftfahrzeug-Haftpflichtversicherung festlegen, um ihre Mindestdeckungssummen an das in diesem Absatz geforderte Niveau anzupassen. Die Mitgliedstaaten, die eine solche Übergangszeit festlegen, unterrichten die Kommission davon und geben die Dauer der Übergangszeit an. Binnen 30 Monaten nach Ablauf der Frist für die Umsetzung der Richtlinie 2005/14/EG heben die Mitgliedstaaten die Deckungssummen auf mindestens die Hälfte der in diesem Absatz vorgesehenen Beträge an.

(3) Alle fünf Jahre nach Inkrafttreten der Richtlinie 2005/14/EG oder nach Ablauf einer etwaigen Übergangszeit nach Maßgabe von Absatz 2 werden die in jenem Absatz genannten Beträge anhand des in der Verordnung (EG) Nr. 2494/95 des Rates vom 23.10.1995 über harmonisierte

Verbraucherpreisindizes genannten Europäischen Verbraucherpreisindexes (EVPI) überprüft. Die Beträge werden automatisch angepasst. Sie werden um die im EVPI für den betreffenden Zeitraum – d. h. für die fünf Jahre unmittelbar vor der Überprüfung – angegebene prozentuale Änderung erhöht und auf ein Vielfaches von 10.000 Euro aufgerundet. Die Kommission unterrichtet das Europäische Parlament und den Rat über die angepassten Beträge und sorgt für deren Veröffentlichung im Amtsblatt der Europäischen Union.

(4) Jeder Mitgliedstaat schafft eine Stelle oder erkennt eine Stelle an, die für Sach- oder Personenschäden, welche durch ein nicht ermitteltes oder nicht im Sinne von Absatz 1 versichertes Fahrzeug verursacht worden sind, zumindest in den Grenzen der Versicherungspflicht Ersatz zu leisten hat.

Unterabsatz 1 lässt das Recht der Mitgliedstaaten unberührt, der Einschaltung dieser Stelle subsidiären Charakter zu verleihen oder Bestimmungen zu erlassen, durch die der Rückgriff der Stelle auf den oder die für den Unfall Verantwortlichen sowie auf andere Versicherer oder Einrichtungen der sozialen Sicherheit, die gegenüber dem Geschädigten zur Regulierung desselben Schadens verpflichtet sind, geregelt wird. Die Mitgliedstaaten dürfen es der Stelle jedoch nicht gestatten, die Zahlung von Schadenersatz davon abhängig zu machen, dass der Geschädigte in irgendeiner Form nachweist, dass der Haftpflichtige zur Schadenersatzleistung nicht in der Lage ist oder die Zahlung verweigert.

(5) Der Geschädigte kann sich in jedem Fall unmittelbar an die Stelle wenden, welche ihm – auf der Grundlage der auf ihr Verlangen hin vom Geschädigten mitgeteilten Informationen – eine mit Gründen versehene Auskunft über jegliche Schadenersatzleistung erteilen muss.

Die Mitgliedstaaten können jedoch von der Einschaltung der Stelle Personen ausschließen, die das Fahrzeug, das den Schaden verursacht hat, freiwillig bestiegen haben, sofern durch die Stelle nachgewiesen werden kann, dass sie wussten, dass das Fahrzeug nicht versichert war.

(6) Die Mitgliedstaaten können die Einschaltung der Stelle bei Sachschäden, die durch ein nicht ermitteltes Fahrzeug verursacht wurden, beschränken oder ausschließen. Hat die Stelle einem Opfer eines Unfalls, bei dem durch ein nicht ermitteltes Fahrzeug auch Sachschäden verursacht wurden, für beträchtliche Personenschäden Schadenersatz geleistet, so können die Mitgliedstaaten Schadenersatz für Sachschäden jedoch nicht aus dem Grund ausschließen, dass das Fahrzeug nicht ermittelt war. Dessen ungeachtet können die Mitgliedstaaten bei Sachschäden eine gegenüber dem Geschädigten wirksame Selbstbeteiligung von nicht mehr als 500 Euro vorsehen.

Die Bedingungen, unter denen Personenschäden als beträchtlich gelten, werden gemäß den Rechts- oder Verwaltungsvorschriften des Mitgliedstaates, in dem sich der Unfall ereignet, festgelegt. In diesem Zusammenhang können die Mitgliedstaaten unter anderem berücksichtigen, ob die Verletzungen eine Krankenhausbehandlung notwendig gemacht haben.

(7) Jeder Mitgliedstaat wendet bei der Einschaltung der Stelle unbeschadet jeder anderen für die Geschädigten günstigeren Praxis seine Rechts- und Verwaltungsvorschriften an.

Artikel 3

Änderung der Richtlinie 88/357/EWG

Artikel 12a Absatz 4 Unterabsatz 4 Satz 2 der Richtlinie 88/357/EWG wird gestrichen.

Artikel 4

Änderungen der Richtlinie 90/232/EWG

Die Richtlinie 90/232/EWG wird wie folgt geändert:

1. In Artikel 1 wird zwischen Absatz 1 und Absatz 2 folgender Absatz eingefügt:

»Die Mitgliedstaaten treffen die erforderlichen Maßnahmen, damit jede gesetzliche Bestimmung oder Vertragsklausel in einer Versicherungspolice, mit der ein Fahrzeuginsasse vom Versicherungsschutz ausgeschlossen wird, weil er wusste oder hätte wissen müssen, dass der Fahrer des Fahrzeugs zum Zeitpunkt des Unfalls unter dem Einfluss von Alkohol oder einem anderen Rauschmittel stand, bezüglich der Ansprüche eines solchen Fahrzeuginsassen als wirkungslos gilt.«

2. Folgender Artikel wird eingefügt:

»Artikel 1a

Die in Artikel 3 Absatz 1 der Richtlinie 72/166/EWG genannte Versicherung deckt Personen- und Sachschäden von Fußgängern, Radfahrern und anderen nicht motorisierten Verkehrsteilnehmern, die nach einzelstaatlichem Zivilrecht einen Anspruch auf Schadenersatz aus einem Unfall haben, an dem ein Kraftfahrzeug beteiligt ist. Der vorliegende Artikel lässt die zivilrechtliche Haftung und die Höhe des Schadenersatzes unberührt.«

3. In Artikel 2 erhält der erste Gedankenstrich folgende Fassung:

»– auf der Basis einer einzigen Prämie und während der gesamten Laufzeit des Vertrags das gesamte Gebiet der Gemeinschaft abdecken, einschließlich aller Aufenthalte des Fahrzeugs in anderen Mitgliedstaaten während der Laufzeit des Vertrags, und«.

4. Die nachfolgenden Artikel werden eingefügt:

»Artikel 4a

(1) Abweichend von Artikel 2 Buchstabe d zweiter Gedankenstrich der Richtlinie 88/357/EWG ist bei einem Fahrzeug, das von einem Mitgliedstaat in einen anderen versandt wird, während eines Zeitraums von dreißig Tagen unmittelbar nach der Annahme der Lieferung durch den Käufer der Bestimmungsmitgliedstaat als der Mitgliedstaat anzusehen, in dem das Risiko belegen ist, selbst wenn das Fahrzeug im Bestimmungsmitgliedstaat nicht offiziell zugelassen wurde.

(2) Wird das Fahrzeug innerhalb des in Absatz 1 des vorliegenden Artikels genannten Zeitraums in einen Unfall verwickelt, während es nicht versichert ist, so ist die in Artikel 1 Absatz 4 der Richtlinie 84/5/EWG genannte Stelle des Bestimmungsmitgliedstaats nach Maßgabe des Artikels 1 der genannten Richtlinie schadenersatzpflichtig.

Artikel 4b

Die Mitgliedstaaten stellen sicher, dass der Versicherungsnehmer berechtigt ist, jederzeit eine Bescheinigung über die Haftungsansprüche Dritter betreffend Fahrzeuge, die durch den Versicherungsvertrag zumindest während der fünf letzten Jahre der vertraglichen Beziehung gedeckt waren, bzw. eine Schadensfreiheitsbescheinigung zu beantragen. Das Versicherungsunternehmen oder eine Stelle, die ein Mitgliedstaat gegebenenfalls zur Erbringung der Pflichtversicherung oder zur Abgabe derartiger Bescheinigungen benannt hat, übermittelt dem Versicherungsnehmer diese Bescheinigung innerhalb von fünfzehn Tagen nach Antragstellung.

Artikel 4c

Versicherungsunternehmen können sich gegenüber Unfallgeschädigten nicht auf Selbstbeteiligungen berufen, soweit die in Artikel 3 Absatz 1 der Richtlinie 72/166/EWG genannte Versicherung betroffen ist.

Artikel 4d

Die Mitgliedstaaten stellen sicher, dass Geschädigte eines Unfalls, der durch ein durch die Versicherung nach Artikel 3 Absatz 1 der Richtlinie 72/166/EWG gedecktes Fahrzeug verursacht wurde, einen Direktanspruch gegen das Versicherungsunternehmen haben, das die Haftpflicht des Unfallverursachers deckt.

Artikel 4e

Die Mitgliedstaaten führen für die Regulierung von Ansprüchen aus allen Unfällen, die durch ein durch die Versicherung nach Artikel 3 Absatz 1 der Richtlinie 72/166/EWG gedecktes Fahrzeug verursacht wurde, das in Artikel 4 Absatz 6 der Richtlinie 2000/26/EG vorgesehene Verfahren ein.

Für Unfälle, bei denen die Schadenregulierung über das System der nationalen Versicherungsbüros gemäß Artikel 2 Absatz 2 der Richtlinie 72/166/EWG erfolgen kann, führen die Mitgliedstaaten dasselbe Verfahren wie in Artikel 4 Absatz 6 der Richtlinie 2000/26/EG ein. Für die Zwecke der Anwendung dieses Verfahrens ist jede Bezugnahme auf Versicherungsunternehmen als Bezugnahme auf nationale Versicherungsbüros im Sinne von Artikel 1 Nummer 3 der Richtlinie 72/166/EWG zu verstehen.

5. Artikel 5 Absatz 1 erhält folgende Fassung:

»(1) Die Mitgliedstaaten stellen sicher, dass die gemäß Artikel 5 der Richtlinie 2000/26/EG geschaffenen oder anerkannten Auskunftsstellen unbeschadet ihrer Verpflichtungen aus der genannten Richtlinie die in dem genannten Artikel bezeichneten Informationen allen Personen zur Verfügung stellen, die an einem Verkehrsunfall beteiligt sind, der durch ein durch die Versicherung nach Artikel 3 Absatz 1 der Richtlinie 72/166/EWG gedecktes Fahrzeug verursacht wurde.«

Artikel 5

Änderungen der Richtlinie 2000/26/EG

Die Richtlinie 2000/26/EG wird wie folgt geändert:

1. Folgende Erwägung 16a wird eingefügt:

»(16a) Nach Artikel 11 Absatz 2 in Verbindung mit Artikel 9 Absatz 1 Buchstabe b der Verordnung (EG) Nr. 44/2001 des Rates vom 22.12.2000 über die gerichtliche Zuständigkeit und die Anerkennung und Vollstreckung von Entscheidungen in Zivil- und Handelssachen kann der Geschädigte den Haftpflichtversicherer in dem Mitgliedstaat, in dem er seinen Wohnsitz hat, verklagen.

2. Artikel 4 Absatz 8 erhält folgende Fassung:

»(8) Die Benennung eines Schadenregulierungsbeauftragten stellt für sich allein keine Errichtung einer Zweigniederlassung im Sinne von Artikel 1 Buchstabe b der Richtlinie 92/49/EWG dar, und der Schadenregulierungsbeauftragte gilt nicht als Niederlassung im Sinne von Artikel 2 Buchstabe c der Richtlinie 88/357/EWG oder
– im Fall Dänemarks als Niederlassung im Sinne des Brüsseler Übereinkommens vom 27.9.1968 über die gerichtliche Zuständigkeit und die Vollstreckung gerichtlicher Entscheidungen in Zivil- und Handelssachen;
– im Fall der übrigen Mitgliedstaaten als Niederlassung im Sinne der Verordnung (EG) Nr. 44/2001.

3. Artikel 5 Absatz 1 Buchstabe a Nummer 2 Ziffer ii wird gestrichen.

4. Nach Artikel 6 wird folgender Artikel eingefügt:

»Artikel 6a

Zentralstelle

Die Mitgliedstaaten ergreifen alle erforderlichen Maßnahmen, um die rechtzeitige Bereitstellung der für die Schadensregulierung notwendigen grundlegenden Daten an die Opfer, ihre Versicherer oder ihre gesetzlichen Vertreter zu erleichtern.

Diese grundlegenden Daten werden gegebenenfalls jedem Mitgliedstaat in elektronischer Form in einem Zentralregister bereitgestellt und sind für die an dem Schadensfall Beteiligten auf ihren ausdrücklichen Antrag hin zugänglich.«

Artikel 6
Umsetzung

(1) Die Mitgliedstaaten setzen die Rechts- und Verwaltungsvorschriften in Kraft, die erforderlich sind, um dieser Richtlinie spätestens bis zum 11.6.2007 nachzukommen. Sie setzen die Kommission unverzüglich davon in Kenntnis.

Wenn die Mitgliedstaaten diese Vorschriften erlassen, nehmen sie in den Vorschriften selbst oder durch einen Hinweis bei der amtlichen Veröffentlichung auf diese Richtlinie Bezug.

Die Mitgliedstaaten regeln die Einzelheiten der Bezugnahme.

(2) Die Mitgliedstaaten können im Einklang mit dem Vertrag Bestimmungen beibehalten oder einführen, die für den Geschädigten günstiger sind als die Bestimmungen, die erforderlich sind, um dieser Richtlinie nachzukommen.

(3) Die Mitgliedstaaten teilen der Kommission den Wortlaut der wichtigsten innerstaatlichen Rechtsvorschriften mit, die sie auf dem unter diese Richtlinie fallenden Gebiet erlassen.

Artikel 7
Inkrafttreten

Diese Richtlinie tritt am Tag ihrer Veröffentlichung im Amtsblatt der Europäischen Union in Kraft.

Artikel 8
Adressaten

Diese Richtlinie ist an die Mitgliedstaaten gerichtet.

Geschehen zu Straßburg am 11.5.2005

VI. 6. Richtlinie 2009/103/EG (Kodifizierung der 1. bis 5. KH-Richtlinie)

Richtlinie 2009/103/EG des europäischen Parlaments und des Rates vom 16. September 2009 über die Kraftfahrzeug-Haftpflichtversicherung und die Kontrolle der entsprechenden Versicherungspflicht (kodifizierte Fassung)

Das Europäische Parlament und der Rat der Europäischen Union –

gestützt auf den Vertrag zur Gründung der Europäischen Gemeinschaft, insbesondere auf Artikel 95 Absatz 1,

auf Vorschlag der Kommission,

nach Stellungnahme des Europäischen Wirtschafts- und Sozialausschusses,

gemäß dem Verfahren des Artikels 251 des Vertrags,

in Erwägung nachstehender Gründe:

(1) Die Richtlinie 72/166/EWG des Rates vom 24. April 1972 betreffend die Angleichung der Rechtsvorschriften der Mitgliedstaaten bezüglich der Kraftfahrzeug-Haftpflichtversicherung und der Kontrolle der entsprechenden Versicherungspflicht, die Zweite Richtlinie 84/5/EWG des Rates vom 30. Dezember 1983 betreffend die Angleichung der Rechtsvorschriften der Mitgliedstaaten bezüglich der Kraftfahrzeug-Haftpflichtversicherung, die Dritte Richtlinie 90/232/EWG des Rates vom 14. Mai 1990 zur Angleichung der Rechtsvorschriften der Mitgliedstaaten über die Kraftfahrzeug- Haftpflichtversicherung und die Richtlinie 2000/26/EG des Eu-

ropäischen Parlaments und des Rates vom 16. Mai 2000 zur Angleichung der Rechtsvorschriften der Mitgliedstaaten über die Kraftfahrzeug-Haftpflichtversicherung (Vierte Kraftfahrzeughaftpflicht-Richtlinie) wurden mehrfach und erheblich geändert. Aus Gründen der Klarheit und der Übersichtlichkeit empfiehlt es sich, die vier genannten Richtlinien wie auch die Richtlinie 2005/14/EG des Europäischen Parlaments und des Rates vom 11. Mai 2005 zur Änderung der Richtlinien 72/166/EWG, 84/5/EWG, 88/357/EWG und 90/232/EWG des Rates sowie der Richtlinie 2000/26/EG des Europäischen Parlaments und des Rates über die Kraftfahrzeug-Haftpflichtversicherung zu kodifizieren.

(2) Die Kraftfahrzeug-Haftpflichtversicherung (Kfz-Haftpflichtversicherung) ist für die europäischen Bürger – sowohl für die Versicherungsnehmer als auch für die Opfer von Verkehrsunfällen – von besonderer Bedeutung. Sie ist auch für die Versicherungsunternehmen von erheblichem Interesse, weil ein wesentlicher Teil des Schadenversicherungsgeschäfts in der Gemeinschaft auf die Kfz-Haftpflichtversicherung entfällt. Die Kfz-Haftpflichtversicherung wirkt sich auch auf den freien Personen- und Kraftfahrzeugverkehr aus. Die Stärkung und Konsolidierung des Binnenmarktes für Kfz-Haftpflichtversicherungen sollte daher ein Hauptziel der gemeinschaftlichen Maßnahmen im Finanzdienstleistungsbereich sein.

(3) Jeder Mitgliedstaat sollte alle zweckdienlichen Maßnahmen treffen, um sicherzustellen, dass die Haftpflicht bei Fahrzeugen mit gewöhnlichem Standort im Inland durch eine Versicherung gedeckt ist. Die Schadensdeckung sowie die Modalitäten dieser Versicherung werden im Rahmen dieser Maßnahmen bestimmt.

(4) Um mögliche Fehlinterpretationen der vorliegenden Richtlinie auszuschließen und den Abschluss einer Versicherung für Fahrzeuge mit vorläufigen amtlichen Kennzeichen zu erleichtern, sollte sich die Definition des Gebiets, in dem das Fahrzeug seinen gewöhnlichen Standort hat, auf das Gebiet des Staates beziehen, dessen amtliches Kennzeichen das Fahrzeug trägt, und zwar unabhängig davon, ob es sich um ein endgültiges oder vorläufiges Kennzeichen handelt.

(5) Unter vollständiger Beachtung des allgemeinen Kriteriums, wonach das amtliche Kennzeichen das Gebiet bestimmt, in dem das Fahrzeug seinen gewöhnlichen Standort hat, sollte für den Fall, dass ein Fahrzeug ohne amtliches Kennzeichen oder mit einem amtlichen Kennzeichen, das dem Fahrzeug nicht oder nicht mehr zugeordnet ist, einen Unfall verursacht, eine besondere Regelung vorgesehen werden. In diesem Fall und ausschließlich für die Zwecke der Schadenregulierung sollte als Gebiet, in dem das Fahrzeug seinen gewöhnlichen Standort hat, das Gebiet gelten, in dem sich der Unfall ereignet hat.

(6) Ein Verbot der systematischen Kontrolle der Kfz-Haftpflichtversicherung sollte für Fahrzeuge gelten, die ihren gewöhnlichen Standort im Gebiet eines anderen Mitgliedstaats haben, sowie für Fahrzeuge, die ihren gewöhnlichen Standort im Gebiet eines Drittlandes haben, jedoch aus dem Gebiet eines anderen Mitgliedstaats in ihr Gebiet einreisen. Nur nichtsystematische Kontrollen, die nicht diskriminierend sind und im Rahmen einer nicht ausschließlich der Überprüfung des Versicherungsschutzes dienenden Kontrolle stattfinden, sollten zulässig sein.

(7) Die Kontrolle der Grünen Karte kann bei Fahrzeugen, die ihren gewöhnlichen Standort in einem Mitgliedstaat haben und die in das Gebiet eines anderen Mitgliedstaats einreisen, auf der Grundlage eines Übereinkommens zwischen den nationalen Versicherungsbüros aufgehoben werden, kraft deren jedes nationale Büro nach den innerstaatlichen Rechtsvorschriften die Deckung der zu Ersatzansprüchen führenden Schäden garantiert, die in seinem Gebiet von einem solchen versicherten oder nicht versicherten Fahrzeug verursacht worden sind.

(8) Dieses Übereinkommen über eine Garantie geht davon aus, dass jedes im Gebiet der Gemeinschaft verkehrende gemeinschaftsangehörige Kraftfahrzeug durch eine Versicherung gedeckt ist. Es ist daher geboten, in den nationalen Rechtsvorschriften aller Mitgliedstaaten die Pflicht zur Haftpflichtversicherung dieser Fahrzeuge mit einer im gesamten Gebiet der Gemeinschaft gültigen Deckung vorzusehen.

(9) Das in der vorliegenden Richtlinie vorgesehene System könnte auch auf Fahrzeuge angewandt werden, die ihren gewöhnlichen Standort im Gebiet eines Drittlandes haben, für das die nationalen Versicherungsbüros der Mitgliedstaaten ein ähnliches Übereinkommen geschlossen haben.

(10) Jeder Mitgliedstaat sollte bei Fahrzeugen, die bestimmten natürlichen oder juristischen Personen des öffentlichen oder des privaten Rechts gehören, von der allgemeinen Versicherungspflicht abweichen können. Bei Unfällen, die durch diese Fahrzeuge verursacht werden, sollte der die Ausnahmeregelung anwendende Mitgliedstaat eine Stelle oder Einrichtung für die Entschädigung der Opfer von Unfällen, die in einem anderen Mitgliedstaat verursacht werden, bestimmen. Nicht nur Opfer von Unfällen, die durch diese Fahrzeuge im Ausland verursacht werden, sondern auch Opfer von Unfällen, die sich in dem Mitgliedstaat ereignen, in dem das Fahrzeug seinen gewöhnlichen Standort hat, sollten angemessenen Schadenersatz erhalten, unabhängig davon, ob sie ihren Wohnsitz in seinem Hoheitsgebiet haben oder nicht. Zudem sollten die Mitgliedstaaten dafür sorgen, dass die Liste der von der Versicherungspflicht befreiten Personen und der Stellen oder Einrichtungen, die den Opfern von durch solche Fahrzeuge verursachten Unfällen den Schaden zu ersetzen haben, der Kommission zur Veröffentlichung übermittelt wird.

(11) Jeder Mitgliedstaat sollte bei gewissen Arten von Fahrzeugen oder Fahrzeugen mit besonderem Kennzeichen von der allgemeinen Versicherungspflicht abweichen können. In diesem Fall können die anderen Mitgliedstaaten bei der Einreise in ihr Gebiet die Vorlage einer gültigen Grünen Karte oder einer Grenzversicherung verlangen, um sicherzustellen, dass die Opfer von Unfällen, die möglicherweise durch diese Fahrzeuge in ihrem Gebiet verursacht werden, Schadenersatz erhalten. Da aufgrund der Abschaffung der Kontrollen an den Binnengrenzen der Gemeinschaft nicht mehr überprüft werden kann, dass die die Grenze überschreitenden Fahrzeuge versichert sind, kann die Entschädigung der Opfer von Unfällen, die im Ausland verursacht werden, nicht gewährleistet werden. Es sollte ferner dafür gesorgt werden, dass nicht nur Opfer von Unfällen, die durch diese Fahrzeuge im Ausland verursacht werden, sondern auch Opfer von Unfällen, die in dem Mitgliedstaat verursacht werden, in dem das Fahrzeug seinen gewöhnlichen Standort hat, angemessenen Schadenersatz erhalten. Zu diesem Zweck sollten die Mitgliedstaaten die Opfer von durch diese Fahrzeuge verursachten Unfällen ebenso behandeln wie Opfer von durch nicht versicherte Fahrzeuge verursachten Unfällen. Den Opfern von Unfällen, die durch nicht versicherte Fahrzeuge verursacht wurden, sollte Schadenersatz durch die Entschädigungsstelle des Mitgliedstaats geleistet werden, in dem sich der Unfall ereignet hat. Im Fall von Zahlungen an Opfer von Unfällen, die durch Fahrzeuge verursacht wurden, für welche die Befreiung gilt, sollte die Entschädigungsstelle einen Erstattungsanspruch gegen die Stelle des Mitgliedstaats haben, in dem das Fahrzeug seinen gewöhnlichen Standort hat. Nach Ablauf eines bestimmten Zeitraums der Umsetzung und Anwendung dieser Möglichkeit einer Ausnahmeregelung sollte die Kommission anhand der gesammelten Erfahrungen gegebenenfalls Vorschläge zu deren Ersetzung oder Aufhebung unterbreiten.

(12) Die Verpflichtung der Mitgliedstaaten, den Versicherungsschutz zumindest für bestimmte Mindestdeckungssummen zu gewährleisten, ist ein wichtiger Aspekt für den Schutz der Unfallopfer. Die Höhe der Mindestdeckungssumme bei Personenschäden sollte so bemessen sein, dass alle Unfallopfer mit schwersten Verletzungen voll und angemessen entschädigt werden, wobei die geringe Häufigkeit von Unfällen mit mehreren Geschädigten und die geringe Zahl von Unfällen, bei denen mehrere Opfer bei demselben Unfallereignis schwerste Verletzungen erleiden, zu berücksichtigen sind. Je Unfallopfer und je Schadensfall sollten Mindestdeckungssummen vorgesehen werden. Um die Einführung dieser Mindestdeckungssummen zu erleichtern, sollte eine Übergangszeit vorgesehen werden. Jedoch sollte eine kürzere Frist als dieser Übergangszeitraum vorgesehen werden, innerhalb der die Mitgliedstaaten die Mindestdeckungssummen auf mindestens die Hälfte der vorgesehenen Beträge anzuheben haben.

(13) Um sicherzustellen, dass die Mindestdeckungssummen nicht mit der Zeit an Wert verlieren, sollte eine Bestimmung zur regelmäßigen Überprüfung vorgesehen werden, für die der von Euros-

tat veröffentlichte Europäische Verbraucherpreisindex (EVPI) nach der Verordnung (EG) Nr. 2494/95 des Rates vom 23. Oktober 1995 über harmonisierte Verbraucherpreisindizes als Richtwert gilt. Für diese Überprüfung sollten außerdem Verfahrensregeln festgelegt werden.

(14) Es ist notwendig, eine Stelle einzurichten, die dem Geschädigten auch dann eine Entschädigung sicherstellt, wenn das verursachende Fahrzeug nicht versichert war oder nicht ermittelt wurde. Die betreffenden Unfallopfer müssen sich unmittelbar an diese Stelle als erste Kontaktstelle wenden können. Den Mitgliedstaaten sollte jedoch die Möglichkeit gegeben werden, in bestimmten begrenzten Fällen die Einschaltung der betreffenden Stelle auszuschließen und bei von einem nicht ermittelten Fahrzeug verursachten Sachschäden wegen der Betrugsgefahr vorzusehen, dass die Entschädigung bei derartigen Schäden begrenzt oder ausgeschlossen werden kann.

(15) Es liegt im Interesse der Unfallopfer, dass die Wirkungen bestimmter Ausschlussklauseln auf die Beziehungen zwischen dem Versicherer und dem für den Unfall Verantwortlichen beschränkt bleiben. Bei gestohlenen oder unter Anwendung von Gewalt erlangten Fahrzeugen können die Mitgliedstaaten jedoch vorsehen, dass zur Entschädigung des Opfers die genannte Stelle eintritt.

(16) Die Mitgliedstaaten können, um die finanzielle Belastung dieser Stelle zu verringern, die Anwendung einer gewissen Selbstbeteiligung in den Fällen vorsehen, in denen die Stelle bei der Entschädigung für Sachschäden eingeschaltet wird, die durch nicht versicherte oder gegebenenfalls gestohlene oder unter Anwendung von Gewalt erlangte Fahrzeuge verursacht worden sind.

(17) Die Möglichkeit, die rechtmäßige Entschädigung der Unfallopfer aufgrund der Tatsache, dass ein Fahrzeug nicht ermittelt wurde, zu beschränken oder auszuschließen, sollte keine Anwendung finden, wenn die Stelle einem Opfer eines Unfalls, bei dem auch Sachschäden verursacht wurden, für beträchtliche Personenschäden Schadenersatz geleistet hat. Die Mitgliedstaaten können bei Sachschäden eine gegenüber dem Geschädigten wirksame Selbstbeteiligung bis zu der in der vorliegenden Richtlinie festgelegten Höhe einführen. Die Bedingungen, unter denen Personenschäden als beträchtlich gelten, sollten in den nationalen Rechts- oder Verwaltungsvorschriften des Mitgliedstaats, in dem sich der Unfall ereignet, festgelegt werden. Bei der Festlegung dieser Bedingungen kann der Mitgliedstaat unter anderem berücksichtigen, ob die Verletzungen eine Krankenhausbehandlung notwendig gemacht haben.

(18) Bei einem durch ein nicht versichertes Fahrzeug verursachten Unfall ist es für die Stelle, welche die Opfer von durch nicht versicherte oder nicht ermittelte Fahrzeuge verursachten Unfallschäden entschädigt, leichter als für den Geschädigten, gegen den Haftpflichtigen Rückgriff zu nehmen. Daher sollte vorgesehen werden, dass diese Stelle nicht die Möglichkeit hat, die Zahlung von Schadenersatz davon abhängig zu machen, dass der Geschädigte den Nachweis erbringt, dass der Unfallverursacher nicht in der Lage ist oder sich weigert, Schadenersatz zu leisten.

(19) Können die genannte Stelle und ein Haftpflichtversicherer keine Einigung darüber erzielen, wer dem Unfallgeschädigten Schadenersatz zu leisten hat, so sollten die Mitgliedstaaten, um Verzögerungen bei der Auszahlung des Schadenersatzes an den Geschädigten zu vermeiden, die Partei bestimmen, die bis zur Entscheidung über den Streitfall den Schadenersatz vorläufig zu zahlen hat.

(20) Den bei Kraftfahrzeug-Verkehrsunfällen Geschädigten sollte unabhängig davon, in welchem Land der Gemeinschaft sich der Unfall ereignet, eine vergleichbare Behandlung garantiert werden.

(21) Die Familienangehörigen des Versicherungsnehmers, Fahrers oder eines sonstigen Verursachers sollten, jedenfalls bei Personenschäden, einen mit dem anderer Geschädigten vergleichbaren Schutz erhalten.

(22) Personen- und Sachschäden von Fußgängern, Radfahrern und anderen nicht motorisierten Verkehrsteilnehmern, die gewöhnlich die schwächsten Unfallbeteiligten sind, sollten durch die Haftpflichtversicherung des an dem Unfall beteiligten Fahrzeugs gedeckt werden, sofern diese

Personen nach einzelstaatlichem Zivilrecht Anspruch auf Schadenersatz haben. Diese Bestimmung lässt die zivilrechtliche Haftung und die Höhe des Schadenersatzes bei einem bestimmten Unfall nach einzelstaatlichem Recht unberührt.

(23) Die Einbeziehung aller Fahrzeuginsassen in den Versicherungsschutz ist ein wesentlicher Fortschritt des geltenden Rechts. Dieses Ziel würde in Frage gestellt, wenn nationale Rechtsvorschriften oder Vertragsklauseln in Versicherungspolicen die Fahrzeuginsassen vom Versicherungsschutz ausschließen, weil sie wussten oder hätten wissen müssen, dass der Fahrer des Fahrzeugs zum Zeitpunkt des Unfalls unter dem Einfluss von Alkohol oder einem anderen Rauschmittel stand. Die Fahrzeuginsassen sind gewöhnlich nicht in der Lage, den Grad der Intoxikation des Fahrers einwandfrei zu beurteilen. Das Ziel, Kraftfahrer vom Fahren unter Einfluss von Rauschmitteln abzuhalten, wird nicht dadurch erreicht, dass der Versicherungsschutz für Fahrzeuginsassen, die Opfer von Kraftfahrzeugunfällen werden, verringert wird. Der Schutz dieser Fahrzeuginsassen durch die Haftpflichtversicherung des Fahrzeugs lässt ihre etwaige Haftung nach den anwendbaren einzelstaatlichen Rechtsvorschriften sowie die Höhe eines etwaigen Schadenersatzes bei einem bestimmten Unfall unberührt.

(24) Alle Kraftfahrzeug-Haftpflichtversicherungspolicen sollten sich auf das gesamte Gebiet der Gemeinschaft erstrecken.

(25) Einige Versicherungsunternehmen nehmen in ihre Versicherungspolicen Klauseln auf, wonach der Vertrag gekündigt wird, wenn sich das Fahrzeug länger als eine bestimmte Zeit außerhalb des Zulassungsmitgliedstaates befindet. Dieses Vorgehen widerspricht dem in der vorliegenden Richtlinie niedergelegten Grundsatz, nach dem die Kfz-Haftpflichtversicherung auf der Basis einer einzigen Prämie das gesamte Gebiet der Gemeinschaft abdeckt. Es sollte deshalb festgelegt werden, dass der Versicherungsschutz während der gesamten Laufzeit des Vertrags unabhängig davon gilt, ob sich das Fahrzeug für einen bestimmten Zeitraum in einem anderen Mitgliedstaat befindet, wobei die Verpflichtungen im Zusammenhang mit der Zulassung von Kraftfahrzeugen gemäß den nationalen Rechtsvorschriften der Mitgliedstaaten nicht berührt werden.

(26) Im Interesse des Versicherten sollte jede Haftpflichtversicherungspolice im Rahmen einer einzigen Prämie die in jedem Mitgliedstaat gesetzlich vorgeschriebene Deckung bzw., wenn diese höher ist, die gesetzliche Deckung des Mitgliedstaats, in dem das Fahrzeug seinen gewöhnlichen Standort hat, gewährleisten.

(27) Es sollten Schritte unternommen werden, um die Erlangung von Versicherungsschutz für Fahrzeuge, die von einem Mitgliedstaat in einen anderen eingeführt werden, zu erleichtern, selbst wenn das Fahrzeug im Bestimmungsmitgliedstaat noch nicht zugelassen ist. Es sollte eine zeitlich begrenzte Ausnahme von der allgemeinen Regelung zur Bestimmung des Mitgliedstaats, in dem das Risiko belegen ist, vorgesehen werden. Während eines Zeitraums von dreißig Tagen nach dem Zeitpunkt der Lieferung, der Bereitstellung oder der Versendung des Fahrzeugs an den Käufer sollte der Bestimmungsmitgliedstaat als der Mitgliedstaat angesehen werden, in dem das Risiko belegen ist.

(28) Der Versicherungsnehmer, der mit einem anderen Versicherungsunternehmen eine neue Kfz-Haftpflichtversicherung abschließen möchte, sollte seine Schadensfreiheit oder seinen Schadensverlauf während der Dauer des alten Vertrags nachweisen können. Der Versicherungsnehmer sollte berechtigt sein, jederzeit eine Bescheinigung über die Ansprüche betreffend Fahrzeuge, die durch den Versicherungsvertrag zumindest während der fünf letzten Jahre der vertraglichen Beziehung gedeckt waren, bzw. eine Schadensfreiheitsbescheinigung zu beantragen. Das Versicherungsunternehmen oder eine Stelle, die ein Mitgliedstaat gegebenenfalls zur Erbringung der Pflichtversicherung oder zur Abgabe derartiger Bescheinigungen benannt hat, sollte dem Versicherungsnehmer diese Bescheinigung innerhalb von fünfzehn Tagen nach Antragstellung übermitteln.

(29) Um einen angemessenen Versicherungsschutz der Opfer von Kraftfahrzeugunfällen zu gewährleisten, sollten die Mitgliedstaaten nicht zulassen, dass sich Versicherungsunternehmen gegenüber Geschädigten auf Selbstbeteiligungen berufen.

(30) Das Recht, sich auf den Versicherungsvertrag berufen und seinen Anspruch gegenüber dem Versicherungsunternehmen direkt geltend machen zu können, ist für den Schutz des Opfers eines Kraftfahrzeugunfalls von großer Bedeutung. Zur Erleichterung einer effizienten und raschen Regulierung von Schadensfällen und zur weitestmöglichen Vermeidung kostenaufwändiger Rechtsverfahren sollte ein Direktanspruch gegenüber dem Versicherungsunternehmen, das die Haftpflicht des Unfallverursachers deckt, für alle Opfer von Kraftfahrzeugunfällen vorgesehen werden.

(31) Um den Opfern von Kraftfahrzeugunfällen hinreichenden Schutz zu gewähren, sollte ein »Verfahren des mit Gründen versehenen Schadenersatzangebots« auf Kraftfahrzeugunfälle aller Art Anwendung finden. Dasselbe Verfahren sollte entsprechend auch bei Unfällen angewendet werden, bei denen die Schadenregulierung über das System der nationalen Versicherungsbüros erfolgt.

(32) Nach Artikel 11 Absatz 2 in Verbindung mit Artikel 9 Absatz 1 Buchstabe b der Verordnung (EG) Nr. 44/2001 des Rates vom 22. Dezember 2000 über die gerichtliche Zuständigkeit und die Anerkennung und Vollstreckung von Entscheidungen in Zivil- und Handelssachen kann der Geschädigte in dem Mitgliedstaat, in dem er seinen Wohnsitz hat, den Haftpflichtversicherer verklagen.

(33) Durch das System der Grüne-Karte-Büros ist eine problemlose Regulierung eines Unfallschadens im eigenen Land des Geschädigten auch dann gewährleistet, wenn der andere Unfallbeteiligte aus einem anderen europäischen Land kommt.

(34) Derjenige, der in einem anderen Staat als seinem Wohnsitzstaat bei einem Kraftfahrzeug-Verkehrsunfall im Sinne dieser Richtlinie einen Sach- oder Personenschaden erleidet, sollte seinen Schadenersatzanspruch in seinem Wohnsitzmitgliedstaat gegenüber einem dort bestellten Schadenregulierungsbeauftragten des Versicherungsunternehmens der haftpflichtigen Partei geltend machen können. Diese Lösung würde es ermöglichen, dass ein Schaden, der außerhalb des Wohnsitzmitgliedstaats des Geschädigten eintritt, in einer Weise abgewickelt wird, die dem Geschädigten vertraut ist.

(35) Durch dieses System eines Schadenregulierungsbeauftragten im Wohnsitzmitgliedstaat des Geschädigten wird weder das im konkreten Fall anzuwendende materielle Recht geändert noch die gerichtliche Zuständigkeit berührt.

(36) Die Begründung eines Direktanspruchs desjenigen, der einen Sach- oder Personenschaden erlitten hat, gegen das Versicherungsunternehmen ist eine logische Ergänzung der Benennung von Schadenregulierungsbeauftragten und verbessert zudem die Rechtsstellung von Personen, die bei Kraftfahrzeug-Verkehrsunfällen außerhalb ihres Wohnsitzmitgliedstats geschädigt werden.

(37) Es sollte vorgesehen werden, dass der Mitgliedstaat, in dem das Versicherungsunternehmen zugelassen ist, von diesem verlangt, in den anderen Mitgliedstaaten ansässige oder niedergelassene Schadenregulierungsbeauftragte zu benennen, die alle erforderlichen Informationen über Schadensfälle zusammentragen, die auf solche Unfälle zurückgehen, und geeignete Maßnahmen zur Schadenregulierung im Namen und für Rechnung des Versicherungsunternehmens, einschließlich einer entsprechenden Entschädigungszahlung, ergreifen. Schadenregulierungsbeauftragte sollten über ausreichende Befugnisse verfügen, um das Versicherungsunternehmen gegenüber den Geschädigten zu vertreten und es auch gegenüber den einzelstaatlichen Behörden und gegebenenfalls, soweit dies mit den Regelungen des internationalen Privat- und Zivilprozessrechts

über die Festlegung der gerichtlichen Zuständigkeiten vereinbar ist, gegenüber den Gerichten zu vertreten.

(38) Die Tätigkeiten der Schadenregulierungsbeauftragten reichen nicht aus, um einen Gerichtsstand im Wohnsitzmitgliedstaat des Geschädigten zu begründen, wenn dies nach den Regelungen des internationalen Privat- und Zivilprozessrechts über die Festlegung der gerichtlichen Zuständigkeiten nicht vorgesehen ist.

(39) Die Benennung der Schadenregulierungsbeauftragten sollte eine der Bedingungen für den Zugang zur Versicherungstätigkeit gemäß Buchstabe A Nummer 10 des Anhangs der Ersten Richtlinie 73/239/EWG des Rates vom 24. Juli 1973 zur Koordinierung der Rechts- und Verwaltungsvorschriften betreffend die Aufnahme und Ausübung der Tätigkeit der Direktversicherung (mit Ausnahme der Lebensversicherung) – mit Ausnahme der Haftpflicht des Frachtführers – und die Ausübung dieser Tätigkeit sein. Diese Bedingung sollte deshalb durch die einheitliche behördliche Zulassung nach Titel II der Richtlinie 92/49/EWG des Rates vom 18. Juni 1992 zur Koordinierung der Rechts- und Verwaltungsvorschriften für die Direktversicherung (mit Ausnahme der Lebensversicherung) sowie zur Änderung der Richtlinien 73/239/EWG und 88/357/EWG (Dritte Richtlinie Schadenversicherung) erfasst werden, die die Behörden des Mitgliedstaats des Geschäftssitzes des Versicherungsunternehmens erteilen. Diese Bedingung sollte auch für Versicherungsunternehmen mit Geschäftssitz außerhalb der Gemeinschaft gelten, denen die Zulassung zur Versicherungstätigkeit im Gebiet eines Mitgliedstaats der Gemeinschaft erteilt wurde.

(40) Außer der Sicherstellung der Präsenz eines Beauftragten des Versicherungsunternehmens im Wohnsitzstaat des Geschädigten sollte das spezifische Recht des Geschädigten auf zügige Bearbeitung des Anspruchs gewährleistet werden. Die nationalen Rechtsvorschriften sollten deshalb angemessene wirksame und systematische finanzielle oder gleichwertige administrative Sanktionen – wie Anordnungen in Verbindung mit Bußgeldern, regelmäßige Berichterstattung an Aufsichtsbehörden, Kontrollen vor Ort, Veröffentlichungen im nationalen Gesetzblatt sowie in der Presse, Suspendierung der Tätigkeiten eines Unternehmens (Verbot des Abschlusses neuer Verträge während eines bestimmten Zeitraums), Bestellung eines Sonderbeauftragten der Aufsichtsbehörden, der zu überprüfen hat, ob der Geschäftsbetrieb unter Einhaltung der versicherungsrechtlichen Vorschriften erfolgt, Widerruf der Zulassung zur Ausübung von derartigen Versicherungsgeschäften und Sanktionen für Direktoren und Mitglieder der Geschäftsleitung – vorsehen, die dann gegen das Versicherungsunternehmen des Schädigers festgesetzt werden können, wenn dieses oder sein Beauftragter seiner Verpflichtung zur Vorlage eines Schadenersatzangebots innerhalb einer angemessenen Frist nicht nachkommt. Die Anwendung sonstiger, für angemessen erachteter Maßnahmen – insbesondere nach den für die Beaufsichtigung der Versicherungsunternehmen geltenden Rechtsvorschriften – wird dadurch nicht berührt. Voraussetzung ist jedoch, dass die Haftung sowie der erlittene Sach- oder Personenschaden nicht streitig ist, so dass das Versicherungsunternehmen innerhalb der vorgeschriebenen Frist ein mit Gründen versehenes Angebot unterbreiten kann. Ein solches Schadenersatzangebot muss schriftlich und unter Angabe der Gründe erfolgen, auf denen die Beurteilung der Haftung und des Schadens beruht.

(41) Zusätzlich zu diesen Sanktionen sollte vorgesehen werden, dass für die dem Geschädigten vom Versicherungsunternehmen angebotene bzw. ihm gerichtlich zugesprochene Schadenersatzsumme Zinsen gezahlt werden, wenn das Angebot nicht innerhalb dieser vorgeschriebenen Frist vorgelegt wird. Gibt es in den Mitgliedstaaten nationale Regelungen, die dem Erfordernis der Zahlung von Verzugszinsen entsprechen, so könnte diese Bestimmung durch eine Bezugnahme auf jene Regelungen umgesetzt werden.

(42) Für Geschädigte, die Sach- oder Personenschäden aufgrund eines Kraftfahrzeug-Verkehrsunfalls erlitten haben, ist es zuweilen mit Schwierigkeiten verbunden, den Namen des Versicherungsunternehmens zu erfahren, das die Haftpflicht für ein an einem Unfall beteiligtes Fahrzeug deckt.

(43) Im Interesse dieser Geschädigten sollten die Mitgliedstaaten Auskunftsstellen einrichten, um zu gewährleisten, dass diese Information zu allen Kraftfahrzeugunfällen unverzüglich zur Verfügung steht. Die genannten Auskunftsstellen sollten den Geschädigten auch Informationen über die Schadenregulierungsbeauftragten zur Verfügung stellen. Die Auskunftsstellen müssen untereinander zusammenarbeiten und schnell auf Auskunftsersuchen über Schadenregulierungsbeauftragte reagieren, die Auskunftsstellen anderer Mitgliedstaaten an sie richten. Es erscheint angemessen, dass diese Auskunftsstellen die Informationen über den Zeitpunkt der tatsächlichen Beendigung der Versicherungsdeckung erfassen; nicht angemessen ist hingegen die Erfassung von Informationen über den Ablauf der ursprünglichen Gültigkeitsdauer der Versicherungspolice, sofern sich die Vertragsdauer stillschweigend verlängert hat.

(44) Für Fahrzeuge, für die keine Haftpflichtversicherungspflicht besteht (z. B. Behörden- oder Militärfahrzeuge), sollten besondere Bestimmungen vorgesehen werden.

(45) Der Geschädigte kann ein berechtigtes Interesse daran haben, über die Identität des Eigentümers oder des gewöhnlichen Fahrers oder des eingetragenen Halters des Fahrzeugs Aufschluss zu erhalten, beispielsweise in Fällen, in denen der Geschädigte Schadenersatz nur von diesen Personen erhalten kann, weil das Fahrzeug nicht ordnungsgemäß versichert ist oder der Schaden die Versicherungssumme übersteigt; demnach ist auch diese Auskunft zu erteilen.

(46) Bei einigen der übermittelten Informationen handelt es sich um personenbezogene Daten im Sinne der Richtlinie 95/46/EG des Europäischen Parlaments und des Rates vom 24. Oktober 1995 zum Schutz natürlicher Personen bei der Verarbeitung personenbezogener Daten und zum freien Datenverkehr; dies gilt beispielsweise für den Namen und die Adresse des Fahrzeugeigentümers und des gewöhnlichen Fahrers sowie die Nummer der Versicherungspolice und das Kennzeichen des Fahrzeugs. Die aufgrund der vorliegenden Richtlinie erforderliche Verarbeitung dieser Daten sollte daher im Einklang mit den einzelstaatlichen Maßnahmen erfolgen, die gemäß der Richtlinie 95/46/EG ergriffen wurden. Name und Anschrift des gewöhnlichen Fahrers sollten nur mitgeteilt werden, wenn dies nach einzelstaatlichem Recht zulässig ist.

(47) Um dem Geschädigten die ihm zustehende Entschädigung sicherzustellen, ist es notwendig, eine Entschädigungsstelle einzurichten, an die sich der Geschädigte wenden kann, wenn das Versicherungsunternehmen keinen Beauftragten benannt hat oder die Regulierung offensichtlich verzögert oder wenn das Versicherungsunternehmen nicht ermittelt werden kann. Das Eintreten der Entschädigungsstelle sollte auf seltene Einzelfälle beschränkt werden, in denen das Versicherungsunternehmen seinen Verpflichtungen trotz der abschreckenden Wirkung der etwaigen Verhängung von Sanktionen nicht nachgekommen ist.

(48) Da die Entschädigungsstelle die Aufgabe hat, die Entschädigungsansprüche für von dem Geschädigten erlittene Sach- oder Personenschäden nur in objektiv feststellbaren Fällen zu regulieren, sollte sie sich auf die Nachprüfung beschränken, ob innerhalb der festgesetzten Fristen und nach den festgelegten Verfahren ein Schadenersatzangebot unterbreitet wurde, ohne jedoch den Fall inhaltlich zu würdigen.

(49) Die juristischen Personen, auf die die Ansprüche des Geschädigten gegen den Unfallverursacher oder dessen Versicherungsunternehmen gesetzlich übergegangen sind (z. B. andere Versicherungsunternehmen oder Einrichtungen der sozialen Sicherheit), sollten nicht berechtigt sein, den betreffenden Anspruch gegenüber der Entschädigungsstelle geltend zu machen.

(50) Die Entschädigungsstelle sollte einen Anspruch auf Forderungsübergang haben, soweit sie den Geschädigten entschädigt hat. Um die Durchsetzung des Anspruchs der Entschädigungsstelle gegen das Versicherungsunternehmen zu erleichtern, wenn dieses keinen Schadenregulierungsbeauftragten benannt hat oder die Regulierung offensichtlich verzögert, sollte die Entschädigungsstelle im Staat des Geschädigten automatisch auch einen – mit dem Eintritt in die Rechte des Geschädigten verbundenen – Anspruch auf Erstattung durch die entsprechende Stelle in dem Staat erhalten, in dem das Versicherungsunternehmen niedergelassen ist. Diese Stelle befindet

sich in einer günstigeren Lage, einen Regressanspruch gegen das Versicherungsunternehmen geltend zu machen.

(51) Zwar können die Mitgliedstaaten vorsehen, dass der Anspruch gegen die Entschädigungsstelle subsidiären Charakter hat, doch darf der Geschädigte nicht gezwungen sein, seinen Anspruch gegenüber dem Unfallverursacher geltend zu machen, bevor er sich hiermit an die Entschädigungsstelle wendet. Die Stellung des Geschädigten sollte in diesem Fall zumindest dieselbe sein wie im Fall eines Anspruchs gegen den Garantiefonds.

(52) Das Funktionieren dieses Systems kann dadurch bewirkt werden, dass die von den Mitgliedstaaten geschaffenen oder anerkannten Entschädigungsstellen eine Vereinbarung über ihre Aufgaben und Pflichten sowie über das Verfahren der Erstattung treffen.

(53) Für den Fall, dass das Versicherungsunternehmen des Fahrzeugs nicht ermittelt werden kann, sollte vorgesehen werden, dass der Endschuldner der Schadenersatzzahlung an den Geschädigten der für diesen Zweck vorgesehene Garantiefonds in dem Mitgliedstaat ist, in dem das nicht versicherte Fahrzeug, durch dessen Nutzung der Unfall verursacht wurde, seinen gewöhnlichen Standort hat. Für den Fall, dass das Fahrzeug nicht ermittelt werden kann, sollte vorgesehen werden, dass der Endschuldner der für diesen Zweck vorgesehene Garantiefonds in dem Mitgliedstaat des Unfalls ist.

(54) Diese Richtlinie sollte die Verpflichtungen der Mitgliedstaaten hinsichtlich der in Anhang I Teil B genannten Fristen für die Umsetzung der dort genannten Richtlinien in innerstaatliches Recht und für die Anwendung dieser Richtlinien unberührt lassen –

haben folgende Richtlinie erlassen:

KAPITEL 1
ALLGEMEINE VORSCHRIFTEN

Artikel 1
Begriffsbestimmungen

Im Sinne dieser Richtlinie bezeichnet der Ausdruck

1. »Fahrzeug« jedes maschinell angetriebene Kraftfahrzeug, welches zum Verkehr zu Lande bestimmt und nicht an Gleise gebunden ist, sowie die Anhänger, auch wenn sie nicht angekoppelt sind;

2. »Geschädigter« jede Person, die ein Recht auf Ersatz eines von einem Fahrzeug verursachten Schadens hat;

3. »Nationales Versicherungsbüro« einen Berufsverband, der gemäß der am 25. Januar 1949 vom Unterausschuss für Straßenverkehr des Binnenverkehrsausschusses der Wirtschaftskommission der Vereinten Nationen für Europa ausgesprochenen Empfehlung Nr. 5 gegründet wurde und der Versicherungsunternehmen umfasst, die in einem Staat zur Ausübung der Kraftfahrzeug-Haftpflichtversicherung zugelassen sind;

4. »Gebiet, in dem das Fahrzeug seinen gewöhnlichen Standort hat«

a) das Gebiet des Staates, dessen amtliches Kennzeichen das Fahrzeug trägt, unabhängig davon, ob es sich um ein endgültiges oder vorläufiges Kennzeichen handelt, oder,

b) soweit es für eine Fahrzeugart keine Zulassung gibt, das betreffende Fahrzeug jedoch eine Versicherungsplakette oder ein dem amtlichen Kennzeichen ähnliches Unterscheidungszeichen trägt, das Gebiet des Staates, in dem diese Plakette oder dieses Unterscheidungszeichen verliehen wurde, oder,

c) soweit es für bestimmte Fahrzeugarten weder eine Zulassung noch eine Versicherungsplakette noch ein unterscheidendes Kennzeichen gibt, das Gebiet des Staates, in dem der Fahrzeughalter seinen Wohnsitz hat, oder,

d) bei Fahrzeugen, die kein amtliches Kennzeichen oder ein amtliches Kennzeichen tragen, das dem Fahrzeug nicht oder nicht mehr zugeordnet ist, und die in einen Unfall verwickelt wurden, das Gebiet des Staates, in dem sich der Unfall ereignet hat, für die Zwecke der Schadenregulierung gemäß Artikel 2 Buchstabe a oder gemäß Artikel 10;

5. »Grüne Karte« eine internationale Versicherungsbescheinigung, die im Namen eines nationalen Versicherungsbüros aufgrund der Empfehlung Nr. 5 des Unterausschusses für Straßenverkehr des Binnenverkehrsausschusses der Wirtschaftskommission der Vereinten Nationen für Europa vom 25. Januar 1949 ausgestellt wurde;

6. »Versicherungsunternehmen« jedes Unternehmen, das gemäß Artikel 6 oder gemäß Artikel 23 Absatz 2 der Richtlinie 73/239/EWG die behördliche Zulassung erhalten hat;

7. »Niederlassung« den Sitz, eine Agentur oder eine Zweigniederlassung eines Versicherungsunternehmens im Sinne von Artikel 2 Buchstabe c der Zweiten Richtlinie 88/357/EWG des Rates vom 22. Juni 1988 zur Koordinierung der Rechts- und Verwaltungsvorschriften für die Direktversicherung (mit Ausnahme der Lebensversicherung) und zur Erleichterung der tatsächlichen Ausübung des freien Dienstleistungsverkehrs.

Artikel 2
Anwendungsbereich

Die Artikel 4, 6, 7 und 8 gelten für Fahrzeuge, die ihren gewöhnlichen Standort im Gebiet eines der Mitgliedstaaten haben,

a) sobald zwischen den nationalen Versicherungsbüros ein Übereinkommen geschlossen worden ist, wonach sich jedes nationale Büro nach Maßgabe der eigenen einzelstaatlichen Rechtsvorschriften betreffend die Pflichtversicherung zur Regelung von Schadensfällen verpflichtet, die sich in seinem Gebiet ereignen und durch den Verkehr von versicherten oder nicht versicherten Fahrzeugen verursacht werden, die ihren gewöhnlichen Standort im Gebiet eines anderen Mitgliedstaats haben;

b) von dem Zeitpunkt an, den die Kommission bestimmen wird, nachdem sie in enger Zusammenarbeit mit den Mitgliedstaaten das Bestehen eines solchen Übereinkommens festgestellt hat;

c) für die Geltungsdauer dieses Übereinkommens.

Artikel 3
Kfz-Haftpflichtversicherungspflicht

Jeder Mitgliedstaat trifft vorbehaltlich der Anwendung des Artikels 5 alle geeigneten Maßnahmen, um sicherzustellen, dass die Haftpflicht bei Fahrzeugen mit gewöhnlichem Standort im Inland durch eine Versicherung gedeckt ist.

Die Schadensdeckung sowie die Modalitäten dieser Versicherung werden im Rahmen der in Absatz 1 genannten Maßnahmen bestimmt.

Jeder Mitgliedstaat trifft alle geeigneten Maßnahmen, um sicherzustellen, dass der Versicherungsvertrag überdies folgende Schäden deckt:

a) die im Gebiet der anderen Mitgliedstaaten gemäß den Rechtsvorschriften dieser Staaten verursachten Schäden;

b) die Schäden, die Angehörigen der Mitgliedstaaten auf den direkten Strecken zwischen einem Gebiet, in dem der EG-Vertrag gilt, und einem anderen solchen Gebiet zugefügt werden, wenn für das durchfahrene Gebiet ein nationales Versicherungsbüro nicht besteht; in diesem Fall ist der

Schaden gemäß den die Versicherungspflicht betreffenden Rechtsvorschriften des Mitgliedstaats zu decken, in dessen Gebiet das Fahrzeug seinen gewöhnlichen Standort hat.

Die in Absatz 1 bezeichnete Versicherung hat sowohl Sachschäden als auch Personenschäden zu umfassen.

Artikel 4
Kontrolle der Haftpflichtversicherung

Die Mitgliedstaaten verzichten auf eine Kontrolle der Haftpflichtversicherung bei Fahrzeugen, die ihren gewöhnlichen Standort im Gebiet eines anderen Mitgliedstaats haben, und bei Fahrzeugen, die aus dem Gebiet eines anderen Mitgliedstaats in ihr Gebiet einreisen und ihren gewöhnlichen Standort im Gebiet eines Drittlandes haben. Die Mitgliedstaaten können jedoch nichtsystematische Kontrollen der Versicherung unter der Voraussetzung vornehmen, dass diese nicht diskriminierend sind und im Rahmen einer nicht ausschließlich der Überprüfung des Versicherungsschutzes dienenden Kontrolle stattfinden.

Artikel 5
Ausnahmen von der Kfz-Haftpflichtversicherungspflicht

(1) Jeder Mitgliedstaat kann bei bestimmten natürlichen und juristischen Personen des öffentlichen oder des privaten Rechts, die der betreffende Staat bestimmt und deren Name oder Kennzeichnung er den anderen Mitgliedstaaten sowie der Kommission meldet, von Artikel 3 abweichen.

In diesem Fall trifft der von Artikel 3 abweichende Mitgliedstaat die zweckdienlichen Maßnahmen, um sicherzustellen, dass die Schäden, die diesen Personen gehörende Fahrzeuge in diesem und in anderen Mitgliedstaaten verursachen, ersetzt werden.

Er bestimmt insbesondere die Stelle oder Einrichtung in dem Land, in dem sich der Schadensfall ereignet hat, die nach Maßgabe der Rechtsvorschriften dieses Staates den Geschädigten den Schaden zu ersetzen hat, falls Artikel 2 Buchstabe a nicht anwendbar ist.

Er übermittelt der Kommission die Liste der von der Versicherungspflicht befreiten Personen und der Stellen oder Einrichtungen, die den Schaden zu ersetzen haben.

Die Kommission veröffentlicht diese Liste.

(2) Jeder Mitgliedstaat kann bei gewissen Arten von Fahrzeugen oder Fahrzeugen mit besonderem Kennzeichen, die dieser Staat bestimmt und deren Kennzeichnung er den anderen Mitgliedstaaten sowie der Kommission meldet, von Artikel 3 abweichen.

In diesem Fall gewährleisten die Mitgliedstaaten, dass die in Unterabsatz 1 genannten Fahrzeuge ebenso behandelt werden wie Fahrzeuge, bei denen der Versicherungspflicht nach Artikel 3 nicht entsprochen worden ist.

Der Garantiefonds in dem Mitgliedstaat, in dem sich der Unfall ereignet hat, hat dann einen Erstattungsanspruch gegen den Garantiefonds in dem Mitgliedstaat, in dem das Fahrzeug seinen gewöhnlichen Standort hat.

Vom 11. Juni 2010 an berichten die Mitgliedstaaten der Kommission über die Umsetzung dieses Absatzes und seine Anwendung in der Praxis.

Die Kommission unterbreitet nach Prüfung dieser Berichte gegebenenfalls Vorschläge zur Ersetzung oder Aufhebung dieser Ausnahmeregelung.

Artikel 6
Nationale Versicherungsbüros

Jeder Mitgliedstaat achtet darauf, dass sich das nationale Versicherungsbüro unbeschadet der in Artikel 2 Buchstabe a vorgesehenen Verpflichtung bei einem Unfall, der in seinem Gebiet von einem Fahrzeug mit gewöhnlichem Standort im Gebiet eines anderen Mitgliedstaats verursacht worden ist, über Folgendes informiert:

a) über das Gebiet, in dem dieses Fahrzeug seinen gewöhnlichen Standort hat, sowie gegebenenfalls über sein amtliches Kennzeichen;

b) soweit möglich über die normalerweise in der Grünen Karte enthaltenen, im Besitz des Fahrzeughalters befindlichen Angaben über die Versicherung des betreffenden Fahrzeugs, soweit diese von dem Mitgliedstaat, in dessen Gebiet das Fahrzeug seinen gewöhnlichen Standort hat, verlangt werden.

Jeder Mitgliedstaat achtet ebenfalls darauf, dass das genannte Büro die Auskünfte nach Absatz 1 Buchstaben a und b dem nationalen Versicherungsbüro des Staates mitteilt, in dessen Gebiet das in Absatz 1 genannte Fahrzeug seinen gewöhnlichen Standort hat.

KAPITEL 2
Vorschriften betreffend Fahrzeuge, die ihren gewöhnlichen Standort im Gebiet eines Drittlandes haben

Artikel 7
Einzelstaatliche Maßnahmen betreffend Fahrzeuge, die ihren gewöhnlichen Standortim Gebiet eines Drittlandes haben

Die Mitgliedstaaten treffen alle geeigneten Maßnahmen, um sicherzustellen, dass Fahrzeuge, die ihren gewöhnlichen Standort im Gebiet eines Drittlandes haben und in das Gebiet einreisen, in dem der EG-Vertrag gilt, nur dann zum Verkehr in ihrem Gebiet zugelassen werden können, wenn die möglicherweise durch die Teilnahme dieser Fahrzeuge am Verkehr verursachten Schäden im gesamten Gebiet, in dem der EG-Vertrag gilt, nach Maßgabe der einzelnen nationalen Rechtsvorschriften für die Fahrzeug-Haftpflichtversicherung gedeckt sind.

Artikel 8
Dokumente betreffend Fahrzeuge, die ihren gewöhnlichen Standort im Gebiet eines Drittlandes haben

(1) Jedes Fahrzeug mit gewöhnlichem Standort im Gebiet eines Drittlandes muss vor der Einreise in das Gebiet, in dem der EG-Vertrag gilt, mit einer gültigen Grünen Karte oder mit einer Bescheinigung über den Abschluss einer Grenzversicherung gemäß Artikel 7 versehen sein.

Fahrzeuge, die ihren gewöhnlichen Standort in einem Drittland haben, gelten jedoch als Fahrzeuge mit gewöhnlichem Standort in der Gemeinschaft, wenn sich die nationalen Versicherungsbüros aller Mitgliedstaaten, jedes für sich, nach Maßgabe der eigenen nationalen Rechtsvorschriften betreffend die Pflichtversicherung zur Regelung von Schadensfällen verpflichten, die sich in ihrem Gebiet ereignen und durch die Teilnahme dieser Fahrzeuge am Verkehr verursacht werden.

(2) Sobald die Kommission in enger Zusammenarbeit mit den Mitgliedstaaten festgestellt hat, dass die in Absatz 1 Unterabsatz 2 vorgesehenen Verpflichtungen erfüllt sind, bestimmt sie, von welchem Zeitpunkt an und für welche Fahrzeugarten die Mitgliedstaaten nicht mehr die Vorlage der in Absatz 1 Unterabsatz 1 genannten Urkunden verlangen.

KAPITEL 3
Mindestdeckungssummen für die Kfz-Haftpflicht-Pflichtversicherung

Artikel 9
Mindestdeckungssummen

(1) Unbeschadet höherer Deckungssummen, die von den Mitgliedstaaten gegebenenfalls vorgeschrieben werden, schreibt jeder Mitgliedstaat die in Artikel 3 genannte Pflichtversicherung mindestens für folgende Beträge vor:

a) für Personenschäden einen Mindestdeckungsbetrag von 1 000 000 EUR je Unfallopfer oder von 5 000 000 EUR je Schadensfall, ungeachtet der Anzahl der Geschädigten;

b) für Sachschäden ungeachtet der Anzahl der Geschädigten 1 000 000 EUR je Schadensfall.

Falls erforderlich, können die Mitgliedstaaten eine höchstens bis zum 11. Juni 2012 dauernde Übergangszeit festlegen, um ihre Mindestdeckungssummen an das in Unterabsatz 1 geforderte Niveau anzupassen.

Die Mitgliedstaaten, die eine solche Übergangszeit festlegen, unterrichten die Kommission davon und geben die Dauer der Übergangszeit an.

Jedoch heben die Mitgliedstaaten spätestens am 11. Dezember 2009 die Deckungssummen auf mindestens die Hälfte der in Unterabsatz 1 vorgesehenen Beträge an.

(2) Alle fünf Jahre ab dem 11. Juni 2005 oder nach Ablauf einer etwaigen Übergangszeit nach Maßgabe von Absatz 1 Unterabsatz 2 werden die in jenem Absatz genannten Beträge anhand des in der Verordnung (EG) Nr. 2494/95 genannten Europäischen Verbraucherpreisindexes (EVPI) überprüft. Die Beträge werden automatisch angepasst. Sie werden um die im EVPI für den betreffenden Zeitraum – d. h. für die fünf Jahre unmittelbar vor der Überprüfung gemäß Unterabsatz 1 – angegebene prozentuale Änderung erhöht und auf ein Vielfaches von 10 000 EUR aufgerundet.

Die Kommission unterrichtet das Europäische Parlament und den Rat über die angepassten Beträge und sorgt für deren Veröffentlichung im Amtsblatt der Europäischen Union.

KAPITEL 4
Entschädigung für durch ein nicht ermitteltes oder nicht im Sinne von Artikel 3 versichertes Fahrzeug verursachte Schäden

Artikel 10
Zuständige Stelle für die Entschädigungen

(1) Jeder Mitgliedstaat schafft eine Stelle oder erkennt eine Stelle an, die für Sach- oder Personenschäden, welche durch ein nicht ermitteltes oder nicht im Sinne von Artikel 3 versichertes Fahrzeug verursacht worden sind, zumindest in den Grenzen der Versicherungspflicht Ersatz zu leisten hat.

Unterabsatz 1 lässt das Recht der Mitgliedstaaten unberührt, der Einschaltung dieser Stelle subsidiären Charakter zu verleihen oder Bestimmungen zu erlassen, durch die der Rückgriff der Stelle auf den oder die für den Unfall Verantwortlichen sowie auf andere Versicherer oder Einrichtungen der sozialen Sicherheit, die gegenüber dem Geschädigten zur Regulierung desselben Schadens verpflichtet sind, geregelt wird. Die Mitgliedstaaten dürfen es der Stelle jedoch nicht gestatten, die Zahlung von Schadenersatz davon abhängig zu machen, dass der Geschädigte in irgendeiner Form nachweist, dass der Haftpflichtige zur Schadenersatzleistung nicht in der Lage ist oder die Zahlung verweigert.

(2) Der Geschädigte kann sich in jedem Fall unmittelbar an die Stelle wenden, welche ihm – auf der Grundlage der auf ihr Verlangen hin vom Geschädigten mitgeteilten Informationen – eine mit Gründen versehene Auskunft über jegliche Schadenersatzleistung erteilen muss.

Die Mitgliedstaaten können jedoch von der Einschaltung der Stelle Personen ausschließen, die das Fahrzeug, das den Schaden verursacht hat, freiwillig bestiegen haben, sofern durch die Stelle nachgewiesen werden kann, dass sie wussten, dass das Fahrzeug nicht versichert war.

(3) Die Mitgliedstaaten können die Einschaltung der Stelle bei Sachschäden, die durch ein nicht ermitteltes Fahrzeug verursacht wurden, beschränken oder ausschließen.

Hat die Stelle einem Opfer eines Unfalls, bei dem durch ein nicht ermitteltes Fahrzeug auch Sachschäden verursacht wurden, für beträchtliche Personenschäden Schadenersatz geleistet, so können die Mitgliedstaaten Schadenersatz für Sachschäden jedoch nicht aus dem Grund ausschließen, dass das Fahrzeug nicht ermittelt war. Dessen ungeachtet können die Mitgliedstaaten bei Sachschäden eine gegenüber dem Geschädigten wirksame Selbstbeteiligung von nicht mehr als 500 EUR vorsehen.

Die Bedingungen, unter denen Personenschäden als beträchtlich gelten, werden gemäß den Rechts- oder Verwaltungsvorschriften des Mitgliedstaats, in dem sich der Unfall ereignet, festgelegt. In diesem Zusammenhang können die Mitgliedstaaten unter anderem berücksichtigen, ob die Verletzungen eine Krankenhausbehandlung notwendig gemacht haben.

(4) Jeder Mitgliedstaat wendet bei der Einschaltung der Stelle unbeschadet jeder anderen für die Geschädigten günstigeren Praxis seine Rechts- und Verwaltungsvorschriften an.

Artikel 11
Streitfälle

Besteht zwischen der in Artikel 10 Absatz 1 genannten Stelle und dem Haftpflichtversicherer Streit darüber, wer dem Geschädigten Schadenersatz zu leisten hat, so ergreifen die Mitgliedstaaten entsprechende Maßnahmen, damit unter den Parteien diejenige bestimmt wird, die dem Geschädigten unverzüglich vorläufigen Schadenersatz zu leisten hat.

Wird zu einem späteren Zeitpunkt entschieden, dass die andere Partei ganz oder teilweise hätte Schadenersatz leisten müssen, so erstattet diese der Partei, die die Zahlung geleistet hat, die entsprechenden Beträge.

KAPITEL 5
Spezifische Kategorien von Unfallopfern, Ausschlussklauseln, Einprämienprinzip und Fahrzeuge, die von einem Mitgliedstaat in einen anderen versandt werden

Artikel 12
Spezifische Kategorien von Unfallopfern

(1) Unbeschadet des Artikels 13 Absatz 1 Unterabsatz 2 deckt die in Artikel 3 genannte Versicherung die Haftpflicht für aus der Nutzung eines Fahrzeugs resultierende Personenschäden bei allen Fahrzeuginsassen mit Ausnahme des Fahrers.

(2) Familienmitglieder des Versicherungsnehmers, des Fahrers oder jeder anderen Person, die bei einem Unfall haftbar gemacht werden kann und durch die in Artikel 3 bezeichnete Versicherung geschützt ist, dürfen nicht aufgrund dieser familiären Beziehungen von der Personenschadenversicherung ausgeschlossen werden.

(3) Die in Artikel 3 genannte Versicherung deckt Personen- und Sachschäden von Fußgängern, Radfahrern und anderen nicht motorisierten Verkehrsteilnehmern, die nach einzelstaatlichem Zivilrecht einen Anspruch auf Schadenersatz aus einem Unfall haben, an dem ein Kraftfahrzeug beteiligt ist.

Der vorliegende Artikel lässt die zivilrechtliche Haftung und die Höhe des Schadenersatzes unberührt.

Artikel 13
Ausschlussklauseln

(1) Jeder Mitgliedstaat trifft alle geeigneten Maßnahmen, damit für die Zwecke der Anwendung von Artikel 3 bezüglich der Ansprüche von bei Unfällen geschädigten Dritten jede Rechtsvorschrift oder Vertragsklausel in einer nach Artikel 3 ausgestellten Versicherungspolice als wirkungslos gilt, mit der die Nutzung oder das Führen von Fahrzeugen durch folgende Personen von der Versicherung ausgeschlossen werden:

a) hierzu weder ausdrücklich noch stillschweigend ermächtigte Personen;

b) Personen, die keinen Führerschein für das betreffende Fahrzeug besitzen;

c) Personen, die den gesetzlichen Verpflichtungen in Bezug auf Zustand und Sicherheit des betreffenden Fahrzeugs nicht nachgekommen sind.

Die in Unterabsatz 1 Buchstabe a genannte Vorschrift oder Klausel kann jedoch gegenüber den Personen geltend gemacht werden, die das Fahrzeug, das den Schaden verursacht hat, freiwillig bestiegen haben, sofern der Versicherer nachweisen kann, dass sie wussten, dass das Fahrzeug gestohlen war.

Den Mitgliedstaaten steht es frei, bei Unfällen in ihrem Gebiet Unterabsatz 1 nicht anzuwenden, wenn und soweit das Unfallopfer Schadenersatz von einem Sozialversicherungsträger erlangen kann.

(2) In den Fällen gestohlener oder unter Anwendung von Gewalt erlangter Fahrzeuge können die Mitgliedstaaten vorsehen, dass die in Artikel 10 Absatz 1 bezeichnete Stelle nach Maßgabe von Absatz 1 des vorliegenden Artikels anstelle des Versicherers eintritt. Hat das Fahrzeug seinen gewöhnlichen Standort in einem anderen Mitgliedstaat, so hat diese Stelle keine Regressansprüche gegenüber irgendeiner Stelle in diesem Mitgliedstaat.

Die Mitgliedstaaten, die im Falle gestohlener oder unter Anwendung von Gewalt erlangter Fahrzeuge das Eintreten der in Artikel 10 Absatz 1 genannte Stelle vorsehen, können für Sachschäden eine Selbstbeteiligung des Geschädigten bis zu 250 EUR festsetzen.

(3) Die Mitgliedstaaten treffen die erforderlichen Maßnahmen, damit jede gesetzliche Bestimmung oder Vertragsklausel in einer Versicherungspolice, mit der ein Fahrzeuginsasse vom Versicherungsschutz ausgeschlossen wird, weil er wusste oder hätte wissen müssen, dass der Fahrer des Fahrzeugs zum Zeitpunkt des Unfalls unter dem Einfluss von Alkohol oder einem anderen Rauschmittel stand, bezüglich der Ansprüche eines solchen Fahrzeuginsassen als wirkungslos gilt.

Artikel 14
Einprämienprinzip

Die Mitgliedstaaten treffen die erforderlichen Maßnahmen, damit alle Pflichtversicherungsverträge zur Deckung der Haftpflicht für die Nutzung von Fahrzeugen

a) auf der Basis einer einzigen Prämie und während der gesamten Laufzeit des Vertrags das gesamte Gebiet der Gemeinschaft abdecken, einschließlich aller Aufenthalte des Fahrzeugs in anderen Mitgliedstaaten während der Laufzeit des Vertrags, und

b) auf der Grundlage dieser einzigen Prämie den in jedem Mitgliedstaat gesetzlich vorgeschriebenen Versicherungsschutz bzw. den in dem Mitgliedstaat, in dem das Fahrzeug seinen gewöhnlichen Standort hat, gesetzlich vorgeschriebenen Versicherungsschutz gewährleisten, wenn letzterer höher ist.

Artikel 15
Fahrzeuge, die von einem Mitgliedstaat in einen anderen versandt werden

(1) Abweichend von Artikel 2 Buchstabe d zweiter Gedankenstrich der Richtlinie 88/357/EWG ist bei einem Fahrzeug, das von einem Mitgliedstaat in einen anderen versandt wird, während eines Zeitraums von dreißig Tagen unmittelbar nach der Annahme der Lieferung durch den Käufer der Bestimmungsmitgliedstaat als der Mitgliedstaat anzusehen, in dem das Risiko belegen ist, selbst wenn das Fahrzeug im Bestimmungsmitgliedstaat nicht offiziell zugelassen wurde.

(2) Wird das Fahrzeug innerhalb des in Absatz 1 des vorliegenden Artikels genannten Zeitraums in einen Unfall verwickelt, während es nicht versichert ist, so ist die in Artikel 10 Absatz 1 genannte Stelle des Bestimmungsmitgliedstaats nach Maßgabe des Artikels 9 schadenersatzpflichtig.

KAPITEL 6
Bescheinigung, Selbstbeteiligung und Direktanspruch

Artikel 16
Bescheinigung über die Haftungsansprüche Dritter

Die Mitgliedstaaten stellen sicher, dass der Versicherungsnehmer berechtigt ist, jederzeit eine Bescheinigung über die Haftungsansprüche Dritter betreffend Fahrzeuge, die durch den Versicherungsvertrag zumindest während der fünf letzten Jahre der vertraglichen Beziehung gedeckt waren, bzw. eine Schadensfreiheitsbescheinigung zu beantragen.

Das Versicherungsunternehmen oder eine Stelle, die ein Mitgliedstaat gegebenenfalls zur Erbringung der Pflichtversicherung oder zur Abgabe derartiger Bescheinigungen benannt hat, übermittelt dem Versicherungsnehmer diese Bescheinigung innerhalb von fünfzehn Tagen nach Antragstellung.

Artikel 17
Selbstbeteiligung

Versicherungsunternehmen können sich gegenüber Unfallgeschädigten nicht auf Selbstbeteiligungen berufen, soweit die in Artikel 3 genannte Versicherung betroffen ist.

Artikel 18
Direktanspruch

Die Mitgliedstaaten stellen sicher, dass Geschädigte eines Unfalls, der durch ein durch die Versicherung nach Artikel 3 gedecktes Fahrzeug verursacht wurde, einen Direktanspruch gegen das Versicherungsunternehmen haben, das die Haftpflicht des Unfallverursachers deckt.

KAPITEL 7
Verfahren zur Regulierung von Unfallschäden, die durch ein von der Versicherung nach Artikel 3 gedecktes Fahrzeug verursacht werden

Artikel 19
Verfahren zur Regulierung von Unfallschäden

Die Mitgliedstaaten führen für die Regulierung von Ansprüchen aus allen Unfällen, die durch ein durch die Versicherung nach Artikel 3 gedecktes Fahrzeug verursacht wurde, das in Artikel 22 genannte Verfahren ein.

Für Unfälle, bei denen die Schadenregulierung über das System der nationalen Versicherungsbüros gemäß Artikel 2 erfolgen kann, führen die Mitgliedstaaten dasselbe Verfahren wie in Artikel 22 ein.

Für die Zwecke der Anwendung dieses Verfahrens ist jede Bezugnahme auf Versicherungsunternehmen als Bezugnahme auf nationale Versicherungsbüros zu verstehen.

Artikel 20
Besondere Bestimmungen über die Entschädigung von Geschädigten bei einem Unfall, der sich in einem anderen Mitgliedstaats dem Wohnsitzmitgliedstaat des Geschädigten ereignet hat

(1) In den Artikeln 20 bis 26 werden besondere Bestimmungen für Geschädigte festgelegt, die ein Recht auf Entschädigung für einen Sach- oder Personenschaden haben, der bei einem Unfall entstanden ist, welcher sich in einem anderen Mitgliedstaat als dem Wohnsitzmitgliedstaat des Geschädigten ereignet hat und der durch die Nutzung eines Fahrzeugs verursacht wurde, das in einem Mitgliedstaat versichert ist und dort seinen gewöhnlichen Standort hat.

Unbeschadet der Rechtsvorschriften von Drittländern über die Haftpflicht und unbeschadet des internationalen Privatrechts gelten diese Bestimmungen auch für Geschädigte, die ihren Wohnsitz in einem Mitgliedstaat haben und ein Recht auf Entschädigung für einen Sach- oder Personenschaden haben, der bei einem Unfall entstanden ist, welcher sich in einem Drittland ereignet hat, dessen nationales Versicherungsbüro dem System der Grünen Karte beigetreten ist, und der durch die Nutzung eines Fahrzeugs verursacht wurde, das in einem Mitgliedstaat versichert ist und dort seinen gewöhnlichen Standort hat.

(2) Die Artikel 21 und 24 finden nur Anwendung bei Unfällen, die von einem Fahrzeug verursacht wurden, das

a) bei einer Niederlassung in einem anderen Mitgliedstaat als dem Wohnsitzstaat des Geschädigten versichert ist und

b) seinen gewöhnlichen Standort in einem anderen Mitgliedstaat als dem Wohnsitzstaat des Geschädigten hat.

Artikel 21
Schadenregulierungsbeauftragte

(1) Die Mitgliedstaaten treffen die erforderlichen Maßnahmen, um sicherzustellen, dass jedes Versicherungsunternehmen, das Risiken aus Buchstabe A Nummer 10 des Anhangs der Richtlinie 73/239/EWG – mit Ausnahme der Haftpflicht des Frachtführers – deckt, in allen anderen Mitgliedstaaten als dem, in dem es seine behördliche Zulassung erhalten hat, einen Schadenregulierungsbeauftragten benennt.

Die Aufgabe des Schadenregulierungsbeauftragten besteht in der Bearbeitung und Regulierung von Ansprüchen, die aus Unfällen im Sinne von Artikel 20 Absatz 1 herrühren.

Der Schadenregulierungsbeauftragte muss in dem Mitgliedstaat ansässig oder niedergelassen sein, für den er benannt wird.

(2) Die Auswahl des Schadenregulierungsbeauftragten liegt im Ermessen des Versicherungsunternehmens.

Die Mitgliedstaaten können diese Auswahlmöglichkeit nicht einschränken.

(3) Der Schadenregulierungsbeauftragte kann auf Rechnung eines oder mehrerer Versicherungsunternehmen handeln.

(4) Der Schadenregulierungsbeauftragte trägt im Zusammenhang mit derartigen Ansprüchen alle zu deren Regulierung erforderlichen Informationen zusammen und ergreift die notwendigen Maßnahmen, um eine Schadenregulierung auszuhandeln.

Der Umstand, dass ein Schadenregulierungsbeauftragter zu benennen ist, schließt das Recht des Geschädigten oder seines Versicherungsunternehmens auf ein gerichtliches Vorgehen unmittelbar gegen den Unfallverursacher bzw. dessen Versicherungsunternehmen nicht aus.

(5) Schadenregulierungsbeauftragte müssen über ausreichende Befugnisse verfügen, um das Versicherungsunternehmen gegenüber Geschädigten in den in Artikel 20 Absatz 1 genannten Fällen zu vertreten und um deren Schadenersatzansprüche in vollem Umfang zu befriedigen.

Sie müssen in der Lage sein, den Fall in der Amtssprache bzw. den Amtssprachen des Wohnsitzmitgliedstaats des Geschädigten zu bearbeiten.

(6) Die Benennung eines Schadenregulierungsbeauftragten stellt für sich allein keine Errichtung einer Zweigniederlassung im Sinne von Artikel 1 Buchstabe b der Richtlinie 92/49/EWG dar, und der Schadenregulierungsbeauftragte gilt nicht als Niederlassung im Sinne von Artikel 2 Buchstabe c der Richtlinie 88/357/EWG oder als Niederlassung im Sinne der Verordnung (EG) Nr. 44/2001.

Artikel 22
Entschädigungsverfahren

Die Mitgliedstaaten sehen die durch angemessene, wirksame und systematische finanzielle oder gleichwertige administrative Sanktionen bewehrte Verpflichtung vor, dass innerhalb von drei Monaten nach dem Tag, an dem der Geschädigte seinen Schadenersatzanspruch entweder unmittelbar beim Versicherungsunternehmen des Unfallverursachers oder bei dessen Schadenregulierungsbeauftragten angemeldet hat,

a) vom Versicherungsunternehmen des Unfallverursachers oder von dessen Schadenregulierungsbeauftragten ein mit Gründen versehenes Schadenersatzangebot vorgelegt wird, sofern die Eintrittspflicht unstreitig ist und der Schaden beziffert wurde, oder

b) vom Versicherungsunternehmen, an das ein Antrag auf Schadenersatz gerichtet wurde, oder von dessen Schadenregulierungsbeauftragten eine mit Gründen versehene Antwort auf die in dem Antrag enthaltenen Darlegungen erteilt wird, sofern die Eintrittspflicht bestritten wird oder nicht eindeutig feststeht oder der Schaden nicht vollständig beziffert worden ist.

Die Mitgliedstaaten erlassen Bestimmungen, um sicherzustellen, dass für die dem Geschädigten vom Versicherungsunternehmen angebotene bzw. ihm gerichtlich zugesprochene Schadenersatzsumme Zinsen gezahlt werden, wenn das Angebot nicht binnen drei Monaten vorgelegt wird.

Artikel 23
Auskunftsstellen

(1) Von jedem Mitgliedstaat wird eine Auskunftsstelle geschaffen oder anerkannt, die mit dem Ziel, Geschädigten die Geltendmachung von Schadenersatzansprüchen zu ermöglichen,

a) ein Register mit den nachstehend aufgeführten Informationen führt:

i) die Kennzeichen der Kraftfahrzeuge, die im Gebiet des jeweiligen Staates ihren gewöhnlichen Standort haben;

ii) die Nummern der Versicherungspolicen, die die Nutzung dieser Fahrzeuge in Bezug auf die unter Buchstabe A Nummer 10 des Anhangs der Richtlinie 73/239/EWG fallenden Risiken – mit Ausnahme der Haftpflicht des Frachtführers – abdecken, und, wenn die Geltungsdauer der Police abgelaufen ist, auch den Zeitpunkt der Beendigung des Versicherungsschutzes;

iii) die Versicherungsunternehmen, die die Nutzung von Fahrzeugen in Bezug auf die unter Buchstabe A Nummer 10 des Anhangs der Richtlinie 73/239/EWG fallenden Risiken – mit Ausnahme der Haftpflicht des Frachtführers – abdecken, sowie die von diesen Versicherungsunternehmen nach Artikel 21 der vorliegenden Richtlinie benannten Schadenregulierungsbeauftragten, deren Namen der Auskunftsstelle gemäß Absatz 2 des vorliegenden Artikels zu melden sind;

iv) die Liste der Fahrzeuge, die im jeweiligen Mitgliedstaat von der Haftpflichtversicherung gemäß Artikel 5 Absätze 1 und 2 befreit sind;

v) bei Fahrzeugen gemäß Ziffer iv:
- den Namen der Stelle oder Einrichtung, die gemäß Artikel 5 Absatz 1 Unterabsatz 3 bestimmt wird und dem Geschädigten den Schaden zu ersetzen hat, in den Fällen, in denen das Verfahren des Artikels 2 Absatz 2 Buchstabe a nicht anwendbar ist, und wenn für das Fahrzeug die Ausnahmeregelung nach Artikel 5 Absatz 1 Unterabsatz 1 gilt;
- den Namen der Stelle, die für die durch das Fahrzeug verursachten Schäden in dem Mitgliedstaat aufkommt, in dem es seinen gewöhnlichen Standort hat, wenn für das Fahrzeug die Ausnahmeregelung nach Artikel 5 Absatz 2 gilt;

b) oder die Erhebung und Weitergabe dieser Daten koordiniert und

c) die berechtigten Personen bei der Erlangung der unter Buchstabe a Ziffern i bis v genannten Informationen unterstützt.

Die unter Buchstabe a Ziffern i, ii und iii genannten Informationen sind während eines Zeitraums von sieben Jahren nach Ablauf der Zulassung des Fahrzeugs oder der Beendigung des Versicherungsvertrags aufzubewahren.

(2) Die in Absatz 1 Buchstabe a Ziffer iii genannten Versicherungsunternehmen melden den Auskunftsstellen aller Mitgliedstaaten Namen und Anschrift des Schadenregulierungsbeauftragten, den sie in jedem der Mitgliedstaaten gemäß Artikel 21 benannt haben.

(3) Die Mitgliedstaaten stellen sicher, dass die Geschädigten berechtigt sind, binnen eines Zeitraums von sieben Jahren nach dem Unfall von der Auskunftsstelle ihres Wohnsitzmitgliedstaats, des Mitgliedstaats, in dem das Fahrzeug seinen gewöhnlichen Standort hat, oder des Mitgliedstaats, in dem sich der Unfall ereignet hat, unverzüglich die folgenden Informationen zu erhalten:

a) Namen und Anschrift des Versicherungsunternehmens;

b) die Nummer der Versicherungspolice und

c) Namen und Anschrift des Schadenregulierungsbeauftragten des Versicherungsunternehmens im Wohnsitzstaat des Geschädigten.

Die Auskunftsstellen kooperieren miteinander.

(4) Die Auskunftsstelle teilt dem Geschädigten Namen und Anschrift des Fahrzeugeigentümers, des gewöhnlichen Fahrers oder des eingetragenen Fahrzeughalters mit, wenn der Geschädigte ein berechtigtes Interesse an dieser Auskunft hat. Zur Anwendung dieser Bestimmung wendet sich die Auskunftsstelle insbesondere an

a) das Versicherungsunternehmen oder

b) die Zulassungsstelle.

Gilt für das Fahrzeug die Ausnahmeregelung nach Artikel 5 Absatz 1 Unterabsatz 1, so teilt die Auskunftsstelle dem Geschädigten den Namen der Stelle oder Einrichtung mit, die gemäß Artikel 5 Absatz 1 Unterabsatz 3 bestimmt wird und dem Geschädigten den Schaden zu ersetzen hat, falls das Verfahren des Artikels 2 Buchstabe a nicht anwendbar ist.

Gilt für das Fahrzeug die Ausnahmeregelung nach Artikel 5 Absatz 2, so teilt die Auskunftsstelle dem Geschädigten den Namen der Stelle mit, die für die durch das Fahrzeug verursachten Schäden im Land des gewöhnlichen Standorts aufkommt.

(5) Die Mitgliedstaaten stellen sicher, dass die Auskunftsstellen unbeschadet ihrer Verpflichtungen aus den Absätzen 1 und 4 die in jenen Absätzen bezeichneten Informationen allen Personen zur Verfügung stellen, die an einem Verkehrsunfall beteiligt sind, der durch ein durch die Versicherung nach Artikel 3 gedecktes Fahrzeug verursacht wurde.

(6) Die Verarbeitung personenbezogener Daten aufgrund der Absätze 1 bis 5 muss im Einklang mit den einzelstaatlichen Maßnahmen gemäß der Richtlinie 95/46/EG erfolgen.

Artikel 24
Entschädigungsstellen

(1) Von jedem Mitgliedstaat wird eine Entschädigungsstelle geschaffen oder anerkannt, die den Geschädigten in den Fällen nach Artikel 20 Absatz 1 eine Entschädigung gewährt.

Die Geschädigten können einen Schadenersatzantrag an die Entschädigungsstelle im Wohnsitzmitgliedstaat richten,

a) wenn das Versicherungsunternehmen oder sein Schadenregulierungsbeauftragter binnen drei Monaten nach der Geltendmachung des Entschädigungsanspruchs beim Versicherungsunternehmen des Fahrzeugs, durch dessen Nutzung der Unfall verursacht wurde, oder beim Schadenregulierungsbeauftragten keine mit Gründen versehene Antwort auf die im Schadenersatzantrag enthaltenen Darlegungen erteilt hat oder

b) wenn das Versicherungsunternehmen im Wohnsitzmitgliedstaat des Geschädigten keinen Schadenregulierungsbeauftragten gemäß Artikel 20 Absatz 1 benannt hat; in diesem Fall sind Geschädigte nicht berechtigt, einen Schadenersatzantrag an die Entschädigungsstelle zu richten, wenn sie einen solchen Antrag direkt beim Versicherungsunternehmen des Fahrzeugs, durch dessen Nutzung der Unfall verursacht wurde, eingereicht und innerhalb von drei Monaten nach Einreichung dieses Antrags eine mit Gründen versehene Antwort erhalten haben.

Geschädigte dürfen jedoch keinen Schadenersatzantrag an die Entschädigungsstelle stellen, wenn sie unmittelbar gegen das Versicherungsunternehmen gerichtliche Schritte eingeleitet haben.

Die Entschädigungsstelle wird binnen zwei Monaten nach Stellung eines Schadenersatzantrags des Geschädigten tätig, schließt den Vorgang jedoch ab, wenn das Versicherungsunternehmen oder dessen Schadenregulierungsbeauftragter in der Folge eine mit Gründen versehene Antwort auf den Schadenersatzantrag erteilt.

Die Entschädigungsstelle unterrichtet unverzüglich

a) das Versicherungsunternehmen des Fahrzeugs, dessen Nutzung den Unfall verursacht hat, oder den Schadenregulierungsbeauftragten,

b) die Entschädigungsstelle im Mitgliedstaat der Niederlassung des Versicherungsunternehmens, die die Vertragspolice ausgestellt hat,

c) die Person, die den Unfall verursacht hat, sofern sie bekannt ist,

darüber, dass ein Antrag des Geschädigten bei ihr eingegangen ist und dass sie binnen zwei Monaten nach Stellung des Antrags auf diesen eingehen wird.

Es bleibt das Recht der Mitgliedstaaten unberührt, Bestimmungen zu erlassen, durch die der Einschaltung dieser Stelle subsidiärer Charakter verliehen wird oder durch die der Rückgriff dieser Stelle auf den oder die Unfallverursacher sowie auf andere Versicherungsunternehmen oder Einrichtungen der sozialen Sicherheit, die gegenüber dem Geschädigten zur Regulierung desselben Schadens verpflichtet sind, geregelt wird. Die Mitgliedstaaten dürfen es der Stelle jedoch nicht gestatten, die Zahlung von Schadenersatz von anderen als den in dieser Richtlinie festgelegten Bedingungen, insbesondere davon abhängig zu machen, dass der Geschädigte in irgendeiner Form nachweist, dass der Haftpflichtige zahlungsunfähig ist oder die Zahlung verweigert.

(2) Die Entschädigungsstelle, welche den Geschädigten im Wohnsitzstaat entschädigt hat, hat gegenüber der Entschädigungsstelle im Mitgliedstaat der Niederlassung des Versicherungsunternehmens, die die Versicherungspolice ausgestellt hat, Anspruch auf Erstattung des als Entschädigung gezahlten Betrags.

Die Ansprüche des Geschädigten gegen den Unfallverursacher oder dessen Versicherungsunternehmen gehen insoweit auf die letztgenannte Entschädigungsstelle über, als die Entschädigungsstelle im Wohnsitzstaat des Geschädigten eine Entschädigung für den erlittenen Sach- oder Personenschaden gewährt hat.

Jeder Mitgliedstaat ist verpflichtet, einen von einem anderen Mitgliedstaat vorgesehenen Forderungsübergang anzuerkennen.

(3) Dieser Artikel wird wirksam,

a) nachdem die von den Mitgliedstaaten geschaffenen oder anerkannten Entschädigungsstellen eine Vereinbarung über ihre Aufgaben und Pflichten sowie über das Verfahren der Erstattung getroffen haben und

b) ab dem Zeitpunkt, den die Kommission festlegt, nachdem sie sich in enger Zusammenarbeit mit den Mitgliedstaaten vergewissert hat, dass eine solche Vereinbarung getroffen wurde.

Artikel 25
Entschädigung

(1) Kann das Fahrzeug nicht ermittelt werden oder kann das Versicherungsunternehmen nicht binnen zwei Monaten nach dem Unfall ermittelt werden, so kann der Geschädigte eine Entschädigung bei der Entschädigungsstelle im Wohnsitzmitgliedstaat beantragen. Diese Entschädigung erfolgt gemäß den Artikeln 9 und 10. Die Entschädigungsstelle hat dann unter den in Artikel 24 Absatz 2 festgelegten Voraussetzungen folgenden Erstattungsanspruch:

a) für den Fall, dass das Versicherungsunternehmen nicht ermittelt werden kann: gegen den Garantiefonds in dem Mitgliedstaat, in dem das Fahrzeug seinen gewöhnlichen Standort hat;

b) für den Fall eines nicht ermittelten Fahrzeugs: gegen den Garantiefonds in dem Mitgliedstaat des Unfalls;

c) bei Fahrzeugen aus Drittländern: gegen den Garantiefonds in dem Mitgliedstaat des Unfalls.

(2) Der vorliegende Artikel findet Anwendung bei Unfällen, die von unter die Artikel 7 und 8 fallenden Fahrzeugen aus Drittländern verursacht wurden.

Artikel 26
Zentralstelle

Die Mitgliedstaaten ergreifen alle erforderlichen Maßnahmen, um die rechtzeitige Bereitstellung der für die Schadenregulierung notwendigen grundlegenden Daten an die Opfer, ihre Versicherer oder ihre gesetzlichen Vertreter zu erleichtern.

Diese grundlegenden Daten werden gegebenenfalls jedem Mitgliedstaat in elektronischer Form in einem Zentralregister bereitgestellt und sind für die an dem Schadensfall Beteiligten auf ihren ausdrücklichen Antrag hin zugänglich.

Artikel 27
Sanktionen

Die Mitgliedstaaten legen Sanktionen für Verstöße gegen die aufgrund dieser Richtlinie erlassenen innerstaatlichen Rechtsvorschriften fest und treffen die für ihre Anwendung erforderlichen Vorkehrungen. Die festgelegten Sanktionen müssen wirksam, verhältnismäßig und abschreckend sein. Die Mitgliedstaaten teilen der Kommission jegliche Änderungen von Bestimmungen, die in Anwendung des vorliegenden Artikels erlassen werden, so bald wie möglich mit.

KAPITEL 8
Schlussbestimmungen

Artikel 28
Innerstaatliche Rechtsvorschriften

(1) Die Mitgliedstaaten können im Einklang mit dem Vertrag Bestimmungen beibehalten oder einführen, die für den Geschädigten günstiger sind als die Bestimmungen, die zur Umsetzung dieser Richtlinie erforderlich sind.

(2) Die Mitgliedstaaten teilen der Kommission den Wortlaut der wichtigsten innerstaatlichen Rechtsvorschriften mit, die sie auf dem unter diese Richtlinie fallenden Gebiet erlassen.

Artikel 29
Aufhebung

Die Richtlinien 72/166/EWG, 84/5/EWG, 90/232/EWG, 2000/26/EG und 2005/14/EG, in der Fassung der in Anhang I Teil A aufgeführten Richtlinien, werden unbeschadet der Verpflichtungen der Mitgliedstaaten hinsichtlich der in Anhang I Teil B genannten Fristen für die Umsetzung der dort genannten Richtlinien in innerstaatliches Recht und für die Anwendung dieser Richtlinien aufgehoben.

Verweisungen auf die aufgehobenen Richtlinien gelten als Verweisungen auf die vorliegende Richtlinie und sind nach Maßgabe der Entsprechungstabelle in Anhang II zu lesen.

Artikel 30
Inkrafttreten

Diese Richtlinie tritt am zwanzigsten Tag nach ihrer Veröffentlichung im Amtsblatt der Europäischen Union in Kraft.

Artikel 31
Adressaten

Diese Richtlinie ist an die Mitgliedstaaten gerichtet.

Geschehen zu Straßburg am 16. September 2009.

Stichwortverzeichnis

(Die fetten Zahlen beziehen sich auf die Kapitel, die Zahlenhinweise entsprechen den Randnummern.)

Abfindung **17** 12, 33, 34, 43, 82b, 108, 246g
Abfindungserklärung **1** 207, 210–212, 215, 260; **14** 113
Abfindungsvergleich **1** 208, 217, 219, 226, 228; **9** 11; **19** 558, 650–704
– Anfechtbarkeit **19** 660, 661
– Geschäftsgrundlage **19** 665–677
– – Äquivalenzstörung **19** 669–677
– – Äquivalenzstörung, Zukunftsschaden **19** 672
– Nichtigkeit **19** 654–659
– – gesetzliches Verbot **19** 657
– – Sittenwidrigkeit **19** 658
– – Vormundschaft **19** 656
– Rechtsnatur **19** 653–704
Abgabeschlauch **21** 198c, 198d, 201a, 203
Abgefahrene Reifen **22** 377
Abgeschlepptes Fahrzeug **4** 17 f.; **22** 132, 141
Abgeschlepptes nicht versichertes Kraftfahrzeug **22** 102
Abgesprochener Verkehrsunfall **24** 8, 250
Abgrenzbare Mehrkosten **16** 19, 29
Abhanden gekommener Fahrzeugschlüssel **24** 190
Abhängen des Anhängers **22** 147
Abhängen eines Anhängers **22** 140, 150, 153
Abhängig Beschäftigter **17** 78
Abkehr **24** 227
Abkehr vom sog. Alles-oder-Nichts-Prinzip **24** 249
Abknickende Vorfahrt **6** 214, 412
Abkommen von der Fahrbahn **6** 45
Abkommen von gerader Fahrbahn **22** 353
Abnahme **4** 322
Abrechnung nach Schadenhöhe **13** 132
Abrechnung nach Stundensatz **13** 133
Abrollen **4** 83
Abschlagszahlung **8** 61; **15** 123
Abschleppen **6** 32; **22** 140, 209, 210
Abschleppkosten **3** 259, 289, 295, 299; **15** 50, 66, 214; **16** 71
Abschleppunternehmen **2** 60
Absolute Fahruntüchtigkeit **22** 352
Abstand zum Vordermann **6** 38
Abstellplatz **22** 35
Abtretung **1** 94; **3** 228–232, 236–239, 241; **14** 13; **15** 59, 171, 190; **17** 33a, 242
Abtretungserklärung **3** 237; **15** 171
Abwehr unbegründeter Ansprüche **22** 50
Abwehrfunktion **22** 75
Abwehrmaßnahme **22** 99
Abwicklungsvollmacht **22** 520
Abzug »alt für neu« **10** 7, 12, 172, 227
– ersparte Betriebskosten **12** 293
– Höhe **10** 194

– Preisnachlässe **10** 200
– Verschleißteile **10** 190
Abzug »neu für alt« **3** 296
ACE **2** 15
ADAC **2** 15
Adäquanz **1** 48, 53; **15** 218, 241
Adäquanztheorie **1** 41
Adäquate Unfallfolge **17** 53
Adhäsionsverfahren **3** 131; **19** 635; **25** 105
ADR-Bescheinigung **21** 242, 250a
Agent **22** 422
AKB **22** 5, 25, 28; **24** 118
Akteneinsicht **15** 23
Aktive Phase **17** 84
Aktivlegitimation **3** 2, 40, 44, 209, 225, 226, 254, 261; **17** 78d, 180b, 182b, 184, 192, 199, 208, 243, 246; **19** 685–687; **24** 61
Aktualneurose **20** 19
Alimentation **17** 52, 241
Alkohol **22** 358, 421
Alkoholeinfluss **1** 114
Alkoholgenuss **1** 114; **22** 361
Alkoholisierung **4** 52c, 104, 108, 288d; **6** 41
Alkoholklausel **22** 30, 116, 351, 353
Alkoholtypischer Fahrfehler **22** 352, 358
Alleinstehender **17** 104
Alleinverdiener **17** 161, 164, 166, 168, 169, 170, 173
Alles-oder-Nichts-Prinzip **24** 146, 227
Allgemeine Bedingungen für die Kraftfahrtversicherung **22** 25
Allgemeine Betriebsgefahr **1** 141
Allgemeine Geschäftsbedingungen **4** 344 f., 351 ff.; **21** 52, 65; **22** 31
Allgemeine Geschäftskosten **14** 145
Allgemeine Haftpflicht **22** 152, 173, 179
Allgemeine im Markt verbreitete Berechnungsregel **13** 103
Allgemeine Nebenkosten **16** 1
Allgemeine Nebenkostenpauschale **16** 89
Allgemeine Versicherungsbedingungen **22** 16
Allgemeiner Abrechnungsmaßstab **13** 94
Allgemeiner Straßenzustand **6** 377
Allgemeines Berufsrisiko **20** 32a
Allgemeines Lebensrisiko **20** 18, 32, 62
Allianz **2** 62
Altenteil **17** 136
Alter **13** 78
Älterer Mensch **6** 233
Älteres Fahrzeug niedrigerer Fahrzeugklasse **13** 32
Alternative Behandlungsmethode **17** 199
Altersrente **17** 28, 173, 226b, 228

Stichwortverzeichnis

Altersteilzeit 17 84, 237
Altersvorsorge 17 158, 163
Altes VVG 24 222, 223
Altlast 21 210, 213a, 382, 423
Altlastenregister 21 389b
Altlastenverdacht 21 389b, 399b
Altschaden 24 183
Amtshaftung 4 228 ff., 231, 247
Amtspflicht 1 82; 4 228 ff., 236 ff., 367 ff.
Amtspflichtverletzung 1 48, 50; 4 238, 247a; 8 9, 47a, 57; 22 43
Analyse 24 235
Andere berauschende Mittel 22 354
Änderung des Versicherungsantrages 22 39
Änderungsmitteilung 22 35
Androhung der Zwangsvollstreckung 14 133
Anerkenntnis 1 173, 178, 246, 248, 264; 8 38; 15 61; 22 439, 440, 442, 444, 447; 24 97
Anerkenntnisverbot 22 438, 449
Anfahren 6 47
Anfall 24 246
Anfangsbeweis 24 222
Anfechtung 1 224, 225; 22 96
Anfrageverfahren 17 78
Angabe in der Schadensmeldung 24 133
Angebot 3 57; 22 28, 37, 80
Angehöriger 17 106, 113, 211, 220, 247, 253, 254
Angestellter
– im öffentlichen Dienst 17 56
– sonstiger 17 49
Angestellter Fahrer 22 313
Angewandtes Abrechungsverfahren 13 120
Anhängen des Anhängers 22 147
Anhängen des Hängers 22 153
Anhänger 3 262; 4 8b, 9, 33 ff., 58a, 356b; 6 26a; 22 18, 76, 102, 103, 132, 149, 151
Anhänger eine Betriebsgefahr 22 104
Anhänger-Haftpflichtversicherung 22 147
Anhängerhaftpflicht 22 104
Anhängerversicherung 22 76
Anhäufung von Indizien 24 231
Anhörung des VN 24 222, 242
Anlage 4 200, 205
Anlagenhaftung 4 192 ff., 218, 220
Anlass für Misstrauen 13 69
Annahme 22 37, 80, 83
Annahmefiktion 22 38
Annahmeverzug 1 185, 194
Anrechnung der Geschäftsgebühr 14 87
Anschaffungspreis 24 188
Anschein 1 118
Anscheinsbeweis 1 5, 103, 108–123, 137, 161, 164; 4 10a, 162, 171a, 246a, 279, 293b, 327a, 359a; 6 57, 92; 20 29; 22 410; 24 27
Anschleppen 4 18
Anschlussberufung 19 645–647, 649
Anschnallpflicht 1 155–157

Anspruch 3 255
– Kürzung 17 11, 142
– Übergang 17 1, 53b, 82, 85, 86, 88, 89, 100, 184, 192, 200, 233, 236, 237, 241, 242, 243, 246, 247, 248, 258, 260, 2259
Anspruchsgrundlage 15 28
Anspruchsteller 1 96
Anteilige Jahresprämie 22 88
Anteilige Prämie 22 42
Antrag 3 57
Antrag auf Wiedererteilung 22 334
Antragsmodell 22 37
Anwalt
– Organ der Rechtspflege 2 89
Anwaltskosten 15 150; 17 87; 22 75, 101; 25 37
– des Arbeitgebers 17 239
Anweisung 3 238
Anwendbares Recht 8 1
Anwendbares Recht bei Regulierung eines Auslandsunfalls 25 74
Anzahl der Schlüssel falsch 24 194
Anzeige 22 118, 406
Anzeigenobliegenheit 22 408
Anzeigeobliegenheit 22 286; 23 764; 24 137
Anzeigepflicht 8 108, 112; 21 398, 435, 436a, 438b, 438c; 22 40, 420, 483; 24 160
Anzeigepflicht von Anspruchsanmeldungen 22 454
Äquivalenzprinzip 21 41
Äquivalenztheorie 1 30
Arbeitgeber 4 110 ff., 283; 14 18; 17 13; 22 128, 158, 510
– Abfindung 17 33
– anderer 17 84
– Anspruchsübergang 17 86, 87, 234–240
– Anwaltskosten 17 239
– Ausgleich nach AAG 17 187
– ersp. Eigenkosten Abzug beim 17 32
– Konkurs 17 15, 16, 48
– Rehabilitation 17 226
– scheinselbstständig 17 78
– Sonderzahlung 17 37a
– Sozialversicherungsbeiträge 17 86, 238
– Sterbegeld 17 134
– Umsetzung des Arbeitnehmers 17 18, 22, 26, 28, 29
– Unterhalt bei Konkurs des 17 142
– Verjährung der Ansprüche des 17 250
Arbeitgeberaufwand 18 57
Arbeitgeberhaftung 4 299 ff., 313
Arbeitnehmerhaftung 4 111 ff., 282 ff., 298, 315
Arbeitsamt 17 80, 237
Arbeitseinkommen 17 148
Arbeitsfähigkeit 17 12, 24, 49
Arbeitsgemeinschaft 9 103
Arbeitsgemeinschaft Verkehrsrecht im Deutschen Anwaltverein 2 62, 82
Arbeitsgericht 17 22
Arbeitskleidung 17 32

Stichwortverzeichnis

Arbeitskollege 9 67
Arbeitskraft 17 20, 225
Arbeitslohn 17 37
Arbeitslos 17 244
Arbeitslosengeld 17 24, 37, 73, 80, 82, 248
Arbeitslosengeld II 17 82
Arbeitslosenhilfe 17 37; 22 492
Arbeitslosenversicherung 17 37, 185
Arbeitsloser 17 79, 81
Arbeitslosigkeit 17 17, 46, 248
Arbeitsmaschine 4 30, 356b; 21 112a, 113, 116, 134, 135a, 136; 22 136, 158, 159, 162, 163, 189
Arbeitsorganisation 17 78
Arbeitspflicht 17 31, 159, 175
Arbeitsplatz 17 18, 29
Arbeitsschutzmaßnahme 17 239
Arbeitssuchend 17 54
Arbeitssuchender 17 82
Arbeitsunfähigkeit 17 185
Arbeitsunfähigkeitsbescheinigung 17 237
Arbeitsunfall 4 300 ff., 310; 9 65; 17 41, 51, 90, 226
Arbeitsverdienst 17 38
Arbeitsvertrag 4 110, 281 ff.; 17 29
Arbeitswegeunfall 17 90
Arbeitszeitverordnung 17 40
Arglist 24 139, 156, 196
Arglistige Täuschung 22 9, 40
Art der Obliegenheitsverletzungen nach dem Versicherungsfall 24 160
Arzneimittel 17 110, 182, 183
Ärztliche Bescheinigung 20 12
Ärztliches Attest 25 14
Aufbaukurs für Tankwagenfahrer 21 250c, 252
Aufbauten 22 174
Auffahren 6 73, 91
Auffahren und Spurwechsel 6 91
Auffahrunfall 24 28
Auffangwanne 21 267f, 267g, 282b, 322, 339a, 343a, 364
Aufgabeverbot 17 242
Aufhebung der Erwerbsfähigkeit 17 63
Aufhebung des Hauptvertrages 22 83
Aufklärung 22 414
Aufklärungsbedürfnis 24 135
Aufklärungsobliegenheit 15 20; 22 286, 430; 23 756; 24 135, 168
– Fahrzeugdaten 23 770
– Fragen des Versicherers 23 759
– Kenntnis des Versicherers 23 779
– Korrektur von Falschangaben 23 778
– Personendaten 23 775
– Vorschäden 23 765
Aufklärungspflicht 4 330; 22 414, 415, 422, 426, 429
Auflage 22 337
Auflieger 22 102, 132
Aufnahme einer Erwerbstätigkeit 17 159
Aufrechnung 1 188, 190, 192, 299; 3 253; 8 19

Aufsicht 3 317
Aufsichtsbedürftiger 4 269 ff., 276
Aufsichtsmöglichkeit 4 272
Aufsichtspflicht 1 52; 3 339; 4 259, 269 ff., 274 ff.
Aufsichtspflichtiger 3 115
Aufsichtspflichtverletzung 3 317; 9 134
Auftrag 3 12; 8 13
Auftraggeber. 17 78
Aufwand 15 53, 55
Aufwendungsausgleichsgesetz 17 237
Aufwendungsersatz 4 323; 21 24a, 45d, 58a, 58b, 77, 341b
Aufwendungsersatzanspruch des Arbeitnehmers 4 315
Auge-und-Ohr-Rechtsprechung 22 422; 24 178
Augenblicksversagen 4 293c f.; 23 397
Ausbildungsbeihilfe 17 144, 226
Ausbildungskosten 5 29, 30; 17 28
Ausbildungsvergütung 17 58
Ausbildungsverhältnis 4 283
Ausdrückliche Gebührenvereinbarung 13 92
Außenverhältnis 22 14, 96, 290, 320
Außerbetriebsetzung/Ruheversicherung 23 735
Äußerer Schadenshergang 24 67
Äußeres Bild des Diebstahls 23 214
Außergerichtliche Abwicklung von Auslandsunfällen 25 16
Außergerichtliche Besprechung 14 103
Außerhalb des öffentlichen Verkehrsraumes 22 96
Ausfahren 6 56
Ausfall von Eigenleistungen 17 37
Ausgabezeitraum 22 118
Ausgenutzter Verkehrsunfall 24 15
Ausgestaltung der Kostennote 13 130
Ausgleichsanspruch 8 14, 92; 21 150c, 207, 207f, 208, 209a, 210, 210a, 211, 221b
Ausgleichsanspruch nach § 13 HG 4 188, 210
Aushändigung der Versicherungsbestätigung 22 38, 81
Auskunftserteilung 22 68
Auskunftsobliegenheit 15 20; 22 271
Auskunftspflicht 22 419
Auskunftsstellen 25 21
Auskunftsverweigerungsrecht 22 419
Ausladen 22 134, 213
Auslagen für Porto und Telefon 14 146; 16 6
Auslagenpauschale 17 239
Ausländer 1 12; 22 332
Ausländischer Führerschein 22 332
Ausländischer Rechtsanwalt 14 48
Ausländischer Staatsangehöriger 22 222
Ausländisches Fahrzeug 22 517
Auslandsschaden 17 202
Auslandsunfall 25 1, 65
Auslösung 17 39
Ausschluss der Verweisung 22 498
Ausschlussfrist 4 290 f.; 22 9
Aussteigen 6 132; 22 165

1715

Stichwortverzeichnis

Auswahl 4 259 ff.; 13 59
Auswahlverschulden 13 68
Auswechselungskosten 16 101
Ausweichen 24 236
Ausweichreaktion 4 10a, 12b ff.
Auswirkung 24 195
Auszubildender 17 57
Auszug 17 168
Autobahn 4 10a, 11b, 17a
Autobahn und Kraftfahrstraße 6 52
Automatikfahrzeug 17 120
Autovermietungen 2 11

BAföG 17 144
BAföG-Leistung 17 28
Bagatellschaden 15 77
Bagatellschadengrenze 13 6
Bagatellschadensgrenze 15 113
Bagatellunfall 20 13, 33, 51 f., 64
Bagatellverletzung 20 17
Bagger 4 8a; 22 108
Bahnanlagen 4 218 ff.; 6 112
Bahncard 14 156
Bahnkörper außerhalb des Verkehrsraumes 4 144 ff.
Bahnsteig 4 218, 224a, 227
Bahnübergang 4 157a ff.; 6 109
Bankbestätigung 16 127
Bankkredit 16 126
Barleistung 17 243, 245
Barunterhalt 17 139, 146, 147, 171–173
Barunterhaltsersatz 17 173
Barwert 22 525
Barzahlung 22 230
Basisrente 22 532
Basisunterhalt 17 174
Basiszinssatz 1 269
BAT 18 19, 20, 29, 32, 33
Bauer 17 136
Baum 4 239 f.; 6 382
Bauschäden 2 84
Baustelle 4 26b ff., 241a
Beamter 4 228 ff., 234, 246, 368a; 17 52, 54, 88, 111, 241
Beanspruchte Zeit 16 105
Bearbeitungsgebühr 15 219–221
Beauftragte Person 22 200
Bedeutung des Entlastungsbeweises 4 256
Bediener 22 129
Bedingter Vorsatz 3 139, 140, 163; 22 409, 427
Bedingungstheorie 1 32
Bedürftigkeit 17 82, 114, 163
Bedürftigkeit der Eltern 17 163
Beendigung des Versicherungsvertrages 22 46
Beförderte Person 22 212
Beförderte Sache 4 42
Beförderter Gegenstand 22 212
Beförderungsvertrag 4 333 ff.

Befriedigung begründeter Schadenersatzansprüche 22 50, 93
Befriedigungsvorrecht 3 282; 22 521, 522
Befüllungsfolgeschaden 22 184
Begehrensneurose 20 13, 18
Beginn der Verjährung 8 20, 34
Begleitetes Fahren 4 86
Begleitetes Fahren ab 17 22 331
Begleitperson 17 120
Begriff der Mehraufwendungen 5 25, 26
Begünstigung 24 232
Begutachtung durch die Versicherung 13 39
Behandlung 17 182
Behindertengerechte Wohnung 17 121
Behindertengerechter Mehrbedarf 17 120
Behindertenwerkstatt 17 30
Behinderter 17 226
Behindertes Kind 17 190, 213
Behinderung 17 103
Behinderung in Haushaltsführung 17 97
Behinderungsbedingter Bedarf 17 108
Behördlich genehmigte Fahrveranstaltung 22 208
Beifahrer 1 130, 155, 156; 21 64b, 329, 330, 330a; 22 124, 132, 166, 169
Beihilfe 18 2, 3, 7, 8, 9, 10
Beihilfe zur Unfallflucht 22 424
Beinaheunfälle 20 58, 64
Beitrag zur Arbeitslosen und Rentenver- sicherung 17 41
Beitrag zur Sozialversicherung 17 186
Beitragsbemessungsgrenze 17 41
Beitragsregress 9 51
Beitragsrückerstattung 17 37, 118
Beitragsschaden 17 246
Bekanntgabe der AKB 22 28
Beladen 4 31a; 22 134, 168–170
Belehrung 22 86, 236, 253; 24 137, 148
Belehrungspflicht 22 275, 418
Beleuchtung 1 116; 6 121, 131
Belohnung und Prämie 16 40
Belüftungsleitungen 21 266, 269, 274c, 284a, 313, 367, 369, 370
Benutzung einer Waschanlage 22 195
Benzinklausel 22 160, 201
Beratungs- und Hinweispflicht 22 37
Beratungsfehler 21 231
Bergrutsch 4 54
Bergungskosten 16 69
Bergwerk 4 211 ff.
Berliner Modell 24 11
Beruflich tätig 21 217, 218a, 219a, 416a
Berufliche Entwicklung 17 17
Berufliche Weiterbildung 17 87
Beruflicher Werdegang 17 17
Berufsbild 13 61
Berufsgenossenschaft 17 24, 90, 113, 120, 192, 217, 237, 239, 243, 245
Berufskraftfahrer 4 114, 282, 288, 296; 21 250

Stichwortverzeichnis

Berufsziel 17 59
Beschädigtes Kfz 16 88
Beschädigung 23 851
Bescheid
– Kosten- 21 34a, 35b, 35d, 40, 41, 42a
– Leistungs- 21 34, 34a
– Widerspruchs- 21 34a
Beschränkte Leistungsfreiheit 22 100
Beschränkung auf die Mindestversicherungssumme 22 15
Beschränkung der Haftung 22 506
Beschränkung der Verweisung 22 498
Besitz 1 85
Besitz des Kraftfahrzeuges 22 131
Besitzdiener 21 76
Besitzstörung 1 83, 85; 3 44
Besorgung fremder Rechtsangelegenheiten 2 65
Bestattung 17 134, 178
Bestattungskosten 17 126, 127, 132
Bestechungsgeld 17 40
Bestellte Person 22 200
Bestimmungsrecht 1 196, 198
Besucherschutzabkommen 25 122
Besuchskosten 5 11–14; 17 113, 194, 220
Betreiber 21 33a, 84b, 138d, 150b, 150c, 151, 152a, 163, 167c, 170b, 172, 172a, 176, 183, 191b, 193, 194, 194a, 194b, 195b, 195c, 196, 197, 201b, 210a, 212a, 225b, 248b, 272a, 273, 278a, 281a, 282b, 283, 285a, 287c, 294, 301, 301c, 301d; 341a, 341b, 361, 362, 363, 364, 365, 366a, 368, 369, 370a, 372, 373, 374, 375, 375b, 375c, 376b, 376c, 376d, 376e, 377, 378a, 378b, 434, 437
Betreuung eines Kindes 17 113
Betreuungsleistung 17 150
Betreuungsunterhalt 17 151
Betrieb 22 134, 137, 176
Betrieb des Kraftfahrzeuges 22 136
Betrieblich veranlasste Tätigkeit 4 111, 318
Betriebliche Altersversorgung 17 238
Betriebliche Sammelfahrt 9 71
Betriebliche Zusatzvereinbarung 17 237
Betriebsaufgabe 17 71
Betriebsbegriff 4 9 ff., 18 ff., 31, 131
Betriebsergebnis 17 66
Betriebsfähig 22 142
Betriebsfähigkeit 22 143
Betriebsfahrzeug 9 72
Betriebsgefahr 1 111, 112, 124, 143, 145, 149, 157, 158, 162, 164; 3 92, 204, 205; 6 8, 23; 9 159; 17 4, 5; 22 18, 134, 149, 207
Betriebsgefahr der Straßenbahn 4 176a
Betriebsgefahr des Kfz 4 1, 8, 15 ff., 25, 52c, 61, 82, 87, 98, 172c ff., 217
Betriebsgelände 4 195; 9 73
Betriebshaftpflicht 22 159, 181, 182
Betriebshaftpflichtversicherer 21 60a, 115, 115a, 118

Betriebshaftpflichtversicherung 22 106, 108, 160, 162, 164, 184, 200
Betriebshelfer 17 68
Betriebskostenberechnung 16 21
Betriebsrente 17 34
Betriebsrisiko 4 287c
Betriebsschaden 22 156
Betriebsstoffe 4 24 f.
Betriebstechnischer Zusammenhang 21 186, 186a, 186b, 186c
Betriebsunfähiges Kfz 22 102
Betriebsunfall 4 13a ff., 24, 30b, 216
Betriebsunternehmer 4 128 ff., 150, 220, 225
Betriebsvereinbarung 17 13
Betriebsvorgang/Betriebsschäden 23 326
Betriebsweg 4 309 ff.; 9 70, 131
Betrug 22 457; 24 116
Betrugsnachweis 24 248
Betrugsversuch 24 144
Beweis 1 110, 119; 17 129
Beweis des ersten Anscheins 1 108, 110, 112, 114–116, 119, 122–124, 156; 3 107
Beweisaufnahme 25 95
Beweiserleichterung 1 103, 119, 125, 137; 3 183, 193; 4 251; 17 15; 20 13, 56; 24 85, 248
Beweiserleichterung für das Versicherungsunternehmen 24 210
Beweiserleichterung für den VN 24 203
Beweisführung Diebstahl 23 208–239
Beweislast 1 67, 92, 96, 98–101, 103, 105, 106, 119, 139, 149, 160, 201, 237, 269, 275; 3 65, 66, 107, 111, 129, 184, 331; 4 87, 156, 207, 255, 327 f., 341, 353; 6 97, 111; 9 154; 13 142; 15 81, 83, 131–133, 264; 17 15; 19 544–552; 24 67, 127, 131, 150, 179
– Abzüge 10 147, 224; 12 321
– Anschaffung eines Neufahrzeugs 11 23a
– inkompatible Schäden 10 151a
– Kausalität 10 138
– Manipulation 10 151
– Mitverschulden 10 146; 12 322
– Schadenhöhe 10 142; 12 317
Beweislast bei Arbeitnehmerhaftung 4 113
Beweislast für das Vorliegen einer Schwarzfahrt 4 69
Beweislastproblem 6 97
Beweislastregel 3 189
Beweislastumkehr 20 62
Beweislastverteilung 25 95
Beweismaß 19 545–550
– bei psychischen Folgeschäden 20 12
– bei psychischen Primärschäden 20 29
Beweismaßstab 24 220
Beweismaßstab des Vollbeweises 24 220
Beweismittel 1 128, 133
Beweisnot 3 186
– selbst verschuldet 16 38
Beweispflicht 1 5; 22 386
Beweisschwierigkeit 1 103

Stichwortverzeichnis

Beweissicherungsverfahren 21 235, 237
Beweisvereitelung 1 105, 106
Beweisvermutung 1 104
Beweiswürdigung 1 125, 130
Beweiswürdigung des Richters gemäß § 286 ZPO 24 211
Bewusst oder unbewusst fehlerhaftes Sachverständigengutachten 24 247
Bewusst verzögert 24 162
Bewusstseinsstörung 22 398
Bezeichnung »Sachverständiger« 13 61
Bilanz 17 62
Billiges Ermessen 13 113
Billigkeit 1 41; 3 51
Billigkeitshaftung 1 277; 3 48, 49, 52, 181, 339
Bindungswirkung 3 57; 24 98, 103
Biodiversität 21 221a
Blechschaden 24 186
Blitzschlag 4 54
Blumen 17 134
Blutalkoholkonzentration 22 353
Bodenveränderung 21 207d, 212, 213, 213a
Bodenvertiefung 21 410
Bodenverunreinigung 21 78, 80
Bondruck 21 243, 243c, 243d, 245, 311c
Brand 4 23; 21 22, 47b, 51, 53, 55, 55a, 78, 81b, 82c, 82f, 86a, 97, 114d, 137a, 446a
Brand/Explosion 22 65; 23 154–168; 24 228
Brandbeschleuniger 24 229, 232
Brandherd 24 229
Brandstiftung 24 228
Brandursache 24 229
Bremsanlage 22 380
Bremsen 6 55, 81, 93
Bremsen zugunsten von Tieren 6 82
Bremslicht 6 80
Bremsschäden 23 343
Bremsweg 1 112; 6 112
Brief- und Überführungskosten 11 160
Bruchschäden 23 346
Brutto-Lohn-Theorie 17 35
Bruttolohn-Theorie 17 35
Bücher 17 112
Bündeltheorie 22 293
Bündelung 22 349
Bundesagentur für Arbeit 17 81, 248; 18 27
Bundesamtes für Güterverkehr 21 445, 445a
Bundesanstalt für Arbeit 17 24
Bußgeldbescheid 22 405
BVSK 2 62

Cabrio 22 120
Campingmobil 22 120
Carexpert 2 59
Causa remota 1 38
Charakteristische Rauchentwicklung 24 229
Charterfahrzeug 4 334
Checkliste 24 250

Chemikalien 4 24
CMR 21 66
Code of Conduct des Rehamanagements 2 82
Combined-Ratio 2 29
Computer 17 120
Conditio sine qua non 1 48
culpa in contrahendo 2 37; 3 74, 75; 4 335a

Dämpfe 4 197
Darlegungs- und Beweislast 16 130
Darlehen 15 152–154, 160, 184, 186, 193–196, 201, 217, 224, 226, 227, 261, 263; 17 28; 22 66
Darlehenssumme 15 219
Darlehensvertrag 1 269; 15 192, 226, 239
Darlehenszins 15 249
Dauer der Verzögerung 16 122
Dauerhafte Erwerbsminderung 17 246
Dauerhaftes Abschleppen 22 145
Dauerhaftigkeit der Gefahrerhöhung 22 400
Dauerschaden 17 97, 120, 196
Deckung 17 55; 22 69, 76, 533
Deckungsablehnung 22 447
Deckungsausschluss 22 76, 202
Deckungserweiterung 21 227, 233b
Deckungsprozess 24 103
Deckungsschutz 15 135; 22 517
Deckungssumme 3 167; 22 503
Deckungssummenüberschreitung 22 534, 535, 542
Deckungszusage 22 38, 94
Deckungszwang 4 356
DEKRA 2 59
Deliktsfähigkeit 3 110, 144
– sektorale 5 2
Deliktshaftung 3 48; 24 43
Deliktsort im Unfallland 25 65
Demontagekosten 11 166
Detektivkosten 16 43
Deutsche Rentenversicherung 17 243
Deutscher Hausfrauenbund 17 101, 107, 152, 171
Deutsches Büro Grüne Karte 25 109, 110, 112, 115–117, 122, 123, 128
Dezentralisierter Entlastungsbeweis 4 266
DHB 18 22, 23, 33, 34;
DHB – Netzwerk Haushalt 18 23
Diabetes 22 398
Dieb 22 318, 319
Diebstahl 21 81a; 22 65; 23 176
– Kraftstoff- 21 78
– Treibstoff- 21 15, 78
Diebstahlsanzeige 22 432
Dienstbezüge 17 53
Dienste
– entgangene 5 45, 46
Dienstfahrt 4 229c, 247, 315
Dienstfahrzeug 4 229c, 286; 25 124, 125
Dienstherr 17 52, 88
Dienstunfall 9 63
Dienstverpflichtung 17 52

Dienstvertrag 3 12
Differenzgeschwindigkeit 20 12
Differenztheorie 1 12, 75; 3 278, 282, 283, 294
Direktanspruch 3 168, 316; 4 357; 21 42a, 57a, 57b, 57e, 57f, 57l, 58a, 58d, 62a, 83a, 96, 113a, 215a, 230; 22 13, 14, 96, 98, 107, 108, 164, 321, 493, 503, 520, 550; 24 45
Direktionsrecht 4 5, 7
Direktklage 25 53, 60, 94
Direktregulierungsverfahren 25 3
Dispositionsfreiheit 21 412
Dispositionsfreiheit des Geschädigten 2 86
Dispositionskredit 15 159, 162
Dolmetscherkosten 16 31, 35
Doppel- bzw. Mehrfachversicherung 21 54
Doppelgrab 17 135
Doppelgrabstein 17 135
Doppelte Haushaltsführung 17 32
Doppelverdienerehe 17 172
Doppelversicherer 22 490
Doppelversicherung 22 149, 182, 198
Drei-Stufen-Modell 24 225, 248
Dritter 3 222, 264; 24 175
Drittschaden 1 29; 3 234, 266
Drittschadenliquidation 3 269, 275
Droge 22 354
Drohende Vollstreckung 21 35a
Drohung 22 9, 40
Duldung von Operationen 17 203
Düngemittel 21 111
Durchrostungsgarantie 16 83
Durchsetzbarkeit 17 142
DWA-Merkblatt M 715 21 43, 89e, 90, 94
Dynamisierung
– Lebenshaltungskostenindex 5 62–118

E-Roller 22 111
Echte abgrenzbare Mehrkosten 16 18
Ehegatte 4 7; 17 94, 144
Eheliches Kind 17 144
Eigenanteil 17 111, 182, 184, 193
Eigenanteil beim stationären Aufenthalt 17 32
Eigener Gutachter 13 36
Eigenes Wissen 24 176
Eigenleistung 17 117
Eigenschaden 21 46b, 49, 55b
Eigentum 1 79; 4 4; 21 57j, 81a, 86, 88, 144, 144a, 172
Eigentümer 22 123, 132
Eigentumsverletzung 1 7, 82
Eigentumsvorbehalt 22 123
Eilverfahren 21 35c, 215, 228c
Ein- und Aussteigen 4 9, 15 f., 32, 131, 227, 338; 6 132
Ein-Mann-GmbH 17 77
Einbahnstraße 6 275
Einbett-Zimmerzuschlag 17 200
Einbiegen nach links 6 197

Einbiegen nach rechts 6 198
Einfache Fahrlässigkeit 24 126
Einfahren 6 56, 60
Einfüllstutzen 21 19, 156b, 268, 274d, 312a, 313, 336c, 348, 352b, 361, 378
Eingetragene Lebenspartnerschaft 17 95, 144
Eingliederung 17 62; 22 168
Eingliederungshilfe 17 29, 226
Eingriff in den Straßenverkehr 4 54b
Einigungsgebühr 14 107
Einigungsvertrag 14 114
Einkaufswagen 22 173
Einkommen 17 12, 30, 82, 111, 149
Einkommenserhöhung 17 17
Einkommensteuer 17 44
Einkommensteuerbescheid 17 62
Einkommensteuererklärung 17 17
Einkünfte 17 159, 185, 195
Einkünfte der Hinterbliebenen 17 157
Einladen 22 134
Einlösung des Versicherungsscheines 22 83
Einmalige Prämie 22 40, 54
Einmalprämie 22 228
Einmalversteuerung 17 44
Einmalzahlung 17 148
Einmann-Betrieb 17 21
Einmündung 4 157a
Einsteigen 22 165, 167
Einstellung einer Hilfskraft 17 21
Einstiegsstufe 22 34
Einstufung 22 31
Einstweiliger Ruhestand 17 52
Einwegmiete 16 98
Einweisen 4 84
Einweiser 22 129
Einwendung 17 236
Einwilligung 3 120; 24 70
Einzelgrab 17 134
Einzelner Versicherungstatbestand 24 233
Eis- und Schneeglätte 4 52b, 56, 246a
Eisenbahn 4 58a, 130a ff., 143, 159a, 219a
Elektrizität 4 192, 199 ff., 214
Elektronische Schreibhilfe 17 120
Elektronische Versicherungsbestätigung 22 38
Elektronische Vertragsanbahnung 22 28
Eliminationverfahren 24 229
Elterliche Sorge 9 133
Eltern des Getöteten 17 144
E-Mail 8 103h
Empfehlung durch die Werkstatt 13 67
Ende des Versicherungsschutzes 22 96
Energieversorgungsbetrieb 4 211
Entgangene Lohnerhöhung 17 37
Entgangene Sonderleistung 17 37
Entgangene Sonderzahlung 17 37
Entgangene Urlaubsfreude 17 125
Entgangener Auftrag 17 62, 70
Entgangener Beitrag 17 46, 246

Stichwortverzeichnis

Entgangener Dienst 17 136
Entgangener Gewinn 17 239
Entgangener Krankenkassenbeitrag 17 244
Entgeltfortzahlung 17 13, 46, 49, 185, 235, 237, 257
Entgeltfortzahlungsersatz 17 187
Entgelttarif 18 19, 22, 25, 31, 39
Entladen 22 134, 160, 168–170
Entladen von Chemikalien 22 171
Entladen von Tieren 22 172
Entlastungsbeweis 3 118; 4 89, 205, 255 ff., 258 ff., 341
Entlastungsmöglichkeit 4 52a ff., 57, 258
Entleiher 4 5 f.
Entschädigung 22 57; 23 913
Entschädigungsfonds 4 360; 7 24
Entschädigungsstelle 25 29
Entsorgungskosten für kontaminierte Ladung 21 46, 49, 54, 56
Entwendung 4 117
Entwendung i. S. d. § 12 Abs. 1 I b AKB 2004 bzw. A.2.2.2 AKB 2008 24 201
Entwendung und anschließender Brand 24 233
Entziehung der Fahrerlaubnis 22 336
Epilepsie 22 398
Erbe 3 225, 226; 8 24
Erbmasse 17 130
Erbrachte Kapitalforderung 22 534
Erbschaft 17 144
Erbschein 17 130, 134, 135
Erdbeben 4 52b, 54
Ereignis 4 56
Erfolglose Behandlungsmethode 17 182
Erforderliche Heilbehandlungskosten 17 181
Erforderliche Sprachkenntnisse 16 32
Erfüllungsgehilfe 3 81–85, 98, 124; 4 249, 258, 349a; 21 374, 378a
Ergänzende Vertragsauslegung 13 115
Ergänzender Deckungsbereich 21 113
Ergänzungserfolg 1 60
Erhebliche Gefährdung 21 405
Erhebliche Wahrscheinlichkeit 24 210
Erhebung einer Klage 22 405
Erhöhte Betriebsgefahr 22 149
Erhöhung der Kfz-Mindestversicherungssummen 25 47
Erhöhung der Versicherungssumme 22 516, 537, 542
Erkennbarer Totalschaden 16 75
Erkennbarkeit 1 52
Erkennbarkeit der Unfallträchtigkeit 6 117
Erkennbarkeit des Bagatellschadens 13 21
Erklärung ins Blaue 24 187
Erkundigungspflicht 22 247
Erlass 9 11
Erlassvertrag 1 204, 205
Erleichterte Möglichkeit der Entwendung 24 227
Erlöschen des Versicherungsverhältnisses 22 42
Ermessen 3 86

Ermittlungsakte 15 24
Ermittlungskosten 16 36
Ermittlungsverfahren 22 405
Ermöglichen der Schwarzfahrt 22 312
Erneute Belehrung 24 139, 169
Ersatzbeschaffung 1 7; 24 17
Ersatzkraft 17 66, 75, 100, 107, 171, 239; 18 2, 3, 5, 11, 12, 14, 32, 41, 54
Ersatzpflicht 1 8
Ersatzteilaufschläge 10 26
Ersatzvornahme 21 34, 36a, 152, 429
Erschöpfte Versicherungssumme 22 525
Erschwerniszulage 17 39
Ersparte Ausbildungskosten 17 32
Ersparte berufsbedingte Aufwendung 17 49, 50
Ersparte berufsbedingte Eigenkosten 17 236
Ersparte Eigenkosten 17 28, 111, 191, 210, 237, 240
Ersparte Fahrtkosten 17 32
Ersparte Steuer 17 32
Ersparte Verpflegungskosten 17 111
Erstattungsanspruch 17 163
Erstattungsfähigkeit der Hebegebühr 14 167
Erstattungsfähigkeit von außergerichtlichen Rechtsverfolgungskosten 25 43
Erstbefüllung 21 172, 321, 322
Erstbepflanzung 17 134
Erstberatung 14 121
Erstprämie 22 37, 88, 92, 227, 228, 241, 242
Ertragnis 17 144
Erwerb eines Eigenheims 17 155
Erwerber 22 473
Erwerbsausfallschaden 17 94
Erwerbsfähigkeit 17 60, 225
Erwerbsminderung 17 225
Erwerbsschaden 16 27; 17 1, 12, 15, 35, 81, 82, 96, 131; 22 531
Erwerbsschaden bei PTBS 20 25, 71 f.
Erwerbstätigkeit 17 82, 105, 150, 160
Erwerbseinkommen 17 159
Erwerbsunfähigkeit 17 50
Erwerbsunfähigkeitsrente 17 37, 50, 73, 93, 105, 185, 246
Erziehungsberechtigter 4 273
Europäischen Gerichtshofs 25 6
Europäischen Übereinkommens vom 7.6.1968 betreffend Auskünfte über ausländisches Recht 25 67
Europäischer Unfallbericht 25 12
Europäisches Bagatellverfahren 25 102–104
Europaklausel 22 203
Eventualaufrechnung 1 192
Exkulpation 4 255b; 22 282, 356
Exkulpieren 24 133
Explosion 21 9a, 82, 86a

Fabrik 4 211, 214
Fachbetrieb 21 94, 138d, 249d, 255e, 278b, 280, 288b, 301c, 306b, 376d, 378b

Stichwortverzeichnis

Fachliche Vorbildung des Geschädigten 13 28
Fachmann 21 249, 249b, 261a, 365, 373
Fahrausweis 4 336 f.
Fahrbahn 1 45
Fahrbahnbereich 6 154
Fahrbahnbeschaffenheit 6 387
Fahren 22 167
Fahren ab 17 22 125
Fahrer 16 108; 22 35, 96, 124, 132, 169
Fahrer eines Kraftfahrzeugs 4 81 ff., 90, 162 f., 264 f.
Fahrerfluchtfall 25 50, 51
Fahrerlaubnis 4 64 ff., 66, 91, 120; 22 327–329, 331, 340, 342
Fahrerverantwortlichkeit 6 138
Fahrfehler 22 353
Fahrgastbeförderung 22 334
Fahrgemeinschaft 4 38a, 107 f.
Fahrlässigkeit 3 114, 121, 141–143, 146, 152, 160, 161, 163, 186; 22 261, 318, 410
Fahrlehrer 4 82a, 91 ff.; 22 125
Fahrrad 4 8a
Fahrrad mit Hilfsmotor 22 111
Fahrschüler 4 82a, 92 ff.; 22 125
Fahrschulwagen 22 330
Fahrspurmarkierungen im Kreuzungsbereich 6 143
Fahrstreifen 1 115
Fahrstreifenbenutzung 6 61, 140
Fahrtenschreiberblatt 21 227b, 244, 245
Fahrtkosten 11 168; 13 125; 14 152; 16 15; 17 28, 37, 109, 113, 188, 194, 244
– gesondert 16 16
– zum Anwalt 16 15
– zur ambulanten medizinischen Behandlungen 16 20
– zur Reparaturwerkstatt 16 15
Fahrtstrecken notieren 16 4
Fahruntüchtigkeit 4 303
Fahrverbot 22 336
Fahrzeug 16 101
Fahrzeugbesitz 12 2, 105
Fahrzeughalter 4 1, 2, 3, 4, 6, 82
Fahrzeugidentifizierungsnummer 22 102
Fahrzeuginsasse 1 162
Fahrzeuginsassenschutz 25 55
Fahrzeugmaße 6 29
Fahrzeugreparatur
– Gebrauchtteile 2 53
– Identteile 2 53
Fahrzeugschaden 3 295, 299; 24 236
Fahrzeugschaden ersatzpflichtige Aufwendung 24 236
Fahrzeugschlüssel 24 190
Fahrzeugteil 24 232
Fahrzeugversicherung 24 136
Fahrzeugvollversicherung 22 32
Fair-Play-Konzept 2 61
Fall der Mithaftung des Geschädigten 13 39
Fallgruppe 24 182

Fälligkeit 1 257; 15 37, 154; 23 65–67
– Prämienverzug 23 84–108
– pro rata tempore 23 109, 110
Falsche Angabe 22 420; 24 179, 213
Falsche Regulierung 22 68
Falscher Unfallhergang 22 421
Familienangehöriger 17 253
Familienangehöriger in häuslicher Gemeinschaft 17 254
Familienfahrzeug 17 154
Familiengrab 17 135
Familienmitglied 17 66
Familienprivileg 9 50, 140; 17 240, 253
Familienprivileg im Beamtenrecht 17 255
Fässer 21 158, 173a
Fehlende Kreditwürdigkeit 16 127
Fehlgeleitete Investitionen 11 102
Fehlverarbeitung 20 16
Feinstaub 21 5c
Fernabsatzgeschäft 2 75
Fernheizung 4 197
Fernseh-Urteil 21 47a
Fernseher 17 112
Fernsehgebühr 17 154
Fernverkehr 22 303
Fernwirkungsschaden 4 14
Feste Quote 24 158
Feststellungsanspruch 1 233, 234; 14 77; 17 44
Feststellungsantrag 1 241; 3 293
Feststellungsbedürfnis 1 252
Feststellungsinteresse 1 238, 243, 244
Feststellungsklage 1 236–238, 240, 242; 3 29; 8 103; 16 148; 19 602, 611–618; 22 276
– Feststellungsinteresse 19 614
Feststellungsurteil 1 238, 243, 250
Feuerbestattung 17 134
Feuersbrunst 4 54
Feuerwehr 16 70; 22 72
Feuerwehreinsatz 21 227
Feuerwehrkosten 21 38, 39, 40, 211a
FFH-Gebiet 21 224b
Fiktive Abrechnung 10 16; 13 31
Fiktive Ersatzkraft 17 61, 67
Fiktive Erstattung 17 44
Fiktive Operationskosten 17 201
Fiktiver Verkehrsunfall 24 18
Fiktives Einkommen 17 159
Finanzierung 3 239; 15 1, 17, 39, 50, 70, 71, 92, 105, 129, 136, 159, 187, 189, 210, 216, 240, 253; 17 154; 24 188
Finanzierungskosten 1 265, 270, 285, 299, 302; 15 3–6, 25, 27, 36, 38, 43, 46, 48, 50, 56, 57, 61, 71, 100, 122, 137, 169, 172, 196, 200, 213, 215, 217, 227, 237, 241, 245, 248, 262
Finanzierungskredit 15 12, 17, 80
Fingiert 24 232
Fingierter Verkehrsunfall 24 21

Stichwortverzeichnis

Firmenfahrzeug 24 13, 14
Firmenwagen 17 238
Fitnessstudio 17 124
Fixkosten 15 252–254; 17 153, 166
Fließender Verkehr 6 17
Flugkosten 17 133
Flugreise 14 157
Flüssigkeiten 4 197
Flüsterasphalt 21 87
Föderalismusreform I 21 138, 255a, 438
Folgefahrzeug 22 476
Folgenlose vorsätzliche Obliegenheitsverletzung 24 169
Folgenloser Unfall 22 59
Folgenlosigkeit 24 129
Folgeprämie 22 227, 251
Förderdruck 21 305
Fördermaßnahme 17 120
Fördermenge 21 305, 306a, 308, 312
Forderung 3 231, 236, 254
Forderungsübergang 3 228, 241–244, 248, 253, 254, 256, 258–260, 262, 268, 277, 278, 282; 8 73, 75; 17 78, 82; 23 939
Formalistische Beantwortung 24 173
Fortkommensschaden 17 37
Fortzahlung der Bezüge 17 241
Foto 13 125
Fotokopiekosten 14 149
Frage 24 168, 171
Frauenrabatt 22 35
Freiberuflich Tätiger (Selbstständiger) 16 27
Freibeweis 1 125
Freie Schätzung 18 13
Freier Mitarbeiter 17 78
Freiheit 21 85, 179, 412, 412a
Freiraummengenmessung 21 284, 284b, 284d, 289, 296, 366
Freistellung 4 295
Freistellung des Vertrages 22 63
Freistellung/Beweislast 13 136
Freistellungsanspruch 4 111, 282 ff., 286, 297a; 9 17, 20; 13 137; 21 46, 73, 83a, 233; 22 164
Freistellungsanspruch gegen den KH-Versicherer 22 96
Freistellungserklärung 15 141
Freiwillig in der gesetzlichen Krankenkasse versichert 17 89
Freizeit 17 40
– nutzlos vertan 16 23
– zweckentfremdet eingesetzt 16 23
Fremdeinwirkung 1 68
Fremdfinanzierung 15 134, 158, 174, 184
Fremdmittel 15 2, 73
Fremdwirtschaftlich 17 96
Freundschaftspreis 24 188
Frisiertes Krad 22 344
Frist 1 257; 15 100
Fristablauf 22 276

Fristlose Kündigung 22 265, 281
Fristsetzung 1 255
Fristversäumung 22 278
Früherer Renteneintritt 17 48
Frustrierte Aufwendung 17 125, 135
Fuchs 24 244
Führerschein auf Probe 22 332
Führerschein der Bundeswehr 22 333
Führerscheinklausel 22 116, 145, 327, 329, 337, 344; 23 708
Führerscheinloser Fahrer 22 327
Führerscheinmangel 22 498
Füllgeschwindigkeit 21 307, 308, 312, 358b
Füllleitung 21 156, 266, 268, 274b, 277b, 279b, 306a 361
Funkfernschaltung 21 309, 324
Fußgänger 1 38; 4 13b, 52c, 179, 221, 224; 6 151
Fußgängerampel 6 370
Fußgängerbereich 6 276
Fußgängerüberweg 1 40

Gabelstapler 4 8a, 356b; 22 108, 160
Garage 4 19; 22 135, 167
Garagenwagen 22 35
Garantieeinstellung 10 153
Garantiefonds 25 50, 50–52, 122
Gartenarbeit 17 116
Gas 4 192 ff., 196, 199, 330a; 17 154
GbR 17 76
Geändertes Angebot 22 79
Gebrauch der Zugmaschine 22 150
Gebrauch des KFZ 22 12, 133, 165, 167, 197
Gebrauch des Kranwagens 22 162
Gebrauch im Sinne der AKB 4 30 ff.
Gebrauchsbegriff 22 137
Gebrauchsstörung 21 86, 88
Gebrauchsüberschreitung 22 312, 319
Gebrauchswert 11 70
Gebrauchtwagen 15 68
Gebühr
– gemeindliche 17 134
Gebührenordnung 13 87
Gebührenrahmen 14 92
Geeigneter Beruf 17 23
Geeignetes Indiz 24 216
Gefährdungshaftung 1 32, 43, 141, 142, 145, 148, 149, 151, 153, 157, 277, 278; 3 41, 42, 45, 47, 125, 179, 206, 250, 344; 4 1, 7, 8c, 20a, 43b, 52a, 62, 87, 98, 118, 128, 142, 150 ff., 195 ff., 200 ff., 219 ff., 232c, 247a, 270c, 356; 8 15; 15 49; 24 44
Gefahrengemeinschaft 9 106
Gefahrerhöhung 22 116, 271, 285, 372–374, 376, 386, 388, 390, 392; 23 616
– Fahrermängel 23 642
– Fahrzeugmängel 23 637
Gefahrgeneigte Arbeit 4 111
Gefahrgut 21 10, 26b, 84a, 114d, 121.1;122, 160, 170, 250a

Stichwortverzeichnis

Gefahrgutaufsicht 21 125
Gefahrgutbeauftragter 21 127a
Gefahrgutbetrieb 4 31, 50
Gefahrgutempfänger 21 247a
Gefahrgutfahrer 21 126, 191a, 251, 344, 345
Gefahrgutfahrzeug 21 10, 124a, 127b, 446a
Gefahrgutführerschein 21 126, 242, 250a, 301a
Gefahrgutrecht 21 280, 303, 319a, 329, 346, 445
Gefahrgutschulung 21 337b
Gefahrguttransport 21 123, 124, 125, 128, 158, 175, 219
Gefahrguttransporte 2 87
Gefahrguttransporter 22 18
Gefahrgutverordnung 21 109
Gefälligkeit 4 84, 107, 109
Gefälligkeitsfahrt 3 94, 96; 4 104 ff.
Gefälligkeitsgutachten 13 81
Gefälschter Schadensbeleg 24 156
Gegenbeweis 1 125
Gegenbeweisführung 24 210
Gegenstand 8 2
Gegenverkehr 4 13a; 6 216, 348
Gehalt 17 37
Gehaltsabrechnung 17 17, 87, 237
Gehaltsbestandteil 17 148, 238
Gehaltseinbuße 17 48
Gehweg 4 224
Gelblicht 6 371
Geldersatz 21 74b, 413a
Gemeinkosten 10 60
Gemeinsame Betriebsstätte 4 311, 316; 9 100
Gemeinsame Regulierungsaktion 7 25
Gemeinsamer gewöhnlicher Aufenthalt 25 78
Gemeinschaft der Grenzversicherer 25 123
Genaue Bezeichnung des Versicherungsvertrages 16 148
Genehmigung 22 318
Genehmigungspflicht 22 30
Genugtuungsfunktion 1 156
Geplatzter Reifen 22 175
Gerichtliche Regulierung 25 42
Gerichtskosten 22 75
Gerichtsstand 23 835; 25 59, 75
– Wahlrecht 25 65
Gerichtsstand am Wohnsitz des Geschädigten 25 53
Geringerwertiger Ausbildungsberuf 17 59
Geringfügig Beschäftigter 17 237
Gesamtabwägung 3 208
Gesamtfahrleistung 24 182
Gesamtgläubiger 14 136
Gesamtschuld 17 178
Gesamtschuldner 3 180, 183, 201; 4 79, 90, 188, 277, 285, 355, 358 f.; 17 16; 22 13, 15, 485
Gesamtschuldnerausgleich 9 8
Gesamtschuldnerhaftung 4 33, 355, 357a
Gesamtstunden eines Jahres 21 41, 41a

Gesamtverband der deutschen Versicherungswirtschaft 7 25
– Lenkungskommission 7 29
Gesamtwirkung 3 185
Geschädigter 22 520
Geschäftsbesorgungsvertrag 3 12
Geschäftsfähig 3 23
Geschäftsfähigkeit 3 4, 11, 21, 26, 92
Geschäftsführer 17 74
Geschäftsführer ohne Auftrag 3 320
Geschäftsführung ohne Auftrag 3 315, 316, 318, 339
Geschäftsführungsbefugnis 3 12, 13
Geschäftsgebühr 14 83, 98; 22 474
Geschäftsherr 4 248 ff., 251, 256 ff., 262 f.
Geschäftsplan 22 9
Geschäftsplanmäßige Erklärung 22 29, 291, 322, 497, 515
Geschäftsreise 14 152
Geschehensablauf
– Massenunfall 7 1
Geschenk für das Personal 17 112
Geschiedener Ehegatte 17 144
Geschlepptes Fahrzeug 22 142
Geschlepptes nicht versichertes Kraftfahrzeug 22 102
Geschuldeter Unterhalt 17 149
Geschwindigkeit 1 116; 6 62, 310, 325, 364, 370, 392, 404, 423, 440, 448a
Geschwindigkeitsüberschreitung 6 51
Gesellschaft 17 76
Gesellschafter 17 75
Gesellschaftervertrag 17 76
Gesetzlich geschuldeter Umfang 17 171
Gesetzlich Versicherter 17 260
Gesetzliche Haftpflichtversicherung 22 9
Gesetzliche Krankenkasse 17 89, 242, 243
Gesetzliche Krankenversicherung 17 180
Gesetzliche Obliegenheit 22 15, 271; 24 118
Gesetzliche Schadenersatzregelung 22 72
Gesetzliche Unfallversicherer 17 243
Gesetzliche Unfallversicherung 17 192, 226
Gesetzlicher Forderungsübergang 14 15; 17 233
Gesetzliches Haftungsprivileg 9 39
Gespannschäden 23 350
Gesperrte Straße 6 432
Geständnis 24 97
Geständnisfiktion 24 97
Gestattung einer Gefahrerhöhung 22 382
Gestellter Auffahrunfall 22 206
Gestellter Unfall 14 35; 22 204
Gestörte Gesamtschuld 9 108, 132, 145, 147, 150; 17 261
Gestörter Gesamtschuldnerausgleich 4 311; 9 140
Gestörtes Gesamtschuldverhältnis 9 138
Gesundheitlicher Schaden 17 31
Getrennt lebender Ehepartner 17 144
Gewahrsamslockerung 23 178–182

Stichwortverzeichnis

Gewässer 21 3, 11, 15a, 18a, 114a, 138h, 140a, 154a, 160, 161, 218a, 221, 221a
Gewässerbettsanierung 21 153
Gewässereigentum 21 143, 144
Gewässerhaftpflichtversicherung 21 28, 28d, 44a, 247b
Gewässerschaden 21 152a, 168a, 377
Gewässerschutzbeauftragte 21 247a
Gewässerveränderung 21 142
Gewässerverunreinigung 21 273
Gewerbebetrieb 22 170
Gewerbesteuer 17 44
Gewerkschaft 18 21, 22, 24, 30, 31, 33
Gewerkschaftsbeitrag 17 155
Gewicht der Verfehlung 24 216
Gewinn 17 37
Gewinn- und Verlustverrechnung der Kfz-Versicherer 2 29
Gewinnanteil 17 75
Gewinnausschüttung 17 76
Gewinnbeteiligung 17 37, 75
Gewinnentgang 17 66, 71, 77
Gewinnminderung 17 61, 66
Gewitter 4 204
Gewöhnlicher Aufenthalt 25 90
Gezahlte Entschädigung zurückfordern 24 218
Glasbruch 23 294
Glasschaden 22 65
Glatteis 6 105
Glatteisunfall 6 105
Glaubwürdiger Zeuge 24 224
Glaubwürdigkeit 1 134–136; 24 242
Glaubwürdigkeit des VN 24 219
Gleichgerichteter Verkehr und Kolonnenfahren 6 351
Gleichgeschlechtliche Lebenspartnerschaft in § 4 9 49
Gleichstufigkeit 9 33
Gleichwertiger Ausbildungsberuf 17 59
Gleichwertiger Beruf 17 23
Gleisanlagen 4 134, 144, 155, 164, 169 ff., 173, 218, 222 ff.
Gliedertaxe 17 97
GmbH 17 74, 75
Go-Kart 4 8a
GoA 3 315–317
Grabeinfassung 17 134
Graben 16 69
Grablaterne 17 134
Grabpflege 17 135
Grabstein 17 134
Grad der Behinderung 17 97
Gratifikation 17 37, 86, 148, 238
Grenzversicherung 22 517; 25 123
Grenzversicherungspolice 25 23
Grenzversicherungsschein 25 123
Grenzwertgeber 21 164, 245a, 266, 268, 280, 284a, 284b, 284d, 285, 285b, 286, 287, 288, 288b, 288c, 299b, 302, 322, 323, 324, 349, 350, 351, 352, 352a, 352b, 354, 354b, 355a, 355b, 355c, 356, 357, 357a, 357b, 357c, 357e, 358b, 359a, 359b, 360, 360a, 366
Grob fahrlässig 4 84, 284c, 287b, 288 ff.; 24 125
Grob fahrlässige Herbeiführung des Versicherungsfalls 24 227
Grob fahrlässiger Verstoß 24 147
Grobe Fahrlässigkeit 1 108; 3 155, 156, 158–161, 165, 321, 335; 15 20; 22 261, 270; 23 382, 391; 24 152, 198
– Alkohol am Steuer 23 406
– Geschwindigkeitsüberschreitung 23 478
– Medikamente/Drogen 23 422
– Mobiltelefon 23 465
– Rotlichtverstoß 23 429
– Schlüsselaufbewahrung 23 517
– Sekundenschlaf 23 471
Grobe Unbilligkeit 22 444
Große Benzinklausel 22 196, 200
Größere Entfernung 16 74
Grundlagen 6 3
Grundloses Bremsen des Vordermannes 6 93
Grundrente 17 148
Grundsicherung 17 82, 92
Grundstück 21 206, 381, 382, 383a, 384a, 386a, 387, 393, 396, 398a
– Acker und Wiesen- 21 385, 386
– bebautes 21 388
– Gewerbe- 21 214b
– Nachbar- 21 18
– Wohn- 21 391
Grundstücksausfahrt 6 186
Grundstückseinfahrt 6 196
Grundstückshypothek 17 155
Grundversorgung 17 200
Grüne Karte 25 11, 108, 110, 113, 120, 128
Grüne Karte Büro 22 514; 25 107, 108, 111, 119–121
Grüne Karte-Fall im Ausland 25 118
Grüne Karte-System 25 22, 106, 107, 118
Grüne Versicherungskarte 25 120
Grüne-Karte 22 203
Grüne-Karte-System 22 517
Grünlicht 6 372
Gruppentarif 22 35
Gullydeckel 4 54b
Gurtpflicht 17 6
Gutachten 3 259; 14 121; 15 100, 111, 114
Gutachtenkosten 15 65, 214
Güterfolgeschaden 21 67a, 68, 69
Güterverkehr 21 46b, 49a, 55c
– Bundesamt für 21 445, 445a
Gutgläubige Leistung 17 78

Haager Übereinkommen 25 85, 101
Haager Übereinkommen für Straßenverkehrsunfälle 25 84

Haager Übereinkommen über die Zustellung gerichtlicher und außergerichtlicher Schriftstücke im Ausland 25 72
Haager Übereinkommen über die Zustellung gerichtlicher und außergerichtlicher Schriftstücke im Ausland in Zivil- und Handelssachen vom 15.11.1965 25 72
Haager Übereinkommen vom 4.5.1971 über das auf Straßenverkehrsunfälle anzuwendende Recht 25 75
Haarwild 6 85; 24 235
Haftpflichtanspruch 22 215, 217
Haftpflichtgesetz 4 131 ff.
Haftpflichtprozess 24 103
Haftpflichtversicherer 22 490
Haftpflichtversicherung 16 112; 22 110
Haftung 22 109
Haftung aus der Betriebsgefahr 22 548
Haftung des Halters 22 158
Haftung nach § 2 HG 4 192
Haftungs- und Zurechnungseinheit 4 90
Haftungsausfüllende Kausalität 1 125; 24 85
Haftungsausschluss 3 87–89, 91, 92, 98, 102; 4 2, 37b, 98, 109, 138, 180, 202; 17 142, 240; 22 168
Haftungsausschluss für Personenschäden 4 37
Haftungsausschluss § 13 Abs. 3 HG 4 143, 146, 152
Haftungsausschluss § 105 Abs. 1 SGB VII 4 298
Haftungsbegrenzung 21 146
Haftungsbegründende Kausalität 1 125
Haftungsbegründender Umstand 1 53
Haftungsbegründendes Ereignis 1 63
Haftungsbeschränkung 3 97–99
Haftungseinheit 3 207
Haftungsfreistellung im Falle einer Schwarzfahrt 4 70
Haftungsfreistellung nach § 8 StVG 4 39
Haftungshöchstbetrag 4 43
Haftungshöchstgrenze 4 2, 43b, 181 f., 287a; 21 175; 22 18, 503, 546
Haftungshöchstsumme 22 19, 548, 550
Haftungsprivileg 3 177, 178, 200; 4 318
Haftungsprivileg bei Probefahrt 4 102
Haftungsprivileg § 828 Abs. 2 S. 1 BGB 4 57 ff.
Haftungsprivilegierung 4 282 ff., 289, 297a
Haftungsquote 3 280, 292; 16 137; 17 1
Haftungsquote und Schadensrechtsänderungsgesetz 6 11
Haftungsquotentabelle 6 450
Haftungsverzicht 3 87, 88, 90, 92, 93, 97, 100, 103; 4 106 ff., 180; 9 144
Halten 6 65
Halter 17 5; 22 96, 122, 132
Haltereigenschaft 4 3, 4, 5a
Halterhaftung 4 3; 22 108, 129, 162, 207
Halterverantwortlichkeit 6 139
Haltestelle 4 170 f., 179; 6 199
Halteverbot 4 20
Handbremse 22 380

Handel- und Handwerkversicherung 22 181, 182
Handelsvertreter 17 49
Handlungsfähigkeit 3 23
Handwerk 17 67
Hänger 22 156
Hase 24 244
Hauptforderung 1 202, 203
Hauptpflicht 22 28
Hauptsacheerledigung 8 103b
Hauptvertrag 22 79, 84
Hausbau 17 37
Hausfrau 17 171
Hausfrauengewerkschaft 18 21
Hausfrauenverbände 18 21
Haushalt 17 33, 100, 171
Haushaltsführung 17 94, 97, 99, 102, 104, 105, 150, 154
Haushaltsführungsschaden 17 30, 37, 94, 95, 97, 101, 103, 113, 116, 119, 122, 171, 219, 243; 18 1, 2, 12, 15, 35, 54
Haushaltsführungsschaden bei PTBS 20 28, 70
Haushaltshilfe 17 100, 190; 18 6, 7
Häusliche Gemeinschaft 9 55; 17 253
Häusliche Krankenpflege 17 189
Häusliche Pflege 17 204
Häusliche Pflegekosten 17 122
Haussachverständiger 13 67
Hausumbaukosten 17 108
Hebegebühr 14 162
Heilbehandlung 17 110, 182, 192, 241, 247
Heilbehandlungskosten 15 214; 17 130, 131, 180, 244
Heilbehandlungskosten im Ausland 17 202
Heilbehandlungsmaßnahme 17 180
Heilfürsorge 17 241
Heilmittel 17 184
Heilpraktiker 17 199
Heilungskosten 3 212, 214; 5 8–18
– Besuchskosten 5 11–14
– Mitverschulden 5 17, 18
– Spiele 5 15
– Unterhaltung 5 15
– Vorteilsausgleichung 5 16
Heilungsprozess 17 31
Heizöltank 21 156, 163a, 199, 261a, 272a, 298, 299b
Helferring 24 26
Helm 17 8
Hemmung 4 184; 8 46
– Amtshaftung 8
– Ausgleichsanspruch 8 14a
– Ende 8 69
– Ersatzpflichtiger 8 20
– Gesamtgläubiger 8 32a
– Leistung 8 45d
– prozessuale Maßnahmen 8 46
– – Aufrechnung 8 49a
– – Streitverkündung 8 49a

Stichwortverzeichnis

– – Weiterbetreiben 8 47b
– Schaden 8 27
– Tatsachen 8 21
– Vergleichsverhandlungen 8 68
– Verjährungsverzicht 8 45i
– vorgerichtliche Maßnahmen 8 45a
– Wirkung 8 67
Hemmung der Verjährung 4 80 ff., 184
Hemmungsvermögen 22 354
Hemmungswirkung 8 67
Herr des Restitutionsgeschehens 2 35
Herstellungsanspruch 1 17
Herstellungsaufwand 15 31
Hilfe zum Lebensunterhalt 17 247
Hilfebedürftigkeit 17 122, 208
Hilfsbedürftige Menschen 4 52a ff., 60a
Hilfsmittel 17 114, 184
Hindernis 6 68
Hinreichende Wahrscheinlichkeit 24 210
Hinterbliebenenrente 17 158, 170, 192
Hinterbliebener 17 130
Hinterlegung 1 194
Hinweispflicht 22 92
Hinweispflicht des Verkäufers 21 382
Hochbahn 4 135
Hochschleudern von Steinen 4 26 ff., 52b
Höchstgeschwindigkeit 22 337, 365, 366
Hof des Abschleppdienstes 16 77
Höhe der Belohnung 16 41
Höhe der Detektivkosten 16 57
Höhe der Kosten der Begutachtung selbst 13 87
Höhe des Sachschadens 13 105
Höhere Gewalt 1 108, 162; 3 317; 4 2, 37a, 52 ff., 87, 138 ff., 203, 209; 6 20; 21 195d, 220
Höherstufung 22 50, 59
Höherstufungsschaden 22 182
Höherwertiger Ausbildungsberuf 17 59
Höherwertiger Beruf 17 23
Homöopathische Behandlung 17 199
Honorarfestsetzung 25 45
HUK-Verband 22 517
HWS-Schleudertrauma 19 153–226
– Beweis 19 227–250
– – bildgebende Verfahren 19 237, 238
– – Indizien 19 227–250
– – Indizien, ärztliches Attest 19 232–248
– – Indizien, Differenzgeschwindigkeit 19 227–230
– BGH-Rechtsprechung 19 180–183, 220–222
– Differenzgeschwindigkeit 19 165–179, 194
– Entstehung 19 155–159
– Fahrzeuginsassen, Belastbarkeit 19 186–217
– – Prädisposition 19 206–217
– – Frontalkollision 19 155, 247
– – Geschwindigkeitsänderung 19 165–179, 186
– Gesundheitsverletzung 19 251–294
– – Definition Gesundheitsverletzung 19 253–261
– – Krankheitswert 19 253–261

– – Symptome 19 251, 252
– Gutachten 19 184, 185
– – medizinisches 19 184
– – neurootologisches 19 249, 250
– – unfallanalytisches 19 184
– Harmlosigkeitsgrenze 19 165–183
– Heckaufprall 19 168–175
– – Autoscooter 19 176–178
– – Freiwilligenversuche 19 170
– Heckkollision 19 155
– ICD 10 19 269–278
– Kausalität 19 205–217
– medizinische Beurteilung 19 180–217
– – Gesundheitsstörungen, vorhandene 19 179, 199–217
– – Körpergröße 19 180, 188
– – out of position 19 189–198, 221
– – Rechtsprechung des BGH 19 180–183
– – Sitzposition 19 180, 189–198
– Mischkollision 19 155
– psychische Ursachen 19 179
– Risikominimierung 19 155–158
– – Mercedes 19 157
– – Saab 19 158
– – Volvo 19 156
– Schadensermittlungskosten 19 295–308
– – ärztliche Behandlungskosten 19 296–304
– – Verdienstausfall 19 305–308
– Schanz'sche Krawatte 19 302, 309
– Schweregrad 19 154, 238–241
– seelische Folgeschäden 19 262–278, 281–294, s. auch psychische Folgen
– – Borderline-Störung 19 289–294
– – Fehlverarbeitung 19 283–285
– – Konversionsneurose 19 286–288
– Verkehrsgerichtstag 2008 19 266, 267
– wiplash 19 159
– wirtschaftliche Bedeutung 19 164
HWS-Verletzung 20 12

Ich-AG 17 77
Idealfahrer 4 27b, 52 ff., 60 ff., 148; 9 161
Inanspruchnahme wegen Neuwagenentschädigung 16 136
Individuelle Bedürftigkeit 17 164
Indiz 24 156, 230
Indizien für psychische Fehlverarbeitung eines Unfalls 20 64 f.
Indizwirkung 24 235
Information des Versicherers vor Inanspruchnahme der Kaskoversicherung 16 127
Informationspflicht 21 43, 222, 443
Inhaber 21 164, 167, 167b, 167c, 171c, 172, 173a, 176, 176a, 189a, 190, 190a, 190b, 191a, 191b, 192, 193, 203a, 204, 207c, 207e, 209
– Anspruchs- 21 143, 165b 190
– Forderungs- 21 93a
– Mit- 21 173a, 205

Stichwortverzeichnis

Inhaber der Anlage 4 200
Inhalt von Versicherungsverträgen 22 11
Inhaltskontrolle 22 31
Inline-Skater 6 169
Inline-Skates 4 274a
Innenhülle 21 266, 293a, 300, 301c, 336c, 357c, 365, 371
Innenverhältnis 22 14, 40, 69, 96, 97, 288
Innerbetrieblicher Schadenausgleich 4 111, 293 ff.
Insasse 1 130, 132, 155, 156; 4 36, 97; 17 5; 22 129, 166
Insasse eines Anhängers 22 148
Insolvenzverfahren 8 49
Instandsetzung des Eigenheims 17 155
Instandsetzungskosten 17 154
Intaktes Versicherungsverhältnis 22 14
Integration 17 22
Integritätsinteresse 24 17
Integritätszuschlag 11 40
– Prognoserisiko 11 43
Interessenkollision 24 92
Interessenkonflikte 2 90
Internal Regulations 25 108, 111
Internationale Zuständigkeit deutscher Gerichte 25 60, 72
Internet 22 38
Irreführende Fahrweise des Geradeausfahrers 6 223

Jahresprämie 22 54, 79, 474
Jährlicher Mehrbetrag 22 67
Judikatur 1 168
Jugendliche 4 60a, 178a
Junge Familie 22 35

Kabel
– Grenzwertgeber- 21 245a, 299b, 352, 355a
– Strom- 21 105
– Telefon- 21 105
– Versorgungs- 21 104
Kabelmerkblatt 21 105
Kabelschaden 21 105; 23 302
Kanaldeckel 4 221a f.
Kapital 15 79; 17 76
Kapitalabfindung 22 521
Kapitalanspruch 17 108
Kapitalbedarf 15 11, 14, 23, 72, 74, 102, 158, 214
Kapitalforderung 22 526, 542
Kapitalisierung 18 54, 57
Kapitalisierung von Renten 5 47–52; 19 553–557, s. auch Rente
– Abfindungsvergleich 19 558–569
– Abzinsung 19 575–578
– Laufzeit der Rente 19 570, 571
– Prognosen 19 567–569
– wichtiger Grund 19 561–566
– Zinsfuß 19 574
Kapitalkonto 17 75

Kapitalwert 22 20, 532, 552
Kapitalwertberechnung 22 516
Kapitalzahlung 22 533
Kaskoschaden 3 290
Kaskoversicherer 3 255, 257–259, 261, 282, 283, 287, 289; 14 78; 15 177, 178, 190; 22 490, 510
Kaskoversicherung 3 248, 253, 255, 259, 277, 280, 288, 291, 299, 301; 15 174, 176, 178, 201; 16 116; 24 116, 145
Kaufpreis 24 188
Kausalität 3 190, 194; 17 15; 22 260, 355; 24 195
Kausalitätsgegenbeweis 22 285, 325, 338, 340, 367, 388; 24 128, 153, 193
Kausalverlauf 1 35
Kausalzusammenhang 1 35, 118; 4 268; 17 129; 22 305
Kaution 15 62
Kehrmaschine 4 171a
Kein Haftpflichtversicherungsschutz 22 146
Keine Einbruchsspur 24 232
Keine Halterhaftung 22 321
Keine Vermutung des Vorsatzes 24 151
Kenntnis 8 14a, 21, 27, 29; 17 246; 22 264, 392
Kenntnis von der Gefahrerhöhung 22 393
Kennzeichen 11 155; 22 102, 113
Kennzeichenabkommen 25 111
Kernenergie 22 218
Kettenauffahrunfall 6 95; 7 12, 13
– Anscheinsbeweis 7 13
Kettenunfall
– Anscheinsbeweis 7 19
Kfz 22 102
Kfz-Brief 4 368
Kfz-Haftpflichtversicherung 24 136
Kfz-Handel und -Handwerk 22 301
Kfz-Sachschaden 2 52
Kfz-Steuer 11 161
Kfz-USV 21 226, 227a, 228a, 228c, 230, 232, 233, 233b, 436
Kfz-Versicherung 2 4
Kilometersatz 16 94
Kilometerstand 24 133
Kind 4 54, 273 ff.; 17 57, 162, 168
Kind im Straßenverkehr 4 2, 52a, 54a f., 57 ff., 274 ff.
Kind im Vorschulalter 4 275 ff.
Kinder
– Haftung 5 1–148, *s. auch Minderjährige*
Kindergarten 17 174
Kindergartenbeitrag 17 154, 238
Kinderunfall 6 15
Kinderversorgung 18 33
Kindesunterhalt 17 174
Kindeswohl 17 174
Kirchensteuer 17 44
Klagbefugnis 3 2
Klage am Wohnsitz des Geschädigten 25 61
Klageantrag 14 73

Stichwortverzeichnis

Klageerhebung 22 275
Klageerweiterung 8 50
Klagefrist 22 275, 297
Klagezustellung 25 69
Klaglosstellung 3 338
Klauselartig 22 31
Kleidermehrbedarf 17 108
Kleidermehrverschleiß 17 115
Kleidung 17 112
Kleinbetrieb 17 86, 237
Kleine Benzinklausel 22 196, 197
Kleiner Sachschaden 22 406
Kleineres Trinkgeld 17 112
Kleinkraftrad 4 8a; 22 111
Kleinschaden 22 61
Kodifizierung der KH-Richtlinien 25 70
Kollision 22 156; 24 236
Kollisionsgefahr 6 85
Kompatibilitätsanalyse 24 15
Kompatibilitätsbetrachtung 24 23
Kongruente Leistung 17 37, 43, 85
Kongruenter Erwerbsschaden 17 29
Kongruenter Schaden 3 285
Kongruenter Schadensersatzanspruch 4 293
Kongruenz 3 259, 260, 279; 17 96
Kongruenzprinzip 23 941
Konkludentes (mutmaßliches) Einverständnis 22 313
Konkrete Abrechnung 17 210
Konkrete Behinderung 17 62
Konkrete Fahrlässigkeit 3 164, 165
Konkurs 17 48
Konkurs des Arbeitgebers 17 17
Kontaminiert 21 46, 53a, 56, 81b, 398a, 409a, 415
Kontoführungsgebühr 17 37
Kontrahierungszwang 22 9, 40, 514, 517
Kontrolle 4 265 ff., 275
Kontrollgang 21 310, 311a, 315, 316, 317, 317a, 317b, 318a, 319, 321, 324, 325, 326, 326a, 328, 330, 330b, 333, 362a
Kontrollpflicht 4 263, 353
Konversionsneurose 20 19
Kooperation mit Autohäusern 2 94
Kopierter Fahrzeugschlüssel 24 190
Körperbehinderung 17 44
Körperverletzung 1 157
Korrekte Rechtsbelehrung 22 434
Korrosion 4 198
Kosmetische Operation 17 201
Kost und Logis 17 37
Kosten 1 202; 3 259; 15 129; 17 62; 19 632; 22 525
– Anwaltskosten 19 694, 695
– öffentlich-rechtlich 16 70
Kosten der Ersatzbeschaffung 11 99
Kosten eines Arbeitsplatzes 17 87
Kosten für Zeitungsanzeige 16 36
Kosten Garantie/Überprüfung 11 164
Kosten TÜV-Untersuchung 11 159

Kostenaufwand 17 107
Kostenpauschale 3 291, 297, 299; 17 87
Kostenrisiko 13 39
Kostenübernahme 17 182; 22 101
Kostenübernahmebestätigung 15 101
Kostenübernahmeerklärung 15 108, 109, 138, 140, 142–146
Kostenvoranschlag 15 100, 111–114
– als Abrechnungsgrundlage 10 22
– Schutzgebühr 10 23
Kostenvoranschlag anstelle eines Gutachtens 16 66
Kradfahrer 17 8
Kraftfahrzeug 22 7, 102
4. Kraftfahrzeug-Haftpflicht-Richtlinie/4. KH-Richtlinie 25 16 ff.
5. Kraftfahrzeug-Haftpflicht-Richtlinie/5. KH-Richtlinie 25 42, 46 ff.
4. Kraftfahrzeug-Haftpflichtrichtlinie/4. KH-Richtlinie 25 4
Kraftstoff 4 24b
Kran 4 8a; 22 108
Krankenfahrstuhl 22 111
Krankengeld 17 37, 41, 73, 81, 96, 185, 237, 244
Krankenhausbehandlung 17 191
Krankenkasse 17 36, 81, 181
Krankentagegeld 17 34, 197
Krankentransport 17 188
Krankenversicherer 17 237
Krankenversicherung 17 37, 46, 78, 83, 155
Krankenversicherung der Rentner 17 93
Krankenzusatzversicherung 17 200
Krankes Deckungsverhältnis 4 362 ff.
»Krankes« Versicherungsverhältnis 22 15, 16, 161
Krankheitsanlage 20 14
Krankschreibung 17 86
Kranwagen 22 162
Kranz 17 134
Kredit 1 265, 266, 269, 273, 285, 292, 295, 302; 15 16, 31, 40, 43, 47, 57, 59, 64, 79, 83, 100, 121, 122, 129, 133, 148, 162, 184, 185, 187, 194, 197, 199, 205, 210, 217, 218, 220–223, 225, 244, 246, 249, 255–257, 260–265
Kreditantrag 15 189, 194, 219
Kreditaufnahme 15 77, 131, 186
Kreditkarte 15 166, 167
Kreditkosten 1 9, 299; 11 180; 15 34, 125, 166, 178
Kreditsumme 15 186, 251, 252
Kreditvertrag 15 188, 224, 233, 235, 236, 238
Kreditvolumen 15 248, 249, 253
Kreditzins 15 46, 73, 251
Kreuzung 4 157a
Kulanz 21 39d
Kündigung 17 22; 22 37, 41, 54, 83, 91, 96, 118, 255, 263, 264, 266, 268, 281, 308, 347, 359, 360, 368, 391, 393, 394, 401, 452, 457, 460, 469, 478
– des Mietverhältnisses 21 401, 405, 406a
Kündigungspflicht 22 265, 280, 322
Kündigungsrecht 22 265

Stichwortverzeichnis

Kurzfristiger Versicherungsvertrag 22 54
Kürzungs- oder Verteilungsverfahren 22 508, 535
Kürzungs- und Verteilungsverfahren 22 520, 521
Kürzungsfaktor 22 540
Kürzungsverfahren 22 508, 520, 521, 535, 542
Kurzzeitkennzeichen 22 117, 118; 24 14

Lackierarbeiten 22 180
Ladung 4 16 f., 29; 22 176, 184
Ladungsschaden 22 212
Landesbodenschutzgesetze 21 441
Landfahrzeug 22 102
Landwirt 17 136
Landwirtschaft 17 68, 136
Landwirtschaftliche Zugmaschine 22 109
Landwirtschaftliches Fahrzeug 6 207
Lärmbelästigung 21 6b
Lastschriftverfahren 22 232
Laufende Prämie 22 54
Laufleistungsunterschied 24 182
Leasing-Vertrag 4 6, 289a, 297 ff.
Leasingfahrzeuge 23 832
Leasinggeber 9 163
Leasinggesellschaften 2 11
Leasingnehmer 22 122
Leasingunternehmer 4 289a, 297
Lebensrisiko
– allgemeines 4 14b
Lebensunterhalt 17 82
Lebensversicherung 17 34
Leckanzeige 21 300a, 301, 301a, 301c, 301d, 302
Legalzession 14 168; 17 89, 90, 92
Leichtfertigkeit 21 68
Leichtkraftfahrzeug 22 111
Leichtsinniges Überholen 22 353
Leidensgerechte Arbeitsvermittlung 17 24
Leidensgerechte Tätigkeit 17 246
Leidensgerechter Arbeitsplatz 17 18
Leihe 4 107; 17 184
Leistung 1 168, 169; 8 45d
Leistung der Pflegekasse 17 106
Leistungsfähigkeit 17 146
Leistungsfähigkeit des Getöteten 17 142
Leistungsfreiheit 4 359a, 362b, 364c; 22 15, 85, 100, 244, 256, 259, 262, 263, 266, 279, 284, 291, 306, 308, 318, 322, 346, 360–362, 365, 368, 378, 395, 401, 443, 450, 474, 475; 24 194
Leistungsfreiheit bei Obliegenheitsverletzung 24 124
Leistungsfreiheit des VR 24 142
Leistungsinteresse 9 33
Leistungskürzung 22 283
Leistungspflicht 17 142; 22 226, 471
Leitungsanlagen 4 192 ff., 201 ff.
Leitungsfunktion 17 97
Lenkfehler 22 144
Lenkradschloss 24 232

Lichtbild 17 135
Lichtbildkosten 11 182
Liegenbleiben 6 70
Linksabbiegen 6 212
Linksabbieger 1 40; 4 159 ff., 170a
Listenpreis 24 188
Lkw-Reifen 4 13b
Lohnabrechnung 17 237
Lohnausgleich 17 238
Lohnerhöhungen 10 32
Lohnersatzleistung 17 93
Lohnkosten 17 29
Lohnnebenkosten 17 238
Lohnpfändung 17 149
Lohnsummensteuer 17 87, 239
Löschkosten 21 38b, 81b
Lückenfall 6 434
Lugano-Übereinkommen 25 73

Magnetschwebebahn 4 136
Mäharbeiten 6 211
Mähdrescher 4 8a
Mahnbescheid 22 405
Mahnung 1 255, 257, 258; 15 26, 50; 22 248
Mahnverfahren 1 255; 8 48
Mangel 4 323 ff., 329; 21 114, 281, 282a, 361, 373, 397a, 401a
– Anlagen- 21 341a, 448b
– Konstruktions- 21 363
Manipulation 22 205; 24 231
Manipulierter Unfall 16 47; 22 205
Manipuliertes Fahrzeug 22 380
Manteltarifvertrag 18 25
Markenwerkstatt 2 56
Maschinenkraft 22 102
Massenunfall 8 100
– Anscheinsbeweis 7 19
Materialfehler 4 62, 150
Materialprüfanstalt 21 97a
Mediation 14 121
Medikament 22 354
Medizinische Rehabilitation 17 225
Medizinischer Dienst 17 122
Mehrarbeit 17 76
Mehraufwendung 17 117; 22 451
Mehrbedarf 17 108
Mehrbedarfsrente 17 176
Mehrbedarfsschaden 5 19–30
– Ausbildungskosten 5 29, 30
– Begriff 5 25, 26
Mehrfachversicherung 21 54; 22 149
Mehrleistung 22 458
Mehrverdienst 17 28
Mehrvertretungszuschlag 14 127
Mehrwertsteuer 15 142; 23 860
Meldepflicht 21 338a, 339, 339b, 341a, 434, 436, 437, 438b, 438e, 438f, 441, 445, 447, 447b, 448a, 448c

1729

Stichwortverzeichnis

Meldepflicht beim Verkauf 22 115
Meldeschwelle 21 439, 446
Merkantiler
– Mehrwert 21 398
– Minderwert 21 380, 380a, 384a, 385, 389, 394, 397, 398g, 417
Miete 17 154
Mieter 1 8; 4 5a, 253
Mieter eines KFZ 22 122
Mietfahrzeug 15 98, 130
Mietminderung 21 401, 402a, 402b, 403
Mietvertrag 4 67, 343 ff.
Mietwagen 1 266; 2 57; 15 12, 14, 104, 203, 256; 16 93; 21 232; 24 13
Mietwagenkosten 1 23, 28, 174, 197, 266; 3 212, 213, 239, 259, 265, 299; 15 2, 37, 41, 60, 62, 79, 100, 147, 164, 166, 179, 214
– Abtretung 12 238
– Anmietdauer 12 142
– Fahrzeugausfall 12 156
– Fahrzeugbesitz 12 105
– Mietgegenstand 12 180
– Normaltarif
– – Ermittlung 12 203 ff.
– – fehlende Zugänglichkeit 12 201 ff.
– – »ohne weiteres«-Zugänglichkeit 12 202 ff.
– Nutzungsmöglichkeit 12 114
– Nutzungswille 12 137
– Prüfungs- und Überlegungsfrist 12 143
– Unfallersatztarif 12 198
– Versicherungsbeiträge 12 205
– Voraussetzungen 12 99
– Vorteilsausgleich 12 293 ff.
– Zusatzleistungen 12 234
– Zweitwagen 12 129
Mietwagenrechnung 15 16
Mietwagenunternehmen 21 43
Militärbehörde 25 126, 129
Mindergewinn 17 69
Minderjährige
– Haftung 5 1–148
Minderjähriger 3 111, 112, 114, 115, 120; 4 178; 6 233
Minderung 4 323
Minderung der Erwerbsfähigkeit 17 38, 97, 102
Minderung der Erwerbstätigkeit 5 119–122
– Unfallversicherung 5 119–148
Minderverdienst 17 28, 47, 51, 80
Minderwert 1 12, 13, 180, 197; 3 212, 213, 259, 265, 295; 10 77; 15 67, 68, 70, 150, 215, 216, 246
– bei Nutzfahrzeugen 10 117
– bei Sonderfahrzeugen 10 131
– Entstehung 10 112
– Höhe 10 96
– Kriterien 10 85
– merkantiler MW 10 104
– technischer MW 10 101
– Verhältnis zu Wertverbesserungen 10 111

Mindestdeckungssummen 25 48
Mindestversicherungssumme 22 8, 15, 16, 18, 19, 43, 80, 207, 220, 274, 320, 435, 470, 471, 503, 511, 537
Mineralölprodukte 21 296a
Mineralölschlauch 21 243c
Mineralölunternehmen 21 434a
Minimierung 24 236
Ministerialzulage 17 39
Missbrauch 21 82b
Mitarbeiterfahrzeug 11 130
Mitarbeiterrabatt 17 37
Mitarbeitspflicht 17 143, 160
Mitgliedsbeitrag in Sportvereinen 17 125
Mithaftung 1 38, 61, 118, 152, 190; 15 149; 17 3, 45, 118, 142, 236, 237; 22 68
Mithaftung des parkenden Verkehrsteilnehmers 4 20, 172b
Mithaftungseinwand 22 349
Mithalter 4 7
Mithilfe von Kindern 17 136
Mithilfepflicht 17 103, 150
Mittäter 3 186, 187, 195
Mittelbare Beteiligung 4 10a, 13
Mittelbare Stellvertretung 3 270, 271
Mittelbarer Schaden 1 68, 73, 76, 77; 3 266; 17 106, 126
Mitursächlichkeit 17 129; 20 15
Mitverschulden 1 111, 113, 144, 147–149, 151, 153–157, 159–162, 164, 165; 3 92, 95, 183, 234, 277, 292, 294, 295, 299; 4 25b, 44, 52c, 57a, 118, 165, 177 ff., 206, 354; 13 58; 15 60; 17 55, 240; 22 522
– bei der Schadensentstehung 20 75
Mitverschulden des Arbeitnehmers 4 115, 314
Mitverschulden gem. § 9 StVG 4 52c
Mitverschulden gem. § 254 BGB 4 52c, 177
Mitversicherte Person 22 50, 93, 121, 165, 167
Mitversicherter Fahrer 22 374
Mitwirkung bei Vertragsverhandlung 14 114
Modifikationen 8 5
Modifizierter Nettolohn-Theorie 17 35
Modifizierung 22 40
Mofa 22 111
Mögliche Vorfinanzierung durch Kredit 16 126
Möglichkeit der Kenntnisnahme 24 134
Monatsfrist 22 42
Moped 22 111
Motiv 24 228
Motorrad 4 11, 85; 22 120
Motorradfahrer 17 8
Motorschaden 4 22
Müllabfuhr 17 154
Multilaterales Garantieabkommen 25 111
Musterformulierungen 19 696–704
Mutwillige Handlung 23 356

Nach Eintritt des Versicherungsfalls 24 124

Stichwortverzeichnis

Nachbesserung 4 323 f.
Nacherfüllung 4 323 f.
Nachfrageobliegenheit des VR 24 168
Nachfragepflicht 22 418
Nachhaftung 22 37, 42, 91, 118
Nachhaftung des KH-Versicherers 4 294b, 362b, 366
Nachhaftungsfrist 22 96, 114
Nachhilfeunterricht 17 120
Nachlassverwaltung 17 135
Nachrangiger Eintrag im Kfz-Brief 11 101
Nachrangprinzip 9 61
Nachschätzungsverfahren 21 387a, 387b
Nachschlüssel 24 191
Nächste Vertragswerkstatt 16 83
Nächster Verwertungsbetrieb 16 75
Nachträgliche Genehmigung 22 316
Nachträgliche Rechtswahl 25 81
Nachtrunk 22 421; 23 801
Nachweis der Entwendung 24 167
Nachweis des äußeren Bildes 24 204
Nahrung – Gaststätten – Genussmittel 18 24
Nassauskiesungsbeschluss 21 144, 148, 165b
Nassreinigung 21 90b
NATO-Truppenstatut 25 124, 126, 127
Naturalrestitution 1 18
Naturalunterhalt 17 139, 146, 150, 151, 171, 173
Naturalunterhaltsschaden 17 171
Naturereignisse 23 249–265
Naturgewalt 4 53a, 204
Naturschutz 21 224b, 387, 437
Nebeneinkünfte 17 37
Nebenkosten 1 28; 15 250–252; 17 154
Nebenkosten des Gutachtens 13 124
Nebenkostenpauschale 16 1
Nebenpflicht 22 28
Nebenpflichten 4 326, 349a
Nebenverdienst 17 148
Nebenweg 6 442
Negatives Quotenvorrecht 14 78
Nettolohn 17 36, 80; 18 11, 41
Nettoprämie 22 53
Neu gegründetes Unternehmen 17 63
Neu-für-Alt Abzüge 3 290
Neubeginn der Verjährung 8 36, 70
Neues Recht: bei Nichtnachweisbarkeit des Betruges ggf. nur noch teilweise Leistungsfreiheit des VR bei grober Fahrlässigkeit des VN 24 225
Neues Unterhaltsrecht 17 174
Neues VVG 24 222, 223
Neufassung der Rettungskosten 24 238
Neupreisentschädigung 23 833
Neuwagenabrechnung 11 10
Neuwagenrabatt 22 35
NGG 18 21, 22, 24, 30, 31, 33, 34
Nicht eheliche Lebensgemeinschaft 9 54; 17 253
Nicht eingetragene Lebenspartnerschaft 17 145
Nicht genehmigte Rennveranstaltung 22 364
Nicht mitversicherte Tierart 24 235
Nicht rechtzeitige Zahlung 22 86
Nicht versichertes Kfz 22 219
Nicht versicherungspflichtig 22 109
Nicht zugelassenes Fahrzeug 22 141
Nicht zulassungspflichtiger Anhänger 22 147
Nicht zur Annahme der erheblichen Wahrscheinlichkeit 24 213
Nichtangabe von Informationen durch den Geschädigten 13 75
Nichtanzeige der Veräußerung 22 473
Nichtbeantwortung 24 168
Nichteheliche Lebensgemeinschaft 17 95, 144, 145
Nichteheliches Kind 17 144
Nichteinhaltung von Beförderungsfristen 22 216
Nichteinhaltung von Lieferfristen 22 216
Nichterfüllung von Obliegenheiten 24 119
Nichtmeldung des Schadens 22 404
Nichtzahlung der Erstprämie 22 9, 40, 250
Normaltarif 1 28; 15 132
Notbremsung 4 16
Notfallhilfe 22 145
Nothilfe 3 340; 9 81; 22 102, 145
Notreparatur 16 103
Notstandshaftung 3 341
Notstandshandlung 3 342
Novierung der Verjährung 8 70
Nutzungsausfall 1 283; 3 291, 297; 15 205; 17 125
Nutzungsausfallentschädigung 1 266, 286; 12 325; 15 60, 63, 64, 67, 79, 100, 203, 265
– Anspruchsberechtigung 12 330
– Anspruchsgrundlage 12 325
– Behördenfahrzeug 12 364
– Beweislast 12 401
– Dauer 12 373
– – Ausfallzeit 12 335, 375
– – Prüfungs- und Überlegungsfrist 12 374
– Eigenbesitz 12 330
– Entschädigung trotz Mietwagen 12 355
– Entschädigung trotz Taxi 12 348, 355
– Fahrbedürfnis 12 352
– Fremdbesitz 12 332
– gewerblich genutztes Fahrzeug 12 358, 390
– Höhe 12 380
– – ältere Fahrzeuge 12 387
– – Krafträder 12 392
– – Oldtimer 12 394
– – Sanden/Danner/Küppersbusch 12 384
– – Wohnmobil 12 393
– hypothetische Nutzungsmöglichkeit 12 329, 335
– – Ausfall des Fahrzeugs 12 335, 375
– – Entgeltlicher Ersatzwagen, Benutzung eines Taxis 12 355
– – Entgeltlicher Ersatzwagen, kleinerer Ersatzwagen 12 348
– – Nutzungswille 12 339, 351, 354, 368

Stichwortverzeichnis

– – rechtliche Hinderunsgründe 12 343
– – tatsächliche Hinderungsgründe 12 339
– – unentgeltlicher Ersatzwagen 12 347
– – Zweitwagen 12 346
– Nutzungsberechtigung 12 330, 341, 376
– Schadensminderungspflicht 12 377, 395
– – Interimsfahrzeug 12 378, 396
– Sonderfahrzeug 12 369
– verzögerter Reparaturauftrag 12 395
– Vorfinanzierung 12 377
Nutzungsberechtigte 21 143
Nutzungsmöglichkeit 12 12, 114

Obhut 22 181
Objektiv falsche Angabe 24 156
Objektive Gefahrerhöhung 22 370, 371, 498
Objektives Kriterium 22 259
Obliegenheit 3 18, 20; 15 17, 20, 135; 22 55, 56, 226, 258, 293, 327; 24 137
Obliegenheit nach Versicherungsfall 24 118
Obliegenheit vor Versicherungsfall 24 118
Obliegenheiten, vertragliche 23 652
– arglistiges Verhalten 23 675
– Belehrungspflicht 23 681
– Kausalitätsgegenbeweis 23 674, 680
– Kündigungserfordernis 23 671, 679
– Leistungsfreiheit 23 664
– Relevanzrechtsprechung 23 657
– Verwendungsklausel 23 685
Obliegenheitsverletzung 4 64c, 295 f., 348, 362c; 15 20; 22 15, 41, 270, 282, 284, 294, 349, 390, 514; 24 99
Obliegenheitsverletzung vor Eintritt des Versicherungsfalles 22 317
Öffentlich bestellter und vereidigter Sachverständiger 13 66, 73
Öffentlich-rechtlich
– Kostenerstattungsanspruch 21 36a
– Verantwortlichkeit 21 3, 4, 92, 178a, 216, 226, 228c, 230, 376c
Öffentlich-rechtlicher Bescheid 22 72
Öffentlich-rechtlicher Dienstherr 22 128
Öffentliche Straße 4 19, 34, 143 ff.
Öffentlicher Dienst 17 88
Öffentlicher Platz 22 329
Öffentlicher Verkehr 22 103
Öffentlicher Verkehrsbereich 22 108, 154
Öffentlicher Verkehrsraum 22 151, 154, 164
Öffentlicher Weg 22 12, 159
Öffentliches Recht 21 30a, 185
Öffentliches Verkehrsmittel 16 101
Ökoschäden 21 223, 224a, 419a, 420, 422
Öl 4 193, 197; 17 154
Ölalarm 21 339a
Ölbindemittel 21 89, 93
Ölbinder 21 89g, 90, 91a
Oldtimer 11 123; 22 113, 302; 23 830

Oldtimerkennzeichen 22 119, 301
Oldtimertreffen 22 113
Oldtimerveranstaltung 22 119
Ölfleck 21 99a, 414
Ölgeruch 21 401, 401c, 404
Ölliefervertrag 21 64a, 340a
Ölschaden 22 184
Ölspur 4 24a ff., 30a f., 52a; 21 14a, 37, 57g, 87, 88, 88a, 89c, 93d, 93e, 93f, 96c, 99a
Ölverlust 4 24c
Omnibus 4 8a, 9, 15, 64b, 135, 159a, 249, 265, 335a; 6 206a
Omnibusschaffner 22 127, 132
Online 22 38
Opfergrenze 11 40
Opferschutz 22 364
Optische Kontrolle 21 272, 288b
Orangen-Urteil 21 55
Ordnungsgemäße Belehrung 22 37
Ordre-Public-Vorbehalt 25 96
Organisationsfunktion 17 97
Organisationsverschulden 9 108, 149, 151
Organisator der Schadenbeseitigung 2 30
Originalschlüssel 24 160
Orkan 4 52b, 54
Orthopädische Schuhe 17 120

Panikreaktionen 21 6
Pannenhelfer 9 81
Panzer 4 8a
Papierunfall 24 18
Paritätische Kommission 21 118; 22 139
Parkplatzunfall 20 34, 55
Parkverbot 6 104
Parkvorgang 6 248
Partei kraft Amtes 3 33, 34
Parteivernehmung 1 137; 24 222
Parteiverrat 22 422; 24 92
Passive Phase 17 84
Passivlegitimation 19 688; 25 69, 117
Pauschalbetrag 16 2
Peilstab 21 266, 268, 290, 291, 372
Pensionierung 17 53, 54
Personalparkplatz 9 77
Personenbeförderung 4 36 ff., 64b, 97 f., 219a; 6 259; 17 40
– Anscheinsbeweis 6 259
– Fahrgastverschulden 6 259
Personenbezogene Gefahrerhöhung 22 398
Personengebundene Kosten 17 155
Personenschaden 1 77; 2 76; 4 180, 298; 16 20; 22 17, 71; 25 18, 39, 47
Personenschadenmanagement
– Rehabilitation 2 79
– Reintegration 2 79
Persönliche Unglaubwürdigkeit des VN 24 213
Persönlicher Unterhaltsbedarf 17 146
Pfändungsschutz 4 290

Stichwortverzeichnis

Pferdegespann 4 127
Pflege 6 452; 17 30, 122, 189, 205–207, 210, 211
Pflege des Ehegatten 17 173
Pflegebedarf 17 108, 208
Pflegebedürftiger 17 106
Pflegebedürftigkeit 17 163, 208, 219
Pflegegeld 17 106, 211, 215, 216
Pflegeheim 17 123, 210, 215
Pflegehonorar 17 106
Pflegekasse 17 122, 173, 210, 211, 214, 242
Pflegekosten 17 105, 204, 205, 208, 209, 217
Pflegeleistung 17 217, 219
Pflegerische Tätigkeit 17 208
Pflegesachleistung 17 216
Pflegestufe 17 208, 215
Pflegezulage 17 148
Pflichtbeifahrer 22 125
Pflichtgemäßes Ermessen 22 68
Pflichtversicherung 4 355; 22 9, 182
Pflichtwidrige Regulierung 22 68
Pipeline 4 193
Planiermaschine 22 108
Plausibilitätsanalyse 24 83
Plausibilitätsbetrachtung 24 23
Policenmodell 22 28
Polizei 4 70a
Polizeiliche Unfallaufnahme 25 9, 13
Polizeiliches Unfallprotokoll 25 10
Polizeipflichtig 21 212a
Poller 21 130a
Porto 13 125
Positive Kenntnis 22 359, 385
Positive Vertragsverletzung 3 68–70, 72, 74, 79, 250
Posttraumatische Belastungsstörung 20 2, 26, 32, 45
Prämie 17 37; 22 88, 118; 23 64–110
Prämienerhöhung 17 37
Prämiennachteil 22 63
Prämienverzug 21 42a; 22 23, 40, 41, 92, 115, 118, 182, 249
Prämienzahlung 22 53, 92, 517
Prämienzahlungspflicht 22 227
Prämienzahlungsverzug 4 362
Praxisgebühr 17 110
Präzise Fragestellung 24 183
Preisänderung 22 31
Primärverletzung 20 9, 38
Privat Versicherter 17 259
Privatärztliche Behandlung 17 200
Private Krankenkasse 17 241, 242; 22 510
Private Krankenversicherung 17 34, 43, 118, 197
Private Pflegekasse 17 218
Private Summenversicherung 17 34
Private Unfallversicherung 14 5
Private Vorsorgeleistung 17 197
Privatentnahme 17 77
Privater Krankenversicherer 22 490
Privater Rehabilitationsdienst 17 24

Privatfahrzeug 25 124, 126, 127, 129
Privatgelände 4 34
Privathaushaltungen 18 23, 32
Privatlehrer 17 120
Privatverbraucher 21 247
Privilegierung 3 110
Probefahrt 4 99, 101 f., 331; 22 113, 118, 119, 181, 300
Professionelle Arbeitskraft 18 17
Prognose 17 62
Prognoserisiko 1 23; 10 19, 28, 156; 17 182
Prostituierte 17 39
Prothese 17 120
Provozierter Verkehrsunfall 24 7
Prozentsatz 13 121
Prozess 16 35
Prozessbetrug 24 90
Prozessschritte bei der Schadenabwicklung 2 39
Prozessfähigkeit 3 4
Prozessführung 24 92
Prozessführungsbefugnis 3 29; 22 455
Prozessführungsverbot 22 455
Prozesskosten 22 459
Prozesskostenhilfe 19 634–638; 22 405
Prozessrecht 5 123–148
– Abänderungsklage 5 133–148
– – bei Mehrbedarfsrente 5 134, 135
– – bei Schmerzensgeldrente 5 136–148
– Beweismaß 5 124–126
– Kausalität 5 124–126
– Klageantrag 5 127–132
– – Zahlung einer Rente 5 127–132
– – Zahlung von Schmerzensgeld 5 130–132
– Klagezustellung 5 123–148
Prozessuale Bedeutung der Verjährung 8 46, 71, 94
Prozessuale Geltendmachung 16 146
Prozessuales 13 150
Prozessvergleich 19 678, 679
Prozessvollmacht 3 38
Prozesszins 1 296, 297
Prüffahrt 22 113, 119, 300
Prüfschema 18 58
Prüfungsfrist 1 173
Psychische Gesundheitsbeschädigung 4 14b
Psychische Prädisposition 20 27
Psychotischer Schub 22 398
Pulks 7 12
PVV 22 73

Quad 22 111
Qualifizierte Mahnung 22 252, 253
Quotale Entschädigung bei grober Fahrlässigkeit 24 157
Quote 15 247, 248, 252
Quotenbildung 20 72
Quotenvorrecht 3 243, 247, 253, 259, 277–284, 287, 290, 294, 295, 298–301; **17** 28, 54, 55, 170, 256, 257, 259, 260; **22** 505; **23** 951

1733

Stichwortverzeichnis

Quotenvorrecht des Beamten 17 258
Quotierung 24 198
Quotierung der Leistungsfreiheit 22 283

Rabattretter 22 59, 60
Rabattstufe 22 34, 59
Radfahrer 6 108, 293, 297; 17 9
– Abbiegevorgänge 6 268
– Einbahnstraße 6 275
– Fußgänger 6 276, 285
– Radwegbenutzung 6 284, 297
– Schutzhelm 6 302
– Überholen 6 291
– Vorfahrt 6 295
– Wenden 6 296
Radiogebühr 17 154
Radsportler 17 9
Rallye 22 366
Rangfolge 22 523
Rangordnung 22 509, 536
Rasenmähen 17 116
Rasenmäher 22 108
Ratenzahlung 15 168, 169, 190
Räumlicher Zusammenhang 21 182b, 185, 187
Raupenfahrzeug 4 8a
Rechnung 15 142
Recht des Erfolgsorts 25 77
Recht des Unfalllandes 25 75, 83, 86
Recht des Wohnsitzlandes 25 88
Rechtliche Neubewertung 24 193
Rechts des Unfalllandes 25 22
Rechts-vor-Links 6 423 f.
Rechtsabbiegen 6 311, 420
Rechtsanwalt im Ausland 25 130
Rechtsanwaltskosten des Arbeitgebers 17 239
Rechtsbehelf 1 48
Rechtsbelehrung 22 428
Rechtsbeziehungen in Haftpflicht-Schadenfällen 2 45
Rechtsfähigkeit 3 3
Rechtsfahrgebot 4 174
Rechtsfolgen 13 84
Rechtsgutverletzung 24 49
Rechtskraft 19 616, 628–631, 639–649
Rechtskrafterstreckung 24 112
Rechtskräftige Verurteilung 24 214
Rechtsmittelbelehrung 22 297
Rechtsmittelfrist 1 51
Rechtsnachfolger 17 86; 22 520
Rechtspflichtverletzung 22 294
Rechtsprechung 24 231
Rechtsschutz 22 75
Rechtsschutzversicherung 4 114; 22 75, 456
Rechtsschutzversicherungen 25 68
Rechtsverfolgungskosten 25 43, 68
Rechtswidrigkeit 3 118
Rechtswidrigkeitszusammenhang 1 45, 46
Rechtzeitiges Einlösen 22 87

Redlichkeitsvermutung 24 219, 220
Region 18 6, 22, 25, 32, 34, 35, 55, 56
Regionalklasse 22 33
Regress 2 87; 3 200; 4 229b, 233, 289 ff., 294, 297, 364a; 22 104, 245, 377
Regress des Kfz-Haftpflichtversicherers 4 294
Regress des Prämienschadens 22 181
Regressanspruch 8 12; 13 52
Regressbeschränkung 4 362
Regressklage 4 296
Regressverzicht 23 945
Regulierung 22 98
Regulierungsbeauftragter 25 104
Regulierungsbefugnis 22 445
Regulierungsfrist 1 182
Regulierungsfristen 25 21
Regulierungsstreitwert 14 65
Regulierungsverfahren 25 21
Regulierungsvollmacht 22 445
Reha-Management 2 80
Rehabilitation 17 191
Rehabilitationsmaßnahme 17 24, 246
Reifen 22 380
Rein fahrzeugbezogene Kosten 21 41
Reine Sachkosten 16 91
Reiner Vermögensschaden 22 74
Reintegration 17 24
Reisekosten 14 152; 17 135
Reißverschlussverfahren 6 146
Reklamebeschriftung 11 173
Relative Fahruntüchtigkeit 22 352, 358
Relevanzrechtsprechung 22 478; 24 129
Rennen 22 364
Rennveranstaltung 23 365
Renovierungsarbeit 17 37
Rente 17 78, 96, 103, 148, 196; 22 511
– für Pflege 5 27, 28
– Kapitalisierung 5 47–52
– Sicherung des Kapitals 5 53–61
– Verdienstausfall 5 31–40
– – Berufschancen 5 39
– – Lebensdauer 5 38
– – Prognose 5 35
– vermehrte Bedürfnisse 5 20
Rentenanspruch 8 8; 14 76
Rentenanwartschaft 17 246
Rentenbarwert 22 533, 534, 540
Rentenbeginn 22 531
Rentenberechnung 22 517
Rentenforderung 22 525, 529
Rentenkürzung 22 540
Rentenlaufzeit 22 531
Rentenleistung 17 32
Rentenminderung 17 37
Rentenneurose 20 18
Rentenschaden 17 30, 36, 46, 246
Rentenversicherer 17 28, 36, 96, 237, 246
Rentenversicherung 17 37, 83, 185

Stichwortverzeichnis

Rentenversicherungsträger 17 24
Rentenzahlung 22 521
Rentner 17 111
Rentnerehepaar 17 173
Reparatur 1 197; 3 294; 15 50, 58, 68, 69, 139, 171, 216, 243; 22 177–179, 200
Reparatur eines Kfz 4 320, 329 ff., 332b
Reparatur in Werkstatt 16 62
Reparatur nicht oder eigenständig durchgeführt 16 63
Reparaturarbeit 17 37
Reparaturauftrag 15 13
Reparaturdauer 15 205
Reparaturkosten 1 12, 279; 3 213, 229, 239, 254, 259, 265, 285; 15 1, 11, 15, 31, 37, 41, 57, 61, 69, 71, 113, 114, 138, 143, 164, 166, 179, 193, 205, 213, 214, 216, 241, 245, 265
– Achsenvermessung 10 27
– Beipolierung 10 13
– Eigenreparatur 10 53 ff.
– Erneuerung von Sicherheitsgurten 10 15
– fiktiv 4 2
– Gebrauchtteile 10 7
– Lackierung 10 9
– Nacharbeiten 10 4
– Neuteile 10 4
– Verweisung auf »freie« Werkstatt 10 24a ff.
Reparaturkosten-Übernahmebestätigung 15 171
Reparaturkostenabrechnung 1 12
Reparaturkostenübernahmeerklärung 15 9, 59, 173
Reparaturrechnung 15 16, 265
Reparaturschaden 1 12; 15 9, 13, 104
Reparaturvermittlung
– Herstellervorgaben 2 56
– Original-Ersatzteile 2 56
Reparaturwerkstatt seines Vertrauens 16 82
Reparierter Vorschaden 24 183
Repräsentant 3 17, 18, 20; 4 292 f., 359; 22 267; 23 577–584
Repräsentantenhaftung 24 65
Restalkohol 22 356
Restschaden 3 301
Resttreibstoff 11 103
Restversicherungssumme 22 543
Restwert 1 26; 3 289, 299; 11 82; 13 32; 15 68, 256; 23 849
Rettungskosten 21 26, 28a, 28d, 31, 45d, 147a, 147b, 148, 153; 23 283–293; 24 234
Rettungspflicht des VN 24 236
Richterlicher Hinweise 8 95
Richtlinie 2009/103/EG 25 16
Risiko 22 110
Risikoabschlag 20 71
Risikoausschluss 4 359 ff.; 22 96, 202, 273, 364
Risikoumfang 22 98
Risikoverringerung 22 307
Risikozuschlag 11 97; 17 37
Rohgewinn 17 62

Rohrleitungen 4 195
Rohrleitungsanlage 21 156a, 198b, 198c
Rolltreppe 4 135a, 219a
Rom II-Verordnung 25 87, 100, 101
Rote Kennzeichen 22 300, 302, 309, 384
Rotlicht 6 375
Rückerstattungsanspruch 13 136
Rückfahrt 16 18
Rückforderung 13 43
Rückforderungsanspruch 3 334, 335
Rückforderungsrecht 22 290
Rückforderungsvorbehalt 3 335
Rückgabe
– an anderem Ort 16 98
Rückgewinnungskosten 11 184
Rückgriffsanspruch 22 291, 321
Rückkaufsmöglichkeit 22 61
Rücklage 17 154
Rückschaupflicht 3 205
Rückstellung 22 58, 64
Rückstufung 22 58
Rückstufungsschaden 15 21, 175, 178; 16 110
Rückstufungsschadenberechnung 16 125
Rücktritt 4 323; 22 96, 287
Rückwärtsfahren 6 313
Rückwirkender Wegfall vorläufiger Deckung 22 86
Rückzahlung des Schadenaufwandes 22 66
Ruhender Verkehr 6 16
Ruhestand 17 53
Ruheversicherung 22 463, 464, 470
Ruhezeitvorschrift 22 398
Rußschäden 4 23
Rutschfestigkeit 21 89f

Sabotage 21 15a, 220a, 228c
Sabotageakt 4 54b, 150
Sachbeschädigung 1 6
Sachbezug 17 148
Sachbezüge 17 37
Sachfolgeschaden 1 15; 3 265; 15 38
Sachleistung 17 244, 245
Sachschaden 4 182; 22 71, 73, 527; 25 47
Sachverhalt darlegen und beweisen 24 203
Sachverhaltsdarstellung durch den VN in der Schadenmeldung 24 172
Sachverhaltsdarstellung in der Schadenmeldung durch Dritte 24 174
Sachverhaltsermittlung 22 421
Sachverständige 2 58; 19 680, 681
Sachverständigengutachten 15 113, 114
– als Abrechnungsgrundlage 10 18
– Einwendungen 10 19
Sachverständigenkosten 3 229, 287, 288, 291, 295, 299; 15 65; 23 856
Sachverständigenverfahren 23 876
Sachverständiger 4 2; 24 229, 235
Sachzusammenhang 1 49

Stichwortverzeichnis

Saisonkennzeichen 22 8, 120
Sanierungsarbeiten 21 105
Sanierungspflicht 21 207d, 210a, 212, 214, 214d, 215, 222
Sanierungsziel 21 236a
Sattelschlepper 4 11a
Schaden am versicherten Kfz 22 209
Schaden durch Ausweichmanöver 24 236
Schaden durch Zusammenstoß 24 235
Schaden in der Teilkaskoversicherung 24 200
Schaden in der Vollkaskoversicherung 24 246
Schaden-Kosten-Quote 2 29
Schadenabwicklung 1 283
Schadenabwicklung durch Agenten 24 178
Schadenanzeige 15 17, 18, 20, 135; 22 422
Schadenaufwand 22 284
Schadenausgleich 4 140a, 175 f., 188 ff.
Schadenausweitung 22 434
Schadenbearbeitungskosten von Betrieben und Behörden 16 29
Schadenbedarf 15 68, 116, 125, 214
Schadenbegriff 1 14
Schadenersatzansprüche Dritter 22 51
Schadenersatzpflicht 22 87
Schadenersatzpflicht bei Sportveranstaltungen 22 366
Schadenersatzrente 17 12
Schadenfall 22 41, 271
Schadenfix 2 62
Schadenhöhe 1 174; 15 149
Schadenhöhe des Bagatellschadens 13 8
Schadenmanagement 2 8
Schadenmeldepflicht 22 411
Schadenmindernd 17 50, 64, 157, 159
Schadenminderung 15 11, 79, 127, 130, 160, 172, 176, 191; 17 24, 72, 203
Schadenminderung (§ 254 Abs. 2 BGB) 16 73
Schadenminderungsmaßnahme 24 239
Schadenminderungspflicht 1 273; 3 325; 10 157; 12 236; 15 14, 17, 37, 59, 66, 67, 80, 122, 128, 129, 132, 170, 189, 196, 197, 213, 260; 16 86, 118; 17 18, 20, 22, 31, 54, 98, 113, 175; 21 238, 402; 22 437
Schadenregulierung 15 137, 176
Schadenregulierungsbeauftragten 25 21
Schadenregulierungsbeauftragter 25 4, 26, 38–41, 119, 121
Schadenregulierungsstelle des Bundes (SRB) 25 125
Schadensabwendungspflicht bei PTBS 20 78
Schadensanfälligkeit 20 21, 27, 76
Schadensanmeldung 8 66
Schadensformular 24 176
Schadensfreiheitsrabatt 7 29; 15 19, 21; 22 31, 68, 496
Schadensmeldeformular 24 168, 182
Schadensminderungspflicht
– Abgrenzung zur Schadensberechnung 11 60
– Dispositionspflicht 10 166; 11 51

– Erkundigungs- und Überwachungspflicht 12 246
– Fahrzeugveräußerung 10 168; 11 55, 90
– Hinweispflicht 12 261
– Interimsfahrzeug 11 148; 12 170, 269 ff.
– Mindestabnahme 12 267
– Nutzung ÖPNV 12 289
– Sachverständiger 10 162
– Taxinutzung 12 278
– Unbeschädigte Teile 10 164
– Werkstattauswahl 10 159
Schadensquotierung 4 287
Schadensrechtsänderung 6 11
Schadensrechtsänderungsgesetz 4 2, 33, 36, 58, 98, 242
Schadensschilderungen der VN 24 230
Schadensteuerung 2 4
Schadensumfang 24 84
Schadensversicherer 22 489
Schadenteilung 1 47
Schadenverlaufbestätigung 25 57
Schädiger 1 99
Schätzung 16 2
Scheinselbständiger 17 78
Scheinselbständigkeit 17 78
Scheitern des Hauptvertrages 22 83
Schichtzulage 17 185
Schieben 4 9a
Schienenbahn 4 128, 131 ff., 143 ff., 152 ff., 159a ff., 175, 191, 210, 218 ff., 225
Schluss auf die Fahrzeugentwendung 24 203
Schlüsselgutachten 24 191
Schlussmeldung 22 61
Schmerzensgeld 1 29, 174, 180, 197; 4 2, 43a; 14 74; 15 215, 216, 246; 17 130, 131; 21 77, 147
Schmerzensgeld für Kinder und Minderjährige 5 62–118
– Alter des Verletzten 5 72–103
– Bemessungskriterien 5 70, 71, 104
– Dauer des Leidens 5 81–84
– Dauerschäden 5 90–101
– – Amputation 5 91
– – Narben 5 92–97
– Empfindlichkeit 5 73, 74
– Heiratschancen 5 102
– Krankenhausaufenthalt 5 75–80
– Lebensfreude 5 103
– Minderung der Erwerbstätigkeit 5 85–89
– Schmerzensgeldfähigkeit 5 76
– Vererblichkeit 5 67–69
Schmerzensgeldbemessung bei PTBS 20 27
Schmerzensgeldforderung 14 72
Schmerzensgeldklage 19 584–649
– Beklagter 19 587
– Gerichtsstand 19 584, 585
– Klageantrag 19 590–594, 610, 636
– – angemessenes Schmerzensgeld 19 602
– – Ermessen 19 590
– – Größenordnung 19 621

Stichwortverzeichnis

– – Mindestbetrag 19 602
– Kläger 19 586
Schmerzensgeldrente 5 105–118; **19** 603–610
– Dynamisierung 5 113–118, 146
– – Abänderungsklage 5 116
– – Inflation 5 115
– – Lebenshaltungskostenindex 5 118
– Kapitalwert 5 110–112, 144; **19** 605
Schneepflug 22 108
Schock 19 310–381
– Angehörige 19 314
– – Tod des Ehegatten 19 218, 326–347
– Betreuer 19 314
– Beweislast 19 343–347, 544–552
– Darlegungslast 19 343–347
– Fernwirkungsschaden 19 310–381
– Gesundheitsverletzung 19 334–342
– Kausalität 19 360–365
– psychischer Schaden 19 311
– – Krankheitswert 19 341, 342
– Trauer 19 339–342
– Trauerschmerz 19 341, 342
– Unfallbeteiligte 19 314, 319–321
– Unfallhelfer 19 314, 322–325
– Verschulden 19 359
Schockschaden 4 14 ff., 300b; **20** 30, 37
Schönheitsreparatur 17 154
Schornsteinfeger 17 154
Schrankenwärter 4 265
Schreibgebühren 13 125
Schriftformklausel 24 180
Schulbezogene (Verletzungs-) Handlung 9 129
Schulbusfahrer 4 32b
Schuldanerkenntnis 1 246, 247, 249, 251, 252; **8**
– abstraktes 8 71
– deklaratorisches 8 72, 89
Schuldausschließungsgrund 3 132, 133
Schuldner 1 98
Schuldnerverzug 1 255, 273; **15** 34
Schuldrechtsmodernisierungsgesetz 4 76
Schuldunfähigkeit 3 49, 131
Schüler 17 57
Schülertransport 9 132
Schulgeld 17 155
Schulträger 9 126
Schulunfall 9 126
Schutzanstrich 21 267h
Schutzgebühr 16 60
Schutzgebühr für Kostenvoranschlag 16 58
Schutzgesetz 1 86, 87, 102, 118
Schutzhelm 1 159
Schutzhelm und Mitverschulden 6 302
Schutzkleidung 17 8
Schutzzweck 1 41, 45, 46, 91
Schwangerschaft 17 17
Schwarzarbeit 17 37, 40, 100
Schwarzfahrer 4 70a, 337, 361 ff.; **22** 311, 342, 343
Schwarzfahrerklausel 23 704

Schwarzfahrt 4 63 ff.; **22** 314, 317, 321, 323, 325, 498
Schwebebahn 4 128, 131, 136 ff., 152 f., 210
Schweigerecht 22 419
Schweiz 25 21
Schwellengebühr 14 95
Schwerbeschädigtenzulage 17 148
Schwere des Verschuldens 24 147
Schwierige Beschädigung 13 30
Sekundärverletzung 20 9
Selbstständiger 17 61, 62
Selbstständiges Beweisverfahren 14 109
Selbstbeteiligung 3 281, 295, 296, 299, 301; **22** 496; **23** 873; **24** 246
Selbstbeteiligung im KH-Schadenfall 22 35
Selbstfahrende Arbeitsmaschine 22 9, 109, 110, 157
Selbstfahrende Arbeitsmaschinen
– die nicht schneller als 20 km/h 22 108
Selbsthilferecht 3 324
Selbstmordabsicht 22 167
Selbstregulierung 22 406, 445
Selbstreparatur 10 54
Selbstschädigung 24 51
Selbstständiges Beweisverfahren 8 103e
Selbsttötungsabsicht 22 167
Selbstvornahme 4 323
Sicherheitsabstand 6 79
Sicherheitsgurt 1 155; **6** 321; **17** 6
Sicherungsabtretung 3 229; **14** 13
Sicherungsmaßnahmen 21 23, 214c, 237a
Sicherungsschellen 21 275, 277a, 279b, 362
Silofahrzeug 4 30; **21** 13a, 19b, 198e, 198f, 219a, 310
Simulation 20 7
Simulationsprogramm 24 24
Sinn 24 135
Sittenwidriger Erwerb 17 39
Skateboard 4 274a
Small-Claims-Verordnung 25 102
Sohn 22 322
Soldat 17 52
Sonderfahrstreifen 6 149
Sonderfall Massenunfall 6 100
Sonderlackierung 11 178
Sondernachlass 22 35
Sonderrechte 4 247; **6**
– Beweislastverteilung 6 328a
– Feuerwehr 6 328
– – Privatfahrzeuge 6 323
– Grundlagen 6 323
– Müllabfuhr 6 326
– Rettungsfahrzeuge 6 325
Sonderzahlungen 17 238
Sonderzuwendung 17 86
Sonstige Kapitalforderung 22 528
Sonstige Person 22 130
Sonstige Rechte 21 102, 103
Sorgfaltspflicht 22 166
– gegen sich selbst 17 7

Stichwortverzeichnis

Sozialgerichtsverfahren 17 196
Sozialhilfe 9 61; 17 37, 82, 91; 22 492
Sozialhilfeträger 17 82, 247
Sozialkasse 17 238
Sozialleistung 17 78
Sozialrecht – SGB VII §§ 104 ff. 5 119–122
– Unfallversicherung 5 119–122
Sozialrechtliche Entscheidungen 8 103j
Sozialtypisches Verhalten 4 335
Sozialversicherer 2 83
Sozialversicherung 3 302; 17 13, 243
Sozialversicherungsbeitrag 17 36, 93
Sozialversicherungsträger 3 102, 200, 277, 278; 9 68; 14 16, 17; 17 90; 18 2; 22 489, 492, 510, 522; 25 64
Sozietät 17 66
Spätfolgen 19 612, 629
Sperrfrist 17 81; 22 334
Spesen 17 39
Spontan 24 137
Sportstudio 17 125
Spritzmittel 21 18, 114a; 22 186, 191
Spritzschaden 21 18, 137
Spurwechsel 6 72, 91
Spurwechselmethode 24 37
Stadtverkehr 6 78
Standesgemäße Bestattung 17 133
Standfestigkeit 21 410
Standgeld 3 297; 11 95, 165
Standsicherheit 21 212a, 273
Standspur 21 89d
Stationärer Aufenthalt 17 104
Stationierungsschaden 4 74, 245
Stationsreferendar 14 50
Stehendes Fahrzeug 6 103
Stein 4 26
Steinbruch 4 211
Stellenanzeige 17 54
Stellvertreter 3 32
Stellvertretung 3 6, 8, 9, 21, 24, 31, 33
Sterbegeld 17 192
Sterbeurkunde 17 134
Steuer 17 36, 37, 44, 53, 66
Steuernachteil 17 37
Steuerrückerstattung 17 148
Steuerschaden 17 176
Steuerschuld 17 44
Stichprobe 4 265
Stilllegung 22 43
Stipendium 17 28, 144
Störer
– -auswahl 21 32, 425
– Handlungs- 21 32, 33a, 33b
– Zustands- 21 32, 38a, 80, 81a, 209, 209a, 424a, 425, 432b
Strafbare Handlung 3 126, 128
Strafbefehl 22 405
Strafregister getilgt 24 215

Strafverfahren 22 101, 419, 421
Strafverfolgungsbehörde 22 419
Straßenbahn 1 115; 4 127, 143, 152 ff., 157 ff., 162 ff., 170a ff., 173, 176 ff., 259a, 265, 335a; 6
– Fußgänger 6 332
– Geparkte Fahrzeuge 6 331
– Linksabbieger 6 330
Straßencharakter 6 188, 429, 442
Straßenmaße 6 28, 30
Straßenrand 22 135
Straßenreinigungskosten 21 38a
Straßenverhältnisse 6 183
Straßenwalze 22 108
Straßenzustand 6 105
Streitbeitritt 24 92
Streitgenossen 4 358b; 14 63
Streitverkündung 8 49a, 55; 22 405
Streitwert 19 501, 619
Strengbeweis 16 5
Streufahrzeug 4 28
Streupflicht 4 240 ff., 246a
Strom 17 154
Student 17 57
Stundensatz 18 1, 12, 15, 35
Stundenverrechnungssätze 10 24
Stundung 1 256
Subjektive Gefahrerhöhung 22 371
Subjektiver Mehrwert 11 126, 138
Subsidiärhaftung 4 243 ff., 363 f.
Subventionsverlust 11 186
Suizidversuch 4 139a
Summenversicherer 22 491

Tabellenmodell 13 109
Tag der Zulassung 22 81
Tage- und Abwesenheitsgeld 14 152
Täglicher Hilfebedarf (Zeitaufwand) 17 208
Tank
– wagenspezifische Weiterbildung 21 250a
Tanken 22 192
Tankraum 21 264a, 306b, 327, 335
Tanksachverständiger 21 239, 249b, 254a, 278b, 279, 373a, 379
Tankstellengelände 22 185
Tankwagen 4 30a ff.
Tarifbedingung 22 28, 31
Tarifbestimmung 22 298, 299
Tarifmerkmal 18 27, 30, 31, 37, 38
Tarifvertrag 17 13, 56, 235
Tarifvertrag des öffentlichen Dienstes 17 237
Tätigkeitsvergütung 17 75
Tatortprinzip 25 75, 76
Tatortregel 25 79, 80
Tatsache 24 210
Tatsächliche Kenntnis 24 134
Tatsächliche Laufleistung 13 78
Taxe 13 98
Taxi 4 9, 253 ff., 265; 14 157

Stichwortverzeichnis

Technische
- Hilfeleistung 21 39, 43, 93a
- Minderwerte 21 409

Technischer Mangel 4 150 f.
Technischer Nachweis der Brandstiftung 24 229
Technischer Totalschaden 1 27
Technisches Hilfsmittel 17 108
Teilfälligkeit 14 174
Teilgläubiger 17 146
Teilhabe am Arbeitsleben 17 226
Teilkasko 23 153–306
Teilkaskoversicherung 22 65
Teilklage 8 50
Teilleistung 1 183, 185, 203; 15 206, 208–210
Teilnahme von Kindern am öffentlichen Straßenverkehr 4 274
Teilrückstand 22 235
Teilungsabkommen 22 523
Teilweise Arbeitspflicht 17 160
Teilweise Erwerbsminderung 17 50, 51
Teilweise Kürzung 13 57
Teilzeit 17 18, 175
Telefax 8 103i
Telefon 13 125
Telefongrundgebühr 17 154
Telefonkosten 17 112
Telematiksysteme 21 176b
Terminsgebühr 14 102, 137
Testamentseröffnung 17 135
Tiere 6 82; 24 235, 236
Tierhalterhaftung 6 89; 22 172
Tilgung 1 197, 199, 201, 202
Tilgungsgemeinschaft 9 34
Tochter 22 322
Tod 17 129
Totalentwendung 24 200
Totalschaden 1 10; 3 285, 289, 294; 15 9, 12, 71, 104, 113, 130, 168, 171, 191, 214, 245, 255, 256; 16 80; 22 269, 308; 23 823
- Abgrenzung zum Reparaturschaden 11 35
- bei Fahrzeugen eines Händlers 11 117
- technischer 11 2
- unechter 11 10
- wirtschaftlicher 11 5

Tötung der Nur-Hausfrau 17 171
Tötung eines Ausländers 17 138
Träger der Straßenbaulast 4 239, 241b
Traktor 4 8a
Transport der Trauergesellschaft 17 133
Transport in nächste Fach-/Vertragswerkstatt 16 81
Transport zur Prüfung 16 80
Transportgut 22 169
Transportrecht 21 66
Transportversicherer 22 176
Transportversicherung 21 46b, 54; 22 214
Traueranzeige 17 134
Trauerfeier 17 134
Trauerkleidung 17 134

Treibstoffkosten 16 94
Trennungsentschädigung 17 39
Trennungsprinzip 24 103
Treppe 4 219a
Treu und Glauben 1 100, 144, 170, 184, 185, 198, 212, 229, 258, 260; 3 74, 97, 101, 203, 332; 15 39, 51, 120, 126, 185, 208–211; 24 170
Treuenachlass 22 35
Treueprämie 17 148
Treuhand 3 271
Trike 22 111
Trinkgeld 17 37
Trunkenheit 24 247
Trunkenheitsfahrt 4 108, 303; 22 356, 358
Türöffnen 6 337
TVöD 18 19, 20
Typenklasse 22 32
Typisches Risiko des Gewerbebetriebes 22 163
Typizität 7 14

U-Bahn 4 135
Überforderung 4 57b
Überführung 17 134
Überführungsfahrt 22 113, 119, 300
Überführungskosten 16 88
Überführungskosten im gewerblichen Bereich 16 90
Übergabevereinbarung 17 136
Übergang 17 96, 185
Übergangsfrist 22 280
Übergangsgeld 17 73, 93, 237, 244
Übergangshilfe 17 37
Übergangsprobleme 8 54
Überhöhte Geschwindigkeit 22 353
Überhöhte/nicht nachprüfbare Rechnung 13 139
Überholen 4 11a f.; 6 71, 228, 340, 415; 8 71
Überholende Kausalität 10 72; 17 16; 20 13, 20, 50
Überholfahrstreifen 6 59
Übermüdung 22 353
Überobligationsmäßige Anstrengung 17 20, 31, 160
Überobligatorische Anstrengungen 10 29, 47
Überörtlich tätige Sozietät 14 41, 46
Überprüfung von Lackproben 16 48
Überprüfungspflicht 22 341
Überschreitung der Deckungssumme 22 524
Überschreitung der Mindestversicherungssumme 22 506
Überschreitung des zulässigen Gesamtgewichtes 22 380
Überschuldung 16 126
Überschwemmung 4 54
Übersicht 8 104
Überstundenvergütung 17 148
Überstundenzulage 17 185
Überwachung 4 259 ff., 272
Überweisung 22 231
Überwiegende Wahrscheinlichkeit 24 211

Stichwortverzeichnis

Überziehung 15 85, 159, 163
Überziehungskredit 15 12, 159, 160
Ubiquitätsprinzip 25 77
Übliche Vergütung 13 99
Übungsfahrt 22 208, 365
Umbaukosten 17 121
Umbettung 17 134
Umfang der Versicherung 22 82
Umgestaltung 17 18
Umgestaltung des Arbeitsplatzes 17 22, 226
Umlageverfahren 17 86
Ummeldekosten 11 151
Ummeldung 22 268
Umorganisation 17 64
Umorganisation des Haushaltes 17 119
Umrüstungskosten 11 171
Umsatz 17 62
Umsatzsteuer 1 18, 27, 97; 4 2; 10 208; 14 170; 17 44
– Anfall 10 208; 11 105
– Ausländer 10 228
– Differenzbesteuerung 11 110
– pauschalierter Vorsteuerabzug 10 232
– Vorsteuerabzugsberechtigung 10 219; 11 111
Umsatzsteuer in der Kostenfestsetzung 14 175
Umsatzsteuervoranmeldung 17 62
Umschreibung 17 135
Umschulung 17 18, 23, 24–28, 246, 248
Umschulungskosten 17 23
Umsetzung 17 22
Umwelt 21 21, 122a, 184, 251, 281b, 431a
Umwelteinwirkung 21 2, 180, 183, 188, 188b
Umwelthaftpflichtmodell 21 194a
Umwelthaftpflichtversicherung 21 247b
Umwelthaftungsgesetz 21 1b, 30, 177, 179
Umweltpfad 21 2, 180a
Umweltschäden 2 86
Umweltschadensgesetz 2 86; 21 3, 216, 220b, 416; 22 185
Umweltschutz 2 86
Umweltverbände 21 225
Umzug 17 156
Unabwendbares Ereignis 1 112; 4 25b, 27 ff., 52 ff., 56, 58 ff., 87, 140 ff., 146 ff., 150 ff., 162a, 170, 191; 8 25; 22 338, 339
Unabwendbarkeitsnachweis 4 2, 27a, 60 ff.; 17 4; 22 338
Unangemessene Erlebnisverarbeitung 20 27, 31
Unaufklärbarkeit 7 3
Unbefugter Gebrauch/Gebrauchsdiebstahl 23 199–237
Unbegrenzte Deckung 22 9
Unberechtigter Fahrer 4 65 f., 116 f.; 22 311, 312, 322, 323, 327, 342
Unberechtigter Gebrauch 22 321
Unberechtigter Halter 22 122
Unberechtigter Schadenersatzanspruch 22 75
Unbezifferter Leistungsantrag 14 73
Unbrauchbare Gutachten 13 50, 136

Unebenheiten 4 221 ff.
Unechte Anzeige 22 44
Uneingeschränkte Leistungsfreiheit 24 143, 145
Unentgeltliche Mitarbeit 17 148
Unentgeltliche Mithilfe 17 136
Unerlaubte Handlung 1 24; 3 78, 105, 107–111, 116, 118, 122, 123, 126, 179, 185, 190, 250; 15 49
Unfall 4 10; 16 69
Unfall in Deutschland mit ausländischem Unfallbeteiligtem 25 110
Unfall mit Fahrzeug von in Deutschland stationierten ausländischen Streitkräften 25 124
Unfallbedingte Beeinträchtigung 17 100
Unfallbedingtheit 17 37, 199
Unfallbedingtheit der Arbeitsunfähigkeit 17 86
Unfallbegriff 23 308–361
Unfallersatztarif 1 23, 28; 12 198; 15 132, 166
Unfallflucht 22 415, 423, 430; 23 790
Unfallhergang 13 79
Unfallhilfswagen 16 103
Unfallort
– Rechtsanwendung 25 20
Unfallverhütungsvorschriften 4 300a
Unfallversicherer 22 490
Unfallversicherung 17 34, 78, 87, 155; 18 3, 5, 41
Unfallzeuge 22 421
Unfallzusammenhang 17 180, 246
Unfreiwilligkeit 24 48
Ungeeigneter Sachverständiger 13 59
Ungerechtfertigte Bereicherung 3 251, 328, 334; 8 93; 15 51; 24 218
Ungünstiger Umstand 24 168
Uniwagnis 24 5
Unklare Verkehrslage 6 359
Unmittelbarer Schaden 1 68, 69, 71, 76, 77
Unredlichkeit des VN 24 192
Unrentable Arbeit 17 62
Unreparierter Vorschaden 24 183
Unterbevollmächtigter Terminsvertreter 14 40
Unterbrechung 8 36
Unterhalt 17 163, 171, 178
Unterhaltsanspruch 8 6; 17 126, 140, 159, 162, 175
Unterhaltsanspruch des Ehegatten 17 171
Unterhaltsanspruch von Kindern 17 142
Unterhaltsbedarf der Eltern 17 163
Unterhaltsberechtigter 17 142
Unterhaltsleistung 17 141, 149, 174
Unterhaltspflichtige Person 17 132
Unterhaltspflichtiges Kind 17 163
Unterhaltsrecht 17 159, 162
Unterhaltsschaden 17 139, 144, 160; 22 531
Unterhaltsschadenersatz 17 127
Unterhaltsverpflichtung 17 141
Unterhaltungskosten 17 135
Unterlegkeil 21 16, 346, 347
Unternehmerische Fehlentscheidung 22 162
Unternehmerpfandrecht 4 322; 15 265
Unterschiedliche Berechnungsmethoden 13 48

Stichwortverzeichnis

Unterschlagung 23 174, 189, 190
Unverbindliche Preisempfehlung 1 28
Unverschuldeter Verkehrsunfall 22 63
Unwesentliche Abweichung 24 189
Unwissender Fahrer 22 46
Unzulässiges Anerkenntnis 22 441
Unzureichende Teilzahlung 22 234
Urlaubsbeeinträchtigung 17 40
Urlaubsentgelt 17 86, 238
Urlaubsgeld 17 37, 86, 148, 238, 241
Urlaubskasse 17 238
Ursachenzusammenhang 1 38
Urteil 19 624–627
– Endurteil 19 624
– Feststellungsurteil 19 626
– Teilurteil 19 625

Vakuumpumpe 21 266, 365, 371
Vandalismus 23 184
Variable Betriebskosten 17 155
Veräußerer 22 474
Veräußerung des Fahrzeuges 22 44
Veräußerungsanzeige 22 483
Verbandsmittel 17 183
Verbindlichkeit 1 9; 3 231
Verbleibende Arbeitskraft 17 50
Verbotsirrtum 3 133
Verbraucher 2 75
Verbrauchsabhängige Fixe Kosten 17 156
Verbringungskosten 1 28; 10 25; 16 68
Verdienstausfall 1 174, 197; 3 44, 212–214, 259, 265, 268; 12 404; 15 234; 16 26; 17 113
– abstrakte Berechnung 12 413
– Anstrengungen, überpflichtgemäß 12 424, 482, 503
– Aufwendungen, frustrierte 12 449
– bei Ersatzbeschaffung 11 169
– Berufschancen 5 105–118
– Bestattungsfahrzeug 12 493
– Beweislast 12 429, 495, 499, 500
– Einkommensteuer 12 438
– Fahrerlöhne 12 454
– Fahrschulwagen 12 480
– frustrierte Aufwendungen 12 449
– Gemeinkosten 12 450, 453
– Generalunkosten 12 451
– Gewerbesteuer 12 443
– konkrete Berechnungen 12 419
– Lastkraftwagen 12 486
– Mietwagen 12 496
– Nachholbarkeit entgangener Geschäfte 12 423, 498
– Preisänderung, zwischenzeitlich 12 448
– Reservehaltungskosten 12 488
– Schadensminderungspflicht 12 406, 425, 461, 484, 493, 501, 511
– – Ersatzanmietung 12 462, 485, 491, 511
– – Inanspruchnahme Fremdunternehmen 12 508

– – Vorhaltekosten Reservefahrzeug 12 488, 502
– Sonderfahrzeug 12 462
– Steuerersparnis 12 433, 473
– Taxis 12 463
– Umdisposition, innerbetrieblich 12 481, 487, 506
– Umsatzsteuer 12 435
– Vorteilsausgleich 12 430
Verdienstausfallschaden 14 18
Verdienstschaden 17 23, 38, 48, 50, 82, 89, 93, 111, 130, 196, 243–245
Vereinsbeitrag 17 155
Verfahrensgebühr 14 137
Verfügbares Einkommen 17 147
Verfügungsgewalt 1 79; 4 5, 200
Vergleich 1 206, 213–215, 217–226, 228–231; 8 88; 19 682
– Nichtigkeit 8 89a
Vergleichswert 11 78
Vergütungsvereinbarung 14 122
Verhalten 1 38
Verhaltensvorschrift 22 55
Verhältnis des Rückstufungsschadens zum Fahrzeugschaden 16 125
Verhältnismäßigkeit 1 65
Verhinderung 24 236
Verhinderungspflege 17 211
Verjährung 1 250; 3 168; 4 75 ff., 183 ff., 324 f., 348; 8 1 ff.; 17 240; 19 612–615; 21 70, 398f; 22 14, 15, 224, 279; 23 931; 25 92
– Abschlagzahlung 8 245e
– AuslPflVG 8 45i
– Fristberechnung 8 20a
– Gesamtgläubiger 8 22
– Hemmung 19 617
– PflVG 8 45f
– Prozessurteil 8 7, 103c
– Vererbung 8 24
– Vergleichsangebot 8 40a
– Verhandlungen 8 45b
– Wiederaufleben 8 18
Verjährungsfrist 1 251; 3 330; 4 76a, 183, 324a
Verjährungsverzicht 8 45i
Verkaufsmitteilung 22 271
Verkehrsampel 6 365
Verkehrsanwalt 14 39
Verkehrsbehindernd abgestelltes Kfz 4 9a, 19a f., 168
Verkehrsfunk 4 56
Verkehrsgerichtstag 2008 20 1
Verkehrsopfer 21 57b, 57c, 58a, 83a, 113a, 230, 230a
Verkehrsopferhilfe 2 49; 22 219; 24 11; 25 25
Verkehrsrechtsschutzversicherung 25 37
Verkehrsregel 25 93
Verkehrsrichtiges Verhalten 4 262
Verkehrssicherheit 22 388
Verkehrssicherung 4 240

Stichwortverzeichnis

Verkehrssicherungspflicht 4 220 ff., 225 f., 239 ff., 246 ff., 342; 6 376
– Baumkontrolle 6 385
– Baustellen 6 398a f.
– Fahrbahnbeschaffenheit 6 377, 387, 393
– Fahrbahnschwellen 6 392
– Fahrbahnverschmutzung 6 208
– Glatteis 6 105
– Inline-Skater 6 394
– Mäharbeiten 6 211
– Radwege 6 390
– Streu-/Räumpflicht 6 388 f.
Verkehrsunfall in Nicht-EU-Ländern 25 71
Verkehrsunfalls in der EU 25 16
Verkehrsunsicheres Kfz 22 373
Verkehrsunsicherheit 22 374
Verkehrswert 1 23
Verletztengeld 17 37, 41, 42, 73, 195, 237, 244
Verletztenrente 17 37, 47, 51, 73, 96, 105, 196, 245
Verletzung 24 125
Verlobter 17 145
Verlust 1 5; 17 21
Verlust an Freizeit 16 6, 22
Verlust des Arbeitsplatzes 17 80
Verlust des Versicherungsschutzes 22 96
Verlust von Arbeitslosengeld 17 81
Verlust von Arbeitszeit 16 24
Vermessungskosten 10 27
Vermieten 4 5a
Verminderte Zurechnungsfähigkeit 22 427
Vermischung 22 184
Vermischungsschaden 22 184
Vermittlungsprovision 11 170
Vermögen 1 86; 17 82
Vermögensbildung 17 155
Vermögensertragnis 17 148
Vermögenslage 1 3
Vermögensschaden 1 89, 90; 3 216; 17 38; 22 17, 71, 216
Vermögenswirksame Leistung 17 37, 86, 238
Vermutetes Verschulden 4 278
Vermutung für den Vorsatz 24 161
Verpflegung 17 37, 112
Verpflegungsmehraufwand 17 32, 113
Verrechnung 22 242
Verrichtungsgehilfe 3 81, 83, 115; 4 248 ff., 251 ff., 261, 263; 9 152
Versagen technischer Einrichtungen 22 175, 339
Versagen von technischen Vorrichtungen 22 149
Verschleiß 22 374
Verschmutzung 4 24
Verschrottungskosten 3 291
Verschulden 1 44, 113; 3 41, 42, 66, 105, 110, 121–125, 203, 204, 206; 17 5; 22 164, 259, 283, 317–319, 324, 356, 362, 390, 396, 402; 24 130
Verschulden bei Auswahl des Sachverständigen 13 59

Verschulden des Geschädigten an fehlerhaftem Gutachten 13 58
Verschulden im Sinne von § 18 StVG 4 88 ff.
Verschuldensabhängige Haftung 22 162
Verschuldenshaftung 1 278; 3 190; 22 109
Verschweigen der Gefahrerhöhung 22 373
Verschweigen von Vorschäden 13 77
Versicherer 13 36; 22 520
Versicherte Personen 22 178
Versicherte Tätigkeit 17 225
Versicherter 22 520
Versicherungsagent 22 422
Versicherungsbeiträge 17 154
Versicherungsbetrug 22 419; 24 1
– aufgeklärt 16 56
Versicherungsfabrik 2 3
Versicherungsfall 4 332b; 22 51
Versicherungsfall vorgetäuscht 24 210
Versicherungsfreiheit 22 8
Versicherungskennzeichen 22 111, 112, 116
Versicherungsmissbrauch 24 2
Versicherungsnachweis 22 8
Versicherungsnehmer 3 17, 19
Versicherungsperiode 22 54
Versicherungspflicht 22 8, 9, 42, 158
Versicherungspflichtiger Anhänger 22 155
Versicherungsprämie 11 163
Versicherungsrechtlicher Nachteil 17 37
Versicherungsschein 22 37, 84
Versicherungsschutz 4 106; 22 38, 50, 69, 80, 87, 93, 203, 255, 297
Versicherungsschutzversagung 22 280, 357
Versicherungssteuer 22 53
Versicherungssumme 22 274, 503, 511, 532, 533, 542
Versicherungssummenüberschreitung 22 503
Versicherungsvertrag 8 86; 22 94; 23 13–63
– Beginn 23 37–50
– Einlösungsprinzip 23 44
– Geltungsbereich 23 51–57
– Kündigung 23 62, 63
– Vertragsdauer 23 58–61
– Widerrufsrecht 23 30–36
– Zustandekommen 23 13–18
Verspätete Diebstahlsmeldung 24 160
Verspätete Schadensanzeige 24 166
Verspäteter Eintritt in das Erwerbsleben 17 58
Verspätung 22 86
Verstoß 16 86, 118
Versuchte Heilbehandlung 17 127
Versuchte Heilung 17 131
Verteilungsplan 22 524
Verteilungsverfahren 22 508, 520, 521, 533, 535, 537
Vertrag 3 55, 56, 232, 250; 22 23, 114
Vertrag zu Lasten Dritter 9 12
Vertraglich vereinbarte Versicherungssumme 22 14
Vertragliche Obliegenheit 22 15, 272, 396; 24 118

Stichwortverzeichnis

Vertragliche Obliegenheitsverletzung 22 280
Vertragsablauf 22 41
Vertragsbedingung 22 28
Vertragsbelastung 22 58
Vertragsdauer 22 96
Vertragshaftung 4 280
Vertragspflicht 22 37
Vertragspflichtverletzung 22 40
Vertragsschluss 22 37, 40
Vertragsstrafe 22 35, 311
Vertrauensgesichtspunkt 8 43
Vertrauensgrundsatz 1 38, 56–59, 124; 4 167
Vertreter 3 10, 14, 24, 27, 115
Vertreter ohne Vertretungsmacht 3 15
Vertretung 3 8, 25, 29
Vertretungsmacht 3 9, 12, 14, 15, 21; 24 180
Verwaltungsentscheidung 17 53
Verwaltungsgebühr 17 135
Verweisung 22 48, 246, 250, 257, 309, 325, 349, 362, 369, 397, 403, 412, 435, 453, 461, 471, 481, 484
Verweisung aufgrund Leistungsfreiheit 22 64
Verweisungshöhe 22 495
Verweisungsprivileg 4 243 ff., 247, 363
Verwendungsklausel 22 118, 119, 298, 301, 303, 304, 309
Verwendungszweck 22 102, 137, 298
Verwertung 17 33
Verwirkung 8 105
Verwirkung der Ansprüche aus der Gefährdungshaftung 4 71 ff.
Verzicht 8 81
Verzinsung 1 270, 273, 287; 15 45, 47, 48, 51
Verzögerung bei Schadenregulierung 16 121
Verzug 1 254, 255, 257, 258, 262, 263, 265, 269, 270, 274, 290, 292, 293, 302; 14 17, 21; 15 4, 26, 27, 32, 35, 36, 41, 46, 48, 84, 169, 216, 233, 235–237; 19 602
Verzugsschaden 1 290, 291
Verzugszins 1 284; 15 231
Vielzahl von Ermittlungsverfahren 24 214
Vogelschutzgebiete 21 224b
Vollbeweis 1 110; 24 69, 202, 245
Vollendeter Betrug 24 143
Vollkasko 22 57, 64; 23 307–361
Vollkaskoversicherer 3 295, 296, 299
Vollkaskoversicherung 3 254, 277, 281, 288, 292, 298; 4 102 ff., 244 ff., 291 ff.; 14 79; 24 234, 248
Vollleistung 1 171
Vollmacht 3 13, 29, 30, 33, 35–39; 21 40
Vollständige Haftung des Schädigers 16 117
Vollständige Leistungsfreiheit 22 281
Vollständiges Anerkenntnisverbot 22 446
Volltrunkenheit 4 303; 22 316
Voraussetzung der Leistungsfreiheit 22 262
Vorauszahlung 15 121, 148, 149
Vorbehalt 15 118, 120, 144, 211

Vorbereitungshandlung 21 132, 135a; 22 170, 173
Vorbereitungskosten zur Rechtsverteidigung 16 52
Vorerkrankung 17 16
Vorerstreckungstheorie 23 813
Vorfahrt 6 295
– Abknickende Vorfahrt 6 412
– Blinker 6 198a
– gesperrte Straße 6 432
– halbe Vorfahrt 6 426
– Lückenfall 6 434
Vorfahrtfalle 24 30
Vorfahrtsberechtigter 1 116
Vorfahrtsverletzung durch Irritation 4 12 ff.
Vorfinanzierung 15 66
Vorführwagen 11 119
Vorgezogene Ersatzbeschaffung 11 145
Vorhaltekosten 15 45
Vorhandener Altschaden 24 246
Vorhandener Fahrzeugschlüssel 24 190
Vorherige Rechtswahl 25 89
Vorhersehbarkeit 1 55
Vorläufige Deckung 22 37, 40, 77–81, 83, 84, 87, 89–91, 227, 241
Vorläufiger Versicherungsschutz 23 111–145
– Beendigung 23 136–145
– Zustandekommen 23 116–135
Vorleistungspflicht 22 76, 161
Vorrang der Schienenbahn 4 157a ff., 161 f., 166 ff., 176
Vorsatz 3 121, 134, 137, 141, 163, 186; 4 84, 284d, 287b, 360b; 22 204, 261, 318, 343, 344, 430; 23 388; 24 151, 194, 226, 248
Vorsätzliche Obliegenheitsverletzung 22 409, 427; 24 129
Vorsätzliche Verletzung der Aufklärungspflicht 22 434
Vorsätzlicher Schadensherbeiführung 2 49
Vorsatzvermutung 24 127, 162
Vorschaden 24 87, 183
Vorschuss 3 331, 333, 334; 15 21, 59, 98, 116, 118–120, 122, 124, 149, 150, 176, 181, 194, 196, 211, 265; 16 124
Vorschusspflicht 23 918
Vorsorgliche Inanspruchnahme 22 62
Vorstellungsgespräch 17 81
Vorsteuerabzug 15 146
Vorteilsausgleich 16 17; 17 32, 73, 85, 86, 89, 90, 93, 123, 175
Vorübergehende Stilllegung 22 269, 462
Vorversterbensrisiko 17 142
Vorvertragliche Anzeigepflicht 22 9
Vorwerfbarkeit 22 360
Vorzeitige Vertragsbeendigung 22 54
Vorzeitiger Ruhestand 17 52
VVG-Reform 22 4, 89, 449, 505, 536

Stichwortverzeichnis

Wagenwaschen 22 193
Wagnisgruppe 22 31
Wagniswegfall 22 41, 96, 269
Wahlrecht 15 69
Wahrer Umfang 24 183
Wahrheitspflicht 22 418, 429
Wahrscheinlichkeit 17 129
Waisenrente 17 144, 170, 171, 246
Waldschadenurteil 21 5
Walze 4 8a
Warnbeschilderung 24 241
Warnblinkanlage 4 22
Warnleuchte 6 66
Warnsignal 6 113
Wartepflichtiger 1 55, 116
Wartezeit 17 78
Wartungsarbeiten 4 320
Wartungsfahrzeug 4 157b
Wartungskosten 17 135
Waschanlage 4 349 ff.
Wasser 17 154
Wasserhaushaltsgesetz 21 30, 138, 146, 438
Wasserleitungen 4 194
Wassernutzungsberechtigte 21 144a, 149, 150a, 150b, 150c, 165b, 238c, 281b, 375b, 377
Wegeunfall 4 304 ff.; 9 67, 70, 121, 131
Wehrdienst 17 28
Weihnachtsgeld 17 37, 86, 148, 238
Weihnachtszuwendung 17 241
Weite Transportstrecke 16 86
Weiterbildung 17 239
Wenden 6 296, 448
Werknahverkehr 22 303
Werksgelände 4 172c
Werkstattbindung 2 4
Werkverkehr 21 46b, 49a, 55b, 67b, 186c; 22 299
Werkvertrag 4 320 ff.
Werkvertragsrecht 13 90
Wertersatz 1 21
Wertersatzforderung 1 24
Wertminderung 1 17, 275, 279; 3 286; 13 45; 15 48, 67, 70, 114, 173
Wertverbesserung 21 411
Wettervorhersage 4 56
Wettrennen 4 274a
Widerklage 1 127, 129, 192
Widerrechtlichkeit 3 118–120
Widerruf 2 76; 22 91
Widerrufsrecht 22 37
Widerspruch 21 34; 22 91; 24 168
Widerspruchsbescheid 21 34
Widersprüchliche Aussage 24 207
Widerspruchsfrist 22 229
Widerspruchsrecht 22 28, 229
Wiederaufleben des Vertrages 22 464
Wiederbeschaffung 15 14
Wiederbeschaffungsaufwand 15 245

Wiederbeschaffungsdauer 1 266; 15 12
Wiederbeschaffungswert 1 26, 266; 3 260, 299, 300; 11 64; 13 32; 15 113, 245, 256; 23 823
Wiedereingliederung 17 226
Wiederheirat 17 171
Wiederherstellung der Arbeitsfähigkeit 17 192
Wiederherstellungsbeschränkungen 21 411
Wiederherstellungsvorbehalt 23 841
Wiederholte Rückstufung des Vertrages 24 246
Wiederkehrende Leistung 17 108
Wiederverheiratung 17 142
Wildschaden 23 266–293; 24 234, 241
Wildspur 24 235
Wildtier 4 55
Wildunfall 6 397; 24 234
Wildwechsel 24 241
Willenserklärung 3 9, 23, 24, 29, 32, 55
Winterbau-Umlage 17 239
Winterdienst 4 240 f.
Wirtschaftlicher Vorteil 24 232
Wirtschaftlichkeit 17 30
Wissenserklärungsvertreter 3 19; 23 586; 24 175
Wissensvertreter 23 600
Witterungsverhältnisse 4 56
Witwenrente 17 173, 246
Witwerrente 17 173
Wohngemeinschaft 17 253
Wohnmobil 4 31
Wohnort 16 18
Wohnsitz des Geschädigten 25 65
Wohnsitzgerichtsstand 25 53
Wohnungseinrichtung 17 154
Wohnungswechsel 22 271
Wohnwagen 4 8b; 22 120
Wortlaut 24 140, 173

Zahlungsanforderung 22 236
Zahlungsverzug 22 248
Zeitarbeitsunternehmen 17 37
Zeitaufwand zur Abwicklung des Schadens 17 40
Zeitnähe 24 216
Zeitraum 16 123
Zeitschriften 17 112
Zeitung 17 154
Zeitungsinserate 11 167
Zeitverlust 16 22
Zentralruf der Autoversicherer 25 24
Zentralstelle für Unfalldokumente 25 54
Zession 3 230
Zeuge 1 130, 132; 24 205, 221
Zeugensuche 16 36
Zeugenvernehmung 24 224
Ziehen 6 35
Ziehendes Fahrzeug 22 142
Zins 1 202, 203, 267–270, 272, 276, 282–284, 286, 290, 292, 295, 297, 298, 300–302; 15 36, 41, 45, 46, 51, 84, 85, 98, 157, 160, 187, 195, 227–229, 231, 232, 244, 249

Stichwortverzeichnis

Zinsanspruch 1 270, 272, 274, 275, 283, 292
Zinsforderung 1 271
Zinspflicht 1 288
Zinssatz 1 269, 292; 15 225
Zinsverlust 15 36, 42, 217
Zivildienst 17 28
Zivildienstleistender 4 235
Zollkosten 11 188
Zubehör 1 10; 21 168, 169a, 171b, 183, 185, 186b, 188b, 188c, 189, 193, 198d
Zugang des Mahnschreibens 22 254
Zugerechnet 24 175
Zugfahrzeug 22 103, 156
Zugführer 4 127
Zugmaschine 22 147–149
Zukunftsschäden 19 615
Zulage 17 148
Zulassung des Fahrzeuges 22 95
Zulassungsbescheinigung 4 3
Zulassungsdauer 22 120
Zulassungspflicht 22 7
Zulassungspflichtiger Anhänger 22 106, 147
Zulassungsstelle 1 82; 4 366 ff.; 22 38, 43
Zumutbare Ersatztätigkeit 17 19
Zumutbare Tätigkeit 17 20
Zumutbarkeit 15 95; 17 20
Zumutbarkeit der Arbeit 17 31
Zündquelle 24 229
Zur alten Rechtslage keine Änderung 24 248
Zurechnen 4 149
Zurechnung 8 33

Zurechnungseinheit 3 207
Zurechnungszusammenhang 1 63
– bei psychischen Folgeschäden 20 10
Zurückbehaltungsrecht 1 83; 15 58
Zusammentreffen von Verletztenrente und EU-Rente 17 243
Zusatzdeckung 21 50b, 228
Zusätzliches Personal 16 104
Zusatzurlaub 17 239
Zusatzversorgungskasse 17 34
Zuschlag 15 169
Zuschuss zum Krankengeld 17 237
Zusenden 24 190
Zuständigkeit deutscher Gerichte 25 61
Zustellung
– demnächstige 8 96
Zustellung an den Schadenregulierungsbeauftragten 25 69
Zustellung von Schriftstücken an einen Beklagten im Ausland 25 69
Zustellungs-Verordnung (EG) 1393/2007 25 69
Zuverlässigkeitsfahrt 22 365, 366
Zuzahlung 17 110, 111, 184, 191, 192
ZVK 17 238
ZVK für das Bau-Gewerbe 17 239
Zwangsvollstreckung 14 129
– Unterwerfung 19 684
Zweibett-Zimmerzuschlag 17 200
Zweiradfahrer 17 8
Zweite Schleppfahrt 16 77
Zweitunfall 17 16; 20 21